U0222827

机械设计实用手册

Practical Handbook of Mechanical Design

吴宗泽　高 志　主编

第四版

化学工业出版社
·北京·

内容简介

《机械设计实用手册》从机械设计的思考过程、思考方法和设计顺序入手，阐述机械设计必须掌握的基础知识，引导设计者了解并掌握整个设计的全过程及各设计阶段的任务。本手册小而全，精简精选设计人员和学校做设计的师生常用的标准、资料，实用、使用便捷。手册提供了实际机械设计所需的详细、充分的设计内容，包括：机械传动、机构、结构的设计步骤、设计参数的选择、设计的计算及数据；液压及气动系统的组成、元器件结构原理、系统设计；现代数字自动化设计中必须采用的变频电动机、伺服电动机、传感器等的工作原理、技术参数和产品。标准件、工程材料、外购通用零部件产品等，均重点说明了选用方法或选用实例，务求达到选用准确、合理，并加快选用过程。

本手册适合从事机械设计的工程技术人员使用，也可供高等院校师生教学和设计做设计参考工具书使用。

图书在版编目（CIP）数据

机械设计实用手册/吴宗泽，高志主编. —4 版. —北京：化学工业出版社，2020.8（2024.1 重印）
ISBN 978-7-122-36277-3

Ⅰ.①机… Ⅱ.①吴… ②高… Ⅲ.①机械设计-技术手册 Ⅳ.①TH122-62

中国版本图书馆 CIP 数据核字（2020）第 031541 号

责任编辑：项 潋 王 烨 张兴辉
责任校对：宋 玮　　装帧设计：王晓宇

出版发行：化学工业出版社（北京市东城区青年湖南街 13 号 邮政编码 100011）
印 装：中煤（北京）印务有限公司
880mm×1230mm 1/16 印张 113 字数 3918 千字 2024 年 1 月北京第 4 版第 3 次印刷

购书咨询：010-64518888　　售后服务：010-64518899
网 址：http://www.cip.com.cn
凡购买本书，如有缺损质量问题，本社销售中心负责调换。

定 价：288.00 元

京化广临字 2020——10

《机械设计实用手册》

第四版

编写人员

主　　编

吴宗泽　　高　志

编写人员（以姓氏笔画为序）

伍先安　　刘新卫
安　瑛　　许　红
杨学智　　杨嘉名
吴宗泽　　张有忱
张秋翔　　张莉彦
高　志　　董力群
蔡纪宁

第四版说明

本手册自第三版出版发行以来，由于内容精炼、实用，受到广大读者的一致好评和欢迎。从上一版出版到现在已经过去了 10 年，在这 10 年中，大量的国家标准和行业标准已经更新，为保持本手册内容的实用性，组织了对本手册的修订。

为方便广大读者使用，本次修订的原则是基本保持原有体系和风格，采用最新标准。

本次修订的主要内容是标准的更新。在过去的 10 年中，有关标准更新的数量很大，有些标准的体系发生了变化，本次修订中全部收录最新的标准。其中有关滚动轴承的标准更新了 85%，有关螺栓的标准更新了 60%，有关螺钉的标准更新了 76%，有关螺母的标准更新了 44%，有关联轴器的标准更新了 47%。

随着技术的进步，有些技术体系中推出了新的标准，本次手册修订中收录了这些新的内容，如电动机中增加了必要的章节。

有些标准废止了，但是由于新的标准体系尚不完整，需要旧标准的一些内容作为补充，为此，在本次修订中保留了一些旧标准中的必要的内容。

第四版共 10 篇，第 1 篇由杨学智、刘新卫、杨嘉名和安瑛编写，第 2 篇由高志编写，第 3 篇由刘新卫、安瑛和蔡纪宁编写，第 4 篇由张有忱编写，第 5 篇由董力群编写，第 6 篇由张莉彦编写，第 7 篇由蔡纪宁、张秋翔编写，第 8 篇由伍先安和张有忱编写，第 9 篇由高志编写，第 10 篇由许红编写。

由于作者的能力和水平有限，本手册中还会存在一些不足之处，我们深切希望广大读者提出宝贵的意见和建议。

编　者

2020 年 10 月

第一版序言

动物学家常将能否自觉地制造工具作为人类和人猿的分界线。机械是工具发展高级阶段的一个分支。因此当我们评价一个国家或一个历史阶段的历史发展程度时，我们常用机器制造的精良程度作衡量标准，随着技术的进步，这种趋势将日益加重。

机器的精良程度当然和制造的技艺有关。但更关键的却在设计。没有先进的设计，任何技艺都做不出良好机器来，设计的关键又在于寻求先进的工作原理。瓦特对人类最大贡献之一是将蒸汽机的汽缸和冷凝器分开，使其效率提高了若干倍。这样的例子还很多，如用离心泵代替往复泵；用滚动轴承代替滑动轴承、又用气浮代替滚动轴承；用光刻代替布线等。所有这些工作原理都是通过极大努力才实现的。难点何在呢？就是正确数据的取得，都是通过多年实践才获得的。而数据最集中最方便的形式，在今天仍是手册，这就是它可贵之处。一本手册，在目前可供随手翻阅，从长远看又能指示新工作原理产生和突破。

为适应这一要求，化学工业出版社曾于1969年出版、发行了我国第一部《机械设计手册》，发行以后博得了广大读者的欢迎，近30年来先后修订三版，累计发行100多万套，为广大机械工程技术人员、大中专院校师生，尤其是机械设计工作者，提供了大量可靠的技术资料和数据，对我国机械工业和国民经济的发展，起到了重要的促进作用。

根据机械工业的快速发展和激烈的市场竞争的形势，不少读者提出，还需要另一种内容更加精炼、实用，携带、查找便捷，能反映最新标准和技术成就，篇幅适中的小型手册。本书的出版则可满足这一需求，并与上述已出版的《机械设计手册》五卷本相辅相成，以适用于设计人员不同场合的需要。

本手册有近20人参加编写。他们都是具有丰富经验的科研设计院所和院校的专家、教授。他们在编写工作的前期，认真地与出版社的编辑同志回顾了我国机械工业的发展情况，并同时探讨了已出版的有关手册的特点和内容，仔细研究了读者的反映和要求，明确了编写的指导思想，制定出编写大纲后多次征求有关专家意见，反复进行了补充修改。在编写工作过程中始终坚持理论联系实际，实事求是的原则，广泛收集了最新标准、规范、图表公式和数据资料，并经过精心筛选，慎重取材，对写出的稿件进行了几道审查，重点和关键章节又做了仔细讨论和推敲，最后交付执笔专家修改定稿。他们一丝不苟，认真负责的精神和谦虚、谨慎、艰辛耕耘的态度令人钦佩，值此书稿即将付梓之际，我谨以编委会主任的名义向这些同志们致以崇高的敬意和深切的谢意。向大力支持本书编纂工作和精心编印出版的化学工业出版社表示由衷的感谢。

由于时间仓促，书中还会有错误或不妥之处，敬请专家和读者们不吝指正。

雷天觉

1998年7月

第二版说明

《机械设计实用手册》第一版于 1999 年 1 月出版，由于它内容精湛、实用等特点，出版后深受各方读者的欢迎，曾多次重印，销售甚盛。

工程设计类手册是一种实用性工具书，它的内容需随着工业的发展和科技的进步以及标准规范的更新而不断地更新，尤其是最近国家提出要加强制造业的发展，为了满足广大读者的需要，我们组织修订出版了《机械设计实用手册》的第二版。

第二版中对各篇章都做了不同程度的增补和修改，有不少章节还进行重新编写。特别是国家标准与行业标准，近两三年变动较大，作者们不辞辛苦仔细查阅了标准，在第二版中完全采用了新的标准。

修订后全书增加了约 40 万字，修改与增加的篇幅总计约 70%。并对篇章的次序作了适当的调整，使其更趋于合理，便于查阅。

第二版中仍会有一些不尽人意之处，殷切希望广大读者批评指正，以便今后不断改进。

2003 年 10 月

第三版说明

近年来由于国民经济的迅速发展，新技术不断出现，新标准不断更新，《机械设计实用手册》第二版已不能完全适用当前机械工程设计的要求，据此，化学工业出版社组织作者进行了修订。

根据广大读者的反映，我们制定了第三版修订的原则是仍保持前两版的特色和定位，主要修订以下几个方面。

首先是标准的更新，近年来有许多新的国家标准及其他标准的发表，本手册在这次修订中各篇章均采用了新的标准，如机械制图、表面粗糙度的标注方法、齿轮传动公差标准，钢结构用螺栓螺母、弹簧、带传动、链传动等均采用了新的标准。其次是改进编写，精炼内容，便于查阅和使用，如数据和资料、减速器等内容都有较大的改进。第三是对于仍采用前两版的表格、插图等进行了核对和改正。本次修订的更改总量约有 75% 以上。

参加本书前两版的编者，经过十多年历程，在健康、体力和生活环境方面都有变化，进行这项修订工作均克服了许多困难，由于化学工业出版社领导和责任编辑的大力支持和细致工作，以及各位撰稿人的努力，使这次修订工作能够顺利完成。

第三版仍为 10 篇，第 1 篇由杨学智、刘新卫、杨嘉名、崔立本、安瑛编写；第 2 篇由曲文海编写；第 3 篇由郭炳钧、吴宗泽、崔立本编写；第 4 篇由吴宗泽编写；第 5 篇由董立群编写；第 6 篇由丁国强、张卧波编写；第 7 篇由吴宗泽、张秋翔、蔡纪宁编写；第 8 篇由童立平、张美麟、张有忱编写；第 9 篇由吴宗泽、王忠祥编写；第 10 篇由马杰编写。

几次编写使我们深入了解和体会了编写手册的艰巨性和困难之处。正所谓“学然后知不足”。这次修订出版之后仍会有很多不足之处，我们热切期望广大读者提出宝贵意见和建议。

编　者

2009 年 11 月 11 日

目录

第1篇　常用设计资料

第 2 篇 机械设计常用材料

第 3 篇 连接与紧固

第4篇 弹簧

第 5 篇 轴和联轴器

第 6 篇 轴承

第 7 篇 润滑与密封

第 8 篇 机械传动

第9篇 减速器

第10篇 常用电动机

第1篇

常用设计资料

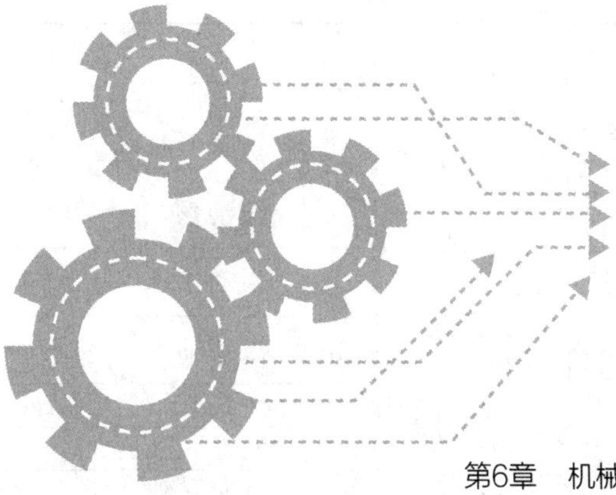

第 1 章

数据和资料

1.1 常用数据

1.1.1 机械传动效率

表 1-1-1 机械传动效率

类别	传动型式	效率 η
圆柱齿轮传动	很好跑合的 6 级和 7 级精度齿轮传动(稀油润滑)	0.98～0.99
	8 级精度的一般齿轮传动(稀油润滑)	0.97
	9 级精度的齿轮传动(稀油润滑)	0.96
	加工齿的开式齿轮传动(脂润滑)	0.94～0.96
	铸造齿的开式齿轮传动	0.90～0.93
锥齿轮传动	很好跑合的 6 级和 7 级精度齿轮传动(稀油润滑)	0.97～0.98
	8 级精度的一般齿轮传动(稀油润滑)	0.94～0.97
	加工齿的开式齿轮传动(脂润滑)	0.92～0.95
	铸造齿的开式齿轮传动	0.88～0.92
蜗杆传动	自锁蜗杆传动(油润滑)	0.40～0.45
	单头蜗杆传动(油润滑)	0.70～0.75
	双头蜗杆传动(油润滑)	0.75～0.82
	三头和四头蜗杆传动(油润滑)	0.80～0.92
	圆弧面蜗杆传动(油润滑)	0.85～0.95
带传动	平带无压紧轮的开式传动	0.98
	平带有压紧轮的开式传动	0.97
	平带交叉传动	0.90
	V 带传动	0.96
	同步带传动	0.96～0.98
链轮传动	焊接链	0.93
	片式关节链	0.95
	滚子链	0.96
	齿形链	0.97
摩擦传动	平摩擦传动	0.85～0.92
	槽摩擦传动	0.88～0.90
	卷绳轮	0.95
卷筒		0.96

类别	传动型式	效率 η
丝杠传动	滑动丝杠	0.30～0.60
	滚动丝杠	0.85～0.95
复滑轮组	滑动轴承($i=2\sim6$)	0.90～0.98
	滚动轴承($i=2\sim6$)	0.95～0.99
联轴器	齿式联轴器	0.99
	刚性联轴器	0.99～0.995
	万向联轴器($\alpha\leqslant3°$)	0.97～0.98
	万向联轴器($\alpha>3°$)	0.95～0.97
	梅花形弹性联轴器	0.97～0.98
	液力联轴器(在设计点)	0.95～0.98
滑动轴承	润滑不良	0.94
	润滑正常	0.97
	润滑特好(压力润滑)	0.98
	液体摩擦	0.99
滚动轴承	球轴承(稀油润滑)	0.99
	滚子轴承(稀油润滑)	0.98
减(变)速器①	单级圆柱齿轮减速器	0.97～0.98
	双级圆柱齿轮减速器	0.95～0.96
	单级行星圆柱齿轮减速器(NGW 类型负号机构)	0.95～0.98
	单级锥齿轮减速器	0.95～0.96
	双级锥-圆柱齿轮减速器	0.94～0.95
	无级变速器	0.92～0.95
	摆线-针轮减速器	0.90～0.97
	轧机人字齿轮座(滑动轴承)	0.93～0.95
	轧机人字齿轮座(滚动轴承)	0.94～0.96
	轧机主减速器(包括主联轴器和电机联轴器)	0.93～0.96

① 滚动轴承的损耗考虑在内。

1.1.2 常用材料弹性模量及泊松比

表 1-1-2 常用材料弹性模量及泊松比

名称	弹性模量 E/GPa	切变模量 G/GPa	泊松比 μ	名称	弹性模量 E/GPa	切变模量 G/GPa	泊松比 μ
灰铸铁、白口铸铁	113～157	44	0.23～0.27	轧制锌	82	31.4	0.27
球墨铸铁	140～154	73～76	0.3	铅	17	7	0.42
碳钢、镍铬钢、合金钢	206	79.4	0.3	玻璃	55	22	0.25
铸钢	202		0.3	有机玻璃	2.35～29.42		
轧制纯铜	108	39.2	0.31～0.34	橡胶	0.00784		0.47
冷拔纯铜	127	48.0		电木	1.96～2.94	0.69～2.06	0.35～0.38
轧制磷锡青铜	113	41.2	0.32～0.35	夹布酚醛塑料	3.92～8.83		
冷拔黄铜	89～97	34.3～36.3	0.32～0.42	赛璐珞	1.71～1.89	0.69～0.98	0.4
轧制锰青铜	108	39.2	0.35	尼龙 1010	1.07		
轧制铝	68	25.5～26.5	0.32～0.36	硬聚氯乙烯	3.14～3.92		0.34～0.35
拔制铝线	69			聚四氟乙烯	1.14～1.42		
铸铝青铜	103	41.1	0.3	低压聚乙烯	0.54～0.75		
铸锡青铜	103		0.3	高压聚乙烯	0.15～0.25		
硬铝合金	70	26.5	0.3	混凝土	13.73～39.2	4.9～15.69	0.1～0.18
可锻铸铁	152			花岗石	48		

1.1.3 常用材料的密度

表 1-1-3 常用材料的密度

材料名称	密度/g·cm^{-3}	材料名称	密度/g·cm^{-3}	材料名称	密度/g·cm^{-3}
碳钢	7.8～7.85	铅板	11.37	尼龙	1.04～1.15
铸钢	7.8	锡	7.29	木材(含水 15%)	0.4～0.75
高速钢(含钨 9%)	8.3	金	19.32	工业橡胶	1.3～1.8
高速钢(含钨 18%)	8.7	银	10.5	橡胶夹布传动带	0.8～1.2
不锈钢、合金钢	7.9	汞	13.55	陶瓷	2.3～2.45
灰铸铁	7.25	镁合金	1.74～1.81	石灰石	2.4～2.6
白口铸铁	7.55	硅钢片	7.55～7.8	花岗石	2.6～3.0
可锻铸铁	7.3	锡基轴承合金	7.34～7.75	砌砖	1.9～2.3
纯铜	8.9	铅基轴承合金	9.33～10.67	混凝土	1.8～2.45
黄铜	8.4～8.85	硬质合金(钨钴)	14.5～14.9	生石灰	1.1
铸造黄铜	8.62	硬质合金(钨钴钛)	9.5～12.4	熟石灰	1.2
锡青铜	8.7～8.9	胶木板、纤维板	1.3～1.4	水泥	1.2
无锡青铜	7.5～8.2	纯橡胶	0.93	酒精	0.8
轧制磷青铜	8.8	皮革	0.4～1.2	汽油	0.66～0.75
冷拉青铜	8.8	聚氯乙烯	1.35～1.4	石油(原油)	0.82
工业用铝	2.7	聚苯乙烯	0.91	各类机油	0.9～0.95
可铸铝合金	2.7	有机玻璃	1.18～1.19	变压器油	0.88
铝镍合金	2.7	无填料的电木	1.2	水(4℃)	1
镍	8.9	赛璐珞	1.4	空气(20℃)	0.0012
锌板	7.3	酚醛层压板	1.3～1.45		

注：表内数值为 $t=20$℃的数值，部分是近似值。

1.1.4 松散物料的密度和安息角

表 1-1-4 松散物料的密度和安息角

物料名称	密度 /t·m^{-3}	安息角/(°)		物料名称	密度 /t·m^{-3}	安息角/(°)	
		运动	静止			运动	静止
无烟煤(干、小)	0.7～1.0	27～30	27～45	泥煤(湿)	0.55～0.65	40	45
烟煤	0.8～1.0	30	35～45	焦炭	0.36～0.53	35	50
褐煤	0.6～0.8	35	35～50	木炭	0.2～0.4		
泥煤	0.29～0.5	40	45	无烟煤粉	0.84～0.89		37～45

续表

物料名称	密度 /t·m^{-3}	安息角/(°)		物料名称	密度 /t·m^{-3}	安息角/(°)	
		运动	静止			运动	静止
烟煤粉	0.4～0.7		37～45	平炉渣(粗)	1.6～1.85		45～50
粉状石墨	0.45		40～45	高炉渣	0.6～1.0	35	50
磁铁矿	2.5～3.5	30～35	40～45	铅锌水碎渣(湿)	1.5～1.6		42
赤铁矿	2.0～2.8	30～35	40～45	干煤灰	0.64～0.72		35～45
褐铁矿	1.8～2.1	30～35	40～45	煤灰	0.7		15～20
硫铁矿(块)			45	粗砂(干)	1.4～1.9		
锰矿	1.7～1.9		35～45	细砂(干)	1.4～1.65	30	30～35
镁砂(块)	2.2～2.5		40～42	细砂(湿)	1.8～2.1		32
粉状镁砂	2.1～2.2		45～50	造型砂	0.8～1.3	30	45
铜矿	1.7～2.1		35～45	石灰石(大块)	1.6～2.0	30～35	40～45
铜精矿	1.3～1.8		40	石灰石(中块、小块)	1.2～1.5	30～35	40～45
铅精矿	1.9～2.4		40	生石灰(块)	1.1	25	45～50
锌精矿	1.3～1.7		40	生石灰(粉)	1.2		
铅锌精矿	1.3～2.4		40	碎石	1.32～2.0	35	45
铁烧结块	1.7～2.0		45～50	白云石(块)	1.2～2.0	35	
锌烧结块	1.4～1.6	35		碎白云石	1.8～1.9	35	
铅烧结块	1.8～2.2			砾石	1.5～1.9	30	30～45
铅锌烧结块	1.6～2.0			黏土(小块)	0.7～1.5	40	50
锌烟尘	0.7～1.5			黏土(湿)	1.7		27～45
黄铁矿烧渣	1.7～1.8			水泥	0.9～1.7	35	40～45
铅锌团矿	1.3～1.8			熟石灰(粉)	0.5		
黄铁矿球团矿	1.2～1.4			电石	1.2		

1.1.5 材料的线胀系数

表 1-1-5 材料线胀系数 α

/10^{-6}℃$^{-1}$

材料	温度范围/℃								
	20	20～100	20～200	20～300	20～400	20～600	20～700	20～900	70～1000
工程用铜	16.6～17.1	17.1～17.2	17.6	18～18.1	18.6				
紫铜		17.2	17.5	17.9					
黄铜		17.8	16.8	20.9					
锡青铜		17.6	17.9	18.2					
铝青铜		17.6	17.9	19.2					
铝合金		22.0～24.0	23.4～24.8	24.0～25.9					
碳钢		10.6～12.2	11.3～13	12.1～13.5	12.9～13.9	13.5～14.3	14.7～15.0		
铬钢		11.2	11.8	12.4	13.0	13.6			
40CrSi		11.7							
30CrMnSiA		11.0							
3Cr13		10.2	11.1	11.6	11.9	12.3	12.8		
1Cr18Ni9		16.6	17.0	17.2	17.5	17.9	18.6	19.3	
铸铁		8.7～11.1	8.5～11.6	10.1～12.2	11.5～12.7	12.9～13.2			17.6
镍铬合金		14.5							
砖	9.5								
水泥、混凝土	10～14								
胶木、硬橡胶	64～77								
玻璃		4～11.5							
赛璐珞		100							
有机玻璃		130							

1.1.6 摩擦因数

(1) 各种材料的摩擦因数

表 1-1-6 常用材料的摩擦因数

摩擦副材料	摩擦因数 μ	
	无润滑	有润滑
钢-钢	0.15①	0.1～0.12①
	0.1②	0.05～0.1②
钢-软钢	0.2	0.1～0.2
钢-不淬火的 T8 钢	0.15	0.03
钢-铸铁	0.2～0.3①	0.05～0.15
	0.16～0.18②	
钢-黄铜	0.19	0.03
钢-青铜	0.15～0.18	0.1～0.15①
		0.07②
钢-铝	0.17	0.02
钢-轴承合金	0.2	0.04
钢-夹布胶木	0.22	—
钢-钢纸	0.22	—
钢-冰	0.027①	—
	0.014②	
石棉基材料-铸铁或钢	0.25～0.40	0.08～0.12
皮革-铸铁或钢	0.30～0.50	0.12～0.15
木材(硬木)-铸铁或钢	0.20～0.35	0.12～0.16
软木-铸铁或钢	0.30～0.50	0.15～0.25
钢纸-铸铁或钢	0.30～0.50	0.12～0.17
毛毡-铸铁或钢	0.22	0.18
软钢-铸铁	0.2①	0.05～0.15
	0.18②	
软钢-青铜	0.2①	0.07～0.15
	0.18②	
铸铁-铸铁	0.15	0.07～0.12②
铸铁-青铜	0.28①	0.16①
	0.15～0.21②	0.07～0.15②
铸铁-皮革	0.55①	0.15①
	0.28②	0.12②
铸铁-橡胶	0.8	0.5
皮革-木料	0.4～0.5①	—
	0.03～0.05②	
铜-T8 钢	0.15	0.03
铜-铜	0.20	—
黄铜-不淬火的 T8 钢	0.19	0.03
黄铜-淬火的 T8 钢	0.14	0.02
黄铜-黄铜	0.17	0.02
黄铜-钢	0.30	0.02
黄铜-硬橡胶	0.25	—
黄铜-石板	0.25	—

摩擦副材料	摩擦因数 μ	
	无润滑	有润滑
黄铜-绝缘物	0.27	—
青铜-不淬火的 T8 钢	0.16	—
青铜-黄铜	0.16	—
青铜-青铜	0.15～0.20	0.04～0.10
青铜-钢	0.16	—
青铜-夹布胶木	0.23	—
青铜-钢纸	0.24	—
青铜-树脂	0.21	—
青铜-硬橡胶	0.36	—
青铜-石板	0.33	—
青铜-绝缘物	0.26	—
铝-不淬火的 T8 钢	0.18	0.03
铝-淬火的 T8 钢	0.17	0.02
铝-黄铜	0.27	0.02
铝-青铜	0.22	—
铝-钢	0.30	0.02
铝-夹布胶木	0.26	—
硅铝合金-夹布胶木	0.34	—
硅铝合金-钢纸	0.32	—
硅铝合金-树脂	0.28	—
硅铝合金-硬橡胶	0.25	—
硅铝合金-石板	0.26	—
硅铝合金-绝缘物	0.26	—
钢-粉末冶金	0.35～0.55	—
木材-木材	0.4～0.6①	0.1①
	0.2～0.5②	0.07～0.10②
麻绳-木材	0.5～0.8①	—
	0.5②	
45 淬火钢-聚甲醛	0.46	0.016
45 淬火钢-聚碳酸酯	0.30	0.03
45 淬火钢-尼龙 9(加 3% MoS_2 填充料)	0.57	0.02
45 淬火钢-尼龙 9(加 30% 玻璃纤维填充物)	0.48	0.023
45 淬火钢-尼龙 1010(加 30% 玻璃纤维填充物)	0.039	—
45 淬火钢-尼龙 1010(加 40% 玻璃纤维填充物)	0.07	—
45 淬火钢-氯化聚醚	0.35	0.034
45 淬火钢-苯乙烯-丁二烯-丙烯腈共聚体(ABS)	0.35～0.46	0.018

① 为静摩擦因数。

② 为动摩擦因数。

注：1. 表中滑动摩擦因数是试验数值，由于实际工作条件和试验条件不同，表中的数据只能作近似计算参考。

2. 表中除①、②外其余材料动、静摩擦因数二者兼之。

(2) 各种工程用塑料的摩擦因数

表 1-1-7　工程塑料与钢及工程塑料间的摩擦因数

下试样(塑料)	上试样(钢)		上试样(塑料)		下试样(塑料)	上试样(钢)		上试样(塑料)	
	静摩擦因数 μ_s	动摩擦因数 μ_k	静摩擦因数 μ_s	动摩擦因数 μ_k		静摩擦因数 μ_s	动摩擦因数 μ_k	静摩擦因数 μ_s	动摩擦因数 μ_k
聚四氟乙烯	0.10	0.05	0.04	0.04	聚碳酸酯	0.60	0.53	—	—
聚全氟乙丙烯	0.25	0.18	—	—	聚苯二甲酸乙二醇酯	0.29	0.28	0.27①	0.20①
聚乙烯 低密度	0.27	0.26	0.33	0.33	聚酰胺(尼龙 66)	0.37	0.34	0.42①	0.35①
聚乙烯 高密度	0.18	0.08～0.12	0.12	0.11	聚三氟氯乙烯	0.45①	0.33①	0.43①	0.32①
聚甲醛	0.14	0.13	—	—	聚氯乙烯	0.45①	0.40①	0.50①	0.40①
聚偏二氟乙烯	0.33	0.25	—	—	聚偏二氯乙烯	0.68①	0.45①	0.90①	0.52①

①表示黏滑运动。

(3) 物体的摩擦因数

表 1-1-8　物体的摩擦因数

名　称			摩擦因数 μ
滚动轴承	深沟球轴承	径向载荷	0.002
		轴向载荷	0.004
	单列角接触球轴承	径向载荷	0.003
		轴向载荷	0.005
	单列圆锥滚子轴承	径向载荷	0.008
		轴向载荷	0.02
	双列调心球轴承		0.0015
	圆柱滚子轴承		0.002
	长圆柱或螺旋滚子轴承		0.006
	滚针轴承		0.008
	推力球轴承		0.003
	双列调心滚子轴承		0.004
滑动轴承	液体摩擦		0.001～0.008
	半液体摩擦		0.008～0.08
	半干摩擦		0.1～0.5

名　称		摩擦因数 μ
轧辊轴承	滚动轴承(滚子)	0.002～0.005
	层压胶木轴瓦	0.004～0.006
	青铜轴瓦(用于热轧辊)	0.07～0.1
	青铜轴瓦(用于冷轧辊)	0.04～0.08
	特殊密封全液体摩擦轴承	0.003～0.005
	特殊密封半液体摩擦轴承	0.005～0.01
加热炉内	金属在管子或金属条上	0.4～0.6
	金属在炉底砖上	0.6～1
密封软填料盒中填料与轴的摩擦		0.2
热钢在辊道上摩擦		0.3
冷钢在辊道上摩擦		0.15～0.18
制动器普通石棉制动带(无润滑) $p=0.2$～0.6MPa		0.35～0.48
离合器装有黄铜丝的压制石棉带 $p=0.2$～1.2MPa		0.4～0.43
液体静压轴承 空气静压轴承	径向载荷 轴向载荷	<0.0001 与载荷关系不大

(4)有量纲的滚动摩擦因数

表 1-1-9 有量纲的滚动摩擦系数 μ_k(大约值)

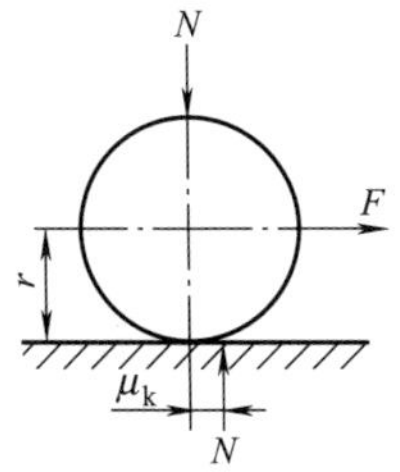

圆柱沿平面滚动。滚动阻力矩为:

$$M=N\mu_k=Fr$$

μ_k 为滚动摩擦系数

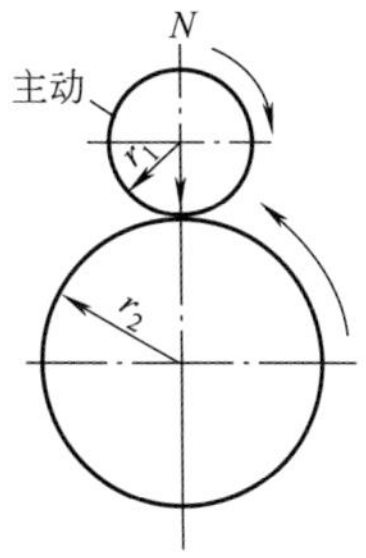

两个具有固定轴线的圆柱,其中主动圆柱以 N 力压另一圆柱,两个圆柱相对滚动。主圆柱上遇到的滚动阻力矩为:

$$M=N\mu_k\left(1+\frac{r_1}{r_2}\right)$$

μ_k 为滚动摩擦系数

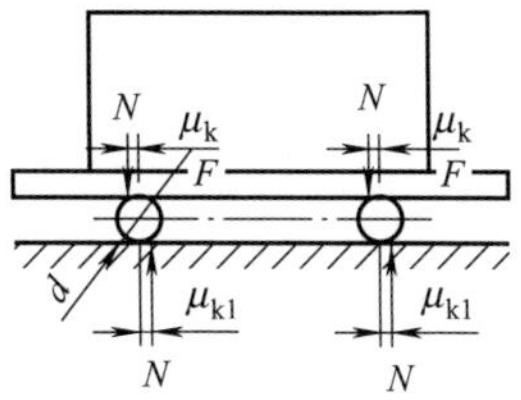

重物压在圆辊支承的平台上移动,每个圆辊承受的载重为 N。克服一个辊子上摩擦阻力所需的牵引力 F

$$F=\frac{N}{d}(\mu_k+\mu_{k1})$$

式中 μ_k 和 μ_{k1} 依次是平台与圆辊之间和圆辊与固定支持物之间的滚动摩擦系数

摩擦副材料	μ_k/cm	摩擦副材料	μ_k/cm
软钢与软钢	约 0.40	表面淬火车轮与钢轨	
		圆锥形车轮	0.08~0.1
铸铁与铸铁	约 0.15	圆柱形车轮	0.05~0.070
木材与钢	0.03~0.04	钢轮与木面	0.15~0.25
木材与木材	0.05~0.08	橡胶轮胎与沥青路面	约 0.25
钢板间的滚子(梁的活动支座)	0.02~0.07	橡胶轮胎与混凝土路面	约 0.15
铸铁轮或钢轮与钢轨	约 0.05	橡胶轮胎与土路面	1~1.5

注:表中数据只作近似计算参考。

(5)滑动摩擦因数与速度变化的关系

表 1-1-10 滑动摩擦因数与速度变化的关系

钢轮缘在钢轨上		铸铁闸瓦在钢轮缘上		软钢轮缘在干钢轨上		钢轮缘在钢轨上		铸铁闸瓦在钢轮缘上		软钢轮缘在干钢轨上	
v/km·h^{-1}	μ	v/km·h^{-1}	μ	v/km·h^{-1}	μ	v/km·h^{-1}	μ	v/km·h^{-1}	μ	v/km·h^{-1}	μ
启动	0.242	启动	0.330	16.56	0.209	43.90	0.070	40.30	0.166	51.48	0.145
10.93	0.088	8.05	0.273	26.28	0.206	65.80	0.057	72.36	0.127	72	0.136
21.80	0.072	16.09	0.242	31.68	0.171	87.60	0.038	96.48	0.074	79.2	0.112

（6）滑动摩擦因数与压力变化的关系

表 1-1-11　滑动摩擦因数与压力变化的关系

压力/MPa	软钢	铸铁	钢	黄铜	压力/MPa	软钢	铸铁	钢	黄铜
	在软钢上		在铸铁上			在软钢上		在铸铁上	
0.86	0.14	0.174	0.166	0.157	3.34	0.403	0.366	0.356	0.221
1.28	0.25	0.275	0.300	0.225	3.61	0.409	0.366	0.357	0.223
1.54	0.271	0.292	0.333	0.219	3.86		0.367	0.358	0.233
1.79	0.285	0.321	0.340	0.214	4.14		0.367	0.359	0.234
2.05	0.297	0.329	0.344	0.211	4.37	表面损伤	0.367	0.367	0.235
2.32	0.312	0.333	0.347	0.215	4.63		0.376	0.403	0.233
2.57	0.350	0.351	0.351	0.206	4.90		0.434		0.234
2.69	0.376	0.363	0.353	0.205	5.11		表面损伤	表面损伤	0.232
3.09	0.395	0.365	0.354	0.208	5.65				0.273

注：本表为连尼氏测得的滑动摩擦因数与压力的关系。

1.1.7　常用材料极限强度的近似关系

表 1-1-12　常用材料极限强度的近似关系

材料名称	极限强度					
	对称应力疲劳极限			脉动应力疲劳极限		
	抗拉压疲劳极限 σ_{-1t}	抗弯疲劳极限 σ_{-1}	抗扭疲劳极限 τ_{-1}	抗拉压脉动疲劳极限 σ_{0t}	抗弯脉动疲劳极限 σ_0	抗扭脉动疲劳极限 τ_0
结构钢	约 $0.3R_m$	约 $0.43R_m$	约 $0.25R_m$	约 $1.42\sigma_{-1t}$	约 $1.33\sigma_{-1}$	约 $1.5\tau_{-1}$
铸铁	约 $0.225R_m$	约 $0.45R_m$	约 $0.36R_m$	约 $1.42\sigma_{-1t}$	约 $1.35\sigma_{-1}$	约 $1.35\tau_{-1}$
铝合金	约 $\frac{R_m}{6}+73.5\text{MPa}$	约 $\frac{R_m}{6}+73.5\text{MPa}$	约 $(0.55\sim0.58)\sigma_{-1}$	约 $1.5\sigma_{-1t}$		

1.1.8　金属材料熔点、热导率及比热容

表 1-1-13　金属材料熔点、热导率及比热容

名称	熔点/℃	热导率/$W\cdot m^{-1}\cdot K^{-1}$	比热容/$J\cdot kg^{-1}\cdot K^{-1}$	名称	熔点/℃	热导率/$W\cdot m^{-1}\cdot K^{-1}$	比热容/$J\cdot kg^{-1}\cdot K^{-1}$
灰口铁	1200	39.2	480	铝	658	238	902
碳素钢	1400～1500	48	480	铅	327	35	128
不锈钢(奥氏体)		15.2	460	锡	232	64	228
黄铜	1083	109	368	锌	419	121	388
青铜	995	64	343	镍	1452	91.4	444
紫铜	1083	407	418	钛	1668	22.4	520

注：表中热导率和比热容为20℃的数据。

1.1.9 液体材料的物理性能

表 1-1-14 液体材料的物理性能

名称	密度 ρ ($t=20$℃) /kg·dm^{-3}	熔点 t /℃	沸点 t /℃	热导率 λ ($t=20$℃) /W·m^{-1}·K^{-1}	比热容 (0<t<100℃) /kJ·kg^{-1}·K^{-1}	名称	密度 ρ ($t=20$℃) /kg·dm^{-3}	熔点 t /℃	沸点 t /℃	热导率 λ ($t=20$℃) /W·m^{-1}·K^{-1}	比热容 (0<t<100℃) /kJ·kg^{-1}·K^{-1}
水	0.998	0	100	0.60	4.187	盐酸(400g/L)	1.20				
汞	13.55	−38.9	357	10	0.138	硫酸(500g/L)	1.40				
苯	0.879	5.5	80	0.15	1.70	浓硫酸	1.83	约10	338	0.47	1.42
甲苯	0.867	−95	110	0.14	1.67	浓硝酸	1.51	−41	84	0.26	1.72
甲醇	0.8	−98	66		2.51	醋酸	1.04	16.8	118		
乙醚	0.713	−116	35	0.13	2.28	氢氟酸	0.987	−92.5	19.5		
乙醇	0.79	−110	78.4		2.38	石油醚	0.66	−160	>40	0.14	1.76
丙酮	0.791	−95	56	0.16	2.22	三氯乙烯	1.463	−86	87	0.12	0.93
甘油	1.26	19	290	0.29	2.37	四氯代乙烯	1.62	−20	119		0.904
重油(轻级)	约0.83	−10	>175	0.14	2.07	亚麻油	0.93	−15	316	0.17	1.88
汽油	约0.73	−(30~50)	25~210	0.13	2.02	润滑油	0.91	−20	>360	0.13	2.09
煤油	0.81	−70	>150	0.13	2.16	变压器油	0.88	−30	170	0.13	1.88
柴油	约0.83	−30	150~300	0.15	2.05						
氯仿	1.49	−70	61								

1.1.10 气体材料的物理性能

表 1-1-15 气体材料的物理性能

名称	密度 ρ ($t=20$℃) /kg·m^{-3}	熔点 t /℃	沸点 t /℃	热导率 λ ($t=0$℃) /W·m^{-1}·K^{-1}	比热容 ($t=0$℃) /kJ·kg^{-1}·K^{-1} c_p	比热容 c_V	名称	密度 ρ ($t=20$℃) /kg·m^{-3}	熔点 t /℃	沸点 t /℃	热导率 λ ($t=0$℃) /W·m^{-1}·K^{-1}	比热容 ($t=0$℃) /kJ·kg^{-1}·K^{-1} c_p	比热容 c_V
氢	0.09	−259.2	−252.8	0.171	14.05	9.934	二氧化碳	1.97	−78.2	−56.6	0.015	0.816	0.627
氧	1.43	−218.8	−182.9	0.024	0.909	0.649	二氧化硫	2.92	−75.5	−10.0	0.0086	0.586	0.456
氮	1.25	−210.5	−195.7	0.024	1.038	0.741	氯化氢	1.63	−111.2	−84.8	0.013	0.795	0.567
氯	3.17	−100.5	−34.0	0.0081	0.473	0.36	臭氧	2.14	−251	−112			
氩	1.78	−189.3	−185.9	0.016	0.52	0.312	硫化碳	3.40	−111.5	46.3	0.0069	0.582	0.473
氖	0.90	−248.6	−246.1	0.046	1.03	0.618	硫化氢	1.54	−85.6	−60.4	0.013	0.992	0.748
氪	3.74	−157.2	−153.2	0.0088	0.25	0.151	甲烷	0.72	−182.5	−161.5	0.030	2.19	1.672
氙	5.86	−111.9	−108.0	0.0051	0.16	0.097	乙炔	1.17	−83	−81	0.018	1.616	1.300
氦	0.18	−270.7	−268.9	0.143	5.20	3.121	乙烯	1.26	−169.5	−103.7	0.017	1.47	1.173
氨	0.77	−77.9	−33.4	0.022	2.056	1.568	丙烷	2.01	−187.7	−42.1	0.015	1.549	1.360
干燥空气	1.293	−213	−192.3	0.02454	1.005	0.718	正丁烷	2.70	−135	1			
煤气	约0.58	−230	−210		2.14	1.59	异丁烷	2.67	−145	−10			
高炉煤气	1.28	−210	−170	0.02	1.05	0.75	水蒸气①	0.77	0.00	100.00	0.016	1.842	1.381
一氧化碳	1.25	−205	−191.6	0.023	1.038	0.741							

① 表示该项是在 $t=100$℃时测出的。

注：1. 表中性能数据在 101.325kPa 压力时测出。

2. 表中 c_p 表示比定压热容，c_V 表示比定容热容。

1.1.11 常用几何体的面积、体积及重心位置

表 1-1-16 常用几何体的面积、体积及重心位置

1. 圆球体

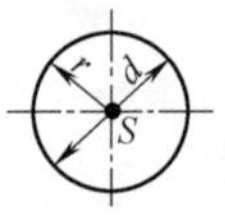

$A_n=4\pi r^2=\pi d^2$

$V=\frac{4\pi r^3}{3}=\frac{\pi d^3}{6}$

2. 正圆柱体

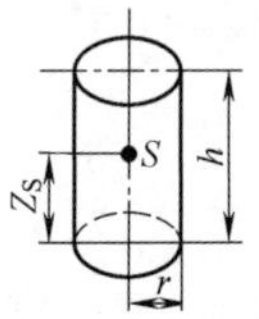

$Z_S=\frac{h}{2}$

$A=2\pi rh$

$A_n=2\pi r(h+r)$

$V=\pi r^2 h$

3. 斜截圆柱体

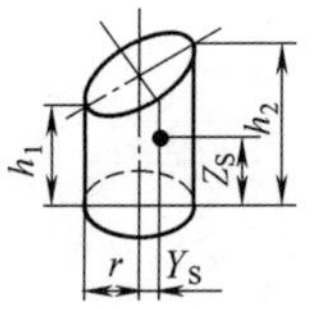

$Y_S=\frac{r(h_2-h_1)}{4(h_2+h_1)}$

$Z_S=\frac{h_2+h_1}{4}+\frac{(h_2-h_1)^2}{16(h_2+h_1)}$

$A=\pi r(h_2+h_1)$

$A_n=\pi r\left[h_1+h_2+r+\sqrt{r^2+\left(\frac{h_2-h_1}{2}\right)^2}\right]$

$V=\frac{\pi r^2(h_2+h_1)}{2}$

4. 平截正圆锥体

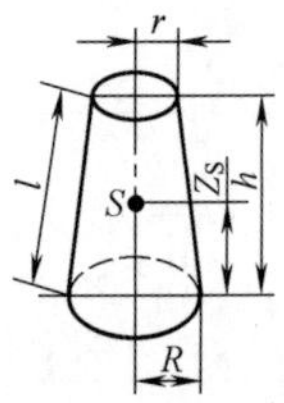

$Z_S=\frac{h(R^2+2Rr+3r^2)}{4(R^2+Rr+r^2)}$

$A=\pi l(R+r)$

$A_n=A+\pi(R^2+r^2)$

$l=\sqrt{(R-r)^2+h^2}$

$V=\frac{\pi h}{3}(R^2+Rr+r^2)$

5. 正圆锥体

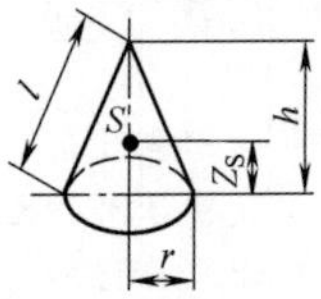

$Z_S=\frac{h}{4}$

$A=\pi rl$

$A_n=\pi r(l+r)$

$l=\sqrt{r^2+h^2}$

$V=\frac{\pi r^2 h}{3}$

6. 球面扇形体

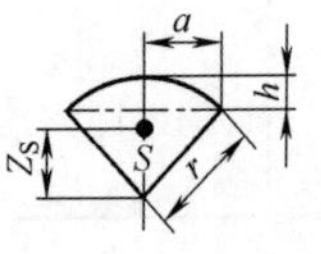

$Z_S=\frac{3}{8}(2r-h)$

$A=\pi ar$

$A_n=\pi r(2h+a)$

$V=\frac{2}{3}\pi r^2 h$

7. 棱锥体

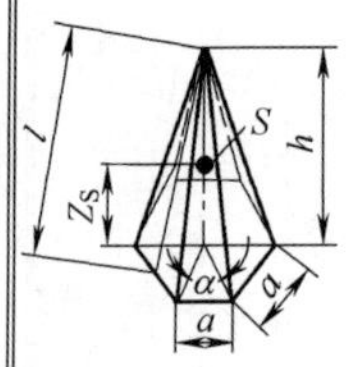

$Z_S=\frac{h}{4}$

$A=\frac{1}{2}nal$

$A_n=\frac{1}{2}na\left(\frac{a}{2}\cot\frac{\alpha}{2}+l\right)$

$\alpha=\frac{360°}{n}$（n 为侧面面数）

$V=\frac{na^2h}{12}\cot\frac{\alpha}{2}$

或 $V=\frac{hA_b}{3}$（A_b 为底面积，此式适用于底面为任意多边形的棱锥体）

8. 平截长方棱锥体

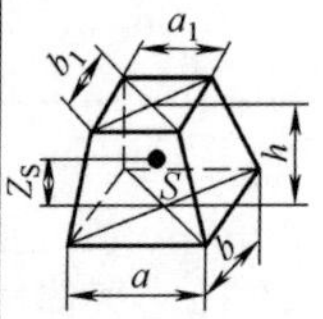

$Z_S=\frac{h(ab+ab_1+a_1b+3a_1b_1)}{2(2ab+ab_1+a_1b+2a_1b_1)}$

或 $Z_S=\frac{h}{4}\times\frac{A_b+2\sqrt{A_tA_b}+3A_t}{A_b+\sqrt{A_tA_b}+A_t}$（此式适用情况同 V）

$V=\frac{h}{6}(2ab+ab_1+a_1b+2a_1b_1)$ 或 $V=\frac{h}{3}(A_t+\sqrt{A_tA_b}+A_b)$（$A_t$、$A_b$ 分别为顶、底面积，此式适用底面为任意多边形的平截角锥体）

9. 空心圆柱体

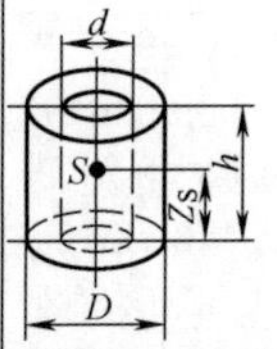

$Z_S=\frac{h}{2}$

$A=\pi h(D+d)$

$V=\frac{\pi h}{4}(D^2-d^2)$

10. 平截空心圆锥体

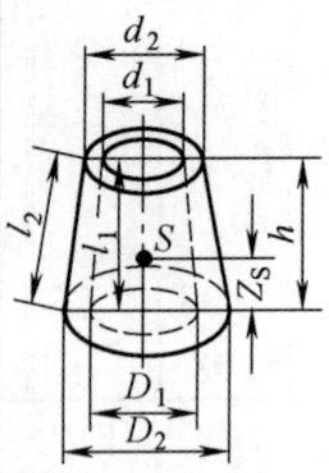

$Z_S=\frac{h}{4}\times\frac{D_2^2-D_1^2+2(D_2d_2-D_1d_1)+3(d_2^2-d_1^2)}{D_2^2-D_1^2+D_2d_2-D_1d_1+d_2^2-d_1^2}$

$A=\frac{\pi}{2}[l_2(D_2+d_2)+l_1(D_1+d_1)]$

$V=\frac{\pi h}{12}(D_2^2-D_1^2+D_2d_2-D_1d_1+d_2^2-d_1^2)$

注：Y_S，Z_S—重心位置；A_n—全面积；A—侧面积；V—体积。

1.2 国内外常用标准代号

表 1-1-17 国内部分标准代号

标准代号	名称	标准代号	名称	标准代号	名称
GB	强制性国家标准	JB	机械行业标准	TB	铁道行业标准
GB/T	推荐性国家标准	JC	建材行业标准	TJ	国家工程标准
GBn	国家内部标准	JG	建筑工业行业标准	WB	物资管理行业标准
GBJ	国家工程建设标准	JJC	国家计量局标准	WM	对外经济贸易行业标准
GJB	国家军用标准	JT	交通行业标准	WS	卫生行业标准
GC	金属切削机床标准	JY	教育行业标准	YB	黑色冶金行业标准
GD	原一机部锻压机械标准	KY	中国科学院标准	YD	通信行业标准
GZ	原一机部铸造机械标准	LD	劳动和劳动安全标准	YS	有色冶金行业标准
BB	包装行业标准	LY	林业行业标准	YY	医药行业标准
CB	船舶行业标准	MH	民用航空行业标准	NJ	原机械部农机行业标准
CH	测绘行业标准	MT	煤炭行业标准	HG	原化学工业部标准
CJ	城市建设行业标准	MZ	民政工业行业标准	FJ	原纺织工业部标准
DL	电力行业标准	NY	农业行业标准	JB/TQ	原机械部石化通用标准
DZ	地质矿业行业标准	QB	轻工行业标准	JB/GQ	原机械部机床工具标准
EJ	核工业行业标准	QC	汽车行业标准	JB/ZQ	原机械部重型矿山标准
FZ	纺织行业标准	QJ	航天工业行业标准	JB/DQ	原机械部电工标准
HB	航空工业行业标准	SB	商业行业标准	JB/Z	机械工业指导性技术文件
HJ	环境保护行业标准	SH	石油化工行业标准	SD	原水力部标准
HS	海关行业标准	SJ	电子行业标准	XB	稀土行业标准
HY	海洋行业标准	SL	水利行业标准	Y、ZBY	仪器、仪表标准

注：1. 中国台湾省标准代号是 CNS。

2. 标准代号后加“/T”为推荐性标准；在代号后加“/Z”为指导性技术文件。

表 1-1-18 国外部分标准代号

标准代号	名称	标准代号	名称	标准代号	名称
ISO①	国际标准化组织标准	API	美国石油学会标准	VDI	德国工程师协会标准
ISA	国际标准化协会标准	AFNOR	法国标准协会标准	DS	丹麦标准
IEC	国际电工委员会标准	AS	澳大利亚标准	ELOT	希腊标准
IDO	联合国工业发展组织标准	NF	法国国家标准	E. S.	埃及标准
ANSI②	美国国家标准	ГОСТ	俄罗斯国家标准	IS	印度标准
SAE	美国汽车协会标准	UNI	意大利标准	JIS	日本工业标准
NBS	美国国家标准局标准	BS	英国标准	JES	日本工业产品标准统一调查会标准
ASA	美国标准协会标准	CAS、CA	罗得西亚、中非标准		
AISI	美国钢铁学会标准	CSA	加拿大标准协会标准	JSME	日本机械学会标准
AGMA	美国齿轮制造者协会标准	CSK	朝鲜国家标准	JCMA	日本齿轮工业协会标准
ASME	美国机械工程师学会标准	CSN	捷克国家标准	KS	韩国标准
ASTM	美国材料试验标准	DIN	德国工业标准	MS	马来西亚标准

标准代号	名　称	标准代号	名　称	标准代号	名　称
MSZ	匈牙利标准	NZS	新西兰标准	S. S.	新加坡标准
NB	巴西标准	PS	巴基斯坦标准	SSS	叙利亚标准
NBN	比利时标准	PTS	菲律宾标准	TCVN	越南社会主义共和国标准
NC、UNC	古巴标准	SABS	南非标准	THAI	泰国标准
NEN	荷兰标准	SIS	瑞典标准	UBS	缅甸联邦标准
NS	挪威标准	SNV	瑞士国家标准	VCT	蒙古国家标准

① ISO 的前身为 ISA。

② ANSI 的前身为 ASA，USASI。

1.3　法定计量单位和常用单位换算

1.3.1　法定计量单位

我国的法定计量单位有：国际单位制（SI）的基本单位，包括辅助单位在内的具有专门名称的导出单位，由以上单位构成的组合形式单位和用于构成十进倍数和分数单位的词头；可与 SI 并用的我国法定计量单位。

（1）SI 基本单位

表 1-1-19　SI 基本单位（摘自 GB 3100—1993）

量的名称	单位名称	单位符号	量的名称	单位名称	单位符号
长度	米	m	热力学温度	开[尔文]	K
质量	千克(公斤)	kg	物质的量	摩[尔]	mol
时间	秒	s	发光强度	坎[德拉]	cd
电流	安[培]	A			

注：1. 圆括号中的名称，是它前面的名称的同义词，下同。

2. 方括号中的字，在不致引起混淆、误解的情况下，可以省略。去掉方括号中的字即为其简称，下同。

3. 本标准所称的符号，除特殊指明者外，均指我国法定计量单位中所规定的符号，下同。

4. 人民生活和贸易中，质量习惯称为重量。

（2）SI 辅助单位与导出单位

表 1-1-20　包括 SI 辅助单位在内的具有专门名称的 SI 导出单位（摘自 GB 3100—1993）

量的名称	SI 导出单位			量的名称	SI 导出单位		
	名　称	符号	用 SI 基本单位和 SI 导出单位表示		名　称	符号	用 SI 基本单位和 SI 导出单位表示
[平面]角	弧度	rad	1rad=1m/m=1	电容	法[拉]	F	1F=1C/V
立体角	球面度	sr	$1sr=1m^2/m^2=1$	电阻	欧[姆]	Ω	1Ω=1V/A
频率	赫[兹]	Hz	$1Hz=1s^{-1}$	电导	西[门子]	S	$1S=1\Omega^{-1}$
力	牛[顿]	N	$1N=1kg\cdot m/s^2$	磁通[量]	韦[伯]	Wb	$1Wb=1V\cdot s$
压力,压强,应力	帕[斯卡]	Pa	$1Pa=1N/m^2$	磁通[量]密度,磁感应强度	特[斯拉]	T	$1T=1Wb/m^2$
能[量],功,热量	焦[耳]	J	$1J=1N\cdot m$	电感	亨[利]	H	1H=1Wb/A
功率,辐[射能]通量	瓦[特]	W	1W=1J/s	摄氏温度	摄氏度	℃	1℃=1K
电荷[量]	库[仑]	C	$1C=1A\cdot s$	光通量	流[明]	lm	$1lm=1cd\cdot sr$
电压,电动势,电位,(电势)	伏[特]	V	1V=1W/A	[光]照度	勒[克斯]	lx	$1lx=1lm/m^2$
[放射性]活度①	贝可[勒尔]	Bq	$1Bq=1s^{-1}$	剂量当量①	希[沃特]	Sv	1Sv=1J/kg
吸收剂量①	戈[瑞]	Gy	1Gy=1J/kg				

① 由于人类健康安全防护上的需要而确定的 SI 导出单位。

（3）SI单位的倍数单位

表 1-1-21　SI 词头（摘自 GB 3100—1993）

因数	词头名称		符号	因数	词头名称		符号
	英文	中文			英文	中文	
10^{24}	yotta	尧[它]	Y	10^{-1}	deci	分	d
10^{21}	zetta	泽[它]	Z	10^{-2}	centi	厘	c
10^{18}	exa	艾[可萨]	E	10^{-3}	milli	毫	m
10^{15}	peta	拍[它]	P	10^{-6}	micro	微	μ
10^{12}	tera	太[拉]	T	10^{-9}	nano	纳[诺]	n
10^{9}	giga	吉[咖]	G	10^{-12}	pico	皮[可]	p
10^{6}	mega	兆	M	10^{-15}	femto	飞[母托]	f
10^{3}	kilo	千	k	10^{-18}	atto	阿[托]	a
10^{2}	hecto	百	h	10^{-21}	zepto	仄[普托]	z
10^{1}	deca	十	da	10^{-24}	yocto	幺[科托]	y

注：10^4 称为万，10^8 称为亿，10^{12} 称为万亿，使用时不受词头名称的影响，但不应与词头混淆。

（4）可与SI并用的我国法定计量单位

表 1-1-22　可与 SI 并用的我国法定计量单位

量的名称	单位名称	单位符号	与SI单位关系
时间	分 [小]时 日,(天)	min h d	1min=60s 1h=60min=3600s 1d=24h=86400s
[平面]角	度 [角]分 [角]秒	(°) (′) (″)	1°=(π/180)rad 1′=(1/60)°=(π/10800)rad 1″=(1/60)′=(π/648000)rad
体积、容积	升	L,(l)	$1L=1dm^3=10^{-3}m^3$
质量	吨 原子质量单位	t u	$1t=10^3kg$ $1u\approx1.6605655\times10^{-27}kg$
旋转速度	转每分	r/min	1r/min=(1/60)r/s(通常用作旋转机械的转速)
长度	海里	n mile	1n mile=1852m(只用于航程)
速度	节	kn	1kn=1n mile/h=(1852/3600)m/s(只用于航行)
能	电子伏	eV	$1eV\approx1.6021892\times10^{-19}J$
声级	分贝	dB	1dB=0.1B(声压级、声强级、声功率级通常用 dB 为单位)
线密度	特[克斯]	tex	$1tex=10^{-6}kg/m$(用于纤维纺织业)
面积	公顷	hm^2	$1hm^2=10^4m^2$

注：1. 平面角单位度、分、秒的符号，在组合单位中应采用（°）、（′）、（″）的形式。例如，不用°/s而用（°）/s。
2. 升的两个符号属同等地位，可任意选用。
3. 公顷的国际通用符号为 ha。

1.3.2 常用物理量及其法定计量单位的名称符号

表 1-1-23 常用物理量及其法定计量单位的名称符号（摘自 GB 3102.1～3102.7—1993）

量的名称及符号		单位名称及符号	
空间和时间			
[平面]角	$\alpha,\beta,\gamma,\theta,\varphi\cdots$	弧度 度 [角]分 [角]秒	rad (°) (′) (″)
立体角	Ω	球面度	sr
长度 宽度 高度 厚度 半径 直径 程长 距离 笛卡儿坐标 曲率半径	$l,(L)$ b h δ,d r,R d,D s d,r x,y,z ρ	米 毫米 微米 海里	m mm μm n mile
曲率	κ	每米	m^{-1}
面积	$A,(S)$	平方米 公顷	m^2 hm^2
体积，容积	V	立方米 升	m^3 L,(l)
时间，时间间隔，持续时间	t	秒 分 [小]时 日(天)	s min h d
角速度	ω	弧度每秒	rad/s
角加速度	ε	弧度每二次方秒	rad/s^2
速度	v c u,v,w	米每秒 千米每小时 节	m/s km/h kn
加速度 自由落体加速度，重力加速度	a g	米每二次方秒	m/s^2
周期及其有关现象			
周期 时间常数	T τ	秒	s
频率	f,ν	赫[兹]	Hz
旋转频率	n	每秒	s^{-1}
旋转速度（转速）		转每分	r/min
角频率，圆频率	ω	弧度每秒	rad/s
波长	λ	米	m
波数 角波数	σ k	每米	m^{-1}
周期及其有关现象			
相速度 群速度	c,v c_φ,v_φ c_g,v_g	米每秒	m/s
阻尼系数	δ	每秒	s^{-1}
衰减系数 相位系数 传播系数	α β γ	每米	m^{-1}
力学			
质量	m	千克，(公斤) 吨 原子质量单位	kg t u
体积质量 [质量]密度	ρ	千克每立方米 吨每立方米 千克每升	kg/m^3 t/m^3 kg/L
相对体积质量 相对[质量]密度	d	—	
质量体积，比体积	v	立方米每千克	m^3/kg
线质量，线密度	ρ_l	千克每米 特[克斯]	kg/m tex
面质量，面密度	$\rho_A,(\rho_S)$	千克每平方米	kg/m^2
转动惯量（惯性矩）	$I,(J)$	千克二次方米	$kg\cdot m^2$
动量	p	千克米每秒	$kg\cdot m/s$
力 重量	F $W,(P,G)$	牛[顿]	N
冲量 动量矩，角动量	I L	牛[顿]秒 千克二次方米每秒	$N\cdot s$ $kg\cdot m^2/s$
引力常数	$G,(f)$	牛[顿]二次方米每二次方千克	$N\cdot m^2/kg^2$
力矩，力偶矩 转矩	M M,T	牛[顿]米	$N\cdot m$
压力，压强 正应力 切应力，(剪应力)	p σ τ	帕[斯卡]	Pa
线应变，(相对变形) 切应变，(剪应变) 体应变	ε,e γ θ	—	
泊松比	μ,ν	—	
弹性模量 切变模量，(刚量模量) 体积模量，(压缩模量)	E G K	帕[斯卡]	Pa

续表

量的名称及符号	单位名称及符号
力学	
[体积]压缩率 κ	每帕[斯卡] Pa^{-1}
截面二次矩(惯性矩) I_a,(I) 截面二次极矩(极惯性矩) I_p	四次方米 m^4
截面系数 W,Z	三次方米 m^3
动摩擦因数,静摩擦因数 μ,(f)	—
[动力]黏度 η,(μ)	帕[斯卡]秒 Pa·s
运动黏度 ν	二次方米每秒 m^2/s
表面张力 γ,σ	牛[顿]每米 N/m
能[量] E 功 W,(A) 势能,位能 E_p,(V) 动能 E_k,(T)	焦[耳] J
功率 P	瓦[特] W 千瓦 kW
效率 η	—
质量流量 q_m	千克每秒 kg/s
体积流量 q_V	立方米每秒 m^3/s
热学	
热力学温度 T,θ	开[尔文] K
摄氏温度 t,θ	摄氏度 ℃
线[膨]胀系数 α_l 体[膨]胀系数 α_V,γ	每开[尔文] K^{-1}
热,热量 Q	焦[耳] J
热流量 Φ	瓦[特] W
面积热流量,热流量密度 q,φ	瓦[特]每平方米 W/m^2
热导率,(导热系数) λ,(k)	瓦[特]每米开[尔文] W/(m·K)
传热系数 k,(K) 表面传热系数 h,(a)	瓦[特]每平方米开[尔文] $W/(m^2 \cdot K)$
热扩散率 a	平方米每秒 m^2/s
热容 C	焦[耳]每开[尔文] J/K
质量热容,比热容 c	焦[耳]每千克开[尔文] J/(kg·K)
质量热容比 γ	—
熵 S	焦[耳]每开[尔文] J/K
质量熵,比熵 s	焦[耳]每千克开[尔文] J/(kg·K)
热力学能(内能) U 焓 H 亥姆霍兹自由能,亥姆霍兹函数 A,F 吉布斯自由能,吉布斯函数 G	焦[耳] J

量的名称及符号	单位名称及符号
热学	
质量能,比能 e 质量热力学能,比热力学能 u 质量焓,比焓 h 质量亥姆霍兹自由能,比亥姆霍兹自由能,比亥姆霍兹函数 a,f 质量吉布斯自由能,比吉布斯自由能,比吉布斯函数 g	焦[耳]每千克 J/kg
马休函数 J 普朗克函数 Y	焦[耳]每开[尔文] J/K
电学和磁学	
电流 I	安[培] A
电荷[量] Q	库[仑] C
体积电荷,电荷[体]密度 ρ,(η)	库[仑]每立方米 C/m^3
面积电荷,电荷面密度 σ	库[仑]每平方米 C/m^2
电场强度 E	伏[特]每米 V/m
电位,(电势) V,φ 电位差,(电势差),电压 U,(V) 电动势 E	伏[特] V
电通[量]密度,电位移 D	库[仑]每平方米 C/m^2
电通[量],电位移通量 Ψ	库[仑] C
电容 C	法[拉] F
介电常数(电容率) ε	法[拉]每米 F/m
相对介电常数,(相对电容率) ε_r	—
电极化率 χ,χ_e	—
电极化强度 P	库[仑]每平方米 C/m^2
电偶极矩 p,(p_e)	库[仑]米 C·m
面积电流,电流密度 J,(S,δ)	安[培]每平方米 A/m^2
线电流,电流线密度 A,(a) 磁场强度 H	安培每米 A/m
磁位差,(磁势差) U_m 磁通势,(磁动势) F,F_m	安[培] A
磁通[量]密度,磁感应强度 B	特[斯拉] T
磁通[量] ϕ	韦[伯] Wb
磁矢位,(磁矢势) A	韦[伯]每米 Wb/m
自感 L 互感 M,L_{12}	亨利 H
耦合因数(耦合系数) k,(κ)	—
漏磁因数(漏磁系数) σ	—

续表

量的名称及符号	单位名称及符号
电学和磁学	
磁导率 μ 真空磁导率 μ_0	亨[利]每米 H/m
相对磁导率 μ_r	—
磁化率 $\kappa,(\chi_m,\chi)$	—
[面]磁矩 m	安[培]平方米 $A \cdot m^2$
磁化强度 $M,(H_i)$	安[培]每米 A/m
磁极化强度 $J,(B_i)$	特[斯拉] T
体积电磁能,电磁能密度 w	焦[耳]每立方米 J/m^3
坡印廷矢量 S	瓦[特]每平方米 W/m^2
电磁波的相平面速度,电磁波在真空中的传播速度 c,c_0	米每秒 m/s
[直流]电阻,[交流]电阻 R 阻抗,(复[数]阻抗) Z 电抗 X	欧[姆] Ω
[直流]电导,[交流]电导 G 导纳,(复[数]导纳) Y 电纳 B	西[门子] S
[直流]功率,[有功]功率 P	瓦[特] W
电阻率 ρ	欧[姆]米 $\Omega \cdot m$
电导率 γ,σ	西[门子]每米 S/m
磁阻 R_m	每亨[利] H^{-1}
磁导 $A,(P)$	亨[利] H
绕组的匝数 N	—
相数 m	—
极对数 p	—
频率 f,ν	赫[兹] Hz
旋转频率 n	每秒 s^{-1}
角频率 ω	弧度每秒 rad/s 每秒 s^{-1}
相[位]差,相[位]移 φ	弧度 rad [角]秒 (″) [角]分 (′) 度 (°)
品质因数 Q	—
损耗因数 d	—

量的名称及符号	单位名称及符号
电学和磁学	
损耗角 δ	弧度 rad
视在功率(表观功率) S,P_S 无功功率 Q,P_Q	伏安 $V \cdot A$
功率因数 λ	—
[有功]电能[量] W	焦[耳] J 千瓦[特][小]时 $kW \cdot h$
光学	
光通量 $\Phi,(\Phi_V)$	流[明] lm
发光强度 $I,(I_V)$	坎[德拉] cd
[光]亮度 $L,(L_V)$	坎[德拉]每平方米 cd/m^2
[光]照度 $E,(E_V)$	勒[克斯] lx
辐[射]能 Q,W	焦[耳] J
辐[射]功率,辐[射能]通量 $P,\Phi,(\Phi_e)$	瓦[特] W
光量 $Q(Q_V)$	流[明]秒 $lm \cdot s$
曝光量 H	勒[克斯]秒 $lx \cdot s$
声学	
静压 $p_s,(p_0)$ (瞬时)声压 p	帕[斯卡] Pa
声能密度 $\omega,(e),(D)$	焦[耳]每立方米 J/m^3
声功率 W,P	瓦[特] W
声强[度] I,J	瓦[特]每平方米 W/m^2
声阻抗率 Z_s [媒质的声]特性阻抗 Z_c	帕[斯卡]秒每米 $Pa \cdot s/m$
声阻抗 Z_a 声阻 R_a 声抗 X_a	帕[斯卡]秒每立方米 $Pa \cdot s/m^3$
力阻抗 Z_m 力阻 R_m 力抗 X_m	牛[顿]秒每米 $N \cdot s/m$
声压级 L_p 声强级 L_I 声功率级 L_W 隔声量 R 感觉噪声级 L_{PN}	贝[尔] B (通常用 dB 为单位)
吸声量 A	平方米 m^2

注：1. 方括号中的字，在不致引起混淆、误解的情况下，可以省略。

2. 圆括号中的名称为习惯的同义词，圆括号中的符号为备用符号。

1.3.3 法定计量单位和常用单位换算

表 1-1-24 法定计量单位和常用单位换算

量的名称	法定计量单位		非法定计量单位		单位换算
	单位名称	单位符号	单位名称	单位符号	
长度	米 海里①	m n mile	公里 费密 埃 英尺 英寸 英里 码	km Å ft in mile yd	1km=1000m 1 费密=1fm=10^{-15}m 1Å=0.1nm=10^{-10}m 1ft=0.3048m=304.8mm 1in=0.0254m=25.4mm 1mile=1609.344m 1yd=0.9144m 1n mile=1852m
面积	平方米 公顷	m^2 hm^2	公亩 平方英尺 平方英寸 平方英里 平方码	a ft^2 in^2 $mile^2$ yd^2	1a=10^2m^2 1ft^2=0.0929030m^2 1in^2=6.4516×$10^{-4}m^2$ 1$mile^2$=2.58999×10^6m^2 1yd^2=0.836127m^2 1hm^2=10^4m^2
体积,容积	立方米 升	m^3 L,(l)	立方英尺 立方英寸 英加仑② 美加仑② 立方码	ft^3 in^3 UKgal USgal yd^3	1ft^3=0.0283168m^3 1in^3=1.63871×$10^{-5}m^3$ 1UKgal=4.54609dm^3 1USgal=3.78541dm^3 1yd^3=0.764555m^3 1L=$10^{-3}m^3$
质量③	千克(公斤) 吨 原子质量单位	kg t u	磅 英担 长吨(英吨) 短吨(美吨) 盎司④ 克 米制克拉	lb cwt ton sh ton oz g	1lb=0.45359237kg 1cwt=50.8023kg 1ton=1016.05kg 1sh ton=907.185kg 1oz=28.3495g 1g=1×10^{-3}kg 1 米制克拉=2×10^{-4}kg 1t=10^3kg
温度	开[尔文] 摄氏度	K ℃	华氏度	°F	°F=$\frac{9}{5}$K−459.67=$\frac{9}{5}$℃+32 1°F=$\frac{5}{9}$K=$\frac{5}{9}$℃ K=℃+273.15=$\frac{5}{9}$(°F+459.67) ℃=K−273.15=$\frac{5}{9}$(°F−32)

量的名称	法定计量单位		非法定计量单位		单位换算
	单位名称	单位符号	单位名称	单位符号	
速度	米每秒 节 千米每小时	m/s kn km/h	英尺每秒 英寸每秒 英里每小时 米每分	ft/s in/s mile/h m/min	1ft/s=0.3048m/s 1in/s=0.0254m/s 1mile/h=0.44704m/s 1m/min=0.0166667m/s 1km/h=0.277778m/s
加速度	米每二次方秒	m/s^2	英尺每二次方秒 伽	ft/s^2 Cal	$1ft/s^2=0.3048m/s^2$ $1Cal=10^{-2}m/s^2$
角速度	弧度每秒 转每分	rad/s r/min	度每秒	(°)/s	1(°)/s=0.01745rad/s 1r/min=(π/30)rad/s
转动惯量	千克二次方米	$kg·m^2$	磅二次方英尺 磅二次方英寸	$lb·ft^2$ $lb·in^2$	$1lb·ft^2=0.0421401kg·m^2$ $1lb·in^2=2.92640×10^{-4}kg·m^2$
动量	千克米每秒	kg·m/s	磅英尺每秒	lb·ft/s	1lb·ft/s=0.138255kg·m/s
动量矩，角动量	千克二次方米每秒	$kg·m^2/s$	磅二次方英尺每秒	$lb·ft^2/s$	$1lb·ft^2/s=0.0421401kg·m^2/s$
力，重力	牛[顿]	N	达因 千克力 磅力 吨力	dyn kgf lbf tf	$1dyn=10^{-5}N$ 1kgf=9.80665N 1lbf=4.44822N $1tf=9.80665×10^3N$
力矩	牛顿米	N·m	千克力米 磅力英尺 磅力英寸	kgf·m lbf·ft lbf·in	1kgf·m=9.80665N·m 1lbf·ft=1.35582N·m 1lbf·in=0.112985N·m
压力，压强，正应力，切应力(剪应力)	帕[斯卡]	Pa ($1Pa=1N/m^2$)	巴 千克力每平方厘米 毫米水柱 毫米汞柱 托 工程大气压 标准大气压 磅力每平方英尺 磅力每平方英寸 牛顿每平方毫米	bar kgf/cm^2 mmH_2O mmHg Torr at atm lbf/ft^2 lbf/in^2 N/mm^2(MPa)	$1bar=10^5Pa$ $1kgf/cm^2=0.0980665MPa$ $1mmH_2O=9.80665Pa$ 1mmHg=133.322Pa 1Torr=133.322Pa 1at=98066.5Pa=98.0665kPa 1atm=101325Pa=101.325kPa $1lbf/ft^2=47.8803Pa$ $1lbf/in^2=6.89476kPa$ $1MPa=10^6Pa$
线密度	千克每米 特[克斯]	kg/m tex	旦[尼尔] 磅每英尺 磅每英寸	den lb/ft lb/in	$1den=0.111112×10^{-6}kg/m$ 1lb/ft=1.48816kg/m 1lb/in=17.8580kg/m
体积质量，[质量]密度	千克每立方米 吨每立方米 千克每升	kg/m^3 t/m^3 kg/L	磅每立方英尺 磅每立方英寸	lb/ft^3 lb/in^3	$1lb/ft^3=16.0185kg/m^3$ $1lb/in^3=27679.9kg/m^3$

量的名称	法定计量单位		非法定计量单位		单位换算
	单位名称	单位符号	单位名称	单位符号	
质量体积,比体积	立方米每千克	m^3/kg	立方英尺每磅 立方英寸每磅	ft^3/lb in^3/lb	$1ft^3/lb=0.0624280m^3/kg$ $1in^3/lb=3.61273\times10^{-5}m^3/kg$
质量流量	千克每秒	kg/s	磅每秒 磅每小时	lb/s lb/h	1lb/s=0.453592kg/s $1lb/h=1.25998\times10^{-4}kg/s$
体积流量	立方米每秒 升每秒	m^3/s L/s	立方英尺每秒 立方英寸每小时	ft^3/s in^3/h	$1ft^3/s=0.0283168m^3/s$ $1in^3/h=4.55196\times10^{-6}L/s$
[动力]黏度	帕[斯卡]秒	Pa·s	泊 厘泊 千克力秒每平方米 磅力秒每平方英尺 磅力秒每平方英寸	P,Po cP $kgf\cdot s/m^2$ $lbf\cdot s/ft^2$ $lbf\cdot s/in^2$	$1P=10^{-1}Pa\cdot s$ $1cP=10^{-3}Pa\cdot s$ $1kgf\cdot s/m^2=9.80665Pa\cdot s$ $1lbf\cdot s/ft^2=47.8803Pa\cdot s$ $1lbf\cdot s/in^2=6894.76Pa\cdot s$
运动黏度,热扩散率	二次方米每秒	m^2/s	斯[托克斯] 厘斯[托克斯] 二次方英尺每秒 二次方英寸每秒	St cSt ft^2/s in^2/s	$1St=10^{-4}m^2/s$ $1cSt=10^{-6}m^2/s=1mm^2/s$ $1ft^2/s=9.29030\times10^{-2}m^2/s$ $1in^2/s=6.4516\times10^{-2}m^2/s$
能[量],功,热量	焦[耳]	J 1J=1N·m =1W·s	尔格 千克力米 英制马力时 英尺磅力⑤ 电子伏 千卡 米制马力时⑦ 电工马力时 英热单位 千瓦时	erg kgf·m hp·h ft·lbf eV kcal⑥ Btu kW·h	$1erg=10^{-7}J$ 1kgf·m=9.80665J 1hp·h=2.68452MJ 1ft·lbf=1.35582J $1eV\approx1.6021892\times10^{-19}J$ 1kcal=4186.8J 1 米制马力时=2.64779MJ 1 电工马力时=2.68560MJ 1Btu=1055.06J=1.05506kJ 1kW·h=3.6MJ
功率	瓦[特] 千瓦	W kW (1W=1J/s)	千克力米每秒 马力,米制马力⑧ 英制马力 电工马力 卡每秒 千卡每小时 英尺磅力每秒 伏安 乏 英热单位每小时	kgf·m/s 法 ch,CV;德 PS hp cal/s kcal/h ft·lbf/s V·A var Btu/h	1kgf·m/s=9.80665W 1ch=735.499W 1hp=745.700W 1 电工马力=746W 1cal/s=4.1868W 1kcal/h=1.163W 1ft·lbf/s=1.35582W 1V·A=1W 1var=1W 1Btu/h=0.293071W
[直流]电导	西[门子]	S	姆欧	U	1U=1S
磁通[量]	韦[伯]	Wb	麦克斯韦	Mx	$1Mx=10^{-8}Wb$
磁通[量]密度,磁感应强度	特[斯拉]	T	高斯	Gs,G	$1Gs=10^{-4}T$

续表

量的名称	法定计量单位		非法定计量单位		单位换算
	单位名称	单位符号	单位名称	单位符号	
[光]照度	勒[克斯]	lx	英尺烛光	lm/ft^2	$1\text{lm/ft}^2=10.76\text{lx}$
比能 （质量能）	焦[耳]每千克	J/kg	千卡每千克 热化学千卡每千克 英热单位每磅	kcal/kg $\text{kcal}_{\text{th}}\text{/kg}$ Btu/lb	1kcal/kg=4186.8J/kg $1\text{kcal}_{\text{th}}\text{/kg}=4184\text{J/kg}$ 1Btu/lb=2326J/kg
比热容（质量热容）， 比熵（质量熵）	焦[耳]每千克开[尔文]	J/(kg·K)	千卡每千克开[尔文] 热化学千卡每千克开[尔文] 英热单位每磅华氏度	kcal/(kg·K) kcal_{th}/(kg·K) Btu/(lb·°F)	1kcal/(kg·K)=4186.8J/(kg·K) 1kcal_{th}/(kg·K)=4184J/(kg·K) 1Btu/(lb·°F)=4186.8J/(kg·K)
传热系数	瓦[特]每平方米开[尔文]	$\text{W/(m}^2\cdot\text{K)}$	卡每平方厘米秒开[尔文] 千卡每平方米小时开[尔文] 英热单位每平方英尺小时华氏度	$\text{cal/(cm}^2\cdot\text{s}\cdot\text{K)}$ $\text{kcal/(m}^2\cdot\text{h}\cdot\text{K)}$ $\text{Btu/(ft}^2\cdot\text{h}\cdot{}^\circ\text{F)}$	$1\text{cal/(cm}^2\cdot\text{s}\cdot\text{K)}=41868\text{W/(m}^2\cdot\text{K)}$ $1\text{kcal/(m}^2\cdot\text{h}\cdot\text{K)}=1.163\text{W/(m}^2\cdot\text{K)}$ $1\text{Btu/(ft}^2\cdot\text{h}\cdot{}^\circ\text{F)}=5.67826\text{W/(m}^2\cdot\text{K)}$
热导率 （导热系数）	瓦[特]每米开[尔文]	W/(m·K)	卡每厘米秒开[尔文] 千卡每米小时开[尔文] 英热单位每英尺小时华氏度	cal/(cm·s·K) kcal/(m·h·K) Btu/(ft·h·°F)	1cal/(cm·s·K)=418.68W/(m·K) 1kcal/(m·h·K)=1.163W/(m·K) 1Btu/(ft·h·°F)=1.73073W/(m·K)

① 海里在不同国家及不同单位制里的数值不同。在美国，1 海里=1.853249km；在德国，1 海里=1.855km。
② 1 桶（barrel）（用于石油）$=9702\text{in}^3=158.9873\text{dm}^3=42$USgal=34.97UKgal。
③ 人民生活和贸易中，习惯把质量称为重量。
④ lb/12 称金盎司，用于黄金、贵金属、医药计量。
⑤ 在英制中功、能单位用“英尺磅力（ft·lbf）”以便与力矩单位“磅力英尺（lbf·ft）”区别开来。
⑥ kcal 是指国际蒸汽表卡。
⑦ 米制马力时无国际符号。
⑧ 米制马力无国际符号。

1.3.4 市制计量单位及换算

表 1-1-25 市制计量单位及换算

量的名称	单位名称	单位换算	量的名称	单位名称	单位换算
长度	[市]里 丈 尺 寸 [市]分	1[市]里=500m 1 丈=10/3m 1 尺=1/3m 1 寸=1/30m 1[市]分=1/300m	质量	[市]担 斤 两 钱 [市]分	1[市]担=50kg 1 斤=500g=0.5kg 1 两=50g=0.05kg 1 钱=5g=0.005kg 1[市]分=0.5g=0.0005kg
面积	亩 [市]分 [市]厘	1 亩$=10000/15\text{m}^2$ 1[市]分$=1000/15\text{m}^2$ 1[市]厘$=100/15\text{m}^2$	体积，容积	市升 立方市尺 市石	1 市升=1L 1 立方市尺$=0.0370\text{m}^3$ 1 市石$=100\text{L}^3$

1.3.5 标准线规尺寸换算

表 1-1-26 标准线规尺寸换算

中国线规(C、W、G)		英国线规(S、W、G)		美国线规(A、W、G)		德国线规
标称截面/mm^2	线径/mm	线规号	线径/mm	线规号	线径/mm	线径/mm
0.0020	0.050	48	0.0406	44	0.0502	
0.0025	0.056	47	0.0508	43	0.0564	
0.0032	0.063	46	0.0610	42	0.0633	
0.0040	0.071	45	0.0711	41	0.0711	
0.0050	0.080	44	0.0813	40	0.0787	
0.0063	0.090	43	0.0914	39	0.0899	
0.008	0.100	42	0.102	38	0.101	0.10
0.010	0.112	41	0.112	37	0.113	0.11
0.012	0.125	40	0.122	36	0.127	0.12
0.016	0.140	39	0.132	35	0.143	0.14
0.020	0.160	38	0.152	34	0.160	0.16
		37	0.173			
0.025	0.180	36	0.193	33	0.180	0.18
0.032	0.200	35	0.213	32	0.202	0.20
0.040	0.224	34	0.234	31	0.227	0.22
0.050	0.250	33	0.254	30	0.255	0.25
0.063	0.280	32	0.274	29	0.286	0.28
		31	0.295			
0.080	0.315	30	0.315	28	0.321	0.32
0.100	0.355	29	0.345	27	0.361	0.36
		28	0.376			
0.125	0.400	27	0.417	26	0.405	0.40
0.160	0.450	26	0.457	25	0.455	0.45
0.200	0.500	25	0.508	24	0.511	0.50
0.250	0.560	24	0.559	23	0.573	0.56
0.315	0.630	23	0.610	22	0.644	0.63
0.400	0.710	22	0.711	21	0.723	0.71
0.500	0.800	21	0.813	20	0.812	0.80
0.630	0.900	20	0.914	19	0.912	0.90
0.800	1.00	19	1.016	18	1.024	1.00
1.00	1.12	18	1.219	17	1.150	1.12
1.25	1.25			16	1.291	1.25
1.60	1.40	17	1.422	15	1.450	1.40
2.00	1.60	16	1.626	14	1.628	1.60
2.50	1.80	15	1.829	13	1.828	1.80
3.15	2.00	14	2.032	12	2.053	2.00
4.00	2.24	13	2.337	11	2.305	2.24

续表

中国线规(C、W、G)		英国线规(S、W、G)		美国线规(A、W、G)		德国线规
标称截面/mm²	线径/mm	线规号	线径/mm	线规号	线径/mm	线径/mm
5.00	2.50	12	2.642	10	2.588	2.50
6.30	2.80	11	2.946	9	2.906	2.80
8.00	3.15	10	3.251	8	3.264	3.15
10.0	3.55	9	3.658	7	3.665	3.55
12.5	4.00	8	4.064	6	4.115	4.00
16.0	4.50	7	4.470	5	4.621	4.50
20.0	5.00	6	4.877	4	5.189	5.00
		5	5.385			
25.0	5.60	4	5.893	3	5.827	5.60
31.5	6.30	3	6.401	2	6.544	6.30
40.0	7.10	2	7.010	1	7.348	7.10
		1	7.620			
50.0	8.00	1/0	8.230	1/0	8.251	8.00
63.0	9.00	2/0	8.839	2/0	9.266	9.00
		3/0	9.449			
80.0	10.00	4/0	10.160	3/0	10.400	10.00
100	11.20	5/0	10.973	4/0	11.680	11.20

1.3.6 黑色金属硬度及强度换算

表 1-1-27 黑色金属硬度及强度换算值

硬度							抗拉强度 R_m/MPa								
洛氏		表面洛氏			维氏	布氏($F/D^2=30$)	碳钢	铬钢	铬钒钢	铬镍钢	铬钼钢	铬镍钼钢	铬锰硅钢	超高强度钢	不锈钢
HRC	HRA	HR15N	HR30N	HR45N	HV	HBW									
20.0	60.2	68.8	40.7	19.2	226	225	774	742	736	782	747		781		740
21.0	60.7	69.3	41.7	20.4	230	229	793	760	753	792	760		794		758
22.0	61.2	69.8	42.6	21.5	235	234	813	779	770	803	774		809		777
23.0	61.7	70.3	43.6	22.7	241	240	833	798	788	815	789		824		796
24.0	62.2	70.8	44.5	23.9	247	245	854	818	807	829	805		840		816
25.0	62.8	71.4	45.5	25.1	253	251	875	838	826	843	822		856		837
26.0	63.3	71.9	46.4	26.3	259	257	897	859	847	859	840	859	874		858
27.0	63.8	72.4	47.3	27.5	266	263	919	880	869	876	860	879	893		879
28.0	64.3	73.0	48.3	28.7	273	269	942	902	892	894	880	901	912		901
29.0	64.8	73.5	49.2	29.9	280	276	965	925	915	914	902	923	933		924
30.0	65.3	74.1	50.2	31.1	288	283	989	948	940	935	924	947	954		947
31.0	65.8	74.7	51.1	32.3	296	291	1014	972	966	957	948	972	977		971
32.0	66.4	75.2	52.0	33.5	304	298	1039	996	993	981	974	999	1001		996

续表

硬度							抗拉强度 R_m/MPa								
洛氏		表面洛氏			维氏	布氏($F/D^2=30$)	碳钢	铬钢	铬钒钢	铬镍钢	铬钼钢	铬镍钼钢	铬锰硅钢	超高强度钢	不锈钢
HRC	HRA	HR15N	HR30N	HR45N	HV	HBW									
33.0	66.9	75.8	53.0	34.7	313	306	1065	1022	1022	1007	1001	1027	1026		1021
34.0	67.4	76.4	53.9	35.9	321	314	1092	1048	1051	1034	1029	1056	1052		1047
35.0	67.9	77.0	54.8	37.0	331	323	1119	1074	1082	1063	1058	1087	1079		1074
36.0	68.4	77.5	55.8	38.2	340	332	1147	1102	1114	1093	1090	1119	1108		1101
37.0	69.0	78.1	56.7	39.4	350	341	1177	1131	1148	1125	1122	1153	1139		1130
38.0	69.5	78.7	57.6	40.6	360	350	1207	1161	1183	1159	1157	1189	1171		1161
39.0	70.0	79.3	58.6	41.8	371	360	1238	1192	1219	1195	1192	1226	1204	1195	1193
40.0	70.5	79.9	59.5	43.0	381	370	1271	1225	1257	1233	1230	1265	1240	1243	1226
41.0	71.1	80.5	60.4	44.2	393	381	1305	1260	1296	1273	1269	1306	1277	1290	1262
42.0	71.6	81.1	61.3	45.4	404	392	1340	1296	1337	1314	1310	1348	1316	1336	1299
43.0	72.1	81.7	62.3	46.5	416	403	1378	1335	1380	1358	1353	1392	1357	1381	1339
44.0	72.6	82.3	63.2	47.7	428	415	1417	1376	1424	1404	1397	1439	1400	1427	1383
45.0	73.2	82.9	64.1	48.9	441	428	1459	1420	1469	1451	1444	1487	1445	1473	1429
46.0	73.7	83.5	65.0	50.1	454	441	1503	1468	1517	1502	1492	1537	1493	1520	1479
47.0	74.2	84.0	65.9	51.2	468	455	1550	1519	1566	1554	1542	1589	1543	1569	1533
48.0	74.7	84.6	66.8	52.4	482	470	1600	1574	1617	1608	1595	1643	1595	1620	1592
49.0	75.3	85.2	67.7	53.6	497	486	1653	1633	1670	1665	1649	1699	1651	1674	1655
50.0	75.8	85.7	68.6	54.7	512	502	1710	1698	1724	1724	1706	1758	1709	1731	1725
51.0	76.3	86.3	69.5	55.9	527	518		1768	1780	1786	1764	1819	1770	1792	
52.0	76.9	86.8	70.4	57.1	544	535		1845	1839	1850	1825	1881	1834	1857	
53.0	77.4	87.4	71.3	58.2	561	552			1899	1917	1888	1947	1901	1929	
54.0	77.9	87.9	72.2	59.4	578	569			1961	1986			1971	2006	
55.0	78.5	88.4	73.1	60.5	596	585			2026				2045	2090	
56.0	79.0	88.9	73.9	61.7	615	601								2181	
57.0	79.5	89.4	74.8	62.8	635	616								2281	
58.0	80.1	89.8	75.6	63.9	655	628								2390	
59.0	80.6	90.2	76.5	65.1	676	639								2509	
60.0	81.2	90.6	77.3	66.2	698	647								2639	
61.0	81.7	91.0	78.1	67.3	721										
62.0	82.2	91.4	79.0	68.4	745										

续表

硬度							抗拉强度 R_m/MPa								
洛氏		表面洛氏			维氏	布氏($F/D^2=30$)	碳钢	铬钢	铬钒钢	铬镍钢	铬钼钢	铬镍钼钢	铬锰硅钢	超高强度钢	不锈钢
HRC	HRA	HR15N	HR30N	HR45N	HV	HBW									
63.0	82.8	91.7	79.8	69.5	770										
64.0	83.3	91.9	80.6	70.6	795										
65.0	83.9	92.2	81.3	71.7	822										
66.0	84.4				850										
67.0	85.0				879										
68.0	85.5				909										

注：1. 本表所列换算值是对主要钢种进行实验的基础上制定的。各钢系的换算值适用于含碳量由低到高的钢种。

2. 本表所列换算值，只有当试件组织均匀一致时，才能得到较精确的结果，因此应尽量避免各种换算。

3. 本表不包括低碳钢。

4. F 为硬度计压头上的载荷（N），D 为压头直径（cm）。

1.3.7 碳钢硬度及强度换算值

表 1-1-28 碳钢硬度及强度换算值

硬度							抗拉强度 R_m/MPa
洛氏	表面洛氏			维氏	布氏 HBW		
HRB	HR15T	HR30T	HR45T	HV	$F/D^2=10$	$F/D^2=30$	
60.0	80.4	56.1	30.4	105	102		375
61.0	80.7	56.7	31.4	106	103		379
62.0	80.9	57.4	32.4	108	104		382
63.0	81.2	58.0	33.5	109	105		386
64.0	81.5	58.7	34.5	110	106		390
65.0	81.8	59.3	35.5	112	107		395
66.0	82.1	59.9	36.6	114	108		399
67.0	82.3	60.6	37.6	115	109		404
68.0	82.6	61.2	38.6	117	110		409
69.0	82.9	61.9	39.7	119	112		415
70.0	83.2	62.5	40.7	121	113		421
71.0	83.4	63.1	41.7	123	115		427
72.0	83.7	63.8	42.8	125	116		433
73.0	84.0	64.4	43.8	128	118		440
74.0	84.3	65.1	44.8	130	120		447
75.0	84.5	65.7	45.9	132	122		455
76.0	84.8	66.3	46.9	135	124		463

硬度							抗拉强度 R_m/MPa
洛氏	表面洛氏			维氏	布氏		
					HBW		
HRB	HR15T	HR30T	HR45T	HV	$F/D^2=10$	$F/D^2=30$	
77.0	85.1	67.0	47.9	138	126		471
78.0	85.4	67.6	49.0	140	128		480
79.0	85.7	68.2	50.0	143	130		489
80.0	85.9	68.9	51.0	146	133		498
81.0	86.2	69.5	52.1	149	136		508
82.0	86.5	70.2	53.1	152	138		518
83.0	86.8	70.8	54.1	156		152	529
84.0	87.0	71.4	55.2	159		155	540
85.0	87.3	72.1	56.2	163		158	551
86.0	87.6	72.7	57.2	166		161	563
87.0	87.9	73.4	58.3	170		164	576
88.0	88.1	74.0	59.3	174		168	589
89.0	88.4	74.6	60.3	178		172	603
90.0	88.7	75.3	61.4	183		176	617
91.0	89.0	75.9	62.4	187		180	631
92.0	89.3	76.6	63.4	191		184	646
93.0	89.5	77.2	64.5	196		189	662
94.0	89.8	77.8	65.5	201		195	678
95.0	90.1	78.5	66.5	206		200	695
96.0	90.4	79.1	67.6	211		206	712
97.0	90.6	79.8	68.6	216		212	730
98.0	90.9	80.4	69.6	222		218	749
99.0	91.2	81.0	70.7	227		226	768
100.0	91.5	81.7	71.7	233		232	788

注：1. 本标准所列换算值是对主要钢种进行实验的基础上制定的。本表主要适用于低碳钢。

2. 本标准所列换算值，只有当试件组织均匀一致时，才能得到较精确的结果，因此应尽量避免各种换算。

1.3.8 运动黏度与恩氏黏度对照

表 1-1-29 运动黏度（厘斯 cSt）**与恩氏黏度**（条件度°E）**对照**

mm^2/s	°E	mm^2/s	°E	mm^2/s	°E	mm^2/s	°E	mm^2/s	°E	mm^2/s	°E
1.00	1.00	3.00	1.20	5.00	1.39	7.00	1.57	9.00	1.76	12	2.05
1.50	1.05	3.50	1.24	5.50	1.43	7.50	1.62	9.50	1.81	13	2.15
2.00	1.10	4.00	1.29	6.00	1.48	8.00	1.67	10.00	1.86	14	2.26
2.50	1.15	4.50	1.34	6.50	1.53	8.50	1.72	11	1.96	15	2.37

续表

mm²/s	°E	mm²/s	°E	mm²/s	°E	mm²/s	°E	mm²/s	°E	mm²/s	°E
16	2.48	31	4.33	46	6.28	61	8.26	76	10.30	91	12.3
17	2.60	32	4.46	47	6.42	62	8.40	77	10.40	92	12.4
18	2.72	33	4.59	48	6.55	63	8.53	78	10.50	93	12.6
19	2.83	34	4.72	49	6.68	64	8.66	79	10.70	94	12.7
20	2.95	35	4.85	50	6.81	65	8.80	80	10.80	95	12.8
21	3.07	36	4.98	51	6.94	66	8.93	81	10.90	96	13.0
22	3.19	37	5.11	52	7.07	67	9.06	82	11.10	97	13.1
23	3.31	38	5.24	53	7.20	68	9.20	83	11.20	98	13.2
24	3.43	39	5.37	54	7.33	69	9.34	84	11.40	99	13.4
25	3.56	40	5.50	55	7.47	70	9.48	85	11.50	100	13.5
26	3.68	41	5.63	56	7.60	71	9.61	86	11.60	105	14.2
27	3.81	42	5.76	57	7.73	72	9.75	87	11.8	110	14.9
28	3.95	43	5.89	58	7.86	73	9.88	88	11.9	115	15.6
29	4.07	44	6.02	59	8.00	74	10.01	89	12.0	120	16.2
30	4.20	45	6.16	60	8.13	75	10.15	90	12.2		

注：当黏度 $\nu>120\text{mm}^2/\text{s}$ 时，按下式换算：$°\text{Et}=0.135\nu_t$　$\nu_t=7.41°\text{Et}$

°Et 为在温度 t 时的恩氏黏度（条件度°E）；ν_t 为在温度 t 时的运动黏度（mm^2/s）。

1.4 常用力学公式

1.4.1 运动学、动力学公式

(1) 运动学基本公式

表 1-1-30　运动学基本公式

运动类型	运动方程和计算式	运动类型	运动方程和计算式
直线运动 $v=\dfrac{ds}{dt},a=\dfrac{dv}{dt}=\dfrac{d^2s}{dt^2}$ 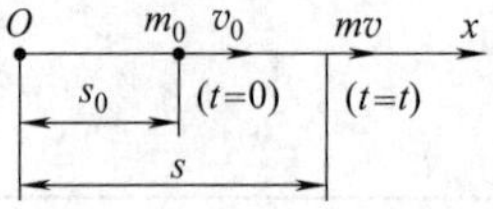	匀速运动（v＝常数） $s=s_0+vt$	圆周运动 $\omega=\dfrac{d\varphi}{dt}$， $\varepsilon=\dfrac{d\omega}{dt}=\dfrac{d^2\varphi}{dt^2}$ 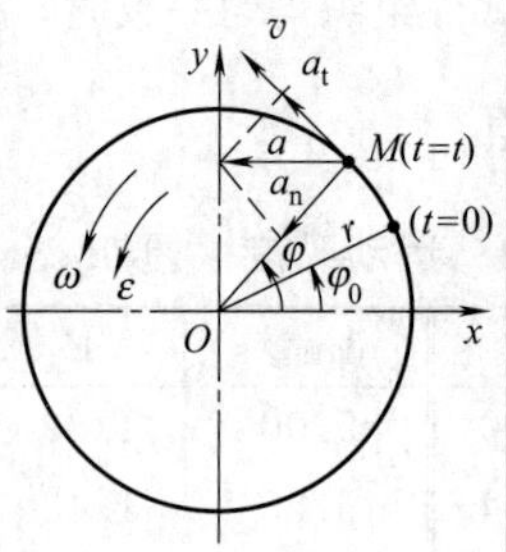	匀速运动（ω＝常数） $\varphi=\varphi_0+\omega t$，弧长（距离）$s=r\varphi$ $\omega=\dfrac{\pi n}{30},v=\omega r=\dfrac{\pi nr}{30}$ $a_t=0,a_n=r\omega^2=\dfrac{v^2}{r}$
	匀变速运动（a＝常数） $s=s_0+v_0t+\dfrac{1}{2}at^2=\dfrac{v^2-v_0^2}{2a}=$ $\dfrac{(v+v_0)t}{2}$ $v=v_0+at$ $a=\dfrac{v-v_0}{t}$		匀变速运动（ε＝常数） $\varphi=\varphi_0+\omega_0t+\dfrac{1}{2}\varepsilon t^2=\dfrac{\omega^2-\omega_0^2}{2\varepsilon}=$ $\dfrac{(\omega+\omega_0)t}{2},s=r\varphi\quad\omega=\omega_0+\varepsilon t$， $v=r\omega$ $a_t=\dfrac{dv}{dt}=r\varepsilon,a_n=r\omega^2=\dfrac{v^2}{r}$ $a=\sqrt{a_t^2+a_n^2}=r\sqrt{\varepsilon^2+\omega^4}$ $\tan\mu=\dfrac{a_t}{a_n}=\dfrac{\varepsilon}{\omega^2}$
	自由落体运动（$v_0=0$） v（x 轴垂直向下，s 用 h 表示，$a=g$） $h=\dfrac{1}{2}gt^2=\dfrac{1}{2}vt$ $v=gt=\sqrt{2gh}$		

运动类型		运动方程和计算式	说明
抛射运动 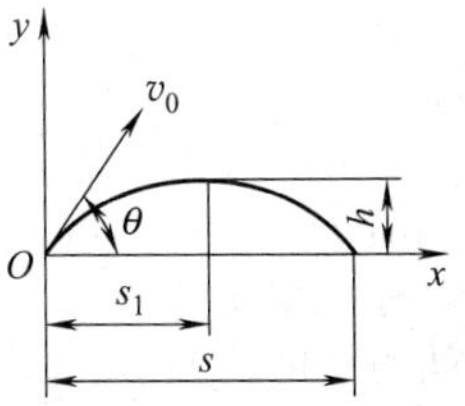 		抛射水平位置 $x=v_0t\cos\theta$ 抛射垂直位置 $y=x\tan\theta-\dfrac{gx^2}{2v_0^2\cos^2\theta}$ $=v_0t\sin\theta-\dfrac{1}{2}gt^2$ 速度与加速度 $v_x=v_{0x}=v_0\cos\theta$，$v_y=v_{0y}-gt=v_0\sin\theta-gt$　$a_x=0$，$a_y=-g$ 抛射到最大高度时的水平距离 $s_1=\dfrac{1}{2g}v_0^2\sin2\theta$ 抛射全程的水平距离 $s=2s_1$ 抛射最大高度 $h=\dfrac{1}{2g}v_0^2\sin^2\theta$ 抛射到最大高度的时间 $t_1=\dfrac{v_0\sin\theta}{g}$ 抛射全程的时间 $t=2t_1$	说明 s_0——运动开始已经走过的距离 s——运动的距离 v——运动速度 v_0——初速度 v_x——抛射运动、简谐运动动点 x 方向的速度 t——运动时间 a——加速度 a_t——切向加速度 a_n——法向加速度 a_x——抛射运动、简谐运动动点 x 方向的加速度 h——垂直高度 g——重力加速度 v_{0x}——沿 x 方向初速度 v_{0y}——沿 y 方向初速度 θ——抛射角度 φ——角位移 φ_0——运动开始时相对某一基线的角位移 ω——角速度 ω_0——初角速度 ε——角加速度 r——转动半径 n——每分钟转数 μ——加速度 a 与转动半径 r 的夹角 ω_j——简谐运动角速度(圆频率) A——简谐运动动点 M 距 o 的最大距离或振幅 x——简谐运动动点离中间原点位移 T——运动周期 f——频率 ρ——质点所处位置运动轨迹的曲率半径
简谐运动 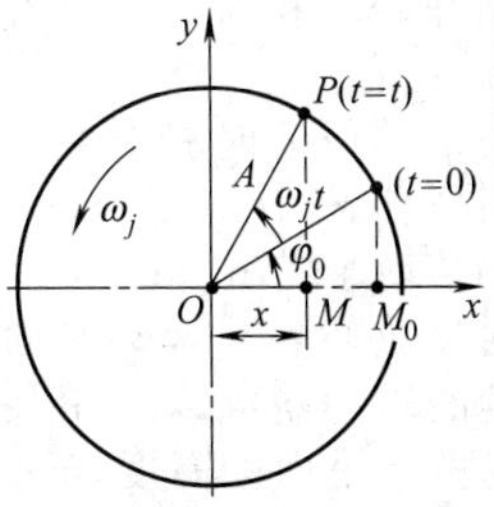 		$\varphi=\varphi_0+\omega_jt$ $x=A\cos\varphi$ $v_x=-A\omega_j\sin\varphi$ $a_x=-A\omega_j^2\cos\varphi=-a_n\cos\varphi=-\omega_j^2x=-4\pi^2f^2x$ $T=\dfrac{2\pi}{\omega_j}=\dfrac{60}{n}$ $f=\dfrac{1}{T}=\dfrac{\omega_j}{2\pi}=\dfrac{n}{60}$	
一般曲线运动	直角坐标 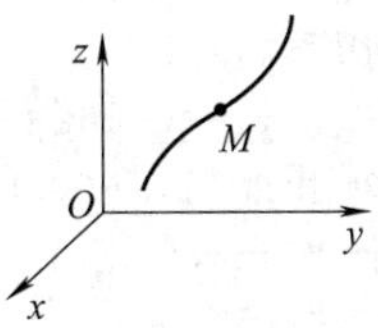 	$x=x(t)$，$y=y(t)$，$z=z(t)$ $v=\sqrt{\left(\dfrac{dx}{dt}\right)^2+\left(\dfrac{dy}{dt}\right)^2+\left(\dfrac{dz}{dt}\right)^2}$ $a=\sqrt{\left(\dfrac{d^2x}{dt^2}\right)^2+\left(\dfrac{d^2y}{dt^2}\right)^2+\left(\dfrac{d^2z}{dt^2}\right)^2}$	
	自然坐标 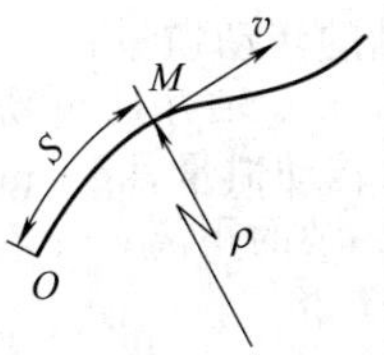 	$s=s(t)$，$v=\dfrac{ds}{dt}$ $a=\sqrt{a_t^2+a_n^2}=\sqrt{\left(\dfrac{dv}{dt}\right)^2+\left(\dfrac{v^2}{\rho}\right)^2}$	

(2) 动力学基本公式

表 1-1-31　动力学基本公式

项目	直线运动	回转运动	符号意义
力和转矩	$F=ma$ (N)	$T=J\alpha$(N·m)	m——质量,kg; a——加速度,m/s²; α——角加速度,rad/s²; g——重力加速度,$g=9.81$m/s²; J——物体对回转轴线的转动惯量,kg·m²; $J=mi^2=\frac{GD^2}{4g}$ i——惯性半径,m; GD^2——飞轮矩,N·m²; β——力和位移间的夹角,(°); r——质点的转动半径,m; h_A——物体起始位置的高度,m; h_B——物体末端位置的高度,m; λ_A——弹簧起始位置的伸长或压缩量,m; λ_B——弹簧末端位置的伸长或压缩量,m; K——弹簧的刚度系数,N/m; φ_A——旋转运动开始时相对某一基线的角位移,rad; φ_B——旋转运动末端位置时相对某一基线的角位移,rad; v_C——质心 C 的移动速度,m/s; J_C——刚体对通过质心且与运动平面垂直的轴的转动惯量,kg·m²; h——物体距参考水平面的高度,m; λ——弹簧的伸长量或压缩量,m; t——作用力的作用时间,s; k_1——恢复系数; 木料和胶木相撞　$k_1=0.26$ 木球和木球相撞　$k_1=0.50$ 钢球和钢球相撞　$k_1=0.56$ 玻璃球和玻璃球相撞　$k_1=0.94$ 完全弹性碰撞　$k_1=1.0$ 完全塑性碰撞　$k_1=0$ $k_1=\frac{u_2-u_1}{v_1-v_2}$ v_1,v_2——物体1、2碰撞前的速度,m/s; u_1,u_2——物体1、2碰撞后的速度,m/s; J_z——物体对 z 轴的转动惯量; J'_c——物体对平行于 z 轴并通过物体质心的 c 轴的转动惯量,kg·m²; k_2——z 轴与质心 c 轴的距离,m; 其他符号同表 1-1-28
惯性力和惯性力矩	$F_g=-ma$(N)	离心惯性力 $F_{gn}=-m\omega^2r$(N) 切向惯性力 $F_{gt}=-m\alpha r$(N) $M_g=-J\alpha$(N·m)	
功	$W=Fs\cos\beta$(J) 重力:$W=mg(h_A-h_B)$(J) 弹力:$W=\frac{1}{2}K(\lambda_A^2-\lambda_B^2)$(J)	$W=T(\varphi_B-\varphi_A)$(J)	
功率	$P=\frac{Fv\cos\beta}{1000}$(kW)	$P=\frac{Tn}{9550}=\frac{T\omega}{1000}$(kW)	
动能	$E_k=\frac{1}{2}mv^2$(J) 刚体平面运动 $E_k=\frac{1}{2}mv_C^2+\frac{1}{2}J_C\omega^2$(J)	$E_k=\frac{1}{2}J\omega^2$(J)	
位能	重力:$E_p=mgh$(J) 弹力:$E_p=\frac{1}{2}K\lambda^2$(J)		
动能定理	$\sum W=\frac{1}{2}m(v_t^2-v_0^2)$(J)	$\sum W=\frac{1}{2}J(\omega_t^2-\omega_0^2)$(J)	
机械能守恒定律	$E_k+E_p=$常数(J) (在势力场中,只有势力做功时)		
动量或动量矩	$P=mv$(kg·m/s)	$L=J\omega$(kg·m²/s)	
冲量或冲量矩	$I=Ft$(N·s)	$I_t=Tt$(N·m·s)	
动量或动量矩定理	$m(v_t-v_0)=Ft$	$J(\omega_t-\omega_0)=Tt$	
动量或动量矩守恒定律	$\sum mv=$常数 (系统不受外力或外力矢量和为零时,系统的总动量守恒)	$\sum J\omega=$常数 (系统不受外力矩或外力矩的矢量和为零时,则系统对固定轴的动量矩守恒)	
两物体相撞前后系统功能的变化	$E_{k0}-E_k=\frac{m_1m_2}{2(m_1+m_2)}(1-k_1^2)(v_1-v_2)^2$		
碰撞后速度	$u_1=\frac{(m_1-k_1m_2)v_1+m_2(1+k_1)v_2}{m_1+m_2}$ $u_2=\frac{m_1(1+k_1)v_1+(m_2-k_1m_1)v_2}{m_1+m_2}$		
碰撞冲量	$I=m_1(v_1-u_1)$ $=(1+k_1)\frac{m_1m_2}{m_1+m_2}(v_1-v_2)$		
惯量平行轴定律		$J_z=J'_c+mk_2^2$(kg·m²)	

（3）转动惯量计算

表 1-1-32　回转体的转动惯量

类别	图形	公式
细长杆	直杆 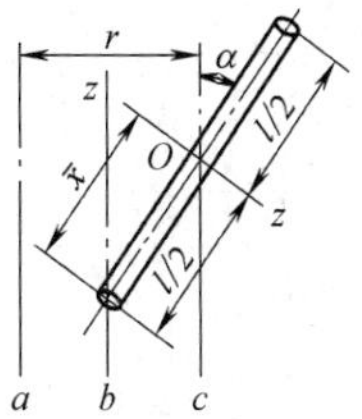 $\bar{x}=\frac{l}{2}$	$J_a=m\left[r^2+\frac{(l\sin\alpha)^2}{12}\right]$ $J_b=m\frac{(l\sin\alpha)^2}{3}$ $J_c=m\frac{(l\sin\alpha)^2}{12}$ $J_z=m\frac{l^2}{12}$
细长杆	直杆 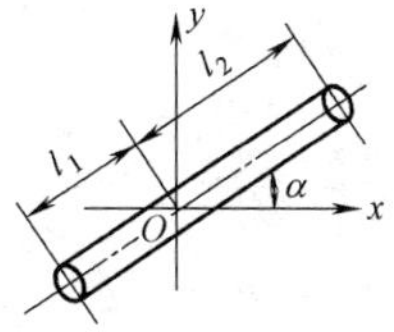	$J_x=\frac{m}{3}\sin^2\alpha(l_1^2-l_1l_2+l_2^2)$ $J_y=\frac{m}{3}\cos^2\alpha(l_1^2-l_1l_2+l_2^2)$
细长杆	圆弧杆 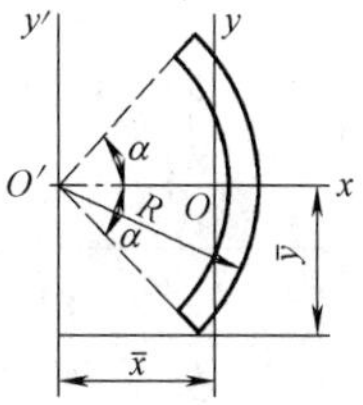 圆弧长 $l=2\alpha R$ $\bar{x}=\frac{R\sin\alpha}{\alpha}$，$\bar{y}=R\sin\alpha$ α——弧度	$J_x=mR^2\left(\frac{1}{2}-\frac{\sin\alpha\cos\alpha}{2\alpha}\right)$ $J_y=mR^2\left[\left(\frac{1}{2}+\frac{\sin\alpha\cos\alpha}{2\alpha}\right)-\frac{\sin^2\alpha}{\alpha^2}\right]$ $J_{y'}=mR^2\left(\frac{1}{2}+\frac{\sin\alpha\cos\alpha}{2\alpha}\right)$ $J_{PO'}=mR^2$（PO'为回转轴，该轴通过O'点与图画垂直）
细长杆	U形杆 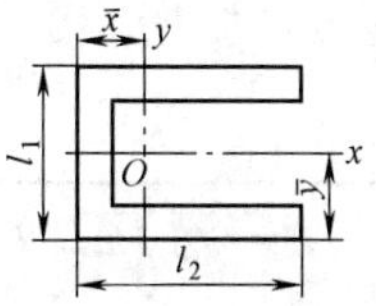 $\bar{x}=\frac{l_2^2}{l_1+2l_2}$，$\bar{y}=\frac{l_1}{2}$	$J_x=\frac{ml_1^2(l_1+6l_2)}{12(l_1+2l_2)}$ $J_y=\frac{ml_2^3(2l_1+l_2)}{3(l_1+2l_2)^2}$ $i_x=0.289l_1\sqrt{\frac{l_1+6l_2}{l_1+2l_2}}$ $i_y=\frac{0.577l_2}{l_1+2l_2}\sqrt{l_2(2l_1+l_2)}$
细长杆	矩形杆 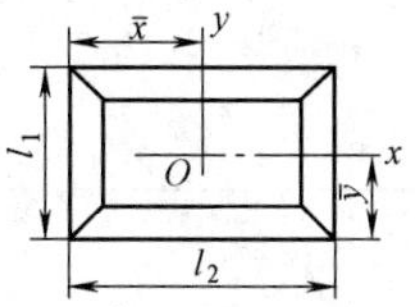 $\bar{x}=\frac{l_2}{2}$，$\bar{y}=\frac{l_1}{2}$	$J_x=\frac{ml_1^2(l_1+3l_2)}{12(l_1+l_2)}$ $J_y=\frac{ml_2^2(3l_1+l_2)}{12(l_1+l_2)}$ $i_x=0.289l_1\sqrt{\frac{l_1+3l_2}{l_1+l_2}}$ $i_y=0.289l_2\sqrt{\frac{3l_1+l_2}{l_1+l_2}}$
细长杆	圆环杆 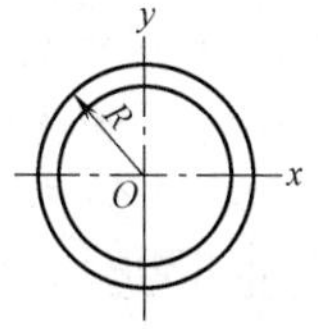	$J_x=J_y=\frac{mR^2}{2}$ $J_{PO}=mR^2$（PO为回转轴，该轴通过圆心O与杆圆平面垂直） $i_x=i_y=0.707R$ $i_{PO}=R$
平面板	三角形 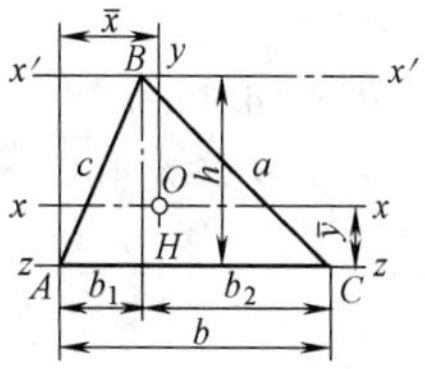 $A=\frac{1}{2}bh$ $\bar{y}=\frac{h}{3}$	$J_x=m\frac{h^2}{18}$，$J_{x'}=m\frac{h^2}{2}$ $J_z=m\frac{h^2}{6}$，$J_{HB}=m\frac{b_1^3+b_2^3}{6b}$ $J_{PB}=v_f\left[\frac{bh^3}{4}+\frac{h(b_1^3-b_2^3)}{12}\right]$ $J_{PO}=m\frac{a^2+b^2+c^2}{36}$ $J_O=m\frac{e_1^2+e_2^2+e_3^2}{12}$ J_{PB}，J_{PO}——回转轴分别为PB、PO的转动惯量，回转轴分别过B、O点与三角形平面垂直； v_f——单位面积的质量； J_O——回转轴在三角形平面内且通过质心O的任意轴的转动惯量，e_1、e_2、e_3分别为三顶点与回转轴间的距离
平面板	矩形 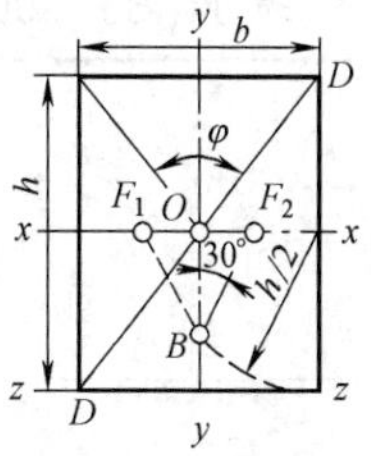 $A=bh$	$J_D=m\frac{D^2\sin^2\varphi}{24}$（$D$代表对角线长度，$\varphi$为两对角线夹角） $J_x=m\frac{h^2}{12}$，$J_y=m\frac{b^2}{12}$ $J_z=m\frac{h^2}{3}$ $J_{PO}=m\frac{b^2+h^2}{12}$ PO——通过质心O，与矩形平面垂直的转轴

续表

	图形	公式
平面板	正 n 边形 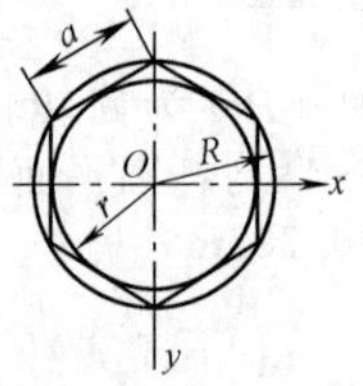 $A=\frac{nar}{2}$	$J_{PO}=m\frac{12r^2+a^2}{24}=m\frac{6R^2-a^2}{12}$ $J_x=J_y=\frac{m}{48}(12r^2+a^2)$ $=\frac{m}{24}(6R^2-a^2)$ PO——与正 n 边形平面垂直的转轴； a——正 n 边形边长； r——内切圆半径； R——外切圆半径
平面板	圆环 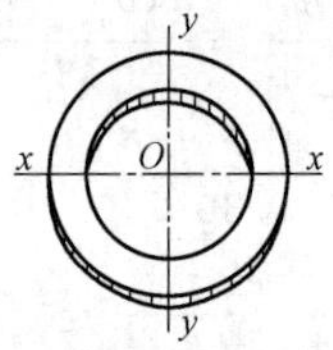 $A=\pi(R^2-r^2)$	$J_x=m\frac{R^2+r^2}{4}$ $J_{PO}=2J_x$ PO——回转轴 PO 垂直圆环平面； R——圆环外半径； r——圆环内半径
立体形状	矩形棱柱 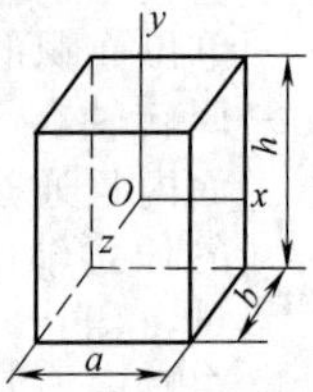	$J_x=\frac{m}{12}(b^2+h^2)$ $J_y=\frac{m}{12}(a^2+b^2)$ $J_z=\frac{m}{12}(a^2+h^2)$ 正立方体时，$a=b=h$ $J_x=J_y=J_z=\frac{ma^2}{6}$
立体形状	矩形截面圆环 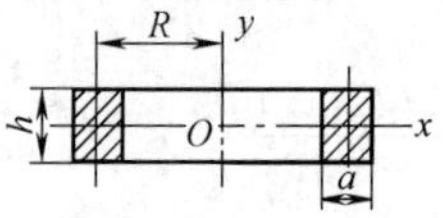 $V=2\pi Rah$	$J_x=\frac{1}{12}m\left(6R^2+\frac{3}{2}a^2+h^2\right)$ $J_y=m\left(R^2+\frac{1}{4}a^2\right)$ R——圆环中径
立体形状	圆柱体 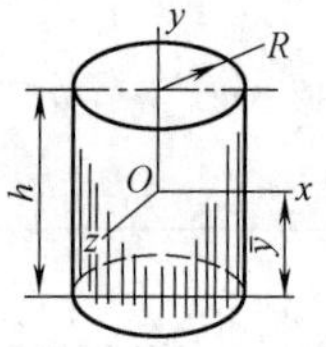 $V=\pi R^2h$	$J_x=J_z=\frac{m}{12}(3R^2+h^2)$ $J_y=\frac{mR^2}{2}, \bar{y}=\frac{h}{2}$
立体形状	圆球 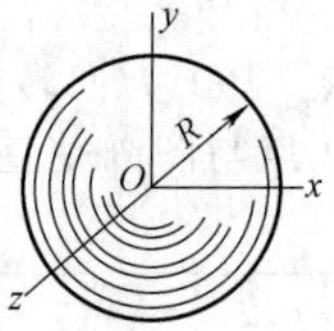 $V=\frac{4}{3}\pi R^3$	$J_x=J_y=J_z=\frac{2}{5}mR^2$

注：J—对某回转轴的转动惯量；A—图形面积；V—图形体积；m—质量；i—惯性半径，$i=\sqrt{J/m}$；O—质心（个别质心符号另有注明）；$\bar{x}$，$\bar{y}$—质心坐标。

表 1-1-33 机械传动中转动惯量的换算

转动惯量及飞轮矩	$J=mr^2$	J——转动惯量，kg·m²； m——物体的质量，kg； r——惯性半径，m
	转动惯量 J 与飞轮矩(GD^2)的关系 $J=(GD^2)/4g$	GD^2——飞轮矩，N·m²； g——重力加速度 $D^2=KD_e^2$(见表 1-1-34)

续表

转动惯量的换算	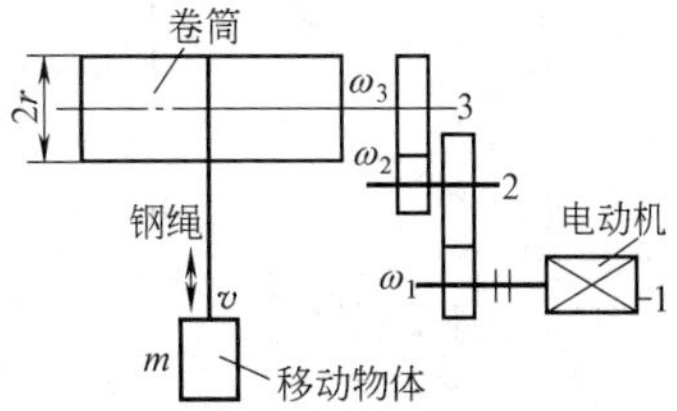 $i_1=\omega_1/\omega_2$ $i_2=\omega_2/\omega_3$ $v=r\omega_3$ 系统总功能 $E=J_1\omega_1^2/2+J_2\omega_2^2/2+J_3\omega_3^2/2+m_3(r\omega_3)^2/2$ 换算到电动机轴上的转动惯量 $J=\frac{2E}{\omega_1^2}=J_1+J_2\left(\frac{\omega_2}{\omega_1}\right)^2+J_3\left(\frac{\omega_3}{\omega_1}\right)^2+mr^2\left(\frac{\omega_3}{\omega_1}\right)^2$ $=J_1+J_2/i_1^2+J_3/(i_1i_2)^2+mr^2/(i_1i_2)^2$ 换算到移动物体上的当量质量 $m=\frac{2E}{v^2}=J_1(i_1i_2)^2/r^2+J_2i_2^2/r^2+J_3/r^2+m$	J——换算到电动机轴上的总转动惯量,$kg \cdot m^2$; J_1,J_2,J_3——轴1、轴2、轴3上回转体的转动惯量,$kg \cdot m^2$; m——吊在钢绳上移动物体的质量,kg; r——卷筒的半径,m; $\omega_1,\omega_2,\omega_3$——轴1、轴2、轴3的角速度,rad/s; i_1,i_2——轴1与轴2、轴2与轴3间的传动比; v——移动物体速度,m/s
移动物体转动惯量的换算	一般移动物体 $J=\frac{mv_m^2}{\omega_0^2},\omega_0=\frac{\pi n_0}{30}$ 丝杠传动 $J=\frac{mt^2}{4\pi^2 i^2}$ 齿轮齿条传动 $J=\frac{md^2}{4i^2}$ 转动物体换算为移动速度为 v_m 时的当量质量 $m=\frac{J_n\omega^2}{v_m^2},\omega=\frac{\pi n}{30}$	J——换算到电动机轴上的转动惯量,$kg \cdot m^2$; m——移动物体的质量,kg; v_m——物体的移动速度,m/s; ω_0——电动机角速度,rad/s; n_0——电动机转速,r/min; t——丝杠螺距,m; d——与齿条相啮合的齿轮节圆直径,m; i——电动机与丝杠或齿条间的传动比; J_n——物体绕某轴转动角速度为 ω 时的转动惯量,$kg \cdot m^2$; ω——物体绕某轴转动的角速度,rad/s; n——转动物体转速,r/min
物体对某一轴线 A-A(平行 O-O)的转动惯量	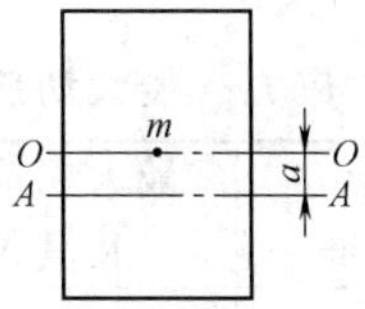 $J=J_0+ma^2$	J——物体对 A-A 轴的转动惯量,$kg \cdot m^2$; J_0——物体对通过质心 O-O 轴线的转动惯量,$kg \cdot m^2$; a——O-O 轴与 A-A 轴间的距离,m

表 1-1-34 常用旋转体的转动惯量

计算通式:$J=\frac{KmD_e^2}{4}$ ($kg \cdot m^2$)

式中 J——旋转体转动惯量,$kg \cdot m^2$;

m——旋转体质量,kg;

K——系数,见本表;

D_e——旋转体的飞轮计算直径,m

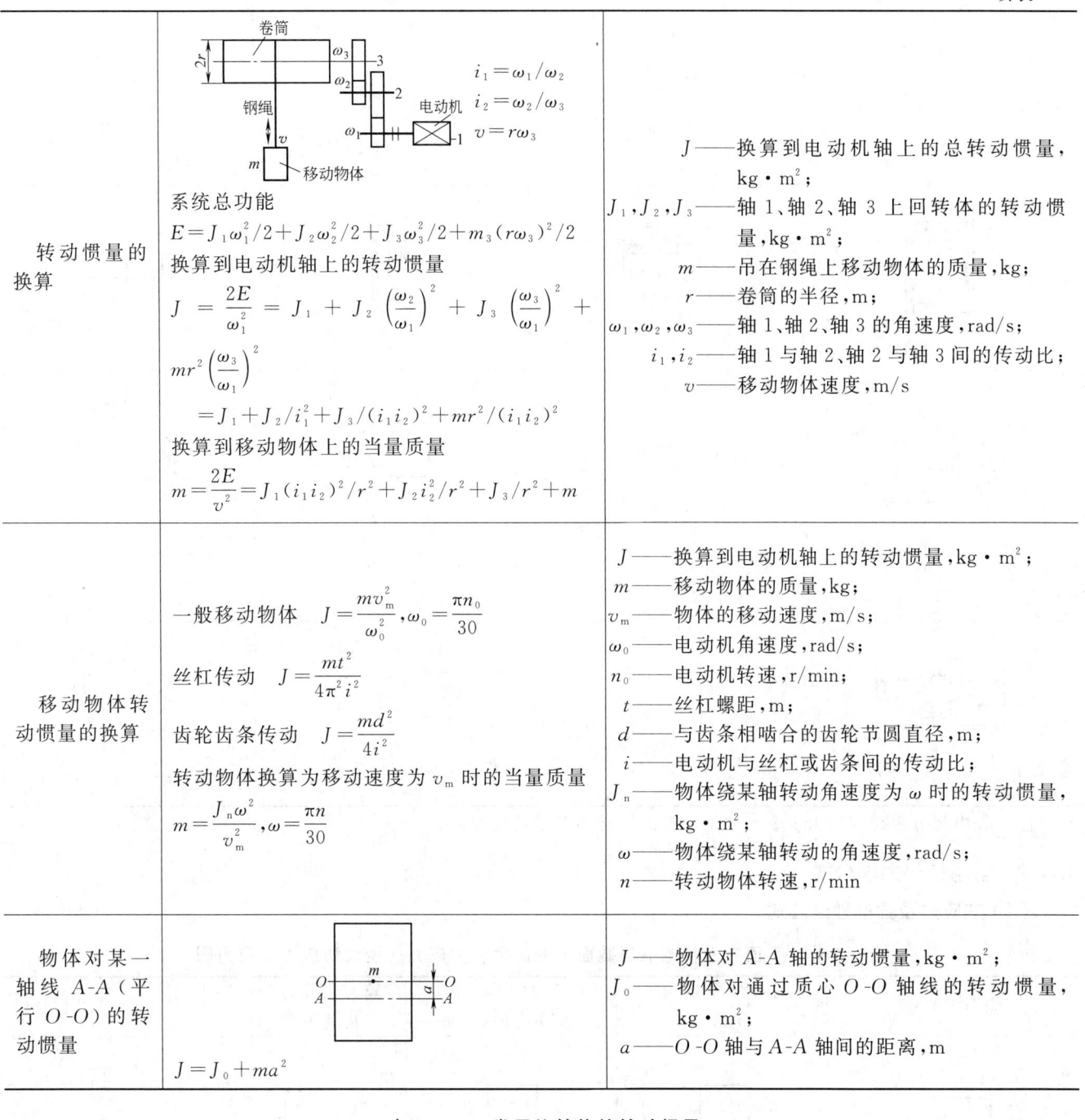

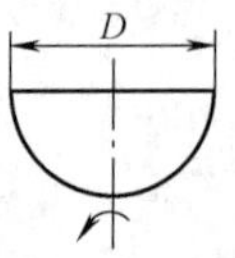 $K=0.4 \quad D_e^2=D^2$	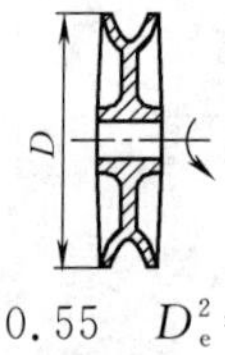 $K=0.55 \quad D_e^2=D^2$	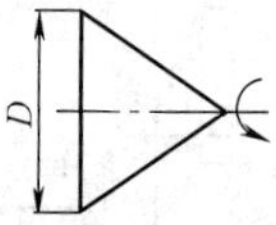 $K=0.3 \quad D_e^2=D^2$	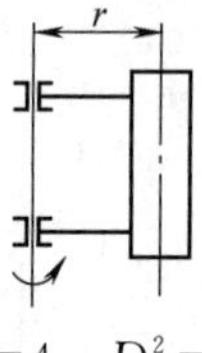 $K=4 \quad D_e^2=r^2$
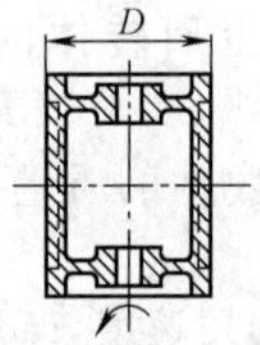 $K=0.7 \quad D_e^2=D^2$	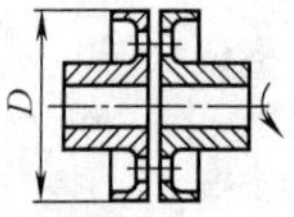 $K=0.45 \quad D_e^2=D^2$	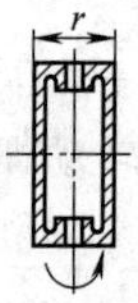 $K=2 \quad D_e^2=r^2$	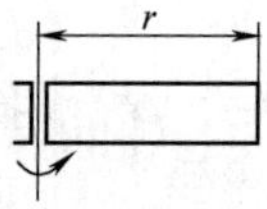 $K=1.33 \quad D_e^2=r^2$
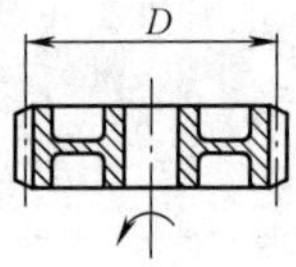 $K=0.6 \quad D_e^2=D^2$	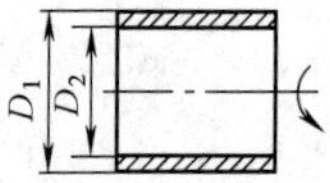 $K=0.5 \quad D_e^2=D_1^2+D_2^2$	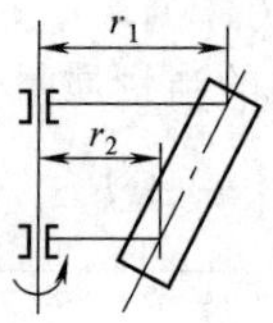 $K=1.33 \quad D_e^2=r_1^2+r_1r_2+r_2^2$	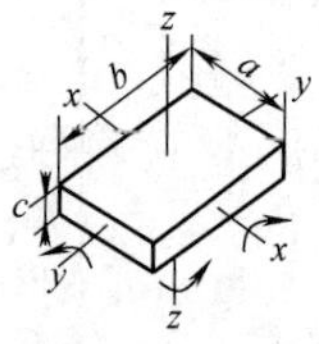 $K=0.33 \quad D_{ex}^2=b^2+c^2$ $D_{ey}^2=b^2+a^2$ $D_{ez}^2=c^2+a^2$
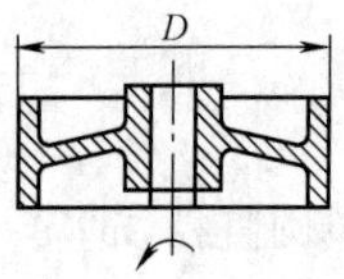 $K=0.6 \quad D_e^2=D^2$	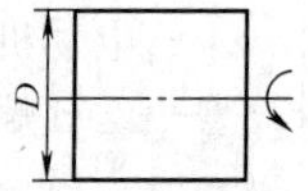 $K=0.5 \quad D_e^2=D^2$	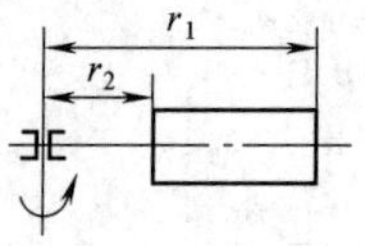 $K=1.33 \quad D_e^2=\dfrac{r_1^3-r_2^3}{r_1-r_2}$	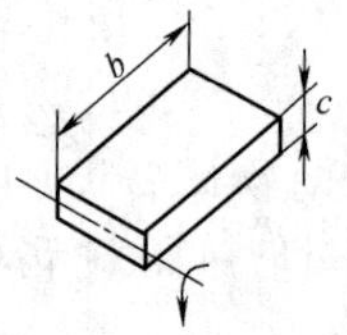 $K=0.166 \quad D_e^2=4b^2+c^2$

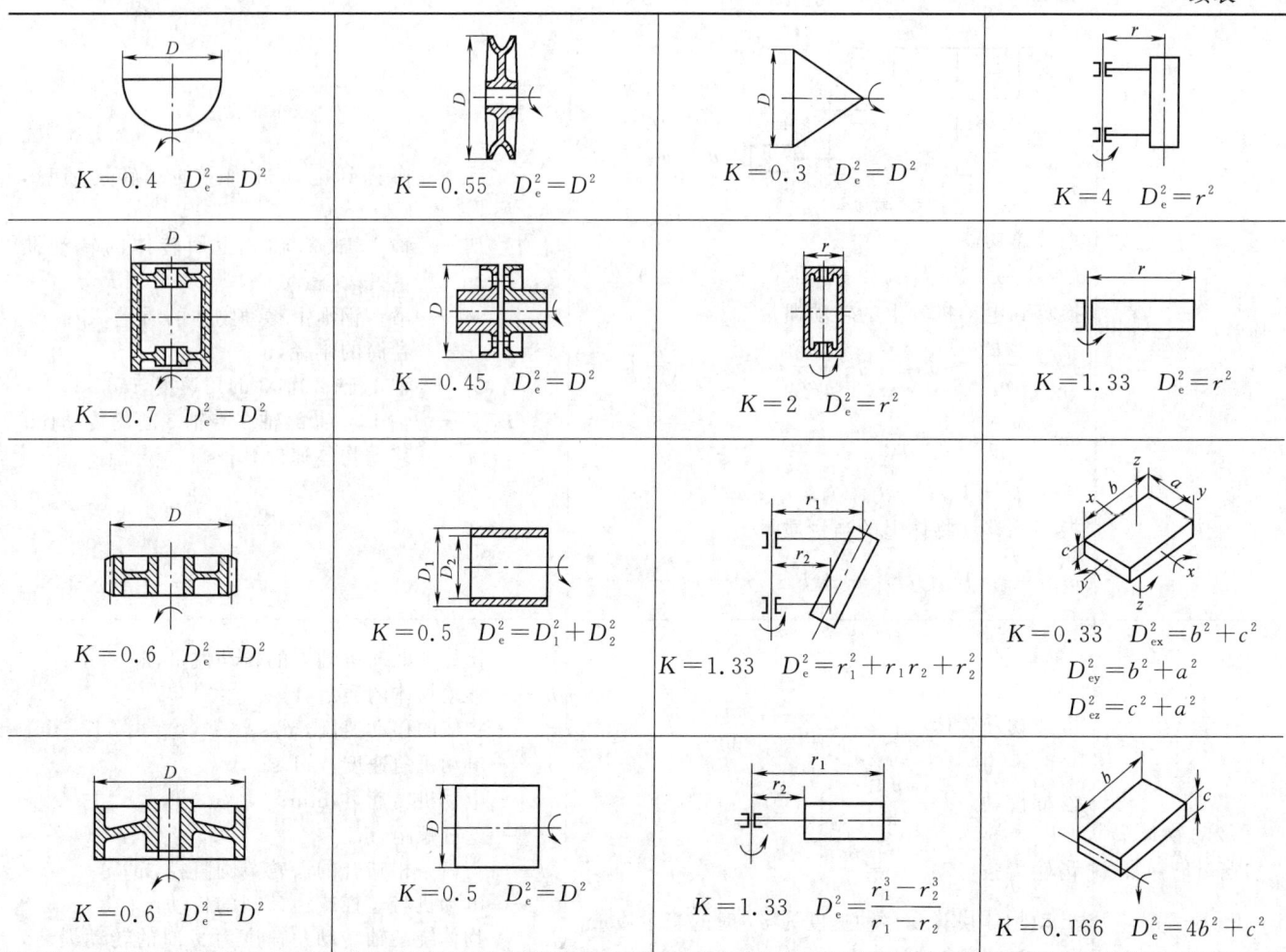

注：表中部分零件只给出主要尺寸，计算出的转动惯量是近似的。

1.4.2 常用材料力学公式

（1）主应力及强度理论公式

表 1-1-35 平面应力状态下斜截面上的应力、主应力、最大切应力及应力圆

应力状态	斜面上的应力 $(\sigma_a、\tau_a)$	主应力$(\sigma_1、\sigma_2、\sigma_3)$及主方向$(\alpha_0)$	最大切应力(τ_{max})及其位置(β)	说明
单向应力状态 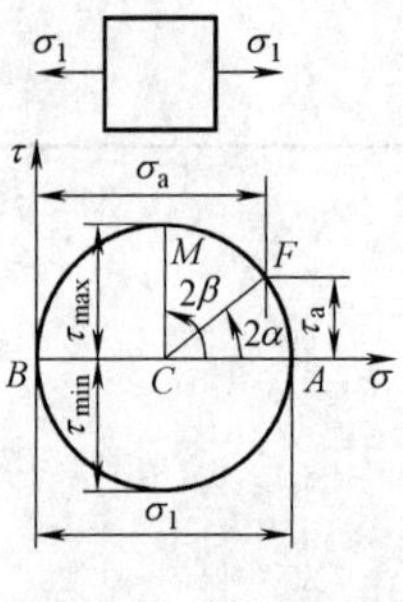	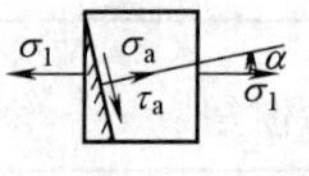	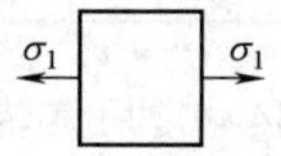	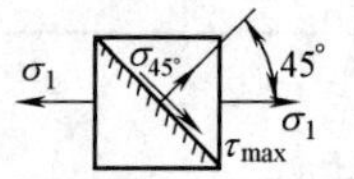	
	$\sigma_a=\sigma_1\cos^2\alpha$ $=\dfrac{1}{2}\sigma_1(1+\cos2\alpha)$ $\tau_a=\dfrac{1}{2}\sigma_1\sin2\alpha$	$\sigma_1=\sigma_{max}$ $\sigma_2=\sigma_3=0$ $\alpha_0=0$	$\left.\begin{matrix}\tau_{max}\\ \tau_{min}\end{matrix}\right\}=\pm\dfrac{1}{2}\sigma_1$ $\beta=45°$	

续表

应力状态	斜面上的应力（σ_a、τ_a）	主应力（σ_1、σ_2、σ_3）及主方向（α_0）	最大切应力（τ_{max}）及其位置（β）	说明
二向应力状态（纯剪） 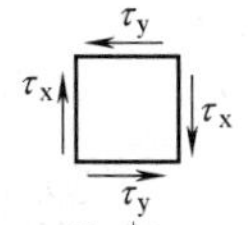 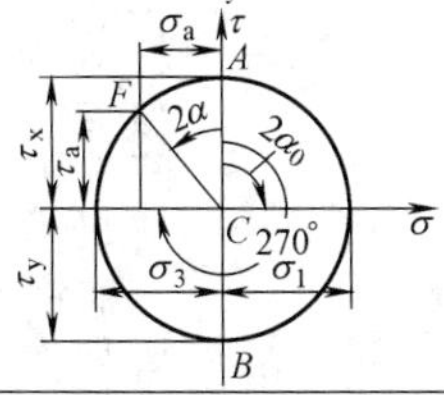	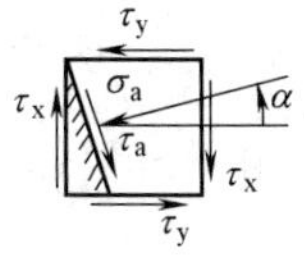	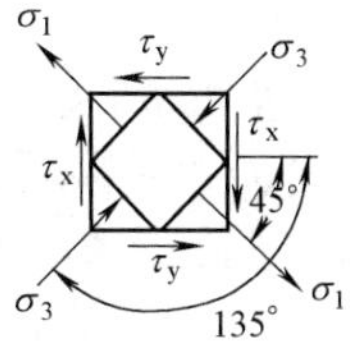	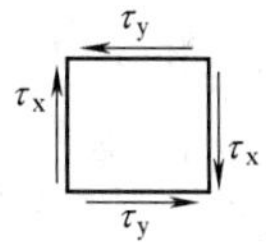	
	$\sigma_a=-\tau_x\sin2\alpha$ $\tau_a=\tau_x\cos2\alpha$	$\sigma_1=\sigma_{max}=\tau_x$ $\sigma_2=0$ $\sigma_3=\sigma_{min}=-\tau_x$ $\alpha_0=-45°$	$\left.\begin{matrix}\tau_{max}\\ \tau_{min}\end{matrix}\right\}=\pm\tau_x$ $\beta=0$	
二向应力状态（已知主平面上的应力），设$\sigma_1>\sigma_2$ 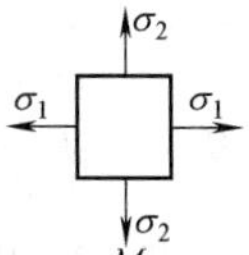 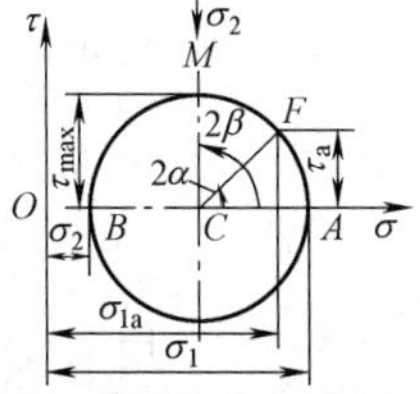	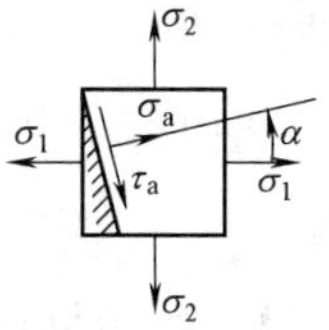	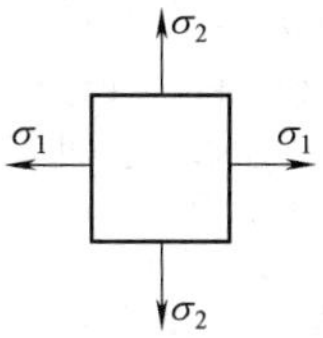	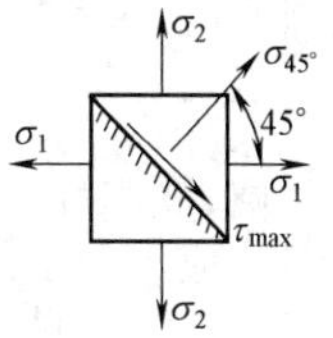	（1）主平面——单元体上切应力为零的平面 （2）主应力——主平面上的正应力称为主应力，分别用σ_1、σ_2、σ_3表示，其大小按代数值顺序排列为$\sigma_1>\sigma_2>\sigma_3$ （3）作用于受力构件某点单元体上的受力图如下： 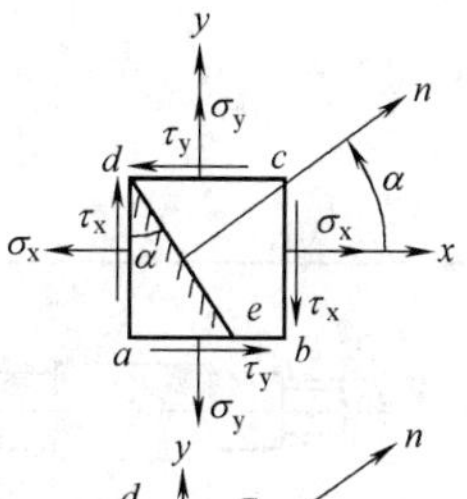 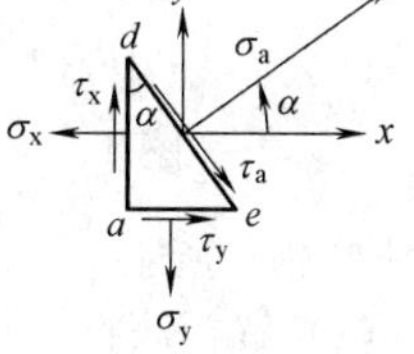
	$\sigma_a=\dfrac{\sigma_1+\sigma_2}{2}+\dfrac{\sigma_1-\sigma_2}{2}\cos2\alpha$ $\tau_a=\dfrac{\sigma_1-\sigma_2}{2}\sin2\alpha$	$\sigma_1=\sigma_{max}$ $\sigma_2\neq0$ $\sigma_3=0$ $\alpha_0=0$	$\left.\begin{matrix}\tau_{max}\\ \tau_{min}\end{matrix}\right\}=\pm\dfrac{\sigma_1-\sigma_2}{2}$ $\beta=45°$	
二向应力状态［轴向拉（压）与纯剪的合成］ 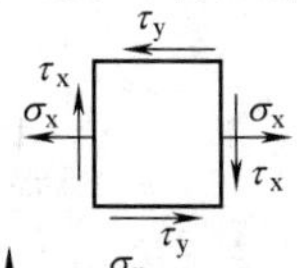 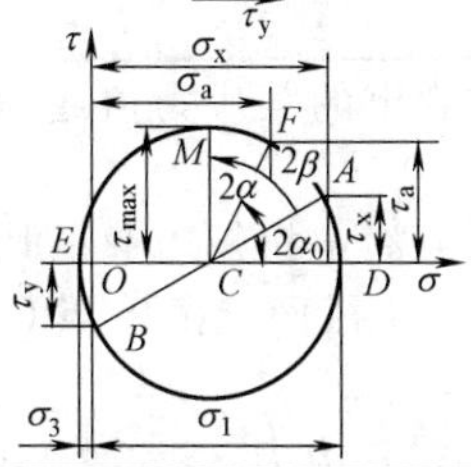	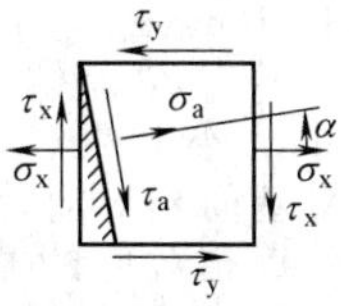	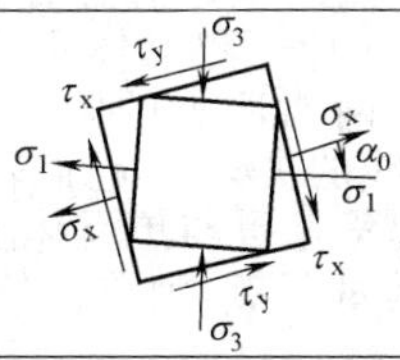	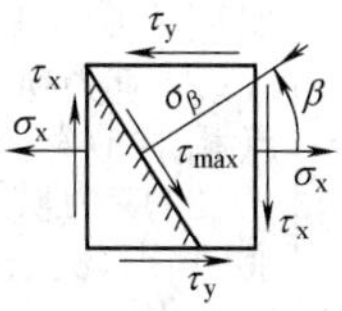	
	$\sigma_a=\dfrac{\sigma_x}{2}+\dfrac{\sigma_x}{2}\cos2\alpha-\tau_x\sin2\alpha$ $\tau_a=\dfrac{\sigma_x}{2}\sin2\alpha+\tau_x\cos2\alpha$	$\left.\begin{matrix}\sigma_1=\sigma_{max}\\ \sigma_3=\sigma_{min}\end{matrix}\right\}=\dfrac{\sigma_x}{2}\pm\sqrt{\left(\dfrac{\sigma_x}{2}\right)^2+\tau_x^2}$ $\sigma_2=0$ $\alpha_0=-\dfrac{1}{2}\arctan\dfrac{2\tau_x}{\sigma_x}$	$\left.\begin{matrix}\tau_{max}\\ \tau_{min}\end{matrix}\right\}=\pm\sqrt{\left(\dfrac{\sigma_x}{2}\right)^2+\tau_x^2}$ $\beta=\dfrac{1}{2}\arctan\dfrac{\sigma_x}{2\tau_x}$	
二向应力状态（一般情况） 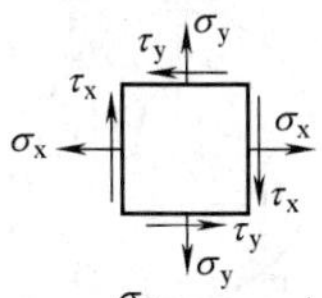 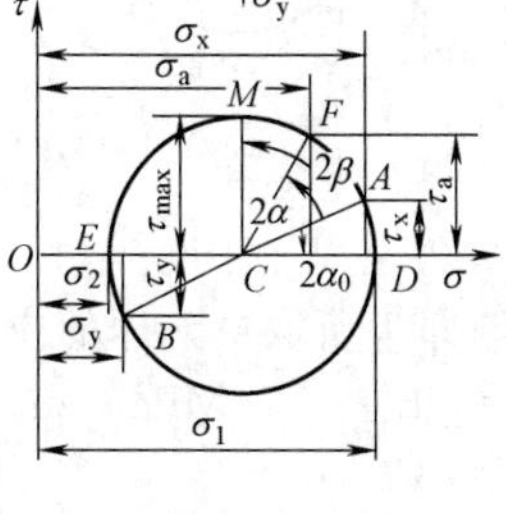	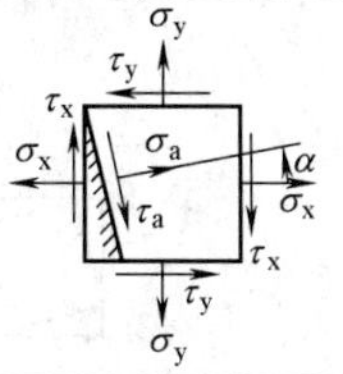	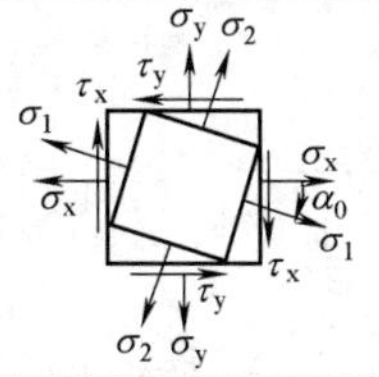	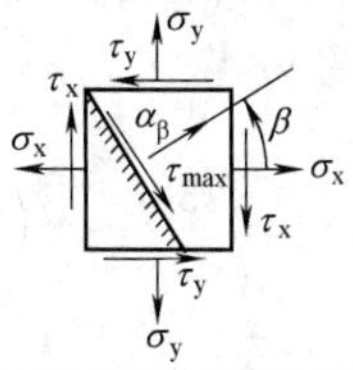	
	$\sigma_a=\dfrac{\sigma_x+\sigma_y}{2}+\dfrac{\sigma_x-\sigma_y}{2}\cos2\alpha-\tau_x\sin2\alpha$ $\tau_a=\dfrac{\sigma_x-\sigma_y}{2}\sin2\alpha+\tau_x\cos2\alpha$	$\left.\begin{matrix}\sigma_1\\ \sigma_2\end{matrix}\right\}=\dfrac{\sigma_x+\sigma_y}{2}\pm\sqrt{\left(\dfrac{\sigma_x-\sigma_y}{2}\right)^2+\tau_x^2}$ $\alpha_0=-\dfrac{1}{2}\arctan\dfrac{2\tau_x}{\sigma_x-\sigma_y}$	$\left.\begin{matrix}\tau_{max}\\ \tau_{min}\end{matrix}\right\}=\pm\sqrt{\left(\dfrac{\sigma_x-\sigma_y}{2}\right)^2+\tau_x^2}$ $\beta=\dfrac{1}{2}\arctan\dfrac{\sigma_x-\sigma_y}{2\tau_x}$	

应力状态	斜面上的应力 (σ_a、τ_a)	主应力(σ_1、σ_2、σ_3)及主方向(α_0)	最大切应力(τ_{max})及其位置(β)	说明
单元体应力状态 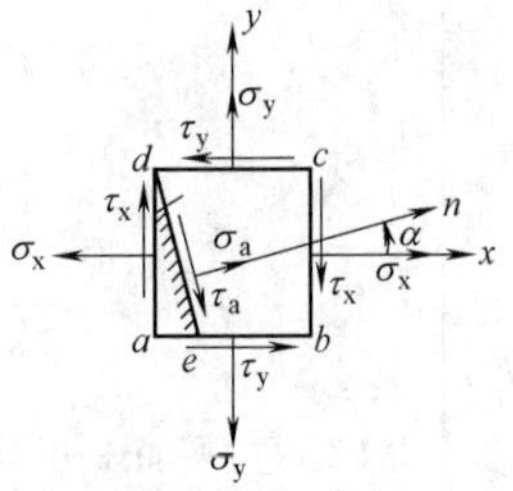 单元体应力圆 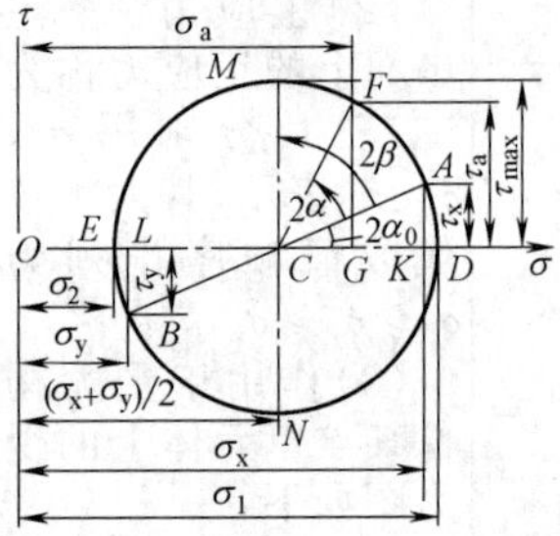 	应力圆的定义： 将 σ_a 及 τ_a 式中参变量 2α 消去，可得到以 σ_a 及 τ_a 为变量的圆方程 $\left(\sigma_a-\frac{\sigma_x+\sigma_y}{2}\right)^2+\tau_a^2=\left(\sqrt{\left(\frac{\sigma_x-\sigma_y}{2}\right)^2+\tau_x}\right)^2$，在 σ-τ 坐标系中，以坐标 $\left(\frac{\sigma_x+\sigma_y}{2},0\right)$ 为圆心，以 $R=\sqrt{\left(\frac{\sigma_x-\sigma_y}{2}\right)^2+\tau_x^2}$ 为半径作圆即为应力圆。当已知单元体上所受应力 σ_x、σ_y、τ_x、τ_y 时，则此两轴应力状态下任意斜面上的应力可由此应力圆上对应点的坐标求得 应力圆画法： (1)取直角坐标系，σ 为横轴，τ 为纵轴 (2)根据已知应力(σ_x、τ_x)及(σ_y、τ_y)按一定比例尺，定出 A、B 两点，注意应力正负应与坐标轴正负向一致 (3)连 A、B 两点的直线交 σ 轴于 C 点，以 C 为圆心，CA 为半径作圆，此圆即为单元体的应力圆 应力圆上的起量： 由应力圆上量得斜截面上的应力为 $\sigma_a=OG$，$\tau_a=FG$。主应力 $\sigma_1=OD$，$\sigma_2=OE$，主方向 $\alpha_0=\frac{1}{2}\angle ACD$。最大、最小切应力为 $\tau_{max}=CM$，$\tau_{min}=CN$，其作用面位置为 $\beta=\frac{1}{2}\angle ACM$ 应力圆性质： (1)应力圆上任一点的坐标值必对应于单元体某一截面上的应力，如应力圆上的 F 点对应于单元体 de 面上的应力 σ_a、τ_a (2)应力圆上任意两点所夹的圆心角 2α，对应于单元体上与该两点相对应截面外法线的夹角 α，它们转向相同，大小差两倍 (3)应力圆上的起量基点与单元体上的起量基面相对应，如应力圆上 A 点(σ_x、τ_x)为起量基点，则单元体上与 A 点相对应的截面 bc 为起量基面			σ_x，σ_y——单元体上的正应力； τ_x——单元体上的切应力； α——斜截面 de 与截面 ad 间的夹角，其转向由 x 轴起量，逆时针转为正，反之为负； σ_a，τ_a——斜截面上的应力； α_0——主应力 σ_1 与 x 轴的夹角，即 σ_1 的方向，称主方向； β——最大切应力 τ_{max} 作用面法线与 x 轴的夹角，即 τ_{max} 作用面的位置，与主平面相差±45°

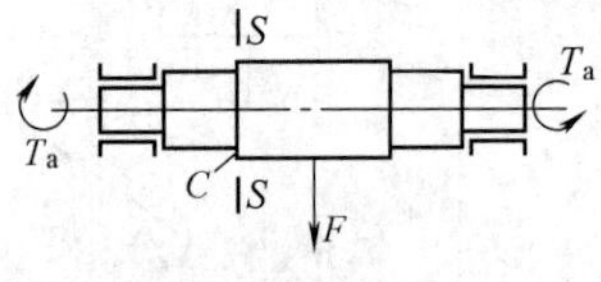

图 1

注：1. 表中各式所表示的应力都设为正，若按表所列公式算出的某应力值或偏转角为负，则其方向与图中表示的方向相反。

2. 应用举例（见图 1）：某设备主轴，已知在 S—S 截面上由额定扭矩引起的切应力 $\tau=150$MPa，主轴自重引起的弯曲正应力 $\sigma=230$MPa，求 S—S 截面上危险点 C 的主应力及最大切应力。

解：在危险点 C 取单元体，其上作用有切应力 $\tau_x=150$MPa，正应力 $\sigma_x=230$MPa，如图 2（a）所示。

（1）解析法：

$$\left.\begin{matrix}\sigma_1\\ \sigma_3\end{matrix}\right\}=\frac{\sigma_x}{2}\pm\sqrt{\left(\frac{\sigma_x}{2}\right)^2+\tau_x^2}=\frac{230}{2}\pm\sqrt{\left(\frac{230}{2}\right)^2+150^2}=\begin{cases}304\\ -74\end{cases}\ \text{MPa}$$

$$\alpha_0=-\frac{1}{2}\arctan\frac{2\tau_x}{\sigma_x}=-\frac{1}{2}\arctan\frac{2\times150}{230}=-26.3°$$

$$\tau_{max}=\sqrt{\left(\frac{\sigma_x}{2}\right)^2+\tau_x^2}=\sqrt{\left(\frac{230}{2}\right)^2+150^2}=189\text{MPa}$$

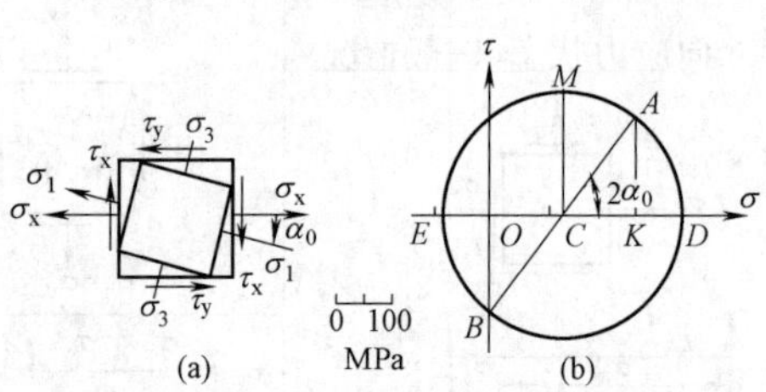

图 2

（2）图解法：作 σ-τ 坐标，选取一定的比例尺，取 $OK=\sigma_x=230$MPa，$AK=\tau_x=150$MPa 得 A 点，因 $\sigma_y=0$，取 $OB=\tau_y=-150$MPa 得 B 点，连接 AB 交 σ 轴于 C 点，以 C 点为圆心、CA 为半径作圆，此圆即为所取单元体的应力圆，如图 2（b）所示，从应力圆上可以按比例尺直接量得：$\sigma_1=OD=304$MPa，$\sigma_2=0$，$\sigma_3=OE=-74$MPa，$2\alpha_0=\angle ACD=-52.6°$，$\alpha_0=-26.3°$，$\tau_{max}=CM=189$MPa。

(2) 强度理论及其应用

表 1-1-36　强度理论及其应用范围

<table>
<tr><th colspan="2" rowspan="2">材　　料</th><th rowspan="2">塑性材料(低碳钢、非淬硬中碳钢、退火球墨铸铁、铜、铝等)</th><th rowspan="2">极脆材料(淬硬工具钢、陶瓷等)</th><th colspan="2">拉伸与压缩强度极限不等的脆性材料或低塑性材料(铸铁、淬硬高强度钢、混凝土等)</th><th rowspan="2">说明及符号意义</th></tr>
<tr><th>精确计算</th><th>简化计算</th></tr>
<tr><td>单向应力状态</td><td>简单拉伸</td><td rowspan="5">第三强度理论(最大切应力理论)
破坏条件:$\sigma_1-\sigma_3=\sigma_s$
强度条件:$\sigma_{\text{Ⅲ}}=\sigma_{\text{Ⅰ}}-\sigma_c\leqslant[\sigma]=\dfrac{\sigma_s}{n}$
或
第四强度理论(形状改变比能①理论)
破坏条件:
$\sqrt{\dfrac{1}{2}[(\sigma_1-\sigma_2)^2+(\sigma_2-\sigma_3)^2+(\sigma_3-\sigma_1)^2]}=\sigma_s$
强度条件:$\sigma_{\text{Ⅳ}}=$
$\sqrt{\dfrac{1}{2}[(\sigma_1-\sigma_2)^2+(\sigma_2-\sigma_3)^2+(\sigma_3-\sigma_1)^2]}$
$\leqslant[\sigma]=\dfrac{\sigma_s}{n}$</td><td rowspan="5">第一强度理论(最大拉应力理论)
破坏条件:
$\sigma_1=\sigma_b$
强度条件:
$\sigma_{\text{Ⅰ}}=\sigma_1\leqslant[\sigma]$
$=\dfrac{\sigma_b}{n}$</td><td rowspan="5">莫尔强度理论
(修正后的第三强度理论)
破坏条件:
$\sigma_1-\nu\sigma_3=\sigma_b$
强度条件:
$\sigma_{\text{Ⅳ}}=\sigma_1-\nu\sigma_3$
$\leqslant[\sigma]$
$=\dfrac{\sigma_b}{n}$</td><td rowspan="3">第一强度理论</td><td rowspan="8">(1)各强度理论仅限于讨论常温和静载荷时的情况
(2)各强度理论仅适用于各向同性的材料
(3)σ_1、σ_2、σ_3 为三个互相垂直的主平面内的三向主应力,按其代数值规定 $\sigma_1>\sigma_2>\sigma_3$
(4)μ 为材料的泊松比
(5)$\nu=\dfrac{\text{拉伸强度极限}}{\text{压缩强度极限}}$</td></tr>
<tr><td rowspan="5">二向应力状态</td><td>二向拉伸应力(如薄壁压力容器)</td></tr>
<tr><td>一向拉伸、一向压缩,其中拉应力较大(如拉伸和扭转或弯曲和扭转等联合作用)</td></tr>
<tr><td>拉伸、压缩应力相等(如圆轴扭转)</td><td rowspan="2">近似用第二强度理论(最大伸长线变形理论)
$\sigma_{\text{Ⅱ}}=\sigma_1-\mu(\sigma_2+\sigma_3)\leqslant[\sigma]$</td></tr>
<tr><td>一向拉伸、一向压缩,其中压应力较大(如压缩和扭转等联合作用)</td></tr>
<tr><td>二向压缩应力(如压配合的被包容件的受力情况)</td><td colspan="4">第三强度理论或第四强度理论</td></tr>
<tr><td rowspan="2">三向应力状态</td><td>三向拉伸应力(如拉伸具有能产生应力集中的尖锐沟槽的杆件)</td><td colspan="4">第一强度理论</td></tr>
<tr><td>三向压缩应力(点接触或线接触的接触应力)</td><td colspan="4">第三强度理论或第四强度理论</td></tr>
</table>

① 比能指单位体积的弹性变形能。

注:1. $\sigma_{\text{Ⅰ}}$、$\sigma_{\text{Ⅱ}}$、$\sigma_{\text{Ⅲ}}$、$\sigma_{\text{Ⅳ}}$ 分别为相应强度理论时的相当应力。

2. $[\sigma]$ 为许用应力,$[\sigma]=\dfrac{\sigma_s}{n}$(塑性材料)或 $[\sigma]=\dfrac{\sigma_b}{n}$(脆性材料)。

n 为安全系数,根据具体情况,按规程、规范、使用经验确定。下面列出几种情况的一般参考值:

材料	受静载		受动载、冲击(载荷难以确定)
塑性材料	轧制、锻制	$n=1.2\sim2.2$	$n=1.15\sim1.5(1.2\sim2.2)$
	铸件	$n=1.6\sim2.5$	$n=1.15\sim1.5(1.6\sim2.5)$
脆性材料	$n=2.0\sim3.5$		$n=1.5\sim2.0(2.0\sim3.5)$

3. 弯曲、剪切、挤压、扭转许用应力与拉伸许用应力$[\sigma]$间的近似关系(供参考):

材　　料	弯曲$[\sigma_w]$	剪切$[\tau_q]$	挤压$[\sigma_{jy}]$	扭转$[\tau]$
塑性材料	$(1.0\sim1.2)[\sigma]$	$(0.6\sim0.8)[\sigma]$	$(1.5\sim2.5)[\sigma]$	$(0.5\sim0.6)[\sigma]$
脆性材料	$1.0[\sigma]$	$(0.8\sim1.0)[\sigma]$	$(0.9\sim1.5)[\sigma]$	$(0.8\sim1.0)[\sigma]$

（3）截面力学特性的计算公式

表 1-1-37　截面力学特性的计算公式

特性名称	计算公式	图形	符号意义
静矩	$S_x=\int_A y\,dA=Ay_0$ $S_y=\int_A x\,dA=Ax_0$	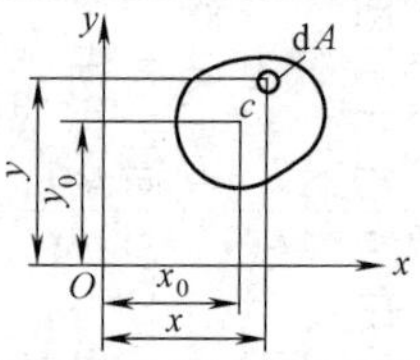	A ——图形的全面积； y_0,x_0——质心与 x、y 轴的距离
惯性矩	$I_x=\int_A y^2 dA=i_x^2 A$ $I_y=\int_A x^2 dA=i_y^2 A$	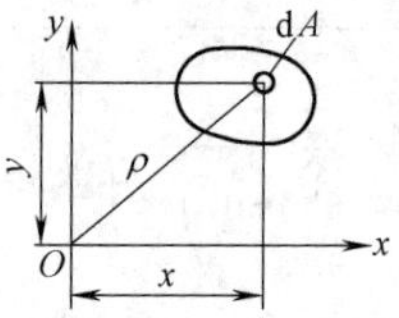	i_y,i_x ——截面对于 y 轴和 x 轴的惯性半径（回转半径）
极惯性矩	$I_\rho=\int_A \rho^2 dA=\int_A (x^2+y^2)dA=I_x+I_y$		
惯性积	$I_{xy}=\int_x xy\,dA$		
平行轴惯性矩间的关系	$I_{x_1}=I_x+a^2A$ $I_{y_1}=I_y+b^2A$	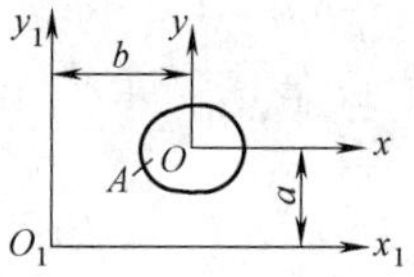	
平行轴惯性积间的关系	$I_{x_1y_1}=I_{xy}+abA$		如果 x、y 轴包括图形的对称轴，则 $I_{xy}=0$，故 $I_{x_1y_1}=abA$
两轴（通过任一点 O）旋转 α 角（以逆时针方向为正）后　惯性矩的关系	$I_{x_1}=I_x\cos^2\alpha+I_y\sin^2\alpha-I_{xy}\sin2\alpha$ $I_{y_1}=I_y\cos^2\alpha+I_x\sin^2\alpha+I_{xy}\sin2\alpha$	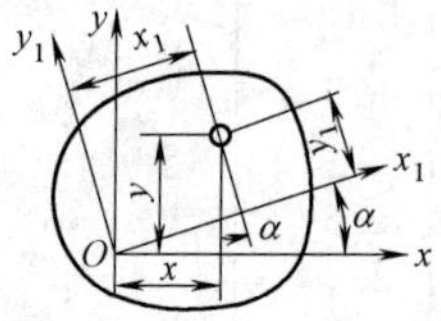	
两轴（通过任一点 O）旋转 α 角（以逆时针方向为正）后　惯性积的关系	$I_{x_1y_1}=\frac{1}{2}(I_x-I_y)\sin2\alpha+I_{xy}\cos2\alpha$		
主形心轴的方位角 α_0	$\tan2\alpha_0=\frac{2I_{xy}}{I_y-I_x}$	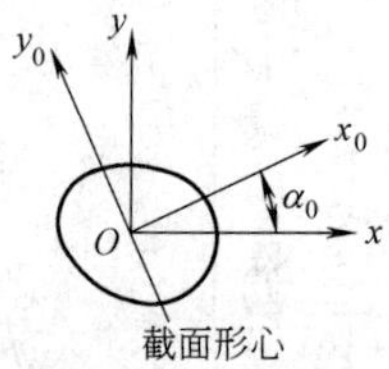	通过截面形心并且有一定方位角 α_0 的两个互相垂直的轴 x_0 和 y_0 称为主形心轴。此时，截面对主形心轴 x_0 和 y_0 的主形心惯性矩，一个为最大，另一个为最小，而且惯性积必等于零
主形心惯性矩	$I_{x_0}=I_x\cos^2\alpha_0+I_y\sin^2\alpha_0-I_{xy}\sin2\alpha_0$ $I_{y_0}=I_x\sin^2\alpha_0+I_y\cos^2\alpha_0+I_{xy}\sin2\alpha_0$		

（4）截面的力学特性

表 1-1-38　常用截面的力学特性

简　图	面　积 A	惯性矩 I	抗弯截面模量 $W=\frac{I}{e}$	质心 S 到相应边的距离 e	惯性半径 $i=\sqrt{\frac{I}{A}}$
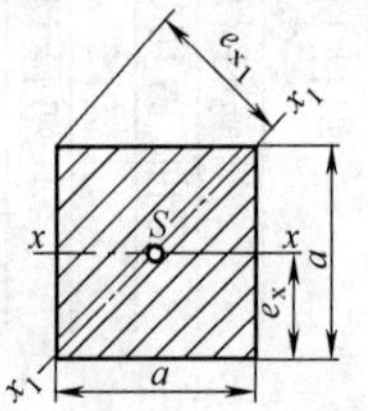	a^2	$\frac{a^4}{12}$	$W_x=\frac{a^3}{6}$ $W_{x_1}=0.1179a^3$	$e_x=\frac{a}{2}$ $e_{x_1}=0.7071a$	$0.289a$

续表

简图	面积 A	惯性矩 I	抗弯截面模量 $W=\frac{I}{e}$	质心 S 到相应边的距离 e	惯性半径 $i=\sqrt{\frac{I}{A}}$
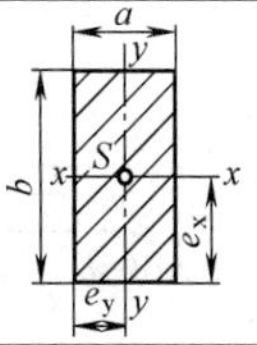	ab	$I_x=\frac{ab^3}{12}$ $I_y=\frac{a^3b}{12}$	$W_x=\frac{ab^2}{6}$ $W_y=\frac{a^2b}{6}$	$e_x=\frac{b}{2}$ $e_y=\frac{a}{2}$	$i_x=0.289b$ $i_y=0.289a$
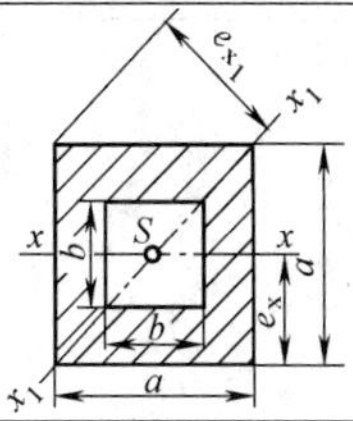	a^2-b^2	$\frac{a^4-b^4}{12}$	$W_x=\frac{a^4-b^4}{6a}$ $W_{x_1}=$ $0.1179\frac{a^4-b^4}{a}$	$e_x=\frac{a}{2}$ $e_{x_1}=0.7071a$	$0.289\sqrt{a^2+b^2}$
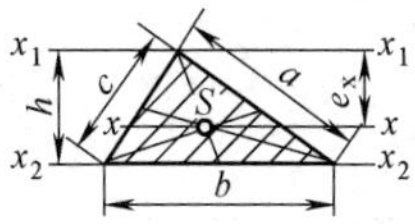	$A=\frac{bh}{2}$ $=\sqrt{P(P-a)(P-b)(P-c)}$ 式中： $P=\frac{1}{2}(a+b+c)$	$I_{x_1}=\frac{bh^3}{4}$ $I_x=\frac{bh^3}{36}$ $I_{x_2}=\frac{bh^3}{12}$	$W_{x_1}=\frac{bh^2}{24}$ $W_{x_2}=\frac{bh^2}{12}$	$e_x=\frac{2h}{3}$	$i_x=0.236h$
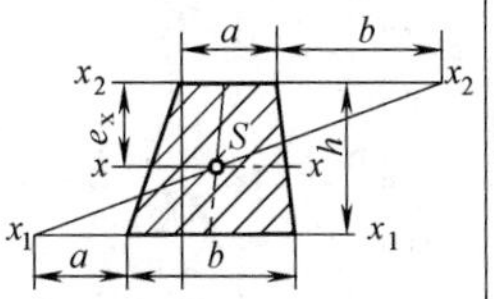	$\frac{h(a+b)}{2}$	$I_x=$ $\frac{h^3(a^2+4ab+b^2)}{36(a+b)}$ $I_{x_1}=\frac{h^3(b+3a)}{12}$	$W_{x_1}=$ $\frac{h^2(a^2+4ab+b^2)}{12(2a+b)}$ $W_{x_2}=$ $\frac{h^2(a^2+4ab+b^2)}{12(a+2b)}$	e_x $=\frac{h(a+2b)}{3(a+b)}$	$i_x=\frac{h}{3(a+b)}$ $\sqrt{\frac{a^2+4ab+b^2}{2}}$
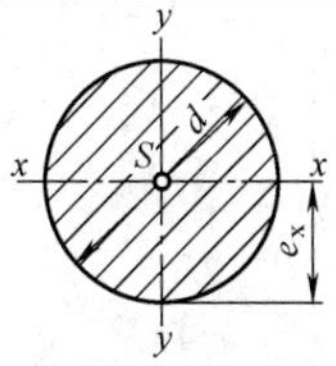	$\frac{\pi}{4}d^2$	$I_x=I_y=\frac{\pi}{64}d^4$ $=0.0491d^4$ $I_\rho=\frac{\pi d^4}{32}$ $=0.0982d^4$	$\frac{\pi}{32}d^3=0.0982d^3$ 抗扭截面模量 $W_n=2W$	$\frac{d}{2}$	$\frac{d}{4}$
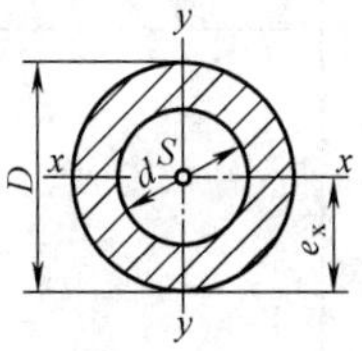	$\frac{\pi}{4}(D^2-d^2)$	$I_x=I_y$ $=\frac{\pi}{64}(D^4-d^4)$ $=0.0491(D^4-d^4)$ $I_\rho=\frac{\pi}{32}(D^4-d^4)$ $=0.0982(D^4-d^4)$	$\frac{\pi(D^4-d^4)}{32D}$ $=0.0982\frac{D^4-d^4}{D}$ 抗扭截面模量 $W_n=2W$	$\frac{D}{2}$	$\frac{1}{4}\sqrt{D^2+d^2}$
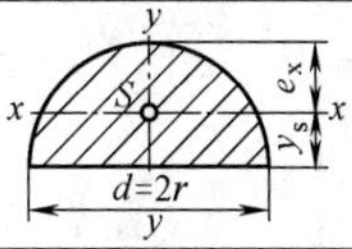	$\frac{\pi}{8}d^2=0.393d^2$	$I_x=0.00686d^4$ $I_y=\frac{\pi}{128}d^4$ $\approx 0.0245d^4$	$W_x=0.0239d^3$ $W_y=\frac{\pi}{64}d^3$ $\approx 0.0491d^3$	$e_x=0.2878d$ $y_s=0.2122d$	$i_x=0.1319d$ $i_y=\frac{d}{4}$
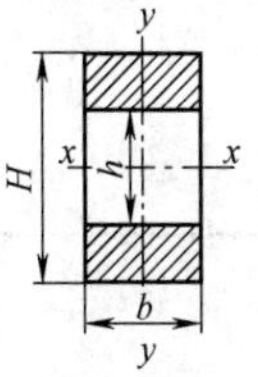	$b(H-h)$	$I_x=\frac{b(H^3-h^3)}{12}$ $I_y=\frac{b^3(H-h)}{12}$	$W_x=\frac{b(H^3-h^3)}{6H}$ $W_y=\frac{b^2(H-h)}{6}$	$e_x=\frac{H}{2}$ $e_y=\frac{b}{2}$	$i_x=$ $\sqrt{\frac{H^2+Hh+h^2}{12}}$ $i_y=0.289b$

续表

简　　图	面　　积 A	惯 性 矩 I	抗弯截面模量 $W=\frac{I}{e}$	质心 S 到相应边的距离 e	惯性半径 $i=\sqrt{\frac{I}{A}}$
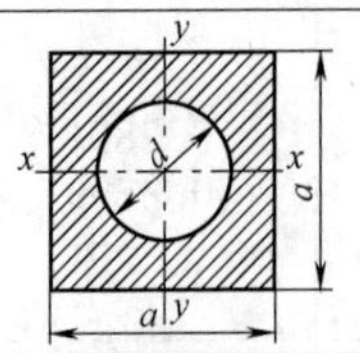	$a^2-\frac{\pi d^2}{4}$	$\frac{1}{12}\left(a^4-\frac{3\pi d^4}{16}\right)$	$\frac{1}{6a}\left(a^4-\frac{3\pi d^4}{16}\right)$	$\frac{a}{2}$	$i=\sqrt{\frac{16a^4-3\pi d^4}{48(4a^2-\pi d^2)}}$
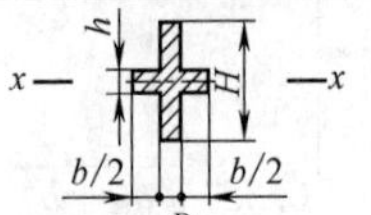 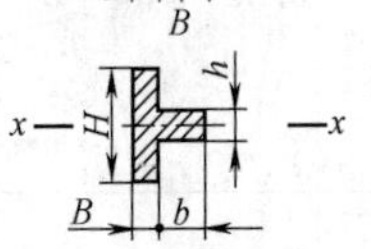 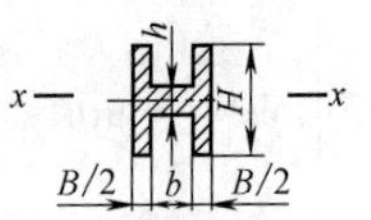	$BH+bh$	$I_x=\frac{BH^3+bh^3}{12}$	$W_x=\frac{BH^3+bh^3}{6H}$	$e_x=\frac{H}{2}$	$i_x=\sqrt{\frac{I_x}{A}}$
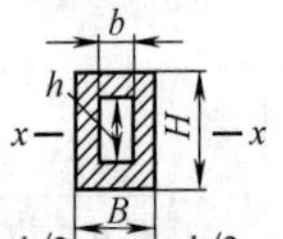 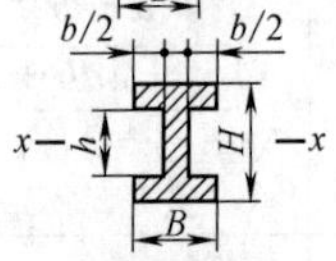 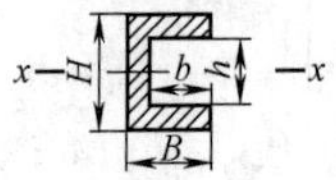 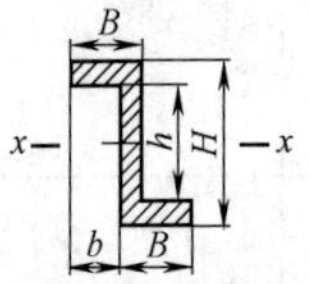	$BH-bh$	$I_x=\frac{BH^3-bh^3}{12}$	$W_x=\frac{BH^3-bh^3}{6H}$	$e_x=\frac{H}{2}$	$i_x=\sqrt{\frac{I_x}{A}}$
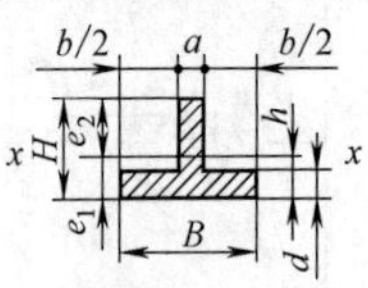 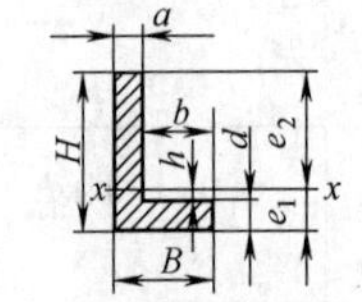 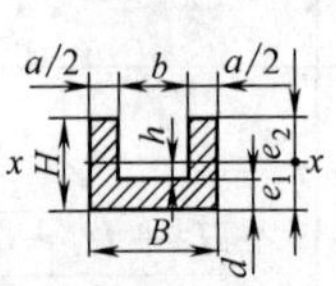	$BH-b(e_2+h)$	$I_x=\frac{1}{3}(Be_1^3-bh^3+ae_2^3)$	$W_{x_1}=\frac{I_x}{e_1}$ $W_{x_2}=\frac{I_x}{e_2}$	$e_1=\frac{aH^2+bd^2}{2(aH+bd)}$ $e_2=H-e_1$	$i_x=\sqrt{\frac{I_x}{A}}$

注：1. 表中 I_x、I_y 均为轴惯性矩；I_ρ 为极惯性矩。

2. 表中 α 单位为（°）。

表 1-1-39 常用组合截面的回转半径

截面形状	回转半径	截面形状	回转半径	截面形状	回转半径
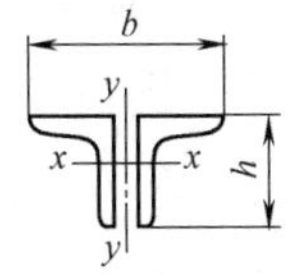	$i_x=0.30h$ $i_y=0.215b$	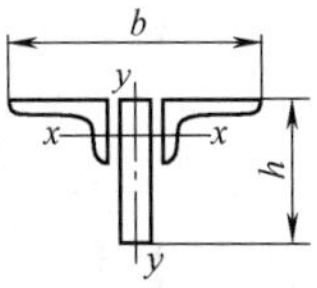	$i_x=0.30h$ $i_y=0.17b$	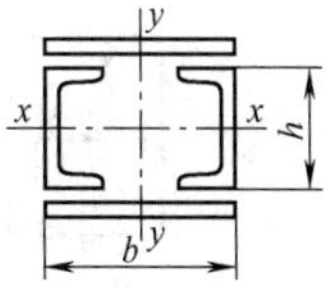	$i_x=0.44h$ $i_y=0.38b$
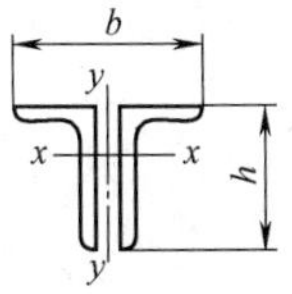	$i_x=0.32h$ $i_y=0.20b$	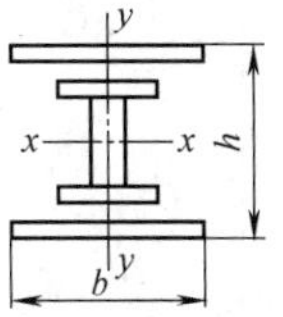	$i_x=0.42h$ $i_y=0.22b$	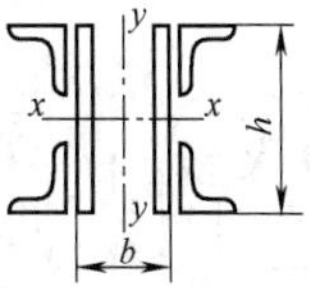	$i_x=0.37h$ $i_y=0.54b$
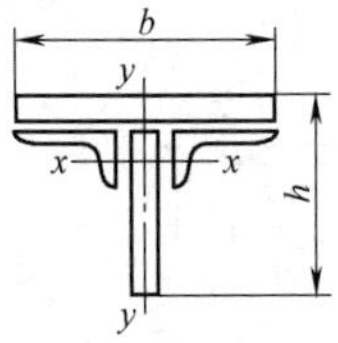	$i_x=0.26h$ $i_y=0.21b$	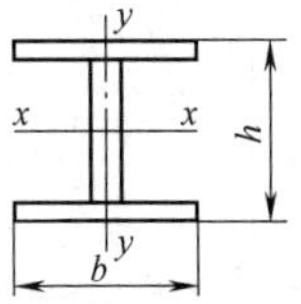	$i_x=0.39h$ $i_y=0.20b$	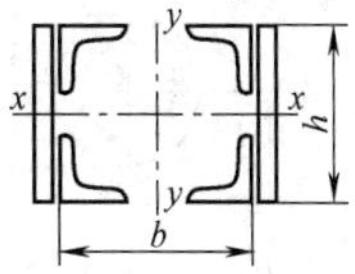	$i_x=0.37h$ $i_y=0.45b$
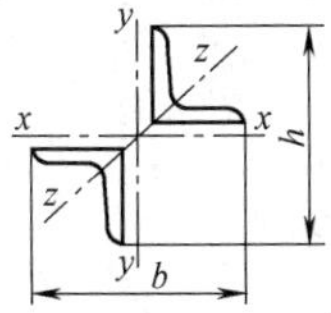	$i_x=0.21h$ $i_y=0.21b$ $i_z=0.185h$	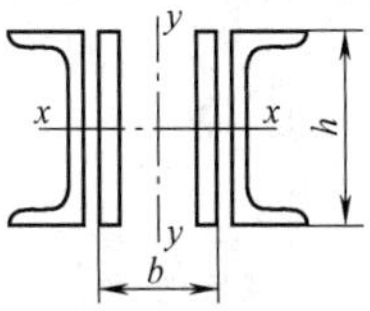	$i_x=0.35h$ $i_y=0.56b$	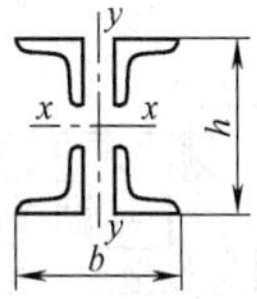	$i_x=0.45h$ $i_y=0.24b$
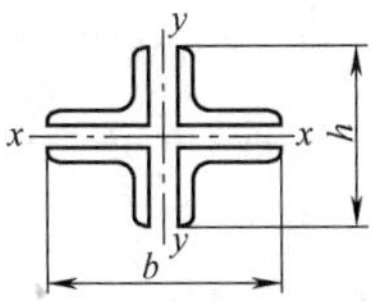	$i_x=0.21h$ $i_y=0.21b$	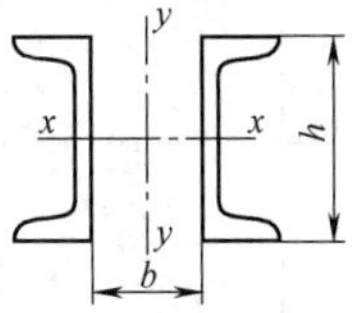	$i_x=0.38h$ $i_y=0.60b$	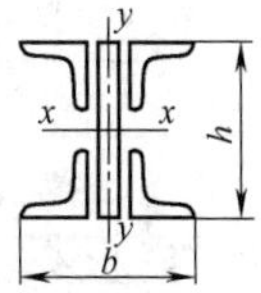	$i_x=0.40h$ $i_y=0.21b$
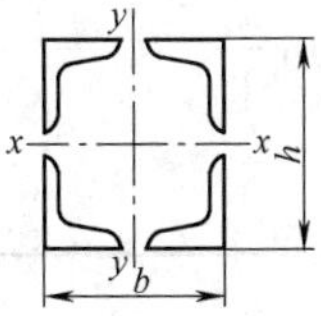	$i_x=0.43h$ $i_y=0.43b$	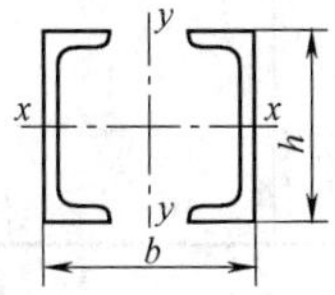	$i_x=0.38h$ $i_y=0.44b$	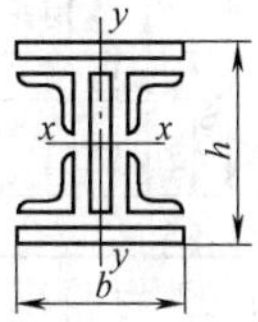	$i_x=0.45h$ $i_y=0.235b$
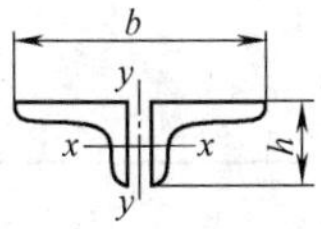	$i_x=0.28h$ $i_y=0.24b$	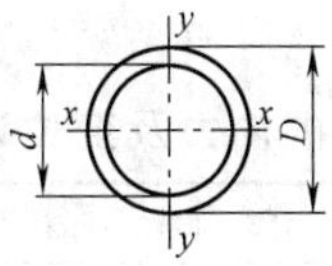	$i_x=0.35d_{cp}$ $d_{cp}=\dfrac{D+d}{2}$	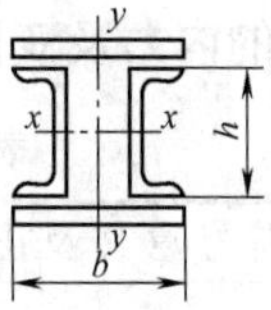	$i_x=0.44h$ $i_y=0.32b$

（5）截面中性轴的曲率半径

表 1-1-40 不同形状截面中性轴的曲率半径值

截面形状	中性轴的曲率半径
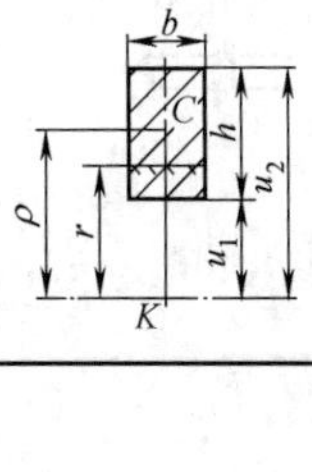	$r=\dfrac{h}{\ln\dfrac{u_2}{u_1}}$

截面形状	中性轴的曲率半径
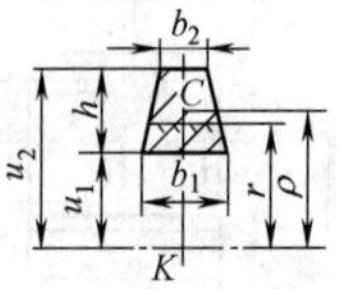	$r=\dfrac{\dfrac{(b_1+b_2)h}{2}}{\dfrac{b_1u_2-b_2u_1}{h}\ln\dfrac{u_2}{u_1}-(b_1-b_2)}$
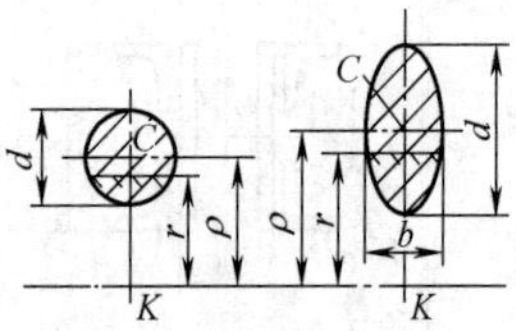	$r=\dfrac{d^2}{8\rho\left[1-\sqrt{1-\left(\dfrac{d}{2\rho}\right)^2}\right]}$
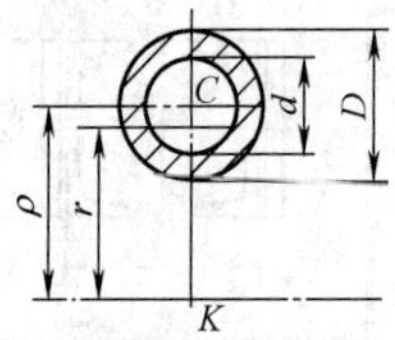	$r=\dfrac{D^2-d^2}{8\rho\left[\sqrt{1-\left(\dfrac{d}{2\rho}\right)^2}-\sqrt{1-\left(\dfrac{D}{2\rho}\right)^2}\right]}$
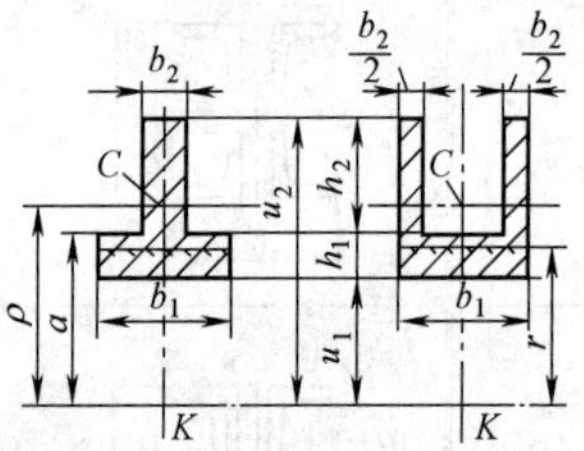	$r=\dfrac{b_1h_1+b_2h_2}{b_1\ln\dfrac{a}{u_1}+b_2\ln\dfrac{u_2}{a}}$
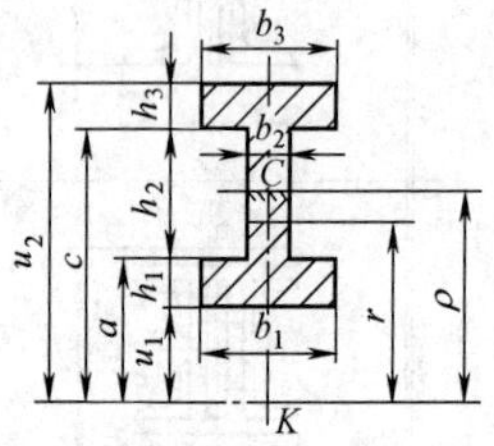	$r=\dfrac{b_1h_1+b_2h_2+b_3h_3}{b_1\ln\dfrac{a}{u_1}+b_2\ln\dfrac{c}{a}+b_3\ln\dfrac{u_2}{c}}$

注：C 为截面形心；K 为曲率中心。

（6）受静载荷梁的内力及变位计算

表 1-1-41 几种受静载荷梁的内力及变位计算公式

符号意义及正负号规定	简 图
F——集中载荷； q——均布载荷； F_R——支座反力，作用方向向上者为正； F_Q——剪力，对邻近截面所产生的力矩沿顺时针方向者为正； M——弯矩，使截面上部受压、下部受拉者为正； θ——转角，顺时针方向旋转者为正； f——挠度，向下变位者为正； E——弹性模量； I——截面的轴惯性矩	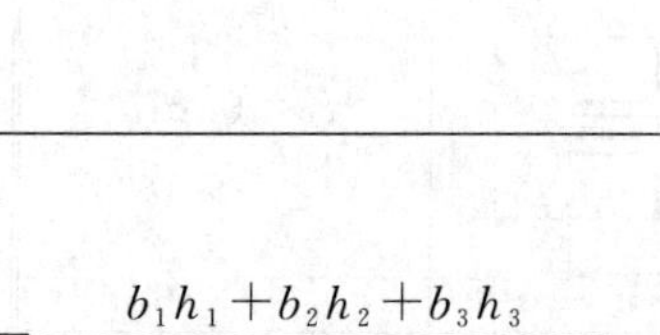

简图	反力、反力矩	区段	剪力	弯矩	挠度	转角
1. 悬臂梁 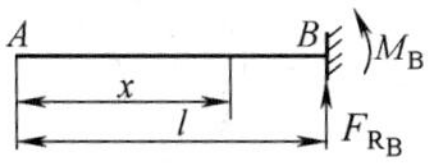						
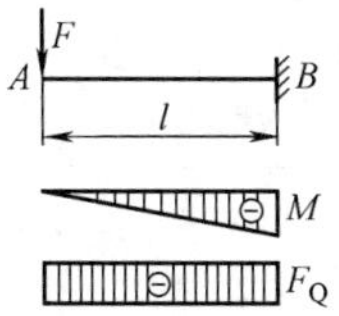	$F_{R_B}=F$ $M_B=-Fl$		$F_{Q_x}=-F$	$M_x=-Fx$	$f_x=\frac{Fl^3}{6EI}(2-3\xi+\xi^3)$ $f_A=\frac{Fl^3}{3EI}$	$\theta_x=-\frac{Fl^2}{2EI}(1-\xi^2)$ $\theta_A=-\frac{Fl^2}{2EI}$
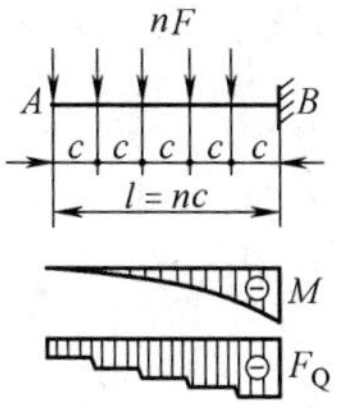	$F_{R_B}=nF$ $M_B=-\frac{n+1}{2}Fl$				$f_A=\frac{3n^2+4n+1}{24nEI}Fl^3$	$\theta_A=-\frac{2n^2+3n+1}{12nEI}Fl^2$
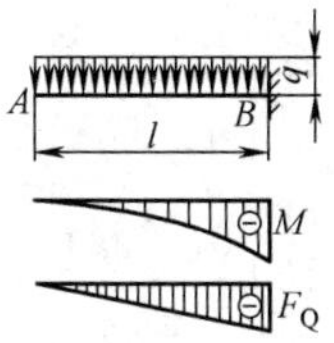	$F_{R_B}=ql$ $M_B=-\frac{ql^2}{2}$		$F_{Q_x}=-qx$	$M_x=-\frac{Fqx^2}{2}$	$f_x=\frac{ql^4}{24EI}(3-4\xi+\xi^4)$ $f_A=\frac{ql^4}{8EI}$	$\theta_x=-\frac{ql^3}{6EI}(1-\xi^3)$ $\theta_A=-\frac{ql^3}{6EI}$
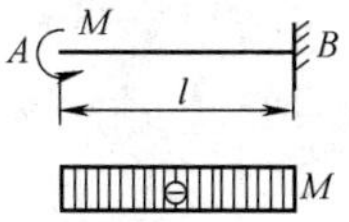	$F_{R_B}=0$ $M_B=M_x$ $=-M$		$F_{Q_x}=0$	$M_x=-M$	$f_x=\frac{Ml^2}{2EI}(1-\xi)^2$ $f_A=\frac{Ml^2}{2EI}$	$\theta_x=-\frac{Ml}{EI}(1-\xi)$ $\theta_A=-\frac{Ml}{EI}$
2. 简支梁 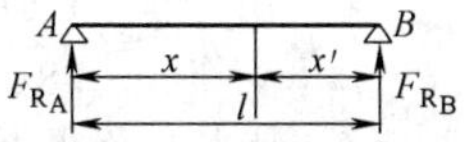						
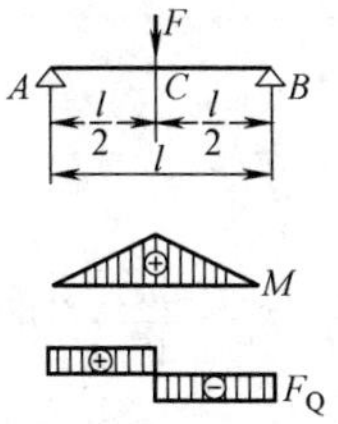	$F_{R_A}=F_{R_B}$ $=\frac{F}{2}$	AC	$F_{Q_x}=\frac{F}{2}$	$M_x=\frac{Fx}{2}$ $M_C=M_{max}$ $=\frac{Fl}{4}$	$f_x=\frac{Fl^2x}{48EI}(3-4\xi^2)$ $f_C=f_{max}=\frac{Fl^3}{48EI}$	$\theta_x=\frac{Fl^2}{16EI}(1-4\xi^2)$ $\theta_A=-\theta_B=\frac{Fl^2}{16EI}$
		CB	$F_{Q_x}=-\frac{F}{2}$	$M_x=\frac{Fl}{2}(1-\xi)$		

续表

简 图	反力、反力矩	区段	剪 力	弯 矩	挠 度	转 角
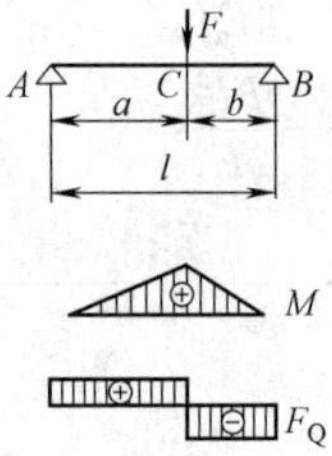	$F_{R_A}=\frac{Fb}{l}$ $F_{R_B}=\frac{Fa}{l}$	AC	$F_{Q_x}=\frac{Fb}{l}$	$M_x=\frac{Fbx}{l}$	$f_x=\frac{Fbl^2}{6EI}(\omega_{D\xi}-\beta^2\xi)$	$\theta_x=-\frac{Fbl}{6EI}(\omega_{M\xi}+\beta^2)$ $\theta_A=\frac{Fbl}{6EI}(1-\beta^2)$ $=\frac{Fl^2}{6EI}\omega_{D\beta}$
		CB	$F_{Q_x}=-\frac{Fa}{l}$	$M_x=Fa(1-\xi)$ $M_C=M_{max}$ $=\frac{Fab}{l}=Fl\omega_{R\alpha}$	$f_x=\frac{Fal^2}{6EI}(\omega_{D\zeta}-\alpha^2\zeta)$ $f_C=\frac{Fa^2b^2}{3EIl}=\frac{Fl^3}{3EI}\omega_{R\alpha}^2$ 若 $a>b$， $x=\sqrt{\frac{a}{3}(a+2b)}$ 则 f_{max} $=\frac{Fb}{9EIl}\sqrt{\frac{(a^2+2ab)^3}{3}}$	$\theta_x=\frac{Fal}{6EI}(\omega_{M\zeta}+\alpha^2)$ $\theta_B=-\frac{Fal}{6EI}(1-\alpha^2)$ $=-\frac{Fl^2}{6EI}\omega_{D\alpha}$
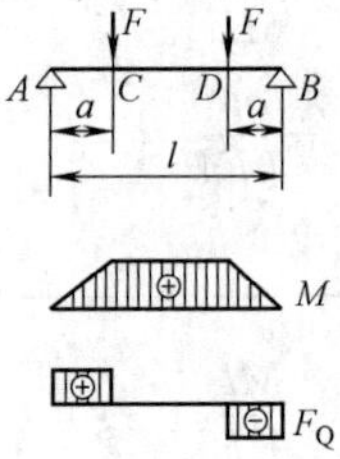	$F_{R_A}=F_{R_B}=F$	AC	$F_{Q_x}=F$	$M_x=Fx$	$f_x=\frac{Fl^2x}{6EI}(3\omega_{R\alpha}-\xi^2)$	$\theta_x=\frac{Fl^2}{2EI}(\omega_{R\alpha}-\xi^2)$
		CD	$F_{Q_x}=0$	$M_x=M_{max}$ $=Fa$	$f_x=\frac{Fal^2}{6EI}(3\omega_{R\xi}-\alpha^2)$	$\theta_x=\frac{Fal}{2EI}(1-2\xi)$
					$f_{max}=\frac{Fal^2}{24EI}(3-4\alpha^2)$	$\theta_A=-\theta_B$ $=\frac{Fal}{2EI}(1-\alpha)$ $=\frac{Fl^2}{2EI}\omega_{R\alpha}$
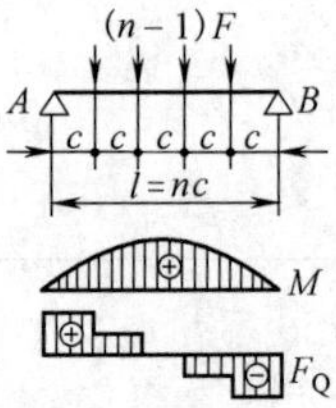	$F_{R_A}=F_{R_B}$ $=\frac{n-1}{2}F$			当 n 为奇数： $M_{max}=\frac{n^2-1}{8n}Fl$ 当 n 为偶数： $M_{max}=\frac{n}{8}Fl$	当 n 为奇数： $f_{max}=$ $\frac{5n^4-4n^2-1}{384n^3EI}Fl^3$ 当 n 为偶数： $f_{max}=\frac{5n^2-4}{384nEI}Fl^3$	$\theta_A=-\theta_B=\frac{n^2-1}{24nEI}Fl^2$
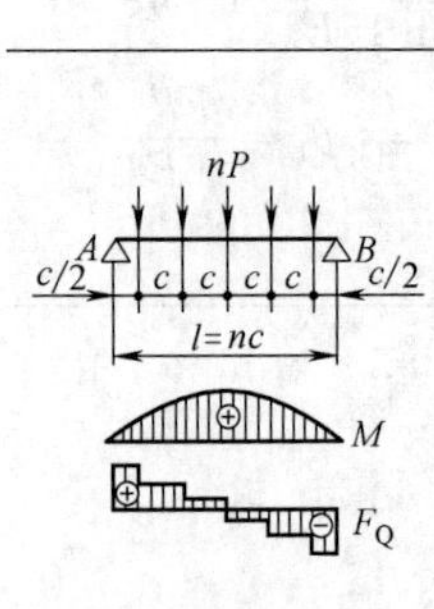	$F_{R_A}=F_{R_B}$ $=\frac{n}{2}F$			当 n 为奇数： $M_{max}=\frac{n^2+1}{8n}Fl$ 当 n 为偶数： $M_{max}=\frac{n}{8}Fl$	当 n 为奇数： $f_{max}=$ $\frac{5n^4+2n^2+1}{384n^3EI}Fl^3$ 当 n 为偶数： $f_{max}=\frac{5n^2+2}{384nEI}Fl^3$	$\theta_A=-\theta_B=\frac{2n^2+1}{48nEI}Fl^2$

续表

简　图	反力、反力矩	区段	剪　力	弯　矩	挠　度	转　角
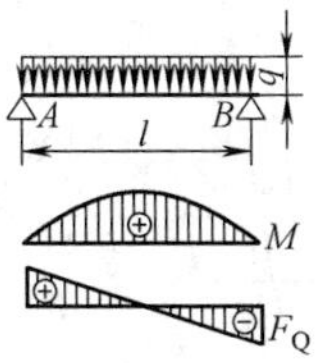	$F_{R_A}=F_{R_B}=\frac{ql}{2}$		$F_{Q_x}=\frac{ql}{2}(1-2\xi)$	$M_x=\frac{qlx}{2}(1-\xi)=\frac{ql^2}{2}\omega_{R\xi}$ $M_{max}=\frac{ql^2}{8}$	$f_x=\frac{ql^3x}{24EI}(1-2\xi^2+\xi^3)=\frac{ql^4}{24EI}\omega_{S\xi}$ $f_{max}=\frac{5ql^4}{384EI}$	$\theta_x=\frac{ql^3}{24EI}(1-6\xi^2+4\xi^3)$ $\theta_A=-\theta_B=\frac{ql^3}{24EI}$
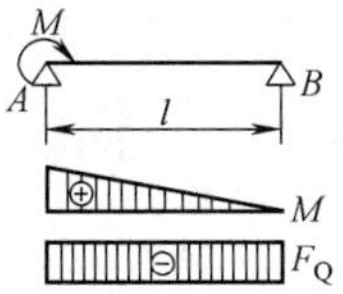	$F_{R_A}=-F_{R_B}=-\frac{M}{l}$		$F_{Q_x}=-\frac{M}{l}$	$M_x=M(1-\xi)$ $M_{max}=M$	$f_x=\frac{Mlx}{6EI}(2-3\xi+\xi^2)=\frac{Ml^2}{6EI}\omega_{D\xi}$ 若 $x=0.423l$ 则 $f_{max}=0.0642\frac{Ml^2}{EI}$	$\theta_x=\frac{Ml}{6EI}(2-6\xi+3\xi^2)=\frac{Ml}{6EI}\omega_{M\xi}$ $\theta_A=\frac{Ml}{3EI}$ $\theta_B=-\frac{Ml}{6EI}$

3. 一端简支另一端固定梁

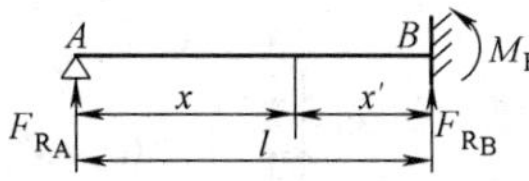

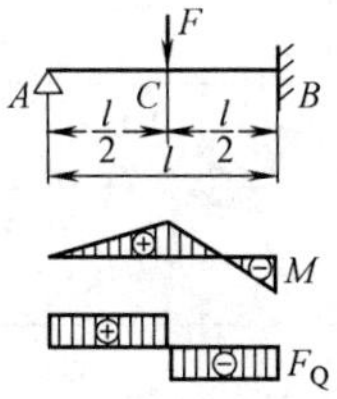	$F_{R_A}=\frac{5F}{16}$ $F_{R_B}=\frac{11F}{16}$	AC	$F_{Q_x}=\frac{5F}{16}$	$M_x=\frac{5Fx}{16}$	$f_x=\frac{Fl^2x}{96EI}(3-5\xi^2)$	$\theta_A=\frac{Fl^2}{32EI}$
		CB	$F_{Q_x}=-\frac{11F}{16}$	$M_x=\frac{Fl}{16}(8-11\xi)$ $M_B=-\frac{3Fl}{16}$ $M_C=M_{max}=\frac{5Fl}{32}$	$f_x=\frac{Fl^3}{96EI}(-2+15\xi-24\xi^2+11\xi^3)$ $f_C=\frac{7Fl^3}{768EI}$ 若 $x=0.447l$ 则 $f_{max}=0.00932\frac{Fl^3}{EI}$	
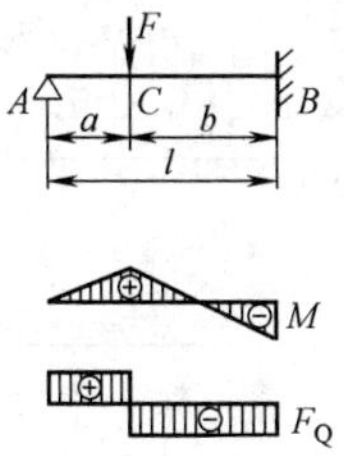	$F_{R_A}=\frac{Fb^2}{2l^2}(3-\beta)$ $F_{R_B}=\frac{Fa}{2l}(3-\alpha^2)$ $M_B=-\frac{Fab}{2l}(1+\alpha)=-\frac{Fl}{2}\omega_{D\alpha}$	AC	$F_{Q_x}=F_{R_A}$	$M_x=F_{R_A}x$	$f_x=\frac{1}{6EI}[F_{R_A}(3l^2x-x^3)-3Fb^2x]$	$\theta_A=\frac{Fab^2}{4EIl}=\frac{Fl^2}{4EI}\omega_{\tau\beta}$
		CB	$F_{Q_x}=F_{R_A}-F$	$M_x=F_{R_A}x-F(x-a)$	$f_x=\frac{1}{6EI}[F_{R_A}(3l^2x-x^3)-3Fb^2x+F(x-a)^3]$	
				$M_C=M_{max}=\frac{Fab^2}{2l^2}(3-\beta)=\frac{Fl}{2}(3-\beta)\omega_{\tau\beta}$		

续表

简图	反力、反力矩	区段	剪力	弯矩	挠度	转角
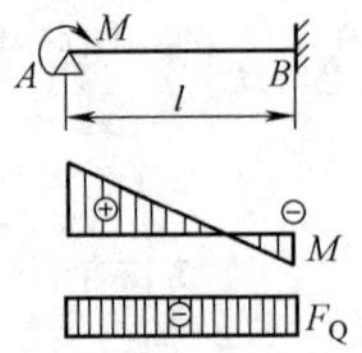	$F_{R_A}=-F_{R_B}$ $=-\frac{3M}{2l}$ $M_B=-\frac{M}{2}$		$F_{Q_x}=-\frac{3M}{2l}$	$M_x=\frac{M}{2}(2-3\xi)$ $M_A=M_{max}=M$	$f_x=\frac{Mlx}{4EI}(1-2\xi+\xi^2)$ $=\frac{Ml^2}{4EI}\omega_{\tau\xi}$ 若$x=\frac{l}{3}$ 则 $f_{max}=\frac{Ml^2}{27EI}$	$\theta_x=\frac{Ml}{4EI}(1-4\xi+3\xi^2)$ $\theta_A=\frac{Ml}{4EI}$
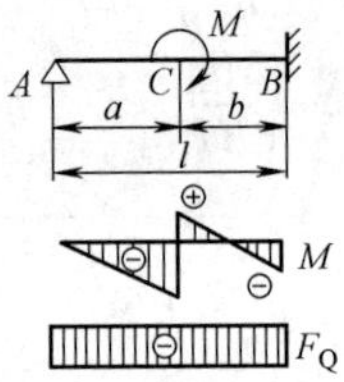	$F_{R_A}=-F_{R_B}$ $=-\frac{3M}{2l}(1-\alpha^2)$ $M_B=-\frac{M}{2}(1-3\alpha^2)$ $=\frac{M}{2}\omega_{M\alpha}$	AC	$F_{Q_x}=F_{R_A}$	$M_x=-\frac{3M}{2}(1-\alpha^2)\xi$	$f_x=\frac{Ml^2}{4EI}[(1-4\alpha+3\alpha^2)\xi+(1-\alpha^2)\xi^2]$	$\theta_A=\frac{Ml}{4EI}(1-4\alpha+3\alpha^2)$
		CB		$M_x=\frac{M}{2}[2-3(1-\alpha^2)\xi]$ $M_{C左}=-\frac{3M}{2}(\alpha-\alpha^3)$ $=-\frac{3M}{2}\omega_{D\alpha}$ $M_{C右}=M_{max}$ $=M+M_{C左}$	$f_x=\frac{Ml^2}{4EI}[(1-\xi)^2\xi-(2-3\xi+\xi^3)\alpha^2]$	

4. 两端固定梁

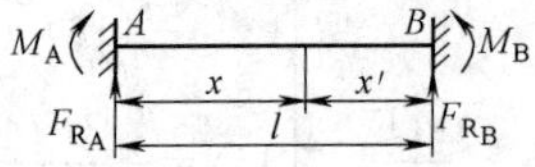

简图	反力、反力矩	区段	剪力	弯矩	挠度	转角
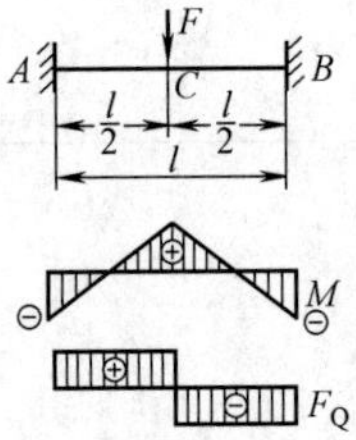	$F_{R_A}=F_{R_B}$ $=\frac{F}{2}$ $M_A=M_B$ $=-\frac{Fl}{8}$	AC	$F_{Q_x}=\frac{F}{2}$	$M_x=-\frac{Fl}{8}(1-4\xi)$ $M_{max}=\frac{Fl}{8}$ 反弯点在 $x=\frac{l}{4}$及 $x=\frac{3l}{4}$处	$f_x=\frac{Flx^2}{48EI}(3-4\xi)$ $f_{max}=\frac{Fl^3}{192EI}$	
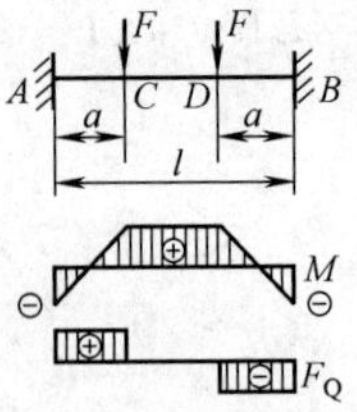	$F_{R_A}=F_{R_B}=F$ $M_A=M_B$ $=-Fa(1-\alpha)$ $=-Fl\omega_{R\alpha}$	AC	$F_{Q_x}=F$	$M_x=Fl(\xi-\omega_{R\alpha})$	$f_x=\frac{Flx^2}{6EI}(3\omega_{R\alpha}-\xi)$	
		CD	$F_{Q_x}=0$	$M_x=M_{max}$ $=\frac{Fa^2}{l}$	$f_x=\frac{Fa^2l}{6EI}(3\omega_{R\xi}-\alpha)$	
					$f_{max}=\frac{Fa^2l}{24EI}(3-4\alpha)$	

简图	反力、反力矩	区段	剪力	弯矩	挠度	转角
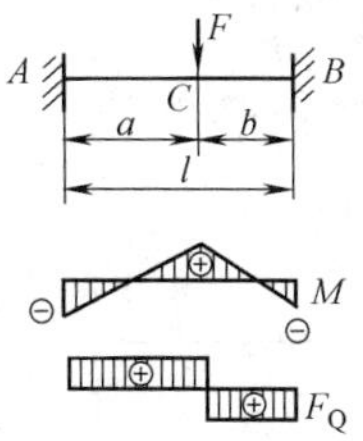	$F_{R_A}=\frac{Fb^2}{l^2}(1+2\alpha)$ $F_{R_B}=\frac{Fa^2}{l^2}(1+2\beta)$ $M_A=-\frac{Fab^2}{l^2}=-Fl\omega_{\tau\beta}$ $M_B=-\frac{Fa^2b}{l^2}=-Fl\omega_{\tau\alpha}$	AC	$F_{Q_x}=F_{R_A}$	$M_x=M_A+F_{R_A}x$	$f_x=\frac{Fb^2x^2}{6EIl}[3\alpha-(1+2\alpha)\xi]$	
		CB	$F_{Q_x}=F_{R_A}-F$	$M_x=M_A+F_{R_A}x-F(x-a)$	$f_x=-\frac{Fa^2(l-x)^2}{6EIl}[\alpha-(1+2\beta)\xi]$	
				$M_C=M_{max}=\frac{2Fa^2b^2}{l^3}=2Fl\omega_{R\alpha}^2$	$f_C=\frac{Fa^3b^3}{3EIl^3}=\frac{Fl^3}{3EI}\omega_{R\alpha}^3$ 若 $a>b, x=\frac{2al}{3a+b}$ 则 $f_{max}=\frac{2F}{3EI}\times\frac{a^3b^2}{(3a+b)^2}$	
5. 带悬臂的梁	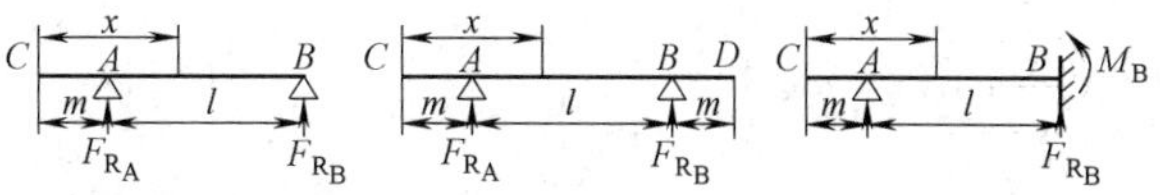 $\lambda=\frac{m}{l}$					
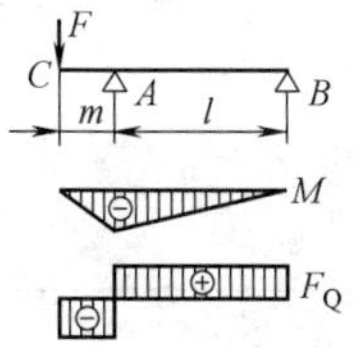	$F_{R_A}=F(1+\lambda)$ $F_{R_B}=-F\lambda$ $M_A=-Fm$	AC	$F_{Q_x}=-F$	$M_x=-Fx$	$f_C=\frac{Fm^2l}{3EI}(1+\lambda)$ 若 $x=m+0.423l$ 则 $f_{min}=-0.0642\frac{Fml^2}{EI}$	$\theta_C=-\frac{Fml}{6EI}(2+3\lambda)$ $\theta_A=-\frac{Fml}{3EI}$ $\theta_B=\frac{Fml}{6EI}$
		AB	$F_{Q_x}=F_{R_A}-F$	$M_x=-Fx+F(1+\lambda)(x-m)$		
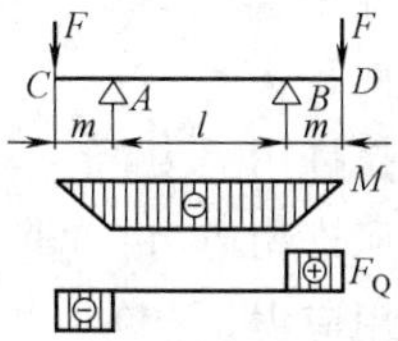	$F_{R_A}=F_{R_B}=F$ $M_A=M_B=-Fm$	AC	$F_{Q_x}=-F$	$M_x=-Fx$	$f_C=f_D=\frac{Fm^2l}{6EI}(3+2\lambda)$ 若 $x=m+0.5l$ 则 $f_{min}=-\frac{Fml^2}{8EI}$	$\theta_C=-\theta_D=-\frac{Fml}{2EI}(1+\lambda)$ $\theta_A=-\theta_B=-\frac{Fml}{2EI}$
		AB	$F_{Q_x}=0$	$M_x=-Fm$		
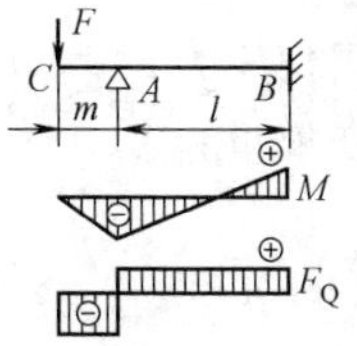	$F_{R_A}=\frac{F}{2}(2+3\lambda)$ $F_{R_B}=-\frac{3Fm}{2l}$ $M_A=-Fm$ $M_B=\frac{Fm}{2}$	AC	$F_{Q_x}=-F$	$M_x=-Fx$	$f_C=\frac{Fm^2l}{12EI}(3+4\lambda)$ 若 $x=m+\frac{l}{3}$ 则 $f_{min}=-\frac{Fml^2}{27EI}$	$\theta_C=-\frac{Fml}{4EI}(1+2\lambda)$ $\theta_A=-\frac{Fml}{4EI}$
		AB	$F_{Q_x}=\frac{3Fm}{2l}$	$M_x=-Fx+F_{R_A}(x-m)$		

续表

简图	反力、反力矩	区段	剪力	弯矩	挠度	转角
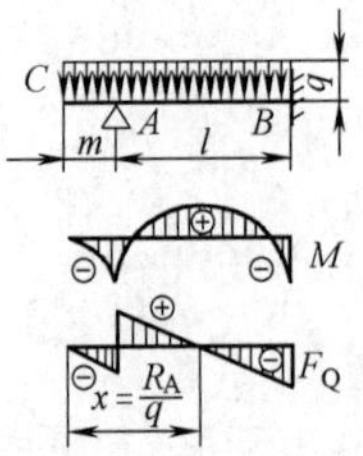	$F_{R_A}=\frac{ql}{8}(3+8\lambda+6\lambda^2)$ $F_{R_B}=\frac{ql}{8}(5-6\lambda^2)$ $M_A=-\frac{qm^2}{2}$ $M_B=-\frac{ql^2}{8}(1-2\lambda^2)$	AC AB	$F_{Q_x}=-qx$ $F_{Q_x}=F_{R_A}-qx$	若 $m=0.707l$ 则 $M_B=0$	$f_C=\frac{qml^3}{48EI}(-1+6\lambda^2+6\lambda^3)$	$\theta_C=\frac{ql^3}{48EI}(1-6\lambda^2-8\lambda^3)$ $\theta_A=\frac{ql^3}{48EI}(1-6\lambda^2)$

注：1. $\xi=\frac{x}{l}$；$\zeta=\frac{x'}{l}$；$\alpha=\frac{a}{l}$；$\beta=\frac{b}{l}$；$\gamma=\frac{c}{l}$；a，b，c 见各栏图中所示。

2. 函数 ω 与参数 α 或 β 间的关系式：

$\omega_{R\alpha}=\omega_{R\beta}=\alpha\beta=\alpha-\alpha^2=\beta-\beta^2$

$\omega_{D\alpha}=\alpha-\alpha^3=\alpha(1-\alpha^2)=\beta(2-3\beta+\beta^2)=3\omega_{R\alpha}-\omega_{D\beta}=\omega_{R\alpha}(1+\alpha)=\omega_{R\alpha}(2-\beta)$

$\omega_{D\beta}=\beta-\beta^3=\beta(1-\beta^2)=\alpha(2-3\alpha+\alpha^2)=3\omega_{R\alpha}-\omega_{D\alpha}=\omega_{R\alpha}(1+\beta)=\omega_{R\alpha}(2-\alpha)$

$\omega_{M\alpha}=3\alpha^2-1=2-6\beta+3\beta^2=\omega_{M\beta}-3(2\beta-1)=1-6\omega_{R\alpha}-\omega_{M\beta}$

$\omega_{M\beta}=3\beta^2-1=2-6\alpha+3\alpha^2=\omega_{M\alpha}-3(2\alpha-1)=1-6\omega_{R\alpha}-\omega_{M\alpha}$

$\omega_{S\alpha}=\omega_{S\beta}=\alpha-2\alpha^3+\alpha^4=\beta-2\beta^3+\beta^4=\omega_{R\alpha}(1+\omega_{R\alpha})$

$\omega_{\tau\alpha}=\alpha\omega_{R\alpha}=\alpha^2\beta=\alpha^2-\alpha^3$

$\omega_{\tau\beta}=\beta\omega_{R\alpha}=\alpha\beta^2=\beta^2-\beta^3=\alpha-2\alpha^2+\alpha^3$

函数 ω 的参数也可以是 ξ 或 ζ，关系式是相同的，只是变换脚标以示区别。ω 的脚标的意义是：第一个字母表示某一特定的函数关系，如上列诸关系式；第二个字母表示参数的符号，例如 $\omega_{M\beta}=3\beta^2-1$，$\omega_{M\zeta}=3\zeta^2-1$，$\omega_{R\xi}=\xi\zeta$ 等。但必须符合下列条件：$\alpha+\beta=1$ 或 $\xi+\zeta=1$ 等。

（7）杆件计算

表 1-1-42　杆件计算的基本公式

载荷情况	计算公式	符号意义
等截面直杆中心拉伸和压缩 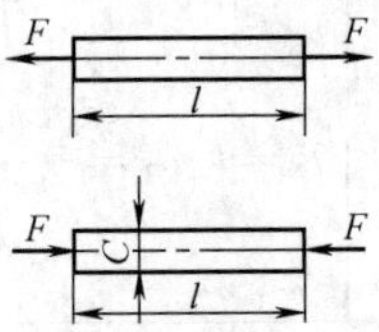 ($l>3C$)	纵向力作用下的正应力： $\sigma=\frac{F}{A}\leqslant[\sigma]_l$（拉伸） $\sigma=\frac{F}{A}\leqslant[\sigma]_y$（压缩） $A\geqslant\frac{F}{[\sigma]}$ 纵向绝对变形：$\Delta l=\frac{Fl}{EA}$ } 虎克定律 纵向应变：$\varepsilon=\frac{\Delta l}{l}=\frac{\sigma}{E}$ } 虎克定律 横向应变：$\varepsilon_1=-\mu\varepsilon$	F——纵向力； E——材料弹性模量； A——横截面面积； $[\sigma]_l$——材料抗拉许用应力； $[\sigma]_y$——材料抗压许用应力； $[\sigma]$——材料许用应力； μ——泊松比； l——杆件原长（或杆件长度）； F_Q——剪力；
剪切 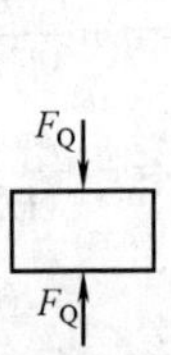	横向力作用下的切应力： $\tau=\frac{F_Q}{A}\leqslant[\tau]$——假定横截面上切应力 τ 均匀分布切应变： $\gamma=\frac{\tau}{G}$——纯剪切的虎克定律	$[\tau]$——材料许用切应力； G——材料切变模量； $G=\frac{E}{2(1+\mu)}$ M_n——扭矩；

续表

载荷情况	计算公式	符号意义
等直圆轴与圆管的扭转 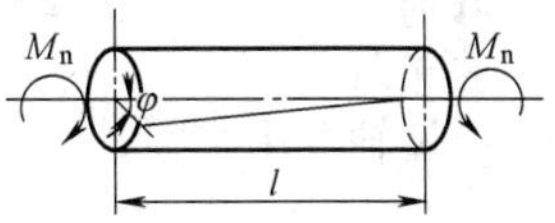 	扭矩作用下的切应力： $\tau_{max}=\dfrac{M_n}{W_n}\leqslant[\tau]$ 最大扭转角： $\varphi=\dfrac{M_n l}{GI_n}\times\dfrac{180}{\pi}(°)$ 或 $\varphi=\dfrac{M_n\times100}{GI_n}\times\dfrac{180}{\pi}<[\varphi](°)/\text{m}$（后式中 M_n、G、I_n 中所包含的长度单位应用 cm）	W_n——抗扭截面模量； 实心圆轴：$W_n=\dfrac{I_n}{r}=\dfrac{\pi d^3}{16}\approx0.2d^3$ 空心圆管：$W_n=\dfrac{I_n}{r}=\dfrac{\pi}{32}\times\dfrac{D^4(1-\beta^4)}{D/2}\approx0.2D^3(1-\beta^4)$ I_n——抗扭惯性矩，等于圆面积对于形心的极惯性矩 I_ρ；
横向平面弯曲 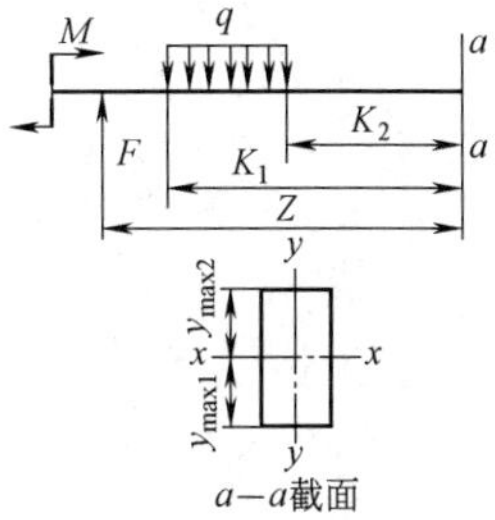 a—a截面	弯矩作用下的正应力：$\sigma=\dfrac{M_w y}{I_x}$ 在受拉一边的最大拉应力：$\sigma=\dfrac{M_w y_{max1}}{I_x}=\dfrac{M_w}{W_{x_1}}\leqslant[\sigma]_l$ 在受压一边的最大压应力：$\sigma=\dfrac{M_w y_{max2}}{I_x}=\dfrac{M_w}{W_{x_2}}\leqslant[\sigma]_y$ a—a 截面处的弯矩：$M_w=M+FZ-\dfrac{q(K_1^2-K_2^2)}{2}$ 通常情况下，对于一般细长的梁，仅根据梁的最大弯矩按正应力强度条件选择应有的截面就可以。只有下列情况时才需校核梁的切应力： (1)高度较大的铆接或焊接的组合梁，其梁的腹板上的切应力要校核 (2)跨度短载荷大，或很大载荷均作用于支座附近 (3)材料抗剪强度比弯曲强度小得多(如木材) $\tau_{max}=\dfrac{F_{Qmax}S_0}{Ib_0}\leqslant[\tau]$ a—a 截面处的剪力： $F_Q=F-q(K_1-K_2)$	实心圆轴：$I_\rho=\dfrac{\pi d^4}{32}\approx0.1d^4$ 空心圆管：$I_\rho=\dfrac{\pi}{32}D^4(1-\beta^4)\approx0.1D^4(1-\beta^4)$ β——圆管内外圆直径之比； $\beta=\dfrac{d}{D}$ $[\varphi]$——许用扭转角(°)/m； M_w——弯矩； y——截面中任意一点至中性轴 x-x 的距离； y_{max}——截面边缘至中性轴的距离； I_x——截面对 x-x 轴的抗弯惯性矩； I——对于中性轴的惯性矩； W_x——截面对 x-x 轴的抗弯截面模量； W_y——截面对 y-y 轴的抗弯截面模量；
斜弯曲 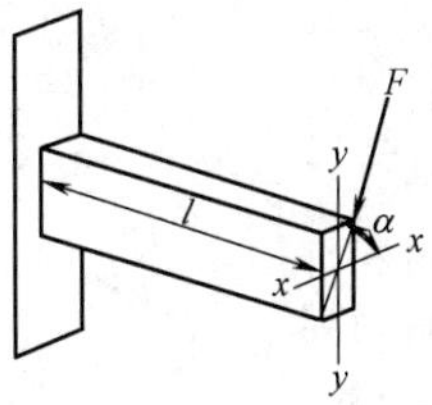 	弯矩作用平面与截面主轴线 x-x、y-y 不重合时，弯矩的合应力： $\sigma_{max}=\pm\dfrac{M_{max}\cos\alpha}{W_y}\pm\dfrac{M_{max}\sin\alpha}{W_x}$ 上式是指工程中常用截面，即有棱角的对称截面，这类截面上最大拉应力与最大压应力相等，恒发生在距中性轴最远的棱角上。拉应力取"+"，压应力取"−"。最大应力所在点无切应力，所以按正应力进行强度计算 对钢制梁其拉伸与压缩的许用应力相等，所以强度条件为 $\sigma_{max}=\left[\dfrac{M_{max}\cos\alpha}{W_y}+\dfrac{M_{max}\sin\alpha}{M_x}\right]\leqslant[\sigma]$ 简化为 $\sigma_{max}=\dfrac{M_{max}\cos\alpha}{W_y}\left[1+\dfrac{W_y}{W_x}\tan\alpha\right]\leqslant[\sigma]$	W——抗弯截面模量； q——一段杆件上的均布载荷； S_0——中性轴以上或以下的这部分横截面面积对于中性轴的静矩； b_0——截面沿中性轴的宽度； α——载荷平面与截面主轴 x-x 间的夹角； M——作用在杆件上的力矩； M_{max}——杆件上受的最大弯矩； σ_{I}，σ_{IV}——合成正应力； h_1——截面外边至中性轴距离； h_2——截面内边至中性轴距离；

载荷情况	计算公式	符号意义
拉伸(或压缩)与弯曲 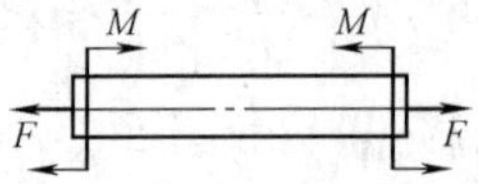 	拉力(或压力)与弯矩联合作用下的正应力: $\sigma=\pm\frac{F}{A}\pm\frac{M}{W}\leqslant[\sigma]$ (拉应力取+,压应力取-)	R_0——截面形心轴曲率半径; R_1——截面外边缘曲率半径; R_2——截面内边缘曲率半径; θ——截面 m—n 与作用载荷的夹角; r——中性轴曲率半径
圆轴的弯曲与扭转 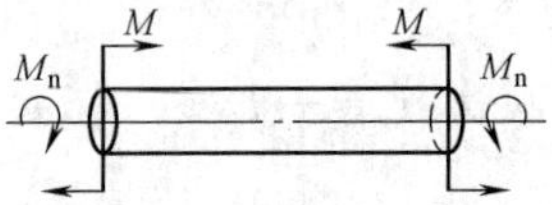 	弯矩与扭矩联合作用时: 正应力 $\sigma=\frac{M}{W}$ 切应力 $\tau=\frac{M_n}{W_n}$ 合成正应力(相当应力): 根据第四强度理论 $\sigma_{\mathrm{IV}}=\sqrt{\sigma^2+3\tau^2}\leqslant[\sigma]$ (用于钢材等塑性材料) 根据第一强度理论 $\sigma_{\mathrm{I}}=\frac{\sigma}{2}+\frac{\sqrt{\sigma^2+4\tau^2}}{2}\leqslant[\sigma]$ (用于铸铁等脆性材料)	
曲杆弯曲 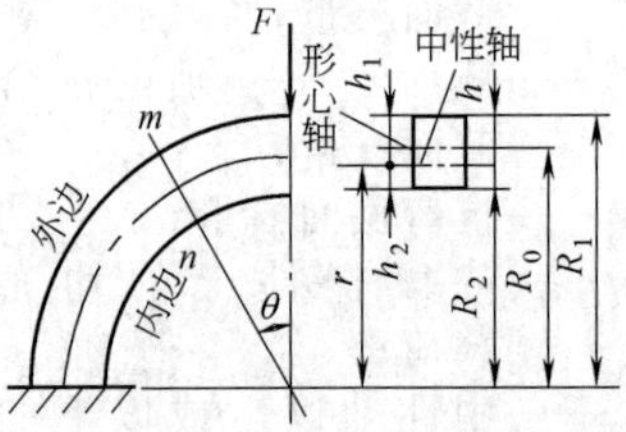 (用于 $\frac{R_0}{h}\leqslant5$;当 $\frac{R_0}{h}>5$ 时仍按直杆弯曲计算)	曲杆任意截面 m—n 上: 法向力 $N=F\sin\theta$ 弯矩 $M=FR_0\sin\theta$ 曲杆内、外边缘的正应力: 外边 $\sigma_1=\frac{Mh_1}{A(R_0-r)R_1}-\frac{N}{A}$ 内边 $\sigma_2=-\frac{Mh_2}{A(R_0-r)R_2}-\frac{N}{A}$ (如 F 力方向与图相反,式中前后两项的正负号应相反,括号中符号不变) 中性轴曲率半径 r 可按表 1-1-37 中公式计算 对于圆截面和矩形截面,也可按下式大略计算: 外边 $\sigma_1=k_1\frac{M}{W}$ 内边 $\sigma_2=k_2\frac{M}{W}$ 式中系数 k_1、k_2 由下表给出	

截面	系数	$\frac{R_0}{d}$或$\frac{R_0}{h}$ 1	1.5	2	3	4	5	6
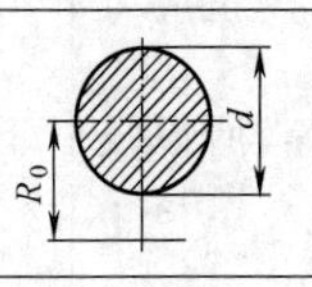	k_1	0.73	0.82	0.86	0.91	0.93	0.95	0.96
	k_2	1.6	1.36	1.26	1.17	1.12	1.09	1.08
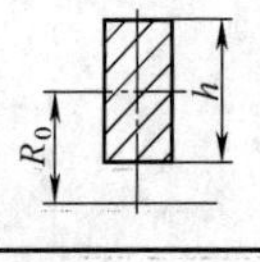	k_1	0.75	0.82	0.86	0.92	0.96	0.97	0.98
	k_2	1.53	1.29	1.21	1.12	1.09	1.06	1.05

1.4.3 平板弯曲计算

直角坐标系的 xOz 平面和平板的水平中层面重合，y 轴的方向垂直向下。对于矩形平板，x 轴的方向和平板长边之一重合，坐标原点和一角重合。对于圆形平板，用圆柱坐标系，基面和中层面重合，y 轴通过中心。

表 1-1-43 和表 1-1-46 中所列矩形或圆形平板公式适用于 $h \leqslant 0.2b$（小边）的刚性薄板（$f/h \leqslant 0.2$ 的小挠度板，即薄膜内力很小）。公式中取泊松比 $\mu = 0.3$。

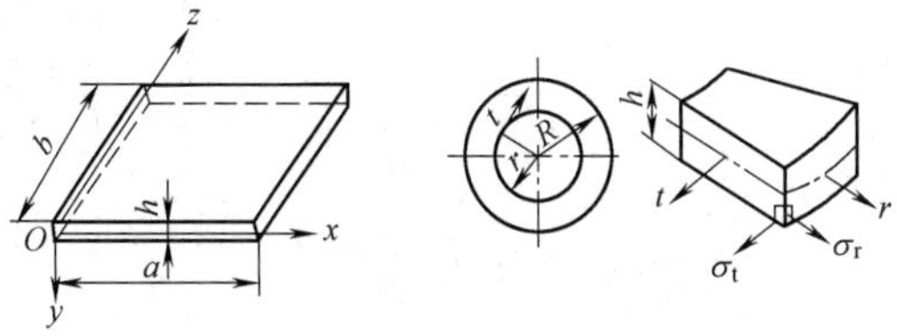

(1) 矩形平板计算

表 1-1-43 矩形平板计算公式（$a \geqslant b$）

支承与载荷特性		中心挠度	中心应力	长边中心应力
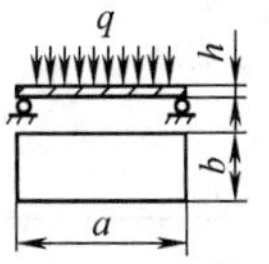	周界铰支，整个板面受均布载荷 q	$f = c_0 \dfrac{qb^4}{Eh^3}$	$\sigma_z = c_1 q \left(\dfrac{b}{h}\right)^2$ $\sigma_x = c_2 q \left(\dfrac{b}{h}\right)^2$	
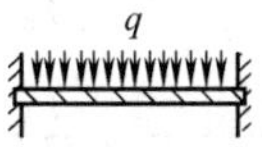	周界固定，整个板面受均布载荷 q	$f = c_3 \dfrac{qb^4}{Eh^3}$	$\sigma_z = c_4 q \left(\dfrac{b}{h}\right)^2$ $\sigma_x = c_5 q \left(\dfrac{b}{h}\right)^2$	$\sigma = -c_6 q \left(\dfrac{b}{h}\right)^2$
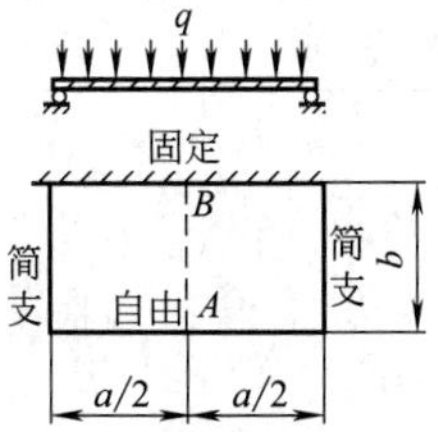	两个对边简支，第三边固定，第四边自由，整个板面受均布载荷	最大挠度在自由边的中点 A 处 $f = a \dfrac{qb^4}{Eh^3}$		最大弯曲应力发生在长边中心的 A 点及 B 点处 A 点处 $\sigma = \beta_1 q \left(\dfrac{a}{h}\right)^2$ B 点处 $\sigma = -\beta_2 q \left(\dfrac{b}{h}\right)^2$
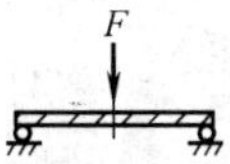	周界铰支，中心受集中载荷 F	$f = c_7 \dfrac{Fb^2}{Eh^3}$	载荷作用点附近的应力分布，大致和半径为 $0.64b$ 中心受集中力的圆形平板相同	

注：1. 负号表示上边纤维受拉伸。

2. 系数 $c_0 \sim c_7$ 见表 1-1-44，β_1、β_2 见表 1-1-45。

表 1-1-44 矩形平板系数（$a \geqslant b$）

$\dfrac{a}{b}$	c_0	c_1	c_2	c_3	c_4	c_5	c_6	c_7	$\dfrac{a}{b}$
1.0	0.0443	0.2874	0.2874	0.0138	0.1374	0.1374	0.3102	0.1265	1.0
1.1	0.0530	0.3318	0.2964	0.0165	0.1602	0.1404	0.3324	0.1381	1.1
1.2	0.0616	0.3756	0.3006	0.0191	0.1812	0.1386	0.3672	0.1478	1.2
1.3	0.0697	0.4158	0.3024	0.0210	0.1968	0.1344	0.4008		1.3
1.4	0.0770	0.4518	0.3036	0.0227	0.2100	0.1290	0.4284	0.1621	1.4

续表

$\frac{a}{b}$	c_0	c_1	c_2	c_3	c_4	c_5	c_6	c_7	$\frac{a}{b}$
1.5	0.0843	0.4872	0.2994	0.0241	0.2208	0.1224	0.4518		1.5
1.6	0.0906	0.5172	0.2958	0.0251			0.4680	0.1714	1.6
1.7	0.0964	0.5448	0.2916						1.7
1.8	0.1017	0.5688	0.2874	0.0267			0.4872	0.1769	1.8
1.9	0.1064	0.5910	0.2826						1.9
2.0	0.1106	0.6102	0.2784	0.0277			0.4974	0.1803	2.0
3.0	0.1336	0.7134	0.2424					0.1846	3.0
4.0	0.1400	0.7410	0.2304						4.0
5.0	0.1416	0.7476	0.2250						5.0
∞	0.1422	0.7500	0.2250	0.0284			0.5000	0.1849	∞

表 1-1-45　系数 β_1、β_2 的数值

$\frac{b}{a}$	0	$\frac{1}{3}$	$\frac{1}{2}$	$\frac{2}{3}$	1	$\frac{3}{2}$	2	3	∞
β_1	0	0.0468	0.176	0.335	0.583	0.738	0.786	0.798	0.798
β_2	3.0	2.568	1.914	1.362	0.714	0.744	0.750	0.750	0.750

（2）圆形平板计算

表 1-1-46　圆形平板计算公式

支承与载荷特性	中心挠度	中心应力	周界应力
周界铰支，整个板面受均布载荷 q 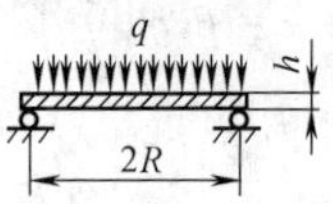	$f=\frac{0.7qR^4}{Eh^3}$	$\sigma_r=\sigma_t=\mp1.24q\left(\frac{R}{h}\right)^2$ "+"号指下表面，"−"号指上表面	$\sigma_r=0$；$\sigma_t=\mp0.52q\left(\frac{R}{h}\right)^2$ "+"号指下表面，"−"号指上表面
周界固定，整个板面受均布载荷 q 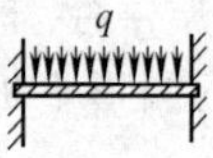	$f=\frac{0.17qR^4}{Eh^3}$	$\sigma_r=\sigma_t=\mp0.49q\left(\frac{R}{h}\right)^2$ "+"号指下表面，"−"号指上表面	$\sigma_r=\pm0.75q\left(\frac{R}{h}\right)^2$；$\sigma_t=\mu\sigma_r$ "+"号指上表面，"−"号指下表面
周界铰支，中心受集中载荷 F 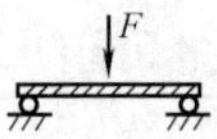	$f=\frac{0.55FR^2}{Eh^3}$	最大拉伸应力在下表面 $\sigma_{max}=\sigma_r$ $=\sigma_t\frac{F}{h^2}\left(0.63\ln\frac{R}{h}+1.16\right)$	$\sigma_t=\mp0.334\frac{F}{h^2}$ "+"号指下表面，"−"号指上表面
周界固定，中心受集中载荷 F 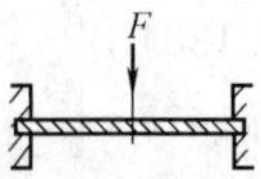	$f=\frac{0.218FR^2}{Eh^3}$	最大拉伸应力在下表面 $\sigma_{max}=\sigma_r$ $=\sigma_t\frac{F}{h^2}\left(0.63\ln\frac{R}{h}+0.68\right)$	$\sigma_r=\pm0.477\frac{F}{h^2}$ "+"号指上表面，"−"号指下表面

注：表中 σ_r、σ_t 分别表示径向应力和切向应力。

1.4.4 立柱的稳定性计算

(1) 等断面立柱受压稳定性计算

表 1-1-47 等断面立柱受压静力稳定性计算

结构特点、计算方法		稳定条件	说明
中心立柱	安全系数法	$n=\dfrac{F_c}{F}>n_w$，常用于机械	F_c——临界载荷，N； F——实际载荷，N； n——工作安全系数； n_w——稳定安全系数，推荐数值见表 1-1-48； A——立柱断面面积，mm^2； φ——折减系数，参考表 1-1-49； $[\sigma]$——强度计算时材料的许用应力，MPa； φ_P——偏心立柱的折减系数，其值根据杆的柔度 λ 及 ε 查表 1-1-50； $\varepsilon=\dfrac{eA}{W}$ e——偏心距，mm； W——断面的抗弯截面模量，mm^2
中心立柱	折减系数法	$\sigma=\dfrac{F}{\varphi A}\leqslant[\sigma]$，常用于杆结构	
偏心立柱	折减系数法	$\sigma=\dfrac{F}{\varphi_P A}\leqslant[\sigma]$	

表 1-1-48 常用零件稳定安全系数的推荐数值

立柱类型	n_w	立柱类型	n_w
金属结构中的立柱	1.8～3	低速发动机挺杆	4～6
矿山和冶金设备中的立柱	4～8	高速发动机挺杆	2～5
机床走刀丝杠	2.5～4	拖拉机转向机构纵、横推杆	>5
空压机及内燃机连杆	3～8	起重螺旋	3.5～5
磨床液压缸活塞杆	4～6	铸铁	4.5～5.5
水平长丝杠或精密丝杠	>4	木材	2.5～3.5

表 1-1-49 中心立柱折减系数 φ

	柔度 $\lambda=\dfrac{\mu l}{i_{min}}$	0	10	20	30	40	50	60	70	80	90	100	110	120	130	140	150	160	170	180	190	200
φ	Q215 Q235 Q255	1.00	0.99	0.98	0.96	0.93	0.89	0.84	0.79	0.73	0.67	0.60	0.54	0.47	0.40	0.35	0.31	0.27	0.24	0.22	0.20	0.18
	Q275	1.00	0.98	0.95	0.92	0.89	0.86	0.82	0.76	0.70	0.62	0.51	0.43	0.37	0.33	0.29	0.26	0.24	0.21	0.19	0.17	0.16
	16Mn	1.00	0.99	0.97	0.94	0.90	0.84	0.78	0.71	0.63	0.55	0.46	0.38	0.33	0.28	0.24	0.21	0.19	0.17	0.15	0.14	0.12
	高强度钢 $R_{eL}\geqslant$ 310MPa	1.00	0.97	0.95	0.91	0.87	0.83	0.79	0.72	0.65	0.55	0.43	0.35	0.30	0.26	0.23	0.21	0.19	0.17	0.15	0.14	0.13
	铸铁	1.00	0.97	0.91	0.81	0.69	0.57	0.44	0.34	0.26	0.20	0.16	—	—	—	—	—	—	—	—	—	—
	木材	1.00	0.99	0.97	0.93	0.87	0.80	0.71	0.60	0.48	0.38	0.31	0.25	0.22	0.18	0.16	0.14	0.12	0.11	0.10	0.09	0.08

表 1-1-50　偏心立柱折减系数 φ_P（Q235，$R_{eL}=235$MPa）

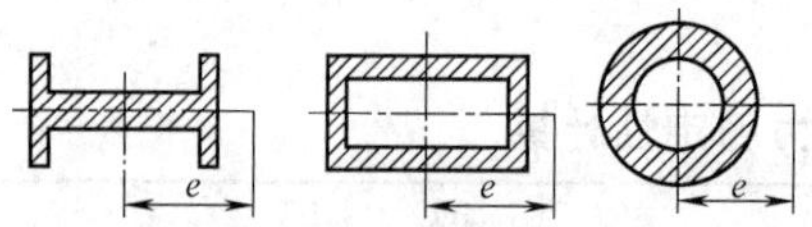

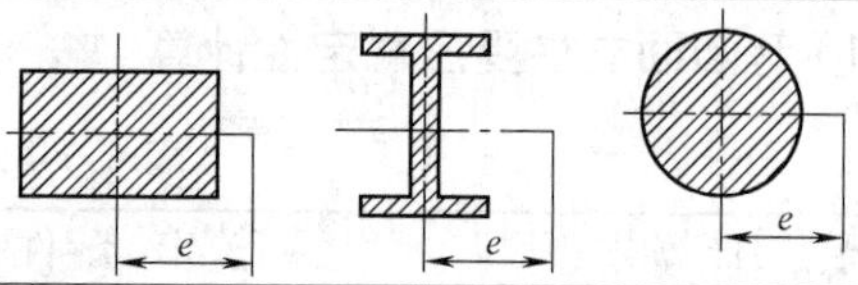

$\varepsilon=\frac{eA}{W}$	0.2	1	5	10	20	30	0.2	1	5	10	20	30
λ	φ_P											
0	0.865	0.563	0.199	0.105	0.053	0.035	0.930	0.720	0.277	0.147	0.075	0.050
10	0.848	0.548	0.196	0.104	0.053	0.035	0.920	0.695	0.271	0.145	0.074	0.050
20	0.831	0.529	0.193	0.103	0.052	0.035	0.900	0.662	0.263	0.141	0.072	0.049
30	0.812	0.509	0.189	0.101	0.052	0.034	0.875	0.630	0.254	0.138	0.071	0.048
40	0.788	0.487	0.183	0.100	0.052	0.034	0.830	0.597	0.243	0.135	0.070	0.047
50	0.760	0.465	0.177	0.098	0.051	0.033	0.788	0.558	0.234	0.130	0.069	0.046
60	0.730	0.442	0.171	0.096	0.050	0.033	0.736	0.523	0.224	0.126	0.068	0.045
70	0.693	0.419	0.165	0.094	0.049	0.033	0.676	0.482	0.213	0.122	0.066	0.044
80	0.651	0.396	0.159	0.092	0.049	0.033	0.630	0.446	0.203	0.118	0.065	0.043
90	0.602	0.373	0.153	0.090	0.048	0.032	0.571	0.411	0.192	0.114	0.063	0.042
100	0.549	0.350	0.147	0.088	0.048	0.032	0.530	0.379	0.183	0.110	0.062	0.042
110	0.494	0.328	0.142	0.086	0.047	0.031	0.470	0.352	0.173	0.106	0.060	0.041
120	0.443	0.306	0.136	0.083	0.046	0.031	0.431	0.320	0.165	0.102	0.059	0.041
130	0.397	0.284	0.131	0.081	0.045	0.030	0.388	0.293	0.156	0.098	0.057	0.040
140	0.354	0.262	0.126	0.079	0.045	0.030	0.348	0.271	0.149	0.095	0.055	0.040
150	0.306	0.242	0.121	0.076	0.044	0.030	0.306	0.247	0.141	0.091	0.054	0.039
160	0.272	0.225	0.116	0.074	0.043	0.029	0.272	0.227	0.134	0.087	0.053	0.038
170	0.243	0.207	0.112	0.071	0.043	0.029	0.243	0.209	0.127	0.084	0.052	0.038
180	0.218	0.192	0.108	0.069	0.042	0.028	0.218	0.191	0.120	0.080	0.051	0.037
190	0.197	0.177	0.104	0.067	0.041	0.028	0.197	0.176	0.114	0.078	0.049	0.036
200	0.180	0.164	0.099	0.065	0.040	0.028	0.180	0.165	0.107	0.075	0.048	0.035

注：对 16Mn 应按 $\lambda=\frac{\mu l}{i_{min}}\sqrt{\frac{R_{eL}}{235}}$ 查本表确定 φ_P。

表 1-1-51　等断面立柱受压缩的临界载荷和临界应力计算

压杆类型	计算公式	说　明
大柔度立柱 $\lambda>\lambda_1$ （比例极限内的稳定问题）	按欧拉公式计算 临界载荷 $F_c=\frac{\pi^2 EI_{min}}{(\mu l)^2}$ 或 $F_c=\eta\frac{EI_{min}}{l^2}$ 临界应力 $\sigma_c=\frac{\pi^2 E}{\lambda^2}$	E——弹性模量，MPa； l——立柱全长，cm； I_{min}——立柱截面的最小惯性矩，cm^4； λ——立柱的柔度（长细比），$\lambda=\frac{\mu l}{i_{min}}$； i_{min}——立柱截面的最小惯性半径，cm，$i_{min}=\sqrt{\frac{I_{min}}{A}}$； μ——立柱的长度系数，见表 1-1-52； η——立柱的稳定系数，见表 1-1-52、表 1-1-53，$\eta=\left(\frac{\pi}{\mu}\right)^2$； A——立柱的横截面面积，cm^2； $\lambda_1=\pi\sqrt{\frac{E}{R_p}}$，$\lambda_2=\frac{a-R_{eL}}{b}$ R_p——材料的比例极限，MPa； R_{eL}——材料的屈服极限，MPa； a，b——与材料力学性能有关的常数，推荐值见表 1-1-55
中等柔度立柱 $\lambda_1\geqslant\lambda\geqslant\lambda_2$ （超过比例极限的稳定问题）	按直线公式（经验公式）计算临界应力 $\sigma_c=a-b\lambda$ $F_c=\sigma_c A$	
小柔度立柱 $\lambda<\lambda_2$ （强度问题）	按强度问题计算 其临界应力接近材料的屈服极限 R_{eL}	

表 1-1-52　单跨度等截面立柱的长度系数与稳定系数

端部结构	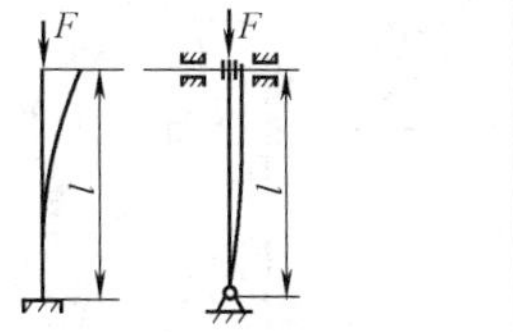 一端固定 一端自由；一端铰接 一端可侧向和轴向移动，但不能转动	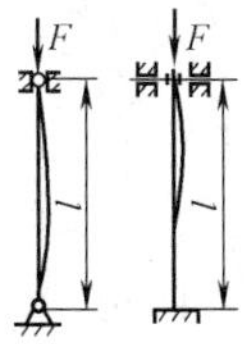 两端铰接；一端固定 一端可侧向和轴向移动，但不能转动	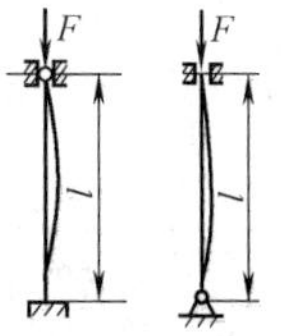 一端固定 一端铰接；一端铰接 一端可轴向移动，但不能转动和侧向移动	 一端固定 一端可轴向移动，但不能转动和侧向移动
μ	2	1	0.699	0.5
η	2.467	9.87	20.19	39.48

注：表 1-1-52、表 1-1-53 所列的 μ、η 是指理想支座，对实际的非理想支座应进行尽可能符合实际的修正。如考虑实际固定端不可能对位移完全限制，应将理想的 μ 值适当加大，对表中一端固定的情况，可分别取 2.1、1.2、0.8、0.65；考虑到桁架中有节点的腹杆，其两端并非理想铰支，应降低 μ 值，理想 $\mu=1$ 时应降到 0.8～0.9。又如丝杠两端滑动轴承支承，依轴套的长度 l 与内径 d 之比取如下 μ 值：当两端支承均有 $l/d\geqslant3$ 时，$\mu=0.5$；当两端支承均有 $l/d\leqslant1.5$ 时，$\mu=1.0$；当一端支承 $l/d\geqslant3$，另一端支承 $1.5<l/d<3$ 时，$\mu=0.6$；当两端支承均有 $1.5<l/d<3$ 时，$\mu=0.75$。

表 1-1-53　立柱的稳定系数 η

	$\frac{b}{l}$	F_2/F_1											$\frac{b}{l}$
		0	0.1	0.2	0.5	1.0	2.0	5.0	10	20	50	100	
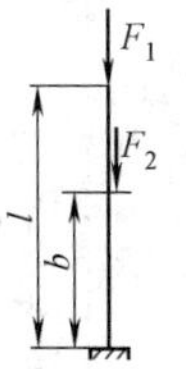	0		2.714	2.961	3.701	4.935	7.402	14.80	27.14	51.82	125.8	249.2	0
	0.1		2.714	2.960	3.698	4.930	7.377	14.68	26.66	49.86	111.6	176.3	0.1
	0.2		2.710	2.953	3.679	4.880	7.207	13.78	23.19	36.33	50.96	56.48	0.2
	0.3		2.703	2.936	3.622	4.712	6.769	11.70	16.82	21.37	24.89	26.14	0.3
	0.4		2.688	2.904	3.525	4.470	6.074	9.187	11.57	13.29	14.52	14.97	0.4
	0.5	2.467	2.665	2.856	3.384	4.136	5.268	7.060	8.210	8.963	9.488	9.675	0.5
$F_c=F_1+F_2$	0.6		2.635	2.793	3.211	3.759	4.497	5.504	6.048	6.434	6.674	6.764	0.6
$=\eta\frac{EI_{min}}{l^2}$	0.7		2.599	2.715	3.020	3.385	3.830	4.376	4.660	4.834	4.952	4.993	0.7
	0.8		2.557	2.636	2.821	3.040	3.280	3.551	3.685	3.765	3.818	3.836	0.8
	0.9		2.513	2.551	2.641	2.734	2.832	2.936	2.986	3.015	3.033	3.040	0.9
	1.0		2.467	2.467	2.467	2.467	2.467	2.467	2.467	2.467	2.467	2.467	1.0

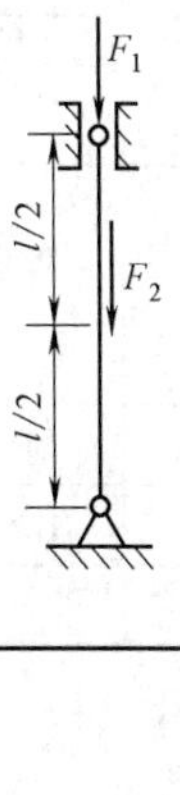

$$F_c=(F_1+F_2)_c=\eta\frac{EI}{l^2}$$

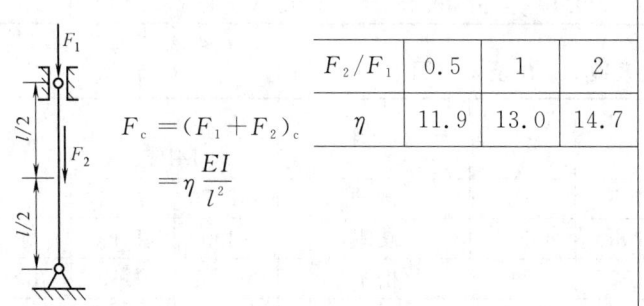

F_2/F_1	0.5	1	2
η	11.9	13.0	14.7

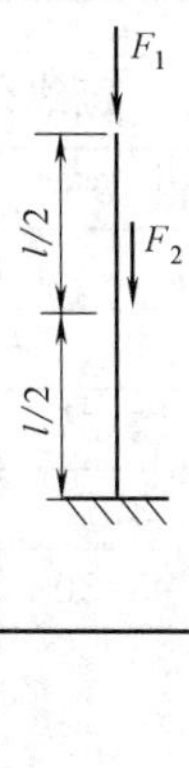

$$F_c=(F_1+F_2)_c=\eta\frac{EI}{l^2}$$

F_2/F_1	0.5	1	2
η	3.38	4.14	5.27

续表

$ql/\dfrac{\pi^2EI}{l^2}$	1/4	1/2	3/4	1
η	8.62	7.40	6.08	4.77

$F_c=\eta\dfrac{EI}{l^2}\quad \eta\approx\left(1-0.5ql/\dfrac{\pi^2EI}{l^2}\right)\pi^2$

若 $F=0,(ql)_c=\eta\dfrac{EI}{l^2}$,其中 $\eta=18.5$

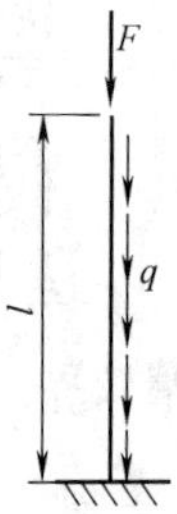

$ql/\dfrac{\pi^2EI}{4l^2}$	1/4	1/2	3/4	1
η	2.28	2.08	1.91	1.72

$F_c=\eta\dfrac{EI}{l^2}\quad \eta\approx\left(1-0.3ql/\dfrac{\pi^2EI}{4l^2}\right)\dfrac{\pi^2}{4}$

若 $F=0,(ql)_c=\eta\dfrac{EI}{l^2}$,其中 $\eta=7.84$

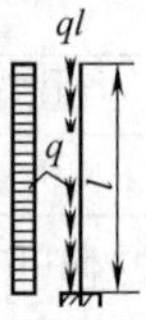	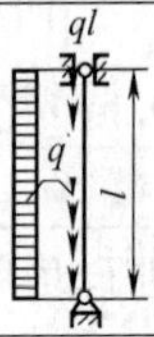	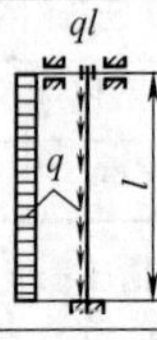	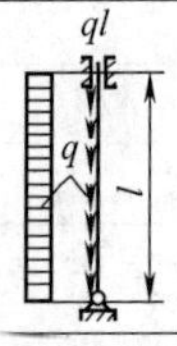	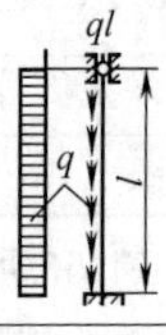	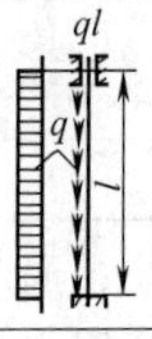
$\eta=7.84$	$\eta=18.5$	$\eta=18.9$	$\eta=29.6$	$\eta=52.5$	$\eta=73.6$

表 1-1-54 中部支撑柱的稳定系数

$\dfrac{b}{l}$									$\dfrac{b}{l}$
0	2.467	9.870	20.19	39.48	2.467	9.870	20.19	39.48	0
0.1	2.832	11.33	23.23	45.27	2.883	11.53	23.63	46.13	0.1
0.2	3.283	13.11	27.06	51.97	3.414	13.65	28.09	54.48	0.2
0.3	3.845	15.26	31.75	58.92	4.105	16.37	33.96	64.56	0.3
0.4	4.551	17.72	36.80	58.84	5.021	19.90	41.68	75.22	0.4
0.5	5.438	20.19	39.48	51.12	6.260	24.42	51.12	80.76	0.5
0.6	6.511	21.88	36.80	41.68	7.990	29.82	58.84	75.22	0.6
0.7	7.726	22.14	31.75	33.90	10.39	35.10	58.92	64.56	0.7
0.8	8.874	21.40	27.06	28.09	13.52	38.41	51.97	54.45	0.8
0.9	9.637	20.55	23.23	23.63	17.24	39.40	45.27	46.13	0.9
1.0	9.870	20.19	20.19	20.19	20.19	39.48	39.48	39.48	1.0

表 1-1-55 直线公式系数 a、b 及 λ 范围

材料	a	b	λ_1	λ_2	材料	a	b	λ_1
	MPa					MPa		
Q235 $R_m\geqslant372$MPa;$R_{eL}=235$MPa	304	1.12	105	61	铸铁	332.20	1.54	
优质碳钢 $R_m\geqslant471$MPa;$R_{eL}=306$MPa	461	2.57	100	60	硬铝	373.00	2.15	50
硅钢 $R_m\geqslant510$MPa;$R_{eL}=353$MPa	578	3.74	100	60	松木	38.70	0.19	59
铬钼钢	980.7	5.30	55					

（2）变断面立柱受压稳定性计算

表 1-1-56　变断面立柱受压稳定系数

支承及加载方式	临界力计算公式	稳定系数 η							
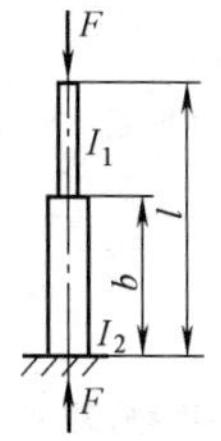	$F_c=\eta\frac{EI_2}{l^2}$	$\frac{I_2-I_1}{l_1}$		0	0.1	0.2	0.5	1.0	2.0
		$\frac{b}{l}$	0.5	2.467	2.423	2.379	2.256	2.068	1.756
			0.6	2.467	2.444	2.420	2.350	2.235	2.025
			0.7	2.467	2.457	2.446	2.415	2.356	2.256
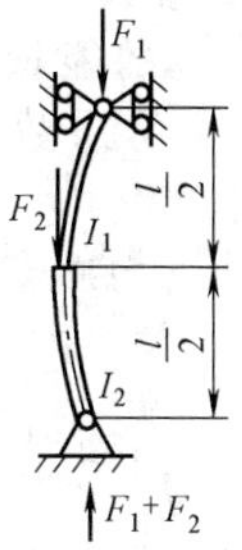	$(F_1+F_2)_c=\eta\frac{EI_2}{l^2}$	$\frac{F_1+F_2}{F_1}$		1.00	1.25	1.50	1.75	2.00	
		$\frac{I_2}{I_1}$	1.00	9.87	10.94	11.92	12.46	13.04	
			1.25	8.79	9.77	10.49	11.17	11.79	
			1.50	7.87	8.79	9.49	10.07	10.71	
			1.75	7.09	8.01	8.62	9.13	9.77	
			2.00	6.42	7.33	7.87	8.16	8.40	

注：稳定条件计算与等断面杆相同。

1.4.5　冲击载荷计算

表 1-1-57　冲击载荷计算公式

冲击形式	实例	最大静变形 δ_s	未考虑被冲击物质量时				说　明
			最大冲击变形 δ_d	动荷系数 $K_d=\frac{\delta_d}{\delta_s}$	最大冲击应力 σ_d	修正系数 α	
纵向冲击	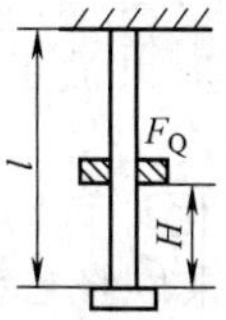	$\frac{F_Q l}{EA}$	$\delta_d=\delta_s K_d$	$1+\sqrt{1+\frac{2HEA}{F_Q l}}$ E——弹性模量（下同）； A——杆截面积（下同）	$\frac{F_Q}{A}K_d$	$\alpha=\frac{1}{3}$	在很短的时间内（作用时间小于受力构件的基波自由振动周期的一半）以很大速度作用在构件上的载荷，称为冲击载荷。其应力与变形的计算相当复杂。计算时一般按机械能守恒定律进行如下简化： （1）当冲击物的质量比被冲击物质量大 5～10 倍以上时，被冲击物的质量可略去不计 （2）冲击物的变形略去不计，视为刚体。被冲击物的局部塑性变形也不计，视为弹性体
	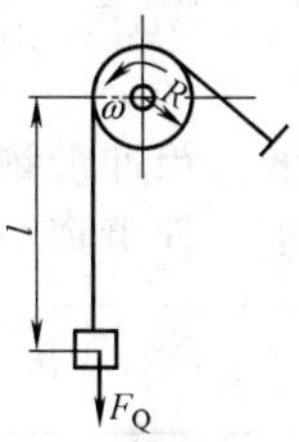	$\frac{F_Q l}{EA}$		$1+\sqrt{\frac{v^2EA}{gF_Q l}}$ $v=R\omega$	$\frac{F_Q}{A}K_d$		
横向冲击	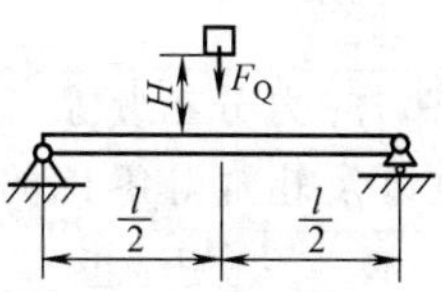	$\frac{F_Q l^3}{48EI}$		$1+\sqrt{1+\frac{96HEI}{F_Q l^3}}$ I——截面惯性矩（下同）	$\frac{F_Q l}{4W}K_d$	$\alpha=\frac{17}{35}$	

冲击形式	实例	最大静变形 δ_s	未考虑被冲击物质量时				说明
			最大冲击变形 δ_d	动荷系数 $K_d=\frac{\delta_d}{\delta_s}$	最大冲击应力 σ_d	修正系数 α	
横向冲击	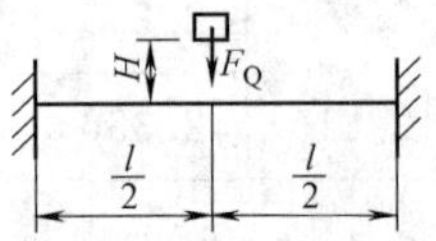	$\frac{F_Q l^3}{192EI}$	$\delta_d=\delta_s K_d$	$1+\sqrt{1+\frac{384HEI}{F_Q l^3}}$	$\frac{F_Q l}{8W}K_d$		(3)冲击物在冲击时的弹性回跳量略去不计，冲击应力波引起的能量损耗不计，冲击动荷系数计算公式为： ① 已知冲击物冲击前的高度 H $K_d=1+\sqrt{1+\frac{2H}{\delta_s}}$ ② 已知冲击物以速度 v 作用于被冲击物 $K_d=1+\sqrt{1+\frac{v^2}{g\delta_s}}$ ③ 已知冲击物的动能 T_0 $K_d=1+\sqrt{1+\frac{T_0}{U_s}}$ U_s——被冲击物在静载荷作用下的变形能 若被冲击物的质量较大需加以考虑时，被冲击物的变形以波的形式传播，称为应力波或应变波，作为简化计算，可在动荷系数中乘以修正系数 α，即 $K_d=1+\sqrt{1+\frac{2H}{\delta_s\left(1+\alpha\frac{m'}{m}\right)}}$ m'——被冲击物的质量； m——冲击物的质量
横向冲击	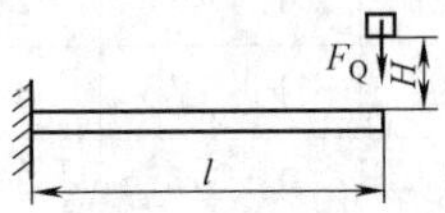	$\frac{F_Q l^3}{3EI}$		$1+\sqrt{1+\frac{6HEI}{F_Q l^3}}$	$\frac{F_Q l}{W}K_d$	$\alpha=\frac{33}{140}$	
水平冲击	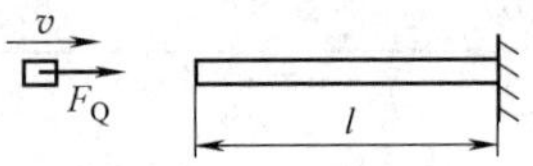	$\frac{F_Q l}{EA}$		$\sqrt{\frac{v^2EA}{gF_Q l}}$	$\frac{F_Q}{A}K_d$	$\alpha=\frac{1}{3}$	
水平冲击	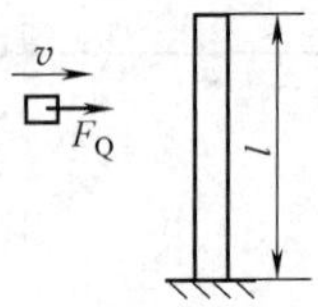	$\frac{F_Q l^3}{3EI}$		$\sqrt{\frac{3v^2EI}{gF_Q l^3}}$	$\frac{F_Q l}{W}K_d$	$\alpha=\frac{33}{140}$	
冲击扭转	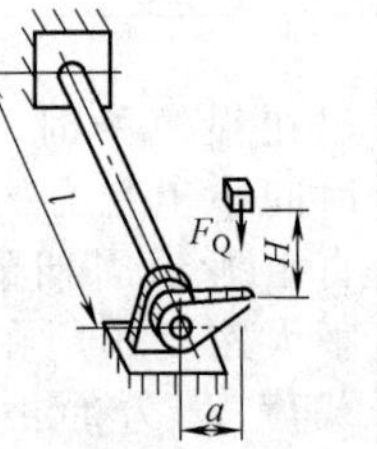	$\varphi_s=\frac{F_Q al}{GI_n}$ $\delta_s=\frac{F_Q a^2 l}{GI_n}$		$1+\sqrt{1+\frac{2HGI_n}{F_Q a^2 l}}$ I_n——抗剪惯性矩 G——切变模量	$\tau_d=\frac{F_Q a}{W_n}K_d$		
冲击扭转	转轴突然刹车 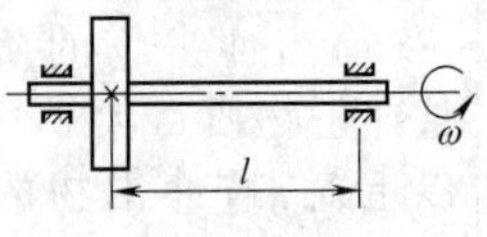				$\tau_d=\sqrt{\frac{2\omega^2 GI}{Al}}$		

1.4.6 接触应力计算

两个接触物体相互挤压而产生的应力和变形分别称为接触应力和接触变形。接触应力是一种局部应力。接触处的材料处于三向应力状态，应力分布复杂，在进行滚动轴承、齿轮、车轮与钢轨以及轧辊等零件的强度计算时，应考虑接触应力。

(1) 接触应力计算公式

表 1-1-58　接触应力计算公式

接触体的形式		接触椭圆方程 $Ax^2+By^2=C$ 的系数		最大接触压应力 σ_{max}（当接触体 $E_1=E_2=E$；$\mu_1=\mu_2=0.3$ 时）
接触简图	接触体尺寸	A	B	
	半径为 R_1 及 R_2 的两球	$\dfrac{R_1+R_2}{2R_1R_2}$	$\dfrac{R_1+R_2}{2R_1R_2}$	$0.388\sqrt[3]{FE^2\left(\dfrac{R_1+R_2}{R_1R_2}\right)^2}$
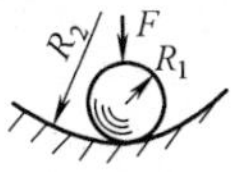	半径为 R_1 的球及半径为 R_2 的球面	$\dfrac{R_2-R_1}{2R_1R_2}$	$\dfrac{R_2-R_1}{2R_1R_2}$	$0.388\sqrt[3]{FE^2\left(\dfrac{R_2-R_1}{R_1R_2}\right)^2}$
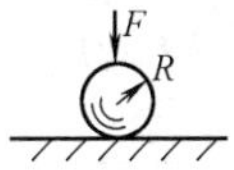	半径为 R 的球及平面($R_2=\infty$)	$\dfrac{1}{2R}$	$\dfrac{1}{2R}$	$0.388\sqrt[3]{FE^2\dfrac{1}{R^2}}$
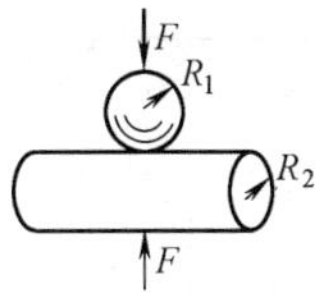	半径为 R_1 的球及半径为 R_2 的圆柱体($R_2>R_1$)	$\dfrac{1}{2R_1}$	$\dfrac{1}{2}\left(\dfrac{1}{R_1}+\dfrac{1}{R_2}\right)$	$\alpha\sqrt[3]{FE^2\dfrac{1}{R_1^2}}$
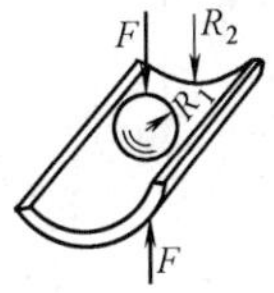	半径为 R_1 的球及半径为 R_2 的圆筒槽($R_2>R_1$)	$\dfrac{1}{2}\left(\dfrac{1}{R_1}-\dfrac{1}{R_2}\right)$	$\dfrac{1}{2R_1}$	$\alpha\sqrt[3]{FE^2\left(\dfrac{R_2-R_1}{R_1R_2}\right)^2}$
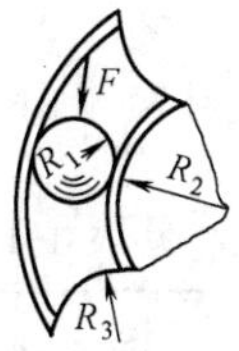	半径为 R_1 的球及半径为 R_2 及 R_3 的环形槽(球珠滑轮)($R_3>R_1$)	$\dfrac{1}{2}\left(\dfrac{1}{R_1}-\dfrac{1}{R_3}\right)$	$\dfrac{1}{2}\left(\dfrac{1}{R_1}+\dfrac{1}{R_2}\right)$	$\alpha\sqrt[3]{FE^2\left(\dfrac{R_3-R_1}{R_1R_3}\right)^2}$
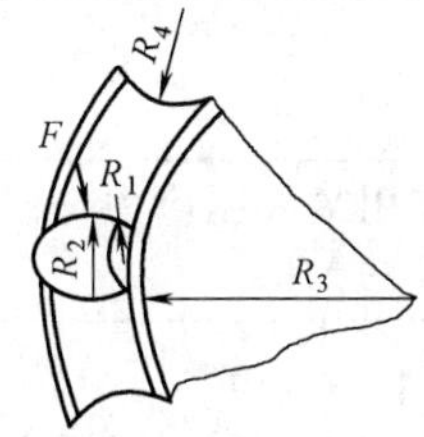	半径为 R_1 及 R_2 的滚柱及半径为 R_3 及 R_4 的环形槽($R_4>R_2$)	$\dfrac{1}{2}\left(\dfrac{1}{R_2}-\dfrac{1}{R_4}\right)$	$\dfrac{1}{2}\left(\dfrac{1}{R_1}+\dfrac{1}{R_3}\right)$	$\alpha\sqrt[3]{FE^2\left(\dfrac{R_4-R_2}{R_2R_4}\right)^2}$
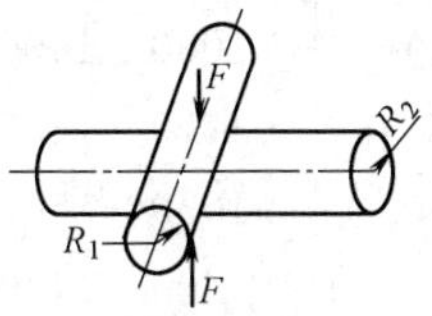	成十字形的半径为 R_1 及 R_2 的两圆柱体($R_2>R_1$)	$\dfrac{1}{2R_2}$	$\dfrac{1}{2R_1}$	$\alpha\sqrt[3]{FE^2\dfrac{1}{R_2^2}}$
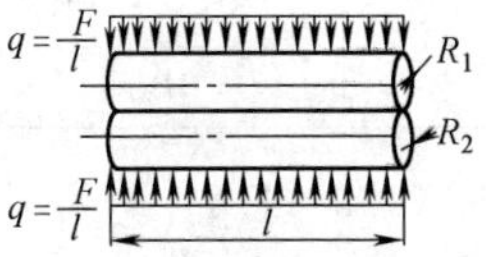	半径为 R_1 及 R_2 的两轴相平行的圆柱体	—	$\dfrac{1}{2}\left(\dfrac{1}{R_1}+\dfrac{1}{R_2}\right)$	$0.418\sqrt{\dfrac{FE}{l}\times\dfrac{R_1+R_2}{R_1R_2}}$

续表

<table>
<tr><th colspan="2">接触体的形式</th><th colspan="2">接触椭圆方程
$Ax^2+By^2=C$ 的系数</th><th rowspan="2">最大接触压应力 σ_{max}
(当接触体 $E_1=E_2=E$；
$\mu_1=\mu_2=0.3$ 时)</th></tr>
<tr><th>接触简图</th><th>接触体尺寸</th><th>A</th><th>B</th></tr>
<tr><td>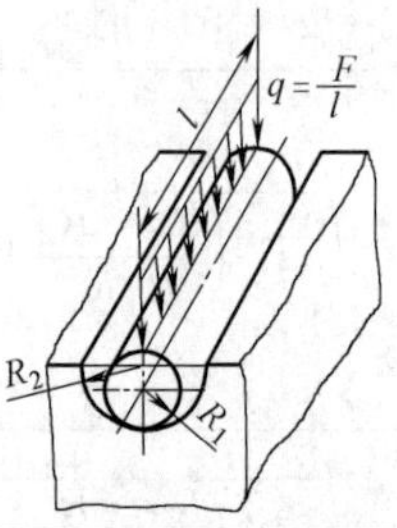</td><td>半径为 R_1 及 R_2 的两轴相平行的圆柱体与圆柱凹面</td><td>—</td><td>$\frac{1}{2}\left(\frac{1}{R_1}-\frac{1}{R_2}\right)$</td><td>$0.418\sqrt{\frac{FE}{l}\times\frac{R_2-R_1}{R_1R_2}}$</td></tr>
<tr><td>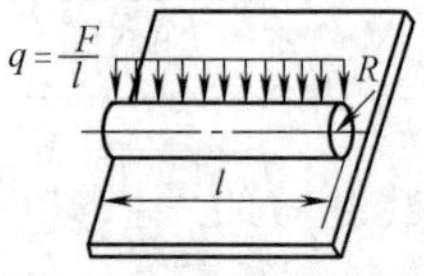</td><td>半径为 R 的圆柱体及平面($R_2=\infty$)</td><td>—</td><td>$\frac{1}{2R}$</td><td>$0.418\sqrt{\frac{FE}{lR}}$</td></tr>
</table>

系数 α 值

$\frac{A}{B}$	α	$\frac{A}{B}$	α	$\frac{A}{B}$	α	$\frac{A}{B}$	α
1.0	0.388	0.6	0.468	0.2	0.716	0.02	1.800
0.9	0.400	0.5	0.490	0.15	0.800	0.01	2.271
0.8	0.420	0.4	0.536	0.1	0.970	0.007	3.202
0.7	0.440	0.3	0.600	0.05	1.280		

注：1. E_1、E_2 分别为两接触体的弹性模量；μ_1、μ_2 分别为两接触体的泊松比。

2. 计算出 σ_{max} 后，按下式进行强度校核：

$$\sigma_{max}\leqslant\frac{1}{m}[\sigma]=[\sigma]_j$$

式中　m——系数，点接触时，随接触椭圆半轴比值 $b/a=0.25\sim1$ 而变化，即 $m=0.587\sim0.62$，线接触时，$m=0.557$，计算时可简化，点接触取 $m=0.62$，线接触取 $m=0.557$；

$[\sigma]_j$——许用接触应力，与材料及其热处理情况、点接触还是线接触、动接触还是静接触有关，见表 1-1-59。

(2) 许用接触应力

表 1-1-59　许用接触应力

<table>
<tr><th rowspan="10">静载荷作用下接触面上的许用接触应力</th><th colspan="2">材料牌号</th><th>强度极限
/MPa</th><th>布氏硬度　HBW</th><th colspan="2">接触面许用最大压应力$[\sigma]_j$
/MPa</th></tr>
<tr><td rowspan="8">一开始为线接触时</td><td>30</td><td>500</td><td>180</td><td rowspan="8">$[\sigma]_{j线}$</td><td>850～1050</td></tr>
<tr><td>40</td><td>580</td><td>200</td><td>1000～1350</td></tr>
<tr><td>50</td><td>640</td><td>230</td><td>1050～1400</td></tr>
<tr><td>50Mn</td><td>660</td><td>240</td><td>1100～1450</td></tr>
<tr><td>15Cr</td><td>750</td><td>240</td><td>1050～1600</td></tr>
<tr><td>20Cr</td><td>850</td><td>240</td><td>1200～1450</td></tr>
<tr><td>10CrV</td><td></td><td>240</td><td>1350～1600</td></tr>
<tr><td>GCr15</td><td></td><td>—</td><td>3800</td></tr>
<tr><td>一开始为点接触时</td><td></td><td></td><td></td><td colspan="2">$[\sigma]_{j点}=(1.3\sim1.4)[\sigma]_{j线}$</td></tr>
</table>

续表

接触应力实例	起重机车轮(与钢轨),材料 35	1700(点接触),750(线接触)
	铁路钢轨	800～1000(线接触)
	翻车机(翻转火车厢)滚圈,材料 35	750(线接触)
	火车轮,表面硬度 310HBW	2100
	烧结机的环状冷却机的球形支承,材料 14MnMoVNb	1500
	滚动轴承,GCr15,60～63HRC	2300～5000
	汽车转向器中的螺杆滚子轴承	5000
	润滑良好的凸轮,300～500HBW	770～1300
	润滑一般的走轮,材料 45,调质 215～255HBW	440～470
	润滑一般的走轮,材料 35SiMn,调质 215～280HBW	490～540
	润滑一般的走轮,材料 38SiMnMo,调质 195～270HBW	500～540
	润滑一般的走轮,材料 42MnMoV,调质 220～260HBW	500～550
	润滑一般的走轮,材料 40Cr,调质 240～280HBW	530～550

注：本表仅供参考。

表 1-1-60　重型机械用钢的许用接触应力

钢号	热处理	截面尺寸/mm	许用面压应力/MPa	许用接触应力/MPa
35	正火回火	≤100	130	380
		>100～300	126	360
		>300～500	122	330
		>500～750	120	325
		>750～1000	118	310
	调质	≤100	140	430
		>100～300	134	400
20SiMn	正火回火	400～600	130	380
		>600～900	126	360
		>900～1200	124	350
35SiMn	调质	≤100	176	545
		>100～300	169	525
		>300～400	164	500
		>400～500	160	490
42SiMn	调质	≤100	176	545
		>100～200	171	530
		>200～300	169	525
		>300～500	160	490
38SiMnMo	调质	≤100	182	565
		>100～300	179	555
		>300～500	175	540
		>500～800	164	500
37SiMn2MoV	调质	≤200	187	525
		>200～400	185	490
		>400～600	182	465

钢号	热处理	截面尺寸/mm	许用面压应力/MPa	许用接触应力/MPa
45	正火回火	≤100	140	430
		>100～300	136	415
		>300～500	134	400
		>500～700	130	380
	调质	≤200	158	470
20MnMo	调质	100～300	142	445
		>300～500	134	400
42MnMoV	调质	100～300	182	565
		>300～500	179	555
		>500～800	175	540
18MnMoNb	调质	100～300	175	540
		>300～500	169	525
		>500～800	155	475
30CrMn2MoB		100～300	186	590
		>300～500	185	580
		>500～800	183	570
35CrMo	调质	≤100	179	550
		>100～300	175	540
		>300～500	169	525
		>500～800	164	500
40Cr	调质	≤100	179	550
		>100～300	175	540
		>300～500	169	525
		>500～800	155	475

注：表中的许用应力值，仅适用于表面粗糙度为 $Ra6.3\sim0.8\mu m$ 的轴，对于 $Ra12.5\mu m$ 以下的轴，许用应力应降低 10%；$Ra0.4\mu m$ 以上的轴，许用应力可提高 10%。

表 1-1-61 润滑一般的走轮类零件的许用接触应力

材料	热处理	硬度 HBW	许用接触应力/MPa	材料	热处理	硬度 HBW	许用接触应力/MPa
35	正火	140～185	320～380	37SiMn2MoV	调质	240～290	500～560
	调质	155～205	400～430	42MnMoV	调质	220～260	500～550
45	正火	160～215	380～430	18MnMo	调质	190～230	480～540
	调质	215～255	440～470	18MnMoB	调质	240～290	500～580
20SiMn	正火	—	350～380	30CrMn2MoB	调质	240～300	570～590
35SiMn	调质	215～280	490～540	35CrMo	调质	220～265	500～550
42SiMn	调质	215～285	500～540	40Cr	调质	240～285	530～550
38SiMnMo	调质	195～270	500～540			215～260	480～530

1.5 照度标准值

照度标准值（单位均为 lx）应按 0.5、1、2、3、5、10、15、20、30、50、75、100、150、200、300、500、750、1000、1500、2000、3000、5000 分级。在一般情况下，设计照度值与照度标准值相比较，可有 −10%～+10%的偏差。

在我国，各类房间或场所的维持平均照度值应符合 GB 50034—2013 建筑照明设计标准的规定。

表 1-1-62 办公建筑照度标准值（摘自 GB 50034—2013）

房间或场所	参考平面及其高度	照度标准值/lx	房间或场所	参考平面及其高度	照度标准值/lx
普通办公室	0.75m 水平面	300	营业厅	0.75m 水平面	300
高档办公室	0.75m 水平面	500	设计室	实际工作面	500
会议室	0.75m 水平面	300	文件整理、复印、发行室	0.75m 水平面	300
接待室、前台	0.75m 水平面	200	资料、档案室	0.75m 水平面	200

表 1-1-63 部分工业建筑一般照度标准值（摘自 GB 50034—2013）

房间或场所		参考平面及其高度	照度标准值/lx	房间或场所		参考平面及其高度	照度标准值/lx
1 通用房间或场所				动力站	风机房、空调机房	地面	100
试验室	一般	0.75m 水平面	300		泵房	地面	100
	精细	0.75m 水平面	500		冷冻站	地面	150
检验	一般	0.75m 水平面	300		压缩空气站	地面	150
	精细、有颜色要求	0.75m 水平面	750		锅炉房、煤气站的操作层	地面	100
计量室、测量室		0.75m 水平面	500				
变、配电站	配电装置室	0.75m 水平面	200	仓库	大件库（如钢坯、钢材、大成品、气瓶）	1.0m 水平面	50
	变压器室	地面	100				
电源设备室、发电机室		地面	200				
控制室	一般控制室	0.75m 水平面	300		一般件库	1.0m 水平面	100
	主控制室	0.75m 水平面	500		精细件库（如工具、小零件）	1.0m 水平面	200
电话站、网络中心		0.75m 水平面	500				
计算机站		0.75m 水平面	500	车辆加油站		地面	100

续表

房间或场所		参考平面及其高度	照度标准值/lx
2　机、电工业			
机械加工	精加工	0.75m 水平面	200
	一般加工公差（≥0.1mm）	0.75m 水平面	300
	精密加工公差（<0.1mm）	0.75m 水平面	500
电镀		0.75m 水平面	300
机电、仪表装配	大件	0.75m 水平面	200
	一般件	0.75m 水平面	300
	精密	0.75m 水平面	500
	特精密	0.75m 水平面	750
电线、电缆制造		0.75m 水平面	300
线圈绕制	大线圈	0.75m 水平面	300
	中等线圈	0.75m 水平面	500
	精细线圈	0.75m 水平面	750
线圈浇注		0.75m 水平面	300
焊接	一般	0.75m 水平面	200
	精密	0.75m 水平面	300
钣金		0.75m 水平面	300

房间或场所		参考平面及其高度	照度标准值/lx
2　机、电工业			
冲压、剪切		0.75m 水平面	300
热处理		地面至 0.5m 水平面	200
铸造	熔化、浇铸	地面至 0.5m 水平面	200
	造型	地面至 0.5m 水平面	300
精密铸造的制模、脱壳		地面至 0.5m 水平面	500
锻工		地面至 0.5m 水平面	200
喷漆	一般	0.75m 水平面	300
	精细	0.75m 水平面	500
酸洗、腐蚀、清洗		0.75m 水平面	300
抛光	一般装饰性	0.75m 水平面	300
	精细	0.75m 水平面	500
复合材料加工、铺叠、装饰		0.75m 水平面	500
机电修理	一般	0.75m 水平面	200
	精密	0.75m 水平面	300
3　电子工业			
电子元器件、电子零部件		0.75m 水平面	500
电子材料		0.75m 水平面	300
酸、碱、药液及粉配制		0.75m 水平面	300

1.6　噪声排放标准

依据国家环境噪声排放标准，噪声使用 A 声级或等效连续 A 声级（简称为等效声级）表示，单位 dB（A）。除特别指明外，本标准中噪声值皆为等效声级。

工业企业厂界环境噪声排放限值、结构传播固定设备室内噪声排放限值和各类声环境功能区环境噪声限值均在标准中规定。

表 1-1-64　工业企业厂界噪声排放限值（摘自 GB 12348—2008）　/dB（A）

厂界外声环境功能区类别	昼间	夜间	说　明
0	50	40	1. 夜间频发噪声的最大声级超过限值的幅度不得高于 10dB(A) 2. 夜间偶发噪声的最大声级超过限值的幅度不得高于 15dB(A) 3. 当厂界与噪声敏感建筑物距离小于 1m 时，厂界环境噪声相应的限值减 10dB(A)
1	55	45	
2	60	50	
3	65	55	
4	70	55	

表 1-1-65　结构传播固定设备室内噪声排放限值（摘自 GB 12348—2008）　/dB（A）

噪声敏感建筑物所处声环境功能区类别	A 类房间		B 类房间	
	昼间	夜间	昼间	夜间
0	40	30	40	30
1	40	30	45	35
2、3、4	45	35	50	40

注：A 类房间——指以睡眠为主要目的，需要保证夜间安静的房间，包括住宅卧室、医院病房、宾馆客房等。

B 类房间——指主要在昼间使用，需要保证思考与精神集中、正常讲话不被干扰的房间，包括学校教室、会议室、办公室、住宅中卧室以外的其他房间等。

表 1-1-66　环境噪声限值（摘自 GB 3096—2008）　/dB (A)

声环境功能区类别		昼间	夜间	说　明
0 类		50	40	指康复疗养区等特别需要安静的区域
1 类		55	45	指以居住、医疗卫生、文教科研为主，需要保持安静的区域
2 类		60	50	指以居住、商业、工业混杂，需要维护住宅安静的区域
3 类		65	55	指以工业区、仓储物流为主，需要防止工业噪声对周围环境产生严重影响的区域
4 类	4a 类	70	55	指城市交通干线两侧一定距离之内，需要防止工业噪声对环境产生严重影响的区域，4a 类为公路、内河航道两侧区域；4b 类为铁路干线区域
	4b 类	70	60	

1.7　电机工程常用资料

1.7.1　电机工程常用公式

表 1-1-67　电机工程常用公式

公式名称		公　式	备　注
导体电阻与长度的关系		$R=\rho\dfrac{L}{S}(\Omega)$	L——导体长度，m； S——导体截面积，m^2； ρ——导体电阻率，$\Omega\cdot m$
欧姆定律		$I=\dfrac{U}{R}$或$U=RI$	U——电压，V； I——电流，A； R——电阻，Ω
克希荷夫定律	电流定律（第一定律）	$\Sigma I=0$	在任一时刻，流入任一节点电流的代数和等于零
	电压定律（第二定律）	$\Sigma U=0$	在任一时刻，沿某一循行方向的任一闭合回路电路中各段电压的代数和等于零
焦耳定律		$A=UI=I^2R=\dfrac{U^2}{R}(V\cdot A)$	直流电路
焦耳楞次定律		$Q=0.239I^2Rt(cal/s)$	t——时间，s
交流电路	有功功率	$P=UI\cos\varphi$	$\cos\varphi$——功率因数；φ——相位差
	无功功率	$P_g=UI\sin\varphi$	
	表观功率	$P_s=UI$	
电阻的串联		$R=R_1+R_2+\cdots+R_n$	
电阻的并联		$\dfrac{1}{R}=\dfrac{1}{R_1}+\dfrac{1}{R_2}+\cdots+\dfrac{1}{R_n}$	
电容的并联		$C=C_1+C_2+\cdots C_n$	
电容的串联		$\dfrac{1}{C}=\dfrac{1}{C_1}+\dfrac{1}{C_2}+\cdots+\dfrac{1}{C_n}$	
三相交流电路线电压和相电压的关系		$U_L=\sqrt{3}U_P$	U_L——线电压； U_P——相电压

续表

公式名称	公式	备注
电机额定转矩和功率关系	$M_e=9.55\dfrac{P_e}{n_e}(\mathrm{N\cdot m})$	P_e——功率，W； n_e——转速，r/min
	$M_e=975\dfrac{P_e}{n_e}(\mathrm{kgf\cdot m})$	P_e——功率，kW； n_e——转速，r/min

1.7.2 电工设备防护

（1）一般电工产品使用环境条件

表 1-1-68 电工产品使用环境条件

环境因素		环境条件												
		一般	湿热	干热	高原				化工腐蚀	船舶	汽车、拖拉机	煤矿防爆	工厂防爆	冶金
海拔高度/m		≤1000	≤1000	≤1000	2000	3000	4000	5000	≤1000	0				
空气温度	年最高/℃	40	40	45	35	30	25	20	40	45	75	35	40	(60)
	年最低/℃	取下列数值之一：+5，−10，−25，−40	0	−5	取下列数值之一：+5，−10，−25，−40	取下列数值之一：+5，−10，−25，−40	取下列数值之一：+5，−10，−25，−40	取下列数值之一：+5，−10，−25，−40	−40	−25	−40			(−25，−40)
	年平均/℃	(20)	25	30	15	10	5	0						
	月平均最高/℃	(35)	35	43	30	25	20	15						
	日平均/℃	(30)	35	40	25	20	15	10						
	最大日温差/℃	(30)		30	30	30	30	30						
空气相对湿度/%		90(25℃)	95(25℃)	10(40℃)	90(15℃)	90(10℃)	90(5℃)	90(0℃)	90(25℃)	≤95	90(25℃)	90～97(25℃)	90(25℃)	90(25℃)
气压/mmHg	最低	630	630	630	540	480	420	360	630					
	平均	675	675	675	596	525	461	405	675					
冷却水最高温度/℃		(30)	33	35										
1m深地下最高温度/℃		(25)	32	32	22	19	6	13						

续表

环境因素	环境条件											
	一般	湿热	干热	高原				化工腐蚀	船舶	汽车、拖拉机	煤矿防爆	工厂防爆	冶金
太阳辐射最大强度/$cal \cdot cm^{-2} \cdot min^{-1}$	(1.4)	1.4	1.6	1.6	1.6	1.8	1.8	1.4					
最大降雨强度/$mm \cdot (10min)^{-1}$	(30)	50		30	30	30	30	50					
最大风速/$m \cdot s^{-1}$	(30)	35	40	△	△	△	△						
露、雪、霜、冰	△	△	△	△	△	△	△	△	△	△		△	
霉菌		○							○	○	○	△	
盐雾	△	△	△						○	△			
灰尘与砂尘	△		○ △	△	△	△	△	△		○	○	△	○
雷电	△	○							△				

注：1. 1mmHg=133.322Pa。

2. $1cal/(cm^2 \cdot min)=4.1868J/(cm^2 \cdot min)$。

3. ○代表户外；△代表户内。

（2）电工产品绝缘防护

表 1-1-69　特殊环境对电工产品的防护要求与措施要点举例

使用环境		湿热	干热	户外	化工腐蚀	高海拔	爆炸危险场所		船舶	汽车拖拉机	冶金厂
产品类型		湿热带型	干热带型	户外型	化工防腐蚀型	高原型	矿用防爆型	工厂用防爆型	船舶用	汽车拖拉机用	冶金用
防护要求	绝缘	防潮 防霉	耐高温 耐低湿 耐温差	防潮 防污 耐温度突变	防潮 防腐蚀性气体	防电晕	防潮	防潮 防腐蚀	防潮 防盐雾 防霉	防潮 防水	防潮 耐高温
	金属表面	防潮湿大气腐蚀	防强烈太阳辐射	防强烈太阳辐射	防腐蚀性气体腐蚀	防强烈太阳辐射	防潮湿、污秽大气腐蚀	防腐蚀气体腐蚀	防海洋性大气腐蚀	防潮湿、污秽大气腐蚀	防潮湿、污秽大气腐蚀
	结构	防潮 防昆虫等有害动物	防沙尘 防强烈太阳辐射 防昆虫等有害动物	防潮 防雨、冰雪 防尘 耐温度突变	防潮 防腐蚀性气体	防低气压 防寒	防爆 防水 防尘	防爆 防水 防尘	防潮 防水 防冲击、振动、摇摆 防电磁干扰	防尘 防冲击、振动	防尘 防冲击、振动

续表

使用环境	湿热	干热	户外	化工腐蚀	高海拔	爆炸危险场所		船舶	汽车拖拉机	冶金厂
产品类型	湿热带型	干热带型	户外型	化工防腐蚀型	高原型	矿用防爆型	工厂用防爆型	船舶用	汽车拖拉机用	冶金用
措施要点	1. 选用耐潮、耐霉、耐蚀材料 2. 采用密封外壳 3. 加大漏电距离 4. 加防护网罩 5. 装防潮加热器	1. 防潮措施同湿热带产品 2. 用耐高温润滑脂 3. 用耐太阳辐射性能优良的塑料和涂料	1. 防潮措施同湿热带产品 2. 用加热器防寒 3. 加强密封 4. 用耐太阳辐射性能优良的塑料和涂料	1. 防潮措施同湿热带产品 2. 外露紧固件尽量考虑少用 3. 用暗铰链 4. 加强密封 5. 采取集中安装隔离	1. 降低电机换向火花 2. 高压线圈表面涂防晕漆 3. 加大放电间隙 4. 用电加热器防寒 5. 现场整定热保护继电器	1. 防潮措施同湿热带产品 2. 采取各种相应的防爆措施	1. 防潮措施同湿热带产品 2. 采取各种相应的防爆措施	1. 防潮措施同湿热带产品 2. 采取相应的抗冲击、振动措施 3. 抑制电磁干扰	1. 防潮措施同湿热带产品 2. 采取相应的抗冲击、振动措施 3. 采取各种相应的防水措施 4. 抑制电磁干扰	1. 采用封闭外壳 2. 提高绝缘耐热等级 3. 加强结构强度，提高抗冲击、振动能力

注：1. 本表主要列举了电机、电器、仪表等大类产品的防护措施要点，其他类产品可参照考虑。

2. 对于多种环境因素组合影响的防护要求，可根据本表中有关环境组合起来考虑，如对湿热带、户外环境使用的产品的防护要求，就可根据湿热带型产品和户外型产品的防护要求组合起来考虑。

(3)电工产品防爆

表 1-1-70　爆炸危险场所电工产品选型

电工产品种类		场所等级 Q-1 级[1]	Q-2 级	Q-3 级	G-1 级[7]	G-2 级[7]
电机		隔爆型，防爆通风型	任意一种防爆类型	封闭式[2,3]	任意一级隔爆型，防爆通风型	封闭式[3]
电器和仪表	固定安装	隔爆型，防爆充油型，防爆通风、充气型，安全火花型	任意一种防爆类型[4]	防尘型，防水型[5]	任意一级隔爆型，防爆通风、充气型、防爆充油型	防尘型
	移动式	隔爆型，安全火花型，防爆充气型	除防爆充油型以外的任意一种防爆类型	除防爆充油型以外的任意一种防爆类型，密封型，防水型	任意一级隔爆型，防爆充气型	
	携带式	隔爆型，安全火花型			任意一级隔爆型	
照明灯具	固定安装及移动式	隔爆型，防爆充气型	任意一种防爆类型	防尘型		
	携带式[6]	隔爆型	隔爆型	隔爆型，防爆安全型	任意一级隔爆型	

续表

电工产品种类	场所等级				
	Q-1级[①]	Q-2级	Q-3级	G-1级[⑦]	G-2级[⑦]
变压器	隔爆型，防爆通风型	任意一种防爆类型	防尘型	任意一级隔爆型，防爆充油型，防爆通风型	防尘型
通信电器	隔爆型，防爆充油型，防爆通风、充气型、安全火花型	任意一种防爆类型	密封型	任意一级隔爆型，防爆充油型，防爆通风型	防尘型
配电装置	隔爆型，防爆通风型	任意一种防爆类型	密封型	任意一级隔爆型，防爆通风型	防尘型

① 正常情况下，连续或经常存在爆炸性混合物的场所（如贮存液体的贮罐或工艺设备内的上部空间），一般不设置电工产品；但为了测量、保护或控制的要求，允许装设安全火花型电工产品。

② 事故排风机用的电机，不能用封闭式，应选用任意一种防爆类型。

③ 电机正常发生火花的部件（如滑环），应装在防爆通风、充气型的罩子内，当条件不允许时，也可采用封闭式。

④ 正常不发生火花的部件和按工作条件发热不超过80℃的电器和仪表，可选用防尘型。

⑤ 事故排风机用电机的控制设备（如按钮），应选用任意一种防爆类型。

⑥ 应有金属保护网。

⑦ 使用在粉尘或纤维爆炸性混合物场所的电工产品，其表面温度一般不应超过125℃；如特殊情况，则不允许超过下列温度之一：粉尘或纤维堆积厚度在5mm及以下时，不应超过其堆积自燃温度减去75℃，堆积超过5mm时，还需相应再降低表面允许温度值；不应超过粉尘或纤维爆炸性混合物自燃温度的2/3。

第 2 章

机械制图

2.1 制图基本知识

2.1.1 图纸幅面和格式

表 1-2-1 图纸幅面尺寸和图框格式（摘自 GB/T 14689—2008） /mm

	幅面代号	宽度×长度（$B\times L$）
第一选择的基本幅面	A0	841×1189
	A1	594×841
	A2	420×594
	A3	297×420
	A4	210×297
第二选择的加长幅面	A3×3	420×891
	A3×4	420×1189
	A4×3	297×630
	A4×4	297×841
	A4×5	297×1051

	幅面代号	宽度×长度（$B\times L$）
第三选择的加长幅面	A0×2	1189×1682
	A0×3	1189×2523
	A1×3	841×1783
	A1×4	841×2378
	A2×3	594×1261
	A2×4	594×1682
	A2×5	594×2102
	A3×5	420×1486
	A3×6	420×1783
	A3×7	420×2080
	A4×6	297×1261
	A4×7	297×1471
	A4×8	297×1682
	A4×9	297×1892

图框格式及其尺寸

有装订边图纸的图框格式	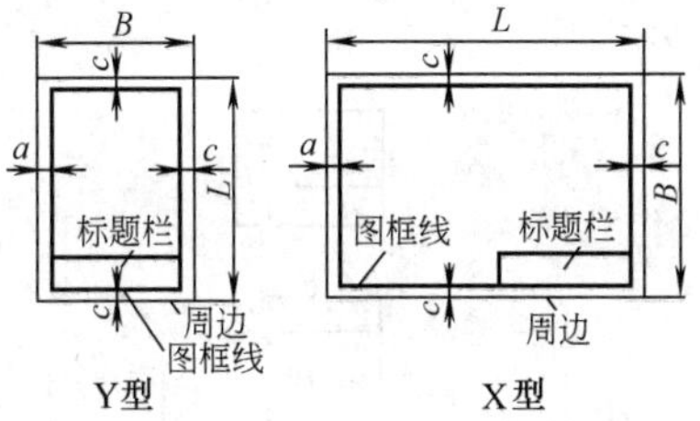	无装订边图纸的图框格式	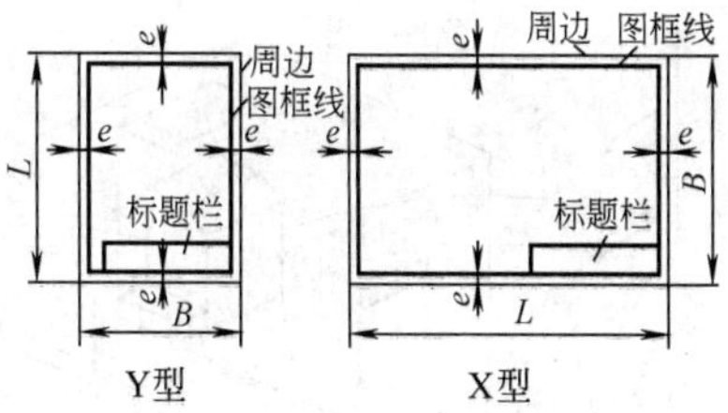

基本幅面图框尺寸	A0	A1	A2	A3	A4
e	20		10		
c	10			5	
a	25				
加长幅面图框尺寸	加长幅面的图框尺寸，按所选用的基本幅面大一号的图框尺寸确定。例如，A2×3 的图框尺寸，按 A1 的图框尺寸确定				

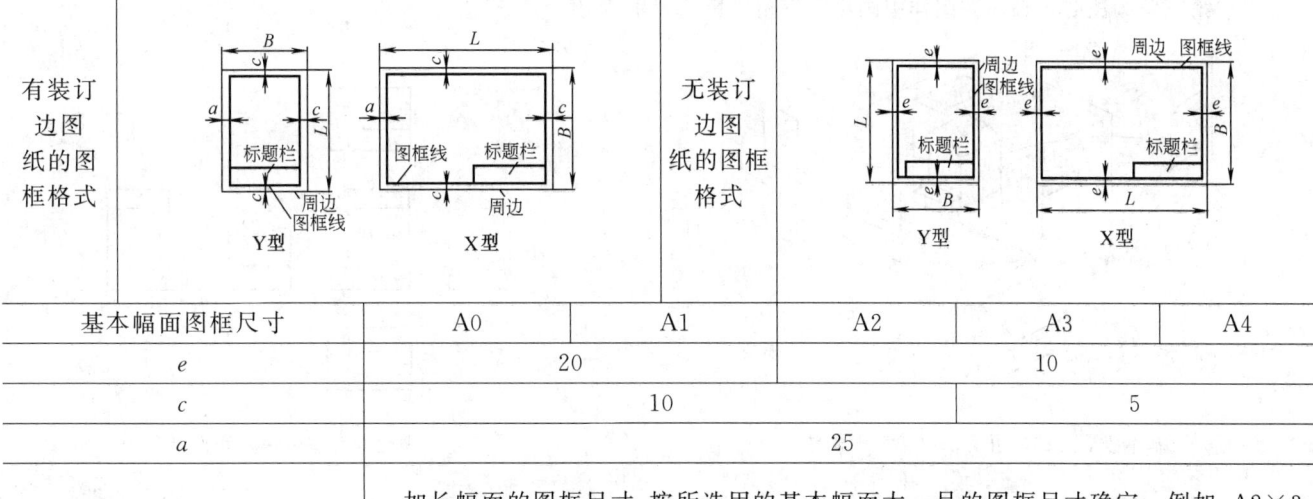

2.1.2 标题栏与明细栏

表 1-2-2 标题栏与明细栏的格式及尺寸（摘自 GB/T 10609.1—2008）

标题栏的分区格式

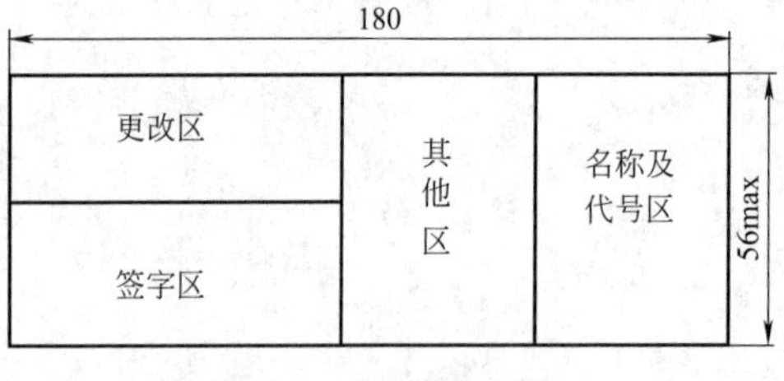

标题栏的分区(一)

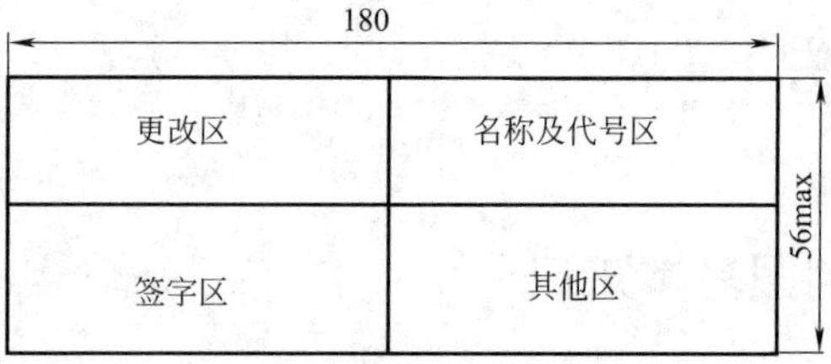

标题栏的分区(二)

投影符号

投影符号：第一角画法或第三角画法的投影识别符号见下图。如采用第一角画法时，可以省略标注

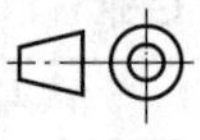
第一角

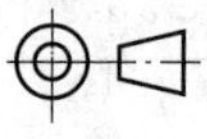
第三角

第一角画法和第三角画法的投影识别符号

标题栏格式举例

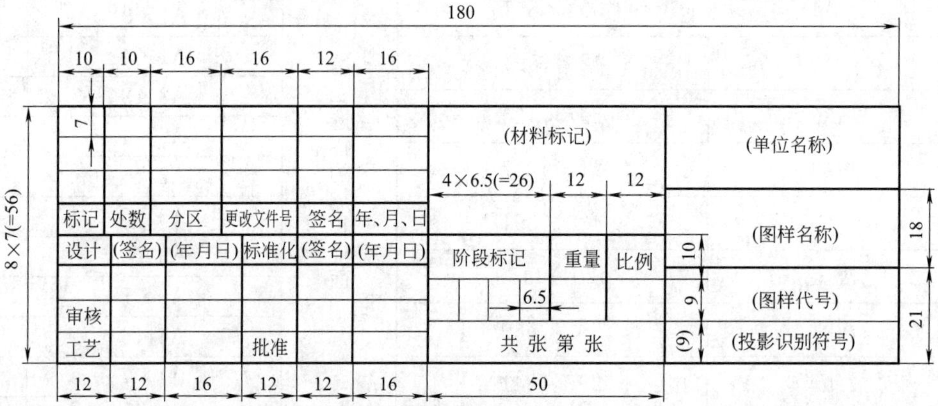

注：第三角投影（第三角画法）（摘自 GB/T 14692—2008）：

A.1 采用第三角画法时，物体置于第三分角内，即投影面处于观察者与物体之间进行投射，然后按规定展开投影面。

A.2 六个基本投影面的展开方法及各视图的配置如下图所示。

采用第三角画法时，必须在图样中画出第三角投影的识别符号。

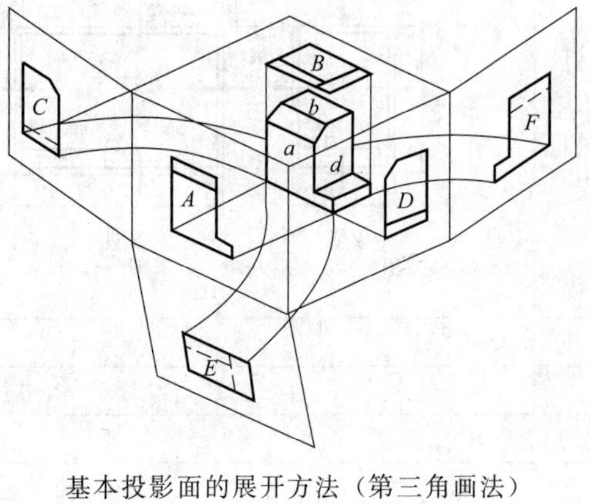

基本投影面的展开方法（第三角画法）

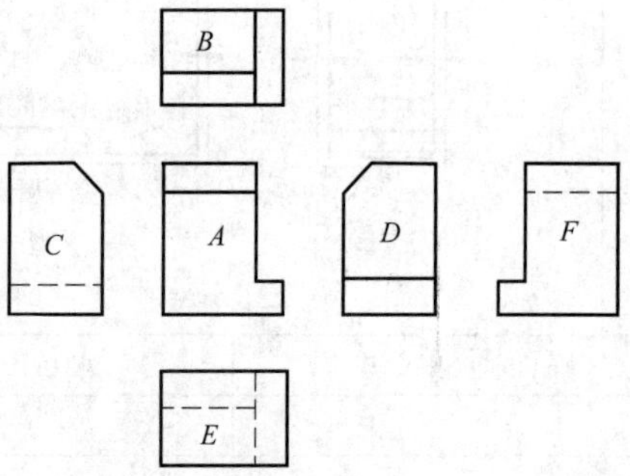

基本视图的配置（第三角画法）

2.1.3 比例

绘制图样时选取表 1-2-3 中适当的比例，优先选用不带括号者，必要时才选用带括号的比例。

表 1-2-3　比例（摘自 GB/T 14690—1993）

原值比例	1∶1
放大比例	2∶1　(2.5∶1)　(4∶1)　5∶1 $2\times10^n:1$　$(2.5\times10^n:1)$　$(4\times10^n:1)$　$5\times10^n:1$　$1\times10^n:1$
缩小比例	(1∶1.5)　1∶2　(1∶2.5)　(1∶3)　(1∶4)　1∶5　(1∶6)　1∶10 $(1:1.5\times10^n)$　$1:2\times10^n$　$(1:2.5\times10^n)$　$(1:3\times10^n)$　$(1:4\times10^n)$　$1:5\times10^n$ $(1:6\times10^n)$　$1:1\times10^n$

注：1. n 为正整数。
2. 括号中数值尽量不采用。

2.1.4　图线

表 1-2-4　图线名称及应用（摘自 GB/T 4457.4—2002）

图线名称	图线型式	图线宽度	一　般　应　用
粗实线		b	可见轮廓线、相贯线、齿顶圆(线)、螺纹牙顶线、可见过渡线
细实线		$b/2$	尺寸线及尺寸界线、引出线、辅助线、剖面线、分界线及范围线、不连续的同一表面的连线、重合剖面的轮廓线、弯折线(如展开图中的弯折线)、螺纹的牙底线及齿轮的齿根线、成规律分布的相同要素的连线
波浪线		$b/2$	断裂处的边界线、视图和剖视的分界线
双折线	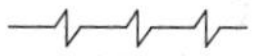	$b/2$	断裂处的边界线
细虚线		$b/2$	不可见轮廓线、不可见棱边线
粗虚线		b	允许表面处理的表示线，如热处理
细点画线		$b/2$	轴线、对称中心线、轨迹线、节圆及节线
粗点画线		b	有特殊要求的线或表面的表示线
细双点画线		约 $b/2$	相邻辅助零件的轮廓线、坯料的轮廓线或毛坯图中制成品的轮廓线、极限位置的轮廓线、试验或工艺用结构(成品上不存在)的轮廓线、假想投影轮廓线、中断线

注：图线宽度 b 的推荐系列为 0.25mm、0.35mm、0.5mm、0.7mm、1mm、1.4mm、2mm，优先采用 0.5mm、0.7mm。

2.1.5　剖面符号

在剖视和剖面图中，应采用表 1-2-5 中所规定的剖面符号。

表 1-2-5　剖面符号（摘自 GB/T 4457.5—2013）

金属材料 (已有规定剖面符号者除外)	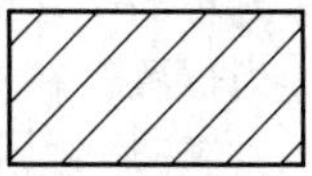	木质胶合板 (不分层数)	
线圈绕组元件	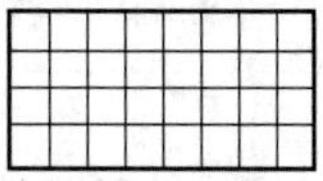	基础周围的泥土	
转子、电枢、变压器和 电抗器等的叠钢片	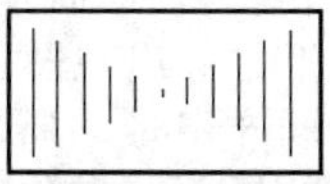	混凝土	
非金属材料 (已有规定剖面符号者除外)		钢筋混凝土	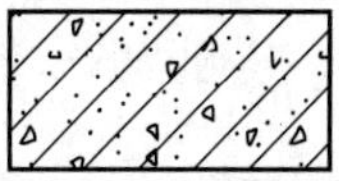

型砂、填砂、粉末冶金、砂轮、陶瓷刀片、硬质合金刀片等			砖	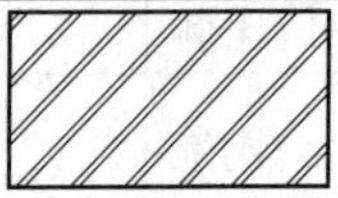
玻璃及供观察用的其他透明材料		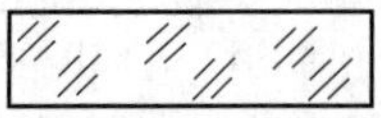	格网(筛网、过滤网等)	
木材	纵断面		液体	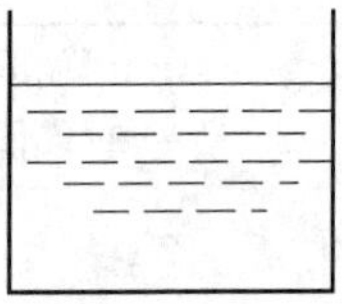
	横断面			

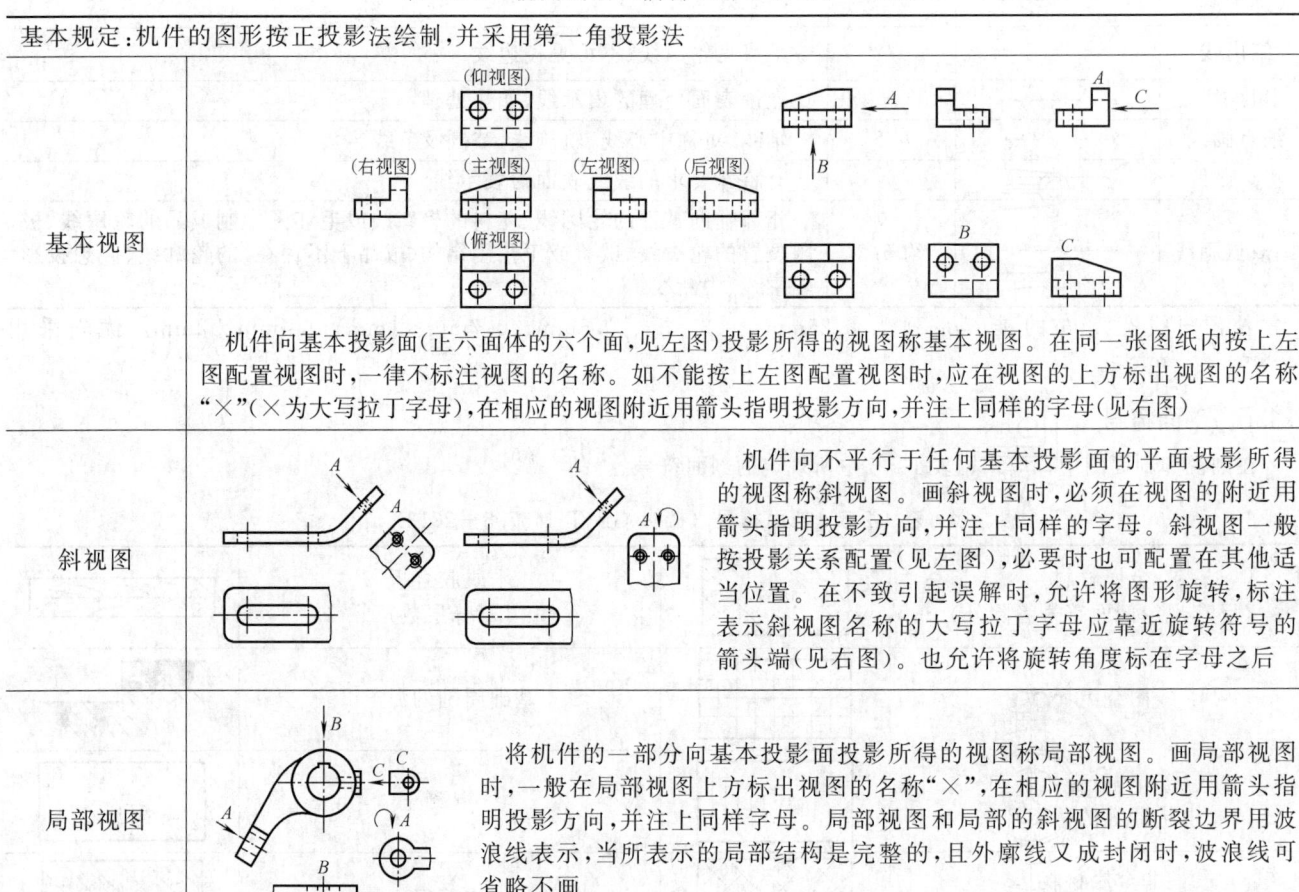

注：1. 剖面符号仅表示材料的类别，材料的名称和代号另行注明。

2. 叠钢片的剖面线方向，应与束装中叠钢片的方向一致。

3. 液面用细实线绘制。

2.2 图样画法

表 1-2-6 视图画法（摘自 GB/T 17451—1998）

基本规定:机件的图形按正投影法绘制,并采用第一角投影法	
基本视图	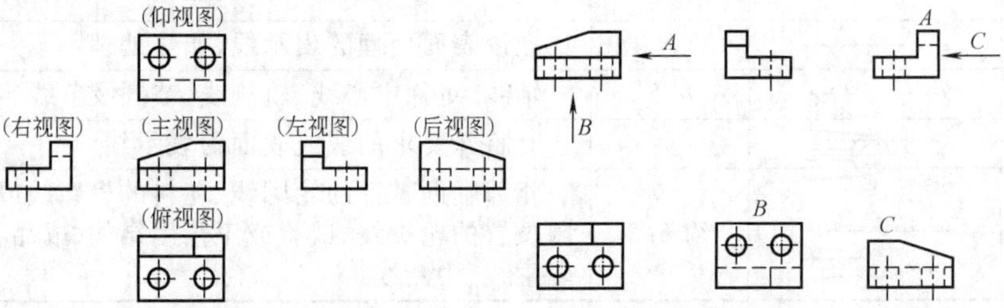 机件向基本投影面(正六面体的六个面,见左图)投影所得的视图称基本视图。在同一张图纸内按上左图配置视图时,一律不标注视图的名称。如不能按上左图配置视图时,应在视图的上方标出视图的名称"×"(×为大写拉丁字母),在相应的视图附近用箭头指明投影方向,并注上同样的字母(见右图)
斜视图	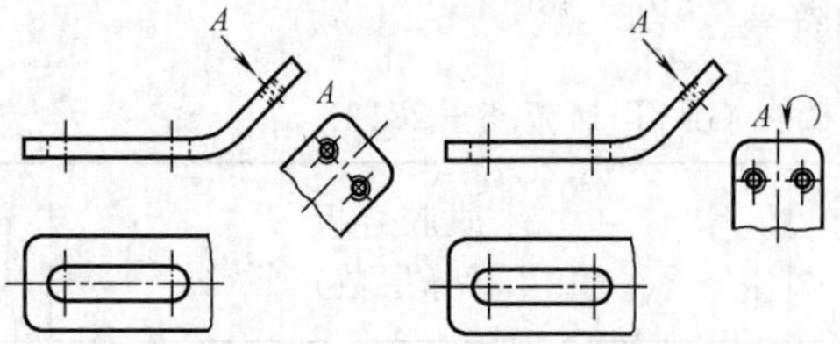 机件向不平行于任何基本投影面的平面投影所得的视图称斜视图。画斜视图时,必须在视图的附近用箭头指明投影方向,并注上同样的字母。斜视图一般按投影关系配置(见左图),必要时也可配置在其他适当位置。在不致引起误解时,允许将图形旋转,标注表示斜视图名称的大写拉丁字母应靠近旋转符号的箭头端(见右图)。也允许将旋转角度标在字母之后
局部视图	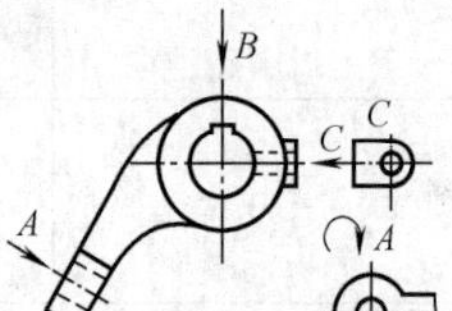 将机件的一部分向基本投影面投影所得的视图称局部视图。画局部视图时,一般在局部视图上方标出视图的名称"×",在相应的视图附近用箭头指明投影方向,并注上同样字母。局部视图和局部的斜视图的断裂边界用波浪线表示,当所表示的局部结构是完整的,且外廓线又成封闭时,波浪线可省略不画

基本规定：机件的图形按正投影法绘制，并采用第一角投影法		
旋转视图(摘自 GB/T 4458.1—2002)	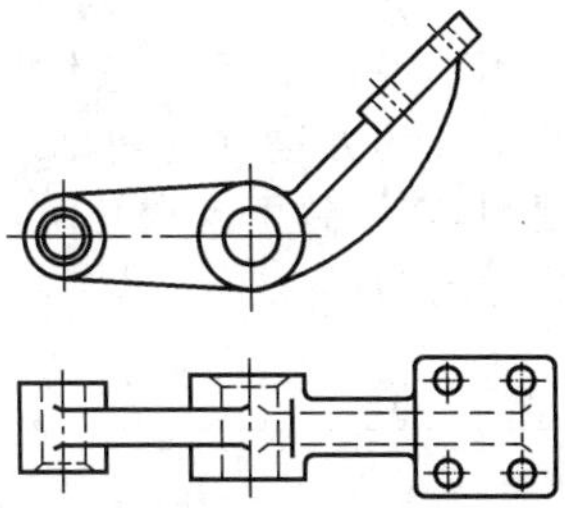	假想将机件的倾斜部分旋转到与某选定的基本投影面平行后再向该投影面投影所得的视图称旋转视图

表 1-2-7　剖视图画法（摘自 GB/T 17452—1998）

假想用剖切面剖开机件，移去观察者与剖切面之间的部分，对剩余部分向投影面投影，所得的图形称为剖视图		
单一剖切面	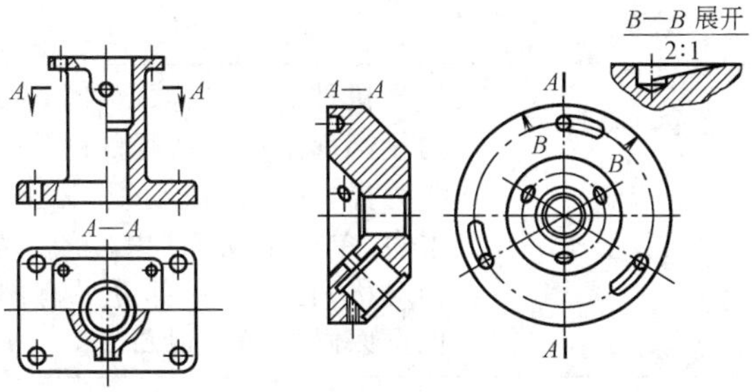	一般用平面剖切机件(见左图)，也可用柱面剖切机件。采用柱面剖切机件时，剖视图应按展开绘制(见右图)
两相交剖切平面	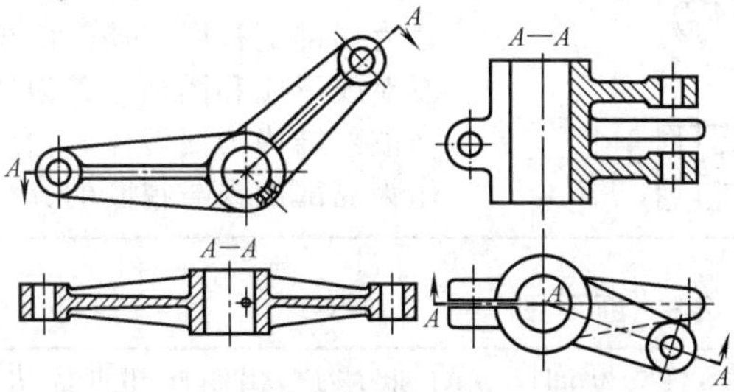	用两相交的剖切平面(交线垂直于某一基本投影面)剖开机件的方法称为旋转剖。采用这种方法画剖视图时，先假想按剖切位置剖开机件，然后将剖切平面剖开的结构及其有关部分旋转到与指定的投影面平行再进行投影。在剖切平面后的其他结构一般仍按原来位置投影，见左图中的油孔。当剖切后产生不完整要素时，应将此部分按不剖绘制，见右图中的臂
几个平行剖切平面	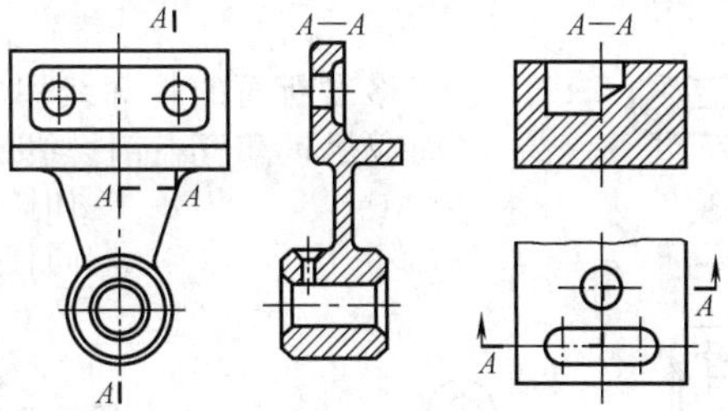	用几个平行的剖切平面剖开机件的方法称为阶梯剖。采用这种方法画剖视图时，在图形内不应出现不完整的要素(见左图)，仅当两个要素在图形上具有公共对称中心线或轴线时，可以各画一半，此时应以对称中心线或轴线为界(见右图)
组合的剖切平面	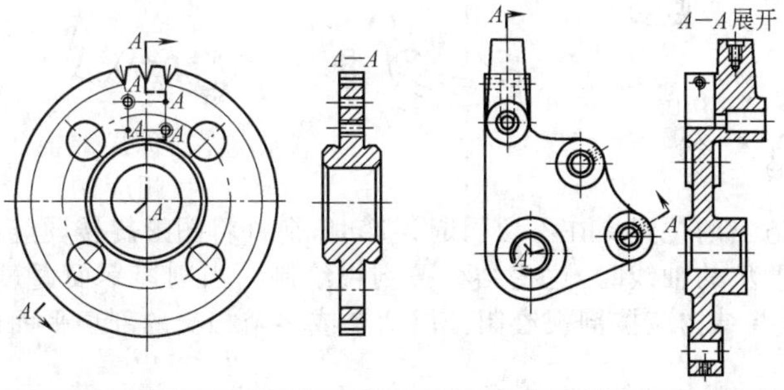	除旋转、阶梯剖以外，用组合的剖切平面剖开机件的方法称为复合剖(见左图)。采用这种方法画剖视图时，可采用展开画法，此时应标注“×—×展开”(见右图)

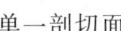

假想用剖切面剖开机件，移去观察者与剖切面之间的部分，对剩余部分向投影面投影，所得的图形称为剖视图		
不平行于任何基本投影面的剖切平面	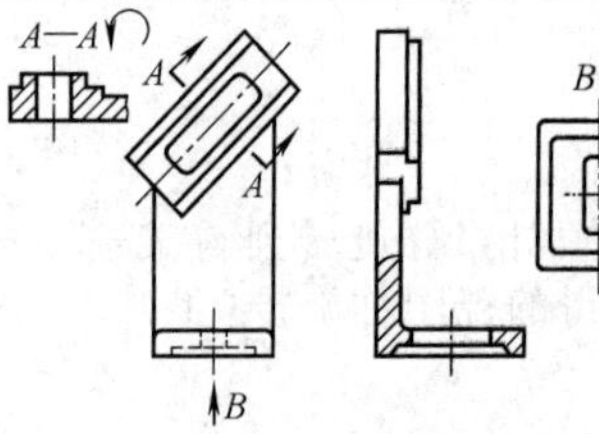	用不平行于任何基本投影面的剖切平面剖开机件的方法称为斜剖。采用这种方法画剖视图，在不致引起误解时，允许将图形旋转，标注形式为“×—× ∩”
全剖视图	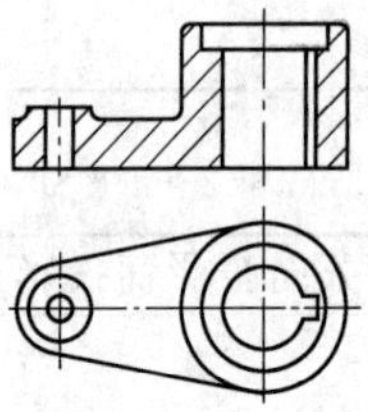	用剖切平面完全地剖开机件所得的剖视图称为全剖视图
半剖视图	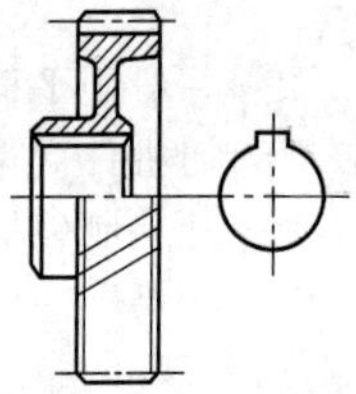	当机件具有对称平面时，在垂直于对称平面的投影面上投影所得的图形，可以以对称中心线为界，一半画成剖视，另一半画成视图。见本表“单一剖切面”中左图。机件的形状接近于对称，且不对称部分另有图形表达清楚时，也可以画成半剖视图
局部剖视图	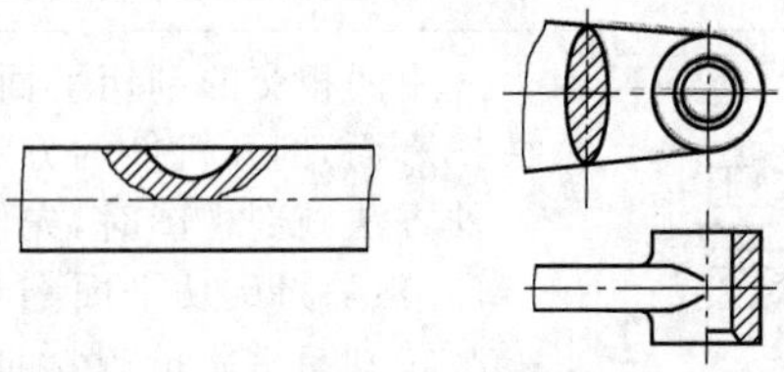	用剖切平面局部地剖开机件所得的剖视图称为局部剖视图。局部剖视图用波浪线分界，波浪线不应和图样上其他图线重合(见左图)。当被剖结构为回转体时，允许将结构的中心线作为局部剖视与视图的分界线(见右图)

表 1-2-8　断面图

假想用剖切平面将机件的某处切断，仅画出断面的图形，称为断面图。断面分为移出断面和重合断面		
移出断面	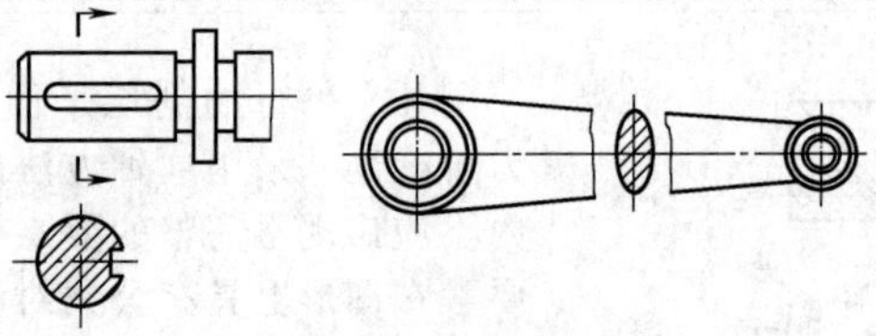	移出断面的轮廓线用粗实线绘制。移出断面应尽量配置在剖切线的延长线上(见左图)
	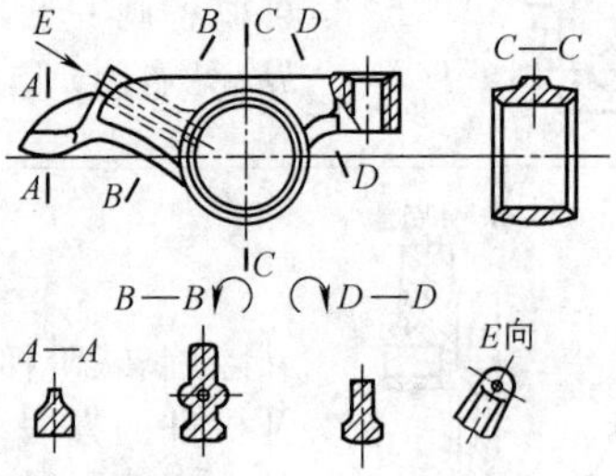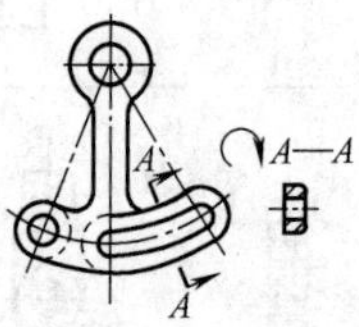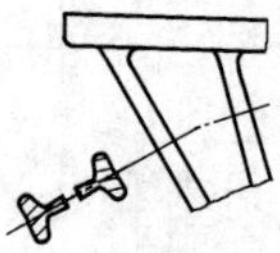	
	必要时可将移出断面配置在其他适当的位置。在不致引起误解时，允许将图形旋转，标注形式见左图。当剖切平面通过回转面形成的孔或凹坑的轴线时，这些结构按剖视绘制。当剖切平面通过非圆孔，会导致出现完全分离的两个断面时，则这些结构应按剖视绘制。由两个或多个相交的剖切平面剖切得出的移出断面，中间一般应断开，见右图	

假想用剖切平面将机件的某处切断，仅画出断面的图形，称为断面图。断面分为移出断面和重合断面	
重合断面	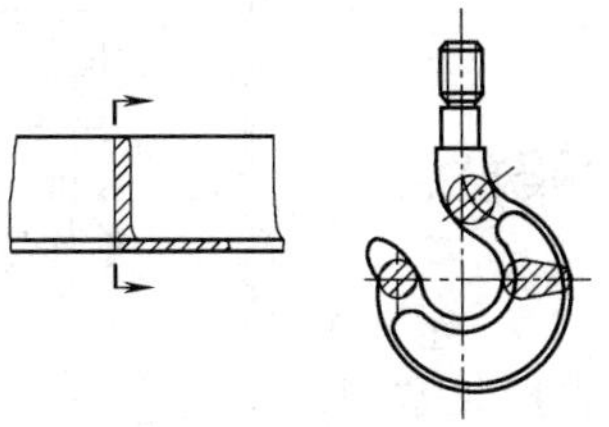 重合断面的轮廓线用细实线绘制。当视图中的轮廓线与重合断面的图形重叠时，视图中的轮廓线仍应连续画出，不可间断

表 1-2-9 局部放大图（摘自 GB/T 4458.1—2002）

将机件的部分结构，用大于原图形所采用的比例画出的图形称为局部放大图	
画法及标注	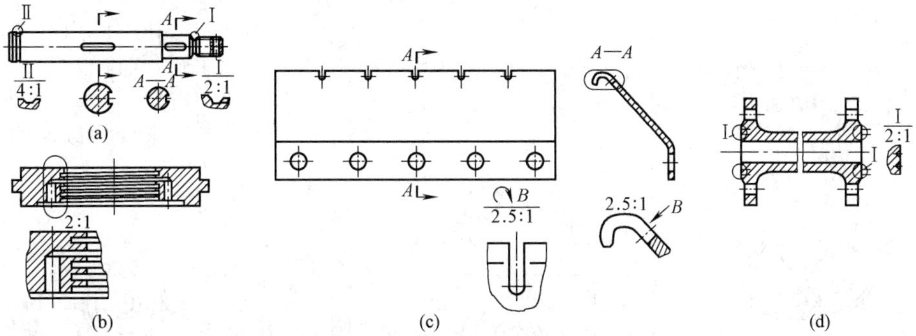 局部放大图可画成视图、剖视、断面，它与被放大部分的表达方式无关，并应尽量配置在放大部位的附近，见图(a)。当机件上被放大的部分仅一个时，在局部放大图上方只需注明所采用的比例，见图(b)。同一机件上不同部位的局部放大图，当图形相同或对称时，只需画出一个，见图(d)。必要时可用图形来表达同一被放大部分的结构，见图(c)

表 1-2-10 简化表示法

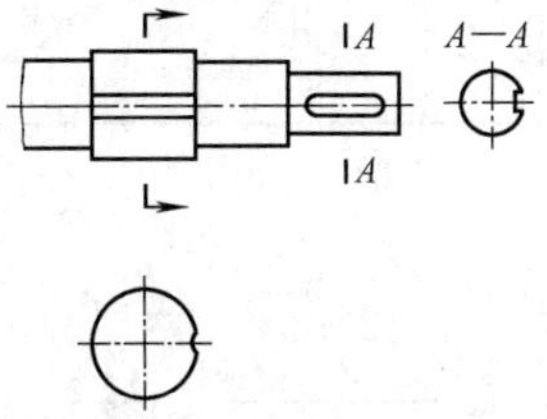 在不致引起误解时，零件图中的移出断面，允许省略剖面符号，但剖切位置和断面图的标注不能省略	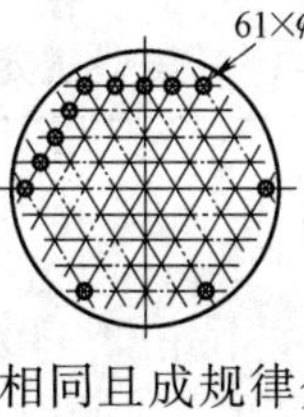 若干直径相同且成规律分布的孔(圆孔、螺孔、沉孔等)，可以仅画出一个或几个，其余只需用点画线或“+”表示其中心位置，并在零件图中注明孔的总个数	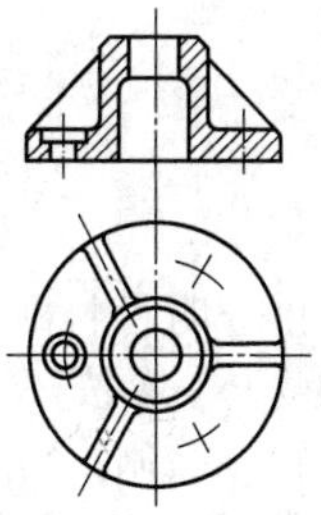 对于机件中的肋、轮辐及薄壁等，如按纵向剖切，这些结构都不画剖面符号，而用粗实线将它与其邻接部分分开。当零件回转体上均匀分布的肋、轮辐、孔等结构不处于剖切平面上时，可将这些结构旋转到剖切平面上画出
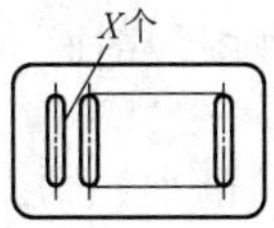 当机件具有若干相同结构(齿、槽等)，并按一定规律分布时，只需画出几个完整的结构，其余用细实线连接，在零件图中则必须注明该结构的总个数	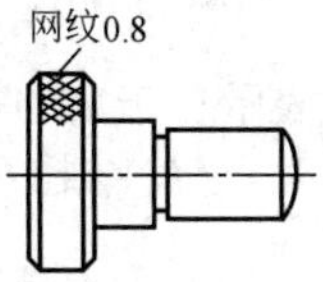 网状物、编织物或机件上的滚花部分，可在轮廓线附近用细实线示意画出，并在零件图上或技术要求中注明这些结构的具体要求	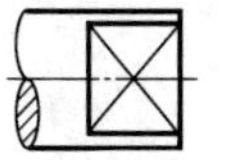 当图形不能充分表达平面时，可用平面符号(相交两细实线)表示

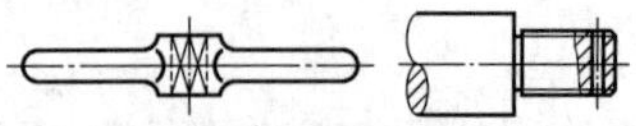 在不致引起误解时，图形中的过渡线、相贯线允许简化，如用圆弧或直线代替非圆曲线	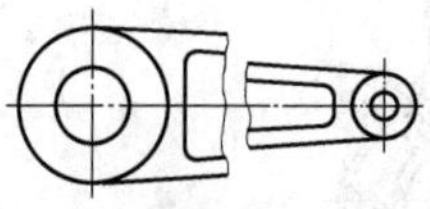 较长的机件（轴、杆、型材、连杆等）沿长度方向形状一致或按一定规律变化时，可断开后缩短绘制	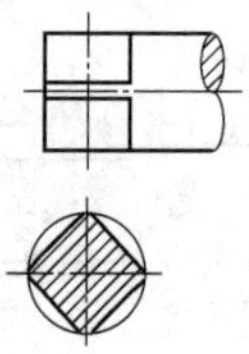 机件上较小的结构及斜度等，如在一个图形上已表达清楚，其他图形应当简化或省略
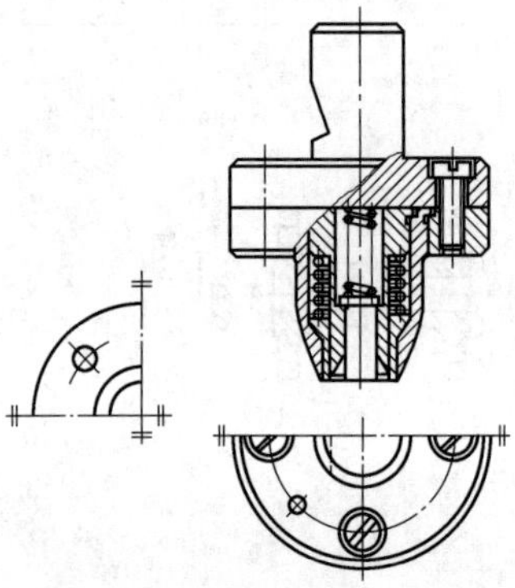 在不致引起误解时，对于对称机件的视图可只画一半或四分之一，并在对称中心线的两端画出两条与其垂直的平行细实线	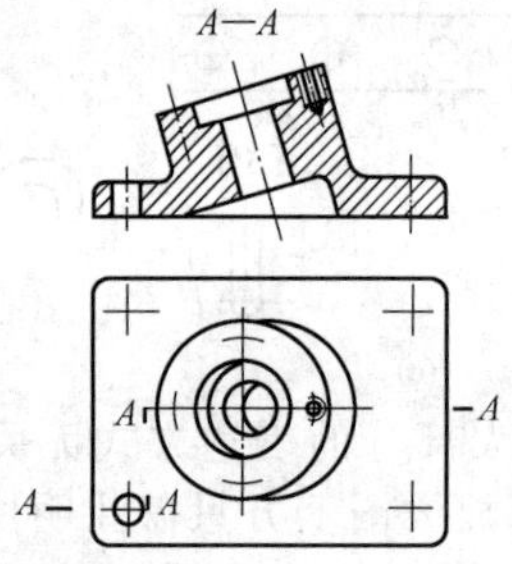 与投影面倾斜角度小于或等于30°的圆或圆弧，其投影可用圆或圆弧代替	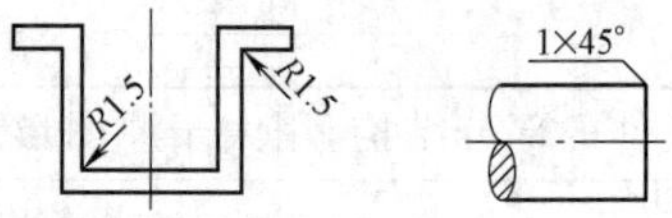 在不致引起误解时，零件图中的小圆角、锐边的小倒角或45°小倒角允许省略不画，但必须注明尺寸或在技术要求中加以说明 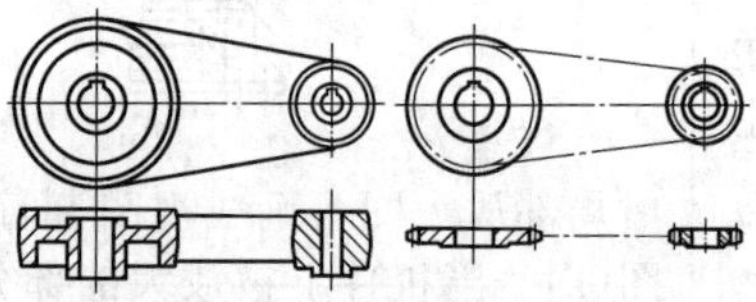 在装配图中可用粗实线表示带传动中的带（见左图）；用细点画线表示链传动中的链（见右图）

表 1-2-11　某些规定画法

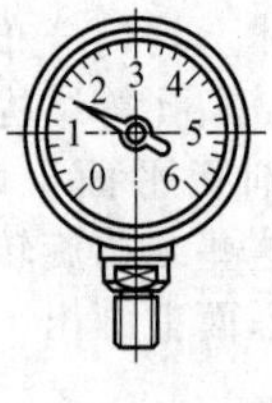 由透明材料制成的物体，均按不透明物体绘制。对于供观察用的刻度、字体、指针、液面等可按可见轮廓线绘制	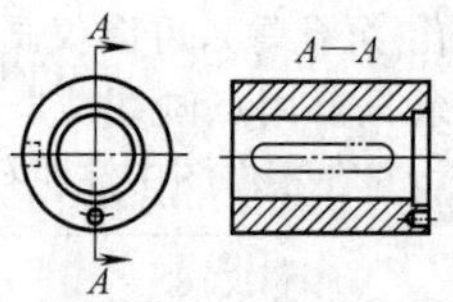 在需要表示位于剖切平面与观察者之间的结构时，这些结构可假想地用双点画线绘制	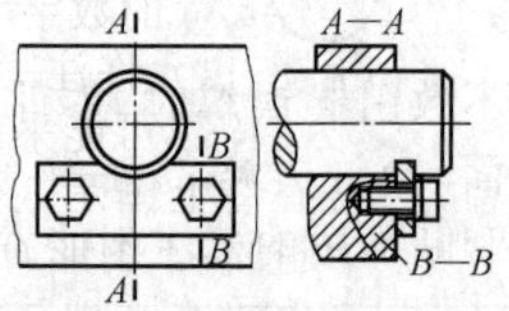 在剖视图的剖面中可再作一次局部剖，采用这种表达方法时，两个剖面的剖面线应同方向、同间隔，但要互相错开，并用引出线标注其名称

2.3 装配图中零、部件序号及其编排方法

表 1-2-12　序号的编排（摘自 GB 4458.2—2003）

序号表示的三种方法	在指引线的水平线（细实线）上或圆（细实线）内注写序号，序号字高比该装配图中所注尺寸数字高度大一号	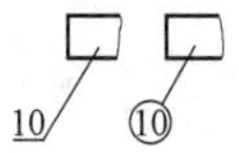	指引线的表示	一组紧固件以及装配关系清楚的零件组，可以采用公共指引线 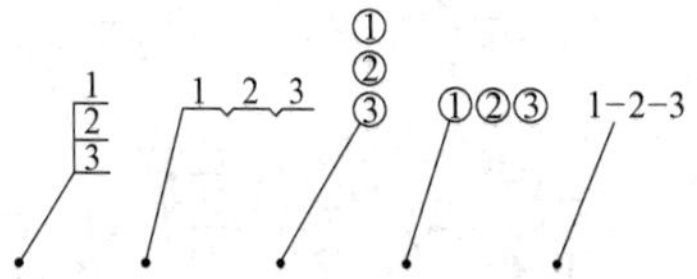
	在指引线的水平线(细实线)上或圆(细实线)内注写序号，序号字高比该装配图中所注尺寸数字高度大两号	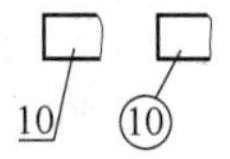		
	在指引线附近注写序号，序号字高比该装配图中所注尺寸数字高度大两号	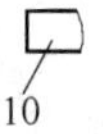		若指引线所指部分(很薄的零件或涂黑的剖面)内不便画圆点时，可在指引线的末端画出箭头，并指向该部分的轮廓 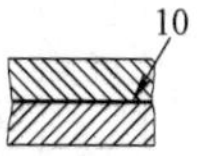
	注：在同一装配图中编注序号的形式应一致。相同的零、部件用一个序号，一般只标注一次。多处出现的相同的零、部件，必要时也可重复标注。装配图中序号应按水平或垂直方向、顺时针或逆时针方向顺次排列			注：指引线应自所指部分的可见轮廓内引出，并在末端画一圆点，指引线相互不能相交，当通过有剖面线的区域时，指引线不应与剖面线平行。指引线可以画成折线，但只可曲折一次

2.4 尺寸与公差配合注法

2.4.1 尺寸注法

表 1-2-13　尺寸注法（摘自 GB/T 4458.4—2003 及 GB/T 16675.2—2012）

尺寸数字	线性尺寸数字	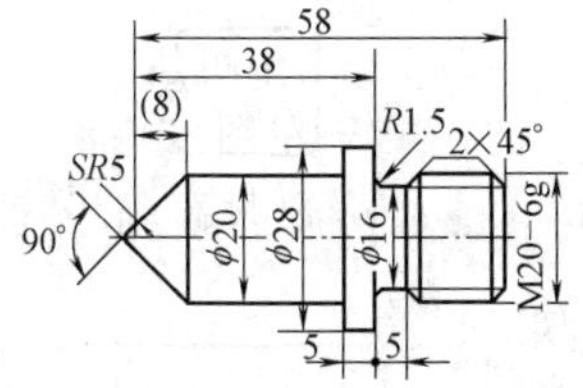  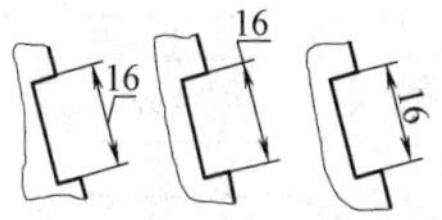 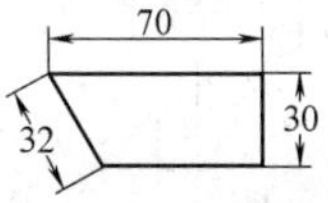 线性尺寸的数字一般应注写在尺寸线的上方，见左上图，也允许注写在尺寸线的中断处。线性尺寸的数字应尽可能采用右上图的方法注写，并尽可能避免在右上图示 30°范围内标注尺寸，当无法避免时，可按左下图形式标注。对于非水平方向的尺寸，其数字可水平地注写在尺寸线的中断处。见右下图。在同一张图样上应采用同一种方法	尺寸线	尺寸线及其终端	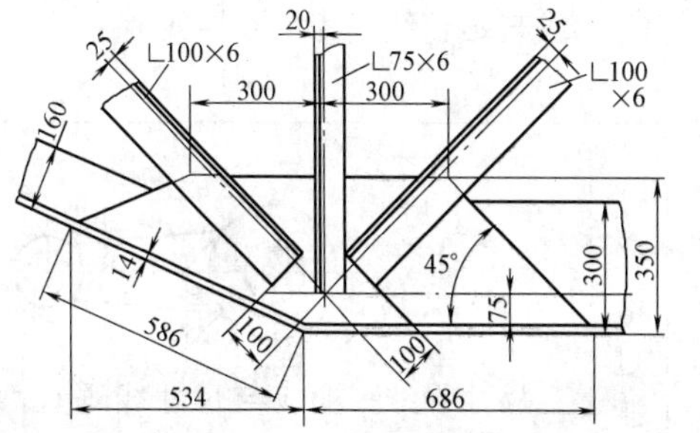 尺寸线用细实线绘制，其终端可以有两种形式。箭头的形式适用于各种类型的图样；斜线形式只有当尺寸线与尺寸界线相互垂直时，才能采用(对于尺寸线倾斜引出的，对于直径、半径、弧长、角度等尺寸均不能采用斜线形式)，斜线用细实线绘制
	角度数字	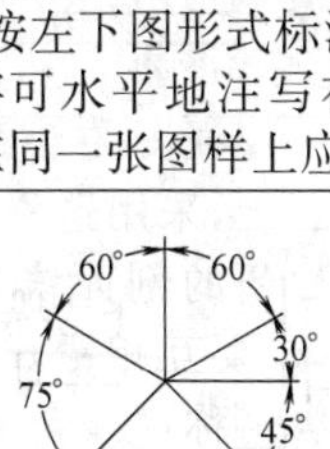 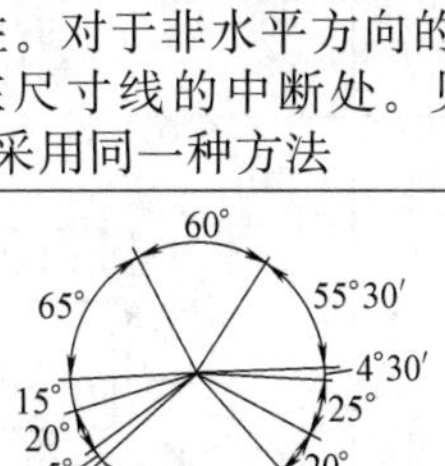 角度的数字一律写成水平方向，一般注写在尺寸线的中断处(见左图)，必要时也可按右图形式标注		直径、半径	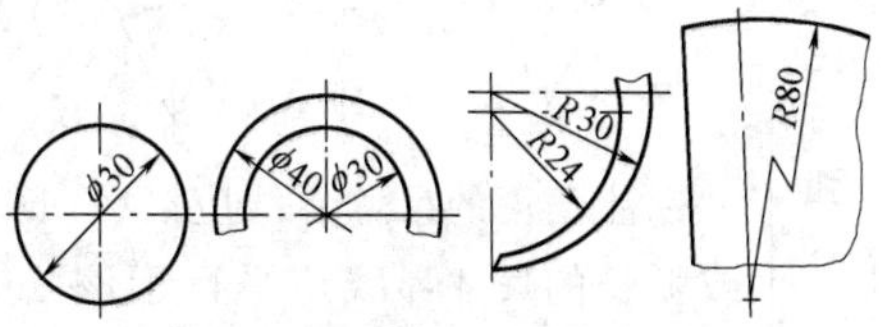 直径、半径的尺寸线终端应画成箭头

尺寸线	狭小位置时	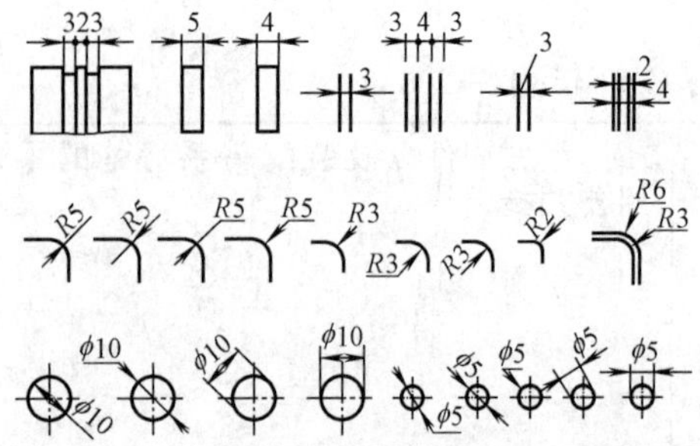 当没有足够的位置时，允许将尺寸箭头、尺寸数字布置在尺寸界线的外侧；标注多个连续小尺寸时，中间的尺寸箭头允许用小黑点或短斜线代替
尺寸界线	曲线轮廓	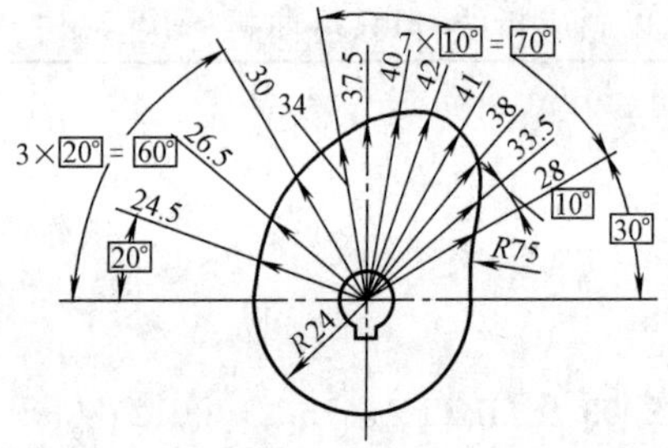 当表示曲线轮廓上各点的坐标时，可将尺寸线或其延长线作为尺寸界线
	光滑过渡处	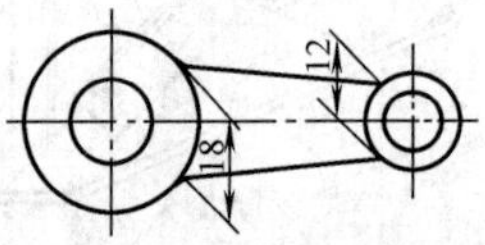 尺寸界线一般应与尺寸线垂直，必要时才允许倾斜。在光滑过渡处标注尺寸时，必须用细实线将轮廓线延长，从它们的交点处引出尺寸界线
	角度、弦长、弧长	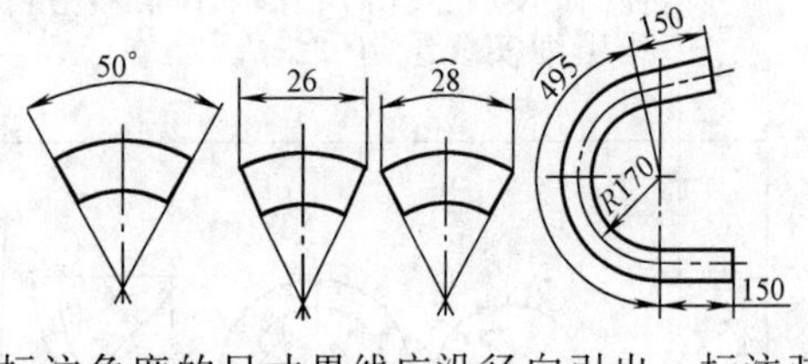 标注角度的尺寸界线应沿径向引出。标注弦长或弧长的尺寸界线应平行于该弦的垂直平分线。当弧度较大时，可沿径向引出
尺寸符号	直径、半径、球面	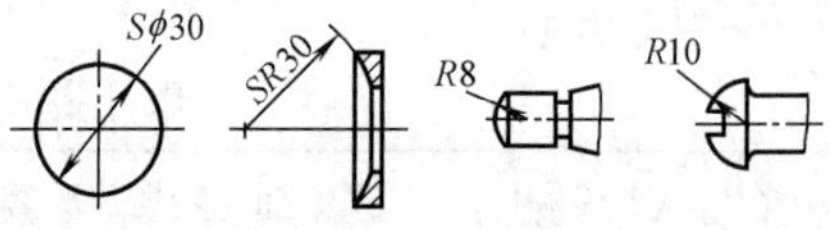 标注直径时，应在尺寸数字前加注符号"ϕ"；标注半径时，应在尺寸数字前加注符号"R"；标注球面的直径或半径时，应在尺寸数字前加注"$S\phi$"或"SR"。对于螺钉、铆钉的头部、轴（包括螺杆）的端部以及手柄的端部等，在不致引起误解的情况下，可省略符号"S"
	正方形	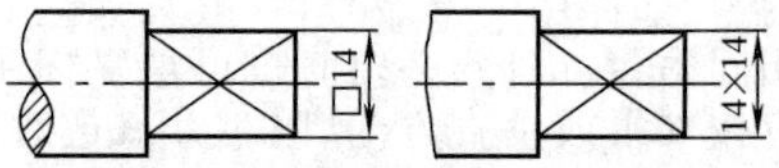 标注剖面为正方形结构的尺寸时，可在正方形边长尺寸数字前加注符号"□"，或采用"边长×边长"的形式
	板厚	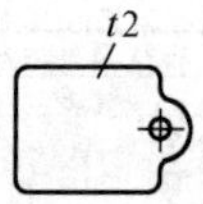 标注板状零件的厚度时，可在尺寸数字前加注符号"t"
	指明半径	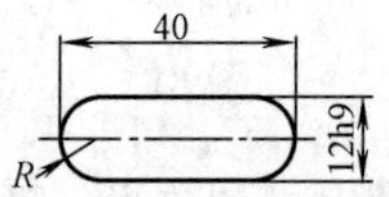 当需要指明半径尺寸是由其他尺寸所确定时，应用尺寸线和符号"R"引出，但不要注写尺寸数字
	锥度、斜度	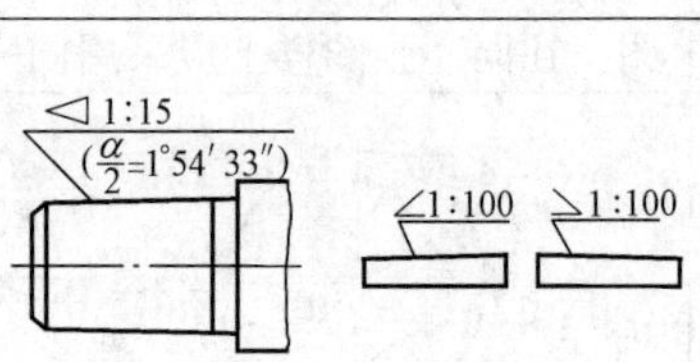 锥度和斜度其符号的方向应与倾斜的方向一致

简化注法

倒角

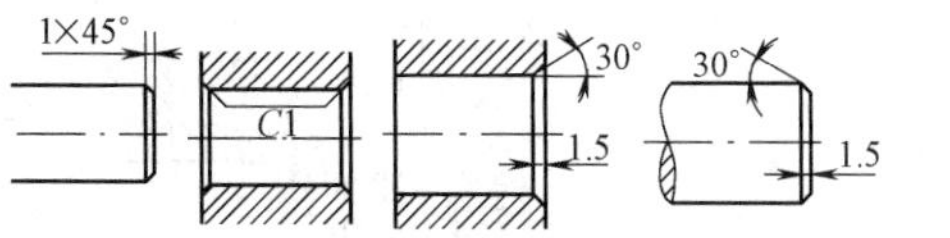

45°的倒角可按左两图标注，非45°的倒角应按右两图标注

退刀槽

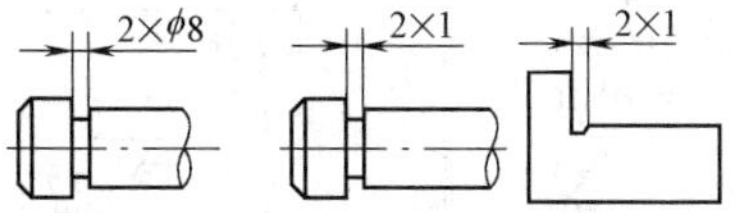

一般的退刀槽可按“槽宽×直径”的形式标注，或“槽宽×槽深”的形式标注

均布相同要素

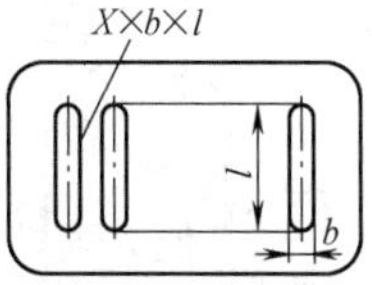

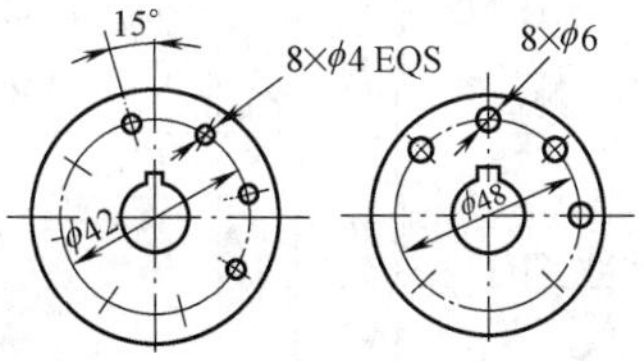

在同一图形中，对于尺寸相同的孔、槽等成组要素，可仅在一个要素上注出其尺寸和数量，见上图。均匀分布的成组要素(如孔等)的尺寸可按左下图所示的方法标注。当成组要素的定位和分布情况在图形中已明确时，可不标注其角度，并省略“EQS”，见右下图

尺寸数值相近且重复要素

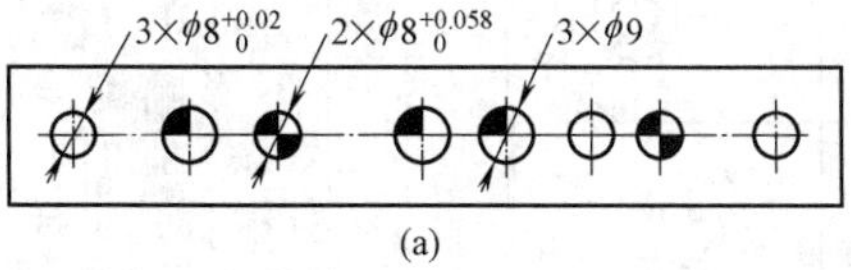

(a)

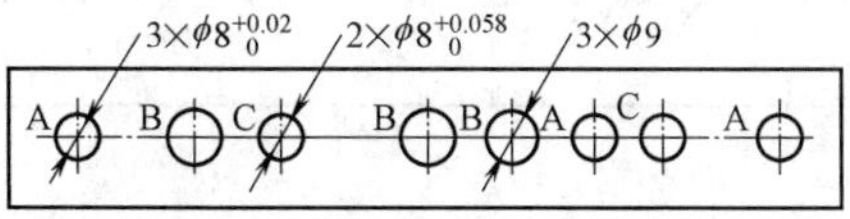

(b)

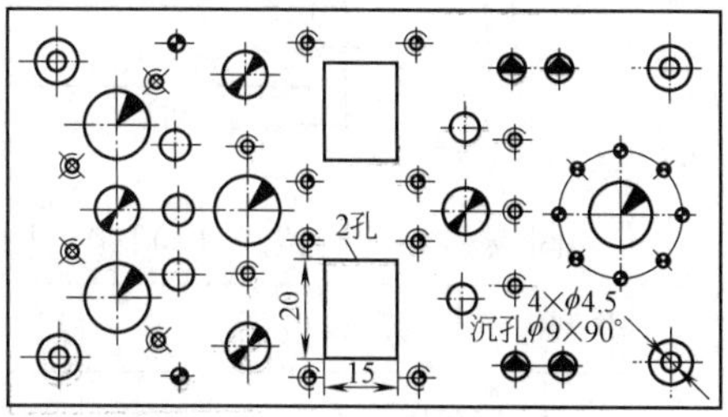

孔的标记							
数量	4	4	5	4	10	8	9
尺寸	ϕ14	ϕ10	ϕ6	ϕ5	ϕ3	M4-7H	M3-7H

(c)

在同一图形中具有 M 种尺寸数值相近而又重复的要素(如孔等)时，可采用涂色的方法来标注[图(a)]，或采用标注字母的方法来区分[图(b)]。孔的尺寸和数量可直接标注在图形上，如图(a)、图(b)，也可用列表形式表示，如图(c)

同基准尺寸

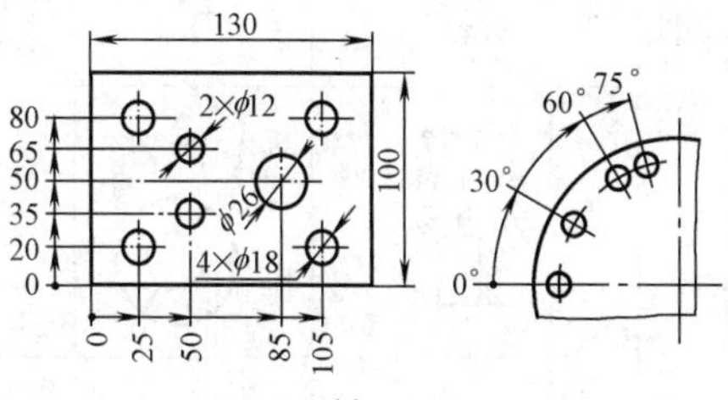

(a)

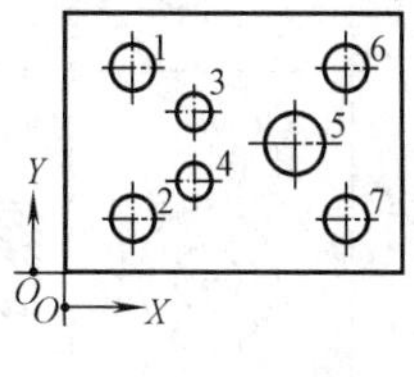

孔的编号	X	Y	ϕ
1	25	80	18
2	25	20	18
3	50	65	12
4	50	35	12
5	85	50	26
6	105	80	18
7	105	20	18

(b)

由同一基准出发的尺寸，可按链式标注[图(a)]，也可以用坐标的形式列表标注[图(b)]

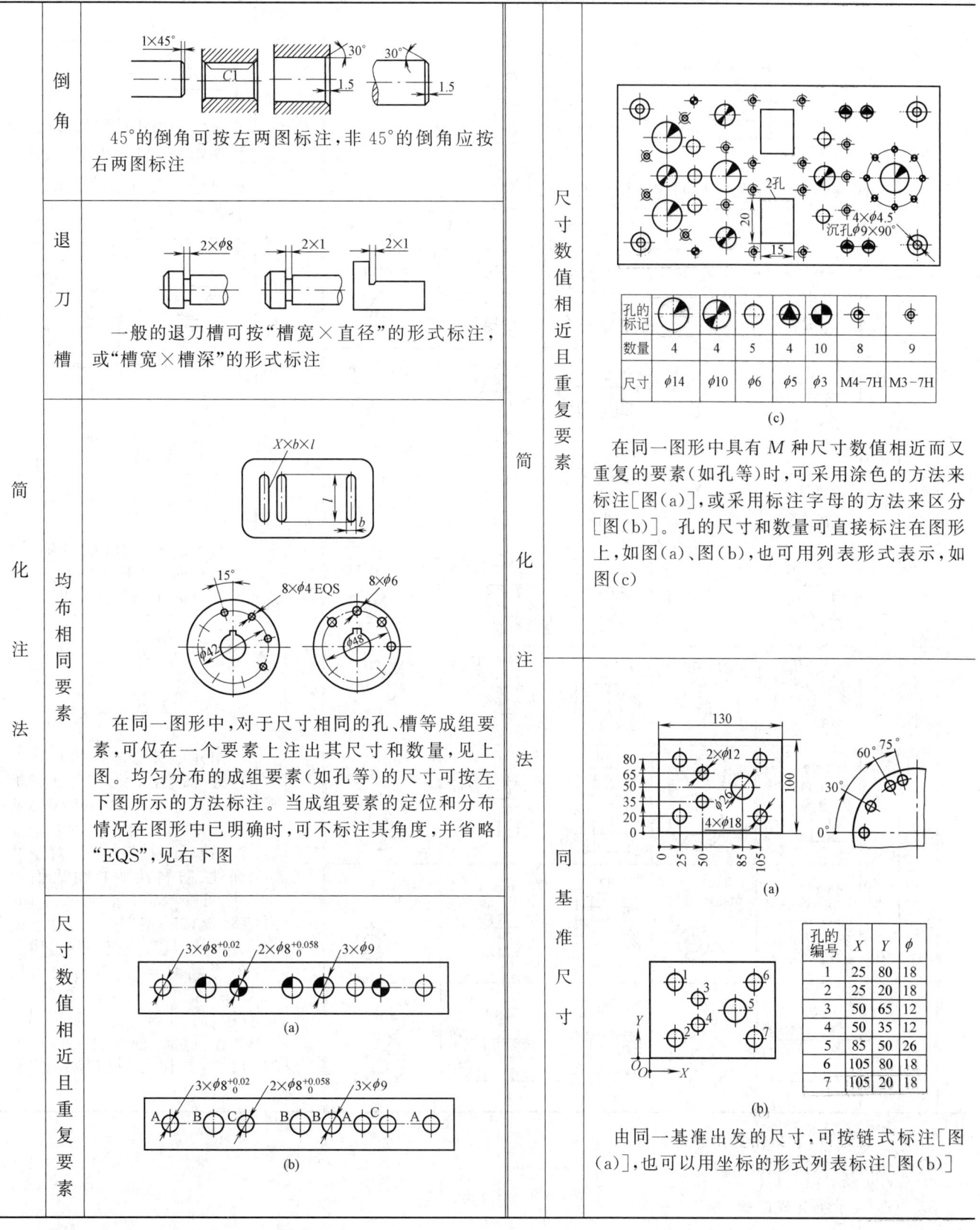

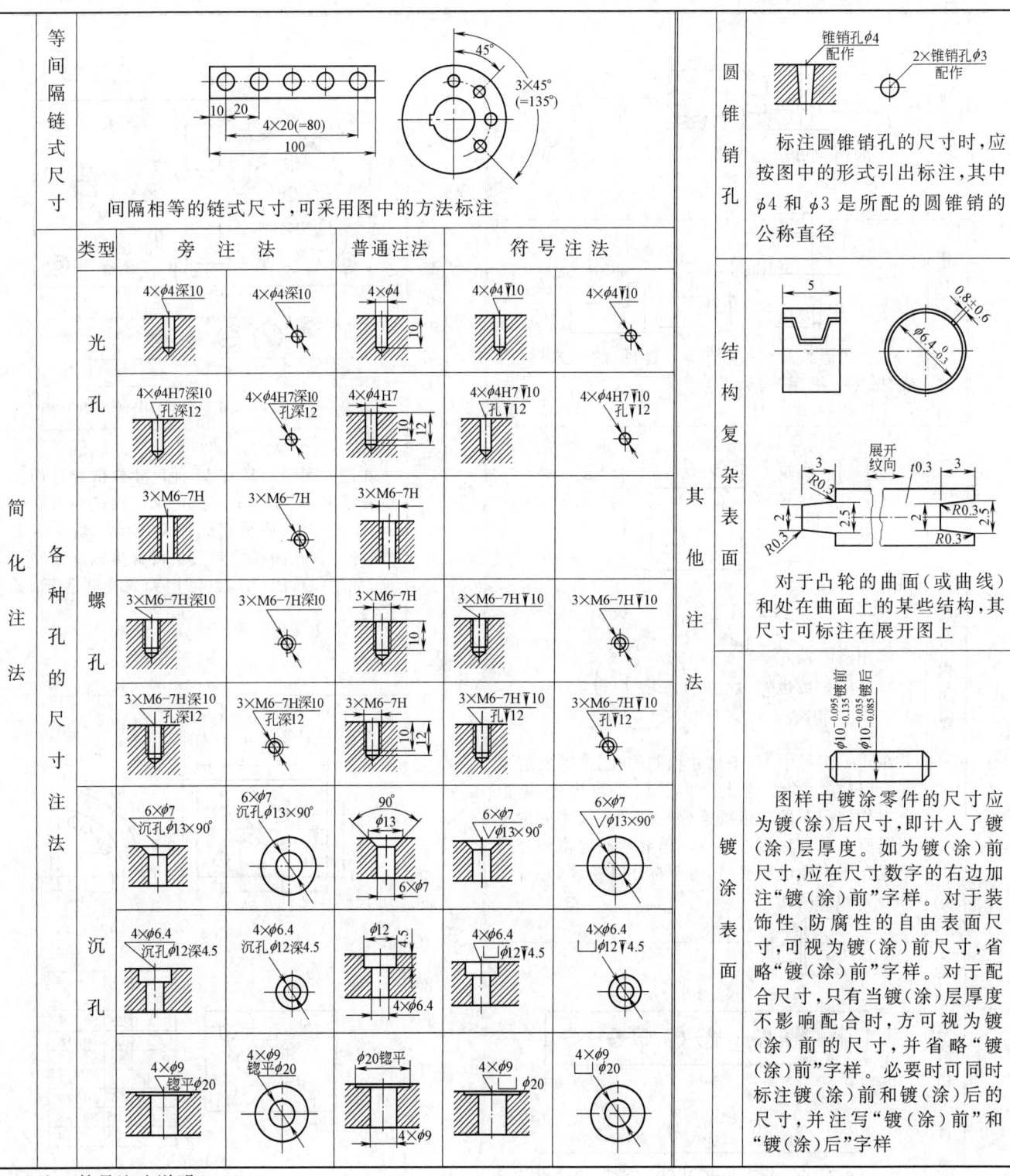

简化注法

等间隔链式尺寸

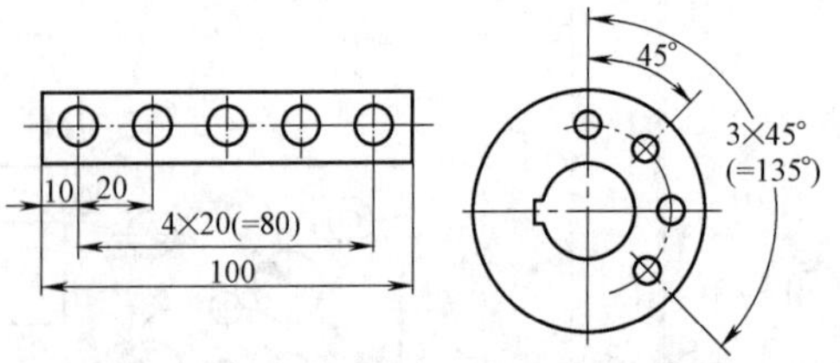

间隔相等的链式尺寸，可采用图中的方法标注

各种孔的尺寸注法

类型		旁注法		普通注法	符号注法	
光孔		4×φ4深10	4×φ4深10	4×φ4；10	4×φ4↧10	4×φ4↧10
		4×φ4H7深10 孔深12	4×φ4H7深10 孔深12	4×φ4H7；10；12	4×φ4H7↧10 孔↧12	4×φ4H7↧10 孔↧12
螺孔		3×M6-7H	3×M6-7H	3×M6-7H		
		3×M6-7H深10	3×M6-7H深10	3×M6-7H；10	3×M6-7H↧10	3×M6-7H↧10
		3×M6-7H深10 孔深12	3×M6-7H深10 孔深12	3×M6-7H；10；12	3×M6-7H↧10 孔↧12	3×M6-7H↧10 孔↧12
沉孔		6×φ7 沉孔φ13×90°	6×φ7 沉孔φ13×90°	90°；φ13；6×φ7	6×φ7 ∨φ13×90°	6×φ7 ∨φ13×90°
		4×φ6.4 沉孔φ12深4.5	4×φ6.4 沉孔φ12深4.5	φ12；4.5；4×φ6.4	4×φ6.4 ⌴φ12↧4.5	4×φ6.4 ⌴φ12↧4.5
		4×φ9 锪平φ20	4×φ9 锪平φ20	φ20锪平；4×φ9	4×φ9 ⌴φ20	4×φ9 ⌴φ20

其他注法

圆锥销孔

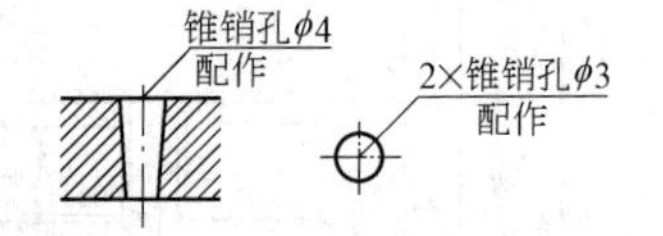

标注圆锥销孔的尺寸时，应按图中的形式引出标注，其中φ4和φ3是所配的圆锥销的公称直径

结构复杂表面

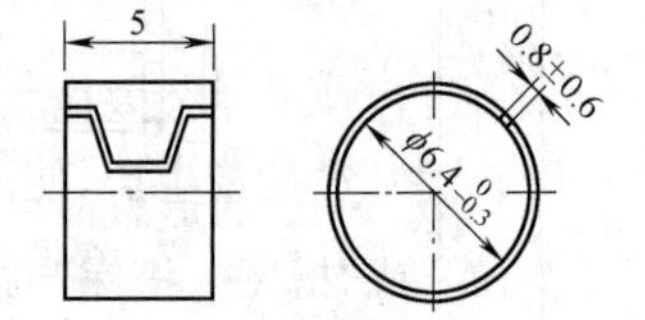

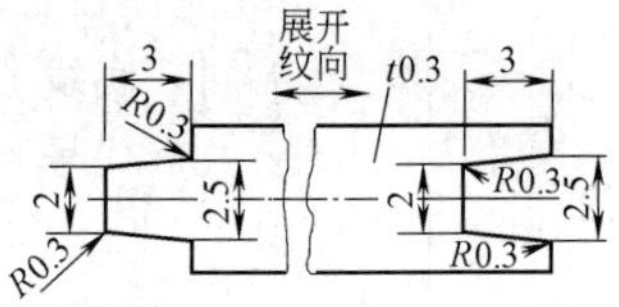

对于凸轮的曲面（或曲线）和处在曲面上的某些结构，其尺寸可标注在展开图上

镀涂表面

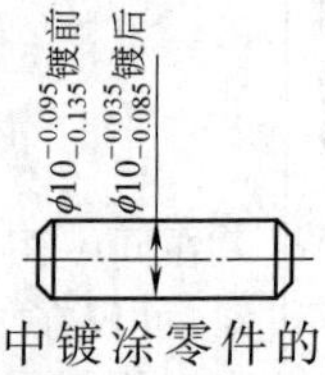

图样中镀涂零件的尺寸应为镀（涂）后尺寸，即计入了镀（涂）层厚度。如为镀（涂）前尺寸，应在尺寸数字的右边加注“镀（涂）前”字样。对于装饰性、防腐性的自由表面尺寸，可视为镀（涂）前尺寸，省略“镀（涂）前”字样。对于配合尺寸，只有当镀（涂）层厚度不影响配合时，方可视为镀（涂）前的尺寸，并省略“镀（涂）前”字样。必要时可同时标注镀（涂）前和镀（涂）后的尺寸，并注写“镀（涂）前”和“镀（涂）后”字样

注：符号注法说明

1. “↧”为深度符号。
2. “∨”表示埋头孔。
3. “⌴”表示沉孔或锪平。

2.4.2 尺寸公差与配合注法

表 1-2-14 尺寸公差与配合注法（摘自 GB/T 4458.5—2003）

零件图中公差的注法	线性尺寸公差的三种形式	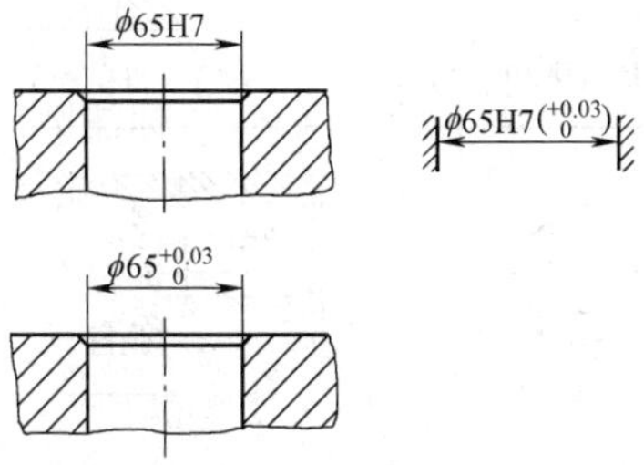 线性尺寸公差应按下列三种形式之一标注。当零件是大批量生产，使用极限量规检验时，可采用公差带代号标注，公差带代号应标注在基本尺寸的右边。当零件使用通用量具测量时，可采用极限偏差进行标注，上偏差应注在基本尺寸的右上方，下偏差与基本尺寸注在同一底线上。当检验方法不明时，可采用同时标注公差带代号和相应极限偏差的方法，且后者应加上圆括号
	极限偏差的注写方式	$\phi 60^{-0.06}_{-0.09}$　　$125^{+0.1}_{0}$　　50 ± 0.31 当标注极限偏差时，上、下偏差的小数点必须对齐，小数点后的位数也必须相同，如左图；当上偏差或下偏差为零时，用数字“0”标出，并与下偏差或上偏差的小数点前的个位数对齐，如中图；当公差带相对于基本尺寸对称地配置即两个偏差的绝对值相同时，偏差数字只需注写一次，并应在偏差数字与基本尺寸之间注出符号“±”，且两者数字高度相同，如右图
	单向极限尺寸	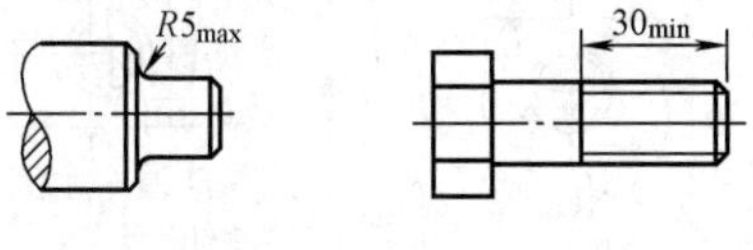 当尺寸仅需要限制单个方向的极限时，应在极限尺寸的右边加注符号“max”(左图)或“min”(右图)
	同一表面，公差不同	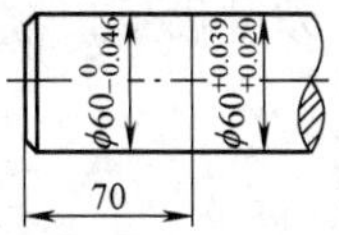 同一基本尺寸的表面，若具有不同的公差时，应用细实线分开，分别标注其公差
零件图中公差的注法	公差遵循包容原则	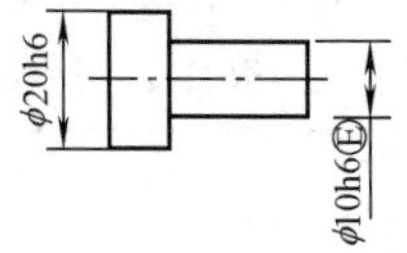 如要素的尺寸公差和形状公差的关系遵循包容原则时，应在尺寸公差的右边加注符号“Ⓔ”
装配图中配合的注法	一般规定	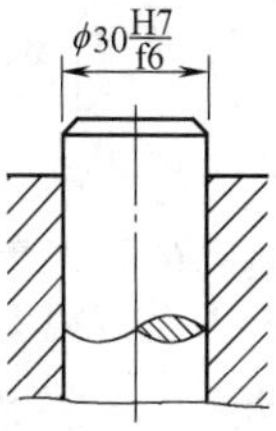 在装配图中，配合的标注是采用基本尺寸与配合代号的标注方式。必须在基本尺寸的右边，用分数的形式注出孔、轴公差带代号，分子为孔的公差带代号，分母为轴的公差带代号
	标准件、外购件配合时	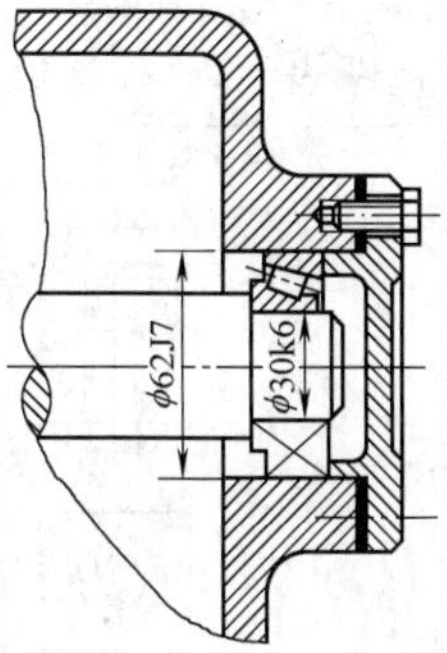 标注标准件、外购件与零件(轴或孔)的配合时，可以仅标注与标准件、外购件相配零件的公差带代号
角度公差		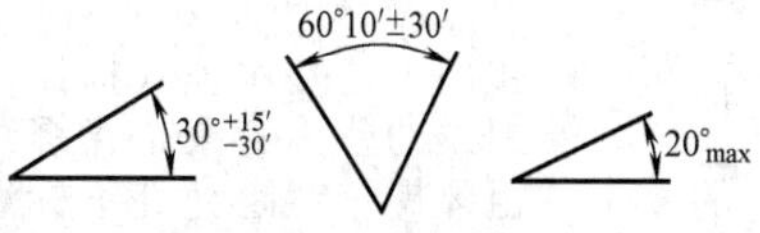 角度公差标注的基本规则与线性尺寸公差的标注方法相同，注法如图所示

2.5 零件和结构画法

2.5.1 螺纹、螺纹紧固件的表示及标注方法

表 1-2-15 螺纹、螺纹紧固件的表示及标注方法（摘自 GB/T 4459.1—1995）

螺纹零件表示法	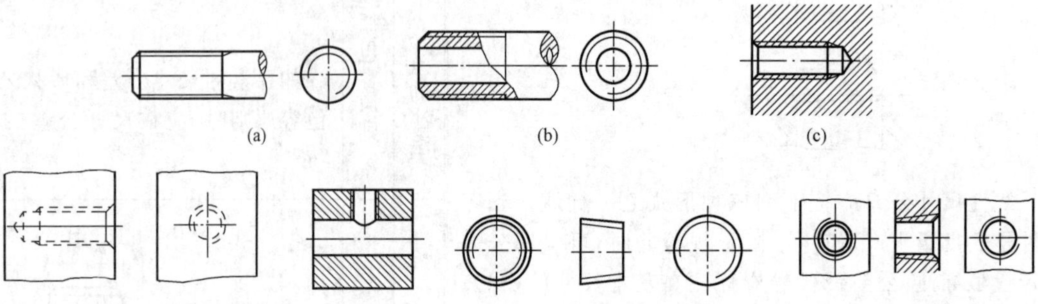 (a) (b) (c) (d) (e) (f) (g) 螺纹牙顶圆的投影用粗实线表示，牙底圆的投影用细实线表示，螺杆的倒角或倒圆部分均应画出；在垂直于螺纹轴线的投影面的视图中，表示牙底圆的细实线只画约 3/4 圈，空出约 1/4 圈的位置不作规定，此时螺杆或螺孔上的倒角投影不应画出[图(a)、图(b)]。螺纹终止线用粗实线表示，螺尾部分一般不必画出，当需要表示螺尾时，该部分用与轴线成 30°的细实线画出[图(c)]。不可见螺纹的所有图线用虚线绘制[图(d)]。无论是外螺纹或内螺纹，在剖视或剖面中的剖面线均应画到粗实线[图(c)、图(e)]。绘制不穿通的螺孔时，一般应将钻孔深度与螺纹部分深度分别画出[图(c)]。圆锥形螺纹的表示法见图(f)、图(g)	
螺纹连接表示法	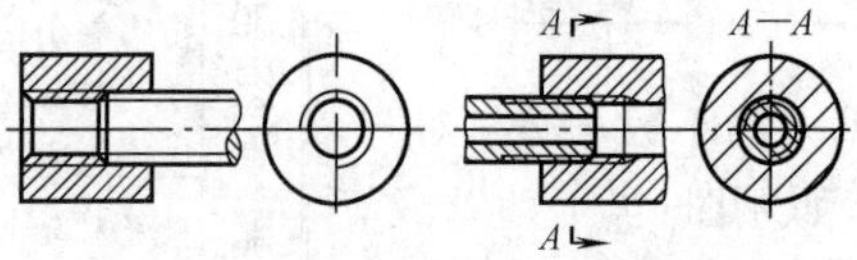 以剖视图表示内、外螺纹的连接时，其旋合部分应按外螺纹的画法绘制，其余部分仍按各自的画法表示	
螺纹紧固件装配图表示法	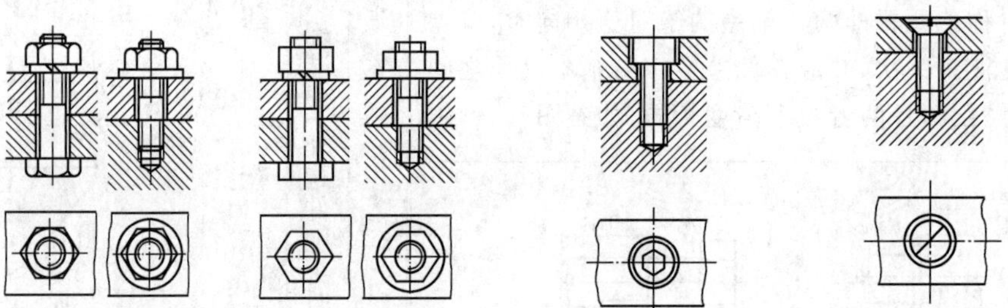 (a) (b) (c) (d) 在装配图中，当剖切平面通过螺杆的轴线时，对于螺柱、螺栓、螺钉、螺母及垫圈等均按未剖切绘制[图(a)]，也可采用简化画法[图(b)、图(c)、图(d)]。不穿通的螺纹孔可不画出钻孔深度，仍按有效螺纹部分的深度(不包括螺尾)画出[图(c)、图(d)]	
螺纹标注方法	螺纹标注的基本模式	[螺纹代号][公称直径]×[螺距(导程/线数)][旋向]—[公差带代号]—[旋合长度] 在用上述基本模式标注时，为简化图样特作如下规定： 螺纹的公称直径是指螺纹的大径； 粗牙螺纹螺距允许不标注； 当线数为 1 时，导程与线数允许不标注； 当右旋时旋向允许不标注，当左旋时则标注 LH； 旋合长度为中等时，N 可省略

续表

	型式	图例	说明
螺纹标注示例	公制螺纹	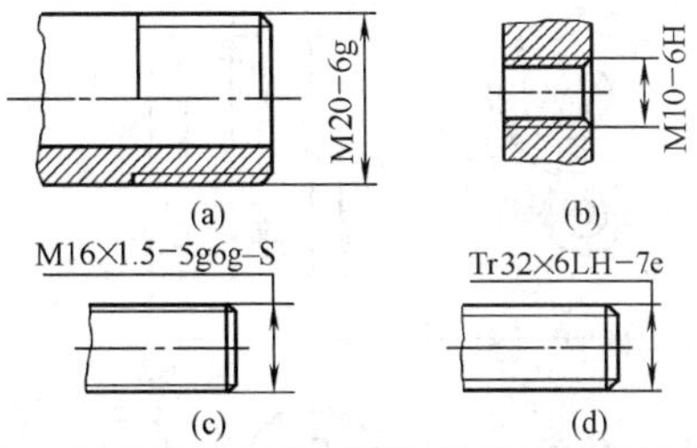	公称直径以mm为单位的螺纹，其标记应直接注在大径的尺寸线上或引出线上
	管螺纹	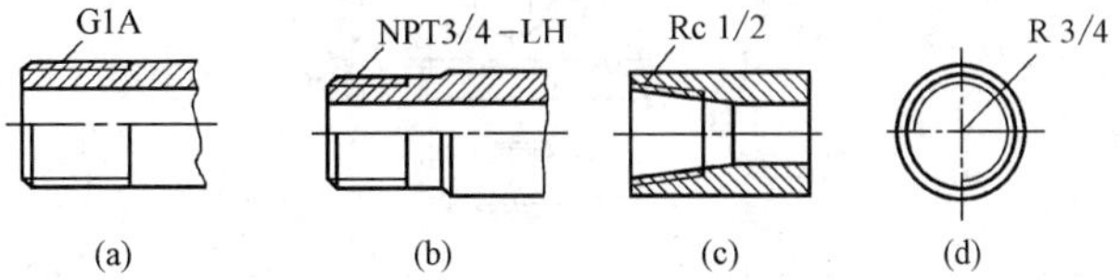	管螺纹的标记一律注在引出线上，引出线应由大径处引出或由对称中心处引出
非标准螺纹		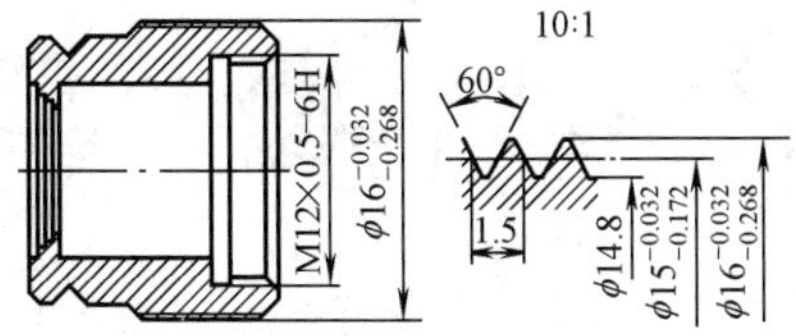	非标准螺纹，应画出螺纹的牙型，并注出所需要的尺寸及有关要求
螺纹长度		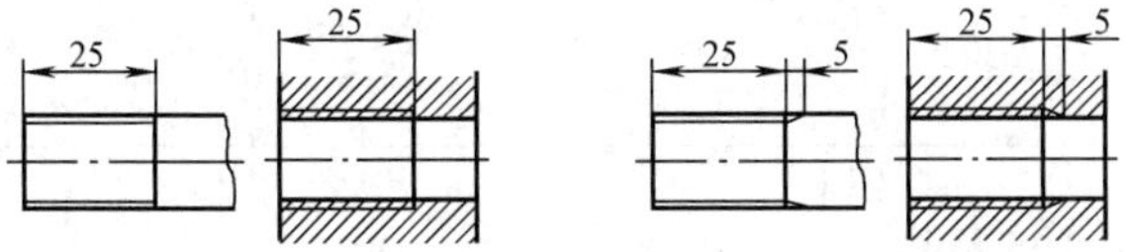	图样中标注的螺纹长度，均指不包括螺尾在内的有效长度，见左两图；否则，应另加说明或按实际需要标注，见右两图

2.5.2 齿轮画法

表 1-2-16 齿轮、齿条、蜗杆、蜗轮画法（摘自 GB/T 4459.2—2003）

齿轮、齿条、蜗杆、蜗轮、链轮的零件图画法	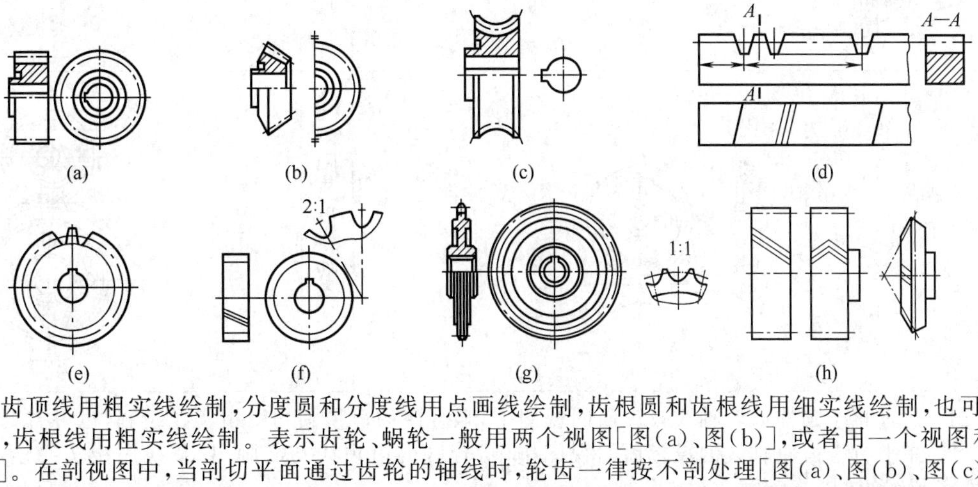 齿顶圆和齿顶线用粗实线绘制，分度圆和分度线用点画线绘制，齿根圆和齿根线用细实线绘制，也可省略不画；在剖视图中，齿根线用粗实线绘制。表示齿轮、蜗轮一般用两个视图[图(a)、图(b)]，或者用一个视图和一个局部视图[图(c)]。在剖视图中，当剖切平面通过齿轮的轴线时，轮齿一律按不剖处理[图(a)、图(b)、图(c)、图(d)、图(g)]。若需要表明齿形，可在图形中用粗实线画出一个或两个齿；或用适当比例的局部放大图表示[图(e)、图(f)、图(g)]。当需要表示齿线的形状时，可用三条与齿线方向一致的细实线表示[图(f)、图(h)]，直齿则不需表示。如需要注出齿条的长度时，可在画出齿形的图中注出，并在另一视图中用粗实线画出其范围线[图(d)]。圆弧齿轮的画法见图(f)

齿轮、齿条、蜗轮、蜗杆啮合画法	圆柱齿轮啮合	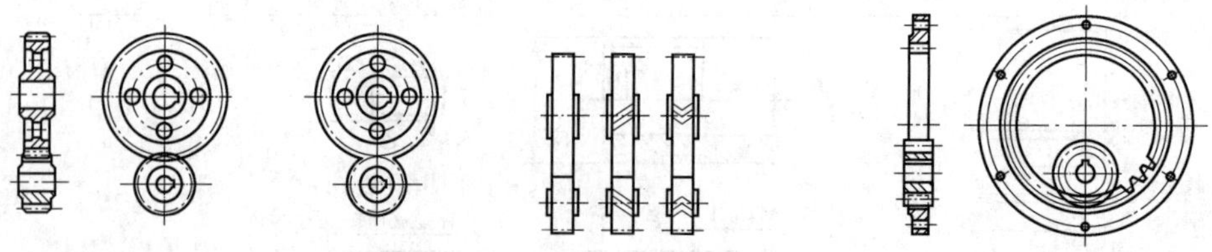
	齿轮、齿条啮合	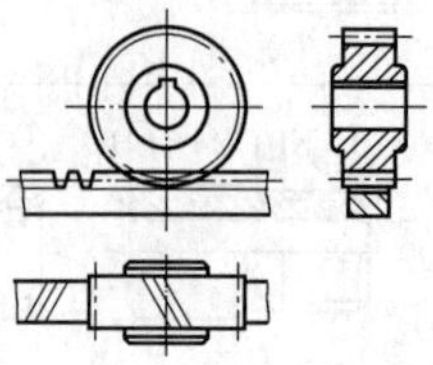
	锥齿轮啮合	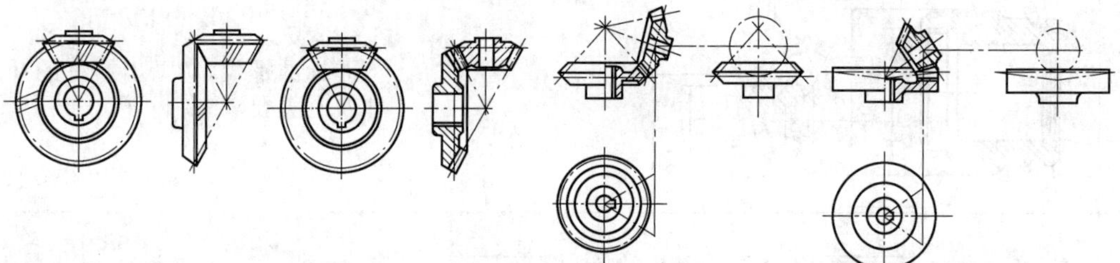
	螺旋齿轮啮合	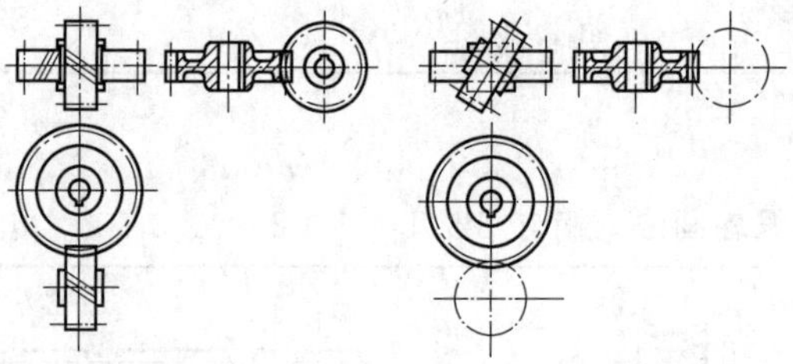
	蜗轮、蜗杆啮合	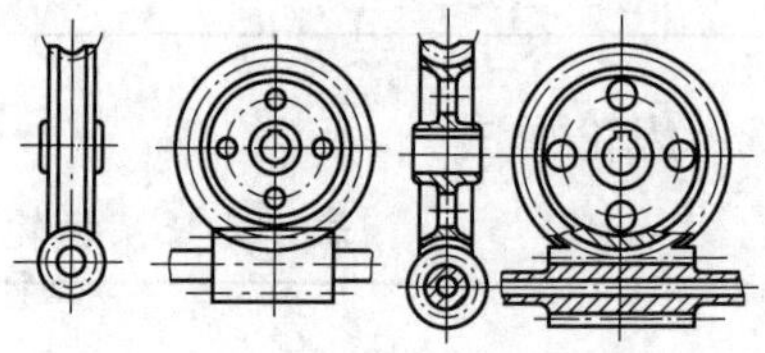
	弧面齿轮啮合	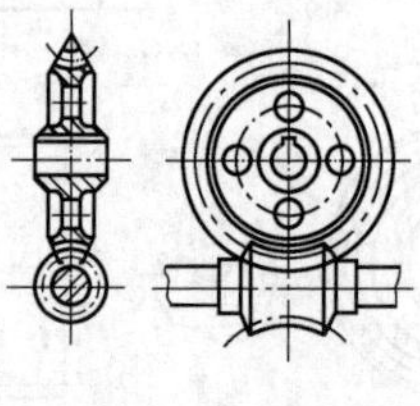
	圆弧齿轮啮合	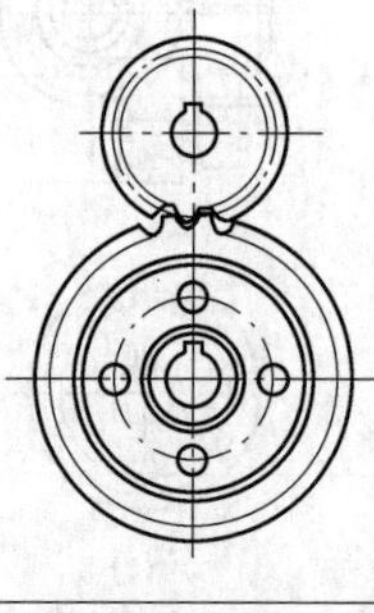
	画法说明	1. 在垂直于圆柱齿轮轴线投影面的视图中，啮合区的齿顶圆均用粗实线绘制，也可省略不画 2. 在平行于齿轮轴线的投影面的视图中，啮合区的齿顶线不需画出，节线用粗实线绘制；其他处的节线用点画线绘制 3. 在啮合的剖视图中，当剖切平面通过两啮合齿轮的轴线时，在啮合区时，将一个齿轮的轮齿用粗实线绘制，另一个齿轮的轮齿被遮挡的部分用虚线绘制；也可省略不画 4. 在剖视图中，当剖切平面不通过啮合齿轮的轴线时，齿轮一律按不剖绘制

2.5.3 花键的画法

表 1-2-17 花键画法（摘自 GB/T 4459.3—2000）

矩形花键零件画法	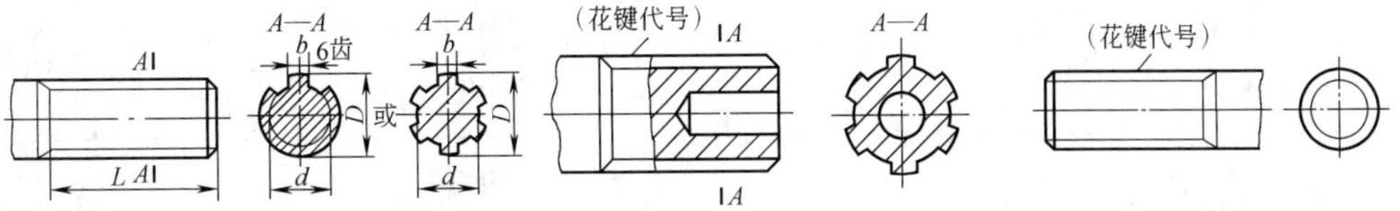(a) (b) (c) 外花键大径用粗实线，小径用细实线绘制，并用剖面表示出一部分或全部齿形，见图(a)，花键工作长度的终止端和尾部长度的末端均用细实线绘制，并与轴线垂直，尾部则画成斜线，其倾斜角度一般与轴线成 30°，必要时可按实际情况画出，见图(a)。外花键局部剖视的画法见图(b)；垂直于花键轴线的投影面的视图按图(c)绘制
	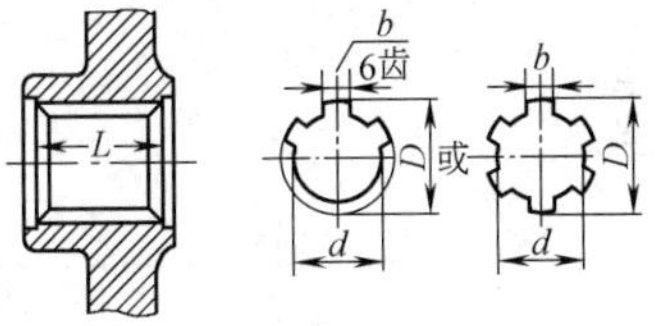(d) 在平行于内花键轴线的投影面的剖视图中，大径及小径均用粗实线绘制，并用局部剖视图示出一部分或全部齿形
矩形花键尺寸注法	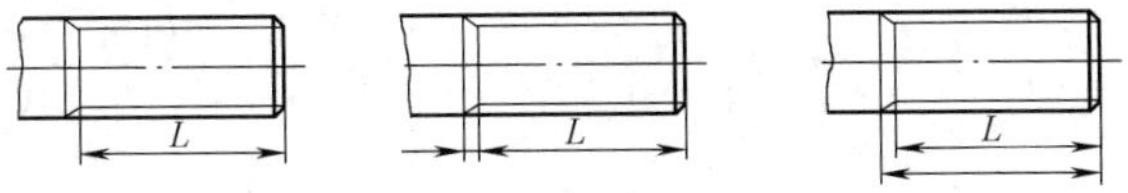大径、小径及键宽采用一般尺寸标注时，其注法见上面的图(a)、图(d)。采用有关标准规定的花键代号标注时，其注法如上面的图(b)。花键长度应采用本栏图示三种形式之一标注
渐开线花键画法	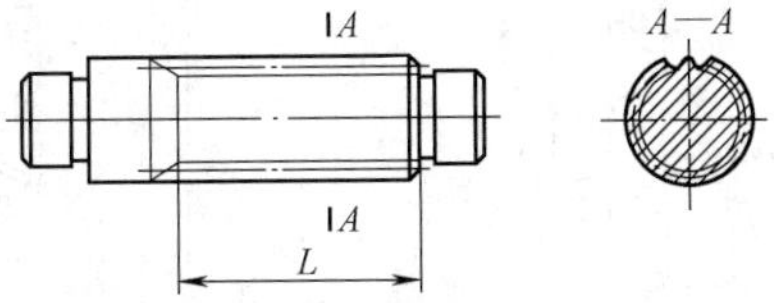分度圆及分度线用点画线绘制，同齿轮画法
花键连接画法	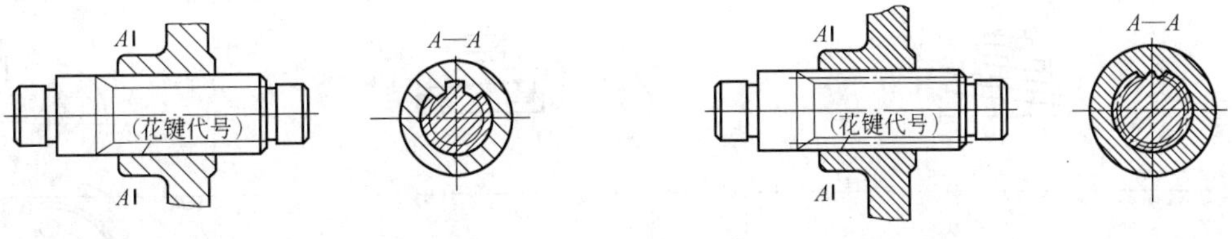花键连接用剖视表示时，其连接部分按外花键的画法，需要时，可在花键连接图中按有关标准的规定标注相应的花键代号（花键代号的含义见本手册相关内容）

2.5.4 弹簧画法

表 1-2-18 弹簧画法（摘自 GB/T 4459.4—2003）

弹簧零件画法	画法规定	螺旋弹簧均可画成右旋，但左旋弹簧无论画成左旋或右旋，一律要注出旋向“左”字。螺旋压缩弹簧，如要求两端并紧且磨平时，无论支承的圈数多少和末端贴紧情况如何，均按图示形式绘制。有效圈数在四圈以上的螺旋弹簧中间部分可以省略。圆柱螺旋弹簧中间部分省略后，允许适当缩短图形的长度。截锥涡卷弹簧中间部分省略后用细实线相连。片弹簧的视图一般按自由状态下的形状绘制

续表

		视图	剖视图	示意图
弹簧零件画法	圆柱螺旋压缩弹簧	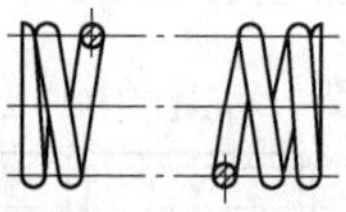	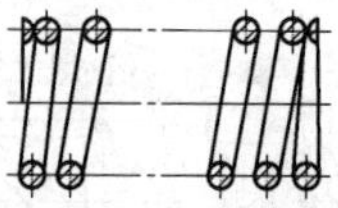	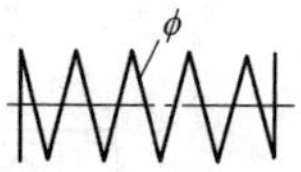
		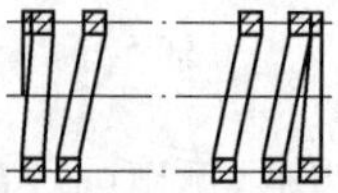	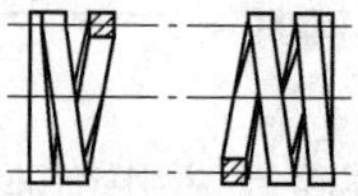	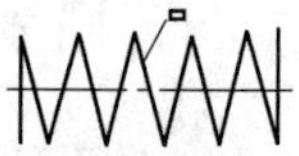
	截锥螺旋压缩弹簧	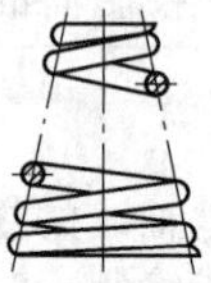	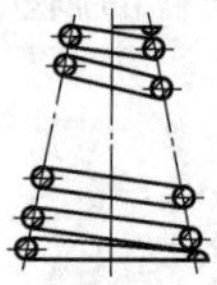	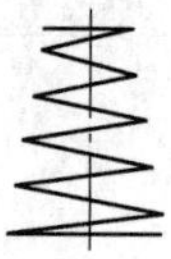
	圆柱螺旋拉伸弹簧	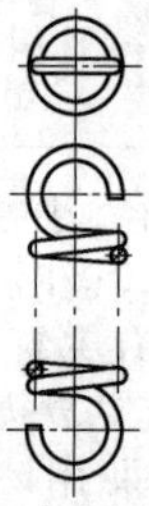	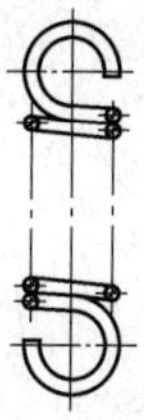	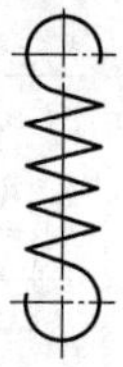
	圆柱螺旋扭转弹簧	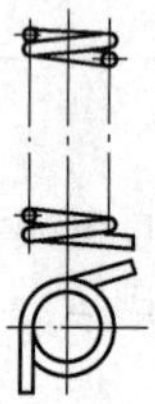	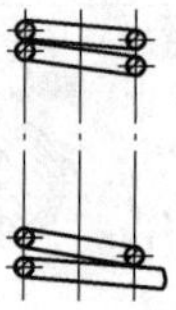	
	截锥涡卷弹簧	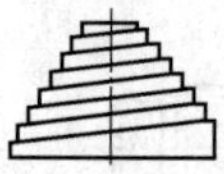	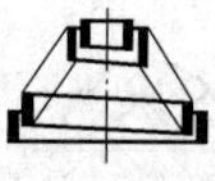	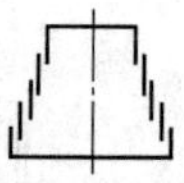
	碟形弹簧	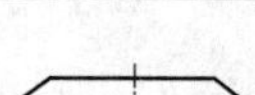	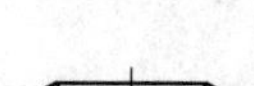	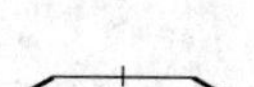
		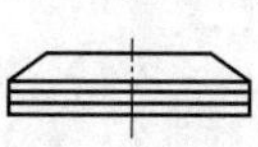		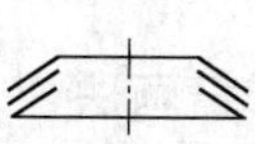
	平面涡卷弹簧	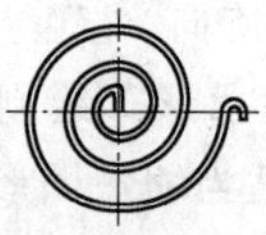		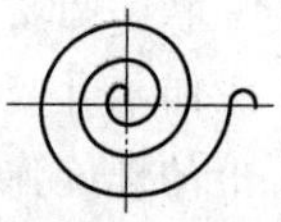

续表

装配图中弹簧画法	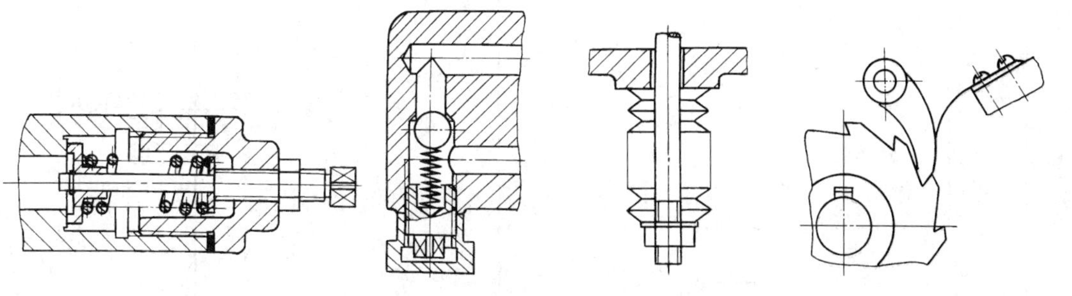 (a) (b) (c) (d) 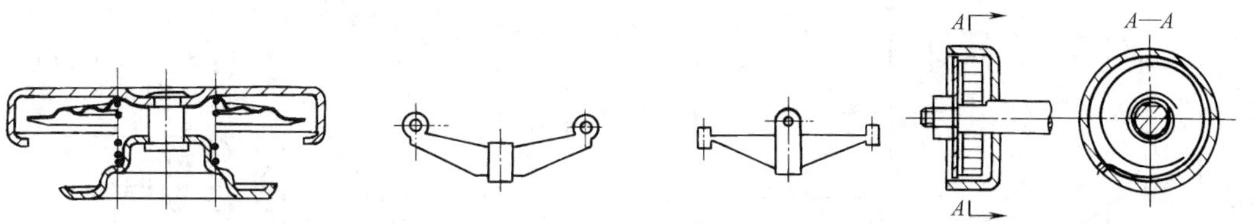 (e) (f) (g) (h) 被弹簧挡住的结构一般不画出，可见部分应从弹簧的外轮廓线或从弹簧钢丝剖面的中心线画起，如图(a)所示。型材直径或厚度在图形上等于或小于2mm的螺旋弹簧、碟形弹簧、片弹簧允许用示意图绘制，如图(b)～图(d)所示。当弹簧被剖切时，剖面直径或厚度在图形上等于或小于2mm时，也可用涂黑表示，如图(e)所示。四束以上的碟形弹簧，中间部分省略后用细实线画出轮廓范围，如图(c)所示。板弹簧允许仅画出外形轮廓，如图(f)、图(g)所示。平面涡卷弹簧的装配图画法见图(h)

2.5.5 滚动轴承画法

表 1-2-19 滚动轴承画法（摘自GB/T 4459.7—2017）

<table>
<tr><td>画法规定</td><td colspan="3">滚动轴承剖视图轮廓应按外径 D、内径 d、宽度 B 等实际尺寸绘制，轮廓内可用简化画法或示意画法绘制。与相邻零件有关的结构如止动槽、止动挡边等按实际形状绘制。在装配图中需较详细地表达滚动轴承的主要结构时，可采用简化画法；若只需简单地表达滚动轴承的主要结构时，可采用示意画法；在只需要用符号表示滚动轴承的场合，可采用图示符号。图样中必须按规定注出滚动轴承代号。同一轴上相同型号的轴承，在不致引起误解时可只完整地画出一个</td></tr>
<tr><td>传动系统中滚动轴承图示</td><td>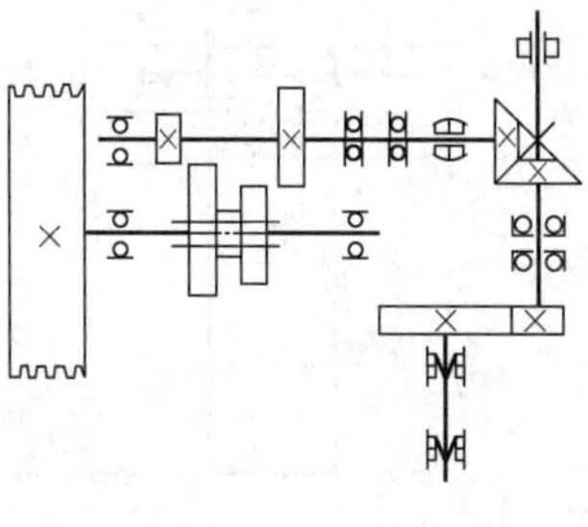</td><td>垂直于轴线的投影面视图</td><td>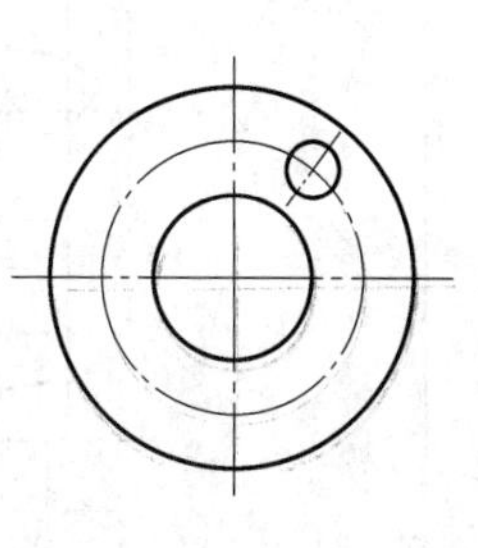</td></tr>
</table>

	轴承类型		特征画法	规定画法
平行于轴线的投影面视图	深沟球轴承 60000		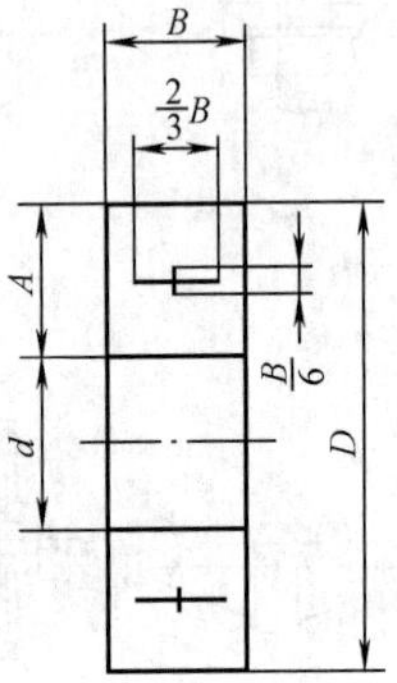	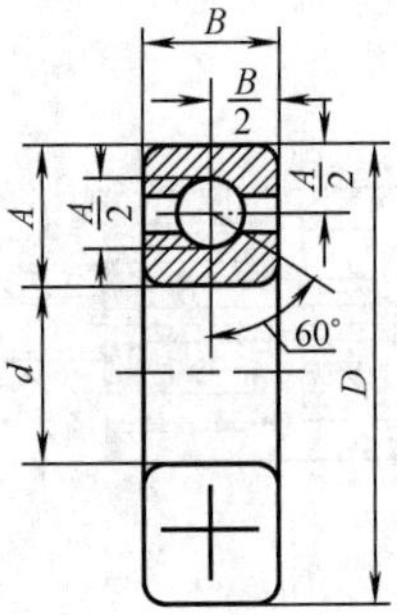
	圆柱滚子轴承 NU	内圈无挡边		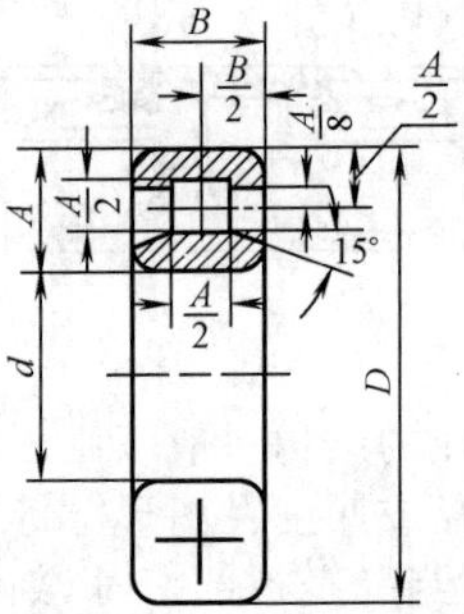
	圆柱滚子轴承 NN	双列	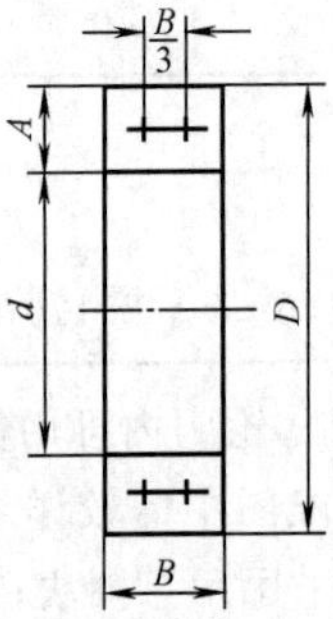	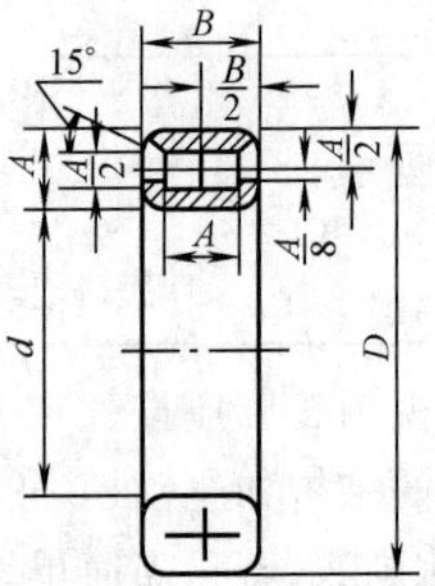
	单列调心滚子轴承 20000		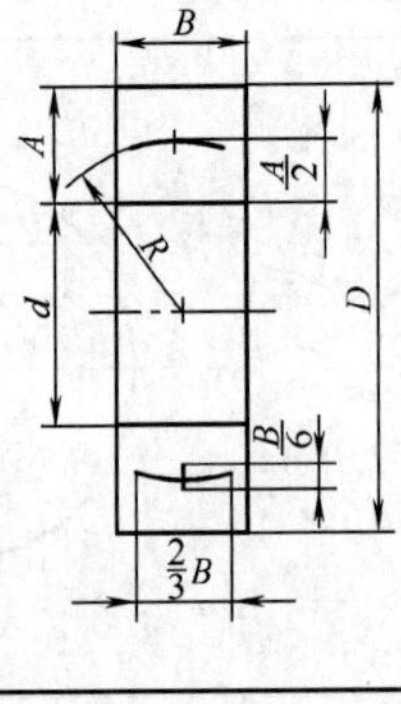	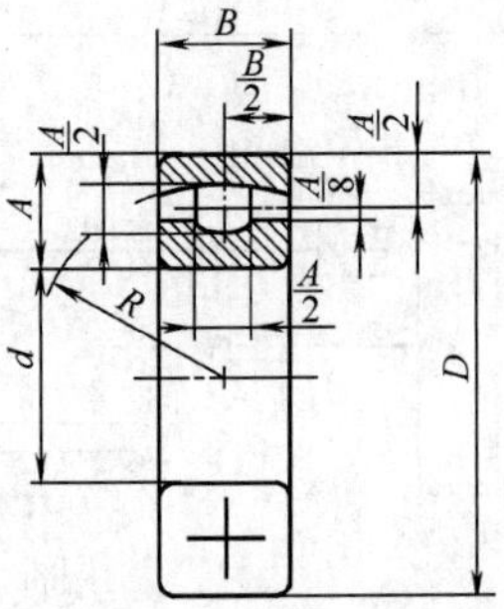

续表

	轴承类型		特征画法	规定画法
平行于轴线的投影面视图	圆柱孔调心球轴承 10000	双列	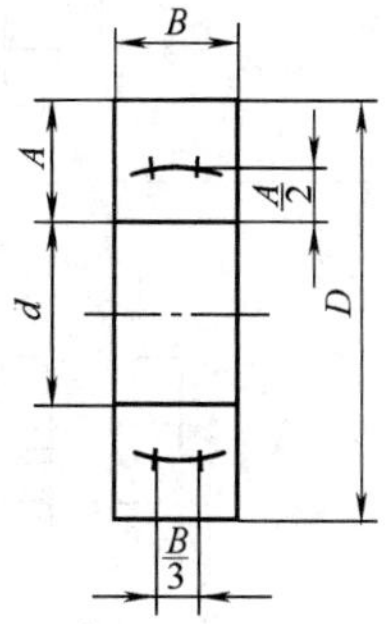	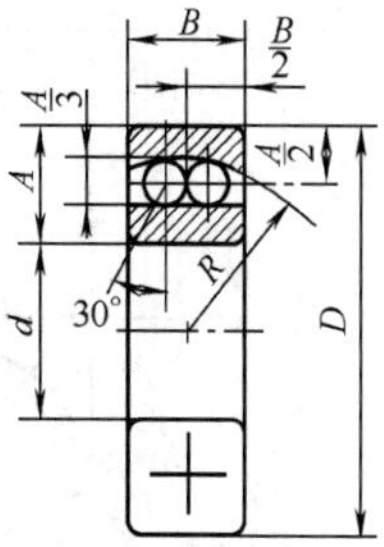
	圆锥孔调心滚子轴承 20000	双列		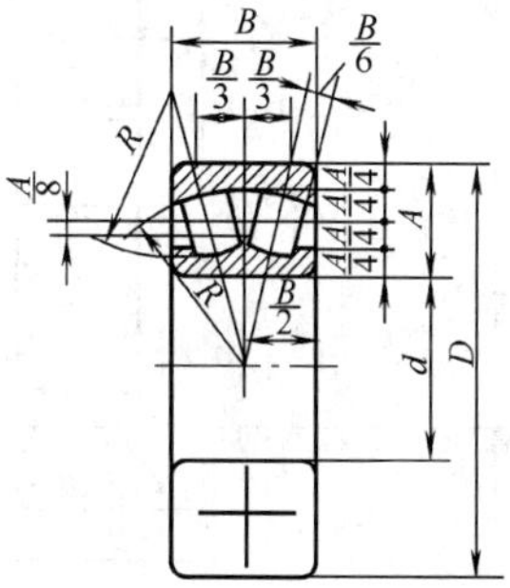
	角接触球轴承 70000		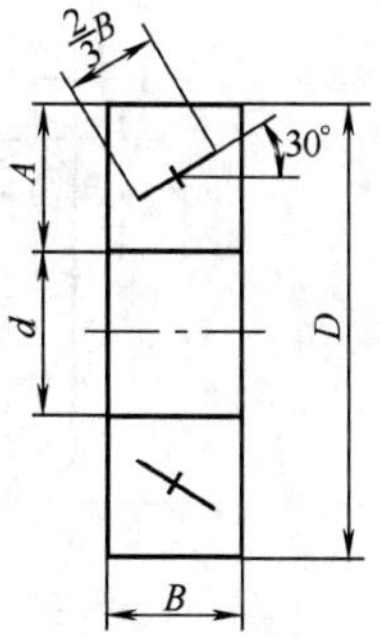	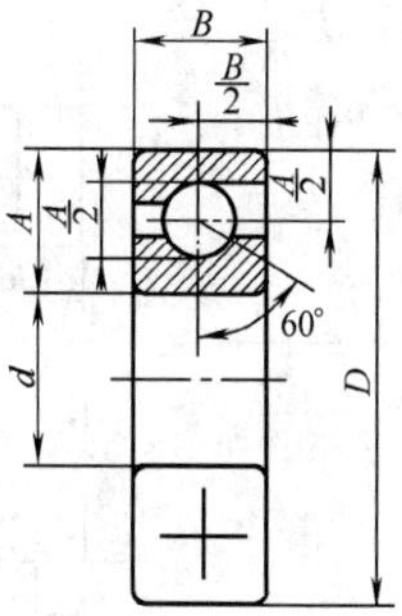
	圆锥滚子轴承 30000			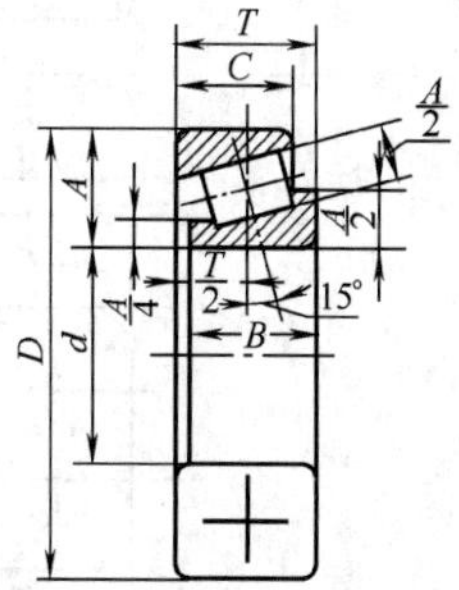

续表

	轴承类型		特征画法	规定画法
平行于轴线的投影面视图	角接触球轴承 70000	双列	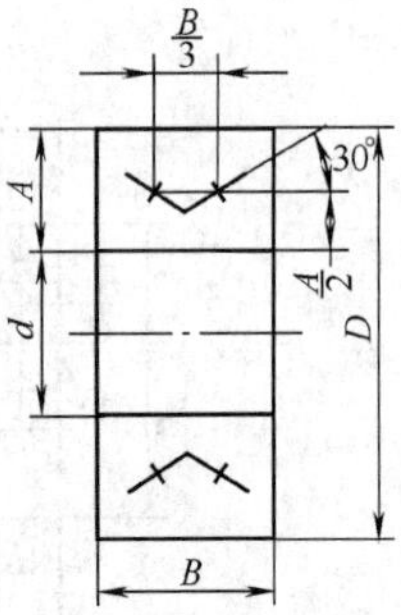	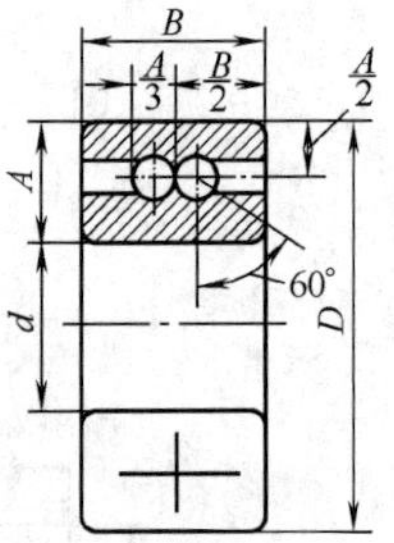
	三点接触球轴承 QJS		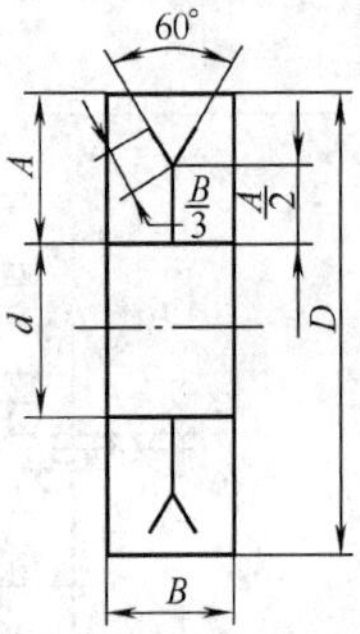	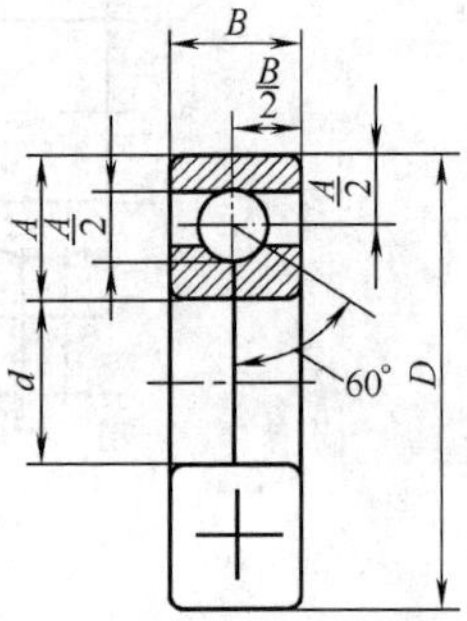
	四点接触球轴承 QJ		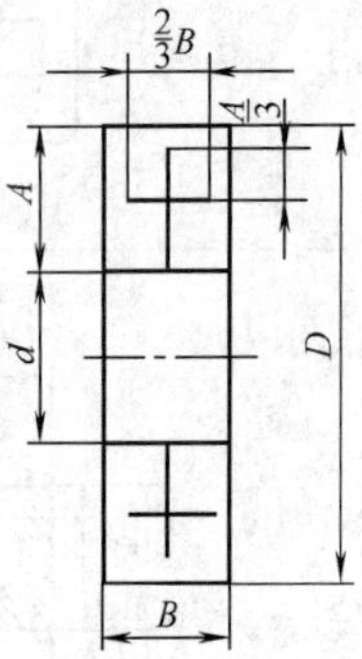	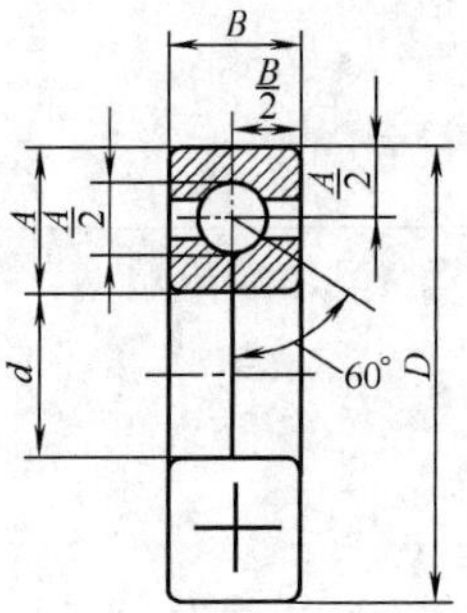
	推力球轴承 50000		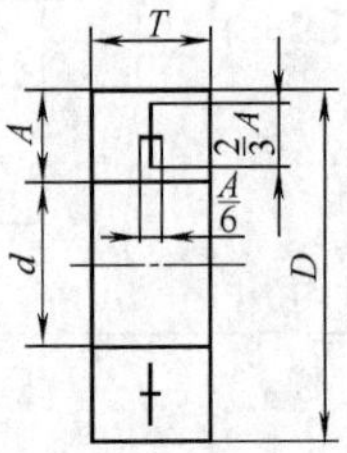	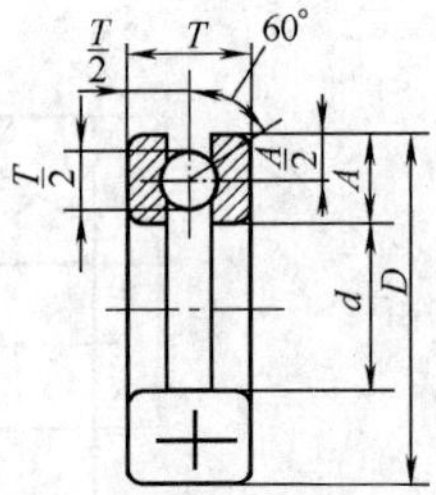
	推力球轴承 50000	双向	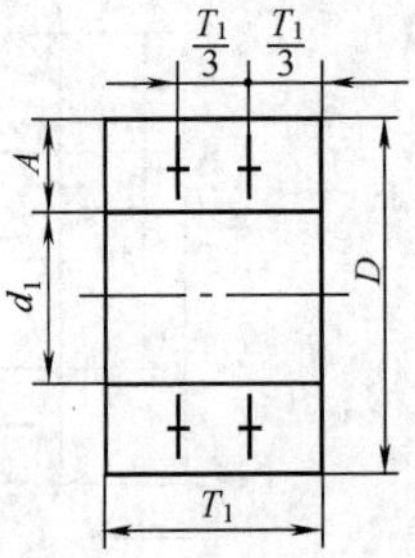	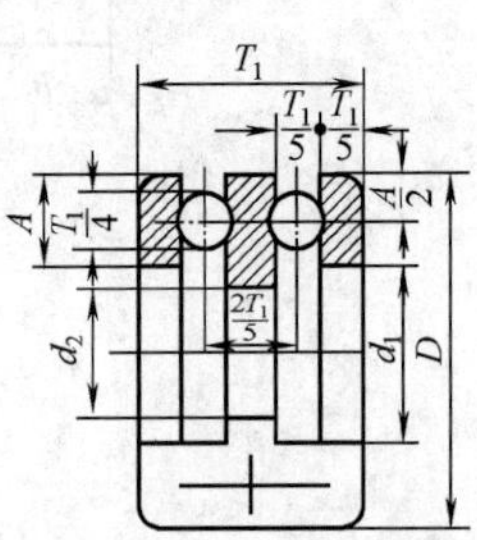

2.5.6 中心孔表示法

表 1-2-20 中心孔表示法（摘自 GB/T 4459.5—1999）

	要求	符号	标注示例	备注
中心孔的符号	在完工的零件上要求保留中心孔	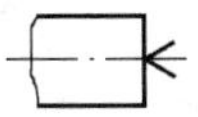	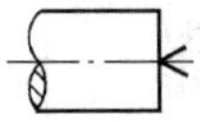	要求制出 B 型中心孔 $D=2$ $D_1=6.3$ 在完工零件上要求保留
	在完工的零件上可以保留中心孔	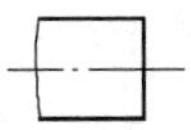	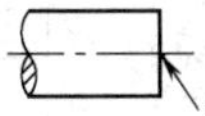	用 A 型中心孔 $D=4$ $D_1=8.5$ 在完工的零件上是否保留都可以
	在完工的零件上不允许保留中心孔	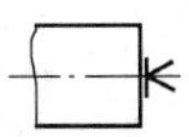	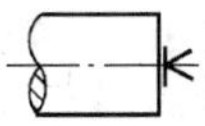	用 A 型中心孔 $D=1.6$ $D_1=3.35$ 在完工的零件上不允许保留
在图样上的标注	对于已经有相应标准规定的中心孔，在图样中可不绘制详细结构，只需注出其代号。如同一轴的两端中心孔相同，可只在其一端注出，但应注出其数量，如图(a)所示。如需指明中心孔的标准代号，则可标注在中心孔型号的下方，如图(b)、图(c)所示。中心孔工作表面的粗糙度应在指引线上标出，如图(d)所示。以中心孔的轴线为基准时，基准代(符)号可按图(d)标注		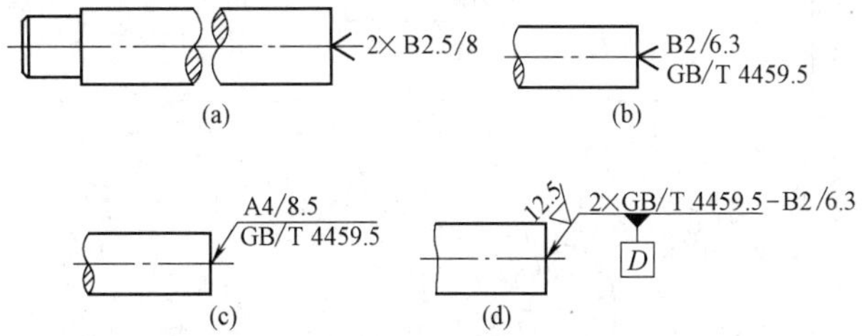	

2.6 展开画法

展开图的画法有图解法和计算法两大类，现列举常见几种典型实例。

表 1-2-21 展开画法

圆柱面展开			
截头圆柱展开图	图解法	(1)用已知尺寸画出主视图和俯视图 (2)将圆柱底圆分成 n 等份，并过各等分点画出圆柱素线(本例中 $n=12$) (3)将底圆展开成一直线 0_0-0_0，并将它分为 n 等份，使它们的间距等于底圆上相邻两分点间的弧长 (4)自各等分点画垂线，使它们分别等于相应素线的实长 (5)用光滑曲线把各端点连接起来，即得所求的展开图	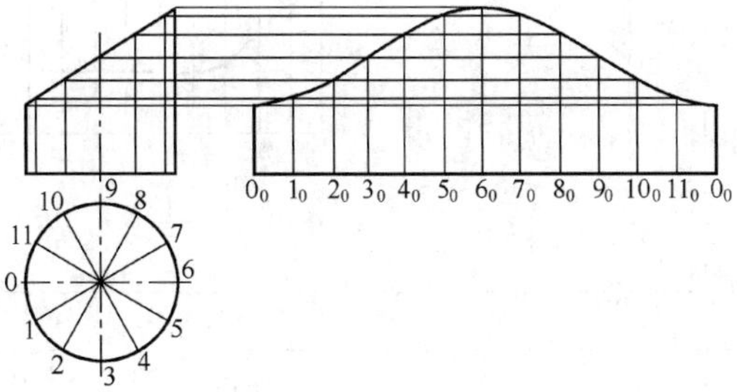
	计算法	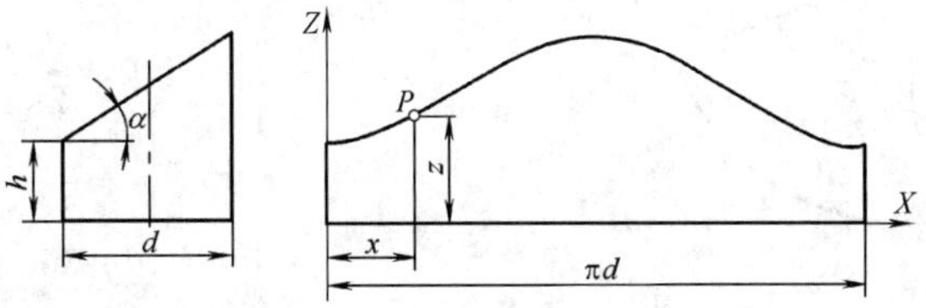	以圆柱底面的水平线为 X 轴，以左边的垂直素线为 Z 轴，展开图中曲线的方程式为： $z=\frac{d}{2}\tan\alpha\left(1-\cos\frac{2x}{d}\right)+h$

<table>
<tr><th colspan="4">圆柱面展开</th></tr>
<tr><td rowspan="2">斜交三通管展开图</td><td>图解法</td><td>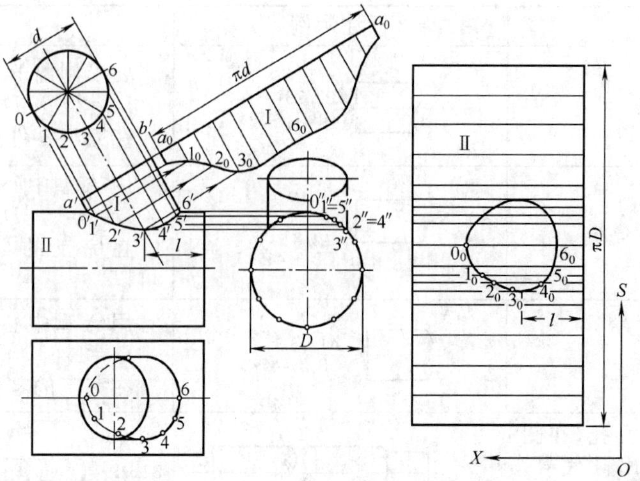
</td><td>(1)用已知尺寸画出斜交三通管的三视图，并作出相贯线的准确投影
(2)分别展开两圆柱面
(3)在圆柱面的展开图上确定相贯线上各点的位置
(4)用光滑曲线把相贯线上各点连接起来，得到相贯线展开图</td></tr>
<tr><td>计算法</td><td>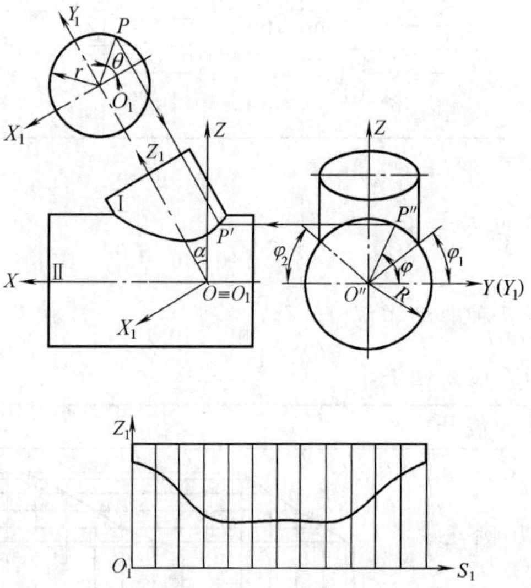
</td><td>设圆柱管Ⅱ的半径为 R，圆柱管Ⅰ的半径为 r，两管轴线夹角为 $90°-\alpha$。以两圆柱轴线交点为坐标原点 O 及 O_1，分别建立两个坐标系 O-XYZ 和 O_1-$X_1Y_1Z_1$
圆柱Ⅰ在 Z_1-S_1 坐标系中展开时，其上相等线的展开曲线方程为
$\begin{cases} S_1=r\theta \\ Z_1=\dfrac{1}{\cos\alpha}\left[R\sqrt{1-\left(\dfrac{r}{R}\sin\theta\right)^2}+r\cos\theta\sin\alpha\right] \\ 0\leqslant\theta\leqslant 2\pi \end{cases}$
圆柱Ⅱ在 X-S 坐标系中展开时，其上相等线的展开曲线方程为
$\begin{cases} S=R\varphi \\ X=\dfrac{1}{\cos\alpha}\left[r\sqrt{1-\left(\dfrac{R}{r}\cos\varphi\right)^2}+R\sin\varphi\sin\alpha\right] \\ \varphi_1\leqslant\varphi\leqslant 180°-\varphi_2 \\ \varphi_1=\arccos\dfrac{r}{R} \\ \varphi_2=\arccos\left(-\dfrac{r}{R}\right) \end{cases}$</td></tr>
<tr><th colspan="4">圆锥面展开</th></tr>
<tr><td>大小圆管过渡接头展开图</td><td>计算法</td><td>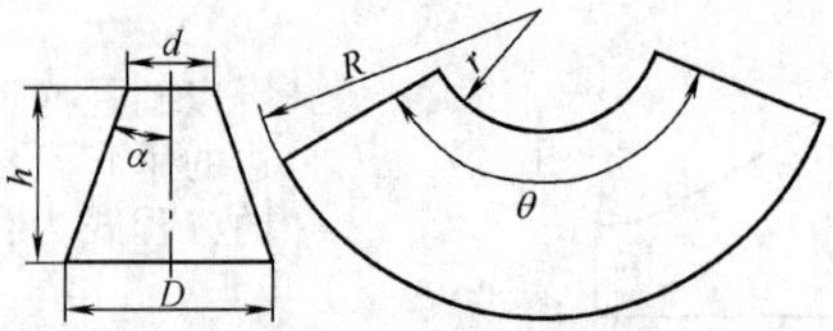
</td><td>$\begin{cases} \alpha=\arctan\dfrac{D-d}{2h} \\ R=\dfrac{D}{2\sin\alpha} \\ r=\dfrac{\alpha}{2\sin\alpha} \\ \theta=360°\sin\alpha \end{cases}$</td></tr>
</table>

<table>
<tr><th colspan="3">圆锥面展开</th></tr>
<tr><td>截头圆锥展开图</td><td>图解法</td><td>
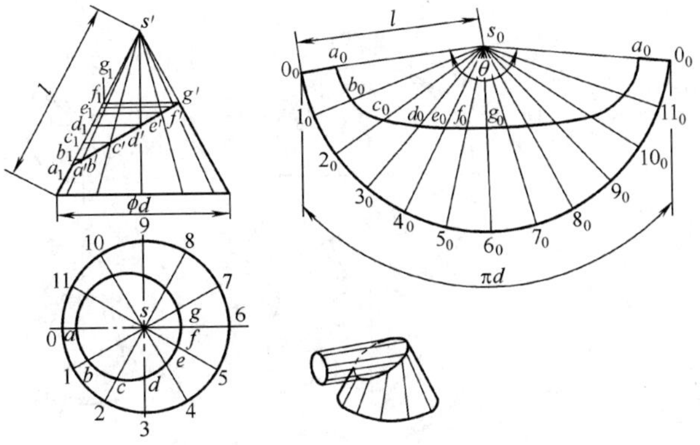

(1)作出整个圆锥的展开图。圆锥的展开图为扇形，扇形半径为圆锥素线实长 l，扇形圆心角 $\theta=\frac{d}{l}180^\circ$
(2)将圆锥底圆 n 等分 0、1、2、…、11(这里 $n=12$)。过各等分点画出素线，并标出各素线与截平面交点 a'、b'、…、g'
(3)过 a'、b'、…、g'分别作底面平行线，交圆锥转向线于 a_1、b_1、…、g_1
(4)在展开图上把扇形的圆心角也分成相同的 n 等份
(5)在 $s_0 0_0$ 上量取 $s_0a_0=s'a_1$ 得到 a_0 点，同样方法得到 b_0、c_0、…光滑连接即得</td></tr>
<tr><th colspan="3">螺旋面展开</th></tr>
<tr><td rowspan="2">正螺旋面展开图</td><td>图解法</td><td>
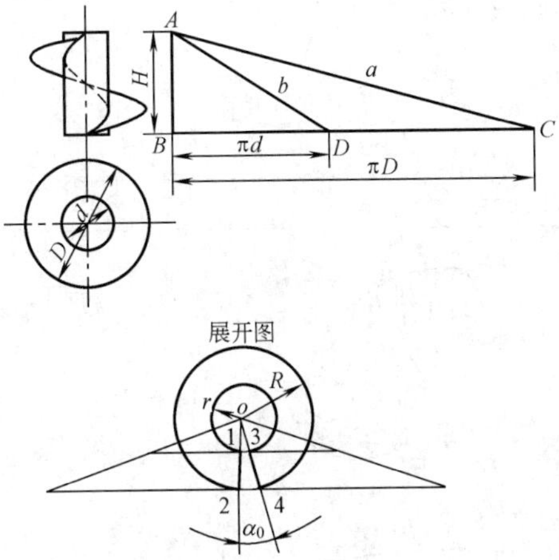

(1)作直角三角形 ABC 和 ABD，其中 AB 等于螺旋节的导程 H，BC 等于 πD，BD 等于 πd。斜边 b、a 分别为螺旋内、外缘线的实长
(2)作等腰梯形，使其上底等于 b，下底等于 a，高度等于$\frac{D-d}{2}$
(3)延长等腰梯形两腰交于 o 点，以 o 为圆心，$o1$、$o2$ 各为半径作两圆，并在外圆周上量取 a 的长度得点 4，连 $o4$ 所得圆环部分即为所求展开图</td></tr>
<tr><td>计算法</td><td>从上述展开图画法中看出，可通过计算求得图中的所有数据

$$r=\frac{bc}{a-b} \qquad R=r+c \qquad \alpha_0=\frac{2\pi R-a}{2\pi R}\times360^\circ$$

式中 r——螺旋节展开图内圆半径；
a——螺旋外缘展开长，$a=\sqrt{(\pi D)^2+H^2}$；
b——螺旋内缘展开长，$b=\sqrt{(\pi d)^2+H^2}$；
c——螺旋节宽度，$c=\frac{D-d}{2}$；
H——螺旋导程；
D——螺旋外圆直径；
d——螺旋内圆直径；
R——螺旋节展开图外圆半径；
α_0——展开图切角</td></tr>
</table>

		球面展开
半球面展开图	图解法	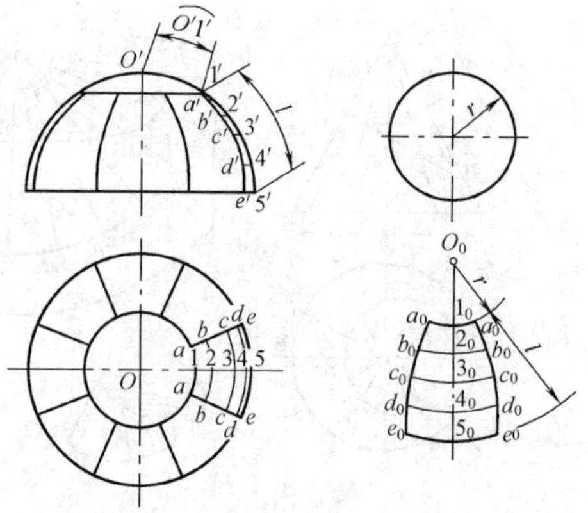 (1)将半球面分解为一块顶板和八块相同的侧板(分块多少取决于球面的大小) (2)顶板的近似展开:考虑到弯压时会产生塑性变形,顶板的展开图可以画成一个圆,半径 r 等于弧$\overset{\frown}{O'1'}$的长度 (3)侧板的近似展开: ①在主视图上将侧板 $AEEA$ 的轮廓线 $\overset{\frown}{1'5'}$分成四等份,得等分点 $1'$、$2'$、$3'$、$4'$、$5'$ ②在俯视图上过各分点 1、2、3、4、5 作同心圆弧 $\overset{\frown}{aa}$、$\overset{\frown}{bb}$、$\overset{\frown}{cc}$、$\overset{\frown}{dd}$、$\overset{\frown}{ee}$ ③把圆弧$\overset{\frown}{O'5'}$展开成直线 $O_0 5_0$,并在线上量取$O_0 1_0=\overset{\frown}{O'1'}$、$1_0 2_0=\overset{\frown}{1'2'}\cdots$ ④以 O_0 为圆心,过 1_0、2_0、3_0、4_0、5_0 各点作同心圆弧 ⑤在相应圆弧上,对称地量取 $\overset{\frown}{1_0 a_0}=\overset{\frown}{1a}$、$\overset{\frown}{2_0 b_0}=\overset{\frown}{2b}\cdots$ ⑥用光滑曲线把 a_0、b_0、c_0、d_0、e_0 连接起来
		圆环面展开
等径弯管展开图	图解法	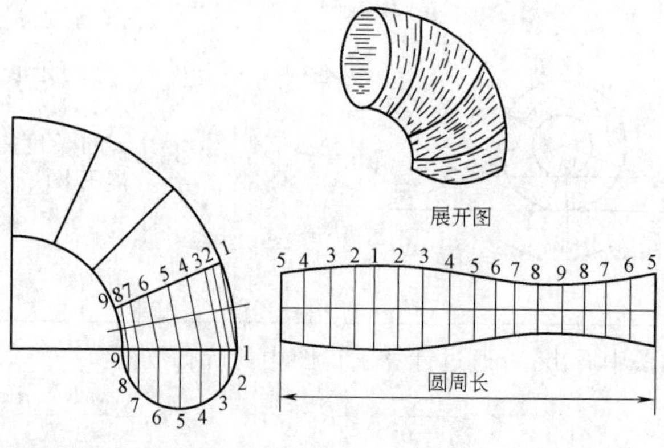 (1)考虑将弯管等分成四节下料,然后焊合而成 (2)用已知尺寸画出主视图并等分成四节 (3)在管的水平截线上作半圆,且分成 8 等份,得点 1、2、3…、9 各点,然后在水平截线上投出各投影点,由各投影点作该节中线的垂线得相应的 1、2、3、…、9 各点 (4)作一直线段使其长度等于管的圆周长,并分成 16 等份,从各等分点向上、下引垂线并顺序截取各线段,其长度等于该节中线两端的长度,连接各点即得该节展开图

续表

<table>
<tr><th colspan="4">方圆过渡管件展开</th></tr>
<tr><td>圆顶方底人形管展开图</td><td>图解法</td><td>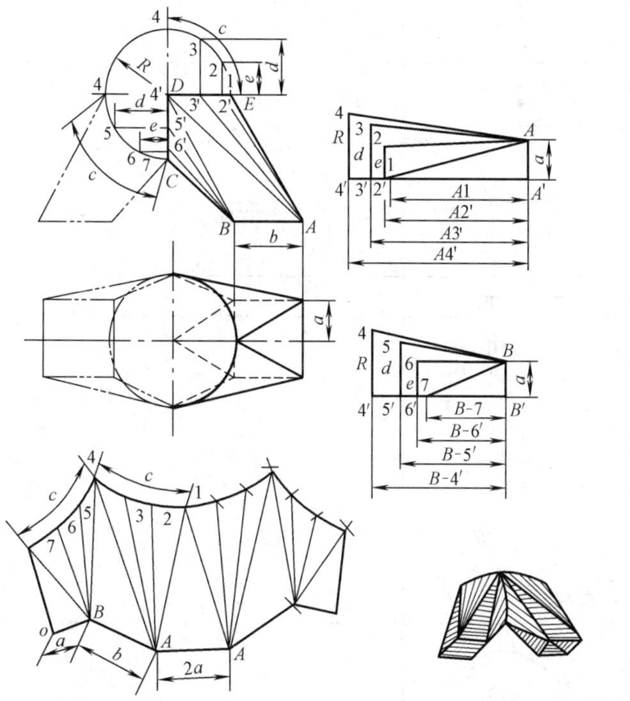</td><td>(1)用已知尺寸画出主视图和俯视图
(2)设 CD 等于 DE。以 D 为圆心,DE 为半径作 3/4 圆得 E44C 圆弧。三等分$\overset{\frown}{E4}$、$\overset{\frown}{4C}$得等分点 1、2、3、…、7。分别向 DE、CD 作垂线得 2′、3′和 5′、6′。连接 A 与 2′、3′、4′,B 与 4′、5′、6′
(3)求 A1、A2′、A3′、A4′、B4′、B5′、B6′、B7 展开线实长:画水平线 A′4′,在其上分别取其长为主视图中的 A1、A2′、A3′、A4′得各点 1、2′、3′、4′。由 A′、2′、3′、4′点向上作垂线并依次取长为 a、e、d、R 得各点 A、2、3、4。连接 A 与 1、2、3、4 即得A1、A2′、A3′、A4′各线的实长 A1、A2、A3、A4。同法求出 B4′、B5′、B6′、B7 各线实长 B4、B5、B6、B7
(4)画展开图:取 AA 为 2a,以 A、A 两点为圆心,A1 为半径分别作弧交于 1。以 1 为圆心,主视图中 12 为半径作弧,与以 A 为圆心,A2 为半径作弧交于 2。同法可得 3、4。以 4 为圆心,AB 为半径作弧交于 B。以 B 为圆心,B5、B6、B7 为半径画同心圆弧,与以 4 为圆心,主视图中等分弧 45、56、67 为半径顺序画弧交于 5、6、7。以 7 为圆心,主视图中 BC 为半径作弧与以 B 为圆心,以 a 为半径作弧交于点 o。用同样方法得出与之对称的展开图右边各点,连接各点即得展开图</td></tr>
</table>

2.7 机构运动简图

表 1-2-22 机构运动简图的画法(摘自 GB/T 4460—2013)

<table>
<tr><th colspan="3">机构名称</th><th>基本符号</th><th>可用符号</th><th>附注</th></tr>
<tr><td rowspan="7">运动副</td><td rowspan="3">具有一个自由度的运动副</td><td>平面机构</td><td></td><td>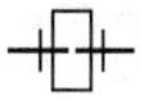</td><td rowspan="2"></td></tr>
<tr><td>空间机构</td><td></td><td></td></tr>
<tr><td>棱柱副
(移动副)</td><td></td><td>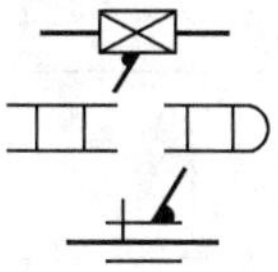</td><td></td></tr>
<tr><td rowspan="2">具有两个自由度的运动副</td><td>圆柱副</td><td></td><td>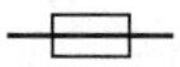</td><td></td></tr>
<tr><td>球销副</td><td></td><td></td><td></td></tr>
<tr><td rowspan="2">具有三个自由度的运动副</td><td>球面副</td><td></td><td></td><td></td></tr>
<tr><td>平面副</td><td>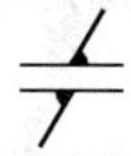</td><td></td><td></td></tr>
</table>

机构名称			基本符号	可用符号	附注
运动副	具有四个自由度的运动副（球与圆柱副）				
运动副	具有五个自由度的运动副（球与平面副）		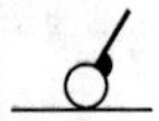		
构件及其组成部分	机架		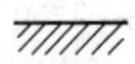	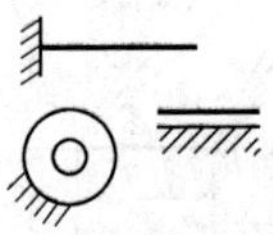	
构件及其组成部分	轴、杆				
构件及其组成部分	连接两个回转副的构件	连杆 a. 平面机构 b. 空间机构	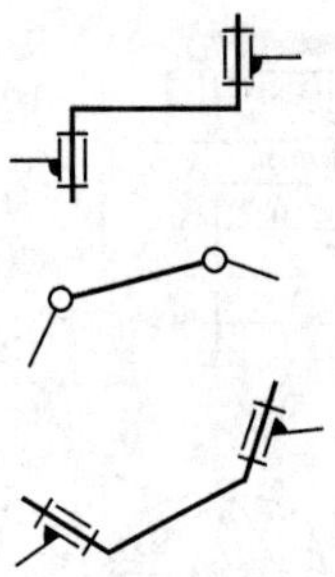		
构件及其组成部分	连接两个回转副的构件	曲柄或摇杆 a. 平面机构 b. 空间机构	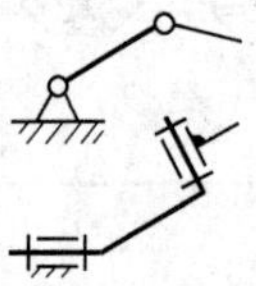		
构件及其组成部分	连接两个回转副的构件	偏心轮			
构件及其组成部分	连接回转副与棱柱副的构件	导杆			
构件及其组成部分	连接回转副与棱柱副的构件	滑块	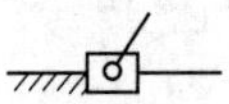		
摩擦传动	圆柱轮		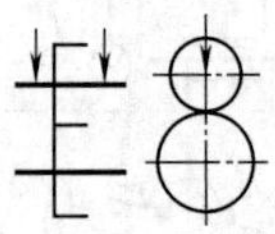	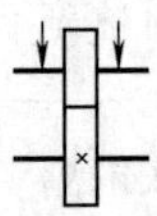	
摩擦传动	圆锥轮		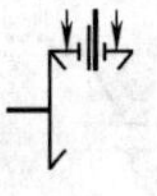	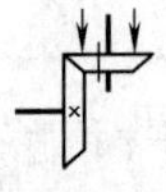	

续表

机构名称		基本符号	可用符号	附注
摩擦传动	可调圆锥轮	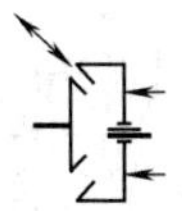	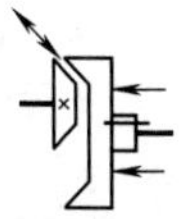	
	可调冕状轮	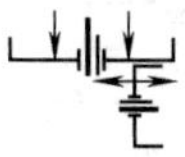	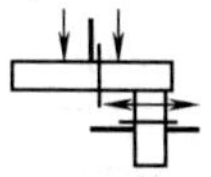	
齿轮传动	齿轮(不指明齿线) a. 圆柱齿轮 b. 锥齿轮 c. 挠性齿轮	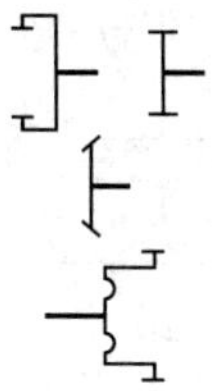	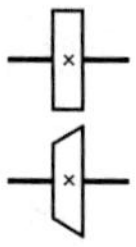	
	齿线符号 a. 圆柱齿轮 (ⅰ)直齿 (ⅱ)斜齿 (ⅲ)人字齿			
	b. 圆锥齿轮 (ⅰ)直齿 (ⅱ)斜齿 (ⅲ)弧齿		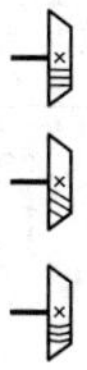	
	齿轮传动 (不指明齿线) a. 圆柱齿轮	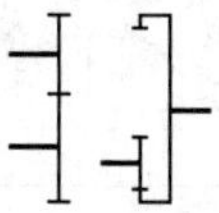	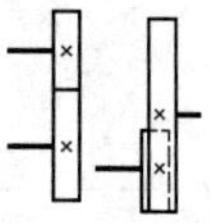	
	b. 非圆齿轮	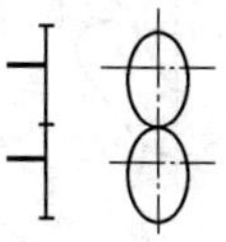	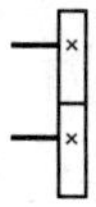	
	c. 锥齿轮	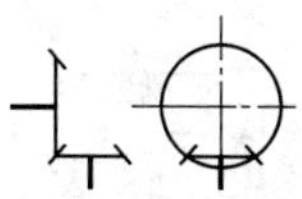	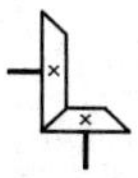	
	d. 准双曲面齿轮	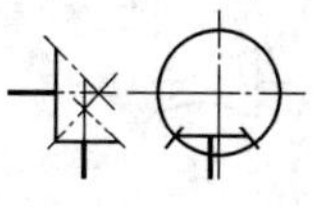	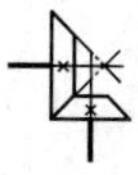	

机构名称		基本符号	可用符号	附注
齿轮传动	e. 蜗轮与圆柱蜗杆	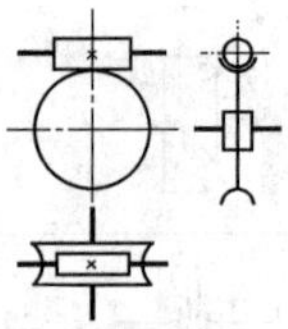	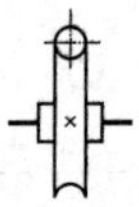	
	f. 蜗轮与球面蜗杆	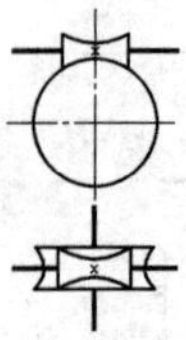	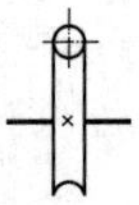	
	g. 交错轴斜齿轮		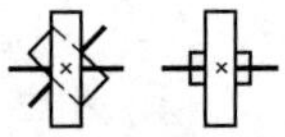	
齿条传动	a. 一般表示 b. 蜗线齿条与蜗杆 c. 齿条与蜗杆	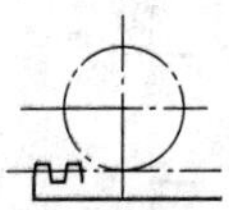	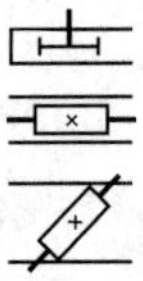	
扇形齿轮传动		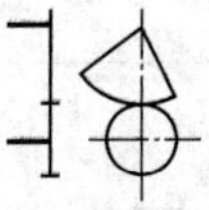	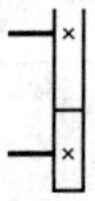	
凸轮机构	盘形凸轮	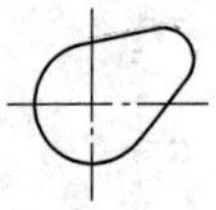		沟槽盘形凸轮 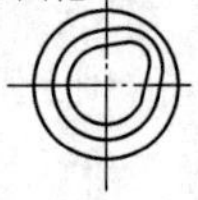
	移动凸轮	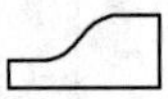		
	与杆固接的凸轮	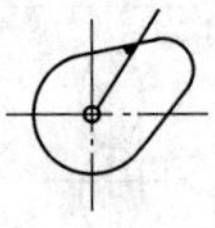		可调连接 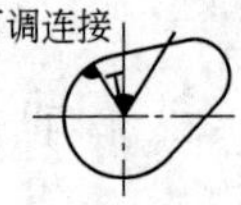
	空间凸轮 a. 圆柱凸轮 b. 圆锥凸轮 c. 双曲面凸轮	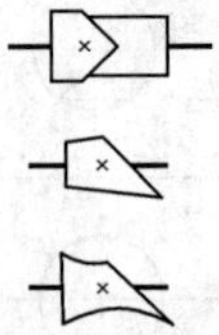	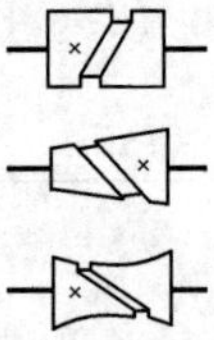	

续表

机构名称		基本符号	可用符号	附注
凸轮机构	凸轮从动杆 a. 尖顶从动杆 b. 曲面从动杆 c. 滚子从动杆 d. 平底从动杆	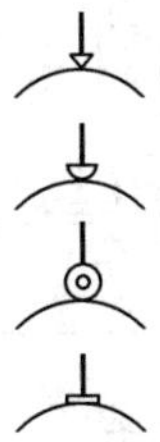		在凸轮副中，凸轮从动杆的符号 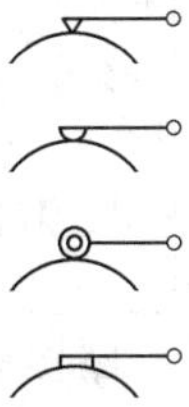
槽轮机构	一般符号	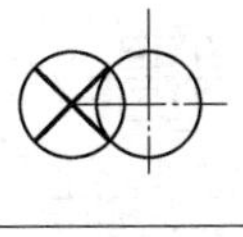		
	外啮合	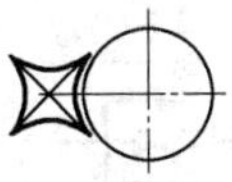	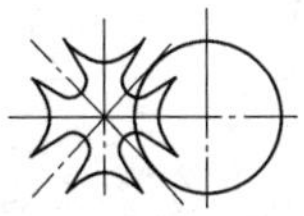	
	内啮合		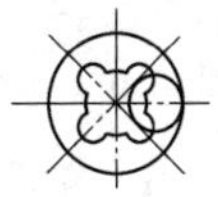	
棘轮机构	外啮合		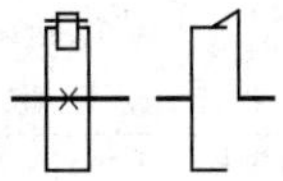	
	内啮合		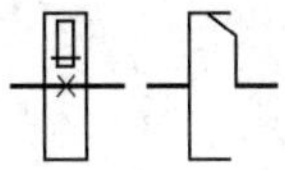	
	棘齿条啮合	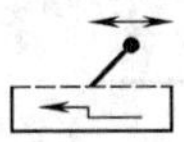		
联轴器	一般符号(不指明类型)	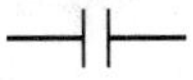		
	固定联轴器	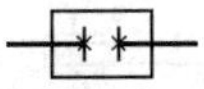		
	可移式联轴器	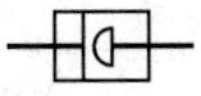		
	弹性联轴器			

续表

机构名称			基本符号	可用符号	附注
离合器	可控离合器	一般符号	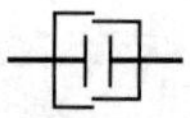		对于可控离合器、自动离合器及制动器当需要表明操纵方式时，可使用下列符号： M——机动的； H——液动的； P——气动的； E——电动的（如电磁） 例：具有气动开关启动的单向摩擦离合器 
		啮合式离合器 a. 单向式 b. 双向式	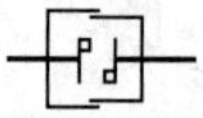 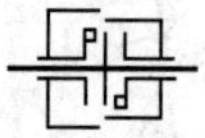	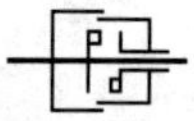	
		摩擦离合器 a. 单向式 b. 双向式	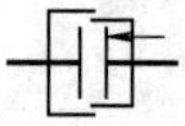 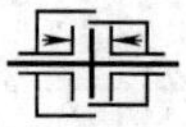	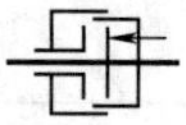 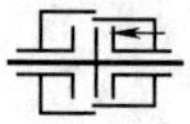	
		液压离合器　一般符号	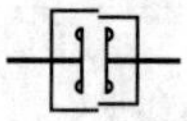		
		电磁离合器	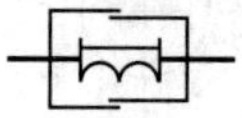		
	自动离合器	一般符号	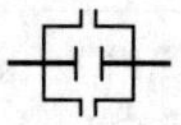		
		离心、摩擦离合器			
		超越离合器	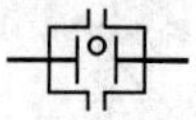		
		安全离合器 a. 带有易损元件 b. 无易损元件	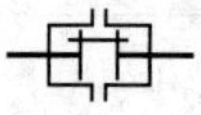 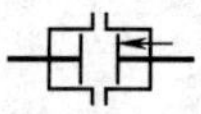		
制动器　一般符号			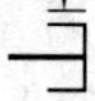		不规定制动器外观
带传动		一般符号（不指明类型）	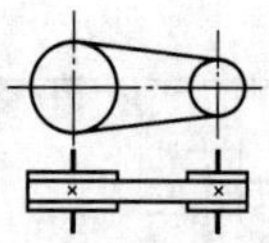		若需指明带类型可采用下列符号： 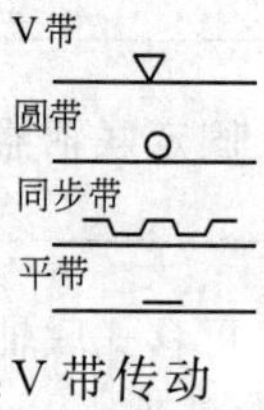 例：V带传动 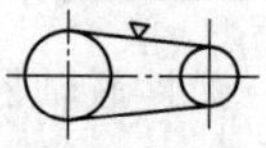
		轴上的宝塔轮	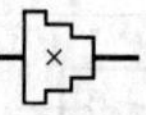		

续表

机构名称		基本符号	可用符号	附注
链传动	一般符号(不指明类型)	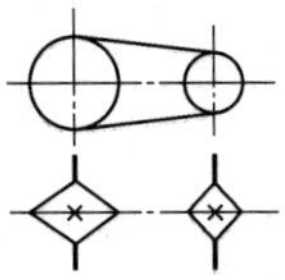		若需指明链条类型，可采用下列符号： 环形链 滚子链 齿形链 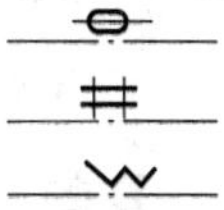 例：齿形链传动 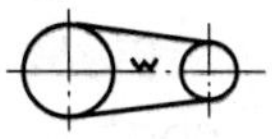
螺杆传动	整体螺母	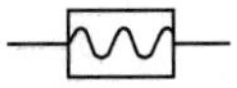		
	开合螺母	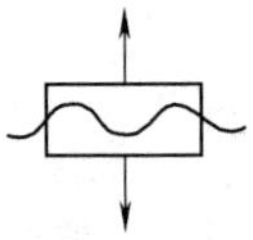	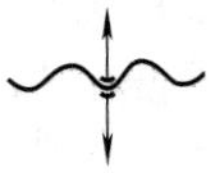	
	滚珠螺母			
轴承	深沟球轴承 a. 滑动轴承 b. 滚动轴承	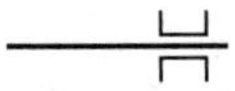 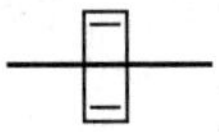	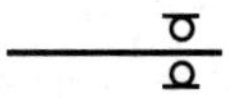	
	推力轴承 a. 单向 b. 双向 c. 滚动轴承	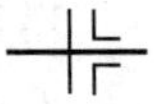 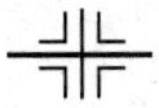 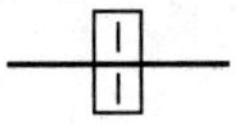		若有需要，可指明轴承型号
	向心推力轴承 a. 单向 b. 双向 c. 滚动轴承	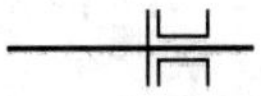 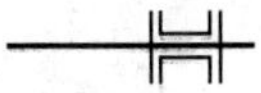 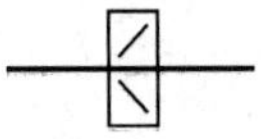		
原动机	原动机 通用符号(不指明类型)	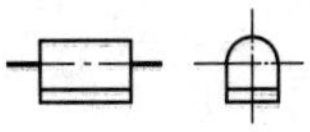		
	电动机(一般符号)	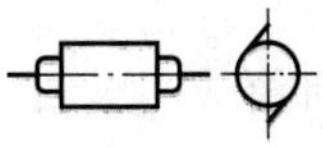		
	装在支架上的电动机	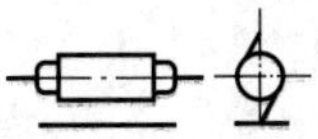		

第 3 章

极限与配合

3.1 公差、偏差和配合的基础

3.1.1 术语、定义及标注（摘自 GB/T 1800.1—2009）

（1）尺寸

以特定单位表示线性尺寸值的数值。

1）公称尺寸：由图样规范确定的理想形状要素的尺寸。通过它应用上、下极限偏差可算出极限尺寸（见图 1-3-1）。公称尺寸可以是一个整数值或一个小数值。

2）提取组成要素的局部尺寸：一切提取组成要素上两对应点之间距离的统称。简称为提取要素的局部尺寸。

3）极限尺寸：尺寸要素允许的尺寸的两个极端。提取组成要素的局部尺寸应位于其中，也可达到极限尺寸。

① 上极限尺寸：尺寸要素允许的最大尺寸（见图 1-3-1）。

② 下极限尺寸：尺寸要素允许的最小尺寸（见图 1-3-1）。

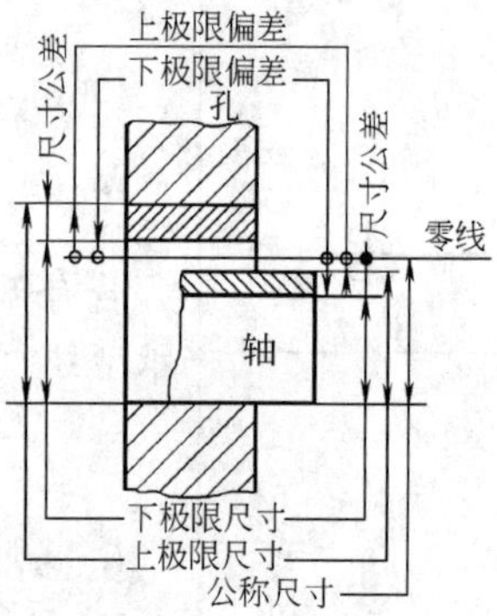

图 1-3-1 术语图解

（2）极限制

经标准化的公差与偏差制度。

（3）零线

在极限与配合图解中，表示公称尺寸的一条直线，以其为基准确定偏差和公差。通常，零线沿水平方向绘制，正偏差位于其上，负偏差位于其下（见图 1-3-2）。

（4）偏差

某一尺寸减其公称尺寸所得的代数差。

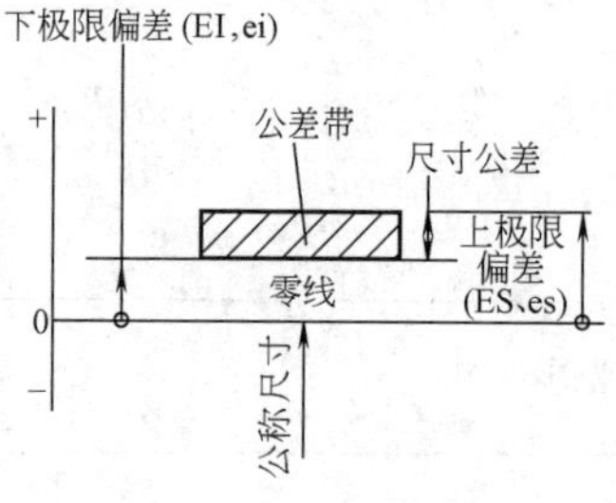

图 1-3-2 公差带图解

1）极限偏差：上极限偏差和下极限偏差。轴的上、下极限偏差代号用小写字母 es、ei 表示；孔的上、下极限偏差代号用大写字母 ES、EI 表示（见图 1-3-2）。

① 上极限偏差（ES、es）：上极限尺寸减其公称尺寸所得的代数差。

② 下极限偏差（EI、ei）：下极限尺寸减其公称尺寸所得的代数差。

2）基本偏差：在本标准极限与配合制中，确定公差带相对零线位置的那个极限偏差（见图 1-3-3）。它既可以是上极限偏差也可以是下极限偏差，一般为靠近零线的那个偏差。图 1-3-2 中的为下极限偏差。

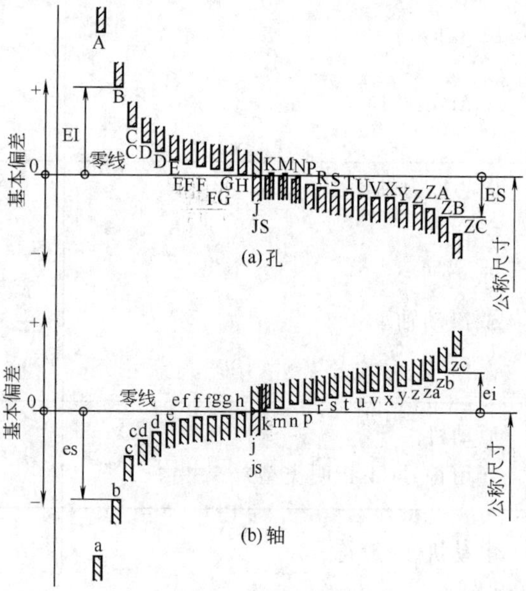

图 1-3-3 基本偏差系列

基本偏差代号，对孔用大写字母表示，对轴用小写字母表示，各 28 个。其中，基本偏差 H 代表基准孔，h 代表基准轴。如图 1-3-3 所示的基本偏差系列，其中轴从 a 至 h，基本偏差为上极限偏差 es，从 k 至 zc，基本偏差为下极限偏差 ei；孔从 A 到 H，基本偏差为下极限偏差 EI，从 K 至 ZC，基本偏差为上极限偏差 ES。轴和孔的另一个偏差，可由轴和孔的基本偏差和标准公差（IT）求得，按下式计算：

轴　　$ei=es-IT$，$es=ei+IT$

孔　　$ES=EI+IT$，$EI=ES-IT$

大部分基本偏差 j 和 J，标准公差（IT）带不对称分布于零线的两侧。基本偏差 js 和 JS，标准公差（IT）带对称分布于零线的两侧，即：

对 js　　$es=+\frac{IT}{2}$；$ei=-\frac{IT}{2}$

对 JS　　$ES=+\frac{IT}{2}$；$EI=-\frac{IT}{2}$

（5）尺寸公差（简称公差）

上极限尺寸减下极限尺寸之差，或上极限偏差减下极限偏差之差。它是允许尺寸的变动量。尺寸公差是一个没有符号的绝对值。注公差的尺寸用公称尺寸后跟所要求的公差值表示，如 32H7、100g6、$100^{-0.012}_{-0.034}$、100g6（$^{-0.012}_{-0.034}$）。

1）标准公差（IT）：本标准极限与配合制中所规定的任一公差。标准公差数值根据计算标准公差的公式和数值修约规则而得。字母 IT 为“国际公差”的符号。

2）标准公差等级：在本标准极限与配合制中，同一公差等级（如 IT7）对所有公称尺寸的一组公差被认为具有同等精确程度。极限与配合在公称尺寸至 500mm 内规定了 IT01、IT0、IT1～IT18 共 20 个标准公差等级；在公称尺寸大于 500～3150mm 内规定了 IT1～IT18 共 18 个标准公差等级。标准公差等级代号用符号 IT 和数字组成，当其与代表基本偏差的字母一起组成公差带时，省略字母“IT”，如 h7。

3）公差带：在公差带图解中，由代表上极限偏差和下极限偏差或上极限尺寸和下极限尺寸的两条直线所限定的一个区域。它由公差大小及其相对零线的位置即基本偏差来确定（见图 1-3-2）。公差带用基本偏差的字母和公差等级数字表示，如 H7、F8、K7、P7 等为孔公差带，h7、f7、k6、p6 等为轴公差带。

（6）配合

公称尺寸相同的相互结合的孔和轴公差带之间的关系。配合分基孔制配合和基轴制配合两种制度，各有间隙配合、过渡配合和过盈配合三种类型。配合的种类取决于孔、轴公差带的相互关系。

1）间隙配合：具有间隙（包括最小间隙等于零）的配合。此时，孔的公差带在轴的公差带之上。

2）过盈配合：具有过盈（包括最小过盈等于零）的配合。此时，孔的公差带在轴的公差带之下。

3）过渡配合：可能具有间隙或过盈的配合。此时，孔的公差带与轴的公差带相互交叠。

4）配合公差：组成配合的孔、轴公差之和。它是允许间隙或过盈的变动量。配合公差是一个没有符号的绝对值。配合用相同的公称尺寸后跟孔、轴公差带表示。孔、轴公差带写成分数形式，分子为孔公差带，分母为轴公差带，如 52H7/g6 或 52 $\frac{H7}{g6}$。

（7）配合制

同一极限制的孔和轴组成配合的一种制度。

1）基轴制配合：基本偏差为一定的轴的公差带，与不同基本偏差的孔的公差带形成各种配合的一种制度。对本标准极限与配合制，是轴的上极限尺寸与公称尺寸相等、轴的上极限偏差为零的一种配合制，即基本偏差为 h 的轴，孔的基本偏差 A～H 用于间隙配合，基本偏差 J～ZC 用于过渡配合和过盈配合（见图 1-3-4）。

2）基孔制配合：基本偏差为一定的孔的公差带，与不同基本偏差的轴的公差带形成各种配合的一种制度。对本标准极限与配合制，是孔的下极限尺寸与公称尺寸相等、孔的下极限偏差为零的一种配合制，即基本偏差为 H 的孔，轴的基本偏差 a～h 用于间隙配合，基本偏差 j～zc 用于过渡配合和过盈配合（见图 1-3-5）。

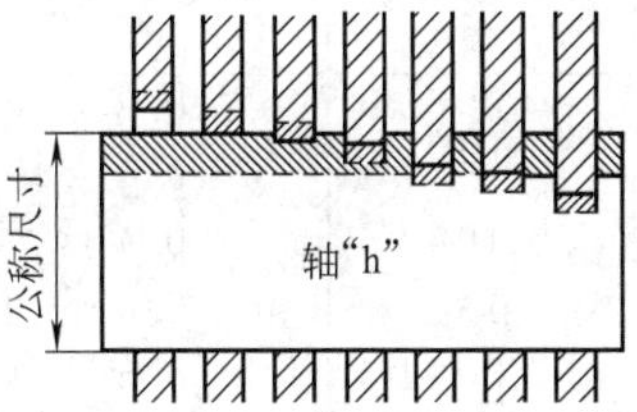

图 1-3-4　基轴制配合

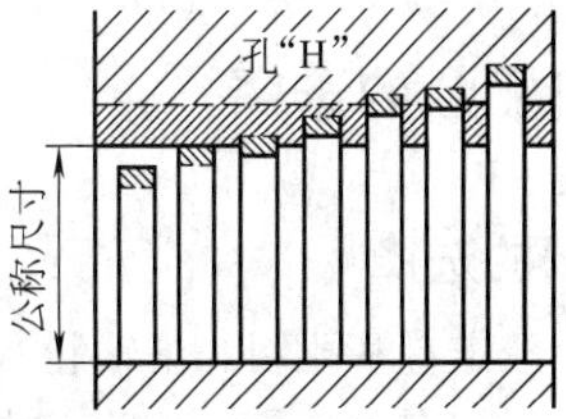

图 1-3-5　基孔制配合

3.1.2 标准公差数值表（摘自 GB/T 1800.1—2009）

表 1-3-1 公称尺寸至 3150mm 的标准公差数值

公称尺寸/mm		标准公差等级																	
		IT1	IT2	IT3	IT4	IT5	IT6	IT7	IT8	IT9	IT10	IT11	IT12	IT13	IT14	IT15	IT16	IT17	IT18
大于	至	μm											mm						
—	3	0.8	1.2	2	3	4	6	10	14	25	40	60	0.1	0.14	0.25	0.4	0.6	1	1.4
3	6	1	1.5	2.5	4	5	8	12	18	30	48	75	0.12	0.18	0.3	0.48	0.75	1.2	1.8
6	10	1	1.5	2.5	4	6	9	15	22	36	58	90	0.15	0.22	0.36	0.58	0.9	1.5	2.2
10	18	1.2	2	3	5	8	11	18	27	43	70	110	0.18	0.27	0.43	0.7	1.1	1.8	2.7
18	30	1.5	2.5	4	6	9	13	21	33	52	84	130	0.21	0.33	0.52	0.84	1.3	2.1	3.3
30	50	1.5	2.5	4	7	11	16	25	39	62	100	160	0.25	0.39	0.62	1	1.6	2.5	3.9
50	80	2	3	5	8	13	19	30	46	74	120	190	0.3	0.46	0.74	1.2	1.9	3	4.6
80	120	2.5	4	6	10	15	22	35	54	87	140	220	0.35	0.54	0.87	1.4	2.2	3.5	5.4
120	180	3.5	5	8	12	18	25	40	63	100	160	250	0.4	0.63	1	1.6	2.5	4	6.3
180	250	4.5	7	10	14	20	29	46	72	115	185	290	0.46	0.72	1.15	1.85	2.9	4.6	7.2
250	315	6	8	12	16	23	32	52	81	130	210	320	0.52	0.81	1.3	2.1	3.2	5.2	8.1
315	400	7	9	13	18	25	36	57	89	140	230	360	0.57	0.89	1.4	2.3	3.6	5.7	8.9
400	500	8	10	15	20	27	40	63	97	155	250	400	0.63	0.97	1.55	2.5	4	6.3	9.7
500	630	9	11	16	22	32	44	70	110	175	280	440	0.7	1.1	1.75	2.8	4.4	7	11
630	800	10	13	18	25	36	50	80	125	200	320	500	0.8	1.25	2	3.2	5	8	12.5
800	1000	11	15	21	28	40	56	90	140	230	360	560	0.9	1.4	2.3	3.6	5.6	9	14
1000	1250	13	18	24	33	47	66	105	165	260	420	660	1.05	1.65	2.6	4.2	6.6	10.5	16.5
1250	1600	15	21	29	39	55	78	125	195	310	500	780	1.25	1.95	3.1	5	7.8	12.5	19.5
1600	2000	18	25	35	46	65	92	150	230	370	600	920	1.5	2.3	3.7	6	9.2	15	23
2000	2500	22	30	41	55	78	110	175	280	440	700	1100	1.75	2.8	4.4	7	11	17.5	28
2500	3150	26	36	50	68	96	135	210	330	540	860	1350	2.1	3.3	5.4	8.6	13.5	21	33

注：1. 公称尺寸大于 500mm 的 IT1～IT5 的标准公差数值为试行。

2. 公称尺寸小于或等于 1mm 时，无 IT14～IT18。

表 1-3-2 IT01 和 IT0 的标准公差数值

公称尺寸/mm		标准公差等级		公称尺寸/mm		标准公差等级	
		IT01	IT0			IT01	IT0
大于	至	公差/μm		大于	至	公差/μm	
—	3	0.3	0.5	80	120	1	1.5
3	6	0.4	0.6	120	180	1.2	2
6	10	0.4	0.6	180	250	2	3
10	18	0.5	0.8	250	315	2.5	4
18	30	0.6	1	315	400	3	5
30	50	0.6	1	400	500	4	6
50	80	0.8	1.2				

3.2 公差和配合的选择

3.2.1 配合制的选择

国家标准中规定有基孔制和基轴制。在一般情况下，优先采用基孔制。如有特殊需要，允许将任一孔、轴公差带组成配合。选择时，应从结构、工艺和经济性等方面来分析确定。

(1) 公称尺寸至 500mm 的配合，应优先选用基孔制。这样可以减少刀具、量具的数量，比较经济合理。公称尺寸大于 500～3150mm 的配合，一般采用基孔制的同级配合。根据零件制造特点可采用配制配合（GB/T 1801—2009），即对于尺寸大于 500mm、公差等级较高的单件或小批量生产的配合件，应尽量采用互换性生产，当用普通方法难以达到精度要求时，可使用配制配合。

（2）基轴制通常用于下列情况：

1）当所用配合的公差等级要求不高（一般为 IT8 或更低），或直接用冷拉棒料（一般尺寸不太大）做轴，又不需加工。

2）对某些机械结构，如采用基孔制，会给加工、装配带来困难，使强度降低，而采用基轴制，则无此弊。

3）在同一公称尺寸的各个部分需要装上不同配合的零件。

（3）与标准件配合时，配合制的选择通常依标准件而定。例如，与滚动轴承内圈配合的轴应按基孔制，与滚动轴承外圈配合的孔应按基轴制。

（4）当基孔制与基轴制不能满足使用需要时，也可以采用混合配合，即同一配合中，孔非基准孔，轴非基准轴，例如 D9/k6、K7/d9 等。混合配合一般用于同一孔（或轴）与几个轴（或孔）组成的配合，对每种配合性质的要求不同，而孔（或轴）又需按基轴制（或基孔制）的某种配合制造的情况。

如图 1-3-6 所示结构，与滚动轴承相配的辊筒内孔必须采用基轴制，如孔用 K7，而内套与辊筒内孔的配合，由于安装要求配合要松一些，设计选用最小间隙为零的间隙配合 $\phi42K7/f7$，端盖与辊筒内孔选用过渡配合 $\phi42K7/g7$，由于采用混合配合，则辊筒内孔可加工成光孔，工艺方便，也较经济。

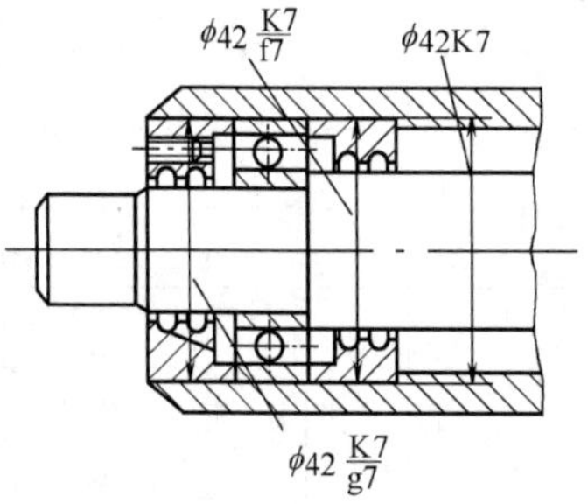

图 1-3-6　一孔与几轴的混合配合

3.2.2　标准公差等级的选择

在满足使用要求的前提下，应尽可能选择较低的公差等级，以降低加工成本。标准公差等级的应用范围可参考表 1-3-3。各种加工方法所能达到的公差等级可参考表 1-3-4，不同公差等级加工成本比较可参考表 1-3-5，标准公差等级的选择及应用可参考表 1-3-6。

表 1-3-3　标准公差等级的应用范围

应用	公差等级(IT)																			
	01	0	1	2	3	4	5	6	7	8	9	10	11	12	13	14	15	16	17	18
块规	——	——	——																	
量规			——	——	——	——	——	——	——											
配合尺寸							——	——	——	——	——	——	——	——	——					
特别精密零件的配合				——	——	——	——													
非配合尺寸(大制造公差)														——	——	——	——	——	——	——
原材料公差										——	——	——	——	——	——	——				

表 1-3-4　各种加工方法所能达到的公差等级

加工方法	公差等级(IT)																	
	01	0	1	2	3	4	5	6	7	8	9	10	11	12	13	14	15	16
研磨	——	——	——	——	——	——	——											
珩						——	——	——	——									
圆磨							——	——	——	——								
平磨							——	——	——	——								
金刚石车							——	——										
金刚石镗							——	——										

续表

加工方法	公差等级(IT)																	
	01	0	1	2	3	4	5	6	7	8	9	10	11	12	13	14	15	16
拉削							—	—	—	—								
铰孔								—	—	—	—	—						
车									—	—	—	—	—					
镗									—	—	—	—	—					
铣										—	—	—	—					
刨插												—	—					
钻孔												—	—	—	—			
滚压、挤压												—	—					
冲压												—	—	—	—	—		
压铸													—	—	—	—		
粉末冶金成形								—	—	—								
粉末冶金烧结									—	—	—	—						
砂型铸造、气割																		—
锻造																	—	

表 1-3-5 不同公差等级加工成本比较

尺寸	加工方法	公差等级(IT)															
		1	2	3	4	5	6	7	8	9	10	11	12	13	14	15	16
外径	普通车削						-·-	-·-	-·-	—	—	—	- -	- -	- -		
	六角车床车削							-·-	-·-	—	—	—	- -	- -	- -		
	自动车削							-·-	-·-	—	—	—	- -	- -			
	外圆磨			-·-	-·-	—	—	- -	- -								
	无心磨					-·-	—	—	—	- -	- -						
内径	普通车削						-·-	-·-	-·-	—	—	—	- -	- -	- -		
	六角车床车削								-·-	-·-	—	—	—	- -	- -		
	自动车削								-·-	-·-	—	—	- -	- -			
	钻										-·-	-·-	—	—	- -		
	铰							-·-	-·-	-·-	—	- -	- -				
	镗							-·-	-·-	—	—	- -	- -				
	精镗				-·-	-·-	—	—	- -	- -							
	内圆磨				-·-	-·-	—	—	- -	- -							
	研磨		-·-	-·-	—	—	- -	- -									
长度	普通车削							-·-	-·-	-·-	—	—	—	- -	- -	- -	
	六角车床车削								-·-	-·-	—	—	—	- -	- -		
	自动车削								-·-	-·-	—	—	—	- -	- -		
	铣							-·-	-·-	-·-	—	—	—	- -	- -		

注：虚线、实线、点画线表示成本比例为 1∶2.5∶5。

表 1-3-6　标准公差等级的选择及应用

公差等级	应用条件说明	应用举例
IT5	用于机床、发动机和仪表中特别重要的配合，在配合公差要求很小、形状公差要求很高的条件下，能使配合性质比较稳定，它对加工要求较高，一般机械制造中较少应用	与 6 级滚动轴承孔相配的机床主轴，机床尾架套筒，高精度分度盘轴颈，分度头主轴，精密丝杠基准轴颈，高精度镗套的外径等，发动机主轴的外径，活塞销外径与活塞的配合，精密仪器的轴与各种传动件轴承的配合，航空、航海工业仪表中重要的精密孔的配合，精密机械及高速机械的轴径，5 级精度齿轮的基准孔及 5 级、6 级精度齿轮的基准轴
IT6	广泛用于机械制造中的重要配合，配合表面有较高均匀性的要求，能保证相当高的配合性质，使用可靠	机床制造中，装配式齿轮、蜗轮、联轴器、带轮、凸轮的孔径，机床丝杠支承轴颈，矩形花键的定心直径，摇臂钻床的主柱等，精密仪器、光学仪器、计量仪器的精密轴，无线电工业、自动化仪表、电子仪器、邮电机械及手表中特别重要的轴，医疗器械中 X 射线机齿轮箱的精密轴，缝纫机中重要轴类，发动机的汽缸外套外径，曲轴主轴颈，活塞销，连杆衬套，连杆和轴瓦外径等，6 级精度齿轮的基准孔和 7 级、8 级精度齿轮的基准轴径，以及 1 级、2 级精度齿轮顶圆直径
IT7	应用条件与 IT6 相类似，但精度要求可比 IT6 稍低一点，在一般机械制造业中应用相当普遍	机械制造中装配式青铜蜗轮轮缘孔径，联轴器、带轮、凸轮等的孔径，机床卡盘座孔，摇臂钻床的摇臂孔，车床丝杠轴承孔，发动机的连杆孔、活塞孔、铰制螺栓定位孔等，纺织机械、印染机械中要求较高的零件，手表的离合杆压簧等，自动化仪表、缝纫机、邮电机械中重要零件的内孔，7 级、8 级精度齿轮的基准孔和 9 级、10 级精度齿轮的基准轴
IT8	在机械制造中属中等精度，在仪器、仪表及钟表制造中，由于公称尺寸较小，属于较高精度范围。是应用较多的一个等级，尤其是在农业机械、纺织机械、印染机械、自行车、缝纫机、医疗器械中应用最广	轴承座衬套沿宽度方向的尺寸配合，手表中跨齿轮、棘爪拨针轮等与夹板的配合，无线电仪表工业中的一般配合，医疗器械中牙科车头的钻头套的孔与车针柄部的配合，电机制造业中铁芯与机座的配合，发动机活塞油环槽宽，连杆轴瓦内径，低精度（9～12 级精度）齿轮的基准孔和 11～12 级精度齿轮的基准轴，6～8 级精度齿轮的顶圆，电子仪器仪表中较重要的内孔，计算机中变数齿轮孔和轴的配合
IT9	应用条件与 IT8 相类似，但精度要求低于 IT8	机床制造中轴套外径与孔，操作件与轴，空转带轮与轴，操纵系统的轴与轴承等的配合，纺织机械、印染机械中的一般配合零件，发动机中机油泵体内孔、飞轮与飞轮套、汽缸盖孔径、活塞槽环的配合等，光学仪器、自动化仪表中的一般配合，手表中要求较高零件的未注公差尺寸的配合，单键连接中键宽配合尺寸，打字机中的运动件配合等
IT10	应用条件与 IT9 相类似，但精度要求低于 IT9	电子仪器仪表中支架上的配合，打字机中铆合件的配合，闹钟机构中的中心管与前夹板、轴套与轴，手表中的未注公差尺寸，发动机中油封挡圈孔与曲轴带轮轮毂
IT11	配合精度要求较粗糙，装配后可能有较大的间隙，特别适用于要求间隙较大且有显著变动而不会引起危险的场合	机床上法兰盘止口与孔、滑块与滑移齿轮、凹槽等，农业机械、机车车厢部件及冲压加工的配合零件，钟表制造中不重要的零件，手表制造用的工具及设备中的未注公差尺寸，纺织机械中较粗糙的活动配合，印染机械中要求较低的配合，医疗器械中手术刀片的配合，不作测量基准用的齿轮顶圆直径公差
IT12	配合精度要求很粗糙，装配后有很大的间隙	非配合尺寸及工序间尺寸，发动机分离杆，手表制造中工艺装备的未注公差尺寸，计算机行业切削加工中未注公差尺寸的极限偏差，医疗器械中手术刀柄的配合，机床制造中扳手孔与扳手座的连接
IT13	应用条件与 IT12 相类似	非配合尺寸及工序间尺寸，计算机、打字机中切削加工零件及圆片孔，两孔中心距的未注公差尺寸
IT14	用于非配合尺寸及不包括在尺寸链中的尺寸	机床、汽车、拖拉机、冶金矿山、石油化工、电机、电器、仪器、仪表、造船、航空、医疗器械、钟表、自行车、造纸、纺织机械等工业中未注公差尺寸的切削加工零件

续表

公差等级	应用条件说明	应用举例
IT15	用于非配合尺寸及不包括在尺寸链中的尺寸	冲压件、木模铸造零件，重型机床中尺寸大于 3150mm 的未注公差尺寸
IT16	用于非配合尺寸及不包括在尺寸链中的尺寸	打字机中浇铸件尺寸，无线电制造中箱体外形尺寸，压弯延伸加工用尺寸，纺织机械中木制零件及塑料零件尺寸公差，木模制造和自由锻造时用
IT17	用于非配合尺寸及不包括在尺寸链中的尺寸	塑料成形尺寸公差，医疗器械中的一般外形尺寸公差
IT18	用于非配合尺寸及不包括在尺寸链中的尺寸	冷作、焊接尺寸用公差

在选择公差等级时，还应考虑表面粗糙度的要求，可参考表 1-5-12。

对于公称尺寸至 500mm 的配合，当公差等级高于或等于 IT8 时，推荐选择孔的公差等级比轴低一级；对于公差等级低于 IT8 或公称尺寸大于 500mm 的配合，推荐选用同级孔、轴配合。

3.2.3 公差带与配合的选用

孔、轴公差带及配合，首先采用优先公差带及优先配合，其次采用常用公差带及常用配合，再次采用一般用途公差带，必要时可根据使用要求按规定的标准公差与基本偏差组成任意的孔、轴公差带及其配合。

配合的选用要考虑以下几点。

(1) 配合件的工作情况，如相对运动情况、负荷情况、定心精度要求、装拆情况、工作温度条件等综合因素选用间隙、过盈或过渡配合。

(2) 配合件的生产批量，单件小批量生产时，孔（轴）往往接近上（下）极限尺寸，使配合偏紧，选用间隙应适当放大。

(3) 形状公差、位置公差和表面粗糙度对配合性质的影响。

(4) 选用过盈配合时，由于过盈量的大小对配合性质的影响比间隙更为敏感，因此要综合考虑更多因素，如配合件的直径、长度及工件材料的力学特性、配合后产生的应力和夹紧力，所需的装配力和装配方法等。

轴的各种基本偏差的应用可参考表 1-3-7，常用优先配合特性及应用举例见表 1-3-8。

表 1-3-7 轴的各种基本偏差的应用

配合	基本偏差	配合特性及应用
间隙配合	a、b	可得到特别大的间隙，应用很少
	c	可得到很大的间隙，一般适用于缓慢、松弛的动配合。用于工作条件较差（如农业机械），受力变形，或为了便于装配，而必须保证有较大的间隙时。推荐配合为 H11/c11 及较高等级的配合，H8/c7 适用于轴在高温工作的紧密动配合，如内燃机排气阀和导管
	d	一般用于 IT7～IT11 级，适用于松的转动配合，如密封盖、滑轮、空转带轮等与轴的配合，也适用于大直径滑动轴承配合，如透平机、球磨机、轧滚成形和重型弯曲机，及其他重型机械中的一些滑动支承
	e	多用于 IT7～IT9 级，通常用于要求有明显间隙、易于转动的支承配合，如大跨距支承、多支点支承等配合。高等级的 e 轴适用于大的、高速、重载支承，如涡轮发电机、大电动机的支承及内燃机主要轴承、凸轮轴支承、摇臂支承等配合
	f	多用于 IT6～IT8 级的一般转动配合。当温度影响不大时，被广泛用于普通润滑油（或润滑脂）润滑的支承，如齿轮箱、小电动机、泵等的转轴与滑动支承的配合
	g	配合间隙很小，制造成本高，除很轻负荷的精密装置外，不推荐用于转动配合。多用 IT5～IT7 级，最适合不回转的精密滑动配合，也用于插销等定位配合，如精密连杆轴承、活塞及滑阀、连杆销等
	h	多用 IT4～IT11 级。广泛用于无相对转动的零件，作为一般的定位配合。若没有温度、变形影响，也用于精密滑动配合

续表

配合	基本偏差	配合特性及应用
过渡配合	js	为完全对称偏差(±IT/2),平均起来,为稍有间隙的配合,多用于IT4～IT7级,要求间隙比h轴小,并允许略有过盈的定位配合,如联轴器、可用手或木槌装配
	k	平均起来没有间隙的配合,适用IT4～IT7级。推荐用于稍有过盈的定位配合,如为了消除振动用的定位配合,一般用木槌装配
	m	平均起来具有不大过盈的过渡配合。适用IT4～IT7级,一般可用木槌装配,但在最大过盈时,要求相当的压入力
	n	平均过盈比m轴稍大,很少得到间隙,适用IT4～IT7级,用锤或压力机装配,通常推荐用于紧密的组件配合。H6/n5配合时为过盈配合
过盈配合	p	与H6或H7配合时是过盈配合,与H8孔配合时则为过渡配合。对非铁类零件,为较轻的压入配合,当需要时易于拆卸。对钢、铸铁或铜、钢组件装配是标准压入配合
	r	对铁类零件为中等打入配合,对非铁类零件,为轻打入的配合,当需要时可以拆卸。与H8孔配合,直径在100mm以上时为过盈配合,直径小时为过渡配合
	s	用于钢和铁制零件的永久性和半永久装配,可产生相当大的结合力。当用弹性材料,如轻合金时,配合性质与铁类零件的p轴相当,如套环压装在轴上、阀座等配合。尺寸较大时,为了避免损伤配合表面,需用热胀法或冷缩法装配
	t、u v、x y、z	过盈量依次增大,除u外一般不推荐

表 1-3-8 常用优先配合特性及应用举例

配合类型	配合方式 基孔	配合方式 基轴	装配方法	配合特性及使用条件		应用举例
过盈配合	$\frac{H7}{z6}$		温差法	特重型压入配合	用于承受很大的转矩或变载、冲击、振动负荷处,配合处不加紧固件,材料的许用应力要求很大	中小型交流电机轴壳上绝缘体和接触环,柴油机传动轴壳体和分电器衬套的配合
	$\frac{H7}{y6}$					小轴肩和环的配合
	$\frac{H7}{x6}$					钢和轻合金或塑料等不同材料的配合,如汽缸盖与进汽门座,柴油机销轴与壳体等的配合
	$\frac{H7}{v6}$		压力机或温差法	重型压入配合	用于传递较大转矩,配合处不加紧固件即可得到十分牢固的连接。材料的许用应力要求较大	偏心压床的滑块与轴,连杆孔和衬套外径等配合
	$\frac{H7}{u6}$	$\frac{U7}{h6}$				车轮轮箍与轮芯,联轴器与轴,轧钢设备中的辊子与心轴,拖拉机活塞销和活塞壳等的配合
	$\frac{H8}{u7}$					蜗轮青铜轮缘与钢轮芯,安全联轴器销轴与套,螺纹车床蜗杆轴衬和箱体孔等的配合
	$\frac{H6}{t5}$	$\frac{T6}{h5}$		中型压入配合	不加紧固件可传递较小的转矩,当材料强度不够时,可用来代替重型压入配合,但需加紧固件	齿轮孔和轴的配合
	$\frac{H7}{t6}$ $\frac{H8}{t7}$	$\frac{T7}{h6}$				联轴器与轴,含油轴承和轴承座,农业机械中曲柄盘与销轴等的配合
	$\frac{H6}{s5}$	$\frac{S6}{h5}$				柴油机连杆衬套和轴瓦,主轴承孔和主轴瓦等的配合
	$\frac{H7}{s6}$	$\frac{S7}{h6}$				减速器中轴与蜗轮,空压机连杆头与衬套,辊道辊子和轴,大型减速器低速齿轮与轴,轮胎硫化机横梁轴与梁等的配合
	$\frac{H8}{s7}$	$\frac{S8}{h7}$				青铜轮缘与轮芯,轴衬与轴承座,安全联轴器销钉和套,拖拉机齿轮泵小齿轮和轴,轮胎硫化机连杆与衬套等的配合

配合类型	配合方式 基孔	配合方式 基轴	装配方法	配合特性及使用条件		应用举例
过盈配合	H7/r6	R7/h6	压力机或温差法	轻型压入配合	用于不拆卸的轻型过盈连接，不依靠配合过盈量传递摩擦负荷，传递转矩时要增加紧固件，以及用于以高的定位精度达到部件的刚性及对中性要求	重载齿轮与轴，车床齿轮箱中齿轮与衬套，蜗轮青铜轮缘与轮芯，轴和联轴器，可换铰套与铰模板等的配合
	H6/p5 H7/p6	P6/h5 P7/h6				冲击振动的重负荷的齿轮和轴，压缩机十字销轴和连杆衬套，柴油机缸体上口和主轴瓦，凸轮孔和凸轮轴等的配合
	H8/p7		压力机压入	过盈概率 66.8%～93.6%	用于可承受很大转矩、振动及冲击(但需附加紧固件)，不经常拆卸的地方。同轴度及配合紧密性较好	升降机用蜗轮或带轮的轮缘和轮芯，链轮轮缘和轮芯，高压循环泵缸和套等的配合
	H6/n5	N6/h5		80%		可换铰套与铰模板，增压器主轴和衬套等的配合
	H7/n6	N7/h6		77.7%～82.4%		爪型联轴器与轴，链轮轮缘与轮芯，蜗轮青铜轮缘与轮芯，破碎机等振动机械的齿轮和轴的配合。柴油机泵座与泵缸，压缩机连杆衬套和曲轴衬套，圆柱销与销孔的配合
	H8/n7	N8/h7		58.3%～67.6%		安全联轴器销钉和套，高压泵缸和缸套，拖拉机活塞销和活塞毂等的配合
过渡配合	H6/m5	M6/h5	铜锤打入	过盈概率	用于配合紧密不经常拆卸的地方。当配合长度大于1.5倍直径时，用来代替 H7/n6，同轴度好	压缩机连杆头与衬套，柴油机活塞孔和活塞销的配合
	H7/m6	M7/h6		50%～62.1%		蜗轮青铜轮缘与铸铁轮芯，齿轮孔与轴，减速器的轴与圆链齿轮，定位销与孔的配合
	H8/m7	M8/h7		50%～56%		升降机构中的轴与孔，压缩机十字销轴与座的配合
	H6/k5	K6/h5	手锤打入	46.2%～49.1%	用于受不大的冲击载荷处，同轴度仍好，用于常拆卸部位。为广泛采用的一种过渡配合	精密螺纹车床床头箱体孔和主轴前轴承外圈的配合
	H7/k6	K7/h6		41.7%～45%		机床不滑动齿轮和轴，中型电机轴与联轴器或带轮，减速器蜗轮与轴，齿轮和轴的配合
	H8/k7	K8/h7		41.7%～54.2%		压缩机连杆孔与十字头销，循环泵活塞与活塞杆的配合
	H6/js5	JS5/h5	手或木槌装卸	19.2%～21.1%	用于频繁拆卸同轴度要求不高的地方，是最松的一种过渡配合，大部分都将得到间隙	木工机械中轴与轴承的配合
	H7/js6	JS7/h6		18.8%～20%		机床变速箱中齿轮和轴，精密仪表中轴和轴承，增压器衬套间的配合
	H8/js7	JS8/h7		17.4%～20.8%		机床变速箱中齿轮和轴，轴端可卸下的带轮和手轮，电机机座与端盖等的配合
间隙配合	H6/h5	H6/h5	加油后用手旋进	配合间隙较小，能较好地对准中心，一般多用于常拆卸或在调整时需移动或转动的连接处，或工作时滑移较慢并要求较好的导向精度的地方和对同轴度有一定要求通过紧固件传递转矩的固定连接处		剃齿机主轴与剃刀衬套，车床尾座体与套筒，高精度分度盘轴与孔，光学仪器中变焦距系统的轴与孔配合
	H7/h6 H8/h7	H7/h6 H8/h7				机床变速箱的滑移齿轮和轴，离合器与轴，滚动轴承座与箱体，风动工具活塞与缸体，定心的凸缘与孔的配合，橡胶滚筒密封轴上滚动轴承座与筒体的配合

续表

配合类型	配合方式 基孔	配合方式 基轴	装配方法	配合特性及使用条件	应用举例
间隙配合	$\frac{H8}{h8}$	$\frac{H8}{h8}$	加油后用手旋进	间隙定位配合，适用于同轴度要求较低，工作时一般无相对运动的配合及负载不大、无振动、拆卸方便、加键可传递转矩的情况	安全离合器销钉和套，一般齿轮和轴，带轮和轴，螺旋搅拌器叶轮与轴，离合器与轴，操纵件与轴，拨叉和导向轴，滑块和导向轴，减速器油尺与箱体孔，剖分式滑动轴承壳和轴瓦，电机座上口和端盖，连杆螺栓同连杆头等的配合
	$\frac{H9}{h9}$	$\frac{H9}{h9}$			
	$\frac{H10}{h10}$	$\frac{H10}{h10}$			起重机链轮与轴承座两侧的配合及对开轴瓦与轴连接端盖的定心凸缘，一般的铰接、粗糙机构中拉杆、杠杆等的配合
	$\frac{H11}{h11}$	$\frac{H11}{h11}$			
	$\frac{H6}{g5}$	$\frac{G6}{h5}$	手旋进	具有很小间隙，适用于有一定相对运动、运动速度不高并且精密定位的配合，以及能保证零件同轴度或紧密性的配合	光学分度头主轴与轴承、刨床滑块与滑槽的配合
	$\frac{H7}{g6}$	$\frac{G7}{h6}$			精密机床主轴与轴承，机床传动齿轮与轴，中等精度分度头主轴与轴套，矩形花键定心直径，可换钻套与钻模板，拖拉机连杆衬套与曲轴，钻套与衬套等的配合
	$\frac{H8}{g7}$	$\frac{G8}{h7}$			柴油机汽缸体与挺杆，手电钻中的配合
	$\frac{H6}{f5}$	$\frac{F6}{h5}$	手推滑进	具有中等间隙，广泛适用于普通机械中转速不大用普通润滑油或润滑脂润滑的滑动轴承，以及要求在轴上自由转动或移动的配合	精密机床中变速箱、进给箱转动件的配合，或其他重要滑动轴承、高精度齿轮轴套与轴承衬套、柴油机的凸轮轴与衬套孔等的配合
	$\frac{H7}{f6}$	$\frac{F7}{h6}$			爪型离合器与轴，机床中一般轴与滑动轴承，机床夹具，钻模、镗模的导套孔，柴油机机体套孔与汽缸套，柱塞与缸体等的配合
	$\frac{H8}{f7}$	$\frac{F8}{h7}$			中等速度、中等负荷的滑动轴承，机床滑移齿轮与轴，蜗轮减速器的轴承端盖与孔，离合器活动爪与轴，齿轮轴与套等的配合
	$\frac{H8}{f8}$	$\frac{F8}{h8}$		配合间隙较大，能保证良好润滑，允许在工作中发热，故可用于高转速或大跨度或多支点的轴和轴承以及精度低、同轴度要求不高的在轴上转动零件与轴的配合	滑块与导向槽，控制机构中的一般轴和孔，支承跨距较大或多支承的传动轴和轴承的配合
	$\frac{H9}{f9}$	$\frac{F9}{h9}$			安全联轴器轮毂与套，低精度含油轴承与轴，球体滑动轴承与轴承座及轴，链条张紧轮或传动带导轮与轴，柴油机活塞环与环槽等的配合
	$\frac{H8}{e7}$	$\frac{E8}{h7}$	手轻推进	配合间隙较大，适用于高转速载荷不大、方向不变的轴与轴承的配合，或虽是中等转速但轴跨度长或三个以上支点的轴与轴承的配合	汽轮发电机、大电机的高速轴与滑动轴承，风扇电机的销轴与衬套的配合
	$\frac{H8}{e8}$	$\frac{E8}{h8}$			外圆磨床的主轴与轴承，汽轮发电机轴与轴承，柴油机的凸轮轴与轴承，船用链轮轴，中小型电机轴与轴承，手表中的分轮、时轮轮片与轴套的配合
	$\frac{H9}{e9}$	$\frac{E9}{h9}$		用于精度不高且有较大间隙的转动配合	粗糙机构中衬套与轴承圈，含油轴承与座的配合
	$\frac{H8}{d8}$	$\frac{D8}{h8}$		配合间隙比较大，用于精度不高、高速及负载不高的配合或高温条件下的转动配合，以及由于装配精度不高而引起偏斜的连接	机车车辆轴承，缝纫机梭摆与梭床，空压机活塞环与环槽的配合
	$\frac{H9}{d9}$	$\frac{D9}{h9}$			通用机械中的平键连接，柴油机活塞环与环槽，空压机活塞与压杆，印染机械中汽缸活塞密封环，热工仪表中精度较低的轴与孔，滑动轴承及较松的带轮与轴，轮胎硫化机推顶器与滑套等的配合
	$\frac{H11}{c11}$	$\frac{C11}{h11}$		间隙非常大，用于转动很慢很松的配合；用于大公差与大间隙的外露组件；要求装配方便的很松的配合	起重机吊钩，带榫槽法兰与槽的外径配合，农业机械中粗加工或不加工的轴与轴承的配合

3.2.4 应用示例

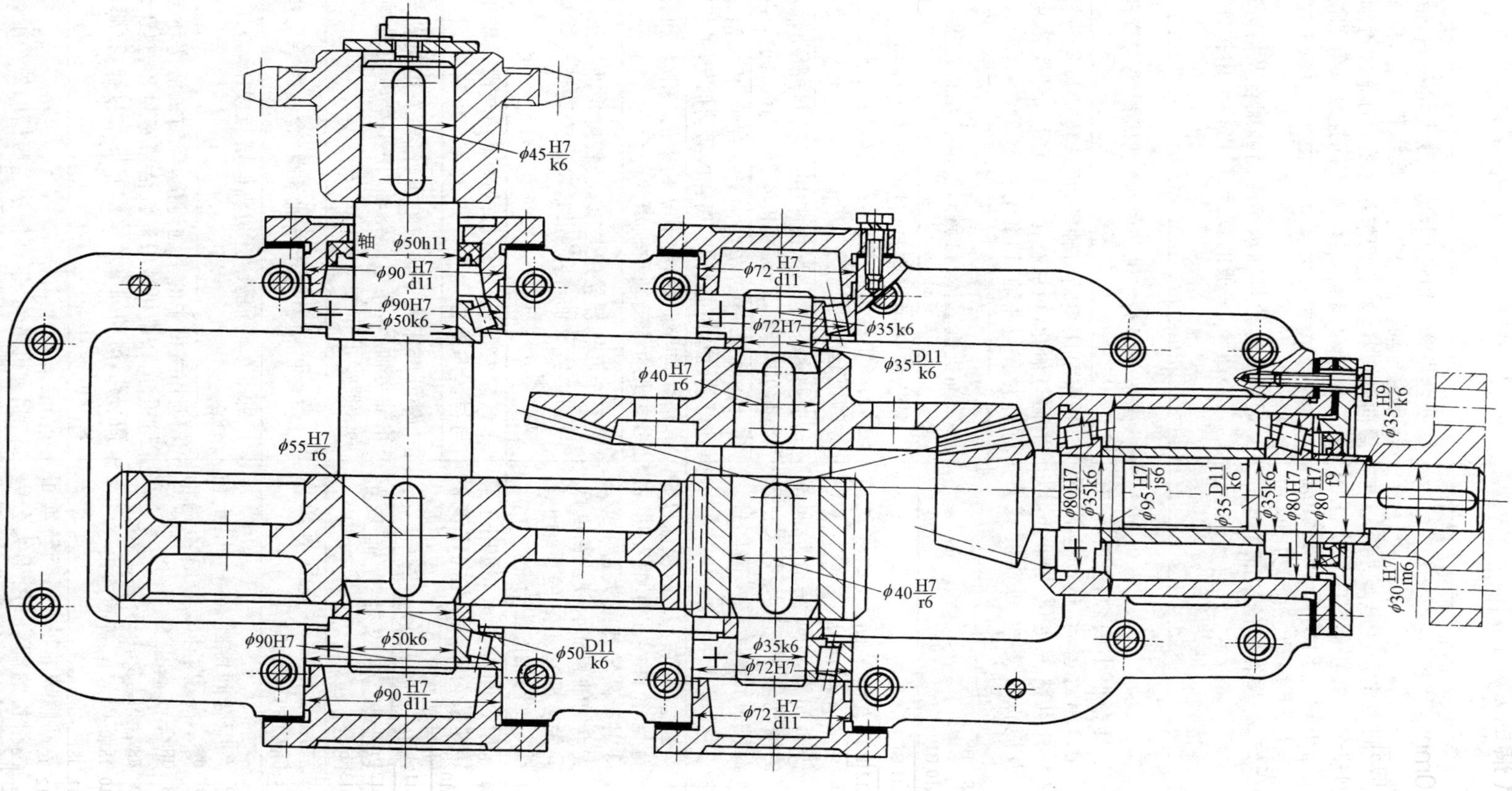

图 1-3-7　公差带与配合选择示例

3.3 孔、轴公差带（摘自 GB/T 1801—2009）

3.3.1 公称尺寸至 500mm 的孔、轴公差带

公称尺寸至 500mm 的孔公差带规定如图 1-3-8 所示，相应的极限偏差见表 1-3-11。公称尺寸至 500mm 的轴公差带规定如图 1-3-9 所示，相应的极限偏差见表 1-3-12。选择时，应优先选用圆圈中的公差带，其次选用方框中的公差带，最后选用其他的公差带。

3.3.2 公称尺寸大于 500mm 至 3150mm 的孔、轴公差带

公称尺寸大于 500mm 至 3150mm 的孔公差带规定如图 1-3-10 所示，相应的极限偏差见表 1-3-13。公称尺寸大于 500mm 至 3150mm 的轴公差带规定如图 1-3-11 所示，相应的极限偏差见表 1-3-14。选择时，按需要选用适合的公差带。

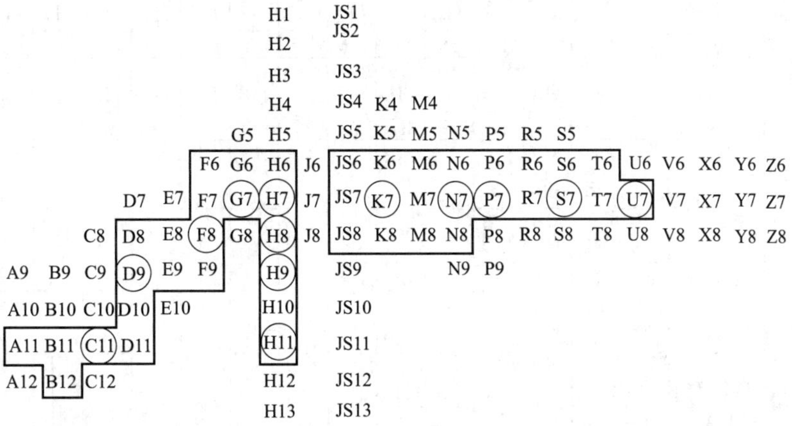

图 1-3-8　公称尺寸至 500mm 的孔公差带

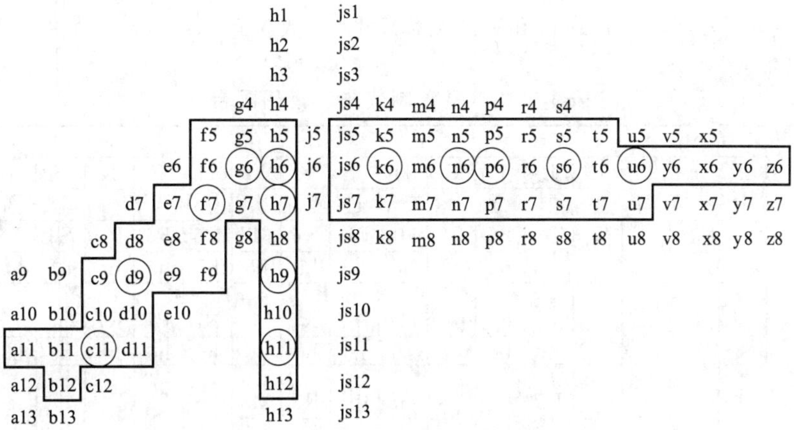

图 1-3-9　公称尺寸至 500mm 的轴公差带

			G6	H6	JS6	K6	M6	N6
		F7	G7	H7	JS7	K7	M7	N7
D8	E8	F8		H8	JS8			
D9	E9	F9		H9	JS9			
D10				H10	JS10			
D11				H11	JS11			
				H12	JS12			

图 1-3-10　公称尺寸大于 500mm 至 3150mm 的孔公差带

			g6	h6	js6	k6	m6	n6	p6	r6	s6	t6	u6
		f7	g7	h7	js7	k7	m7	n7	p7	r7	s7	t7	u7
d8	e8	f8		h8	js8								
d9	e9	f9		h9	js9								
d10				h10	js10								
d11				h11	js11								
				h12	js12								

图 1-3-11　公称尺寸大于 500mm 至 3150mm 的轴公差带

3.4 公称尺寸至 500mm 的基孔制、基轴制优先、常用配合（摘自 GB/T 1801—2009）

表 1-3-9 基孔制优先、常用配合

基准孔	轴																				
	a	b	c	d	e	f	g	h	js	k	m	n	p	r	s	t	u	v	x	y	z
	间隙配合								过渡配合				过盈配合								
H6						$\frac{H6}{f5}$	$\frac{H6}{g5}$	$\frac{H6}{h5}$	$\frac{H6}{js5}$	$\frac{H6}{k5}$	$\frac{H6}{m5}$	$\frac{H6}{n5}$	$\frac{H6}{p5}$	$\frac{H6}{r5}$	$\frac{H6}{s5}$	$\frac{H6}{t5}$					
H7						$\frac{H7}{f6}$	◤$\frac{H7}{g6}$	◤$\frac{H7}{h6}$	$\frac{H7}{js6}$	◤$\frac{H7}{k6}$	$\frac{H7}{m6}$	◤$\frac{H7}{n6}$	◤$\frac{H7}{p6}$	$\frac{H7}{r6}$	◤$\frac{H7}{s6}$	$\frac{H7}{t6}$	◤$\frac{H7}{u6}$	$\frac{H7}{v6}$	$\frac{H7}{x6}$	$\frac{H7}{y6}$	$\frac{H7}{z6}$
H8					$\frac{H8}{e7}$	◤$\frac{H8}{f7}$	$\frac{H8}{g7}$	◤$\frac{H8}{h7}$	$\frac{H8}{js7}$	$\frac{H8}{k7}$	$\frac{H8}{m7}$	$\frac{H8}{n7}$	$\frac{H8}{p7}$	$\frac{H8}{r7}$	$\frac{H8}{s7}$	$\frac{H8}{t7}$	$\frac{H8}{u7}$				
				$\frac{H8}{d8}$	$\frac{H8}{e8}$	$\frac{H8}{f8}$		$\frac{H8}{h8}$													
H9			$\frac{H9}{c9}$	◤$\frac{H9}{d9}$	$\frac{H9}{e9}$	$\frac{H9}{f9}$		◤$\frac{H9}{h9}$													
H10			$\frac{H10}{c10}$	$\frac{H10}{d10}$				$\frac{H10}{h10}$													
H11	$\frac{H11}{a11}$	$\frac{H11}{b11}$	◤$\frac{H11}{c11}$	$\frac{H11}{d11}$				◤$\frac{H11}{h11}$													
H12		$\frac{H12}{b12}$						$\frac{H12}{h12}$													

注：1. $\frac{H6}{n5}$、$\frac{H7}{p6}$在公称尺寸小于或等于 3mm 和$\frac{H8}{r7}$在公称尺寸小于或等于 100mm 时，为过渡配合。
2. 标注◤的配合为优先配合。

表 1-3-10 基轴制优先、常用配合

基准轴	孔																				
	A	B	C	D	E	F	G	H	JS	K	M	N	P	R	S	T	U	V	X	Y	Z
	间隙配合								过渡配合				过盈配合								
h5						$\frac{F6}{h5}$	$\frac{G6}{h5}$	$\frac{H6}{h5}$	$\frac{JS6}{h5}$	$\frac{K6}{h5}$	$\frac{M6}{h5}$	$\frac{N6}{h5}$	$\frac{P6}{h5}$	$\frac{R6}{h5}$	$\frac{S6}{h5}$	$\frac{T6}{h5}$					
h6						$\frac{F7}{h6}$	◤$\frac{G7}{h6}$	◤$\frac{H7}{h6}$	$\frac{JS7}{h6}$	◤$\frac{K7}{h6}$	$\frac{M7}{h6}$	◤$\frac{N7}{h6}$	◤$\frac{P7}{h6}$	$\frac{R7}{h6}$	◤$\frac{S7}{h6}$	$\frac{T7}{h6}$	◤$\frac{U7}{h6}$				
h7					$\frac{E8}{h7}$	◤$\frac{F8}{h7}$		◤$\frac{H8}{h7}$	$\frac{JS8}{h7}$	$\frac{K8}{h7}$	$\frac{M8}{h7}$	$\frac{N8}{h7}$									
h8				$\frac{D8}{h8}$	$\frac{E8}{h8}$	$\frac{F8}{h8}$		$\frac{H8}{h8}$													
h9				◤$\frac{D9}{h9}$	$\frac{E9}{h9}$	$\frac{F9}{h9}$		◤$\frac{H9}{h9}$													
h10				$\frac{D10}{h10}$				$\frac{H10}{h10}$													
h11	$\frac{A11}{h11}$	$\frac{B11}{h11}$	◤$\frac{C11}{h11}$	$\frac{D11}{h11}$				◤$\frac{H11}{h11}$													
h12		$\frac{B12}{h12}$						$\frac{H12}{h12}$													

注：标注◤的配合为优先配合。

3.5 公称尺寸至500mm孔、轴的极限偏差（摘自GB/T 1800.2—2009）

表1-3-11 公称尺寸至500mm孔的极限偏差 /μm

公称尺寸/mm		A				B					C				
大于	至	9	10	11	12	8	9	10	11	12	8	9	10	11	12
—	3	+295 +270	+310 +270	+330 +270	+370 +270	+154 +140	+165 +140	+180 +140	+200 +140	+240 +140	+74 +60	+85 +60	+100 +60	+120 +60	+160 +60
3	6	+300 +270	+318 +270	+345 +270	+390 +270	+158 +140	+170 +140	+188 +140	+215 +140	+260 +140	+88 +70	+100 +70	+118 +70	+145 +70	+190 +70
6	10	+316 +280	+338 +280	+370 +280	+430 +280	+172 +150	+186 +150	+208 +150	+240 +150	+300 +150	+102 +80	+116 +80	+138 +80	+170 +80	+230 +80
10	18	+333 +290	+360 +290	+400 +290	+470 +290	+177 +150	+193 +150	+220 +150	+260 +150	+330 +150	+122 +95	+138 +95	+165 +95	+205 +95	+275 +95
18	30	+352 +300	+384 +300	+430 +300	+510 +300	+193 +160	+212 +160	+244 +160	+290 +160	+370 +160	+143 +110	+162 +110	+194 +110	+240 +110	+320 +110
30	40	+372 +310	+410 +310	+470 +310	+560 +310	+209 +170	+232 +170	+270 +170	+330 +170	+420 +170	+159 +120	+182 +120	+220 +120	+280 +120	+370 +120
40	50	+382 +320	+420 +320	+480 +320	+570 +320	+219 +180	+242 +180	+280 +180	+340 +180	+430 +180	+169 +130	+192 +130	+230 +130	+290 +130	+380 +130
50	65	+414 +340	+460 +340	+530 +340	+640 +340	+236 +190	+264 +190	+310 +190	+380 +190	+490 +190	+186 +140	+214 +140	+260 +140	+330 +140	+440 +140
65	80	+434 +360	+480 +360	+550 +360	+660 +360	+246 +200	+274 +200	+320 +200	+390 +200	+500 +200	+196 +150	+224 +150	+270 +150	+340 +150	+450 +150
80	100	+467 +380	+520 +380	+600 +380	+730 +380	+274 +220	+307 +220	+360 +220	+440 +220	+570 +220	+224 +170	+257 +170	+310 +170	+390 +170	+520 +170
100	120	+497 +410	+550 +410	+630 +410	+760 +410	+294 +240	+327 +240	+380 +240	+460 +240	+590 +240	+234 +180	+267 +180	+320 +180	+400 +180	+530 +180
120	140	+560 +460	+620 +460	+710 +460	+860 +460	+323 +260	+360 +260	+420 +260	+510 +260	+660 +260	+263 +200	+300 +200	+360 +200	+450 +200	+600 +200
140	160	+620 +520	+680 +520	+770 +520	+920 +520	+343 +280	+380 +280	+440 +280	+530 +280	+680 +280	+273 +210	+310 +210	+370 +210	+460 +210	+610 +210
160	180	+680 +580	+740 +580	+830 +580	+980 +580	+373 +310	+410 +310	+470 +310	+560 +310	+710 +310	+293 +230	+330 +230	+390 +230	+480 +230	+630 +230
180	200	+775 +660	+845 +660	+950 +660	+1120 +660	+412 +340	+455 +340	+525 +340	+630 +340	+800 +340	+312 +240	+355 +240	+425 +240	+530 +240	+700 +240
200	225	+855 +740	+925 +740	+1030 +740	+1200 +740	+432 +380	+495 +380	+565 +380	+670 +380	+840 +380	+332 +260	+375 +260	+445 +260	+550 +260	+720 +260
225	250	+935 +820	+1005 +820	+1110 +820	+1280 +820	+492 +420	+535 +420	+605 +420	+710 +420	+880 +420	+352 +280	+395 +280	+465 +280	+570 +280	+740 +280
250	280	+1050 +920	+1130 +920	+1240 +920	+1440 +920	+561 +480	+610 +480	+690 +480	+800 +480	+1000 +480	+381 +300	+430 +300	+510 +300	+620 +300	+820 +300
280	315	+1180 +1050	+1260 +1050	+1370 +1050	+1570 +1050	+621 +540	+670 +540	+750 +540	+860 +540	+1060 +540	+411 +330	+460 +330	+540 +330	+650 +330	+850 +330
315	355	+1340 +1200	+1430 +1200	+1560 +1200	+1770 +1200	+689 +600	+740 +600	+830 +600	+960 +600	+1170 +600	+449 +360	+500 +360	+590 +360	+720 +360	+930 +360
355	400	+1490 +1350	+1580 +1350	+1710 +1350	+1920 +1350	+769 +680	+820 +680	+910 +680	+1040 +680	+1250 +680	+489 +400	+540 +400	+630 +400	+760 +400	+970 +400
400	450	+1655 +1500	+1750 +1500	+1900 +1500	+2130 +1500	+857 +760	+915 +760	+1010 +760	+1160 +760	+1390 +760	+537 +440	+595 +440	+690 +440	+840 +440	+1070 +440
450	500	+1805 +1650	+1900 +1650	+2050 +1650	+2280 +1650	+937 +840	+995 +840	+1090 +840	+1240 +840	+1470 +840	+577 +480	+635 +480	+730 +480	+880 +480	+1110 +480

注：公称尺寸小于1mm时，各级的A和B均不采用。

公称尺寸/mm		D								E						F				
大于	至	6	7	8	9	10	11	12	13	5	6	7	8	9	10	5	6	7	8	9
—	3	+26 +20	+30 +20	+34 +20	+45 +20	+60 +20	+80 +20	+120 +20	+160 +20	+18 +14	+20 +14	+24 +14	+28 +14	+39 +14	+54 +14	+10 +6	+12 +6	+16 +6	+20 +6	+31 +6
3	6	+38 +30	+42 +30	+48 +30	+60 +30	+78 +30	+105 +30	+150 +30	+210 +30	+25 +20	+28 +20	+32 +20	+38 +20	+50 +20	+68 +20	+15 +10	+18 +10	+22 +10	+28 +10	+40 +10
6	10	+49 +40	+55 +40	+62 +40	+76 +40	+98 +40	+130 +40	+190 +40	+260 +40	+31 +25	+34 +25	+40 +25	+47 +25	+61 +25	+83 +25	+19 +13	+22 +13	+28 +13	+35 +13	+49 +13
10	18	+61 +50	+68 +50	+77 +50	+93 +50	+120 +50	+160 +50	+230 +50	+320 +50	+40 +32	+43 +32	+50 +32	+59 +32	+75 +32	+102 +32	+24 +16	+27 +16	+34 +16	+43 +16	+59 +16
18	30	+78 +65	+86 +65	+98 +65	+117 +65	+149 +65	+195 +65	+275 +65	+395 +65	+49 +40	+53 +40	+61 +40	+73 +40	+92 +40	+124 +40	+29 +20	+33 +20	+41 +20	+53 +20	+72 +20
30	50	+96 +80	+105 +80	+119 +80	+142 +80	+180 +80	+240 +80	+330 +80	+470 +80	+61 +50	+66 +50	+75 +50	+89 +50	+112 +50	+150 +50	+36 +25	+41 +25	+50 +25	+64 +25	+87 +25
50	80	+119 +100	+130 +100	+146 +100	+174 +100	+220 +100	+290 +100	+400 +100	+560 +100	+73 +60	+79 +60	+90 +60	+106 +60	+134 +60	+180 +60	+43 +30	+49 +30	+60 +30	+76 +30	+104 +30
80	120	+142 +120	+155 +120	+174 +120	+207 +120	+260 +120	+340 +120	+470 +120	+660 +120	+87 +72	+94 +72	+107 +72	+125 +72	+159 +72	+212 +72	+51 +36	+58 +36	+71 +36	+90 +36	+123 +36
120	180	+170 +145	+185 +145	+208 +145	+245 +145	+305 +145	+395 +145	+545 +145	+775 +145	+103 +85	+110 +85	+125 +85	+148 +85	+185 +85	+245 +85	+61 +43	+68 +43	+83 +43	+106 +43	+143 +43
180	250	+199 +170	+216 +170	+242 +170	+285 +170	+355 +170	+460 +170	+630 +170	+890 +170	+120 +100	+129 +100	+146 +100	+172 +100	+215 +100	+285 +100	+70 +50	+79 +50	+96 +50	+122 +50	+165 +50
250	315	+222 +190	+242 +190	+271 +190	+320 +190	+400 +190	+510 +190	+710 +190	+1000 +190	+133 +110	+142 +110	+162 +110	+191 +110	+240 +110	+320 +110	+79 +56	+88 +56	+108 +56	+137 +56	+186 +56
315	400	+246 +210	+267 +210	+299 +210	+350 +210	+440 +210	+570 +210	+780 +210	+1100 +210	+150 +125	+161 +125	+182 +125	+214 +125	+265 +125	+355 +125	+87 +62	+98 +62	+119 +62	+151 +62	+202 +62
400	500	+270 +230	+293 +230	+327 +230	+385 +230	+480 +230	+630 +230	+860 +230	+1200 +230	+162 +135	+175 +135	+198 +135	+232 +135	+290 +135	+385 +135	+95 +68	+108 +68	+131 +68	+165 +68	+223 +68

公称尺寸/mm		G				H														
		5	6	7	8	1	2	3	4	5	6	7	8	9	10	11	12	13	14	15
大于	至	偏差																		
		μm															mm			
—	3	+6 +2	+8 +2	+12 +2	+16 +2	+0.8 0	+1.2 0	+2 0	+3 0	+4 0	+6 0	+10 0	+14 0	+25 0	+40 0	+60 0	+0.1 0	+0.14 0	+0.25 0	+0.4 0
3	6	+9 +4	+12 +4	+16 +4	+22 +4	+1 0	+1.5 0	+2.5 0	+4 0	+5 0	+8 0	+12 0	+18 0	+30 0	+48 0	+75 0	+0.12 0	+0.18 0	+0.3 0	+0.48 0
6	10	+11 +5	+14 +5	+20 +5	+27 +5	+1 0	+1.5 0	+2.5 0	+4 0	+6 0	+9 0	+15 0	+22 0	+36 0	+58 0	+90 0	+0.15 0	+0.22 0	+0.36 0	+0.58 0
10	18	+14 +6	+17 +6	+24 +6	+33 +6	+1.2 0	+2 0	+3 0	+5 0	+8 0	+11 0	+18 0	+27 0	+43 0	+70 0	+110 0	+0.18 0	+0.27 0	+0.43 0	+0.7 0
18	30	+16 +7	+20 +7	+28 +7	+40 +7	+1.5 0	+2.5 0	+4 0	+6 0	+9 0	+13 0	+21 0	+33 0	+52 0	+84 0	+130 0	+0.21 0	+0.33 0	+0.52 0	+0.81 0
30	50	+20 +9	+25 +9	+34 +9	+48 +9	+1.5 0	+2.5 0	+4 0	+7 0	+11 0	+16 0	+25 0	+39 0	+62 0	+100 0	+160 0	+0.25 0	+0.39 0	+0.62 0	+1 0
50	80	+23 +10	+29 +10	+40 +10	+56 +10	+2 0	+3 0	+5 0	+8 0	+13 0	+19 0	+30 0	+46 0	+74 0	+120 0	+190 0	+0.3 0	+0.46 0	+0.74 0	+1.2 0
80	120	+27 +12	+34 +12	+47 +12	+66 +12	+2.5 0	+4 0	+6 0	+10 0	+15 0	+22 0	+35 0	+54 0	+87 0	+140 0	+220 0	+0.35 0	+0.54 0	+0.87 0	+1.4 0
120	180	+32 +14	+39 +14	+54 +14	+77 +14	+3.5 0	+5 0	+8 0	+12 0	+18 0	+25 0	+40 0	+63 0	+100 0	+160 0	+250 0	+0.4 0	+0.63 0	+1 0	+1.6 0
180	250	+35 +15	+44 +15	+61 +15	+87 +15	+4.5 0	+7 0	+10 0	+14 0	+20 0	+29 0	+46 0	+72 0	+115 0	+185 0	+290 0	+0.46 0	+0.72 0	+1.15 0	+1.85 0
250	315	+40 +17	+49 +17	+69 +17	+98 +17	+6 0	+8 0	+12 0	+16 0	+23 0	+32 0	+52 0	+81 0	+130 0	+210 0	+320 0	+0.52 0	+0.81 0	+1.3 0	+2.1 0
315	400	+43 +18	+54 +18	+75 +18	+107 +18	+7 0	+9 0	+13 0	+18 0	+25 0	+36 0	+57 0	+89 0	+140 0	+230 0	+360 0	+0.57 0	+0.89 0	+1.4 0	+2.3 0
400	500	+47 +20	+60 +20	+83 +20	+117 +20	+8 0	+10 0	+15 0	+20 0	+27 0	+40 0	+63 0	+97 0	+155 0	+250 0	+400 0	+0.63 0	+0.97 0	+1.55 0	+2.5 0

注：IT14～IT18 的 H 偏差只用于大于 1mm 的公称尺寸。

续表

公称尺寸/mm		JS																J		
		1	2	3	4	5	6	7	8	9	10	11	12	13	14	15	16	6	7	8
大于	至	偏差																		
		μm											mm					μm		
—	3	±0.4	±0.6	±1	±1.5	±2	±3	±5	±7	±12	±20	±30	±0.05	±0.07	±0.125	±0.2	±0.3	+2 −4	+4 −6	+6 +8
3	6	±0.5	+0.75	±1.25	±2	±2.5	±4	±6	±9	±15	±24	±37	±0.06	±0.09	±0.15	±0.24	±0.375	+5 −3	±6	+10 −8
6	10	±0.5	±0.75	±1.25	±2	±3	±4.5	±7	±11	±18	±29	±46	±0.075	±0.11	±0.18	±0.29	±0.45	+5 −4	+8 −7	+12 −10
10	18	±0.6	±1	±1.5	±2.5	±4	±5.5	±9	±13	±21	±36	±55	±0.09	±0.135	±0.215	±0.35	±0.55	+6 −5	+10 −8	+15 −12
18	30	±0.75	±1.25	±2	±3	±4.5	±6.5	±10	±16	±26	±42	±65	±0.105	±0.165	±0.26	±0.42	±0.65	+8 −5	+12 −9	+20 −13
30	50	±0.75	±1.25	±2	±3.5	±5.5	±8	±12	±19	±31	±50	±80	±0.125	±0.195	±0.31	±0.5	±0.8	+10 −6	+14 −11	+24 −15
50	80	±1	±1.5	±2.5	±4	±6.5	±9.5	±15	±23	±37	±60	±95	±0.15	±0.23	±0.37	±0.6	±0.95	+13 −6	+18 −12	+28 −18
80	120	±1.25	±2	±3	±5	±7.5	±11	±17	±27	±43	±70	±110	±0.175	±0.27	±0.435	±0.7	±1.1	+16 −6	+22 −13	+34 −20
120	180	±1.75	±2.5	±4	±6	±9	±12.5	±20	±31	±50	±80	±125	±0.2	±0.315	±0.5	±0.8	±1.25	+18 −7	+26 −14	+41 −22
180	250	±2.25	±3.5	±5	±7	±10	±14.5	±23	±36	±57	±92	±145	±0.23	±0.36	±0.575	±0.925	±1.45	+22 −7	+30 −16	+47 −25
250	315	±3	±4	±6	±8	±11.5	±16	±26	±40	±65	±105	±160	±0.28	±0.405	±0.65	±1.05	±1.6	+25 −7	+36 −16	+55 −26
315	400	±3.5	±4.5	±6.5	±9	±12.5	±18	±28	±44	±70	±115	±180	±0.285	±0.445	±0.7	±1.15	±1.8	+29 −7	+39 −18	+60 −29
400	500	±4	±5	±7.5	±10	±13.5	±20	±31	±48	±77	±125	±200	±0.315	±0.485	±0.775	±1.25	±2	+33 −7	+43 −20	+66 −31

注：1. 为避免相同值的重复，JS 表列值以“$\pm X$”给出，可为 ES=$+X$、EI=$-X$，如$^{+0.23}_{-0.23}$mm。

2. IT14～IT18 的 JS 偏差只用于大于 1mm 的公称尺寸。

3. J9、J10 等公差带对称于零线，其偏差值可见 JS9、JS10 等。

4. 公称尺寸大于 3mm 至 6mm 的 J7 的偏差值与对应尺寸段的 JS7 等值。

公称尺寸/mm		K				M				N							P				
大于	至	5	6	7	8	5	6	7	8	5	6	7	8	9	10	11	5	6	7	8	9
—	3	0 −4	0 −6	0 −10	0 −14	−2 −6	−2 −8	−2 −12	−2 −16	−4 −8	−4 −10	−4 −14	−4 −18	−4 −29	−4 −44	−4 −64	−6 −10	−6 −12	−6 −16	−6 −20	−6 −31
3	6	0 −5	+2 −6	+3 −9	+5 −13	−3 −8	−1 −9	0 −12	+2 −16	−7 −12	−5 −13	−4 −16	−2 −20	0 −30	0 −48	0 −75	−11 −16	−9 −17	−8 −20	−12 −30	−12 −42
6	10	+1 −5	+2 −7	+5 −10	+6 −16	−4 −10	−3 −12	0 −15	+1 −21	−8 −14	−7 −16	−4 −19	−3 −25	0 −36	0 −58	0 −90	−13 −19	−12 −21	−9 −24	−15 −37	−15 −51
10	18	+2 −6	+2 −9	+6 −12	+8 −19	−4 −12	−4 −15	0 −18	+2 −25	−9 −17	−9 −20	−5 −23	−3 −30	0 −43	0 −70	0 −110	−15 −23	−15 −26	−11 −29	−18 −45	−18 −61
18	30	+1 −8	+2 −11	+6 −15	+10 −23	−5 −14	−4 −17	0 −21	+4 −29	−12 −21	−11 −24	−7 −28	−3 −36	0 −52	0 −84	0 −130	−19 −28	−18 −31	−14 −35	−22 −55	−22 −74
30	50	+2 −9	+3 −13	+7 −18	+12 −27	−5 −16	−4 −20	0 −25	+5 −34	−13 −24	−12 −28	−8 −33	−3 −42	0 −62	0 −100	0 −160	−22 −33	−21 −37	−17 −42	−26 −65	−26 −88
50	80	+3 −10	+4 −15	+9 −21	+14 −32	−6 −19	−5 −24	0 −30	+5 −41	−15 −28	−14 −33	−9 −39	−4 −50	0 −74	0 −120	0 −190	−27 −40	−26 −45	−21 −51	−32 −78	−32 −106
80	120	+2 −13	+4 −18	+10 −25	+16 −38	−8 −23	−6 −28	0 −35	+6 −48	−18 −33	−16 −38	−10 −45	−4 −58	0 −87	0 −140	0 −220	−32 −47	−30 −52	−24 −59	−37 −91	−37 −124
120	180	+3 −15	+4 −21	+12 −28	+20 −43	−9 −27	−8 −33	0 −40	+8 −55	−21 −39	−20 −45	−12 −52	−4 −67	0 −100	0 −160	0 −250	−37 −55	−36 −61	−28 −68	−43 −106	−43 −143
180	250	+2 −18	+5 −24	+13 −33	+22 −50	−11 −31	−8 −37	0 −46	+9 −63	−25 −45	−22 −51	−14 −60	−5 −77	0 −115	0 −185	0 −290	−44 −64	−41 −70	−33 −79	−50 −122	−50 −165
250	315	+3 −20	+5 −27	+16 −36	+25 −56	−13 −36	−9 −41	0 −52	+9 −72	−27 −50	−25 −57	−14 −66	−5 −86	0 −130	0 −210	0 −320	−49 −72	−47 −79	−36 −88	−56 −137	−56 −186
315	400	+3 −22	+7 −29	+17 −40	+28 −61	−14 −39	−10 −46	0 −57	+11 −78	−30 −55	−26 −62	−16 −73	−5 −94	0 −140	0 −230	0 −360	−55 −80	−51 −87	−41 −98	−62 −151	−62 −202
400	500	+2 −25	+8 −32	+18 −45	+29 −68	−16 −43	−10 −50	0 −63	+11 −86	−33 −60	−27 −67	−17 −80	−6 −103	0 −155	0 −250	0 −400	−61 −88	−55 −95	−45 −108	−68 −165	−68 −223

注：1. 公称尺寸大于 3mm 时，大于 IT8 的 K 偏差值不作规定。

2. 公差带 N9、N10 和 N11 只用于大于 1mm 的公称尺寸。

续表

公称尺寸/mm		R				S					T			U	
大于	至	5	6	7	8	5	6	7	8	9	6	7	8	6	7
—	3	−10 −14	−10 −16	−10 −20	−10 −24	−14 −18	−14 −20	−14 −24	−14 −28	−14 −39				−18 −24	−18 −28
3	6	−14 −19	−12 −20	−11 −23	−15 −33	−18 −23	−16 −24	−15 −27	−19 −37	−19 −49				−20 −28	−19 −31
6	10	−17 −23	−16 −25	−13 −28	−19 −41	−21 −27	−20 −29	−17 −32	−23 −45	−23 −59				−25 −34	−22 −37
10	18	−20 −28	−20 −31	−16 −34	−23 −50	−25 −33	−25 −36	−21 −39	−28 −55	−28 −71				−30 −41	−26 −44
18	24	−25 −34	−24 −37	−20 −41	−28 −61	−32 −41	−31 −44	−27 −48	−35 −68	−35 −87				−37 −50	−33 −54
24	30										−37 −50	−33 −54	−41 −74	−44 −57	−40 −61
30	40	−30 −41	−29 −45	−25 −50	−34 −73	−39 −50	−38 −54	−34 −59	−43 −82	−43 −105	−43 −59	−39 −64	−48 −87	−55 −71	−51 −76
40	50										−49 −65	−45 −70	−54 −93	−65 −81	−61 −86
50	65	−36 −49	−35 −54	−30 −60	−41 −87	−48 −61	−47 −66	−42 −72	−53 −99	−53 −127	−60 −79	−55 −85	−66 −112	−81 −100	−76 −106
65	80	−38 −51	−37 −56	−32 −62	−43 −89	−54 −67	−53 −72	−48 −78	−59 −105	−59 −133	−69 −88	−64 −94	−75 −121	−96 −115	−91 −121
80	100	−46 −61	−44 −66	−38 −73	−51 −105	−66 −81	−64 −86	−58 −93	−71 −125	−71 −158	−84 −106	−78 −113	−91 −145	−117 −139	−111 −146
100	120	−49 −64	−47 −69	−41 −76	−54 −108	−74 −89	−72 −94	−66 −101	−79 −133	−79 −166	−97 −119	−91 −126	−104 −158	−137 −159	−131 −166
120	140	−57 −75	−56 −81	−48 −88	−63 −126	−86 −104	−85 −110	−77 −117	−92 −155	−92 −192	−115 −140	−107 −147	−122 −185	−163 −188	−155 −195
140	160	−59 −77	−58 −83	−50 −90	−65 −128	−94 −112	−93 −118	−85 −125	−100 −163	−100 −200	−127 −152	−119 −159	−134 −197	−183 −208	−175 −215
160	180	−62 −80	−61 −86	−53 −93	−68 −131	−102 −120	−101 −126	−93 −133	−108 −171	−108 −208	−139 −164	−131 −171	−146 −209	−203 −228	−195 −235
180	200	−71 −91	−68 −97	−60 −106	−77 −149	−116 −136	−113 −142	−105 −151	−122 −194	−122 −237	−157 −186	−149 −195	−166 −238	−227 −256	−219 −265
200	225	−74 −94	−71 −100	−63 −109	−80 −152	−124 −144	−121 −150	−113 −159	−130 −202	−130 −245	−171 −200	−163 −209	−180 −252	−249 −278	−241 −287
225	250	−78 −98	−75 −104	−67 −113	−84 −156	−134 −154	−131 −160	−123 −169	−140 −212	−140 −255	−187 −216	−179 −225	−196 −268	−275 −304	−267 −313
250	280	−87 −110	−85 −117	−74 −126	−94 −175	−151 −174	−149 −181	−138 −190	−158 −239	−158 −288	−209 −241	−198 −250	−218 −299	−306 −338	−295 −347
280	315	−91 −114	−89 −121	−78 −130	−98 −179	−163 −186	−161 −193	−150 −202	−170 −251	−170 −300	−231 −263	−220 −272	−240 −321	−341 −373	−330 −382
315	355	−101 −126	−97 −133	−87 −144	−108 −197	−183 −208	−179 −215	−169 −226	−190 −279	−190 −330	−257 −293	−247 −304	−268 −357	−379 −415	−369 −426
355	400	−107 −132	−103 −139	−93 −150	−114 −203	−201 −226	−197 −233	−187 −244	−208 −297	−208 −348	−383 −319	−273 −330	−294 −383	−424 −460	−414 −471
400	450	−119 −146	−113 −153	−103 −166	−126 −223	−225 −252	−219 −259	−209 −272	−232 −329	−232 −387	−317 −357	−307 −370	−330 −427	−477 −517	−467 −530
450	500	−125 −152	−119 −159	−109 −172	−132 −229	−245 −272	−239 −279	−229 −292	−252 −349	−252 −407	−347 −387	−337 −400	−360 −457	−527 −567	−517 −580

注：公称尺寸至24mm的T6～T8的偏差值未列入表内，建议以U6～U8代替。如非要T6～T8，则可按GB/T 1800.1计算。

续表

公称尺寸/mm		U			V			X					Y		
大于	至	8	9	10	6	7	8	6	7	8	9	10	6	7	8
—	3	−18 −32	−18 −43	−18 −58				−20 −26	−20 −30	−20 −34	−20 −45	−20 −60			
3	6	−23 −41	−23 −53	−23 −71				−25 −33	−24 −36	−28 −46	−28 −58	−28 −76			
6	10	−28 −50	−28 −64	−28 −86				−31 −40	−28 −43	−34 −56	−34 −70	−34 −92			
10	14	−33 −60	−33 −76	−33 −103				−37 −48	−33 −51	−40 −67	−40 −83	−40 −110			
14	18				−36 −47	−32 −50	−39 −66	−42 −53	−38 −56	−45 −72	−45 −88	−45 −115			
18	24	−41 −74	−41 −93	−41 −125	−43 −56	−39 −60	−47 −80	−50 −63	−46 −67	−54 −87	−54 −106	−54 −138	−59 −72	−55 −76	−63 −96
24	30	−48 −81	−48 −100	−48 −132	−51 −64	−47 −68	−55 −88	−60 −73	−56 −77	−64 −97	−64 −116	−64 −148	−71 −84	−67 −88	−75 −108
30	40	−60 −99	−60 −122	−60 −160	−63 −79	−59 −84	−68 −107	−75 −91	−71 −96	−80 −119	−80 −142	−80 −180	−89 −105	−85 −110	−94 −133
40	50	−70 −109	−70 −132	−70 −170	−76 −92	−72 −97	−81 −120	−92 −108	−88 −113	−97 −136	−97 −159	−97 −197	−109 −125	−105 −130	−114 −153
50	65	−87 −133	−87 −161	−87 −207	−96 −115	−91 −121	−102 −148	−116 −135	−111 −141	−122 −168	−122 −196		−138 −157	−133 −163	−144 −190
65	80	−102 −148	−102 −176	−102 −222	−114 −133	−109 −139	−120 −166	−140 −159	−135 −165	−146 −192	−146 −220		−168 −187	−163 −193	−174 −220
80	100	−124 −178	−124 −211	−124 −264	−139 −161	−133 −168	−146 −200	−171 −193	−165 −200	−178 −232	−178 −265		−207 −229	−201 −236	−214 −268
100	120	−144 −198	−144 −231	−144 −284	−165 −187	−159 −194	−172 −226	−203 −225	−197 −232	−210 −264	−210 −297		−247 −269	−241 −276	−254 −308
120	140	−170 −233	−170 270	−170 −330	−195 −220	−187 −227	−202 −265	−241 −266	−233 −273	−248 −311	−248 −348		−293 −318	−285 −325	−300 −363
140	160	−190 −253	−190 −290	−190 −350	−221 −246	−213 −253	−228 −291	−273 −298	−265 −305	−280 −343	−280 −380		−333 −358	−325 −365	−340 −403
160	180	−210 −273	−210 −310	−210 −370	−245 −270	−237 −277	−252 −315	−303 −328	−295 −335	−310 −373	−310 −410		−373 −398	−365 −405	−380 −443
180	200	−236 −308	−236 −351	−236 −421	−275 −304	−267 −313	−284 −356	−341 −370	−333 −379	−350 −422	−350 −465		−416 −445	−408 −454	−425 −497
200	225	−258 −330	−258 −373	−258 −443	−301 −330	−293 −339	−310 −382	−376 −405	−368 −414	−385 −457	−385 −500		−461 −490	−453 −499	−470 −542
225	250	−284 −356	−284 −399	−284 −469	−331 −360	−323 −369	−340 −412	−416 −445	−408 −454	−425 −497	−425 −540		−511 −540	−503 −549	−520 −592
250	280	−315 −396	−315 −445	−315 −525	−376 −408	−365 −417	−385 −466	−466 −498	−455 −507	−475 −556	−475 −605		−571 −603	−560 −612	−580 −661
280	315	−350 −431	−350 −480	−350 −560	−416 −448	−405 −457	−425 −506	−516 −548	−505 −557	−525 −606	−525 −655		−641 −673	−630 −682	−650 −731
315	355	−390 −479	−390 −530	−390 −620	−464 −500	−454 −511	−475 −564	−579 −615	−569 −626	−590 −679	−590 −730		−719 −755	−709 −766	−730 −819
355	400	−435 −524	−435 −575	−435 −665	−519 −555	−509 −566	−530 −619	−649 −685	−639 −696	−660 −749	−660 −800		−809 −845	−799 −856	−820 −909
400	450	−490 −587	−490 −645	−490 −740	−582 −622	−572 −635	−595 −692	−727 −767	−717 −780	−740 −837	−740 −895		−907 −947	−897 −960	−920 −1017
450	500	−540 −637	−540 −695	−540 −790	−647 −687	−637 −700	−660 −757	−807 −847	−797 −860	−820 −917	−820 −975		−987 −1027	−977 −1040	−1000 −1097

注：1. 公称尺寸至 14mm 的 V6～V8 的偏差值未列入表内，建议以 X6～X8 代替。如非要 V6～V8，则可按 GB/T 1800.1 计算。

2. 公称尺寸至 18mm 的 Y6～Y8 的偏差值未列入表内，建议以 Z6～Z8 代替。如非要 Y6～Y8，则可按 GB/T 1800.1 计算。

续表

公称尺寸/mm		Z						ZA			ZB			ZC		
大于	至	6	7	8	9	10	11	7	8	9	8	9	10	8	9	10
—	3	-26 -32	-26 -36	-26 -40	-26 -51	-26 -66	-26 -86	-32 -42	-32 -46	-32 -57	-40 -54	-40 -65	-40 -80	-60 -74	-60 -85	-60 -100
3	6	-32 -40	-31 -43	-35 -53	-35 -65	-35 -83	-35 -110	-38 -50	-42 -60	-42 -72	-50 -68	-50 -80	-50 -98	-80 -98	-80 -110	-80 -128
6	10	-39 -48	-36 -51	-42 -64	-42 -78	-42 -100	-42 -132	-46 -61	-52 -74	-52 -88	-67 -89	-67 -103	-67 -125	-97 -119	-97 -133	-97 -155
10	14	-47 -58	43 -61	-50 -77	-50 -93	-50 -120	-50 -160	-57 -75	-64 -91	-64 -107	-90 -117	-90 -133	-90 -160	-130 -157	-130 -173	-130 -200
14	18	-57 -68	-53 -71	-60 -87	-60 -103	-60 -130	-60 -170	-70 -88	-77 -104	-77 -120	-108 -135	-108 -151	-108 -178	-150 -177	-150 -193	-150 -220
18	24	-69 -82	-65 -86	-73 -106	-73 -125	-73 -157	-73 -203	-90 -111	-98 -131	-98 -150	-136 -169	-136 -188	-136 -220	-188 -221	-188 -240	-188 -272
24	30	-84 -97	-80 -101	-88 -121	-88 -140	-88 -172	-88 -218	-110 -131	-118 -151	-118 -170	-160 -193	-160 -212	-160 -244	-218 -251	-218 -270	-218 -302
30	40	-107 -123	-103 -128	-112 -151	-112 -174	-112 -212	-112 -272	-139 -164	-148 -187	-148 -210	-200 -239	-200 -262	-200 -300	-274 -313	-274 -336	-274 -374
40	50	-131 -147	-127 -152	-136 -175	-136 -198	-136 -236	-136 -296	-171 -196	-180 -219	-180 -242	-242 -281	-242 -304	-242 -342	-325 -364	-325 -387	-325 -425
50	65		-161 -191	-172 -218	-172 -246	-172 -292	-172 -362	-215 -245	-226 -272	-226 -300	-300 -346	-300 -374	-300 -420	-405 -451	-405 -479	-405 -525
65	80		-199 -229	-210 -256	-210 -284	-210 -330	-210 -400	-263 -293	-274 -320	-274 -348	-360 -406	-360 -434	-360 -480	-480 -526	-480 -554	-480 -600
80	100		-245 -280	-258 -312	-258 -345	-258 -398	-258 -478	-322 -357	-335 -389	-335 -422	-445 -499	-445 -532	-445 -585	-585 -639	-585 -672	-585 -725
100	120		-297 -332	-310 -364	-310 -397	-310 -450	-310 -530	-387 -422	-400 -454	-400 -487	-525 -579	-525 -612	-525 -665	-690 -744	-690 -777	-690 -830
120	140		-350 -390	-365 -428	-365 -465	-365 -525	-365 -615	-455 -495	-470 -533	-470 -570	-620 -683	-620 -720	-620 -780	-800 -863	-800 -900	-800 -960
140	160		-400 -440	-415 -478	-415 -515	-415 -575	-415 -665	-520 -560	-535 -598	-535 -635	-700 -763	-700 -800	-700 -860	-900 -963	-900 -1000	-900 -1060
160	180		-450 -490	-465 -528	-465 -565	-465 -625	-465 -715	-585 -625	-600 -663	-600 -700	-780 -843	-780 -880	-780 -940	-1000 -1063	-1000 -1100	-1000 -1160
180	200		-503 -549	-520 -592	-520 -635	-520 -705	-520 -810	-653 -699	-670 -742	-670 -785	-880 -952	-880 -995	-880 -1065	-1150 -1222	-1150 -1265	-1150 -1335
200	225		-558 -604	-575 -647	-575 -690	-575 -760	-575 -865	-723 -769	-740 -812	-740 -855	-960 -1032	-960 -1075	-960 -1145	-1250 -1322	-1250 -1365	-1250 -1435
225	250		-623 -669	-640 -712	-640 -755	-640 -825	-640 -930	-803 -849	-820 -892	-820 -935	-1050 -1122	-1050 -1165	-1050 -1235	-1350 -1422	-1350 -1465	-1350 -1535
250	280		-690 -742	-710 -791	-710 -840	-710 -920	-710 -1030	-900 -952	-920 -1001	-920 -1050	-1200 -1281	-1200 -1330	-1200 -1410	-1550 -1631	-1550 -1680	-1550 -1760
280	315		-770 -822	-790 -871	-790 -920	-790 -1000	-790 -1110	-980 -1032	-1000 -1081	-1000 -1130	-1300 -1381	-1300 -1430	-1300 -1510	-1700 -1781	-1700 -1830	-1700 -1910
315	355		-879 -936	-900 -989	-900 -1040	-900 -1130	-900 -1260	-1129 -1186	-1150 -1239	-1150 -1290	-1500 -1589	-1500 -1640	-1500 -1730	-1900 -1989	-1900 -2040	-1900 -2130
355	400		-979 -1036	-1000 -1089	-1000 -1140	-1000 1230	-1000 -1360	-1279 -1336	-1300 -1389	-1300 -1440	-1650 -1739	-1650 -1790	-1650 -1880	-2100 -2189	-2100 -2240	-2100 -2330
400	450		-1077 -1140	-1100 -1197	-1100 -1255	-1100 -1350	-1100 -1500	-1427 -1490	-1450 -1547	-1450 -1605	-1850 -1947	-1850 -2005	-1850 -2100	-2400 -2497	-2400 -2555	-2400 -2650
450	500		-1227 -1290	-1250 -1347	-1250 -1405	-1250 -1500	-1250 -1650	-1577 -1610	-1600 -1697	-1600 -1755	-2100 -2197	-2100 -2255	-2100 -2350	-2600 -2697	-2600 -2755	-2600 -2850

表 1-3-12　公称尺寸至 500mm 轴的极限偏差

/μm

公称尺寸/mm		a				b					c			
大于	至	9	10	11	12	8	9	10	11	12	8	9	10	11
—	3	−270 −295	−270 −310	−270 −330	−270 −370	−140 −154	−140 −165	−140 −180	−140 −200	−140 −240	−60 −74	−60 −85	−60 −100	−60 −120
3	6	−270 −300	−270 −318	−270 −345	−270 −390	−140 −158	−140 −170	−140 −188	−140 −215	−140 −260	−70 −88	−70 −100	−70 −118	−70 −145
6	10	−280 −316	−280 −338	−280 −370	−280 −430	−150 −172	−150 −186	−150 −208	−150 −240	−150 −300	−80 −102	−80 −116	−80 −138	−80 −170
10	18	−290 −333	−290 −360	−290 −400	−290 −470	−150 −177	−150 −193	−150 −220	−150 −260	−150 −330	−95 −122	−95 −138	−95 −165	−95 −205
18	30	−300 −352	−300 −384	−300 −430	−300 −510	−160 −193	−160 −212	−160 −244	−160 −290	−160 −370	−110 −143	−110 −162	−110 −194	−110 −240
30	40	−310 −372	−310 −410	−310 −470	−310 −560	−170 −209	−170 −232	−170 −270	−170 −330	−170 −420	−120 −159	−120 −182	−120 −220	−120 −280
40	50	−320 −382	−320 −420	−320 −480	−320 −570	−180 −219	−180 −242	−180 −280	−180 −340	−180 −430	−130 −169	−130 −192	−130 −230	−130 −290
50	65	−340 −414	−340 −460	−340 −530	−340 −640	−190 −236	−190 −264	−190 −310	−190 −380	−190 −490	−140 −186	−140 −214	−140 −260	−140 −330
65	80	−360 −434	−360 −480	−360 −550	−360 −660	−200 −246	−200 −274	−200 −320	−200 −390	−200 −500	−150 −196	−150 −224	−150 −270	−150 −340
80	100	−380 −467	−380 −520	−380 −600	−380 −730	−220 −274	−220 −307	−220 −360	−220 −440	−220 −570	−170 −224	−170 −257	−170 −310	−170 −390
100	120	−410 −497	−410 −550	−410 −630	−410 −760	−240 −294	−240 −327	−240 −380	−240 −460	−240 −590	−180 −234	−180 −267	−180 −320	−180 −400
120	140	−460 −560	−460 −620	−460 −710	−460 −860	−260 −323	−260 −360	−260 −420	−260 −510	−260 −660	−200 −263	−200 −300	−200 −360	−200 −450
140	160	−520 −620	−520 −680	−520 −770	−520 −920	−280 −343	−280 −380	−280 −440	−280 −530	−280 −680	−210 −273	−210 −310	−210 −370	−210 −460
160	180	−580 −680	−580 −740	−580 −830	−580 −980	−310 −373	−310 −410	−310 −470	−310 −560	−310 −710	−230 −293	−230 −330	−230 −390	−230 −480
180	200	−660 −775	−660 −845	−660 −950	−660 −1120	−340 −412	−340 −455	−340 −525	−340 −630	−340 −800	−240 −312	−240 −355	−240 −425	−240 −530
200	225	−740 −855	−740 −925	−740 −1030	−740 −1200	−380 −452	−380 −495	−380 −565	−380 −670	−380 −840	−260 −332	−260 −375	−260 −445	−260 −550
225	250	−820 −935	−820 −1005	−820 −1110	−820 −1280	−420 −492	−420 −535	−420 −605	−420 −710	−420 −880	−280 −352	−280 −395	−280 −465	−280 −570
250	280	−920 −1050	−920 −1130	−920 −1240	−920 −1440	−480 −561	−480 −610	−480 −690	−480 −800	−480 −1000	−300 −381	−300 −430	−300 −510	−300 −620
280	315	−1050 −1180	−1050 −1260	−1050 −1370	−1050 −1570	−540 −621	−540 −670	−540 −750	−540 −860	−540 −1060	−330 −411	−330 −460	−330 −540	−330 −650
315	355	−1200 −1340	−1200 −1430	−1200 −1560	−1200 −1770	−600 −689	−600 −740	−600 −830	−600 −960	−600 −1170	−360 −449	−360 −500	−360 −590	−360 −720
355	400	−1350 −1490	−1350 −1580	−1350 −1710	−1350 −1920	−680 −769	−680 −820	−680 −910	−680 −1040	−680 −1250	−400 −489	−400 −540	−400 −630	−400 −760
400	450	−1500 −1655	−1500 −1750	−1500 −1900	−1500 −2130	−760 −857	−760 −915	−760 −1010	−760 −1160	−760 −1390	−440 −537	−440 −595	−440 −690	−440 −840
450	500	−1650 −1805	−1650 −1900	−1650 −2050	−1650 −2280	−840 −937	−840 −995	−840 −1090	−840 −1240	−840 −1470	−480 −577	−480 −635	−480 −730	−480 −880

注：公称尺寸小于 1mm 时，各级的 a 和 b 均不采用。

公称尺寸/mm		d									e						f				
大于	至	5	6	7	8	9	10	11	12	13	5	6	7	8	9	10	5	6	7	8	9
—	3	−20 −24	−20 −26	−20 −30	−20 −34	−20 −45	−20 −60	−20 −80	−20 −120	−20 −160	−14 −18	−14 −20	−14 −24	−14 −28	−14 −39	−14 −54	−6 −10	−6 −12	−6 −16	−6 −20	−6 −31
3	6	−30 −35	−30 −38	−30 −42	−30 −48	−30 −60	−30 −78	−30 −105	−30 −150	−30 −210	−20 −25	−20 −28	−20 −32	−20 −38	−20 −50	−20 −68	−10 −15	−10 −18	−10 −22	−10 −28	−10 −40
6	10	−40 −46	−40 −49	−40 −55	−40 −62	−40 −76	−40 −98	−40 −130	−40 −190	−40 −260	−25 −31	−25 −34	−25 −40	−25 −47	−25 −61	−25 −83	−13 −19	−13 −22	−13 −28	−13 −35	−13 −49
10	18	−50 −58	−50 −61	−50 −68	−50 −77	−50 −93	−50 −120	−50 −160	−50 −230	−50 −320	−32 −40	−32 −43	−32 −50	−32 −59	−32 −75	−32 −102	−16 −24	−16 −27	−16 −34	−16 −43	−16 −59
18	30	−65 −74	−65 −78	−65 −86	−65 −98	−65 −117	−65 −149	−65 −195	−65 −275	−65 −395	−40 −49	−40 −53	−40 −61	−40 −73	−40 −92	−40 −124	−20 −29	−20 −33	−20 −41	−20 −53	−20 −72
30	50	−80 −91	−80 −96	−80 −105	−80 −119	−80 −142	−80 −180	−80 −240	−80 −330	−80 −470	−50 −61	−50 −66	−50 −75	−50 −89	−50 −112	−50 −150	−25 −36	−25 −41	−25 −50	−25 −64	−25 −87
50	80	−100 −113	−100 −119	−100 −130	−100 −146	−100 −174	−100 −220	−100 −290	−100 −400	−100 −560	−60 −73	−60 −79	−60 −90	−60 −106	−60 −134	−60 −180	−30 −43	−30 −49	−30 −60	−30 −76	−30 −104
80	120	−120 −135	−120 −142	−120 −155	−120 −174	−120 −207	−120 −260	−120 −340	−120 −470	−120 −660	−72 −87	−72 −94	−72 −107	−72 −126	−72 −212	−72 −159	−36 −51	−36 −58	−36 −71	−36 −90	−36 −123
120	180	−145 −163	−145 −170	−145 −185	−145 −208	−145 −245	−145 −305	−145 −395	−145 −545	−145 −775	−85 −103	−85 −110	−85 −125	−85 −148	−85 −185	−85 −245	−43 −61	−43 −68	−43 −83	−43 −106	−43 −143
180	250	−170 −190	−170 −199	−170 −216	−170 −242	−170 −285	−170 −355	−170 −460	−170 −630	−170 −890	−100 −120	−100 −129	−100 −146	−100 −172	−100 −215	−100 −285	−50 −70	−50 −79	−50 −96	−50 −122	−50 −165
250	315	−190 −213	−190 −222	−190 −242	−190 −271	−190 −320	−190 −400	−190 −510	−190 −710	−190 −1000	−110 −133	−110 −142	−110 −162	−110 −191	−110 −240	−110 −320	−56 −79	−56 −88	−56 −108	−56 −137	−56 −185
315	400	−210 −235	−210 −246	−210 −267	−210 −299	−210 −350	−210 −440	−210 −570	−210 −780	−210 −1100	−125 −150	−125 −161	−125 −182	−125 −214	−125 −265	−125 −355	−62 −87	−62 −98	−62 −119	−62 −151	−62 −202
400	500	−230 −257	−230 −270	−230 −293	−230 −327	−230 −385	−230 −480	−230 −630	−230 −860	−230 −1200	−135 −162	−135 −175	−135 −198	−135 −232	−135 −290	−135 −385	−68 −95	−68 −108	−68 −131	−68 −165	−68 −223

公称尺寸/mm		g				h														
		5	6	7	8	1	2	3	4	5	6	7	8	9	10	11	12	13	14	15
大于	至	偏差																		
		μm															mm			
—	3	−2 −6	−2 −8	−2 −12	−2 −16	0 −0.8	0 −1.2	0 −2	0 −3	0 −4	0 −6	0 −10	0 −14	0 −25	0 −40	0 −60	0 −0.1	0 −0.14	0 −0.25	0 −0.4
3	6	−4 −9	−4 −12	−4 −16	−4 −22	0 −1	0 −1.5	0 −2.5	0 −4	0 −5	0 −8	0 −12	0 −18	0 −30	0 −48	0 −75	0 −0.12	0 −0.18	0 −0.3	0 −0.48
6	10	−5 −11	−5 −14	−5 −20	−5 −27	0 −1	0 −1.5	0 −2.5	0 −4	0 −6	0 −9	0 −15	0 −22	0 −36	0 −58	0 −90	0 −0.15	0 −0.22	0 −0.36	0 −0.58
10	18	−6 −14	−6 −17	−6 −24	−6 −33	0 −1.2	0 −2	0 −3	0 −5	0 −8	0 −11	0 −18	0 −27	0 −43	0 −70	0 −110	0 −0.18	0 −0.27	0 −0.43	0 −0.7
18	30	−7 −16	−7 −20	−7 −28	−7 −40	0 −1.5	0 −2.5	0 −4	0 −6	0 −9	0 −13	0 −21	0 −33	0 −52	0 −84	0 −130	0 −0.21	0 −0.33	0 −0.52	0 −0.84
30	50	−9 −20	−9 −25	−9 −34	−9 −48	0 −1.5	0 −2.5	0 −4	0 −7	0 −11	0 −16	0 −25	0 −39	0 −62	0 −100	0 −160	0 −0.25	0 −0.39	0 −0.62	0 −1
50	80	−10 −23	−10 −29	−10 −40	−10 −56	0 −2	0 −3	0 −5	0 −8	0 −13	0 −19	0 −30	0 −46	0 −74	0 −120	0 −190	0 −0.3	0 −0.46	0 −0.74	0 −1.2
80	120	−12 −27	−12 −34	−12 −47	−12 −66	0 −2.5	0 −4	0 −6	0 −10	0 −15	0 −22	0 −35	0 −54	0 −87	0 −140	0 −220	0 −0.35	0 −0.54	0 −0.87	0 −1.4
120	180	−14 −32	−14 −39	−14 −54	−14 −77	0 −3.5	0 −5	0 −8	0 −12	0 −18	0 −25	0 −40	0 −63	0 −100	0 −160	0 −250	0 −0.4	0 −0.63	0 −1	0 −1.6
180	250	−15 −35	−15 −44	−15 −61	−15 −87	0 −4.5	0 −7	0 −10	0 −14	0 −20	0 −29	0 −46	0 −72	0 −115	0 185	0 −290	0 −0.46	0 −0.72	0 −1.15	0 −1.85
250	315	−17 −40	−17 −49	−17 −69	−17 −98	0 −6	0 −8	0 −12	0 −16	0 −23	0 −32	0 −52	0 −81	0 −130	0 −210	0 −320	0 −0.52	0 −0.81	0 −1.3	0 −2.1
315	400	−18 −43	−18 −54	−18 −75	−18 −107	0 −7	0 −9	0 −13	0 −18	0 −25	0 −36	0 −57	0 −89	0 −140	0 −230	0 −360	0 −0.57	0 −0.89	0 −1.4	0 −2.3
400	500	−20 −47	−20 −60	−20 −83	−20 −117	0 −8	0 −10	0 −15	0 −20	0 −27	0 −40	0 −63	0 −97	0 −155	0 −250	0 −400	0 −0.63	0 −0.97	0 −1.55	0 −2.5

注：IT14～IT18 的 h 偏差只用于大于 1mm 的公称尺寸。

续表

公称尺寸/mm		js																j		
		1	2	3	4	5	6	7	8	9	10	11	12	13	14	15	16	5	6	7
大于	至	偏差																		
		μm											mm					μm		
—	3	±0.4	±0.6	±1	±1.5	±2	±3	±5	±7	±12	±20	±30	±0.05	±0.07	±0.125	±0.2	±0.3	±2	+4 −2	+6 −4
3	6	±0.5	±0.75	±1.25	±2	±2.5	±4	±6	±9	±15	±24	±37	±0.06	±0.09	±0.15	±0.24	±0.375	+3 −2	+6 −2	+8 −4
6	10	±0.5	±0.75	±1.25	±2	±3	±4.5	±7	±11	±18	±29	±45	±0.075	±0.11	±0.18	±0.29	±0.45	+4 −2	+7 −2	+10 −5
10	18	±0.6	±1	±1.5	±2.5	±4	±5.5	±9	±13	±21	±35	±55	±0.09	±0.135	±0.215	±0.35	±0.55	+5 −3	+8 −3	+12 −6
18	30	±0.75	±1.25	±2	±3	±4.5	±6.5	±10	±16	±26	±42	±65	±0.105	±0.165	±0.26	±0.42	±0.65	+5 −4	+9 −4	+13 −8
30	50	±0.75	±1.25	±2	±3.5	±5.5	±8	±12	±19	±31	±50	±80	±0.125	±0.195	±0.31	±0.5	±0.8	+6 −5	+11 −5	+15 −10
50	80	±1	±1.5	±2.5	±4	±6.5	±9.5	±15	±23	±37	±60	±95	±0.15	±0.23	±0.37	±0.6	±0.95	+6 −7	+12 −7	+18 −12
80	120	±1.25	±2	±3	±5	±7.5	±11	±17	±27	±43	±70	±110	±0.175	±0.27	±0.435	±0.7	±1.1	+6 −9	+13 −9	+20 −15
120	180	±1.75	±2.5	±4	±6	±9	±12.5	±20	±31	±50	±80	±125	±0.2	±0.315	±0.5	±0.8	±1.25	+7 −11	+14 −11	+22 −18
180	250	±2.25	±3.5	±5	±7	±10	±14.5	±23	±36	±57	±92	±145	±0.23	±0.36	±0.575	±0.925	±1.45	+7 −13	+16 −13	+25 −21
250	315	±3	±4	±6	±8	±11.5	±16	±26	±40	±65	±105	±160	±0.26	±0.405	±0.65	±1.05	±1.6	+7 −16	±16	±26
315	400	±3.5	±4.5	±6.5	±9	±12.5	±18	±28	±44	±70	±115	±180	±0.285	±0.445	±0.7	±1.15	±1.8	+7 −18	±18	+29 −28
400	500	±4	±5	±7.5	±10	±13.5	±20	±31	±48	±77	±125	±200	±0.315	±0.485	±0.775	±1.25	±2	+7 −20	±20	+31 −32

注：1. 为避免相同值的重复，js 表列值以“±X”给出，可为 es＝+X、ei＝−X，如$^{+0.23}_{-0.23}$mm。
2. IT14～IT18 的 js 偏差只用于大于 1mm 的公称尺寸。
3. j5、j6 和 j7 的某些极限值与 js5、js6 和 js7 一样用“±X”表示。

公称尺寸/mm		k					m					n					p				
大于	至	5	6	7	8	9	4	5	6	7	8	4	5	6	7	8	5	6	7	8	9
—	3	+4 0	+6 0	+10 0	+14 0	+25 0	+5 +2	+6 +2	+8 +2	+12 +2	+16 +2	+7 +4	+8 +4	+10 +4	+14 +4	+18 +4	+10 +6	+12 +6	+16 +6	+20 +6	+31 +6
3	6	+6 +1	+9 +1	+13 +1	+18 0	+30 0	+8 +4	+9 +4	+12 +4	+16 +4	+22 +4	+12 +8	+13 +8	+16 +8	+20 +8	+26 +8	+17 +12	+20 +12	+24 +12	+30 +12	+42 +12
6	10	+7 +1	+10 +1	+16 +1	+22 0	+36 0	+10 +6	+12 +6	+15 +6	+21 +6	+28 +6	+14 +10	+16 +10	+19 +10	+25 +10	+32 +10	+21 +15	+24 +15	+30 +15	+37 +15	+51 +15
10	18	+9 +1	+12 +1	+19 +1	+27 0	+43 0	+12 +7	+15 +7	+18 +7	+25 +7	+34 +7	+17 +12	+20 +12	+23 +12	+30 +12	+39 +12	+26 +18	+29 +18	+36 +18	+45 +18	+61 +18
18	30	+11 +2	+15 +2	+23 +2	+33 0	+52 0	+14 +8	+17 +8	+21 +8	+29 +8	+41 +8	+21 +15	+24 +15	+28 +15	+36 +15	+48 +15	+31 +22	+35 +22	+43 +22	+55 +22	+74 +22
30	50	+13 +2	+18 +2	+27 +2	+39 0	+62 0	+16 +9	+20 +9	25 +9	+34 +9	+48 +9	+24 +17	+28 +17	+33 +17	+42 +17	+56 +17	+37 +26	+42 +26	+51 +26	+65 +26	+88 +26
50	80	+15 +2	+21 +2	+32 +2	+46 0	+74 0	+19 +11	+24 +11	+30 +11	+41 +11		+28 +20	+33 +20	+39 +20	+50 +20		+45 +32	+51 +32	+62 +32	+78 +32	
80	120	+18 +3	+25 +3	+38 +3	+54 0	+87 0	+23 +13	+28 +13	+35 +13	+48 +13		+33 +23	+38 +23	+45 +23	+58 +23		+52 +37	+59 +37	+72 +37	+91 +37	
120	180	+21 +3	+28 +3	+43 +3	+63 0	+100 0	+27 +15	+33 +15	+40 +15	+55 +15		+39 +27	+45 +27	+52 +27	+67 +27		+61 +43	+68 +43	+83 +43	+106 +43	
180	250	+24 +4	+33 +4	+50 +4	+72 0	+115 0	+31 +17	+37 +17	+46 +17	+63 +17		+45 +31	+51 +31	+60 +31	+77 +31		+70 +50	+79 +50	+96 +50	+122 +50	
250	315	+27 +4	+36 +4	+56 +4	+81 0	+130 0	+36 +20	+43 +20	+52 +20	+72 +20		+50 +34	+57 +34	+66 +34	+86 +34		+79 +56	+88 +56	+108 +56	+137 +56	
315	400	+29 +4	+40 +4	+61 +4	+89 0	+140 0	+39 +21	+46 +21	+57 +21	+78 +21		+55 +37	+62 +37	+73 +37	+94 +37		+87 +62	+98 +62	+119 +62	+151 +62	
400	500	+32 +5	+45 +5	+68 +5	+97 0	+155 0	+43 +23	+50 +23	+63 +23	+86 +23		+60 +40	+67 +40	+80 +40	+103 +40		+95 +68	+108 +68	+131 +68	+165 +68	

公称尺寸/mm		r				s					t			u	
大于	至	5	6	7	8	5	6	7	8	9	6	7	8	5	6
—	3	+14 +10	+16 +10	+20 +10	+24 +10	+18 +14	+20 +14	+24 +14	+28 +14	+39 +14				+22 +18	+24 +18
3	6	+20 +15	+23 +15	+27 +15	+33 +15	+24 +19	+27 +19	+31 +19	+37 +19	+49 +19				+28 +23	+31 +23
6	10	+25 +19	+28 +19	+34 +19	+41 +19	+29 +23	+32 +23	+38 +23	+45 +23	+59 +23				+34 +28	+37 +28
10	18	+31 +23	+34 +23	+41 +23	+50 +23	+36 +28	+39 +28	+46 +28	+55 +28	+71 +28				+41 +33	+44 +33
18	24	+37 +28	+41 +28	+49 +28	+61 +28	+44 +35	+48 +35	+56 +35	+68 +35	+87 +35				+50 +41	+54 +41
24	30										+54 +41	+62 +41	+74 +41	+57 +48	+61 +48
30	40	+45 +34	+50 +34	+59 +34	+73 +34	+54 +43	+59 +43	+68 +43	+82 +43	+105 +43	+64 +48	+73 +48	+87 +48	+71 +60	+76 +60
40	50										+70 +54	+79 +54	+93 +54	+81 +70	+86 +70
50	65	+54 +41	+60 +41	+71 +41	+87 +41	+66 +53	+72 +53	+83 +53	+99 +53	+127 +53	+85 +66	+96 +66	+112 +66	+100 +87	+106 +87
65	80	+56 +43	+62 +43	+72 +43	+89 +43	+72 +59	+78 +59	+89 +59	+105 +59	+133 +59	+94 +75	+105 +75	+121 +75	+115 +102	+121 +102
80	100	+66 +51	+73 +51	+86 +51	+105 +51	+86 +71	+93 +71	+106 +71	+125 +71	+158 +71	+113 +91	+126 +91	+145 +91	+139 +124	+146 +124
100	120	+69 +54	+76 +54	+89 +54	+108 +54	+94 +79	+101 +79	+114 +79	+133 +79	+166 +79	+126 +104	+139 +104	+158 +104	+159 +144	+166 +144
120	140	+81 +63	+88 +63	+103 +63	+126 +63	+110 +92	+117 +92	132 +92	+155 +92	+192 +92	+147 +122	+162 +122	+185 +122	+188 +170	+195 +170
140	160	+83 +65	+90 +65	+105 +65	+128 +65	+118 +100	+125 +100	+140 +100	+163 +100	+200 +100	+159 +134	+174 +134	+197 +134	+208 +190	+215 +190
160	180	+86 +68	+93 +68	+108 +68	+131 +68	+126 +108	+133 +108	+148 +108	+171 +108	+208 +108	+171 +146	+186 +146	+209 +146	+228 +210	+235 +210
180	200	+97 +77	+106 +77	+123 +77	+149 +77	+142 +122	+151 +122	+168 +122	+194 +122	+237 +122	+195 +166	+212 +166	+238 +166	+256 +236	+265 +236
200	225	+100 +80	+109 +80	+126 +80	+152 +80	+150 +130	+159 +130	+176 +130	+202 +130	+245 +130	+209 +180	+226 +180	+252 +180	+278 +258	+287 +258
225	250	+104 +84	+113 +84	+130 +84	+156 +84	+160 +140	+169 +140	+186 +140	+212 +140	+255 +140	+225 +196	+242 +196	+268 +196	+304 +284	+313 +284
250	280	+117 +94	+126 +94	+146 +94	+175 +94	+181 +158	+190 +158	+210 +158	+239 +158	+288 +158	+250 +218	+270 +218	+299 +218	+338 +315	+347 +315
280	315	+121 +98	+130 +98	+150 +98	+179 +98	+193 +170	+202 +170	+222 +170	+251 +170	+300 +170	+272 +240	+292 +240	+321 +240	+373 +350	+382 +350
315	355	+133 +108	+144 +108	+165 +108	+197 +108	+215 +190	+226 +190	+247 +190	+279 +190	+330 +190	+304 +268	+325 +268	+357 +268	+415 +390	+426 +390
355	400	+139 +114	+150 +114	+171 +114	+203 +114	+233 +208	+244 +208	+265 +208	+297 +208	+348 +208	+330 +294	+351 +294	+383 +294	+460 +435	+471 +435
400	450	+153 +126	+166 +126	+189 +126	+223 +126	+259 +232	+272 +232	+295 +232	+329 +232	+387 +232	+370 +330	+393 +330	+427 +330	+517 +490	+530 +490
450	500	+159 +132	+172 +132	+195 +132	+229 +132	+279 +252	+292 +252	+315 +252	+349 +252	+407 +252	+400 +360	+423 +360	+457 +360	+567 +540	+580 +540

注：公称尺寸至24mm的t6～t8的偏差值未列入表内，建议以u6～u8代替。如非要t6～t8，则可按GB/T 1800.1计算。

续表

公称尺寸/mm		u			v			x					y		
大于	至	7	8	9	6	7	8	6	7	8	9	10	6	7	8
—	3	+28 +18	+32 +18	+43 +18				+26 +20	+30 +20	+34 +20	+45 +20	+60 +20			
3	6	+35 +23	+41 +23	+53 +23				+36 +28	+40 +28	+46 +28	+58 +28	+76 +28			
6	10	+43 +28	+50 +28	+64 +28				+43 +34	+49 +34	+56 +34	+70 +34	+92 +34			
10	14	+51 +33	+60 +33	+76 +33				+51 +40	+58 +40	+67 +40	+83 +40	+110 +40			
14	18				+50 +39	+57 +39	+66 +39	+56 +45	+63 +45	+72 +45	+88 +45	+115 +45			
18	24	+62 +41	+74 +41	+93 +41	+60 +47	+68 +47	+80 +47	+67 +54	+75 +54	+87 +54	+106 +54	+138 +54	+76 +63	+84 +63	+96 +63
24	30	+69 +48	+81 +48	+100 +48	+68 +55	+76 +55	+88 +55	+77 +64	+85 +64	+97 +64	+116 +64	+148 +64	+88 +75	+96 +75	+108 +75
30	40	+85 +60	+99 +60	+122 +60	+84 +68	+93 +68	+107 +68	+96 +80	+105 +80	+119 +80	+142 +80	+180 +80	+110 +94	+119 +94	+133 +94
40	50	+95 +70	+109 +70	+132 +70	+97 +81	+106 +81	+120 +81	+113 +97	+122 +97	+136 +97	+159 +97	+197 +97	+130 +114	+139 +114	+153 +114
50	65	+117 +87	+133 +87	+161 +87	+121 +102	+132 +102	+148 +102	+141 +122	+152 +122	+168 +122	+196 +122	+242 +122	+163 +144	+174 +144	+190 +144
65	80	+132 +102	+148 +102	+176 +102	+139 +120	+150 +120	+166 +120	+165 +146	+176 +146	+192 +146	+220 +146	+266 +146	+193 +174	+204 +174	+220 +174
80	100	+159 +124	+178 +124	+211 +124	+168 +146	+181 +146	+200 +146	+200 +178	+213 +178	+232 +178	+265 +178	+318 +178	+236 +214	+249 +214	+268 +214
100	120	+179 +144	+198 +144	+231 +144	+194 +172	+207 +172	+226 +172	+232 +210	+245 +210	+264 +210	+297 +210	+350 +210	+276 +254	+289 +254	+308 +254
120	140	+210 +170	+233 +170	+270 +170	+227 +202	+242 +202	+265 +202	+273 +248	+288 +248	+311 +248	+348 +248	+408 +248	+325 +300	+340 +300	+363 +300
140	160	+230 +190	+253 +190	+290 +190	+253 +228	+268 +228	+291 +228	+305 +280	+320 +280	+343 +280	+380 +280	+440 +280	+365 +340	+380 +340	+403 +340
160	180	+250 +210	+273 +210	+310 +210	+277 +252	+292 +252	+315 +252	+335 +310	+350 +310	+373 +310	+410 +310	+470 +310	+405 +380	+420 +380	+443 +380
180	200	+282 +236	+308 +236	+351 +236	+313 +284	+330 +284	+356 +284	+379 +350	+396 +350	+422 +350	+465 +350	+535 +350	+454 +425	+471 +425	+497 +425
200	225	+304 +258	+330 +258	+373 +258	+339 +310	+356 +310	+382 +310	+414 +385	+431 +385	+457 +385	+500 +385	+570 +385	+499 +470	+516 +470	+542 +470
225	250	+330 +284	+356 +284	+399 +284	+369 +340	+386 +340	+412 +340	+454 +425	+471 +425	+497 +425	+540 +425	+610 +425	+549 +520	+566 +520	+592 +520
250	280	+367 +315	+396 +315	+445 +315	+417 +385	+437 +385	+466 +385	+507 +475	+527 +475	+556 +475	+605 +475	+685 +475	+612 +580	+632 +580	+661 +580
280	315	+402 +350	+431 +350	+480 +350	+457 +425	+477 +425	+506 +425	+557 +525	+577 +525	+606 +525	+655 +525	+735 +525	+682 +650	+702 +650	+731 +650
315	355	+447 +390	+479 +390	+530 +390	+511 +475	+532 +475	+564 +475	+626 +590	+647 +590	+679 +590	+730 +590	+820 +590	+766 +730	+787 +730	+819 +730
355	400	+492 +435	+524 +435	+575 +435	+566 +530	+587 +530	+619 +530	+696 +660	+717 +660	+749 +660	+800 +660	+890 +660	+856 +820	+877 +820	+909 +820
400	450	+553 +490	+587 +490	+645 +490	+635 +595	+658 +595	+692 +595	+780 +740	+803 +740	+837 +740	+895 +740	+990 +740	+960 +920	+983 +920	+1017 +920
450	500	+603 +540	+637 +540	+695 +540	+700 +660	+723 +660	+757 +660	+860 +820	+883 +820	+917 +820	+975 +820	+1070 +820	+1040 +1000	+1063 +1000	+1097 +1000

注：1. 公称尺寸至14mm的v6～v8的偏差值未列入表内，建议以x6～x8代替。如非要v6～v8，则可按GB/T 1800.1计算。

2. 公称尺寸至18mm的y6～y8的偏差值未列入表内，建议以z6～z8代替。如非要y6～y8，则可按GB/T 1800.1计算。

公称尺寸/mm		z						za			zb			zc		
大于	至	6	7	8	9	10	11	7	8	9	8	9	10	8	9	10
—	3	+32 +26	+36 +26	+40 +26	+51 +26	+66 +26	+86 +26	+42 +32	+46 +32	+57 +32	+54 +40	+65 +40	+80 +40	+74 +60	+85 +60	+100 +60
3	6	+43 +35	+47 +35	+53 +35	+65 +35	+83 +35	+110 +35	+54 +42	+60 +42	+72 +42	+68 +50	+80 +50	+98 +50	+98 +80	+110 +80	+128 +80
6	10	+51 +42	+57 +42	+64 +42	+78 +42	+100 +42	+132 +42	+67 +52	+74 +52	+88 +52	+89 +67	+103 +67	+125 +67	+119 +97	+133 +97	+155 +97
10	14	+61 +50	+68 +50	+77 +50	+93 +50	+120 +50	+160 +50	+82 +64	+91 +64	+107 +64	+117 +90	+133 +90	+160 +90	+157 +130	+173 +130	+200 +130
14	18	+71 +60	+78 +60	+87 +60	+103 +60	+130 +60	+170 +60	+95 +77	+104 +77	+120 +77	+135 +108	+151 +108	+178 +108	+177 +150	+193 +150	+220 +150
18	24	+86 +73	+94 +73	+106 +73	+125 +73	+157 +73	+203 +73	+119 +98	+131 +98	+150 +98	+169 +136	+188 +136	+220 +136	+221 +188	+240 +188	+272 +188
24	30	+101 +88	+109 +88	+121 +88	+140 +88	+172 +88	+218 +88	+139 +118	+151 +118	+170 +118	+193 +160	+212 +160	+244 +160	+251 +218	+270 +218	+302 +218
30	40	+128 112	+137 +112	+151 +112	+174 +112	+212 +112	+272 +112	+173 +148	+187 +148	+210 +148	+239 +200	+262 +200	+300 +200	+313 +274	+336 +274	+374 +274
40	50	+152 +136	+161 +136	+175 +136	+198 +136	+236 +136	+296 +136	+205 +180	+219 +180	+242 +180	+281 +242	+304 +242	+342 +242	+364 +325	+387 +325	+425 +325
50	65	+191 +172	+202 +172	+218 +172	+246 +172	+292 +172	+362 +172	+256 +226	+272 +226	+300 +226	+346 +300	+374 +300	+420 +300	+451 +405	+479 +405	+525 +405
65	80	+229 +210	+240 +210	+256 +210	+284 +210	+330 +210	+400 +210	+304 +274	+320 +274	+348 +274	+406 +360	+434 +360	+480 +360	+526 +480	+554 +480	+600 +480
80	100	+280 +258	+293 +258	+312 +258	+345 +258	+398 +258	+478 +258	+370 +335	+389 +335	+422 +335	+499 +445	+532 +445	+585 +445	+639 +585	+672 +585	+725 +585
100	120	+332 +310	+345 +310	+364 +310	+397 +310	+450 +310	+530 +310	+435 +400	+454 +400	+487 +400	+579 +525	+612 +525	+665 +525	+744 +690	+777 +690	+830 +690
120	140	+390 +365	+405 +365	+428 +365	+465 +365	+525 +365	+615 +365	+510 +470	+533 +470	+570 +470	+683 +620	+720 +620	+780 +620	+863 +800	+900 +800	+960 +800
140	160	+440 +415	+455 +415	+478 +415	+515 +415	+575 +415	+665 +415	+575 +535	+598 +535	+635 +535	+763 +700	+800 +700	+860 +700	+963 +900	+1000 +900	+1060 +900
160	180	+490 +465	+505 +465	+528 +465	+565 +465	+625 +465	+715 +465	+640 +600	+663 +600	+700 +600	+843 +780	+880 +780	+940 +780	+1063 +1000	+1100 +1000	+1160 +1000
180	200	+549 +520	+566 +520	+592 +520	+635 +520	+705 +520	+810 +520	+716 +670	+742 +670	+785 +670	+952 +880	+995 +880	+1065 +880	+1222 +1150	+1265 +1150	+1335 +1150
200	225	+604 +575	+621 +575	+647 +575	+690 +575	+760 +575	+865 +575	+786 +740	+812 +740	+855 +740	+1032 +960	+1075 +960	+1145 +960	+1322 +1250	+1365 +1250	+1435 +1250
225	250	+669 +640	+686 +640	+712 +640	+755 +640	+825 +640	+930 +640	+866 +820	+892 +820	+935 +820	+1122 +1050	+1165 +1050	+1235 +1050	+1422 +1350	+1465 +1350	+1535 +1350
250	280	+742 +710	+762 +710	+791 +710	+840 +710	+920 +710	+1030 +710	+972 +920	+1001 +920	+1050 +920	+1281 +1200	+1330 +1200	+1410 +1200	+1631 +1550	+1680 +1550	+1760 +1550
280	315	+882 +790	+842 +790	+871 +790	+920 +790	+1000 +790	+1110 +790	+1052 +1000	+1081 +1000	+1130 +1000	+1381 +1300	+1430 +1300	+1510 +1300	+1781 +1700	+1830 +1700	+1910 +1700
315	355	+936 +900	+957 +900	+989 +900	+1040 +900	+1130 +900	+1260 +900	+1207 +1150	+1239 +1150	+1290 +1150	+1589 +1500	+1640 +1500	+1730 +1500	+1989 +1900	+2040 +1900	+2130 +1900
355	400	+1036 +1000	+1057 +1000	+1089 +1000	+1140 +1000	+1230 +1000	+1360 +1000	+1357 +1300	+1389 +1300	+1440 +1300	+1739 +1650	+1790 +1650	+1880 +1650	+2189 +2100	+2240 +2100	+2330 +2100
400	450	+1140 +1100	+1163 +1100	+1197 +1100	+1255 +1100	+1350 +1100	+1500 +1100	+1513 +1450	+1547 +1450	+1605 +1450	+1947 +1850	+2005 +1850	+2100 +1850	+2497 +2400	+2555 +2400	+2650 +2400
450	500	+1290 +1250	+1313 +1250	+1347 +1250	+1405 +1250	+1500 +1250	+1650 +1250	+1663 +1600	+1697 +1600	+1755 +1600	+2197 +2100	+2255 +2100	+2350 +2100	+2697 +2600	+2755 +2600	+2850 +2600

3.6 公称尺寸大于 500mm 至 3150mm 孔、轴的极限偏差（摘自 GB/T 1800.2—2009）

表 1-3-13 孔的极限偏差 /μm

公称尺寸/mm		D						E				F				G
大于	至	7	8	9	10	11	12	7	8	9	10	6	7	8	9	6
500	630	+330 +260	+370 +260	+435 +260	+540 +260	+700 +260	+960 +260	+215 +145	+255 +145	+320 +145	+425 +145	+120 +76	+146 +76	+186 +76	+251 +76	+66 +22
630	800	+370 +290	+415 +290	+490 +290	+610 +290	+790 +290	+1090 +290	+240 +160	+285 +160	+360 +160	+480 +160	+130 +80	+160 +80	+205 +80	+280 +80	+74 +24
800	1000	+410 +320	+460 +320	+550 +320	+680 +320	+880 +320	+1220 +320	+260 +170	+310 +170	+400 +170	+530 +170	+142 +86	+176 +86	+226 +86	+316 +86	+82 +26
1000	1250	+455 +350	+515 +350	+610 +350	+770 +350	+1010 +350	+1400 +350	+300 +195	+360 +195	+455 +195	+615 +195	+164 +98	+203 +98	+263 +98	+358 +98	+94 +28
1250	1600	+515 +390	+585 +390	+700 +390	+890 +390	+1170 +390	+1640 +390	+345 +220	+415 +220	+530 +220	+720 +220	+188 +110	+235 +110	+305 +110	+420 +110	+108 +30
1600	2000	+580 +430	+660 +430	+800 +430	+1030 +430	+1350 +430	+1930 +430	+390 +240	+470 +240	+610 +240	+840 +240	+212 +120	+270 +120	+350 +120	+490 +120	+124 +32
2000	2500	+655 +480	+760 +480	+920 +480	+1180 +480	+1580 +480	+2230 +480	+435 +260	+540 +260	+700 +260	+960 +260	+240 +130	+305 +130	+410 +130	+570 +130	+144 +34
2500	3150	+730 +520	+850 +520	+1060 +520	+1380 +520	+1870 +520	+2620 +520	+500 +290	+620 +290	+830 +290	+1150 +290	+280 +145	+355 +145	+475 +145	+685 +145	+173 +38

公称尺寸/mm		G		H											JS	
大于	至	7	8	6	7	8	9	10	11	12	13	14	15	16	6	7
500	630	+92 +22	+132 +22	+44 0	+70 0	+110 0	+175 0	+280 0	+440 0	+0.7 0	+1.1 0	+1.75 0	+2.8 0	+4.4 0	±22	±35
630	800	+104 +24	+149 +24	+50 0	+80 0	+125 0	+200 0	+320 0	+500 0	+0.8 0	+1.25 0	+2 0	+3.2 0	+5 0	±25	±40
800	1000	+116 +26	+166 +26	+56 0	+90 0	+140 0	+230 0	+360 0	+560 0	+0.9 0	+1.4 0	+2.3 0	+3.6 0	+5.6 0	±28	±45
1000	1250	+133 +28	+193 +28	+66 0	+105 0	+165 0	+260 0	+420 0	+660 0	+1.05 0	+1.65 0	+2.6 0	+4.2 0	+6.6 0	±33	±52
1250	1600	+155 +30	+225 +30	+78 0	+125 0	+195 0	+310 0	+500 0	+780 0	+1.25 0	+1.95 0	+3.1 0	+5 0	+7.8 0	±55	±87
1600	2000	+182 +32	+262 +32	+92 0	+150 0	+230 0	+370 0	+600 0	+920 0	+1.5 0	+2.3 0	+3.7 0	+6 0	+9.2 0	±39	±62
2000	2500	+209 +34	+314 +34	+110 0	+175 0	+280 0	+440 0	+700 0	+1100 0	+1.75 0	+2.8 0	+4.4 0	+7 0	+11 0	±46	±75
2500	3150	+248 +38	+368 +38	+135 0	+210 0	+330 0	+540 0	+860 0	+1350 0	+2.1 0	+3.3 0	+5.4 0	+8.6 0	+13.5 0	±67.5	±105

注：孔 H 大于和等于 IT12 的偏差值为 mm。

续表

公称尺寸/mm		JS									K			M		
		8	9	10	11	12	13	14	15	16	6	7	8	6	7	8
500	630	±55	±87	±140	±220	±0.35	±0.55	±0.875	±1.4	±2.2	0 −44	0 −70	0 −110	−26 −70	−26 −96	−26 −136
630	800	±62	±100	±160	±250	±0.4	±0.625	±1	±1.6	±2.5	0 −50	0 −80	0 −125	−30 −80	−30 −110	−30 −155
800	1000	±70	±115	±180	±280	±0.45	±0.7	±1.15	±1.8	±2.8	0 −56	0 −90	0 −140	−34 −90	−34 −124	−34 −174
1000	1250	±82	±130	±210	±330	±0.525	±0.825	±1.3	±2.1	±3.3	0 −66	0 −105	0 −165	−40 −106	−40 −145	−40 −205
1250	1600	±97	±155	±250	±390	±0.625	±0.975	±1.55	±2.5	±3.9	0 −78	0 −125	0 −195	−48 −126	−48 −173	−48 −243
1600	2000	±115	±185	±300	±460	±0.75	±1.15	±1.85	±3	±4.6	0 −92	0 −150	0 −230	−58 −150	−58 −208	−58 −288
2000	2500	±140	±220	±350	±550	±0.875	±1.4	±2.2	±3.5	±5.5	0 −110	0 −175	0 −280	−68 −178	−68 −243	−68 −348
2500	3150	±165	±270	±430	±675	±1.05	±1.65	±2.7	±4.3	±6.75	0 −135	0 −210	0 −330	−76 −211	−76 −286	−76 −406

注：孔 JS 大于和等于 IT12 的偏差值为 mm。

公称尺寸/mm		N			P			R			S		T		U	
大于	至	6	7	8	6	7	8	6	7	8	6	7	6	7	6	7
500	560	−44 −114	−44 −154	−44 −219	−78 −122	−78 −148	−78 −188	−150 −194	−150 −220	−150 −260	−280 −324	−280 −350	−400 −444	−400 −470	−600 −644	−600 −670
560	630							−155 −199	−155 −225	−155 −265	−310 −354	−310 −380	−450 −494	−450 −520	−660 −704	−660 −730
630	710	−50 −130	−50 −175	−50 −250	−88 −138	−88 −168	−88 −213	−175 −225	−175 −255	−175 −300	−340 −390	−340 −420	−500 −550	−500 −580	−740 −790	−740 −820
710	800							−185 −235	−185 −265	−185 −310	−380 −430	−380 −460	−560 −610	−560 −640	−840 −890	−840 −920
800	900	−56 −146	−56 −196	−56 −286	−100 −156	−100 −190	−100 −240	−210 −266	−210 −300	−210 −350	−430 −486	−430 −520	−620 −676	−620 −710	−940 −996	−940 −1030
900	1000							−220 −276	−220 −310	−220 −360	−470 −526	−470 −560	−680 −736	−680 −770	−1050 −1106	−1050 −1140
1000	1120	−66 −171	−66 −231	−66 −326	−120 −186	−120 −225	−120 −285	−250 −316	−250 −355	−250 −415	−520 −586	−520 −625	−780 −846	−780 −885	−1150 −1216	−1150 −1255
1120	1250							−260 −326	−260 −365	−260 −425	−580 −646	−580 −685	−840 −906	−840 −945	−1300 −1366	−1300 −1405
1250	1400	−78 −203	−78 −273	−78 −388	−140 −218	−140 −265	−140 −335	−300 −378	−300 −425	−300 −495	−640 −718	−640 −765	−960 −1038	−960 −1085	−1450 −1528	−1450 −1575
1400	1600							−330 −408	−330 −455	−330 −525	−720 −798	−720 −845	−1050 −1128	−1050 −1175	−1600 −1678	−1600 −1725
1600	1800	−92 −242	−92 −322	−92 −462	−170 −262	−170 −320	−170 −400	−370 −462	−370 −520	−370 −600	−820 −912	−820 −970	−1200 −1292	−1200 −1360	−1850 −1942	−1850 −2000
1800	2000							−400 −492	−400 −550	−400 −630	−920 −1012	−920 −1070	−1350 −1442	−1350 −1500	−2000 −2092	−2000 −2150
2000	2240	−110 −285	−110 −390	−110 −550	−195 −305	−195 −370	−195 −475	−440 −550	−440 −615	−440 −720	−1000 −1110	−1000 −1175	−1500 −1610	−1500 −1675	−2300 −2410	−2300 −2475
2240	2500							−460 −570	−460 −635	−460 −740	−1100 −1210	−1100 −1275	−1650 −1760	−1650 −1825	−2500 −2610	−2500 −2675
2500	2800	−135 −345	−135 −465	−135 −675	−240 −375	−240 −450	−240 −570	−550 −685	−550 −760	−550 −880	−1250 −1385	−1250 −1460	−1900 −2035	−1900 −2110	−2900 −3035	−2900 −3110
2800	3150							−580 −715	−580 −790	−580 −910	−1400 −1535	−1400 −1610	−2100 −2235	−2100 −2310	−3200 −3335	−3200 −3410

表 1-3-14 轴的极限偏差 /μm

公称尺寸/mm		d					e					f				g
大于	至	7	8	9	10	11	6	7	8	9	10	6	7	8	9	6
500	630	−260 −330	−260 −370	−260 −435	−260 −540	−260 −700	−145 −189	−145 −215	−145 −255	−145 −320	−145 −425	−76 −120	−76 −146	−76 −186	−76 −251	−22 −66
630	800	−290 −370	−290 −415	−290 −490	−290 −610	−290 −790	−160 −210	−160 −240	−160 −285	−160 −360	−160 −480	−80 −130	−80 −160	−80 −205	−80 −280	−24 −74
800	1000	−320 −410	−320 −460	−320 −550	−320 −680	−320 −880	−170 −226	−170 −260	−170 −310	−170 −400	−170 −530	−86 −142	−86 −176	−86 −226	−86 −316	−26 −82
1000	1250	−350 −455	−350 −515	−350 −610	−350 −770	−350 −1010	−195 −261	−195 −300	−195 −360	−195 −455	−195 −615	−98 −164	−98 −203	−98 −263	−98 −358	−28 −94
1250	1600	−390 −515	−390 −585	−390 −700	−390 −890	−390 −1170	−220 −298	−220 −345	−220 −415	−220 −530	−220 −720	−110 −188	−110 −235	−110 −305	−110 −420	−30 −108
1600	2000	−430 −580	−430 −660	−430 −800	−430 −1030	−430 −1350	−240 −332	−240 −390	−240 −470	−240 −610	−240 −840	−120 −212	−120 −270	−120 −350	−120 −490	−32 −124
2000	2500	−480 −655	−480 −760	−480 −920	−480 −1180	−480 −1580	−260 −370	−260 −435	−260 −540	−260 −700	−260 −960	−130 −240	−130 −305	−130 −410	−130 −570	−34 −144
2500	3150	−520 −730	−520 −850	−520 −1060	−520 −1380	−520 −1870	−290 −425	−290 −500	−290 −620	−290 −830	−290 −1150	−145 −280	−145 −355	−145 −475	−145 −685	−38 −178

公称尺寸/mm		g		h											js	
大于	至	7	8	6	7	8	9	10	11	12	13	14	15	16	6	7
500	630	−22 −92	−22 −132	0 −44	0 −70	0 −110	0 −175	0 −280	0 −440	0 −0.7	0 −1.1	0 −1.75	0 −2.8	0 −4.4	±22	±35
630	800	−24 −104	−24 −149	0 −50	0 −80	0 −125	0 −200	0 −320	0 −500	0 −0.8	0 −1.25	0 −2	0 −3.2	0 −5	±25	±40
800	1000	−26 −116	−26 −166	0 −56	0 −90	0 −140	0 −230	0 −360	0 −560	0 −0.9	0 −1.4	0 −2.3	0 −3.6	0 −5.6	±28	±45
1000	1250	−28 −133	−28 −193	0 −66	0 −105	0 −165	0 −260	0 −420	0 −660	0 −1.05	0 −1.65	0 −2.6	0 −4.2	0 −6.6	±33	±52
1250	1600	−30 −155	−30 −225	0 −78	0 −125	0 −195	0 −310	0 −500	0 −780	0 −1.25	0 −1.95	0 −3.1	0 −5	0 −7.8	±39	±62
1600	2000	−32 −182	−32 −262	0 −92	0 −150	0 −230	0 −370	0 −600	0 −920	0 −1.5	0 −2.3	0 −3.7	0 −6	0 −9.2	±46	±75
2000	2500	−34 −209	−34 −314	0 −110	0 −175	0 −280	0 −440	0 −700	0 −1100	0 −1.75	0 −2.8	0 −4.4	0 −7	0 −11	±55	±87
2500	3150	−38 −248	−38 −368	0 −135	0 −210	0 −330	0 −540	0 −860	0 −1350	0 −2.1	0 −3.3	0 −5.4	0 −8.6	0 −13.5	±67.5	±105

注：轴 h 大于和等于 IT12 的偏差值为 mm。

公称尺寸/mm		js									k				m	
大于	至	8	9	10	11	12	13	14	15	16	6	7	8	9	6	7
500	630	±55	±87	±140	±220	±0.35	±0.55	±0.875	±1.4	±2.2	+44 0	+70 0	+110 0	+175 0	+70 +26	+96 +26
630	800	±62	±100	±160	±250	±0.4	±0.625	±1	±1.6	±2.5	+50 0	+80 0	+125 0	+200 0	+80 +30	+110 +30
800	1000	±70	±115	±180	±280	±0.45	±0.7	±1.15	±1.8	±2.8	+56 0	+90 0	+140 0	+230 0	+90 +34	+124 +34
1000	1250	±82	±130	±210	±330	±0.525	±0.825	±1.3	±2.1	±3.3	+66 0	+105 0	+165 0	+260 0	+106 +40	+145 +40
1250	1600	±97	±155	±250	±390	±0.625	±0.975	±1.55	±2.5	±3.9	+78 0	+125 0	+195 0	+310 0	+126 +48	+173 +48
1600	2000	±115	±185	±300	±460	±0.75	±1.15	±1.85	±3	±4.6	+92 0	+150 0	+230 0	+370 0	+150 +58	+208 +58
2000	2500	±140	±220	±350	±550	±0.875	±1.4	±2.2	±3.5	±5.5	+110 0	+175 0	+280 0	+440 0	+178 +68	+243 +68
2500	3150	±165	±270	±430	±675	±1.05	±1.65	±2.7	±4.3	±6.75	+135 0	+210 0	+330 0	+540 0	+211 +76	+286 +76

注：轴 js 大于和等于 IT12 的偏差值为 mm。

公称尺寸/mm		n		p			r			s			r		u	
大于	至	6	7	6	7	8	6	7	8	6	7	8	6	7	6	7
500	560	+88 +44	+114 +44	+122 +78	+148 +78	+188 +78	+194 +150	+220 +150	+260 +150	+324 +280	+350 +280	+390 +280	+444 +400	+470 +400	+644 +600	+670 +600
560	630						+199 +155	+225 +155	+265 +155	+354 +310	+380 +310	+420 +310	+494 +450	+520 +450	+704 +660	+730 +660
630	710	+100 +50	+130 +50	+138 +88	+168 +88	+213 +88	+225 +175	+255 +175	+300 +175	+390 +340	+420 +340	+465 +340	+550 +500	+580 +500	+790 +740	+820 +740
710	800						+235 +185	+265 +185	+310 +185	+430 +380	+460 +380	+505 +380	+610 +560	+640 +560	+890 +840	+920 +840
800	900	+112 +56	+146 +56	+156 +100	+190 +100	+240 +100	+266 +210	+300 +210	+350 +210	+486 +430	+520 +430	+570 +430	+676 +620	+710 +620	+996 +940	+1030 +940
900	1000						+276 +220	+310 +220	+360 +220	+526 +470	+560 +470	+610 +470	+736 +680	+770 +680	+1106 +1050	+1140 +1050
1000	1120	+132 +66	+171 +66	+186 +120	+225 +120	+285 +120	+316 +250	+355 +250	+415 +250	+586 +520	+625 +520	+685 +520	+846 +780	+885 +780	+1216 +1150	+1255 +1150
1120	1250						+326 +260	+365 +260	+425 +250	+646 +580	+685 +580	+745 +580	+906 +840	+945 +840	+1366 +1300	+1405 +1300
1250	1400	+156 +78	+203 +78	+218 +140	+265 +140	+335 +140	+378 +300	+425 +300	+495 +300	+718 +640	+765 +640	+835 +640	+1038 +960	+1085 +960	+1528 +1450	+1575 +1450
1400	1600						+408 +330	+455 +330	+525 +330	+798 +720	+845 +720	+915 +720	+1128 +1050	+1175 +1050	+1678 +1600	+1725 +1600
1600	1800	+184 +92	+242 +92	+262 +170	+320 +170	+400 +170	+462 +370	+520 +370	+600 +370	+912 +820	+970 +820	+1050 +820	+1292 +1200	+1350 +1200	+1942 +1850	+2000 +1850
1800	2000						+492 +400	+550 +400	+630 +400	+1012 +920	+1070 +920	+1150 +920	+1442 +1350	+1500 +1350	+2092 +2000	+2150 +2000
2000	2240	+220 +110	+285 +110	+305 +195	+370 +195	+475 +195	+550 +440	+615 +440	+720 +440	+1110 +1000	+1175 +1000	+1280 +1000	+1610 +1500	+1675 +1500	+2410 +2300	+2475 +2300
2240	2500						+570 +460	+635 +460	+740 +460	+1210 +1100	+1275 +1100	+1380 +1100	+1760 +1650	+1825 +1650	+2610 +2500	+2675 +2500
2500	2800	+270 +135	+345 +135	+375 +240	+450 +240	+570 +240	+685 +550	+760 +550	+880 +550	+1385 +1250	+1460 +1250	+1580 +1250	+2035 +1900	+2110 +1900	+3035 +2900	+3110 +2900
2800	3150						+715 +580	+790 +580	+910 +580	+1535 +1400	+1610 +1400	+1730 +1400	+2235 +2100	+2310 +2100	+3335 +3200	+3410 +3200

3.7 未注公差的线性和角度尺寸的一般公差（摘自GB/T 1804—2000）

3.7.1 一般公差的适用范围

适用于金属切削加工的尺寸，也适用于一般的冲压加工的尺寸。非金属材料和其他工艺方法加工的尺寸可参照采用。

一般公差仅适用于下列未注公差的尺寸。

（1）线性尺寸，如外尺寸、内尺寸、阶梯尺寸、直径、半径、距离、倒圆半径和倒角高度。

（2）角度尺寸，包括通常不注出角度值的角度尺寸，如直角（90°），GB/T 1184提到的或等多边形的角度除外。

（3）机加工组装件的线性和角度尺寸。

一般公差不适用于下列尺寸。

（1）其他一般公差标准涉及的线性和角度尺寸。

（2）括号内的参考尺寸。

（3）矩形框格内的理论正确尺寸。

3.7.2 一般公差的概念

一般公差是指在车间通常加工条件下可保证的公差，采用一般公差的尺寸，在该尺寸后不需注出其极限偏差数值。因此，在正常的车间精度得到保证的条件下，一般可以不予检验。

当功能要求允许的公差等于或大于一般公差时，应采用一般公差。只有当要素的功能允许比一般公差更大的公差，而该公差在制造比一般公差更为经济时，其相应的极限偏差数值才要在尺寸后注出。

由不同类型的工艺（如切削和铸造）分别加工形成的两表面之间的未注公差的尺寸应按规定的两个一般公差数值中的较大值控制。以角度单位规定的一般公差仅控制表面的线或素线的总方向，不控制它们的形状误差。从实际表面得到的线的总方向是理想几何形状的接触线方向。接触线和实际线之间的最大距离是最小可能值（见GB/T 4249）。除另有规定，超出一般公差的工件如未达到损害其功能时，通常不应被拒收。

3.7.3 一般公差的公差等级和极限偏差

一般公差分精密f、中等m、粗糙c、最粗v共四个公差等级。按未注公差的线性尺寸和角度尺寸分别给出了各公差等级的极限偏差数值。选取图样上未注公差尺寸的一般公差的公差等级时，应考虑通常的车间精度并由相应的技术文件或标准作出具体规定。

（1）线性尺寸

线性尺寸的极限偏差数值见表1-3-15，倒圆半径和倒角高度尺寸的极限偏差数值见表1-3-16，线性尺寸的一般公差主要用于低精度的非配合尺寸。

（2）角度尺寸

角度尺寸的极限偏差数值见表1-3-17，其值按角度短边长度确定，对圆锥角按圆锥素线长度确定。

3.7.4 一般公差的图样表示法

若采用GB/T 1804标准规定的一般公差，应在图样标题栏附近或技术要求、技术文件（如企业标准）中注出标准号及公差等级代号。例如选取中等级时，标注为：GB/T 1804-m。

表1-3-15 线性尺寸的极限偏差数值 /mm

公差等级	公称尺寸分段							
	0.5～3	>3～6	>6～30	>30～120	>120～400	>400～1000	>1000～2000	>2000～4000
精密f	±0.05	±0.05	±0.1	±0.15	±0.2	±0.3	±0.5	—
中等m	±0.1	±0.1	±0.2	±0.3	±0.5	±0.8	±1.2	±2
粗糙c	±0.2	±0.3	±0.5	±0.8	±1.2	±2	±3	±4
最粗v	—	±0.5	±1	±1.5	±2.5	±4	±6	±8

表 1-3-16　倒圆半径和倒角高度尺寸的极限偏差数值　/mm

公差等级	公称尺寸分段			
	0.5～3	>3～6	>6～30	>30
精密 f 中等 m	±0.2	±0.5	±1	±2
粗糙 c 最粗 v	±0.4	±1	±2	±4

注：倒圆半径和倒角高度的含义参见 GB/T 6403.4《零件倒圆与倒角》。

表 1-3-17　角度尺寸的极限偏差数值

公差等级	长度分段/mm				
	至 10	>10～50	>50～120	>120～400	>400
精密 f 中等 m	±1°	±30′	±20′	±10′	±5′
粗糙 c	±1°30′	±1°	±30′	±15′	±10′
最粗 v	±3°	±2°	±1°	±30′	±20′

第4章

几何公差

4.1 术语及定义（摘自 GB/T 1182—2018、GB/T 4249—2018、GB/T 17851—2010、GB/T 16671—2018、GB/T 18780.1—2002）

根据相关标准将几何公差的术语及定义分类归纳于表 1-4-1～表 1-4-3 中，新标准中的几何公差即旧标准中的“形状和位置公差”。

表 1-4-1 几何要素的基本术语及定义（摘自 GB/T 17851—2010、GB/T 18780.1—2002）

术语	定　　义
1. 要素	几何要素，点、线或面
2. 组成要素	面或面上的线
3. 导出要素	由一个或几个组成要素得到的中心点、中心线或中心面
4. 尺寸要素	由一定大小的线性尺寸或角度尺寸确定的几何形状
5. 公称组成要素	由技术制图或其他方法确定的理论正确组成要素
6. 公称导出要素	由一个或几个公称组成要素导出的中心点、轴线或中心平面
7. 工件实际表面	实际存在并将整个工件与周围介质分隔的一组要素
8. 实际(组成)要素	由接近实际(组成)要素所限定的工件实际表面的组成要素部分
9. 提取组成要素	按规定方法，由实际(组成)要素提取有限数目的点所形成的实际(组成)要素的近似替代
10. 提取导出要素	由一个或几何提取组成要素得到的中心点、中心线或中心面
11. 拟合组成要素	按规定的方法由提取组成要素形成的并具有理想形状的组成要素
12. 拟合导出要素	由一个或几个拟合组成要素导出的中心点、轴线或中心平面
13. 方位要素	能确定要素方向和/或位置的点、直线、平面或螺旋线类要素
14. 基准	用来定义公差带的位置和/或方向或用来定义实体状态的位置和/或方向的一个(组)方位要素
15. 基准体系	由两个或三个单独的基准构成的组合用来确定被测要素几何位置关系
16. 基准要素	零件上用来建立基准并实际起基准作用的实际(组成)要素(如一条边、一个表面或一个孔)
17. 模拟基准要素	在加工和检测过程中用来建立基准并与实际基准要素相接触，且具有足够精度的实际表面(如一个平板、一个支撑或一根心棒)
18. 基准目标	零件上与加工或检验设备相接触的点、线或局部区域，用来体现满足功能要求的基准
几何要素定义之间的相互关系	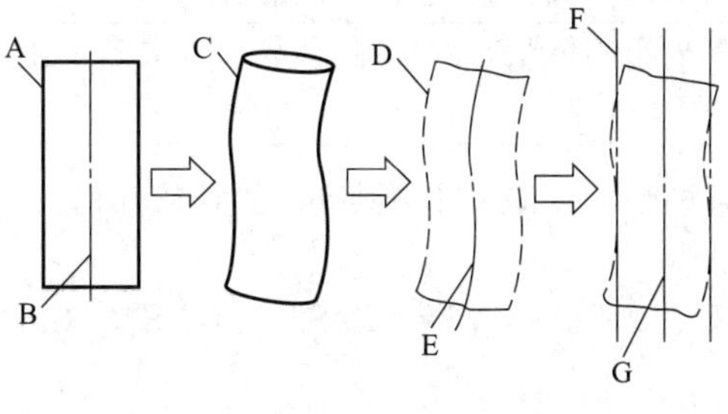 图例字符： A——公称组成要素； B——公称导出要素； C——实际要素； D——提取组成要素； E——提取导出要素； F——拟合组合要素； G——拟合导出要素

表 1-4-2　几何公差类的术语及定义（摘自 GB/T 1182—2018）

术语	定　义
1. 形状公差	单一实际要素的形状对其理想要素所允许的变动量，如直线度、平面度、圆度、圆柱度、线轮廓度等
2. 位置公差	关联实际实测要素对具有确定方向或位置的理想要素的允许变动量。包括定向公差、定位公差和跳动公差，如方(定)向公差、定位公差、跳动公差
3. 方向公差	关联实际被测要素对具有确定方向的理想被测要素的允许变动量，如平行度、垂直度、倾斜度
4. 定位公差	关联实际被测要素对具有确定位置的理想被测要素的允许变动量，如同轴度(同心度)、对称度、位置度
5. 跳动公差	关联实际被测要素绕基准轴线作无轴向运行时回转一周或连续回转时沿给定方向所允许的最大示值跳动量。包括圆跳动和全跳动，圆跳动又分径向圆跳动、轴向圆跳动和斜向圆跳动
6. 公差带	由一个或两个理想的几何线要素或面要素所限定的、由一个或多个线性尺寸表示公差值的区域
7. 相交平面	由工件的提取要素建立的平面，用于标识提取面上的线要素(组成要素或中心要素)或标识提取线上的点要素
8. 定向平面	由工件的提取要素建立的平面，用于标识公差带的方向
9. 方向要素	由工件的提取要素建立的理想要素，用于标识公差带宽度(局部偏差)的方向
10. 组合连续要素	由多个单一要素无缝组合在一起的单一要素
11. 组合平面	由工件上的要素建立的平面，用于定义封闭的组合连续要素
12. 理论正确尺寸(TED)	在 GPS 操作中用于定义要素理论正确几何形状、范围、位置与方向的线性或角度尺寸
13. 理论正确要素(TEF)	具有理想形状、以及理想尺寸、方向与位置的公称要素
14. 联合要素	由连续的或不连续的组成要素组合而成的要素，并将其视为一个单一要素

注：表中 1～5 项摘于旧标准形状和位置公差有关资料。

表 1-4-3　最大实体要求、最小实体要求和可逆要求的术语和定义（摘自 GB/T 16671—2018）

术语	定　义
1. 最大实体状态(MMC)	当尺寸要素的提取组成要素的局部尺寸处处位于极限尺寸且使其具有材料最多(实体最大)时的状态，例如圆孔最小直径和轴最大直径
2. 最大实体尺寸(MMS)	确定要素最大实体状态的尺寸，即外尺寸要素的上极限尺寸，内尺寸要素的下极限尺寸
3. 最小实体状态(LMC)	假定提取组成要素的局部尺寸处处位于极限尺寸且使其具有材料量最少(实体最小)时的状态，例如圆孔最大直径和轴最小直径
4. 最小实体尺寸(LMS)	确定要素最小实体状态的尺寸，即外尺寸要素的下极限尺寸，内尺寸要素的上极限尺寸
5. 最大实体实效尺寸(MMVS)	尺寸要素的最大实体尺寸与其导出要素的几何公差(形状、方向或位置)共同作用产生的尺寸 对于外尺寸要素，MMVS＝MMS＋几何公差，对于内尺寸要素，MMVS＝MMS－几何公差

<table>
<tr><th>术语</th><th>定　　义</th></tr>
<tr><td>6. 最大实体实效状态(MMVC)</td><td>拟合要素的尺寸为其最大实体实效尺寸(MMVS)时的状态
在给定长度上,实际要素处于最大实体状态且其导出要素的形状或位置误差等于给出公差值时的综合极限状态,即最大实体实效状态(MMVC)是要素的理想形状状态
最大实体实效状态与最大实体状态的主要差别是,它涉及尺寸和形状(或位置)两种几何特性。这两种特性的综合效应可用在极限状态下与该实际要素体外相接的最大或最小理想面来表示(见图 a～图 c)。如上所述,该体外相接理想面的直径或宽度为体外作用尺寸。另外,最大实体实效状态既适用于单一要素,也适用于关联要素
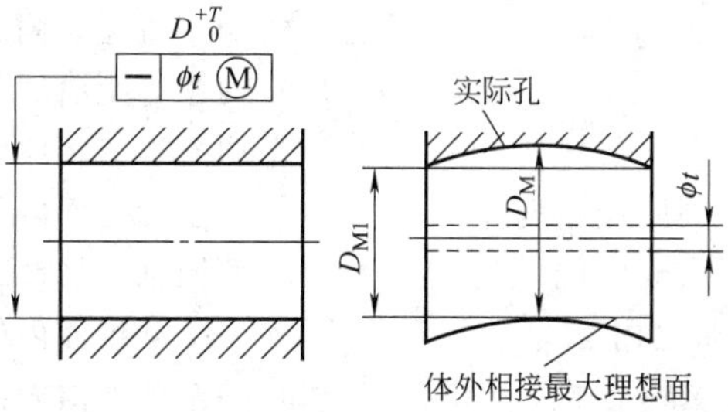

(a) 内表面
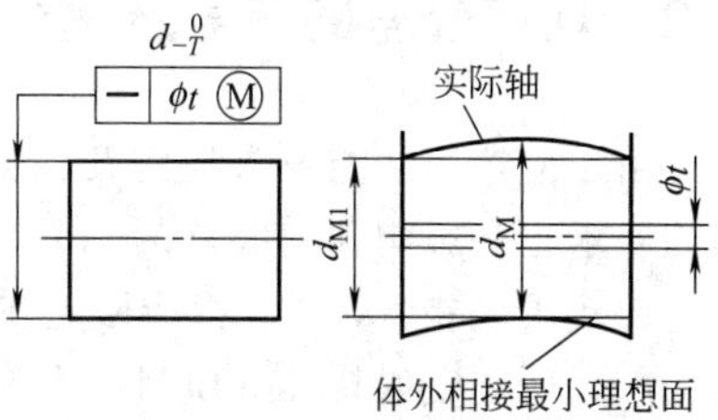

(b) 外表面
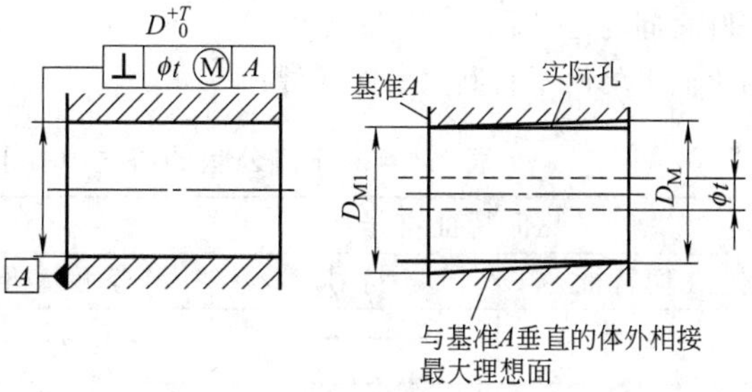

(c) 内表面</td></tr>
<tr><td>7. 最小实体实效尺寸(LMVS)</td><td>尺寸要素的最小实体尺寸(LMS)和其导出要素的几何公差(形状、方向或位置)共同作用产生的尺寸
对于外尺寸要素,LMVS＝LMS－几何公差;对于内尺寸要素,LMVS＝LMS＋几何公差</td></tr>
<tr><td>8. 最小实体实效状态(LMVC)</td><td>拟合要素的尺寸为其最小实体实效尺寸(LMVS)时的状态。
最小实体实效状态(LMVC)是要素的理想形状状态</td></tr>
</table>

术语	定　义
9. 最大实体要求(MMR)	尺寸要素的非理想要素不违反其最大实体实效状态(MMVC)的一种尺寸要素要求,也即尺寸要素的非理想要素不得超越其最大实体实效边界(MMVB)的一种尺寸要素要求。用符号Ⓜ表示 其最大实体实效状态(MMVC)或最大实体实效边界是和被测尺寸要素具有相同类型和理想形状的几何要素的极限状态,该极限状态的尺寸是MMVS
10. 最小实体要求(LMR)	尺寸要素的非理想要素不违反其最小实体实效状态(LMVC)的一种尺寸要素要求,也即尺寸要素的非理想要素不得超越其最大实体实效边界(LMVB)的一种尺寸要素要求,用符号Ⓛ表示
11. 可逆要求(RPR)	最大实体要求(MMR)或最小实体要求(LMR)的附加要求,表示尺寸公差可以在实际几何误差小于几何公差之间的差值内相应地增大。图样上用符号Ⓡ表示

4.2　几何公差的符号及其标注

由于应按照功能要求规定几何公差，同时制造与检测的要求也会影响几何公差的标注。对要素规定的几何公差确定了公差带，该要素应限定在公差带之内。

根据所规定的特征（项目）及其规范要求不同，公差带的主要形状如下：

① 一个圆内的区域；

② 两个同心圆之间的区域；

③ 在一个圆锥面上的两平行圆之间的区域；

④ 两个直径相同的平行圆之间的区域；

⑤ 两条等距曲线或两条平行直线之间的区域；

⑥ 两条不等距曲线或两条不平行直线之间的区域；

⑦ 一个圆柱面内的区域；

⑧ 两同轴圆柱面之间的区域；

⑨ 一个圆锥面内的区域；

⑩ 一个单一曲面内的区域；

⑪ 两个等距曲面或两个平行平面之间的区域；

⑫ 一个圆球面内的区域；

⑬ 两个不等距曲面或两个不平行平面之间的区域。

几何公差的符号见表1-4-4，几何公差的标注见表1-4-5。

表1-4-4　几何公差的符号（摘自GB/T 1182—2018）

几何特征符号				附加符号	
公差类型	几何特征	符号	有无基准	说明	符号
形状公差	直线度	—	无	无基准的几何规范标注	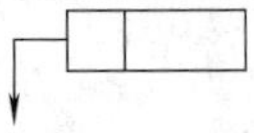
	平面度	⏥	无	有基准的几何规范标注	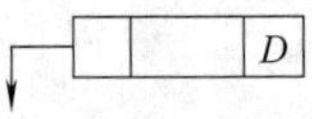 ②
	圆度	○	无	基准要素标识	 ①
	圆柱度	⌭	无	基准目标标识	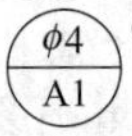 ①②
	线轮廓度	⌒①	无	理论正确尺寸(TED)	50 ②
	面轮廓度	⌓①	无	延伸公差带	Ⓟ
方向公差	平行度	//	有	最大实体要求	Ⓜ
	垂直度	⊥	有	最小实体要求	Ⓛ
	倾斜度	∠	有	可逆要求	Ⓡ
	线轮廓度	⌒①	有		
	面轮廓度	⌓①	有		

续表

几何特征符号			
公差类型	几何特征	符号	有无基准
位置公差	位置度	⌖	有或无
	同心度（中心点）	◎	有
	同轴度（中心线）	◎	有
	对称度	⌯	有
	线轮廓度	⌒①	有
	面轮廓度	⌓①	有
跳动公差	圆跳动	↗	有
	全跳动	⌰	有

附加符号	
说明	符号
全周（轮廓）	
包容要求	Ⓔ
组合公差带	CZ ①③
小径	LD
大径	MD
中径、节径	PD
接触要素	CF
线素	LE
不凸起	NC
自由状态（非刚性零件）	Ⓕ
任意横截面	ACS

① 另参见 GB/T 17852、GB/T 16671 和 GB/T 13319。

② 这些符号中的字母、数值和特征符号为示例。

③ 本标准此前的版本中，将符号 CZ 称为“公共公差带”。

注：关于滤波器符号、嵌套指数、拟合符号、参数符号等可查 GB/T 1182—2018 相关内容。

表 1-4-5 几何公差的标注（摘自 GB/T 1182—2018）

项目	说明及表示方法
被测要素	当几何公差规范指向组成要素时，该几何公差规范标注应当通过指引线与被测要素连接，并以下列方式之一终止： 1. 在二维标注中，指引线终止在要素的轮廓上或轮廓的延长线上（但与尺寸线明显分离）[见图 1a)与图 2a)] • 若指引线终止在要素的轮廓或其延长线上，则以箭头终止 • 当标注要素是组成要素且指引线终止在要素的界限以内，则以圆点终止[见图 3a)]。当该面要素可见时，此圆点是实心的，指引线为实线；当该面要素不可见时，这个圆点为空心，指引线为虚线。该箭头可放在指引横线上，并使用指引线指向该面要素[见图 3a)] 2. 在三维标注中，指引线终止在组成要素上（但应与尺寸线明显分开）[见图 1b)及图 2b)]。指引线的终点为指向延长线的箭头以及组成要素上的点。当该面要素可见时，该点为实心的，指引线为实线；当该面要素不可见时，该点是空心的，指引线为虚线 3. 指引线的终点可以是放在使用指引横线上的箭头，并指向该面要素[见图 3b)]。此时指引线终点为圆点的上述规则也可适用

续表

项目	说明及表示方法
被测要素	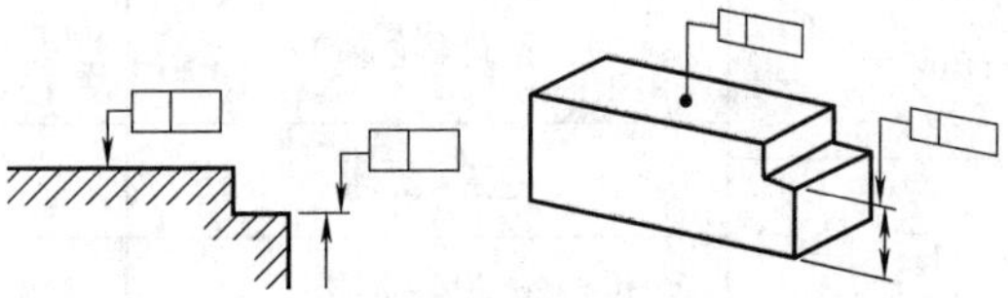 (a) 2D　(b) 3D 图 1　组成要素的标注 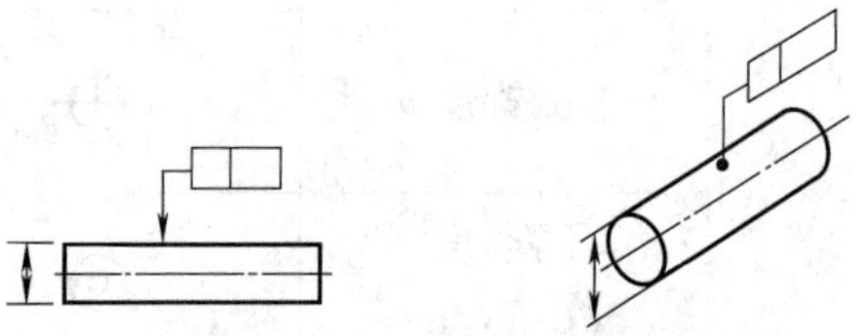 (a) 2D　(b) 3D 图 2　组成要素的标注 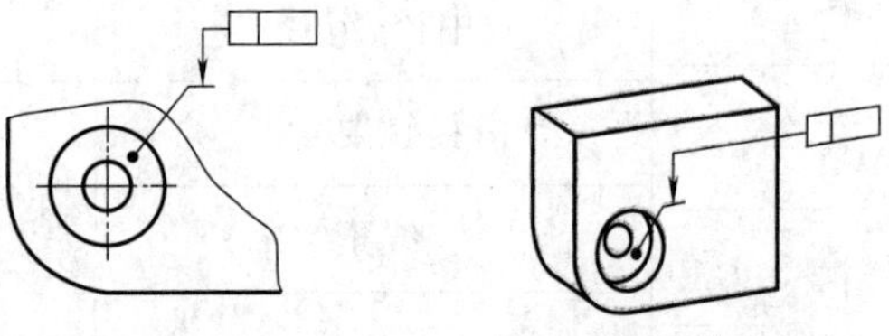 (a) 2D标注　(b) 3D标注 图 3　使用参照线与指引线连接规范与被测要素 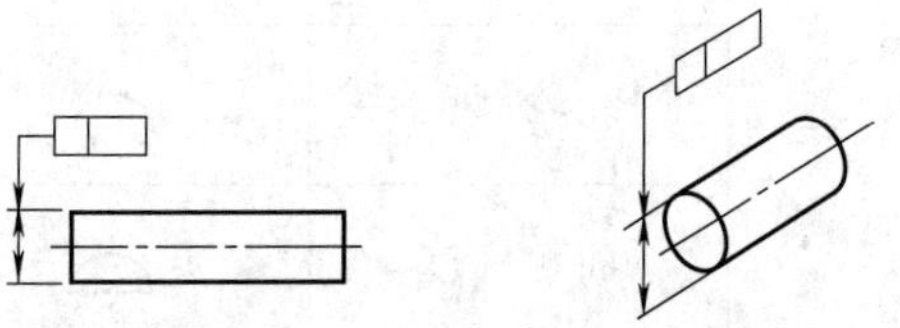 (a) 2D　(b) 3D 图 4　导出要素的标注 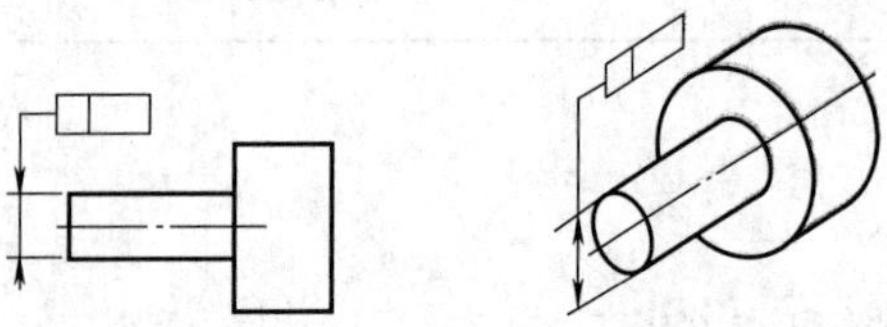 (a) 2D　(b) 3D 图 5　导出要素的标注 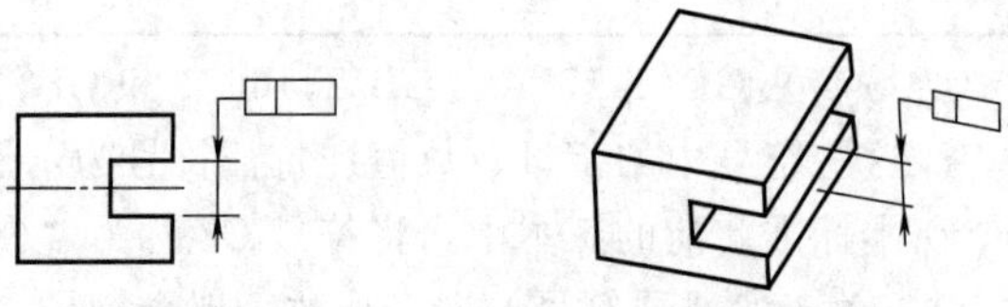 (a) 2D　(b) 3D 图 6　导出要素的标注 当几何公差规范适用于导出要素(中心线、中心面或中心点)时,应按如下方式之一进行标注: 1. 使用参照线与指引线进行标注,并用箭头终止在尺寸要素的尺寸延长线上(见图 4～图 6 示例) 2. 可将修符号Ⓐ(中心要素)放置在回转体公差框格内的公差带、要素与特征部分,此时,指引线应与尺寸线不对齐,可在组成要素上用圆点或箭头终止(见图 7) 注:该修饰符Ⓐ只可用于回转体,不可用于其他类型的尺寸要素,因为在其他情况中,组成该尺寸要素的另一个要素可能含义模糊 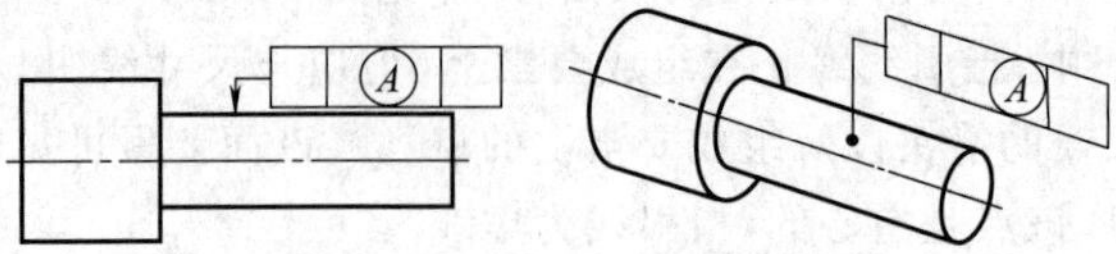 (a) 2D　(b) 3D 图 7　中心要素的标注

项目	说明及表示方法
公差框格	**框格及符号** 公差要求应标注在划分成两个部分或三个部分的矩形框格内。第三个部分可选的基准部分可包含一至三格。如图 8 所示，这些部分为自左向右顺序排列 符号部分应包含几何特征符号，见表 1-4-4 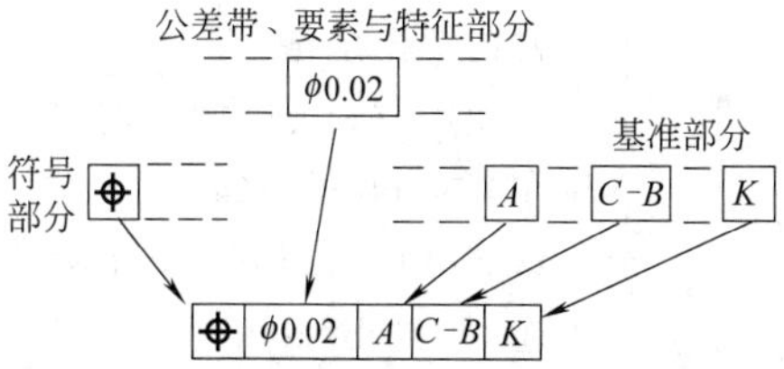 图 8　公差框格的三个部分
	多层公差标注 若需要为要素指定多个几何特征，为了方便，要求可在上下堆叠的公差框格中给出 推荐将公差框格按公差值从上到下依次递减的顺序排布，如图所示 参照线取决于标注空间，应连接于公差框格左侧或右侧的中点，而非公差框格中间的延长线。此标注同时适用于二维与三维环境 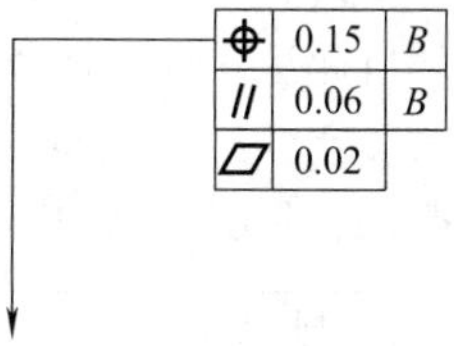 图 9　多层公差标注
	当组合公差带应用于若干独立的要素时，或应用于多个独立的要素时(由同一公差框格控制)，要求为组合公差带标注符号 CZ，标注在公差框格内 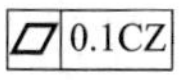
	当某项公差应用于几个相同要素时，应在公差框格的上方被测要素的尺寸之前注明要素的个数，并在两者之间加上符号“×” 
	如果需要就某个要素给出几种几何特征的公差，可将一个公差框格放在另一个的下面 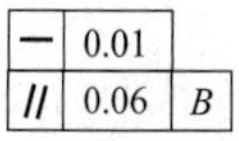
辅助要素标识符或框格	**相交平面框格** 相交平面应使用相交平面框格规定，并且作为公差框格的延伸部分标注在其右侧，见图(a) 指引线可根据需要，与相交平面框格相连，而不与公差框格相连，见图(b)示例 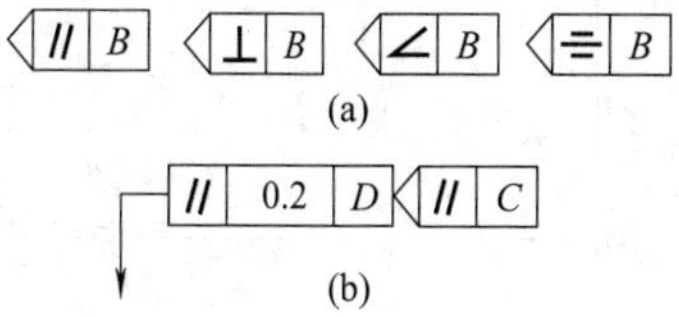
	定向平面框格 定向平面应使用定向平面框格规定，并且标注在公差框格的右侧，见图(a) 指引线可根据需要，与定向平面相连，而不与公差框格相连，见图(b)示例 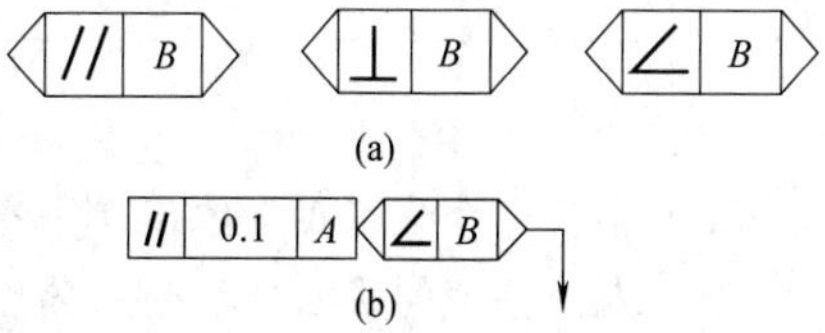

<table>
<tr><th>项目</th><th colspan="2">说明及表示方法</th></tr>
<tr><td rowspan="2">辅助要素标识符或框格</td><td>

方向要素框格

当使用方向要素框格时，应作为公差框格的延伸部分标注在其右侧，见图(a)

参照线可根据需要，与方向要素相连，而不与公差框格相连，见图(b)示例

</td><td>

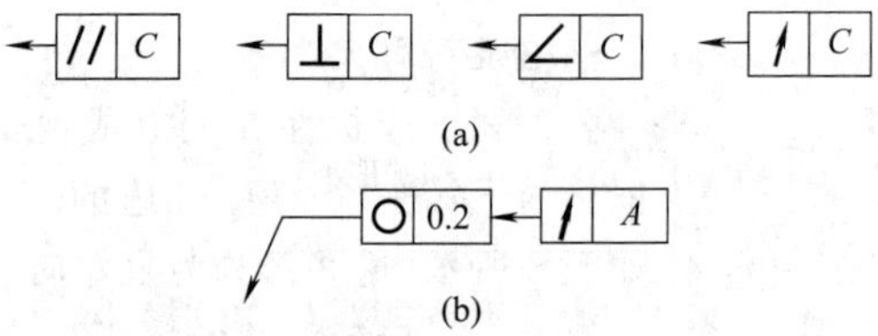

(a)

(b)

</td></tr>
<tr><td>

组合平面框格

当使用组合平面框格时，应作为公差框格的延伸部分标注在其右侧，见图(a)

当标注“全周”符号时，应使用组合平面。组合平面可标识一个平行平面族，可用来标识“全周”标注所包含的要素，见图(b)示例

</td><td>

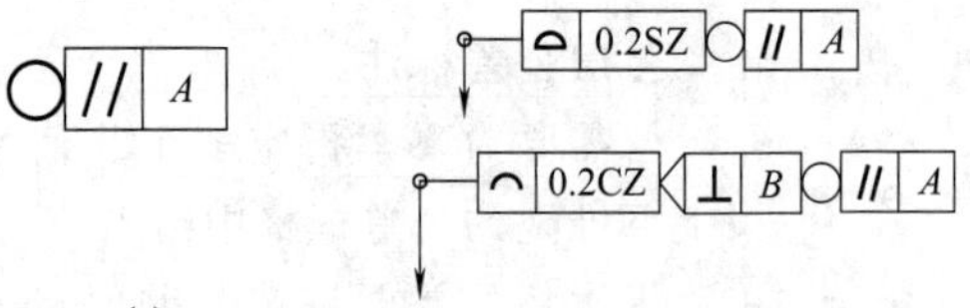

(a) (b)

</td></tr>
<tr><td rowspan="5">公差带</td><td colspan="2">1　默认公差带</td></tr>
<tr><td>

公差带相对于参照要素对称。公差值定义了公差带的宽度。公差带的局部宽度应与规定的几何形状垂直。

另有说明时除外

注:指引线的方向不影响对公差的定义

</td><td>

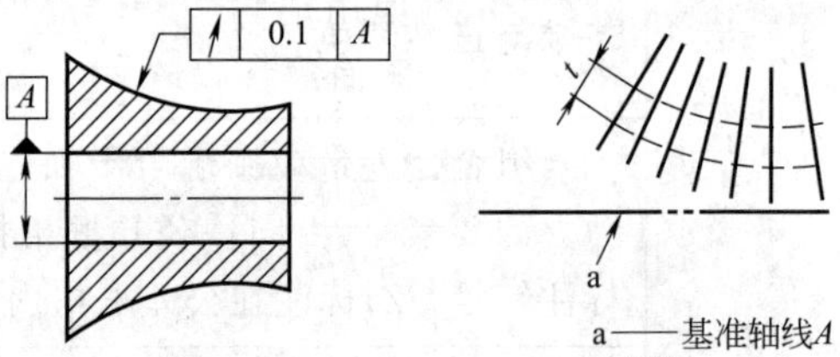

图样标注　解释

</td></tr>
<tr><td>

另有说明的公差带表示方法见右图

图中 α 角应注出(即使它等于 90°)

圆度公差带的宽度应在垂直于公称轴线的平面内确定

</td><td>

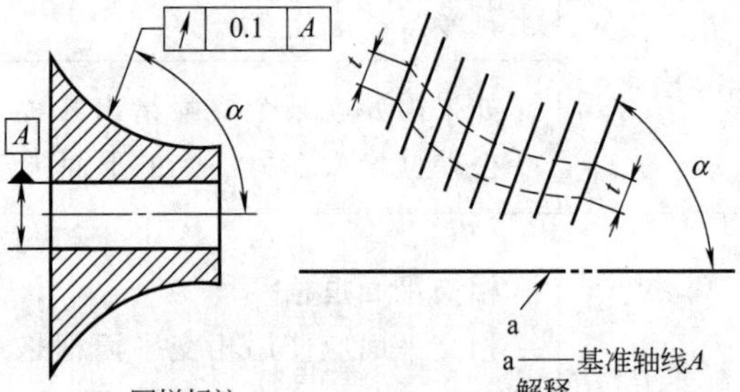

图样标注　解释

</td></tr>
<tr><td>

一个公差框格可以用于具有相同几何特征和公差值的若干个分离要素

</td><td>

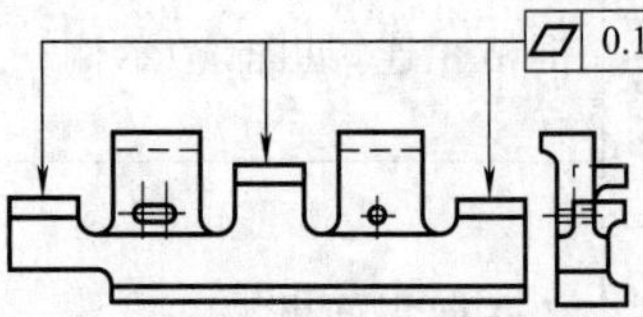

</td></tr>
<tr><td>

若干个分离要素给出单一公差带时，可按图在公差框格内公差值的后面加注公共公差带的符号 CZ

</td><td>

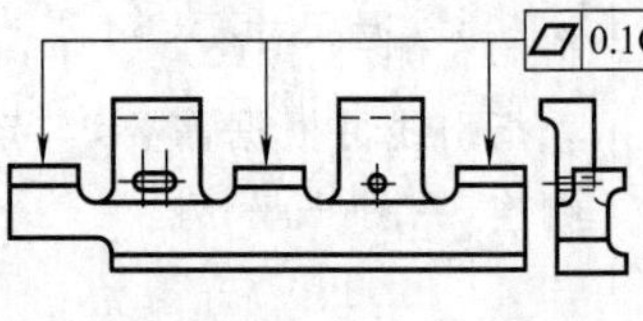

</td></tr>
</table>

项目	说明及表示方法
公差带	2　变宽度公差带
	除非另有图形标注，否则公差值沿被测要素的长度方向保持定值。该标注可以在被测要素上规定的两个位置之间定义从一个值到另一个值的呈比例变量，见图所示的使用区间符号的变宽度公差带 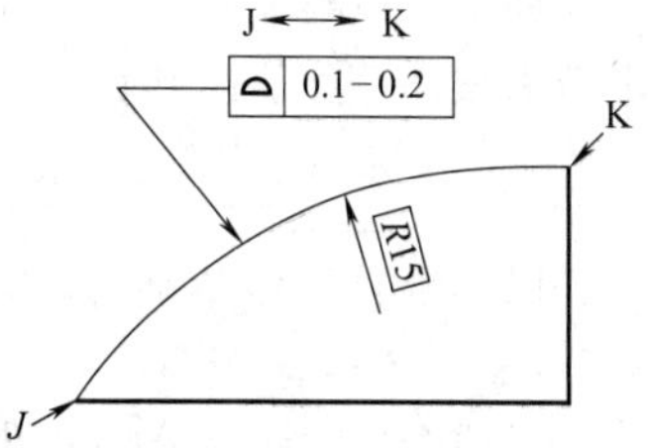 图样标注
	3　导出要素公差带的方向
	如果导出要素的公差带由两个平行平面组成，且用于约束中心线时，或由一个圆柱组成，用于约束一个圆或球的中心点时，应使用定向平面框格控制该平面或圆柱的方向 见图示例使用定向平面同时确定圆柱公差带以及由两个平行平面约束的公差带方向的规范 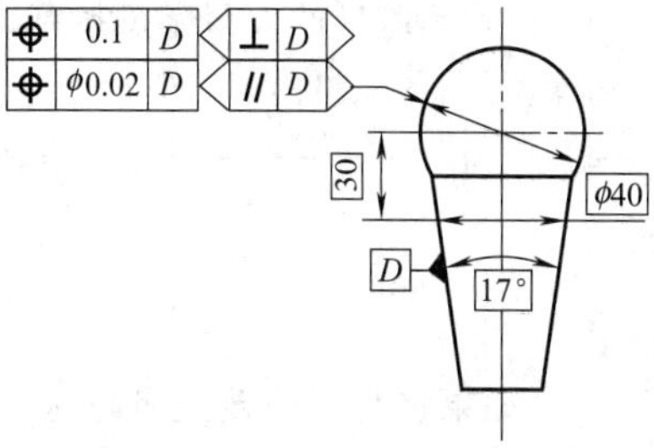
	4　圆柱形或球形公差带
	如果公差框格第二部分中的公差值前面有符号“ϕ”，则公差带应为圆柱形或圆形的，见图示例，或如果前面有符号“Sϕ”，则公差带应为球形的 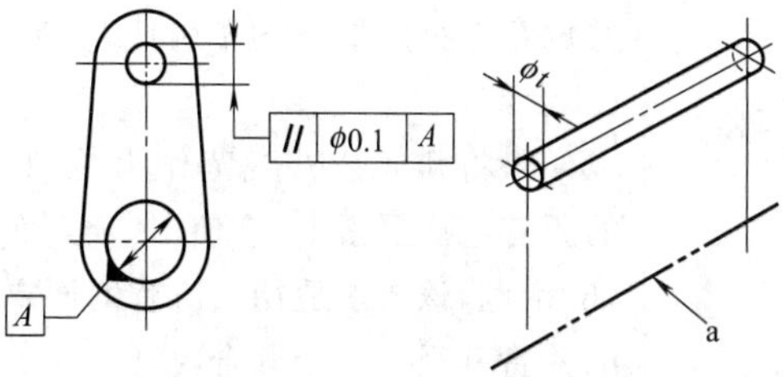 图样标注　　a——基准轴线
基准	与被测要素相关的基准用一个大写字母表示。字母标注在基准方格内，与一个涂黑的或空白的三角形相连以表示基准；表示基准的字母还应标注在公差框格内。涂黑的和空白的基准三角形含义相同 
	带基准字母的基准三角形应按如下规定放置： 当基准要素是轮廓线或轮廓面时，基准三角形放置在要素的轮廓线或其延长线上（与尺寸线明显错开）；基准三角形也可放置在该轮廓面引出线的水平线上 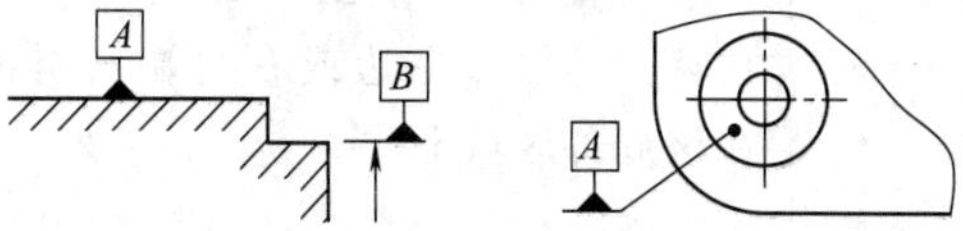
	当基准是尺寸要素确定的轴线、中心平面或中心点时，基准三角形应放置在该尺寸线的延长线上，如果没有足够的位置标注基准要素尺寸的两个尺寸箭头，则其中一个箭头可用基准三角形代替 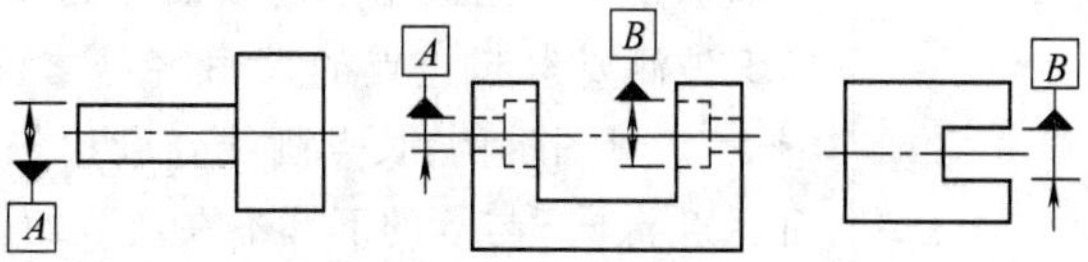

续表

项目	说明及表示方法	
	如果只以要素的某一局部作基准，则应用粗点画线示出该部分并加注尺寸	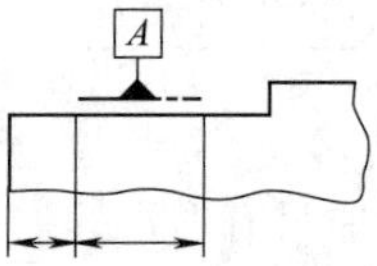
基准	以单个要素作基准时，用一个大写字母表示，见图(a) 以两个要素建立公共基准时，用中间加连字符的两个大写字母表示，见图(b) 以两个或三个基准建立基准体系（即采用多基准）时，表示基准的大写字母按基准的优先顺序自左至右填写在各框格内，见图(c)	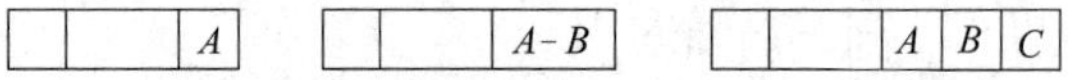(a) (b) (c)
附加标注	如果将几何公差规范作为单独的要求应用到横截面的轮廓上，或将其作为单独的要求应用到封闭轮廓所表示的所有要素上时，应使用“全周”符号○标注，并放置在公差框格的指引线与参考线的交点上，见图(a)示例 如果将几何公差规范作为单独的要求应用到工件的所有组成要素上，应使用“全表面”符号◎标注，见图(b)示例，该要求适用于所有的面要素a、b、c、d、e、f、g、h，并将其视为一个联合要素	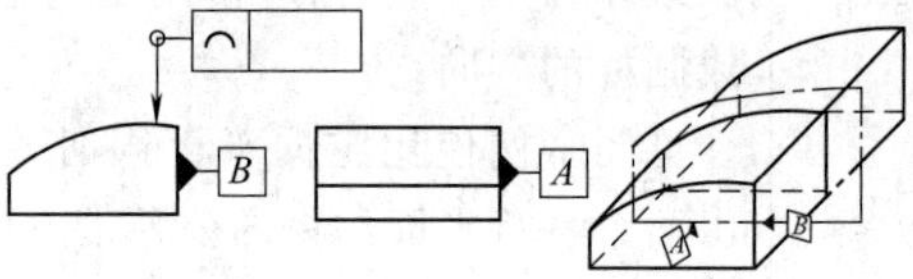a) 2D b) 3D 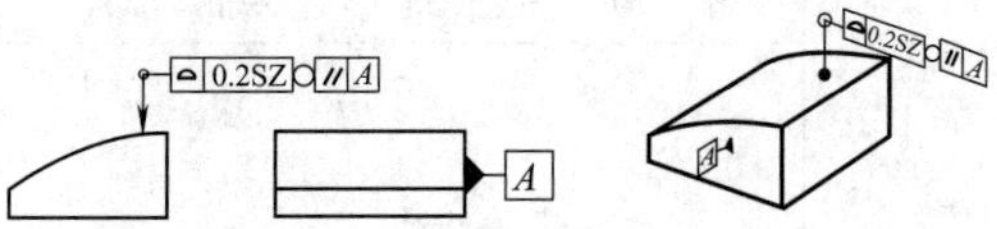a) 2D b) 3D (a) 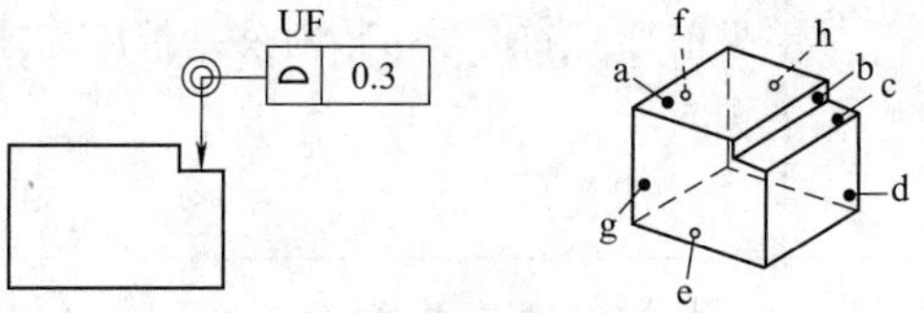(b)
	如果给出的公差仅适用于要素的某一指定的局部区域，用粗长点画线来定义部分表面，应使用TED定义其位置与尺寸，见图(a)与图(b) 从公差框格左边或右边端头引出的指引线应终止在该局部区域上	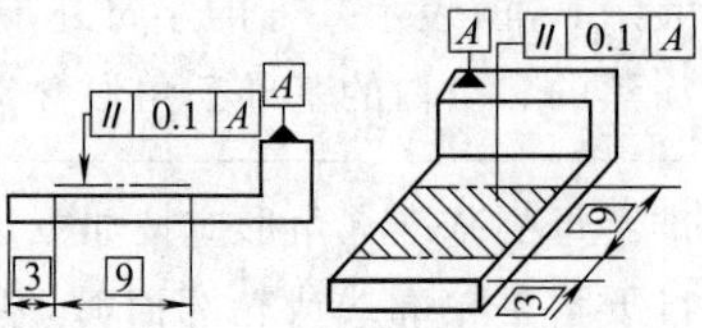a) 2D b) 3D (a) 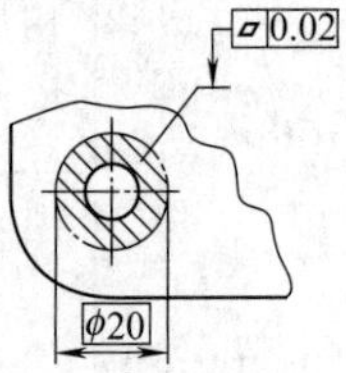(b)
	如果一个规范适用于连续的非封闭被测要素，应在标识被测要素起止点的大写字母之间使用区间符号“←→”。见图示例：长点画线勾勒出被测要素的轮廓，面要素a、b、c与d的下部不在规范的范围内	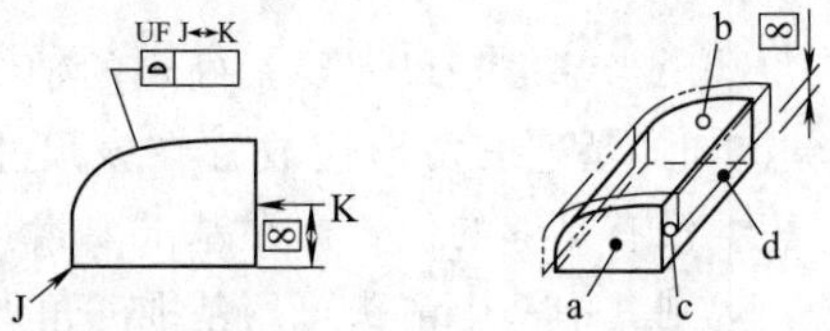

项目	说明及表示方法
附加标注	螺纹规范默认适用于中径的导出轴线。应标注“MD”表示大径，标注“LD”表示小径。规定花键与齿轮的规范与基准应注明其适用的具体要素，例如标注“PD”表示节圆直径，“MD”表示大径或“LD”表示小径。见图用螺纹大径的规范标注 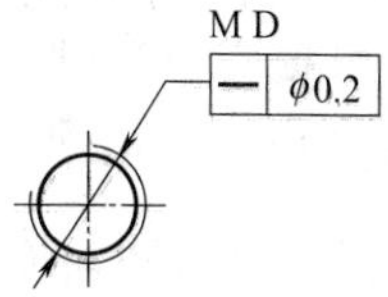
理论正确尺寸	对于在一个要素或一组要素上所标注的位置、方向或轮廓规范，将确定各个理论正确位置、方向或轮廓的尺寸称为理论正确尺寸（TED）。TED 可以明确标注 基准体系中基准之间的角度也可用 TED 标注 TED 不应包含公差。应使用方框将其封闭 见图示例：图(a)为线性 TED 的标注，图(b)为角度 TED 的标注 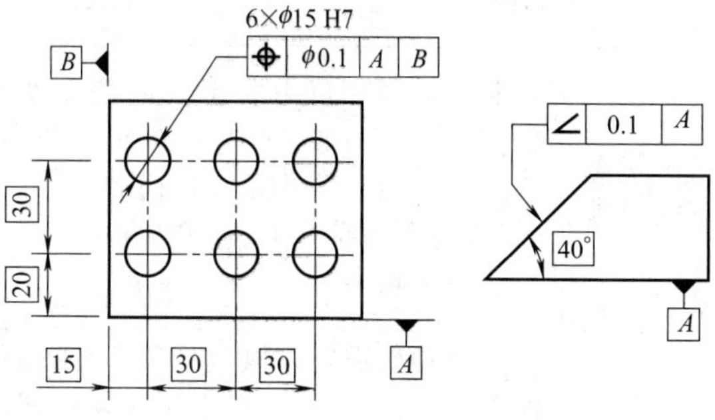 (a) (b)
局部规范标注	如果特征相同的规范适用于在要素整体尺寸范围内任意位置的一个局部长度，则该局部长度的数值应添加在公差值后面，并用斜杠分开见图(a)。如果要标注两个或多个特征相同的规范，组合方式见图(b)  (a) (b)
延伸被测要素标注	在公差框格的第二格中公差值之后的修饰符Ⓟ可用于标注延伸被测要素，见图： 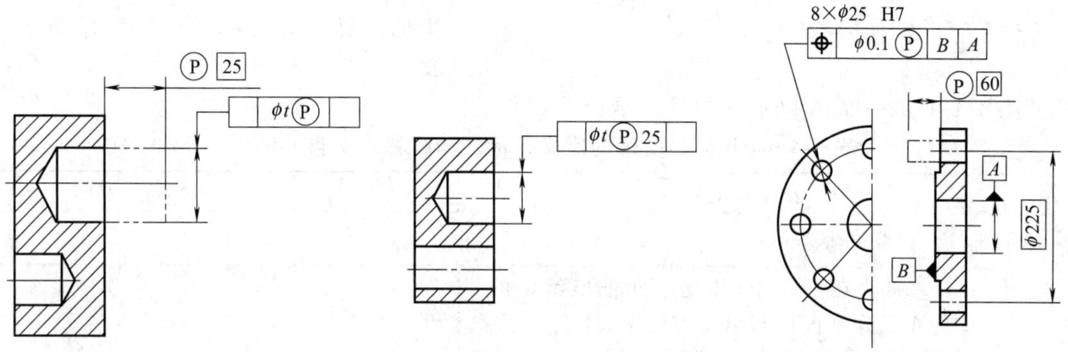 (a) (b) (c) 图(a)：带延伸公差修饰符的几何公差规范标注，使用 TED 的延伸长度直接标注 图(b)：带延伸公差修饰符的几何公差规范标注，在公差框格中使用延伸被测要素长度来间接标注 图(c)：直接标注的延伸公差带示例。详见 GB/T 17773
最大实体要求	最大实体要求用规范的附加符号Ⓜ表示，该附加符号可根据需要单独或者同时标注在相应公差值和(或)基准字母的后面。详见 GB/T 16671 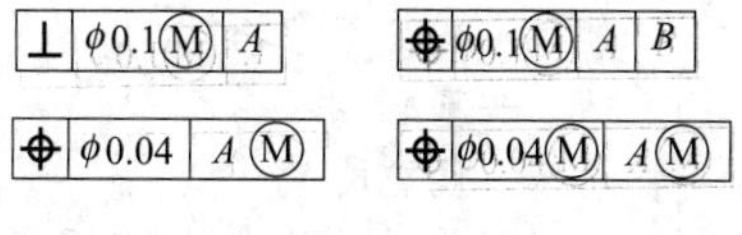

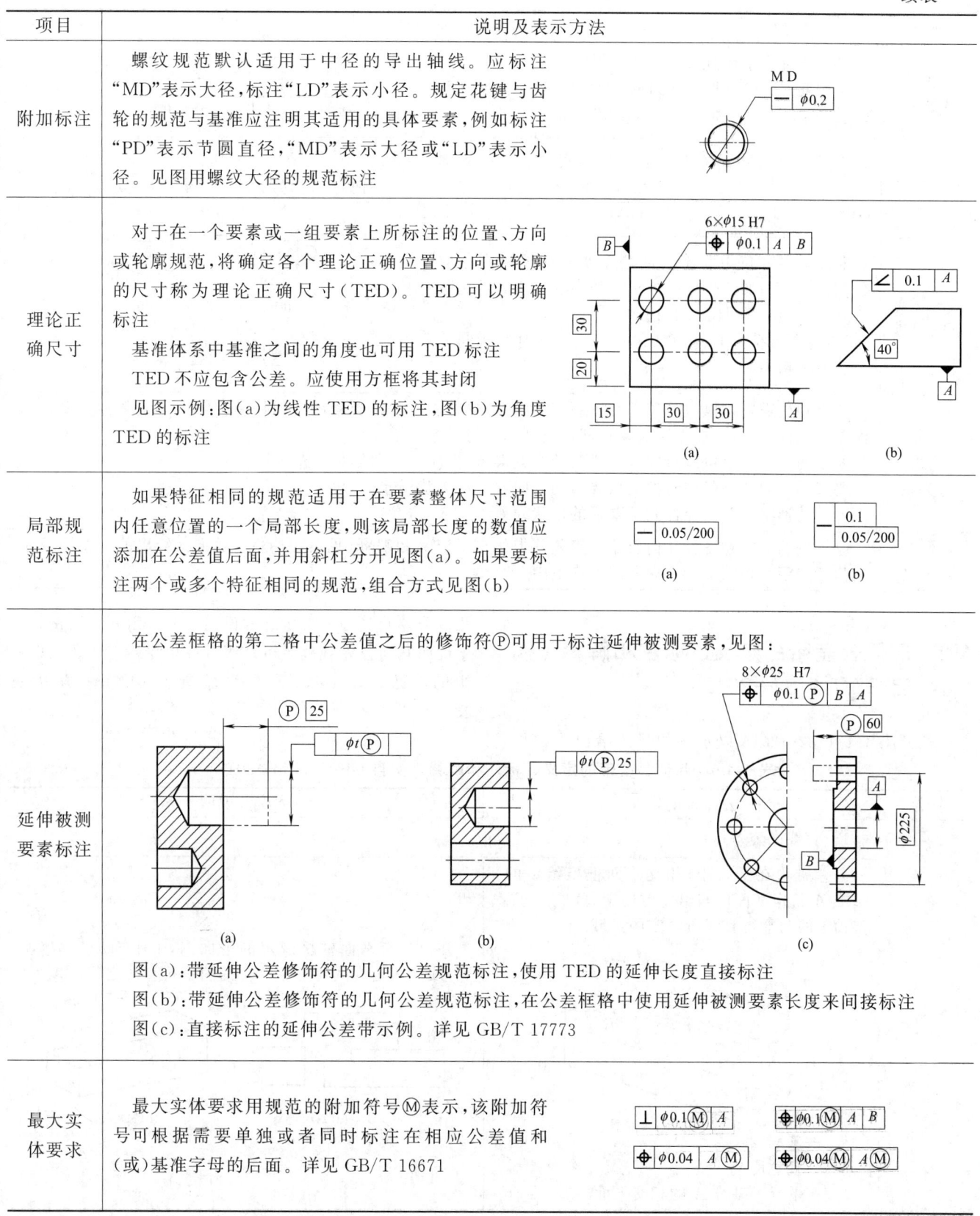

项目	说明及表示方法	
最小实体要求	最小实体要求用规范的附加符号Ⓛ表示。该附加符号可根据需要单独或者同时标注在相应公差值和（或）基准字母的后面。详见 GB/T 16671	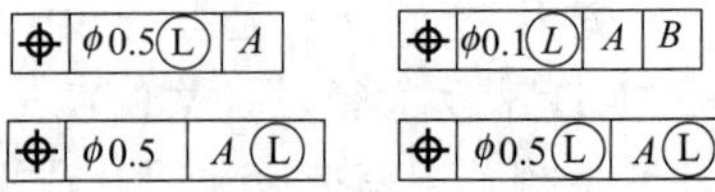
可逆要求	可逆要求是最大实体要求或最小实体要求的附加要求，用符号Ⓡ表示。标注在Ⓜ之后或Ⓛ之后。详见 GB/T 16671	
自由状态下的要求	非刚性零件自由状态下的公差要求应该用在相应公差值的后面加注规范的附加符号Ⓕ的方法表示见图(a)和图(b)。详见 GB/T 16892 注：各附加符号Ⓟ、Ⓜ、Ⓛ、Ⓕ和 CZ，可同时用于同一个公差框格中，见图(c)	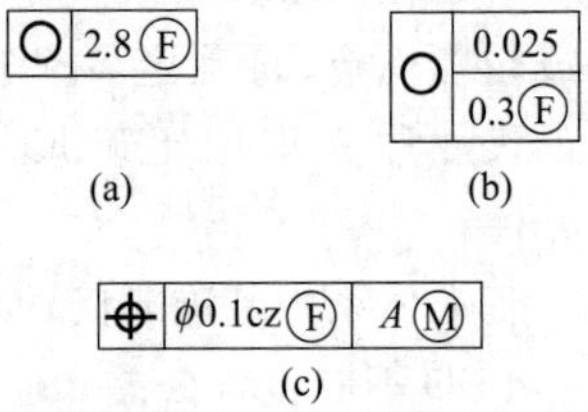
各类几何公差之间的关系	如果功能需要，可以规定一种或多种几何特征的公差以限定要素的几何误差。限定要素某种类型几何误差的几何公差，也能限制该要素其他类型的几何误差 要素的位置公差可同时控制该要素的位置误差、方向误差和形状误差 要素的方向公差可同时控制该要素的方向误差和形状误差 要素的形状公差只能控制该要素的形状误差	
几何公差定义	以示例的形式对各种几何公差及其公差带作出了定义和解释（见表 1-4-6）。随定义给出的示意图只示出与特定定义相应的几何误差的允许范围	

4.3 几何公差带的定义、标注和解释（摘自 GB/T 1182—2018）

按照 GB/T 1182—2018 以示例的形式给出了各种几何公差及其公差带定义的说明，并采用三维图例，用于说明几何公差规范是可以用可视化注释完整地加以标注的，见表 1-4-6。不推荐及废止的标注方法见表 1-4-7。

表 1-4-6 几何公差带的定义、标注和解释（摘自 GB/T 1182—2018）

符号	公差带的定义	标注及说明
	1 直线度公差	
—	公差带为在平行于（相交平面框格给定的）基准 A 给定平面内与给定方向上，间距等于公差值 t 的两平行直线所限定的区域 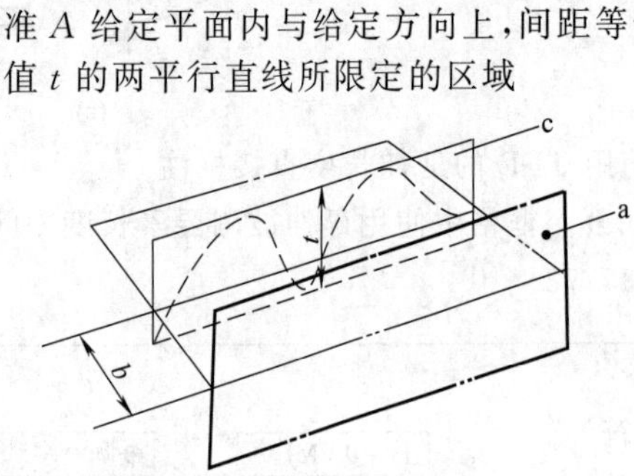 a——基准 A b——任意距离 c——平行于基准 A 的相交平面	在由相交平面框格规定的平面内，上平面的提取（实际）线应限定在间距等于 0.1 的两平行直线之间 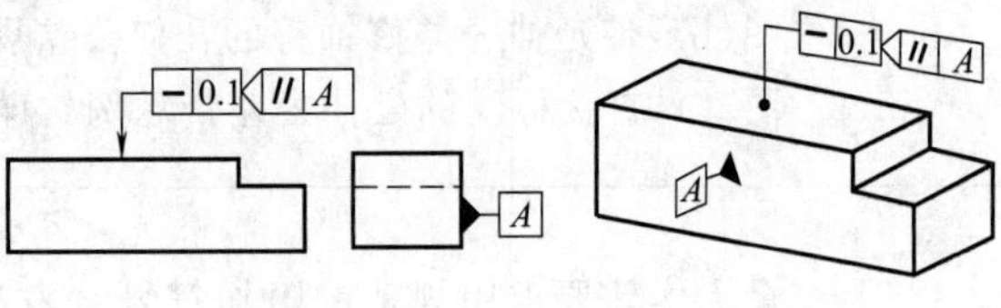 (a) 2D (b) 3D

续表

符号	公差带的定义	标注及说明
—	公差带为间距等于公差值 t 的两平行平面所限定的区域 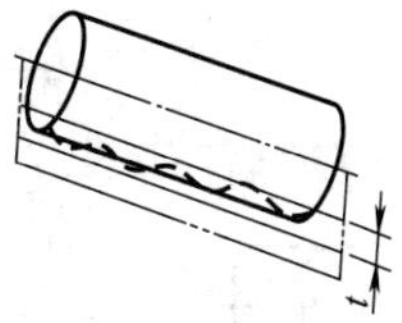	圆柱表面的提取(实际)棱边应限定在间距等于 0.1 的两平行平面之间 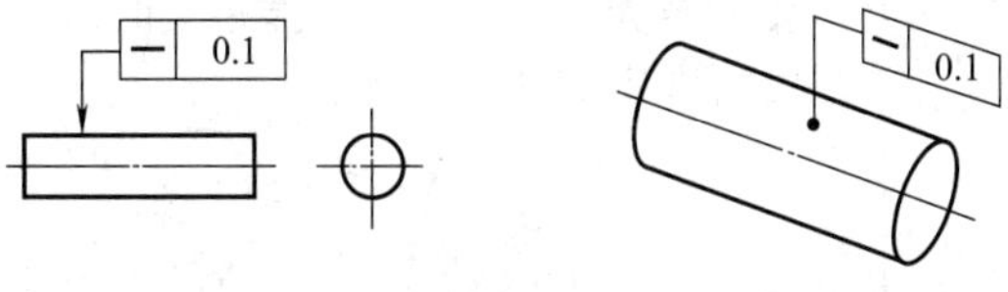 (a) 2D (b) 3D
	由于公差值前加注了符号 ϕ,公差带为直径等于公差值 ϕt 的圆柱面所限定的区域 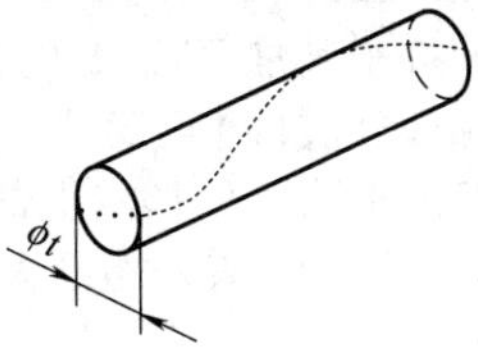	圆柱面的提取(实际)中心线应限定在直径等于 ϕ0.08 的圆柱面内  (a) 2D (b) 3D
	2 平面度公差	
▱	公差带为间距等于公差值 t 的两平行平面所限定的区域 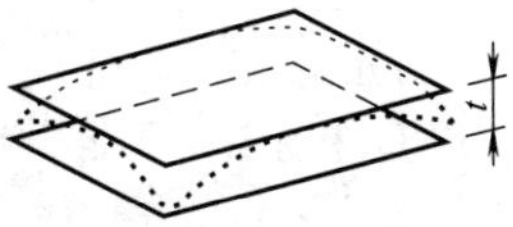	提取(实际)表面应限定在间距等于 0.08 的两平行平面之间 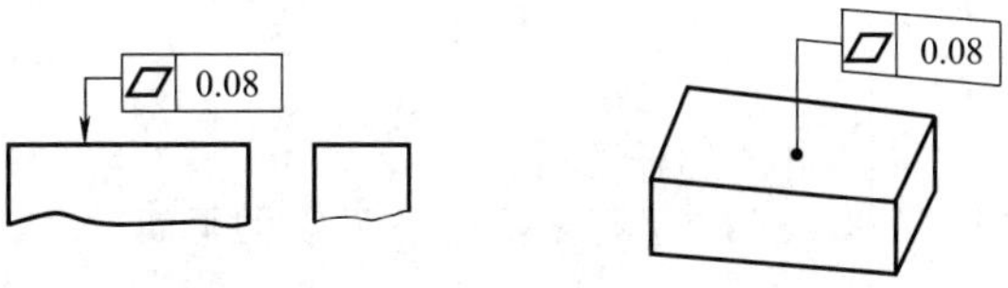 (a) 2D (b) 3D
	3 圆度公差	
○	公差带为在给定横截面内、半径差等于公差值 t 的两同心圆所限定的区域 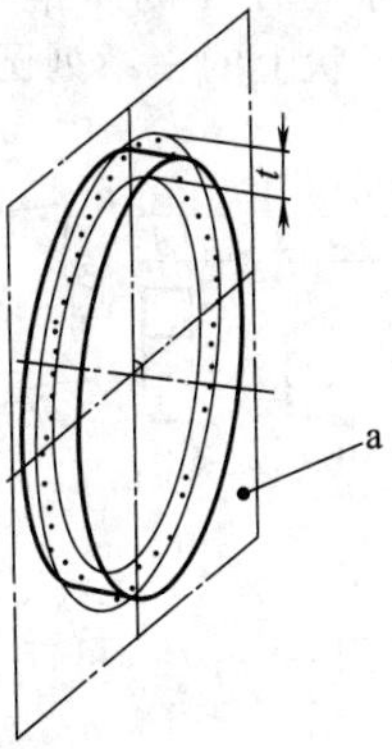 [a]任一横截面	在圆柱面和圆锥面的其任意横截面内,提取(实际)圆周应限定在半径差等于 0.03 的两共面同心圆之间 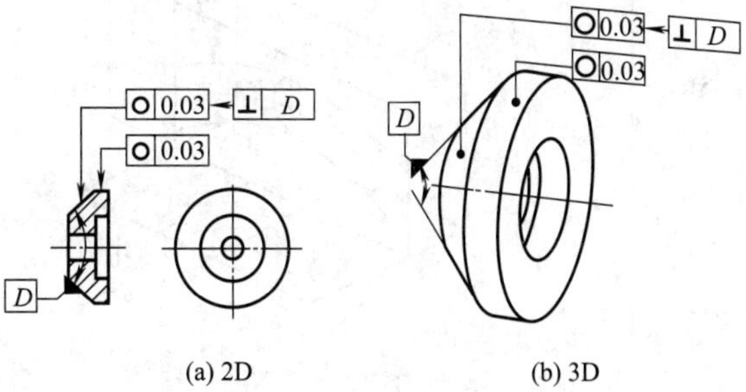 (a) 2D (b) 3D

符号	公差带的定义	标注及说明
	4　圆柱度公差	
⌭	公差带为半径差等于公差值 t 的两个同轴圆柱面所限定的区域 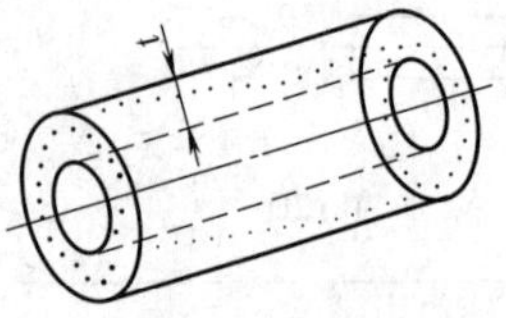	提取(实际)圆柱面应限定在半径差等于 0.1 的两同轴圆柱面之间 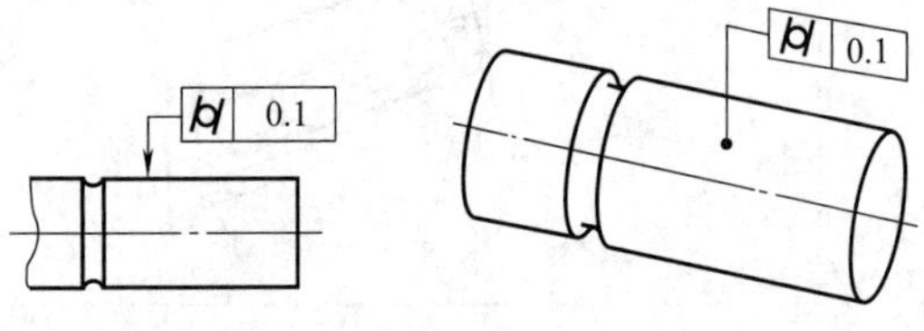 (a) 2D　(b) 3D
	5　与基准不相关的线轮廓度公差	
⌒	公差带为直径等于公差值 t、圆心位于具有理论正确几何形状上的一系列圆的两包络线所限定的区域 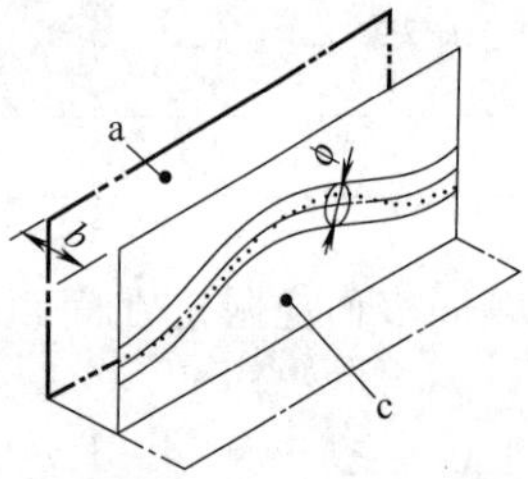 a——基准平面 A b——任意距离 c——平行于基准平面 A 的平面	在任一平行于基准平面 A 的截面内,如相交平面框格所规定的,提取(实际)轮廓线应限定在直径等于 0.04、圆心位于理论正确几何形状上的一系列圆的两等距包络线之间。可使用 UF 表示组合要素上的三个圆弧部分应组成联合要素。 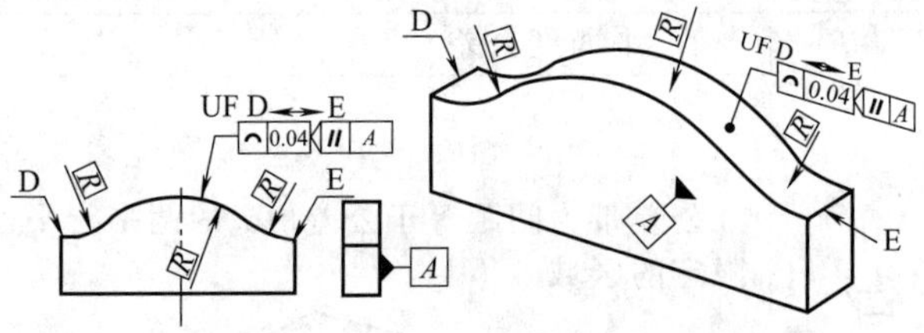 (a) 2D　(b) 3D 注:部分 TED 未标注,可能会导致公称几何形状定义模糊
	6　相对于基准体系的线轮廓度公差	
⌒	公差带为直径等于公差值 t、圆心位于由基准平面 A 和基准平面 B 确定的被测要素理论正确几何形状上的一系列圆的两包络线所限定的区域 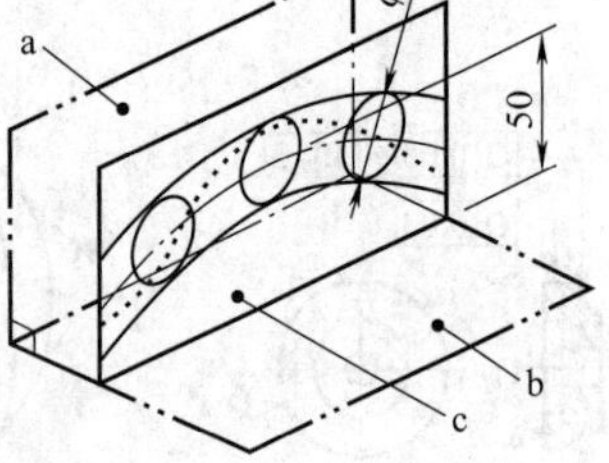 a——基准 A b——基准 B c——平行于基准 A 的平面	在任一由相交平面框格规定的平行于基准平面 A 的截面内,提取(实际)轮廓线应限定在直径等于 0.04、圆心位于由基准平面 A 与基准平面 B 确定的被测要素理论正确几何形状上的一系列圆的两等距包络线之间 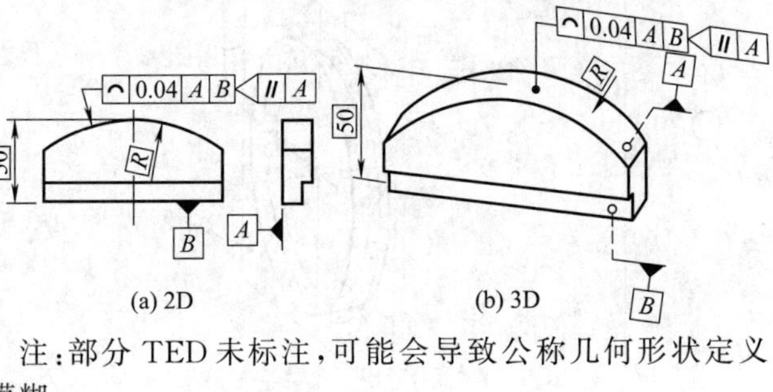 (a) 2D　(b) 3D 注:部分 TED 未标注,可能会导致公称几何形状定义模糊。

续表

符号	公差带的定义	标注及说明
	7　与基准不相关的面轮廓度公差	
⌓	公差带为直径等于公差值 t、球心位于理论正确几何形状上的一系列圆球的两个包络面所限定的区域 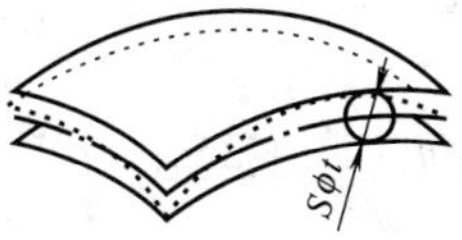 	提取(实际)轮廓面应限定在直径等于 0.02、球心位于被测要素理论正确几何形状表面上的一系列圆球的两等距包络面之间 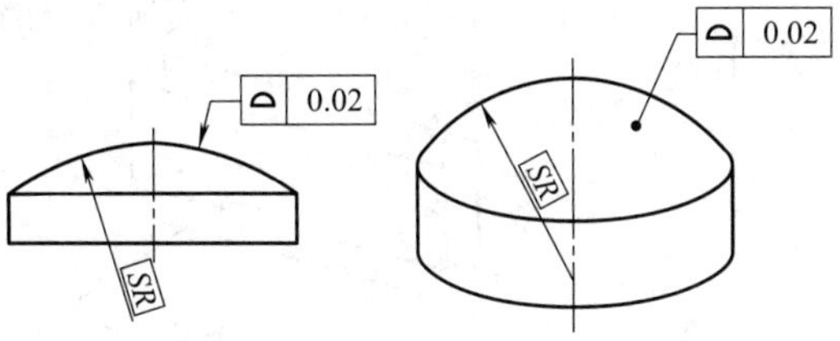 (a) 2D　(b) 3D
	8　相对于基准的面轮廓度公差	
⌓	公差带为直径等于公差值 t、球心位于由基准平面 A 确定的被测要素理论正确几何形状上的一系列圆球的两包络面所限定的区域 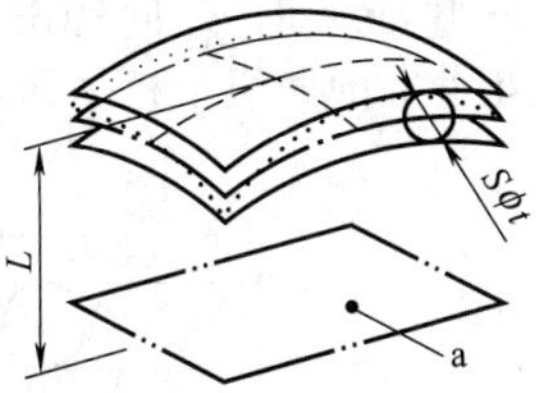 a——基准 A	提取(实际)轮廓面应限定在直径等于 0.1、球心位于由基准平面 A 确定的被测要素理论正确几何形状上的一系列圆球的两等距包络面之间 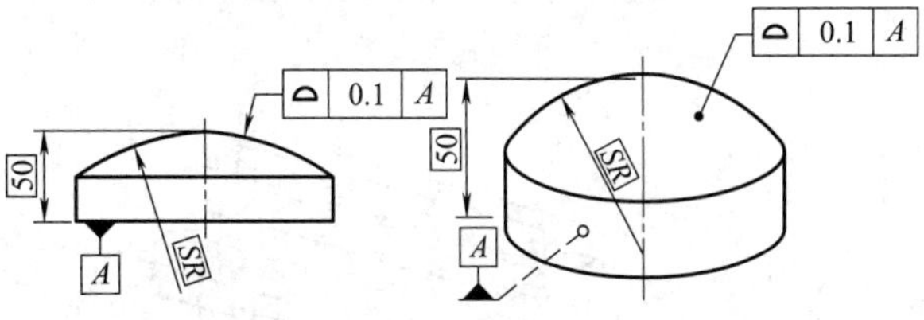 (a) 2D　(b) 3D
	9　平行度公差	
	9.1　相对于基准体系的中心线平行度公告差	
//	公差带为间距等于公差值 t、平行于两基准且沿规定方向的两平行平面所限定的区域 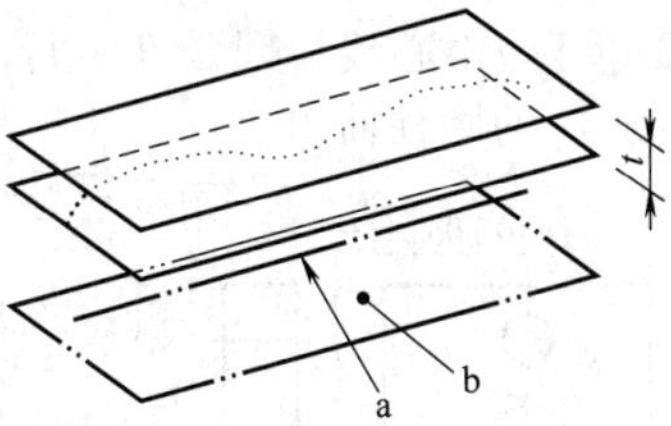 a——基准 A b——基准 B	提取(实际)中心线应限定在间距等于 0.1、平行于基准轴线 A 和基准平面 B 的两平行平面之间 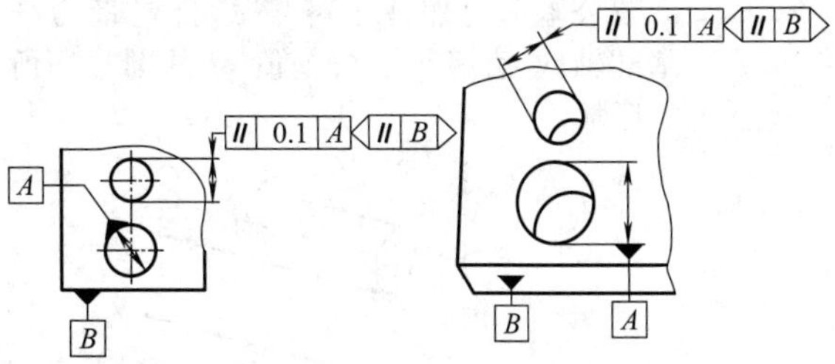 (a) 2D　(b) 3D

符号	公差带的定义	标注及说明
//	9　平行度公差	
	9.1　相对于基准体系的中心线平行度公差	
	公差带为间距等于公差值 t、平行于基准 A 且垂直于基准 B 的两平行平面所限定的区域 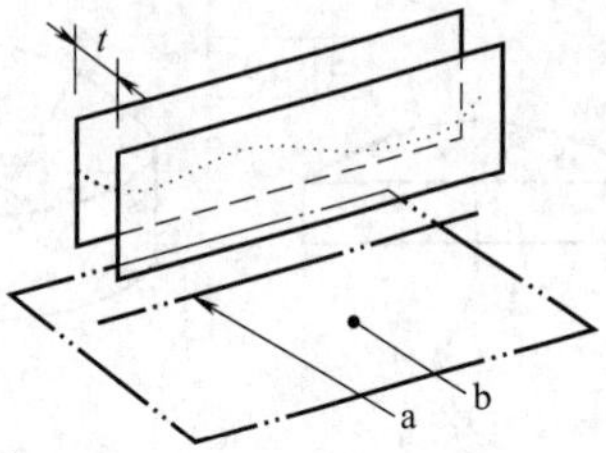 a——基准 A b——基准 B	提取(实际)中心线应限定在间距等于 0.1、平行于基准轴线 A 的两平行平面之间。限定公差带的平面均垂直于由定向平面框格规定的基准平面 B。基准 B 为基准 A 的辅助基准 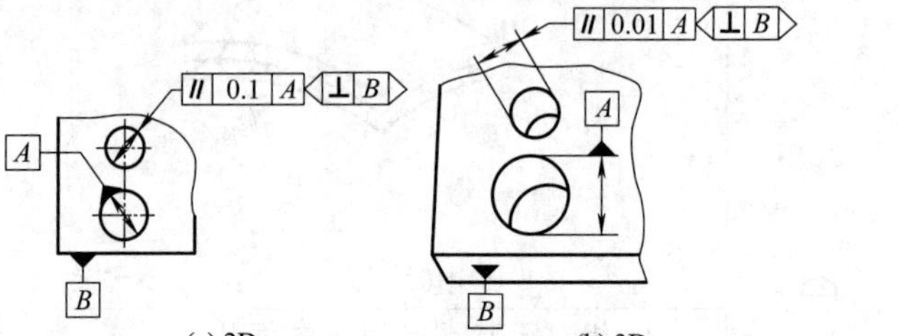 (a) 2D　(b) 3D
	公差带为平行于基准轴线和平行或垂直于基准平面、间距分别等于公差值 t_1 和 t_2，且相互垂直的两组平行平面所限定的区域(见 GB/T 1182—2008) 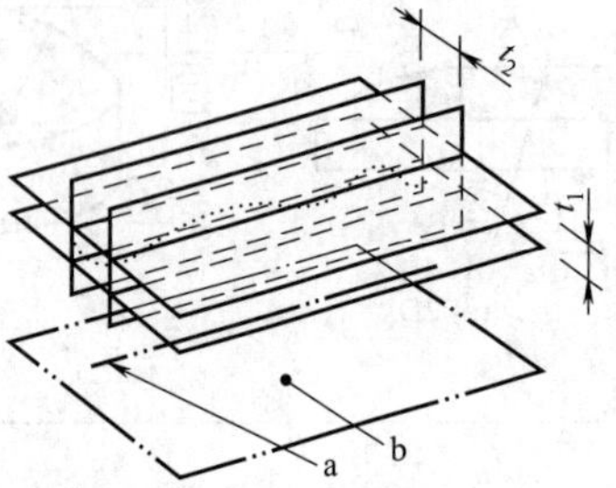 a——基准轴线 A b——基准平面 B	提取(实际)中心线应限定在平行于基准轴线 A 和平行或垂直于基准平面 B、间距分别等于公差值 0.1 和 0.2，且相互垂直的两组平行平面之间 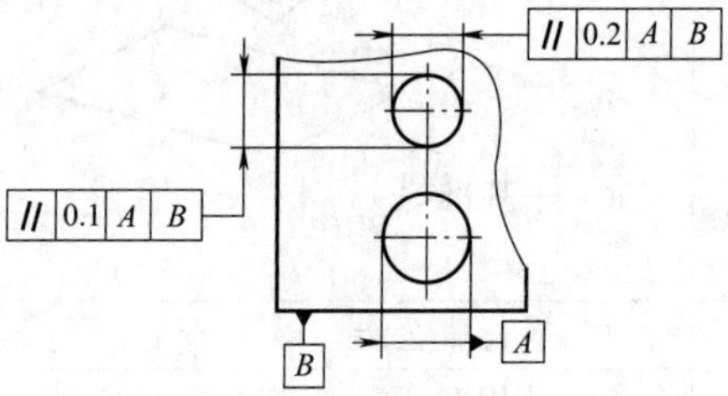
	9.2　相对于基准直线的中心线平行度公差	
	若公差值前加注了符号 ϕ，公差带为平行于基准轴线、直径等于公差值 ϕt 的圆柱面所限定的区域 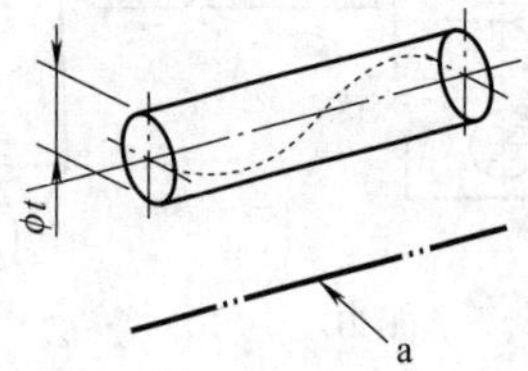 a——基准 A	提取(实际)中心线应限定在平行于基准轴线 A、直径等于 ϕ0.03 的圆柱面内 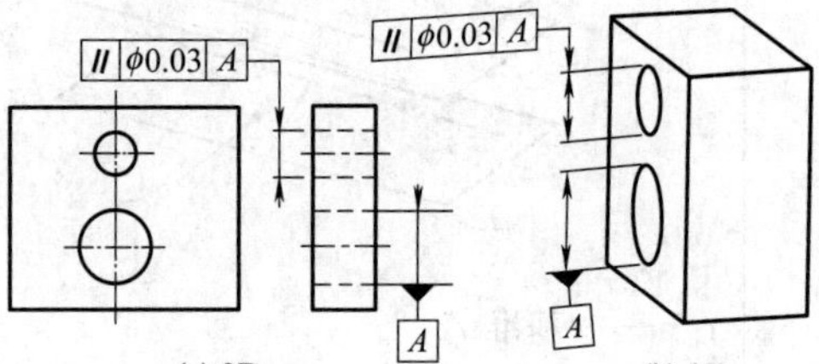 (a) 2D　(b) 3D

符号	公差带的定义	标注及说明
	9 平行度公差	
	9.3 相对于基准面的中心线平行度公差	
	公差带为平行于基准平面、间距等于公差值 t 的两平行平面所限定的区域 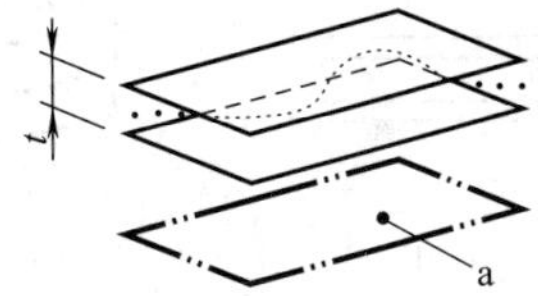 a——基准 B	提取(实际)中心线应限定在平行于基准平面 B、间距等于 0.01 的两平行平面之间 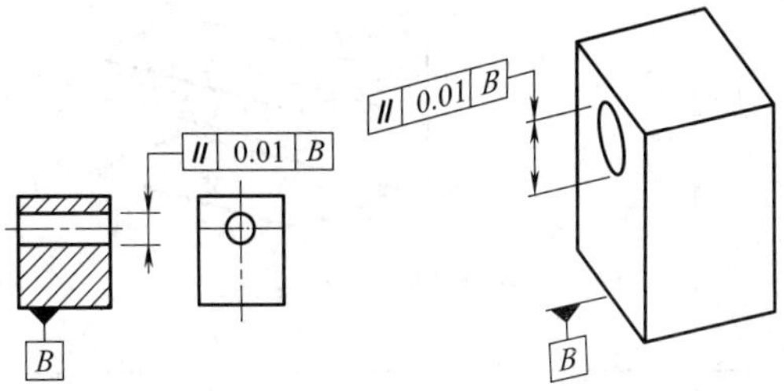 (a) 2D (b) 3D
	9.4 相对于基准面的一组在表面上的线平行公差	
//	公差带为间距等于公差值 t 的两平行直线所限定的区域。该两平行直线平行于基准平面 A 且处于平行于基准平面 B 的平面内 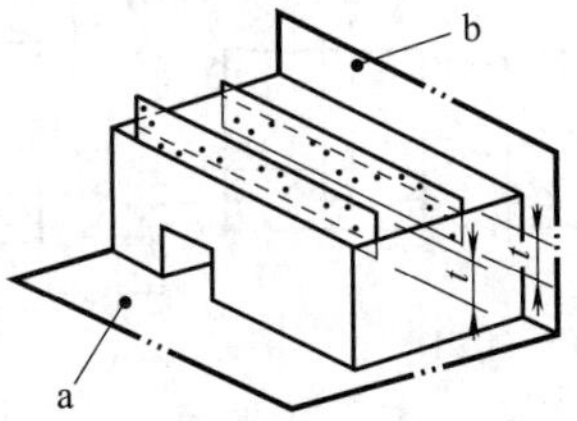 a——基准 A b——基准 B	每条由相交平面框格规定的，平行于基准面 B 的提取(实际)线应限定在间距等于 0.02、平行于基准平面 A 的两平行线之间。基准 B 为基准 A 的辅助基准 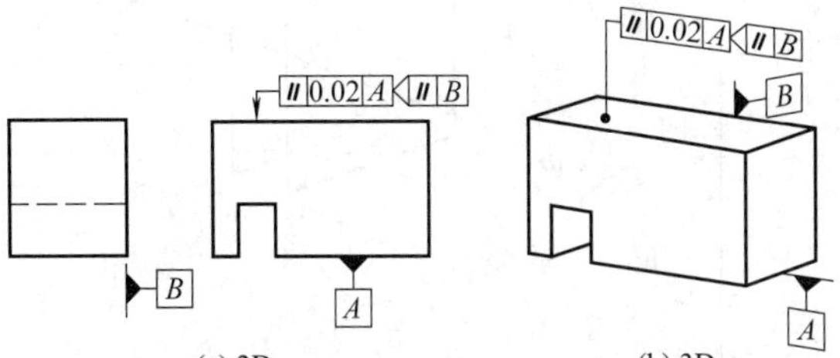 (a) 2D (b) 3D
	9.5 相对于基准直线的平面平行度公差	
	公差带为间距等于公差值 t、平行于基准的两平行平面所限定的区域 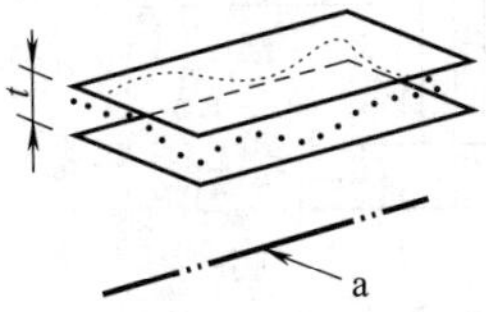 a——基准 C	提取(实际)表面应限定在间距等于 0.1、平行于基准轴线 C 的两平行平面之间 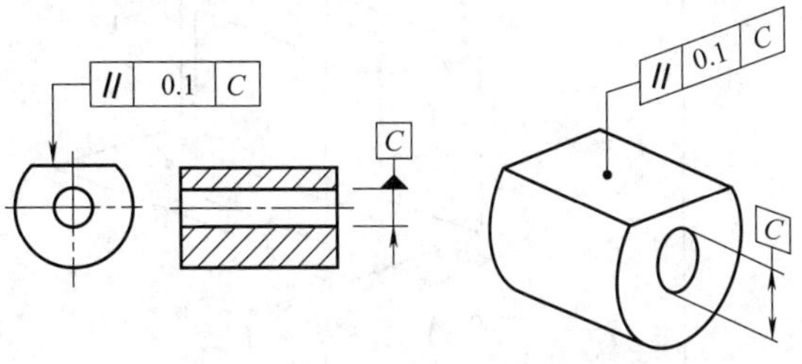 (a) 2D (b) 3D

续表

符号	公差带的定义	标注及说明
	9　平行度公差	
	9.6　相对于基准面的平面平行度公差	
//	公差带为间距等于公差值 t、平行于基准平面的两平行平面所限定的区域 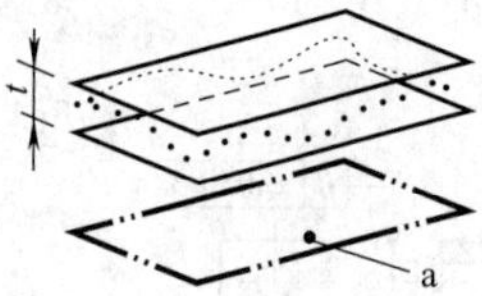 a——基准 D	提取(实际)表面应限定在间距等于 0.01、平行于基准 D 的两平行平面之间 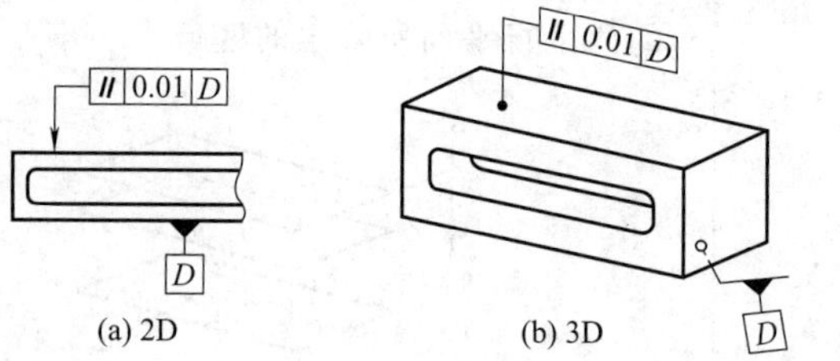 (a) 2D　(b) 3D
	10　垂直度公差	
	10.1　相对于基准直线的中心线垂直度公差	
⊥	公差带为间距等于公差值 t、垂直于基准轴线的两平行平面所限定的区域 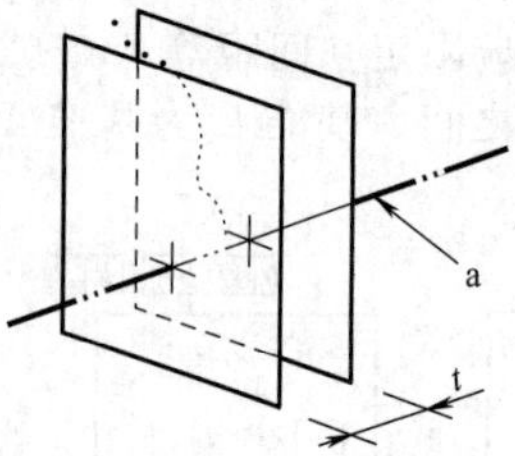 a——基准 A	提取(实际)中心线应限定在间距等于 0.06、垂直于基准轴 A 的两平行平面之间 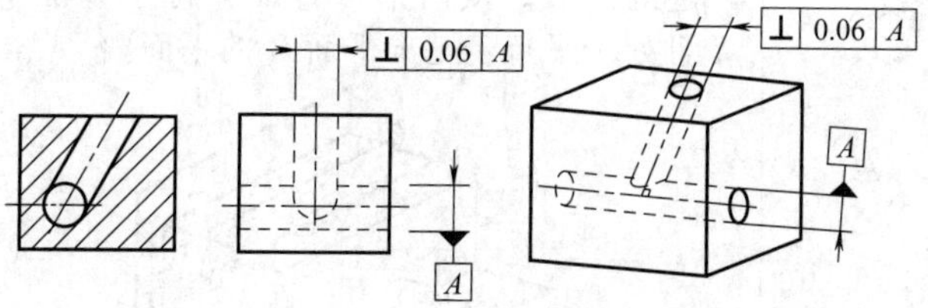 (a) 2D　(b) 3D
	10.2　相对于基准体系的中心线垂直度公差	
	公差带为间距等于公差值 t 的两平行平面所限定的区域。该两平行平面垂直于基准平面 A，且平行于辅助基准 B 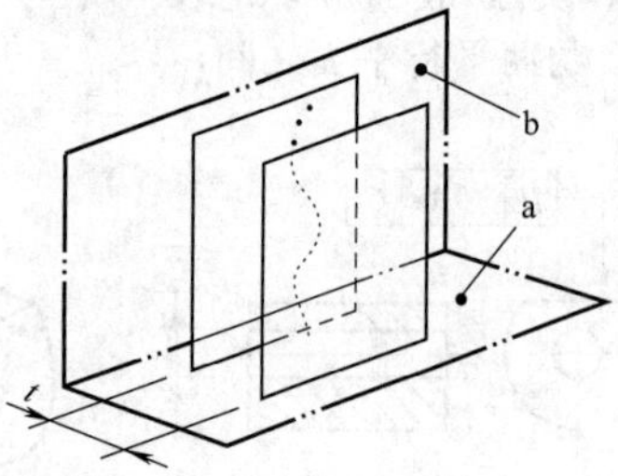 a——基准 A b——基准 B	圆柱面的提取(实际)中心线应限定在间距等于 0.1 的两平行平面之间。该两平行平面垂直于基准平面 A，且方向由基准平面 B 规定 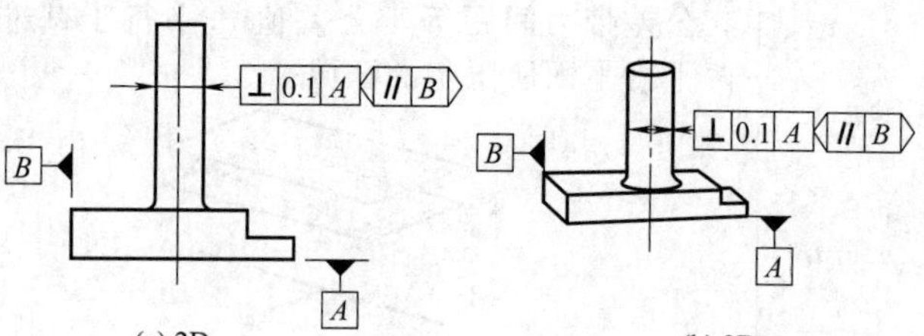 (a) 2D　(b) 3D

续表

符号	公差带的定义	标注及说明
⊥	10　垂直度公差	
	10.2　相对于基准体系的中心线垂直度公差	
	公差带为间距分别等于公差值 t_1 和 t_2，且互相垂直的两组平行平面所限定的区域。该两组平行平面都垂直于基准平面 A。其中一组平行平面垂直于基准平面 B［见图(a)］，另一组平行平面平行于基准平面 B［见图(b)］ 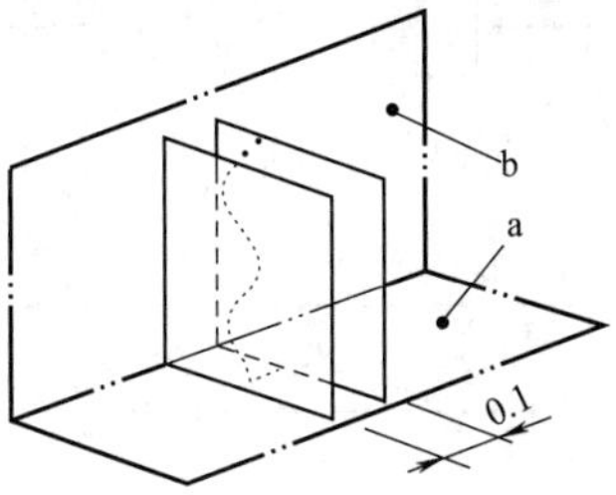 (a) a——基准 A b——基准 B 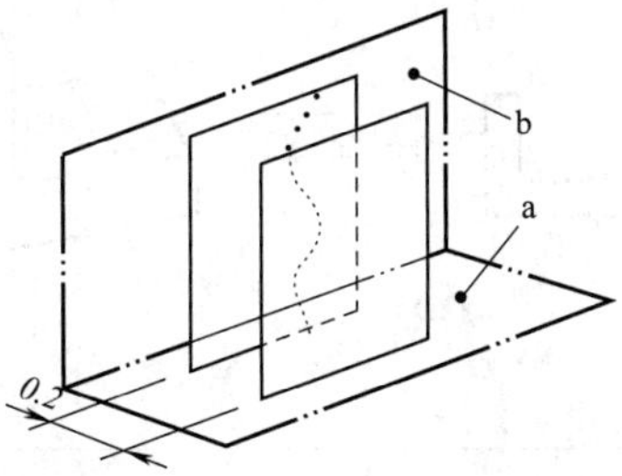 a——基准 A b——基准 B (b)	圆柱面的提取（实际）中心线应限定在间距分别等于0.1与0.2，且垂直于基准平面 A 的两组平行平面之间。公差带的方向使用定向平面框格由基准平面 B 规定。基准 B 是基准 A 的辅助基准 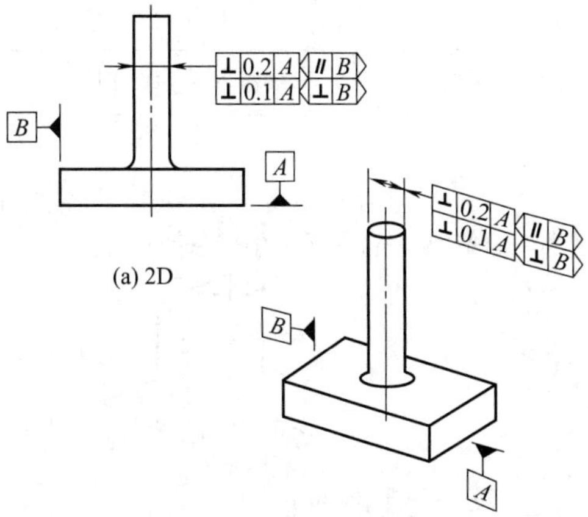 (a) 2D　(b) 3D
	10.3　相对于基准面的中心线垂直度公差	
	若公差值前加注符号 ϕ，公差带为直径等于公差值 ϕt、轴线垂直于基准平面的圆柱面所限定的区域 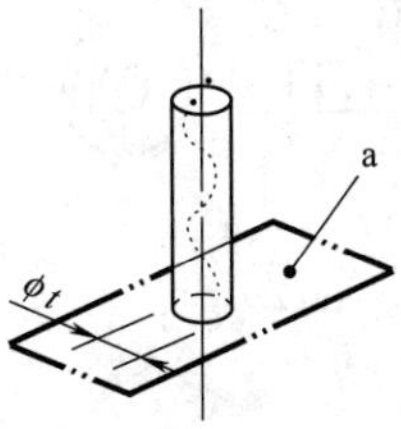 a——基准 A	圆柱面的提取（实际）中心线应限定在直径等于 ϕ0.01、垂直于基准平面 A 的圆柱面内 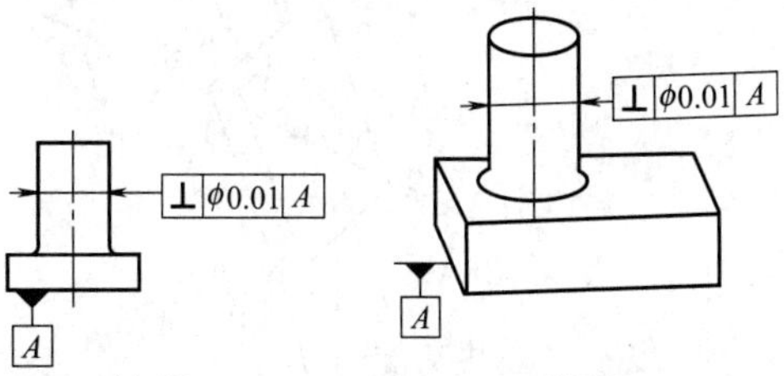 (a) 2D　(b) 3D

符号	公差带的定义	标注及说明
⊥	10　垂直度公差	
	10.4　相对于基准直线的平面垂直度公差	
	公差带为间距等于公差值 t 且垂直于基准轴线的两平行平面所限定的区域 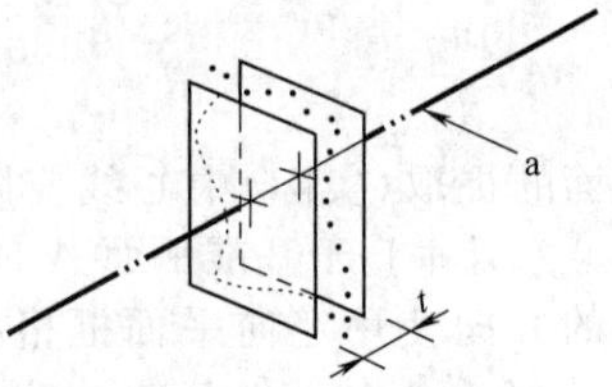 a——基准 A	提取(实际)表面应限定在间距等于 0.08 的两平行平面之间。该两平行平面垂直于基准轴线 A 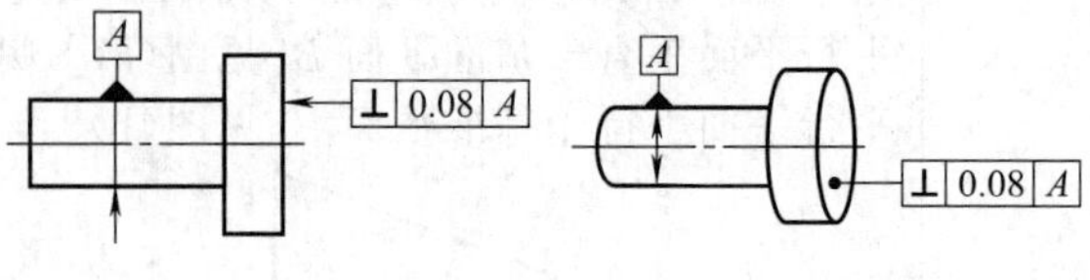 (a) 2D　(b) 3D
	10.5　相对于基准面的垂直度公差	
	公差带为间距等于公差值 t、垂直于基准平面的两平行平面所限定的区域 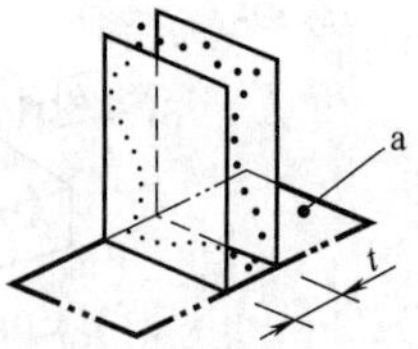 a——基准 A	提取(实际)表面应限定在间距等于 0.08、垂直于基准平面 A 的两平行平面之间 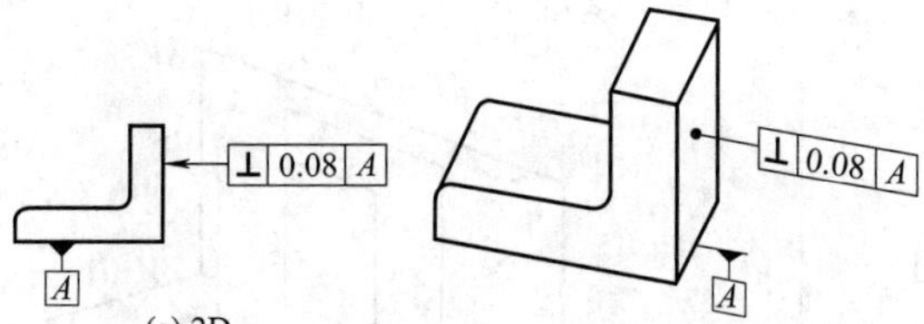 (a) 2D　(b) 3D
∠	11　倾斜度公差	
	11.1　相对于基准直线的中心线倾斜度公差	
	a)被测线与基准线在同一平面上 公差带为间距等于公差值 t 的两平行平面所限定的区域。该两平行平面按规定角度倾斜于基准轴线 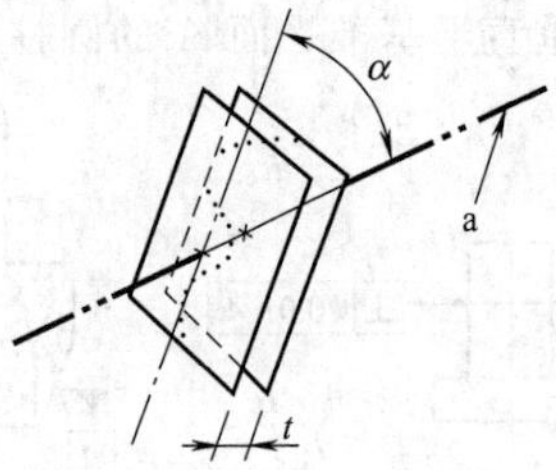 a——公共基准 A-B	提取(实际)中心线应限定在间距等于 ϕ0.08 的两圆柱面所限定的区域。该圆柱按理论正确角度 60°倾斜于公共基准轴线 A-B 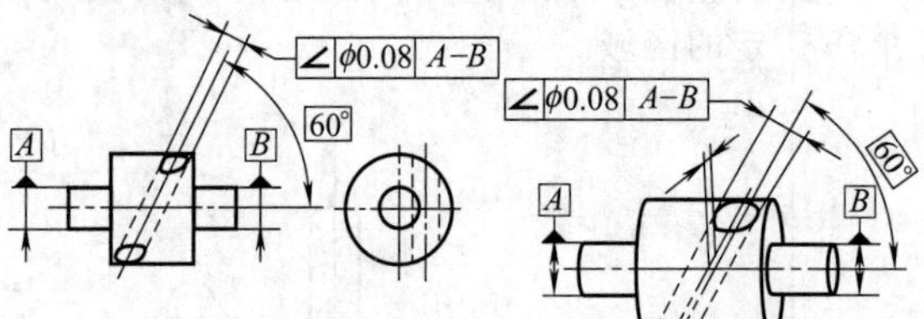 (a) 2D　(b) 3D

符号	公差带的定义	标注及说明
	11　倾斜度公差	
	11.1　相对于基准直线的中心线倾斜度公差	
	b)被测线与基准线在不同平面内 公差带为直径等于公差值 ϕt 的圆柱面所限定区域。该圆柱面按规定角度倾斜于基准。被测线与基准线在不同的平面内 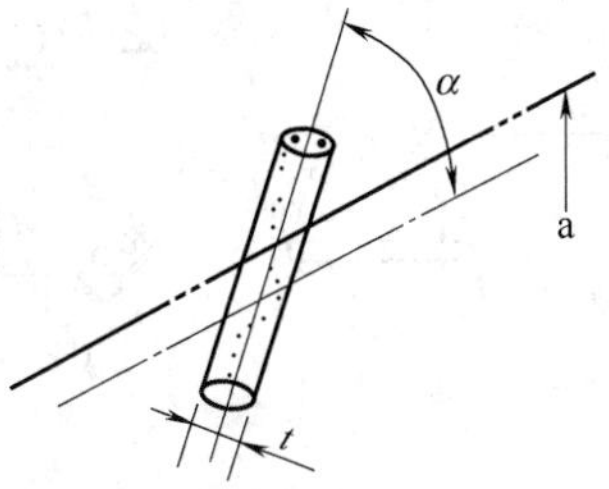 a——基准 A-B 注:公差带相对于公共基准 A-B 的距离无约束要求	提取(实际)中心线应限定在直径等于 ϕ0.08 的圆柱面所限定的区域。该圆柱按理论正确角度 60°倾斜于公共基准轴线 A-B 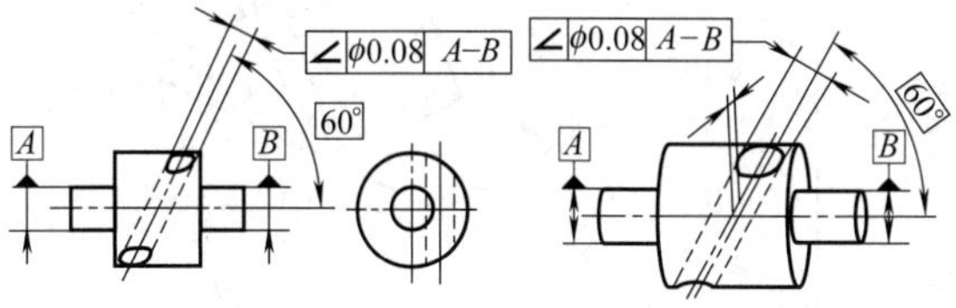 (a) 2D　(b) 3D
	11.2　相对于基准体系的中心线倾斜度公差	
∠	公差值前加注符号 ϕ,公差带为直径等于公差值 ϕt 的圆柱面所限定的区域。该圆柱面公差带的轴线按规定角度倾斜于基准平面 A 且平行于基准平面 B 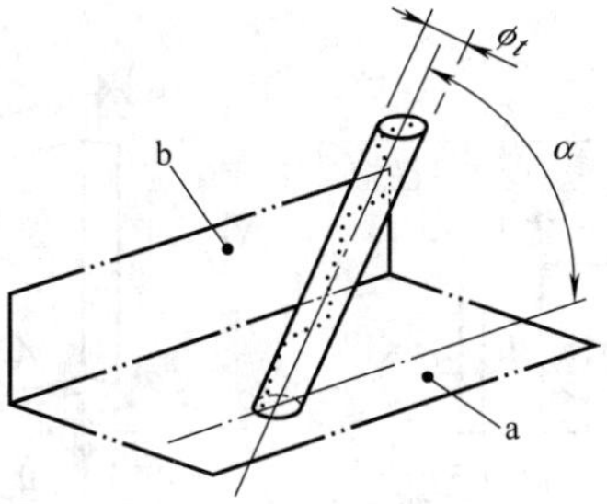 a——基准 A b——基准 B	提取(实际)中心线应限定在直径等于 ϕ0.1 的圆柱面内。该圆柱面的中心线按理论正确角度 60°倾斜于基准平面 A 且平行于基准平面 B 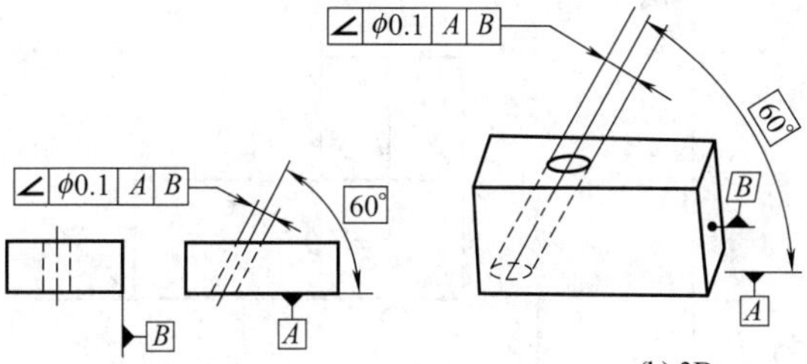 (a) 2D　(b) 3D
	11.3　相对于基准直线的平面倾斜度公差	
	公差带为间距等于公差值 t 的两平行平面所限定的区域。该两平行平面按规定角度倾斜于基准直线 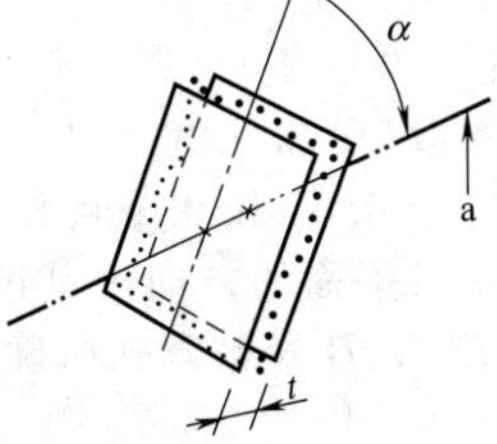 a——基准 A	提取(实际)表面应限定在间距等于 0.1 的两平行平面之间。该两平行平面按理论正确角度 75°倾斜于基准轴线 A 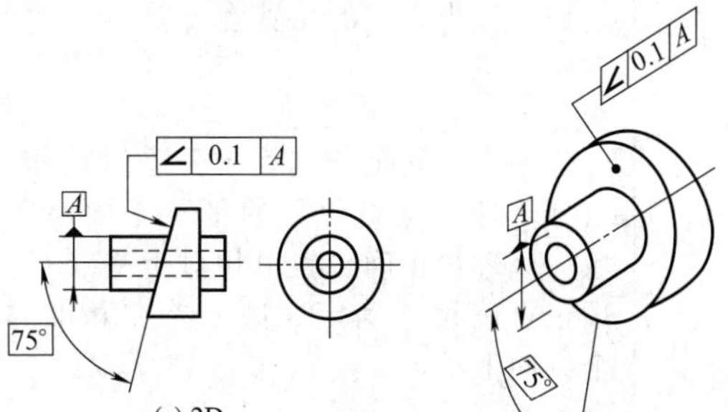 (a) 2D　(b) 3D

符号	公差带的定义	标注及说明
	11　倾斜度公差	
	11.4　相对于基准面的平面倾斜度公差	
∠	公差带为间距等于公差值 t 的两平行平面所限定的区域。该两平行平面按规定角度倾斜于基准平面 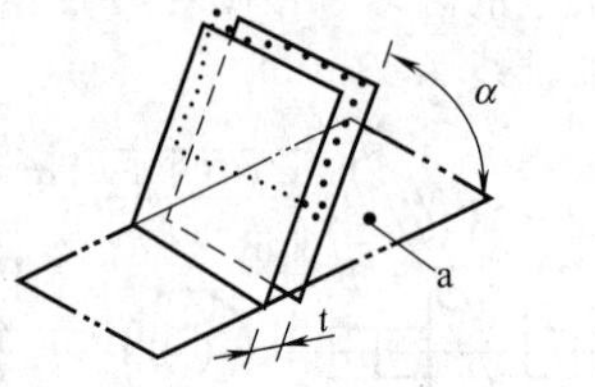 a——基准 A	提取(实际)表面应限定在间距等于 0.08 的两平行平面之间。该两平行平面按理论正确角度 40°倾斜于基准平面 A 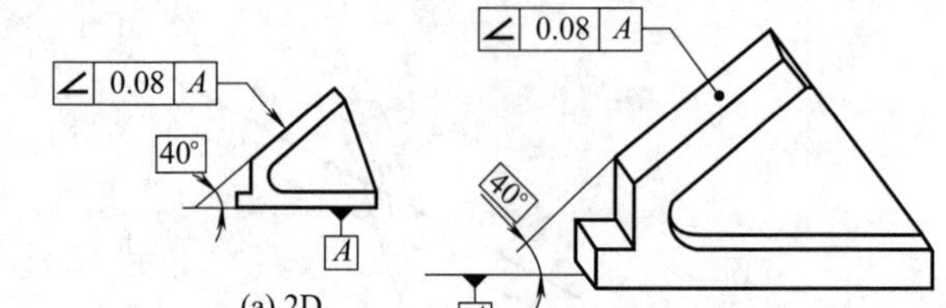 (a) 2D　(b) 3D
	12　位置度公差	
	12.1　导出点的位置度公差	
⌖	公差值前加注 $S\phi$,公差带为直径等于公差值 $S\phi t$ 的圆球面所限定的区域。该圆球面中心位置,由相对于基准 A、B、C 和理论正确尺寸确定 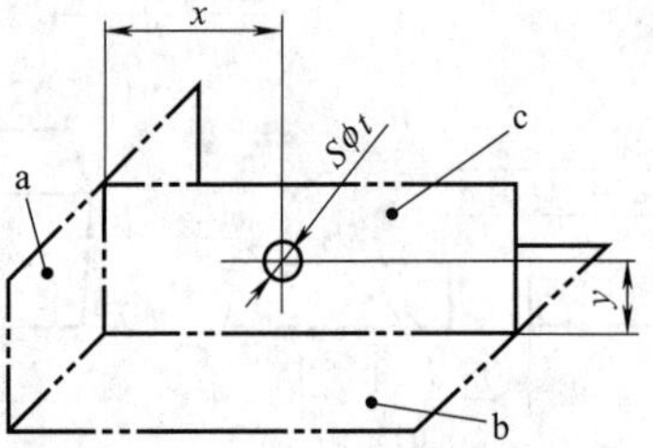 a——基准 A b——基准 B c——基准 C	提取(实际)球心应限定在直径等于 $S\phi0.3$ 的圆球面内。该圆球面的中心与基准平面 A、基准平面 B、基准中心平面 C 及被测球所确定的理论正确位置一致 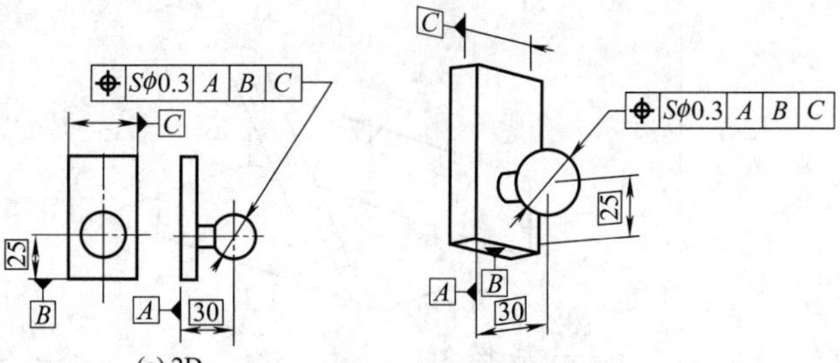 (a) 2D　(b) 3D 注:提取(实际)球心的定义尚未标准化
	12.2　中心线的位置度公差	
	公差带为间距分别等于公差值 0.05 与 0.2、对称于理论正确位置的平行平面所限定的区域。该理论正确位置由相对于基准 C、A、B 的理论正确尺寸确定。该公差在基准体系的两个方向上给定	各孔的提取(实际)中心线在给定方向上应各自限定在间距分别等于 0.05 和 0.2 且相互垂直的两对平行平面内。每对平行平面的方向由基准体系确定,且对称于由基准平面 C、A、B 及被测孔所确定的理论正确位置

符号	公差带的定义	标注及说明
	12　位置度公差	
	12.2　中心线的位置度公差	
	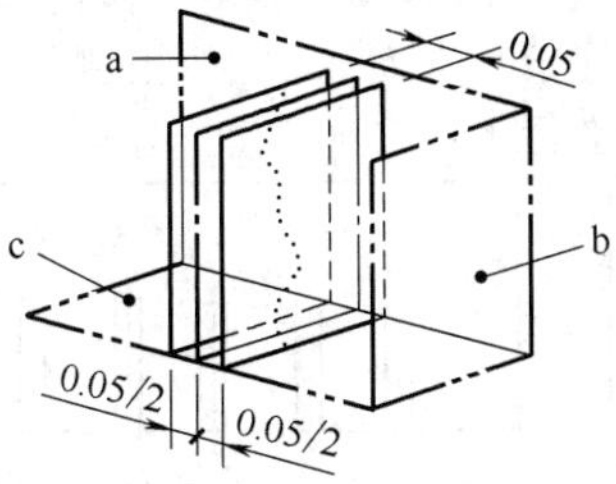 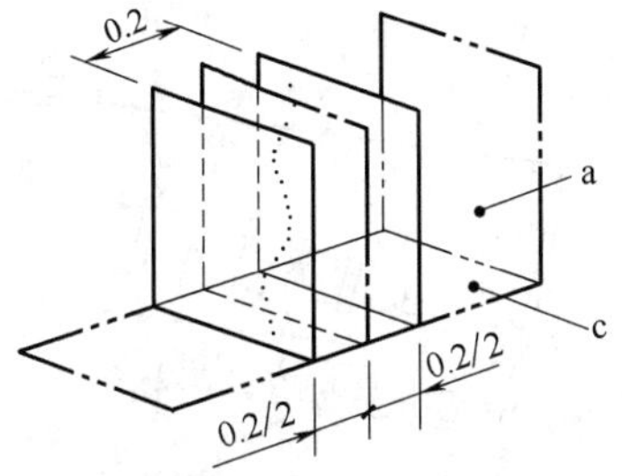 a——第二基准 A，与基准 C 垂直 b——第三基准 B，与基准 C 以及第二基准 A 垂直 c——基准 C	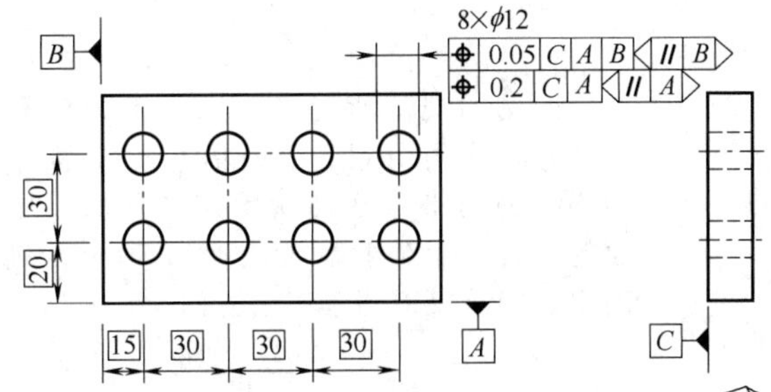 (a) 2D 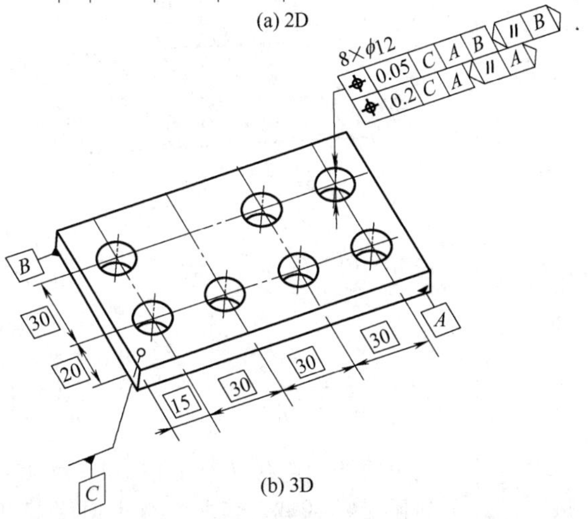 (b) 3D
⌖	公差值前加注符号 ϕ，公差带为直径等于公差值 ϕt 的圆柱面所限定的区域。该圆柱面的轴线的位置由相对于基准 C、A、B 的理论正确尺寸确定 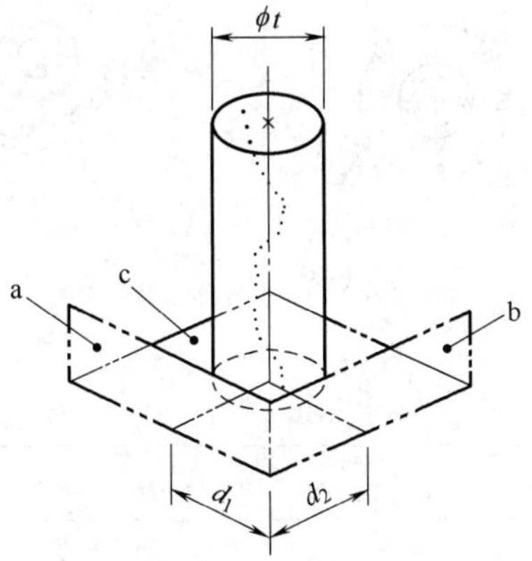 a——基准 A b——基准 B c——基准 C	各孔的提取（实际）中心线应各自限定在直径等于 $\phi0.1$ 的圆柱面内。该圆柱面的轴线应处于由基准 C、A、B 与被测孔所确定的理论正确位置上 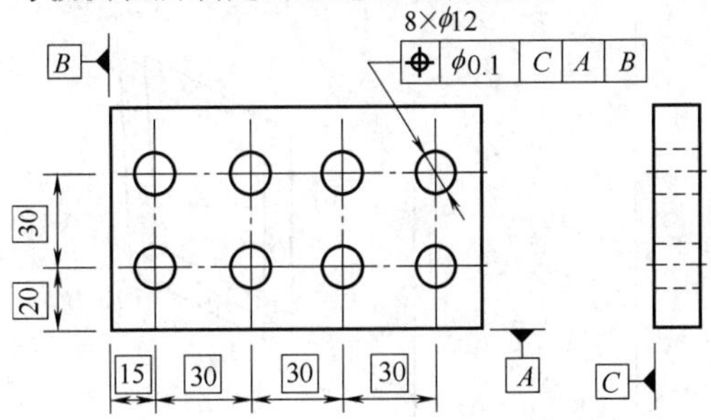 (a) 2D 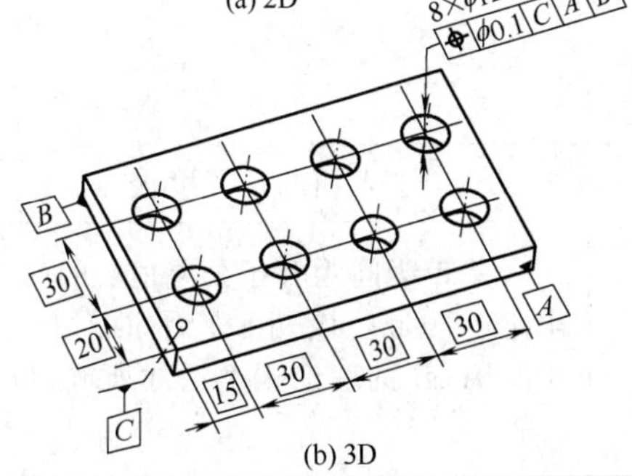 (b) 3D

符号	公差带的定义	标注及说明
	12　位置度公差	
	12.3　中心线的位置度公差	
	由图例的规范所定义的六个被测要素的每个公差带为间距等于公差值 0.1、对称于要素中心线的两平行平面所限定的区域。中心平面的位置由相对于基准 A、B 的理论正确尺寸确定。规范仅适用于一个方向 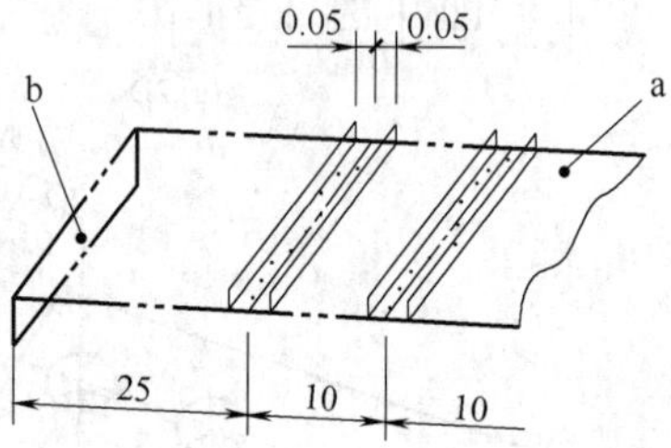 a——基准 A b——基准 B	各条刻线的提取（实际）中心线应限定在间距等于 0.1、对称于基准面 A、B 与被测线所确定的理论正确位置的两平行平面之间 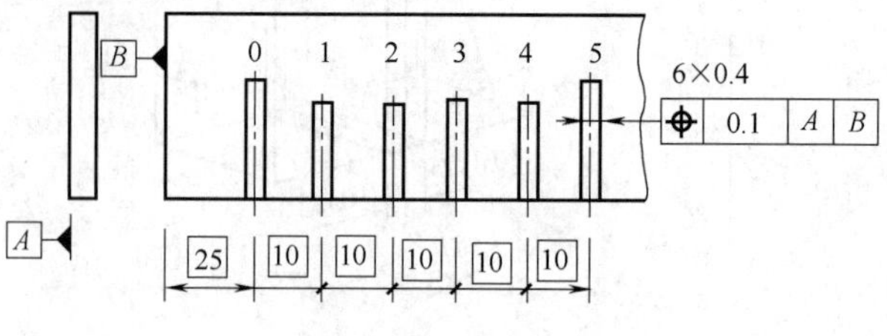 (a) 2D 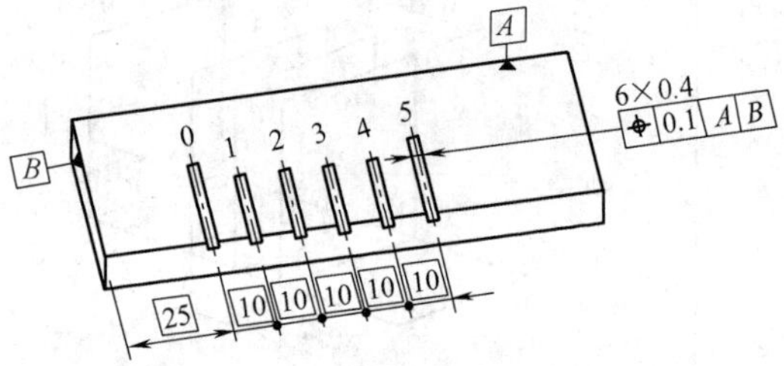 (b) 3D
⌖	公差带为间距等于公差值 0.05 的两平行平面所限定的区域。该两平行平面绕基准 A 对称布置 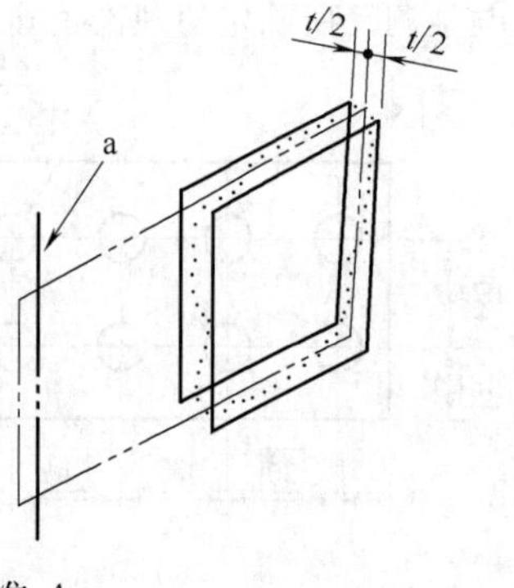 a——基准 A	图中，8 个被测要素的每一个应单独考量（与其相互之间的角度无关），提取（实际）中心面应限定在间距等于 0.05 的两平行平面之间。该两平行平面对称于由基准轴线 A 与中心表面所确定的理论正确位置 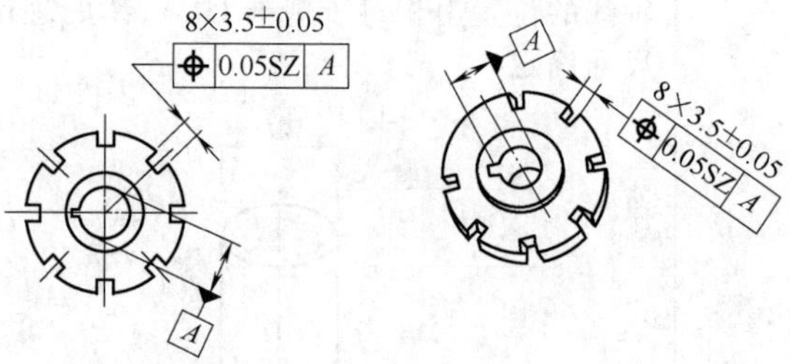 (a) 2D　　(b) 3D
	12.4　平表面的位置度公差	
	公差带为间距等于公差值 t 的两平行平面所限定的区域。该两平行平面对称于由相对于基准 A、B 的理论正确尺寸所确定的理论正确位置	提取（实际）表面应限定在间距等于 0.05、的两平行平面之间。该两平行平面对称于由基准平面 A、基准轴线 B 与被测表面所确定的理论正确位置

续表

符号	公差带的定义	标注及说明
	12　位置度公差	
	12.4　平表面的位置度公差	
⌖	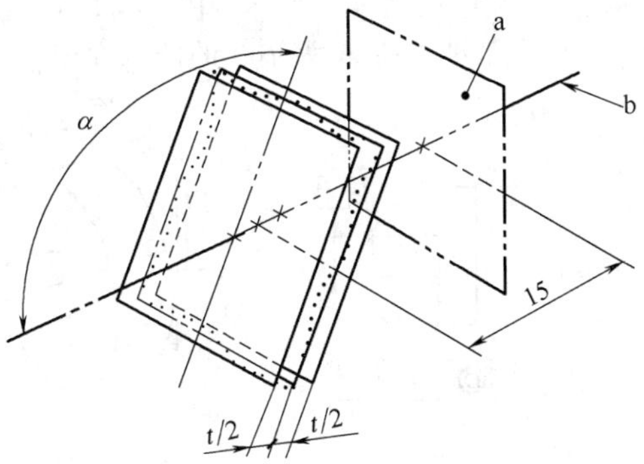 a——基准 A b——基准 B	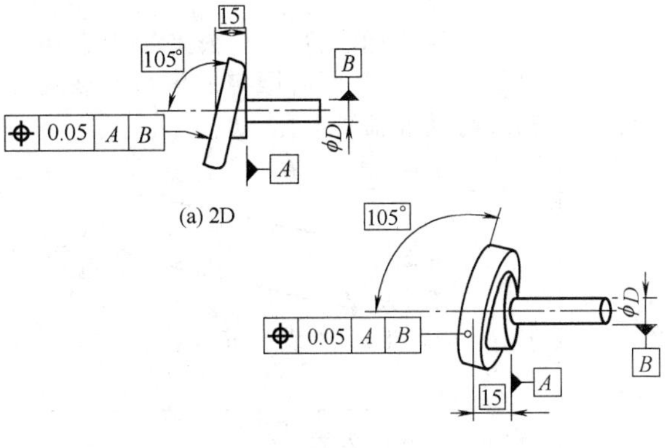 (a) 2D (b) 3D
	13　同心度和同轴度公差	
	13.1　点的同心度公差	
◎	公差值前标注符号 ϕ，公差带为直径等于公差值 ϕt 的圆周所限定的区域。该圆周的圆心与基准点重合 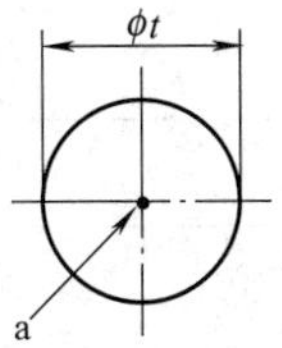 a——基准点 A	在任意横截面内，内圆的提取（实际）中心应限定在直径等于 $\phi0.1$，以基准点 A（在同一横截面内）为圆心的圆周内 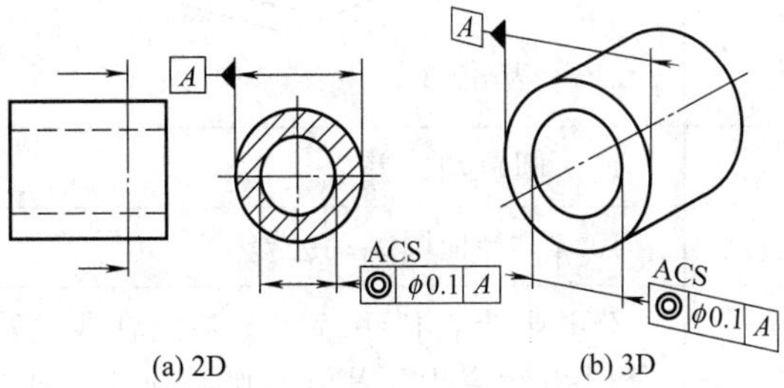 (a) 2D (b) 3D
	13.2　中心线的同轴度公差	
	公差值前标注符号 ϕ，公差带为直径等于公差值 ϕt 的圆柱面所限定的区域。该圆柱面的轴线与基准轴线重合 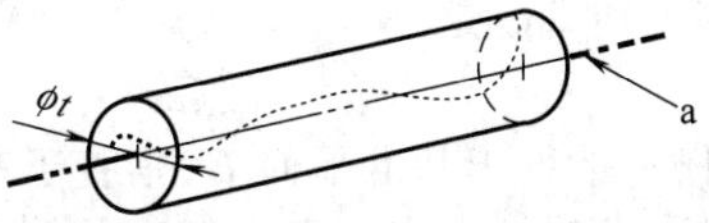 a——基准 A-B 或基准 A	被测圆柱面的提取（实际）中心线应限定在直径等于 $\phi0.08$、以公共基准轴线 A-B 为轴线的圆柱面内 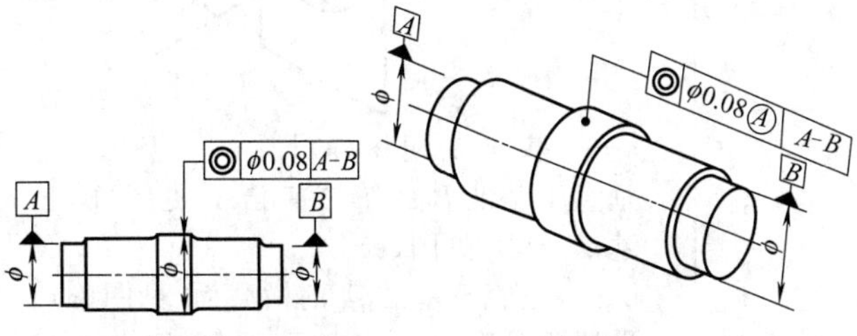 (a) 2D (b) 3D

符号	公差带的定义	标注及说明
	13　同心度和同轴度公差	
	13.2　中心线的同轴度公差	
◎	公差值前标注符号 ϕ，公差带为直径等于公差值 ϕt 的圆柱面所限定的区域。该圆柱面的轴线与基准轴线重合 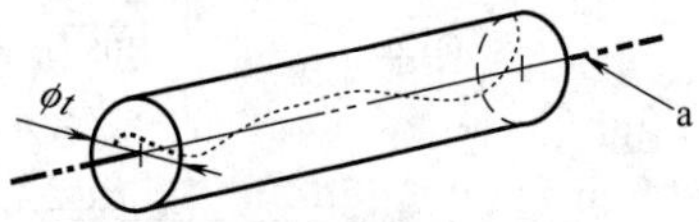 a——基准 A-B 或基准 A	被测圆柱的提取（实际）中心线应限定在直径等于 $\phi 0.1$、以基准轴线 A 为轴线的圆柱面内 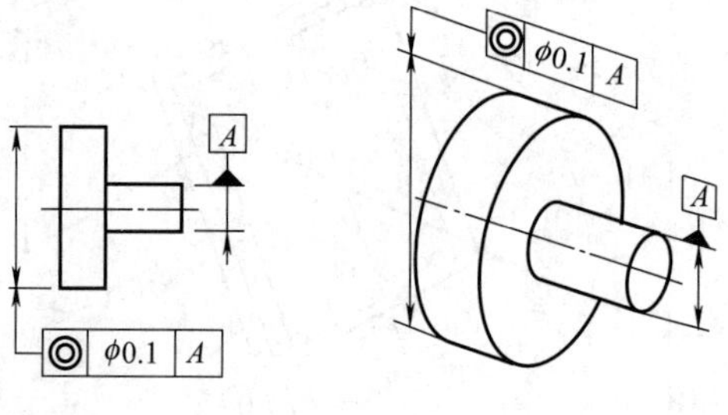 (a) 2D　(b) 3D
	14　对称度公差	
	14.1　中心平面的对称度公差	
⌯	公差带为间距等于公差值 0.08、对称于基准中心平面的两平行平面所限定的区域 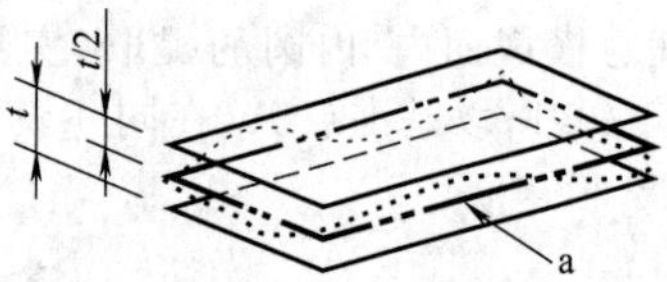 a——基准 A	提取（实际）中心面应限定在间距等于 0.08、对称于基准中心平面 A 的两平行平面之间 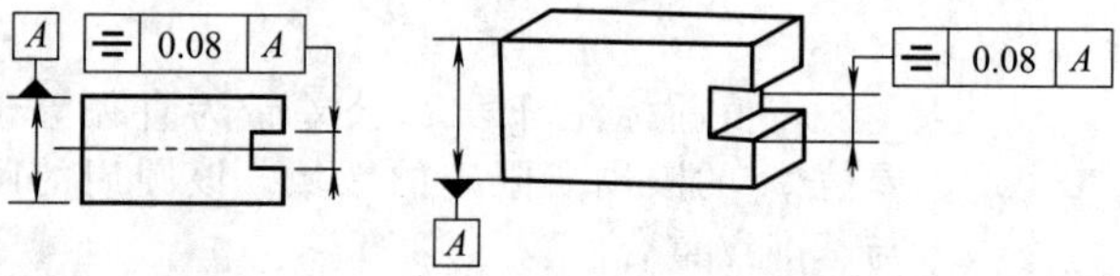 (a) 2D　(b) 3D
	15　圆跳动公差	
	15.1　径向圆跳动公差	
↗	公差带为在任一垂直于基准轴线的横截面内、半径差等于公差值 t、圆心在基准轴线上的两同心圆所限定的区域 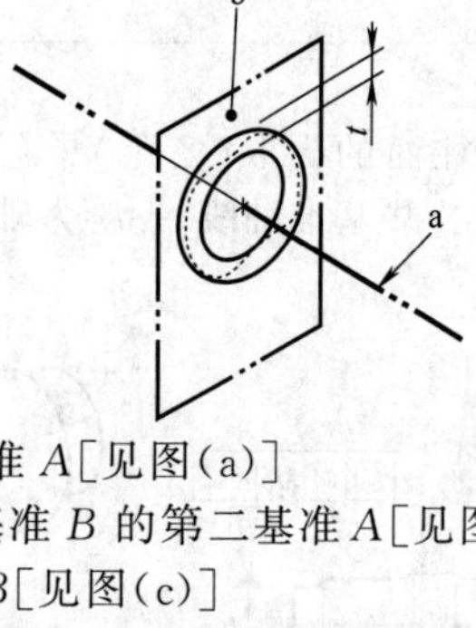 a——基准 A[见图(a)] 垂直于基准 B 的第二基准 A[见图(b)] 基准 A-B[见图(c)] b——垂直于基准 A 的横截面[见图(a)] 平行于基准 B 的横截面[见图(b)] 垂直于基准 A-B 的横截面[见图(c)]	在任一垂直于基准轴线 A 的横截面内，提取（实际）圆应限定在半径差等于 0.1，圆心在基准轴线 A 上的两同心圆之间，见图(a) 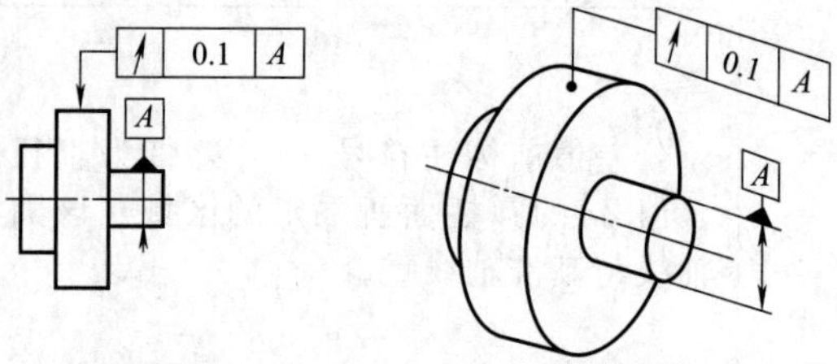 (a) 2D　(b) 3D 图(a) 在任一平行于基准平面 B、垂直于基准轴线 A 的截面上，提取（实际）圆应限定在半径差等于 0.1，圆心在基准轴线 A 上的两同心圆之间，见图(b)

<table>
<tr><th>符号</th><th>公差带的定义</th><th>标注及说明</th></tr>
<tr><td rowspan="5">↗</td><td colspan="2">15　圆跳动公差</td></tr>
<tr><td colspan="2">15.1　径向圆跳动公差</td></tr>
<tr><td>圆跳动通常适用于整个要素，但也可规定只适用于局部要素的某一指定部分（标注见右图（d））</td><td>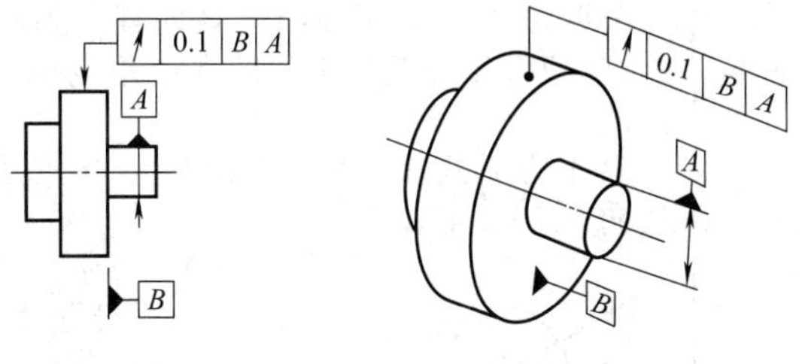
(a) 2D　(b) 3D
图(b)
在任一垂直于基准直线 A-B 的横截面内，提取（实际）线应限定在半径差等于公差值 0.1、圆心在基准轴线 A-B 上的两共面同心圆之间，见图(c)
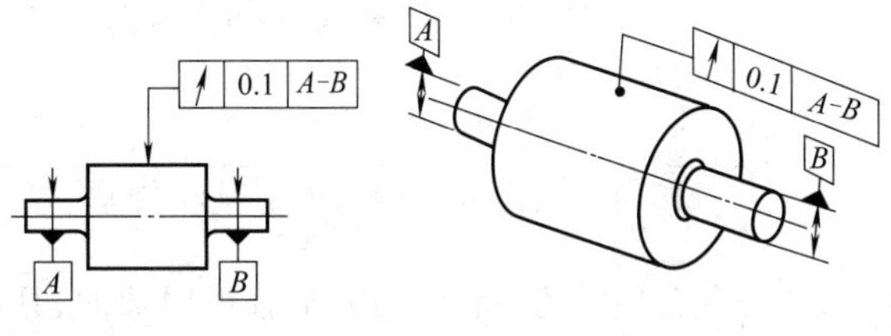
(a) 2D　(b) 3D
图(c)
在任一垂直于基准轴线 A 的横截面内，提取（实际）线应限定在半径差等于 0.2 的共面同心圆之间。
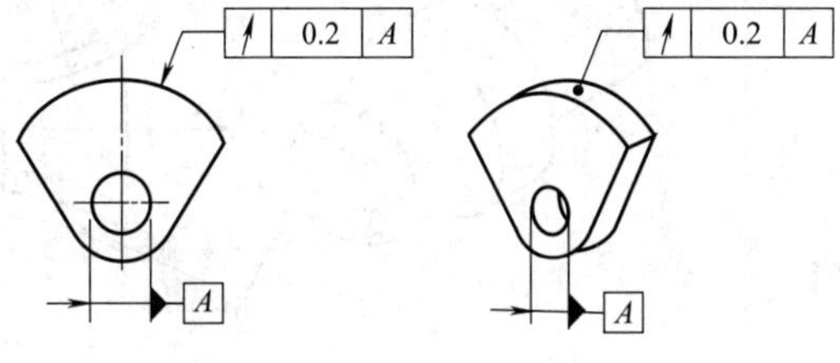
(a) 2D　(b) 3D
图(d)</td></tr>
<tr><td colspan="2">15.2　轴向圆跳动公差</td></tr>
<tr><td>公差带为与基准轴线同轴的任一半径的圆柱截面上，间距等于公差值 t 的两圆所限定的圆柱面区域
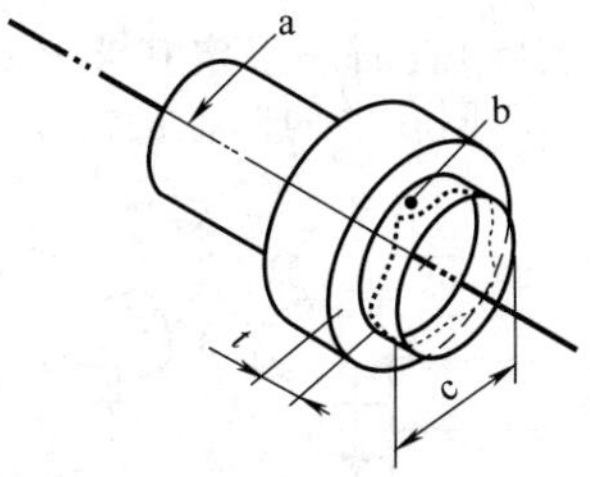
a——基准 D
b——公差带
c——与基准 D 同轴的任意直径</td><td>在与基准轴线 D 同轴的任一圆柱形截面上，提取（实际）圆应限定在轴向距离等于 0.1 的两个等圆之间
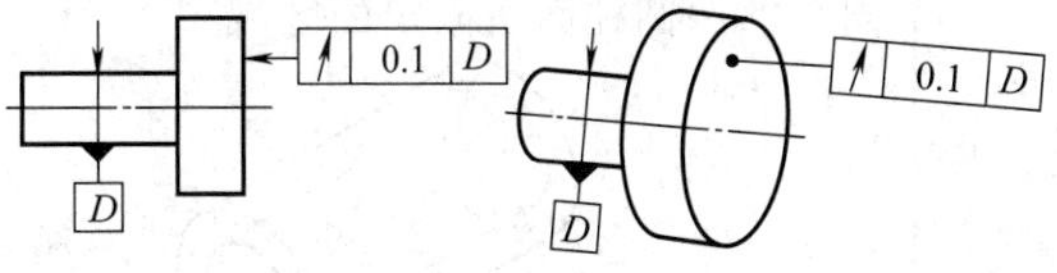
(a) 2D　(b) 3D</td></tr>
</table>

<table>
<tr><th>符号</th><th>公差带的定义</th><th>标注及说明</th></tr>
<tr><td rowspan="6">↗</td><td colspan="2">15　圆跳动公差</td></tr>
<tr><td colspan="2">15.3　斜向圆跳动公差</td></tr>
<tr><td>公差带为与基准轴线同轴的任一圆锥截面上，间距等于公差值 t 的两圆所限定的圆锥面区域。
除非另有规定，测量方向应沿被测表面的法向
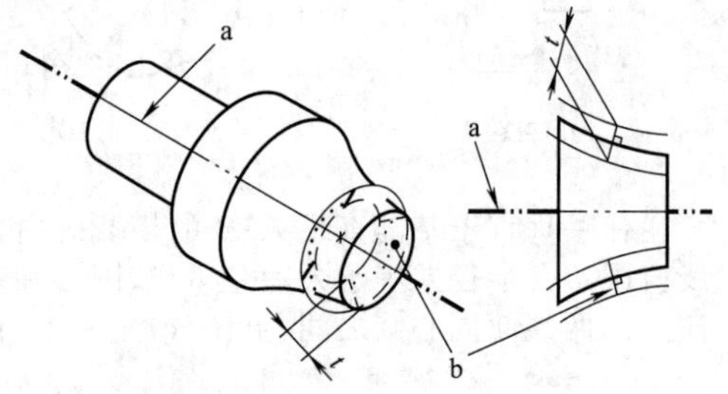

a——基准 C
b——公差带</td><td>在与基准轴线 C 同轴的任一圆锥截面上，提取（实际）线应限定在素线方向间距等于 0.1 的两不等圆之间，并且截面的锥角与被测要素垂直
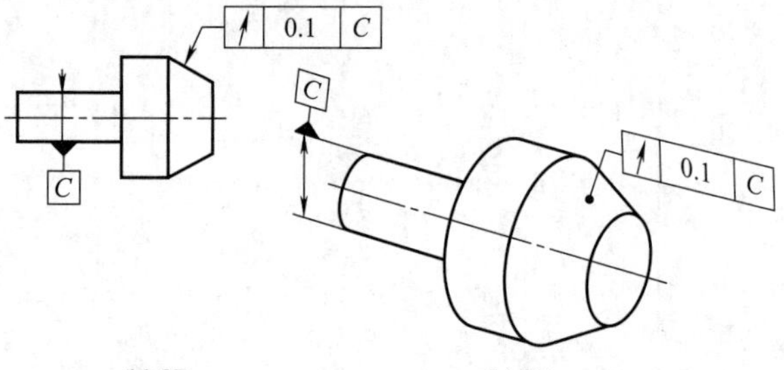

(a) 2D　(b) 3D</td></tr>
<tr><td colspan="2">15.4　给定方向的斜向圆跳动公差</td></tr>
<tr><td>公差带为在轴线与基准轴线同轴的、具有给定锥角的任一圆锥截面上，间距等于公差值 t 的两不等圆所限定的区域
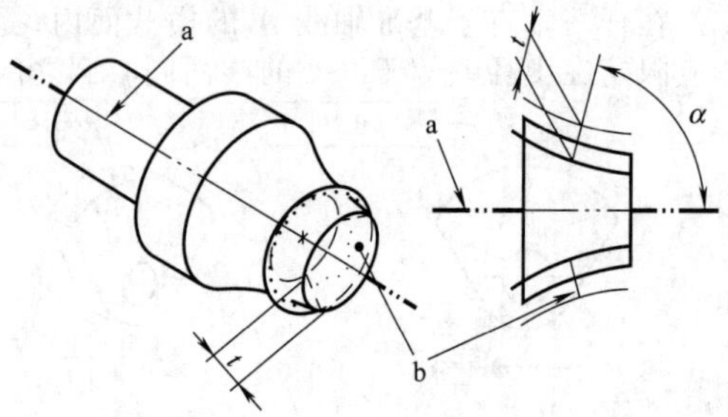

a——基准 C
b——公差带</td><td>在相对于方向要素（给定角度 α）的任一圆锥截面上，提取（实际）线应限定在圆锥截面内间距等于 0.1 的两圆之间
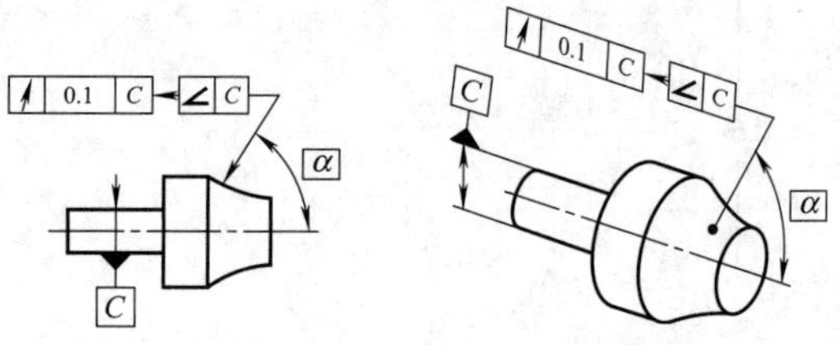

(a) 2D　(b) 3D</td></tr>
<tr><td colspan="2"></td></tr>
<tr><td rowspan="3">⌰</td><td colspan="2">16　全跳动公差</td></tr>
<tr><td colspan="2">16.1　径向全跳动公差</td></tr>
<tr><td>公差带为半径差等于公差值 t，与基准轴线同轴的两圆柱面所限定的区域
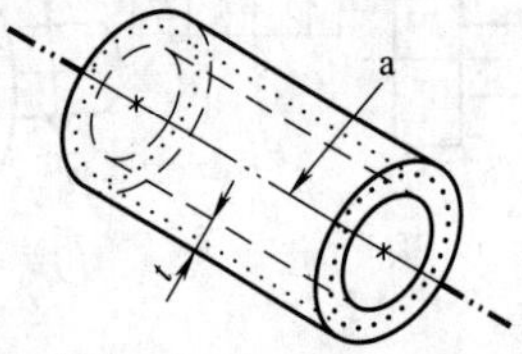

a——公共基准 A-B</td><td>提取（实际）表面应限定在半径差等于 0.1，与公共基准轴线 A-B 同轴的两圆柱面之间
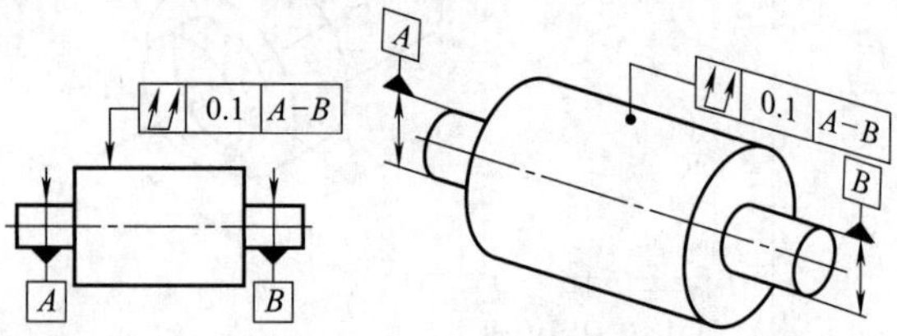

(a) 2D　(b) 3D</td></tr>
</table>

续表

符号	公差带的定义	标注及说明
	16　全跳动公差	
	16.2　轴向全跳动公差	
	公差带为间距等于公差值 t，垂直于基准轴线的两平行平面所限定的区域 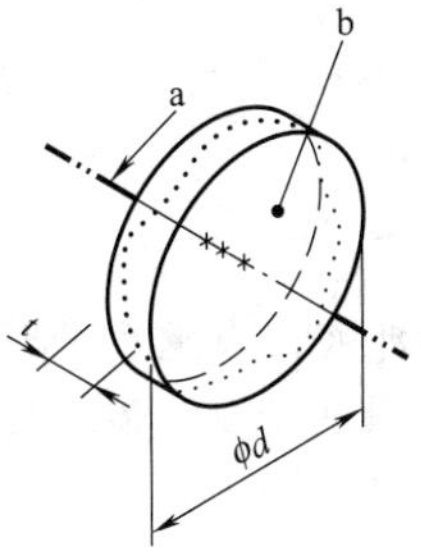 a——基准 D b——提取表面	提取(实际)表面应限定在间距等于 0.1、垂直于基准轴线 D 的两平行平面之间 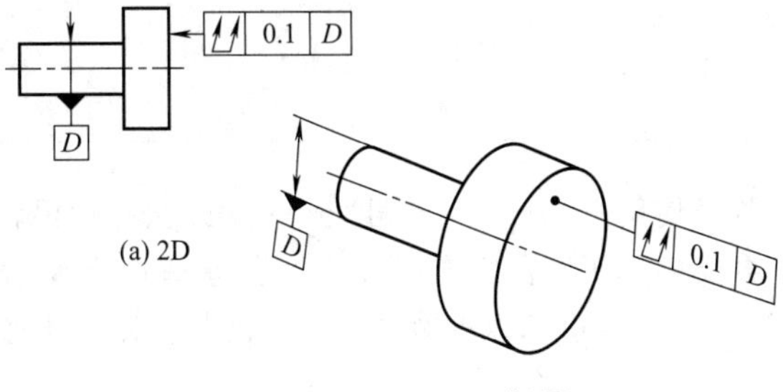 (a) 2D (b) 3D

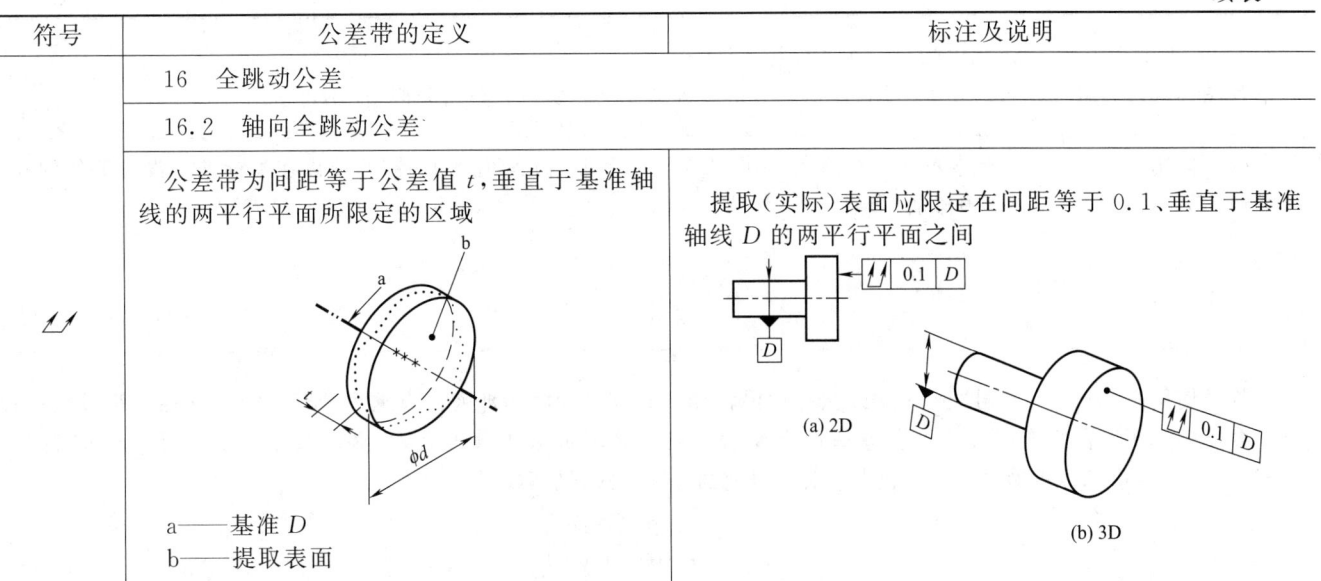

表 1-4-7　不推荐的及废止的标注方法（摘自 GB/T 1182—2018 附录）

概述

本表列出了若干已废止的标注方法，它们已被删除并且不再适用。所以，它们并非本标准的组成部分，仅供参考

1. ISO 1101:2012 中曾采用过，但不推荐的标注方法

关于不推荐使用的标注方法，目前仍在使用，但希望将其逐渐淘汰。由本标准图(a)～图(c)所示标注方法替代

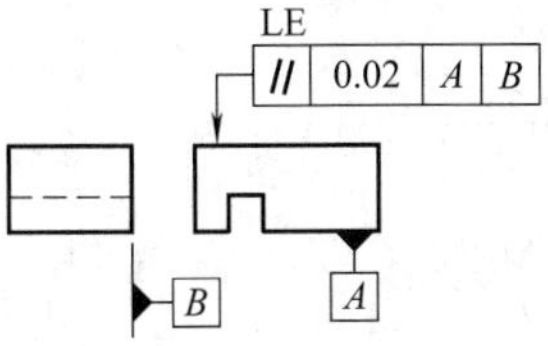

图 A.1

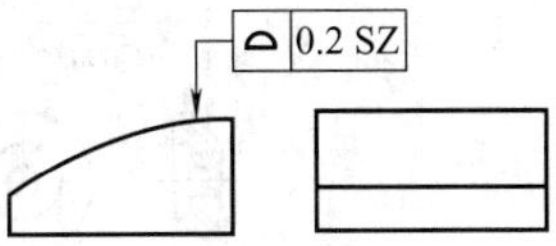

图 A.2

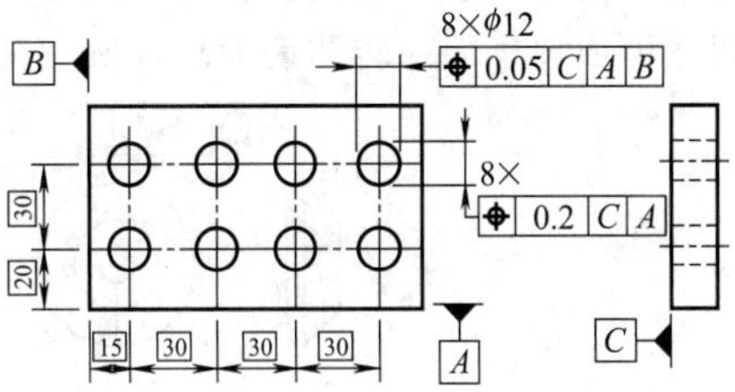

图 A.3

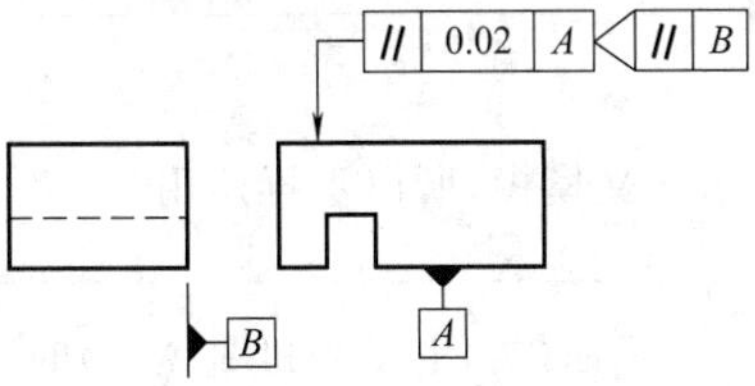

(a)

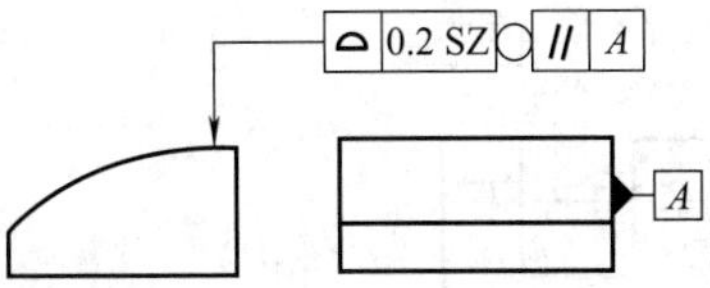

(b)

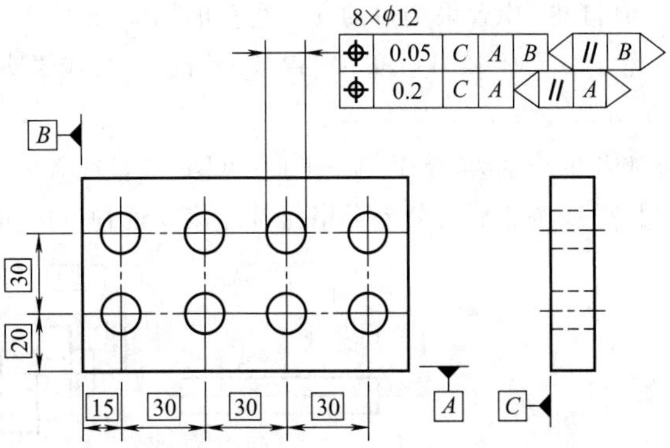

(c)

续表

2. ISO 1101:2012 中曾采用过的已废止的标注方法

下列图样标注曾被采用过。实践表明，这些方法所示含义模糊。所以，这些图样标注不再适用

1)曾经使用 NC 规定被测要素不允许有凸点，见图 A. 4。这个规范元素已不再使用，所以在本标准中没有替代的标注方法。如有需要，可在图样中添加注释

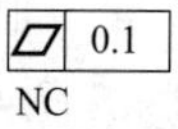

图 A. 4

2)曾经使用"从……到"符号"→"来表示公差值沿被测要素变化。因为即使没有这个分开的"从……到"符号，公差也不会模糊。所以在所有情况中当公差适用于要素的局部区域或公差值变化时，条款已更改为使用"区间"符号"↔"，并且用字母标识被测要素的起止点。关于目前的标注方式，见图(d)

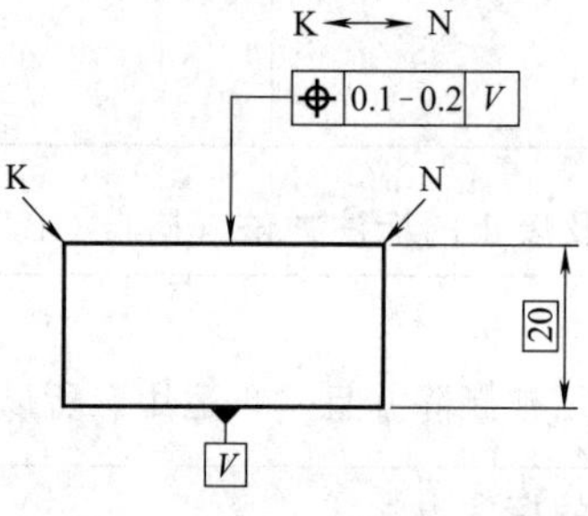

(d)

3)曾经规定回转体要素的圆度公差的默认方向是与轴线垂直，见图 A. 5。这是个例外情况。现在应使用方向要素框格为非圆柱体或球体的回转体表面标注圆度公差的方向，例如圆锥，见图(e)

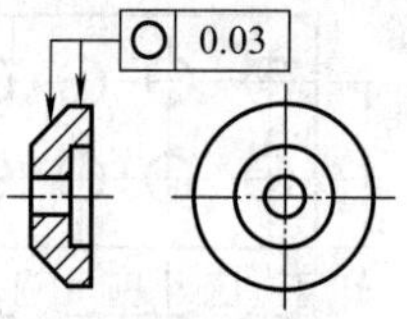

图 A. 5

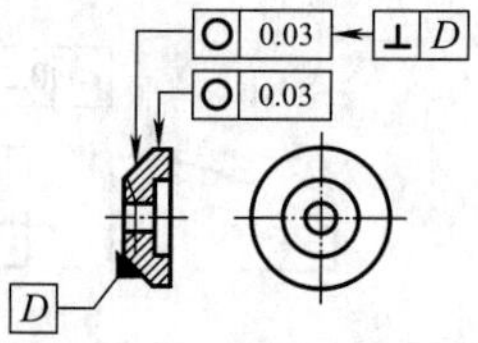

(e)

3. ISO 1101:1983 中曾采用过的现已废止的标注方法

下列图样标注在 ISO 1101:1983 中曾被采用过。实践表明，这些方法所示含义模糊，所以不再使用

1)当公差涉及单个轴线、单个中心平面(见图 A. 1)或者公共轴线、公共中心平面(见图 A. 2 和图 A. 3)时，曾经用末端带箭头的指引线将它们与公差框格直接连接。这种方法由本标准图(a)～图(c)所示标注方法替代

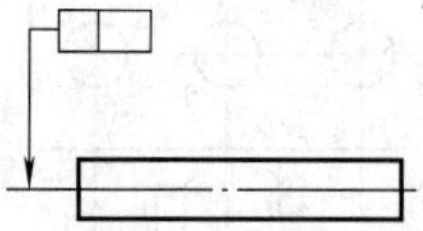

图 A. 1

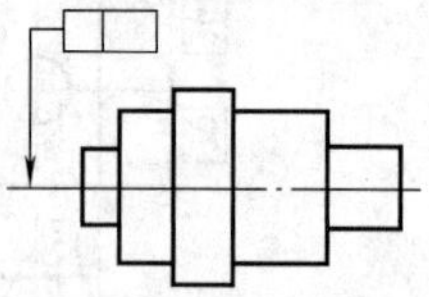

图 A. 2

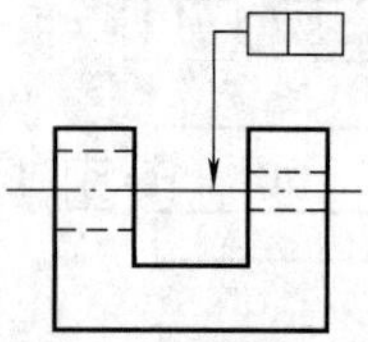

图 A. 3

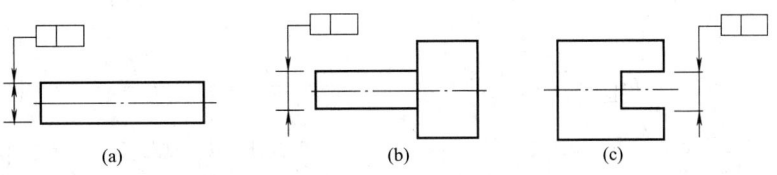

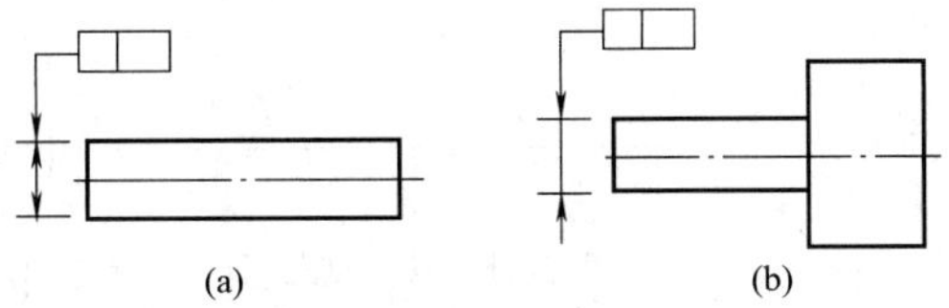

2)以轴线、中心平面、公共轴线、公共中心平面(见图 A.4)为基准时,曾经将它们与基准要素代号直接连接。这种方法由本标准图(d)所示标注方法替代

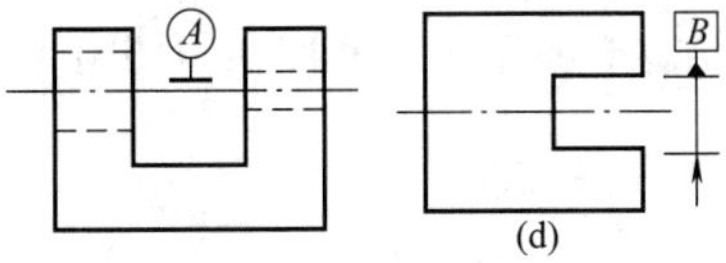

图 A.4

3)曾经在标注基准字母时没有给出它们的先后顺序(见图 A.5),这样就不能清楚地区别第1基准与第2基准。这曾经用作图(e)所示方法的另一种选择。图(e)按基准的优先顺序自左至右填写

注:GB/T 1182—1990 和 GB/T 1182—1996 均未用过这种方法

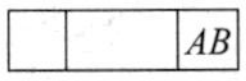

图 A.5

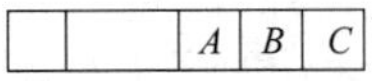

(e)

4)用指引线直接连接公差框格和基准要素(见图 A.6 和图 A.7)的方法,由本标准图(f)所示标注方法替代

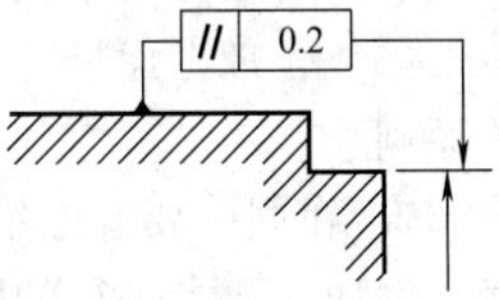

图 A.6

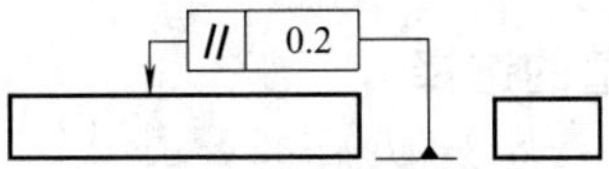

图 A.7

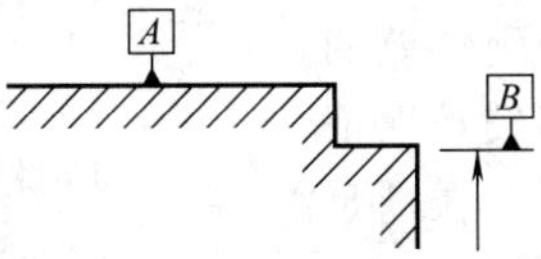

(f)

5)对若干个被测要素分别给出相同的公差带时,图 A.8 所示的方法曾经作为替代本标准图(g)所示标注方法使用

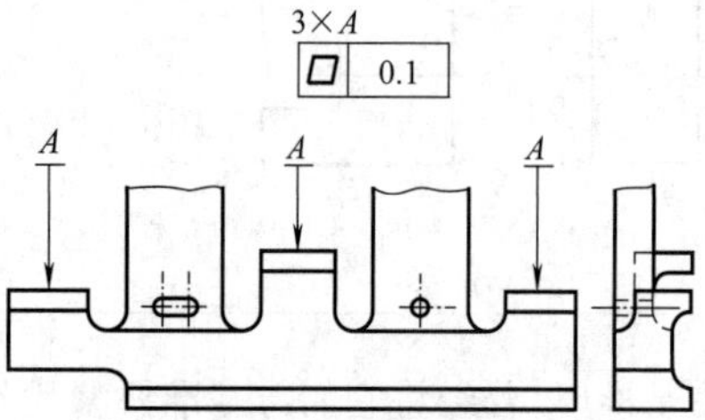

图 A.8

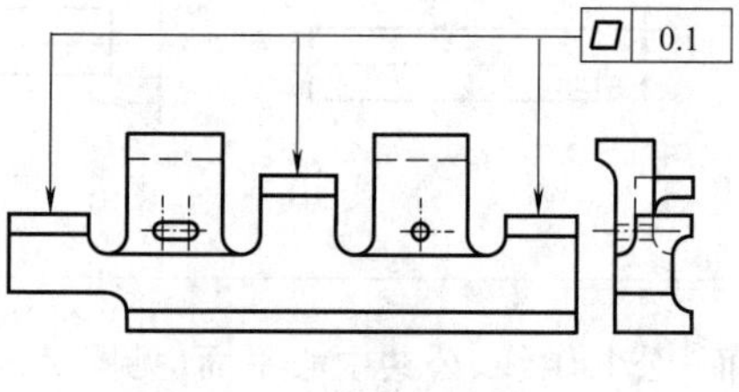

(g)

6)在公差框格上方注写“公共公差带”的方法(见图 A.9 和图 A.10)由本标准图(h)所示标注方法替代

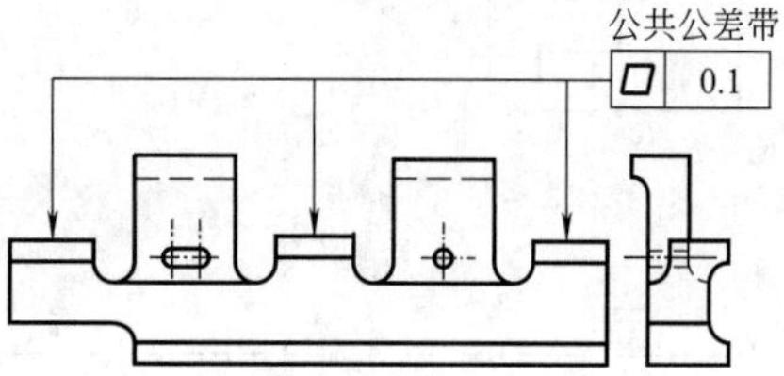

图 A.9

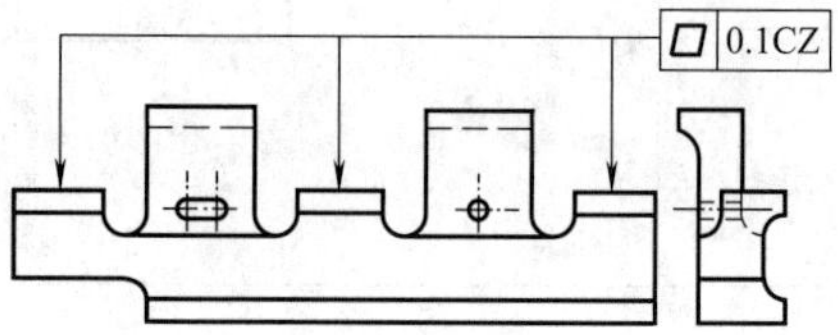

(h)

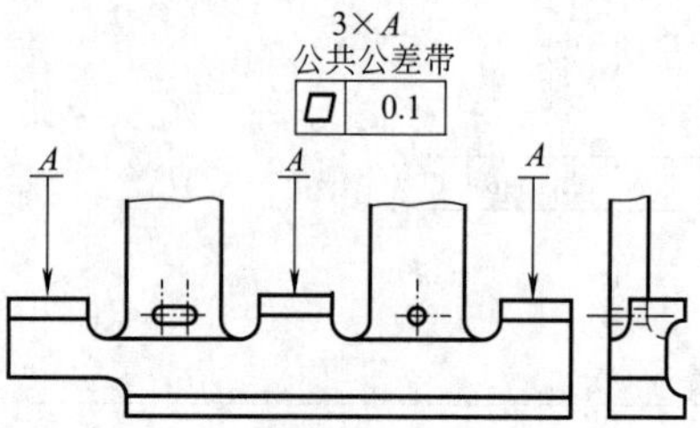

图 A.10

4.4 几何公差的数值及其应用

4.4.1 几何公差项目及公差值的选择

(1) 根据零件的功能要求，综合考虑加工经济性、结构特性和测试条件，在满足零件功能及其对设备使用性能的情况下，尽可能减少几何公差项目和选用较低的公差等级。

(2) 考虑零件的结构特点和工艺性，对于刚性差的零件和距离远的孔轴等，由于加工和测量时都较难保证形位精度，可按公差等级及公差值的选用原则，在满足零件功能要求下，形位公差可适当降低 1～2 级精度使用。如下列情况：孔相对于轴；细长比较大的轴或孔；距离较大的轴或孔；宽度较大（一般大于 1/2 长度）的零件表面；线对线和线对面相对于面对面的平行度；线对线和线对面相对于面对面的垂直度。

(3) 合理考虑尺寸公差与几何公差的关系及应用公差原则

1) 在同一要素上给出的形状公差值应小于位置公差值。例如，要求平行的两个表面，其平面度公差值应小于平行度公差值。

2) 圆柱形零件的形状公差值（轴线的直线度除外）一般情况下应小于其尺寸公差值。

3) 平行度公差值应小于其相应的距离公差值。

4) 根据零件的功能要求选用合适公差原则。

(4) 形位公差等级一般是根据已往设计同类零件的经验或已有资料选用。同时，参考形状和位置公差数值及应用举例（见表 1-4-8～表 1-4-12）来确定。

4.4.2 几何公差数值及应用举例

表 1-4-8 直线度、平面度公差值（摘自 GB/T 1184—1996）

/μm

公差等级	主参数 L/mm																应用举例
	≤10	>10~16	>16~25	>25~40	>40~63	>63~100	>100~160	>160~250	>250~400	>400~630	>630~1000	>1000~1600	>1600~2500	>2500~4000	>4000~6300	>6300~10000	
1	0.2	0.25	0.3	0.4	0.5	0.6	0.8	1	1.2	1.5	2	2.5	3	4	5	6	用于精密量具、测量仪器以及精度要求极高的精密机械零件，如0级样板、平尺、0级宽平尺、工具显微镜等精密测量仪器的导轨面及喷油嘴针阀体端面平面度，油泵柱塞套端面平面度等
	Ra 0.025			0.05				0.10				0.20					
2	0.4	0.5	0.6	0.8	1	1.2	1.5	2	2.5	3	4	5	6	8	10	12	
	Ra 0.05			0.10				0.20				0.40					
3	0.8	1	1.2	1.5	2	2.5	3	4	5	6	8	10	12	15	20	25	用于0级及1级宽平尺工作面，如1级样板平尺的工作面及测量仪器圆弧导轨的直线度，测量仪器的测杆等
	Ra 0.10			0.10				0.40				0.80					
4	1.2	1.5	2	2.5	3	4	5	6	8	10	12	15	20	25	30	40	用于量具、测量仪器和机床导轨，如1级宽平尺，0级平板，测量仪器的V形导轨，高精度平面磨床的V形导轨和滚动导轨，轴承磨床及平面磨床床身直线度等
	Ra 0.10			0.20				0.40				1.6					
5	2	2.5	3	4	5	6	8	10	12	15	20	25	30	40	50	60	用于1级平板，2级宽平尺，平面磨床的纵导轨、垂直导轨、立柱导轨和平面磨床的工作台，液压龙门刨床导轨面，六角车床床身导轨面，柴油机进、排汽门导杆等
	Ra 0.20			0.20				0.80				1.6					

续表

公差等级	主参数 L/mm																应用举例
	≤10	>10~16	>16~25	>25~40	>40~63	>63~100	>100~160	>160~250	>250~400	>400~630	>630~1000	>1000~1600	>1600~2500	>2500~4000	>4000~6300	>6300~10000	
6	3	4	5	6	8	10	12	15	20	25	30	40	50	60	80	100	用于1级平板，普通车床床身导轨面，龙门刨床导轨面，滚齿机立柱导轨、床身导轨及工作台，自动车床床身导轨，平面磨床垂直导轨，卧式镗床、铣床工作台以及机床主轴箱导轨，柴油机进、排汽门导杆直线度，柴油机机体上部结合面等
	Ra	0.20		0.40				1.6				3.2					
7	5	6	8	10	12	15	20	25	30	40	50	60	80	100	120	150	用于2级平板、0.02mm游标卡尺尺身的直线度，机床床头箱体、滚齿机床身导轨的直线度，镗床工作台、摇臂钻底座工作台的平面度，液压泵盖的平面度，压力机导轨等
	Ra	0.40		0.80				1.6				6.3					
8	8	10	12	15	20	25	30	40	50	60	80	100	120	150	200	250	用于2级平板、车床溜板箱体、机床主轴箱体、机床传动箱体、自动车床底座的直线度，汽缸盖结合面、汽缸座、内燃机连杆分离面的平面度，减速器壳体的结合面等
	Ra	0.80		0.80				3.2				6.3					
9	12	15	20	25	30	40	50	60	80	100	120	150	200	250	300	400	用于3级平板，机床溜板箱，立钻工作台，螺纹磨床的挂轮架，金相显微镜的载物台，柴油机汽缸体、连杆的分离面、缸盖的结合面、阀片，空气压缩机的汽缸体，柴油机缸孔环面的平面度及液压管件和法兰的连接面等
	Ra	1.6		1.6				3.2				12.5					

公差等级		主参数 L/mm															应用举例
		≤10	>10~16	>16~25	>25~40	>40~63	>63~100	>100~160	>160~250	>250~400	>400~630	>630~1000	>1000~1600	>1600~2500	>2500~4000	>4000~6300	>6300~10000	
10		20	25	30	40	50	60	80	100	120	150	200	250	300	400	500	600	用于3级平板，自动车床床身底面，车床挂轮架，柴油机汽缸体，摩托车的曲轴箱体，汽车变速箱的壳体、汽车发动机缸盖结合面、阀片的平面度以及辅助机构及手动机械的支承面等
	Ra	1.6			3.2				6.3				12.5					
11		30	40	50	60	80	100	120	150	200	250	300	400	500	600	800	1000	用于易变形的薄片、薄壳零件，如离合器的摩擦片，汽车发动机缸盖的结合面，手动机械支架，机床法兰等
	Ra	3.2			6.3				12.5				12.5					
12		60	80	100	120	150	200	250	300	400	500	600	800	1000	1200	1500	2000	
	Ra	6.3			12.5				12.5				12.5					
主参数 L 图例																		

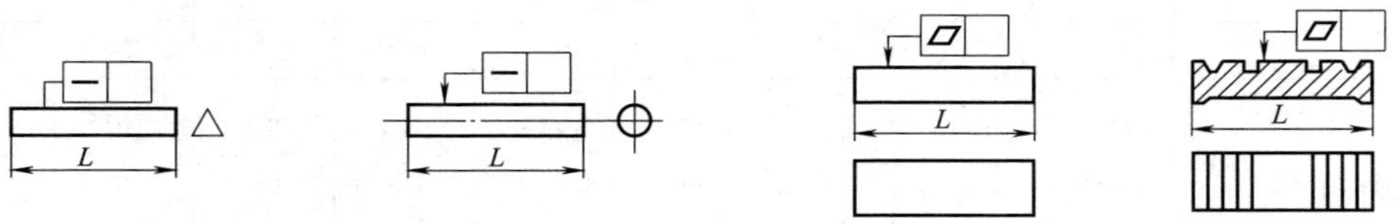

注：表中所列的表面粗糙度 Ra 值和应用举例，仅供参考。

表 1-4-9 圆度、圆柱度公差值（摘自 GB/T 1184—1996） /μm

公差等级	主参数 $d(D)$/mm													应用举例(参考)
	≤3	>3~6	>6~10	>10~18	>18~30	>30~50	>50~80	>80~120	>120~180	>180~250	>250~315	>315~400	>400~500	
0	0.1	0.1	0.12	0.15	0.2	0.25	0.3	0.4	0.6	0.8	1.0	1.2	1.5	
1	0.2	0.2	0.25	0.25	0.3	0.4	0.5	0.6	1	1.2	1.6	2	2.5	高精度量仪主轴，高精度机床主轴，滚动轴承滚珠和滚柱等
2	0.3	0.4	0.4	0.5	0.6	0.6	0.8	1	1.2	2	2.5	3	4	精密量仪主轴，外套、阀套，高压油泵柱塞及套，纺锭轴承，高速柴油机进、排汽门，精密机床主轴轴颈，针阀圆柱表面，喷油泵柱塞及柱塞套
3	0.5	0.6	0.6	0.8	1	1	1.2	1.5	2	3	4	5	6	小工具显微镜套管外圆，高精度外圆磨床轴承，磨床砂轮主轴套筒，喷油嘴针阀体，高精度微型轴承内、外圈
4	0.8	1	1	1.2	1.5	1.5	2	2.5	3.5	4.5	6	7	8	较精密机床主轴，精密机床主轴箱孔，高压阀门活塞、活塞销、阀体孔，小工具显微镜顶针，高压油泵柱塞，较高精度滚动轴承的配合轴等
5	1.2	1.5	1.5	2	2.5	2.5	3	4	5	7	8	9	10	一般量仪主轴、测杆外圆，陀螺仪轴颈，一般机床主轴，较精密机床主轴及主轴箱孔，柴油机汽油机活塞、活塞销孔，高压空气压缩机十字头销、活塞，较低精度滚动轴承配合轴等
6	2	2.5	2.5	3	4	4	5	6	8	10	12	13	15	仪表端盖外圆，一般机床主轴及箱孔，中等压力下液压装置工作面(包括泵、压缩机的活塞和汽缸)，汽车发动机凸轮轴，纺机锭子，通用减速器轴颈，拖拉机曲轴主轴颈

续表

公差等级	主参数 $d(D)$/mm													应用举例(参考)
	≤3	>3~6	>6~10	>10~18	>18~30	>30~50	>50~80	>80~120	>120~180	>180~250	>250~315	>315~400	>400~500	
7	3	4	4	5	6	7	8	10	12	14	16	18	20	大功率低速柴油机曲轴、活塞、活塞销、连杆、汽缸,高速柴油机箱体孔,千斤顶或压力油缸活塞,液压传动系统的分配机构,机车传动轴,水泵及一般减速器轴颈
8	4	5	6	8	9	11	13	15	18	20	23	25	27	低速发动机、减速器、大功率曲柄轴轴颈,压气机连杆盖、体,拖拉机汽缸体、活塞,炼胶机冷铸轴辊,印刷机传墨辊,内燃机曲轴,柴油机机体孔,凸轮轴,拖拉机、小型船用柴油机汽缸套
9	6	8	9	11	13	16	19	22	25	29	32	36	40	空气压缩机缸体,液压传动筒,通用机械杠杆与拉杆用套筒销子,拖拉机活塞环套筒孔
10	10	12	15	18	21	25	30	35	40	46	52	57	63	印染机导布辊、绞车、吊车、起重机滑动轴承轴颈等
11	14	18	22	27	33	39	46	54	63	72	81	89	97	
12	25	30	36	43	52	62	74	87	100	115	130	140	155	

主参数 $d(D)$图例

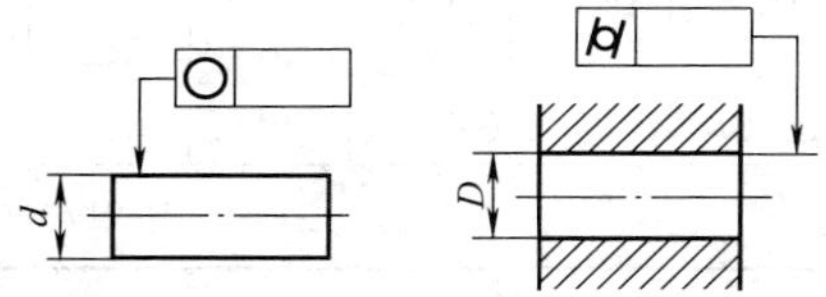

表 1-4-10　同轴度、对称度、圆跳动和全跳动公差值

/μm

公差等级	主参数 $d(D)$、B、L/mm																	应用举例(参考)
	≤1	>1~3	>3~6	>6~10	>10~18	>18~30	>30~50	>50~120	>120~260	>260~500	>500~800	>800~1250	>1250~2000	>2000~3150	>3150~5000	>5000~8000	>8000~10000	
1	0.4	0.4	0.5	0.6	0.8	1	1.2	1.5	2	2.5	3	4	5	6	8	10	12	用于同轴度或旋转精度要求很高的零件，一般需要按尺寸公差等级 IT6 或高于 IT6 制造的零件。1、2 级用于精密测量仪器的主轴和顶尖，柴油机喷油嘴针阀等。3、4 级用于机床主轴轴颈，砂轮轴轴颈，汽轮机主轴，测量仪器的小齿轮轴，高精度滚动轴承内、外圈等
2	0.6	0.6	0.8	1	1.2	1.5	2	2.5	3	4	5	6	8	10	12	15	20	
3	1	1	1.2	1.5	2	2.5	3	4	5	6	8	10	12	15	20	25	30	
4	1.5	1.5	2	2.5	3	4	5	6	8	10	12	15	20	25	30	40	50	
5	2.5	2.5	3	4	5	6	8	10	12	15	20	25	30	40	50	60	80	应用范围较广的精度等级，用于精度要求比较高，一般按尺寸公差等级 IT7 或 IT8 制造的零件。5 级常用于机床轴颈，测量仪器的测量杆，汽轮机主轴，柱塞油泵转子，高精度滚动轴承外圈，一般精度轴承内圈。6、7 级用于内燃机曲轴，凸轮轴轴颈，水泵轴，齿轮轴，汽车后桥输出轴，电机转子，0 级精度滚动轴承内圈，印刷机传墨辊等
6	4	4	5	6	8	10	12	15	20	25	30	40	50	60	80	100	120	
7	6	6	8	10	12	15	20	25	30	40	50	60	80	100	120	150	200	
8	10	10	12	15	20	25	30	40	50	60	80	100	120	150	200	250	300	用于一般精度要求，通常按尺寸公差等级 IT9～IT11 制造的零件。8 级用于拖拉机发动机分配轴轴颈，9 级精度以下齿轮与轴的配合面，水泵叶轮，离心泵泵体，棉花精梳机前、后滚子。9 级用于内燃机汽缸套配合面，自行车中轴。10 级用于摩托车活塞，印染机导布辊，内燃机活塞环槽底径对活塞中心，汽缸套外圆对内孔工作面等
9	15	20	25	30	40	50	60	80	100	120	150	200	250	300	400	500	600	
10	25	40	50	60	80	100	120	150	200	250	300	400	500	600	800	1000	1200	

公差等级	主参数 $d(D)$、B、L/mm																应用举例(参考)
	≤1	>1~3	>3~6	>6~10	>10~18	>18~30	>30~50	>50~120	>120~260	>260~500	>500~800	>800~1250	>1250~2000	>2000~3150	>3150~5000	>5000~8000	>8000~10000	
11	40	60	80	100	120	150	200	250	300	400	500	600	800	1000	1200	1500	2000	用于无特殊要求，一般按尺寸公差等级 IT12 制造的零件
12	60	120	150	200	250	300	400	500	600	800	1000	1200	1500	2000	2500	3000	4000	

主参数 $d(D)$、B、L 图例

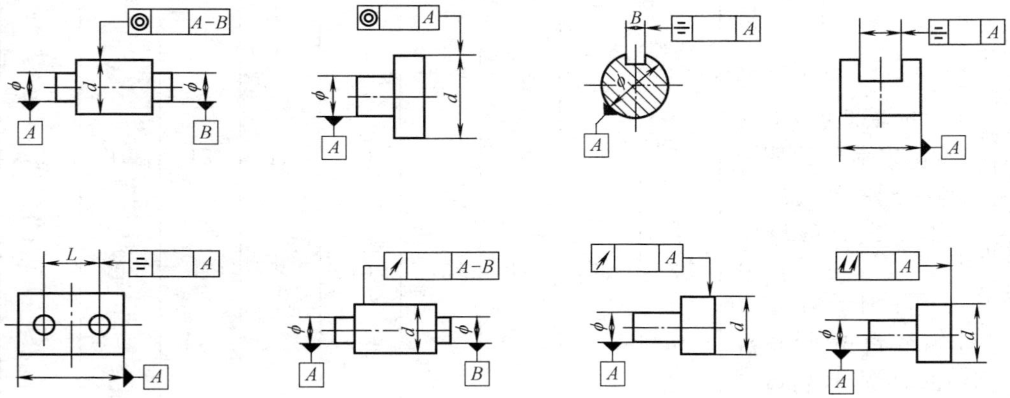

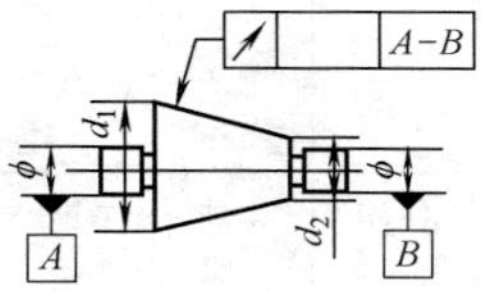

当被测要素为圆锥面时，取

$$d=\frac{d_1+d_2}{2}$$

表 1-4-11 平行度、垂直度、倾斜度公差值

/μm

公差等级	主参数 L、$d(D)$/mm																应用举例(参考)	
	≤10	>10~16	>16~25	>25~40	>40~63	>63~100	>100~160	>160~250	>250~400	>400~630	>630~1000	>1000~1600	>1600~2500	>2500~4000	>4000~6300	>6300~10000	平行度	垂直度和倾斜度
1	0.4	0.5	0.6	0.8	1	1.2	1.5	2	2.5	3	4	5	6	8	10	12	高精度机床测量仪器以及量具等主要基准面和工作面	
2	0.8	1	1.2	1.5	2	2.5	3	4	5	6	8	10	12	15	20	25	精密机床、测量仪器、量具以及模具的基准面和工作面	粗密机床导轨，普通机床主要导轨，机床主轴轴向定位面，精密机床主轴轴肩端面，滚动轴承座圈端面，齿轮测量仪的心轴，光学分度头心轴、涡轮轴端面，精密刀具、量具的工作面和基准面
3	1.5	2	2.5	3	4	5	6	8	10	12	15	20	25	30	40	50	精密机床上重要箱体主轴孔对基准面的要求，尾架孔对孔的要求	
4	3	4	5	6	8	10	12	15	20	25	30	40	50	60	80	100	普通机床、测量仪器、量具及模具的基准面和工作面，高精度轴承座圈、端盖、挡圈的端面	普通机床导轨，精密机床重要零件，发动机轴和离合器凸缘，汽缸的支承端面，装4、5级轴承的箱体的凸肩，测量仪器，液压传动轴瓦端面，涡轮盘端面，刀、量具工作面和基准面等
5	5	6	8	10	12	15	20	25	30	40	50	60	80	100	120	150	机床主轴孔对基准面的要求，重要轴承孔对基准面要求，一般减速器壳体孔，齿轮泵的轴孔端面等	

续表

公差等级	主参数 L、d(D)/mm																应用举例(参考)	
	≤10	>10~16	>16~25	>25~40	>40~63	>63~100	>100~160	>160~250	>250~400	>400~630	>630~1000	>1000~1600	>1600~2500	>2500~4000	>4000~6300	>6300~10000	平行度	垂直度和倾斜度
6	8	10	12	15	20	25	30	40	50	60	80	100	120	150	200	250	一般机床零件的工作面或基准面，压力机和锻锤的工作面，中等精度钻模的工作面，一般刀、量、模具 机床一般轴承孔对基准面的要求，汽缸轴线，变速器箱孔，主轴花键对定心直径，重型机械轴承盖的端面，卷扬机、手动传动装置中的传动轴	低精度机床主要基准面和工作面，回转工作台端面，一般导轨、主轴箱体孔、刀架、砂轮架及工作台回转中心、汽缸配合面对其轴线，活塞销孔对活塞中心线，以及装 0 级轴承壳体孔的轴线等，压缩机汽缸配合面对汽缸镜面轴线的垂直要求等
7	12	15	20	25	30	40	50	60	80	100	120	150	200	250	300	400		
8	20	25	30	40	50	60	80	100	120	150	200	250	300	400	500	600		
9	30	40	50	60	80	100	120	150	200	250	300	400	500	600	800	1000	低精度零件，重型机械滚动轴承端盖 柴油机和煤气发动机的曲轴孔、轴颈等	花键轴轴肩端面，带式运输机法兰盘等端面对轴心线，手动卷扬机及传动装置中轴承端面，减速器壳体平面等
10	50	60	80	100	120	150	200	250	300	400	500	600	800	1000	1200	1500		
11	80	100	120	150	200	250	300	400	500	600	800	1000	1200	1500	2000	2500	零件的非工作面，卷扬机、运输机上用的减速器壳体平面	农业机械齿轮端面等
12	120	150	200	250	300	400	500	600	800	1000	1200	1500	2000	2500	3000	4000		

主参数 L、$d(D)$图例

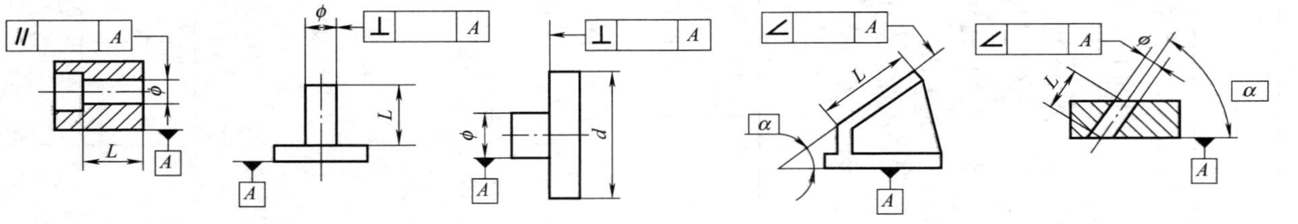

表 1-4-12　位置度数系（摘自 GB/T 1184—1996）　/μm

1	1.2	1.5	2	2.5	3	4	5	6	8
1×10^n	1.2×10^n	1.5×10^n	2×10^n	2.5×10^n	3×10^n	4×10^n	5×10^n	6×10^n	8×10^n

注：1. n 为正整数。

2. 图样上标注的位置公差值应符合数系中的数值。

4.4.3　形状和位置公差的未注公差值（摘自 GB/T 1184—1996）

本标准主要适用于用去除材料方法形成的要素，也可用于其他方法形成的要素，但使用时应确定制造部门的加工精度能在本标准规定的未注公差值之内。

形位公差的未注公差值见表 1-4-13，除另有规定，当零件要素的形位误差超出未注公差值而零件的功能没有受到损害时，不应按惯例拒收。

若采用本标准规定的未注公差值时，图样上的表示方法是在标题栏附近或在技术要求、技术文件（如企业标准）中注出标准号及公差等级代号，表示为：“GB/T 1184—×”，综合图样示例及解释见图 1-4-1。

表 1-4-13　形状和位置公差的未注公差值　/mm

<table>
<tr><td colspan="2">公差项目</td><td colspan="7">未注公差值</td><td>说　明</td></tr>
<tr><td rowspan="7">形状公差</td><td rowspan="5">直线度和平面度</td><td rowspan="2">公差等级</td><td colspan="6">基本长度范围</td><td rowspan="5">选择公差值时，对于直线度应按其相应线的长度选择；对于平面度应按其表面的较长一侧或圆表面的直径选择</td></tr>
<tr><td>≤10</td><td>>10～30</td><td>>30～100</td><td>>100～300</td><td>>300～1000</td><td>>1000～3000</td></tr>
<tr><td>H</td><td>0.02</td><td>0.05</td><td>0.1</td><td>0.2</td><td>0.3</td><td>0.4</td></tr>
<tr><td>K</td><td>0.05</td><td>0.1</td><td>0.2</td><td>0.4</td><td>0.6</td><td>0.8</td></tr>
<tr><td>L</td><td>0.1</td><td>0.2</td><td>0.4</td><td>0.8</td><td>1.2</td><td>1.6</td></tr>
<tr><td>圆度</td><td colspan="8">等于标准的直径公差值，但不能大于径向圆跳动值</td></tr>
<tr><td>圆柱度</td><td colspan="8">未作规定
注：
1. 圆柱度误差由三个部分组成：圆度、直线度和相对素线的平行度误差，而其中每一项误差均由它们的注出公差或未注公差控制
2. 如因功能要求，圆柱度应小于圆度、直线度和平行度的未注公差的综合结果，应在被测要素上按 GB/T 1182 的规定注出圆柱度公差值
3. 采用包容要求</td></tr>
<tr><td rowspan="12">位置公差</td><td>平行度</td><td colspan="7">等于给出的尺寸公差值，或是直线度和平面度未注公差值中的相应公差值取较大者</td><td>应取两要素中的较长者作为基准，若两要素的长度相等则可选任一要素为基准</td></tr>
<tr><td rowspan="5">垂直度</td><td rowspan="2">公差等级</td><td colspan="6">基 本 长 度 范 围</td><td rowspan="5">取形成直角的两边中较长的一边作为基准，较短的一边作为被测要素，若两边的长度相等则可取其中的任意一边作为基准</td></tr>
<tr><td colspan="3">≤100</td><td>>100～300</td><td>>300～1000</td><td>>1000～3000</td></tr>
<tr><td>H</td><td colspan="3">0.2</td><td>0.3</td><td>0.4</td><td>0.5</td></tr>
<tr><td>K</td><td colspan="3">0.4</td><td>0.6</td><td>0.8</td><td>1</td></tr>
<tr><td>L</td><td colspan="3">0.6</td><td>1</td><td>1.5</td><td>2</td></tr>
<tr><td rowspan="6">对称度</td><td rowspan="2">公差等级</td><td colspan="6">基 本 长 度 范 围</td><td rowspan="6">应取两要素中较长者作为基准，较短者作为被测要素，若两要素长度相等则可选任一要素为基准</td></tr>
<tr><td colspan="3">≤100</td><td>>100～300</td><td>>300～1000</td><td>>1000～3000</td></tr>
<tr><td>H</td><td colspan="6">0.5</td></tr>
<tr><td>K</td><td colspan="4">0.6</td><td>0.8</td><td>1</td></tr>
<tr><td>L</td><td colspan="3">0.6</td><td>1</td><td>1.5</td><td>2</td></tr>
<tr><td colspan="7">注：对称度的未注公差值用于至少两个要素中的一个是中心平面，或两个要素的轴线相互垂直</td></tr>
</table>

续表

公差项目		未注公差值		说明
位置公差	同轴度	未作规定 在极限状况下，同轴度的未注公差值可以和径向圆跳动的未注公差值相等		应选两要素中的较长者为基准，若两要素长度相等则可选任一要素为基准
	圆跳动	公差等级	圆跳动(径向、端面和斜向)公差值	应以设计或工艺给出的支承面作为基准，否则应取两要素中较长的一个作为基准，若两要素的长度相等则可选任一要素为基准
		H	0.1	
		K	0.2	
		L	0.5	

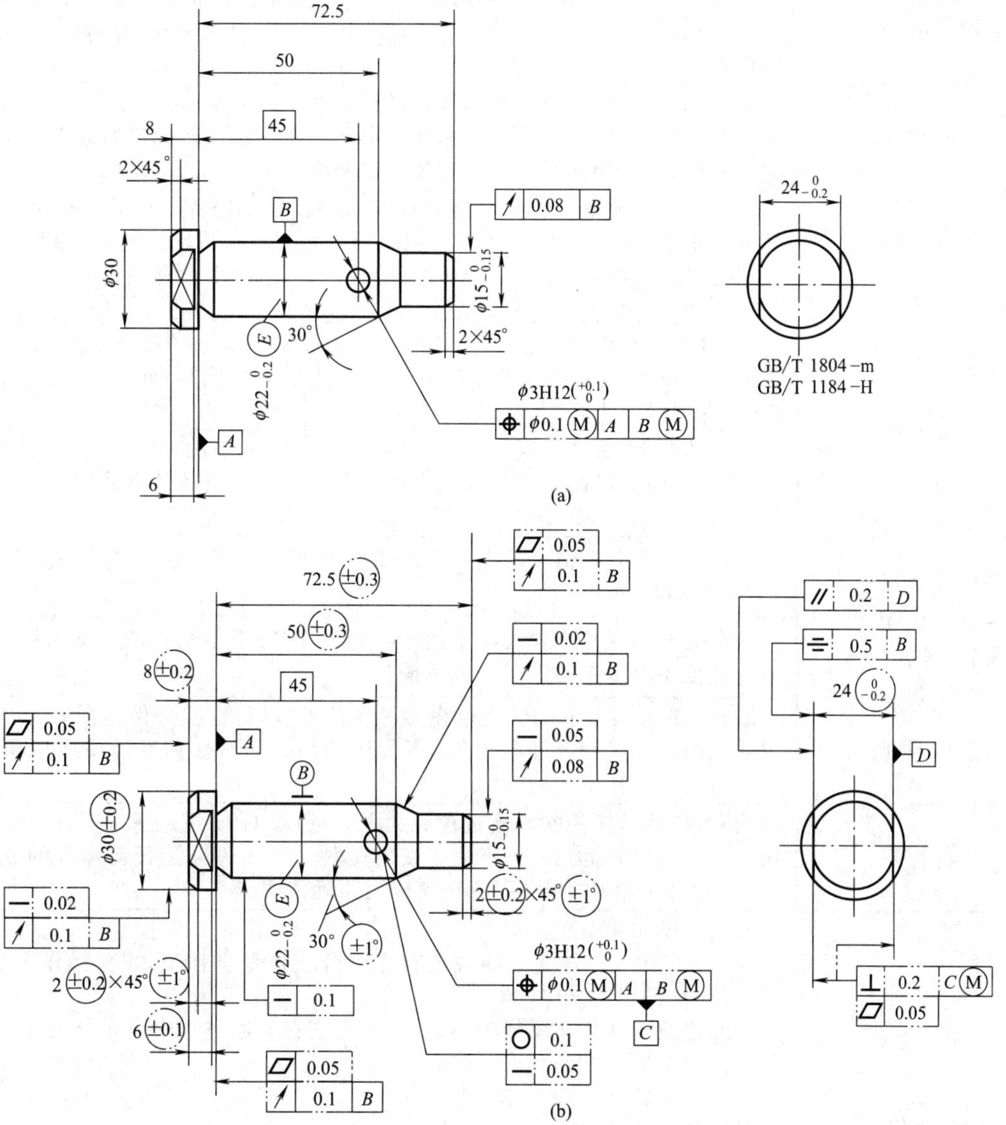

图 1-4-1　图样示例

注：1. 用细双点画线表示的公差值（框格或圆）是未注公差值，由于车间加工时能达到或小于 GB/T 1184 所规定的未注公差值，因此该公差值在车间加工时能自动达到，通常不要求检查。

2. 有些公差值同时限制了该要素上的其他项目的误差，如垂直度公差也限制了直线度误差，因而图中没有表示所有的未注公差值。

4.5 基本原则的应用

GB/T 4249—2018 标准规定了对创建、解释和应用所有与产品尺寸、几何技术规范（GPS）和检验相关的标准、技术规范、技术文件均有效的基本概念、原则和规则。适用于所有类型图样上 GPS 标注的解释。所指的“图样”是广义的概念，包含表达工件规范的所有文件。

在此，对标准中的基本原则进行概述，见表 1-4-14。由于独立原则有较好的装配使用质量，适用范围相当广泛，占尺寸数甚多，所以对独立原则的主要应用范围及应用示例进行简介，见表 1-4-15。

表 1-4-14 基本原则（摘自 GB/T 4249—2018）

原则项目	摘 要 说 明
1 采用原则	在机械工程产品文件中采用了 ISO GPS 体系的一部分，就相当于采用了整个 ISO GPS 体系，除非文件中另有注明。如“引用其他相关文件”，可标注在标题栏内或标题栏附近
2 GPS 标准的层级原则	ISO GPS 体系是有层级的，其标准种类按层级包含以下几种类型：GPS 基础标准；GPS 综合标准；GPS 通用标准；GPS 补充标准。层级较高的标准所给出的规则适用于所有情况，除非在层级较低的标准中明确地给出了其他规则
3 明确图样原则	图样标注应明确。图样上所有规范都应使用 GPS 符号（不论有无规范修饰符）明标标注出来，这些 GPS 符号涉及相应的缺省规则或特殊规则以及相关文件的引用部分（如区域标准国家标准或企业标准）。因此，图样上没有规定的要求不能强制执行
4 要素原则	一个工件可以被认为是由多个用自然边界定的要素组成。缺省情况下一个要素的每个 GPS 规范适用于整个要素；表达多个要素间关系的每个 GPS 规范，适用于多个要素。每个 GPS 规范仅适用于一个要素或要素间的一种关系。如需改变该缺省规定、需在图样上进行明确标注
5 独立原则	缺省情况下，每个要素的 GPS 规范或要素间关系的 GPS 规范与其他规范之间均相互满足，除非产品的实际规范中规定有其他标准或特殊标注（如 GB/T 16671 中的Ⓜ修饰符、GB/T 1182 中的 CZ 和 ISO 11405-1 中的Ⓔ）
6 小数点原则	公称尺寸和公差值小数点后未注明的数值均为零。这个原则适用于图样，也适用于 GPS 标准
7 缺省原则	一个完整的规范操作集可采用 ISO 基本 GPS 规范来标明。ISO 基本 GPS 规范标明的规范要求是基于缺省的规范操作集
8 参考条件原则	缺省情况下，所有 GPS 规范在参考条件下应用，这些条件包括 GB/T 19765—2005 中规定的标准参考温度为 20℃、工件应清洁。如有任何额外的适用条件（例如湿度条件），应在图样中明确标明
9 刚性工件原则	缺省情况下，工件的刚性被视为无限大，所有 GPS 规范适用于在自由状态下、未受任何外力（包括重力在内）产生形变的工件。如工件应用任何额外的或其他条件，例如 GB/T 16892 中的规定，应在图样上明确注明
10 对偶性原则	10.1 操作集概念 GPS 标准中，工件要素的规范有序组合成规范操作集，规范操作集是一个以规定顺序排列的、规定操作的集合 虽然检验操作集在图样中不标注，但是它在检验过程中应充分接近规范操作集，以保持方法不确定度在允许范围内 10.2 对偶性原则表述 对偶性原则指出： a)GPS 规范所规定的 GPS 规范操作集与任何测量程序或测量器具无关 b)实现 GPS 规范操作集的检验操作集和 GPS 规范本身无关，但其与 GPS 规范操作集呈镜像对应关系 GPS 规范不规定什么样的检验操作集是可接受的，检验操作集的可接受性通过测量不确定度和规范不确定性来进行评价

续表

原则项目	摘 要 说 明
11　功能控制原则	每个工件的功能由功能操作集来表述,并且能够由一系列规范操作集进行模拟,这些规范操作集再次定义了一系列被测量和相关公差。大多数情况下,由于某些功能表述/控制的不完善,规范可能是不完整的。因此功能和一系列 GPS 规范之间的相关性可能有优有劣
12　一般规范原则	对于具有相同类型且没有明确注明 GPS 规范的每个要素和要素间关系的各个特征,一般 GPS 规范将分别适用。除另有特殊规定,一般 GPS 规范被认为是一组规范,分别适用于每个要素和要素间关系的各个特征。如果在标题栏内或附近未标注一般 GPS 规范,那么仅有在产品技术文件中单独明确注明的 GPS 规范适用
13　归责原则	鉴于对偶性原则和功能控制原则,应描述规范操作集和功能操作集之间,以及规范操作集和检验操作集之间的一致性程度。功能描述的不确定性和规范的不确定性共同描述了规范操作集与功能操作集的一致性程度。这些不确定性由设计人员负责。测量不确定度量化了检验操作集和规范操作集的符合度,除另有特殊规定,提交合格证明的一方,同时负责提供测量不确定度,见 GB/T 18779.1

表 1-4-15　独立原则的主要应用范围及应用示例

主要应用范围

主要满足各种功能要求但相互无关联,应用很广,如有密封性、运动平稳性、运动精度、磨损寿命、接触强度、外形轮廓大小要求及有配合性质要求等场合。常用的有:

(1)没有配合要求的要素,如零件外形尺寸、管道尺寸,以及工艺结构尺寸;退刀槽尺寸、肩距、螺纹收尾、倒圆、倒角尺寸等,以及未注尺寸公差和未注形位公差的尺寸

(2)有单项特殊功能的要素,其单项功能由形位公差保证,不需要或不可能由尺寸公差控制,如印染机的滚筒,为达到印染时接触均匀、印染图案清晰,滚筒表面必须圆整,而滚筒尺寸大小影响不大,可由调整机构补偿,若用尺寸公差来控制圆柱度误差是不经济的,因此给定要素极限尺寸和较严的圆柱度公差分别控制

(3)非全长配合的要素尺寸,有些要素尽管有配合要求,但与其相配的要素仅在局部长度上配合,因此可在要素不同部位选用不同的尺寸和形位公差

(4)对配合性质要求不严的尺寸,有些零件装配时,由于形位或位置误差的存在,配合性质将有所改变,但仍能满足使用功能要求

应用示例

销轴,未注尺寸公差和几何公差,对尺寸和形状精度要求较低	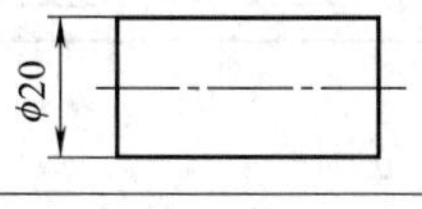	零件工作平面的位置公差,保证对基准平面 A 的平行要求	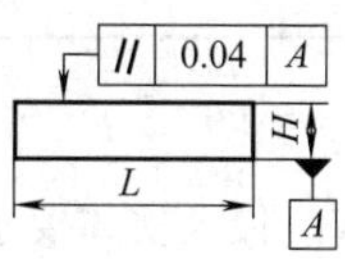
零件两轴径注有尺寸公差,对尺寸精度要求较高、形位精度要求较低 实际要素的局部实际尺寸由给定的极限尺寸控制,形状误差由未注形状公差控制,两者分别满足要求	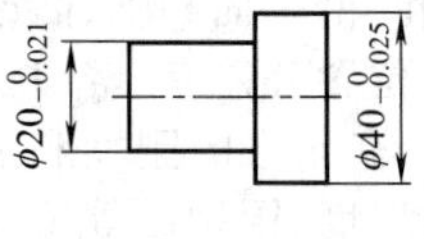	连杆孔径的尺寸公差和两孔之间的平行度公差,保证运转精度的要求 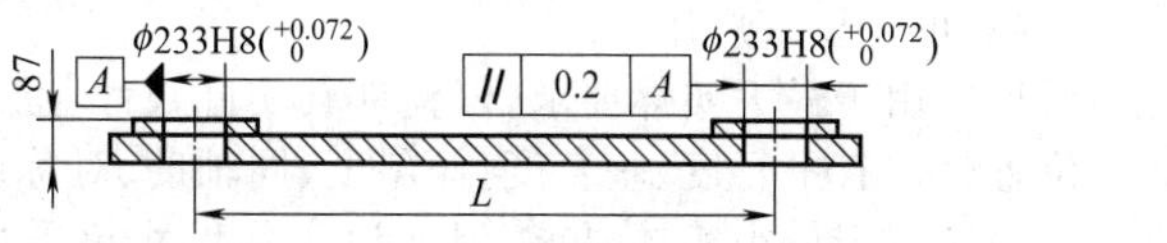	
影响摩擦寿命的部位,如滑块两工作表面的平行度	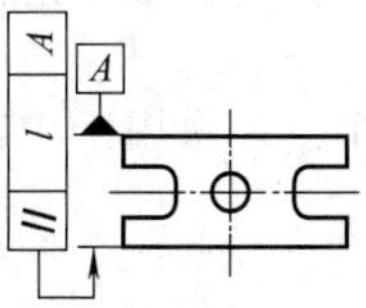		

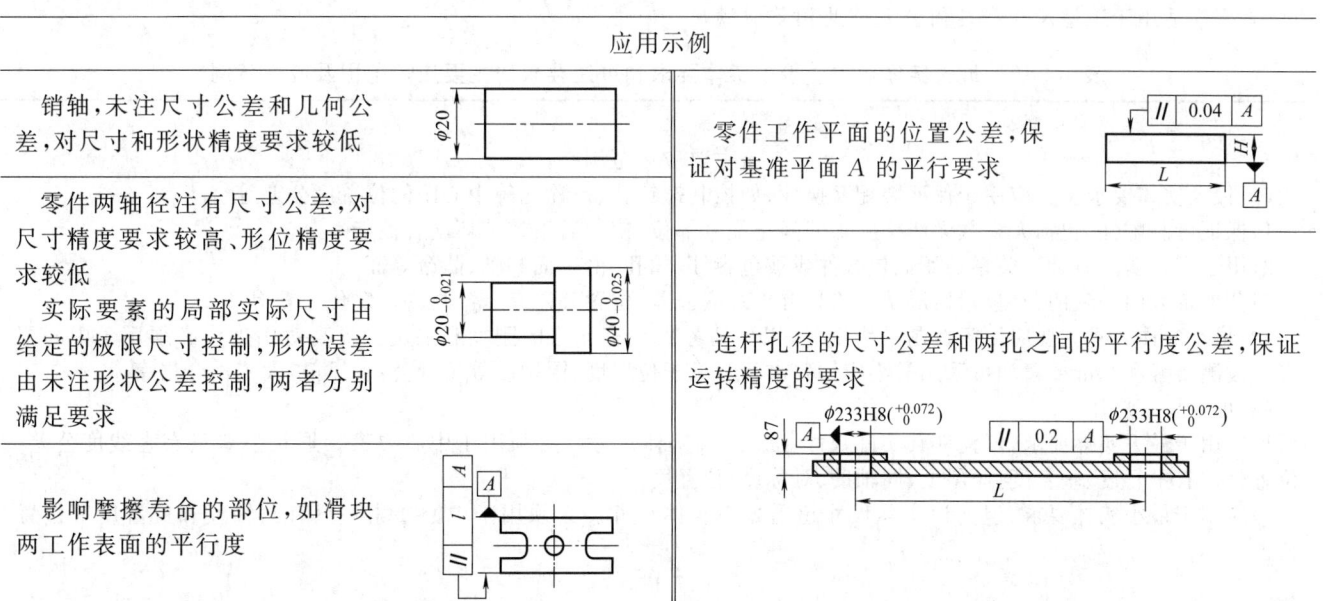

印刷滚筒注有形状公差。最大极限尺寸与最小极限尺寸之间任何实际尺寸的圆柱度公差都是 0.005，对形状精度要求较高，尺寸精度要求较低	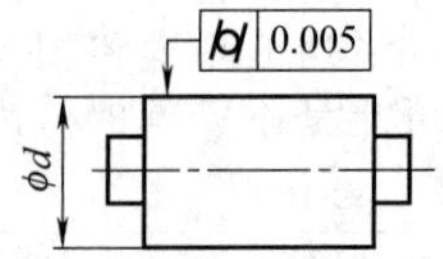	汽缸筒内孔的尺寸公差和形位公差，保证与活塞的配合、密封及运动精度要求 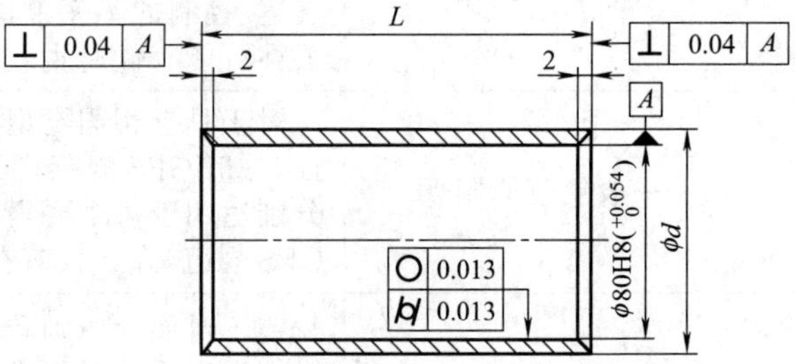
轴外径注有尺寸和形状公差。对尺寸和形状精度均要求较高 实际要素的局部实际尺寸由给定的极限尺寸控制，形状误差由圆度公差控制，两者分别满足要求	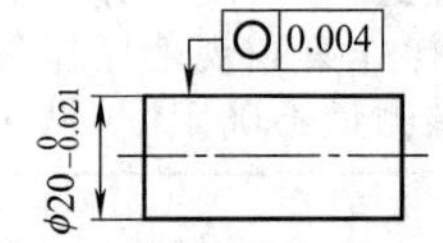	所有量规、夹具、定位元件、引导元件的工作表面之间的相互位置公差等 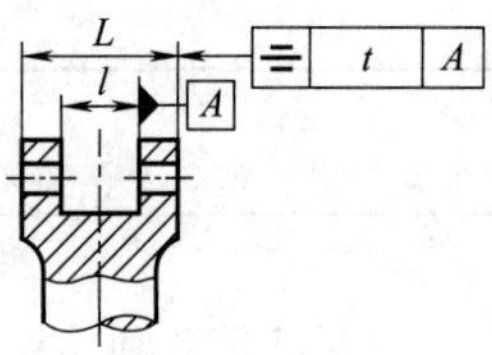

4.6 最大实体要求，最小实体要求和可逆要求的应用

GB/T 16671—2018 标准规定了最大实体要求，最小实体要求和可逆要求的术语和定义、基本规定、图样表示方法及应用示例。这些要求仅适用于尺寸要素。

本标准适用于工件尺寸和几何公差彼此相关以满足其特定功能的情况，例如满足零件可装配性（最大实体要求）、保证最小壁厚（最小实体要求），但最大实体要求和最小实体要求也适用于其他功能要求。考虑到尺寸和几何要素之间的相关性，当采用最大实体要求、最小实体要求或可逆要求时，在 GB/T 4249 中所定义的独立原则不再适用。最大实体要求、最小实体要求和可逆要求的应用见表 1-4-16。

表 1-4-16　最大实体要求、最小实体要求和可逆要求的主要应用范围及应用示例

主要应用范围
(1)最大实体要求主要应用于保证装配互换性，如控制螺钉孔、螺栓孔等中心距的位置度公差等 1)保证可装配性，包括大多数无严格要求的静止配合部位，使用后不致破坏配合性能 2)用于配合要素有装配关系的类似包容件或被包容件，如孔、槽等面和轴、凸台等面 3)公差带方向一致的公差项目：形状公差只有直线度公差；位置公差有：定向公差、定位公差等 (2)最小实体要求主要应用于控制最小壁厚，以保证零件具有允许的刚度和强度。提高对中度。必须用于中心要素。被测要素和基准要素均可采用最小实体要求。常见于位置度、同轴度等位置公差。可扩大零件合格率 (3)可逆要求应用 1)应用于最大实体要求，但允许其实际尺寸超出最大实体尺寸。必须用于中心要素。形状公差只有直线度公差。位置公差有平行度、垂直度、倾斜度、同轴度、对称度、位置度 2)应用于最小实体要求，但允许实际尺寸超出最小实体尺寸。必须用于中心要素。只有同轴度和位置度等位置公差

应用示例(摘自 GB/T 16671—2018)

(1)两外圆柱要素具有尺寸要求和对其轴线具有位置度要求的 MMR 示例

图示零件的预期功能是两销柱和一个具有相距 25mm 的两个公称尺寸为 $\phi10$ 的孔板类零件装配，且要和平面 A 垂直

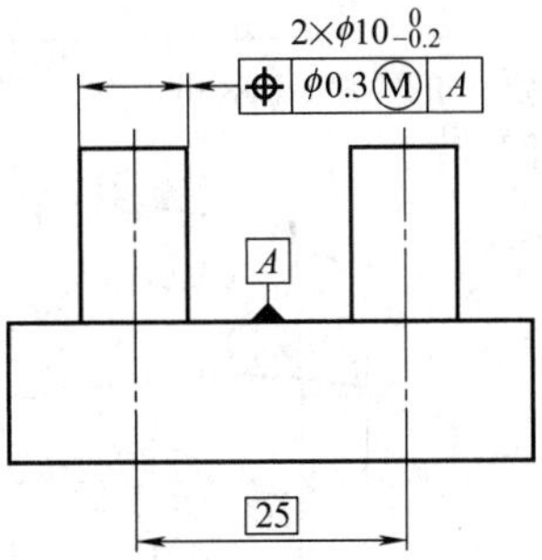

图样标注

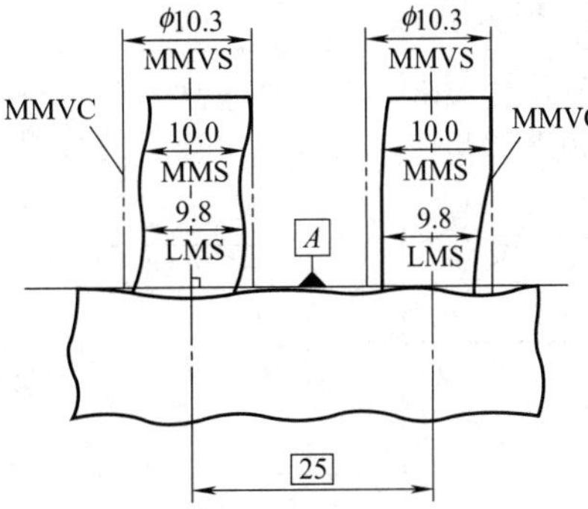

说明

对本图例解释如下：

a)两销柱的提取要素不得违反其最大实体实效状态(MMVC)，其直径为 MMVS=10.3mm

b)两销柱的提取要素各处的局部直径应大于 LMS=9.8mm，且应小于 MMS=10.0mm

c)两个 MMVC 的位置处于其轴线彼此相距为理论正确尺寸 25mm，且和基准 A 保持理论正确垂直

(2)两外圆柱要素具有尺寸要求和对其轴线具有位置度要求的 MMR 和附加 RPR 示例

图示零件的预期功能是两销柱要和一个具有两个公称尺寸为 $\phi10$ 的孔相距 25 的板类零件装配，且要和平面 A 垂直

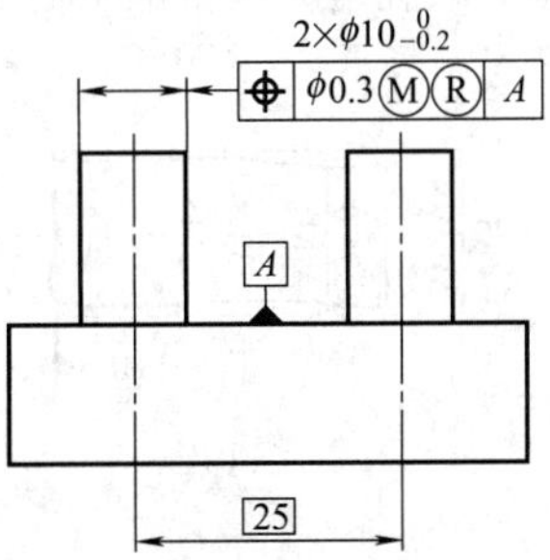

图样标注

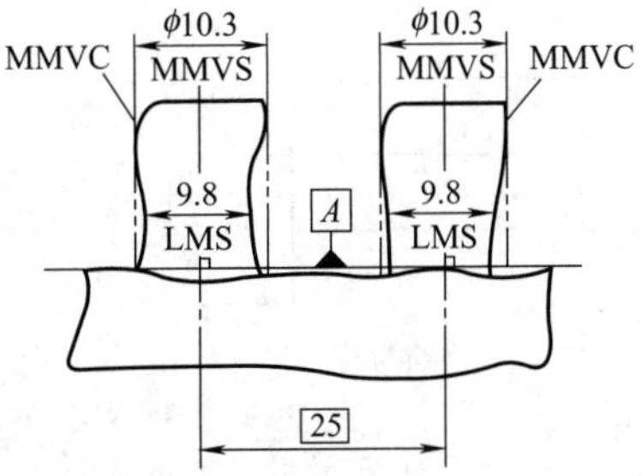

说明

对本图例解释如下：

a)两销柱的提取要素不得违反其最大实体实效状态(MMVC)，其直径为 MMVS=10.3mm

b)两销柱的提取要素各处的局部直径应大于 LMS=9.8mm；对于局部直径的尺寸上限，图样没有要求。RPR 允许其局部直径的尺寸公差增加

c)两个 MMVC 的位置处于其轴线彼此相距为理论正确尺寸 25mm，且和基准 A 保持理论正确垂直

(3)一个外圆柱要素具有尺寸要求和对其轴线具有形状(直线度)要求的 MMR 示例

图为一标注公差的轴，其预期的功能是可和一个等长的被测孔形成间隙配合

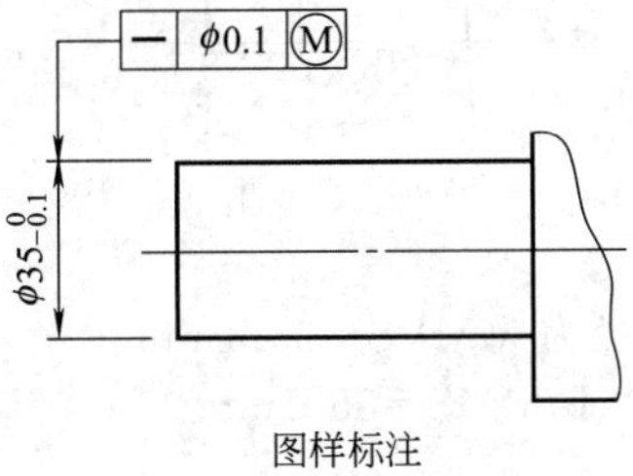

图样标注

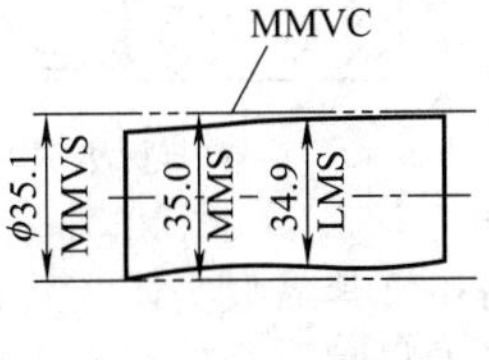

说明

对本图例解释如下：
a)轴的提取要素不得违反其最大实体实效状态(MMVC)，其直径为 MMVS＝35.1mm
b)轴的提取要素各处的局部直径应大于 LMS＝34.9mm 且应小于 MMS＝35.0mm
c)MMVC 的方向和位置无约束

(4)一个内圆柱要素具有尺寸要求和对其轴线具有形状(直线度)要求的 MMR 示例
图为一标注公差的孔，预期的功能是可和一个等长的被测轴形成间隙配合

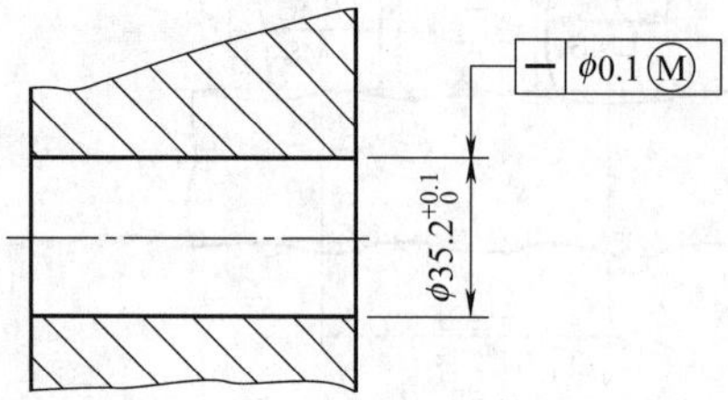

图样标注

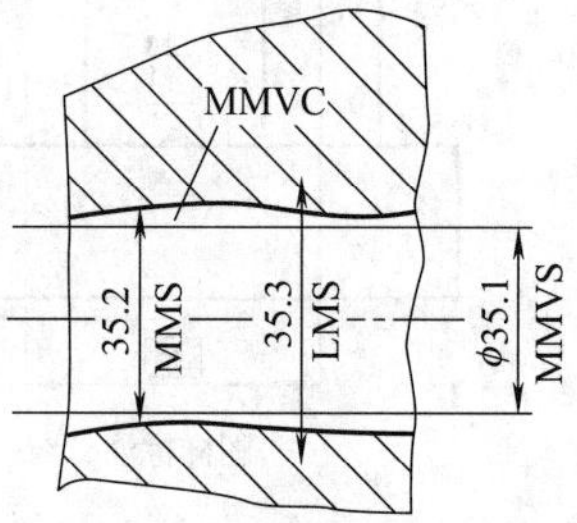

说明

对本图例解释如下：
a)孔的提取要素不得违反其最大实体实效状态(MMVC)，其直径为 MMVS＝35.1mm
b)孔的提取要素各处的局部直径应小于 LMS＝35.3mm 且应大于 MMS＝35.2mm
c)MMVC 的方向和位置无约束

(5)一个外圆柱要素具有尺寸要求和对其轴线具有方向(垂直度)要求的 MMR 示例
图示零件的预期功能是和图示例 6 所示零件相装配，而且要求轴装入孔内时两基准平面应同时相接触

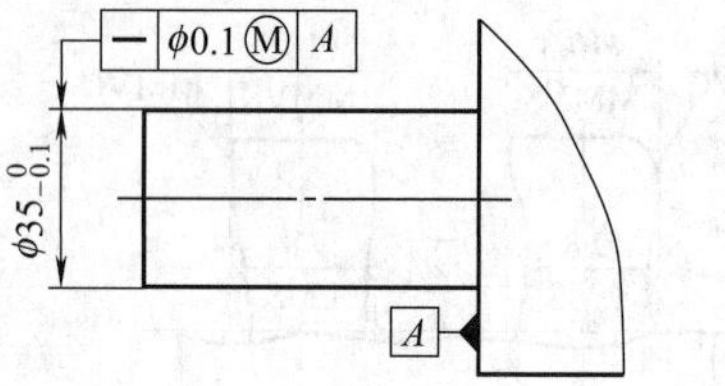

图样标注

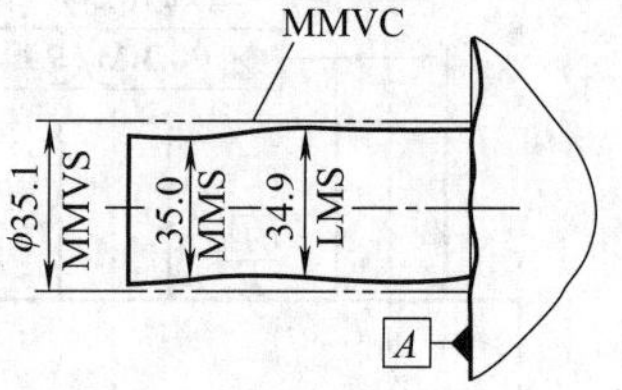

说明

对本图例解释如下：
a)轴的提取要素不得违反其最大实体实效状态(MMVC)，其直径为 MMVS＝35.1mm
b)轴的提取要素各处的局部直径应大于 LMS＝34.9mm 且应小于 MMS＝35.0mm
c)MMVC 的方向和基准垂直，但其位置无约束

(6)一个内圆柱要素具有尺寸要求和对其轴线具有方向(垂直度)要求的 MMR 示例
图示零件的预期功能是和图示例 5 所示零件相装配，而且要求轴装入孔内时两基准平面应同时相接触

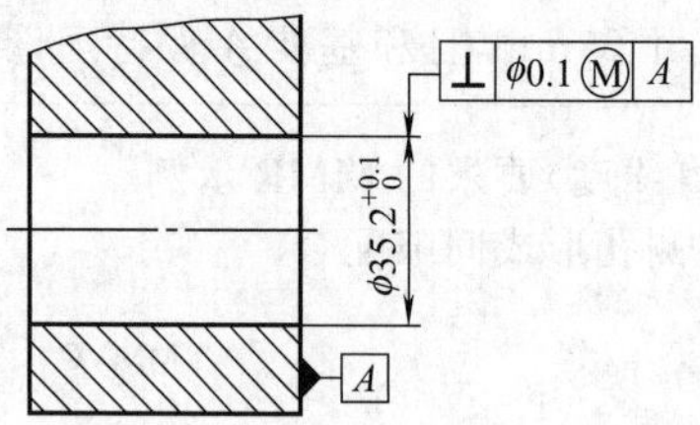

图样标注

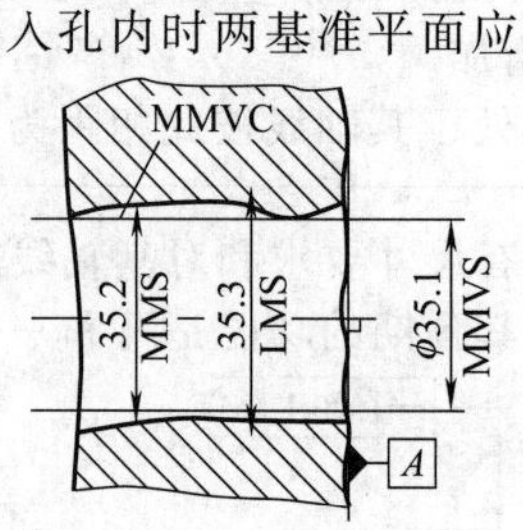

说明

对本图例解释如下：
a)孔的提取要素不得违反其最大实体实效状态(MMVC)，其直径为 MMVS＝35.1mm
b)孔的提取要素各处的局部直径应小于 LMS＝35.3mm 且应大于 MMS＝35.2mm
c)MMVC 的方向和基准垂直，但其位置无约束

(7)一个外圆柱要素具有尺寸要求和对其轴线具有位置(位置度)要求的 MMR 示例

图示零件的预期功能是和图示例 8 所示零件相装配，而且要求两基准平面 A 相接触，两基准平面 B 双方同时和另一个零件(图中未画出)的平面相接触

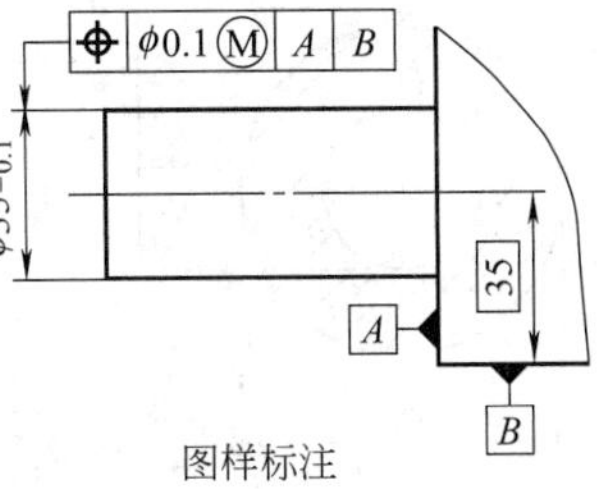

图样标注

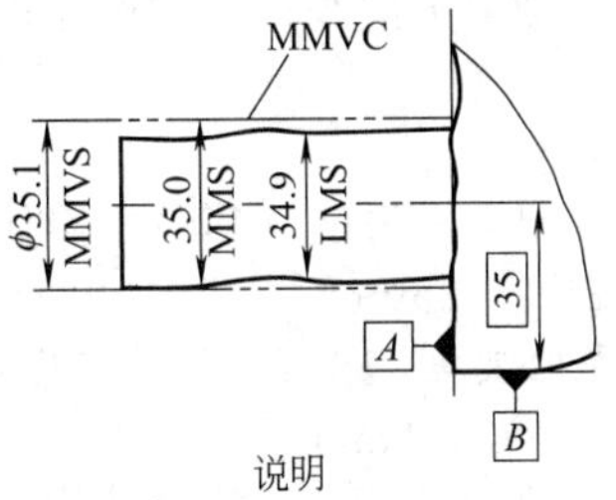

说明

对本图例解释如下：

a)轴的提取要素不得违反其最大实体实效状态(MMVC)，其直径为 MMVS=35.1mm

b)轴的提取要素各处的局部直径应大于 LMS=34.9mm 且应小于 MMS=35.0mm

c)MMVC 的方向和基准 A 相垂直，并且其位置在和基准 B 相距 35mm 的理论正确位置上

(8)一个内圆柱要素具有尺寸要求和对其轴线具有位置(位置度)要求的 MMR 示例

图示零件的预期功能是和图示例 7 所示零件相装配，而且要求两基准平面 A 相接触，两基准平面 B 双方同时和另一零件(图中未画出)的平面相接触

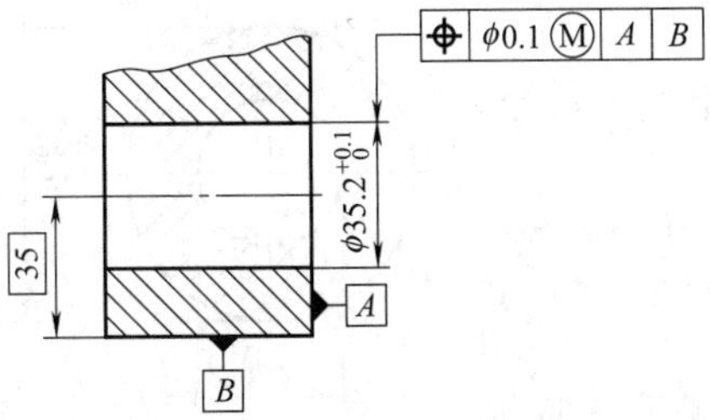

图样标注

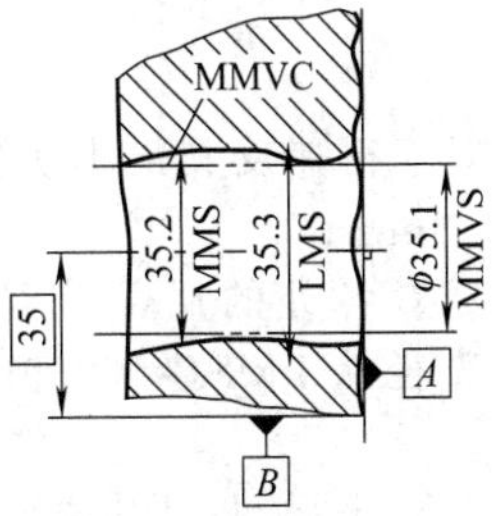

说明

对本图例解释如下：

a)孔的提取要素不得违反其最大实体实效状态(MMVC)，其直径为 MMVS=35.1mm

b)孔的提取要素各处的局部直径应小于 LMS=35.3mm 且应大于 MMS=35.2mm

c)MMVC 的方向和基准 A 相垂直，并且其位置在和基准 B 相距 35mm 的理论正确位置上

(9)一个外尺寸要素和一个作为基准的同心内尺寸要素具有位置度要求的 LMR 示例

图例仅说明最小实体要求的一些原则。本图样标注不全，不能控制最小壁厚。在其他要素上缺少最小实体要求，因此不能表示这一功能

对本图例解释如下：

a)外尺寸要素的提取要素不得违反其最小实体实效状态(LMVC)，其直径为 LMVS=69.8mm

b)外尺寸要素的提取要素各处的局部直径应小于 MMS=70.0mm 且应大于 LMS=69.9mm

c)LMVC 的方向和基准 A 相平行，并且其位置在和基准 A 同轴的理论正确位置上

注：本图例可以用位置度、同轴度和同心度标注，其意义均相同

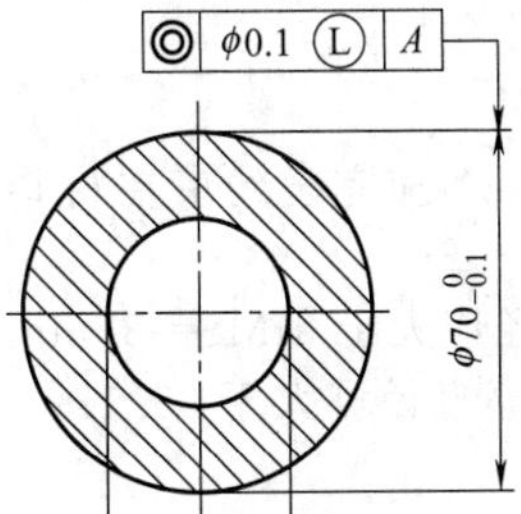

图样标注

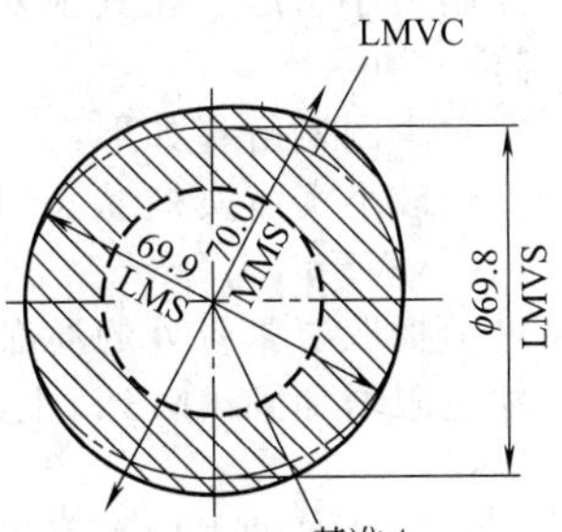

说明

(10)一个内尺寸要素和一个作为基准的同心外尺寸要具有位置度要求的 LMR 示例

图例仅说明最小实体要求的一些原则。本图样标注不全，不能控制最小壁厚。在其他要素上缺少最小实体要求，因此不能表示这一功能

对本图例解释如下：

a)内尺寸要素的提取要素不得违反其最小实体实效状态(LMVC)，其直径为 LMVS＝35.2mm

b)内尺寸要素的提取要素各处的局部直径应大于 MMS＝35.0mm 且应小于 LMS＝35.1mm

c)LMVC 的方向和基准 A 相平行，并且其位置在和基准 A 同轴的理论正确位置上

注：本图例可以用位置度、同轴度或同心度标注，其意义均相同。

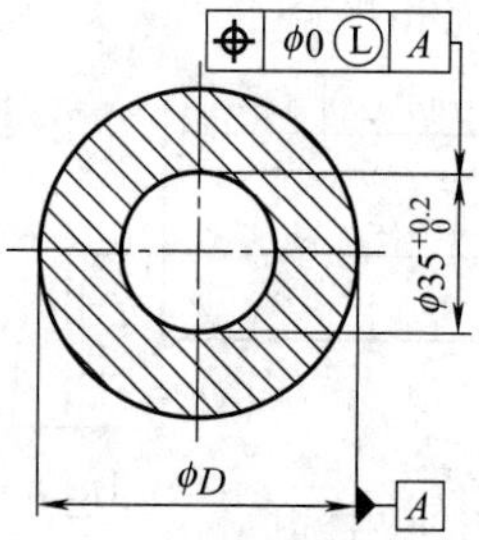

图样标注

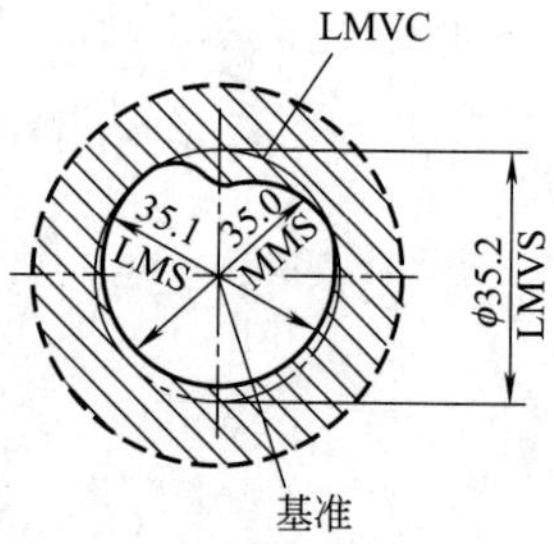

说明

(11)一个外尺寸要素和一个作为基准的同心内尺寸要素具有位置度要求的 LMR 和附加 RPR 示例

图例仅说明最小实体要求的一些原则。本图样标注不全，不能控制最小壁厚。在其他要素上缺少最小实体要求，因此不能表示这一功能

对本图例解释如下：

a)外尺寸要素的提取要素不得违反其最小实体实效状态(LMVC)，其直径为 LMVS＝69.8mm

b)外尺寸要素的提取要素各处的局部直径应小于 MMS＝70.0mm，RPR 允许其局部直径从 LMS(＝69.9mm)减小至(LMVS＝69.8MM)

c)LMVC 的方向和基准 A 相平行，并且其位置在和基准 A 同轴的理论正确位置上

注：本图例可以用位置度、同轴度或同心度标注，其意义均相同

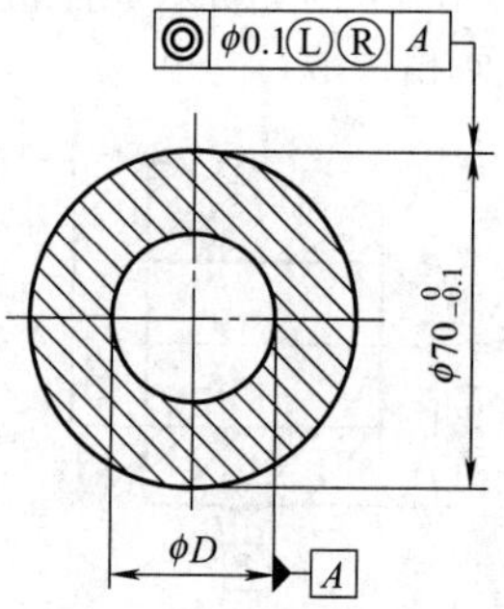

图样标注

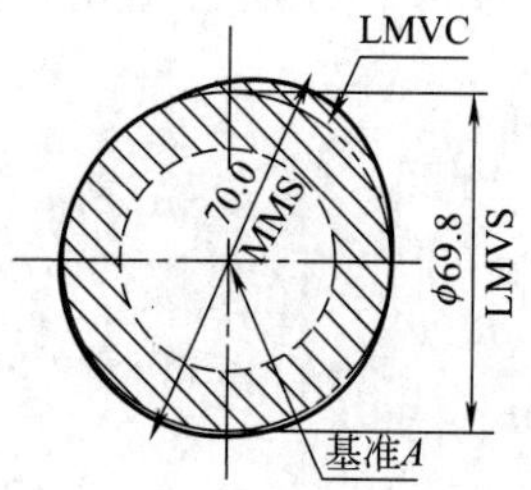

说明

(12)一个内尺寸要素和一个作为基准的同心外尺寸要素具有位置度要求的 LMR 和附加 RPR 示例

图例仅说明最小实体要求的一些原则。本图样标注不全，不能控制最小壁厚。在其他要素上缺少最小实体要求，因此不能表示这一功能

对本图例解释如下：

a)最小实体实效状态(LMVC)应完全约束在材料内部，其直径为 LMVS＝35.2mm

b)提取要素各处的局部直径应大于 MMS＝35mm，RPR 允许尺寸上限增加到 LMS 以上(局部直径可大于 35.1mm，增加到 LMVS)

c)LMVC 的方向平行于基准且 LMVC 的位置在和基准 A 相距 0mm 的理论正确位置上

注：本图例可以用位置度、同轴度或同心度标注，其意义均相同

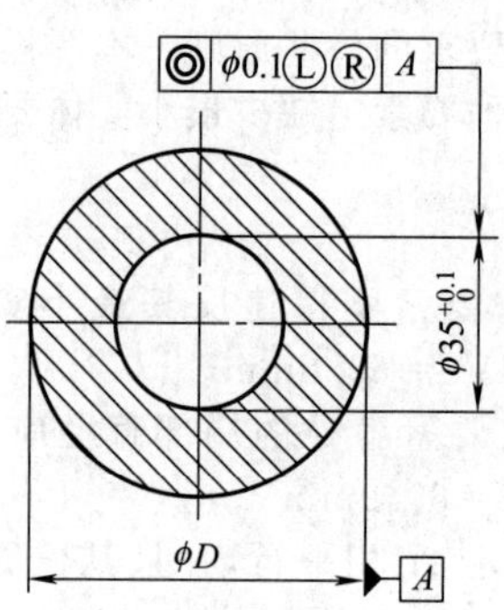

图样标注

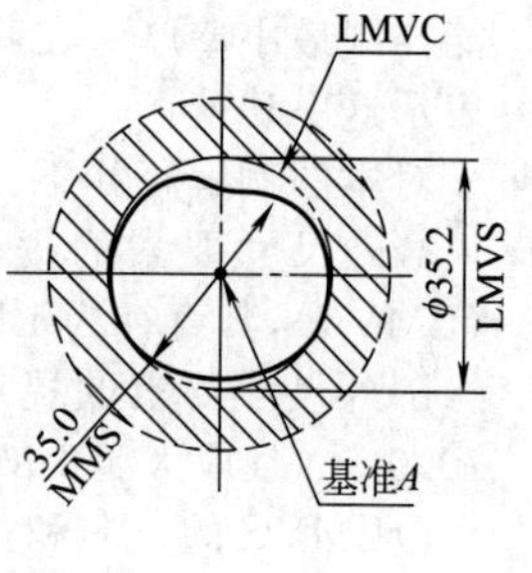

说明

(13)两同心圆柱要素(内和外)由同一基准体系A和B控制其尺寸和位置的LMR示例

图例所示零件的预期功能是承受内压并防止爆裂

对本图例解释如下：

a)外尺寸要素的提取要素不得违反其最小实体实效状态(LMVC)，其直径为LMVS=69.8mm

b)外尺寸要素的提取要素各处的局部直径应小于MMS=70.0mm且应大于LMS=69.9mm

c)内尺寸要素的提取要素不得违反其最小实体实效状态(LMVC)，其直径为LMVS=35.2mm

d)内尺寸要素的提取要素各处的局部直径应大于MMS=35.0mm且应小于LMS=35.1mm

e)内、外尺寸要素的最小实体实效状态(LMVC)的理论正确方向和位置应处于距基准体系*A*和*B*各为44mm

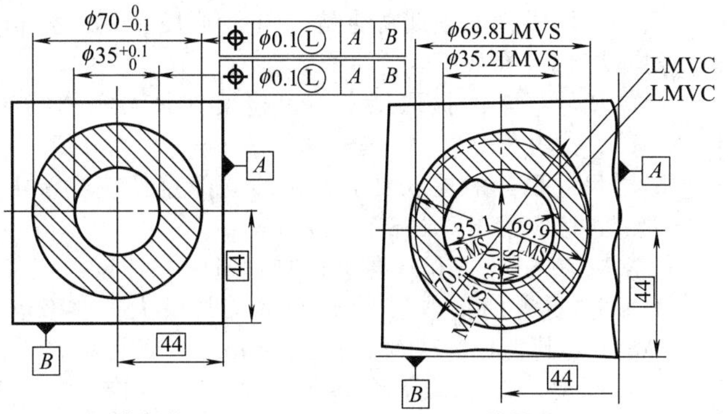

图样标注　　说明

(14)一个外圆柱要素由尺寸和相对于由尺寸和LMR控制的内圆柱要素作为基准的位置(同轴度)控制的LMR示例

图例所示零件的预期功能是承受内压并防止爆裂

对本图例解释如下：

a)外尺寸要素的提取要素不得违反其最小实体实效状态(LMVC)，其直径为LMVS=69.8mm

b)外尺寸要素的提取要素各处的局部直径应小于MMS=70.0mm且应大于LMS=69.9mm

c)内尺寸要素(基准要素)的提取要素不得违反其最小实体实效状态(LMVC)，其直径为LMVS=LMS=35.1mm

d)内尺寸要素(基准要素)的提取要素各处的局部直径应大于MMS=35.0mm且应小于LMS=35.1mm

e)外尺寸要素的最小实体实效状态(LMVC)位于内尺寸要素(基准要素)轴线的理论正确位置

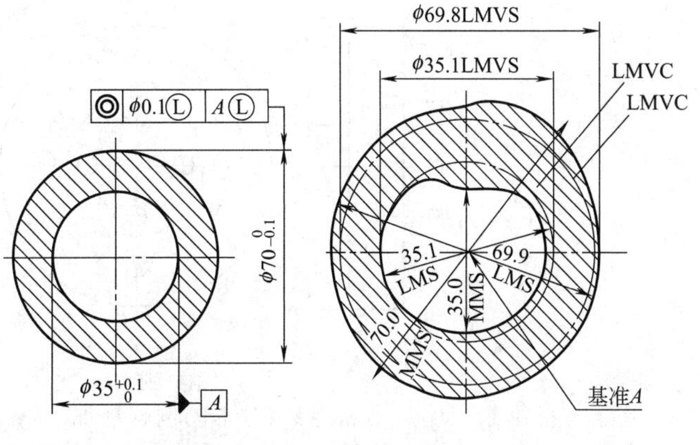

图样标注　　说明

(15)一个外尺寸要素具有尺寸要求和对其轴线具有位置(同轴度)要求的MMR和作为基准的外尺寸要素具有尺寸要求和对其轴线具有形状(直线度)要求同时也用MMR的示例

图例所示零件的预期功能是和图示例16所示零件相装配

对本图例解释如下：

a)外尺寸要素的提取要素不得违反其最大实体实效状态(MMVC)，其直径为MMVS=35.1mm

b)外尺寸要素的提取要素各处的局部直径应大于LMS=34.9mm且应小于MMS=35.0mm

c)MMVC的位置和基准要素的MMVC同轴

d)基准要素的提取要素不得违反其最大实体实效状态(MMVC)，其直径为MMVS=70.2mm

e)基准要素的提取要素各处的局部直径应大于LMS=69.9mm且应小于MMS=70.0mm

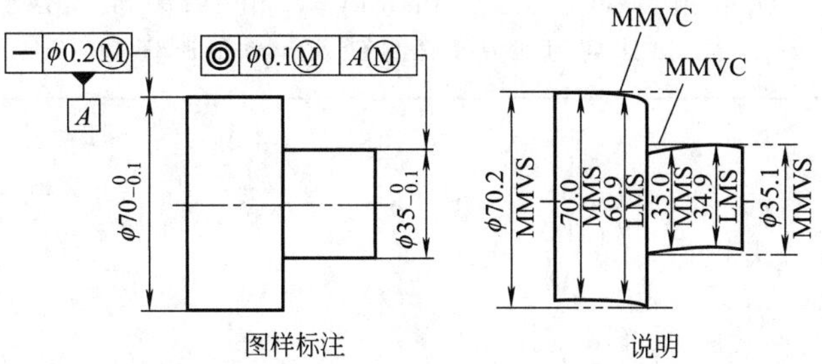

图样标注　　说明

(16)一个内尺寸要素具有尺寸要求和对其轴线具有位置(同轴度)要求的 MMR 和作为基准的内尺寸要素具有尺寸要求和对其轴线具有形状(直线度)要求同时也用 MMR 的示例

图例所示零件的预期功能是和图示例 15 所示零件相装配

对本图例解释如下：

a)内尺寸要素的提取要素不得违反其最大实体实效状态(MMVC),其直径为 MMVS＝35.1mm

b)内尺寸要素的提取要素各处的局部直径应小于 LMS＝35.3mm 且应大于 MMS＝35.2mm

c)MMVC 的位置和基准要素的 MMVC 的同轴

d)基准要素的提取要素不得违反其最大实体实效状态(MMVC),其直径为 MMVS＝69.8mm

e)基准要素的提取要素各处的局部直径应小于 LMS＝70.1mm 且大于 MMS＝70.0mm

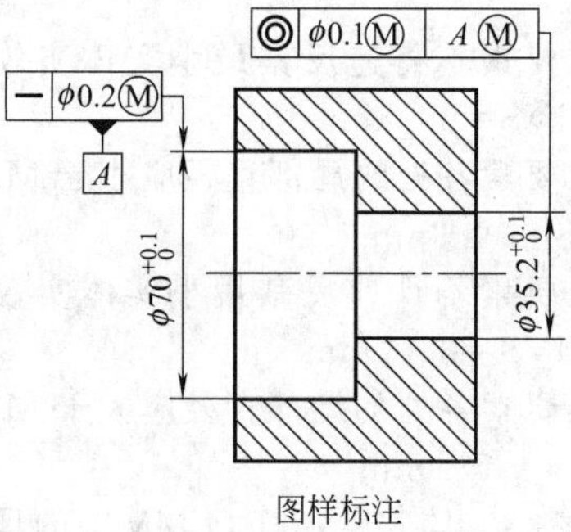

图样标注

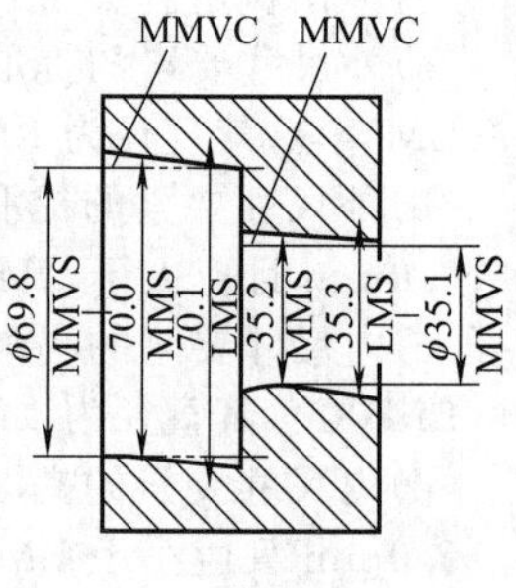

说明

(17)以一组要素为基准的成组要素中各个要素均有尺寸要求和对其轴线又均有位置度要求的 MMR 示例

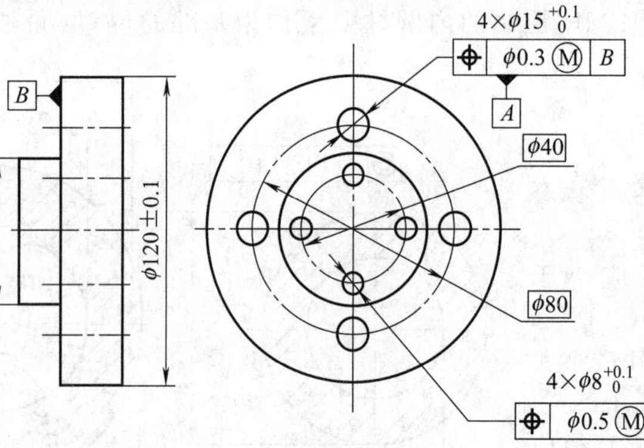

图样标注

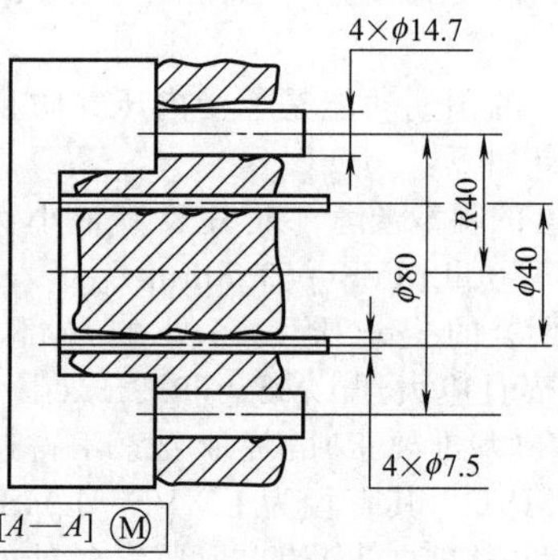

说明

基于本标准给出的规则和定义，对本图例解释如下：

a)四个孔各自的提取要素均不得违反其最大实体实效状态(MMVC),其直径为 MMVS＝7.5mm

b)四个孔各自的提取要素各处的局部直径应小于 LMS＝8.1mm 且均应大于 MMS＝8mm

c)四个孔各自的最大实体实效状态(MMVC)均应与基准 B 的理论正确方向和基准 A 的理论正确位置相一致

d)孔组要素(基准要素)各孔的提取要素不得违反其最大实体实效状态(MMVC),其直径 MMVS＝MMS－0.3＝14.7mm 的圆柱

e)孔组要素(基准要素)各孔的提取要素各处的局部直径均应小于 LMS＝15.1mm 且均应大于 MMS＝15mm

f)孔组要素(基准要素)的 MMVC 相对于基准 B 处于理论正确方向，例如垂直于基准面 B，且相互之间处于理论正确位置，例如均匀地分布在直径 80mm 的圆柱上

第 5 章

表面结构

5.1 概述

表面结构是表面粗糙度、表面波纹度、表面缺陷、表面几何形状的总称。表面结构的各种特性都是零件表面在金属切削加工过程中，由于工艺等因素的不同，致使零件加工表面的几何形状误差有所不同。大多数表面是由粗糙度、波纹度及形状误差综合影响产生的结果。

由于粗糙度、波纹度及形状误差的功能影响各不相同，分别测出它们是必要的，如图 1-5-1 所示。

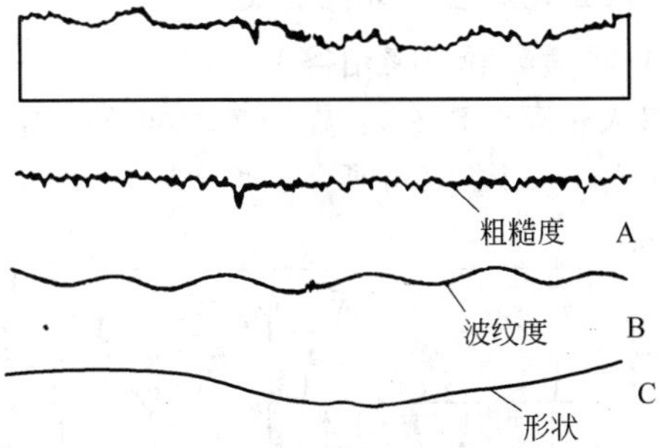

图 1-5-1　表面几何形状误差

新的表面结构标准体系在图样中要求标准的参数可有下面三组：

(1) 轮廓参数，包括粗糙度参数 R、波纹度参数 W、原始轮廓参数 P。

(2) 图形参数，包括粗糙度图形、波纹度图形。

(3) 支承率曲线参数。

目前图形参数与支承率曲线参数尚无供选用的参数数值，同样轮廓参数中的波纹度参数、原始轮廓参数的表示方法等，本章不编入相关内容。因此选取常用的标准中表面粗糙度相关部分编入本章内容。

5.2 术语及定义（摘自 GB/T 3505—2009）

5.2.1 一般术语及定义

(1) 轮廓滤波器：把轮廓分成长波和短波成分的滤波器。在测量粗糙度、波纹度和原始轮廓的仪器中使用三种滤波器，它们具有相同的传输特性，截止波长不同，如图 1-5-2 所示。

① λs 滤波器：确定存在于表面上的粗糙度与比它更短的波的成分之间相交界限的滤波器。

② λc 滤波器：确定粗糙度与波纹度成分之间相交界限的滤波器。

③ λf 滤波器：确定存在于表面上的波纹度与比它更长的波的成分之间相交界限的滤波器。

(2) 坐标系：定义表面结构参数的坐标体系。通常采用一个直角坐标体系，其轴线形成一右旋笛卡儿坐标系，X 轴与中线方向一致，Y 轴也处于实际表面上，而 Z 轴则在从材料到周围介质的外延方向上。

(3) 实际表面：物体与周围介质分离的表面。

(4) 表面轮廓：一个指定平面与实际表面相交所得的轮廓，如图 1-5-3 所示。

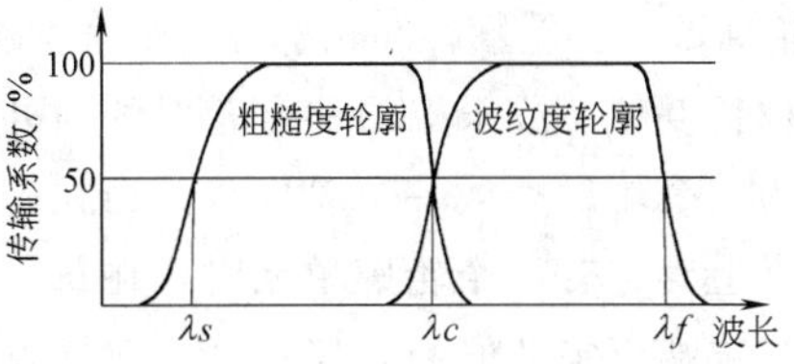

图 1-5-2　粗糙度和波纹度轮廓的传输特性

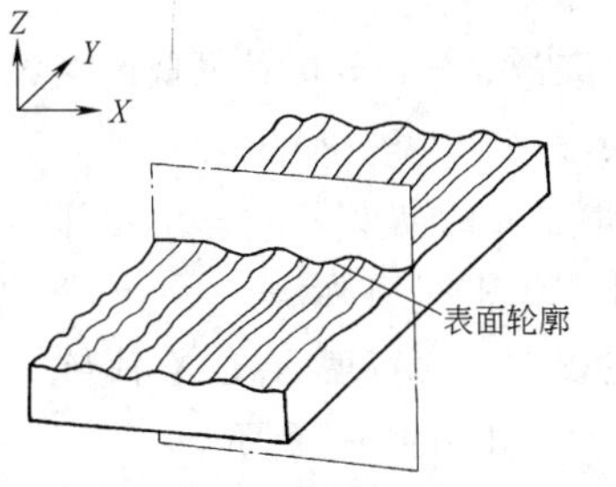

图 1-5-3　表面轮廓

(5) 原始轮廓：通过 λs 轮廓滤波器后的总轮廓。原始轮廓是评定原始轮廓参数的基础。

（6）粗糙度轮廓：粗糙度轮廓是对原始轮廓采用 λc 轮廓滤波器抑制长波成分以后形成的轮廓，是经过人为修正的轮廓（见图 1-5-2）。

（7）中线：具有几何轮廓形状并划分轮廓的基准线。

① 粗糙度轮廓中线：用 λc 轮廓滤波器所抑制的长波轮廓成分对应的中线。

② 原始轮廓中线：在原始轮廓上按照标称形状用最小二乘法拟合确定的中线。

（8）取样长度 lp、lr、lw：在 X 轴方向判别被评定轮廓不规则特征的长度。评定粗糙度和波纹度轮廓的取样长度 lr 和 lw，在数值上分别与 λc 和 λf 轮廓滤波器的截止波长相等。原始轮廓的取样长度 lp 等于评定长度。

（9）评定长度 ln：用于判别被评定轮廓的 X 轴方向上的长度。评定长度包含一个或和几个取样长度。

5.2.2 几何参数术语及定义

（1）P 参数：在原始轮廓上计算所得的参数。

（2）R 参数：在粗糙度轮廓上计算所得的参数。

（3）W 参数：在波纹度轮廓上计算所得的参数。

（4）轮廓峰：被评定轮廓上连接轮廓和 X 轴两相邻交点向外（从材料到周围介质）的轮廓部分。

（5）轮廓谷：被评定轮廓上连接轮廓和 X 轴两相邻交点向内（从周围介质到材料）的轮廓部分。

（6）轮廓单元：轮廓峰和轮廓谷的组合如图 1-5-4 所示。在取样长度始端或末端的评定轮廓的向外部分和向内部分视为一个轮廓峰或一个轮廓谷。当在若干个连续的取样长度上确定若干个轮廓单元时，在每一个取样长度的始端或末端评定的峰和谷仅在每个取样长度的始端计入一次。

（7）轮廓峰高 Zp：轮廓峰最高点距 X 轴的距离，如图 1-5-4 所示。

（8）轮廓谷深 Zv：轮廓谷最低点距 X 轴的距离，如图 1-5-4 所示。

（9）轮廓单元的高度 Zt：一个轮廓单元的峰高和轮廓谷深之和，如图 1-5-4 所示。

（10）轮廓单元的宽度 Xs：X 轴与一个轮廓单元相交线段的长度，如图 1-5-4 所示。

（11）在水平截面高度 c 上，轮廓的实体材料长度 $Ml(c)$：在一个给定水平截面高度 c 上用一条平行于 X 轴的线与轮廓单元相截所获得的各段截线长度之和，如图 1-5-5 所示。

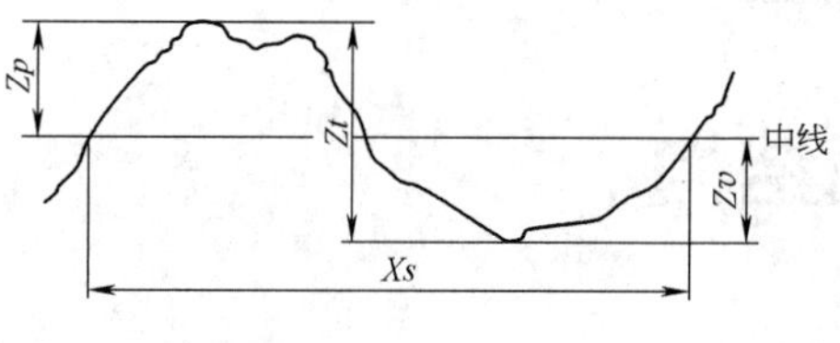

图 1-5-4　轮廓单元

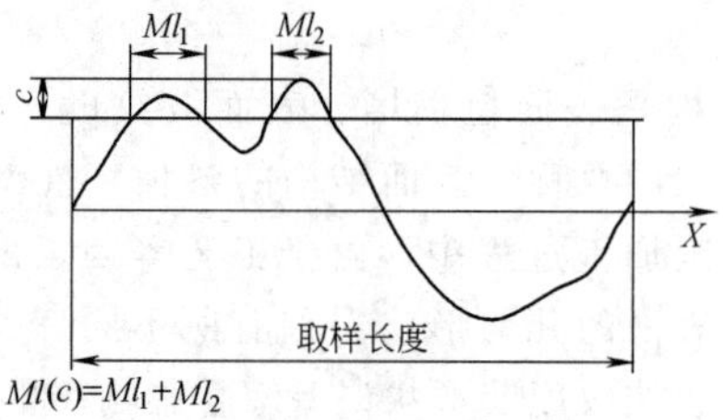

图 1-5-5　实体材料长度

5.2.3 表面轮廓参数术语及定义

（1）幅度参数（峰和谷）

① 最大轮廓峰高 Rp：在一个取样长度内，最大的轮廓峰高 Zp，如图 1-5-6 所示。

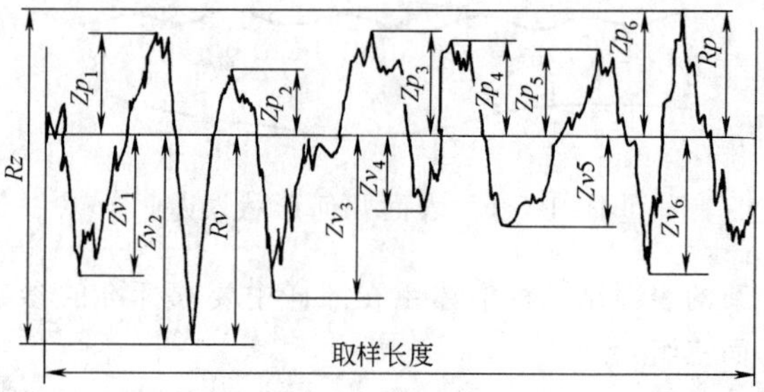

图 1-5-6　最大轮廓峰高、最大轮廓谷深、轮廓的最大高度（以粗糙度轮廓为例）

② 最大轮廓谷深 Rv：在一个取样长度内，最大的轮廓谷深 Zv，如图 1-5-6 所示。

③ 轮廓的最大高度 Rz：在一个取样长度内，最大轮廓峰高 Zp 和最大轮廓谷深 Zv 之和的高度，如图 1-5-6 所示（在 GB/T 3505—1983 中，Rz 符号曾用于表示“不平度的十点高度”，因此当采用现行的技术文件和图样时必须注意区分）。

④ 轮廓单元的平均高度 Rc：在一个取样长度内轮廓单元高度 Zt 的平均值，如图 1-5-7 所示。

$$Rc = \frac{1}{m}\sum_{i=1}^{m} Zt_i$$

对参数 Rc 需要辨别高度和间距。若无特殊规定，缺省的高度分辨力应按 Rz 的 10%选取。缺省的间距分辨力应按取样长度的 1%选取。上述两个条件都应满足。

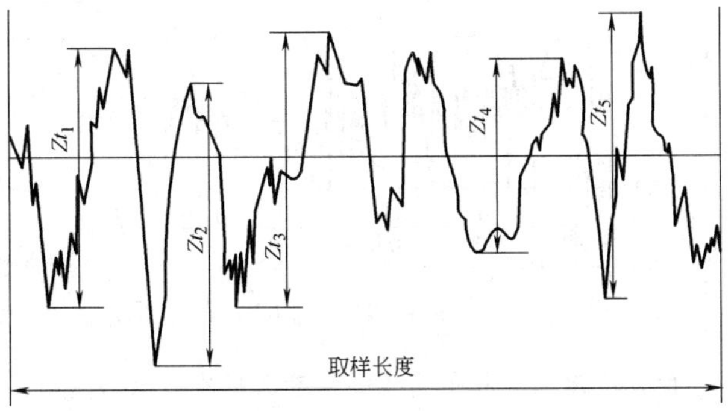

图 1-5-7 轮廓单元的高度（以粗糙度轮廓为例）

⑤ 轮廓的总高度 Rt：在评定长度内最大轮廓峰高 Zp 和最大轮廓谷深 Zv 之和。

（2）幅度参数（纵坐标平均值）

① 评定轮廓的算术平均偏差 Ra：在一个取样长度内纵坐标值 $Z(x)$ 绝对值的算术平均值，如图 1-5-8 所示。

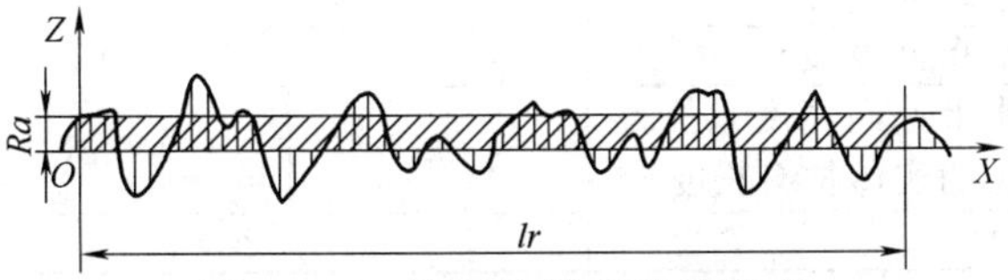

图 1-5-8 轮廓的算术平均偏差

$$Ra=\frac{1}{lr}\int_0^{lr}|Z(x)|\,\mathrm{d}x$$

② 评定轮廓的均方根偏差 Rq：在一个取样长度内纵坐标值 $Z(x)$ 的均方根值。

$$Rq=\sqrt{\frac{1}{lr}\int_0^{lr}Z^2(x)\mathrm{d}x}$$

③ 评定轮廓的偏斜度 Rsk：在一个取样长度内纵坐标值 $Z(x)$ 三次方的平均值与 Rq 的三次方的比值。Rsk 是纵坐标值概率密度函数的不对称性的测定。参数受独立的峰或独立的谷的影响很大。

$$Rsk=\frac{1}{Rq^3}\left[\frac{1}{lr}\int_0^{lr}Z^3(x)\mathrm{d}x\right]$$

④ 评定轮廓的陡度 Rku：在取样长度内纵坐标值 $Z(x)$ 四次方的平均值与 Rq 的四次方的比值。Rku 是纵坐标值概率密度函数锐度的测定。

$$Rku=\frac{1}{Rq^4}\left[\frac{1}{lr}\int_0^{4}Z^4(x)\mathrm{d}x\right]$$

（3）间距参数

轮廓单元的平均宽度 RSm：在一个取样长度内轮廓单元宽度 Xs 的平均值，如图 1-5-9 所示。RSm 需要辨别高度和间距。若无特殊规定，默认的高度分辨力为 Rz 的 10%，默认的间距分辨力为取样长度的 1%。上述两个条件都应满足。

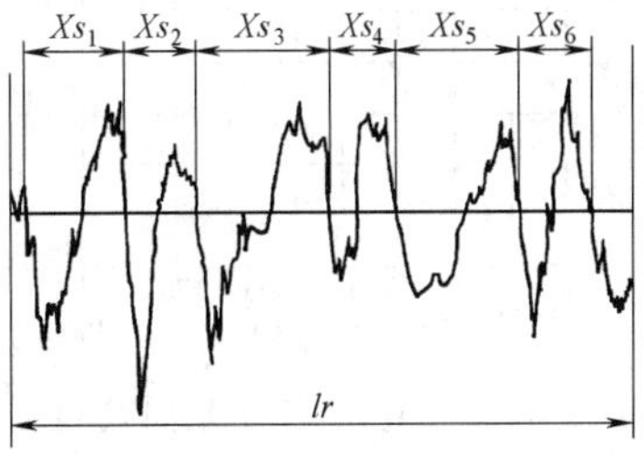

图 1-5-9 轮廓单元的宽度

$$RSm=\frac{1}{m}\sum_{i=1}^{m}XSi$$

（4）混合参数

评定轮廓的均方根斜率 $R\Delta q$：在取样长度内纵坐标斜率 $\mathrm{d}Z/\mathrm{d}X$ 的均方根值。

（5）曲线和相关参数

所有曲线和相关参数均在评定长度上而不是在取样长度上来定义，因为这样可提供更稳定的曲线和相关参数。

① 轮廓支承长度率 $Rmr(c)$：在给定的水平截面高度 c 上轮廓的实体材料长度 $Ml(c)$ 与评定长度的比率。

$$Rmr(c)=\frac{Ml(c)}{ln}$$

② 轮廓支承长度率曲线：表示轮廓支承比率随水平截面高度 c 变化的关系曲线，如图 1-5-10 所示。该曲线为在一个评定长度内的各坐标值 $Z(x)$ 采样累积的分布概率函数。

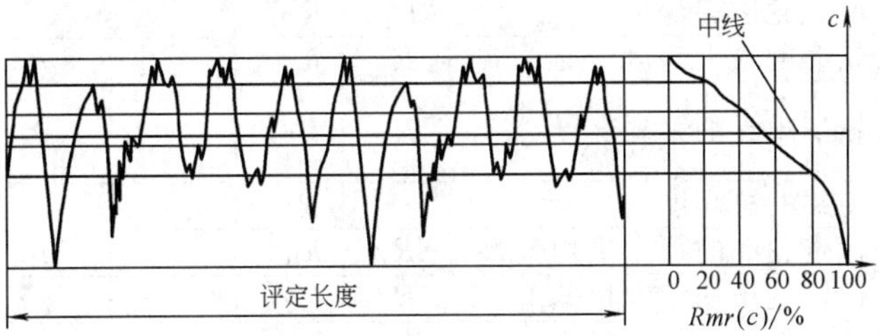

图 1-5-10 支承长度率曲线

③ 轮廓截面高度差 $R\delta c$：给定支承比率的两个水平截面之间的垂直距离。

$$R\delta c=c(Rmr_1)-c(Rmr_2)\quad (Rmr_1<Rmr_2)$$

④ 相对支承长度率 Rmr：在一个轮廓水平截面 $R\delta c$ 确

定的，与起始零位 c_0 相关的支承长度率，如图 1-5-11 所示。

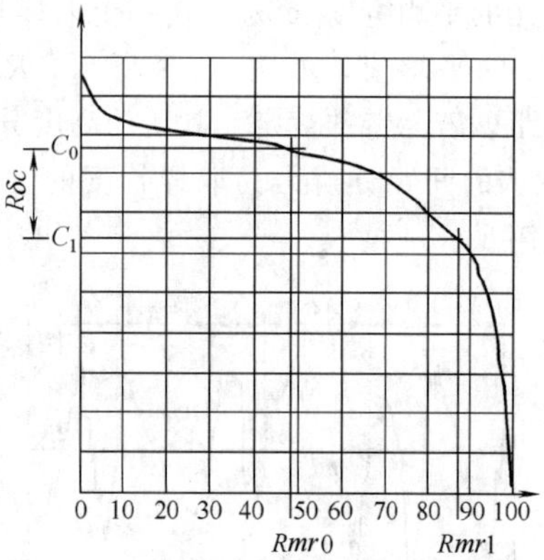

图 1-5-11　轮廓水平截面高度差

$$Rmr = Rmr(c_1)$$

式中
$$c_1 = c_0 - R\delta c$$
$$c_0 = c(Rmr_0)$$

⑤ 轮廓幅度分布曲线：在评定长度内，纵坐标值 $Z(x)$ 采样的概率密度函数，如图 1-5-12 所示。

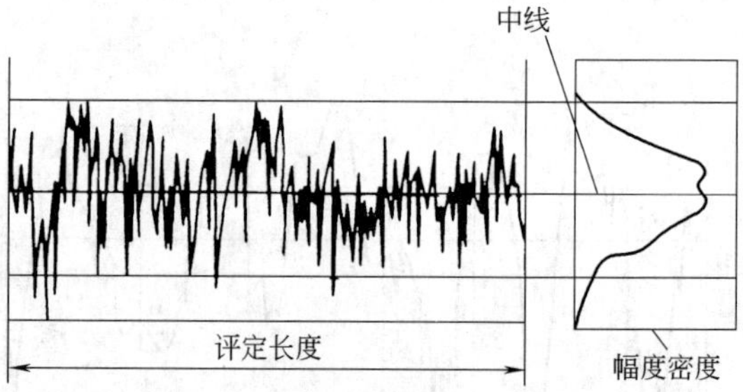

图 1-5-12　幅度分布曲线

有关轮廓幅度分布曲线的各参数见本段（2）幅度参数（纵坐标平均值）中序号①～④的相应内容。

5.2.4　基本术语与参数符号的新、旧标准对照

GB/T 3505—2009 与 GB/T 3505—1983 之间基本术语与参数符号的比较参见表 1-5-1 和表 1-5-2。

表 1-5-1　基本术语的对比

基本术语	1983 年版本	2009 年版本	基本术语	1983 年版本	2009 年版本
取样长度	l	lp, lw, lr①	轮廓谷深	y_v	Zv
评定长度	l_n	ln	轮廓单元高度	—	Zt
纵坐标值	y	$Z(x)$	轮廓单元宽度	—	Xs
局部斜率	—	$\frac{dZ}{dX}$	在水平截面高度 c 位置上轮廓的实体材料长度	η_p	$Ml(c)$
轮廓峰高	y_p	Zp			

① 给定的三种不同轮廓的取样长度。

表 1-5-2　表面结构的参数对比

参数	1983 年版本	2009 年版本	在测量范围内 评定长度 ln	在测量范围内 取样长度③	参数	1983 年版本	2009 年版本	在测量范围内 评定长度 ln	在测量范围内 取样长度③
最大轮廓峰高	R_p	Rp②		√	评定轮廓的陡度	—	Rku②		√
最大轮廓谷深	R_m	Rv②		√	轮廓单元的平均宽度	S_m	RSm②		√
轮廓的最大高度	R_y	Rz②		√	评定轮廓的均方根斜率	Δ_q	$R\Delta q$②		
轮廓单元的平均高度	R_c	Rc②		√	轮廓支承长度率	—	$Rmr(c)$②	√	
轮廓的总高度	—	Rt②	√①		轮廓水平截面高度	—	$R\delta c$②	√	
评定轮廓的算术平均偏差	R_a	Ra②		√	相对支承长度率	t_p	Rmr②	√	
评定轮廓的均方根偏差	R_q	Rq②		√	十点高度	R_z	—		
评定轮廓的偏斜度	S_k	Rsk②		√					

① 表中√符号，表示在测量范围内，现采用的评定长度和取样长度。

② 在规定的三个轮廓参数中，表中只列出了粗糙度轮廓参数。例如：三个参数分别为：Pa（原始轮廓）、Ra（粗糙度轮廓）、Wa（波纹度轮廓）。

③ 表中取样长度是 lr、lw 和 lp，分别对应于 R、W 和 P 参数。$lp = ln$。

5.3 表面粗糙度参数及其数值系列

根据标准 GB/T 1031—2009 表面粗糙度参数及其数值，采用 GB/T 3505 中所规定的有关术语和定义。

（1）表面结构的参数及其数值系列

表面粗糙度参数从下列两项中选取：轮廓的算术平均偏差 *Ra* 和轮廓的最大高度 *Rz*。表面粗糙度参数数值见表 1-5-3，在幅度参数（峰和谷）常用的参数值范围内（*Ra* 为 0.025～6.3μm，*Rz* 为 0.1～25μm）推荐优先选用 *Ra*。采用中线制（轮廓法）评定表面粗糙度。

表 1-5-3　表面粗糙度数值系列（摘自 GB/T 1031—2009）　/μm

轮廓的算术平均偏差 *Ra*	0.012	0.2	3.2	50	轮廓的最大高度 *Rz*	0.025	0.4	6.3	100	1600
	0.025	0.4	6.3	100		0.05	0.8	12.5	200	
	0.05	0.8	12.5			0.1	1.6	25	400	
	0.1	1.6	25			0.2	3.2	50	800	

根据表面功能的需要，除表面粗糙度高度参数（*Ra*、*Rz*）外可选用下列的附加参数 *r* 轮廓单元的平均宽度 *Rsm* 和轮廓的支承长度率 *Rmr*（*c*）。附加参数数值见表 1-5-4。

表 1-5-4　附加参数数值系列（摘自 GB/T 1031—2009）

廓单元的平均宽度 *Rsm*/mm	0.006 0.0125		0.025 0.05		0.1 0.2		0.4 0.8		1.6 3.2		6.3 12.5
轮廓的支承长度率 *Rmr*(*c*)/%	10	15	20	25	30	40	50	60	70	80	90

选用轮廓的支承长度率参数时，应同时给出轮廓截面高度 *c* 值。它可用微米或 *Rz* 的百分数表示。*Rz* 的百分数系列如下：5%、10%、15%、20%、25%、30%、40%、50%、60%、70%、80%、90%。

（2）取样长度与评定长度

取样长度（*lr*）的数值从表 1-5-5 给出的系列中选取。

表 1-5-5　取样长度（*lr*）的数值（摘自 GB/T 1031—2009）　/mm

lr	0.08	0.25	0.8	2.5	8	25

一般情况下，在测量 *Ra*、*Rz* 时，推荐按表 1-5-6 和表 1-5-7 选用对应的取样长度，此时取样长度值的标注在图样上或技术文件中可省略。当有特殊要求时，应给出相应的取样长度值，并在图样上或技术文件中注出。

表 1-5-6　*Ra* 参数值与取样长度 *lr* 值的对应关系（摘自 GB/T 1031—2009）

Ra/μm	*lr*/mm	*ln*/mm（*ln*=5*lr*）
≥0.008～0.02	0.08	0.4
>0.02～0.1	0.25	1.25
>0.1～2.0	0.8	4.0
>2.0～10.0	2.5	12.5
>10.0～80.0	8.0	40.0

表 1-5-7　*Rz* 参数数值与取样长度 *lr* 值的对应关系（摘自 GB/T 1031—2009）

Rz/μm	*lr*/mm	*ln*/mm（*ln*=5*lr*）
≥0.025～0.10	0.08	0.4
>0.10～0.50	0.25	1.25
>0.50～10.0	0.8	4.0
>10.0～50.0	2.5	12.5
>50.0～320	8.0	40.0

对于微观不平度间距较大的端铣、滚铣及其他大进给走刀量的加工表面，应按标准中规定的取样长度系列选取较大的取样长度值。

由于加工表面不均匀，在评定表面粗糙度时，其评定长度应根据不同的加工方法和相应的取样长度来确定。一般情况下，当测量 *Ra* 和 *Rz* 时，推荐按表 1-5-6 和表 1-5-7 选取相应的评定长度。如被测表面均匀性较好，测量时可选用小于 5×*lr* 的评定长度值；均匀性较差的表面可选用大于 5×*lr* 的评定长度。

（3）规定表面粗糙度要求的一般规则

1）在规定表面粗糙度要求时，应给出表面粗糙度参数值和测定时的取样长度值两项基本要求。必要时也可规定表面加工纹理、加工方法或加工顺序和不同区域的粗糙度等附加要求。

2）表面粗糙度的标注方法应符合 GB/T 131 的规定；默认评定长度值应符合 GB/T 10610 的规定。

3）为保证制品表面质量，可按功能需要规定表面粗糙度参数值。否则，可不规定其参数值，也不需要检查。

4）表面粗糙度各参数的数值应在垂直于基准面的各截面上获得。对给定的表面，如截面方向与高度参数（*Ra*、*Rz*）最大值的方向一致时，则可不规定测量截面的方向，否则应在图样上标出。

5）对表面粗糙度的要求不适用于表面缺陷。在评定过程中，不应把表面缺陷（如沟槽、气孔、划痕等）包含进去。必要时，应单独规定对表面缺陷的要求。

6）根据表面功能和生产的经济合理性，当选用表中 *Ra*、*Rz*、*Rsm* 系列值不能满足要求时，可选取补充系列值（参见 GB/T 1031 附录 A）。*Ra*、*Rz*、*Rsm* 各参数的补充系列值见表 1-5-8。

表 1-5-8　评定表面粗糙度参数的补充系列值（摘自 GB/T 1031—2009）　/μm

Ra 的补充系列值				*Rz* 的补充系列值				*Rsm* 的补充系列值			
0.008	0.080	1.00	10.0	0.032	0.50	8.0	125	0.002	0.020	0.25	2.5
0.010	0.125	1.25	16.0	0.040	0.63	10.0	160	0.003	0.023	0.32	4.0
0.016	0.160	2.0	20	0.063	1.00	16.0	250	0.004	0.040	0.5	5.0
0.020	0.25	2.5	32	0.080	1.25	20	320	0.005	0.063	0.63	8.0
0.032	0.32	4.0	40	0.125	2.0	32	500	0.008	0.080	1.00	10.0
0.040	0.50	5.0	63	0.160	2.5	40	630	0.010	0.125	1.25	
0.063	0.63	8.0	80	0.25	4.0	63	1000	0.016	0.160	2.0	
				0.32	5.0	80	1250				

5.4　产品几何技术规范（GPS），技术产品文件中表面结构的表示法（摘自 GB/T 131—2006）

5.4.1　标注表面结构的图形符号

表 1-5-9　标注表面结构的图形符号

符号		意义及说明
基本图形符号		表示对表面结构有要求的图形符号。当不加注粗糙度参数值或有关说明(如表面处理、局部热处理状况等)时，仅适用于简化代号标注，没有补充说明时不能单独使用
扩展图形符号		要求去除材料的图形符号。在基本图形符号上加一短横，表示指定表面是用去除材料的方法获得，如通过机械加工获得的表面
		不允许去除材料的图形符号。在基本图形符号上加一个圆圈，表示指定表面是用不出除材料方法获得
完整图形符号	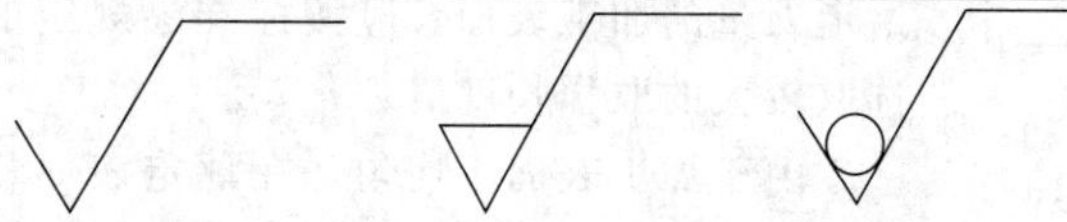 允许任何工艺　去除材料　不去除材料	当要求标注表面结构特征的补充信息时，应在基本图形符号和扩展图形符号的长边上加一横线
工件轮廓各表面的图形符号	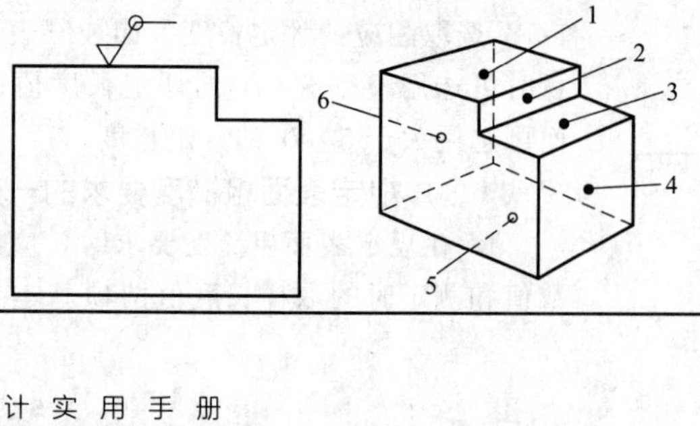	当在图样某个视图上构成封闭轮廓的各表面有相同的表面结构要求时，应在完整图形符号上加一圆圈，标注在图样中工件的封闭轮廓线上。如果标注会引起歧义时，各表面应分别标注 注：图示的表面结构符号是指对图形中封闭轮廓的六个面的共同要求(不包括前后面)

5.4.2 表面结构完整图形符号的组成

为了明确表面结构要求，除了标注表面结构参数和数值处，必要时应标注补充要求，补充要求包括传输带、取样长度、加工工艺、表面纹理及方向、加工余量等。为了保证表面的功能特征，应对表面结构参数规定不同要求。

在完整符号时，对表面结构的单一要求和补充要求应注写在指定位置，如图 1-5-13 所示。位置 a～e 分别注写以下内容。

位置 a：注写表面结构的单一要求。标注表面结构参数代号、极限值和传输带或取样长度。为了避免误解，在参数代号和极限值间应插入空格。传输带或取样长度后应有一斜线“/”，之后是表面结构参数代号，最后是数值。

示例 1：0.0025-0.8/Rz 6.3（传输带标注）。示例 2：−0.8/Rz 6.3（取样长度标注）。

位置 a 和 b：注写两个或多个表面结构要求。在位置 a 注写第一个表面结构要求，方法同上。在位置 b 注写第二个表面结构要求。如果要注写第三个或更多个表面结构要求，图形符号应在垂直方向扩大，以空出足够的空间。扩大图形符号时，a 和 b 的位置随之上移（见 GB/T 131—2006 附录 C.5）。

位置 c：注写加工方法、表面处理、涂层或其他加工工艺要求等。如车、磨、镀等加工表面，参见图 1-5-14。

位置 d：注写所要求的表面纹理和纹理的方向，如“=”“X”“M”，参见表 1-5-10 和图 1-5-15。

位置 e：注写所要求的加工余量，以毫米为单位给出数值，参见图 1-5-16。

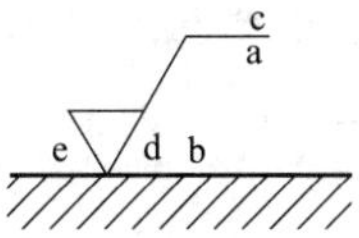

图 1-5-13 补充要求的注写位置（a～e）

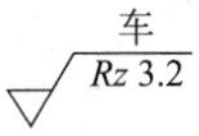

图 1-5-14 加工工艺和表面粗糙度要求的注法

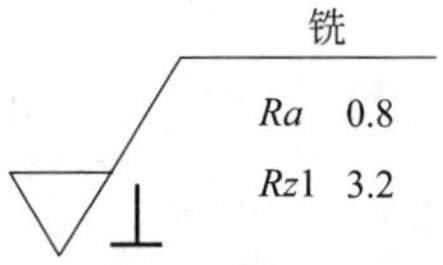

图 1-5-15 垂直于视图所在投影面的表面纹理方向的注法

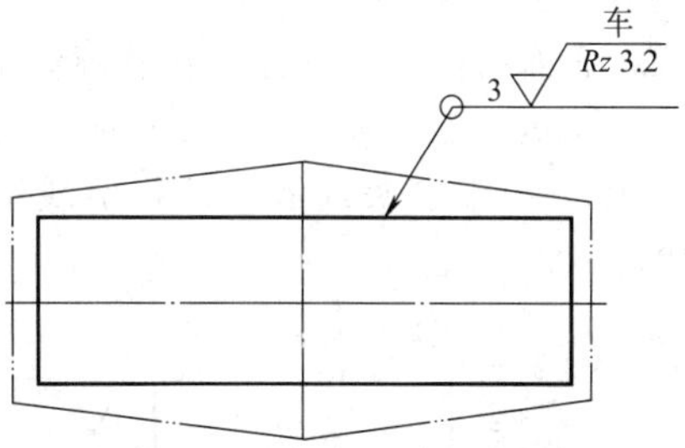

图 1-5-16 在表示完工零件的图样中给出加工余量的注法（所有表面均有 3mm 加工余量）

表 1-5-10 表面纹理的标注

符号	解释和示例		符号	解释和示例	
=	纹理平行于视图所在的投影面	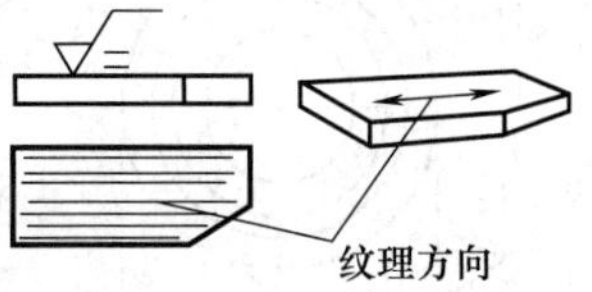	C	纹理呈近似同心圆且圆心与表面中心相关	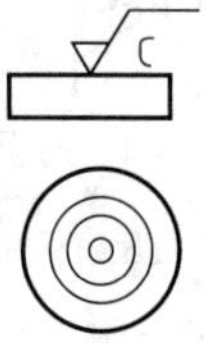
⊥	纹理垂直于视图所在的投影面	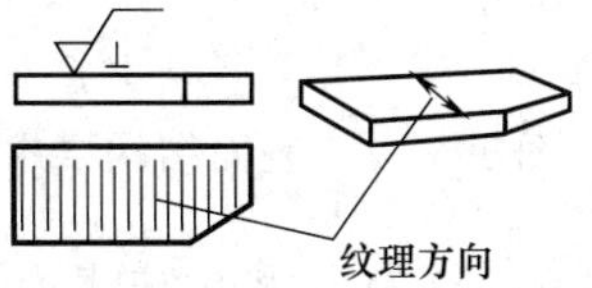	R	纹理呈近似放射状且与表面圆心相关	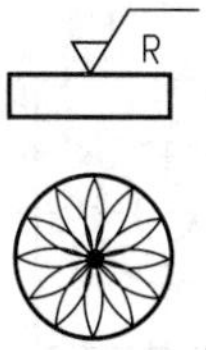
X	纹理呈两斜向交叉且与视图所在的投影面相交	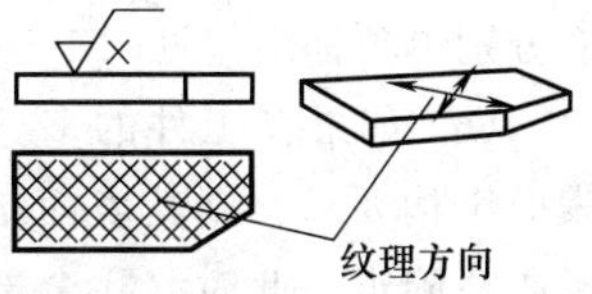	P	纹理呈微粒、凸起，无方向	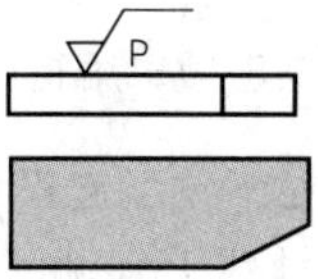

续表

符号	解释和示例		符号	解释和示例	
M	纹理呈多方向	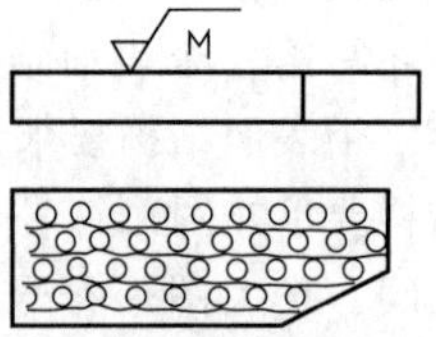			

注：如果表面纹理不能清楚地用这些符号表示，必要时，可以在图样上加注说明。

5.4.3 表面结构要求在图样中的注法

表面结构要求对每一表面一般只标注一次，并尽可能注在相应的尺寸及其公差的同一视图上。除非另有说明，所标注的表面结构要求是对完工零件表面的要求。

(1) 使表面结构的注写和读取方向与尺寸的注写和读取方向一致（见图 1-5-17）。

(2) 表面结构要求可标注在轮廓线上，其符号应从材料外指向并接触表面（见图 1-5-18）。必要时，表面结构符号也可用带箭头或黑点的指引线引出标注（见图 1-5-19）。

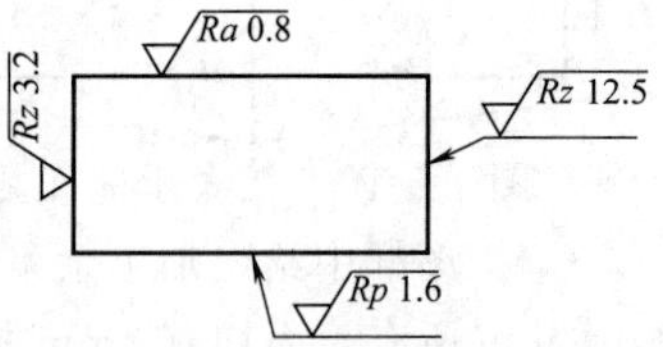

图 1-5-17　表面结构要求的注写方向

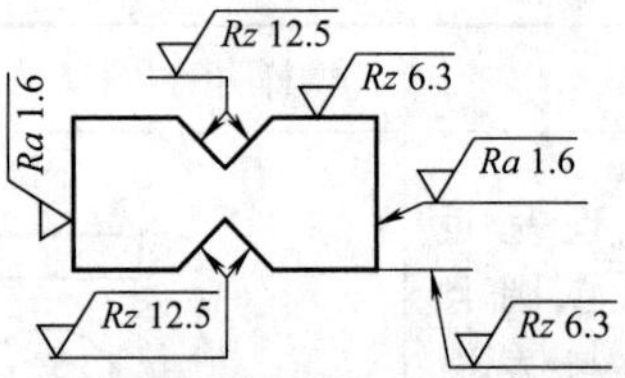

图 1-5-18　表面结构要求在轮廓线上的标注

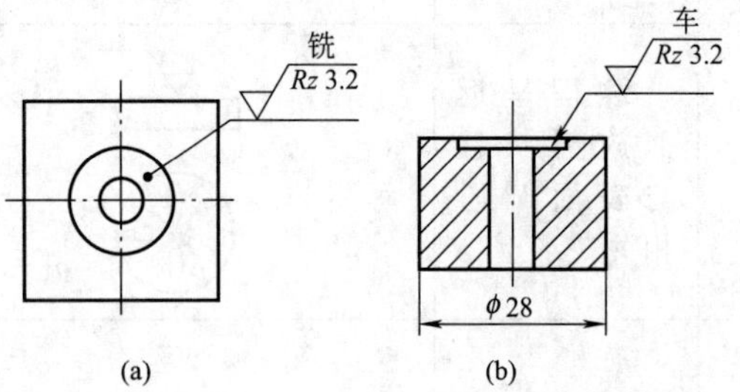

图 1-5-19　用指引线引出标注表面结构要求

(3) 在不致引起误解时，表面结构要求可以标注在给定的尺寸线上（见图 1-5-20）或形位公差框格的上方（见图 1-5-21）。

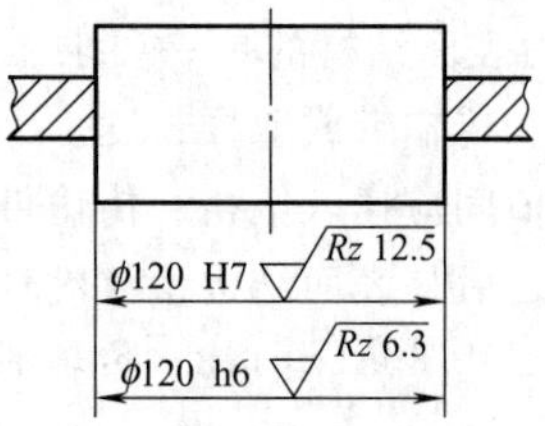

图 1-5-20　表面结构要求标注在尺寸线上

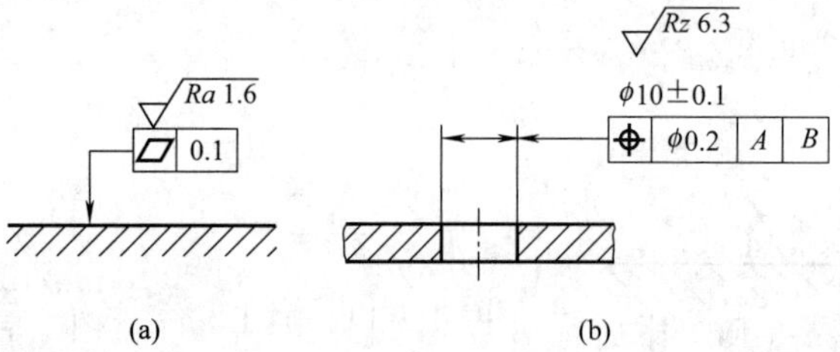

图 1-5-21　表面结构要求标注在形位公差框格的上方

(4) 表面结构要求可以直接标注在延长线上，或用带箭头的指引线引出标注（见图 1-5-18 和图 1-5-22）。

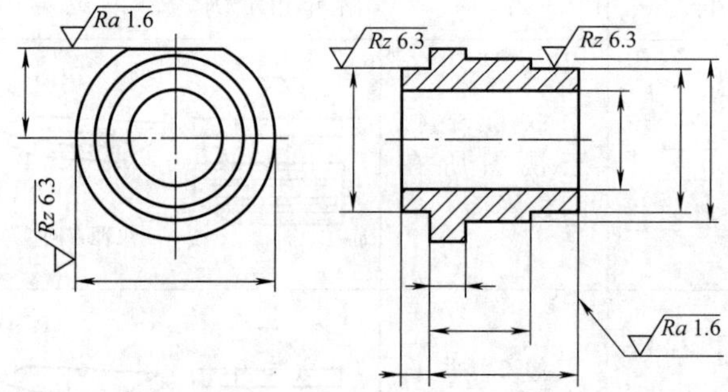

图 1-5-22　表面结构要求标注在圆柱特征的延长线上

(5) 圆柱和棱柱表面结构要求只标注一次（见图 1-5-18）。如果每个棱柱表面有不同的表面结构要求，则应分别单独标出（见图 1-5-23）。

(6) 如果在工件的多数（包括全部）表面有相同的表面结构要求，则其表面结构要求可统一标注在图样的标题栏附近。此时（除全部表面有相同要求的情况外），表面结构要求的符号后面应有：在圆括号内给出无任何

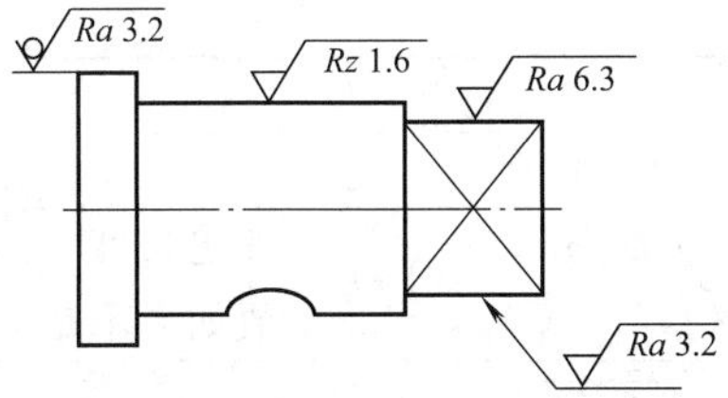

图 1-5-23　圆柱和棱柱表面结构要求的注法

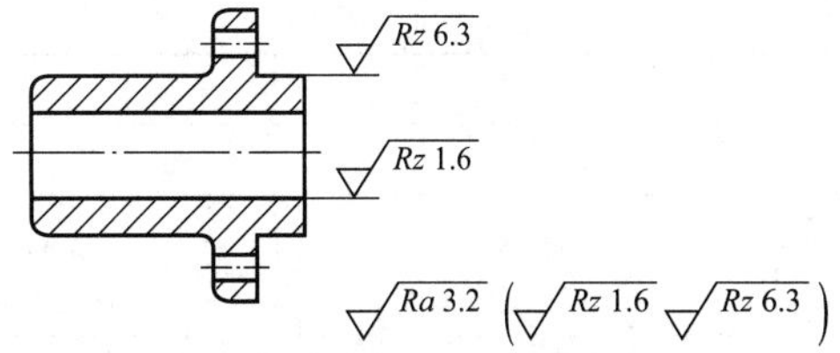

图 1-5-25　大多数表面有相同表面结构要求的简化注法（二）

其他标注的基本符号（见图 1-5-24）。在圆括号内给出不同的表面结构要求（见图 1-5-25）。

其他不同的表面结构要求应直接标注在图形中。

（7）当多个表面具有相同的表面结构要求或图纸空间有限时，可以采用简化注法。

可用带字母的完整符号，以等式的形式，在图形或标题栏附近，对有相同表面结构要求的表面进行简化标注（见图 1-5-26）。

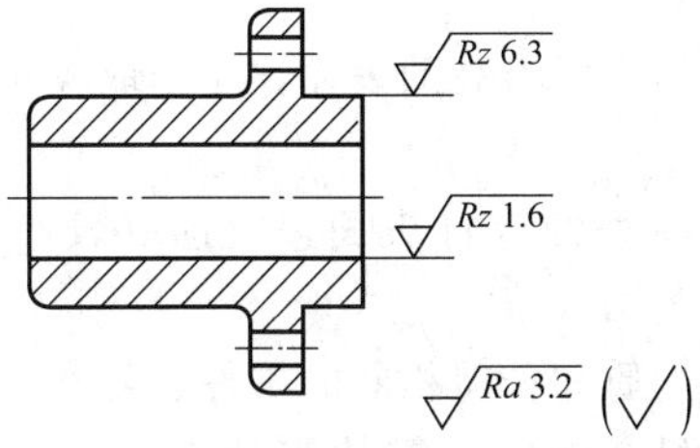

图 1-5-24　大多数表面有相同表面结构要求的简化注法（一）

可用表面结构符号，以等式的形式给出对多个表面共同的表面结构要求（见图 1-5-27～图 1-5-29）。

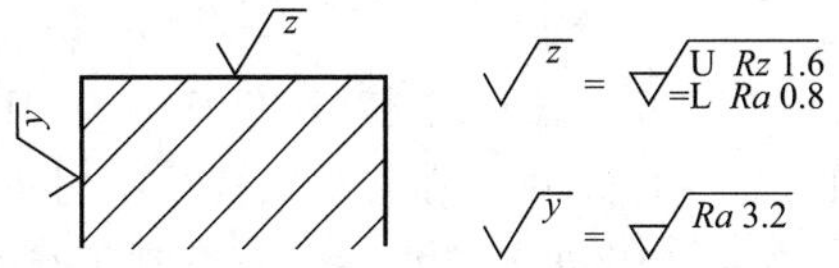

图 1-5-26　在图纸空间有限时的简化注法

图 1-5-27　未指定工艺方法的多个表面结构要求的简化注法

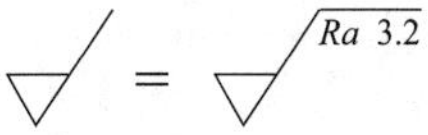

图 1-5-28　要求去除材料的多个表面结构要求的简化注法

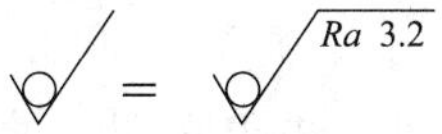

图 1-5-29　不允许去除材料的多个表面结构要求的简化注法

5.4.4　表面结构要求图样标注的演变

表 1-5-11　表面结构要求的图形标注的演变

序号	GB/T 131 的版本			
	1983（第一版）①	1993（第二版）②	2006（第三版）③	说明主要问题的示例
1	1.6	1.6　1.6	Ra 1.6	Ra 只采用“16%规则”
2	Ry 3.2	Ry 3.2　Ry 3.2	Rz 3.2	除了 Ra“16%规则”的参数
3	—④	1.6max	Ra max 1.6	“最大规则”
4	1.6　0.8	1.6　0.8	-0.8/Ra 1.6	Ra 加取样长度
5	—④	—④	0.025-0.8/Ra 1.6	传输带
6	Ry 3.2　0.8	Ry 3.2　0.8	-0.8/Rz 3.2	除 Ra 外其他参数及取样长度
7	1.6 Ry 6.3	1.6 Ry 6.3	Ra 1.6 Rz 6.3	Ra 及其他参数

续表

序号	GB/T 131 的版本			
	1983(第一版)①	1993(第二版)②	2006(第三版)③	说明主要问题的示例
8	—④	R_y 3.2	Rz 3.2	评定长度中的取样长度个数如果不是 5
9	—④	—④	L Ra 1.6	下限值
10	3.2 1.6	3.2 1.6	U Ra 3.2 L Ra 1.6	上、下限值

① 既没有定义默认值也没有其他的细节，尤其是无默认评定长度；无默认取样长度；无“16%规则”或“最大规则”。

② 在 GB/T 3505—1983 和 GB/T 10610—1989 中定义的默认值和规则仅用于参数 Ra、Ry 和 Rz（十点高度）。此外，GB/T 131—1993 中存在着参数代号书写不一致问题，标准正文要求参数代号第二个字母标注为下标，但在所有的图表中，第二个字母都是小写，而当时所有的其他表面结构标准都使用下标。

③ 新的 Rz 为原 Ry 的定义，原 Ry 的符号不再使用。

④ 表示没有该项。

5.5 表面粗糙度的选用

5.5.1 选用原则

(1) 在选择表面粗糙度时，首先要满足零件的功能要求，又要考虑加工经济性。因此，在满足零件表面功能要求的前提下，尽量选用数值大的粗糙度。通常可以考虑下列一些原则。

① 同一零件上，工作表面的粗糙度应小于非工作表面的粗糙度值。

② 工作过程中摩擦表面粗糙度参数值应小于非摩擦表面的，滚动摩擦表面应小于滑动摩擦表面的。

③ 对承受变动载荷的零件表面及最易产生应力集中的部位应选用较小的粗糙度参数值。

④ 接触刚度要求较高的表面，应选取较小的粗糙度参数值。

⑤ 运动精度要求高的表面，应选取较小的粗糙度参数值。

⑥ 承受腐蚀的零件表面，应选取较小的粗糙度参数值。

⑦ 配合性质和公差相同的零件、基本尺寸较小的零件以及要求配合稳定可靠的零件表面，应选粗糙度较小值。

⑧ 在间隙配合中，间隙越小，粗糙度参数值也应越小；在条件相同时，间隙配合表面的粗糙度参数值应比过盈配合表面的粗糙度参数值小；在过盈配合中，为了保证连接强度，应选取较小的粗糙度参数值。

⑨ 同样尺寸公差精度等级的轴表面的粗糙度参数值应比孔的参数值小。

⑩ 一般情况下尺寸公差要求越小，表面越光滑，如需使表面美观和使用安全，应选用较小的粗糙度参数值。

(2) 要与公差等级相适应，见表 1-5-12。

(3) 考虑适合的加工方法。

表 1-5-12　公差等级与表面粗糙度数值

公差等级	基本尺寸/mm							
	>6～10	>10～18	>18～30	>30～50	>50～80	>80～120	>120～180	>180～250
	表面粗糙度数值 Ra 不大于/μm							
IT6	0.2			0.4				0.8
IT7	0.8				1.6			
IT8	0.8		1.6					
IT9	1.6					3.2		
IT10	1.6			3.2				6.3

续表

公差等级	基本尺寸/mm							
	>6～10	>10～18	>18～30	>30～50	>50～80	>80～120	>120～180	>180～250
	表面粗糙度数值 *Ra* 不大于/μm							
IT11	1.6	3.2					6.3	
IT12	3.2						6.3	
IT13	3.2		6.3				12.5	

5.5.2 选用举例

表面粗糙度选用举例见表 1-5-13～表 1-5-15。

表 1-5-13 表面粗糙度选用举例

Ra/μm（不大于）	相当表面光洁度	表面状况	加工方法	应用举例
100	▽1	明显可见的刀痕	粗车、镗、刨、钻	粗加工的表面，如粗车、粗刨、切断等表面，用粗锉刀和粗砂轮等加工的表面，一般很少采用
25、50	▽2 ▽3			粗加工后的表面，焊接前的焊缝、粗钻孔壁等
12.5	▽4 ▽3	可见刀痕	粗车、刨、铣、钻	一般非结合表面，如轴的端面、倒角、齿轮及带轮的侧面、键槽的非工作表面，减重孔眼表面等
6.3	▽5 ▽4	可见加工痕迹	车、镗、刨、钻、铣、锉、磨、粗铰、铣齿	不重要零件的非配合表面，如支柱、支架、外壳、衬套、轴、盖等的端面，紧固件的自由表面，紧固件通孔的表面，内、外花键的非定心表面，不作为计量基准的齿轮顶圆表面等
3.2	▽6 ▽5	微见加工痕迹	车、镗、刨、铣、刮 1～2 点/cm^2、拉、磨、锉、滚压、铣齿	和其他零件连接不形成配合的表面，如箱体、外壳、端盖等零件的端面；要求有定心及配合特性的固定支承面如定心的轴肩，键和键槽的工作表面；不重要的紧固螺纹的表面，需要滚花或氧化处理的表面等
1.6	▽7 ▽6	看不清加工痕迹	车、镗、刨、铣、铰、拉、磨、滚压、刮 1～2 点/cm^2、铣齿	安装直径超过 80mm 的 0 级轴承的外壳孔，普通精度齿轮的齿面，定位销孔，V 带轮的表面，外径定心的内花键外径，轴承盖的定中心凸肩表面等
0.8	▽8 ▽7	可辨加工痕迹的方向	车、镗、拉、磨、立铣、刮 3～10 点/cm^2、滚压	要求保证定心及配合特性的表面，如锥销与圆柱销的表面，与 0 级精度滚动轴承相配合的轴颈和外壳孔，中速转动的轴颈，直径超过 80mm 的 5.6 级滚动轴承配合的轴颈与外壳孔及内、外花键的定心内径，外花键键侧及定心外径，过盈配合 IT7 级的孔（H7），间隙配合 IT8、IT9 级的孔（H8、H9），磨削的轮齿表面等
0.4	▽9 ▽8	微辨加工痕迹的方向	铰、磨、镗、拉、刮 3～10 点/cm^2、滚压	要求长期保持配合性质稳定的配合表面，IT7 级的轴、孔配合表面，精度较高的轮齿表面，受变应力作用的重要零件，与直径小于 80mm 的 5.6 级轴承配合的轴颈表面，与橡胶密封件接触的轴表面，尺寸大于 120mm 的 IT13～IT16 级孔和轴用量规的测量表面
0.2	▽10 ▽9	不可辨加工痕迹的方向	布轮磨、磨、研磨、超级加工	工作时受变应力作用的重要零件的表面，保证零件的疲劳强度、防腐性和耐久性，并在工作时不破坏配合性质的表面，如轴颈表面、要求气密的表面和支承表面、圆锥定心表面等。IT5、IT6 级配合表面、高精度齿轮的齿面，与 4 级滚动轴承配合的轴颈表面，尺寸大于 315mm 的 IT7～IT9 级孔和轴用量规及尺寸大于 120 至 315mm 的 IT10～IT12 级孔和轴用量规的测量表面等

Ra/μm（不大于）	相当表面光洁度	表面状况	加工方法	应用举例
0.1	▽11 ▽10	暗光泽面	超级加工	工作时承受较大变应力作用的重要零件的表面；保证精确定心的锥体表面；液压传动用的孔表面；汽缸套的内表面；活塞销的外表面；仪器导轨面；阀的工作面；尺寸小于120mm的IT10～IT12级孔和轴用量规测量面等
0.05	▽12 ▽11	亮光泽面	超级加工	保证高度气密性的结合表面，如活塞、柱塞和汽缸内表面，摩擦离合器的摩擦表面；对同轴度有精确要求的轴和孔；滚动导轨中的钢球或滚子和高速摩擦的工作表面
0.025	▽13 ▽12	镜状光泽面	超级加工	高压柱塞泵中柱塞和柱塞套的配合表面，中等精度仪器零件配合表面，尺寸大于120mm的IT6级孔用量规、小于120mm的IT7～IT9级孔和轴用量规测量表面
0.012	▽14 ▽13	雾状镜面	超级加工	仪器的测量表面和配合表面，尺寸超过100mm的块规工作面
0.008	▽14			块规的工作表面，高精度测量仪器的测量面，高精度仪器摩擦机构的支承表面

表 1-5-14 轴、孔公差等级与表面粗糙度的对应关系

公差等级	轴 基本尺寸/mm	轴 粗糙度参数 Ra/μm	孔 基本尺寸/mm	孔 粗糙度参数 Ra/μm
IT5	≤6	0.10	≤6	0.10
	>6～30	0.20	>6～30	0.20
	>30～180	0.40	>30～180	0.40
	>180～500	0.80	>180～500	0.80
IT6	≤10	0.20	≤50	0.40
	>10～80	0.40	>50～250	0.80
	>80～250	0.80		
	>250～500	1.60	>250～500	1.60
IT7	≤6	0.40	≤6	0.40
	>6～120	0.80	>6～80	0.80
	>120～500	1.60	>80～500	1.60
IT8	≤3	0.40	≤3	0.40
			>3～30	0.80
	>3～50	0.80	>30～250	1.60
	>50～500	1.60	250～500	3.20

公差等级	轴 基本尺寸/mm	轴 粗糙度参数 Ra/μm	孔 基本尺寸/mm	孔 粗糙度参数 Ra/μm
IT9	≤6	0.80	≤6	0.80
	>6～120	1.60	>6～120	1.60
	>120～400	3.20	>120～400	3.20
	>400～500	6.30	>400～500	6.30
IT10	≤10	1.60	≤10	1.60
	>10～120	3.20	>10～180	3.20
	>120～500	6.30	>180～500	6.30
IT11	≤10	1.60	≤10	1.60
	>10～120	3.20	>10～120	3.20
	>120～500	6.30	>120～500	6.30
IT12	≤80	3.20	≤80	3.20
	>80～250	6.30	>80～250	6.30
	>250～500	12.50	>250～500	12.50
IT13	≤30	3.20	≤30	3.20
	>30～120	6.30	>30～120	6.30
	>120～500	12.50	>120～500	12.50

表 1-5-15 典型零件表面的 Ra 和 Rmr（c）值

要求的表面	Ra/μm	Rmr(c)(%)(c=20%)	lr/mm	要求的表面	Ra/μm	Rmr(c)(%)(c=20%)	lr/mm
和滑动轴承配合的支承轴颈①	0.32	30	0.8	蜗杆齿侧面	0.32	—	0.25
				铸铁箱体上主要孔	1.0～2.0	—	0.8

续表

要求的表面	Ra/μm	$Rmr(c)$(%)(c=20%)	lr/mm
和青铜轴瓦配合的支承轴颈	0.40	15	0.8
和巴比特合金轴瓦配合的支承轴颈	0.25	20	0.25
和铸铁轴瓦配合的支承轴颈	0.32	40	0.8
和石墨片轴瓦 AHC-1 配合的支承轴颈	0.32	40	0.8
和滚动轴承配合的支承轴颈	0.80	—	0.8
钢球和滚柱轴承的工作面	0.80	15	0.25
保证选择器或排挡转移情况的表面	0.25	15	0.25
和齿轮孔配合的轴颈	1.6	—	0.8
按疲劳强度工作的轴	—	60	0.8
喷镀过的滑动摩擦面	0.08	10	0.25
准备喷镀的表面	—	—	0.8
电化学镀层前的表面	0.2～0.8	—	—
齿轮配合孔	0.5～2.0	—	0.8
齿轮齿面	0.63～1.25	—	0.8
钢箱体上主要孔	0.63～1.6	—	0.8
箱体和盖的结合面	—	—	2.5
机床滑动导轨 普通	0.63	—	0.8
机床滑动导轨 高精度	0.10	15	0.25
机床滑动导轨 重型	1.6	—	0.25
滚动导轨	0.16	—	0.25
缸体工作面	0.40	40	0.8
活塞环工作面	0.25	—	0.25
曲轴轴颈	0.32	30	0.8
曲轴连杆轴颈	0.25	20	0.25
活塞侧缘	0.80	—	0.8
活塞上活塞销孔	0.50	—	0.8
活塞销	0.25	15	0.25
分配轴轴颈和凸轮部分	0.32	30	0.8
油针偶件	0.08	15	0.25
摇杆小轴孔和轴颈	0.63	—	0.8
腐蚀性的表面[2]	0.063	10	0.25

① Rz=1μm。

② $Rmr(c)$=0.032mm。

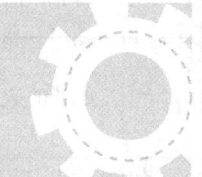

第6章

机械制造技术与结构设计的工艺性

6.1 铸造工艺与铸体设计的工艺性

6.1.1 常用铸造材料的性能及其铸件的结构特点和应用

进行铸件设计时，不仅要保证其工作性能和力学性能的要求，还必须考虑铸造工艺各个环节和铸造材料的性能要求，使铸件的结构与这些要求相适应。常用铸造材料的性能及其铸件的结构特点和应用见表1-6-1。

表1-6-1 常用铸造材料的性能及其铸件的结构特点和应用

材料类别	材料性能	铸件结构特点和应用
灰口铸铁	1. 综合力学性能低，抗压强度大，比其抗拉强度高2～3倍 2. 消振能力比钢好，弹性模量较钢低 3. 塑性、韧性低，耐磨性优于钢 4. 缺口敏感性对其疲劳强度的影响比钢小 5. 铸造流动性好，体收缩和线收缩很小 6. 冷却速度的敏感性很大	1. 可铸成比铸钢更薄、形状更复杂的铸件 2. 铸件中的残余应力及翘曲变形比铸钢小 3. 铸件的表面光洁，因而加工余量比铸钢小 4. 对铸造薄截面铸件易产生白口和裂纹，而厚截面铸件又易产生缩孔或分散性小缩孔的缩松 5. 因减振性好，常用来制作承受振动的各种机床的床身、底座、箱体、平板、平台等
球墨铸铁（是向铁水中加入球化剂和孕育剂而得到球状石墨的铸铁）	1. 因铸铁内的石墨成球状，所以球墨铸铁强度、塑性、韧性比灰口铸铁大大提高；耐磨性、减振性、缺口敏感性比灰口铸铁低而优于钢；冲击韧性比钢低 2. 铸造工艺性能介于灰口铸铁与铸钢之间 3. 液态和凝固时的体收缩率大，而固态时线收缩率小，铸件更易产生缩孔和缩松	1. 可以代替铸钢制作薄壁和形状复杂的铸件。对不同壁厚的过渡段及相连壁的过渡圆角应比灰口铸铁件大，与铸钢件相近 2. 一般多设计成均匀壁厚；对于厚大断面件可采用空心结构，如球墨铸铁曲轴轴颈部分 3. 可制造在温度300～400℃条件下工作的铸件
可锻铸铁（是将碳、硅含量较低的白口铸铁件，再经长时间的高温退火，使渗碳体分解成团状石墨而成的铸铁）	1. 综合力学性能比球墨铸铁稍差，冲击韧性比灰口铸铁大3～4倍 2. 铸造工艺性能比灰口铸铁差，而优于铸钢，体收缩率比铸钢还大，退火后的最终线收缩率比灰口铸铁小得多 3. 退火前为白口铸铁，所以很脆 4. 冷却速度敏感性大	1. 可制作一些薄截面、形状复杂而承受振动的零件，如用珠光体可锻铸铁来制造曲轴、凸轮轴及连杆等 2. 由于铸态要求白口，同一铸件厚度一定要均匀，常用厚度为5～16mm，避免十字形截面，零件凸出部分，宜用加强筋，以免产生裂纹 3. 因该铸铁件多使用金属硬模铸造，铸件表面光洁，表层致密，适用于力学性能要求较高、表面不加工的毛坯件 4. 可在温度300～350℃下使用
铸钢（主要是含碳量0.25%～0.45%的中碳钢）	1. 综合力学性能高；抗压强度与抗拉强度几乎相当，冲击韧性和疲劳强度比球墨铸铁高很多，消振性差 2. 铸造流动性差，其中低碳钢比高碳钢差，低合金钢又比碳钢差，但高锰钢较好	1. 因流动性差，要求铸钢件壁厚比铸铁件大。不易铸出复杂形零件，内应力及翘曲变形较大。同时铸钢件表层杂质多，留出的加工余量比灰铸铁要大 2. 因随含碳量增加，铸件收缩率增加，导热性

续表

材料类别	材料性能	铸件结构特点和应用
铸钢(主要是含碳量0.25%～0.45%的中碳钢)	3. 体收缩率、线收缩率都大,其线收缩率约为2%,而灰口铸铁只有0.5%～1% 4. 缺口敏感性大	降低,故高碳钢铸件易发生冷裂;低合金钢比碳钢易裂;高锰钢线收缩率大,导热性差,铸件易产生裂纹。铸钢件设计时更应考虑壁厚均匀,过渡圆角适当放大,避免十字形截面 3. 高锰钢具有耐热、耐磨、耐酸等特殊性能,可用高锰钢铸造坦克履带、挖土机掘斗齿 4. 因铸钢的焊接性能比铸铁好,因此可采用铸、焊联合工艺,制造形状复杂的结构件
锡青铜和磷青铜	1. 高温力学性能差、脆,强度随截面增大显著下降,耐磨性好 2. 铸造流动性差,结晶温度范围宽,易偏析、易产生缩松(分散性小孔) 3. 体积收缩率小,高温性能差,易脆,耐低温	1. 可铸造各种壁厚不均、尺寸准确的铸件和花纹清晰的工艺品,壁厚不可过大。零件凸出部分应用较薄的加强筋加固,以避免热裂;结构形状不宜太复杂 2. 大量生产采用金属型或离心铸造可以大大减少缺陷,提高铸造质量。单件、小批生产仍用砂型铸造
无锡青铜和黄铜	1. 铸造流动性好。结晶温度范围小,偏析少,不易产生缩松,但体积收缩率大,易生成集中缩孔 2. 耐磨、耐热性及耐蚀性好	1. 其结构特点同铸钢件 2. 铝青铜具有较高的强度和高冲击韧性,高的疲劳强度,耐磨、耐蚀、耐低温、耐热,冲击不产生火花,可获得致密的铸件,可代替不锈钢
铝-硅系合金	1. 铸造流动性好,线收缩率小、无热裂倾向,气密性好,耐蚀性好 2. 吸气倾向大,易形成缩孔。强度对铸件壁厚变化的敏感性大	1. 形状可以复杂;壁厚不能过大 2. 适用于铸造活塞、内燃机、缸体、油泵壳体及仪器等零件
镁-铝-锌等合金	1. 铸造流动性好,热裂倾向小 2. 有一定耐蚀性	1. 结构壁厚尽量均匀,避免尖角 2. 适用于较高载荷的结构件,如飞机机舱连接框、电机壳体及航空发动机零件等

6.1.2 铸件的结构工艺参数

6.1.2.1 最小壁厚及最小铸孔

铸件最小壁厚见表1-6-2;内壁、外壁及筋的最小厚度见表1-6-3;最小铸孔见表1-6-4。

表1-6-2 铸件最小壁厚 /mm

铸造方法	铸件平均轮廓尺寸	最小壁厚							
		铸钢	灰铸铁	球墨铸铁	可锻铸铁	铝合金	镁合金	铜合金	高锰钢
砂型铸造	200×200以下	6～8	5～6	6	4～5	3	—	3～5	20(最大壁厚不超过125)
	200×200～500×500	10～12	6～10	12	5～8	4	3	6～8	
	500×500以上	18～25	15～20	—	—	5～7	—	—	
金属型铸造	<70×70	5	4	—	2.5～3.5	2～3	—	3	—
	70×70～150×150	—	5	—	3.5～4.5	4	2.5	4～5	—
	>150×150	10	6	—	—	5	—	6～8	—

注:一般铸造条件下,各种灰铸铁的最小允许壁厚:HT100及HT150为$t=4\sim6$mm;HT200为$t=6\sim8$mm;HT250为$t=8\sim15$mm。如有特殊需要,在改善铸造条件下,灰铸铁最小壁厚可达3mm,可锻铸铁可小于3mm。

表 1-6-3　内壁、外壁及筋的最小厚度　　/mm

零件质量/kg	零件最大外形尺寸	内壁厚度	外壁厚度	筋的厚度	零件实例
＜5	300	6	7	5	盖、拨叉、轴套
6～10	500	7	8	5	盖、挡板、支架、箱体、轴套
11～60	750	8	10	6	盖、罩、支架、托架、箱体、溜板箱
61～100	1250	10	12	8	盖、支架、搪模架、箱体、油缸体
101～500	1700	12	14	8	盖、油盘、搪模架、带轮等
501～800	2500	14	16	10	盖、滑座、搪模架、箱体、轮缘、床身
801～1200	3000	16	18	12	滑座、油盘、箱体、小立柱、床身、床鞍

表 1-6-4　最小铸孔　　/mm

材料	孔壁厚度	＜25		26～50		51～75		76～100		101～150		151～200		201～300		≥301	
	孔的深度	最小孔径															
灰铸铁		大量生产:12～15;成批生产:15～30;单件、小批生产:30～50															
高锰钢		20				30				40				40			
碳钢与一般合金钢	≤100	75	55	75	55	90	70	100	80	120	100	140	120	160	140	180	160
	101～200	75	55	90	70	100	80	110	90	140	120	160	140	180	160	210	190
	201～400	105	80	115	90	125	100	135	110	165	140	195	170	215	190	255	230
	401～600	125	100	135	110	145	120	165	140	195	170	225	200	255	230	295	270
	601～1000	150	120	160	130	180	150	200	170	230	200	260	230	300	270	340	310
	加工情况	加工后	不加工	加工后	不加工	加工后	不加工	加工后	不加工	加工后	不加工	加工后	不加工	加工后	不加工	加工后	不加工

注：1. 不通圆孔最小允许铸孔直径应比表中值大 20%；矩形或方形孔其短边要大于表中值 20%，而不通矩形或方形孔其短边要大于表中值 40%。

2. 难加工的金属，如高锰钢铸件等的孔应尽量铸出，而其中需要切削加工的孔，常用镶铸碳素钢的办法，待铸出后，再将被镶铸的碳素钢部分进行加工。

6.1.2.2　铸件壁的连接及过渡形式和尺寸

铸件壁的连接部位若设计不合理，易形成热节点、缩孔、缩松和粘砂等缺陷，还容易形成热应力，出现裂纹。故连接部位应圆滑过渡，厚壁与薄壁的连接也要逐步过渡，避免交叉和锐角连接。壁的连接形式与尺寸见表 1-6-5；几种壁厚的过渡形式与尺寸见表 1-6-6；铸造内、外圆角半径及过渡尺寸见表 1-6-7、表 1-6-8。

表 1-6-5　壁的连接形式与尺寸

形式	图例	连接尺寸	形式	图例	连接尺寸
两壁垂直相连	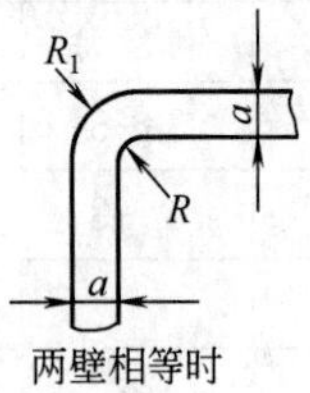两壁相等时	$R\geqslant\left(\frac{1}{3}\sim\frac{1}{2}\right)a$ $R_1\geqslant R+a$	两壁垂直相连	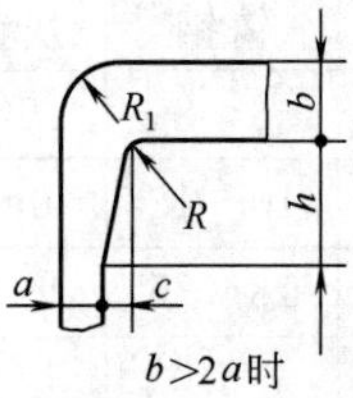$b>2a$时	$b\geqslant a+c$，$c\approx3\sqrt{b-a}$ 铸铁 $h\geqslant4c$，铸钢 $h\geqslant5c$ $R\geqslant\left(\frac{1}{3}\sim\frac{1}{2}\right)\left(\frac{a+b}{2}\right)$ $R_1\geqslant R+\frac{a+b}{2}$
	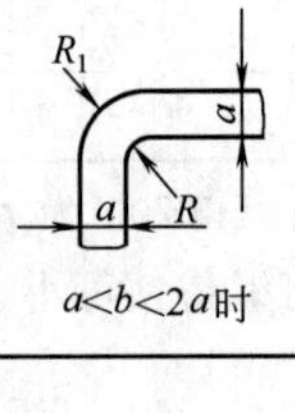$a<b<2a$时	$R\geqslant\left(\frac{1}{3}\sim\frac{1}{2}\right)\left(\frac{a+b}{2}\right)$ $R_1\geqslant R+\frac{a+b}{2}$	两壁垂直相交	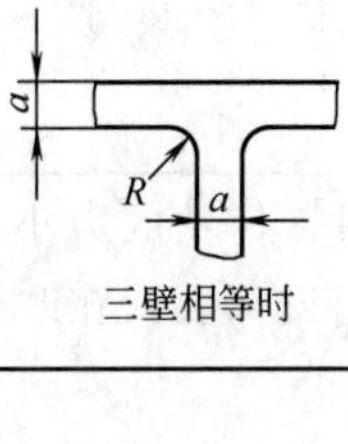三壁相等时	$R\geqslant\left(\frac{1}{3}\sim\frac{1}{2}\right)a$

续表

形式	图例	连接尺寸	形式	图例	连接尺寸
两壁垂直相交	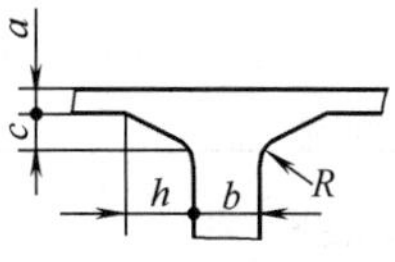 $b>a$时	$b \geqslant a+c, c \approx 3\sqrt{b-a}$ 铸铁 $h \geqslant 4c$，铸钢 $h \geqslant 5c$ $R \geqslant \left(\frac{1}{3} \sim \frac{1}{2}\right)\left(\frac{a+b}{2}\right)$	两壁斜向相交（$\alpha<75°$）	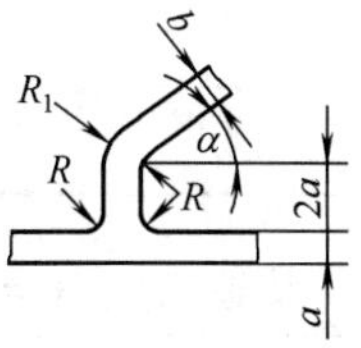	$b \approx 1.25a$ $R=\left(\frac{1}{3} \sim \frac{1}{2}\right)\left(\frac{a+b}{2}\right)$ $R_1=R+b$
	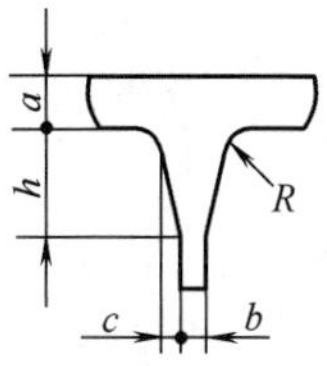 $b<a$ 时	$a \geqslant b+2c, c \approx 1.5\sqrt{a-b}$ 铸铁 $h \geqslant 8c$，铸钢 $h \geqslant 10c$ $R \geqslant \left(\frac{1}{3} \sim \frac{1}{2}\right)\left(\frac{a+b}{2}\right)$		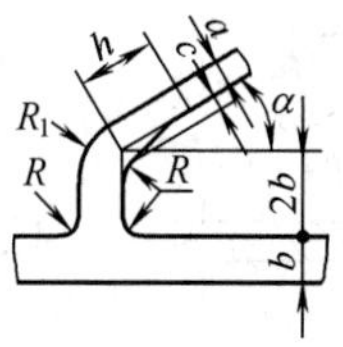	$b \approx 1.25a, c=\frac{b-a}{2}$ 铸铁 $h=8c$，铸钢 $h=10c$ $R=\left(\frac{1}{3} \sim \frac{1}{2}\right)\left(\frac{a+b}{2}\right)$ $R_1=R+\frac{a+b}{2}$
两壁斜向相连（$\alpha<75°$）	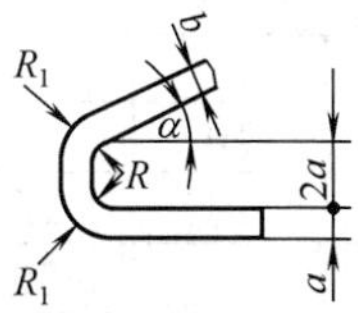	$b=a$ $R=\left(\frac{1}{3} \sim \frac{1}{2}\right)a$ $R_1=R+a$	其他	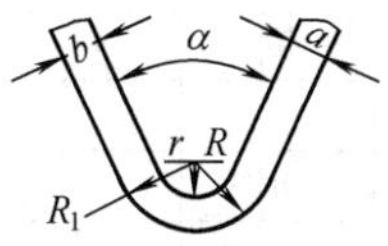	b 略大于 a　　b 比 a 大得多 $\alpha<90°$　　$\alpha<90°$ $r=1.5a$　　$r=\frac{a+b}{2}$ $R=r+a$　　$R=r+a$ $R_1=1.5r+a$　$R_1=r+b$
	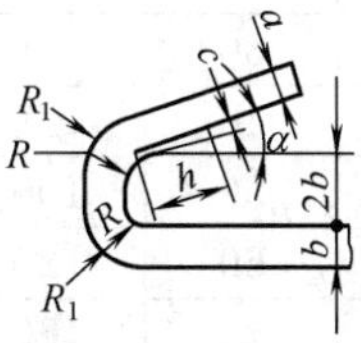	$b>1.25a, c=b-a$ 铸铁 $h=4c$，铸钢 $h=5c$ $R=\left(\frac{1}{3} \sim \frac{1}{2}\right)\left(\frac{a+b}{2}\right)$ $R_1=R+b$		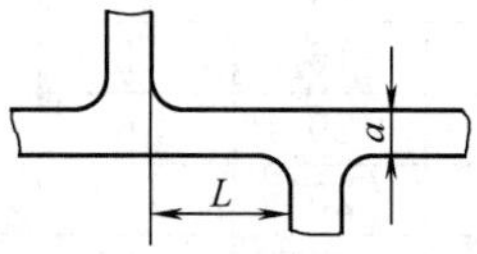	$L>3a$

注：1. 圆角半径标准数列为：2mm、4mm、6mm、8mm、10mm、12mm、16mm、20mm、25mm、30mm、35mm、40mm、50mm、60mm、80mm、100mm。

2. 当壁厚大于 50mm 时，R 取公式中系数的小值，R、R_1 应选取注 1 中的标准值。

表 1-6-6　几种壁厚的过渡形式与尺寸　　/mm

<table>
<tr><th>图　例</th><th colspan="14">过 渡 尺 寸</th></tr>
<tr><td rowspan="3">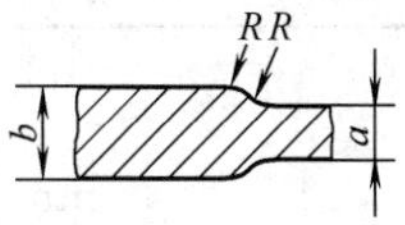</td><td rowspan="3">$b \leqslant 2a$</td><td>铸铁</td><td colspan="12">$R \geqslant \left(\frac{1}{3} \sim \frac{1}{2}\right)\left(\frac{a+b}{2}\right)$</td></tr>
<tr><td rowspan="2">铸钢可锻铸铁非铁合金</td><td>$\frac{a+b}{2}$</td><td>≤12</td><td>>12～16</td><td>>16～20</td><td>>20～27</td><td>>27～35</td><td>>35～45</td><td>>45～60</td><td>>60～80</td><td>>80～110</td><td>>110～150</td></tr>
<tr><td>R</td><td>6</td><td>8</td><td>10</td><td>12</td><td>15</td><td>20</td><td>25</td><td>30</td><td>35</td><td>40</td></tr>
<tr><td rowspan="2">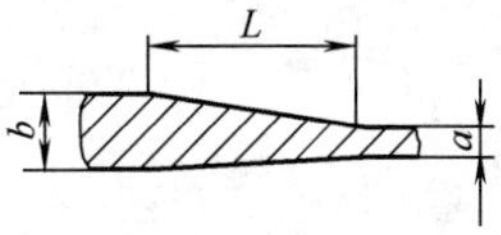</td><td rowspan="2">$b>2a$</td><td>铸铁</td><td colspan="12">$L \geqslant 4(b-a)$</td></tr>
<tr><td>铸钢</td><td colspan="12">$L \geqslant 5(b-a)$</td></tr>
<tr><td>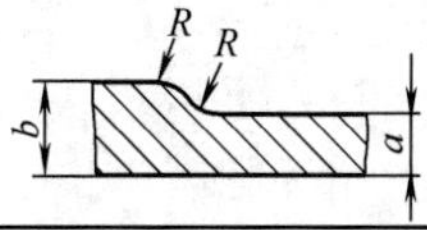</td><td>$b \leqslant 1.5a$</td><td colspan="13">$R \geqslant \frac{2a+b}{2}$</td></tr>
</table>

续表

图例	过渡尺寸	
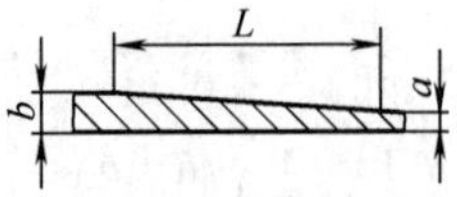	$b>1.5a$	$L=4(a+b)$

表 1-6-7　铸造内圆角半径 R 值及过渡尺寸（摘自 JB/ZQ 4255—2006）　/mm

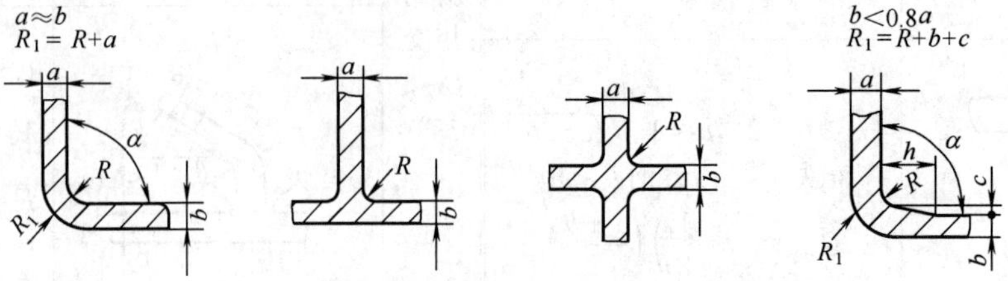

$\frac{a+b}{2}$	内圆角 α											
	≤50°		>50°～75°		>75°～105°		>105°～135°		>135°～165°		>165°	
	钢	铁	钢	铁	钢	铁	钢	铁	钢	铁	钢	铁
≤8	4	4	4	4	6	4	8	6	16	10	20	16
9～12	4	4	4	4	6	6	10	8	16	12	25	20
13～16	4	4	6	4	8	6	12	10	20	16	30	25
17～20	6	4	8	6	10	8	16	12	25	20	40	30
21～27	6	6	10	8	12	10	20	16	30	25	50	40
28～35	8	6	12	10	16	12	25	20	40	30	60	50
36～45	10	8	16	12	20	16	30	25	50	40	80	60
46～60	12	10	20	16	25	20	35	30	60	50	100	80
61～80	16	12	25	20	30	25	40	35	80	60	120	100
81～110	20	16	25	20	35	30	50	40	100	80	160	120
111～150	20	16	30	25	40	35	60	50	100	80	160	120
151～200	25	20	40	30	50	40	80	60	120	100	200	160
201～250	30	25	50	40	60	50	100	80	160	120	250	200
251～300	40	30	60	50	80	60	120	100	200	160	300	250
>300	50	40	80	60	100	80	160	120	250	200	400	300

过渡尺寸 c 和 h						
	b/a		≤0.4	>0.4～0.65	>0.65～0.8	>0.8
	$c\approx$		$0.7(a-b)$	$0.8(a-b)$	$a-b$	—
	$h\approx$	钢	$8c$			
		铁	$9c$			

注：对于高锰钢铸件，内圆角半径 R 值应比表中数值增大 1.5 倍。

表 1-6-8　铸造外圆角半径 R 值（摘自 JB/ZQ 4256—2006）　/mm

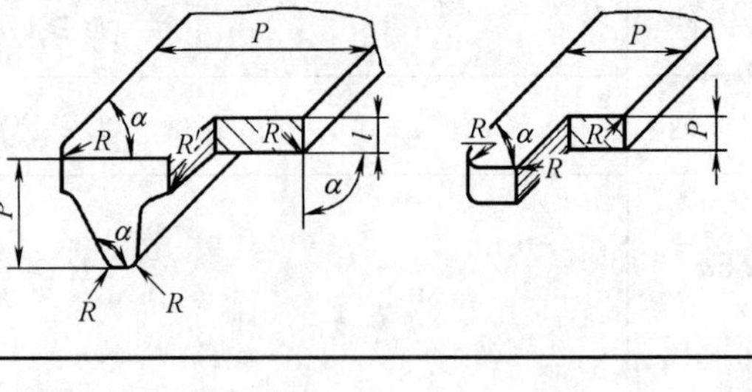

续表

表面的最小边尺寸 P	外圆角 α					
	≤50°	51°~75°	76°~105°	106°~135°	136°~165°	>165°
≤25	2	2	2	4	6	8
>25~60	2	4	4	6	10	16
>60~160	4	4	6	8	16	25
>160~250	4	6	8	12	20	30
>250~400	6	8	10	16	25	40
>400~600	6	8	12	20	30	50
>600~1000	8	12	16	25	40	60
>1000~1600	10	16	20	30	50	80
>1600~2500	12	20	25	40	60	100
>2500	16	25	30	50	80	120

注：1. P 为表面的最小尺寸。

2. 如一铸件按表可选出许多不同的圆角时，应尽量减少或只取一适当的 R 值，以求统一。

6.1.2.3 铸造斜度及法兰铸造过渡斜度

制造铸型时为了便于起模，在铸件内、外侧面顺铸型分型面的垂直方向上，应具有一定的斜度，即铸造斜度（拔模斜度）。其斜度应随铸件高相对减小。法兰铸造过渡斜度常用于减速器壳体、端盖等的过渡部位。铸造斜度见表 1-6-9；法兰铸造过渡斜度见表 1-6-10。

表 1-6-9 铸造斜度（结构斜度）（摘自 JB/T 5000.4—2007）

图例	斜度 $a:h$	角度 β	应用范围
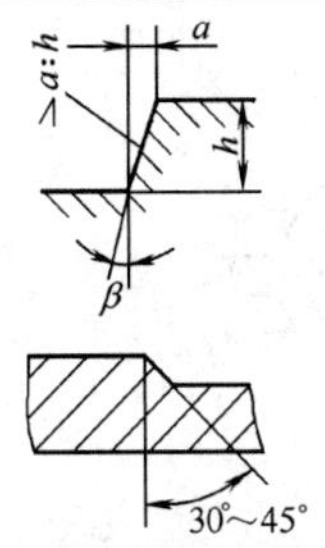	1∶5	11°30′	h<25mm 时钢和铁的铸件
	1∶10 1∶20	5°30′ 3°	h=25~500mm 时钢和铁的铸件
	1∶50	1°	h>500mm 时钢和铁的铸件
	1∶100	30′	非铁合金铸件

注：当设计不同壁厚的铸件时，在转折点处的斜角最大还可增大到 30°~45°。

表 1-6-10 法兰铸造过渡斜度（摘自 JB/ZQ 4254—2006） /mm

简图	尺寸													
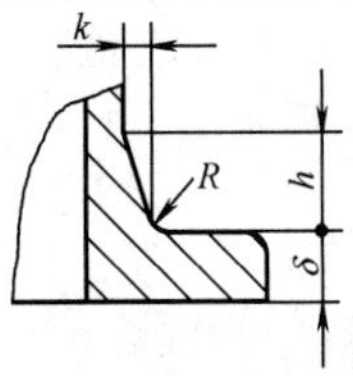	δ	≥10~15	>15~20	>20~25	>25~30	>30~35	>35~40	>40~45	>45~50	>50~55	>55~60	>60~65	>65~70	>70~75
	k	3	4	5	6	7	8	9	10	11	12	13	14	15
	h	15	20	25	30	35	40	45	50	55	60	65	70	75
	R	5	5	5	8	8	10	10	10	10	15	15	15	15

6.1.2.4 加强筋及孔边凸台

加强筋的种类、尺寸及筋的布置与形状见表 1-6-11；孔边凸台形式及台座尺寸见表 1-6-12；两壁之间筋的连接形式见表 1-6-13。

表 1-6-11　加强筋的种类、尺寸、布置和形状

中部的筋		两边的筋	
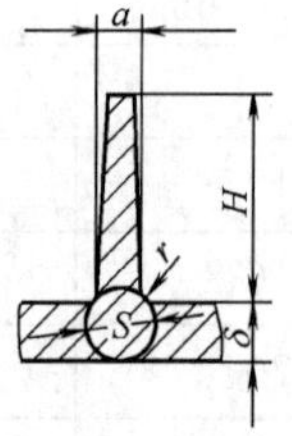	$H \leqslant 5\delta$ $a=0.8\delta$（若是铸件内部的筋，则 $a \approx 0.6\delta$） $S=1.3\delta$ $r=0.5\delta$	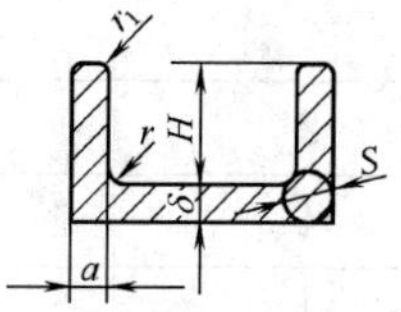	$H \leqslant 5\delta$ $a=\delta$ $S=1.25\delta$ $r=0.3\delta$ $r_1=0.25\delta$

带有筋的截面的铸件尺寸比例

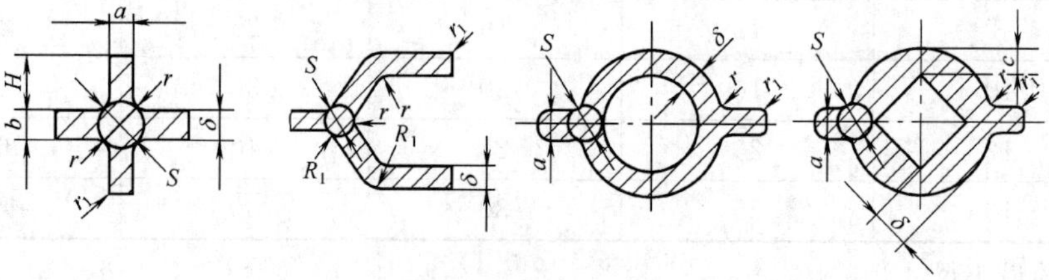

（δ 的倍数）

截面	H	a	b	c	R_1	r	r_1	S
十字形	3	0.6	0.6	—	—	0.3	0.25	1.25
叉形	—	—	—	—	1.5	0.5	0.25	1.25
环形附筋	—	0.8	—	—	—	0.5	0.25	1.25
环形附筋，中间为方孔	—	1.0	—	0.5	—	0.25	0.25	1.25

筋 的 布 置

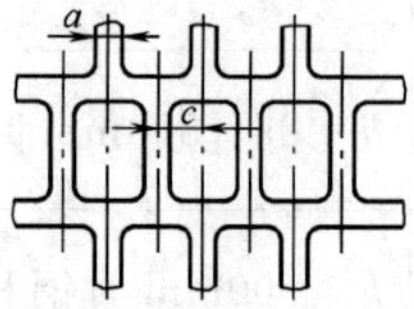

中小铸件用
$c=2a$

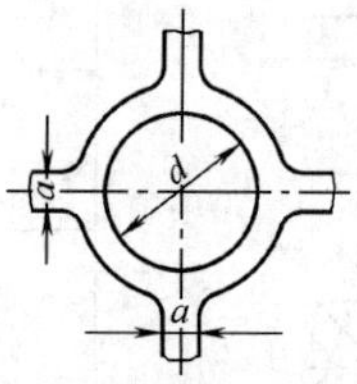

大铸件用
$d=4a$

筋 的 形 状

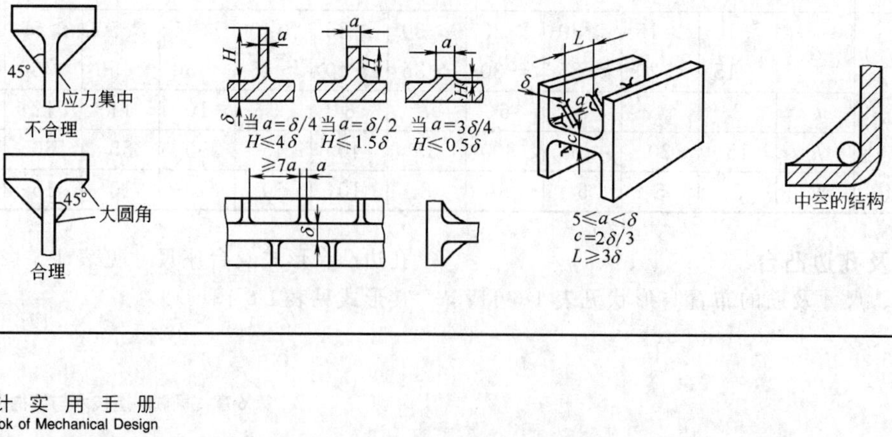

表 1-6-12　孔边凸台形式及台座尺寸

铸孔边缘凸台	壁中窗口凸台	凸座尺寸	
$r=0.25a$ $R=0.75a$ $h=2a$ $b=1.5a$ 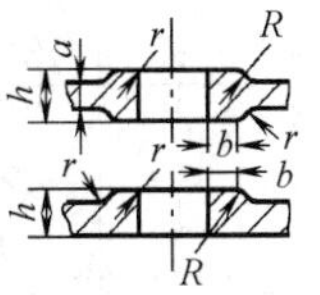	$L_1=0.75a$ $L_2=1.5a$ $r=0.25a$ $b=1.3a$ 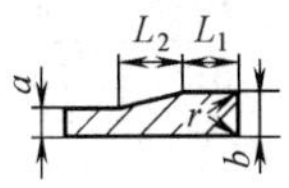	$c_1=1.5c$ $h_1=(0.75\sim1)c$ $r_1=0.25c$ $\alpha=30°\sim40°$ $r_2=c$ a、b 根据螺栓尺寸而定 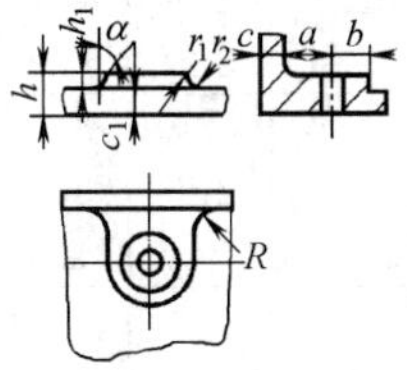	凸座与壁距离很近时，最好与壁连接起来，其最小 c 尺寸/mm <table><tr><td>h</td><td><10</td><td>10～18</td><td>18～30</td></tr><tr><td>c_{min}</td><td>20</td><td>25</td><td>30</td></tr><tr><td>h</td><td>30～50</td><td>>50</td><td></td></tr><tr><td>c_{min}</td><td>40</td><td>50</td><td></td></tr></table> 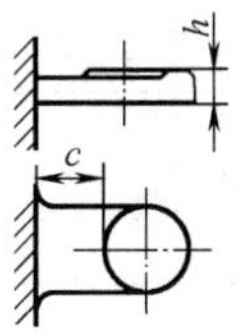

表 1-6-13　两壁之间筋的连接形式

序号	简图	说明	序号	简图	说明
1	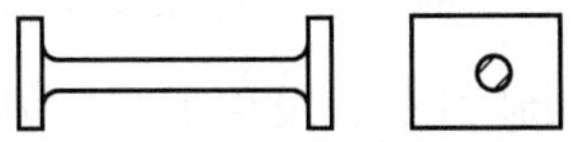	抗弯性和抗扭曲性最差	7	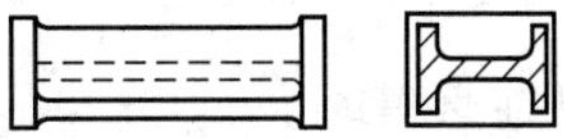	抗弯性较高
2	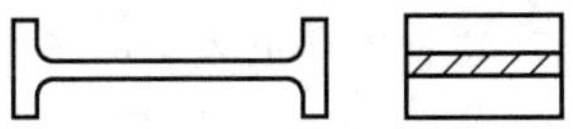	仅在一个方向上有抗弯能力	8	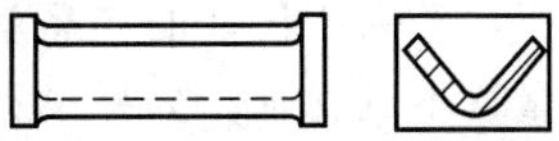	较序号 2 的抗弯性和抗扭曲性稍高
3	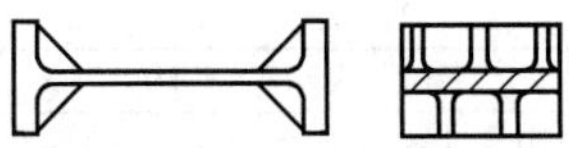	较序号 2 的抗弯性和抗扭曲性稍高	9	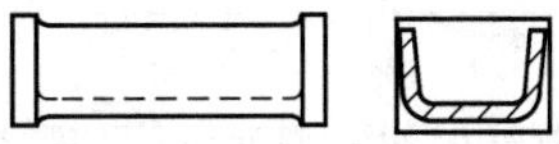	
4	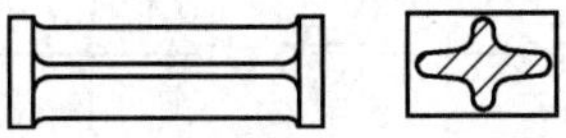	在两个方向上均有抗弯能力	10	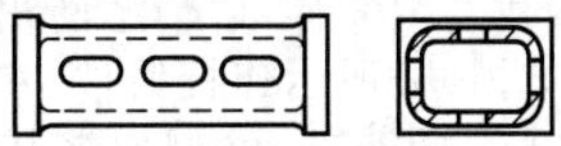	双向均有大的抗弯性和抗扭曲性
5	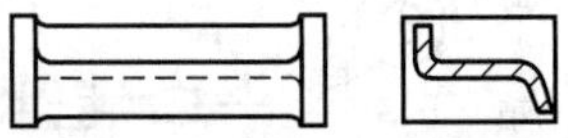	较序号 2 的抗弯性稍高	11	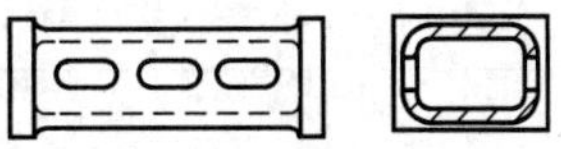	
6	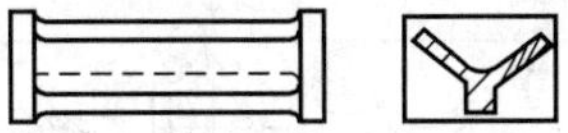				

注：抗弯性和抗扭曲性大致按序号顺序递增。

6.1.3　铸造公差

铸件尺寸公差（DCTG）见表 1-6-14。

表 1-6-14　铸件尺寸公差（摘自 GB/T 6414—2017）　/mm

公称尺寸		铸件尺寸公差等级(DCTG)及相应的线性尺寸公差值															
>	≤	1	2	3	4	5	6	7	8	9	10	11	12	13	14	15	16
—	10	0.09	0.13	0.18	0.26	0.36	0.52	0.74	1.0	1.5	2.0	2.8	4.2	—	—	—	—
10	16	0.10	0.14	0.20	0.28	0.38	0.54	0.78	1.1	1.6	2.2	3.0	4.4	—	—	—	—

公称尺寸		铸件尺寸公差等级(DCTG)及相应的线性尺寸公差值															
>	≤	1	2	3	4	5	6	7	8	9	10	11	12	13	14	15	16
16	25	0.11	0.15	0.22	0.30	0.42	0.58	0.82	1.2	1.7	2.4	3.2	4.6	6.0	8.0	10	12
25	40	0.12	0.17	0.24	0.32	0.46	0.64	0.90	1.3	1.8	2.6	3.6	5.0	7.0	9.0	11	14
40	63	0.13	0.18	0.26	0.36	0.50	0.70	1.0	1.4	2.0	2.8	4.0	5.6	8.0	10	12	16
63	100	0.14	0.20	0.28	0.40	0.56	0.78	1.1	1.6	2.2	3.2	4.4	6.0	9.0	11	14	18
100	160	0.15	0.22	0.30	0.44	0.62	0.88	1.2	1.8	2.5	3.6	5.0	7.0	10	12	16	20
160	250		0.24	0.34	0.50	0.70	1.0	1.4	2.0	2.8	4.0	5.6	8.0	11	14	18	22
250	400			0.40	0.56	0.78	1.1	1.6	2.2	3.2	4.4	6.2	9.0	12	16	20	25
400	630				0.64	0.90	1.2	1.8	2.6	3.6	5.0	7.0	10	14	18	22	28
630	1000				0.72	1.0	1.4	2.0	2.8	4.0	6.0	8.0	11	16	20	25	32
1000	1600				0.80	1.1	1.6	2.2	3.2	4.6	7.0	9.0	13	18	23	29	37
1600	2500							2.6	3.8	5.4	8.0	10	15	21	26	33	42
2500	4000								4.4	6.2	9.0	12	17	24	30	38	49
4000	6300									7.0	10	14	20	28	35	44	56
6300	10000										11	16	23	32	40	50	64

注：1. 铸件的尺寸公差应相对于公称尺寸对称设置，如尺寸 20mm，DCTG10 级的铸件尺寸公差为±1.2。也可以采用不对称公差。

2. 各类铸件所能达到的尺寸公差等级见 GB/T 6414—2017 附录 A。

3. 毛坯铸件基本尺寸是指机械加工之前毛坯铸件的图样尺寸，因此它包括了必要的加工余量和拔模斜度。

6.1.4 铸件结构设计注意事项

前面已讲到了，在设计铸件结构时，必须按照规定的铸件结构工艺参数进行，否则所设计的产品就不能满足铸造工艺性要求，质量得不到保证。如果设计的结构合理，可起到简化制造过程、避免不必要的工时消耗、更容易保证质量的作用。下面再介绍一些常见的设计技巧问题。铸件结构设计注意事项见表 1-6-15。

表 1-6-15 铸件结构设计注意事项

注意事项	示例
1. 应使铸件结构具有最少的分型面，并尽量使分型面为平面，如图(a)所示端盖铸件，左图零件，上端的凸出法兰，使铸件必须有两个分型面，三箱造型，如若改成右图零件，取消了凸出法兰，使铸件仅有一个分型面就可以了；再如图(b)所示连杆铸件，左图零件，铸件分型面不在同一平面上，改成了右图零件，分型面形状简单，且在同一平面上，这样就简化了造型，也可避免铸造时错箱，造成废品	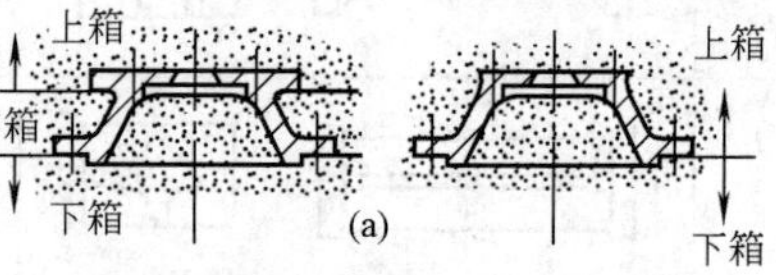 (a) 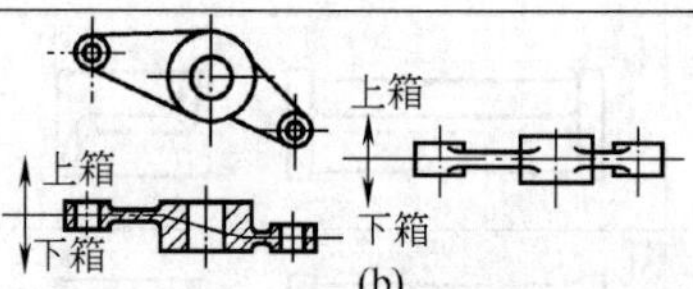 (b)
2. 铸件结构应尽量避免不必要的型芯，如图(c)所示，上图铸件是较大的封闭式中空悬壁结构，铸造时必须用很重的型芯，造型费工，型芯又难固定，若改成下图所示结构，便省去了型芯，简化了造型 再如图(d)所示，左图铸件的内腔，通常采用型芯制出，改成右图所示结构，则成为开口式内腔，在其尺寸$\frac{H}{D}<1$时，可采用自带型芯制出，这样也简化了造型，降低了造型成本	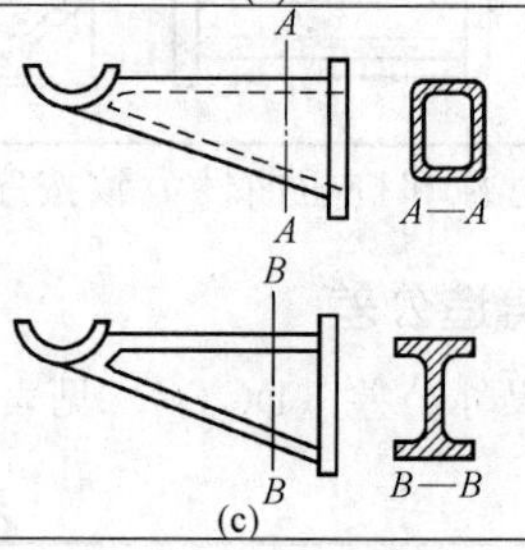 (c) 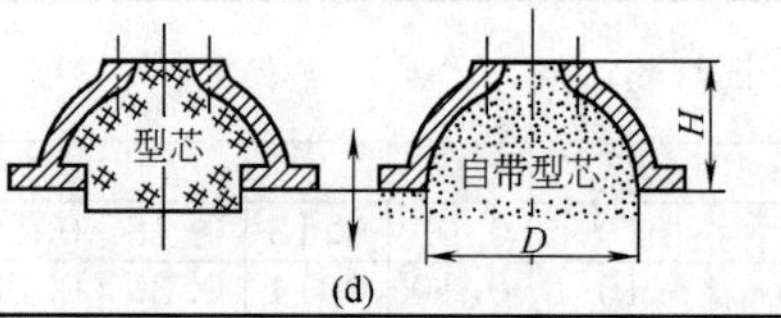 (d)

续表

注 意 事 项	示 例
3. 设计铸件上的凸台和筋条时，应尽量避免使用活块，如图(e)、(f)、(g)所示，它们是侧面上都有凸台或筋条的铸件。图(e)、图(f)所示的上图铸件，由于有圆形凸台，通常在铸件模型上必须将凸台做成与模型主体可分离的活块或增加外型芯才能起出模型。若将其凸台延伸至分型面处，如图(e)、图(f)的下图所示结构，则可使造型简化。图(g)左图所示结构，在保证不影响使用的情况下，将上面的两条斜筋，改成右图所示的直筋结构，可简化造型、降低造型成本	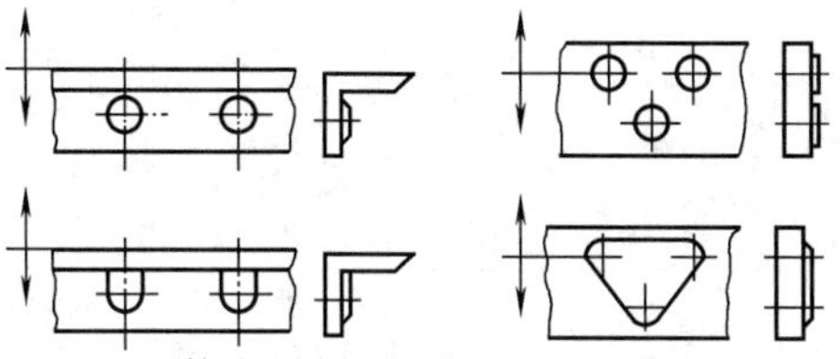 (e) (f) 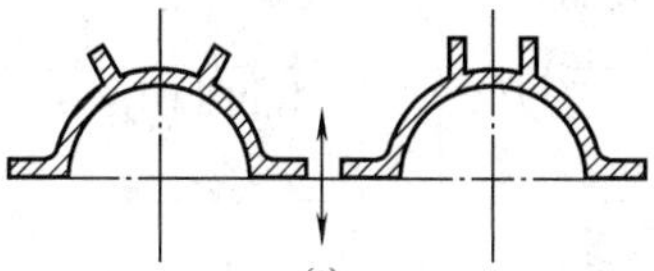 (g)
4. 设计的铸件结构，在铸件冷凝时能自由收缩，以防裂纹。如图(h)轮形铸件，其轮辐设计成弯形或奇数直条辐比偶数直条辐好，因它能借助弯形或奇数轮辐的微量变形，减缓热应力，防止裂纹	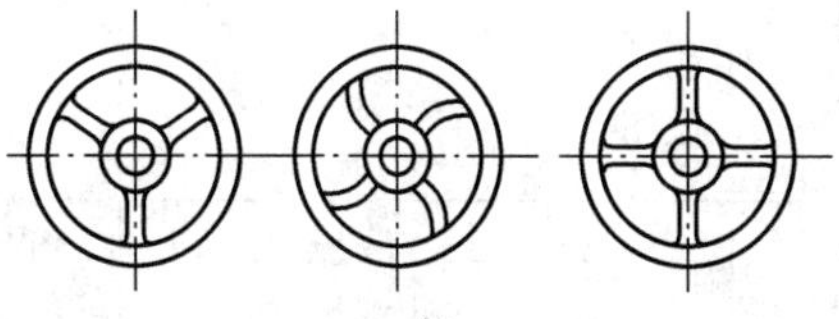 (h)
5. 避免大而薄的水平面结构。因为大而薄的水平面，在铸造合金铸造流动性能不好时，铸件易产生冷隔或浇不足的情况，同时也不利于气体和非金属熔渣排出，改成斜面后，可避免上述缺陷产生。如图(i)右图比左图所示结构更合理	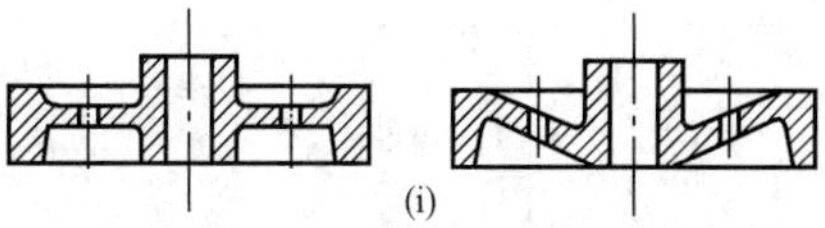 (i)

6.2 锻造工艺与锻件设计的工艺性

6.2.1 金属的可锻性

金属的可锻性是指金属材料在受锻压时，能改变本身的形状而不破裂的性能。金属的可锻性好，表明该材料宜于压力加工成形。可锻性差，说明该金属材料不宜选用压力加工方法成形。

可锻性常用金属的塑性和变形抗力来综合衡量。塑性大，变形抗力小，则为金属的可锻性好，反之则差。

金属的可锻性取决于金属的化学成分和金属组织结构以及加工条件等因素，如化学成分不同的金属可锻性不同。一般纯金属的可锻性比合金的好。这是因为纯金属的塑性好，变形抗力小。对于钢来说，钢中含碳量增加，或含有能形成碳化物的铬、钨、钼、钒等时，可锻性显著下降，所以低碳钢比中碳钢、中碳钢比高碳钢可锻性好。合金钢中，一般含合金元素多，则塑性下降，变形抗力增大，因而可锻性差。高合金钢比碳钢可锻性差；低合金钢的可锻性近似于中碳钢。再如，铸态柱状组织和晶粒结构粗大的金属，不如晶粒细小而又结构组织均匀的可锻性好。对于铝合金来说，凡是低碳钢能锻出的各种形状的零件，都可以用铝合金锻出来，它可以自由锻、模锻、顶锻及扩孔。但是，一般来说，铝合金锻造所需用的能量比低碳钢高30%。这是因为铝合金在锻造温度下的塑性比钢低，而且模锻时的流动性较差所致；铜合金的可锻性一般比较好。

6.2.2 各种锻造方法的比较

各种锻造方法见表1-6-16，机械制造业中常用锻造的方法制造承担重载荷或冲击载荷的重要零件或毛坯。

表 1-6-16　各种锻造方法的综合比较

加工方法		使用设备	使用模具特点	生产率	锻件精度及表面粗糙度	适用范围
自由锻		空气锤	无模具	低	低	小型锻件,单件、小批生产
		蒸汽-空气锤				中型锻件,单件、小批生产
		水压机				大型锻件,单件、小批生产
胎模锻		空气锤 蒸汽-空气锤	模具简单,且不固定在设备上,拆换方便	较高	中	中、小型锻件,中、小批生产
模锻	锤上模锻	蒸汽-空气锤 无砧座锤	锻模固定在锤头和砧座上,模腔复杂,造价高	高	中	中、小型锻件,大批生产,适合锻造各种类型的模锻锻件
	曲柄压力机上模锻	热模锻曲柄压力机	组合模,有导柱、导套和顶出装置	很高	高	中、小型锻件,大批生产,不易进行拔长和滚压工序
	平模锻上模锻	平锻机	三块模块组成,有两个分模面,可锻出侧面上凹槽	高	较高	中、小型锻件,大批生产,适合锻造带头部的杆类和带孔的模锻件
	摩擦压力机上模锻	摩擦压力机	一般为单膛锻模,锻件形状复杂时,采用组合凹模	较高	较高	小型锻件,特别适合铜合金的模锻,小批和中批生产,也可进行精密模锻
挤压	热挤压	液压或 机械压力机	凸、凹模都要有很高的强度、硬度和好的表面粗糙度	高	较高	适合各种等截面的型材,大批、大量生产
	冷挤压	机械压力机	凸、凹模都要有很高的强度、硬度和好的表面粗糙度	高	高	适合钢、有色金属及合金小型锻件,大批生产
轧制	纵轧	辊锻机	在轧辊上固定有两个半圆弧形模具	高	高	适合连杆、扳手等零件,也可为曲柄压力机模锻制坯,大批、大量生产
	横轧	齿轮轧机 或滚丝机	模具是模数与零件相同的齿形轧轮、滚轮	高	高	适合轧制各种小模数齿轮、螺杆零件,大批、大量生产
	斜轧	斜轧机	两个轧辊上带有螺旋型槽,两轧辊即为模具	高	高	适合钢球和丝杠等零件的制造,也可为曲柄压力机模锻制坯,大批、大量生产

6.2.3　锻件的结构工艺参数

设计锻件时，除满足使用性能外，还必须使锻件的结构符合锻造的工艺性，以使制造方便，节约金属和提高生产率，降低成本。

6.2.3.1　圆钢锤扁和扁钢辗成圆端面尺寸

圆钢锤扁及扁钢辗成圆柱形端尺寸见表 1-6-17 所示。

表 1-6-17　圆钢锤扁及扁钢辗成圆柱形端尺寸　/mm

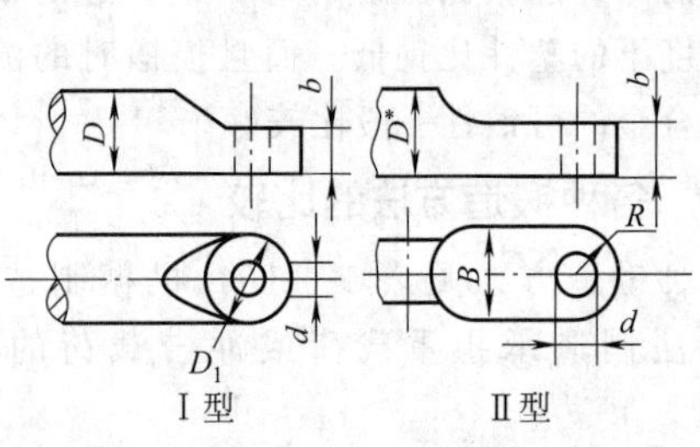

	Ⅰ型				Ⅱ型				
圆钢锤扁尺寸	D	D_1	b	$d<$	D^*	B	b	$d<$	R
	8	20	5	10	8	15	3	8	15
	10	25	6	13	10	20	4	10	15
	12	30	6	15	12	22	5	12	25
	16	35	10	18	14	26	6	13	25
	18	40	10	20	16	28	7	14	25
	$D^*>16$mm 的棒料锤扁时,锤成的横截面应大于棒料横截面的 10%								

续表

扁钢辗成圆柱形尺寸		d	c	b
	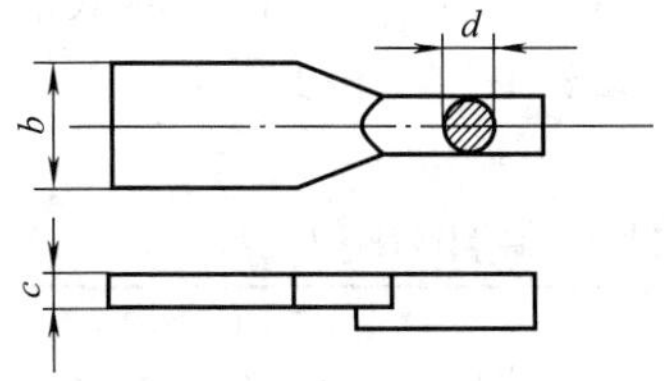	8	3～4	20～25
		10	4～5	25～30
		12	4～6	25～35
		16	6～8	25～45
		若 d>16mm 时，则它的横截面积不应大于扁钢横截面积的 70%		

6.2.3.2 模锻斜度

为了便于模具制造时采用标准刀具，模锻斜度可按下列数值选用：0°15′，0°30′，1°00′，1°30′，3°00′，5°00′，7°00′，10°00′，12°00′，15°00′。模锻斜度数值见表 1-6-18 和表 1-6-19。

表 1-6-18 模锻锤、热模锻压力机、螺旋压力机锻件处模锻斜度 α 数值（摘自 GB/T 12361—2016）

		$\frac{L}{B}$	≤1.5	>1.5
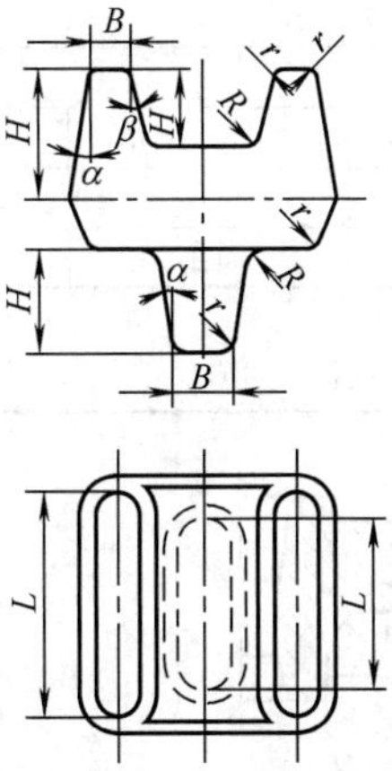	$\frac{H}{B}$	≤1	5°00′	5°00′
		>1～3	7°00′	5°00′
		>3～4.5	10°00′	7°00′
		>4.5～6.5	12°00′	10°00′
		>6.5	15°00′	12°00′

注：1. 内模锻斜度 β 的确定，可按表中数值加大 2°或 3°（15°除外）。

2. 当模锻设备具有顶料机构时，外模锻斜度可比表中数值减小 2°或 3°；但一般不宜小于 3°；不使用顶料机构时，则按上表确定。

表 1-6-19 平锻件各种模锻斜度数值（摘自 GB/T 12361—2016）

冲头内成形模锻斜度 α	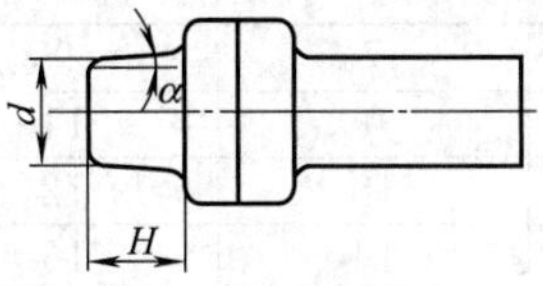	$\frac{H}{d}$	≤1	>1～3	>3～5
		α	0°15′	3°00′	1°00′
内孔模锻斜度 γ	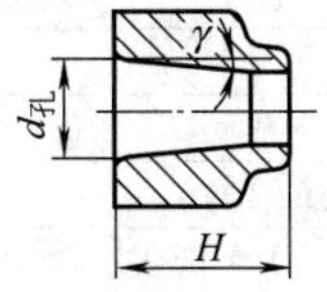	$\frac{H}{d_{孔}}$	≤1	<1～3	>3～5
		γ	0°30′	0°30′～1°00′	1°30′
凹模成形内模锻斜度 β	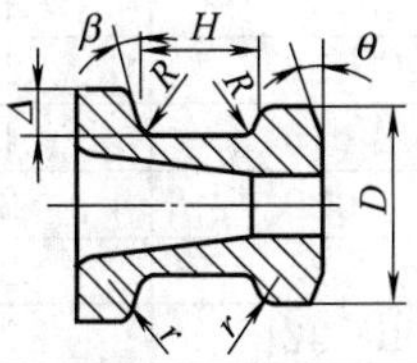	Δ	≤10	>10～20	>20～30
		β	5°～7°	7°～10°	10°～12°
		θ	3°～5°	3°～5°	3°～5°

6.2.3.3 模锻圆角半径

锻件外圆角半径 r、内圆角半径 R 按下列圆角半径数值选用：(1.0)，(1.5)，2.0，2.5，3.0，4.0，5.0，6.0，8.0，10.0，12.0，16.0，20.0，25.0，30.0，40.0，50.0，60.0，80.0，100.0。当圆角半径值超过100mm时，按 GB/T 321。括号内数值尽量少用。模锻圆角半径值见表 1-6-20 和表 1-6-21。

表 1-6-20 截面形状变化部位外圆角半径和内圆角半径数值（摘自 GB/T 12361—2016） /mm

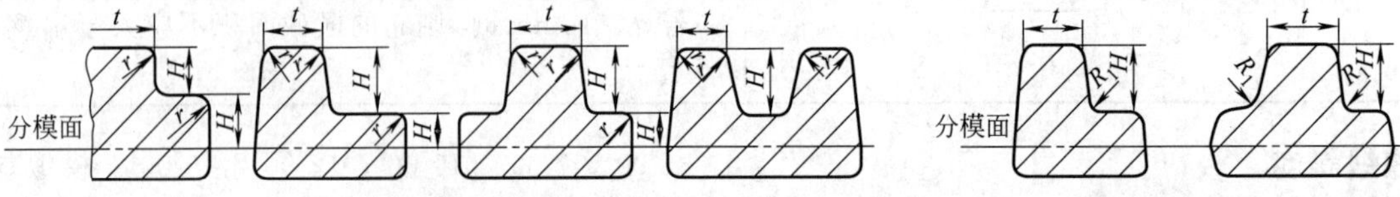

(a) 外圆角半径r　　(b) 内圆角半径R

	$\frac{t}{H}$	阶梯高度 H						
		≤10	>10～16	>16～25	>25～40	>40～63	>63～100	>100～160
r	>0.5～1	2.5	2.5	3	4	5	8	12
	>1	2	2	2.5	3	4	6	10
R	$\frac{t}{H}$	阶梯高度 H						
		≤10	>10～16	>16～25	>25～40	>40～63	>63～100	>100～160
	>0.5～1	4	5	6	8	10	16	25
	>1	3	4	5	6	8	12	20

表 1-6-21 收缩截面、多台阶截面、齿轮轮辐的凹槽圆角半径（摘自 JB/T 9177—2015） /mm

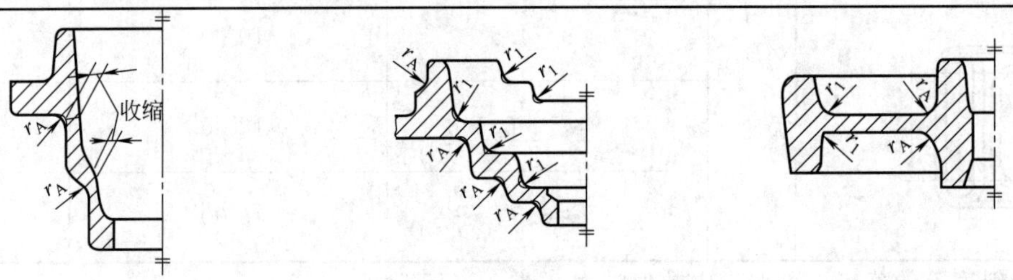

(a) 收缩截面　　(b) 多台阶截面　　(c) 齿轮轮辐

按所在的凸肩高度，分别查表确定最小内、外凹槽圆角 r_A、r_1

内凹槽圆角 r_A

所在的凸肩高度	锻件的最大直径或高度							
	≤25	>25～40	>40～63	>63～100	>100～160	>160～250	>250～400	>400～630
≤16	2.5	3	4	5	7	9	11	12
>16～40	3	4	5	7	9	11	13	15
>40～63	—	5	7	9	10	12	14	18
>63～100	—	—	10	12	14	16	18	22
>100～160	—	—	—	16	18	20	23	29
>160～250	—	—	—	—	22	25	29	36

外凹槽圆角 r_1

所在的凸肩高度	锻件的最大直径或高度							
	≤25	>25～40	>40～63	>63～100	>100～160	>160～250	>250～400	>400～630
≤16	3.5	4	5	6	8	10	12	14
>16～40	5	7	9	10	12	14	16	18
>40～63	—	10	12	14	16	18	20	23
>63～100	—	—	16	18	20	23	25	30
>100～160	—	—	—	22	25	29	32	36
>160～250	—	—	—	—	32	36	46	60

6.2.3.4 最小底厚

最小底厚 S_B 按直径和宽度查表确定，见表 1-6-22。

表 1-6-22 最小底厚 S_B（摘自 JB/T 9177—2015） /mm

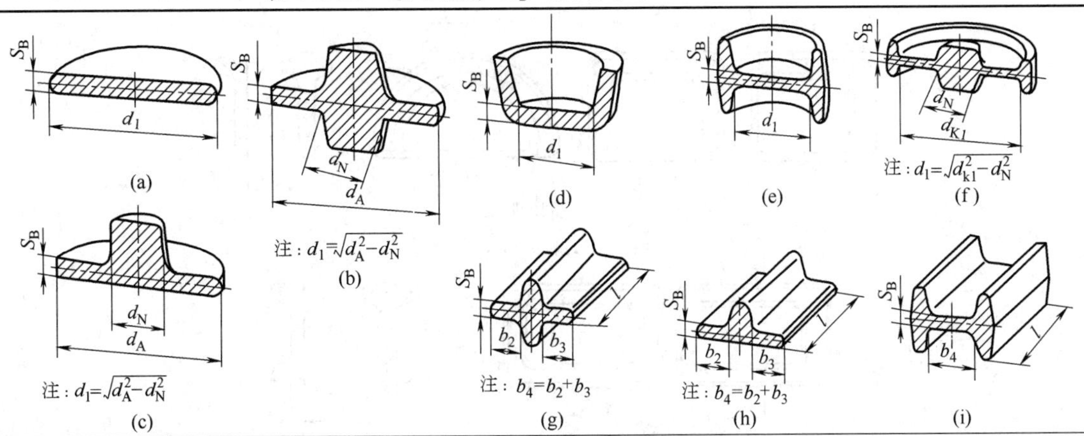

旋转对称的		非旋转对称的								
直径 d_1	最小底厚 S_B	宽度 b_4	长度 l							
			≤25	>25～40	>40～63	>63～100	>100～160	>160～250	>250～400	>400～630
≤20	2	≤16	2	2	2.5	3	3	—	—	—
>20～50	3.5	>16～40	—	3.5	3.5	3.5	4	4	6	6
>50～80	4	>40～63	—	—	4.5	4.5	5	6	7	9
>80～125	6	>63～100	—	—	—	6.5	7	9	9	11
>125～200	9	>100～160	—	—	—	—	10	10	12	14
>200～315	14	>160～250	—	—	—	—	—	14	16	19
>315～500	20	>250～400	—	—	—	—	—	—	20	23
>500～800	30	>400～630	—	—	—	—	—	—	—	29

6.2.3.5 最小壁厚、筋宽及筋端圆角半径

最小壁厚 S_W、筋宽 S_R 及筋端圆角半径 r_{RK} 按壁高 h_W 和筋高 h_R 查表确定，见表 1-6-23。

表 1-6-23 最小壁厚、筋宽及筋端圆角半径（摘自 JB/T 9177—2015） /mm

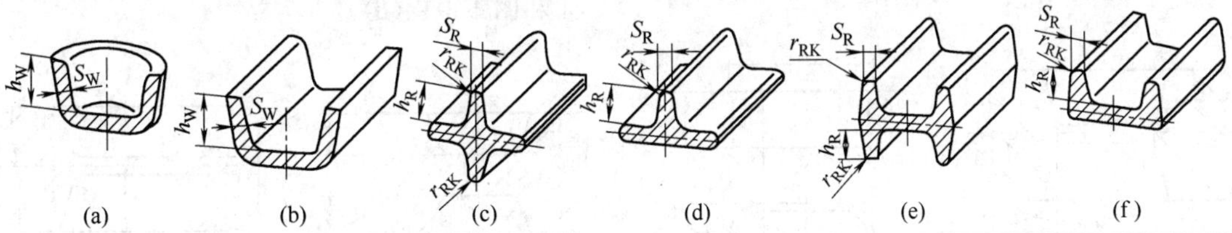

壁高 h_W 或筋高 h_R	最小壁厚 S_W	筋宽 S_R	筋端圆角半径 r_{RK}
≤16	3	3	1.5
>16～40	7	7	3.5
>40～63	10	10	5
>63～100	18	18	8
>100～160	29	—	—

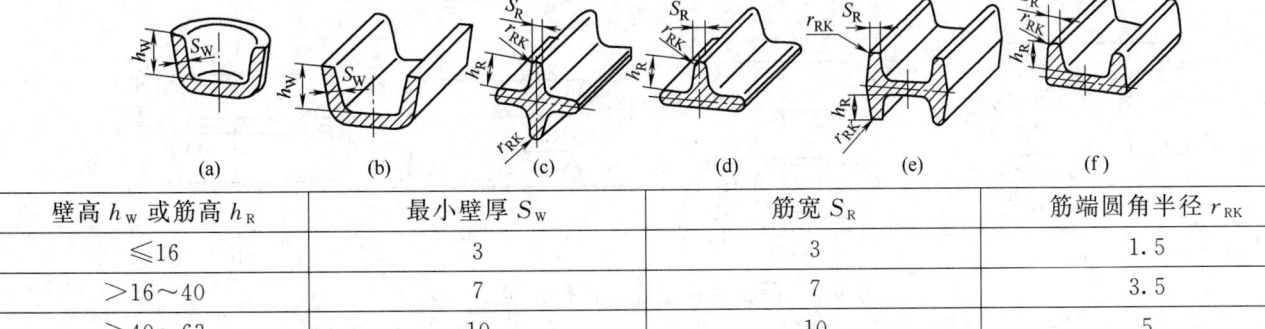

6.2.3.6 最小腹板厚度

最小腹板厚度按锻件在分模面的投影面积查表确定，见表 1-6-24。

表 1-6-24 腹板最小厚度（摘自 JB/T 9177—2015） /mm

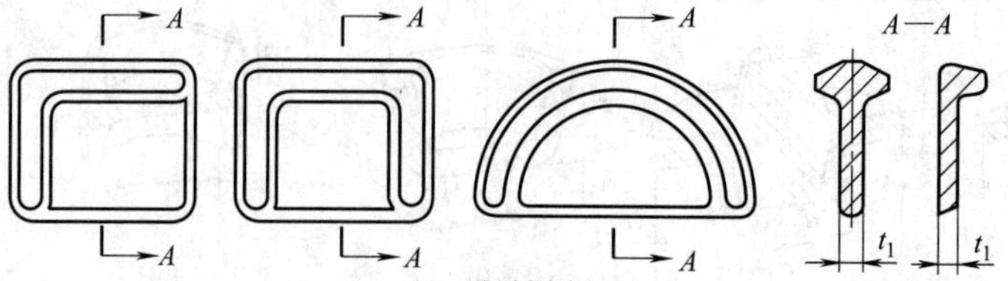

(a) 无限制腹板

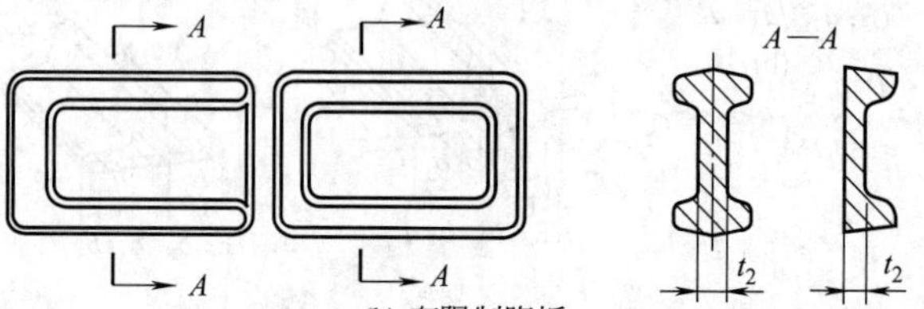

(b) 有限制腹板

锻件在分模面上的投影面积/cm^2	无限制腹板 t_1	有限制腹板 t_2	锻件在分模面上的投影面积/cm^2	无限制腹板 t_1	有限制腹板 t_2
≤25	3	4	>800～1000	12	14
>25～50	4	5	>1000～1250	14	16
>50～100	5	6	>1250～1600	16	18
>100～200	6	8	>1600～2000	18	20
>200～400	8	10	>2000～2500	20	22
>400～800	10	12			

注：1. t_1 和 t_2 允许根据设备、工艺条件协商变动。

2. 无限制腹板（开式腹板）：金属在锻造过程中能较自由地流向飞边的腹板。

3. 有限制腹板（闭式腹板）：被筋完全包围，或虽未被完全包围，但开口较小的腹板。

6.2.3.7 最小冲孔直径、盲孔和连皮厚度

最小冲孔直径、盲孔和连皮厚度根据 JB/T 9177—2015 标准规定确定。

1）锻件最小冲孔直径为 ϕ20mm［见图 1-6-1（a）］。

2）单向盲孔深度：当 $L=B$ 时，$\frac{H}{B}\leqslant 0.7$；当 $L>B$ 时，$\frac{H}{B}\leqslant 1.0$［见图 1-6-1（b）］。

3）双向盲孔深度：分别按单向盲孔确定［见图 1-6-1（c）］。

4）连皮厚度应不小于腹板的最小厚度 t_2，见表 1-6-24 和图 1-6-1（d）。

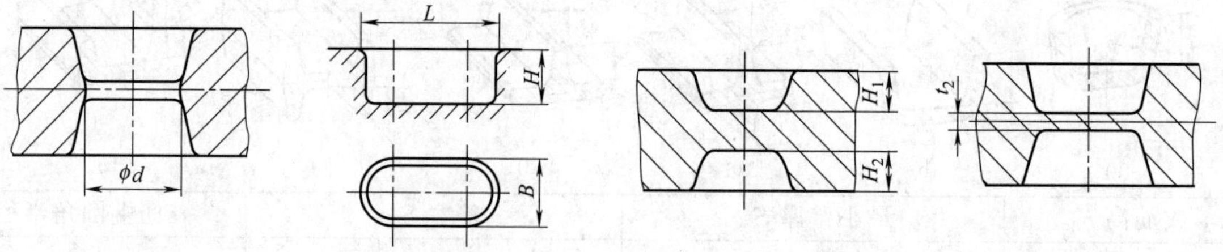

(a) (b) (c) (d)

图 1-6-1 最小冲孔直径、盲孔和连皮厚度

6.2.4 锻件结构设计注意事项

锻件结构设计注意事项见表 1-6-25。设计锻件时，除满足使用性能和前述工艺参数的要求外，还必须考虑锻造设备、工具、工艺的特点，使锻件结构合理，从而使加工方便、节约金属和提高生产率。

表 1-6-25　锻件结构设计注意事项

	注意事项	示例
自由锻造	尽量简化锻件形状。因自由锻件的精度和表面粗糙度都较差，一般需要进一步切削加工，因此可以为了简化锻件形状，方便锻造，增加一部分金属量（敷量），右图就是通过设置敷量和加工余量来简化了左图零件形状，减少了一些不必要的锻造困难	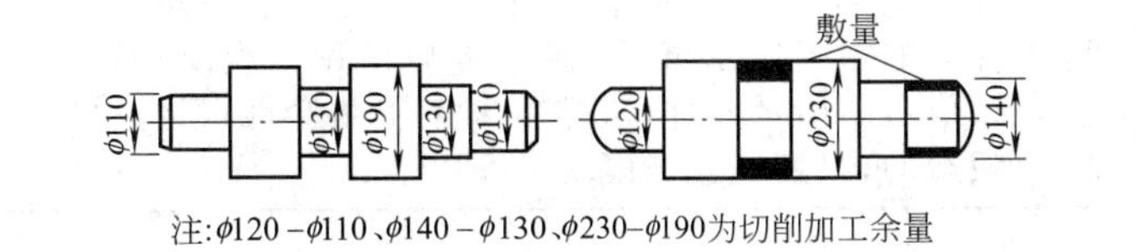 注：φ120－φ110、φ140－φ130、φ230–φ190为切削加工余量
	避免设计成圆锥体锻件结构。因为圆锥体的锻造需用专门工具，锻造比较困难，应尽量避免。同理锻件上的斜面也不易锻出，也应尽量避免。如左图所示锻件结构，改成右图所示结构比较合理，能减少锻造的困难	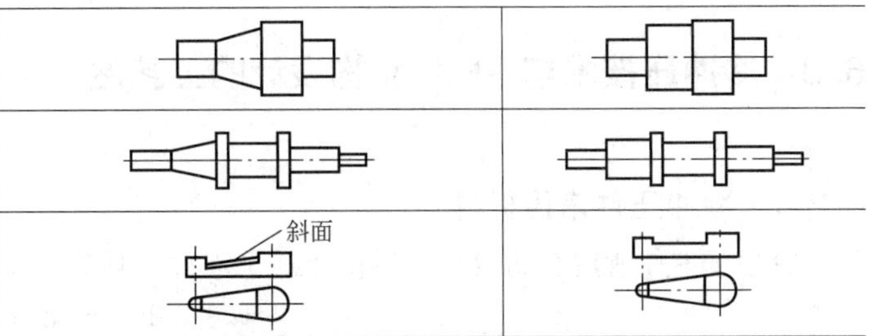
	避免两圆柱形或一个圆柱形与棱柱形表面相交接，如左图所示，这种表面相交接的相贯线形状是很复杂的，自由锻造很难锻出，如若改成右图所示结构，则会减少锻造困难	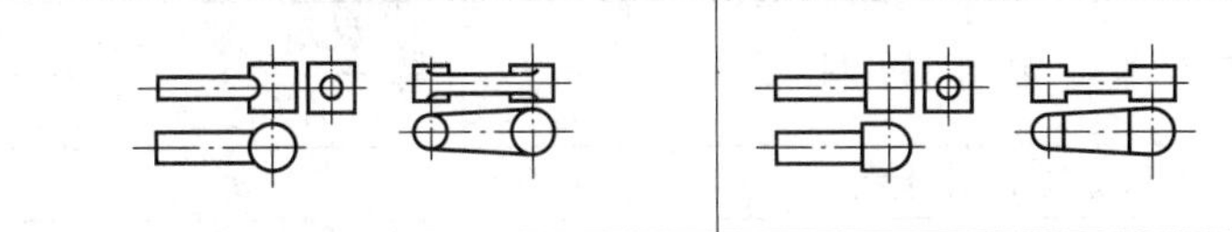
	不允许有加强筋或在基体上或在叉形件内部有凸台，如左图所示结构。加强筋，在多数情况下，必须设置敷量才能锻出；基体上或叉形件内部凸台等结构是很难用自由锻方法获得的，应避免这种设计，将其改成右图所示结构比较合理，可减少锻造的困难	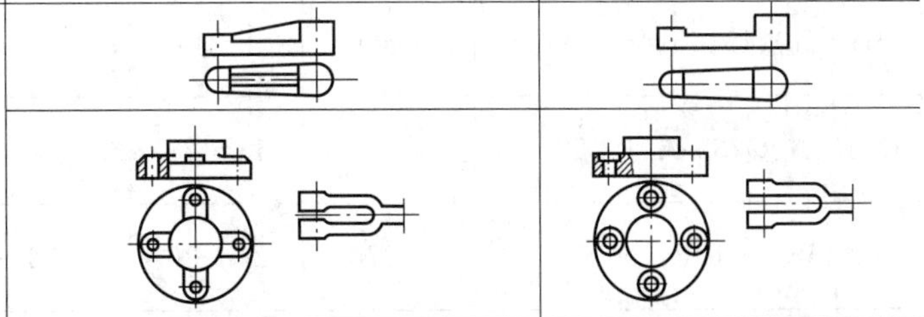
	对横截面有急剧变化或形状复杂的零件，应分成几个容易锻的简单部分，再用焊接或机械连接组合成整体。如左图所示各结构，改进成右图所示各结构，采用自由锻造方法就简化很多，虽然会增加焊接或机加工工作量，但也是方便的	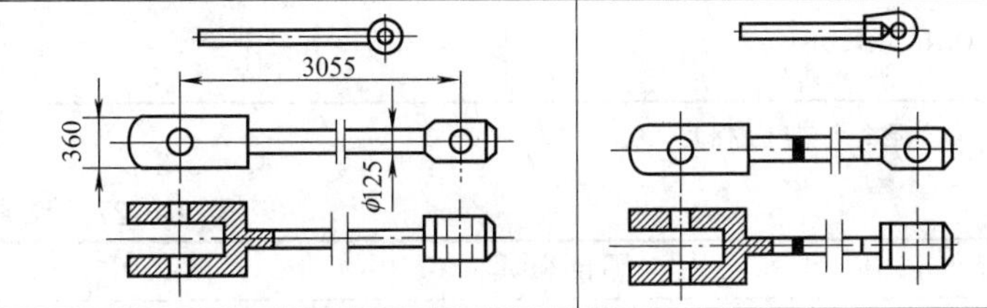
热模锻造	模锻零件必须具有一个合理的分模面，以保证锻件易于从模中取出，为此应注意：分模面处的尺寸应当最大，零件上不允许有阻碍出模的侧面内挖，如图(a′)；防止错模，如图(b′)；分模线最好是直线，如图(c′)；尽量减少型槽深度，如图(d′) 与上述相对应的图(a)～图(d)锻件结构设计不太好	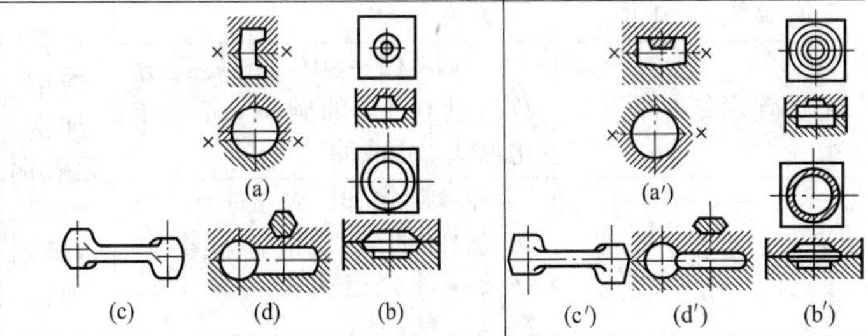
	零件的外形力求简单、平直，尽量避免零件厚度差别过大，或具有薄壁、高筋、凸起等结构。如左图所示的零件，如果最小与最大截面之比小于0.5，就不易采用模锻；右图扁而薄件模锻也困难	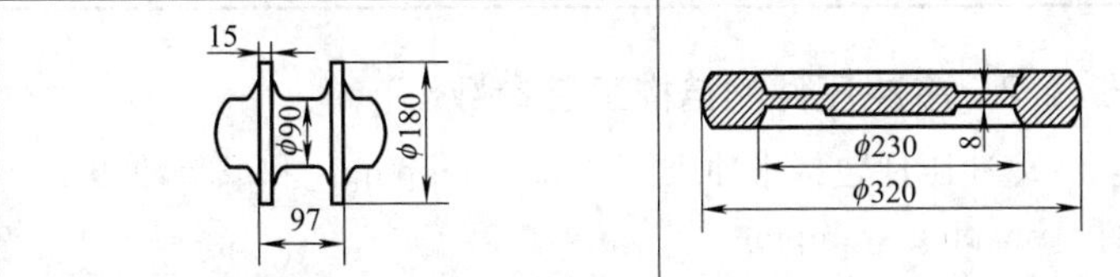
	零件应尽量设计成对称形状。如左图所示锻件，不但锻模制造增加难度，锻造也较困难，应改进成右图所示结构	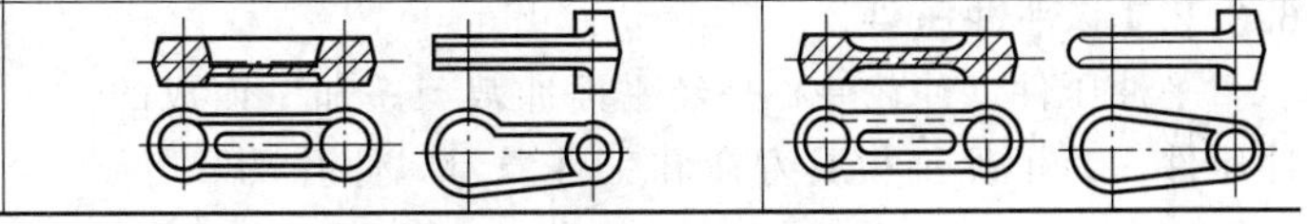

续表

注意事项		示例	
热模锻造	两个形状对称的零件，应尽量设计成一种零件。如左图所示锻件，在不影响使用情况下，应改成右图所示零件，这样本来需用两套锻模才能锻造的，只用一套锻模就可完成了	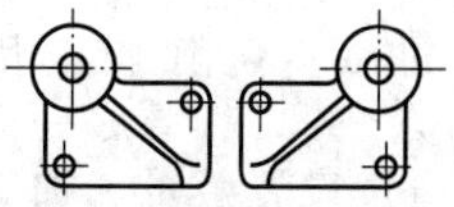	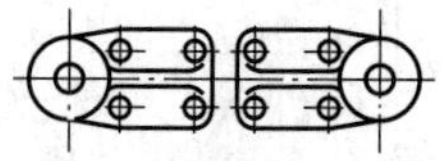

6.3 冷冲压技术与冲压件结构设计的工艺性

6.3.1 冷冲压件常用材料

冷冲压零件所用金属板材，不仅要满足零件的使用要求，同时还要满足冷冲压的各种工艺要求。能满足这些要求的材料，主要应具备足够的抗拉强度及伸长率和收缩率，即可塑性较高的要求。适于各种冷冲压件的材料见表 1-6-26 和表 1-6-27。

表 1-6-26 一般冷冲压件的材料

常用材料	材料力学性能			冷冲压零件种类
	R_m/MPa	A/%	硬度 HBW	
Q195、电工用硅钢	<650	1～5	84～96	适于平板冲裁件
Q195、40、45、65Mn	<500	4～14	76～85	适于冲裁件和弯曲件。弯曲以圆角半径 $R>2t$ 进行垂直于轧制方向 90°弯曲
Q215-A、Q235-A、15、20	<420	13～27	64～74	适于浅拉伸件、成形件和弯曲件。弯曲以圆角半径 $R>0.5t$ 进行垂直于轧制方向 90°弯曲
08、08F、10、10F	<370	24～36	52～64	适于深拉伸件和弯曲件。弯曲以圆角半径 $R<0.5t$ 进行任意方向 180°弯曲
05F、08、08F	<330	33～45	48～52	适于复杂成形件和弯曲件。弯曲以圆角半径 $R<0.5t$ 进行任意方向 180°弯曲

注：t 为板料厚度。

表 1-6-27 精冲件的材料

<table>
<tr><th colspan="2">黑色金属</th><th colspan="2">有色金属</th></tr>
<tr><td>普通碳素结构钢</td><td>Q195～Q275</td><td rowspan="3">黄铜
青铜
纯铜
无氧铜
纯铝
防锈铝
硬铝</td><td rowspan="3">H62、H68、H70、H75、H80 锡黄铜、铝黄铜、镍黄铜
锡青铜、铝青铜、铍青铜
T1、T2、T3、T4
TU1、TU2、TUP
1070A、1060、1050A、1035、1200、2A06
5A02～5A06、5B05 等，淬火后时效前
2A02、2A04、2A06、2B11、2B12、2A10、2A11、2A12 淬火后时效前</td></tr>
<tr><td>优质碳素结构钢</td><td>05、08、10～60(碳的质量分数超过 0.4%的碳钢，需经球化退火)可精冲</td></tr>
<tr><td>低合金钢与合金钢</td><td>经球化退火后 $\sigma_b<600$MPa 的均可精冲。不锈钢及经球化退火的合金工具钢也可精冲</td></tr>
</table>

6.3.2 冷冲压件的结构工艺参数

冷冲压件包括平冲压件（flat stamping）和成形冲压件（shaping stamping）。

6.3.2.1 平冲压件

平冲压件（冲裁件）是经平面冲裁工序加工而成的冲压件。为了保证模具寿命和工件质量，冲孔的尺寸、孔间距离和冲裁轮廓的圆角半径等均不宜过小，必须符合冲裁工艺要求的合理尺寸，否则会给加工带来很多不便。一般平冲压件的最小尺寸可参考表 1-6-28，平冲压件尺寸公差见表 1-6-29，平冲压件（冲裁件）尺寸公差等级的选用见表 1-6-30。

表 1-6-28　一般冲裁件的最小尺寸　/mm

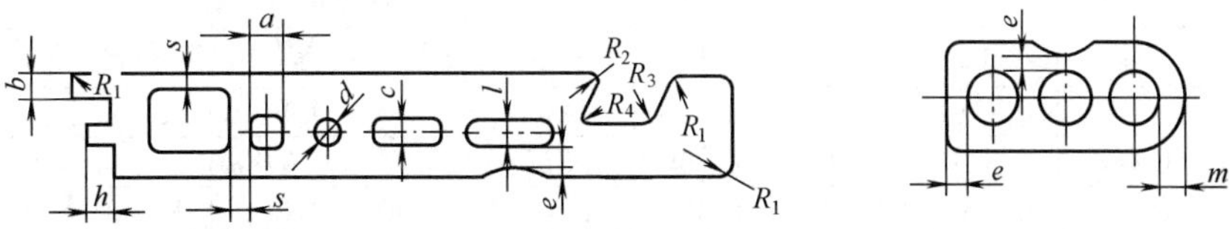

材　　料	结构最小尺寸							
	b	h	a	s、d	c、m	e、l	R_1、R_3 ($\alpha \geqslant 90°$)	R_2、R_4 ($\alpha < 90°$)
钢 $R_m > 900$MPa	$\geqslant 1.9t$	$\geqslant 1.6t$	$\geqslant 1.3t$	$\geqslant 1.4t$	$\geqslant 1.2t$	$\geqslant 1.1t$	$\geqslant 0.8t$	$\geqslant 1.1t$
钢 $R_m = 500 \sim 900$MPa	$\geqslant 1.7t$	$\geqslant 1.4t$	$\geqslant 1.1t$	$\geqslant 1.2t$	$\geqslant 1.0t$	$\geqslant 0.9t$	$\geqslant 0.6t$	$\geqslant 0.9t$
钢 $R_m < 500$MPa	$\geqslant 1.5t$	$\geqslant 1.2t$	$\geqslant 0.9t$	$\geqslant 1.0t$	$\geqslant 0.8t$	$\geqslant 0.7t$	$\geqslant 0.4t$	$\geqslant 0.7t$
黄铜、铜、铝、锌	$\geqslant 1.3t$	$\geqslant 1.0t$	$\geqslant 0.7t$	$\geqslant 0.8t$	$\geqslant 0.6t$	$\geqslant 0.5t$	$\geqslant 0.2t$	$\geqslant 0.5t$

注：1. t 为材料厚度。
2. 若冲裁件结构无特殊要求，应采用大于表中所列数值。
3. 当采用整体凹模时，冲裁件轮廓应避免清角。

表 1-6-29　平冲压件尺寸公差（摘自 GB/T 13914—2013）　/mm

基本尺寸		板材厚度		公差等级										
大于	至	大于	至	ST1	ST2	ST3	ST4	ST5	ST6	ST7	ST8	ST9	ST10	ST11
0.5	1	—	0.5	0.008	0.010	0.015	0.020	0.030	0.040	0.060	0.080	0.120	0.160	—
		0.5	1	0.010	0.015	0.020	0.030	0.040	0.060	0.080	0.120	0.160	0.240	—
		1	1.5	0.015	0.020	0.030	0.040	0.060	0.080	0.120	0.160	0.240	0.340	—
1	3	—	0.5	0.012	0.018	0.026	0.036	0.050	0.070	0.100	0.140	0.200	0.280	0.400
		0.5	1	0.018	0.026	0.036	0.050	0.070	0.100	0.140	0.200	0.280	0.400	0.560
		1	3	0.026	0.036	0.050	0.070	0.100	0.140	0.200	0.280	0.400	0.560	0.780
		3	4	0.034	0.050	0.070	0.090	0.130	0.180	0.260	0.360	0.500	0.700	0.980
3	10	—	0.5	0.018	0.026	0.036	0.050	0.070	0.100	0.140	0.200	0.280	0.400	0.560
		0.5	1	0.026	0.036	0.050	0.070	0.100	0.140	0.200	0.280	0.400	0.560	0.780
		1	3	0.036	0.050	0.070	0.100	0.140	0.200	0.280	0.400	0.560	0.780	1.100
		3	6	0.046	0.060	0.090	0.130	0.180	0.260	0.360	0.480	0.680	0.980	1.400
		6	—	0.060	0.080	0.110	0.160	0.220	0.300	0.420	0.600	0.840	1.200	1.600
10	25	—	0.5	0.026	0.036	0.050	0.070	0.100	0.140	0.200	0.280	0.400	0.560	0.780
		0.5	1	0.036	0.050	0.070	0.100	0.140	0.200	0.280	0.400	0.560	0.780	1.100
		1	3	0.050	0.070	0.100	0.140	0.200	0.280	0.400	0.560	0.780	1.100	1.500
		3	6	0.060	0.090	0.130	0.180	0.260	0.360	0.500	0.700	1.000	1.400	2.000
		6	—	0.080	0.120	0.160	0.220	0.320	0.440	0.600	0.880	1.200	1.600	2.400
25	63	—	0.5	0.036	0.050	0.070	0.100	0.140	0.200	0.280	0.400	0.560	0.780	1.100
		0.5	1	0.050	0.070	0.100	0.140	0.200	0.280	0.400	0.560	0.780	1.100	1.500
		1	3	0.070	0.100	0.140	0.200	0.280	0.400	0.560	0.780	1.100	1.500	2.100
		3	6	0.090	0.120	0.180	0.260	0.360	0.500	0.700	0.980	1.400	2.000	2.800
		6	—	0.110	0.160	0.220	0.300	0.440	0.600	0.860	1.200	1.600	2.200	3.000
63	160	—	0.5	0.040	0.060	0.090	0.120	0.180	0.260	0.360	0.500	0.700	0.980	1.400
		0.5	1	0.060	0.090	0.120	0.180	0.260	0.360	0.500	0.700	0.980	1.400	2.000
		1	3	0.090	0.120	0.180	0.260	0.360	0.500	0.700	0.980	1.400	2.000	2.800
		3	6	0.120	0.160	0.240	0.320	0.460	0.640	0.900	1.300	1.800	2.500	3.600
		6	—	0.140	0.200	0.280	0.400	0.560	0.780	1.100	1.500	2.100	2.900	4.200

续表

基本尺寸		板材厚度		公差等级										
大于	至	大于	至	ST1	ST2	ST3	ST4	ST5	ST6	ST7	ST8	ST9	ST10	ST11
160	400	—	0.5	0.060	0.090	0.120	0.180	0.260	0.360	0.500	0.700	0.980	1.400	2.000
		0.5	1	0.090	0.120	0.180	0.260	0.360	0.500	0.700	1.000	1.400	2.000	2.800
		1	3	0.120	0.180	0.260	0.360	0.500	0.700	1.000	1.400	2.000	2.800	4.000
		3	6	0.160	0.240	0.320	0.460	0.640	0.900	1.300	1.800	2.600	3.600	4.800
		6	—	0.200	0.280	0.400	0.560	0.780	1.100	1.500	2.100	2.900	4.200	5.800
400	1000	—	0.5	0.090	0.120	0.180	0.240	0.340	0.480	0.660	0.940	1.300	1.800	2.600
		0.5	1	—	0.180	0.240	0.340	0.480	0.660	0.940	1.300	1.800	2.600	3.600
		1	3	—	0.240	0.340	0.480	0.660	0.940	1.300	1.800	2.600	3.600	5.000
		3	6	—	0.320	0.450	0.620	0.880	1.200	1.600	2.400	3.400	4.600	6.600
		6	—	—	0.340	0.480	0.700	1.000	1.400	2.000	2.800	4.000	5.600	7.800
1000	6300	—	0.5	—	—	0.260	0.360	0.500	0.700	0.980	1.400	2.000	2.800	4.000
		0.5	1	—	—	0.360	0.500	0.700	0.980	1.400	2.000	2.800	4.000	5.600
		1	3	—	—	0.500	0.700	0.980	1.400	2.000	2.800	4.000	5.600	7.800
		3	6	—	—	—	0.900	1.200	1.600	2.200	3.200	4.400	6.200	8.000
		6	—	—	—	—	1.000	1.400	1.900	2.600	3.600	5.200	7.200	10.000

表 1-6-30　平冲压件尺寸公差等级的选用（摘自 GB/T 13914—2013）

加工方法	尺寸类型	公差等级										
		ST1	ST2	ST3	ST4	ST5	ST6	ST7	ST8	ST9	ST10	ST11
普通平面冲裁	外形		—	—	—	—	—	—	—	—	—	—
	内形		—	—	—	—	—	—	—	—	—	—
	孔中心距		—	—	—	—	—	—	—	—	—	—
	孔边距				—	—	—	—	—	—	—	—
精密冲裁	外形	—	—	—	—	—						
	内形	—	—	—	—							
	孔中心距	—	—	—	—							
	孔边距				—	—	—					
成形冲压冲裁	外形						—	—	—	—	—	—
	内形				—	—	—	—	—	—	—	—
	孔中心距				—	—	—	—	—	—	—	—
	孔边距						—	—	—	—	—	—

注：平冲压件（冲裁件）尺寸的极限偏差按下述规则确定。

① 孔（内形）尺寸的极限偏差取此表中给出的公差数值，在此数值前冠以“＋”号作为上偏差，下偏差为零，如 ϕD 公差为 0.900，其偏差为 $\phi D^{+0.900}_{0}$。

② 轴（外形）尺寸的极限偏差取此表中给出的公差数值，在此数值前冠以“－”号作为下偏差，上偏差为零，如 ϕd 公差为 0.900，其偏差为 $\phi d^{0}_{-0.900}$。

③ 孔中心距、孔边距或其他成形方法加工而成形的长度、高度及未注尺寸公差的极限偏差，取此表中给出的公差值的一半，在其前冠以“±”号，分别为上、下极限偏差，如中心距 L 公差为 0.900，偏差为 $L \pm 0.450$。

6.3.2.2　成形冲压件

成形冲压件是经弯曲、拉深及其他成形方法加工而成的冲压件。

(1) 弯曲件

板件最小弯曲圆角半径及尾部弯出长度见表 1-6-31；扁钢、圆钢弯曲的推荐尺寸见表 1-6-32；型钢、管子最小弯曲半径见表 1-6-33 和表 1-6-34；角钢弯曲半径、截切角推荐值及角钢破口弯曲值见表 1-6-35。

表 1-6-31　板件最小弯曲圆角半径及尾部弯出长度

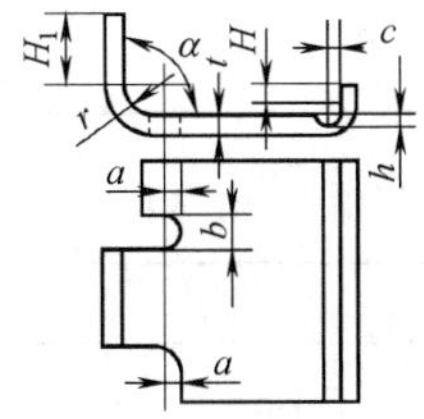

弯曲时相对轧制纹路方向	板件最小弯曲圆角半径 r（$\alpha=90°$时）材料：08、Q195、10、Q215	15、20、Q235-A	30、40、Q275	45、50、Q295	25CrMnSi、30CrMnSi	软黄铜和铜	半硬黄铜	铝	硬铝时效前	弯曲件尾部弯出长度
垂直于轧制纹路	$\geqslant 0.3t$	$\geqslant 0.5t$	$\geqslant 0.8t$	$\geqslant 1.2t$	$\geqslant 1.5t$	$\geqslant 0.3t$	$\geqslant 0.5t$	$\geqslant 0.35t$	$\geqslant 1.5t$	$H_1>2t$（弯出零件圆角中心以上的长度） $H<2t$ $a>t$，$b>t$ $c=3\sim6$mm $h=(0.1\sim0.3)t$ 且不小于 3mm
与轧制纹路成 45°角	$\geqslant 0.5t$	$\geqslant 0.8t$	$\geqslant 1.2t$	$\geqslant 1.8t$	$\geqslant 2.5t$	$\geqslant 0.45t$	$\geqslant 0.75t$	$\geqslant 0.5t$	$\geqslant 2.5t$	
平行于轧制纹路	$\geqslant 0.8t$	$\geqslant 1.3t$	$\geqslant 1.5t$	$\geqslant 3.0t$	$\geqslant 4.0t$	$\geqslant 0.8t$	$\geqslant 1.2t$	$\geqslant 1.0t$	$\geqslant 4.0t$	
当弯曲角度 $\alpha<90°$时，表中数值乘上系数 K。当 $\alpha<90°\sim60°$时，$K=1.1\sim1.3$；$\alpha<60°\sim45°$时，$K=1.3\sim1.5$										

注：此表是按照标准 JB/T 5109—2001 和相关资料综合列出。

表 1-6-32　扁钢、圆钢弯曲的推荐尺寸　　/mm

扁钢平面弯曲

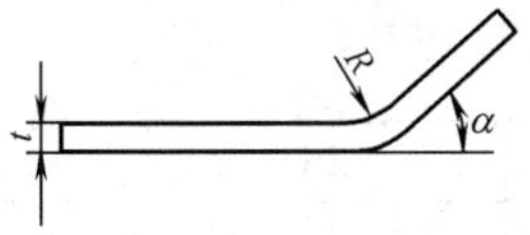

t	2	3	4	5	6	7	8	10	12	14	16	18	20
R	3		5			8		10		15		20	
α	7°,15°,20°,30°,40°,45°,50°,60°,70°,75°,80°,90°												

扁钢侧面弯曲

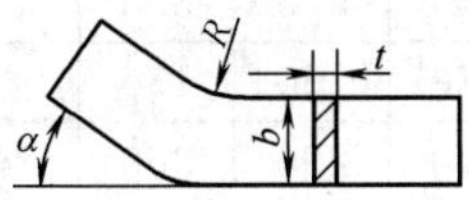

t	2	3	4	5	6	7	8	10	12	14	16	18	20
b	15～40							40～70					
R	30							50					
α	7°,15°,20°,30°,40°,45°,50°,60°,70°,75°,80°,90°												

圆钢弯曲

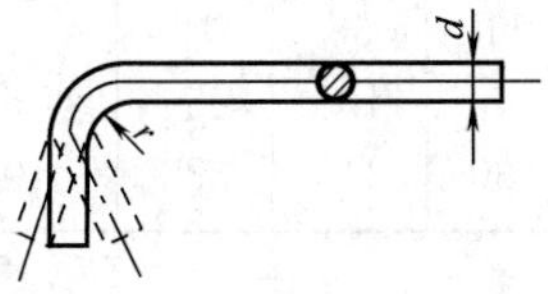

圆钢弯小钩

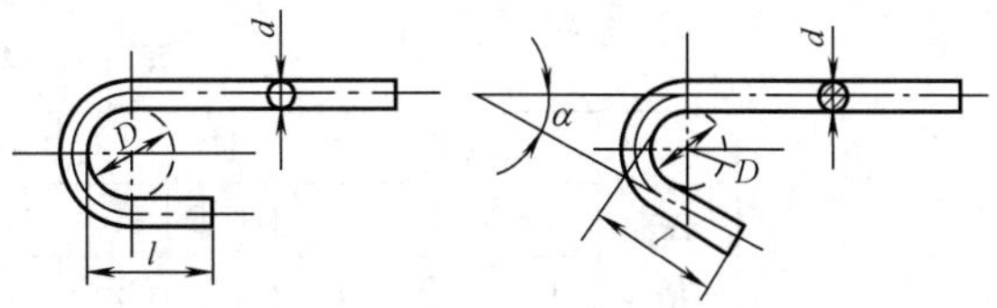

$\alpha=45°$或 75°　$l=3d$　$D=2d$；
其尺寸最好从下列尺寸系列中选择：
8mm，10mm，12mm，14mm，16mm，18mm，20mm，22mm，24mm，28mm，32mm，36mm，40mm

圆钢弯钩环

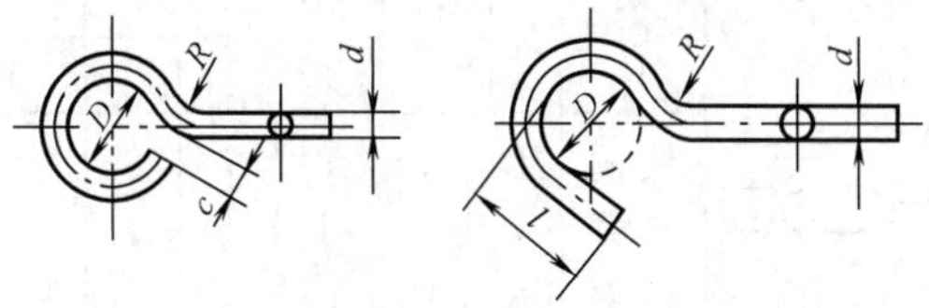

d	D	c(小于)	R	l
6	8～14	6	5～8	14～26
8	10～18	6	5～10	27～36
10	10～20	8	5～10	30～40
12	12～24	10	5～12	36～48
14	12～28	12	8～15	40～56
16	16～32	16	8～15	48～64
18	18～36	20	10～20	54～72

圆钢弯曲												圆钢弯钩环
d	6	8	10	12	14	16	18	20	25	28	30	1. 直径 D 由下列尺寸系列中选择：8mm，10mm，12mm，14mm，16mm，18mm，20mm，22mm，24mm，28mm，32mm，36mm 2. 半径 R 在 5mm，8mm，10mm，12mm，15mm，20mm 各数值中选择，应约等于 $\frac{D}{2}$
r（最小）	4		6		8		10		12	15		
r（一般）	d											

表 1-6-33　型钢最小弯曲半径

	型钢					
弯曲条件	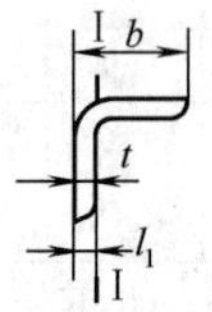	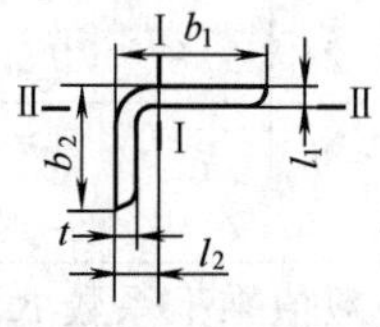		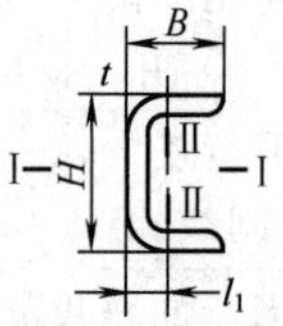		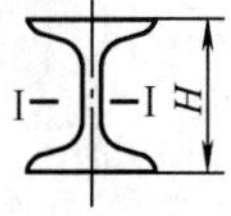
作为弯曲的轴线 轴线位置 最小弯曲半径 R	Ⅰ-Ⅰ $l_1=0.95t$ $R\geqslant5(b-0.95t)$	Ⅰ-Ⅰ $l_2=1.12t$ $R\geqslant5(b_2-1.12t)$	Ⅱ-Ⅱ $l_1=0.8t$ $R\geqslant5(b_1-0.8t)$	Ⅰ-Ⅰ — $R\geqslant2.5H$	Ⅱ-Ⅱ $l_1=1.15t$ $R\geqslant4.5B$	Ⅰ-Ⅰ — $R\geqslant2.5H$

表 1-6-34　管子的最小弯曲半径　/mm

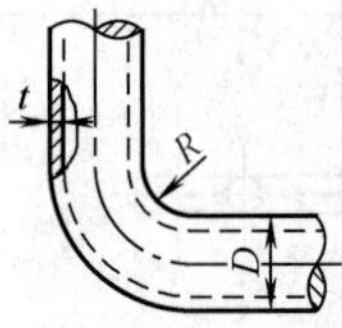

无缝钢管

D	6	8	10	12	14	14	16	18	18	20	22	25	32	32	38	38	44.5
t	1	1	1.5	1.5	1.5	3	1.5	1.5	3	1.5	3	3	3	3.5	3	3.5	3
R	15	15	20	25	30	18	30	40	28	40	50	50	60	60	80	70	100
D	45	57	57	76	89	108	133	159	159	194	219	245	273	325	371	426	
t	3.5	3.5	4	4	4	4	4	4.5	6	6	6	6	8	8	10	10	
R	90	110	150	180	220	270	340	450	420	500	500	600	700	800	900	1000	

焊接钢管

D	13.5	17	21.25	26.75	33.5	42.25	48	60	75.5	88.5	114
t			2.75	2.75	3.25	3.25	3.5	3.5	3.75	4	4
R 热	40	50	65	80	100	130	150	180	225	265	340
R 冷	80	100	130	160	200	250	290	360	450	530	680

紫铜与黄铜管

D	5	6	7	8	10	12	14	15	16	18	20	24	25	28	35	45	55
t	1	1	1	1	1	1	1	1	1.5	1.5	1.5	1.5	1.5	1.5	1.5	1.5	2
R	10	10	15	15	15	20	20	30	30	30	30	40	40	50	60	80	100

铝管

D	6	8	10	12	14	16	20	25	30	40	50	60
t	1	1	1	1	1	1.5	1.5	1.5	1.5	1.5	2	2
R	10	15	15	20	20	30	30	50	60	80	100	125

硬聚氯乙烯管

D	12.5	15	25	25	32	40	51	65	76	90	114	140
t	2.25	2.25	2	2	3	3.5	4	4.5	5	6	7	8
R	30	45	60	80	110	150	180	240	330	400	500	600

表 1-6-35　角钢弯曲半径、截切角推荐值及破口弯曲值　　/mm

角钢弯曲半径	角钢截切角推荐值	角钢破口弯曲 c 值
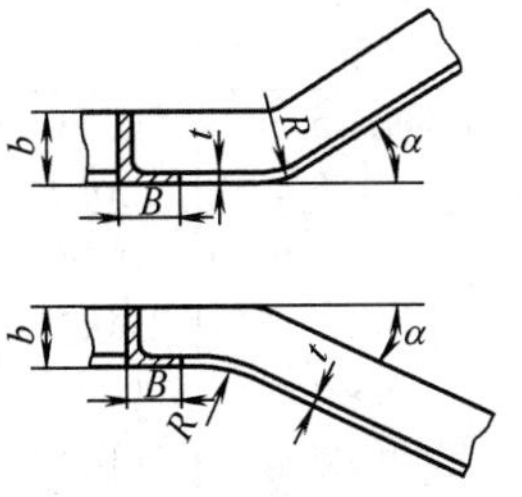	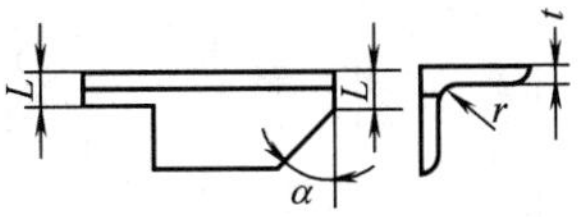	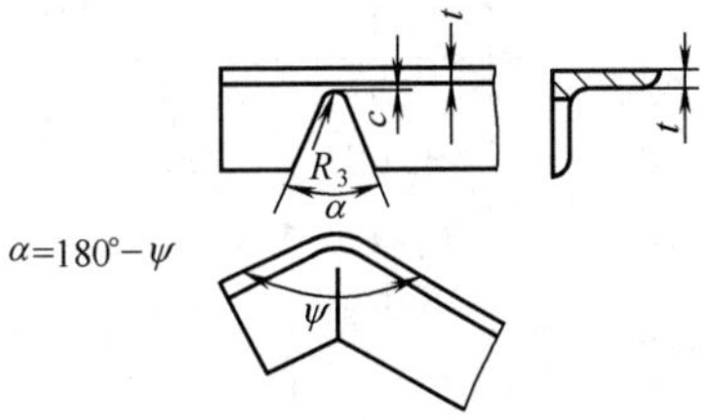

弯曲角 α			
弯曲角 α	7°～30°	$B=150$	$R=50$
	40°～60°	$R=100$	$B=30$
	70°～90°	$R=50$	$B=15$

截切角 α	15°	30°	45°	60°	75°	90°
L	$\geqslant t+r$					

截切角 α	角钢厚度 t 3	4	5	6	7	8	9	10	12
<30°	6	9	11	15	16	17	18	19	21
>30°～60°	6	7	8	11	12	14	15	16	18
>60°～90°	5	6	7	9	10	11	12	13	15
>90°	4	5	6	7	8	9	10	11	13

（2）拉深件

箱形零件的圆角半径及法兰边宽度和工件高度见表1-6-36，有凸缘及无凸缘筒形零件拉深的最大相对高度见表1-6-37，有凸缘拉深件的修边余量 Δd_f 见表1-6-38；无凸缘圆筒形件的修边余量 Δh 见表1-6-39。

表 1-6-36　箱形零件圆角半径及法兰边宽和工件高度　　/mm

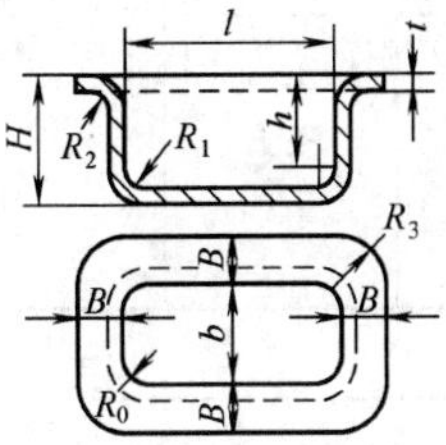

材料	圆角半径	材料厚度 t ≤0.5	>0.5～3	>3～5	材　料	宽度、高度	当 $R_0>0.14B$，$R_1\geqslant1$ 时	
					酸洗钢	$\frac{H}{R_0}$	4.0～4.5	当 $\frac{H}{R_0}$ 需大于左列数值时，则应采用多次拉深工序
软钢	R_1 R_2	$(5\sim7)t$ $(5\sim10)t$	$(3\sim4)t$ $(4\sim6)t$	$(2\sim3)t$ $(2\sim4)t$	冷拉钢、铝、黄铜、铜		5.5～6.5	
黄铜	R_1 R_2	$(3\sim5)t$ $(5\sim7)t$	$(2\sim3)t$ $(3\sim5)t$	$(1.5\sim2.0)t$ $(2\sim4)t$	软钢、酸洗钢冷拉钢、铝、铜、黄铜	B	$\leqslant R_2+(3\sim5)t$	
						R_3	$\geqslant R_0+B$	

表 1-6-37　有凸缘圆筒形件及无凸缘盒形件首次拉深的最大相对高度（摘自 JB/T 6959—2008）

有凸缘圆筒形件首次拉深的最大相对高度 $\frac{h_1}{d_1}$	无凸缘盒形件首次拉深的最大相对高度 $\frac{h}{b}$
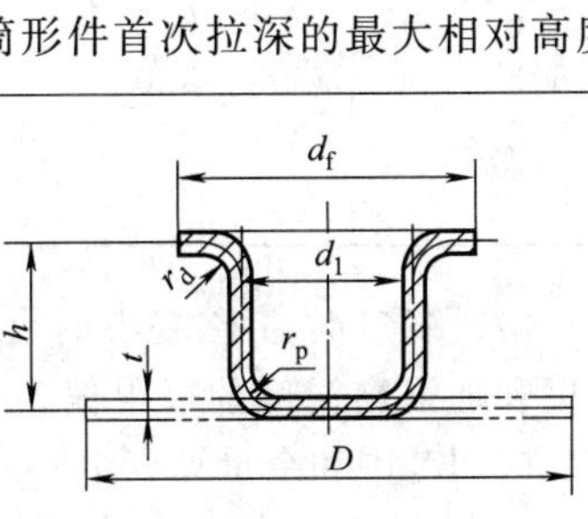	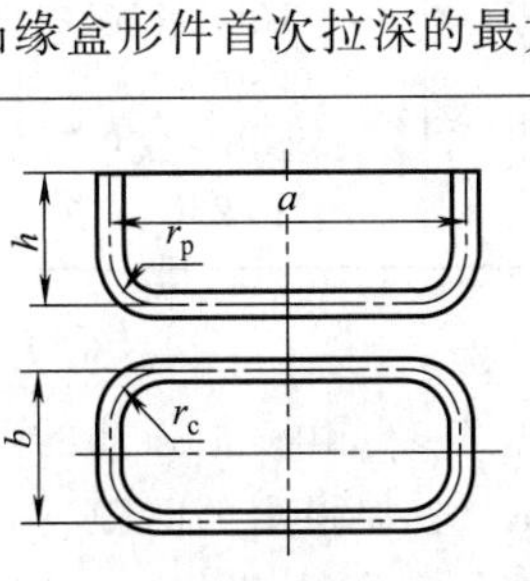

续表

凸缘相对直径 $\frac{d_f}{d_1}$	毛坯相对厚度 $\frac{t}{D}\times100$ ＞0.06～0.2	＞0.2～0.5	＞0.5～1	＞1～1.5	＞1.5
≤1.1	0.45～0.52	0.50～0.62	0.57～0.70	0.60～0.82	0.75～0.90
＞1.1～1.3	0.40～0.47	0.45～0.53	0.50～0.60	0.56～0.72	0.65～0.80
＞1.3～1.5	0.35～0.42	0.40～0.48	0.45～0.53	0.50～0.63	0.58～0.70
＞1.5～1.8	0.29～0.35	0.34～0.39	0.37～0.44	0.42～0.53	0.48～0.58
＞1.8～2	0.25～0.30	0.29～0.34	0.32～0.38	0.36～0.46	0.42～0.51
＞2～2.2	0.22～0.26	0.25～0.29	0.27～0.33	0.31～0.40	0.35～0.45
＞2.2～2.5	0.17～0.21	0.20～0.23	0.22～0.27	0.25～0.32	0.28～0.35
＞2.5～2.8	0.13～0.16	0.15～0.18	0.17～0.21	0.19～0.24	0.22～0.27
＞2.8～3.0	0.10～0.13	0.12～0.15	0.14～0.17	0.16～0.20	0.18～0.22

相对转角半径 $\frac{r_c}{b}$	毛坯相对厚度 $\frac{t}{D}\times100$ ＞0.2～0.5	＞0.5～1.0	＞1.0～1.5	＞1.5～2
0.05	0.35～0.50	0.40～0.55	0.45～0.60	0.50～0.70
0.10	0.45～0.60	0.50～0.65	0.55～0.70	0.60～0.80
0.15	0.60～0.70	0.65～0.75	0.70～0.80	0.75～0.90
0.20	0.70～0.80	0.70～0.85	0.82～0.90	0.90～1.00
0.30	0.85～0.90	0.90～1.00	0.95～1.10	1.00～1.20

注：1. 适用钢08、10。对于其他材料，可作适当修正。

2. D 为毛坯尺寸，对于圆形毛坯为其直径，对于矩形毛坯为其短边宽度。

3. 当 $b\leqslant100$mm 时，表中系数取大值；当 $b>100$mm 时，表中系数取小值。

4. 较小值对应于工件圆角半径较小的情况，即 r_p、$r_d=(4\sim8)t$；较大值对应工件圆角半径较大的情况，即 r_p、$r_d=(10\sim20)t$。

表 1-6-38　有凸缘拉深件的修边余量 Δd_f（摘自 JB/T 6959—2008）　/mm

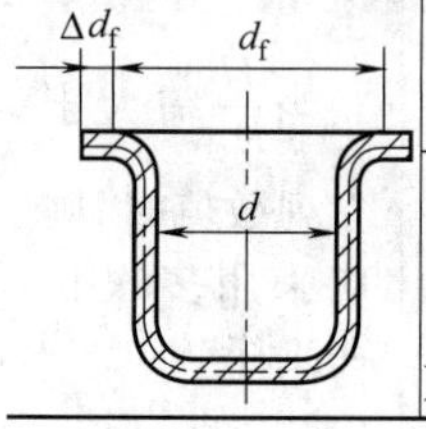

凸缘直径 d_f	凸缘的相对直径 d_f/d ≤1.5	＞1.5～2	＞2～2.5	＞2.5
≤25	1.8	1.6	1.4	1.2
＞25～50	2.5	2	1.8	1.6
＞50～100	3.5	3	2.5	2.2
＞100～150	4.3	3.6	3	2.5
＞150～200		4.2	3.5	2.7
＞200～250	5.5	4.6	3.8	2.8
＞250	6	5	4	3

表 1-6-39　无凸缘圆筒形件的修边余量 Δh（摘自 JB/T 6959—2008）　/mm

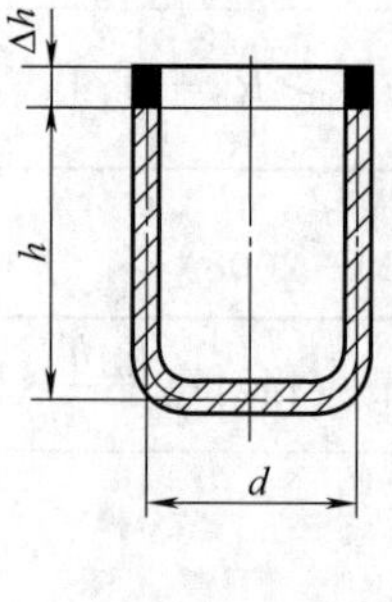

工件高度 h	工件相对高度（h/d）＞0.5～0.8	＞0.8～1.6	＞1.6～2.5	＞2.5～4.0
≤10	1.0	1.2	1.5	2.0
＞10～20	1.2	1.6	2.0	2.5
＞20～50	2.0	2.5	3.3	4.0
＞50～100	3.0	3.8	5.0	6.0
＞100～150	4.0	5.0	6.5	8.0
＞150～200	5.0	6.3	8.0	10.0
＞200～250	6.0	7.5	9.0	11.0
＞250	7.0	8.5	10.0	12.0

（3）其他成形件

内孔翻边尺寸见表 1-6-40；加强筋的形状、尺寸及适宜的间距见表 1-6-41；加强窝的间距、高度及其至外缘的距离和冲出凸部的高度见表 1-6-42；最小卷边直径见表 1-6-43；缩口时直径缩小的合理比例见表 1-6-44；翻边高度和加强窝深度的极限偏差见表 1-6-45；铁皮咬口类型、应用范围和余量见表 1-6-46。

表 1-6-40　内孔翻边尺寸及其至边缘的最小尺寸

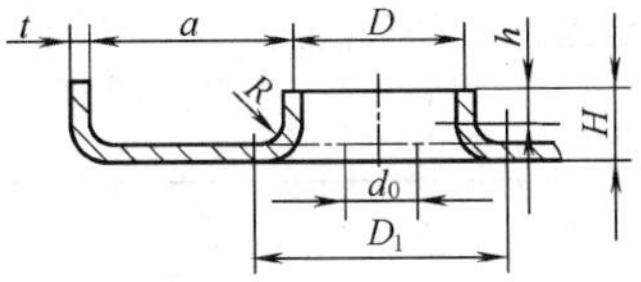	翻边直径 D(由 t 中线定)	由结构给定
	翻边圆角半径 R	$R \geqslant 1+1.5t$
	翻边高度 H	$H=\frac{D}{2}(1-K)+0.43R+0.72t$
	翻边前的直径 d_0	$d_0=D_1-\left[\pi\left(R+\frac{t}{2}\right)+2h\right]$
	翻边孔至外缘的最小距离 a	$a>(7\sim8)t$
	翻边系数 $K=d_0/D$	软钢 $K \geqslant 0.70$；黄铜 H62$t=0.5\sim6$mm 时 $K \geqslant 0.68$；酸洗钢板 $K \geqslant 0.72$；铅 $t=0.5\sim5$mm 时 $K \geqslant 0.70$

注：1. 若翻边高度较高，一次翻边不能满足要求时，可采用拉深、翻边复合工艺。

2. 翻边后孔壁减薄，如变薄量有特殊要求，应予注明。

表 1-6-41　加强筋的形状、尺寸及间距

		尺　寸	h	B	r	R_1	R_2
半圆形筋	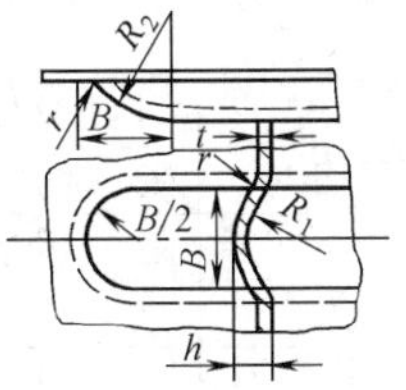	允许最小尺寸	$2t$	$7t$	t	$3t$	$5t$
		一般尺寸	$3t$	$10t$	$2t$	$4t$	$6t$

		尺　寸	h	B	r	R_1	R_2
梯形筋	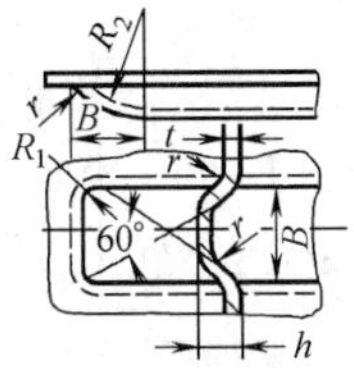	允许最小尺寸	$2t$	$20t$	t	$4t$	$24t$
		一般尺寸	$3t$	$30t$	$2t$	$5t$	$32t$

加强筋之间及加强筋与边缘之间的适宜距离	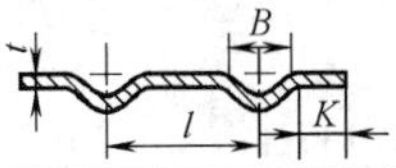	$l \geqslant 3B$ $K \geqslant (3\sim5)t$

表 1-6-42　加强窝的间距、高度及冲出凸部的高度

加强窝的间距及其至外缘的距离/mm							冲出凸部的高度	
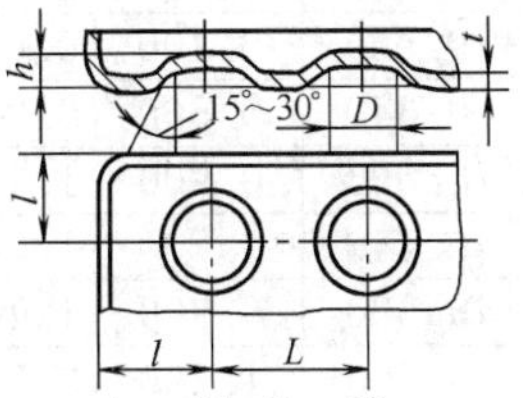	D	L	l	D	L	l	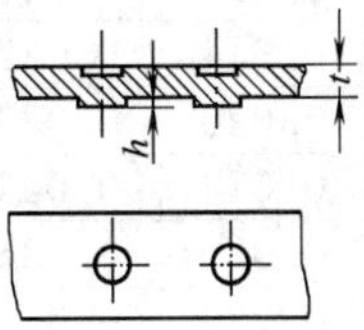	$h=(0.25\sim0.35)t$ 超出这个范围，凸部容易脱落
	6.5	10	6	24	34	20		
	8.5	13	7.5	31	44	26		
	10.5	15	9	36	51	30		
	13	18	11	43	60	35		
	15	22	13	48	68	40		
$h=(1.5\sim2)t$	18	26	16	55	78	45		

表 1-6-43　最小卷边直径　　/mm

	工件直径 D	材料厚度 t				
		0.3	0.5	0.8	1.0	2.0
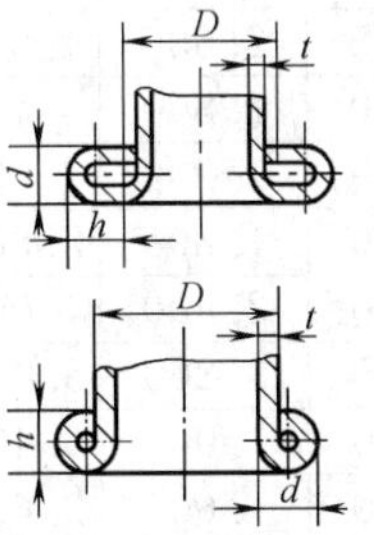	≤50	2.5	3.0	—	—	—
	>50～100	3.0	4.0	5.0	—	—
	>100～200	4.0	5.0	6.0	7.0	8.0
$d>1.4t$ d 为卷边直径	>200	5.0	6.0	7.0	8.0	9.0

表 1-6-44　缩口时直径缩小的合理比例

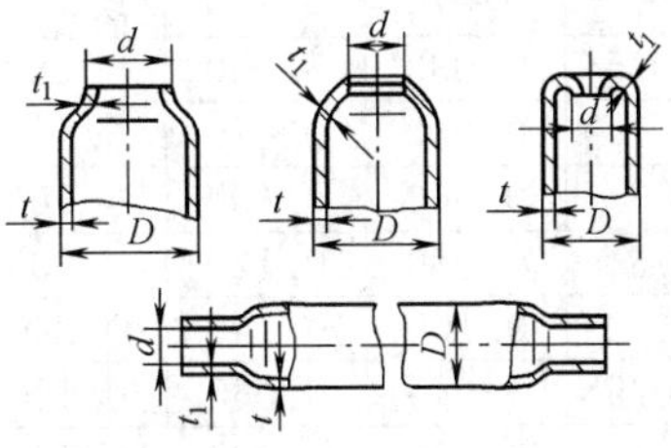	$D/t \leqslant 10$ 时， $d \geqslant 0.7D$； $D/t>10$ 时， $d=(1-K)D$ 钢制件： $K=0.1\sim0.15$ 铝制件： $K=0.15\sim0.2$ 箍压部分壁厚将增加： $t_1=t\sqrt{D/d}$

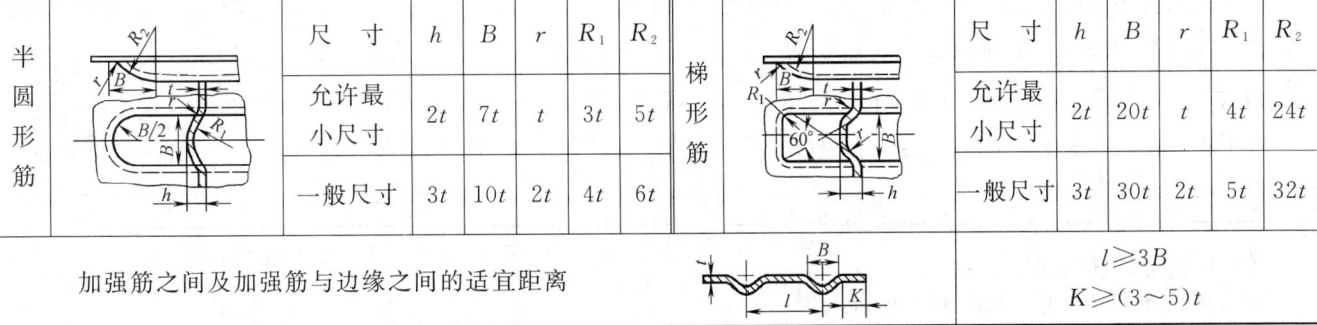

表 1-6-45　翻边高度和加强窝深度的极限偏差　　/mm

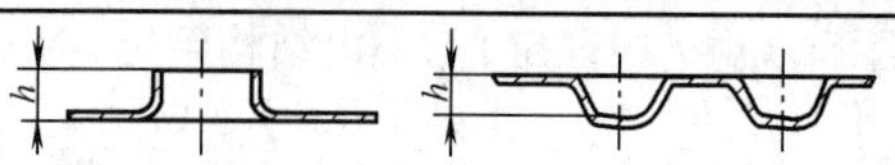

翻边高度、加强窝深度 h	≤6	>6～10	>10～18	>18
极限偏差	+1.0 −0.5	+1.5 −1.0	+2.0 −1.0	+3.0 −1.0

表 1-6-46　铁皮咬口类型、应用范围及余量

咬口类型	1 型光面咬口 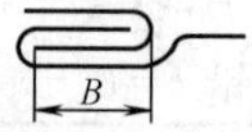 普通咬口 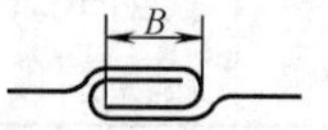	2 型折角咬口 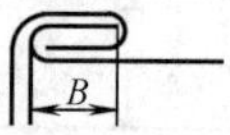	3 型过渡咬口 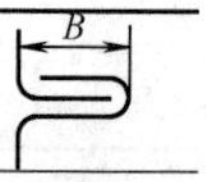
应用范围	圆柱形、圆锥形和长方形管子连接，采用 1 型咬口，咬口需附着在平面上或需要有气密性时使用光面咬口，需要咬口具有强度时才使用普通咬口。连接尺寸不同时，尺寸 B 可根据长的零件选择，但两个零件的尺寸 B 应相同	折角咬口(2 型)在制造折角联合肘管时使用	过渡咬口(3 型)在连接接管、肘管和从圆过渡到另一截面时，作为各种过渡连接

钢板厚度 t/mm		0.35～0.5		0.55～0.75		0.8～1	1～1.4
零件极限尺寸/mm	直径或方形边长	小于 200	大于 200	小于 600	大于 600	大于 600	在一切情况下
	长度	小于 200	大于 200	小于 800	大于 800	大于 800	在一切情况下
接头长度 B		5	7	7	10	10	14
咬口余量		15	21	21	30	30	42

（4）成形冲压件尺寸公差

成形冲压件尺寸公差及其选用见表 1-6-47。

表 1-6-47　成形冲压件尺寸公差及其选用（摘自 GB/T 13914—2013）　　/mm

基本尺寸		板材厚度		公差等级									
大于	至	大于	至	FT1	FT2	FT3	FT4	FT5	FT6	FT7	FT8	FT9	FT10
0.5	1	—	0.5	0.010	0.016	0.026	0.040	0.060	0.100	0.160	0.260	0.400	0.600
		0.5	1	0.014	0.022	0.034	0.050	0.090	0.140	0.220	0.340	0.500	0.900
		1	1.5	0.020	0.030	0.050	0.080	0.120	0.200	0.320	0.500	0.900	1.400
1	3	—	0.5	0.016	0.026	0.040	0.070	0.110	0.180	0.280	0.440	0.700	1.000
		0.5	1	0.022	0.036	0.060	0.090	0.140	0.240	0.380	0.600	0.900	1.400
		1	3	0.032	0.050	0.080	0.120	0.200	0.340	0.540	0.860	1.200	2.000
		3	4	0.040	0.070	0.110	0.180	0.280	0.440	0.700	1.100	1.800	2.800
3	10	—	0.5	0.022	0.036	0.060	0.090	0.140	0.240	0.380	0.600	0.960	1.400
		0.5	1	0.032	0.050	0.080	0.120	0.200	0.340	0.540	0.860	1.400	2.200
		1	3	0.050	0.070	0.110	0.180	0.300	0.480	0.760	1.200	2.000	3.200
		3	6	0.060	0.090	0.140	0.240	0.380	0.600	1.000	1.600	2.600	4.000
		6	—	0.070	0.110	0.180	0.280	0.440	0.700	1.100	1.800	2.800	4.400
10	25	—	0.5	0.030	0.050	0.080	0.120	0.200	0.320	0.500	0.800	1.200	2.000
		0.5	1	0.040	0.070	0.110	0.180	0.280	0.460	0.720	1.100	1.800	2.800
		1	3	0.060	0.100	0.160	0.260	0.400	0.640	1.000	1.600	2.600	4.000
		3	6	0.080	0.120	0.200	0.320	0.500	0.800	1.200	2.000	3.200	5.000
		6		0.100	0.140	0.240	0.400	0.620	1.000	1.600	2.600	4.000	6.400
25	63	—	0.5	0.040	0.060	0.100	0.160	0.260	0.400	0.640	1.000	1.600	2.600
		0.5	1	0.060	0.090	0.140	0.220	0.360	0.580	0.900	1.400	2.200	3.600
		1	3	0.080	0.120	0.200	0.320	0.500	0.800	1.200	2.000	3.200	5.000
		3	6	0.100	0.160	0.260	0.400	0.660	1.000	1.600	2.600	4.000	6.400
		6	—	0.110	0.180	0.280	0.460	0.760	1.200	2.000	3.200	5.000	8.000

续表

基本尺寸		板材厚度		公差等级									
大于	至	大于	至	FT1	FT2	FT3	FT4	FT5	FT6	FT7	FT8	FT9	FT10
63	160	—	0.5	0.050	0.080	0.140	0.220	0.360	0.560	0.900	1.400	2.200	3.600
		0.5	1	0.070	0.120	0.190	0.300	0.480	0.780	1.200	2.000	3.200	5.000
		1	3	0.100	0.160	0.260	0.420	0.680	1.100	1.300	2.800	4.400	7.000
		3	6	0.140	0.220	0.340	0.540	0.880	1.400	2.200	3.400	5.600	9.000
		6	—	0.150	0.240	0.380	0.620	1.000	1.600	2.600	4.000	6.600	10.000
160	400	—	0.5	—	0.100	0.160	0.260	0.420	0.700	1.100	1.800	2.800	4.400
		0.5	1	—	0.140	0.240	0.380	0.620	1.000	1.600	2.600	4.000	6.400
		1	3	—	0.220	0.340	0.540	0.880	1.400	2.200	3.400	5.600	9.000
		3	6	—	0.280	0.440	0.700	1.100	1.800	2.800	4.400	7.000	11.000
		6	—	—	0.340	0.540	0.880	1.400	2.200	3.400	5.600	9.000	14.000
400	1000	—	0.5	—	—	0.240	0.380	0.620	1.000	1.600	2.600	4.000	6.600
		0.5	1	—	—	0.340	0.540	0.880	1.400	2.200	3.400	5.600	9.000
		1	3	—	—	0.440	0.700	1.100	1.800	2.800	4.400	7.000	11.000
		3	6	—	—	0.560	0.900	1.400	2.200	3.400	5.600	9.000	14.000
		6	—	—	—	0.620	1.000	1.600	2.600	4.000	6.400	10.000	16.000

成形冲压件尺寸公差等级选用

加工方法	尺寸类型	公差等级									
		FT1	FT2	FT3	FT4	FT5	FT6	FT7	FT8	FT9	FT10
弯曲	长度					—	—	—	—	—	—
拉伸	直径	—	—	—	—	—	—	—	—	—	—
	高度			—	—	—	—	—	—	—	—
带凸缘拉深	直径	—	—	—	—	—	—	—	—	—	—
	高度					—	—	—	—	—	—
其他成形方法	直径	—	—	—	—	—	—	—	—	—	—
	高度			—	—	—	—	—	—	—	—
	长度				—	—	—	—	—	—	—

注：1. 成形冲压件尺寸公差分10个等级，即FT1～FT10。从FT1～FT10依次降低。
2. 成形冲压件尺寸极限偏差的规定同平冲压件的极限偏差的规则。
3. 成形冲压件的尺寸公差、极限偏差适用于弯曲、拉深、带凸缘拉深及其他成形方法的尺寸公差及极限偏差。

6.3.2.3 冲压件角度公差

冲压件角度公差包括冲压件冲裁角度公差和冲压件弯曲角度公差。冲压件冲裁角度是在平冲压件或成形冲压件的平面部分，经冲裁工序加工而成的角度；冲压件弯曲角度是经弯曲工序加工而成的冲压件的角度。它们的公差等级、符号及数值和公差等级的选用见表1-6-48。

表1-6-48 冲压件冲裁角度及弯曲角度公差和选用（摘自GB/T 13915—2013）

冲压件冲裁角度公差

公差等级	短边尺寸/mm						
	≤10	>10～25	>25～63	>63～160	>160～400	>400～1000	>1000
AT1	0°40′	0°30′	0°20′	0°12′	0°5′	0°4′	—
AT2	1°	0°40′	0°30′	0°20′	0°12′	0°6′	0°4′
AT3	1°20′	1°	0°40′	0°30′	0°20′	0°12′	0°6′
AT4	2°	1°20′	1°	0°40′	0°30′	0°20′	0°12′
AT5	3°	2°	1°20′	1°	0°40′	0°30′	0°20′
AT6	4°	3°	2°	1°20′	1°	0°40′	0°30′

续表

冲压件弯曲角度公差							
公差等级	短边尺寸/mm						
	≤10	>10～25	>25～63	>63～160	>160～400	>400～1000	>1000
BT1	1°	0°40′	0°30′	0°16′	0°12′	0°10′	0°8′
BT2	1°30′	1°	0°40′	0°20′	0°16′	0°12′	0°10′
BT3	2°30′	2°	1°30′	1°15′	1°	0°45′	0°30′
BT4	4°	3°	2°	1°30′	1°15′	1°	0°45′
BT5	6°	4°	3°	2°30′	2°	1°30′	1°

公差等级选用											
材料厚度/mm	AT1	AT2	AT3	AT4	AT5	AT6	BT1	BT2	BT3	BT4	BT5
≤3											
>3											

注：1. 冲压件的冲裁角度与弯曲角度的极限偏差是依据需要选用单项偏差值，即上偏差为“+”公差数值，下偏差为“0”，或上偏差为“0”，而下偏差为“−”公差数值（内尺寸选前、外尺寸选后，即相当孔选前、轴选后）。

2. 未注公差的角度极限偏差取表中给出的公差数值的一半，前冠以“±”号，分别作为上、下偏差。

6.3.2.4 冲压件未注公差尺寸的极限偏差及未注公差圆角半径的极限偏差（摘自 GB/T 15055—2007）

冲裁、成形未注公差尺寸的极限偏差及未注公差圆角半径的极限偏差见表 1-6-49、表 1-6-50。

表 1-6-49 冲裁、成形未注公差尺寸的极限偏差 /mm

基本尺寸		材料厚度		未注公差冲裁尺寸极限偏差 公差等级				未注公差成形尺寸极限偏差 公差等级			
大于	至	大于	至	f	m	c	v	f	m	c	v
0.5	3	—	1	±0.05	±0.10	±0.15	±0.20	±0.15	±0.20	±0.35	±0.50
		1	3	±0.15	±0.20	±0.30	±0.40	±0.30	±0.45	±0.60	±1.00
3	6	—	1	±0.10	±0.15	±0.20	±0.30	±0.20	±0.30	±0.50	±0.70
		1	4	±0.20	±0.30	±0.40	±0.55	±0.40	±0.60	±1.00	±1.60
		4	—	±0.30	±0.40	±0.60	±0.80	±0.55	±0.90	±1.40	±2.20
6	30	—	1	±0.15	±0.20	±0.30	±0.40	±0.25	±0.40	±0.60	±1.00
		1	4	±0.30	±0.40	±0.55	±0.75	±0.50	±0.80	±1.30	±2.00
		4	—	±0.45	±0.60	±0.80	±1.20	±0.80	±1.30	±2.00	±3.20
30	120	—	1	±0.20	±0.30	±0.40	±0.55	±0.30	±0.50	±0.80	±1.30
		1	4	±0.40	±0.55	±0.75	±1.05	±0.60	±1.00	±1.60	±2.50
		4	—	±0.60	±0.80	±1.10	±1.50	±1.00	±1.60	±2.50	±4.00
120	400	—	1	±0.25	±0.35	±0.50	±0.70	±0.45	±0.70	±1.10	±1.80
		1	4	±0.50	±0.70	±1.00	±1.40	±0.90	±1.40	±2.20	±3.50
		4	—	±0.75	±1.05	±1.45	±2.10	±1.30	±2.00	±3.30	±6.50
400	1000	—	1	±0.35	±0.50	±0.70	±1.00	±0.55	±0.90	±1.40	±2.20
		1	4	±0.70	±1.00	±1.40	±2.00	±1.10	±1.70	±2.80	±4.50
		4	—	±1.05	±1.45	±2.10	±2.90	±1.70	±2.80	±4.50	±7.00
1000	2000	—	1	±0.45	±0.65	±0.90	±1.30	±0.80	±1.30	±2.00	±3.30
		1	4	±0.90	±1.30	±1.80	±2.50	±1.40	±2.20	±3.50	±5.50
		4	—	±1.40	±2.00	±2.80	±3.90	±2.00	±3.20	±5.00	±8.00
2000	4000	—	1	±0.70	±1.00	±1.40	±2.00	注:1. 对于 0.5mm 及 0.5mm 以下的尺寸应标公差。 2. 所有线性尺寸公差的单位均为:mm。			
		1	4	±1.40	±2.00	±2.80	±3.90				
		4	—	±1.80	±2.60	±3.60	±5.00				

表 1-6-50　冲裁、成形未注公差圆角半径的极限偏差　　/mm

冲裁圆角半径极限偏差						成形圆角半径极限偏差	
基本尺寸	材料厚度	公差等级				基本尺寸	极限偏差
		f	m	c	v		
＞0.5～3	≤1	±0.15		±0.20		≤3	＋1.00
	＞1～4	±0.30		±0.40			－0.30
＞3～6	≤4	±0.40		±0.60		＞3～6	＋1.50
	＞4	±0.60		±1.00			－0.50
＞6～30	≤4	±0.60		±0.80		＞6～10	＋2.50
	＞4	±1.00		±1.40			－0.80
＞30～120	≤4	±1.00		±1.20		＞10～18	＋3.00
	＞4	±2.00		±2.40			－1.00
＞120～400	≤4	±1.20		±1.50		＞18～30	＋4.00
	＞4	±2.40		±3.00			－1.50
＞400	≤4	±2.00		±2.40		＞30	＋5.00
	＞4	±3.00		±3.50			－2.00

6.3.2.5　冲压件形状和位置未注公差（摘自 GB/T 13916—2013）

冲压件的直线度、平面度、同轴度、对称度未注公差均分为 f（精密级）、m（中等级）、c（粗糙级）、v（最粗级）四个公差等级，冲压件的圆度、圆柱度、平行度、垂直度、倾斜度未注公差不分公差等级。

标准适用于金属板材冲压件，直线度、平面度未注公差及同轴度、对称度未注公差见表 1-6-51 和表 1-6-52。

表 1-6-51　直线度、平面度未注公差　　/mm

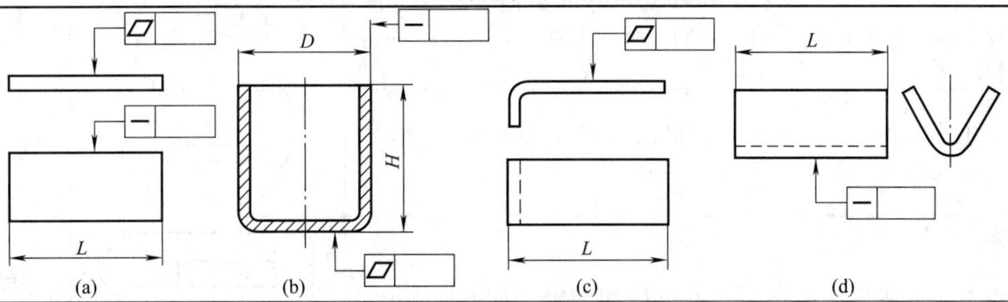

公差等级	主参数(L、H、D)						
	≤10	＞10～25	＞25～63	＞63～160	＞160～400	＞400～1000	＞1000
f	0.06	0.10	0.15	0.25	0.40	0.60	0.90
m	0.12	0.20	0.30	0.50	0.80	1.20	1.80
c	0.25	0.40	0.60	1.00	1.60	2.50	4.00
v	0.50	0.80	1.20	2.00	3.20	5.00	8.00

注：平面度未注公差应选择较长的边作为主参数。

表 1-6-52　同轴度、对称度未注公差　　/mm

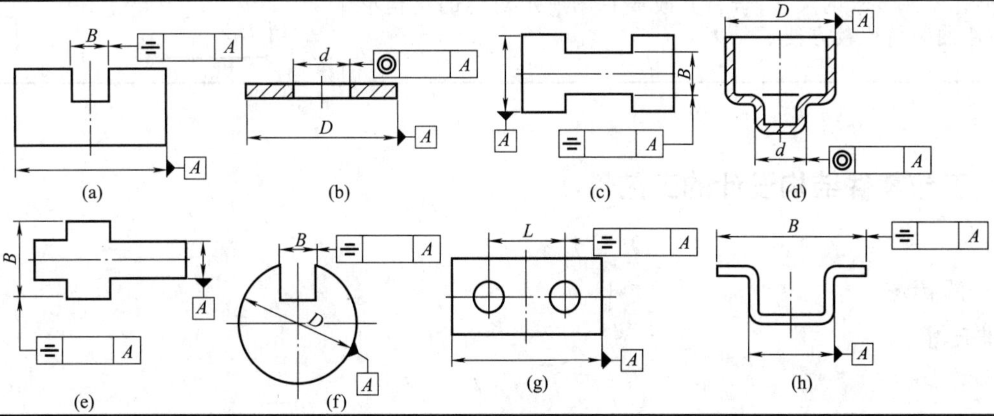

续表

公差等级	主参数(*B*、*D*、*d*、*L*)							
	≤3	>3～10	>10～25	>25～63	>63～160	>160～400	>400～1000	>1000
f	0.12	0.20	0.30	0.40	0.50	0.60	0.80	1.00
m	0.25	0.40	0.60	0.80	1.00	1.20	1.60	2.00
c	0.50	0.80	1.20	1.60	2.00	2.50	3.20	4.00
v	1.00	1.60	2.50	3.20	4.00	5.00	6.50	8.00

冲压件的圆度、圆柱度、平行度、垂直度、倾斜度的未注公差规定：圆度未注公差应不大于相应尺寸公差。圆柱度未注公差由其圆度、素线的直线度未注公差和要素的尺寸公差分别控制。平行度未注公差由平行要素的平面度或直线度未注公差和平行要素间的尺寸公差分别控制。垂直度、倾斜度未注公差由角公差和直线度公差分别控制。

6.3.3 冷冲压零件结构设计注意事项

冷压件的设计不仅应保证具有良好的使用性能，而且也应具有良好的工艺性能。除应根据规定的若干工艺参数进行设计外，还应注意表 1-6-53 中所列事项，以减少材料的消耗、延长模具寿命、提高生产率、降低成本、保证冲压件质量等。

表 1-6-53 冷冲压零件结构设计注意事项

注意事项		示例	
冷冲板材	冲裁件的形状应力求简单，尽可能采用圆形、矩形等规则形状；并应使工件在板料上紧密排列将废料降低到最少。如左图所示冲裁件，若改成右图所示的零件，则可大量节约金属材料，也可提高效率	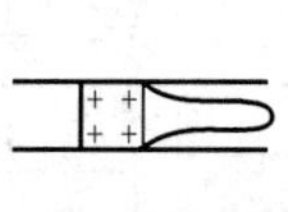	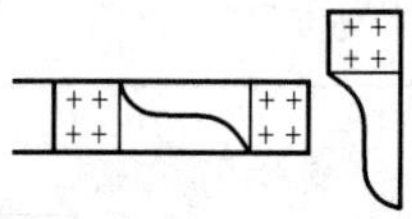
	冲裁件轮廓最好倒圆，这样可以提高冲裁模的使用寿命，如右图所示长孔比左图所示结构设计更合理	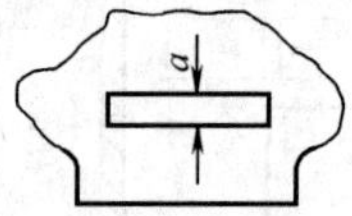	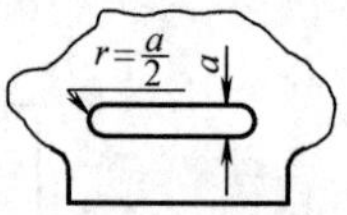
弯曲板材	可利用冷压弯曲方法简化工件的设计和加工。如右图所示，利用该图方式先打出一长方形 A 孔，接着用切口、弯曲的方法代替左图所示的铆或焊接件结构，这样可大大节省劳动力和节约金属材料	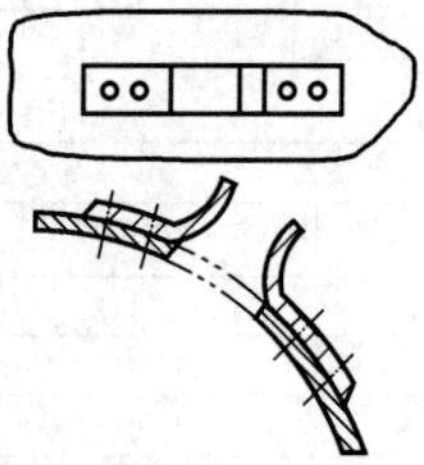	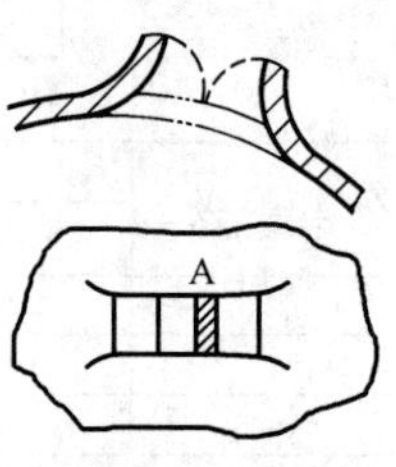
	弯曲件的结构形状最好是对称的。假若如左图所示弯曲件，在弯曲时需用较大的力量压紧，而且压紧也很不方便，同时还有可能达不到要求的尺寸；若将其改成右图所示对称的结构形状，在弯曲时就比较方便了	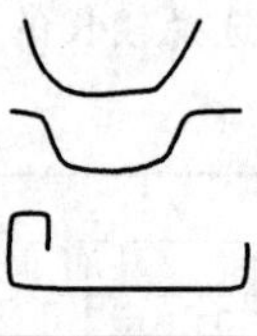	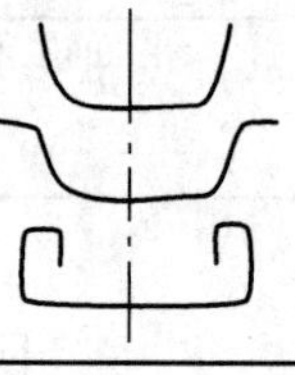

6.4 切削加工与零件结构设计的工艺性

6.4.1 常用一般标准

6.4.1.1 标准尺寸

标准尺寸见表 1-6-54。

表 1-6-54 标准尺寸（摘自 GB/T 2822—2005） /mm

R			R′			R			R′			R		
R10	R20	R40	R′10	R′20	R′40	R10	R20	R40	R′10	R′20	R′40	R10	R20	R40
1.00	1.00		1.0	1.0				67.0			67		1120	1120
							71.0	71.0		71	71			1180
	1.12			**1.1**				75.0			75	1250	1250	1250
1.25	1.25		**1.2**	**1.2**		80.0	80.0	80.0	80	80	80			
	1.40			1.4				85.0			85			1320
1.60	1.60		1.6	1.6			90.0	90.0		90	90		1400	1400
	1.80			1.8				95.0			95			1500
2.00	2.00		2.0	2.0		100.0	100.0	100.0	100	100	100	1600	1600	1600
	2.24			**2.2**				106			**105**			1700
2.50	2.50		2.5	2.5			112	112		**110**	**110**		1800	1800
	2.80			2.8				118			**120**			1900
3.15	3.15		**3.0**	**3.0**		125	125	125	125	125	125	2000	2000	2000
	3.55			**3.5**				132			**130**			2120
4.00	4.00		4.0	4.0			140	140		140	140		2240	2240
	4.50			4.5				150			150			2360
5.00	5.00		5.0	5.0		160	160	160	160	160	160	2500	2500	2500
	5.60			**5.5**				170			170			2650
6.30	6.30		**6.0**	**6.0**			180	180		180	180		2800	2800
	7.10			**7.0**				190			190			3000
8.00	8.00		8.0	8.0		200	200	200	200	200	200	3150	3150	3150
	9.00			9.0				212			**210**			3350
10.00	10.00		10.0	10.0			224	224		**220**	**220**		3550	3550
	11.2			**11**				236			**240**			3750
12.5	12.5	12.5	**12**	**12**	12	250	250	250	250	250	250	4000	4000	4000
		13.2			**13**			265			**260**			4250
	14.0	14.0		14	14		280	280		280	280		4500	4500
		15.0			15			300			300			4750
16.0	16.0	16.0	16	16	16	315	315	315	320	**320**	**320**	5000	5000	5000
		17.0		18	17			335			**340**			5300
	18.0	18.0			18		355	355		**360**	**360**		5600	5600
		19.0			19			375			**380**			6000
20.0	20.0	20.0	20	20	20	400	400	400	400	400	400	6300	6300	6300
		21.2			**21**			425			**420**			6700
	22.4	22.4		**22**	**22**		450	450		450	450		7100	7100
		23.6			**24**			475			**480**			7500
25.0	25.0	25.0	25	25	25	500	500	500	500	500	500	8000	8000	8000
		26.5			**26**			530			530			8500
	28.0	28.0		28	28		560	560		560	560		9000	9000
		30.0			30			600			600			9500
31.5	31.5	31.5	**32**	**32**	**32**	630	630	630	630	630	630	10000	10000	10000
		33.5			**34**			670			670			10600
	35.5	35.5		**36**	**36**		710	710		710	710		11200	11200
		37.5			**38**			750			750			11800
40.0	40.0	40.0	40	40	40	800	800	800	800	800	800	12500	12500	12500
	45.0	42.5			**42**			850			850			13200
		45.0		45	45		900	900		900	900		14000	14000
		47.5			**48**			950			950			15000
50.0	50.0	50.0	50	50	50	1000	1000	1000	1000	1000	1000	16000	16000	16000
		53.0			53									17000
	56.0	56.0		56	56			1060					18000	18000
		60.0			60									19000
63.0	63.0	63.0	63	63	63							20000	20000	20000

注：1. “标准尺寸”为直径、长度、高度等系列尺寸。

2. 标准中 0.01～1.0mm 的尺寸，此表未列出。

3. R′系列中的黑体字，为 R 系列相应各项优先数的化整值。

4. 选择尺寸时，优先选用 R 系列，按照 R10、R20、R40 顺序。如必须将数值圆整，可选择相应的 R′系列，应按照 R′10、R′20、R′40 顺序选择。此外，可采用某个基本系列导出的派生系列，也可采用复合系列。

5. R 系列为基本系列，其数系是一种十进制几何级数，即任意相邻两数之比是一个常数（公比）。它们的公比分别为 R10 是 $\sqrt[10]{10}\approx 1.25$，R20 是 $\sqrt[20]{10}\approx 1.12$，R40 是 $\sqrt[40]{10}\approx 1.06$，如 R10 系列中的 5/4＝1.25。所以本表所列数系，都是按各自的公比计算出来的数值经圆整而获得的。另外，本表所列的任意两优先数之积或商，或其整数的乘方、开方仍为优先数。

表 1-6-55　锥度与锥角系列（摘自 GB/T 157—2001）

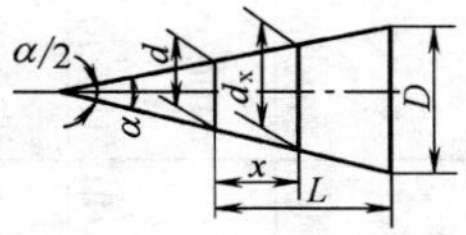

锥度 C，一般用比例或分式形式表示

$$锥度\ C=\frac{D-d}{L}=2\tan\frac{\alpha}{2}=1:\frac{1}{2}\cot\frac{\alpha}{2}$$

一般用途圆锥的锥度与锥角

基本值		推算值				应用举例
系列 1	系列 2	圆锥角 α (°)(′)(″)	圆锥角 α (°)	圆锥角 α rad	锥度 C	
120°				2.09439510	1 ∶ 0.288675	
90°				1.57079633	1 ∶ 0.500000	螺纹孔的内倒角，填料盒内填料的锥度
	75°	—	—	1.30899694	1 ∶ 0.651613	沉头螺钉头，螺纹倒角，轴的倒角
60°		—	—	1.04719755	1 ∶ 0.866025	车床顶尖，中心孔
45°		—	—	0.78539816	1 ∶ 1.207107	车床顶尖，中心孔
30°		—	—	0.52359878	1 ∶ 1.866025	轻型螺旋管接口的锥形密合
1 ∶ 3		18°55′28.7″	18.924644°	0.33029735	—	摩擦离合器
	1 ∶ 4	14°15′0.1″	14.250033°	0.24870999	—	有极限扭矩的摩擦圆锥离合器
1 ∶ 5		11°25′16.3″	11.421186°	0.19933730	—	
	1 ∶ 6	9°31′38.2″	9.522783°	0.16628246	—	
	1 ∶ 7	8°10′16.4″	8.171234°	0.14261493	—	易拆机件的锥形连接，锥形摩擦离合器
	1 ∶ 8	7°9′9.6″	7.152669°	0.12483762	—	重型机床顶尖，旋塞
1 ∶ 10		5°43′29.3″	5.724810°	0.09991679	—	联轴器和轴的圆锥面连接
	1 ∶ 12	4°46′18.8″	4.771888°	0.08328516	—	受轴向力及横向力的锥形零件的接合面，电机及其他机械的锥形轴端
	1 ∶ 15	3°49′5.9″	3.818305°	0.06664199	—	固定球及滚子轴承的衬套
1 ∶ 20		2°51′51.1″	2.864192°	0.04998959	—	受轴向力的锥形零件的接合面，活塞与活塞杆的连接
1 ∶ 30		1°54′34.9″	1.909683°	0.03333025	—	机床主轴锥度，刀具尾柄，公制锥度铰刀，圆锥螺栓
1 ∶ 50		1°8′45.2″	1.145877°	0.01999933	—	
1 ∶ 100		0°34′22.6″	0.572953°	0.00999992	—	圆锥销，定位销，圆锥销孔的铰刀
1 ∶ 200		0°17′11.3″	0.286478°	0.00499999	—	承受陡振及静变载荷的不需拆开的连接机件
1 ∶ 500		0°6′62.5″	0.114592°	0.00200000	—	承受陡振及冲击变载荷的需拆开的零件，圆锥螺栓

续表

特殊用途圆锥的锥度与锥角

基本值	推算值 圆锥角α 角度		推算值 弧度	推算值 锥度 C	应用举例
11°54′	—	—	0.20767	1∶4.797451	纺织工业
8°40′	—	—	0.15126	1∶6.598442	纺织工业
7°0′	—	—	0.12217	1∶8.174928	纺织工业
7∶24	16°35′39.4″	16.594290°	0.28963	1∶3.428571	机床主轴，工具配合
1∶12.262	4°40′12.2″	4.670042°	0.081508	—	贾各锥度 No.2
1∶12.972	4°24′52.9″	4.414696°	0.077051	—	No.1
1∶15.748	3°38′13.4″	3.637067°	0.063479	—	No.33
1∶18.779	3°3′1.2″	3.050335°	0.053238		贾各锥度 No.3
1∶19.264	2°58′24.9″	2.973573°	0.051899		No.6
1∶20.288	2°49′24.8″	2.823550°	0.049280		No.0
1∶19.002	3°0′52.4″	3.014554°	0.052614		莫氏锥度 No.5

基本值	推算值 圆锥角α 角度		推算值 弧度	推算值 锥度 C	应用举例
1∶19.180	2°59′11.7″	2.986590°	0.052126		莫氏锥度 No.6
1∶19.212	2°58′53.8″	2.981618°	0.052039		莫氏锥度 No.0
1∶19.254	2°58′30.4″	2.975117°	0.051926		莫氏锥度 No.4
1∶19.922	2°52′31.4″	2.875402°	0.050185		莫氏锥度 No.3
1∶20.020	2°51′40.8″	2.861332°	0.049940		莫氏锥度 No.2
1∶20.047	2°51′26.9″	2.857480°	0.049872		莫氏锥度 No.1
6∶100	3°26′12.2″	3.436716°	0.059982	1∶16.6666670	医疗设备
1∶23.904	2°23′47.6″	2.396562°	0.041828	—	布朗夏普锥度 No.1～No.3
1∶28	2°2′45.8″	2.046060	0.035710	—	复苏器(医用)
1∶36	1°35′29.2″	1.591447°	0.027776		麻醉器具
1∶40	1°25′56.4″	1.432320°	0.024999		麻醉器具

6.4.1.2 锥度与锥角系列及其公差

锥度与锥角系列见表 1-6-55；莫氏和公制锥度（附斜度对照）见表 1-6-56；棱体的角度和斜度见表 1-6-57；圆锥角公差见表 1-6-58。一般用途的锥度与锥角系列选用时应优先选用系列 1，其次选用系列 2。为便于圆锥件的设计、生产和控制，给出了圆锥角和锥度的推算值，其有效位数可按需要确定。

表 1-6-56 莫氏和公制锥度（附斜度对照）

圆锥号数		锥度 $C=2\tan(\alpha/2)$	锥角 α	斜角 $\alpha/2$	斜度 $\tan(\alpha/2)$	圆锥号数		锥度 $C=2\tan(\alpha/2)$	锥角 α	斜角 $\alpha/2$	斜度 $\tan(\alpha/2)$
公制	4	1∶20=0.05	2°51′51″	1°25′56″	0.025	莫氏	6	1∶19.180=0.05214	2°59′12″	1°29′36″	0.0261
	6	1∶20=0.05	2°51′51″	1°25′56″	0.025		7	1∶19.231=0.052	2°58′36″	1°29′18″	0.026
莫氏	0	1∶19.212=0.05205	2°58′54″	1°29′27″	0.026	公制	80	1∶20=0.05	2°51′51″	1°25′56″	0.025
	1	1∶20.047=0.04988	2°51′26″	1°25′43″	0.0249		100	1∶20=0.05	2°51′51″	1°25′56″	0.025
	2	1∶20.020=0.04995	2°51′41″	1°25′50″	0.025		120	1∶20=0.05	2°51′51″	1°25′56″	0.025
	3	1∶19.922=0.05020	2°52′32″	1°26′16″	0.0251		140	1∶20=0.05	2°51′51″	1°25′56″	0.025
	4	1∶19.254=0.05194	2°58′31″	1°29′15″	0.026		160	1∶20=0.05	2°51′51″	1°25′56″	0.025
	5	1∶19.002=0.05263	3°00′53″	1°30′26″	0.0263		200	1∶20=0.05	2°51′51″	1°25′56″	0.025

注：1. 公制圆锥号数表示圆锥的大端直径，如 80 号公制圆锥，它的大端直径即为 80mm。
2. 莫氏锥度目前在钻头及铰刀的锥柄、车床零件等应用较多。

表 1-6-57 棱体的角度与斜度（摘自 GB/T 4096—2001）

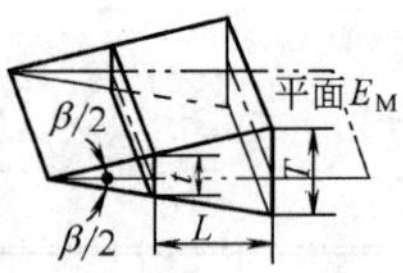

比率 $C_p=\dfrac{T-t}{L}$

$C_p=2\tan\dfrac{\beta}{2}=1:\dfrac{1}{2}\cot\dfrac{\beta}{2}$

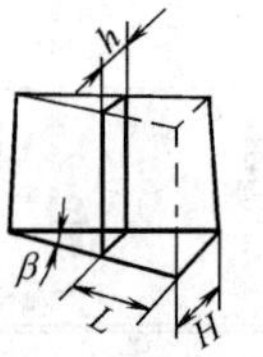

斜度 $S=\dfrac{H-h}{L}$

$S=\tan\beta=1:\cot\beta$

	基本值			推算值		
	系列 1	系列 2	S	C_p	S	β
一般用途	120°	—	—	1∶0.288675	—	
	90°	—	—	1∶0.500000	—	
	—	75°	—	1∶0.651613	1∶0.267949	
	60°	—	—	1∶0.866025	1∶0.577350	
	45°	—	—	1∶1.207107	1∶1.000000	
	—	40°	—	1∶1.373739	1∶1.191754	
	30°	—	—	1∶1.866025	1∶1.732051	
	20°	—	—	1∶2.835641	1∶2.747477	
	15°	—	—	1∶3.797877	1∶3.732051	
	—	10°	—	1∶5.715026	1∶5.671282	
	—	8°	—	1∶7.150333	1∶7.115370	
	—	7°	—	1∶8.174928	1∶8.144346	
	—	6°	—	1∶9.540568	1∶9.514364	
	—	—	1∶10	—	—	5°42′38″
	5°	—	—	1∶11.451883	1∶11.430052	

	基本值			推算值		
	系列 1	系列 2	S	C_p	S	β
一般用途	—	4°	—	1∶14.318127	1∶14.300666	
	—	3°	—	1∶19.094230	1∶19.081137	
	—	—	1∶20	—	—	2°51′44.7″
	—	2°	—	1∶28.644982	1∶28.636253	—
	—	—	1∶50	—	—	1°8′44.7″
	—	1°	—	1∶57.294327	1∶57.289962	—
	—	—	1∶100	—	—	0°34′25.5″
	—	0°30′	—	1∶114.590832	1∶114.588650	—
	—	—	1∶200	—	—	0°17′11.3″
	—	—	1∶500	—	—	0°6′52.5″

说明：优先选用系列 1，当不能满足需要时，选用系列 2

特殊用途		角度 β	C_p	S
	V 形体	108°	1∶0.3632713	
	V 形体	72°	1∶0.6881910	
	燕尾体	55°	1∶0.9604911	1∶0.700207
	燕尾体	50°	1∶1.0722535	1∶0.839100

表 1-6-58　圆锥角公差数值（摘自 GB/T 11334—2005）

圆锥角公差等级				公称圆锥长度 L/mm									
				>6～10	>10～16	>16～25	>25～40	>40～63	>63～100	>100～160	>160～250	>250～400	>400～630
圆锥角公差	AT1	AT_α	μrad	50	40	31.5	25	20	16	12.5	10	8	6.3
			(″)	10″	8″	6″	5″	4″	3″	2.5″	2″	1.5″	1″
		AT_D	μm	0.3～0.5	0.4～0.6	0.5～0.8	0.6～1	0.8～1.3	1～1.6	1.3～2	1.6～2.5	2～3.2	2.5～4
	AT2	AT_α	μrad	80	63	50	40	31.5	25	20	16	12.5	10
			(″)	16″	13″	10″	8″	6″	5″	4″	3″	2.5″	2″
		AT_D	μm	0.5～0.8	0.6～1	0.8～1.3	1～1.6	1.3～2	1.6～2.5	2～3.2	2.5～4	3.2～5	4～6.3
	AT3	AT_α	μrad	125	100	80	63	50	40	31.5	25	20	16
			(″)	26″	21″	16″	13″	10″	8″	6″	5″	4″	3″
		AT_D	μm	0.8～1.3	1～1.6	1.3～2	1.6～2.5	2～3.2	2.5～4	3.2～5	4～6.3	5～8	6.3～10
	AT4	AT_α	μrad	200	160	125	100	80	63	50	40	31.5	25
			(″)	41″	33″	26″	21″	16″	13″	10″	8″	6″	5″
		AT_D	μm	1.3～2	1.6～2.5	2～3.2	2.5～4	3.2～5	4～6.3	5～8	6.3～10	8～12.5	10～16
	AT5	AT_α	μrad	315	250	200	160	125	100	80	63	50	40
			(′)(″)	1′05″	52″	41″	33″	26″	21″	16″	13″	10″	8″
		AT_D	μm	2～3.2	2.5～4	3.2～5	4～6.3	5～8	6.3～10	8～12.5	10～16	12.5～20	16～25
	AT6	AT_α	μrad	500	400	315	250	200	160	125	100	80	63
			(′)(″)	1′43″	1′22″	1′05″	52″	41″	33″	26″	21″	16″	13″
		AT_D	μm	3.2～5	4～6.3	5～8	6.3～10	8～12.5	10～16	12.5～20	16～25	20～32	25～40
	AT7	AT_α	μrad	800	630	500	400	315	250	200	160	125	100
			(′)(″)	2′45″	2′10″	1′43″	1′22″	1′05″	52″	41″	33″	26″	21″
		AT_D	μm	5～8	6.3～10	8～12.5	10～16	12.5～20	16～25	20～32	25～40	32～50	40～63
	AT8	AT_α	μrad	1250	1000	800	630	500	400	315	250	200	160
			(′)(″)	4′18″	3′26″	2′45″	2′10″	1′43″	1′22″	1′05″	52″	41″	33″
		AT_D	μm	8～12.5	10～16	12.5～20	16～25	20～32	25～40	32～50	40～63	50～80	63～100
	AT9	AT_α	μrad	2000	1600	1250	1000	800	630	500	400	315	250
			(′)(″)	6′52″	5′30″	4′18″	3′26″	2′45″	2′10″	1′43″	1′22″	1′05″	52″
		AT_D	μm	12.5～20	16～25	20～32	25～40	32～50	40～63	50～80	63～100	80～125	100～160
	AT10	AT_α	μrad	3150	2500	2000	1600	1250	1000	800	630	500	400
			(′)(″)	10′49″	8′35″	6′52″	5′30″	4′18″	3′26″	2′45″	2′10″	1′43″	1′22″
		AT_D	μm	20～32	25～40	32～50	40～63	50～80	63～100	80～125	100～160	125～200	160～250
	AT11	AT_α	μrad	5000	4000	3150	2500	2000	1600	1250	1000	800	630
			(′)(″)	17′10″	13′44″	10′49″	8′35″	6′52″	5′30″	4′18″	3′26″	2′45″	2′10″
		AT_D	μm	32～50	40～63	50～80	63～100	80～125	100～160	125～200	160～250	200～320	250～400
	AT12	AT_α	μrad	8000	6300	5000	4000	3150	2500	2000	1600	1250	1000
			(′)(″)	27′28″	21′38″	17′10″	13′44″	10′49″	8′35″	6′52″	5′30″	4′18″	3′26″
		AT_D	μm	50～80	63～100	80～125	100～160	125～200	160～250	200～320	250～400	320～500	400～630

注：圆锥角公差见 GB/T 11334—2005，未注公差角度的极限偏差见 GB 11335—1989。

GB/T 11334—2005 适用于锥度 C 从（1∶3）～（1∶500)、圆锥长度 L 从 6～630mm 的光滑圆锥。圆锥角公差也适用于棱形的角度与斜度。

GB/T 11334—2005 规定了圆锥公差项目、给定方法和公差数值。圆锥公差项目有圆锥直径公差 T_D、圆锥角公差 AT（用角度值 AT_α 或线值 AT_D 给定)、圆锥形状公差 T_F（素线直线度和截面圆度）和给定截面直径公差 T_{DS} 四项。

圆锥公差给定方法有：给出圆锥角 α（或锥度 C）和 T_D，此时圆锥角误差与形状误差均应在极限圆锥所限定的区域内，当对其有更高的要求时，可再给出 AT 和 T_F，此时 AT 和 T_F 仅占 T_D 的一部分；给出 T_{DS} 和 AT，此时应分别满足其要求。

圆锥直径公差 T_D（一般取最大圆锥直径）、T_{DS} 按标准公差选取。圆锥角公差分 12 个等级，用 AT1、…、AT12 表示，AT1 精度最高。其值见表 1-6-58，可按单向或双向取值，即 α－AT、α＋AT 或 $\alpha\pm$AT/2。

6.4.2 金属切削加工零件的结构工艺参数

6.4.2.1 中心孔

为了加工时安装、找正方便，保证定位精度，在设计较长、工序较多、各段轴颈的同轴度要求较高的轴类零件时，在轴端一定要留有中心孔。常用的中心孔有 A、B、C、R 四种类型，其结构类型和尺寸见表 1-6-59。

表 1-6-59 中心孔 /mm

60°中心孔(摘自 GB/T 145—2001)

结构类型：

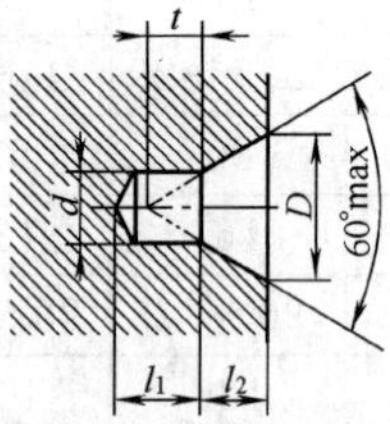

A 型 不带护锥中心孔
不要求保留中心孔的零件采用此类型

d	D	l_2	t 参考尺寸	d	D	l_2	t 参考尺寸
(0.50)	1.06	0.48	0.5	2.50	5.30	2.42	2.2
(0.63)	1.32	0.60	0.6	3.15	6.70	3.07	2.8
(0.80)	1.70	0.78	0.7	4.00	8.50	3.90	3.5
1.00	2.12	0.97	0.9	(5.00)	10.60	4.85	4.4
(1.25)	2.65	1.21	1.1	6.30	13.20	5.98	5.5
1.60	3.35	1.52	1.4	(8.00)	17.00	7.79	7.0
2.00	4.25	1.95	1.8	10.00	21.20	9.70	8.7

说明:1. 尺寸 l_1 取决于中心钻的长度 l_1，即使中心钻重磨后再使用，此值也不应小于 t 值；
2. 表中同时列出了 D 和 l_2 尺寸，制造厂可任选其中一个尺寸；
3. 括号内的尺寸尽量不采用；
4. 中心孔的尺寸和表面粗糙度要在零件图上画出，其粗糙度要按用途由设计者确度

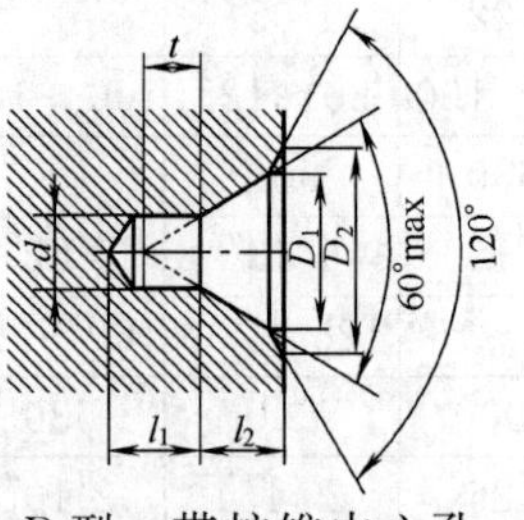

B 型 带护锥中心孔
要求精度较高、加工工序较多、需要多次使用，且要保留中心孔的零件采用此类型

d	D_1	D_2	l_2	t 参考尺寸	d	D_1	D_2	l_2	t 参考尺寸
1.00	2.12	3.15	1.27	0.9	4.00	8.50	12.50	5.05	3.5
(1.25)	2.65	4.00	1.60	1.1	(5.00)	10.60	16.00	6.41	4.4
1.60	3.35	5.00	1.99	1.4	6.30	13.20	18.00	7.36	5.5
2.00	4.25	6.30	2.54	1.8	(8.00)	17.00	22.40	9.36	7.0
2.50	5.30	8.00	3.20	2.2	10.00	21.20	28.00	11.66	8.7
3.15	6.70	10.00	4.03	2.8					

说明:1. 尺寸 l_1 取决于中心钻的长度 l_1，即使中心钻重磨后再使用，此值也不应小于 t 值；
2. 表中同时列出了 D_2 和 l_2 尺寸，制造厂可任选其中一个尺寸；
3. 尺寸 d 和 D_1 与中心钻的尺寸一致；
4. 括号内的尺寸尽量不采用；
5. 中心孔的尺寸和表面粗糙度要在零件图上画出，其粗糙度要按用途由设计者确定

续表

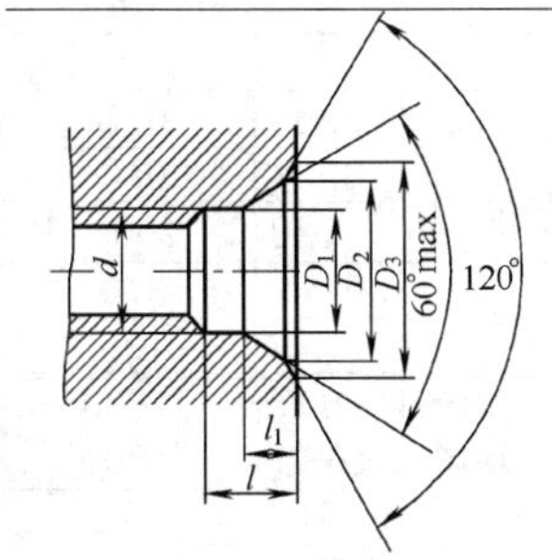

C型 带螺纹中心孔

d	D_1	D_2	D_3	l	l_1 参考尺寸	d	D_1	D_2	D_3	l	l_1 参考尺寸
M3	3.2	5.3	5.8	2.6	1.8	M10	10.5	14.9	16.3	7.5	3.8
M4	4.3	6.7	7.4	3.2	2.1	M12	13.0	18.1	19.8	9.5	4.4
M5	5.3	8.1	8.8	4.0	2.4	M16	17.0	23.0	25.3	12.0	5.2
M6	6.4	9.6	10.5	5.0	2.8	M20	21.0	28.4	31.3	15.0	6.4
M8	8.4	12.2	13.2	6.0	3.3	M24	26.0	34.2	38.0	18.0	8.0

说明：1. l_1 要根据固定螺钉尺寸确定，但不得小于表中 l_1 的数据；
2. 在轴上需要固定零件或需要安装吊环时采用此类型；
3. 中心孔的尺寸和表面粗糙度要在零件图上画出，其粗糙度要按用途由设计者确定

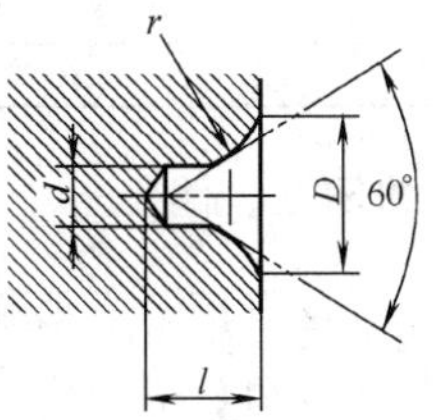

R型 弧形中心孔

d	D	l_{min}	r max	r min	d	D	l_{min}	r max	r min
1.00	2.12	2.3	3.15	2.50	4.00	8.50	8.9	12.50	10.00
(1.25)	2.65	2.8	4.00	3.15	(5.00)	10.60	11.2	16.00	12.50
1.60	3.35	3.5	5.00	4.00	6.30	13.20	14.0	20.00	16.00
2.00	4.25	4.4	6.30	5.00	(8.00)	17.00	17.9	25.00	20.00
2.50	5.30	5.5	8.00	6.30	10.00	21.20	22.5	31.50	25.00
3.15	6.70	7.0	10.00	8.00					

说明：1. 括号内的尺寸尽量不采用；
2. 中心孔的尺寸和表面粗糙度要在零件图上画出，其粗糙度要按用途由设计者确定

75°、90°中心孔

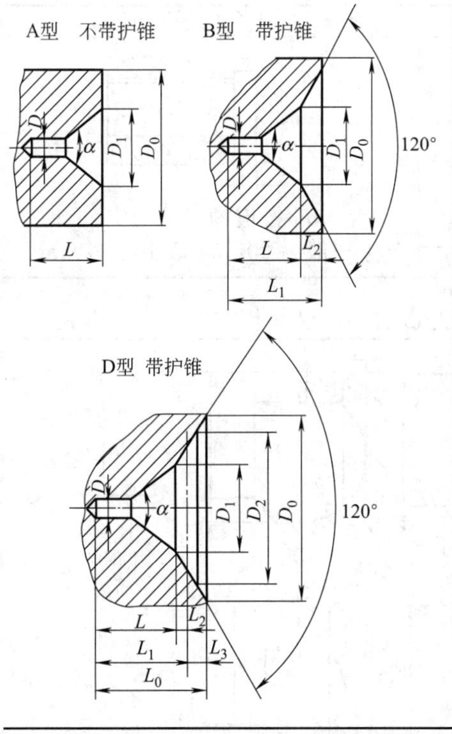

α	规格 D	D_1	D_2	L	L_1	L_2	L_3	L_0	选择中心孔的参考数据 毛坯轴端直径(min)D_0	毛坯质量(max)/kg
70°(摘自JB/ZQ 4236—2006)	3	9		7	8	1			30	200
	4	12		10	11.5	1.5			50	360
	6	18		14	16	2			80	800
	8	24		19	21	2			120	1500
	12	36		28	30.5	2.5			180	3000
	20	60		50	53	3			260	9000
	30	90		70	74	4			360	20000
	40	120		95	100	5			500	35000
	45	135		115	121	6			700	50000
	50	150		140	148	8			900	80000
90°(摘自JB/ZQ 4237—2006)	14	56	77	36	38.5	2.5	6	44.5	250	5000
	16	64	85	40	42.5	2.5	6	48.5	300	10000
	20	80	108	50	53	3	8	61	400	20000
	24	96	124	60	64	4	8	72	500	30000
	30	120	155	80	84	4	10	94	600	50000
	40	160	195	100	105	5	10	115	800	80000
	45	180	222	110	116	6	12	128	900	100000
	50	200	242	120	128	8	12	140	1000	150000

注：1. 中心孔的尺寸主要根据轴端直径 D_0 和零件毛坯总质量（如轴上装有齿轮、齿圈及其他零件等）来选择。若毛坯总质量超过表中 D_0 相对应的质量时，则依据毛坯质量确定中心孔尺寸。
2. 当加工零件毛坯总质量超过 5000kg 时，一般宜选择 B 型中心孔。
3. C 型中心孔是属于中间型式，在制造时要考虑到在机床上加工去掉余量“L_3”以后，应与 B 型中心孔相同。
4. 中心孔的表面粗糙度按用途自行规定。

6.4.2.2 零件倒圆与倒角

零件倒圆与倒角见表 1-6-60。

表 1-6-60 零件倒圆与倒角（摘自 GB/T 6403.4—2008） /mm

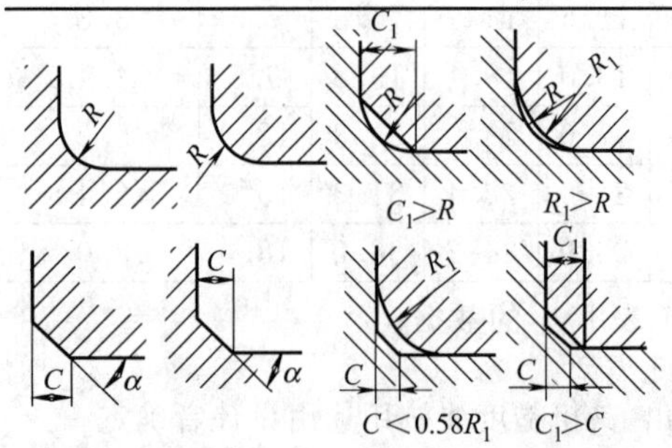

根据直径 D 确定 R（或 R_1）、C，另一相配零件的圆角或倒角按图中关系确定

直径 D		≤3		>3～6		>6～10		>10～18
R、C	R_1	0.1	0.2	0.3	0.4	0.5	0.6	0.8
	C_{max}（$C<0.58R_1$）	—	0.1	0.1	0.2	0.2	0.3	0.4

直径 D		>18～30	>30～50		>50～80	>80～120	>120～180
R、C	R_1	1.0	1.2	1.6	2.0	2.5	3.0
	C_{max}（$C<0.58R_1$）	0.5	0.6	0.8	1.0	1.2	1.6

直径 D		>180～250	>250～320	>320～400	>400～500	>500～630	>630～800
R、C	R_1	4.0	5.0	6.0	8.0	10	12
	C_{max}（$C<0.58R_1$）	2.0	2.5	3.0	4.0	5.0	6.0

直径 D		>800～1000		>1000～1250		>1250～1600	
R、C	R_1	16	20	25	32	40	50
	C_{max}（$C<0.58R_1$）	8.0	10	12			

注：1. α 一般采用 45°，也可采用 30°或 60°。倒圆半径、倒角的尺寸标准符合 GB/T 4458.4 的要求。

2. 本部分适用于一般机械切削加工零件的外角和内角的倒圆、倒角，不适用于有特殊要求的倒圆、倒角。

6.4.2.3 退刀槽、越程槽及空刀槽

在设计需要切削加工，且直径相同而配合性质不同的轴或带槽孔的零件时，要留出退刀槽，需要磨削的零件，在其相交的表面处也要留出退刀槽；需要刨切、插削、珩磨的零件其交叉表面处要留出越程槽；需要插削双联齿轮时，其相交表面处要留出空刀槽；滚切人字齿轮时，其相交表面处也要留出退刀槽。各退刀槽、越程槽、空刀槽的结构及其尺寸见表 1-6-61～表 1-6-65。

表 1-6-61 直径相同而配合不同轴及带槽孔的退刀槽（摘自 JB/ZQ 4238—2006） /mm

公称直径相同而配合不同的退刀槽（B型退刀槽各部尺寸）

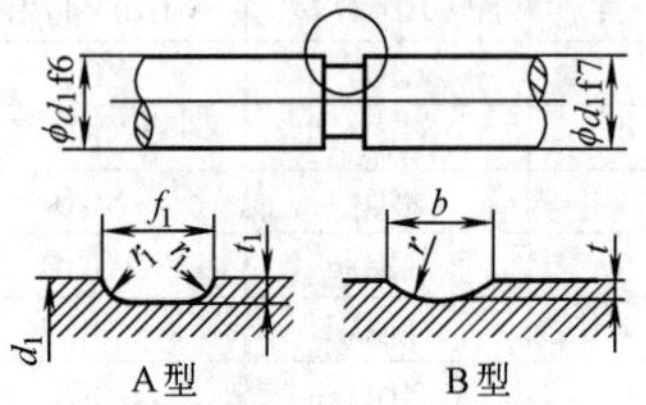

r	t	b
2.5	0.25	2.2
4	0.4	3.5
6	0.4	4.3
10	0.6	6.8
16	0.6	8.7
25	1.0	14.0
A型各部尺寸根据直径 d_1 按表 1-6-62 选取		

带槽孔的退刀槽

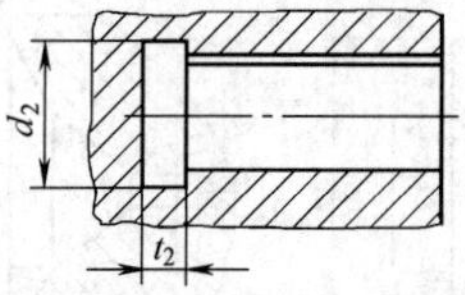

d_2 按键槽尺寸而定

t_2 一般为 20mm，最小为 10mm

表 1-6-62 外圆退刀槽及相配件的倒角和倒圆（摘自 JB/ZQ 4238—2006） /mm

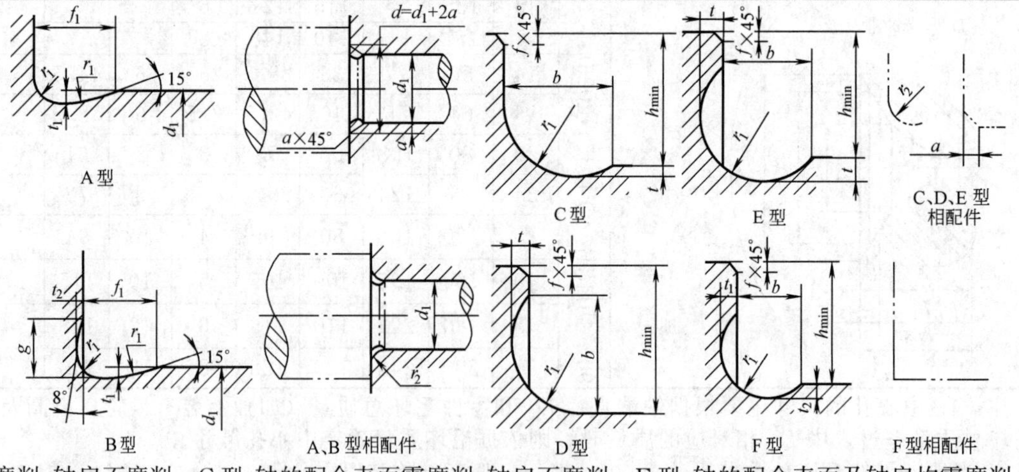

A 型：轴的配合表面需磨削，轴肩不磨削

B 型：轴的配合表面及轴肩均需磨削

C 型：轴的配合表面需磨削，轴肩不磨削

D 型：轴的配合表面不磨削，轴肩需磨削

E 型：轴的配合表面及轴肩均需磨削

F 型：相配件为锐角的轴的配合表面及轴肩均需磨削

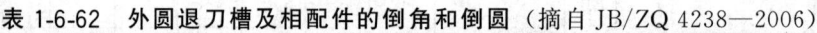

续表

适用范围		r_1	t_1 +0.1	f_1	g ≈	t_2 +0.05	推荐的配合直径 d_1 用在一般载荷	推荐的配合直径 d_1 用在交变载荷		退刀槽尺寸 $r_1 \times t_1$	倒角最小值 $a/2$ A型	倒角最小值 $a/2$ B型	倒圆最小值 r_2 A型	倒圆最小值 r_2 B型
A型、B型	适用于交变载荷，也可用于一般载荷的磨削件，退刀槽的各部尺寸	0.6	0.2	2	1.4	0.1	>10～18	—	相配件的倒角和倒圆	0.6×0.2	0.4	0.1	1	0.3
		0.6	0.3	2.5	2.1	0.2	>18～80			0.6×0.3	0.3	0	0.8	0
		1	0.4	4	3.2	0.3	>80			1×0.2	0.8	0	1.5	0
		1	0.2	2.5	1.8	0.1	—	>18～50		1×0.4	0.6	0.4	2	1
		1.6	0.3	4	3.1	0.2		>50～80		1.6×0.3	1.3	0.6	3.2	1.4
		2.5	0.4	5	4.8	0.3		>80～125		2.5×0.4	2.1	1.0	5.2	2.4
		4	0.5	7	6.4	0.3		>125		4×0.5	3.5	2.0	8.8	5

适用范围		轴 h_{min}	轴 r_1	轴 t	轴 b C、D型	轴 b E型	轴 f_{max}	相配件(孔) a	偏差	相配件(孔) r_2	偏差
C型、D型、E型	适用于受载无特殊要求的磨削件，退刀槽及相配件的各部尺寸	2.5	1.0	0.25	1.6	1.4	0.2	1	+0.6	1.2	+0.6
		4	1.6	0.25	2.4	2.2	0.2	1.6	+0.6	2.0	+0.6
		6	2.5	0.25	3.6	3.4	0.2	2.5	+1.0	3.2	+1.0
		10	4.0	0.4	5.7	5.3	0.4	4.0	+1.0	5.0	+1.0
		16	6.0	0.4	8.1	7.7	0.4	6.0	+1.6	8.0	+1.6
		25	10.0	0.6	13.4	12.8	0.4	10.0	+1.6	12.5	+1.6
		40	16.0	0.6	20.3	19.7	0.6	16.0	+2.5	20.0	+2.5
		60	25.0	1.0	32.1	31.1	0.6	25.0	+2.5	32.0	+2.5

F型退刀槽的各部尺寸	轴 h_{min}	轴 r_1	轴 t_1	轴 t_2	轴 b	轴 f_{max}
	4	1.0	0.4	0.25	1.2	0.2
	5	1.6	0.6	0.4	2.0	
	8	2.5	1.0	0.6	3.2	
	12.5	4.0	1.6	1.0	5.0	0.4
	20	6.0	2.5	1.6	8.0	
	30	10.0	4.0	2.5	12.5	

注：r_1=10.0 不适用于精整辊。

表 1-6-63 刨切、插削、珩磨越程槽

/mm

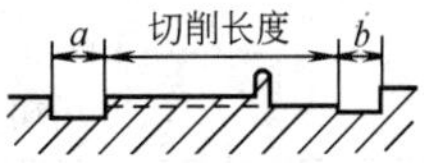

机床	越程槽
龙门刨	$a+b$=100～200
牛头刨床 立刨床	$a+b$=50～75
大插床如 STSR1400	$a+b$=50～100
小插床如 B516	$a+b$=10～12

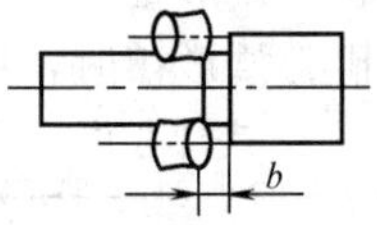

珩磨内圆 珩磨外圆	b>30 b=6～8

表 1-6-64 插齿空刀槽（摘自 JB/ZQ 4238—2006）

/mm

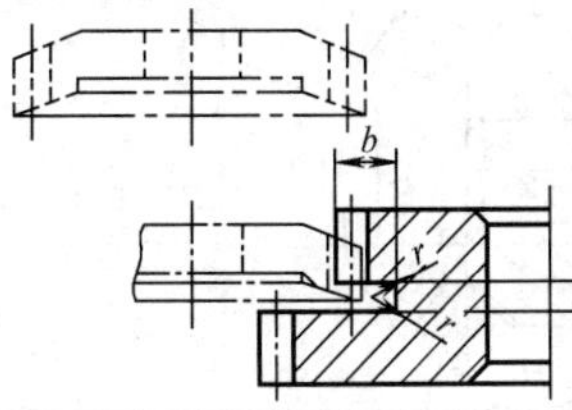

模数	2	2.5	3	4	5	6	7	8	9	10	12	14	16	18	20	22	25
h_{min}	5	6			7			8			9			10			12
b_{min}	5	6	7.5	10.5	13	15	16	19	22	24	28	33	38	42	46	51	58
r	0.5		1.0														

表 1-6-65 滚人字齿轮退刀槽最小宽度 b（摘自 JB/ZQ 4238—2006）

/mm

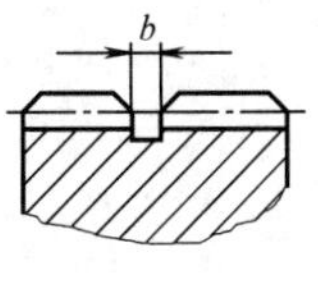

法向模数 m_n	螺旋角 25°	30°	35°	40°	法向模数 m_n	螺旋角 25°	30°	35°	40°
	退刀槽最小宽度 b					退刀槽最小宽度 b			
4	46	50	52	54	18	164	175	184	192
5	58	58	62	64	20	185	198	208	218
6	64	66	72	74	22	200	212	224	234
7	70	74	78	82	25	215	230	240	250
8	78	82	86	90	28	238	252	266	278
9	84	90	94	98	30	246	260	276	290
10	94	100	104	108	32	264	270	300	312
12	118	124	130	136	36	284	304	322	335
14	130	138	146	152	40	320	330	350	370
16	148	158	165	174					

注：1. 退刀槽的粗糙度一般选用 R_a3.2，根据需要也可选用 R_a1.6、R_a0.8、R_a0.4。
2. 退刀槽深度由设计者决定。

6.4.2.4 圆柱形零件自由表面过渡圆角半径和过盈配合连接轴用倒角

圆柱形零件自由表面过渡圆角半径和过盈配合连接轴用倒角见表 1-6-66。

表 1-6-66 圆柱形零件自由表面过渡圆角半径和过盈配合连接轴用倒角 /mm

圆角半径

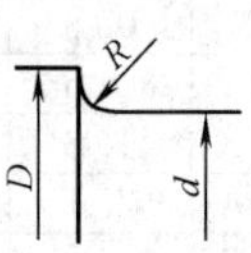

$D-d$	2	5	8	10	15	20	25	30	35	40	50
R	1	2	3	4	5	8	10	12	12	16	16
$D-d$	55	65	70	90	100	130	140	170	180	220	230
R	20	20	25	25	30	30	40	40	50	50	60
$D-d$	290	300	360	370	450	460	540	550	650	660	760
R	60	80	80	100	100	125	125	160	160	200	200

过盈配合连接轴用倒角

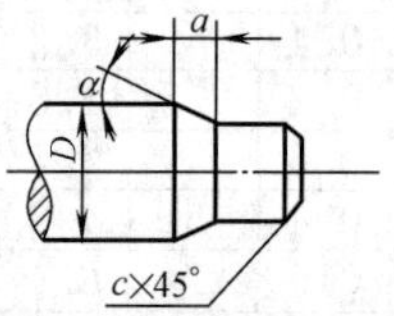

D	≤10	>10～18	>18～30	>30～50	>50～80	>80～120	>120～180	>180～260	>260～360	>360～500
a	1	1.5	2	3	—	5	8	10	10	12
c	0.5	1	1.5	2	2.5	3	4	5	6	9
α	30°				10°					

注：尺寸 $D-d$ 是表中数值的中间值时，则按较小尺寸来选取 R，如 $D-d=98$，则按 90 选 $R=25$。

6.4.2.5 T形槽、燕尾槽、弧形槽

在设计 T 形槽、燕尾槽、弧形槽时，由于切削刀具的标准化，其结构尺寸也随之标准化，见表 1-6-67～表 1-6-69。

表 1-6-67 机床工作台 T 形槽（摘自 GB/T 158—1996） /mm

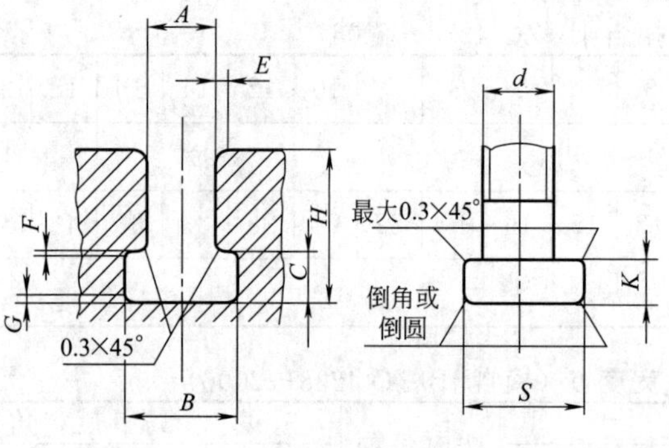

E、F和G倒45°角或倒圆

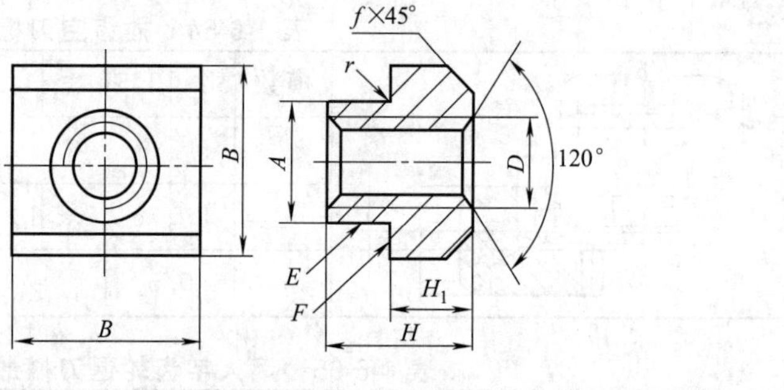

T形槽用螺母

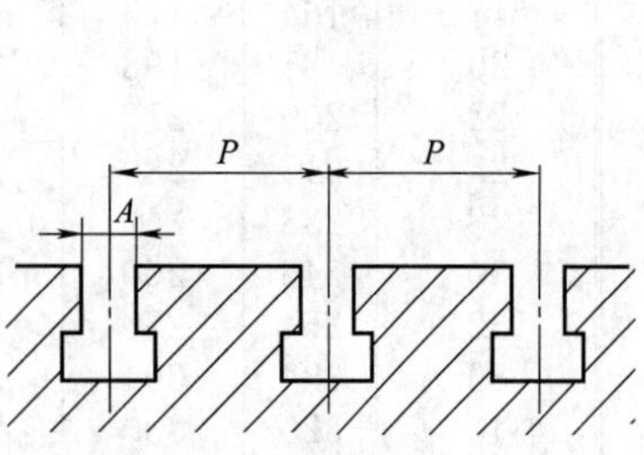

T形槽间距

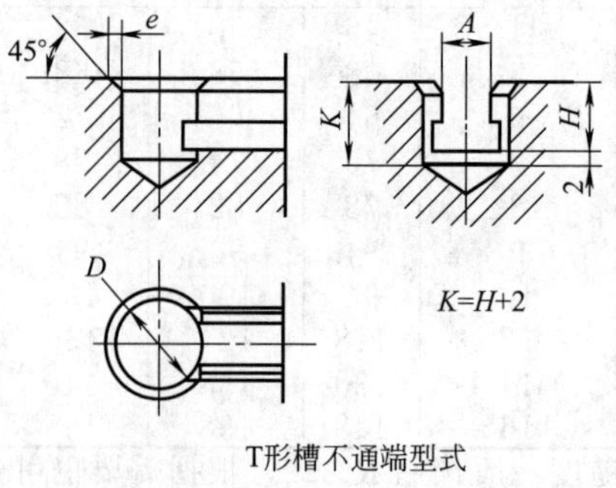

T形槽不通端型式

续表

T形槽										螺栓头部			T形槽间距 P				T形槽间距偏差	
A	B		C		H		E	F	G	d	S	K					间距 P	极限偏差
基本尺寸	最小尺寸	最大尺寸	最小尺寸	最大尺寸	最小尺寸	最大尺寸	最大尺寸	最大尺寸	最大尺寸	公称尺寸	最大尺寸	最大尺寸						
5	10	11	3.5	4.5	8	10	1	0.6	1	M4	9	3		20	25	32	20	±0.2
6	11	12.5	5	6	11	13				M5	10	4		25	32	40	25	
8	14.5	16	7	8	15	18				M6	13	6		32	40	50	32～100	±0.3
10	16	18	7	8	17	21				M8	15	6		40	50	63		
12	19	21	8	9	20	25				M10	18	7	(40)	50	63	80		
14	23	25	9	11	23	28	1.6		1.6	M12	22	8	(50)	63	80	100	125～250	±0.5
18	30	32	12	14	30	36		1		M16	28	10	(63)	80	100	125		
22	37	40	16	18	38	45			2.5	M20	34	14	(80)	100	125	160		
28	45	50	20	22	48	56				M24	43	18	100	125	160	200		
36	56	60	25	28	61	71	2.5			M30	53	23	125	160	200	250	320～500	±0.8
42	68	72	32	35	74	85		1.6	4	M36	64	28	160	200	250	320		
48	80	85	36	40	84	95		2	6	M42	75	32	200	250	320	400		
54	90	95	40	44	94	106				M48	85	36	250	320	40	500		

T形槽用螺母尺寸

T形槽宽度 A	D	A		B		H_1		H		f	r
	公称尺寸	基本尺寸	极限偏差	基本尺寸	极限偏差	基本尺寸	极限偏差	基本尺寸	极限偏差	最大尺寸	最大尺寸
5	M4	5	-0.3 -0.5	9	±0.29	3	±0.2	6.5	±0.29	1	0.3
6	M5	6		10		4	±0.24	8		1.6	
8	M6	8		13	±0.35	6		10			
10	M8	10		15		6		12	±0.35		
12	M10	12	-0.3 -0.6	18		7	±0.29	14		2.5	0.4
14	M12	14		22	±0.42	8		16			
18	M16	18		23		10		20	±0.42		
22	M20	22		34	±0.5	14	±0.35	28			
28	M24	28		43		18		36	±0.5	4	0.5
36	M30	36	-0.4 -0.7	53	±0.6	23	±0.42	44		6	
42	M36	42		64		28		52	±0.6		0.8
48	M42	48		75		32	±0.5	60			
54	M48	54		85	±0.7	36		70			

T形槽不通端尺寸

宽度 A	K	D		e
		基本尺寸	极限偏差	
5	12	15	+1 0	0.5
6	15	16		
8	20	20	+1.5 0	1
10	23	22		
12	27	28		
14	30	32		
18	38	42		1.5
22	47	50	+2 0	
28	58	62		2
36	73	76		
42	87	92		
48	97	108		
54	108	122		

注：螺母材料为45钢，螺母表面粗糙度（按GB 1031）最大允许值，基准槽用螺母的 E 面和 F 面为3.2μm；其余为6.3μm。螺母进行热处理，硬度为35HRC，并发蓝。

表1-6-68　燕尾槽（摘自JB/ZQ 4241—2006）　/mm

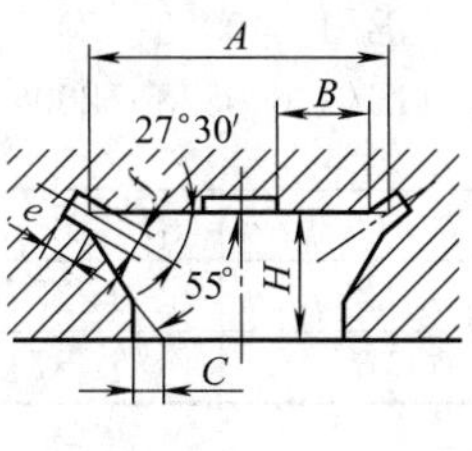

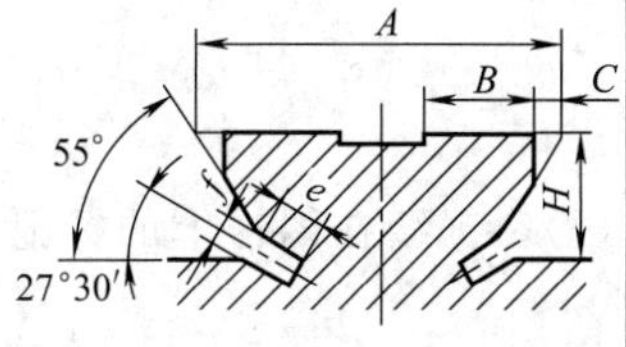

A	40～65	50～70	60～90	80～125	100～160	125～200	160～250	200～320	250～400	320～500
B	12	16	20	25	32	40	50	65	80	100
c	1.5～5(为推荐值)									
e	2		3				4			
f	2		3				4			
H	8	10	12	16	20	25	32	40	50	65

备注："A"的系列为40、45、50、60、65、70、80、90、100、110、125、140、160、180、200、225、250、280、320、360、400、450、500

表 1-6-69　弧形槽端部半径（摘自 GB/T 1127—2007）　/mm

花键槽	图	铣切深度 H	5	10	12	25
	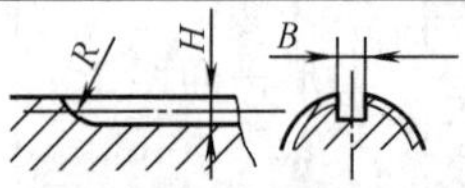	铣切宽度 B	4	4	5	10
		R	20～30	30～37.5	37.5	55

弧形键槽（摘自 GB/T 1127—2007《半圆键槽铣刀》）	图	键公称尺寸 $B\times d$	铣刀 D	键公称尺寸 $B\times d$	铣刀 D	键公称尺寸 $B\times d$	铣刀 D
	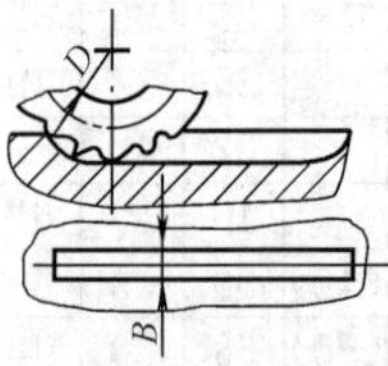	1×4	4.25	3×16	16.90	6×22	23.20
		1.5×7	7.40	4×16		6×25	26.50
		2×7		5×16		8×28	29.70
	d 是铣削键槽时键槽弧形部分的直径	2×10	10.60	4×19	20.10	10×32	33.90
		2.5×10		5×19			
		3×13	13.80	5×22	23.20		

6.4.2.6　球面半径

球面半径见表 1-6-70 所示。

表 1-6-70　球面半径（摘自 GB/T 6403.1—2008）　/mm

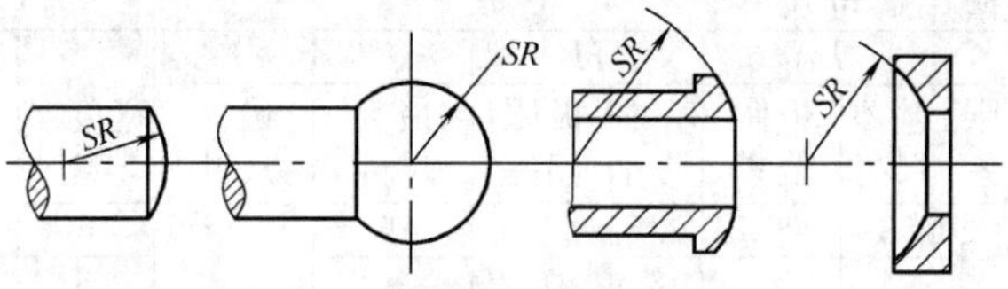

系列	1	0.2	0.4	0.6	1.0	1.6	2.5	4.0	6.0	10	16	20
	2	0.3	0.5	0.8	1.2	2.0	3.0	5.0	8.0	12	18	22
	1	25	32	40	50	63	80	100	125	160	200	250
	2	28	36	45	56	71	90	110	140	180	220	280
	1	320	400	500	630	800	1000	1250	1600	2000	2500	3200
	2	360	450	560	710	900	1100	1400	1800	2200	2800	

6.4.2.7　滚花

滚花见表 1-6-71 所示。

表 1-6-71　滚花（摘自 GB/T 6403.3—2008）　/mm

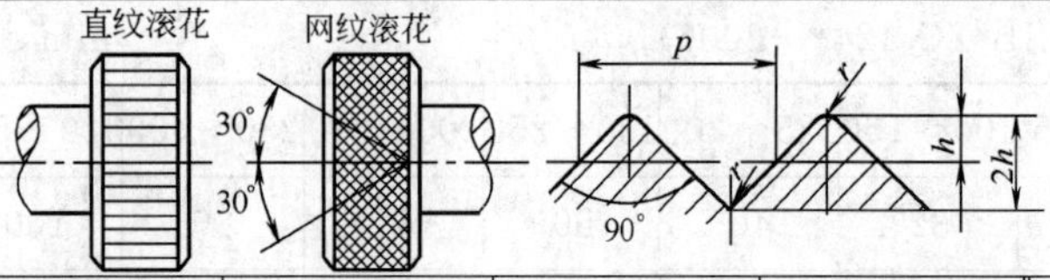

标记示例

模数 m=0.3 直纹滚花：直纹 m0.3　GB/T 6403.3—2008

模数 m=0.4 网纹滚花：网纹 m0.4　GB/T 6403.3—2008

模数 m	h	r	节距 p	模数 m	h	r	节距 p
0.2	0.132	0.06	0.628	0.4	0.264	0.12	1.257
0.3	0.198	0.09	0.942	0.5	0.326	0.16	1.571

注：1. 表中 $h=0.785m-0.414r$。

2. 滚花前工件表面的粗糙度的轮廓算术平均偏差 R_a 的最大允许值为 12.5μm。

3. 滚花后工件直径大于滚花前直径，其值 $\Delta\approx(0.8\sim1.6)m$，$m$ 为模数。

6.4.2.8　锯缝尺寸

在设计有锯缝的零件时，应考虑金属锯片的尺寸，其尺寸系列按表 1-6-72 中图（a），锯缝在图样上的标记方法如图（b）所示。

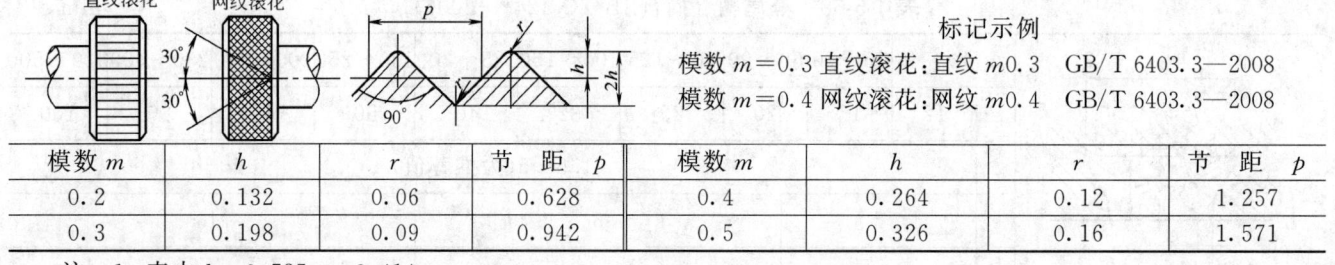

表 1-6-72　锯缝尺寸（摘自 JB/ZQ 4246—2006）　/mm

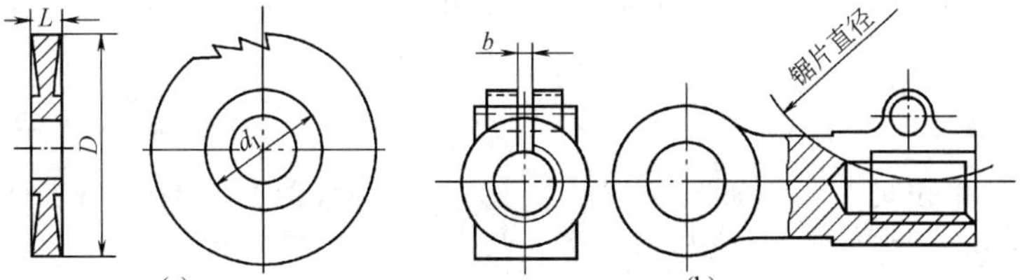

(a)　(b)

D	$d_{1\min}$	$L(b)$										
		0.6	0.8	1.0	1.2	1.6	2.0	2.5	3.0	4.0	5.0	6.0
80	34 (40)	√	√	√	√	√	√	√	√	√	√	√
100			√	√	√	√	√	√	√	√	√	√
125				√	√	√	√	√	√	√	√	√
160	47				√	√	√	√	√	√	√	√
200	63					√	√	√	√	√	√	√
250							√	√	√	√	√	√
315	80							√	√	√	√	√

6.4.3　切削加工件结构设计注意事项

设计需要切削加工的零件时，除满足使用要求和国家有关部门规定的工艺参数外，通常还应注意表 1-6-73 所列事项。

表 1-6-73　切削加工件结构设计注意事项

注意事项		示例
尽量减少切削加工量	(1)减少切削加工面数和表面面积，如图(a)～图(c)所示结构，改成了图(a′)～图(c′)所示结构就减少了切削加工面积。这样经过改进的设计，不但减少了所需的切削时间，提高了效率，也更易保证切削表面的平面度或圆柱度等精度	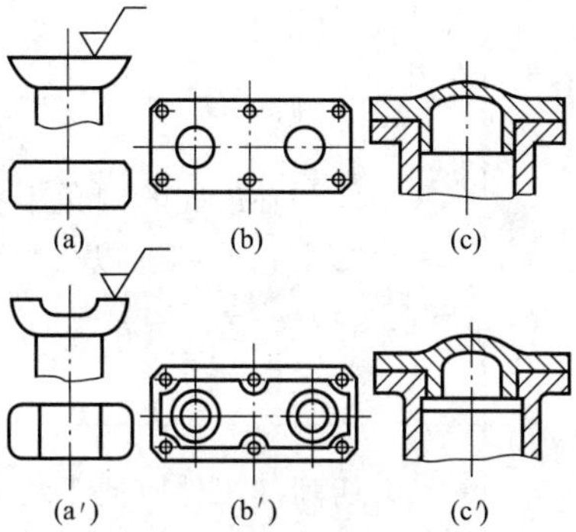 (a) (b) (c) (a′) (b′) (c′)
	(2)尽量避免在不敞开的内部表面上切削加工，如图(d)所示箱体，轴孔端面，是两个不敞开的内部加工表面，此表面给切削加工带来很多不便，若在此端部加上轴套，如图(d′)所示，因内部表面不再受力，可将加工表面由内部改到外部，方便了加工	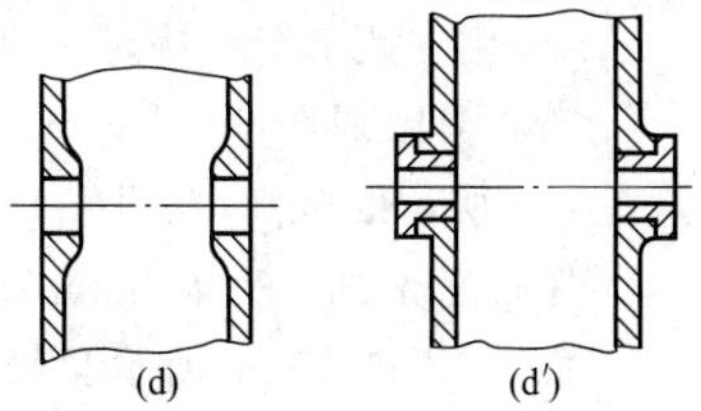 (d) (d′)
	(3)应尽量避免采用大直径的锥形轴、孔面，特别是大锥孔面。若将图(e)锥形结构改成了图(e′)所示的柱形结构，既方便了加工、检验，也简化了所使用刀具的结构，精度更易保证	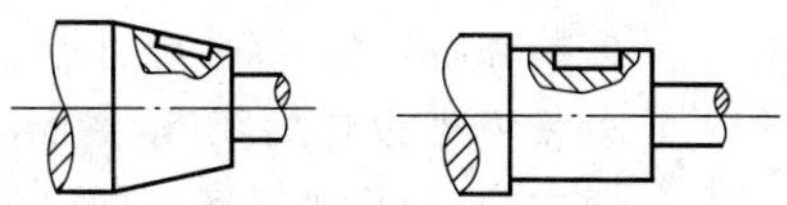 (e) (e′)

	注意事项	示　　例
便于提高切削效率	(1)切削加工面应尽量在同一水平面上，如图(f)所示，需要两次调整切削刀具位置，若改为图(f′)所示结构后，只需一次调整刀具位置，就可完成两平面的加工，减少了切削加工的辅助时间，提高了切削和检验的工作效率。同理如图(g)所示，将不在同一平面上的两键槽改成图(g′)所示结构，也起到了同样好的效果	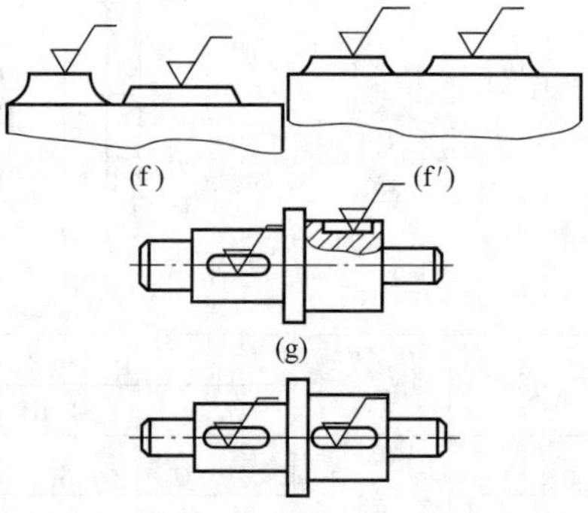 (f)　(f′)　(g)　(g′)
	(2)尽量避免将切削加工件设计成封闭的凹窝和不通槽，如图(h)所示结构。若将其改成图(h′)所示结构，则可简化加工，提高效率	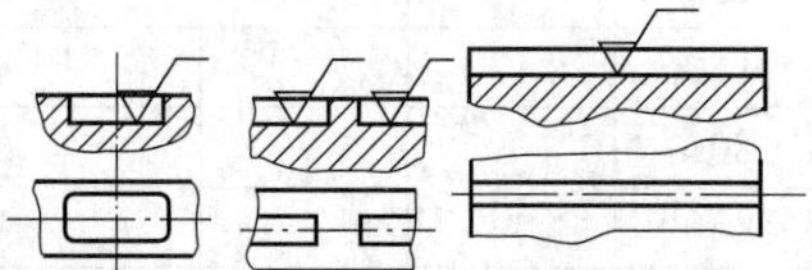 (h)　(h′)
	(3)切削加工件在必须设计成封闭的凹窝时，应使凹窝的圆角半径与其宽度相适应。如图(i)所示，因 D_1 与 D_2 不等，则需用两把不同的立铣刀，多次行程才可完成加工。若将其改成图(i′)所示凹窝结构，只需用一把直径为 D 的立铣刀，往返一次走刀即可完成加工，提高了切削加工效率；另外应注意，所设计凹窝的圆角半径应与标准铣刀直径相适应(参考立铣刀标准)	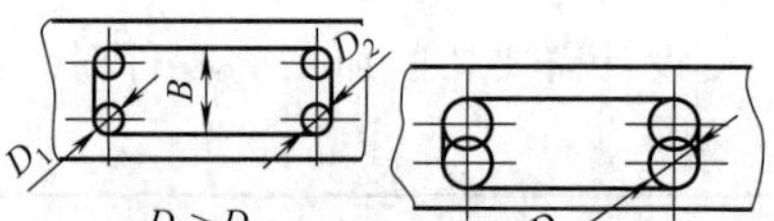 $D_2>D_1$ $B>2D_2$ (i) $B<2D$ (i′)
	(4)同一轴或孔的圆角半径、退刀槽或越程槽宽度(参考表 1-6-55～表 1-6-59)尽可能一致，以减少换刀次数，提高切削加工效率，如图(j)和(k)所示结构($b_1=b_2=b_3$)	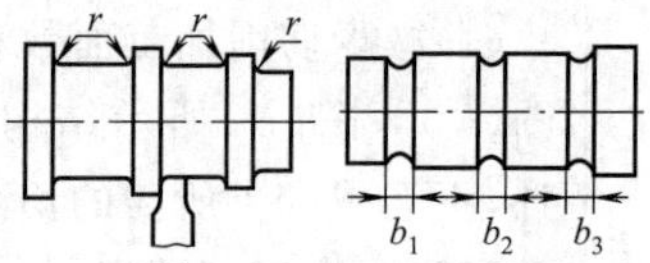 (j)　(k)
	(5)切削加工件应便于装夹，尽量减少加工时的装夹次数，以提高加工效率。如图(l_1)所示轴承盖，要加工 $\phi120$ 外圆面和端面，若夹在 A 外圆处，用一般卡盘夹持，其卡爪伸出长度不够，而 B 处又是圆弧面夹不牢。若将其改成图(l_2)或(l_3)，因 C、D 处是圆柱面，则容易夹紧。图(l_2)和(l_3)所示的区别，是图(l_3)在毛坯上专门设计出了一个辅助安装面 D，在零件全部加工完毕后，再将其辅助安装面 D 切除掉(此面也称工艺基准面)。再如图(m)所示套筒零件，要加工两端面的内孔及其端面，因中间的孔小，必须安装两次、调头一次，才能完成加工，这样不但需要较长的安装和找正的时间，而且加工也比较困难，更不易保证两端孔的同轴度。若将零件设计成图(m′)所示结构，中间孔略大于两端的孔径，则只需一次安装，一次进刀便可同时加工出两端孔径的尺寸，这样不但可以提高切削效率，而且两端孔的同轴度也更容易保证	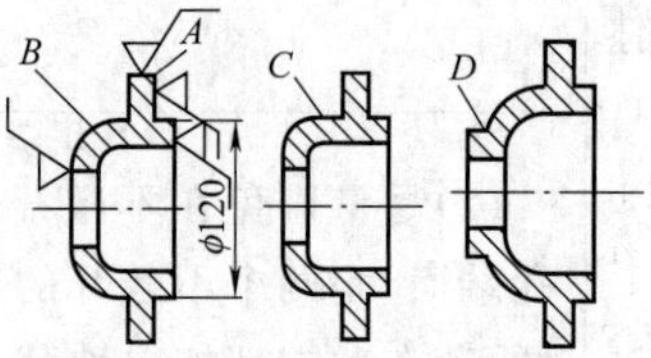 (l_1)　(l_2)　(l_3) 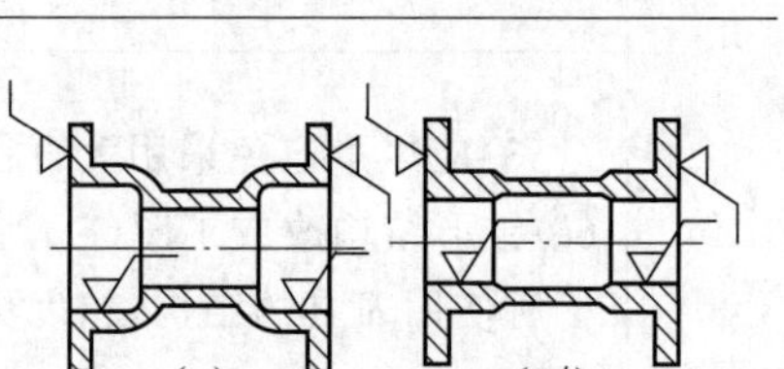 (m)　(m′)

续表

	注意事项	示例
根据加工工艺特点和装配要求设计零件结构特别是钻、铰孔的结构	(1)钻削加工的孔及过渡锥和顶角等应与标准钻头尺寸一致(特别是不通孔),如图(n′)所示结构。若将孔的过渡锥或顶角设计成平底和非标准角度,其直径设计成非标准钻头尺寸,如图(n)所示结构,不能用标准钻头(或铰刀)加工,则此孔就很难加工了,甚至就不能加工了	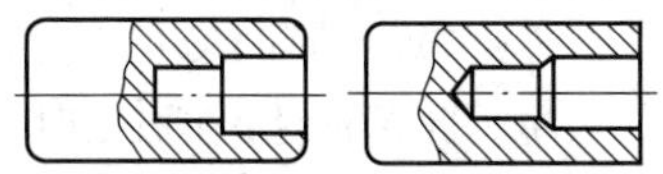 (n) (n′)
	(2)尽量避免在曲面上或斜面上钻孔,应设计成(o′)所示结构,即孔的轴线与其端面垂直,使钻头在钻削加工时,其钻头进出口表面与孔轴线垂直。另外,孔的位置要与工件的壁离开一定距离 A。若设计成(o)所示孔结构,在钻孔时,钻削力受力不均匀,钻头会偏斜、钻头易折断	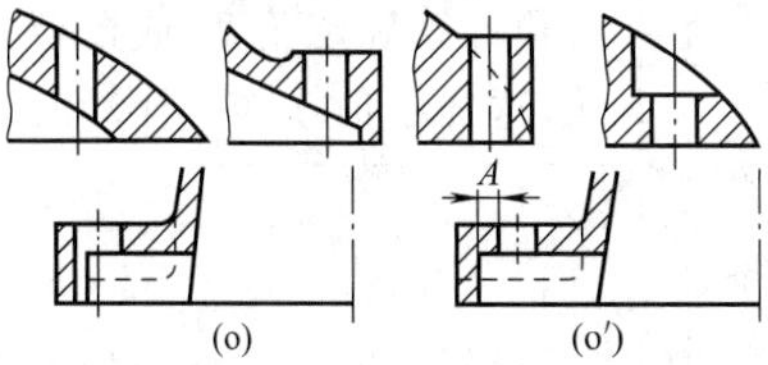 (o) (o′)
	(3)应避免在零件上设计斜油孔,如图(p)、(q)所示,这会使加工复杂化。油孔最好设计成与工件的轴线垂直,如图(p′)、(q′)所示结构。同时在设计此类孔时还应考虑钻头的伸出长度及钻夹具能自由地伸到加工表面上	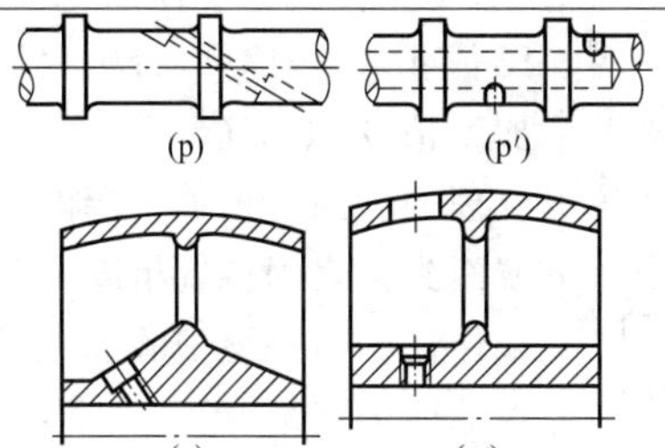 (p) (p′) (q) (q′)
	(4)不通锥孔,不允许全部设计成锥形,如图(r)所示,而应设计成底部留有一小段圆柱孔的形状,如图(r′)所示,否则会影响锥面配合的紧密性	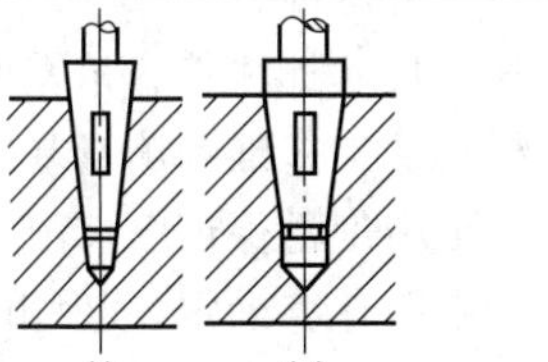 (r) (r′)
	(5)在圆锥形的轴头上必须留有一充分伸出部分 a,如图(s′)所示,这样的结构才能保证锥轴与其轴壳达到紧密配合,而图(s)所示结构则达不到紧密配合	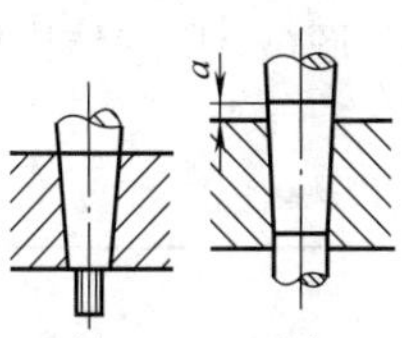 (s) (s′)
	(6)不允许在锥形部分之外设计轴肩,如图(t)所示结构,因为两者很难同时都能与其配合面接触。如果工作条件要求必须设计出轴肩时,其轴肩的最大直径也不允许大于锥孔的最大直径,但是不允许设计成图(u)所示结构,将轴肩设计成刚刚窝在侧壁里面,因为这种结构很难保证其要求,应该设计成图(u′)所示结构比较合理	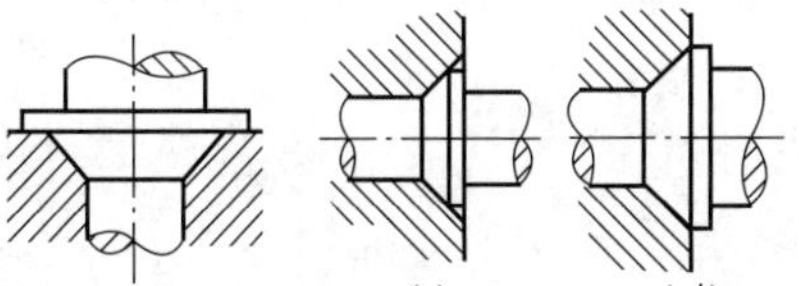 (t) (u) (u′)
	(7)螺纹端部必须设计有倒角,避免装配时将螺纹端部损坏,如图(v′)所示。图(v)所示结构设计不合理,因为此结构不但在装配时易损坏螺纹端部,而且在采用丝锥、板牙加工时,假若其毛坯端部无倒角,丝锥、板牙不易正确定位和切入	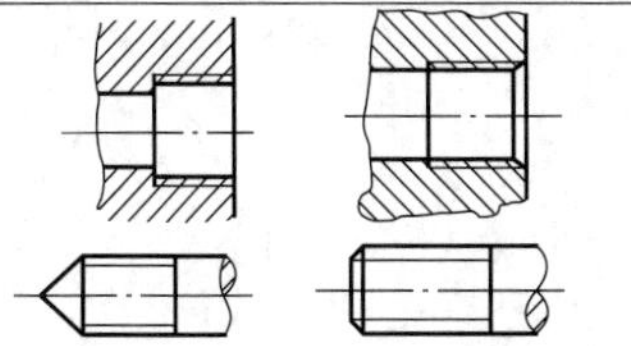 (v) (v′)
	(8)在使用条件允许的情况下,应使所设计的加工面与相关刀具的外形尺寸相同,以简化加工,如图(w′)所示,其 R、R_1 与标准铣刀直径一致。若将此零件结构设计成如图(w)所示结构就不太好	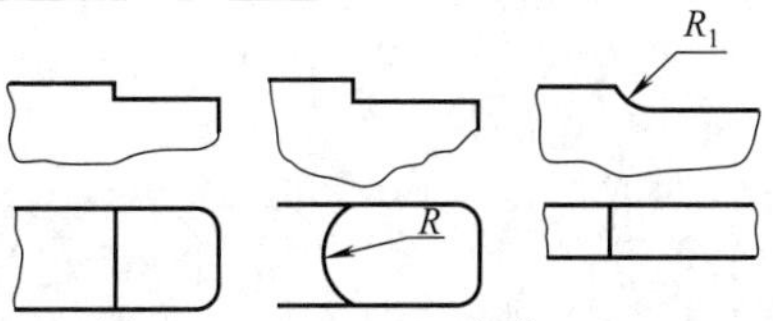 (w) (w′)

<table>
<tr><th></th><th>注意事项</th><th>示例</th></tr>
<tr><td rowspan="2">零件尺寸标注应符合其加工顺序及三基准统一原则</td><td>(1)短锥面的尺寸标注,最好采用角度标注,如图(x′)所示短锥孔的标注。此标注法,在加工时,可以直接根据所标注的角度 φ,转动、调整刀架加工出锥孔,省去了计算。但是如果采用图(x)所示标注方法,在加工时必须计算确定角度,或按照标注大、小直径(B 和 D)用试切法加工出其锥孔,这样不但增加了辅助时间,而且角度精度也不易保证</td><td>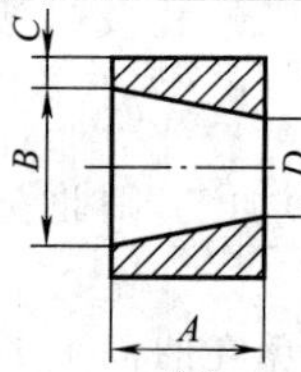
(x)
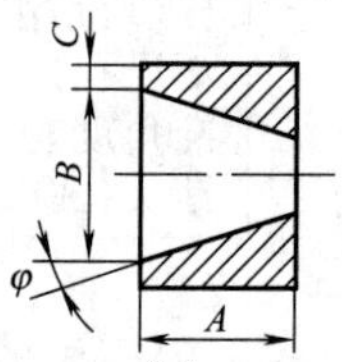
(x′)</td></tr>
<tr><td>(2)零件的尺寸标注应考虑其加工顺序及基准(包括设计、加工、测量三基准)统一原则,否则会产生加工累积误差,不能保证某些重要尺寸的加工精度,如图(y′)所示阶梯轴的标注是合理的,图(y)所示的标注是不合理的。因为该轴大端的轴肩 G,是装配定位的重要表面,必须要保证小端面到该表面位置精度[图(y′)中 B 尺寸的精度],设计时要用尺寸公差来保证。另外该轴的加工顺序是,首先是加工大端面及其外圆,然后以大端面为基准,用三爪卡盘夹紧大圆加工小端,加工出尺寸 A,再以小端为基准,依次加工出 B、C、D 各尺寸,工件全部加工完毕。所以图(y′)的尺寸标注符合该零件的加工顺序,同时 B 尺寸的获得,也符合设计基准、加工基准和测量基准(小端面)的三基准统一原则,B 尺寸无累积误差,精度易保证。而图(y)所示尺寸标注,不符合上述原则,轴肩 G 的位置必须计算确定,同时由于三基准不统一,轴肩位置尺寸(由小端到 G 面)必然会有累积误差,不能保证其精度。同理图(z)所示结构尺寸标注不合理,图(z′)所示结构尺寸标注是合理的</td><td>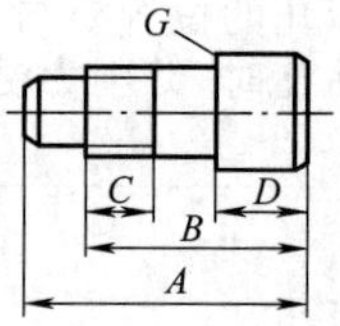
(y)
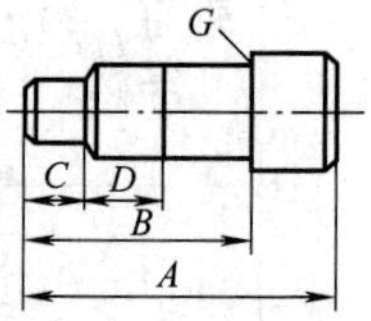
(y′)
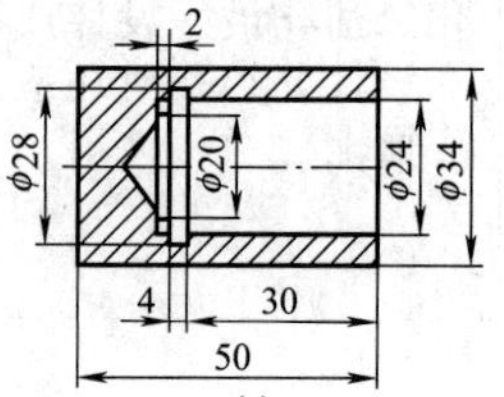
(z)
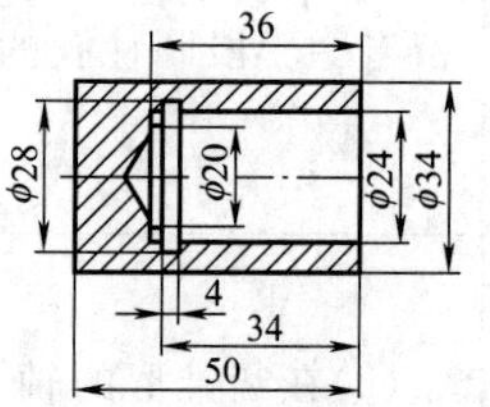
(z′)</td></tr>
</table>

第 7 章

钢的热处理

7.1 铁-碳合金状态图及钢的结构组织

铁-碳合金状态图是用实验方法作出的温度-成分坐标图，如图 1-7-1 所示。它是研究钢和铁的成分、温度和组织结构之间关系的重要工具，是进行钢的热处理（通过对钢加热-冷却获得一定组织）的重要依据。下面对状态图作进一步说明。钢的组织结构及名称代号见表 1-7-1；铁-碳合金状态图中主要点和线的特性、意义见表 1-7-2；室温下铁-碳合金状态组织见表 1-7-3，钢的结构组织和特性见表 1-7-4。

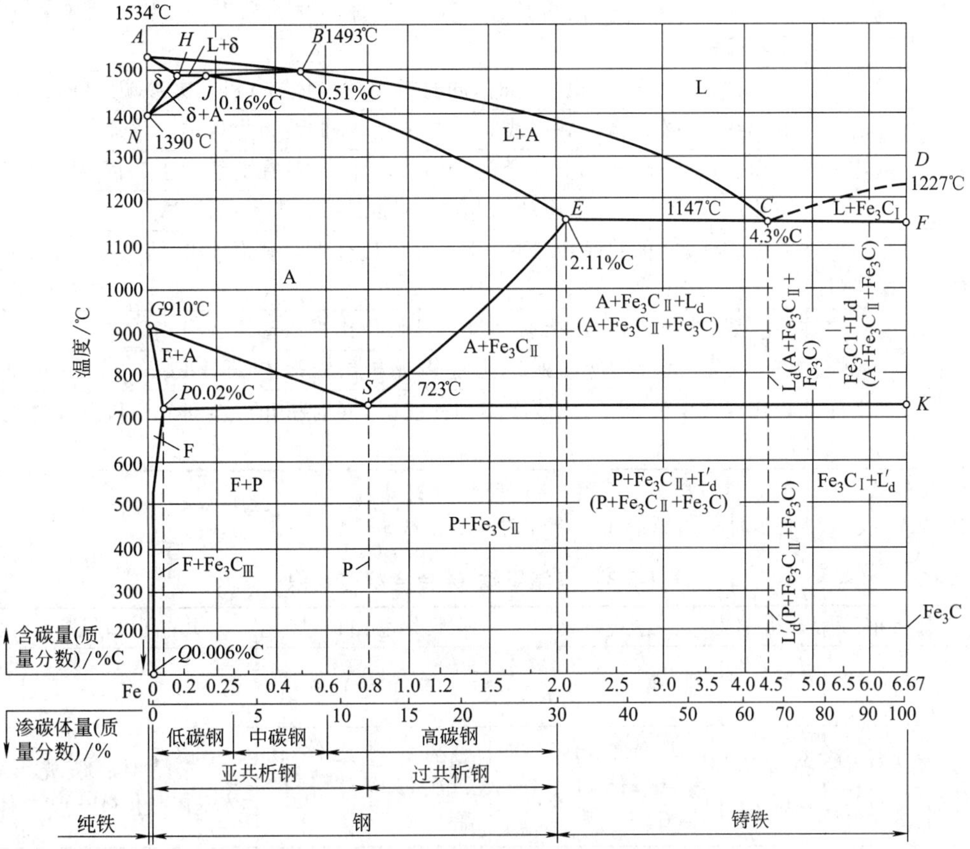

图 1-7-1 铁-碳合金状态图

表 1-7-1 钢的组织结构及名称代号

名称	代号	组　　织
铁素体	F	碳在 α 铁中的固溶体
奥氏体	A	碳在 γ 铁中的固溶体
珠光体	P	铁素体与渗碳体机械混合物
渗碳体	C	铁与碳的化合物(Fe_3C)
莱氏体	L	奥氏体与渗碳体的共晶混合物
索氏体	S	铁素体与细粒状渗碳体的组成物

名称	代号	组　　织
屈氏体	T	铁素体与更细粒状渗碳体的组成物
淬火马氏体	M	碳在 α 铁中的过饱和固溶体，显微组织成针状
回火马氏体		与淬火马氏体硬度相近，脆性略低，呈黑色针状组织
下贝氏体	B	显微组织呈黑色针状。极细的碳化物质点以弥散状分布在针状铁素体中

表 1-7-2　铁-碳合金状态图中主要点和线的特性、意义

特性点、线		说明		
		温度/℃	含碳量（质量分数）/%	含义
特性点	*A*	1535	0	纯铁的熔点（凝固点——按冷却叙述），在工业上无实际意义
	C	1147	4.3	共晶点。铁碳合金从液态（Y）中在等温下同时结晶出奥氏体和渗碳体混合物——莱氏体（L）
	D	1227	6.67	渗碳体的熔点（凝固点——按冷却叙述），含碳量大于6.67%的铁碳合金，在工业上也无实际意义
	E	1147	2.06	碳在奥氏体中的最大溶解度，含碳量大于2.06%即为生铁
	G	910	0	α-Fe⇌γ-Fe 同素异晶转变点（即体心立方晶格的α铁和面心立方晶格的γ铁的转变点）
	S	723	0.8	共析点。合金到*S*点时，同时析出铁素体（F）和二次渗碳体（Fe_3C_{II}）的混合物
特性线	*ABCD*			是一条液相线，即液态合金到此线时开始结晶，在此线以上区域是液态区
	AHJECF			是一条固相线，即在此线以下的合金全部为固体状态，在此线以上为固液态两相区
	AHJE			是钢的固相线。当液态合金冷却到此线时，全部结晶为奥氏体（A）
	ECF			是生铁的固相线，又称共晶线，即到此线时奥氏体和渗碳体同时结晶出来，形成混合物——莱氏体（L）
	ES			习惯称A_{cm}线，当奥氏体冷却到此线时，开始析出二次渗碳体（Fe_3C_{II}）
	GS			习惯称A_{c3}线，当奥氏体冷却到此线时，开始析出铁素体，即γ-Fe⟶α-Fe的开始线
	PSK			又称共析线或A_{c1}线，当奥氏体冷却到此线时，同时析出铁素体（F）和渗碳体的混合物——珠光体（P）

注：1. *GS*线又称A_3线，在加热时称为A_{c3}线，冷却时称A_{r3}线。

2. *PSK*线又称A_1线，在加热时称为A_{c1}线，冷却时称A_{r1}线。

表 1-7-3　室温下铁-碳合金状态组织

名　称	亚共析钢	共析钢	过共析钢	亚共晶白口铁	共晶白口铁	过共晶白口铁
含碳量（质量分数）%	0.02～0.8	0.8	0.8～2.06	2.06～4.3	4.3	＞4.3～6.67
状态组织	铁素体＋珠光体（F＋P）	珠光体（P）	珠光体＋二次渗碳体（P＋Fe_3C_{II}）	树状珠光体＋二次渗碳体＋共晶体	共晶体：珠光体＋渗碳体（P＋C）	片状一次渗碳体＋共晶体

表 1-7-4　钢的结构组织和特性

名称	组织	特　性
铁素体（F）	碳在α铁（α-Fe）中的固溶体	呈体心立方晶格。溶碳能力很小，最大的0.02%；硬度和强度很低，80～120HBW，R_m＝250MPa；而塑性和韧性很好，A＝50%，Z＝70%～80%。因此，含铁素体多的钢材（铁钢）可用来制作可压、挤、冲板与耐冲击震动的机件。这类钢有超低碳钢，如0Cr13、1Cr13、硅钢片等
奥氏体（A）	碳在γ铁（γ-Fe）中的固溶体	呈面心立方晶格。最高溶碳量为2.11%，在一般情况下，具有高的塑性，但强度和硬度低，170～220HBW奥氏体组织除了在高温转变时产生以外，在常温时亦存在于不锈钢、高铬钢和高锰钢中，如奥氏体不锈钢等

续表

名称	组织	特性
渗碳体(C)	铁和碳的化合物(Fe_3C)	呈复杂的八面体晶格。含碳量为6.67%,硬度很高,70～75HRC,耐磨,但脆性很大,因此,渗碳体不能单独应用,而总是与铁素体混合在一起。碳在铁中溶解度很小,所以在常温下,钢铁组织内大部分的碳都是以渗碳体或其他碳化物形式出现
珠光体(P)	铁素体片和渗碳体片交替排列的层状显微组织,是铁素体与渗碳体的机械混合物(共析体)	是过冷奥氏体进行共析反应的直接产物。其片层组织的粗细随奥氏体过冷程度不同,过冷程度越大,片层组织越细,性质也不同。奥氏体在约600℃分解成的组织称为细珠光体(有的叫一次索氏体),在500～600℃分解转变成用光学显微镜不能分辨的片层状的组织称为极细珠光体(有的叫一次屈氏体),它们的硬度较铁素体的奥氏体高,而较渗碳体低,其塑性较铁素体和奥氏体低而较渗碳体高。正火后的珠光体比退火后的珠光体组织细密,弥散度大,故其力学性能较好,但其片状渗碳体在钢材承受载荷时会引起应力集中,故不如索氏体
莱氏体(L)(L_d,L_d')	奥氏体与渗碳体的共晶混合物	铁合金溶液含碳量在2.11%以上时,缓慢冷却到1130℃便凝固出高温莱氏体L_d,由渗碳体与奥氏体组成。当温度到达共析温度,莱氏体中的奥氏体转变为珠光体,此时莱氏体称为低温莱氏体L_d'。因此,在723℃以下莱氏体是珠光体与渗碳体的机械混合物(共晶混合物)。莱氏体硬(>700HBW)而脆,是一种较粗的组织,不能进行压力加工,如白口铁。在铸态含有莱氏体组织的钢有高速工具钢和Cr12型高合金工具钢等。这类钢一般有较大的耐磨性和较好的切削性
淬火马氏体(M)	碳在α-Fe中的过饱和固溶体,显微组织呈针叶状	淬火后获得的不稳定组织。具有很高的硬度,而且随含碳量增加而提高,但含碳量超过0.6%后硬度值基本不变,如含C0.8%的马氏体,硬度约为65HRC,冲击韧性很低,脆性很大、断后伸长率和断面收缩率几乎等于零。奥氏体晶粒愈大,马氏体针叶愈粗大,则冲击韧性愈低;淬火温度愈低,奥氏体晶粒愈细,得到的马氏体针叶非常细小,即无针状马氏体组织,其冲击韧性最高
回火马氏体	是与淬火马氏体硬度相近,而脆性略低的黑色针叶状组织	淬火钢重新加热至150～250℃回火获得的组织。硬度一般只比淬火马氏体低1～3HRC,但内应力比淬火马氏体小
索氏体(S)	铁素体和较细的粒状渗碳体组成的组织	淬火钢重新加热至500～680℃回火后获得的组织。与细珠光体相比,在强度的情况下塑性及韧性较高,随回火温度提高,硬度和强度降低,冲击韧性提高。硬度为23～35HRC。综合力学性能比较好。索氏体有的叫二次索氏体或回火索氏体
屈氏体(T)	铁素体和更细的粒状渗碳体组成的组织	淬火钢重新加热至350～450℃回火后获得的组织。它的硬度和强度虽然比马氏体低,但因其组织很致密,仍具有较高的强度和硬度,并有比马氏体好的韧性和塑性,硬度为35～45HRC。屈氏体有的叫二次屈氏体或回火屈氏体
下贝氏体(B)	显微组织呈黑色针状形态,其中的铁素体呈针状,而碳化物呈极细小的质点以弥散状分布在针状铁素体内	过冷奥氏体在400～240℃等温转变后的产物。具有较高的硬度,为40～55HRC,良好的塑性和很高的冲击韧性,其综合力学性能比索氏体更好,因此,在要求较大的塑性、韧性和高强度相配合时,常以含有适当合金元素的中碳结构钢等温淬火,获得贝氏体以改善钢的力学性能,并减小内应力和变形
低碳马氏体	低碳钢或低合金钢经济火、低温回火获得的板条状低碳马氏体组织	具有高强度与良好的塑性、韧性相结构的特点(R_m=1200～1600MPa,$R_{p0.2}$=1000～1300MPa,A_5≥10%,Z≥40%,a_k≥60J/cm^2);同时还有低的冷脆转化温度(≤-60℃);在静载荷、疲劳及多次冲击载荷下,其缺口敏感性和过载敏感性都较低。低碳马氏体状态的20SiMn2MoVA的综合力学性能,比中碳合金钢等温淬火获得的下贝氏体更好,保持了低碳钢的工艺性能,但切削加工较难

7.2 常用钢的热处理方法、特点及应用

钢的热处理就是把钢在固态下加热到一定的温度，进行必要的保温，再以适当的速度冷却到室温，以改变钢的内部组织，从而得到所需要性能的工艺方法。零件经此处理可提高其强度、硬度，增强耐磨性，改善金属的塑性和切削加工性，同时还可消除零件由于各种原因产生的内应力。设计者可根据不同材料和使用性能选择热处理方法。

常用钢的热处理方法、特点及应用见表 1-7-5。

表 1-7-5 常用钢的热处理方法、特点及应用

名称	方法	特点	目的和应用
退火（焖火）	将钢加热到 A_{c1} 或 A_{c3} 以上（发生相变）或 A_{c1} 以下（不发生相变），保温后缓冷，通过相变，获得珠光体型组织，或不发生相变，以消除应力，降低硬度为目的的热处理方法	发生相变的退火组织：亚共析钢转变为铁素体＋珠光体；共析钢转变为珠光体；过共析钢转变为珠光体＋二次渗碳体。退火后的钢，一般硬度较低，便于切削加工	降低硬度，便于切削；细化晶粒，改善组织，提高力学性能；消除内应力，为下一道工序做准备；提高钢的塑性和韧性，便于冷冲、拉、压、拔加工 由于退火目的不同，退火工艺方法也有多种

碳钢退火后的力学性能

含碳量（质量分数）/%	0.10	0.20	0.30	0.40	0.50	0.60	0.70	0.80	0.90
抗拉强度 R_m/MPa	328.5	446	510	608	637	657	682	701	711
硬度 HBW	95	125	142	172	180	185	191	197	201

名称		方法	特点	目的和应用
退火（焖火）	完全退火	将钢加热到 A_{c3} 以上 30～50℃，并保温一定时间后，随炉缓慢冷却	加热到 A_{c3} 以上，经保温能获得单一的奥氏体，再经缓冷，使奥氏体转变为珠光体和铁素体	主要用于亚共析组织的各种碳钢（含碳量小于 0.8%）和合金钢的锻、轧、铸件，不能用于过共析钢。它主要能细化晶粒、消除内应力、降低硬度、便于切削
	不完全退火	将钢加热到 A_{c1} 以上 30～50℃，然后保温一定时间，再缓冷	使部分珠光体发生重结晶相变成为奥氏体（完全退火是全部），缓冷后获得片层间距较大的珠光体。片层的厚度是随冷却速度减缓而加厚	主要用于过共析钢，以消除锻、轧后工件的内应力、提高韧性、降低硬度为主要目的。它只是在锻造后，没有或消除了网状渗碳体之后才可采用。由于加热温度较低，效率高，所以应用广泛
	球化退火	将钢加热到 A_{c1} 以上 10～30℃，保温一定时间后，以 20～30℃/h 的缓冷速度，冷至 500℃左右，再出炉空冷	是将珠光体中的片状渗碳体球化。经球化退火的过共析钢组织为珠光体和球状渗碳体。它不但组织均匀，而且可减少淬火时的热变形和开裂倾向，硬度也降低了，便于切削加工	主要用于过共析组织碳钢（含碳量大于 0.8%）及合金工具钢。对于形状复杂、淬火时要求变形小、工作时受力复杂的工具、模具及轴承用钢都必须用球化退火，并严格控制球化级别。球化困难的钢，可连续重复球化退火几次
	低温退火	将钢加热到 500～600℃（A_{c1} 以下），经保温一定时间，随炉缓慢冷却到 200～300℃出炉 （又称去除应力退火，或称软化退火、高温回火）	由于退火温度低于 A_{c1}，钢在退火全过程中无相变（无组织变化）。内应力主要是在保温后缓冷过程中被消除的	主要用于消除铸、锻、焊、热轧、冷拉、冷拔、冷冲压件及切削加工后产生的内应力。对于要求变形小的重要零件，在淬火或渗氮后，经常要进行这种退火

续表

名称	方法		特点	目的和应用
退火（焖火）	扩散退火	将工件或钢锭加热到约1300℃，保温较长时间，然后缓冷下来 （又称均匀化退火）	是利用高温下原子扩散作用，来消除铸件内化学成分的不均匀性（即偏析）	主要是使钢材成分均匀。由于这种退火耗时长、费用高，只在必要时用于高级优质合金钢
退火（焖火）	等温退火	将工件加热到 A_{c3} 以上30～50℃、保温后，较快地冷却到略低于 A_{r1} 的温度，并在此温度下等温到奥氏体全部分解为止，然后空冷下来	等温退火比普通退火时间短，工件的氧化和脱碳倾向要小，同时，内部组织和截面上的硬度分布均匀，但对温度的控制有较高的要求	主要用于亚共析钢，共析钢及合金钢，尤其是广泛用于合金钢 等温退火还可以用来防止钢中白点的形成
正火	与退火相似。是将钢加热到 A_{c3} 或 A_{cm} 以上30～50℃，保温一定时间，然后再以稍快于退火冷却速度（如空冷、风冷等）冷却，得到片层间距较小的珠光体组织（有的叫正火索氏体）		正火后，虽然也是珠光体型组织，但因冷却速度稍快于退火速度，其珠光体组织比退火的更细。所以正火后的钢强度、硬度均比退火后的高，而且含碳量越高的钢，差别越大。从而有较高的力学性能，还有生产周期短、设备利用率高成本较低的优点，但劳动条件较差	正火目的同退火，可用于对低碳钢的高温正火以降低硬度，便于切削加工；适于对中碳钢的正火代替退火，如35、45钢对性能要求一般的结构件，用正火作为最终热处理。提高其力学性能；对大型、重型、形状复杂及截面有突变的钢件，用正火代替淬火，可避免淬火开裂及变形等缺陷

碳钢正火后的力学性能

含碳量（质量分数）/%	0.10	0.20	0.30	0.40	0.50	0.60	0.70	0.80	0.90
抗拉强度 R_m/MPa	363	480.5	549	652	691	740	794	824	883
硬度 HBW	101	134	155	185	194	207	225	235	260

名称	方法		特点	目的和应用
淬火	将钢件加热到 A_{c3}、A_{cm} 相变温度以上，保温一定时间，然后进行快速冷却的一种热处理方法。淬火方法很多，主要淬火方法有单液、双液、分级和等温淬火		淬火一般是为了获得高硬度的马氏体组织（碳在α-Fe中的过饱和固溶体）。对不锈钢，耐磨合金钢是为了获得单一均匀的奥氏体组织，以分别提高它们的耐蚀性和耐磨性	淬火目的，是提高钢件的硬度和耐磨性，有时可提高耐蚀性；淬火加中温或高温回火，可获得良好的综合力学性能；如果零件只需要局部提高硬度，可进行局部淬火，如表面淬火。根据零件材料、形状、尺寸和要求的力学性能不同，可选择不同的淬火方法
淬火	单液淬火	将钢件加热到淬火温度后，浸入一种淬火介质中，直到工件冷至室温	此法优点是操作简单，缺点是工件产生较大的内应力，引起较大的变形，甚至产生裂纹	适于形状简单的零件；对碳钢零件，直径大于5mm的用水冷却，直径小于5mm的可以在油中冷却，合金钢件只能采用油冷
淬火	双液淬火	将加热好的钢件先用水淬，冷至 M_s 点（200～300℃）时从水中取出，再放入油或空气中冷却的淬火方法	用两种不同冷却速度的介质，先进行快冷，躲过奥氏体最不稳定的温度区间（550～650℃），到接近发生马氏体转变（钢在发生体积变化）时再缓冷，以减少内应力、变形和开裂，其缺点是不能很好地减小表里温差影响	主要适于碳钢的中型零件和合金钢的大型零件 应用此法关键是掌握好在水中停留的时间，时间过短，心部淬不硬，时间过长，又失去了此法的意义，若掌握好，可充分发挥此法的优点

续表

名称	方法	特点	目的和应用
淬火 分级淬火	将钢件加热到淬火温度，保温后，取出放入温度稍高或稍低于 M_s 点的冷却剂中(盐浴或碱浴)停留一段时间，待零件表里温度基本相同时，再取出进行空冷的淬火方法	此法主要是使马氏体的转变在空气冷却中进行，可降低应力，减小变形和开裂，同时也减小了零件表里的温差，降低了热应力；比双液淬火容易操作；便于热校直	此法多用于形状复杂、尺寸较小的碳钢和合金钢工件，如各种刀具。对淬透性较低的碳素钢，其直径或厚度小于10mm的工件也可采用 采用低于 M_s 点的分级淬火，由于第一级冷却速度加大，而适于尺寸较大、淬透性低的钢件，并能保证较小的内应力
淬火 等温淬火	将钢件加热到淬火温度后，浸入到一种温度稍高于 M_s 点(200～300℃)的盐浴或碱浴中，保温足够时间，使其发生下贝氏体转变后，再进行空冷的淬火方法	此法与其他淬火方法比较有下列特点： (1)一般工件，经此法淬火后，不必再回火就可直接使用，因而避免了回火脆性(要求高的零件除外) (2)下贝氏体的比体积小于马氏体，减小了内应力、变形和开裂 (3)此法可得到硬度相同、强度和冲击韧性都高的下贝氏体组织	此法由于变形很小，所以很适合于一些精密的零件，如冷冲模、轴承、精密齿轮等 由于处理后组织结构均匀，内应力很小，显微和超显微裂纹产生的可能性小，所以常用来处理各种弹簧，可大大提高其疲劳强度 对有显著的第一类回火脆性的钢，此法的优越性更明显 受等温槽大小的限制，不适于尺寸大的工件 球墨铸铁也常用此法淬火，以获得高的综合力学性能，成功地用稀土镁、钼球铁代替合金结构钢。一般合金球铁零件的等温淬火，有效厚度可达100mm或更高 该表中数据比较，是以含碳量0.95%的碳素钢在同一淬火、同一回火温度条件下进行试验获得的

淬火方法	硬度 HRC	a_k /J·cm^{-2}	A/%
水淬火 回火	53.0	16.6	
	52.5	19.4	
分级淬火 回火	53.0	38.7	0
	52.8	33.2	0
等温淬火	52.0	62.2	11
	52.5	55.3	8

名称	方法	特点	目的和应用
淬火 喷雾淬火	工件加热到淬火温度后，将压缩空气通过喷嘴使冷却水雾化后喷到工件上进行冷却	可通过调节水及空气的流量来任意调节冷却速度，在高温区实现快冷，在低温区实现缓冷。可实现工件均匀冷却	对于大型复杂工件或重要轴类零件(如汽轮发电机的轴)，可使其旋转以实现均匀性冷却
回火	将淬火后的钢件重新加热到 A_{c1} 以下的某一温度，保温一段时间，然后置于空气或水中冷却的热处理方法 根据加热温度不同、回火可分低温、中温、高温三种	淬火后的钢件，其结构组织是处于亚稳定状态的马氏体和二次渗碳体，回火就是将其状态进行稳定的热处理方法，故回火总是伴随在淬火之后进行。随着回火温度的提高，钢的硬度、强度下降，而塑性、韧性提高	冷却快而产生的内应力，降低脆性，以减小工件变形和开裂；调整工件硬度，提高塑性和韧性，以获得工件所要求的力学性能；稳定工件尺寸。主要用于工具、模具和轴承及渗碳与表面淬火零件；弹簧、锻模及要求高强度的零件；在交变载荷下工作的零件等

续表

<table>
<tr><th colspan="2">名称</th><th>方法</th><th>特点</th><th>目的和应用</th></tr>
<tr><td rowspan="3">回火</td><td>低温回火</td><td>加热温度较低(一般为150～250℃)的回火方法</td><td>回火后钢件的组织为回火马氏体，淬火产生的内应力不能彻底消除，因而要适当延长保温时间</td><td>主要目的是减小内应力，降低脆性，保持淬火后钢件的硬度和高耐磨性。它主要用于工具、模具、轴承及渗碳和表面淬火的零件</td></tr>
<tr><td>中温回火</td><td>加热温度在350～450℃左右的回火方法</td><td>可获得屈氏体(极细珠光体)组织，在这一温度范围内回火，必须快冷，以避免第二类回火脆性</td><td>主要目的在于保持钢件一定韧性的条件下，提高弹性和屈服强度，因而它主要用于弹簧、锻模及要求高强度的零件，如刀杆等</td></tr>
<tr><td>高温回火</td><td rowspan="2">加热温度为500～680℃。淬火后加这种高温回火又称为调质处理。目前在某些地方用形变热处理或用球铁的等温淬火代替45钢的调质处理</td><td rowspan="2">可获得索氏体(细珠光体)组织。此处理后的钢件具有强度、硬度、韧性均较好的力学性能，并可使某些具有二次硬化作用的合金钢(如高速钢)二次硬化。其缺点是工艺较复杂。在提高塑性、韧性的同时，硬度有所下降</td><td rowspan="2">它广泛地应用于各种较为重要的结构件，特别是在交变载荷下工作的连杆、螺栓、齿轮及轴等。它不但可作为上述工件的最终热处理，而且还经常作为某些精密零件如丝杠等的预热处理，以减小最终热处理中的变形，为保证获得较好的最终力学性能提供组织准备</td></tr>
<tr><td colspan="2">调质</td></tr>
<tr><td rowspan="2">时效处理</td><td>高温时效</td><td>加热到稍低于高温回火的温度，保温后缓冷到300℃以下出炉</td><td rowspan="2">时效处理与回火有类似的作用，但此法操作简便，效果也很好，缺点是处理时间太长</td><td rowspan="2">时效的目的，是使淬火后的零件进一步消除应力，稳定尺寸
常用此法处理要求形状不再发生变形的精密零件，如精密轴承、精密丝杠、机床床身、箱体等
低温时效处理，实际上就是低温补充回火，有时可将粗加工(切削)零件，在空气中自然时效</td></tr>
<tr><td>低温时效</td><td>将工件加热到100～150℃，保温大约5～20h出炉</td></tr>
<tr><td colspan="2">形变热处理</td><td colspan="3">将加热已奥氏体化并均匀化的钢件，迅速冷却到根据需要已选定的温度，趁其尚未分解转变时，进行较大量的塑性变形，而后在其仍为奥氏体的状态下进行淬火和回火，以得到回火马氏体。此种热形变继之以调质处理的综合工艺，与正常的调质处理比较，可在相同的韧性和延伸性的水平上，得到较高的强度</td></tr>
<tr><td colspan="2">冷处理</td><td>将淬火后的工件，在0℃以下的低温介质中继续冷却到－80℃，待工件截面冷到温度均匀一致后，取出空冷</td><td>可使残余奥氏体全部或大部分转变为马氏体。因此，不仅提高了工件硬度、抗拉强度，还可以稳定工件尺寸</td><td>主要适用于合金钢制成的精密刀具量具和样板、高精度的量块、量规、铰刀、精密零件，如丝杠、齿轮等。还可以使磁钢更好地保持磁性</td></tr>
</table>

7.3 常用钢的表面热处理方法、特点及应用

常用钢的表面热处理的方法、特点及应用见表 1-7-6。

表 1-7-6 常用钢的表面热处理的方法、特点及应用

<table>
<tr><th colspan="2">名称</th><th>方法特点</th><th>应用</th></tr>
<tr><td colspan="2">表面热处理</td><td colspan="2">表面热处理包括表面淬火和化学表面热处理等。表面淬火是通过对工件表面淬火，以改变工件表层组织结构，使其表层获得硬度很高的马氏体，而心部仍保持原来的塑性和韧性；化学表面热处理，是通过改变工件表层的组织，同时又改变表层的化学成分，以获得耐蚀性，且表层硬度比表面淬火更硬的热处理方法</td></tr>
<tr><td rowspan="2">表面淬火</td><td>火焰表面淬火</td><td>用乙炔-氧或煤气-氧混合气体燃烧的火焰，喷射到工件表面上，快速使表层加热到 A_{c3} 以上温度后，立即喷水或用乳化液冷却的表面热处理方法
此法一般淬透层深度可达 2～6mm，过深会引起工件表层严重过热，易产生表层裂纹
表层硬度，钢可达 65HRC，灰铸铁可达 46HRC 左右，合金铸铁可达 48HRC 左右
此法简便，不需要特殊设备，费用低。缺点是易过热，淬火效果、质量不稳定，应用受到一定限制</td><td>适用于单件小批生产的大、重型零件和需要局部淬火的工具或工件，如大轴辊、大模数齿轮等
通常用钢为中碳钢（如 35、45 钢）及中碳合金钢（含合金元素小于 3%，如 40Cr、65Mn）等，还可用于灰铸铁及合金铸铁件，一般含碳量为 0.35%～0.5%的碳素钢最适宜。含碳量过低，硬度低；含碳量及合金元素过高则易淬裂</td></tr>
<tr><td>感应加热表面淬火</td><td>使用感应器，使工件表层产生强感应电流，迅速将其加热到淬火温度（A_{c3} 以上）后，立即喷水冷却，使工件表层淬火的方法
根据所用电流频率不同，感应加热表面淬火分：工频淬火，50Hz；中频淬火，1～10kHz；高频淬火，100～1000kHz
淬火后变形小，淬透深度易控制，淬火时不易氧化和脱碳；可用于低淬透钢，操作易实现机械化、自动化，生产率高；表层硬度比普通淬火高 2～3HRC；疲劳强度、冲击韧性都有所提高，一般工件可提高 20%～30%；所用电流频率越高，淬透层可越薄，如高频淬火一般为 1.5～2mm，中频淬火一般为 3～5mm，工频淬火为大于或等于 10～15mm。缺点是复杂零件比渗碳困难</td><td>通常用于中碳钢（含碳量 0.4%～0.5%）和中碳合金结构钢，也可用于高碳工具钢和低合金工具钢及铸铁
一般零件淬透层深度为其半径的 $\frac{1}{10}$ 左右时，可获得强度、耐疲劳性和韧性的最好搭配。对零件直径小于 10～20mm 时，建议采用较深的淬透层深度 $\left(半径的\frac{1}{5}\right)$。对截面较大的零件，可取较浅的淬透深度 $\left(小于半径的\frac{1}{10}\right)$。各种常用零件、材料的淬透层深度如下
<table>
<tr><th>零件种类及工作条件</th><th>淬透层深度/mm</th><th>采用材料</th><th>使用设备</th></tr>
<tr><td>受摩擦的零件，如一般小齿轮、轴等</td><td>1.5～2</td><td>45、40Cr、42MnVB</td><td>电子管高频设备</td></tr>
<tr><td>受扭曲、压力的零件，如曲轴、大齿轮</td><td>3～5</td><td>45、40Cr、65Mn
9Mn2V、球墨铸铁</td><td>中频发电机</td></tr>
<tr><td>受扭、压大型轧辊</td><td>≥10～15</td><td>9Cr2Mo、9Cr2W</td><td>工频设备</td></tr>
<tr><td>受变向载荷零件</td><td colspan="3">(0.1～0.15)D，D 为零件直径</td></tr>
</table></td></tr>
</table>

续表

<table>
<tr><th colspan="2">名称</th><th>方法特点</th><th>应用</th></tr>
<tr><td rowspan="2">化学表面热处理</td><td>渗碳</td><td>将工件放入渗碳介质中，加热到900～950℃，并保温，使介质中的碳渗入钢件中，以增加表层碳的淬火全过程。渗碳后必须淬火。经过渗碳的钢件表层得到针状回火马氏体及二次渗碳体，表层硬度达到58～65HRC。而心部组织随钢种的不同，呈低碳马氏体、屈氏体、索氏体等，其硬度保持在20～45HRC之间。承受重负荷的合金钢零件，其硬度不低于30HRC
根据所用渗碳介质的不同，分固体、气体和液体渗碳三种。气体渗碳生产率高，劳动条件较好，渗碳质量容易保证，并且容易实现机械化、自动化，目前正逐渐取代固体渗碳。当被渗碳零件的某部位不允许高硬度时，可在此部位用镀铜的办法避免渗碳。也可采用多留加工余量的办法，将含碳量高的表层切除掉</td><td>渗碳的目的，是提高钢件表层硬度和耐磨性，仍保留心部的韧性和高塑性，心部有抗冲击的性能。渗碳通常采用含碳量为0.15%～0.2%的低碳钢及低合金钢。但对大截面或心部要求较高的强度及承受重负荷的零件，均采用含碳量为0.2%～0.3%的钢件进行渗碳。为了保证渗碳后零件的工作性能，其渗碳层的含碳量最好达到0.85%～1.05%。对渗碳层深度，将随零件的尺寸及工作条件而定。太薄易引起表层疲劳脱落，太厚则承受不了冲击，一般在0.5～2.5mm为宜。根据零件受载荷情况，推荐承受低负荷时小于0.5mm；较大负荷时为0.5～1.0mm；重负荷时为1.0～1.5mm；超重负荷时大于1.5mm</td></tr>
<tr><td>渗氮</td><td>向钢件表面渗入氮原子，以形成氮化层的全过程。渗氮通常是在500～600℃范围内进行，一般需要20～50h。渗氮层厚度，根据渗氮工艺性和使用要求，一般不超过0.6～0.7mm，硬度为1100～1200HV
为了保证工件心部获得必要的力学性能，需要在渗氮前进行调质处理，使心部获得索氏体组织；同时为了减少渗氮中零件的变形，在切削加工后，一般需要进行消除应力的高温回火。渗氮分气体渗氮和液体渗氮。按用途分还可分为强化渗氮和抗蚀渗氮。对工件只需局部渗氮时，可对不需渗氮的部位预先镀锡（用于结构钢件）或镀镍（用于不锈钢），也可用涂料法或进行磷化处理
经过渗氮的工件，不再需要淬火，表面就具有很高的硬度及耐磨性，还具有很高的热硬性，在550℃硬度不低于915～925HV；由于渗氮温度低，比渗碳、表面淬火零件变形小得多，一般渗氮后的零件只需精磨或研磨抛光。渗氮件还具有较高的耐蚀性，使其在大气、水、热蒸汽和弱碱溶液等介质中不受腐蚀。缺点是渗氮时间太长。强化渗氮只适用于特殊的合金钢。另外，由于氮的渗入，会使工件尺寸略有“长大”现象，所以对设计尺寸要求极严格的工件，要考虑其补偿值</td><td>渗氮的目的是提高表面的硬度、耐磨性和疲劳强度（实现这两个目的为强化渗氮）以及耐蚀性（抗蚀渗氮）。强化渗氮通常适于含有Al、Cr、Mo等合金元素的钢，如称为氮化钢的38CrMoAlA，另外还有40Cr、35CrMo、42CrMo、50CrV等钢。用Cr-Mo-Al渗氮钢，得到的硬度比用Cr-Mo-V钢渗氮的高，其韧性不如后者。抗蚀渗氮适用于碳钢和铸铁。渗氮层的脆性分四级：Ⅰ级不脆、Ⅱ级略脆，一切场合均适用；Ⅲ级脆，适于磨削；Ⅳ级极脆，不允许使用
渗氮广泛用于各种高速传动的精密齿轮，高精密机床主轴，如镗杆、磨床主轴；承受高变载荷，并具有很高疲劳强度的零件，如高速柴油机轴；要求变形小、耐磨耐蚀的零件，如发动机汽缸、阀门等</td></tr>
</table>

续表

名称		方法特点	应用
化学表面热处理	碳氮共渗（氰化）	是向工件表面同时渗碳和渗氮的过程，也称氰化。碳氮共渗分气体、液体和固体三种。目前国内逐渐用气体碳氮共渗代替液体碳氮共渗和渗碳处理。若按加热温度高低还可分高温（900～950℃）、中温（800～870℃）和低温（500～600℃）碳氮共渗。不需共渗的部位，通常采用镀铜保护，但镀铜厚度要求比渗碳的厚，且内部组织更致密一些 共渗层的硬度可达1000HV，耐磨性也优于渗碳；比渗碳层的耐蚀性、耐疲劳强度都高，零件变形也小；生产周期比渗氮短；低碳钢的高温碳氮共渗组织与渗碳相似，由共析和亚共析层组成。中、高温碳氮共渗表层组织为氮碳化物的马氏体和屈氏体-马氏体；碳钢的过渡层组织为屈氏体-索氏体。其缺点是液体氰化有剧毒，共渗后还需淬火和低温回火	碳氮共渗的目的是提高零件表面的硬度和耐磨性；提高疲劳强度和耐蚀性。低温碳氮共渗主要用来提高合金工具钢、高速钢制造的工具、刀具的热硬性、耐磨性，这种共渗的结果与渗氮相似，其共渗层深度为0.02～0.06mm；中温碳氮共渗，主要适用于承受压力不太大，而只受摩擦的中碳结构钢零件，其共渗层深度为0.3～0.8mm，高温碳氮共渗主要用于承受压力很大的中碳钢及合金钢的小型结构件，也可用于低碳钢代替渗碳，能获得1～2mm共渗层。中温、高温碳氮共渗用于提高硬度、耐磨和抗疲劳性能。目前，碳氮共渗已广泛用于汽车、拖拉机齿轮及各种标准件的表面处理上

7.4 常用零件材料的热处理要求

几种典型零件的渗碳层与渗氮层深度见表1-7-7和表1-7-8，产品常用钢材热处理硬度的一般要求见表1-7-9，几种常用钢材不同截面尺寸的淬火硬度见表1-7-10。

表1-7-7 几种典型零件的渗碳层深度

/mm

零件种类		渗层深	零件种类		渗层深	零件种类		渗层深
一般零件	小型齿轮及小轴	0.5～0.8	汽车、拖拉机	变速齿轮	0.8～1.2	机床	小模数（<1.25mm）齿轮或厚度小于1.25mm摩擦片	0.2～0.4
	大型齿轮及大轴	1.2～1.8		差速器齿轮	0.9～1.3		模数为2mm左右的齿轮、厚度小于2mm摩擦片小轴	0.5～0.7
	活塞销及阀门头	0.9～1.3		减速器齿轮	1.1～1.5		模数为3～4mm的齿轮、轴等	0.7～1.1
							模数为5mm的齿轮、主轴	1.1～1.5
	凸轮轴及凸轮盘	1.5～2.0		花键轴（载重车）	0.8～1.0		模数大于5mm的齿轮、大轴、大轴承	1.5～2.0

表1-7-8 几种典型零件的渗氮层深度

零件	齿轮			螺杆		弹簧	小齿轮、垫圈	较大模数齿轮、轴
材料	40Cr	42CrMo		38CrMoAlA		50CrV	38CrMoAlA	
渗氮温度/℃	510±5	Ⅰ500±5	Ⅱ530±5	Ⅰ495±5	Ⅱ520±5	430±10		
表面硬度	77～78HRA	493～599HV		974～1026HV				
渗氮层深/mm	0.55～0.6	0.39～0.42		0.58～0.65		0.15～0.3	0.35～0.4	0.45～0.6
渗氮时间/h	55	53	5	63	5	25～30		

表 1-7-9　产品常用钢材热处理硬度的一般要求（参考值）

钢号	热处理后的硬度				附注
	正火 HBW	调质 HBW	淬火	渗碳 HRC	
12Cr13		217～255			
1Cr18Ni9			143～170 143～170		
20Cr13		229～269			
30Cr13		241～285	48～55		
40Cr13		241～285	50～58		
5CrMnMo		241～285	≥50		
9Cr2		229～269	≥62		
9SiCr		241～285	≥62		
10、15、20、15Mn、20Mn				55～62	
15CrMnMo	156～207			58～62	
20CrMnMo	179～229			58～62	
20CrMnSi	179～229			58～62	
20CrMo	156～207			56～62	
20Mn2、20MoV、15Cr、20Cr				56～62	
20MnMo		200～230			
30CrMnSi	197～241	207～255	35～42		
30Mn2	163～217	197～241	32～40		
35	143～187	179～229	32～40		
35CrMn2	197～241	207～255	35～42		
35CrMo	207～255	229～269	38～45		
35Mn	170～217	197～241	35～42		
35Mn2	170～217	207～241	35～42		
35SiMn	187～229	217～255	35～42		
40Cr	179～229	217～255	40～48		
40CrMn	207～241	217～255	40～48		
40CrMnB	207～255	229～269	45～52		
40CrMnMo	207～255	229～269	45～52		
40CrMoTi	207～255	229～269	45～52		
40Cr2MoV	229～285	241～285	42～52		
40CrSi	229～269	241～285	45～52		
40CrV	207～255	229～269	42～50		
40Mn	170～217	207～255	40～48		
40Mn2	179～229	217～255	40～48		
40CrMo		250～350			
45	170～229	217～255	40～48		
45Cr	187～229	229～269	45～52		
45CrV	217～269	241～285	48～55		

续表

钢号	热处理后的硬度				附注
	正火 HBW	调质 HBW	淬火	渗碳 HRC	
45Mn	179～229	217～269	45～52		
45Mn2	187～229	217～269	45～52		
50	179～229	217～255	45～52		
50Mn	187～241	229～269	50～58		
50Mn2	197～241	229～269	50～58		
50Cr	197～241	229～269	50～58		
65Mn	217～269				
Cr12MoV			≥58		
GCr6、GCr15		241～285	58～62		
Q235-A	137～187	179～229	32～40		
ZG20CrMo	143～187			55～60	
ZG35CrMnSi	217～269	241～285	40～48		
ZG35CrMo	179～229	229～269	38～45		毛坯表面淬火35～42HRC
ZG35Mn	163～207	187～229	32～40		毛坯表面淬火30～38HRC
ZG40Cr	170～217	217～255	40～48		
ZG40CrMnMo	187～229	229～269	42～50		
ZG40Mn	163～207	207～241	40～48		
ZG40Mn2	170～217	217～255	40～48		
ZG50Mn	179～217	217～255	50～58		
ZG50Mn2	197～229	217～289	50～58		
ZG70Cr	255～302				
ZG200-400	99～143			55～60	
ZG230-450	121～170				
ZG270-500	143～187	179～229	30～38		
ZG310-570	156～217	217～255	38～45		
ZG340-640	189～229	229～269	48～55		
ZGMn13			180～220		

注：1. 进行表面淬火的硬度要求，可按本表相同钢号的淬火硬度高2～5HRC，但最高硬度不应大于62HRC（有特殊要求者除外）。

2. 表面淬火深度一般为1～5mm。齿轮的轮齿表面淬火深度按下表规定。

齿轮模数 m_n	≤8	>8～20	>20～50
淬火深度/mm	1～2	2～4	4～5

3. 零件经热处理后，其硬度的不均匀性（最硬和最软部分的硬度差）不应超过25HBW或3HRC。

4. 渗碳深度依零件的作用情况确定，但深度的上、下限应按下表规定的数值选取。

0.4～0.7	0.6～0.9	0.8～1.2	1.0～1.4	1.2～1.6	1.4～1.8	1.6～2.0
2.0～2.4	2.4～2.8	2.8～3.2	3.2～3.6	3.6～4.0	4.0～4.4	4.4～4.8

表 1-7-10　几种常用钢材不同截面尺寸的淬火硬度（HRC）

材料	截面尺寸/mm						
	≤3	＞3～10	＞10～20	＞20～30	＞30～50	＞50～80	＞80～120
15 钢渗碳淬水	58～65	58～65	58～65	58～65	58～62	50～60	
15 钢渗碳淬油	58～62	40～60					
35 钢淬水	45～50	45～50	45～50	45～50	35～45	30～40	
45 钢淬水	54～59	50～58	50～55	48～52	45～50	40～50	25～35
45 钢淬油	40～45	30～35					
T8 淬水	60～65	60～65	60～65	60～65	56～62	50～55	40～45
T8 淬油	55～62	≤41					
20Cr 渗碳淬油	60～65	50～55	60～65	60～65	56～62	45～55	
40Cr 淬油	50～60	48～53	50～55	45～50	40～45	35～40	
35SiMn 淬油	48～53	48～53	48～53	45～50	40～45	35～40	
65SiMn 淬油	58～64	58～64	50～60	48～55	45～50	40～45	35～40
GCr15 淬油	60～64	60～64	60～64	58～63	52～62	48～50	
CrWMn 淬油	60～65	60～65	60～65	60～64	58～63	56～62	56～60

7.5　零件工作图应注明的热处理要求

7.5.1　在工作图上应标明的热处理要求

在零件工作图应注明的热处理要求见表 1-7-11。

表 1-7-11　在零件工作图应注明的热处理要求

<table>
<tr><th>方法</th><th colspan="2">一般零件</th><th colspan="4">重要零件</th></tr>
<tr><td>普通热处理</td><td colspan="2">1)热处理方法
2)硬度:标注波动范围一般为 HRC 在 5 个单位左右;HBW 在 30～40 个单位左右</td><td colspan="4">1)热处理方法
2)零件不同部位的硬度
3)必要时提出零件不同部位的金相组织要求</td></tr>
<tr><td>表面淬火</td><td colspan="2">1)热处理方法
2)硬度
3)淬火区域</td><td colspan="4">1)热处理方法,必要时提出预先热处理要求
2)表面淬火硬度、心部硬度
3)淬硬层深度
4)表面淬火区域
5)必要时提出变形要求</td></tr>
<tr><td rowspan="6">渗碳</td><td colspan="2">1)热处理方法
2)硬度
3)渗层深度:目前工厂多用下述方法确定</td><td colspan="4">1)热处理方法
2)淬火、回火后表面硬度、心部硬度
3)渗碳层深度
4)渗碳区域
5)必要时提出渗碳层含碳量,一般在下述范围</td></tr>
<tr><td>使用场合</td><td>深度</td><td rowspan="2">状态</td><td colspan="3">含碳量(质量分数)/%</td></tr>
<tr><td>碳素渗碳钢</td><td>由表面至过渡层 1/2 处</td><td>表面过共析区</td><td>共析区</td><td>亚共析(过渡)区</td></tr>
<tr><td>含铬渗碳钢</td><td>由表面至过渡层 2/3 处</td><td>炉冷</td><td>0.9～1.2</td><td>0.7～0.7</td><td>＜0.7</td></tr>
<tr><td>合金渗碳钢汽车齿轮</td><td>过共析、共析、过渡区总和</td><td>空冷</td><td>1.0～1.2</td><td>0.6～1.0</td><td>＜0.6</td></tr>
<tr><td colspan="2">4)渗碳区域</td><td colspan="4">6)必要时提出心部金相组织要求</td></tr>
<tr><td>氮化</td><td colspan="2">1)热处理方法
2)表面和心部硬度(表面硬度用 HV 或 HRA 测定)
3)氮化层深度(一般应≤0.6mm)
4)氮化区域</td><td colspan="4">1)热处理方法
2)除一般零件几项要求外,还需提出心部力学性能
3)必要时,还要提出金相组织及对渗氮层脆性要求(直接用维氏硬度计压头的压痕形状来评定)</td></tr>
<tr><td>碳氮共渗</td><td colspan="2">1)中温碳氮共渗与渗碳同
2)低温碳氮共渗与氮化同</td><td colspan="4">1)中温碳氮共渗与渗碳同
2)低温碳氮共渗与氮化同</td></tr>
</table>

7.5.2 金属热处理工艺分类及代号

表 1-7-12 金属热处理工艺分类及代号（摘自 GB/T 12603—2005）

工艺总称	代号	工艺类型	代号	工艺名称	代号
热处理	5	整体热处理	1	退火	1
				正火	2
				淬火	3
				淬火和回火	4
				调质	5
				稳定化处理	6
				固溶处理、水韧处理	7
				固溶处理＋时效	8
		表面热处理	2	表面淬火和回火	1
				物理气相沉积	2
				化学气相沉积	3
				等离子体增强化学气相沉积	4
				离子注入	5
		化学热处理	3	渗碳	1
				碳氮共渗	2
				渗氮	3
				氮碳共渗	4
				渗其他非金属	5
				渗金属	6
				多元共渗	7

附加分类代号

加热方式及代号

加热方式	可控气氛（气体）	真空	盐浴（液体）	感应	火焰	激光	电子束	等离子体	固体装箱	流态床	电接触
代号	01	02	03	04	05	06	07	08	09	10	11

退火工艺及代号

退火工艺	去应力退火	均匀化退火	再结晶退火	石墨化退火	脱氢处理	球化退火	等温退火	完全退火	不完全退火
代号	St	H	R	G	D	Sp	I	F	P

淬火冷却介质和冷却方法及代号

冷却介质和方法	空气	油	水	盐水	有机聚合物水溶液	热浴	加压淬火	双介质淬火	分级淬火	等温淬火	形变淬火	气冷淬火	冷处理
代号	A	O	W	B	Po	H	Pr	I	M	Ar	Af	G	C

热处理工艺代号标记规定

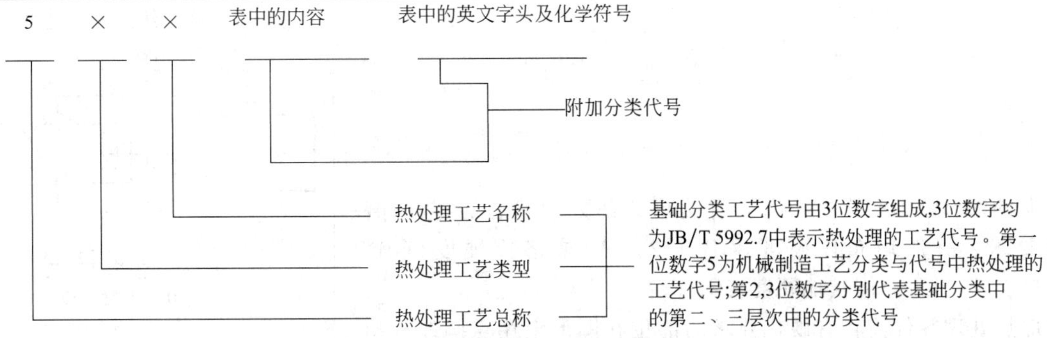

基础分类代号

注：1. 当对基础工艺中的某些具体实施条件有明确要求时，使用附加分类工艺代号。附加分类工艺代号接在基础分类工艺代号后面。

2. 附加分类工艺代号，按表顺序标注。当工艺在某个层次不需进行分类时，该层次用阿拉伯数字“0”代替。

3. 当对冷却介质及冷却方法需要用两个以上字母表示时，用加号将两个或几个字母连接起来，如 H+M 代表盐浴分级淬火。

4. 化学热处理中，没有表明渗入元素的各种工艺，如多共元渗、渗金属、渗其他非金属，可以在其代号后用括号表示出渗入元素的化学符号。

5. 多工序热处理工艺代号用破折号将各工艺代号连接组成，但除第一个工艺外，后面的工艺均省略第一位数字“5”，如 515-33-01 表示调质和气体渗氮。

7.5.3 热处理技术要求在零件图样上的表示方法

表 1-7-13 热处理技术要求在零件图样上的表示方法（摘自 JB/T 8555—2008）

<table>
<tr><th>零件</th><th colspan="3">标注方法</th><th>图例</th></tr>
<tr><td rowspan="5">总则</td><td colspan="3">(1)技术要求中硬度和有效硬化层深度的指标值可用三种方法表示(同一产品的所有零件图上,应采用统一的表示)
①一般采用:标出上、下限,如 60～65HRC,DC=0.8～1.2
②也可采用:偏差表示法,如 60^{+5}_{0}HRC,DC=$0.8^{+0.4}_{0}$
③特殊情况可只标下限值或上限值,如不小于 50HRC,不大于 229HBW。
(2)有效硬化层深度代号、深度、定义和测定方法标准</td><td rowspan="5">1. 复杂零件热处理的标注方法
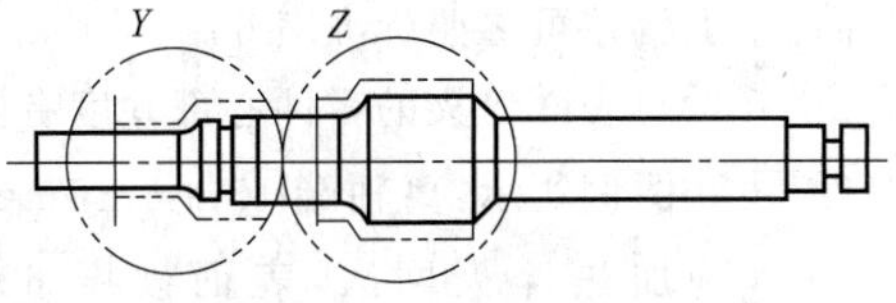

(a) 零件热处理标注
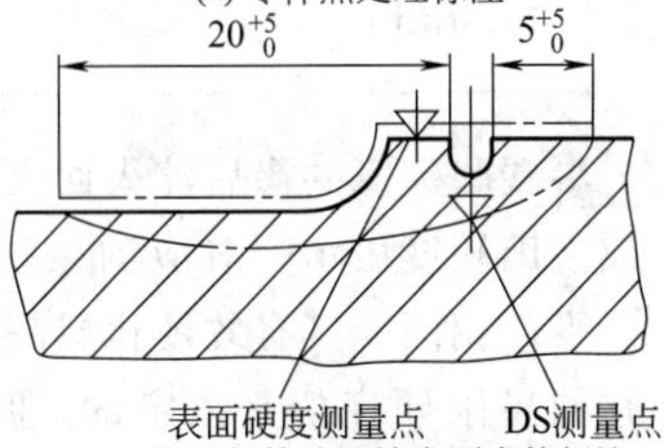

(b) Y部热处理技术要求的标注
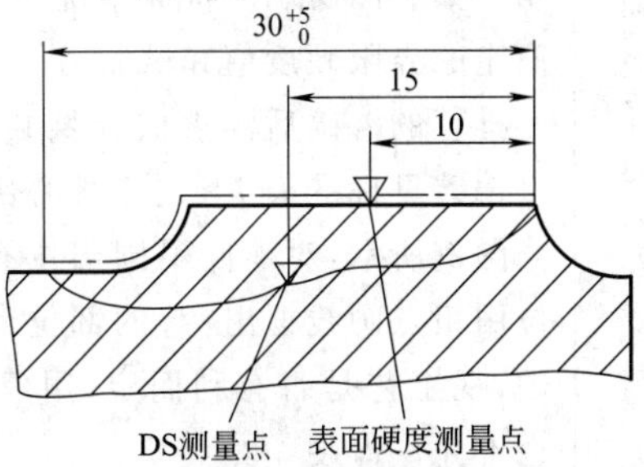

(c) Z部热处理技术要求的标注</td></tr>
<tr><td>表面淬火回火 DS</td><td rowspan="3">mm
(可省略)</td><td>深度>0.3mm,按 GB/T 5617
≤0.3mm,GB/T 9451</td></tr>
<tr><td>渗碳或碳氮共渗淬火回火 DC</td><td>深度>0.3mm,按 GB/T 9450
≤0.3mm,GB/T 9451</td></tr>
<tr><td>渗氮 DN</td><td>按 GB/T 11354</td></tr>
<tr><td colspan="3">(3)复杂零件或其他原因导致技术要求难以标注,文字也难以表达时,则须另绘标注热处理技术要求的图,如右图要求零件硬度检测必须在指定点(部位)时,用图中的测量点符号表示,指定硬度测量点位置时,应符合 JB/T 6050—2006 第 6 章规定
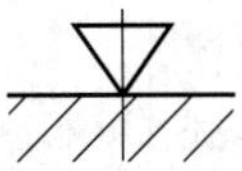
硬度测量点符号标注方法</td></tr>
</table>

零件	标注方法	图例
正火、退火及淬火回火(含调质)零件	正火、退火、淬火回火(含调质)作为最终热处理状态的零件标注硬度要求。一般用布氏硬度(GB/T 231.1)或洛氏硬度(GB/T 230.1)表示,也可以用其他硬度表示 局部热处理零件需将有硬化要求的部位在图形上用点画线框出。轴对称零件或在不致引起误会的情况下,也可用一条粗点画线画在热处理部位外侧表示,如右图	2. 局部热处理的标注方法 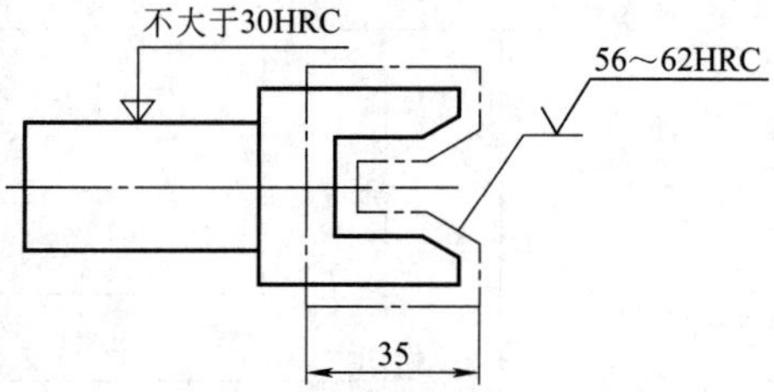 (a) 范围表示法 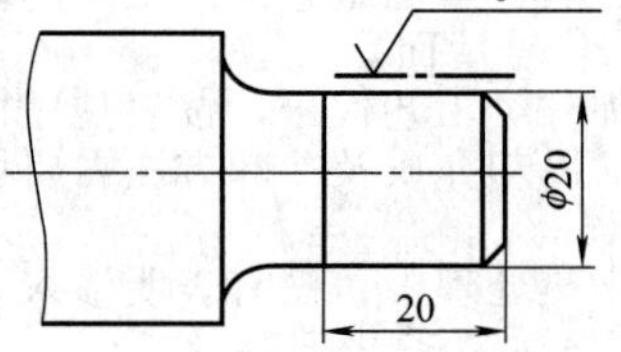 (b) 偏差表示法
表面淬火、回火零件	表面淬火的表面硬度可用维氏硬度(GB/T 4340.1)、洛氏硬度(GB/T 230)表示。但标注包括两部分:硬度值和相应的试验力。如620～780HV30。试验力选取与最小有效硬化层深度有关见标准表2～表4 表面淬火界限硬度值见标准表5,零件的有效硬化层深度分级及上偏差可参照标准表6 对表面淬火的零件心部硬度有要求时,应予标注 图例所示:离轴端15mm±5mm处开始,在长30^{+5}_{0}mm一般内感应加热淬火回火,表面硬度620～780HV30,有效硬化层深度0.8～1.6mm	3. 局部感应加热淬火回火标注方法 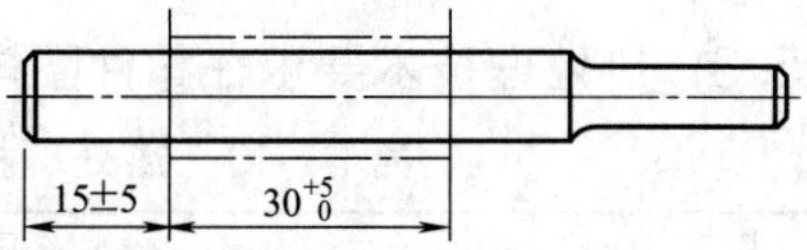 (a) 范围表示法 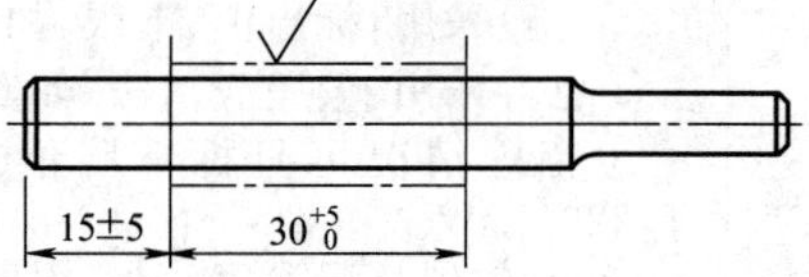 (b) 偏差表示法
渗碳和碳氮共渗零件	渗碳和碳氮共渗后淬火回火的零件的表面硬度,通常用维氏硬度或洛氏硬度表示。对应的最小有效硬化层深度和试验力与表面淬火零件相同。其有效硬化层深度DC的表示法与DS基本相同,只是它的界限硬度值是恒定的,通常取550HV1,而且标注时一般可省略。如右图所示。特殊情况下可不采用此值,此时DC后必须注明商定的界限硬度值和试验力 推荐的渗碳后淬火或碳氮共渗淬火回火零件有效硬化层深度及上偏差见标准表7。对零件心部硬度有要求时,应予标注 图例所示:对零件不同部位有不同的要求,要求渗碳淬火回火部位用粗点画线框出;有的部位允许同时渗碳淬硬,也可以不渗碳淬硬,视工艺是否有利而定,用虚线表示;未标注部位,既不允许渗碳也不允许淬硬	4. 局部渗碳标注方法 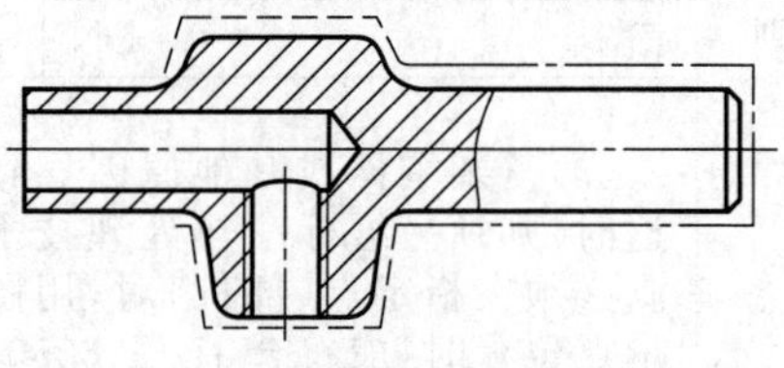 局部渗碳淬火回火 57～63HRC DC=1.2～1.7

续表

零件	标注方法	图例
渗氮(氮化)零件	表面硬度常用维氏硬度表示。表面硬度值由于检测方法不同、有效渗氮层深度不同而有差异,标注时应准确选择。有效渗氮层深度不大于 0.3mm 时按 GB/T 9451 执行,大于 0.3mm 时按 GB/T 11354 执行。经协商同意,也可以采用其他硬度检测方法表示。心部硬度有要求时,应特别注意。心部硬度通常允许以预备热处理后的检测结果为准,用维氏硬度、布氏硬度或洛氏硬度表示 图样上标注渗氮层深度,除非另有说明,一般均指有效渗氮层深度,其表示方法与 DS、DC 基本相同,见标准表 8 总渗氮层深度包括化合物层和扩散层两部分。零件以化合物层厚度代替 DN 要求时,应特别说明。厚度要求随零件服役条件不同而改变,一般零件推荐的化合物层厚度及公差值见标准表 10 采用 2.94N(0.3kgf)的维氏硬度试验力测量有效渗氮层深度 DN 时,DN 后不标注界限硬度值;当采用其他试验力时,应在 DN 后加试验力值,如 DN HV0.5＝0.3～0.4,见标准表 9 图例所示:渗氮部位边缘以粗点画线予以标注,并规定了硬度测定点位置。虚线部位允许渗氮或不允许渗氮是对工艺是否有利而决定。未标注部位不允许渗氮,如需防渗,必须说明	5. 渗氮零件的标注方法 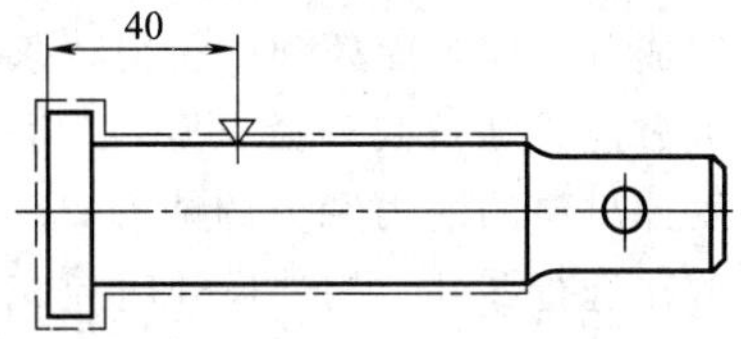 局部渗氮　硬度不小于800HV30 DN=0.4～0.6,脆性不大于3级

第 8 章

零件的表面处理

零件或构件在工作过程中，由于其表面的磨损、腐蚀和疲劳，造成了十分惊人的经济损失，因而广大科技工作者，用物理、化学、机械等方法来改变零构件表面的组织成分，即表面处理，获得要求的性能，以提高产品的可靠性或延长其寿命。另外，通过表面处理还可以充分发挥材料的潜力和节约能源，降低生产成本。所以设计者在进行零件、构件设计时应充分合理地选择各种表面处理。目前常用的表面处理，除表面热处理外，还有各种镀覆、涂覆及化学、电化学处理。

8.1 金属镀覆和化学处理表示方法用的各种符号

金属镀覆和化学处理表示方法用的各种符号见表 1-8-1。

表 1-8-1 金属镀覆和化学处理表示方法用的各种表示符号（摘自 GB/T 13911—2008、GB/T 4054—2008）

类别	材料名称	符号	备注
常用基体材料表示符号	铁、钢	Fe	金属材料用化学元素符号表示；合金材料用其主要成分的化学元素符号表示；非金属材料用国际通用缩写字母表示
	铜及铜合金	Cu	
	铝及铝合金	Al	
	锌及锌合金	Zn	
	镁及镁合金	Mg	
	钛及钛合金	Ti	
	塑料	PL	
	硅酸盐材料（陶瓷、玻璃等）	CE	
	其他非金属	NM	

类别	方法名称	英文	符号
镀覆方法表示符号 处理方法表示符号	电镀	electroplating	Ep
	化学镀	autocatalytic plating	Ap
	电化学处理	electrochemical treatment	Et
	化学处理	chemical treatment	Ct

类别		处理名称	英文	符号
化学和电化学处理名称的表示符号		钝化	passivaing	P
		氧化	oxidation	O
		电解着色	electrolytic colouring	Ec
	磷化磷酸盐处理	磷酸锰盐处理	manganese phosphate treatment	MnPh
		磷酸锌盐处理	zinc phosphate treatment	ZnPh
		磷酸锰锌盐处理	manganese zinc phosphate treatment	MnZnPh
		磷酸锌钙盐处理	zinc calcium phosphate treatment	ZnCaPh
	阳极氧化	硫酸阳极氧化	sulphuric acid anodizing	A(S)
		铬酸阳极氧化	chromic acid anodizing	A(Cr)
		磷酸阳极氧化	phosphoric acid anodizing	A(P)
		草酸阳极氧化	oxalic acid anodizing	A(O)
	备注：对磷化及阳极氧化无特定要求时，允许只标注 Ph（磷酸盐处理符号）或 A（阳极氧化符号）			

类别	特征名称	英文	符号	特征名称	英文	符号	特征名称	英文	符号	备注
镀覆层特征表示符号 处理层特征表示符号	光亮	bright	b	微孔	micro-porous	mp	密封	sealing	se	1. regular 无特别指定的要求，可省略不标注，如常规镀铬 2. sealing 指弥散镀方式获得的镀覆层，如镍密封
	半光亮	semi-bright	s	微裂纹	micro-crack	mc	复合	composition	cp	
	暗	matte	m	无裂纹	crack-free	cf	硬质	hardness	hd	
	缎面	satin	st	松孔	porous	p	瓷质	porcelain	pc	
	双层	double layer	d	花纹	patterns	pt	导电	conduction	cd	
	三层	—	d	黑色	blackening	bk	绝缘	insulation	i	
	普通	regular	r	乳色	opalescence	o				

续表

类别	符号
镀覆层名称表示符号	1. 镀覆层名称用其化学元素符号表示 2. 合金镀覆层的名称以组成该合金的各化学元素符号和含量表示。合金元素符号之间用连字符“-”相连接。合金含量为质量分数的上限值，用阿拉伯数字表示，写在相应的化学元素符号之后，并加上圆括号。含量多的元素成分排在前面。二元合金标出一种元素成分的含量，三元合金标出两种元素成分的含量，以此类推。合金成分含量无需表示或不便表示时，允许不标注 例 1　Cu/Ep・Sn(60)-Pb15・Fm (铜材，电镀含锡 60%的锡铅合金 15μm 以上，热熔) 例 2　Al/Ep・Ni(80)-Co(20)-P3 (铝材，电镀含镍 80%，钴 20%的镍钴磷合金 3μm 以上) 例 3　Cu/Ep・Au-Cu1～3 (铜材，电镀金铜合金 1～3μm) 3. 如果需要表示某种金属镀覆层的金属纯度时，可在该金属的元素符号后用圆括号列出质量分数，精确至小数点后一位 例　Ti/Ep・Au(99.9)3 (钛材，电镀纯度达 99.9%的金 3μm 以上) 4. 进行多层镀覆时，按镀覆先后，自左至右顺序标出每层的名称、厚度和特征，每层的标记之间应空出一个字母的宽度。也可只标出最后镀覆层的名称与总厚度，并在镀覆层名称外加圆括号，以与单层镀覆层相区别，但必须在有关技术文件中加以规定或说明 例 1　见 8.2　金属镀覆表示方法的说明及示例例 1、例 3、例 4、例 5 例 2　Fe/Ep・(Cr)25b (钢材，表面电镀铬，组合镀覆层特征为光亮，总厚度 25μm 以上，中间镀覆层按有关规定执行)
镀覆层厚度表示方法	镀覆层厚度用阿拉伯数字表示，单位为 μm。厚度数字标在镀覆层名称之后，该数值为镀覆层厚度范围的下限。必要时，可以标注镀覆层厚度范围 例　Cu/Ep・Ni5Au1～3 (铜材，电镀镍 5μm 以上，金 1～3μm)
后处理表示符号	见下列各表

后处理表示符号：

后处理名称	英　文	符号
钝　化	passivation	P
磷化(磷酸盐处理)	phosphating (phosphate treatment)	Ph
氧　化	oxidation	O
乳　化	emulsification	E
着　色	colouring	Cl
热　熔	flash melting	Fm
扩　散	diffusion	Di
涂　装	painting	Pt
封　闭	sealing	S
防变色	anti-tarnish	At
铬酸盐封闭	chromate sealing	Cs

类别	后处理名称	英　文	符号	分级	类型
电镀锌或镉后铬酸盐处理的表示符号	光亮铬酸盐处理	bright chromate treatment	c	1	A
	漂白铬酸盐处理	blanching chromate treatment			B
	彩虹铬酸盐处理	iris chromate treatment		2	C
	深色铬酸盐处理	dark chromate treatment			D

轻金属及其合金电化学氧化后着色常用颜色表示符号：

颜　色	黑	棕	红	橙	黄	绿	蓝(浅蓝)	紫(紫红)
字母代码	BK	BN	RD	OG	YE	GN	BU	VT

颜　色	灰(蓝灰)	白	粉红	金黄	青绿	银白
字母代码	GY	WH	PK	GD	TQ	SR

备注：1. 颜色字母代码用圆括号标在后处理“着色”符号之后
2. 轻金属及其合金电化学阳极氧化后进行套色时，按套色顺序列出颜色代码，并在其中间插入“+”表示
3. 轻金属及其合金电化学阳极氧化后着色的色泽以及电化学阳极氧化后套色的要求应以加工样品为依据

例　Al/Et・A(S)・Cl(BK+RD+GD)
(铝材，电化学处理，硫酸阳极氧化，套色颜色顺序为黑、红、金黄)

续表

	名称	英文	符号	名称	英文	符号	名称	英文	符号	备注
独立加工工序（或前处理）名称符号	有机溶剂除油	solvent degreasing	SD	化学碱洗	alkaline cleaing	AC	喷丸	shot blasting	SHB	例 Fe/SD（钢材，有机溶剂除油）
	化学除油	chemical degreasing	CD	电化学抛光	electrochemical polishing	ECP	滚光	barrel burnishing	BB	
	电解除油	electrolytic degreasing	ED	化学抛光	chemical polishing	CHP	刷光	brushing	BR	
	化学酸洗	chemical pickling	CP	机械抛光	mechanical polishing	MP	磨光	grinding	GR	
	电解酸洗	electrolytic pickling	EP	喷砂	sand blasting	SB	振动擦光	viber	VI	

8.2 金属镀覆和化学、电化学处理的表示方法（在图纸上的标记）

由国家标准（GB/T 13911—2008）进行了统一规定，要用该标准规定的各项表示符号（见表 1-8-1），按表 1-8-2 所列顺序表示。

表 1-8-2 金属镀覆和化学、电化学处理的表示方法

金属镀覆表示方法	化学、电化学处理表示方法
基体材料/镀覆方法·镀覆层名称 镀覆层厚度 镀覆层特征·后处理 说明及示例 1. 基体材料在图样或有关的技术文件中有明确规定时，允许省略 2. 由多种镀覆方法形成镀覆层时，当某一镀覆层的镀覆方法不同于最左侧标注的“镀覆方法”时，应在该镀覆层名称的前面标出其镀覆方法符号及间隔符号“·”，如例 4 3. 镀覆层特征、镀覆层厚度或后处理无具体要求时，允许省略 例 1 Fe/Ep·Cu10Ni15bCr0.3mc （钢材，电镀铜 10μm 以上，光亮镍 15μm 以上，微裂纹铬 0.3μm 以上） 例 2 Fe/Ep·Zn7·c2C （钢材，电镀锌 7μm 以上，彩虹铬酸盐处理 2 级 C 型） 例 3 Cu/Ep·Ni5bCr0.3r （铜材，电镀光亮镍 5μm 以上，普通铬 0.3μm 以上） 例 4 Fe/Ep·Cu20Ap·Ni10Cr0.3cf （钢材，电镀铜 20μm 以上，化学镀镍 10μm 以上，电镀无裂纹铬 0.3μm 以上） 例 5 PL/Ep·Cu10bNi15bCr0.3 （塑料，电镀光亮铜 10μm 以上，光亮镍 15μm 以上，普通铬 0.3μm 以上。普通铬符号 r 省略）	基体材料/处理方法·处理名称 处理特征·后处理(颜色) 说明及示例 1. 基体材料在图样或有关的技术文件中有明确规定时，允许省略 2. 化学处理或电化学处理的处理特征、后处理或颜色无具体要求时，允许省略 例 1 Al/Et·A·Cl(BK) （铝材，电化学处理，阳极氧化，着黑色，对阳极氧化方法无特定要求） 例 2 Cu/Ct·P （铜材，化学处理，钝化） 例 3 Fe/Ct·MnPh （钢材，化学处理，磷酸锰盐处理） 例 4 Al/Et·Ec （铝材，电化学处理，电解着色）

注：对金属镀覆和化学处理有该标准未予规定的要求时，允许在有关的技术文件中加以说明。

8.3 常用金属基体材料的镀覆和化学、电化学处理方法的选择应用

8.3.1 选择时应考虑的问题

（1）根据不同的基体材料及各种镀覆方法和处理方法的特点、适用范围，参照表 1-8-3 选择相应的镀覆方法和处理方法。

（2）为了合理地选择镀覆和处理方法，还必须考虑整机使用的环境条件、零件在整机中安装的位置；充分了解在这种环境下，腐蚀介质（工业气体、海洋盐雾等）的性质和侵入机内的可能性以及在使用中相对湿度的变化情况等。使用环境条件分良好、一般、恶劣、海上和特殊五类，见表 1-8-4。

（3）根据使用要求、镀覆工艺和镀层质量等，考虑是否在镀覆或处理前需要前处理（准备）工序，可参考表 1-8-5。

（4）根据金属材料镀覆的使用要求、性能特点及应用范围，参照表 1-8-6 合理选择镀覆层和镀覆层厚度；另外根据金属的化学、电化学处理层的使用要求、性能特点、应用范围，参考表 1-8-7 合理选择处理方法、处理名称等，在选择时应考虑金属的保护特性。因为金属的保护特性与该金属在一定介质中离子化（氧化）的能力有关，这种金属电化学特性与电化学电位值（V）有关。金属在一定介质中的电化学电位值越负，则离子化（氧化）能力越大。如果在一定介质中，镀层金属的电化学电位负于基体金属，则镀层为阳极，因而在一定时间内基体金属不受损坏（腐蚀）。相反，如果镀层金属的电化学电位正于基体金属，则镀层为阴极，当镀层有孔隙或局部损坏时，基体金属将被腐蚀损坏。两者电位差越大，损坏就更易、更快。因此阴极镀层特性取决于镀层厚度及孔隙率；如镀层是用于防腐时，应特别注意。

（5）选择镀覆方法和处理方法时应考虑电化偶的影响。当两种不同金属偶合（机械连接中组合），在一定的酸、碱、盐、工业气体、水分、盐雾等介质中很可能引起接触腐蚀，所以在选择镀覆和处理方法时，应慎重考虑零件与零件之间、镀层金属与基体金属之间的电化偶，必要时应改变不同金属偶合，或在两金属间放置绝缘垫。

（6）选择电镀时，必须考虑零件表面因其形状而造成镀层不均匀的情况。如零件的外部比内部表面，边缘比中央镀层厚，深孔及缝隙内壁不易镀覆到等。

（7）对铆、焊接的零件，以及不同金属的组合件，原则上不允许再进行电镀或化学处理。这是因为电解液渗入缝隙内不易彻底清除，会造成零件的腐蚀。因此只有在不得已的情况下才允许施镀。

（8）砂型或硬模法等铸造的金属件，原则上也不允许采用镀覆层或化学处理来保护，因为镀覆和化学处理后耐蚀性不可靠，必须考虑选择适当的前（预）处理或后处理，以避免镀覆和处理时产生缺陷。其前、后处理可参见表 1-8-3、表 1-8-5 和表 1-8-6。

8.3.2 常用金属的镀覆方法和化学、电化学处理方法及其特点

表 1-8-3 金属镀覆和处理方法及其特点

名称	金属镀覆和处理方法及特点	符号
电镀	电镀包括电刷镀，是利用外加电流作用，从电解液中析出金属，并在器件表面沉积而获得金属镀覆层的方法。电镀包括单金属电镀、合金电镀及复合电镀，可获得单金属镀层、二元或三元（多元）合金镀层，固体微粒与金属共沉积通常称为复合电镀 电刷镀是使用专用电源、电解液和垫或刷（电镀笔）与被镀件作相对运动，溶液中的金属离子在镀件表面与阳极电镀笔上包套的各点发生放电结晶，并不断长大而获得镀层的方法。因此，电刷镀无常规电镀的电解槽，故也称无槽电镀。如果工件作正极，电镀笔作负极，同一电刷镀设备还可以进行去毛刺、蚀刻或电抛光。电刷镀常用于金属表面的防护、装饰、耐磨、涂装底层绝缘等	Ep
化学镀	化学镀是利用合适的还原剂，使溶液中的金属离子有选择地、在经过催化剂活化的零构件表面上还原，析出金属镀覆层的方法。化学镀溶液反应必须限制在具有催化作用的制件表面上进行，而溶液本身不应自发地发生氧化还原作用，以免溶液自然分解失效	Ap
化学处理	采用化学处理液，使金属表面与溶液界面发生化学反应，生成稳定性化合物薄膜的处理过程称为化学处理。目前常用的有化学氧化及磷酸盐膜、铬酸盐膜、草酸盐膜。常用的基体材料为钢铁、铝及铝合金、铜及铜合金等。多用于金属表面的防护、耐磨、装饰、涂装底层或绝缘等	Ct

续表

名称	金属镀覆和处理方法及特点	符号
电化学处理	采用化学处理液，使金属表面与溶液界面发生电化学反应，生成稳定性化合物薄膜的处理过程，称为电化学处理。常用的方法有阳极极化法。常用的基体材料为钢铁、铝及铝合金、铜及铜合金等。多用于金属表面的防护、装饰、耐磨、涂装底层或绝缘等	Et
氧化	氧化处理是在可控条件下人为地生成特定氧化膜的表面处理过程。氧化处理常用于钢材及铝材，有化学氧化和电化学氧化两种方法。有时作镀覆层的后处理或轻金属等的着色处理	O
钝化	钝化处理是指通过成膜、沉淀或局部吸附作用，使金属表面局部活性点失去化学活性，呈现钝态。钝化的目的不在于生成完整的膜层，而是降低表面活性点的数目。它可作镀覆层的后处理工序	P
磷化（磷酸盐）处理	磷化处理是用以磷酸或磷酸盐为主的稀溶液，通过化学反应，在金属表面形成不溶性磷酸盐膜的过程，故也称磷酸盐处理。为促进成膜过程的氧化还原反应的速度，通常采用化学法（即氧化剂法、重金属盐法、还原剂法）、电化学法或物理法（搅拌、喷射法）。常用的有磷酸锰盐处理、磷酸锌盐处理、磷酸锰锌盐处理、磷酸锌钙盐处理。所形成的膜在结构上有两种，一种是非晶型转化膜，通常称为钝化膜，另一种是以晶体为主的伪转化膜。它也可作镀覆层的后处理工序	Ph
电解着色	着色处理是通过化学或电化学处理，使金属表面形成有色膜或干扰膜的过程。一般着色膜厚度为25～55nm，其色调与处理方法和膜厚度有关。通常可获得黄、红、蓝、绿等色调和彩虹、花斑等各种色彩。杂色色彩的产生源于膜厚不均对光反射过程的影响。金属着色处理还可通过热处理或化学置换反应形成着色膜，如机械制造中常用的发蓝和发黑，但它们不属本部分的内容	Ec
阳极氧化	阳极氧化主要用于铝及铝合金。铝及铝合金阳极氧化，即电化学氧化，是用一定浓度的硫酸、草酸或铬酸等，在一定的阳极电流密度及电压下，用铅板、石墨或炭精棒作阴极材料，控制适当的氧化时间，获得氧化膜的方法。根据所用阳极氧化液的不同分硫酸阳极氧化、草酸阳极氧化、铬酸阳极氧化、磷酸阳极氧化、硬质和瓷质阳极氧化。由阳极氧化获得的膜层比化学氧化的膜层硬，耐蚀、耐热、绝缘性及吸附能力更好，应用范围更广。铝及铝合金经阳极氧化形成的膜厚度，一般为5～20μm，若经硬质阳极氧化则可达到60～250μm。此法也可作后处理工序	A
封闭	封闭属阳极氧化。通常是指用一定浓度的重铬酸盐和有机物的封孔剂或用热水、蒸汽对涂层进行封微孔的过程。平常为了提高阳极氧化膜的耐蚀、耐磨和电绝缘性能，铝及铝合金在阳极氧化和着色后都进行封闭处理。氧化膜的封闭方法很多，对不着色的氧化膜可进行热水、蒸汽、重铬酸盐和有机物等封闭；对着色的氧化膜也可用热水、蒸汽或含有无机盐和有机物的溶液封闭。它可作后处理工序	S
热熔	可参考电子束、激光束表面改性及热浸镀、热喷涂、表面热处理等内容	Fm
扩散		Di

8.3.3 金属镀覆和化学、电化学处理的使用环境条件

表 1-8-4 金属镀覆和化学、电化学处理的使用环境条件

条件分类	代号	条件的特性（使用范围）
良好	L	相对湿度不高于80%，没有工业、锅炉及其他有害气体，如有空调装置的实验室，密封装置内部
一般	Y	相对湿度不高于90%，有少量工业、锅炉及其他有害气体，如不受日光、雨、雪、海雾及水分所饱和大气等直接影响的室外，无空气调节装置的室内及车间内部
恶劣	E	相对湿度经常在98%，有较多工业、锅炉及其他有害气体，如受日光、雨、雪等直接影响及距有害源较近的室外
海上	H	直接受海水的周期性影响或处于海雾饱和的大气中工作的设备仪器
特殊	T	各种特殊情况所决定的条件，如需要良好导电的或经常受压、受摩擦的情况等

8.3.4 金属镀覆和化学、电化学处理准备（前处理）工序的特性及应用范围

表 1-8-5 准备（前处理）工序及独立加工工序的特性和应用范围（适用于钢、铜、铝及其合金）

工序名称	符号	特性和应用范围
有机溶剂除油	SD	有机溶剂能很好地溶解矿物油，对动植物油不能彻底清除。主要是对不进行镀覆及化学处理的零构件作结束工序，或在化学除油前去除大量油污，也可作零件退火、回火、淬火及焊接前的中间工序
化学除油	CD	化学除油比有机溶剂除油彻底(用蒸汽加热的去油箱除外)。用于零构件酸洗前的清洁工序，退火、回火、淬火、焊接前的中间工序，也可对不进行镀覆及化学处理零件作结束工序
化学酸洗	CP	用于镀覆前或化学处理前去除金属表面氧化物的工序。在某些情况下可作熔焊或钎焊前的加工工序，也可用以去除热处理所形成的氧化层。应该注意，化学酸洗后金属制件表面可能重新氧化，尤其是非合金钢零件更是如此，所以经酸洗的金属制件厚度有所减薄。对黑色金属，还有可能因渗氢而增加金属的氢脆性，对弹性材料在渗氢严重时会导致材料的断裂
电解酸洗	EP	工艺效果比化学酸洗好，对黑色金属不会发生氢脆。只适用于形状简单或中等复杂以及无外螺纹的零件上，一般不作独立工序处理用
磨光	GR	是为了消除零件表面上明显的粗糙、线纹划伤以及凸凹等。主要用于有光亮度要求(如全光亮镀铬)的零件，毛坯在抛光之前进行的必要工序。在磨光后，零件厚度会减薄，棱角和边缘会被磨钝，孔也会不规则增大，形状复杂的零件表面磨光困难。为保证质量，磨光前表面粗糙度不应大于 $Ra6.3\mu m$
机械抛光	MP	用于金属底层的准备工序及镀覆层或化学处理层的精加工，使零件表面具有高光亮度和装饰性，通常是在磨光后使用。复杂表面很难抛光。凡要抛光的零件，抛光前表面粗糙度不应大于 $Ra0.8\mu m$
滚光	BB	形状简单和精度要求不高的零件通常用此法来清洁表面和除毛边、毛刺。有外螺纹、刃口及软质合金制成的薄壁件，不宜采用此法，以免发生变形和损伤
化学抛光	CHP	用于去除金属制件表面上细微的线纹和不明显的粗糙处，并使其表面有较高的光泽及要求全光亮的加工中，它不能代替机械抛光。用此法抛光的制件，抛光前其表面粗糙度不应大于 $Ra0.2\mu m$
电化学抛光	ECP	同化学抛光
刷光	BR	可去掉制件表面上的氧化物和镀层上的毛刺，还可除灰垢，但不能除划痕、凹陷等损伤
喷砂	SB	可消除制件表面的凹痕及划伤，表面将失去光泽；可提高制件表面与镀覆层或处理层之间的结合力。对有间隙和焊缝的、热轧和冷冲的或大型铸件以及经热处理的零构件更适合。也可作为获得缎面镀层的准备工序。缺点是黄铜、铝等软质金属零件喷砂后尺寸会改变，对平板、薄壁件不宜采用，以免变形和损伤

8.3.5 金属镀覆层的特性和应用范围

表 1-8-6 部分金属镀覆层的特性和应用范围

基体材料	镀层用途	镀层名称	镀层特性和应用范围	镀层要求	镀层厚度/μm	在图纸上的标记：使用条件	在图纸上的标记：镀覆表示方法	备注
钢	防护	电镀锌	1. 镀锌层属阳极镀覆类，在一般大气条件下镀层具有良好的保护性能。镀层能承受弯曲、扩展，但不耐压 2. 刚电镀过的镀层可熔焊或锡焊 3. 镀层不耐磨，其保护性能在−7℃以下时明显下降，在250℃以上时镀层较脆 4. 镀层能溶解在酸、碱性介质中，其装饰性不高 5. 镀层为银白色，稍带点浅蓝色，会随时间的延长逐渐变暗，经彩虹、军绿色钝化后可提高其耐蚀性；未经钝化的镀锌件与某些塑料或油漆等物质长期接触（如浸过干性油或用漆布包裹）会散发出腐蚀性气体，在此情况下，最好在零件上再涂一层非油性清漆 6. 锌及锌合金的钝化处理，最普通的是在以铬酸盐为主的溶液中进行化学处理，其镀层表面是铬酸盐薄膜	镀锌	7～10 15～20 30～35	良好 一般 恶劣	Fe/Ep·Zn7 Fe/Ep·Zn15 Fe/Ep·Zn30	
				镀锌后钝化成彩虹色	7～10 15～20 30～35 7～9 10～12	良好 一般 恶劣、海上 良好 一般、恶劣	Fe/Ep·Zn7·P·c2C Fe/Ep·Zn15·P·c2C Fe/Ep·Zn30·P·c2C Fe/Ep·Zn7·P·c2C① Fe/Ep·Zn10·P·c2C②	
				镀锌后氧化成黑色	7～10 15～20 30～35 7～9 10～12	良好 一般 恶劣 良好 一般	Fe/Ep·Zn7·A·Cl(BK) Fe/Ep·Zn15·A·Cl(BK) Fe/Ep·Zn30·A·Cl(BK) Fe/Ep·Zn7·A·Cl(BK)① Fe/Ep·Zn10·A·Cl(BK)②	
	防护和特殊	电镀镉	1. 在一般大气条件下使用时，镉镀层属于阴极镀覆类；在海上条件下或在海水中使用时则属阳极镀覆类，在此条件下比镀锌层性能好 2. 镉镀层柔软、弹性好，具有润滑性能，并能焊接 3. 镀层为银白色，采用彩虹钝化处理，可以提高其保护性能；可用于潮湿气候下，特别是用于海上工作条件下零构件；不经钝化的镉镀层适用于连接部件，并能在电流接触条件下，特别是在超短波装置中使用的组合件；也可用于低温下工作的焊接件；当大气中含有硫化物时，不允许使用镉镀层 4. 未经钝化的镉镀层与某些塑料或油漆等有机物长时间接触时（如浸过干性油或用漆布包裹）会散发出一种气体，引起腐蚀。在这种情况下，应在零构件上涂一层非油性的油漆。钝化成彩色的镉层，作为油漆底层时，油漆的附着力极差，易脱落，此情况下，如不镀镉后再进行磷化处理好。镉镀层的钝化处理可参照锌镀层的钝化工艺，也可采用铬酸盐处理	镀镉	25～30 7～9 10～12	海上	Fe/Ep·Cd25 Fe/Ep·Cd7① Fe/Ep·Cd10②	镀镉应严格限制使用，仅在海上条件下使用
				镀镉后钝化成彩虹色	25～30 7～9 10～12	海上	Fe/Ep·Cd25·P·c2C Fe/Ep·Cd7·P·c2C① Fe/Ep·Cd10·P·c2C②	
				镀镉后磷化	25～30	海上	Fe/Ep·Cd25·Ph	

续表

基体材料	镀层用途	镀层名称	镀层特性和应用范围	镀层要求	镀层厚度/μm	在图纸上的标记		备注
						使用条件	镀覆表示方法	
钢	防护装饰和特殊	电镀镍	1. 镍镀层属于阴极镀覆类。黑色金属零件，在任何使用条件下，只有在镍镀层孔隙率很小时，其防护性能才可靠。镍镀层的孔隙率会随镀层增厚而减小。采用多层镀覆可提高防护性能，如进行钢-镍或镍-铜-镍 2. 由于镍与钢的电位相差不大，在镍镀层厚度增大的情况下，允许采用单层镀镍。镍镀层的硬度低于铬镀层，接近于退火钢的硬度，在经常弯曲、铆压或扩孔时，镀层有脱落的可能，耐磨性较锌、镉镀层高 3. 镍镀层为银白色稍带浅黄，可以进行钎焊。单层镀镍多用于有磁性要求的零件；多层镀镍用于不需要装饰外表或在机械载荷不大的摩擦条件下工作的零件；多层光亮和半光亮镀镍用于耐碱、导磁及高稳定性的装饰、防护零件，但它不适宜在恶劣环境下使用，如受日光、雨、雪及工业气体直接影响的室外，在这种条件下，镀层会明显变暗，失去光泽	多层镀镍	总厚 15～20 铜 10～15 镍 5～10	良好	Fe/Ep·Cu10·Ni5	若按镍-铜-镍的顺序进行镀覆时底层镍厚为 3～5μm，这时中间层厚度可相应地减少 零件具有很大的机械负荷时，不能采用镀镍
					总厚 30～35 铜 15～20 镍 10～15	一般	Fe/Ep·Cu15·Ni10	
					总厚 45～50 铜 30～35 镍 15～20	海上	Fe/Ep·Cu30·Ni15	
				多层光亮镀镍	总厚 15～20 铜 7～10 镍 5～10	良好	Fe/Ep·Cu7·Ni5b	
					总厚 30～35 铜 20～25 镍 10～15	一般	Fe/Ep·Cu20·Ni10b	
					总厚 45～50 铜 30～35 镍 15～20	海上	Fe/Ep·Cu30·Ni15b	
				单层镀镍	镍 35～40	良好、一般、特殊	Fe/Ep·Ni35③	

续表

基体材料	镀层用途	镀层名称	镀层特性和应用范围	镀层要求	镀层厚度/μm	在图纸上的标记		备注
						使用条件	镀覆表示方法	
钢	防护装饰	电镀铬	1. 由于在大气中铬会自然产生强烈的钝化，所以在一般情况下电位高于铁，铬镀层属阴极镀覆类；铬镀层与金属结合牢固，且有很高的硬度，其耐磨性和耐热性好；镀层为银白色稍带淡青色；在一定电镀规范内，乳白色铬镀层的孔隙率比其他铬镀层小，可直接在黑色金属上镀覆，这种镀覆层适用于负荷不大的摩擦条件下工作的零件 2. 多层全光亮镀铬适用于特殊装饰要求的零件，这种镀层不但能起防护作用，还可使零件表面具有高稳定性，对光有较强的反射能力	多层镀铬	总厚 15～20 铜 10～15 镍 5～10 铬 0.3～1	良好	Fe/Ep・Cu10・Ni5Cr0.3	若以镍-铜-镍-铬的顺序进行电镀时，第二层镍厚度可适当减少，这种镀覆层，在一般、恶劣条件下使用时，可提高紧固件的防护性
					总厚 30～35 铜 20～25 镍 10～15 铬 0.3～1	一般	Fe/Ep・Cu20・Ni10・Cr0.3	
					总厚 45～50 铜 30～35 镍 15～20 铬 0.3～1	恶劣	Fe/Ep・Cu30・Ni15・Cr0.3	
					总厚 10～12 铜 5～6 镍 5～6 铬 0.3～1	良好、一般	Fe/Ep・Cu5・Ni5・Cr0.3[④]	
				多层光亮、半光亮镀铬	总厚 15～20 铜 10～15 镍 5～10 铬 0.3～1	良好	Fe/Ep・Cu10・Ni5・Cr0.36 Fe/Ep・Cu10・Ni5・Cr0.35	
					总厚 30～35 铜 20～25 镍 10～15 铬 0.3～1	一般	Fe/Ep・Cu20・Ni10・Cr0.36 Fe/Ep・Cu20・Ni10・Cr0.35	

续表

基体材料	镀层用途	镀层名称	镀层特性和应用范围	镀层要求	镀层厚度/μm	在图纸上的标记		备注
						使用条件	镀覆表示方法	
钢	防护装饰	电镀铬	3. 镀铬电解液分散性差，所以形状复杂的零件，镀层厚度会不均匀，甚至出现不能完全镀覆到的现象；另外铬镀层较脆，故不适于在受冲击条件下工作的零件，为了减少镀层的脆性，可采用在180～220°C的油中进行1～2h的热处理，其硬度不会改变 4. 在恶劣的海洋大气条件下，其耐蚀性和装饰性都差，所以铬镀层应尽量避免在此条件下工作的零构件	多层光亮、半光亮镀铬	总厚45～50 铜30～35 镍15～20 铬0.3～1	恶劣	Fe/Ep·Cu30·Ni15·Cr0.36 Fe/Ep·Cu30·Ni15·Cr0.35	若以镍-铜-镍-铬的顺序进行电镀时，第二层镍厚度可适当减少，这种镀覆层，在一般、恶劣条件下使用时，可提高紧固件的防护性
					总厚10～12 铜5～6 镍5～6 铬0.3～1	良好、一般	Fe/Ep·Cu5·Ni5·Cr0.36* Fe/Ep·Cu5·Ni5·Cr0.35	
	特殊	电镀铬	硬质镀铬具有较高的硬度，可直接在黑色金属上进行镀覆。它适用于高负荷摩擦条件下工作的零件的镀覆	乳白铬	总厚12～15	良好、一般、特殊	Fe/Ep·Cr12Cl(WH)	
				硬质镀铬	根据技术要求确定	良好、一般、特殊	Fe/Ep·Crhd	
		电镀铜	1. 由于铜和铁的电位差很大，而铜镀层在空气中也氧化变色，所以它不能单独用来防止黑色金属零件生锈，常用它作为镀覆的底层 2. 铜镀层具有中等硬度，能承受弯曲、拉伸和扩孔，易抛光。铜镀层能提高零件表面的电导率，还能防止零件局部表面渗碳	镀铜	20～30	良好、一般、特殊	Fe/Ep·Cu20	
		电镀锡铅合金	1. 锡铅合金镀层属于阴极镀覆类。一般在海上气候条件下，镀层能与基体很好地结合，并具有韧性和一定的化学稳定性 2. 镀层为浅灰色，其主要特点是，当镀层内含10%以上锡时，能钎焊，锡含量在60%±5%时，钎焊性能最佳，适于钎焊零件的镀覆	多层镀锡铅合金	总厚20～25 铜7～10 合金12～15	良好、一般	Fe/Ep·Cu7·Sn(60)-Pb12	
					总厚25～30 铜12～15 合金12～15	恶劣	Fe/Ep·Cu12·Sn(60)-Pb12	
					总厚35～40 铜20～25 合金12～15	海上	Fe/Ep·Cu20·Sn(60)-Pb12	

续表

基体材料	镀层用途	镀层名称	镀层特性和应用范围	镀层要求	镀层厚度/μm	在图纸上的标记		备注
						使用条件	镀覆表示方法	
钢	特殊	电镀锡铅合金后热熔	1. 镀锡铅合金后热熔称为镀热熔锡铅合金，它适用于有一定装饰要求或需要钎焊的零件的镀层 2. 热熔后的锡铅合金呈银灰色、有光泽。它的孔隙率小，易焊接，其保护性和耐蚀性高于锡铅合金镀层。由于工艺条件所限，所能获得的热熔锡铅合金镀层较薄，一般在钢制件上使用时需要有足够的铜镀层打底才可靠	多层镀锡铅合金后热熔	总厚 10～15 铜 7～10 合金 3～5	良好、一般	Fe/Ep·Cu7·Sn(60)-Pb3Fm	需要放置较长时间的零件，建议将合金厚度增至10～15μm，此时铅层厚度可相应减薄
					总厚 15～20 铜 12～15 合金 3～5	恶劣	Fe/Ep·Cu12·Sn(60)-Pb3Fm	
					总厚 25～30 铜 20～25 合金 3～5	海上	Fe/Ep·Cu20·Sn(60)-Pb3Fm	
		电镀锡	1. 锡镀层属于阴极镀覆类。镀层能与底层金属很好地结合，并具有韧性。新镀层易钎焊，适用于需钎焊的镀覆，但镀层随时间的延长会氧化，直到不易钎焊 2. 用电镀法得到的镀层其化学稳定性和保护性比用热浸法得到的镀层低 3. 锡在－10℃以下很容易转变成强度很差的灰锡，在－48℃时，转变速度最快 4. 锡镀层还用于零件局部不需渗氮的地方。为防渗氮的锡镀层厚度为8～10μm，且不需用镀铜打底	多层镀锡	总厚 15～20 铜 3～5 锡 12～15	良好	Fe/Ep·Cu3·Sn12	
					总厚 20～25 铜 3～5 锡 15～20	一般	Fe/Ep·Cu3·Sn15	
		电镀锡后热熔	1. 镀锡热熔后，不显晶状花纹，称为热熔锡 2. 热熔锡镀层呈银白色，有光泽，孔隙率小，易钎焊，但不耐磨。防护性能和耐蚀性高于锡镀层，它适用于不受摩擦，有一定装饰要求或需钎焊零件的镀覆 3. 由于工艺条件的限制，所得到的热熔锡镀层较薄，一般在钢制件上使用此法时，需有足够的铜镀层打底或在零件表面上涂以特殊清漆才可靠	镀锡后热熔	总厚 10～15 铜 7～10 锡 3～5	良好	Fe/Ep·Cu7·Sn3Fm	需要钎焊时应上漆。需存放较长时间的零件建议将锡层的厚度增至10～15μm，此时铜层厚度可减薄
					总厚 20～25 铜 15～20 锡 3～5	一般	Fe/Ep·Cu15·Sn3Fm	

续表

基体材料	镀层用途	镀层名称	镀层特性和应用范围	镀层要求	镀层厚度/μm	在图纸上的标记		备　注
						使用条件	镀覆表示方法	
钢	特殊	热浸锡铅焊料	热浸锡铅焊料时，在零件表面上形成锡铅合金层，此镀层易焊接，用于需钎焊的小零件，也可用于电镀锌、镍、锡或铜的零件的镀覆。用此法得到的镀层，其化学稳定性较用电镀法的高	热浸锡铅焊料	不规定	良好、一般、恶劣、海上		

① 螺距≤0.8mm 的紧固件。

② 螺距>0.8mm 的紧固件。

③ 根据具体情况镀覆层厚度可适当增加。

④ 适用于紧固件。

8.3.6 金属的化学、电化学处理层的特性和应用范围

表 1-8-7　金属的化学、电化学处理层的特性和应用范围（镀覆层厚度由工作要求定）

零件材料	镀覆用途	镀覆名称	镀覆层处理特性和应用范围	镀覆要求	图纸上的标记		备注
					使用条件	镀覆标记	
钢材	防护装饰	化学氧化	钢铁化学氧化处理，按其处理液的酸、碱性分为酸性与碱性两类，按获得的膜层颜色，习惯上分为发蓝和发黑两种工艺，目前常用的是在含氧化剂的浓碱液中进行碱性氧化法。氧化膜厚约为 1μm，氧化后零件尺寸无变化，它适用于高精度的零件。氧化后的颜色为黑和浅蓝色	化学氧化	良好	Fe/Ct·O	
	防护特殊	磷化	钢铁磷化处理，通常按工艺温度高低分为高温、中温和低温三类。其特点是高温磷化速度快，膜的耐蚀性、结合力、硬度及耐热性均高，但溶液挥发量大，成分变化快，膜结晶不均匀，易形成杂质；中温磷化速度较快，溶液稳定，膜成分较复杂，膜层耐蚀性接近高温磷化；低温磷化不需加热，节省能源，成本低，溶液稳定，膜耐蚀耐热性差，生产率低。磷化的膜层表面粗糙，并有高度吸附性，浸铬酸后是一种涂润滑油、清漆和油漆的良好底层，与底金属结合好	磷化	良好、一般	Fe/Ct·Ph	

续表

零件材料	镀覆用途	镀覆名称	镀覆层处理特性和应用范围	镀覆要求	图纸上的标记		备注
					使用条件	镀覆标记	
铝及铝合金	防护装饰	电化学氧化	1. 电化学氧化是防铝及铝合金腐蚀的有效方法。氧化后的氧化膜能与金属零件牢固地结合。氧化膜具有绝缘性和多孔性,有较强的吸附能力,采用封闭处理可提高其耐腐蚀性能。它能染成多种颜色。可作为涂覆油漆和硝化纤维漆的底层 2. 电化学氧化后的零件,其表面外观和氧化膜厚度决定于零件材料的化学成分、表面状态和氧化规范。氧化膜的颜色为无色、微黄和灰色,着色处理后可成为黑色和深灰色;膜厚一般为 1～6μm,纯铝和铝镁合金则较厚;膜较脆,因而对需进行变形加工的零件,不能采用电化学氧化 3. 此法适用于防止铝及铝合金腐蚀的零件,零件经磨光、抛光后氧化(着色)能得到全光亮的高度装饰表面,所以它适用于铝件的防腐和装饰;纯铝的全光亮氧化膜比铝合金的好,因此最好采用高纯度铝进行全光亮电化学氧化。工业铝或含 2.5%～3.5%镁或含 0.5%镁、0.5%硅的铝合金也可进行全光亮电化学氧化。其氧化膜的颜色:L4、LF2、LY11、LY12、为无色透明(LY11、LY12 有时为灰色);LD5、LD10、ZL11 为淡黄色(LD5 有时为微黄色);LC4、ZL7 为深灰色	电化学氧化	良好、一般	Al/Et·A	精密铸件或经机械加工的热压铸件,或表面上有气孔与缝隙的部件,最好不采用硫酸电化学氧化。若不得已而采用时,在氧化后用重铬酸盐封闭处理,但还不能保证质量,建议用铬酸电化学氧化。铆、焊接件、非铝的组装件不能采用电化学氧化
					恶劣、海上		
				全光亮电化学氧化	良好、一般	Al/Et·bA	
					恶劣、海上	Al/Et·bA[*]	
				电化学氧化后用铬酸盐封闭	良好、一般	Al/Et·A·Cs	
					恶劣、海上	Al/Et·A·Cs[①]	
				电化学氧化后着色,全光亮电化学氧化后着色	良好、一般	Al/Et·A·Cl Al/Et·bA·Cl	
					恶劣、海上	Al/Et·A·Cl[①] Al/Et·bA·Cl[①]	
	特殊	铬酸电化学氧化	1. 此法适用于铆、焊接及有砂眼和结构不很紧密的铸件 2. 氧化膜与基体金属结合牢固,并有一定的塑性,可作涂覆油漆和硝化纤维漆的良好底层。经处理后的零件能维持原有的尺寸精度和表面粗糙度,膜厚单面增加 1～1.5μm。膜层耐蚀性差 3. 氧化膜为淡褐色的不透明膜层,随材料含硅量的增加膜的颜色逐渐加深	铬酸电化学氧化	良好、一般	Al/Et·A(Cr)	含铜量较高的硬铝合金,经此处理后对原有尺寸精度和粗糙度有影响
					恶劣、海上	Al/Et·A(Cr)[①]	
		瓷质电化学氧化	1. 瓷质电化学氧化膜呈乳灰色,组织结构致密,呈瓷釉样的外观,具有一定的硬度,耐蚀性接近普通硫酸电化学氧化膜,并能与基体金属牢固结合 2. 一般情况下,此种氧化膜层单面增厚 1.5～3μm,对特别精密的零件,可采用膜层单面增厚 0.5～2μm 的瓷质氧化,以保持零件的尺寸精度和粗糙度基本不变	瓷质电化学氧化	良好、一般	Al/Et·A·pc	

续表

零件材料	镀覆用途	镀覆名称	镀覆层处理特性和应用范围	镀覆要求	图纸上的标记		备注
					使用条件	镀覆标记	
铝及铝合金	特殊	导电氧化	膜层为黄绿色，其显著特点是能导电，并具有防护性能，适用于一般条件下工作的导电零件	导电氧化	良好、一般	Al/Et·A·cd	
		绝缘电化学氧化	1. 绝缘电化学氧化仅供要求高绝缘性能的零件使用。膜层具有较大的表面电阻和较高的硬度，用此法氧化后未经浸漆处理的膜层耐击穿电压值不低于250V 2. 膜层颜色随材料不同，有黄色、深褐色和蓝灰色。氧化膜厚度可达100μm以上，耐蚀性好，但性脆，不能弯曲	绝缘电化学氧化	良好	Al/Et·A·i	
					一般	Al/Et·A·i[2]	
		硬质电化学氧化	1. 硬质电化学氧化是使铝和铝合金零件达到耐磨和防腐的有效方法。氧化膜能与基体材料牢固地结合，具有较高的硬度，并有耐热、绝缘和多孔等性能 2. 此法处理后的零件，其表面外观、膜的硬度和厚度决定于铝材的化学成分、表面状态及氧化规范。膜的颜色为灰黄、灰绿、灰褐、中褐、深灰到黑色，色泽随膜层厚度的增加而加深。纯铝和防锈铝膜厚可达100μm以上，其他材料则较薄。从耐磨和硬度来讲，膜厚在20～25μm较好。显微硬度在250～300HV以上，要求耐热的零件，其氧化膜的厚度应厚些。膜层的细致程度，随表面粗糙度的提高而提高 3. 此氧化膜较脆，尤其在边角受冲击后膜层易脱落，因而进行机械变形加工的零件，不应采用此种氧化。氧化膜经常有裂纹存在，L4纯铝和LF2防锈铝及较薄的板材更易产生裂纹。铝及铝合金，一般都能进行硬质氧化，但含铜量较高的铝合金，用直流电进行氧化时，不易获得厚的膜层，在氧化过程还易烧蚀。采用叠加电流进行硬质氧化可避免烧蚀，膜层也能达到要求	硬质电化学氧化	良好、一般	Al/Et·A·hd	需要进行此种氧化的表面，其粗糙度不得大于R_a6.3μm，而且不应有尖角、锐边、毛刺和腐蚀痕迹，螺纹尖角应倒圆。氧化后的颜色大致为：L4、LF2、LY11、LY12、LD10深灰黄至黑色；LF21深灰褐色；LD5、LC4深灰或灰黑色；ZL7、ZL11深灰色
					恶劣、海上	Al/Et·A·hd[3]	
		缎面电化学氧化	缎面氧化的膜层为灰白色，具有无定向的反射光泽。适用于室外操作的仪表外壳等铝件的特殊装饰加工，并易喷涂有机涂料，以防表面沾污	光亮、半光亮、无光缎面电化学氧化	良好、一般	Al/Et·A·b(st) Al/Et·A·s(st) Al/Et·A·st	

续表

零件材料	镀覆用途	镀覆名称	镀覆层处理特性和应用范围	镀覆要求	图纸上的标记		备注
					使用条件	镀覆标记	
铝及铝合金	防护装饰	化学氧化	1. 用此法取得的氧化膜,其保护性能比用电化学法取得的氧化膜低。该氧化膜硬度低,能与底金属牢固地结合 2. 此法比电化学法简单,特别适合代替电化学法处理表面形状复杂的零构件,膜层颜色为淡黄色	化学氧化	良好、一般、恶劣、海上	Al/Ct·O Al/Ct·O④	
	特殊	磷化	用此法取得的氧化膜,硬度高于用化学氧化取得的保护膜。膜层呈青色,能与底金属牢固地结合。膜层表面结构细致,对油漆结合力好。膜具有一定的绝缘性,磷化后零件尺寸不会改变,复杂表面也能获得均匀的保护膜,所以表面形状复杂和薄壁件采用此法较好	磷化	良好、一般、恶劣、海上	Al/Ct·Ph Al/Ct·Ph⑤	
铜及铜合金	防护装饰	氧化	氧化时,在零件表面上形成不同的金属氧化物,此氧化膜可使零件表面的黑色保持较长时间。氧化后零件的电导率没有显著降低,它适用于铜及铜合金零件的装饰加工。铜的氧化只在不能采用金属镀覆时才使用,化学氧化是铜零件防腐的可靠方法,因此表面必须用中性润滑油加以保护	化学氧化	良好、一般	Cu/Ct·A	焊接件建议不采用
				光亮化学氧化	良好、一般	Cu/Ct·bO	
				电化学氧化	良好、一般	Cu/Et·A	
				光亮电化学氧化	良好、一般	Cu/Et·bO	
		钝化	钝化后的表面颜色没有太大的改变,在良好或一般条件下使用,可提高零件的防护性能	化学钝化	良好、一般	Cu/Ct·P	焊接件建议不采用

① 在海上、恶劣条件下使用时，应涂有机涂料。

② 在一般条件下使用时，此法氧化后应涂有机涂料。

③ 在恶劣、海上使用时，氧化后应涂有机涂料。

④ 在恶劣、海上条件下使用时，氧化后应涂特种漆。

⑤ 在恶劣海上条件下使用时，磷化后应涂特种漆。

8.4 部分有机涂料、涂覆层的选择及标记

8.4.1 有机涂料类别名称及代号

有机涂料类别名称是按其成膜物质分类和命名的，见表 1-8-8。

表 1-8-8 有机涂料类别名称及代号（摘自 GB/T 2705—2003）

类别名称	主要成膜物质	代号	类别名称	主要成膜物质	代号
油脂漆类	天然植物油、动物油（脂）、合成油等	Y	丙烯酸树脂漆类	热塑性丙烯酸酯类树脂、热固性丙烯酸酯类树脂等	B
天然树脂漆类	松香、虫胶、乳酪素、动物胶及其衍生物等	T	烯类树脂漆类	聚二乙烯基乙炔树脂、氯乙烯共聚树脂、聚乙酸乙烯及其共聚物、聚乙烯醇缩醛树脂、聚苯乙烯树脂、氯化聚丙烯树脂、石油树脂等	X
酚醛树脂漆类	酚醛树脂、改性酚醛树脂等	F			
沥青漆类	天然沥青、（煤）焦油沥青、石油沥青等	L			
醇酸树脂漆类	甘油醇酸树脂、季戊四醇醇酸树脂、其他醇类的醇酸树脂、改性醇酸树脂等	C	聚酯树脂漆类	饱和聚酯树脂、不饱和聚酯树脂等	Z
氨基树脂漆类	脲（甲）醛树脂、三聚氰胺甲醛树脂及其改性树脂	A	聚氨酯树脂漆类	聚氨（基甲酸）酯树脂等	S
硝基漆类	硝基纤维素（酯）等	Q	元素有机漆类	有机硅、氟碳树脂等	W
纤维漆类	乙基、苄基、羟基及乙酸丁酸纤维等	M			
过氯乙烯树脂漆类	过氯乙烯树脂等	G	橡胶漆类	氯化橡胶、环化橡胶、氯丁橡胶、丁苯橡胶、氯磺化聚乙烯橡胶等	J
环氧树脂漆类	环氧树脂、环氧酯、改性环氧树脂等	H	其他漆类	以上 16 种未包括的成膜物质，如无机高分子材料、聚酰亚胺树脂等	E

8.4.2 部分有机涂料基本名称代号及与标记有关的其他符号或代号

它包括涂料基本名称，漆膜颜色代号，涂料产品序号，涂覆辅助材料，使用环境条件分类及外观等级代号，见表1-8-9～表1-8-11。

表 1-8-9 部分有机涂料基本名称代号（摘自 GB/T 2705—2003）

品种	基本名称	代号	品种	基本名称	代号	品种	基本名称	代号	品种	基本名称	代号
涂料的基本品种	清油	00	美术漆	锤纹漆	16	绝缘漆	电阻、电容器漆	37	特种漆	耐火漆	60
	清漆	01		皱纹漆	17		半导体漆	38		耐热漆	61
	厚漆	02		裂纹漆	18	船舶漆	防污漆、防蛆漆	40		涂布漆	63
	调和漆	03		晶纹漆	19		水线漆	41		可剥漆	64
	磁漆	04	轻工用漆	铅笔漆	20		甲板漆、甲板防滑漆	42		感光涂料	66
	粉末涂料	05		木器漆	22		船壳漆	43		隔热涂料	67
	底漆	06		罐头漆	23		船底漆	44	备用漆	地板漆	80
	腻子	07	绝缘漆	（浸渍）绝缘漆	30	防腐蚀漆	耐酸漆	50		锅炉漆	82
	大漆	09		（覆盖）绝缘漆	31		耐碱漆	51		烟囱漆	83
	电泳漆	11		（黏合）绝缘漆	33		防腐漆	52		黑板漆	84
	乳胶漆	12		（绝缘）磁漆	32		防锈漆	53		调色漆	85
	其他水溶性漆	13		漆包线漆	34		耐油漆	54		标志漆、马路线漆	86
美术漆	透明漆	14		硅钢片漆	35		耐水漆	55		胶液	98
	斑纹漆	15		电容器漆	36					其他	99

表 1-8-10　常用部分漆膜颜色代号（摘自 GB/T 3181—2008）

编号说明	漆膜颜色代号											
漆膜颜色代号是由一个或两个英文字母和阿拉伯数字组成。英文字母用来表示色调；阿拉伯数字用来区分同一色调的不同颜色	颜色代号	红 R	黄红 YR	黄 Y	绿黄 GY	绿 G	蓝绿 BG	蓝 B	紫蓝 PB	紫 P	红紫 RP	
	颜色代号	铁红 R01	朱红 R02	大红 R03	紫红 R04	橘红 R05	粉红 RP01	玫瑰红 RP03	奶油色 Y03	淡黄 Y06	乳白 Y11	米黄 Y12
	颜色代号	苹果绿 G01	深绿 G05	橄榄绿 G06	草绿 GY04	深灰 B01	中灰 B02	淡灰 B03	银灰 B04	淡紫 P01	紫 P02	天(铁)蓝 PB10

表 1-8-11　涂料产品序号、辅助材料代号及使用环境和外观等级代号（摘自 GB/T 2705—2003）

<table>
<tr><th colspan="4">涂料产品序号</th><th colspan="2">辅助材料代号</th><th colspan="3">使用环境条件分类</th><th colspan="3">外观等级</th></tr>
<tr><th colspan="2" rowspan="2">涂料名称</th><th colspan="2">序号</th><th rowspan="2">名称</th><th rowspan="2">代号</th><th rowspan="2">条件</th><th rowspan="2">代号</th><th rowspan="2">特征、应用范围</th><th rowspan="2">等级</th><th rowspan="2">代号</th><th rowspan="2">特征、用途</th></tr>
<tr><th>自干</th><th>烘干</th></tr>
<tr><td colspan="2">清漆、底漆、腻子</td><td>1～29</td><td>30 以上</td><td rowspan="7">稀释剂
防潮剂
催化剂
脱漆剂
固化剂</td><td rowspan="7">X
F
G
T
H</td><td>一般</td><td>Y</td><td>相对湿度不高于 90%，有少量工业锅炉及其他有害气体。如受日光、雨雪、海雾及饱和水分的大气等直接影响的室外</td><td>一级</td><td>Ⅰ</td><td>涂膜表面丰满、光亮（半光、无光除外）、平整、光滑、色泽一致美观</td></tr>
<tr><td rowspan="3">磁漆</td><td>有光</td><td>1～49</td><td>50～59</td><td rowspan="2">恶劣</td><td rowspan="2">E</td><td rowspan="2">相对湿度可达 90%以上。温度在+55～+85℃或−40～+55℃或−40～−55℃之间温差剧变，受雨、雪、风沙等直接影响</td><td rowspan="3">二级</td><td rowspan="3">Ⅱ</td><td rowspan="3">漆膜基本平整、光滑，色泽基本一致，几何形状修饰较好，杂质少</td></tr>
<tr><td>半光</td><td>60～69</td><td>70～79</td></tr>
<tr><td>无光</td><td>80～89</td><td>90～99</td><td>海洋</td><td>H</td><td>受海水直接影响或处于海洋气候条件下工作，如在海水中或舰船甲板上</td></tr>
<tr><td rowspan="2">清漆、底漆</td><td>清漆</td><td>1～9</td><td>10～29</td><td rowspan="2">特殊</td><td rowspan="2">T</td><td rowspan="2">直接受水（特别是高温水）的连续或周期性影响，有酸、碱溶液或气体的直接影响或−55℃以下温度的直接影响，有电弧、放电、辐射及耐酸、碱、高温、低温等特殊作用的涂覆等</td><td>三级</td><td>Ⅲ</td><td>涂膜完整，色泽无显著差异，允许有少量杂质、修整痕迹和其他缺陷</td></tr>
<tr><td>底漆</td><td>80～89</td><td>90～99</td><td>四级</td><td>Ⅳ</td><td>涂膜完整，允许有不影响防护性能的缺陷</td></tr>
</table>

8.4.3 有机涂料型号、名称举例

有机涂料型号由其类别名称代号、基本名称代号及其他相关代号组成，见表 1-8-12。

表 1-8-12 有机涂料型号、名称举例

名　称	主要成膜物质	型　号	名　称	主要成膜物质	型　号
硝基清漆	氨基树脂	Q01-17	各色环氧烘干电容器漆	环氧树脂与纯酚醛树脂	H36-51
白醇酸磁漆	醇酸树脂	C04-2	过氯乙烯可剥漆	过氯树脂与纯酚醛树脂	G64-1
各色氨基无光烘干磁漆	氨基树脂与醇酸树脂	A04-81	丙烯酸漆稀释剂		X-5
铁红环氧(酚)基烘干漆防腐底漆	环氧树脂与丁醇醚化二酚基丙烷酚醛树脂	H52-98	环氧漆固化剂		H-1

8.4.4 有机涂料涂覆标记及示例

标记由涂覆符号、涂料颜色（或代号）与型号（或名称）、外观等级和使用环境条件四部分构成，每部分之间以“·”相连接，其排列顺序如下。

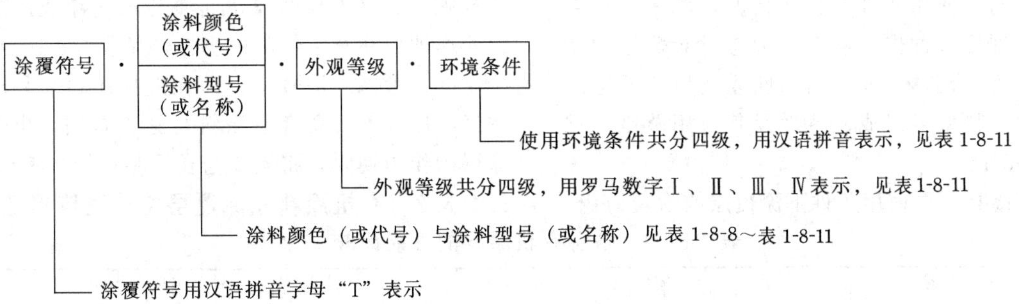

说明：(1) 涂料全名＝颜色或颜料名称＋成膜物质名称＋涂料基本名称。颜色位于全名称最前面；成膜物质应适当简化，如聚氨基甲酸酯简化成聚氨酯；如果基料中含有多种成膜物质，可选取起主要作用的一种，必要时也可选取两种，主要的成膜物质在前，次要的在后，如环氧硝基磁漆。

(2) 涂料型号以一个汉语拼音字母和几个阿拉伯数字组成。字母表示涂料类别，位于型号的最前面，第一、二位数字表示涂料基本名称；第三、四位数字表示产品序号，在第二与第三位数字之间用“-”将其分开，按 GB/T 13911 的规定执行。

(3) 如果被涂覆的制品，内、外表面的涂覆要求不同，不同部分用横线隔开，横线上方表示外表面的涂覆要求，线下为内表面的涂覆要求，见例 2。

(4) 若施涂前处理必须表示时，用“/”将前处理方法与涂料涂覆标记隔开。斜线左边标注前处理符号，右边标注涂覆标记，其前处理标志（符号）见表 1-8-1 和表 1-8-5，见例 3。

(5) 复合涂层的层次一般不在涂覆标记中反映，必要时将涂层按其施工顺序表示，层次间用“/”隔开，见例 4。

(6) 标记示例如下。

例 1. 用于一般环境条件下，表面涂覆深绿色 (G05) 氨基烘干磁漆（A04-9），并以Ⅲ级外观等级加工，标记为：T·深绿 A04-9·Ⅲ·Y 或 T·（G05）A04-9·Ⅲ·Y

例 2. 外表面涂层处于一般环境条件下，内表面涂层处于需耐油的特殊环境条件使用，外表面涂淡灰色 (B03) 过氯乙烯磁漆（G04-9），按Ⅱ级外观等级加工，内表面涂铁红色（R01）醇酸耐油漆（C54-3），按Ⅳ级外观等级加工，标记为：$T\cdot\frac{\text{淡灰 G04-9}\cdot\text{Ⅱ}\cdot\text{Y}}{\text{铁红 C54-3}\cdot\text{Ⅳ}\cdot\text{T}}$ 或 $T\cdot\frac{\text{(B03) G04-9}\cdot\text{Ⅱ}\cdot\text{Y}}{\text{(R01) C54-3}\cdot\text{Ⅳ}\cdot\text{T}}$

例 3. 用于海洋环境的制品，内、外表面均涂铁蓝色 (PB10) 过氯乙烯防腐漆（G52-31），按Ⅲ级外观等级加工，前处理采用喷砂，并必须表示，其标记为：SB/T·铁蓝 G52-31·Ⅲ·H 或 SB/T·(PB10) G52-31·Ⅲ·H

例 4. 用于恶劣环境下的制品，内、外表面均涂奶油色（Y03）丙烯酸磁漆（B04-9），用丙烯清漆（B01-3）罩光，外表面按Ⅰ级、内表面按Ⅱ级外观等级加工，前

处理采用电化学氧化后铬酸盐封闭，并必须表示，其标记为：Et・A・Cs/T・白 B04-9/B01-3・$\frac{\text{I}}{\text{II}}$・E 或 Et・A・Cs/T・（Y03）B04-9/B01-3・$\frac{\text{I}}{\text{II}}$・E

8.4.5 各种有机涂料涂覆方法的选择及配套设计

8.4.5.1 选择各种有机涂料涂覆方法时应考虑的因素

（1）考虑涂覆使用条件，应了解设备及其组成部分的工作位置和工作环境，充分了解在这种工作环境中温度、湿度，以及在使用中腐蚀介质的性质和侵入产品内部的可能性，见表 1-8-11。

（2）考虑设备的外观要求，根据设备的需要选择涂覆层的颜色、光泽、外观等级、特征及用途，见表 1-8-11、表 1-8-13、表 1-8-14。

（3）根据不同的使用条件和使用情况，考虑涂覆层的耐候及涂覆层硬度、冲击强度等；考虑对涂覆层的特殊要求，如绝缘性，耐酸、碱、油的性能及耐高低温的性能，还应了解涂料型号组成、特性及其应用范围，见表 1-8-13、表 1-8-14。

（4）为了提高在不同使用条件下涂覆层的附着力稳定性，应正确合理地进行涂覆前的准备工序及适当的涂覆工艺，并注意待涂制品材料的施工禁忌。可参考表 1-8-13、表 1-8-14。

（5）为了达到制品涂覆的性能要求，还应保证制品表面达到一定的技术要求。如待涂制品不允许有影响涂覆防护性能或外观质量的毛刺、锐边、粘砂、凸高点、焊沿、焊渣和铆装缺陷等；再如，对有装饰要求的涂覆，待涂制品表面状态应不影响涂层外观等级要求。可参考表 1-8-15。

（6）考虑待涂制品材质，涂料使用于哪种材质上，这与涂料性能有一定关系，应考虑它们的适应性，可参考表 1-8-13、表 1-8-14。

（7）考虑涂料的配套性，即采用底漆、腻子、面漆和罩光漆作复合涂层时，要注意底漆适应何种面漆，底漆与腻子、腻子与面漆、面漆与罩光漆彼此之间的附着力，亦即要注意它们的配套性，见表 1-8-16。

（8）考虑经济效果，即在选择涂料品种时首先要考虑经济原则，既要考虑涂料与施工费用，也要考虑涂料涂层的作用期限，将当前与长远利益统一考虑。

8.4.5.2 有机涂料、涂覆层特性及应用范围

表 1-8-13 各种有机涂料的性能比较

种类	优点	缺点
油脂漆	耐大气性较好，适于室内外环境打底罩面用；涂刷性能好、渗透性好；价廉	干燥较慢、膜软；力学性能差；水膨胀性大；不耐碱；不能打磨抛光
天然树脂漆	干燥比油脂漆快；短油度的漆膜坚硬好打磨；长油度的漆膜柔软，耐大气性好	力学性能差；短油度的漆膜耐水性差；长油度的漆膜不能打磨和抛光
酚醛树脂漆	漆膜坚硬；耐水性良好；纯酚醛漆耐化学腐蚀性好，有一定的绝缘强度；附着力好	漆膜较脆；颜色易变深；耐大气性比醇酸漆差，易粉化；不能制白或浅色漆
沥青漆	耐潮、耐水性好；耐化学腐蚀性较好；有一定绝缘强度；黑度好；价廉	色黑，不能制白及浅色漆；对日光不稳定；有渗色性；自干漆干燥不爽滑
醇酸树脂漆	光泽较亮；耐候性好；施工性能好，可刷、喷、烘；附着力较好	漆膜较软；耐水、耐碱性差；干燥比挥发性漆慢；不能打磨
硝基纤维素漆	干燥迅速；耐油；漆膜坚韧，可打磨抛光	易燃、清漆不耐紫外线；不能在 60℃以上使用；固体分低
氨基树脂漆	漆膜坚硬，可打磨抛光；光泽亮、丰满；色浅，不易泛黄；附着力较好；耐候性好；耐热、耐水性较好	需高温下烘烤才能固化；烘烤过度漆膜发脆
橡胶漆	耐化学腐蚀性强；耐水性好；耐磨	易变色，耐溶剂性差；清漆不耐紫外线；个别品种施工复杂
纤维素漆	耐大气性、保色性好；可打磨抛光；个别品种有耐热、耐碱、绝缘性	附着力较差；耐潮性差；价格高
过氯乙烯树脂漆	耐候性、耐化学腐蚀性优良；耐水、油及耐延燃性好；三防性较好	附着力、打磨抛光性较差；不能在 70℃以上使用；固体分低

续表

种类	优点	缺点
乙烯树脂漆	有一定的柔软性；色泽淡；耐水性好，耐化学腐蚀性较好	耐溶剂性差；清漆不耐紫外线；高温炭化；固体分低
聚酯树脂漆	耐磨、能抛光；有较好的绝缘性；耐一定的温度；固体分高	施工方法复杂；干燥不易掌握；对金属附着力差
丙烯酸漆	漆膜色浅，保色性良好；耐候性好，耐热性较好，有一定耐化学腐蚀性	耐溶剂性差；固体分低
环氧树脂漆	附着力强、耐碱、耐溶剂；漆膜坚硬，有较好的绝缘性	色泽较深、保光性差；漆膜外观较差；室外暴晒易粉化
聚氨酯漆	附着力好、耐磨性强；耐潮、耐水、耐热、耐溶剂性好；耐化学和石油腐蚀；具有良好的绝缘性	漆膜易粉化、泛黄；对酸、碱、盐、醇、水等很敏感，因此对施工要求高；有一定的毒性
有机硅漆	耐候性极好；耐高温；耐潮、耐水性好；具有良好的绝缘性	漆膜坚硬较脆；耐汽油性差；一般需烘烤干燥；附着力较差

表 1-8-14　部分有机涂料涂覆层性能和应用范围

涂料类别	型号名称	使用环境条件	使用溶剂	干燥规范		涂覆层的性能和应用范围
				温度/℃	时间/h	
清漆	各色硝基透明漆 QL01-13	Y(一般)	香蕉水、X-1 稀释剂	室温	1～1.5	漆膜具有光泽，高于中等硬度，机械强度好，能耐短周期潮湿的作用及－40℃(4h)至＋80℃(4h)的温度变化。用于有色金属、黑色金属及玻璃、木材表面涂覆和仪器仪表罩光，但只能用于室内条件。用量为 60～100g/m^2
清漆	沥青清漆 L01-6	Y E(恶劣)	20 号汽油、二甲苯松节油、X-8 稀释剂	25	18	漆膜坚韧有光泽，有良好的耐水、防潮、耐蚀性，低于中等硬度，耐候性和力学性能差，不能涂于受太阳直接照射的物体表面，用于涂覆各种容器和金属机械表面，作防潮、耐水、防腐蚀用
清漆	丙烯酸清漆 B01-3	Y	X-5 稀释剂	室温	1～2	漆膜中等硬度，能常温干燥，有良好耐候、耐光、耐热性和防霉性。附着力强，耐汽油较差。喷涂经阳极化处理后又经铬酸盐溶液处理过的零件，起保护作用，以及用于其他金属制品的涂覆
清漆	沥青烘干漆 L01-32	Y T(特殊)	X-8 稀释剂	200	50min	漆膜坚硬，黑亮，并有良好的耐水、耐润滑油和汽油性能。涂覆于汽车、自行车、发电机的部分金属件表面及电工仪表和一般金属表面等
磁漆	各色过氯乙烯外用磁漆 G04-9	Y E	甲苯、二甲苯	室温	2～4	漆膜光亮，干燥较快，色泽鲜艳，能打磨。耐候性和抗老化性能比硝基外用磁漆好，适合于亚热带和潮湿地区使用。用于涂装车辆、机床、电工器材、电子设备、医疗器械、农业机械配件等
				60～70	1～3	
磁漆	各色酚醛磁漆 F04-1	Y	20 号汽油或松节油	室温	18	漆膜附着力强、光泽好，漆膜坚硬，耐候性比醇酸磁漆差。主要用于机械设备以及室内外木材和金属表面的涂覆
磁漆	各色硝基外用磁漆 Q04-2	Y	甲苯、香蕉水	室温	50min	漆膜平整光亮，低于中等硬度，机械强度好，耐候性较好，能耐高湿度，能经受矿物油、汽油、煤油的周期作用。附着力强，能在－60～＋60℃范围内使用，可用砂蜡打磨，通常用于各种交通车辆、机床、机器设备及工具的保护装饰和已涂底漆的金属及木材表面或在黑色金属上直接涂覆。用量为 240～360g/m^2

涂料类别	型号名称	使用环境条件	使用溶剂	干燥规范		涂覆层的性能和应用范围
				温度/℃	时间/h	
电泳漆	各色纯酚醛烘干电泳漆 F11-54	Y E	水	150	4～5	漆膜以水为溶剂，具有不燃性、无毒。用电泳施工，便于自动化连续生产，省工、省料。漆膜质量好，附着力强，耐水、耐潮、防锈能力均相当于溶剂型环氧漆。但烘烤温度较高，对浅色漆有影响，适于钢铁、铝及铝镁合金表面的涂覆
耐蚀漆	酚醛环氧酯防腐漆 F52-11	E H(海洋) T	苯类、X-7 稀释剂	室温	3～4	漆膜能耐各种浓度的盐酸、浓度在 60%以下的硫酸、磷酸、乙酸及各种盐类和大多数有机溶剂的腐蚀，能耐 120℃的高温。耐碱性差，不能耐强氧化剂和硝酸等腐蚀。漆膜较脆，附着力差。能进行储酸槽及要求耐酸的金属管道和零件的涂覆
				170	1～2	
	各色环氧酚醛烘干防腐漆 H52-56	E H T	二甲苯、X-7 稀释剂	160～180	0.5～1	漆膜兼有环氧与酚醛两者的长处，既有环氧树脂良好的力学性能和耐碱性，又有耐酸、耐溶剂和电绝缘性。适用于耐酸、碱性的金属表面涂覆。用量为 80～100g/m^2
耐热漆	各色醇酸烘干耐热漆 C61-51	T	200 号汽油或松节油与二甲苯混合剂、X-6 稀释剂	150	1～2	为 70%清漆和 30%铝粉配制而成。漆膜呈银白色，有光泽，中等硬度，机械强度好，能抗大气影响，耐矿物油、汽油的周期作用，与钢铁、铝制品表面附着力强，受热后不起泡，耐水性比醇酸磁漆好，能耐 300～400℃高温，但不能耐酸、碱。用于在高温条件下的金属制品的涂覆，也可直接在金属表面上涂覆
	各色有机硅烘干耐热漆 W61-55	T	甲苯或二甲苯、X-12 稀释剂	150～180	2	漆膜平整，由清漆与铝粉按 94∶6 均匀混合而成。它具有耐高温(500℃)性能，漆膜不发黏，可在 150℃烘干。主要用于 涂覆高温设备的钢铁零件，如发动机外壳、烟囱、排气管、烘箱、火炉、暖气管道、加热器等，有保护和防腐作用
电子设备专用漆	沥青绝缘烘干漆 L30-19 L30-20	T	200 号汽油或二甲苯、X-8 稀释剂	150	6	漆膜坚韧光滑，防潮性和耐温度变化性能较好，耐热性也较好，耐热时间在 150℃±2℃时大于 7h，击穿强度在 25℃±5℃、相对湿度 65%±2%时大于 60kV/mm；在 90℃±2℃时大于 25kV/mm。用于电机转子、定子绕线圈及浸渍和喷涂要求耐水、防潮和绝缘性能而不要求耐油的电器零部件
	粉红硝基绝缘漆 Q30-31	T	甲苯、X-1 稀释剂	室温	6	较其他类型绝缘漆干得快，能室温干燥，漆膜坚硬有光，浸水后击穿强度大于 10kV/mm，是 A 级绝缘材料，适用于电机设备、无线电部件的绝缘涂覆
其他	锌黄、铁红过氯乙烯底漆 G06-4	E H	苯类、X-3 稀释剂	60～65	2	漆膜防锈及耐化学性能比 C06-1 底漆(铁红醇酸底漆)好，能耐海洋性气候及湿热带气候，具有防霉性，但附着力不太好。主要用于车辆、机床及各种金属、木器表面打底用
	乙烯磷化底漆 X06-1	Y E	苯类、X-3 稀释剂	室温	0.5	主要用于有色金属及黑色金属的防锈底漆，能代替黑色金属的磷化处理，增加有机涂层和金属表面的附着力，防止锈蚀，延长有机涂层的使用寿命，不能代替一般采用的底漆。适于船舶、桥梁、管道及其他金属结构件的表面

续表

涂料类别	型号名称	使用环境条件	使用溶剂	干燥规范		涂覆层的性能和应用范围
				温度/℃	时间/h	
其他	锶黄丙烯酸底漆 B06-2	H E	苯类、X-3稀释剂	室温	1	有良好的防锈、防霉、防腐、耐热、耐久性能。能室温干燥，如底漆下面涂磷化底漆，上面涂丙烯磁漆对镁合金有防腐和保护性。适于不能高温干燥的设备打底
	各色环氧酯底漆 H06-5	H E	水	100～110	2	以水为溶剂，无毒，具有不燃性，用电泳施工，便于连续化生产，省工、省料。附着力及防潮、防锈性能接近环氧底漆。用于汽车及各种机械、仪器、仪表盘等打底
	各色醇酸腻子 C07-5		松节油（松香水）	室温	20	涂层坚硬，附着力好，耐候性比油性腻子好，易涂刮，能常温干燥。可填嵌机器、机床等金属及木器制品表面的凹坑和缝隙处。可与酚醛磁漆、氨基烘漆、硝基磁漆、沥青漆配套使用
				60	6	
	各色环氧酯腻子 H07-5		苯类、X-7稀释剂	室温	12	膜坚硬、平滑、耐潮性好，与底漆有良好的附着力，经打磨后表面光洁。可供各种预先有底漆的金属表面不平之处填嵌用。铁红色为烘干型、淡灰色为自干型。可与醇酸底漆、氨基烘漆、环氧烘漆配套使用
				60	0.5	

8.4.5.3 有机涂料涂覆层的配套设计

为了满足各种表面精饰加工的要求，零部件在涂覆前的表面粗糙度要符合表1-8-15的要求，底漆与底层金属、与面漆的配套规则见表1-8-16。

表 1-8-15 涂覆前对制品表面粗糙度的要求

精饰加工等级	制品材料	表面粗糙度 $Ra/\mu m$	精饰加工等级	制品材料	表面粗糙度 $Ra/\mu m$
Ⅰ	金属	雕刻时3.2，非雕刻时6.3	Ⅱ	金属	12.5
	木材	需保持原有纹理0.20，盖上纹理0.80		木材	3.2

表 1-8-16 底漆与底层金属、与面漆的配套规则

底漆与底层金属的配套规则

被涂覆材料	底漆名称								
	磷化底漆	铁红醇酸	铁红环氧	铁红酚醛	过氯乙烯	沥青底漆	电泳漆	有机硅铝粉	锌铬黄环氧
黑色金属	+	+	+	+	+	+	+	+	
铜					+	+	+	+	+
铝	+				+	+	+	+	+
非金属		+	+	+					
镀锌	+	+	+	+	+	+	+	+	+
镀锌钝化		+	+	+		+		+	
镀镉	+		+		+	+	+	+	+
镀镍	+	+	+	+	+	+	+		
铝阳极化		+	+	+	+	+	+	+	+

底漆与面漆的配套规则

面漆名称	底漆名称						
	酚醛底漆	环氧底漆	醇酸底漆	橡胶底漆	电泳漆	丙烯酸底漆	氨基底漆
醇酸漆	+	+	+		+		+
氨基漆	+	+	+		+		+
硝基漆	+	+	+			+	
沥青漆	+	+	+				
过氯乙烯漆	+		+			+	
聚酯漆	+	+					
橡胶漆	+	+		+		+	
环氧漆	+	+		+		+	
有机硅漆	+						

注："+"号表示可以配套。

第9章 机件装配和维修的工艺性

9.1 装配通用技术要求（摘自 JB/T 5000.10—2007）

9.1.1 一般要求

（1）进入装配的零件及部件（包括外购件、外协件），均必须具有检验部门的合格证方能进行装配。

（2）机座、机身等机器的基础件，装配时应校正水平（或垂直）。其校正精度：对结构简单、精度低的机器不低于 0.2mm/1000mm；对结构复杂、精度高的机器不低于 0.1mm/1000mm。

（3）装配前零部件进行清洗除油封，除锈。

9.1.2 装配连接方式

1）螺母拧紧后，螺栓、螺钉头部应露出螺母端面 2～3 个螺距。

2）沉头螺钉紧固后，沉头不得高出沉孔端面。

3）各种密封毡圈、毡垫、石棉绳、皮碗等密封件装配前必须浸透油。钢纸板用热水泡软。紫铜垫做退火处理。

4）圆锥销装配时应与孔进行涂色检查，其接触率不应小于配合长度的 60%，并应分布均匀。定位销的端面一般应凸出零件表面。带螺尾圆锥销装入相关零件后，其大端应沉入孔内。

5）钩头键、楔键装配后，其接触面积应不小于工作面积的 70%，且不接触部分不得集中于一段。外露部分应为斜面的 10%～15%。

6）花键装配时，同时接触的齿数不少于 2/3，接触率在键齿的长度和高度方向不得低于 50%。滑动配合的平键（或花键）装配后，相配件须移动自如，不得有松紧不均现象。

7）压装的轴或套允许有引入端，其导向锥角 10°～20°，导锥长度等于或小于配合长度的 15%。实心轴压入盲孔时允许开排气槽，槽深不大于 0.5mm。

8）锥轴伸与轴孔配合表面接触应均匀，着色研合检验时其接触率不低于 70%。

9）采用压力机压装时，压力机的压力一般为所需压入力的 3～3.5 倍。压装过程中压力变化应平稳。

10）对具备相对滑动表面零部件，需在装配状态下成对地检查吻合质量，并适当的补充刮研。

11）重要部位螺纹必须使用定力矩工具拧紧，拧紧力矩可参考表 1-9-1。关键部位螺纹拧紧力矩必须按照螺纹材料微屈服限单独核算制定。微屈服限是能造成 10^{-6} 量级蠕变的应力。

表 1-9-1 一般连接螺栓拧紧力矩

螺栓性能等级	螺栓公称直径/mm													
	6	8	10	12	16	20	24	30	36	42	48	56	64	72
	拧紧力矩 T_A/N·m													
5.6	3.3	8.5	16.5	28.7	70	136.3	235	472	822	1319	1991	3192	4769	6904
8.8	7	18	35	61	149	290	500	1004	1749	2806	4236	6791	10147	14689
10.9	9.9	25.4	49.4	86	210	409	705	1416	2466	3957	5973	9575	14307	20712
12.9	11.8	30.4	59.2	103	252	490	845	1697	2956	4742	7159	11477	17148	24824

注：1. 适用于粗牙螺栓、螺钉。

2. 拧紧力矩允许偏差为±5%。

3. 预载荷按材料的 $0.7\sigma_s$ 计算。

4. 摩擦因数 $\mu=0.125$。

5. 所给数值为使用润滑剂的螺栓，对于无润滑剂的螺栓，其拧紧力矩应为表中值的 133%。

9.2 机械装配工艺设计注意事项

机械装配工艺设计注意事项见表 1-9-2。

表 1-9-2 机械装配工艺设计注意事项

注意事项		示例	
		不好的设计	改进后的设计
整机分成单元	将整台机器分成若干装配单元，这样便于组织平行作业，缩短装配周期，又便于维修。如图示电动绞车，将减速器、输出轴与卷筒轴与电动机轴分开，用联轴器连接，两者就可各自单独组装，简化了装配，避免了长轴加工，并便于减速器的标准化、系列化	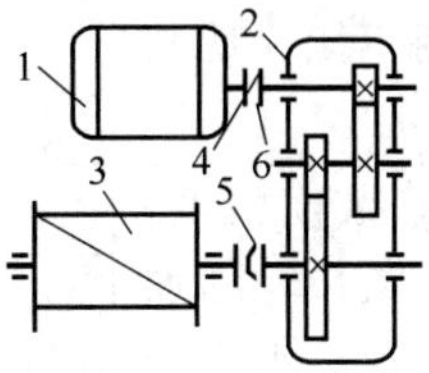	1—电动机 2—减速器 3—卷筒 4，5—联轴器 6—制动器
便于装拆	1. 保证必要的空间：左图无法用扳手，不能装拆，在设计时必须考虑留有足够空间，改为右图即可	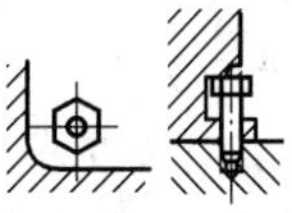	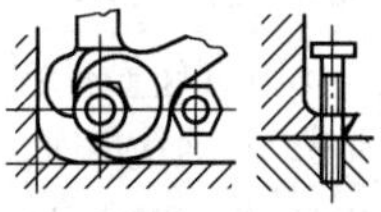
	2. 左图安装螺栓十分不便，改为右图所示结构，即从侧壁处开一工艺孔或将螺栓连接改为双头螺柱连接，均便于装配工作	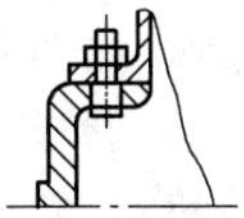	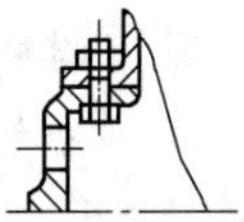
	3. 避免组合件上两段配合面同时进入，如图所示蜗杆轴装入箱体时，两轴承外圈不是同时而是一先一后地装入轴承孔配合面	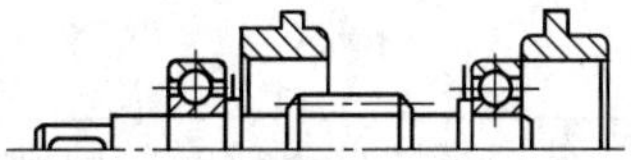	
	4. 左图结构在装配零件 1 时，其键槽与轴上的键要对准比较困难，改进后的设计，将有键槽的轴缩短，键与键槽则很易对准	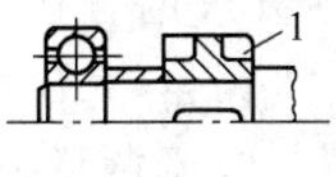	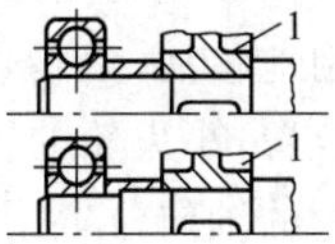
	5. 滚动轴承在轴上的装拆应避免从外圈施力，因此轴肩高度应小于内圈厚度，如右图所示	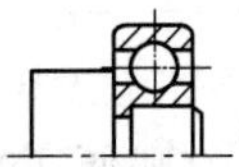	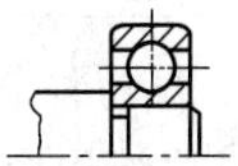
	6. 设计滚动轴承靠肩必须保证可以装置拆卸工具，这样可以靠压力或带螺纹的拆卸工具装卸轴承，而不用手锤，防止损坏轴承，如右图所示		

	注意事项	示例	
		不好的设计	改进后的设计
保证安装定位方便、准确	1. 应设有定位基准:左图两法兰盘用普通螺栓连接,两法兰盘轴孔有同轴度要求,左图无定位基准难于满足同轴度要求	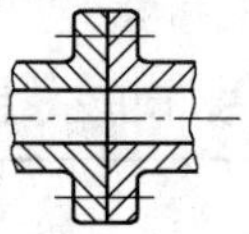	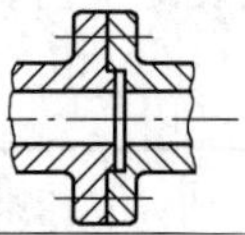
	右图所示液压缸,要求缸盖上的孔与缸体内圆表面同轴。若按左图所示缸盖与缸体用螺纹直接连接,由于螺纹之间有间隙,则不能保证其同轴度	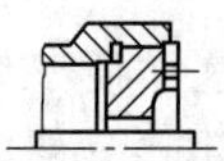	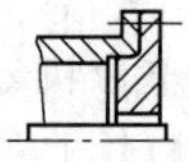
	2. 采用结构措施补偿误差来保证装配精度,如右图一对圆柱齿轮中的小齿轮比大齿轮稍加宽一些,当有装配误差时,仍能保证两齿沿全齿宽啮合,这就可在保证安装要求前提下,降低装配精度的要求	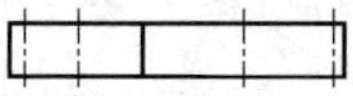	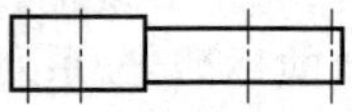
	3. 图示左右两边的轴肩不要分别与零件1和轴承内圈的端面取齐,这样既保证了安装要求,也降低了机械加工精度的要求和避免装配时的修配工作	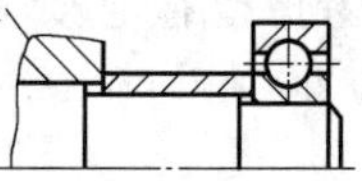	
	4. 采用调整零件,来保证装配精度。如图示结构,在轴承外圈与轴承盖2之间加一环状零件1,它的厚度在装配时根据测量结果配制,组件的轴向尺寸加工时可按自由公差,积累的轴向误差可用零件1补偿,以保证对轴承内、外圈的固定要求	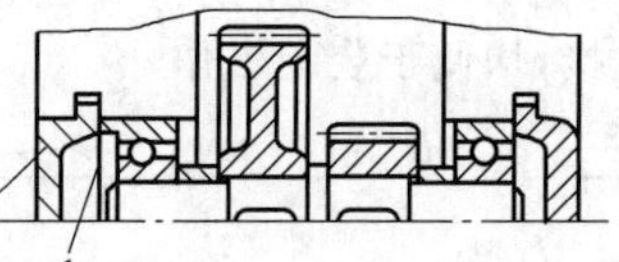	
	如图所示是装配精度要求较高的圆锥齿轮机构,要求两齿轮的节圆锥共顶,以保证正确啮合。因此装配时要使两齿轮能沿各自轴线有控制地移动,以便将两齿轮调整到所要求的合适位置,小齿轮的轴向位置用垫片1来调整,大齿轮的轴向位置用两端轴承盖处的垫片2来调整 蜗杆蜗轮机构,可用类似措施来调整蜗轮的轴向位置,以保证蜗轮与蜗杆的正确位置	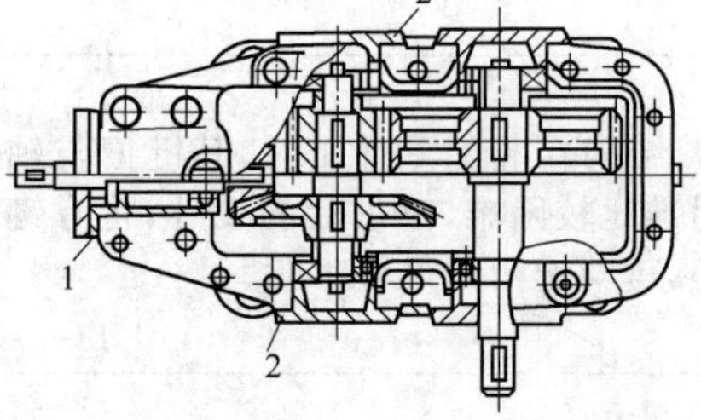	
	5. 自动装配要便于定位:当性能要求较高时,不对称结构容易装错,改为对称结构则便于确定位置 当零件的内孔直径不同时,为了装配无误,可在外表面适当处切一小槽或倒角,以便识别 当孔的装配具有方向性要求时,在允许情况下,可在零件适当的地方铣一小平面,以便定位	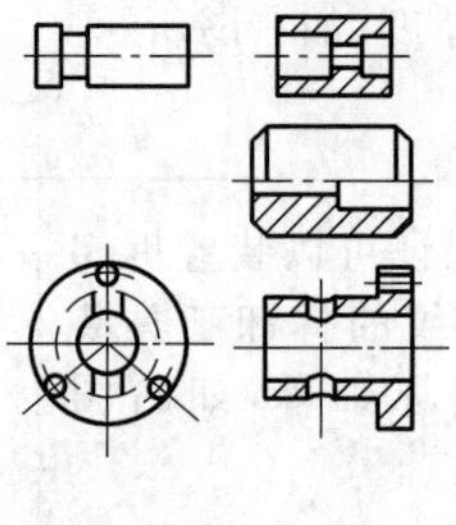	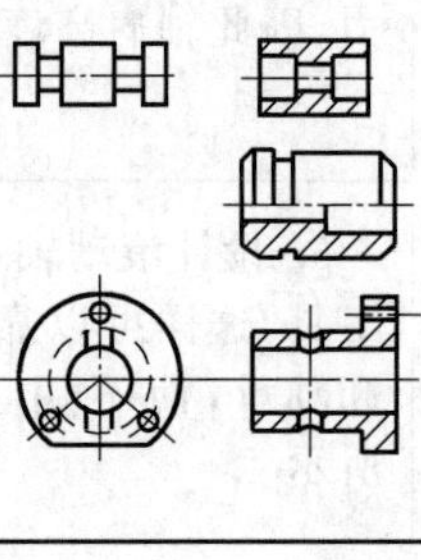

续表

注意事项		示例	
		不好的设计	改进后的设计
根据装配要求，考虑装配的合理性	1. 轴与轮毂为紧配合时,需将伸出轮毂外的轴径设计得小一些,可利于装卸,如右图	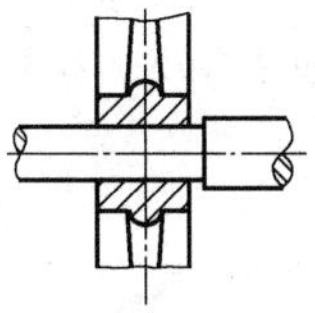	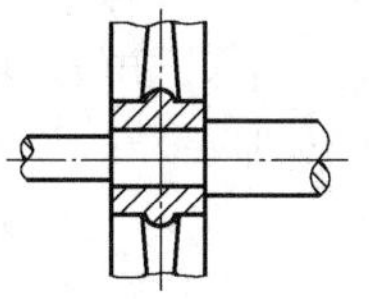
	2. 盲孔装销要设置送气孔、槽。在盲孔中安装定位销,常因空气阻塞,销无法装配到位,如左图,改为右图在销上凿一小缺口或将盲孔下方钻一孔,则可将孔内空气泄出,便于装配到位	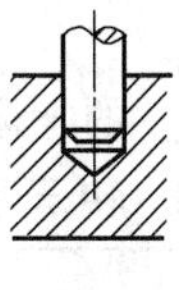	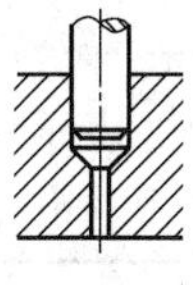
	3. 为了防止装拆轴承时擦伤轴承内孔表面,应将转轴右端轴径设计得小一些,如右图	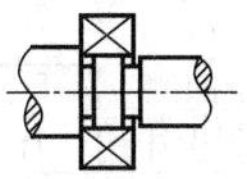	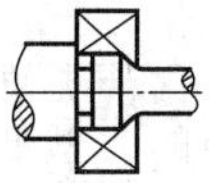
	4. 带止转装置的轴要考虑拆卸方便,左图所设销子可防轴转动,但轴的拆卸较困难,改为右图结构,则易于拆卸	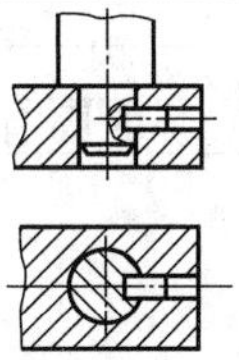	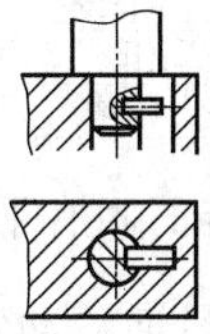

9.3 零件的静平衡和动平衡的选择

具有一定转速的转动件（转子），由于材料组织不均匀，零件外形的误差、装配误差以及结构形状局部不对称等原因，使通过转子重心的主惯性轴与旋转轴线不重合，因而在旋转时，产生不平衡的离心力。这种离心力造成轴或轴承的磨损，机器或基础的振动，所以在装配时必须进行平衡。转子不平衡有静不平衡和动不平衡两种情况。对于圆柱形转子或厚度与直径之比大于 0.2 的零件，可按图 1-9-1，根据零件的厚度 b 与其直径 D 之比

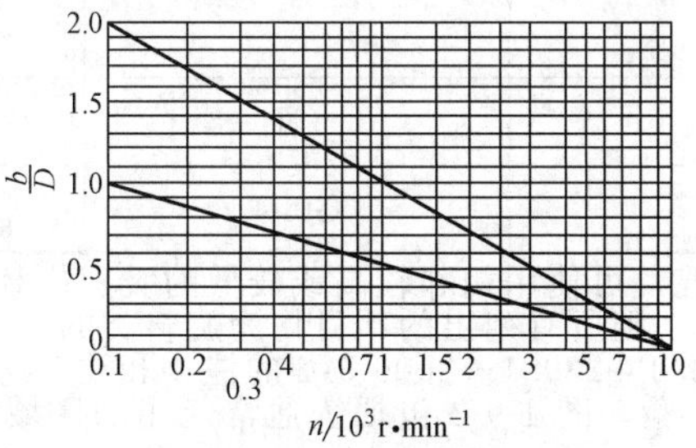

图 1-9-1　由$\frac{b}{D}$与 n 的关系确定是否进行静、动平衡

$\frac{b}{D}$及转速 n 的关系来确定平衡方式。图 1-9-1 中，下斜线以下的零件只需进行静平衡；上斜线以上的零件，必须进行动平衡；两斜线之间的零件，需根据加工情况（部分加工还是全部加工）以及支承零件的轴承之间的距离等，来确定是否进行动平衡。

9.4 转动件平衡品质的确定及其标注

评定零件（转子）不平衡度可根据所制定的平衡品质等级、实验或额定许用支承载荷来确定。下面只介绍用制定的平衡品质等级来确定不平衡量的方法。

静平衡（单面平衡）的许用不平衡量为

$$U_{per}=e_{per}m \quad (g \cdot mm)$$

动平衡（双面平衡）的许用不平衡量为

$$U_{per}=\frac{1}{2}e_{per}m \quad (g \cdot mm)$$

式中　m——转子质量，kg；

e_{per}——许用不平衡度，g·mm/kg；

U_{per}——许用不平衡量，g·mm。

关于平衡质量的确定，国家标准 GB/T 9239.1～9239.2—2006 中规定了刚性转子相应于不同平衡品质等

级 G，见图 1-9-2；各种具有代表性的刚性转子的平衡品质等级，见表 1-9-3。表中每一个平衡品质等级包括从上限到零的许用不平衡范围，平衡品质等级的上限由许用不平衡度 e_{per} 与转子的角速度 ω 的乘积除以 1000 确定，单位为 mm/s，用 G 表示。按照 $e_{per}\omega$ 乘积的大小，共分 11 个平衡等级。

$$G=\frac{e_{per}\omega}{1000}$$

式中　e_{per}——转子单位质量的许用不平衡度，g·mm/kg；

ω——转子最高工作角速度，rad/s。

图 1-9-3 表示对应于最高工作转速的 e_{per} 的上限，转子许用不平衡量为：

$$U_{per}=e_{per}m$$

式中　m——转子质量，kg；

U_{per}——转子许用不平衡量，g·mm。

式（1-9-3）可以改写为 $e_{per}=\frac{U_{per}}{m}$，说明转子质量越大，许用不平衡量也越大。因此 e_{per} 可用来表示许用不平衡量与转子质量的关系。

常用各种刚性转子的平衡品质等级见表 1-9-3。在确定平衡品质等级后，也可查出相对应的最大许用不平衡度（见图 1-9-3）。

表 1-9-3　恒态（刚性）转子平衡品质分级指南（摘自 GB/T 9239.1—2006）

机械类型：一般示例	平衡品质级别 G	量值 $e_{per}\cdot\Omega$ /mm·s^{-1}
固有不平衡的大型低速船用柴油机（活塞速度小于 9m/s）的曲轴驱动装置	G1000	4000
固有平衡的大型低速船用柴油机（活塞速度小于 9m/s）的曲轴驱动装置	G1600	1600
弹性安装的固有不平衡的曲轴驱动装置	G630	630
刚性安装的固有不平衡的曲轴驱动装置	G250	250
汽车、卡车和机车用的往复式发动机整机	G100	100
汽车车轮、轮箍、车轮总成、传动轴、弹性安装的固有平衡的曲轴驱动装置	G40	40
农业机械 刚性安装的固有平衡的曲轴驱动装置 粉碎机 驱动轴（万向传动轴、螺桨轴）	G16	16
航空燃气轮机 离心机（分离机、倾注洗涤器） 最高额定转速达 950r/min 的电动机和发电机（轴中心高不低于 80mm） 轴中心高小于 80mm 的电动机 风机 齿轮 通用机械 机床 造纸机 流程工业机器 泵 涡轮增压机 水轮机	G6.3	6.3
压缩机 计算机驱动装置 最高额定转速大于 950r/min 的电动机和发电机（轴中心高不低于 80mm） 燃气轮机和蒸汽轮机 机床驱动装置 纺织机械	G2.5	2.5
声音、图像设备 磨床驱动装置	G1	1
陀螺仪 高精密系统的主轴和驱动件	G0.4	0.4

注：1. 本表是按典型的完全组装好的转子进行分类的，对特殊情况，可使用相邻较高或较低的级别代替。

2. 如果不另作说明（往复运动）或显而易见（例如曲轴驱动装置），则所有列出的项目均为旋转类的。

3. 对于受构成工况（平衡机、工艺装置）限制的情况，见标准 GB/T 9239.1—2006 5.2 的注 4 和注 5。

4. 有关选择平衡品质级别的一些附加信息见图 1-9-2。基于一般经验，图 1-9-2 包括了通常使用的区域（工作转速和平衡品质级别）。

5. 曲轴驱动装置可包括曲轴、飞轮、离合器、减振器及连杆的转动部分。固有不平衡的曲轴驱动装置理论上是不能被平衡的，固有平衡的曲轴驱动装置理论上是能被平衡的。

6. 有些机器可能有专门规定其平衡允差的国际标准。

7. 表中 Ω 是转子在最高工作转速时的角速度：$e_{per}\cdot\Omega$＝常量。

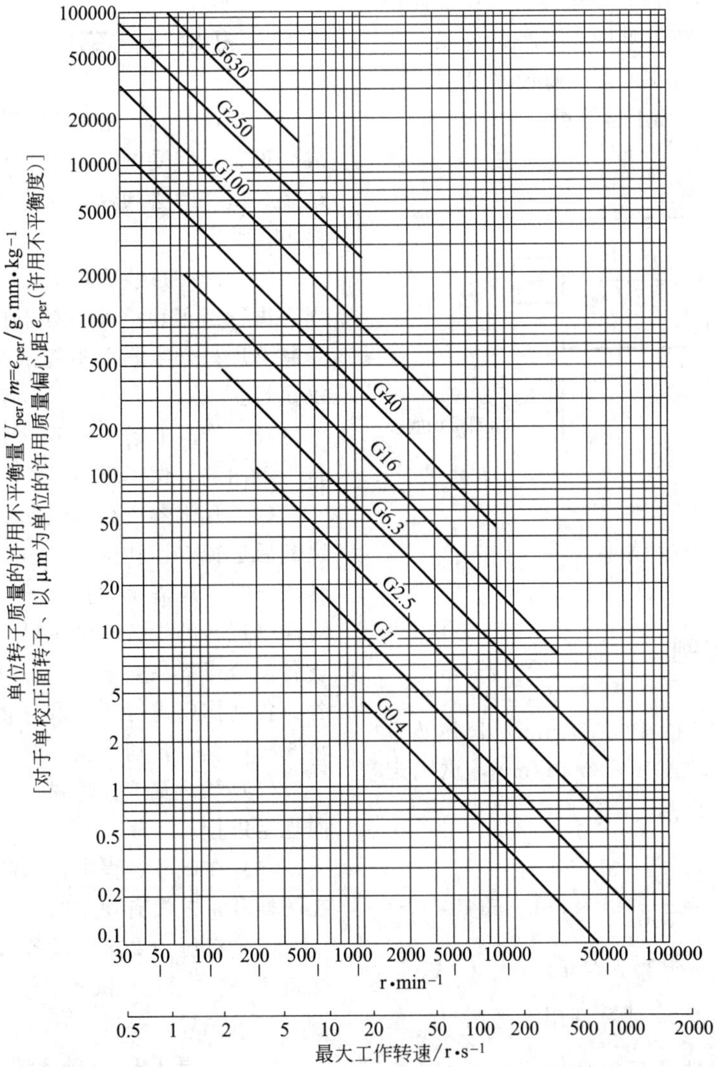

图 1-9-2　对应于各平衡品质等级的最大许用不平衡度

注：若转子的重心位于中间 1/3 跨度内，用许用不平衡度表示不平衡大小时，则静平衡的许用值可取图中的全数值；而动平衡的校正平面许用值取图中数值的一半

关于转子平衡品质等级在图样上的标注方法（参考），是在刚性转子的零件图或部件图中标注的规则如下：

① 在图样的标题栏中应明确记入转子质量（单位 kg）。

② 在图样的技术要求中应写明转子的最高工作转速（单位 r/min）。

③ 校正平面的位置应用细实线标出，并以尺寸线标明其与基准平面的距离；当校正平面与某一基准平面重合时，可以用尺寸界线表示校正平面的位置。

④ 单面（静）平衡以“◡̊”号表示，双面（动）平衡以“◡̈”号表示。

⑤ 平衡品质等级应记在由校正平面引出的指引线处，标注内容为平衡符号及平衡品质等级、校正方式。

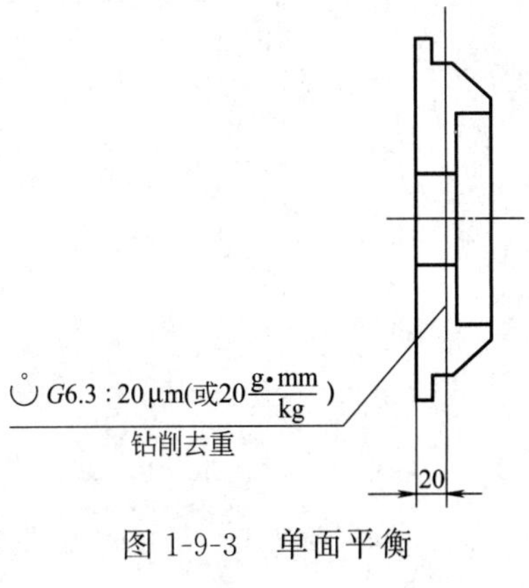

图 1-9-3　单面平衡

平衡品质等级后可用“:”号加注，对单面平衡可加注许用不平衡度或许用质量偏心距（见图 1-9-3）；对双面平衡可加注许用不平衡量（见图 1-9-4）。双面平衡时，平衡品质等级在任意一个校正平面上标注即可。

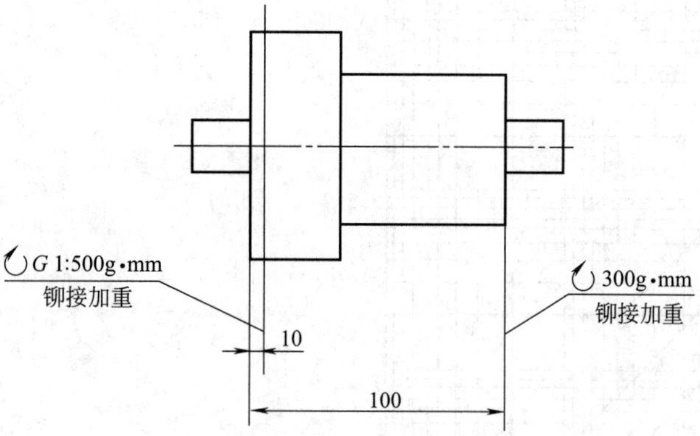

图 1-9-4　双面平衡

9.5　不平衡量计算实例

已知离心分离机转鼓直径 $D=500\text{mm}$，长度 $b=700\text{mm}$，质量 $m=200\text{kg}$，转速 $n=3000\text{r/min}$，试确定转鼓的平衡方式及许用不平衡量。

解

（1）根据转鼓尺寸 $\left(\frac{b}{D}=\frac{700}{500}=1.4\right)$ 值，由图 1-9-1 确定转鼓需进行动平衡（在上线以上）。

（2）根据公式 $U_{per}=\frac{1}{2}e_{per}m$ 计算许用不平衡量。查表 1-9-3 得知离心分离机转鼓的平衡品质等级为 G6.3，再根据此等级和转速 $n=3000\text{r/min}$，由图 1-9-2 确定许用不平衡度为 $e_{per}=20\mu\text{m}$。可以将此数值写在图纸的技术条件中，若图纸上用许用不平衡量表示，则可用公式计算得：$U_{per}=\frac{1}{2}e_{per}m=\frac{1}{2}\times20\times10^{-3}\times200\times10^{3}=2000\text{g}\cdot\text{mm}$。

9.6　总装及试车

（1）产品出厂前必须进行总装。对于特大型产品或成套设备，因受制造厂条件所限而不能总装的，应进行试装。试装时必须保证所有连接或配合部位均符合设计要求。

（2）产品总装后均应按产品标准和有关技术文件的规定进行试车和检验。对于特大型产品或成套设备，因受制造厂条件限制而不能试车时，则应按有关合同或协议执行。

（3）产品的运转为双向旋转的，必须双向试车；运转为单向的，试车方向必须与工作方向一致。

（4）凡机器产品（包括成套设备中的单机）都应在装配后进行空运转试车（包括手动盘车试验）。单机空运转试车时，对需手动盘车的设备，应不少于 3 个全行程；对连续运转的设备，试车时间不少于 2h；对往复运动的设备，全行程往复不少于 5 次。对有多种动作程序的设备，各动作要进行联动程序的连续操作或模拟操作，运转 5 次以上，各动作应平稳、到位、无故障。

（5）载荷及工艺性试车按产品标准、技术文件或合同规定进行。

（6）在试车过程中轴承温度应符号图样或工艺要求，在图样及工艺没有规定时，应符合表 1-9-4 规定。

（7）有压力要求的设备（如液压机），应对密封及系统进行密封耐压试验。其试验压力为工作压力的 100%～125%，保压 5～10min，不得渗漏。

表 1-9-4　轴承试车时的温升要求　　/℃

项目		温升	最高温度
滚动轴承	空运转试车	≤35	≤85
	载荷试车	≤45	≤85
滑动轴承	空运转试车	≤20	≤70
	载荷试车	≤30	≤70

注：1. 最高温度包括室温。

2. 运转规定时间内每相隔 30min 测温 1 次，做好记录。若 30min 内温度变化≤0.5℃，则为最终温度。

第10章

装运要求及设备基础

10.1 装运要求

10.1.1 包装通用技术条件（摘自 JB/T 5000.13—2007）

（1）产品在包装前应按 GB/T 4879—2016《防锈包装》的要求除锈、清洗、涂油。

（2）采用集装箱运输的产品，应符合集装箱的要求。集装箱要按 GB/T 1413—2008 集装箱外部尺寸和额定重量及通用集装箱最小内部尺寸的有关规定（见表 1-10-1）。

表 1-10-1 通用集装箱的最小内部尺寸和门框开口尺寸（摘自 GB/T 1413—2008） /mm

集装箱型号	最小内部尺寸			最小门框开口尺寸	
	高度	宽度	长度	高度	宽度
1EEE	箱体外部高度减去 241	2330	13542	2566	2286
1EE			13542	2261	
1AAA			11998	2566	
1AA			11998	2261	
1A			11998	2134	
1BBB			8931	2566	
1BB			8931	2261	
1B			8931	2134	
1CC			5867	2261	
1C			5867	2134	
1D			2802	2134	

（3）特大、特重零部件由铁路运输需用特殊车辆时，应绘出装车加固结构图，并注明最大外形尺寸、重心位置。

（4）包装箱或产品零部件的最大尺寸、重量，应符合运输部门有关货物运输不得超限、超重的规定。

（5）每台产品供给用户的设计文件（产品证明书、说明书、总图、安装图、易损件图、备件清单、装箱清单等）应用塑料袋包装好，放在小木盒内，再放入该台产品的第一箱内，并应在此箱外面注明“设计文件在此”字样。每个包装箱内（封闭箱和其他包装形式除外）应有一份本箱所包装零部件的装箱清单。

（6）全包装箱应在箱面上标出重心位置（重心不在纵横中心线上的）和起吊位置（货物的重心愈高行车时的稳定性愈差，故规定装载货物的重心高从道轨面起不得超过 2m）。

（7）箱面标志应符合 GB/T 191—2008《包装储运图示标志》的规定。危险货物的包装应符合 GB 190—2009《危险货物包装标志》的规定。

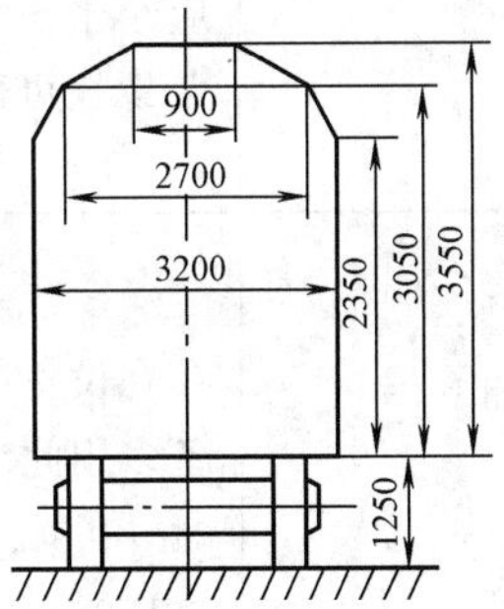

图 1-10-1 一般车厢尺寸

（8）箱面上应注明油封日期，便于按时维修保养。

10.1.2 有关运输的技术要求

机械设备需要标准轨铁路运输时，其外形尺寸不允许超出标准机车车辆的界限。一般车厢尺寸为宽×高=3200mm×2350mm，见图 1-10-1，当设备超出车辆界限时，应与铁路部门具体商谈。

机械设备需要公路运输时，其外形尺寸应考虑运行公路沿线路面与桥梁、管线交叉时的净空尺寸。一般桥梁、管线的下部与公路路面间的最小净空尺寸如下。

公路与公路桥或与管道交叉时	4.5m
公路与铁路桥交叉时	5m
公路与低压电力线交叉时	6m
公路桥梁桥面上部的最小净空	5m

10.2 设备基础的一般要求

设备基础设计涉及的条件和要求较多，在此仅提出一般要求，包括设备和基础的连接方式及适用范围（见表 1-10-2）、设备基础地脚螺栓埋设的有关问题（见表 1-10-3、图 1-10-2、图 1-10-3）。

表 1-10-2 设备和基础的连接方式及适用范围

<table>
<tr><th>连接方式</th><th colspan="11">特点及适用范围</th></tr>
<tr><td>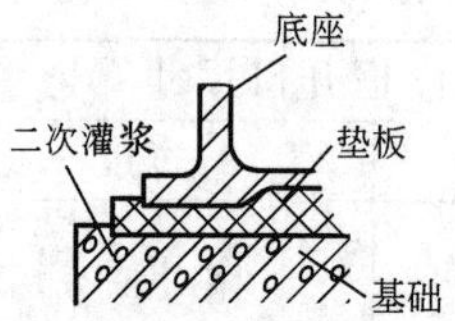</td><td colspan="11">设备直接用水泥砂浆固定在基础上。此方式仅适用于轻型、平衡良好、振动较小的设备</td></tr>
<tr><td rowspan="4">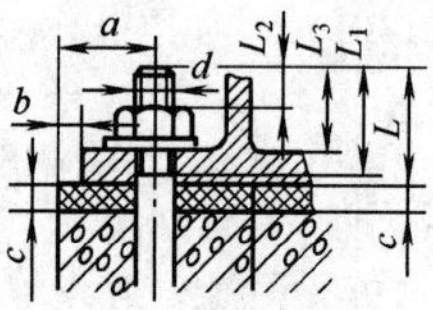预埋地脚螺栓</td><td rowspan="4">螺栓全部埋入水泥砂浆基础上，埋入后螺栓调整困难，且螺栓的位置要求与设备底座螺孔一致，多用于较小设备。埋入地脚螺栓底面下的混凝土净厚不应小于 50mm
螺栓可部分预埋</td><td colspan="10">螺栓各部位尺寸/mm</td></tr>
<tr><td colspan="10">$a\geqslant 4d$ 或 $a\geqslant 150$mm；若取 $a<4d$ 时，基础边沿要加固
$b>100$mm；$L_2\approx(1.5\sim5)t$（t 为螺距）；$L_3\approx 2d$；$L_1\approx 3d$（用一个螺母、垫圈）</td></tr>
<tr><td>螺栓孔直径</td><td>12～13</td><td>>13～17</td><td>>17～22</td><td>>22～27</td><td>>27～33</td><td>>33～40</td><td>>40～48</td><td>>48～55</td><td>>55～65</td></tr>
<tr><td>螺栓直径</td><td>10</td><td>12</td><td>16</td><td>20</td><td>24</td><td>30</td><td>36</td><td>42</td><td>48</td></tr>
<tr><td>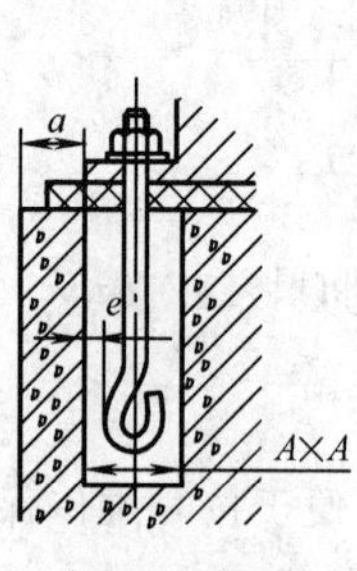预留地脚螺栓孔</td><td colspan="11">在设备基础上预留地脚螺栓孔，安装设备时，放入地脚螺栓后，再进行二次灌浆，一般设备多用此法。一般预留孔最小尺寸 $A\times A=80\text{mm}\times80\text{mm}$ 左右，$e>15$mm；当基础配筋时 $a>50$mm；当基础不配筋，且螺栓直径 $d<25$mm 时，$a>100$mm；当 $d>25$mm 时，$a>150$mm。地脚螺栓的安装标记图和基础孔见 JB/ZQ 4364—2006，两个预留孔壁的间距应大于 100mm 或大于预留的断面尺寸，否则两个预留孔应合并成一个长方孔。地脚螺栓的最小埋入深度，应按实际作用力确定，当作用力不能确定时，对弯钩式（见图 1-10-2），一般 $L_1\approx 20d$，对锚定式（见图 1-10-3），埋入深度可比弯钩式小一些。预埋地脚螺栓底面下的混凝土净厚度不应小于 50mm。当采用 100 号混凝土时，螺栓埋入深度见表 1-10-3
T 形地脚螺栓用锚板及双联锚板的形式和尺寸按 JB/ZQ 4172—2006 选用</td></tr>
</table>

续表

连 接 方 式	特 点 及 适 用 范 围
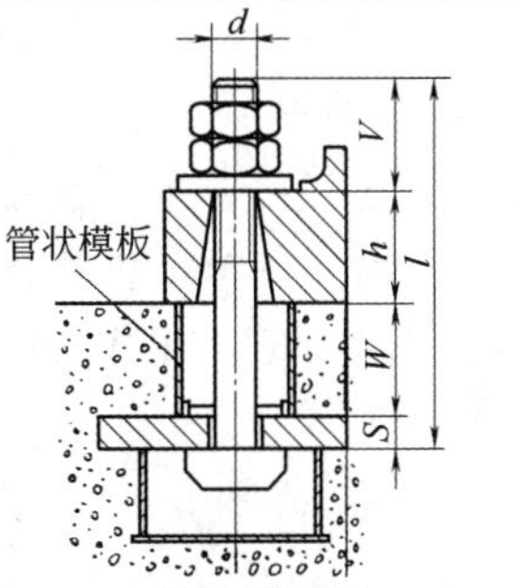 T形地脚螺栓	设备用可换的地脚螺栓固定在预先埋入基础内的基础板上。由于螺栓较长，缓冲性能较好，又可更换，多用于振动、冲击较大的设备。T 形地脚螺栓尺寸见 JB/ZQ 4362—2006，T 形地脚螺栓基础板尺寸见 JB/ZQ 4172—2006 这类地脚螺栓可分为两种：一种是两端带有螺纹的；另一种是顶部有螺纹，下端是 T 形的。如果只用一个螺母，螺栓伸出长度 V 可适当减小

注：1. 对于螺栓中心线到基础边缘尺寸 a，如设备有特殊要求，取 $a<4d$ 时，可对基础边沿进行加固处理。
2. 设备基础内地脚螺栓预留孔及埋设件的简化表示法见 JB/ZQ 4173—2006。

表 1-10-3　地脚螺栓埋入深度（适用于 100 号混凝土）　/mm

地脚螺栓直径 d		10～20	24～30	30～42	42～48	52～64	68～80
最小埋入深度 L_1	弯钩式	200～400	500	600～700	700～800		
	锚定式	200～400	400	400～500	500	600	700～800

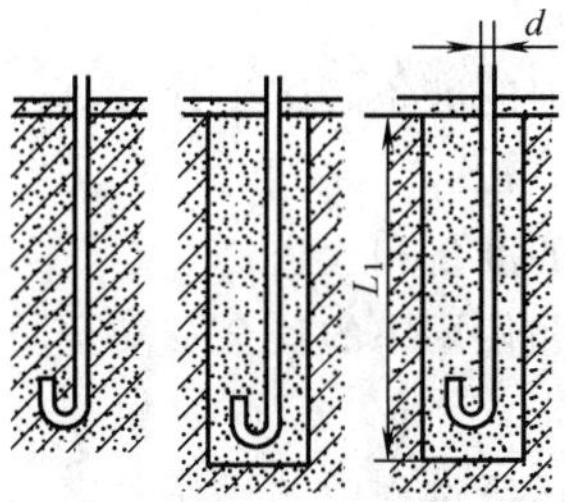

图 1-10-2　弯钩式

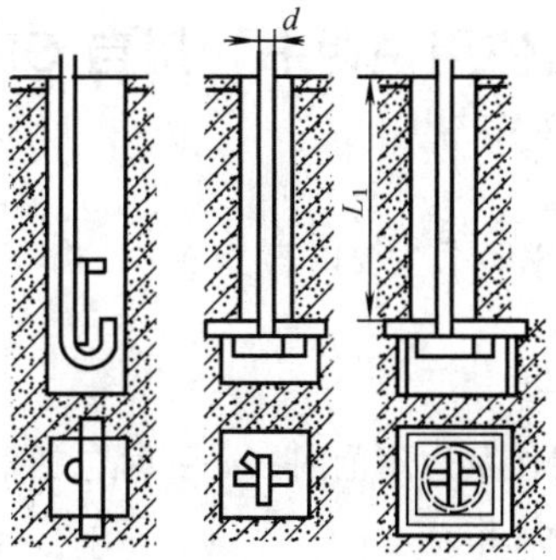

图 1-10-3　锚定式

10.3　设备安装时的净空尺寸及二次灌浆要求

（1）安装地脚螺栓和调整垫板用的净空尺寸 a 一般为 300～500mm（见图 1-10-4）。要注意设备外露部分不应与基础相碰。

（2）设备基础二次灌浆层厚度 c（见表 1-10-2 中图）若选得太厚，则垫板需用太多，既不经济也影响安装质量；如若选得太薄，则浇灌施工困难，且二次灌浆也不易密实，一般为 50～100mm，但不得小于 30mm。若设备底座有防滑筋时，取 $c_1=30$～500mm，可根据底座面积大小而定（见图 1-10-5）。

（3）垫铁是机械设备安装找平找正用的调整件，放置在设备底座与基础之间。通过垫铁厚度的调整，可使设备安装达到所要求的标高和水平度。垫铁不仅要承受设备的重量，还要承受地脚螺栓的锁紧力。垫铁还应便于二次灌浆。

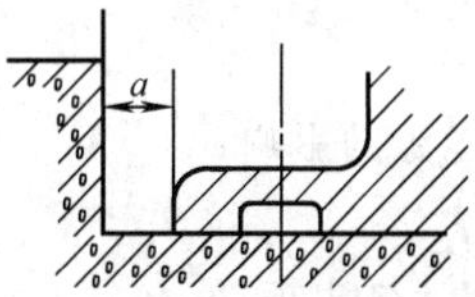

图 1-10-4　安装地脚螺栓和调整垫板用净空尺寸

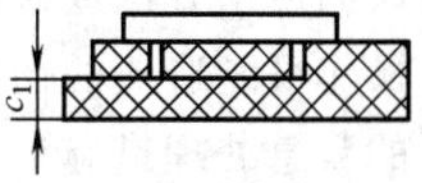

图 1-10-5　设备底座有防滑筋的尺寸确定

垫铁有：平垫铁（矩形垫铁）、斜垫铁、钩头成对斜垫铁、开口型和开孔型垫铁、可调垫铁等多种。

垫铁材料有铸铁和钢两种。铸铁垫铁厚度一般在 20mm 以上，钢垫铁厚度在 0.3～20mm 之间。

第11章

产品设计文件及其使用说明书的要求

11.1 产品设计文件

根据机电部门指导性技术文件的要求，产品设计文件一般包括的内容有：技术任务书或技术建议书；初步设计说明书；计算书；技术设计说明书；技术、经济可行性论证报告；技术条件；试验大纲及试验报告；标准化审查报告；总明细表；主要明细表；借用件汇总表；外构件汇总表；材料汇总表；鉴定大纲及鉴定报告；合格证；装箱单；土建任务书，产品使用说明书是安装、调试、使用、维修等的重要指导性技术文件。

11.2 产品使用说明书（摘自 GB/T 9969—2008）

产品使用说明书主要内容

(1) 概述

① 产品特点；

② 主要用途及适用范围（必要时包括不适用范围）；

③ 品种、规格；

④ 型号的组成及其代表意义；

⑤ 使用环境条件；

⑥ 工作条件；

⑦ 对环境及能源的影响；

⑧ 安全。

(2) 安全使用注意事项

① 安全使用期、生产日期、有效期；

② 一般情况的安全使用方法；

③ 容易出现错误的使用方法或误操作；

④ 错误使用、操作可能造成的伤害；

⑤ 异常情况下的紧急处理措施；

⑥ 特殊情况（停电、移动等）下的注意事项；

⑦ 其他安全警示事项。

(3) 结构特征与工作原理

① 总体结构及其工作原理、工作特征；

② 主要部件或功能单元的结构、作用及其工作原理；

③ 各单元结构之间的机电联系、系统工作原理、故障报警系统；

④ 辅助装置的功能结构及其工作原理、工作特性。

(4) 技术特性

① 主要性能；

② 主要参数。

(5) 尺寸、重量

① 外形及安装尺寸（可分开）；

② 重量。

(6) 安装、调整（或调试）

① 设备基础、安装条件及安装的技术要求；

② 安装程序、方法及注意事项；

③ 调整（或调试）程序、方法及注意事项；

④ 安装、调整（或调试）后的验收试验项目、方法和判断依据；

⑤ 试运行前的准备、试运行启动、试运行。

(7) 使用、操作

① 使用前的准备和检查；

② 使用前和使用中的安全及安全防护、安全标志及说明；

③ 启动及运行过程中的操作程序、方法、注意事项及容易出现的错误操作和防范措施；

④ 运行中的监测和记录；

⑤ 停机的操作程序、方法及注意事项。

(8) 故障分析与排除

① 故障现象；

② 原因分析；

③ 排除方法。

推荐采用表 1-11-1 形式。

表 1-11-1　故障分析与排除示例

故障现象	原因分析	排除方法	备注

(9) 安全保护装置及事故处理（包括消防）

① 安全保护装置及注意事项；

② 出现故障时的处理程序和方法；

③ 突发事件时的应急措施。

(10) 保养、维修

① 日常维护、保养、校准；

② 运行时的维护、保养；

③ 检修周期；

④ 正常维修程序；

⑤ 长期停用时的维护、保养。

(11) 运输、储存

① 吊装、运输注意事项；

② 储存条件、储存期限及注意事项。

(12) 开箱及检查

① 开箱注意事项；

② 检查内容。

(13) 环保及其他

有关处置、处理方面的规定。

(14) 图、表、照片（也可分列在上述各章中）

① 外形（外观）图、安装图、布置图；

② 结构图；

③ 原理图、系统图、电路图逻辑图、示意图、接线图施工图等；

④ 各种附表附件明细表、专用工具（仪表）明细表；

⑤ 照片。

11.3 产品颜色

对产品的颜色要求，应与用户协商确定，但是整机颜色应美观、大方、色调和谐，与作业环境相协调，并符合有关规定（见表 1-11-2、表 1-11-3）。

表 1-11-2 主要产品面漆及设备管路外表面颜色

主要产品面漆颜色(摘自 GB/T 3181—2008)		设备上管路外表面颜色(摘自 JB/ZQ 4000.10—1986)			
产品类别	推荐颜色	管路种类	面漆颜色	管路种类	面漆颜色
机床	湖绿色、苹果绿色	稀油压油管	深黄	电线管	灰
轧机设备	湖绿色、苹果绿色	稀油回油管	柠檬黄(淡黄)	高压水管	红
装卸设备	橘红色、橘黄色	干油管	棕色	蒸汽管	红
冶金设备	淡灰色、黑色	水管	淡绿	煤气管	蓝
工矿车辆	中灰色、橘黄色、橘红色	压缩空气管	浅天蓝	暖气管	银灰
焦炉机械	海蓝色、淡灰色	氧气管	红	下水及粪便管	黑

表 1-11-3 设备上零部件或特殊功能部位表面颜色（摘自 JB/ZQ 4000.10—1986）

零部件或特殊功能部位	推荐颜色及表示方法
油箱、减速器机体、机盖的内表面及其零件非加工表面	用奶油色等浅颜色油漆
栏杆、扶手	均涂黄颜色
操作室的顶棚及内壁、地板	顶棚及内壁选用半光浅色漆；地板用铁红色
机器在工作或移动时容易碰撞部位的外表面	涂以宽约 100mm 与水平面成 45°斜度，黑黄相同的虎皮条纹。如表面面积较小，条纹宽度可缩小，与水平面的斜度可成 75°，黑黄条纹每种不得少于两条
裸露于外表面不加防护的快速回转的非加工表面；指示器上表示极限位置的刻度；防险装置的手柄和开关；刹车操纵把；润滑系统的油嘴；消防设备及放置位置等	均涂红色

第12章

操作件、小车轮及管件

12.1 操作件

12.1.1 手柄

12.1.1.1 手柄

表 1-12-1 手柄（摘自 JB/T 7270.1—2014） /mm

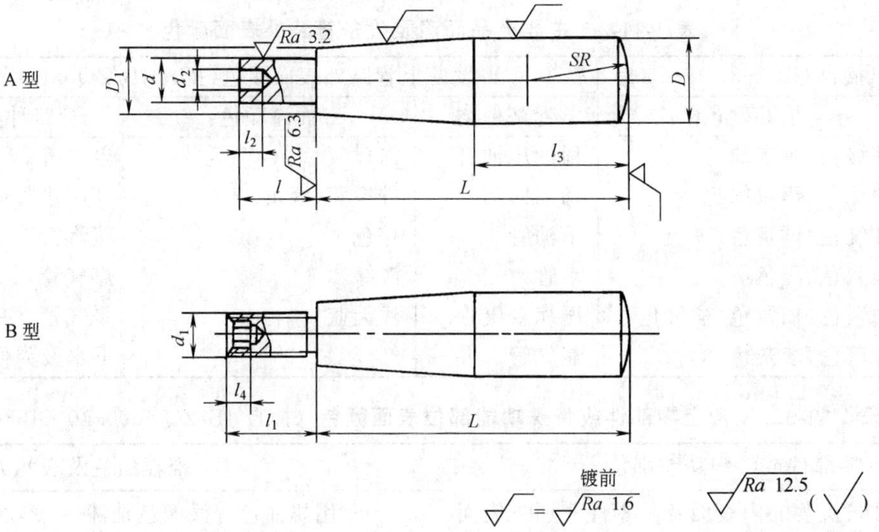

标记示例

A 型手柄，d=6mm，L=50mm，l=10mm：手柄 6×50×10 JB/T 7270.1—2014

B 型手柄，d_1=M6，L=50mm：手柄 BM6×50 JB/T 7270.1—2014

d 基本尺寸	d 极限偏差 js7	d_1	L	l					l_1	D	D_1	d_2	l_2	l_3（参考）	l_4	SR
4	±0.006	M4	32			6	8	10	8	9	7	2.5	3	16	2	12
5		M5	40	—		8	10	12	10	11	8	3.5		20	2.5	14
6		M6	50		10	12	14	16	12	13	10	4	4	25	3	16
8	±0.007	M8	63	12	14	16	18	20	14	16	12	5.5		32	4	20
10		M10	80	16	18	20	22	25	16	20	15	7	5	40	5	25
12	±0.009	M12	100	20	22	25	28	32	18	25	18	9	6	50	6	32
16		M16	112	22	25	28	32	36	20	32	22	12	8	56	8	40

注：1. 材料：35；Q235-A。如使用其他材料，由供需双方确定。

2. 表面处理：喷砂镀铬（PS/D·Cr）；镀铬抛光（D·L_3Cr）；氧化（H·Y）。

3. 其他技术要求按 JB/T 7277—2014《操作件技术条件》的规定。

4. 经供需双方协商，B 型手柄顶端可不制出内六角。

12.1.1.2 曲面手柄

表 1-12-2 曲面手柄（摘自 JB/T 7270.2—2014） /mm

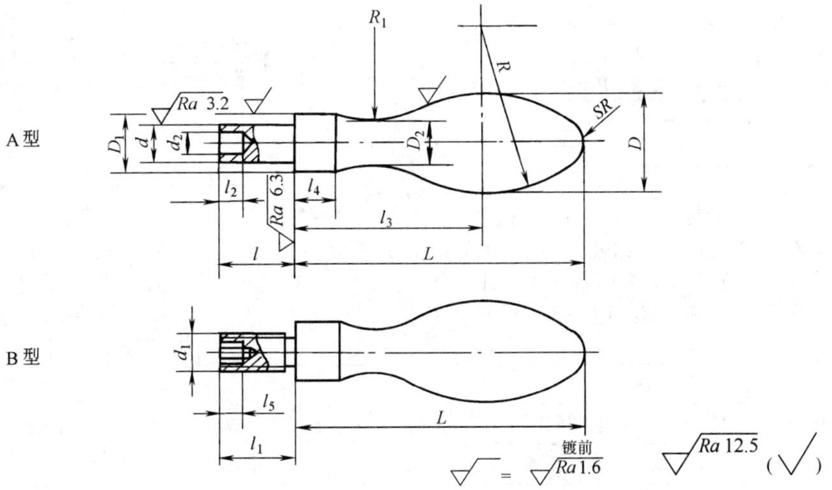

标记示例

A 型曲面手柄，d=6mm，L=50mm，l=12mm：手柄 6×50×12 JB/T 7270.2—2014

B 型曲面手柄，d_1=M6，L=50mm：手柄 BM6×50 JB/T 7270.2—2014

d 基本尺寸	d 极限偏差 js7	d_1	L	l					l_1	D	D_1	D_2	d_2	l_2	l_3 参考	l_4 参考	l_5	R	R_1	SR ≈
4	±0.006	M4	32	—	—	6	8	10	8	10	7	5	2.5	3	20	4	2	20	9.5	2
5		M5	40			8	10	12	10	13	8	6.5	3.5	4	25	5	2.5	24	14.5	2.5
6		M6	50		10	12	14	16	12	16	10	8	4		32	7	3	28	19	3
8	±0.007	M8	63	12	14	16	18	20	14	20	12	10	5.5		39	8	4	40.5	21	3
10		M10	80	16	18	20	22	25	16	25	15	13	7	5	49	10	5	50	29	4
12	±0.009	M12	100	20	22	25	28	32	18	32	18	16	9	6	60	13	6	55	40.5	4.5
16		M16	112	22	25	28	32	36	20	36	22	18	12	8	70	14	8	68	41	7

注：1. 材料：35；Q235-A。如使用其他材料，由供需双方确定。

2. 表面处理：喷砂镀铬（PS/D · Cr）；镀铬抛光（D · L_3Cr）；氧化（H · Y）。

3. 经供需双方协商，B 型手柄顶端可不制出内六角。

4. 其他技术要求按 JB/T 7277—2014《操作件技术条件》。

12.1.1.3 转动小手柄

表 1-12-3 转动小手柄（摘自 JB/T 7270.4—2014） /mm

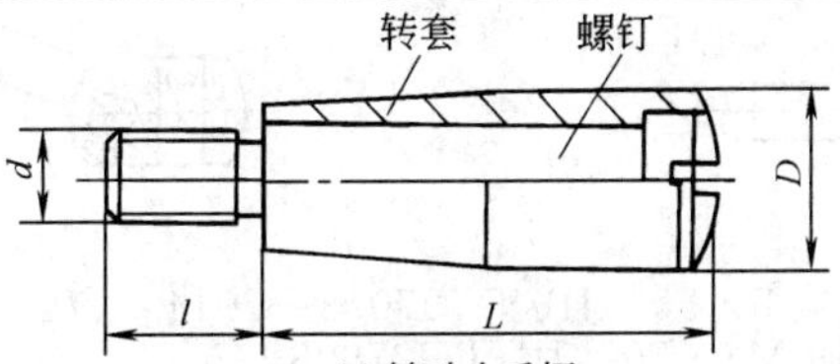

(a) 转动小手柄

标记示例

转动小手柄，d=M8，L=40mm，材料 35，氧化：手柄 M8×40 JB/T 7270.4—2014

转动小手柄，d=M8，L=40mm，材料塑料：手柄 M8×40-塑 JB/T 7270.4—2014

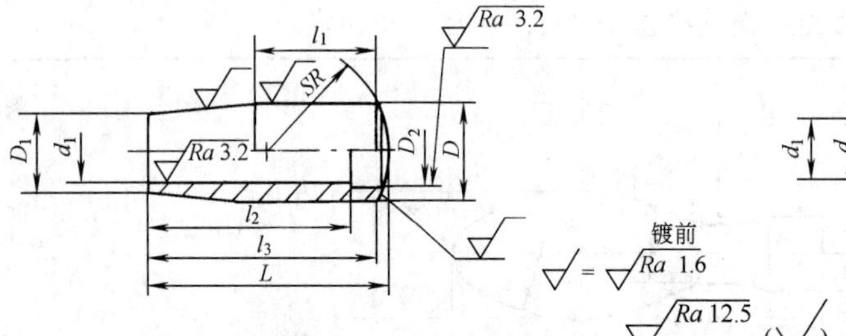

(b) 转套

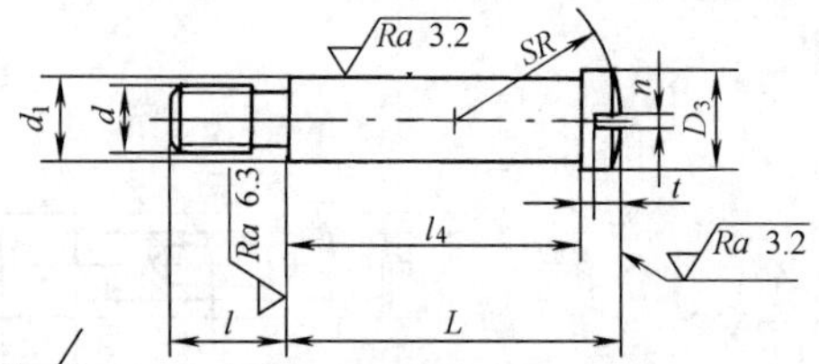

(c) 螺钉

材料：35；Q 235-A；ZL102；塑料。如使用其他材料，由供需双方确定。
表面处理：钢件氧化（H・Y）；ZL102 阳极氧化（D・Y）
其他技术要求按 JB/T 7277—2014《操作件技术条件》

材料：35
表面处理：氧化（H・Y）
其他技术要求按 JB/T 7277—2014《操作件技术条件》

主要尺寸				d_1			l_1	l_2	l_3	l_4	SR	n	t	D_1	D_2	D_3
d	L	l	D	公称尺寸	极限偏差 转套 H11	极限偏差 螺钉 d11										
M5	25	10	12	6	+0.075 0	−0.030 −0.105	12	20	23.8	21	14	1.2	2	10	8	8
M6	32	12	14	8	+0.090 0	−0.040 −0.130	16	27	30.5	28	16	1.6	2.5	12	10	10
M8	40	14	16	10			20	34	38	35	20	2	3	14	12	12
M10	50	16	20	12	+0.110 0	−0.050 −0.160	25	43	47.1	44	25	2.5	3.5	16	16	16

12.1.1.4 球头手柄

表 1-12-4 球头手柄（摘自 JB/T 7270.8—2014） /mm

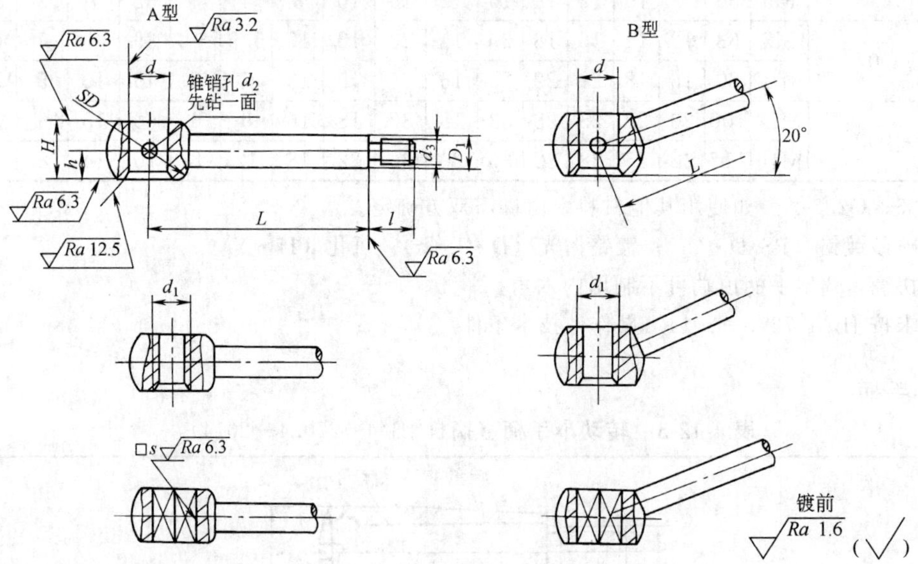

标记示例
A 型球头手柄，d=8mm，L=50mm：手柄 8×50 JB/T 7270.8—2014
A 型球头手柄，d_1=M8，L=50mm：手柄 M8×50 JB/T 7270.8—2014
A 型球头手柄，s=5.5mm，L=50mm：手柄 5.5×5.5×50 JB/T 7270.8—2014
B 型球头手柄，d=8mm，L=50mm：手柄 B8×50 JB/T 7270.8—2014
B 型球头手柄，d_1=M8，L=50mm：手柄 BM8×50 JB/T 7270.8—2014
B 型球头手柄，s=5.5mm，L=50mm：手柄 B5.5×5.5×50 JB/T 7270.8—2014

续表

d		d_1	s		L	SD	D_1	d_2	d_3	l	H	h
基本尺寸	极限偏差H8		公称尺寸	极限偏差H13								
8	$^{+0.022}_{0}$	M8	5.5	$^{+0.18}_{0}$	50	16	6	3	M5	8	11	5
10		M10	7	$^{+0.22}_{0}$	63	20	8		M6	10	14	6.5
12	$^{+0.027}_{0}$	M12	8	$^{+0.27}_{0}$	80	25	10	4	M8	12	18	8.5
16		M16	10		100	32	12	5	M10	14	22	10
20	$^{+0.033}_{0}$	M20	13		125	40	16	6	M12	16	28	13
25		M24	18		160	50	20	8	M16	20	36	17

注：1. 材料：35；Q235A。如使用其他材料，由供需双方确定。

2. 表面处理：喷砂镀铬(PS/D・Cr)；镀铬抛光(D・L_3Cr)。

3. 其他技术要求按 JB/T 7277—2014《操作件技术条件》。

12.1.2 手柄球、套、杆

12.1.2.1 手柄球

表 1-12-5 手柄球（摘自 JB/T 7271.1—2014） /mm

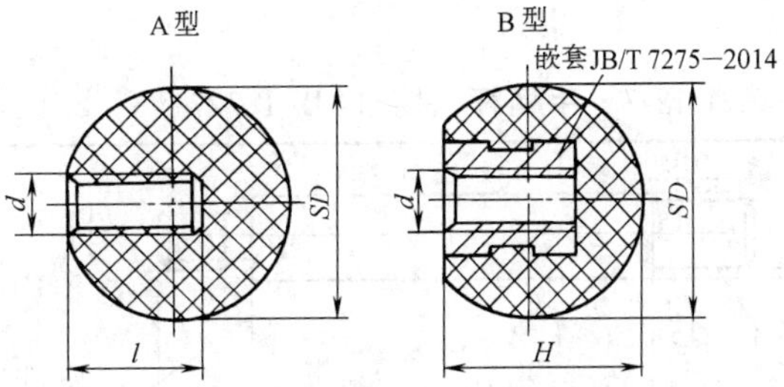

标记示例

A 型手柄球，d=M10，SD=32mm，黑色：手柄球 M10×32 JB/T 7271.1—2014

B 型手柄球，d=M10，SD=32mm，红色：手柄球 BM10×32（红） JB/T 7271.1—2014

d	SD	H	l	嵌 套 JB/T 7275—2014
M5	16	14	12	BM5×12
M6	20	18	14	BM6×14
M8	25	22.5	16	BM8×16
M10	32	29	20	BM10×20
M12	40	36	25	BM12×25
M16	50	45	32	BM16×32
M20	63	56	40	BM20×36

注：1. 材料：塑料。如使用其他材料，由供需双方确定。

2. 其他技术要求按 JB 7277—2014《操作件技术条件》。

12.1.2.2 手柄套

表 1-12-6 手柄套（摘自 JB/T 7271.3—2014） /mm

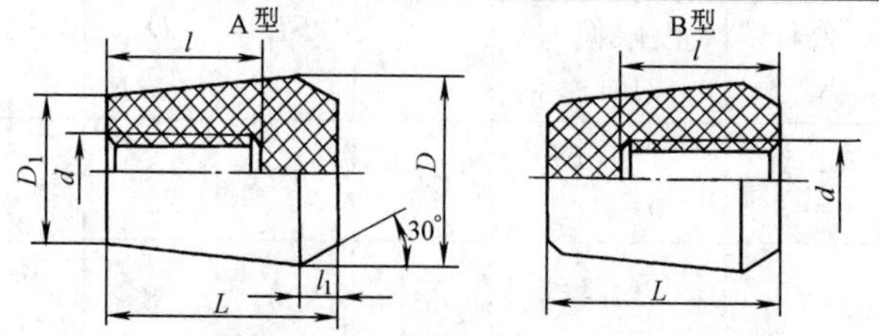

标记示例

A 型手柄套，d=M12，L=40mm，黑色：手柄套 M12×40 JB/T 7271.3—2014

A 型手柄套，d=M12，L=40mm，红色：手柄套 M12×40（红） JB/T 7271.3—2014

B 型手柄套，d=M12，L=40mm，黑色：手柄套 BM12×40 JB/T 7271.3—2014

B 型手柄套，d=M12，L=40mm，红色：手柄套 BM12×40（红） JB/T 7271.3—2014

d	L	D	D_1	l	l_1
M5	16	12	9	12	3
M6	20	16	12	14	
M8	25	20	15	16	4
M10	32	25	20	20	5
M12	40	32	25	25	6
M16	50	40	32	32	7
M20	63	50	40	40	8

注：1. 材料：塑料。如使用其他材料，由供需双方确定。

2. 其他技术条件按 JB/T 7277—2014《操作件技术条件》。

12.1.2.3 手柄杆

表 1-12-7 手柄杆（摘自 JB/T 7271.6—2014） /mm

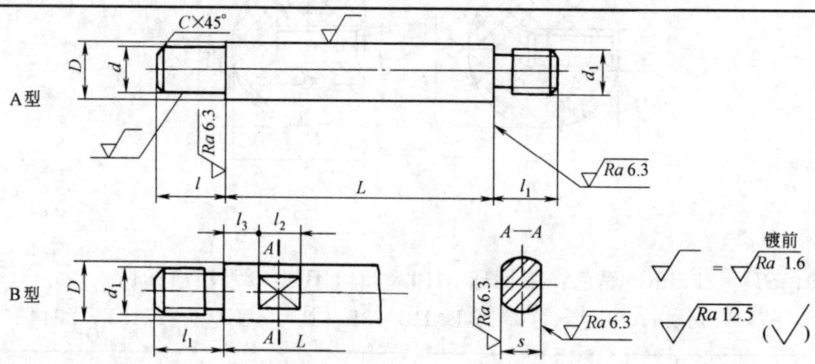

标记示例

A 型手柄杆，d=8mm，L=50mm，l=12mm：手柄杆 8×50×12 JB/T 7271.6—2014

B 型手柄杆，d_1=M8，L=50mm：手柄杆 BM8×50 JB/T 7271.6—2014

d 基本尺寸	d 极限偏差 k7	d_1	l			l_1	D	l_2	l_3	s 基本尺寸	s 极限偏差 h13	C
5	+0.013 +0.001	M5	6	8	10	8	6	6	4	5	0 −0.180	0.5
6		M6	8	10	12	10	8			6		
8	+0.016 +0.001	M8	10	12	16	12	10	8	6	8	0 −0.220	
10		M10	12	16	20	14	12			10		
12	+0.019 +0.001	M12	16	20	25	16	16	10	8	13	0 −0.270	1
16		M16	20	25	32	20	20			16		
20	+0.023 +0.002	M20	25	32	40	25	25	12	10	21	0 −0.330	

续表

L	d、d_1						
	5	6	8	10	12	16	20
	M5	M6	M8	M10	M12	M16	M20
	每件质量≈/kg						
12	0.005	0.009					
16	0.006	0.011					
20	0.007	0.012	0.022	0.035			
25	0.008	0.014	0.025	0.040	0.068	0.125	
32	0.010	0.017	0.029	0.046	0.079	0.142	0.246
40	0.011	0.020	0.034	0.053	0.092	0.162	0.278
50	0.014	0.024	0.040	0.062	0.107	0.187	0.316
63	0.017	0.030	0.050	0.075	0.131	0.224	0.374
80	0.020	0.036	0.059	0.088	0.155	0.261	0.432
100		0.044	0.071	0.106	0.186	0.310	0.509
125			0.087	0.128	0.226	0.409	0.605
160				0.159	0.281	0.458	0.740
200				0.195	0.344	0.557	0.894
250					0.423	0.681	1.086
320					0.566	0.854	1.336
400						1.051	1.664
500						1.298	2.049
630						1.619	2.549

注：1. 材料：35；Q235-A。如使用其他材料，由供需双方确定。

2. 表面处理：喷砂镀铬(PS/D・Cr)；镀铬抛光(D・L_3Cr)；氧化(H・Y)。

3. 其他技术要求按 JB/T 7277—2014《操作件技术条件》。

12.1.3 手柄座

12.1.3.1 手柄座

表 1-12-8 手柄座（摘自 JB/T 7272.1—2014） /mm

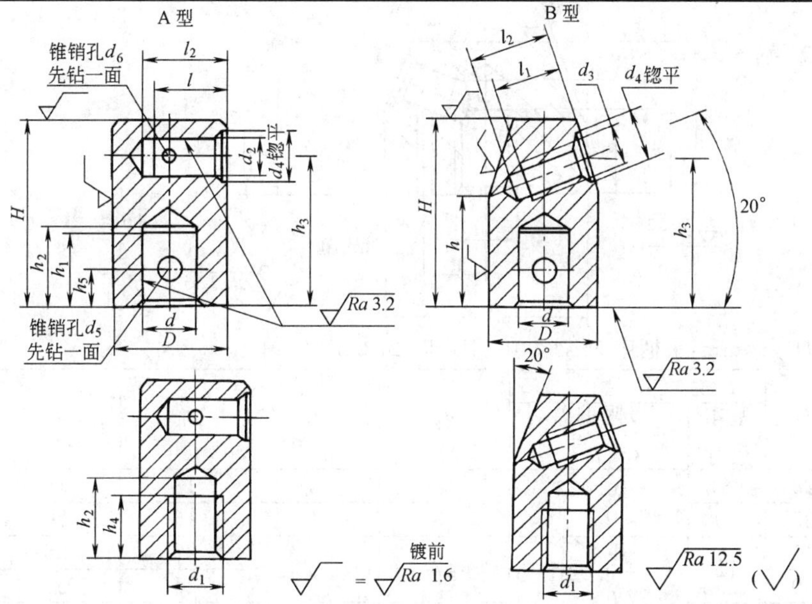

标记示例

A 型手柄座，d=20mm，D=40mm：手柄座 20×40 JB/T 7272.1—2014

A 型手柄座，d_1=M20，D=40mm：手柄座 M20×40 JB/T 7272.1—2014

B 型手柄座，d=20mm，D=40mm：手柄座 B20×40 JB/T 7272.1—2014

B 型手柄座，d_1=M20，D=40mm：手柄座 BM20×40 JB/T 7272.1—2014

续表

d	公称尺寸	12	16	20	25
	极限偏差 H8	$^{+0.027}_{0}$		$^{+0.033}_{0}$	
d_1		M12	M16	M20	M24
D		26	32	40	50
d_2	公称尺寸	8	10	12	16
	极限偏差 H8	$^{+0.022}_{0}$		$^{+0.027}_{0}$	
H		40	50	63	76
d_3		M8	M10	M12	M16
d_4		11	13	17	21
d_5		5	6		8
d_6		3		4	5
$l:h_1$		16	20	25	32
$l_1:h_4$		14	18	22	28
$l_2:h_2$		19	24	29	36
h		24	30	38	50
h_3		32	40	50	63
h_5		8	10	12	16
圆锥销 GB/T 117—2000		3×25	3×32	4×40	5×50

注：1. 材料：35；Q235-A。如使用其他材料，由供需双方确定。

2. 表面处理：喷砂镀铬(PS/D·Cr)；镀铬抛光(D·L_3Cr)；氧化(H·Y)。

3. 其他技术要求按 JB/T 7277—2014《操作件技术条件》。

12.1.3.2 锁紧手柄座

表 1-12-9 锁紧手柄座（摘自 JB/T 7272.2—2014） /mm

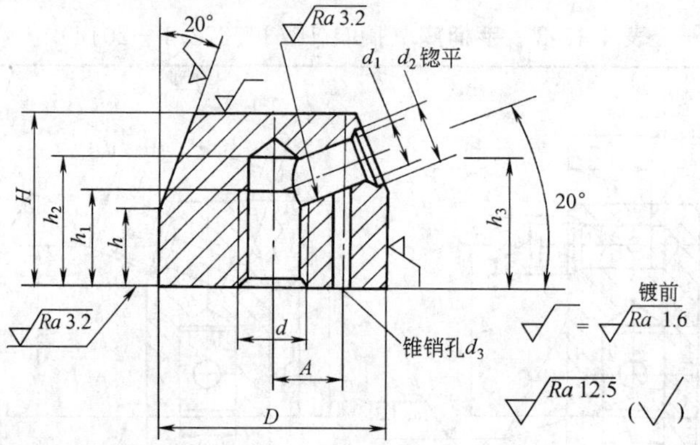

标记示例

锁紧手柄座，d=M12，D=40mm：手柄座 M12×40 JB/T 7272.2—2014

d	D	A	H	d_1 基本尺寸	d_1 极限偏差 H8	d_2	d_3	h	h_1	h_2	h_3
M12	40	12	28	8	$^{+0.022}_{0}$	11	3	13	16	22	21
M16	50	14	35	10		13	4	16	20	28	25
M20	60	18	45	12	$^{+0.027}_{0}$	17	5	22	25	34	33
M24	70	22	50					27	32	40	39
M27	80	26	60	16		21	6	34	40	48	47

注：1. 材料：HT200；35；Q235-A。如使用其他材料，由供需双方确定。

2. 表面处理：喷砂镀铬(PS/D·Cr)；镀铬抛光(D·L_3Cr)；氧化(H·Y)。

3. 其他技术要求按 JB/T 7277—2014《操作件技术条件》。

12.1.3.3 定位手柄座

表 1-12-10 定位手柄座（摘自 JB/T 7272.4—2014） /mm

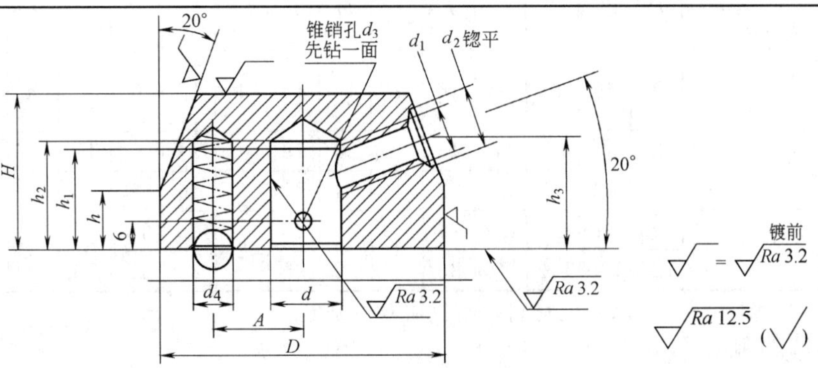

标记示例

定位手柄座，$d=16$mm，$D=60$mm：手柄座 16×60 JB/T 7272.4—2014

d 基本尺寸	d 极限偏差 H8	D	A	H	d_1	d_2	d_3	d_4	h	h_1	h_2	h_3	钢球 GB/T 308.1—2013	压缩弹簧 GB/T 2089—2009
12	+0.027 0	50	16	26	M8	11	5	6.7	11	18	20	19	6.5	0.8×5×25
16		60	20	32	M10	13		8.5	13	21	23	23	8	1.2×7×35
18	+0.033 0	70	25				6							
22		80	30	36	M12	17						25		

注：1. 材料：HT200；35；Q235-A。如使用其他材料，由供需双方确认。

2. 表面处理：喷砂镀铬(PS/D·Cr)；镀铬抛光(D·L_3Cr)；氧化(H·Y)。

3. 其他技术要求按 JB/T 7277—2014《操作件技术条件》。

12.1.4 手轮

12.1.4.1 小波纹手轮

表 1-12-11 小波纹手轮（摘自 JB/T 7273.1—2014） /mm

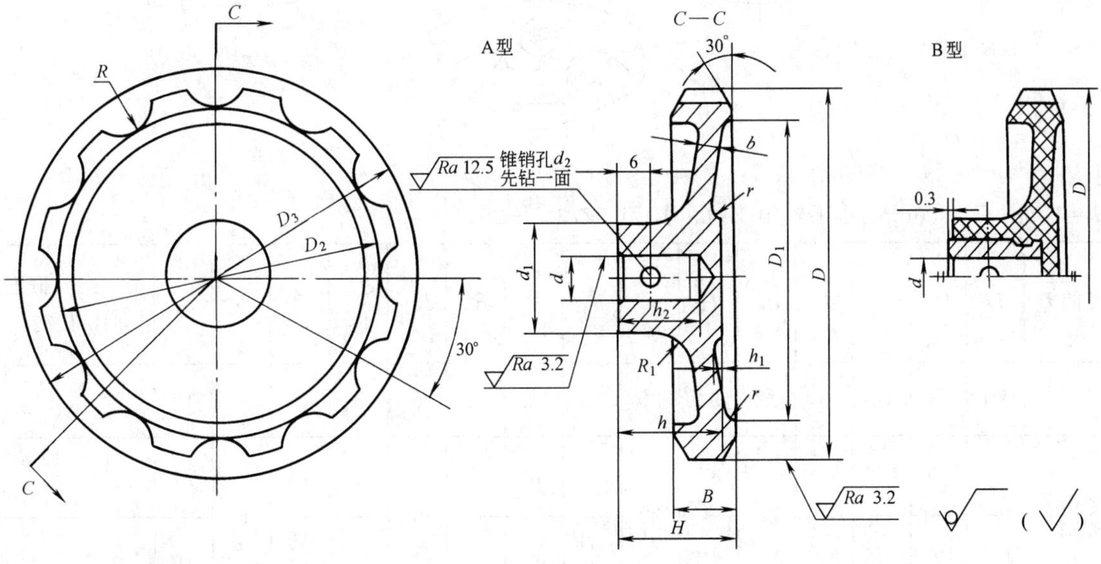

标记示例

A 型小波纹手轮，$d=10$mm，$D=80$mm，材料 ZL102 阳极氧化：手轮 10×80 JB/T 7273.1—2014

B 型小波纹手轮，$d=10$mm，$D=80$mm，材料塑料：手轮 B10×80 JB/T 7273.1—2014

d		D	D_1	D_2	D_3	d_1	d_2	H	h	h_1	h_2	R	B	b	嵌套 JB/T 7275—2014
公称尺寸	极限偏差 H8														
6	+0.018 0	50	40	45	58	16	2	16	15	1	12	6	8	3	6×12
8	+0.022 0	63	50	55	68	18	3	20	19	1.6	14	6	10	4	8×14
10		80	63	70	88	22		24	21		16	8	12		10×16
12	+0.027 0	100	80	90	112	28	4	28	23	2	18	10	14	5	12×18
		125	100	112	140	36		32	25		20	12	16		12×20

注：1. 材料：ZL102；塑料。如使用其他材料，由供需双方确定。

2. 表面处理：ZL102 为阳极氧化(D·Y)。

3. 其他技术要求按 JB/T 7277—2014《操作件技术条件》。

12.1.4.2 小手轮

表 1-12-12 小手轮（摘自 JB/T 7273.2—2014） /mm

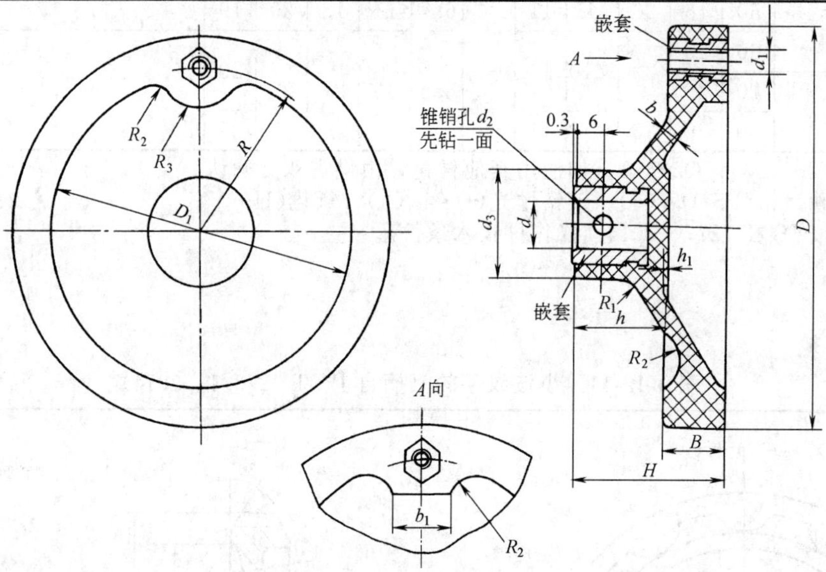

标记示例

小手轮，d=10mm，D=80mm：小手轮 10×80 JB/T 7273.2—2014

d		D	D_1	d_1	d_2	d_3	H	h	h_1	R	R_1	R_2	R_3	B	b	b_1	嵌套 JB/T 7275—2014
公称尺寸	极限偏差 H8																
10	+0.022 0	80	63	M5	3	22	32	20	1.6	32	6	5	8	12	4	12	10×16 BM 5×12
12	+0.027 0	100	80	M6	4	28	36	22	2	40	7	6	9	14	5	14	12×18 BM 6×14
		125	100	M8			40			50	8		10	16		16	12×18 BM 8×16

注：1. 材料：塑料。如使用其他材料，由供需双方确定。

2. 其他技术条件按 JB/T 7277—2014《操作件技术条件》。

12.1.4.3 手轮

表 1-12-13 手轮（摘自 JB/T 7273.3—2014） /mm

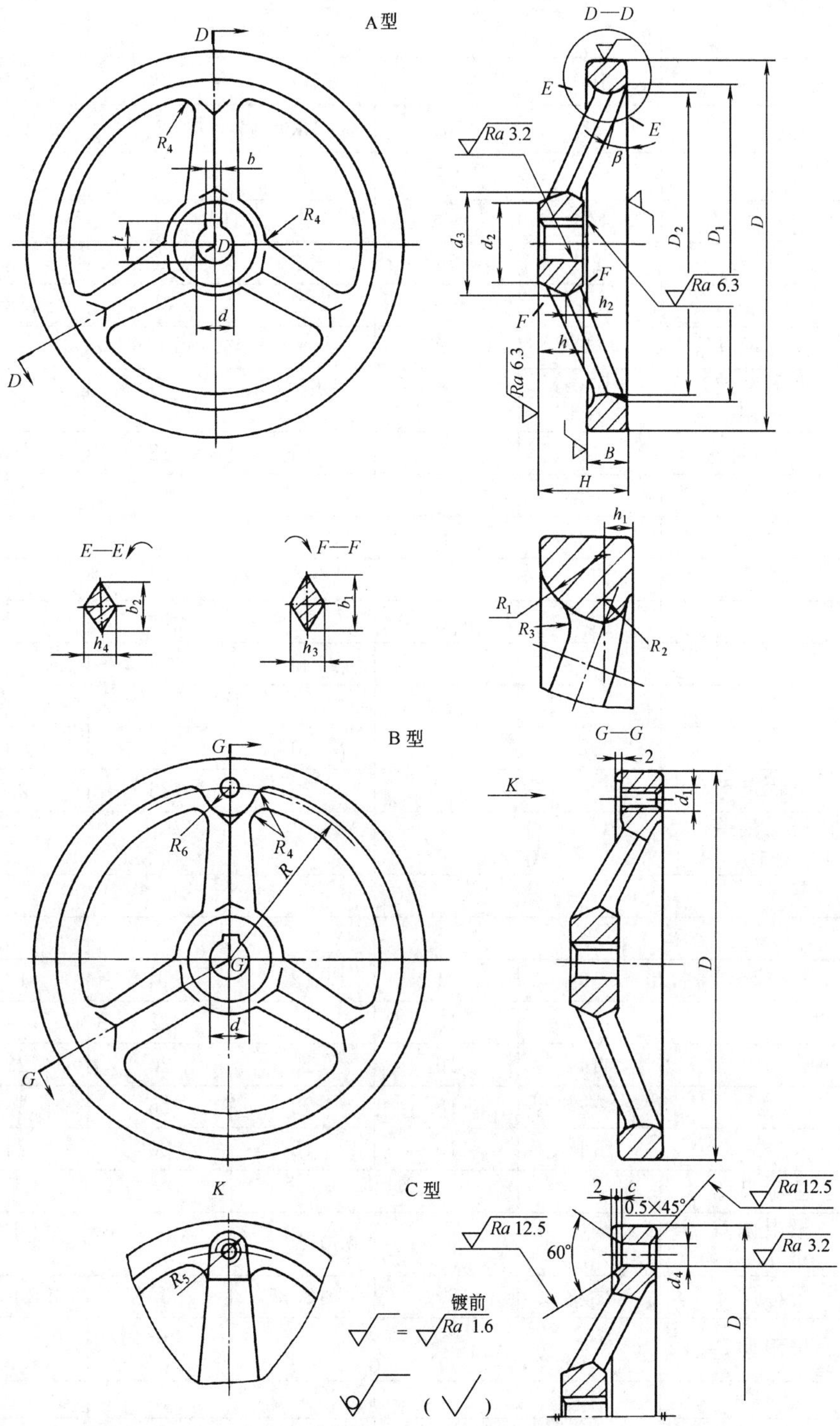

标记示例

A 型手轮，$d=16$mm，$D=160$mm：手轮 16×160 JB/T 7273.3—2014

B 型手轮，$d=16$mm，$D=160$mm：手轮 B16×160 JB/T 7273.3—2014

C 型手轮，$d=16$mm，$D=160$mm：手轮 C16×160 JB/T 7273.3—2014

d	公称尺寸	12	14	16	18	22	25	28
	极限偏差 H8	$^{+0.027}_{0}$				$^{+0.033}_{0}$		
D		100	125	160	200	250		320
D_1		86	107	138	176	222		288
D_2		76	97	128	164	210		276
d_1		M6	M8	M10		M12		
d_2		22	28	32	36	45		55
d_3		30	38	42	48	58		72
d_4	公称尺寸	6	8	10		12		
	极限偏差 H8	$^{+0.018}_{0}$	$^{+0.022}_{0}$			$^{+0.027}_{0}$		
R		40	52	68	88	110		145
R_1		9	11	13	14	16		18
R_2		4			5			
R_3		5		6		8		10
R_4		3	4	5		6		
R_5		5	6	8		10		
R_6		7	8	10		12		
H		32	36	40	45	50		55
h	公称尺寸	18		20	25	28		32
	极限偏差 h13	$^{0}_{-0.270}$		$^{0}_{-0.330}$				$^{0}_{-0.390}$
h_1		5			6			
h_2		6		7	8	9		10
h_3		10	11	12	14	18		20
h_4		9	10	11	12	14		16
B		14	16	18	20	22		24
b_1		16	18	22	26	30		35
b_2		14	16	18	20	24		28
b	公称尺寸	4	5		6		8	
	极限偏差 Js9	±0.015					±0.018	
t	公称尺寸	13.8	16.3	18.3	20.8	24.8	28.3	31.3
	极限偏差	$^{+0.1}_{0}$				$^{+0.2}_{0}$		
c		1				1.5		
β		15°		10°				5°

注：1. 材料：HT200。如使用其他材料，由供需双方确定。

2. 表面处理：喷砂镀铬(PS/D·Cr)；镀铬抛光(D·L_3Cr)。

3. 其他技术要求按JB/T 7277—2014《操作件技术条件》。

12.1.4.4 波纹手轮

表 1-12-14 波纹手轮（摘自 JB/T 7273.4—2014） /mm

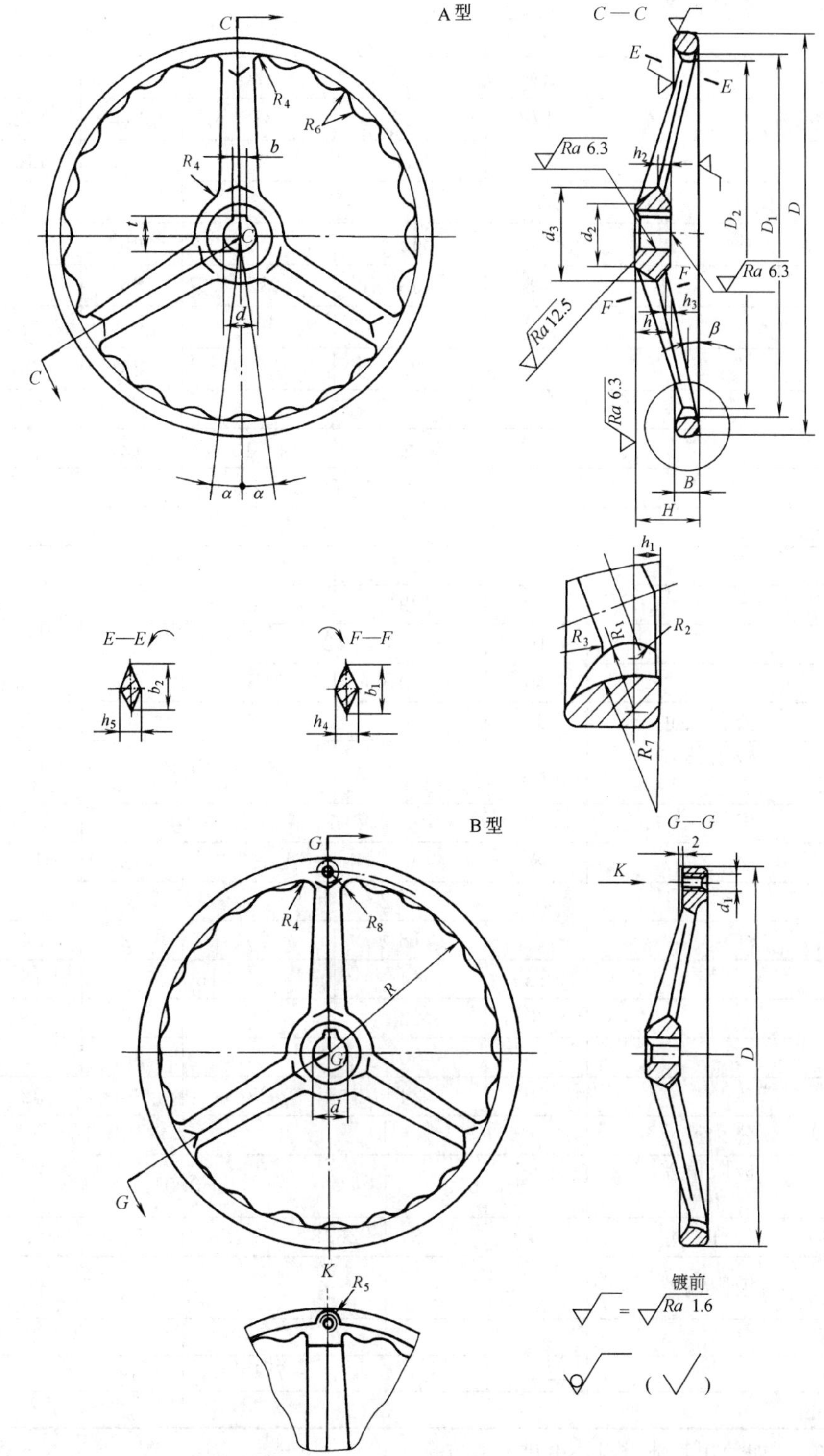

标记示例

A 型波纹手轮，d＝18mm，D＝200mm：手轮 18×200 JB/T 7273.4—2014

B 型波纹手轮：d＝18mm，D＝200mm：手轮 B18×200 JB/T 7273.4—2014

续表

<table>
<tr><td rowspan="2">d</td><td>公称尺寸</td><td>18</td><td>22</td><td colspan="2">25</td><td>28</td><td>32</td><td>35</td><td>40</td><td>45</td></tr>
<tr><td>极限偏差 H8</td><td>$^{+0.027}_{0}$</td><td colspan="4">$^{+0.033}_{0}$</td><td colspan="4">$^{+0.039}_{0}$</td></tr>
<tr><td colspan="2">D</td><td>200</td><td colspan="2">250</td><td colspan="2">320</td><td>400</td><td>500</td><td colspan="2">630</td></tr>
<tr><td colspan="2">D_1</td><td>176</td><td colspan="2">222</td><td colspan="2">288</td><td>364</td><td>462</td><td colspan="2">588</td></tr>
<tr><td colspan="2">D_2</td><td>164</td><td colspan="2">210</td><td colspan="2">276</td><td>352</td><td>448</td><td colspan="2">574</td></tr>
<tr><td colspan="2">d_1</td><td>M10</td><td colspan="4">M12</td><td colspan="4">—</td></tr>
<tr><td colspan="2">d_2</td><td>36</td><td colspan="2">45</td><td colspan="2">55</td><td>65</td><td>75</td><td colspan="2">85</td></tr>
<tr><td colspan="2">d_3</td><td>48</td><td colspan="2">58</td><td colspan="2">72</td><td>85</td><td>95</td><td colspan="2">105</td></tr>
<tr><td colspan="2">R</td><td>88</td><td colspan="2">110</td><td colspan="2">145</td><td>—</td><td>—</td><td colspan="2">—</td></tr>
<tr><td colspan="2">R_1</td><td>20</td><td colspan="2">22</td><td colspan="2">23</td><td>26</td><td>28</td><td colspan="2">32</td></tr>
<tr><td colspan="2">R_2</td><td colspan="6">5</td><td colspan="3">6</td></tr>
<tr><td colspan="2">R_3</td><td>6</td><td colspan="2">8</td><td colspan="2">10</td><td>12</td><td colspan="3">16</td></tr>
<tr><td colspan="2">R_4</td><td>5</td><td colspan="4">6</td><td colspan="4">8</td></tr>
<tr><td colspan="2">R_5</td><td>8</td><td colspan="4">10</td><td colspan="4">—</td></tr>
<tr><td colspan="2">$R_6 \approx$</td><td>16</td><td colspan="2">16.5</td><td colspan="4">16</td><td colspan="2">20</td></tr>
<tr><td colspan="2">R_7</td><td>30</td><td colspan="2">29</td><td colspan="2">30</td><td>30</td><td>34</td><td colspan="2">36</td></tr>
<tr><td colspan="2">R_8</td><td>10</td><td colspan="4">12</td><td colspan="4">—</td></tr>
<tr><td colspan="2">H</td><td>45</td><td colspan="2">50</td><td colspan="2">55</td><td>65</td><td>70</td><td colspan="2">75</td></tr>
<tr><td rowspan="2">h</td><td>公称尺寸</td><td>25</td><td colspan="2">28</td><td colspan="2">32</td><td>40</td><td>45</td><td colspan="2">50</td></tr>
<tr><td>极限偏差 h13</td><td colspan="3">$^{0}_{-0.33}$</td><td colspan="6">$^{0}_{-0.39}$</td></tr>
<tr><td colspan="2">h_1</td><td colspan="6">6</td><td colspan="3">7</td></tr>
<tr><td colspan="2">h_2</td><td>8</td><td colspan="2">9</td><td colspan="2">10</td><td>12</td><td>14</td><td colspan="2">16</td></tr>
<tr><td colspan="2">h_3</td><td colspan="5">2</td><td colspan="2">3</td><td colspan="2">5</td></tr>
<tr><td colspan="2">h_4</td><td>14</td><td colspan="2">18</td><td colspan="2">20</td><td>22</td><td>24</td><td colspan="2">26</td></tr>
<tr><td colspan="2">h_5</td><td>12</td><td colspan="2">14</td><td colspan="3">16</td><td>18</td><td colspan="2">20</td></tr>
<tr><td colspan="2">B</td><td>20</td><td colspan="2">22</td><td colspan="2">24</td><td>26</td><td>28</td><td colspan="2">30</td></tr>
<tr><td colspan="2">b_1</td><td>26</td><td colspan="2">30</td><td colspan="2">35</td><td>38</td><td>42</td><td colspan="2">45</td></tr>
<tr><td colspan="2">b_2</td><td>20</td><td colspan="2">24</td><td colspan="2">28</td><td>30</td><td>32</td><td colspan="2">35</td></tr>
<tr><td rowspan="2">b</td><td>公称尺寸</td><td colspan="2">6</td><td colspan="3">8</td><td colspan="2">10</td><td>12</td><td>14</td></tr>
<tr><td>极限偏差 Js9</td><td colspan="2">±0.015</td><td colspan="5">±0.018</td><td colspan="2">±0.0215</td></tr>
<tr><td rowspan="2">t</td><td>公称尺寸</td><td>20.8</td><td>24.8</td><td colspan="2">28.3</td><td>31.3</td><td>35.3</td><td>38.3</td><td>43.3</td><td>48.8</td></tr>
<tr><td>极限偏差</td><td colspan="2">$^{+0.1}_{0}$</td><td colspan="7">$^{+0.2}_{0}$</td></tr>
<tr><td colspan="2">β</td><td colspan="2">10°</td><td colspan="3">5°</td><td colspan="4">—</td></tr>
<tr><td colspan="2">α</td><td>12°30′</td><td colspan="2">10°</td><td colspan="2">7°30′</td><td>6°</td><td>5°</td><td colspan="2">4°</td></tr>
<tr><td colspan="2">轮辐数</td><td colspan="5">3</td><td colspan="4">5</td></tr>
</table>

注：1. 材料：HT200。如使用其他材料，由供需双方确定。

2. 表面处理：喷砂镀铬(PS/D・Cr)；镀铬抛光(D・L_3Cr)。

3. 其他技术要求按 JB/T 7277—2014《操作件技术条件》。

4. 手柄选用 JB/T 7270.5—2014 规定的相应规格。

12.1.5 把手

12.1.5.1 把手

表 1-12-15 把手（摘自 JB/T 7274.1—2014） /mm

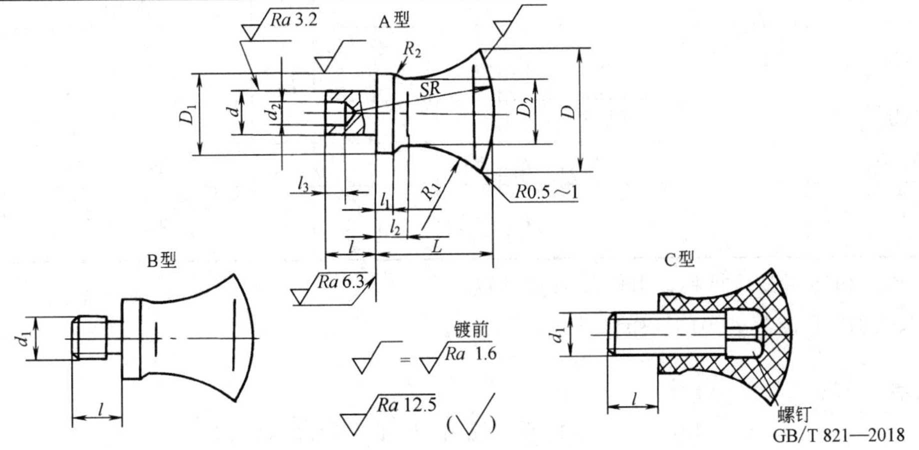

标记示例

A 型把手，d=8mm，D=25mm：把手 8×25 JB/T 7274.1—2014

B 型把手：d_1=M8，D=25mm：把手 BM8×25 JB/T 7274.1—2014

C 型把手：d_1=M8，D=25mm：把手 CM8×25 JB/T 7274.1—2014

d 公称尺寸	d 极限偏差 js7	d_1	D	L	l	D_1	D_2	d_2	l_1	l_2	l_3	SR	R_1	R_2	螺钉 GB/T 821—2018
5	±0.006	M5	16	16	6	10	8	3.5	3	5	3	20	12	1	M5×14
6		M6	20	20	8	12	10	4		6	4	25	15		M6×18
8	±0.007	M8	25	25	10	16	13	5.5	4	7		32	20	1.5	M8×25
10		M10	32	32	12	20	16	7	5	10	5	40	24	2	M10×30
12	±0.009	M12	40	40	16	25	20	9	6	13	6	50	28	2.5	M12×40

注：1. 材料：35；塑料。如使用其他材料，由供需双方确定。

2. 表面处理：钢件喷砂镀铬(PS/D·Cr)；镀铬抛光(D·L_3Cr)；氧化(H·Y)。

3. 其他技术要求按 JB/T 7277—2014《操作件技术条件》。

12.1.5.2 压花把手

表 1-12-16 压花把手（摘自 JB/T 7274.2—2014） /mm

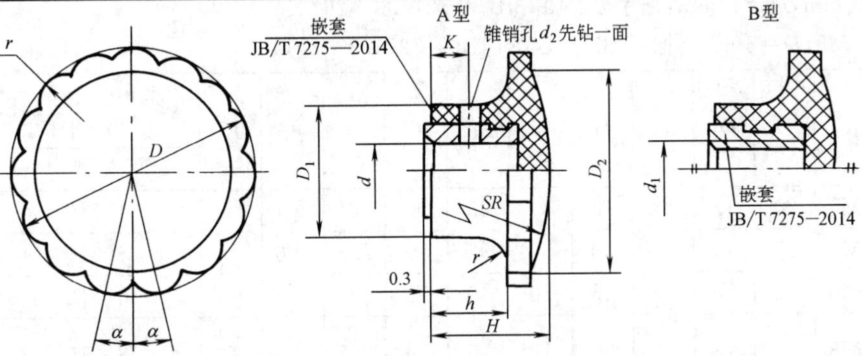

标记示例

A 型压花把手，d=10mm，D=40mm：把手 10×40 JB/T 7274.2—2014

B 型压花把手，d_1=M10，D=40mm：把手 BM10×40 JB/T 7274.2—2014

d 公称尺寸	d 极限偏差 H8	d_1	D	D_1	d_2	H	D_2	h	SR	r	K	α	嵌套 JB/T 7275—2014 A型	嵌套 JB/T 7275—2014 B型
6	$^{+0.018}_{0}$	M6	25	16	2	16	22	10	40	3	5	15°	6×12	BM6×12
8	$^{+0.022}_{0}$	M8	32	18	3	18	28	12	50	4	6		8×14	BM8×14
10		M10	40	22		20	35	14	60	5	7	12°	10×16	BM10×16
12	$^{+0.027}_{0}$	M12	50	28		25	45	16	80		8	10°	12×20	BM12×20

注：1. 材料：塑料。如使用其他材料，由供需双方确定。

2. 其他技术要求按 JB/T 7277—2014《操作件技术条件》。

12.1.5.3 十字把手

表 1-12-17 十字把手（摘自 JB/T 7274.3—2014） /mm

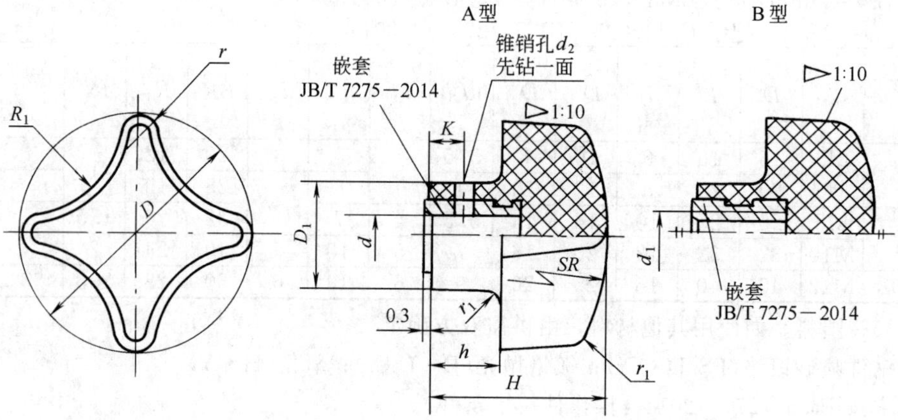

标记示例

A 型十字把手，$d=8$mm，$D=40$mm：把手 8×40 JB/T 7274.3—2014

B 型十字把手，$d_1=$M8，$D=40$mm：把手 BM8×40 JB/T 7274.3—2014

d 公称尺寸	d 极限偏差 H8	d_1	D	D_1	d_2	H	h	SR	R_1	r	r_1	K	嵌套 JB/T 7275—2014 A型	嵌套 JB/T 7275—2014 B型
4	$^{+0.018}_{0}$	M4	20	12	2	18	8	25	8	2	1.6	4	4×10	BM4×10
5		M5	25	14		20		32	10	2.5			5×10	BM5×10
6		M6	32	16		25	10	40	12	3		5	6×12	BM6×12
8	$^{+0.022}_{0}$	M8	40	18	3	30	12	50	16	3.5	2	6	8×16	BM8×16

注：1. 材料：塑料。如使用其他材料，由供需双方确定。

2. 其他技术要求按 JB/T 7277—2014《操作件技术条件》。

12.1.5.4 星形把手

表 1-12-18 星形把手（摘自 JB/T 7274.4—2014） /mm

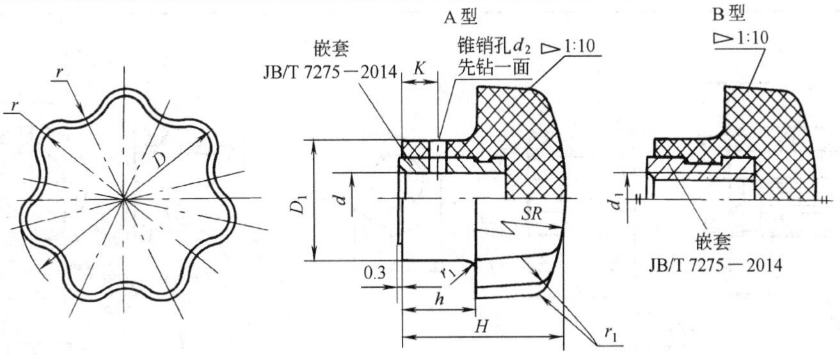

标记示例

A 型星形把手，d=10mm，D=40mm：把手 10×40 JB/T 7274.4—2014

B 型星形把手，d_1=M10，D=40mm：把手 BM10×40 JB/T 7274.4—2014

d		d_1	D	D_1	d_2	H	h	SR	r	r_1	K	嵌套 JB/T 7275—2014	
公称尺寸	极限偏差 H8											A 型	B 型
6	+0.018 0	M6	25	16	2	20	10	32	4	1.6	5	6×12	BM6×12
8	+0.022 0	M8	32	18	3	25	12	40	5	2	6	8×16	BM8×16
10		M10	40	22		30	14	50	6		7	10×20	BM10×20
12	+0.027 0	M12	50	28		35	16	60	8		8	12×25	BM12×25
16		M16	63	32	4	40	18	80	10	2.5	10	16×30	BM16×30

注：1. 材料：塑料。如使用其他材料，由供需双方确定。

2. 其他技术要求按 JB/T 7274—2014《操作件技术条件》。

12.1.5.5 定位把手

表 1-12-19 定位把手（摘自 JB/T 7274.5—2014） /mm

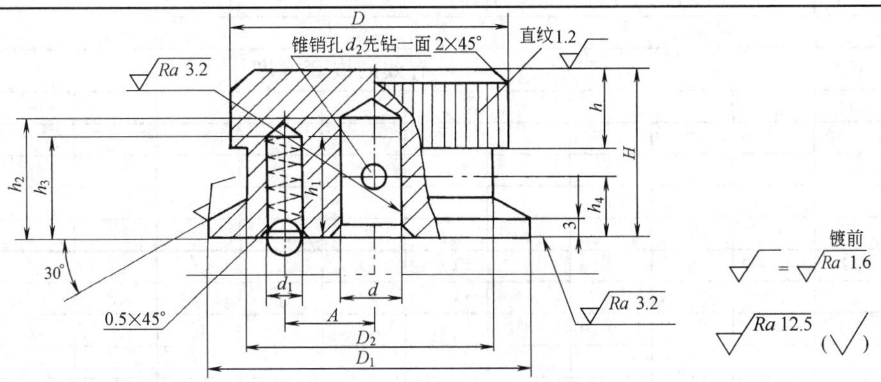

标记示例

定位把手，d=12mm，D=50mm：把手 12×50 JB/T 7274.5—2014

d		D	D_1	D_2	d_1	d_2	H	h	h_1	h_2	h_3	h_4	A	钢 球 GB/T 308.1—2013	压缩弹簧 GB/T 2089—2009
公称尺寸	极限偏差 H8														
10	+0.022 0	40	48	38	6.7	4	26	12	14	18	18	10	14	6.5	0.8×5×25
12	+0.027 0	50	58	45		5	30	14	18	20		11	16		
16		60	68	55	8.5		32	16	21	23	21		20	8	1.2×6×35
18		70	78	65		6	34	18					25		

注：1. 材料：HT200；35；Q235-A。如使用其他材料，由供需双方确定。

2. 表面处理：喷砂镀铬（PS/D·Cr）；镀铬抛光（D·L_3Cr）。

3. 其他技术要求按 JB/T 7277—2014《操作件技术条件》。

12.1.6 嵌套

表 1-12-20 嵌套（摘自 JB/T 7275—2014） /mm

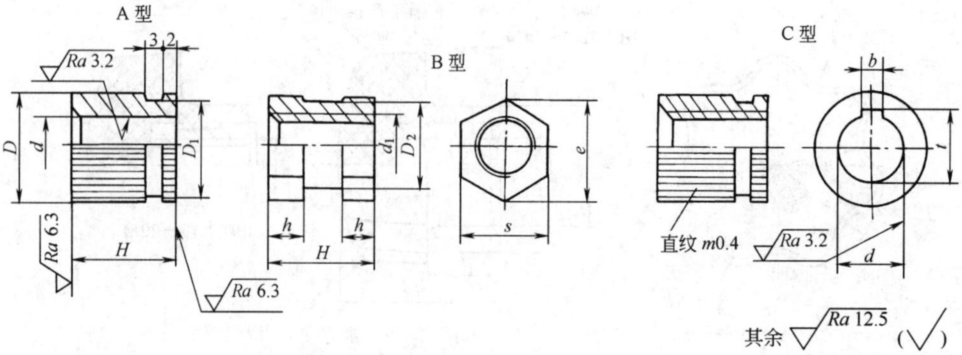

标记示例

A 型嵌套，$d=12$mm，$H=20$mm：嵌套 12×20 JB/T 7275—2014

B 型嵌套，$d_1=$M12，$H=20$mm：嵌套 BM12×20 JB/T 7275—2014

C 型嵌套，$d=12$mm，$H=20$mm：嵌套 C12×20 JB/T 7275—2014

d	公称尺寸	4	5	6	8	10	12	16	18	—	22	25	28	32
	极限偏差 H8	+0.018 0			+0.022 0		+0.027 0			—	+0.033 0			+0.039 0
d_1		M4	M5	M6	M8	M10	M12	M16	—	M20	—			
D		6	8	10	12	16	20	25	28	—	32	36	40	45
D_1		5.5	7	9	10	14	18	22	25	—	30	34	38	42
D_2		5.5	7	8	10	14	17	22	—	27	—			
e		6.3	8.1	9.2	11.5	16.2	19.6	25.4	—	31.2				
s		5.5	7	8	10	14	17	22	—	27				
H	h	有效的嵌套宽度												
10	3	√	√											
12	4		√	√										
14	4.5			√	√									
16	5				√	√								
18	6					√	√							
20	6.5					√	√	√	√	√	√	√	√	√
25	8						√	√	√	√	√	√	√	√
28	9							√	√	√	√	√	√	√
30	10							√	√	√	√	√	√	√
32	11							√	√	√	√	√	√	√
36	12									√	√	√	√	√
b	公称尺寸	—		2		3	4	5	6	—	6	8		10
	极限偏差 Js9			±0.0125			±0.015					±0.018		
t	公称尺寸	—		7	9	11.4	13.8	18.3	20.8	—	24.8	28.3	31.3	35.3
	极限偏差			+0.1 0								+0.2 0		

注：1. 材料 Q235-A。如使用其他材料，由供需双方确定。

2. 其他技术要求按 JB/T 7277—2014《操作件技术条件》。

12.2 工业脚轮和车轮（摘自 GB/T 14687—2011）

12.2.1 车轮与脚轮类型、尺寸与技术参数

本标准适用于工业车辆及仪器设备的非动力驱动的移动用脚轮和车轮；不适用于家具、旅行箱等用的脚轮和车轮。

脚轮和车轮材料：软质轮为轮胎邵氏硬度 A 小于 90 的车轮，硬质轮为轮胎邵氏硬度 A 不小于 90 的车轮。

脚轮和车轮外观质量要求：零件表面应色泽均匀。所有金属零件表面均应采取有效方法防止锈蚀，所有零件不应有影响使用的缺陷。

车轮分整体式、轴套式和滚动轴承式三类，安装方式分跨轴式和支耳式，如图 1-12-1 所示。

脚轮的基本类型分万向脚轮、定向脚轮和制动脚轮三类，安装方式有平板型、螺杆型、插销型和孔顶型，如图 1-12-2 所示。

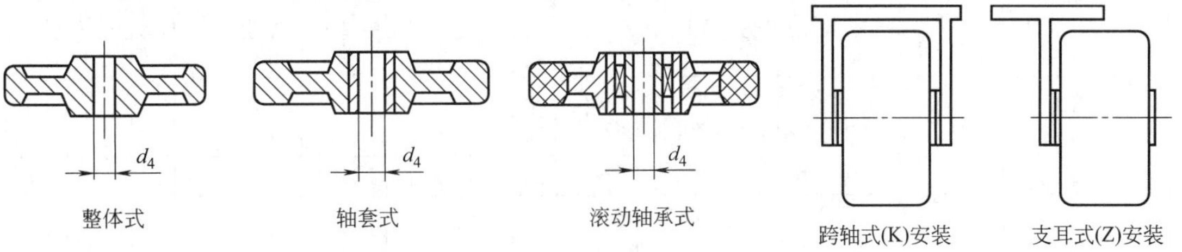

图 1-12-1 车轮主要类型与安装方式

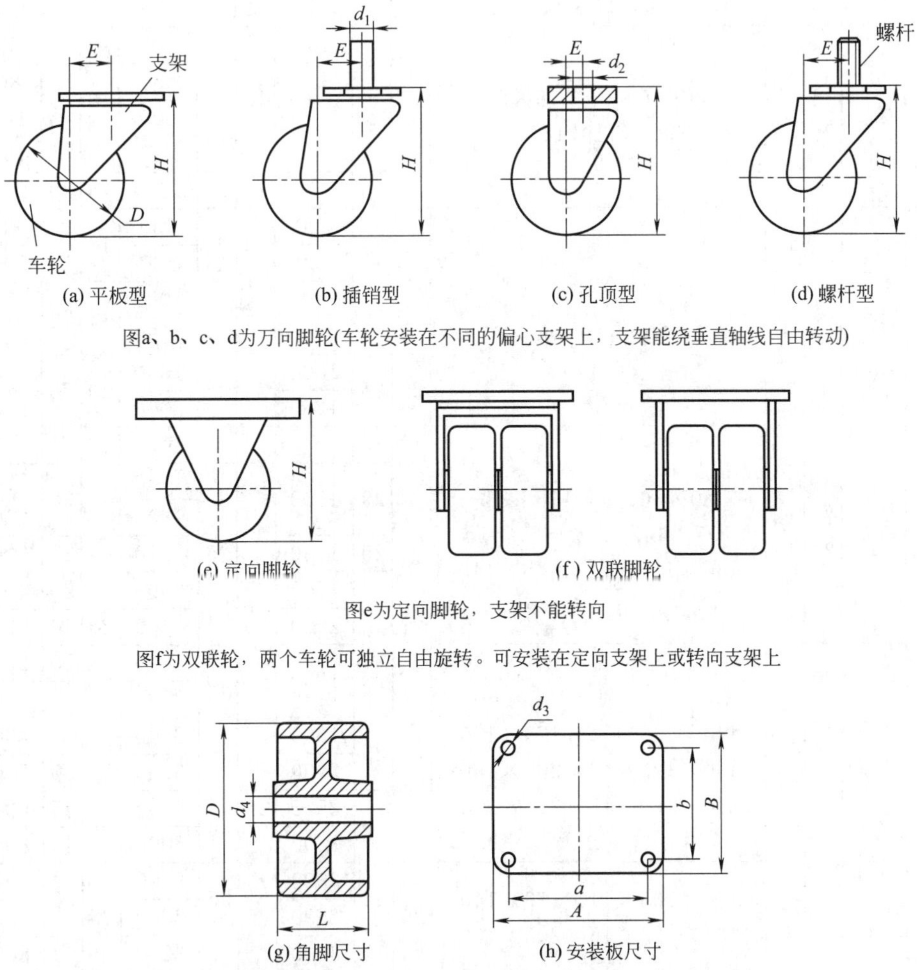

(a) 平板型
(b) 插销型
(c) 孔顶型
(d) 螺杆型
图a、b、c、d为万向脚轮(车轮安装在不同的偏心支架上，支架能绕垂直轴线自由转动)

(e) 定向脚轮
(f) 双联脚轮
图e为定向脚轮，支架不能转向
图f为双联轮，两个车轮可独立自由旋转。可安装在定向支架上或转向支架上

图 1-12-2 脚轮的类型与安装

工业脚轮和车轮的主要尺寸及额定载荷见表 1-12-21。

表 1-12-21　工业脚轮和车轮（摘自 GB/T 14687—2011）

D	L	H	E		d_1	d_2	$a\times b\times d_3\times A\times B$	A级			B级			C级			D级		
								d_4		W	d_4		W	d_4		W	d_4		W
			max	min				K	Z		K	Z		K	Z		K	Z	
mm								mm		N	mm		N	mm		N	mm		N
50	20	70	30	10			40×30×5×55×45	7		250			300			400			500
	25					8	55×40×7×75×65	8		300	8		400	8		500	8		630
63	20	85	38	13	10	10	55×40×7×75×65	7											
	25				12		80×60×9×115×85	8		400			500			630			800
	30							10		500	10		630	10		800	10		1000
75	20	103	35	15		10	38×38×7×60×60	8		400			500			630			800
	25					12	55×40×7×75×65	10											
	30						80×60×9×115×85	12	—	500	12	—	630	12	—	800	12	—	1000
80	20	106	48	16	10	12	55×40×7×75×65	8		400	8		500						800
	25				12	16	80×60×9×115×85							10		630	10		
	30						105×80×11×145×110	10		500	10		630						1000
	37.5						105×80×11×145×110	12			12			12		800	12		
100	25	125	60	20	16		80×60×9×115×85	10		400	10		500	10		630	10		800
	30				20		105×80×11×145×110			500			630			800			1000
	37.5									630			800			1000			1250
	40												1000			1600			2000
	50					12		15	15	800	15	15	1250	15	20	2000	15	20	3200
125	25	150	75	25	16	16	80×60×9×115×85	12	—	500	12	—	630	12	—	800	12	—	1000
	30				20		105×80×11×145×110		15	630		15	800		15	1000		15	1250
	37.5							15	20	800	15	20	1000	15	20	1250	15	20	1600
	40												1250			1600			2000
	50							20	25	1000	20	25	1600	20	25	2000	20	25	4000
	60									1250			2000			3200			5000
150 160	30		90	32	20	12	80×60×9×115×85	12	15	800	12	15	1000	12	15	1250	12	15	1600
	37.5	185			24	16	105×80×11×145×110		20	1000		20	1250		20	1600		20	2000
	40						140×105×14×175×140						1600			2000			2500
	50								25	1250		25	2000		25	3200		30	5000
	60	195							25	1600		25	2500		25	4000		30	6300
	75							20		2000	20		3200	20	30	5000	20	35	8000
200	37.5	235	120	40	20		105×80×11×145×110		20	1250		20	1600		20	2000		20	2500
	40				24	16	140×105×14×175×140						2000		25	2500		25	3200
	50						160×120×16×200×160		25	1600		25	2500			4000		30	6300
	60						210×160×18×225×205			2000			3200		30	5000		35	8000
	75							25	30	2500	25	30	4000	25	35	6300	25	40	10000
	105							—		3200	—		5000	—	40	8000	—	50	12500
250	50	300	150	50	—	—	140×105×14×175×140		25	2000		25	2000		30	5000		35	8000
	60						160×120×16×200×160	25		2500	25		2500	25		6300	25	40	10000
	75						210×160×18×225×205		30	3200		30	3200		40	8000		50	12500
	105							—		4000	—		4000	—		10000	—		16000

续表

<table>
<tr><td rowspan="3">D</td><td rowspan="3">L</td><td rowspan="3">H</td><td colspan="2" rowspan="2">E</td><td rowspan="3">d_1</td><td rowspan="3">d_2</td><td rowspan="3">$a \times b \times d_3 \times A \times B$</td><td colspan="3">A级</td><td colspan="3">B级</td><td colspan="3">C级</td><td colspan="3">D级</td></tr>
<tr><td colspan="2">d_4</td><td rowspan="2">W</td><td colspan="2">d_4</td><td rowspan="2">W</td><td colspan="2">d_4</td><td rowspan="2">W</td><td colspan="2">d_4</td><td rowspan="2">W</td></tr>
<tr><td>max</td><td>min</td><td>K</td><td>Z</td><td>K</td><td>Z</td><td>K</td><td>Z</td><td>K</td><td>Z</td></tr>
<tr><td colspan="8">mm</td><td colspan="2">mm</td><td>N</td><td colspan="2">mm</td><td>N</td><td colspan="2">mm</td><td>N</td><td colspan="2">mm</td><td>N</td></tr>
<tr><td rowspan="4">300</td><td>50</td><td rowspan="4">340</td><td rowspan="4">180</td><td rowspan="4">60</td><td rowspan="4">—</td><td rowspan="4">—</td><td rowspan="4">140×105×14×175×140
160×120×16×200×160
210×160×18×225×205</td><td rowspan="3">25</td><td rowspan="2">25</td><td>2000</td><td rowspan="3">25</td><td rowspan="2">25</td><td>3200</td><td rowspan="3">25</td><td rowspan="2">30</td><td>5000</td><td rowspan="3">25</td><td>35</td><td>8000</td></tr>
<tr><td>60</td><td>2500</td><td>4000</td><td>6300</td><td>40</td><td>10000</td></tr>
<tr><td>75</td><td>30</td><td>4000</td><td>35</td><td>6300</td><td>40</td><td>10000</td><td rowspan="2">50</td><td>16000</td></tr>
<tr><td>105</td><td>—</td><td>35</td><td>5000</td><td>—</td><td>40</td><td>8000</td><td>—</td><td>50</td><td>12500</td><td>—</td><td>20000</td></tr>
<tr><td rowspan="4">350</td><td>50</td><td rowspan="10">—</td><td rowspan="10">—</td><td rowspan="10">—</td><td rowspan="10">—</td><td rowspan="10">—</td><td rowspan="10">—</td><td rowspan="3">25</td><td rowspan="2">25</td><td>2000</td><td rowspan="3">25</td><td rowspan="2">25</td><td>3200</td><td rowspan="3">25</td><td rowspan="2">30</td><td>5000</td><td rowspan="3">25</td><td>35</td><td>8000</td></tr>
<tr><td>60</td><td>2500</td><td>4000</td><td>6300</td><td>40</td><td>10000</td></tr>
<tr><td>75</td><td>30</td><td>4000</td><td>35</td><td>6300</td><td>40</td><td>10000</td><td rowspan="2">50</td><td>16000</td></tr>
<tr><td>105</td><td>—</td><td>35</td><td>5000</td><td>—</td><td>40</td><td>8000</td><td>—</td><td>50</td><td>12500</td><td>—</td><td>20000</td></tr>
<tr><td rowspan="4">400</td><td>50</td><td rowspan="3">25</td><td rowspan="2">25</td><td>2500</td><td rowspan="3">25</td><td>25</td><td>4000</td><td rowspan="3">25</td><td>30</td><td>6300</td><td rowspan="3">25</td><td>40</td><td>10000</td></tr>
<tr><td>60</td><td>3200</td><td>30</td><td>5000</td><td>35</td><td>8000</td><td rowspan="4">50</td><td>12500</td></tr>
<tr><td>75</td><td>30</td><td>4000</td><td>35</td><td>6300</td><td>40</td><td>10000</td><td>16000</td></tr>
<tr><td>105</td><td>—</td><td rowspan="3">35</td><td rowspan="2">5000</td><td>—</td><td rowspan="3">40</td><td rowspan="2">8000</td><td>—</td><td rowspan="3">50</td><td rowspan="2">12500</td><td>—</td><td rowspan="2">20000</td></tr>
<tr><td rowspan="2">500</td><td>75</td><td>25</td><td>25</td><td>25</td><td>25</td></tr>
<tr><td>105</td><td>—</td><td>6300</td><td>—</td><td>10000</td><td>—</td><td>16000</td><td>—</td><td>60</td><td>25000</td></tr>
</table>

注1. W 为额定载荷。

2. K 为跨轴式，Z 为支耳式。

3. D 为轮径，L 为轮宽，H 为安装高度，E 为偏心距，d_1 插销直径，d_2 为中套孔直径，d_3 为平板安装孔直径，d_4 为轮子中心孔直径。

12.2.2 型号表示方法

（1）脚轮支架组件型号编制方法为：

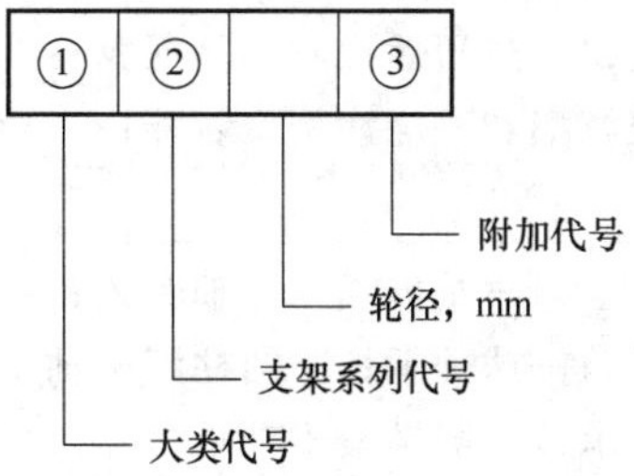

（2）车轮组件型号编制方法为：

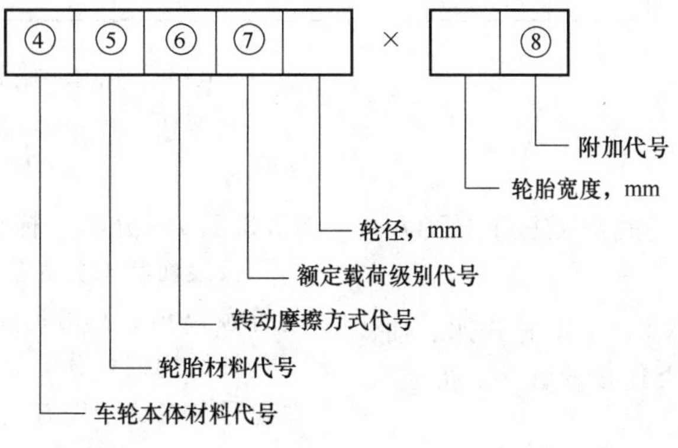

(3) 脚轮型号编制方法为:

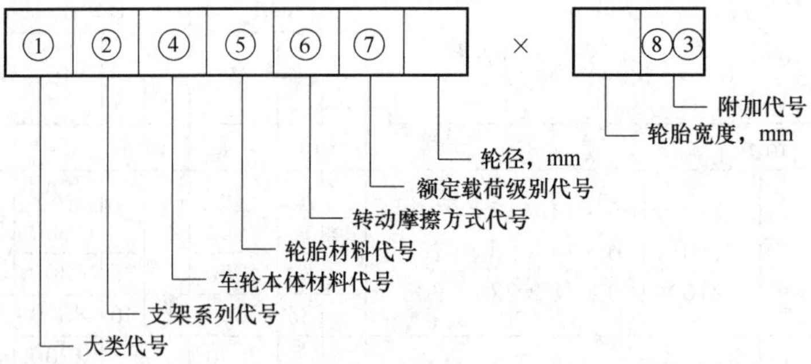

(4) 代号含义

型号中有关代号的含义见表 1-12-22。

表 1-12-22 代号含义

序号	代号名称	代号含义	特例
①	大类代号	P—导向平板型；L—导向螺杆型；C—导向插销型；G—导向孔顶型；D—定向；U—无轴型；T—特型	
②	支架系列代号	A～L—冲压式；M～R—焊接式；S～V—注塑式；W～Z—铸锻式	
③	(支架)附加代号	共三位，其中：第 1 位：罗马数字—同种支架系列的不同小类；第 2 位：Z—单制动，S—双制动；第 3 位：阿拉伯数字—同种制动方式的不同小类	
④	车轮本体材料代号	0—与轮胎材料同；1—冲压件；2—尼龙；3—聚丙烯；4—铸铁；6—ABS；7—铸铝；8—聚苯乙烯；9—酚醛	
⑤	轮胎材料代号	0—与本体材料同；1—再生橡胶；2—天然橡胶；3—丁腈橡胶；4—热塑性橡胶；5—尼龙；6—热塑性聚氨酯；7—浇注型聚氨酯；8—导电橡胶；9—耐热材料	00—冲压轮毂外装充气轮胎
⑥	转动摩擦方式代号	0—特尔灵轴承；1—整体式；2—轴套式；3—滚针轴承；4—球轴承；5—圆柱滚子轴承；6—推力球轴承；7—圆锥滚子轴承	
⑦	额定载荷级别代号	分 A、B、C、D 四级，逐级递增	
⑧	(车轮)附加代号	A、B、…，表示异型	D 表示双轮

12.3 管件

12.3.1 水、煤气管路连接件 (摘自 GB/T 3287—2011)

本标准适用于公称尺寸 (DN)6～150 输送水、油、空气、煤气、蒸汽用的一般管路上连接的管件。指定与符合 GB/T 7306—2000 规定的螺纹相连接。

当在超出规定的压力和温度范围使用时，应同制造方协商。

12.3.1.1 分类、标记

按表面状态分为黑品管件和热镀锌管件：黑品管件的符号为 Fe；热镀锌管件的符号为 Zn。

按结构型式分类的管件型式和符号见表 1-12-23，这些符号与管路识别有关，并用于标记。

表 1-12-23　管件型式和符号

型　式	符号(代号)
A 弯头	A1 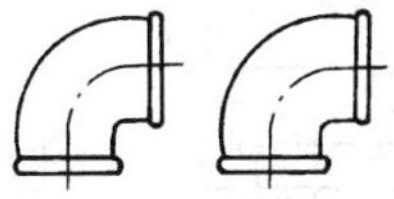 (90)　A1/45°  (120)　A4 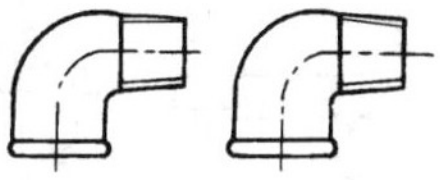 (92)　A4/45° 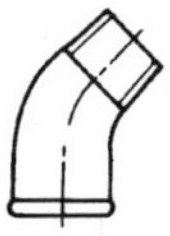 (121)
B 三通	B1 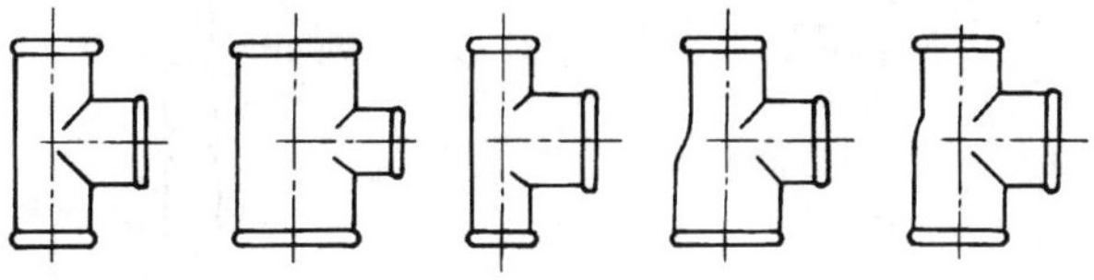 (130)
C 四通	C1 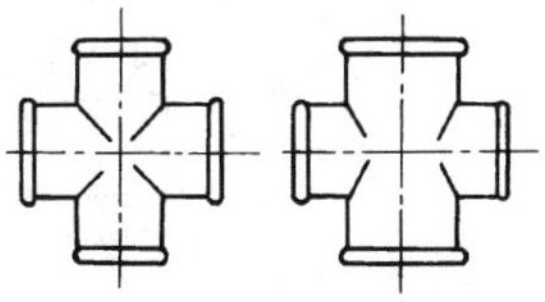 (180)
D 短月弯	D1 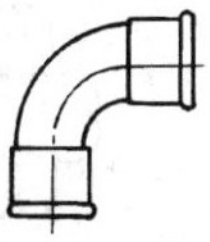 (2a)　D4 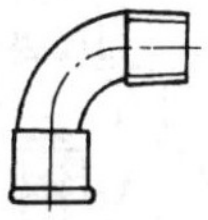 (1a)
E 单弯三通及双弯弯头	E1 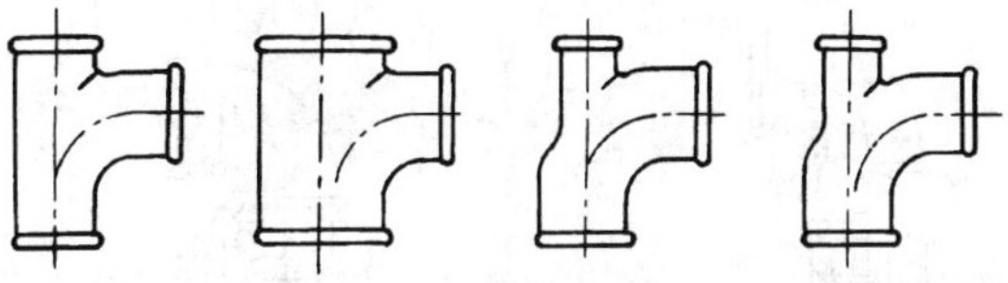 (131)　E2 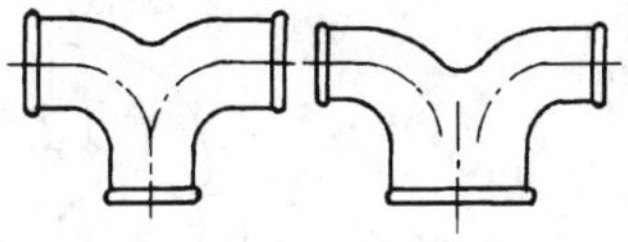 (132)
G 长月弯	G1 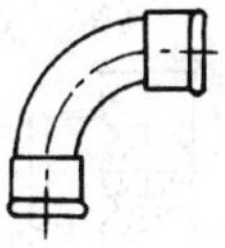 (2)　G1/45° 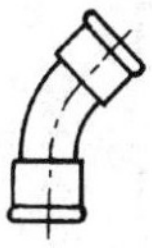 (41)　G4 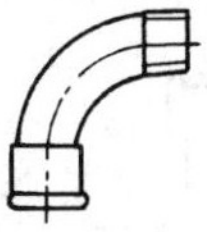 (1)　G4/45°  (40)　G8 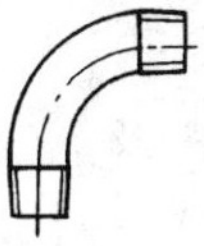 (3)
M 外接头	M2 M2R-L 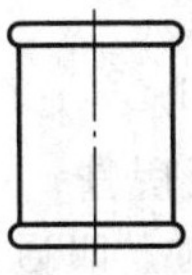 (270)　M2  (240)　M4 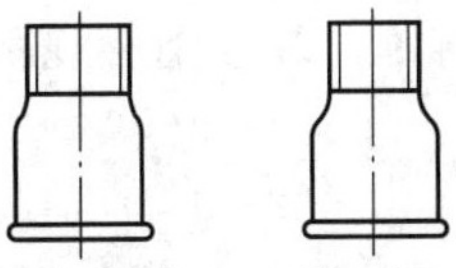 (529a) (246)

续表

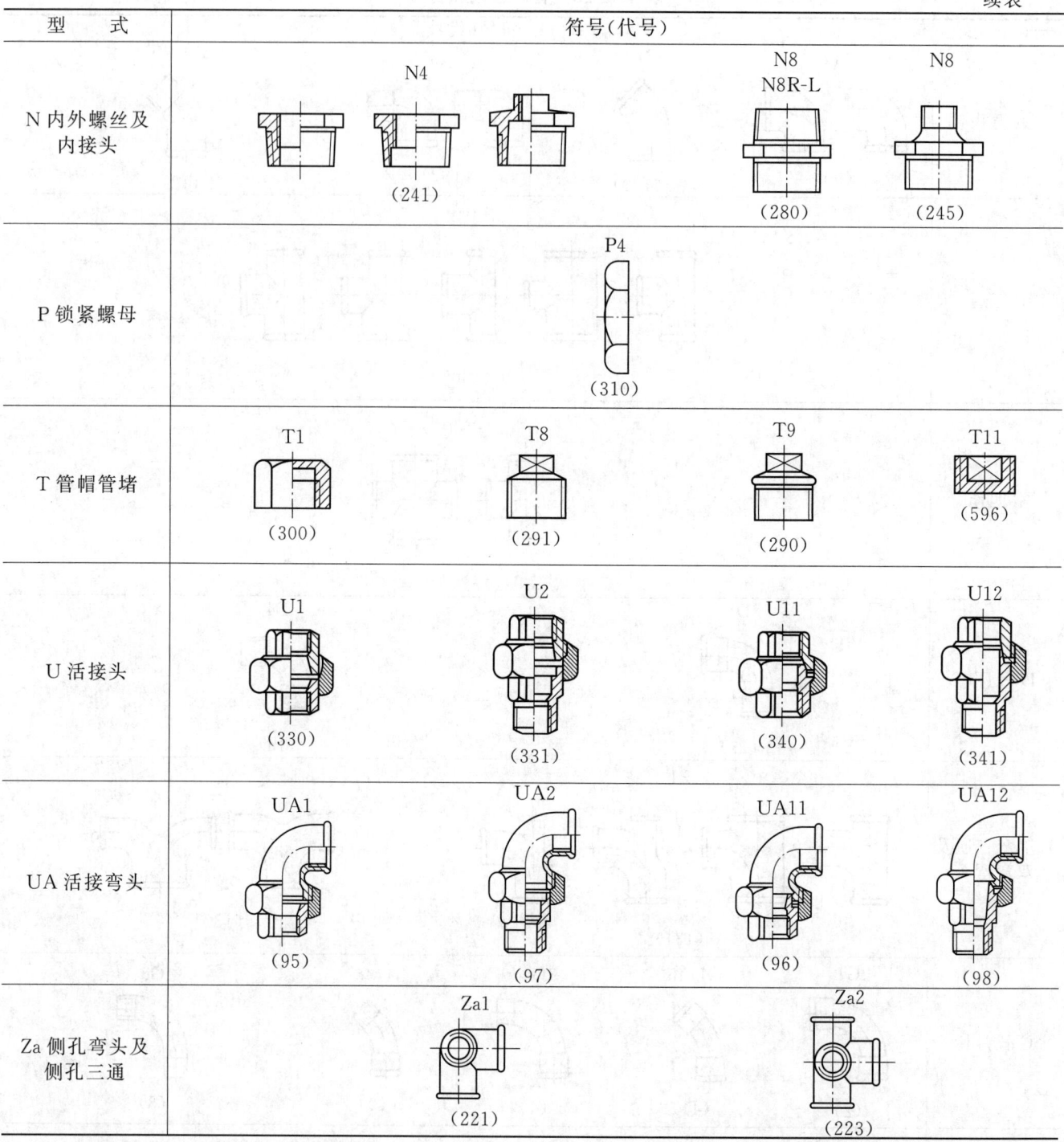

型　　式	符号(代号)
N 内外螺丝及内接头	N4　　N8 N8R-L　　N8 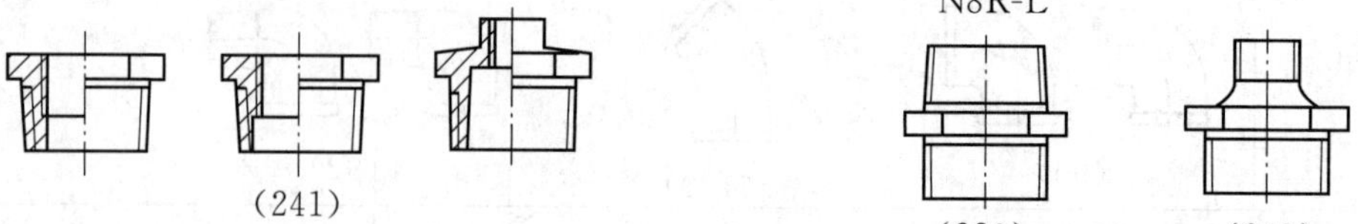 (241)　　(280)　　(245)
P 锁紧螺母	P4  (310)
T 管帽管堵	T1　　T8　　T9　　T11  (300)　　(291)　　(290)　　(596)
U 活接头	U1　　U2　　U11　　U12  (330)　　(331)　　(340)　　(341)
UA 活接弯头	UA1　　UA2　　UA11　　UA12 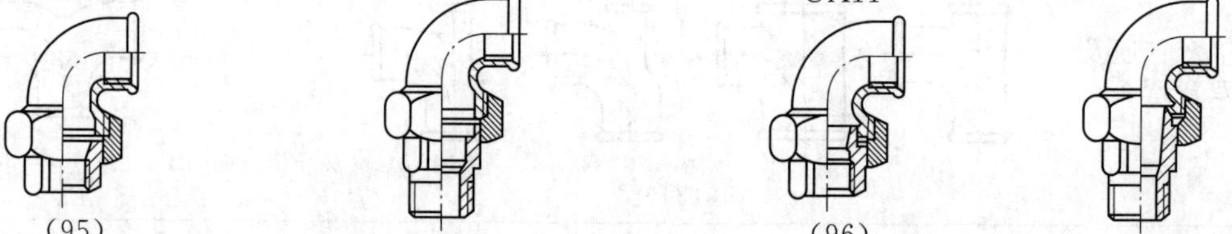 (95)　　(97)　　(96)　　(98)
Za 侧孔弯头及侧孔三通	Za1　　Za2  (221)　　(223)

符合本标准的管件应按下列内容标记：

管件的型式　标准　符号-管件规格-表面状态-设计符号进行标记

标记示例：

(1) 等径弯头，管件规格 2，黑色表面，设计管号 A：

弯头　GB/T 3287　A1-2-Fe-A

(2) 异径三通，主管管件规格 2，支管管件规格 1，热镀锌表面，设计符号 C：

三通　GB/T 3287B1-2×1-Zn-C

12.3.1.2　等径管路连接件

(1) 等径弯头，三通，四通以及月弯的型式尺寸应符合表 1-12-24 的规定。

表 1-12-24 等径弯头，三通，四通以及月弯的型式尺寸

/mm

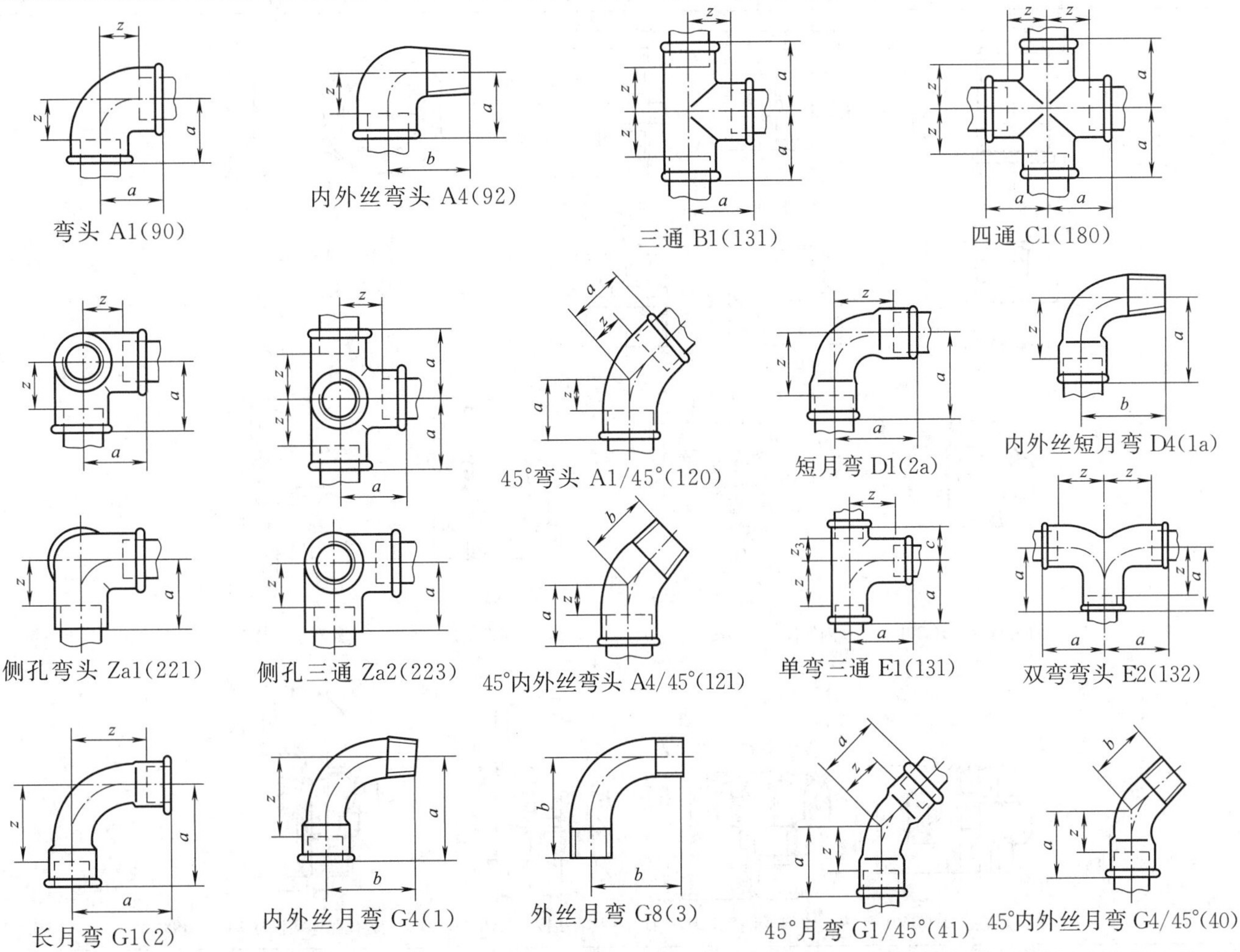

弯头 A1(90)　内外丝弯头 A4(92)　三通 B1(131)　四通 C1(180)

侧孔弯头 Za1(221)　侧孔三通 Za2(223)　45°弯头 A1/45°(120)　短月弯 D1(2a)　内外丝短月弯 D4(1a)

45°内外丝弯头 A4/45°(121)　单弯三通 E1(131)　双弯弯头 E2(132)

长月弯 G1(2)　内外丝月弯 G4(1)　外丝月弯 G8(3)　45°月弯 G1/45°(41)　45°内外丝月弯 G4/45°(40)

公称尺寸 DN													管件规格	尺寸、安装长度															
A1 B1	A4	C1	Za1	Za2	A1/45° A4/45°	D1 D4	E1 E2	G1	G4	G8	G1/45°	G4/45°		A1、A4、B1、C1 Za1、Za2			A1/45° A4/45°			D1、D4、E1、E2				G1、G4 G8			G1/45° G4/45°		
														a	b	z	a	b	z	$a=b$	c	z	z_3	a	b	z	a	b	z
6	6	—	—	—	—	—	—	—	(6)	—	—	—	1/8″	19	25	12	—	—	—	—	—	—	—	35	32	28	—	—	—
8	8	(8)	—	—	—	8	—	8	8	—	—	(8)	1/4″	21	28	11	—	—	—	30	—	20	—	40	36	30	26	21	16
10	10	10	(10)	(10)	10	10	10	10	10	(10)	(10)	10	3/8″	25	32	15	20	25	10	36	19	26	9	48	42	38	30	24	20
15	15	15	15	(15)	15	15	15	15	15	15	15	15	1/2″	28	37	15	22	28	9	45	24	32	11	55	48	42	36	30	23
20	20	20	20	(20)	20	20	20	20	20	20	20	20	3/4″	33	43	18	25	32	10	50	28	35	13	69	60	54	43	36	28
25	25	25	(25)	(25)	25	25	25	25	25	25	25	25	1″	38	52	21	28	37	11	63	33	46	16	85	75	68	51	42	34
32	32	32	—	—	32	32	32	32	32	(32)	32	32	1¼″	45	60	26	33	43	14	76	40	57	21	105	95	86	64	54	45
40	40	40	—	—	40	40	40	40	40	(40)	40	40	1½″	50	65	31	36	46	17	85	43	66	24	116	105	97	68	58	49
50	50	50	—	—	50	50	50	50	50	(50)	50	50	2″	58	74	34	43	55	19	102	53	78	29	140	130	116	81	70	57
65	65	(65)	—	—	—	—	—	65	(65)	—	(65)	(65)	2½″	69	88	42	—	—	—	—	—	—	—	176	165	149	99	86	72
80	80	(80)	—	—	—	—	—	80	(80)	—	(80)	(80)	3″	78	98	48	—	—	—	—	—	—	—	205	190	175	113	100	83
100	100	(100)	—	—	—	—	—	100	(100)	—	—	—	4″	96	118	60	—	—	—	—	—	—	—	260	245	224	—	—	—
(125)	—	—	—	—	—	—	—	—	—	—	—	—	5″	115	—	75	—	—	—	—	—	—	—	—	—	—	—	—	—
(150)	—	—	—	—	—	—	—	—	—	—	—	—	6″	131	—	91	—	—	—	—	—	—	—	—	—	—	—	—	—

注：1″=1in=25.4mm。

（2）等径接头、螺母、管堵、活接头以及活弯接头　　的型式尺寸应符合表 1-12-25 的规定。

表 1-12-25　等径接头、螺母、管堵、活接头以及活弯接头的型式尺寸　　/mm

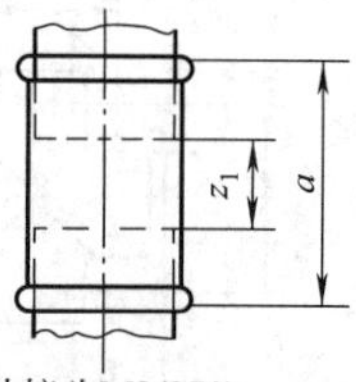
外接头M2(270)

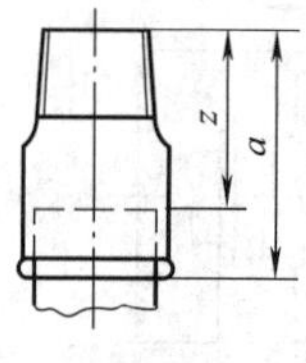
内外丝接头M4(529a)

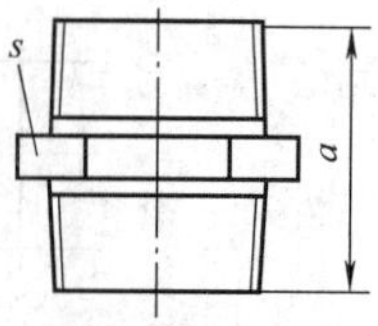
内接头N8(280)

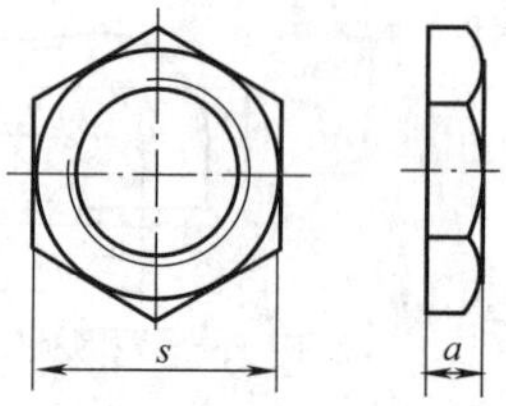
锁紧螺母P4(310)

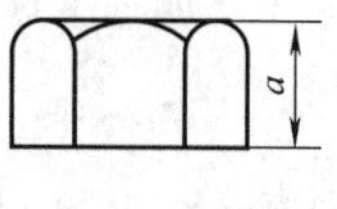
管帽T1(300)

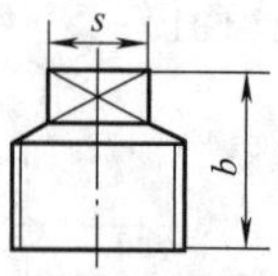
外方管堵T8(291)

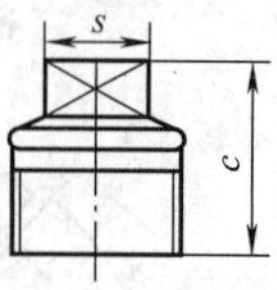
带边外方管堵T9(290)

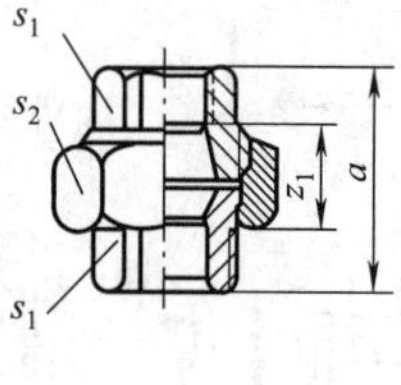
平座活接头U1(330)

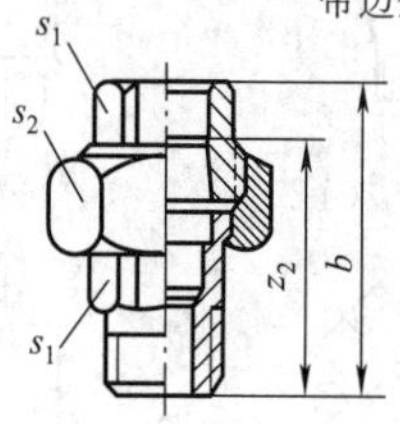
内外丝平座活接头U2(331)

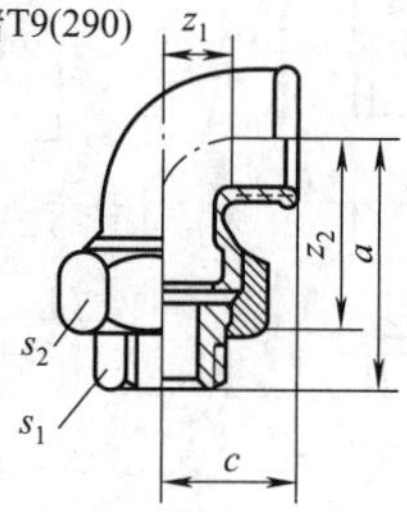
平座活接弯头UA1(95)

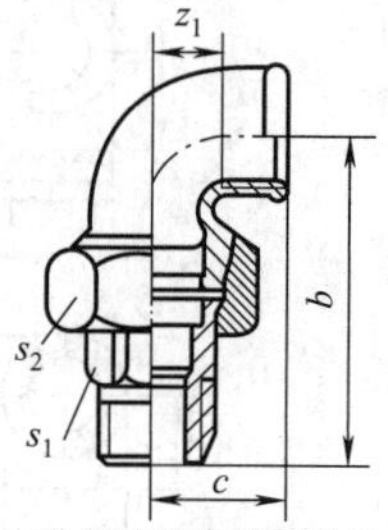
内外丝平座活接弯头UA2(97)

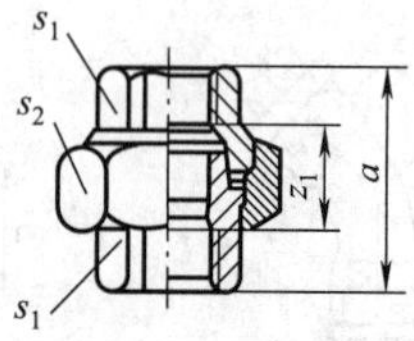
锥座活接头U11(340)

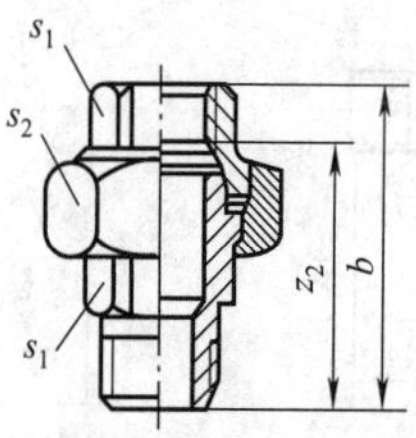
内外丝锥座活接头U12(341)

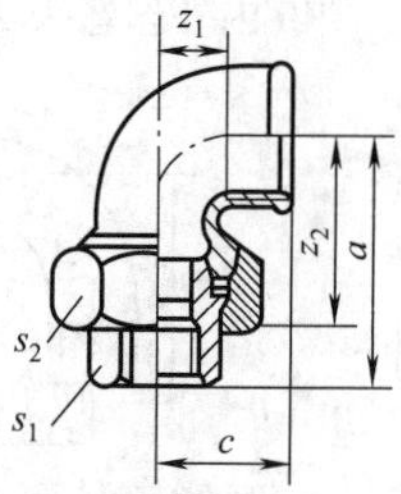
锥座活接弯头UA11(96)

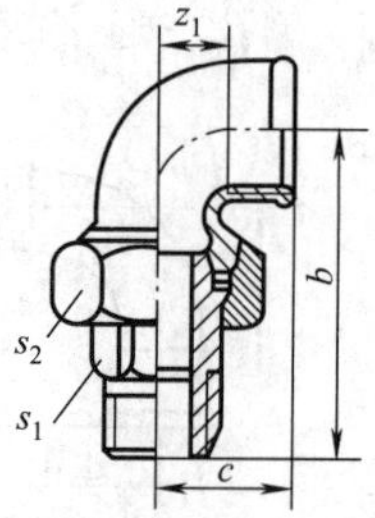
内外丝锥座活接弯头UA12(98)

公称尺寸 DN											管件规格	尺寸、安装长度																	
M2	M4	N8	P4	T1	T8 T9	U1 U12	U2	U11	UA1 UA2	UA11 UA12		M2		M4		N8	P4	T1、T8、T9			U1、U2、U11、U12				UA1、UA2、UA11、UA12				
												a	z_1	a	z	a	a_{min}	a_{min}	b_{min}	c_{min}	a	b	z_1	z_2	a	b	c	z_1	z_2
6		6		(6)	6	—	—	(6)	—	—	1/8″	25	11	—	—	29	—	13	11	20	38	—	24	—	—	—	—	—	—
8		8	8	8	8	8	8	8	—	8	1/4″	27	7	—	—	36	6	15	14	22	42	55	22	45	48	61	21	11	38
10	10	10	10	10	10	10	10	10	10	10	3/8″	30	10	35	25	7	7	17	15	24	45	58	25	48	52	65	25	15	42
15	15	15	15	15	15	15	15	15	15	15	1/2″	36	10	43	30	44	8	19	18	26	48	66	22	53	58	76	28	15	45
20	20	20	20	20	20	20	20	20	20	20	3/4″	39	9	48	33	47	9	22	20	32	52	72	22	57	62	82	33	18	47
25	25	25	25	25	25	25	25	25	25	25	1″	45	11	55	38	53	10	24	23	36	58	80	24	63	72	94	38	21	55
32	32	32	32	32	32	32	32	32	32	32	1¼″	50	12	60	41	57	11	27	29	39	65	90	27	71	82	107	45	26	63
40	—	40	40	40	40	40	40	40	40	40	1½″	55	17	63	44	59	12	27	30	41	70	95	32	76	90	115	50	31	71
(50)	—	50	50	50	50	50	50	50	50	50	2″	65	17	70	46	68	13	32	36	48	78	106	30	82	100	128	58	34	76
(65)	—	65	65	65	65	65	—	65	—	—	2½″	74	20	—	—	75	16	35	39	54	85	118	31	91	—	—	—	—	—
(80)	—	80	80	80	80	80	—	80	—	—	3″	80	20	—	—	83	19	38	44	60	95	130	35	100	—	—	—	—	—
(100)	—	100		100	100	—	—	100	—	—	4″	94	22	—	—	95	—	45	58	70	100	—	38	—	—	—	—	—	—
(125)	—	—	—	—	—	—	—	—	—	—	5″	109	29	—	—	—	—	—	—	—	—	—	—	—	—	—	—	—	—
(150)	—	—	—	—	—	—	—	—	—	—	6″	120	40	—	—	—	—	—	—	—	—	—	—	—	—	—	—	—	—

注：1″=1in=25.4mm。

12.3.1.3 异径管路连接件

异径管路连接件的型式尺寸应符合表 1-12-26 的规定。

表 1-12-26 异径管路连接件的型式尺寸 /mm

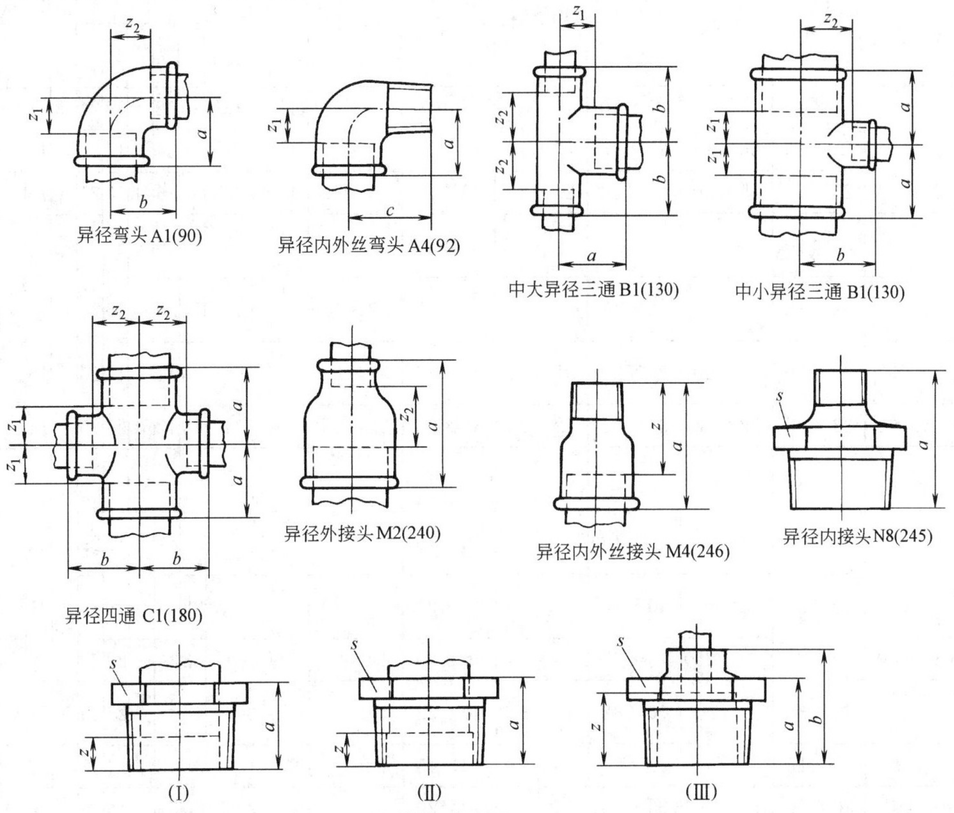

异径弯头A1(90)　异径内外丝弯头A4(92)　中大异径三通B1(130)　中小异径三通B1(130)

异径四通C1(180)　异径外接头M2(240)　异径内外丝接头M4(246)　异径内接头N8(245)

内外螺丝N4(241)

公称尺寸 DN									管件规格	尺寸、安装长度													
A1	A4	B1（中大）	B1（中小）	C1	异径 M2	异径 M4	N4	异径 N8		A1、A4、B1、C1					异径M2		异径M4		N4				异径N8
										a	b	c	z_1	z_2	a	z_2	a	z	型式	a	b	z	a
—	—	—	—	—	8×6	—	8×6	—	1/4″×1/8″	—	—	—	—	—	27	10	—	—	Ⅰ	20	—	13	—
—	—	—	—	—	(10×6)	—	10×6	—	3/8″×1/8″	—	—	—	—	—	30	13	—	—	Ⅱ	20	—	13	—
(10×8)	—	—	10×8	—	10×8	10×8	10×8	10×8	3/8″×1/4″	23	23		13	13		10	35	25	Ⅰ	20	—	10	38
—	—	—	—	—	—	—	15×6	—	1/2″×1/8″	—	—	—	—	—	—	—	—	—	Ⅱ	24	—	17	—
—	—	—	15×8	—	15×8	15×8	15×8	15×8	1/2″×1/4″	24	24		11	14	36	13	43	30	Ⅱ	24	—	14	44
15×10	15×10	10×15	15×10	(15×10)	15×10	15×10	15×10	15×10	1/2″×3/8″	26	26	33	13	16		13			Ⅰ	24	—	14	
—	—	—	(20×8)	—	(20×8)	—	20×8	—	3/4″×1/4″	26	27	—	11	17	39	14	—	—	Ⅱ	26	—	16	—
(20×10)	—	—	20×10	—	20×10	(20×10)	20×10	20×10	3/4″×3/8″	28	28	—	13	18		14	48	33	Ⅱ	26	—	16	47
20×15	20×15	15×20	20×15	20×15	20×15	20×15	20×15	20×15	3/4″×1/2″	30	31	40	15	18		11			Ⅰ	26	—	13	
—	—	—	(25×8)	—	—	—	25×8	—	1″×1/4″	28	31	—	11	21	—	—	—	—	Ⅱ	29	—	19	—

公称尺寸 DN									管件规格	尺寸、安装长度												
A1	A4	B1（中大）	B1（中小）	C1	异径 M2	异径 M4	N4	异径 N8		A1、A4、B1、C1					异径 M2		异径 M4		N4				异径 N8
										a	b	c	z_1	z_2	a	z_2	a	z	型式	a	b	z	a
—	—	—	25×10	—	25×10	—	25×10	—	1″×3/8″	30	32	—	13	22		18	—	—	Ⅱ	29	—	19	—
25×15	—	(15×25)	25×15	25×15	25×15	25×15	25×15	25×15	1″×1/2″	32	34	—	15	21	45	15	55	38	Ⅱ	29	—	16	53
25×20	25×20	20×25	25×20	25×20	25×20	25×20	25×20	25×20	1″×3/4″	35	36	46	18	21		13			Ⅰ	29	—	14	
—	—	—	(32×10)	—	—	—	32×10	—	1¼″×3/8″	32	36	—	13	26	—	—	—	—	Ⅱ	31	—	21	—
—	—	—	32×15	—	32×15	—	32×15	(32×15)	1¼″×1/2″	34	38	—	15	25		18	—	—	Ⅱ	31	—	18	
32×20		20×32	32×20	(32×20)	32×20	32×20	32×20	32×20	1¼″×3/4″	36	41	—	17	26	50	16	60	41	Ⅱ	31	—	16	57
32×25	32×25	25×32	32×25	32×25	32×25	32×25	32×25	32×25	1¼″×1″	40	42	56	21	25		14			Ⅰ	31	—	14	
—	—	—	—	—	—	—	(40×10)	—	1½″×3/8″	—	—	—	—	—	—		—	—	Ⅱ	31	—	21	—
—	—	—	40×15	—	(40×15)	—	40×15	—	1½″×1/2″	36	42	—	17	29		23	—	—	Ⅱ	31	—	18	—
—	—	—	40×20	—	40×20	—	40×20	(40×20)	1½″×3/4″	38	44	—	19	29	55	21	—	—	Ⅱ	31	—	16	
(40×25)	—	(25×40)	40×25	(40×25)	40×25	40×25	40×25	40×25	1½″×1″	42	46	—	23	29		19			Ⅱ	31	—	14	59
40×32	—	32×40	40×32	—	40×32	40×32	40×32	40×32	1½″×1¼″	46	48	—	27	29		17	63	44	Ⅰ	31	—	12	
—	—	—	50×15	—	(50×15)	—	50×15	—	2″×1/2″	38	48	—	14	35		28	—	—	Ⅲ	35	48	35	—
—	—	—	50×20	—	(50×20)	—	50×20	—	2″×3/4″	40	50	—	16	35		26	—	—	Ⅲ	35	48	33	—
—	—	—	50×25	—	50×25	—	50×25	(50×25)	2″×1″	44	52	—	20	35	65	24	—	—	Ⅱ	35	—	18	
—	—	(32×50)	50×32	—	50×32	(50×32)	50×32	50×32	2″×1¼″	48	54	—	24	35		22	70	46	Ⅱ	35	—	16	68
50×40	—	40×50	50×40	—	50×40	(50×40)	50×40	50×40	2″×1½″	52	55	—	28	36		22			Ⅱ	35	—	16	
—	—	—	65×25	—	—	—	65×25	—	2½″×1″	47	60	—	20	43	—	—	—	—	Ⅲ	40	54	37	—
—	—	—	65×32	—	(65×32)	—	65×32	—	2½″×1¼″	52	62	—	25	43		28	—	—	Ⅲ	40	54	35	—
—	—	—	65×40	—	(65×40)	—	65×40	—	2½″×1½″	55	63	—	28	44	74	28	—	—	Ⅱ	40	—	21	—
(65×50)	—	—	65×50	—	(65×50)	—	65×50	(65×50)	2½″×2″	61	66	—	34	42		23	—	—	Ⅱ	40	—	16	75
—	—	—	80×25	—	—	—	80×25	—	3″×1″	51	67	—	21	50	—	—	—	—	Ⅲ	44	59	42	—
—	—	—	(80×32)	—	—	—	80×32	—	3″×1¼″	55	70	—	25	51	—	—	—	—	Ⅲ	44	59	40	—
—	—	—	80×40	—	(80×40)	—	80×40	—	3″×1½″	58	71	—	28	52		31	—	—	Ⅲ	44	59	40	—
—	—	—	80×50	—	(80×50)	—	80×50	(80×50)	3″×2″	64	73	—	34	49	80	26	—	—	Ⅱ	44	—	20	83
—	—	—	80×65	—	(80×65)	—	80×65	(80×65)	3″×2½″	72	76	—	42	49		23	—	—	Ⅱ	44	—	17	
—	—	—	100×50	—	(100×50)	—	100×50	—	4″×2″	70	86	—	34	62		34	—	—	Ⅲ	51	69	45	—
—	—	—	—	—	(100×65)	—	100×65	—	4″×2½″	—	—	—	—	—	94	31	—	—	Ⅲ	51	69	42	—
—	—	—	100×80	—	(100×80)	—	100×80	—	4″×3″	84	92	—	48	62		28	—	—	Ⅱ	51	—	21	—

注：1″＝1in＝25.4mm。

12.3.2 钢制管法兰

12.3.2.1 钢制管法兰类型及其适用范围

表 1-12-27 钢制管法兰类型及其适用范围（摘自 GB/T 9124.1—2019、GB/T 9124.2—2019）

法兰类型	法兰类型代号	标准号	密封面型式	公称尺寸 *DN*/mm	公称压力 *PN*						公称压力 Class	
					2.5	6	10	16	25	40	150	300
整体法兰	IF	GB/T 9113	平面(FF)		10～2000	10～2000	10～2000	10～2000	10～2000	10～600	15～600	
			突面(RF)		10～2000	10～2000	10～2000	10～2000	10～2000	10～600	15～600	15～600
			凹凸面(MF)				10～2000	10～2000	10～2000	10～600		15～600
			榫槽面(TG)				10～2000	10～2000	10～2000	10～600		15～600
			O 形圈(OSG)				10～2000	10～2000	10～2000	10～600		
			环连接面(RJ)								15～600	15～600
带颈螺纹法兰	Th	GB/T 9114	平面(FF)			10～300	10～600	10～600	10～600	10～600		
			突面(RF)			10～300	10～600	10～600	10～600	10～600	15～600	15～600
对焊法兰	WN	GB/T 9115	平面(FF)		10～4000	10～3600	10～3000	10～2000	10～1000	10～600	15～600	
			突面(RF)		10～4000	10～3600	10～3000	10～2000	10～1000	10～600	15～600	15～600
			凹凸面(MF)				10～3000	10～2000	10～1000	10～600		15～600
			榫槽面(TG)				10～3000	10～2000	10～1000	10～600		15～600
			O 形圈(OSG)				10～2000	10～2000	10～1000	10～600		
			环连接面(RJ)								15～600	15～600
带颈平焊法兰	SO	GB/T 9116	平面(FF)			10～300	10～600	10～1000	10～600	10～600	15～600	
			突面(RF)			10～300	10～600	10～1000	10～600	10～600	15～600	15～600
			凹凸面(MF)			10～300	10～600	10～1000	10～600	10～600		15～600
			榫槽面(TG)			10～300	10～600	10～1000	10～600	10～600		15～600
			O 形圈(OSG)				10～600	10～1000	10～600	10～600		
			环连接面(RJ)								15～600	15～600
带颈承插焊法兰	SW	GB/T 9117	平面(FF)					10～50	10～50	10～50	15～80	
			突面(RF)					10～50	10～50	10～50	15～80	15～80
			凹凸面(MF)					10～50	10～50	10～50		15～80
			榫槽面(TG)					10～50	10～50	10～50		15～80
			O 形圈(OSG)					10～50	10～50	10～50		
			环连接面(RJ)								15～80	15～80
板式平焊法兰	PL	GB/T 9119	平面(FF)		10～2000	10～2000	10～2000	10～2000	10～800	10～400		
			突面(RF)		10～2000	10～2000	10～2000	10～2000	10～800	10～400		
对焊环板式松套法兰	PL/W	GB/T 9120	平面(FF)				10～600	10～600	10～600	10～600		
			突面(RF)				10～600	10～600	10～600	10～600	15～600	
			凹凸面(MF)				10～600	10～600	10～600	10～600		
			榫槽面(TG)				10～600	10～600	10～600	10～600		
			O 形圈(OSG)				10～600	10～600	10～600	10～600		
平焊环板式松套法兰	PL/C	GB/T 9121	突面(RF)		10～600	10～600	10～600	10～600	10～600	10～600		
			凹凸面(MF)				10～600	10～600	10～600	10～600		
			榫槽面(TG)				10～600	10～600	10～600	10～600		
			O 形圈(OSG)				10～600	10～600	10～600	10～600		
翻边板式松套法兰	PL/P	GB/T 9122	突面(RF)		10～200	10～200	10～200	10～200				
法兰盖	BL	GB/T 9123	平面(FF)		10～2000	10～2000	10～2000	10～2000	10～600	10～600	15～600	
			突面(RF)		10～2000	10～2000	10～2000	10～2000	10～600	10～600	15～600	15～600
			凹凸面(MF)				10～1200	10～1000	10～600	10～600	15～600	15～600
			榫槽面(TG)				10～1200	10～1000	10～600	10～600		15～600
			O 形圈(OSG)				10～1200	10～1000	10～600	10～600		
			环连接面(RJ)								15～600	15～600

12.3.2.2 法兰结构、尺寸

表 1-12-28 中列出了公称压力为 *PN*2.5、*PN*6、*PN*10、*PN*16、*PN*25，*PN*40 的欧洲法兰体系，（GB/T 9124.1—2019）以及公称压力为 Class150、Class300 的美洲法兰体系钢制管法兰的结构尺寸。法兰的技术要求应符合 GB/T 9124.1 及 GB/T 9124.2 的规定。法兰在不同温度下的最大无冲击工作压力应符合（GB/T 9124.2—2019）标准中相关规定。

表 1-12-28 法兰结构、尺寸

/mm

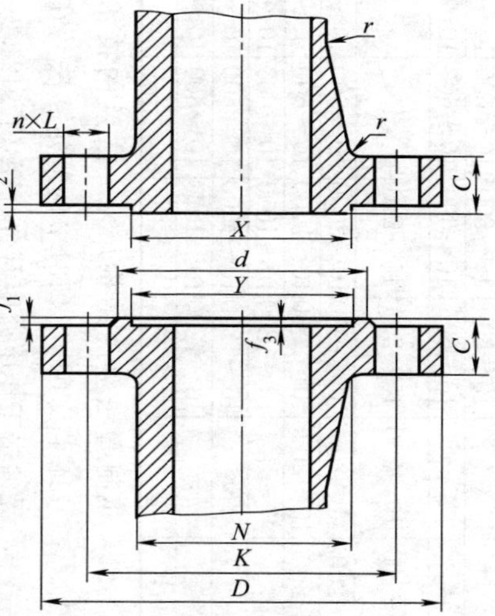

整体法兰(MF)

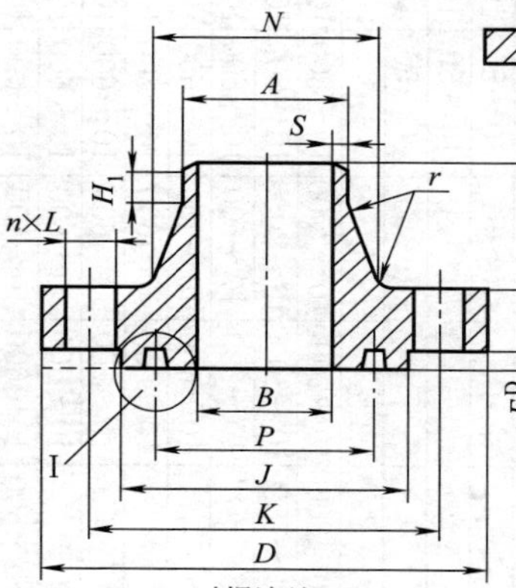

对焊法兰(RJ)

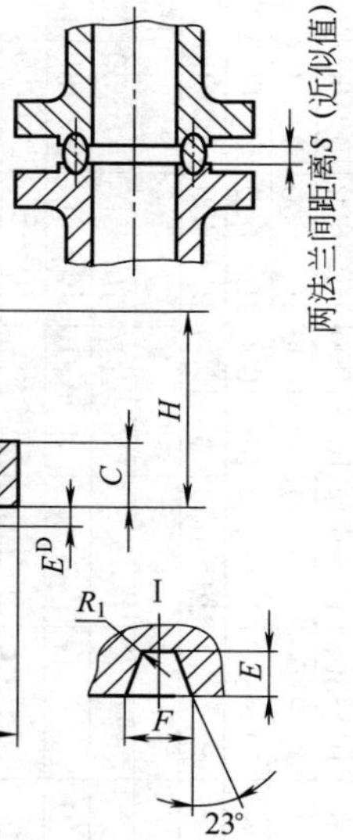

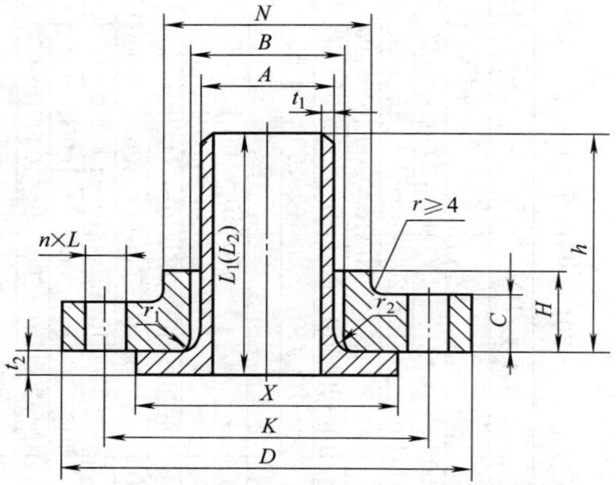

注: t_1为短节壁厚,一般为钢管壁厚; t_2应不小于钢管最小壁厚。

对焊环带颈松套法兰(RF)

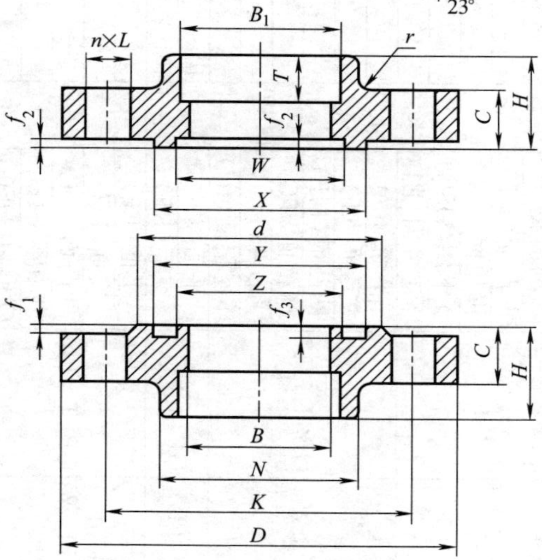

带颈承插焊法兰(TG)

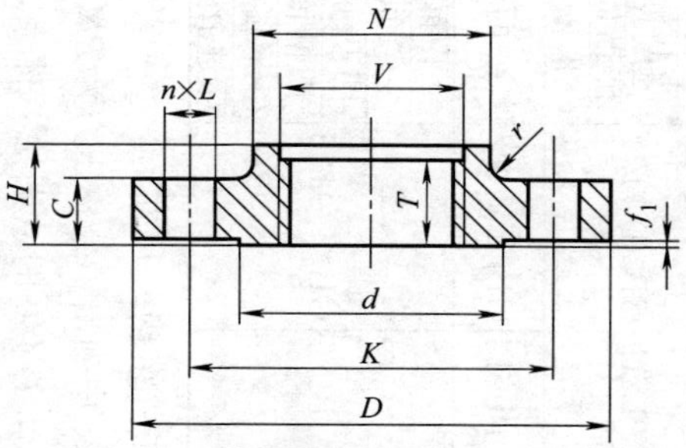

带颈螺纹法兰(RF)

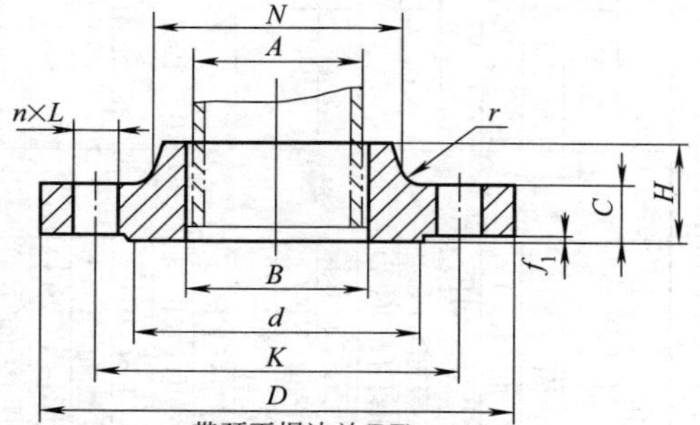

带颈平焊法兰(RF)

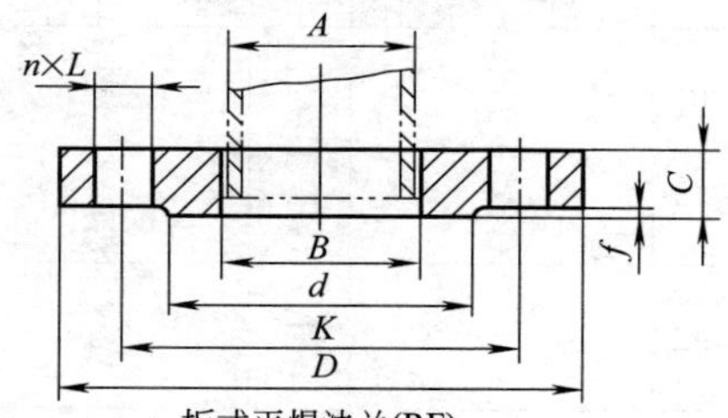

板式平焊法兰(RF)

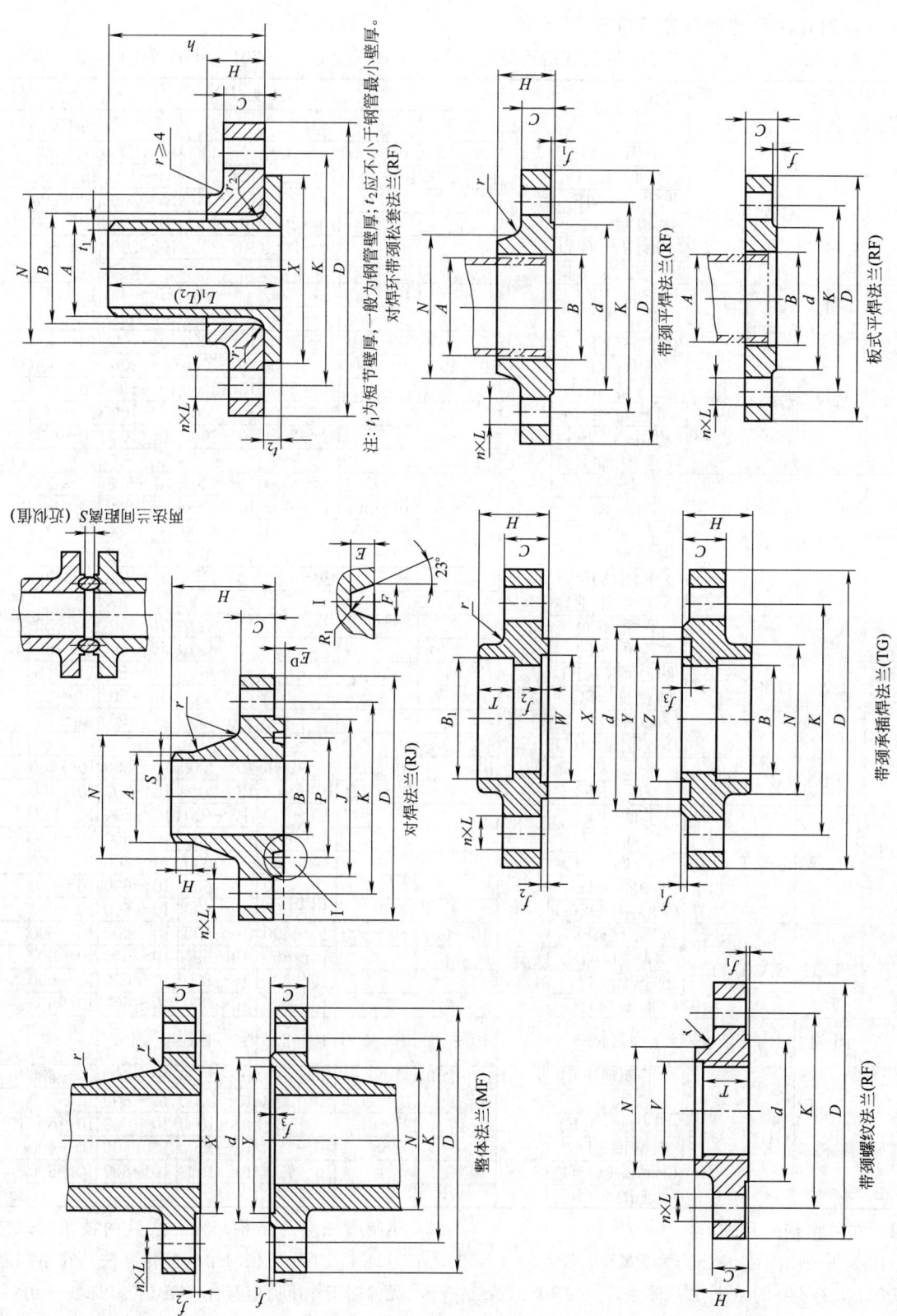

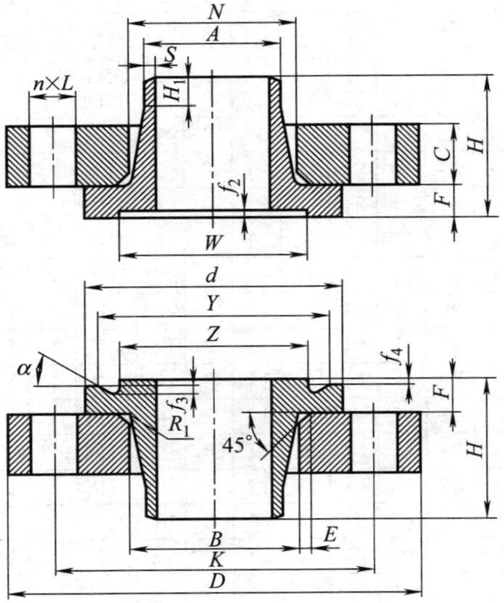

对焊环板式松套法兰(OSG)

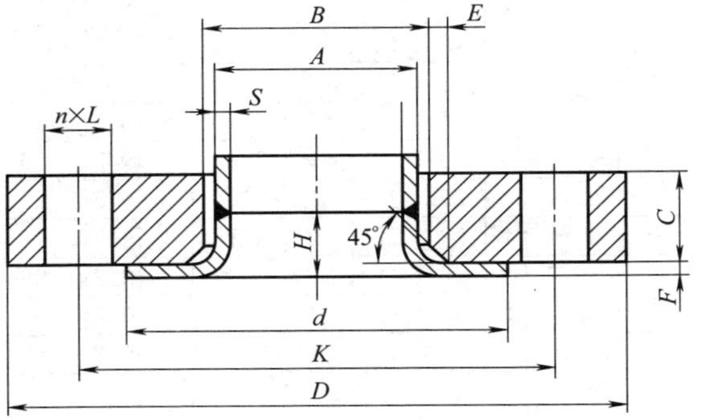

翻边环板式松套法兰A型(RF)

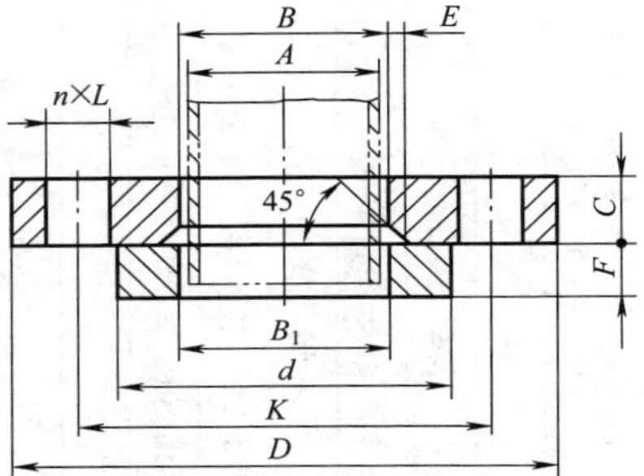

平焊环板式松套法兰(RF)

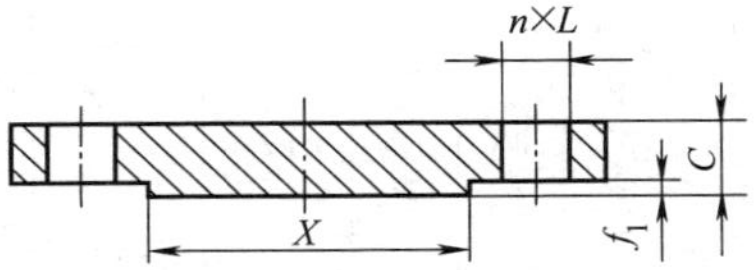

法兰盖(RF)

标记示例

公称尺寸 $DN$80 公称压力 $PN$10、突面(RF)对焊钢制管法兰(WN)、配用米制管(系列Ⅱ)、材料为 Q235A：法兰 $DN$80-PN10WN RFⅡ Q235A GB/T 9115

公称尺寸 $DN$80、公称压力 $PN$50、环连接面(RJ)带颈平焊钢制管法兰(SO)：配用米制管(系列Ⅱ)，材料为 06Cr19Ni10：法兰 $DN$80-$PN$50 SO RJⅡ 06Cr19Ni10 GB/T 9116

公称尺寸 NPS3($DN$80)、公称压力 Class600、O 形圈(OSG)带颈承轴焊钢制管法兰(SW)、管表号 Sch80，材料为 06Cr17Ni12Mo2：法兰 NPS3(或 $DN$80)-Class600SW OSG Sch80 06Cr17Ni12Mo2 GB/T 9117

$PN2.5$、$PN6$ 摘自 GB/T 9124.1—2019

公称通径 DN	焊环端部外径（钢管外径）A		连接尺寸			螺栓		密封面 突面		法兰厚度 C			法兰高度 H		r	法兰颈						带颈平焊、板式平焊法兰 法兰内径 B		平焊环板式松套板式、翻边环板式松套法兰									
	系列Ⅰ	系列Ⅱ	法兰外径 D	螺栓孔中心圆直径 K	螺栓孔径 L	数量 n	螺纹规格	d	f_1	整体、带颈螺纹、对焊、带颈平焊法兰	板式平焊、平焊环板式松套、翻边环板式松套法兰	法兰盖	带颈螺纹、带颈平焊法兰	对焊法兰		整体法兰 N	带颈螺纹、带颈平焊法兰 N	对焊法兰 N 系列Ⅰ	对焊法兰 N 系列Ⅱ	对焊法兰 S_{min}	对焊法兰 H_1	系列Ⅰ	系列Ⅱ	法兰内径 B 系列Ⅰ	法兰内径 B 系列Ⅱ	E	焊环 内径 B_1 系列Ⅰ	焊环 内径 B_1 系列Ⅱ	焊环 厚度 F	翻边短节 F_1	翻边短节 F	翻边短节 $H^{①}$	翻边短节 H_1
10	17.2	14	75	50	11	4	M10	35	2	12	12	12	20	28	4	20	25	26		2.0	6	18	15	21	18	3	18	15	10	2	2.5	7	35
15	21.3	18	80	55	11	4	M10	40	2	12	12	12	20	30	4	26	30	30		2.0	6	22	19	25	22	3	22	19	10	2	25	7	38
20	26.9	25	90	65	11	4	M10	50	2	14	14	14	24	32	4	34	40	38		2.3	6	27.5	26	31	29	4	27.5	26	10	2.5	3	8	40
25	33.7	32	100	75	11	4	M10	60	2	14	14	14	24	35	4	44	50	42		2.6	6	34.5	33	38	36	4	34.5	33	10	2.5	3	10	40
32	42.4	38	120	90	14	4	M12	70	2	14	16	14	26	35	6	54	60	55		2.6	6	43.5	39	47	42	5	43.5	39	10	3	3	12	42
40	48.3	45	130	100	14	4	M12	80	3	14	16	14	26	38	6	64	70	62		2.6	7	49.5	46	53	50	5	49.5	46	10	3	3	15	45
50	60.3	57	140	110	14	4	M12	90	3	14	16	14	28	38	6	74	80	74		2.9	8	61.5	59	65	62	5	61.5	59	12	3	4	20	45
65	76.1	76	160	130	14	4	M12	110	3	14	16	14	32	38	6	94	100	88		2.9	9	77.5	78	81	81	6	77.5	78	12	3	4	20	45
80	88.9	89	190	150	18	4	M16	128	3	16	18	16	34	42	8	110	110	102		3.2	10	90.5	91	94	94	6	90.5	91	12	3	4	25	50
100	114.3	108	210	170	18	4	M16	148	3	16	18	16	40	45	8	130	130	130		3.6	10	116	110	120	114	6	116	110	14	4	4	25	52
125	139.7	133	240	200	18	8	M16	178	3	18	20	18	44	48	8	160	160	155		4.0	10	141.5	135	145	139	6	141.5	135	14	4	4	25	55
150	168.3	159	265	225	18	8	M16	202	3	18	20	18	44	48	10	182	185	184		4.5	12	170.5	161	174	165	6	170.5	161	14	4	4	25	55
200	219.1	219	320	280	18	8	M16	258	3	20	22	20	44	55	10	238	240	236		6.3	15	221.5	222	226	226	6	221.5	222	16	5	4	30	62
250	273	273	375	335	18	12	M16	312	3	22	24	22	44	60	12	284	295	290		6.3	15	276.5	276	281	281	8	276.5	276	18				
300	323.9	325	440	395	22	12	M20	365	4	22	24	22	44	62	12	342	355	342		7.1	15	327.5	328	333	334	8	327.5	328	18				
350	355.6	377	490	445	22	12	M20	415	4	22	26	22		62	12	392		385	390	7.1	15	359.5	380	365	386	8	359.5	381	18				
400	406.4	426	540	495	22	16	M20	465	4	22	28	22		65	12	442		438	440	7.1	15	411	430	416	436	8	411	430	20				
450	457	480	595	550	22	16	M20	520	4	22	30	24		65	12	494		492	494	7.1	15	462	484	467	490	8	462	485	20				
500	508	530	645	600	22	20	M20	570	4	24	30	24		68	12	544		538	545	7.1	15	513.5	534	519	540	8	513.5	535	22				
600	610	630	755	705	26	20	M24	670	5	30	32	30		70	12	642		640	650	7.1	16	616.5	634	622	642	8	616.5	636	22				

续表

*PN*10 摘自 GB/T 9124.1—2019

公称通径 DN	焊环端部外径（钢管外径）A 系列Ⅰ	焊环端部外径（钢管外径）A 系列Ⅱ	连接尺寸 法兰外径 D	连接尺寸 螺栓孔中心圆直径 K	连接尺寸 螺栓孔径 L	连接尺寸 螺栓 数量 n	连接尺寸 螺栓 螺纹规格	密封面 突面 d	密封面 突面 f_1	法兰厚度 C 整体、带颈螺纹、对焊、带颈平焊法兰	法兰厚度 C 板式平焊、对焊环板式松套、平焊环板式松套、翻边环板式松套法兰	法兰厚度 C 法兰盖	法兰高度 H 带颈螺纹、带颈平焊法兰	法兰高度 H 对焊、对焊环板式松套法兰	法兰颈 r	法兰颈 整体法兰 N	法兰颈 带颈螺纹、带颈平焊法兰 N 系列Ⅰ	法兰颈 带颈螺纹、带颈平焊法兰 N 系列Ⅱ	法兰颈 对焊、对焊环板式松套法兰 N 系列Ⅰ	法兰颈 对焊、对焊环板式松套法兰 N 系列Ⅱ	法兰颈 对焊、对焊环板式松套法兰 S_{min}	法兰颈 对焊、对焊环板式松套法兰 H_1	带颈平焊、板式平焊法兰 法兰内径 B 系列Ⅰ	带颈平焊、板式平焊法兰 法兰内径 B 系列Ⅱ	对焊环板式松套、平焊环板式松套、翻边环板式松套法兰 法兰内径 B 对焊环板式松套法兰 系列Ⅰ	法兰内径 B 对焊环板式松套法兰 系列Ⅱ	法兰内径 B 平焊环板式松套、翻边环板式松套法兰 系列Ⅰ	法兰内径 B 平焊环板式松套、翻边环板式松套法兰 系列Ⅱ	E	焊环 内径 B_1 系列Ⅰ	焊环 内径 B_1 系列Ⅱ	焊环 厚度 F	翻边短节 F_1	翻边短节 F	翻边短节 H	翻边短节 H_1
10																																	2	2.5	7	35
15																																	2	2.5	7	38
20																																	2.5	3	8	40
25	使用 *PN*40 法兰尺寸																																2.5	3	10	40
32																																	3	3	12	42
40																																	3	3	15	45
50																																	3	4	20	45
65																																	3	4	20	55
80																																	3	4	25	50
100	使用 *PN*16 法兰尺寸																																4	4	25	52
125																																	4	4	25	55
150																																	4	4	25	55
200	219.1	219	340	295	22	8	M20	268	3	22	24	24	44	62	10	246	246		234		6.3	16	221.5	222	240		226	226	6	221.5	222	20	5	4	30	62
250	273	273	395	350	22	12	M20	320	3	26	26	26	46	68	12	298	298		288		6.3	16	276.5	276	294		281	281	8	276.5	276	22	8			
300	323.9	325	445	400	22	12	M20	370	4	26	26	26	46	68	12	348	350		342		7.1	16	327.5	328	348		333	334	8	327.5	328	22	8			
350	355.6	377	505	460	22	16	M20	430	4	26	30	26	53	68	12	408	400	412	390	400	8	16	359.5	380	400	410	365	386	8	359.5	381	22				
400	406.4	426	565	515	26	16	M24	482	4	26	32	26	57	72	12	456	456	456	440	445	8.8	16	411	430	450	455	416	436	8	411	430	24				
450	457	480	615	565	26	20	M24	532	4	28	36	28	63	72	12	502	502	502	488	500	10	16	462	484	498	510	467	490	8	462	485	24				
500	508	530	670	620	26	20	M24	585	4	28	38	28	67	75	12	559	559	559	540	550	11	16	513.5	534	550	560	519	541	8	513.5	535	26				
600	610	630	780	725	30	20	M27	685	5	34	42	34	75	80	12	658	658	658	640	650	12.5	18	616.5	634	650	660	622	642	8	616.5	636	26				

续表

PN16 摘自 GB/T 9124.1—2019

公称通径 DN	焊环端部外径（钢管外径）A 系列Ⅰ	焊环端部外径（钢管外径）A 系列Ⅱ	连接尺寸 法兰外径 D	连接尺寸 螺栓孔中心圆直径 K	连接尺寸 螺栓孔径 L	连接尺寸 螺栓 数量 n	连接尺寸 螺栓 螺纹规格	密封面（突面、凹凸面、榫槽面） d	密封面 f_1	密封面 X	密封面 Y	密封面 f_2	密封面 f_3	法兰厚度 C 整体、带颈螺纹、对焊、带颈平焊法兰、法兰盖	法兰厚度 C 板式平焊、对焊环板式松套、平焊环板式松套法兰	法兰高度 H 带颈螺纹、带颈平焊法兰	法兰高度 H 对焊、对焊环板式松套法兰	r	法兰颈 整体法兰 N	法兰颈 带颈螺纹、带颈平焊法兰 N 系列Ⅰ	法兰颈 带颈螺纹、带颈平焊法兰 N 系列Ⅱ	法兰颈 对焊、对焊环板式松套法兰 N 系列Ⅰ	法兰颈 对焊、对焊环板式松套法兰 N 系列Ⅱ	法兰颈 S	法兰颈 H_1	带颈平焊、板式平焊法兰 法兰内径 B 系列Ⅰ	带颈平焊、板式平焊法兰 法兰内径 B 系列Ⅱ 带颈平焊	带颈平焊、板式平焊法兰 法兰内径 B 系列Ⅱ 板式平焊	对焊环板式松套、平焊环板式松套法兰 法兰孔 法兰内径 B 对焊环板式松套法兰 系列Ⅰ	法兰孔 法兰内径 B 对焊环板式松套法兰 系列Ⅱ	法兰孔 法兰内径 B 平焊环板式松套法兰 系列Ⅰ	法兰孔 法兰内径 B 平焊环板式松套法兰 系列Ⅱ	E	焊环 内径 B_1 系列Ⅰ	焊环 内径 B_1 系列Ⅱ	焊环 厚度 F
10	使用 PN4.0MPa 法兰尺寸																																			
15																																				
20																																				
25																																				
32																																				
40																																				
50																																				
65	76.1	76	185	145	18	8	M16	122	3	109	110	4.5	4.0	18	20	32	45	6	104	104		92		2.9	10	77.5	78		96		81	81	6	77.5	78	16
80	88.9	89	200	160	18	8	M16	138	3	120	121	4.5	4.0	20	20	34	50	6	120	118		110		3.2	10	90.5	91		114		94	94	6	90.5	91	16
100	114.3	108	220	180	18	8	M16	158	3	149	150	5.0	4.5	20	22	40	52	8	140	140		130		3.6	12	116	110		134		120	114	6	116	110	18
125	139.7	133	250	210	18	8	M16	188	3	175	176	5.0	4.5	22	22	44	55	8	170	168		158		4	12	141.5	135		162		145	139	6	141.5	135	18
150	168.3	159	285	240	22	8	M20	212	3	203	204	5.0	4.5	22	24	44	55	10	190	195		184		4.5	12	170.5	161		188		174	165	6	170.5	161	20
200	219.1	219	340	295	22	12	M20	268	3	259	260	5.0	4.5	24	26	44	62	10	246	246		234		6.3	16	221.5	222		240		226	226	6	221.5	222	20
250	273	273	405	355	26	12	M24	320	3	312	313	5.0	4.5	26	28	46	70	12	296	298		288		6.3	16	276.5	276		294		281	281	8	276.5	276	22
300	323.9	325	460	410	26	12	M24	378	4	363	364	5.0	4.5	28	32	53	78	12	350	350		342		7.1	16	327.5	328		348		333	334	8	327.5	328	24
350	355.6	377	520	470	26	16	M24	438	4	421	422	5.5	5	30	35	57	82	12	410	400	412	390	400	8	16	359	381	380	400	410	365	386	8	359.5	381	26
400	406.4	426	580	525	30	16	M27	490	4	473	474	5.5	5	32	38	63	85	12	458	456	475	444	450	8.8	16	411	430	430	454	460	416	435	8	411	430	28
450	457	480	640	585	30	20	M27	550	4	523	524	5.5	5	40	42	68	87	12	516	502	525	490	506	10	16	462	485	484	500	516	467	490	8	462	485	30
500	508	530	715	650	33	20	M30	610	4	575	576	5.5	5	44	46	73	90	12	576	559	581	546	559	11	16	513.5	535	534	556	569	519	541	8	513.5	535	32
600	610	630	840	770	36	20	M33	725	5	675	676	5.5	5	54	52	83	95	12	690	658	678	650	660	12.5	18	616.5	636	634	660	670	622	642	8	616.5	636	32

PN25 摘自 GB/T 9124.1—2019

公称通径 DN	焊环端部外径（钢管外径）A 系列Ⅰ	焊环端部外径（钢管外径）A 系列Ⅱ	连接尺寸 法兰外径 D	连接尺寸 螺栓孔中心圆直径 K	连接尺寸 螺栓孔径 L	连接尺寸 螺栓 数量 n	连接尺寸 螺栓 螺纹规格	密封面（突面、凹凸面、榫槽面） d	f_1	X	Y	f_2	f_3	法兰厚度 C 整体、带颈螺纹、对焊、带颈平焊法兰、法兰盖	法兰厚度 C 板式平焊、对焊环板式松套、平焊环板式松套法兰	法兰高度 H 带颈螺纹、带颈平焊法兰	法兰高度 H 对焊、对焊环板式松套法兰	法兰颈 r	法兰颈 整体法兰 N	法兰颈 带颈螺纹、带颈平焊法兰 N 系列Ⅰ	法兰颈 带颈螺纹、带颈平焊法兰 N 系列Ⅱ	法兰颈 对焊、对焊环板式松套法兰 N 系列Ⅰ	法兰颈 对焊、对焊环板式松套法兰 N 系列Ⅱ	法兰颈 S_{min}	法兰颈 H_1	带颈平焊、板式平焊法兰 法兰内径 B 系列Ⅰ	带颈平焊、板式平焊法兰 法兰内径 B 系列Ⅱ	对焊环板式松套、平焊环板式松套法兰 法兰孔 法兰内径 B 对焊环板式松套法兰 系列Ⅰ	法兰孔 法兰内径 B 对焊环板式松套法兰 系列Ⅱ	法兰孔 法兰内径 B 平焊环板式松套法兰 系列Ⅰ	法兰孔 法兰内径 B 平焊环板式松套法兰 系列Ⅱ	E	焊环 内径 B_1 系列Ⅰ	焊环 内径 B_1 系列Ⅱ	焊环 厚度 F
10	使用 PN4.0MPa 法兰尺寸																																		
15																																			
20																																			
25																																			
32																																			
40																																			
50																																			
65																																			
80																																			
100																																			
125																																			
150																																			
200	219.1	219	360	310	26	12	M24	278	3	259	260	5.0	4.5	30	32	52	80	10	252	256		244		6.3	16	221.5	222	250		226	226	6	221.5	222	26
250	273.0	273	425	370	30	12	M27	335	3	312	313	5.0	4.5	32	35	60	88	12	304	310		298		7.1	18	276.5	276	302		281	281	8	276.5	276	26
300	323.9	325	485	430	30	16	M27	395	4	363	364	5.0	4.5	34	38	67	92	12	364	364		352		8.0	18	327.5	328	356		333	334	8	327.5	328	28
350	355.6	377	555	490	33	16	M30	450	4	421	422	5.5	5	38	42	72	100	12	418	418	429	398	406	8.0	20	359.5	381	408	416	365	386	8	359.5	381	32
400	406.4	426	620	550	36	16	M33	505	4	473	474	5.5	5	40	48	78	110	12	472	472	484	452	464	8.8	20	411	430	462	474	416	435	8	411	430	34
450	457	480	670	600	36	20	M33	555	4	523	524	5.5	5	46	54	84	110	12	520	520	574	500	514	8.8	20	462	485	510	524	467	490	8	462	485	36
500	508	530	730	660	36	20	M33	615	4	575	576	5.5	5	48	58	90	125	12	580	580	594	558	570	8.8	20	513.5	535	568	580	519	541	8	513.5	535	38
600	610	630	845	770	39	20	M36	720	5	675	676	5.5	5	58	68	100	125	12	684	684	699	660	670	10.0	20	616.5	636	670	680	622	642	8	616.5	636	40

续表

PN40 摘自 GB/T 9124.1—2019

公称通径 DN	焊环端部外径（钢管外径）A 系列Ⅰ	焊环端部外径（钢管外径）A 系列Ⅱ	连接尺寸 法兰外径 D	连接尺寸 螺栓孔中心圆直径 K	连接尺寸 螺栓孔径 L	连接尺寸 螺栓 数量 n	连接尺寸 螺栓 螺纹规格	密封面（突面、凹凸面、榫槽面） d	f_1	X	Y	f_2	f_3	法兰厚度 C 整体、带颈螺纹、对焊、带颈平焊法兰、法兰盖	法兰厚度 C 板式平焊、对焊环板式松套、平焊环板式松套法兰	法兰高度 H 带颈螺纹、带颈平焊法兰	法兰高度 H 对焊、对焊环板式松套法兰	r	法兰颈 整体法兰 N	法兰颈 带颈螺纹、带颈平焊法兰 N 系列Ⅰ	法兰颈 带颈螺纹、带颈平焊法兰 N 系列Ⅱ	法兰颈 对焊、对焊环板式松套法兰 N 系列Ⅰ	法兰颈 对焊、对焊环板式松套法兰 N 系列Ⅱ	S_{min}	H_1	带颈平焊、板式平焊法兰 法兰内径 B 系列Ⅰ	带颈平焊、板式平焊法兰 法兰内径 B 系列Ⅱ	法兰孔 法兰内径 B 对焊环板式松套法兰 系列Ⅰ	法兰孔 法兰内径 B 对焊环板式松套法兰 系列Ⅱ	法兰孔 法兰内径 B 平焊环板式松套法兰 系列Ⅰ	法兰孔 法兰内径 B 平焊环板式松套法兰 系列Ⅱ	E	焊环 内径 B_1 系列Ⅰ	焊环 内径 B_1 系列Ⅱ	焊环 厚度 F
10	17.2	14	90	60	14	4	M12	40	2	34	35	4.5	4	16	14	22	35	4	28	30		28		2.0	6	18.0	15	31		21	18	3	18	15	12
15	21.3	18	95	65	14	4	M12	45	2	39	40	4.5	4	16	14	22	38	4	32	35		32		2.0	6	22.0	19	35		25	22	3	22	19	12
20	26.9	25	105	75	14	4	M12	58	2	50	51	4.5	4	18	16	26	40	4	40	45		40		2.3	6	27.5	26	42		31	29	4	27.5	26	14
25	33.7	32	115	85	14	4	M12	68	2	57	58	4.5	4	18	16	28	40	4	50	52		46		2.6	6	34.5	33	49		38	36	4	34.5	33	14
32	42.4	38	140	100	18	4	M16	78	2	65	66	4.5	4	18	18	30	42	6	60	60		56		2.6	6	43.5	39	59		47	42	5	43.5	39	14
40	48.3	45	150	110	18	4	M16	88	3	75	76	4.5	4	18	18	32	45	6	70	70		64		2.6	7	49.5	46	67		53	50	5	49.5	46	14
50	60.3	57	165	125	18	4	M16	102	3	87	88	4.5	4	20	20	34	48	6	84	84		75		2.9	8	61.5	59	77		65	62	5	61.5	59	16
65	76.1	76	185	145	18	8	M16	122	3	109	110	4.5	4	22	22	38	52	6	104	104		90		2.9	10	77.5	78	96		81	81	6	77.5	78	16
80	88.9	89	200	160	18	8	M16	138	3	120	121	4.5	4	24	24	40	58	8	120	118		105		3.2	12	90.5	91	114		94	94	6	90.5	91	18
100	114.3	108	235	190	22	8	M20	162	3	149	150	5.0	4.5	24	26	44	65	8	142	145		134		3.6	12	116	110	138		120	114	6	116	110	20
125	139.7	133	270	220	26	8	M24	188	3	175	176	5.0	4.5	26	28	48	68	8	162	170		162		4.0	12	141.5	135	166		145	139	6	141.5	135	22
150	168.3	159	300	250	26	8	M24	218	3	203	204	5.0	4.5	28	30	52	75	10	192	200		192		4.5	12	170.5	161	194		174	165	6	170.5	161	24
200	219.1	219	375	320	30	12	M27	285	3	259	260	5.0	4.5	34	36	52	88	10	254	260		244		6.3	16	221.5	222	250		226	226	6	221.5	222	28
250	273	273	450	385	33	12	M30	345	3	312	313	5.0	4.5	38	42	60	105	12	312	312		306		7.1	18	276.5	276	312		281	281	8	276.5	276	30
300	323.9	325	515	450	33	16	M30	410	4	363	364	5.0	4.5	42	48	67	115	12	378	380		362		8.0	18	327.5	328	368		333	334	8	327.5	328	34
350	355.6	377	580	510	36	16	M33	465	4	421	422	5.5	5	46	55	72	125	12	432	424	430	408	418	8.8	20	359.5	381	418	428	365	386	8	359.5	381	36
400	406.4	426	660	585	39	16	M36	535	4	473	474	5.5	5	50	60	78	135	12	498	478	492	462	480	14.0	20	411	430	472	490	416	435	8	411	430	42
450	457	480	685	610	39	20	M36	560	4	523	524	5.5	5	57	66	84	135	12	522	522	539	500	530	12.5	20	462	485	510	540	467	490	8	462	485	46
500	508	530	755	670	42	20	M39	615	4	575	576	5.5	5	57	72	90	140	12	576	576	594	562	580	14.2	20	513.5	535	572	590	519	541	8	513.5	535	50
600	610	630	890	795	48	20	M45	735	5	675	676	5.5	5	72	84	100	150	12	686	686	704	666	686	16.0	20	616.5	636	676	696	622	642	8	616.5	636	54

Class 150 摘自GB/T 9124.2—2019

公称尺寸		焊环端部外径（钢管外径）A	连接尺寸					密封面									法兰厚度C			法兰高度H			两法兰间距离近似值S	带颈螺纹长度T_{min}	法兰颈		法兰内径B		带颈承插焊法兰		对焊环带颈松套法兰		
						螺栓		突面		环连接面																			承插孔		法兰孔		焊环高度
DN	NPS		法兰外径D	螺栓孔中心圆直径K	螺栓孔径L	数量n	螺纹规格	X	f_1	环号	J_{min}	P	E	F	R_{1max}	整体法兰	对焊环带颈松套法兰	其他法兰及法兰盖	对焊法兰	带颈螺纹、带颈平焊、带颈承插焊法兰	对焊环带颈松套法兰			N	r	对焊、带颈承插焊法兰	带颈平焊法兰	B_{1min}	U	B_{min}	r_1 r_2	h
15	½	21.3	90	60.3	16	4	M14	34.9	2							8.0	11.2	9.6	46	14	16		16	30	≥4	15.8	22.0	22.0	10	22.9	3	50
20	¾	26.9	100	69.9	16	4	M14	42.9	2							8.9	12.7	11.2	51	14	16		16	38	≥4	20.9	27.5	27.5	11	28.2	3	50
25	1	33.7	110	79.4	16	4	M14	50.8	2	R15	63.0①	47.63	6.35	8.74	0.8	9.6	14.3	12.7	54	16	17	4	17	49	≥4	26.6	34.5	34.5	13	34.9	3	50
32	1¼	42.4	115	88.9	16	4	M14	63.5	2	R17	72.5①	57.15	6.35	8.74	0.8	11.2	15.9	14.3	56	19	21	4	21	59	≥4	35.1	43.5	43.5	14	43.7	5	50
40	1½	48.3	125	98.4	16	4	M14	73.0	2	R19	82.0①	65.07	6.35	8.74	0.8	12.7	17.5	15.9	60	21	22	4	22	65	≥4	40.9	49.5	49.5	16	50.0	6	50
50	2	60.3	150	120.7	19	4	M16	92.1	2	R22	101①	82.55	6.35	8.74	0.8	14.3	19.1	17.5	62	24	25	4	25	78	≥4	52.5	61.5	61.5	17	62.5	8	65
65	2½	76.1	180	139.7	19	4	M16	104.8	2	R25	120①	101.6	6.35	8.74	0.8	15.9	22.3	20.7	68	27	29	4	29	90	≥4	62.7	77.5	77.5	19	78.5	8	65
80	3	88.9	190	152.4	19	4	M16	127	2	R29	133	114.3	6.35	8.74	0.8	17.5	23.9	22.3	68	29	30	4	30	108	≥4	77.9	90.5	90.5	21	91.4	10	65
100	4	114.3	230	190.5	19	8	M16	157.2	2	R36	171	149.23	6.35	8.74	0.8	22.3	23.9	22.3	75	32	33	4	33	135	≥4	102.3	116.0			116.8	11	75
125	5	139.7	255	215.9	22	8	M20	185.7	2	R40	193①	171.45	6.35	8.74	0.8	22.3	23.9	22.3	87	35	36	4	36	164	≥4	128.2	143.5			144.4	11	75
150	6	168.3	280	241.3	22	8	M20	215.9	2	R43	219	193.68	6.35	8.74	0.8	23.9	25.4	23.9	87	38	40	4	40	192	≥4	154.1	170.5			171.4	13	90
200	8	219.1	345	298.5	22	8	M20	269.9	2	R48	273	247.65	6.35	8.74	0.8	27.6	28.6	27.0	100	43	45	4	44	246	≥4	202.7	221.5			222.2	13	100
250	10	273.0	405	362.0	26	12	M24	323.8	2	R52	330	304.8	6.35	8.74	0.8	28.6	30.2	28.6	100	48	49	4	49	305	≥4	254.6	276.5			277.4	13	125
300	12	323.9	485	431.8	26	12	M24	381.0	2	R56	405①	381	6.35	8.74	0.8	30.2	31.8	30.2	113	54	56	4	56	365	≥4	304.8	327.5			328.2	13	150
350	14	355.6	535	476.3	29	12	M27	412.8	2	R59	425	396.88	6.35	8.74	0.8	33.4	35.0	33.4	125	56	79	3	57	400	≥4	按用户规定或根据钢管尺寸确定	359.5			360.2	13	150
400	16	406.4	595	539.8	29	16	M27	469.9	2	R64	483	454.03	6.35	8.74	0.8	35.0	36.6	35.0	125	62	87	3	64	457	≥4		411.0			411.2	13	150
450	18	457	635	577.9	32	16	M30	533.4	2	R68	546	517.53	6.35	8.74	0.8	38.1	39.7	38.1	138	67	97	3	68	505	≥4		462.0			462.3	13	150
500	20	508	700	635.0	32	20	M30	584.2	2	R72	597	558.8	6.35	8.74	0.8	41.3	42.9	41.3	143	71	103	3	73	559	≥4		513.5			514.4	13	150
600	24	610	815	749.3	35	20	M33	692.2	2	R76	711	673.1	6.35	8.74	0.8	46.1	47.7	46.1	151	81	111	3	83	663	≥4		616.5			616	13	150

续表

Class 300 摘自 GB/T 9124.2—2019

公称尺寸 DN	公称尺寸 NPS	焊环端部外径（钢管外径）A	连接尺寸 法兰外径 D	连接尺寸 螺栓孔中心圆直径 K	连接尺寸 螺栓孔径 L	连接尺寸 螺栓 数量 n	连接尺寸 螺栓 螺纹规格	密封面 突面 f_1	密封面 凹凸面、榫槽面 d	X	Y	Z	W	f_2	f_3	密封面 环连接面 环号	J_{min}	P	E	F	R_{1max}	厚度 对焊环带颈松套法兰	厚度 其他法兰厚度 C	法兰高度 H 带颈螺纹、带颈平焊、带颈承插焊法兰	法兰高度 H 对焊法兰	法兰高度 H 对焊环带颈松套法兰	两法兰间距离近似值 S	带颈螺纹长度 T_{min}	埋头孔直径 V_{min}	法兰颈 N	法兰颈 r	法兰内径 B 对焊、带颈承插焊法兰	法兰内径 B 带颈平焊法兰	带颈承插焊法兰 承插孔 B_{1min}	带颈承插焊法兰 U	对焊环带颈松套法兰 法兰孔 B_{min}	对焊环带颈松套法兰 r r_2	对焊环带颈松套法兰 焊环高度 h
15	½	21.3	95	66.7	16	4	M14	2	46	34.9	36.5	23.8	25.4	7	5	R11	50.5①	34.14	5.54	7.14	0.8	14.3	12.7	21	51	22	3	16	23.6	38	≥4	15.8	22	22.0	10	23	3	50
20	¾	26.9	115	82.6	19	4	M16	2	54	42.9	44.4	31.8	33.3	7	5	R13	63.5	42.88	6.35	8.74	0.8	15.9	14.3	24	56	25	4	16	29.0	48	≥4	20.9	27.5	27.5	11	28	3	50
25	1	33.7	125	88.9	19	4	M16	2	62	50.8	52.4	36.5	38.1	7	5	R16	69.5①	50.8	6.35	8.74	0.8	17.5	15.9	25	60	27	4	18	35.8	54	≥4	26.6	34.5	34.5	13	35	3	50
32	1¼	42.4	135	98.4	19	4	M16	2	73	63.5	65.1	46.0	47.6	7	5	R18	79①	60.33	6.35	8.74	0.8	19.1	17.5	25	64	27	4	21	44.4	64	≥4	35.1	43.5	43.5	14	43.5	5	50
40	1½	48.3	155	114.3	22	4	M20	2	84	73.0	74.6	52.4	54.0	7	5	R20	90.5	68.27	6.35	8.74	0.8	20.7	19.1	29	67	30	4	23	50.3	70	≥4	40.9	49.5	49.5	16	50	6	50
50	2	60.3	165	127.0	19	8	M16	2	103	92.1	93.7	71.4	73.0	7	5	R23	108	82.55	7.92	11.91	0.8	22.3	20.7	32	68	33	6	29	63.5	84	≥4	52.5	61.5	61.5	17	62.5	8	65
65	2½	76.1	190	149.2	22	8	M20	2	116	104.8	106.4	84.1	85.7	7	5	R26	127	101.6	7.92	11.91	0.8	25.4	23.9	37	75	38	6	32	76.2	100	≥4	62.7	77.5	77.5	19	75.5	8	65
80	3	88.9	210	168.3	22	8	M20	2	138	127.0	128.6	106.4	108.0	7	5	R31	146	123.83	7.92	11.91	0.8	28.6	27.0	41	78	43	6	32	92.2	118	≥4	77.9	90.5	90.5	21	91.5	10	65
100	4	114.3	255	200.0	22	8	M20	2	168	157.2	158.8	130.2	131.8	7	5	R37	175	149.23	7.92	11.91	0.8	31.8	30.2	46	84	48	6	37	117.6	146	≥4	102.3	116.0			117	11	75
125	5	139.7	280	235.0	22	8	M20	2	197	185.7	187.3	158.8	160.3	7	5	R41	210	180.98	7.92	11.91	0.8	35.0	33.4	49	97	51	6	43	144.4	178	≥4	128.2	143.5			144.5	11	75
150	6	168.3	320	269.9	22	12	M20	2	227	215.9	217.5	188.9	190.5	7	5	R45	241	211.12	7.92	11.91	0.8	36.6	35.0	51	97	52	6	47	171.4	206	≥4	154.1	170.5			171.5	13	90
200	8	219.1	380	330.2	26	12	M24	2	281	269.9	271.5	236.5	238.1	7	5	R49	302	269.88	7.92	11.91	0.8	41.3	39.7	60	110	62	6	51	222.2	260	≥4	202.7	221.5			222	13	100
250	10	273.0	445	387.4	29	16	M27	2	335	323.8	325.4	284.2	285.8	7	5	R53	356	323.85	7.92	11.91	0.8	47.7	46.1	65	116	95	6	56	276.2	321	≥4	254.6	276.5			277.5	13	250
300	12	323.9	520	450.8	32	16	M30	2	392	381.0	382.5	341.3	342.9	7	5	R57	413	381	7.92	11.91	0.8	50.8	49.3	71	129	102	6	61	328.6	375	≥4	304.8	327.5			328	13	250
350	14	355.6	585	514.4	32	20	M30	2	424	412.8	414.3	373.1	374.6	7	5	R61	457	419.1	7.92	11.91	0.8	54.0	52.4	75	141	111	6	64	360.4	426	≥4	按用户规定或根据钢管尺寸确定	359.5			360	13	300
400	16	406.4	650	571.5	35	20	M33	2	481	469.9	471.5	423.9	425.4	7	5	R65	508	469.9	7.92	11.91	0.8	57.2	55.6	81	144	121	6	69	411.2	483	≥4		411.0			411	13	300
450	18	457	710	628.6	35	24	M33	2	544	533.4	535.0	487.4	489.0	7	5	R69	575	533.4	7.92	11.91	0.8	60.4	58.8	87	157	130	6	70	462.0	533	≥4		462.0			462.5	13	300
500	20	508	775	685.8	35	24	M33	2	595	584.2	585.8	531.8	533.4	7	5	R73	635	584.2	9.53	13.49	1.5	63.5	62.0	94	160	140	6	74	512.8	587	≥4		513.5			514.5	13	300
600	24	610	915	812.8	42	24	M39	2	703	692.2	693.7	639.8	641.4	7	5	R77	749	692.15	11.13	16.66	1.5	69.9	68.3	105	167	152	6	83	614.4	702	≥4		616.5			616	13	300

注：①对于平面法兰，法兰厚度可以按本表规定，也可以在本表的法兰数值上加上 2mm。

12.3.2.3 法兰技术条件

(1) 材料

① 公称压力为 $PN2.5$、$PN6$、$PN10$、$PN16$、$PN25$ 及 $PN40$ 的欧洲体系钢制管法兰用材料应符合表 1-12-29 的规定。

表 1-12-29 $PN2.5$、$PN6$、$PN10$、$PN16$、$PN25$ 及 $PN40$ 的钢制管法兰用材料（摘自 GB/T 9124.1—2019）

材料组别	锻件		板材		铸件		钢管	
	材料牌号	标准	材料牌号	标准	材料牌号	标准	材料牌号	标准
1E0	—	—	Q235A Q235B	GB/T 700	—	—	—	—
			A 级钢	GB/T 712				
2E0	20	NB/T 47008	20	GB/T 711	WCA	GB/T 12229	—	—
			Q245R	GB/T 713				
	09MnNiD	NB/T 47009	09MnNiDR	GB/T 3531	LCA	JB/T 7248	—	—
3E0	A105	GB/T 12228	Q345R	GB/T 713	WCB	GB/T 12229	—	—
	16Mn	NB/T 47008						
	—	—	Q370R	GB/T 713				
	16MnD	NB/T 47009	16MnDR	GB/T 3531	LCB	JB/T 7248	—	—
3E1	—	—	—	—	WCC	GB/T 12229	—	—
4E0	20MnMo	NB/T 47008	—	—	WC1	JB/T 5263	—	—
					ZG19MoG	GB/T 16253	—	—
	20MnMoD	NB/T 47009	—	—	—	—	—	—
5E0	15CrMo	NB/T 47008	15CrMoR	GB/T 713	ZG15Cr1MoG	GB/T 16253	—	—
					WC6	JB/T 5263	—	—
5E1	12Cr1MoV	NB/T 47008	12Cr1MoVR	GB/T 713	ZG20CrMoV	JB/T 9625	—	—
6E0	12Cr2Mo1	NB/T 47008	12Cr2Mo1R	GB/T 713	ZG12Cr2Mo1G	GB/T 16253	—	—
					WC9	JB/T 5263	—	—
6E1	12Cr5Mo	NB/T 47008	—	—	ZG16Cr5MoG	GB/T 16253	—	—
7E0	—	—	—	—	LCC	JB/T 7248	—	—
7E2	08MnNiCrMoVD	NB/T 47009	—	—	ZG24Ni2MoD	GB/T 16253	—	—
	—	—	—	—	LC2	JB/T 7248	—	—

续表

材料组别	锻件		板材		铸件		钢管	
	材料牌号	标准	材料牌号	标准	材料牌号	标准	材料牌号	标准
7E3	—	—	—	—	LC3	JB/T 7248	—	—
	—	—	—	—	LC4	JB/T 7248	—	—
	—	—	—	—	LC9	JB/T 7248	—	—
9E1	10Cr9Mo1VNbN	NB/T 47008	—	—	C12A	JB/T 5263	—	—
					ZG14Cr9Mo1G	GB/T 16253		
10E0	022Cr19Ni10	NB/T 47010	022Cr19Ni10	GB/T 4237	CF3	GB/T 12230	00Cr19Ni10	GB/T 14976
10E1	—	—	022Cr19Ni10N	GB/T 4237	—	—	00Cr18Ni10N	GB/T 14976
11E0	06Cr19Ni10	NB/T 47010	06Cr9Ni10	GB/T 4237	CF8	GB/T 12230	0Cr18Ni9	GB/T 14976
12E0	06Cr18Ni11Ti	NB/T 47010	06Cr18Ni11Ti	GB/T 4237	ZG08Cr18Ni9Ti	GB/T 12230	0Cr18Ni10Ti	GB/T 14976
	—	—	06Cr18Ni11Nb	GB/T 4237	ZG08Cr20Ni10Nb	GB/T 16253	0Cr18Ni11Nb	GB/T 14976
13E0	022Cr17Ni14Mo2	NB/T 47010	022Cr17Ni12Mo2	GB/T 4237	CF3M	GB/T 12230	00Cr17Ni14Mo2	GB/T 14976
					ZG03Cr19Ni11Mo2	GB/T 16253		
	—	—	022Cr19Ni13Mo3	GB/T 4237	ZG03Cr19Ni11Mo3	GB/T 16253	00Cr19Ni13Mo3	GB/T 14976
	—	—	015Cr21Ni26Mo5Cu2	GB/T 4237	—	—	—	—
13E1	—	—	022Cr17Ni12Mo2N	GB/T 4237	—	—	00Cr17Ni13Mo2N	GB/T 14976
	—	—	022Cr19Ni16Mo5N	GB/T 4237	—	—	—	—
14E0	06Cr17Ni12Mo2	NB/T 47010	06Cr17Ni12Mo2	GB/T 4237	CF8M	GB/T 12230	0Cr17Ni12Mo2	GB/T 14976
					ZG07Cr19Ni11Mo2	GB/T 16253		
	—	—	06Cr19Ni13Mo3	GB/T 4237	ZG07Cr19Ni11Mo3	GB/T 16253	0Cr19Ni13Mo3	GB/T 14976
15E0	06Cr17Ni12Mo2Ti	NB/T 47010	06Cr17Ni12Mo2Ti	GB/T 4237	ZG08Cr18Ni12Mo2Ti	GB/T 12230	0Cr18Ni12Mo2Ti	GB/T 14976
	—	—	06Cr17Ni12Mo2Nb	GB/T 4237	ZG08Cr19Ni11Mo2Nb	GB/T 12230	—	—
16E0	—	—	022Cr22Ni5Mo3N	GB/T 4237	—	—	—	—
	—	—	022Cr23Ni5Mo3N	GB/T 4237	—	—	—	—

注：管法兰用锻件（包括锻轧件）的级别与其技术要求参照 NB/T 47008～NB/T 47010，并且应符合如下的规定：

① 公称压力为 *PN*2.5～*PN*16 的法兰用低碳钢和奥氏体不锈钢锻件，允许采用Ⅰ级锻件。

② 其他法兰用锻件应符合Ⅱ级或Ⅱ级以上锻件的要求。

② 公称压力为Class150、Class300的美洲体系钢制管法兰用材料应符合表1-12-30的规定。

表 1-12-30　Class150、Class300 的钢制管法兰用材料（摘自 GB/T 9124.2—2019）

材料组号	材料类别	锻件		铸件		板材	
		材料牌号	标准	材料牌号	标准	材料牌号	标准
1.0	C-Si	—	—	—	—	Q235A	GB/T 3274
						Q235B	GB/T 700
		20	NB/T 47008	WCA	GB/T 12229	20	GB/T 711
						Q245R	GB 713
1.1	C-Si	A105	GB/T 12228	WCB	GB/T 12229	—	—
	C-Mn-Si	16Mn	NB/T 47008	—	—	—	—
1.2	C-Mn-Si	—	—	WCC	GB/T 12229	Q345R	GB 713
	C-Mn-Si	—	—	LCC	JB/T 7248	—	—
	2½Ni	—	—	LC2	JB/T 7248	—	—
	3½Ni	—	—	LC3	JB/T 7248	—	—
1.3	C-Si	—	—	LCB	JB/T 7248	—	—
	C-Mn-Si	16MnD	NB/T 47009	—	—	16MnDR	GB 3531
	C-½Mo	—	—	WC1	JB/T 5263	—	—
		—	—	LC1	JB/T 7248	—	—
1.4	C-Mn-Ni	09MnNiD	NB/T 47009	—	—	09MnNiDR	GB 3531
1.8	1Cr-½Mo-V	12Cr1MoV	NB/T 47008	ZG20CrMoV	JB/T 9625	12Cr1MoVR	GB 713
1.9	1¼Cr-½Mo	14Cr1Mo	NB/T 47008	WC6	JB/T 5263	14Cr1MoR	GB 713
1.10	2¼Cr-1Mo	12Cr2Mo1	NB/T 47008	WC9	JB/T 5263	12Cr2Mo1R	GB 713
				ZG12Cr2Mo1G	GB/T 16253		
1.13	5Cr-½Mo	12Cr5Mo	NB/T 47008	ZG16Cr5MoG	GB/T 16253	—	—
1.14	9Cr-1Mo	—	—	ZG14Cr9Mo1G	GB/T 16253	—	—
1.15	9Cr-1Mo-V	10Cr9Mo1VNbN	NB/T 47008	C12A	JB/T 5263	—	—
1.17	1Cr-½Mo	15CrMo	NB/T 47008	ZG15Cr1MoG	GB/T 16253	15CrMoR	GB 713
1.18	9Cr-2W-V	10Cr9MoW2VNbBN	NB/T 47008	—	—	—	—

续表

材料组号	材料类别	锻件		铸件		板材	
		材料牌号	标准	材料牌号	标准	材料牌号	标准
2.1	18Cr-8Ni	06Cr19Ni10	NB/T 47010	CF8	GB/T 12230	06Cr19Ni10	GB/T 4237
		—	—	CF3	GB/T 12230	—	—
2.2	16Cr-12Ni-2Mo	06Cr17Ni12Mo2	NB/T 47010	CF8M	GB/T 12230	06Cr17Ni12Mo2	GB/T 4237
		—	—	CF3M	GB/T 12230	—	—
	18Cr-13Ni-3Mo	—	—	—	—	06Cr19Ni13Mo3	GB/T 4237
2.3	18Cr-8Ni	022Cr19Ni10	NB/T 47010	—	—	022Cr19Ni10	GB/T 4237
	16Cr-12Ni-2Mo	022Cr17Ni12Mo2	NB/T 47010	—	—	022Cr17Ni12Mo2	GB/T 4237
	18Cr-13Ni-3Mo	022Cr19Ni13Mo3	NB/T 47010	—	—	022Cr19Ni13Mo3	GB/T 4237
2.4	18Cr-10Ni-Ti	06Cr18Ni11Ti	NB/T 47010	ZG08Cr18Ni9Ti	GB/T 12230	06Cr18Ni11Ti	GB/T 4237
				ZG12Cr18Ni9Ti			
2.5	18Cr-10Ni-Cb	06Cr18Ni11Nb	NB/T 47010	—	—	06Cr18Ni11Nb	GB/T 4237
2.6	23Cr-12Ni	—	—	—	—	06Cr23Ni13	GB/T 4237
2.7	25Cr-20Ni	06Cr25Ni20	NB/T 47010	—	—	06Cr25Ni20	GB/T 4237
2.8	22Cr-5Ni-3Mo-N	022Cr22Ni5Mo3N	NB/T 47010	—	—	022Cr22Ni5Mo3N	GB/T 4237
	25Cr-7Ni-4Mo-N	—	—	—	—	022Cr25Ni7Mo4WCuN	GB/T 4237
	25Cr-7Ni-3.5Mo-N-Cu-W	03Cr25Ni6Mo3Cu2N	NB/T 47010	—	—	—	—
2.9	23Cr-12Ni	—	—	—	—	06Cr23Ni13	GB/T 4237
2.11	18Cr-10Ni-Cb	—	—	CF8C	GB/T 12230	—	—
3.4	67Ni-30Cu	NCu30	JB 4743	—	—	NCu30	JB 4741

注：管法兰用锻件（包括锻轧件）的级别及其技术要求参照 JB 4726～4728 标准，并应符合如下规定。

- Class 150 的法兰用低碳钢和奥氏体不锈钢锻件，允许采用Ⅰ级锻件。
- Class 300 的法兰用铬钼钢锻件，应符合Ⅱ级或Ⅲ级以上锻件的要求。

(2)法兰压力-温度额定值

表 1-12-31　PN2.5、PN6、PN10、PN16、PN25、PN40

法兰最大允许工作压力（摘自 GB/T 9124.1—2019）

/MPa

公称压力 PN	材料组别	温度/℃																							
		常温	100	150	200	250	300	350	400	450	460	470	480	490	500	510	520	530	540	550	560	570	580	590	600
		最大允许工作压力/MPa																							
2.5	1E0	0.25	0.20	0.19	0.18	0.16	0.15	—	—	—	—	—	—	—	—	—	—	—	—	—	—	—	—	—	—
	2E0	0.25	0.20	0.19	0.18	0.16	0.15	0.12	0.09	—	—	—	—	—	—	—	—	—	—	—	—	—	—	—	—
	3E0	0.25	0.23	0.22	0.20	0.19	0.17	0.16	0.14	0.08	—	—	—	—	—	—	—	—	—	—	—	—	—	—	—
	3E1	0.25	0.25	0.25	0.25	0.24	0.22	0.20	0.18	0.10	—	—	—	—	—	—	—	—	—	—	—	—	—	—	—
	4E0	0.25	0.25	0.25	0.25	0.24	0.21	0.20	0.18	0.17	0.16	0.14	0.13	0.12	0.11	0.08	0.07	0.05	—	—	—	—	—	—	—
	5E0	0.25	0.25	0.25	0.25	0.25	0.25	0.23	0.22	0.21	0.20	0.19	0.18	0.17	0.16	0.13	0.11	0.09	0.07	0.05	0.04	0.03	—	—	—
	5E1	0.25	0.25	0.25	0.25	0.23	0.22	0.21	0.20	0.19	0.19	0.18	0.18	0.18	0.17	0.16	0.15	0.14	0.12	0.11	0.10	0.09	—	—	—
	6E0	0.25	0.25	0.25	0.25	0.25	0.25	0.24	0.23	0.22	0.20	0.19	0.18	0.17	0.16	0.14	0.12	0.10	0.09	0.08	0.06	0.06	0.05	0.04	0.04
	6E1	0.25	0.25	0.25	0.25	0.25	0.25	0.25	0.25	0.25	0.25	0.25	0.21	0.17	0.13	0.11	0.09	0.08	0.07	0.05	0.05	0.04	—	—	—
	9E1	0.25	0.25	0.25	0.25	0.25	0.25	0.25	0.25	0.25	0.25	0.25	0.25	0.25	0.25	0.25	0.25	0.23	0.21	0.19	0.17	0.15	0.14	0.12	0.11
	10E0	0.25	0.21	0.19	0.17	0.16	0.15	0.14	0.13	0.13	0.13	0.13	0.12	0.12	0.12	0.12	0.11	0.11	0.10	0.10	0.10	0.09	0.08	0.07	0.07
	10E1	0.25	0.25	0.25	0.22	0.20	0.19	0.19	0.18	0.18	0.18	0.18	0.17	0.17	0.17	—	—	—	—	—	—	—	—	—	—
	11E0	0.25	0.22	0.20	0.18	0.17	0.16	0.15	0.14	0.14	0.14	0.14	0.14	0.14	0.14	0.13	0.12	0.11	0.10	0.10	0.10	0.09	0.08	0.07	0.07
	12E0	0.25	0.25	0.23	0.22	0.21	0.19	0.19	0.18	0.18	0.18	0.18	0.17	0.17	0.17	0.17	0.17	0.16	0.16	0.16	0.15	0.14	0.12	0.11	0.10
	13E0	0.25	0.23	0.21	0.19	0.18	0.17	0.16	0.16	0.15	0.15	0.15	0.15	0.15	0.15	—	—	—	—	—	—	—	—	—	—
	13E1	0.25	0.24	0.22	0.19	0.18	0.17	0.17	0.16	0.16	0.16	0.16	0.15	0.15	0.15	—	—	—	—	—	—	—	—	—	—
	14E0	0.25	0.25	0.22	0.21	0.19	0.18	0.17	0.17	0.16	0.16	0.16	0.16	0.16	0.16	0.16	0.16	0.16	0.16	0.16	0.16	0.15	0.15	0.15	0.14
	15E0	0.25	0.25	0.24	0.23	0.22	0.20	0.20	0.19	0.19	0.19	0.19	0.18	0.18	0.18	0.18	0.18	0.18	0.18	0.18	0.18	0.18	0.16	0.15	0.13
	16E0	0.25	0.25	0.25	0.25	0.25	—	—	—	—	—	—	—	—	—	—	—	—	—	—	—	—	—	—	—

公称压力 PN	材料组别	温度/℃																							
		常温	100	150	200	250	300	350	400	450	460	470	480	490	500	510	520	530	540	550	560	570	580	590	600
		最大允许工作压力/MPa																							
6	1E0	0.60	0.49	0.46	0.43	0.39	0.35	—	—	—	—	—	—	—	—	—	—	—	—	—	—	—	—	—	—
	2E0	0.60	0.49	0.46	0.43	0.39	0.35	0.30	0.21	—	—	—	—	—	—	—	—	—	—	—	—	—	—	—	—
	3E0	0.60	0.55	0.52	0.50	0.45	0.41	0.38	0.35	0.19	—	—	—	—	—	—	—	—	—	—	—	—	—	—	—
	3E1	0.60	0.60	0.60	0.60	0.58	0.52	0.48	0.44	0.24	—	—	—	—	—	—	—	—	—	—	—	—	—	—	—
	4E0	0.60	0.60	0.60	0.60	0.58	0.51	0.48	0.44	0.41	0.38	0.35	0.32	0.29	0.26	0.21	0.16	0.13	—	—	—	—	—	—	—
	5E0	0.60	0.60	0.60	0.60	0.60	0.60	0.57	0.54	0.50	0.48	0.45	0.43	0.40	0.39	0.33	0.26	0.22	0.17	0.14	0.11	0.09	—	—	—
	5E1	0.60	0.60	0.60	0.60	0.56	0.52	0.50	0.48	0.46	0.45	0.44	0.43	0.42	0.41	0.40	0.37	0.33	0.29	0.25	0.23	0.21	—	—	—
	6E0	0.60	0.60	0.60	0.60	0.60	0.60	0.58	0.55	0.52	0.50	0.47	0.44	0.41	0.38	0.33	0.29	0.25	0.22	0.19	0.16	0.14	0.12	0.10	0.09
	6E1	0.60	0.60	0.60	0.60	0.60	0.60	0.60	0.60	0.60	0.60	0.60	0.50	0.41	0.32	0.27	0.23	0.20	0.16	0.14	0.12	0.10	—	—	—
	9E1	0.60	0.60	0.60	0.60	0.60	0.60	0.60	0.60	0.60	0.60	0.60	0.60	0.60	0.60	0.60	0.60	0.57	0.52	0.47	0.42	0.38	0.34	0.30	0.26

续表

公称压力 PN	材料组别	温度/℃																							
		常温	100	150	200	250	300	350	400	450	460	470	480	490	500	510	520	530	540	550	560	570	580	590	600
		最大允许工作压力/MPa																							
6	10E0	0.60	0.50	0.46	0.42	0.39	0.36	0.34	0.33	0.32	0.32	0.32	0.31	0.31	0.31	0.30	0.29	0.28	0.27	0.26	0.24	0.22	0.20	0.18	0.16	
	10E1	0.60	0.60	0.60	0.53	0.50	0.47	0.46	0.44	0.43	0.43	0.43	0.42	0.42	0.42	—	—	—	—	—	—	—	—	—	
	11E0	0.60	0.54	0.49	0.44	0.41	0.38	0.36	0.35	0.35	0.35	0.35	0.34	0.34	0.34	0.33	0.32	0.30	0.28	0.26	0.24	0.22	0.20	0.18	0.16	
	12E0	0.60	0.59	0.56	0.53	0.50	0.47	0.46	0.44	0.43	0.43	0.43	0.42	0.42	0.42	0.42	0.41	0.41	0.40	0.40	0.36	0.33	0.30	0.27	0.24	
	13E0	0.60	0.56	0.51	0.47	0.44	0.41	0.39	0.38	0.37	0.37	0.37	0.36	0.36	0.36	—	—	—	—	—	—	—	—	—	
	13E1	0.60	0.57	0.52	0.47	0.44	0.41	0.40	0.39	0.38	0.38	0.38	0.37	0.37	0.37	—	—	—	—	—	—	—	—	—	
	14E0	0.60	0.60	0.54	0.50	0.47	0.44	0.42	0.41	0.40	0.40	0.40	0.39	0.39	0.39	0.39	0.39	0.39	0.39	0.39	0.38	0.38	0.37	0.37	0.33	
	15E0	0.60	0.60	0.58	0.56	0.53	0.50	0.48	0.46	0.46	0.46	0.46	0.45	0.45	0.45	0.45	0.45	0.44	0.44	0.44	0.44	0.44	0.40	0.36	0.33	
	16E0	0.60	0.60	0.60	0.60	0.60	—	—	—	—	—	—	—	—	—	—	—	—	—	—	—	—	—	—	

公称压力 PN	材料组别	温度/℃																							
		常温	100	150	200	250	300	350	400	450	460	470	480	490	500	510	520	530	540	550	560	570	580	590	600
		最大允许工作压力/MPa																							
10	1E0	1.00	0.81	0.77	0.71	0.65	0.59	—	—	—	—	—	—	—	—	—	—	—	—	—	—	—	—	—	—
	2E0	1.00	0.81	0.77	0.71	0.65	0.59	0.50	0.35	—	—	—	—	—	—	—	—	—	—	—	—	—	—	—	—
	3E0	1.00	0.92	0.88	0.83	0.76	0.69	0.64	0.59	0.32	—	—	—	—	—	—	—	—	—	—	—	—	—	—	—
	3E1	1.00	1.00	1.00	1.00	0.97	0.88	0.80	0.73	0.40	—	—	—	—	—	—	—	—	—	—	—	—	—	—	—
	4E0	1.00	1.00	1.00	1.00	0.97	0.85	0.80	0.74	0.69	0.64	0.59	0.54	0.49	0.44	0.35	0.28	0.22	—	—	—	—	—	—	—
	5E0	1.00	1.00	1.00	1.00	1.00	1.00	0.95	0.90	0.84	0.80	0.76	0.72	0.68	0.65	0.55	0.44	0.37	0.29	0.23	0.19	0.15	—	—	—
	5E1	1.00	1.00	1.00	1.00	0.93	0.88	0.84	0.80	0.77	0.76	0.74	0.73	0.71	0.69	0.68	0.61	0.55	0.49	0.43	0.39	0.34	—	—	—
	6E0	1.00	1.00	1.00	1.00	1.00	1.00	0.97	0.92	0.88	0.83	0.78	0.73	0.69	0.64	0.56	0.49	0.42	0.37	0.32	0.27	0.24	0.20	0.18	0.16
	6E1	1.00	1.00	1.00	1.00	1.00	1.00	1.00	1.00	1.00	1.00	1.00	0.84	0.69	0.53	0.45	0.38	0.33	0.28	0.23	0.20	0.17	—	—	—
	9E1	1.00	1.00	1.00	1.00	1.00	1.00	1.00	1.00	1.00	1.00	1.00	1.00	1.00	1.00	1.00	1.00	0.95	0.87	0.79	0.71	0.63	0.57	0.50	0.44
	10E0	1.00	0.86	0.77	0.70	0.65	0.60	0.57	0.55	0.53	0.52	0.52	0.51	0.51	0.51	0.49	0.47	0.45	0.44	0.43	0.40	0.37	0.34	0.30	0.28
	10E1	1.00	1.00	1.00	0.89	0.83	0.79	0.76	0.74	0.72	0.72	0.71	0.71	0.70	0.70	—	—	—	—	—	—	—	—	—	—
	11E0	1.00	0.90	0.81	0.74	0.69	0.64	0.61	0.59	0.58	0.58	0.58	0.57	0.57	0.57	0.54	0.51	0.48	0.46	0.43	0.40	0.37	0.34	0.30	0.28
	12E0	1.00	1.00	0.93	0.88	0.84	0.79	0.76	0.74	0.72	0.72	0.71	0.71	0.70	0.70	0.69	0.69	0.68	0.68	0.67	0.61	0.56	0.50	0.45	0.40
	13E0	1.00	0.94	0.86	0.79	0.74	0.69	0.66	0.64	0.62	0.62	0.61	0.61	0.60	0.60	—	—	—	—	—	—	—	—	—	—
	13E1	1.00	0.96	0.87	0.78	0.73	0.69	0.67	0.64	0.63	0.63	0.62	0.62	0.61	0.61	—	—	—	—	—	—	—	—	—	—
	14E0	1.00	1.00	0.90	0.84	0.79	0.74	0.71	0.68	0.67	0.67	0.67	0.66	0.66	0.66	0.66	0.66	0.65	0.65	0.65	0.64	0.63	0.62	0.61	0.56
	15E0	1.00	1.00	0.98	0.93	0.88	0.83	0.80	0.78	0.76	0.76	0.76	0.75	0.75	0.75	0.75	0.75	0.74	0.74	0.74	0.74	0.73	0.67	0.60	0.55
	16E0	1.00	1.00	1.00	1.00	1.00	—	—	—	—	—	—	—	—	—	—	—	—	—	—	—	—	—	—	—

公称压力 PN	材料组别	温度/℃ 常温	100	150	200	250	300	350	400	450	460	470	480	490	500	510	520	530	540	550	560	570	580	590	600
		最大允许工作压力/MPa																							
16	1E0	1.60	1.30	1.23	1.14	1.04	0.94	—	—	—	—	—	—	—	—	—	—	—	—	—	—	—	—	—	—
	2E0	1.60	1.30	1.23	1.14	1.04	0.94	080	0.56	—	—	—	—	—	—	—	—	—	—	—	—	—	—	—	—
	3E0	1.60	1.48	1.40	1.33	1.21	1.10	1.02	0.95	0.52	—	—	—	—	—	—	—	—	—	—	—	—	—	—	—
	3E1	1.60	1.60	1.60	1.60	1.56	1.40	1.29	1.18	0.64	—	—	—	—	—	—	—	—	—	—	—	—	—	—	—
	4E0	1.60	1.60	1.60	1.60	1.56	1.37	1.29	1.19	1.10	1.02	0.94	0.86	0.78	0.70	0.56	0.44	0.35	—	—	—	—	—	—	—
	5E0	1.60	1.60	1.60	1.60	1.60	1.60	1.52	1.44	1.34	1.28	1.21	1.15	1.08	1.04	0.88	0.71	0.59	0.46	0.37	0.30	0.25	—	—	—
	5E1	1.60	1.60	1.60	1.60	1.49	1.40	1.34	1.28	1.23	1.21	1.18	1.16	1.14	1.11	1.08	0.98	0.88	0.78	0.68	0.63	0.55	—	—	—
	6E0	1.60	1.60	1.60	1.60	1.60	1.60	1.56	1.48	1.40	1.33	1.25	1.18	1.10	1.02	0.89	0.78	0.68	0.59	0.51	0.44	0.38	0.33	0.28	0.25
	6E1	1.60	1.60	1.60	1.60	1.60	1.60	1.60	1.60	1.60	1.60	1.60	1.35	1.10	0.86	0.73	0.61	0.53	0.44	0.38	0.32	0.28	—	—	—
	9E1	1.60	1.60	1.60	1.60	1.60	1.60	1.60	1.60	1.60	1.60	1.60	1.60	1.60	1.60	1.60	1.60	1.53	1.39	1.26	1.14	1.02	0.91	0.80	0.71
	10E0	1.60	1.37	1.23	1.12	1.04	0.96	0.92	0.88	0.85	0.85	0.84	0.84	0.83	0.83	0.81	0.79	0.76	0.73	0.70	0.64	0.59	0.54	0.49	0.44
	10E1	1.60	1.60	1.60	1.42	1.33	1.27	1.22	1.18	1.16	1.15	1.14	1.14	1.13	1.13	—	—	—	—	—	—	—	—	—	—
	11E0	1.60	1.45	1.31	1.19	1.10	1.02	0.98	0.95	0.93	0.93	0.92	0.92	0.91	0.91	0.87	0.83	0.78	0.74	0.70	0.64	0.59	0.54	0.49	0.44
	12E0	1.60	1.58	1.49	1.41	1.34	1.27	1.22	1.18	1.16	1.16	1.15	1.15	1.14	1.13	1.12	1.11	1.10	1.09	1.08	0.98	0.89	0.81	0.73	0.65
	13E0	1.60	1.51	1.37	1.27	1.19	1.10	1.05	1.02	1.00	1.00	0.99	0.98	0.97	0.97	—	—	—	—	—	—	—	—	—	—
	13E1	1.60	1.53	1.39	1.24	1.17	1.10	1.07	1.03	1.01	1.01	1.00	1.00	0.99	0.98	—	—	—	—	—	—	—	—	—	—
	14E0	1.60	1.60	1.45	1.34	1.27	1.18	1.14	1.09	1.07	1.07	1.06	1.06	1.05	1.05	1.05	1.05	1.04	1.04	1.04	1.03	1.01	1.00	0.99	0.89
	15E0	1.60	1.60	1.56	1.49	1.41	1.33	1.28	1.24	1.22	1.22	1.21	1.21	1.20	1.20	1.20	1.20	1.19	1.19	1.19	1.18	1.17	1.07	0.97	0.88
	16E0	1.60	1.60	1.60	1.60	1.60	—	—	—	—	—	—	—	—	—	—	—	—	—	—	—	—	—	—	—

公称压力 PN	材料组别	温度/℃ 常温	100	150	200	250	300	350	400	450	460	470	480	490	500	510	520	530	540	550	560	570	580	590	600
		最大允许工作压力/MPa																							
25	1E0	—	—	—	—	—	—	—	—	—	—	—	—	—	—	—	—	—	—	—	—	—	—	—	—
	2E0	2.50	2.03	1.93	1.78	1.63	1.48	1.25	0.88	—	—	—	—	—	—	—	—	—	—	—	—	—	—	—	—
	3E0	2.50	2.32	2.20	2.08	1.90	1.72	1.60	1.48	0.82	—	—	—	—	—	—	—	—	—	—	—	—	—	—	—
	3E1	2.50	2.50	2.50	2.50	2.44	2.20	2.02	1.84	1.01	—	—	—	—	—	—	—	—	—	—	—	—	—	—	—
	4E0	2.50	2.50	2.50	2.50	2.44	2.14	2.02	1.86	1.72	1.60	1.47	1.35	1.23	1.10	0.88	0.70	0.55	—	—	—	—	—	—	—
	5E0	2.50	2.50	2.50	2.50	2.50	2.50	2.38	2.25	2.10	2.00	1.90	1.80	1.70	1.63	1.38	1.11	0.92	0.72	0.58	0.47	0.39	—	—	—
	5E1	2.50	2.50	2.50	2.50	2.33	2.21	2.11	2.04	1.96	1.93	1.89	1.86	1.82	1.79	1.76	1.57	1.37	1.23	1.08	0.98	0.88	—	—	—
	6E0	2.50	2.50	2.50	2.50	2.50	2.50	2.44	2.32	2.20	2.08	1.96	1.84	1.72	1.60	1.40	1.22	1.07	0.92	0.80	0.69	0.60	0.52	0.45	0.40
	6E1	2.50	2.50	2.50	2.50	2.50	2.50	2.50	2.50	2.50	2.50	2.50	2.12	1.73	1.34	1.14	0.96	0.83	0.70	0.59	0.51	0.44	—	—	—
	9E1	2.50	2.50	2.50	2.50	2.50	2.50	2.50	2.50	2.50	2.50	2.50	2.50	2.50	2.50	2.50	2.50	2.39	2.17	1.97	1.78	1.59	1.42	1.26	1.11
	10E0	2.50	2.15	1.92	1.75	1.63	1.51	1.44	1.38	1.33	1.32	1.31	1.30	1.29	1.29	1.25	1.21	1.17	1.13	1.09	1.01	0.92	0.85	0.77	0.70

续表

公称压力 PN	材料组别	温度/℃																							
		常温	100	150	200	250	300	350	400	450	460	470	480	490	500	510	520	530	540	550	560	570	580	590	600
		最大允许工作压力/MPa																							
25	10E1	2.50	2.50	2.50	2.22	2.08	1.98	1.91	1.85	1.81	1.80	1.79	1.78	1.77	1.77	—	—	—	—	—	—	—	—	—	—
	11E0	2.50	2.27	2.04	1.86	1.72	1.60	1.53	1.48	1.45	1.45	1.44	1.43	1.42	1.42	1.36	1.30	1.23	1.16	1.09	1.01	0.92	0.85	0.77	0.70
	12E0	2.50	2.47	2.33	2.21	2.10	1.98	1.91	1.85	1.81	1.81	1.80	1.79	1.78	1.77	1.76	1.75	1.73	1.71	1.69	1.53	1.40	1.27	1.14	1.02
	13E0	2.50	2.36	2.15	1.98	1.86	1.72	1.65	1.60	1.56	1.56	1.55	1.54	1.53	1.52	—	—	—	—	—	—	—	—	—	—
	14E0	2.50	2.50	2.27	2.10	1.98	1.85	1.78	1.71	1.68	1.68	1.67	1.66	1.65	1.65	1.65	1.64	1.64	1.63	1.63	1.60	1.58	1.56	1.54	1.40
	15E0	2.50	2.50	2.45	2.33	2.21	2.08	2.01	1.95	1.91	1.91	1.90	1.89	1.88	1.88	1.88	1.87	1.87	1.86	1.86	1.85	1.83	1.67	1.52	1.38
	16E0	2.50	2.50	2.50	2.50	2.50	—	—	—	—	—	—	—	—	—	—	—	—	—	—	—	—	—	—	—

公称压力 PN	材料组别	温度/℃																							
		常温	100	150	200	250	300	350	400	450	460	470	480	490	500	510	520	530	540	550	560	570	580	590	600
		最大允许工作压力/MPa																							
40	1E0	—	—	—	—	—	—	—	—	—	—	—	—	—	—	—	—	—	—	—	—	—	—	—	—
	2E0	4.00	3.24	3.08	2.84	2.60	2.36	2.00	1.40	—	—	—	—	—	—	—	—	—	—	—	—	—	—	—	—
	3E0	4.00	3.71	3.52	3.33	3.04	2.76	2.57	2.38	1.31	—	—	—	—	—	—	—	—	—	—	—	—	—	—	—
	3E1	4.00	4.00	4.00	4.00	3.90	3.52	3.23	2.98	1.61	—	—	—	—	—	—	—	—	—	—	—	—	—	—	—
	4E0	4.00	4.00	4.00	4.00	3.90	3.42	3.23	2.99	2.76	2.56	2.36	2.16	1.97	1.77	1.40	1.12	0.89	—	—	—	—	—	—	—
	5E0	4.00	4.00	4.00	4.00	4.00	4.00	3.80	3.60	3.37	3.20	3.04	2.88	2.72	2.60	2.20	1.79	1.48	1.16	0.93	0.76	0.62	—	—	—
	5E1	4.00	4.00	4.00	4.00	3.76	3.60	3.44	3.29	3.14	3.08	3.01	2.95	2.88	2.81	2.74	2.45	2.16	1.96	1.76	1.57	1.37	—	—	—
	6E0	4.00	4.00	4.00	4.00	4.00	4.00	3.90	3.71	3.52	3.33	3.14	2.95	2.76	2.57	2.24	1.96	1.71	1.48	1.29	1.10	0.97	0.83	0.72	0.64
	6E1	4.00	4.00	4.00	4.00	4.00	4.00	4.00	4.00	4.00	4.00	4.00	3.39	2.77	2.15	1.82	1.54	1.33	1.12	0.95	0.81	0.70	—	—	—
	9E1	4.00	4.00	4.00	4.00	4.00	4.00	4.00	4.00	4.00	4.00	4.00	4.00	4.00	4.00	4.00	4.00	3.82	3.48	3.16	2.85	2.55	2.28	2.01	1.79
	10E0	4.00	3.44	3.08	2.80	2.60	2.41	2.30	2.20	2.14	2.13	2.12	2.11	2.09	2.07	2.01	1.95	1.89	1.83	1.75	1.61	1.48	1.37	1.23	1.12
	10E1	4.00	4.00	4.00	3.56	3.33	3.18	3.06	2.97	2.90	2.89	2.88	2.86	2.84	2.83	—	—	—	—	—	—	—	—	—	—
	11E0	4.00	3.63	3.27	2.99	2.76	2.57	2.45	2.38	2.33	2.32	2.31	2.30	2.29	2.28	2.18	2.08	1.98	1.87	1.75	1.61	1.48	1.37	1.23	1.12
	12E0	4.00	4.00	3.73	3.54	3.37	3.18	3.06	2.97	2.90	2.89	2.88	2.87	2.85	2.83	2.81	2.79	2.76	2.73	2.70	2.45	2.24	2.03	1.82	1.63
	13E0	4.00	3.79	3.44	3.18	2.99	2.76	2.64	2.57	2.50	2.49	2.48	2.47	2.45	2.43	—	—	—	—	—	—	—	—	—	—
	13E1	4.00	3.82	3.47	3.11	2.93	2.76	2.67	2.58	2.52	2.51	2.50	2.49	2.47	2.45	—	—	—	—	—	—	—	—	—	—
	14E0	4.00	4.00	3.63	3.37	3.18	2.97	2.85	2.74	2.69	2.68	2.67	2.66	2.65	2.64	2.64	2.63	2.62	2.61	2.60	2.57	2.54	2.50	2.47	2.24
	15E0	4.00	4.00	3.92	3.73	3.54	3.33	3.21	3.12	3.06	3.05	3.04	3.03	3.02	3.00	3.00	3.00	2.99	2.99	2.99	2.96	2.93	2.68	2.43	2.20
	16E0	4.00	4.00	4.00	4.00	4.00	—	—	—	—	—	—	—	—	—	—	—	—	—	—	—	—	—	—	—

注：表中带灰色底纹的最大允许工作压力已考虑了材料用于该温度时的 100000h 的蠕变。

表 1-12-32　Class 150 法兰的压力-温度额定值（摘自 GB/T 9124.2—2019）

温度/℃	材料组号										
	1	1.1	1.2	1.3	1.4	1.9	1.1	1.13	1.14	1.15	1.17
－29～38	1.58	1.96	1.98	1.84	1.63	1.98	1.98	2.0	2.0	2	1.98
50	1.53	1.92	1.95	1.82	1.6	1.95	1.95	1.95	1.95	1.95	1.95
100	1.42	1.77	1.77	1.74	1.49	1.77	1.77	1.77	1.77	1.77	1.77
150	1.35	1.58	1.58	1.58	1.44	1.58	1.58	1.58	1.58	1.58	1.58
200	1.27	1.38	1.38	1.38	1.38	1.38	1.38	1.38	1.38	1.38	1.38
250	1.15	1.21	1.21	1.21	1.21	1.21	1.21	1.21	1.21	1.21	1.21
300	1.02	1.02	1.02	1.02	1.02	1.02	1.02	1.02	1.02	1.02	1.02
325	0.93	0.93	0.93	0.93	0.93	0.93	0.93	0.93	0.93	0.93	0.93
350	0.84	0.84	0.84	0.84	0.84	0.84	0.84	0.84	0.84	0.84	0.84
375	0.74	0.74	0.74	0.74	0.74	0.74	0.74	0.74	0.74	0.74	0.74
400	0.65	0.65	0.65	0.65	0.65	0.65	0.65	0.65	0.65	0.65	0.65
425	0.55	0.55	0.55	0.55	0.55	0.55	0.55	0.55	0.55	0.55	0.55
450	0.46	0.46	0.46	0.46	0.46	0.46	0.46	0.46	0.46	0.46	0.46
475	0.37	0.37	0.37	0.37	0.37	0.37	0.37	0.37	0.37	0.37	0.37
500		0.28	0.28	0.28	0.28	0.28	0.28	0.28	0.28	0.28	0.28
538		0.14	0.14	0.14	0.14	0.14	0.14	0.14	0.14	0.14	0.14

温度/℃	材料组号									
	2.1	2.2	2.3	2.4	2.5	2.6	2.7	2.8	2.11	3.4
－29～38	1.90	1.90	1.59	1.90	1.90	1.90	1.90	2.00	1.90	1.59
50	1.83	1.84	1.53	1.86	1.87	1.85	1.85	1.95	1.87	1.54
100	1.57	1.62	1.33	1.70	1.74	1.65	1.66	1.77	1.74	1.38
150	1.42	1.48	1.20	1.57	1.58	1.53	1.53	1.58	1.58	1.29
200	1.32	1.37	1.12	1.38	1.38	1.38	1.38	1.38	1.38	1.25
250	1.15	1.21	1.05	1.21	1.21	1.21	1.21	1.21	1.21	1.21
300	1.21	1.02	1.00	1.02	1.02	1.02	1.02	1.02	1.02	1.02
325	1.02	0.93	0.93	0.93	0.93	0.93	0.93	0.93	0.93	0.93
350	0.84	0.84	0.84	0.84	0.84	0.84	0.84		0.84	0.84
375	0.74	0.74	0.74	0.74	0.74	0.74	0.74		0.74	0.74
400	0.65	0.65	0.65	0.65	0.65	0.65	0.65		0.65	0.65
425	0.55	0.55	0.55	0.55	0.55	0.55	0.55		0.55	0.55
450	0.46	0.46	0.46	0.46	0.46	0.46	0.46		0.46	0.46
475	0.37	0.37		0.37	0.37	0.37	0.37		0.37	0.37
500	0.28	0.28		0.28	0.28	0.28	0.28		0.28	
538	0.14	0.14		0.14	0.14	0.14	0.14		0.14	

表 1-12-33　Class 300 法兰的压力-温度额定值（摘自 GB/T 9124.2—2019）

温度/℃	材料组号										
	1	1.1	1.2	1.3	1.4	1.9	1.1	1.13	1.14	1.15	1.17
≤38	3.95	5.11	5.17	4.8	4.26	5.17	5.17	5.17	5.17	5.17	5.17
50	3.85	5.01	5.17	4.75	4.18	5.17	5.17	5.17	5.17	5.17	5.15
100	3.56	4.66	5.15	4.53	3.88	5.15	5.15	5.15	5.15	5.15	5.04
150	3.39	4.51	5.02	4.39	3.76	4.97	5.03	5.03	5.03	5.03	4.82
200	3.18	4.38	4.86	4.25	3.64	4.8	4.86	4.86	4.86	4.86	4.63
250	2.88	4.19	4.63	4.08	3.49	4.63	4.63	4.63	4.63	4.63	4.48
300	2.57	3.98	4.29	3.87	3.32	4.29	4.29	4.29	4.29	4.29	4.29
325	2.48	3.87	4.14	3.76	3.22	4.14	4.14	4.14	4.14	4.14	4.14
350	2.39	3.76	4	3.64	3.12	4.03	4.03	4.03	4.03	4.03	4.03
375	2.29	3.64	3.78	3.5	3.04	3.89	3.89	3.89	3.89	3.89	3.89
400	2.19	3.47	3.47	3.26	2.93	3.65	3.65	3.65	3.65	3.65	3.65
425	2.12	2.88	2.88	2.73	2.58	3.52	3.52	3.52	3.52	3.52	3.52
450	1.96	2.3	2.3	2.16	2.14	3.37	3.37	3.37	3.37	3.37	3.37
475	1.35	1.74	1.71	1.57	1.41	3.17	3.17	2.79	3.17	3.17	2.79
500		1.18	1.16	1.11	1.03	2.57	2.82	2.14	2.82	2.82	2.14
538		0.59	0.59	0.59	0.59	1.48	1.84	1.37	1.75	2.52	1.37
550						1.27	1.56	1.2	1.5	2.5	1.2
575						0.88	1.05	0.89	1.05	2.4	0.88
600						0.61	0.69	0.62	0.72	1.95	0.61
625						0.43	0.45	0.4	0.5	1.46	0.4
650						0.28	0.28	0.24	0.35	0.99	0.24

温度/℃	材料组号									
	2.1	2.2	2.3	2.4	2.5	2.6	2.7	2.8	2.11	3.4
≤38	4.96	4.96	4.14	4.96	4.96	4.96	4.96	5.17	4.96	4.14
50	4.78	4.81	4.00	4.86	4.88	4.83	4.84	5.17	4.88	4.02
100	4.09	4.22	3.48	4.42	4.53	4.31	4.34	5.07	4.53	3.59
150	3.70	3.85	3.14	4.10	4.25	4.00	4.00	4.59	4.25	3.37
200	3.45	3.57	2.92	3.83	3.99	3.78	3.76	4.27	3.99	3.27
250	3.25	3.34	2.75	3.60	3.78	3.61	3.58	4.05	3.78	3.26
300	3.09	3.16	2.61	3.41	3.61	3.48	3.45	3.89	3.61	3.26
325	3.02	3.09	2.55	3.33	3.54	3.42	3.39	3.82	3.54	3.26
350	2.96	3.03	2.51	3.26	3.48	3.39	3.33		3.48	3.26
375	2.90	2.99	2.48	3.20	3.42	3.34	3.29		3.42	3.24
400	2.40	2.94	2.43	3.16	3.39	3.31	3.24		3.39	3.21
425	2.80	2.91	2.39	3.11	3.36	3.26	3.21		3.36	3.16
450	2.74	2.88	2.34	3.08	3.35	3.22	3.17		3.35	2.69
475	2.69	2.87		3.05	3.17	3.17	3.12		3.17	2.08
500	2.65	2.82		2.82	2.82	2.82	2.82		2.82	
538	2.44	2.52		2.52	2.52	2.52	2.52		2.52	

续表

温度	材料组号									
/℃	2.1	2.2	2.3	2.4	2.5	2.6	2.7	2.8	2.11	3.4
550	2.36	2.50		2.50	2.50	2.50	2.50		2.50	
575	2.08	2.40		2.40	2.40	2.22	2.22		2.40	
600	1.69	1.99		2.03	2.16	1.68	1.68		1.98	
625	1.38	1.58		1.58	1.83	1.25	1.25		1.39	
650	1.13	1.27		1.26	1.41	0.94	0.94		1.03	
675	0.93	1.03		0.99	1.24	0.72	0.72		0.80	
700	0.80	0.84		0.79	1.01	0.55	0.55		0.56	
725	0.68	0.70		0.63	0.79	0.43	0.43		0.40	
750	0.58	0.59		0.50	0.59	0.34	0.34		0.31	
775	0.46	0.46		0.40	0.46	0.27	0.27		0.25	
800	0.35	0.35		0.31	0.35	0.21	0.21		0.20	
816	0.28	0.28		0.26	0.28	0.18	0.18		0.19	

(3)用 PN 标记的法兰焊接端型式及尺寸（GB/T 9124.1—2019 附录 B）

① 板式平焊法兰和平焊环板式松套法兰与钢管连接的焊接接头形式和坡口尺寸应符合图 1-12-3 的规定。对于采用厚壁管的低压法兰，可以适当减小焊缝高度 f_1，但 f_1 不应小于钢管厚度 A。

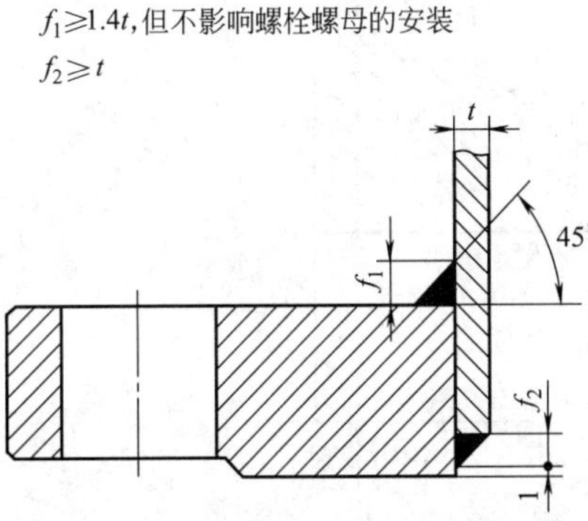

图 1-12-3　板式平焊法兰和平焊环板式松套法兰与钢管的焊接连接

② 带颈平焊法兰与钢管的焊接连接应符合图 1-12-4 的规定。对于采用厚壁管的低压法兰，可以适当减少焊缝高度 f_1，但 f_1 不应小于钢管厚度 t。

③ 承插焊法兰与钢管的焊接连接应符合图 1-12-5 的规定。对于采用厚壁管的低压法兰，可以适当减少焊缝高度 f_1，但 f_1 不应小于钢管厚度 t。

④ 对焊连接端的型式及尺寸

用 PN 标记的对焊法兰（WN）及 A 型对焊环板松套法兰（LPC）的对焊连接端应符合图 1-12-6 的规定。

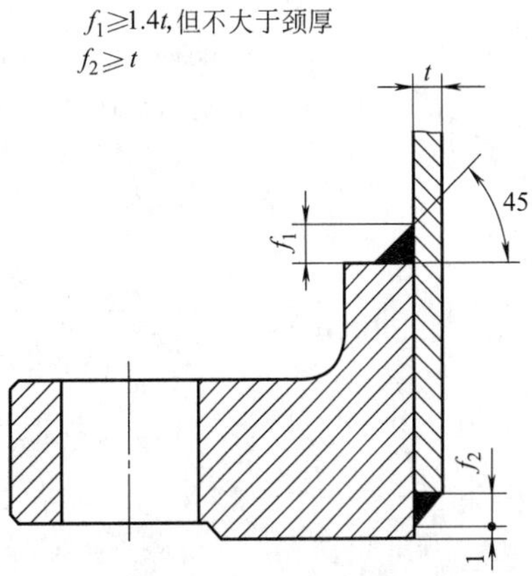

图 1-12-4　带颈平焊法兰与钢管的焊接连接

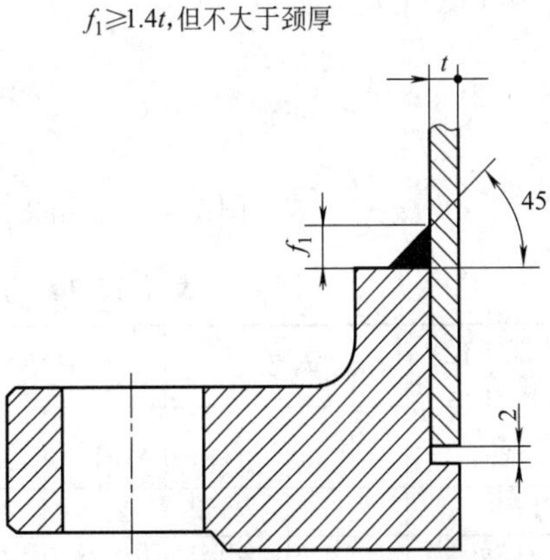

图 1-12-5　承插焊法兰与钢管的焊接连接

对焊法兰的对焊端壁厚见表 1-12-34。

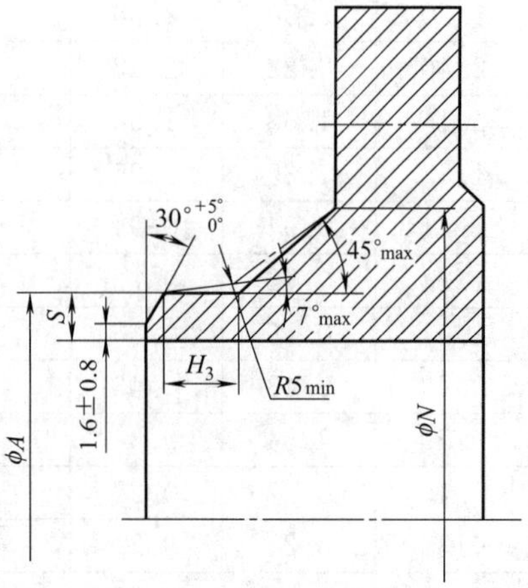

DN≤200时，H_3的最小值为6mm；DN≥250时，H_3的最小值为12mm。

(a)3mm<S<22mm

注：当法兰颈部厚度S≤3mm时、法兰对焊端部为直角。

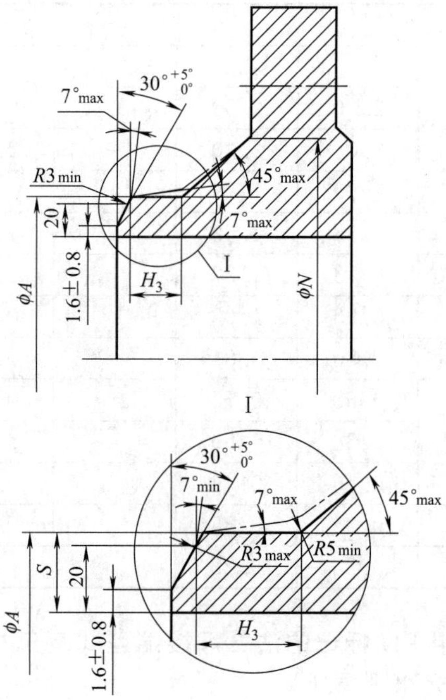

(b) S≥22mm

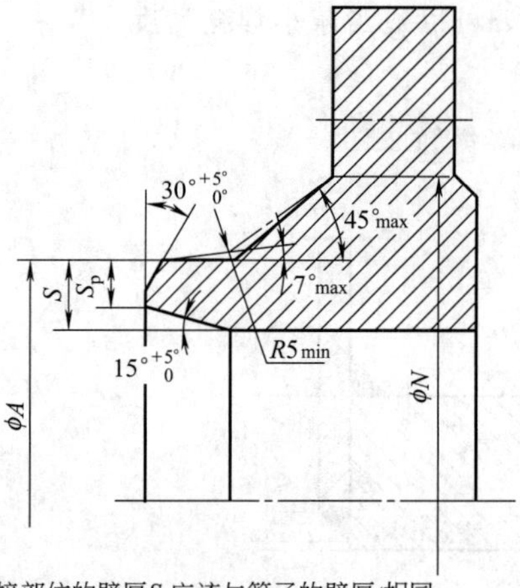

对焊端的连接部位的壁厚S_p应该与管子的壁厚t相同。

当法兰颈部厚度S＞管子壁厚t时

(c)

图 1-12-6　用 PN 标记的法兰对焊连接端的型式及尺寸

表 1-12-34　用 PN 标记的对焊法兰的对焊端壁厚　/mm

公称尺寸 DN	焊端外径（钢管外径） A	PN2.5		PN6		PN10		PN16		PN25		PN40	
		S	S_p	S	S_p	S	S_p	S	S_p	S	S_p	S	S_p
10	17.2	2.0	2.0	2.0	2.0	2.0	2.0	2.0	2.0	2.0	2.0	2.0	2.0
15	21.3	2.0	2.0	2.0	2.0	2.0	2.0	2.0	2.0	2.0	2.0	2.0	2.0
20	26.9	2.3	2.3	2.3	2.3	2.3	2.3	2.3	2.3	2.3	2.3	2.3	2.3
25	33.7	2.6	2.6	2.6	2.6	2.6	2.6	2.6	2.6	2.6	2.6	2.6	2.6

续表

公称尺寸 DN	焊端外径（钢管外径）A	PN2.5		PN6		PN10		PN16		PN25		PN40	
		S	S_p	S	S_p	S	S_p	S	S_p	S	S_p	S	S_p
32	42.4	2.6	2.6	2.6	2.6	2.6	2.6	2.6	2.6	2.6	2.6	2.6	2.6
40	48.3	2.6	2.6	2.6	2.6	2.6	2.6	2.6	2.6	2.6	2.6	2.6	2.6
50	60.3	2.9	2.9	2.9	2.9	2.9	2.9	2.9	2.9	2.9	2.9	2.9	2.9
65	73.0	2.9	2.9	2.9	2.9	2.9	2.9	2.9	2.9	2.9	2.9	2.9	2.9
80	88.9	3.2	3.2	3.2	3.2	3.2	3.2	3.2	3.2	3.2	3.2	3.2	3.2
100	114.3	3.6	3.6	3.6	3.6	3.6	3.6	3.6	3.6	3.6	3.6	3.6	3.6
125	141.3	4.0	4.0	4.0	4.0	4.0	4.0	4.0	4.0	4.0	4.0	4.0	4.0
150	168.3	4.5	4.5	4.5	4.5	4.5	4.5	4.5	4.5	4.5	4.5	4.5	4.5
200	219.1	6.3	6.3	6.3	6.3	6.3	6.3	6.3	6.3	6.3	6.3	6.3	6.3
250	273.0	6.3	6.3	6.3	6.3	6.3	6.3	6.3	6.3	7.1	7.1	7.1	7.1
300	323.9	7.1	7.1	7.1	7.1	7.1	7.1	7.1	7.1	8.0	8.0	8.0	8.0
350	355.6	7.1	7.1	7.1	7.1	7.1	7.1	8.0	8.0	8.0	8.0	8.0	8.0
400	406.4	7.1	7.1	7.1	7.1	7.1	7.1	8.0	8.0	8.8	8.8	11.0	11.0
450	457	7.1	7.1	7.1	7.1	7.1	7.1	8.0	8.0	8.8	8.8	12.5	12.5
500	508	7.1	7.1	7.1	7.1	7.1	7.1	8.8	8.0	10.0	10.0	14.2	14.2
600	610	7.1	7.1	7.1	7.1	8.0	7.1	11.0	8.8	12.5	11.0	16.0	16.0

⑤ B 型对焊环板式松套法兰对焊端型式见图 1-12-7，对焊端的壁厚见表 1-12-35。

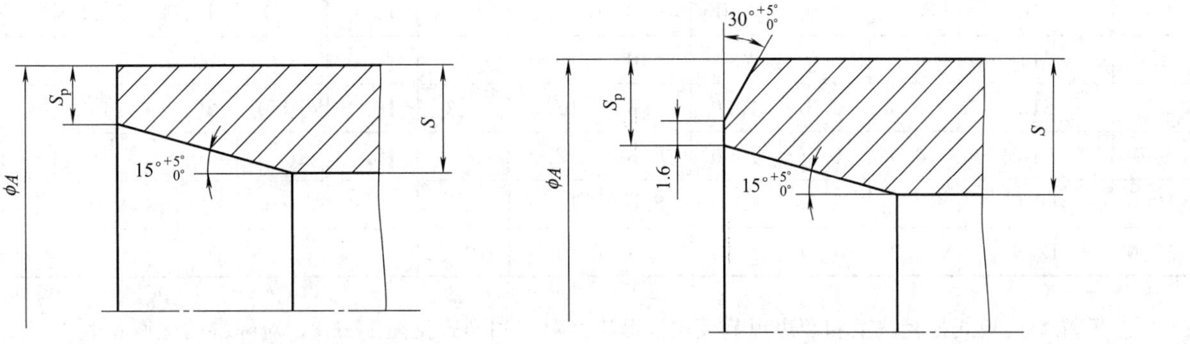

(a) $S_p \leq 3.2$mm时的对焊端型式　　(b) $S_p > 3.2$mm时的对焊端型式

图 1-12-7　B 型对焊环板式松套法兰对焊端型式

表 1-12-35　B 型对焊环板式松套法兰对焊端的壁厚　　/mm

公称尺寸 DN	焊端外径（钢管外径）A	PN2.5		PN6		PN10		PN16		PN25		PN40	
		S	S_p	S	S_p	S	S_p	S	S_p	S	S_p	S	S_p
10	17.2	3.0	2.0	3.0	2.0	3.0	2.0	3.0	2.0	3.0	2.0	3.0	2.0
15	21.3	3.0	2.0	3.0	2.0	3.0	2.0	3.0	2.0	3.0	2.0	3.0	2.0
20	26.9	3.0	2.0	3.0	2.0	3.0	2.0	3.0	2.0	3.0	2.0	3.0	2.0
25	33.7	3.0	2.0	3.0	2.0	3.0	2.0	3.0	2.0	3.0	2.0	3.0	2.0

续表

公称尺寸 DN	焊端外径（钢管外径）A	PN2.5		PN6		PN10		PN16		PN25		PN40	
		S	S_p	S	S_p	S	S_p	S	S_p	S	S_p	S	S_p
32	42.4	3.0	2.0	3.0	2.0	3.0	2.0	3.0	2.0	3.0	2.0	3.0	2.0
40	48.3	3.0	2.0	3.0	2.0	3.0	2.0	3.0	2.0	3.0	2.0	3.0	2.0
50	60.3	3.0	2.0	3.0	2.0	3.0	2.0	3.0	2.0	4.0	2.6	4.0	2.6
65	73.0	4.0	2.0	4.0	2.0	4.0	2.0	4.0	2.0	6.0	2.6	5.0	2.6
80	88.9	4.0	2.0	4.0	2.0	4.0	2.0	4.0	2.0	6.0	2.6	6.0	2.6
100	114.3	4.0	2.0	4.0	2.0	4.0	2.0	4.0	2.0	6.0	3.2	6.0	3.2
125	141.3	5.0	2.0	5.0	2.0	5.0	2.0	5.0	2.0	6.0	3.2	6.0	3.2
150	168.3	6.0	2.0	6.0	2.0	6.0	2.0	6.0	2.0	8.0	3.2	8.0	4.0
200	219.1	6.0	2.6	6.0	2.6	6.0	2.6	6.0	2.6	8.0	3.2	10.0	5.0
250	273.0	8.0	3.2	8.0	3.2	8.0	3.2	8.0	3.2	10.0	5.0	12.0	6.3
300	323.9	8.0	3.2	8.0	3.2	8.0	3.2	10.0	4.0	10.0	6.3	12.0	8.0
350	355.6	8.0	3.2	8.0	3.2	8.0	3.2	10.0	4.0	12.0	6.3	14.0	8.0
400	406.4	8.0	3.2	8.0	3.2	8.0	3.2	12.0	5.0	14.0	8.0	16.0	10.0
450	457	8.0	3.6	8.0	3.6	8.0	3.6	12.0	5.0	15.0	8.0	—	—
500	508	8.0	4.0	8.0	4.0	8.0	4.0	12.0	6.3	16.0	10.0	—	—
600	610	8.0	5.0	8.0	5.0	10.0	5.0	12.0	8.0	18.0	10.0	—	—
700	711	8.0	5.0	8.0	5.0	10.0	6.3	14.0	8.0	20.0	14.2	—	—
800	813	10.0	6.3	10.0	6.3	12.0	6.3	16.0	10.0	20.0	14.2	—	—
900	914	10.0	6.3	10.0	6.3	12.0	8.0	18.0	10.0	—	—	—	—
1000	1016	12.0	8.0	12.0	8.0	12.0	8.0	18.0	10.0	—	—	—	—
1200	1219	14.0	10.0	14.0	10.0	16.0	10.0	—	—	—	—	—	—

⑥ 管端翻边板式松套法兰和翻边短节板式松套法兰对焊端型式见图 1-12-8，对焊端的壁厚见表 1-12-36。

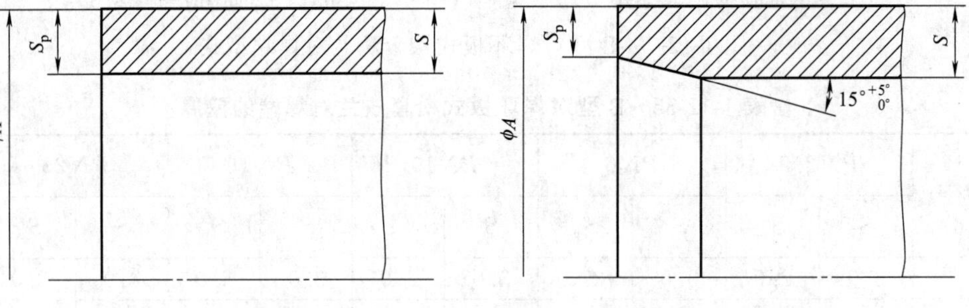

(a) $S=S_p$时的对焊端型式　　(b) $S>S_p$时的对焊端型式

图 1-12-8　翻边短节板式松套法兰和长颈翻边短节板式松套法兰对焊端型式

表 1-12-36 管端翻边板式松套法兰和翻边短节板式松套法兰对焊端壁厚 /mm

公称尺寸 DN	焊端外径（钢管外径）A	管端翻边板式松套法兰				翻边短节板式松套法兰			
		PN2.5～PN10		PN16		PN2.5～PN10		PN16	
		S	S_p	S	S_p	S	S_p	S	S_p
10	17.2	2.0	2.0	2.0	2.0	2.0	2.0	2.0	2.0
15	21.3	2.0	2.0	2.0	2.0	2.0	2.0	2.0	2.0
20	26.9	2.0	2.0	2.0	2.0	2.6	2.6	2.6	2.6
25	33.7	2.0	2.0	2.0	2.0	2.6	2.6	2.6	2.6
32	42.4	2.0	2.0	2.0	2.0	3.2	3.2	3.2	3.2
40	48.3	2.0	2.0	2.0	2.0	3.2	3.2	3.2	3.2
50	60.3	2.0	2.0	2.0	2.0	3.2	3.2	3.2	3.2
65	73.0	2.0	2.0	2.0	2.0	3.2	3.2	3.2	3.2
80	88.9	2.0	2.0	2.0	2.0	3.2	3.2	3.2	3.2
100	114.3	3.2	3.2	3.2	3.2	3.2	3.2	3.2	3.2
125	141.3	3.2	3.2	3.5	3.2	4.0	3.2	4.0	3.2
150	168.3	3.5	3.2	4.5	3.2	5.0	3.2	5.0	3.2
200	219.1	4.5	3.2	5.6	3.2	5.0	3.2	6.0	3.2
250	273.0	—	—	—	—	8.0	3.2	10.0	3.2
300	323.9	—	—	—	—	8.0	3.2	10.0	4.0
350	355.6	—	—	—	—	8.0	3.2	10.0	4.0
400	406.4	—	—	—	—	8.0	3.2	10.0	4.0
450	457	—	—	—	—	8.0	3.2	—	—
500	508	—	—	—	—	8.0	3.2	—	—

（4）用 Cross 标记的法兰焊接端型式及尺寸（摘自 GB/T 9124.2—2019 附录 D）

① 对焊连接端的型式及尺寸

对焊法兰的对焊连接端应符合图 1-12-9，图 1-12-10 及图 1-12-11 的规定。

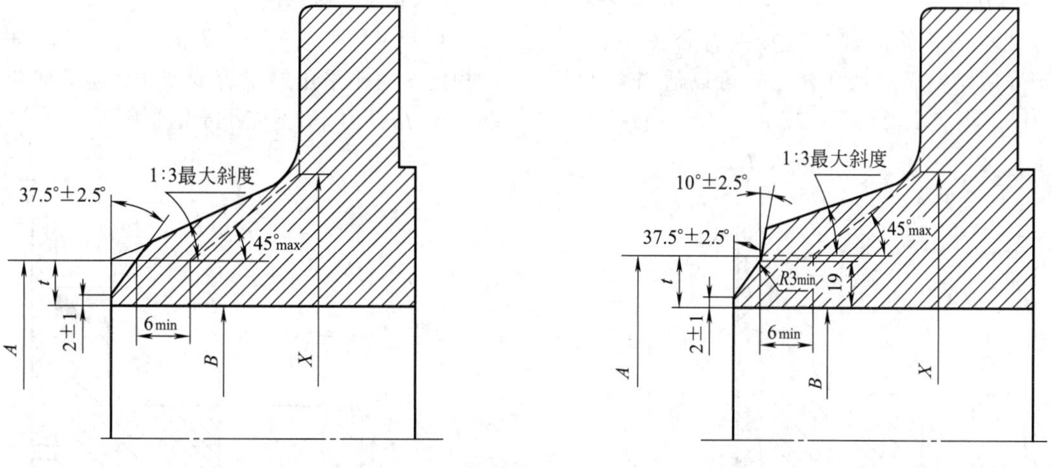

(a) 壁厚 $t\leqslant$22mm 时的坡口型式和尺寸　(b) 壁厚 $t>$22mm 时的坡口型式和尺寸

图 1-12-9 无衬环的对焊法兰的焊接坡口型式及尺寸

A—管子的公称外径；B—管子的公称内径；t—管子的公称壁厚。

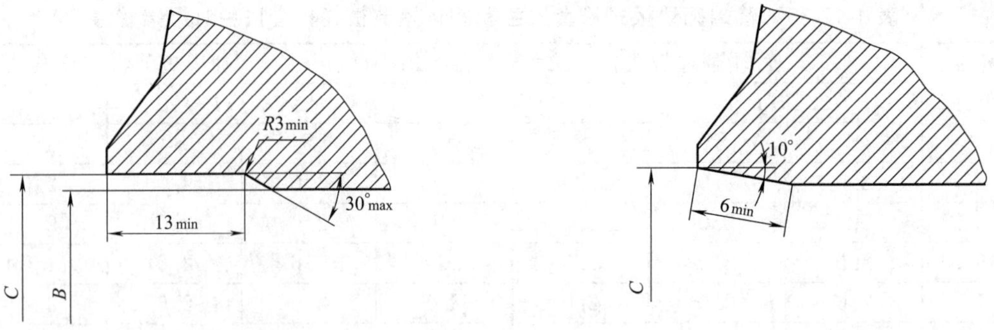

(a) 使用矩形衬环的内壁形状　　(b) 使用锥形衬环的内壁形状

图 1-12-10　有衬环的对焊法兰的焊接坡口和尺寸

A—焊接端公称外径；B—管子的公称内径$=A-2t=A-0.79\text{mm}-1.75t-0.25\text{mm}$；$t$—公称壁厚；$1.75t$—公称壁厚的 $87.5\%\times2$，折合成直径方向；0.25mm—直径 C 的正偏差；0.79mm—管子外径的负偏差。

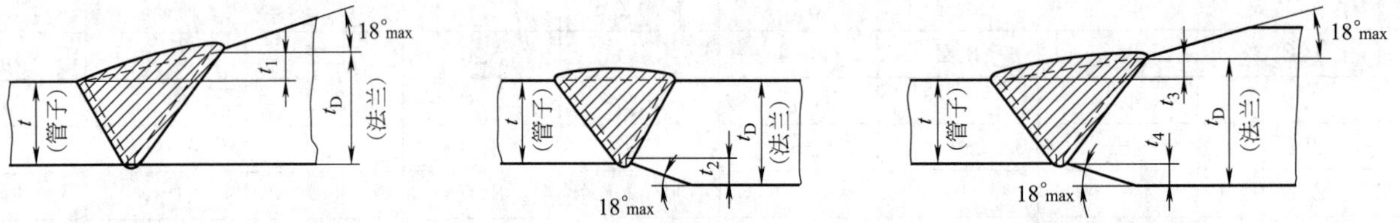

(a) 外加厚坡口　　(b) 内加厚坡口　　(c) 内外同时加厚的坡口

技术要求：

1. t_1，t_2 或 t_3+t_4 都不应超过 $0.5t$。
2. 当相连部件的最小规定屈服强度不相等时，t_D 值至少应等于 t 乘以管子对法兰的最小规定屈服强度的比值，但不应大于 $1.5t$
3. 焊接应符合有关标准规范的要求。
4. 与较高强度管子焊接时，对焊法兰的焊接端部需要附加厚度。

图 1-12-11　法兰对焊端壁厚与管子壁厚不相同时的焊接

② 带颈平焊法兰

带颈平焊法兰与钢管的焊接连接应符合图 1-12-12 的规定。对于采用厚壁管的低压法兰，可以适当减少焊缝高度 f_1，但 f_1 不应小于钢管厚度 t。

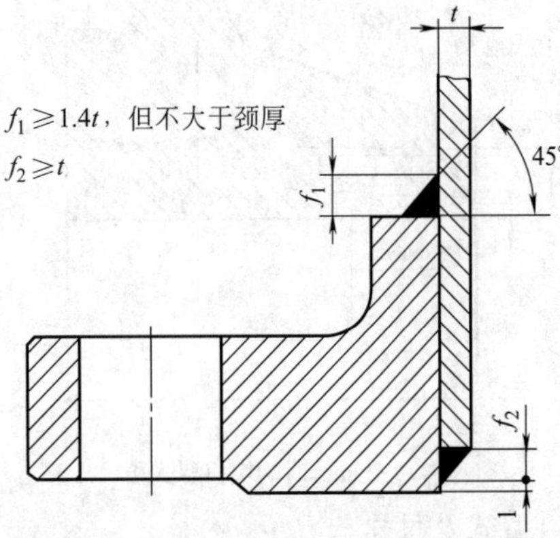

图 1-12-12　带颈平焊法兰与钢管的焊接连接

③ 带颈承插焊法兰

带颈承插焊法兰与钢管的焊接连接应符合图 1-12-13 的规定。对于采用厚壁管的低压法兰，可以适当减少焊缝高度 f_1，但 f_1 不应小于钢管厚度 t。

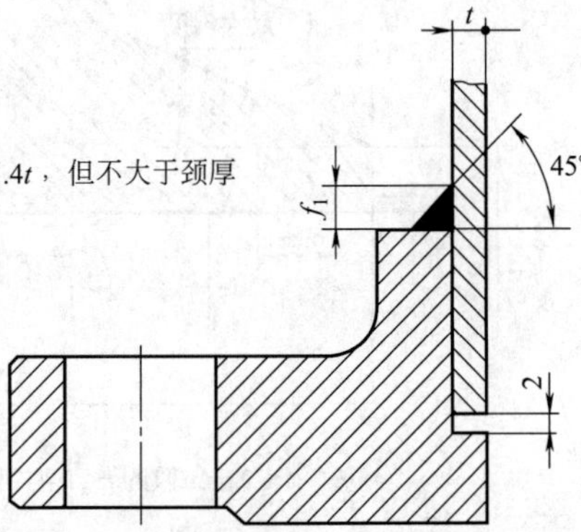

图 1-12-13　带颈承插焊法兰与钢管的焊接连接

参考文献

[1] 成大先. 机械设计手册：第1卷. 第6版. 北京：化学工业出版社，2016.
[2] 闻邦椿. 零部件设计常用基础标准：单行本. 第5版. 北京：机械工业出版社，2014.
[3] 于惠力，冯新敏. 简明机械设计手册：机械工程师版. 北京：机械工业出版社，2017.
[4] 徐灏. 机械设计手册：第1卷. 第2版. 北京：机械工业出版社，2000.
[5] 成大先. 机械设计手册：第1卷. 第4版. 北京：化学工业出版社，2002.
[6] 吴宗泽. 机械设计师手册：上册. 第2版. 北京：机械工业出版社，2009.
[7] 汪恺. 机械工业基础标准应用手册. 北京：机械工业出版社，2001.
[8] 闻邦椿. 常用设计资料与零件结构设计工艺性：单行本. 第5版. 北京：机械工业出版社，2014.

第2篇

机械设计常用材料

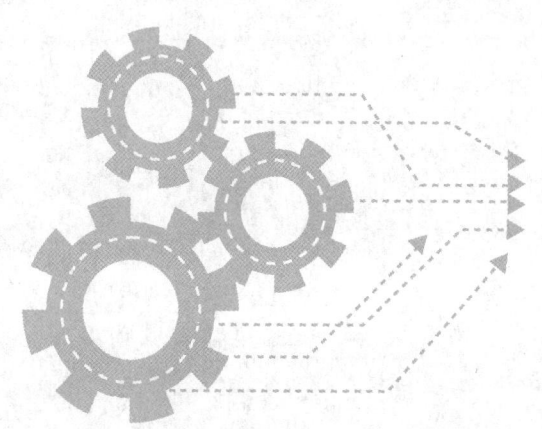

第1章 黑色金属材料

1.1 黑色金属材料的表示方法

表 2-1-1 钢铁产品牌号中常用化学元素符号（摘自 GB/T 221—2008）

元素名称	铬	镍	硅	锰	铝	硫	磷	钨	钼	钒	钛	铜	铁	硼	钴	氮	铌	钽	钙	镁	锡	铅	硒	碳	砷	稀土	氧	氢
化学元素符号	Cr	Ni	Si	Mn	Al	S	P	W	Mo	V	Ti	Cu	Fe	B	Co	N	Nb	Ta	Ca	Mg	Sn	Pb	Se	C	As	RE	O	H

表 2-1-2 钢铁产品名称、用途、特性和工艺方法表示符号（摘自 GB/T 221—2008）

名称	采用的汉字及汉语拼音		采用符号	字体	位置
	汉字	汉语拼音			
炼钢用生铁	炼	LIAN	L	大写	牌号头
铸造用生铁	铸	ZHU	Z	大写	牌号头
球墨铸铁用生铁	球	QIU	Q	大写	牌号头
脱碳低磷粒铁	脱粒	TUO LI	TL	大写	牌号头
含钒生铁	钒	FAN	F	大写	牌号头
耐磨生铁	耐磨	NAI MO	NM	大写	牌号头
碳素结构钢	屈	QU	Q	大写	牌号头
低合金高强度钢	屈	QU	Q	大写	牌号头
耐候钢	耐候	NAI HOU	NH	大写	牌号尾
保证淬透性钢			H	大写	牌号尾
易切削非调质钢	易非	YI FEI	YF	大写	牌号头
热锻用非调质钢	非	FEI	F	大写	牌号头
易切削钢	易	YI	Y	大写	牌号头
电工用热轧硅钢	电热	DIAN RE	DR	大写	牌号头
电工用冷轧无取向硅钢	无	WU	W	大写	牌号中
电工用冷轧取向硅钢	取	QU	Q	大写	牌号中
电工用冷轧取向高磁感硅钢	取高	QU GAO	QG	大写	牌号中
(电讯用)取向高磁感硅钢	电高	DIAN GAO	DG	大写	牌号头
电磁纯铁	电铁	DIAN TIE	DT	大写	牌号头
碳素工具钢	碳	TAN	T	大写	牌号头
塑料模具钢	塑模	SU MO	SM	大写	牌号头
(滚珠)轴承钢	滚	GUN	G	大写	牌号头
焊接用钢	焊	HAN	H	大写	牌号头
钢轨钢	轨	GUI	U	大写	牌号头
铆螺钢	铆螺	MAO LUO	ML	大写	牌号头
锚链钢	锚	MAO	M	大写	牌号头
地质钻探钢管用钢	地质	DI ZHI	DZ	大写	牌号头
船用钢			采用国际符号		
汽车大梁用钢	梁	LIANG	L	大写	牌号尾
矿用钢	矿	KUANG	K	大写	牌号尾
压力容器用钢	容	RONG	R	大写	牌号尾
桥梁用钢	桥	QIAO	q	小写	牌号尾
锅炉用钢	锅	GUO	g	小写	牌号尾
焊接气瓶用钢	焊瓶	HAN PING	HP	大写	牌号尾
车辆车轴用钢	辆轴	LIANG ZHOU	LZ	大写	牌号头
机车车轴用钢	机轴	JI ZHOU	JZ	大写	牌号头
管线用钢			S	大写	牌号头
沸腾钢	沸	FEI	F	大写	牌号尾

续表

名称	采用的汉字及汉语拼音		采用符号	字体	位置
	汉字	汉语拼音			
半镇静钢	半	BAN	b	小写	牌号尾
镇静钢	镇	ZHEN	Z	大写	牌号尾
特殊镇静钢	特镇	TE ZHEN	TZ	大写	牌号尾
质量等级			A	大写	牌号尾
			B	大写	牌号尾
			C	大写	牌号尾
			D	大写	牌号尾
			E	大写	牌号尾

注：没有汉字及汉语拼音的采用符号为英文字母。

表 2-1-3 钢铁产品牌号表示方法（摘自 GB/T 221—2000）

产品名称	牌号表示方法	牌号示例
碳素结构钢	1. 碳素结构钢(GB 700—2006) Q ××× × × ×（末位）—脱氧方法(F、b、Z、TZ) ×—质量等级(A、B、C、D) ×××—屈服强度数值，MPa Q—代表屈服强度的符号 注：1. F—沸腾钢；b—半镇静钢；Z—镇静钢；TZ—特殊镇静钢 2. 镇静钢符号 Z、特殊镇静钢符号 TZ 在牌号中可省略	C 级、屈服强度为 235MPa 的碳素结构沸腾钢牌号：Q235CF
	2. 低合金高强度结构钢(GB/T 1591—2018) 牌号表示方法与碳素结构钢相同，但不标脱氧方法的符号	A 级、屈服强度为 345MPa 的高强度结构钢牌号：Q345A
	3. 专用碳素结构钢 牌号表示方法与碳素结构钢相同，仅在牌号末尾加钢的用途符号	• 压力容器用钢：Q235R • 锅炉用钢：Q390g • 焊接气瓶用钢：Q295HP
	4. 耐候钢 牌号表示方法与碳素结构钢相同，仅在牌号末尾加耐候符号“NH”	Q340NH
优质碳素结构钢、优质碳素弹簧钢、专用优质碳素结构钢	1. 优质碳素结构钢 牌号用两位阿拉伯数字和表 2-1-1、表 2-1-2 规定的符号表示。两位阿拉伯数字表示平均含碳量(以万分之几计) • 高级优质碳素结构钢 其牌号为在优质碳素结构钢牌号后加符号“A”。 • 特级优质碳素结构钢 其牌号为在优质碳素结构钢牌号后加符号“E”	10 b b—半镇静钢 10—含碳量为万分之十 • 20A • 45E
	2. 优质碳素弹簧钢 牌号表示方法与优质碳素结构钢相同	50Mn
	3. 专用优质碳素结构钢 牌号为在优质碳素结构钢牌号后加钢的用途符号	20 锅炉钢牌号：20g
合金结构钢和合金弹簧钢	1. 合金结构钢 • 牌号用阿拉伯数字和表 2-1-1 规定的合金元素符号表示。牌号头部用两位阿拉伯数字表示平均含碳量(以万分之几计) • 合金元素含量的表示方法如下： 合金平均含量小于 1.5%时，在牌号中仅表示元素，一般不标元素的含量；合金平均含量为 1.50%～2.49%、2.50%～3.49%、3.50%～4.49%、4.50%～5.49%、…、10%在合金元素后相应写 2、3、4、5、…、10	30CrMnSi 12Cr2Ni4

续表

产品名称	牌号表示方法	牌号示例
合金结构钢和合金弹簧钢	2. 高级优质合金结构钢 牌号为在优质合金结构钢牌号后加符号“A”	30CrMnSiA
	3. 特级优质合金结构钢 牌号为在优质合金结构钢牌号后加符号“E”	30CrMnSiE
	4. 专用合金结构钢 牌号为在优质合金结构钢牌号的头部或尾部加钢的用途符号	ML30CrMnSi └铆螺钢
	5. 合金弹簧钢 • 牌号表示方法与合金结构钢相同 • 高级优质弹簧钢的牌号为在合金弹簧钢牌号后加符号“A”	• 60Si2Mn • 60Si2MnA
易切削钢	牌号用表 2-1-1、表 2-1-2 规定的符号和阿拉伯数字表示，在牌号前加符号“y”。阿拉伯数字表示平均含碳量(以万分之几计) • 加硫或加硫磷易切削钢的牌号，在其牌号的符号“y”和阿拉伯数字后不加易切削元素 • 较高含锰量(Mn≤1.50%)的加硫或加硫磷易切削钢，在其牌号的符号“y”和阿拉伯数字后加锰元素符号“Mn” • 含钙、铅等易切削元素的易切削钢，在其牌号的符号“y”和阿拉伯数字后加易切削元素	y10 • y15(加硫易切削钢) • y40Mn(加硫含锰易切削钢) • y45Ca、y15Pb
非调质机械结构钢	牌号表示方法与合金结构钢相同，只是在牌号前分别加符号“YF”(表示易切削非调质钢)和符号“F”(表示热锻用非调质钢)	YF35V F45V
不锈钢和耐热钢	1. 不锈钢和耐热钢牌号用表 2-1-1 规定的符号和阿拉伯数字表示	2Cr13
	2. 易切削不锈钢和易切削耐热钢的牌号是在不锈钢、耐热钢牌号头部加符号“y”	y1Cr17
	3. 牌号中表示含碳量的阿拉伯数字按下列规定： • 一般用一位阿拉伯数字表示平均含碳量(以千分之几计)；当平均含碳量 $w(C)\geqslant1.00\%$时，采用两位阿拉伯数字表示平均含碳量 • 当含碳量上限小于 0.1%时，阿拉伯数字为“0” • 当含碳量上限为 $0.01\%<w(C)\leqslant0.03\%$时(超低碳)，阿拉伯数字为“03” • 当含碳量上限为 $w(C)\leqslant0.01\%$时(极低碳)，阿拉伯数字为“01” • 当含碳量没有规定时，用阿拉伯数字表示含碳量的上限值。	11Cr17 0Cr18Ni9 03Cr19Ni10 01Cr19Ni11
	4. 牌号中合金元素的含量表示方法与合金结构钢相同	
焊接用钢	1. 焊接用钢(碳素钢、合金钢、不锈钢等)的牌号表示方法是在各类焊接用钢牌号头部加符号“H”	H08 H08Mn2Si H1Cr19Ni9
	2. 高级优质焊接用钢的牌号表示方法是在焊接用钢牌号尾部加符号“A”	H08A H08Mn2SiA
轴承钢	1. 高碳铬轴承钢 牌号是在钢的牌号头部加符号“G”，但不标明含碳量；含铬量以千分之几计；其他合金元素含量表示方法与合金结构钢相同	GCr15
	2. 渗碳轴承钢 牌号采用合金结构钢的牌号表示方法，仅在牌号头部加符号“G” 高级优质渗碳轴承钢牌号是在渗碳轴承钢牌号尾部加符号“A”	G20CrNiMo G20CrNiMoA
	3. 高碳铬不锈轴承钢和高温轴承钢 牌号采用不锈钢和耐热钢的牌号表示方法，在牌号头部不加符号“G”	10Cr14Mo4
工具钢	1. 碳素工具钢 牌号采用表 2-1-1、表 2-1-2 规定的符号和阿拉伯数字表示，在牌号头部加符号“T”；阿拉伯数字表示平均含碳量(以千分之几计)	T9 T8Mn

续表

产品名称	牌号表示方法	牌号示例
工具钢	2. 高级优质碳素工具钢 牌号是在碳素工具钢牌号尾部加符号“A”	T9A
	3. 合金工具钢和高速工具钢 牌号表示方法与合金结构钢相同。钢的平均含碳量 w(C)<1.00%时,采用一位阿拉伯数字表示其平均含碳量(以千分之几计)	Cr12MoV W6Mo5CrV2 8MnSi
	4. 低铬[平均 w(Cr)<1%]合金工具钢 牌号是在含铬量的数字前加数字“0”	Cr06
高电阻电热合金	高电阻电热合金牌号的表示方法与不锈钢和耐热钢牌号的表示方法相同。在镍铬基合金牌号中不标出含碳量	0Cr25Al5

1.1.1 铸钢牌号表示方法(摘自 GB/T 5613—2014)

铸钢牌号表示方法示例:

碳素铸钢

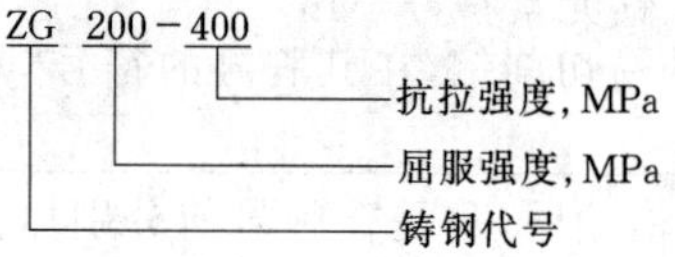

合金铸钢

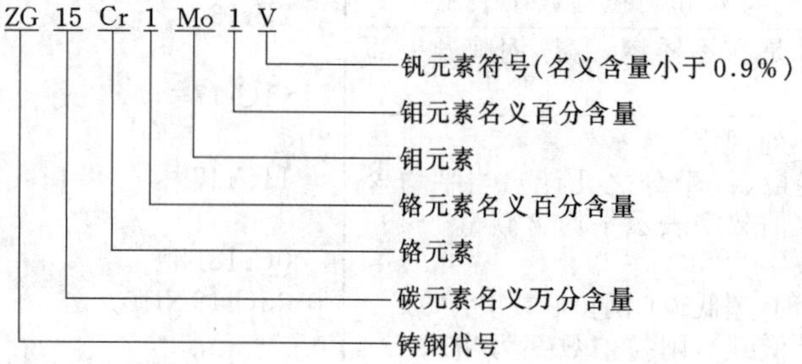

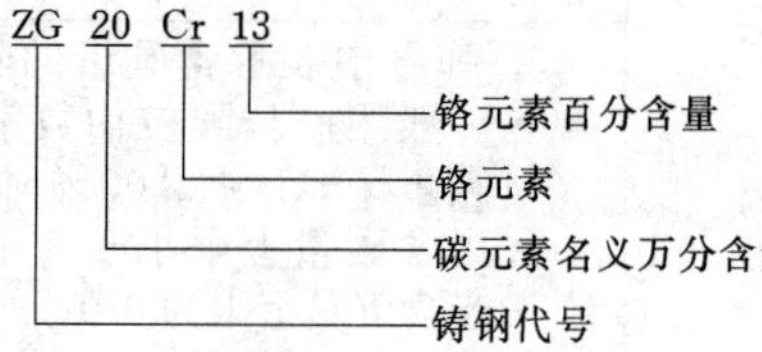

1.1.2 铸铁牌号表示方法(摘自 GB/T 5612—2008)

表 2-1-4 铸铁名称、代号、牌号表示方法

铸铁名称	代号	牌号表示方法实例	铸铁名称	代号	牌号表示方法实例
灰铸铁	HT	HT250,HT Cr-300	耐热球墨铸铁	QTR	QTR Si5
奥氏体灰铸铁	HTA	HTA Ni20Cr2	耐蚀球墨铸铁	QTS	QTS Ni20Cr2
冷硬灰铸铁	HTL	HTL Cr1Ni1Mo	蠕墨铸铁	RuT	RuT 420
耐磨灰铸铁	HTM	HTM Cu1CrMo	白心可锻铸铁	KTB	KTB350-04
耐热灰铸铁	HTR	HTR Cr	黑心可锻铸铁	KTH	KTH350-10
耐蚀灰铸铁	HTS	HTS Ni2Cr	珠光体可锻铸铁	KTZ	KTZ650-02
球墨铸铁	QT	QT400-18	抗磨白口铸铁	BTM	BTM Cr15Mo
奥氏体球墨铸铁	QTA	QTA Ni30Cr3	耐热白口铸铁	BTR	BTRCr16
冷硬球墨铸铁	QTL	QTL Cr Mo	耐蚀白口铸铁	BTS	BTSCr28
抗磨球墨铸铁	QTM	QTM Mn8-30			

铸铁牌号结构形式示例：

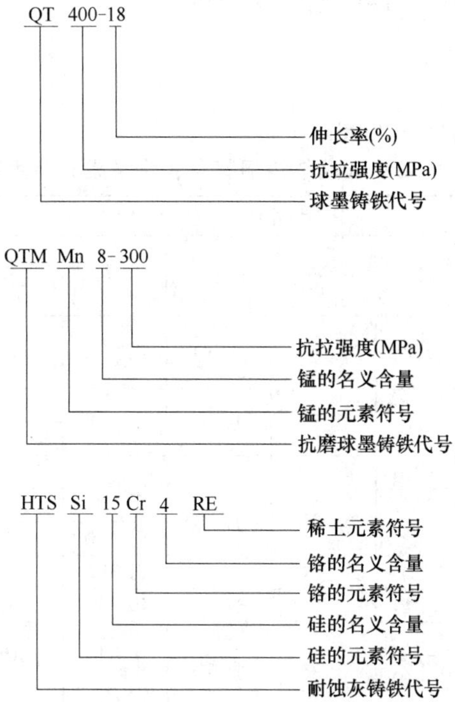

1.2 金属材料的力学性能代号

表 2-1-5 金属材料的力学性能代号

代号	名称	单位	代 号	名称	单位
R_m	抗拉强度	MPa	A	断后伸长率	%
R_p	规定非比例延伸强度		Z	断面收缩率	%
R_{eL}	下屈服极限		KV	冲击吸收能量	J
R_{eH}	上屈服极限		KU		
R_{mc}	抗压强度		HBW	布氏硬度	MPa
R_{eLc}	下压缩屈服极限		HRC	洛氏硬度 C 级	
R_{eHc}	上压缩屈服极限		HRA	洛氏硬度 A 级	
τ_m	扭转强度		HRB	洛氏硬度 B 级	
τ_p	规定非比例扭转强度		HV	维氏硬度	
σ_{-1}	疲劳极限		HS	肖氏硬度	
R_{bb}	抗弯强度		E	弹性模量	MPa
μ	泊松比		G	切变模量	MPa

1.3 各类钢铁材料的化学成分、力学性能及用途

1.3.1 碳素结构钢及合金结构钢

1.3.1.1 碳素结构钢（摘自 GB/T 700—2006）

表 2-1-6 碳素结构钢牌号、化学成分及用途

牌号	统一数字代号	等级	厚度（或直径）/mm	化学成分（质量分数）/% ≤ C	Si	Mn	P	S	脱氧方法	用途
Q195	U11952	—		0.12	0.30	0.50	0.035	0.040	F、Z	载荷小的零件、冲压件及焊接件
Q215	U12152	A		0.15	0.35	1.20	0.045	0.050	F、Z	垫圈、渗碳零件及焊接件
	U12155	B						0.045		
Q235	U12352	A		0.22	0.35	1.40	0.045	0.050	F、Z	金属结构件，心部强度低的渗碳零件、螺栓、螺母、轴及焊接件，C、D 级用于重要的焊接构件
	U12355	B		0.20				0.045		
	U12358	C		0.17			0.040	0.040	Z	
	U12359	D					0.035	0.035	TZ	
Q275	U12752	A		0.24	0.35	1.50	0.045	0.050	F、Z	轴、吊钩等低强度零件，焊接性尚可
	U12755	B	≤40	0.21			0.045	0.045	Z	
			>40	0.22						
	U12758	C		0.20			0.040	0.040	Z	
	U12759	D					0.035	0.035	TZ	

注：1. 表中为镇静钢、特殊镇静钢牌号的统一数字，沸腾钢牌号的统一数字代号分别为 Q195F—U11950；Q215AF—U12150，Q215BF—U12153；Q235AF—U12350，Q235BF—U12353；Q275AF—U12750。

2. 经需方同意，Q235B 的含碳量可不大于 0.22%。

3. 脱氧方法符号分别为沸腾钢 F、镇静钢 Z、特殊镇静钢 TZ。

表 2-1-7 碳素结构钢的力学性能

牌号	等级	屈服强度 R_{eH}/MPa ≥ 厚度（或直径）/mm ≤16	>16~40	>40~60	>60~100	>100~150	>150~200	抗拉强度② R_m /MPa	断后伸长率 A/% ≥ 厚度（或直径）/mm ≤40	>40~60	>60~100	>100~150	>150~200	冲击试验（V 形缺口）温度/℃	冲击吸收能量（纵向）/J ≥
Q195①	—	195	185	—	—	—	—	315~430	33	—	—	—	—	—	—
Q215	A	215	205	195	185	175	165	335~450	31	30	29	27	26		
	B													20	27
Q235③	A	235	225	215	215	195	185	370~500	26	25	24	22	21	—	—
	B													20	27
	C													0	
	D													−20	
Q275	A	275	265	255	245	225	215	410~540	22	21	20	18	17	—	—
	B													20	27
	C													0	
	D													−20	

① Q195 的屈服强度值仅供参考，不作交货条件。

② 厚度大于 100mm 的钢材，抗拉强度下限允许降低 20MPa，宽带钢（包括剪切钢板）抗拉强度上限不作交货条件。

③ 厚度小于 25mm 的 Q235B 钢材，如供方能保证冲击吸收功合格，经需方同意，可不进行检验。

注：碳素结构钢小尺寸冲击试样的冲击吸收能量可以按下式计算，即 $W=2.7B$（B 为试件宽度，mm，在此取 $B=5\sim10$mm；W 为缺口试件冲击吸收能量，J）。

1.3.1.2 优质碳素结构钢（摘自 GB/T 699—2015）

表 2-1-8 优质碳素结构钢的化学成分和力学性能

统一数字代号	牌号	化学成分/% C	Si	Mn	Cr ≤	试样毛坯尺寸/mm	推荐热处理/℃ 正火	淬火	回火	力学性能 R_m/MPa ≥	R_{eL}/MPa ≥	A/% ≥	Z/% ≥	KU_2/J ≥	交货状态硬度 HBW 未热处理钢 ≤	退火钢 ≤	特性和用途
U20082	08	0.05~0.11	0.17~0.37	0.35~0.65	0.10	25	930			325	195	33	60		131		强度低，塑性、韧性较高，冲压性能好；焊接性能好 用于塑性好的零件，如管子、垫片、套筒等
U20102	10	0.07~0.13			0.15					335	205	31	55		137		强度低，塑性、韧性高，冷成形好，焊接性能好 用于垫片、铆钉、拉杆等
U20152	15	0.12~0.18	0.17~0.37	0.35~0.65	0.25		920			375	225	27			143		塑性、韧性、焊接性能和冷冲压性能极好，强度较低 用于受力不大韧性要求较高的零件、渗碳零件、紧固件如螺栓及化工容器、蒸汽锅炉等
U20202	20	0.17~0.23					910			410	245	25			156		冷变形塑性高，板材正火或高温回火后深冲压延性好 用于受力小而要求韧性高的零件如螺钉、轴套、吊钩等及渗碳、氰化零件
U20252	25	0.22~0.29		0.50~0.80			900	870	600	450	275	23	50	71	170		与 20 钢相似，焊接性能好，无回火脆性倾向 用于焊接设备及承受应力小的零件如轴、垫圈、螺栓、螺母等
U20302	30	0.27~0.34					880	860		490	295	21		63	179		截面尺寸小时，淬火并回火后呈索氏体组织，从而获得良好的强度和韧性综合性能 用于螺钉、拉杆、轴、机座等
U20352	35	0.32~0.39					870	850		530	315	20	45	55	197		
U20402	40	0.37~0.44					860	840		570	335	19		47	217	187	强度较高，加工性能好，冷变形时塑性中等，焊接性差，焊前需预热，焊后应热处理，多在正火和调质状态下使用 用于轴、曲柄销、活塞杆等

续表

统一数字代号	牌号	化学成分/% C	Si	Mn	Cr ≤	试样毛坯尺寸/mm	推荐热处理/℃ 正火	淬火	回火	力学性能 R_m/MPa ≥	R_{eL}/MPa ≥	A/% ≥	Z/% ≥	KU_2/J ≥	交货状态硬度 HBW 未热处理钢 ≤	退火钢 ≤	特性和用途
U20452	45	0.42～0.50	0.17～0.37	0.50～0.80	0.25	25	850	840	600	600	355	16	40	39	229	197	强度较高，塑性和韧性尚好，焊接性差，水淬时有形成裂纹的倾向 用于制造负荷较大的小截面调质零件和应力较小的大型正火零件，以及表面淬火零件如曲轴、轴、齿轮、蜗杆、键、销等
U20502	50	0.47～0.55					830			630	375	14		31	241	207	强度高，塑性、韧性较差，切削性中等，焊接性差，水淬有形成裂纹的倾向 一般在正火、调质状态下使用，用于要求强度高、耐磨、动载荷小的零件如齿轮、连杆、次要的弹簧等
U20552	55	0.52～0.60					820			645	380	13	35		255	217	
U20602	60	0.57～0.65					810			675	400	12				229	强度、硬度和弹性高，切削性和焊接性差，水淬有裂纹倾向，仅小零件能淬火，大零件多采用正火 用于轴、弹簧、离合器、钢丝绳等
U20652	65	0.62～0.70								695	410	10					淬透性差，水淬有裂纹倾向，经热处理后可得到较高的强度和弹性 在淬火、中温回火状态下，用于截面较小，形状简单的弹簧等弹性件，如气门弹簧、弹簧垫圈等；在正火状态下，用于耐磨性高的零件，如轴、凸轮、钢丝绳等
U20702	70	0.67～0.75					790			715	420	9	30		269		
U20752	75	0.72～0.80				试样		820	480	1080	880	7			285	241	强度高，弹性略低于70钢，淬透性较差 用于截面小(≤20mm)、受力较小的螺旋和板弹簧及耐磨零件
U20802	80	0.77～0.85									930	6					
U20852	85	0.82～0.90								1130	980				302	255	
U21152	15Mn	0.12～0.18		0.70～1.00		25	920			410	245	26	55		163		属于高锰低碳渗碳钢，焊接性尚可，性能与15钢相似，但淬透性、强度和塑性比15钢高 用于心部力学性能要求高的渗碳零件，如凸轮轴、齿轮等
U21202	20Mn	0.17～0.23					910			450	275	24	50		197		
U21252	25Mn	0.22～0.29					900	870	600	490	295	22		71	207		

续表

统一数字代号	牌号	化学成分/% C	化学成分/% Si	化学成分/% Mn	化学成分/% Cr ≤	试样毛坯尺寸/mm	推荐热处理/℃ 正火	推荐热处理/℃ 淬火	推荐热处理/℃ 回火	力学性能 ≥ R_m/MPa	力学性能 ≥ R_{eL}/MPa	力学性能 ≥ A/%	力学性能 ≥ Z/%	力学性能 ≥ KU_2/J	交货状态硬度 HBW ≤ 未热处理钢	交货状态硬度 HBW ≤ 退火钢	特性和用途
U21302	30Mn	0.27～0.34	0.17～0.37	0.70～1.00	0.25	25	880	860	600	540	315	20	45	63	217	187	淬透性比相应的碳钢高，冷变形时塑性尚好，切削加工性好，有回火脆性倾向，锻后应立即回火 一般在正火状态下使用，用于螺栓、螺母、轴等
U21352	35Mn	0.32～0.39					870	850		560	335	18		55	229	197	
U21402	40Mn	0.37～0.44					860	840		590	355	17		47		207	切削加工性好，冷变形时塑性中等，焊接性不好，可在正火和淬火与回火状态下使用 用于制造承受疲劳负荷的零件，如轴及在高应力下工作的螺钉、螺母等
U21452	45Mn	0.42～0.50					850			620	375	15	40	39	241	217	焊接性较差 用于耐磨零件如转轴、心轴、齿轮、螺栓、螺母、花键轴、凸轮轴、曲轴等
U21502	50Mn	0.48～0.56					830	830		645	390	13		31	255		强度、硬度、弹性高，焊接性差，多在淬火与回火后应用，在某些情况下也可在正火后使用 用于耐磨性要求很高，承受高负荷的热处理零件如齿轮、齿轮轴、摩擦盘和截面尺寸在80mm以下的心轴等
U21602	60Mn	0.57～0.65					810			690	410	11	35		269	229	淬透性较碳素弹簧钢好，脱碳倾向小；易产生淬火裂纹，并有回火脆性 用于螺旋弹簧、板簧及冷拔钢丝（$d \leqslant$ 7mm）、发条等

续表

统一数字代号	牌号	化学成分/% C	Si	Mn	Cr ≤	试样毛坯尺寸/mm	推荐热处理/℃ 正火	淬火	回火	力学性能 R_m /MPa ≥	R_{eL} /MPa ≥	A /% ≥	Z /% ≥	KU_2 /J ≥	交货状态硬度 HBW ≤ 未热处理钢	退火钢	特性和用途
U21652	65Mn	0.62~0.70	0.17~0.37	0.90~1.20	0.25	25	830			735	430	9	30		285	229	淬透性较好，脱碳倾向小，易产生淬火裂纹，并有回火脆性 用于尺寸较大的各种扁、圆弹簧及发条、切刀等
U21702	70Mn	0.67~0.75					790			785	450	8					用于弹簧圈、盘簧、止推环、离合器盘、锁紧圈

注：1. 本标准适用于直径或厚度小于或等于 250mm 的优质碳素结构钢棒材。经供需双方协商，也可提供直径或厚度大于 250mm 的优质碳素结构钢棒材，其化学成分也适用于锭、坯及其制品。

2. 表中所列力学性能仅适用于截面尺寸不大于 80mm 的钢材，对大于 80mm 的钢材，允许其断后伸长率（A）、断面收缩率（Z）比表 2-1-12 的规定分别降低 2%（绝对值）及 5%（绝对值）。用尺寸大于 80～120mm 的钢材改锻（轧）成 70～80mm 的试样检验时，其试验结果应符合表 2-1-7 的规定。用尺寸大于 120～250mm 的钢材改锻（轧）成 90～100mm 的试样取样检验时，其试验结果应符号表 2-1-7 的规定。

3. 直径小于 16mm 的圆钢和厚度不大于 12mm 的方钢、扁钢不进行冲击试验。

4. 表 2-1-7 中的钢材力学性能是在表中推荐热处理状态下的数值。以热轧或热锻状态交货的钢材，如供方能保证力学性能合格时，可不进行试验。

5. 所有钢牌号的含铜量为 0.25%，含镍量为 0.30%。

6. 08 钢用铝脱氧冶炼镇静钢，含锰量上限为 0.45%，含硅量不大于 0.03%，含铝量为 0.02%～0.07%，此时钢的牌号为 08Al。

7. 氧气转炉冶炼的钢含氮量应小于 0.008%。供方能保证合格时，可不进行分析。

表 2-1-9 优质碳素结构钢高温力学性能 /MPa

钢号	高温短时力学性能						规定塑性应变强度						持久强度				
	温度/℃	20	100	200	300	400	温度/℃	400	450	475	500	550	温度/℃	400	450	475	500
08	材料状态	含 0.07%C，0.1%Si，0.27%Mn，热轧状态					材料状态	含 0.08%C，正火状态，85～90HBW									
	R_m	310	300	395	380	275	$R_{p1/10^4}$	110	70		40	25					
	R_{eL}	180	200	205	105	90	$R_{p1/10^5}$	75	50		25	15					
10	材料状态	含 0.11%C，0.24%Si，0.55%Mn，900～920℃正火					材料状态	含 0.11%C，0.24%Si，0.55%Mn，900～920℃正火									
	R_m	420	400	485	515	375	$R_{p1/10^4}$	110	70	30	40	25					
	$R_{p0.2}$	260	210	220	180	170	$R_{p1/10^5}$	75～85	45～50		20～25	15					
15	材料状态	含 0.18%C，0.31%Si，0.57%Mn，900～920℃正火					材料状态	含 0.15%C，正火，100HBW									
	R_m	455		520	530	430	$R_{p1/10^4}$	125	80		45	25					
	$R_{p0.2}$	245		230	230	185	$R_{p1/10^5}$	90	55		30	15					

续表

钢号	高温短时力学性能						规定塑性应变强度						持久强度				
	温度/℃	20	100	200	300	400	温度/℃	400	450	475	500	550	温度/℃	400	450	475	500
20	材料状态	含0.19%C,0.24%Si,0.61%Mn,880～900℃正火					材料状态	含0.19%C,0.24%Si,0.61%Mn,880～900℃正火					材料状态	含0.19%C,0.24%Si,0.61%Mn,880～900℃正火			
	R_m $R_{p0.2}$	500 320	294	490 275	520 205	410 200	$R_{p1/10^5}$	100	50	35	25	(600℃) 15	R_{u10^4} R_{u10^5}		120 75	85 60	60 40
25	材料状态	含0.28%C,0.25%Si,0.64%Mn,热轧状态					材料状态	含0.28%C,0.25%Si,0.64%Mn,热轧状态									
	R_m $R_{p0.2}$	490 320	500 330	560 325	540 200	465 165	$R_{p1/10^4}$	135	80		45	(425℃) 100					
35	材料状态	含0.36%C,0.19%Si,0.53%Mn					材料状态	含0.33%C									
	R_m $R_{p0.2}$	535 325	505 305	580 305	580 205	500 185	$R_{p1/10^4}$ $R_{p1/10^5}$	425℃ 110 70	480℃ 70 35	510℃ 50 20	540℃ 35 15	650℃ 5					
45	材料状态	含0.47%C,0.21%Si,0.49%Mn,920℃正火					材料状态	含0.47%C,0.21%Si,0.49%Mn,920℃正火					材料状态	含0.47%C,0.21%Si,0.49%Mn,920℃正火			
	R_m $R_{p0.2}$	625 360	595 330	690 350	715 260	560 225	$R_{p1/10^4}$ $R_{p1/10^5}$	110 80	75 45		40 25	25 20	R_{u10^4} R_{u10^5}	245 185	135 95		70 45
40Mn	材料状态	含0.41%C,0.21%Si,0.92%Mn,热轧状态					材料状态	含0.41%C,0.21%Si,0.92%Mn,热轧状态									
	R_m R_{eL}	630 295				(450℃) 490	$R_{p1/10^4}$ $R_{p1/10^5}$		115 80								
50Mn							材料状态	含0.50%C,0.17%Si,1.04%Mn,800℃退火									
							$R_{p1/10^5}$		90		60	35					

注：表中所列均为单个试样数据，仅供参考。

表 2-1-10　优质碳素结构钢低温力学性能

钢号	试验温度/℃	冲击吸收能量 KU/J	试验用钢成分/%				
			C	Mn	Si	S	P
10	−20 −40 −80	31 18 4	0.07	0.27	0.10	0.022	
15	20 0 −20 −40 −60	169 155 141 98 90	0.15	0.53	0.22	0.026	0.010
25	20 −30 −50 −60	66 18 9 8	0.28	0.64	0.25		

续表

钢号	试验温度/℃	冲击吸收能量 *KU*/J	试验用钢成分/%				
			C	Mn	Si	S	P
30	20 0 −40 −80 −100	58 51 36 31 23	0.32	0.50			
40	20 0 −20 −40 −70	94 86 78 64 47	0.44	0.64	0.30	0.034	0.034
45	20 −10 −30 −50	37 31 30 10	0.47	0.49	0.21	0.026	0.022
55	20 0 −20 −50	19 15 11 8	0.56	0.77	0.05	0.035	0.029
20Mn	−20 −40 −70	111 90 10	0.19	0.71	0.24	0.035	0.032
30Mn	室温 0 −20	116 116 109	0.31	1.01	0.17	0.042	0.033
50Mn	室温 −20 −40 −50 −80	63 50 38 31 25					

注：1. 表中所列均为单个试样数据，仅供参考。

2. 下列钢号的力学性能，系经热处理而得：40 钢经 820℃水淬 550℃回火；45 钢经 920℃正火；55 钢经热轧；50Mn 系用 ϕ30 毛坯经 850℃正火，660℃回火、空冷，840℃水淬，560～580℃回火、水冷。

1.3.1.3 低合金高强度结构钢（摘自 GB/T 1591—2018）

表 2-1-11 低合金高强度结构钢的化学成分

牌号	质量等级	化学成分/%									
		C ≤	Mn	Si ≤	P ≤	S ≤	V ≤	Nb ≤	Ti ≤	Cr ≤	Ni ≤
Q355	B	0.24	1.6	0.55	0.035	0.035				0.3	0.3
	C	0.2			0.030	0.030					
	D	0.2			0.025	0.025					
Q390	B	0.2	1.7		0.035	0.035	0.13	0.05	0.05	0.30	0.5
	C				0.030	0.030					
	D				0.025	0.025					

续表

牌号	质量等级	化学成分/% C ≤	Mn	Si ≤	P ≤	S ≤	V ≤	Nb ≤	Ti ≤	Cr ≤	Ni ≤
Q420	B C	0.2	1.7	0.55	0.035 0.030	0.035 0.030	0.13	0.05	0.05	0.3	0.8
Q460	C		1.8		0.030	0.030				0.3	0.8

注：1. 本标准适用于一般结构和工程用低合金高强度结构钢钢板、钢带、型钢、钢棒等。其化学成分也适用于钢坯。

2. 公称厚度大于 100mm 的型钢、含碳量可由供需双方协商确定。

3. 公称厚度大于 30mm 的钢材、含碳量不大于 0.22%。

4. 对于型钢和棒材，其磷和硫含量上限值可提高 0.005%。

5. Q390、Q420 中 Nb 含量最高可到 0.07%，Q460 最高可到 0.11%。

6. V、Ti 含量最高可到 0.20%。

7. 如果钢中酸溶铝 Als 含量不小于 0.015%或全铝 Alt 含量不小于 0.020%，或添加了其他固氮合金元素，氮元素含量不做限制，固氮元素应在质量证明书中注明。

8. Q420、Q460 的化学成分只适用于型钢和棒材。

表 2-1-12　低合金高强度结构钢的力学性能

牌号	质量等级	R_{eH}/MPa 厚度(直径,边长)/mm ≤16	>16~40	>40~63	>63~80	R_m/MPa	A/%	KV_2(纵向)/J 20℃	0℃	−20℃	−40℃	180°弯曲试验 d 为弯曲压头直径 a 为试样厚度(直径) 钢材厚度(直径)/mm ≤16	>16~100
		≥					≥						
Q355	B	355	345	335	325	450~630	22	34				$d=2a$ $d=2a$ $d=2a$ $d=2a$ $d=2a$	$d=3a$ $d=3a$ $d=3a$ $d=3a$ $d=3a$
	C								34				
	D									34			
Q390	B	390	380	360	340	470~650	21	34				$d=2a$ $d=2a$ $d=2a$ $d=2a$ $d=2a$	$d=3a$ $d=3a$ $d=3a$ $d=3a$ $d=3a$
	C								34				
	D									34			
Q420	B	420	410	390	370	500~680	20	34				$d=2a$ $d=2a$ $d=2a$ $d=2a$ $d=2a$	$d=3a$ $d=3a$ $d=3a$ $d=3a$ $d=3a$
	C								34				
Q460	C	460	450	430	410	530~720	18		34			$d=2a$ $d=2a$ $d=2a$	$d=3a$ $d=3a$ $d=3a$

注：1. 当屈服不明显时，可用规定塑性延伸强度 $R_{p0.2}$ 代替上屈服强度。

2. Q420、Q460 的参数只适用于型钢和棒材。

3. 冲击吸收能量参数适用于纵向试样。

4. −20℃ 冲击吸收能量只适用于厚度大于 250mm 的 D 级钢板。

1.3.1.4 合金结构钢（摘自 GB/T 3077—2015）

表 2-1-13 合金结构钢的化学成分和力学性能

钢组	钢号	化学成分/%						热处理					试样毛坯尺寸/mm	力学性能					供应状态硬度/HBW ≤	特性和用途
		C	Si	Mn	Cr	Mo	其他	淬火 温度/℃ 第一次淬火	淬火 温度/℃ 第二次淬火	淬火 冷却剂	回火 温度/℃	回火 冷却剂		R_m /MPa ≥	R_{eL} /MPa ≥	A /% ≥	Z /% ≥	KU_2 /J ≥		
Mn	20Mn2	0.17～0.24	0.17～0.37	1.40～1.80				880		水、油	200 440	水、空	15	785	590	10	40	47	187	截面较小时，相当于 20Cr。可制作渗碳小齿轮、小轴、活塞销、缸套等。渗碳后 56～62HRC
	30Mn2	0.27～0.34								水	500	水	25		635	12	45	63	207	用于冷墩的螺栓及截面较大的调质零件
	35Mn2	0.32～0.39												835	685			55		截面小时(≤15mm)与 40Cr 相当。可制作载重汽车冷墩的各种重要螺栓及小轴等。表面淬火硬度 40～50HRC
	40Mn2	0.37～0.44						840		水、油	540	水		885	735				217	截面较小时，与 40Cr 相当。直径在 50mm 以下时可代替 40Cr 制作重要螺栓及其他零件，一般在调质状态下使用
	45Mn2	0.42～0.49								油	550	水、油				10		47		强度、耐磨性和淬透性较高，调质后有良好的综合力学性能，也可正火后使用。截面在 50mm 以下可代替 40Cr，表面淬火硬度 45～55HRC
	50Mn2	0.47～0.55						820						930	785	9		39	229	用于汽车花键轴，重型机械的内齿轮、齿轮轴等高应力与磨损条件的零件，直径小于 80mm 的零件可代替 45Cr
MnV	20MnV	0.17～0.24		1.30～1.60			V 0.07～0.12	880		水、油	200	水、空	15	785	590	10	40	55	187	相当于 20CrNi 的渗碳钢，用于制造高压容器、冷冲压件、矿用链环等
SiMn	27SiMn	0.24～0.32	1.10～1.40	1.10～1.40				920		水	450	水、油	25	980	835	12		39	217	属于低淬透性的调质钢。调质状态下用于要求高韧性和耐磨性的热冲压件，也可在正火或热轧状态下使用，如拖拉机履带销等

钢组	钢号	化学成分/%						热处理					试样毛坯尺寸/mm	力学性能					供应状态硬度HBW ≤	特性和用途
		C	Si	Mn	Cr	Mo	其他	淬火 温度/℃ 第一次淬火	淬火 温度/℃ 第二次淬火	淬火 冷却剂	回火 温度/℃	回火 冷却剂		R_m /MPa ≥	R_{eL} /MPa ≥	A /% ≥	Z /% ≥	KU_2 /J ≥		
SiMn	35SiMn	0.32~0.40	1.10~1.40	1.10~1.40				900		水	570	水、油	25	885	735	15	45	47	229	截面较小时，相当于20Cr。可制作渗碳小齿轮、小轴、活塞销、缸套等。渗碳后56~62HRC
	42SiMn	0.39~0.45						880			590	水					40			与35SiMn同，但主要用来制造截面较大需表面淬火的零件，如齿轮、轴等
SiMnMoV	20SiMn2MoV	0.17~0.23	0.90~1.20	2.20~2.60		0.30~0.40	V 0.05~0.12	900		油	200	水、空	试样	1380		10	45	55	269	淬火并低温回火后，强度高、韧性好，可代替调质状态下使用的35CrMo、35CrNi3MoA等钢，用来制造石油机械中的吊环、吊卡等
	25SiMn2MoV	0.22~0.28											试样	1470			40	47		
	37SiMn2MoV	0.33~0.39	0.60~0.90	1.60~1.90		0.40~0.50		870		水、油	650	水、空	25	980	835	12	50	63		有较高的淬透性，860~900℃淬火，650~680℃回火后的综合力学性能最好，低温韧性良好，有较高的高温强度，用来制造大截面承受重载的轴、转子、齿轮和高压容器，表面淬火硬度50~55HRC
B	40B	0.37~0.44	0.17~0.37	0.60~0.90			B 0.0008~0.0035	840		水	550	水	25	785	635		45	55	207	淬透性及强度稍高于40钢，可制作稍大截面的调质零件，可代替40Cr制作要求不高的小尺寸零件
	45B	0.42~0.49											25	835	685			47	217	淬透性、强度、耐磨性稍高于45钢，用于截面较45钢稍大、要求较高的调质件，可代替40Cr制作小尺寸零件
	50B	0.47~0.55								油	600	空	20	785	540	10		39	207	调质后综合力学性能优于50钢，主要用于代替50、50Mn及50Mn2制作要求强度高、截面不大的调质零件
MnB	40MnB	0.37~0.44		1.10~1.40				850			500	水、油	25	980	785			47		性能接近40Cr，常用来制造汽车、拖拉机等中小截面的重要调质件，还可代替40Cr制作较大截面零件，如制作φ250~320mm的卷扬机中间轴

续表

钢组	钢号	化学成分/% C	Si	Mn	Cr	Mo	其他	热处理 淬火 温度/℃ 第一次淬火	第二次淬火	冷却剂	回火 温度/℃	冷却剂	试样毛坯尺寸/mm	力学性能 R_m/MPa ≥	R_{eL}/MPa ≥	A/% ≥	Z/% ≥	KU_2/J ≥	供应状态硬度/HBW ≤	特性和用途
MnB	45MnB	0.42～0.49	0.17～0.37	1.10～1.40			B 0.0008～0.0035	840		油	500	水、油	25	1030	835	9	40	39	217	用于代替40Cr、45Cr、45Mn2制造较耐磨的中、小截面的调质件和高频淬火件，如机床上的齿轮、钻床主轴花键轴等
Mn-MoB	20MnMoB	0.16～0.22		0.90～1.20		0.20～0.30		880			200	油、空	15	1080	885	10	50	55	207	用于代替20CrMnTi和12CrNi3A制造心部强度要求高的中等负荷的汽车、拖拉机使用的齿轮及负荷大的机床齿轮等
Mn-VB	15MnVB	0.12～0.18		1.20～1.60			V 0.07～0.12 B 0.0008～0.0035	860			200	水、空		885	635		45			用于淬火低温回火后制造重要的螺栓，如汽车上的连杆螺栓、汽缸盖螺栓等，代替40Cr钢调质件，也可制作中等负荷小尺寸的渗碳件，如小轴、小齿轮等
	20MnVB	0.17～0.23												1080	885					用于代替20CrMnTi、20CrNi、20Cr制造模数较大、负荷较重的中小尺寸渗碳件，如重型机床上的齿轮与轴、汽车后桥齿轮等
	40MnVB	0.37～0.44		1.10～1.40			V 0.05～0.10 B 0.0008～0.0035	850			520	水、油	25	980	785			47		调质后有良好的综合力学性能，优于40Cr，用于代替40Cr、42CrMo、40CrNi制造汽车和机床上的重要调质件，如轴、齿轮等
Mn-TiB	20MnTiB	0.17～0.24		1.30～1.60			Ti 0.04～0.10 B 0.0008～0.0035	860			200	水、空	15	1130	930			55	187	用于代替20CrMnTi制造较高级的渗碳件，如汽车上截面较小、中等负荷的齿轮
	25MnTiBRE	0.22～0.28	0.20～0.45				Ti 0.04～0.10 B 0.0008～0.0035 RE加入量0.05						试样	1380			40	47	229	有较高的弯曲强度、接触疲劳强度，可代替20CrMnTi、20CrMnMo、20CrMo，广泛用于中等负荷的拖拉机渗碳件，如齿轮，使用性能优于20CrMnTi

钢组	钢号	化学成分/% C	Si	Mn	Cr	Mo	其他	热处理 淬火 温度/℃ 第一次淬火	第二次淬火	冷却剂	回火 温度/℃	冷却剂	试样毛坯尺寸/mm	力学性能 R_m/MPa ≥	R_{eL}/MPa ≥	A/% ≥	Z/% ≥	KU_2/J ≥	供应状态硬度/HBW ≤	特性和用途
Cr	15Cr	0.12～0.17	0.17～0.37	0.40～0.70	0.70～1.00			880	780～820	水、油	180	油、空	15	685	490	12	45	55	179	用于制造截面小于30mm、形状简单、心部强度和韧性要求较高、表面受磨损的渗碳或氰化件，如齿轮、凸轮、活塞销等，渗碳表面硬度56～62HRC
	20Cr	0.18～0.24		0.50～0.80					780～820		200	水、空	15	835	540	10	40	47		
	30Cr	0.27～0.34			0.80～1.10			860		油	500	水、油	25	885	685	11	45		187	用于磨损及冲击负荷下工作的重要零件，如轴、滚子、齿轮及重要螺栓等
	35Cr	0.32～0.39			0.80～1.10								25	930	735				207	
	40Cr	0.37～0.44						850			520		25	980	785	9				调质后有良好的综合力学性能，是应用广泛的调质钢，用于轴类零件及曲轴、曲柄、汽车转向节、连杆、螺栓、齿轮等。表面淬火硬度48～55HRC。截面在50mm以下时，油淬后有较高的疲劳强度，在一定条件下可用40MnB、45MnB、35SiMn、42SiMn等代用
	45Cr	0.42～0.49						840					25	1030	835		40	39	217	用于拖拉机离合器、齿轮、柴油机连杆、螺栓、推杆等
	50Cr	0.47～0.54						830					25	1080	930				229	用于支承辊心轴、强度和耐磨性要求高的轴、齿轮、油膜轴承的轴套等。在油中淬火与回火后能获得很高的强度
CrSi	38CrSi	0.35～0.43	1.00～1.30	0.30～0.60	1.30～1.60			900			600		25	980	835	12	50	55	255	比40Cr的淬透性好，低温冲击韧性较高，一般用于制造直径30～40mm、强度和耐磨性要求较高的零件，如汽车、拖拉机上的轴、齿轮、气阀等
CrMo	12CrMo	0.08～0.15	0.17～0.37	0.40～0.70	0.40～0.70	0.40～0.55				空	650	空	30	410	265	24	60	110	179	用于蒸汽温度达510℃的主汽管，管壁温度不高于540℃的蛇形管、导管
	15CrMo	0.12～0.18											30	440	295	22		94		
	20CrMo	0.17～0.24			0.80～1.10	0.15～0.25		880		水、油	500	水、油	15	885	685	12	50	78	197	强度和韧性较高，在500℃以下有足够的高温强度，焊接性能好，用于轴、活塞连杆等

续表

钢组	钢号	化学成分/% C	Si	Mn	Cr	Mo	其他	热处理 淬火 温度/℃ 第一次淬火	第二次淬火	淬火冷却剂	回火 温度/℃	回火冷却剂	试样毛坯尺寸/mm	力学性能 R_m/MPa ≥	R_{eL}/MPa ≥	A/% ≥	Z/% ≥	KU_2/J ≥	供应状态硬度/HBW ≤	特性和用途
CrMo	30CrMo	0.26～0.33		0.40～0.70	0.80～1.10	0.15～0.25		880		油	540	水、油	15	930	735	12	50	71	229	调质后有很好的综合力学性能，高温（低于550℃）下也有较高强度，用于制造截面较大的零件，如主轴、高负荷螺栓等，500℃以下受高压的法兰和螺栓，尤其适用于29MPa、400℃条件下工作的管道与紧固件
	35CrMo	0.32～0.40						850			550		25	980	835		45	63		强度、韧性、淬透性高，用于大截面齿轮和重型传动轴、汽轮发电机主轴、锅炉上400℃以下的螺栓、500℃以下的螺母，可代替40CrNi，表面淬火硬度不低于40～45HRC
	42CrMo	0.38～0.45	0.17～0.37	0.50～0.80	0.90～1.20						560		25	1080	930				229	淬透性比35CrMo高，调质后有较高的疲劳极限和抗多次冲击能力，低温冲击韧性好。用于调质断面更大的锻件，如机车牵引用的大齿轮，后轴、连杆、万向联轴器，表面淬火硬度不低于54～60HRC
Cr-MoV	12CrMoV	0.08～0.15			0.30～0.60	0.25～0.35	V0.15～0.30	970		空	750	空	30	440	225	22	50	78	241	用于蒸汽温度达540℃的热力管道、汽轮机隔板及管壁温度低于570℃的蒸汽过热管等
	35CrMoV	0.30～0.38		0.40～0.70	1.00～1.30	0.20～0.30	V0.10～0.20	900		油	630	水、油	25	1080	930	10		71		用于承受高应力的零件，如500℃以下长期工作的汽轮机转子的叶轮、高级涡轮鼓风机及压缩机转子、联轴器及动力零件等
	12Cr1MoV	0.08～0.15			0.90～1.20	0.25～0.35	V0.15～0.30	970		空	750	空	30	490	245	22			179	同12CrMoV，但抗氧化性与热强度比12CrMoV好
	25Cr2MoV	0.22～0.29			1.50～1.80			900		油	640		25	930	785	14	55	63	241	用于汽轮机整体转子套筒、主汽阀、蒸汽温度为535～550℃的螺母及530℃以下的螺栓、氮化零件如阀杆、齿轮等
	25Cr2Mo1V			0.50～0.80	2.10～2.50	0.90～1.10	V0.30～0.50	1040		空	700		25	735	590	16	50	47		用于蒸汽温度在565℃的汽轮机前汽缸、螺栓、阀杆等

钢组	钢号	化学成分/% C	化学成分/% Si	化学成分/% Mn	化学成分/% Cr	化学成分/% Mo	化学成分/% 其他	热处理 淬火 温度/℃ 第一次淬火	热处理 淬火 温度/℃ 第二次淬火	热处理 淬火 冷却剂	热处理 回火 温度/℃	热处理 回火 冷却剂	试样毛坯尺寸/mm	力学性能 R_m/MPa ≥	力学性能 R_{eL}/MPa ≥	力学性能 A/% ≥	力学性能 Z/% ≥	力学性能 KU_2/J ≥	供应状态硬度/HBW ≤	特性和用途
CrMoAl	38CrMoAl	0.35～0.42	0.20～0.45	0.30～0.60	1.35～1.65	0.15～0.25	Al 0.70～1.10	940		水、油	640	水、油	30	980	835	14	50	71	229	为高级氮化钢，用于高耐磨性、高疲劳强度和较高强度、处理后尺寸精度高的氮化零件，如阀杆、阀门、汽缸套、橡胶塑料挤压机等，渗氮后，表面硬度1000～1200HV
CrV	40CrV	0.37～0.44	0.17～0.37	0.50～0.80	0.80～1.10		V 0.10～0.20	880		油	650		25	885	735	10			241	用于重要零件，如曲轴、齿轮、受强力的双头螺栓、机车连杆、高压锅炉给水泵轴等
	50CrV	0.47～0.54						850			500			1280	1130		40		255	用于蒸汽温度低于400℃的重要零件，及负荷大、疲劳强度高的大型弹簧
CrMn	15CrMn	0.12～0.18		1.10～1.40	0.40～0.70			880			200	水、空	15	785	590	12	50	47	179	用于齿轮、蜗轮、塑料模具、汽轮机密封轴套等
	20CrMn	0.17～0.23		0.90～1.20	0.90～1.20			850						930	735	10	45		187	用于无级变速器、摩擦轮、齿轮和轴。性能相当于20CrNi钢，热处理后性能比20Cr好
	40CrMn	0.37～0.45						840			550	水、油	25	980	835	9			229	对于截面不太大或温度不太高的零件，可代替42CrMo和40CrNi，用于在高速与高弯曲负荷下工作的齿轮轴、齿轮、水泵转子、高压容器螺栓等
CrMnSi	20CrMnSi	0.17～0.23	0.90～1.20	0.80～1.10	0.80～1.10			880			480			785	635	12		55	207	是强度和韧性较高的低碳合金钢，用于制造要求强度较高的焊接件和要求韧性较高的拉力件、矿山用的较大截面的链条、螺栓等，适合冷冲压、冷拉
	25CrMnSi	0.22～0.28												1080	885	10	40	39	217	用于制造重要的焊接件和冲压件
	30CrMnSi	0.28～0.34									540				835		45		229	淬火、回火后具有很高的强度和韧性，淬透性好，用于在振动负荷下工作的焊接结构和铆接结构，如高压鼓风机叶片，高速高负荷的砂轮轴、齿轮、链轮、离合器等以及温度不高而要求耐磨的零件

续表

钢组	钢号	化学成分/%						热处理					试样毛坯尺寸/mm	力学性能					供应状态硬度/HBW	特性和用途
								淬火			回火			R_m	R_{eL}	A	Z	KU_2		
								温度/℃		冷却剂	温度/℃	冷却剂		/MPa		/%		/J		
		C	Si	Mn	Cr	Mo	其他	第一次淬火	第二次淬火					≥					≤	
CrMnSi	35CrMnSiA	0.32～0.39	1.10～1.40	0.80～1.10				880 于 280～310 等温淬火					试样	1620	1280	9	40	31	241	强度比 30CrMnSiA 提高许多，而韧性下降不明显，其他特性和 30CrMnSiA 相同，用于制造重负荷、中等转速的高强度零件，如高压鼓风机叶轮，飞机上的高强度零件
								950	890		230	空、油	试样							
CrMnMo	20CrMnMo	0.17～0.23			1.10～1.40						200	水、空	15	1180	885			55		为高级渗碳钢，渗碳淬火后具有较高的抗弯强度和耐磨性，有良好的低温冲击韧性，用于制造要求表面硬度高、耐磨性能好的渗碳件，如齿轮、凸轮轴、连杆、活塞销等，渗碳表面硬度不低于 56～62HRC
			0.17～0.37	0.90～1.20		0.20～0.30		850												
	40CrMnMo	0.37～0.45			0.90～1.20					油	600	水、油	25	980	785	10	45	63	217	为高级调质钢，调质后具有较高综合力学性能，淬透性好，有较高的回火稳定性，适宜制造截面较大的重负荷齿轮、齿轮轴、轴类零件，可代替 40CrNiMo
CrMnTi	20CrMnTi	0.17～0.23			1.00～1.30				870				15	1080	850			55		用于渗碳零件，渗碳淬火后有良好的耐磨性和抗弯强度，有较高的低温冲击韧性，切削加工性能良好，广泛用于汽车、拖拉机工业，截面在 30mm 以下，承受高速、中载或重载以及冲击和摩擦的主要零件，如齿轮、齿轮轴
			0.17～0.37	0.80～1.10			Ti 0.04～0.10	880			200	水、空								
	30CrMnTi	0.24～0.32			1.00～1.30				850				试样	1470		9	40	47	229	主要用于渗碳钢，强度和淬透性高，冲击韧性略低，用于截面在 60mm 以下，心部强度要求特别高的高速、高负荷工作的重要渗碳零件，如汽车、拖拉机上的主动圆锥齿轮、齿轮轴、蜗杆等
CrNi	20CrNi	0.17～0.23	0.17～0.37	0.40～0.70	0.45～0.75		Ni 1.00～1.40	850		水、油	460	水、油	25	785	590	10	50	63	197	用于高负荷下工作的重要渗碳件，如齿轮、轴、键、活塞销、花键轴等，也可用于具有高冲击韧性的调质小轴等

续表

钢组	钢号	化学成分/% C	Si	Mn	Cr	Mo	其他	热处理 淬火 温度/℃ 第一次淬火	第二次淬火	淬火 冷却剂	回火 温度/℃	回火 冷却剂	试样毛坯尺寸/mm	力学性能 R_m/MPa ≥	R_{eL}/MPa ≥	A/% ≥	Z/% ≥	KU_2/J ≥	供应状态硬度/HBW ≤	特性和用途
CrNi	40CrNi	0.37~0.44	0.17~0.37	0.50~0.80	0.45~0.75		Ni1.00~1.40	820		油	500	水、油	25	980	785	10	45	55	241	调质后有好的综合力学性能,低温冲击韧性好,用于制造要求强度高、韧性高的零件,如轴、齿轮、链条等
	45CrNi	0.42~0.49			0.45~0.75						530								255	性能基本与40CrNi相同,但具有更高的强度和淬透性,可用来制造截面尺寸较大的齿轮和轴类零件
	50CrNi	0.47~0.54									500			1080	835	8	40	39	255	
	12CrNi2	0.10~0.17		0.30~0.60	0.60~0.90		Ni1.50~1.90	860	780	水、油	200	水、空	15	785	590	12	50	63	207	淬火和低温回火后有好的塑性和韧性,适用要求心部韧性高、强度不太高、受力较复杂的中、小型渗碳件,如齿轮、花键轴、活塞销等
	12CrNi3						Ni 2.75~3.15			油				930	685	11		71	217	淬火和低温回火或高温回火后都有好的综合力学性能,有较高的淬透性,可用于截面稍大的零件,用于要求强度高、表面硬度高、韧性高的渗碳件,如齿轮、凸轮轴、万向联轴器十字头、油泵转子等
	20CrNi3	0.17~0.24						830		水、油	480	水、油	25	930	735		55	78	241	调质后有好的综合力学性能,低温冲击韧性较好,多用于制造高负荷条件下工作的零件,如齿轮、轴、蜗杆等
	30CrNi3	0.27~0.33						820		油	500			980	785	9	45	63		性能基本与20CrNi3相同,淬透性较好,用于重要的较大截面的零件,如曲轴、连杆、齿轮、轴等
	37CrNi3	0.34~0.41			1.20~1.60		Ni 3.00~3.50							1130	980	10	50	47	269	用于大截面、高负荷、受冲击的重要调质零件,如汽轮机叶轮、转子轴等

第2篇

续表

钢组	钢号	化学成分/% C	Si	Mn	Cr	Mo	其他	热处理 淬火 温度/℃ 第一次淬火	第二次淬火	冷却剂	回火 温度/℃	冷却剂	试样毛坯尺寸/mm	力学性能 R_m/MPa ≥	R_{eL}/MPa ≥	A/% ≥	Z/% ≥	KU_2/J ≥	供应状态硬度/HBW ≤	特性和用途
CrNi	12Cr2Ni4	0.10~0.16	0.17~0.37	0.30~0.60	1.25~1.65		Ni3.25~3.65	860	780	油	200	水、空	15	1080	835	10	50	71	269	用于截面较大、负荷较高、受交变应力的重要渗碳件,如齿轮、蜗轮、蜗杆、万向接头等
	20Cr2Ni4	0.17~0.23						880						1180	1080		45	63		性能与12Cr2Ni4相近,但强度、韧性及淬透性高,用于制造承受高负荷的渗碳件,如传动齿轮、轴、万向叉等
CrNiMo	20CrNiMo			0.60~0.95	0.40~0.70	0.20~0.30	Ni0.35~0.75	850				空		980	785	9	40	47	197	淬透性与20CrNi相近,常用于制造中小型汽车、拖拉机发动机与传动系统的齿轮,可代替12CrNi3制造心部要求较高的渗碳件,如矿山牙轮钻头的牙爪与牙轮体
	40CrNiMo	0.37~0.44		0.50~0.80	0.60~0.90	0.15~0.25	Ni1.25~1.65				600	水、油	25	980	835	12	55	78	269	为优质调质钢,调质后有好的综合力学性能,低温冲击韧性很高,淬火和低温回火或高温回火后都有较高的疲劳强度和低的缺口敏感性,中等淬透性,用于截面较大、受冲击负荷的高强度零件,如锻造机的传动偏心轴、锻压机的曲轴等
MnMoCrNi	MnMo18CrNi	0.15~0.21		1.10~1.40	1.00~1.30		Ni1.00~1.30	830			200	空	15	1180	885	10	45	71		强度高,淬透性较高,主要用于制造振动载荷条件下工作的减振器,重型汽车等承受高负荷的零件,飞机发动机曲轴、起落架,中小型火箭壳体等高强度结构零件、扭力轴、离合器轴等,淬火和低温(或中温)回火后使用,也可制作调质件
CrNiMoV	45CrNiMoVA	0.42~0.49		0.50~0.80	0.80~1.10	0.20~0.30	V0.10~0.20 Ni1.30~1.80	860			460	油	试样	1470	1330	7	35	31		
CrNiW	18Cr2Ni4W	0.13~0.19		0.30~0.60	1.35~1.65		W0.80~1.20 Ni4.00~4.50	950	850	空	200	水、空	15	1180	835	10	45	78		为渗碳钢,用于大截面、高强度而又需要良好韧性和缺口敏感性低的重要渗碳件如大齿轮、传动轴、花键轴、曲轴,也可制作调质件

续表

钢组	钢号	化学成分/%						热处理					试样毛坯尺寸/mm	力学性能					供应状态硬度/HBW ≤	特性和用途
								淬火			回火			R_m	R_{eL}	A	Z	KU_2		
		C	Si	Mn	Cr	Mo	其他	温度/℃ 第一次淬火	温度/℃ 第二次淬火	冷却剂	温度/℃	冷却剂		/MPa		/%		/J		
														≥						
Cr-NiW	25Cr2Ni4W	0.21～0.28	0.17～0.37	0.30～0.60	1.35～1.65		W 0.80～1.20 Ni 4.00～4.50	850		油	550	水、油	25	1080	930	11	45	71	269	为调质钢，有优良的低温冲击韧性及淬透性，用于制作大截面、高负荷的调质件，如汽轮机主轴、叶轮等

注：1. 本标准适用于公称直径或厚度不大于250mm的热轧和锻制合金结构钢棒材。经供需双方协商，也可供应公称直径或厚度大于250mm热轧和锻制合金结构钢棒材。本标准所规定牌号级化学成分亦适用于钢锭、钢坯及其制品。

2. 表中所列力学性能适用于公称直径或厚度不大于80mm的钢棒。公称尺寸大于80～100mm的钢棒，允许其断后伸长率、断面收缩率及冲击吸收能量较表中规定降低1%（绝对值）、5%（绝对值）及5%。公称尺寸大于100～150mm的钢棒，允许其断后伸长率、断面收缩率及冲击吸收能量较表中规定降低2%（绝对值）、10%（绝对值）及10%，公称尺寸大于150～250mm的钢棒、允许其断后伸长率、断面收缩率及冲击吸收能量较表中规定降低3%（绝对值）、15%（绝对值）及15%。允许将取样用坯改锻（轧）成截面70～80mm后取样，其结果应符合表中规定。

3. 钢棒通常以热轧或热锻状态交货，根据需方要求，并在合同中注明，也可以热处理（退火、正火或高温回火）状态交货。以退火或高温回火状态交货的钢棒，其布氏硬度应符合表中的规定。

4. 钢棒按冶金质量分为优质钢、高级优质钢（牌号后加“A”）、特级优质钢（牌号后加“E”）；按使用加工方法分为压力加工用钢UP和切削加工用钢UC。表中各牌号可按高级优质钢或特级优质钢订货，但应在牌号后加字母“A”或“E”。

5. 标准规定钢中磷、硫及残余元素含量符合下列数值（%，不大于）；

	P	S	Cu	Cr	Ni	Mo
优质钢	0.030	0.030	0.30	0.30	0.30	0.10
高级优质钢	0.020	0.020	0.25	0.30	0.30	0.10
特级优质钢	0.020	0.010	0.25	0.30	0.30	0.10

6. 热压力加工用钢的铜含量不大于0.20%。

7. 表中所列热处理温度允许调整范围：淬火，±15℃；低温回火，±20℃；高温回火，±50℃。

8. 硼钢在淬火前可先经正火，正火温度应不高于其淬火温度，铬锰钛钢第一次淬火可用正火代替。

9. 当屈服现象不明显时，可用规定塑形延伸强度 $R_{p0.2}$ 代替 R_{eL}。

表 2-1-14　合金结构钢高温力学性能

/MPa

钢组	钢号	材料状态	高温短时力学性能						蠕变极限					持久极限				
CrMo	12CrMo	920℃正火,680～690回火,空冷(ϕ273mm×26mm钢管)	 R_m $R_{p0.2}$	20℃ 445 280	200℃ 445 250	400℃ 450 250	500℃ 395 235	600℃ 305 220	 $R_{p1/10^4}$ $R_{p1/10^5}$	480℃ 215 145	500℃ — 70	540℃ — 35		 $R_{m/10^4}$ $R_{m/10^5}$	480℃ 245 200	510℃ 155 120	540℃ 110 70	
CrMo	15CrMo	900～920℃正火,630～650℃回火	 R_m $R_{p0.2}$	20℃ 530 345	350℃ 500 250	400℃ 495 245	500℃ 440 265	600℃ 305 240	 $R_{p1/10^4}$ $R_{p1/10^5}$	450℃ 195 145	475℃ 165 100	520℃ 135 55	560℃ 35	 $R_{m/10^4}$ $R_{m/10^5}$	450℃ — 235	475℃ — 175	500℃ 175～195 110～135	550℃ 80～100 50～70
CrMo	15CrMo	钢管	(计算用) $R_{p0.2}$	250℃ 225	300℃ 215	400℃ 195	450℃ 190							$R_{m/10^5}$	475℃ 185	500℃ 150	525℃ 110	550℃ 75
CrMo	20CrMo	860～870℃淬火,油冷690～700℃回火,炉冷(切向试样)	 R_m $R_{p0.2}$	20℃ 565 435	320℃ 535 425	420℃ 530 420	520℃ 440 365	570℃ 400 350	 $R_{p1/10^4}$ $R_{p1/10^5}$	420℃ — 285	475℃ — 135	520℃ 130 60		 $R_{m/10^4}$ $R_{m/10^5}$	420℃ 390 375	470℃ 295 255	520℃ 165 120～135	
CrMo	30CrMo	880℃油淬,600℃回火	 R_m $R_{p0.2}$	20℃ 825 735	200℃ 800 685	300℃ 845 690	400℃ 745 610	500℃ 690 580	 $R_{p1/10^4}$ $R_{p1/10^5}$	425℃ — 135	450℃ — 110	500℃ 140 70	550℃ 60 35	 $R_{m/10^4}$ $R_{m/10^5}$	450℃ 295 225	500℃ 185 130	525℃ 145 105	550℃ 110 77
CrMo	30CrMo	880℃正火	 R_m $R_{p0.2}$	20℃ 750 465	400℃ 750 525	450℃ 660 505	500℃ 540 380											
CrMo	35CrMo	880℃淬火,油冷,650℃回火	 R_m $R_{p0.2}$	20℃ 880 770	400℃ 735 575	450℃ 670 555	500℃ 545 485		 $R_{p1/10^4}$ $R_{p1/10^5}$	450℃ 155 105	500℃ 85 50	550℃ 50 25						
CrMoV	12CrMoV	980～1000℃正火,740～760℃回火,(ϕ275mm×29mm钢管)纵向	 R_m $R_{p0.2}$	20℃ 490 305	200℃ 450 255	400℃ 430 215	500℃ 345 205	600℃ 215 155	 $R_{p1/10^4}$ $R_{p1/10^5}$	480℃ 225 175	510℃ 165 135	540℃ 120 90	565℃ 100 50	 $R_{m/10^4}$ $R_{m/10^5}$	480℃ 245 195	510℃ 185 155	540℃ 145 120	565℃ 110 70
CrMoV	12Cr1MoV	1000～1020℃套筒正火,740～760℃回火(钢管)	R_m	20℃ —	480℃ 415	520℃ 360～375	560℃ 300～310	580℃ 270～280	$R_{p1/10^5}$	480℃ —	520℃ —	560℃ —	580℃ 50～55	$R_{m/10^5}$	480℃ —	560℃ —	580℃ 85～100	600℃ 60～70
CrMoV	12Cr1MoV	1000～1020℃正火,740℃回火	 R_m $R_{p0.2}$	20℃ 535 370	480℃ 480 335	520℃ 455 325	560℃ 380 280		$R_{p1/10^5}$	480℃ 185	520℃ 125	560℃ 80	580℃ 60	$R_{m/10^5}$	480℃ 195	560℃ 100	580℃ 80	600℃ 60

续表

钢组	钢号	材料状态	高温短时力学性能						蠕变极限					持久极限				
CrMoAl	38CrMoAl	934～900℃淬火,油冷,600℃回火,空冷	 R_m $R_{p0.2}$	20℃ 815 655	200℃ 795 590	300℃ 825 565	400℃ 725 545	500℃ 460 420	$R_{p1/10^5}$	450℃ 195	500℃ 85	550℃ 15						
CrMn	20CrMn								DVM 蠕变 极限	20℃ 735	400℃ 215	450℃ 80	500℃ 40					
CrMnSi	30CrMnSiA	880℃淬火,油冷,560℃回火	 R_m $R_{p0.2}$	20℃ 1055 945	250℃ 1005 840	350℃ 975 815	400℃ 900 785	450℃ 775 700	$R_{p0.2/200}$	400℃ 160	450℃ 110	500℃ 55	550℃ 22	$R_{m/200}$	400℃ 590	450℃ 450	500℃ 255	550℃ 120
MnV	20MnV	退火状态(R_m=50～65MPa)	$R_{p0.2}$	20℃ 315	200℃ 265	250℃ 245	300℃ 225	350℃ 215										
MnB	40MnB		 R_m $R_{p0.2}$	250℃ 835 640	350℃ 750 560	450℃ 545 430	550℃ 400 175											
Mn	40Mn2		R_{eH}	20℃ 540	300℃ 410	350℃ 375	400℃ 325		$R_{p1/10^4}$ $R_{p1/10^5}$ DVM蠕变极限	400℃ 165 120 205	450℃ 100 70 110	500℃ 6 35 60						
Cr	40Cr	820～840℃淬火,油冷,550℃回火,(ϕ28～55mm)	 R_m $R_{p0.2}$	20℃ 935 790	200℃ 890 710	300℃ 880 680	400℃ 685 615	500℃ 490 390	$R_{p1/10^4}$	425℃ 125								
		820～840℃油淬,680℃回火(ϕ28～55mm)	 R_m $R_{p0.2}$	20℃ 695 570	200℃ 640 475	400℃ 595 425	500℃ 420 365	600℃ 245 210										

注：表中所列除注明者外，均为单个试样数据，仅供参考。

表 2-1-15　合金结构钢牌号和统一数字代号

钢组	统一数字代号	牌号	钢组	统一数字代号	牌号	钢组	统一数字代号	牌号
Mn	A00202	20Mn2	Cr	A20202	20Cr	CrMnSi	A24252	25CrMnSi
	A00302	30Mn2		A20302	30Cr		A24302	30CrMnSi
	A00352	35Mn2		A20352	35Cr		A24352	35CrMnSi
	A00402	40Mn2		A20402	40Cr	CrMnMo	A34202	20CrMnMo
	A00452	45Mn2		A20452	45Cr		A34402	40CrMnMo
	A00502	50Mn2		A20502	50Cr	CrMnTi	A26202	20CrMnTi
MnV	A01202	20MnV	CrSi	A21382	38CrSi		A26302	30CrMnTi
SiMn	A10272	27SiMn	CrMo	A30122	12CrMo	CrNi	A40202	20CrNi
	A10352	35SiMn		A30152	15CrMo		A40402	40CrNi
	A10422	42SiMn		A30202	20CrMo		A40452	45CrNi
SiMnMoV	A14202	20SiMn2MoV		A30302	30CrMo		A40502	50CrNi
	A14262	25SiMn2MoV		A30352	35CrMo		A41122	12CrNi2
	A14372	37SiMn2MoV		A30422	42CrMo		A42122	12CrNi3
B	A70402	40B	CrMoV	A31122	12CrMoV		A42202	20CrNi3
	A70452	45B		A31352	35CrMoV		A42302	30CrNi3
	A70502	50B		A31132	12Cr1MoV		A42372	37CrNi3
MnB	A71402	40MnB		A31252	25Cr2MoV		A43122	12Cr2Ni4
	A71452	45MnB		A31262	25Cr2Mo1V		A43202	20Cr2Ni4
MnMoB	A72202	20MnMoB	CrMoAl	A33382	38CrMoAl	CrNiMo	A50202	20CrNiMo
MnVB	A73152	15MnVB	CrV	A23402	40CrV		A50402	40CrNiMo
	A73202	20MnVB		A23502	50CrV	CrMnNiMo	A50182	18CrMnNiMo
	A73402	40MnVB	CrMn	A22152	15CrMn	CrNiMoV	A51452	45CrNiMoV
MnTiB	A74202	20MnTiB		A22202	20CrMn	CrNiW	A52182	18Cr2Ni4W
	A74252	25MnTiBRE		A22402	40CrMn		A52252	25Cr2Ni4W
Cr	A20152	15Cr	CrMnSi	A24202	20CrMnSi			

1.3.1.5　轴承钢

表 2-1-16　渗碳轴承钢（摘自 GB/T 3203—2016）

牌号	化学成分/%									力学性能			
	C	Si	Mn	Cr	Ni	Mo	Cu	P	S	R_m/MPa ≥	A	Z	KU_2/J≥
							≤				/%≥		
G20CrMo		0.20～0.35	0.65～0.95		≤0.3	0.08～0.15				880	12	45	63
G20CrNiMo	0.17～0.23	0.15～0.40	0.60～0.90	0.35～0.65	0.40～0.70	0.15～0.30				1180	9	45	63
G20CrNi2Mo	0.19～0.23	0.25～0.40	0.55～0.70	0.45～0.65	1.60～2.00	0.20～0.30				980	13	45	63
G20Cr2Ni4	0.17～0.23	0.15～0.40	0.30～0.60	1.25～1.75	3.25～3.75	≤0.08	0.25	0.020	0.015	1180	10	45	63
G10CrNi3Mo	0.08～0.13		0.40～0.70	1.00～1.40	3.00～3.50	0.08～0.15				1080	9	45	63
G20Cr2Mn2Mo	0.17～0.23		1.30～1.60	1.70～2.00	≤0.30	0.20～0.30				1280	9	40	55

注：1. 表中的力学性能为淬火加回火状态下的值。
2. 本标准的渗碳轴承钢适用于制作轴承套圈及滚动件。
3. 交货状态：热轧或锻制钢材以热轧（锻）状态交货或以退火状态交货。冷拉钢材以冷拉状态交货。

表 2-1-17　高碳铬不锈轴承钢（摘自 GB/T 3086—2019）

序号	统一数字代号	牌号	化学成分(质量分数)/%								
			C	Si	Mn	P	S	Cr	Mo	Ni	Cu
1	B21890	G95Cr18	0.90～1.00	≤0.80	≤0.80	≤0.035	≤0.020	17.0～19.0	—	≤0.25	≤0.25
2	B21410	G65Cr14Mo	0.60～0.70	≤0.80	≤0.80	≤0.035	≤0.020	13.0～15.0	0.50～0.80	≤0.25	≤0.25
3	B21810	G102Cr18Mo	0.95～1.10	≤0.80	≤0.80	≤0.035	≤0.020	16.0～18.0	0.40～0.70	≤0.25	≤0.25

注 1：本标准适用于公称直径为 5～160mm 的热轧（锻）、冷拉、剥皮及磨光圆钢，公称直径为 5～40mm 圆盘条和公称直径 1～16mm 的圆钢丝（以下简称“钢材”）。
2. 公称直径大于 16mm 的钢材退火状态的布氏硬度应为 197～255HBW。
公称直径不大于 16mm 的钢材退火状态抗拉强度应为 590～835MPa
3. 钢材按最终用途分为下列两类。钢材的最终用途应在合同中注明，未注明按套圈用钢供货。
1）滚动体用 G：
· 钢球用 GQ；
· 滚子用 GZ。
2）套圈用 T。

1.3.1.6 不锈钢（摘自 GB/T 20878—2007）

表 2-1-18 不锈钢牌号、主要化学成分及物理性质

序号	新牌号	旧牌号	化学成分/%								ρ(20℃)/kg·dm^{-3}	α(0～500℃)/10^{-6}K	E(20℃)/GPa
			C	Si	Mn	P	S	Ni	Cr	Mo			
奥 氏 体 型													
1	12Cr17Mn6Ni5N	1Cr17Mn6Ni5N	0.15		5.50～7.50	0.050	0.030	3.50～5.50	16.00～18.00	—	7.93	—	197
13	12Cr18Ni9	1Cr18Ni9				0.045		8.00～10.00	17.00～19.00	—		18.7	
15	Y12Cr18Ni9	Y1Cr18Ni9	0.15			0.20	≥0.15			(0.60)	7.98		193
17	06Cr19Ni10	0Cr18Ni9	0.08		2.00			8.00～11.00			7.93	18.4	
18	022Cr19Ni10	00Cr19Ni10	0.030	1.00				8.00～12.00			7.90	18.3	—
23	06Cr19Ni10N	0Cr19Ni9N	0.08			0.045	0.030	8.00～11.00	18.00～20.00	—	7.93	18.5	196
24	06Cr19Ni9NbN	0Cr19Ni10NbN			2.50			7.50～10.50			—	—	—
25	022Cr19Ni10N	00Cr18Ni10N	0.030					8.00～11.00			7.93	18.5	200
36	022Cr25Ni22Mo2N	—		0.40		0.030	0.015	21.00～23.00	24.00～26.00		8.02	—	
38	06Cr17Ni12Mo2	0Cr17Ni12Mo2	0.08					10.00～14.00			8.00	18.5	193
39	022Cr17Ni12Mo2	00Cr17Ni14Mo2	0.030										
41	06Cr17Ni12Mo2Ti	0Cr18Ni12Mo3Ti	0.08						16.00～18.00	2.00～3.00	7.90	17.6	199
43	06Cr17Ni12Mo2N	0Cr17Ni12Mo2N						10.00～13.00			8.00	18.0	200
44	022Cr17Ni12Mo2N	00Cr17Ni13Mo2N	0.030		2.00		0.030				8.04	—	
45	06Cr18Ni12Mo2Cu2	0Cr18Ni12Mo2Cu2	0.08					10.00～14.00	17.00～19.00	1.20～2.75	7.96		186
46	022Cr18Ni14Mo2Cu2	00Cr18Ni14Mo2Cu2	0.030	1.00		0.045		12.00～16.00				18.6	191
48	015Cr21Ni26Mo5Cu2	—	0.020				0.035	23.00～28.00	19.00～23.00	4.00～5.00	8.00	—	188
49	06Cr19Ni13Mo3	0Cr19Ni13Mo3	0.08					11.00～15.00	18.00～20.00	3.00～4.00		18.5	193
50	022Cr19Ni13Mo3	00Cr19Ni13Mo3	0.030								7.98	—	200
52	03Cr18Ni16Mo5	0Cr18Ni16Mo5	0.04		2.50		0.030	15.00～17.00	16.00～19.00	4.00～6.00	—		—
62	06Cr18Ni11Nb	0Cr18Ni11Nb	0.08		2.00			9.00～12.00	17.00～19.00	—	8.03	18.6	193
奥氏体-铁素体型													
67	14Cr18Ni11Si4AlTi	1Cr18Ni11Si4AlTi	0.10～0.18	3.40～4.00	0.80	0.035	0.030	10.00～12.00	17.50～19.50	—	7.51	19.7	180
68	022Cr19Ni5Mo3Si2N	00Cr18Ni5Mo3Si2		1.30～2.00	1.00～2.00			4.50～5.50	18.00～19.50	2.50～3.00	7.70	13.5(300℃)	196
70	022Cr22Ni5Mo3N	—	0.030	1.00	2.00	0.030	0.020	4.50～6.50	21.00～23.00	2.50～3.50	7.80	14.7(300℃)	186
72	022Cr23Ni4MoCuN	—			2.50	0.035	0.030	3.00～5.50	21.50～24.50	0.50～0.60		—	200

续表

序号	新牌号	旧牌号	化学成分/%								ρ(20℃)/kg·dm^{-3}	α(0～500℃)/10^{-6}K	E(20℃)/GPa
			C	Si	Mn	P	S	Ni	Cr	Mo			
奥氏体-铁素体型													
73	022Cr25Ni6Mo2N	—	0.030	1.00	2.00	0.030	0.30	5.50～6.50	24.00～26.00	1.20～2.50		24.0(300℃)	196
75	03Cr25Ni6Mo3Cu2N	—	0.04	1.00	1.50	0.035		4.50～6.50	24.00～27.00	2.90～3.90	7.80	—	210
76	022Cr25Ni7Mo4N	—	0.030	0.80	1.20		0.020	6.00～8.00	24.00～26.00	3.00～5.00			185(200℃)
铁素体型													
78	06Cr13Al	0Cr13Al	0.08						11.50～14.50		7.75	—	200
83	022Cr12	00Cr12	0.030	1.00	1.00	0.040	0.030	(0.60)	11.00～13.50	—		12.0	201
85	10Cr17	1Cr17									7.70	11.9	
86	Y10Cr17	Y1Cr17	0.12		1.25	0.060	≥0.15		16.00～18.00	(0.60)	7.78	11.4	200
88	10Cr17Mo	1Cr17Mo			1.00	0.040	0.030			0.75～1.25	7.70	—	
95①	008Cr30Mo2①	00Cr30Mo2①	0.010	0.40	0.40	0.030	0.020	—	28.50～32.00	1.50～2.50	7.64		210
马氏体型													
96	12Cr12	1Cr12	0.15	0.50					11.50～13.00		7.80	11.7	
97	06Cr13	0Cr13	0.08									12.0	200
101	20Cr13	2Cr13	0.16～0.25	1.00	1.00			(0.60)			7.75	12.2	
102	30Cr13	3Cr13	0.26～0.35						12.00～14.00	—	7.76	12.0	219
106	14Cr17Ni2	1Cr17Ni2	0.11～0.17	0.80	0.80	0.040	0.030	1.50～2.50	16.00～18.00		7.75	12.4	193
107	17Cr16Ni2	—	0.12～0.22	1.00	1.50				15.00～17.00		7.71	11.0	212
108	68Cr17	7Cr17	0.60～0.75		1.00			(0.60)	16.00～18.00	(0.75)	7.78	11.7	200
112	95Cr18	9Cr18	0.90～1.00	0.80	0.80				17.00～19.00	—	7.70	12.0	
沉淀硬化型													
138	07Cr17Ni7Al	0Cr17Ni7Al	0.09	1.00	1.00	0.040	0.030	6.50～7.75	16.00～18.00	—	7.93	17.1	200
139	07Cr15Ni7Mo2Al	0Cr15Ni7Mo2Al							14.00～16.00	2.00～3.00	7.80	11.8	185

① 允许含有小于或等于0.50%Ni，小于或等于0.20%Cu，但Ni+Cu的含量应小于或等于0.50%。

注：1. ρ为密度；α为线胀系数；E为纵向弹性模量。

2. 表中所列成分除注明范围或最小值外，其余均为最大值，括号内值为允许添加的最大值。

3. 表中的序号为不锈钢GB/T 20878—2007中的牌号序号。

说明：不锈钢的力学性能见下列各节。

1.4.9 不锈钢冷轧钢板（摘自 GB/T 3280—2015）、不锈钢热轧钢板（摘自 GB/T 4237—2015）中的表 2-1-67 和表 2-1-68。

1.5.4 不锈钢棒（摘自 GB/T 1220—2007）中的表 2-1-69。

1.6.6 结构用不锈钢无缝钢管（摘自 GB/T 14975—2002）和流体输送用不锈钢无缝钢管（摘自 GB/T 14976—2002）中的表 2-1-117。

1.6.7 流体输送用不锈钢焊接钢管（摘自 GB/T 12771—2000）中的表 2-1-119。

表 2-1-19 不锈钢的特性和用途（摘自 GB/T 4237—2007、GB/T 1220—2007）

序号	统一数字代号	新牌号	旧牌号	特性和用途
奥 氏 体 型				
1	S35350	12Cr17Mn6Ni5N	1Cr17Mn6Ni5N	为节镍不锈钢，易冷变形强化，用于紧固件、装饰板等
13	S30210	12Cr18Ni9	1Cr18Ni9	冷加工有高的强度，在固溶态有良好的塑性、韧性，用于建筑装饰部件，不宜用作焊接结构材料
15	S30317	Y12Cr18Ni9	Y1Cr18Ni9	切削性能好，用于轴、辊、螺栓、螺母等
17	S30408	06Cr19Ni10	0Cr18Ni9	为耐蚀、耐热钢，用于薄截面尺寸的焊接件、容器构件等
18	S30403	022Cr19Ni10	00Cr19Ni10	为比 06Cr19Ni10 含碳量更低的钢，耐晶间腐蚀性能优越，焊接后不进行热处理
23	S30458	06Cr19Ni10N	0Cr19Ni9N	为含氮不锈钢，耐点蚀和耐晶间腐蚀，用于要求较高强度和减轻重量的设备、结构部件
24	S30478	06Cr19Ni9NbN	0Cr19Ni10NbN	在 06Cr19Ni10 基础上加 N 和 Nb，提高钢的耐点蚀和耐晶间腐蚀性能，具有与 06Cr19Ni10 相同的特性和用途
25	S30453	022Cr19Ni10N	00Cr18Ni10N	为 06Cr19Ni10N 的超低碳钢，因 06Cr19Ni10N 在 450～900℃加热后耐晶间腐蚀性能明显下降，推荐用于焊接构件
36	S31053	022Cr25Ni22Mo2N	—	钢中加 N 提高钢的耐孔蚀性，且具有更高的强度和稳定的奥氏体组织，用作尿素装置的汽提塔的结构材料
38	S31608	06Cr17Ni12Mo2	0Cr17Ni12Mo2	在海水和其他介质中，耐蚀性优于 06Cr19Ni10，主要用作耐点蚀材料
39	S31603	022Cr17Ni12Mo2	00Cr17Ni14Mo2	为 06Cr17Ni12Mo2 的超低碳钢，具有良好的耐敏化态晶间腐蚀性能，适用于厚截面的焊接部件和设备，如用作石化、化肥等工业设备的耐蚀材料
41	S31668	06Cr17Ni12Mo2Ti	0Cr18Ni12Mo3Ti	有好的耐晶间腐蚀性能，用于耐硫酸、磷酸、甲酸、乙酸的设备及焊接设备
43	S31658	06Cr17Ni12Mo2N	0Cr17Ni12Mo2N	在 06Cr17Ni12Mo2 中加入 N，提高强度又不降低塑性，使材料的使用厚度减薄，用于耐蚀性好的高强度部件

续表

序号	统一数字代号	新牌号	旧牌号	特性和用途
奥氏体型				
44	S31653	022Cr17Ni12Mo2N	00Cr17Ni13Mo2N	在 022Cr17Ni12Mo2 中加入 N，具有与 022Cr17Ni12Mo2 同样的特性，而且耐晶间腐蚀性更好，用途与 022Cr17Ni12Mo2 相同
45	S31688	06Cr18Ni12Mo2Cu2	0Cr18Ni12Mo2Cu2	耐蚀、耐点蚀性能比 06Cr17Ni12Mo2 好，用作耐硫酸材料
46	S31683	022Cr18Ni14Mo2Cu2	00Cr18Ni14Mo2Cu2	为 06Cr18Ni12Mo2Cu2 的超低碳钢，其耐晶间腐蚀性能更好，用作耐硫酸的材料
48	S31782	015Cr21Ni26Mo5Cu2	—	耐硫酸、磷酸、乙酸等腐蚀，耐氯化物孔蚀、缝隙腐蚀和应力腐蚀，主要用于石化、化工、海洋工业设备
49	S31708	06Cr19Ni13Mo3	0Cr19Ni13Mo3	耐点蚀和抗蠕变能力优于 06Cr17Ni12Mo2，用于石化、造纸、印染工业及耐有机酸腐蚀的设备
50	S31703	022Cr19Ni13Mo3	00Cr19Ni13Mo3	为 06Cr19Ni13Mo3 的超低碳钢，耐晶间腐蚀性能优于 06Cr19Ni13Mo3
52	S31794	03Cr18Ni16Mo5	0Cr18Ni16Mo5	耐点蚀性能优于 022Cr17Ni12Mo2 和 06Cr17Ni12Mo2Ti，在硫酸、甲酸等介质中的耐蚀性优于含 2%～4%Mo 的常用 Cr-Ni 钢，主要用于含氯离子溶液的设备
62	S34778	06Cr18Ni11Nb	0Cr18Ni11Nb	钢中加 Nb，提高耐晶间腐蚀性能，焊接性能良好，既可作耐蚀材料又可作耐热钢使用，主要用于火电厂、石油化工等装置的设备，如容器、管道、轴等，也用作焊接材料
奥氏体-铁素体型				
67	S21860	14Cr18Ni11Si4AlTi	1Cr18Ni11Si4AlTi	含硅使钢的强度和耐硝酸腐蚀性能提高，用于耐高温、浓硝酸介质的设备
68	S21953	022Cr19Ni5Mo3Si2N	00Cr18Ni5Mo3Si2	耐应力腐蚀性能良好，耐点蚀性能与 022Cr17Ni12Mo2 相当，适用于含氯离子介质的设备，如炼油、化工、造纸等工业的设备
70	S22253	022Cr22Ni5Mo3N	—	在瑞典 SAF2205 钢基础上研制的双相不锈钢，在世界上应用最普遍。对硫化氢、二氧化碳、氯化物的环境有抗阻性，可冷、热加工，焊接性能良好，用于易产生点蚀和应力腐蚀的受压设备
72	S23043	022Cr23Ni14MoCuN	—	具有双相组织、优异的耐应力腐蚀断裂和其他形式的耐蚀性能及良好的焊接性，用于石化等工业设备
73	S22553	022Cr25Ni6Mo2N	—	具有高强度、耐氯化物应力腐蚀和可焊性等特点，是耐点蚀性能最好的钢，用于耐海水腐蚀的部件
75	S25554	03Cr25Ni6Mo3Cu2N	—	具有良好的力学性能和耐局部腐蚀性能，耐磨损性能优于一般的奥氏体不锈钢，是海水中的理想材料，也适用于化工、石化、造纸等工业设备

续表

序号	统一数字代号	新牌号	旧牌号	特性和用途
奥氏体-铁素体型				
76	S25073	022Cr25Ni7Mo4N	—	是双相不锈钢中耐局部腐蚀性能最好的钢，特别是耐点蚀性能最好，并具有高强度、耐氯化物应力腐蚀、可焊性特点，用于各工业中以河水、地下水和海水等为冷却介质的换热器
铁素体型				
78	S11348	06Cr13Al	0Cr13Al	与低铬钢的不锈性、抗氧化性、塑性和韧性相当，从高温下冷却不产生显著硬化，用作汽轮机材料、复合钢板
83	S11203	022Cr12	00Cr12	焊接部位的弯曲性能、加工性能、耐高温氧化性能好，用于汽车排气处理装置、锅炉燃烧室
85	S11710	10Cr17	1Cr17	在大气、蒸汽等介质中具有不锈性，其脆性转变温度在室温以上且对缺口敏感，使用截面尺寸小于4mm，主要用于汽车、建筑装饰、办公设备和厨房设备
86	S11717	Y10Cr17	Y1Cr17	为10Cr17改进的切削钢，用于螺栓、螺母等加工件
88	S11790	10Cr17Mo	1Cr17Mo	耐点蚀和缝隙腐蚀，主要用于紧固件等
95	S13091	008Cr30Mo2	00Cr30Mo2	脆性转变温度低，耐卤离子应力腐蚀，耐蚀性与纯镍相当，具有好的韧性和可焊性，用于有机酸、浓苛性钠设备及石化、电力、食品工业设备
马氏体型				
96	S40310	12Cr12	1Cr12	用作汽轮机叶片及高应力部件的不锈耐热钢
97	S41008	06Cr13	0Cr13	用于高韧性及受冲击负荷的零件，如汽轮机叶片、结构架、衬里、螺栓、螺母
101	S42020	20Cr13	2Cr13	淬火状态下硬度高，耐蚀性好，用于汽轮机叶片、热油泵、轴、轴套，也可用于刀具、餐具及造纸工业设备
102	S42030	30Cr13	3Cr13	用于400℃以下的轴、螺栓、阀门、轴承等
106	S43110	14Cr17Ni2	1Cr17Ni2	用于耐硝酸、有机酸腐蚀的轴及活塞杆、泵、阀、弹簧和紧固件
107	S43120	17Cr16Ni2	—	用于较高强度的耐硝酸、有机酸腐蚀的零部件
108	S44070	68Cr17	7Cr17	具有不锈性，耐稀氧化性酸和盐类腐蚀，用于刀具、量具、轴类、阀门、轴承等
112	S44090	95Cr18	9Cr18	主要用于耐蚀、高强度耐磨损部件，如轴、泵、阀件、弹簧、紧固件等
沉淀硬化型				
138	S51770	07Cr17Ni7Al	0Cr17Ni7Al	用于350℃以下长期工作的结构件，如弹簧、垫圈、计器部件
139	S51570	07Cr15Ni7Mo2Al	0Cr15Ni7Mo2Al	用于有一定耐蚀要求的高强度容器、零件及结构件

表 2-1-20　各国不锈钢牌号对照表

序号	中国 GB/T 20878—2007		美国 ASTM A959-04	日本 JIS G4303—1998 JIS G4311—1991	国际 ISO/TS 15510:2003 ISO 4955:2005	欧洲 EN 10088.1—1995 EN 10095—1999 等	苏联 ГОСТ 5632—1972 俄罗斯沿用
	新牌号	旧牌号					
1	12Cr17Mn6Ni5N	1Cr17Mn6Ni5N	S20100,201	SUS201	X12CrMnNiN17-7-5	X12CrMnNiN-17-7-5,1.4372	—
13	12Cr18Ni9	1Cr18Ni9	S30200,302	SUS302	X10CrNi18-8	X10CrNi18-8,1.4310	12X18H9
15	Y12Cr18Ni9	Y1Cr18Ni9	S30300,303	SUS303	X10CrNiS18-9	X8CrNiS18-9,1.4305	—
17	06Cr19Ni10	0Cr18Ni9	S30400,304	SUS304	X5CrNi18-10	X5CrNi18-10,1.4301	
18	022Cr19Ni10	00Cr19Ni10	S30403,304L	SUS304L	X2CrNi19-11	X2CrNi19-11,1.4306	03X18H11
23	06Cr19Ni10N	0Cr19Ni9N	S30451,304N	SUS304N1	X5CrNi19-9	X5CrNiN19-9,1.4315	—
24	06Cr19Ni9NbN	0Cr19Ni10NbN	S30452,XM-21	SUS304N2	—	—	
25	022Cr19Ni10N	00Cr18Ni10N	S30453,304LN	SUS304LN	X2CrNi18-9	X2CrNiN18-10,1.4311	
36	022Cr25Ni-22Mo2N	—	S31050,310MoLN	—	X1CrNiMoN25-22-2	X1CrNiMoN-25-22-2,1.4466	
38	06Cr17Ni12Mo2	0Cr17Ni12Mo2	S31600,316	SUS316	X5CrNiMo17-12-2	X5CrNiMo-17-12-2,1.4401	
39	022Cr17Ni12Mo2	00Cr17Ni14Mo2	S31603,316L	SUS316L	X2CrNiMo17-12-2	X2CrNiMo-17-12-2,1.4404	03X17H14M2
41	06Cr17Ni12Mo3Ti	0Cr18Ni12Mo3Ti	S31635,316Ti	SUS316Ti	X6CrNiMoTi17-12-2	X6CrNiMoTi-17-12-2,1.4571	08X17H13M3T
43	06Cr17Ni12Mo2N	0Cr17Ni12Mo2N	S31651,316N	SUS316N	—	—	—
44	022Cr17Ni12-Mo2N	00Cr17Ni-13Mo2N	S31653,316LN	SUS316LN	X2CrNiMoN17-12-3	X2CrNiMoN-17-12-3,1.4429	
45	06Cr18Ni12-Mo2Cu2	0Cr18Ni12-Mo2Cu2	—	SUS316J1	—	—	
46	022Cr18Ni14-Mo2Cu2	00Cr18Ni14-Mo2Cu2		SUS316J1L			
48	015Cr21Ni26-Mo5Cu2	—	N08904,904L	—			
49	06Cr19Ni13Mo3	0Cr19Ni13Mo3	S31700,317	SUS317			
50	022Cr19Ni13Mo3	00Cr19Ni13Mo3	S31703,317L	SUS317L	X2CrNiMo19-14-4	X2CrNiMo18-15-4,1.4438	03X16H15M3
52	03Cr18Ni16Mo5	0Cr18Ni16Mo5	—	SUS317J1	—	—	—
62	06Cr18Ni11Nb	0Cr18Ni11Nb	S34700,347	SUS347	X6CrNiNb18-10	X6CrNiNb18-10,1.4550	08X18H12Б

序号	中国 GB/T 20878—2007		美国 ASTM A959-04	日本 JIS G4303—1998 JIS G4311—1991	国际 ISO/TS 15510:2003 ISO 4955:2005	欧洲 EN 10088.1—1995 EN 10095—1999 等	苏联 ГОСТ 5632—1972 俄罗斯沿用
	新牌号	旧牌号					
67	14Cr18Ni11-Si4AlTi	1Cr18Ni11Si4AlTi	—	—	—	—	15Х18Н12С4ТЮ
68	022Cr19Ni5-Mo3Si2N	00Cr18Ni5Mo3Si2	S31500				—
70	022Cr22Ni5Mo3N	—	S31803	SUS329J3L	X2CrNiMoN22-5-3	X2CrNiMoN-22-5-3,1.4462	—
72	022Cr23Ni4-MoCuN		S32304,2304	—	X2CrNiN23-4	X2CrNiN23-4,1.4362	
73	022Cr25Ni6Mo2N		S31200		X3CrNiMoN27-5-2	X3CrNiMoN-27-5-2,1.4460	
75	03Cr25Ni6-Mo3Cu2N		S32550,255	SUS329J4L	X2CrNiMoCuN25-6-3	X2CrNiMoCuN-25-6-3,1.4507	
78	06Cr13Al	0Cr13Al	—	—	—	X6CrAl13,1.4002	
83	022Cr12	00Cr12		SUS410L		—	
88	10Cr17Mo	1Cr17Mo	S43400,434	SUS434	X6CrMo17-1	X6CrMo17-1,1.4113	
95	008Cr30Mo2	00Cr30Mo2	—	SUS447J1	—	—	
96	12Cr12	1Cr12	S40300,403	SUS403			
97	06Cr13	0Cr13	S41008,410S	(SUS410S)	X6Cr13	X6Cr13,1.4000	08Х13
101	20Cr13	2Cr13	S42000,420	SUS420J1	X20Cr13	X20Cr13,1.4021	20Х13
102	30Cr13	3Cr13	S42000,420	SUS420J2	X30Cr13	X30Cr13,1.4028	30Х13
106	14Cr17Ni2	1Cr17Ni2	—	—	—	—	14Х17Н2
107	17Cr16Ni2	—	S43100,431	SUS431	X17CrNi16-2	X17CrNi16-2,1.4057	—
108	68Cr17	7Cr17	S44002,440A	SUS440A	—	—	
112	95Cr18	9Cr18	—	—			95Х18
138	07Cr17Ni7Al	0Cr17Ni7Al	S17700,631	SUS631	X7CrNi17-7	X7CrNi17-7,1.4568	09Х17Н7Ю
139	07Cr15Ni7Mo2Al	0Cr15Ni7Mo2Al	S15700,632	—	X8CrNiMoAl15-7-2	X8CrNiMoAl-15-7-2,1.4532	—

1.3.1.7 耐热钢（摘自 GB/T 20878—2007）

表 2-1-21 耐热钢牌号、主要化学成分及物理性质

<table>
<tr><th rowspan="2">序号</th><th rowspan="2">新牌号</th><th rowspan="2">旧牌号</th><th colspan="8">化学成分/%</th><th rowspan="2">ρ(20℃)/kg·dm⁻³</th><th rowspan="2">α(0～500℃)/10⁻⁶K</th><th rowspan="2">E(20℃)/GPa</th></tr>
<tr><th>C</th><th>Si</th><th>Mn</th><th>P</th><th>S</th><th>Ni</th><th>Cr</th><th>Mo</th></tr>
<tr><td colspan="14">奥 氏 体 型</td></tr>
<tr><td>17</td><td>06Cr19Ni10</td><td>0Cr18Ni9</td><td rowspan="5">0.08</td><td>1.00</td><td rowspan="8">2.00</td><td rowspan="5">0.045</td><td rowspan="8">0.030</td><td>8.00～11.00</td><td>18.00～20.00</td><td rowspan="2">—</td><td>7.93</td><td>18.4</td><td>193</td></tr>
<tr><td>35</td><td>06Cr25Ni20</td><td>0Cr25Ni20</td><td>0.15</td><td>19.00～22.00</td><td>24.00～26.00</td><td>7.98</td><td>17.5</td><td>200</td></tr>
<tr><td>38</td><td>06Cr17Ni12Mo2</td><td>0Cr17Ni12Mo2</td><td rowspan="3">1.00</td><td>10.00～14.00</td><td>16.00～18.00</td><td>2.00～3.00</td><td rowspan="2">8.00</td><td rowspan="2">18.5</td><td>193</td></tr>
<tr><td>49</td><td>06Cr19Ni13Mo3</td><td>0Cr19Ni13Mo3</td><td>11.00～15.00</td><td>18.00～20.00</td><td>3.00～4.00</td><td>193</td></tr>
<tr><td>55</td><td>06Cr18Ni11Ti</td><td>0Cr18Ni10Ti</td><td>9.00～12.00</td><td>17.00～19.00</td><td rowspan="4">—</td><td>8.03</td><td>18.6</td><td>193</td></tr>
<tr><td>60</td><td>12Cr16Ni35</td><td>1Cr16Ni35</td><td>0.15</td><td>1.50</td><td>0.040</td><td>33.00～37.00</td><td>14.00～17.00</td><td>8.00</td><td>—</td><td>196</td></tr>
<tr><td>62</td><td>06Cr18Ni11Nb</td><td>0Cr18Ni11Nb</td><td rowspan="2">0.08</td><td>1.00</td><td rowspan="2">0.045</td><td>9.00～12.00</td><td>17.00～19.00</td><td>8.03</td><td>18.6</td><td>193</td></tr>
<tr><td>64</td><td>06Cr18Ni13Si4</td><td>0Cr18N13Si4</td><td>3.00～5.00</td><td>11.50～15.00</td><td>15.00～20.00</td><td>7.75</td><td>—</td><td>—</td></tr>
<tr><td colspan="14">铁 素 体 型</td></tr>
<tr><td>85</td><td>10Cr17</td><td>1Cr17</td><td>0.12</td><td rowspan="2">1.00</td><td>1.00</td><td rowspan="2">0.040</td><td rowspan="2">0.030</td><td rowspan="2">(0.60)</td><td>16.00～18.00</td><td rowspan="2">—</td><td>7.70</td><td>11.9</td><td>200</td></tr>
<tr><td>93</td><td>16Cr25N</td><td>2Cr25N</td><td>0.20</td><td>1.50</td><td>23.00～27.00</td><td>—</td><td>—</td><td>—</td></tr>
<tr><td colspan="14">马 氏 体 型</td></tr>
<tr><td>107</td><td>17Cr16Ni2</td><td>—</td><td>0.12～0.22</td><td>1.00</td><td>1.50</td><td rowspan="3">0.040</td><td rowspan="6">0.030</td><td>1.50～2.50</td><td>15.00～17.00</td><td>—</td><td>7.71</td><td>11.0</td><td>212</td></tr>
<tr><td>113</td><td>12Cr5Mo</td><td>1Cr5Mo</td><td>0.15</td><td>0.50</td><td>0.60</td><td rowspan="3">(0.60)</td><td>4.00～6.00</td><td>0.40～0.60</td><td>—</td><td rowspan="4">—</td><td rowspan="2">—</td></tr>
<tr><td>115</td><td>13Cr13Mo</td><td>1Cr13Mo</td><td>0.08～0.18</td><td>0.60</td><td>1.00</td><td>11.50～14.00</td><td>0.30～0.60</td><td>—</td></tr>
<tr><td>122</td><td>18Cr12MoVNbN</td><td>2Cr12MoVNbN</td><td>0.15～0.20</td><td rowspan="2">0.50</td><td>0.50～1.00</td><td rowspan="2">0.035</td><td>10.00～13.00</td><td>0.30～0.90</td><td>7.75</td><td>218</td></tr>
<tr><td>123</td><td>15Cr12WMoV</td><td>1Cr12WMoV</td><td>0.12～0.18</td><td>0.50～0.90</td><td>0.40～0.80</td><td>11.00～13.00</td><td>0.50～0.70</td><td>—</td><td>—</td></tr>
<tr><td>133</td><td>80Cr20Si2Ni</td><td>8Cr20Si2Ni</td><td>0.75～0.85</td><td>1.75～2.25</td><td>0.20～0.60</td><td>0.030</td><td>1.15～1.65</td><td>19.00～20.50</td><td>—</td><td>7.60</td><td>12.3(600℃)</td><td>—</td></tr>
<tr><td colspan="14">沉淀硬化型</td></tr>
<tr><td>137</td><td>05Cr17Ni4Cu4Nb</td><td>0Cr17Ni4Cu4Nb</td><td>0.07</td><td rowspan="3">1.00</td><td rowspan="2">1.00</td><td rowspan="3">0.040</td><td rowspan="3">0.030</td><td>3.00～5.00</td><td>15.00～17.50</td><td rowspan="2">—</td><td>7.78</td><td>12.0</td><td>196</td></tr>
<tr><td>138</td><td>07Cr17Ni7Al</td><td>0Cr17Ni7Al</td><td>0.09</td><td>6.50～7.75</td><td>16.00～18.00</td><td>7.93</td><td>17.1</td><td>200</td></tr>
<tr><td>143</td><td>06Cr15Ni25Ti2-MoAlVB</td><td>0Cr15Ni25Ti2-MoAlVB</td><td>0.08</td><td>2.00</td><td>24.00～27.00</td><td>13.50～16.00</td><td>1.00～1.50</td><td>7.94</td><td>17.6</td><td>198</td></tr>
</table>

注：1. ρ 为密度；α 为线胀系数；E 为纵向弹性模量。
2. 表中所列成分除注明范围或最小值外，其余均为最大值，括号内值为允许添加的最大值。
3. 表中的序号为耐热钢（GB/T 20878—2007）中的牌号序号。

说明：耐热钢的力学性能见下列各节。

1.4.10　耐热钢板和钢带（摘自 GB/T 4238—2015）中的表 2-1-69。

1.5.5　耐热钢棒（摘自 GB/T 1221—2007）中的表 2-1-75。

表 2-1-22　耐热钢的特性和用途（摘自 GB/T 4238—2015、GB/T 1221—2007）

序号	统一数字代号	新牌号	旧牌号	特性和用途
17	S30408	06Cr19Ni10	0Cr18Ni9	通用耐氧化钢，可承受 870℃以下反复加热。用于化工设备、食品设备
35	S31008	06Cr25Ni20	0Cr25Ni20	可承受 1035℃加热。用于炉用材料、汽车净化装置
38	S31608	06Cr17Ni12Mo2	0Cr17Ni12Mo2	具有优良的高温蠕变强度。用于换热器部件、高温耐蚀螺栓
49	S31708	06Cr19Ni13Mo3	0Cr19Ni13Mo3	耐点蚀和抗高温蠕变能力优于 06Cr17Ni12Mo2。用于换热器部件
55	S32168	06Cr18Ni11Ti	0Cr18Ni10Ti	用于在 400～900℃腐蚀条件下的部件、高温用焊接结构部件
60	S33010	12Cr16Ni35	1Cr16Ni35	抗渗碳，易渗氮，耐 1035℃以下反复加热。用于石油裂解装置、炉用钢料
62	S34778	06Cr18Ni11Nb	0Cr18Ni11Nb	用于在 400～900℃腐蚀条件下的部件，高温用的焊接结构件
64	S38148	06Cr18Ni13Si4	0Cr18Ni13Si4	具有与 06Cr25Ni20 相当的抗氧化性。用于含氯离子的介质、汽车排气净化装置等
85	S11710	10Cr17	1Cr17	用于 900℃以下耐氧化的部件、散热器、炉用部件、油喷嘴等
93	S12550	16Cr25N	2Cr25N	耐高温腐蚀，在 1082℃以下不产生易剥落的氧化皮。用于耐硫腐蚀的场合，如燃烧室、退火箱、搅拌杆、阀等
107	S43120	17Cr16Ni2	—	耐硝酸、有机酸腐蚀。用于轴类、活塞杆、泵、阀部件及弹簧、紧固件
113	S45110	12Cr5Mo	1Cr5Mo	在高温下有好的力学性能。用于石油裂解管、泵和阀部件、活塞杆、高压加氢设备部件及紧固件
115	S45710	13Cr13Mo	1Cr13Mo	耐蚀性能高的高强钢。用于汽轮机叶片、高温高压蒸汽用机械零部件
122	S46250	18Cr12MoVNbN	2Cr12MoVNbN	马氏体耐热钢。用于高温结构部件，如汽轮机叶片、叶轮轴、螺栓等
123	S47010	15Cr12WMoV	1Cr12WMoV	有较高的热强性、好的减振性及组织稳定性。用于透平叶片、转子、紧固件等
133	S48380	80Cr20Si2Ni	8Cr20Si2Ni	马氏体阀门钢。用于以耐磨为主的进汽阀、排汽阀、阀座等
137	S51740	05Cr17Ni4Cu4Nb	0Cr17Ni4Cu4Nb	加 Cu 的沉淀硬化型钢。用于轴类、汽轮机部件、钢带输送机等
138	S51770	07Cr17Ni7Al	0Cr17Ni7Al	加 Al 的沉淀硬化型钢。用于高温弹簧、膜片、固定器、波纹管等
143	S51525	06Cr15Ni25Ti2MoAlVB	0Cr15Ni25Ti2MoAlVB	用于耐 700℃高温的汽轮机转子、叶片、轴、螺栓等

表 2-1-23 各国耐热钢对照表

序号	中国 GB/T 20878—2007		美国 ASTM A959-04	日本 JIS G4303—1998 JIS G4311—1991	国际 ISO/TS 15510:2003 ISO 4955:2005	欧洲 EN 10088.1—1995 EN 10095—1999 等	苏联 ГОСТ 5632—1972 俄罗斯沿用
	新牌号	旧牌号					
17	06Cr19Ni10	0Cr18Ni9	S30400. 304	SUS304	X5CrNi18-10	X5CrNi18-10. 1. 4301	—
38	06Cr17Ni12Mo2	0Cr17Ni12Mo2	S31600. 316	SUS316	X5CrNiMo17 12-2	X5CrMo17-12. 1. 4401	—
49	06Cr19Ni13Mo3	0Cr19Ni13Mo3	S31700. 317	SUS317	—	—	
55	06Cr18Ni11Ti	0Cr18Ni10Ti	S32100. 321	SUS321	X6CrNiTi18-10	X6CrNiTi18-10. 1. 4541	08X18H10T
62	06Cr18Ni11Nb	0Cr18Ni11Nb	S34700. 347	SUS347	X6CrNiNb18-10	X6CrNiNb18-10. 1. 4550	08X18H12B
64	06Cr18Ni13Si4	0Cr18Ni13Si4	—	SUSXM15J1	S38100. XM-15	—	—
93	16Cr25N	2Cr25N	S44600. 446	(SUH446)	—	—	—
107	17Cr16Ni2	—	S43100. 431	SUS431	X17CrNi16-2	X17CrNi16-2. 1. 4057	—
113	12Cr5Mo	1Cr5Mo	(S50200. 502)	(STBA25)	(TS37)	—	15X5M
115	13Cr13Mo	1Cr13Mo	—	SUS410J1	—		—
122	18Cr12MoVNbN	2Cr12MoVNbN		SUH600			
123	15Cr12WMoV	1Cr12WMoV		—			15X12BHMф
133	80Cr20Si2Ni	8Cr20Si2Ni		SUH4		(X80CrSiNi20. 1. 4747)	—
138	07Cr17Ni7Al	0Cr17Ni7Al	S17700. 631	SUS631	X7CrNi17-7	X7CrNi17-7. 1. 4568	09X17H7
139	07Cr15Ni7Mo2Al	0Cr15Ni7Mo2Al	S15700. 632	—	X8CrNiMoAl15-7-2	X8CrNiMoAl-15-7-2. 1. 4532	—
143	06Cr15Ni25-Ti2MoAlVB	0Cr15Ni25-Ti2MoAlVB	S66286. 660	SUH660	(X5NiCrTiMoVB-25-15-2)	—	

1.3.1.8 耐蚀合金

表 2-1-24 耐蚀合金牌号、化学成分、特性和用途（摘自 GB/T 15007—2017）

合金牌号	主要化学成分/%					主要特性和用途举例
	C	Cr	Ni	Fe	Mo	
NS1101（Incoloy 800）	≤0.10	19.0～23.0	30.0～35.0	≥39.5	—	耐氧化性介质腐蚀，高温下抗渗碳性良好，用于热交换器及蒸汽发生器管、合成纤维的加热管
NS1102（Incoloy 800H）	0.05～0.10			≥39.5		耐氧化性介质腐蚀，抗高温渗碳，热强度高，用于合成纤维工程中的加热管、炉管及耐热构件等
NS1103	≤0.030	24.0～26.5	34.0～37.0	余量		耐高温高压水的应力腐蚀及苛性介质应力腐蚀，用于核电站的蒸汽发生器管
NS1301	≤0.05	19.0～21.0	42.0～44.0	余量	12.5～13.5	在含卤素离子氧化-还原复合介质中耐点腐蚀，用于湿法冶金、制盐、造纸及合成纤维工业的含氯离子环境中的设备
NS1401	≤0.030	25.0～27.0	34.0～37.0	余量	2.0～3.0	耐氧化-还原介质腐蚀及氯化物介质的应力腐蚀，用于硫酸及含有多种金属离子和卤族离子的硫酸装置的设备
NS1402（Incoloy 825）	≤0.05	19.5～23.5	38.0～46.0	余量	2.5～3.5	耐氧化物应力腐蚀及氧化-还原复合介质腐蚀，用于热交换器及冷凝器、含多种离子的硫酸环境中的设备
NS1403（Alloy 20cb3）	≤0.07	19.0～21.0	32.0～38.0	余量	2.0～3.0	耐氧化-还原复合介质腐蚀，在硫酸环境及含有卤族离子及金属离子的硫酸溶液中应用，如湿法冶金及硫酸工业装置的设备
NS3101	≤0.06	28.0～31.0	余量	≤1.0	—	耐强氧化性介质及含氟离子高温硝酸腐蚀，无磁，用于高温硝酸环境及强腐蚀条件下的无磁构件
NS3102（Inconel 600）	≤0.15	14.0～17.0	≥72.0	6.0～10.0		耐高温氧化物介质腐蚀，用于热处理及化学加工工业装置的设备
NS3103	≤0.10	21.0～25.0	58.0～63.0	余量		耐强氧化性介质腐蚀，高温强度高，用于强腐蚀性核工程废物烧结处理炉
NS3104	≤0.030	35.0～38.0	余量	≤1.0		耐强氧化性介质及高温硝酸、氢氟酸混合介质腐蚀，用于核工业中靶件及元件的溶解器
NS3105（Inconel 690）	≤0.05	27.0～31.0	≥58.0	7.0～11.0		耐氯化物及高温高压水应力腐蚀，耐强氧化性介质及 HNO_3-HF 混合腐蚀，用于核电站热交换器、蒸发器管、核工程化工后处理耐蚀构件
NS3201（Hastelloy B）	≤0.05	≤1.00	余量	4.0～6.0	26.0～30.0	耐强还原性介质腐蚀，用于热浓盐酸及氯化氢气体装置的设备和部件
NS3202（Hastelloy B-2）	≤0.020	≤1.00		≤2.0		耐强还原性介质腐蚀，改善耐晶间腐蚀性，用于盐酸及中等浓度硫酸环境（特别是高温）下的装置设备
NS3301	≤0.030	14.0～17.0		≤8.0	2.0～3.0	耐高温氟化氢、氯化氢气体及氟气腐蚀，易成形焊接，用于化工、核能及有色冶金中高温氟化氢炉管及容器
NS3302	≤0.030	17.0～19.0		≤1.0	16.0～18.0	耐含氯离子的氧化-还原复合介质腐蚀，耐点腐蚀，用于湿氯、亚硫酸、次氯酸、硫酸、盐酸及氯化物溶液装置的设备
NS3303（Hastelloy C）	≤0.08	14.5～16.5		4.0～7.0	15.0～17.0	耐卤族及其化合物腐蚀，用于强腐蚀性氧化-还原复合介质及高温海水中的装置设备
NS3304（Inconel 625）	≤0.010					耐氧化性氯化物水溶液及湿氯、次氯酸盐腐蚀，用于强腐蚀性氧化-还原复合介质及高温海水中的焊接构件
NS3305（Hastelloy C-4）	≤0.015	14.0～18.0		≤3.0	14.0～17.0	耐含氯离子的氧化-还原复合介质腐蚀，金相组织热稳定性好，用于湿氯、次氯酸、硫酸、盐酸、混合酸、氯化物装置，焊后直接应用

合金牌号	主要化学成分/%					主要特性和用途举例
	C	Cr	Ni	Fe	Mo	
NS3306 (Inconel 625)	≤0.10	20.0～23.0	余量	≤5.0	8.0～10.0	耐氧化-还原复合介质，耐海水腐蚀，且热强度高，用于化学加工工业中苛刻腐蚀环境或海洋环境中的设备
NS3307	≤0.030	19.0～21.0	余量		15.0～17.0	焊接材料，焊接覆盖面大，耐苛刻环境腐蚀，用于多种高铬钼镍基合金的焊接及不锈钢的焊接
NS3401			余量	≤7.0	2.0～3.0	耐含氟、氯离子的酸性介质的冲刷冷凝腐蚀，用于化工及湿法冶金冷凝器和炉管、容器
NS4101	≤0.05		余量	5.0～9.0	—	耐强氧化性介质腐蚀，可沉淀硬化，耐腐蚀冲击，用于硝酸等氧化性酸中工作的球阀及承载构件

注：1. 耐蚀合金的全部化学成分见 GB/T 15007。

2. 合金 NS 143（Alloy 20cb3）属于 Carpenter 20（cb3）合金。

3. 耐蚀合金分为两类：镍基合金，含镍量不低于 50%；铁镍基合金，含镍量为 30%～50%且铁＋镍含量高于 60%。按合金的成形方式分：变形耐蚀合金；铸造耐蚀合金（尚未制定标准）。按合金的强化特征分：固溶强化型合金；时效硬化型合金。

表 2-1-25　国内外耐蚀合金牌号对照表（摘自 GB/T 15007—2017）

本标准中合金牌号	国内使用过的合金牌号	美国 ASTM	德国 DIN	英国 BS	日本 JIS
NS1101	0Cr20Ni32AlTi	N08800 (Incoloy 800)		NA15Ni-Fe-Cr	NCF 800 (NCF 2B)
NS1102	1Cr20Ni32AlTi	N08810 (Incoloy 800H)			
NS1103	00Cr25Ni35AlTi				
NS1301	0Cr20Ni43Mo13				
NS1401	00Cr26Ni35Mo3Cu4Ti				
NS1402	0Cr21Ni42Mo3Cu2Ti	N08825 (Incoloy 825)	NiCr21Mo Z. 4858	NA16Ni-Fe-Cr-Mo	NCF 825
NS1403	0Cr20Ni35Mo3Cu4Nb	N08020 (Alloy 20cb3)			
NS3101	0Cr30Ni70				
NS3102	1Cr15Ni75Fe8	N06600 (Inconel 600)	NiCr15Fe Z. 4816	NA14Ni-Cr-Fe	NCF 600 (NCF 1B)
NS3103	1Cr23Ni60Fe13Al		NiCr23Fe Z. 4851		NCF 601
NS3104	00Cr36Ni65Al				
NS3105	0Cr30Ni60Fe10	N06690 (Inconel 690)			
NS3201	0Ni65Mo28Fe5V	N10001 (Hastelloy B)			
NS3202	00Ni70Mo28	N10665 (Hastelloy B-2)	NiMo28 Z. 4617		
NS3301	00Cr16Ni75Mo2Ti				
NS3302	00Cr18Ni60Mo17				
NS3303	0Cr15Ni60Mo16W5Fe5	(Hastelloy C)			
NS3304	00Cr15Ni60Mo16W5Fe5	N10276 (Inconel 625)	NiMo16Cr15W Z. 4819		
NS3305	00Cr16Ni65Mo16Ti	N06455 (Hastelloy C-4)	NiMo16Cr16Ti Z. 4610		
NS3306	0Cr20Ni65Mo10Nb4	N06625 (Inconel 625)	NiCr22Mo9Nb Z. 4856	NA21Ni-Cr-Mo-Nb	
NS3307	00Cr20Ni60Mo16				
NS3401	00Cr20Ni70Mo3Cu2Ti				
NS4101	0Cr20Ni65Ti2AlNbFe7				

表 2-1-26　耐蚀合金板材（冷轧、热轧）、棒材、焊丝规格

型材种类	冷轧、热轧板材 （YB/T 5353—2012） （YB/T 5354—2012）	棒　　材 （GB/T 15008—2008）	焊　　丝 （YB/T 5263—2014）
规格	热轧板尺寸（厚度、宽度、长度）系列符合 GB/T 709—2006 规定	热轧棒材尺寸（直径、长度）符合 GB/T 702—2017 规定	焊丝直径系列符合 GB/T 342—2017 规定。焊丝直径范围：软态（R）为 0.8～8.0mm，冷拉（L）为 0.3～8.0mm
	冷轧板尺寸（厚度、宽度、长度）系列符合 GB/T 708—2006 规定	锻制棒材尺寸（直径）符合 GB/T 908—2008 规定	

表 2-1-27　耐蚀合金板材（冷轧、热轧）、棒材、焊丝牌号及其力学性能

型材种类	板材（冷轧、热轧）（YB/T 5353—2012、YB/T 5354—2012） 棒材（GB/T 15008—2008）				
合金牌号	推荐的固溶处理温度/℃	R_m/MPa	$R_{p0.2}$/MPa	A/%	其他
NS1101 （Incoloy 800）	1000～1060	520(515)	205	30	
NS1102 （Incoloy 800H）	1100～1170	450	170	30	
NS1103	1000～1050	515	205	30	
NS1301	1160～1210 （1150～1200）	590	240	30	
NS1401	1000～1050	540	215	35	
NS1402 （Incoloy 825）	（1000～1050） 1020～1070	585(590)	240	30	
NS1403 （Alloy20 cb3）	1000～1050	540	215	35	
NS3101	1050～1100	570	245	40	
NS3102 （Inconel 600）	1000～1050	550	240	30	
NS3103	1100～1160 （1100～1150）	550	195	30	
NS3104	1080～1130 （1080～1120）	520	195	35	
NS3105 （Inconel 690）	1000～1050	550	240	30	
NS3201 （Hastelloy B）	1140～1190	690	310	40	
NS3202 （Hastelloy B-2）	1040～1090	760	350	40	
NS3301	1050～1100	540	195	35	
NS3302	1160～1210	735	295	30	
NS3303 （Hastelloy C）	1160～1210	690	315	30	
NS3304 （Inconel 625）	1150～1200	690	285	40	
NS3305 （Hastelloy C-4）	1050～1100	690	275	40	
NS3306 （Inconel 625）	1100～1150	690	275	30	
NS3401	1050～1100	590	195	40	
NS4101	1080～1100，水冷，（750～780）×8h，空冷，（620～650）×8h，空冷	910	690	20	（KU=80J） （32HRC）

型材种类	焊丝（YB/T 5263—2014）	
合金牌号	R_m/MPa ≥ 固溶	R_m/MPa ≥ 冷拉
HNS1401	540	1000
HNS1403 （Alloy20 cb3）	540	1000
HNS3101	570	1130
HNS3103	550	1000
HNS3201 （Hastelloy B）	690	1100
HNS3202 （Hastelloy B-2）	760	1100
HNS3301	540	1000
HNS3302	735	1080
HNS3303 （Hastelloy C）	690	1050
HNS3307	550	1000

注：1. 表中合金牌号的力学性能有两数值时，带括号者为棒材的数值。

2. 交货状态：棒材经热轧（锻）或固溶处理；热轧板经固溶处理、酸洗；冷轧薄板经固溶处理、酸洗、平整、切边。

第 2 篇

表 2-1-28　铜-镍合金（Monel Alloy）

合金名称	化学成分/%			力学性能			特性和用途
	Cu	Ni	其他元素	R_m /MPa	R_{eH} /MPa	A/% (L=50mm)	
铜-镍合金（Monel Alloy）	65～69	28～32	Cd 0.5～1.5 Mn 1.5 Fe 0.25～1.5	469	255	28	具有延展性和韧性，易于机械加工和焊接；可制成轧制件和铸件。耐蚀性能在还原性介质中，耐蚀性高于镍；在氧化性介质中，高于铜。能耐各种浓度、中等温度（约 200℃）的碱液；耐 115℃、92%以下的氢氟酸；耐浓度小于 80%的硫酸。不耐氧化性或还原性太强的介质。适用于化工耐蚀泵、设备零部件

注：1. 表列铜-镍合金（Monel Alloy），即美国 400 号蒙乃尔（Monel）合金（UNS 号：C96400）。UNS——Unified Alloy Numbering System（合金统一编号体系）。

2. L 为试验棒长度。

1.3.2　铸钢

1.3.2.1　一般工程用铸造碳钢件（摘自 GB/T 11352—2009）

表 2-1-29　一般工程用铸造碳钢件的化学成分和力学性能

牌号	元素最高含量/%					铸件厚度/mm	室温下试样力学性能（最小值）			根据合同选择			其他合金元素	特性和用途
	C	Si	Mn	S	P		R_{eH} 或 $R_{p0.2}$ /MPa	R_m /MPa	A /%	Z /%	冲击吸收能量 KV_2/J	冲击吸收能量 KU_2/J		
ZG200-400	0.20		0.80				200	400	25	40	30	47		有良好的塑性、韧性和焊接性，用于各种形状的机件，如机座、变速箱壳等
ZG230-450	0.30		0.90			<100	230	450	22	32	25	35	Ni 0.40 Cr 0.35 Cu 0.40 Mo 0.20 V 0.05	有较好的塑性、韧性，焊接性良好，可切削性尚好，用于铸造平坦的零件，如机座、机盖、箱体、铁铮台、锤轮、工作温度在 450℃以下的管路附件等
ZG270-500	0.40	0.60		0.035			270	500	18	25	22	27		有较高的强度和较好的塑性，铸造性良好，焊接性尚可，可切削性好，用于各种形状的机件，如飞轮、机架、蒸汽锤、桩锤、联轴器、水压机工作缸、横梁等
ZG310-570	0.5		0.90			<100	310	570	15	21	15	24	Ni 0.40 Cr 0.35 Cu 0.40 Mo 0.20 V 0.05	强度和切削性良好，塑性、韧性较低，用于负荷较大的零件，各种形状的机件，如联轴器、轮、汽缸、齿轮、齿轮圈及重负荷机架等
ZG340-640	0.6						340	640	10	18	10	16		有较高的强度、硬度和耐磨性，切削性一般，焊接性差，流动性好，裂纹敏感性较大，用于起重运输机中齿轮、联轴器及重要的机件等

注：1. 对上限减少 0.01%的碳，允许增加 0.04%的锰。对 ZG200-400 锰最高至 1.00%，其余四个牌号锰最高至 1.20%。
2. 当铸件厚度超过 100mm 时，表中规定的屈服强度 R_{eH}($R_{p0.2}$) 仅供设计参考。
3. 当需从经过热处理的铸件上切取或从代表铸件的大型试块上取样时，性能指标由供需双方商定。
4. 表中力学性能为试块铸态的力学性能。
5. 铸钢件的热处理按 GB/T 16923、GB/T 16924 的规定执行。
6. 本标准修改采用国际标准 ISO 3755《一般工程用铸钢》和 ISO 4990《铸钢件交货通用技术条件》。

1.3.2.2 大型低合金钢铸件（摘自 JB/T 6402—2006）

表 2-1-30 大型低合金钢铸件力学性能及应用

材料牌号	热处理状态	R_{eH} /MPa ≥	R_m /MPa ≥	A /% ≥	Z /% ≥	KU_2 /J ≥	KV_2 /J ≥	A_{KDVM} /J ≥	硬度 HBW ≥	用途举例
ZG20Mn	正火＋回火	285	495	18	30	39	—		145	焊接及流动性良好，制作水压机缸、叶片、喷嘴体、阀、弯头等
	调质	300	500～650	24	—	—	45		150～190	
ZG30Mn	正火＋回火		558	18	30			—	163	
ZG35Mn	正火＋回火	345	570	12	20	24			—	用于承受摩擦的零件
	调质	415	640		25	27		27	200～240	
ZG40Mn	正火＋回火	295			30			—	163	用于承受摩擦和冲击的零件，如齿轮等
ZG40Mn2	正火＋回火	395	590	20	40	30			179	用于承受摩擦的零件，如齿轮等
	调质	685	835	13	45	35		35	269～302	
ZG45Mn2	正火＋回火	392	637	15	30				179	用于模块、齿轮等
ZG50Mn2	正火＋回火	445	785	18	37	—	—	—	—	用于高强度零件，如齿轮、齿轮缘等
ZG35SiMnMo	正火＋回火	395	640	12	20	24		27		用于承受负荷较大的零件
	调质	490	690		25	27				
ZG35CrMnSi	正火＋回火	345	690	14	30	—			217	用于承受冲击、摩擦的零件，如齿轮、滚轮等
ZG20MnMo	正火＋回火	295	490	16	—	39			156	用于受压容器，如泵壳等
ZG30Cr1MnMo	正火＋回火	392	686	15	30				—	用于拉坯和立柱
ZG55CrMnMo	正火＋回火	不规定	不规定	—	—	—				有一定的红硬性，用于锻模等
ZG40Cr1	正火＋回火	345	630	18	26			—	212	用于高强度齿轮
ZG34Cr2Ni2Mo	调质	700	950～1000	12	—		32		240～290	用于特别要求的零件，如锥齿轮、小齿轮、吊车行走轮、轴等
ZG15Cr1Mo	正火＋回火	275	490	20	35	24			140～220	用于汽轮机
ZG20CrMo	正火＋回火	245	460	18	30	30			135～180	用于齿轮、锥齿轮及高压缸零件等
	调质					24	—		—	
ZG35Cr1Mo	正火＋回火	392	588	12	20	23.5				用于齿轮、电炉支承轮轴套、齿圈等
	调质	510	686		25	31		27	201	
ZG42Cr1Mo	正火＋回火	343	569		20		30	—	—	用于承受高负荷零件、齿轮、锥齿轮等
	调质	490	690～830	11				21	200～250	
ZG50Cr1Mo	调质	520	740～880		—	—		34	200～260	用于减速器零件、齿轮、小齿轮等
ZG65Mn	正火＋回火	不规定	不规定	—			—			用于球磨机衬板等
ZG28NiCrMo	—	420	630	20	40			—	—	适用于直径大于 300mm 的齿轮铸件
ZG30NiCrMo		590	730	17	35					
ZG35NiCrMo		660	830	14	30					

注：1. 需方无特殊要求时，KU_2、KV_2、A_{KDVM} 由供方任选一种。

2. 需方无特殊要求时，硬度不作验收依据，仅供设计参考。

1.3.2.3 焊接结构用碳素钢铸件（摘自 GB/T 7659—2010）

表 2-1-31 焊接结构用碳素钢铸件的化学成分及力学性能

牌号	化学成分/% ≤							拉伸性能				冲击性能
								R_{eH}	R_m	A	Z	KV_2
	C	Si	Mn	S	P	其他		/MPa		/%		
						元素	总和	≥				≥
ZG200-400H	0.20	0.60	0.80	0.025	0.025	Ni：0.4 Cr：0.35 Cu：0.4 Mo：0.15 V：0.05	1.0	200	400	25	40	45
ZG230-450H			1.20					230	450	22	35	45
ZG270-480H	0.25							270	480	20	35	40

注：1. 本标准适用于一般工程结构，要求焊接性能好的碳素钢铸件。

2. 表中各牌号铸钢的实际含碳量比表中碳的上限每减少 0.01%，允许实际含锰量超出表中锰的上限 0.04%，但总超出量应小于 0.20%。

3. 铸件应进行热处理，常用热处理类型：退火；正火；正火＋回火（回火温度不低于 550℃）。

1.3.2.4 耐热钢铸件（摘自 GB/T 8492—2014）

表 2-1-32 耐热钢和合金铸件的化学成分与力学性能

牌号	化学成分/%								力学性能				最高使用温度/℃
	C	Si	Mn	P ≤	S ≤	Cr	Mo	Ni	$R_{p0.2}$/MPa 最小值	R_m/MPa 最小值	A/% 最小值	硬度 HBW	
ZG25Cr18Ni9Si2	0.15～0.35					17～19		8～10			15		900
ZG25Cr20Ni14Si2						19～21		13～15	230	450	10		
ZG40Cr22Ni10Si2	0.3～0.5					21～23		9～11			8		950
ZG40Cr24Ni24Si2Nb	0.25～0.5	1.0～2.5	2.0			23～25	0.5	23～25		400	4	—	1050
ZG40Cr25Ni12Si2						24～27		11～14	220	450	6		
ZG40Cr25Ni20Si2	0.3～0.5							19～22					
ZG40Cr27Ni4Si2			1.5			25～28		3～6	250	400	3	400①	1100
ZG45Cr20Co20Ni20Mo3W3	0.35～0.6	1.0	2.0	0.04	0.03	19～22	2.5～3.0	18～22	320		6		1150
ZG10Ni31Cr20Nb1	0.05～0.12	1.2	1.2			19～23		30～34	170	440	20		1000
ZG40Ni35Cr17Si2						16～18		34～36		420			980
ZG40Ni35Cr26Si2						24～27	0.5	33～36		440	6		
ZG40Ni35Cr26Si2Nb1	0.3～0.5	1.0～2.5	2.0								4		1050
ZG40Ni38Cr19Si2						18～21		36～39	220	420	6		
ZG40Ni38Cr19Si2Nb1											4	—	1100
ZNiCr28Fe17W5Si2C0.4	0.35～0.55		1.5			27～30	—	47～50		400	3		1200
ZNiCr50Nb1C0.1	0.1	0.5	0.5	0.02	0.02	47～52		余量	230	540	8		1050
ZNiCr19Fe18Si1C0.5	0.4～0.6	0.5～2.0	1.5			16～21	0.5	50～55	220	440	5		
ZNiFe18Cr15Si1C0.5	0.35～0.65	2.0	1.3	0.04	0.03	13～19	—	64～69	200	400	3		1100
ZNiCr25Fe20Co15W5Si1C0.46	0.44～0.48	1.0～2.0	2.0			24～26		33～37	270	480	5		1200
ZCoCr28Fe18C0.3	0.5	1.0	1.0			25～30	0.5	1.0	②	②	②	②	

① 最大 HBW 值。

② 由供需双方确定。

注：1. 表中的单个值表示最大值。

2. 最高使用温度为参考值。

1.3.2.5 高锰钢铸件技术条件（摘自 GB/T 5680—2010）

表 2-1-33 奥氏体锰钢铸件化学成分和力学性能

牌号	化学成分(质量分数)/%					力学性能			
	C	Si	Mn	P	S	R_{eL}/MPa	R_m/MPa	A/%	KU_2/J
ZG120Mn7Mo1	1.05～1.35	0.3～0.9	6～8	≤0.060	≤0.040	—	—	—	—
ZG110Mn13Mo1	0.75～1.35	0.3～0.9	11～14	≤0.060	≤0.040	—	—	—	—
ZG100Mn13	0.90～1.05	0.03～0.9	11～14	≤0.060	≤0.040	—	—	—	—
ZG120Mn13	1.05～1.35	0.3～0.9	11～14	≤0.060	≤0.040	—	≥685	≥25	≥118
ZG120Mn13Cr2	1.05～1.35	0.3～0.9	11～14	≤0.060	≤0.040	≥390	≥735	≥20	—
ZG120Mn13W1	1.05～1.35	0.3～0.9	11～14	≤0.060	≤0.040	—	—	—	—
ZG120Mn13Ni3	1.05～1.35	0.3～0.9	11～14	≤0.060	≤0.040	—	—	—	—
ZG90Mn14Mo1	0.70～1.00	0.3～0.6	13～15	≤0.070	≤0.040	—	—	—	—
ZG120Mn17	1.05～1.35	0.3～0.9	16～19	≤0.060	≤0.040	—	—	—	—
ZG120Mn17Cr2	1.05～1.35	0.3～0.9	16～19	≤0.060	≤0.040	—	—	—	—

注：1. 允许加入微量 V、Ti、Nb、B 和 RE 等元素。

2. 当铸件厚度小于 45mm 且含碳量小于 0.8%时，ZG90Mn14Mo1 可以不经过热处理而直接供货。厚度大于或等于 45mm 且含碳量高于或等于 0.8%的 ZG90Mn14Mo1 以及其他所有牌号的铸件必须进行水韧处理（水淬固溶处理），铸件应均匀地加热和保温，水韧处理温度不低于 1040℃，且须快速入水处理，铸件入水后水温不得超过 50℃。

3. 铸件的几何形状，尺寸、形位和重量偏差应符合图样或订货合同规定。如图样和订货合同中无规定，铸件尺寸偏差应达到 GB/T 6414—1999 中 CT11 级的规定，有关形位公差要求列于附录 B，链件重量偏差应达到 GB/T 11351 中 MT11 级的规定。

1.3.2.6 耐蚀钢铸件技术条件（摘自 GB/T 2100—2017）

表 2-1-34 耐蚀钢铸件的化学成分和力学性能

<table>
<tr><th rowspan="2">牌号</th><th colspan="8">化学成分/%</th><th rowspan="2">$R_{p0.2}$
/MPa
最小值</th><th rowspan="2">R_m
/MPa
最小值</th><th rowspan="2">A
/%
最小值</th><th rowspan="2">KV_2
/J
最小值</th><th rowspan="2">最大
厚度
/mm</th></tr>
<tr><th>C</th><th>Si</th><th>Mn</th><th>Cr</th><th>Ni</th><th>Mo</th><th>P</th><th>S</th></tr>
<tr><td>ZG15Cr13</td><td>0.15</td><td>0.8</td><td>0.8</td><td>11.5～13.5</td><td>1.0</td><td>0.5</td><td rowspan="7">0.035</td><td rowspan="7">0.025</td><td>450</td><td>620</td><td>15</td><td>20</td><td>150</td></tr>
<tr><td>ZG20Cr13</td><td>0.16～0.24</td><td>1.0</td><td>0.6</td><td>12.0～14.0</td><td>—</td><td>—</td><td>390</td><td>590</td><td>15</td><td>20</td><td>150</td></tr>
<tr><td>ZG10Cr13Ni2Mo</td><td>0.10</td><td>1.0</td><td>1.0</td><td rowspan="2">12.0～13.5</td><td>1～2</td><td>0.2～0.5</td><td>440</td><td>590</td><td rowspan="2">15</td><td>27</td><td rowspan="4">300</td></tr>
<tr><td>ZG06Cr13Ni4Mo</td><td rowspan="2">0.06</td><td rowspan="2">1.0</td><td rowspan="2">1.0</td><td rowspan="2">3.5～5.0</td><td rowspan="2">0.70</td><td>550</td><td>760</td><td>50</td></tr>
<tr><td>ZG06Cr13Ni4</td><td>12.0～13.0</td><td>550</td><td>750</td><td>15</td><td>50</td></tr>
<tr><td>ZG06Cr16Ni5Mo</td><td>0.06</td><td>0.8</td><td>1.0</td><td>15.0～17.0</td><td>4.0～6.0</td><td>0.7～1.5</td><td>540</td><td>760</td><td>15</td><td>60</td></tr>
<tr><td>ZG03Cr19Ni11</td><td rowspan="2">0.03</td><td rowspan="6">1.5</td><td rowspan="2">2.0</td><td rowspan="2">18.00～20.00</td><td rowspan="2">9.0～12.0</td><td rowspan="4">—</td><td>185</td><td>440</td><td rowspan="3">30</td><td rowspan="2">80</td><td rowspan="6">150</td></tr>
<tr><td>ZG03Cr19Ni11N</td><td rowspan="3">0.040</td><td rowspan="3">0.030</td><td>230①</td><td>510</td></tr>
<tr><td>ZG07Cr19Ni10</td><td>0.07</td><td rowspan="2">1.5</td><td rowspan="2">18.0～20.0</td><td>8.0～11.0</td><td rowspan="2">175</td><td rowspan="3">440</td><td>60</td></tr>
<tr><td>ZG07Cr19Ni11Nb</td><td>0.07</td><td rowspan="3">9.0～12.0</td><td>25</td><td>40</td></tr>
<tr><td>ZG03Cr19Ni11Mo2</td><td rowspan="2">0.03</td><td rowspan="2">2.0</td><td rowspan="2">18.0～20.0</td><td rowspan="2">2.0～2.5</td><td rowspan="2">0.035</td><td>0.025</td><td>195</td><td rowspan="2">30</td><td rowspan="2">80</td></tr>
<tr><td>ZG03Cr19Ni11Mo2N</td><td>0.030</td><td>230①</td><td>510</td></tr>
</table>

续表

牌号	化学成分/%								$R_{p0.2}$ /MPa 最小值	R_m /MPa 最小值	A /% 最小值	KV_2 /J 最小值	最大厚度 /mm
	C	Si	Mn	Cr	Ni	Mo	P	S					
ZG07Cr19Ni11Mo2	0.07	1.5	1.5	18.0～20.0	9.0～12.0	2.0～2.5	0.040	0.030	175	440	30	60	150
ZG07Cr19Ni11Mo2Nb	0.07	1.5	1.5	18.0～20.0	9.0～12.0	2.0～2.5	0.040	0.030	175	440	25	40	150
ZG03Cr19Ni11Mo3	0.03	1.5	1.5	18.0～20.0	9.0～12.0	3.0～3.5	0.040	0.030	180	440	30	80	150
ZG03Cr19Ni11Mo3N	0.03	1.5	1.5	18.0～20.0	9.0～12.0	3.0～3.5	0.040	0.030	230①	510	30	80	150
ZG07Cr19Ni12Mo3	0.07	1.5	1.5	18.0～20.0	10.00～13.00	3.0～3.5	0.040	0.030	205	440	30	60	150
ZG03Cr26Ni6Mo3Cu3N	0.03	1.0	1.5	24.5～26.5	5.0～7.0	2.5～3.5	0.035	0.025	480	650	22	60	150
ZG03Cr26Ni6Mo3N	0.03	1.0	2.0	24.5～26.5	5.5～7.0	2.5～3.5	0.035	0.025	480	650	22	50	150

① $R_{p1.0}$ 的最低值高于25MPa。

注：1. 表中化学成分的单个值表示最大值。

2. $R_{p0.2}$ 为0.2%试验应力；R_m 为抗拉强度；A 为断裂后，原始测试长度 L_0 的延伸百分比，$L_0=5.65\sqrt{S_0}$（S_0 为原始横截面积）；KV_2 为V形缺口冲击吸收功。

1.3.3 铸铁

1.3.3.1 灰铸铁件（摘自GB/T 9439—2010）

表2-1-35 灰铸铁的牌号和力学性能

牌号	铸件壁厚/mm >	铸件壁厚/mm ≤	最小抗拉强度 R_m（强制性值）(min) 单铸试棒/MPa	最小抗拉强度 R_m（强制性值）(min) 附铸试棒或试块/MPa	铸件本体预期抗拉强度 R_m(min)/MPa	特性与用途
HT100	5	40	100	—	—	铸造应力小，不用人工时效处理，减振性优良，铸造性能好。用于外罩、手把、手轮、底板、重锤等形状简单、对强度无要求的零件
HT150	5	10	150	—	155	不用人工时效，有良好的减振性，铸造性能好。用于强度要求不高的一般铸件，如端盖、轴承座、阀壳、管子及管路附件、手轮；圆周速度为6～12m/s的带轮
	10	20		—	130	
	20	40		120	110	
	40	80		110	95	
	80	150		100	80	
	150	300		90	—	
HT200	5	10	200	—	205	有较好的耐热性和良好的减振性，铸造性能较好，需进行人工时效处理，用于强度、耐磨性要求较高的较重要的零件，如汽缸、齿轮、底架、机体、飞轮、齿条、衬筒；圆周速度为12～20m/s的带轮
	10	20		—	180	
	20	40		170	155	
	40	80		150	130	
	80	150		140	115	
	150	300		130	—	
HT225	5	10	225	—	230	
	10	20		—	200	
	20	40		190	170	
	40	80		170	150	
	80	150		155	135	
	150	300		145	—	
HT250	5	10	250	—	250	基本性能同HT200，但强度较高。用于阀壳、汽缸、联轴器、机体、齿轮、齿轮箱外壳、轴承座等
	10	20		—	225	
	20	40		210	195	

续表

牌号	铸件壁厚/mm		最小抗拉强度 R_m(强制性值)(min)		铸件本体预期抗拉强度 R_m(min)/MPa	特性与用途
	>	≤	单铸试棒/MPa	附铸试棒或试块/MPa		
HT250	40	80	250	190	170	基本性能同 HT200,但强度较高。用于阀壳、汽缸、联轴器、机体、齿轮、齿轮箱外壳、轴承座等
	80	150		170	155	
	150	300		160	—	
HT275	10	20	275	—	250	白口倾向大,铸造性能差,需进行人工时效处理和孕育处理。用于要求高强度、高耐磨性的重要铸件,如齿轮、凸轮、高压液压筒、液压泵和滑阀的壳体等;圆周速度为 20～25m/s 的带轮
	20	40		230	220	
	40	80		205	190	
	80	150		190	175	
	150	300		175	—	
HT300	10	20	300	—	270	
	20	40		250	240	
	40	80		220	210	
	80	150		210	195	
	150	300		190	—	
HT350	10	20	350	—	315	用于齿轮、凸轮、高压液压筒、液压泵和滑阀的壳体等
	20	40		290	280	
	40	80		260	250	
	80	150		230	225	
	150	300		210	—	

注：1. 当铸件壁厚超过 300mm 时，其力学性能由供需双方商定。

2. 当某牌号的铁液浇注壁厚均匀、形状简单的铸件时，壁厚变化引起抗拉强度的变化，可从本表查出参考数据，当铸件壁厚不均匀，或有型芯时，此表只能给出不同壁厚处大致的抗拉强度值，铸件的设计应根据关键部位的实测值进行。

3. 表中斜体字数值表示指导值，其余抗拉强度值均为强制性值，铸件本体预期抗拉强度值不作为强制性值。

4. 本标准适用于砂型或导热性与砂型相当的铸型中铸造的灰铸铁件，使用其他铸型铸造的灰铸铁件也可参照使用。

5. 本标准依据直径 ϕ30mm 单铸试棒加工的标准拉伸试样所测得的最小抗拉强度值，将灰铸铁分为 HT100、HT150、HT200、HT225、HT250、HT275、HT300 和 HT350 共八个牌号。

6. 灰铸铁的硬度等级分为六个等级。各硬度等级的硬度是指主要壁厚 $t>40$mm 且壁厚 $t\leqslant 80$mm 的上限硬度值。

硬度等级	H155	H175	H195	H215	H235	H255
铸件上的硬度范围 HBW	≤155	100～175	120～195	145～215	165～235	185～255

1.3.3.2 球墨铸铁（摘自 GB/T 1348—2009）

表 2-1-36 球墨铸铁的力学性能

材料牌号		铸件壁厚/mm	力学性能 抗拉强度 R_m/MPa	屈服强度 $R_{p0.2}$/MPa	伸长率 A/%	布氏硬度 HBW	主要基体组织	特性和用途
			最小值					
单铸试样	QT400-18L		400	240	18	120～175	铁素体	有较好的塑性与韧性,焊接性与切削性也较好,用于制造离合器壳、差速器壳等及 1.6～6.5MPa 阀门的阀体、阀盖、压缩机汽缸、铁路钢轨垫板、电机机壳、齿轮箱等
	QT400-15		400	250	15	120～180	铁素体	
	QT450-10		450	310	10	160～210	铁素体	
	QT500-7		500	320	7	170～230	铁素体+珠光体	强度与塑性中等,用于制造内燃机机油泵齿轮、汽轮机中温汽缸隔板、机车车辆轴瓦、飞轮等
	QT600-3		600	370	3	190～270	珠光体+铁素体	强度和耐磨性较好,塑性与韧性较低,用于制造空压机、冷冻机、制氧机、泵的曲轴、缸体、缸套等及球磨机齿轮、各种车轮、滚轮等
	QT700-2		700	420	2	225～305	珠光体	
	QT800-2		800	480	2	245～335	珠光体或索氏体	
	QT900-2		900	600	2	280～360	回火马氏体或屈氏体+索氏体	有高的强度和耐磨性,用于制造内燃机曲轴、凸轮轴及汽车上的圆锥齿轮、转向节、传动轴

续表

材料牌号	铸件壁厚/mm	力学性能 抗拉强度 R_m/MPa	屈服强度 $R_{p0.2}$/MPa	伸长率 A/%	布氏硬度 HBW	主要基体组织	特性和用途
		最小值	最小值	最小值			
QT350-22AL	≤30	350	220	22	≤160	铁素体	特性与用途与上面相应牌号相同
	>30～60	330	210	18			
	>60～200	320	200	15			
QT350-22AR	≤30	350	220	22	≤160	铁素体	
	>30～60	330	220	18			
	>60～200	320	210	15			
QT350-22A	≤30	350	220	22	≤160	铁素体	
	>30～60	330	210	18			
	>60～200	320	200	15			
QT400-18AL	≤30	380	240	18	120～175	铁素体	
	>30～60	370	230	15			
	>60～200	360	220	12			
QT400-18AR	≤30	400	250	18	120～175	铁素体	
	>30～60	390	250	15			
	>60～200	370	240	12			
QT400-18A	≤30	400	250	18	120～175	铁素体	
	>30～60	390	250	15			
	>60～200	370	240	12			
QT400-15A	≤30	400	250	15	120～180	铁素体	
	>30～60	390	250	14			
	>60～200	370	240	11			
QT450-10A	≤30	450	310	10	160～210	铁素体	
	>30～60	420	280	9			
	>60～200	390	260	8			
QT500-7A	≤30	500	320	7	170～230	铁素体+珠光体	
	>30～60	450	300	7			
	>60～200	420	290	5			
QT550-5A	≤30	550	350	5	180～250	铁素体+珠光体	
	>30～60	520	330	4			
	>60～200	500	320	3			
QT600-3A	≤30	600	370	3	190～270	珠光体+铁素体	
	>30～60	600	360	2			
	>60～200	550	340	1			
QT700-2A	≤30	700	420	2	225～305	珠光体	
	>30～60	700	400	2			
	>60～200	650	380	1			
QT800-2A	≤30	800	480	2	245～335	珠光体或索氏体	
	>30～60	由供需双方商定					
	>60～200						
QT900-2A	≤30	900	600	2	280～360	回火马氏体或索氏体+屈氏体	
	>30～60	由供需双方商定					
	>60～200						

V形缺口试样的冲击值

牌号	铸件壁厚/mm	最小冲击吸收能量/J 室温(23±5)℃ 三个试样平均值	个别值
QT350-22AR	≤60	17	14
	>60～200	15	12
QT350-22AL	≤60	—	—
	>60～200	—	—
QT400-18AR	≤60	14	11
	>60～200	12	9
QT400-18AL	≤60	—	—
	>60～200	—	—

牌号	铸件壁厚/mm	最小冲击吸收能量/J 低温(−20±2)℃ 三个试样平均值	个别值	低温(−40±2)℃ 三个试样平均值	个别值
QT350-22AR	≤60	—	—	—	—
	>60～200	—	—	—	—
QT350-22AL	≤60	—	—	12	9
	>60～200	—	—	10	7
QT400-18AR	≤60	—	—	—	—
	>60～200	—	—	—	—
QT400-18AL	≤60	12	9	—	—
	>60～200	10	7	—	—

注：1. 本标准适用于砂型或导热性与砂型相当的铸型中铸造的普通和低合金球墨铸铁件。

2. 本标准不适用于球铁管件和连续铸造的球铁件。

3. 牌号后面的字母A表示在附铸试块上测定的力学性能，以区别单铸试块，当铸件质量大于或等于2000kg且壁厚在30～200mm内时，采用附铸试块优于单铸试块。字母L表示低温时应具有表列冲击值。

4. 力学性能以抗拉强度和伸长率两个指标作为验收依据，硬度和主要金相组织仅供参考，其他由供需双方商定。

5. 如需方要求进行金相组织检验时，可按GB/T 9441的规定进行，球化级别一般不得低于4级。

6. 从附铸试样测得的力学性能并不能准确地反映铸件本体的力学性能，但与单铸试棒上测得的值相比更接近于铸件的实际性能值。

7. 伸长率在原始标距 $L_0=5d$ 上测得，d 是试样上原始标距处的直径。

8. 如需球铁QT500-10，其性能要求见GB/T 1348—2009附录A。

1.3.3.3 可锻铸铁（摘自 GB/T 9440—2010）

表 2-1-37 可锻铸铁的力学性能

牌号		试样直径 d/mm	力学性能 R_m/MPa ≥	$R_{p0.2}$/MPa ≥	A/% ($L_0=3d$) ≥	硬度 HBW	特性和用途
黑心	KTH300-06	12 或 15	300	—	6	≤150	有一定的韧性和强度，气密性好，适用于承受低动载荷及静载荷、要求气密性好的工作零件，如管道配件、中低压阀门等
	KTH330-08		330	—	8		有一定的韧性和强度，用于承受中等动负荷和静负荷的工作零件，如车轮壳、机床扳手和钢绳轧头等
	KTH350-10		350	200	10		有较高的韧性和强度，用于承受较高的冲击、振动及扭转负荷下工作的零件，如汽车上的前、后轮壳及差速器壳、转向节壳、制动器、运输机零件等
	KTH370-12		370	—	12		
珠光体	KTZ450-06	12 或 15	450	270	6	150～200	韧性较低，但强度大，耐磨性好，且加工性良好，可用来代替低碳、中碳、低合金钢及有色合金制造要求较高强度和耐磨性的重要零件，如曲轴、连杆、齿轮、活塞环、轴承，是近代机械工业中得到广泛应用的结构材料
	KTZ550-04		550	340	4	180～230	
	KTZ650-02		650	430	2	210～260	
	KTZ700-02		700	530	2	240～290	
白心	KTB360-04	9	310	—	5	≤230	薄壁铸件仍有较好的韧性；有非常优良的焊接性，可与钢钎焊；可切削性好。但工艺复杂，生产周期长，强度及耐磨性较差，在机械工业中少用，适用于制作厚度在 15mm 以下的薄壁铸件和焊后不需进行热处理的零件
		12	350	—	4		
		15	360	—	3		
	KTB360-12	9	320	170	15	≤200	
		12	360	190	12		
		15	370	200	7		
	KTB400-05	9	360	200	8	≤220	
		12	400	220	5		
		15	420	230	4		
	KTB450-07	9	400	230	10	≤220	
		12	450	260	7		
		15	480	280	4		

注：1. 本标准适用于砂型或导热性与砂型相当的铸型中铸造的可锻铸铁件。其他铸型铸造的可锻铸铁件也可参照使用。

2. 试样直径代表同样壁厚的铸件，如果铸件为薄壁件时，供需双方可以协商选取直径 6mm 或者 9mm 试样。

3. KTH300-05 为专门用于保证压力密封性能，而不要求高强度或者高延展性的工作条件的。

4. 不影响铸件使用性能的缺陷，可以进行修补（焊补和其他方法），修补的技术要求由供需双方商定。

5. 可锻铸铁的焊接按供需双方协议进行。焊接后的铸件必须进行热处理。KTB 360-12 焊接后不必进行热处理。

1.3.3.4 抗磨白口铸铁（摘自 GB/T 8263—2010）

表 2-1-38 抗磨白口铸铁件的牌号及其化学成分

牌号	化学成分（质量分数）/%									表面硬度					
										铸态或铸态去应力处理		硬化态或硬化态去应力处理		软化退火态	
	C	Si	Mn	Cr	Mo	Ni	Cu	S	P	HRC	HBW	HRC	HBW	HRC	HBW
BTMNi4Cr2-DT	2.4～3.0	≤0.8	≤2.0	1.5～3.0	≤1.0	3.3～5.0	—	≤0.10	≤0.10	≥53	≥550	≥56	≥600	—	—
BTMNi4Cr2-GT	3.0～3.6	≤0.8	≤2.0	1.5～3.0	≤1.0	3.3～5.0	—	≤0.10	≤0.10	≥53	≥550	≥56	≥600	—	—

续表

牌号	化学成分(质量分数)/%									表面硬度					
										铸态或铸硬态去应力处理		硬化态或硬化态去应力处理		软化退火态	
	C	Si	Mn	Cr	Mo	Ni	Cu	S	P	HRC	HBW	HRC	HBW	HRC	HBW
BTMCr9Ni5	2.5～3.6	1.5～2.2	≤2.0	8.0～10.0	≤1.0	4.5～7.0	—	≤0.06	≤0.06	≥50	≥500	≥56	≥600	—	—
BTMCr2	2.1～3.6	≤1.5	≤2.0	1.0～3.0	—	—	—	≤0.10	≤0.10	≥45	≥435	—	—	—	—
BTMCr8	2.1～3.6	1.5～2.2	≤2.0	7.0～10.0	≤3.0	≤1.0	≤1.2	≤0.06	≤0.06	≥46	≥450	≥56	≥600	≤41	≤400
BTMCr12-DT	1.1～2.0	≤1.5	≤2.0	11.0～14.0	≤3.0	≤2.5	≤1.2	≤0.06	≤0.06	—	—	≥50	≥500	≤41	≤400
BTMCr12-GT	2.0～3.6	≤1.5	≤2.0	11.0～14.0	≤3.0	≤2.5	≤1.2	≤0.06	≤0.06	≥46	≥450	≥58	≥650	≤41	≤400
BTMCr15	2.0～3.6	≤1.2	≤2.0	14.0～18.0	≤3.0	≤2.5	≤1.2	≤0.06	≤0.06	≥46	≥450	≥58	≥650	≤41	≤400
BTMCr20	2.0～3.3	≤1.2	≤2.0	18.0～23.0	≤3.0	≤2.5	≤1.2	≤0.06	≤0.06	≥46	≥450	≥58	≥650	≤41	≤400
BTMCr26	2.0～3.3	≤1.2	≤2.0	23.0～30.0	≤3.0	≤2.5	≤1.2	≤0.06	≤0.06	≥46	≥450	≥58	≥650	≤41	≤400

注：1. 牌号中，“DT”和“GT”分别是“低碳”和“高碳”的汉语拼音大写字母，表示该牌号含碳量的高低。
2. 允许加入微量V、Ti、Nb、B和RE等元素。
3. 洛氏硬度值（HRC）和布氏硬度值（HBW）之间没有精确的对应值，因此，这两种硬度值应独立使用。
4. 铸件断面深度40%处的硬度应不低于表面硬度值的92%。
5. 铸件尺寸偏差应达到GB/T 6414中CT11级的规定，铸件重量偏差应达到GB/T 11351中MT11级的规定。
6. 表面粗糙度检验方法按GB/T 6060.1和GB/T 15056规定进行。

1.3.3.5 高硅耐蚀铸铁（摘自GB/T 8491—2009）

表2-1-39 高硅耐蚀铸铁的化学成分和力学性能

牌号	化学成分/%									力学性能		性能和适用条件	应用举例
	C	Si	Mn ≤	P ≤	S ≤	Cr	Mo	Cu	R残留量 ≤	最小抗弯强度 σ_{dB} /MPa	最小挠度 f /mm		
HTSSi11-Cu2CrR	≤1.20	10.00～12.00	0.50	0.10	0.10	0.60～0.80	—	1.80～2.20	0.10	190	0.80	具有较好的力学性能，可以用一般的机械加工方法进行生产。在浓度大于或等于10%的硫酸、浓度小于或等于46%的硝酸或由上述两种介质组成的混合酸、浓度大于或等于70%的硫酸加氯、苯、苯磺酸等介质中具有较稳定的耐蚀性能，但不允许有急剧的交变载荷、冲击载荷和温度突变	卧式离心机、潜水泵、阀门、旋塞、塔罐、冷却排水管、弯头等化工设备和零部件等

续表

牌号	化学成分/%									力学性能		性能和适用条件	应用举例
	C	Si	Mn ≤	P ≤	S ≤	Cr	Mo	Cu	R残留量 ≤	最小抗弯强度 σ_{dB} /MPa	最小挠度 f /mm		
HTSSi-15R	0.65～1.10	14.20～14.75	1.50	0.10	0.10	≤0.50	≤0.50	≤0.50	0.10	118	0.66	在氧化性酸（如各种温度和浓度的硝酸、硫酸、铬酸等）、各种有机酸和一系列盐溶液介质中都有良好的耐蚀性，但在卤素的酸、盐溶液（如氢氟酸和氯化物等）和强碱溶液中不耐蚀，不允许有急剧的交变载荷、冲击载荷和温度突变	各种离心泵、阀类、旋塞、管道配件、塔罐、低压容器及各种非标准零部件等
HTSSi15-Cr4MoR	0.75～0.15	14.20～14.75	1.50	0.10	0.10	3.25～5.00	0.40～0.60	≤0.50	0.10	118	0.66	适用于强氯化物的环境	
HTSSi15-Cr4R	0.70～1.10	14.20～14.75	1.50	0.10	0.10	3.25～5.00	≤0.20	≤0.50	0.10	118	0.66	具有优良的耐电化学腐蚀性能，并有改善抗氧化性条件的耐蚀性能。高硅铬铸铁中和铬可提高其钝化性和点蚀击穿电位，但不允许有急剧的交变载荷和温度突变	在外加电流的阴极保护系统中，大量用作辅助阳极铸件

注：1. 该标准适用于含硅10.00%～15.00%的高硅耐蚀铸铁件，表中成分R表示混合稀土元素。

2. 高硅耐蚀铸铁以化学成分为验收依据；力学性能不作为验收依据，如需方有要求时应符合表中规定。

3. 高硅耐蚀铸铁是一种较脆的金属材料，其铸件的结构设计上下应有锐角和急剧的截面过渡。

4. 铸件的消除内应力热处理，若无特殊要求时，按该标准中规范进行（请查该标准）。

5. 铸件需进行水压试验时，应在图纸或技术文件中规定。一般承受液压的零件，可用常温清水进行水压试验，其试验压力为工作压力的1.5倍，且保压时间应不少于10min。

6. 本标准的所有牌号都适用于腐蚀的工况条件，HTSSi15Cr4MoR尤其适用于强氯化物的工况条件，HTS-Si15Cr4R适用于阳极电板，适用条件见GB/T 8491—2009附录A。

1.4 钢板

1.4.1 钢板每平方米面积的理论质量

不同厚度钢板（密度为7.85g/cm³）的每平方米理论质量按下式计算：

$$G=S\rho \quad (2\text{-}1\text{-}1)$$

式中 G ——给定钢板厚度下的每平方米质量，kg/m^2；

S ——钢板厚度，mm；

ρ ——钢板密度，碳素钢 $\rho=7.85g/cm^3$。

1.4.2 冷轧钢板和钢带（摘自 GB/T 708—2019）

表 2-1-40 产品形态、边缘状态及尺寸精度分类

产品形态	边缘状态	分类及代号							
		厚度精度		宽度精度		长度精度		不平度精度	
		普通	较高	普通	较高	普通	较高	普通	较高
钢带	不切边 EM	PT. A	PT. B		—	—	—	—	—
	切边 EC	PT. A	PT. B	PW. A	PW. B				
钢板	不切边 EM	PT. A	PT. B		—	PL. A	PL. B	PF. A	PF. B
	切边 EC	PT. A	PT. B	PW. A	PW. B	PL. A	PL. B	PF. A	PF. B
纵切钢带	切边 EC	PT. A	PT. B	PW. A	PW. B	—	—	—	—

表 2-1-41 冷轧钢板和钢带的公称尺寸 /mm

项目	钢板和钢带	
	公称尺寸范围	公称尺寸系列
厚度	≤4.00	厚度小于 1mm 的钢板和钢带按 0.05mm 倍数的任何尺寸
		厚度大于或等于 1mm 的钢板和钢带按 0.1mm 倍数的任何尺寸
宽度	≤2150	公称宽度按 10mm 倍数的任何尺寸
长度	1000～6000①	公称长度按 50mm 倍数的任何尺寸

① 此数值仅为冷轧钢板的公称长度。

表 2-1-42 冷轧钢板和钢带的厚度允许偏差 /mm

公称厚度	厚度允许偏差					
	普通精度 PT. A			较高精度 PT. B		
	公称宽度			公称宽度		
	≤1200	>1200～1500	>1500	≤1200	>1200～1500	>1500
≤0.40	±0.03	±0.04	±0.05	±0.020	±0.025	±0.030
>0.40～0.60	±0.03	±0.04	±0.05	±0.025	±0.030	±0.035
>0.60～0.80	±0.04	±0.05	±0.06	±0.030	±0.035	±0.040
>0.80～1.00	±0.05	±0.06	±0.07	±0.035	±0.040	±0.050
>1.00～1.20	±0.06	±0.07	±0.08	±0.040	±0.050	±0.060
>1.20～1.60	±0.08	±0.09	±0.10	±0.050	±0.060	±0.070
>1.60～2.00	±0.10	±0.11	±0.12	±0.060	±0.070	±0.080
>2.00～2.50	±0.12	±0.13	±0.14	±0.080	±0.090	±0.100
>2.50～3.00	±0.15	±0.15	±0.16	±0.110	±0.110	±0.120
>3.00～4.00	±0.16	±0.17	±0.19	±0.120	±0.130	±0.140

注：1. 距钢带焊缝处 10m 内的厚度允许偏差比表中规定值增加 50%；距钢带两端各 10m 内的厚度允许偏差比表中规定值增加 50%。

2. 表中厚度允许偏差为屈服强度小于 260MPa 的冷轧钢板和钢带的值。

1.4.3 热轧钢板和钢带（摘自 GB/T 709—2019）

表 2-1-43 热轧钢板和钢带的公称尺寸 /mm

项目		钢板和钢带	
		公称尺寸范围	公称尺寸系列
单轧钢板	厚度	3～450	厚度小于 30mm 的钢板按 0.5mm 倍数的任何尺寸
			厚度大于或等于 30mm 的钢板按 1mm 倍数的任何尺寸
	宽度	600～5300	钢板宽度按 10mm 或 50mm 倍数的任何尺寸
	长度	2000～25000	钢板长度按 50mm 或 100mm 倍数的任何尺寸
钢带	厚度	≤25.4	钢带厚度按 0.1mm 倍数的任何尺寸
	宽度	600～2200	钢带宽度按 10mm 倍数的任何尺寸
	纵切宽度	120～900	

表 2-1-44　热轧钢板和钢带的厚度允许偏差

/mm

钢板					钢带(包括连轧钢板)								
公称厚度	单轧钢板厚度允许偏差(N类)				公称厚度	钢带厚度允许偏差							
	公称宽度					普通精度 PT. A				较高精度 PT. B			
						公称宽度				公称宽度			
	≤1500	>1500～2500	>2500～4000	>4000～5300		600～1200	>1200～1500	>1500～1800	>1800	600～1200	>1200～1500	>1500～1800	>1800
3.00～5.00	±0.45	±0.55	±0.65	—	≤1.5	±0.15	±0.17	—	—	±0.10	±0.12	—	—
>5.00～8.00	±0.50	±0.60	±0.75	—	>1.5～2.0	±0.17	±0.19	±0.21	—	±0.13	±0.14	±0.14	—
>8.00～15.0	±0.55	±0.65	±0.80	±0.90	>2.0～2.5	±0.18	±0.21	±0.23	±0.25	±0.14	±0.15	±0.17	±0.20
>15.0～25.0	±0.65	±0.75	±0.90	±1.10	>2.5～3.0	±0.20	±0.22	±0.24	±0.26	±0.15	±0.17	±0.19	±0.21
>25.0～40.0	±0.70	±0.80	±1.00	±1.20	>3.0～4.0	±0.22	±0.24	±0.26	±0.27	±0.17	±0.18	±0.21	±0.22
>40.0～60.0	±0.80	±0.90	±1.10	±1.30	>4.0～5.0	±0.24	±0.26	±0.28	±0.29	±0.19	±0.21	±0.22	±0.23
>60.0～100	±0.90	±1.10	±1.30	±1.50	>5.0～6.0	±0.26	±0.28	±0.29	±0.31	±0.21	±0.22	±0.23	±0.25
>100～150	±1.20	±1.40	±1.60	±1.80	>6.0～8.0	±0.29	±0.30	±0.31	±0.35	±0.23	±0.24	±0.25	±0.28
>150～200	±1.40	±1.60	±1.80	±1.90	>8.0～10.0	±0.32	±0.33	±0.34	±0.40	±0.26	±0.26	±0.27	±0.32
>200>250	±1.60	±1.80	±2.00	±2.20	>10.0～12.5	±0.35	±0.36	±0.37	±0.43	±0.28	±0.29	±0.30	±0.36
>250～300	±1.80	±2.00	±2.20	±2.40	>12.5～15.0	±0.37	±0.38	±0.40	±0.46	±0.30	±0.31	±0.33	±0.39
>300～400	±2.00	±2.20	±2.40	±2.60	>15.0～25.4	±0.40	±0.42	±0.45	±0.50	±0.32	±0.34	±0.37	±0.42

注：1. 单轧钢板厚度允许偏差（N类）为最高精度的类别，需方订货时未注明厚度偏差类别时，均按N类供货，钢板厚度偏差尚有普通精度类别，其精度类别高低依次为A类、B类和C类。

2. 规定最小屈服强度大于或等于345MPa的钢带，其厚度偏差应增加10%。

1.4.4 锅炉和压力容器用钢板（摘自 GB 713—2014）

表 2-1-45 锅炉和压力容器用钢板的化学成分

牌号	化学成分(质量分数)/%												
	C[①]	Si	Mn	Cu	Ni	Cr	Mo	Nb	V	Ti	Alt[②]	P	S	其他
Q245R	≤0.20	≤0.35	0.50～1.10	≤0.30	≤0.30	≤0.30	≤0.08	≤0.050	≤0.050	≤0.030	≥0.020	≤0.025	≤0.010	Cu+Ni+Cr+Mo≤0.70
Q345R	≤0.20	≤0.55	1.20～1.70	≤0.30	≤0.30	≤0.30	≤0.08	≤0.050	≤0.050	≤0.030	≥0.020	≤0.025	≤0.010	
Q370R	≤0.18	≤0.55	1.20～1.70	≤0.30	≤0.30	≤0.03	≤0.08	0.015～0.050	≤0.050	≤0.030	—	≤0.020	≤0.010	
Q420R	≤0.20	≤0.55	1.30～1.70	≤0.30	0.20～0.50	≤0.30	≤0.08	0.015～0.050	≤0.100	≤0.030	—	≤0.020	≤0.010	—
18MnMoNbR	≤0.21	0.15～0.50	1.20～1.60	≤0.30	≤0.30	≤0.30	0.45～0.65	0.025～0.050	—	—	—	≤0.020	≤0.010	—
13MnNiMoR	≤0.15	0.15～0.50	1.20～1.60	≤0.30	0.60～1.00	0.20～0.40	0.20～0.40	0.005～0.020	—	—	—	≤0.020	≤0.010	—
15CrMoR	0.08～0.18	0.15～0.40	0.40～0.70	≤0.30	≤0.30	0.80～1.20	0.45～0.60	—	—	—	—	≤0.025	≤0.010	—
14Cr1MoR	≤0.17	0.50～0.80	0.40～0.65	≤0.30	≤0.30	1.15～1.50	0.45～0.65	—	—	—	—	≤0.020	≤0.010	—
12Cr2Mo1R	0.08～0.15	≤0.50	0.30～0.60	≤0.20	≤0.30	2.00～2.50	0.90～1.10	—	—	—	—	≤0.020	≤0.010	—
12Cr1MoVR	0.08～0.15	0.15～0.40	0.40～0.70	≤0.30	≤0.30	0.90～1.20	0.25～0.35	—	0.15～0.30	—	—	≤0.025	≤0.010	—
12Cr2Mo1VR	0.11～0.15	≤0.10	0.30～0.60	≤0.20	≤0.25	2.00～2.50	0.90～1.10	≤0.07	0.25～0.35	≤0.030	—	≤0.010	≤0.005	B≤0.0020 Ca≤0.015
07Cr2AlMoR	≤0.09	0.20～0.50	0.40～0.90	≤0.30	≤0.30	2.00～2.40	0.30～0.50	—	—	—	0.30～0.50	≤0.020	≤0.010	—

① 经供需双方协议，并在合同中注明，C 含量下限可不作要求。
② 未注明的不作要求。

表 2-1-46　锅炉和压力容器用钢板的力学性能和工艺性能

牌号	交货状态	钢板厚度/mm	拉伸试验			冲击试验		弯曲试验[②]
			R_m/MPa	R_{eL}[①]/MPa	断后伸长率 A/%	温度/℃	冲击吸收能量 KV_2/J	180° $b=2a$
				不小于			不小于	
Q245R	热轧、控轧或正火	3～16	400～520	245	25	0	34	$D=1.5a$
		＞16～36		235				
		＞36～60		225				
		＞60～100	390～510	205	24			$D=2a$
		＞100～150	380～500	185				
		＞150～250	370～490	175				
Q345R		3～16	510～640	345	21	0	41	$D=2a$
		＞16～36	500～630	325				$D=3a$
		＞36～60	490～620	315				
		＞60～100	490～620	305	20			
		＞100～150	480～610	285				
		＞150～250	470～600	265				
Q370R	正火	10～16	530～630	370	20	−20	47	$D=2a$
		＞16～36		360				$D=3a$
		＞36～60	520～620	340				
		＞60～100	510～610	330				
Q420R		10～20	590～720	420	18	−20	60	$D=3a$
		＞20～30	570～700	400				
18MnMoNbR	正火加回火	30～60	570～720	400	18	0	47	$D=3a$
		＞60～100		390				
13MnNiMoR		30～100	570～720	390	18	0	47	$D=3a$
		＞100～150		380				
15CrMoR		6～60	450～590	295	19	20	47	$D=3a$
		＞60～100		275				
		＞100～200	440～580	255				
14Cr1MoR		6～100	520～680	310	19	20	47	$D=3a$
		＞100～200	510～670	300				
12Cr2Mo1R		6～200	520～680	310	19	20	47	$D=3a$
12Cr1MoVR	正火加回火	6～60	440～590	245	19	20	47	$D=3a$
		＞60～100	430～580	235				
12Cr2Mo1VR		6～200	590～760	415	17	−20	60	$D=3a$
07Cr2AlMoR	正火加回火	6～36	420～580	260	21	20	47	$D=3a$
		＞36～60	410～570	250				

① 如屈服现象不明显，可测量 $R_{p0.2}$ 代替 R_{eL}。

② a 为试样厚度；D 为弯曲压头直径。

注：1. 厚度大于 60mm 的钢板，经供需双方协议，并在合同中注明，可不做弯曲试验。

2. 根据需方要求，Q245R、Q345R 和 13MnNiMoR 钢板可进行－20℃冲击试验，代替本表中的 0℃冲击试验，其冲击吸收能量值应符合本表的规定。

3. 夏比（V 型缺口）冲击吸收能量，按 3 个试样的算术平均值计算，允许其中 1 个试样的单个值比本表规定值低，但不得低于规定值的 70％。

4. 对厚度小于 12mm 钢板的夏比（V 型缺口）冲击试验应采用辅助试样，＞8mm～＜12mm 钢板辅助试样尺寸为 10mm×7.5mm×55mm，其试验结果应不小于本表规定值的 75％；6～8mm 钢板辅助试样尺寸为 10mm×5mm×55mm，其试验结果应不小于本表规定值的 50％；厚度小于 6mm 的钢板不做冲击试验。

表 2-1-47 锅炉和压力容器用钢板高温力学性能

牌号	厚度 mm	试验温度/℃						
		200	250	300	350	400	450	500
		R_{eL}[①]（或 $R_{p0.2}$）/MPa 不小于						
Q245R	>20～36	186	167	153	139	129	121	—
	>36～60	178	161	147	133	123	116	—
	>60～100	164	147	135	123	113	106	—
	>100～150	150	135	120	110	105	95	—
	>150～250	145	130	115	105	100	90	—
Q345R	>20～36	255	235	215	200	190	180	—
	>36～60	240	220	200	185	175	165	—
	>60～100	225	205	185	175	165	155	—
	>100～150	220	200	180	170	160	150	—
	>150～250	215	195	175	165	155	145	—
Q370R	>20～36	290	275	260	245	230	—	—
	>36～60	275	260	250	235	220	—	—
	>60～100	265	250	245	230	215	—	—
18MnMoNbR	30～60	360	355	350	340	310	275	—
	>60～100	355	350	345	335	305	270	—
13MnNiMoR	30～100	355	350	345	335	305	—	—
	>100～150	345	340	335	325	300	—	—
15CrMoR	>20～60	240	225	210	200	189	179	174
	>60～100	220	210	196	186	176	167	162
	>100～200	210	199	185	175	165	156	150
14Cr1MoR	>20～200	255	245	230	220	210	195	176
12Cr2Mo1R	>20～200	260	255	250	245	240	230	215
12Cr1MoVR	>20～100	200	190	176	167	157	150	142
12Cr2Mo1VR	>20～200	370	365	360	355	350	340	325
07Cr2AlMoR	>20～60	195	185	175	—	—	—	—

① 如屈服现象不明显，屈服强度取 $R_{p0.2}$。

1.4.5 焊接气瓶用钢板（摘自 GB 6653—2017）

表 2-1-48 焊接气瓶用钢板的化学成分和力学性能

<table>
<tr><th rowspan="3">牌号</th><th colspan="6">化学成分/%</th><th colspan="8">力学性能</th></tr>
<tr><th rowspan="2">C</th><th rowspan="2">Si</th><th rowspan="2">Mn</th><th rowspan="2">P</th><th rowspan="2">S</th><th rowspan="2">Als</th><th rowspan="2">R_{eL}/MPa</th><th rowspan="2">R_m/MPa</th><th rowspan="2">A/%</th><th rowspan="2">180℃冷弯试验 d 为弯心直径；a 为试样厚度</th><th colspan="4">冲击试验</th></tr>
<tr><th>温度/℃</th><th>方向</th><th>尺寸/mm</th><th>KV_2/J</th></tr>
<tr><td>HP235</td><td>≤0.16</td><td rowspan="3">≤0.10</td><td>≤0.80</td><td rowspan="5">≤0.025</td><td rowspan="5">≤0.012</td><td rowspan="5">≥0.015</td><td>≥235</td><td>≥380</td><td>≥29</td><td rowspan="2">$d=1.5a$</td><td rowspan="5">常温</td><td rowspan="5">横向</td><td rowspan="5">10×5×55
10×7.5×55
10×10×55</td><td rowspan="5">≥18
≥23
≥27</td></tr>
<tr><td>HP265</td><td>≤0.18</td><td>≤0.80</td><td>≥265</td><td>≥410</td><td>≥27</td></tr>
<tr><td>HP295</td><td>≤0.18</td><td>≤1.00</td><td>≥295</td><td>≥440</td><td>≥26</td><td rowspan="3">$d=2a$</td></tr>
<tr><td>HP325</td><td rowspan="2">≤0.20</td><td rowspan="2">≤0.35</td><td rowspan="2">≤1.50</td><td>≥325</td><td>≥490</td><td>≥22</td></tr>
<tr><td>HP345</td><td>≥345</td><td>≥510</td><td>≥21</td></tr>
</table>

注：1. 本标准适用于焊接气瓶用厚度为 2.0～14.0mm 的热轧钢板及厚度为 1.5～4.0mm 的冷轧钢板。

2. 冷轧退火钢板在保证性能的情况下，HP235、HP265 的含碳量上限允许到 0.20%，含锰量上限允许到 1.00%。

3. 为改善钢的性能，各牌号钢中可加入 V、Nb、Ti 等微量元素的一种或几种，但 w(V)≤0.10%、w(Nb+V)≤0.12%、w(Ti)≤0.06%。

4. 各牌号钢中残余元素含量 Cr、Ni、Mo 各小于 0.30%，Cu 小于 0.20%。

5. 厚度小于 6mm 的钢板不进行冲击试验。

6. 拉伸试验、冷弯试验均取横向试样。

7. Als 为酸溶铝。

1.4.6 低温压力容器用钢板（摘自 GB 3531—2014）

表 2-1-49 低温压力容器用钢板化学成分和力学性能

牌号	化学成分/% C	Si	Mn	Ni	V	其他	P ≤	S ≤	力学性能 钢板厚度/mm	R_m/MPa	R_{eL}/MPa ≥	A/% ≥	冷弯试验 $b=2a$ 180°	冲击试验 最低温度/℃	KV_2(横向)/J,≥
16Mn-DR	≤0.20	0.15～0.50	1.20～1.60	≤0.04	—	Als≥0.020	0.020	0.010	6～16	490～620	315	21	$d=2a$	−40	47
									>16～36	470～600	295		$d=3a$		
									>36～60	460～590	285				
									>60～100	450～580	275			−30	
15MnNiDR	≤0.18			0.20～0.60	≤0.05			0.008	6～16	490～620	325	20	$d=3a$	−45	60
									>16～36	480～610	315				
									>36～60	470～600	305				
09MnNiDR	≤0.12		1.20～1.60	0.30～0.80	—	Nb≤0.04 Als≤0.020	0.020	0.008	6～16	440～570	300	23	$d=2a$	−70	
									>16～36	430～560	280				
									>36～60	430～560	270				

注：1. 本标准适用于制造−20～−196℃低温压力容器用厚度为 5～120mm 钢板。

2. 厚度 6～100mm 钢板负偏差为 0.3mm。

3. 钢板以正火或正火加回火状态交货。

4. 经供需双方协议并在合同中注明，钢板的低温冲击吸收能量可按高于表中值交货。

5. 厚度大于 20mm 的正火式正火加回火状态交货的钢板以及厚度大于 16mm 的淬火加回火状态交货的钢板，供方应逐张进行超声波探伤检查。

6. Als 为酸溶铝。

1.4.7 冷轧电镀锡钢板与钢带（摘自 GB/T 2520—2017）

表 2-1-50 冷轧电镀锡钢板及钢带的分类和硬度 HR15T 与 HR30Tm 的换算

分类和表示方法 分类方式	类别	代号
原板钢种	—	MR,L,D
调质度	一次冷轧钢板及钢带	T-1,T-1.5,T-2,T-2.5,T-3,T-3.5,T-4,T-5
	二次冷轧钢板及钢带	DR-7M,DR-8,DR-8M,DR-9,DR-9M,DR-10
退火方式	连续退火	CA
	罩式退火	BA
差厚镀锡标识	薄面标识方法	D
	厚面标识方法	A

HR15T 与 HR30Tm 硬度换算 HR15Tm	HR30Tm	HR15Tm	HR30Tm
93.0	82.0	83.0	62.5
92.5	81.5	82.5	61.5
92.0	80.5	82.0	60.5
91.5	79.0	81.5	59.5
91.0	78.0	81.0	58.5
90.5	77.5	80.5	57.0
90.0	76.0	80.0	56.0
89.5	75.5	79.5	55.0
89.0	74.5	79.0	54.0

续表

分类和表示方法			
分类方法	类别		代号
表面状态	光亮表面		B
	粗糙表面		R
	银色表面		S
	无光表面		M
表面处理方式	钝化方式	化学钝化	CP
		电化学钝化	CE
		低铬钝化	LCr
	不处理		U
边部形状	直边		SL
	花边		WL

HR15T与HR30Tm硬度换算			
HR15Tm	HR30Tm	HR15Tm	HR30Tm
88.5	74.0	78.5	53.0
88.0	73.0	78.0	51.5
87.5	72.0	77.5	51.0
87.0	71.0	77.0	49.5
86.5	70.0	76.5	49.0
86.0	69.0	76.0	47.5
85.5	68.0	75.5	47.0
85.0	67.0	75.0	45.5
84.5	66.0	74.5	44.5
84.0	65.0	74.0	43.5
83.5	63.5	73.5	42.5

注：牌号及表示方法：

普通用途的钢板及钢带，其牌号通常由原板钢种代号、调质度代号和退火方式代号构成。

示例：MR T-2.5 CA，L T-3 BA，MR DR-8 BA

用于制作二片拉拔罐（DI）的钢板及钢带，原板钢种只适用于D钢种，其牌号由原板钢种D、调质度代号、退火方式代号和代号DI构成。

示例：D T-2.5 CA DI

用于制作盛装酸性内容物的素面（镀锡量5.6/2.8g/m^{2}以上）食品罐的钢板及钢带，即K板，原板钢种通常为L钢种。其牌号通常由原板钢种L、调质度代号、退火方式代号和代号K构成。

示例：L T-2.5 CA K

用于制作盛装蘑菇等要求低铬钝化处理的食品罐的钢板及钢带，原板钢种通常为MR钢种或L钢种。其牌号由原板钢种MR或L、调质度代号、退火方式代号和代号LCr构成。

示例：MR T-2.5 CA LCr

表 2-1-51　冷轧镀锡钢板的尺寸　　/mm

项目		公称尺寸	公称尺寸系列
一次冷轧镀锡钢板	厚度	0.14～0.5	公称厚度为0.01mm倍数的任何尺寸
		0.5～0.8	公称厚度为0.05mm倍数的任何尺寸
二次冷轧镀锡钢板	厚度	0.12～0.36	公称厚度为0.01mm倍数的任何尺寸

注：一次、二次冷轧镀锡钢板的长度按需方要求由板卷上剪切，可为任何长度。

表 2-1-52　冷轧镀锡钢板钢基的化学成分

钢基代号	化学成分/% ≤								
	C	Si	Mn	S	P	Cu	Ni	Cr	Mo
D	0.12	0.03	1.00	0.030	0.020	0.20	0.15	0.10	0.05
L	0.15				0.015	0.06	0.04	0.06	
MR					0.020	0.20	0.15	0.10	

注：钢基代号D的全铝含量通常不小于0.020%。

表 2-1-53 冷轧镀锡钢板的力学性能

一次冷轧钢板调质度代号	表面硬度(HR30Tm)	二次冷轧钢板调质度代号	表面硬度(HR30Tm)	规定塑形延伸强度 $R_{p0.2}$ 目标值/MPa
T-1	49±4	DR-7M	71±5	520
T-1.5	51±4	DR-8	73±5	550
T-2	53±4	DR-8M	73±5	580
T-2.5	55±4	DR-9	76±5	620
T-3	57±4	DR-9M	77±5	660
T-3.5	59±4	DR-10	80±5	690
T-4	61±4			
T-5	65±4			

1.4.8 镀铅锡合金钢板(带)

表 2-1-54 镀铅锡合金钢板(带)的牌号级别、表面质量、尺寸

<table>
<tr><th>牌号</th><th>拉延级别</th><th colspan="2">表面质量</th><th colspan="2">尺寸/mm</th></tr>
<tr><td>LT01</td><td>普通拉延级</td><td rowspan="2">FA</td><td rowspan="2">普通级表面</td><td rowspan="2">厚度</td><td rowspan="2">0.5～2.0(钢板、带)</td></tr>
<tr><td>LT02</td><td>深拉延级</td></tr>
<tr><td>LT03</td><td>极深拉延级</td><td rowspan="2">FB</td><td rowspan="2">较高级表面</td><td rowspan="2">宽度</td><td rowspan="2">600～1200(钢板、带)</td></tr>
<tr><td>LT04</td><td>最深拉延级</td></tr>
<tr><td>LT05</td><td>超深冲无时效级</td><td>FC</td><td>高级表面</td><td>长度</td><td>1500～3000(钢板)</td></tr>
</table>

注:1. 镀铅锡合金钢板(带)标记示例如下。

牌号 LT04,表面质量级别 FC,镀层质量 $200g/m^2$,尺寸为 1.2mm×1000mm×2000mm 的钢板标记示例为 LT04-1.2×1000×2000-FC-200-GB/T 5065—2004

2. 钢板(带)的尺寸允许偏差按 GB/T 708 的规定。

表 2-1-55 镀铅锡合金钢板(带)的化学成分

<table>
<tr><th rowspan="2">牌　　号</th><th colspan="10">化学成分/%</th></tr>
<tr><th>C</th><th>Si</th><th>Mn</th><th>P</th><th>S</th><th>Als</th><th>Ti</th><th>Cr</th><th>Ni</th><th>Cu</th></tr>
<tr><td>LT01、LT02、LT03</td><td>0.05～0.11</td><td rowspan="3">≤0.03</td><td>0.25～0.65</td><td>≤0.035</td><td>≤0.035</td><td rowspan="2">0.02～0.07</td><td rowspan="2">—</td><td>≤0.10</td><td>≤0.30</td><td>≤0.25</td></tr>
<tr><td>LT04</td><td>≤0.08</td><td>≤0.40</td><td rowspan="2">≤0.020</td><td>≤0.025</td><td rowspan="2">≤0.08</td><td rowspan="2">≤0.10</td><td rowspan="2">≤0.15</td></tr>
<tr><td>LT05</td><td>≤0.01</td><td>≤0.30</td><td>≤0.020</td><td>—</td><td>≤0.20</td></tr>
</table>

注:根据需要,牌号 LT04 可适当添加 Ti、Nb 等合金元素,此时对 Als 不作要求;牌号 LT05 可适当添加 Nb 等合金元素。

表 2-1-56　镀铅锡合金钢板（带）的力学性能、镀层质量

牌号	屈服点 R_{eL} /MPa	抗拉强度 R_m /MPa	断后伸长率 A/% $b_0=20mm$ $L_0=80mm$	n_{90}	r_{90}
				$b_0=20mm$，$L_0=80mm$	
LT01	—	275～390	≥28	—	—
LT02		275～410	≥30		
LT03			≥32		
LT04	≤230	275～350	≥36		
LT05	≤180	270～330	≥40	≥0.20	≥1.9

镀层代号	镀层质量/g·m⁻² 两面三点镀层平均值≥	两面单点镀层值≥
075	75	60
100	100	75
120	120	90
150	150	110
170	170	125
200	200	165
260	260	215

注：1. n_{90} 为拉伸应变硬化指数；r_{90} 为塑性应变比；b_0 为试样宽度；L_0 为试样标距。
2. 拉伸试验取横向试样。

表 2-1-57　镀铅锡合金钢板（带）的杯突值　/mm

厚度	冲压深度 ≥				厚度	冲压深度 ≥			
	LT04	LT03	LT02	LT01		LT04	LT03	LT02	LT01
0.5	9.3	9.0	8.4	8.0	1.3	11.3	11.2	10.8	10.6
0.6	9.6	9.4	8.9	8.5	1.4	11.4	11.3	11.0	10.8
0.7	10.1	9.7	9.2	8.9	1.5	11.6	11.5	11.2	11.0
0.8	10.5	10.0	9.5	9.3	1.6	11.8	11.6	11.4	11.2
0.9	10.7	10.3	9.9	9.6	1.7	12.0	11.8	11.6	11.4
1.0	10.8	10.5	10.1	9.9	1.8	12.1	11.9	11.7	11.5
1.1	11.0	10.8	10.4	10.2	1.9	12.2	12.0	11.8	11.7
1.2	11.2	11.0	10.6	10.4	2.0	12.3	12.1	11.9	11.8

1.4.9　不锈钢冷轧钢板（摘自 GB/T 3280—2015）、不锈钢热轧钢板（摘自 GB/T 4237—2015）

1.4.9.1　不锈钢冷轧、热轧钢板的尺寸（厚度系列、宽、长）及其允许偏差

表 2-1-58　不锈钢冷轧、热轧钢板和钢带的公称尺寸　/mm

不锈钢冷轧钢板(带)(GB/T 3280—2015)			不锈钢热轧钢板(带)(GB/T 4237—2015)		
形态	公称厚度	公称宽度	形态	公称厚度	公称宽度
宽钢带、卷切钢板	≥0.10,≤8.00	≥600,<2100	厚钢板	>3.0,≤200	≥600,≤4800
纵切宽钢带、卷切钢带Ⅰ	≥0.10,≤8.00	<600	宽钢带、纵切宽钢带、卷切钢板	≥2.0,≤25.4	≥600,≤2500
窄钢带、卷切钢带Ⅱ	≥0.10,≤3.00		窄钢带、卷切钢带	≥2.0,≤13.0	<600

注：1. 不锈钢冷轧钢板（带）的长度尺寸范围及厚度、宽度公称尺寸系列按 GB/T 708 规定。
2. 不锈钢热轧钢板（带）的长度尺寸范围及厚度、宽度公称尺寸系列按 GB/T 709 规定。

表 2-1-59　不锈钢冷轧宽钢带、钢板、卷切钢带Ⅰ，窄钢带、卷切钢带Ⅱ厚度允许偏差　/mm

冷轧宽钢带、钢板、卷切钢带Ⅰ					
公称厚度	PT. A		PT. B		
	公称宽度		公称宽度		
	<1250	1250～2100	600～<1000	1000～<1250	1250～2100
0.10～<0.25	±0.03	—	—	—	—
0.25～<0.30	±0.04	—	±0.038	±0.038	—
0.30～<0.60	±0.05	±0.08	±0.040	±0.040	±0.05
0.60～<0.80	±0.07	±0.09	±0.05	±0.05	±0.06

续表

冷轧宽钢带、钢板、卷切钢带Ⅰ					
公称厚度	PT. A		PT. B		
	公称宽度		公称宽度		
	＜1250	1250～2100	600～＜1000	1000～＜1250	1250～2100
0.80～＜1.00	±0.09	±0.10	±0.05	±0.06	±0.07
1.00～＜1.25	±0.10	±0.12	±0.06	±0.07	±0.08
1.25～＜1.60	±0.12	±0.15	±0.07	±0.08	±0.10
1.60～＜2.00	±0.15	±0.17	±0.09	±0.10	±0.12
2.00～＜2.50	±0.17	±0.20	±0.10	±0.11	±0.13
2.50～＜3.15	±0.22	±0.25	±0.11	±0.12	±0.14
3.15～＜4.00	±0.25	±0.30	±0.12	±0.13	±0.16
4.00～＜5.00	±0.35	±0.40	—	—	—
5.00～＜6.50	±0.40	±0.45	—	—	—
6.50～8.00	±0.50	±0.50	—	—	—

冷轧窄钢带、卷切钢带Ⅱ						
公称厚度	PT. A			PT. B		
	公称宽度			公称宽度		
	＜125	125～＜250	250～＜600	＜125	125～＜250	250～＜600
0.05～＜0.10	±0.10t	±0.12t	±0.15t	±0.06t	±0.10t	±0.10t
0.10～＜0.20	±0.010	±0.015	±0.020	±0.008	±0.012	±0.015
0.20～＜0.30	±0.015	±0.020	±0.025	±0.012	±0.015	±0.020
0.30～＜0.40	±0.020	±0.025	±0.030	±0.015	±0.020	±0.025
0.40～＜0.60	±0.025	±0.030	±0.035	±0.020	±0.025	±0.030
0.60～＜1.00	±0.030	±0.035	±0.040	±0.025	±0.030	±0.035
1.00～＜1.50	±0.035	±0.040	±0.045	±0.030	±0.035	±0.040
1.50～＜2.00	±0.040	±0.050	±0.060	±0.035	±0.040	±0.050
2.00～＜2.50	±0.050	±0.060	±0.070	±0.040	±0.050	±0.060
2.50～3.00	±0.060	±0.070	±0.080	±0.050	±0.060	±0.070

注：1. 供需双方协商确定，偏差值可全为正偏差、负偏差或正负偏差不对称分布，但公差值应在表列范围之内。
2. 厚度小于0.05mm时，由供需双方协商确定。
3. 钢带边部毛刺高度应小于或等于产品公称厚度×10%。

表 2-1-60　不锈钢热轧厚钢板厚度允许偏差　/mm

公称厚度	公称宽度							
	≤1000		＞1000～1500		＞1500～2000		＞2000～2500	
	普通精度	较高精度	普通精度	较高精度	普通精度	较高精度	普通精度	较高精度
＞3.0～4.0	±0.28	±0.25	±0.31	±0.28	±0.33	±0.31	±0.36	±0.32
＞4.0～5.0	±0.31	±0.28	±0.33	±0.30	±0.36	±0.34	±0.41	±0.36
＞5.0～6.0	±0.34	±0.31	±0.36	±0.33	±0.40	±0.37	±0.45	±0.40
＞6.0～8.0	±0.38	±0.35	±0.40	±0.36	±0.44	±0.40	±0.50	±0.45
＞8.0～10.0	±0.42	±0.39	±0.44	±0.40	±0.48	±0.43	±0.55	±0.50
＞10.0～13.0	±0.45	±0.42	±0.48	±0.44	±0.52	±0.47	±0.60	±0.55
＞13.0～25.0	±0.50	±0.45	±0.53	±0.48	±0.57	±0.52	±0.65	±0.60
＞25.0～30.0	±0.53	±0.48	±0.56	±0.51	±0.60	±0.55	±0.70	±0.65
＞30.0～34.0	±0.55	±0.50	±0.60	±0.55	±0.65	±0.60	±0.75	±0.70
＞34.0～40.0	±0.65	±0.60	±0.70	±0.65	±0.70	±0.65	±0.85	±0.80
＞40.0～50.0	±0.75	±0.70	±0.80	±0.75	±0.85	±0.80	±1.0	±0.95
＞50.0～60.0	±0.90	±0.85	±0.95	±0.90	±1.0	±0.95	±1.1	±1.05
＞60.0～80.0	±0.90	±0.85	±0.95	±0.90	±1.3	±1.25	±1.4	±1.35
＞80.0～100.0	±1.0	±0.95	±1.0	±0.95	±1.5	±1.45	±1.6	±1.55
＞100.0～150.0	±1.1	±1.05	±1.1	±1.05	±1.7	±1.65	±1.8	±1.75
＞150.0～200.0	±1.2	±1.15	±1.2	±1.15	±2.0	±1.95	±2.1	±2.05

表 2-1-61　不锈钢热轧钢带、钢板的厚度允许偏差和窄钢带、卷切钢带高精度厚度允许偏差　/mm

公称厚度	钢带、卷切钢板及钢带厚度允许偏差① 公称宽度							
	≤1200		>1200～≤1500		>1500～≤1800		>1800～≤2500	
	普通精度	较高精度	普通精度	较高精度	普通精度	较高精度	普通精度	较高精度
>2.0～2.5	±0.22	±0.20	±0.25	±0.23	±0.29	±0.27	—	—
>2.5～3.0	±0.25	±0.23	±0.28	±0.26	±0.31	±0.28	±0.33	±0.31
>3.0～4.0	±0.28	±0.26	±0.31	±0.28	±0.33	±0.31	±0.35	±0.32
>4.0～5.0	±0.31	±0.28	±0.33	±0.30	±0.36	±0.33	±0.38	±0.35
>5.0～6.0	±0.33	±0.31	±0.36	±0.33	±0.38	±0.35	±0.40	±0.37
>6.0～8.0	±0.38	±0.35	±0.39	±0.36	±0.40	±0.37	±0.46	±0.43
>8.0～10.0	±0.42	±0.39	±0.43	±0.40	±0.45	±0.41	±0.53	±0.49
>10.0～25.4	±0.45	±0.42	±0.47	±0.44	±0.49	±0.45	±0.57	±0.53

窄钢带、卷切钢带高级精度厚度允许偏差② 公称厚度	厚度允许偏差
≥2.0～4.0	±0.17
>4.0～5.0	±0.18
>5.0～6.0	±0.20
>6.0～8.0	±0.21
>8.0～10.0	±0.23
>10.0～13.0	±0.25

① 表中钢带包括窄钢带、宽钢带及纵切宽钢带。

② 表中所列高级精度厚度允许偏差仅对同一牌号、同一尺寸订货量大于 2 个钢卷的合同有效，其他情况由供需双方协商并在合同中注明。

1.4.9.2　不锈钢冷轧、热轧钢板（带）的热处理制度

不锈钢冷轧钢板（带）的热处理制度按 GB/T 3280—2015 中的表 A.1～表 A.5。

不锈钢热轧钢板（带）的热处理制度按 GB/T 4237—2015 中的表 C.1～表 C.5。

1.4.9.3　不锈钢冷轧、热轧钢板（带）的牌号及其力学性能

表 2-1-62　不锈钢冷轧、热轧钢板（带）力学性能

GB/T 20878 中序号	新牌号	旧牌号	规定非比例延伸强度 $R_{p0.2}$/MPa	抗拉强度 R_m/MPa	断后伸长率 A/%	硬度 HBW	硬度 HRB	硬度 HV
			不小于			不大于		
经固溶处理的奥氏体型不锈钢板(带)(冷轧、热轧)								
13	12Cr18Ni9	1Cr18Ni9	205	515	40	201	92	210
17	06Cr19Ni10	0Cr18Ni9						
18	022Cr19Ni10	00Cr19Ni10	180	485				
23	06Cr19Ni10N	0Cr19Ni9N	240	550	30	217	95	220
24	06Cr19Ni9NbN	0Cr19Ni10NbN	345	620	30	241	100	242
25	022Cr19Ni10N	00Cr18Ni10N	205	515	40	217	95	220
36	022Cr25Ni22Mo2N		270	580	25	217	95	220
38	06Cr17Ni12Mo2	0Cr17Ni12Mo2	205	515	40			220
39	022Cr17Ni12Mo2	00Cr17Ni14Mo2	180	485				
41	06Cr17Ni12Mo2Ti	0Cr18Ni12Mo3Ti	205	515				
43	06Cr17Ni12Mo2N	0Cr17Ni12Mo2N	240	550	35			
44	022Cr17Ni12Mo2N	00Cr17Ni13Mo2N	205	515	40			
45	06Cr18Ni12Mo2Cu2	0Cr18Ni12Mo2Cu2		520		187	90	200
48	015Cr21Ni26Mo5Cu2		220	490	35	—		200
49	06Cr19Ni13Mo3	0Cr19Ni13Mo3	205	515		217	95	220
50	022Cr19Ni13Mo3	00Cr19Ni13Mo3			40			
62	06Cr18Ni11Nb	0Cr18Ni11Nb				201	92	210

续表

GB/T 20878 中序号	新牌号	旧牌号	规定非比例延伸强度 $R_{p0.2}$/MPa	抗拉强度 R_m/MPa	断后伸长率 A/%	硬度	
						HBW	HRC
			不小于			不大于	
经固溶处理的奥氏体-铁素体型不锈钢板(带)(冷轧、热轧)							
67	14Cr18Ni11Si4AlTi	1Cr18Ni11Si4AlTi	—	715	25	—	—
68	022Cr19Ni5Mo3Si2N	00Cr18Ni5Mo3Si2	440	630		290	31
70	022Cr22Ni5Mo3N	—	450	620		293	
72	022Cr23Ni4MoCuN		400	600		290	31
73	022Cr25Ni6Mo2N		450	640		295	
75	03Cr25Ni6Mo3Cu2N		550	760	15	302	32
76	022Cr25Ni7Mo4N			795		310	

GB/T 20878 中序号	新牌号	旧牌号	规定非比例延伸强度 $R_{p0.2}$/MPa	抗拉强度 R_m/MPa	断后伸长率 A/%	冷弯 180° d 为弯芯直径 a 为钢板厚度	硬度		
							HBW	HRB	HV
			不小于				不大于		
经退火处理的铁素体型不锈钢板(带)(冷轧、热轧)									
78	06Cr13Al	0Cr13Al	170	415	20	$d=2a$	179	88	200
83	022Cr11Ti	00Cr12	170	380			179	88	
85	10Cr17	1Cr17	205	450	22		183	89	
88	10Cr17Mo	1Cr17Mo	240						
95	008Cr30Mo2	00Cr30Mo2	295				207	95	220
经退火处理的马氏体型不锈钢板(带)(冷轧、热轧)									
96	12Cr12	1Cr12	205	485	20	$d=2a$	217	96	210
97	06Cr13	0Cr13		415	22		183	89	200
101	20Cr13	2Cr13	225	520	18	—	223	97	234
102	30Cr13	3Cr13		540			235	99	247
107	17Cr16Ni2	—	690	880～1080	12		262～326	—	—
			1050	1350	10		388		

GB/T 20878 中序号	新牌号	旧牌号	钢材厚度/mm	规定非比例延伸强度 $R_{p0.2}$/MPa	抗拉强度 R_m/MPa	断后伸长率 A/%	硬度	
							HRC	HRW
				不大于		不小于	不大于	
经固溶处理的沉淀硬化型不锈钢板(带)(冷轧、热轧)								
138	07Cr17Ni7Al	0Cr17Ni7Al	≥0.10,<0.30	450	1035	—	—	—
			≥0.30,≤8.0	380		20	92	
139	07Cr15Ni7Mo2Al	0Cr15Ni7Mo2Al	≥0.10,<8.0	450		25	100	

续表

GB/T 20878 中序号	新牌号	旧牌号	钢材厚度 /mm	处理温度 /℃	规定非比例延伸强度 $R_{p0.2}$/MPa	抗拉强度 R_m/MPa	断后伸长率 A/%	硬度 HRC	硬度 HB
					不小于				
沉淀硬化处理后的沉淀硬化型不锈钢板(带)(冷轧、热轧)									
138	07Cr17Ni7Al	0Cr17Ni7Al	≥0.10,<0.30	760±15	1035	1240	3	38	—
			≥0.30,<5.0	15±3			5		
			≥5.0,≤8.0	566±6	965	1170	7	38	352
			≥0.10,<0.30	954±8	1310	1450	1	44	—
			≥0.30,<5.0	−73±6			3		
			≥5.0,≤8.0	510±6	1240	1380	6	43	401
139	07Cr15Ni7-Mo2Al	0Cr15Ni7-Mo2Al	≥0.10,<0.30	760±15	1170	1310	3	40	—
			≥0.30,<5.0	15±3			5		
			≥5.0,≤8.0	566±6			4		375
			≥0.10,<0.30	954±8	1380	1550	2	46	—
			≥0.30,<5.0	−73±6			4		
			≥5.0,≤8.0	510±6				45	429
			≥0.10,≤1.2	冷轧	1205	1380	1	41	—
			≥0.10,≤1.2	冷轧+482	1580	1655		46	

表 2-1-63 冷轧不锈钢板（带）冷作硬化状态下的力学性能

GB/T 20878 中序号	新牌号	旧牌号	规定非比例延伸强度 $R_{p0.2}$/MPa	抗拉强度 R_m/MPa	断后伸长率 A/% 厚度 <0.4mm	断后伸长率 A/% 厚度 ≥0.4～0.8mm	断后伸长率 A/% 厚度 ≥0.8mm
			不小于				
H1/4 冷作硬化状态							
13	12Cr18Ni9	1Cr18Ni9	515	860	10	10	12
17	06Cr19Ni10	0Cr18Ni9					
18	022Cr19Ni10	00Cr19Ni10			8	8	10
23	06Cr19Ni10N	0Cr19Ni9N			12	12	12
25	022Cr19Ni10N	00Cr18Ni10N			10	10	
38	06Cr17Ni12Mo2	0Cr17Ni12Mo2					10
39	022Cr17Ni12Mo2	00Cr17Ni14Mo2			8	8	8
41	06Cr17Ni12Mo2N	0Cr18Ni12Mo3Ti			12	12	12
H1/2 冷作硬化状态							
13	12Cr18Ni9	1Cr18Ni9	760	1035	9	10	10
17	06Cr19Ni10	0Cr18Ni9			6	7	7
18	022Cr19Ni10	00Cr19Ni10			5	6	6
23	06Cr19Ni10N	0Cr19Ni9N			6	8	8
25	022Cr19Ni10N	00Cr18Ni10N				7	7
38	06Cr17Ni12Mo2	0Cr17Ni12Mo2					
39	022Cr17Ni12Mo2	00Cr17Ni14Mo2			5	6	6
43	06Cr17Ni12Mo2N	0Cr17Ni12Mo2N			6	8	8

续表

<table>
<tr><td rowspan="3">GB/T 20878中序号</td><td rowspan="3">新牌号</td><td rowspan="3">旧牌号</td><td rowspan="2">规定非比例延伸强度 $R_{p0.2}$/MPa</td><td rowspan="2">抗拉强度 R_m/MPa</td><td colspan="3">断后伸长率 A/%</td></tr>
<tr><td>厚度<0.4mm</td><td>厚度≥0.4～0.8mm</td><td>厚度≥0.8mm</td></tr>
<tr><td colspan="5">不小于</td></tr>
<tr><td colspan="8">H 冷作硬化状态</td></tr>
<tr><td>13</td><td>12Cr18Ni9</td><td>1Cr18Ni9</td><td>965</td><td>1275</td><td>3</td><td>4</td><td>4</td></tr>
<tr><td colspan="8">H2 冷作硬化状态</td></tr>
<tr><td>13</td><td>12Cr17Ni7</td><td>1Cr17Ni7</td><td>1790</td><td>1860</td><td>—</td><td>—</td><td>—</td></tr>
</table>

1.4.10 耐热钢板和钢带（摘自 GB/T 4238—2015）

1.4.10.1 耐热钢板（带）的尺寸（厚度系列、宽、长）及其允许偏差

耐热钢冷轧钢板（带）的尺寸及允许偏差按 GB/T 3280 的规定；耐热钢热轧钢板（带）的尺寸及允许偏差按 GB/T 4237 的规定。

1.4.10.2 耐热钢板（带）的热处理制度

耐热钢板（带）的热处理制度按 GB/T 4238—2015 中的表 C.1～表 C.4。

1.4.10.3 耐热钢板（带）的牌号及其力学性能

表 2-1-64 耐热钢板（带）力学性能

<table>
<tr><td rowspan="3">GB/T 20878中序号</td><td rowspan="3">新牌号</td><td rowspan="3">旧牌号</td><td colspan="3">拉伸试验</td><td colspan="3">硬度试验</td></tr>
<tr><td>规定非比例延伸强度 $R_{p0.2}$/MPa</td><td>抗拉强度 R_m/MPa</td><td>断后伸长率 A/%</td><td>HBW</td><td>HRB</td><td>HV</td></tr>
<tr><td colspan="3">不小于</td><td colspan="3">不大于</td></tr>
<tr><td colspan="9">经固溶处理的奥氏体型耐热钢板(带)(冷轧、热轧)</td></tr>
<tr><td>35</td><td>06Cr25Ni20</td><td>0Cr25Ni20</td><td rowspan="5">205</td><td rowspan="4">515</td><td rowspan="2">40</td><td rowspan="4">217</td><td rowspan="5">95</td><td rowspan="4">220</td></tr>
<tr><td>38</td><td>06Cr17Ni12Mo2</td><td>0Cr17Ni12Mo2</td></tr>
<tr><td>49</td><td>06Cr19Ni13Mo3</td><td>0Cr19Ni13Mo3</td><td>35</td></tr>
<tr><td>55</td><td>06Cr18Ni11Ti</td><td>0Cr18Ni10Ti</td><td>40</td></tr>
<tr><td>60</td><td>12Cr16Ni35</td><td>1Cr16Ni35</td><td>560</td><td>—</td><td>201</td><td>210</td></tr>
</table>

<table>
<tr><td rowspan="3">GB/T 20878中序号</td><td rowspan="3">新牌号</td><td rowspan="3">旧牌号</td><td colspan="3">拉伸试验</td><td colspan="3">硬度试验</td><td colspan="2">弯曲试验</td></tr>
<tr><td>规定非比例延伸强度 $R_{p0.2}$/MPa</td><td>抗拉强度 R_m/MPa</td><td>断后伸长度 A/%</td><td>HBW</td><td>HRB</td><td>HV</td><td rowspan="2">弯曲角度</td><td rowspan="2">d 为弯芯直径
a 为钢板厚度</td></tr>
<tr><td colspan="3">不小于</td><td colspan="3">不大于</td></tr>
<tr><td colspan="11">经退火处理的铁素体型耐热钢板(带)(冷轧、热轧)</td></tr>
<tr><td>85</td><td>10Cr17</td><td>1Cr17</td><td>205</td><td>420</td><td>22</td><td>183</td><td>89</td><td>200</td><td>180°</td><td>$d=2a$</td></tr>
<tr><td>93</td><td>16Cr25N</td><td>2Cr25N</td><td>275</td><td>510</td><td>20</td><td>201</td><td>95</td><td>210</td><td>135°</td><td>—</td></tr>
</table>

<table>
<tr><td rowspan="2">GB/T 20878中序号</td><td rowspan="2">新牌号</td><td rowspan="2">旧牌号</td><td rowspan="2">钢材厚度/mm</td><td rowspan="2">规定非比例延伸强度 $R_{p0.2}$/MPa</td><td rowspan="2">抗拉强度 R_m/MPa</td><td rowspan="2">断后伸长率 A/%</td><td colspan="2">硬度</td></tr>
<tr><td>HRC</td><td>HBW</td></tr>
<tr><td colspan="9">经固溶处理的沉淀硬化型耐热钢板(带)(冷轧、热轧)</td></tr>
<tr><td>137</td><td>05Cr17Ni4Cu4Nb</td><td>0Cr17Ni4Cu4Nb</td><td>≥0.4,<100</td><td>≤1105</td><td>≤1255</td><td>≥3</td><td>≤38</td><td>≤363</td></tr>
<tr><td rowspan="2">138</td><td rowspan="2">07Cr17Ni7Al</td><td rowspan="2">0Cr17Ni7Al</td><td>≥0.1,<0.3</td><td>≤450</td><td rowspan="2">≤1035</td><td>—</td><td>—</td><td>—</td></tr>
<tr><td>≥0.3,≤100</td><td>≤380</td><td>≥20</td><td>≤92[②]</td><td>—</td></tr>
<tr><td rowspan="2">143</td><td rowspan="2">06Cr15Ni25Ti2-MoAlVB[①]</td><td rowspan="2">0Cr15Ni25Ti2MoAlVB</td><td><2</td><td>—</td><td>≥725</td><td>≥25</td><td>≤91[②]</td><td>≤192</td></tr>
<tr><td>≥2</td><td>≥590</td><td>≥900</td><td>≥15</td><td>≤101[②]</td><td>≤248</td></tr>
</table>

续表

GB/T 20878中序号	牌号	钢材厚度/mm	处理温度/℃	规定非比例延伸强度 $R_{p0.2}$/MPa	抗拉强度 R_m/MPa	断后伸长率[③] A/%	硬度	
				不小于			HRC	HBW
经时效处理的耐热钢板(带)(冷轧、热轧)								
137	05Cr17Ni4Cu4Nb	≥0.1,<5.0	482±10	1170	1310	5	40～48	—
		≥5.0,<16				8	40～48	388～477
		≥16,≤100				10	40～48	388～477
		≥0.1,<5.0	496±10	1070	1170	5	38～46	—
		≥5.0,<16				8	38～47	375～477
		≥16,≤100				10	38～47	375～477
		≥0.1,<5.0	552±10	1000	1070	5	35～43	—
		≥5.0,<16				8	33～42	321～415
		≥16,≤100				12	33～42	321～415
		≥0.1,<5.0	579±10	860	1000	5	31～40	—
		≥5.0,<16				9	29～38	293～375
		≥16,≤100				13	29～38	293～375
		≥0.1,<5.0	593±10	790	965	5	31～40	—
		≥5.0,<16				10	29～38	293～375
		≥16,≤100				14	29～38	293～375
		≥0.1,<5.0	621±10	725	930	8	28～38	—
		≥5.0,<16				10	26～36	269～352
		≥16,≤100				16	26～36	269～352
		≥0.1,<5.0	760±10	515	790	9	26～36	255～331
		≥5.0,<16				11	24～34	248～321
		≥16,≤100				18	24～34	248～321
138	07Cr17Ni7Al	≥0.05,<0.30	760±15	1035	1240	3	≥38	—
		≥0.30,<5.0	15±3	1035	1240	5	≥38	—
		≥5.0,≤16	566±6	965	1170	7	≥38	≥352
		≥0.05,<0.30	954±8	1310	1450	1	≥44	—
		≥0.30,<5.0	−73±6			3	≥44	—
		≥5.0,≤16	510±6	1240	1380	6	≥43	≥401
143	06Cr15Ni25-Ti2MoAlVB	≥2.0,<8.0	700～760	590	900	15	≥101	≥248

① 为时效处理后的力学性能。

② 为 HRB 硬度值。

③ 适用于沿宽度方向的试验。垂直于轧制方向且平行于钢板表面。

注：1. 表中所列为推荐性热处理温度。供方应向需方提供推荐性热处理制度。

2. 表中耐热钢板（带）力学性能均为经过热处理后的数值。

1.5 型钢

1.5.1 热轧扁钢（摘自 GB/T 702—2017）

表 2-1-65 热轧扁钢规格

宽度/mm	厚度/mm																								
	3	4	5	6	7	8	9	10	11	12	14	16	18	20	22	25	28	30	32	36	40	45	50	56	60
	理论质量/kg·m⁻¹																								
10	0.24	0.31	0.39	0.47	0.55	0.63																			
12	0.28	0.38	0.47	0.57	0.66	0.75																			
14	0.33	0.44	0.55	0.66	0.77	0.88																			
16	0.38	0.50	0.63	0.75	0.88	1.00	1.15	1.26																	
18	0.42	0.57	0.71	0.85	0.99	1.13	1.27	1.41																	
20	0.47	0.63	0.78	0.94	1.10	1.26	1.41	1.57	1.73	1.88															
22	0.52	0.69	0.86	1.04	1.21	1.38	1.55	1.73	1.90	2.07															
25	0.59	0.78	0.98	1.18	1.37	1.57	1.77	1.96	2.16	2.36	2.75	3.14													
28	0.66	0.88	1.10	1.32	1.54	1.76	1.98	2.20	2.42	2.64	3.08	3.53													
30	0.71	0.94	1.18	1.41	1.65	1.88	2.12	2.36	2.59	2.83	3.30	3.77	4.24	4.71											
32	0.75	1.00	1.26	1.51	1.76	2.01	2.26	2.55	2.76	3.01	3.52	4.02	4.52	5.02											
35	0.82	1.10	1.37	1.65	1.92	2.20	2.47	2.75	3.02	3.30	3.85	4.40	4.95	5.50	6.04	6.87	7.69								
40	0.94	1.26	1.57	1.88	2.20	2.51	2.83	3.14	3.45	3.77	4.40	5.02	5.65	6.28	6.91	7.85	8.79								
45	1.06	1.41	1.77	2.12	2.47	2.83	3.18	3.53	3.89	4.24	4.95	5.65	6.36	7.07	7.77	8.83	9.89	10.60	11.30	12.72					
50	1.18	1.57	1.96	2.36	2.75	3.14	3.53	3.93	4.32	4.71	5.50	6.28	7.06	7.85	8.64	9.81	10.99	11.78	12.56	14.13					
55		1.73	2.16	2.59	3.02	3.45	3.89	4.32	4.75	5.18	6.04	6.91	7.77	8.64	9.50	10.79	12.09	12.95	13.82	15.54					
60		1.88	2.36	2.83	3.30	3.77	4.24	4.71	5.18	5.65	6.59	7.54	8.48	9.42	10.36	11.78	13.19	14.13	15.07	16.96	18.84	21.20			
65		2.04	2.55	3.06	3.57	4.08	4.59	5.10	5.61	6.12	7.14	8.16	9.18	10.20	11.23	12.76	14.29	15.31	16.33	18.37	20.41	22.96			
70		2.20	2.75	3.30	3.85	4.40	4.95	5.50	6.04	6.59	7.69	8.79	9.89	10.99	12.09	13.74	15.39	16.49	17.58	19.78	21.98	24.73			
75		2.36	2.94	3.53	4.12	4.71	5.30	5.89	6.48	7.07	8.24	9.42	10.60	11.78	12.95	14.72	16.48	17.66	18.84	21.20	23.55	26.49			
80		2.51	3.14	3.77	4.40	5.02	5.65	6.28	6.91	7.54	8.79	10.05	11.30	12.56	13.82	15.70	17.58	18.84	20.10	22.61	25.12	28.26	31.40	35.17	
85			3.34	4.00	4.67	5.34	6.01	6.67	7.34	8.01	9.34	10.68	12.01	13.34	14.68	16.68	18.68	20.02	21.35	24.02	26.69	30.03	33.36	37.37	40.04
90			3.53	4.24	4.95	5.65	6.36	7.07	7.77	8.48	9.89	11.30	12.72	14.13	15.54	17.66	19.78	21.20	22.61	25.43	28.26	31.79	35.32	39.56	42.39
95			3.73	4.47	5.22	5.97	6.71	7.46	8.20	8.95	10.44	11.93	13.42	14.92	16.41	18.64	20.88	22.37	23.86	26.85	29.83	33.56	37.29	41.76	44.74
100			3.92	4.71	5.50	6.28	7.06	7.85	8.64	9.42	10.99	12.56	14.13	15.70	17.27	19.62	21.98	23.55	25.12	28.26	31.40	35.32	39.25	43.96	47.10
105			4.12	4.95	5.77	6.59	7.42	8.24	9.07	9.89	11.54	13.19	14.84	16.48	18.13	20.61	23.08	24.73	26.38	29.67	32.97	37.09	41.21	46.16	49.46
110			4.32	5.18	6.04	6.91	7.77	8.64	9.50	10.36	12.09	13.82	15.54	17.27	19.00	21.59	24.18	25.90	27.63	31.09	34.54	38.86	43.18	48.36	51.81
120			4.71	5.65	6.59	7.54	8.48	9.42	10.36	11.30	13.19	15.07	16.96	18.84	20.72	23.55	26.38	28.26	30.14	33.91	37.68	42.39	47.10	52.75	56.52
125				5.89	6.87	7.85	8.83	9.81	10.79	11.78	13.74	15.70	17.66	19.62	21.58	24.53	27.48	29.44	31.40	35.32	39.25	44.16	49.06	54.95	58.88
130				6.12	7.14	8.16	9.18	10.20	11.23	12.25	14.29	16.33	18.37	20.41	22.45	25.51	28.57	30.62	32.66	36.74	40.82	45.92	51.02	57.15	61.23
140					7.69	8.79	9.89	10.99	12.09	13.19	15.39	17.58	19.78	21.98	24.18	27.48	30.77	32.97	35.17	39.56	43.96	49.46	54.95	61.54	65.94
150					8.24	9.42	10.60	11.78	12.95	14.13	16.48	18.84	21.20	23.55	25.90	29.44	32.97	35.32	37.68	42.39	47.10	52.99	58.88	65.94	70.65

注：1. 扁钢的钢号和化学成分、力学性能应符合 GB/T 700（普通碳钢）、GB/T 699（优质碳钢）规定。

1.5.2 热轧圆钢、方钢（摘自 GB/T 702—2017）

1.5.2.1 圆钢、方钢理论质量计算公式

(1) 圆钢

$$G=0.785\times10^{-3}d^2\rho \qquad (2\text{-}1\text{-}2)$$

式中 G——圆钢每米长的理论质量，kg/m；

d——圆钢直径，mm；

ρ——圆钢密度，kg/dm³。

碳钢 $$G=6.162\times10^{-3}d^2 \qquad (2\text{-}1\text{-}3)$$

(2) 方钢

$$G=10^{-3}a^2\rho \qquad (2\text{-}1\text{-}4)$$

式中 G——方钢每米长的理论质量，kg/m；

a——方钢边长，mm；

ρ——方钢密度，kg/dm³。

碳钢 $$G=7.85\times10^{-3}a^2 \qquad (2\text{-}1\text{-}5)$$

1.5.2.2 热轧圆钢、方钢尺寸

表 2-1-66 热轧圆钢和方钢的尺寸及理论质量

圆钢公称直径 d 或方钢公称边长 a/mm	理论质量/kg·m⁻¹		圆钢公称直径 d 或方钢公称边长 a/mm	理论质量/kg·m⁻¹	
	圆钢	方钢		圆钢	方钢
5.5	0.187	0.237	45	12.5	15.9
6	0.222	0.283	48	14.2	18.1
6.5	0.260	0.332	50	15.4	19.6
7	0.302	0.385	53	17.3	22.1
8	0.395	0.502	55	18.7	23.7
9	0.499	0.636	56	19.3	24.6
10	0.617	0.785	58	20.7	26.4
11	0.746	0.950	60	22.2	28.3
12	0.888	1.13	63	24.5	31.2
13	1.04	1.33	65	26.0	33.2
14	1.21	1.54	68	28.5	36.3
15	1.39	1.77	70	30.2	38.5
16	1.58	2.01	75	34.7	44.2
17	1.78	2.27	80	39.5	50.2
18	2.00	2.54	85	44.5	56.7
19	2.23	2.83	90	49.9	63.6
20	2.47	3.14	95	55.6	70.8
21	2.72	3.46	100	61.7	78.5
22	2.98	3.80	105	68.0	86.5
23	3.26	4.15	110	74.6	95.0
24	3.55	4.52	115	81.5	104
25	3.85	4.91	120	88.8	113
26	4.17	5.31	125	96.3	123
27	4.49	5.72	130	104	133
28	4.83	6.15	140	121	154
29	5.19	6.60	150	139	177
30	5.55	7.07	160	158	201
31	5.92	7.54	170	178	227
32	6.31	8.04	180	200	254
33	6.71	8.55	190	223	283
34	7.13	9.07	200	247	314
35	7.55	9.62	210	272	
36	7.99	10.2	220	298	
38	8.90	11.3	230	326	
40	9.86	12.6	240	355	
42	10.9	13.8	250	385	

注：表中钢的理论质量是按密度为 7.85g/cm³ 计算的。

表 2-1-67　热轧圆钢和方钢通常长度及短尺长度　/mm

<table>
<tr><td colspan="3">通常长度</td><td rowspan="2">短尺长度</td></tr>
<tr><td colspan="2">截面公称尺寸</td><td>钢棒长度</td></tr>
<tr><td colspan="2">全部规格</td><td>2000～12000</td><td>≥1500</td></tr>
<tr><td rowspan="2">碳素和合金工具钢</td><td>≤75</td><td>2000～12000</td><td>≥1000</td></tr>
<tr><td>>75</td><td>1000～8000</td><td>≥500</td></tr>
</table>

1.5.3　优质结构钢冷拉钢材技术条件（摘自 GB/T 3078—2008）

表 2-1-68　优质结构钢冷拉钢材技术条件

<table>
<tr><td rowspan="4">牌号</td><td colspan="4">冷　拉</td><td colspan="4">退　火</td></tr>
<tr><td rowspan="2">R_m/MPa</td><td rowspan="2">A/%</td><td rowspan="2">Z/%</td><td rowspan="3">硬度　HBW
≤</td><td rowspan="2">R_m/MPa</td><td>A</td><td>Z</td><td rowspan="3">硬度
HBW
≤</td></tr>
<tr><td colspan="2">/%</td></tr>
<tr><td colspan="3">≥</td><td colspan="3">≥</td></tr>
<tr><td>10</td><td>440</td><td rowspan="2">8</td><td>50</td><td rowspan="5">229</td><td>295</td><td>26</td><td>55</td><td rowspan="5">179</td></tr>
<tr><td>15</td><td>470</td><td>45</td><td>345</td><td>28</td><td>55</td></tr>
<tr><td>20</td><td>510</td><td>7.5</td><td rowspan="2">40</td><td>390</td><td>21</td><td>50</td></tr>
<tr><td>25</td><td>540</td><td rowspan="2">7</td><td>410</td><td>19</td><td>50</td></tr>
<tr><td>30</td><td>560</td><td rowspan="3">35</td><td>440</td><td>17</td><td>45</td></tr>
<tr><td>35</td><td>590</td><td>6.5</td><td rowspan="2">241</td><td>470</td><td>15</td><td>45</td><td>187</td></tr>
<tr><td>40</td><td>610</td><td rowspan="3">6</td><td>510</td><td>14</td><td>40</td><td>207</td></tr>
<tr><td>45</td><td>635</td><td rowspan="2">30</td><td rowspan="2">255</td><td>540</td><td>13</td><td>40</td><td rowspan="2">229</td></tr>
<tr><td>50</td><td>655</td><td>560</td><td>12</td><td>40</td></tr>
<tr><td>15Mn</td><td>490</td><td>7.5</td><td>40</td><td>207</td><td>390</td><td>21</td><td>50</td><td>163</td></tr>
<tr><td>50Mn</td><td>685</td><td>5.5</td><td>30</td><td>269</td><td>590</td><td>10</td><td>35</td><td rowspan="2">229</td></tr>
<tr><td>50Mn2</td><td>735</td><td>5</td><td>25</td><td>285</td><td>635</td><td>9</td><td>30</td></tr>
</table>

注：1. 本标准适用于优质碳素结构钢、合金结构钢的圆形、方形和六角形冷拉钢材和磨光圆钢。

2. 表中 HBW 值是退火、高温回火或正火后回火状态下的硬度值。

3. 钢材以冷拉或热处理（退火、光亮退火、正火、高温回火、正火后回火）状态交货，如合同中未注明交货状态，则以冷拉状态交货。

4. 本标准中钢的牌号和化学成分，优质碳素结构钢应符合 GB/T 699 的规定，合金结构钢应符合 GB/T 3077 的规定。

5. 表中未列入的钢牌号，其力学性能用热处理后的毛坯制成试样测定。所测力学性能应符合 GB/T 699（优质碳素结构钢）、GB/T 3077（合金结构钢）的规定。

1.5.4　不锈钢棒（摘自 GB/T 1220—2007）

1.5.4.1　不锈钢棒的尺寸

不锈钢热轧圆钢、方钢的尺寸、外形及允许偏差按 GB/T 702 的规定。

不锈钢热轧扁钢的尺寸、外形及允许偏差按 GB/T 704 的规定。

不锈钢热轧六角钢的尺寸、外形及允许偏差按 GB/T 705 的规定。

本标准适用于尺寸（直径、边长、厚度或对边距离）不大于 250mm 的钢棒。

1.5.4.2　不锈钢棒的交货状态和热处理制度

不锈钢棒可以热处理或不热处理交货，订货时明确。

不锈钢棒的热处理制度见 GB/T 1220—2007 附录中表 A.1～表 A.5。

1.5.4.3　不锈钢棒的牌号和力学性能

1.5.5　耐热钢棒（摘自 GB/T 1221—2007）

1.5.5.1　耐热钢棒的尺寸

耐热钢热轧圆钢、方钢的尺寸、外形及允许偏差按 GB/T 702 的规定。

耐热钢热轧扁钢的尺寸、外形及允许偏差按 GB/T 704 的规定。

耐热钢热轧六角钢尺寸、外形及允许偏差按 GB/T 705 的规定。

耐热钢锻制圆钢、方钢的尺寸、外形及允许偏差按 GB/T 908 的规定。

表 2-1-69 不锈钢棒的牌号和力学性能

经固溶处理的奥氏体型不锈钢棒[1]

序号	统一数字代号	新牌号	旧牌号	规定非比例延伸强度 $R_{p0.2}$[3] /MPa	抗拉强度 R_m /MPa	断后伸长率 A/%	断面收缩率 Z[4]/%	硬度[3] HBW	硬度[3] HRB	硬度[3] HV
				不小于				不大于		
1	S35350	12Cr17Mn6Ni5N	1Cr17Mn6Ni5N	275	520	40	45	241	100	253
13	S30210	12Cr18Ni9	1Cr18Ni9	205			60	187	90	200
15	S30317	Y12Cr18Ni9	Y1Cr18Ni9				50	187		
17	S30408	06Cr19Ni10	0Cr18Ni9				60	187		
18	S30403	022Cr19Ni10	00Cr19Ni0	175	480					
23	S30458	06Cr19Ni10N	0Cr19Ni9N	275	550	35	50	217	95	220
24	S30478	06Cr19Ni9NbN	0Cr19Ni10NbN	345	685			250	100	260
25	S30453	022Cr19Ni10N	00Cr18Ni10N	245	550	40		217	95	220
38	S31608	06Cr17Ni12Mo2	0Cr17Ni12Mo2	205	520		60	187	90	200
39	S31603	022Cr17Ni12Mo2	00Cr17Ni14Mo2	175	480					
41	S31668	06Cr17Ni12Mo2Ti	0Cr18Ni12Mo3Ti	205	530		55			
43	S31658	06Cr17Ni12Mo2N	0Cr17Ni12Mo2N	275	550	35	50	217	95	220
44	S31653	022Cr17Ni12Mo2N	00Cr17Ni13Mo2N	245		40				
45	S31688	06Cr18Ni12Mo2Cu2	0Cr18Ni12Mo2Cu2	205	520		60	187	90	200
46	S31683	022Cr18Ni14Mo2Cu2	00Cr18Ni14Mo2Cu2	175	480					
49	S31708	06Cr19Ni13Mo3	0Cr19Ni13Mo3	205	520					
50	S31703	022Cr19Ni13Mo3	00Cr19Ni13Mo3	175	480					
52	S31794	03Cr18Ni16Mo5	0Cr18Ni16Mo5				45			
62	S34778	06Cr18Ni11Nb	0Cr18Ni11Nb	205	520		50			

经固溶处理的奥氏体-铁素体型不锈钢棒[2]

序号	统一数字代号	新牌号	旧牌号	规定非比例延伸强度 $R_{p0.2}$[3] /MPa	抗拉强度 R_m/MPa	断后伸长率 A/%	断面收缩率 Z[4]/%	冲击吸收功 KU_2[5]/J	硬度[3] HBW	硬度[3] HRB	硬度[3] HV
				不小于					不大于		
67	S21860	14Cr18Ni11Si4AlTi	1Cr18Ni11Si4AlTi	440	715	25	40	63	—	—	—
68	S21953	022Cr19Ni5Mo3Si2N	00Cr18Ni5Mo3Si2	390	590	20		—	290	30	300
70	S22253	022Cr22Ni5Mo3N	—	450	620	25	—			—	—
73	S22553	022Cr25Ni6Mo2N				20			260		
75	S25554	03Cr25Ni6Mo3Cu2N		550	750	25			290		

续表

经退火处理的铁素体型不锈钢棒②

序号	统一数字代号	新牌号	旧牌号	规定非比例延伸强度 $R_{p0.2}$③/MPa	抗拉强度 R_m/MPa	断后伸长率 A/%	断面收缩率 Z④/%	冲击吸收功 $KU_2$⑤/J	硬度③ HBW
					不小于				不大于
78	S11348	06Cr13Al	0Cr13Al	175	410	20	60	78	183
83	S11203	022Cr12	00Cr12	195	360			—	
85	S11710	10Cr17	1Cr17	205	450	22	50		
86	S11717	Y10Cr17	Y1Cr17						
88	S11790	10Cr17Mo	1Cr17Mo				60		
95	S13091	008Cr30Mo2	00Cr30Mo2	295		20	45		228

经热处理的马氏体型不锈钢棒②

序号	统一数字代号	新牌号	旧牌号	组别	经淬火回火（见 GB/T 1220—2007 表 A. 4）后试样的力学性能和硬度：规定非比例延伸强度 $R_{p0.2}$/MPa	抗拉强度 R_m/MPa	断后伸长率 A/%	断面收缩率 Z④/%	冲击吸收功 $KU_2$⑤/J	硬度 HBW	硬度 HRC	退火后钢棒的硬度⑥ HBW
						不小于						不大于
96	S40310	12Cr12	1Cr12		390	500	25	55	118	170	—	200
97	S41008	06Cr13	0Cr13		450	490	24	60	—	—		183
101	S42020	20Cr13	2Cr13		440	640	20	50	63	192		223
102	S42030	30Cr13	3Cr13		540	735	12	40	24	217		235
106	S43110	14Cr17Ni2	1Cr17Ni2		—	1080	10	—	39	—		285
107	S43120	17Cr16Ni2⑦	—	1	700	900～1050	12	45	25(KV)			295
				2	600	800～950	14					
108	S44070	68Cr17	7Cr17		—	—	—	—	—		54	255
112	S44090		9Cr18								55	

续表

序号	统一数字代号	新牌号	旧牌号	热处理			规定非比例延伸强度 $R_{p0.2}$/MPa	抗拉强度 R_m/MPa	断后伸长率 A/%	断面收缩率 Z[④]/%	硬度[⑧]	
沉淀硬化型不锈钢棒[②]												
				类型		组别	不小于				HBW	HRC
138	S51770	07Cr17Ni7Al	0Cr17Ni7Al	固溶处理		0	≤380	≤1030	20	—	≤229	—
				沉淀硬化	510℃时效	1	1030	1230	4	10	≥388	
					565℃时效	2	960	1140	5	25	≥363	
139	S51570	07Cr15Ni7Mo2Al	0Cr15Ni7Mo2Al	固溶处理		0	—	—	—	—	≤269	
				沉淀硬化	510℃时效	1	1210	1320	6	20	≥388	
					565℃时效	2	1100	1210	7	25	≥375	

① 仅适用于直径、边长、厚度或对边距离小于或等于 180mm 的钢棒。大于 180mm 的钢棒，可改锻成 180mm 的样坯检验，或由供需双方协商，规定允许降低其力学性能的数值。

② 仅适用于直径、边长、厚度或对边距离小于或等于 75mm 的钢棒。大于 75mm 的钢棒，可改锻成 75mm 的样坯检验，或由供需双方协商，规定允许降低其力学性能的数值。

③ 规定非比例延伸强度和硬度，仅当需方要求时（合同中注明）才进行测定，且供方可根据钢棒的尺寸或状态任选一种方法测定硬度。

④ 扁钢不适用，但需方要求时，由供需双方协商确定。

⑤ 直径或对边距离小于或等于 16mm 的圆钢、六角钢、八角钢和边长或厚度小于或等于 12mm 的方钢、扁钢不进行冲击试验。

⑥ 采用 750℃退火时，其硬度由供需双方协商。

⑦ 17Cr16Ni2 钢的性能、组别应在合同中注明，未注明时，由供方自行选择。

⑧ 供方可根据不锈钢棒的尺寸或状态任选一种方法测定硬度。

注：表中序号为 GB/T 20878—2007 中不锈钢牌号的序号。

表 2-1-70 耐热钢棒的牌号和力学性能

经热处理的奥氏体型耐热钢棒

<table>
<tr><th rowspan="2">GB/T 20878 中序号</th><th rowspan="2">统一数字代号</th><th rowspan="2">新牌号</th><th rowspan="2">旧牌号</th><th rowspan="2">热处理状态</th><th>规定非比例延伸强度 $R_{p0.2}$①/MPa</th><th>抗拉强度 R_m/MPa</th><th>断后伸长率 A/%</th><th>断面收缩率 Z②/%</th><th>布氏硬度 HBW</th></tr>
<tr><th colspan="4">不小于</th><th>不大于</th></tr>
<tr><td>17</td><td>S30408</td><td>06Cr19Ni10</td><td>0Cr18Ni9</td><td rowspan="8">固溶处理</td><td rowspan="8">205</td><td rowspan="5">520</td><td rowspan="8">40</td><td>60</td><td rowspan="5">187</td></tr>
<tr><td>35</td><td>S31008</td><td>06Cr25Ni20</td><td>0Cr25Ni20</td><td>50</td></tr>
<tr><td>38</td><td>S31608</td><td>06Cr17Ni12Mo2</td><td>0Cr17Ni12Mo2</td><td rowspan="2">60</td></tr>
<tr><td>49</td><td>S31708</td><td>06Cr19Ni13Mo3</td><td>0Cr19Ni13Mo3</td></tr>
<tr><td>55</td><td>S32168</td><td>06Cr18Ni11Ti</td><td>0Cr18Ni10Ti</td><td rowspan="3">50</td></tr>
<tr><td>60</td><td>S33010</td><td>12Cr16Ni35</td><td>1Cr16Ni35</td><td>560</td><td>201</td></tr>
<tr><td>62</td><td>S34778</td><td>06Cr18Ni11Nb</td><td>0Cr18Ni11Nb</td><td rowspan="2">520</td><td>187</td></tr>
<tr><td>64</td><td>S38148</td><td>06Cr18Ni13Si4</td><td>0Cr18Ni13Si4</td><td>60</td><td>207</td></tr>
</table>

经退火的铁素体型耐热钢棒③

<table>
<tr><th rowspan="2">GB/T 20878 中序号</th><th rowspan="2">统一数字代号</th><th rowspan="2">新牌号</th><th rowspan="2">旧牌号</th><th rowspan="2">热处理状态</th><th>规定非比例延伸强度 $R_{p0.2}$①/MPa</th><th>抗拉强度 R_m/MPa</th><th>断后伸长率 A/%</th><th>断面收缩率 Z②/%</th><th>布氏硬度 HBW</th></tr>
<tr><th colspan="4">不小于</th><th>不大于</th></tr>
<tr><td>85</td><td>S11710</td><td>10Cr17</td><td>1Cr17</td><td rowspan="2">退火</td><td>205</td><td>450</td><td>22</td><td>50</td><td>183</td></tr>
<tr><td>93</td><td>S12550</td><td>16Cr26N</td><td>2Cr25N</td><td>275</td><td>510</td><td>20</td><td>40</td><td>201</td></tr>
</table>

续表

经淬火回火的马氏体型耐热钢棒[3]

GB/T 20878 中序号	统一数字代号	新牌号	旧牌号	组别	热处理状态	规定非比例延伸强度 $R_{p0.2}$/MPa	抗拉强度 R_m/MPa	断后伸长率 A/%	断面收缩率 Z[2]/%	冲击吸收功 KU_2[5]/J	淬火回火后的硬度 HBW	退火后的硬度[4] HBW
						不小于					不大于	
107	S43120	17Cr16Ni2[6]	—	1	淬火+回火	700	900～1050	12	45	25(*KV*)	—	295
				2		600	800～950	14	45	25(*KV*)	—	295
113	S45110	12Cr5Mo	1Cr5Mo		淬火+回火	390	590	18	—	—	—	200
115	S45710	13Cr13Mo	1Cr13Mo		淬火+回火	490	690	20	60	78	192	200
122	S46250	18Cr12MoVNbN	2Cr12MoVNbN		淬火+回火	685	835	15	30	—	≤321	269
123	S47010	15Cr12WMoV	1Cr12WMoV		淬火+回火	585	735	15	45	47	—	—
133	S48380	80Cr20Si2Ni	8Cr20Si2Ni		淬火+回火	685	885	10	15	8	≥262	321

沉淀硬化型耐热钢棒[3]

GB/T 20878 中序号	统一数字代号	新牌号	旧牌号	热处理类型	组别	规定非比例延伸强度 $R_{p0.2}$/MPa	抗拉强度 R_m/MPa	断后伸长率 A/%	断面收缩率 Z[2]/%	硬度[7] HBW	硬度[7] HRC
						不小于					
137	S51740	05Cr17Ni4Cu4Nb	0Cr17Ni4Cu4Nb	固溶处理	0	—	—	—	—	≤363	≤38
				沉淀硬化 480℃时效	1	1180	1310	10	40	≥375	≥40
				沉淀硬化 550℃时效	2	1000	1070	12	45	≥331	≥35
				沉淀硬化 580℃时效	3	865	1000	13	45	≥302	≥31
				沉淀硬化 620℃时效	4	725	930	16	50	≥277	≥28
138	S51770	07Cr17Ni7Al	0Cr17Ni7Al	固溶处理	0	≤380	≤1030	20	—	≤229	—
				沉淀硬化 510℃时效	1	1030	1230	4	10	≥388	—
				沉淀硬化 565℃时效	2	960	1140	5	25	≥363	—
143	S51525	06Cr15Ni25Ti2MoAlVB	0Cr15Ni25Ti2MoAlVB	固溶+时效		590	900	15	18	≥248	—

① 规定非比例延伸强度和硬度，仅当需方要求时（合同中注明）才进行测定。
② 扁钢不适用，但需方要求时，由供需双方协商确定。
③ 仅适用于直径、边长及对边距离或厚度小于或等于 75mm 的钢棒。大于 75mm 的钢棒可改锻成 75mm 的样坯检验，或由供需双方协商，确定允许降低其力学性能的数值。
④ 采用 750℃退火时，其硬度由供需双方协商。
⑤ 直径或对边距离小于或等于 16mm 的圆钢、六角钢和边长或厚度小于或等于 12mm 的方钢、扁钢不进行冲击试验。
⑥ 17Cr16Ni2 钢的性能、组别应在合同中注明，未注明时，由供方自行选择。
⑦ 供方可根据钢棒的尺寸或状态任选一种方法测定硬度。

耐热钢锻制扁钢的尺寸、外形及允许偏差按 GB/T 16761 的规定。

本标准适用于尺寸（直径、边长、厚度或对边距离）不大于 250mm 的热轧、锻制钢棒或尺寸不大于 120mm 的冷加工钢棒。

1.5.5.2 耐热钢棒的交货状态和热处理制度

耐热钢棒可以热处理或不热处理状态交货，订货时明确。

耐热钢棒的热处理制度见 GB/T 1221—2007 附录中表 A.1～表 A.4。

1.5.5.3 耐热钢棒的牌号和力学性能

1.5.6 角钢

1.5.6.1 热轧等边角钢（摘自 GB/T 706—2016）

表 2-1-71 热轧等边角钢

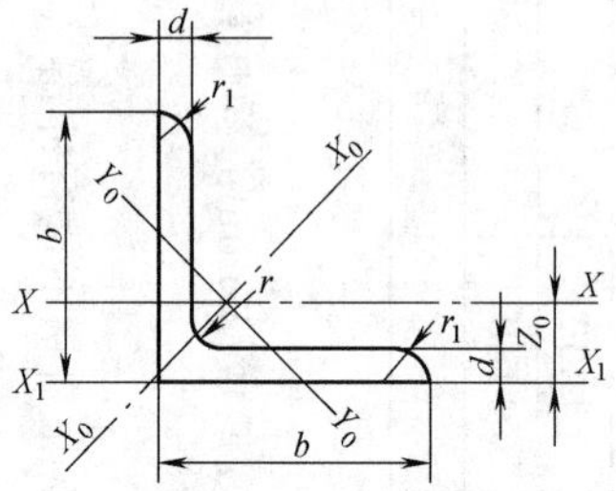

b—边宽度；
d—边厚度；
r—内圆弧半径；
r_1—边端内圆弧半径，$r_1=\frac{1}{3}d$；

W—截面模量；
I—惯性矩；
i—惯性半径；
Z_0—质心距离

标记示例：

∠50×50×4（简记为∠50×4）
——边厚度 d
——边宽度 b
——边宽度 b

型号	尺寸/mm			截面面积 /cm²	理论质量 /kg·m⁻¹	外表面积 /m²·m⁻¹	参考数值										
							X-X			X_0-X_0			Y_0-Y_0			X_1-X_1	Z_0 /cm
	b	d	r				I_X /cm⁴	i_X /cm	W_X /cm³	I_{X_0} /cm⁴	i_{X_0} /cm	W_{X_0} /cm³	I_{Y_0} /cm⁴	i_{Y_0} /cm	W_{Y_0} /cm³	I_{X_1} /cm⁴	
2	20	3	3.5	1.132	0.889	0.078	0.40	0.59	0.29	0.63	0.75	0.45	0.17	0.39	0.20	0.81	0.60
		4		1.459	1.145	0.077	0.50	0.58	0.36	0.78	0.73	0.55	0.22	0.38	0.24	1.09	0.64
2.5	25	3		1.432	1.124	0.098	0.82	0.76	0.46	1.29	0.95	0.73	0.34	0.49	0.33	1.57	0.73
		4		1.859	1.459	0.097	1.03	0.74	0.59	1.62	0.93	0.92	0.43	0.48	0.40	2.11	0.76
3.0	30	3	4.5	1.749	1.373	0.117	1.46	0.91	0.68	2.31	1.15	1.09	0.61	0.59	0.51	2.71	0.85
		4		2.276	1.786	0.117	1.84	0.90	0.87	2.92	1.13	1.37	0.77	0.58	0.62	3.63	0.89
3.6	36	3		2.109	1.656	0.141	2.58	1.11	0.99	4.09	1.39	1.61	1.07	0.71	0.76	4.68	1.00
		4		2.756	2.163	0.141	3.29	1.09	1.28	5.22	1.38	2.05	1.37	0.70	0.93	6.25	1.04
		5		3.382	2.654	0.141	3.95	1.08	1.56	6.24	1.36	2.45	1.65	0.70	1.09	7.84	1.07
4	40	3		2.359	1.852	0.157	3.59	1.23	1.23	5.69	1.55	2.01	1.49	0.79	0.96	6.41	1.09
		4		3.086	2.422	0.157	4.60	1.22	1.60	7.29	1.54	2.58	1.91	0.79	1.19	8.56	1.13
		5		3.791	2.976	0.156	5.53	1.21	1.96	8.76	1.52	3.10	2.30	0.78	1.39	10.74	1.17
4.5	45	3	5	2.659	2.088	0.177	5.17	1.40	1.58	8.20	1.76	2.58	2.14	0.89	1.24	9.12	1.22
		4		3.486	2.736	0.177	6.65	1.38	2.05	10.56	1.74	3.32	2.75	0.89	1.54	12.18	1.26
		5		4.292	3.369	0.176	8.04	1.37	2.51	12.74	1.72	4.00	3.33	0.88	1.81	15.20	1.30
		6		5.076	3.985	0.176	9.33	1.36	2.95	14.76	1.70	4.64	3.89	0.88	2.06	18.36	1.33
5	50	3	5.5	2.971	2.332	0.197	7.18	1.55	1.96	11.37	1.96	3.22	2.98	1.00	1.57	12.50	1.34
		4		3.897	3.059	0.197	9.26	1.54	2.56	14.70	1.94	4.16	3.82	0.99	1.96	16.69	1.38
		5		4.803	3.770	0.196	11.21	1.53	3.13	17.79	1.92	5.03	4.64	0.98	2.31	20.90	1.42
		6		5.688	4.465	0.196	13.05	1.52	3.68	20.68	1.91	5.85	5.42	0.98	2.63	25.14	1.46
5.6	56	3	6	3.343	2.624	0.221	10.19	1.75	2.48	16.14	2.20	4.08	4.24	1.13	2.02	17.56	1.48
		4		4.390	3.446	0.220	13.18	1.73	3.24	20.92	2.18	5.28	5.46	1.11	2.52	23.43	1.53
		5		5.415	4.251	0.220	16.02	1.72	3.97	25.42	2.17	6.42	6.61	1.10	2.98	29.33	1.57
		8		8.367	6.568	0.219	23.63	1.68	6.03	37.37	2.11	9.44	9.89	1.09	4.16	47.24	1.68

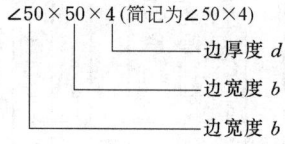

续表

型号	尺寸/mm			截面面积/cm^2	理论质量/kg·m^{-1}	外表面积/m^2·m^{-1}	参考数值										
							X-X			X_0-X_0			Y_0-Y_0			X_1-X_1	Z_0/cm
	b	d	r				I_X/cm^4	i_X/cm	W_X/cm^3	I_{X_0}/cm^4	i_{X_0}/cm	W_{X_0}/cm^3	I_{Y_0}/cm^4	i_{Y_0}/cm	W_{Y_0}/cm^3	I_{X_1}/cm^4	
6.3	63	4	7	4.978	3.907	0.248	19.03	1.96	4.13	30.17	2.46	6.78	7.89	1.26	3.29	33.35	1.70
		5		6.143	4.822	0.248	23.17	1.94	5.08	36.77	2.45	8.25	9.57	1.25	3.90	41.73	1.74
		6		7.288	5.721	0.247	27.12	1.93	6.00	43.03	2.43	9.66	11.20	1.24	4.46	50.14	1.78
		8		9.515	7.469	0.247	34.46	1.90	7.75	54.56	2.40	12.25	14.33	1.23	5.47	67.11	1.85
		10		11.657	9.151	0.246	41.09	1.88	9.39	64.85	2.36	14.56	17.33	1.22	6.36	84.31	1.93
7	70	4	8	5.570	4.372	0.275	26.39	2.18	5.14	41.80	2.74	8.44	10.99	1.40	4.17	45.74	1.86
		5		6.875	5.397	0.275	32.21	2.16	6.32	51.08	2.73	10.32	13.34	1.39	4.95	57.21	1.91
		6		8.160	6.406	0.275	37.77	2.15	7.48	59.93	2.71	12.11	15.61	1.38	5.67	68.73	1.95
		7		9.424	7.398	0.275	43.09	2.14	8.59	68.35	2.69	13.81	17.82	1.38	6.34	80.29	1.99
		8		10.667	8.373	0.274	48.17	2.12	9.68	76.37	2.68	15.43	19.98	1.37	6.98	91.92	2.03
7.5	75	5	9	7.412	5.818	0.295	39.97	2.33	7.32	63.30	2.92	11.94	16.63	1.50	5.77	70.56	2.04
		6		8.797	6.905	0.294	46.95	2.31	8.64	74.38	2.90	14.02	19.51	1.49	6.67	84.55	2.07
		7		10.160	7.976	0.294	53.57	2.30	9.93	84.96	2.89	16.02	22.18	1.48	7.44	98.71	2.11
		8		11.503	9.030	0.294	59.96	2.28	11.20	95.07	2.88	17.93	24.86	1.47	8.19	112.97	2.15
		10		14.126	11.089	0.293	71.98	2.26	13.64	113.92	2.84	21.48	30.05	1.46	9.56	141.71	2.22
8	80	5		7.912	6.211	0.315	48.79	2.48	8.34	77.33	3.13	13.67	20.25	1.60	6.66	85.36	2.15
		6		9.397	7.376	0.314	57.35	2.47	9.87	90.98	3.11	16.08	23.72	1.59	7.65	102.50	2.19
		7		10.860	8.525	0.314	65.58	2.46	11.37	104.07	3.10	18.40	27.09	1.58	8.58	119.70	2.23
		8		12.303	9.658	0.314	73.49	2.44	12.83	116.60	3.08	20.61	30.39	1.57	9.46	136.97	2.27
		10		15.126	11.874	0.313	88.43	2.42	15.64	140.09	3.04	24.76	36.77	1.56	11.08	171.74	2.35
9	90	6	10	10.637	8.350	0.354	82.77	2.79	12.61	131.26	3.51	20.63	34.28	1.80	9.95	145.87	2.44
		7		12.301	9.656	0.354	94.83	2.78	14.54	150.47	3.50	23.64	39.18	1.78	11.19	170.30	2.48
		8		13.944	10.946	0.353	106.47	2.76	16.42	168.97	3.48	26.55	43.97	1.78	12.35	194.80	2.52
		10		17.167	13.476	0.353	128.58	2.74	20.07	203.90	3.45	32.04	53.26	1.76	14.52	244.07	2.59
		12		20.306	15.940	0.352	149.22	2.71	23.57	236.21	3.41	37.12	62.22	1.75	16.49	293.76	2.67
10	100	6	12	11.932	9.366	0.393	114.95	3.10	15.68	181.98	3.90	25.74	47.92	2.00	12.69	200.07	2.67
		7		13.796	10.830	0.393	131.86	3.09	18.10	208.97	3.89	29.55	54.74	1.99	14.26	233.54	2.71
		8		15.638	12.276	0.393	148.24	3.08	20.47	235.07	3.88	33.24	61.41	1.98	15.75	267.09	2.76
		10		19.261	15.120	0.392	179.51	3.05	25.06	284.68	3.84	40.26	74.35	1.96	18.54	334.48	2.84
		12		22.800	17.898	0.391	208.90	3.03	29.48	330.95	3.81	46.80	86.84	1.95	21.08	402.34	2.91
		14		26.256	20.611	0.391	236.53	3.00	33.73	374.06	3.77	52.90	99.00	1.94	23.44	470.75	2.99
		16		29.627	23.257	0.390	262.53	2.98	37.82	414.16	3.74	58.57	110.89	1.94	25.63	539.80	3.06
11	110	7		15.196	11.928	0.433	177.16	3.41	22.05	280.94	4.30	36.12	73.38	2.20	17.51	310.64	2.96
		8		17.238	13.532	0.433	199.46	3.40	24.95	316.49	4.28	40.69	82.42	2.19	19.39	355.20	3.01
		10		21.261	16.690	0.432	242.19	3.38	30.60	384.39	4.25	49.42	99.98	2.17	22.91	444.65	3.09
		12		25.200	19.782	0.431	282.55	3.35	36.05	448.17	4.22	57.62	116.93	2.15	26.15	534.60	3.16
		14		29.056	22.809	0.431	320.71	3.32	41.31	508.01	4.18	65.31	133.40	2.14	29.14	625.16	3.24

续表

型号	尺寸/mm			截面面积/cm^2	理论质量/kg·m^{-1}	外表面积/m^2·m^{-1}	参考数值										Z_0/cm
							X-X			X_0-X_0			Y_0-Y_0			X_1-X_1	
	b	d	r				I_X/cm^4	i_X/cm	W_X/cm^3	I_{X_0}/cm^4	i_{X_0}/cm	W_{X_0}/cm^3	I_{Y_0}/cm^4	i_{Y_0}/cm	W_{Y_0}/cm^3	I_{X_1}/cm^4	
12.5	125	8	14	19.750	15.504	0.492	297.03	3.88	32.52	470.89	4.88	53.28	123.16	2.50	25.86	521.01	3.37
		10		24.373	19.133	0.491	361.67	3.85	39.97	573.89	4.85	64.93	149.46	2.48	30.62	651.93	3.45
		12		28.912	22.696	0.491	423.16	3.83	41.17	671.44	4.82	75.96	174.88	2.46	35.03	783.42	3.53
		14		38.367	26.193	0.490	481.65	3.80	54.16	763.73	4.78	86.41	199.57	2.45	39.13	915.61	3.61
14	140	10		27.373	21.488	0.551	514.65	4.34	50.58	817.27	5.46	82.56	212.04	2.78	39.20	915.11	3.82
		12		32.512	25.522	0.551	603.68	4.31	59.80	958.79	5.43	96.85	248.57	2.76	45.02	1099.28	3.90
		14		37.567	29.490	0.550	688.81	4.28	68.75	1093.56	5.40	110.47	284.06	2.75	50.45	1284.22	3.98
		16		42.539	33.393	0.549	770.24	4.26	77.46	1221.81	5.36	123.42	318.67	2.74	55.55	1470.07	4.06
16	160	10	16	31.502	24.729	0.630	779.53	4.98	66.70	1237.30	6.27	109.36	321.76	3.20	52.76	1365.33	4.31
		12		37.441	29.391	0.630	916.58	4.95	78.98	1455.68	6.24	128.67	377.49	3.18	60.74	1639.57	4.39
		14		43.296	33.987	0.629	1048.36	4.92	90.95	1665.02	6.20	147.17	431.70	3.16	68.24	1914.68	4.47
		16		49.067	38.518	0.629	1175.08	4.89	102.63	1865.57	6.17	164.89	484.59	3.14	75.31	2190.82	4.55
18	180	12		42.241	33.159	0.710	1321.35	5.59	100.82	2100.10	7.05	165.00	542.61	3.58	78.41	2332.80	4.89
		14		48.896	38.383	0.709	1514.48	5.56	116.25	2407.42	7.02	189.14	621.53	3.56	88.38	2723.48	4.97
		16		55.467	43.542	0.709	1700.99	5.54	131.13	2703.37	6.98	212.40	698.60	3.55	97.83	3115.29	5.05
		18		61.955	48.634	0.708	1875.12	5.50	145.64	2988.24	6.94	234.78	762.01	3.51	105.14	3502.43	5.13
20	200	14	18	54.642	42.894	0.788	2103.55	6.20	144.70	3343.26	7.82	236.40	863.83	3.98	111.82	3734.10	5.46
		16		62.013	48.680	0.788	2366.15	6.18	163.65	3760.89	7.79	265.93	971.41	3.96	123.96	4270.39	5.54
		18		69.301	54.401	0.787	2620.64	6.15	182.22	4164.54	7.75	294.48	1076.74	3.94	135.52	4808.13	5.62
		20		76.505	60.056	0.787	2867.30	6.12	200.42	4554.55	7.72	322.06	1180.04	3.93	146.55	5347.51	5.69
		24		90.661	71.168	0.785	3338.25	6.07	236.17	5294.97	7.64	374.41	1381.53	3.90	166.65	6457.16	5.87

注：1. 热轧等边角钢的长度及允许偏差

长度/m	允许偏差/mm
≤8	+50 0
＞8	+80 0

2. 等边角钢材料：一般为碳素结构钢或低合金高强度结构钢。

1.5.6.2 热轧不等边角钢（摘自GB/T 706—2016）

表 2-1-72 热轧不等边角钢

标记示例：

∠63×40×7 —— 边厚度 d；短边宽度 b；长边宽度 B

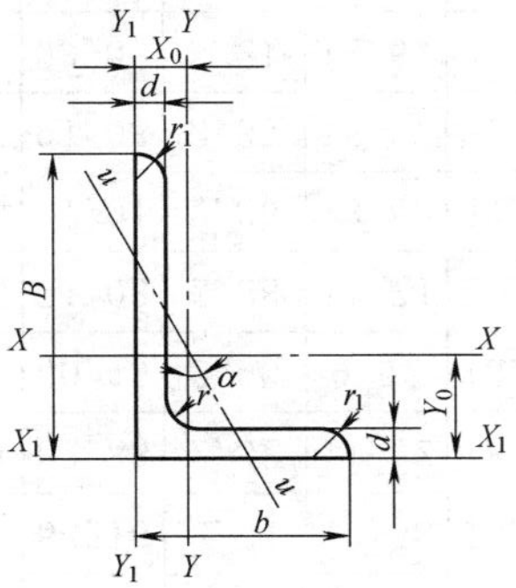

B —长边宽度；
b —短边宽度；
d —边厚度；
r —内圆弧半径；
r_1 —边端内圆弧半径，$r_1=\frac{1}{3}d$；
W —截面系数；
I —惯性矩；
i —惯性半径；
X_0—质心距离；
Y_0—质心距离

型号	尺寸/mm				截面面积/cm²	理论质量/kg·m⁻¹	外表面积/m²·m⁻¹	参考数值														
								X-X			Y-Y			X_1-X_1		Y_1-Y_1		u-u				
	B	b	d	r				I_X/cm^4	i_X/cm	W_X/cm^3	I_Y/cm^4	i_Y/cm	W_Y/cm^3	I_{X_1}/cm^4	Y_0/cm	I_{Y_1}/cm^4	X_0/cm	I_u/cm^4	i_u/cm	W_u/cm^3	$\tan\alpha$
2.5/1.6	25	16	3	3.5	1.162	0.912	0.080	0.70	0.78	0.43	0.22	0.44	0.19	1.56	0.86	0.43	0.42	0.14	0.34	0.16	0.392
			4		1.499	1.176	0.079	0.88	0.77	0.55	0.27	0.43	0.24	2.09	0.90	0.59	0.46	0.17	0.34	0.20	0.381
3.2/2	32	20	3		1.492	1.171	0.102	1.53	1.01	0.72	0.46	0.55	0.30	3.27	1.08	0.82	0.49	0.28	0.43	0.25	0.382
			4		1.939	1.522	0.101	1.93	1.00	0.93	0.57	0.54	0.39	4.37	1.12	1.12	0.53	0.35	0.42	0.32	0.374
4/2.5	40	25	3	4	1.890	1.484	0.127	3.08	1.28	1.15	0.93	0.70	0.49	5.39	1.32	1.59	0.59	0.56	0.54	0.40	0.385
			4		2.467	1.936	0.127	3.93	1.36	1.49	1.18	0.69	0.63	8.53	1.37	2.14	0.63	0.71	0.54	0.52	0.381
4.5/2.8	45	28	3	5	2.149	1.687	0.143	4.45	1.44	1.47	1.34	0.79	0.62	9.10	1.47	2.23	0.64	0.80	0.61	0.51	0.383
			4		2.806	2.203	0.143	5.69	1.42	1.91	1.70	0.78	0.80	12.13	1.51	3.00	0.68	1.02	0.60	0.66	0.380
5/3.2	50	32	3	5.5	2.431	1.908	0.161	6.24	1.60	1.84	2.02	0.91	0.82	12.49	1.60	3.31	0.73	1.20	0.70	0.68	0.404
			4		3.177	2.494	0.160	8.02	1.59	2.39	2.58	0.90	1.06	16.65	1.65	4.45	0.77	1.53	0.69	0.87	0.402
5.6/3.6	56	36	3	6	2.743	2.153	0.181	8.88	1.80	2.32	2.92	1.03	1.05	17.54	1.78	4.70	0.80	1.73	0.79	0.87	0.408
			4		3.590	2.818	0.180	11.45	1.79	3.03	3.76	1.02	1.37	23.39	1.82	6.33	0.85	2.23	0.79	1.13	0.408
			5		4.415	3.466	0.180	13.86	1.77	3.71	4.49	1.01	1.65	29.25	1.87	7.94	0.88	2.67	0.78	1.36	0.404

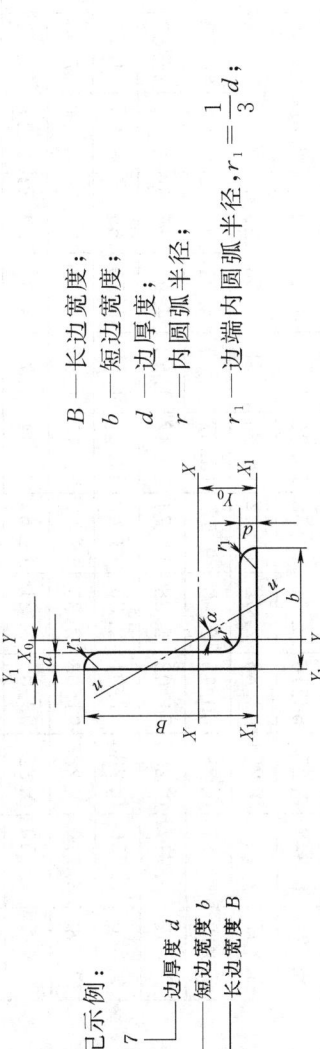

型号	尺寸/mm B	尺寸/mm b	尺寸/mm d	尺寸/mm r	截面面积/cm²	理论质量/kg·m⁻¹	外表面积/m²·m⁻¹	X-X I_X/cm⁴	X-X i_X/cm	X-X W_X/cm³	Y-Y I_Y/cm⁴	Y-Y i_Y/cm	Y-Y W_Y/cm³	X_1-X_1 I_{X_1}/cm⁴	X_1-X_1 Y_0/cm	Y_1-Y_1 I_{Y_1}/cm⁴	Y_1-Y_1 X_0/cm	u-u I_u/cm⁴	u-u i_u/cm	u-u W_u/cm³	u-u tanα
6.3/4	63	40	4	7	4.058	3.185	0.202	16.49	2.02	3.87	5.23	1.14	1.70	33.30	2.04	8.63	0.92	3.12	0.88	1.40	0.398
			5		4.993	3.920	0.202	20.02	2.00	4.74	6.31	1.12	2.07	41.63	2.08	10.86	0.95	3.76	0.87	1.71	0.396
			6		5.908	4.638	0.201	23.36	1.96	5.59	7.29	1.11	2.43	49.98	2.12	13.12	0.99	4.34	0.86	1.99	0.393
			7		6.802	5.339	0.201	26.53	1.98	6.40	8.24	1.10	2.78	58.07	2.15	15.47	1.03	4.97	0.86	2.29	0.389
7/4.5	70	45	4	7.5	4.547	3.570	0.226	23.17	2.26	4.86	7.55	1.29	2.17	45.92	2.24	12.26	1.02	4.40	0.98	1.77	0.410
			5		5.609	4.403	0.225	27.95	2.23	5.92	9.13	1.28	2.65	57.10	2.28	15.39	1.06	5.40	0.98	2.19	0.407
			6		6.647	5.218	0.225	32.54	2.21	6.95	10.62	1.26	3.12	68.35	2.32	18.58	1.09	6.35	0.98	2.59	0.404
			7		7.657	6.011	0.225	37.22	2.20	8.03	12.01	1.25	3.57	79.99	2.36	21.84	1.13	7.16	0.97	2.94	0.402
7.5/5	75	50	5		6.125	4.808	0.245	34.86	2.39	6.83	12.61	1.44	3.30	70.00	2.40	21.04	1.17	7.41	1.10	2.74	0.435
			6		7.260	5.699	0.245	41.12	2.38	8.12	14.70	1.42	3.88	84.30	2.44	25.37	1.21	8.54	1.08	3.19	0.435
			8		9.467	7.431	0.244	52.39	2.35	10.52	18.53	1.40	4.99	112.50	2.52	34.23	1.29	10.87	1.07	4.10	0.429
			10	8	11.590	9.098	0.244	62.71	2.33	12.79	21.96	1.38	6.04	140.80	2.60	43.43	1.36	13.10	1.06	4.99	0.423
8/5	80	50	5		6.375	5.005	0.255	41.96	2.56	7.78	12.82	1.42	3.32	85.21	2.60	21.06	1.14	7.66	1.10	2.74	0.388
			6		7.560	5.935	0.255	49.49	2.56	9.25	14.95	1.41	3.91	102.53	2.65	25.41	1.18	8.85	1.08	3.20	0.387
			7		8.724	6.848	0.255	56.16	2.54	10.58	16.96	1.39	4.48	119.33	2.69	29.82	1.21	10.18	1.08	3.70	0.384
			8		9.867	7.745	0.254	62.83	2.52	11.92	18.85	1.38	5.03	136.41	2.73	34.32	1.25	11.38	1.07	4.16	0.381
9/5.6	90	56	5	9	7.212	5.661	0.287	60.45	2.90	9.92	18.32	1.59	4.21	121.32	2.91	29.53	1.25	10.98	1.23	3.49	0.385
			6		8.557	6.717	0.286	71.03	2.88	11.74	21.42	1.58	4.96	145.59	2.95	35.58	1.29	12.90	1.23	4.13	0.384
			7		9.880	7.756	0.286	81.01	2.86	13.49	24.36	1.57	5.70	169.60	3.00	41.71	1.33	14.67	1.22	4.72	0.382
			8		11.183	8.779	0.286	91.03	2.85	15.27	27.15	1.56	6.41	194.17	3.04	47.93	1.36	16.34	1.21	5.29	0.380
10/6.3	100	63	6	10	9.617	7.550	0.320	99.06	3.21	14.64	30.94	1.79	6.35	199.71	3.24	50.50	1.43	18.42	1.38	5.25	0.394
			7		11.111	8.722	0.320	113.45	3.20	16.88	35.26	1.78	7.29	233.00	3.28	59.14	1.47	21.00	1.38	6.02	0.394
			8		12.584	9.878	0.319	127.37	3.18	19.08	39.39	1.77	8.21	266.32	3.32	67.88	1.50	23.50	1.37	6.78	0.391
			10		15.467	12.142	0.319	153.81	3.15	23.32	47.12	1.74	9.98	333.06	3.40	85.73	1.58	28.33	1.35	8.24	0.387

型号	尺寸/mm				截面面积/cm²	理论质量/kg·m⁻¹	外表面积/m²·m⁻¹	参考数值														
								X-X			Y-Y			X_1-X_1		Y_1-Y_1		u-u				
	B	b	d	r				I_X/cm^4	i_X/cm	W_X/cm^3	I_Y/cm^4	i_Y/cm	W_Y/cm^3	I_{X_1}/cm^4	Y_0/cm	I_{Y_1}/cm^4	X_0/cm	I_u/cm^4	i_u/cm	W_u/cm^3	tanα
10/8	100	80	6	10	10.637	8.350	0.354	107.04	3.17	15.19	61.24	2.40	10.16	199.83	2.95	102.68	1.97	31.65	1.72	8.37	0.627
			7		12.301	9.656	0.354	122.73	3.16	17.52	70.08	2.39	11.71	233.20	3.00	119.98	2.01	36.17	1.72	9.60	0.626
			8		13.944	10.946	0.353	137.92	3.14	19.81	78.58	2.37	13.21	266.61	3.04	137.37	2.05	40.58	1.71	10.80	0.625
			10		17.167	13.476	0.353	166.87	3.12	24.24	94.65	2.35	16.12	333.63	3.12	172.48	2.13	49.10	1.69	13.12	0.622
11/7	110	70	6		10.637	8.350	0.354	133.37	3.54	17.85	42.92	2.01	7.90	265.78	3.53	69.08	1.57	25.36	1.54	6.53	0.403
			7		12.301	9.656	0.354	153.00	3.53	20.60	49.01	2.00	9.09	310.07	3.57	80.82	1.61	28.95	1.53	7.50	0.402
			8		13.944	10.946	0.353	172.04	3.51	23.30	54.87	1.98	10.25	354.39	3.62	92.70	1.65	32.45	1.53	8.45	0.401
			10		17.167	13.476	0.353	208.39	3.48	28.54	65.88	1.96	12.48	443.13	3.70	116.83	1.72	39.20	1.51	10.29	0.397
12.5/8	125	80	7	11	14.096	11.066	0.403	227.98	4.02	26.86	74.42	2.30	12.01	454.99	4.01	120.32	1.80	43.81	1.76	9.92	0.408
			8		15.989	12.551	0.403	256.77	4.01	30.41	83.49	2.28	13.56	519.99	4.06	137.85	1.84	49.15	1.75	11.18	0.407
			10		19.712	15.474	0.402	312.04	3.98	37.33	100.67	2.26	16.56	650.09	4.14	173.40	1.92	59.45	1.74	13.64	0.404
			12		23.351	18.330	0.402	364.41	3.95	44.01	116.67	2.24	19.43	780.39	4.22	209.67	2.00	69.35	1.72	16.01	0.400
14/9	140	90	8	12	18.038	14.160	0.453	365.64	4.50	38.48	120.69	2.59	17.34	730.53	4.50	195.79	2.04	70.83	1.98	14.31	0.411
			10		22.261	17.475	0.452	445.50	4.47	47.31	140.03	2.56	21.22	913.20	4.58	245.92	2.12	85.82	1.96	17.48	0.409
			12		26.400	20.724	0.451	521.59	4.44	55.87	169.79	2.54	24.95	1096.09	4.66	296.89	2.19	100.21	1.95	20.54	0.406
			14		30.456	23.908	0.451	594.10	4.42	64.18	192.10	2.51	28.54	1279.26	4.74	348.82	2.27	114.13	1.94	23.52	0.403
16/10	160	100	10	13	25.315	19.872	0.512	668.69	5.14	62.13	205.03	2.85	26.56	1362.89	5.24	336.59	2.28	121.74	2.19	21.92	0.390
			12		30.054	23.592	0.511	784.91	5.11	73.49	239.06	2.82	31.28	1635.56	5.32	405.94	2.36	142.33	2.17	25.79	0.388
			14		34.709	27.247	0.510	896.30	5.08	84.56	271.20	2.80	35.83	1908.50	5.40	476.42	2.43	162.23	2.16	29.56	0.385
			16		39.281	30.835	0.510	1003.04	5.05	95.33	301.60	2.77	40.24	2181.79	5.48	548.22	2.51	182.57	2.16	33.44	0.382
18/11	180	110	10	14	28.373	22.273	0.571	956.25	5.80	78.96	278.11	3.13	32.49	1940.40	5.89	447.22	2.44	166.50	2.42	26.88	0.376
			12		33.712	26.464	0.571	1124.72	5.78	93.53	325.03	3.10	38.32	2328.38	5.98	538.94	2.52	194.87	2.40	31.66	0.374
			14		38.967	30.589	0.570	1286.91	5.75	107.76	369.55	3.08	43.97	2716.60	6.06	631.95	2.59	222.30	2.39	36.32	0.372
			16		44.139	34.649	0.569	1443.06	5.72	121.64	411.85	3.06	49.44	3105.15	6.14	726.46	2.67	248.94	2.38	40.87	0.369

续表

型号	尺寸/mm				截面面积/cm²	理论质量/kg·m⁻¹	外表面积/m²·m⁻¹	参考数值													
								X-X			Y-Y			X_1-X_1		Y_1-Y_1		u-u			
	B	b	d	r				I_X/cm⁴	i_X/cm	W_X/cm³	I_Y/cm⁴	i_Y/cm	W_Y/cm³	I_{X_1}/cm⁴	Y_0/cm	I_{Y_1}/cm⁴	X_0/cm	I_u/cm⁴	i_u/cm	W_u/cm³	tanα
20/12.5	200	125	12	14	37.912	29.761	0.641	1570.90	6.44	116.73	483.16	3.57	49.99	3193.85	6.54	787.74	2.83	285.79	2.74	41.23	0.392
			14		43.867	34.436	0.640	1800.97	6.41	134.65	550.83	3.54	57.44	3726.17	6.62	922.47	2.91	326.58	2.73	47.34	0.390
			16		49.739	39.045	0.639	2023.35	6.38	152.18	615.44	3.52	64.69	4258.86	6.70	1058.86	2.99	366.21	2.71	53.32	0.388
			18		55.526	43.588	0.639	2238.30	6.35	169.33	677.19	3.49	71.74	4792.00	6.78	1197.13	3.06	404.83	2.70	59.18	0.385

注：1. 热轧不等边角钢长度及允许偏差

长度/m	允许偏差/mm
≤8	+50 0
>8	+80 0

2. 不等边角钢材料：一般为碳素结构钢或低合金高强度结构钢。

1.5.6.3 不锈钢热轧等边角钢（摘自YB/T 5309—2006）

表 2-1-73 不锈钢热轧等边角钢

标记示例：

∠50×50×6

边厚度 t

边宽度 B

边宽度 B

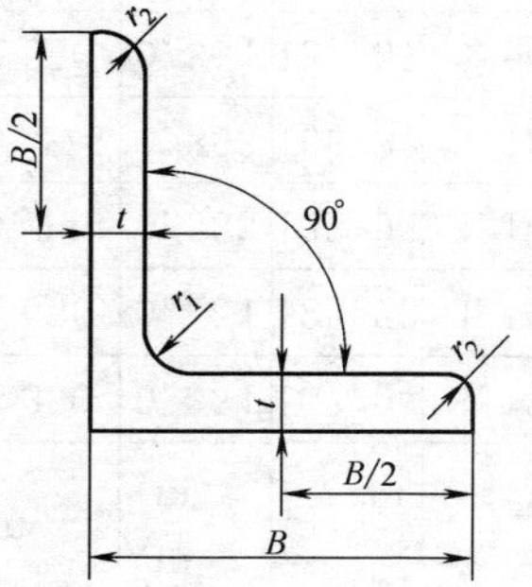

截面惯性矩 $I=ai^2$

截面惯性半径 $i=\sqrt{I/a}$

截面模量 $W=I/e$

（a为截面面积）

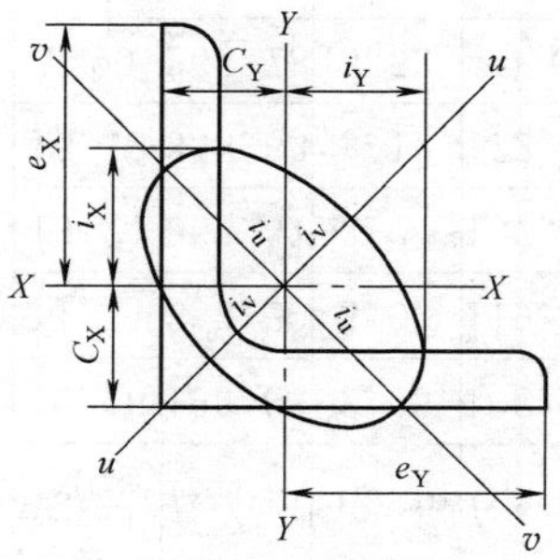

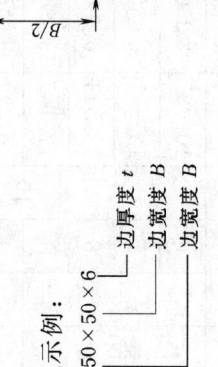

续表

标准截面尺寸/mm					理论质量/kg·m^{-1}			参考数值											
$B \times B$	t	r_1	r_2	截面面积/cm^2	1Cr18Ni9 0Cr19Ni9 00Cr19Ni11 0Cr18Ni11Ti	0Cr17Ni12Mo2 00Cr17Ni14Mo2 0Cr18Ni11Nb	1Cr17	质心位置/cm		截面惯性矩/cm^4				截面惯性半径/cm				截面模量/cm^3	
								C_X	C_Y	I_X	I_Y	最大I_u	最小I_v	i_X	i_Y	最大i_u	最小i_v	Z_X	Z_Y
20×20	3	4	2	1.127	0.894	0.899	0.868	0.60	0.60	0.39	0.39	0.61	0.16	0.59	0.59	0.74	0.38	0.28	0.28
25×25				1.427	1.13	1.14	1.10	0.72	0.72	0.80	0.80	1.26	0.33	0.75	0.75	0.94	0.48	0.45	0.45
	4		3	1.836	1.46	1.47	1.41	0.79	0.79	0.98	0.98	1.55	0.42	0.73	0.73	0.92	0.48	0.57	0.57
30×30	3		2	1.727	1.37	1.38	1.33	0.84	0.84	1.42	1.42	2.26	0.59	0.91	0.91	1.14	0.58	0.66	0.66
	4		3	2.236	1.77	1.78	1.72	0.88	0.88	1.77	1.77	2.81	0.74	0.89	0.89	1.12	0.57	0.84	0.84
	5			2.746	2.18	2.19	2.11	0.92	0.92	2.14	2.14	3.37	0.91	0.88	0.88	1.11	0.57	1.03	1.03
	6		4	3.206	2.54	2.56	2.47	0.94	0.94	2.41	2.41	3.79	1.04	0.87	0.87	1.09	0.57	1.17	1.17
40×40	3	4.5	2	2.336	1.85	1.86	1.80	1.09	1.09	3.53	3.53	5.60	1.46	1.23	1.23	1.55	0.79	1.21	1.21
	4		3	3.045	2.45	2.46	2.38	1.12	1.12	4.46	4.46	7.09	1.84	1.21	1.21	1.53	0.78	1.55	1.55
	5			3.755	2.98	3.00	2.89	1.17	1.17	5.42	5.42	8.59	2.25	1.20	1.20	1.51	0.77	1.91	1.91
	6		4	4.415	3.61	3.63	3.51	1.20	1.20	6.19	6.19	9.79	2.58	1.18	1.18	1.49	0.76	2.21	2.21
50×50	4	6.5	3	3.892	3.09	3.11	3.00	1.37	1.37	9.06	9.06	14.4	3.76	1.53	1.53	1.92	0.98	2.49	2.49
	5			4.802	3.81	3.83	3.70	1.41	1.41	11.1	11.1	17.5	4.58	1.52	1.52	1.91	0.98	3.08	3.08
	6		4.5	5.644	4.48	4.50	4.35	1.44	1.44	12.6	12.6	20.0	5.20	1.50	1.50	1.88	0.96	3.55	3.55
60×60	5		3	5.802	4.60	4.63	4.47	1.66	1.66	19.6	19.6	31.2	8.08	1.84	1.84	2.32	1.18	4.52	4.52
	6		4	6.862	5.44	5.48	5.28	1.69	1.69	22.8	22.8	36.1	9.40	1.82	1.82	2.29	1.17	5.29	5.29
65×65	5	8.5	3	6.367	5.05	5.08	4.90	1.77	1.77	25.3	25.3	40.1	10.5	1.99	1.99	2.51	1.28	5.35	5.35

续表

标准截面尺寸/mm					理论质量/kg·m^{-1}			参考数值											
$B\times B$	t	r_1	r_2	截面面积/cm^2	1Cr18Ni9 0Cr19Ni9 00Cr19Ni11 0Cr18Ni11Ti	0Cr17Ni12Mo2 00Cr17Ni14Mo2 0Cr18Ni11Nb	1Cr17	质心位置/cm		截面惯性矩/cm^4				截面惯性半径/cm				截面模量/cm^3	
								C_X	C_Y	I_X	I_Y	最大 I_u	最小 I_v	i_X	i_Y	最大 i_u	最小 i_v	Z_X	Z_Y
65×65	6	8.5	4	7.527	5.97	6.01	5.80	1.81	1.81	28.4	29.4	46.9	12.2	1.98	1.98	2.49	1.27	6.26	6.26
	7		5	8.658	6.87	6.91	6.67	1.84	1.84	32.8	32.8	51.6	13.7	1.95	1.95	2.45	1.26	7.04	7.04
	8		6	9.761	7.74	7.79	7.52	1.88	1.88	36.8	36.8	58.3	15.3	1.94	1.94	2.44	1.25	7.96	7.96
70×70	6		4	8.127	6.44	6.49	6.26	1.93	1.93	37.1	37.1	58.9	15.3	2.14	2.14	2.69	1.37	7.33	7.33
	7		5	9.358	7.42	7.47	7.21	1.97	1.97	41.5	41.5	65.7	17.3	2.11	2.11	2.65	1.36	8.25	8.25
	8		6	10.56	8.37	8.43	8.13	2.01	2.01	46.6	46.6	74.0	19.3	2.10	2.10	2.65	1.35	9.34	9.34
75×75	6		4	8.727	6.92	6.96	6.72	2.06	2.06	46.1	46.1	73.2	19.0	2.30	2.30	2.90	1.48	8.47	8.47
	7		5	10.06	7.98	8.03	7.75	2.09	2.09	51.7	51.7	81.9	21.5	2.27	2.27	2.85	1.46	9.56	9.56
	8		6	11.36	9.01	9.07	8.75	2.13	2.13	58.1	58.1	92.2	23.9	2.26	2.26	2.85	1.45	10.8	10.8
	9			12.69	10.1	10.1	9.77	2.17	2.17	64.4	64.4	102	26.7	2.25	2.25	2.84	1.45	12.1	12.1
80×80	6		4	9.327	7.40	7.44	7.18	2.18	2.18	56.4	56.4	89.6	23.2	2.46	2.46	3.10	1.58	9.70	9.70
	7		5	10.76	8.53	8.59	8.29	2.22	2.22	62.7	62.7	102	23.3	2.41	2.41	3.07	1.47	10.8	10.8
	8		6	12.16	9.64	9.70	9.36	2.25	2.25	71.2	71.2	113	29.3	2.42	2.42	3.05	1.55	12.4	12.4
	9			13.59	10.8	10.8	10.5	2.30	2.30	79.2	79.2	126	32.7	2.41	2.41	3.04	1.55	13.9	13.9
90×90	8	10		13.82	11.0	11.0	10.9	2.50	2.50	102	102	165	39.7	2.72	2.72	3.46	1.69	15.7	15.7
	9			15.45	12.3	12.3	11.6	2.54	2.54	114	114	183	44.4	2.72	2.72	3.44	1.70	17.6	17.6
	10		7	17.00	13.5	13.6	13.1	2.57	2.57	125	125	199	51.7	2.71	2.71	3.42	1.74	19.5	19.5
100×100	8		6	15.42	12.2	12.3	11.9	2.75	2.75	145	145	230	59.3	3.07	3.07	3.86	1.96	20.0	20.0
	9			17.25	13.7	13.8	13.3	2.79	2.79	160	160	255	65.3	3.04	3.04	3.85	1.95	22.2	22.2
	10		7	19.00	15.1	15.2	14.6	2.82	2.82	175	175	278	72.0	3.05	3.05	3.83	1.95	24.4	24.4

注：1. 不锈钢热轧等边角钢的化学成分、热处理制度和力学性能、耐蚀性能参见 GB/T 1220—2007。除 00Cr19Ni10 和 00Cr17Ni14Mo2 的 $\sigma_{0.2}\geqslant 175MPa$ 外其余本表所列钢号的 $R_{p0.2}\geqslant 205MPa$；除 00Cr19Ni10 和 00Cr17Ni14Mo2 的 $R_m\geqslant 480MPa$、1Cr17 的 $R_m\geqslant 450MPa$ 外，其余本表所列钢号的 $R_m\geqslant 520MPa$。

2. 不锈钢角钢的标准长度为 4.0m、5.0m、6.0m，其中 5.0m 尽可能不用。

1.5.7 热轧工字钢（摘自 GB/T 706—2016）

表 2-1-74 热轧工字钢

标记示例：

I180×94×6.5

腰厚度 d

腿宽度 b

高度 h

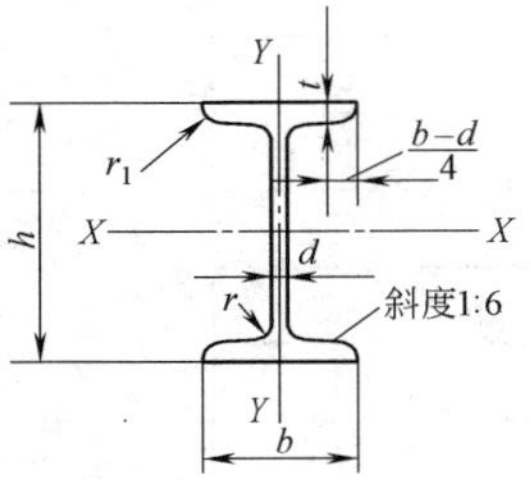

h—高度；b—腿宽度；d—腰厚度；t—平均腿厚度；r—内圆弧半径；r_1—腿端圆弧半径；I—惯性矩；W—截面模量；i—惯性半径；S—半截面的静力矩

型号	尺寸/mm						截面面积 /cm^2	理论质量 /$kg\cdot m^{-1}$	参考数值						
									X-X				Y-Y		
	h	b	d	t	r	r_1			I_X/cm^4	W_X/cm^3	i_X/cm	$I_X:S_X$	I_Y/cm^4	W_Y/cm^3	i_Y/cm
10	100	68	4.5	7.6	6.5	3.3	14.345	11.261	245	49.0	4.14	8.59	33.0	9.72	1.52
12.6	126	74	5.0	8.4	7.0	3.5	18.118	14.223	488	77.5	5.20	10.8	46.0	12.7	1.61
14	140	80	5.5	9.1	7.5	3.8	21.516	16.890	712	102	5.76	12.0	64.4	16.1	1.73
16	160	88	6.0	9.9	8.0	4.0	26.131	20.513	1130	141	6.58	13.8	93.1	21.2	1.89
18	180	94	6.5	10.7	8.5	4.3	30.756	24.143	1600	185	7.36	15.4	122	26.0	2.00
20a	200	100	7.0	11.4	4.5	4.5	35.578	27.929	2370	237	8.15	17.2	158	31.5	2.12
20b		102	9.0				39.578	31.069	2500	250	7.96	16.9	169	33.1	2.06
22a	220	110	7.5	12.3	4.8	4.8	42.128	33.070	3400	309	8.99	16.9	225	40.9	2.31
22b		112	9.5				46.528	36.524	3570	325	8.78	18.7	239	42.7	2.27
25a	250	116	8.0	13.0	5.0	5.0	48.541	38.105	5020	402	10.2	21.6	280	48.3	2.40
25b		118	10.0				53.541	42.030	5280	423	9.94	21.3	309	52.4	2.40
28a	280	122	8.5	13.7	5.3	5.3	55.404	43.492	7110	508	11.3	24.6	345	56.6	2.50
28b		124	10.5				61.004	47.888	7480	534	11.1	24.2	379	61.2	2.49
32a	320	130	9.5	15.0	5.8	5.8	67.156	52.717	11100	692	12.8	27.5	460	70.8	2.62
32b		132	11.5				73.556	57.741	11500	726	12.6	27.1	502	76.0	2.61
32c		134	13.5				79.956	62.765	12200	760	12.3	26.8	544	81.2	2.61
36a	360	136	10.0	15.8	6.0	6.0	76.480	60.037	15800	875	14.4	30.7	552	81.2	2.69
36b		138	12.0				83.680	65.689	16500	919	14.1	30.3	582	84.3	2.64
36c		140	14.0				90.880	71.341	17300	962	13.8	29.9	612	87.4	2.60

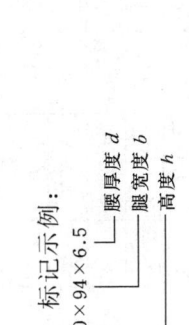

续表

型号	尺寸/mm						截面面积 /cm^2	理论质量 /$kg\cdot m^{-1}$	参考数值						
									X-X				Y-Y		
	h	b	d	t	r	r_1			I_X/cm^4	W_X/cm^3	i_X/cm	$I_X:S_X$	I_Y/cm^4	W_Y/cm^3	i_Y/cm
40a	400	142	10.5	16.5	12.5	6.3	86.112	67.598	21700	1090	15.9	34.1	660	93.2	2.77
40b		144	12.5				94.112	73.878	22800	1140	15.6	33.6	692	96.2	2.71
40c		146	14.5				102.112	80.158	23900	1190	15.2	33.2	727	99.6	2.65
45a	450	150	11.5	18.0	13.5	6.8	102.446	80.420	32200	1430	17.7	38.6	855	114	2.89
45b		152	13.5				111.446	87.485	33800	1500	17.4	38.0	894	118	2.84
45c		154	15.5				120.446	94.550	35300	1570	17.1	37.6	938	112	2.79
50a	500	158	12.0	20.0	14.0	7.0	119.304	93.654	46500	1860	19.7	42.8	1120	142	3.07
50b		160	14.0				129.304	101.504	48600	1940	19.4	42.4	1170	146	3.01
50c		162	16.0				139.304	109.354	50600	2080	19.0	41.8	1220	151	2.96
56a	560	166	12.5	21.0	14.5	7.3	135.435	106.316	65600	2340	22.0	47.7	1370	165	3.18
56b		168	14.5				146.635	115.108	68500	2450	21.6	47.2	1490	174	3.16
56c		170	16.5				157.835	123.900	71400	2550	21.3	46.7	1560	183	3.16
63a	630	176	13.0	22.0	15.0	7.5	154.658	121.407	93900	2980	24.5	54.2	1700	193	3.31
63b		178	15.0				167.258	131.298	98100	3160	24.2	53.5	1810	204	3.29
63c		180	17.0				179.858	141.189	102000	3300	23.8	52.9	1920	214	3.27
12	120	74	5.0	8.4	7.0	3.5	17.818	13.987	436	72.7	4.95	10.3	46.9	12.7	1.62
24a	240	116	8.0	13.0	10.0	5.0	47.741	37.477	4570	381	9.77	20.7	280	43.4	2.42
24b		118	10.0				52.541	41.245	4800	400	9.57	20.4	297	50.4	2.38
27a	270	122	8.5	13.7	10.5	5.3	54.554	42.825	6550	485	10.9	23.8	345	56.6	2.51
27b		124	10.5				59.954	47.064	6870	509	10.7	22.9	366	58.9	2.47
30a	300	126	9.0	14.4	11.0	5.5	61.254	48.084	8950	597	12.1	25.7	400	63.5	2.55
30b		128	11.0				67.254	52.794	9400	627	11.8	25.4	422	65.9	2.50
30c		130	13.0				73.254	57.504	9850	657	11.6	26.0	445	68.5	2.46
55a	550	166	12.5	21.0	14.5	7.3	134.185	105.335	62900	2290	21.6	46.9	1370	164	3.19
55b		168	14.5				145.185	113.970	65600	2390	21.2	46.4	1420	170	3.14
55c		170	16.5				156.185	122.605	68400	2490	20.9	45.8	1480	175	3.08

注：1. 工字钢的长度：≤8m，长度允许偏差为$^{+50}_{0}$；长度＞8m，长度允许偏差$^{+80}_{0}$。
2. 轧制钢号，通常为碳素结构钢或低合金高强度结构钢。
3. 表中标注的圆弧半径r、r_1的数据用于孔型设计，不作为交货条件。

1.5.8 热轧槽钢（摘自 GB/T 706—2016）

表 2-1-75 热轧槽钢

标记示例：

⊏ 100×48×5.3

腰厚度 d

腿宽度 b

高度 h

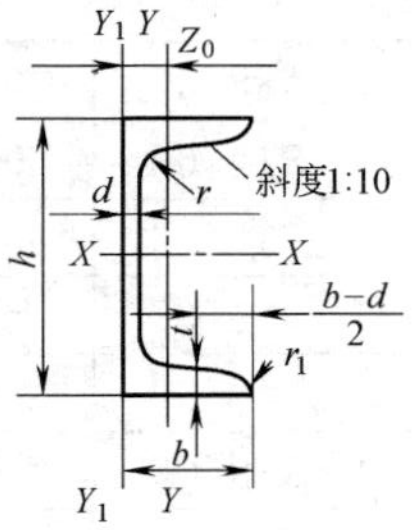

h—高度；
b—腿宽度；
d—腰厚度；
t—平均腿厚度；
r—内圆弧半径；
r_1—腿端圆弧半径；
I—惯性矩；
W—截面模量；
i—惯性半径；
Z_0—Y-Y 与 Y_1-Y_1 轴线间距离

型号	尺寸/mm						截面面积 /cm^2	理论质量 /kg·m^{-1}	参考数值							
									X-X			Y-Y			Y_1-Y_1	Z_0/cm
	h	b	d	t	r	r_1			W_X/cm^3	I_X/cm^4	i_Y/cm	W_Y/cm^3	I_Y/cm^4	i_Y/cm	I_{Y_1}/cm^4	
5	50	37	4.5	7.0	7.0	3.5	6.928	5.438	10.4	26.0	1.94	3.55	8.30	1.10	20.9	1.35
6.3	63	40	4.8	7.5	7.5	3.8	8.451	6.634	16.1	50.8	2.45	4.50	11.9	1.19	28.4	1.36
8	80	43	5.0	8.0	8.0	4.0	10.248	8.045	25.3	101	3.15	5.79	16.6	1.27	37.4	1.43
10	100	48	5.3	8.5	8.5	4.2	12.748	10.007	39.7	198	3.95	7.80	25.6	1.41	54.9	1.52
12.6	126	53	5.5	9.0	9.0	4.5	15.692	12.318	62.1	391	4.95	10.2	38.0	1.57	77.1	1.59
14a	140	58	6.0	9.5	9.5	4.8	18.516	14.535	80.5	564	5.52	13.0	53.2	1.70	107	1.71
14b		60	8.0				21.316	16.733	87.1	609	5.35	14.1	61.1	1.69	121	1.67
16a	160	63	6.5	10.0	10.0	5.0	21.962	17.240	108	866	6.28	16.3	73.3	1.83	144	1.80
16b		65	8.5				25.162	19.752	117	935	6.10	17.6	83.4	1.82	161	1.75
18a	180	68	7.0	10.5	10.5	5.2	25.699	20.174	141	1270	7.04	20.0	98.6	1.96	190	1.88
18b		70	9.0				29.299	23.000	152	1370	6.84	21.5	111	1.95	210	1.84
20a	200	73	7.0	11.0	11.0	5.5	28.837	22.637	178	1780	7.86	24.2	128	2.11	244	2.01
20b		75	9.0				32.831	25.777	191	1910	7.64	25.9	144	2.09	268	1.95
22a	220	77	7.0	11.5	11.5	5.8	31.846	24.999	218	2390	8.67	28.2	158	2.23	298	2.10
22b		79	9.0				36.246	28.453	234	2570	8.42	30.1	176	2.21	326	2.03
25a	250	78	7.0	12.0	12.0	6.0	34.917	27.410	270	3370	9.82	30.6	176	2.24	322	2.07
25b		80	9.0				39.917	31.335	282	3530	9.41	32.7	196	2.22	353	1.98

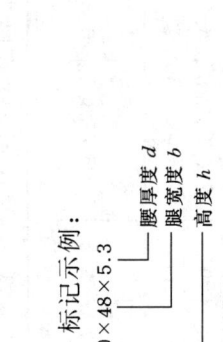

续表

型号	尺寸/mm						截面面积 /cm^2	理论质量 /$kg\cdot m^{-1}$	参考数值							
									X-X			Y-Y			Y_1-Y_1	Z_0/cm
	h	b	d	t	r	r_1			W_X/cm^3	I_X/cm^4	i_Y/cm	W_Y/cm^3	I_Y/cm^4	i_Y/cm	I_{Y_1}/cm^4	
25c	250	82	11.0	12.0	12.0	6.0	44.917	35.260	295	3690	9.07	35.9	218	2.21	384	1.92
28a		82	7.5				40.034	31.427	340	4760	10.9	35.7	218	2.33	388	2.10
28b	280	84	9.5	12.5	12.5	6.2	45.634	35.823	366	5130	10.6	37.9	242	2.30	428	2.02
28c		86	11.5				51.234	40.219	393	5500	10.4	40.3	268	2.29	463	1.95
32a		88	8.0				48.513	38.083	475	7600	12.5	46.5	305	2.50	552	2.24
32b	320	90	10.0	14.0	14.0	7.0	54.913	43.107	509	8140	12.2	49.2	336	2.47	593	2.16
32c		92	12.0				61.313	48.131	543	8690	11.9	52.6	374	2.47	643	2.09
36a		96	9.0				60.910	47.814	660	11900	14.0	63.5	455	2.73	818	2.44
36b	360	98	11.0	16.0	16.0	8.0	68.110	53.466	703	12700	13.6	66.9	497	2.70	880	2.37
36c		100	13.0				75.310	59.118	746	13400	13.4	70.0	536	2.67	948	2.34
40a		100	10.5				75.068	58.928	879	17600	15.3	78.8	592	2.81	1070	2.49
40b	400	102	12.5	18.0	18.0	9.0	83.068	65.208	932	18600	15.0	82.5	640	2.78	1140	2.44
40c		104	14.5				91.068	71.488	986	19700	14.7	86.2	688	2.75	1220	2.42
6.5	65	40	4.3	7.5	7.5	3.8	8.547	6.709	17.0	55.2	2.54	4.59	12.0	1.19	28.3	1.38
12	120	53	5.5	9.0	9.0	4.5	15.362	12.059	57.7	346	4.75	10.2	37.4	1.56	77.7	1.62
24a		78	7.0				34.217	26.860	254	3050	9.45	30.5	174	2.25	325	2.10
24b	240	80	9.0	12.0	12.0	6.0	39.017	30.628	274	3280	9.17	32.5	194	2.23	355	2.03
24c		82	11.0				43.817	34.396	293	3510	8.96	34.4	213	2.21	388	2.00
27a		82	7.5				39.284	30.838	323	4360	10.5	35.5	216	2.34	393	2.13
27b	270	84	9.5	12.5	12.5	6.2	44.684	35.077	347	4690	10.3	37.7	239	2.31	428	2.06
27c		86	11.5				50.084	39.316	372	5020	10.1	39.8	261	2.28	467	2.03
30a		85	7.5				43.902	34.463	403	6050	11.7	41.1	260	2.43	467	2.17
30b	300	87	9.5	13.5	13.5	6.8	49.902	39.173	433	6500	11.4	44.0	289	2.41	515	2.13
30c		89	11.5				55.902	43.883	463	6950	11.2	46.4	316	2.38	560	2.09

注：1. 槽钢的长度：≤8m，长度允许偏差$^{+50}_{0}$；长度>8m，长度允许偏差$^{+80}_{0}$。

2. 轧制钢号，通常为碳素结构钢或低合金高强度结构钢。

3. 表中标注的圆弧半径r、r_1的数据用于孔型设计，不作为交货条件。

1.5.9 H型钢和剖分T型钢（摘自GB/T 11263—2017）

1.5.9.1 H型钢和剖分T型钢的类别、尺寸及几何特性

表2-1-76 热轧H型钢

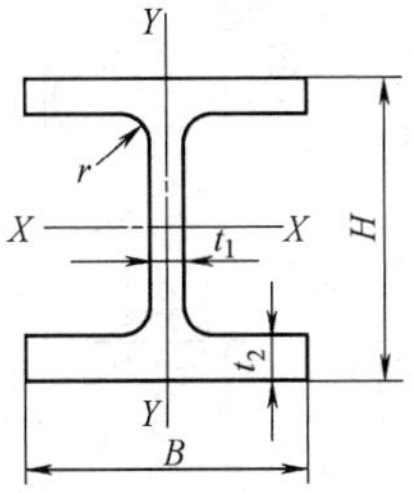

H—高度；
B—宽度；
t_1—腹板厚度；
t_2—翼缘厚度；
r—工艺圆角

标记示例：
H 350×250×9×14
翼缘厚度 t_2
腹板厚度 t_1
宽度 B
高度 H

宽、中、窄翼缘薄壁H型钢截面尺寸、截面面积、理论质量和截面特性

类别	型号（高度×宽度）/mm×mm	截面尺寸/mm					截面面积/cm^2	理论质量/kg·m^{-1}	表面积/m^2·m^{-1}	惯性矩/cm^4		惯性半径/cm		截面模量/cm^3	
		H	B	t_1	t_2	r				I_x	I_y	i_x	i_y	W_x	W_y
宽翼缘H型钢HW	100×100	100	100	6	8	8	21.58	16.9	0.574	378	134	4.18	2.48	75.6	26.7
	125×125	125	125	6.5	9	8	30.00	23.6	0.723	839	293	5.28	3.12	134	46
	150×150	150	150	7	10	8	39.64	31.1	0.872	1620	563	6.39	3.76	216	75.1
	175×175	175	175	7.5	11	13	51.42	40.4	1.01	2900	984	7.50	4.37	331	112
	200×200	200	200	8	12	13	63.53	49.9	1.16	4720	1600	8.61	5.02	472	160
		*200	204	12	12	13	71.53	56.2	1.17	4980	1700	8.34	4.87	498	167
	250×250	*244	252	11	11	13	81.31	63.8	1.45	8700	2940	10.3	6.01	713	233
		250	250	9	14	13	91.43	71.8	1.46	10700	3650	10.8	6.31	860	292
		*250	255	14	14	13	103.9	81.6	1.47	11400	3880	10.5	6.10	912	304
	300×300	*294	302	12	12	13	106.3	83.5	1.75	16600	5510	12.5	7.20	1130	365
		300	300	10	15	13	118.5	93.0	1.76	20200	6750	13.1	7.55	1350	450
		*300	305	15	15	13	133.5	105	1.77	21300	7100	12.6	7.29	1420	466
	350×350	*338	351	13	13	13	133.3	105	2.03	27700	9380	14.4	8.38	1640	534
		*344	348	10	16	13	144.0	113	2.04	32800	11200	15.1	8.83	1910	646
		*344	354	16	16	13	164.7	129	2.05	34900	11800	14.6	8.48	2030	669
		350	350	12	19	13	171.9	135	2.05	39800	13600	15.2	8.88	2280	776
		*350	357	19	19	13	196.4	154	2.07	42300	14400	14.7	8.57	2420	808
	400×400	*388	402	15	15	22	178.5	140	2.32	49000	16300	16.6	9.54	2520	809
		*394	398	11	18	22	186.8	147	2.32	56100	18900	17.3	10.1	2850	951
		*394	405	18	18	22	214.4	168	2.33	59700	20000	16.7	9.64	3030	985
		400	400	13	21	22	218.7	172	2.34	66600	22400	17.5	10.1	3330	1120
		*400	408	21	21	22	250.7	197	2.35	70900	23800	16.8	9.74	3540	1170
		*414	405	18	28	22	295.4	232	2.37	92800	31000	17.7	10.2	4480	1530
		*428	407	20	35	22	360.7	283	2.41	119000	39400	18.2	10.4	5570	1930
		*458	417	30	50	22	528.6	415	2.49	187000	60500	18.8	10.7	8170	2900
		*498	432	45	70	22	770.1	604	2.60	298000	94400	19.7	11.1	12000	4370

续表

类别	型号（高度×宽度）/mm×mm	截面尺寸/mm					截面面积/cm²	理论质量/kg·m⁻¹	表面积/m²·m⁻¹	惯性矩/cm⁴		惯性半径/cm		截面模量/cm³	
		H	B	t_1	t_2	r				I_x	I_y	i_x	i_y	W_x	W_y
中翼缘H型钢HM	150×100	148	100	6	9	8	26.34	20.7	0.670	1000	150	6.16	2.38	135	30.1
	200×150	194	150	6	9	8	38.10	29.9	0.962	2630	507	8.30	3.64	271	67.6
	250×175	244	175	7	11	13	55.49	43.6	1.15	6040	984	10.4	4.21	495	112
	300×200	294	200	8	12	13	71.05	55.8	1.35	11100	1600	12.5	4.74	756	160
	350×250	340	250	9	14	13	99.53	78.1	1.64	21200	3650	14.6	6.05	1250	292
	400×300	390	300	10	16	13	133.3	105	1.94	37900	7200	16.9	7.35	1940	480
	450×300	440	300	11	18	13	153.9	121	2.04	54700	8110	18.9	7.25	2490	540
	500×300	*482	300	11	15	13	141.2	111	2.12	58300	6760	20.3	6.91	2420	450
		488	300	11	18	13	159.2	125	2.13	68900	8110	20.8	7.13	2820	540
	550×300	*544	300	11	15	13	148.0	116	2.24	76400	6760	22.7	6.75	2810	450
		*550	300	11	18	13	166.0	130	2.26	89800	8110	23.3	6.98	3270	540
	600×300	*582	300	12	17	13	169.2	133	2.32	98900	7660	24.2	6.72	3400	511
		588	300	12	20	13	187.2	147	2.33	114000	9010	24.7	6.93	3890	601
		*594	302	14	23	13	217.1	170	2.35	134000	10600	24.8	6.97	4500	700
窄翼缘H型钢HN	*100×50	100	50	5	7	8	11.84	9.30	0.376	187	14.8	3.97	1.11	37.5	5.91
	*125×60	125	60	6	8	8	16.68	13.1	0.464	409	29.1	4.95	1.32	65.4	9.71
	150×75	150	75	5	7	8	17.84	14.0	0.576	666	49.5	6.10	1.66	88.8	13.2
	175×90	175	90	5	8	8	22.89	18.0	0.686	1210	97.5	7.25	2.06	138	21.7
	200×100	*198	99	4.5	7	8	22.68	17.8	0.769	1540	113	8.24	2.23	156	22.9
		200	100	5.5	8	8	26.66	20.9	0.775	1810	134	8.22	2.23	181	26.7
	250×125	*248	124	5	8	8	31.98	25.1	0.968	3450	255	10.4	2.82	278	41.1
		250	125	6	9	8	36.96	29.0	0.974	3960	294	10.4	2.81	317	47.0
	300×150	*298	149	5.5	8	13	40.80	32.0	1.16	6320	442	12.4	3.29	424	59.3
		300	150	6.5	9	13	46.78	36.7	1.16	7210	508	12.4	3.29	481	67.7
	350×175	*346	174	6	9	13	52.45	41.2	1.35	11000	791	14.5	3.88	638	91.0
		350	175	7	11	13	62.91	49.4	1.36	13500	984	14.6	3.95	771	112
	400×150	400	150	8	13	13	70.37	55.2	1.36	18600	734	16.3	3.22	929	97.8
	400×200	*396	199	7	11	13	71.41	56.1	1.55	19800	1450	16.6	4.50	999	145
		400	200	8	13	13	83.37	65.4	1.56	23500	1740	16.8	4.56	1170	174
	450×200	*446	199	8	12	13	82.97	65.1	1.65	28100	1580	18.4	4.36	1260	159
		450	200	9	14	13	95.43	74.9	1.66	32900	1870	18.6	4.42	1460	187
	500×150	*492	150	7	12	13	70.21	55.1	1.55	27500	677	19.8	3.10	1120	90.3
		*500	152	9	16	13	92.21	72.4	1.57	37000	940	20.0	3.19	1480	124
		504	153	10	18	13	103.3	81.1	1.58	41900	1080	20.1	3.23	1660	141
	500×200	*496	199	9	14	13	99.29	77.9	1.75	40800	1840	20.3	4.30	1650	185
		500	200	10	16	13	112.3	88.1	1.76	46800	2140	20.4	4.36	1870	214
		*506	201	11	19	13	129.3	102	1.77	55500	2580	20.7	4.46	2190	257

续表

类别	型号（高度×宽度）/mm×mm	截面尺寸/mm					截面面积/cm^2	理论质量/kg·m^{-1}	表面积/m^2·m^{-1}	惯性矩/cm^4		惯性半径/cm		截面模量/cm^3	
		H	B	t_1	t_2	r				I_x	I_y	i_x	i_y	W_x	W_y
窄翼缘H型钢HN	550×200	*546	199	9	14	13	103.8	81.5	1.85	50800	1840	22.1	4.21	1860	185
		550	200	10	16	13	117.3	92.0	1.86	58200	2140	22.3	4.27	2120	214
	600×200	*596	199	10	15	13	117.8	92.4	1.95	66600	1980	23.8	4.09	2240	199
		600	200	11	17	13	131.7	103	1.96	75600	2270	24.0	4.15	2520	227
		*606	201	12	20	13	149.8	118	1.97	88300	2720	24.3	4.25	2910	270
	650×300	*646	299	12	18	18	183.6	144	2.43	131000	8030	26.7	6.61	4080	537
		*650	300	13	20	18	202.1	159	2.44	146000	9010	26.9	6.67	4500	601
		*654	301	14	22	18	220.6	173	2.45	161000	10000	27.4	6.81	4930	666
	700×300	*692	300	13	20	18	207.5	163	2.53	168000	9020	28.5	6.59	4870	601
		700	300	13	24	18	231.5	182	2.54	197000	10800	29.2	6.83	5640	721
薄壁H型钢HT	100×50	95	48	3.2	4.5	8	7.620	5.98	0.362	115	8.39	3.88	1.04	24.2	3.49
		97	49	4	5.5	8	9.370	7.36	0.368	143	10.9	3.91	1.07	29.6	4.45
	100×100	96	99	4.5	6	8	16.20	12.7	0.565	272	97.2	4.09	2.44	56.7	19.6
	125×60	118	58	3.2	4.5	8	9.250	7.26	0.448	218	14.7	4.85	1.26	37.0	5.08
		120	59	4	5.5	8	11.39	8.94	0.454	271	19.0	4.87	1.29	45.2	6.43
	125×125	119	123	4.5	6	8	20.12	15.8	0.707	532	186	5.14	3.04	89.5	30.3
	150×75	145	73	3.2	4.5	8	11.47	9.00	0.562	416	29.3	6.01	1.59	57.3	8.02
		147	74	4	5.5	8	14.12	11.1	0.568	516	37.3	6.04	1.62	70.2	10.1
	150×100	139	97	3.2	4.5	8	13.43	10.6	0.646	476	68.6	5.94	2.25	68.4	14.1
		142	99	4.5	6	8	18.27	14.3	0.657	654	97.2	5.98	2.30	92.1	19.6
	150×150	144	148	5	7	8	27.76	21.8	0.856	1090	378	6.25	3.69	151	51.1
		147	149	6	8.5	8	33.67	26.4	0.864	1350	469	6.32	3.73	183	63.0
	175×90	168	88	3.2	4.5	8	13.55	10.6	0.668	670	51.2	7.02	1.94	79.7	11.6
		171	89	4	6	8	17.58	13.8	0.676	894	70.7	7.13	2.00	105	15.9
	175×175	167	173	5	7	13	33.32	26.2	0.994	1780	605	7.30	4.26	213	69.9
		172	175	6.5	9.5	13	44.64	35.0	1.01	2470	850	7.43	4.36	287	97.1
	175×90	168	88	3.2	4.5	8	13.55	10.6	0.668	670	51.2	7.02	1.94	79.7	11.6
		171	89	4	6	8	17.58	13.8	0.676	894	70.7	7.13	2.00	105	15.9
	175×175	167	173	5	7	13	33.32	26.2	0.994	1780	605	7.30	4.26	213	69.9
		172	175	6.5	9.5	13	44.64	35.0	1.01	2470	850	7.43	4.36	287	97.1
	200×100	193	98	3.2	4.5	8	15.25	12.0	0.758	994	70.7	8.07	2.15	103	14.4
		196	99	4	6	8	19.78	15.5	0.766	1320	97.2	8.18	2.21	135	19.6
	200×150	188	149	4.5	6	8	26.34	20.7	0.949	1730	331	8.09	3.54	184	44.4
	200×200	192	198	6	8	13	43.69	34.3	1.14	3060	1040	8.37	4.86	319	105
	250×125	244	124	4.5	6	8	25.86	20.3	0.961	2650	191	10.1	2.71	217	30.8
	250×175	238	173	4.5	8	13	39.12	30.7	1.14	4240	691	10.4	4.20	356	79.9
	300×150	294	148	4.5	6	13	31.90	25.0	1.15	4800	325	12.3	3.19	327	43.9
	300×200	286	198	6	8	13	49.33	38.7	1.33	7360	1040	12.2	4.58	515	105
	350×175	340	173	4.5	6	13	36.97	29.0	1.34	7490	518	14.2	3.74	441	59.9
	400×150	390	148	6	8	13	47.57	37.3	1.34	11700	434	15.7	3.01	602	58.6
	400×200	390	198	6	8	13	55.57	43.6	1.54	14700	1040	16.2	4.31	752	105

注：1. 表中同一型号的产品，其内侧尺寸高度一致。

2. 表中截面面积计算公式为：$t_1(H-2t_2)+2Bt_2+0.858r^2$。

3. 表中“*”表示的规格为市场非常用规格。

表 2-1-77 热轧剖分 T 型钢

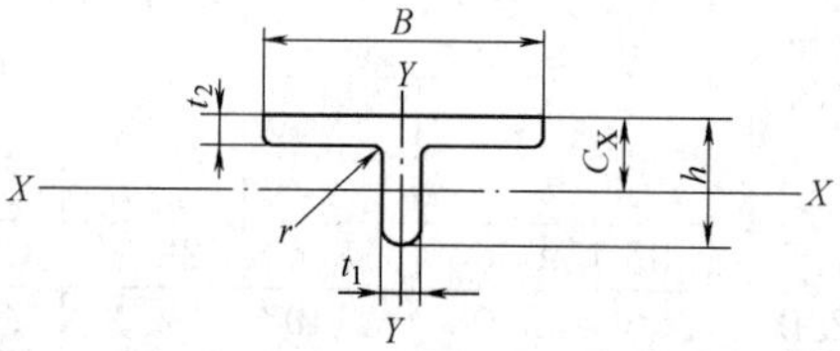

标记示例：

T 200×400×13×21

- 21 — 翼缘厚度 t_2
- 13 — 腹板厚度 t_1
- 400 — 宽度 B
- 200 — 高度 h

类别	型号（高度×宽度）/mm×mm	截面尺寸/mm					截面面积 /cm^2	理论质量 /kg·m^{-1}	表面积 /m^2·m^{-1}	惯性矩 /cm^4		惯性半径 /cm		截面模量 /cm^3		重心 C_X /cm	对应 H 型钢系列型号
		h	B	t_1	t_2	r				I_x	I_y	i_x	i_y	W_x	W_y		
宽翼缘T型钢TW	50×100	50	100	6	8	8	10.79	8.47	0.293	16.1	66.8	1.22	2.48	4.02	13.4	1.00	100×100
	62.5×125	62.5	125	6.5	9	8	15.00	11.8	0.368	35.0	147	1.52	3.12	6.91	23.5	1.19	125×125
	75×150	75	150	7	10	8	19.82	15.6	0.443	66.4	282	1.82	3.76	10.8	37.5	1.37	150×150
	87.5×175	87.5	175	7.5	11	13	25.71	20.2	0.514	115	492	2.11	4.37	15.9	56.2	1.55	175×175
	100×200	100	200	8	12	13	31.76	24.9	0.589	184	801	2.40	5.02	22.3	80.1	1.73	200×200
		100	204	12	12	13	35.76	28.1	0.597	256	851	2.67	4.87	32.4	83.4	2.09	
	125×250	125	250	9	14	13	45.71	35.9	0.739	412	1820	3.00	6.31	39.5	146	2.08	250×250
		125	255	14	14	13	51.96	40.8	0.749	589	1940	3.36	6.10	59.4	152	2.58	
	150×300	147	302	12	12	13	53.16	41.7	0.887	857	2760	4.01	7.20	72.3	183	2.85	300×300
		150	300	10	15	13	59.22	46.5	0.889	798	3380	3.67	7.55	63.7	225	2.47	
		150	305	15	15	13	66.72	52.4	0.899	1110	3550	4.07	7.29	92.5	233	3.04	
	175×350	172	348	10	16	13	72.00	56.5	1.03	1230	5620	4.13	8.83	84.7	323	2.67	350×350
		175	350	12	19	13	85.94	67.5	1.04	1520	6790	4.20	8.88	104	388	2.87	
	200×400	194	402	15	15	22	89.22	70.0	1.17	2480	8130	5.27	9.54	158	404	3.70	400×400
		197	398	11	18	22	93.40	73.3	1.17	2050	9460	4.67	10.1	123	475	3.01	
		200	400	13	21	22	109.3	85.8	1.18	2480	11200	4.75	10.1	147	560	3.21	
		200	408	21	21	22	125.3	98.4	1.2	3650	11900	5.39	9.74	229	584	4.07	
		207	405	18	28	22	147.7	116	1.21	3620	15500	4.95	10.2	213	766	3.68	
		214	407	20	35	22	180.3	142	1.22	4380	19700	4.92	10.4	250	967	3.90	
中翼缘T型钢TM	75×100	74	100	6	9	8	13.17	10.3	0.341	51.7	75.2	1.98	2.38	8.84	15.0	1.56	150×100
	100×150	97	150	6	9	8	19.05	15.0	0.487	124	253	2.55	3.64	15.8	33.8	1.80	200×150
	125×175	122	175	7	11	13	27.74	21.8	0.583	288	492	3.22	4.21	29.1	56.2	2.28	250×175
	150×200	147	200	8	12	13	35.52	27.9	0.683	571	801	4.00	4.74	48.2	80.1	2.85	300×200
		149	201	9	14	13	41.01	32.2	0.689	661	949	4.01	4.80	55.2	94.4	2.92	
	175×250	170	250	9	14	13	49.76	39.1	0.829	1020	1820	4.51	6.05	73.2	146	3.11	350×250
	200×300	195	300	10	16	13	66.62	52.3	0.979	1730	3600	5.09	7.35	108	240	3.43	400×300
	225×300	220	300	11	18	13	76.94	60.4	1.03	2680	4050	5.89	7.25	150	270	4.09	450×300
	250×300	241	300	11	15	13	70.58	55.4	1.07	3400	3380	6.93	6.91	178	225	5.00	500×300
		244	300	11	18	13	79.58	62.5	1.08	3610	4050	6.73	7.13	184	270	4.72	
	275×300	272	300	11	15	13	73.99	58.1	1.13	4790	3380	8.04	6.75	225	225	5.96	550×300
		275	300	11	18	13	82.99	65.2	1.14	5090	4050	7.82	6.98	232	270	5.59	
	300×300	291	300	12	17	13	84.60	66.4	1.17	6320	3830	8.64	6.72	280	255	6.51	600×300
		294	300	12	20	13	93.60	73.5	1.18	6680	4500	8.44	6.93	288	300	6.17	
		297	302	14	23	13	108.5	85.2	1.19	7890	5290	8.52	6.97	339	350	6.41	

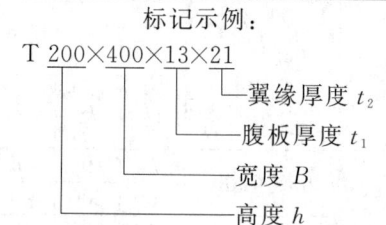

类别	型号（高度×宽度）/mm×mm	截面尺寸/mm					截面面积/cm²	理论质量/kg·m⁻¹	表面积/m²·m⁻¹	惯性矩/cm⁴		惯性半径/cm		截面模量/cm³		重心 C_X/cm	对应H型钢系列型号
		h	B	t_1	t_2	r				I_x	I_y	i_x	i_y	W_x	W_y		
窄翼缘T型钢TN	50×50	50	50	5	7	8	5.920	4.65	0.193	11.8	7.39	1.41	1.11	3.18	2.950	1.28	100×650
	62.5×60	62.5	60	6	8	8	8.340	6.55	0.238	27.5	14.6	1.81	1.32	5.96	4.85	1.64	125×60
	75×75	75	75	5	7	8	8.920	7.00	0.293	42.6	24.7	2.18	1.66	7.46	6.59	1.79	150×75
	87.5×90	85.5	89	4	6	8	8.790	6.90	0.342	53.7	35.3	2.47	2.00	8.02	7.94	1.86	175×90
		87.5	90	5	8	8	11.44	8.98	0.348	70.6	48.7	2.48	2.06	10.4	10.8	1.93	
	100×100	99	99	4.5	7	8	11.34	8.90	0.389	93.5	56.7	2.87	2.23	12.1	11.5	2.17	200×100
		100	100	5.5	8	8	13.33	10.5	0.393	114	66.9	2.92	2.23	14.8	13.4	2.31	
	125×125	124	124	5	8	8	15.99	12.6	0.489	207	127	3.59	2.82	21.3	20.5	2.66	250×125
		125	125	6	9	8	18.48	14.5	0.493	248	147	3.66	2.81	25.6	23.5	2.81	
	150×150	149	149	5.5	8	13	20.40	16.0	0.585	393	221	4.39	3.29	33.8	29.7	3.26	300×150
		150	150	6.5	9	13	23.39	18.4	0.589	464	254	4.45	3.29	40.0	33.8	3.41	
	175×175	173	174	6	9	13	26.22	20.6	0.683	679	396	5.08	3.88	50.0	45.5	3.72	350×175
		175	175	7	11	13	31.45	24.7	0.689	814	492	5.08	3.95	59.3	56.2	3.76	
	200×200	198	199	7	11	13	35.70	28.0	0.783	1190	723	5.77	4.50	76.4	72.7	4.20	400×200
		200	200	8	13	13	41.68	32.7	0.789	1390	868	5.78	4.56	88.6	86.8	4.26	
	225×200	223	199	8	12	13	41.48	32.6	0.833	1870	789	6.71	4.36	109	79.3	5.15	450×200
		225	200	9	14	13	47.71	37.5	0.839	2150	935	6.71	4.42	124	93.5	5.19	
	250×200	248	199	9	14	13	49.64	39.0	0.883	2820	921	7.54	4.30	150	92.6	5.97	500×200
		250	200	10	16	13	56.12	44.1	0.889	3200	1070	7.54	4.36	169	107	6.03	
		253	201	11	19	13	64.65	50.8	0.897	3660	1290	7.52	4.46	189	128	6.00	
	275×200	273	199	9	14	13	51.89	40.7	0.933	3690	921	8.43	4.21	180	92.6	6.85	550×200
		275	200	10	16	13	58.62	46.0	0.939	4180	1070	8.44	4.27	203	107	6.89	
	300×200	298	199	10	15	13	58.87	46.2	0.983	5150	988	9.35	4.09	235	99.3	7.92	600×200
		300	200	11	17	13	65.85	51.7	0.989	5770	1140	9.35	4.15	262	114	7.95	
		303	201	12	20	13	74.88	58.8	0.997	6530	1360	9.33	4.25	291	135	7.88	
	325×300	323	299	12	18	18	91.81	72.1	1.23	8570	4020	9.66	6.61	344	269	7.36	650×300
		325	300	13	20	18	101.0	79.3	1.23	9430	4510	9.66	6.67	376	300	7.40	
		327	301	14	22	18	110.3	86.59	1.24	10300	5010	9.66	6.73	408	333	7.45	
	350×300	346	300	13	20	18	103.8	81.5	1.28	11300	4510	10.4	6.59	424	301	8.09	700×300
		350	300	13	24	18	115.8	90.9	1.28	12000	5410	10.2	6.83	438	361	7.63	
	400×300	396	300	14	22	18	119.8	94.0	1.38	17600	4960	12.1	6.43	592	331	9.78	800×300
		400	300	14	26	18	131.8	103	1.38	18700	5860	11.9	6.66	610	391	9.27	
	450×300	445	299	15	23	18	133.5	105	1.47	25900	5140	13.9	6.20	789	344	11.7	900×300
		450	300	16	28	18	152.9	120	1.48	29100	6320	13.8	6.42	865	421	11.4	
		456	302	18	34	18	180.0	141	1.50	34100	7830	13.8	6.59	997	518	11.3	

1.5.9.2 热轧H型钢和剖分T型钢的常用材料

热轧H型钢和剖分T型钢材料牌号及力学性能应符合GB/T 700、GB/T 712、GB/T 714、GB/T 1591、GB/T 4171、GB/T 19879的有关规定。

表 2-1-78　H 型钢和 T 型钢常用高耐候结构钢牌号及力学性能

牌　号	交货状态	厚度/mm	R_{eL}/MPa ≥	R_m/MPa ≥	A/% ≥	180° 弯曲试验
Q295GNH	热轧	≤6	295	430～560	24	$d=a$
		>6				$d=2a$
Q355GNH		≤6	355	490～630	22	$d=a$
		>6				$d=2a$
Q265GNH	冷轧	≤6	265	≥410	27	$d=a$
		>6				
Q310GNH		≤6	310	≥450	26	$d=a$
		>6				

注：d 为弯芯直径；a 为钢材厚度。

表 2-1-79　H 型钢和 T 型钢常用焊接结构用耐候钢牌号及力学性能

牌　号	钢材厚度/mm	R_{eL}/MPa ≥	R_m/MPa ≥	A/% ≥	180° 弯曲试验	V 形缺口冲击试验			
						试样方向	质量等级	温度/℃	冲击吸收能量 KV_2/J ≥
Q235NH	≤6	235	360～510	25	$d=a$	纵向	C	0	34
	>16～40	225			$d=2a$		D	−20	34
	>40～60	215		24			E	−40	27
Q295NH	≤6	295	430～560				C	0	34
	>16～40	285			$d=3a$		D	−20	34
	>40～60	275		23			E	−40	27
Q355NH	≤6	355	490～630	22	$d=2a$		C	0	34
	>16～40	345			$d=3a$		D	−20	34
	>40～60	335		21			E	−40	27
Q460NH	≤6	460	570～730	20	$d=2a$		C	0	34
	>16～40	450			$d=3a$		D	−20	34
	>40～60	440		19			E	−40	27

注：d 为弯芯直径；a 为钢材厚度。

1.5.10　通用冷弯开口型钢（摘自 GB/T 6723—2017）

1.5.10.1　冷弯等边角钢

表 2-1-80　冷弯等边角钢

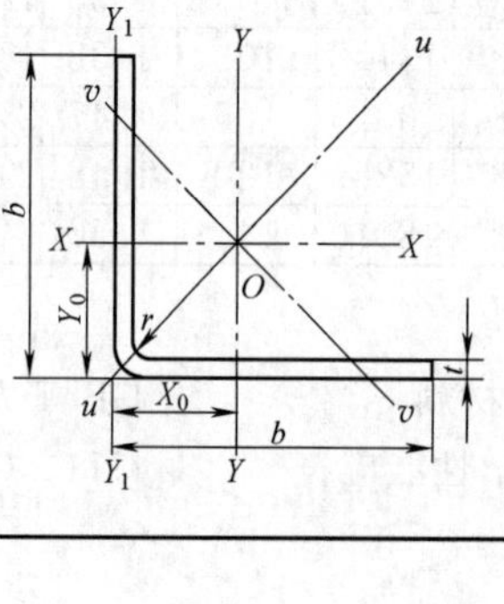

续表

规格	尺寸/mm		理论质量/kg·m^{-1}	截面面积/cm^2	重心 Y_0/cm	惯性矩/cm^4			回转半径/cm			截面模量/cm^3	
$b \times b \times t$	b	t				$I_x=I_y$	I_u	I_v	$r_x=r_y$	r_u	r_v	$W_{ymax}=W_{xmax}$	$W_{ymin}=W_{xmin}$
20×20×1.2	20	1.2	0.354	0.451	0.559	0.179	0.292	0.066	0.630	0.804	0.385	0.321	0.124
20×20×2.0		2.0	0.566	0.721	0.599	0.278	0.457	0.099	0.621	0.796	0.371	0.464	0.198
30×30×1.6	30	1.6	0.714	0.909	0.829	0.817	1.328	0.307	0.948	1.208	0.581	0.986	0.376
30×30×2.0		2.0	0.880	1.121	0.849	0.998	1.626	0.369	0.943	1.204	0.573	1.175	0.464
30×30×3.0		3.0	1.274	1.623	0.898	1.409	2.316	0.503	0.931	1.194	0.556	1.568	0.671
40×40×1.6	40	1.6	0.965	1.229	1.079	1.985	3.213	0.758	1.270	1.616	0.785	1.839	0.679
40×40×2.0		2.0	1.194	1.521	1.099	2.438	3.956	0.919	1.265	1.612	0.777	2.218	0.840
40×40×2.5		2.5	1.47	1.87	1.132	2.96	4.85	1.07	1.26	1.61	0.76	2.62	1.03
40×40×3.0		3.0	1.745	2.223	1.148	3.496	5.710	1.282	1.253	1.602	0.759	3.043	1.226
50×50×2.0	50	2.0	1.508	1.921	1.349	4.848	7.845	1.850	1.588	2.020	0.981	3.593	1.327
50×50×2.5		2.5	1.86	2.37	1.381	5.93	9.65	2.20	1.58	2.02	0.96	4.29	1.64
50×50×3.0		3.0	2.216	2.823	1.398	7.015	11.414	2.616	1.576	2.010	0.962	5.015	1.948
50×50×4.0		4.0	2.894	3.686	1.448	9.022	14.755	3.290	1.564	2.000	0.944	6.229	2.540
60×60×2.0	60	2.0	1.822	2.321	1.599	8.478	13.694	3.262	1.910	2.428	1.185	5.302	1.926
60×60×2.5		2.5	2.25	2.87	1.630	10.41	16.90	3.91	1.90	2.43	1.17	6.38	2.38
60×60×3.0		3.0	2.687	3.423	1.648	12.342	20.028	4.657	1.898	2.418	1.166	7.486	2.836
60×60×4.0		4.0	3.522	4.486	1.698	15.970	26.030	5.911	1.886	2.408	1.147	9.403	3.712
70×70×3.0	70	3.0	3.158	4.023	1.898	19.853	32.152	7.553	2.221	2.826	1.370	10.456	3.891
70×70×4.0		4.0	4.150	5.286	1.948	25.799	41.944	9.654	2.209	2.816	1.351	13.242	5.107
75×75×2.5	75	2.5	2.84	3.62	2.005	20.65	33.43	7.87	2.39	3.04	1.48	10.30	3.76
75×75×3.0		3.0	3.39	4.31	2.031	24.47	39.70	9.23	2.38	3.03	1.46	12.05	4.47
80×80×4.0	80	4.0	4.778	6.086	2.198	39.009	63.299	14.719	2.531	3.224	1.555	17.745	6.723
80×80×5.0		5.0	5.895	7.510	2.247	47.677	77.622	17.731	2.519	3.214	1.536	21.209	8.288
100×100×4.0	100	4.0	6.034	7.686	2.698	77.571	125.528	29.613	3.176	4.041	1.962	28.749	10.623
100×100×5.0		5.0	7.465	9.510	2.747	95.237	154.539	35.335	3.164	4.031	1.943	34.659	13.132
150×150×6.0	150	6.0	13.458	17.254	4.062	391.442	635.468	147.415	4.763	6.069	2.923	96.367	35.787
150×150×8.0		8.0	17.685	22.673	4.169	508.593	830.207	186.979	4.736	6.051	2.872	121.994	46.957
150×150×10		10	21.783	27.927	4.277	619.211	1016.638	221.785	4.709	6.034	2.818	144.777	57.746
200×200×6.0	200	6.0	18.138	23.254	5.310	945.753	1529.328	362.177	6.377	8.110	3.947	178.108	64.381
200×200×8.0		8.0	23.925	30.673	5.416	1237.149	2008.393	465.905	6.351	8.091	3.897	228.425	84.829
200×200×10		10	29.583	37.927	5.522	1516.787	2472.471	561.104	6.324	8.074	3.846	274.681	104.765
250×250×8.0	250	8.0	30.164	38.672	6.664	2453.559	3970.580	936.538	7.965	10.133	4.921	368.181	133.811
250×250×10		10	37.383	47.927	6.770	3020.384	4903.304	1137.464	7.939	10.114	4.872	446.142	165.682
250×250×12		12	44.472	57.015	6.876	3568.836	5812.612	1325.061	7.912	10.097	4.821	519.028	196.912
300×300×10	300	10	45.183	57.927	8.018	5286.252	8559.138	2013.367	9.553	12.155	5.896	659.298	240.481
300×300×12		12	53.832	69.015	8.124	6263.069	10167.49	2358.645	9.526	12.138	5.846	770.934	286.299
300×300×14		14	62.022	79.516	8.277	7182.256	11740.00	2624.502	9.504	12.150	5.745	867.737	330.629
300×300×16		16	70.312	90.144	8.392	8095.516	13279.70	2911.336	9.477	12.137	5.683	964.671	374.654

1.5.10.2 冷弯不等边角钢

表 2-1-81 冷弯不等边角钢

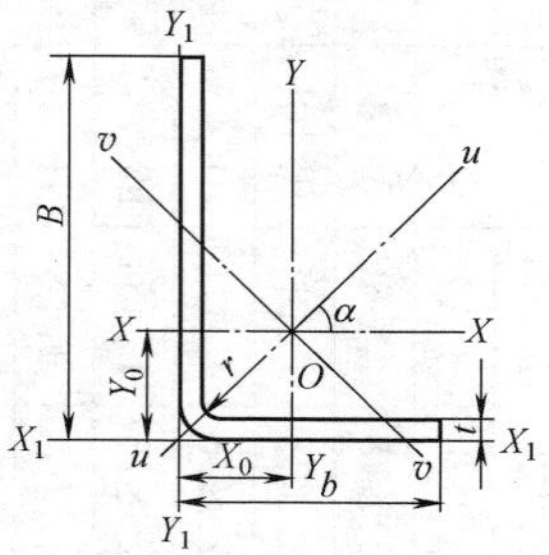

规格	尺寸/mm			理论质量/kg·m^{-1}	截面面积/cm^2	重心/cm		惯性矩/cm^4				回转半径/cm				截面模量/cm^3			
$B\times b\times t$	B	b	t			Y_0	X_0	I_x	I_y	I_u	I_v	r_x	r_y	r_u	r_v	W_{xmax}	W_{xmin}	W_{ymax}	W_{ymin}
30×20×2.0	30	20	2.0	0.723	0.921	1.011	0.490	0.860	0.318	1.014	0.164	0.966	0.587	1.049	0.421	0.850	0.432	0.648	0.210
30×20×3.0			3.0	1.039	1.323	1.068	0.536	1.201	0.441	1.421	0.220	0.952	0.577	1.036	0.408	1.123	0.621	0.823	0.301
50×30×2.5	50	30	2.5	1.473	1.877	1.706	0.674	4.962	1.419	5.597	0.783	1.625	0.869	1.726	0.645	2.907	1.506	2.103	0.610
50×30×4.0			4.0	2.266	2.886	1.794	0.741	7.419	2.104	8.395	1.128	1.603	0.853	1.705	0.625	4.134	2.314	2.838	0.931
60×40×2.5	60	40	2.5	1.866	2.377	1.939	0.913	9.078	3.376	10.665	1.790	1.954	1.191	2.117	0.867	4.682	2.235	3.694	1.094
60×40×4.0			4.0	2.894	3.686	2.023	0.981	13.774	5.091	16.239	2.625	1.932	1.175	2.098	0.843	6.807	3.463	5.184	1.686
70×40×3.0	70	40	3.0	2.452	3.123	2.402	0.861	16.301	4.142	18.092	2.351	2.284	1.151	2.406	0.867	6.785	3.545	4.810	1.319
70×40×4.0			4.0	3.208	4.086	2.461	0.905	21.038	5.317	23.381	2.973	2.268	1.140	2.391	0.853	8.546	4.635	5.872	1.718
80×50×3.0	80	50	3.0	2.923	3.723	2.631	1.096	25.450	8.086	29.092	4.444	2.614	1.473	2.795	1.092	9.670	4.740	7.371	2.071
80×50×4.0			4.0	3.836	4.886	2.688	1.141	33.025	10.449	37.810	5.664	2.599	1.462	2.781	1.076	12.281	6.218	9.151	2.708
100×60×3.0	100	60	3.0	3.629	4.623	3.297	1.259	49.787	14.347	56.038	8.096	3.281	1.761	3.481	1.323	15.100	7.427	11.389	3.026
100×60×4.0			4.0	4.778	6.086	3.354	1.304	64.939	18.640	73.177	10.402	3.266	1.749	3.467	1.307	19.356	9.772	14.289	3.969
100×60×5.0			5.0	5.895	7.510	3.412	1.349	79.395	22.707	89.566	12.536	3.251	1.738	3.453	1.291	23.263	12.053	16.830	4.882
150×120×6.0	150	120	6.0	12.054	15.454	4.500	2.962	362.949	211.071	475.645	98.375	4.846	3.696	5.548	2.532	80.655	34.567	71.260	23.354
150×120×8.0			8.0	15.813	20.273	4.615	3.064	470.343	273.077	619.416	124.003	4.817	3.670	5.528	2.473	101.916	45.291	89.124	30.559
150×120×10			10	19.443	24.927	4.732	3.167	571.010	331.066	755.971	146.105	4.786	3.644	5.507	2.421	120.670	55.611	104.536	37.481
200×160×8.0	200	160	8.0	21.429	27.473	6.000	3.950	1147.099	667.089	1503.275	310.914	6.462	4.928	7.397	3.364	191.183	81.936	168.883	55.360
200×160×10			10	24.463	33.927	6.115	4.051	1403.661	815.267	1846.212	372.716	6.432	4.902	7.377	3.314	229.544	101.092	201.251	68.229
200×160×12			12	31.368	40.215	6.231	4.154	1648.244	956.261	2176.288	428.217	6.402	4.876	7.356	3.263	264.523	119.707	230.202	80.724
250×220×10	250	220	10	35.043	44.927	7.188	5.652	2894.335	2122.346	4102.990	913.691	8.026	6.873	9.556	4.510	402.662	162.494	375.504	129.823
250×220×12			12	41.664	53.415	7.299	5.756	3417.040	2504.222	4859.116	1062.097	7.998	6.847	9.538	4.459	468.151	193.042	435.063	154.163
250×220×14			14	47.826	61.316	7.466	5.904	3895.841	2856.311	5590.119	1162.033	7.971	6.825	9.548	4.353	521.811	222.188	483.793	177.455
300×260×12	300	260	12	50.088	64.215	8.686	6.638	5970.485	4218.566	8347.648	1814.403	9.642	8.105	11.402	5.355	687.369	280.120	635.517	217.879
300×260×14			14	57.654	73.916	8.851	6.782	6835.520	4831.275	9625.709	2041.085	9.616	8.085	11.412	5.255	772.288	323.208	712.367	251.393
300×260×16			16	65.320	83.744	8.972	6.894	7697.062	5438.329	10876.951	2258.440	9.587	8.059	11.397	5.193	857.898	366.039	788.850	284.640

1.5.10.3　冷弯等边槽钢

表 2-1-82　冷弯等边槽钢

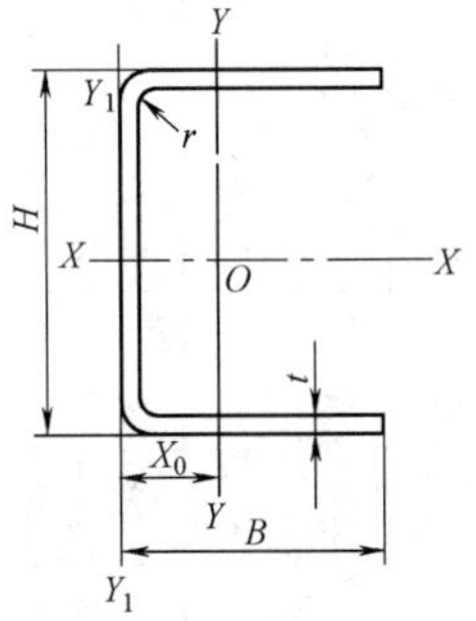

规格	尺寸/mm			理论质量	截面面积	重心 X_0	惯性矩/cm^4		回转半径/cm		截面模数/cm^3		
$H\times B\times t$	H	B	t	$/kg\cdot m^{-1}$	$/cm^2$	/cm	I_x	I_y	r_x	r_y	W_x	W_{ymax}	W_{ymin}
20×10×1.5	20	10	1.5	0.401	0.511	0.324	0.281	0.047	0.741	0.305	0.281	0.146	0.070
20×10×2.0			2.0	0.505	0.643	0.349	0.330	0.058	0.716	0.300	0.330	0.165	0.089
50×30×2.0	50	30	2.0	1.604	2.043	0.922	8.093	1.872	1.990	0.957	3.237	2.029	0.901
50×30×3.0			3.0	2.314	2.947	0.975	11.119	2.632	1.942	0.994	4.447	2.699	1.299
50×50×3.0		50	3.0	3.256	4.147	1.850	17.755	10.834	2.069	1.616	7.102	5.855	3.440
60×30×2.5	60	30	2.5	2.15	2.74	0.883	14.38	2.40	2.31	0.94	4.89	2.71	1.13
80×40×2.5	80	40	2.5	2.94	3.74	1.132	36.70	5.92	3.13	1.26	9.18	5.23	2.06
80×40×3.0			3.0	3.48	4.34	1.159	42.66	6.93	3.10	1.25	10.67	5.98	2.44
100×40×2.5	100	40	2.5	3.33	4.24	1.013	62.07	6.37	3.83	1.23	12.41	6.29	2.13
100×40×3.0			3.0	3.95	5.03	1.039	72.44	7.47	3.80	1.22	14.49	7.19	2.52
100×50×3.0	100	50	3.0	4.433	5.647	1.398	87.275	14.030	3.931	1.576	17.455	10.031	3.896
100×50×4.0			4.0	5.788	7.373	1.448	111.051	18.045	3.880	1.564	22.210	12.458	5.081
120×40×2.5	120	40	2.5	3.72	4.74	0.919	95.92	6.72	4.50	1.19	15.99	7.32	2.18
120×40×3.0			3.0	4.42	5.63	0.944	112.28	7.90	4.47	1.19	18.71	8.37	2.58
140×50×3.0	140	50	3.0	5.36	6.83	1.187	191.53	15.52	5.30	1.51	27.36	13.08	4.07
140×50×3.5			3.5	6.20	7.89	1.211	218.88	17.79	5.27	1.50	31.27	14.69	4.70
140×60×3.0	140	60	3.0	5.846	7.447	1.527	220.977	25.929	5.447	1.865	31.568	16.970	5.798
140×60×4.0			4.0	7.672	9.773	1.575	284.429	33.601	5.394	1.854	40.632	21.324	7.594
140×60×5.0			5.0	9.436	12.021	1.623	343.066	40.823	5.342	1.842	49.009	25.145	9.327
160×60×3.0	160	60	3.0	6.30	8.03	1.432	300.87	26.90	6.12	1.83	37.61	18.79	5.89
160×60×3.5			3.5	7.20	9.29	1.456	344.94	30.92	6.09	1.82	43.12	21.23	6.81
200×80×4.0	200	80	4.0	10.812	13.773	1.966	821.120	83.686	7.721	2.464	82.112	42.564	13.869
200×80×5.0			5.0	13.361	17.021	2.013	1000.710	102.441	7.667	2.453	100.071	50.886	17.111
200×80×6.0			6.0	15.849	20.190	2.060	1170.516	120.388	7.614	2.441	117.051	58.436	20.267
250×130×6.0	250	130	6.0	22.703	29.107	3.630	2876.401	497.071	9.941	4.132	230.112	136.934	53.049
250×130×8.0			8.0	29.755	38.147	3.739	3687.729	642.760	9.832	4.105	295.018	171.907	69.405
300×150×6.0	300	150	6.0	26.915	34.507	4.062	4911.518	782.884	11.930	4.763	327.435	192.734	71.575
300×150×8.0			8.0	35.371	45.347	4.169	6337.148	1017.186	11.822	4.736	422.477	243.988	93.914
300×150×10			10	43.566	55.854	4.277	7660.498	1238.423	11.711	4.708	510.700	289.554	115.492

1.5.10.4 冷弯不等边槽钢

表 2-1-83 冷弯不等边槽钢

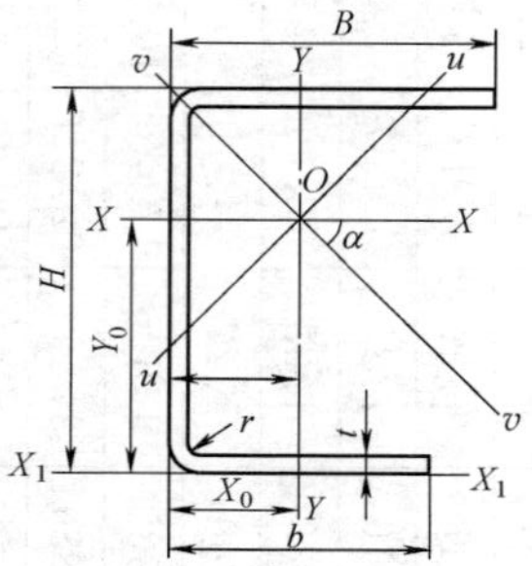

规格	尺寸/mm				理论质量/kg·m⁻¹	截面面积/cm²	重心/cm		惯性矩/cm⁴				回转半径/cm				截面模数/cm³			
$H\times B\times b\times t$	H	B	b	t			X_0	Y_0	I_x	I_y	I_u	I_v	r_x	r_y	r_u	r_v	W_{xmax}	W_{xmin}	W_{ymax}	W_{ymin}
50×32×20×2.5	50	32	20	2.5	1.840	2.344	0.817	2.803	8.536	1.853	8.769	1.619	1.908	0.889	1.934	0.831	3.887	3.044	2.266	0.777
50×32×20×3.0				3.0	2.169	2.764	0.842	2.806	9.804	2.155	10.083	1.876	1.883	0.883	1.909	0.823	4.468	3.494	2.559	0.914
80×40×20×2.5	80	40	20	2.5	2.586	3.294	0.828	4.588	28.922	3.775	29.607	3.090	2.962	1.070	2.997	0.968	8.476	6.303	4.555	1.190
80×40×20×3.0				3.0	3.064	3.904	0.852	4.591	33.654	4.431	34.473	3.611	2.936	1.065	2.971	0.961	9.874	7.329	5.200	1.407
100×60×30×3.0	100	60	30	3.0	4.242	5.404	1.326	5.807	77.936	14.880	80.845	11.970	3.797	1.659	3.867	1.488	18.590	13.419	11.220	3.183
150×60×50×3.0	150		50		5.890	7.504	1.304	7.793	245.876	21.452	246.257	21.071	5.724	1.690	5.728	1.675	34.120	31.547	16.440	4.569
200×70×60×4.0	200	70	60	4.0	9.832	12.605	1.469	10.311	706.995	47.735	707.582	47.149	7.489	1.946	7.492	1.934	72.969	68.567	32.495	8.630
200×70×60×5.0				5.0	12.061	15.463	1.527	10.315	848.963	57.959	849.689	57.233	7.410	1.936	7.413	1.924	87.658	82.304	37.956	10.590
250×80×70×5.0	250	80	70	5.0	14.791	18.963	1.647	12.823	1616.200	92.101	1617.030	91.271	9.232	2.204	9.234	2.194	132.726	126.039	55.920	14.497
250×80×70×6.0				6.0	17.555	22.507	1.696	12.825	1891.478	108.125	1892.465	107.139	9.167	2.192	9.170	2.182	155.358	147.484	63.753	17.152
300×90×80×6.0	300	90	80	6.0	20.831	26.707	1.822	15.330	3222.869	161.726	3223.981	160.613	10.985	2.461	10.987	2.452	219.691	210.233	88.763	22.531
300×90×80×8.0				8.0	27.259	34.947	1.918	15.334	4115.825	207.555	4117.270	206.110	10.852	2.437	10.854	2.429	280.637	268.412	108.214	29.307
350×100×90×6.0	350	100	90	6.0	24.107	30.907	1.953	17.834	5064.502	230.463	5065.739	229.226	12.801	2.731	12.802	2.723	295.031	283.980	118.005	28.640
350×100×90×8.0				8.0	31.627	40.547	2.048	17.837	6506.423	297.082	6508.041	295.464	12.668	2.707	12.669	2.699	379.096	364.771	145.060	37.359

1.5.10.5 冷弯内卷边槽钢

表 2-1-84 冷弯内卷边槽钢

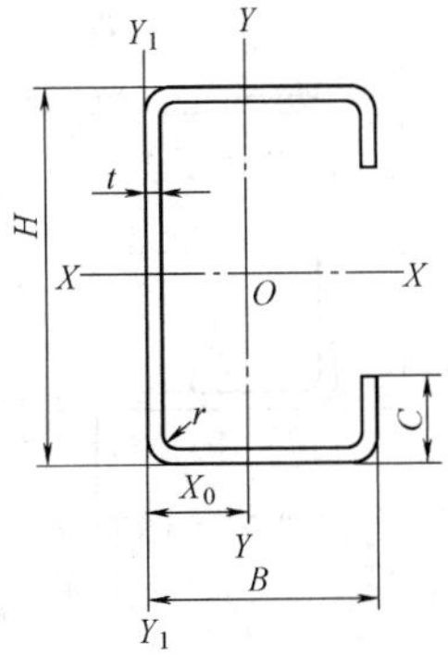

规格	尺寸/mm				理论质量/kg·m⁻¹	截面面积/cm²	重心/cm	惯性矩/cm⁴		回转半径/cm		截面模数/cm³		
$H\times B\times C\times t$	H	B	C	t			X_0	I_x	I_y	r_x	r_y	W_x	W_{ymax}	W_{ymin}
60×30×10×2.5	60	30	10	2.5	2.363	3.010	1.043	16.009	3.353	2.306	1.055	5.336	3.214	1.713
60×30×10×3.0				3.0	2.743	3.495	1.036	18.077	3.688	2.274	1.027	6.025	3.559	1.878
80×40×15×2.0	80	40	15	2.0	2.72	3.47	1.452	34.16	7.79	3.14	1.50	8.54	5.36	3.06
100×50×15×2.5	100	50	15	2.5	4.11	5.23	1.706	81.34	17.19	3.94	1.81	16.27	10.08	5.22
100×50×20×2.5	100	50	20	2.5	4.325	5.510	1.853	84.932	19.889	3.925	1.899	16.986	10.730	6.321
100×50×20×3.0				3.0	5.098	6.495	1.848	98.560	22.802	3.895	1.873	19.712	12.333	7.235
120×50×20×2.5	120	50	20	2.5	4.70	5.98	1.706	129.40	20.96	4.56	1.87	21.57	12.28	6.36
120×60×20×3.0	120	60	20	3.0	6.01	7.65	2.106	170.68	37.36	4.72	2.21	28.45	17.74	9.59
140×50×20×2.0	140	50	20	2.0	4.14	5.27	1.590	154.03	18.56	5.41	1.88	22.00	11.68	5.44
140×50×20×2.5	140	50	20	2.5	5.09	6.48	1.580	186.78	22.11	5.39	1.85	26.68	13.96	6.47
140×60×20×2.5	140	60	20	2.5	5.503	7.010	1.974	212.137	34.786	5.500	2.227	30.305	17.615	8.642
140×60×20×3.0				3.0	6.511	8.295	1.969	248.006	40.132	5.467	2.199	35.429	20.379	9.956
160×60×20×2.0	160	60	20	2.0	4.76	6.07	1.850	236.59	29.99	6.24	2.22	29.57	16.19	7.23
160×60×20×2.5				2.5	5.87	7.48	1.850	288.13	35.96	6.21	2.19	36.02	19.47	8.66
160×70×20×3.0	160	70	20	3.0	7.42	9.45	2.224	373.64	60.42	6.29	2.53	46.71	27.17	12.65
180×60×20×3.0	180	60	20	3.0	7.453	9.495	1.739	449.695	43.611	6.881	2.143	49.966	25.073	10.235
180×70×20×3.0		70			7.924	10.095	2.106	496.693	63.712	7.014	2.512	55.188	30.248	13.019
180×70×20×2.0	180	70	20	2.0	5.39	6.87	2.110	343.93	45.18	7.08	2.57	38.21	21.37	9.25
180×70×20×2.5	180	70	20	2.5	6.66	9.48	2.110	420.20	54.42	7.04	2.53	46.69	25.82	11.12
200×60×20×3.0	200	60	20	3.0	7.924	10.095	1.644	578.425	45.041	7.569	2.112	57.842	27.382	10.342
200×70×20×2.0	200	70	20	2.0	5.71	7.27	2.000	440.04	46.71	7.78	2.54	44.00	23.32	9.35
200×70×20×2.5	200	70	20	2.5	7.05	8.98	2.000	538.21	56.27	7.74	2.50	53.82	28.18	11.25
200×70×20×3.0	200	70	20	3.0	8.395	10.695	1.996	636.643	65.883	7.715	2.481	63.664	32.999	13.167
220×75×20×2.0	220	75	20	2.0	6.18	7.87	2.080	574.45	56.88	8.54	2.69	52.22	27.35	10.50
220×75×20×2.5	220	75	20	2.5	7.64	9.73	2.070	703.76	68.66	8.50	2.66	63.98	33.11	12.65
250×40×15×3.0	250	40	15	3.0	7.924	10.095	0.790	773.495	14.809	8.753	1.211	61.879	18.734	4.614
300×40×15×3.0	300	40			9.102	11.595	0.707	1231.616	15.356	10.306	1.150	82.107	21.700	4.664
400×50×15×3.0	400	50			11.928	15.195	0.783	2837.843	28.888	13.666	1.378	141.892	36.879	6.851
450×70×30×6.0	450	70	30	6.0	28.092	36.015	1.421	8796.963	159.703	15.629	2.106	390.976	112.388	28.626
450×70×30×8.0				8.0	36.421	46.693	1.429	11030.645	182.734	15.370	1.978	490.251	127.875	32.801

1.5.10.6 冷弯外卷边槽钢

表 2-1-85　冷弯外卷边槽钢

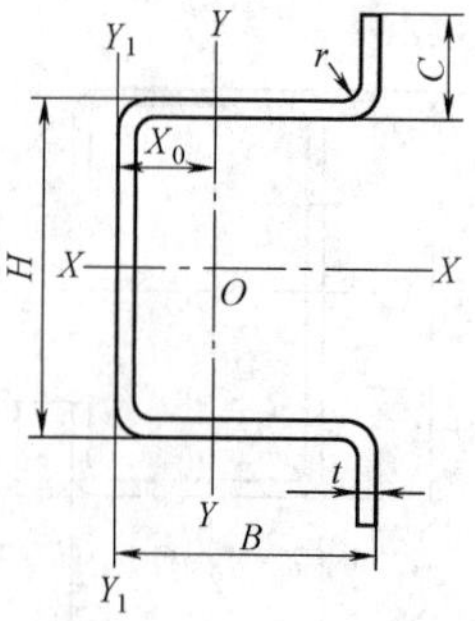

规格	尺寸/mm				理论质量/kg·m⁻¹	截面面积/cm²	重心/cm	惯性矩/cm⁴		回转半径/cm		截面模数/cm³		
$H\times B\times C\times t$	H	B	C	t			X_0	I_x	I_y	r_x	r_y	W_x	W_{ymax}	W_{ymin}
30×30×16×2.5	30	30	16	2.5	2.009	2.560	1.526	6.010	3.126	1.532	1.105	2.109	2.047	2.122
50×20×15×3.0	50	20	15	3.0	2.272	2.895	0.823	13.863	1.539	2.188	0.729	3.746	1.869	1.309
60×25×32×2.5	60	25	32	2.5	3.030	3.860	1.279	42.431	3.959	3.315	1.012	7.131	3.095	3.243
60×25×32×3.0	60	25	32	3.0	3.544	4.515	1.279	49.003	4.438	3.294	0.991	8.305	3.469	3.635
80×40×20×4.0	80	40	20	4.0	5.296	6.746	1.573	79.594	14.537	3.434	1.467	14.213	9.241	5.900
100×30×15×3.0	100	30	15	3.0	3.921	4.995	0.932	77.669	5.575	3.943	1.056	12.527	5.979	2.696

注：1. 表 2-1-85～表 2-1-90 中截面面积和参考数值按内圆弧半径等于壁厚计算。

2. 表 2-1-85～表 2-1-90 中理论质量按密度为 7.85g/cm³ 计算。

3. 表 2-1-85～表 2-1-90 中弯曲角部分的外圆弧半径应符合下列规定。

屈服强度等级	外圆弧半径/mm		
	$t\leqslant4.0$	$4.0<t\leqslant12.0$	$12.0<t\leqslant19.0$
235	$(1.5\sim2.5)t$	$(2.0\sim3.0)t$	$(2.5\sim3.5)t$
345	$(2.0\sim3.0)t$	$(2.5\sim3.5)t$	$(3.0\sim4.0)t$
390、420、460 及以上级别	供需双方协议		

4. 表 2-1-85～表 2-1-90 的型钢长度一般为 4～16m。

1.5.11 轻轨

1.5.11.1 热轧轻轨（摘自 GB/T 11264—2012）

表 2-1-86　热轧轻轨型号、参数

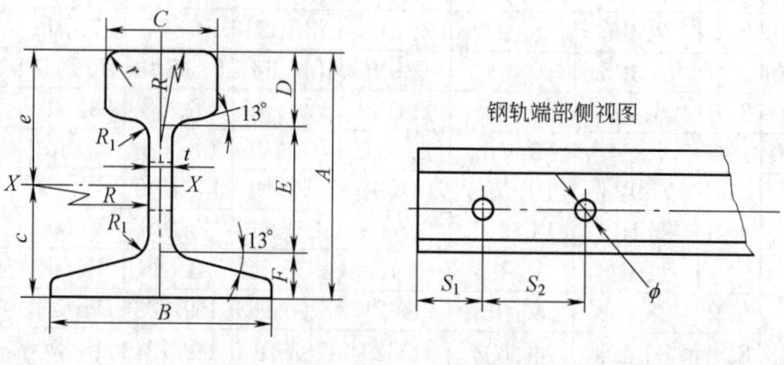

型号/kg·m⁻¹	截面尺寸													截面面积	理论质量	截面特性参数				
	轨高	底宽	头宽	头高	腰高	底高	腰厚	S_1	S_2	ϕ	R	R_1	r	cm^2	kg·m⁻¹	质心位置		惯性矩	截面模量	回转半径
	A	B	C	D	E	F	t									c /cm	e /cm	I /cm^4	W /cm^3	i /cm
	mm																			
9	63.50	63.50	32.10	17.48	35.72	10.30	5.90	50.8	101.6	16	304.8	4.76	6.35	11.39	8.94	3.09	3.26	62.41	19.10	2.33
12	69.85	69.35	38.10	19.85	37.70	12.30	7.54					6.35		15.54	12.20	3.40	3.59	98.82	27.60	2.51
15	79.37	79.37	42.86	22.22	43.65	13.50	8.33			20			7.94	19.33	15.20	3.89	4.05	156.10	38.60	2.83
22	93.66	93.66	50.80	26.99	50.00	16.67	10.72	63.5	127	24				28.39	22.30	4.52	4.85	339.00	69.60	3.45
30	107.95	107.95	60.33	30.95	57.55	19.45	12.30	60.5						38.32	30.10	5.21	5.59	606.00	108.00	3.98

钢类	牌号	型号/kg·m⁻¹	化学成分/%						力学性能	
			C	Si	Mn	P	S	Cu	R_m /MPa	硬度 HBW
碳素钢	50Q	≤12	0.40～0.60	0.15～0.35	≥0.40	≤0.40	≤0.040	≤0.25	≥569	—
	55Q	≤30	0.50～0.60		0.60～0.90	≤0.040			≥685	≥197
低合金钢	45SiMnP	≤12	0.35～0.55	0.50～0.80	0.60～1.00	≤0.12			≥569	—
	50SiMnP	≤30	0.45～0.58						≥685	≥197

注：1. 本标准适用于碳素钢和低合金钢热轧轻轨。

2. 轻轨的长度（单位均为 m）：12，11.5，11，10.5，10，9.5，9，8.5，8，7.5，7，6.5，6，5.5，5。

1.5.11.2 轻轨接头夹板（摘自GB/T 11265—1989）

表 2-1-87 轻轨接头夹板型号、参数

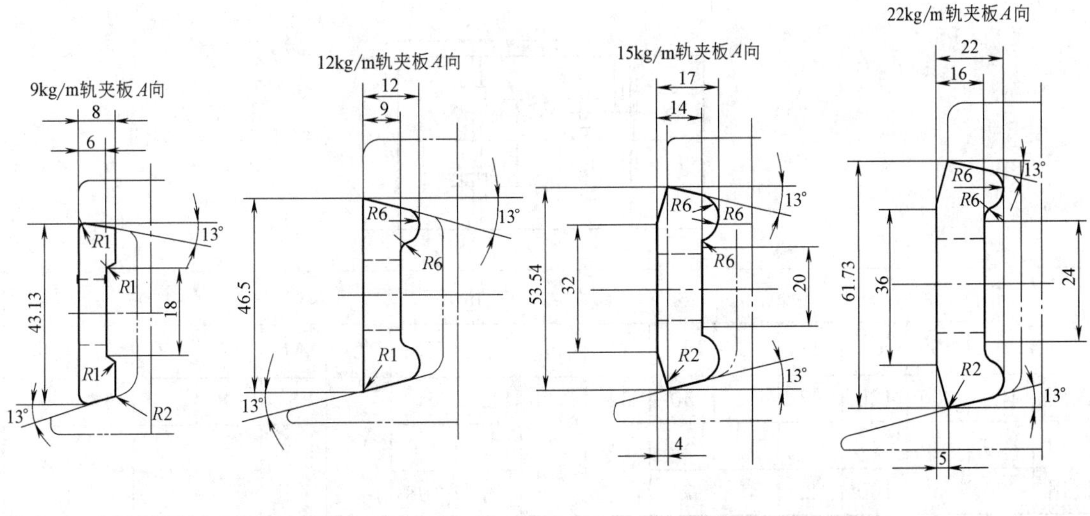

30kg/m轨夹板A向

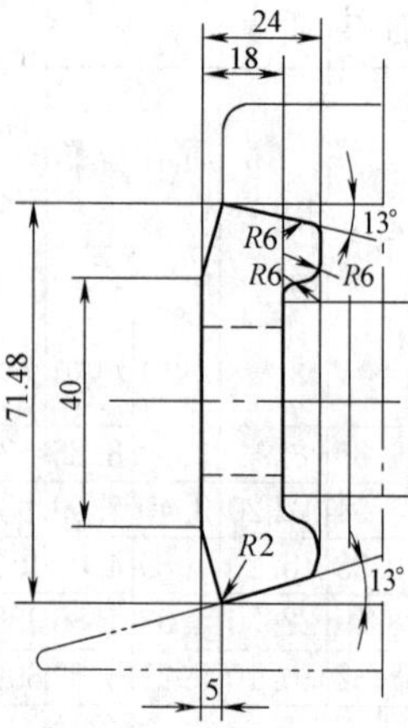

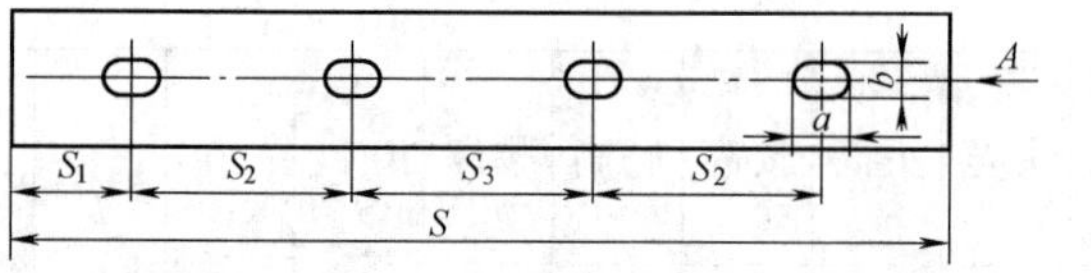

912kg/m、12kg/m钢轨用接头夹板

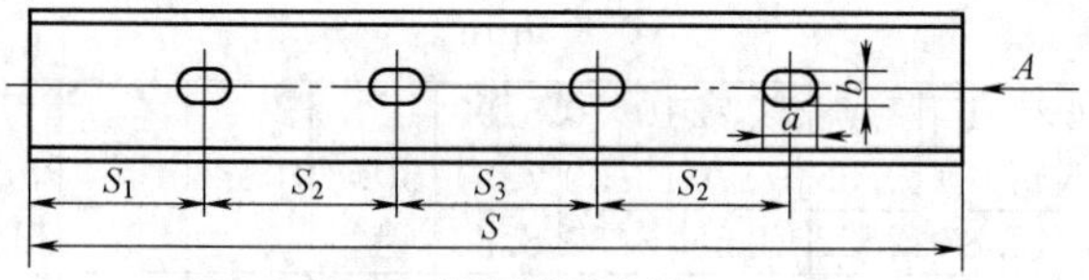

15kg/m、22kg/m、30kg/m钢轨用接头夹板

夹板型号	尺寸/mm						抗拉强度 R_m /MPa	化学成分	理论质量 /kg·块$^{-1}$
	S	S_1	S_2	S_3	a	b			
9kg/m 轨用	385	38	102	105	18	14	375～460	应符合 GB/T 700 中 Q235-A 的规定	0.81
12kg/m 轨用	409	50							1.39
15kg/m 轨用					24	18			2.20
22kg/m 轨用	510	63	127	130	29	22	410～510	应符合 GB/T 700 中 Q255-A 的规定	3.80
30kg/m 轨用	561	90		127					5.54

1.5.11.3 轻轨用垫板（摘自GB/T 11266—1989）

表 2-1-88 轻轨用垫板

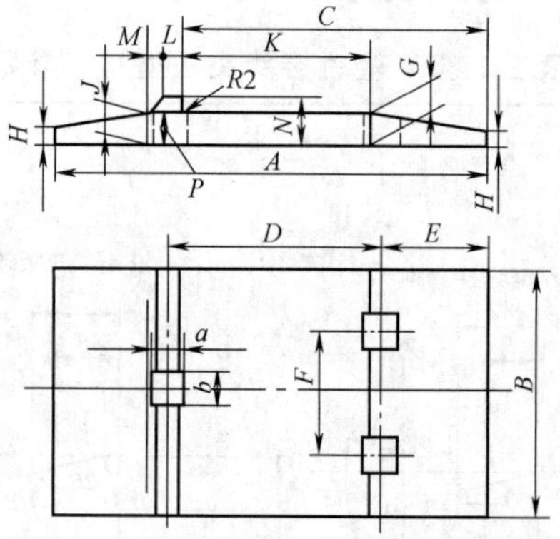

垫板型号	尺寸/mm																理论质量 /kg·块$^{-1}$
	A	B	C	D	E	F	G	H	J	K	L	M	N	P	a	b	
15kg/m 轨用	180	100	126	92	40	50	11	8	11.9	80	10	5	18	13	16	14	1.5
22kg/m 轨用	200	120	141	108	40	60	12		12.3	94		7	20	15	18	16	2.2
30kg/m 轨用	220	130	160	122	45	70			12.3	108							2.7

1.6 钢管

1.6.1 无缝钢管尺寸、外形、质量及允许偏差（摘自 GB/T 17395—2008）

本标准适用于制定各类用途的平端无缝钢管标准时，选择尺寸、外形、质量及允许偏差。

（1）钢管每米长理论质量计算公式为

$$G=\pi\times10^{-3}\rho(d-s)s \qquad (2\text{-}1\text{-}6)$$

式中 G——圆钢管每米长理论质量，kg/m；

ρ——圆钢管密度，kg/dm³；

d——圆钢管公称外径，mm；

s——圆钢管公称壁厚，mm。

碳钢管 $G=24.66\times10^{-3}(d-s)s$ （2-1-7）

（2）钢管尺寸类别分普通钢管尺寸组、精密钢管尺寸组和不锈钢管尺寸组。

（3）钢管外径分 3 个系列：第 1 系列，标准化钢管；第 2 系列，非标准化为主的钢管；第 3 系列，特殊用途钢管。普通钢管的外径分为系列 1、2、3；精密钢管的外径分为系列 2、3；不锈钢管的外径分为系列 1、2、3。

（4）钢管外径允许偏差分为标准化和非标准化两种（见表 2-1-94），应优先选用标准化外径允许偏差。

特殊用途的钢管和冷轧（拔）钢管外径允许偏差可采用绝对偏差。

（5）钢管不圆度分 4 级（见表 2-1-94）。

（6）钢管长度一般以通常长度交货。通常长度为 3～12.5m。

特殊用途的钢管（如不锈耐酸钢极薄壁钢管、小直径钢管等）长度要求可另行规定。

（7）钢管的定尺长度和倍尺长度应在通常长度范围内，全长允许偏差分 4 级（见表 2-1-95）。每个倍尺长度按下列规定留出切口余量。

外径≤159mm：5～10mm。

外径>159mm：10～15mm。

（8）按理论质量交货的钢管，单根理论质量与实际质量的允许偏差分 5 级（见表 2-1-95）；每批不小于 10t 钢管的理论质量与实际质量的允许偏差为±7.5%或±5%。

表 2-1-89 钢管的标准化和非标准化外径允许偏差、椭圆度

标准化外径允许偏差		非标准化外径允许偏差		不圆度	
偏差等级	允许偏差	偏差等级	允许偏差/%	不圆度等级	不圆度不大于外径允许偏差/%
D1	±1.5%,最小±0.75mm	ND1	+1.25 −1.50	NR1	80
D2	±1.0%,最小±0.50mm	ND2	±1.25	NR2	70
D3	±0.75%,最小±0.30mm	ND3	+1.25 −1.00	NR3	60
D4	±0.50%,最小±0.10mm	ND4	±0.80	NR4	50

表 2-1-90 钢管的质量允许偏差和全长允许偏差

钢管质量允许偏差		钢管全长允许偏差	
偏差等级	单根管质量允许偏差/%	偏差等级	全长允许偏差/mm
W1	±10	L1	0～20
W2	±7.5	L2	0～15
W3	+10 −5	L3	0～10
W4	+10 −3.5	L4	0～5
W5	+6.5 −3.5		

1.6.1.1 普通钢管

表 2-1-91 普通钢管尺寸及单位长度理论质量

外径/mm			壁厚/mm									
系列 1	系列 2	系列 3	1.0	1.2	1.4	1.5	1.6	1.8	2.0	2.2(2.3)	2.5(2.6)	2.8
			单位长度理论质量/kg·m⁻¹									
10(10.2)			0.222	0.260	0.297	0.314	0.331	0.364	0.395	0.423	0.462	0.497
	11		0.247	0.290	0.331	0.351	0.371	0.408	0.444	0.477	0.524	0.566
	12		0.271	0.320	0.366	0.388	0.410	0.453	0.493	0.532	0.586	0.635
	13(12.7)		0.296	0.349	0.401	0.425	0.450	0.497	0.543	0.586	0.647	0.704
13.5			0.308	0.364	0.418	0.444	0.470	0.519	0.567	0.613	0.678	0.739
		14	0.321	0.379	0.435	0.462	0.489	0.542	0.592	0.640	0.709	0.773
	16		0.370	0.438	0.504	0.536	0.568	0.630	0.691	0.749	0.832	0.911
17(17.2)			0.395	0.468	0.539	0.573	0.608	0.675	0.740	0.803	0.894	0.981
		18	0.419	0.497	0.573	0.610	0.647	0.719	0.789	0.857	0.956	1.05
	19		0.444	0.527	0.608	0.647	0.687	0.764	0.838	0.911	1.02	1.12
	20		0.469	0.556	0.642	0.684	0.726	0.808	0.888	0.966	1.08	1.19
21(21.3)			0.493	0.586	0.677	0.721	0.765	0.852	0.937	1.02	1.14	1.26
		22	0.518	0.616	0.711	0.758	0.805	0.897	0.986	1.07	1.20	1.33
	25		0.592	0.704	0.815	0.869	0.923	1.03	1.13	1.24	1.39	1.53
		25.4	0.602	0.716	0.829	0.884	0.939	1.05	1.15	1.26	1.41	1.56
27(26.9)			0.641	0.764	0.884	0.943	1.00	1.12	1.23	1.35	1.51	1.67
	28		0.666	0.793	0.918	0.980	1.04	1.16	1.28	1.40	1.57	1.74

外径/mm			壁厚/mm									
系列 1	系列 2	系列 3	(2.9)3.0	3.2	3.5(3.6)	4.0	4.5	5.0	(5.4)5.5	6.0	(6.3)6.5	7.0(7.1)
			单位长度理论质量/kg·m⁻¹									
10(10.2)			0.518	0.537	0.561							
	11		0.592	0.616	0.647							
	12		0.666	0.694	0.734	0.789						
	13(12.7)		0.740	0.773	0.820	0.888						
13.5			0.777	0.813	0.863	0.937						
		14	0.814	0.852	0.906	0.986						
	16		0.962	1.01	1.08	1.18	1.28	1.36				
17(17.2)			1.04	1.09	1.17	1.28	1.39	1.48				
		18	1.11	1.17	1.25	1.38	1.50	1.60				
	19		1.18	1.25	1.34	1.48	1.61	1.73	1.83	1.92		
	20		1.26	1.33	1.42	1.58	1.72	1.85	1.97	2.07		
21(21.3)			1.33	1.40	1.51	1.68	1.83	1.97	2.10	2.22		
		22	1.41	1.48	1.60	1.78	1.94	2.10	2.24	2.37		
	25		1.63	1.72	1.86	2.07	2.28	2.47	2.64	2.81	2.97	3.11
		25.4	1.66	1.75	1.89	2.11	2.32	2.52	2.70	2.87	3.03	3.18
27(26.9)			1.78	1.88	2.03	2.27	2.50	2.71	2.92	3.11	3.29	3.45
	28		1.85	1.96	2.11	2.37	2.61	2.84	3.05	3.26	3.45	3.63

外径/mm			壁厚/mm									
系列 1	系列 2	系列 3	1.0	1.2	1.4	1.5	1.6	1.8	2.0	2.2(2.3)	2.5(2.6)	2.8
			单位长度理论质量/kg·m⁻¹									
		30	0.715	0.852	0.987	1.05	1.12	1.25	1.38	1.51	1.70	1.88
	32(31.8)		0.765	0.911	1.06	1.13	1.20	1.34	1.48	1.62	1.82	2.02
34(33.7)			0.814	0.971	1.13	1.20	1.28	1.43	1.58	1.72	1.94	2.15
		35	0.838	1.000	1.16	1.24	1.32	1.47	1.63	1.78	2.00	2.22

续表

外径/mm			壁厚/mm									
系列1	系列2	系列3	1.0	1.2	1.4	1.5	1.6	1.8	2.0	2.2(2.3)	2.5(2.6)	2.8
			单位长度理论质量/kg·m⁻¹									
	38		0.912	1.09	1.26	1.35	1.44	1.61	1.78	1.94	2.19	2.43
	40		0.962	1.15	1.33	1.42	1.52	1.70	1.87	2.05	2.31	2.57
42(42.4)			1.01	1.21	1.40	1.50	1.59	1.78	1.97	2.16	2.44	2.71
		45(44.5)	1.09	1.30	1.51	1.61	1.71	1.92	2.12	2.32	2.62	2.91
48(48.3)			1.16	1.38	1.61	1.72	1.83	2.05	2.27	2.48	2.81	3.12
	51		1.23	1.47	1.71	1.83	1.95	2.18	2.42	2.65	2.99	3.33
		54	1.31	1.56	1.82	1.94	2.07	2.32	2.56	2.81	3.18	3.54
	57		1.38	1.65	1.92	2.05	2.19	2.45	2.71	2.97	3.36	3.74
60(60.3)			1.46	1.74	2.02	2.16	2.30	2.58	2.86	3.14	3.55	3.95
	63(63.5)		1.53	1.83	2.13	2.28	2.42	2.72	3.01	3.30	3.73	4.16
	65		1.58	1.89	2.20	2.35	2.50	2.81	3.11	3.41	3.85	4.30
	68		1.65	1.98	2.30	2.46	2.62	2.94	3.26	3.57	4.04	4.50
	70		1.70	2.04	2.37	2.53	2.70	3.03	3.35	3.68	4.16	4.64
		73	1.78	2.12	2.47	2.64	2.82	3.16	3.50	3.84	4.35	4.85
76(76.1)			1.85	2.21	2.58	2.76	2.94	3.29	3.65	4.00	4.53	5.05
	77				2.61	2.79	2.98	3.34	3.70	4.06	4.59	5.12
	80				2.71	2.90	3.09	3.47	3.85	4.22	4.78	5.33

外径/mm			壁厚/mm															
系列1	系列2	系列3	(2.9) 3.0	3.2	3.5 (3.6)	4.0	4.5	5.0	(5.4) 5.5	6.0	(6.3) 6.5	7.0 (7.1)	7.5	8.0	8.5	(8.8) 9.0	9.5	10
			单位长度理论质量/kg·m⁻¹															
		30	2.00	2.11	2.29	2.56	2.83	3.08	3.32	3.55	3.77	3.97	4.16	4.34				
	32(31.8)		2.15	2.27	2.46	2.76	3.05	3.33	3.59	3.85	4.09	4.32	4.53	4.74				
34(33.7)			2.29	2.43	2.63	2.96	3.27	3.58	3.87	4.14	4.41	4.66	4.90	5.13				
		35	2.37	2.51	2.72	3.06	3.38	3.70	4.00	4.29	4.57	4.83	5.09	5.33	5.56	5.77		
	38		2.59	2.75	2.98	3.35	3.72	4.07	4.41	4.74	5.05	5.35	5.64	5.92	6.18	6.44	6.68	6.91
	40		2.74	2.90	3.15	3.55	3.94	4.32	4.68	5.03	5.37	5.70	6.01	6.31	6.60	6.88	7.15	7.40
42(42.4)			2.89	3.06	3.32	3.75	4.16	4.56	4.95	5.33	5.69	6.04	6.38	6.71	7.02	7.32	7.61	7.89
		45 (44.5)	3.11	3.30	3.58	4.04	4.49	4.93	5.36	5.77	6.17	6.56	6.94	7.30	7.65	7.99	8.32	8.63
48(48.3)			3.33	3.54	3.84	4.34	4.83	5.30	5.76	6.21	6.65	7.08	7.49	7.89	8.28	8.66	9.02	9.37
	51		3.55	3.77	4.10	4.64	5.16	5.67	6.17	6.66	7.13	7.60	8.05	8.48	8.91	9.32	9.72	10.11
		54	3.77	4.01	4.36	4.93	5.49	6.04	6.58	7.10	7.61	8.11	8.60	9.08	9.54	9.99	10.43	10.85
	57		4.00	4.25	4.62	5.23	5.83	6.41	6.99	7.55	8.10	8.63	9.16	9.67	10.17	10.65	11.13	11.59
60(60.3)			4.22	4.48	4.88	5.52	6.16	6.78	7.39	7.99	8.58	9.15	9.71	10.27	10.80	11.32	11.83	12.33
	63(63.5)		4.44	4.72	5.14	5.82	6.49	7.15	7.80	8.43	9.06	9.67	10.27	10.85	11.42	11.99	12.53	13.07
	65		4.59	4.88	5.31	6.02	6.71	7.40	8.07	8.73	9.38	10.01	10.64	11.25	11.84	12.43	13.00	13.56
	68		4.81	5.11	5.57	6.31	7.05	7.77	8.48	9.17	9.86	10.53	11.19	11.84	12.47	13.10	13.71	14.30
	70		4.96	5.27	5.74	6.51	7.27	8.02	8.75	9.47	10.18	10.88	11.56	12.23	12.89	13.54	14.17	14.80
		73	5.18	5.51	6.00	6.81	7.60	8.38	9.16	9.91	10.66	11.39	12.11	12.82	13.52	14.21	14.88	15.54
76(76.1)			5.40	5.75	6.26	7.10	7.93	8.75	9.56	10.36	11.14	11.91	12.67	13.42	14.15	14.87	15.58	16.28
	77		5.47	5.82	6.34	7.20	8.05	8.88	9.70	10.51	11.31	12.08	12.85	13.61	14.36	15.09	15.81	16.52
	80		5.70	6.06	6.60	7.50	8.38	9.25	10.11	10.95	11.78	12.60	13.41	14.21	14.99	15.76	16.52	17.26

续表

外径/mm			壁厚/mm									
系列 1	系列 2	系列 3	11	12(12.5)	13	14(14.2)	15	16	17(17.5)	18	19	20
			单位长度理论质量/kg·m^{-1}									
		45(44.5)	9.22	9.77								
48(48.3)			10.04	10.65								
	51		10.85	11.54								
		54	11.66	12.43	13.14	13.81						
	57		12.48	13.32	14.11	14.85						
60(60.3)			13.29	14.21	15.07	15.88	16.65	17.36				
	63(63.5)		14.11	15.09	16.03	16.92	17.76	18.55				
	65		14.65	15.68	16.67	17.61	18.50	19.33				
	68		15.46	16.57	17.63	18.64	19.61	20.52				
	70		16.01	17.16	18.27	19.33	20.35	21.31	22.22			
		73	16.82	18.05	19.24	20.37	21.46	22.49	23.48	24.41	25.30	
76(76.1)			17.63	18.94	20.20	21.41	22.57	23.68	24.74	25.75	26.71	27.62
	77		17.90	19.24	20.52	21.75	22.94	24.07	25.15	26.19	27.18	28.11
	80		18.72	20.12	21.48	22.79	24.05	25.25	26.41	27.52	28.58	29.59

外径/mm			壁厚/mm													
系列 1	系列 2	系列 3	1.4	1.5	1.6	1.8	2.0	2.2 (2.3)	2.5 (2.6)	2.8	(2.9) 3.0	3.2	3.5 (3.6)	4.0	4.5	5.0
			单位长度理论质量/kg·m^{-1}													
		83(82.5)	2.82	3.01	3.21	3.60	4.00	4.38	4.96	5.54	5.92	6.30	6.86	7.79	8.71	9.62
	85		2.89	3.09	3.29	3.69	4.09	4.49	5.09	5.68	6.07	6.46	7.03	7.99	8.93	9.86
89(88.9)			3.02	3.24	3.45	3.87	4.29	4.71	5.33	5.95	6.36	6.77	7.38	8.38	9.38	10.36
	95		3.23	3.46	3.69	4.14	4.59	5.03	5.70	6.37	6.81	7.24	7.90	8.98	10.04	11.10
	102 (101.6)		3.47	3.72	3.96	4.45	4.93	5.41	6.13	6.85	7.32	7.80	8.50	9.67	10.82	11.96
		108	3.68	3.94	4.20	4.71	5.23	5.74	6.50	7.26	7.77	8.27	9.02	10.26	11.49	12.70
114(114.3)				4.16	4.44	4.98	5.52	6.07	6.87	7.68	8.21	8.74	9.54	10.85	12.15	13.44
	121			4.42	4.71	5.29	5.87	6.45	7.31	8.16	8.73	9.30	10.14	11.54	12.93	14.30
	127					5.56	6.17	6.77	7.68	8.58	9.17	9.77	10.66	12.13	13.59	15.04
	133								8.05	8.99	9.62	10.24	11.18	12.73	14.26	15.78

外径/mm			壁厚/mm															
系列 1	系列 2	系列 3	(2.9) 3.0	3.2	3.5 (3.0)	4.0	4.5	5.0	(5.4) 5.5	6.0	(6.3) 6.5	7.0 (7.1)	7.5	8.0	8.5	(8.8) 9.0	9.5	10
			单位长度理论质量/kg·m^{-1}															
		83 (82.5)							10.51	11.39	12.26	13.12	13.96	14.80	15.62	16.42	17.22	18.00
	85								10.78	11.69	12.58	13.47	14.33	15.19	16.04	16.87	17.69	18.50
89(88.9)									11.33	12.28	13.22	14.16	15.07	15.98	16.87	17.76	18.63	19.48
	95								12.14	13.17	14.19	15.19	16.18	17.16	18.13	19.09	20.03	20.96
	102 (101.6)								13.09	14.21	15.31	16.40	17.48	18.55	19.60	20.64	21.67	22.69
		108							13.90	15.09	16.27	17.44	18.59	19.73	20.86	21.97	23.08	24.17

外径/mm			壁厚/mm															
系列1	系列2	系列3	(2.9) 3.0	3.2	3.5 (3.0)	4.0	4.5	5.0	(5.4) 5.5	6.0	(6.3) 6.5	7.0 (7.1)	7.5	8.0	8.5	(8.8) 9.0	9.5	10
			单位长度理论质量/kg·m⁻¹															
114 (114.3)									14.72	15.98	17.23	18.47	19.70	20.91	22.12	23.31	24.48	25.65
	121								15.67	17.02	18.35	19.68	20.99	22.29	23.58	24.86	26.12	27.37
	127								16.48	17.90	19.31	20.72	22.10	23.48	24.84	26.19	27.53	28.85
	133								17.29	18.79	20.28	21.75	23.21	24.66	26.10	27.52	28.93	30.33
140 (139.7)			10.14	10.80	11.78	13.42	15.04	16.65	18.24	19.83	21.40	22.96	24.51	26.04	27.57	29.08	30.57	32.06
		142 (141.3)	10.28	10.95	11.95	13.61	15.26	16.89	18.51	20.12	21.72	23.31	24.88	26.44	27.98	29.52	31.04	32.55
	146		10.58	11.27	12.30	14.01	15.70	17.39	19.06	20.72	22.36	24.00	25.62	27.23	28.82	30.41	31.98	33.54
		152 (152.4)	11.02	11.74	12.82	14.60	16.37	18.13	19.87	21.60	23.32	25.03	26.73	28.41	30.08	31.74	33.39	35.02
		159			13.42	15.29	17.15	18.99	20.82	22.64	24.45	26.24	28.02	29.79	31.55	33.29	35.02	36.75
168 (168.3)					14.20	16.18	18.14	20.10	22.04	23.97	25.89	27.79	29.69	31.57	33.43	35.29	37.13	38.97
		180 (177.8)			15.23	17.36	19.48	21.58	23.67	25.75	27.81	29.86	31.91	33.93	35.95	37.95	39.95	41.92
		194 (193.7)			16.44	18.74	21.03	23.31	25.57	27.82	30.06	32.28	34.50	36.70	38.89	41.06	43.23	45.38
	203				17.22	19.63	22.03	24.41	26.79	29.15	31.50	33.83	36.16	38.47	40.77	43.06	45.33	47.60
219 (219.1)										31.52	34.06	36.60	39.12	41.63	44.13	46.61	49.08	51.54
		245 (244.5)								35.36	38.23	41.08	43.93	46.76	49.58	52.38	55.17	57.95

外径/mm			壁厚/mm															
系列1	系列2	系列3	11	12 (12.5)	13	14 (14.2)	15	16	17 (17.5)	18	19	20	22 (22.2)	24	25	26	28	30
			单位长度理论质量/kg·m⁻¹															
		83 (82.5)	19.53	21.01	22.44	23.82	25.15	26.44	27.67	28.85	29.99	31.07	33.10					
	85		20.07	21.60	23.08	24.51	25.89	27.23	28.51	29.74	30.93	32.06	34.18					
89(88.9)			21.16	22.79	24.37	25.89	27.37	28.80	30.19	31.52	32.80	34.03	36.35	38.47				
	95		22.79	24.56	26.29	27.97	29.59	31.17	32.70	34.18	35.61	36.99	39.61	42.02				
	102 (101.6)		24.69	26.63	28.53	30.38	32.18	33.93	35.64	37.29	38.89	40.44	43.40	46.17	47.47	48.73	51.10	
		108	26.31	28.41	30.46	32.45	34.40	36.30	38.15	39.95	41.70	43.40	46.66	49.71	51.17	52.58	55.24	57.71
114 (114.3)			27.94	30.19	32.38	34.53	36.62	38.67	40.67	42.62	44.51	46.36	49.91	53.27	54.87	56.43	59.39	62.15
	121		29.84	32.62	34.62	36.94	39.21	41.43	43.60	45.72	47.79	49.82	53.71	57.41	59.19	60.91	64.22	67.83
	127		31.47	34.03	36.55	39.01	41.43	43.80	46.12	48.39	50.61	52.78	56.97	60.96	62.89	64.76	68.36	71.77
	133		33.10	35.81	38.47	41.09	43.65	46.17	48.63	51.05	53.42	55.74	60.22	64.51	66.59	68.61	72.50	76.20
140 (139.7)			34.99	37.88	40.72	43.50	46.24	48.93	51.57	54.16	56.70	59.19	64.02	68.66	70.90	73.10	77.34	81.38

外径/mm			壁厚/mm															
系列 1	系列 2	系列 3	11	12 (12.5)	13	14 (14.2)	15	16	17 (17.5)	18	19	20	22 (22.2)	24	25	26	28	30
			单位长度理论质量/kg·m^{-1}															
		142 (141.3)	35.54	38.47	41.36	44.19	46.98	49.72	52.41	55.04	57.63	60.17	65.11	69.84	72.14	74.38	78.72	82.86
	146		36.62	39.66	42.64	45.57	48.46	51.30	54.08	56.82	59.51	62.15	67.28	72.21	74.60	76.94	81.48	85.82
		152 (152.4)	38.25	41.43	44.56	47.65	50.68	53.66	56.60	59.48	62.32	65.11	70.53	75.76	78.30	80.79	85.62	90.26
		159	40.15	43.50	46.81	50.06	53.27	56.43	59.53	62.59	65.60	68.56	74.33	79.90	82.62	85.28	90.46	95.44
168 (168.3)			42.59	46.17	49.69	53.17	56.60	59.98	63.31	66.59	69.82	73.00	79.21	85.23	88.17	91.05	96.67	102.10
		180 (177.8)	45.85	49.72	53.54	57.31	61.04	64.71	68.34	71.91	75.44	78.92	85.72	92.33	95.56	98.74	104.96	110.98
		194 (193.7)	49.64	53.86	58.03	62.15	66.22	70.24	74.21	78.13	82.00	85.82	93.32	100.62	104.20	107.72	114.63	121.33
	203		52.09	56.52	60.91	65.25	69.55	73.79	77.98	82.13	86.22	90.26	98.20	105.95	109.74	113.49	120.84	127.99
219 (219.1)			56.43	61.26	66.04	70.78	75.46	80.10	84.69	89.23	93.71	98.15	106.88	115.42	119.61	123.75	131.89	139.83
		245 (244.5)	63.48	68.95	74.38	79.76	85.08	90.36	95.59	100.77	105.90	110.98	120.99	130.80	135.64	140.42	149.84	159.07

外径/mm			壁厚/mm											
系列 1	系列 2	系列 3	32	34	36	38	40	42	45	48	50	55	60	65
			单位长度理论质量/kg·m^{-1}											
114 (114.3)														
	121		70.24											
	127		74.97											
	133		79.71	83.01	86.12									
140 (139.7)			85.23	88.88	92.33									
		142 (141.3)	86.81	90.56	94.11									
	146		89.97	93.91	97.66	101.21	104.57							
		152 (152.4)	94.70	98.94	102.99	106.83	110.48							
		159	100.22	104.81	109.20	113.39	117.39	121.19	126.51					
168 (168.3)			107.33	112.36	117.19	121.83	126.27	130.51	136.50					
		180 (177.8)	116.80	122.42	127.85	133.07	138.10	142.94	149.82	156.26	160.30			
		194 (193.7)	127.85	134.16	140.27	146.19	151.92	157.44	165.36	172.83	177.56			
	203		134.95	141.71	148.27	154.63	160.79	166.76	175.34	183.48	188.66	200.75		

外径/mm			壁厚/mm											
系列 1	系列 2	系列 3	32	34	36	38	40	42	45	48	50	55	60	65
			单位长度理论质量/kg·m^{-1}											
219 (219.1)			147.57	155.12	162.47	169.62	176.58	183.33	193.10	202.42	208.39	222.45		
		245 (244.5)	168.09	176.92	185.55	193.99	202.22	210.26	221.95	233.20	240.45	257.71	273.74	288.54

外径/mm			壁厚/mm													
系列 1	系列 2	系列 3	(6.3) 6.5	7.0 (7.1)	7.5	8.0	8.5	(8.8) 9.0	9.5	10	11	12 (12.5)	13	14 (14.2)	15	16
			单位长度理论质量/kg·m^{-1}													
273			42.72	45.92	49.11	52.28	55.45	58.60	61.73	64.86	71.07	77.24	83.36	89.42	95.44	101.41
	299				53.92	57.42	60.90	64.37	67.83	71.27	78.13	84.93	91.69	98.40	105.06	111.67
325 (323.9)					58.73	62.54	66.35	70.14	73.92	77.68	85.18	92.63	100.03	107.38	114.68	121.93
	340 (339.7)					65.50	69.49	73.47	77.43	81.38	89.25	97.07	104.84	112.56	120.23	127.85
	351					67.67	71.80	75.91	80.01	84.10	92.23	100.32	108.36	116.35	124.29	132.19
356 (355.6)								77.02	81.18	85.33	93.59	101.80	109.97	118.08	126.14	134.16
	377							81.68	86.10	90.51	99.29	108.02	116.70	125.33	133.91	142.45
	402							87.23	91.96	96.67	106.07	115.42	124.71	133.96	143.16	152.31
406 (406.4)								88.12	92.89	97.66	107.15	116.60	126.00	135.34	144.64	153.89
	426							92.55	97.58	102.59	112.58	122.52	132.41	142.25	152.04	161.78
	450							97.88	103.20	108.51	119.09	129.62	140.10	150.53	160.92	171.25
457								99.44	104.84	110.24	120.99	131.69	142.35	152.95	163.51	174.01
	480							104.54	110.23	115.91	127.23	138.50	149.72	160.89	172.01	183.09
	500							108.94	114.92	120.84	132.65	144.42	156.13	167.80	179.41	190.98
508								110.76	116.79	122.81	134.82	146.79	158.70	170.56	182.37	194.14
	530							115.64	121.95	128.24	140.79	153.30	165.75	178.16	190.51	202.82
		560 (559)						122.30	128.97	135.64	148.93	162.17	175.37	188.51	201.61	214.65
610								133.39	140.69	147.97	162.50	176.97	191.40	205.78	220.10	234.38
	630							137.83	145.37	152.90	167.92	182.89	197.81	212.68	227.50	242.28
		660						144.49	152.40	160.30	176.06	191.77	207.43	223.04	238.60	254.11

外径/mm			壁厚/mm											
系列 1	系列 2	系列 3	17 (17.5)	18	19	20	22 (22.2)	24	25	26	28	30	32	34
			单位长度理论质量/kg·m^{-1}											
273			107.33	113.20	119.02	124.79	136.18	147.38	152.90	158.38	169.18	179.78	190.19	200.40
	299		118.23	124.74	131.20	137.61	150.29	162.77	168.93	175.05	187.13	199.02	210.71	222.20

续表

外径/mm			壁厚/mm											
系列 1	系列 2	系列 3	17 (17.5)	18	19	20	22 (22.2)	24	25	26	28	30	32	34
			单位长度理论质量/kg·m^{-1}											
325 (323.9)			129.13	136.28	143.38	150.44	164.39	178.16	184.96	191.72	205.09	218.25	231.23	244.00
	340 (339.7)		135.42	142.94	150.41	157.83	172.53	187.03	194.21	201.34	215.44	229.35	243.06	256.58
	351		140.03	147.82	155.57	163.26	178.50	193.54	200.99	208.39	223.04	237.49	251.75	265.80
356 (355.6)			142.12	150.04	157.91	165.73	181.21	196.50	204.07	211.60	226.49	241.19	255.69	269.99
	377		150.93	159.36	167.75	176.08	192.61	208.93	217.02	225.06	240.99	256.73	272.26	287.60
	402		161.41	170.46	179.46	188.41	206.17	223.73	232.44	241.09	258.26	275.22	291.99	308.57
406 (406.4)			163.09	172.24	181.34	190.39	208.34	226.10	234.90	243.66	261.02	278.18	295.15	311.92
	426		171.47	181.11	190.71	200.25	219.19	237.93	247.23	256.48	274.83	292.98	310.93	328.69
	450		181.53	191.77	201.95	212.09	232.21	252.14	262.03	271.87	291.40	310.74	329.87	348.81
457			184.47	194.88	205.23	215.54	236.01	256.28	266.34	276.36	296.23	315.91	335.40	354.68
	480		194.11	205.09	216.01	226.89	248.49	269.90	280.53	291.11	312.12	332.93	353.55	373.97
	500		202.50	213.96	225.38	236.75	259.34	281.73	292.86	303.93	325.93	347.93	369.33	390.74
508			205.85	217.51	229.13	240.70	263.68	286.47	297.79	309.06	331.45	353.65	375.64	397.45
	530		215.07	227.28	239.44	251.55	275.62	299.49	311.35	323.17	346.64	369.92	393.01	415.89
		560(559)	227.65	240.60	253.50	266.34	291.89	317.25	329.85	342.40	367.36	392.12	416.68	441.06
610			248.61	262.79	276.92	291.01	319.02	346.84	360.68	374.46	401.88	429.11	456.14	482.97
	630		257.00	271.67	286.30	300.87	329.87	358.68	373.01	387.29	415.70	443.91	471.92	499.74
		660	269.58	284.99	300.35	315.67	346.15	376.43	391.50	406.52	436.41	466.10	495.60	524.90

外径/mm			壁厚/mm									
系列 1	系列 2	系列 3	36	38	40	42	45	48	50	55	60	65
			单位长度理论质量/kg·m^{-1}									
273			210.41	220.23	229.85	239.27	253.03	266.34	274.98	295.69	315.17	333.42
	299		233.50	244.59	255.49	266.20	281.88	297.12	307.04	330.96	353.65	375.10
325(323.9)			256.58	268.96	281.14	293.13	310.74	327.90	339.10	366.22	392.12	416.78
	340(339.7)		269.90	283.02	295.94	308.66	327.38	345.66	357.59	386.57	414.31	440.83
	351		279.66	293.32	306.79	320.06	339.59	358.68	371.16	401.49	430.59	458.46
356(355.6)			284.10	298.01	311.72	325.24	345.14	364.60	377.32	408.27	437.99	466.47
	377		302.75	317.69	332.44	346.99	368.44	389.46	403.22	436.76	469.06	500.14
	402		324.94	341.12	357.10	372.88	396.19	419.05	434.04	470.67	506.06	540.21
406(406.4)			328.49	344.87	361.05	377.03	400.63	423.78	438.98	476.09	511.97	546.62
	426		346.25	363.61	380.77	397.74	422.82	447.46	463.64	503.22	541.57	578.68
	450		367.56	386.10	404.45	422.60	449.46	475.87	493.23	535.77	577.08	617.16
457			373.77	392.66	411.35	429.85	457.23	484.16	501.86	545.27	587.44	628.38
	480		394.19	414.22	434.04	453.67	482.75	511.38	530.22	576.46	621.47	665.25
	500		411.95	432.96	453.77	474.39	504.95	535.06	554.89	603.59	651.07	697.31
508			419.05	440.46	461.66	482.68	513.82	544.53	564.75	614.44	662.90	710.13

外径/mm			壁厚/mm									
系列 1	系列 2	系列 3	36	38	40	42	45	48	50	55	60	65
			单位长度理论质量/kg·m⁻¹									
	530		438.58	461.07	483.37	505.46	538.24	570.57	591.88	644.28	695.46	745.40
		560(599)	465.22	489.19	512.96	536.54	571.53	606.08	628.87	684.97	739.85	793.49
610			509.61	536.04	562.28	588.33	627.02	665.27	690.52	752.79	813.83	873.64
	630		527.36	554.79	582.01	609.04	649.22	688.95	715.19	779.92	843.43	905.70
		660	554.00	582.90	611.61	640.12	682.51	724.46	752.18	820.61	887.82	953.79

注：1. 括号内尺寸表示相应的英制规格。

2. 通常应采用公称尺寸，不推荐采用英制尺寸。

3. 表中理论质量按公式（2-1-7）计算，外径和壁厚为公称尺寸，密度为 $7.85g/cm^3$。

1.6.1.2 精密钢管

表 2-1-92 精密钢管尺寸及单位长度理论质量

外径/mm		壁厚/mm																
系列 2	系列 3	1.0	1.5	2.0	2.5	3.0	(3.5)	4	(4.5)	5	(5.5)	6	(7)	8	(9)	10	(11)	12.5
		单位长度理论质量/kg·m⁻¹																
10		0.222	0.314	0.395	0.462													
12		0.271	0.388	0.493	0.586	0.666												
12.7		0.289	0.414	0.528	0.629	0.718												
	14	0.321	0.462	0.592	0.709	0.814	0.906											
16		0.370	0.536	0.691	0.832	0.962	1.08	1.18										
	18	0.419	0.610	0.789	0.956	1.11	1.25	1.38	1.50									
20		0.469	0.684	0.888	1.08	1.26	1.42	1.58	1.72	1.85								
	22	0.518	0.758	0.986	1.20	1.41	1.60	1.78	1.94	2.10								
25		0.592	0.869	1.13	1.39	1.63	1.86	2.07	2.28	2.47	2.64	2.81						
	28	0.666	0.980	1.28	1.57	1.85	2.11	2.37	2.61	2.84	3.05	3.26	3.63	3.95				
	30	0.715	1.05	1.38	1.70	2.00	2.29	2.56	2.83	3.08	3.32	3.55	3.97	4.34				
32		0.765	1.13	1.48	1.82	2.15	2.46	2.76	3.05	3.33	3.59	3.85	4.32	4.74				
	35	0.838	1.24	1.63	2.00	2.37	2.72	3.06	3.38	3.70	4.00	4.29	4.83	5.33				
38		0.912	1.35	1.78	2.19	2.59	2.98	3.35	3.72	4.07	4.41	4.74	5.35	5.92	6.44	6.91		
40		0.962	1.42	1.87	2.31	2.74	3.15	3.55	3.94	4.32	4.68	5.03	5.70	6.31	6.88	7.40		
42		1.01	1.50	1.97	2.44	2.89	3.32	3.75	4.16	4.56	4.95	5.33	6.04	6.71	7.32	7.89		
	45	1.09	1.61	2.12	2.62	3.11	3.58	4.04	4.49	4.93	5.36	5.77	6.56	7.30	7.99	8.63	9.22	10.02

外径/mm		壁厚/mm																				
系列 2	系列 3	1.0	1.5	2.0	2.5	3.0	(3.5)	4	(4.5)	5	(5.5)	6	(7)	8	(9)	10	(11)	12.5	(14)	16	(18)	20	25
		单位长度理论质量/kg·m⁻¹																					
48		1.16	1.72	2.27	2.81	3.33	3.84	4.34	4.83	5.30	5.76	6.21	7.08	7.89	8.66	9.37	10.0	10.9					
50		1.21	1.79	2.37	2.93	3.48	4.01	4.54	5.05	5.55	6.04	6.51	7.42	8.29	9.10	9.86	10.6	11.6					
	55	1.33	1.98	2.61	3.24	3.85	4.45	5.03	5.60	6.17	6.71	7.25	8.29	9.27	10.2	11.1	11.9	13.1	14.2				
60		1.46	2.16	2.86	3.55	4.22	4.88	5.52	6.16	6.78	7.39	7.99	9.15	10.3	11.3	12.3	13.3	14.6	15.9	17.4			
63		1.53	2.28	3.01	3.73	4.44	5.14	5.82	6.49	7.15	7.80	8.43	9.67	10.9	12.0	13.1	14.1	15.6	16.9	18.6			
70		1.70	2.53	3.35	4.16	4.96	5.74	6.51	7.27	8.02	8.75	9.47	10.9	12.2	13.5	14.8	16.0	17.7	19.3	21.3			
76		1.85	2.76	3.65	4.53	5.40	6.26	7.10	7.93	8.75	9.56	10.4	11.9	13.4	14.9	16.3	17.6	19.6	21.4	23.7			

续表

外径/mm		壁厚/mm																					
系列2	系列3	1.0	1.5	2.0	2.5	3.0	(3.5)	4	(4.5)	5	(5.5)	6	(7)	8	(9)	10	(11)	12.5	(14)	16	(18)	20	25
		单位长度理论质量/kg·m⁻¹																					
80		1.95	2.90	3.85	4.78	5.70	6.60	7.50	8.38	9.25	10.1	11.0	12.6	14.2	15.8	17.3	18.7	20.8	22.8	25.3	27.5		
	90		3.27	4.34	5.39	6.44	7.47	8.48	9.49	10.5	11.5	12.4	14.3	16.2	18.0	19.7	21.4	23.9	26.2	29.2	32.0	34.5	
100			3.64	4.83	6.01	7.18	8.33	9.47	10.6	11.7	12.8	13.9	16.1	18.2	20.2	22.2	24.1	27.0	29.7	31.1	36.4	39.5	46.2
	110		4.01	5.33	6.63	7.92	9.19	10.5	11.7	13.0	14.2	15.4	17.8	20.1	22.4	24.7	26.9	30.1	33.1	37.1	40.8	44.4	52.4
120				5.82	7.24	8.66	10.1	11.4	12.8	14.2	15.5	16.9	19.5	22.1	24.6	27.1	29.6	33.1	36.6	41.0	45.3	49.3	58.6
130				6.31	7.86	9.40	10.9	12.4	13.9	15.4	16.9	18.4	21.2	24.1	26.9	29.6	32.3	36.2	40.1	45.0	49.7	54.3	64.7
	140			6.81	8.48	10.1	11.8	13.4	15.0	16.7	18.2	19.8	23.0	26.0	29.1	32.1	35.0	39.3	43.5	48.9	54.2	59.2	70.9
150				7.30	9.09	10.9	12.7	14.4	16.2	17.9	19.6	21.3	24.7	28.0	31.3	34.5	37.7	42.4	47.0	52.9	58.6	64.1	77.1
160				7.79	9.71	11.6	13.5	15.4	17.3	19.1	21.0	22.8	26.4	30.0	33.5	37.0	40.4	45.5	50.4	56.8	63.0	69.1	83.2
170							14.4	16.4	18.4	20.4	22.3	24.3	28.1	32.0	35.7	39.5	43.1	48.6	53.9	60.8	67.5	74.0	89.4
	180									21.6	23.7	25.8	29.9	33.9	38.0	41.9	45.9	51.6	57.3	64.7	71.9	78.9	95.6
190											25.0	27.2	31.6	35.9	40.2	44.4	48.6	54.7	60.8	68.7	76.4	83.9	102
200												28.7	33.3	37.9	42.4	46.9	51.3	57.8	64.2	72.6	80.8	88.8	108
	220												36.8	41.8	46.8	51.8	56.7	64.0	71.1	80.5	89.7	98.7	120
	240												40.2	45.8	51.3	56.7	62.1	70.1	78.0	88.4	98.6	109	133
	260												43.7	49.7	55.7	61.7	67.6	76.3	84.9	96.3	107	118	145

注：1. 钢的密度 7.85g/cm³。

2. 括号内尺寸不推荐使用。

1.6.1.3 不锈钢管

表 2-1-93 不锈钢管尺寸

外径/mm			壁厚/mm																	
系列1	系列2	系列3	1.0	1.2	1.4	1.5	1.6	2.0	2.2 (2.3)	2.5 (2.6)	2.8 (2.9)	3.0	3.2	3.5 (3.6)	4.0	4.5	5.0	5.5 (5.6)	6.0	6.5 (6.3)
10(10.2)			●	●	●	●	●	●												
	12		●	●	●	●	●	●												
	12.7		●	●	●	●	●	●	●	●	●	●	●							
13(13.5)			●	●	●	●	●	●	●	●	●	●	●							
		14	●	●	●	●	●	●	●	●	●	●	●	●						
	16		●	●	●	●	●	●	●	●	●	●	●	●	●					
17(17.2)			●	●	●	●	●	●	●	●	●	●	●	●	●					
		18	●	●	●	●	●	●	●	●	●	●	●	●	●	●				
	19		●	●	●	●	●	●	●	●	●	●	●	●	●	●				
	20		●	●	●	●	●	●	●	●	●	●	●	●	●	●				
21(21.3)			●	●	●	●	●	●	●	●	●	●	●	●	●	●	●			
		22	●	●	●	●	●	●	●	●	●	●	●	●	●	●	●			
	24		●	●	●	●	●	●	●	●	●	●	●	●	●	●	●			
	25		●	●	●	●	●	●	●	●	●	●	●	●	●	●	●	●	●	
		25.4	●	●	●	●	●	●	●	●	●	●	●	●	●	●	●	●	●	
27(26.9)			●	●	●	●	●	●	●	●	●	●	●	●	●	●	●	●	●	
		30	●	●	●	●	●	●	●	●	●	●	●	●	●	●	●	●	●	●
	32(31.8)		●	●	●	●	●	●	●	●	●	●	●	●	●	●	●	●	●	●

外径/mm			壁厚/mm																
系列1	系列2	系列3	1.0	1.2	1.4	1.5	1.6	2.0	2.2(2.3)	2.5(2.6)	2.8(2.9)	3.0	3.2	3.5(3.6)	4.0	4.5	5.0	5.5(5.6)	6.0
34(33.7)			●	●	●	●	●	●	●	●	●	●	●	●	●	●	●	●	●
		35	●	●	●	●	●	●	●	●	●	●	●	●	●	●	●	●	●
	38		●	●	●	●	●	●	●	●	●	●	●	●	●	●	●	●	●
	40		●	●	●	●	●	●	●	●	●	●	●	●	●	●	●	●	●
42(42.4)			●	●	●	●	●	●	●	●	●	●	●	●	●	●	●	●	●
		45(44.5)	●	●	●	●	●	●	●	●	●	●	●	●	●	●	●	●	●
48(48.3)			●	●	●	●	●	●	●	●	●	●	●	●	●	●	●	●	●
	51		●	●	●	●	●	●	●	●	●	●	●	●	●	●	●	●	●
		54					●	●	●	●	●	●	●	●	●	●	●	●	●
	57						●	●	●	●	●	●	●	●	●	●	●	●	●
60(60.3)							●	●	●	●	●	●	●	●	●	●	●	●	●
	64(63.5)						●	●	●	●	●	●	●	●	●	●	●	●	●
	68						●	●	●	●	●	●	●	●	●	●	●	●	●
	70						●	●	●	●	●	●	●	●	●	●	●	●	●
	73						●	●	●	●	●	●	●	●	●	●	●	●	●
76(76.1)							●	●	●	●	●	●	●	●	●	●	●	●	●
		83(82.5)					●	●	●	●	●	●	●	●	●	●	●	●	●
89(88.9)							●	●	●	●	●	●	●	●	●	●	●	●	●
	95						●	●	●	●	●	●	●	●	●	●	●	●	●
	102(101.6)						●	●	●	●	●	●	●	●	●	●	●	●	●
	108						●	●	●	●	●	●	●	●	●	●	●	●	●
114(114.3)							●	●	●	●	●	●	●	●	●	●	●	●	●

外径/mm			壁厚/mm										
系列1	系列2	系列3	6.5(6.3)	7.0(7.1)	7.5	8.0	8.5	9.0(8.8)	9.5	10	11	12(12.5)	14(14.2)
34(33.7)			●										
		35	●										
	38		●										
	40		●										
42(42.4)			●	●	●								
		45(44.5)	●	●	●	●	●						
48(48.3)			●	●	●	●	●						
	51		●	●	●	●	●	●					
		54	●	●	●	●	●	●	●	●			
	57		●	●	●	●	●	●	●	●			
60(60.3)			●	●	●	●	●	●	●	●			
	64(63.5)		●	●	●	●	●	●	●	●			
	68		●	●	●	●	●	●	●	●	●	●	
	70		●	●	●	●	●	●	●	●	●	●	

续表

外径/mm			壁厚/mm										
系列 1	系列 2	系列 3	6.5(6.3)	7.0(7.1)	7.5	8.0	8.5	9.0(8.8)	9.5	10	11	12(12.5)	14(14.2)
	73		●	●	●	●	●	●	●	●	●	●	
76(76.1)			●	●	●	●	●	●	●	●	●	●	
		83(82.5)	●	●	●	●	●	●	●	●	●	●	●
89(88.9)			●	●	●	●	●	●	●	●	●	●	●
	95		●	●	●	●	●	●	●	●	●	●	●
	102(101.6)		●	●	●	●	●	●	●	●	●	●	●
	108		●	●	●	●	●	●	●	●	●	●	●
114(114.3)			●	●	●	●	●	●	●	●	●	●	●

外径/mm			壁厚/mm												
系列 1	系列 2	系列 3	1.6	2.0	2.2 (2.3)	2.5 (2.6)	2.8 (2.9)	3.0	3.2	3.5 (3.6)	4.0	4.5	5.0	5.5 (5.6)	6.0
	127		●	●	●	●	●	●	●	●	●	●	●	●	●
	133		●	●	●	●	●	●	●	●	●	●	●	●	●
140(139.7)			●	●	●	●	●	●	●	●	●	●	●	●	●
	146		●	●	●	●	●	●	●	●	●	●	●	●	●
	152		●	●	●	●	●	●	●	●	●	●	●	●	●
	159		●	●	●	●	●	●	●	●	●	●	●	●	●
168(168.3)			●	●	●	●	●	●	●	●	●	●	●	●	●
	180			●	●	●	●	●	●	●	●	●	●	●	●
	194			●	●	●	●	●	●	●	●	●	●	●	
219(219.1)				●	●	●	●	●	●	●	●	●	●	●	
	245			●	●	●	●	●	●	●	●	●	●	●	
273				●	●	●	●	●	●	●	●	●	●	●	
325(323.9)						●	●	●	●	●	●	●	●	●	
	351					●	●	●	●	●	●	●	●	●	
356(355.6)						●	●	●	●	●	●	●	●	●	
	377					●	●	●	●	●	●	●	●	●	
406(406.4)						●	●	●	●	●	●	●	●	●	●
	426								●	●	●	●	●	●	●

外径/mm			壁厚/mm																				
系列 1	系列 2	系列 3	6.5 (6.3)	7.0 (7.1)	7.5	8.0	8.5	9.0 (8.8)	9.5	10	11	12 (12.5)	14 (14.2)	15	16	17 (17.5)	18	20	22 (22.2)	24	25	26	28
	127		●	●	●	●	●	●	●	●	●	●	●										
	133		●	●	●	●	●	●	●	●	●	●	●										
140 (139.7)			●	●	●	●	●	●	●	●	●	●	●	●	●								
	146		●	●	●	●	●	●	●	●	●	●	●	●	●								
	152		●	●	●	●	●	●	●	●	●	●	●	●	●								
	159		●	●	●	●	●	●	●	●	●	●	●	●	●								
168 (168.3)			●	●	●	●	●	●	●	●	●	●	●	●	●	●	●						
	180		●	●	●	●	●	●	●	●	●	●	●	●	●	●	●						
	194		●	●	●	●	●	●	●	●	●	●	●	●	●	●	●						
219 (219.1)			●	●	●	●	●	●	●	●	●	●	●	●	●	●	●	●	●	●	●	●	●

外径/mm			壁厚/mm																				
系列1	系列2	系列3	6.5(6.3)	7.0(7.1)	7.5	8.0	8.5	9.0(8.8)	9.5	10	11	12(12.5)	14(14.2)	15	16	17(17.5)	18	20	22(22.2)	24	25	26	28
	245		●	●	●	●	●	●	●	●	●	●	●	●	●	●	●	●	●	●	●	●	●
273			●	●	●	●	●	●	●	●	●	●	●	●	●	●	●	●	●	●	●	●	●
325(323.9)			●	●	●	●	●	●	●	●	●	●	●	●	●	●	●	●	●	●	●	●	●
	351		●	●	●	●	●	●	●	●	●	●	●	●	●	●	●	●	●	●	●	●	●
356(355.6)			●	●	●	●	●	●	●	●	●	●	●	●	●	●	●	●	●	●	●	●	●
	377		●	●	●	●	●	●	●	●	●	●	●	●	●	●	●	●	●	●	●	●	●
406(406.4)			●	●	●	●	●	●	●	●	●	●	●	●	●	●	●	●	●	●	●	●	●
	426		●	●	●	●	●	●	●	●	●	●	●	●	●	●	●	●					

注：括号内尺寸表示相应的英制规格。

1.6.2 热轧、冷拔（轧）结构用无缝钢管（摘自GB/T 8162—2018）及输送流体用无缝钢管（摘自GB/T 8163—2018）

1.6.2.1 外径、壁厚、长度、重量和允许偏差

热轧、冷拔（轧）结构用和输送流体用无缝钢管的外径、壁厚和交货质量按表2-1-95、表2-1-96（GB/T 17395—2008）。

1.6.2.2 热轧、冷拔（轧）结构用无缝钢管的钢材及力学性能

热轧、冷拔（轧）结构用无缝钢管的钢材为优质碳素结构钢、低合金高强度结构钢、合金结构钢（表2-1-13中规定的钢号）。各钢号的化学成分应符合GB/T 699、GB/T 1591和GB/T 3077的规定。

表2-1-94 结构用无缝钢管及输送流体用无缝钢管定尺长度允许偏差

钢管种类	定尺长度允许偏差/mm
结构用无缝钢管(GB/T 8162—2018)	定尺长度不大于6m：$^{+10}_{0}$；定尺长度大于6m：$^{+15}_{0}$
输送流体用无缝钢管(GB/T 8163—2018)	定尺长度不大于6m：$^{+30}_{0}$；定尺长度大于6m：$^{+50}_{0}$

表2-1-95 结构用无缝钢管及输送流体用无缝钢管外径允许偏差 /mm

钢管种类	外径允许偏差/mm	
	热轧(扩)钢管	冷拔(轧)钢管
结构用无缝钢管(GB/T 8162—2018)	±1%*D*或±0.5，取其中较大者	±1%*D*或±0.3，取其中较大者
输送流体用无缝钢管(GB/T 8163—2018)	±1%*D*或±0.5，取其中较大者	±0.75%*D*或±0.3，取其中较大者

表2-1-96 结构用无缝钢管及输送流体用无缝钢管壁厚允许偏差

钢管种类	钢管公称外径*D*	*S*/*D*	壁厚允许偏差/mm
热轧钢管	≤102		±12.5%*S*或±0.4，取其中较大者
	>102	≤0.05	±15%*S*或±0.4，取其中较大者
		>0.05～0.10	±12.5%*S*或±0.4，取其中较大者
		>0.10	+12.5%*S* −10%*S*
热扩钢管			$^{+17.5\%S}_{-12.5\%S}$(GB/T 8163)；±15%*S*(GB/T 8162)
冷拔(轧)	钢管公称壁厚*S*		壁厚允许偏差/mm
	≤3		$^{+15\%S}_{-10\%S}$或±0.15，取其中较大者
	>3～10		+12.5%*S* −10%*S*
	>10		±10%*S*

表 2-1-97 碳钢、低合金结构钢无缝钢管的纵向力学性能

<table>
<tr><td rowspan="3">钢 号</td><td rowspan="3">R_m /MPa</td><td colspan="3">R_{eL}/MPa</td><td rowspan="3">A/%</td><td rowspan="4">压扁试验平板间距 H/mm</td></tr>
<tr><td colspan="3">钢管壁厚</td></tr>
<tr><td>≤16mm</td><td>>16～30mm</td><td>>30mm</td></tr>
<tr><td></td><td colspan="5">≥</td></tr>
<tr><td>10</td><td>335</td><td>205</td><td>195</td><td>185</td><td>24</td><td>2/3D</td></tr>
<tr><td>20</td><td>410</td><td>245</td><td>235</td><td>225</td><td>20</td><td>2/3D</td></tr>
<tr><td>35</td><td>510</td><td>305</td><td>295</td><td>285</td><td>17</td><td>—</td></tr>
<tr><td>45</td><td>590</td><td>335</td><td>325</td><td>315</td><td>14</td><td>—</td></tr>
<tr><td>Q345</td><td>470～630</td><td>345</td><td>325</td><td>295</td><td>21</td><td>7/8D</td></tr>
</table>

注：1. 压扁试验的两平板间距（H）最小值应是钢管壁厚的 5 倍。D 为钢管外径。

2. 由 10、20、Q345 钢制造的无缝钢管，当外径大于 22mm 至 600mm，且壁厚与外径之比小于或等于 10%时，应进行压扁试验，其平板间距值按表中规定。

表 2-1-98 合金结构钢无缝钢管的力学性能

<table>
<tr><td rowspan="4">牌号</td><td colspan="5">热 处 理</td><td colspan="4">力 学 性 能</td></tr>
<tr><td colspan="3">淬 火</td><td colspan="2">回 火</td><td rowspan="2">R_m/MPa</td><td rowspan="2">R_{eL}/MPa</td><td rowspan="2">A/%</td><td rowspan="3">钢管退火或高温回火供应状态布氏硬度 HBW ≤</td></tr>
<tr><td colspan="2">温 度/℃</td><td rowspan="2">冷却剂</td><td rowspan="2">温度/℃</td><td rowspan="2">冷却剂</td></tr>
<tr><td>第一次淬火</td><td>第二次淬火</td><td colspan="3">≥</td></tr>
<tr><td>40Mn2</td><td rowspan="2">840</td><td rowspan="6">—</td><td>水、油</td><td>540</td><td>水、油</td><td rowspan="2">885</td><td>735</td><td>12</td><td rowspan="3">217</td></tr>
<tr><td>45Mn2</td><td>水、油</td><td>550</td><td>水、油</td><td>735</td><td>10</td></tr>
<tr><td>27SiMn</td><td>920</td><td>水</td><td>450</td><td>水、油</td><td rowspan="2">980</td><td>835</td><td>12</td></tr>
<tr><td>40MnB</td><td>850</td><td>油</td><td rowspan="2">500</td><td>水、油</td><td>785</td><td>10</td><td>207</td></tr>
<tr><td>45MnB</td><td>840</td><td>油</td><td>水、油</td><td>1030</td><td>835</td><td>9</td><td>217</td></tr>
<tr><td>20Mn2B</td><td rowspan="2">880②</td><td>油</td><td rowspan="2">200</td><td>水、空</td><td>980</td><td>785</td><td>10</td><td>187</td></tr>
<tr><td>20Cr</td><td>800</td><td>水、油</td><td>水、空</td><td>835①
785①</td><td>540①
490①</td><td>10①
10①</td><td>179
179</td></tr>
<tr><td>30Cr</td><td rowspan="2">860</td><td rowspan="9">—</td><td>油</td><td rowspan="2">500</td><td>水、油</td><td>885</td><td>685</td><td rowspan="2">11</td><td>187</td></tr>
<tr><td>35Cr</td><td>油</td><td>水、油</td><td>930</td><td>735</td><td rowspan="2">207</td></tr>
<tr><td>40Cr</td><td>850</td><td>油</td><td rowspan="3">520</td><td>水、油</td><td>980</td><td>785</td><td rowspan="3">9</td></tr>
<tr><td>45Cr</td><td>840</td><td>油</td><td>水、油</td><td>1030</td><td>835</td><td>217</td></tr>
<tr><td>50Cr</td><td>830</td><td>油</td><td>水、油</td><td>1080</td><td>930</td><td>229</td></tr>
<tr><td>38CrSi</td><td>900</td><td>油</td><td>600</td><td>水、油</td><td>980</td><td>835</td><td>12</td><td>255</td></tr>
<tr><td>20CrMo</td><td>880②</td><td>水、油</td><td>500</td><td>水、油</td><td>885①
845①</td><td>685①
635①</td><td>11①
12①</td><td>197
197</td></tr>
<tr><td>35CrMo</td><td rowspan="2">850</td><td>油</td><td>550</td><td>水、油</td><td>980</td><td>835</td><td rowspan="2">12</td><td>229</td></tr>
<tr><td>42CrMo</td><td>油</td><td>560</td><td>水、油</td><td>1080</td><td>930</td><td>217</td></tr>
</table>

续表

<table>
<tr><th rowspan="4">牌号</th><th colspan="5">热处理</th><th colspan="4">力学性能</th></tr>
<tr><th colspan="3">淬火</th><th colspan="2">回火</th><th rowspan="2">R_m/MPa</th><th rowspan="2">R_{eL}/MPa</th><th rowspan="2">A/%</th><th rowspan="3">钢管退火或高温回火供应状态布氏硬度 HBW
≤</th></tr>
<tr><th colspan="2">温度/℃</th><th rowspan="2">冷却剂</th><th rowspan="2">温度/℃</th><th rowspan="2">冷却剂</th></tr>
<tr><th>第一次淬火</th><th>第二次淬火</th><th colspan="3">≥</th></tr>
<tr><td>38CrMoAl</td><td>940</td><td>—</td><td>水、油</td><td>640</td><td>水、油</td><td>980①
930①</td><td>835①
785①</td><td>12①
14①</td><td>229</td></tr>
<tr><td>50CrVA</td><td>860</td><td>—</td><td>油</td><td>500</td><td>水、油</td><td>1275</td><td>1130</td><td rowspan="2">10</td><td>255</td></tr>
<tr><td>20CrMn</td><td>850</td><td>—</td><td>油</td><td>200</td><td>水、空</td><td>930</td><td>735</td><td>187</td></tr>
<tr><td>20CrMnSi</td><td rowspan="5">880②</td><td>—</td><td>油</td><td>480</td><td>水、油</td><td>785</td><td>635</td><td>12</td><td>207</td></tr>
<tr><td>30CrMnSi</td><td>—</td><td>油</td><td>520</td><td>水、油</td><td>1080①
980①</td><td>885①
835①</td><td>8①
10①</td><td>229</td></tr>
<tr><td>35CrMnSiA</td><td>—</td><td>油</td><td>230</td><td>水、空</td><td>1620</td><td>—</td><td>9</td><td>229</td></tr>
<tr><td>20CrMnTi</td><td>870</td><td>油</td><td rowspan="5">200</td><td>水、空</td><td>1080</td><td>835</td><td>10</td><td>217</td></tr>
<tr><td>30CrMnTi</td><td>850</td><td>油</td><td>水、空</td><td>1470</td><td>—</td><td>9</td><td>229</td></tr>
<tr><td>12CrNi2</td><td rowspan="3">860</td><td rowspan="3">780</td><td>水、油</td><td>水、空</td><td>785</td><td>590</td><td>12</td><td>207</td></tr>
<tr><td>12CrNi3</td><td>油</td><td>水、空</td><td>930</td><td>685</td><td>11</td><td>217</td></tr>
<tr><td>12Cr2Ni4</td><td>油</td><td>水、空</td><td>1080</td><td>835</td><td>10</td><td rowspan="3">269</td></tr>
<tr><td>40CrNiMoA</td><td>850</td><td rowspan="2">—</td><td>油</td><td>600</td><td>水、油</td><td>980</td><td>835</td><td>12</td></tr>
<tr><td>45CrNiMoVA</td><td>860</td><td>油</td><td>460</td><td>油</td><td>1470</td><td>1325</td><td>7</td></tr>
</table>

① 可按其中一组数据交货。

② 于 280～320℃等温淬火。

注：1. 表中所列热处理温度允许调整范围：淬火±15℃；低温回火±20℃；高温回火±50℃。

2. 硼钢在淬火前可先经正火。铬锰钛钢第一次淬火可用正火代替。

3. 对壁厚小于 5mm 的钢管不进行布氏硬度试验。

4. 热轧钢管以热轧状态或热处理状态交货；冷拔（轧）钢管以热处理状态交货，经供需双方协商，也可以冷拔（轧）状态交货。

5. 低合金高强度结构钢钢管，对外径不小于 70mm、壁厚不小于 6.5mm 的钢管应进行纵向冲击试验。

1.6.2.3 热轧、冷拔（轧）输送流体用无缝钢管的钢材及力学性能

热轧、冷拔（轧）输送流体用无缝钢管的钢材为 10、20、Q390、Q345 钢等。各钢号的化学成分应符合 GB/T 699、GB/T 1591 标准的规定。

表 2-1-99 输送流体用无缝钢管的力学性能

钢牌号	R_m/MPa	R_{eL}/MPa 壁厚≤16mm ≥	断后伸长率 A/% ≥
10	335～475	205	24
20	410～530	245	20
Q345	470～630	345	21
Q390	490～650	390	19

1.6.3 直缝电焊管（摘自 GB/T 13793—2016）

钢管公称外径和公称壁厚应符合 GB/T 21835 的规定。

表 2-1-100 普通焊接钢管尺寸及单位长度理论质量

系列			壁厚/mm																		
系列 1			0.5	0.6	0.8	1.0	1.2	1.4		1.6		1.8		2.0		2.3		2.6		2.9	
系列 2									1.5		1.7		1.9		2.2		2.4		2.8		3.1
外径/mm			单位长度理论质量/kg·m⁻¹																		
系列 1	系列 2	系列 3																			
10.2			0.120	0.142	0.185	0.227	0.266	0.304	0.322	0.339	0.356	0.373	0.389	0.404	0.434	0.448	0.462	0.487	0.511	0.522	
	12		0.142	0.169	0.221	0.271	0.320	0.366	0.388	0.410	0.432	0.453	0.473	0.493	0.532	0.550	0.568	0.603	0.635	0.651	0.680
	12.7		0.150	0.179	0.235	0.289	0.340	0.390	0.414	0.438	0.461	0.484	0.506	0.528	0.570	0.590	0.610	0.648	0.684	0.701	0.734
13.5			0.160	0.191	0.251	0.308	0.364	0.418	0.444	0.470	0.495	0.519	0.544	0.567	0.613	0.635	0.657	0.699	0.739	0.758	0.795
		14	0.166	0.198	0.260	0.321	0.379	0.435	0.462	0.489	0.516	0.542	0.567	0.592	0.640	0.664	0.687	0.731	0.773	0.794	0.833
	16		0.191	0.228	0.300	0.370	0.438	0.504	0.536	0.568	0.600	0.630	0.661	0.691	0.749	0.777	0.805	0.859	0.911	0.937	0.986
17.2			0.206	0.246	0.324	0.400	0.474	0.546	0.581	0.616	0.650	0.684	0.717	0.750	0.814	0.845	0.876	0.936	0.994	1.02	1.08
		18	0.216	0.257	0.339	0.419	0.497	0.573	0.610	0.647	0.683	0.719	0.754	0.789	0.857	0.891	0.923	0.987	1.05	1.08	1.14
	19		0.228	0.272	0.359	0.444	0.527	0.608	0.647	0.687	0.725	0.764	0.801	0.838	0.911	0.947	0.983	1.05	1.12	1.15	1.22
	20		0.240	0.287	0.379	0.469	0.556	0.642	0.684	0.726	0.767	0.808	0.848	0.888	0.966	1.00	1.04	1.12	1.19	1.22	1.29
21.3			0.256	0.306	0.404	0.501	0.595	0.687	0.732	0.777	0.822	0.866	0.909	0.952	1.04	1.08	1.12	1.20	1.28	1.32	1.39
		22	0.265	0.317	0.418	0.518	0.616	0.711	0.758	0.805	0.851	0.897	0.942	0.986	1.07	1.12	1.16	1.24	1.33	1.37	1.44
	25		0.302	0.361	0.477	0.592	0.704	0.815	0.869	0.923	0.977	1.03	1.082	1.13	1.24	1.29	1.34	1.44	1.53	1.58	1.67
		25.4	0.307	0.367	0.485	0.602	0.716	0.829	0.884	0.939	0.994	1.05	1.10	1.15	1.26	1.31	1.36	1.46	1.56	1.61	1.70
26.9			0.326	0.389	0.515	0.639	0.761	0.880	0.940	0.998	1.06	1.11	1.17	1.23	1.34	1.40	1.45	1.56	1.66	1.72	1.82
		30	0.364	0.435	0.576	0.715	0.852	0.987	1.05	1.12	1.19	1.25	1.32	1.38	1.51	1.57	1.63	1.76	1.88	1.94	2.06
	31.8		0.386	0.462	0.612	0.760	0.906	1.05	1.12	1.19	1.26	1.33	1.40	1.47	1.61	1.67	1.74	1.87	2.00	2.07	2.19
	32		0.388	0.465	0.616	0.765	0.911	1.06	1.13	1.20	1.27	1.34	1.41	1.48	1.62	1.68	1.75	1.89	2.02	2.08	2.21
33.7			0.409	0.490	0.649	0.805	0.962	1.12	1.19	1.27	1.34	1.42	1.49	1.56	1.71	1.78	1.85	1.99	2.13	2.20	2.34
		35	0.425	0.509	0.675	0.838	1.00	1.16	1.24	1.32	1.40	1.47	1.55	1.63	1.78	1.85	1.93	2.08	2.22	2.30	2.44
	38		0.462	0.553	0.734	0.912	1.09	1.26	1.35	1.44	1.52	1.61	1.69	1.78	1.94	2.02	2.11	2.27	2.43	2.51	2.67
	40		0.487	0.583	0.773	0.962	1.15	1.33	1.42	1.52	1.61	1.70	1.79	1.87	2.05	2.14	2.23	2.40	2.57	2.65	2.82

系列			壁厚/mm																	
系列 1			3.2		3.6		4.0		4.5		5.0		5.4		5.6		6.3		7.1	
系列 2				3.4		3.8		4.37		4.78		5.16		5.56		6.02		6.35		7.92
外径/mm			单位长度理论质量/kg·m^{-1}																	
系列 1	系列 2	系列 3																		
10.2																				
	12																			
	12.7																			
13.5																				
		14																		
	16		1.01	1.06	1.10	1.14														
17.2			1.10	1.16	1.21	1.26														
		18	1.17	1.22	1.28	1.33														
	19		1.25	1.31	1.37	1.42														
	20		1.33	1.39	1.46	1.52	1.58	1.68												
21.3			1.43	1.50	1.57	1.64	1.71	1.82	1.86	1.95										
		22	1.48	1.56	1.63	1.71	1.78	1.90	1.94	2.03										
	25		1.72	1.81	1.90	1.99	2.07	2.22	2.28	2.38	2.47									
		25.4	1.75	1.84	1.94	2.02	2.11	2.27	2.32	2.43	2.52									
26.9			1.87	1.97	2.07	2.16	2.26	2.43	2.49	2.61	2.70	2.77								
		30	2.11	2.23	2.34	2.46	2.56	2.76	2.83	2.97	3.08	3.16								
	31.8		2.26	2.38	2.50	2.62	2.74	2.96	3.03	3.19	3.30	3.39								
	32		2.27	2.40	2.52	2.64	2.76	2.98	3.05	3.21	3.33	3.42								
33.7			2.41	2.54	2.67	2.80	2.93	3.16	3.24	3.41	3.54	3.63								
		35	2.51	2.65	2.79	2.92	3.06	3.30	3.38	3.56	3.70	3.80								
	38		2.75	2.90	3.05	3.21	3.35	3.62	3.72	3.92	4.07	4.18								
	40		2.90	3.07	3.23	3.39	3.55	3.84	3.94	4.15	4.32	4.43								

续表

系列			壁厚/mm																		
系列 1			0.5	0.6	0.8	1.0	1.2	1.4		1.6		1.8		2.0		2.3		2.6		2.9	
系列 2									1.5		1.7		1.9		2.2		2.4		2.8		3.1
外径/mm			单位长度理论质量/kg·m^{-1}																		
系列 1	系列 2	系列 3																			
42.4			0.517	0.619	0.821	1.02	1.22	1.42	1.51	1.61	1.71	1.80	1.90	1.99	2.18	2.27	2.37	2.55	2.73	2.82	3.00
		44.5	0.543	0.650	0.862	1.07	1.28	1.49	1.59	1.69	1.79	1.90	2.00	2.10	2.29	2.39	2.49	2.69	2.88	2.98	3.17
48.3				0.706	0.937	1.17	1.39	1.62	1.73	1.84	1.95	2.06	2.17	2.28	2.50	2.61	2.72	2.93	3.14	3.25	3.46
	51			0.746	0.990	1.23	1.47	1.71	1.83	1.95	2.07	2.18	2.30	2.42	2.65	2.76	2.88	3.10	3.33	3.44	3.66
		54		0.79	1.05	1.31	1.56	1.82	1.94	2.07	2.19	2.32	2.44	2.56	2.81	2.93	3.05	3.30	3.54	3.65	3.89
	57			0.835	1.11	1.38	1.65	1.92	2.05	2.19	2.32	2.45	2.58	2.71	2.97	3.10	3.23	3.49	3.74	3.87	4.12
60.3				0.883	1.17	1.46	1.75	2.03	2.18	2.32	2.46	2.60	2.74	2.88	3.15	3.29	3.43	3.70	3.97	4.11	4.37
	63.5			0.931	1.24	1.54	1.84	2.14	2.29	2.44	2.59	2.74	2.89	3.03	3.33	3.47	3.62	3.90	4.19	4.33	4.62
	70				1.37	1.70	2.04	2.37	2.53	2.70	2.86	3.03	3.19	3.35	3.68	3.84	4.00	4.32	4.64	4.80	5.11
		73			1.42	1.78	2.12	2.47	2.64	2.82	2.99	3.15	3.33	3.50	3.84	4.01	4.18	4.51	4.85	5.01	5.34
76.1					1.49	1.85	2.22	2.58	2.76	2.94	3.12	3.30	3.48	3.65	4.01	4.19	4.36	4.71	5.06	5.24	5.58
		82.5			1.61	2.01	2.41	2.80	3.00	3.19	3.39	3.58	3.78	3.97	4.36	4.55	4.74	5.12	5.50	5.69	6.07
88.9					1.74	2.17	2.60	3.02	3.23	3.44	3.66	3.87	4.08	4.29	4.70	4.91	5.12	5.53	5.95	6.15	6.56
	101.6						2.97	3.46	3.70	3.95	4.19	4.43	4.67	4.91	5.39	5.63	5.87	6.35	6.82	7.06	7.53
		108					3.16	3.68	3.94	4.20	4.46	4.71	4.97	5.23	5.74	6.00	6.25	6.76	7.26	7.52	8.02
114.3							3.35	3.90	4.17	4.45	4.72	4.99	5.27	5.54	6.08	6.35	6.62	7.16	7.70	7.97	8.50
	127									4.95	5.25	5.56	5.86	6.17	6.77	7.07	7.37	7.98	8.58	8.88	9.47
	133									5.18	5.50	5.82	6.14	6.46	7.10	7.41	7.73	8.36	8.99	9.30	9.93
139.7										5.45	5.79	6.12	6.46	6.79	7.46	7.79	8.13	8.79	9.45	9.78	10.44
		141.3								5.51	5.85	6.19	6.53	6.87	7.55	7.88	8.22	8.89	9.56	9.90	10.57
		152.4								5.95	6.32	6.69	7.05	7.42	8.15	8.51	8.88	9.61	10.33	10.69	11.41
		159								6.21	6.59	6.98	7.36	7.74	8.51	8.89	9.27	10.03	10.79	11.16	11.92

续表

系列			壁厚/mm																	
系列 1			3.2		3.6		4.0		4.5		5.0		5.4		5.6		6.3		7.1	
系列 2				3.4		3.8		4.37		4.78		5.16		5.56		6.02		6.35		7.92
外径/mm			单位长度理论质量/kg·m^{-1}																	
系列 1	系列 2	系列 3																		
42.4			3.09	3.27	3.44	3.62	3.79	4.10	4.21	4.43	4.61	4.74	4.93	5.05	5.08	5.40				
		44.5	3.26	3.45	3.63	3.81	4.00	4.32	4.44	4.68	4.87	5.01	5.21	5.34	5.37	5.71				
48.3			3.56	3.76	3.97	4.17	4.37	4.73	4.86	5.13	5.34	5.49	5.71	5.86	5.90	6.28				
	51		3.77	3.99	4.21	4.42	4.64	5.03	5.16	5.45	5.67	5.83	6.07	6.23	6.27	6.68				
		54	4.01	4.24	4.47	4.70	4.93	5.35	5.49	5.80	6.04	6.22	6.47	6.64	6.68	7.12				
	57		4.25	4.49	4.74	4.99	5.23	5.67	5.83	6.16	6.41	6.60	6.87	7.05	7.10	7.57				
60.3			4.51	4.77	5.03	5.29	5.55	6.03	6.19	6.54	6.82	7.02	7.31	7.51	7.55	8.06				
	63.5		4.76	5.04	5.32	5.59	5.87	6.37	6.55	6.92	7.21	7.42	7.74	7.94	8.00	8.53				
	70		5.27	5.58	5.90	6.20	6.51	7.07	7.27	7.69	8.01	8.25	8.60	8.84	8.89	9.50	9.90	9.97		
		73	5.51	5.84	6.16	6.48	6.81	7.40	7.60	8.04	8.38	8.63	9.00	9.25	9.31	9.94	10.36	10.44		
76.1			5.75	6.10	6.44	6.78	7.11	7.73	7.95	8.41	8.77	9.03	9.42	9.67	9.74	10.40	10.84	10.92		
		82.5	6.26	6.63	7.00	7.38	7.74	8.42	8.66	9.16	9.56	9.84	10.27	10.55	10.62	11.35	11.84	11.93		
88.9			6.76	7.17	7.57	7.98	8.38	9.11	9.37	9.92	10.35	10.66	11.12	11.43	11.50	12.30	12.83	12.93		
	101.6		7.77	8.23	8.70	9.17	9.63	10.48	10.78	11.41	11.91	12.27	12.81	13.17	13.26	14.19	14.81	14.92		
		108	8.27	8.77	9.27	9.76	10.26	11.17	11.49	12.17	12.70	13.09	13.66	14.05	14.14	15.14	15.80	15.92		
114.3			8.77	9.30	9.83	10.36	10.88	11.85	12.19	12.91	13.48	13.89	14.50	14.91	15.01	16.08	16.78	16.91	18.77	20.78
	127		9.77	10.36	10.96	11.55	12.13	13.22	13.59	14.41	15.04	15.50	16.19	16.65	16.77	17.96	18.75	18.89	20.99	23.26
	133		10.24	10.87	11.49	12.11	12.73	13.86	14.26	15.11	15.78	16.27	16.99	17.47	17.59	18.85	19.69	19.83	22.04	24.43
139.7			10.77	11.43	12.08	12.74	13.39	14.58	15.00	15.90	16.61	17.12	17.89	18.39	18.52	19.85	20.73	20.88	23.22	25.74
		141.3	10.90	11.56	12.23	12.89	13.54	14.76	15.18	16.09	16.81	17.32	18.10	18.61	18.74	20.08	20.97	21.13	23.50	26.05
		152.4	11.77	12.49	13.21	13.93	14.64	15.95	16.41	17.40	18.18	18.74	19.58	20.13	20.27	21.73	22.70	22.87	25.44	28.22
		159	12.30	13.05	13.80	14.54	15.29	16.66	17.15	18.18	18.99	19.58	20.46	21.04	21.19	22.71	23.72	23.91	26.60	29.51

表 2-1-101　直缝电焊钢管的材料和力学性能

牌　号	R_m/MPa	A/%	R_{eL}/MPa	牌　号	R_m/MPa	A/%	R_{eL}/MPa
	≥				≥		
08、10	315	22	195	Q195	315	20	195
15	355	20	215	Q215-A Q215-B	335	20	215
20	390	19	235	Q235-A Q235-B	370	20	235

表 2-1-102　直缝电焊钢管的外径允许偏差　/mm

外　径	高精度	较高精度	普通精度	外　径	高精度	较高精度	普通精度
5～20	±0.05	±0.15	±0.30	50～80	±0.25	±0.35	±1%D
20～35	±0.10	±0.20	±0.40	80～114.3	±0.4	±0.6	±1.0%D
35～50	±0.15	±0.25	±0.50	114.3～168.3	±0.5	±0.7	±1.0%D

1.6.4　低压流体输送用焊接钢管和镀锌钢管（摘自 GB/T 3091—2015）

1.6.4.1　焊接钢管和镀锌钢管的尺寸、质量

表 2-1-103　焊接钢管和镀锌钢管的尺寸、质量　/mm

外径不大于 219.1mm 的钢管公称口径、外径、公称壁厚和不圆度

公称直径(DN)	外径(D)			最小公称壁厚 t	不圆度 不大于
	系列 1	系列 2	系列 3		
6	10.2	10.0	—	2.0	0.20
8	13.5	12.7	—	2.0	0.20
10	17.2	16.0	—	2.2	0.20
15	21.3	20.8	—	2.2	0.30
20	26.9	26.0	—	2.2	0.35
25	33.7	33.0	32.5	2.5	0.40
32	42.4	42.0	41.5	2.5	0.40
40	48.3	48.0	47.5	2.75	0.50
50	60.3	59.5	59.0	3.0	0.60
65	76.1	75.5	75.0	3.0	0.60
80	88.9	88.5	88.0	3.25	0.70
100	114.3	114.0	—	3.25	0.80
125	139.7	141.3	140.0	3.5	1.00
150	165.1	168.3	159.0	3.5	1.20
200	219.1	219.0	—	4.0	1.60

管端用螺纹和沟槽连接的钢管外径、壁厚			
公称直径 （DN）	外径 （D）	壁厚（t）	
		普通钢管	加厚钢管
6	10.2	2.0	2.5
8	13.5	2.5	2.8
10	17.2	2.5	2.8
15	21.3	2.8	3.5
20	26.9	2.8	3.5
25	33.7	3.2	4.0
32	42.4	3.5	4.0
40	48.3	3.5	4.5
50	60.3	3.8	4.5
65	76.1	4.0	4.5
80	88.9	4.0	5.0
100	114.3	4.0	5.0
125	139.7	4.0	5.5
150	165.1	4.5	6.0
200	219.1	6.0	7.0

注：1. 表中的公称口径系近似内径的名义尺寸，不表示外径减去两倍壁厚所得的内径。
2. 系列 1 是通用系列，属推荐选用系列；系列 2 是非通用系列；系列 3 是少数特殊、专用系列。

表 2-1-104　焊接钢管和镀锌钢管的外径、壁厚允许偏差

公称外径 D/mm	管体外径允许偏差	管端外径允许偏差（距管端 100mm 范围内）/mm	壁厚允许偏差
$D \leqslant 48.3$	±0.5mm	—	±10%t
$48.3 < D \leqslant 273.1$	±1.0%D	—	
$273.1 < D \leqslant 508$	±0.75%D	+2.4 −0.8	
$D > 508$	±1.0%或±10.0 两者取较少者	+3.2 −0.8	

1.6.4.2　焊接钢管和镀锌钢管的每米理论质量计算公式

未镀锌焊接钢管：

$$W=0.0246615(D-t)t \qquad (2\text{-}1\text{-}8)$$

镀锌焊接钢管：

$$W=C[0.0246615(D-t)t] \qquad (2\text{-}1\text{-}9)$$

式中　W——钢管每米理论质量，kg/m；
D——钢管公称外径，mm；
t——钢管公称壁厚，mm；
C——镀锌钢管比黑钢管的重量系数。

表 2-1-105　镀锌属 500g/m² 的重量系数 C

公称壁厚 t/mm	2.0	2.5	2.8	3.2	3.5	3.8	4.0	4.5
系数 C	1.064	1.051	1.045	1.040	1.036	1.034	1.032	1.028
公称壁厚 t/mm	5.0	5.5	6.0	6.5	7.0	8.0	9.0	10.0
系数 C	1.025	1.023	1.021	1.020	1.018	1.016	1.014	1.013

1.6.4.3 焊接钢管和镀锌钢管的标记示例

用Q235B沸腾钢制造的公称外径为323.9mm，公称壁厚为7.0mm，长度为12000mm的电阻焊钢管，标记为：

Q235B·F　323.9×7.0×12000　ERW　GB/T 3091

用Q235B钢制造的公称外径为813mm，公称壁厚为8.0mm，长度为12000mm的埋弧焊钢管，标记为：

Q235B　813×8.0×12000　SAW　GB/T 3091

用Q345B钢制造的公称外径为88.9mm，公称壁厚为4.0mm，长度为12000mm的镀锌电阻焊钢管，标记为：

Q345B·Zn88.9×4.0×12000　ERW　GB/T 3091

1.6.4.4 焊接钢管和镀锌钢管的牌号、化学成分和力学性能

焊接钢管和镀锌钢管的牌号、化学成分符合GB/T 700中Q215A、Q215B，Q235A、Q235B和GB/T 1591中Q275A、Q275B，Q345A、Q345B的规定。

1.6.5 低中压锅炉用无缝钢管（摘自GB 3087—2008）

1.6.5.1 外径、壁厚、长度、质量和允许偏差

低中压锅炉用无缝钢管的外径、壁厚和交货质量按表2-1-95～表2-1-97（GB/T 17395）。

表2-1-106　焊接钢管和镀锌钢管的力学性能

牌号	抗拉强度 R_m/MPa ≥	屈服点 R_{eL}/MPa ≥	断后伸长率 A/% ≥	
			D≤168.3	D>168.3
Q215A、Q215B	335	215	15	20
Q235A、Q235B	370	235		
Q275A、Q275B	410	275	13	18
Q345A、Q345B	470	345		

表2-1-107　低中压锅炉用无缝钢管外径允许偏差

/mm

钢管种类	外径允许偏差
热轧(挤压、扩)钢管	±1%D或±0.5，取其中较大者
冷拔(轧)钢管	±1%D或±0.3，取其中较大者

表2-1-108　低中压锅炉用无缝钢管定尺长度允许偏差

/mm

钢管长度	定尺长度允许偏差
定尺长度≤6000	0～10
定尺长度>6000	0～15

1.6.5.2 管材的力学性能、扩口试验

表2-1-109　低中压锅炉用无缝钢管的钢材力学性能

牌号	试样状态	钢管纵向力学性能			高温屈服强度 $R_{p0.2}$ 最小值/MPa					
		R_m	R_{eL}	A/%	温度/℃					
		MPa ≥			200	250	300	350	400	450
10	供货状态	335～475	205	24	165	145	122	111	109	107
20		410～550	245	20	188	170	149	137	134	132
			225							

注：10、20钢管的化学成分应符合GB/T 699规定。

表2-1-110　低中压锅炉用无缝钢管扩口试验

牌号	钢管外径扩口率/%		
	内径/外径		
	≤0.6	>0.6～0.8	>0.8
10	12	15	19
20	10	12	17

1.6.6 结构用不锈钢无缝钢管（摘自 GB/T 14975—2012）和流体输送用不锈钢无缝钢管（GB/T 14976—2012）

1.6.6.1 不锈钢无缝钢管的尺寸及允许偏差

不锈钢无缝钢管的外径和壁厚符合 GB/T 17395 中的规定，其通常长度如下：热轧（挤、扩）管通常长度为 2000～12000mm；冷拔（轧）管通常长度为 1000～12000mm。

表 2-1-111 不锈钢无缝钢管公称外径和公称壁厚的允许偏差 /mm

热轧（挤、扩）钢管

尺寸		允许偏差 普通级 PA	允许偏差 高级 PC
公称外径 D	<76.1	±1.25%D	±0.60
	76.1～<139.7		±0.80
	139.7～<273.1	±1.5%D	±1.20
	273.1～<323.9		±1.60
	≥323.9		±0.6%D
公称壁厚 S	所有壁厚	+15%S −12.5%S	±12.5%S

冷拔（轧）钢管

尺寸		允许偏差 普通级 PA	允许偏差 高级 PC
公称外径 D	<12.7	±0.30	±0.10
	12.7～<38.1	±0.30	±0.15
	38.1～<88.9	±0.40	±0.30
	88.9～<139.7	±0.9%D	±0.40
	139.7～<203.2		±0.80
	203.2～<219.1		±1.10
	219.1～<323.9		±1.60
	≥323.9		±0.5%D
公称壁厚 S	所有壁厚	+12.5%S −10%S	±10%S

1.6.6.2 不锈钢无缝钢管的牌号、力学性能及其热处理制度

表 2-1-112 不锈钢无缝钢管的推荐热处理制度、力学性能、硬度及密度

组织类型	牌号	推荐热处理制度	力学性能 R_m/MPa 不小于	力学性能 $R_{p0.2}$/MPa 不小于	力学性能 A/% 不小于	硬度 HBW/HV/HRB 不大于	密度 ρ/kg·dm^{-3}
奥氏体型	12Cr18Ni9	1010℃～1150℃，水冷或其他方式快冷	520	205	35	192HBW/200HV/90HRB	7.93
	06Cr19Ni10		520	205	35		7.93
	022Cr19Ni10		480	175	35		7.90
	06Cr19Ni10N		550	275	35		7.93
	06Cr19Ni9NbN		685	345	35	—	7.98
	022Cr19Ni10N		550	245	40	192HBW/200HV/90HRB	7.93
	06Cr23Ni13		520	205	40		7.98
	06Cr17Ni12Mo2		520	205	35		8.00
	022Cr17Ni12Mo2		480	175	35		8.00
	022Cr17Ni12Mo2N		550	245	40		8.04
	06Cr17Ni12Mo2N		550	275	35		8.00
	06Cr18Ni12Mo2Cu2		520	205	35	—	7.96
	022Cr18Ni14Mo2Cu2		480	180	35	—	7.96
铁素体型	10Cr15	780～850℃，空冷或缓冷	415	240	20	190HBW/90HRB	7.70
	10Cr17		410	245	20		7.70
马氏体型	12Cr13	800～900℃，缓冷或 750℃空冷	410	205	20	207HBW/95HRB	7.70
	20Cr13		470	215	19		7.75

1.6.7 流体输送用不锈钢焊接钢管（摘自 GB/T 12771—2008）

1.6.7.1 流体输送用不锈钢焊接钢管的尺寸

钢管的外径（*D*）和壁厚（*S*）应符合 GB/T 21835 的规定。根据需方要求，经供需双方协商，可供应其他外径和壁厚的钢管。

1.6.7.2 不锈钢焊接钢管的材料、力学性能

1.6.8 石油裂化用无缝钢管（摘自 GB 9948—2013）

石油裂化用无缝钢管的尺寸：外径和壁厚符合 GB/T 17395；通常长度为 4000～12000mm，经供需双方协商，也可供长度小于 3000mm 的短钢管。

表 2-1-113 不锈钢焊接钢管外径的允许偏差 /mm

类别	外径 D	允许偏差	
		较高级(A)	普通级(B)
焊接状态	全部尺寸	±0.5%D 或±0.20，两者取较大值	±0.75%D 或±0.30，两者取较大值
热处理状态	<40	±0.20	±0.30
	≥40～<65	±0.30	±0.40
	≥65～<90	±0.40	±0.50
	≥90～<168.3	±0.80	±1.00
	≥168.3～<325	±0.75%D	±1.0%D
	≥325～<610	±0.6%D	±1.0%D
	≥610	±0.6%D	±0.7%D 或±10，两者取较小值
冷拔(轧)状态、磨(抛)光状态	<40	±0.15	±0.20
	≥40～<60	±0.20	±0.30
	≥60～<100	±0.30	±0.40
	≥100～<200	±0.4%D	±0.5%D
	≥200	±0.5%D	±0.75%D

表 2-1-114 不锈钢焊接钢管壁厚的允许偏差 /mm

壁厚 S	壁厚允许偏差
≤0.5	±0.10
>0.5～1.0	±0.15
>1.0～2.0	±0.20
>2.0～4.0	±0.30
>4.0	±10%S

表 2-1-115 不锈钢焊接钢管的力学性能

序号	新牌号	旧牌号	规定非比例延伸强度 $R_{p0.2}$/MPa	抗拉强度 R_m /MPa	断后伸长率 A/%	
					热处理状态	非热处理状态
			不小于			
1	12Cr18Ni9	1Cr18Ni9	210	520	35	25
2	06Cr19Ni10	0Cr18Ni9	210	520		
3	022Cr19Ni10	00Cr19Ni10	180	480		

续表

序号	新牌号	旧牌号	规定非比例延伸强度 $R_{p0.2}$/MPa	抗拉强度 R_m /MPa	断后伸长率 A/%	
					热处理状态	非热处理状态
			不小于			
4	06Cr25Ni20	0Cr25Ni20	210	520	35	25
5	06Cr17Ni12Mo2	0Cr17Ni12Mo2	210	520		
6	022Cr17Ni12Mo2	00Cr17Ni14Mo2	180	480		
7	06Cr18Ni11Ti	0Cr18Ni10Ti	210	520		
8	06Cr18Ni11Nb	0Cr18Ni11Nb	210	520		
9	022Cr18Ti	00Cr17	180	360	20	—
10	019Cr19Mo2NbTi	00Cr18Mo2	240	410		
11	06Cr13Al	0Cr13Al	177	410		
12	022Cr11Ti	—	275	400	18	—
13	022Cr12Ni	—	275	400	18	—
14	06Cr13	0Cr13	210	410	20	—

表 2-1-116 石油裂化用无缝钢管的外径和壁厚允许偏差 /mm

分类代号	制造方式	钢管公称尺寸		允许偏差	
				普通级	高级
W-H	热轧（挤压）	外径 D	≤54	±0.50	±0.30
			>54～325	±1%D	±0.75%D
			>325	±1%D	—
		壁厚 S	≤20	+15%S −10%S	±10%S
			>20	+12.5%S −10%S	±10%S
	热扩	外径 D	全部	±1%D	
		壁厚 S	全部	±15%S	
W-C	冷拔(轧)	外径 D	≤25.4	±0.15	
			>25.4～40	±0.20	
			>40～50	±0.25	
			>50～60	±0.30	
			>60	±0.75%D	±0.5%D
		壁厚 S	≤3.0	±0.3	±0.2
			>3.0	±10%S	±7.5%S

石油裂化用无缝钢管的化学成分、热处理制度、交货状态：化学成分和热处理制度按 GB/T 9948—2013；钢管的交货状态为热处理后的状态。

1.6.9 冷拔异型钢管（摘自 GB/T 3094—2012）

本标准规定了冷拔异型钢管的分类、代号、外形、尺寸及允许偏差、技术要求等；本标准适用于碳素结构钢、优质碳素结构钢和低合金高强度结构钢制成的结构用简单断面异型钢管（简称钢管）。

冷拔异型钢管的标记示例：对 20 钢，长边为 50mm，短边为 40mm，壁厚为 3mm，尺寸和壁厚精度等级为高级的矩形钢管，标记为“20 钢 D-2 50×40×3　　高-GB/T 3094”。

表 2-1-117　石油裂化用无缝钢管的材料牌号、力学性能

牌号	抗拉强度 R_m/MPa	下屈服强度 R_{eL} 或规定塑性延伸强度 $R_{p0.2}$/MPa	断后伸长率 A/%		冲击吸收能量 KV_2/J		布氏硬度值
			纵向	横向	纵向	横向	
		不小于					不大于
10	335～475	205	25	23	40	27	—
20	410～550	245	24	22	40	27	—
12CrMo	410～560	205	21	19	40	27	156HBW
15CrMo	440～640	295	21	19	40	27	170HBW
12Cr1Mo	415～560	205	22	20	40	27	163HBW
12Cr1MoV	470～640	255	21	19	40	27	179HBW
12Cr2Mo	450～600	280	22	20	40	27	163HBW
12Cr5MoI	415～590	205	22	20	40	27	163HBW
12Cr5MoNT	480～640	280	20	18	40	27	—
12Cr9MoI	460～640	210	20	18	40	27	179HBW
12Cr9MoNT	590～740	390	18	16	40	27	—
07Cr19Ni10	≥520	205	35		—	—	187HBW

注:表中钢材的力学性能为经过热处理后的数据。

表 2-1-118　冷拔异型钢管的分类、代号

分类	方形钢管	矩形钢管	椭圆形钢管	平椭圆形钢管	内外六角形钢管	直角梯形钢管
代号	D-1	D-2	D-3	D-4	D-5	D-6

表 2-1-119　冷拔异型钢管的长度、弯曲度、尺寸允许偏差

尺寸允许偏差/mm			弯曲度			长度		
边长尺寸	普通级	高级	精度等级	弯曲度 /mm·m^{-1}	总弯曲度 /%	通常长度/m	允许偏差 定尺寸/mm	允许偏差 倍尺全长/mm
≤30	±0.30	±0.20	普通级	≤3.0	≤0.3	2～9.0	$^{+15}_{0}$	$^{+10}_{0}$ 每个倍尺应留5～10mm切口余量
>30～50	±0.40	±0.30						
>50～75	±0.80%	±0.70%	高级	≤2.0	≤0.2			
>75	±1.00%	±0.80%						

表 2-1-120　冷拔异型钢管材料的力学性能

牌号	抗拉强度 R_m/MPa	屈服点 R_{eL}/MPa	断后伸长率 A/%	牌号	抗拉强度 R_m/MPa	屈服点 R_{eL}/MPa	断后伸长率 A/%
	不小于				不小于		
10	335	205	24	Q215	335～450	215	30
20	410	245	20	Q235	370～500	235	25
35	510	305	17	Q345	470～630	345	21
45	590	335	14	Q390	490～650	390	18
Q195	315～430	195	33				

注：1. 表中所列钢牌号的化学成分应分别符合 GB/T 699、GB/T 700、GB/T 1591 的规定。经供需双方协议，也可生产其他牌号的钢管。

2. 异型钢管用无缝钢管冷拔制造；如在合同中注明，也可用焊接钢管冷拔制造。

表 2-1-121 钢管的尺寸、几何特性和质量

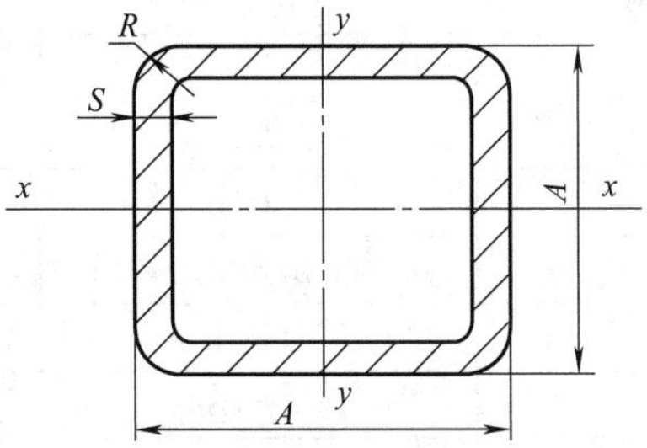

方形钢管(D-1)

基本尺寸		截面面积	理论质量	惯性矩	截面模量
A	S	F	G	$J_x=J_y$	$W_x=W_y$
mm		cm^2	kg/m	cm^4	cm^3
12	0.8	0.347	0.273	0.072	0.119
	1	0.423	0.332	0.084	0.140
14	1	0.503	0.395	0.139	0.199
	1.5	0.711	0.558	0.181	0.259
16	1	0.583	0.458	0.216	0.270
	1.5	0.831	0.653	0.286	0.357
18	1	0.663	0.520	0.315	0.351
	1.5	0.951	0.747	0.424	0.471
	2	1.211	0.951	0.505	0.561
20	1	0.743	0.583	0.442	0.442
	1.5	1.071	0.841	0.601	0.601
	2	1.371	1.076	0.725	0.725
	2.5	1.643	1.290	0.817	0.817
22	1	0.823	0.646	0.599	0.544
	1.5	1.191	0.935	0.822	0.748
	2	1.531	1.202	1.001	0.910
	2.5	1.843	1.447	1.140	1.036
25	1.5	1.371	1.077	1.246	0.997
	2	1.771	1.390	1.535	1.228
	2.5	2.143	1.682	1.770	1.416
	3	2.485	1.951	1.955	1.564
30	2	2.171	1.704	2.797	1.865
	3	3.085	2.422	3.670	2.447
	3.5	3.500	2.747	3.996	2.664
	4	3.885	3.050	4.256	2.837
32	2	2.331	1.830	3.450	2.157
	3	3.325	2.611	4.569	2.856
	3.5	3.780	2.967	4.999	3.124
	4	4.205	3.301	5.351	3.344

续表

基本尺寸		截面面积	理论质量	惯性矩	截面模量
A	S	F	G	$J_x=J_y$	$W_x=W_y$
mm		cm^2	kg/m	cm^4	cm^3
35	2	2.571	2.018	4.610	2.634
	3	3.685	2.893	6.176	3.529
	3.5	4.200	3.297	6.799	3.885
	4	4.685	3.678	7.324	4.185
36	2	2.651	2.081	5.048	2.804
	3	3.805	2.987	6.785	3.769
	4	4.845	3.804	8.076	4.487
	5	5.771	4.530	8.975	4.986
40	2	2.971	2.332	7.075	3.537
	3	4.285	3.364	9.622	4.811
	4	5.485	4.306	11.60	5.799
	5	6.571	5.158	13.06	6.532
42	2	3.131	2.458	8.265	3.936
	3	4.525	3.553	11.30	5.380
	4	5.805	4.557	13.69	6.519
	5	6.971	5.472	15.51	7.385
45	2	3.371	2.646	10.29	4.574
	3	4.885	3.835	14.16	6.293
	4	6.285	4.934	17.28	7.679
	5	7.571	5.943	19.72	8.763
50	2	3.771	2.960	14.36	5.743
	3	5.485	4.306	19.94	7.975
	4	7.085	5.562	24.56	9.826
	5	8.571	6.728	28.32	11.33
55	2	4.171	3.274	19.38	7.046
	3	6.085	4.777	27.11	9.857
	4	7.885	6.190	33.66	12.24
	5	9.571	7.513	39.11	14.22
60	3	6.685	5.248	35.82	11.94
	4	8.685	6.818	44.75	14.92
	5	10.57	8.298	52.35	17.45
	6	12.34	9.688	58.72	19.57
65	3	7.285	5.719	46.22	14.22
	4	9.485	7.446	58.05	17.86
	5	11.57	9.083	68.29	21.01
	6	13.54	10.63	77.03	23.70

续表

基本尺寸		截面面积	理论质量	惯性矩	截面模量
A	S	F	G	$J_x = J_y$	$W_x = W_y$
mm		cm^2	kg/m	cm^4	cm^3
70	3	7.885	6.190	58.46	16.70
	4	10.29	8.074	73.76	21.08
	5	12.57	9.868	87.18	24.91
	6	14.74	11.57	98.81	28.23
75	4	11.09	8.702	92.08	24.55
	5	13.57	10.65	109.3	29.14
	6	15.94	12.51	124.4	33.16
	8	19.79	15.54	141.4	37.72
80	4	11.89	9.330	113.2	28.30
	5	14.57	11.44	134.8	33.70
	6	17.14	13.46	154.0	38.49
	8	21.39	16.79	177.2	44.30
90	4	13.49	10.59	164.7	36.59
	5	16.57	13.01	197.2	43.82
	6	19.54	15.34	226.6	50.35
	8	24.59	19.30	265.8	59.06
100	5	18.57	14.58	276.4	55.27
	6	21.94	17.22	319.0	63.80
	8	27.79	21.82	379.8	75.95
	10	33.42	26.24	432.6	86.52
108	5	20.17	15.83	353.1	65.39
	6	23.86	18.73	408.9	75.72
	8	30.35	23.83	491.4	91.00
	10	36.62	28.75	564.3	104.5
120	6	26.74	20.99	573.1	95.51
	8	34.19	26.84	696.8	116.1
	10	41.42	32.52	807.9	134.7
	12	48.13	37.78	897.0	149.5
125	6	27.94	21.93	652.7	104.4
	8	35.79	28.10	797.0	127.5
	10	43.42	34.09	927.2	148.3
	12	50.53	39.67	1033.2	165.3
130	6	29.14	22.88	739.5	113.8
	8	37.39	29.35	906.3	139.4
	10	45.42	35.66	1057.6	162.7
	12	52.93	41.55	1182.5	181.9

续表

基本尺寸		截面面积	理论质量	惯性矩	截面模量
A	S	F	G	$J_x=J_y$	$W_x=W_y$
mm		cm^2	kg/m	cm^4	cm^3
140	6	31.54	24.76	935.3	133.6
	8	40.59	31.86	1153.9	164.8
	10	49.42	38.80	1354.1	193.4
	12	57.73	45.32	1522.8	217.5
150	8	43.79	34.38	1443.0	192.4
	10	53.42	41.94	1701.2	226.8
	12	62.53	49.09	1922.6	256.3
	14	71.11	55.82	2109.2	281.2
160	8	46.99	36.89	1776.7	222.1
	10	57.42	45.08	2103.1	262.9
	12	67.33	52.86	2386.8	298.4
	14	76.71	60.22	2630.1	328.8
180	8	53.39	41.91	2590.7	287.9
	10	65.42	51.36	3086.9	343.0
	12	76.93	60.39	3527.6	392.0
	14	87.91	69.01	3915.3	435.0
200	10	73.42	57.64	4337.6	433.8
	12	86.53	67.93	4983.6	498.4
	14	99.11	77.80	5562.3	556.2
	16	111.2	87.27	6076.4	607.6
250	10	93.42	73.34	8841.9	707.3
	12	110.5	86.77	10254.2	820.3
	14	127.1	99.78	11556.2	924.5
	16	143.2	112.4	12751.4	1020.1
280	10	105.4	82.76	12648.9	903.5
	12	124.9	98.07	14726.8	1051.9
	14	143.9	113.0	16663.5	1190.2
	16	162.4	127.5	18462.8	1318.8

当$S\leqslant 6$mm时，$R=1.5S$，方形钢管理论质量推荐计算公式见式(Ⅰ)；当$S>6$mm时，$R=2S$，方形钢管理论质量推荐计算公式见式(Ⅱ)。

$$G=0.0157S(2A-2.8584S) \quad (\text{Ⅰ})$$

$$G=0.0157S(2A-3.2876S) \quad (\text{Ⅱ})$$

式中 G——方形钢管的理论质量(钢的密度按7.85kg/dm^3)，kg/m；

A——方形钢管的边长，mm；

S——方形钢管的公称壁厚，mm

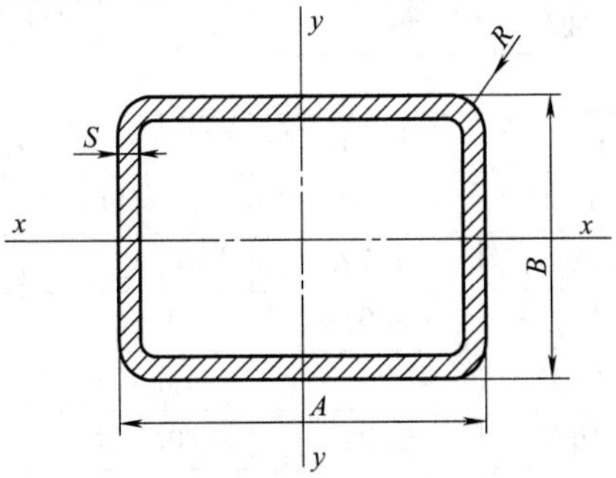

矩形钢管(D-2)

基本尺寸			截面面积	理论质量	惯性矩		截面模量	
A	B	S	F	G	J_x	J_y	W_x	W_y
mm			cm^2	kg/m	cm^4		cm^3	
10	5	0.8	0.203	0.160	0.007	0.022	0.028	0.045
		1	0.243	0.191	0.008	0.025	0.031	0.050
12	6	0.8	0.251	0.197	0.013	0.041	0.044	0.069
		1	0.303	0.238	0.015	0.047	0.050	0.079
14	7	1	0.362	0.285	0.026	0.080	0.073	0.115
		1.5	0.501	0.394	0.080	0.099	0.229	0.141
		2	0.611	0.480	0.031	0.106	0.090	0.151
	10	1	0.423	0.332	0.062	0.106	0.123	0.151
		1.5	0.591	0.464	0.077	0.134	0.154	0.191
		2	0.731	0.574	0.085	0.149	0.169	0.213
16	8	1	0.423	0.332	0.041	0.126	0.102	0.157
		1.5	0.591	0.464	0.050	0.159	0.124	0.199
		2	0.731	0.574	0.053	0.177	0.133	0.221
	12	1	0.502	0.395	0.108	0.171	0.180	0.213
		1.5	0.711	0.558	0.139	0.222	0.232	0.278
		2	0.891	0.700	0.158	0.256	0.264	0.319
18	9	1	0.483	0.379	0.060	0.185	0.134	0.206
		1.5	0.681	0.535	0.076	0.240	0.168	0.266
		2	0.851	0.668	0.084	0.273	0.186	0.304
	14	1	0.583	0.458	0.173	0.258	0.248	0.286
		1.5	0.831	0.653	0.228	0.342	0.326	0.380
		2	1.051	0.825	0.266	0.402	0.380	0.446
20	10	1	0.543	0.426	0.086	0.262	0.172	0.262
		1.5	0.771	0.606	0.110	0.110	0.219	0.110
		2	0.971	0.762	0.124	0.400	0.248	0.400
	12	1	0.583	0.458	0.132	0.298	0.220	0.298
		1.5	0.831	0.653	0.172	0.396	0.287	0.396
		2	1.051	0.825	0.199	0.465	0.331	0.465

续表

基本尺寸			截面面积	理论质量	惯性矩		截面模量	
A	B	S	F	G	J_x	J_y	W_x	W_y
mm			cm^2	kg/m	cm^4		cm^3	
25	10	1	0.643	0.505	0.106	0.465	0.213	0.372
		1.5	0.921	0.723	0.137	0.624	0.274	0.499
		2	1.171	0.919	0.156	0.740	0.313	0.592
	18	1	0.803	0.630	0.417	0.696	0.463	0.557
		1.5	1.161	0.912	0.567	0.956	0.630	0.765
		2	1.491	1.717	0.685	1.164	0.761	0.931
30	15	1.5	1.221	0.959	0.435	1.324	0.580	0.883
		2	1.571	1.233	0.521	1.619	0.695	1.079
		2.5	1.893	1.486	0.584	1.850	0.779	1.233
	20	1.5	1.371	1.007	0.859	1.629	0.859	1.086
		2	1.771	1.390	1.050	2.012	1.050	1.341
		2.5	2.143	1.682	1.202	2.324	1.202	1.549
35	15	1.5	1.371	1.077	0.504	1.969	0.672	1.125
		2	1.771	1.390	0.607	2.429	0.809	1.388
		2.5	2.143	1.682	0.683	2.803	0.911	1.602
	25	1.5	1.671	1.312	1.661	2.811	1.329	1.606
		2	2.171	1.704	2.066	3.520	1.652	2.011
		2.5	2.642	2.075	2.405	4.126	1.924	2.358
40	11	1.5	1.401	1.100	0.276	2.341	0.501	1.170
	20	2	2.171	1.704	1.376	4.184	1.376	2.092
		2.5	2.642	2.075	1.587	4.903	1.587	2.452
		3	3.085	2.422	1.756	5.506	1.756	2.753
	30	2	2.571	2.018	3.582	5.629	2.388	2.815
		2.5	3.143	2.467	4.220	6.664	2.813	3.332
		3	3.685	2.893	4.768	7.564	3.179	3.782
50	25	2	2.771	2.175	2.861	8.595	2.289	3.438
		3	3.985	3.129	3.781	11.64	3.025	4.657
		4	5.085	3.992	4.424	13.96	3.540	5.583
	40	2	3.371	2.646	8.520	12.05	4.260	4.821
		3	4.885	3.835	11.68	16.62	5.840	6.648
		4	6.285	4.934	14.20	20.32	7.101	8.128
60	30	2	3.371	2.646	5.153	15.35	3.435	5.117
		3	4.885	3.835	6.964	21.18	4.643	7.061
		4	6.285	4.934	8.344	25.90	5.562	8.635
	40	2	3.771	2.960	9.965	18.72	4.983	6.239
		3	5.485	4.306	13.74	26.06	6.869	8.687
		4	7.085	5.562	16.80	32.19	8.402	10.729

续表

基本尺寸			截面面积	理论质量	惯性矩		截面模量	
A	B	S	F	G	J_x	J_y	W_x	W_y
mm			cm²	kg/m	cm⁴		cm³	
70	35	2	3.971	3.117	8.426	24.95	4.815	7.130
		3	5.785	4.542	11.57	34.87	6.610	9.964
		4	7.485	5.876	14.09	43.23	8.051	12.35
	50	3	6.685	5.248	26.57	44.98	10.63	12.85
		4	8.685	6.818	33.05	56.32	13.22	16.09
		5	10.57	8.298	38.48	66.01	15.39	18.86
80	40	3	6.685	5.248	17.85	53.47	8.927	13.37
		4	8.685	6.818	22.01	66.95	11.00	16.74
		5	10.57	8.298	25.40	78.45	12.70	19.61
	60	4	10.29	8.074	57.32	90.07	19.11	22.52
		5	12.57	9.868	67.52	106.6	22.51	26.65
		6	14.74	11.57	76.28	121.0	25.43	30.26
90	50	3	7.885	6.190	33.21	83.39	13.28	18.53
		4	10.29	8.074	41.53	105.4	16.61	23.43
		5	12.57	9.868	48.65	124.8	19.46	27.74
	70	4	11.89	9.330	91.21	135.0	26.06	30.01
		5	14.57	11.44	108.3	161.0	30.96	35.78
		6	15.94	12.51	123.5	184.1	35.27	40.92
100	50	3	8.485	6.661	36.53	108.4	14.61	21.67
		4	11.09	8.702	45.78	137.5	18.31	27.50
		5	13.57	10.65	53.73	163.4	21.49	32.69
	80	4	13.49	10.59	136.3	192.8	34.08	38.57
		5	16.57	13.01	163.0	231.2	40.74	46.24
		6	19.54	15.34	186.9	265.9	46.72	53.18
120	60	4	13.49	10.59	82.45	245.6	27.48	40.94
		5	16.57	13.01	97.85	294.6	32.62	49.10
		6	19.54	15.34	111.4	338.9	37.14	56.49
	80	4	15.09	11.84	159.4	299.5	39.86	49.91
		6	21.94	17.22	219.8	417.0	54.95	69.49
		8	27.79	21.82	260.5	495.8	65.12	82.63
140	70	6	23.14	18.17	185.1	558.0	52.88	79.71
		8	29.39	23.07	219.1	665.5	62.59	95.06
		10	35.43	27.81	247.2	761.4	70.62	108.8
	120	6	29.14	22.88	651.1	827.5	108.5	118.2
		8	37.39	29.35	797.3	1014.4	132.9	144.9
		10	45.43	35.66	929.2	1184.7	154.9	169.2

续表

基本尺寸			截面面积	理论质量	惯性矩		截面模量	
A	B	S	F	G	J_x	J_y	W_x	W_y
mm			cm^2	kg/m	cm^4		cm^3	
150	75	6	24.94	19.58	231.7	696.2	61.80	92.82
		8	31.79	24.96	276.7	837.4	73.80	111.7
		10	38.43	30.16	314.7	965.0	83.91	128.7
	100	6	27.94	21.93	451.7	851.8	90.35	113.6
		8	35.79	28.10	549.5	1039.3	109.9	138.6
		10	43.43	34.09	635.9	1210.4	127.2	161.4
160	60	6	24.34	19.11	146.6	713.1	48.85	89.14
		8	30.99	24.33	172.5	851.7	57.50	106.5
		10	37.43	29.38	193.2	976.4	64.40	122.1
	80	6	26.74	20.99	285.7	855.5	71.42	106.9
		8	34.19	26.84	343.8	1036.7	85.94	129.6
		10	41.43	32.52	393.5	1201.7	98.37	150.2
180	80	6	29.14	22.88	318.6	1152.6	79.65	128.1
		8	37.39	29.35	385.4	1406.5	96.35	156.3
		10	45.43	35.66	442.8	1640.3	110.7	182.3
	100	8	40.59	31.87	651.3	1643.4	130.3	182.6
		10	49.43	38.80	757.9	1929.6	151.6	214.4
		12	57.73	45.32	845.3	2170.6	169.1	241.2
200	80	8	40.59	31.87	427.1	1851.1	106.8	185.1
		12	57.73	45.32	543.4	2435.4	135.9	243.5
		14	65.51	51.43	582.2	2650.7	145.6	265.1
	120	8	46.99	36.89	1098.9	2441.3	183.2	244.1
		12	67.33	52.86	1459.2	3284.8	243.2	328.5
		14	76.71	60.22	1598.7	3621.2	266.4	362.1
220	110	8	48.59	38.15	981.1	2916.5	178.4	265.1
		12	69.73	54.74	1298.6	3934.5	236.1	357.7
		14	79.51	62.42	1420.5	4343.1	258.3	394.8
	200	10	77.43	60.78	4699.0	5445.9	469.9	495.1
		12	91.33	71.70	5408.3	6273.3	540.8	570.3
		14	104.7	82.20	6047.5	7020.7	604.8	638.2
240	180	12	91.33	71.70	4545.4	7121.4	505.0	593.4
250	150	10	73.43	57.64	2682.9	5960.2	357.7	476.8
		12	86.53	67.93	3068.1	6852.7	409.1	548.2
		14	99.11	77.80	3408.5	7652.9	454.5	612.2
	200	10	83.43	65.49	5241.0	7401.0	524.1	592.1
		12	98.53	77.35	6045.3	8553.5	604.5	684.3
		14	113.1	88.79	6775.4	9604.6	677.5	768.4

续表

基本尺寸			截面面积	理论质量	惯性矩		截面模量	
A	B	S	F	G	J_x	J_y	W_x	W_y
mm			cm^2	kg/m	cm^4		cm^3	
300	150	10	83.43	65.49	3173.7	9403.9	423.2	626.9
		14	113.1	88.79	4058.1	12195.7	541.1	813.0
		16	127.2	99.83	4427.9	13399.1	590.4	893.3
	200	10	93.43	73.34	6144.3	11507.2	614.4	767.1
		14	127.1	99.78	7988.6	15060.8	798.9	1004.1
		16	143.2	112.39	8791.7	16628.7	879.2	1108.6
400	200	10	113.4	89.04	7951.0	23348.1	795.1	1167.4
		14	155.1	121.76	10414.8	30915.0	1041.5	1545.8
		16	175.2	137.51	11507.0	34339.4	1150.7	1717.0

当 $S\leqslant 6$mm 时，$R=1.5S$，矩形钢管理论质量推荐计算公式见式（Ⅰ）；当 $S>6$mm 时，$R=2S$，矩形钢管理论质量推荐计算公式见式（Ⅱ）。

$$G=0.0157S(A+B-2.8584S) \qquad (\text{Ⅰ})$$

$$G=0.0157S(A+B-3.2876S) \qquad (\text{Ⅱ})$$

式中　G——矩形钢管的理论质量（钢的密度按 7.85kg/dm^3），kg/m；

A、B——矩形钢管的长、宽，mm；

S——矩形钢管的公称壁厚，mm

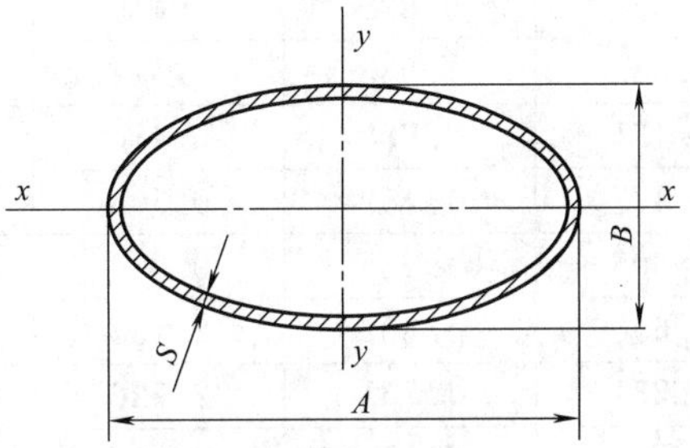

椭圆形钢管（D-3）

基本尺寸			截面面积	理论质量	惯性矩		截面模量	
A	B	S	F	G	J_x	J_y	W_x	W_y
mm			cm^2	kg/m	cm^4		cm^3	
10	5	0.5	0.110	0.086	0.003	0.011	0.013	0.021
		0.8	0.168	0.132	0.005	0.015	0.018	0.030
		1	0.204	0.160	0.005	0.018	0.021	0.035
	7	0.5	0.126	0.099	0.007	0.013	0.021	0.026
		0.8	0.195	0.152	0.010	0.019	0.030	0.038
		1	0.236	0.185	0.012	0.022	0.034	0.044

续表

基本尺寸			截面面积	理论质量	惯性矩		截面模量	
A	B	S	F	G	J_x	J_y	W_x	W_y
mm			cm^2	kg/m	cm^4		cm^3	
12	6	0.5	0.134	0.105	0.006	0.019	0.020	0.031
		0.8	0.206	0.162	0.009	0.028	0.028	0.046
		1.2	0.294	0.231	0.011	0.036	0.036	0.061
	8	0.5	0.149	0.117	0.012	0.022	0.029	0.037
		0.8	0.231	0.182	0.017	0.033	0.042	0.055
		1.2	0.332	0.260	0.022	0.044	0.055	0.073
18	9	0.8	0.319	0.251	0.032	0.101	0.072	0.112
		1.2	0.464	0.364	0.043	0.139	0.096	0.155
		1.5	0.565	0.444	0.049	0.164	0.109	0.182
	12	0.8	0.357	0.280	0.063	0.120	0.104	0.133
		1.2	0.520	0.408	0.086	0.166	0.143	0.185
		1.5	0.636	0.499	0.100	0.197	0.166	0.218
24	8	0.8	0.382	0.300	0.033	0.208	0.081	0.174
		1.2	0.558	0.438	0.043	0.292	0.107	0.243
		1.5	0.683	0.536	0.049	0.346	0.121	0.289
	12	0.8	0.432	0.339	0.081	0.249	0.136	0.208
		1.2	0.633	0.497	0.112	0.352	0.186	0.293
		1.5	0.778	0.610	0.131	0.420	0.218	0.350
30	18	1	0.723	0.567	0.299	0.674	0.333	0.449
		1.5	1.060	0.832	0.416	0.954	0.462	0.636
		2	1.382	1.085	0.514	1.199	0.571	0.800
34	17	1.5	1.131	0.888	0.410	1.277	0.482	0.751
		2	1.477	1.159	0.505	1.613	0.594	0.949
		2.5	1.806	1.418	0.583	1.909	0.685	1.123
43	32	1.5	1.696	1.332	2.138	3.398	1.336	1.581
		2	2.231	1.751	2.726	4.361	1.704	2.028
		2.5	2.749	2.158	3.259	5.247	2.037	2.440
50	25	1.5	1.696	1.332	1.405	4.278	1.124	1.711
		2	2.231	1.751	1.776	5.498	1.421	2.199
		2.5	2.749	2.158	2.104	6.624	1.683	2.650
55	35	1.5	2.050	1.609	3.243	6.592	1.853	2.397
		2	2.702	2.121	4.157	8.520	2.375	3.098
		2.5	3.338	2.620	4.995	10.32	2.854	3.754
60	30	1.5	2.050	1.609	2.494	7.528	1.663	2.509
		2	2.702	2.121	3.181	9.736	2.120	3.245
		2.5	3.338	2.620	3.802	11.80	2.535	3.934

基本尺寸			截面面积	理论质量	惯性矩		截面模量	
A	B	S	F	G	J_x	J_y	W_x	W_y
mm			cm^2	kg/m	cm^4		cm^3	
65	35	1.5	2.286	1.794	3.770	10.02	2.154	3.084
		2	3.016	2.368	4.838	13.00	2.764	4.001
		2.5	3.731	2.929	5.818	15.81	3.325	4.865
70	35	1.5	2.403	1.887	4.036	12.11	2.306	3.460
		2	3.173	2.491	5.181	15.73	2.960	4.495
		2.5	3.927	3.083	6.234	19.16	3.562	5.474
76	38	1.5	2.615	2.053	5.212	15.60	2.743	4.104
		2	3.456	2.713	6.710	20.30	3.352	5.342
		2.5	4.280	3.360	8.099	24.77	4.263	6.519
80	40	1.5	2.757	2.164	6.110	18.25	3.055	4.564
		2	3.644	2.861	7.881	23.79	3.941	5.948
		2.5	4.516	3.545	9.529	29.07	4.765	7.267
84	56	1.5	3.228	2.534	13.33	24.95	4.760	5.942
		2	4.273	3.354	17.34	32.61	6.192	7.765
		2.5	5.301	4.162	21.14	39.95	7.550	9.513
90	40	1.5	2.992	2.349	6.817	24.74	3.409	5.497
		2	3.958	3.107	8.797	32.30	4.399	7.178
		2.5	4.909	3.853	10.64	39.54	5.321	8.787

椭圆形钢管理论质量推荐计算公式：

$$G=0.0123S(A+B-2S)$$

式中　G——椭圆形钢管的理论质量(钢的密度按 $7.85kg/dm^3$),kg/m；

A、B——椭圆形钢管的长轴、短轴,mm；

S——椭圆形钢管的公称壁厚,mm

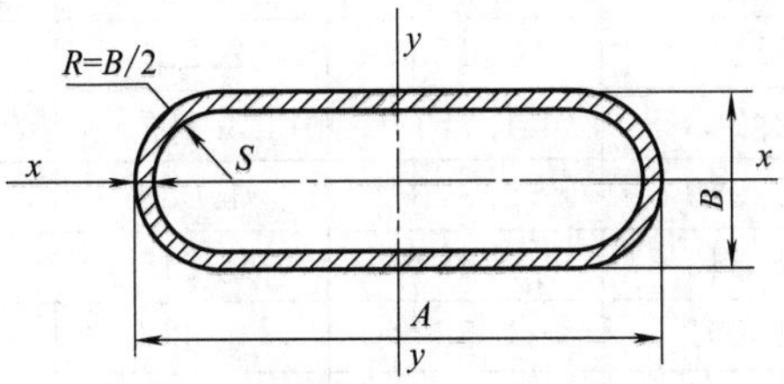

平椭圆形钢管(D-4)

基本尺寸			截面面积	理论质量	惯性矩		截面模量	
A	B	S	F	G	J_x	J_y	W_x	W_y
mm			cm^2	kg/m	cm^4		cm^3	
10	5	0.8	0.186	0.146	0.006	0.007	0.024	0.014
		1	0.226	0.177	0.018	0.021	0.071	0.042
14	7	0.8	0.268	0.210	0.018	0.053	0.053	0.076
		1	0.328	0.258	0.021	0.063	0.061	0.090

续表

基本尺寸			截面面积	理论质量	惯性矩		截面模量	
A	B	S	F	G	J_x	J_y	W_x	W_y
mm			cm^2	kg/m	cm^4		cm^3	
18	12	1	0.466	0.365	0.089	0.160	0.149	0.178
		1.5	0.675	0.530	0.120	0.219	0.199	0.244
		2	0.868	0.682	0.142	0.267	0.237	0.297
24	12	1	0.586	0.460	0.126	0.352	0.209	0.293
		1.5	0.855	0.671	0.169	0.491	0.282	0.409
		2	1.108	0.870	0.203	0.609	0.339	0.507
30	15	1	0.740	0.581	0.256	0.706	0.341	0.471
		1.5	1.086	0.853	0.353	1.001	0.470	0.667
		2	1.417	1.112	0.432	1.260	0.576	0.840
35	25	1	0.954	0.749	0.832	1.325	0.666	0.757
		1.5	1.407	1.105	1.182	1.899	0.946	1.085
		2	1.845	1.448	1.493	2.418	1.195	1.382
40	25	1	1.054	0.827	0.976	1.889	0.781	0.944
		1.5	1.557	1.223	1.390	2.719	1.112	1.360
		2	2.045	1.605	1.758	3.479	1.407	1.740
45	15	1	1.040	0.816	0.403	2.137	0.537	0.950
		1.5	1.536	1.206	0.558	3.077	0.745	1.367
		2	2.017	1.583	0.688	3.936	0.917	1.750
50	25	1	1.254	0.984	1.264	3.423	1.011	1.369
		1.5	1.857	1.458	1.804	4.962	1.444	1.985
		2	2.445	1.919	2.289	6.393	1.831	2.557
55	25	1	1.354	1.063	1.408	4.419	1.127	1.607
		1.5	2.007	1.576	2.012	6.423	1.609	2.336
		2	2.645	2.076	2.554	8.296	2.043	3.017
60	30	1	1.511	1.186	2.221	5.983	1.481	1.994
		1.5	2.243	1.761	3.197	8.723	2.131	2.908
		2	2.959	2.323	4.089	11.30	2.726	3.768
63	10	1	1.343	1.054	0.245	4.927	0.489	1.564
		1.5	1.991	1.563	0.327	7.152	0.655	2.271
		2	2.623	2.059	0.389	9.228	0.778	2.929
70	35	1.5	2.629	2.063	5.167	14.02	2.952	4.006
		2	3.473	2.727	6.649	18.24	3.799	5.213
		2.5	4.303	3.378	8.020	22.25	4.583	6.358
75	35	1.5	2.779	2.181	5.588	16.87	3.193	4.499
		2	3.673	2.884	7.194	21.98	4.111	5.862
		2.5	4.553	3.574	8.682	26.85	4.961	7.160

续表

基本尺寸			截面面积	理论质量	惯性矩		截面模量	
A	B	S	F	G	J_x	J_y	W_x	W_y
mm			cm^2	kg/m	cm^4		cm^3	
80	30	1.5	2.843	2.232	4.416	18.98	2.944	4.746
		2	3.759	2.951	5.660	24.75	3.773	6.187
		2.5	4.660	3.658	6.798	30.25	4.532	7.561
85	25	1.5	2.907	2.282	3.256	21.11	2.605	4.967
		2	3.845	3.018	4.145	27.53	3.316	6.478
		2.5	4.767	3.742	4.945	33.66	3.956	7.920
90	30	1.5	3.143	2.467	5.026	26.17	3.351	5.816
		2	4.159	3.265	6.445	34.19	4.297	7.598
		2.5	5.160	4.050	7.746	41.87	5.164	9.305

平椭圆形钢管理论质量推荐计算公式：

$$G=0.0157S(A+0.5708B-1.5708S)$$

式中 G——椭圆形钢管的理论质量(钢的密度按 7.85kg/dm³)，kg/m；

A，B——平椭圆形钢管的长、宽，mm；

S——平椭圆形钢管的公称壁厚，mm

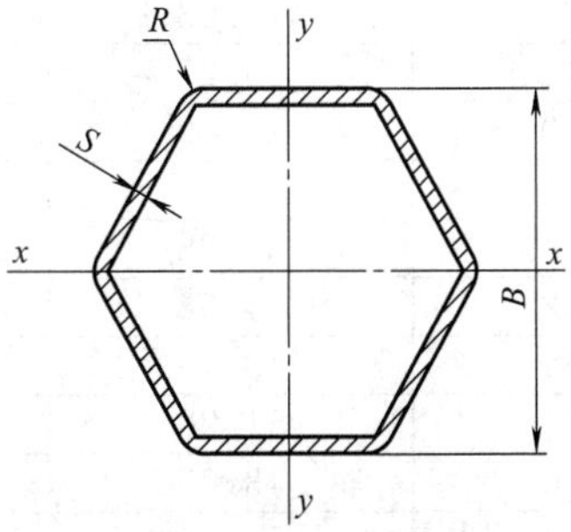

内外六角形钢管(D-5)

基本尺寸		截面面积	理论质量	惯性矩	截面模量	
B	S	F	G	$J_x=J_y$	W_x	W_y
mm		cm^2	kg/m	cm^4	cm^3	
10	1	0.305	0.240	0.034	0.069	0.060
	1.5	0.427	0.335	0.043	0.087	0.075
	2	0.528	0.415	0.048	0.096	0.084
12	1	0.375	0.294	0.063	0.105	0.091
	1.5	0.531	0.417	0.082	0.136	0.118
	2	0.667	0.524	0.094	0.157	0.136
14	1	0.444	0.348	0.104	0.149	0.129
	1.5	0.635	0.498	0.138	0.198	0.171
	2	0.806	0.632	0.163	0.232	0.201
19	1	0.617	0.484	0.278	0.292	0.253
	1.5	0.895	0.702	0.381	0.401	0.347
	2	1.152	0.904	0.464	0.489	0.423

续表

基本尺寸		截面面积	理论质量	惯性矩	截面模量	
B	S	F	G	$J_x=J_y$	W_x	W_y
mm		cm^2	kg/m	cm^4	cm^3	
21	1	0.686	0.539	0.381	0.363	0.314
	2	1.291	1.013	0.649	0.618	0.535
	3	1.813	1.423	0.824	0.785	0.679
27	1	0.894	0.702	0.839	0.622	0.538
	2	1.706	1.339	1.482	1.098	0.951
	3	2.436	1.912	1.958	1.450	1.256
32	2	2.053	1.611	2.566	1.604	1.389
	3	2.956	2.320	3.461	2.163	1.873
	4	3.777	2.965	4.139	2.587	2.240
36	2	2.330	1.829	3.740	2.078	1.799
	3	3.371	2.647	5.107	2.837	2.457
	4	4.331	3.400	6.187	3.437	2.977
41	3	3.891	3.054	7.809	3.809	3.299
	4	5.024	3.944	9.579	4.673	4.046
	5	6.074	4.768	11.00	5.366	4.647
46	3	4.411	3.462	11.33	4.926	4.266
	4	5.716	4.487	14.03	6.100	5.283
	5	6.940	5.448	16.27	7.074	6.126
57	3	5.554	4.360	22.49	7.890	6.833
	4	7.241	5.684	28.26	9.917	8.588
	5	8.845	6.944	33.28	11.68	10.11
65	3	6.385	5.012	34.08	10.48	9.080
	4	8.349	6.554	43.15	13.28	11.50
	5	10.23	8.031	51.20	15.76	13.64
70	3	6.904	5.420	43.03	12.29	10.65
	4	9.042	7.098	54.70	15.63	13.53
	5	11.10	8.711	65.16	18.62	16.12
85	4	11.12	8.730	101.3	23.83	20.64
	5	13.70	10.75	121.7	28.64	24.80
	6	16.19	12.71	140.4	33.03	28.61
95	4	12.51	9.817	143.8	30.27	26.21
	5	15.43	12.11	173.5	36.53	31.63
	6	18.27	14.34	201.0	42.31	36.64
105	4	13.89	10.91	196.7	37.47	32.45
	5	17.16	13.47	238.2	45.38	39.30
	6	20.35	15.97	276.9	52.74	45.68

内外六角形钢管理论质量推荐计算公式：

$$G=0.02719S(B-1.1862S)$$

式中 G——内外六角形钢管的理论质量(按 $R=1.5S$，钢的密度按 $7.85kg/dm^3$)，kg/m；

B——内外六角形钢管的对边距离，mm；

S——内外六角形钢管的公称壁厚，mm

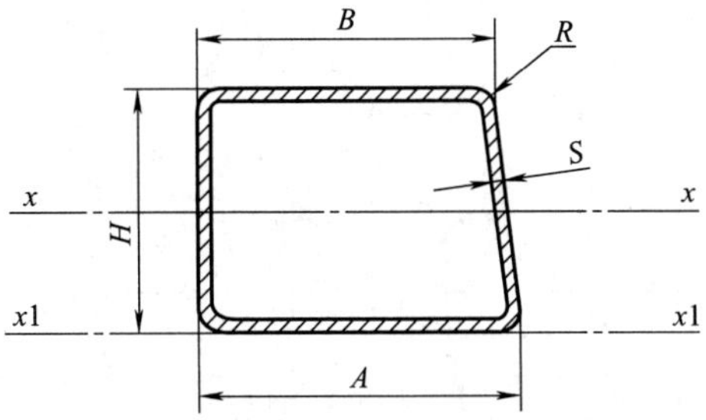

直角梯形钢管(D-6)

基本尺寸				截面面积	理论质量	惯性矩	截面模量	
A	B	H	S	F	G	J_x	W_{xa}	W_{xb}
mm				cm^2	kg/m	cm^4	cm^3	
35	20	35	2	2.312	1.815	3.728	2.344	1.953
	25	30	2	2.191	1.720	2.775	1.959	1.753
	30	25	2	2.076	1.630	1.929	1.584	1.504
45	32	50	2	3.337	2.619	11.64	4.935	4.409
	40	30	1.5	2.051	1.610	2.998	2.039	1.960
50	35	60	2.2	4.265	3.348	21.09	7.469	6.639
	40	30	1.5	2.138	1.679	3.143	2.176	2.021
		35	1.5	2.287	1.795	4.484	2.661	2.471
50	45	30	1.5	2.201	1.728	3.303	2.242	2.164
			2	2.876	2.258	4.167	2.828	2.730
		40	2	3.276	2.572	8.153	4.149	4.006
55	50	40	2	3.476	2.729	8.876	4.510	4.369
60	55	50	1.5	3.099	2.433	12.50	5.075	4.930

直角梯形钢管理论质量推荐计算公式：

$$G=\left\{S\left[A+B+H+0.283185S+\frac{H}{\sin\alpha}-\frac{2S}{\sin\alpha}-2S\left(\mathrm{tg}\,\frac{180^\circ-\alpha}{2}+\mathrm{tg}\,\frac{\alpha}{2}\right)\right]\right\}0.00785$$

$$\alpha=\mathrm{arctg}\,\frac{H}{A-B}$$

式中 G——直角梯形钢管的理论质量(按 $R=1.5S$,钢的密度按 $7.85kg/dm^3$),kg/m；

A——直角梯形钢管的下底,mm；

B——直角梯形钢管的上底,mm；

H——直角梯形钢管的高,mm；

S——直角梯形钢管的公称壁厚,mm

1.6.10 冷拔式热轧精密无缝钢管（摘自 GB/T 3639—2009）

表 2-1-122 冷拔或冷轧精密无缝钢管规格（摘自 GB/T 3639—2009） /mm

外径		壁厚												
尺寸	允许偏差	1.0	1.2	1.5	2.0	2.5	3.0	4	5	6	8	10	11	12.5
25	±0.10	23±0.10	22.0±0.10	22±0.10	21±0.10	20±0.10	19±0.15	17±0.20	15±0.30					
28		26±0.10	25.6±0.10	25±0.10	24±0.10	23±0.10	22±0.15	20±0.15	18±0.20	16±0.30				
30		28±0.10	27.6±0.10	27±0.10	26±0.10	25±0.10	24±0.15	22±0.15	20±0.15	18±0.30				
32	±0.15	30±0.15	29.6±0.15	29±0.15	28±0.15	27±0.15	26±0.15	24±0.15	22±0.15	20±0.35				
35		33±0.15	32.6±0.15	32±0.15	31±0.15	30±0.15	29±0.15	27±0.15	25±0.15	23±0.20				
38		36±0.15	35.6±0.15	35±0.15	34±0.15	33±0.15	32±0.15	30±0.15	28±0.15	26±0.15	22±0.25			
40		38±0.15	37.6±0.15	37±0.15	36±0.15	35±0.15	34±0.15	32±0.15	30±0.15	28±0.15	24±0.25			
42	±0.20	40±0.20	39.6±0.20	39±0.20	38±0.20	37±0.20	36±0.20	34±0.20	32±0.20	30±0.20	26±0.20	22±0.30		
45		43±0.20	42.6±0.20	42±0.20	41±0.20	40±0.20	39±0.20	37±0.20	35±0.20	33±0.20	29±0.20	25±0.25		
48		46±0.20	45.6±0.20	45±0.20	44±0.20	43±0.20	42±0.20	40±0.20	38±0.20	36±0.20	32±0.20	28±0.20		
50		48±0.20	47.6±0.20	47±0.20	46±0.20	45±0.20	44±0.20	42±0.20	40±0.20	38±0.20	34±0.20	30±0.20		
55	±0.25	53±0.25	52.6±0.25	52±0.25	51±0.25	50±0.25	49±0.25	47±0.25	45±0.25	43±0.25	39±0.25	35±0.25	33±0.25	30±0.25
60		58±0.25	57.6±0.25	57±0.25	56±0.25	55±0.25	54±0.25	52±0.25	50±0.25	48±0.25	44±0.25	40±0.25	38±0.25	35±0.25
63	±0.30	61±0.30	60.6±0.30	60±0.30	59±0.30	58±0.30	57±0.30	55±0.30	53±0.30	51±0.30	47±0.30	43±0.30	41±0.30	39±0.30
70		68±0.30	67.6±0.30	67±0.30	66±0.30	65±0.30	64±0.30	62±0.30	60±0.30	58±0.30	54±0.30	50±0.30	48±0.30	45±0.30
76	±0.35	74±0.35	73.6±0.35	73±0.35	72±0.35	71±0.35	70±0.35	68±0.35	66±0.35	64±0.35	60±0.35	56±0.35	53±0.35	50±0.35
80		78±0.35	77.6±0.35	77±0.35	76±0.35	75±0.35	74±0.35	72±0.35	70±0.35	68±0.35	64±0.35	60±0.35	58±0.35	56±0.35
90	±0.40			87±0.40	86±0.40	85±0.40	84±0.40	82±0.40	80±0.40	78±0.40	74±0.40	70±0.40	68±0.40	66±0.40
100	±0.45				96±0.45	95±0.45	94±0.45	92±0.45	90±0.45	88±0.45	84±0.45	80±0.45	78±0.45	75±0.45
110	±0.50				106±0.50	105±0.50	104±0.50	102±0.50	100±0.50	98±0.50	94±0.50	90±0.50	88±0.50	85±0.50
120					116±0.50	115±0.50	114±0.50	112±0.50	110±0.50	108±0.50	104±0.50	100±0.50	98±0.50	95±0.50
130	±0.65						124±0.65	122±0.65	120±0.65	118±0.65	114±0.65	110±0.65	108±0.65	105±0.65
140							134±0.65	132±0.65	130±0.65	128±0.65	124±0.65	120±0.65	118±0.65	115±0.65
150	±0.75						144±0.75	142±0.75	140±0.75	138±0.75	134±0.75	130±0.75	128±0.75	125±0.75
160	±0.80							152±0.80	150±0.80	148±0.80	144±0.80	140±0.80	138±0.80	135±0.80
170	±0.85							162±0.85	160±0.85	158±0.85	154±0.85	150±0.85	148±0.85	145±0.85
180	±0.90								170±0.90	168±0.90	164±0.90	160±0.90	158±0.90	155±0.90
190	±0.95									178±0.95	174±0.95	170±0.95	168±0.95	165±0.95

外径		壁厚												
尺寸	允许偏差	1.0	1.2	1.5	2.0	2.5	3.0	4	5	6	8	10	11	12.5
200	±0.10									188±1.0	184±1.0	180±1.0	178±1.0	175±1.0

注：1. 表中所列精密无缝钢管规格为 GB/T 3639—2009 中的部分规格。

2. 钢管用10、20、35、45、Q345B钢制造，10、20、35、45钢的化学成分（熔炼分析）应符合 GB/T 699 的规定；Q345B 的化学成分（熔炼分析）应符合 GB/T 1591 的规定，其中 P、S 含量均不大于 0.030%。

3. 钢管的通常长度为 2000～12000mm。

4. 精密无缝钢管的交货状态：

交货状态	代号	说明
冷加工/硬	+C	最后冷加工之后钢管不进行热处理
冷加工/软	+LC	最后热处理之后进行适当的冷加工
冷加工后消除应力退火	+SR	最后冷加工后，钢管在控制气氛中进行去应力退火
退火	+A	最后冷加工之后，钢管在控制气氛中进行完全退火
正火	+N	最后冷加工之后，钢管在控制气氛中进行正火

5. 精密无缝钢管的不圆度应不大于外径公差 80%。

6. 精密无缝钢管弯曲度应不大于 3.0mm/m。外径大于 16mm 的钢管全长（L）弯曲度应符合以下规定：$R_{eH} \leqslant 500$MPa，$\leqslant 0.15\%L$；$R_{eH} > 500$MPa，$\leqslant 0.20\%L$。

7. 冷加工（+C、+LC）状态的钢管，其外径和内径允许偏差应符合表 2-1-127 的规定。

热处理（+SR、+A、+N）状态的钢管，其外径和内径允许偏差应符合下表的规定：

壁厚(S)/外径(D)	允许偏差
$S/D \geqslant 1/20$	按表中规定的值
$1/40 \leqslant S/D < 1/20$	按表中规定值的 1.5 倍
$S/D < 1/40$	按表中规定值的 2.0 倍

8. 精密无缝钢管的质量按其密度为 7.85g/cm² 计算。

表 2-1-123　精密无缝钢管的力学性能（摘自 GB/T 3639—2009）

牌号	交货状态											
	+C		+LC		+SR			+A		+N		
	R_m/MPa	A/%	R_m/MPa	A/%	R_m/MPa	R_{eH}/MPa	A/%	R_m/MPa	A/%	R_m/MPa	R_{eH}①/MPa	A/%
	不小于											
10	430	8	380	10	400	300	16	335	24	320～450	215	27
20	550	5	520	8	520	375	12	390	21	440～570	255	21
35	590	5	550	7	—	—	—	510	17	≥460	280	21
45	645	4	630	6	—	—	—	590	14	≥540	340	18
Q345B	640	4	580	7	580	450	10	450	22	490～630	355	22

① 外径不大于 30mm 且壁厚不大于 3mm 的钢管，其最小上屈服强度可降低 10MPa。

注：1. R_m 表示抗拉强度，R_{eH} 表示上屈服强度，A 表示断后伸长率。

2. 受冷加工变形程度的影响，屈服强度非常接近抗拉强度，因此，推荐下列关系式计算：+C 状态：$R_{eH} \geqslant 0.8R_m$；+LC 状态：$R_{eH} \geqslant 0.7R_m$。

3. 推荐下列关系式计算：$R_{eH} \geqslant 0.5R_m$。

1.6.11 传动轴用电焊钢管（摘自 YB/T 5209—2010）

表 2-1-124 传动轴用电焊钢管尺寸和允许偏差 /mm

外径	壁厚	内径及允许偏差
50	2.5	45±0.14
63.5	1.6	60.3±0.18
	2.5	58.5±0.18
68.9	2.5	63.9±0.20
76	2.5	71±0.20
89	2.5	84±0.25
	4.0	81±0.25
	5.0	79±0.30
90	3.0	84±0.25
93	7.0	79±0.30
100	4.0	92±0.30
	6.0	88±0.30
108	7.0	94±0.30

钢管的壁厚允许偏差	
壁厚	允许偏差
1.6～2.0	±0.13
>2.0～2.5	±0.14
>2.5～3.0	+0.20 −0.10
>3.0～4.0	+0.25 −0.15
>4.0～6.0	±0.25
>6.0～8.0	±0.30

钢管内毛刺高度		
类别	外径	内毛刺高度
Ⅰ，Ⅱ	≤63.5	+0.15 −0.05
	>63.5～180	+0.20 −0.05
Ⅲ	50～108	+0.18 0

钢管的不圆度	
外径	不圆度
≤63.5	≤0.30
>63.5～90	≤0.35
>90～114	≤0.40
>114～159	≤0.50
>159	≤0.60

钢管扩口试验		
类别	外径扩口率	
Ⅰ	壁厚≤5.0	壁厚>5.0
	10%	8%
Ⅱ,Ⅲ	8%	

钢管的弯曲度	
类别	弯曲度,≤
Ⅰ,Ⅱ	0.4mm/m
Ⅲ	0.6mm/m

注：1. 经供需双方协议，可供应其他尺寸和允许偏差的钢管。
2. 钢管的通常长度为 3.5～8.5m；全长允许偏差为 $^{+20}_{0}$ mm。
3. 本标准适用于制造汽车传动轴及其他机械动力传动轴用的电焊或电焊冷拔钢管。

表 2-1-125 传动轴用电焊钢管的材料及化学成分

牌号	化学成分(质量分数)/%														
	C	Si	Mn	P ≤	S ≤	Nb ≤	V ≤	Ti	Cr ≤	Cu ≤	Ni ≤	Als ≥	N ≤	B ≤	Mo ≤
CZ300	0.05～0.12	≤0.37	0.35～0.65	0.035	0.035	—	—	0.06～0.14	0.10	0.25	0.25	—	—	—	—
CZ350	0.17～0.24	0.17～0.37	0.35～0.65	0.035	0.035	—	—	—	0.25	0.25	0.25	—	—	—	—
CZ420	≤0.20	≤0.50	0.80～1.70	0.030	0.030	0.07	0.20	≤0.20	0.30	0.25	0.80	0.015	0.015	—	0.20
CZ460	≤0.20	≤0.50	1.0～1.80	0.030	0.030	0.11	0.12	≤0.20	0.30	0.25	0.80	0.015	0.015	0.004	0.20
CZ500	≤0.18	≤0.50	1.0～1.80	0.030	0.030	0.11	0.12	≤0.20	0.60	0.25	0.80	0.015	0.015	0.004	0.20
CZ550	≤0.18	≤0.50	1.0～2.0	0.030	0.030	0.11	0.12	≤0.20	0.80	0.25	0.80	0.015	0.015	0.004	0.20

表 2-1-126 传动轴用电焊钢管的力学性能

类别	牌号	抗拉强度 R_m/MPa	屈服强度 R_{eL}①/MPa	断后伸长率 A/%
Ⅰ、Ⅱ	CZ300	450～570	≥300	≥15
	CZ420	520～680	≥420	≥15
	CZ460	550～720	≥460	≥15
	CZ500	610～770	≥500	≥15
	CZ550	670～830	≥550	≥14
Ⅲ	CZ350	460～590	≥350	≥10

① 当屈服不明显时，可测量 $R_{p0.2}$ 代替下屈服强度。

表 2-1-127　本标准与相关标准的钢的牌号对照

本标准钢的牌号	YB/T 5209—2000《传动轴用电焊钢管》	GB/T 1591—2008《低合金高强度结构钢》	其他牌号
CZ300	08Z	—	—
CZ350	20Z(Ⅲ)	—	—
CZ420	—	Q420C	440QZ
CZ460	—	Q460C	480QZ
CZ500	—	Q500C	—
CZ550	—	Q550C	—

1.6.12　P3型镀锌金属软管（摘自 YB/T 5306—2006）

表 2-1-128　软管的尺寸及主要性能

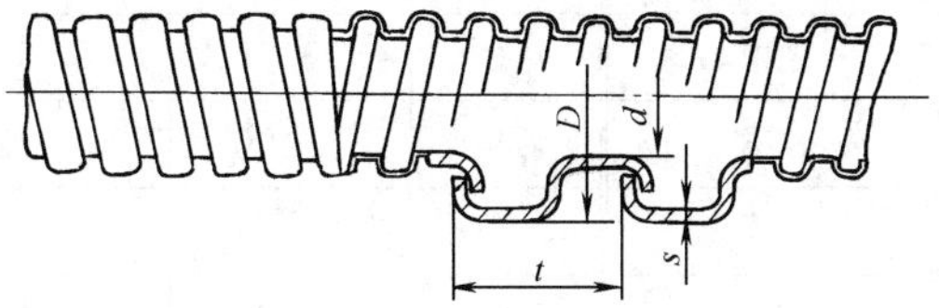

标记示例

公称内径为15mm的P3型镀锌金属软管：

P3d15 YB/T 5306—2006

公称内径 d /mm	最小内径 d_{min} /mm	外径及允许偏差 D /mm	节距及允许偏差 t /mm	钢带厚度 s /mm	自然弯曲直径 R /mm	轴向拉力 /N 不小于	理论质量 /$g \cdot m^{-1}$
8	7.70	11.00±0.30	4.00±0.40	0.30	45	470	111.7
10	9.70	13.50±0.30	4.70±0.45		55	588	139.0
12	11.65	15.50±0.35	4.70±0.45		60	705	162.3
(13)	12.65	16.50±0.35	4.70±0.45		65	765	174.0
(15)	14.65	19.00±0.35	5.70±0.45	0.35	80	882	233.8
(16)	15.65	20.00±0.35	5.70±0.45		85	940	247.4
(19)	18.60	23.30±0.40	6.40±0.50	0.40	95	1117	326.7
20	19.60	24.30±0.40	6.40±0.50		100	1176	342.0
(22)	21.55	27.30±0.45	8.70±0.50		105	1294	375.1
25	24.55	30.30±0.45	8.70±0.50		115	1470	420.2
(32)	31.50	38.00±0.50	10.50±0.60	0.45	140	1882	585.8
38	37.40	45.00±0.60	11.40±0.60	0.50	160	2234	804.3
51	50.00	58.00±1.00	11.40±0.60		190	3000	1054.6
75	73.00	83.50±2.00	14.20±0.60	0.60	320	4410	1841.2
(80)	78.00	88.50±2.00	14.20±0.60		330	4704	1957.0
100	97.00	108.50±3.00	14.20±0.60		380	5880	2420.4

注：1. 本标准适用于镀锌低碳钢带制成的无填料金属软管，用作电线保护管。

2. 软管长度不短于3m。

3. 软管的镀锌层厚度不小于7μm。

4. 钢带厚度 s 及理论质量仅供参考。

1.7 钢丝

1.7.1 冷拉圆钢丝（摘自 GB/T 342—2017）

表 2-1-129 钢丝直径、截面面积及理论质量

钢丝直径 d /mm	截面面积 /mm^2	理论质量 /kg·$(1000m)^{-1}$	钢丝直径 d /mm	截面面积 /mm^2	理论质量 /kg·$(1000m)^{-1}$	钢丝直径 d /mm	截面面积 /mm^2	理论质量 /kg·$(1000m)^{-1}$
0.050	0.0020	0.016	0.40	0.126	0.989	3.15	7.793	61.18
0.055	0.0024	0.019	0.45	0.159	1.248	3.55	9.898	77.70
0.063	0.0031	0.024	0.50	0.196	1.539	4.00	12.57	98.67
0.070	0.0038	0.030	0.55	0.238	1.868	4.50	15.90	124.8
0.080	0.0050	0.039	0.63	0.312	2.447	5.00	19.64	154.2
0.090	0.0064	0.050	0.70	0.385	3.021	5.60	24.63	193.3
0.10	0.0079	0.062	0.80	0.503	3.948	6.30	31.17	244.7
0.11	0.0095	0.075	0.90	0.636	4.993	7.10	39.59	310.8
0.12	0.0113	0.089	1.00	0.785	6.162	8.00	50.27	394.6
0.14	0.0154	0.121	1.10	0.950	7.458	9.00	63.62	499.4
0.16	0.0201	0.158	1.25	1.227	9.633	10.0	78.54	616.5
0.18	0.0254	0.199	1.40	1.539	12.08	11.0	95.03	746.0
0.20	0.0314	0.246	1.60	2.011	15.79	12.0	113.1	887.8
0.22	0.0380	0.298	1.80	2.545	19.98	14.0	153.9	1208.1
0.25	0.0491	0.385	2.00	3.142	24.66	16.0	201.1	1578.6
0.28	0.0616	0.484	2.24	3.941	30.94	18.0	254.5	1997.8
0.32	0.0804	0.631	2.50	4.909	38.54	20.0	314.2	2466.5
0.35	0.0960	0.754	2.80	6.158	48.34			

注：1. 本标准适用于直径为 0.050～20.0mm 的各种冷拉圆钢丝。

2. 表中的理论质量是按密度为 7.85g/cm^3 计算的。

3. 表中的钢丝直径系采用 R20 系优先数系。

4. 钢丝材料可选用 GB/T 701—2008 中规定的材料：

材料牌号	力学性能		
	抗拉强度 R_m /MPa ≤	伸长率 δ_{10} /% ≥	冷弯试验180° d 为弯心直径 a 为试样直径
Q195	410	30	$d=0$
Q215	435	28	
Q235	500	23	$d=0.5a$

1.7.2 一般用途低碳钢丝（摘自 YB/T 5294—2009）

表 2-1-130 低碳钢丝的直径、力学性能

<table>
<tr><td rowspan="2">公称直径
/mm</td><td colspan="5">R_m/MPa</td><td colspan="2">180°弯曲试验/次</td><td colspan="2">伸长率/%
(标距 100mm)</td></tr>
<tr><td>冷拉普通钢丝</td><td>制钉用钢丝</td><td>建筑用钢丝</td><td>退火钢丝</td><td>镀锌钢丝</td><td>冷拉普通用钢丝</td><td>建筑用钢丝</td><td>建筑用钢丝</td><td>镀锌钢丝</td></tr>
<tr><td>≤0.30</td><td>≤980</td><td>—</td><td>—</td><td rowspan="9">295～540</td><td rowspan="9">295～540</td><td rowspan="2">①</td><td>—</td><td>—</td><td rowspan="2">≥10</td></tr>
<tr><td>>0.30～0.80</td><td>≤980</td><td>—</td><td>—</td><td>—</td><td>—</td></tr>
<tr><td>>0.80～1.20</td><td>≤980</td><td>880～1320</td><td>—</td><td rowspan="3">≥6</td><td>—</td><td>—</td><td rowspan="7">≥12</td></tr>
<tr><td>>1.20～1.80</td><td>≤1060</td><td>785～1220</td><td>—</td><td>—</td><td>—</td></tr>
<tr><td>>1.80～2.50</td><td>≤1010</td><td>735～1170</td><td>—</td><td>—</td><td>—</td></tr>
<tr><td>>2.50～3.50</td><td>≤960</td><td>685～1120</td><td>≥550</td><td rowspan="3">≥4</td><td rowspan="3">≥4</td><td rowspan="3">≥2</td></tr>
<tr><td>>3.50～5.00</td><td>≤890</td><td>590～1030</td><td>≥550</td></tr>
<tr><td>>5.00～6.00</td><td>≤790</td><td>540～930</td><td>≥550</td></tr>
<tr><td>>6.00</td><td>≤690</td><td>—</td><td>—</td><td>—</td><td>—</td><td>—</td></tr>
</table>

① 用打结试验代替，其打结拉力不小于打结破断拉力的 50%。

注：1. 表中的直径、力学性能适用于冷拉普通钢丝、制钉用钢丝建筑用钢丝、退火钢丝、镀锌钢丝。

2. 本标准的低碳钢丝适用于捆绑、牵拉、制钉、编织及建筑用的圆截面低碳钢丝。

3. 钢丝按用途分三类：Ⅰ类—普通；Ⅱ类—制钉用；Ⅲ类—建筑用。

4. 钢丝按交货状态分三类：冷拉钢丝（WCD）；退火钢丝（TA）；镀锌钢丝（SZ）。

5. 钢丝直径也可按英制线规号或其他线规号交货。

表 2-1-131 常用线规号英制尺寸与公制尺寸对照表

线规号	SWG		BWG		AWG	
	in	mm	in	mm	in	mm
3	0.252	6.401	0.259	6.58	0.2294	5.83
4	0.232	5.893	0.238	6.05	0.2043	5.19
5	0.212	5.385	0.220	5.59	0.1819	4.62
6	0.192	4.877	0.203	5.16	0.1620	4.11
7	0.176	4.470	0.180	4.57	0.1443	3.67
8	0.160	4.064	0.165	4.19	0.1285	3.26
9	0.144	3.658	0.148	3.76	0.1144	2.91
10	0.128	3.251	0.134	3.40	0.1019	2.59
11	0.116	2.946	0.120	3.05	0.09074	2.30
12	0.104	2.642	0.109	2.77	0.08081	2.05
13	0.092	2.337	0.095	2.41	0.07196	1.83
14	0.080	2.032	0.083	2.11	0.06408	1.63
15	0.072	1.829	0.072	1.83	0.05707	1.45
16	0.064	1.626	0.065	1.65	0.05082	1.29
17	0.056	1.422	0.058	1.47	0.04526	1.15
18	0.048	1.219	0.049	1.24	0.04030	1.02

续表

线规号	SWG		BWG		AWG	
	in	mm	in	mm	in	mm
19	0.040	1.016	0.042	1.07	0.03589	0.910
20	0.036	0.914	0.035	0.89	0.03196	0.812
21	0.032	0.813	0.032	0.81	0.02846	0.723
22	0.028	0.711	0.028	0.71	0.02535	0.644
23	0.024	0.610	0.025	0.64	0.02257	0.573
24	0.022	0.559	0.022	0.56	0.02010	0.511
25	0.020	0.508	0.020	0.51	0.01790	0.455
26	0.018	0.457	0.018	0.46	0.01594	0.405
27	0.0164	0.4166	0.016	0.41	0.01420	0.361
28	0.0148	0.3759	0.014	0.36	0.01264	0.321
29	0.0136	0.3454	0.013	0.33	0.01126	0.286
30	0.0124	0.3150	0.012	0.30	0.01003	0.255
31	0.0116	0.2946	0.010	0.25	0.008928	0.227
32	0.0108	0.2743	0.009	0.23	0.007950	0.202
33	0.0100	0.2540	0.008	0.20	0.007080	0.180
34	0.0092	0.2337	0.007	0.18	0.006304	0.160
35	0.0084	0.2134	0.005	0.13	0.005615	0.143
36	0.0076	0.1930	0.004	0.10	0.005000	0.127

注：SWG 为英国线规代号；BWG 为伯明翰线规代号；AWG 为美国线规代号。

1.7.3 优质碳素钢盘条（摘自 GB/T 4354—2008）

1.7.3.1 优质碳素钢盘条直径范围

盘条直径为 5.5～60.0mm。

盘条尺寸、质量及允差符合 GB/T 14981 规定。

1.7.3.2 优质碳素钢盘条的牌号及化学成分

钢牌号：25～80 钢、40Mn～70Mn，GB/T 699《优质碳素结构钢》。

化学成分：按 GB/T 699，其含碳量范围应比 GB/T 699 规定的上、下限分别减少 0.01%。

注：本标准适用于制造碳素弹簧钢丝，油淬火、回火碳素弹簧钢丝，预应力钢丝，高强度优质碳素结构钢丝，镀锌钢丝及钢丝绳用钢盘条，也适用于合金弹簧钢丝用盘条。

1.7.4 优质碳素结构钢丝（摘自 YB/T 5303—2010）

表 2-1-132 硬状态钢丝的力学性能、钢丝直径

钢丝直径/mm	R_m/MPa					弯曲/次				
	08～10	15～20	25～35	40～50	55～60	08～10	15～20	25～35	40～50	55～60
	≥					≥				
0.3～0.8	750	800	1000	1100	1200	—	—	—	—	—
>0.8～1.0	700	750	900	1000	1100	6	6	6	5	5
>1.0～3.0	650	700	800	900	1000	6	6	5	4	4
>3.0～6.0	600	650	700	800	900	5	5	5	4	4
>6.0～10.0	550	600	650	750	800	5	4	3	2	2

表 2-1-133　软状态钢丝的力学性能

牌号	力学性能			牌号	力学性能		
	R_m/MPa	A/%	Z/%		R_m/MPa	A/%	Z/%
10	450～700	8	50	35	600～850	6.5	35
15	500～750	8	45	40	600～850	6	35
20	500～750	7.5	40	45	650～900	6	30
25	550～800	7	40	50	650～900	6	30
30	550～800	7	35				

注：1. 本标准适用于冷拉及银亮优质碳素结构钢丝。

2. 钢丝分类：按力学性能分为硬态（Ⅰ）、软态（R）；按表面状态分为冷拉（WCD）、银亮（ZY）；按截面形状分为圆形（d）、方形（a）、六角形（s）。

3. 冷拉圆钢丝直径按 GB/T 342 中的规定。

4. 钢丝直径小于或等于 0.75mm 时，以打结拉力试验代替弯曲试验，其打结拉断力不得小于不打结拉断力的 50%。

5. 直径大于 7mm 的钢丝，弯曲次数不作为判定依据。方形、六角形钢丝不进行弯曲检验。

6. 钢丝材料用 GB/T 699 中的 08、10、15、20、25、30、35、40、45、50、55、60 钢。

1.7.5　不锈钢丝（摘自 GB/T 4240—2019）

表 2-1-134　不锈钢丝材料类别、牌号、交货状态和代号

类　别	牌　号	交货状态及代号	类　别	牌　号	交货状态及代号
奥氏体	12Cr17Mn6Ni5N 12Cr18Mn9Ni5N Y06Cr17Mn6Ni6Cu2 12Cr18Ni9 Y12Cr18Ni9 Y12Cr18Ni9Cu3 06Cr19Ni10 022Cr19Ni10 07Cr19Ni10 10Cr18Ni12 06Cr20Ni11 16Cr23Ni13 06Cr23Ni13 06Cr25Ni20 20Cr25Ni20Si2 06Cr17Ni12Mo2 022Cr17Ni12Mo2 06Cr17Ni12Mo2Ti 06Cr19Ni13Mo3 06Cr18Ni11Ti	软态(S)、 软拉(LD)、 冷拉(WCD)	铁素体	06Cr13Al 06Cr11Ti 04Cr11Nb 10Cr17 Y10Cr17 10Cr17Mo 10Cr17MoNb 026Cr24	软态(S)、 轻拉(LD)、 冷拉(WCD)
			马氏体	06Cr13 12Cr13 Y12Cr13 20Cr13 30Cr13 32Cr13Mo Y30Cr13 Y16Cr17Ni2	软态(S)、 轻拉(LD)
				40Cr13 12Cr12Ni2 14Cr17Ni2	软态(S)
奥氏体-铁素体	022Cr23Ni5Mo3N	软态(S)			

表 2-1-135 不锈钢丝的力学性能

软态钢丝的力学性能			
牌号	公称直径/mm	抗拉强度 R_m/MPa	断后伸长率[①] A/%
12Cr17Mn6Ni5N 12Cr18Mn9Ni5N 12Cr18Ni9 Y12Cr18Ni9 07Cr19Ni10 16Cr23Ni13 20Cr25Ni20Si2	0.05～0.10 ＞0.10～0.30 ＞0.30～0.60 ＞0.60～1.00 ＞1.00～3.00 ＞3.00～6.00 ＞6.00～10.0 ＞10.0～16.0	700～1000 660～950 640～920 620～900 620～880 600～850 580～830 550～800	≥15 ≥20 ≥20 ≥25 ≥30 ≥30 ≥30 ≥30
Y06Cr17Mn6Ni6Cu2 Y12Cr18Ni9Cu3 06Cr19Ni10 022Cr19Ni10 10Cr18Ni12 06Cr20Ni11 06Cr23Ni13 06Cr25Ni20 06Cr17Ni12Mo2 022Cr17Ni12Mo2 06Cr17Ni12Mo2Ti 06Cr19Ni13Mo3 06Cr18Ni11Ti	0.05～0.10 ＞0.10～0.30 ＞0.30～0.60 ＞0.60～1.00 ＞1.00～3.00 ＞3.00～6.00 ＞6.00～10.0 ＞10.0～16.0	650～930 620～900 600～870 580～850 570～830 550～800 520～770 500～750	≥15 ≥20 ≥20 ≥25 ≥30 ≥30 ≥30 ≥30
022Cr23Ni5Mo3N	1.00～3.00 ＞3.00～16.0	700～1000 650～950	≥20 ≥30
06Cr13Al 06Cr11Ti 04Cr11Nb	1.00～3.00 ＞3.00～16.0	480～700 460～680	≥20 ≥20
10Cr17 Y10Cr17 10Cr17Mo 10Cr17MoNb	1.00～3.00 ＞3.00～16.0	480～650 460～650	≥15 ≥15
026Cr24	1.00～3.00 ＞3.00～16.0	480～680 450～650	≥20 ≥30
06Cr13 12Cr13 Y12Cr13	1.00～3.00 ＞3.00～16.0	470～650 450～650	≥20 ≥20
20Cr13	1.00～3.00 ＞3.00～16.0	500～750 480～700	≥15 ≥15
30Cr13 32Cr13Mo Y30Cr13 40Cr13 12Cr12Ni2 Y16Cr17Ni2 14Cr17Ni2	1.00～2.00 ＞2.00～16.0	600～850 600～850	≥10 ≥15

续表

轻拉钢丝的力学性能		
牌号	公称直径/mm	抗拉强度 R_m/MPa
12Cr17Mn6Ni5N 12Cr18Mn9Ni5N Y06Cr17Mn6Ni6Cu2 12Cr18Ni9 Y12Cr18Ni9 Y12Cr18Ni9Cu3 06Cr19Ni10 022Cr19Ni10 07Cr19Ni10 10Cr18Ni12 06Cr20Ni11 16Cr23Ni13 06Cr23Ni13 06Cr25Ni20 20Cr25Ni20Si2 06Cr17Ni12Mo2 022Cr17Ni12Mo2 06Cr17Ni12Mo2Ti 06Cr19Ni13Mo3 06Cr18Ni11Ti	0.30～1.00 >1.00～3.00 >3.00～6.00 >6.00～10.0 >10.0～16.0	850～1200 830～1150 800～1100 770～1050 750～1030
06Cr13Al 06Cr11Ti 04Cr11Nb 10Cr17 Y10Cr17 10Cr17Mo 10Cr17MoNb	0.30～3.00 >3.00～6.00 >6.00～16.0	530～780 500～750 480～730
06Cr13 12Cr13 Y12Cr13 20Cr13	1.00～3.00 >3.00～6.00 >6.00～16.0	600～850 580～820 550～800
30Cr13 32Cr13Mo Y30Cr13 Y16Cr17Ni2	1.00～3.00 >3.00～6.00 >6.00～16.0	650～950 600～900 600～850

冷拉钢丝的力学性能		
牌号	公称直径/mm	抗拉强度 R_m/MPa
12Cr17Mn6Ni5N 12Cr18Mn9Ni5N 12Cr18Ni9 06Cr19Ni10 07Cr19Ni10 10Cr18Ni12 06Cr17Ni12Mo2 06Cr18Ni11Ti	0.10～1.00 >1.00～3.00 >3.00～6.00 >6.00～12.0	1200～1500 1150～1450 1100～1400 950～1250

① 易切削钢丝和公称直径小于1.00mm的钢丝，断后伸长率供参考，不作判定依据。

1.7.6 高电阻电热合金（摘自GB/T 1234—2012）

表 2-1-136 高电阻电热合金的材料化学成分

<table>
<tr><th rowspan="3">合金牌号</th><th colspan="10">化学成分/%</th></tr>
<tr><th>C</th><th>P</th><th>S</th><th>Mn</th><th rowspan="2">Si</th><th rowspan="2">Cr</th><th rowspan="2">Ni</th><th rowspan="2">Al</th><th rowspan="2">Fe</th><th rowspan="2">其他</th></tr>
<tr><th colspan="4">不大于</th></tr>
<tr><td>Cr20Ni80</td><td rowspan="5">0.08</td><td rowspan="5">0.020</td><td rowspan="5">0.015</td><td rowspan="3">0.60</td><td rowspan="3">0.75～1.60</td><td>20.0～23.0</td><td>余量</td><td rowspan="3">≤0.5</td><td rowspan="2">≤1.0</td><td rowspan="8"></td></tr>
<tr><td>Cr30Ni70</td><td>28.0～31.0</td><td>余量</td></tr>
<tr><td>Cr15Ni60</td><td>15.0～18.0</td><td>55.0～61.0</td><td rowspan="8">余量</td></tr>
<tr><td>Cr20Ni35</td><td rowspan="2">1.00</td><td>1.00～3.00</td><td rowspan="2">18.0～21.0</td><td>34.0～37.0</td><td></td></tr>
<tr><td>Cr20Ni30</td><td>1.00～3.00</td><td>30.0～34.0</td><td></td></tr>
<tr><td>1Cr13Al4</td><td>0.12</td><td rowspan="5">0.025</td><td rowspan="5">0.020</td><td rowspan="4">0.50</td><td>≤1.00</td><td>12.0～15.0</td><td rowspan="5">≤0.60</td><td>4.0～6.0</td></tr>
<tr><td>0Cr25Al5</td><td rowspan="2">0.06</td><td rowspan="2">≤0.60</td><td>23.0～26.0</td><td>4.5～6.5</td></tr>
<tr><td>0Cr23Al5</td><td>20.5～23.5</td><td>4.2～5.3</td></tr>
<tr><td>0Cr21Al6Nb</td><td rowspan="2">0.05</td><td>≤0.60</td><td>21.0～23.0</td><td>5.0～7.0</td><td>Nb加入量0.5</td></tr>
<tr><td>0Cr27Al7Mo2</td><td>0.20</td><td>≤0.40</td><td>26.5～27.8</td><td>6.0～7.0</td><td>Mo加入量1.8～2.2</td></tr>
</table>

注：1. 本标准适用于制作电加热元件和一般电阻元件用拉拔和轧制的镍铬、镍铬铁和铁铬铝高电阻电热合金丝材、带材、棒材和盘条。

2. 合金应经热处理后软态交货，根据供需双方协议，可供其他状态的合金。

表 2-1-137 高电阻电热合金材的尺寸范围 /mm

合金牌号	直径			合金牌号	冷轧带材		热轧带材	
	丝材	棒材	盘条		厚度	宽度	厚度	宽度
所有牌号	0.02～10.0	6.0～150.0	5.5～12.0	所有牌号	0.05～4.0	5.0～300.0	2.5～5.0(卷状) >5.0～20.0(条状)	15.0～300.0

表 2-1-138　软态丝材、带材的室温电阻率

合金牌号	带材		丝材	
	厚度/mm	电阻率(20℃)/μΩ·m	直径/mm	电阻率(20℃)/μΩ·m
Cr20Ni80	≤0.80 >0.80～3.00 >3.00	1.09±0.05 1.13±0.05 1.14±0.05	<0.50 0.50～3.00 >3.00	1.09±0.05 1.13±0.05 1.14±0.05
Cr30Ni70	≤0.80 >0.80～3.00 >3.00	1.18±0.05 1.19±0.05 1.20±0.05	<0.50 ≥0.50	1.18±0.05 1.20±0.05
Cr15Ni60	≤0.80 >0.80～3.00 >3.00	1.11±0.05 1.14±0.05 1.15±0.05	<0.50 ≥0.50	1.12±0.05 1.15±0.05
Cr20Ni35 Cr20Ni30		1.04±0.05		1.04±0.05
1Cr13Al4 0Cr25Al5 0Cr23Al5 0Cr21Al6Nb 0Cr27Al7Mo2	0.05～4.0	1.25±0.08 1.42±0.07 1.35±0.07 1.42±0.07 1.23±0.07 1.45±0.07 1.53±0.07	0.020～10.00	1.25±0.08 1.42±0.07 1.35±0.06 1.42±0.07 1.23±0.06 1.45±0.07 1.53±0.07

表 2-1-139　高电阻电热合金主要物理性能

合金牌号	元件最高使用温度/℃	熔点(近似)/℃	密度/g·cm^{-3}	电阻率(20℃)/μΩ·m	比热容/J·g^{-1}·℃$^{-1}$	热导率/W·m^{-1}·K^{-1}	平均线胀系数(20～1000℃) $\alpha/10^{-6}$℃$^{-1}$	组织	磁性
Cr20Ni80	1200	1400	8.40	1.09	0.46	15	18.0	奥氏体	非磁性
Cr30Ni70	1250	1380	8.10	1.18	0.46	14	17.0		
Cr15Ni60	1150	1390	8.20	1.12	0.46	13	17.0		弱磁性
Cr20Ni35	1100	1390	7.90	1.04	0.500	13	19.0		非磁性
Cr20Ni30	1100	1390	7.90	1.04	0.500	13	19.0		
1Cr13Al4	950	1450	7.40	1.25	0.490	15	15.4	铁素体	磁性
0Cr25Al5	1300	1500	7.25	1.42	0.46	13	15.0		
0Cr23Al5	1300	1500	7.25	1.35	0.460	13	15.0		
	1250	1500	7.16	1.42	0.520	63.2	14.7		
	1100	1500	7.35	1.23	0.490	46.9	13.5		
0Cr21Al6Nb	1350	1510	7.10	1.45	0.49	13	16.0		
0Cr27Al7Mo2	1400	1520	7.10	1.53	0.49	13	16.0		

表 2-1-140　高电阻电热合金丝材在规定温度下的快速寿命

合金牌号	试验温度/℃	快速寿命值/h 不小于	合金牌号	试验温度/℃	快速寿命值/h 不小于
Cr20Ni80	1200	80	0Cr23Al5	1300	80
Cr30Ni70	1250	50		1300	80
Cr15Ni60	1150	80		1250	80
Cr20Ni35	1100	80	0Cr21Al6Nb	1350	50
Cr20Ni30	1100	80	0Cr27Al7Mo2	1350	50
0Cr25Al5	1300	80			

1.8 钢丝绳（摘自 GB 8918—2006）

1.8.1 钢丝绳的结构、直径、力学性能和质量

表 2-1-141 钢丝绳的结构、直径、力学性能和质量

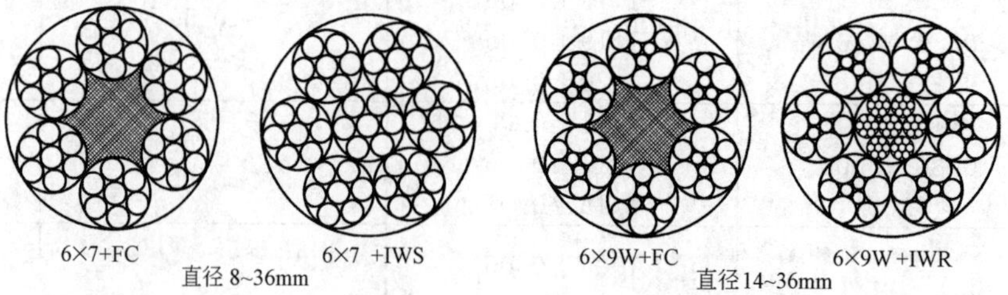

钢丝绳公称直径		钢丝绳参考质量/kg·(100m)$^{-1}$			钢丝绳公称抗拉强度/MPa									
					1570		1670		1770		1870		1960	
					钢丝绳最小破断拉力/kN									
D/mm	允许偏差/%	天然纤维芯钢丝绳	合成纤维芯钢丝绳	钢芯钢丝绳	纤维芯钢丝绳	钢芯钢丝绳	纤维芯钢丝绳	钢芯钢丝绳	纤维芯钢丝绳	钢芯钢丝绳	纤维芯钢丝绳	钢芯钢丝绳	纤维芯钢丝绳	钢芯钢丝绳
8		22.5	22.0	24.8	33.4	36.1	35.5	38.4	37.6	40.7	39.7	43.0	41.6	45.0
9		28.4	27.9	31.3	42.2	45.7	44.9	48.6	47.6	51.5	50.3	54.4	52.7	57.0
10		35.1	34.4	38.7	52.1	56.4	55.4	60.0	58.8	63.5	62.1	67.1	65.1	70.4
11		42.5	41.6	46.8	63.1	68.2	67.1	72.5	71.1	76.9	75.1	81.2	78.7	85.1
12		50.5	49.5	55.7	75.1	81.2	79.8	86.3	84.6	91.5	89.4	96.7	93.7	101
13		59.3	58.1	65.4	88.1	95.3	93.7	101	99.3	107	105	113	110	119
14		68.8	67.4	75.9	102	110	109	118	115	125	122	132	128	138
16		89.9	88.1	99.1	133	144	142	153	150	163	159	172	167	180
18	$^{+5}_{0}$	114	111	125	169	183	180	194	190	206	201	218	211	228
20		140	138	155	208	225	222	240	235	254	248	269	260	281
22		170	166	187	252	273	268	290	284	308	300	325	315	341
24		202	198	223	300	325	319	345	338	366	358	387	375	405
26		237	233	262	352	381	375	405	397	430	420	454	440	476
28		275	270	303	409	442	435	470	461	498	487	526	510	552
30		316	310	348	469	507	499	540	529	572	559	604	586	633
32		359	352	396	534	577	568	614	602	651	636	687	666	721
34		406	398	447	603	652	641	693	679	735	718	776	752	813
36		455	446	502	676	730	719	777	762	824	805	870	843	912

注：1. 最小钢丝破断拉力总和等于钢丝绳最小破断拉力乘以 1.134（纤维芯）或 1.214（钢芯）。

2. 钢丝绳芯材料代号：FC—纤维芯（黄麻、合成纤维）；IWR—独立的钢丝绳芯；IWS—钢丝股芯。

1.8.2 钢丝绳的捻法

钢丝绳按捻法分为右交互捻、左交互捻、右同向捻和左同向捻四种，如图 2-1-1 所示。交互捻为绳与股捻向相反，同向捻为绳与股捻向相同。

1.8.3 钢丝绳的材料和强度

（1）钢丝绳用钢丝应符合 GB/T 8919 中重要用途钢丝的规定。

（2）钢丝绳的破断拉力、弯曲试验、扭转试验和质量。

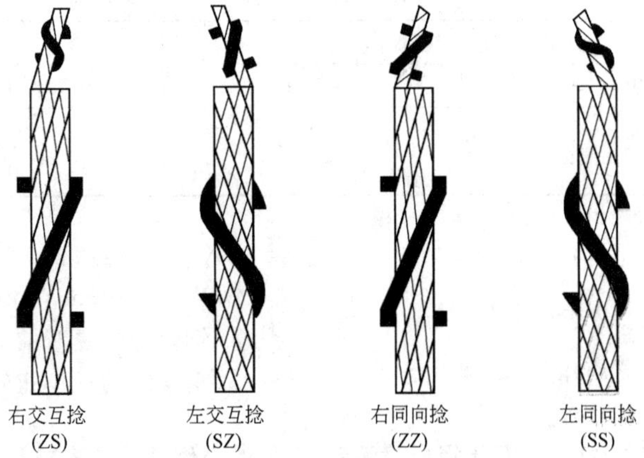

图 2-1-1　钢丝绳捻向分类

注：1. 钢丝绳分类表中共有 14 个组别，表 2-1-141 中仅列出第 1 组别。

2. 第 1～9 组钢丝绳可为交互捻和同向捻。其中第 6～9 组多层圆股钢丝绳的内层绳捻法，由生产厂确定。第 13 组钢丝绳仅为交互捻。

3. 第 10～12 组和第 14 组异形股钢丝绳为同向捻。第 14 组钢丝绳的内层与外层绳捻向应相反，且内层绳为同向捻。

表 2-1-142　钢丝表面状态、公称抗拉强度及强度允差

钢丝表面状态及公称抗拉强度						钢丝强度允差	
表面状态	公称抗拉强度 /MPa					钢丝公称直径 d/mm	允差 /MPa
光面和 B 级镀锌	1570	1670	1770	1870	1960	$0.6 \leqslant d < 1$	350
AB 级镀锌					—	$1 \leqslant d < 1.5$	320
						$1.5 \leqslant d < 2$	290
A 级镀锌						$d \geqslant 2$	260

注：1. 钢丝绳芯材料分钢芯［独立的钢丝绳芯（IWR）和钢丝股芯（IWS）］、纤维芯［黄麻、合成纤维及其他能符合要求的纤维（FC）］。

2. 钢丝绳用油脂应符合 SH/T 0387 的规定；麻芯脂应符合 SH/T 0388。

3. 钢丝绳应均匀地涂敷防锈、润滑油脂；用户要求钢丝绳有增摩性能时，钢丝绳应涂增摩油脂。

4. 镀锌钢丝绳中所有钢丝应都是镀锌的。

5. 钢丝绳中钢丝的接头应尽量减小。钢丝接续时，应采用对焊连接。绳股在同一次捻制中，各连接点在绳股内的距离不得小于 10mm。

① 钢丝绳的最小破断拉力按下式计算。

$$F_0 = \frac{K' D^2 R_0}{1000}$$

式中　F_0——钢丝绳的最小破断拉力，kN；

D——钢丝绳公称直径，mm；

R_0——钢丝绳公称抗拉强度，MPa；

K'——某一指定结构钢丝绳的最小破断拉力系数（见表 2-1-144）。

② 钢丝最小破断拉力总和 F 按下式计算。

$$F = F_0 k$$

式中　F——钢丝最小破断拉力总和，kN；

F_0——钢丝绳的最小破断拉力，kN；

k——换算系数（见表 2-1-143）。

表 2-1-143 钢丝绳典型结构及换算系数

<table>
<tr><th rowspan="2">钢丝绳类别</th><th colspan="2">钢丝绳典型结构</th><th colspan="2">换算系数 k</th></tr>
<tr><th>钢丝绳</th><th>股绳</th><th>纤维芯</th><th>钢芯</th></tr>
<tr><td>6×7</td><td>6×7
6×9W</td><td>(1+6)
(3+3/3)</td><td>1.134</td><td>1.214</td></tr>
</table>

③ 钢丝绳的参考质量见表 2-1-141，并按下式计算。

$$G=KD^2$$

式中 G——钢丝绳单位长度的参考质量，kg/100m；

D——钢丝绳公称直径，mm；

K——钢丝绳质量系数（钢丝充分涂油），kg/(100m·mm²)（见表 2-1-144）。

④ 钢丝绳反复弯曲的最小弯曲次数见表 2-1-145。

⑤ 钢丝绳的最小扭转次数见表 2-1-146。

表 2-1-144 钢丝绳质量系数 K 和最小破断拉力系数 K'

<table>
<tr><th rowspan="4">组别</th><th rowspan="4">类　别</th><th colspan="3">钢丝绳质量系数 K</th><th rowspan="4">$\frac{K_2}{K_{1n}}$</th><th rowspan="4">$\frac{K_2}{K_{1p}}$</th><th colspan="2">最小破断拉力系数 K'</th><th rowspan="4">$\frac{K'_2}{K'_1}$</th></tr>
<tr><th>天然纤维芯钢丝绳</th><th>合成纤维芯钢丝绳</th><th>钢芯钢丝绳</th><th rowspan="2">纤维芯钢丝绳</th><th rowspan="2">钢芯钢丝绳</th></tr>
<tr><th>K_{1n}</th><th>K_{1p}</th><th>K_2</th></tr>
<tr><th colspan="3">kg·(100m)⁻¹·mm⁻²</th><th>K'_1</th><th>K'_2</th></tr>
<tr><td>1</td><td>6×7</td><td>0.351</td><td>0.344</td><td>0.387</td><td rowspan="3">1.10</td><td>1.12</td><td>0.332</td><td>0.359</td><td rowspan="3">1.08</td></tr>
<tr><td>2</td><td>6×19</td><td rowspan="2">0.380</td><td rowspan="2">0.371</td><td rowspan="2">0.418</td><td rowspan="2">1.13</td><td rowspan="2">0.330</td><td rowspan="2">0.356</td></tr>
<tr><td>3</td><td>6×37</td></tr>
<tr><td>4</td><td>8×19</td><td rowspan="2">0.357</td><td rowspan="2">0.344</td><td rowspan="2">0.435</td><td rowspan="2">1.22</td><td rowspan="2">1.26</td><td rowspan="2">0.293</td><td rowspan="2">0.346</td><td rowspan="2">1.18</td></tr>
<tr><td>5</td><td>8×37</td></tr>
<tr><td>6</td><td>18×7</td><td rowspan="3">0.390</td><td rowspan="3">0.390</td><td rowspan="3">0.430</td><td rowspan="3">1.10</td><td rowspan="3">1.10</td><td rowspan="2">0.310</td><td rowspan="2">0.328</td><td rowspan="2">1.06</td></tr>
<tr><td>7</td><td>18×19</td></tr>
<tr><td>8</td><td>34×7</td><td>0.308</td><td>0.318</td><td>1.03</td></tr>
<tr><td>9</td><td>35W×7</td><td>—</td><td>—</td><td>0.460</td><td>—</td><td>—</td><td>—</td><td>0.360</td><td>—</td></tr>
<tr><td>10</td><td>6V×7</td><td>0.412</td><td>0.404</td><td>0.437</td><td rowspan="3">1.06</td><td rowspan="3">1.08</td><td>0.375</td><td>0.398</td><td rowspan="3">1.06</td></tr>
<tr><td>11</td><td>6V×19</td><td rowspan="2">0.405</td><td rowspan="2">0.397</td><td rowspan="2">0.429</td><td rowspan="4">0.360</td><td rowspan="2">0.382</td></tr>
<tr><td>12</td><td>6V×37</td></tr>
<tr><td>13</td><td>6V×39</td><td rowspan="2">0.410</td><td rowspan="2">0.402</td><td rowspan="2">—</td><td rowspan="2">—</td><td rowspan="2">—</td><td rowspan="2">—</td><td rowspan="2">—</td></tr>
<tr><td>14</td><td>6Q×19+
6V×21</td></tr>
</table>

注：1. 在第 2 组和第 4 组钢丝绳中，当股内钢丝的数目为 19 根或 19 根以下时，质量系数应比表中所列的数小 3%。

2. 在第 11 组钢丝绳中，股含纤维芯 6V×21、6V×24 结构钢丝绳的质量系数和最小破断拉力系数应分别比表中所列的数小 8%，6V×30 结构钢丝绳的最小破断拉力系数应比表中所列的数小 10%；在第 12 组钢丝绳中，股为线接触结构 6V×37S 钢丝绳的质量系数和最小破断拉力系数应分别比表中所列的数大 3%。

3. K_{1p} 质量系数对聚丙烯纤维芯钢丝绳而言。

表 2-1-145　钢丝绳的最小弯曲次数

钢丝公称直径 d/mm	弯芯半径	光面及B级镀锌钢丝					AB级镀锌钢丝				A级镀锌钢丝			
		公称抗拉强度/MPa												
		1570	1670	1770	1870	1960	1570	1670	1770	1870	1570	1670	1770	1870
0.6≤d<0.65	1.75	12	11	11	10	10	10	9	9	8	8	7	7	6
0.65≤d<0.7		11	10	10	9	9	9	8	8	7	7	6	6	5
0.7≤d<0.75	2.50	16	15	15	14	14	15	14	14	13	13	12	12	11
0.75≤d<0.8		15	14	14	13	13	14	13	13	12	12	11	11	10
0.8≤d<0.9		13	12	12	11	11	12	11	11	10	10	9	9	8
0.9≤d<1		12	11	11	10	10	11	10	10	9	9	8	8	7
1≤d<1.1	3.75	17	16	16	15	15	16	15	15	14	14	13	13	12
1.1≤d<1.2		15	14	14	13	13	14	13	13	12	12	11	11	10
1.2≤d<1.3		13	12	12	11	11	12	11	11	10	10	9	9	8
1.3≤d<1.4		12	11	11	10	10	11	10	10	9	9	8	8	7
1.4≤d<1.5		11	10	10	9	9	10	9	9	8	8	7	7	6
1.5≤d<1.6	5.00	14	13	13	12	12	13	12	12	11	11	10	10	9
1.6≤d<1.7		13	12	12	11	11	12	11	11	10	10	9	9	8
1.7≤d<1.8		12	11	11	10	10	11	10	10	9	9	8	8	7
1.8≤d<1.9		11	10	10	9	9	10	9	9	8	8	7	7	6
1.9≤d<2		10	9	9	8	8	9	8	8	7	7	6	6	5
2≤d<2.1	7.50	15	14	14	13	13	14	13	13	12	12	11	11	10
2.1≤d<2.2		14	13	13	12	12	13	12	12	11	11	10	10	9
2.2≤d<2.3		13	12	12	11	11	12	11	11	10	10	9	9	8
2.3≤d<2.4		13	12	12	11	11	12	11	11	10	10	9	9	8
2.4≤d<2.5		12	11	11	10	10	11	10	10	9	9	8	8	7
2.5≤d<2.6		11	10	10	9	9	10	9	9	8	8	7	7	6
2.6≤d<2.7		10	9	9	8	8	9	8	8	7	7	6	6	5
2.7≤d<2.8		10	9	9	8	8	9	8	8	7	7	6	6	5
2.8≤d<2.9		9	8	8	7	7	8	7	7	6	6	5	5	4
2.9≤d<3		9	8	8	7	7	8	7	7	6	6	5	5	4
3≤d<3.1	10.00	12	11	11	10	10	11	10	10	9	9	8	8	7
3.1≤d<3.2		12	11	11	10	10	11	10	10	9	9	8	8	7
3.2≤d<3.3		11	10	10	9	9	10	9	9	8	8	7	7	6
3.3≤d<3.4		11	10	10	9	9	10	9	9	8	8	7	7	6
3.4≤d<3.5		10	9	9	8	8	9	8	8	7	7	6	6	5
3.5≤d<3.6		9	8	8	7	7	8	7	7	6	6	5	5	4
3.6≤d<3.7		8	7	7	6	6	7	6	6	5	5	4	4	3
3.7≤d<3.8		7	6	6	5	5	6	5	5	4	5	4	4	3
3.8≤d<3.9		7	6	6	5	5	6	5	5	4	5	4	4	3
3.9≤d<4		6	5	5	4	4	5	4	4	3	4	3	3	2
4≤d<4.1	15.00	13	12	12	11	11	12	11	11	10	8	7	7	6
4.1≤d<4.2		12	11	11	10	10	11	10	10	9	7	6	6	5
4.2≤d<4.3		11	10	10	9	9	10	9	9	8	7	6	6	5
4.3≤d<4.4		11	10	10	9	9	10	9	9	8	7	6	6	5
4.4		10	9	9	8	8	9	8	8	7	6	5	5	4

表 2-1-146　钢丝绳的最小扭转次数

钢丝公称直径 d /mm	试验长度 L	光面及 B 级镀锌钢丝					AB 级镀锌钢丝				A 级镀锌钢丝			
		公称抗拉强度/MPa												
		1570	1670	1770	1870	1960	1570	1670	1770	1870	1570	1670	1770	1870
0.6≤d<1		33	31	31	25	25	30	27	27	24	21	19	19	17
1≤d<1.3		31	29	29	24	24	28	25	25	22	19	17	17	15
1.3≤d<1.8		30	27	27	23	23	27	23	23	20	18	16	16	14
1.8≤d<2.3		28	26	26	21	21	25	22	22	19	17	14	14	12
2.3≤d<3		26	23	23	19	19	23	20	20	17	14	11	11	9
3≤d<3.4	100d	24	21	21	18	18	21	18	18	15	9	7	7	6
3.4≤d<3.5		22	19	19	16	16	20	16	16	13	8	6	6	5
3.5≤d<3.7		20	17	17	13	13	18	14	14	11	7	5	5	4
3.7≤d<4		18	15	15	12	12	16	13	13	10	7	5	5	4
4≤d<4.2		16	13	13	10	10	14	11	11	8	6	4	4	3
4.2≤d≤4.4		15	12	12	9	9	13	10	10	7	6	4	4	3

1.9　常用工业用金属丝编织方孔筛网（摘自 GB/T 5330—2003）

表 2-1-147　筛网规格系列

系列	网孔基本尺寸/mm	金属丝直径/mm	筛分面积百分率 A_0/%	单位面积筛网质量/kg·m^{-2}				相当英制目数/目·in^{-1}
				低碳钢	黄铜	锡青铜	不锈钢	
R10 R20 R40/3	16.0	3.15	69.8	6.58	7.29	7.4	6.61	1.38
		2.24	76.9	3.49	3.87	3.93	3.54	1.39
		2.0	79.0	2.82	3.13	3.18	2.86	1.41
		1.8	80.8	2.31	2.56	2.60	2.34	1.43
		1.6	82.6	1.85	2.05	2.08	1.87	1.44
R10 R20	12.5	2.5	69.4	5.29	5.87	5.95	5.36	1.69
		2.24	71.9	4.32	4.79	4.86	4.38	1.72
		2.0	74.3	3.5	3.88	3.94	3.55	1.75
		1.8	76.4	2.88	3.19	3.24	2.91	1.78
		1.6	78.6	2.31	2.56	2.59	2.34	1.80
		1.25	82.6	1.44	1.6	1.62	1.46	1.85
R10 R20	10.0	2.5	64	6.35	7.04	7.14	6.43	2.03
		2.24	66.7	5.21	5.77	5.86	5.27	2.08
		2.0	69.4	4.23	4.69	4.76	4.29	2.12
		1.8	71.8	3.49	3.87	3.92	3.53	2.15
		1.4	76.9	2.18	2.42	2.46	2.71	2.23
		1.12	80.9	1.43	1.59	1.61	1.45	2.28
R10 R20 R40/3	8.00	2.24	61.0	6.22	6.9	7.0	6.3	2.48
		2.0	64.0	5.08	5.63	5.72	5.15	2.54
		1.8	66.6	4.2	4.65	4.72	4.25	2.59
		1.6	69.4	3.39	3.75	3.81	3.43	2.65
		1.4	72.4	2.65	2.94	2.98	2.68	2.70
		1.25	74.8	2.15	2.38	2.41	2.17	2.75
		1.0	79.0	1.41	1.56	1.59	1.43	2.82

系列	网孔基本尺寸/mm	金属丝直径/mm	筛分面积百分率 A_0/%	单位面积筛网质量/kg·m^{-2}				相当英制目数/目·in^{-1}
				低碳钢	黄铜	锡青铜	不锈钢	
R10 R20	6.30	1.8	60.5	5.08	5.63	5.72	5.15	3.14
		1.4	66.9	3.23	3.58	3.64	3.27	3.30
		1.12	72.1	2.15	2.38	2.42	2.17	3.42
		1.0	74.5	1.74	1.93	1.96	1.76	3.48
		0.8	78.7	1.14	1.27	1.29	1.46	3.58
R10 R20	5.00	1.6	57.4	4.93	5.46	5.54	4.99	3.85
		1.4	61.0	3.89	4.31	4.38	3.94	3.97
		1.25	64.0	3.18	3.52	3.57	3.22	4.06
		1.0	69.4	2.12	2.35	2.38	2.14	4.23
		0.9	71.8	1.74	1.93	1.96	1.77	4.31
R10 R20 R40/3	4.00	1.4	54.9	4.61	5.11	5.19	4.67	4.70
		1.25	58.0	3.78	4.19	4.25	3.83	4.84
		1.12	61.0	3.11	3.45	3.50	3.15	4.96
		0.9	66.6	2.10	2.33	2.36	2.13	5.18
		0.71	72.1	1.36	1.51	1.53	1.38	5.39
R10 R20	2.50	1.0	51.0	3.63	4.02	4.08	3.68	7.26
		0.8	57.4	2.46	2.73	2.77	2.49	7.70
		0.71	60.7	1.99	2.21	2.24	2.02	7.91
		0.63	63.8	1.61	1.79	1.81	1.63	8.12
		0.5	69.4	1.06	1.17	1.19	1.07	8.47
R10 R20 R40/3	2.00	0.9	47.6	3.55	3.93	3.99	3.59	8.76
		0.63	57.8	1.92	2.12	2.16	1.94	9.66
		0.56	61.0	1.56	1.72	1.75	1.58	9.92
		0.5	64.0	1.27	1.41	1.43	1.29	10.16
		0.45	66.6	1.05	1.16	1.18	1.06	10.37
		0.315	74.6	0.54	0.60	0.61	0.55	10.97

续表

系列	网孔基本尺寸/mm	金属丝直径/mm	筛分面积百分率 A_0/%	单位面积筛网质量/kg·m^{-2}				相当英制目数/目·in^{-1}
				低碳钢	黄铜	锡青铜	不锈钢	
R20 R40/3	1.40	0.71	44.0	3.03	3.36	3.41	3.07	12.04
		0.5	54.3	1.67	1.85	1.88	1.69	13.37
		0.4	60.5	1.13	1.25	1.27	1.14	14.11
		0.315	66.6	0.73	0.81	0.83	0.74	14.81
R10 R20	1.25	0.63	44.2	2.68	2.97	3.02	2.72	13.51
		0.5	51.0	1.81	2.01	2.04	1.84	14.51
		0.4	57.4	1.23	1.37	1.39	1.25	15.39
		0.315	63.8	0.81	0.89	0.91	0.82	16.23
		0.28	66.7	0.65	0.72	0.73	0.66	16.60
R10 R20 R40/3	1.00	0.56	41.1	2.55	2.83	2.87	2.59	16.28
		0.5	44.4	2.12	2.35	2.38	2.14	16.93
		0.4	51.0	1.45	1.61	1.63	1.47	18.14
		0.355	54.5	1.18	1.31	1.33	1.20	18.75
		0.315	57.8	0.96	1.06	1.08	0.97	19.32
		0.28	61.0	0.78	0.86	0.88	0.79	19.84
		0.25	64.0	0.64	0.70	0.71	0.64	20.32
R10 R20	0.80	0.45	41.0	2.06	2.28	2.31	2.08	20.32
		0.355	48.0	1.39	1.54	1.56	1.40	21.99
		0.315	51.5	1.13	1.25	1.27	1.14	22.78
		0.28	54.9	0.92	1.02	1.04	0.93	23.52
		0.25	58.0	0.76	0.84	0.85	0.77	24.19
		0.2	64.0	0.51	0.56	0.57	0.51	25.4
R10 R20	0.60	0.4	36.0	2.03	2.25	2.29	2.06	25.4
		0.355	39.5	1.68	1.86	1.89	1.70	26.6
		0.315	43.0	1.38	1.53	1.55	1.40	27.76
		0.28	46.5	1.13	1.25	1.27	1.15	28.86
		0.224	53.0	0.77	0.86	0.87	0.78	30.83
		0.2	56.3	0.64	0.70	0.71	0.64	31.75

注：1. 本标准用于固体颗粒的筛分、液体和气体物质的过滤及其他工业用途。

2. 丝网的金属丝材料为软态黄铜、锡青铜、不锈钢和碳素钢：黄铜的牌号及化学成分应符合 GB/T 5231 中的 H62、H65、H68 和 H80；锡青铜的牌号及化学成分应符合 GB/T 5231 中的 QSn6.5-0.1、QSn6.5-0.4；不锈钢的牌号及化学成分应采用 GB/T 4239 中的奥氏体型；碳素结构钢的牌号及化学成分应符合 GB/T 699 中的 10、08F 和 10F 钢。

3. 金属丝网的网幅宽度为 800mm、1000mm、1250mm、1600mm、2000mm 五种，根据需要也可制成其他网幅宽度。

4. 筛分面积百分率 A_0（%）定义：筛网单位面积内全部筛孔面积占总面积的百分数。

5. 筛网的型号标记示例：网孔基本尺寸为 1.00mm，金属丝直径为 0.355mm 的工业用金属丝平纹编织方孔筛网标记为“GFW1.00/0.355（平纹）GB/T 5330—2003”。对斜纹网，在型号后注“（斜纹）”。

第2章 有色金属材料

2.1 常用有色金属和合金元素名称及其代号

表 2-2-1 常用有色金属和合金元素名称及其代号

名称	锌	铅	锡	锑	金	银	镉	铁	锰	硅	磷	铍	铬	钴	钨
化学元素符号及汉语拼音字母代号	Zn	Pb	Sn	Sb	Au	Ag	Cd	Fe	Mn	Si	P	Be	Cr	Co	W
名称	铂	钯	铟	镓	锗	铱	铑	钛	镍	镁	铝	铜	白铜	青铜	黄铜
化学元素符号及汉语拼音字母代号	Pt	Pd	In	Ga	Ge	Ir	Rh	Ti T	Ni N	Mg M	Al L	Cu T	B	Q	H

2.2 专用有色金属、合金名称及其代号

表 2-2-2 专用有色金属、合金名称及其代号

名称	防锈铝	锻铝	硬铝	超硬铝	特殊铝	硬钎焊铝	无氧铜	金属粉末	喷铝粉	涂料铝粉	细铝粉	镁粉
代号	LF	LD	LY	LC	LT	LQ	TU	P	P	P	P	P
名称	铝镁粉	变形镁合金	焊料合金	印刷合金	阳极镍	轴承合金	稀土	硬质合金		铸造碳化钨	多用途硬质合金	钢结硬质合金
								钨钴	钨钛钴			
代号	P	MB	HI	I	NY	Ch	RE	YG	YT	YZ	YW	YE

2.3 有色金属铸造方法、合金状态代号（摘自 GB/T 1173—2013、GB/T 1176—2013、GB/T 1175—2018）

表 2-2-3 有色金属铸造方法、合金状态代号

铸造方法	代号	合金状态	代号
砂型铸造	S	铸态	F
金属型铸造	J	人工时效	T1
熔模铸造	R	退火	T2
壳型铸造	K	固溶处理加自然时效	T4
连续铸造	La	固溶处理加不完全人工时效	T5
离心铸造	Li	固溶处理加完全人工时效	T6
变质处理	B	固溶处理加稳定化处理	T7
均匀化处理	T3	固溶处理加软化处理	T8

2.4 有色金属产品状态、特性代号

表 2-2-4 有色金属产品状态、特性代号

产品状态名称	代号	产品状态名称	代号	产品状态名称	代号
热加工	R	淬火(人工时效)	CS	优质表面	O
退火	M	硬	Y	涂漆蒙皮板	Q
淬火	C	$\frac{3}{4}$硬、$\frac{1}{2}$硬、$\frac{1}{3}$硬、$\frac{1}{4}$硬	Y_1、Y_2、Y_3、Y_4	加厚包铝的	J
淬火后冷轧(冷作硬化)	CY	特硬	T	不包铝的	B
淬火(自然时效)	CZ			表面涂层	U

注：本表适用于未按新的变形铝及铝合金牌号表示方法（GB/T 16474）的铝及铝合金及其他有色金属。

2.5 变形铝及铝合金牌号表示方法（摘自 GB/T 16474—2011）

本标准适用于铝及铝合金加工产品及其坯料。

变形铝及铝合金国际四位数字体系牌号是按照1970年12月制定的变形铝及铝合金国际牌号命名体系推荐方法命名的牌号。此推荐方法由世界各国团体或组织提出。铝及铝合金牌号及成分注册登记秘书处设在美国铝业协会（AA）。

2.5.1 四位字符体系牌号命名方法

变形铝及铝合金牌号表示方法用四位字符体系牌号命名法（国际四位数字体系牌号可直接引用）。

表 2-2-5 国际四位数字体系牌号①

组 别	牌号	组 别	牌号	组 别	牌号
(1) 纯铝(Al)	1×××	Mn	3×××	Zn	7×××
(2) 合金组别		Si	4×××	其他元素	8×××
(按主要合金元素划分)：		Mg	5×××	备用组	9×××
Cu	2×××	(Mg+Si)	6×××		

① 世界主要工业国家均承认并采用国际四位数字体系牌号。

× × ××
- 英文大写字母(C、I、L、N、O、P、Q、Z除外)
- 阿拉伯数字

第一位字符（数字）表示铝及铝合金的组别，见表2-2-6。
第二位字符（英文字母）表示原始纯铝或铝合金的改型情况。
第三、四位字符（数字）标识同一组中不同的铝合金或表示铝的纯度。

表 2-2-6 铝及铝合金的组别

组 别	对应数字	组 别	对应数字	组 别	对应数字
纯铝(含铝量不小于99.00%)	1	以镁为主要合金元素的铝合金	5	以其他合金元素为主要合金元素的铝合金	8
以铜为主要合金元素的铝合金	2	以镁和硅为主要合金元素并以 Mg_2Si 相为强化相的铝合金	6	备用合金组	9
以锰为主要合金元素的铝合金	3	以锌为主要合金元素的铝合金	7		
以硅为主要合金元素的铝合金	4				

2.5.2 纯铝牌号命名法

× × ××
- 最低铝百分含量(小数点后两位数)
- A表示原始纯铝
- B～Y表示原始纯铝的改型
- 1表示纯铝组

2.5.3 铝合金牌号命名法

× × ××
- 区分同一组中不同的铝合金
- A～Y表示原始铝合金改型情况
- 2～8表示铝合金组别

2.6 变形铝及铝合金状态代号（摘自GB/T 16475—2008）

2.6.1 变形铝及铝合金的基础状态代号

表 2-2-7 基础状态代号

代号	名 称	说明与应用
F	自由加工状态	适用于在成形过程中,对于加工硬化和热处理条件无特殊要求的产品,该状态产品的力学性能不作规定
O	退火状态	适用于经完全退火获得最低强度的加工产品
H	加工硬化状态	适用于通过加工硬化提高强度的产品,产品在加工硬化后可经过(也可不经过)使强度有所降低的附加热处理 H代号后面必须跟有两位或三位阿拉伯数字
W	固溶热处理状态	一种不稳定状态,仅适用于经固溶热处理后,室温下自然时效的合金,该状态代号仅表示产品处于自然时效阶段
T	热处理状态(不同于F、O、H状态)	适用于热处理后,经过(或不经过)加工硬化达到稳定状态的产品 T代号后面必须跟有一位或多位阿拉伯数字

注：本标准适用于铝及铝合金加工产品。

2.6.2 变形铝及铝合金新旧状态代号对照

表 2-2-8 原状态代号相应的新代号

旧代号	新代号	旧代号	新代号	旧代号	新代号
M	O	T	HX9	MCS	T62
R	H112或F	CZ	T4	MCZ	T42
Y	HX8	CS	T6	CGS1	T73
Y_1	HX6	CYS	TX51、TX52等	CGS2	T76
Y_2	HX4	CZY	T0	CGS3	T74
Y_4	HX2	CSY	T9	RCS	T5

注：原以R状态交货的、提供CZ、CS试样性能的产品，其状态可分别对应新代号T42、T62。

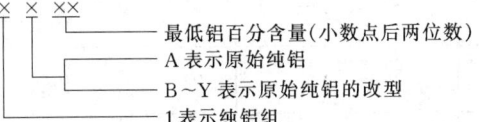

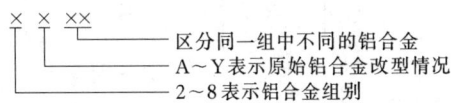

2.7 铸造有色金属

2.7.1 铸造铜及铜合金（摘自 GB/T 1176—2013）

表 2-2-9 铜合金牌号、化学成分、力学性能及主要特性和用途

组别	合金牌号（合金代号）	合金名称	主要化学成分/%								铸造方法	力学性能 ≥				主要特性与用途
			Sn	Zn	Pb	Al	Fe	Mn	Cu	其他		R_m/MPa	$R_{p0.2}$/MPa	A/%	硬度 HBW	
锡青铜	ZCuSn3Zn8Pb6Ni1（ZQSn3-7-5-1）	3-8-6-1 锡青铜	2.0～4.0	6.0～9.0	4.0～7.0				其余	Ni 0.5～1.5	S J	175 215		8 10	60 70	耐磨性较好，易加工，铸造性能好，气密性较好，耐腐蚀，可在流动海水下工作 在各种液体燃料以及海水、淡水和蒸汽（225℃以下）中工作的零件，压力不大于 2.5MPa 的阀门和管配件
锡青铜	ZCuSn3Zn11Pb4（ZQSn3-12-5）	3-11-4 锡青铜	2.0～4.0	9.0～13.0	3.0～6.0				其余		S、R J	175 215		8 10	60 60	铸造性能好，易加工，耐腐蚀 海水、淡水、蒸汽中，压力不大于 2.5MPa 的管道配件
锡青铜	ZCuSn5Pb5Zn5（ZQSn5-5-5）	5-5-5 锡青铜	4.0～6.0	4.0～6.0	4.0～6.0				其余		S、J、R Li、La	200 250	90 100[①]	13 13	60[①] 65[①]	耐磨性和耐蚀性好，易加工，铸造性能和气密性较好 在较高负荷、中等滑动速度下工作的耐磨、耐腐蚀零件，如轴瓦、衬套、缸套、活塞、离合器、泵件压盖以及蜗轮等
锡青铜	ZCuSn10Pb1（ZQSn10-1）	10-1 锡青铜	9.0～11.5						其余	P 0.5～1.0	S、R J Li La	220 310 330 360	130 170 170[①] 170[①]	3 2 4 6	80[①] 90[①] 90[①] 90[①]	硬度高，耐磨性极好，不易产生咬死现象，有较好的铸造性能和切削加工性能，在大气和淡水中有良好的耐蚀性 可用于高负荷（20MPa 以下）和高滑动速度（8m/s）下工作的耐磨零件，如连杆、衬套、轴瓦、齿轮、蜗轮等
锡青铜	ZCuSn10Pb5（ZQSn10-5）	10-5 锡青铜	9.0～11.0		4.0～6.0				其余		S J	195 245		10 10	70 70	耐腐蚀，特别对稀硫酸、盐酸和脂肪酸 结构材料，耐蚀、耐酸的配件以及破碎机衬套、轴瓦
锡青铜	ZCuSn10Zn2（ZQSn10-2）	10-2 锡青铜	9.0～11.0	1.0～3.0					其余		S J Li、La	240 245 270	120 140[①] 140[①]	12 6 7	70[①] 80[①] 80[①]	耐蚀性、耐磨性和切削加工性能好，铸造性能好，铸件致密性较高，气密性较好 在中等及较高负荷和低滑动速度下工作的重要管道配件，以及阀、旋塞、泵体、齿轮、叶轮和蜗轮等

续表

组别	合金牌号（合金代号）	合金名称	主要化学成分/%								铸造方法	力学性能 ≥				主要特性与用途
			Sn	Zn	Pb	Al	Fe	Mn	Cu	其他		R_m/MPa	$R_{p0.2}$/MPa	A/%	硬度 HBW	
铅青铜	ZCuPb10Sn10（ZQPb10-10）	10-10 铅青铜	9.0～11.0		8.0～11.0				其余		S J Li、La	180 220 220	80 140 110	7 5 6	65① 70① 70①	润滑性能、耐磨性能和耐蚀性能好，适合作为双金属铸造材料 表面压力高，又存在侧压力的滑动轴承，如轧辊、车辆用轴承和负荷峰值 60MPa 的受冲击的零件，最高峰值达 100MPa 的内燃机双金属轴瓦，以及活塞销套、摩擦片等
铅青铜	ZCuPb15Sn8（ZQPb12-8）	15-8 铅青铜	7.0～9.0		13.0～17.0				其余		S J Li、La	170 200 220	80 100 100①	5 6 8	60① 65① 65①	在缺乏润滑剂和用水质润滑剂条件下，滑动性和自润滑性能好，易切削，铸造性能差，对稀硫酸耐蚀性能好 表面压力高，又有侧压力的轴承，可用来制造冷轧机的铜冷却管，耐冲击负荷达 50MPa 的零件，内燃机的双金属轴瓦，主要用于最大负荷达 70MPa 的活塞销套及耐磨配件
铅青铜	ZCuPb17Sn4Zn4（ZQPb17-4-4）	17-4-4 铅青铜	3.5～5.0	2.0～6.0	14.0～20.0				其余		S J	150 175		5 7	55 60	耐磨性和自润滑性能好，易切削，铸造性能差 一般耐磨件，高滑动速度的轴承等
铅青铜	ZCuPb20Sn5（ZQPb25-5）	20-5 铅青铜	4.0～6.0		18.0～23.0				其余		S J La	150 150 180	60 70① 80①	5 6 7	45① 55① 55①	有较高的滑动性能，在缺乏润滑介质和以水为介质时有特别好的自润滑性能，适用于双金属铸造材料，耐硫酸腐蚀，易切削，铸造性能差 高滑动速度的轴承，破碎机、水泵、冷轧机轴承，负荷达 40MPa 的零件，耐腐蚀零件，双金属轴承，负荷达 70MPa 的活塞销套
铅青铜	ZCuPb30（ZQPb30）	30 铅青铜			27.0～33.0				其余		J	—	—	—	25	有良好的自润滑性，易切削，铸造性能差，易产生比重偏析 要求高滑动速度的双金属轴瓦、减摩零件等

续表

组别	合金牌号（合金代号）	合金名称	主要化学成分/% Sn	Zn	Pb	Al	Fe	Mn	Cu	其他	铸造方法	力学性能 ≥ R_m/MPa	$R_{p0.2}$/MPa	A/%	硬度 HBW	主要特性与用途
铝青铜	ZCuAl8Mn13Fe3	8-13-3 铝青铜				7.0～9.0	2.0～4.0	12.0～14.5	其余		S J	600 650	270[①] 280[①]	15 10	160 170	具有很高的强度和硬度，良好的耐磨性能和铸造性能，合金致密性高，耐蚀性好，作为耐磨件工作温度不大于400℃，可以焊接，不易钎焊 适用于制造重型机械用轴套，以及要求强度高、耐磨、耐压零件，如衬套、法兰、阀体、泵体等
	ZCuAl8Mn13-Fe3Ni2（ZQAl12-8-3-2）[②]	8-13-3-2 铝青铜				7.0～8.5	2.5～4.0	11.5～14.0	其余	Ni 1.8～2.5	S J	645 670	280 310[①]	20 18	160 170	有很高的力学性能，在大气、淡水和海水中均有良好的耐蚀性，腐蚀疲劳强度高，铸造性能好，合金组织致密，气密性好，可以焊接，不易钎焊 要求强度高、耐腐蚀的重要铸件，如船舶螺旋桨、高压阀体、泵体，以及耐压、耐磨零件，如蜗轮、齿轮、法兰、衬套等
	ZCuAl9Mn2（ZQAl9-2）	9-2 铝青铜				8.0～10.0		1.5～2.5	其余		S、R J	390 440	150 160	20 20	85 95	有高的力学性能，在大气、淡水和海水中耐蚀性好，铸造性能好，组织致密，气密性高，耐磨性好，可以焊接，不易钎焊 耐蚀、耐磨零件及形状简单的大型铸件，如衬套、齿轮、蜗轮，以及在250℃以下工作的管道配件和要求气密性高的铸件，如增压器内气封
	ZCuAl9Fe4-Ni4Mn2（ZQAl9-4-4-2）[②]	9-4-4-2 铝青铜				8.5～10.0	4.0～5.0	0.8～2.5	其余	Ni 4.0～5.0	S	630	250	16	160	有很高的力学性能，在大气、淡水、海水中均有优良的耐蚀性，腐蚀疲劳强度高，耐磨性良好，在400℃以下具有耐热性，可以热处理，焊接性能好，不易钎焊，铸造性能尚好 要求强度高、耐蚀性好的重要铸件，是制造船舶螺旋桨的主要材料之一，也可制作耐磨和400℃以下工作的零件，如轴承、齿轮、蜗轮、螺母、法兰、阀体、导向套管

续表

组别	合金牌号 (合金代号)	合金名称	主要化学成分/%								铸造方法	力学性能 ≥				主要特性与用途
			Sn	Zn	Pb	Al	Fe	Mn	Cu	其他		R_m/MPa	$R_{p0.2}$/MPa	A/%	硬度HBW	
铝青铜	ZCuAl10Fe3 (ZQAl9-4)	10-3 铝青铜				8.5～11.0	2.0～4.0		其余		S J Li、La	490 540 540	180 200 200	13 15 15	100[①] 110[①] 110[①]	具有高的力学性能，耐磨性和耐蚀性能好，可以焊接，不易钎焊，大型铸件自700℃空冷可以防止变脆 要求强度高、耐磨、耐蚀的重型铸件，如轴套、螺母、蜗轮以及250℃以下工作的管道配件
铝青铜	ZCuAl10Fe3Mn2 (ZQAl10-3-1.5)	10-3-2 铝青铜				9.0～11.0	2.0～4.0	1.0～2.0	其余		S、R J	490 540		15 20	110 120	具有高的力学性能和耐磨性，可热处理，高温下耐蚀性和抗氧化性能好，在大气、淡水和海水中耐蚀性好，可以焊接，不易钎焊，大型铸件自700℃空冷可以防止变脆 要求强度高、耐磨、耐蚀的零件，如齿轮、轴承、衬套、管嘴，以及耐热管道配件等
黄铜	ZCuZn38 (ZH62)	38黄铜		其余					60.0～63.0		S J	295 295	95 95	30 30	60 70	具有优良的铸造性能和较高的力学性能，切削加工性能好，可以焊接，耐蚀性较好，有应力腐蚀开裂倾向 一般结构件和耐蚀零件，如法兰、阀座、支架、手柄和螺母等
铝黄铜	ZCuZn25Al6-Fe3Mn3 (ZHAl66-6-3-2)	25-6-3-3 铝黄铜		其余		4.5～7.0	2.0～4.0	2.0～4.0	60.0～66.0		S J Li、La	725 740 740	380 400[①] 400	10 7 7	160[①] 170[①] 170[①]	有很高的力学性能，铸造性能良好，耐蚀性较好，有应力腐蚀开裂倾向，可以焊接 适用于高强、耐磨零件，如桥梁支承板、螺母、螺杆、耐磨板、滑块和蜗轮等
铝黄铜	ZCuZn26Al-4Fe3Mn3	26-4-3-3 铝黄铜		其余		2.5～5.0	2.0～4.0	2.0～4.0	60.0～66.0		S J Li、La	600 600 600	300 300 300	18 18 18	120[①] 130[①] 130[①]	有很高的力学性能，铸造性能良好，在空气、淡水和海水中耐蚀性较好，可以焊接 用于要求强度高的耐蚀零件
铝黄铜	ZCuZn31Al2 (ZHAl67-2.5)	31-2 铝黄铜		其余		2.0～3.0			66.0～68.0		S、R J	295 390		12 15	80 90	铸造性能良好，在空气、淡水、海水中耐蚀性较好，易切削，可以焊接 适用于压力铸造，如电机、仪表等压铸件，以及造船和机械制造业的耐蚀零件
铝黄铜	ZCuZn35Al2Mn2Fe1 (ZHFe59-1-1)	35-2-2-1 铝黄铜		其余		0.5～2.5	0.5～2.0	0.1～3.0	57.0～65.0		S J Li、La	450 475 475	170 200 200	20 18 18	100[①] 110[①] 110[①]	具有高的力学性能和良好的铸造性能，在大气、淡水、海水中有较好的耐蚀性，切削性能好，可以焊接 管路配件和要求不高的耐磨件

续表

组别	合金牌号（合金代号）	合金名称	主要化学成分/%								铸造方法	力学性能 ≥				主要特性与用途
			Sn	Zn	Pb	Al	Fe	Mn	Cu	其他		R_m/MPa	$R_{p0.2}$/MPa	A/%	硬度HBW	
锰黄铜	ZCuZn38Mn2Pb2（ZHMn58-2-2）	38-2-2 锰黄铜		其余	1.5～2.5			1.5～2.5	57.0～60.0		S J	245 345		10 18	70 80	有较高的力学性能和耐蚀性，耐磨性较好，切削性能良好 一般用途的结构件，船舶、仪表等使用的外形简单的铸件，如套筒、衬套、轴瓦、滑块等
锰黄铜	ZCuZn40Mn2（ZHMn58-2）	40-2 锰黄铜		其余				1.0～2.0	57.0～60.0		S、R J	345 390		20 25	80 90	有较高的力学性能和耐蚀性，铸造性能好，受热时组织稳定 用于在空气、淡水、海水、蒸汽(300℃以下)和各种液体燃料中工作的零件和阀体、阀杆、泵、管接头，以及需要浇注巴氏合金和镀锡零件等
锰黄铜	ZCuZn40Mn3Fe1（ZHMn55-3-1）	40-3-1 锰黄铜		其余			0.5～1.5	3.0～4.0	53.0～58.0		S、R J	440 490		18 15	100 110	有高的力学性能，良好的铸造性能和切削加工性能，在空气、淡水、海水中耐蚀性较好，有应力腐蚀开裂倾向 耐海水腐蚀的零件，以及300℃以下工作的管道配件，制造船舶螺旋桨等大型铸件
铅黄铜	ZCuZn33Pb2	33-2 铅黄铜		其余	1.0～3.0				63.0～67.0		S	180	70①	12	50①	结构材料，给水温度为90℃时抗氧化性能好，电导率为10～14MS/m 煤气和给水设备的壳体，机器制造业、电子技术、精密仪器和光学仪器的部分构件和配件
铅黄铜	ZCuZn40Pb2（ZHPb-59-1）	40-2 铅黄铜		其余	0.5～2.5	0.2～0.8			58.0～63.0		S、R J	220 280	95 120	15 20	80① 90①	有好的铸造性能和耐磨性，切削加工性能好，耐蚀性较好，在海水中有应力腐蚀倾向 一般用途的耐磨、耐蚀零件，如轴套、齿轮等
硅黄铜	ZCuZn16Si4（ZHSi80-3）	16-4 硅黄铜		其余					79.0～81.0	Si 2.5～4.5	S、R J	345 390	180	15 20	90 100	具有较高的力学性能和良好的耐蚀性，铸造性能好，流动性高，铸件组织致密，气密性好 接触海水工作的管道配件以及水泵、叶轮、旋塞和在空气、淡水、油、燃料，以及工作压力在4.5MPa和250℃以下蒸汽中工作的铸件

① 为参考值。
② 为GB/T 883《铜合金铸件技术条件》中的合金。

2.7.2 铸造铝合金（摘自 GB/T 1173—2013）

表 2-2-10 铸造铝合金化学成分、力学性能、特性和用途

组别	合金牌号	合金代号	主要化学成分/% Si	Cu	Mg	Zn	Mn	Ti	其他	Al	铸造方法	合金状态	力学性能 ≥ R_m/MPa	A/%	硬度 HBW	特性和用途
铝硅合金	ZAlSi7Mg	ZL101	6.5~7.5		0.25~0.45					余量	S、R、J、K	F	155	2	50	耐蚀性、铸造工艺性能好，易气焊。用于制作形状复杂的零件，如抽水机壳体、仪器零件、飞机零件、工作温度低于185℃的汽化器 在海水环境中使用时，含铜量不高于0.1%
											S、R、J、K	T2	135	2	45	
											JB	T4	185	4	50	
											S、R、K	T4	175	4	50	
											J、JB	T5	205	2	60	
											S、R、K	T5	195	2	60	
											SB、RB、KB	T5	195	2	60	
											SB、RB、KB	T6	225	1	70	
											SB、RB、KB	T7	195	2	60	
											SB、RB、KB	T8	155	3	55	
	ZAlSi7MgA	ZL101A	6.5~7.5		0.25~0.45			0.08~0.20		余量	S、R、K	T4	195	5	60	耐蚀性、铸造工艺性能好、易气焊、用于制作形状复杂的零件，如抽水机壳体、仪器零件、飞机零件、工作温度低于185℃的汽化器 在海水环境中使用时，含铜量不高于0.1%
											J、JB	T4	225	5	60	
											S、R、K	T5	235	4	70	
											SB、RB、KB	T5	235	4	70	
											J、JB	T5	265	4	70	
											SB、RB、KB	T6	275	2	80	
											J、JB	T6	295	3	80	
	ZAlSi12	ZL102	10.0~13.0							余量	SB、JB、RB、KB	F	145	4	50	用于制作形状复杂、负荷小、耐蚀的薄壁零件和工作温度不高于200℃的高气密性零件
											J	F	155	2	50	
											SB、JB、RB、KB	T2	135	4	50	
											J	T2	145	3	50	
	ZAlSi9Mg	ZL104	8.0~10.5		0.17~0.35		0.2~0.5			余量	S、J、R、K	F	150	2	50	用于制作形状复杂的承受卸载或冲击作用的大型零件，如风机叶片、水冷汽缸头，工作温度不高于200℃
											J	T1	200	1.5	65	
											SB、RB、KB	T6	230	2	70	
											J、JB	T6	240	2	70	
	ZAlSi5Cu1Mg	ZL105	4.5~5.5	1.0~1.5	0.4~0.6					余量	S、J、R、K	T1	155	0.5	65	强度高、切削性好，用于制作形状复杂、225℃以下工作的零件，如发动机汽缸头、油泵壳体
											S、R、K	T5	215	1	70	
											J	T5	235	0.5	70	
											S、R、K	T6	225	0.5	70	
											S、J、R、K	T7	175	1	65	
	ZAlSi5Cu1MgA	ZL105A	4.5~5.5	1.0~1.5	0.4~0.55					余量	SB、R、K	T5	275	1	80	
											J、JB	T5	295	2	80	

续表

组别	合金牌号	合金代号	主要化学成分/%								铸造方法	合金状态	力学性能 ≥			特性和用途
			Si	Cu	Mg	Zn	Mn	Ti	其他	Al			R_m /MPa	A /%	硬度 HBW	
铝硅合金	ZAlSi8Cu1Mg	ZL106	7.5～8.5	1.0～1.5	0.3～0.5		0.3～0.5	0.10～0.25		余量	SB JB SB JB SB JB SB J	F T1 T5 T5 T6 T6 T7 T7	175 195 235 255 245 265 225 245	1 1.5 2 2 1 2 2 2	70 70 60 70 80 70 60 60	用于制作工作温度在225℃以下的零件，如齿轮油泵壳体等
铝硅合金	ZAlSi12Cu2Mg1	ZL108	11.0～13.0	1.0～2.0	0.4～1.0		0.3～0.9			余量	J J	T1 T6	195 255	— —	85 90	用于制作重载、工作温度在250℃以下的零件，如大功率柴油机活塞
铝硅合金	ZAlSi12Cu1-Mg1Ni1	ZL109	11.0～13.0	0.5～1.5	0.8～1.3				Ni 0.8～1.5	余量	J J	T1 T6	195 245	0.5 —	90 100	用于制作工作温度在250℃以下的零件，如高速大功率活塞
铝铜合金	ZAlCu5Mn	ZL201		4.5～5.3			0.6～1.0	0.15～0.35		余量	S、J、R、K S、J、R、K S	T4 T5 T7	295 335 315	8 4 2	70 90 80	焊接性能好，铸造性能差。用于制作工作温度在175～300℃的零件，如支臂、梁柱
铝铜合金	ZAlCu4	ZL203		4.0～5.0						余量	S、R、K J S、R、K J	T4 T4 T5 T5	195 205 215 225	6 6 3 3	60 60 70 70	用于制作受重载荷、表面粗糙度要求较高而形状简单的厚壁零件，工作温度不高于200℃
铝铜合金	ZAlCu5MnCdA	ZL204A		4.6～5.3			0.6～0.9	0.15～0.35	Cd 0.15～0.25	余量	S	T5	440	4	100	
铝镁合金	ZAlMg10	ZL301			9.5～11.0					余量	S、J、R	T4	280	9	60	用于制作受冲击载荷、循环负荷、海水腐蚀和工作温度不高于200℃的零件
铝镁合金	ZAlMg5Si	ZL303	0.8～1.3		4.5～5.5		0.1～0.4			余量	S、J、R、K	F	143	1	55	
铝镁合金	ZAlMg8Zn1	ZL305			7.5～9.0	1.0～1.5		0.10～0.20	Be 0.03～0.10	余量	S	T4	290	8	90	
铝锌合金	ZAlZn11Si7	ZL401	6.0～8.0		0.1～0.3	9.0～13.0				余量	S、R、K J	T1 T1	195 245	2 1.5	80 90	铸造性能好，耐蚀性能低，用于制作工作温度不高于200℃、形状复杂的大型薄壁零件
铝锌合金	ZAlZn6Mg	ZL402			0.5～0.65	5.0～6.5	0.2～0.5	0.15～0.25	Cr 0.4～0.6	余量	J S	T1 T1	235 220	4 4	70 65	用于制作高强度零件，如空压机活塞、飞机起落架

注：1. 本标准与GB/T 9438《铝合金技术条件》配套使用。

2. 与食物接触的铝合金制品，不允许含有铍（Be），含砷量不大于0.015%，含锌量不大于0.3%，含铅量不大于0.15%。

2.7.3 铸造锌合金（摘自 GB/T 1175—2018）

表 2-2-11 铸造锌合金化学成分、力学性能

合金牌号	合金代号	合金元素/%			杂质元素/% ≤						铸造方法及状态	抗拉强度 R_m/MPa ≥	伸长率 A/% ≥	布氏硬度 HBW ≥
		Al	Cu	Mg	Zn	Fe	Pb	Cd	Sn	其他				
ZZnAl4Cu1Mg	ZA4-1	3.9～4.3	0.7～1.1	0.03～0.06	余量	0.02	0.003	0.003	0.0015	Ni 0.001	JF	175	0.5	80
ZZnAl4Cu3Mg	ZA4-3	3.9～4.3	2.7～3.3	0.03～0.06	余量	0.02	0.003	0.003	0.0015	Ni 0.001	SF	220	0.5	90
											JF	240	1	100
ZZnAl6Cu1	ZA6-1	5.6～6.0	1.2～1.6	—	余量	0.02	0.003	0.003	0.001	Mg 0.005 Si 0.02 Ni 0.001	SF	180	1	80
											JF	220	1.5	80
ZZnAl8Cu1Mg	ZA8-1	8.2～8.8	0.9～1.3	0.02～0.03	余量	0.035	0.005	0.005	0.002	Si 0.02 Ni 0.001	SF	250	1	80
											JF	225	1	85
ZZnAl9Cu2Mg	ZA9-2	8.0～10.0	1.0～2.0	0.03～0.06	余量	0.05	0.005	0.005	0.002	Si 0.05	SF	275	0.7	90
											JF	315	1.5	105
ZZnAl11Cu1Mg	ZA11-1	10.8～11.5	0.5～1.2	0.02～0.03	余量	0.05	0.005	0.005	0.002		SF	280	1	90
											JF	310	1	90
ZZnAl11Cu5Mg	ZA11-5	10.0～12.0	4.0～5.5	0.03～0.06	余量	0.05	0.005	0.005	0.002	Si 0.05	SF	275	0.5	80
											JF	295	1	100
ZZnAl27Cu2Mg	ZA27-2	25.5～28.0	2.0～2.5	0.012～0.02	余量	0.07	0.005	0.005	0.002		SF	400	3	110
											ST3①	310	8	90
											JF	420	1	110

① ST3 工艺为加热到 320℃后保温 3h，然后随炉冷却。

2.7.4 铸造轴承合金（摘自 GB/T 1174—1992）

表 2-2-12 铸造轴承合金化学成分、力学性能

种类	合金牌号	化学成分/%														铸造方法	力学性能 ≥			用途
		Sn	Pb	Cu	Zn	Al	Sb	Ni	Mn	Si	Fe	Bi	As	其他	其他元素总和		R_m/MPa	A/%	硬度 HBW	
锡基	ZSnSb8Cu4	其余	0.35	3.0～4.0	0.005	0.005	7.0～8.0	—	—	—	0.1	0.03	0.1	—	0.55	J	—	—	24	用于大机器轴承及轴衬，负荷压力大
	ZSnSb4Cu4			4.0～5.0	0.01	0.01	4.0～5.0				—	0.08		—	0.5	J			20	韧性与ZSnSb8Cu4相同，耐蚀、耐热、耐磨。用于蜗轮机、内燃机、高速轴承及轴衬

续表

种类	合金牌号	化学成分/% Sn	Pb	Cu	Zn	Al	Sb	Ni	Mn	Si	Fe	Bi	As	其他	其他元素总和	铸造方法	力学性能 ≥ R_m/MPa	A/%	硬度 HBW	用途
铅基	ZPbSb15-Sn5Cu3Cd2	5.0~6.0	其余	2.5~3.0	0.15	—	14.0~16.0	—	—	—	0.1	0.1	0.6~1.0	Cd 1.75~2.25	0.4	J	—	—	32	用于各种功率的压缩机外伸轴承、发动机轴承，功率100~250kW的电动机、齿轮变速箱、水泵等轴承
	ZPbSb15Sn5	4.0~5.5		0.5~1.0			14.0~15.5	—	—	—			0.2	—	0.75	J			20	
铜基	ZCuSn5-Pb5Zn5	4.0~6.0	4.0~6.0	其余	4.0~6.0	0.01	0.25	2.5①	—	0.01	0.3	—	—	P 0.05 S 0.10	0.7	S、J Li	200 250	13	60① 65①	
	ZCuPb20Sn5	4.0~6.0	18.0~23.0		2.0①		0.75		0.2		0.25	—	—	P 0.10 S 0.10	1.0	S J	150	5 6	45① 55①	
铝基	ZAlSn6-Cu1Ni1	5.5~7.0	—	0.7~1.3	—	其余	—	0.7~1.3	0.1	0.7	0.7	—	—	Ti 0.02 Fe+Si+Mn≤1.0	1.5	S J	110 130	10 15	35① 40①	

① 参考数值。

注：本标准适用于制造锡基、铅基双金属滑动轴承及铜基、铝基合金整体滑动轴承。

2.7.5 铸造钛及钛合金（摘自 GB/T 15073—2014）

表 2-2-13 铸造钛及钛合金化学成分

铸造钛及钛合金		化学成分/%													
		主要成分						杂质 ≤							
牌号	代号	Ti	Al	Sn	Mo	V	Nb	Fe	Si	C	N	H	O	其他元素 单个	其他元素 总和
ZTi1	ZTA1	基	—	—	—	—	—	0.25	0.10	0.1	0.03	0.015	0.25	0.1	0.4
ZTi2	ZTA2	基	—	—	—	—	—	0.30	0.15		0.05		0.35		
ZTi3	ZTA3	基	—	—	—	—	—	0.40					0.40		
ZTiAl4	ZTA5	基	3.3~4.7	—	—	—	—	0.30			0.04		0.20		
ZTiAl5Sn2.5	ZTA7	基	4.0~6.0	2.0~3.0	—	—	—	0.50			0.05				
ZTiMo32	ZTB32	基	—	—	30.0~34.0	—	—	0.30					0.15		
ZTiAl6V4	ZTC4	基	5.5~6.75	—	—	3.5~4.5	—	0.40					0.25		
ZTiAl6Sn4.5Nb2Mo1.5	ZTC21	基	5.5~6.5	4.0~5.0	1.0~2.0	—	1.5~2.0	0.30					0.20		

注：1. 本标准适用于石墨加工型、石墨捣实型、金属型和熔模精铸件的钛及钛合金。
2. 杂质的其他元素单个含量和总量只有在有异议时才考虑分析。
3. 铸造钛及钛合金牌号表示方法按 GB/T 8063《铸造有色金属及其合金牌号表示方法》。

2.8 有色金属型材

2.8.1 铜及铜合金型材

表 2-2-14 常用铜及铜合金型材牌号的特性和用途

类别	牌号	特性和用途
纯铜	T2 T3	有良好的导电、导热、耐蚀和加工性能，可焊接和钎焊，但易引起“氢病”，不宜在高温(＞370℃)还原气氛中热加工(退火、焊接等)和使用。适于制作电线、导电螺钉、化工用传热设备、铆钉、垫圈等
普通黄铜	H68 H70	有很好的塑性(是黄铜中最佳者)和较高的强度，切削加工性能好，易焊接，耐一般的腐蚀介质，但易产生腐蚀开裂。H68 是黄铜中应用最广的品种。适于制作复杂的冷冲件和深冲件，如散热器外壳、导管、波纹管、垫片、弹壳等
	H62	力学性能好，热态下有良好的塑性，冷态下的塑性也可以，切削性能好，易于焊接和钎焊，耐蚀，但易产生腐蚀裂纹，应用较广。适于制作销钉、铆钉、螺母、垫圈、导管、散热器零件、压力表弹簧、筛网等
铅黄铜	HPb59-1 HPb59-1A	力学性能好，易切削，能冷、热加工，易焊接和钎焊，对一般腐蚀介质稳定，但有腐蚀裂纹倾向。HPb59-1A 杂质含量较高，适于制作次要零件。HPb59-1 适于制作热冲压和切削加工件，如螺钉、垫圈、螺母、衬套、喷嘴等
锡黄铜	HSn62-1	力学性能好，切削性能好，适于热压加工，冷加工时有脆性，易于焊接和钎焊，在海水中有高的耐蚀性，但有腐蚀开裂倾向。适于制作与海水、汽油接触的零件
锡青铜	QSn4-3	为含锌锡青铜。有高的耐磨性和弹性，抗磁性好，易于冷、热压力加工，在硬态下切削性能好，易焊接和钎焊，在大气、淡水和海水中耐蚀性好。适于制作弹簧等弹性元件及耐蚀、耐磨零件，如衬套、轴承等
	QSn6.5-0.1	为含磷青铜。有高的强度、弹性、耐磨性和抗磁性，冷、热压力加工性能好，对电火花有较高的抗燃性，切削性能好，可焊接和钎焊，在大气和淡水中耐蚀。适于制作弹簧、导电元件；精密仪器中的耐磨、抗磁零件；齿轮、振动片、接触器件
铝青铜	QAl9-4	有高的强度和减摩性，耐蚀性好，热压加工性好，可电焊和气焊，但钎焊性差。可代替锡青铜制作耐磨零件。适于制作高负荷下的耐磨、耐蚀零件，如轴承、轴套、齿轮、蜗轮、阀座等
硅青铜	QSi3-1	有高的强度、弹性和耐磨性，塑性好，在低温下不变脆；能与黄铜、铜和其他合金焊接，钎焊性能好；冷、热压力加工性能好，但不能热处理强化，通常在退火和加工硬化状态下使用，这时有高的弹性和屈服极限，耐大气、淡水、海水腐蚀，并耐苛性钠、氯化物腐蚀。适于制作弹簧、蜗杆、蜗轮、齿轮、轴套、制动销等耐磨零件和焊接构件。可代替锡青铜，甚至铍青铜

2.8.1.1 常用铜及铜合金板、棒

表 2-2-15 常用铜及铜合金板、棒的化学成分和力学性能

材料牌号		化学成分(GB/T 5231—2012)				力学性能							
						板(GB/T 2040—2017)				棒(GB/T 4423—2007)			
		Cu	Sn	Pb	Al	状态	厚度/mm	R_m/MPa ≥	A/% ≥	状态	直径或对边距离/mm	抗拉强度 R_m/MPa ≥	断后伸长率 A/% ≥
纯铜	T2 T3	99.9 99.7 (Cu+Ag)	—	0.005 0.01	—	O60	0.3～10	205	30	M	3～80	200	40
						H04		295	—	Y	3～40	275	10
											>40～60	245	12
						M20	4～14	195	30		>60～80	210	16
黄铜	H62	60.5～63.5	—	0.08	—	M20		290			3～40	370	18
						O60	0.3～10		35				
						H04		410～630	10		>40～80	335	24
						H02		350～470	20				
						H06		585	2.5				
	H68	67.0～70.0	—	0.03	—	M20	4～14	290	40	M	13～35	295	50
										Y_2	3～12	370	18
											>12～40	315	30
											>40～80	295	34

续表

材料牌号		化学成分(GB/T 5231—2012) Cu	Sn	Pb	Al	板(GB/T 2040—2017) 状态	厚度/mm	R_m/MPa ≥	A/% ≥	棒(GB/T 4423—2007) 状态	直径或对边距离/mm	抗拉强度 R_m/MPa ≥	断后伸长率 A/% ≥
黄铜	HPb59-1	57.0～60.0	—	0.8～1.9	—	M20	4～14	370	18	Y_2	3～20	420	12
						O60	0.3～10	340	25		>20～40	390	14
						H04		440	5		>40～80	370	19
						H02		390～490	12				
	HSn62-1	61.0～63.0	0.7～1.1	0.1	—	M20	4～14	340	20		4～40	390	17
						O60	0.3～10	295	35				
						H04		390	5		>40～60	360	23
						H02		350～400	15				
青铜	QSn6.5-0.1	余量	6.0～7.0	0.02	0.002	M20	9～14	290	38	Y	3～12	470	13
						O60	0.2～12	315	40		>12～25	440	15
						H04		540～690	5		>25～40	410	18
						H02		490～610	8				
						H01		390～510	35				
	QSn4-3		3.5～4.5			O60		290	40		4～12	430	14
						H04		540～690	3		>12～25	370	21
						H06		635	2		>25～35	335	23
											>35～40	315	
	QAl9-2		0.1	0.03	8.0～10.0	O60	0.4～12	440	18		4～40	540	16
						H04		585	5				
	QAl9-4			0.01		H04			—			580	13

注：铜及铜合金棒的外形有圆形、方形、矩形和六角形四种。

表 2-2-16 常用铜及铜合金板材、棒材规格

/mm

材料牌号	板(GB/T 2040—2017) 状态	规格 厚度	宽度 ≤	长度 ≤	棒(GB/T 4423—2007) 状态	直径、对边距离 圆形棒、方形棒六角形棒	矩形棒	长度 圆形棒、方形棒、六角形棒 直径、对边距离	供货长度
T2 T3	M20	4～80	3000	6000	M Y	3～80	3～80	3～50	1000～5000
	O60、H01 H02、H04	0.2～12							
H62	M20	4～60			Y_2				
	O60、H02 H04、H06	0.2～10							
H68	M20	4～60			M Y_2	13～35	—		
	O60、H01 H02、H04、H06	0.2～10				3～80			
HPb59-1	M20	4～60			Y_2		3～80	50～80	500～5000
	O60、H02、H04	0.2～10							
HSn62-1	M20	4～60			Y	4～60			
	O60、H02、H04	0.2～10							
QSn6.5-0.1	M20	9～50	610	2000	Y	4～40	—		
	O60、H01 H02、H04、H06	0.2～12							
QSn4-3	O60、H04、H06		600		Y				
QAl9-2	O60、H04	0.4～12	1000		Y				
QAl9-4	H04								

注：铜及铜合金板材的尺寸（厚度间隔）及允许偏差符合 GB/T 17793 中相应牌号的规定。

表 2-2-17　常用铜及铜合金带材规格（摘自 GB/T 2059—2017）

牌号	状态	厚度/mm	宽度/mm	牌号	状态	厚度/mm	宽度/mm
T2、T3、TP1、TP2	O60、H01、H02、H04	0.15～0.5	≤610	QAl5	O60、H04	0.15～1.2	≤300
		≥0.5～5.0	≤1200				
H70、H68、H65	O60、H01、H02、H04、H06	0.15～0.5	≤610	QAl9-4	H04		
		≥0.5～3.5	≤1020	QAl9-2	O60、H04、H06		
H62	O60、H02、H04、H06	0.15～0.5	≤610	QSn6.5-0.1	O60、H01、H02、H04、H06	>0.15～2.0	≤610
		≥0.5～3.0	≤1200				
HMn58-2	O60、H02、H04	0.15～0.2	≤300	QSn4-3 QSn4-0.3	O60、H04、H06	>0.15～2.0	≤610
HPb59-1		>0.2～2.0	≤550				
HSn62-1	H04	0.15～0.2	≤300	QSi3-1	O60、H04、H06	0.15～1.2	≤300
		>0.2～2.0	≤550				

注：标记示例：用 H62 制的半硬（Y_2）状态，厚度为 0.8mm，宽度为 200mm 的带材标记为“带 H62Y_2 0.8×200 GB/T 2059—2000”。

表 2-2-18　常用铜及铜合金带材的力学性能（摘自 GB/T 2059—2017）

铜合金种类	牌号	状态	厚度/mm	力学性能 抗拉强度 R_m/MPa ≥	伸长率 A/% ≥	维氏硬度 HV
纯铜	T2、T3 TP1、TP2	O60	0.3	195	30	≤70
		H01		215～295	25	60～95
		H02		245～345	8	80～110
		H04		295～395	3	90～120
黄铜	H70 H68 H65	O60		≥260	40	≤90
		H01		325～410	35	85～115
		H02		355～460	25	100～130
		H04		410～540	13	120～160
		H06		520～620	4	150～190
	H62	O60		290	35	≤95
		H02		350～470	20	90～130
		H04		410～630	10	125～165
		H06		585	2.5	≥155
	HPb59-1	O60		340	25	—
		H02		390～490	12	
		H04		440	5	
	HSn62-1	H04		390	5	
青铜	QAl5	O60		275	33	
		H04		585	2.5	
	QAl9-2	O60		440	18	
		H04		585	5	
		H06		880	—	
	QAl9-4	H04		635	—	
	QSn6.5-0.1	O60	0.15	315	40	≤120
		H01		390～510	35	110～155
		H02		490～610	10	150～190
		H04		590～690	8	180～230
		H06		635～720	5	200～240
	QSn4-3 QSn4-0.3	O60		290	40	—
		H04		540～690	3	
		H06		635	2	
	QSi3-1	O60		370	45	—
		H04		635～785	5	
		H06		735	2	

2.8.1.2　常用铜及铜合金管材

一般用途的加工铜及铜合金无缝圆形管材直径系列和矩（方）形管规格及允许偏差见 GB/T 16866—2006。本标准适用于供一般工业用途的加工铜及铜合金挤制和拉制的无缝圆形管材和矩（方）形管。铜及铜合金管材的供货长度及允许偏差：外径 $d\leqslant100$mm 的拉制铜及铜合金圆管材供货长度 $L=1\sim7$m，其他铜及铜合金管材（挤制、拉制）供货长度 $L=0.5\sim6$m；外径 $d\leqslant30$mm、壁厚 $\delta\leqslant3$mm 的拉制铜及铜合金圆管和周长 $l\leqslant100$ 或周长与壁厚之比 $k\leqslant15$ 的矩（方）形管材供货长度 $L\geqslant6$m；铜和铜合金管的定尺或倍尺长度允许偏差为＋15mm，倍尺长度应留锯切余量 5mm；矩（方）形拉制直管的供货长度为 $L=1\sim5$m。

表 2-2-19　挤制铜及铜合金管规格（摘自 GB/T 16866—2006）　　/mm

公称外径	公称壁厚																									
	1.5	2.0	2.5	3.0	3.5	4.0	4.5	5.0	6.0	7.5	9.0	10.0	12.5	15.0	17.5	20.0	22.5	25.0	27.5	30.0	32.5	35.0	37.5	40.0	42.5	45.0	50.0
20,21,22	○	○	○	○		○																					
23,24,25,26	○	○	○	○	○	○																					
27,28,29			○	○	○	○	○	○	○																		
30,32			○	○	○	○	○	○	○																		
34,35,36			○	○	○	○	○	○	○																		
38,40,42,44			○	○	○	○	○	○	○	○	○	○															
45,46,48			○	○	○	○	○	○	○	○	○	○															
50,52,54,55			○	○	○	○	○	○	○	○	○	○	○	○	○												
56,58,60						○	○	○	○	○	○	○	○	○	○												
62,64,65,68,70						○	○	○	○	○	○	○	○	○	○	○											
72,74,75,78,80						○	○	○	○	○	○	○	○	○	○	○	○	○									
85,90										○		○	○	○	○	○	○	○	○	○							
95,100										○		○	○	○	○	○	○	○	○	○							
105,110												○	○	○	○	○	○	○	○	○							
115,120												○	○	○	○	○	○	○	○	○	○	○	○				
125,130												○	○	○	○	○	○	○	○	○	○	○					
135,140												○	○	○	○	○	○	○	○	○	○	○	○				
145,150												○	○	○	○	○	○	○	○	○	○	○					
155,160												○	○	○	○	○	○	○	○	○	○	○	○	○	○		
165,170												○	○	○	○	○	○	○	○	○	○	○	○	○	○		
175,180												○	○	○	○	○	○	○	○	○	○	○	○	○	○		
185,190,195,200												○	○	○	○	○	○	○	○	○	○	○	○	○	○	○	
210,220												○	○	○	○	○	○	○	○	○	○	○	○	○	○	○	
230,240,250												○	○	○		○		○	○	○	○	○	○	○	○	○	○
260,280												○	○	○		○		○		○							
290,300																○		○		○							

注：“○”表示可供规格，需要其他规格的产品应由供需双方商定。

表 2-2-20　拉制铜及铜合金圆形管规格（摘自 GB/T 16866—2006）

/mm

公称外径	公称壁厚																									
	0.2	0.3	0.4	0.5	0.6	0.75	1.0	1.25	1.5	2.0	2.5	3.0	3.5	4.0	4.5	5.0	6.0	7.0	8.0	9.0	10.0	11.0	12.0	13.0	14.0	15.0
3,4	○	○	○	○	○	○	○	○																		
5,6,7	○	○	○	○	○	○	○	○	○																	
8,9,10,11,12,13,14,15	○	○	○	○	○	○	○	○	○	○	○	○														
16,17,18,19,20		○	○	○	○	○	○	○	○	○	○	○	○	○	○											
21,22,23,24,25,26,27,28,29,30			○	○	○	○	○	○	○	○	○	○	○	○	○	○										
31,32,33,34,35,36,37,38,39,40			○	○	○	○	○	○	○	○	○	○	○	○	○	○										
42, 44, 45, 46, 48, 49,50						○	○	○	○	○	○	○	○	○	○	○	○									
52,54,55,56,58,60						○	○	○	○	○	○	○	○	○	○	○	○	○	○							
62,64,65,66,68,70							○	○	○	○	○	○	○	○	○	○	○	○	○	○	○	○				
72,74,75,76,78,80										○	○	○	○	○	○	○	○	○	○	○	○	○	○	○		
82,84,85,86,88,90,92,94,96,100										○	○	○	○	○	○	○	○	○	○	○	○	○	○	○	○	○
105, 110, 115, 120, 125, 130, 135, 140, 145,150										○	○	○	○	○	○	○	○	○	○	○	○	○	○	○	○	○
155, 160, 165, 170, 175, 180, 185, 190, 195,200												○	○	○	○	○	○	○	○	○	○	○	○	○	○	○
210, 220, 230, 240,250												○	○	○	○	○	○	○	○	○	○	○	○	○	○	○
260, 270, 280, 290, 300,310,320,330,340, 350,360														○	○	○										

注："○"表示推荐规格，需要其他规格的产品应由供需双方商定。

表 2-2-21 挤制和拉制铜及铜合金管外径允许偏差（摘自 GB/T 16866—2006） /mm

挤制铜及铜合金管

公称外径 d	外径允许偏差,±	
	纯铜、青铜管	黄铜管
20～22	0.22	0.25
23～26	0.25	
27～29		
30～33	0.30	0.30
34～37		0.35
38～44	0.35	0.40
45～49		0.45
50～55	0.45	0.50
56～60	0.60	0.60
61～70	0.70	0.70
71～80	0.80	0.82
81～90	0.90	0.92
91～100	1.0	1.1
101～120	1.2	1.3
121～130	1.3	1.5
131～140	1.4	1.6
141～150	1.5	1.7
151～160	1.6	1.9
161～170	1.7	2.0
171～180	1.8	2.1
181～190	1.9	2.2
191～200	2.0	
201～220	2.2	2.3
221～250	2.5	2.5
251～280	2.8	2.8
281～300	3.0	—

拉制铜及铜合金管

公称外径 d	平均外径允许偏差,±(≤)	
	普通级	高精级
3～15	0.06	0.05
>15～25	0.08	0.06
>25～50	0.12	0.08
>50～75	0.15	0.10
>75～100	0.20	0.13
>100～125	0.28	0.15
>125～150	0.35	0.18
>150～200	0.50	—
>200～250	0.65	
>250～360	0.40	

拉制矩(方)形铜及铜合金管的规格及其两平行外表面的间距允许偏差

尺寸 a、b	允许偏差,±(≤)		示 意 图
	普通级	高精级	
≤3.0	0.12	0.08	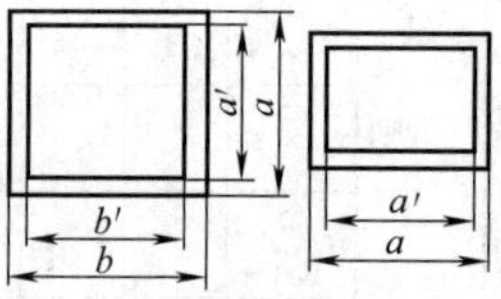
>3.0～16	0.15	0.10	
>16～25	0.18	0.12	
>25～50	0.25	0.15	
>50～100	0.35	0.20	

注：1. 当挤制、拉制铜和铜合金管要求的外径偏差全为正（+）或全为负（-）时，其允许偏差为表中对应数值的2倍。

2. 当挤制铜和铜合金圆管的外径与壁厚之比 $k\geqslant10$ 时，挤制黄铜圆管的短轴尺寸不应小于公称外径的95%；此时，外径允许偏差应为平均外径允许偏差。

3. 当挤制铜和铜合金圆管的外径与壁厚之比 $k\geqslant15$ 时，挤制纯铜和青铜圆管的短轴尺寸不应小于公称外径的95%；此时，外径允许偏差应为平均外径允许偏差。

4. 当矩（方）形铜和铜合金管的两平行外表面间间距的允许偏差要求全为正（+）或全为负（-）时，其允许偏差为表中对应数值的2倍。

5. 矩（方）形管的公称尺寸 a 对应的公差也适用 a'，公称尺寸 b 对应的公差也适用 b'。

表 2-2-22 拉制铜和铜合金管材的牌号、状态和规格（摘自 GB/T 1527—2017）

牌 号	状 态	规格/mm			
		圆形		矩(方)形	
		外径	壁厚	对边距	壁厚
T2、T3、TU1、TU2、TP1、TP2	软(O60)、轻软(O50)、硬(H04)、特硬(H06)	3～360	0.3～20	3～100	1～10
	半硬(H02)	3～100			
H95、H90	软(O60)、轻软(O50)、半硬(H02)、硬(H04)	3～200	0.2～10		0.2～7
H85、H80					
H70、H68、H59、HPb59-1、HSn62-1、HSn70-1		3～100			
H65、H63、H62、HPb66-0.5		3～200			

续表

牌号	状态	规格/mm			
		圆形		矩(方)形	
		外径	壁厚	对边距	壁厚
HPb63-0.1	半硬(H02)	18～31	6.5～13	—	—
BZn15-20	硬(H04)、半硬(H02)、软(O60)	4～40	0.5～8		
BFe10-1-1		8～160			
BFe30-1-1	半硬(H02)、软(O60)	8～80			

注：标记示例如下。
用 T2 制造的、软状态、外径为 20mm、壁厚为 0.5mm 的圆形铜管材标记为：
管 T2M　ϕ20×0.5　GB/T 1527
用 H62 制造的、半硬状态、长边为 20mm、短边为 15mm、壁厚为 0.5mm 的矩形铜合金管材标记为：
矩形管 H62 1/2　20×15×0.5　GB/T 1527

表 2-2-23　常用纯铜和黄铜的力学性能（摘自 GB/T 1527—2017）

牌号		状态	壁厚/mm	拉伸试验		硬度试验	
				抗拉强度 R_m /MPa,≥	伸长率 A /%,≥	维氏硬度 HV	布氏硬度 HBW
纯铜	T2 T3 TP1 TP2	软(O60)	全部	200	41	40～65	35～60
		轻软(O50)		220	40	45～75	40～70
		半硬(H02)	≤15	250	20	70～100	65～95
		硬(H04)	≤6	290	—	95～120	90～115
			>6～10	265		75～110	70～105
			>10～15	250		70～100	65～95
		特硬(H06)	≤3	360		≥110	≥105
黄铜	H95	O60	—	205	42	45～70	40～65
		O50		220	35	50～75	45～70
		H02		260	18	75～105	70～100
		H04		320	—	≥95	≥90
	H68 H70	O60		280	43	55～85	50～80
		O50		350	25	85～120	80～115
		H02		370	18	95～135	90～130
		H04		420	—	≥115	≥110
	H62 H63	O60		300	43	60～90	55～85
		O50		360	25	75～110	70～105
		H02		370	18	85～130	80～130
		H04		440	—	≥115	≥110
	H59 HPb59-1	O60		340	35	75～105	70～100
		O50		370	20	85～115	80～110
		H02		410	15	100～130	95～125
		H04		470	—	≥125	≥120
	HSn70-1	O60		295	40	60～90	55～85
		O50		320	35	70～100	65～95
		H02		370	20	85～110	80～130
		H04		455	—	≥110	≥105
	HSn62-1	O60		295	35	60～90	55～85
		O50		335	30	75～105	70～100
		H02		370	20	85～110	80～105
		H04		455	—	≥110	≥105

注：1. 特硬（T）状态的抗拉强度仅适用于壁厚≤3mm 的管材；壁厚>3mm 的管材，其性能由供需双方协商确定。
2. 维氏硬度试验负荷由供需双方协商确定。软（M）状态的维氏硬度试验，对于纯铜仅适用于壁厚≥1mm 的管材；对于黄铜，仅适用壁厚≥0.5mm 的管材。
3. 布氏硬度试验仅适用于壁厚≥3mm 的管材。

2.8.2 铝及铝合金型材

表 2-2-24 铝及铝合金新旧牌号对照（摘自 GB/T 3190—2008）

新牌号	曾用牌号	新牌号	曾用牌号	新牌号	曾用牌号	新牌号	曾用牌号
1A99	LG5	2B12	LY9	4A17	LT17	6A51	651
1B99	—	2D12	—	4A91	491	6A60	—
1C99	—	2E12	—	5A01	2102、LF15	7A01	LB1
1A97	LG4	2A13	LY13	5A02	LF2	7A03	LC3
1B97	—	2A14	LD10	5B02	—	7A04	LC4
1A95	—	2A16	LY16	5A03	LF3	7B04	—
1B95	—	2B16	LY16-1	5A05	LF5	7C04	—
1A93	LG3	2A17	LY17	5B05	LF10	7D04	—
1B93	—	2A20	LY20	5A06	LF6	7A05	705
1A90	LG2	2A21	214	5B06	LF14	7B05	7N01
1B90	—	2A23	—	5A12	LF12	7A09	LC9
1A85	LG1	2A24	—	5A13	LF13	7A10	LC10
1A80	—	2A25	225	5A25	—	7A12	—
1A80A	—	2B25	—	5A30	2103、LF16	7A15	LC15、157
1A60	—	2A39	—	5A33	LF33	7A19	919、LC19
1A50	LB2	2A40	—	5A41	LT41	7A31	183-1
1R50	—	2A49	149	5A43	LF43	7A33	LB733
1R35	—	2A50	LD5	5A56	—	7B50	—
1A30	L4-1	2B50	LD6	5A66	LT66	7A52	LC52、5210
1B30	—	2A70	LD7	5A70	—	7A55	—
2A01	LY1	2B70	LD7-1	5B70	—	7A68	—
2A02	LY2	2D70	—	5A71	—	7B68	—
2A04	LY4	2A80	LD8	5B71	—	7D68	7A60
2A06	LY6	2A90	LD9	5A90	—	7A85	—
2B06	—	2A97	—	6A01	6N01	7A88	—
2A10	LY10	3A21	LF21	6A02	LD2	8A01	—
2A11	LY11	4A01	LT1	6B02	LD2-1	8A06	L6
2B11	LY8	4A11	LD11	6R05	—		
2A12	LY12	4A13	LT13	6A10	—		

表 2-2-25 常用铝及铝合金化学成分、特性和用途（摘自 GB/T 3190—2008）

类别	牌号	主要化学成分/%								特性和用途
		Si	Fe	Cu	Mn	Mg	Zn	Cr	Al	
工业纯铝	1060（代 L2）	0.25	0.35	0.05	0.03	0.03	0.05	—	99.60	塑性高、焊接性好、强度低、耐蚀性高，但切削加工性差，使用温度为 150℃。用于制作贮槽、塔、热交换器、防止污染及深冷设备
	1035（代 L4）	0.35	0.6	0.1	0.05	0.05	0.1	—	99.35	
防锈铝	5A02（原 LF2）	0.4		0.1	或 Cr 0.15～0.4	2.0～2.8	—	—	余量	退火状态下塑性高、焊接性好、耐蚀性高、切削加工性差。5A02 冷作硬化时切削加工性良好、疲劳强度高。用于制作焊接零件、管道、容器及其他中等载荷的零件和制品、深冷设备等
	3A21（原 LF21）	0.5	0.7	0.2	1.0～1.6	0.05	0.1	—	余量	
硬铝	2A11（原 LY11）	0.7		3.8～4.8	0.4～0.8		0.3	—	余量	退火和淬火状态下塑性中等、焊接性好，切削加工性在时效状态下良好，在退火状态下降低，耐蚀性中等。2A11 制作中等强度的零件和构件、冲压的连接部件、铆钉及深冷设备中的螺栓、螺母等。2A12 制作高载荷零件和构件，但不包括冲压件和锻件
	2A12（原 LY12）	0.5		3.8～4.9	0.3～0.9	1.2～1.8		—	余量	

续表

类别	牌号	主要化学成分/%								特性和用途
		Si	Fe	Cu	Mn	Mg	Zn	Cr	Al	
超硬铝	7A04 (原 LC4)	0.5		1.4～2.0	0.2～0.6	1.8～2.8	5.0～7.0	0.1～0.25	余量	退火和淬火状态下塑性中等、强度高、切削加工性良好、耐蚀性中等、点焊性能良好、气焊性能不良。用于制作承力构件和高载荷零件，如飞机上的构件

注：1. 牌号 3A21 制作铆钉线时，含锌量不应大于 0.03%。
2. 用于食品工业的铝及铝合金，其砷、镉的含量应小于 0.01%。

表 2-2-26 铝和铝合金板、带材的牌号、状态和厚度范围（摘自 GB/T 3880.1—2012）

材料牌号	类别	状态	板材厚度/mm	带材厚度/mm
1A90 1A85	A	F	>4.5～150	—
		H112	>4.5～80	
1060		F	>4.5～150	>2.5～8
		H112	>4.5～80	—
		O	>0.2～80	0.2～6
		H12、H22	>0.5～6	>0.5～6
		H14、H24	>0.2～6	>0.2～6
		H16、H26	>0.2～4	>0.2～4
		H18	>0.2～3	>0.2～3
1050A		F	>4.5～150	>2.5～8
		H112	>6～80	—
		O	>0.2～80	>0.2～6
		H12、H22、H14、H24	>0.2～6	
		H16、H26	>0.2～4	>0.2～4
		H18	>0.2～3	>0.2～3
1100		F	>4.5～150	2.5～8
		H112	>6～80	—
		O	>0.2～80	>0.2～6
		H12、H22 H14、H24	>0.2～6	
		H16、H26	>0.2～4	>0.2～4
		H18	>0.2～3.2	>0.2～3.2
2017	B	F	>4.5～150	—
		O	0.4～25	>0.5～6
		T3、T4	>0.4～6	—
2024		F	>4.5～80	
		O	>0.4～25	>0.5～6
		T3	>0.4～150	—
		T4	>0.4～6	

材料牌号	类别	状态	板材厚度/mm	带材厚度/mm
3003	A	F	4.5～150	>2.5～8
		H112	>4.5～80	—
		O	>0.2～50	>0.2～6
		H12、H22 H14、H24	>0.2～6	
		H16、H26	>0.2～4	>0.2～4
		H18、H28	>0.2～3	>0.2～3
3004		F	>6～80	>2.5～8
		H112	>4.5～80	—
		O	>0.2～50	>0.2～6
		H111		—
		H12、H22、 H14、H32	>0.2～6	>0.2～6
		H24、H34、 H26、H36、H18	>0.2～3	>0.2～3
		H28、H38	>0.2～1.5	>0.2～1.5
5A06	B	F	>4.5～150	—
		O	>0.5～4.5	>0.5～4.5
		H112	>4.5～50	—
5083		F	>4.5～150	
		H112	>6～120	
		O	>0.2～80	>0.2～4
		H111		
		H12、H14、 H24、H34	>0.2～6	>0.2～6
		H22、H32		
		H16、H26、H36	>0.2～4	—
6061		F	>4.5～150	>2.5～8
		O	>0.4～25	>0.4～6
		T4	>0.4～80	—
7075		F	>6～50	
		O	>0.39～50	
		T6	0.39～6.3	

表 2-2-27　铝及铝合金板、带材的宽度和长度（摘自 GB/T 3880.1—2012）　/mm

板、带材厚度	板材的宽度、长度		带材宽度
	宽度	长度	
＞0.2～0.5	500～1660	500～4000	1800
＞0.5～0.8	500～2000	500～10000	2400
＞0.8～1.2	500～2400	1000～10000	2400
＞1.2～3.0	500～2400		2400
3～8		1000～15000	2400
＞8.0～15.0	500～2500	1000～15000	—

注：1. 带材是否带套筒及套筒材质，由供需双方商定并在合同中注明。
2. 标记示例如下。
用 3003 铝合金制造、状态为 H22、厚度为 2.0mm、宽度为 1200mm、长度为 2000mm 的板材，其标记为：
板 3003-H22　2.0×1200×2000　GB/T 3880.1
用 6061 铝合金制造、状态为 O、厚度为 1.0mm、宽度为 1050mm 的带材，其标记为：
带 6061-O　1.0×1050　GB/T 3880.1

表 2-2-28　铝及铝合金板、带材的厚度允许偏差（摘自 GB/T 3880.3—2012）　/mm

厚度	下列宽度上的厚度允许偏差										
	冷轧板、带(普通级)										
	≤1000.0		＞1000.0～1250.0		＞1250.0～1600.0		＞1600.0～2000.0		＞2000.0～2500.0	＞2500.0～3000.0	＞3000.0～3500.0
	A类	B类	A类	B类	A类	B类	A类	B类	所有	所有	所有
＞0.20～0.40	±0.03	±0.05	±0.05	±0.06	±0.06	±0.06	—	—	—	—	—
＞0.40～0.50	±0.05	±0.05	±0.06	±0.08	±0.07	±0.08	±0.08	±0.09	±0.12	—	—
＞0.50～0.60	±0.05	±0.05	±0.07	±0.08	±0.07	±0.08	±0.08	±0.09	±0.12	—	—
＞0.60～0.80	±0.05	±0.06	±0.07	±0.08	±0.07	±0.08	±0.09	±0.10	±0.13	—	—
＞0.80～1.00	±0.07	±0.08	±0.08	±0.09	±0.08	±0.09	±0.10	±0.11	±0.15	—	—
＞1.00～1.20	±0.07	±0.08	±0.09	±0.10	±0.09	±0.10	±0.11	±0.12	±0.15	—	—
＞1.20～1.50	±0.09	±0.10	±0.12	±0.13	±0.12	±0.13	±0.13	±0.14	±0.15	—	—
＞1.50～1.80	±0.09	±0.10	±0.12	±0.13	±0.12	±0.13	±0.14	±0.15	±0.15	—	—
＞1.80～2.00	±0.09	±0.10	±0.12	±0.13	±0.12	±0.13	±0.14	±0.15	±0.15	—	—
＞2.00～2.50	±0.12	±0.13	±0.14	±0.15	±0.14	±0.15	±0.15	±0.16	±0.16	—	—
＞2.50～3.00	±0.13	±0.15	±0.16	±0.17	±0.16	±0.17	±0.17	±0.18	±0.18	—	—
＞3.00～3.50	±0.14	±0.15	±0.17	±0.18	±0.17	±0.18	±0.22	±0.23	±0.19	—	—
	冷轧板、带(高精级)										
＞0.20～0.40	±0.02	±0.03	±0.04	±0.05	±0.05	±0.06	—	—	—	—	—
＞0.40～0.50	±0.03	±0.03	±0.04	±0.05	±0.05	±0.06	±0.06	±0.07	±0.10	—	—
＞0.50～0.60	±0.03	±0.04	±0.05	±0.06	±0.06	±0.07	±0.07	±0.08	±0.11	—	—
＞0.60～0.80	±0.03	±0.04	±0.06	±0.07	±0.07	±0.08	±0.08	±0.09	±0.12	—	—
＞0.80～1.00	±0.04	±0.05	±0.06	±0.08	±0.08	±0.09	±0.09	±0.10	±0.13	—	—
＞1.00～1.20	±0.04	±0.05	±0.07	±0.09	±0.09	±0.10	±0.10	±0.12	±0.14	—	—
＞1.20～1.50	±0.05	±0.07	±0.09	±0.11	±0.10	±0.12	±0.11	±0.14	±0.16	—	—
＞1.50～1.80	±0.06	±0.08	±0.10	±0.12	±0.11	±0.13	±0.12	±0.15	±0.17	—	—
＞1.80～2.00	±0.06	±0.09	±0.11	±0.13	±0.12	±0.14	±0.14	±0.15	±0.19	—	—
＞2.00～2.50	±0.07	±0.10	±0.12	±0.14	±0.13	±0.15	±0.15	±0.16	±0.20	—	—
＞2.50～3.00	±0.08	±0.11	±0.13	±0.15	±0.15	±0.17	±0.17	±0.18	±0.23	—	—
＞3.00～3.50	±0.10	±0.12	±0.15	±0.17	±0.17	±0.19	±0.18	±0.20	±0.24	—	—

续表

热轧板、带					
厚度	下列宽度上的厚度允许偏差				
	≤1250.0	>1250.0～1600.0	>1600.0～2000.0	>2000.0～2500.0	>2500.0～3500.0
2.50～4.00	±0.28	±0.28	±0.32	±0.35	±0.40
>4.00～5.00	±0.30	±0.30	±0.35	±0.40	±0.45
>5.00～6.00	±0.32	±0.32	±0.40	±0.45	±0.50
>6.00～8.00	±0.35	±0.40	±0.40	±0.50	±0.55
>8.00～10.00	±0.45	±0.50	±0.50	±0.55	±0.60
>10.00～15.00	±0.50	±0.60	±0.65	±0.65	±0.80
>15.00～20.00	±0.60	±0.70	±0.75	±0.80	±0.90
>20.00～30.00	±0.65	±0.75	±0.85	±0.90	±1.00
>30.00～40.00	±0.75	±0.85	±1.00	±1.10	±1.20
>40.00～50.00	±0.90	±1.00	±1.10	±1.20	±1.50
>50.00～60.00	±1.10	±1.20	±1.40	±1.50	±1.70
>60.00～80.00	±1.40	±1.50	±1.70	±1.90	±2.00
>80.00～100.00	±1.70	±1.80	±1.90	±2.10	±2.20
>100.00～150.00	±2.10	±2.20	±2.50	±2.60	—
>150.00～220.00	±2.50	±2.60	±2.90	±3.00	—
>220.00～250.00	±2.80	±2.90	±3.20	±3.30	—

表 2-2-29 铝及铝合金板、带材力学性能（摘自 GB/T 3880.2—2012）

牌号	包铝分类	供应状态	试样状态	厚度/mm	室温拉伸试验结果				弯曲半径	
					抗拉强度 R_m/MPa	规定非比例延伸强度 $R_{p0.2}$/MPa	断后伸长率/%			
							A_{50mm}	A	90°	180°
					不小于					
1A90 1A85	—	H112	H112	>4.50～12.50	60	—	21	—	—	—
				>12.50～20.00			—	19	—	—
				>20.00～80.00	附实测值				—	—
		F	—	>4.50～150.00	—				—	—
1060	—	O	O	>0.20～0.30	60～100	15	15	—	—	—
				>0.30～0.50			18	—	—	—
				>0.50～1.50			23	—	—	—
				>1.50～6.00			25	—	—	—
				>6.00～80.00			25	22	—	—
		H12	H12	>0.50～1.50	80～120	60	6	—	—	—
				>1.50～6.00			12	—	—	—
		H22	H22	>0.50～1.50	80	60	6	—	—	—
				>1.50～6.00			12	—	—	—
		H14	H14	>0.20～0.30	95～135	70	1	—	—	—
				>0.30～0.50			2	—	—	—
				>0.50～0.80			2	—	—	—
				>0.80～1.50			4	—	—	—
				>1.50～3.00			6	—	—	—
				>3.00～6.00			10	—	—	—

续表

牌号	包铝分类	供应状态	试样状态	厚度/mm	室温拉伸试验结果 抗拉强度 R_m/MPa	规定非比例延伸强度 $R_{p0.2}$/MPa	断后伸长率/% A_{50mm}	A	弯曲半径 90°	180°
					不小于					
1060	—	H18	H18	>0.20～0.30	125	85	1	—	—	—
				>0.30～0.50			2	—	—	—
				>0.50～1.50			3	—	—	—
				>1.50～3.00			4	—	—	—
		H112	H112	>4.50～6.00	75	—	10	—	—	—
				>6.00～12.50	75		10	—	—	—
				>12.50～40.00	70		—	18	—	—
				>40.00～80.00	60		—	22	—	—
1050A	—	O H111	O H111	>0.20～0.50	>65～95	20	20	—	0t	0t
				>0.50～1.50			22	—	0t	0t
				>1.50～3.00			26	—	0t	0t
				>3.00～6.00			29	—	0.5t	0.5t
				>6.00～12.50			35	—	1.0t	1.0t
				>12.50～80.00			—	32	—	—
		H12	H12	>0.20～0.50	>85～125	65	2	—	0t	0.5t
				>0.50～1.50			4	—	0t	0.5t
				>1.50～3.00			5	—	0.5t	0.5t
				>3.00～6.00			7	—	1.0t	1.0t
		H22	H22	>0.20～0.50	>85～125	55	4	—	0t	0.5t
				>0.50～1.50			5	—	0t	0.5t
				>1.50～3.00			6	—	0.5t	0.5t
				>3.00～6.00			11	—	1.0t	1.0t
		H14	H14	>0.20～0.50	>105～145	85	2	—	0t	1.0t
				>0.50～1.50			2	—	0.5t	1.0t
				>1.50～3.00			4	—	1.0t	1.0t
				>3.00～6.00			5	—	1.5t	—
		H24	H24	>0.20～0.50	>105～145	75	3	—	0t	1.0t
				>0.50～1.50			4	—	0.5t	1.0t
				>1.50～3.00			5	—	1.0t	1.0t
				>3.00～6.00			8	—	1.5t	1.5t
		H16	H16	>0.20～0.50	>120～160	100	1	—	0.5t	—
				>0.50～1.50			2	—	1.0t	—
				>1.50～4.00			3	—	1.5t	—
		H26	H26	>0.20～0.50	>120～160	90	2	—	0.5t	—
				>0.50～1.50			3	—	1.0t	—
				>1.50～4.00			4	—	1.5t	—
		H18	H18	>0.20～0.50	135	120	1	—	1.0t	—
				>0.50～1.50	140		2	—	2.0t	—
				>1.50～3.00			2	—	3.0t	—
		H28	H28	>0.20～0.50	140	110	2	—	1.0t	—
				>0.50～1.50			2	—	2.0t	—
				>1.50～3.00			3	—	3.0t	—

牌号	包铝分类	供应状态	试样状态	厚度/mm	室温拉伸试验结果				弯曲半径	
					抗拉强度 R_m/MPa	规定非比例延伸强度 $R_{p0.2}$/MPa	断后伸长率/%			
							A_{50mm}	A	90°	180°
					不小于					
1100	—	O	O	>0.20～0.32	75～105	25	15	—	—	0*t*
				>0.32～0.63			17	—	—	0*t*
				>0.63～1.20			22	—	—	0*t*
				>1.20～6.30			30	—	—	0*t*
				>6.30～80.00			28	25	—	0*t*
		H12	H12	>0.20～0.63	95～130	75	3	—	—	0*t*
				>0.63～1.20			5	—	—	0*t*
				>1.20～6.00			8	—	—	0*t*
		H22	H22	>0.20～0.63	95	—	3	—	—	0*t*
				>0.63～1.20			5	—	—	0*t*
				>1.20～6.00			8	—	—	0*t*
		H14	H14	>0.20～0.32	110～145	95	1	—	—	0*t*
				>0.32～0.63			2	—	—	0*t*
				>0.63～1.20			3	—	—	0*t*
				>1.20～6.00			5	—	—	0*t*
		H24	H24	>0.20～0.32	110	—	1	—	—	0*t*
				>0.32～0.63			2	—	—	0*t*
				>0.63～1.20			3	—	—	0*t*
				>1.20～6.00			5	—	—	0*t*
		H16	H16	>0.20～0.32	130～165	115	1	—	—	4*t*
				>0.32～0.63			2	—	—	4*t*
				>0.63～1.20			3	—	—	4*t*
				>1.20～4.00			4	—	—	4*t*
		H26	H26	>0.20～0.32	130	—	1	—	—	4*t*
				>0.32～0.63			2	—	—	4*t*
				>0.63～1.20			3	—	—	4*t*
				>1.20～4.00			4	—	—	4*t*
		H18 H28	H18 H28	>0.20～0.32	150	—	1	—	—	—
				>0.32～0.63			1	—	—	—
				>0.63～1.20			2	—	—	—
				>1.20～3.20			4	—	—	—
		H112	H112	>6.00～12.50	90	50	9	—	—	—
				>12.50～40.00	85	40	—	12	—	—
				>40.00～80.00	80	30	—	18	—	—
		F	—	>2.50～150.00	—				—	—
包铝2017 2017	正常包铝、工艺包铝或不包铝	O	O	>0.40～1.60	≤215	—	12	—	0.5*t*	—
				>1.60～2.90		≤110			1.0*t*	—
				>2.90～6.00					1.5*t*	—
				>6.00～25.00					—	—
			T42	>0.40～0.50	355	—	12	—	—	—
				>0.50～1.60		195	15	—	—	—
				>1.60～2.90			17	—	—	—
				>2.90～6.50			15	—	—	—
				>6.50～25.00		185	12	—	—	—
		T3	T3	>0.40～0.50	375	—	12	—	1.5*t*	—
				>0.50～1.60		215	15	—	2.5*t*	—
				>1.60～2.90			17	—	3*t*	—
				>2.90～6.00			15	—	3.5*t*	—

续表

牌号	包铝分类	供应状态	试样状态	厚度/mm	室温拉伸试验结果				弯曲半径	
					抗拉强度 R_m/MPa	规定非比例延伸强度 $R_{p0.2}$/MPa	断后伸长率/%			
							A_{50mm}	A	90°	180°
					不小于					
包铝2017 2017	正常包铝、工艺包铝或不包铝	T4	T4	>0.40~0.50	355	—	12	—	1.5*t*	—
				>0.50~1.60		195	15	—	2.5*t*	—
				>1.60~2.90			17	—	3*t*	—
				>2.90~6.00			15	—	3.5*t*	—
		F	—	>4.50~150.00	—				—	—
包铝2024	正常包铝	O	O	>0.20~0.25	≤205	≤95	10	—	—	—
				>0.25~1.60	≤205	≤95	12	—	—	—
				>1.60~12.50	≤220	≤95	12	—	—	—
				>12.50~45.50	≤220	—	—	10	—	—
		T3	T3	>0.20~0.25	400	270	10	—	—	—
				>0.25~0.50	405	270	12	—	—	—
				>0.50~1.60	405	270	15	—	—	—
				>1.60~3.20	420	275	15	—	—	—
				>3.20~6.00	420	275	15	—	—	—
		T4	T4	>0.20~0.50	400	245	12	—	—	—
				>0.50~1.60	400	245	15	—	—	—
				>1.60~3.20	420	260	15	—	—	—
		F	—	>4.50~80.00	—				—	—
3003	—	O H111	O H111	>0.20~0.50	95~135	35	15	—	0*t*	0*t*
				>0.50~1.50			17	—	0*t*	0*t*
				>1.50~3.00			20	—	0*t*	0*t*
				>3.00~6.00			23	—	1.0*t*	1.0*t*
				>6.00~12.50			24	—	1.5*t*	—
				>12.50~50.00			—	23	—	—
		H12	H12	>0.20~0.50	120~160	90	3	—	0*t*	1.5*t*
				>0.50~1.50			4	—	0.5*t*	1.5*t*
				>1.50~3.00			5	—	1.0*t*	1.5*t*
				>3.00~6.00			6	—	1.0*t*	—
		H22	H22	>0.20~0.50	120~160	80	6	—	0*t*	1.0*t*
				>0.50~1.50			7	—	0.5*t*	1.0*t*
				>1.50~3.00			8	—	1.0*t*	1.0*t*
				>3.00~6.00			9	—	1.0*t*	—
		H14	H14	>0.20~0.50	145~195	125	2	—	0.5*t*	2.0*t*
				>0.50~1.50			2	—	1.0*t*	2.0*t*
				>1.50~3.00			3	—	1.0*t*	2.0*t*
				>3.00~6.00			4	—	2.0*t*	—
		H24	H24	>0.20~0.50	145~195	115	4	—	0.5*t*	1.5*t*
				>0.50~1.50			4	—	1.0*t*	1.5*t*
				>1.50~3.00			5	—	1.0*t*	1.5*t*
				>3.00~6.00			6	—	2.0*t*	—
		H16	H16	>0.20~0.50	170~210	150	1	—	1.0*t*	2.5*t*
				>0.50~1.50			2	—	1.5*t*	2.5*t*
				>1.50~4.00			2	—	2.0*t*	2.5*t*

续表

牌号	包铝分类	供应状态	试样状态	厚度/mm	室温拉伸试验结果				弯曲半径	
					抗拉强度 R_m/MPa	规定非比例延伸强度 $R_{p0.2}$/MPa	断后伸长率/%			
							A_{50mm}	A	90°	180°
					不小于					
3003	—	H26	H26	>0.20～0.50	170～210	140	2	—	1.0t	2.0t
				>0.50～1.50			3	—	1.5t	2.0t
				>1.50～4.00			3	—	2.0t	2.0t
		H18	H18	>0.20～0.50	190	170	1	—	1.5t	—
				>0.50～1.50			2	—	2.5t	—
				>1.50～3.00			2	—	3.0t	—
		H28	H28	>0.20～0.50	190	160	2	—	1.5t	—
				>0.50～1.50			2	—	2.5t	—
				>1.50～3.00			3	—	3.0t	—
		H19	H19	>0.20～0.50	210	180	1	—	—	—
				>0.50～1.50			2	—	—	—
				>1.50～3.00			3	—	—	—
		H112	H112	>4.50～12.50	115	70	10	—	—	—
				>12.50～80.00	100	40	—	18	—	—
		F	—	>2.50～150.00	—				—	—
3004	—	O H111	O H111	>0.20～0.50	155～200	60	13	—	0t	0t
				>0.50～1.50			14	—	0t	0t
				>1.50～3.00			15	—	0t	0.5t
				>3.00～6.00			16	—	1.0t	1.0t
				>6.00～12.50			16	—	2.0t	—
				>12.50～50.00			—	14	—	—
		H12	H12	>0.20～0.50	190～240	155	2	—	0t	1.5t
				>0.50～1.50			3	—	0.5t	1.5t
				>1.50～3.00			4	—	1.0t	2.0t
				>3.00～6.00			5	—	1.5t	—
		H22 H32	H22 H32	>0.20～0.50	190～240	145	4	—	0t	1.0t
				>0.50～1.50			5	—	0.5t	1.0t
				>1.50～3.00			6	—	1.0t	1.5t
				>3.00～6.00			7	—	1.5t	—
		H14	H14	>0.20～0.50	220～265	180	1	—	0.5t	2.5t
				>0.50～1.50			2	—	1.0t	2.5t
				>1.50～3.00			2	—	1.5t	2.5t
				>3.00～6.00			3	—	2.0t	—
		H24 H34	H24 H34	>0.20～0.50	220～265	170	3	—	0.5t	2.0t
				>0.50～1.50			4	—	1.0t	2.0t
				>1.50～3.00			4	—	1.5t	2.0t
		H16	H16	>0.20～0.50	240～285	200	1	—	1.0t	3.5t
				>0.50～1.50			1	—	1.5t	3.5t
				>1.50～4.00			2	—	2.5t	—
		H26 H36	H26 H36	>0.20～0.50	240～285	190	3	—	1.0t	3.0t
				>0.50～1.50			3	—	1.5t	3.0t
				>1.50～3.00			3	—	2.5t	—

牌号	包铝分类	供应状态	试样状态	厚度/mm	室温拉伸试验结果				弯曲半径	
					抗拉强度 R_m/MPa	规定非比例延伸强度 $R_{p0.2}$/MPa	断后伸长率/%			
							A_{50mm}	A	90°	180°
					不小于					
3004	—	H18	H18	>0.20～0.50	260	230	1	—	1.5t	—
				>0.50～1.50			1	—	2.5t	—
				>1.50～3.00			2	—	—	—
		H28 H38	H28 H38	>0.20～0.50	260	220	2	—	1.5t	—
				>0.50～1.50			3	—	2.5t	—
		H19	H19	>0.20～0.50	270	240	1	—	—	—
				>0.50～1.50			1	—	—	—
		H112	H112	>4.50～12.50	160	60	7	—	—	—
				>12.50～40.00			—	6	—	—
				>40.00～80.00			—	6	—	—
		F	—	>2.50～80.00	—				—	—
5083	—	O H111	O H111	>6.30～12.50	270～345	115	16	—	2.5t	—
				>12.50～50.00			—	15	—	—
				>50.00～80.00			—	14	—	—
				>80.00～120.00	260	110		12		
				>120.00～200.00	255	105		12		
		H12	H12	>0.20～0.50	315～375	250	3	—	—	—
				>0.50～1.50			4	—	—	—
				>1.50～3.00			5	—	—	—
				>3.00～6.00			6	—	—	—
		H22 H32	H22 H32	>0.20～0.50	305～380	215	5	—	0.5t	2.0t
				>0.50～1.50			6	—	1.5t	2.0t
				>1.50～3.00			7	—	2.0t	3.0t
				>3.00～6.00			8	—	2.5t	—
		H14	H14	>0.20～0.50	340～400	280	2	—	—	—
				>0.50～1.50			3	—	—	—
				>1.50～3.00			3	—	—	—
				>3.00～6.00			3	—	—	—
		H24 H34	H24 H34	>0.20～0.50	340～400	250	4	—	1.0t	—
				>0.50～1.50			5	—	2.0t	—
				>1.50～3.00			6	—	2.5t	—
				>3.00～6.00			7	—	3.5t	—
		H16	H16	>0.20～0.50	360～420	300	1	—	—	—
				>0.50～1.50			2	—	—	—
				>1.50～3.00			2	—	—	—
				>3.00～4.00			2	—	—	—
		H26 H36	H26 H36	>0.20～0.50	360～420	280	2	—	—	—
				>0.50～1.50			3	—	—	—
				>1.50～3.00			3	—	—	—
				>3.00～4.00			3	—	—	—
		H112	H112	>6.00～12.50	275	125	12	—	—	—
				>12.50～40.00	275	125	—	10	—	—
				>40.00～80.00	270	115	—	10	—	—
				>40.00～120.00	260	110	—	10	—	—
		F	—	>4.50～150.00	—				—	—

续表

牌号	包铝分类	供应状态	试样状态	厚度/mm	室温拉伸试验结果				弯曲半径	
					抗拉强度 R_m/MPa	规定非比例延伸强度 $R_{p0.2}$/MPa	断后伸长率/%			
							A_{50mm}	A	90°	180°
					不小于					
6061	—	O	O	0.40～1.50	≤150	≤85	14	—	0.5t	1.0t
				>1.50～3.00			16	—	1.0t	1.0t
				>3.00～6.00			19	—	1.0t	—
				>6.00～12.50			16	—	2.0t	—
				>12.50～25.00			—	16	—	—
		T4	T4	0.40～1.50	205	110	12	—	1.0t	1.5t
				>1.50～3.00			14	—	1.5t	2.0t
				>3.00～6.00			16	—	3.0t	—
				>6.00～12.50			18	—	4.0t	—
				>12.50～40.00			—	15	—	—
				>40.00～80.00			—	14	—	—
		T6	T6	0.40～1.50	290	240	6	—	2.5t	—
				>1.50～3.00			7	—	3.5t	—
				>3.00～6.00			10	—	4.0t	—
				>6.00～12.50			9	—	5.0t	—
				>12.50～40.00			—	8	—	—
				>40.00～80.00			—	6	—	—
				>80.00～100.00			—	5	—	—
		F	—	>2.50～150.00	—				—	—
7075	工艺包铝或不包铝	O	O	0.40～0.80	≤275	≤145	10	—	0.5t	1.0t
				>0.80～1.50				—	1.0t	2.0t
				>1.50～3.00				—	1.0t	3.0t
				>3.00～6.00				—	2.5t	—
				>6.00～12.50				—	4.0t	—
				>12.50～75.00		—	—	9	—	—
			T62	0.40～0.80	525	460	6	—	—	—
				>0.80～1.50	540	460	6	—	—	—
				>1.50～3.00	540	470	7	—	—	—
				>3.00～6.00	545	475	8	—	—	—
				>6.00～12.50	540	460	8	—	—	—
				>12.50～25.00	540	470	—	6	—	—
				>25.00～50.00	530	460	—	5	—	—
				>50.00～60.00	525	440	—	4	—	—
				>60.00～75.00	495	420	—	4	—	—
		T6	T6	0.40～0.80	525	460	6	—	4.5t	—
				>0.80～1.50	540	460	6	—	5.5t	—
				>1.50～3.00	540	470	7	—	6.5t	—
				>3.00～6.00	545	475	8	—	8.0t	—
				>6.00～12.50	540	460	8	—	12.0t	—
				>12.50～25.00	540	470	—	6	—	—
				>25.00～50.00	530	460	—	5	—	—
				>50.00～60.00	525	440	—	4	—	—

表 2-2-30 铝及铝合金管材、棒材力学性能

铝及铝合金、热挤压管（GB/T 4437.1—2015）

铝材牌号	供货状态	壁厚/mm	R_m/MPa ≥	规定非比例伸长应力 $R_{p0.2}$/MPa ≥	伸长率/% A_{50mm} ≥	伸长率/% A ≥
1070A、1060	O	所有	60～95	—	25	22
	H112		60			
1050A、1035	O		60～100			23
1100、1200	O		75～105	20		22
	H112		75	25		
2A11	O		≤245	—	—	10
	T1		350	195		
2A12	O		≤245	—		
	H112、T4		390	255		
2017	O		≤245	≤125	16	16
	T4		345	215	12	12
	T1		335	195	12	
3A21	H112		≤165	—		—
3003	O		95～130	35		
	H112		95		25	22
5A02			≤225		—	—
5052	O		170～240	70	15	17
5A03	H112		175		—	15
5A05			225	110		
5A06	O、H112		315	145		
5083	O		270～350	110	14	12
	H112		270		12	10
5454	O		215～285	85	14	12
	H112		215		12	10
5086	O		240～315	95	14	12
	H112		240		12	10
6A02	O		≤145	—	—	17
	T4		205			14
	T1、T6		295			8
6061	T4		180	110	16	14
	T6	≤6.3	260	240	8	—

铝及铝合金挤压棒材（纵向力学性能）（GB/T 3191—2010）

铝材牌号	供货状态	直径（方、六角棒内切圆直径）/mm	R_m/MPa ≥	规定非比例伸长应力 $R_{p0.2}$/MPa ≥	伸长率 A/% ≥
1060	O	≤150	60～95	15	22
	H112		60		
1070A	H112		55	20	—
1050A			65		
1200			75		
1035、8A06	O		60～120	—	25
	H112		60		
3003	O	≤250	95～130	35	25
	H112		90	30	
3A21	O	≤150	≤165	—	20
5A02			≤225		10
5A03	H112		175	80	13
5A05			265	120	15
5A06			315	155	
5A12			370	185	
5052	H112	≤250	170	70	—
	O		170～230	17	15
2A11	T1 T4	≤150	370	215	12
2A12		≤22	390	255	
		>22～150	420	255	10
2A13		≤22	315	—	4
		>22～150	345		
2A02		≤150	430	275	10
2A16			355	235	8
2A06		≤22	430	285	10
		>22～100	440	295	9
		>100～150	430	285	10
6A02	T1、T6	≤150	295	—	12
2A50			355		
2A70、2A80、2A90			355		8
2A14		≤22	440		10
		>22～150	450		

铝及铝合金热挤压管(GB/T 4437.1—2015)

铝材牌号	供货状态	壁厚/mm	R_m/MPa	规定非比例伸长应力 $R_{p0.2}$/MPa	伸长率/% A_{50mm}	伸长率/% A
			≥			
6061	T6	>6.3	260	240	10	9
6063	T4	≤12.5	130	70	14	12
		>12.5~25	125	60	—	
	T6	所有	205	170	10	9
7A04、7A09	T1、T6		530	400	—	5
7075		≤6.3	540	485	7	—
		>6.3 ≤12.5	560	505		6
		>12.5~70		495	—	
7A15		≤80	470	420		
8A06	H112	所有	≤120	—		20

铝及铝合金挤压棒材(纵向力学性能)(GB/T 3191—2010)

铝材牌号	供货状态	直径(方、六角棒内切圆直径)/mm	R_m/MPa	规定非比例伸长应力 $R_{p0.2}$/MPa	伸长率 A/%
			≥		
6061	T6	≤150	260	240	9
	T4		180	110	14
6063	T6	≤150	215	170	10
	T5	≤200	175	130	8
7A04、7A09	T1、T6	≤22	490	370	7
		>22~150	530	400	6

注：1. GB/T 4437.1 适用于一般工业用铝及铝合金热挤压无缝圆管。

2. 管材（GB/T 4437.1—2015）和棒材（GB/T 3191—2010）的化学成分应符合 GB/T 3190 的规定。

3. 铝及铝合金管材的外形尺寸及允许偏差应符合 GB/T 4436 中普通级的规定，需要高精时，应在合同中注明。

4. GB/T 3191—2010 适用于铝及铝合金挤压圆棒、正方形棒（方棒）和正六边形棒（六角棒）。

5. 铝合金管的标记示例：2A12 铝合金退火状态，外径 40mm、壁厚 6mm、长度 4000mm 定尺的热挤压管标记为“管 GB/T 4437.1—2A12-O　40×6×4000”。

表 2-2-31　铝及铝合金棒材高温持久纵向力学性能（摘自 GB/T 3191—2010）

牌　号	温度/℃	持久应力/MPa	保持时间/h
2A02	270±3	64	100
		78	50
2A16	300±3	69	100

表 2-2-32　高强度铝合金棒材室温纵向力学性能（摘自 GB/T 3191—2010）

牌　号	供应状态	试样状态	棒材直径（方棒、六角棒内切圆直径）/mm	抗拉强度 R_m/MPa	规定非比例伸长应力 $R_{p0.2}$/MPa	伸长率 A/%
				不　小　于		
2A11	T1、T4	T42、T4	20～120	390	245	8
2A12				440	305	
6A02	T1、T6	T62、T6		305	—	
2A50				380		10
2A14				460		8
7A04,7A09			≤20～100	550	450	6
			>100～120	530	430	

表 2-2-33　铝及铝合金棒材牌号、状态、规格（摘自 GB/T 3191—2010）

牌号		供货状态	试样状态	规格
Ⅱ类(2×××系、7×××系合金及含镁量平均值不小于3%的5×××系合金的棒料)	Ⅰ类(除Ⅱ类外的其他棒料)			
5A03,5A05,5A06,5A12,5A49	1070A,1050A,1350,1200,3102	H112	H112	圆棒直径：5～600mm；方棒,六方棒对边距离：5～200mm；长度:1～6m
5019,5154A,5754,5083,5086	1060,1035,3A21,3003,3103,5A02,5005,5005A,5251,5052,5454,8A06	O	O	
		H112	H112	
2A02,2A06,2A50,2A70,2A80,2A90,7A04,7A09,7A15	6A02	T1,T6	T62,T6	
2A11,2A12,2A13		T1,T4	T42,T4	
2A14,2A16		T1,T6,T6511	T62,T6,T6511	
2014,2014A		T4,T4510,T4511	T4,T4510,T4511	
		T6,T6510,T6511	T6,T6510,T6511	
2017		T4	T42,T4	
2017A		T4,T4510,T4511	T4,T4510,T4511	
2024		O	O	
		T3,T3510,T3511	T3,T3510,T3511	
	4A11,4032	T1	T62	
7005,7020,7021,7022	6101A	T6	T6	
7003	6005,6005A	T5	T5	
		T6	T6	
7049A		T6,T6510,T6511	T6,T6510,T6511	
	8A06	O	O	
		T6,T6510,T6511	T6,T6510,T6511	

表 2-2-34　常用冷拉（轧）铝及铝合金圆管规格（摘自 GB/T 4436—2012）　/mm

外径	壁厚										
	0.50	0.75	1.00	1.50	2.00	2.50	3.00	3.50	4.00	4.50	5.00
6.00				—	—	—	—	—	—	—	—
8.00						—	—	—	—	—	—
10.00							—	—	—	—	—
12.00								—	—	—	—
14.00								—	—	—	—
15.00								—	—	—	—
16.00									—	—	—
18.00									—	—	—
20.00										—	—
22.00											
24.00											
25.00											

续表

外径	壁厚										
	0.50	0.75	1.00	1.50	2.00	2.50	3.00	3.50	4.00	4.50	5.00
26.00	—										
28.00	—										
30.00	—										
32.00	—										
34.00	—										
35.00	—										
36.00	—										
38.00	—										
40.00	—										
42.00	—										
45.00	—										
48.00	—										
50.00	—										
52.00	—										
55.00	—										
58.00	—										
60.00	—										
65.00	—	—	—								
70.00	—	—	—								
75.00	—	—	—								
80.00	—	—	—	—							
85.00	—	—	—	—							
90.00	—	—	—	—							
95.00	—	—	—	—							
100.00	—	—	—	—	—						
105.00	—	—	—	—	—						
110.00	—	—	—	—	—						
115.00	—	—	—	—	—	—					
120.00	—	—	—	—	—	—	—				

注：空白处表示可供规格。

表 2-2-35　常用热挤铝及铝合金圆管规格（摘自 GB/T 4436—2012）　　/mm

外径	壁厚															
	5.00	6.00	7.00	7.50	8.00	9.00	10.00	12.50	15.00	17.50	20.00	22.50	25.00	27.50	30.00	32.50	35.00
50.00										—	—	—	—	—	—	—	—
52.00										—	—	—	—	—	—	—	—
55.00										—	—	—	—	—	—	—	—
58.00										—	—	—	—	—	—	—	—
60.00											—	—	—	—	—	—	—

续表

外径	壁厚																
	5.00	6.00	7.00	7.50	8.00	9.00	10.00	12.50	15.00	17.50	20.00	22.50	25.00	27.50	30.00	32.50	35.00
62.00											—	—	—	—	—	—	—
65.00												—	—	—	—	—	—
70.00												—	—	—	—	—	—
75.00													—	—	—	—	—
80.00													—	—	—	—	—
85.00														—	—	—	—
90.00														—	—	—	—
95.00															—	—	—
100.00																—	—
105.00																	—
110.00																	—
115.00																	—
120.00	—	—	—														—
125.00	—	—	—														—
130.00	—	—	—														—

表 2-2-36　常用铝及铝合金牌号、特性和用途

类　别	牌　号	特性和用途
工业纯铝	1070A(代 L1) 1060(代 L2) 1050A(代 L3) 1035(代 L4) 1200(代 L5) 8A06(原 L6)	有高的塑性、耐蚀性、导热性和导电性，但强度低，不能热处理强化，切削加工性差；可气焊、原子氢焊和接触焊，不易钎焊。用于不承受载荷的零件，如电线、电缆线、电容器、垫片等
防锈铝	5A02(原 LF2)	强度高于 3A21(原 LF21)，塑性、耐蚀性高，不能热处理强化，焊接性好，在冷作硬化状态下的切削性能较好，可抛光。用于容器、骨架等焊接件、冷冲压零件等
	3A21(原 LF21)	是应用最广的一种防锈铝。强度不高，不能热处理强化，在退火状态下有高的塑性，焊接性能好，但切削加工性差，耐蚀性好。适用于在液体、气体介质中的低载荷零部件，如容器、油箱、油管等
硬铝	2A11(原 LY11)	强度中等，可热处理强化，在淬火和自然时效状态下使用。点焊性能好，在气焊、氩弧焊时有裂纹倾向，热态下可塑性尚好，在淬火时效状态下的切削加工性尚好，耐蚀性不高。用于冲压连接件、螺旋桨叶片、螺栓、铆钉等
	2A12(原 LY12)	是高强度硬铝，可热处理强化，在退火、淬火状态下有中等塑性，点焊性能好，在气焊、氩弧焊时有裂纹倾向，耐蚀性低，在淬火、冷作硬化状态下，切削性尚好。用于高负荷下零件、如飞机上的骨架零件、蒙皮、翼肋、铆钉等 150℃以下工作的零件
超硬铝	7A04(原 LC4) 7A09(原 LC9)	是高强度铝合金，在退火、淬火状态下塑性中等，可热处理强化，一般在淬火、人工时效状态下使用。点焊性能好，气焊不良；热处理后的切削加工性好，7A09(原 LC9)板材的静疲劳、缺口敏感性、耐应力腐蚀性能优于 7A04(原 LC4)。用于高负荷零件，如飞机的大梁、桁条、加强框、翼肋、起落架等零部件
特殊铝	4A17(原 LT17)	是一种含 Si 5%的二元铝硅合金，力学性能不高，但耐蚀性能高，压力加工性能好。用于焊条、焊棒

2.8.3 钛及钛合金型材

表 2-2-37 部分钛及钛合金型材的牌号、特性和用途

GB/T 3620.1—2007		特性和用途
材料牌号	名义化学成分	
TA1 TA2 TA3 TA4	工业纯钛	这些牌号在各种环境中具有良好的耐蚀性，有较高的比强度和疲劳极限。通常在退火状态下使用，其锻造性能类似低碳钢或 18-8 型不锈钢。用于石油化工、医疗、航空等工业的耐热、耐蚀零部件。爆炸复合钛板优先采用 TA1
TA5 TA6	Ti-4Al-0.005B Ti-5Al	属于 α 型钛合金，不能热处理强化，通常在退火状态下使用，有良好的热稳定性和热强度及优良的焊接性能，主要作为焊丝材料
TA7	Ti-5Al-2.5Sn	属于 α 型钛合金，可焊，在 316～593℃下有良好的抗氧化性、强度及高温热稳定性。用于锻件、板材零件，如航空发动机的涡轮机叶片、壳体和支架等
TA9	Ti-0.2Pd	它是目前最好的耐蚀合金，它不仅在高温、高浓度的氯化物中具有极为优良的耐缝隙腐蚀性能，并且在还原性介质中的耐蚀性优于纯钛。用于化工等耐氯及氯化物等介质的设备和零件
TA10	Ti-0.3Mo-0.8Ni	在硝酸、铬酸等氧化性介质中有与纯钛同等优良的耐蚀性能。改善了在还原性介质中的耐蚀性，它在 50℃的 5% H_2SO_4、5% HCl、沸腾的 1% H_2SO_4 及沸腾的中等浓度的甲酸和柠檬酸中稳定。它在高温、高浓度的氯化物中有较好的耐缝隙腐蚀性能。其加工性和焊接性与工业纯钛相当。用于湿氯气、盐水、海水及各种高温、高浓度的氯化物的换热器、电解槽等
TB2	Ti-5Mo-5V-8Cr-3Al	属于 β 型钛合金，在淬火状态下有良好塑性，可以冷成形；淬火时效后有很高的强度，可焊性好，在高屈服强度下有高的断裂韧性；热稳定性差。用于螺栓、铆钉等紧固件及航空工业用构件
TC1 TC2 TC3 TC4	Ti-2Al-1.5Mn Ti-4Al-1.5Mn Ti-5Al-4V Ti-6Al-4V	这些合金属于(α+β)型钛合金，有较高的力学性能和优良的高温变形能力。能进行各种热加工，淬火时效后能大幅度提高强度，但热稳性较差 TC1、TC2 在退火状态下使用，可作为低温材料。TC3、TC4 有好的综合力学性能，组织稳定性高，在退火状态下使用，用于航空涡轮发动机机盘、叶片、结构锻件、紧固件等

注：1. 全部的钛及钛合金化学成分见 GB/T 3620.1—2016。

2. 钛合金中加入 α、β 稳定元素，称为（α+β）两相钛合金。

表 2-2-38 钛及其合金板材牌号、制造方法、供应状态及规格分类（摘自 GB/T 3621—2007）

牌　　号	制造方法	供应状态	规　　格		
			厚度/mm	宽度/mm	长度/mm
TA1、TA2、TA3、TA4、TA5、TA6、TA7、TA8、TA8-1、TA9、TA9-1、TA10、TA11、A15、TA17、TA18、TC1、TC2、TC3、TC4、TC4ELI	热轧	热加工状态(R) 退火状态(M)	>4.75～60.0	400～3000	1000～4000
	冷轧	冷加工状态(Y) 退火状态(M) 固溶状态(ST)	0.30～6.0	400～1000	1000～3000
TB2	热轧	固溶状态(ST)	>4.0～10.0	400～3000	1000～4000
	冷轧	固溶状态(ST)	1.0～4.0	400～1000	1000～3000
TB5、TB6、TB8	冷轧	固溶状态(ST)	0.30～4.75	400～1000	1000～3000

注：1. 如对供货厚度和尺寸规格有特殊要求，可由供需双方协商。

2. 当需方在合同中注明时，可供应消应力状态的板材。

3. 钛及钛合金板材标记示例如下。

用 TA2 制成的厚度为 3.0mm、宽度 500mm、长度 2000mm 的退火态板材，其标记为：

板 TA2　M3.0×500×2000　GB/T 3621—2007

表 2-2-39 钛及其合金板材的厚度允许偏差（摘自 GB/T 3621—2007） /mm

厚度	宽度			厚度	宽度		
	400～1000	>1000～2000	>2000		400～1000	>1000～2000	>2000
0.3～0.5	±0.05	—	—	>6～8	±0.4	±0.6	±0.8
>0.5～0.8	±0.07			>8～10	±0.5		
>0.8～1.1	±0.09			>10～15	±0.7	±0.8	±1.0
>1.1～1.5	±0.11			>15～20		±0.9	±1.1
>1.5～2	±0.15			>20～30	±0.9	±1.0	±1.2
>2～3	±0.18			>30～40	±1.1	±1.2	±1.5
>3～4	±0.22			>40～50	±1.2	±1.5	±2.0
>4～6	±0.35	±0.4		>50～60	±1.6	±2.0	±2.5

表 2-2-40 钛及其合金板材的室温力学性能（摘自 GB/T 3621—2007）

牌号		状态	板材厚度 /mm	抗拉强度 R_m/MPa	规定非比例延伸强度 $R_{p0.2}$/MPa	断后伸长率[①] A/% ≥
TA1		M	0.3～25.0	≥240	140～310	30
TA2				≥400	275～450	25
TA3				≥500	380～550	20
TA4				≥580	485～655	
TA5			0.5～1.0	685～835	≥585	20
			>1.0～2.0			15
			>2.0～5.0			12
			>5.0～10.0			
TA6			0.8～1.5		—	20
			>1.5～2.0			15
			>2.0～5.0			12
			>5.0～10.0			
TA7			0.8～1.5	735～930	≥685	20
			>1.5～2.0			15
			>2.0～5.0			12
			>5.0～10.0			
TA8			0.8～10.0	≥400	275～450	20
TA8-1				≥240	140～310	24
TA9				≥400	275～450	20
TA9-1				≥240	140～310	24
TA10[②]	A类			≥485	≥345	18
	B类			≥345	≥275	25
TA11			5.0～12.0	≥895	≥825	10
TA13			0.5～2.0	540～770	460～570	18
TA15			0.8～1.8	930～1130	≥855	12
			>1.8～4.0			10
			>4.0～10.0			8
TA17			0.5～1.0	685～835	—	25
			>1.0～2.0			15
			>2.0～4.0			12
			>4.0～10			10
TA18			0.5～2.0	590～735		25
			>2.0～4.0			20
			>4.0～10.0			15

续表

牌号	状态	板材厚度 /mm	抗拉强度 R_m/MPa	规定非比例延伸强度 $R_{p0.2}$/MPa	断后伸长率[①] A/% ≥
TB2	ST STA	1.0～3.5	≤980 1320	—	20 8
TB5	ST	0.8～1.75	705～945	690～835	12
TB5	ST	>1.75～3.18	705～945	690～835	10
TB6	ST	1.0～5.0	≥1000	—	6
TB8	ST	0.3～0.6	825～1000	795～965	6
TB8	ST	>0.6～2.5	825～1000	795～965	8
TC1	M	0.5～1.0	590～735	—	25
TC1	M	>1.0～2.0	590～735	—	25
TC1	M	>2.0～5.0	590～735	—	20
TC1	M	>5.0～10.0	590～735	—	20
TC2	M	0.5～1.0	≥685	—	25
TC2	M	>1.0～2.0	≥685	—	15
TC2	M	>2.0～5.0	≥685	—	12
TC2	M	>5.0～10.0	≥685	—	12
TC3	M	0.8～2.0	≥880	—	12
TC3	M	>2.0～5.0	≥880	—	10
TC3	M	>5.0～10.0	≥880	—	10
TC4	M	0.8～2.0	≥895	≥830	12
TC4	M	>2.0～5.0	≥895	≥830	10
TC4	M	>5.0～10.0	≥895	≥830	8
TC4	M	10.0～25.0	≥895	≥830	8
TC4ELI	M	0.8～25.0	≥860	≥795	10

① 厚度不大于 0.64mm 的板材，断后伸长率报实测值。

② 正常供货按 A 类，B 类适应于复合板复材，当需方要求并在合同中注明时，按 B 类供货。

表 2-2-41 钛及其合金板材的高温力学性能（摘自 GB/T 3621—2007）

合金牌号	板材厚度 /mm	试验温度 /℃	抗拉强度 R_m/MPa ≥	持久强度 σ_{100h}/MPa ≥
TA6	0.8～10	350～500	420 340	390 195
TA7	0.8～10	350～500	490 440	440 195
TA11	5.0～12	425	620	—
TA15	0.8～10	500 550	635 570	440 440
TA17	0.5～10	350～400	420 390	390 360
TA18	0.5～10	350～400	340 310	320 280
TC1	0.5～10	350～400	340 310	320 295
TC2	0.5～10	350～400	420 390	390 360
TC3、TC4	0.8～10	400 500	590 440	540 195

表 2-2-42　钛及钛合金管材规格

牌号		供应状态	制造方法	外径/mm	壁厚/mm												
					0.3	0.5	0.6	0.8	1.0	1.25	1.5	2.0	2.5	3.0	3.5	4.0	4.5
换热器、冷凝器用管（GB/T 3625—2007）	TA1 TA2 TA3 TA9 TA9-1 TA10	退火状态（M）	冷轧（冷拔）	>10～15	—	○	○	○	○	○	○	○	—	—	—	—	—
				>15～20	—	—	○	○	○	○	○	○	○	—	—	—	—
				>20～30	—	—	○	○	○	○	○	○	○	—	—	—	—
				>30～40	—	—	—	—	—	○	○	○	○	○	—	—	—
				>40～50	—	—	—	—	—	○	○	○	○	○	○	—	—
				>50～60	—	—	—	—	—	—	○	○	○	○	○	○	—
				>60～80	—	—	—	—	—	—	—	○	○	○	○	○	○
			焊接	16	—	○	○	○	○	—	—	—	—	—	—	—	—
				19	—	○	○	○	○	○	—	—	—	—	—	—	—
				25、27	—	○	○	○	○	○	○	—	—	—	—	—	—
				31、32、33	—	—	—	○	○	○	○	○	—	—	—	—	—
				38	—	—	—	—	—	—	○	○	○	—	—	—	—
				50	—	—	—	—	—	—	—	○	○	—	—	—	—
				63	—	—	—	—	—	—	—	○	○	—	—	—	—
			焊接-轧制	6～10	—	○	○	○	○	○	—	—	—	—	—	—	—
				>10～15	—	○	○	○	○	○	○	—	—	—	—	—	—
				>15～20	—	○	○	○	○	○	○	○	—	—	—	—	—
一般工业用管（GB/T 3624—2010）	TA1 TA2 TA8 TA8-1 TA9 TA9-1 TA10 TA3	退火状态（M）	冷轧（冷拔）	≥5～10	○	○	○	○	○	○	—	—	—	—	—	—	—
				>10～15	—	○	○	○	○	○	○	○	—	—	—	—	—
				>15～20	—	—	○	○	○	○	○	○	○	—	—	—	—
				>20～30	—	—	○	○	○	○	○	○	○	○	—	—	—
				>30～40	—	—	—	—	○	○	○	○	○	○	○	—	—
				>40～50	—	—	—	—	—	○	○	○	○	○	○	○	—
				>50～60	—	—	—	—	—	—	○	○	○	○	○	○	○
				>60～80	—	—	—	—	—	—	○	○	○	○	○	○	○
				>80～110	—	—	—	—	—	—	—	—	○	○	○	○	○
			冷轧（冷拔）	>10～15	—	○	○	○	○	○	○	○	—	—	—	—	—
				>15～20	—	—	○	○	○	○	○	○	○	—	—	—	—
				>20～30	—	—	○	○	○	○	○	○	○	—	—	—	—
				>30～40	—	—	—	—	—	○	○	○	○	○	—	—	—
				>40～50	—	—	—	—	—	○	○	○	○	○	○	—	—
				>50～60	—	—	—	—	—	—	○	○	○	○	○	○	—
				>60～80	—	—	—	—	—	—	—	○	○	○	○	○	○

注：“○”表示可以生产的规格。

表 2-2-43　换热器钛及钛合金管材的外径和壁厚允许偏差（摘自 GB/T 3625—2007）　/mm

外　径	外径允差	厚壁允差	外　径	外径允差	厚壁允差
6～25	±0.10	±10%	＞50～60	±0.18	±10%
＞25～38	±0.13		＞60～80	±0.25	
＞38～50	±0.15				

表 2-2-44　钛及钛合金管长度（摘自 GB/T 3624—2010、GB/T 3625—2007）　/mm

种类	无缝管			焊接管			焊接-轧制管	
	外径 $d\leqslant 15$	外径 $d>15$		壁厚			壁厚	
		壁厚						
		≤2.0	＞2.0～4.5①	0.5～1.25	＞1.25～2.0	＞2.0～2.5	0.5～0.8	＞0.8～2.0
长度	500～4000	500～9000	500～6000	500～15000	500～6000	500～4000	500～8000	500～5000

①（GB/T 3624—2010）为 72.0～5.5mm 无焊接管和焊接-轧制管。

注：钛及钛合金管材标记示例如下。

用 TA2 冷轧无缝管、退火状态、外径 36mm、壁厚 4mm、长 3000mm 的管材，其标记为：

管 TA2　SMϕ36×4×3000　GB/T 3625—2007

用 TA1 焊接管、退火状态、外径 25mm、壁厚 0.6mm、长 4000mm 的管材，其标记为：

管 TA1　WMϕ25×0.6×4000　GB/T 3625—2007

用 TA1 焊接-轧制管、退火状态、外径 19mm、壁厚 0.5mm、长 4000mm 的管材，其标记为：

管 TA1　WRMϕ19×0.5×4000　GB/T 3625—2007

2.8.4　铅及铅锑合金型材

2.8.4.1　铅及铅锑合金板材（摘自GB/T 1470—2014）

表 2-2-45　铅及铅锑合金板的牌号、规格　/mm

材料牌号	规格			制造方法
	厚度	宽度	长度	
Pb1、Pb2	0.3～120	≤2500	≥1000	轧制
PbSb0.5、PbSb1、PbSb2、PbSb4、PbSb6、PbSb8、PbSb1-0.1-0.05、PbSb2-0.1-0.05、PbSb3-0.1-0.05、PbSb4-0.1-0.05、PbSb5-0.1-0.05、PbSb6-0.1-0.05、PbSb7-0.1-0.05、PbSb8-0.1-0.05、PbSb4-0.2-0.5、PbSb6-0.2-0.5、PbSb8-0.2-0.5	1.0～120			

注：标记示例如下。

用 PbSb0.5 制造的厚度 3.0mm、宽度 2500mm、长度 5000mm 板材，其标记为：

板 GB/T 1470 PbSb0.5　3.0×2500×5000

用 PbSb0.5 制造的厚度 3.0mm、宽度 2500mm、长度 5000mm 较高精度板材，其标记为：

板 GB/T 1470 PbSb0.5 较高　3.0×2500×5000

表 2-2-46　铅及铅锑合金板常用牌号、厚度的理论质量

厚度 /mm	理论质量/$kg\cdot m^{-2}$					
	Pb1、Pb2	PbSb0.5	PbSb2	PbSb4	PbSb6	PbSb8
0.5	5.67	5.66	5.63	5.58	5.53	5.48
1.0	11.34	11.32	11.25	11.15	11.06	10.97
2.0	22.68	22.64	22.5	22.3	22.12	21.94
3.0	34.02	33.96	33.75	33.45	33.18	32.91
4.0	45.36	45.28	45.0	44.6	44.24	43.88
5.0	56.7	56.6	56.25	55.75	55.3	54.85
6.0	68.04	67.92	67.5	66.9	66.36	65.82

续表

厚度/mm	理论质量/kg·m⁻²					
	Pb1、Pb2	PbSb0.5	PbSb2	PbSb4	PbSb6	PbSb8
7.0	79.38	79.24	78.75	78.05	77.42	76.79
8.0	90.72	90.56	90.0	89.2	88.48	87.76
9.0	102.06	101.88	101.25	100.35	99.54	98.73
10.0	113.4	113.2	112.5	111.5	110.6	109.7
15.0	170.1	169.8	168.75	167.25	165.9	164.55
20.0	226.8	226.4	225.0	223.0	221.2	219.4
25.0	283.5	283.0	281.25	278.75	276.5	274.25
30.0	340.2	339.6	337.5	334.5	331.8	329.1
40.0	453.6	452.8	450.0	446.0	442.4	438.8
50.0	567.0	566.0	562.5	557.5	553.0	548.5

2.8.4.2 铅及铅锑合金管材（摘自GB/T 1472—2014）

表 2-2-47 铅及铅锑合金管材的牌号、状态、规格

材料牌号	状态	规格/mm		
		内径	壁厚	长度
Pb1、Pb2	挤制(R)	5～230	2～12	直管:≤4000 卷状管:≥2500
PbSb0.5、PbSb2、PbSb4、PbSb6、PbSb8		10～200	3～14	

注：1. 经供需双方协商，可供其他牌号、规格的管材。
2. 标记示例如下。
用 Pb2 制造的挤制状态、内径 50mm、壁厚 6mm 的铅管，其标记为：
直管 GB/T 1472 Pb2R $\phi50\times6$
用 PbSb0.5 制造的挤制状态、内径 50mm、壁厚 6mm 的高精级铅锑合金管，其标记为：
直管 GB/T 1472 PbSb0.5R 高 $\phi50\times6$

表 2-2-48 纯铅和铅锑合金管的常用规格 /mm

纯铅管

公称内径	公称壁厚									
	2	3	4	5	6	7	8	9	10	12
5、6、8、10、13、16、20	○	○	○	○	○	○	○	○	○	○
25、30、35、38、40、45、50	—	○	○	○	○	○	○	○	○	○
55、60、65、70、75、80、90、100	—	—	○	○	○	○	○	○	○	○
110	—	—	—	○	○	○	○	○	○	○
125、150	—	—	—	—	○	○	○	○	○	○
180、200、230	—	—	—	—	—	—	○	○	○	○

铅锑合金管

公称内径	公称壁厚									
	3	4	5	6	7	8	9	10	12	14
10、15、17、20、25、30、35、40、45、50	○	○	○	○	○	○	○	○	○	○
55、60、65、70	—	○	○	○	○	○	○	○	○	○
75、80、90、100	—	—	○	○	○	○	○	○	○	○
110	—	—	—	○	○	○	○	○	○	○
125、150	—	—	—	—	○	○	○	○	○	○
180、200	—	—	—	—	—	—	○	○	○	○

注：1. “○”表示常用规格。
2. 需要其他规格的产品由供需双方商定。

表 2-2-49　纯铅管的理论质量

内径/mm	管壁厚度/mm									
	2	3	4	5	6	7	8	9	10	12
	理论质量/kg·m^{-1}（密度 ρ=11.34g/cm^3）									
5	0.5	0.9	1.3	1.8	2.3	3.0	3.7	4.7	5.3	7.3
6	0.6	1.0	1.4	1.9	2.6	3.2	4.1	4.8	5.7	7.7
8	0.7	1.2	1.7	2.3	3.0	3.7	4.5	5.4	6.4	8.5
10	0.8	1.4	2.0	2.7	3.4	4.2	5.1	6.3	7.1	9.4
13	1.1	1.7	2.4	3.2	4.1	5.0	6.0	7.0	8.2	10.7
16	1.3	2.0	2.8	3.7	4.7	5.7	6.8	8.0	9.3	12.0
20	1.6	2.5	3.4	4.4	5.5	6.7	8.0	9.3	10.7	13.7
25	—	3.0	4.1	5.4	6.6	8.0	9.4	10.9	12.5	15.8
30	—	3.5	4.9	6.2	7.7	9.2	10.8	12.5	14.2	17.9
35	—	4.1	5.6	7.1	8.8	10.5	12.3	14.1	16.0	20.1
38	—	4.4	6.0	7.6	9.4	11.2	13.1	15.7	17.1	21.4
40	—	4.6	6.3	8.0	9.8	11.7	13.7	15.7	17.8	22.2
45	—	5.1	7.0	8.9	10.9	13.0	15.1	17.3	19.6	24.3
50	—	5.7	7.7	9.8	12.0	14.2	16.5	18.9	21.4	26.5
55	—	—	8.4	10.7	13.1	15.5	18.0	20.5	23.1	28.6
60	—	—	9.1	11.6	14.1	16.7	19.4	22.1	24.9	30.8
65	—	—	9.8	12.4	15.2	18.8	20.8	24.6	26.9	32.9
70	—	—	10.5	13.3	16.2	19.1	22.2	25.3	28.5	35.0
75	—	—	11.3	14.2	17.3	20.4	23.6	27.1	30.3	37.2
80	—	—	12.0	15.1	18.3	21.7	26.0	28.5	32.0	39.3
90	—	—	13.4	16.9	20.5	24.2	27.9	31.8	35.6	43.6
100	—	—	14.8	18.7	22.6	26.7	30.8	35.0	39.2	47.9
110	—	—	—	20.5	24.8	29.2	33.6	38.2	42.7	52.1
125	—	—	—	—	28.0	32.9	37.9	42.9	48.1	58.6
150	—	—	—	—	33.3	39.1	45.0	50.9	57.1	69.3
180	—	—	—	—	—	—	53.6	60.5	67.7	82.2
200	—	—	—	—	—	—	59.3	67.0	74.8	90.7
230	—	—	—	—	—	—	67.8	76.5	85.5	103.5

表 2-2-50　铅及铅锑合金的密度和铅锑合金管与纯铅管之间每米理论质量的换算关系

牌　　号	密度/g·cm^{-3}	换算系数
Pb1、Pb2	11.34	1.0000
PbSb0.5	11.32	0.9982
PbSb2	11.25	0.9921
PbSb4	11.15	0.9850
PbSb6	11.06	0.9753
PbSb8	10.97	0.9674

第3章

复合钢板

3.1 不锈钢复合钢板和钢带（摘自GB/T 8165—2008）

3.1.1 标准范围和产品

本标准适用于以不锈钢做复层、以碳钢和低合金钢做基层的厚度大于或等于4mm的复合钢板和钢带。产品适用于制造石油、化工、轻工、海水淡化、核工业的各类压力容器、贮罐等的构件。

表 2-3-1 复合钢板材料、分类、代号、用途

材料				分类、代号、用途				
复层		基层		级别	代号			用途
					爆炸法	轧制法	爆炸-轧制法	
标准号	GB/T 3280 GB/T 4237	标准号	GB/T 3274 GB/T 713 GB/T 3531 GB/T 710					
典型钢号	06Cr13 06Cr13Al 022Cr17Ti 06Cr19Ni10 06Cr18Ni11Ti 06Cr19Ni10 06Cr17Ni12Mo2 022Cr17Ni12Mo2 022Cr19Ni5Mo3Si2N	典型钢号	Q245R、Q345R Q345A、B、C Q235-A Q235-B 15CrMoR 09MnNiDR 08Al	Ⅰ级	BⅠ	RⅠ	BRⅠ	适用于不允许有未结合区存在的、加工时要求严格的结构件上
				Ⅱ级	BⅡ	RⅡ	BRⅡ	适用于可允许有少量未结合区存在的结构件上
				Ⅲ级	BⅢ	RⅢ	BRⅢ	适用于复层材料只作为耐腐蚀层来使用的一般结构件上

注：1. 不锈钢复合钢板（带）的制造方法有三种：爆炸法（代号B）、轧制法（代号R）、爆炸-轧制法（代号BR）；复层可在基层的一面或双面复合。

2. 不锈钢复合钢板（带）的尺寸如下。

复合钢板厚度$\delta \geq 6$mm；复合钢带厚度$\delta = 0.8 \sim 6$mm。

复层厚度$\delta = 1 \sim 18$mm，通常为2～4mm；也可根据需方要求，由供需双方商定复层厚度。

单面复合中基层最小厚度为5mm；复合钢带的基层最小厚度由供需双方协商。

复合钢板宽度为1450～4000mm；复合钢带宽度为900～1200mm。

复合钢板长度$L = 4 \sim 10$m。

3. 复合钢板质量按理论质量交货。基层密度按7.85g/cm^3，复层密度按GB/T 4229的规定。

表 2-3-2　复合钢板（带）厚度允许偏差

复层厚度允许偏差		复合钢板(带)总厚度允许偏差			
Ⅰ级、Ⅱ级	Ⅲ级	复合钢板(带)总厚度/mm		允许偏差/%	
		钢带	钢板	Ⅰ级、Ⅱ级	Ⅲ级
不大于复层公称尺寸的±9%，且不大于1mm	不大于复层公称尺寸的±10%且不大于1mm	4～8	6～7	+10 −8	±9
		—	≥8～15	+9 −7	±8
			16～25	+8 −6	±7
			26～30	+7 −5	±6
			31～60	+6 −4	±5
			>60	协商	协商

表 2-3-3　复合钢板力学性能

级　别	界面抗剪切强度 Z /MPa，≥	屈服点 R_{eH} /MPa	抗拉强度 R_m /MPa	伸长率 A /%	冲击功 KV_2 /J
Ⅰ级 Ⅱ级	210	不小于基层钢板标准值①	不小于基层钢板标准下限值，且不大于上限值35MPa②	不小于基层钢板标准值③	应符合基层钢板的规定④
Ⅲ级	200				

① 复合钢板和钢带的屈服点下限值可按下式计算：

$$\sigma_s=\frac{t_1R_{p1}+t_2R_{p2}}{t_1+t_2}$$

式中　R_{p1}——复层钢板的屈服点下限值，MPa；
R_{p2}——基层钢板的屈服点下限值，MPa；
t_1——复层钢板的厚度，mm；
t_2——基层钢板的厚度，mm。

② 复合钢板和钢带的抗拉强度下限值可按下式计算：

$$\sigma_b=\frac{t_1R_{m1}+t_2R_{m2}}{t_1+t_2}$$

式中　R_{m1}——复层钢板的抗拉强度下限值，MPa；
R_{m2}——基层钢板的抗拉强度下限值，MPa；
t_1——复层钢板的厚度，mm；
t_2——基层钢板的厚度，mm。

③ 当复层伸长率标准值小于基层标准值、复合钢板伸长率小于基层、但又不小于复层标准值时，允许剖去复层仅对基层进行拉伸试验，其伸长率应不小于基层标准值。

④ 复合钢板复层不进行冲击功试验。

表 2-3-4　复合钢板（带）检验项目和面积结合率

<table>
<tr><td colspan="4">检验项目</td><td colspan="4">复合钢板(带)面积结合率</td></tr>
<tr><td rowspan="2">检验项目</td><td colspan="3">爆炸复合</td><td>界面结合级别</td><td>类　别</td><td>结合率/%</td><td>未复合状态</td></tr>
<tr><td>Ⅰ级（BⅠ BRⅠ RⅠ）</td><td>Ⅱ级（BⅡ BRⅡ RⅡ）</td><td>Ⅲ级（BⅢ BRⅢ RⅢ）</td><td>Ⅰ级</td><td>BⅠ
BRⅠ
RⅠ</td><td>100</td><td>单个未结合区长度不大于 50mm，面积不大于 $900mm^2$ 以下的未结合区不计</td></tr>
<tr><td>拉伸试验</td><td>○</td><td>○</td><td>○</td><td rowspan="5">Ⅱ级</td><td rowspan="5">BⅡ
BRⅡ
RⅡ</td><td rowspan="5">≥99</td><td rowspan="5">单个未结合区长度不大于 50mm，面积不大于 $20cm^2$</td></tr>
<tr><td>外弯试验</td><td>△</td><td>△</td><td>△</td></tr>
<tr><td>内弯试验</td><td>○</td><td>○</td><td>△</td></tr>
<tr><td>剪切强度</td><td>○</td><td>○</td><td>○</td></tr>
<tr><td>冲击试验</td><td>○</td><td>○</td><td>△</td></tr>
<tr><td>超声波探伤</td><td>○</td><td>○</td><td>○</td><td rowspan="5">Ⅲ级</td><td rowspan="5">BⅢ
BRⅢ
RⅢ</td><td rowspan="5">≥95</td><td rowspan="5">单个未结合区长度不大于 75mm，面积不大于 $45cm^2$</td></tr>
<tr><td>晶间腐蚀</td><td>△</td><td>△</td><td>△</td></tr>
<tr><td>外形尺寸</td><td>○</td><td>○</td><td>○</td></tr>
<tr><td>表面质量</td><td>○</td><td>○</td><td>○</td></tr>
<tr><td>复层厚度</td><td>○</td><td>○</td><td>○</td></tr>
</table>

注：1. “○”表示必须进行的检验项目；“△”表示按需方要求的检验项目。

2. 复合钢板（带）面积结合率计算公式为

$$J=\frac{S-S_1}{S}\times 100\%$$

式中　J——结合率，%；

S——复合钢板的面积，cm^2；

S_1——未结合区的总面积，cm^2。

表 2-3-5　复合钢板(带)弯曲试验

<table>
<tr><td rowspan="2">厚度/mm</td><td rowspan="2">试样宽度/mm</td><td rowspan="2">弯曲角度</td><td colspan="2">弯芯直径 d</td><td colspan="2">试验结果</td></tr>
<tr><td>内　弯</td><td>外　弯</td><td>内　弯</td><td>外　弯</td></tr>
<tr><td>≤25</td><td>$b=2a$</td><td>180°</td><td colspan="2">$a<20mm\quad d=2a$
$a\geq 20mm\quad d=3a$</td><td colspan="2" rowspan="2">在弯曲部分的外侧不得产生肉眼可见的裂纹</td></tr>
<tr><td>>25</td><td>$b=2a$</td><td>180°</td><td colspan="2">加工基层厚度至 25mm，弯芯直径按基层钢板标准</td></tr>
</table>

注：1. a 为复合钢板（带）总厚度。

2. 内弯—复层在弯曲的内侧；外弯—复层在弯曲的外侧。

3.1.2　复合钢板（带）的质量

（1）复合钢板的复层不锈钢板不得拼接。

（2）复合钢板的结合率达不到表 2-3-4 的规定时，允许对复合缺陷的复层进行熔焊修补，修补质量应满足下列要求。

① 去掉缺陷部分的复层后，基层下挖 0.2～0.5mm。

② 补焊处必须经超声波探伤检查合格后再进行着色检查；补焊表面不得有裂纹、气孔。压力容器用复合钢板，其缺陷部位最多允许修补 2 次。修补表面必须打磨光洁并保证钢板的最小厚度。

（3）轧制复合带不允许进行熔焊修补

3.2 钛-钢复合钢板（摘自 GB/T 8547—2019）

表 2-3-6 钛-钢复合钢板的分类、代号和用途

复合板种类		代号	用途
轧制复合板	1类	R1	0类:用于过渡接头、法兰等高结合强度的复合板 1类:复材作为强度设计材料的复合板,如管板等 2类:复材作为耐蚀设计,而不考虑其强度的复合板或代替衬里使用
	2类	R2	
爆炸-轧制复合板	1类	BR1	
	2类	BR2	
爆炸复合板	0类	B0	
	1类	B1	
	2类	B2	

表 2-3-7 钛-钢复合钢板的材料

复材	基材
GB/T 3621 钛及钛合金板材中的 TA9、TA10、TA1G、TA2G、TA3G	GB/T 700 碳素结构钢 GB/T 711 优质碳素结构钢热轧厚钢板和宽钢带 GB/T 712 船体用结构钢 GB/T 713 锅炉用钢板 GB/T 3274 碳素结构钢和低合金结构钢热轧厚钢板和钢带 GB/T 3531 低温压力容器用低合金钢板 NB/T 47008 承压设备用碳素钢和合金钢锻件 NB/T 47009 低温承压设备用合金钢锻件

表 2-3-8 钛-钢复合钢板的尺寸 /mm

复合钢板基层		复合钢板复层		复合钢板宽度	复合钢板长度
厚度	厚度允差	厚度	厚度允差		
全部	≤基材标准允许正负偏差各减 0.5mm	0.3～15	≤复材名义厚度的±10%,但不超过±1mm	允许偏差应符合基材标准规定	允许偏差应符合基材标准规定

注：1. 1mm 厚的钛板和钢板的理论质量分别为 4.51kg/m² 和 7.85kg/m²。

2. 供货状态：钛-钢复合钢板以轧制（R）、爆炸（B）、爆炸-轧制（BR）状态供货。爆炸复合钢板以消除应力（m）状态供货，推荐热处理制度为：温度 540～650℃，保温时间＞1h，加热和冷却速度 50～200℃/h。

3. 钛-钢复合钢板的宽度大于 1100mm 或长度大于 3000mm 时，允许拼焊，拼板最小宽度不小于 300mm。

4. 标记示例如下。

复材厚度为 6mm 的 TA2G、基材厚度为 30mm 的 Q235B 钢、宽度为 1000mm、长度为 3000mm、消除应力状态的 1 类爆炸复合板，其标记为：

T2AG/Q235B B1m 6/30×1000×3000 GB/T 8547—2019

复材厚度为 2mm 的 TA1G、基材厚度为 10mm 的 Q235B 钢、宽度为 1100mm、长度为 3500mm 的 2 类爆炸-轧制复合板，其标记为：

TA1G/Q235B BR2 2/10×1100×3500 GB/T 8547—2019

表 2-3-9 钛-钢复合钢板的力学性能

拉伸试验		剪切试验		弯曲试验	
抗拉强度 R_m/MPa	伸长率 A/%	剪切强度 τ/MPa		弯曲角 α/(°)	弯曲直径 D/mm
		0类复合板	其他类复合板		
$>R_{mj}$	≥基材或复材标准中较低一方的规定值	≥196	≥140	内弯180°，外弯105°	内弯时：按基材标准规定，不够2倍时取2倍 外弯时：为复合钢板厚度的3倍

注：1. 表中的力学性能为复材金属作为设计强度部分的数值；在此条件下，复合钢板的抗拉强度（R_m）理论下限标准值（R_{mj}）按下式计算：

$$R_{mj}=\frac{t_1R_{m1}+t_2R_{m2}}{t_1+t_2}$$

式中 R_{m1}——基材抗拉强度下限标准值，MPa；

R_{m2}——复材抗拉强度下限标准值，MPa；

t_1——基材厚度，mm；

t_2——复材厚度，mm。

2. 剪切强度适用于复材厚度为1.5mm及以上的复合钢板。

3. 基材为锻件时，不进行弯曲试验。

表 2-3-10 钛-钢复合钢板的复层与基层的结合面积

0 类	1 类	2 类
面积结合率为100%	面积结合率大于98%；单个不结合区的长度不大于75mm，其面积不大于45cm²	面积结合率大于95%；单个不结合区面积不大于60cm²

3.3 铜-钢复合钢板（摘自GB/T 13238—1991）

表 2-3-11 铜-钢复合钢板的尺寸、复合方式 /mm

总厚度		复层厚度		长度		宽度		复合方式
公称厚度	允差	公称厚度	允差	公称长度	允差	公称宽度	允差	
8～30	+12% −8%	2～6	±10%	≥1000	+25 −10	≥1000	+20 −10	①爆炸复合 ②轧制复合

注：1. 复合钢板的长度、宽度按50mm的倍数进级。

2. 复合钢板的不平度每米小于12mm。

3. 复合钢板理论质量计算按钢的密度为7.85g/cm³，铜及铜合金的密度按相应牌号的密度计算。

4. 复合钢板交货状态为热轧。

5. 复层钢表面允许有不超过0.2mm的个别划痕和压痕。

6. 复合钢板的验收按GB/T 247的规定。

表 2-3-12　铜-钢复合钢板的材料

复层材料		基层材料		复层材料		基层材料	
牌号	化学成分规定	牌号	化学成分规定	牌号	化学成分规定	牌号	化学成分规定
TU1 T2	GB/T 5231	Q235 20g、16Mng 20R、16MnR	GB/T 700 GB/T 713 GB/T 6654	B30	GB/T 5234	16Mn 20	GB/T 1591 GB/T 699

表 2-3-13　铜-钢复合钢板的力学性能

R_m/MPa ≥	复合钢板的 τ_b/MPa ≥	复合钢板的 A/% ≥	复合钢板的冷弯试验
$\frac{t_1R_{m1}+t_2R_{m2}}{t_1+t_2}$ 式中　R_{m1}——基材抗拉强度下限值,MPa; R_{m2}——复材抗拉强度下限值,MPa; t_1——基材厚度,mm; t_2——复材厚度,mm	100	基材的标准规定值	每批复合板取两个横向试样进行冷弯试验。弯曲时一个试样的复层在外侧,另一个试样的复层在内侧,试验方法和结果按基层钢板的有关标准规定

注:1. 复层厚度大于 3mm 的冷弯试样进行冷弯试验时,试样出现黏结面脱层不作考核。

2. 复层厚度小于或等于 3mm 的复合钢板不进行抗剪强度试验。

3. 当用冷弯试验的试样检查复合强度时,其两个冷弯试样弯曲部位边缘产生脱层的长度不得超过试样总长度的 50%。

第4章

非金属材料

4.1 石棉橡胶板（摘自 GB/T 3985—2008）

表 2-4-1 石棉橡胶板牌号、性能、规格

牌号	表面颜色	使用条件	性能					
			R_m/MPa ≥	密度 /$g\cdot cm^{-3}$	压缩率 /%	回弹率 /%,≥	蠕变松弛率 /% ≤	蒸汽密封性
XB450	紫色	450℃,压力 6MPa 非油,非酸介质	18.0	1.6～2.0	7～17	45	50	温度 440～450℃,压力 11～12MPa,保持 30min,无击穿
XB400		400℃,压力 5MPa 非油,非酸介质	15.0					温度 390～400℃,压力 8～9MPa,保持 30min,无击穿
XB350	红色	350℃,压力 4MPa 非油,非酸介质	12.0			40		温度 340～350℃,压力 7～8MPa,保持 30min,无击穿
XB300		300℃,压力 3MPa 非油,非酸介质	9.0					温度 290～300℃,压力 4～5MPa,保持 30min,无击穿
XB200	灰色	200℃,压力 1.5MPa 非油,非酸介质	6.0			35		温度 190～200℃,压力 2～3MPa,保持 30min,无击穿
XB150		150℃,压力 0.8MPa 非油,非酸介质	5.0					温度 140～150℃,压力 1.5～2MPa,保持 30min,无击穿

注：本标准适用于最高温度 450℃，最高压力 6MPa 下的水、水蒸气等介质的设备、管道法兰连接用密封衬垫材料。

4.2 耐油石棉橡胶板（摘自 GB/T 539—2008）

表 2-4-2 耐油石棉橡胶板牌号、使用条件、规格

标　记	表面颜色	使用条件	适用范围
NY150	暗红色	最高温度 150℃ 最大压力 1.5MPa	用于炼油设备、管道及汽车、拖拉机、柴油机的输油管道接合处的密封
NY250	绿色	最高温度 250℃ 最大压力 2.5MPa	用于炼油设备及管道法兰连接处的密封
HNY300	蓝色	最高温度 300℃	用于航空燃油、石油基润滑油及冷气系统的密封
NY400	灰褐色	最高温度 400℃ 最大压力 4MPa	用于热油、石油裂化、煤蒸馏设备及管道法兰连接处的密封

注：本标准适用于油类、冷气系统等设备、管道法兰连接用密封衬垫。

表 2-4-3　耐油石棉橡胶板性能

项　　目			NY400	NY250	NY150	HNY300
密度/g・cm^{-3}			1.6～2.0			
压缩率/%			7～17			
回弹率/%		≥	50	45	35	50
油密封性			压力为 16MPa	压力为 10MPa	压力为 8MPa	压力为 15MPa
			保持 30min 无渗漏			
腐蚀性	对硬铝板、低碳钢板		—			无腐蚀
横向拉伸强度/MPa		≥	15.0	11.0	9.0	12.7
蠕变松弛率/%		≤	45		—	45

4.3　橡胶制品

4.3.1　工业用橡胶板（摘自 GB/T 5574—2008）

表 2-4-4　工业用橡胶板规格

厚度/mm	公称尺寸	0.5	1.0	1.5	2.0	2.5	3.0	4.0	5.0	6.0	8.0	10
	偏差	±0.2	±0.2	±0.2	±0.3		±0.3	±0.4	±0.5	±0.5	±0.8	±1.0
理论质量/kg・m^{-2}		0.75	1.5	2.25	3.0	3.75	4.5	6.0	7.5	9.0	12	15

厚度/mm	公称尺寸	12	14	16	18	20	22	25	30	40	50
	偏差	±1.2	±1.4	±1.5				±2.0			
理论质量/kg・m^{-2}		18	21	24	27	30	33	37.5	45	60	75

注：1. 工业橡胶板宽度为 0.5～2.0m。

2. 本标准适用于天然橡胶或合成橡胶为主体材料制成的工业橡胶板。

表 2-4-5　工业橡胶板主要性能

性能项目	R_{m} /MPa，≥	扯断伸长率 /%　≥	硬　度（邵尔 A）	耐热性能（Hr）	耐低温性能（Tb）	耐热空气老化性能（Ar）
指标	代号 03:3 04:4 05:5 07:7 10:10 14:14 17:17	代号 1:100 1.5:150 2:200 2.5:250 3:300 3.5:350 4:400 5:500 6:600	代号 H3:30 H4:40 H5:50 H6:60 H7:70 H8:80 H9:90 公称硬度偏差：$^{+5}_{-4}$	试验，温度： Hr1:100℃，96h Hr2:125℃，96h Hr3:150℃，168h	脆性试验温度： Tb1：－20℃ Tb2：－40℃	Ar1：70℃ ×72h 老化后拉伸强度（R_{m}）降低率≤30%，扯断伸长率降低≤40% Ar2：100℃ ×72h 老化后拉伸强度（R_{m}）降低率≤20%，扯断伸长率降低≤50%B、C 类胶板必须符合 Ar2 要求

注：1. 工业用橡胶板的耐油性分三类：A 类，不耐油；B 类，中等耐油，体积变化率（ΔV）为 40%～90%；C 类，耐油，体积变化率（ΔV）为－5%～40%。

2. 工业橡胶板标记示例：

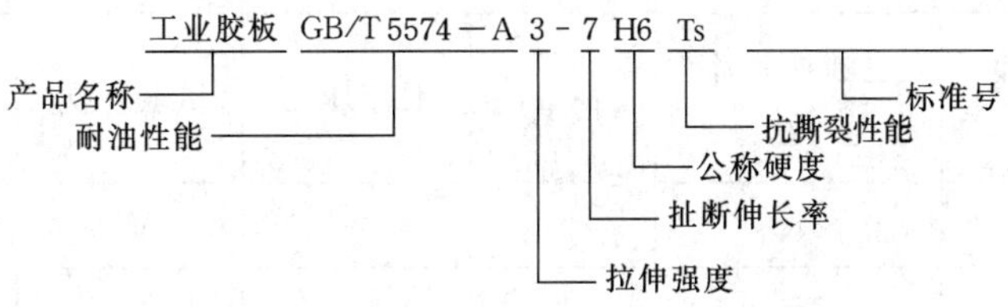

4.3.2 橡胶管

4.3.2.1 压缩空气用织物增强橡胶软管（摘自GB/T 1186—2016）

表 2-4-6 压缩空气用橡胶软管的型别和类别、工作压力、温度、用途

型别	最大工作压力/MPa	用途	类别 N-T类 工作温度/℃	类别 L-T类 工作温度/℃
1	1.0	一般工业用空气软管	−25～70	−40～70
2		重型建筑用空气软管		
3		耐油重型建筑用空气软管		
4	1.6	重型建筑用空气软管		
5		耐油重型建筑用空气软管		
6	2.5	重型建筑用空气软管		
7		耐油重型建筑用空气软管		

注：橡胶软管的结构、材料为橡胶内衬层、一层或多层天然或合成的织物、橡胶外覆层。

表 2-4-7 压缩空气用橡胶软管尺寸 /mm

公称内径	内径公差	型别	壁厚 内衬层	壁厚 外覆层
4、5	±0.5	1型	1.0	1.5
6.3、8、10、12.5、16、20(19)	±0.75			
25、31.5	±1.25	2型	1.5	2.0
40(38)、50、63、76	±1.5			
80、100(102)	±2.0	3型	2.0	2.5

注：1. 括号中的数值为选择内径。

2. 对于表中范围以外的公称内径，应从 GB/T 321 标准中的 R10 优先数系选取；其公差应符合 GB/T 9575 的规定。

3. 对于居中间尺寸的公称内径，应从 GB/T 321 标准中的 R20 优先数系选取；其公差按相邻较大规格的公差计。

表 2-4-8 压缩空气用橡胶软管的力学性能、静液压试验

力学性能				静液压试验					
胶管型别	胶管组成	拉伸强度/MPa	拉断伸长率/%	胶管型别	工作压力	试验压力	爆破压力(最小)	液压试验下的尺寸变化	
					/MPa			长度	直径
1	内衬层	7.0	250	1、2、3	1.0	2.0	4.0	±5%	±5%
	外覆层	7.0	250						

续表

力学性能				静液压试验					
胶管型别	胶管组成	拉伸强度/MPa	拉断伸长率/%	胶管型别	工作压力	试验压力	爆破压力（最小）	液压试验下的尺寸变化	
					/MPa			长度	直径
2、3、4	内衬层	7.0	250	4、5	1.6	3.2	6.4	±5%	±5%
5、6、7	外覆层	10.0	300	6、7	2.5	5.0	10.0		

注：1. 黏合强度：按 ISO 8033 试验时，1 型织物增强橡胶软管各层间的黏合强度应≥1.5kN/m，其他型别软管各层间的黏合强度应≥2.0kN/m。

2. 加速老化：按 ISO 188 的规定，在 100℃下老化 3 天后，按 GB/T 528 测定的内衬层和外覆层的拉伸强度变化不得大于±2.5%，内衬层和外覆层的拉断伸长率变化不得大于原始值的±50%。

3. 织物增强橡胶软管的标记示例：

ky - GB/T 1186—2016 / 1B / L-T / 25mm / 1MPa / 4Q 2016

- 2016——年
- 4Q——4 季度
- 1MPa——工作压力
- 25mm——公称内径
- L-T——橡胶软管类别
- 1B——橡胶软管型别和级别
- GB/T 1186—2016——标准号
- ky——制造厂名或标识

4.3.2.2 气体焊接设备焊接、切割和类似作业用GB/T 2550—2016

表 2-4-9 气体焊接设备 焊接、切割和类似作业用橡胶软管规格 /mm

公称内径	内径公差	同心度	公称内径	内径公差	同心度	公称内径	内径公差	同心度
4	±0.4	1	8	±0.5	1	20	±0.6	1.25
4.8	±0.4	1	9.5	±0.5	1	25	±0.6	1.25
5	±0.4	1	10	±0.5	1	32	±1.0	1.25
6.3	±0.4	1	12.5	±0.6	1	40	±1.25	1.5
7.1	±0.4	1	16	±0.6	1	50	±1.25	1.5

4.3.2.3 吸水和排水用橡胶软管

表 2-4-10 吸、排水用橡胶软管内径和弯曲半径（摘自 HG/T 3035—2011、GB/T 9575—2013） /mm

公称内径	最小及最大内径							
	A 型 硬芯成型		B 型 软芯成型		C 型 无芯成型（标准公差）		D 型 挤出塑料 无芯成型（严格公差）	
	最小	最大	最小	最大	最小	最大	最小	最大
3.2	3.2	3.8	—	—	—	—	3.0	3.4
4	4.0	4.8	4.0	4.8	3.4	4.6	3.7	4.3
5	4.6	5.4	4.6	5.4	4.2	5.4	4.7	5.3
6.3	6.2	7.0	6.2	7.0	5.6	7.2	6.0	6.6
8	7.7	8.5	7.7	8.5	7.2	8.8	7.7	8.3

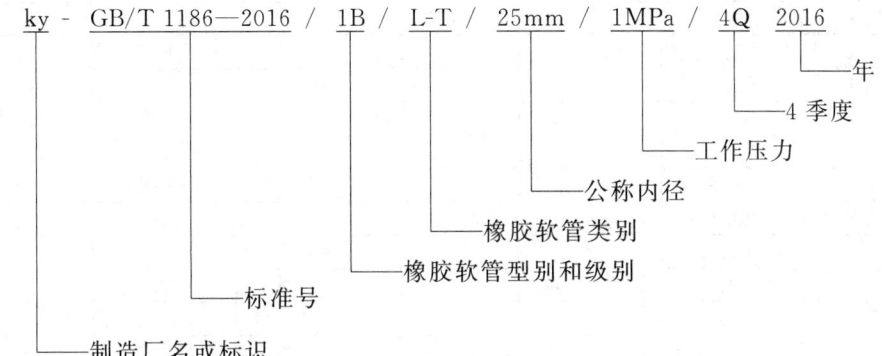

续表

公称内径	最小及最大内径							
	A型 硬芯成型		B型 软芯成型		C型 无芯成型 (标准公差)		D型 挤出塑料 无芯成型 (严格公差)	
	最小	最大	最小	最大	最小	最大	最小	最大
10	9.3	10.1	9.3	10.1	8.7	10.3	9.7	10.3
12.5	12.3	13.5	12.3	13.5	11.9	13.5	12.2	12.8
16	15.5	16.7	15.5	16.7	15.1	16.7	15.7	16.3
19	18.6	19.8	18.6	19.8	18.3	19.9	18.4	19.6
20	19.6	20.8	19.6	20.8	19.3	20.9	—	—
25	25.0	26.4	25.0	26.4	24.2	26.6	24.4	25.6
31.5	31.4	33.0	31.4	33.0	30.2	33.4	30.9	32.1
38	37.7	39.3	37.7	39.3	36.5	39.7	37.4	38.6
40	39.7	41.3	39.7	41.3	38.5	41.7	—	—
50	49.4	51.0	—	—	48.1	51.6	—	—
51	50.4	52.0	—	—	49.1	52.6	50.2	51.8
63	63.1	65.1	—	—	61.5	65.5	62.2	63.8
76	74.6	77.8	—	—	74.2	78.2	75.0	77.0
80	78.6	81.8	—	—	78.2	82.2	—	—
90	87.3	90.5	—	—	—	—	—	—
100	100.0	103.2	—	—	99.4	103.9	—	—
125	125.4	128.6	—	—	124.8	129.3	—	—
150	150.4	154.4	—	—	150.2	154.7	—	—
160	—	—	—	—	162.9	167.4	—	—
200	200.7	205.7	—	—	200.2	206.2	—	—
250	251.0	257.0	—	—	251.0	257.0	—	—
305	301.8	307.8	—	—	301.8	307.8	—	—
315	314.5	320.5	—	—	—	—	—	—
350	—	—	—	—	351.6	359.6	—	—
400	—	—	—	—	402.4	410.4	—	—

最小弯曲半径

公称内径	弯曲半径	公称内径	弯曲半径	公称内径	弯曲半径	公称内径	弯曲半径
16	50	31.5	95	63	250	125	750
						150	960
20	60	40	120	80	320	200	1200
						250	1500
25	75	50	150	100	500	315	1900

注：1. 表中内径系列及其允许偏差按 GB/T 9575，最小弯曲半径按 HG/T 3035。

2. 橡胶软管类型及吸、排水压力：

Ⅰ型		Ⅱ型	
吸水压力/MPa	排水压力/MPa	吸水压力/MPa	排水压力/MPa
−0.063	0.3	−0.080	0.5

3. 橡胶软管的材料和结构：内层胶由耐水天然或合成橡胶组成；增强层由组织材料组成，也可用带有金属或其他适当材料的螺旋线组成；外层胶由天然或合成橡胶组成；胶管外表面可呈波纹状，也可用金属或其他材料做外铠螺线。

4. 胶管壁的层间黏合强度大于 2.0kN/m（按 GB/T 14905 规定的方法测定）。

4.3.2.4 蒸汽橡胶软管

表 2-4-11 蒸汽橡胶软管的直径、厚度和弯曲半径（摘自 HG/T 3036—2009） /mm

内径		外径		厚度(最小)		弯曲半径(最小)
数值	偏差范围	数值	偏差范围	内衬层	外覆层	
9.5	±0.5	21.5	±1.0	2.0	1.5	120
13	±0.5	25	±1.0	2.5	1.5	130
16	±0.5	30	±1.0	2.5	1.5	160
19	±0.5	33	±1.0	2.5	1.5	190
25	±0.5	40	±1.0	2.5	1.5	250
32	±0.5	48	±1.0	2.5	1.5	320
38	±0.5	54	±1.2	2.5	1.5	380
45	±0.7	61	±1.2	2.5	1.5	450
50	±0.7	68	±1.4	2.5	1.5	500
51	±0.7	69	±1.4	2.5	1.5	500
63	±0.8	81	±1.6	2.5	1.5	630
75	±0.8	93	±1.6	2.5	1.5	750
76	±0.8	94	±1.6	2.5	1.5	750
100	±0.8	120	±1.6	2.5	1.5	1000
102	±0.8	122	±1.6	2.5	1.5	1000

本标准规定了两种型别的用于输送饱和蒸汽和热冷凝水的软管和（或）软管组合件。

1 型：低压蒸汽软管，最大工作压力 0.6MPa，对应温度为 164℃。

2 型：高压蒸汽软管，最大工作压力 1.8MPa，对应温度为 210℃。

每个型别的软管分为：

——A 级：外覆层不耐油；

——B 级：外覆层耐油。

型别和等级都可以为：

a）电连接的，标注为“M”

b）导电性的，标注为“Ω”

4.3.2.5 输油橡胶软管

表 2-4-12 油槽车输油用橡胶软管（摘自 HG/T 3041—2009） /mm

公称内径	内径	内径公差	外径	外径公差	最小弯曲半径		工作中盘卷鼓的最小外径	
					D 组	SD 组	D 组	SD 组
19	19.0	±0.5	31.0	±1.0	125	100	250	250
25	25.0		37.0		150	125	300	300
32	32.0		44.0		200	150	400	350
38	38.0		51.0		250	175	500	400
50	50.0	±0.7	66.0	±1.2	300	225	600	500
51	51.0		67.0		300	225	600	500
63	63.0	±0.8	79.0		400	275	800	600
75	75.0		91.0		450	350	900	750
76	76.0		92.0		450	350	900	750
100	100.0		116.0	±1.6	600	450	—	—
101	101.0		118.0		600	450	—	—
150	150.0	±1.6	170.0	±2.0	900	750	—	—

软管分为下列两组：

D 组：输送软管，在某种条件下可用于低真空传输。

SD 组：抽吸和输送软管，用螺旋线增强。

4.3.2.6 钢丝编织增强液压橡胶软管（摘自GB/T 3683—2011）

表 2-4-13 钢丝增强液压橡胶软管尺寸 /mm

公称内径	所有类别		RIAST，1SN，1ST		1ST		ISN/R1ATS 型			R2AST，2SN，2ST		2ST		2SN/R2ATS 型			弯曲半径
	内径		增强层外径		软管外径		软管外径	外覆层厚度		增强层外径		软管外径		软管外径	外覆层厚度		
	最小	最大	最小	最大	最小	最大	最大	最小	最大	最小	最大	最小	最大	最大	最小	最大	最小
5	4.6	5.4	8.9	10.1	11.9	13.5	12.5	0.8	1.5	10.6	11.7	15.1	16.7	14.1	0.8	1.5	90
6.3	6.2	7.0	10.6	11.7	15.1	16.7	14.1			12.1	13.3	16.7	18.3	15.7			100
8	7.7	8.5	12.1	13.3	16.7	18.3	15.7			13.7	14.9	18.3	19.9	17.3			115
10	9.3	10.1	14.5	15.7	19.0	20.6	18.1			16.1	17.3	20.6	22.2	19.7			130
12.5	12.3	13.5	17.5	19.1	22.2	23.8	21.5			19.0	20.6	23.8	25.4	23.1			180
16	15.5	16.7	20.6	22.2	25.4	27.0	24.7			22.2	23.8	27.0	28.6	26.3			200
19	18.6	19.8	24.6	26.2	29.4	31.0	28.6			26.2	27.8	31.0	32.6	30.2			240
25	25.0	26.4	32.5	34.1	36.9	39.3	36.6			34.1	35.7	38.5	40.9	38.9			300
31.5	31.4	33.0	39.3	41.7	44.4	47.6	44.8	1.0	2.0	43.2	45.7	49.2	52.4	49.6	1.0	2.0	420
38	37.7	39.3	45.6	48.0	50.8	54.0	52.1	1.3	2.5	49.6	52.0	55.6	58.8	56.0	1.3	2.5	500
51	50.4	52.0	58.7	61.9	65.1	66.3	65.9			62.3	64.7	68.2	71.4	68.6			630

注：1. 根据结构、工作压力和耐油性能的不同，软管分为六个型别：1ST 型：具有单层钢丝编织层和厚外覆层的软管；2ST 型：具有两层钢丝编织层和厚外覆层的软管；1SN 和 R1ATS 型：具有单层钢丝编织层和薄外覆层的软管；2SN 和 R2ATS 型：具有两层钢丝编织层和薄外覆层的软管。

2. 软管应由耐油基或水基液压流体的橡胶内衬层、一层或两层高强度钢丝层以及一层耐天候和耐油的橡胶外覆层组成。

3. 标记示例如下

单根橡胶软管：

```
Man / GB/T 3683—2011 / 2ST / 16 / 25MPa/4Q  09
 |         |            |     |       |       └——2001 年
 |         |            |     |       └——4 季度
 |         |            |     └——公称内径 16mm
 |         |            └——型别
 |         └——标准号
 └——制造厂名称或标识
```

橡胶软管组合件：

```
Man / 25MPa / 10 / 09
 |      |      |    └——2001 年
 |      |      └——10 月
 |      └——最大工作压力
 └——制造厂名称或标识
```

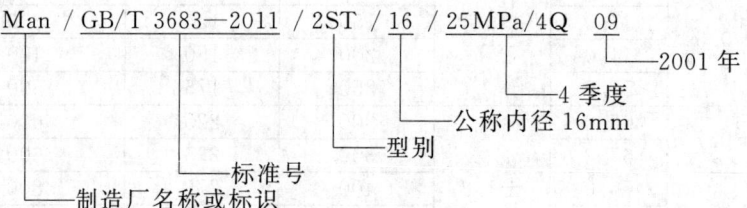

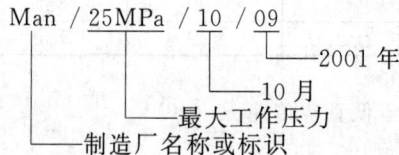

表 2-4-14 钢丝增强液压橡胶软管的同心度 /mm

公称内径	壁厚最大变化		
	内径和外径之间	内径和增强层直径之间	
	所有型别	1ST、1SN 和 R1ATS	2ST、2SN 和 R2ATS
6.3 及以下	0.8	0.4	0.5
6.3 以上到 19	1.0	0.6	0.7
19 以上	1.3	0.8	0.9

表 2-4-15 钢丝增强液压橡胶软管的长度及公差 /mm

橡胶软管组合件				单根橡胶软管	
橡胶软管组合件长度 L	长度公差			橡胶软管长度 L/m	长度公差
	公称内径				占总长的百分比/%
	$D \leqslant 25$	$25 < D < 50$	$D > 50$		
$L \leqslant 630$	+7 −3	+12 −4	+25 −6	$1 < L \leqslant 10$	5(最大)
$630 < L \leqslant 1250$	+12 −4	+20 −6			
$1250 < L \leqslant 2500$	+20 −6	+25 −6		$10 < L \leqslant 15$	25(最大)
$2500 < L \leqslant 8000$	+1.5%L −0.5%L				
$L > 8000$	+3%L −1%L			$L > 15$	75(最小)

表 2-4-16 钢丝增强液压软橡胶管的最大工作压力、验证压力、最小爆破压力、真空度

公称内径	最大工作压力/MPa		验证压力/MPa		最小爆破压力/MPa		真空度	
							负表压(最大)/MPa	
	1ST 1SN 型	2ST 2SN 型	1ST 1SN 型	2ST 2SN 型	1ST 1SN 型	2ST 2SN 型	1ST 1SN 型	2ST 2SN 型
	R1ATS	R2ATS	R1ATS	R2ATS	R1ATS	R2ATS		
5	25.0	41.5	50.0	83.0	100.0	166.0	−0.08	−0.095
6.3	22.5	40.0	45.0	80.0	90.0	160.0		
8	21.5	35.0	43.0	70.0	85.0	140.0		
10	18.0	33.0	36.0	66.0	72.0	132.0		
12.5	16.0	27.5	32.0	55.0	64.0	110.0		
16	13.0	25.0	26.0	50.0	52.0	100.0		
19	10.5	21.5	21.0	43.0	42.0	86.0		
25	8.7	16.5	18.0	33.0	36.0	66.0		−0.08
31.5	6.2	12.5	13.0	25.0	26.0	50.0	−0.06	
38	5.0	9.0	10.0	18.0	20.0	36.0		
51	4.0	8.0	8.0	16.0	16.0	32.0		

4.4 玻璃制品

4.4.1 平端玻璃直管

表 2-4-17 平端玻璃直管规格、使用条件

公称直径/mm	外径/mm	壁厚/mm	质量/kg·m^{-1}	使用压力/MPa	管内外温差/℃	长度/m
15	20_{-1}^{0}	2.5±0.5	0.36	1.2	75	1,1.5,2
20	27_{-1}^{0}	3±0.5	0.57	1.0		
25	33_{-1}^{0}	3.5±0.5	0.82			
40	50_{-2}^{0}	4.5±1	1.61	0.7	70	1.5,2,2.5,3,3.5
50	62_{-2}^{0}	5±1	2.23	0.6	65	
65	78_{-3}^{0}	5.5±1	3.27			
80	93_{-3}^{0}	6±1	4.22	0.5	60	
100	116_{-3}^{0}	7±1	6.05	0.4		

4.4.2 扩口玻璃管

表 2-4-18 扩口玻璃管规格、使用条件

简 图	内径 d /mm	外径 D /mm	扩口外径 D_1 /mm	扩口长度 l /mm	管长 L /m	工作压力 /MPa
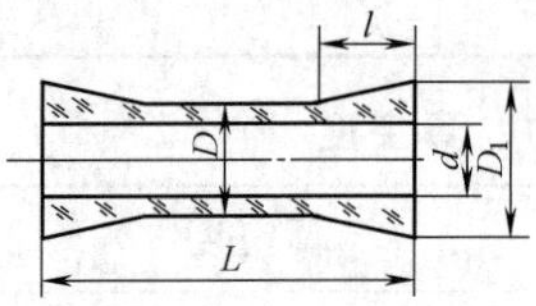	25	32	40	20	1.0,1.5,2.0	0.3
	40	45	53			0.25
	50	58	68	25		0.2
	65	74	84		1.0,1.5	
	80	89	99			
	100	110	122	30	1.0	0.15

4.4.3 液位计玻璃板

表 2-4-19 水位计玻璃板规格、物理性能

简 图	L/mm	B/mm	S/mm
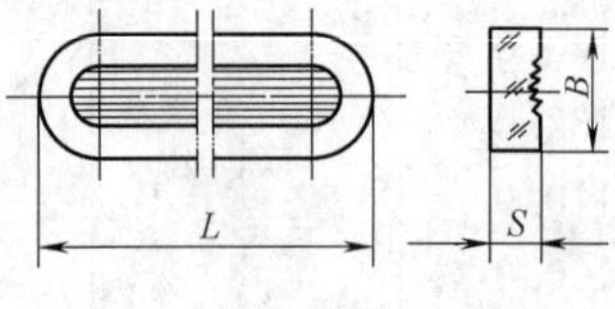	216 218 250 280 320 340	34	17

材 料	耐 压 /MPa	耐 温 /℃	急变温度 /℃	抗弯强度 /MPa	抗水性 /mg·dm^{-2}	抗碱性 /mg·dm^{-2}
硼硅玻璃	≤5	≥320	≥260	≥80	≤0.15	≤60

4.5 常用工程塑料及型材

4.5.1 硬质聚乙烯制品

表 2-4-20 **硬质聚乙烯板材基本性能**（厚度 1mm 以上）（摘自 GB/T 22789.1—2008）

性能	试验方法	单位	层压板材					挤出板材				
			第 1 类 一般用途级	第 2 类 透明级	第 3 类 高模量级	第 4 类 高抗冲级	第 5 类 耐热级	第 1 类 一般用途级	第 2 类 透明级	第 3 类 高模量级	第 4 类 高抗冲级	第 5 类 耐热级
拉伸屈服应力	GB/T 1040.2 ⅠB 型	MPa	≥50	≥45	≥60	≥45	≥50	≥50	≥45	≥60	≥45	≥50
拉伸断裂伸长率	GB/T 1040.2 ⅠB 型	%	≥5	≥5	≥8	≥10	≥8	≥8	≥5	≥3	≥8	≥10
拉伸弹性模量	GB/T 1040.2 ⅠB 型	MPa	≥2500	≥2500	≥3000	≥2000	≥2500	≥2500	≥2000	≥3200	≥2300	≥2500
缺口冲击强度（厚度小于 4mm 的板材不做缺口冲击强度）	GB/T 1043.1 1epA 型	kJ/m^2	≥2	≥1	≥2	≥10	≥2	≥2	≥1	≥2	≥5	≥2
维卡软化温度	ISO 306:2004 方法 B50	℃	≥75	≥65	≥78	≥70	≥90	≥70	≥60	≥70	≥70	≥85
加热尺寸变化率		%	−3～+3					厚度：1.0mm≤d≤2.0mm； −10～+10 2.0mm<d≤5.0mm； −5～+5 5.0mm<d≤10.0mm； −4～+4 d>10.0mm； −4～+4				
层积性（层间剥离力）			无气泡、破裂或剥落（分层剥离）					—				
总透光率（只适用于第 2 类）	ISO 13468-1	%	厚度：d≤2.0mm： ≥82 2.0mm<d≤6.0mm： ≥78 6.0mm<d≤10.0mm： ≥75 d>10.0mm： —									

注：压花板材的基本性能由当事双方协商确定。

表 2-4-21　硬质聚乙烯板材长度、宽度及直角度极限偏差（摘自 GB/T 22789.1—2008）　/mm

公称尺寸(l)	长度和宽度极限偏差		公称尺寸	直角度极限偏差(对角线差)	
	层压板材	挤出板材	(长×宽)	层压板材	层压板材
$l \leqslant 500$	+4 0	+3 0	1800×910	5	7
$500 < l \leqslant 1000$		+4 0	2000×1000	5	7
$1000 < l \leqslant 1500$		+5 0	2440×1220	7	9
$1500 < l \leqslant 2000$		+6 0	3000×1500	8	11
$2000 < l \leqslant 4000$		+7 0	4000×2500	13	17

表 2-4-22　硬质聚乙烯板材厚度极限偏差（摘自 GB/T 22789.1—2008）　/mm

厚度 d	极限偏差/%		极限偏差	
	层压板材	挤出板材	层压板材	挤出板材
$1 \leqslant d \leqslant 5$	±15	±13	±(0.1+0.05×厚度)	±(0.1+0.03×厚度)
$5 < d \leqslant 20$	±10	±10		
$20 < d$	±7	±7		

表 2-4-23　给水用聚乙烯（PE）管道系统管材规格（摘自 GB/T 13663.2—2018）　/mm

公称外径 d	平均外径		直管不圆度的最大值	公称外径 d	平均外径		直管不圆度的最大值
	$d_{em,min}$	$d_{em,max}$			$d_{em,min}$	$d_{em,max}$	
16	16.0	16.3	1.2	315	315.0	316.9	11.1
20	20.0	20.3	1.2	355	355.0	357.2	12.5
25	25.0	25.3	1.2	400	400.0	402.4	14.0
32	32.0	32.3	1.3	450	450.0	452.7	15.6
40	40.0	40.4	1.4	500	500.0	503.0	17.5
50	50.0	50.4	1.4	560	560.0	563.4	19.6
63	63.0	63.4	1.5	630	630.0	633.8	22.1
75	75.0	75.5	1.6	710	710.0	716.4	—
90	90.0	90.6	1.8	800	800.0	807.2	—
110	110.0	110.7	2.2	900	900.0	908.1	—
125	125.0	125.8	2.5	1000	1000.0	1009.0	—
140	140.0	140.9	2.8	1200	1200.0	1210.8	—
160	160.0	161.0	3.2	1400	1400.0	1412.6	—
180	180.0	181.1	3.6	1600	1600.0	1614.4	—
200	200.0	201.2	4.0	1800	1800.0	1816.2	—
225	225.0	226.4	4.5	2000	2000.0	2018.0	—
250	250.0	251.5	5.0	2250	2250.0	2270.3	—
280	280.0	281.7	9.8	2500	2500.0	2522.5	—

表 2-4-24 给水用聚乙烯（PE）管道系统管材的物理力学性能（摘自 GB/T 13663.2—2018）

序号	项目	要求	试验参数	
1	熔体质量流动 速率(g/10min)	加工前后 MFR 变化 不大于 20%①	负荷质量 试验温度	5kg 190℃
2	氧化诱导时间	≥20min	试验温度	210℃
3	纵向回缩率	≤3%	试验温度 试样长度	110℃ 200mm
4	炭黑含量②	2.0%～2.5%	—	—
5	炭黑分散/颜料分散③	≤3 级	—	—
6	灰分	≤0.1%	试验温度	(850±50)℃
7	断裂伸长率 e_n≤5mm	≥350%④⑤	试样形状 试验速度	类型 2 100mm/min
	断裂伸长率 5mm<e_n≤12mm	≥350%④⑤	试验形状 试验速度	类型 1⑥ 50mm/min
	断裂伸长率 e_n>12mm	≥350%④⑤	试样形状 试验速度	类型 1⑥ 25mm/min
			或	
			试样形状 试验速度	类型 3⑥ 10mm/min
8	耐慢速裂纹增长 e_n≤5mm(锥体试验)	<10mm/24h	—	—
9	耐慢速裂纹增长 e_n>5mm(切口试验)	无破坏,无渗漏	试验温度 内部试验压力： PE 80,SDR 11 PE 100,SDR 11 试验时间 试验类型	80℃ 0.80MPa⑦ 0.92MPa⑦ 500h 水-水

① 管材取样测量值与所用混配料测量值的关系。

② 炭黑含量仅适用于黑色管材。

③ 炭黑分散仅适用于黑色管材，颜料分散仅适用于蓝色管材。

④ 若破坏发生在标距外部，在测试值达到要求情况下认为试验通过。

⑤ 当达到测试要求值时即可停止试验，不需试验至试样破坏。

⑥ 如果可行，公称壁厚不大于 25mm 的管材也可采用类型 2 试样，类型 2 试样采用机械加工或者裁切成型。如有争议，以类型 1 试样的试验结果作为最终判定依据。

⑦ 对于其他 SDR 系列对应的压力值，参见 GB/T 18476—2001。

4.5.2 聚丙烯管材

表 2-4-25 冷热水用聚丙烯管道系统管材系列和规格尺寸（摘自 GB/T 18742.2—2017） /mm

公称外径 d_n	平均外径		公称壁厚 e_n					
			管系列					
	$d_{em,min}$	$d_{em,max}$	S6.3①	S5	S4	S3.2	S2.5	S2
16	16.0	16.3	—	—	2.0	2.2	2.7	3.3
20	20.0	20.3	—	2.0	2.3	2.8	3.4	4.1
25	25.0	25.3	2.0	2.3	2.8	3.5	4.2	5.1
32	32.0	32.3	2.4	2.9	3.6	4.4	5.4	6.5
40	40.0	40.4	3.0	3.7	4.5	5.5	6.7	8.1
50	50.0	50.5	3.7	4.6	5.6	6.9	8.3	10.1
63	63.0	63.6	4.7	5.8	7.1	8.6	10.5	12.7
75	75.0	75.7	5.6	6.8	8.4	10.3	12.5	15.1
90	90.0	90.9	6.7	8.2	10.1	12.3	15.0	18.1
110	110.0	111.0	8.1	10.0	12.3	15.1	18.3	22.1
125	125.0	126.2	9.2	11.4	14.0	17.1	20.8	25.1
140	140.0	141.3	10.3	12.7	15.7	19.2	23.3	28.1
160	160.0	161.5	11.8	14.6	17.9	21.9	26.6	32.1
180	180.0	181.7	13.3	16.4	20.1	24.6	29.0	36.1
200	200.0	201.8	14.7	18.2	22.4	27.4	33.2	40.1

① 仅适用于β晶型 PP-RCT 管材。

表 2-4-26 冷热水用聚丙烯管道系统管材的静液压强度（摘自 GB/T 18742.2—2017）

材料	试验参数			试样数量	要求
	试验温度 /℃	试验时间 /h	静液压应力 /MPa		
β晶型 PP-H	20	1	21.0	3	无破裂 无渗漏
	95	22	5.1		
		165	4.2		
		1000	3.6		
PP-B	20	1	16.0		
	95	22	3.5		
		165	3.0		
		1000	2.6		
PP-R	20	1	16.0		
	95	22	4.3		
		165	3.8		
		1000	3.5		
β晶型 PP-RCT	20	1	15.0		
	95	22	4.2		
		165	4.0		
		1000	3.8		

4.5.3 聚四氟乙烯板材

表 2-4-27 聚四氟乙烯板材厚度及偏差（摘自 QB/T 5257—2018） /mm

厚度	偏差	
	模压板材	车削板材
0.50	—	±0.05
1.00	—	±0.10
1.50	—	±0.15
2.00	+0.50 −0.12	±0.20
3.00	+0.40 −0.20	±0.30
4.00	+0.45 −0.22	+0.40 −0.20
5.00	+0.60 −0.30	+0.50 −0.25
6.00	+0.70 −0.35	+0.60 −0.30
7.00	+0.80 −0.40	—
8.00	+0.90 −0.45	—
9.00	+0.90 −0.45	—

厚度	偏差	
	模压板材	车削板材
10.00	+1.00 −0.50	—
15.00	+1.50 −0.75	—
20.00	+2.00 −1.00	—
25.00	+2.00 −1.00	—
30.00	+2.50 −1.25	—
40.00	+2.50 −2.00	—
50.00	±2.50	—
60.00	±3.00	—
70.00	±3.50	—
80.00	±4.00	—
90.00	±4.50	—
100.00	±5.00	—

表 2-4-28 聚四氟乙烯板材物理力学性能（摘自 QB/T 5257—2018）

项目		指标		
		Ⅰ型	Ⅱ型	Ⅲ型
密度/$g\cdot cm^{-3}$		2.14～2.20	2.13～2.20	2.13～2.20
尺寸变化率/%		±0.5	±3.0	—
拉伸强度/MPa		≥28.0	≥21.0	≥15.0
断裂拉伸应变/%		≥300	≥230	≥150
电气强度①/$kV\cdot mm^{-1}$	厚度 $t<1.5$mm	$\geqslant 37\sqrt{0.5/t}$	$\geqslant 30\sqrt{0.5/t}$	—
	厚度 $t\geqslant 1.5$mm	≥21.5	≥17.0	

① Ⅰ型和Ⅱ型非电气绝缘用板材不进行电气强度测试。

4.5.4 ABS塑料管材

表 2-4-29　丙烯腈-丁二烯-苯乙烯（ABS）管材规格尺寸（摘自 GB/T 20207.1—2006）　/mm

公称外径 d_n	公称壁厚 e_n 和壁厚公差①															
	管系列 S 和标准尺寸比 SDR															
	S 20 SDR 41		S 16 SDR 33		S 12.5 SDR 26		S 10 SDR 21		S 8 SDR 17		S 6.3 SDR 13.6		S 5 SDR 11		S 4 SDR 9	
	e_{min}	c	e_{min}	c	e_{min}	c	e_{min}	c	e_{min}	c	e_{min}	c	e_{min}	c	e_{min}	c
12	—	—	—	—	—	—	—	—	—	—	—	—	1.8	+0.4	1.8	+0.4
16	—	—	—	—	—	—	—	—	—	—	1.8	+0.4	1.8	+0.4	1.8	+0.4
20	—	—	—	—	—	—	—	—	—	—	1.8	+0.4	1.9	+0.4	2.3	+0.5
25	—	—	—	—	—	—	—	—	1.8	+0.4	1.9	+0.4	2.3	+0.5	2.8	+0.5
32	—	—	—	—	—	—	1.8	+0.4	1.9	+0.4	2.4	+0.5	2.9	+0.5	3.6	+0.6
40	—	—	—	—	1.8	+0.4	1.9	+0.4	2.4	+0.5	3.0	+0.5	3.7	+0.6	4.5	+0.7
50	—	—	1.8	+0.4	2.0	+0.4	2.4	+0.5	3.0	+0.5	3.7	+0.6	4.6	+0.7	5.6	+0.8
63	1.8	+0.4	2.0	+0.4	2.5	+0.5	3.0	+0.5	3.8	+0.6	4.7	+0.7	5.8	+0.8	7.1	+1.0
75	1.9	+0.4	2.3	+0.5	2.9	+0.5	3.6	+0.6	4.5	+0.7	5.6	+0.8	6.8	+0.9	8.4	+1.1
90	2.2	+0.5	2.8	+0.5	3.5	+0.6	4.3	+0.7	5.4	+0.8	6.7	+0.9	8.2	+1.1	10.1	+1.3
110	2.7	+0.5	3.4	+0.6	4.2	+0.7	5.3	+0.8	6.6	+0.9	8.1	+1.1	10.0	+1.2	12.3	+1.5
125	3.1	+0.6	3.9	+0.6	4.8	+0.7	6.0	+0.8	7.4	+1.0	9.2	+1.2	11.4	+1.4	14.0	+1.6
140	3.5	+0.6	4.3	+0.7	5.4	+0.8	6.7	+0.9	8.3	+1.1	10.3	+1.3	12.7	+1.5	15.7	+1.8
160	4.0	+0.6	4.9	+0.7	6.2	+0.9	7.7	+1.0	9.5	+1.2	11.8	+1.4	14.6	+1.7	17.9	+2.0
180	4.4	+0.7	5.5	+0.8	6.9	+0.9	8.6	+1.1	10.7	+1.3	13.3	+1.6	16.4	+1.9	20.1	+2.3
200	4.9	+0.7	6.2	+0.9	7.7	+1.0	9.6	+1.2	11.9	+1.4	14.7	+1.7	18.2	+2.1	22.4	+2.5
225	5.5	+0.8	6.9	+0.9	8.6	+1.1	10.8	+1.3	13.4	+1.6	16.6	+1.9	20.5	+2.3	25.2	+2.8
250	6.2	+0.9	7.7	+1.0	9.6	+1.2	11.9	+1.4	14.8	+1.7	18.4	+2.1	22.7	+2.5	27.9	+3.0
280	6.9	+0.9	8.6	+1.1	10.7	+1.3	13.4	+1.6	16.6	+1.9	20.6	+2.3	25.4	+2.8	31.3	+3.4
315	7.7	+1.0	9.7	+1.2	12.1	+1.5	15.0	+1.7	18.7	+2.1	23.2	+2.6	28.6	+3.1	35.2	+3.8
355	8.7	+1.1	10.9	+1.3	13.6	+1.6	16.9	+1.9	21.1	+2.4	26.1	+2.9	32.2	+3.5	39.7	+4.2
400	9.8	+1.2	12.3	+1.5	15.3	+1.8	19.1	+2.2	23.7	+2.6	29.4	+3.2	36.3	+3.9	44.7	+4.7

① 除了有其他规定之外，尺寸应与 GB/T 10798 一致。

注：1. 考虑到使用情况及安全，最小壁厚不得小于 1.8mm。

2. $e_{min}=e_n$。

表 2-4-30　丙烯腈-丁二烯-苯乙烯（ABS）管材力学性能（摘自 GB/T 20207.1—2006）

项目	试验参数			要求
	温度/℃	静液压应力 σ/MPa	时间/h	
静液压试验	20	25.0	≥1	无破裂、无渗漏
	20	20.6	≥100	
	60	7.0	≥1000	

4.5.5 ABS（丙烯腈-丁二烯-苯乙烯）塑料板材（摘自GB/T 10009—1988）

表 2-4-31 ABS 塑料品种、用途

品种	用途	规格
通用级	用于真空成形加工的容器、外壳、家具等	板厚 δ:1～10mm
高冲级	用于机械零件、汽车零件等	板厚允差:±(0.05mm+0.03δ)
耐热级	用于电机零件、浴室器件等	板宽、长;由供需双方商定

表 2-4-32 ABS 塑料的物理力学性能

项目	品种		
	通用级	高冲级	耐热级
拉伸屈服应力(纵、横)/MPa	≥32.0	≥35.0	≥39.0
冲击强度(IZOD)(纵、横)/J·m^{-2}	≥88.0	≥118.0	≥59.0
球压痕硬度/MPa	≥65.0	≥63.0	≥70.0
维卡软化温度/℃	≥80.0	≥80.0	≥90.0
尺寸变化率(纵、横)/%	−20.0～5.00		

注：冰箱用 ABS 板材技术性能指标，根据所用原料的级别和用户需要，按相应的高冲级或通用级指标进行考核。

4.5.6 聚甲醛性能指标（摘自GB/T 22271.3—2016）

表 2-4-33 均聚甲醛通用品级性能指标

性能	系列						
	10	20	30	40	50	60	70
熔体质量流动速率(190℃,2.16kg)/g·(10min)$^{-1}$	≤4	4<·≤7	7<·≤11	11<·≤16	16<·≤35	35<·≤60	>60
熔融温度/℃	≥170						
密度/g·cm^{-3}	1.39～1.44						
屈服应力/MPa	≥65						
断裂标称应变/%	≥20						
拉伸弹性模量/MPa	≥2400		≥2700				
简支梁缺口冲击强度/kJ·m^{-2}	≥7.0		≥4.5		≥4.0		
1.8MPa负荷变形温度/℃	≥80				≥85		

表 2-4-34 共聚甲醛通用品级性能指标

性能	系列						
	10	20	30	40	50	60	70
熔体质量流动速率(190℃,2.16kg)/g·(10min)$^{-1}$	≤4	4<·≤7	7<·≤11	11<·≤16	16<·≤35	35<·≤60	>60
熔融温度/℃	≥160						
密度/g·cm^{-3}	1.38～1.43						
屈服应力/MPa	≥58				≥60		
断裂标称应变/%	≥20				≥15		
拉伸弹性模量/MPa	≥2400						
简支梁缺口冲击强度/kJ·m^{-2}	≥5.5		≥4.5		≥3.0		
1.8MPa负荷变形温度/℃	≥85						

4.5.7 改性聚苯醚工程塑料（摘自 HG/T 2232—1991）

表 2-4-35　改性聚苯醚理化性能

项目		M-106			M-109-G 20		
		优等品	一等品	合格品	优等品	一等品	合格品
密度/g·cm^{-3}	≤	1.08			1.25		
吸水率(23℃,24h)/%	≤	0.16	0.18		0.16	0.18	
成型收缩率/%		0.7～0.8			0.5～0.6		
拉伸强度/MPa	≥	60	58	56	85	83	80
弯曲强度/MPa	≥	104	98		113	105	100
冲击强度(简支梁,缺口)/kJ·m^{-2}	≥	14	12	10	11	10	9
体积电阻率/Ω·m	≥	10×10^{14}	1.0×10^{13}		1.0×10^{14}	1.0×10^{13}	
相对介电常数/1MHz	≤	2.60	2.70		2.80	2.90	3.0
介质损耗因数(1MHz)/$\times10^{-3}$	≤	8	10		8	9	10
介电强度/MV·m^{-1}	≥	22		21	22		21
热变形温度(1.82MPa)/℃	≥	123	115	110	128	120	115
燃烧性		FV-0			FV-0	FV-1	

4.5.8 瓶用聚对苯二甲酸乙二酯（PET）树脂（摘自 GB/T 17931—2018）

表 2-4-36　瓶用 PET 树脂的技术要求

项目			单位	食品包装用		非食品包装用
				优等品	合格品	合格品
1	特性黏度		dL/g	$M_1\pm0.015$	$M_1\pm0.020$	$M_1\pm0.020$
2	乙醛含量		μg/g	≤1.0		—
3	色度	*b* 值	—	≤2.0		≤3.0
4		*L* 值	—	≥80		—
5	二甘醇含量		%	$M_2\pm0.2$	$M_2\pm0.3$	$M_2\pm0.3$
6	端羧基含量		mmol/kg	≤35		
7	熔融峰温(DSC 法)		℃	$M_3\pm2$		
8	颗粒外观	粉末	mg/kg	≤100		
9		异色粒子	粒/500g	无	≤1	≤1
10	水分		%	≤0.4		
11	密度		g/cm^3	$M_4\pm0.01$		
12	灰分		%	≤0.08		

4.5.9 聚甲基丙烯酸甲酯(PMMA)(摘自 GB/T 29641—2013)

表 2-4-37 浇铸型聚甲基丙烯酸甲酯声屏板性能指标

序号	项目		指标			
			无加强筋	有加强筋		
1	简支梁无缺口冲击强度/$kJ \cdot m^{-2}$		≥17	≥17		
2	拉伸强度/MPa		≥70	≥70		
3	弯曲强度/MPa		≥98	≥98		
4	弯曲弹性模量/MPa		≥3100	≥3100		
5	维卡软化温度/℃		≥100	≥100		
6	透光率/%		≥90	≥90		
7	计权隔声量/$Rw \cdot dB^{-1}$		≥25	≥25		
8	阻燃性(GB/T 8624 规定)		E 级及以上	E 级及以上		
9	抗冲击性能(重锤 400kg,冲击能量 6000J)		—	1)	cm^2	碎片不大于 25
					g	碎片质量不应超过 100
					(°)	碎片角度大于 15
					mm	碎片不等于 1
				2)	g	碎片质量不应超过 400
				3)	cm	碎片不长于 15
10	老化性能(氙弧灯照射 6000h 之后)	简支梁无缺口冲击强度下降率/%	≤30	≤30		
		透光率下降率/%	≤10	≤10		

4.5.10 聚偏氟乙烯(PVDF)(摘自 QB/T 5259—2018)

表 2-4-38 聚偏氟乙烯板材长度、宽度及极限偏差 mm

类别	长度		宽度	
	公称尺寸	极限偏差	公称尺寸	极限偏差
挤出板材	1000	+5 −1	1000	+3 −1
	2000	+8 −1	1200	+4 −1
	3000	+10 −1	1500	+4 −1
模压板材	1000	+10 0	500	+8 0
	2000	+12 0	1000	+10 0
	3000	+15 0	1500	+12 0

表 2-4-39 聚偏氟乙烯物理力学性能

项目			指标	
			通用型	高抗冲型
拉伸性能	拉伸屈服应力/MPa	≥	40	
	断裂标称应变/%	≥	10	
	拉伸弹性模量/MPa	≥	1500	
简支梁缺口冲击强度/$kJ \cdot m^{-2}$		≥	8	10
纵向热收缩率/%		≤	1	

注:1. 拉伸性能和简支梁缺口冲击强度挤出板材考核纵横向,模压板材不分纵横向。

2. 厚度小于 4mm 的板材不考核简支梁缺口冲击强度。

4.5.11 硬质聚氯乙烯板材（摘自 GB/T 22789.1—2008）

表 2-4-40 硬质聚氯乙烯板材厚度极限偏差

一般用途(T_1)		
厚度(d)/mm	极限偏差/%	
	层压板材	挤出板材
$1\leqslant d\leqslant 5$	±15	±13
$5<d\leqslant 20$	±10	±10
$20<d$	±7	±7
特殊用途(T_2)		
名称	极限偏差/mm	
层压板材	±(0.1+0.05×厚度)	
挤出板材	±(0.1+0.03×厚度)	

注：压花板材厚度偏差由当事双方协商确定。

表 2-4-41 硬质聚氯乙烯板材的基本性能

性能	层压板材					挤出板材				
	第 1 类 一般用途级	第 2 类 透明级	第 3 类 高模量级	第 4 类 高抗冲级	第 5 类 耐热级	第 1 类 一般用途级	第 2 类 透明级	第 3 类 高模量级	第 4 类 高抗冲级	第 5 类 耐热级
拉伸屈服应力/MPa	≥50	≥45	≥60	≥45	≥50	≥50	≥45	≥60	≥45	≥50
拉伸断裂伸长率/%	≥5	≥5	≥8	≥10	≥8	≥8	≥5	≥3	≥8	≥10
拉伸弹性模量/MPa	≥2500	≥2500	≥3000	≥2000	≥2500	≥2500	≥2000	≥3200	≥2300	≥2500
缺口冲击强度/$kJ\cdot m^{-2}$（厚度小于 4mm 的板材不做缺口冲击强度）	≥2	≥1	≥2	≥10	≥2	≥2	≥1	≥2	≥5	≥2
维卡软化温度/℃	≥75	≥65	≥78	≥70	≥90	≥70	≥60	≥70	≥70	≥85
加热尺寸变化率/%	−3～+3					厚度：$1.0mm\leqslant d\leqslant 2.0mm$：−10～+10 $2.0mm<d\leqslant 5.0mm$：−5～+5 $5.0mm<d\leqslant 10.0mm$：−4～+4 $d>10.0mm$：−4～+4				
层积性（层间剥离力）	无气泡、破裂或剥落（分层剥离）					—				
总透光率/%（只适用于第 2 类）	厚度：$d\leqslant 2.0mm$：≥82 $2.0mm<d\leqslant 6.0mm$：≥78 $6.0mm<d\leqslant 10.0mm$：≥75 $d>10.0mm$：—									

4.5.12 硬聚氯乙烯（PVC-U）管材（摘自 GB/T 4219.1—2008）

表 2-4-42 管材规格尺寸、壁厚及其偏差 /mm

公称外径 d_n	壁厚 e 及其偏差													
	管系列 S 和标准尺寸比 SDR													
	S20 SDR41		S16 SDR33		S12.5 SDR26		S10 SDR21		S8 SDR17		S6.3 SDR13.6		S5 SDR11	
	e_{min}	偏差	e_{min}	偏差	e_{min}	偏差	e_{min}	偏差	e_{min}	偏差	e_{min}	偏差	e_{min}	偏差
16	—	—	—	—	—	—	—	—	—	—	—	—	2.0	+0.4
20	—	—	—	—	—	—	—	—	—	—	—	—	2.0	+0.4
25	—	—	—	—	—	—	—	—	—	—	2.0	+0.4	2.3	+0.5
32	—	—	—	—	—	—	—	—	2.0	+0.4	2.4	+0.5	2.9	+0.5
40	—	—	—	—	—	—	2.0	+0.4	2.4	+0.5	3.0	+0.5	3.7	+0.6
50	—	—	—	—	2.0	+0.4	2.4	+0.5	3.0	+0.5	3.7	+0.6	4.6	+0.7
63	—	—	2.0	+0.4	2.5	+0.5	3.0	+0.5	3.8	+0.6	4.7	+0.7	5.8	+0.8
75	—	—	2.3	+0.5	2.9	+0.5	3.6	+0.6	4.5	+0.7	5.6	+0.8	6.8	+0.9
90	—	—	2.8	+0.5	3.5	+0.6	4.3	+0.7	5.4	+0.8	6.7	+0.9	8.2	+1.1
110	—	—	3.4	+0.6	4.2	+0.7	5.3	+0.8	6.6	+0.9	8.1	+1.1	10.0	+1.2
125	—	—	3.9	+0.6	4.8	+0.7	6.0	+0.8	7.4	+1.0	9.2	+1.2	11.4	+1.4
140	—	—	4.3	+0.7	5.4	+0.8	6.7	+0.9	8.3	+1.1	10.3	+1.3	12.7	+1.5
160	4.0	+0.6	4.9	+0.7	6.2	+0.9	7.7	+1.0	9.5	+1.2	11.8	+1.4	14.6	+1.7
180	4.4	+0.7	5.5	+0.8	6.9	+0.9	8.6	+1.1	10.7	+1.3	13.3	+1.6	16.4	+1.9
200	4.9	+0.7	6.2	+0.9	7.7	+1.0	9.6	+1.2	11.9	+1.4	14.7	+1.7	18.2	+2.1
225	5.5	+0.8	6.9	+0.9	8.6	+1.1	10.8	+1.3	13.4	+1.6	16.6	+1.9	—	—
250	6.2	+0.9	7.7	+1.0	9.6	+1.2	11.9	+1.4	14.8	+1.7	18.4	+2.1	—	—
280	6.9	+0.9	8.6	+1.1	10.7	+1.3	13.4	+1.6	16.6	+1.9	20.6	+2.3	—	—
315	7.7	+1.0	9.7	+1.2	12.1	+1.5	15.0	+1.7	18.7	+2.1	23.2	+2.6	—	—
355	8.7	+1.1	10.9	+1.3	13.6	+1.6	16.9	+1.9	21.1	+2.4	26.1	+2.9	—	—
400	9.8	+1.2	12.3	+1.5	15.3	+1.8	19.1	+2.2	23.7	+2.6	29.4	+3.2	—	—

注：1. 考虑到安全性，最小壁厚应不小于 2.0mm。

2. 除了有其他规定之外，尺寸应与 GB/T 10798 一致。

表 2-4-43 硬聚氯乙烯（PVC-U）管材物理及力学性能

项目	要求
密度 ρ/kg·m^{-3}	1330～1460
维卡软化温度(VST)/℃	≥80
纵向回缩率/%	≤5
二氯甲烷浸渍试验	试样表面无破坏

项目	试验参数			要求
	温度/℃	环应力/MPa	时间/h	
静液压试验	20	40.0	1	无破裂、无渗漏
	20	34.0	100	
	20	30.0	1000	
	60	10.0	1000	
落锤冲击性能	0℃(−5℃)			TIR≤10%

4.5.13 化工用硬聚氯乙烯管件（QB/T 3802—1999）

4.5.13.1 PVC 管件的使用条件

表 2-4-44 PVC 管件的使用条件

公称直径/mm	工作压力/MPa	使用温度/℃
10～90	1.6	0～40（中性、酸、碱流体）
110～140	1.0	
160	0.6	

4.5.13.2 阴接头

表 2-4-45 阴接头规格 /mm

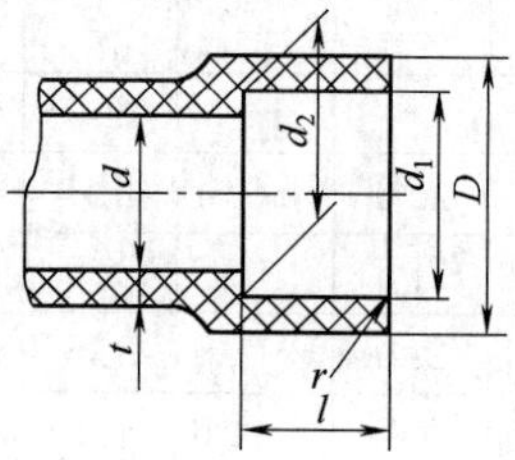

公称直径 DN	d_1		d_2		l		d	D	t	$r=\frac{t}{2}$
	基本尺寸	公差	基本尺寸	公差	基本尺寸	公差	基本尺寸	最小尺寸	最小尺寸	
10	10.3	±0.10	10.1	±0.10	12	±0.5	6.1	14.1	2	1
12	12.3	±0.12	12.1	±0.12			8.1	16.1		
16	16.3		16.1		14		12.1	20.1		
20	20.4	±0.14	20.2	±0.14	16	±0.8	15.6	24.8	2.3	1.16
25	25.5	±0.16	25.2	±0.16	19		19.6	30.8	2.8	1.4
32	32.5	±0.18	32.2	±0.18	22		25	39.4	3.6	1.8
40	40.7	±0.20	40.2	±0.20	26	±1	31.2	49.2	4.5	2.26
50	50.7	±0.22	50.2	±0.22	31		39	61.4	5.6	2.8
63	63.9	±0.24	63.3	±0.24	38		49.1	77.5	7.1	3.56
75	76	±0.26	75.3	±0.26	44		58.5	92	8.4	4.2
90	91.2	±0.30	90.4	±0.30	51	±2	70	110.6	10.1	5.06
110	111.3	±0.34	110.4	±0.34	61		94.2	127	8.1	4.06
125	126.5	±0.38	125.5	±0.38	69		107.1	143.9	9.2	4.6
140	141.6	±0.42	140.5	±0.42	77		119.3	162	10.6	5.3
160	161.8	±0.46	160.6	±0.46	86	±2.5	145.2	176	7.7	3.86

注：配合时最小承插深度为 $1/2d_e$。

4.5.13.3 45°、90°弯头

表 2-4-46 45°、90°弯头规格 /mm

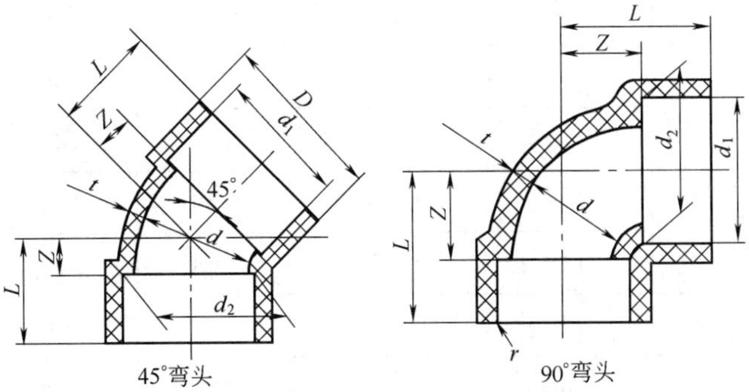

45°弯头 90°弯头

公称直径 DN	45°弯头		90°弯头		公称直径 DN	45°弯头		90°弯头	
	Z	L	Z	L		Z	L	Z	L
10	3±1	15	6±1	18	63	$14_{-1}^{+3.2}$	52	$32.5_{-1}^{+3.2}$	70.5
12	3.5±1	15.5	7±1	19	75	16.5_{-1}^{+4}	60.5	38.5_{-1}^{+4}	82.5
16	4.5±1	18.5	9±1	23	90	19.5_{-1}^{+5}	70.5	46_{-1}^{+5}	97
20	5±1	21	11±1	27	110	23.5_{-1}^{+6}	84.5	56_{-1}^{+6}	117
25	$6_{-1}^{+1.2}$	25	$13.5_{-1}^{+1.2}$	32.5	125	27_{-1}^{+6}	96	63.5_{-1}^{+6}	132.5
32	$7.5_{-1}^{+1.6}$	29.5	$17_{-1}^{+1.6}$	39	140	30_{-1}^{+7}	107	71_{-1}^{+7}	148
40	9.5_{-1}^{+2}	35.5	21_{-1}^{+2}	47	160	34_{-1}^{+8}	120	81_{-1}^{+8}	167
50	$11.5_{-1}^{+2.5}$	42.5	$26_{-1}^{+2.5}$	57					

注：其余尺寸同表 2-4-45。

4.5.13.4 45°、90°三通

表 2-4-47 45°、90°三通规格 /mm

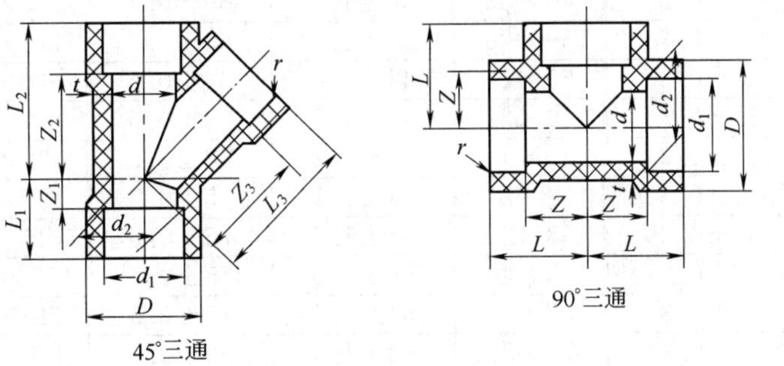

45°三通							90°三通		
公称直径 DN	Z_1	Z_2	Z_3	L_1	L_2	L_3	公称直径 DN	Z	L
20	6_{-1}^{+2}	27±3	29±3	22	43	51	10	6±1	18
							12	7±1	19
25	7_{-1}^{+2}	33±2	35±3	26	52	54	16	9±1	23
32	8_{-1}^{+2}	42_{-3}^{+4}	45_{-3}^{+4}	30	64	67	20	11±1	27
40	10_{-1}^{+2}	51_{-3}^{+5}	54_{-3}^{+5}	36	77	80	25	$13.5_{-1}^{+1.2}$	32.5

45°三通						
公称直径 *DN*	Z_1	Z_2	Z_3	L_1	L_2	L_3
50	12^{+2}_{-1}	63^{+6}_{-3}	67^{+6}_{-3}	43	94	98
63	14^{+2}_{-1}	79^{+7}_{-3}	84^{+8}_{-3}	52	117	122
75	17^{+2}_{-1}	94^{+9}_{-3}	100^{+10}_{-3}	61	138	144
90	20^{+3}_{-1}	112^{+11}_{-3}	119^{+12}_{-3}	71	163	170
110	24^{+3}_{-1}	137^{+13}_{-4}	145^{+14}_{-4}	85	198	206
125	27^{+3}_{-1}	157^{+15}_{-4}	166^{+16}_{-4}	96	226	235
140	30^{+4}_{-1}	175^{+17}_{-5}	185^{+18}_{-5}	107	252	262
160	35^{+4}_{-1}	200^{+20}_{-6}	212^{+21}_{-6}	121	286	298

90°三通		
公称直径 *DN*	Z	L
30	$17^{+1.6}_{-1}$	39
40	21^{+2}_{-1}	47
50	$26^{+2.5}_{-1}$	57
63	$32.5^{+3.2}_{-1}$	70.5
75	38.5^{+4}_{-1}	82.5
90	46^{+5}_{-1}	97
110	56^{+6}_{-1}	117
125	63.5^{+6}_{-1}	132.5
140	71^{+7}_{-1}	148
160	81^{+8}_{-1}	167

注：其余尺寸同表 2-4-45。

4.5.13.5 异径套

表 2-4-48 异径套规格 /mm

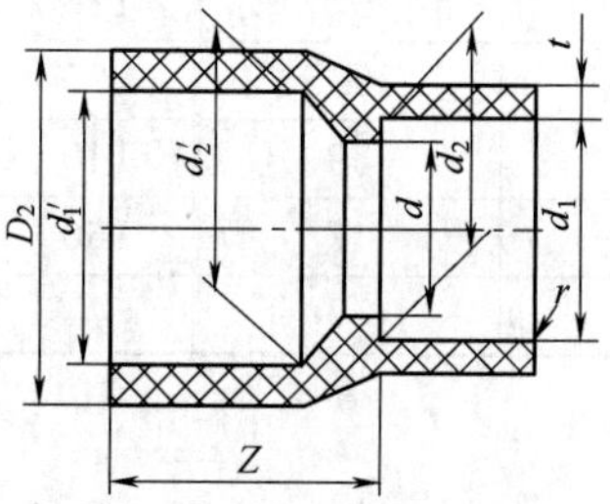

$d_1' \times d_1$	Z	D_2	$d_1' \times d_1$	Z	D_2	$d_1' \times d_1$	Z	D_2
12×10	15±1	16±0.2	40×32	36±1.5	50±0.4	110×50	88±2	125±1.0
16×10	18±1	20±0.3	50×20	44±1.5	63±0.5	110×63	88±2	125±1.0
16×12	18±1	20±0.3	50×25	44±1.5	63±0.5	110×75	88±2	125±1.0
20×10	21±1	25±0.3	50×32	44±1.5	63±0.5	110×90	88±2	125±1.0
20×12	21±1	25±0.3	50×40	44±1.5	63±0.5	125×90	100±2	140±1.0
20×16	21±1	25±0.3	63×25	54±1.5	75±0.5	125×63	100±2	140±1.0
25×10	25±1	32±0.3	63×32	54±1.5	75±0.5	125×75	100±2	140±1.0
25×12	25±1	32±0.3	63×40	54±1.5	75±0.5	125×110	100±2	140±1.0
25×16	25±1	32±0.3	63×50	54±1.5	75±0.5	140×75	111±2	160±1.2
25×20	25±1	32±0.3	75×32	62±1.5	90±0.7	140×90	111±2	160±1.2
32×12	30±1	40±0.4	75×40	62±1.5	90±0.7	140×110	111±2	160±1.2
32×16	30±1	40±0.4	75×50	62±1.5	90±0.7	140×125	111±2	160±1.2
32×20	30±1	40±0.4	75×63	62±1.5	90±0.7	160×90	126±2	180±1.4
32×25	30±1	40±0.4	90×40	74±2	110±0.8	160×110	126±2	180±1.4
40×16	36±1.5	50±0.4	90×50	74±2	110±0.8	160×125	126±2	180±1.4
40×20	36±1.5	50±0.4	90×63	74±2	110±0.8	160×140	126±2	180±1.4
40×25	36±1.5	50±0.4	90×75	74±2	110±0.8			

注：1. 其余尺寸同表 2-4-45。

2. 本表图中的参数 d_2'、d_2 之值按表 2-4-45 中相应公称直径 *DN* 对应的 d_2 值选取。例如，公称直径 $d_1' \times d_1$ 为 12×10 时，其 $d_2' \times d_2$ 的基本尺寸为 12.1×10.1。

4.5.13.6 法兰接头、管套

表 2-4-49 法兰接头、管套规格 /mm

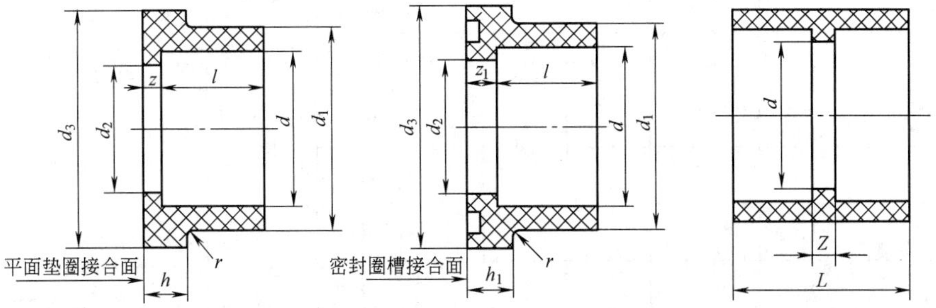

阴接头内径 d	法兰接头								
	d_1	d_2	d_3	l	r 最大	平型接合面 h	平型接合面 z	带槽接合面 h_1	带槽接合面 z_1
16	22±0.1	13	29	14	1	6	3	9	6
20	27±0.16	16	34	16					
25	33±0.16	21	41	19	1.5	7		10	
32	41±0.2	28	50	22					
40	50±0.2	36	61	26	2	8		13	8
50	61±0.2	45	73	31					
63	76±0.3	57	90	38	2.5	9		14	
75	90±0.3	69	106	44		10		15	
90	108±0.3	82	125	51	3	11	5	16	10
110	131±0.3	102	150	61		12		18	11
125	148±0.4	117	170	69		13		19	
140	165±0.4	132	188	77	4	14		20	
160	188±0.4	152	213	86		16		22	

管套 公称直径 DN	Z	L
10	3±1	27
12		
16		31
20		35
25	$3^{+1.2}_{-1}$	41
32	$3^{+1.6}_{-1}$	47
40	3^{+2}_{-1}	55
50		65
63		79
75	4^{+2}_{-1}	92
90	5^{+2}_{-1}	107
110	6^{+3}_{-1}	128
125		144
140	8^{+3}_{-1}	152
160	8^{+4}_{-1}	180

注：1. 套管口内径 d 的大小及公差按表 2-4-45（阴接头）规定。

2. l 按阴接头承插深度及公差确定。

3. 密封圈槽处均按 O 形橡胶密封圈的公称尺寸配合加工。

4. 其他尺寸按表 2-4-45 规定。

4.5.13.7 法兰

表 2-4-50 法兰规格 /mm

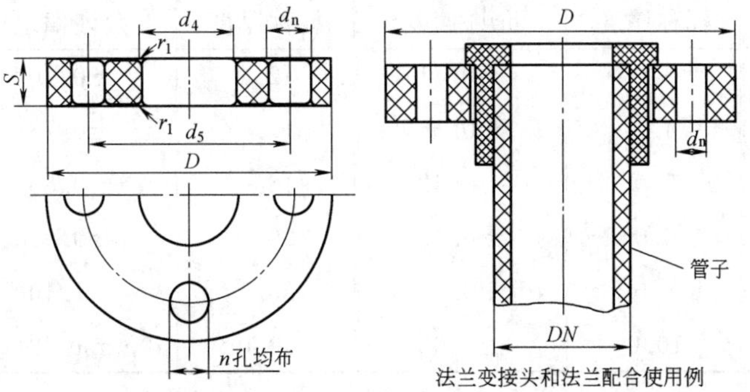

法兰变接头和法兰配合使用例

PVC管材公称直径 DN	d_4	D	d_5	r_1（最小）	d_n	螺栓数 n	螺栓螺纹	厚 S
16	$23_{-0.5}^{0}$	90	60	1	14	4	M12	根据材料而定
20	$28_{-0.5}^{0}$	95	65				M12	
25	$34_{-0.5}^{0}$	105	75	1.5			M12	
32	$42_{-0.5}^{0}$	115	85				M12	
40	$51_{-0.5}^{0}$	140	100	2	18		M16	
50	$62_{-0.5}^{0}$	150	110				M16	
63	78_{-1}^{0}	165	125	2.5			M16	
75	92_{-1}^{0}	185	145				M16	
90	110_{-1}^{0}	200	160	3		8	M16	
110	133_{-1}^{0}	220	180				M16	
125	150_{-1}^{0}	250	210				M16	
140	167_{-1}^{0}	250	210	4			M16	
160	190_{-1}^{0}	285	240		22		M20	

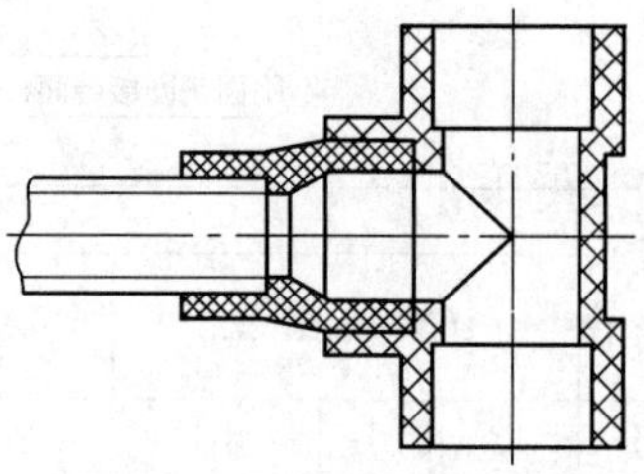

异径套和90°三通配合例

4.5.14 酚醛棉布层压板（摘自JB/T 8149.2—2000）

表2-4-51 酚醛棉布层压板的型号、用途、板厚

型号、用途

型号	用途
3025	机械用(粗布),电气性能差
3026	机械用(细布),电气性能差,用于小零部件
3027	机械和电气用(粗布)
3028	机械和电气用(细布),推荐用于小零部件

标称厚度及允许偏差/mm

标称厚度	允许偏差	标称厚度	允许偏差	标称厚度	允许偏差	标称厚度	允许偏差
0.8	±0.19	3.0	±0.31	12.0	±0.70	35.0	±1.34
1.0	±0.20	4.0	±0.36	14.0	±0.78	40.0	±1.45
1.2	±0.22	5.0	±0.42	16.0	±0.85	45.0	±1.55
1.6	±0.24	6.0	±0.46	20.0	±0.95	50.0	±1.65
2.0	±0.26	8.0	±0.55	25.0	±1.10		
2.5	±0.29	10.0	±0.63	30.0	±1.22		

表 2-4-52　酚醛棉布层压板的物理力学性能

性　　能	适合试验用的板材标称厚度/mm	物理力学性能				说　　明
		型号				
		3025	3026	3027	3028	
垂直层向弯曲强度/MPa	≥1.6	≥100	≥110	≥90	≥100	
表观弯曲弹性模量/MPa	≥1.6	≥(7000)	≥(7000)	≥(7000)	≥(7000)	
平行层向冲击强度(简支梁法，缺口试样)/kJ·m^{-2}	≥5	≥8.8	≥(7.0)	≥(7.8)	≥6.0	两者之一满足本标准要求即可
平行层向冲击强度(悬臂梁法，缺口试样)/kJ·m^{-2}	≥5	≥5.4	≥5.9	≥5.9	≥4.9	
平行层向剪切强度/MPa	≥5	≥(25)	≥(25)	≥(20)	≥(20)	
拉伸强度/MPa	≥1.6	≥(80)	≥(85)	≥(60)	≥(80)	
密度/g·cm^{-3}	全部	(1.3～1.4)				
长期耐热性 TI	≥3	≥(120)	≥(120)	≥(120)	≥(120)	
平行层向击穿电压[(90±2)℃油中]/kV	≥3	≥1	≥1	≥18①	≥20	
浸水后绝缘电阻/Ω	全部	$\geqslant 1\times10^6$	$\geqslant 1\times10^6$	$\geqslant 5\times10^7$	$\geqslant 5\times10^7$	

① IEC 60893-3-4 中 PFCC202 规定平行层向击穿电压在（90±2)℃的油中要求≥20kV，但本标准考虑国产材料的质量偏低，将酚醛棉布层压板型号 3027 的击穿电压值改为 18kV。

注：括号内的值是典型值，仅供一般指导用，并不考虑作为本标准的要求。

4.5.15　浇铸型工业有机玻璃板材（摘自 GB/T 7134—2008）

表 2-4-53　板材厚度公差　/mm

厚度	公差	厚度	公差
1.5	±0.2	11.0	±0.7
2.0	±0.4	12.0	±0.7
2.5	±0.4	13.0	±0.8
2.8	±0.4	15.0	±1.0
3.0	±0.4	16.0	±1.0
3.5	±0.5	18.0	±1.0
4.0	±0.5	20.0	±1.5
4.5	±0.5	25.0	±1.5
5.0	±0.5	30.0	±1.7
6.0	±0.5	35.0	±1.7
8.0	±0.5	40.0	±2.0
9.0	±0.6	45.0	±2.0
10.0	±0.6	50.0	±2.5

注：板材幅面尺寸在（1700mm×1900mm)～(2000mm×3000mm）时，厚度公差允许增加 20%，板材幅面尺寸大于 2000mm×3000mm 时，厚度公差允许增加 30%。

表 2-4-54　板材性能指标

序号	项目		指标	
			无色	有色
1	拉伸强度/MPa		≥70	≥65
2	拉伸断裂应变/%		≥3	—
3	拉伸弹性模量/MPa		≥3000	—
4	简支梁无缺口冲击强度/kJ·m^{-2}		≥17	≥15
5	维卡软化温度/℃		≥100	—
6	加热时尺寸变化(收缩)/%		≤2.5	—
7	总透光率/%		≥91	—
8	420nm 透光率(厚度 3mm)/%	氙弧灯照射之前	≥90	—
		氙弧灯照射 1000h 之后	≥88	—

4.6　复合材料

4.6.1　复合材料的定义

复合材料是用两种或两种以上不同性能、不同形态的组分材料通过复合手段组合而成的一种多相材料。

4.6.2　复合材料的结构

复合材料由三相组成：基体相——为连续的材料；增强相——为分散的材料，被基体相包容；界面相——基体相与增强相的交界面，其结构异于基体相和增强相。

4.6.3　复合材料及其特性和用途

4.6.3.1　聚合物基复合材料

(1) 结构和特性　聚合物基复合材料也称纤维增强塑料，是由碳、玻璃等增强纤维浸渍合成树脂压合成的复合材料，故又称为玻璃钢。它具有下列特性。

① 比强度、比模量[❶]大。例如，碳纤维增强环氧树脂复合材料的比强度比钢高 5 倍，比铝合金高 4 倍，比钛合金高 3.5 倍；其比模量是钢、铝、钛的 4 倍。

② 耐疲劳性能好。例如，碳纤维增强聚合物基复合材料的疲劳强度极限为其拉伸强度的 70%～80%，而通常的金属材料仅为其拉伸强度的 30%～50%。

③ 阻尼、减振性能好。原因是复合材料的基体相和纤维界面有较大的吸收振动能量的能力。

④ 破损安全性高。复合材料的破损是逐渐破裂的，经历基体损伤、开裂、界面脱粘、纤维断裂等过程。某些增强纤维断裂时，载荷又会通过塑料基体的传递，迅速分散到其他完好的纤维上，从而延缓了材料的突然破坏。

⑤ 耐腐蚀、耐磨、自润滑性能好。

⑥ 能降低噪声。

⑦ 电绝缘性能好。

(2) 用途　聚合物基复合材料适用于机械、设备的零部件如齿轮、轴承、机械传动件、设备壳体及结构件、容器等；风机、压缩机、泵、阀等零部件和管件；交通运输设备的构件如自行车架、零件及船体、飞机机翼等。

4.6.3.2　金属基复合材料

(1) 结构和特性　金属基复合材料是金属、合金与各种形态的高性能增强材料如陶瓷、石墨、金刚石等纤维（颗粒）的复合材料。它兼有金属和增强材料的性能和特点；具有较高的比强度、比模量和高温力学性能；具有较低的线胀系数和比基体金属高的耐磨性能，并保持了金属材料的优良性能如易切削加工、压力加工、焊接和热处理等以及导热性、导电性、导磁性。

(2) 用途　金属基复合材料除具有与聚合物基复合材料相同的用途外，更适用于大型通用机械、压缩机、泵、起重运输机械、汽车、发动机等的传动件和结构件如轴承、齿轮、连杆、飞轮、叶轮、活塞、密封件、机体、机壳等。

4.6.4　聚合物基复合材料和金属基复合材料的力学性能

4.6.4.1　聚合物基复合材料力学性能的特点

聚合物基复合材料的力学性能有下列特点。

❶ 比强度为材料的拉伸强度 R_m 与密度 ρ 之比（R_m/ρ）；比模量为材料的弹性模量 E 与密度之比（E/ρ）。

表 2-4-55　聚合物基复合材料的物理力学性能（室温、干态）①

性　能	牌　号							
	T300/5222	T300/HD03	T300/QY8911	T300/KH304	AS4C/PEEK	Seoth/1002③	T300/QY 8911	
	材　料							
	碳/环氧树脂	碳/环氧树脂	碳/双马来酰亚胺	碳/聚酰亚胺	碳/聚醚醚酮	玻纤/环氧树脂	碳/双马来酰亚胺	
							130℃	150℃
密度/$g\cdot cm^{-3}$	1.6					1.8		
纵向拉伸强度 X_t/MPa	1230	1599	1239	1604	1722	1062	1579	1448
横向拉伸强度 Y_t/MPa	26.4	53.7	38.7	40.5	59.6	31	51.1	44.6
纵向压缩强度 X_c/MPa	1051	1048	1281	1305	832	610	1344	1221
横向压缩强度 Y_c/MPa	168	158	189		136	118	172	154
面内剪切强度 S/MPa	87	68.6	81.2	84	113②	72	80.8	73.5
层间剪切强度 τ/MPa			110.5				82.8④	77
纵向拉伸弹性模量 E_{1t}/GPa	126	131	125	137	141	38.6	128	
纵向压缩弹性模量 E_{1c}/GPa	121	123	116	137	140		119	114
横向拉伸模量 E_{2t}/GPa	7.3	8.5	7.2	8.2	9.7	8.27	9.2	8.2
横向压缩模量 E_{2c}/GPa	9.4	7.8	9.9		9.7		8.2	7.9
切变模量 G_{12}/MPa	4.5	4.3	4.1	4.5	5.0	4.14	4.0	3.5
泊松比 μ_1	0.25	0.35	0.33	0.29		0.26		
纤维体积含量 V_f/%	63±3					45		
特性和用途	特性：比强度、比模量高，抗疲劳断裂性好，结构尺寸稳定性好，耐磨、耐蚀、减振、绝缘性好 用途：可代替金属，制作机械零件和构件，如齿轮、轴承、泵、阀、风机和运输机械、轻工、食品机械等零件以及容器、设备的壳体和构件等						特性和用途与其他聚合物基复合材料机同，并特别适于制作飞机构件如机翼等	

① 国产复合材料。
② 参考值。
③ 国外产复合材料。
④ 在 120℃的值。

① 铺层的力学性能一般都具有很强的各向异性，纵向力学性能比横向力学性能高 10～20 倍，甚至更高。

② 纵、横切变模量和强度均很低。

③ 层合板的力学性能受铺叠形式（铺设角、铺层比例、铺层顺序）等影响，故其力学性能的变化范围较大。表 2-4-41～表 2-4-50 中所列力学性能供设计参考。

④ 常用的层合板为以 0°、90°、±45°交叉对称铺叠层合板，又称$\frac{\pi}{4}$层合板。

4.6.4.2 聚合物基和金属基复合材料的力学性能

两种复合材料的力学性能见表 2-4-56～表 2-4-64。

表 2-4-56 铝基复合材料的物理力学性能（室温）

基体	增强体		制备处理工艺	抗拉强度 R_m/MPa	弹性模量 E/GPa	伸长率/%
	材料	体积含量/%				
6061	SiCw	20	T6 热挤压	365～490	103～108	2.7～5
6061	SiCp	25	PM,T6 热挤压	498	122.7	3.91
2124	SiCp	20	热挤压	551	103.4	7.0
		30	热挤压	593	120.7	4.15
		40	热挤压	689	151.7	1.1
Al-4.1Cu	SiCf	10	液态模锻	198	82	3.5

表 2-4-57 硼-铝复合材料的物理力学性能

基体	纤维体积含量/%	纵向		横向		纵向断裂应变	线胀系数 $\alpha/10^{-6}℃^{-1}$				
		拉伸强度/MPa	弹性模量/GPa	拉伸强度/MPa	弹性模量/GPa		20～100℃	100～200℃	200～300℃	300～400℃	400～500℃
2024①	45	1287.5	202.1			0.775	4.7	5.0	5.3	6.1	6.6
	54	1798.6									
	70	1927.6									
2024T6①	46	1458.7	220.7			0.81					
	64	1924.1	279.5			0.755					
6061①	50	1343.4	217.2			0.659					
1100②	25	737～837	146.9	98～117	83.75						
	35	960～1020	191.5	88～117	118.8						
	54	1200～1270	245	69～79	139.1						

① 硼纤维直径 140μm。

② 硼纤维直径 95μm。

表 2-4-58 石墨纤维增强镁基复合材料铸锭的物理力学性能

纤维	纤维体积含量/%（纤维取向）	铸锭形态	纤维预成形方法	拉伸强度/MPa		弹性模量/GPa		线胀系数
				纵向	横向	纵向	横向	$\alpha/10^{-6}℃^{-1}$
P55	40(0°)	棒	缠绕	720		172		
P100	35(0°)	棒				248		
P75	40(±16°)+9(90°)	空心柱		450	61	179	86	1.3
P100	40(±16°)	空心柱		560	380	228	30	−0.07
P55	40(0°)	板	预浸处理	480	20	159	21	2.3
P55	30(0°)+10(90°)	板		280	100	83	34	4.5
P55	20(0°)+20(90°)	板		450	240	90	90	

表 2-4-59 钛基复合材料（粉末冶金法）的力学性能

材料	性能	温度/℃			
		25	370	565	760
Ti-6Al-4V/TiCp	拉伸强度/MPa	999	648	496	227
纤维体积含量 10%	屈服强度/MPa	994	551	475	158
纤维直径<44μm	断裂应变/%	2	4	2	8
Ti-6Al-4V/SiCp	拉伸强度/MPa	655	537	517	330
纤维体积含量 10%	屈服强度/MPa	—	—	—	317
纤维直径约 23μm	断裂应变/%	0.16	—	0.07	2.0
Ti-6Al-4V	拉伸强度/MPa	950		468	200
	屈服强度/MPa	868		400	172
	断裂应变/%	9.4		15.6	15.6

表 2-4-60 金属基自润滑复合材料及性能、用途

基体	自润滑增强材料		摩擦因数	制备工艺	用途
	种类	体积含量/%			
Cu	MoS_2	5～50		P/M	轴承材料
	PTFE/MoS_2	22/8			
	MoS_2/WS_2	10/10			
Cu5Pb	WS_2	12	0.14～0.18	P/M	高速轴承材料
Cu4Sn	Cu_2S/FeS	3/5			
Cu60Ta	MoS_2/WS_2	10/10			
C45Sn2Pb	石墨	11	0.14～0.19		
Al4.5Cu	石墨	50		PINFIL	
Al9Si3Cu	MoS_2	1～4		SCAST	活塞材料
Al13SiCu	滑石	2.0～2.8		VCAST	
Al4.5Cu1.5Mg	云母	1.38～2.0			
304 不锈钢	MoS_2	10	0.16～2.0	P/M	
Ni	WS_2	10～35		P/M	高温轴承
	CaF_2	5～15	0.20～0.25		
	MoS_2	10～15			

注：P/M—粉末冶金；PINFIL—压力渗入；SCAST—特殊铸造；VCAST—涡流铸造。

表 2-4-61 含油酚醛轴承的物理力学性能

润滑条件	极限负荷/MPa	极限速度/$m \cdot s^{-1}$	极限 pV 值/$MPa \cdot m \cdot s^{-1}$	极限使用温度/℃	用途
不供油	10	1.3	1.0	20	用于普通机械传动用轴承
滴油润滑	12	3.3	2.5	100	
强制供油	12	15	6.5	100	
油脂润滑	12	1.7	1.7	100	

表 2-4-62　三层复合材料轴承（SF 轴承）的许用压力 p 和 pV 值

滑动速度 /m·s⁻¹	干摩擦		油润滑		用途
	p/MPa	pV/MPa·m·s^{-1}	p/MPa	pV/MPa·m·s^{-1}	
<0.01	50	0.5			①用于无油润滑和 −50～150℃工况 ②表层为 POM（聚甲醛）的 SF 轴承复合材料，适用于边界润滑工况，如汽车传动轴万向联轴器、衬套和其他机械传动衬套
0.01			120	1.2	
0.1	6	0.6	30	3	
0.5	1.5	0.75	10	5	
1.0	1.2	1.2	7	>10	
5.0	0.4	2	5	25	
10	0.2	2	3	30	
>40			>2.5	100～120	

注：1. 表中数据为表层 PTFE（聚四氟乙烯）的 SF 复合材料轴承。

2. 三层复合材料为在粉末冶金材料表面浸渍铅、PTFE 或 POM（聚甲醛）的复合材料，主要用于轴承、衬套。

表 2-4-63　固体润滑剂填充酚醛轴承材料的性能

极限 pV 值 /0.1MPa·m·s^{-1}	填充材料/体积						
	无填充	PTFE/5%	PTFE/10%	PTFE/15%	PTFE/20%	MoS_2/10%	石墨/10%
当 v=0.3m/s 时	1.8	3.2	6.7	14.0	7.0	6.1	5.3
当 v=3.0m/s 时	1.9	6.1	8.89	15.8	9.1	7.8	6.1
当 v=30m/s 时	1.6	4.9	9.3	20.3	6.1	4.4	4.4
静摩擦因数	1.13	0.78	0.68	0.32	0.36	0.76	0.69
动摩擦因数	0.98	0.82	0.76	0.45	0.49	0.73	0.73

表 2-4-64　聚四氟乙烯（PTFE）纤维复合材料轴承的物理力学性能

性能	拉伸强度/MPa	压缩强度/MPa	硬度 HRm	摩擦因数（干摩）	线胀系数 /℃$^{-1}$
数据	>100	>200	>80	0.03～0.19	(4～7)×10^{-4}

第5章

涂料和防锈漆

金属机器、设备和木器表面的保护、装饰和防锈用的涂料（漆）根据其作用分：底漆、面漆（磁漆和清漆）、防锈漆。本章仅列出常用的几种涂料（漆）。

表 2-5-1　底漆牌号、性能

<table>
<tr><th colspan="3">项　　目</th><th>C06-1 铁红醇酸底漆</th><th>H06-2 铁红、锌黄、铁黑环氧酯底漆 HG 2239—2012</th></tr>
<tr><td rowspan="6">液态漆的性质</td><td>容器中物料状态</td><td></td><td>无结皮，无干硬块</td><td>无异常</td></tr>
<tr><td>密度/g·mL^{-1}</td><td>≥</td><td colspan="2">1.20</td></tr>
<tr><td>黏度(6 号杯)/s</td><td>≥</td><td colspan="2">45</td></tr>
<tr><td>细度/μm</td><td></td><td></td><td></td></tr>
<tr><td>铁红、铁黑</td><td>≤</td><td>50</td><td>60</td></tr>
<tr><td>锌黄</td><td>≤</td><td>50</td><td>50</td></tr>
<tr><td rowspan="6">干漆膜的性质</td><td>漆膜颜色和外观</td><td></td><td>铁红，色调不定，漆膜平整</td><td>铁红、锌黄、铁黑，色调不定，漆膜平整</td></tr>
<tr><td>铅笔硬度</td><td></td><td colspan="2">2B</td></tr>
<tr><td>冲击强度/cm</td><td>≥</td><td></td><td>50</td></tr>
<tr><td>划格试验/级</td><td>≤</td><td></td><td>1</td></tr>
<tr><td>杯突试验/mm</td><td>≥</td><td colspan="2">6</td></tr>
<tr><td>耐硝基漆性</td><td></td><td>不咬起，不渗色</td><td>不起泡，不膨胀，不渗色</td></tr>
<tr><td rowspan="4">耐液体介质性能</td><td>耐盐水性(浸于 3%NaCl 水溶液 24h)</td><td></td><td></td><td></td></tr>
<tr><td>铁红、铁黑(浸 48h)</td><td></td><td>不起泡，不生锈</td><td>不起泡，不生锈</td></tr>
<tr><td>锌黄(浸 96h)</td><td></td><td></td><td>不起泡，不生锈</td></tr>
<tr><td>附着力/级</td><td></td><td>1</td><td></td></tr>
<tr><td rowspan="7">施工使用性能</td><td>涂刷性</td><td></td><td colspan="2">较好</td></tr>
<tr><td>表干/min</td><td>≤</td><td>20</td><td></td></tr>
<tr><td>无印痕干(1000g)/h</td><td>≤</td><td>36</td><td></td></tr>
<tr><td>烘干[(105±2)℃，1000g]/h</td><td>≤</td><td>0.5</td><td></td></tr>
<tr><td>干燥时间(1000g)/h</td><td></td><td></td><td></td></tr>
<tr><td>无印痕[(23±2)℃，45%～55%]</td><td>≤</td><td></td><td>18</td></tr>
<tr><td>无印痕[(120±2)℃]</td><td>≤</td><td></td><td>1</td></tr>
<tr><td colspan="2">闪点/℃</td><td>≥</td><td>29</td><td>26</td></tr>
</table>

续表

项　　目	C06-1 铁红醇酸底漆	H06-2 铁红、锌黄、铁黑环氧酯底漆 HG 2239—2012
成分和用途	成分：以中油或长油度醇酸树脂为漆基，以铁红为主要颜料的醇酸底漆 用途：适用于涂覆在黑色金属表面，起打底防锈作用，与硝基漆、醇酸漆结合力良好	成分：以环氧树脂与植物油酸酯化后为漆基的环氧酯底漆 用途：铁红、铁黑环氧酯底漆适用于涂覆黑色金属表面，锌黄环氧酯底漆适用于涂覆轻金属表面，它们还适用于沿海地区和湿热带气候中金属材料的表面打底

注：1. C06-1 醇酸底漆和 H06-2 环氧酯底漆应贮存于清洁、干燥、密封的容器内，装填量不应大于容器容积的 95%。产品在存放时，应保持通风、干燥，防止日光直接照射，并应隔绝火源，远离热源，夏季温度过高时应设法降温。

2. 底漆产品有效贮存期为一年。

3. C06-1 铁红醇酸底漆含有 200 号溶剂油和二甲苯等有机溶剂，H06-2 铁红、锌黄、铁黑环氧酯底漆含有二甲苯、丁醇等有机溶剂，它们均属于易燃、有毒液体。在涂漆施工现场应注意通风，采取防火、防静电、防中毒等措施。

表 2-5-2　磁漆牌号、性能

项　　目		各色硝基外用磁漆 HG/T 2277			各色醇酸磁漆 HG 2576			
		指　　标						
		优等品	一等品	合格品	Ⅰ　型			Ⅱ型
					优等品	一等品	合格品	
容器中状态		搅拌混合后无硬块、呈均匀状态						
细度/μm ≤		15	20	—	20			
施工性		喷涂二道无障碍						
干燥时间	表干 ≤	10min			5h	8h		10h
	实干 ≤	50min			15h	15h		18h
漆膜颜色和外观		符合标准样板及其色差范围，漆膜平整光滑						
流出时间(6 号杯)/s					35			
耐水性（浸于符合 GB/T 6682 三级水中）/h		36	24		18	8	6	8
		允许漆膜轻微发白、失光、起泡，在 2h 内恢复			不起泡、不开裂、不剥落，允许轻微发白，浸水后保光率不小于 80%			

续表

项目		各色硝基外用磁漆 HG/T 2277			各色醇酸磁漆 HG 2576			
		指标						
		优等品	一等品	合格品	Ⅰ型 优等品	Ⅰ型 一等品	Ⅰ型 合格品	Ⅱ型
遮盖力/g·m^{-2} ≤	白色				100	110	120	
	红色、黄色				130	140	150	
	绿色				50	60	65	
	蓝色				80	80	85	
	黑色	20			40	40	45	
	铝色	30						
	深复色	40						
	浅复色、绿色	50						
	白色、正蓝	60						
	红色	70						
漆膜加热试验(在100～105℃加热2h)		允许轻微变化						
耐挥发性溶剂 浸于(GB/T 1922)90号溶剂油∶甲苯＝9∶1混合溶剂中2h 浸于(GB/T 1922)90号溶剂油中2h		无异常						
耐挥发油性(浸于符合SH 0004橡胶工业用溶剂油中)/h					6		4	6
					不起泡、不起皱、不开裂、不剥落,允许轻微失光			
溶剂可溶物中硝基		存在硝基						
溶剂可溶物中苯酐/% ≥					23			20
闪点/℃ ≥		3						
耐候性(经广州地区12个月自然暴晒后测定)								变色不超过4级 粉化不超过3级 裂纹不超过2级
耐光性					允许失光,颜色变化不大于灰卡			
					3/4级	3级	2/3级	—
成分和用途		成分:由硝化棉、醇酸树脂(或加适量其他合成树脂)及各种颜料、增塑剂和有机溶剂等调制而成的各色硝基外用磁漆 用途:主要用于机床、机器、设备和工具等金属表面的保护和装饰			成分:由醇酸树脂、催干剂、颜料、溶剂组成各色醇酸磁漆 用途:适用于金属和木制品表面的保护及装饰性涂覆			

注:醇酸磁漆按用途分两种类型,Ⅰ型适用于室内,Ⅱ型适用于室外。

表 2-5-3　各色酚醛防锈漆性能（摘自 HG/T 3345）

项　　目		指　　标			
		红　丹	铁　红	灰	锌　黄
漆膜颜色与外观		色调不定、漆膜平整、允许略有刷痕			
细度/μm　≤		60	50	40	40
流出时间/s　≥		35	45	45	55
遮盖力/g·m^{-2}　≤		200	55	80	180
干燥时间/h	表干　≤	5	5	4	5
	实干　≤	24	24	24	24
硬度　≥		0.25	0.25	0.25	0.15
耐冲击性/cm		50	50	50	50
耐盐水性		浸 120h 不起泡、不生锈、允许轻微变色失光	浸 48h 不起泡、不生锈、允许轻微变色失光	浸 72h 不起泡、不生锈、允许轻微变色失光	浸 168h 不起泡、不生锈、允许轻微变色失光
闪点/℃　≥		34	34	34	34
成分和用途		成分：松香改性酚醛树脂、多元醇松香酯、干性植物油、颜料、体质颜料、催干剂、有机溶剂 用途：用于金属表面的防锈			

表 2-5-4　清漆品种、性能

项　　目	F01-1 酚醛清漆 HG/T 2238	醇酸清漆 HG 2453				丙烯酸清漆 HG/T 2593	
	指　标	指　标				指　标	
		Ⅰ　类			Ⅱ类	Ⅰ型	Ⅱ型
		优等品	一等品	合格品			
容器中液态油漆的性质：							
容器中物料状态	无异常						
原漆外观和透明度	透明，无机械杂质	透明，无机械杂质				无色透明液体，无机械杂质，允许微带乳光	
原漆颜色（铁钴比色计）/号　≤	14	8	10	12		5	
罗维朋色度总值		25.0	55.0	75.0			
酸值/mgKOH·g^{-1}　≤	12					—	0.2
黏度（6 号杯）/s	40～70						
固体含量/%　≥	50						
流出时间（4 号杯）/s　≥						20	
流出时间/s　≥		25					
不挥发物含量/%　≥		40			45	8	10
干漆膜的性质：							
柔韧性/mm　≤	2						
划痕试验/g　≥	500						

续表

项目	F01-1 酚醛清漆 HG/T 2238	醇酸清漆 HG 2453				丙烯酸清漆 HG/T 2593	
	指标	指标				指标	
		Ⅰ类			Ⅱ类	Ⅰ型	Ⅱ型
		优等品	一等品	合格品			
光泽(20℃) ≥	110						
耐码垛性(1000g 压 30min)	合格						
漆膜颜色及外观		无异常				漆膜无色或微黄透明，平整、光亮	
弯曲试验/mm ≤		3			2	2	
硬度/S ≥						80	
回黏性/级 ≤		2	3		—		
划格试验/级 ≤						2	1
施工使用性： 涂刷性	较好	刷涂无障碍					
干燥时间/h 表干 ≤	7	5			6	30	
干燥时间/h 实干 ≤		10	12	15		2	
干燥时间/h 烘干[(80±2)℃]							4
干燥时间/h 无印痕(1000g) ≤	30						
结皮性/级 ≥	4	不结皮					
耐水性(浸于沸蒸馏水中30min)	不起泡、不脱落，允许轻微变黄色						
耐水性(浸入 GB/T 6682 三级水中)		18h	12h	6h	18h	8h，不起泡，允许轻微失光	24h，不起泡，不脱落，允许轻微发白
		无异常					
耐溶剂油性(浸入 GB/T 1922 的 120 溶剂油中 4h)		无异常					
耐汽油性						浸 1h，取出 10min 后不发软，不发黏，不起泡	浸 3h，取出 10min 后不发软，不发黏，不起泡
耐热性						在(90±2)℃下，烘 3h 后漆膜不鼓泡，不起皱	

续表

项目	F01-1 酚醛清漆 HG/T 2238	醇酸清漆 HG 2453				丙烯酸清漆 HG/T 2593	
	指标	指标				指标	
		Ⅰ类			Ⅱ类	Ⅰ型	Ⅱ型
		优等品	一等品	合格品			
耐候性(经广州地区一年天然暴晒)/级 ≤		—			失光 2 裂纹 2 生锈 0		
含铅量(以固体计)/% ≤	0.4						
苯酐含量/% ≥		23			20		
闪点/℃ ≥	29						
成分和用途	成分：由干性植物油和松香改性酚醛树脂为漆基的酚醛清漆 用途：适用于木器家具的涂饰	成分：由植物油改性的醇酸树脂，加入适量的催干剂，并用有机溶剂调制而成的醇酸清漆 用途：适用于室内、外金属、木材表面的涂饰或涂层的罩光				成分：Ⅰ型清漆为由甲基丙烯酸-甲基丙烯酸共聚树脂溶于有机混合溶剂中，并加入适量助剂调制而成丙烯酸清漆；Ⅱ型清漆为由甲基丙烯酸酯-甲基丙烯酸共聚树脂及氨基树脂溶于有机溶剂中，并加入适量助剂调制而成丙烯酸清漆 用途：适用于经阳极化处理的铝合金或其他金属表面的装饰与保护	

参 考 文 献

[1] 王少怀. 机械设计师手册：上册. 北京：电子工业出版社，2006.

[2] 曾正明. 机械工程材料手册：金属材料. 北京：机械工业出版社，2003.

[3] 林慧国等. 袖珍世界钢号手册. 第3版. 北京：机械工业出版社，2003.

第3篇

连接与紧固

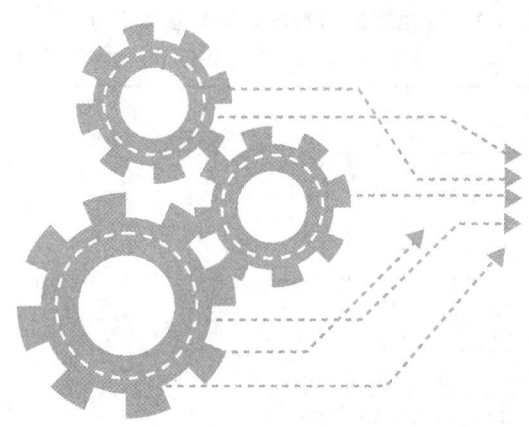

第1章

螺　纹

1.1　普通螺纹

应用最为广泛。一般连接可采用粗牙，细牙多用于薄壁零件以及受变载、冲击和振动载荷的连接中。

1.1.1　基本牙型和基本尺寸（摘自 GB/T 192—2003、GB/T 196—2003）

普通螺纹的基本牙型和基本尺寸见表 3-1-1。

表 3-1-1　普通螺纹的基本牙型和基本尺寸

（摘自 GB/T 192—2003 和 GB/T 196—2003，等效 ISO 68—1973 和 ISO 724—1978）　/mm

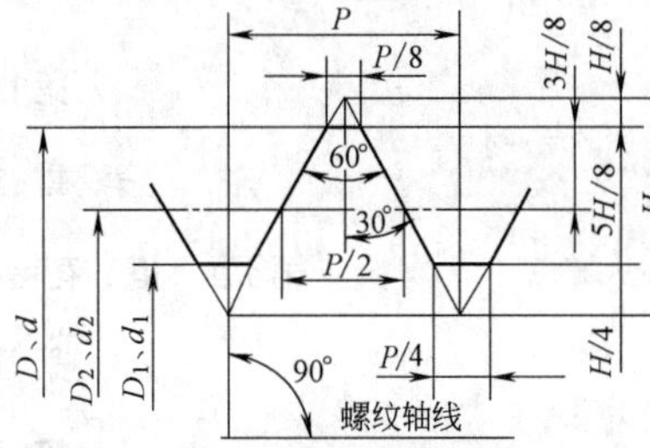

D—内螺纹大径；d—外螺纹大径；D_2—内螺纹中径；d_2—外螺纹中径；D_1—内螺纹小径；d_1—外螺纹小径；P—螺距；H—原始三角形高度

$$H=\frac{\sqrt{3}}{2}P=0.866025404P$$
$$\frac{5}{8}H=0.541265877P$$
$$\frac{3}{8}H=0.324759526P$$
$$\frac{1}{4}H=0.216506351P$$
$$\frac{1}{8}H=0.108253175P$$

公称直径 D、d			螺距 P	中径 D_2 或 d_2	小径 D_1 或 d_1	公称直径 D、d			螺距 P	中径 D_2 或 d_2	小径 D_1 或 d_1
第一系列	第二系列	第三系列				第一系列	第二系列	第三系列			
1			0.25①	0.838	0.729		3.5		0.6①	3.110	2.850
			0.2	0.870	0.783				0.35	3.273	3.121
	1.1		0.25①	0.938	0.829	4			0.7①	3.545	3.242
			0.2	0.970	0.883				0.5	3.675	3.459
1.2			0.25①	1.038	0.929		4.5		0.75①	4.013	3.688
			0.2	1.070	0.983				0.5	4.175	3.959
	1.4		0.3①	1.205	1.075	5			0.8①	4.480	4.134
			0.2	1.270	1.183				0.5	4.675	4.459
1.6			0.35①	1.373	1.221			5.5	0.5	5.175	4.959
			0.2	1.470	1.383	6			1①	5.350	4.917
	1.8		0.35①	1.573	1.421				0.75	5.513	5.188
			0.2	1.670	1.583				0.5	5.675	5.459
2			0.4①	1.740	1.567		7		1①	6.350	5.917
			0.25	1.838	1.729				0.75	6.513	6.188
	2.2		0.45①	1.908	1.713					6.675	6.459
			0.25	2.038	1.929	8			1.25①	7.188	6.647
2.5			0.45①	2.208	2.013				1	7.350	6.917
			0.35	2.273	2.121				0.75	7.513	7.188
3			0.5①	2.675	2.459				0.5	7.675	7.459
			0.35	2.773	2.621			9	1.25①	8.188	7.647

公称直径 D、d 第一系列	第二系列	第三系列	螺距 P	中径 D_2 或 d_2	小径 D_1 或 d_1
		9	1	8.350	7.917
			0.75	8.513	8.188
				8.675	8.459
10			1.5[①]	9.026	8.376
			1.25	9.188	8.647
			1	9.350	8.917
			0.75	9.513	9.188
				9.675	9.459
		11	1.5[①]	10.026	9.376
			1	10.350	9.917
			0.75	10.513	10.188
12			1.75[①]	10.863	10.106
			1.5	11.026	10.376
			1.25	11.188	10.647
			1	11.350	10.917
	14		2[①]	12.701	11.835
			1.5	13.026	12.376
			1.25[①]	13.188	12.647
			1	13.350	12.917
		15	1.5	14.026	13.376
			1	14.350	13.917
16			2[①]	14.701	13.835
			1.5	15.026	14.376
			1	15.350	14.917
		17	1.5	16.026	15.376
			1	16.350	15.917
	18		2.5[①]	16.376	15.294
			2	16.701	15.835
			1.5	17.026	16.376
			1	17.350	16.917
20			2.5[①]	18.376	17.294
			2	18.701	17.835
			1.5	19.026	18.376
			1	19.350	18.917
	22		2.5[①]	20.376	19.294
			2	20.701	19.835
			1.5	21.026	20.376
	22		1	21.350	20.917
24			3[①]	22.051	20.752
			2	22.701	21.835
			1.5	23.026	22.376
			1	23.350	22.917
		25	2	23.701	22.835
			1.5	24.026	23.376
			1	24.350	23.917
		26	1.5	25.026	24.376
	27		3[①]	25.051	23.752
			2	25.701	24.835
			1.5	26.026	25.376
			1	26.350	25.917
		28	2	26.701	25.835
			1.5	27.026	26.376
			1	27.350	26.917
30			3.5[①]	27.727	26.211
			3	28.051	26.752
			2	28.701	27.835
			1.5	29.026	28.376
			1	29.350	28.917
		32	2	30.701	29.835
			1.5	31.026	30.376
	33		3.5[①]	30.727	29.211
			3	31.051	29.752
			2	31.701	30.835
			1.5	32.026	31.376
		35	1.5	34.026	33.376
36			4[①]	33.402	31.670
			3	34.051	32.752
			2	34.701	33.835
			1.5	35.026	34.376
		38	1.5	37.026	36.376
	39		4[①]	36.402	34.670
			3	37.051	35.752
			2	37.701	36.835
			1.5	38.026	37.376
		40	3	38.051	36.752
			2	38.701	37.835

续表

公称直径 D、d			螺距 P	中径 D_2 或 d_2	小径 D_1 或 d_1
第一系列	第二系列	第三系列			
		40	1.5	39.026	38.376
42			4.5①	39.077	37.129
			4	39.402	37.670
			3	40.051	38.752
			2	40.701	39.835
			1.5	41.026	40.376
	45		4.5①	42.077	40.129
			4	42.402	40.670
			3	43.051	41.752
			2	43.701	42.835
			1.5	44.026	43.376
48			5①	44.752	42.587
			4	45.402	43.670
			3	46.051	44.752
			2	46.701	45.835
			1.5	47.026	46.376
		50	3	48.051	46.752
			2	48.701	47.835
			1.5	49.026	48.376
	52		5①	48.752	46.587
			4	49.402	47.670
			3	50.051	48.752
			2	50.701	49.835
			1.5	51.026	50.376
		55	4	52.402	50.670
			3	53.051	51.752
			2	53.701	52.835
			1.5	54.026	53.376
56			5.5①	52.428	50.046
			4	53.402	51.670
			3	54.051	52.752
			2	54.701	53.835
			1.5	55.026	54.376
		58	4	55.402	53.670
			3	56.051	54.752
			2	56.701	55.835
			1.5	57.026	56.376
	60		5.5①	56.428	54.046
			4	57.402	55.670
			3	58.051	56.752
			2	58.701	57.835
			1.5	59.026	58.376

公称直径 D、d			螺距 P	中径 D_2 或 d_2	小径 D_1 或 d_1
第一系列	第二系列	第三系列			
		62	4	59.402	57.670
			3	60.051	58.752
			2	60.701	59.835
			1.5	61.026	60.376
64			6①	60.103	57.505
			4	61.402	59.670
			3	62.051	60.752
			2	62.701	61.835
			1.5	63.026	62.376
		65	4	62.402	60.670
			3	63.051	61.752
			2	63.701	62.835
			1.5	64.026	63.376
	68		6①	64.103	61.505
			4	65.402	63.670
			3	66.051	64.752
			2	66.701	65.835
			1.5	67.026	66.376
		70	6	66.103	63.505
			4	67.402	65.670
			3	68.051	66.752
			2	68.701	67.835
			1.5	69.026	68.376
72			6	68.103	65.505
			4	69.402	67.670
			3	70.051	68.752
			2	70.701	69.835
			1.5	71.026	70.376
		75	4	72.402	70.670
			3	73.051	71.752
			2	73.701	72.835
			1.5	74.026	73.376
	76		6	72.103	69.505
			4	73.402	71.670
			3	74.051	72.752
			2	74.701	73.835
			1.5	75.026	74.376
		78	2	76.701	75.835
80			6	76.103	73.505
			4	77.402	75.670
			3	78.051	76.752
			2	78.701	77.835
			1.5	79.026	78.376

续表

公称直径 D、d			螺距 P	中径 D_2 或 d_2	小径 D_1 或 d_1
第一系列	第二系列	第三系列			
		82	2	80.701	79.835
	85		6	81.103	78.505
			4	82.402	80.670
			3	83.051	81.752
			2	83.701	82.835
90			6	86.103	83.505
			4	87.402	85.670
			3	88.051	86.752
			2	88.701	87.835
	95		6	91.103	88.505
			4	92.402	90.670
			3	93.051	91.752
			2	93.701	92.835
100			6	96.103	93.505
			4	97.402	95.670
			3	98.051	96.752
			2	98.701	97.835
	105		6	101.103	98.505
			4	102.402	100.670
			3	103.051	101.752
			2	103.701	102.835
110			6	106.103	103.505
			4	107.402	105.670
			3	108.051	106.752
			2	108.701	107.835
	115		6	111.103	108.505
			4	112.402	110.670
			3	113.051	111.752
			2	113.701	112.835
	120		6	116.103	113.505
			4	117.402	115.670
			3	118.051	116.752
			2	118.701	117.835
125			6	121.103	118.505
			4	122.402	120.670
			3	123.051	121.752
			2	123.701	122.835
	130		6	126.103	123.505
			4	127.402	125.670

公称直径 D、d			螺距 P	中径 D_2 或 d_2	小径 D_1 或 d_1
第一系列	第二系列	第三系列			
	130		3	128.051	126.752
			2	128.701	127.835
		135	6	131.103	128.505
			4	132.402	130.670
			3	133.051	131.752
			2	133.701	132.835
140			6	136.103	133.505
			4	137.402	135.670
			3	138.051	136.752
			2	138.701	137.835
		145	6	141.103	138.505
			4	142.402	140.670
			3	143.051	141.752
			2	143.701	142.835
	150		6	146.103	143.505
			4	147.402	145.670
			3	148.051	146.752
			2	148.701	147.835
		155	6	151.103	148.505
			4	152.402	150.670
			3	153.051	151.752
160			6	156.103	153.505
			4	157.402	155.670
			3	158.051	156.752
		165	6	161.103	158.505
			4	162.402	160.670
			3	163.051	161.752
	170		6	166.103	163.505
			4	167.402	165.670
			3	168.051	166.752
		175	6	171.103	168.505
			4	172.402	170.670
			3	173.051	171.752
180			6	176.103	173.505
			4	177.402	175.670
			3	178.051	176.752
		185	6	181.103	178.505

续表

公称直径 D、d 第一系列	第二系列	第三系列	螺距 P	中径 D_2 或 d_2	小径 D_1 或 d_1
		185	4	182.402	180.670
			3	183.051	181.752
	190		6	186.103	183.505
			4	187.402	185.670
			3	188.051	186.752
		195	6	191.103	188.505
			4	192.402	190.670
			3	193.051	191.752
200			6	196.103	193.505
			4	197.402	195.670
			3	198.051	196.752
		205	6	201.103	198.505
			4	202.402	200.670
			3	203.051	201.752
	210		6	206.103	203.505
			4	207.402	205.670
			3	208.051	206.752
		215	6	211.103	208.505
			4	212.402	210.670
			3	213.051	211.752
220			6	216.103	213.505
			4	217.402	215.670
			3	218.051	216.752
		225	6	221.103	218.505
			4	222.402	220.670
			3	223.051	221.752
		230	6	226.103	223.505
			4	227.402	225.670
			3	228.051	226.752
		235	6	231.103	228.505
			4	232.402	230.670
			3	233.051	231.752

公称直径 D、d 第一系列	第二系列	第三系列	螺距 P	中径 D_2 或 d_2	小径 D_1 或 d_1
	240		6	236.103	233.505
			4	237.402	235.670
			3	238.051	236.752
		245	6	241.103	238.505
			4	242.402	240.670
			3	243.051	241.752
250			6	246.103	243.505
			4	247.402	245.670
			3	248.051	246.752
		255	6	251.103	248.505
			4	252.402	250.670
	260		6	256.103	253.505
			4	257.402	255.670
		265	6	261.103	258.505
			4	262.402	260.670
		270	6	266.103	263.505
			4	267.402	265.670
		275	6	271.103	268.505
			4	272.402	270.670
280			6	276.103	273.505
			4	277.402	275.670
		285	6	281.103	278.505
			4	282.402	280.670
		290	6	286.103	283.505
			4	287.402	285.670
		295	6	291.103	288.505
			4	292.402	290.670
	300		6	296.103	293.505
			4	297.402	295.670

① 粗牙螺距。

注：1. 直径优先选用第一系列，其次第二系列，第三系列尽可能不用。

2. M35×1.5 仅用于滚动轴承锁紧螺母，M14×1.25 仅用于火花塞。

1.1.2 公差配合的选用（摘自 GB/T 197—2018）

螺纹公差按短（S）、中（N）、长（L）三组旋合长度给出了精密、中等、粗糙三种精度，选用时可按下述原则考虑。

精密：用于精密螺纹，当要求配合变动较小时采用；

中等：一般用途；

粗糙：用于精度不高或制造比较困难时。

表 3-1-2　内螺纹选用公差带

精　　度	公差带位置 G			公差带位置 H		
	S	N	L	S	N	L
精密				4H	5H	6H
中等	(5G)	(6G)	(7G)	5H	6H*	7H
粗糙		(7G)	(8G)		7H	8H

外螺纹选用公差带

精度	公差带位置 e			公差带位置 f			公差带位置 g			公差带位置 h		
	S	N	L	S	N	L	S	N	L	S	N	L
精密								(4g)	(5g4g)	(3h4h)	4h	(5h4h)
中等		6e	(7e6e)		6f		(5g6g)	6g	(7g6g)	(5h6h)	6h	(7h6h)
粗糙		(8e)	(9e8e)					8g	(9g8g)	—		—

注：1. 大量生产的精制紧固件螺纹，推荐采用带方框的公差带。
2. 括号内的公差带尽可能不用。

表 3-1-3　螺纹旋合长度　　/mm

公称直径 D、d		螺　距 P	旋　合　长　度			
			S	N		L
>	≤		≤	>	≤	>
0.99	1.4	0.2 0.25 0.3	0.5 0.6 0.7	0.5 0.6 0.7	1.4 1.7 2	1.4 1.7 2
1.4	2.8	0.2 0.25 0.35 0.4 0.45	0.5 0.6 0.8 1 1.3	0.5 0.6 0.8 1 1.3	1.5 1.9 2.6 3 3.8	1.5 1.9 2.6 3 3.8
2.8	5.6	0.35 0.5 0.6 0.7 0.75 0.8	1 1.5 1.7 2 2.2 2.5	1 1.5 1.7 2 2.2 2.5	3 4.5 5 6 6.7 7.5	3 4.5 5 6 6.7 7.5
5.6	11.2	0.75 1 1.25 1.5	2.4 3 4 5	2.4 3 4 5	7.1 9 12 15	7.1 9 12 15
11.2	22.4	1 1.25 1.5 1.75 2 2.5	3.8 4.5 5.6 6 8 10	3.8 4.5 5.6 6 8 10	11 13 16 18 24 30	11 13 16 18 24 30
22.4	45	1 1.5 2 3 3.5 4 4.5	4 6.3 8.5 12 15 18 21	4 6.3 8.5 12 15 18 21	12 19 25 36 45 53 63	12 19 25 36 45 53 63

续表

公称直径 D、d		螺距 P	旋合长度			
			S	N		L
>	≤		≤	>	≤	>
45	90	1.5	7.5	7.5	22	22
		2	9.5	9.5	28	28
		3	15	15	45	45
		4	19	19	56	56
		5	24	24	71	71
		5.5	28	28	85	85
		6	32	32	95	95
90	180	2	12	12	36	36
		3	18	18	53	53
		4	24	24	71	71
		6	36	36	106	106
		8	45	45	132	132
180	355	3	20	20	60	60
		4	26	26	80	80
		6	40	40	118	118
		8	50	50	150	150

1.1.3 螺纹标记（摘自 GB/T 197—2018）

普通螺纹的完整标记由螺纹代号、螺纹公差带代号和螺纹旋合长度代号所组成。

螺纹公差代号是由表示其大小的公差等级数字和表示其位置的字母所组成，例如：6H、6g 等。公差代号标注在螺纹代号之后，其间用“-”分开。如果螺纹的中径公差带与顶径（外螺纹大径或内螺纹小径）公差带代号不同，则应分别注出。前者表示中径公差带，后者表示顶径公差带。如果两者公差带代号相同，则只标注一个代号。例如：

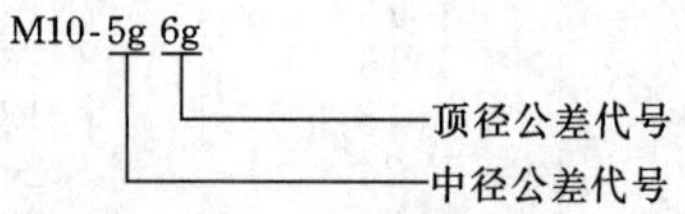

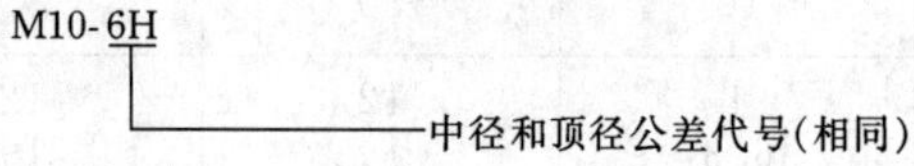

当内外螺纹旋合在一起时，其公差代号用斜线分开，左边表示内螺纹公差代号，右边表示外螺纹公差代号。例如：

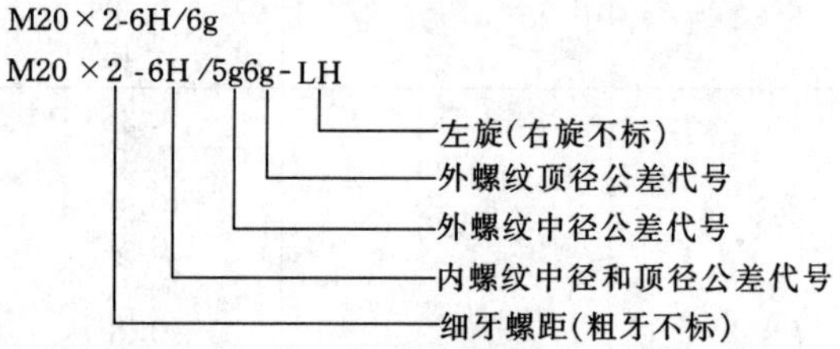

在一般情况下，不标注螺纹旋合长度。必要时在螺纹公差代号之后加注旋合长度代号 S 或 L，中间用“-”分开（中等旋合长度“N”不标）。例如：M10-5g6g-S。

1.2 梯形螺纹

适用于一般用途机械传动和紧固的梯形螺纹连接。

1.2.1 基本牙型和设计牙型尺寸（摘自 GB/T 5796.1—2005、GB/T 5796.2—2005、GB/T 5796.3—2005）

梯形螺纹的基本牙型和设计牙型尺寸见表 3-1-4。

表 3-1-4　梯形螺纹的基本牙型和设计牙型尺寸

（摘自 GB/T 5796.1—2005、GB/T 5976.2—2005、GB/T 5976.3—2005）　　　/mm

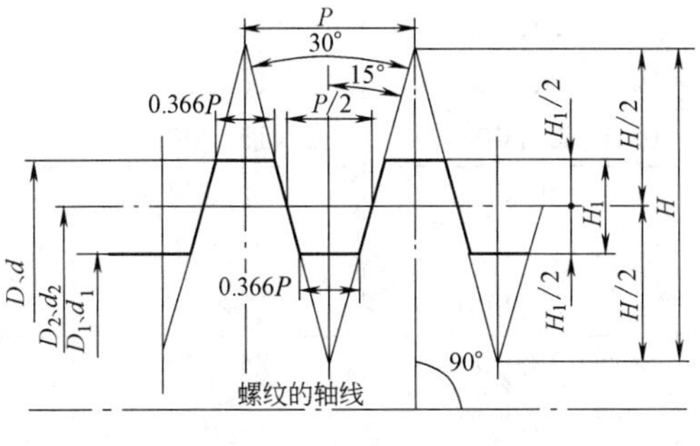

基本牙型

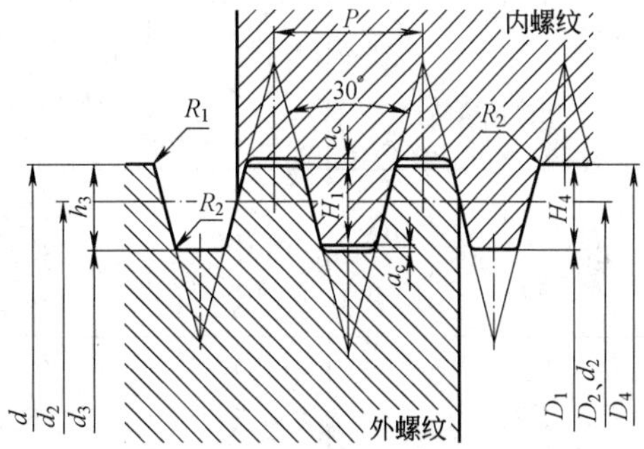

设计牙型

D—基本牙型上的内螺纹大径；D_4—设计牙型上的内螺纹大径；d—基本牙型和设计牙型上的外螺纹大径（公称直径）；D_2—基本牙型和设计牙型上的内螺纹中径；d_2—基本牙型和设计牙型上的外螺纹中径；D_1—基本牙型和设计牙型上的内螺纹小径；d_1—基本牙型上的外螺纹小径；d_3—设计牙型上的外螺纹小径；P—螺距；H—原始三角形高度；H_1—基本牙型牙高；H_4—设计牙型上的内螺纹牙高；h_3—设计牙型上的外螺纹牙高；a_c—牙顶间隙；R_1—外螺纹牙顶倒角圆弧半径；R_2—螺纹牙底倒角圆弧半径；$H=1.866P$；$H/2=0.933P$；$H_1=0.5P$；$H_4=h_3=H_1+a_c=0.5P+a_c$；$D_1=d-2H_1=d-P$；$D_4=d+2a_c$；$d_3=d-2h_3=d-P-2a_c$；$d_2=D_2=d-H_1=d-0.5P$；$R_{1\max}=0.5a_c$；$R_{2\max}=a_c$

公称直径 d			螺距 P	中径 $d_2=D_2$	大径 D_4	小径	
第一系列	第二系列	第三系列				d_3	D_1
8			1.5	7.250	8.300	6.200	6.500
	9		1.5	8.250	9.300	7.200	7.500
			2	8.000	9.500	6.500	7.000
10			1.5	9.250	10.300	8.200	8.500
			2	9.000	10.500	7.500	8.000
	11		2	10.000	11.500	8.500	9.000
			3	9.500	11.500	7.500	8.000
12			2	11.000	12.500	9.500	10.000
			3	10.500	12.500	8.500	9.000
	14		2	13.000	14.500	11.500	12.000
			3	12.500	14.500	10.500	11.000
16			2	15.000	16.500	13.500	14.000
			4	14.000	16.500	11.500	12.000
	18		2	17.000	18.500	15.500	16.000
			4	16.000	18.500	13.500	14.000
20			2	19.000	20.500	17.500	18.000
			4	18.000	20.500	15.500	16.000
	22		3	20.500	22.500	18.500	19.000
			5	19.500	22.500	16.500	17.000
			8	18.000	23.000	13.000	14.000

续表

公称直径 d			螺距 P	中径 $d_2=D_2$	大径 D_4	小径	
第一系列	第二系列	第三系列				d_3	D_1
24			3	22.500	24.500	20.500	21.000
			5	21.500	24.500	18.500	19.000
			8	20.000	25.000	15.000	16.000
	26		3	24.500	26.500	22.500	23.000
			5	23.500	26.500	20.500	21.000
			8	22.000	27.000	17.000	18.000
28			3	26.500	28.500	24.500	25.000
			5	25.500	28.500	22.500	23.000
			8	24.000	29.000	19.000	20.000
	30		3	28.500	30.500	26.500	27.000
			6	27.000	31.000	23.000	24.000
			10	25.000	31.000	19.000	20.000
32			3	30.500	32.500	28.500	29.000
			6	29.000	33.000	25.000	26.000
			10	27.000	33.000	21.000	22.000
	34		3	32.500	34.500	30.500	31.000
			6	31.000	35.000	27.000	28.000
			10	29.000	35.000	23.000	24.000
36			3	34.500	36.500	32.500	33.000
			6	33.000	37.000	29.000	30.000
			10	31.000	37.000	25.000	26.000
	38		3	36.500	38.500	34.500	35.000
			7	34.500	39.000	30.000	31.000
			10	33.000	39.000	27.000	28.000
40			3	38.500	40.500	36.500	37.000
			7	36.500	41.000	32.000	33.000
			10	35.000	41.000	29.000	30.000
	42		3	40.500	42.500	38.500	39.000
			7	38.500	43.000	34.000	35.000
			10	37.000	43.000	31.000	32.000
44			3	42.500	44.500	40.500	41.000
			7	40.500	45.000	36.000	37.000
			12	38.000	45.000	31.000	32.000
	46		3	44.500	46.500	42.500	43.000
			8	42.000	47.000	37.000	38.000
			12	40.000	47.000	33.000	34.000
48			3	46.500	48.500	44.500	45.000
			8	44.000	49.000	39.000	40.000
			12	42.000	49.000	35.000	36.000

续表

公称直径 d			螺距 P	中径 $d_2=D_2$	大径 D_4	小径	
第一系列	第二系列	第三系列				d_3	D_1
	50		3	48.500	50.500	46.500	47.000
			8	46.000	51.000	41.000	42.000
			12	44.000	51.000	37.000	38.000
52			3	50.500	52.500	48.500	49.000
			8	48.000	53.000	43.000	44.000
			12	46.000	53.000	39.000	40.000
	55		3	53.500	55.500	51.500	52.000
			9	50.500	56.000	45.000	46.000
			14	48.000	57.000	39.000	41.000
60			3	58.500	60.500	56.500	57.000
			9	55.500	61.000	50.000	51.000
			14	53.000	62.000	44.000	46.000
	65		4	63.000	65.500	60.500	61.000
			10	60.000	66.000	54.000	55.000
			16	57.000	67.000	47.000	49.000
70			4	68.000	70.500	65.500	66.000
			10	65.000	71.000	59.000	60.000
			16	62.000	72.000	52.000	54.000
	75		4	73.000	75.500	70.500	71.000
			10	70.000	76.000	64.000	65.000
			16	67.000	77.000	57.000	59.000
80			4	78.000	80.500	75.500	76.000
			10	75.000	81.000	69.000	70.000
			16	72.000	82.000	62.000	64.000
	85		4	83.000	85.500	80.500	81.000
			12	79.000	86.000	72.000	73.000
			18	76.000	87.000	65.000	67.000
90			4	88.000	90.500	85.500	86.000
			12	84.000	91.000	77.000	78.000
			18	81.000	92.000	70.000	72.000
	95		4	93.000	95.500	90.500	91.000
			12	89.000	96.000	82.000	83.000
			18	86.000	97.000	75.000	77.000
100			4	98.000	100.500	95.500	96.000
			12	94.000	101.000	87.000	88.000
			20	90.000	102.000	78.000	80.000
		105	4	103.000	105.500	100.500	101.000
			12	99.000	106.000	92.000	93.000
			20	95.000	107.000	83.000	85.000

续表

公称直径 d			螺距 P	中径 $d_2=D_2$	大径 D_4	小径	
第一系列	第二系列	第三系列				d_3	D_1
	110		4	108.000	110.500	105.500	106.000
			12	104.000	111.000	97.000	98.000
			20	100.000	112.000	88.000	90.000
		115	6	112.000	116.000	108.000	109.000
			14	108.000	117.000	99.000	101.000
			22	104.000	117.000	91.000	93.000
120			6	117.000	121.000	113.000	114.000
			14	113.000	122.000	104.000	106.000
			22	109.000	122.000	96.000	98.000
		125	6	122.000	126.000	118.000	119.000
			14	118.000	127.000	109.000	111.000
			22	114.000	127.000	101.000	103.000
	130		6	127.000	131.000	123.000	124.000
			14	123.000	132.000	114.000	116.000
			22	119.000	132.000	106.000	108.000
		135	6	132.000	136.000	128.000	129.000
			14	128.000	137.000	119.000	121.000
			24	123.000	137.000	109.000	111.000
140			6	137.000	141.000	133.000	134.000
			14	133.000	142.000	124.000	126.000
			24	128.000	142.000	114.000	116.000
		145	6	142.000	146.000	138.000	139.000
			14	138.000	147.000	129.000	131.000
			24	133.000	147.000	119.000	121.000
	150		6	147.000	151.000	143.000	144.000
			16	142.000	152.000	132.000	134.000
			24	138.000	152.000	124.000	126.000
		155	6	152.000	156.000	148.000	149.000
			16	147.000	157.000	137.000	139.000
			24	143.000	157.000	129.000	131.000
160			6	157.000	161.000	153.000	154.000
			16	152.000	162.000	142.000	144.000
			28	146.000	162.000	130.000	132.000
		165	6	162.000	166.000	158.000	159.000
			16	157.000	167.000	147.000	149.000
			28	151.000	167.000	135.000	137.000
	170		6	167.000	171.000	163.000	164.000
			16	162.000	172.000	152.000	154.000
			28	156.000	172.000	140.000	142.000

续表

公称直径 d			螺距 P	中径 $d_2=D_2$	大径 D_4	小径	
第一系列	第二系列	第三系列				d_3	D_1
		175	8	171.000	176.000	166.000	167.000
			16	167.000	177.000	157.000	159.000
			28	161.000	177.000	145.000	147.000
180			8	176.000	181.000	171.000	172.000
			18	171.000	182.000	160.000	162.000
			28	166.000	182.000	150.000	152.000
		185	8	181.000	186.000	176.000	177.000
			18	176.000	187.000	165.000	167.000
			32	169.000	187.000	151.000	153.000
	190		8	186.000	191.000	181.000	182.000
			18	181.000	192.000	170.000	172.000
			32	174.000	192.000	156.000	158.000
		195	8	191.000	196.000	186.000	187.000
			18	186.000	197.000	175.000	177.000
			32	179.000	197.000	161.000	163.000
200			8	196.000	201.000	191.000	192.000
			18	191.000	202.000	180.000	182.000
			32	184.000	202.000	166.000	168.000
	210		8	206.000	211.000	201.000	202.000
			20	200.000	212.000	188.000	190.000
			36	192.000	212.000	172.000	174.000
220			8	216.000	221.000	211.000	212.000
			20	210.000	222.000	198.000	200.000
			36	202.000	222.000	182.000	184.000
	230		8	226.000	231.000	221.000	222.000
			20	220.000	232.000	208.000	210.000
			36	212.000	232.000	192.000	194.000
240			8	236.000	241.000	231.000	232.000
			22	229.000	242.000	216.000	218.000
			36	222.000	242.000	202.000	204.000
	250		12	244.000	251.000	237.000	238.000
			22	239.000	252.000	226.000	228.000
			40	230.000	252.000	208.000	210.000
260			12	254.000	261.000	247.000	248.000
			22	249.000	262.000	236.000	238.000
			40	240.000	262.000	218.000	220.000
	270		12	264.000	271.000	257.000	258.000
			24	258.000	272.000	244.000	246.000
			40	250.000	272.000	228.000	230.000

续表

公称直径 d			螺距 P	中径 $d_2=D_2$	大径 D_4	小径	
第一系列	第二系列	第三系列				d_3	D_1
280			12	274.000	281.000	267.000	268.000
			24	268.000	282.000	254.000	256.000
			40	260.000	282.000	238.000	240.000
	290		12	284.000	291.000	277.000	278.000
			24	278.000	292.000	264.000	266.000
			44	268.000	292.000	244.000	246.000
300			12	294.000	301.000	287.000	288.000
			24	288.000	302.000	274.000	276.000
			44	278.000	302.000	254.000	256.000

设计牙型尺寸

螺距 P	a_c	$H_4=h_3$	R_{1max}	R_{2max}
1.5	0.15	0.9	0.075	0.15
2	0.25	1.25	0.125	0.25
3	0.25	1.75	0.125	0.25
4	0.25	2.25	0.125	0.25
5	0.25	2.75	0.125	0.25
6	0.5	3.5	0.25	0.5
7	0.5	4	0.25	0.5
8	0.5	4.5	0.25	0.5
9	0.5	5	0.25	0.5
10	0.5	5.5	0.25	0.5
12	0.5	6.5	0.25	0.5
14	1	8	0.5	1
16	1	9	0.5	1
18	1	10	0.5	1
20	1	11	0.5	1
22	1	12	0.5	1
24	1	13	0.5	1
28	1	15	0.5	1
32	1	17	0.5	1
36	1	19	0.5	1
40	1	21	0.5	1
44	1	23	0.5	1

1.2.2 梯形螺纹公差（摘自 GB/T 5796.4—2005）

1.2.2.1 公差带的位置与基本偏差

公差带位置按下面规定选取：内螺纹大径 D_4、中径 D_2 和小径 D_1 的公差带位置为 H，其基本偏差 EI 为零，见图 3-1-1。

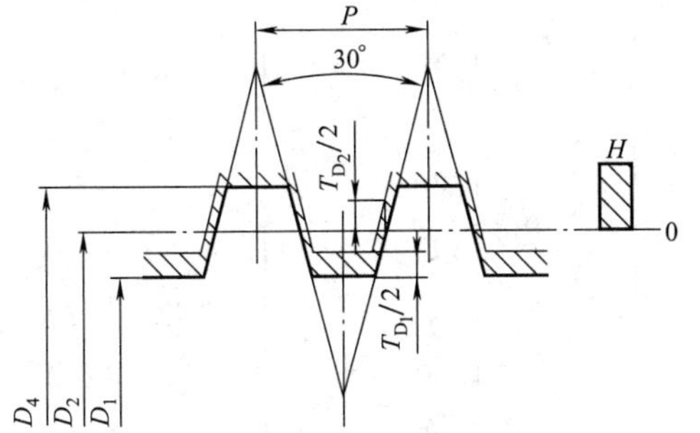

图 3-1-1 内螺纹的公差带位置

D_4—设计牙型上的内螺纹基本大径；
D_2—设计牙型上的内螺纹基本中径；
D_1—设计牙型上的内螺纹基本小径；
d—设计牙型上的外螺纹基本大径；
d_2—设计牙型上的外螺纹基本中径；
d_3—设计牙型上的外螺纹基本小径；
P—螺距；P_h—导程；N—中等旋合长度组

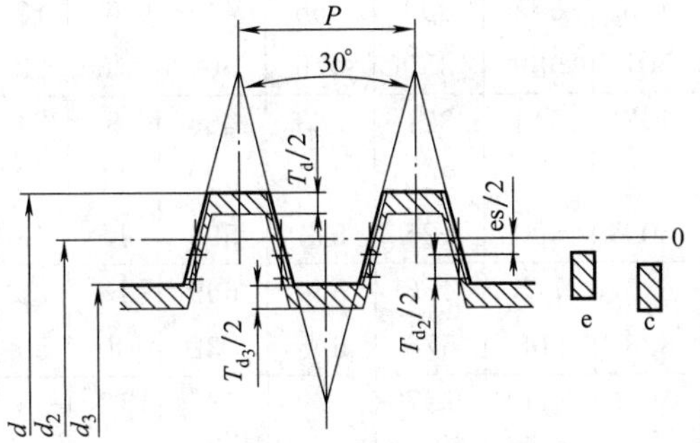

图 3-1-2 外螺纹的公差带位置

L—长旋合长度组；T—公差；
T_{D_2}—内螺纹中径公差；
T_{D_1}—内螺纹小径公差；
T_d—外螺纹大径公差；
T_{d_2}—外螺纹中径公差；
T_{d_3}—外螺纹小径公差；
EI，ei—下偏差；ES，es—上偏差

外螺纹中径 d_2 的公差带位置为 e 和 c，其基本偏差 es 为负值；外螺纹大径 d 和小径 d_3 的公差带位置为 h，其基本偏差 es 为零，见图 3-1-2。

外螺纹大径和小径的公差带基本偏差为零，与中径公差带位置无关。

梯形螺纹中径的基本偏差值见表 3-1-5。

表 3-1-5 梯形螺纹中径的基本偏差 /μm

螺距 P/mm	内螺纹 D_2	外螺纹 d_2	
	H EI	c es	e es
1.5	0	−140	−67
2	0	−150	−71
3	0	−170	−85
4	0	−190	−95
5	0	−212	−106
6	0	−236	−118
7	0	−250	−125
8	0	−265	−132
9	0	−280	−140
10	0	−300	−150
12	0	−335	−160
14	0	−355	−180
16	0	−375	−190
18	0	−400	−200
20	0	−425	−212
22	0	−450	−224
24	0	−475	−236
28	0	−500	−250
32	0	−530	−265
36	0	−560	−280
40	0	−600	−300
44	0	−630	−315

1.2.2.2 公差值大小及公差等级

按下面规定选取梯形螺纹各直径的公差等级，其中外螺纹的小径 d_3 与其中径 d_2 应选取相同的公差等级。

螺纹直径	公差等级
内螺纹小径 D_1	4
外螺纹大径 d	4
内螺纹中径 D_2	7、8、9
外螺纹中径 d_2	7、8、9
外螺纹小径 d_3	7、8、9

与各直径相关的公差值见表 3-1-6、表 3-1-7。

表 3-1-6　梯形内螺纹小径、外螺纹大径公差

/μm

螺距 P /mm	公差等级为 4 级		螺距 P /mm	公差等级为 4 级	
	内螺纹小径公差 T_{D_1}	外螺纹大径公差 T_d		内螺纹小径公差 T_{D_1}	外螺纹大径公差 T_d
1.5	190	150	14	900	670
2	236	180	16	1000	710
3	315	236	18	1120	800
4	375	300	20	1180	850
5	450	335	22	1250	900
6	500	375	24	1320	950
7	560	425	28	1500	1060
8	630	450	32	1600	1120
9	670	500	36	1800	1250
10	710	530	40	1900	1320
12	800	600	44	2000	1400

表 3-1-7　梯形螺纹内、外螺纹中径公差，外螺纹小径公差及旋合长度

/μm

公称直径 d /mm		螺距 P /mm	内螺纹中径公差 T_{D_2}			外螺纹中径公差 T_{d_2}			外螺纹小径公差 T_{d_3}						旋合长度 /mm		
			公差等级			公差等级			中径公差带位置为 c			中径公差带位置为 e			中等旋合长度 N		长旋合长度 L
									公差等级			公差等级					
>	≤		7	8	9	7	8	9	7	8	9	7	8	9	>	≤	>
5.6	11.2	1.5	224	280	355	170	212	265	352	405	471	279	332	398	5	15	15
		2	250	315	400	190	236	300	388	445	525	309	366	446	6	19	19
		3	280	355	450	212	265	335	435	501	589	350	416	504	10	28	28
11.2	22.4	2	265	335	425	200	250	315	400	462	544	321	383	465	8	24	24
		3	300	375	475	224	280	355	450	520	614	365	435	529	11	32	32
		4	355	450	560	265	335	425	521	609	690	426	514	595	15	43	43
		5	375	475	600	280	355	450	562	656	775	456	550	669	18	53	53
		8	475	600	750	355	450	560	709	828	965	576	695	832	30	85	85
22.4	45	3	335	425	530	250	315	400	482	564	670	397	479	585	12	36	36
		5	400	500	630	300	375	475	587	681	806	481	575	700	21	63	63
		6	450	560	710	335	425	530	655	767	899	537	649	781	25	75	75
		7	475	600	750	355	450	560	694	813	950	569	688	825	30	85	85
		8	500	630	800	375	475	600	734	859	1015	601	726	882	34	100	100
		10	530	670	850	400	500	630	800	925	1087	650	775	937	42	125	125
		12	560	710	900	425	530	670	866	998	1223	691	823	1048	50	150	150
45	90	3	355	450	560	265	335	425	501	589	701	416	504	616	15	45	45
		4	400	500	630	300	375	475	565	659	784	470	564	689	19	56	56
		8	530	670	850	400	500	630	765	890	1052	632	757	919	38	118	118

续表

公称直径 d/mm		螺距 P/mm	内螺纹中径公差 T_{D_2}			外螺纹中径公差 T_{d_2}			外螺纹小径公差 T_{d_3}						旋合长度/mm		
			公差等级			公差等级			中径公差带位置为 c			中径公差带位置为 e			中等旋合长度 N		长旋合长度 L
									公差等级			公差等级					
>	≤		7	8	9	7	8	9	7	8	9	7	8	9	>	≤	>
45	90	9	560	710	900	425	530	670	811	943	1118	671	803	978	43	132	132
		10	560	710	900	425	530	670	831	963	1138	681	813	988	50	140	140
		12	630	800	1000	475	600	750	929	1085	1273	754	910	1098	60	170	170
		14	670	850	1060	500	630	800	970	1142	1355	805	967	1180	67	200	200
		16	710	900	1120	530	670	850	1038	1213	1438	853	1028	1253	75	236	236
		18	750	950	1180	560	710	900	1100	1288	1525	900	1088	1320	85	265	265
90	180	4	425	530	670	315	400	500	584	690	815	489	595	720	24	71	71
		6	500	630	800	375	475	600	705	830	986	587	712	868	36	106	106
		8	560	710	900	425	530	670	796	928	1103	663	795	970	45	132	132
		12	670	850	1060	500	630	800	960	1122	1335	785	947	1160	67	200	200
		14	710	900	1120	530	670	850	1018	1193	1418	843	1018	1243	75	236	236
		16	750	950	1180	560	710	900	1075	1263	1500	890	1078	1315	90	265	265
		18	800	1000	1250	600	750	950	1150	1338	1588	950	1138	1388	100	300	300
		20	800	1000	1250	600	750	950	1175	1363	1613	962	1150	1400	112	335	335
		22	850	1060	1320	630	800	1000	1232	1450	1700	1011	1224	1474	118	355	355
		24	900	1120	1400	670	850	1060	1313	1538	1800	1074	1299	1561	132	400	400
		28	950	1180	1500	710	900	1120	1388	1625	1900	1138	1375	1650	150	450	450
180	355	8	600	750	950	450	560	710	828	965	1153	695	832	1020	50	150	150
		12	710	900	1120	530	670	850	998	1173	1398	823	998	1223	75	224	224
		18	850	1060	1320	630	800	1000	1187	1400	1650	987	1200	1450	112	335	335
		20	900	1120	1400	670	850	1060	1263	1488	1750	1050	1275	1537	125	375	375
		22	900	1120	1400	670	850	1060	1288	1513	1775	1062	1287	1549	140	425	425
		24	950	1180	1500	710	900	1120	1363	1600	1875	1124	1361	1636	150	450	450
		32	1060	1320	1700	800	1000	1250	1530	1780	2092	1265	1515	1827	200	600	600
		36	1120	1400	1800	850	1060	1320	1623	1885	2210	1343	1605	1930	224	670	670
		40	1120	1400	1800	850	1060	1320	1663	1925	2250	1363	1625	1950	250	750	750
		44	1250	1500	1900	900	1120	1400	1755	2030	2380	1440	1715	2065	280	850	850

1.2.2.3 螺纹精度与公差带选用

标准中规定了中等和粗糙两种，可根据使用场合选用。见表 3-1-8。

中等：用于一般用途螺纹；

粗糙：用于制造螺纹有困难的场合。

表 3-1-8 内、外螺纹选用公差带

精度	内螺纹		外螺纹	
	N	L	N	L
中等	7H	8H	7e	8e
粗糙	8H	9H	8c	9c

如果不能确定实际旋合长度的实际值，推荐按中等旋合长度组 N 选取螺纹公差带。

1.2.3 多螺纹公差

多线螺纹的大径和小径公差与具有相同螺距单线螺纹的大径和小径的公差相等。多线螺纹的中径公差等于具有相同螺距单线螺纹的中径公差（见表 3-1-7）乘以修正系数。修正系数见表 3-1-9。

表 3-1-9 各种不同线数的系数

线数	2	3	4	≥5
系数	1.12	1.25	1.4	1.6

1.2.4 螺纹标记

梯形螺纹标记由梯形螺纹代号、尺寸代号、公差代号和旋合长度代号组成。

梯形螺纹的公差带代号仅包含中径公差带代号。公差带代号由公差等级数字和公差带位置字母（内螺纹用大写字母；外螺纹用小写字母）组成。螺纹尺寸代号与公差带代号间用“-”分开。

标记示例如下。

中径公差带为 7H 的内螺纹，标记为：Tr40×7-7H；

中径公差带为 7e 的外螺纹，标记为：Tr40×7-7e；

中径公差带为 7e 的双线、左旋外螺纹，标记为：Tr40×14（P7）LH-7e。

表示内、外螺纹配合时，内螺纹公差带代号在前，外螺纹公差带代号在后，中间用斜线分开。

标记示例如下。

公差带为 7H 的内螺纹与公差带为 7e 的外螺纹组成配合，标记为：Tr40×7-7H/7e；

公差带为 7H 的双线内螺纹与公差带为 7e 的双线外螺纹组成配合，标记为：Tr40×14（P7)-7H/7e。

对长旋合长度组的螺纹，应在公差带代号后标注代号 L。旋合长度代号与公差带间用“-”分开。中等旋合长度组螺纹不标注旋合长度代号 N。

标记示例如下。

长旋合长度的配合螺纹，标记为：Tr40×7-7H/7e-L；

中等旋合长度的外螺纹，标记为：Tr40×7-7e。

1.3 锯齿形（3°、30°）螺纹

主要用于单向传动螺旋。较梯形螺纹有较高的强度和传动效率。螺纹副的大径处无间隙，对中性良好。

1.3.1 基本牙型和内、外螺纹设计牙型基本尺寸（摘自 GB/T 13576.1—2008、GB/T 13576.3—2008）

锯齿形螺纹的基本牙型和基本尺寸见表 3-1-10。

表 3-1-10 锯齿形（3°、30°）螺纹的基本牙型和尺寸

（摘自 GB/T 13576.1—2008 和 GB/T 13576.3—2008） /mm

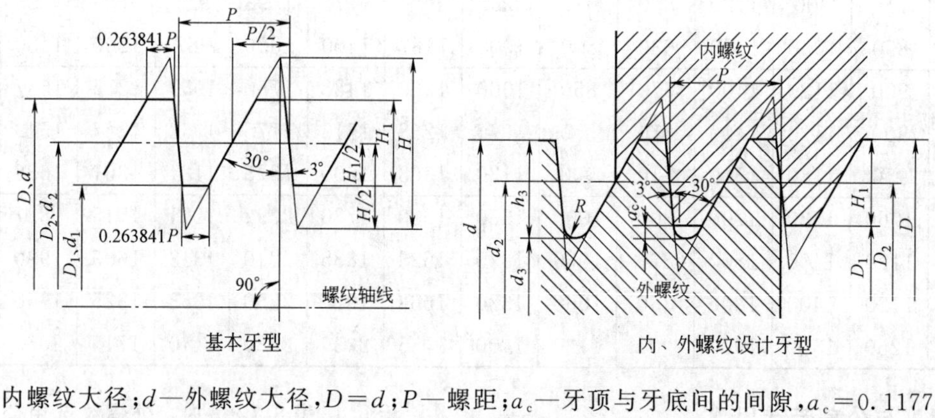

D—内螺纹大径；d—外螺纹大径，$D=d$；P—螺距；a_c—牙顶与牙底间的间隙，$a_c=0.117767P$；

H_1—基本牙型高度，$H_1=0.75P$；h_3—外螺纹牙高，$h_3=H_1+a_c=0.867767P$；

d_2—外螺纹中径，$d_2=d-H_1=d-0.75P$；D_2—内螺纹中径，$D_2=d_2$；d_3—外螺纹小径，

$d_3=d-2h_3=d-1.735534P$；D_1—内螺纹小径，$D_1=d-2H_1=d-1.5P$；

R—牙底圆弧半径，$R=0.124271P$；H—原始三角形高度，$H=1.587911P$

续表

公称直径 d			螺距 P	中径 $d_2=D_2$	小径	
第一系列	第二系列	第三系列			d_3	D_1
10			2	8.500	6.529	7.000
12			2	10.500	8.529	9.000
			3	9.750	6.793	7.500
	14		2	12.500	10.529	11.000
			3	11.750	8.793	9.500
16			2	14.500	12.529	13.000
			4	13.500	9.058	10.000
	18		2	16.500	14.529	15.000
			4	15.000	11.058	12.000
20			2	18.500	16.529	17.000
			4	17.000	13.058	14.000
	22		3	19.750	16.793	17.500
			5	18.250	13.322	14.500
			8	16.000	8.116	10.000
24			3	21.750	18.793	19.500
			5	20.250	15.322	16.500
			8	18.000	10.116	12.000
	26		3	23.750	20.793	21.500
			5	22.250	17.322	18.500
			8	20.000	12.116	14.000
28			3	25.750	22.793	23.500
			5	24.250	19.322	20.500
			8	22.000	14.116	16.000
	30		3	27.750	24.793	25.500
			6	25.500	19.587	21.000
			10	22.500	12.645	15.000
32			3	29.750	26.793	27.500
			6	27.500	21.587	23.000
			10	24.500	14.645	17.000
	34		3	31.750	28.793	29.500
			6	29.500	23.587	25.000
			10	26.500	16.645	19.000
36			3	33.750	30.793	31.500
			6	31.500	25.587	27.000
			10	28.500	18.645	21.000
	38		3	35.750	32.793	33.500
			7	32.750	25.851	27.500
			10	30.500	20.645	23.000
40			3	37.750	34.793	35.500
			7	34.750	27.851	29.500
			10	32.500	22.645	25.000
	42		3	39.750	36.793	37.500
			7	36.750	29.851	31.500
			10	34.500	24.645	27.000
44			3	41.750	38.793	39.500
			7	38.750	31.851	33.500
			12	35.000	23.174	26.000
	46		3	43.750	40.793	41.500
			8	40.000	32.116	34.000
			12	37.000	25.174	28.000
48			3	45.750	42.793	43.500
			8	42.000	34.116	36.000
			12	39.000	27.174	30.000
	50		3	47.750	44.793	45.500
			8	44.000	36.116	38.000
			12	41.000	29.174	32.000
52			3	49.750	46.793	47.500
			8	46.000	38.116	40.000
			12	43.000	31.174	34.000
	55		3	52.750	49.793	50.500
			9	48.250	39.380	41.500
			14	44.500	30.703	34.000
60			3	57.750	54.793	55.500
			9	53.250	44.380	46.500
			14	49.500	35.703	39.000
	65		4	62.000	58.058	59.000
			10	57.500	47.645	50.000
			16	53.000	37.231	41.000
70			4	67.000	63.058	64.000
			10	62.500	52.645	55.000
			16	58.000	42.231	46.000

续表

公称直径 d			螺距 P	中径 $d_2=D_2$	小径		公称直径 d			螺距 P	中径 $d_2=D_2$	小径	
第一系列	第二系列	第三系列			d_3	D_1	第一系列	第二系列	第三系列			d_3	D_1
	75		4	72.000	68.058	69.000			135	6	130.500	124.587	126.000
			10	67.500	57.645	60.000				14	124.500	110.703	114.000
			16	63.000	47.231	51.000				24	117.000	93.347	99.000
80			4	77.000	73.058	74.000	140			6	135.500	129.587	131.000
			10	72.500	62.645	65.000				14	129.500	115.703	119.000
			16	68.000	52.231	56.000				24	122.000	98.347	104.000
	85		4	82.000	78.058	79.000			145	6	140.500	134.587	136.000
			12	76.000	64.174	67.000				14	134.500	120.703	124.000
			18	71.500	53.760	58.000				24	127.000	103.347	109.000
90			4	87.000	83.058	84.000		150		6	145.500	139.587	141.000
			12	81.000	69.174	72.000				16	138.000	122.231	126.000
			18	76.500	58.760	63.000				24	132.000	108.347	114.000
	95		4	92.000	88.058	89.000			155	6	150.500	144.587	146.000
			12	86.000	74.174	77.000				16	143.000	127.231	131.000
			18	81.500	63.760	68.000				24	137.000	113.347	119.000
100			4	97.000	93.058	94.000	160			6	155.500	149.587	151.000
			12	91.000	79.174	82.000				16	148.000	132.231	136.000
			20	85.000	65.289	70.000				28	139.000	111.405	118.000
		105	4	102.000	98.058	99.000			165	6	160.500	154.587	156.000
			12	96.000	84.174	87.000				16	153.000	137.231	141.000
			20	90.000	70.289	75.000				28	144.000	116.405	123.000
	110		4	107.000	103.058	104.000		170		6	165.500	159.587	161.000
			12	101.000	89.174	92.000				16	158.000	142.231	146.000
			20	95.000	75.289	80.000				28	149.000	121.405	128.000
		115	6	110.500	104.587	106.000			175	8	169.000	161.116	163.000
			14	104.500	90.703	94.000				16	163.000	147.231	151.000
			22	98.500	76.818	82.000				28	154.000	126.405	133.000
120			6	115.500	109.587	111.000	180			8	174.000	166.116	168.000
			14	109.500	95.703	99.000				18	166.500	148.760	153.000
			22	103.500	81.818	87.000				28	159.000	131.405	138.000
		125	6	120.500	114.587	116.000			185	8	179.000	171.116	173.000
			14	114.500	100.703	104.000				18	171.500	153.760	158.000
			22	108.500	86.818	92.000				32	161.000	129.463	137.000
	130		6	125.500	119.587	121.000		190		8	184.000	176.116	178.000
			14	119.500	105.703	109.000				18	176.500	158.760	163.000
			22	113.500	91.818	97.000				32	166.000	134.463	142.000

公称直径 d			螺距 P	中径 $d_2=D_2$	小径	
第一系列	第二系列	第三系列			d_3	D_1
		195	8	189.000	181.116	183.000
			18	181.500	163.760	168.000
			32	171.000	139.463	147.000
200			8	194.000	186.116	188.000
			18	186.500	168.760	173.000
			32	176.000	144.463	152.000
	210		8	204.000	196.116	198.000
			20	195.000	175.289	180.000
			36	183.000	147.521	156.000
220			8	214.000	206.116	208.000
			20	205.000	185.289	190.000
			36	193.000	157.521	166.000
	230		8	224.000	216.116	218.000
			20	215.000	195.289	200.000
			36	203.000	167.521	176.000
240			8	234.000	226.116	228.000
			22	223.500	201.818	207.000
			36	213.000	177.521	186.000
	250		12	241.000	229.174	232.000
			22	233.500	211.818	217.000
			40	220.000	180.579	190.000
260			12	251.000	239.174	242.000
			22	243.500	221.818	227.000
			40	230.000	190.579	200.000
	270		12	261.000	249.174	252.000
			24	252.000	228.347	234.000
			40	240.000	200.579	210.000
280			12	271.000	259.174	262.000
			24	262.000	238.347	244.000
			40	250.000	210.579	220.000
	290		12	281.000	269.174	272.000
			24	272.000	248.347	254.000
			44	257.000	213.637	224.000
300			12	291.000	279.174	282.000
			24	282.000	258.347	264.000
			44	267.000	223.637	234.000
	320		12	311.000	299.174	302.000
			44	287.000	243.637	254.000
340			12	331.000	319.174	322.000
			44	307.000	263.637	274.000
	360		12	351.000	339.174	342.000
380			12	371.000	359.174	362.000
	400		12	391.000	379.174	382.000
420			18	406.500	388.760	393.000
	440		18	426.500	408.760	413.000
460			18	446.500	428.760	433.000
	480		18	466.500	448.760	453.000
500			18	486.500	468.760	473.000
	520		24	502.000	478.347	484.000
540			24	522.000	498.347	504.000
	560		24	542.000	518.347	524.000
580			24	562.000	538.347	544.000
	600		24	582.000	558.347	564.000
620			24	602.000	578.347	584.000
	640		24	622.000	598.347	604.000

1.3.2 螺纹公差（摘自 GB/T 13576.4—2008）

1.3.2.1 公差带的位置和基本偏差

公差带的位置是由基本偏差确定的，标准规定，外螺纹的上偏差 es 及内螺纹的下偏差 EI 为基本偏差。内螺纹大径 D 和小径 D_1 的公差带位置为 H，其基本偏差为零；外螺纹大径 d 和小径 d_3 的公差带位置为 h，其基本偏差为零。内螺纹中径 D_2 的公差带位置为 A，其基本偏差为正值；外螺纹中径 d_2 的公差带位置为 c，其基本偏差为负值。外、内螺纹的公差带见图 3-1-3 和图 3-1-4。

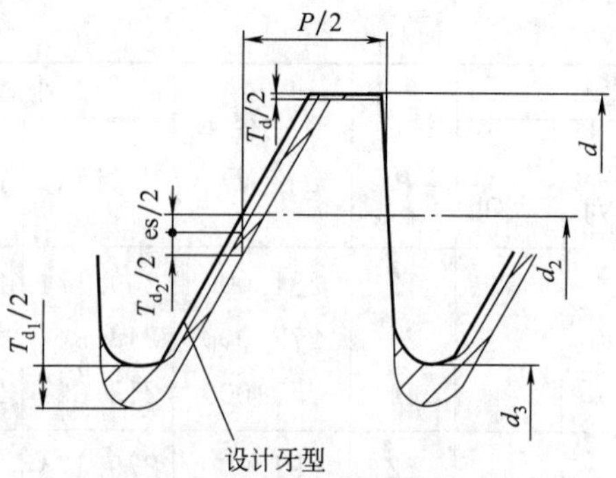

图 3-1-3　外螺纹公差带

d—外螺纹大径；d_2—外螺纹中径；d_3—外螺纹小径；T_d—外螺纹大径公差；T_{d_2}—外螺纹中径公差；T_{d_1}—外螺纹小径公差；P—螺距；es—中径基本偏差

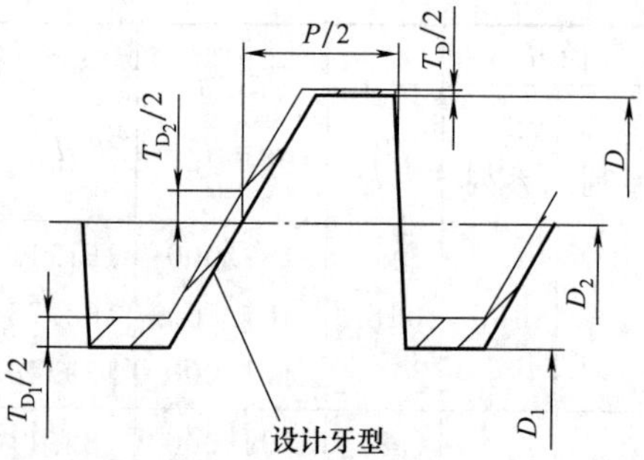

图 3-1-4　内螺纹公差带

D—内螺纹大径；D_1—内螺纹小径；D_2—内螺纹中径；T_{D_1}—内螺纹小径公差；T_{D_2}—内螺纹中径公差；EI—中径基本偏差；P—螺距

锯齿形内、外螺纹中径的基本偏差见表 3-1-11。

1.3.2.2　螺纹公差等级、公差值和旋合长度

内、外螺纹各直径的公差等级见表 3-1-12。表 3-1-13 列出了内、外螺纹中径公差，外螺纹小径公差和旋合长度值。在采用大径定心时，内、外螺纹大径公差按表 3-1-14 选取。内螺纹小径公差见表 3-1-15。

表 3-1-11　锯齿形螺纹中径的基本偏差（摘自 GB/T 13576.4—2008）　/μm

螺距 P/mm	内螺纹 D_2	外螺纹 d_2		螺距 P/mm	内螺纹 D_2	外螺纹 d_2	
	H EI	c es	e es		H EI	c es	e es
2	0	−150	−71	18	0	−400	−200
3	0	−170	−85	20	0	−425	−212
4	0	−190	−95	22	0	−450	−224
5	0	−212	−106	24	0	−475	−236
6	0	−236	−118	28	0	−500	−250
7	0	−250	−125	32	0	−530	−265
8	0	−265	−132	36	0	−560	−280
9	0	−280	−140	40	0	−600	−300
10	0	−300	−150	44	0	−630	−315
12	0	−335	−160				
14	0	−355	−180				
16	0	−375	−190				

表 3-1-12　内、外螺纹各直径的公差等级

直　径	公　差　等　级	直　径	公　差　等　级
内螺纹小径 D_1	4	外螺纹中径 d_2	7、8、9
内、外螺纹大径 d、D	IT10、IT9	外螺纹小径 d_3	7、8、9
内螺纹中径 D_2	7、8、9		

第3篇

表 3-1-13　内、外螺纹中径公差，外螺纹小径公差及旋合长度（摘自 GB/T 13576.4—2008）　/μm

公称直径 d/mm		螺距 P /mm	内螺纹中径公差带位置为 T_{D_2} 公差等级			外螺纹中径公差带位置为 T_{d_2} 公差等级			外螺纹小径公差带位置为 T_{d_3} 公差等级 c			e			旋合长度/mm 中等旋合长度 N		长旋合长度 L
>	≤		7	8	9	7	8	9	7	8	9	7	8	9	>	≤	>
5.6	11.2	2	250	315	400	190	236	300	388	445	525	309	366	446	6	19	19
		3	280	355	450	212	265	335	435	501	589	350	416	504	10	28	28
11.2	22.4	2	265	335	425	200	250	315	400	462	544	321	383	465	8	24	24
		3	300	375	475	224	280	355	450	520	614	365	435	529	11	32	32
		4	355	450	560	265	335	400	521	609	690	426	514	595	15	43	43
		5	375	475	600	280	355	450	562	656	775	456	550	669	18	53	53
		8	475	600	750	355	450	560	709	828	965	576	695	832	30	85	85
22.4	45	3	335	425	530	250	315	400	482	564	670	397	479	585	12	36	36
		5	400	500	630	300	375	475	587	681	806	481	575	700	21	63	63
		6	450	560	710	335	425	530	655	767	899	537	649	781	25	75	75
		7	475	600	750	355	450	560	694	813	950	569	688	825	30	85	85
		8	500	630	800	375	475	600	734	859	1015	601	726	882	34	100	100
		10	530	670	850	400	500	630	800	925	1087	650	775	937	42	125	125
		12	560	710	900	425	530	710	866	998	1223	691	823	1048	50	150	150
45	90	3	355	450	560	265	335	425	501	589	701	416	504	616	15	45	45
		4	400	500	630	300	375	475	565	659	784	470	564	689	19	56	56
		8	530	670	850	400	500	630	765	890	1052	632	757	919	38	118	118
		9	560	710	900	425	530	670	811	943	1118	671	803	978	43	132	132
		10	560	710	900	425	530	670	831	963	1138	681	813	988	50	140	140
		12	630	800	1000	475	600	750	929	1085	1273	754	910	1098	60	170	170
		14	670	850	1060	500	630	800	970	1142	1355	805	967	1180	67	200	200
		16	710	900	1120	530	670	850	1038	1213	1438	853	1028	1253	75	236	236
		18	750	950	1180	560	710	900	1100	1288	1525	900	1088	1320	85	265	265
90	180	4	425	530	670	315	400	500	584	690	815	489	595	720	24	71	71
		6	500	630	800	375	475	600	705	830	986	587	712	868	36	106	106
		8	560	710	900	425	530	670	796	928	1103	663	795	970	45	132	132
		12	670	850	1060	500	630	800	960	1122	1335	785	947	1160	67	200	200
		14	710	900	1120	530	670	850	1018	1193	1418	843	1018	1243	75	236	236
		16	750	950	1180	560	710	900	1075	1263	1500	890	1078	1315	90	265	265
		18	800	1000	1250	600	750	950	1150	1338	1588	950	1138	1388	100	300	300
		20	800	1000	1250	600	750	950	1175	1363	1613	962	1150	1400	112	335	335
		22	850	1060	1320	630	800	1000	1232	1450	1700	1011	1224	1474	118	355	355
		24	900	1120	1400	670	850	1060	1313	1538	1800	1074	1299	1561	132	400	400
		28	950	1180	1500	710	900	1120	1388	1625	1900	1138	1315	1650	150	450	450
180	355	8	600	750	950	450	560	710	828	965	1153	695	832	1020	50	150	150
		12	710	900	1120	530	670	850	998	1173	1398	823	998	1223	75	224	224
		18	850	1060	1320	630	800	1000	1187	1400	1650	987	1200	1450	112	335	335
		20	900	1120	1400	670	850	1060	1263	1488	1750	1050	1275	1537	125	375	375
		22	900	1120	1400	670	850	1060	1288	1513	1775	1062	1287	1549	140	425	425
		24	950	1180	1500	710	900	1120	1363	1600	1875	1124	1361	1636	150	450	450

公称直径 d/mm		螺距 P/mm	内螺纹中径公差带位置为 T_{D_2}			外螺纹中径公差带位置为 T_{d_2}			外螺纹小径公差带位置为 T_{d_3}						旋合长度/mm		
									c			e			中等旋合长度N		长旋合长度L
			公差等级			公差等级			公差等级								
>	≤		7	8	9	7	8	9	7	8	9	7	8	9	>	≤	>
180	355	32	1060	1320	1700	800	1000	1250	1530	1780	2092	1265	1515	1827	200	600	600
		36	1120	1400	1800	850	1060	1320	1623	1885	2210	1343	1605	1930	224	670	670
		40	1120	1400	1800	850	1060	1320	1663	1925	2250	1363	1625	1950	250	750	750
		44	1250	1500	1900	900	1120	1400	1755	2030	2380	1440	1715	2065	280	850	850
355	640	12	760	950	1200	560	710	900	1035	1223	1460	870	1058	1295	87	260	260
		18	900	1120	1400	670	850	1060	1238	1462	1725	1038	1263	1525	132	390	390
		24	950	1180	1480	710	900	1120	1368	1600	1875	1124	1361	1636	174	520	520
		44	1200	1610	2000	950	1220	1520	1818	2155	2530	1503	1840	2215	319	950	950

表 3-1-14　内、外螺纹大径公差　/μm

公称直径/mm		内螺纹大径公差 $T_D(H_{10})$	外螺纹大径公差 $T_d(h9)$	公称直径/mm		内螺纹大径公差 $T_D(H_{10})$	外螺纹大径公差 $T_d(h9)$
>	≤			>	≤		
6	10	58	36	180	250	185	115
10	18	70	43	250	315	210	130
18	30	84	52	315	400	230	140
30	50	100	62	400	500	250	155
50	80	120	74	500	630	280	175
80	120	140	87	630	800	320	200
120	180	160	100				

表 3-1-15　内螺纹小径公差

（T_{D_1}）（摘自 GB/T 13576.4—2008）/μm

螺距 P/mm	4 级公差	螺距 P/mm	4 级公差
2	236	18	1120
3	315	20	1180
4	375	22	1250
5	450	24	1320
6	500	28	1500
7	560	32	1600
8	630	36	1800
9	670	40	1900
10	710	44	2000
12	800		
14	900		
16	1000		

表 3-1-16　不同线数的系数

线数	2	3	4	≥5
系数	1.12	1.25	1.4	1.6

1.3.2.3　多线螺纹

多线螺纹的顶径公差与单线螺纹相同。多线螺纹的中径公差是在单线螺纹中径公差的基础上，按线数不同分别乘以一系数而得。各种不同线数的系数见表 3-1-16。

1.3.2.4　螺纹精度与公差带的选用

标准中对锯齿形螺纹规定了两种精度，其选择原则是：

中等——一般用途；

粗糙——对精度要求不高时采用。

一般情况下螺纹的公差带按表 3-1-17 选取。公差数值见表 3-1-11 和表 3-1-13。

表 3-1-17 螺纹选用公差带

精度	内螺纹		外螺纹	
	N	L	N	L
中等	7H	8H	7e	8e
粗糙	8H	9H	8c	9c

1.3.3 锯齿形螺纹标记（摘自 GB/T 13576.2—2008 和 GB/T 13576.4—2008）

完整的锯齿形（3°、30°）螺纹标记应包括螺纹特征代号、尺寸代号、公差带代号和旋合长度代号。

标准锯齿形螺纹的标记应由螺纹特征代号“B”、公称直径和导程的毫米值、螺距代号“P”和螺距毫米值组成。公称直径与导程之间用“×”号分开；螺距代号“P”和螺距值用圆括号括上。对单线锯齿形螺纹，其标记应省略圆括号部分（螺距代号“P”和螺距值）。

对标准左旋锯齿形螺纹，其标记内应添加左旋代号“LH”。左旋锯齿形螺纹不标注其旋向代号。

标记示例如下。

公称直径为 40mm、导程和螺距为 7mm 的左旋单线锯齿形螺纹标记为：B40×7；

公称直径为 40mm、导程为 14mm、螺距为 7mm 的右旋双线锯齿形螺纹标记为：B40×14（P7）；

公称直径为 40mm、导程和螺距为 7mm 的左旋单线锯齿形螺纹标记为：B40×7LH。

锯齿形螺纹的公差带代号仅包含中径公差带代号。公差带代号由公差等级数字和公差带位置字母（内螺纹用大写字母；外螺纹用小写字母）组成。螺纹尺寸代号与公差带代号间用“-”分开。

标记示例如下。

中径公差带为 7H 的内螺纹，标记为：B40×7-7H；

中径公差带为 7e 的外螺纹，标记为：B40×7-7e；

中径公差带为 7e 的双线、左旋外螺纹，标记为：B40×14（P7）LH-7e。

表示内、外螺纹配合时，内螺纹公差带代号在前，外螺纹公差带代号在后，中间用“/”分开。

标记示例如下。

公差带为 7H 的内螺纹与公差带为 7e 的外螺纹组成配合，标记为：B40×7-7H/7e；

公差带为 7H 的双线内螺纹与公差带为 7e 的双线外螺纹组成配合，标记为：B40×14（P7）-7H/7e。

对长旋合长度组的螺纹，应在公差带代号后标注代号“L”。旋合长度代号与公差带间用“-”分开。中等旋合长度组螺纹不标注旋合长度代号“N”。

标记示例如下。

长旋合长度的配合螺纹，标记为：B40×7-7H/7e-L；

中等旋合长度的外螺纹，标记为：B40×7-7e。

1.4 55°非密封管螺纹

螺纹副本身不具有密封性，适用于管接头、旋塞、阀门及其他附件。若要求此连接具有密封性，应在螺纹以外设计密封面结构（例如锥面、平端面等）。

1.4.1 基本尺寸和公差（摘自 GB/T 7307—2001，等效 ISO 228.1—1994）

55°非密封管螺纹的尺寸和公差见表 3-1-18。

表 3-1-18 55°非密封管螺纹的基本尺寸和公差

（摘自 GB/T 7307—2001，等效 ISO 228.1—1994） /mm

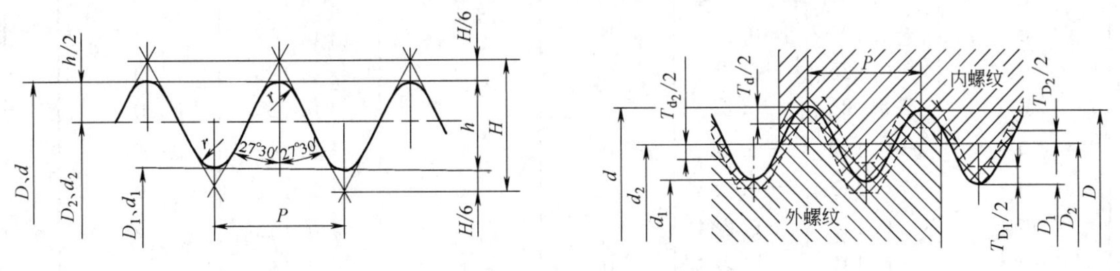

D—内螺纹大径；d—外螺纹大径；D_2—内螺纹中径；d_2—外螺纹中径；D_1—内螺纹小径；d_1—外螺纹小径；

H—原始三角形高度，$H=0.960491P$；P—螺距，$P=\frac{25.4}{n}$；n—每 25.4mm 内的螺纹牙数；h—牙型高度，$h=0.640327P$；r—圆弧半径，$r=0.137329P$

螺纹大径、中径、小径的基本尺寸按下列公式计算：$D=d$；$D_2=d_2=d-h=d-0.640327P$；$D_1=d_1=d-2h=d-1.280654P$

续表

尺寸代号	每25.4mm内的牙数 n	螺距 P	牙高 h	圆弧半径 $r\approx$	基本直径			外螺纹
					大径 $d=D$	中径 $d_2=D_2$	小径 $d_1=D_1$	大径公差 T_d 下偏差
1/16	28	0.907	0.581	0.125	7.723	7.142	6.561	−0.214
1/8	28	0.907	0.581	0.125	9.728	9.147	8.566	−0.214
1/4	19	1.337	0.856	0.184	13.157	12.301	11.445	−0.250
3/8	19	1.337	0.856	0.184	16.662	15.806	14.950	−0.250
1/2	14	1.814	1.162	0.249	20.955	19.793	18.631	−0.284
5/8	14	1.814	1.162	0.249	22.911	21.749	20.587	−0.284
3/4	14	1.814	1.162	0.249	26.441	25.279	24.117	−0.284
7/8	14	1.814	1.162	0.249	30.201	29.039	27.877	−0.284
1	11	2.309	1.479	0.317	33.249	31.770	30.291	−0.360
1⅛	11	2.309	1.479	0.317	37.897	36.418	34.939	−0.360
1¼	11	2.309	1.479	0.317	41.910	40.431	38.952	−0.360
1½	11	2.309	1.479	0.317	47.803	46.324	44.845	−0.360
1¾	11	2.309	1.479	0.317	53.746	52.267	50.788	−0.360
2	11	2.309	1.479	0.317	59.614	58.135	56.656	−0.360
2¼	11	2.309	1.479	0.317	65.710	64.231	62.752	−0.434
2½	11	2.309	1.479	0.317	75.184	73.705	72.226	−0.434
2¾	11	2.309	1.479	0.317	81.534	80.055	78.576	−0.434
3	11	2.309	1.479	0.317	87.884	86.405	84.926	−0.434
3½	11	2.309	1.479	0.317	100.330	98.851	97.372	−0.434
4	11	2.309	1.479	0.317	113.030	111.551	110.072	−0.434
4½	11	2.309	1.479	0.317	125.730	124.251	122.772	−0.434
5	11	2.309	1.479	0.317	138.430	136.951	135.472	−0.434
5½	11	2.309	1.479	0.317	151.130	149.651	148.172	−0.434
6	11	2.309	1.479	0.317	163.830	162.351	160.872	−0.434

尺寸代号	外螺纹				内螺纹			
	大径公差 T_d	中径公差 T_{d_2}			中径公差 T_{D_2}		小径公差 T_{D_1}	
	上偏差	下偏差 A级	下偏差 B级	上偏差	下偏差	上偏差	下偏差	上偏差
1/16	0	−0.107	−0.214	0	0	+0.107	0	+0.282
1/8	0	−0.107	−0.214	0	0	+0.107	0	+0.282
1/4	0	−0.125	−0.250	0	0	+0.125	0	+0.445
3/8	0	−0.125	−0.250	0	0	+0.125	0	+0.445
1/2	0	−0.142	−0.284	0	0	+0.142	0	+0.541
5/8	0	−0.142	−0.284	0	0	+0.142	0	+0.541
3/4	0	−0.142	−0.284	0	0	+0.142	0	+0.541
7/8	0	−0.142	−0.284	0	0	+0.142	0	+0.541
1	0	−0.180	−0.360	0	0	+0.180	0	+0.640
1⅛	0	−0.180	−0.360	0	0	+0.180	0	+0.640
1¼	0	−0.180	−0.360	0	0	+0.180	0	+0.640
1½	0	−0.180	−0.360	0	0	+0.180	0	+0.640
1¾	0	−0.180	−0.360	0	0	+0.180	0	+0.640

尺寸代号	外螺纹				内螺纹			
	大径公差 T_d	中径公差 T_{d_2}			中径公差 T_{D_2}		小径公差 T_{D_1}	
	上偏差	下偏差		上偏差	下偏差	上偏差	下偏差	上偏差
		A级	B级					
2	0	−0.180	−0.360	0	0	+0.180	0	+0.640
2¼	0	−0.217	−0.434	0	0	+0.217	0	+0.640
2½	0	−0.217	−0.434	0	0	+0.217	0	+0.640
2¾	0	−0.217	−0.434	0	0	+0.217	0	+0.640
3	0	−0.217	−0.434	0	0	+0.217	0	+0.640
3½	0	−0.217	−0.434	0	0	+0.217	0	+0.640
4	0	−0.217	−0.434	0	0	+0.217	0	+0.640
4½	0	−0.217	−0.434	0	0	+0.217	0	+0.640
5	0	−0.217	−0.434	0	0	+0.217	0	+0.640
5½	0	−0.217	−0.434	0	0	+0.217	0	+0.640
6	0	−0.217	−0.434	0	0	+0.217	0	+0.640

注：1. 外螺纹中径公差分为A、B两个等级，上偏差为零，下偏差为负，可依使用配合要求选定。

2. 对内螺纹中径只规定一种公差带，下偏差为零，上偏差为正。

3. 对薄壁管件，表中的中径公差只适用于平均中径，该中径是测量两个相互垂直直径的算术平均值。

4. 对内、外螺纹的底径未规定公差等级。

5. 在大径公差范围内，允许将螺纹圆弧牙顶削平。

1.4.2 螺纹标记

螺纹特征代号用字母G表示，螺纹尺寸代号按表3-1-18第一栏中所规定的分数和整数。螺纹公差等级代号：对外螺纹分A、B两级标记；对内螺纹则不标记其公差等级代号。当螺纹为左旋时，在公差等级代号后加“LH”。

标记示例：

尺寸代号为2的右旋圆柱内螺纹的标记为G2；

尺寸代号为3A级右旋圆柱外螺纹的标记为G3A；

对代号为2的左旋圆柱内螺纹的标记为G2-LH；

表示螺纹副时，仅需标注外螺纹的标记代号。

1.5 55°密封管螺纹

这是一种牙型角为55°、螺纹副本身具有密封性的螺纹。它包括了圆柱内螺纹与圆锥外螺纹（GB/T 7306.1—2000）及圆锥内螺纹与圆锥外螺纹（GB/T 7306.2—2000）两种连接形式。

可用于管子、阀门、管接头、旋塞及其他管路附件的螺纹连接。允许在螺纹副内添加合适的密封介质，例如在螺纹表面缠胶带、涂密封胶等。

1.5.1 牙型和基本尺寸（摘自GB/T 7306.1—2000、GB/T 7306.2—2000，等效ISO 7.1—1994）

55°密封管螺纹的牙型和基本尺寸见表3-1-19。

1.5.2 螺纹标记

管螺纹的标记由螺纹特征代号和尺寸代号组成。

螺纹特征代号：R_c表示圆锥内螺纹；

R_2表示与圆锥内螺纹配合的圆锥外螺纹。螺纹尺寸代号为表3-1-19中第1栏所规定的分数或整数。

表示螺纹副时，螺纹特征代号为“R_c/R_2”，前面为内螺纹特征代号，后面为外螺纹特征代号。

当螺纹为左旋时，在尺寸代号后加注“LH”。

示例：尺寸代号为3/4的右旋圆锥内螺纹的标记为：R_c3/4；尺寸代号为3/4的右旋圆锥外螺纹的标记为：$R_2$3/4；尺寸代号为3/4的右旋圆锥外螺纹与圆锥内螺纹所组成的螺纹副标记为：$R_c/R_2$3/4。

当采用的是圆柱内螺纹与圆锥外螺纹组成的螺纹副

时，螺纹的特征代号：

R_P 表示圆柱内螺纹；

R_1 表示与圆柱内螺纹配合的圆锥外螺纹。

其标记方法同前。

表 3-1-19　55°密封管螺纹的牙型和基本尺寸、公差

（摘自 GB/T 7306.1—2000、GB/T 7306.2—2000，等效 ISO 7.1—1994）　/mm

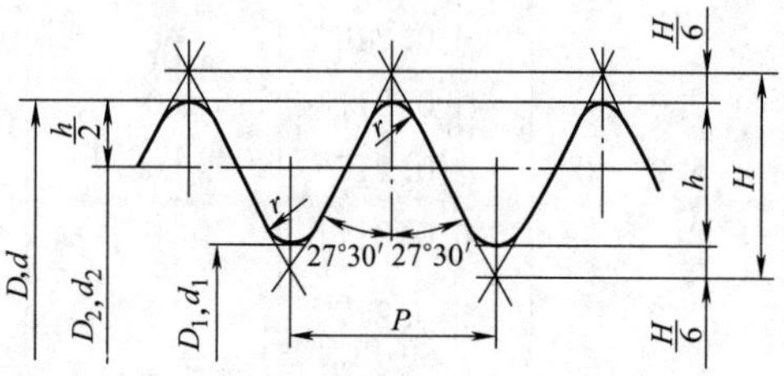

圆柱内螺纹的设计牙型

$H=0.960491P$；$h=0.640327P$；$r=0.137329P$；

$D_2=d_2=d-h=d-0.640327P$

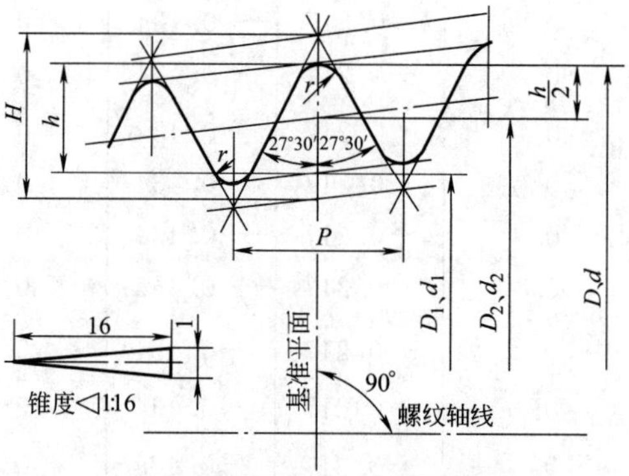

圆锥内、外螺纹的设计牙型

$H=0.960237P$；$h=0.640327P$；$r=0.137278P$；

$D_1=d_1=d-2h=d-1.280654P$

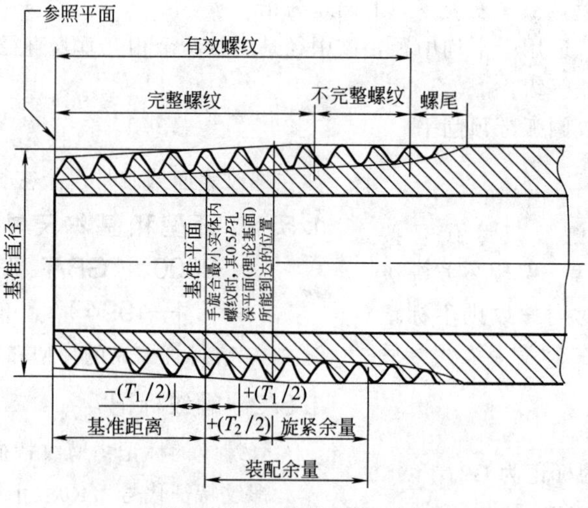

圆锥外螺纹上各主要尺寸的分布位置

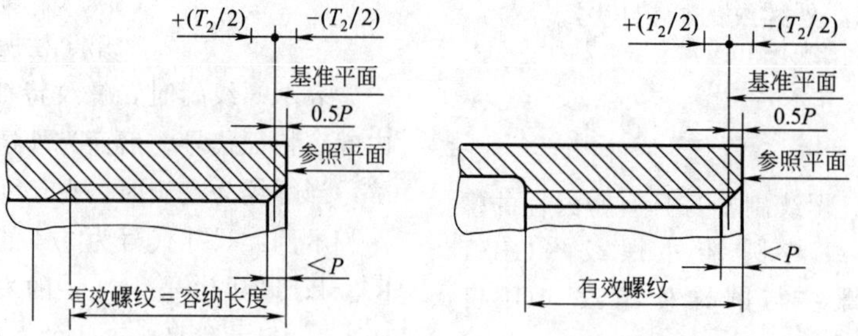

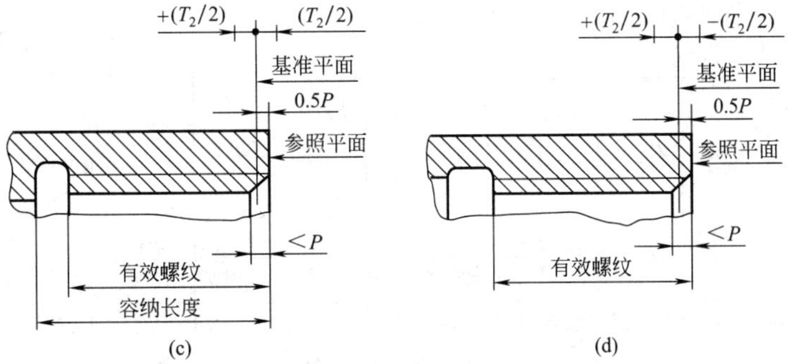

圆柱(圆锥)内螺纹上各主要尺寸的分布位置

d——外螺纹在基准平面上的大径(基准直径)；
d_2——外螺纹在基准平面上的中径；
d_1——外螺纹在基准平面上的小径；
h——螺纹牙高；
T_1——外螺纹基准距离(基准平面位置)公差；
D——内螺纹在基准平面上的大径；
D_2——内螺纹在基准平面上的中径；
D_1——内螺纹在基准平面上的小径；
H——原始三角形高度；
r——螺纹牙顶和牙底的圆弧半径；
T_2——内螺纹基准平面位置公差

1	2	3	4	5	6	7	8	9	10	11	12	13	14	15	16	17	18	19	20	21
尺寸代号	每25.4mm内所包含的牙数n	螺距P/mm	牙高h/mm	基准平面内的基本直径			基准距离					装配余量		外螺纹的有效螺纹不小于			圆柱内螺纹直径的极限偏差±		圆锥内螺纹基准平面轴向位置的极限偏差$\pm T_2/2$	
				大径(基准直径)$d=D$/mm	中径$d_2=D_2$/mm	小径$d_1=D_1$/mm	基本/mm	极限偏差$\pm T_1/2$		最大/mm	最小/mm			基准距离			径向	轴向圈数		
								mm	圈数			mm	圈数	基本/mm	最大/mm	最小/mm	/mm	$T_3/2$	mm	圈数
1/16	28	0.907	0.581	7.723	7.142	6.561	4	0.9	1	4.9	3.1	2.5	2¾	6.5	7.4	5.6	0.071	1¼	1.1	1¼
1/8	28	0.907	0.581	9.728	9.147	8.566	4	0.9	1	4.9	3.1	2.5	2¾	6.5	7.4	5.6	0.071	1¼	1.1	1¼
1/4	19	1.337	0.856	13.157	12.301	11.445	6	1.3	1	7.3	4.7	3.7	2¾	9.7	11	8.4	0.104	1¼	1.7	1¼
3/8	19	1.337	0.856	16.662	15.806	14.950	6.4	1.3	1	7.7	5.1	3.7	2¾	10.1	11.4	8.8	0.104	1¼	1.7	1¼
1/2	14	1.814	1.162	20.955	19.793	18.631	8.2	1.8	1	10.0	6.4	5.0	2¾	13.2	15	11.4	0.142	1¼	2.3	1¼
3/4	14	1.814	1.162	26.441	25.279	24.117	9.5	1.8	1	11.3	7.7	5.0	2¾	14.5	16.3	12.7	0.142	1¼	2.3	1¼
1	11	2.309	1.479	33.249	31.770	30.291	10.4	2.3	1	12.7	8.1	6.4	2¾	16.8	19.1	14.5	0.180	1¼	2.9	1¼
1¼	11	2.309	1.479	41.910	40.431	38.952	12.7	2.3	1	15.0	10.4	6.4	2¾	19.1	21.4	16.8	0.180	1¼	2.9	1¼
1½	11	2.309	1.479	47.803	46.324	44.845	12.7	2.3	1	15.0	10.4	6.4	2¾	19.1	21.4	16.8	0.180	1¼	2.9	1¼
2	11	2.309	1.479	59.614	58.135	56.656	15.9	2.3	1	18.2	13.6	7.5	3¼	23.4	25.7	21.1	0.180	1¼	2.9	1¼
2½	11	2.309	1.479	75.184	73.705	72.226	17.5	3.5	1½	21.0	14.0	9.2	4	26.7	30.2	23.2	0.216	1½	3.5	1½
3	11	2.309	1.479	87.884	86.405	84.926	20.6	3.5	1½	24.1	17.1	9.2	4	29.8	33.3	26.3	0.216	1½	3.5	1½
4	11	2.309	1.479	113.030	111.551	110.072	25.4	3.5	1½	28.9	21.9	10.4	4½	35.8	39.3	32.3	0.216	1½	3.5	1½

1	2	3	4	5	6	7	8	9	10	11	12	13	14	15	16	17	18	19	20	21
尺寸代号	每25.4mm内所包含的牙数 n	螺距 P /mm	牙高 h /mm	基准平面内的基本直径			基准距离					装配余量		外螺纹的有效螺纹不小于			圆柱内螺纹直径的极限偏差±		圆锥内螺纹基准平面轴向位置的极限偏差 $\pm T_2/2$	
				大径(基准直径) $d=D$ /mm	中径 $d_2=D_2$ /mm	小径 $d_1=D_1$ /mm	基本 /mm	极限偏差 $\pm T_1/2$		最大 /mm	最小 /mm			基准距离			径向	轴向圈数		
								mm	圈数			mm	圈数	基本 /mm	最大 /mm	最小 /mm	/mm	$T_3/2$	mm	圈数
5	11	2.309	1.479	138.430	136.951	135.472	28.6	3.5	1½	32.1	25.1	11.5	5	40.1	43.6	36.6	0.216	1½	3.5	1½
6	11	2.309	1.479	163.830	162.351	160.872	28.6	3.5	1½	32.1	25.1	11.5	5	40.1	43.6	36.6	0.216	1½	3.5	1½

注:1. 参照平面:量规检验螺纹时,读取检验数值(基准平面的位置偏差)所参照的可见平面。它是内螺纹的大端面或外螺纹的小端面。

2. 容纳长度:从内螺纹大端面到妨碍外螺纹旋入的第一个障碍物间的轴向距离。

3. 基准平面:圆锥外螺纹基准平面的理论位置位于垂直于螺纹轴线、与小端平面(参照平面)相距一个基准距离的平面内;圆锥内螺纹和圆柱内螺纹基准面的理论位置位于垂直于螺纹轴线、深入端面(参照平面)以内 0.5P 的平面内。

4. 有效螺纹:圆锥外螺纹的有效螺纹长度不应小于其基准距离的实际值与装配余量之和。对应基准距离为最大、基本和最小尺寸的三种条件,表中第 15、16 和 17 栏分别给出了相应情况所需的最小有效螺纹长度。

当圆柱内螺纹(或圆锥内螺纹)的尾部未采用退刀结构时,其最小有效螺纹长度应能容纳具有表中第 16 栏长度的圆锥外螺纹;当其尾部采用退刀结构时,其容纳长度应能容纳表中第 16 栏长度的圆锥外螺纹,其最小有效螺纹长度应不小于表中 17 栏规定长度的 80%。

5. 圆锥外螺纹小端面和圆柱内螺纹外端面(或圆锥内螺纹大端面)的倒角轴向长度不得大于 P。

6. 圆锥外螺纹基准距离的极限偏差($\pm T_1/2$)应符合表中第 9、10 栏的规定。圆柱内螺纹各直径的极限偏差应符合表中第 18、19 栏的规定;圆锥内螺纹基准平面位置的极限偏差($\pm T_2/2$)应符合表中第 20、21 栏的规定。

1.6 60°圆锥管螺纹

这是一种本身就有密封性的圆锥管螺纹。常用于机器上的油管、燃料管、水管、气管的连接。为保证连接的密封性,可在螺纹副中加入密封物。

1.6.1 基本尺寸和公差(摘自 GB/T 12716—2011)

60°圆锥管螺纹的基本尺寸与公差见表 3-1-20。

1.6.2 螺纹标记

螺纹尺寸代号为 1/2 的 60°牙型角的圆锥管螺纹,左旋(右旋不标),其标记为:NPT 1/2-LH。

表 3-1-20 60°圆锥管螺纹的基本尺寸与公差(摘自 GB/T 12716—2011)

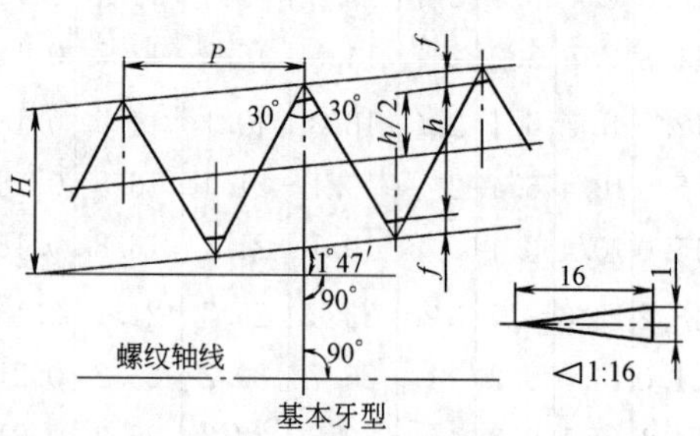

基本牙型

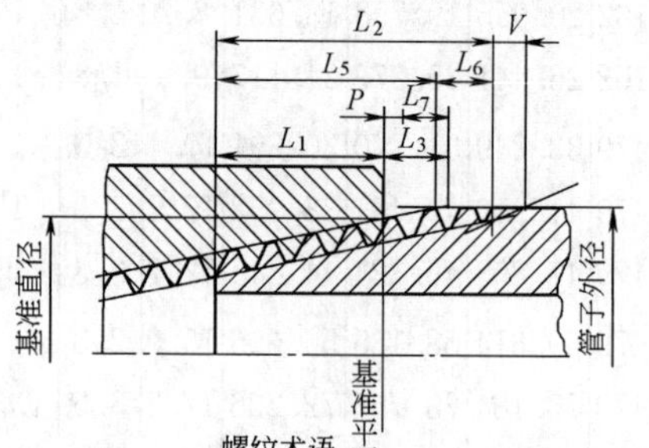

螺纹术语

$P=25.4/n$;$H=0.866025P$;$h=0.800000P$;$f=0.033P$

续表

螺纹的尺寸代号	每25.4mm内的螺纹牙数 n	基面上的基本直径			基准距离 L_1		装配余量 L_3		管端外螺纹小径 /mm
		大径（基准直径）$d=D$/mm	中径 $d_2=D_2$ /mm	小径 $d_1=D_1$ /mm	mm	圈数	mm	圈数	
1/16	27	7.895	7.142	6.389	4.064	4.32	2.822	3	6.137
1/8	27	10.242	9.489	8.736	4.102	4.36	2.822	3	8.481
1/4	18	13.616	12.487	11.358	5.786	4.10	4.233	3	10.996
3/8	18	17.055	15.926	14.797	6.096	4.32	4.233	3	14.417
1/2	14	21.223	19.772	18.321	8.128	4.48	5.443	3	17.813
3/4	14	26.568	25.117	23.666	8.611	4.75	5.443	3	23.127
1	11.5	33.228	31.461	29.694	10.160	4.60	6.626	3	29.060
1¼	11.5	41.985	40.218	38.451	10.668	4.83	6.626	3	37.785
1½	11.5	48.054	46.287	44.520	10.668	4.83	6.626	3	43.853
2	11.5	60.092	58.325	56.558	11.074	5.01	6.626	3	55.867
2½	8	72.699	70.159	67.619	17.323	5.46	6.350	2	66.535
3	8	88.608	86.068	83.528	19.456	6.13	6.350	2	82.311

注：1. 内、外螺纹的有效螺纹长度应不小于基准距离加装配余量之和。

2. 圆锥外螺纹基准距离的极限偏差为 $\pm P$（螺距）。1/16、1/8 为 0.941；1/4、3/8 为 1.411；1/2、3/4 为 1.814；1～2 为 2.209；2½、3 为 3.175。

3. 圆锥内螺纹基面的轴向位置极限偏差为 $\pm P$（螺距）。

4. 图中基准距离 L_1 是指从基准平面到外螺纹小端的距离；L_5：牙顶和牙底均具有完整形状螺纹的长度；L_6：牙底完整而牙顶不完整的螺纹长度；L_2：称为有效螺纹，是 L_5 和 L_6 之和；L_3：装配余量，是在外螺纹基准面之后的有效螺纹部分，它提供了与最小实体状态下之内螺纹配合时的余量；L_7：旋紧余量，是内、外螺纹用手旋合后的有效螺纹的一部分，它提供了最小实体状态下之内螺纹手旋合之后的旋紧量；V：牙底不完整的螺纹长度。

1.7 米制密封螺纹

1.7.1 牙型和基本尺寸（摘自 GB/T 1415—2008，等同 ГОСТ 25229—1982）

米制锥螺纹的牙型和基本尺寸见表 3-1-21。

1.7.2 偏差允许值

米制锥螺纹的偏差允许值见表 3-1-22、表 3-1-23。

1.7.3 螺纹标记

公称直径为 10mm 标准距离的米制锥螺纹，其标记为：MC10；

公称直径为 10mm 短基准距离的米制锥螺纹，其标记为：MC10-S；

与米制锥螺纹配合的公称直径为 10mm、螺距为 1mm 的圆柱内螺纹，其标记为：MP10×1。

表 3-1-21　米制锥螺纹的牙型和基本尺寸（摘自 GB/T 1415—2008，等同 ГОСТ 25229—1982）/mm

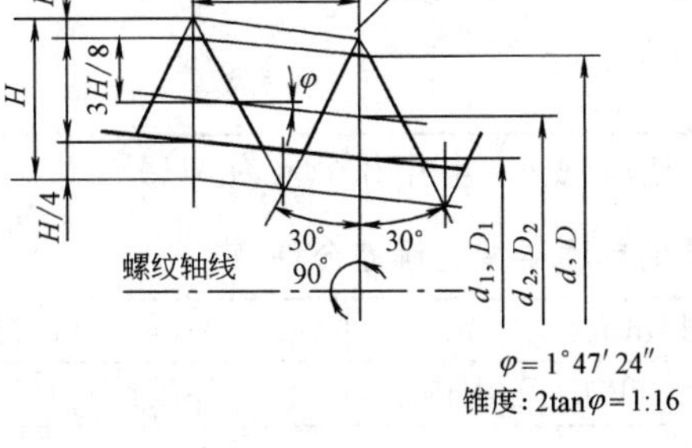

基本牙型

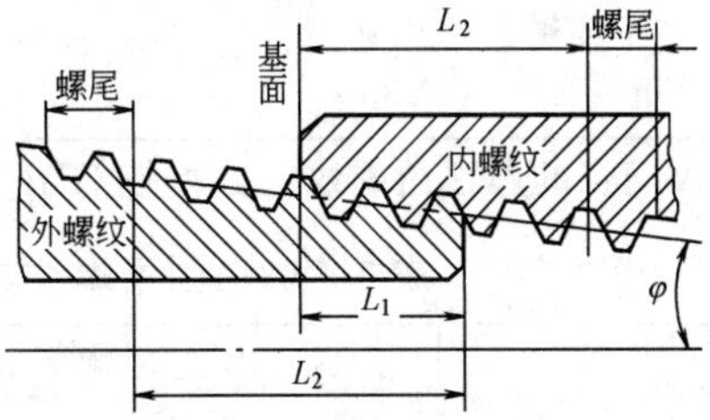

螺纹术语

续表

公称直径 D,d	螺距 P	基准平面内的直径			基准距离		最小有效螺纹长度	
		大径 D,d	中径 D_2,d_2	小径 D_1,d_1	标准型 L_1	短型 $L_{1型}$	标准型 L_2	短型 $L_{2型}$
8	1	8.000	7.350	6.917	5.500	2.500	8.000	5.500
10	1	10.000	9.350	8.917	5.500	2.500	8.000	5.500
12	1	12.000	11.350	10.917	5.500	2.500	8.000	5.500
14	1.5	14.000	13.026	12.376	7.500	3.500	11.000	8.500
16	1	16.000	15.350	14.917	5.500	2.500	8.000	5.500
	1.5	16.000	15.026	14.376	7.500	3.500	11.000	8.500
20	1.5	20.000	19.026	18.376	7.500	3.500	11.000	8.500
27	2	27.000	25.701	24.835	11.000	5.000	16.000	12.000
33	2	33.000	31.701	30.835	11.000	5.000	16.000	12.000
42	2	42.000	40.701	39.835	11.000	5.000	16.000	12.000
48	2	48.000	46.701	45.835	11.000	5.000	16.000	12.000
60	2	60.000	58.701	57.835	11.000	5.000	16.000	12.000
72	3	72.000	70.051	68.752	16.500	7.500	24.000	18.000
76	2	76.000	74.701	73.835	11.000	5.000	16.000	12.000
90	2	90.000	88.701	87.835	11.000	5.000	16.000	12.000
	3	90.000	88.051	86.752	16.500	7.500	24.000	18.000

注：与圆锥外螺纹配合的圆柱内螺纹采用普通螺纹，其牙型尺寸应符合 GB/T 192、GB/T 193、GB/T 196 的规定，有效螺纹长度不得小于相应规格 L_2 的 80%。

表 3-1-22　米制密封螺纹的偏差允许值　/mm

螺距 P	外螺纹极限偏差		内螺纹极限偏差		圆锥外螺纹基准平面的极限偏差 ($\pm T_1/2$)	圆锥内螺纹基准平面的极限偏差 ($\pm T_2/2$)
	牙顶高	牙底高	牙顶高	牙底高		
1	0 −0.032	−0.015 −0.050	±0.030	±0.030	0.7	1.2
1.5	0 −0.048	−0.020 0.065	±0.040	±0.040	1	1.5
2	0 −0.05	−0.025 −0.075	±0.045	±0.045	1.4	1.8
3	0 −0.055	−0.030 −0.085	±0.050	±0.050	2	3

注：与米制锥螺纹配合的圆柱内螺纹的公差按 GB/T 197 规定，其中径公差为 5H。

表 3-1-23　圆锥螺纹其他单项要素的偏差允许值

螺距 P/mm	牙侧角/(′)	螺距累积/mm		中径锥角①/(′)	
		在 L_1 范围内	在 L_2 范围内	外螺纹	内螺纹
1	±45	±0.04	±0.07	+24 −12	+12 −24
1.5					

续表

螺距 P/mm	牙侧角/(′)	螺距累积/mm		中径锥角①/(′)	
		在 L_1 范围内	在 L_2 范围内	外螺纹	内螺纹
2	±45	±0.04	±0.07	+24 −12	+12 −24
3					

① 测量中径锥角的测量跨度为 L_1。

内、外螺纹装配在一起时，内、外螺纹的特征代号用斜线分开，左边表示内螺纹，右边表示外螺纹，相同时仅写一次，其标记示例如下。

圆锥内螺纹与圆锥外螺纹的配合，标记为：MC10；

圆柱内螺纹与短基准距离的圆锥外螺纹配合，标记为：Mp/Mc 10×1-S。

1.8 管路旋入端用普通螺纹尺寸系列（摘自 GB/T 1414—2013）

本标准适用于管路中附件旋入机体的连接螺纹，例如液压与气动元件管接头、润滑附件和仪表及其他附件旋入端螺纹。

螺纹的牙型、基本尺寸及公差应符合 GB/T 192—2003、GB/T 196—2003、GB/T 197—2018 的规定。

1.9 切制管螺纹前的内孔和外螺纹毛坯直径

1.10 英寸制螺纹

这种螺纹只在制造修配机件时使用，设计新产品时不采用。

表 3-1-24 管路旋入端用普通螺纹尺寸系列 /mm

螺纹代号	螺纹尺寸		螺纹代号	螺纹尺寸	
	直径	螺距		直径	螺距
M16	6	1	M39×2	39	2
M8×1	8		M42×2	42	
M10×1	10		M45×2	45	
M12×1.5	12	1.5	M48×2	48	
M14×1.5	14		M52×2	52	
M16×1.5	16		M56×2	56	
M18×1.5	18		M60×2	60	
M20×1.5	20		M64×2	64	
M22×1.5	22		M68×2	68	
M24×1.5	24		M72×2	72	
M27×2	27	2	M76×2	76	
M30×2	30		M80×3	80	3
M33×2	33		M85×3	85	
M36×2	36		M90×3	90	

表 3-1-25 切制管螺纹前的内孔和外螺纹毛坯直径 /mm

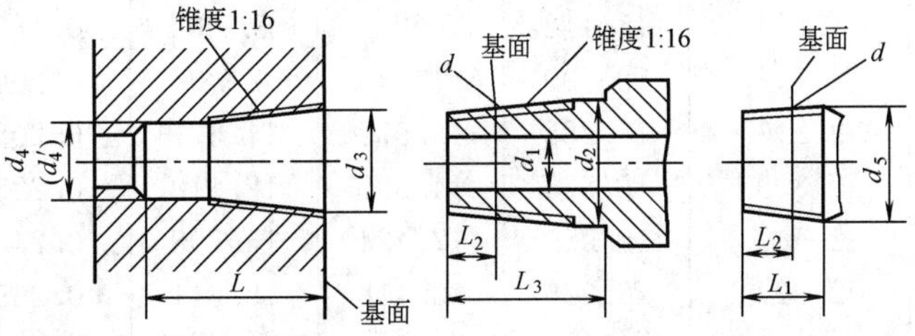

续表

圆锥管螺纹			管接头				管子					
类别	公称尺寸/in	d	L	不铰孔 d_4'	铰孔 d_4	加工螺纹前 d_5	d_1	d_2	d_3	L_1	L_2	L_3
55°圆锥管螺纹	1/8	9.729	15	8.30	8.10	8.57	6	10.3	10.0	9	4.5	14
	1/4	13.158	20	11.10	10.80	11.45	8	13.8	13.5	11	6	18
	3/8	16.663	24	14.50	14.25	14.95	10	17.4	17.1	12	6	22
	1/2	20.956	29	18.20	17.90	18.63	15	21.8	21.4	15	7.5	25
	3/4	26.442	31	23.70	23.25	24.12	20	27.3	26.9	17	9.5	28
	1	33.250	37	29.75	29.25	30.29	25	34.2	33.8	19	11	32
	1¼	41.912	40	38.43	37.75	38.95	32	43.2	42.5	22	13	35
	1½	47.805	42	44.30	43.50	44.85	40	48.8	48.4	23	14	38
	2	59.616	44	56.00	55.00	56.66	50	60.8	60.2	26	16	38
60°圆锥管螺纹	1/8	10.272	15	8.60	8.30	8.76	6	10.52	10.42	7.0	4.572	9
	1/4	13.572	20	11.10	10.70	11.31	8	14.00	13.85	9.5	5.080	14
	3/8	17.055	22	14.60	14.25	14.80	10	17.49	17.33	10.5	6.096	14
	1/2	21.223	28	18.10	17.50	18.32	15	21.75	21.56	13.5	8.128	19
	3/4	26.568	28	23.50	22.90	23.66	20	27.09	26.91	14	8.611	19
	1	33.228	35	29.40	28.75	29.69	25	33.94	33.69	17.5	10.160	24
	1¼	41.985	36	38.20	37.43	38.45	32	42.69	42.44	18	10.668	24
	1½	48.054	36	44.25	43.50	44.52	40	48.79	48.54	18.5	10.668	26
	2	60.092	37	56.30	55.50	56.56	50	60.84	60.59	19	11.074	26

注：用管子制作管接头时，d_1 的数值为管子内径；如 d_1 是钻孔的尺寸，则为最大通径。图中 d_4 同 d_4'。

表 3-1-26 英制螺纹 /mm

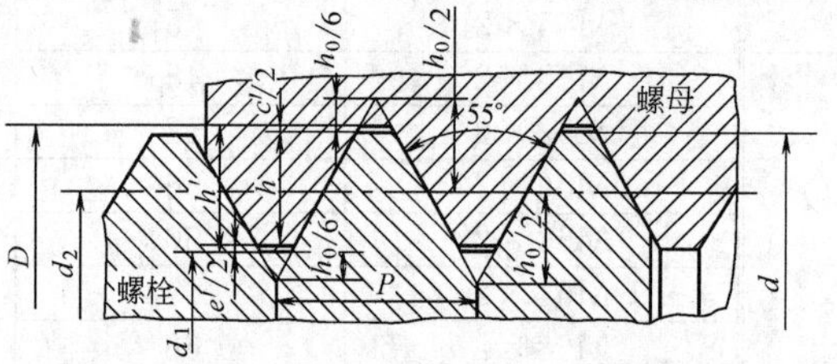

$$h_0=0.96049P$$
$$h'=0.6403P$$
$$h=h'\left(\frac{e'}{2}+\frac{c'}{2}\right)$$
$$P=\frac{25.4}{n}$$

尺寸代号	每英寸牙数 n	螺距 P	螺纹直径 大径 d	中径 d_2	小径 d_1	间隙 c'	e'	工作高度 h
3/16	24	1.058	4.762	4.085	3.408	0.132	0.152	0.538
1/4	20	1.270	6.350	5.537	4.724	0.150	0.186	0.646
5/16	18	1.411	7.938	7.034	6.131	0.158	0.209	0.72
3/8	16	1.588	9.525	8.509	7.492	0.165	0.238	0.816
(7/16)	14	1.814	11.112	9.951	8.789	0.182	0.271	0.936
1/2	12	2.117	12.700	11.345	9.989	0.200	0.311	1.1
(9/16)	12	2.117	14.288	12.932	11.577	0.208	0.313	1.096
5/8	11	2.309	15.875	14.397	12.918	0.225	0.342	1.146
3/4	10	2.540	19.050	17.424	15.798	0.240	0.372	1.32
7/8	9	2.822	22.225	20.418	18.611	0.265	0.419	1.465
1	8	3.175	25.400	23.367	21.334	0.290	0.466	1.655

尺寸代号	每英寸牙数 n	螺距 P	螺纹直径			间隙		工作高度 h
			大径 d	中径 d_2	小径 d_1	c'	e'	
1⅓	7	3.629	28.575	26.252	23.929	0.325	0.531	1.905
1¼	7	3.629	31.750	29.427	27.104	0.330	0.536	1.890
(1⅜)	6	4.233	34.925	32.215	29.504	0.365	0.626	2.216
1½	6	4.233	38.100	35.390	32.679	0.370	0.631	2.211
(1⅝)	5	5.080	41.275	38.022	34.770	0.425	0.750	2.666
1¾	5	5.080	44.450	41.198	37.945	0.430	0.755	2.666
(1⅞)	4½	5.644	47.625	44.011	40.397	0.475	0.833	2.960
2	4½	5.644	50.800	47.186	43.572	0.480	0.838	2.960
2¼	4	6.350	57.150	53.084	49.019	0.530	0.941	3.330
2½	4	6.350	63.500	59.434	55.369	0.530	0.941	3.330
2¾	3½	7.257	69.850	65.204	60.557	0.590	1.073	3.816
3	3½	7.257	76.200	71.554	66.907	0.590	1.073	3.816
3¼	3¼	7.815	82.550	77.546	72.542	0.640	1.158	4.105
3½	3¼	7.815	88.900	83.896	78.892	0.640	1.158	4.105
3¾	3	8.467	95.250	89.829	84.409	0.700	1.251	4.446
4	3	8.467	101.600	96.179	90.759	0.700	1.251	4.446

注：1. 括号内的尺寸尽可能不用。

2. 大径 $d=D-c'$。

螺纹标记：直接标出尺寸代号，如 1/4、2¾。

1.11 矩形螺纹

牙型为矩形，有较高的传动效率，但对中性较低，多用于传力螺纹。直径与螺距可按梯形螺纹标准选择，小径尺寸可先依强度确定。

1.12 30°圆弧螺纹

牙型为圆弧形，牙型角 $\alpha=30°$，故具有牙粗、圆角大，螺纹不易碰损，聚集在螺纹凹处的污垢和铁锈易清除等特点。常用于经常与污物接触易生锈的场合，如水管闸门的螺旋导轴等。

1.13 螺纹零件结构要素

1.13.1 螺纹收尾、肩距、退刀槽、倒角

1.13.2 紧固件用沉孔尺寸

1.13.3 扳手空间

表 3-1-27 矩形螺纹尺寸 /mm

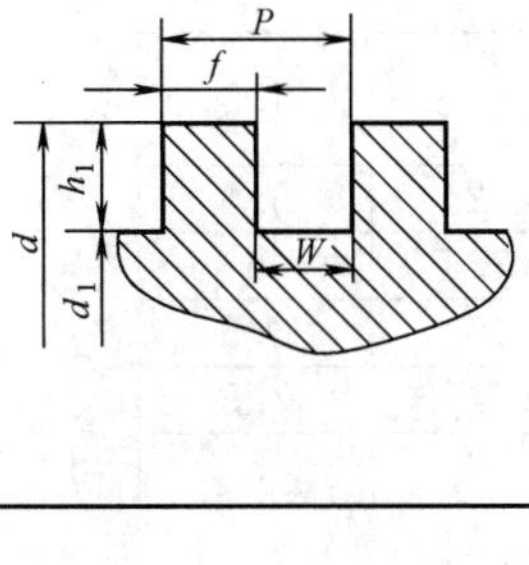

d——大径，$d=\frac{5}{4}d_1$（圆整）

P——螺距，$P=\frac{1}{4}d_1$（按标准圆整）

h_1——实际牙型高，$h_1=0.5P+(0.1\sim0.2)$

d_1——小径，$d_1=d-2h_1$

W——牙底宽，$W=0.5P+(0.03\sim0.05)$

f——牙顶宽，$f=P-W$

表 3-1-28　30°圆弧螺纹牙型与尺寸

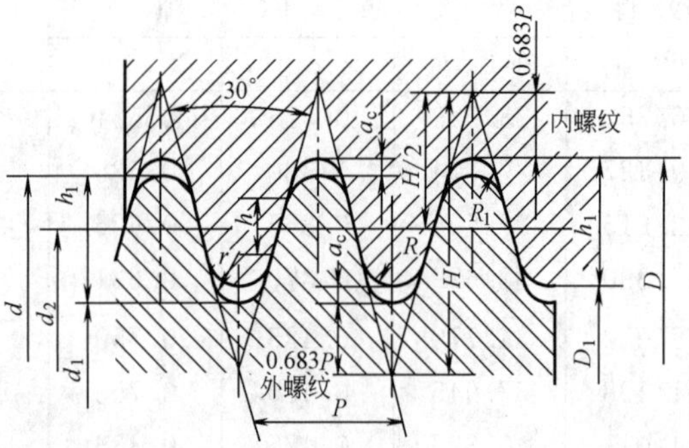

牙型角　$\alpha = 30°$

螺距　$P = \frac{25.4}{n}$

牙型高度

- 原始三角形高度　$H = 1.866P$
- 实际高度　$h_1 = 0.5P$
- 接触高度　$h = 0.0835P$

间隙　$a_c = 0.05P$

大径

- 外螺纹　d（公称直径）
- 内螺纹　$D = d + 2a_c$

中径　$d_2 = d - 0.45P$

小径

- 外螺纹　$d_1 = d - 2h_1$
- 内螺纹　$D_1 = d - 2(h_1 - a_c)$

圆弧半径

- 外螺纹　$r = 0.2358P$
- 内螺纹　$R = 0.256P$
  $R_1 = 0.211P$

表 3-1-29　普通螺纹的螺纹收尾、肩距（摘自 GB/T 3—1997，等效 ISO 4755—1983）　/mm

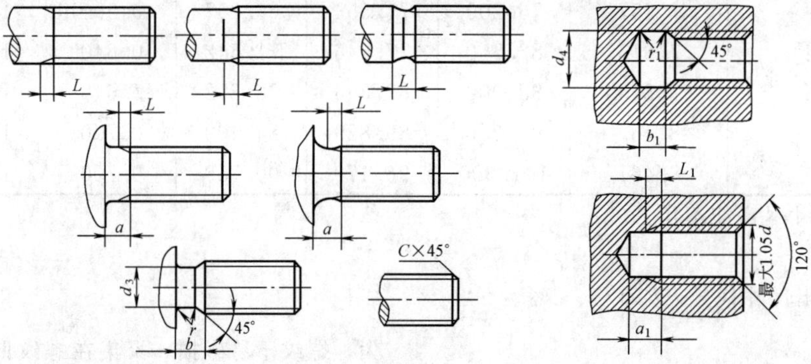

螺距 P	粗牙螺纹大径 d	螺纹收尾 L（不大于）		肩距 a（不大于）			退刀槽			
							b		r ≈	d_3
		一般	短的	一般	长的	短的	一般	窄的		
0.5	3	1.25	0.7	1.5	2	1	1.5	1	0.5P	$d-0.8$
0.6	3.5	1.5	0.75	1.8	2.4	1.2	1.8			$d-1$
0.7	4	1.75	0.9	2.1	2.8	1.4	2.1			$d-1.1$
0.75	4.5	1.9	1	2.25	3	1.5	2.25			$d-1.2$
0.8	5	2	1	2.4	3.2	1.6	2.4			$d-1.3$
1	6;7	2.5	1.25	3	4	2	3	1.5		$d-1.6$
1.25	8	3.2	1.6	4	5	2.5	3.75			$d-2$
1.5	10	3.8	1.9	4.5	6	3	4.5	2.5		$d-2.3$
1.75	12	4.3	2.2	5.3	7	3.5	5.25			$d-2.6$
2	14;16	5	2.5	6	8	4	6	3.5		$d-3$
2.5	18;20;22	6.3	3.2	7.5	10	5	7.5			$d-3.6$
3	24;27	7.5	3.8	9	12	6	9	4.5		$d-4.4$
3.5	30;33	9	4.5	10.5	14	7	10.5			$d-5$
4	36;39	10	5	12	16	8	12	5.5		$d-5.7$
4.5	42;45	11	5.5	13.5	18	9	13.5	6		$d-6.4$
5	48;52	12.5	6.3	15	20	10	15	6.5		$d-7$
5.5	56;60	14	7	16.5	22	11	17.5	7.5		$d-7.7$
6	64;68	15	7.5	18	24	12	18	8		$d-8.3$

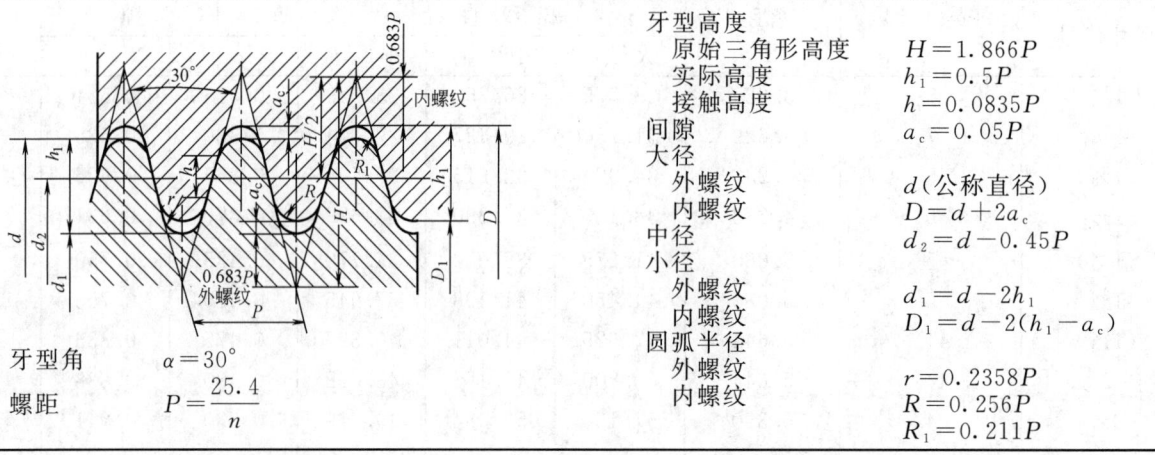

续表

螺距 P	倒角 C	螺纹收尾 L_1（不大于）		肩距 a_1（不小于）		退刀槽			
						b_1		r_1	d_4
		一般	长的	一般	长的	一般	窄的	≈	
0.5	0.5	1	1.5	3	4	2	1.5	0.5P	d+0.3
0.6		1.2	1.8	3.2	4.8				
0.7	0.6	1.4	2.1	3.5	5.6	3			
0.75		1.5	2.3	3.8	6				
0.8	0.8	1.6	2.4	4	6.4				
1	1	2	3	5	8	4	2.5		d+0.5
1.25	1.2	2.5	3.8	6	10	5	3		
1.5	1.5	3	4.5	7	12	6	4		
1.75	2	3.5	5.2	9	14	7			
2		4	6	10	16	8	5		
2.5	2.5	5	7.5	12	18	10	6		
3		6	9	14	22	12	7		
3.5	3	7	10.5	16	24	14	8		
4		8	12	18	26	16	9		
4.5	4	9	13.5	21	29	18	10		
5		10	15	23	32	20	11		
5.5	5	11	16.5	25	35	22	12		
6		12	18	28	38	24	14		

注：1. 外螺纹倒角和退刀槽过渡角一般按45°，也可按60°或30°。当螺纹按60°或30°倒角时，倒角深度约等于螺纹深度。

2. 肩距 a 是螺纹收尾 L 加螺纹空白的总长。设计时应优先考虑一般间距尺寸，短的肩距只在结构需要时采用。

3. 细牙螺纹按本表螺距 P 选用。

4. 内螺纹倒角一般为120°锥角，也可以是90°锥角。

表 3-1-30　米制锥螺纹的收尾、退刀槽和倒角尺寸　/mm

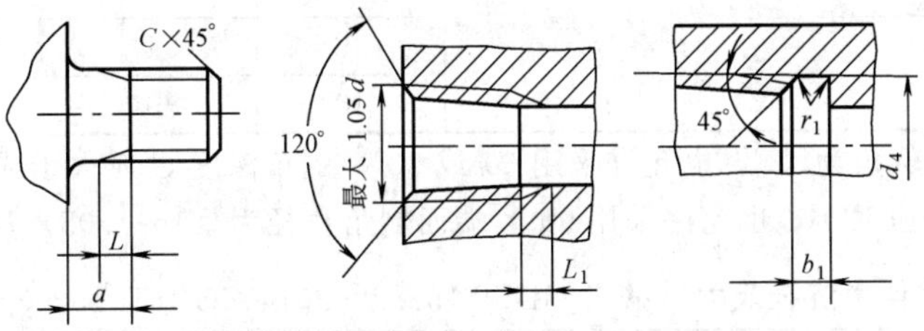

螺纹代号	螺距 P	外螺纹			内螺纹			
		螺纹收尾 L	肩距 a	倒角 C	螺纹收尾 L_1	退刀槽		
						b_1	r_1	d_4
ZM6	1	2	3	1	3	3	0.5	6.5
ZM8								8.5
ZM10								10.5
ZM14	1.5	3	4.5		4.5	4.5	1	14.5
ZM18								18.5
ZM22								22.5

续表

螺纹代号	螺距 P	外螺纹			内螺纹			
		螺纹收尾 L	肩距 a	倒角 C	螺纹收尾 L_1	退刀槽		
						b_1	r_1	d_4
ZM27	2	4	6	1.5	6	6	1	27.5
ZM33								33.5
ZM42								42.5
ZM48								48.5
ZM60								60.5
ZM76								77.5
ZM90	3	6	8		9	9	1.5	91.5

注：1. 同表 3-1-20 注之 1 和 3。

2. d 为基面上螺纹大径（对内螺纹即螺孔端面的螺纹大径）。

表 3-1-31　单线梯形外螺纹与内螺纹的退刀槽和倒角尺寸（GB/T 32537—2016）　/mm

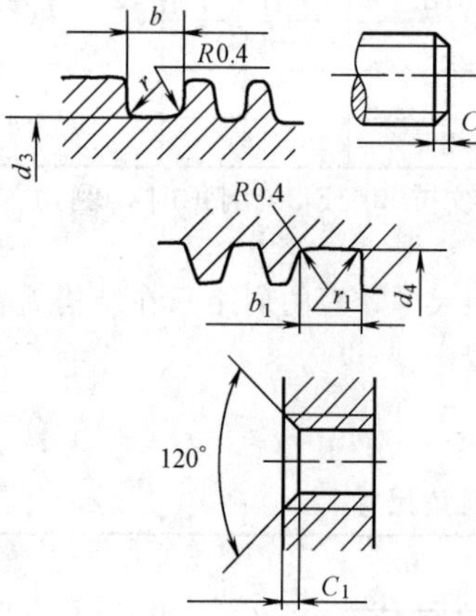

螺距 P	b	b_1	d_4	$r=r_1$
2	4	6	$D+1$	0.6
3	6	9		1.6
4	8	12		
5	10	15		2.5
6	12	18	$D+1.5$	
8	16	24		
10	20	30		4
12	24	36		
16	32	48	$D+2.5$	6
20	40	60		8
24	48	72		
32	64	66		10
40	80	120		

注：1. 外螺纹始端端面的倒角为 45°，也允许采用 60°或 30°，倒角深度 C 应大于或等于螺纹牙型高度。

2. 内螺纹入口端面的倒角为 120°，也允许采用 90°，端面倒角直径为（1～1.05）D（D 为螺纹大径）。

表 3-1-32　紧固件用沉孔尺寸（摘自 GB/T 152.2—2014、GB/T 152.3～152.4—1988）　/mm

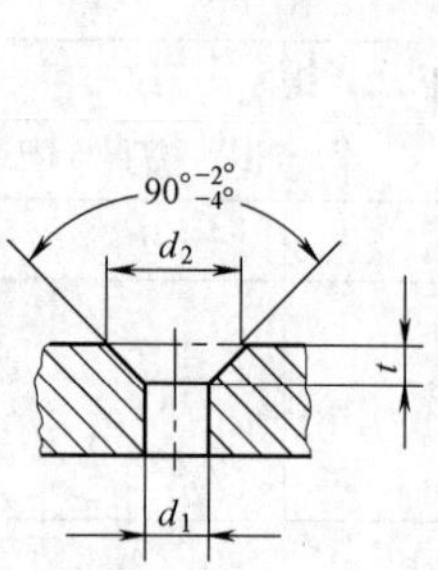

沉头用沉孔（摘自 GB/T 152.2—2014）

适用于 GB/T 68、GB/T 69 等沉头和半沉头螺钉的沉孔	螺纹规格	1.6	2	2.5	3	3.5	4	5	6	8	10	12	14	16	20
	d_2	3.7	4.5	5.6	6.5	8.4	9.6	10.7	12.9	17.6	20.3	24.4	28.4	32.4	40.4
	$t\approx$	1.0	1.1	1.4	1.6	2.3	2.6	2.6	3.1	4.3	4.7	6.0	7.0	8.0	10.0
	d_1	1.8	2.4	2.9	3.4	3.9	4.5	5.5	6.6	9.0	11.0	13.6	15.5	17.5	32.0

适用于 GB/T 846、GB/T 847、GB/T 6561 等自攻螺钉沉孔	螺钉规格	ST2.2	ST2.9	ST3	ST4.2	ST4.8	ST5.5	ST6.3	ST8	ST9.5
	$d_2$①	4.4	6.3	8.2	9.4	10.4	11.5	12.6	17.3	20
	$t\approx$	1.1	1.7	2.4	2.6	2.8	3.0	3.2	4.6	5.2
	$d_1$①	2.4	3.1	3.7	4.5	5.1	5.8	6.7	8.4	10

圆柱头用沉孔（摘自 GB/T 152.3—1988）

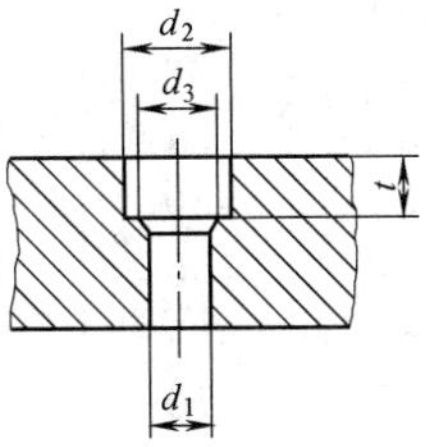

适用于 GB/T 70 的圆柱头沉孔

螺纹规格	1.6	2	2.5	3	4	5	6	8	10	12	14	16	20	24	30	36
$d_2$②	3.3	4.3	5.0	6.0	8.0	10.0	11.0	15.0	18.0	20.0	24.0	26.0	33.0	40.0	48.0	57.0
t②	1.8	2.3	2.9	3.4	4.6	5.7	6.8	9.0	11.0	13.0	15.0	17.5	21.5	25.5	32.0	38.0
d_3	—	—	—	—	—	—	—	—	—	16	18	20	24	28	36	42
$d_1$②	1.8	2.4	2.9	3.4	4.5	5.5	6.6	9.0	11.0	13.5	15.5	17.5	22.0	26.0	33.0	39.0

适用于 GB/T 65 的圆柱头沉孔

螺纹规格	4	5	6	8	10	12	14	16	20
$d_2$②	8	10	11	15	18	20	24	26	36
t②	3.2	4	4.7	6.0	7.0	8.0	9.0	10.5	12.5
d_3	—	—	—	—	—	16	18	20	24
$d_2$②	4.5	5.5	6.6	9.0	11.0	13.5	15.5	17.5	22.0

六角头螺栓和六角螺母用沉孔（摘自 GB/T 152.4—1988）

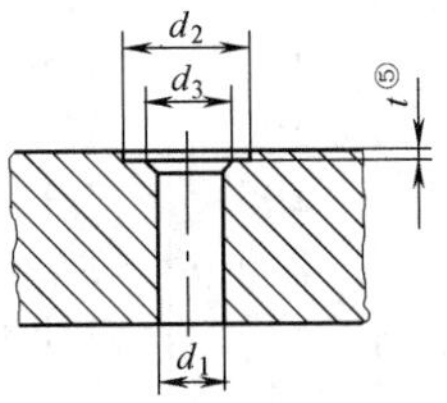

螺纹规格	1.6	2	2.5	3	4	5	6	8	10	12	14	16	18	20
$d_2$③	5	6	8	9	10	11	13	18	22	26	30	33	36	40
d_3	—	—	—	—	—	—	—	—	—	16	18	20	22	24
$d_1$④	1.8	2.4	2.9	3.4	4.5	5.5	6.6	9.0	11.0	13.5	15.5	17.5	20.0	22.0
螺纹规格	22	24	27	30	33	36	39	42	45	48	52	55	60	64
$d_2$③	43	48	53	61	66	71	76	82	89	98	107	112	118	125
d_3	26	28	33	36	39	42	45	48	51	56	60	68	72	76
$d_1$④	24	26	30	33	36	39	42	45	48	52	56	62	66	70

① 尺寸 d_1 和 d_2 的公差带均为 H12。
② 尺寸 d_1、d_2 和 t 的公差均为 H13。
③ 尺寸 d_2 的公差带为 H15。
④ 尺寸 d_1 的公差带为 H13。
⑤ 对于尺寸 t，只要能制出与通孔轴线垂直的圆平面即可。

表 3-1-33 扳手空间（摘自 JB/ZQ 4005—2006） /mm

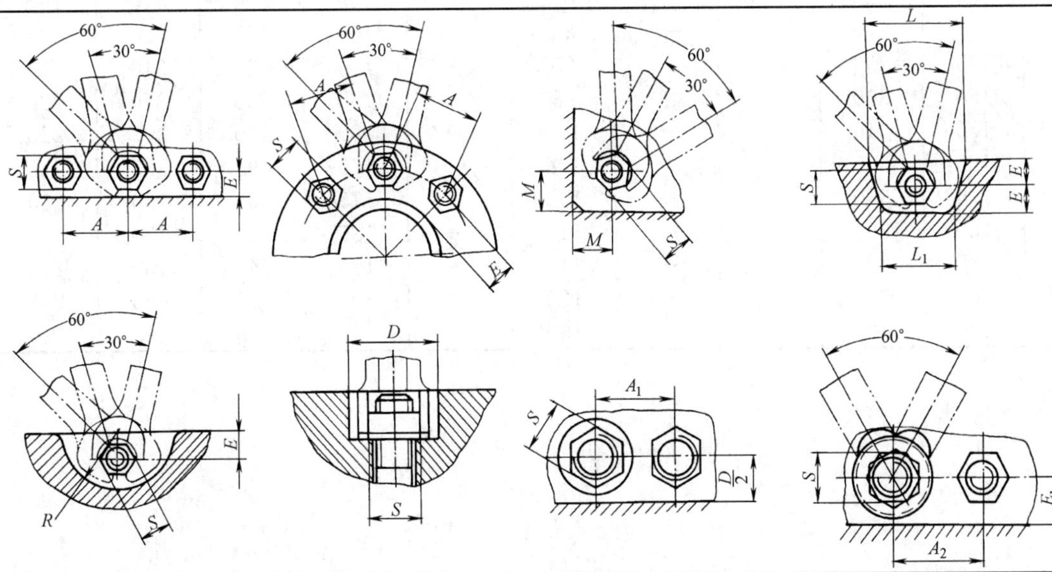

续表

螺纹直径 d	S	A	A_1	A_2	E	E_1	M	L	L_1	R	D
3	5.5	18	12	12	5	7	11	30	24	15	14
4	7	20	16	14	6	7	12	34	28	16	16
5	8	22	16	15	7	10	13	36	30	18	20
6	10	26	18	18	8	12	15	46	38	20	24
8	13	32	24	22	11	14	18	55	44	25	28
10	16	38	28	26	13	16	22	62	50	30	30
12	18	42	—	30	14	18	24	70	55	32	—
14	21	48	36	34	15	20	26	80	65	36	40
16	24	55	38	38	16	24	30	85	70	42	45
18	27	62	45	42	19	25	32	95	75	46	52
20	30	68	48	46	20	28	35	105	85	50	56
22	34	76	55	52	24	32	40	120	95	58	60
24	36	80	58	55	24	34	42	125	100	60	70
27	41	90	65	62	26	36	46	135	110	65	76
30	46	100	72	70	30	40	50	155	125	75	82
33	50	108	76	75	32	44	55	165	130	80	88
36	55	118	85	82	36	48	60	180	145	88	95
39	60	125	90	88	38	52	65	190	155	92	100
42	65	135	96	96	42	55	70	205	165	100	106
45	70	145	105	102	45	60	75	220	175	105	112
48	75	160	115	112	48	65	80	235	185	115	126
52	80	170	120	120	48	70	84	245	195	125	132
56	85	180	126	—	52	—	90	260	205	130	138
60	90	185	134	—	58	—	95	275	215	135	145
64	95	195	140	—	58	—	100	285	225	140	152
68	100	205	145	—	65	—	105	300	235	150	158
72	105	215	155	—	68	—	110	320	250	160	168
76	110	225	—	—	70	—	115	335	265	165	—
80	115	235	165	—	72	—	120	245	275	170	178
85	120	245	175	—	75	—	125	360	285	180	188
90	130	260	190	—	80	—	135	390	310	190	208
95	135	270	—	—	85	—	140	405	320	200	—
100	145	290	215	—	95	—	150	435	340	215	238
105	150	300	—	—	98	—	155	450	350	220	—
110	155	310	—	—	100	—	160	460	360	225	—
115	165	330	—	—	108	—	170	495	385	245	—
120	170	340	—	—	108	—	175	505	400	250	—
125	180	360	—	—	115	—	185	535	420	270	—
130	185	370	—	—	115	—	190	545	430	275	—
140	200	385	—	—	120	—	205	585	465	295	—
150	210	420	310	—	130	—	215	625	495	310	350

第 2 章

螺纹连接

2.1 紧固件标记方法（摘自 GB/T 1237—2000，等效 ISO 8991：1986）

（1）紧固件产品的完整标记

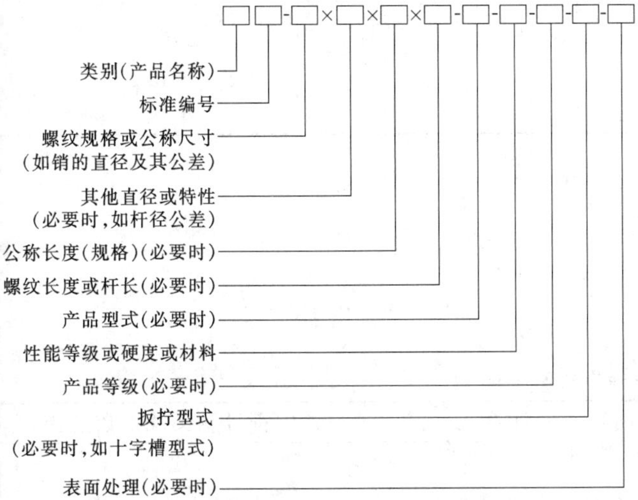

（2）标记的简化原则

① 类别（名称）、标准年代号及其前面的“—”，允许全部或部分省略。省略年代号的标准应以现行标准为准。

② 标记中的“—”允许全部或部分省略；标记中“其他直径或特性”前面的“×”允许省略。但省略后不应导致对标记的误解，一般以空格代替。

③ 当产品标准中只规定一种产品型式、性能等级或硬度或材料、产品等级、扳拧型式及表面处理时，允许全部或部分省略。

④ 当产品标准中规定两种及其以上的产品型式、性能等级或硬度或材料、产品等级、扳拧型式及表面处理时，应规定可以省略其中的一种，并在产品标准的标记示例中给出省略后的简化标记。

（3）标记示例

① 螺纹规格 d＝M12、公称长度 l＝80mm、性能等级为 10.9 级、表面氧化、产品等级为 A 级的六角头螺栓的标记为：

螺栓 GB/T 5782—2000-M12×80-10.9-A-0（完整标记）

② 螺纹规格 d＝M12、公称长度 l＝80mm、性能等级为 8.8 级、表面氧化、产品等级为 A 级的六角头螺栓的标记为：

螺栓　GB/T 5782 M12×80（简化标记）

③ 螺纹规格 D＝M12、性能等级为 10 级、表面氧化、产品等级为 A 级的Ⅰ型六角螺母的标记为：

螺母　GB/T 6170—2000-M12-10-A-0（完整标记）

④ 螺纹规格 D＝M12、性能等级为 8 级、不经表面处理、产品等级为 A 级的Ⅰ型六角螺母的标记为：

螺母　GB/T 4170 M12（简化标记）

⑤ 公称直径 d＝6mm、公差为 m6、公称长度 l＝30mm、材料为 C1 组马氏体不锈钢、表面简单处理的圆柱销的标记为：

销　GB/T 119.2—2000-6m6×30-C1-简单处理（完整标记）

⑥ 公称直径 d＝6mm、公差为 m6、公称长度 l＝30mm、材料为钢、普通淬火（A 型）、表面氧化的圆柱销标记为：

销　GB/T 119.2　6×30（简化标记）

2.2 螺纹连接的几种主要类型和应用

表 3-2-1　螺纹连接的主要类型和应用

类型	螺　栓	双头螺柱	螺　钉	紧定螺钉
结构	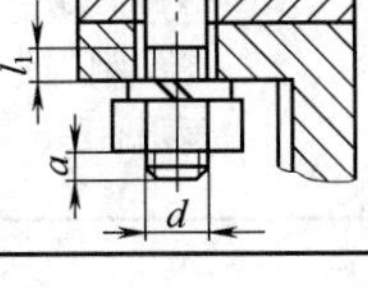	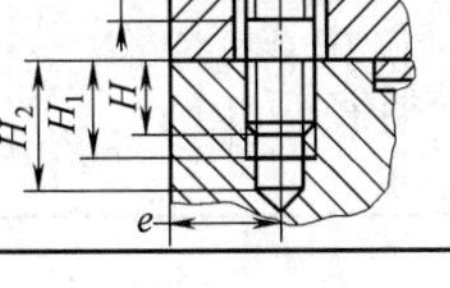	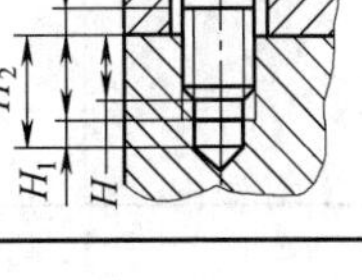	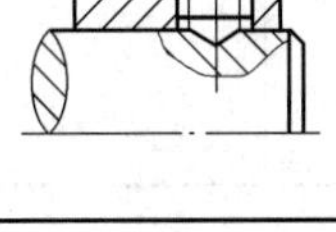

续表

类型	螺栓	双头螺柱	螺钉	紧定螺钉
应用	用于通孔，损坏后容易更换	多用于盲孔，被连接件需要经常拆卸时	多用于盲孔，被连接件很少拆卸时	用以固定两个零件的相对位置，可传递不大的力和转矩
结构参数	螺纹余留长度 l_1 静载荷 $l_1 \geqslant (0.3 \sim 0.5)d$ 变载荷 $l_1 \geqslant 0.75d$ 冲击弯曲载荷 $l_1 \geqslant d$ 螺纹伸出长度 a $a \approx (0.2 \sim 0.3)d$ 螺栓中心到边缘的距离 e $e = d + (3 \sim 6)\text{mm}$	座端拧入深度 H 当螺孔处材料为 钢或青铜时 $H \approx d$ 铸铁时 $H \approx (1.25 \sim 1.5)d$ 铝合金时 $H = (1.5 \sim 2.5)d$ 螺纹孔深度 $H_1 \approx H + (2 \sim 2.5)P$① 钻孔深度 $H_2 \approx H_1 + (0.5 \sim 1)d$ 其余尺寸同螺栓连接		

① P 为螺距。

2.3 螺纹连接强度计算

螺栓受力分析和强度计算见表 3-2-2。

表 3-2-2 螺栓强度计算

受载情况			简图	工作要求	计算内容	计算公式	式中符号意义及系数选择
不预紧连接	轴向载荷		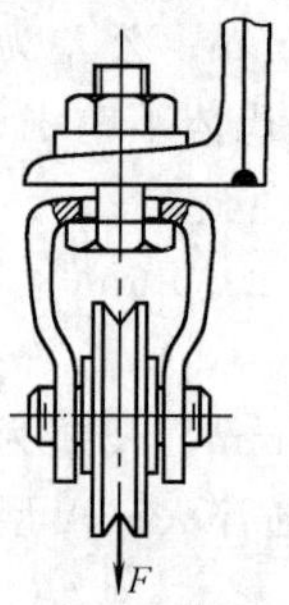	应保证螺栓的强度	校核螺栓的拉伸强度	$\sigma_1 = \frac{F}{A_s} \leqslant [\sigma]_1$	F——轴向外载荷，N A_s——螺纹部分危险截面之计算面积 $A_s = \frac{\pi d_1^2}{4}$ mm² d_1——螺纹小径，mm $[\sigma]_1$——螺栓许用拉应力，MPa R_{eL}——螺栓材料屈服强度，MPa
					确定螺栓直径	$A_s = \frac{F}{[\sigma]_1}$ $[\sigma]_1 = \frac{R_{eL}}{1.2 \sim 1.7}$	
预紧连接	轴向载荷	静载荷	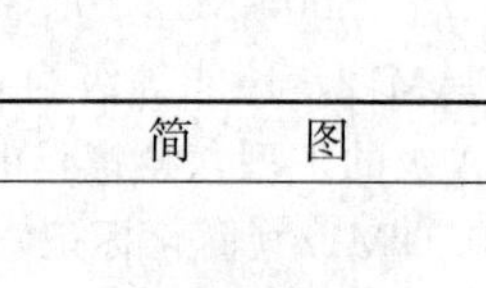	受到负载后保证紧密性	全部螺栓承受的轴向载荷	$F_\Sigma = (K_o + K_c)F$	F——轴向外载荷，N K_o——预紧系数，查表 3-2-7 K_c——刚度系数，查表 3-2-5 F'_Σ——单个螺栓承受载荷，N Z——螺栓个数 $[\sigma]_1$——螺栓许用应力，MPa n——安全系数，当控制预紧力时，$n = 1.2 \sim 1.5$；不控制预紧力时，查表 3-2-6
					校核螺栓拉伸强度	$\sigma_1 = \frac{1.3F'_\Sigma}{A_s} \leqslant [\sigma]_1$ $F'_\Sigma = \frac{F_\Sigma}{Z}$	
					确定螺栓直径	$A_s = \frac{1.3F'_\Sigma}{[\sigma]_1}$ $[\sigma]_1 = \frac{\sigma_s}{n}$	

受载情况			简图	工作要求	计算内容	计算公式	式中符号意义及系数选择
预紧连接	轴向载荷	变载荷	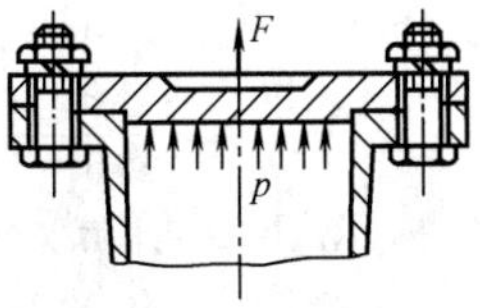		按循环应力幅校核强度 确定螺栓直径	$\sigma_a=\dfrac{K_cF'}{2A_s}\leqslant[\sigma]_a$ $[\sigma]_a=\dfrac{\varepsilon\sigma_{-1l}}{n_aK_\sigma}$ $A_s\geqslant\dfrac{K_cF'}{2[\sigma]_a}$	$F'=\dfrac{F}{Z}$ (N) K_c——相对刚性系数，查表3-2-7 n_a——安全系数，控制预紧力时，$n_a=1.5\sim2.5$；不控制预紧力时，$n_a=2.5\sim5$ $[\sigma]_a$——螺栓的许用应力幅，MPa ε——尺寸系数，其值为（见下表） σ_{-1l}——材料在对称循环下的疲劳极限，MPa，查表3-2-3 K_σ——有效应力集中系数，查表3-2-8 A_s——螺栓危险截面的计算面积，mm^2
					按最大应力校核强度 确定螺栓直径	$\sigma_1=\dfrac{(K_o+K_c)F'}{A_s}\leqslant[\sigma]_1$ $A_s=\dfrac{(K_o+K)F'}{[\sigma]_1}$	$[\sigma]_1$——许用应力，MPa $[\sigma]_1=\dfrac{R_{eL}}{n}$ n——安全系数，控制预紧力时，$n=1.2\sim1.5$；不控制预紧力时，查表3-2-6 R_{eL}——屈服强度

d/mm	12	16	20	24	28
ε	1	0.87	0.81	0.76	0.71

d/mm	32	36	42	48
ε	0.68	0.65	0.62	0.60

d/mm	56	64	70	80
ε	0.57	0.54	0.52	0.50

续表

<table>
<tr><th colspan="3">受载情况</th><th>简　图</th><th>工作要求</th><th>计算内容</th><th>计 算 公 式</th><th>式中符号意义及系数选择</th></tr>
<tr><td rowspan="5">预紧连接</td><td rowspan="5">横向载荷</td><td rowspan="3">普通螺栓</td><td rowspan="3">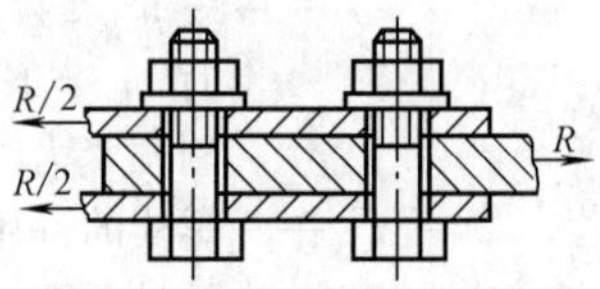</td><td rowspan="5">连接应预紧,受载后被连接件不得相对滑动</td><td>所需预紧力</td><td>$F_o=\frac{K_n R}{Zmf}$</td><td rowspan="5">R——横向载荷,N
F_o——每个螺栓所需预紧力,N
m——摩擦面的数量
f——接合面间的摩擦因数,查表 3-2-4
Z——螺栓个数
K_n——可靠性系数,通常取 $K_n=1.1\sim1.3$
n——安全系数,当控制预紧力时,$n=1.2\sim1.5$;不控制预紧力时,查表 3-2-6
τ——每个螺栓承受的剪应力,MPa
m——剪切面的数量
Z——承载螺栓个数
$[\tau]$——螺栓的许用剪应力,MPa,静载时,$[\tau]=\frac{R_{eL}}{2.5}$;变载时,$[\tau]=\frac{\sigma_s}{3.5\sim5}$
$[\sigma_p]$——计算对象的许用挤压应力,MPa,静载时,钢$[\sigma_p]=\frac{R_{eL}}{1.25}$,铸铁$[\sigma_p]=\frac{R_m}{2\sim2.5}$,查表 3-2-9
δ——计算对象的接触长度,mm
d_s——螺栓抗剪部位直径,mm
R_m——抗拉强度</td></tr>
<tr><td>校核螺栓拉伸强度</td><td>$\sigma_l=\frac{1.3F_o}{A_s}\leqslant[\sigma]_l$
$[\sigma]_l=\frac{\sigma_s}{n}$</td></tr>
<tr><td>确定螺栓直径</td><td>$A_s\geqslant\frac{1.3F_o}{[\sigma]_l}$</td></tr>
<tr><td rowspan="2">铰制孔螺栓</td><td rowspan="2">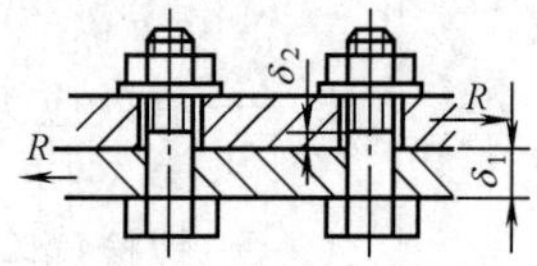$\delta=\delta_1$、δ_2 中之较小值</td><td>螺栓螺杆的剪应力</td><td>$\tau=\frac{R}{m\frac{\pi}{4}d_s^2}\leqslant[\tau]$
$[\tau]=\frac{R_{eL}}{2.5}$</td></tr>
<tr><td>被连接件孔壁或螺栓光杆部分的挤压应力</td><td>$\sigma_p=\frac{R}{Zd\delta}\leqslant[\sigma_p]$</td></tr>
</table>

表 3-2-3　螺纹连接件常用材料及其力学性能　/MPa

钢　号	抗拉强度 R_m	屈服强度 R_{eL}	疲劳极限	
			弯曲 σ_{-1}	拉压 σ_{-1l}
10	340～420	210	160～220	120～150
Q215	340～420	220		
Q235	410～470	240	170～220	120～160
35	540	320	220～300	170～220
45	610	360	250～340	190～250
40Cr	750～1000	650～900	320～440	240～340

表 3-2-4　预紧连接接合面的摩擦因数 f 值

被连接件	表面状态	f 值
钢或铸铁零件	干燥的加工表面	0.1～0.16
	有油的加工表面	0.06～0.10
钢结构	喷砂处理	0.45～0.55
	涂覆锌漆	0.35～0.40
	轧制表面，钢丝刷清理浮锈	0.30～0.35

表 3-2-5　螺栓相对刚度系数 K_c 值

连　接　型　式	K_c 值
连杆螺栓	0.2
钢板连接＋金属垫(或无垫)	0.2～0.3
钢板连接＋皮革垫	0.7
钢板连接＋铜皮石棉垫	0.8
钢板连接＋橡胶垫	0.9

表 3-2-6　预紧连接螺栓的安全系数 n 值

(不控制预紧力)

钢种	静　载　荷			变　载　荷		
	M6～M16	M16～M30	M30～M60	M6～M16	M16～M30	M30～M60
碳钢	4～3	3～2	2～1.3	10～6.5	6.5	6.5～10
合金钢	5～4	4～2.5	2.5	7.5～5	5	5～7.5

表 3-2-7　预紧系数 K_0 值

连接的情况		K_0 值
紧固	静载荷	1.2～2.0
	变载荷	2.0～4.0
紧密	软垫	1.5～2.5
	金属成形垫	2.5～3.5
	金属平垫	3.0～4.5

表 3-2-8　$d \geqslant 12$mm 螺栓的有效应力集中系数 K_σ

抗拉强度 R_m/MPa	400	600	800	1000
K_σ	3	3.9	4.8	5.2

注：辗压螺纹的 K_σ 应降低 20%～30%。

表 3-2-9　机座底板螺栓连接接合面的许用比压 $[\sigma_p]$

接合面材料	$[\sigma_p]$	接合面材料	$[\sigma_p]$
钢	$\frac{\sigma_s}{1.25}$	混凝土	2～3
		水泥浆砖砌面	1.2～2
铸铁	$\frac{R_m}{2\sim2.5}$	木材	2～4

2.4　螺纹连接紧固件的材料和力学、物理性能

表 3-2-10　螺栓、螺钉和螺柱的力学和物理性能

(摘自 GB/T 3098.1—2010，等同 ISO 898-1：2009)

力学性能和物理性能			性能等级[5]									
			4.6	4.8	5.6	5.8	6.8	8.8[1] $d \leqslant 16$[3]/mm	8.8[1] $d > 16$[3]/mm	9.8[2]	10.9	12.9
公称抗拉强度 $R_{m公称}$/MPa			400		500		600	800	800	900	1000	1200
最小抗拉强度 R_{mmin}[4]/MPa			400	420	500	520	600	800	830	900	1040	1220
维氏硬度　HV ($F \geqslant 98$N)	min		120	130	155	160	190	250	255	290	320	385
	max		220				250	320	335	360	380	435
布氏硬度　HBW ($F=30D^2$)	min		114	124	147	152	181	245	250	286	316	380
	max		209				238	316	331	355	375	429
洛氏硬度　HRC	min	HRB	67	71	79	82	89	—	—	—	—	—
		HRC	—	—	—	—	—	22	23	28	32	39
	max	HRB	95.0				99.5	—	—	—	—	—
		HRC	—				—	32	34	37	39	44
屈服强度 R_{eL}/MPa	公称		240	—	300	—	—	—	—	—	—	—
	min		240	—	300	—	—	—	—	—	—	—

力学性能和物理性能		性能等级⑤									
		4.6	4.8	5.6	5.8	6.8	8.8① $d\leqslant16$③/mm	8.8① $d>16$③/mm	9.8②	10.9	12.9
规定非比例伸长应力 $R_{p0.2}$/MPa	公称	—				—	640	640	720	900	1080
	min	—				—	640	660	720	940	1100
保证应力比	S_p/σ_s 或 $S_p/R_{p0.2}$	0.94	0.91	0.93	0.90	0.92	0.91	0.91	0.90	0.88	0.88
保证应力	S_p/MPa	225	310	280	380	440	580	600	650	830	970
破坏转矩 M_B/N·m	min	—					按 GB/T 3098.13 规定				
断后伸长率 A/%	min	22	—	20	—	—	12	12	10	9	8

① 因超拧造成载荷超出保证载荷时，对螺纹直径 $d\leqslant16$mm 的 8.8 级螺栓，则增加了螺母脱扣的危险。推荐参考 GB/T 3098.2。

② 仅适用于螺纹直径 $d\leqslant16$mm。

③ 对钢结构用螺栓为 12mm。

④ 最小抗拉强度适用于公称长度 $l\geqslant2.5d$ 的产品；最低硬度适用于长度 $l<2.5d$ 及其他不能进行拉力试验（如头部结构的影响）的产品。

⑤ 性能等级的标记代号由两部分数字组成：第一部分数字表示公称抗拉强度的 1/100；第二部分数字表示公称屈服强度（σ_s）或公称规定非比例伸长应力（$R_{p0.2}$）与公称抗拉强度（R_m）比值（屈强比）的 10 倍。

表 3-2-11　螺栓、螺钉和螺柱的材料

（摘自 GB/T 3098.1—2010，等同 ISO 898-1：2009）

性能等级	材料和热处理	化学成分/%					回火温度/℃
		C		P	S	B	
		min	max	max	max	max	min
4.6	碳钢	—	0.55	0.05	0.06	未规定	—
4.8							
5.6		0.13	0.55	0.05	0.06	未规定	—
5.8		—	0.55	0.05	0.06		
6.8		0.15					
8.8	低碳合金钢(如硼、锰或铬),淬火并回火	0.15	0.04	0.025	0.025	0.003	425
	或中碳钢,淬火并回火	0.25	0.55	0.025	0.025		
9.8	低碳合金钢(如硼、锰或铬),淬火并回火	0.15	0.40	0.025	0.025	0.003	425
	或中碳钢,淬火并回火	0.25	0.55	0.025	0.025		
10.9	低碳合金钢(如硼、锰或铬),淬火并回火	0.20	0.55	0.025	0.025	0.003	340
	中碳钢,淬火并回火	0.25	0.55	0.025	0.025	0.003	425
	或低、中碳合金钢(如硼、锰或铬),淬火并回火	0.20	0.55	0.025	0.025		
12.9	合金钢淬火并回火	0.30	0.50	0.025	0.025	0.003	380
	低合金钢,淬火并回火	0.28	0.50	0.025	0.025	0.003	

表 3-2-12　螺母的力学性能

粗牙螺纹(摘自 GB/T 3098.2—2015,等同 ISO 898-2:2012)

螺纹规格		性能等级							
		04				05			
		维氏硬度 HV		螺母		维氏硬度 HV		螺母	
>	≤	min	max	热处理	型式	min	max	热处理	型式
M5	M16	188	302	不淬火回火	薄型	272	353	淬火并回火	薄型
M16	M39								

螺纹规格		性能等级											
		5				6				8			
		维氏硬度 HV		螺母		维氏硬度 HV		螺母		维氏硬度 HV		螺母	
>	≤	min	max	热处理	型式	min	max	热处理	型式	min	max	热处理	型式
M5	M16	130	302	不淬火回火	1	150	302	不淬火回火	1	180 200	302	不淬火回火	1
M16	M39	146				170				233	353	不淬火回火	

螺纹规格		性能等级							
		8				10			
		维氏硬度 HV		螺母		维氏硬度 HV		螺母	
>	≤	min	max	热处理	型式	min	max	热处理	型式
M5	M16	—	—	—	—	272	353	淬火并回火	1
M16	M39	180	302	不淬火回火	2				

螺纹规格		性能等级							
		12							
		维氏硬度 HV		螺母		维氏硬度 HV		螺母	
>	≤	min	max	热处理	型式	min	max	热处理	型式
M5	M16	295	353	淬火并回火	1	272	353	淬火并回火	2
M16	M39	—	—	—	—				

细牙螺纹(摘自 GB/T 3098.2—2015,等同 ISO 898-2:2012)

螺纹直径 d/mm	性能等级											
	04				05				5			
	维氏硬度 HV		螺母		维氏硬度 HV		螺母		维氏硬度 HV		螺母	
	min	max	热处理	型式	min	max	热处理	型式	min	max	热处理	型式
8×1～16×1.5	188	302	不淬火回火	薄型	272	353	淬火并回火	薄型	175	302	不淬火回火	1

第3篇

续表

细牙螺纹（摘自 GB/T 3098.2—2015，等同 ISO 898-2:2012）												
螺纹直径 d/mm	性能等级											
	04				05				5			
	维氏硬度 HV		螺母		维氏硬度 HV		螺母		维氏硬度 HV		螺母	
	min	max	热处理	型式	min	max	热处理	型式	min	max	热处理	型式
16×1.5～39×3	188	302	不淬火回火	薄型	272	353	淬火并回火	薄型	190	302	不淬火回火	1

螺纹直径 d/mm	性能等级											
	6				8							
	维氏硬度 HV		螺母		维氏硬度 HV		螺母		维氏硬度 HV		螺母	
	min	max	热处理	型式	min	max	热处理	型式	min	max	热处理	型式
8×1～16×1.5	188	302	不淬火回火	1	250	353	淬火并回火	1	195	302	不淬火回火	2
16×1.5～39×3	233				295				—	—		—

螺纹直径 d/mm	性能等级											
	10								12			
	维氏硬度 HV		螺母		维氏硬度 HV		螺母		维氏硬度 HV		螺母	
	min	max	热处理	型式	min	max	热处理	型式	min	max	热处理	型式
8×1～16×1.5	295	353	淬火并回火	1	250	353	淬火并回火	2	295	353	淬火并回火	2
16×1.5～39×3	260	353	—	—	260				—	—	—	—

注：1. 最低硬度仅对经热处理的螺母或规格太大而不能进行保证载荷试验的螺母，才是强制性的；对其他螺母不是强制性的，是指导性的。对不淬火回火的，而又能满足保证载荷试验的螺母，最低硬度应不作为拒收依据。

2. $d>16$mm 的螺母，可以淬火并回火，由制造者确定（GB/T 3098.2）。

表 3-2-13　螺母的性能等级及其相配件的性能等级

（摘自 GB/T 3098.2—2015，等同 ISO 898-2：2012）

螺母性能等级	搭配使用的螺栓、螺钉或螺柱的最高性能等级	螺母性能等级	搭配使用的螺栓、螺钉或螺柱的最高性能等级
5	5.8	10	10.9
6	6.8	12	12.9/<u>12.9</u>
8	8.8		

螺母螺纹公差为 6H 的基本偏差大于零的螺母（如热浸镀锌螺母：6AZ、6AX），则可能降低其螺纹脱扣强度。薄螺母（0 型）较标准螺母或高螺母降低了承载能力，故不应设计使用于抗脱扣的场合。

薄螺母作为锁紧螺母使用时，应与一个标准螺母或高螺母一同使用。安装时，应先将薄螺母拧紧到装配零件上，然后再将标准螺母或高螺母拧紧到薄螺母上。

表 3-2-14　螺母的材料（摘自 GB/T 3098.2—2015，等同 ISO 898-2：2012）

性能等级			材料与螺母热处理	化学成分极限（熔炼分析）/% C max	Mn min	P max	S max
粗牙螺纹	04		碳钢	0.58	0.25	0.60	0.150
	05		碳钢　淬火并回火	0.58	0.30	0.048	0.058
	5		碳钢	0.58	—	0.60	0.150
	6		碳钢	0.58	—	0.60	0.150
	8	高螺母(2 型)	碳钢	0.58	0.25	0.60	0.150
	8	标准螺母(1 型)$D \leqslant$M16	碳钢	0.58	0.25	0.60	0.150
	8	标准螺母(1 型)$D >$M16	碳钢　淬火并回火	0.58	0.30	0.048	0.058
	10		碳钢　淬火并回火	0.58	0.30	0.048	0.058
	12		碳钢　淬火并回火	0.58	0.45	0.048	0.058
细牙螺纹	04		碳钢	0.58	0.25	0.060	0.150
	05		碳钢　淬火并回火	0.58	0.30	0.048	0.058
	5		碳钢	0.58	—	0.060	0.150
	6	$D \leqslant$M16	碳钢	0.58	—	0.060	0.150
	6	$D >$M16	碳钢　淬火并回火	0.58	0.30	0.048	0.058
	8	高螺母(2 型)	碳钢	0.58	0.25	0.060	0.150
	8	标准螺母(1 型)	碳钢　淬火并回火	0.58	0.30	0.048	0.058
	10		碳钢　淬火并回火	0.58	0.30	0.048	0.058
	12		碳钢　淬火并回火	0.58	0.45	0.048	0.058

表 3-2-15　紧定螺钉的材料和力学性能（摘自 GB/T 3098.3—2016，等同 ISO 898-5：2012）

力学性能			性能等级① 14H	22H	33H	45H
维氏硬度　HV10		min	140	220	330	450
		max	290	300	440	560
布氏硬度($F=30D^2$)　HBW		min	133	209	314	428
		max	276	285	418	532
洛氏硬度	HRB	min	75	95	—	—
		max	105	②	—	—
	HRC	min	—	②	33	45
		max	—	30	44	53
保证转矩			—	—	—	见附表
螺纹未脱碳层的最小高度 E_{min}			—	$\frac{1}{2}H_1$	$\frac{2}{3}H_1$	$\frac{3}{4}H_1$
全脱碳层的最大深度 G_{max}/mm			—	0.015	0.015	③
表面硬度　HV0.3		max	—	320	450	580
材　料	钢材类别		碳钢①②	碳钢③	碳钢③	合金钢③④
	热处理		淬火并回火	淬火并回火	淬火并回火	淬火并回火

① 使用易切钢时，其铅、磷及硫的最大含量为：铅 0.35%；磷 0.11%；硫 0.34%。

② 方头紧定螺钉允许表面硬化。

③ 可以采用最大含铅量为 0.35%的钢材。

④ 应含有一种或多种铬、镍、钼、钒或硼合金元素。

附表　　45H 级保证转矩

螺纹公称直径 d/mm	试验螺钉的最小长度/mm				保证转矩/N·m
	平端	锥端	圆柱端	凹端	
3	4	5	6	5	0.9
4	5	6	8	6	2.5
5	6	8	8	6	5
6	8	8	10	8	8.5
8	10	10	12	10	20
10	12	12	16	12	40
12	16	16	20	16	65
16	20	20	25	20	160
20	25	25	30	25	310
24	30	30	35	30	520

注：1. 本表规定了用碳钢或合金钢制造的，在环境温度为 10～35℃ 条件下进行试验时，螺纹公称直径为 1.6～24mm 的紧定螺钉及类似的不受拉应力的紧固件的力学性能。而在较高或较低温度下，力学物理性能会有不同，使用时应予以注意。

2. 性能等级用代号标记：代号的数字部分表示最低维氏硬度的 1/10，代号中的 H 字母表示硬度。例如："14H 级"表示这种材料的最低维氏硬度为 140。

3. 内六角紧定螺钉没有 14H、22H 和 33H 级。

4. 对 45H 级不允许有脱碳层。

表 3-2-16　自攻螺钉的力学性能（摘自 GB/T 3098.5—2016，等同 ISO 2702：2011）

螺纹规格	板厚/mm		孔径/mm		破坏转矩/N·m	淬碳深度/mm	
	min	max	min	max	min	min	max
ST2.2	1.17	1.30	1.905	1.955	0.45	0.04	0.10
ST2.6	1.17	1.30	2.185	2.235	0.9		
ST2.9	1.17	1.30	2.415	2.465	1.5	0.05	0.18
ST3.3	1.17	1.30	2.68	2.73	2	0.05	0.18
ST3.5	1.85	2.06	2.92	2.97	2.7		
ST3.9	1.85	2.06	3.24	3.29	3.4	0.10	0.23
ST4.2	1.85	2.06	3.43	3.48	4.4		
ST4.8	3.10	3.23	4.015	4.065	6.3		
ST5.5	3.10	3.23	4.735	4.785	10		
ST6.3	4.67	5.05	5.475	5.525	13.6	0.15	0.28
ST8	4.67	5.05	6.885	6.935	30.5		

注：1. 自攻螺钉用冷镦、渗碳钢制造。

2. 热处理后螺钉的表面硬度应≥450HV0.3；其芯部硬度应为：

螺纹≤ST3.9：270～390HV5；

螺纹≥ST4.2：270～390HV10。

3. 拧入性能：当螺钉拧入表中规定的试验板时（试验板由含碳量≤0.23% 的低碳钢制成，其硬度为 130～170HV），能攻出与其匹配的内螺纹，而螺钉的螺纹不应损坏。

表 3-2-17　不锈钢螺栓、螺钉、螺柱的力学性能标记和材料

（摘自 GB/T 3098.6—2014，等同 ISO 3506-1：2009）

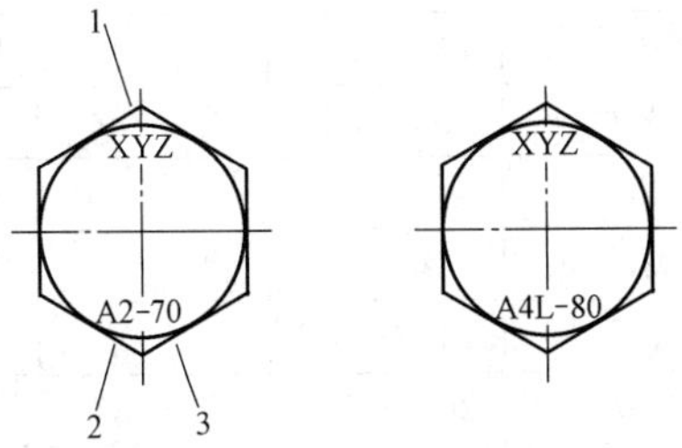

1—制造者的识别标志；六角头螺栓和螺钉的标志
2—钢的组别；3—性能等级

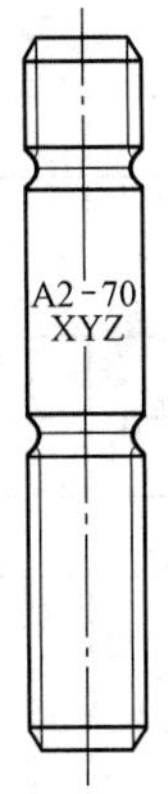

螺柱的标志

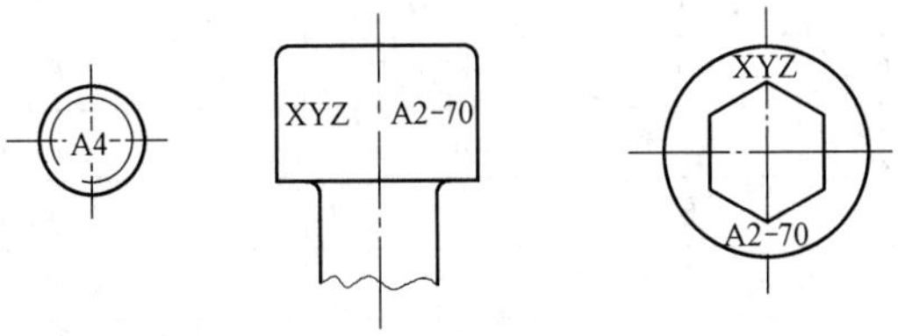

内六角和内六角花形圆柱头螺钉的标志

不 锈 钢 材 料

类别	组别	化学成分/%								
		C	Si	Mn	P	S	Cr	Mo	Ni	Cu
奥氏体	A1	0.12	1	6.5	0.2	0.15～0.35	16～19	0.7	5～10	1.75～2.25
	A2	0.1	1	2	0.05	0.03	15～20	—	8～19	4
	A3	0.08	1	2	0.045	0.03	17～19	—	9～12	1
	A4	0.08	1	2	0.045	0.03	16～18.5	2～3	10～15	1
	A5	0.08	1	2	0.045	0.03	16～18.5	2～3	10.5～14	1
马氏体	C1	0.09～0.15	1	1	0.05	0.03	11.5～14	—	1	—
	C3	0.17～0.25	1	1	0.04	0.03	16～18	—	1.5～2.5	—
	C4	0.08～0.15	1	1.5	0.06	0.15～0.35	12～14	0.6	1	—
铁素体	F1	0.12	1	1	0.04	0.03	15～18	—	1	—

注：不锈钢的类别和组别，以及涉及其特性和应用的说明，详见 GB/T 3098.6 中的附录 B。

奥氏体钢螺栓、螺钉和螺柱力学性能

类别	组别	性能等级	螺纹直径	抗拉强度 R_m① /MPa min	规定非比例伸长应力 $R_{p0.2}$① /MPa min	断后伸长量 A /mm min
奥氏体	A1、A2、A3、A4、A5	50	≤M39	500	210	0.6d②
		70	≤M24③	700	450	0.4d
		80	≤M24③	800	600	0.3d

马氏体和铁素体钢螺栓、螺钉和螺柱力学性能								
类别	组别	性能等级	抗拉强度 R_m ① /MPa min	规定非比例伸长应力 $R_{p0.2}$ ① /MPa min	断后伸长量 A /mm min	硬度		
						HBS	HRC	HV
马氏体	C1	50	500	250	$0.2d$	147～209	—	155～220
		70	700	410	$0.2d$	209～314	20～34	220～330
		110④	1100	820	$0.2d$	—	36～45	350～440
	C3	80	800	640	$0.2d$	228～323	21～35	240～340
	C4	50	500	250	$0.2d$	147～209	—	155～220
		70	700	410	$0.2d$	209～314	20～34	220～330
铁素体	F1⑤	45	450	250	$0.2d$	128～209	—	135～220
		60	600	410	$0.2d$	171～271	—	180～285

① R_m 和 $R_{p0.2}$ 是根据螺纹的应力截面积计算出来的。

② d 为螺纹的公称直径。

③ 螺纹公称直径 $d>24$mm 的紧固件，其力学性能应由供需双方协议，并可按本表给出的组别和性能等级标志。

④ 淬火并回火，最低回火温度为 275℃。

⑤ 螺纹公称直径 $d\leqslant24$mm。

奥氏体钢螺栓和螺钉的破坏转矩 M1.6～M16(粗牙螺纹)							
螺纹	破坏转矩 M_{Bmin}/N·m 性能等级			螺纹	破坏转矩 M_{Bmin}/N·m 性能等级		
	50	70	80		50	70	80
M1.6	0.15	0.2	0.24	M6	9.3	13	15
M2	0.3	0.4	0.48	M8	23	32	37
M2.5	0.6	0.9	0.96	M10	46	65	74
M3	1.1	1.6	1.8	M12	80	110	130
M4	2.7	3.8	4.3	M16	210	290	330
M5	5.5	7.8	8.8				

注：1. 对马氏体和铁素体钢紧固件的破坏转矩值，应由供需双方协议。

2. 表中规定了用奥氏体、马氏体和铁素体耐腐蚀不锈钢制造的，在环境温度为 15～25℃条件下进行试验时，公称直径$d\leqslant39$mm 的螺栓、螺钉和螺柱的力学性能。

3. 螺栓、螺钉和螺柱的不锈钢组别和性能等级的标记方法：材料标记是由短线划开的两部分组成，第一部分标记钢的组别，第二部分标记性能等级。

钢的组别（第一部分）标记由字母和一个数字组成，字母表示钢的类别，数字表示该类钢的化学成分范围。其中：A——奥氏体钢；C——马氏体钢；F——铁素体钢。

性能等级（第二部分）标记由两个数字组成，表示紧固件抗拉强度的 1/10。

示例：A2-70 表示奥氏体钢、冷加工、最小抗拉强度为 700MPa；

C4-70 表示马氏体钢、淬火并回火、最小抗拉强度为 700MPa。

若含碳量低于 0.03%的低碳不锈钢，可增加标记“L”，如 A4L-80。

4. 不锈钢螺栓、螺钉和螺柱的标志（公称直径≥6mm）见前本表中图。

2.5 螺栓

2.5.1 六角头螺栓

表 3-2-18 六角头螺栓—C 级（摘自 GB/T 5780—2016，等效 ISO 4016：2011），
六角头螺栓 全螺纹 C 级（摘自 GB/T 5781—2016，等效 ISO 4018：2011） /mm

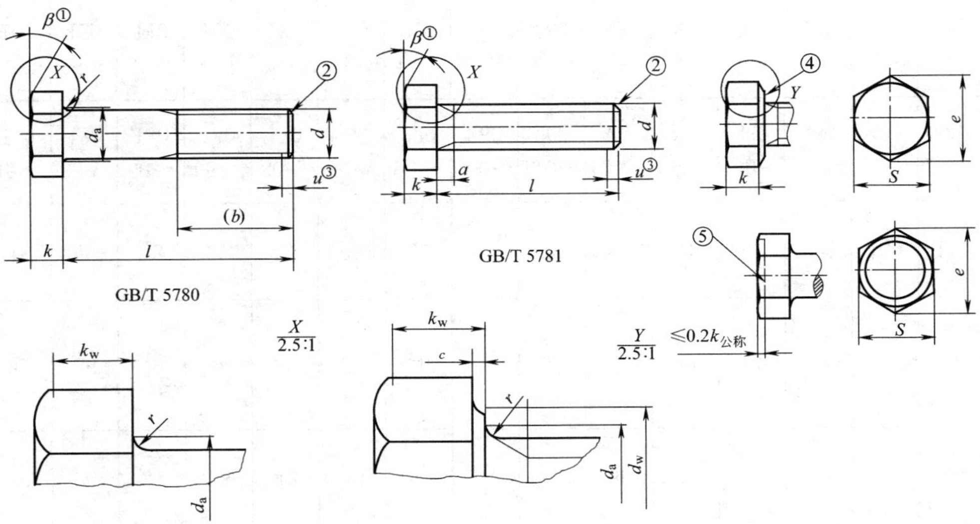

① $\beta = 15° \sim 30°$
② 无特殊要求末端
③ 不完整螺纹 $u \leqslant 2P$
④ 允许的垫圈面形式
⑤ 允许的凹穴型式，由制造者选择

标记示例如下

螺纹规格 d=M12、公称长度 l=80mm、性能等级为 4.8 级、不经表面处理、产品等级为 C 级的六角头螺栓的标记为：螺栓 GB/T 5780 M12×80

螺纹规格 d=12mm、公称长度 l=80mm、性能等级为 4.8 级、不经表面处理、全螺纹、产品等级为 C 级的六角头螺栓标记为：螺栓 GB/T 5781 M12×80

续表

螺纹规格 d		M5	M6	M8	M10	M12	(M14)	M16	(M18)	M20	(M22)	M24	(M27)	M30	(M33)	M36	(M39)	M42	(M45)	M48	(M52)	M56	(M60)	M64
a	max	3.2	4	5	6	7	6	8	7.5	10	7.5	12	9	14	10.5	16	12	13.5	13.6	15	15	16.5	16.5	18
e	min	8.63	10.89	14.2	17.59	19.85	22.78	26.17	29.56	32.95	37.29	39.55	45.2	50.85	55.37	60.79	66.44	72.02	76.95	82.6	88.25	93.56	99.21	104.86
$k_{公称}$		3.5	4	5.3	6.4	7.5	8.8	10	11.5	12.5	14	15	17	18.7	21	22.5	25	26	28	30	33	35	38	40
r	min	0.2	0.25	0.4	0.4	0.6	0.6	0.6	0.6	0.8	1	0.8	1	1	1	1	1	1.2	1.2	1.6	1.6	2	2	2
S	max	8	10	13	16	18	21	24	27	30	34	36	41	46	50	55	60	65	70	75	80	85	90	95
d_a	max	6	7.2	10.2	12.2	14.7	16.7	18.7	21.2	24.4	26.4	28.4	32.4	35.4	38.4	42.4	45.4	48.6	52.6	56.6	62.6	67	71	75
d_w	min	6.74	8.74	11.74	14.47	16.47	19.15	22	24.85	27.7	31.35	33.25	38	42.75	46.55	51.11	55.86	59.95	64.7	69.45	74.2	78.66	83.41	88.16
P(螺距)		0.8	1	1.25	1.5	1.75	2	2	2.5	2.5	2.5	3	3	3.5	3.5	4	4	4.5	4.5	5	5	5.5	5.5	6
b（参考）	$l_{公称} \leqslant$ 125mm	16	18	22	26	30	34	38	42	46	50	54	60	66	—	—	—	—	—	—	—	—	—	—
	125mm< $l_{公称} \leqslant$ 200mm	22	24	28	32	36	40	44	48	52	56	60	66	72	78	84	90	96	102	108	116	—	—	—
	$l_{公称} >$ 200mm	35	37	41	45	49	53	57	61	65	69	73	79	85	91	97	103	109	115	121	129	137	145	153
l 范围	GB/T 5780	25～50	30～65	40～90	45～100	55～120	60～140	65～160	80～180	80～200	90～220	100～260	110～260	120～300	130～320	140～360	150～400	180～400	180～440	200～480	200～500	240～500	240～500	260～500
	GB/T 5781	10～50	12～60	16～80	20～100	25～120	30～140	30～160	35～180	35～200	45～220	50～240	55～280	60～300	65～360	70～360	80～400	80～420	90～440	100～480	100～500	110～500	120～500	120～500
l 系列		10、12、16、20、25、30、35、40、45、50、55、60、65、70、80、90、100、110、120、130、140、150、160、180、200、220、240、260、280、300、320、340、360、380、400、420、440、460、480、500																						

技术条件	GB/T 5780 螺纹公差 8g		表面处理	不经处理
	GB/T 5781 螺纹公差 8g			电镀技术要求按 GB/T 5267.1;非电解锌粉覆盖层技术要求按 GB/T 5267.2
	材料:钢	产品等级:C		如需其他表面镀层或表面处理,应由供需双方协议

注：表中带有括号的为非优选螺纹规格。

表 3-2-19　六角头螺杆带孔螺栓 A 和 B 级（摘自 GB/T 31.1—2013），
六角头头部带孔螺栓 A 和 B 级（摘自 GB/T 32.1—1988）　　/mm

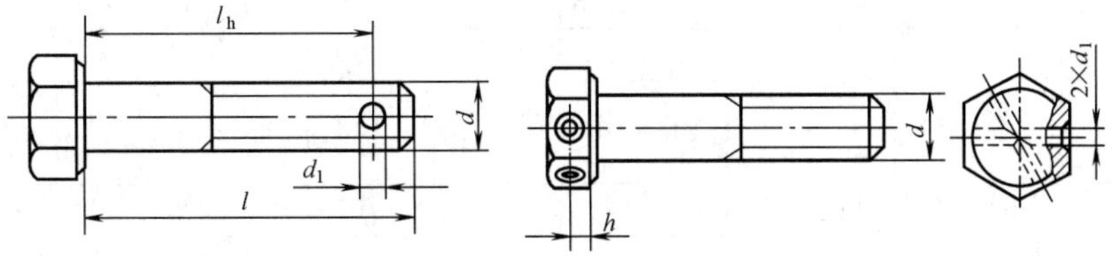

标记示例如下

螺纹规格 d=M12、公称长度 l=80mm、性能等级为 8.8 级、表面氧化的六角头头部带孔螺栓，标记为：螺栓 GB/T 32.1 M12×80

螺纹规格 d		M6	M8	M10	M12	(M14)	M16	(M18)	M20	(M22)	M24	(M27)	M30	M36	M42	M48
d_1	公称	1.6	2.0	2.5	3.2	3.2	4.0	4.0	4.0	5.0	5.0	5.0	6.3	6.3	8.0	8.0
	min	1.6	2.0	2.5	3.2	3.2	4.0	4.0	4.0	5.0	5.0	5.0	6.3	6.3	8.0	8.0
	max	1.85	2.25	2.75	3.5	3.5	4.3	4.3	4.3	5.3	5.3	5.3	6.66	6.66	8.36	8.36
$h\approx$		2.0	2.6	3.2	3.7	4.4	5.0	5.7	6.2	7.0	7.5	8.5	9.3	11.2	13	15
$l-l_h$		3.3	4	5	6	6.5	7	7	8	9	10	10	12	13	14	15

注：1. 螺栓的型式尺寸及技术条件按 GB/T 5782—2016 的规定，见表 3-2-23。

2. 尽可能不采用括号内的规格。

表 3-2-20　六角头螺栓（摘自 GB/T 5782—2016，等效 ISO 4014：2011），
六角头螺栓　全螺纹（摘自 GB/T 5783—2016，等效 ISO 4017：2014）　　/mm

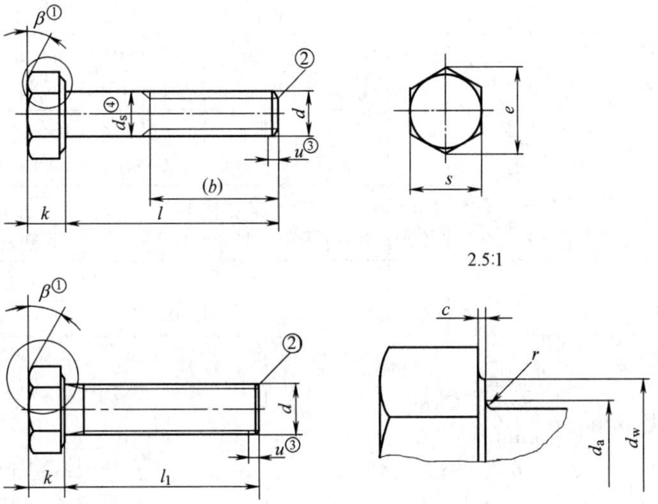

① β=15°～30°
② 无特殊要求末端
③ $u\leqslant 2P$
④ $d_s\approx$螺纹中径

标记示例：螺纹规格 d=M12、公称长度 l=80mm、性能等级为 8.8 级、表面氧化、产品等级为 A 级的六角头螺栓的标记为

螺栓　GB/T 5782　M12×80

螺纹规格 d=M12、公称长度 l=80mm、性能等级为 4.8 级、表面氧化、全螺纹、产品等级为 A 级的六角头螺栓的标记为

螺栓　GB/T 5783　M12×80

续表

螺纹规格 d			M1.6	M2	M2.5	M3	M4	M5	M6	M8	M10	M12	M16	M20	M24	M30	M36	M42	M48	M56	M64
P(螺距)			0.35	0.4	0.45	0.5	0.7	0.8	1	1.25	1.5	1.75	2	2.5	3	3.5	4	4.5	5	5.5	6
b 参考	$l_{公称}$≤125		9	10	11	12	14	16	18	22	26	30	38	46	54	66	—	—	—	—	—
	125<$l_{公称}$≤200		15	16	17	18	20	22	24	28	32	36	44	52	60	72	84	96	108	—	—
	$l_{公称}$>200		28	29	30	31	33	35	37	41	45	49	57	65	73	85	97	109	121	137	153
r min			0.1	0.1	0.1	0.1	0.2	0.2	0.25	0.4	0.4	0.6	0.6	0.8	0.8	1	1	1.2	1.6	2	2
s	公称=max		3.20	4.00	5.00	5.50	7.00	8.00	10.00	13.00	16.00	18.00	24.00	30.00	36.00	46	55.0	65.0	75.0	85.0	95.0
	min 产品等级	A	3.02	3.82	4.82	5.32	6.78	7.78	9.78	12.73	15.73	17.73	23.67	29.67	35.38	—	—	—	—	—	—
		B	2.90	3.70	4.70	5.20	6.64	7.64	9.64	12.57	15.57	17.57	23.16	29.16	35.00	45	53.8	63.1	73.1	82.8	92.8
k	公称		1.1	1.4	1.7	2	2.8	3.5	4	5.3	6.4	7.5	10	12.5	15	18.7	22.5	26	30	35	40
	产品等级 A	max	1.225	1.525	1.825	2.125	2.925	3.65	4.15	5.45	6.58	7.68	10.18	12.715	15.215	—	—	—	—	—	—
		min	0.975	1.275	1.575	1.875	2.675	3.35	3.85	5.15	6.22	7.32	9.82	12.285	14.785	—	—	—	—	—	—
	产品等级 B	max	1.3	1.6	1.9	2.2	3.0	3.74	4.24	5.54	6.69	7.79	10.29	12.85	15.35	19.12	22.92	26.42	30.42	35.5	40.5
		min	0.9	1.2	1.5	1.8	2.6	3.26	3.76	5.06	6.11	7.21	9.71	12.15	14.65	18.28	22.08	25.58	29.58	34.5	39.5
c		max	0.25	0.25	0.25	0.40	0.40	0.50	0.50	0.60	0.60	0.60	0.8	0.8	0.8	0.8	0.8	1.0	1.0	1.0	1.0
		min	0.10	0.10	0.10	0.15	0.15	0.15	0.15	0.15	0.15	0.15	0.2	0.2	0.2	0.2	0.2	0.3	0.3	0.3	0.3
d_a max			2	2.6	3.1	3.6	4.7	5.7	6.8	9.2	11.2	13.7	17.7	22.4	26.4	33.4	39.4	45.6	52.6	63	71
d_w min	产品等级	A	2.27	3.07	4.07	4.57	5.88	6.88	8.88	11.63	14.63	16.63	22.49	28.19	33.61	—	—	—	—	—	—
		B	2.30	2.95	3.95	4.45	5.74	6.74	8.74	11.74	14.47	16.47	22	27.7	33.25	42.75	51.11	59.95	69.45	78.66	88.16
e min	产品等级	A	3.41	4.32	5.45	6.01	7.66	8.79	11.05	14.38	17.77	20.03	26.75	33.53	33.98	—	—	—	—	—	—
		B	3.28	4.18	5.31	5.88	7.50	8.63	10.89	14.20	17.59	19.85	26.17	32.95	39.55	50.85	60.97	71.3	82.6	93.56	104.86
商品规格 l	产品等级	A	12～16	16～20	16～25	20～30	25～40	25～50	30～60	40～80	45～100	50～120	65～150	80～150	90～150						
	产品等级	B											65～160	80～200	90～240	110～300	140～360	160～440	180～480	220～500	260～500
商品规格 l_1	产品等级	A	2～16	4～20	5～25	6～30	8～40	10～50	12～60	16～80	20～100	25～120	30～150	40～150	50～150						
	产品等级	B											30～200	40～200	50～200	60～200	70～200	80～200	100～200	110～200	120～200

<table>
<tr><td rowspan="3">技术条件</td><td rowspan="3">螺纹公差</td><td rowspan="3">6g
GB/T 193
GB/T 9145</td><td rowspan="3">材料</td><td>钢</td><td rowspan="3">力学性能等级</td><td>d＜3mm：按协议；d＞39mm：按协议；
3mm≤d≤39mm：5.6、8.8、10.9；
3mm≤d≤16mm：9.8</td><td rowspan="3">公差产品等级</td><td rowspan="3">d≤24mm 和 l≤10d 或 l≤150mm(按较小值)：A；
d＞24mm 和 l＞10d 或 l＞150mm(按较小值)：B</td><td rowspan="3">表面处理</td><td>氧化</td><td rowspan="3">电镀技术要求按 GB/T 5267.1
非电解覆盖层技术要求按 GB/T 5267.2
如需其他处理，应由供需双方协议</td></tr>
<tr><td>不锈钢</td><td>d≤24m：A2-70、A4-70；
24mm＜d≤39mm：A2-50、A4-50；
d＞39mm：按协议</td><td>简单处理</td></tr>
<tr><td>有色金属</td><td>CU2、CU3、AL4</td><td>简单处理</td></tr>
</table>

注：1. 表中未列入非优选的螺栓规格：M3.5、M14、M18、M22、M27、M33、M39、M45、M52、M60。

2. 用有色金属制造的螺栓、螺钉、螺柱和螺母的力学性能，详见 GB/T 3098.10—1993。

表 3-2-21　六角头螺栓　细牙（摘自 GB/T 5785—2016，等效 ISO 8765：2011），
六角头螺栓　细牙　全螺纹（摘自 GB/T 5786—2016，等效 ISO 8676：2011）　　/mm

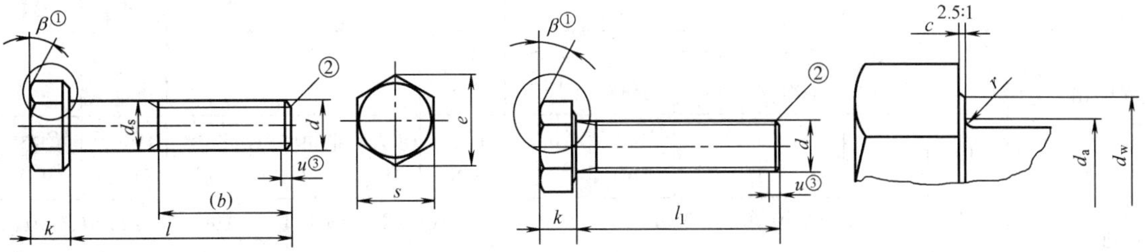

① $\beta=15°\sim30°$
② 末端应倒角(GB/T 2)
③ 不完整螺纹长度 $u\leqslant 2P$
标记示例:螺纹规格 d=M12×1.5、公称长度 l=80mm、细牙螺纹、性能等级为 8.8 级、表面氧化、产品等级为 A 级的六角头螺栓的标记为

螺栓　GB/T 5785 M12×1.5×80

螺纹规格 d=M12×1.5、公称长度 l=80mm、细牙螺纹、性能等级为 8.8 级、表面氧化、全螺纹、产品等级为 A 级的六角头螺栓的标记为

螺栓　GB/T 5786 M12×1.5×80

螺纹规格 $d\times P$			M8×1	M10×1	M12×1.5	M16×1.5	M20×1.5	M24×2	M30×2	M36×3	M42×3	M48×3	M56×4	M64×4
b 参考	$l_{公称}\leqslant$125mm		22	26	30	38	46	54	66	—	—	—	—	—
	125mm<$l_{公称}\leqslant$200mm		28	32	36	44	52	60	72	84	96	108	—	—
	$l_{公称}$>200mm		41	45	49	57	65	73	85	97	109	121	137	153
c	max		0.60	0.60	0.60	0.8	0.8	0.8	0.8	0.8	1.0	1.0	1.0	1.0
	min		0.15	0.15	0.15	0.2	0.2	0.2	0.2	0.2	0.3	0.3	0.3	0.3
d_a	max		9.2	11.2	13.7	17.7	22.4	26.4	33.4	39.4	45.6	52.6	63	71
d_w min	产品等级	A	11.63	14.63	16.63	22.49	28.19	33.61	—	—	—	—	—	—
		B	11.47	14.47	16.47	22	27.7	33.25	42.75	51.11	59.95	69.45	78.66	88.16
e min	产品等级	A	14.38	17.77	20.03	26.75	33.53	39.98	—	—	—	—	—	—
		B	14.20	17.59	19.85	26.17	32.95	39.55	50.85	60.79	71.3	82.6	93.56	104.86
k	公称		5.3	6.4	7.5	10	12.5	15	18.7	22.5	26	30	35	40
	产品等级 A	max	5.45	6.58	7.68	10.18	12.715	15.215	—	—	—	—	—	—
		min	5.15	6.22	7.32	9.82	12.285	14.785	—	—	—	—	—	—
	产品等级 B	max	5.54	6.69	7.79	10.29	12.85	15.35	19.12	22.92	26.42	30.42	35.5	40.5
		min	5.06	6.11	7.21	9.71	12.15	14.65	18.28	22.08	25.58	29.58	34.5	39.5
r	min		0.4	0.4	0.6	0.6	0.8	0.8	1	1	1.2	1.6	2	2
s	公称=max		13.00	16.00	18.00	24.00	30.00	36.00	46	55.0	65.0	75.0	85.0	95.0
	min 产品等级	A	12.73	15.73	17.73	23.67	29.67	35.38	—	—	—	—	—	—
		B	12.57	15.57	17.57	23.16	29.16	35.00	45	53.8	63.1	73.1	82.8	92.8
l 商品规格 GB/T 5785		A	40～80	45～100	50～120	65～150	80～150	100～150	—	—	—	—	—	—
		B	—	—	—	65～160	80～200	100～240	120～300	140～360	160～440	200～480	220～500	260～500

续表

螺纹规格 $d \times P$		M8×1	M10×1	M12×1.5	M16×1.5	M20×1.5	M24×2	M30×2	M36×3	M42×3	M48×3	M56×4	M64×4
l_1 商品规格 GB/T 5786	A	16～80	20～100	25～120	35～150	40～150	40～150	—	—	—	—	—	—
	B	—	—	—	40～160	40～200	40～200	40～200	60～200	90～420	100～480	120～500	130～500
l 系列	40、45、50、55、60、65、70、80、90、100、110、120、130、140、150、160、180、200、220、240、260、280、300												
l_1 系列	16、20、25、30、35、40、45、50、55、60、65、70、80、90、100、110、120、130、140、150、160、180、200、220、240、260、280、300、320、340、360、380、400、420、440、460、480、500												

技术条件	螺纹公差	材料		力学性能等级			公差产品等级		表面处理	
	6g		钢		GB/T 5785	$d \leqslant 39$mm：5.6、8.8、10.9；$d>39$mm：按协议		$d \leqslant 24$mm 和 $l \leqslant 10d$ 或 $l \leqslant 150$mm（按较小值）：A；$d>24$mm 和 $l>10d$ 或 $l>150$mm（按较小值）：B		氧化
					GB/T 5786	$d \leqslant 39$mm：5.6、8.8、10.9；$d>39$mm：按协议				
			不锈钢		$d \leqslant 24$mm：A_2-70、A_4-70；24mm$<d \leqslant 39$mm：A_2-50、A_4-50；$d>39$mm：按协议					简单处理
			有色金属		CU2、CU3、AL4					简单处理

注：1. P 为螺距。

2. 表中未列入非优选的螺栓规格是：M10×1.25、M12×1.25、M14×1.5、M18×1.5、M20×2、M22×1.5、M27×2、M33×2、M39×3、M45×3、M52×4、M60×4。

3. 用有色金属制造螺栓的力学性能详见 GB/T 3098.10—1993。

表 3-2-22　六角头螺栓-细杆-B 级（摘自 GB/T 5784—1986，等效 ISO 4015：1979）　/mm

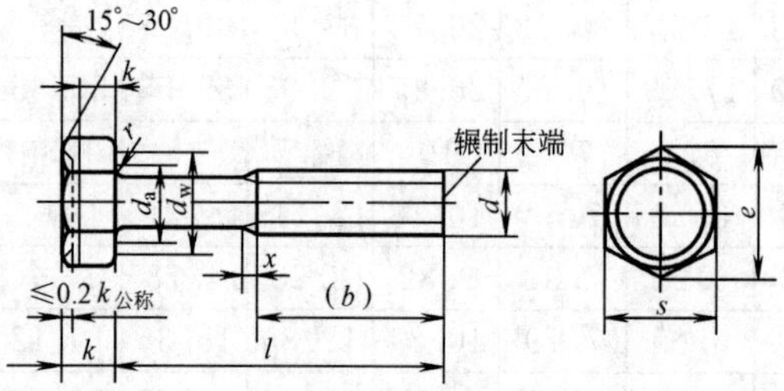

标记示例：螺纹规格 d=M12、公称长度 l=80mm、性能等级为 5.8 级、不经表面处理、B 级六角头螺栓的标记为

螺栓 GB/T 5784　M12×80

螺纹规格 d	M3	M4	M5	M6	M8	M10	M12	(M14)	M16	M20
d_a max	3.6	4.7	5.7	6.8	9.2	11.2	13.7	15.7	17.7	22.4
d_w min	4.4	5.7	6.7	8.7	11.4	14.4	16.4	19.2	22	27.7
e min	5.98	7.5	8.63	10.89	14.2	17.59	19.85	22.78	26.17	32.95
$k_{公称}$	2	2.8	3.5	4	5.3	6.4	7.5	8.8	10	12.5

续表

螺纹规格 d		M3	M4	M5	M6	M8	M10	M12	(M14)	M16	M20
s max		5.5	7	8	10	13	16	18	21	24	30
x max		1.25	1.75	2	2.5	3.2	3.8	4.3	5	5	6.3
r min		0.1	0.2		0.25	0.4		0.6			0.8
l 范围		20～30	20～40	25～50	25～60	30～80	40～100	45～120	50～140	55～150	65～150
$b_{参考}$	$l \leqslant 125$	12	14	16	18	22	26	30	34	38	46
	$125 < l \leqslant 200$					28	32	36	40	44	52
l 系列		20、25、30、35、40、45、50、(55)、60、(65)、70、80、90、100、110、120、130、140、150									
材料		钢				不锈钢					
力学性能等级		5.8、6.8、8.8				A2-70					
表面处理		不经处理		镀锌钝化		不经处理					

注：括号内为非优选规格。

表 3-2-23　六角头螺杆带孔螺栓-细杆-B 级（摘自 GB/T 31.2—1988）、**六角头头部带孔螺栓-细杆-B 级**（摘自 GB/T 32.2—1988）　/mm

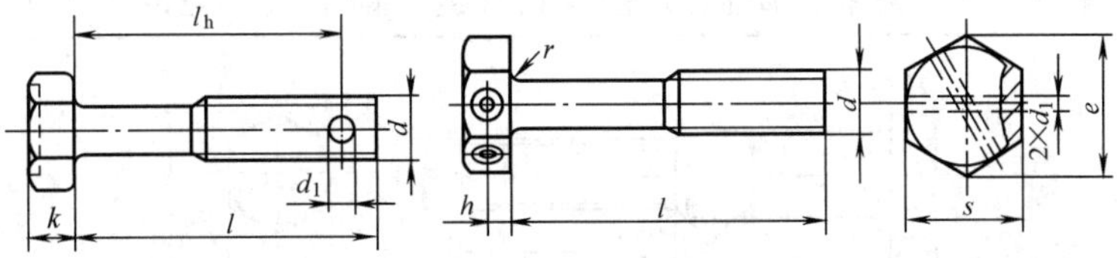

标记示例：螺纹规格 d＝M12、公称长度 l＝80mm、性能等级为 5.8 级、不经表面处理、B 级六角头头部带孔螺栓的标记为

螺栓 GB/T 32.2　M12×80

螺纹规格 d		M3	M4	M5	M6	M8	M10	M12	(M14)	M16	M20
s		5.5	7	8	10	13	16	18	21	24	30
k		2	2.8	3.5	4	5.3	6.4	7.5	8.8	10	12.5
r		0.1	0.2		0.25	0.4		0.6			0.8
e		6	7.5	8.6	10.9	14.2	17.6	19.9	22.8	26.2	33
$b_{参考}$	$l \leqslant 125$	12	14	16	18	22	26	30	34	38	46
	$125 < l \leqslant 200$	—	—	—	—	28	32	36	40	44	52
d_1	GB/T 32.2	—	—	—	1.6	2.0	2.5	3.2	3.2	3.2	4.0
	GB/T 31.2	—	—	—	1.5	2.0	2.5	3.0	3.0	4.0	4.0
l_h		—	—	—	22～57	26～76	36～96	40～115	45～135	49～144	59～144
$h \approx$		—	—	—	2.0	2.6	3.2	3.7	4.4	5.0	6.2
商品规格长度 l		20～30	20～40	25～50	25～60	30～80	40～100	45～120	50～140	55～150	65～150
100mm 长的质量/kg　≈		0.005	0.008	0.014	0.020	0.038	0.061	0.089	0.125	0.172	0.287
$l-l_h$		—	—	—	3	4	4	5	5	6	6

技术条件	材料	钢	不锈钢	螺纹公差：6g	产品等级：B
	性能等级	5.8、6.8、8.8	A2-70		
	表面处理	不经处理；镀锌钝化	不经处理		

注：1. 螺栓的型式尺寸按 GB/T 5784—1986 规定。

2. l_h 的公差按 IT14。

表 3-2-24　六角头头部带槽螺栓-A 和 B 级（摘自 GB/T 29.1—2013）　/mm

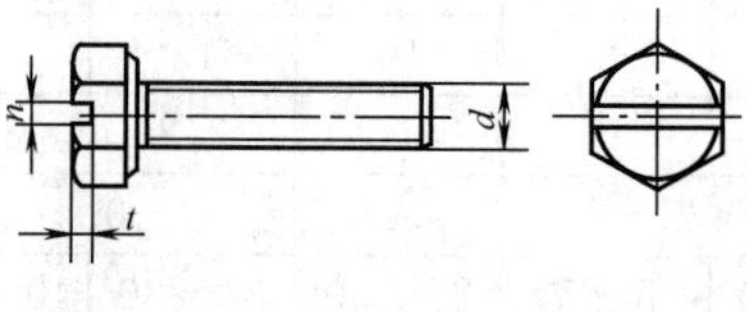

其余的型式与尺寸按 GB/T 5783 规定

标记示例：螺纹规格 d=M12、公称长度 l=80mm、性能等级为 8.8 级、表面氧化、A 级的六角头头部带槽螺栓标记为

螺栓 GB/T 29.1　M12×80

螺纹规格 d		M3	M4	M5	M6	M8	M10	M12
n	公称	0.8	1.2	1.2	1.6	2	2.5	3
	min	0.86	1.26	1.28	1.66	2.06	2.56	3.06
	max	1	1.51	1.51	1.91	2.31	2.81	3.31
t	min	0.7	1	1.2	1.4	1.9	2.4	3

注：技术条件按 GB/T 5783—2016 规定，见表 3-2-23。

表 3-2-25　六角头加强杆螺栓-A 和 B 级（摘自 GB/T 27—2013）　/mm

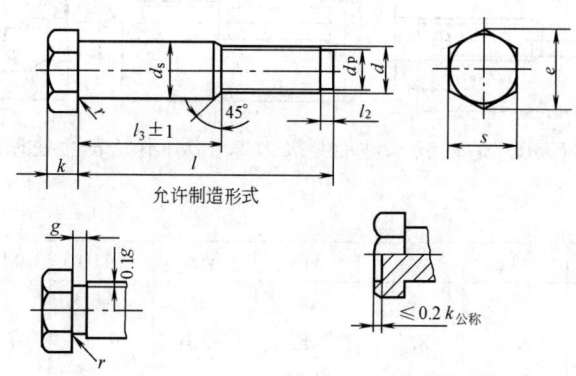

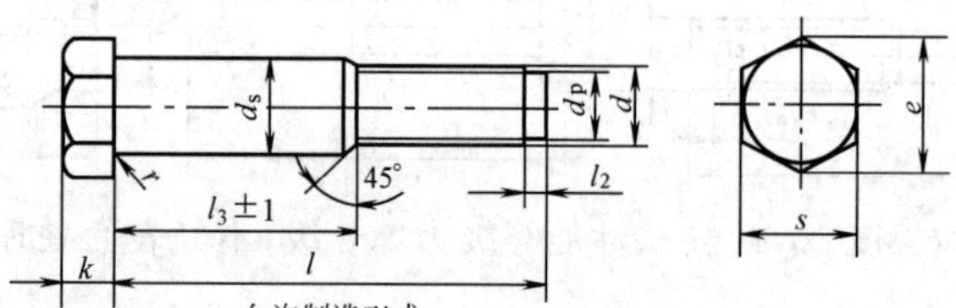

允许制造形式

标记示例：螺纹规格 d=M12、d_s 按表规定、公称长度 l=80mm、性能等级为 8.8 级、表面氧化处理、A 级的六角头铰制孔用螺栓，其标记为

螺栓 GB/T 27　M12×80

若 d_s 按 m6 制造时，应加标注 m6：螺栓 GB/T 27　M12 m6×80

螺纹规格 d		M6	M8	M10	M12	(M14)	M16	(M18)	M20	(M22)	M24	(M27)	M30	M36	M42	M48
d_s (h9)	max	7.000	9.000	11.000	13.000	15.000	17.000	19.000	21.000	23.000	25.000	28.000	32.000	38.000	44.000	50.000
	min	6.964	8.964	10.957	12.957	14.957	16.957	18.948	20.948	22.948	24.948	27.948	31.938	37.938	43.938	49.938
s max		10	13	16	18	21	24	27	30	34	36	41	46	55	65	75
$k_{公称}$		4	5	6	7	8	9	10	11	12	13	15	17	20	23	26
r min		0.25	0.40	0.40	0.60				0.80			1.10			1.20	1.60
d_p		4	5.5	7	8.5	10	12	13	15	17	18	21	23	28	33	38
l_2		1.5		2		3			4			5		6	7	8
e min	A	11.05	14.38	17.77	20.03	23.35	26.75	30.14	33.53	37.72	39.98	—	—	—	—	—
	B	10.89	14.20	17.59	19.85	22.78	26.17	29.56	32.95	37.29	39.55	45.20	50.85	60.79	72.02	82.60
g		0.25				3.5					5.0					

续表

螺纹规格 d	M6	M8	M10	M12	(M14)	M16	(M18)	M20	(M22)	M24	(M27)	M30	M36	M42	M48
l 范围	25～65	25～80	30～120	35～180	40～180	45～200	50～200	55～200	60～200	65～200	75～200	80～230	90～300	110～300	120～300
$l-l_3$	12	15	18	22	25	28	30	32	35	38	42	50	55	65	70
l 系列（公称）	25,(28),30,(32),35,(38),40～100(5 进位),110～260(10 进位),280,300														
100mm 长的质量 /kg ≈	0.032	0.053	0.077	0.112	0.146	0.19	0.24	0.3	0.367	0.43	0.56	0.76	1.09	1.33	1.77
材料	钢			力学性能等级					d≤39:8.8;d>39:按协议						

注：1. 括号内尺寸及 l=55mm、65mm 尽量不采用。

2. 根据使用要求，d_s 允许按 m6、u6 制造。按 m6 制造时，表面粗糙度 R_a 为 1.6μm。

表 3-2-26　钢结构用高强度大六角头螺栓（摘自 GB/T 1228—2006）　/mm

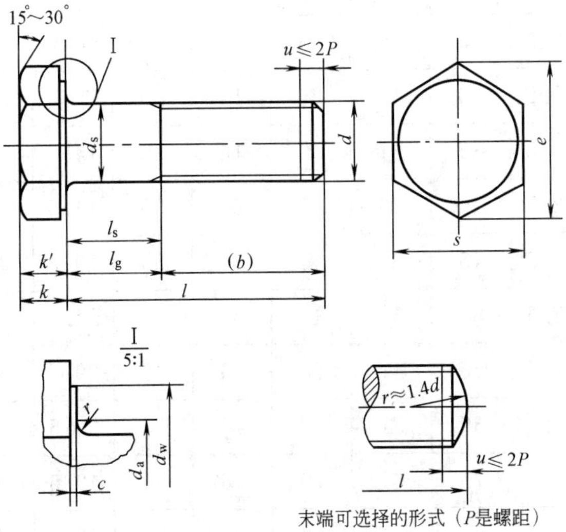

末端可选择的形式（P是螺距）

标记示例：螺纹规格 d=M20、公称长度 l=100mm、性能等级为 10.9S 级的钢结构用高强度大六角头螺栓的标记为

螺栓 GB/T 1228　M20×100-10.9S

螺纹规格 d		M12	M16	M20	(M22)	M24	(M27)	M30
P		1.75	2	2.5	2.5	3	3	3.5
c	max	0.8	0.8	0.8	0.8	0.8	0.8	0.8
	min	0.4	0.4	0.4	0.4	0.4	0.4	0.4
d_a	max	15.23	19.23	24.32	26.32	28.32	32.84	35.84
d_s	max	12.43	16.43	20.52	22.52	24.52	27.84	30.84
	min	11.57	15.57	19.48	21.48	23.48	26.16	29.16
d_w	min	19.2	24.9	31.4	33.3	38.0	42.8	46.5
e	min	22.78	29.56	37.29	39.55	45.20	50.85	55.37
k	公称	7.5	10	12.5	14	15	17	18.7
	max	7.95	10.75	13.40	14.90	15.90	17.90	19.75
	min	7.05	9.25	11.60	13.10	14.10	16.10	17.65
k'	min	4.9	6.5	8.1	9.2	9.9	11.3	12.4
r	min	1.0	1.0	1.5	1.5	1.5	2.0	2.0
s	max	21	27	34	36	41	46	50
	min	20.16	26.16	33	35	40	45	49

续表

螺纹规格 d			M12		M16		M20		(M22)		M24		(M27)		M30	
l			无螺纹杆部长度 l_s 和夹紧长度 l_g													
公称	min	max	l_s min	l_g max	l_s min	l_g max	l_s min	l_g max	l_s min	l_g max	l_s min	l_g max	l_s min	l_g max	l_s min	l_g max
35	33.75	36.25	4.8	10												
40	38.75	41.25	9.8	15												
45	43.75	46.25	9.8	15	9	15										
50	48.75	51.25	14.8	20	14	20	7.5	15								
55	53.5	56.6	19.8	25	14	20	12.5	20	7.5	15						
60	58.5	61.5	24.8	30	19	25	17.5	25	12.5	20	6	15				
65	63.5	66.5	29.8	35	24	30	17.5	25	17.5	25	11	20	6	15		
70	68.5	71.5	34.8	40	29	35	22.5	30	17.5	25	16	25	11	20	4.5	15
75	73.5	76.5	39.8	45	34	40	27.5	35	22.5	30	16	25	16	25	9.5	20
80	78.5	81.5			39	45	32.5	40	27.5	35	21	30	16	25	14.5	25
85	83.25	86.75			44	50	37.5	45	32.5	40	26	35	21	30	14.5	25
90	88.25	91.75			49	55	42.5	50	37.5	45	31	40	26	35	19.5	30
95	93.25	96.75			54	60	47.5	55	42.5	50	35	45	31	40	24.5	35
100	98.25	101.75			59	65	52.5	60	47.5	55	41	50	36	45	29.5	40
110	108.25	111.75			69	75	62.5	70	57.5	65	51	60	46	55	39.5	50
120	118.25	121.75			79	85	72.5	80	67.5	75	61	70	56	65	49.5	60
130	128	132			89	95	82.5	90	77.5	85	71	80	66	75	59.5	70
140	138	142					92.5	100	87.5	95	81	90	76	85	69.5	80
150	148	152					102.5	110	97.5	105	91	100	86	95	79.5	90
160	156	164					112.5	120	107.5	115	101	110	96	105	89.5	100
170	166	174							117.5	125	111	120	106	115	99.5	110
180	176	184							127.5	135	121	130	116	126	109.5	120
190	185.4	194.6							137.5	145	131	140	126	135	119.5	130
200	195.4	204.6							147.5	155	141	150	136	145	129.5	140
220	215.4	224.6							167.5	175	161	170	156	165	149.5	160
240	235.4	244.6									181	190	179	185	169.5	180
260	254.8	265.2											196	205	189.5	200

续表

<table>
<tr><td>螺纹规格 d</td><td>M12</td><td>M16</td><td>M20</td><td>(M22)</td><td>M24</td><td>(M27)</td><td>M30</td><td>M12</td><td>M16</td><td>M20</td><td>(M22)</td><td>M24</td><td>(M27)</td><td>M30</td></tr>
<tr><td>l 公称尺寸</td><td colspan="7">(b)</td><td colspan="7">每 1000 个钢螺栓的理论质量/kg</td></tr>
<tr><td>35</td><td rowspan="2">25</td><td rowspan="2"></td><td rowspan="3"></td><td rowspan="4"></td><td rowspan="5"></td><td rowspan="6"></td><td rowspan="7"></td><td>49.4</td><td></td><td></td><td></td><td></td><td></td><td></td></tr>
<tr><td>40</td><td>54.2</td><td></td><td></td><td></td><td></td><td></td><td></td></tr>
<tr><td>45</td><td rowspan="7">30</td><td rowspan="2">30</td><td>57.8</td><td>113.0</td><td></td><td></td><td></td><td></td><td></td></tr>
<tr><td>50</td><td rowspan="3">35</td><td>62.5</td><td>121.3</td><td>207.3</td><td></td><td></td><td></td><td></td></tr>
<tr><td>55</td><td rowspan="13">35</td><td rowspan="3">40</td><td>67.3</td><td>127.9</td><td>220.3</td><td>269.3</td><td></td><td></td><td></td></tr>
<tr><td>60</td><td rowspan="3">45</td><td>72.1</td><td>136.2</td><td>233.3</td><td>284.9</td><td>357.2</td><td></td><td></td></tr>
<tr><td>65</td><td rowspan="14">40</td><td rowspan="3">50</td><td>76.8</td><td>144.5</td><td>243.6</td><td>300.5</td><td>375.7</td><td>503.2</td><td></td></tr>
<tr><td>70</td><td rowspan="18">45</td><td rowspan="3">55</td><td>81.6</td><td>152.8</td><td>256.5</td><td>313.2</td><td>394.2</td><td>527.1</td><td>658.2</td></tr>
<tr><td>75</td><td rowspan="18">50</td><td>86.3</td><td>161.2</td><td>269.5</td><td>328.9</td><td>409.1</td><td>551.0</td><td>687.5</td></tr>
<tr><td>80</td><td rowspan="18"></td><td rowspan="18">55</td><td></td><td>169.5</td><td>282.5</td><td>344.5</td><td>428.6</td><td>570.2</td><td>716.8</td></tr>
<tr><td>85</td><td rowspan="17">60</td><td></td><td>177.8</td><td>295.5</td><td>360.1</td><td>446.1</td><td>594.1</td><td>740.3</td></tr>
<tr><td>90</td><td></td><td>186.4</td><td>308.5</td><td>375.8</td><td>464.7</td><td>617.9</td><td>769.6</td></tr>
<tr><td>95</td><td></td><td>194.4</td><td>321.4</td><td>391.4</td><td>483.2</td><td>641.8</td><td>799.0</td></tr>
<tr><td>100</td><td></td><td>202.8</td><td>334.4</td><td>407.0</td><td>501.7</td><td>665.7</td><td>828.3</td></tr>
<tr><td>110</td><td></td><td>219.4</td><td>360.4</td><td>438.3</td><td>538.8</td><td>713.5</td><td>886.9</td></tr>
<tr><td>120</td><td></td><td>236.1</td><td>386.3</td><td>469.6</td><td>575.9</td><td>761.3</td><td>945.6</td></tr>
<tr><td>130</td><td></td><td>252.7</td><td>412.3</td><td>500.8</td><td>612.9</td><td>809.1</td><td>1004.2</td></tr>
<tr><td>140</td><td rowspan="10"></td><td></td><td></td><td>438.3</td><td>532.1</td><td>650.0</td><td>856.9</td><td>1062.8</td></tr>
<tr><td>150</td><td></td><td></td><td>464.2</td><td>563.4</td><td>687.1</td><td>904.7</td><td>1121.5</td></tr>
<tr><td>160</td><td></td><td></td><td>490.2</td><td>594.6</td><td>724.2</td><td>952.4</td><td>1180.1</td></tr>
<tr><td>170</td><td rowspan="7"></td><td></td><td></td><td></td><td>625.9</td><td>761.2</td><td>1000.2</td><td>1238.7</td></tr>
<tr><td>180</td><td></td><td></td><td></td><td>657.2</td><td>798.3</td><td>1048.0</td><td>1297.4</td></tr>
<tr><td>190</td><td></td><td></td><td></td><td>688.4</td><td>835.4</td><td>1095.8</td><td>1356.0</td></tr>
<tr><td>200</td><td></td><td></td><td></td><td>719.7</td><td>872.4</td><td>1143.6</td><td>1414.7</td></tr>
<tr><td>220</td><td></td><td></td><td></td><td>782.2</td><td>946.6</td><td>1239.2</td><td>1531.9</td></tr>
<tr><td>240</td><td rowspan="2"></td><td></td><td></td><td></td><td></td><td>1020.7</td><td>1334.7</td><td>1649.2</td></tr>
<tr><td>260</td><td></td><td></td><td></td><td></td><td></td><td></td><td>1430.3</td><td>1766.5</td></tr>
</table>

注：1. 括号内的规格为第二选择系列。

2. $l_{gmax}=l_{公称}-b_{参考}$；$l_{smin}=l_{gmax}-3P$。

2.5.2 方头螺栓

表 3-2-27 方头螺栓 C 级（摘自 GB/T 8—1988） /mm

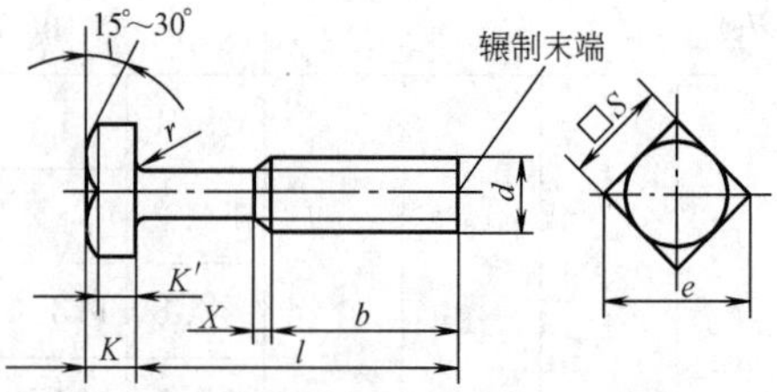

标记示例：螺纹规格 d＝M20、公称长度 l＝80mm、性能等级为 4.8 级、不经表面处理的方头螺栓的标记为

螺栓 GB/T 8 M12×80

螺纹规格 d		M10	M12	(M14)	M16	(M18)	M20	(M22)	M24	(M27)	M30	M36	M42	M48
b	$l\leqslant125$	26	30	34	38	42	46	50	54	60	66	78	—	—
	$125<l\leqslant200$	32	36	40	44	48	52	56	60	66	72	84	96	108
	$l>200$	—	—	53	57	61	65	69	73	79	85	97	109	121
e	min	20.24	22.84	26.21	30.11	34.01	37.91	42.9	45.5	52.0	58.5	69.94	82.03	95.03
K	公称	7	8	9	10	12	13	14	15	17	19	23	26	30
	min	6.55	7.55	8.55	9.25	11.1	12.1	13.1	14.1	16.1	17.95	21.95	24.95	28.95
	max	7.45	8.45	9.45	10.75	12.9	13.9	14.9	15.9	17.9	20.05	24.05	27.05	31.05
K'	min	5.21	5.91	6.61	6.47	7.77	8.47	9.17	9.87	11.27	12.56	15.36	17.46	20.26
r	min	0.4	0.6	0.6	0.6	0.8	0.8	0.8	0.8	1	1	1	1.2	1.6
S	max	16	18	21	24	27	30	34	36	41	46	55	65	75
	min	15.57	17.57	20.16	23.16	26.16	29.16	33	35	40	45	53.8	63.1	73.1
X	max	3.8	4.2	5	5	6.3	6.3	6.3	7.5	7.5	8.8	10	11.3	12.5
商品规格 l		40~100	45~120	50~140	55~160	60~180	65~200	70~220	80~240	90~260	90~300	110~300	130~300	140~300
l 系列		20,25,30,35,40,45,50,(55),60,(65),70,80,90,100,110,120,130,140,150,160,180,200,220,240,260,280,300												

技术条件	材料	螺纹公差	性能等级	表面处理
	钢	8g	$d\leqslant39$：5.8、8.8 级； $d>39$：按协议	不经处理；氧化；镀锌钝化

注：尽可能不采用括号内规格。

表 3-2-28 小方头螺栓 B 级（摘自 GB/T 35—2013） /mm

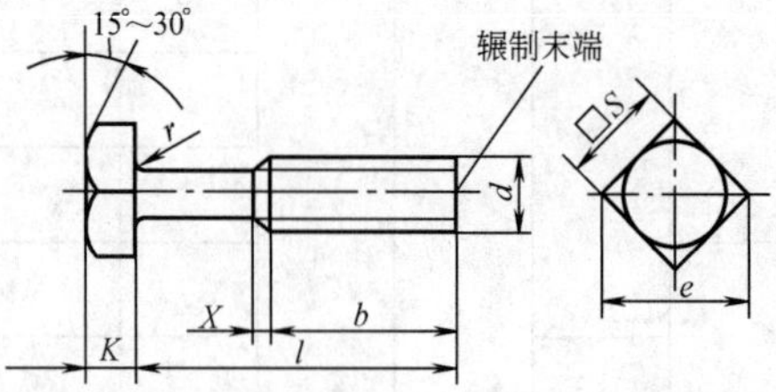

标记示例：螺纹规格 d＝M12、公称长度 l＝80mm、性能等级为 5.8 级、不经表面处理的小方头螺栓的标记为

螺栓 GB/T 35 M12×80

螺纹规格 d		M5	M6	M8	M10	M12	(M14)	M16	(M18)	M20	(M22)	M24	(M27)	M30	M36	M42	M48
b	l≤125	16	18	22	26	30	34	38	42	46	50	54	60	66	78	—	—
	125<l≤200	—	—	28	32	36	40	44	48	52	56	60	66	72	84	96	108
	l>200	—	—	—	—	—	—	57	61	65	69	73	79	85	97	109	121
e	min	9.93	12.53	16.34	20.24	22.84	26.21	30.11	34.01	37.91	42.9	45.5	52	58.5	69.94	82.03	95.05
K	公称	3.5	4	5	6	7	8	9	10	11	12	13	15	17	20	23	26
	min	3.26	3.76	4.76	5.76	6.71	7.71	8.71	9.71	10.65	11.65	12.65	14.65	16.65	19.58	22.58	25.58
	max	3.74	4.24	5.24	6.24	7.29	8.29	9.29	10.29	11.35	12.35	13.35	15.35	17.35	20.42	23.42	26.42
r	min	0.2	0.25	0.4	0.4	0.6	0.6	0.6	0.8	0.8	0.8	0.8	1	1	1	1.2	1.6
S	max	8	10	13	16	18	21	24	27	30	34	36	41	46	55	65	75
	min	7.64	9.64	12.57	15.57	17.57	20.16	23.16	26.13	29.16	33	35	40	45	53.5	63.1	73.1
X	min	2	2.5	3.2	3.8	4.2	5	5	6.3	6.3	6.3	7.5	7.5	8.8	10	11.3	12.5
商品规格 l		20~50	30~60	35~80	40~100	45~120	55~140	55~160	60~180	65~200	70~220	80~240	90~260	90~300	110~300	130~300	140~300
l 系列		20,25,30,35,40,45,50,(55),60,(65),70,80,90,100,110,120,130,140,150,160,180,200,220,240,260,280,300															
技术条件		材料	螺纹公差	性能等级	表面处理												
		钢	6g	d≤39:5.8、8.8; d>39:按协议	不经处理;电镀技术要求 GB/T 5267.1												

注：1. 尽可能不采用括号内的规格。

2. 螺栓末端按 GB/T 2 规定；无螺纹部分杆径约等于螺纹中径或等于螺纹大径。

2.5.3 沉头螺栓

表 3-2-29 沉头方颈螺栓（摘自 GB/T 10—2013）、**沉头带榫螺栓**（摘自 GB/T 11—2013） /mm

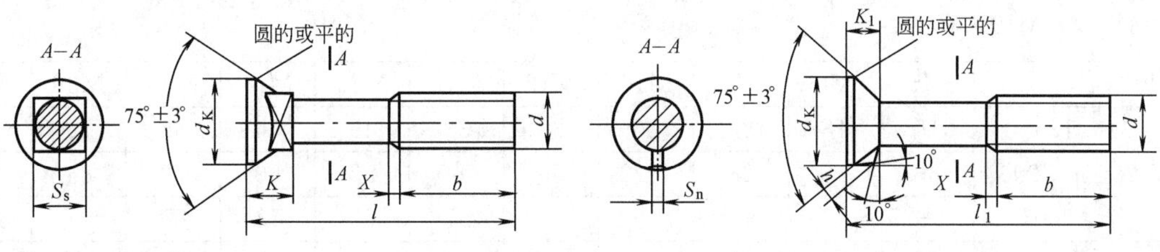

GB/T 10　　　GB/T 11

标记示例:螺纹规格 d=M10、公称长度 l=70mm、性能等级为 4.8 级、不经表面处理的沉头方颈螺栓的标记为

螺栓 GB/T 10 M10×70

螺纹规格 d		M6	M8	M10	M12	(M14)	M16	M20	(M22)	M24
b	l≤125	18	22	26	30	34	38	46	50	54
	125<l≤200	—	28	32	36	40	44	52	56	60
d_K	max	11.05	14.55	17.55	21.65	24.65	28.65	36.80	40.80	45.80
	min	9.95	13.45	16.45	20.35	23.35	27.35	35.2	39.2	44.2
S_n	max	2.7	2.7	3.8	3.8	4.3	4.8	4.8	6.3	6.3
	min	2.3	2.3	3.2	3.2	3.7	4.2	4.2	5.7	5.7

续表

螺纹规格 d		M6	M8	M10	M12	(M14)	M16	M20	(M22)	M24
h	max	1.2	1.6	2.1	2.4	2.9	3.3	4.2	4.5	5
	min	0.8	1.1	1.4	1.6	1.9	2.2	2.8	3	3.3
K_1		4.1	5.3	6.2	8.5	8.9	10.2	13	14.3	16.5
X	max	2.5	3.2	3.8	4.2	5	5	6.3	6.3	7.5
K	max	6.1	7.25	8.45	11.05	—	13.05	15.05	—	—
	min	5.3	6.35	7.55	9.95	—	11.95	13.95	—	—
S_s	max	6.36	8.36	10.36	12.43	—	16.43	20.52	—	—
	min	5.84	7.8	9.8	11.76	—	15.76	19.72	—	—
商品规格	l	30～60	35～80	40～100	45～120	—	50～160	55～200	—	—
	l_1	30～60	35～80	40～100	45～120	50～140	55～160	65～200	70～200	80～200
l 系列		25,30,35,40,45,50,(55),60,(65),70,80,90,100,110,120,130,140,150,160,180,200								

技术条件	材料	螺纹公差	性能等级	表面处理	产品等级
	钢	8g	6、4.6、4.8	不处理；GB/T 10 氧化 GB/T 11 镀锌钝化	C

注：尽可能不采用括号内的规格。

2.5.4 T形槽用螺栓

表 3-2-30 T形槽用螺栓（摘自 GB/T 37—1988） /mm

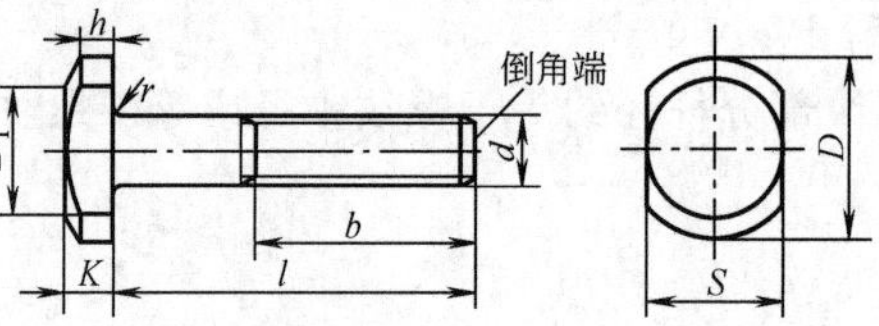

标记示例:螺纹规格 d=M10、公称长度 l=100mm、性能等级为 8.8 级、表面氧化的 T 形槽用螺栓的标记为

螺栓 GB/T 37 M10×100

螺纹规格 d		M5	M6	M8	M10	M12	M16	M20	M24	M30	M36	M42	M48
b	l≤125	16	18	22	26	30	38	46	54	66	78	—	—
	125<l≤200	—	—	28	32	36	44	52	60	72	84	96	108
	l>200	—	—	—	—	—	57	65	73	85	97	109	121
D		12	16	20	25	30	38	46	58	75	85	95	105
K	max	4.24	5.24	6.24	7.29	9.29	12.35	14.35	16.35	20.42	24.42	28.42	32.50
	min	3.76	5.76	5.76	6.71	8.71	11.65	13.65	15.65	19.58	23.58	27.58	31.50
r	min	0.20	0.25	0.40	0.40	0.60	0.60	0.80	0.80	1.00	1.00	1.20	1.60
h		2.8	3.4	4.1	4.8	6.5	9	10.4	11.8	14.5	18.5	22.0	26.0
S	公称	9	12	14	18	22	28	34	44	57	67	76	86
	min	8.64	11.57	13.57	17.57	21.16	27.16	33.00	43.00	55.80	65.10	74.10	83.80
	max	9.00	12.00	14.00	18.00	22.00	28.00	34.00	44.00	57.00	67.00	76.00	86.00
商品规格 l		25～50	30～60	35～80	40～100	45～120	55～160	65～200	80～240	90～300	110～300	130～300	140～300

续表

螺纹规格 d	M5	M6	M8	M10	M12	M16	M20	M24	M30	M36	M42	M48
l 系列	25,30,35,40,45,50,(55),60,(65),70,80,90,100,110,120,130,140,150,160,180,200,220,240,260,280,300											
技术条件	材料	螺纹公差	性能等级		表面处理		产品等级					
	钢	6g	$d\leqslant39$:8.8 级; $d>39$:按协议		氧化; 镀锌钝化		B					

注:尽可能不采用括号内规格。

2.5.5 活节螺栓

表 3-2-31 活节螺栓(摘自 GB/T 798—1988) /mm

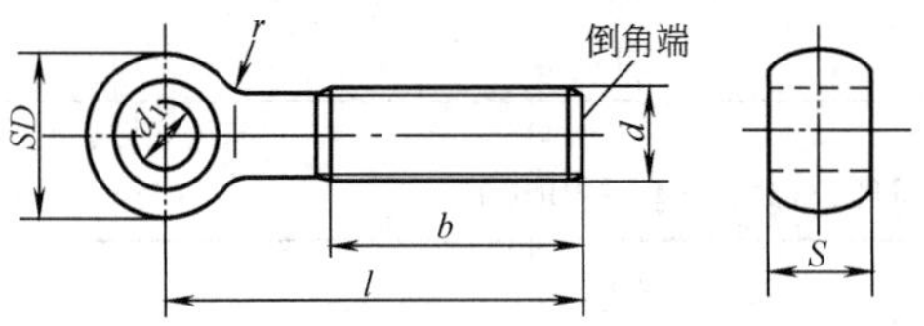

标记示例:螺纹规格 d=M10、公称长度 l=100mm、性能等级为 4.6 级、不经表面处理的活节螺栓的标记为

螺栓 GB/T 798 M10×100

螺纹规格 d		M4	M5	M6	M8	M10	M12	M16	M20	M24	M30	M36
d_1	公称	3	4	5	6	8	10	12	16	20	25	30
	min	3.060	4.070	5.070	6.070	8.080	10.080	12.095	16.095	20.110	25.110	30.110
	max	3.160	4.190	5.190	6.190	8.230	10.230	12.275	16.275	20.320	25.320	30.320
S	公称	5	6	8	10	12	14	18	22	26	34	40
	min	4.75	5.75	7.70	9.70	11.635	13.635	17.635	21.56	25.56	33.5	39.48
	max	4.93	5.93	7.92	9.92	11.905	13.905	17.905	21.89	25.89	33.88	39.87
b		14	16	18	22	26	30	38	52	60	72	84
SD		8	10	12	14	18	20	28	34	42	52	64
r min		3	4	5	5	6	8	10	12	16	29	22
商品规格 l		20~35	25~40	30~55	35~70	40~110	50~130	60~160	70~180	90~260	110~300	130~300
l 系列		20,25,30,35,40,45,50,(55),60,(65),70,80,90,100,110,120,130,140,150,160,180,200,220,240,260,280,300										
技术条件		材料	螺纹公差	性能等级	表面处理					产品等级		
		钢	8g	4.5,5.6	不经处理;镀锌钝化 GB/T 5267.1					C		

注:尽可能不采用括号内规格。

2.5.6 地脚螺栓

表 3-2-32 地脚螺栓(摘自 GB/T 799—1988) /mm

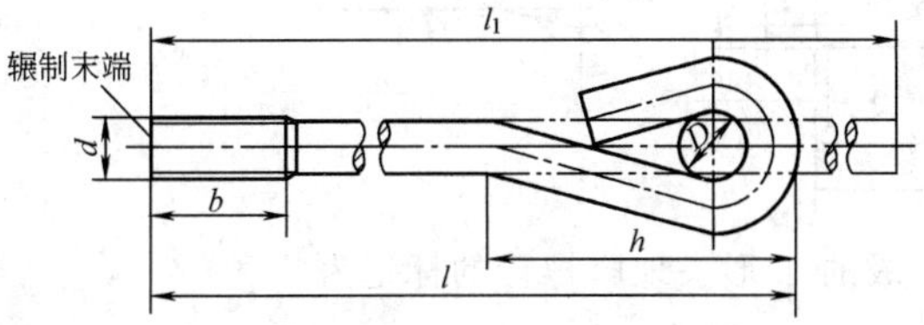

标记示例:螺纹规格 d=M20、公称长度 l=400mm、性能等级为 3.6 级、不经表面处理的地脚螺栓的标记为

螺栓 GB/T 799 M20×400

续表

螺纹规格 d		M6	M8	M10	M12	M16	M20	M24	M30	M36	M42	M48
b	max	27	31	36	40	50	58	68	80	94	106	118
	min	24	28	32	36	44	52	60	72	84	96	108
D		10	10	15	20	20	30	30	45	60	60	70
h		41	46	65	82	93	127	139	192	244	261	302
l_1		$l+37$	$l+37$	$l+53$	$l+72$	$l+72$	$l+110$	$l+110$	$l+165$	$l+217$	$l+217$	$l+255$
商品规格 l		80～160	120～220	160～300	160～400	220～500	300～600	300～800	400～1000	500～1000	600～1250	600～1500
l 系列		80,120,160,220,300,400,500,600,800,1000,1250,1500										

技术条件	材料	螺纹公差	性能等级	表面处理	产品等级
	钢	8g	$d\leqslant39$:3.6; $d>39$:按协议	不经处理;氧化;镀锌钝化 GB/T 5267.1	C

表 3-2-33　直角地脚螺栓（摘自 JB/ZQ 4364—2006）　/mm

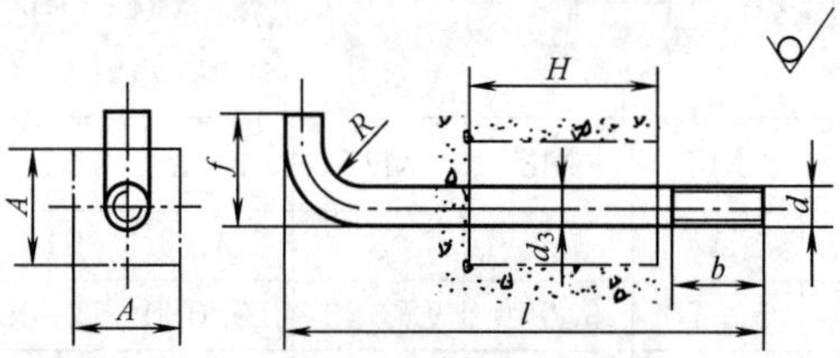

标记示例:螺纹直径 d＝M42、长度 l＝1400mm 的直角地脚螺栓标记为

螺栓 M42×1400　JB/ZQ 4364

d	M16	M20	M24	M30	M36	M42	M48	M56
d_3	16	20	24	30	36	42	48	56
b min	45	60	75	90	110	120	140	160
f	65	80	100	120	150	170	190	220
$R\approx$	12	15	20	25	30	35	40	45
A	—	100	100	130	130	160	160	180
H	—	200	200	300	300	400	400	500

注：1. 产品性能等级按 GB/T 3098.1 规定的 3.6 级。

2. 螺纹公差等级按 GB/T 196 及 GB/T 197 规定的 8g。

3. 产品等级为 C。

表 3-2-34　T 形头地脚螺栓（摘自 JB/ZQ 4362—2006）　/mm

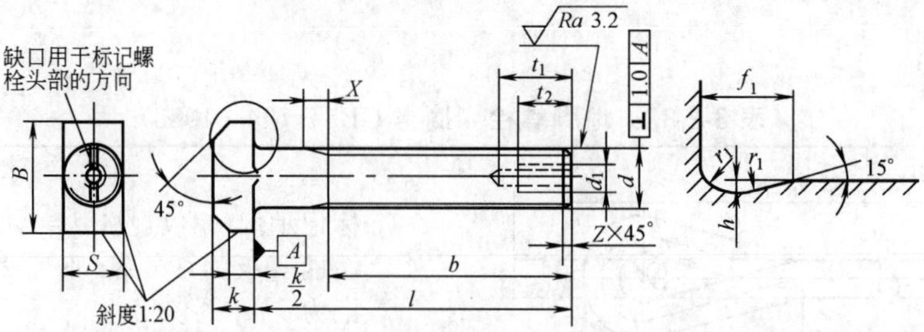

标记示例:螺纹直径 d＝M48、长度 l＝2000mm、产品等级为 C 级的 T 形头地脚螺栓的标记为

螺栓 M48×2000　JB/ZQ 4362

续表

d	M24×3	M30×3.5	M36×4	M42×4.5	M48×5	M56×5.5	M64×6	M72×6	M80×6	M90×6	M100×6	M110×6	M125×6	M140×6	M160×6
b	100	120	160	180	210	250	280	300	320	360	400	440	500	560	640
d_1	—		M12			M16			M20						
k	15	19	23	26	30	35	40	45	50	55	62	67	75	85	100
S	24	30	36	42	48	56	64	72	80	90	100	110	125	140	160
B	43	54	66	80	88	102	115	128	140	155	170	190	215	240	275
t_1	—		31			39			47						
t_2	—		18			24			29						
f_1	2.5					4				5				7	
h	0.2					0.3				0.4				0.5	
r_1	1					1.6				2.5				4	
Z	3	4	5		6			8							
长度 l	每件质量/kg ≈														
1000	3.66	5.77	8.38	11.5	15.1	20.7	27.4	34.9	43.5	55.4	69.2	84.6	110.7	141	189.1
每增加100	0.35	0.56	0.8	1.08	1.42	1.9	2.5	3.2	3.9	5.0	6.2	7.5	9.6	12.1	15.8

注：1. 长度 l 按设计要求给出，以 50mm 为一级分档。

2. 此标准列出的螺栓与 JB/ZQ 4172、JB/ZQ 4721 的基础板配套使用。

3. 产品材料：钢；产品螺纹公差 8g；性能等级 5.6、8.8；产品等级 C。

表 3-2-35　T 形头地脚螺栓用单孔锚板（摘自 JB/ZQ 4172—2006）　/mm

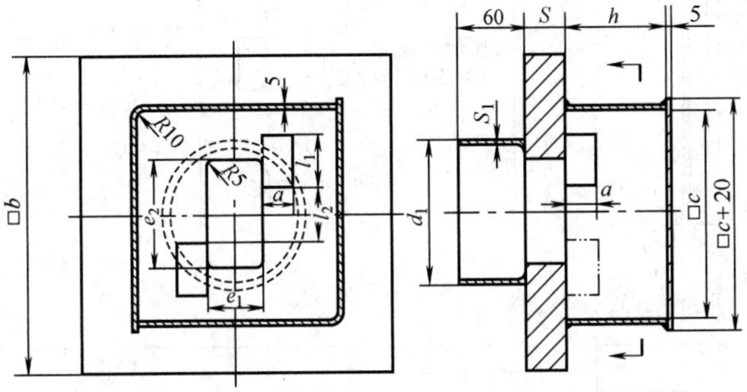

标记示例：T 形头地脚螺栓 M48 用单孔锚板的标记为

单孔锚板　48　JB/ZQ 4172—2006

型号	S	b	$e_1{}^{+2}_{0}$	$e_2{}^{+2}_{0}$	a	l_1	l_2	c	h	W	T 形头地脚螺栓	锚板围管 $d_1 \times S_1$	每件质量 /kg ≈	基础孔护管外径×管厚
24	20	180	27	54	20	40	28	130	50	500	M24	ϕ83×3.5	7.0	ϕ114×4
30	25	210	34	68			34	140	60	600	M30	ϕ95×3.5	11.0	
36	30	240	40	82			40	160	75	700	M36	ϕ121×4	17.0	ϕ140×4.5
42		270	47	94	30	50	46	180	85	800	M42		22	
48	35	300	53	102			52	200	100	1000	M48	ϕ140×4.5	30	ϕ180×5
56		330	62	116			60	220	110	1100	M56		36	
64	40	370	70	128			68	240	130	1300	M64	ϕ168×4	50	ϕ194×5

续表

型号	S	b	$e_1{}^{+2}_{0}$	$e_2{}^{+2}_{0}$	a	l_1	l_2	c	h	W	T形头地脚螺栓	锚板围管 $d_1\times S_1$	每件质量 /kg ≈	基础孔护管外径×管厚
72	40	410	78	142	40	80	76	280	145	1400	M72×6	ϕ194×5	63	ϕ219×6
80		450	87	154			84	300	160	1600	M80×6		75	
90	50	500	97	170			94	320	180	1800	M90×6	ϕ219×6	109	ϕ245×6.5
100		550	107	185			104	350	200	2000	M100×6	ϕ245×6.5	129	ϕ273×6.5
110	60	600	118	205	50	100	114	380	220	2200	M110×6	ϕ273×6.5	182	ϕ299×7.5
125		660	133	230			129	400	250	2500	M125×6	ϕ299×7.5	220	ϕ325×7.5
140	80	750	148	255	60	120	144	460	270	2800	M140×6	ϕ325×7.5	366	ϕ351×8
160		850	168	290			164	500	280	3200	M160×6	ϕ377×9	466	ϕ402×9

注：1. 锚板材质一般采用 Q235A。

2. 除图上已注明的焊缝处，其余焊缝为连续角焊缝，焊角高 K 为 4mm。

3. T形头地脚螺栓按 JB/ZQ 4362 选用。

4. 锚板围管及基础孔护管按《结构用无缝钢管》（GB/T 8162）选用，材质一般采用 10 或 20 钢，亦可用钢板弯制。

表 3-2-36 T形地脚螺栓应用（摘自 JB/ZQ 4362—2006）

/mm

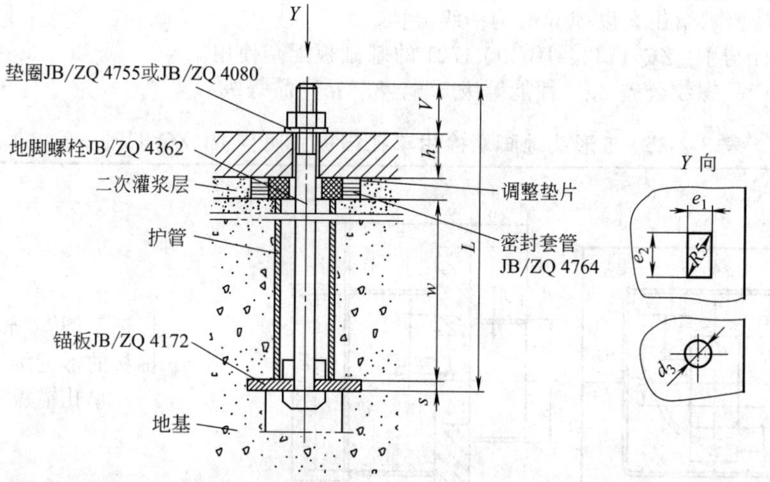

螺栓直径 d_1	通孔			w	$V^{+1.0}_{0}$	
	栓头矩形孔		螺栓孔		JB/ZQ 4755	JB/ZQ 4080
	$e_1{}^{+2}_{0}$	$e_2{}^{+2}_{0}$	d_3			
M24	27	54	28	500	60	50
M30	34	68	35	600	75	60
M36	40	82	40	700	90	80
M42	47	94	48	800	105	90
M48	53	102	54	1000	120	100
M56	62	116	62	1100	135	120
M64	70	128	70	1300	155	130
M72×6	78	142	80	1400	170	150
M80×6	87	154	90	1600	190	160

螺栓直径 d_1	通孔			w	$V^{+1.0}_{0}$	
	栓头矩形孔		螺栓孔		JB/ZQ 4755	JB/ZQ 4080
	$e_{1}{}^{+2}_{0}$	$e_{2}{}^{+2}_{0}$	d_3			
M90×6	97	170	100	1800	220	180
M100×6	107	185	110	2000	240	200
M110×6	118	205	120	2200	265	220
M125×6	133	230	135	2500	305	250
M140×6	148	255	150	2800	340	280
M160×6	168	290	170	3200	395	320

2.5.7 U形螺栓

表 3-2-37 U形螺栓（摘自 JB/ZQ 4321—2006） /mm

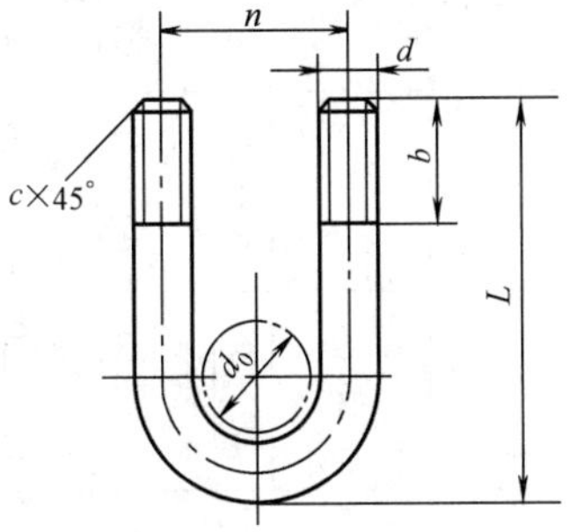

标记示例：管子外径 D_0=25mm 时用U形螺栓的标记为

U形螺栓 25 JB/ZQ 4321

d_0	d	L	b	n	c	1000件质量/kg
14	M6	98	22	22	1	22
18		108		26		24
22	M10	135	28	34	1.5	83
25		143		38		88
33		160		46		99
38	M12	192	32	52	2	171
42		202		56		180
45		210		60		188
48		220		62		196
51		225		66		200
57		240		74		214
60		250		76		223
76		289		92		256
83		310		98		276
89		325		104		290
102	M16	365	38	122		575
108		390		128		616
114		405		134		640
133		450		154		712
140		470		160		752
159		520		180		822
165		538		186		850
219		680		240		1075

注：1. 表中 L 为毛坯长度，d_0 为管子外径。

2. 螺栓的螺纹长度允差为 $+2P$（螺距）。

3. 螺纹基本尺寸按 GB/T 196 规定的粗牙普通螺纹；其公差按 GB/T 197 的 6g 级制造。

4. 材料：Q235A。

5. 产品等级按 GB/T 3103.1 规定的 B 级。

2.5.8 双头螺柱

表 3-2-38 双头螺柱 $b_m=d$（摘自 GB/T 897—1988）、$b_m=1.25d$（摘自 GB/T 898—1988）、$b_m=1.5d$（摘自 GB/T 899—1988）、$b_m=2d$（摘自 GB/T 900—1988） /mm

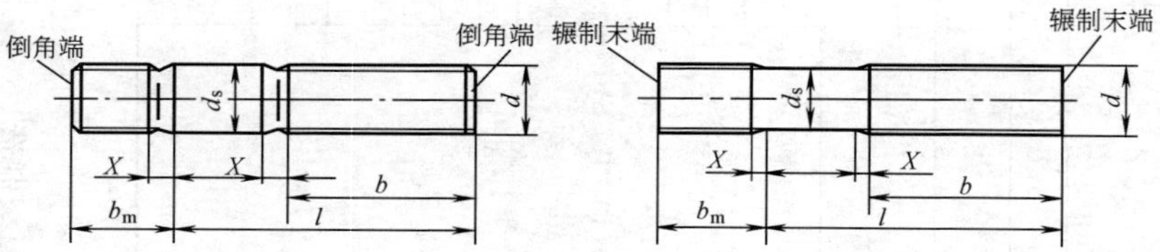

A型　　B型

标记示例：两端均为粗牙普通螺纹，$d=10$mm、$l=50$mm、性能等级为 4.8 级、不经表面处理、B 型、$b_m=d$ 的双头螺柱的标记为

螺柱　GB/T 897—1988 M10×50

旋入机体一端为粗牙普通螺纹，旋螺母一端为螺距 $P=1$mm 的细牙普通螺纹，$d=10$mm、$l=50$mm、性能等级为 4.8 级、不经表面处理、A 型、$b_m=d$ 的双头螺柱的标记为

螺柱　GB/T 897—1988 AM10-M10×1×50

旋入机体一端为过渡配合螺纹的第一种配合，旋螺母一端为粗牙普通螺纹，$d=10$mm、$l=50$mm、性能等级为 8.8 级、镀锌钝化、B 型、$b_m=d$ 的双头螺柱的标记为

螺柱　GB/T 897—1988 GM10-M10×50-8.8-Zn·D

螺纹规格 d		M2	M2.5	M3	M4	M5	M6	M8	M10	M12	M16	M20	M24	M30	M36	M42	M48
b_m（公称）	GB/T 897—1988					5	6	8	10	12	16	20	24	30	36	42	48
	GB/T 898—1988					6	8	10	12	15	20	25	30	38	45	52	60
	GB/T 899—1988	3	3.5	4.5	6	8	10	12	15	18	24	30	36	45	54	63	72
	GB/T 900—1988	4	5	6	8	10	12	16	20	24	32	40	48	60	72	84	96
$\frac{l}{b}$		$\frac{12\sim16}{6}$ $\frac{18\sim25}{10}$	$\frac{14\sim18}{8}$ $\frac{20\sim30}{11}$	$\frac{16\sim20}{6}$ $\frac{22\sim40}{12}$	$\frac{16\sim22}{8}$ $\frac{25\sim40}{14}$	$\frac{16\sim22}{10}$ $\frac{25\sim50}{16}$	$\frac{20\sim22}{10}$ $\frac{25\sim30}{14}$ $\frac{32\sim75}{18}$	$\frac{20\sim22}{12}$ $\frac{25\sim30}{16}$ $\frac{32\sim90}{22}$	$\frac{25\sim28}{14}$ $\frac{30\sim38}{16}$ $\frac{40\sim120}{26}$ $\frac{130}{32}$	$\frac{25\sim30}{16}$ $\frac{32\sim40}{20}$ $\frac{45\sim120}{30}$ $\frac{130\sim180}{36}$	$\frac{30\sim38}{20}$ $\frac{40\sim55}{30}$ $\frac{60\sim120}{38}$ $\frac{130\sim200}{44}$	$\frac{35\sim40}{25}$ $\frac{45\sim60}{35}$ $\frac{70\sim120}{46}$ $\frac{130\sim200}{56}$	$\frac{45\sim50}{30}$ $\frac{55\sim75}{45}$ $\frac{80\sim120}{54}$ $\frac{130\sim200}{60}$	$\frac{60\sim65}{40}$ $\frac{70\sim90}{50}$ $\frac{95\sim120}{66}$ $\frac{130\sim200}{72}$ $\frac{210\sim250}{85}$	$\frac{65\sim75}{45}$ $\frac{80\sim110}{60}$ $\frac{120}{78}$ $\frac{130\sim200}{84}$ $\frac{210\sim300}{97}$	$\frac{70\sim80}{50}$ $\frac{85\sim100}{70}$ $\frac{120}{90}$ $\frac{130\sim200}{96}$ $\frac{210\sim300}{109}$	$\frac{80\sim90}{60}$ $\frac{95\sim110}{80}$ $\frac{120}{102}$ $\frac{130\sim200}{108}$ $\frac{210\sim300}{121}$
l（公称）		12~25	14~30	16~40	16~40	16~50	20~75	20~90	25~130	25~180	30~200	35~200	45~200	60~250	65~300	70~300	80~300

螺纹规格 d	M2	M2.5	M3	M4	M5	M6	M8	M10	M12	M16	M20	M24	M30	M36	M42	M48
l 系列	12,(14),16,(18),20,22,25,(28),30,(32),36,40,45,50,55,60,(65),70,75,80,(85),90,(95),100,110,120,130,140,150,160,170,180,190,200,210,220,230,240,250,260,280,300															

技术条件	材料	性能等级	过渡及过盈配合	螺纹公差	表面处理(GB/T 897,GB/T 898)	表面处理(GB/T 899,GB/T 900)	产品等级
	钢	4.8,5.8,6.8,8.8,10.9,12.9	GM、GZM、YM(GB/T 900—1988)	6g	不经处理;氧化镀锌钝化	不经处理;氧化;镀锌钝化	B
	不锈钢	A2-50、A2-70	GM、GZM	6g		不经处理	

注:1. 尽可能不采用括号内规格。
2. 图中 X 之最大值等于 $2.5P$(粗牙螺距)。
3. 当 $b-b_m \leqslant 5$mm 时,旋入螺母的一端应制成倒圆端;或在端面中心制出凹点。
4. 允许采用细牙螺纹和过渡配合螺纹。
5. GB 898—1988 d=M5~M20 为商品规格,其余均为通用规格。
6. $b_m=d$ 时,一般用于钢对钢;$b_m=(1.25\sim1.5)d$ 时,一般用于铸铁;$b_m=2d$ 时,一般用于铝合金。

表 3-2-39 等长双头螺柱-B级(摘自 GB/T 901—1988) /mm

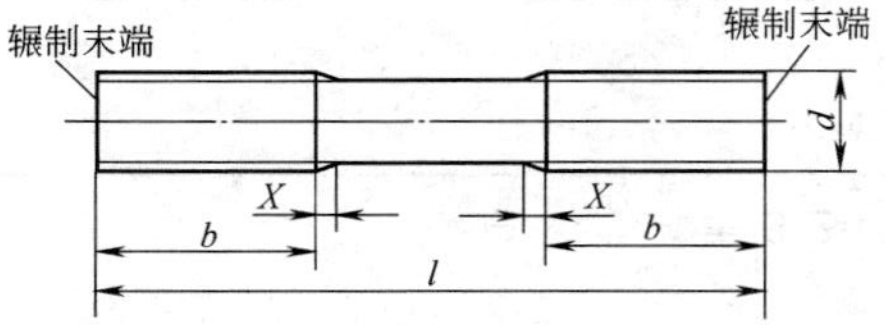

标记示例:螺纹直径 d=12mm、长度 l=100mm、力学性能为 4.8 级、不经表面处理的等长双头螺柱的标记为

螺柱 GB/T 901—1988 M12×100

螺纹规格 d	M2	M2.5	M3	M4	M5	M6	M8	M10	M12	(M14)	M16	M(18)	M20	(M22)	M24	(M27)	M30	(M33)	M36	(M39)	M42	M48	M56
b	10	11	12	14	16	18	28	32	36	40	44	48	52	56	60	66	72	78	84	89	96	108	124
l	10~60	10~85	12~240	16~300	18~300	22~300	28~300	32~300	38~300	40~300			60~300	80~300	90~300	100~300	120~300				120~400	130~500	150~500
l 系列	10,12,(14),16,(18),20,(22),25,(28),30,(32),35,(38),40,45,50,(55),60,(65),70,(75),80,(85),90,(95),100,110,120,130,140,150,160,170,180,190,200,(210),220,(230),(240),250,(260),280,300,320,350,380,400,420,450,480,500																						

续表

<table>
<tr><td>螺纹规格
d</td><td>M2</td><td>M2.5</td><td>M3</td><td>M4</td><td>M5</td><td>M6</td><td>M8</td><td>M10</td><td>M12</td><td>(M14)</td><td>M16</td><td>(M18)</td><td>M20</td><td>(M22)</td><td>M24</td><td>(M27)</td><td>M30</td><td>(M33)</td><td>M36</td><td>(M39)</td><td>M42</td><td>M48</td><td>M56</td></tr>
<tr><td rowspan="3">技术条件</td><td colspan="3">材料</td><td colspan="5">钢</td><td colspan="5">不锈钢</td><td colspan="5" rowspan="3">普通螺纹公差:6g</td><td colspan="5" rowspan="3">产品等级:B</td></tr>
<tr><td colspan="3">性能等级</td><td colspan="5">4.8、5.8、6.8、8.8、10.9、12.9</td><td colspan="5">A2-50、A2-70</td></tr>
<tr><td colspan="3">表面处理</td><td colspan="5">不经处理;镀锌钝化</td><td colspan="5"></td></tr>
</table>

注：1. 当 $l \leqslant 50$mm 或 $l \leqslant 2b$ 时，允许螺柱上全部制出螺纹，但当 $l \leqslant 2b$ 时，亦允许制出长度不大于 $4P$（粗牙螺距）的无螺纹部分。
2. 根据使用要求，可采用 30Cr、40Cr、30CrMnSi、35CrMoA、40MnA 和 40B 等制造螺柱，其性能按供需双方协议。
3. 尽可能不采用括号内规格。

表 3-2-40　等长双头螺柱-C 级（摘自 GB/T 953—1988）　/mm

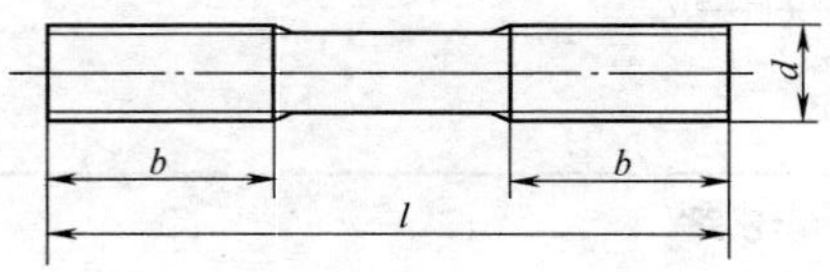

标记示例:螺纹直径 $d=10$mm、长度 $l=100$mm、螺纹长度 $b=26$mm、性能等级为 4.8 级、不经表面处理的等长双头螺柱标记为

螺柱　GB/T 953—1988　M10×100

需加长时,应加标记“Q”

螺柱　GB/T 953—1988　M10×100-Q

<table>
<tr><td colspan="2">螺纹规格 d</td><td>M8</td><td>M10</td><td>M12</td><td>(M14)</td><td>M16</td><td>(M18)</td><td>M20</td><td>(M22)</td><td>M24</td><td>(M27)</td><td>M30</td><td>(M33)</td><td>M36</td><td>(M39)</td><td>M42</td><td>M48</td></tr>
<tr><td rowspan="2">b</td><td>标准</td><td>22</td><td>26</td><td>30</td><td>34</td><td>38</td><td>42</td><td>46</td><td>50</td><td>54</td><td>60</td><td>66</td><td>72</td><td>78</td><td>84</td><td>90</td><td>102</td></tr>
<tr><td>加长</td><td>41</td><td>45</td><td>49</td><td>53</td><td>57</td><td>61</td><td>65</td><td>69</td><td>73</td><td>79</td><td>85</td><td>91</td><td>97</td><td>103</td><td>109</td><td>121</td></tr>
<tr><td colspan="2">通用规格长度 l</td><td>100～600</td><td>100～750</td><td colspan="2">130～950</td><td colspan="2">170～1400</td><td>200～1400</td><td>200～1800</td><td>300～1800</td><td>300～2000</td><td colspan="4">350～2500</td><td colspan="2">550～2500</td></tr>
<tr><td colspan="2">l 系列</td><td colspan="16">100～200(10 进位),220～320(20 进位),350,380,400,420,450,480,500～1000(50 进位),1100～2500(100 进位)</td></tr>
<tr><td colspan="2">100mm 长的质量/kg≈</td><td>0.031</td><td>0.049</td><td>0.071</td><td>0.097</td><td>0.131</td><td>0.162</td><td>0.205</td><td>0.252</td><td>0.300</td><td>0.383</td><td>0.471</td><td>0.576</td><td>0.683</td><td>0.812</td><td>0.927</td><td>1.217</td></tr>
<tr><td colspan="2">技术条件</td><td>材料:钢</td><td colspan="4">性能等级:4.8、6.8、8.8</td><td colspan="2">螺纹公差:8g</td><td colspan="2">产品等级:C</td><td colspan="6">表面处理:不经处理;镀锌钝化</td></tr>
</table>

注：尽可能不采用括号内规格。

2.6 螺钉

表 3-2-41 十字槽盘头螺钉（摘自 GB/T 818—2016，等效 ISO 7045：2011） /mm

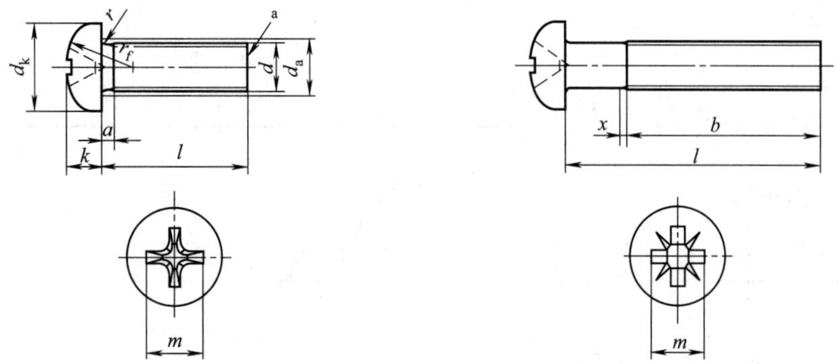

(a) H型十字槽 (b) Z型十字槽

a——辗制末端。

标记示例：螺纹规格 d＝M5，公称长度 l＝20mm，性能等级为 4.8 级，不经表面处理的十字槽盘头螺钉，其标记为

螺钉 GB/T 818—2016 M5×20

螺纹规格 d				M1.6	M2	M2.5	M3	(M3.5)	M4	M5	M6	M8	M10
P				0.35	0.4	0.45	0.5	0.6	0.7	0.8	1	1.25	1.5
a max				0.7	0.8	0.9	1	1.2	1.4	1.6	2	2.5	3
b min				25	25	25	25	38	38	38	38	38	38
d_a max				2	2.6	3.1	3.6	4.1	4.7	5.7	6.8	9.2	11.2
d_k	公称＝max			3.2	4.0	5.0	5.6	7.00	8.00	9.50	12.00	16.00	20.00
	min			2.9	3.7	4.7	5.3	6.64	7.64	9.14	11.57	15.57	19.48
k	公称＝max			1.30	1.60	2.10	2.40	2.60	3.10	3.70	4.6	6.0	7.50
	min			1.16	1.46	1.96	2.26	2.46	2.92	3.52	4.3	5.7	7.14
r min				0.1	0.1	0.1	0.1	0.1	0.2	0.2	0.25	0.4	0.4
r_1≈				2.5	3.2	4	5	6	6.5	8	10	13	16
x max				0.9	1	1.1	1.25	1.5	1.75	2	2.5	3.2	3.8
十字槽	槽号 No			0		1		2			3	4	
	H 型	m	参考	1.7	1.9	2.7	3	3.9	4.4	4.9	6.9	9	10.1
		插入深度	max	0.95	1.2	1.55	1.8	1.9	2.4	2.9	3.6	4.6	5.8
			min	0.70	0.9	1.15	1.4	1.4	1.9	2.4	3.1	4.0	5.2
	Z 型	m	参考	1.6	2.1	2.6	2.8	3.9	4.3	4.7	6.7	8.8	9.9
		插入深度	max	0.90	1.42	1.50	1.75	1.93	2.34	2.74	3.46	4.50	5.69
			min	0.65	1.17	1.25	1.50	1.48	1.89	2.29	3.03	4.05	5.24

续表

螺纹规格 d		M1.6	M2	M2.5	M3	(M3.5)②	M4	M5	M6	M8	M10
技术条件	材料	钢				不锈钢			有色金属		
	力学性能等级	4.8				A2-50、A2-70			CU2、CU3、AL4		
	螺纹公差	6g									
	公差产品等级	A									
	表面处理	1)不经处理;2)电镀;3)非电解锌片镀层				1)简单处理;2)钝化处理			1)简单处理;2)电镀		

注：1. P 为螺距。

2. 尽可能不采用括号内规格。

表 3-2-42 十字槽圆柱头螺钉（摘自 GB/T 822—2016，等效 ISO 7048：2011） /mm

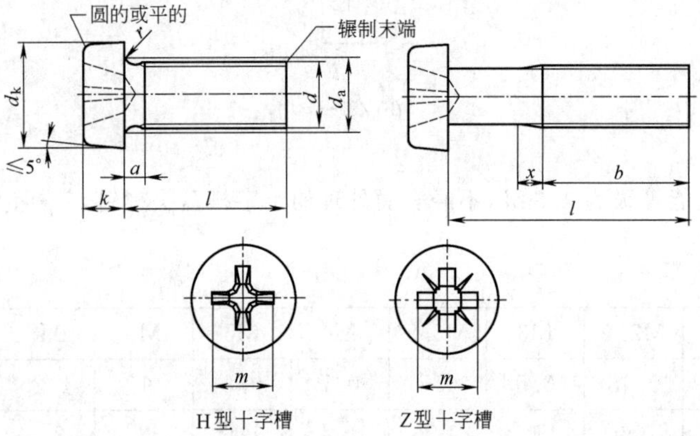

标记示例：螺纹规格 d＝M5、公称长度 l＝20mm、性能等级为 4.8 级、H 型十字槽、不经表面处理的 A 级十字槽圆柱头螺钉的标记为

螺钉 GB/T 822—2016 M5×20

螺纹规格 d				M2.5	M3	(M3.5)①	M4	M5	M6	M8
P②				0.45	0.5	0.6	0.7	0.8	1	1.25
a	max			0.9	1	1.2	1.4	1.6	2	2.5
b	min			25	25	38	38	38	38	38
d_k	max			4.50	5.50	6.00	7.00	8.50	10.00	13.00
	min			4.32	5.32	5.82	6.78	8.28	9.78	12.73
d_a	max			3.1	3.6	4.1	4.7	5.7	6.8	9.2
k	max			1.80	2.00	2.40	2.60	3.30	3.9	5.0
	min			1.66	1.86	2.26	2.46	3.12	3.6	4.7
r	min			0.1	0.1	0.1	0.2	0.2	0.25	0.4
x	max			1.1	1.25	1.5	1.75	2	2.5	3.2
十字槽	槽号	No.		1	2	2	2	2	3	3
	H型	m 参考		2.7	3.5	3.8	4.1	4.8	6.2	7.7
		插入深度	min	1.20	0.86	1.15	1.45	2.14	2.25	3.73
			max	1.62	1.43	1.73	2.03	2.73	2.86	4.36
	Z型	m 参考		2.4	3.5	3.7	4.0	4.6	6.1	7.5
		插入深度	min	1.10	1.22	1.34	1.60	2.26	2.46	3.88
			max	1.35	1.47	1.80	2.06	2.72	2.92	4.34

螺纹规格 d			M2.5	M3	(M3.5)①	M4	M5	M6	M8
l③			每1000件钢螺钉的质量($\rho=7.85\text{kg/dm}^3$)/kg ≈						
公称	min	max							
2	1.8	2.2							
3	2.8	3.2	0.272						
4	3.76	4.24	0.302	0.515					
5	4.76	5.24	0.332	0.560	0.786	1.09			
6	5.76	6.24	0.362	0.604	0.845	1.17	2.06		
8	7.71	8.29	0.422	0.692	0.966	1.33	2.20	3.56	
10	9.71	10.29	0.482	0.780	1.08	1.47	2.55	3.92	7.85
12	11.65	12.35	0.542	0.868	1.20	1.63	2.80	4.27	8.49
16	15.65	16.35	0.662	1.04	1.44	1.95	3.30	4.98	9.77
20	19.58	20.42	0.782	1.22	1.68	2.25	3.78	5.69	11.0
25	24.58	25.42	0.932	1.44	1.98	2.64	4.40	6.56	12.6
30	29.58	30.42		1.68	2.28	3.02	5.02	7.45	14.2
35	34.5	35.5			2.57	3.41	5.62	8.25	15.8
40	39.5	40.5				3.80	6.25	9.20	17.4
45	44.5	45.5					6.88	10.0	18.9
50	49.5	50.5					7.50	10.9	20.6
60	59.05	60.95						12.7	23.7
70	69.05	70.95							26.8
80	79.05	80.95							29.8

技术条件和引用标准

材料		钢	不锈钢	有色金属
通用技术条件		GB/T 16938		
螺纹	公差	6g		
	标准	GB/T 193、GB/T 9145		
机械性能(力学性能)	性能等级	$d<3$mm：按协议； $d\geqslant3$mm：4.8、5.8 $<d<3$mm：按协议	A2-70	$d<3$mm：按协议 $d\geqslant3$mm：CU2、CU3、AL4 $<d<3$mm：按协议；
	标准	$d\geqslant3$mm：GB/T 3098.1	GB/T 3098.6	$d>3$mm：GB/T 3098.10
公差	产品等级	A		
	标准	GB/T 3103.1		
表面缺陷		GB/T 5779.1		
表面处理		不经处理	简单处理 钝化处理技术要求 按 GB/T 5267.4	简单处理 电镀技术要求 按 GB/T 5267.1
		电镀技术要求按 GB/T 5267.1；如需其他技术要求或表面处理，应由供需双方协议		

① 尽可能不采用括号内规格。
② P 为螺距。
③ 公称长度在阶梯虚线以上的螺钉，制出全螺纹($b=l-a$)。
注：阶梯实线间为商品长度规格。

表 3-2-43　开槽圆柱头螺钉(摘自 GB/T 65—2016,等效 ISO 1207:2011)、
开槽盘头螺钉(摘自 GB/T 67—2016,等效 ISO 1580:2011)、
开槽沉头螺钉(摘自 GB/T 68—2016,等效 ISO 2009:2011)、
开槽半沉头螺钉(摘自 GB/T 69—2016,等效 ISO 2010:2011)　/mm

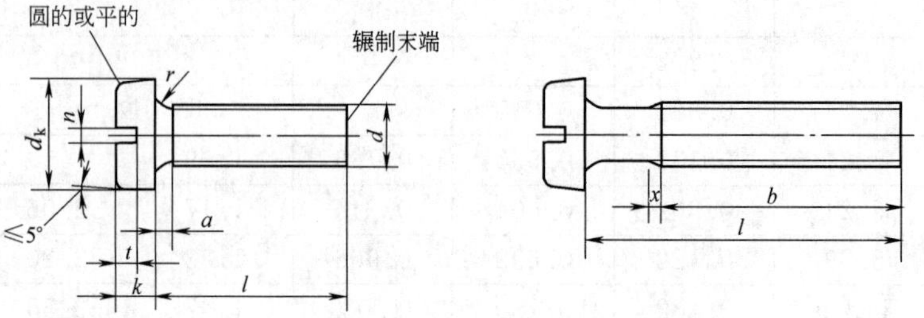

GB/T 65

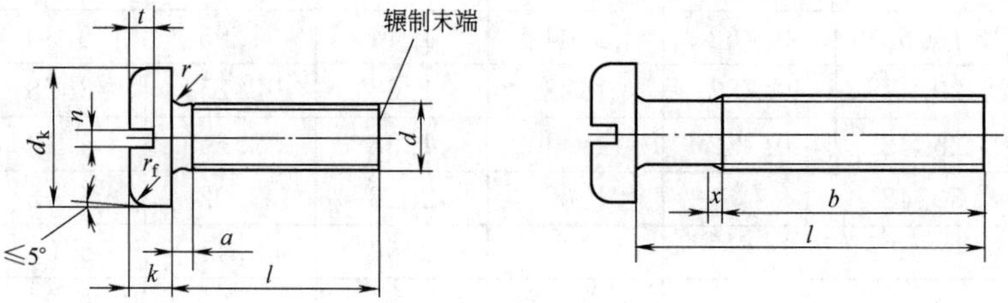

GB/T 67

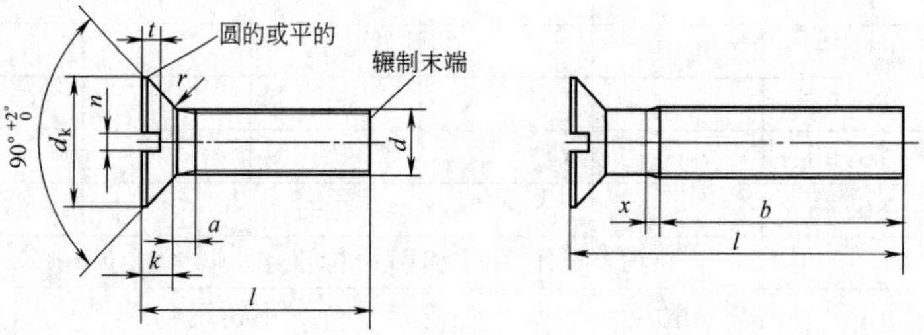

GB/T 68

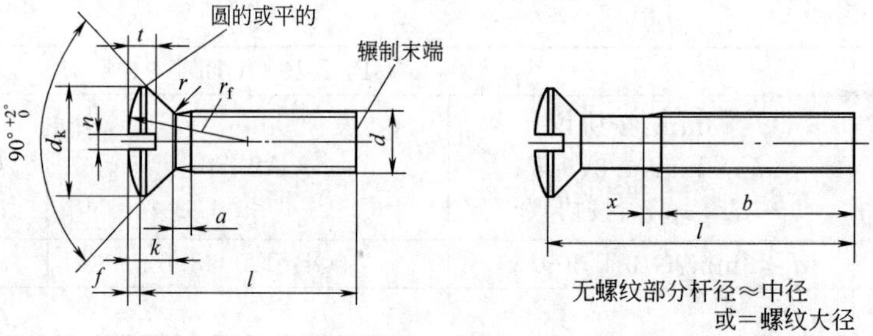

GB/T 69

标记示例如下

螺纹规格 d=M5、公称长度 l=20mm、性能等级为 4.8 级、不经表面处理的 A 级开槽圆柱头螺钉的标记为：
螺钉 GB/T 65—2016　M5×20

螺纹规格 d=M5、公称长度 l=20mm、性能等级为 4.8 级、不经表面处理的 A 级开槽盘头螺钉的标记为：
螺钉 GB/T 67—2016　M5×20

螺纹规格 d=M5、公称长度 l=20mm、性能等级为 4.8 级、不经表面处理的 A 级开槽沉头螺钉的标记为：
螺钉 GB/T 68—2016　M5×20

螺纹规格 d=M5、公称长度 l=20mm、性能等级为 4.8 级、不经表面处理的 A 级开槽半沉头螺钉的标记为：
螺钉 GB/T 69—2016　M5×20

续表

螺纹规格 d		M1.6	M2	M2.5	M3	M4	M5	M6	M8	M10
螺距 P		0.35	0.4	0.45	0.5	0.7	0.8	1.0	1.25	1.5
a max		0.7	0.8	0.9	1.0	1.4	1.6	2.0	2.5	3.0
b min		25				38				
n 公称		0.4	0.5	0.6	0.8	1.2		1.6	2	2.5
GB/T 65	d_k max	3.00	3.80	4.50	5.50	7.00	8.50	10.00	13.00	16.00
	k max	1.10	1.40	1.80	2.00	2.60	3.30	3.90	5.0	6.0
	t min	0.45	0.60	0.70	0.85	1.10	1.30	1.60	2.00	2.40
	r min	0.10	0.10	0.10	0.10	0.20		0.25	0.40	
	商品规格 l	2～16	3～20	3～25	4～30	5～40	6～50	8～60	10～80	12～80
	全螺纹时最大长度	30				40				
	l 系列	2,3,4,5,6,8,10,12,(14),16,20,25,30,35,40,45,50,(55),60,(65),70,(75),80								
GB/T 67	d_k max	3.2	4.0	5.0	5.6	8.0	9.5	12.0	16.0	20.0
	k max	1.00	1.30	1.50	1.80	2.40	3.00	3.6	4.8	6.0
	t min	0.35	0.5	0.6	0.7	1	1.2	1.4	1.9	2.4
	r min	0.1				0.2		0.25	0.4	
	r_f(参考)	0.5	0.6	0.8	0.9	1.2	1.5	1.8	2.4	3
	商品规格 l	2.5～16	3～20	3～25	4～30	5～40	5～50	8～60	8～80	12～80
	全螺纹时最大长度	30				40				
	l 系列	2、2.5、3、4、5、6、8、10、12、(14)、16、20、25、30、35、40、45、50、(55)、60、(65)、70、(75)、80								
GB/T 68、GB/T 69	d_k max	3.0	3.8	4.7	5.5	8.40	9.30	11.30	15.80	18.30
	k max	1	1.2	1.5	1.65	2.7	2.7	3.3	4.65	5
	t min GB/T 68	0.32	0.4	0.50	0.60	1.0	1.1	1.2	1.8	2.0
	t min GB/T 69	0.64	0.8	1.0	1.20	1.6	2.0	2.4	3.2	3.8
	r max	0.4	0.5	0.6	0.8	1	1.3	1.5	2	2.5
	r_f≈	3	4	5	6	9.5	9.5	12	16.5	19.5
	f≈	0.4	0.5	0.6	0.7	1	1.2	1.4	2	2.3
	商品规格 l	2.5～16	3～20	4～25	5～30	6～40	8～50	8～60	10～80	12～80
	全螺纹时最大长度	30				45				
	l 系列	2.5、3、4、5、6、8、10、12、(14)、16、20、25、30、35、40、45、50、(55)、60、(65)、70、(75)、80								
技术条件	材料	钢				不锈钢			有色金属	
	性能等级	m<3mm,按协议 m≥3mm:4.8、5.8				A2-50、A2-70			d<3mm,按协议 d≥3mm: CU2、CU3、AL4	
	表面处理	不经处理				简单处理			简单处理	
	螺纹公差	6g								
	产品等级	A								

注：1. 表中未列入非优选规格螺钉 M3.5×0.6，如需要请查国标原件。

2. 尽可能不采用括号内规格。

3. 用有色金属制造的螺钉力学性能，详见 GB/T 3098.10—1993。

表 3-2-44　内六角圆柱头螺钉（摘自 GB/T 70.1—2008，等效 ISO 4762：2004）　/mm

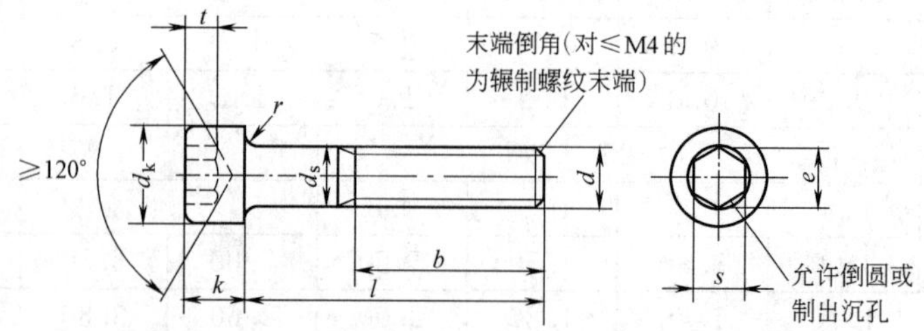

标记示例：螺纹规格 d＝M5、公称长度 l＝20mm、性能等级为 8.8 级、表面氧化的 A 级内六角圆柱头螺钉的标记为

螺钉　GB/T 70.1—2008　M5×20

螺纹规格 d		M1.6	M2	M2.5	M3	M4	M5	M6	M8	M10	M12	(M14)	M16	M20	M24	M30	M36	M42	M48	M56	M64
P（螺距）		0.35	0.4	0.45	0.5	0.7	0.8	1	1.25	1.5	1.75	2	2	2.5	3	3.5	4	4.5	5	5.5	6
b 参考		15	16	17	18	20	22	24	28	32	36	40	44	52	60	72	84	96	108	124	140
d_k	max[1]	3.00	3.80	4.50	5.50	7.00	8.50	10.00	13.00	16.00	18.00	21.00	24.00	30.00	36.00	45.00	54.00	63.00	72.00	84.00	96.00
	max[2]	3.14	3.98	4.68	5.68	7.22	8.72	10.22	13.27	16.27	18.27	21.33	24.33	30.33	36.39	45.39	54.46	63.46	72.46	84.54	96.54
	min	2.86	3.62	4.32	5.32	6.78	8.28	9.78	12.73	15.73	17.73	20.67	23.67	29.67	35.61	44.61	53.54	62.54	71.54	83.46	95.46
d_s	max	1.60	2.00	2.50	3.00	4.00	5.00	6.00	8.00	10.00	12.00	14.00	16.00	20.00	24.00	30.00	36.00	42.00	48.00	56.00	64.00
	min	1.46	1.86	2.36	2.86	3.82	4.82	5.82	7.78	9.78	11.73	13.73	15.73	19.67	23.67	29.67	35.61	41.61	47.61	55.54	63.54
e min		1.73	1.73	2.30	2.87	3.44	4.58	5.72	6.68	9.15	11.43	13.72	16.00	19.44	21.73	25.15	30.85	36.57	41.13	46.83	52.53
k	max	1.60	2.00	2.50	3.00	4.00	5.00	6.00	8.00	10.00	12.00	14.00	16.00	20.00	24.00	30.00	36.00	42.00	48.00	56.00	64.00
	min	1.46	1.86	2.36	2.86	3.82	4.82	5.70	7.64	9.64	11.57	13.57	15.57	19.48	23.48	29.48	35.38	41.38	47.38	55.26	63.26
r	min	0.1	0.1	0.1	0.1	0.2	0.2	0.25	0.4	0.4	0.6	0.6	0.6	0.8	0.8	1	1	1.2	1.6	2	2
s	公称	1.5	1.5	2	2.5	3	4	5	6	8	10	12	14	17	19	22	27	32	36	41	46
	min	1.52	1.52	2.02	2.52	3.02	4.02	5.02	6.02	8.025	10.025	12.032	14.032	17.05	19.065	22.065	27.065	32.08	36.08	41.08	46.08
	max	1.58	1.58	2.08	2.58	3.08	4.095	5.14	6.14	8.175	10.175	12.212	14.212	17.23	19.275	22.275	27.275	32.33	36.33	41.33	46.33
t min		0.7	1	1.1	1.3	2	2.5	3	4	5	6	7	8	10	12	15.5	19	24	28	34	38
l 范围		2.5～16	3～20	4～25	5～30	6～40	8～50	10～60	12～80	16～100	20～120	25～140	25～160	30～200	40～200	45～200	55～200	60～300	70～300	80～300	90～300
l 系列		2.5,3,4,5,6,8,10,12,16,20,25,30,35,40,45,50,55,60,65,70,80,90,100,110,120,130,140,150,160,180,200,220,240,260,280,300																			
全螺纹长度 l		2.5～16	3～16	4～20	5～20	6～25	8～25	10～30	12～35	16～40	20～50	25～55	25～60	30～70	40～80	45～100	55～110	60～130	70～150	80～160	90～180

注：1. 对光滑头部。

2. 对滚花头部。

3. 尽可能不采用括号内的规格。

表 3-2-45 内六角平圆头螺钉（摘自 GB/T 70.2—2015，等效 ISO 7380-1：2011） /mm

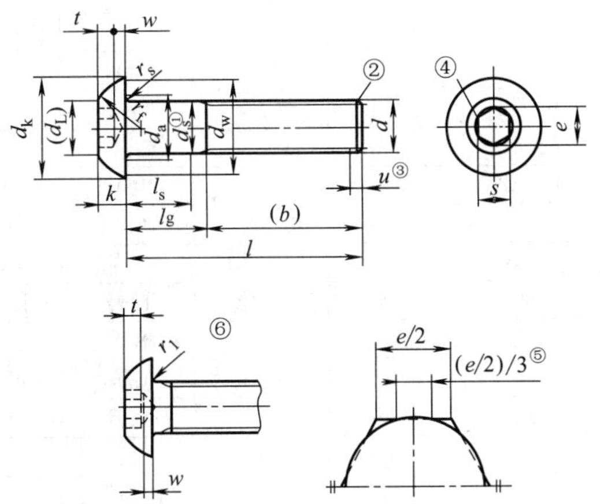

说明：

r_s——带无螺纹杆部的螺钉头下圆角半径；

r_t——全螺纹螺钉头下圆角半径

① 在 l_{smin} 范围内，d_s 应符合规定

② 按 GB/T 2 倒角端或对 M4 及其以下“辗制末端”

③ 不完整螺纹的长度 $u \leqslant 2P$

④ 内六角口部允许倒圆或沉孔

⑤ 对切制内六角，当尺寸达到最大极限时，由于钻孔造成的过切不应超过内六角任何一面长度($e/2$)的 1/3

⑥ 允许制造的型式

螺纹规格 d		M3	M4	M5	M6	M8	M10	M12	M16
P(螺距)		0.5	0.7	0.8	1	1.25	1.5	1.75	2
b		18	20	22	24	28	32	36	44
d_a	max	3.6	4.7	5.7	6.8	9.2	11.2	13.7	17.7
d_k	max	5.70	7.60	9.50	10.50	14.00	17.50	21.00	28.00
	min	5.40	7.24	9.14	10.07	13.57	17.07	20.48	27.48
e	min	2.303	2.873	3.443	4.583	5.723	6.863	9.149	11.429
k	max	1.65	2.20	2.75	3.30	4.40	5.50	6.60	8.80
	min	1.40	1.95	2.50	3.00	4.10	5.20	6.24	8.44
r_s	min	0.10	0.20	0.20	0.25	0.40	0.40	0.60	0.60
s	公称	2	2.5	3	4	5	6	8	10
	max	2.080	2.580	3.080	4.095	5.140	6.140	8.175	10.175
	min	2.020	2.520	3.020	4.020	5.020	6.020	8.025	10.025
t	min	1.04	1.30	1.56	2.08	2.6	3.12	4.16	5.20
w	min	0.2	0.3	0.38	0.74	1.05	1.45	1.63	2.25
l		6～20	6～25	8～25	10～30	12～35	16～40	20～50	20～60
机械性能等级		8.8、10.9、12.9							

注：$e_{min}=1.14s_{min}$。

表 3-2-46 内六角沉头螺钉（摘自 GB/T 70.3—2008，等效 ISO 10642：2004） /mm

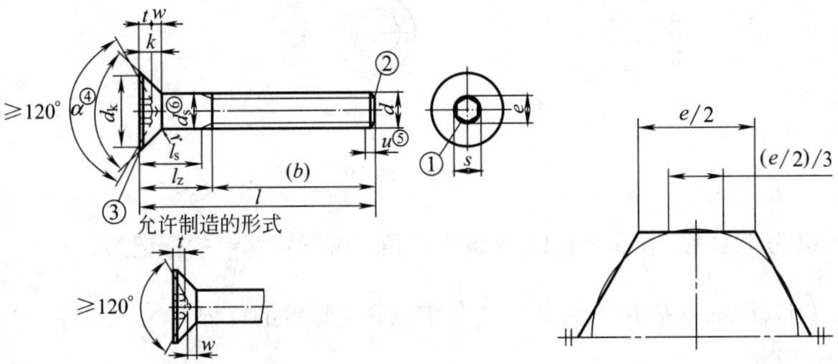

对切制内六角，当尺寸达到最大极限时，由于钻孔造成的过切不应超过内六角任何一面长度($e/2$)的 1/3。

① 内六角口部允许稍许倒圆或沉孔

② 末端倒角，$d \leqslant$M4 的为辗制末端，见 GB/T 2

③ 头部棱边可以是圆的或平的，由制造者任选

④ $\alpha=90°\sim92°$

⑤ 不完整螺纹的长度 $u \leqslant 2P$

⑥ d_s 适用于规定了 l_{smin} 数值的产品

续表

螺纹规格 d		M3	M4	M5	M6	M8	M10	M12	(M14)	M16	M20
P(螺距)		0.5	0.7	0.8	1	1.25	1.5	1.75	2	2	2.5
$b_{参考}$		18	20	22	24	28	32	36	40	44	52
d_s	max	3.3	4.4	5.5	6.6	8.54	10.62	13.5	15.5	17.5	22
d_k	max	6.72	8.96	11.20	13.44	17.92	22.40	26.88	30.80	33.60	40.32
	min	5.54	7.53	9.43	11.34	15.24	19.22	23.12	26.52	29.01	36.05
d_s	max	3.00	4.00	5.00	6.00	8.00	10.00	12.00	14.00	16.00	20.00
	min	2.86	3.82	4.82	5.82	7.78	9.78	11.73	13.73	15.73	19.67
e	min	2.303	2.873	3.443	4.583	5.723	6.863	9.149	11.429	11.429	13.716
k	max	1.86	2.48	3.1	3.72	4.96	6.2	7.44	8.4	8.8	10.16
F	max	0.25	0.25	0.3	0.35	0.4	0.4	0.45	0.5	0.6	0.75
r	min	0.1	0.2	0.2	0.25	0.4	0.4	0.6	0.6	0.6	0.8
s	公称	2	2.5	3	4	5	6	8	10	10	12
	max	2.080	2.58	3.080	4.095	5.140	6.140	8.175	10.175	10.175	12.212
	min	2.020	2.52	3.020	4.020	5.020	6.020	8.025	10.025	10.025	12.032
t	min	1.1	1.5	1.9	2.2	3	3.6	4.3	4.5	4.8	5.6
w	min	0.25	0.45	0.66	0.7	1.16	1.62	1.8	1.62	2.2	2.2
l		8～30	8～40	8～50	8～60	10～80	12～100	20～100	25～100	30～100	35～100
力学性能等级		8.8、10.9、12.9									

注：1. 尽可能不采用括号内的规格。

2. $e_{\min}=1.14s_{\min}$。

3. F 是头部的沉头公差。量规的 F 尺寸公差为 $^{0}_{-0.01}$。

4. s 应用综合测量方法进行检验。

表 3-2-47　内六角平端紧定螺钉（摘自 GB/T 77—2007，等效 ISO 4026：2003）、**内六角锥端紧定螺钉**（摘自 GB/T 78—2007，等效 ISO 4027：2003）、**内六角圆柱端紧定螺钉**（摘自 GB/T 79—2007，等效 ISO 4028：2003）、**内六角凹端紧定螺钉**（摘自 GB/T 80—2007，等效 ISO 4029：2003）　/mm

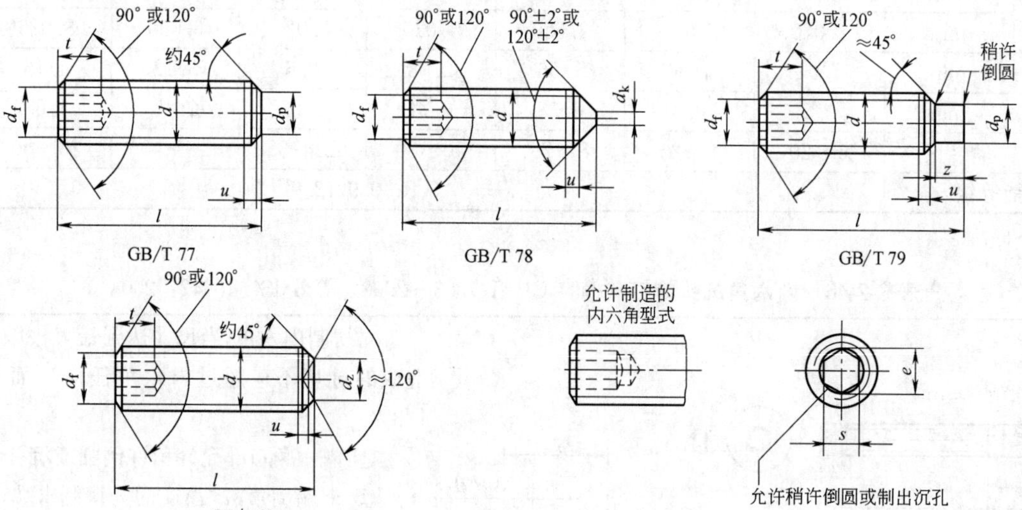

标记示例：螺纹规格 d＝M6、公称长度 l＝12mm、性能等级为 45H 级、表面氧化的 A 级内六角平端紧定螺钉的标记为

螺钉 GB/T 77—2007　M6×12

螺纹规格 d＝M6、公称长度 l＝12mm、性能等级为 45H 级、表面氧化的 A 级内六角锥端紧定螺钉的标记为

螺钉 GB/T 78—2007　M6×12

螺纹规格 d=M6、公称长度 l=12mm、性能等级为45H级、表面氧化的A级内六角圆柱端紧定螺钉的标记为

螺钉 GB/T 79—2007　M6×12

螺纹规格 d=M6、公称长度 l=12mm、性能等级为45H级、表面氧化的A级内六角凹端紧定螺钉的标记为

螺钉 GB/T 80—2007　M6×12

螺纹规格 d			M1.6	M2	M2.5	M3	M4	M5	M6	M8	M10	M12	M16	M20	M24
P （螺距）			0.35	0.4	0.45	0.5	0.7	0.8	1.0	1.25	1.50	1.75	2.0	2.5	3.0
d_p max			0.80	1.00	1.50	2.00	2.50	3.50	4.00	5.50	7.00	8.50	12.0	15.0	18.0
d_f ≈			螺纹小径												
u(不完整螺纹长度)			≤2P(P 为螺距)												
e min			0.809	1.011	1.454	1.733	2.303	2.873	3.443	4.583	5.723	6.863	9.149	11.429	13.716
s 公称			0.7	0.9	1.3	1.5	2.0	2.5	3.0	4.0	5.0	6.0	8.0	10.0	12.0
t		min①	0.7	0.8	1.2	1.2	1.5	2.0	2.0	3.0	4.0	4.8	6.4	8	10.0
		min②	1.5	1.7	2.0	2.0	2.5	3.0	3.5	5.0	6.0	8.0	10.0	12.0	15.0
z	短圆柱端	max	0.65	0.75	0.88	1.0	1.25	1.5	1.75	2.25	2.75	3.25	4.3	5.3	6.3
		min	0.4	0.5	0.63	0.75	1.0	1.25	1.5	2.0	2.5	3.0	4.0	5.0	6.0
	长圆柱端	max	1.05	1.25	1.5	1.75	2.25	2.75	3.25	4.3	5.3	6.3	8.36	10.36	12.43
		min	0.8	1.0	1.25	1.5	2.0	2.5	3.0	4.0	5.0	6.0	8.0	10.0	12.0
d_z max			0.8	1.0	1.2	1.4	2.0	2.5	3.0	5.0	6.0	8.0	10.0	14	16
d_t max			0.4	0.5	0.65	0.75	1	1.25	1.5	2.0	2.5	3.0	4.0	5.0	6.0
l	商品规格范围	GB/T 77 GB/T 78 GB/T 80	2～8	2～10	2.5～12	3～16	4～20	5～25	6～30	8～40	10～50	12～60	16～60	20～60	25～60
		GB/T 79	2～8	2.5～10	3～12	4～16	5～20	6～25	8～30	8～40	10～50	12～60	16～60	20～60	25～60
公称长度 l≤表内值时，端部制成120°，l>表内值时，端部制成90°		GB/T 77	2	2.5	3		4	5	6		8	12	16		20
		GB/T 78	2.5		3		4	5	6	8	10	12	16	20	25
		GB/T 79	2.5	3	4	5	6		8	10	12	16	20	25	30
		GB/T 80	2	2.5	3	4	5		6	8	10	12	16	20	25
l 系列　公称			2,2.5,3,4,5,6,8,10,12,16,20,25,30,35,40,45,50,55,60												

技术条件	材料	钢	不锈钢	有色金属③
	力学性能等级	45H	A1-12H、A2-21H、A3-21H、A4-21H、A5-21H	CU2、CU3、AL4
	表面处理	氧化	简单处理	简单处理
	公差产品等级	A		
	螺纹公差	6g		

① t 值系内六角孔的深度，表内列出的数值，适用于端部倒角120°的螺钉。

② 表内列出的数值适用于端部倒角90°的螺钉。

③ 用有色金属制造的螺钉，其力学性能详见 GB/T 3098.10—1993。

表 3-2-48 开槽锥端定位螺钉（摘自 GB/T 72—1988） /mm

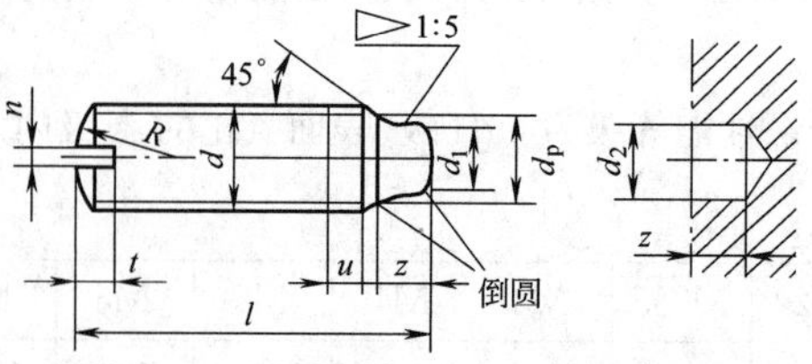

u(不完整螺纹的长度)≤$2P$; P——螺距

标记示例:螺纹规格 d=M10、公称长度 l=20mm、性能等级为 14H 级、不经表面处理的开槽锥端定位螺钉的标记为

螺钉 GB/T 72—1988 M10×20

螺纹规格 d		M3	M4	M5	M6	M8	M10	M12
d_p	max	2	2.5	3.5	4	5.5	7	8.5
	min	1.75	2.25	3.2	3.7	5.2	6.64	8.14
n	公称	0.4	0.6	0.8	1	1.2	1.6	2
	min	0.46	0.66	0.86	1.06	1.26	1.66	2.06
	max	0.6	0.8	1	1.2	1.51	1.91	2.31
t	max	1.05	1.42	1.63	2	2.5	3	3.6
	min	0.8	1.12	1.28	1.6	2	2.4	2.8
d_1	≈	1.7	2.1	2.5	3.4	4.7	6	7.3
z		1.5	2	2.5	3	4	5	6
R	≈	3	4	5	6	8	10	12
d_2(推荐)		1.8	2.2	2.6	3.5	5	6.5	8
l 范围		4～16	4～20	5～20	6～25	8～35	10～45	12～50
l 系列		4,5,6,8,10,12,(14),16,20,25,30,35,40,45,50						
技术条件		材料	钢				不锈钢	螺纹公差
		性能等级	14H、33H				A1-50、C4-50	6g
		表面处理	不经处理;氧化;镀锌钝化				不经处理	

注：括号内尺寸尽可能不用。

表 3-2-49 开槽平端紧定螺钉（摘自 GB/T 73—2017，等效 ISO 4766：2011）、**开槽凹端紧定螺钉**（摘自 GB/T 74—2018，等效 ISO 7436：2011） /mm

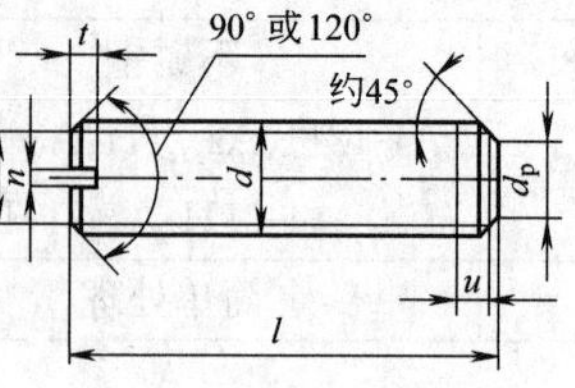

GB/T 73

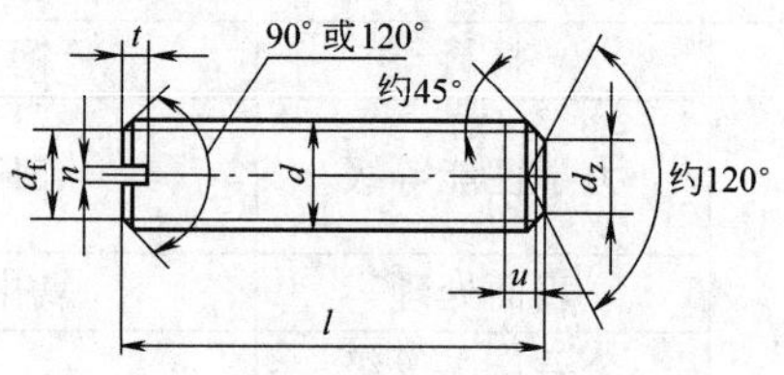

GB/T 74

标记示例:螺纹规格 d=M5、公称长度 l=12mm、性能等级为 14H 级、表面氧化的开槽平端紧定螺钉的标记为

GB/T 73—2017 M5×12

螺纹规格 d		M1.2	M1.6	M2	M2.5	M3	M4	M5	M6	M8	M10	M12
P		0.25	0.35	0.4	0.45	0.5	0.7	0.8	1	1.25	1.5	1.75
d_f	max	螺纹小径										
d_p	min	0.35	0.55	0.75	1.25	1.75	2.25	3.20	3.70	5.20	6.64	8.14
	max	0.60	0.80	1.00	1.50	2.00	2.50	3.50	4.00	5.50	7.00	8.50
n	公称	0.2	0.25	0.25	0.4	0.4	0.6	0.8	1	1.2	1.6	2
	min	0.26	0.31	0.31	0.46	0.46	0.66	0.86	1.06	1.26	1.66	2.06
	max	0.4	0.45	0.45	0.6	0.6	0.8	1	1.2	1.51	1.91	2.8
t	min	0.4	0.56	0.64	0.72	0.8	1.12	1.28	1.60	2.00	2.40	2.80
	max	0.52	0.74	0.84	0.95	1.05	1.42	1.63	2.00	2.50	3.00	3.60
d_z	min	—	0.55	0.75	0.95	1.15	1.75	2.25	2.75	4.7	5.7	7.7
	max	—	0.8	1	1.2	1.4	2	2.5	3	5	6	8
商品规格长度 l	GB/T 73—1985	2～6	2～8	2～10	2.5～12	3～16	4～20	5～25	6～30	8～40	10～50	12～60
	GB/T 74—1985	—	2～8	2.5～10	3～12	3～16	4～20	5～25	6～30	8～40	10～50	12～60
l 系列		2,2.5,3,4,5,6,8,10,12,(14),16,20,25,30,35,40,45,50,55,60										

技术条件	材料	钢	不锈钢	螺纹公差	产品等级
	性能等级	$d<1.6$mm:按协议 $d\geqslant1.6$mm:14H、22H	$d<1.6$mm:按协议 $d\geqslant1.6$mm:A1-12H	6g	A
	表面处理	氧化;镀锌钝化	不经处理		

注：尽可能不采用括号内的规格。

表 3-2-50 开槽长圆柱端紧定螺钉（摘自 GB/T 75—2018，等效 ISO 7435：1983）、**开槽锥端紧定螺钉**（摘自 GB/T 71—2018，等效 ISO 7434：2011） /mm

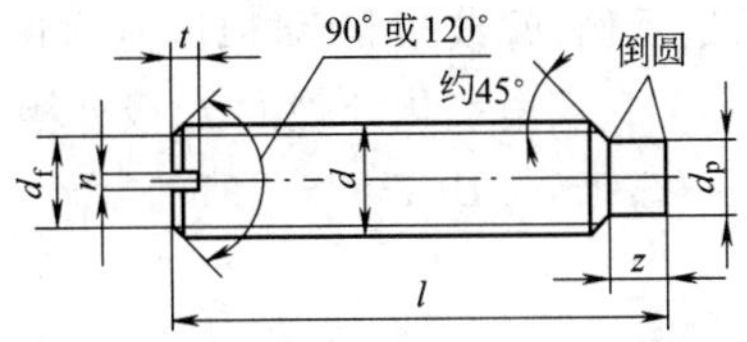

GB/T 75

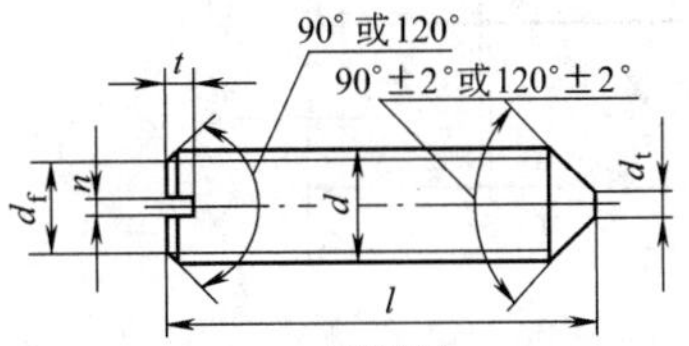

GB/T 71

标记示例:螺纹规格 d 为 M5、公称长度 $l=12$mm、钢制、硬度等级为 14H、表面不经处理，产品等级 A 级的开槽长圆柱端紧定螺钉的标记为

螺钉 GB/T 75—2018 M5×12

螺纹规格 d		M1.2	M1.6	M2	M2.5	M3	M4	M5	M6	M8	M10	M12
P	（螺距）	0.25	0.35	0.4	0.45	0.5	0.7	0.8	1	1.25	1.5	1.75
d_f		螺纹小径										
d_p	max	0.6	0.8	1	1.5	2	2.5	3.5	4	5.5	7	8.5
n	公称	0.2	0.25	0.25	0.4	0.4	0.6	0.8	1	1.2	1.6	2
t	max	0.52	0.74	0.84	0.95	1.05	1.42	1.63	2	2.5	3	3.6
d_t	max	0.12	0.16	0.2	0.25	0.30	0.40	0.50	1.50	2.00	2.50	3.00
z	max	—	1.05	1.25	1.5	1.75	2.25	2.75	3.25	4.3	5.3	6.3

续表

螺纹规格 d		M1.2	M1.6	M2	M2.5	M3	M4	M5	M6	M8	M10	M12
l 范围	GB/T 71—2018	2～6	2～8	3～10	3～12	4～16	6～20	8～25	8～30	10～40	12～50	14～60
	GB/T 75—2018	—	2.5～8	3～10	4～12	5～16	6～20	8～25	8～30	10～40	12～50	14～60
公称长度 l ≤表内值时，制成 120°；l>表内值时，制成 90°①	GB/T 71—2018	2	2.5		3		4	5	6	8	10	12
	GB/T 75—2018	—	2.5	3	4	5	6	8	10	14	16	20
l 系列		2,2.5,3,4,5,6,8,10,12,(14),16,20,25,30,35,40,45,50,(55),60										

技术条件	材料	钢	不锈钢	有色金属	螺纹公差：6g
	性能等级	14H、22H	A1-12H、A2-12H、A4-12H	CV2、CV3	
	表面处理	不经处理	简单处理	简单处理	产品等级：A

① 此栏是指螺钉上端的倒角尺寸。

注：GB/T 71—2018 中≤M5 的螺钉不要求锥端有平面部分（d_t），可以倒圆。

表 3-2-51 开槽无头螺钉（摘自 GB/T 878—2007，等效 ISO 2342：2003） /mm

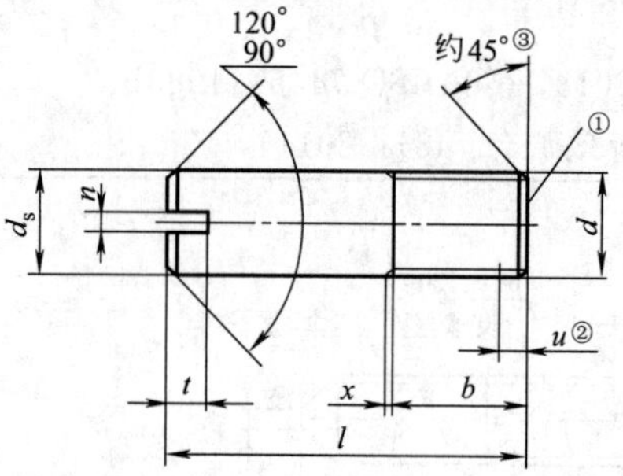

标记示例：螺纹规格为 M4，公称长度 l＝10mm、性能等级为 14H、表面氧化处理的 A 级开槽无头螺钉的标记为

螺钉 GB/T 878 M4×10

① 平端(GB/T 2)。

② 不完整螺纹的长度 u≤$2P$。

③ 45°仅适用于螺纹小径以内的末端部分。

螺纹规格 d		M1	M1.2	M1.6	M2	M2.5	M3	(M3.5)	M4	M5	M6	M8	M10
P		0.25	0.25	0.35	0.4	0.45	0.5	0.6	0.7	0.8	1	1.25	1.5
b	$^{+2P}_{0}$	1.2	1.4	1.9	2.4	3	3.6	4.2	4.8	6	7.2	9.6	12
d_s	min	0.86	1.06	1.46	1.86	2.36	2.86	3.32	3.82	4.82	5.82	7.78	9.78
	max	1.0	1.2	1.6	2.0	2.5	3.0	3.5	4.0	5.0	6.0	8.0	10.0
n	公称	0.2	0.25	0.3	0.3	0.4	0.5	0.5	0.6	0.8	1	1.2	1.6
	min	0.26	0.31	0.36	0.36	0.46	0.56	0.56	0.66	0.86	1.06	1.26	1.66
	max	0.40	0.45	0.50	0.50	0.60	0.70	0.70	0.80	1.0	1.2	1.51	1.91
t	min	0.63	0.63	0.88	1.0	1.10	1.25	1.5	1.75	2.0	2.5	3.1	3.75
	max	0.78	0.79	1.06	1.2	1.33	1.5	1.78	2.05	2.35	2.9	3.6	4.25

螺纹规格 d	M1	M1.2	M1.6	M2	M2.5	M3	(M3.5)	M4	M5	M6	M8	M10
x max	0.6	0.6	0.9	1	1.1	1.25	1.5	1.75	2	2.5	3.2	3.8
l 商品规格	2.5～4	3～5	4～6	5～8	5～10	6～12	8～14	8～14	10～20	12～25	14～30	16～35
l 系列	2.5,3,4,5,6,8,10,12,(14)[a],16,20,25,30,35											

注：1. 尽可能不采用括号内的规格。

2. P 为螺距。

表 3-2-52　方头凹端紧定螺钉（摘自 GB/T 84—2018）、**方头短圆柱锥端紧定螺钉**（摘自 GB/T 86—2018）　/mm

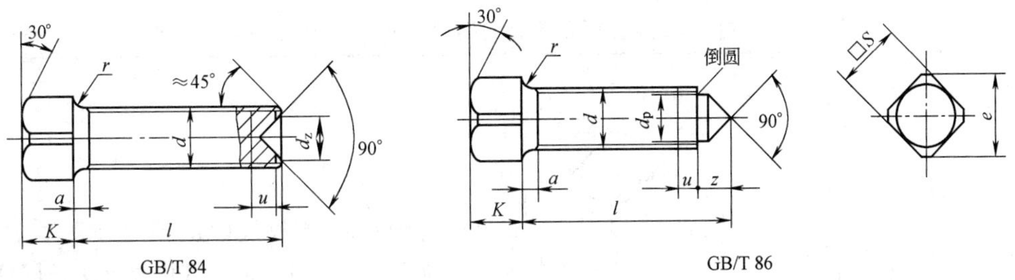

$a \leqslant 4P$；u(不完整螺纹的长度)$\leqslant 2P$；P 为螺距

标记示例：螺纹规格为 M10、公称长度 $l=30$mm、钢制硬度等级为 33H、表面不经处理、产品等级 A 级的方头凹端紧定螺钉的标记为

螺钉 GB/T 84—2018　M10×30

螺纹规格 d		M5	M6	M8	M10	M12	M16	M20
d_p	max	3.50	4.00	5.50	7.00	8.50	12.00	15.00
d_z	max	2.5	3.0	5.0	6.0	7.0	10.0	13.0
e	min	6.0	7.3	9.7	12.2	14.7	20.9	27.1
K	公称	5	6	7	8	10	14	18
	min	4.85	5.85	6.82	7.82	9.82	13.785	17.785
	max	5.15	6.15	7.18	8.18	10.18	14.215	18.215
r	≈	0.20	0.25	0.40	0.50	0.60	0.60	0.80
z	min	3.5	4.0	5.0	6.0	7.0	9.0	11.0
	max	3.80	4.30	5.30	6.30	7.36	9.36	11.43
S	公称	5	6	8	10	12	17	22
	min	4.82	5.82	7.78	9.78	11.73	16.73	21.67
	max	5	6	8	10	12	17	22
GB/T 84—1988	商品规格 l	10～30	12～30	14～40	20～50	25～60	30～80	35～100
	l 系列	10,12,(14),16,20,25,30,35,40,45,50,55,60,70,80,90,100						

续表

螺纹规格 d		M5	M6	M8	M10	M12	M16	M20
GB/T 86—1988	商品规格 l	12～30	12～30	14～40	20～50	25～60	25～80	40～100
	l 系列	12,(14),16,20,25,30,35,40,45,50,55,60,70,80,90,100						

技术条件	材料	钢	不锈钢	有色金属	产品等级
	性能等级	33H、45H	A1-12H、A2-12H、A2-21H 和 A4-21H	CV2、CV3	A
	表面处理	不经处理;镀锌钝化	简单处理	简单处理	
	螺纹公差	45H:5g、6g;33H:6g	6g		

注：尽可能不采用括号内的规格。

表 3-2-53　方头长圆柱球面端紧定螺钉（摘自 GB/T 83—2018）　/mm

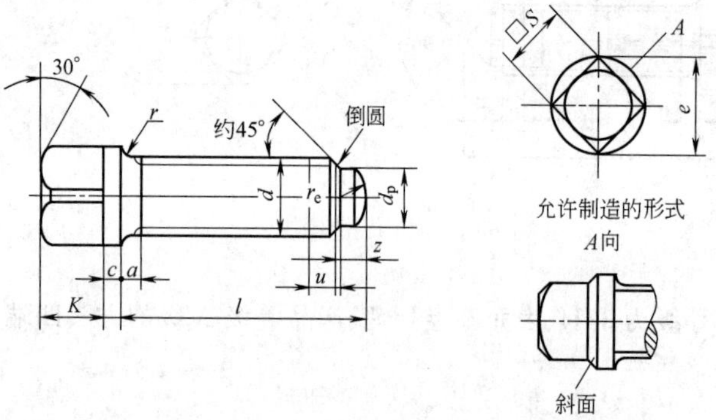

标记示例:螺纹规格 d＝M10、公称长度 l＝30mm、性能等级为 33H、表面氧化的方头长圆柱球面端紧定螺钉的标记为

螺钉 GB/T 83—2018　M10×30

$a \leqslant 4P$;u(不完整螺纹的长度)$\leqslant 2P$;P 为螺距

螺纹规格 d		M8	M10	M12	M16	M20
d_p	max	5.50	7.00	8.50	12.00	15.00
	min	5.20	6.64	8.14	11.57	14.57
e	min	9.7	12.2	14.7	20.9	27.1
K	公称	9	11	13	18	23
	min	8.82	10.78	12.78	17.78	22.58
	max	9.18	11.22	13.22	18.22	23.42
c	≈	2	3	3	4	5
r	max	0.4	0.5	0.6	0.6	0.8
z	max	4.30	5.30	6.30	8.36	10.36
	min	4	5	6	8	10
r_e	≈	7.7	9.8	11.9	16.8	21.0
S	公称	8	10	12	17	22
	min	7.78	9.78	11.73	16.73	21.67
	max	8	10	12	17	22

续表

<table>
<tr><td>螺纹规格 d</td><td colspan="2">M8</td><td>M10</td><td>M12</td><td>M16</td><td colspan="2">M20</td></tr>
<tr><td>商品规格 l</td><td colspan="2">16～40</td><td>20～50</td><td>25～60</td><td>30～80</td><td colspan="2">35～100</td></tr>
<tr><td>l 系列</td><td colspan="7">16,20,25,30,35,40,45,50,55,60,70,80,90,100</td></tr>
<tr><td rowspan="4">技术条件</td><td>材料</td><td colspan="2">钢</td><td colspan="2">不锈钢</td><td>有色金属</td><td>产品等级</td></tr>
<tr><td>性能等级</td><td colspan="2">33H、45H</td><td colspan="2">A1-12H、A2-12H、A2-21H 和 A4-21H</td><td>CV2、CV3</td><td rowspan="3">A</td></tr>
<tr><td>表面处理</td><td colspan="2">不经处理；镀锌钝化</td><td colspan="2">简单处理</td><td>简单处理</td></tr>
<tr><td>螺纹公差</td><td colspan="2">45H：5g、6g；33H：6g</td><td colspan="3">6g</td></tr>
</table>

表 3-2-54　方头倒角端紧定螺钉（摘自 GB/T 821—2018）、**方头长圆柱端紧定螺钉**（摘自 GB/T 85—2018）　/mm

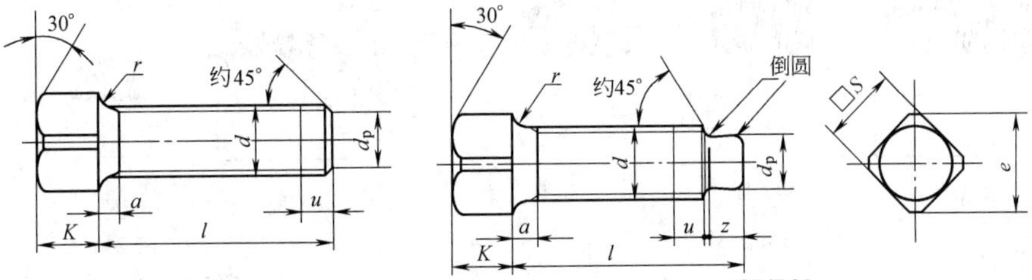

GB/T 821　　GB/T 85

$a \leqslant 4P$；u（不完整螺纹的长度）$\leqslant 2P$；P——螺距

标记示例：螺纹规格 d＝M10、公称长度 l＝30mm、性能等级为 33H、表面氧化的方头倒角端紧定螺钉的标记为

螺钉　GB/T 821—2018　M10×30

螺纹规格 d		M5	M6	M8	M10	M12	M16	M20
d_p	max	3.50	4.00	5.50	7.00	8.50	12.00	15.00
	min	3.20	3.70	5.20	6.64	8.14	11.57	14.57
e	min	6.0	7.3	9.7	12.2	14.7	20.9	27.1
K	公称	5	6	7	8	10	14	18
	min	4.85	5.85	6.82	7.82	9.82	13.785	17.785
	max	5.15	6.15	7.18	8.18	10.18	14.215	18.215
r	min	0.2	0.25	0.4	0.4	0.6	0.6	0.8
z	max	2.75	3.25	4.3	5.3	6.3	8.36	10.36
	min	2.5	3.0	4.0	5.0	6.0	8.0	10
S	公称	5	6	8	10	12	17	22
	min	4.82	5.82	7.78	9.78	11.73	16.73	21.67
	max	5	6	8	10	12	17	22
商品规格 l		12～30	12～30	14～40	20～50	25～60	25～80	40～100
l 系列		12,(14),16,20,25,30,35,40,45,50,55,60,70,80,90,100						

续表

螺纹规格 d		M5	M6	M8	M10	M12	M16	M20
技术条件	材料	钢		不锈钢		有色金属	产品等级	
	性能等级	33H、45H		A1-12H、A2-12H、A2-21H 和 A4-21H			A	
	表面处理	不经处理；镀锌钝化		简单处理				
	螺纹公差	45H:5g;33H:6g		6g				

注：尽可能不采用括号内规格。

表 3-2-55 十字槽盘头自攻螺钉（摘自 GB/T 845—2017，等效 ISO 7049：2011）、**十字槽沉头自攻螺钉**（摘自 GB/T 846—2017，等效 ISO 7050：2011）、**十字槽半沉头自攻螺钉**（摘自 GB/T 847—2017，等效 ISO 7051：2011） /mm

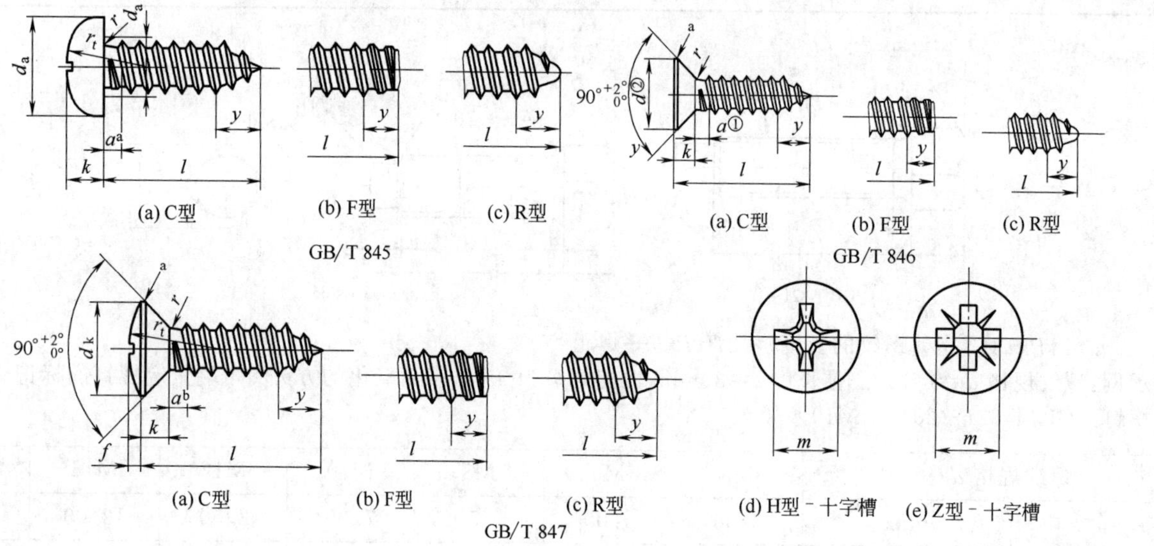

① 尺寸应在第一扣完整螺纹的小径处测量

② 棱边可以是圆的或直的，由制造者任选

标记示例：螺纹规格 ST 3.5、公称长度 l=16mm、钢制、表面不经处理、末端 C 型、产品等级 A 级的 H 型十字槽盘头自攻螺钉的标记为

自攻螺钉 GB/T 845—2017 ST 3.5×16

螺纹规格			ST 2.2	ST 2.9	ST 3.5	ST 4.2	ST 4.8	ST 5.5	ST 6.3	ST 8	ST 9.5
P（螺距）			0.8	1.1	1.3	1.4	1.6	1.8	1.8	2.1	2.1
y 参考	C 型		2.0	2.6	3.2	3.7	4.3	5.0	6.0	7.5	8.0
	F 型		1.6	2.1	2.5	2.8	3.2	3.6	3.6	4.2	4.2
	R 型		—	—	2.7	3.2	3.6	4.3	5.0	6.3	—
GB/T 845	a	max	0.8	1.1	1.3	1.4	1.6	1.8	1.8	2.1	2.1
	d_a	max	2.8	3.5	4.1	4.9	5.6	6.3	7.3	9.2	10.7
	d_k	max	4.00	5.60	7.00	8.00	9.50	11.00	12.00	16.00	20.00
		min	3.70	5.30	6.64	7.64	9.14	10.57	11.57	15.57	19.48
	k	max	1.60	2.40	2.60	3.10	3.70	4.00	4.60	6.00	7.50
		min	1.40	2.15	2.35	2.80	3.40	3.70	4.30	5.60	7.10

螺纹规格			ST 2.2	ST 2.9	ST 3.5	ST 4.2	ST 4.8	ST 5.5	ST 6.3	ST 8	ST 9.5
GB/T 845	r	min	0.10	0.10	0.10	0.20	0.20	0.25	0.25	0.40	0.40
	r_1	≈	3.2	5.0	6.0	6.5	8.0	9.0	10.0	13.0	16.0
GB/T 846 GB/T 847	a	max	1.6	2.2	2.6	2.8	3.2	3.6	3.6	4.2	4.2
	d_k 理论值	max	4.4	6.3	8.2	9.4	10.4	11.5	12.6	17.3	20.0
	d_k 实际值	max	3.8	5.5	7.3	8.4	9.3	10.3	11.3	15.8	18.3
		min	3.5	5.2	6.9	8.0	8.9	9.9	10.9	15.4	17.8
	f	≈	0.5	0.7	0.8	1.0	1.2	1.3	1.4	2.0	2.3
	k	max	1.10	1.70	2.35	2.60	2.80	3.00	3.15	4.65	5.25
	r	max	0.8	1.2	1.4	1.6	2.0	2.2	2.4	3.2	4.0
	r_1	≈	4.0	6.0	8.5	9.5	9.5	11.0	12.0	16.5	19.5
商品规格 l			4.5～16	6.5～19	9.5～25	9.5～32	9.5～32	13～38	13～38	16～50	16～50
l 系列			4.5,6.5,9.5,13,16,19,22,25,32,38,45,50								

表 3-2-56　十字槽沉头自挤螺钉（摘自 GB/T 6561—2014）　/mm

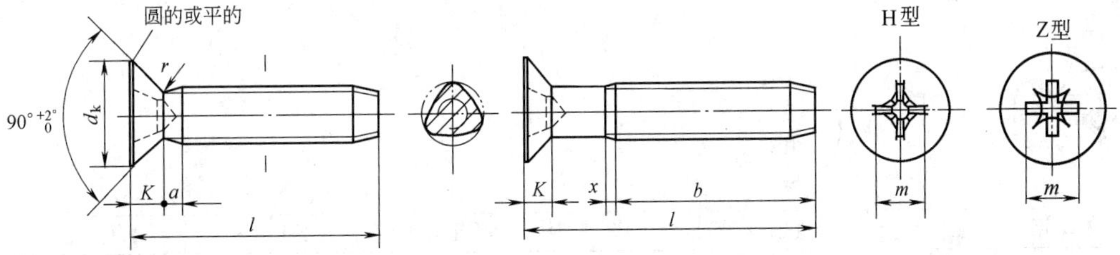

标记示例：螺纹规格为 M5、公称长度 l=20mm、H 型十字槽、表面镀锌（A3L：镀锌、厚度 8μm、光亮、黄、彩虹铬酸盐处理）的 A 级十字槽沉头自挤螺钉的标记为

自挤螺钉　GB/T 6561—2014　M5×20

螺纹规格				M2	M2.5	M3	M4	M5	M6	M8	M10
P（螺距）				0.4	0.45	0.5	0.7	0.8	1	1.25	1.5
y			max	1.6	1.8	2	2.8	3.2	4	5	6
a			max	0.8	0.9	1	1.4	1.6	2	2.5	3
b			min	25	25	25	38	38	38	38	38
d_k	理论值		max	4.4	5.5	6.3	9.4	10.4	12.6	17.3	20
	实际值		公称=max	3.8	4.7	5.5	8.4	9.3	11.3	15.8	18.3
			min	3.5	4.4	5.2	8.04	8.94	10.87	15.37	17.78
k			公称=max	1.2	1.5	1.65	2.7	2.7	3.3	4.65	5
r			max	0.5	0.6	0.8	1	1.3	1.5	2	2.5
x			max	1	1.1	1.25	1.75	2	2.5	3.2	3.8
十字槽（系列 2）	槽号		No.	0	1		2		3	4	
	H 型	m	参考	1.9	2.7	2.9	4.6	4.8	6.6	8.7	9.6
		插入深度	max	1.2	1.55	1.8	2.6	2.8	3.3	4.4	5.3
			min	0.9	1.25	1.4	2.1	2.3	2.8	3.9	4.8

续表

螺纹规格				M2	M2.5	M3	M4	M5	M6	M8	M10
十字槽（系列 2）	Z 型	m	参考	1.9	2.5	2.8	4.4	4.6	6.3	8.5	9.4
		插入深度	max	1.2	1.47	1.73	2.51	2.72	3.18	4.32	5.23
			min	0.95	1.22	1.48	2.06	2.27	2.73	3.87	4.78
商品规格 l				4～16	5～20	6～25	8～30	10～40	10～50	12～60	20～80
l 系列				4,5,6,8,10,12,(14),16,20,25,30,35,40,45,50,(55),60,70,80							

注：1. 尽可能不采用括号内规格。
2. 力学性能等级 A、B；产品等级 A；表面镀锌钝化。

表 3-2-57　十字槽沉头自钻自攻螺钉（摘自 GB/T 15856.2—2002）　　/mm

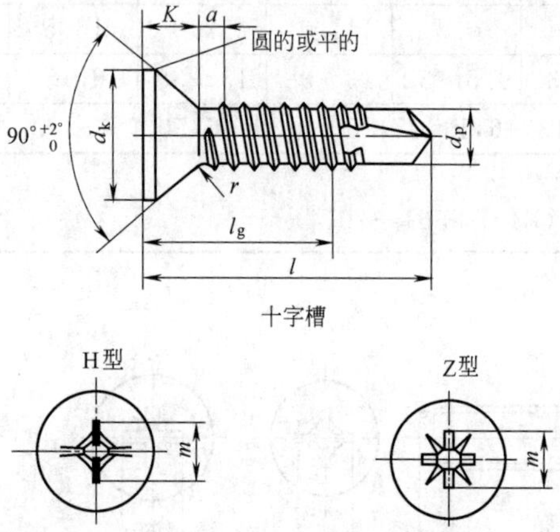

标记示例：螺纹规格 ST 4.2、公称长度 l=16mm、H 型槽、镀锌钝化的十字槽沉头自钻自攻螺钉的标记为

自攻螺钉　GB/T 15856.2—2002　ST 4.2×16

螺纹规格				ST2.9	ST3.5	ST4.2	ST4.8	ST5.5	ST6.3
螺距			$P=a$	1.1	1.3	1.4	1.6	1.8	1.8
K			max	1.7	2.35	2.6	2.8	3	3.15
r			max	1.2	1.4	1.6	2	2.2	2.4
d_k（实际）			max	5.5	7.3	8.4	9.3	10.3	11.3
十字槽	槽号	No.		1	2		3		
	H 型	m	参考	3.2	4.4	4.6	5.2	6.6	6.8
		插入深度	min	1.7	1.9	2.1	2.7	2.8	3
			max	2.1	2.4	2.6	3.2	3.3	3.5
	Z 型	m	参考	3.2	4.3	4.6	5.1	6.5	6.8
		插入深度	min	1.6	1.75	2.05	2.6	2.75	3
			max	2	2.2	2.5	3.05	3.2	3.45
钻削范围（板厚）			≥	0.7	0.7	1.75	1.75	1.75	2
			≤	1.9	2.25	3	4.4	5.25	6
d_p ≈				2.3	2.8	3.6	4.1	4.8	5.8
商品规格 l				13～19	13～25	13～38	16～50	19～50	19～50
$l-l_g$				6.4	6.8～6.9	8.7～9	10.2～10.5	11	12
l 系列（公称）				13,16,19,22,25,32,38,45,50					

注：1. 公称长度 l≤38mm 的螺钉制出全螺纹；l>38mm 的螺钉，其螺纹长度由供需双方协议。
2. 公称长度 l 应根据连接板的厚度、两板间的间隙或夹层厚度选择。
3. 螺钉表面处理：镀锌钝化；氧化；磷化。

表 3-2-58 六角头自攻螺钉（摘自 GB/T 5285—2017，等效 ISO 1479：2011） /mm

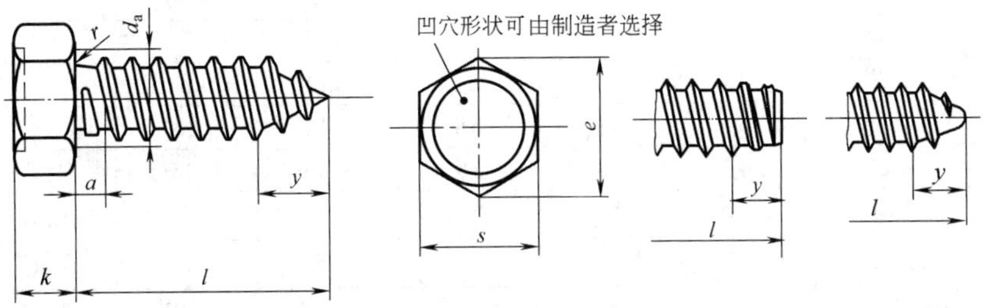

C型 F型 R型

标记示例：螺纹规格为 ST 3.5、公称长度 l=16mm、钢制、表面不经处理、末端 C 型、产品等级 A 级的六角头自攻螺钉的标记为

自攻螺钉 GB/T 5285 ST 3.5×16

螺纹规格		ST2.2	ST2.9	ST3.5	ST4.2	ST4.8	ST5.5	ST6.3	ST8	ST9.5
P(螺距)		0.8	1.1	1.3	1.4	1.6	1.8	1.8	2.1	2.1
a	max	0.8	1.1	1.3	1.4	1.6	1.8	1.8	2.1	2.1
d_a	max	2.8	3.5	4.1	4.9	5.5	6.3	7.1	9.2	10.7
s	max	3.2	5	5.5	7	8	8	10	13	16
	min	3.02	4.82	5.32	6.78	7.78	7.78	9.78	12.73	15.73
e	min	3.38	5.4	5.96	7.59	8.71	8.71	10.95	14.26	17.62
K	max	1.6	2.3	2.6	3	3.8	4.1	4.7	6	7.5
	min	1.3	2	2.3	2.6	3.3	3.6	4.1	5.2	6.5
r	min	0.1	0.1	0.1	0.2	0.2	0.25	0.25	0.4	0.4
y(参考)	C 型	2	2.6	3.2	3.7	4.3	5	6	7.5	8
	F 型	1.6	2.1	2.5	2.8	3.2	3.6	3.6	4.2	4.2
	R 型	—	—	2.7	3.2	3.6	4.3	5.0	6.3	—
l	通用规格	4.5～16	6.5～19	6.5～22	9.5～25	9.5～32	13～32	13～38	13～50	16～50
	特殊规格	19～50	22～50	25～50	32～50	38～50	38～50	45～50	—	—
l 系列		4.5,6.5,9.5,13,16,19,22,25,32,38,45,50								

注：1. 表面处理为镀锌钝化。
2. 表中螺钉的螺尾均有 C 型和 F 型。

表 3-2-59 六角头自挤螺钉（摘自 GB/T 6563—2014） /mm

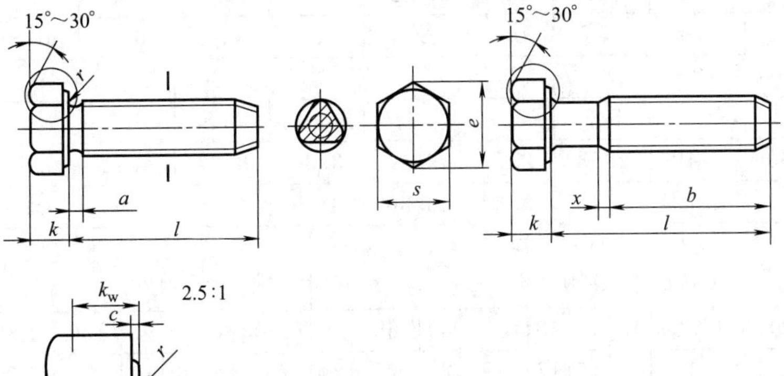

标记示例：螺纹规格为 M5、公称长度 l=20mm、表面镀锌（A3L：厚度 8μm、光亮、黄彩虹铬酸盐处理）的 A 级六角头自挤螺钉的标记为

自挤螺钉 GB/T 6563—2014 M5×20

续表

螺纹规格		M2	M2.5	M3	M4	M5	M6	M8	M10	M12
P(螺距)		0.4	0.45	0.5	0.7	0.8	1	1.25	1.5	1.75
a	max	1.2	1.35	1.5	2.1	2.4	3	4	4.5	5.3
b	min	25	25	38	38	38	38	38	38	38
e	min	4.32	5.45	6.01	7.66	8.79	11.05	14.38	17.77	20.03
k	公称	1.4	1.7	2	2.8	3.5	4	5.3	6.4	7.5
	max	1.525	1.825	2.125	2.925	3.65	4.15	5.45	6.58	7.68
	min	1.275	1.575	1.875	2.675	3.35	3.85	5.15	6.22	7.32
r	min	0.1	0.1	0.1	0.2	0.2	0.25	0.4	0.4	0.6
x	max	1	1.1	1.25	1.75	2	2.5	3.2	3.8	4.4
s	max	4	5	5.5	7	8	10	13	16	18
	min	3.82	4.82	5.32	6.78	7.78	9.78	12.78	15.73	17.73
商品规格		3～16	4～20	4～25	6～30	8～40	8～50	10～60	12～80	12～80
l 系列		3,4,5,6,8,10,12,(14),16,20,25,30,35,40,45,50,(55),60,70,80								

注：1. 产品力学性能等级 A、B，表面镀锌钝化（详见 GB/T 3098.7—1986）。

2. 产品等级 A（详见 GB/T 3103.1—1982）。

3. 尽可能不采用括号内规格。

表 3-2-60　十字槽沉头木螺钉（摘自 GB/T 951—1986）　/mm

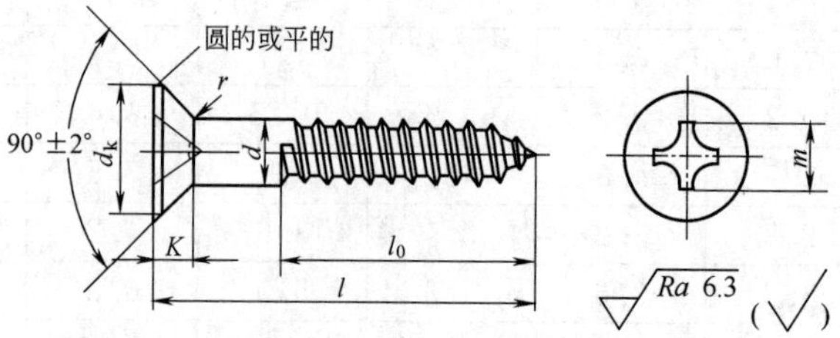

标记示例：公称直径 4mm、长度 20mm、材料为 Q235、不经表面处理的十字槽沉头木螺钉的标记为

木螺钉 GB/T 951—1986　4×20

d	公称	2	2.5	3	3.5	4	(4.5)	5	(5.5)	6	(7)	8	10
	min	1.86	2.25	2.75	3.2	3.7	4.2	4.7	5.2	5.7	6.64	7.64	9.64
	max	2	2.5	3	3.5	4	4.5	5	5.5	6	7	8	10
d_k	max	4	5	6	7	8	9	10	11	12	14	16	20
	min	3.70	4.70	5.70	6.64	7.64	8.64	9.64	10.57	11.57	13.57	15.57	19.48
K	max	1.2	1.4	1.7	2	2.2	2.7	3	3.2	3.5	4	4.5	5.8
r ≈		0.2	0.2	0.2	0.4	0.4	0.4	0.4	0.4	0.4	0.5	0.5	0.5
十字槽(H)型插入深度	槽号	1		2						3		4	
	m(参考)	2.5	1.7	3.8	4.2	4.8	5.2	5.4	6.7	7.3	7.8	9.3	10.3
	min	0.95	1.14	1.20	1.60	2.19	2.58	2.77	2.80	3.39	3.87	4.41	5.39
	max	1.32	1.52	1.73	2.13	2.73	3.13	3.33	3.36	3.96	4.46	4.95	5.95
商品规格 l		6～16	6～25	8～30	8～40	12～70	16～(85)	18～100	25～100	25～120	40～120	40～120	70～120

l 系列	6	8	10	12	14	16	18	20	(22)	25	30	(32)	35	(38)	40	45	50	(55)	60	(65)	70	(75)	80	85	90	100	120
$l-l_0$	2	3	4	4	5	6	6	7	8	8	10	11	12	13	14	15	17	19	20	22	24	25	28	29	30	34	40

注：1. 尽可能不采用括号内的规格。

2. 技术条件按 GB/T 922—1986 的规定。

表 3-2-61　开槽圆头木螺钉（摘自 GB/T 99—1986）、开槽沉头木螺钉（摘自 GB/T 100—1986）

/mm

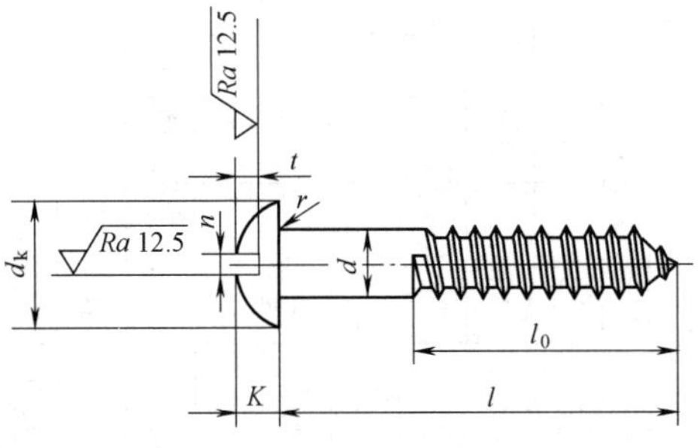

GB/T 99

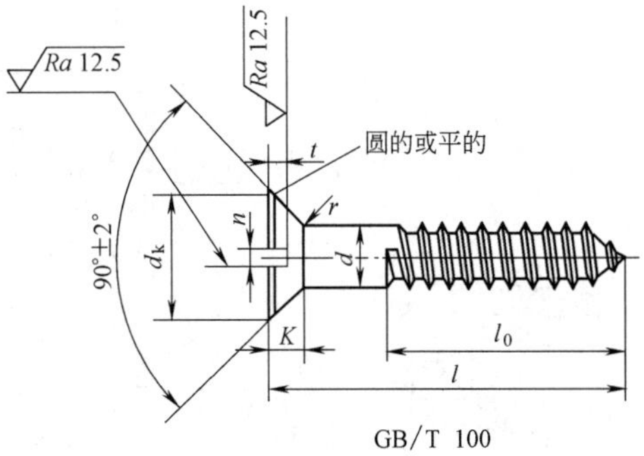

GB/T 100

Ra 6.3 (√)

标记示例：公称直径 10mm、长度 100mm、材料 Q235、不经表面处理的开槽圆头木螺钉的标记为

木螺钉　GB/T 99—1986　10×100

d		公称	1.6	2	2.5	3	3.5	4	(4.5)	5	(5.5)	6	(7)	8	10
		min	1.46	1.86	2.25	2.75	3.20	3.70	4.20	4.70	5.20	5.70	6.64	7.64	9.64
		max	1.6	2.0	2.5	3.0	3.5	4.0	4.5	5.0	5.5	6.0	7.0	8.0	10.0
n		公称	0.4	0.5	0.6	0.8	0.9	1	1.2	1.2	1.4	1.6	1.8	2.0	2.5
		min	0.4	0.5	0.6	0.8	0.9	1	1.2	1.2	1.4	1.6	1.8	2.0	2.5
		max	0.65	0.75	0.85	1.05	1.15	1.35	1.55	1.55	1.75	1.95	2.15	2.35	2.85
r ≈			0.2	0.2	0.2	0.2	0.4	0.4	0.4	0.4	0.4	0.4	0.5	0.5	0.5
GB/T 99	*t*	max	0.96	1.10	1.30	1.54	1.74	1.98	2.20	2.50	2.70	2.80	3.06	3.66	4.32
		min	0.64	0.70	0.90	1.06	1.26	1.38	1.60	1.90	2.10	2.20	2.34	2.94	3.60
	d_k	max	3.2	3.9	4.63	5.8	6.75	7.65	8.6	9.5	10.5	11.05	13.35	15.2	18.9
		min	2.8	3.5	4.23	5.3	6.25	7.15	8.0	8.9	9.9	10.35	12.55	14.4	18.1
	K	max	1.4	1.6	1.98	2.37	2.65	2.95	3.25	3.5	3.95	4.34	4.86	5.5	6.8
		min	1.2	1.4	1.78	2.07	2.35	2.65	2.95	3.2	3.65	3.94	4.46	5.1	6.4
	商品规格 *l*		6～12	6～14	6～(20)	8～25	8～(38)	12～(65)	14～80	16～90	20～90	20～120	38～120	38～120	65～120
GB/T 100	*t*	max	0.72	0.82	0.96	1.11	1.35	1.45	1.70	1.94	2.04	2.19	2.55	2.80	3.50
		min	0.48	0.58	0.64	0.79	0.95	1.05	1.30	1.46	1.56	1.71	1.95	2.20	2.90
	d_k	max	3.2	4	5	6	7	8	9	10	11	12	14	16	20
		min	2.9	3.7	4.7	5.7	6.64	7.64	8.64	9.64	10.57	11.57	13.57	15.57	19.48
	K	max	1	1.2	1.4	1.7	2	2.2	2.7	3	3.2	3.5	4	4.5	5.8
	商品规格 *l*		6～12	6～16	6～25	8～30	8～40	12～70	16～85	18～100	25～100	25～120	40～120	40～120	75～120

l 系列	6	8	10	12	14	16	18	20	(22)	25	30	(32)	35	(38)	40	45	50	(55)	60	(65)	70	(75)	80	(85)	90	100	120
$l-l_0$	2	3	4	4	5	6	6	7	8	8	10	12	12	13	14	15	17	19	20	22	24	25	28	29	30	34	40

注：1. 尽可能不采用括号内的规格。

2. 技术条件按 GB/T 922—1986 的规定。

表 3-2-62 吊环螺钉（摘自 GB/T 825—1988，参考 ISO 3266：1984） /mm

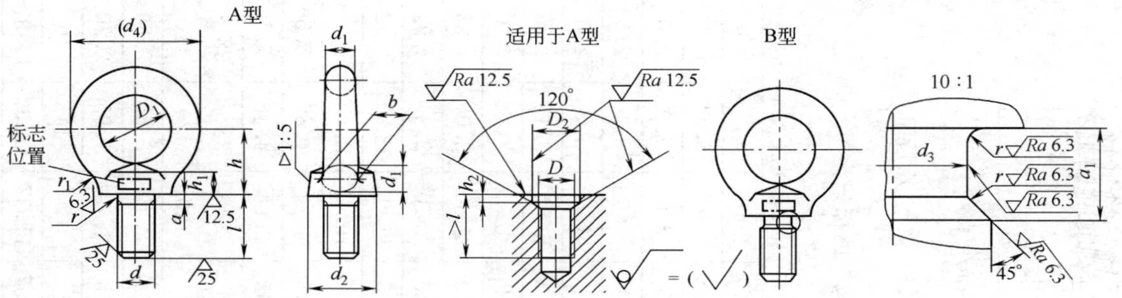

标记示例：螺纹规格 d=20mm、材料为 20 钢、经正火处理、不经表面处理的 A 型吊环螺钉的标记为

螺钉 GB/T 825—1988 M20

规格(d)		M8	M10	M12	M16	M20	M24	M30	M36	M42	M48	M56	M64	M72×6	M80×6	M100×6
d_1	max	9.1	11.1	13.1	15.2	17.4	21.4	25.7	30.0	34.4	40.7	44.7	51.4	63.8	71.8	79.2
	min	7.6	9.6	11.6	13.6	15.6	19.6	23.5	27.5	31.2	37.1	41.1	46.9	58.8	66.8	73.6
D_1	公称	20	24	28	34	40	48	56	67	80	95	112	125	140	160	200
	min	19.0	23.0	27.0	32.9	38.8	46.8	54.6	65.5	78.1	92.9	109.9	122.3	137.0	157.0	196.7
	max	20.4	24.4	28.4	34.5	40.6	48.6	56.6	67.7	80.9	96.1	113.1	126.3	141.5	161.5	201.7
d_2	max	21.1	25.1	29.1	35.2	41.4	49.4	57.7	69.0	82.4	97.7	114.7	128.4	143.8	163.8	204.2
	min	19.6	23.6	27.6	33.6	39.6	47.6	55.5	66.5	79.2	94.1	111.1	123.9	138.8	158.8	198.6
h_1	max	7.0	9.0	11.0	13.0	15.1	19.1	23.2	27.4	31.7	36.9	39.9	44.1	52.4	57.4	62.4
	min	5.6	7.6	9.6	11.6	13.5	17.5	21.4	25.4	29.2	34.1	37.1	40.9	48.8	53.8	58.8
l	公称	16	20	22	28	35	40	45	55	65	70	80	90	100	115	140
	min	15.10	18.95	22.95	26.95	33.75	38.75	43.75	53.50	63.50	68.50	78.50	88.25	98.25	113.25	138.00
	max	16.90	21.05	23.05	29.05	36.25	41.25	46.25	56.50	66.50	71.50	81.50	91.75	101.75	116.75	142.00
d_4	参考	36	44	52	62	72	88	104	123	144	171	196	221	260	296	350
h		18	22	26	31	36	44	53	63	74	87	100	115	130	150	175
r_1		4	4	6	6	8	12	15	18	20	22	25	25	35	35	40
r	min	1	1	1	1	1	2	2	3	3	3	4	4	4	4	5

规格(d)	M8	M10	M12	M16	M20	M24	M30	M36	M42	M48	M56	M64	M72×6	M80×6	M100×6
a_1 max	3.75	4.50	5.25	6.00	7.50	9.00	10.50	12.00	13.50	15.00	16.50	18.00	18.00	18.00	18.00
d_3 公称(max)	6.00	7.70	9.40	13.00	16.40	19.60	25.00	30.30	35.60	41.00	48.30	55.70	63.70	71.70	91.70
d_3 min	5.82	7.48	9.18	12.73	16.13	19.27	24.67	29.91	35.21	40.61	47.91	55.24	63.24	71.24	91.16
a max	2.5	3.0	3.5	4.0	5.0	6.0	7.0	8.0	9.0	10.0	11.0	12.0	12.0	12.0	12.0
b	10	12	14	16	19	24	28	32	38	46	50	58	72	80	88
D	M8	M10	M12	M16	M20	M24	M30	M36	M42	M48	M56	M64	M72×6	M80×6	M100×6
D_2 公称(min)	13.00	15.00	17.00	22.00	28.00	32.00	38.00	45.00	52.00	60.00	68.00	75.00	85.00	95.00	115.00
D_2 max	13.43	15.43	17.52	22.52	28.52	32.62	38.62	45.62	52.74	60.74	68.74	75.74	85.87	95.87	115.87
h_2 公称(min)	2.50	3.00	3.50	4.50	5.00	7.00	8.00	9.50	10.50	11.50	12.50	13.50	14.00	14.00	14.00
h_2 max	2.90	3.40	3.98	4.98	5.48	7.58	8.58	10.08	11.20	12.20	13.20	14.20	14.70	14.70	14.70

平稳起吊时的最大起重量/t

规格(d)		M8	M10	M12	M16	M20	M24	M30	M36	M42	M48	M56	M64	M72×6	M80×6	M100×6
单螺钉起吊	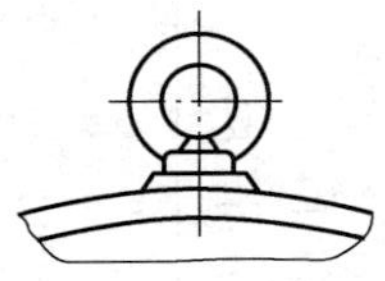	0.16	0.25	0.4	0.63	1	1.6	2.5	4	6.3	8	10	16	20	25	40
双螺钉起吊	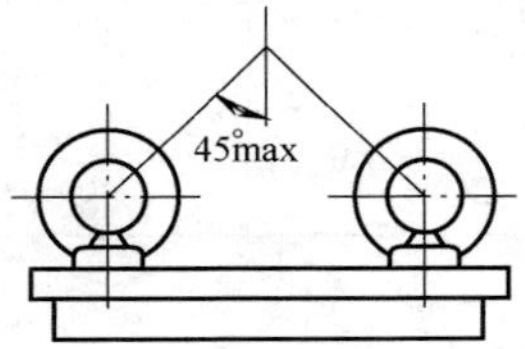	0.08	0.125	0.2	0.32	0.5	0.8	1.25	2	3.2	4	5	8	10	12.5	20
质量/kg	≈	0.054	0.111	0.173	0.295	0.47	0.873	1.58	2.441	3.718	5.541	8.112	14.156	20.688	29.016	52.239

注：1. 材料：20、25 钢。

2. M8～M36 为商品规格。

3. A 型无螺纹部分的杆径≈螺纹中径、大径。

4. 螺纹基本尺寸按 GB/T 196，公差按 GB/T 197 的 8g 级规定；牙侧粗糙度 Ra 为 6.3μm。

5. 螺钉必须经过整体锻造。

6. 最大起重量仅适用于将吊环螺钉安装于钢、铸钢或灰铸铁件的情况。

7. 采用“双螺钉起吊”的方式时，钢缆绳的夹角不应大于 90°。

2.7 螺母

表 3-2-63 1 型六角螺母 细牙（摘自 GB/T 6171—2016，等效 ISO 8673：2012）、六角薄螺母 细牙（摘自 GB/T 6173—2015，等效 ISO 8675：2012） /mm

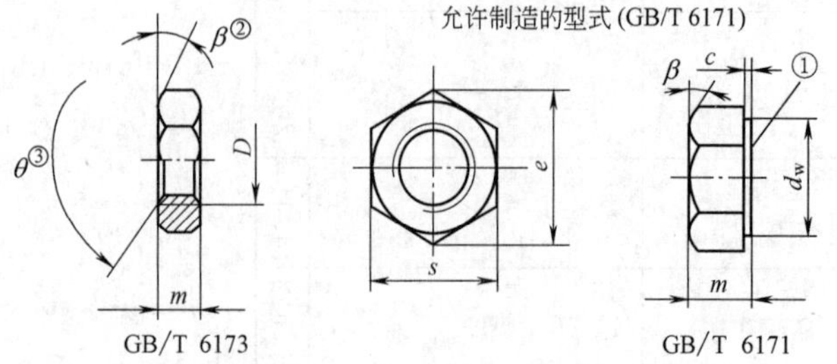

① 要求垫圈面型式时,应在订单中注明
② $\beta=15°\sim30°$
③ $\theta=110°\sim120°$

标记示例:螺纹规格为 M16×1.5、性能等级为 8 级、表面不经处理、产品等级为 A 级、细牙螺纹的 1 型六角螺母的标记为

螺母 GB/T 6171—2016 M16×1.5

螺纹规格为 M16×1.5、性能等级为 05 级、表面不经处理、产品等级为 A 级、细牙螺纹倒角的六角薄螺母的标记为

螺母 GB/T 6173—2015 M16×1.5

螺纹规格 $D\times P$			M8×1	M10×1	M12×1.5	M16×1.5	M20×1.5	M24×2	M30×2	M36×3	M42×3	M48×3	M56×4	M64×4
			—	(M10×1.25)	(M12×1.25)	—	(M20×2)	—	—	—	—	—	—	—
c	max		0.6	0.6	0.6	0.8	0.8	0.8	0.8	0.8	1.0	1.0	1.0	1.0
d_w	min		11.63	14.63	16.63	22.49	27.70	33.25	42.75	51.11	59.95	69.45	78.66	88.16
e	min		14.38	17.77	20.03	26.75	32.95	39.55	50.85	60.79	71.3	82.60	93.56	104.86
m	GB/T 6171	max	6.80	8.40	10.80	14.80	18.00	21.5	25.60	31.00	34.00	38.00	45.00	51.00
		min	6.44	8.04	10.37	14.10	16.90	20.20	24.30	29.40	32.40	36.40	43.40	49.10
	GB/T 6173	max	4.00	5.00	6.00	8.00	10.00	12.00	15.00	18.00	21.00	24.00	28.00	32.00
		min	3.70	4.70	5.70	7.42	9.10	10.90	13.90	16.90	19.70	22.70	26.70	30.40
s	公称=max		13.00	16.00	18.00	24.00	30.00	36.00	46.00	55.00	65.00	75.00	85.00	95.00
	min		12.73	15.73	17.73	23.67	29.16	35.00	45.00	53.80	63.10	73.10	82.80	92.80

技术条件	材料		钢	不锈钢	有色金属
	力学性能	GB/T 6171	8mm ≤ D ≤ 16mm：6.8(QT),10(QT):6、8 16mm＜D≤39mm:6(QT),8(QT) D＞39mm:按协议	D ≤ 24mm：A2-70、A4-70 24mm＜D≤39mm：A2-50、A4-50 D＞39mm:按协议	CU2、CU3、AL4
		GB/T 6173	D ≤ 39mm：04、05(QT) D＞39mm:按协议	D≤24mm:A2-035、A4-035 24mm＜D≤39mm：A2-025、A4-025 D＞39mm:按协议	CU2、CU3、AL4

螺纹规格 $D\times P$	M8×1	M10×1	M12×1.5	M16×1.5	M20×1.5	M24×2	M30×2	M36×3	M42×3	M48×3	M56×4	M64×4
	—	(M10×1.25)	(M12×1.25)	—	(M20×2)	—	—	—	—	—	—	—
技术条件	表面处理			不经处理			简单处理			简单处理		
	螺纹公差			6H								
	产品等级			$D\leqslant16$mm：A 级；$D>16$mm：B 级								

注：1. 表中 P 为螺距。
2. 尽可能不采用括号内规格。
3. 表中未列入的非优选螺纹规格还有：M14×1.5、M18×1.5、M20×2、M22×1.5、M27×2、M33×2、M39×3、M45×3、M52×4、M60×4。
4. 用有色金属制造的螺母，其力学性能请参阅 GB/T 3098.10—1993。

表 3-2-64　1 型六角螺母（摘自 GB/T 6170—2015，等效 ISO 4032：2012）　/mm

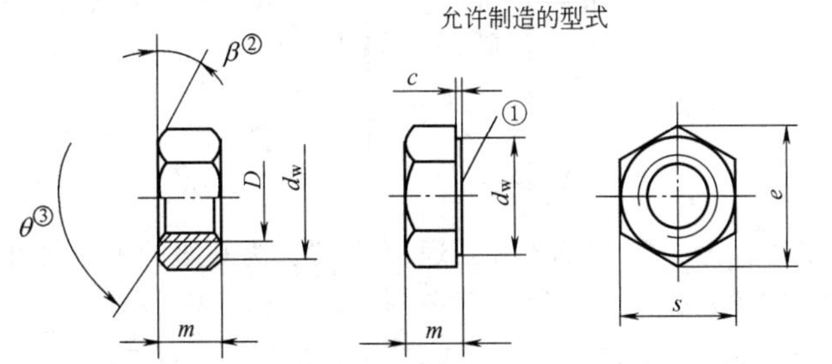

①要求垫圈面型式时，应在订单中注明
②$\beta=15°\sim30°$
③$\theta=90°\sim120°$
标记示例：螺纹规格为 M12、性能等级为 10 级、表面不经处理、产品等级为 A 级的 1 型六角螺母的标记为
螺母 GB/T 6170—2015　M12

螺纹规格 D		M1.6	M2	M2.5	M3	M4	M5	M6	M8	M10	M12	M16	M20	M24	M30	M36	M42	M48	M56	M64
P(螺距)		0.35	0.4	0.45	0.5	0.7	0.8	1	1.25	1.5	1.75	2	2.5	3	3.5	4	4.5	5	5.5	6
c	max	0.2	0.2	0.3	0.4	0.4	0.5	0.5	0.6	0.6	0.6	0.8	0.8	0.8	0.8	0.8	1.0	1.0	1.0	1.0
d_w	min	2.4	3.1	4.1	4.6	5.9	6.9	8.9	11.6	14.6	16.6	22.5	27.7	33.3	42.8	51.1	60.0	69.5	78.7	88.2
e	min	3.41	4.32	5.45	6.01	7.66	8.79	11.05	14.38	17.77	20.03	26.75	32.95	39.55	50.85	60.79	71.3	82.6	93.56	104.86
m	max	1.3	1.6	2	2.4	3.2	4.7	5.2	6.8	8.4	10.8	14.8	18	21.5	25.6	31	34	38	45	51
	min	1.05	1.35	1.75	2.15	2.9	4.4	4.9	6.44	8.04	10.37	14.1	16.9	20.2	24.3	29.4	32.4	36.4	43.4	49.1
s	公称=max	3.2	4.0	5.0	5.5	7.0	8.0	10.0	13.0	16.0	18.0	24.0	30.0	36.0	46.0	55.0	65.0	75.0	85.0	95.0
	min	3.02	3.82	4.82	5.32	6.78	7.78	9.78	12.73	15.73	17.73	23.67	29.16	35	45	53.8	63.1	73.1	82.8	92.8

技术条件	材料	钢	不锈钢	有色金属
	力学性能	$D<$M5：按协议 M5$\leqslant D\leqslant$M16：6、8、10(QT) $D>$M39：按协议 M16$<D\leqslant$M39：6、8(QT)、10(QT)	$D\leqslant$M24：A2-70、A4-70 M24$<D\leqslant$M39：A2-50、A4-50 $D>$M39：按协议	CU2、CU3、AL4

续表

螺纹规格 D		M1.6	M2	M2.5	M3	M4	M5	M6	M8	M10	M12	M16	M20	M24	M30	M36	M42	M48	M56	M64
技术条件	表面处理				不经处理					简单处理					简单处理					
	螺纹公差	6H																		
	产品等级	$D\leqslant$16mm：A级；$D>$16mm：B级																		

注：1. 表中未列入非优选螺纹规格是：M3.5×0.6、M14×2、M18×2.5、M22×2.5、M27×3、M33×3.5、M39×4、M45×4.5、M52×5、M60×5.5。

2. 用有色金属制造的螺母，其力学性能详见GB/T 3098.10—1993。

表3-2-65　1型六角螺母　C级（摘自GB/T 41—2016，等效ISO 4034：2012）　/mm

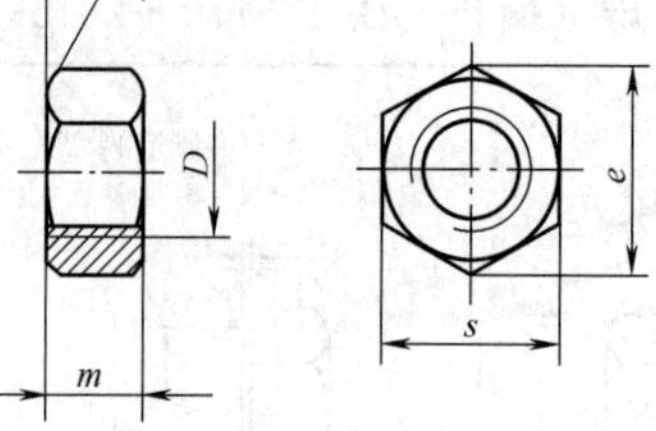

标记示例：螺纹规格D=M12、性能等级为5级、表面不经处理、产品等级为C级的1型六角螺母的标记为

螺母 GB/T 41—2016　M12

螺纹规格 D		M5	M6	M8	M10	M12	M16	M20	M24	M30	M36	M42	M48	M56	M64
螺距 P		0.8	1	1.25	1.5	1.75	2	2.5	3	3.5	4	4.5	5	5.5	6
e	min	8.63	10.89	14.20	17.59	19.85	26.17	32.95	39.55	50.85	60.79	71.30	82.60	93.36	104.86
m	max	5.60	6.40	7.90	9.50	12.20	15.90	19.00	22.30	26.40	31.90	34.90	38.90	45.90	52.40
	min	4.40	4.90	6.40	8.00	10.40	14.10	16.90	20.20	24.30	29.40	32.40	36.40	43.40	49.40
s	公称=max	8.00	10.00	13.00	16.00	18.00	24.00	30.00	36.00	46.00	55.00	65.00	75.00	85.00	95.00
	min	7.64	9.64	12.57	15.57	17.57	23.16	29.16	35.00	45.00	53.80	63.10	73.10	82.80	92.80
技术条件		材料：钢		螺纹公差：7H			力学性能等级：$D\leqslant$M16：5 M5<$D\leqslant$M39：5 $D>$M39：按协议					表面处理：不经处理			

注：表中未列入非优选的螺纹规格有：M14×2、M18×2.5、M22×2.5、M27×3、M33×3.5、M39×4、M45×4.5、M52×5、M60×5.5。

表3-2-66　六角薄螺母（摘自GB/T 6172.1—2016，等效ISO 4035：2012）　/mm

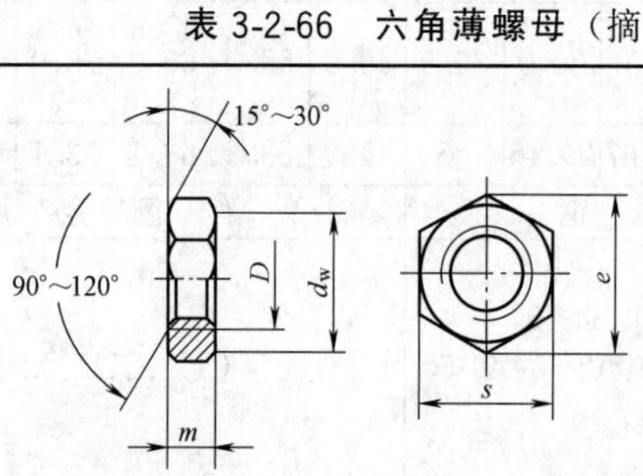

标记示例：螺纹规格为M12、性能等级为04级、表面不经处理、产品等级为A级、倒角的六角薄螺母的标记为

螺母 GB/T 6172.1—2016　M12

续表

螺纹规格 D		M1.6	M2	M2.5	M3	M4	M5	M6	M8	M10	M12	M16	M20	M24	M30	M36	M42	M48	M56	M64
螺距 P		0.35	0.4	0.45	0.5	0.7	0.8	1	1.25	1.5	1.75	2	2.5	3	3.5	4	4.5	5	5.5	6
d_w	min	2.40	3.10	4.1	4.6	5.9	6.9	8.9	11.6	14.6	16.6	22.5	27.7	33.2	42.8	51.1	60.0	69.5	78.7	88.2
e	min	3.41	4.32	5.45	6.01	7.66	8.79	11.05	14.38	17.77	20.03	26.75	32.95	39.55	50.85	60.79	71.30	82.6	93.56	104.86
m	max	1.00	1.20	1.6	1.8	2.2	2.7	3.2	4	5	6	8	10	12	15	18	21	24	28	32
	min	0.75	0.95	1.35	1.55	1.95	2.45	2.9	3.7	4.7	5.7	7.42	9.10	10.9	13.9	16.9	19.7	22.7	26.7	30.4
s	公称=max	3.20	4.00	5.00	5.5	7	8	10	13	16	18	24	30	36	46	55	65	75	85	95
	min	3.02	3.82	4.82	5.32	6.78	7.78	9.78	12.73	15.73	17.73	23.67	29.16	35	45	53.8	63.1	73.1	82.8	92.8

技术条件				
技术条件	材　料	钢	不　锈　钢	有　色　金　属
	机械性能等级	D＜M5：按协议 M5≤D≤M39：04、05（QT） D＞M39：按协议	D≤M24：A2-035、A4-035 M24＜D≤M39：A2-035、A4-025 D＞M39：按协议	CU2、CU3、AL4
	螺纹公差	6H		
	产品等级	D≤16mm：A；D＞16mm：B		

注：1. 表中未列入非优选的螺纹规格是：M3.5×0.6、M14×2、M18×2.5、M22×2.5、M27×3、M33×3.5、M39×4、M45×4.5、M52×5、M60×5.5。

2. 用有色金属制造的螺母，其力学性能详见 GB/T 3098.10—1993。

表 3-2-67　六角厚螺母（摘自 GB/T 56—1988）　/mm

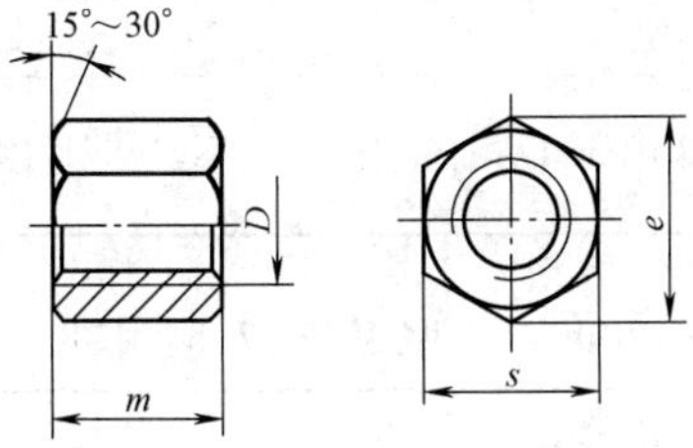

标记示例：螺纹规格 D＝M20、力学性能为 5 级、不经表面处理的六角厚螺母的标记为

　　螺母 GB/T 56—1988　M20

螺纹规格 D		M5	M6	M8	M10	M12	M16	M20	M24	M30	M36	M42	M48	M56	M64
e	min	8.63	10.89	14.20	17.59	19.85	26.17	32.95	39.55	50.85	60.79	72.02	82.6	93.56	104.86
m	max	5.6	6.1	7.9	9.5	12.2	15.9	18.7	22.3	26.4	31.5	34.9	38.9	45.9	52.4
	min	4.4	4.9	6.4	8	10.4	14.1	16.6	20.2	24.3	29.4	32.4	36.4	43.4	49.1
s	max	8	10	13	16	18	24	30	36	46	55	65	75	85	95
	min	7.64	9.64	12.57	15.57	17.57	23.16	29.16	35	45	53.8	63.8	73.1	82.8	92.8

技术条件	材料：钢	螺纹公差：7H	性能等级：D≤39 为 4、5；D＞39 按协议	表面处理：不经处理；镀锌钝化

注：1. 尽可能不采用 M14、M18、M22、M27、M33、M39、M45、M52、M60 等未列入表内的规格。

2. 产品等级 C。

表 3-2-68　小六角特扁细牙螺母（摘自 GB/T 808—1988）　/mm

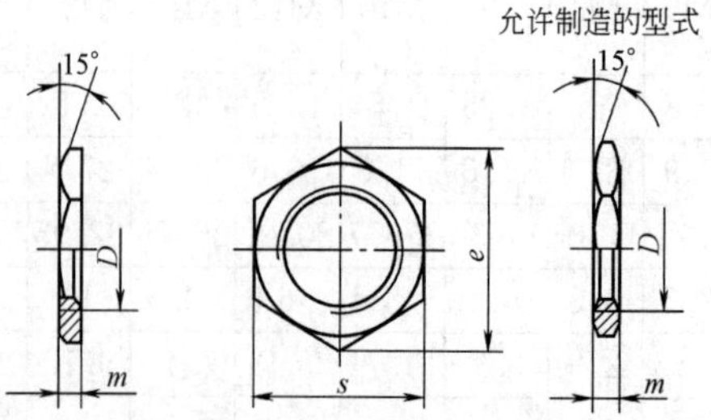

标记示例：螺纹规格 D＝M10×1、材料为 Q235、不经处理的小六角特扁细牙螺母的标记为

螺母　GB/T 808—1988　M10×1

螺纹规格 $D\times P$		M4×0.5	M5×0.5	M6×0.75	M8×1	M8×0.75	M10×1	M10×0.75	M12×1.25	M12×1
e	min	7.66	8.79	11.05	13.25	13.25	15.51	15.51	18.90	18.90
m	max	1.7	1.7	2.4	3.0	2.4	3.0	2.4	3.74	3
	min	1.3	1.3	2.0	2.6	2.0	2.6	2.0	3.26	2.6
s	max	7	8	10	12	12	14	14	17	17
	min	6.78	7.78	9.78	11.73	11.73	13.73	13.73	16.73	16.73
螺纹规格 $D\times P$		M14×1	M16×1.5	M16×1	M18×1.5	M18×1	M20×1	M22×1	M24×1.5	M24×1
e	min	21.10	24.49	24.49	26.75	26.75	30.14	33.53	35.72	35.72
m	max	3.2	4.24	3.2	4.24	3.44	3.74	3.74	4.24	3.74
	min	2.8	3.76	2.8	3.76	2.96	3.26	3.26	3.76	3.26
s	max	19	22	22	24	24	27	30	32	32
	min	18.67	21.67	21.67	23.16	23.16	26.16	29.16	31	31

技术条件	材料		螺纹公差	产品等级	表面处理
	Q215 Q235	HPb59-1	6H	A 用于 $D\leqslant16$；B 用于 $D>16$	不经处理；镀锌钝化

表 3-2-69　钢结构用高强度大六角螺母（摘自 GB/T 1229—2006，参照 ISO 4775：1984）　/mm

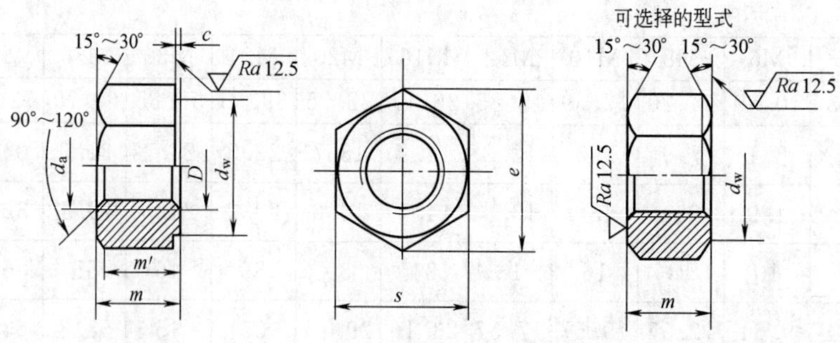

标记示例：螺纹规格 D＝M20、性能等级为 10H 级的钢结构用高强度大六角螺母的标记为

螺母　GB/T 1229—2006　M20

螺纹规格 D＝M20、性能等级为 8H 级的钢结构用大六角螺母的标记为

螺母 GB/T 1229—2006　M20-8H

续表

螺纹规格 D		M12	M16	M20	(M22)	M24	(M27)	M30
P		1.75	2	2.5	2.5	3	3	3.5
d_a	max	13	17.3	21.6	23.8	25.9	29.1	32.4
	min	12	16	20	22	24	27	30
d_w	min	19.2	24.9	31.4	33.3	38.0	42.8	46.5
e	min	22.78	29.56	37.29	39.55	45.20	50.85	55.37
m	max	12.3	17.1	20.7	23.6	24.2	27.6	30.7
	min	11.87	16.4	19.4	22.3	22.9	26.3	29.1
m'	min	8.3	11.5	13.6	15.6	16.0	18.4	20.4
c	max	0.8	0.8	0.8	0.8	0.8	0.8	0.8
	min	0.4	0.4	0.4	0.4	0.4	0.4	0.4
s	max	21	27	34	36	41	46	50
	min	20.16	26.16	33	35	40	45	49
支承面对螺纹轴线的垂直度公差		0.29	0.38	0.47	0.50	0.57	0.64	0.70
每1000个钢螺母的理论质量/kg		27.68	61.51	118.77	146.59	202.67	288.51	374.01

注：1. 本螺母用于与 GB/T 1228—2006 钢结构用高强度大六角头螺栓配套使用。

2. 括号内的规格为第二选择系列。

3. 技术条件按 GB/T 1231 规定。

表 3-2-70　2 型六角螺母（摘自 GB/T 6175—2016，等效 ISO 4033：2012）　/mm

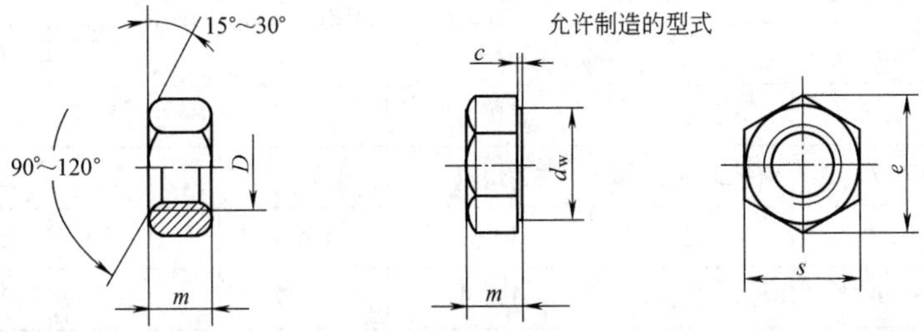

标记示例:螺纹规格为 M16、性能等级为 10 级、表面不经处理、产品等级为 A 级的 2 型六角螺母的标记为

螺母 GB/T 6175—2016 M16

螺纹规格 D		M5	M6	M8	M10	M12	(M14)	M16	M20	M24	M30	M36
螺距 P		0.8	1	1.25	1.5	1.75	2	2	2.5	3	3.5	4
c max		0.5	0.5	0.6	0.6	0.6	0.6	0.8	0.8	0.8	0.8	0.8
d_w min		6.9	8.9	11.6	14.6	16.6	19.6	22.5	27.7	33.2	42.7	51.1
e min		8.79	11.05	14.38	17.77	20.03	23.36	26.75	32.95	39.55	50.85	60.79
m	max	5.1	5.7	7.5	9.3	12.0	14.1	16.4	20.3	23.9	28.6	34.7
	min	4.8	5.4	7.14	8.94	11.57	13.4	15.7	19.0	22.6	27.3	33.1
s	max	8.0	10.0	13.0	16.0	18.0	21.0	24.0	30.0	36	46	55.0
	min	7.78	9.78	12.73	15.73	17.73	20.67	23.67	29.16	35	45	53.8

续表

螺纹规格 D	M5	M6	M8	M10	M12	(M14)	M16	M20	M24	M30	M36
技术条件	材料		钢		螺纹公差		6H		机械性能等级		10(QT) 12(QT)
	表面处理		不经处理 电镀技术要求按 GB/T 5267;非电解锌粉覆盖技术要求按 ISO 10683								
	产品等级		D≤M16:A;D>M16:B								

注：尽可能不采用括号内规格。

表 3-2-71　2 型六角螺母　细牙（摘自 GB/T 6176—2016，等效 ISO 8674：2012）　/mm

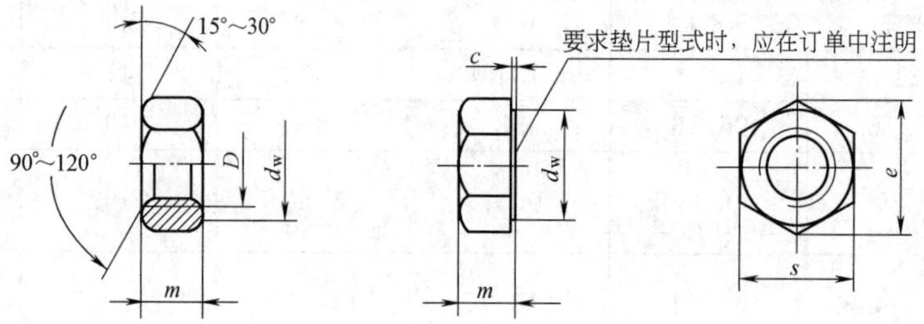

标记示例:螺纹规格为 M16×1.5、性能等级为 10 级、表面不经处理、产品等级为 A 级,细牙螺纹的 2 型六角螺母的标记为

螺母　GB/T 6176—2016　M16×1.5

螺纹规格 $D\times P$		M8×1 —	M10×1 (M10×1.25)	M12×1.5 (M12×1.25)	(M14×1.5) —	M16×1.5 —	M20×1.5 (M20×2)	M24×2 —	M30×2 —	M36×3 —
c	max	0.6	0.6	0.6	0.6	0.8	0.8	0.8	0.8	0.8
d_w	min	11.6	14.6	16.6	19.6	22.5	27.7	33.2	42.7	51.1
e	min	14.38	17.77	20.03	23.35	26.75	32.95	39.55	50.85	60.79
m	max	7.5	9.3	12	14.1	16.4	20.3	23.9	28.6	34.7
	min	7.14	8.94	11.57	13.4	15.7	19	22.6	27.3	33.1
s	公称=max	13	16	18	21	24	30	36	46	55
	min	12.73	15.73	17.73	20.67	23.67	29.16	35	45	53.8
技术条件	材料	钢	螺纹公差:6H							
	表面处理		不经处理 电镀技术要求按 GB/T 5267 非电解锌粉覆盖技术要求按 ISO 10683			机械性能等级		8mm≤D≤M16: 8、10(QT),12(QT) 16mm<D≤M39:10(QT)		
	产品等级		D≤16mm:A;D>16mm:B							

注：1. 尽可能不采用括号内规格。

2. 未列入的非优选螺纹规格还有：M18×1.5、M22×1.5、M27×2、M33×2。

表 3-2-72　六角薄螺母　无倒角（摘自 GB/T 6174—2016，等效 ISO 4036：2012）　/mm

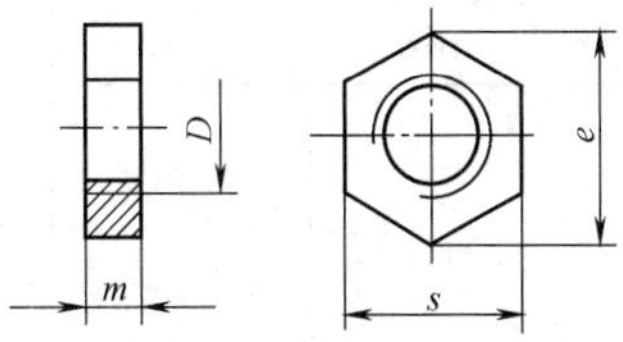

标记示例：螺纹规格为 M6、钢螺母硬度大于或等于 110HV30、表面不经处理，产品等级为 B 级的无倒角六角薄螺母的标记为

螺母　GB/T 6174—2016　M6

螺纹规格 D		M1.6	M2	M2.5	M3	(M3.5)	M4	M5	M6	M8	M10
P(螺距)		0.35	0.4	0.45	0.5	0.6	0.7	0.8	1	1.25	1.5
e	min	3.28	4.18	5.31	5.88	6.44	7.50	8.63	10.89	14.2	17.59
m	max	1.00	1.20	1.60	1.80	2.00	2.20	2.70	3.20	4.00	5.00
	min	0.75	0.95	1.35	1.55	1.75	1.95	2.45	2.90	3.70	4.70
s	公称＝max	3.2	4.0	5.0	5.5	6.0	7.00	8.00	10.00	13.00	16.00
	min	2.9	3.7	4.7	5.2	5.7	6.64	7.64	9.64	12.57	15.57

技　术　条　件

材　料		钢	有色金属
		不经处理	简单处理
螺纹	公差	6H	
	标准	GB/T 193、GB/T 9145	
力学性能	等级	硬度≥110HV30	材料符合 GB/T 3098.10
	标准	—	参照 GB/T 3098.10 由供需双方协议
公差	产品等级	B 级	
	标准	GB/T 3103.1	

注：尽可能不采用括号内的规格。

表 3-2-73　圆螺母（摘自 GB/T 812—1988）　/mm

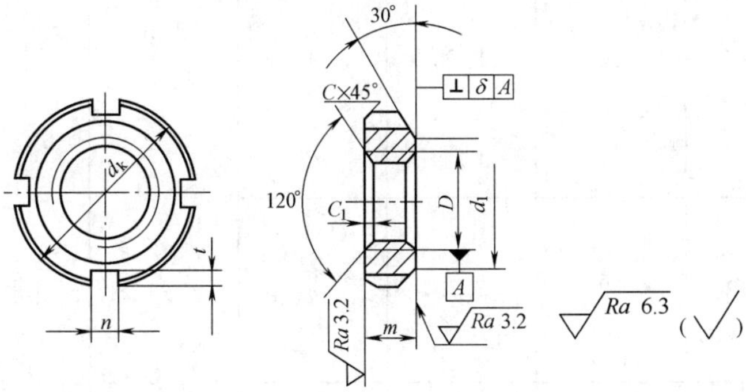

D≤100×2　n(槽数)＝4

D≥M105×2　n(槽数)＝6

标记示例：螺纹规格 D＝M16×1.5、材料为 45 钢、槽或全部热处理后硬度为 35～45HRC，表面氧化的圆螺母标记为

螺母 GB/T 812—1988 M16×1.5

螺纹规格 D×P	d_k	d_1	m	n max	n min	t max	t min	C	C_1
M10×1	22	16	8	4.3	4	2.6	2	0.5	0.5
M12×1.25	25	19							
M14×1.5	28	20							
M16×1.5	30	22		5.3	5	3.1	2.5		

续表

<table>
<tr><th rowspan="2">螺纹规格
$D\times P$</th><th rowspan="2">d_k</th><th rowspan="2">d_1</th><th rowspan="2">m</th><th colspan="2">n</th><th colspan="2">t</th><th rowspan="2">C</th><th rowspan="2">C_1</th></tr>
<tr><th>max</th><th>min</th><th>max</th><th>min</th></tr>
<tr><td>M18×1.5</td><td>32</td><td>24</td><td rowspan="2">8</td><td rowspan="7">5.3</td><td rowspan="7">5</td><td rowspan="7">3.1</td><td rowspan="7">2.5</td><td rowspan="3">0.5</td><td rowspan="18">0.5</td></tr>
<tr><td>M20×1.5</td><td>35</td><td>27</td></tr>
<tr><td>M22×1.5</td><td>38</td><td>30</td><td rowspan="12">10</td></tr>
<tr><td>M24×1.5</td><td rowspan="2">42</td><td rowspan="2">34</td><td rowspan="7">1</td></tr>
<tr><td>M25×1.5[①]</td></tr>
<tr><td>M27×1.5</td><td>45</td><td>37</td></tr>
<tr><td>M30×1.5</td><td>48</td><td>40</td></tr>
<tr><td>M33×1.5</td><td rowspan="2">52</td><td rowspan="2">43</td><td rowspan="7">6.3</td><td rowspan="7">6</td><td rowspan="7">3.6</td><td rowspan="7">3</td></tr>
<tr><td>M35×1.5[①]</td></tr>
<tr><td>M36×1.5</td><td>55</td><td>46</td></tr>
<tr><td>M39×1.5</td><td rowspan="2">58</td><td rowspan="2">49</td><td rowspan="29">1.5</td></tr>
<tr><td>M40×1.5[①]</td></tr>
<tr><td>M42×1.5</td><td>62</td><td>53</td></tr>
<tr><td>M45×1.5</td><td>68</td><td>59</td></tr>
<tr><td>M48×1.5</td><td rowspan="2">72</td><td rowspan="2">61</td><td rowspan="4">12</td><td rowspan="4">8.36</td><td rowspan="4">8</td><td rowspan="4">4.25</td><td rowspan="4">3.5</td></tr>
<tr><td>M50×1.5[①]</td></tr>
<tr><td>M52×1.5</td><td rowspan="2">78</td><td rowspan="2">67</td></tr>
<tr><td>M55×2</td></tr>
<tr><td>M56×2</td><td>85</td><td>74</td><td rowspan="5">12</td><td rowspan="4">8.36</td><td rowspan="4">8</td><td rowspan="4">4.25</td><td rowspan="4">3.5</td><td rowspan="21">1</td></tr>
<tr><td>M60×2</td><td>90</td><td>79</td></tr>
<tr><td>M64×2</td><td rowspan="2">95</td><td rowspan="2">84</td></tr>
<tr><td>M65×2[①]</td></tr>
<tr><td>M68×2</td><td>100</td><td>88</td><td rowspan="6">10.36</td><td rowspan="6">10</td><td rowspan="6">4.75</td><td rowspan="6">4</td></tr>
<tr><td>M72×2</td><td>105</td><td>93</td><td rowspan="5">15</td></tr>
<tr><td>M75×2[①]</td><td>105</td><td>93</td></tr>
<tr><td>M76×2</td><td>110</td><td>98</td></tr>
<tr><td>M80×2</td><td>115</td><td>103</td></tr>
<tr><td>M85×2</td><td>120</td><td>108</td></tr>
<tr><td>M90×2</td><td>125</td><td>112</td><td rowspan="5">18</td><td rowspan="4">12.43</td><td rowspan="4">12</td><td rowspan="4">5.75</td><td rowspan="4">5</td></tr>
<tr><td>M95×2</td><td>130</td><td>117</td></tr>
<tr><td>M100×2</td><td>135</td><td>122</td></tr>
<tr><td>M105×2</td><td>140</td><td>127</td></tr>
<tr><td>M110×2</td><td>150</td><td>135</td><td rowspan="6">14.43</td><td rowspan="6">14</td><td rowspan="6">6.75</td><td rowspan="6">6</td></tr>
<tr><td>M115×2</td><td>155</td><td>140</td><td rowspan="4">22</td></tr>
<tr><td>M120×2</td><td>160</td><td>145</td></tr>
<tr><td>M125×2</td><td>165</td><td>150</td></tr>
<tr><td>M130×2</td><td>170</td><td>155</td></tr>
<tr><td>M140×2</td><td>180</td><td>165</td><td rowspan="2">26</td></tr>
<tr><td>M150×2</td><td>200</td><td>180</td><td>16.43</td><td>16</td><td>7.9</td><td>7</td></tr>
</table>

续表

螺纹规格 $D\times P$	d_k	d_1	m	n		t		C	C_1
				max	min	max	min		
M160×3	210	190	26	16.43	16	7.9	7	2	1.5
M170×3	220	200							
M180×3	230	210	30						
M190×3	240	220							
M200×3	250	230							
技术条件	材料	螺纹公差		热处理及表面处理					
	45 钢	6H		槽或全部热处理后 35～45HRC；调质 24～30HRC；氧化					

① 仅用于滚动轴承锁紧装置。

注：P 为螺距。

表 3-2-74 小圆螺母（摘自 GB/T 810—1988） /mm

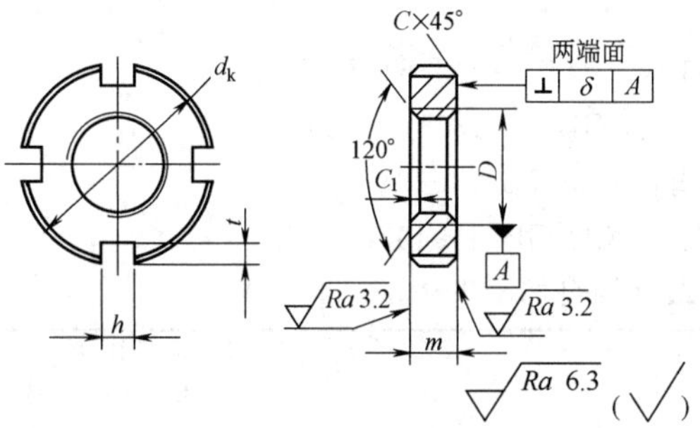

$D\leqslant$M100×2　n(槽数)=4

$D\geqslant$M105×2　n(槽数)=6

标记示例：螺纹规格 D=M16×1.5、材料 45 钢、槽或全部热处理后硬度 35～45HRC、表面氧化的小圆螺母标记为

螺母 GB/T 810—1988 M16×1.5

螺纹规格 $D\times P$		M10×1	M12×1.25	M14×1.5	M16×1.5	M18×1.5	M20×1.5	M22×1.5	M24×1.5	M27×1.5	M30×1.5	M33×1.5	M36×1.5	M39×1.5	M42×1.5
d_k		20	22	25	28	30	32	35	38	42	45	48	52	55	58
m		6						8							
h	max	4.3				5.30							6.30		
	min	4				5							6		
t	max	2.6				3.10							3.60		
	min	2				2.5							3		
C		0.5								1					
C_1		0.5													

螺纹规格 $D\times P$		M45×1.5	M48×1.5	M52×1.5	M56×2	M60×2	M64×2	M68×2	M72×2	M76×2	M80×2	M85×2	M90×2	M95×2	M100×2
d_k		62	68	72	78	80	85	90	95	100	105	110	115	120	125
m		8	10						12						
h	max	6.3		8.36						10.36					12.43
	min	6		8						10					12
t	max	3.6		4.25						4.75					5.75
	min	3		3.5						4					5
C		1									1.5				
C_1		0.5			1										

续表

螺纹规格 $D\times P$		M105×2	M110×2	M115×2	M120×2	M125×2	M130×2	M140×2	M150×2	M160×3	M170×3	M180×3	M190×3	M200×3
d_k		130	135	140	145	150	160	170	180	195	205	220	230	240
m		15						18				22		
h	max	12.43		14.43							16.43			
	min	12		14							16			
t	max	5.75		6.75							7.90			
	min	5		6							7			
C		1.5								2				
C_1		1								1.5				
技术条件		材料	螺纹公差	热处理及表面处理										
		45钢	6H	槽或全部热处理后35～45HRC；调质24～30HRC；氧化										

注：P 为螺距。

表 3-2-75　1型六角开槽螺母-A和B级（摘自GB/T 6178—1986）、2型六角开槽螺母-A和B级（摘自GB/T 6180—1986）、六角开槽薄螺母-A和B级（摘自GB/T 6181—1986）、1型六角开槽螺母　细牙-A和B级（摘自GB/T 9457—1988）、2型六角开槽螺母　细牙-A和B级（摘自GB/T 9458—1988）　/mm

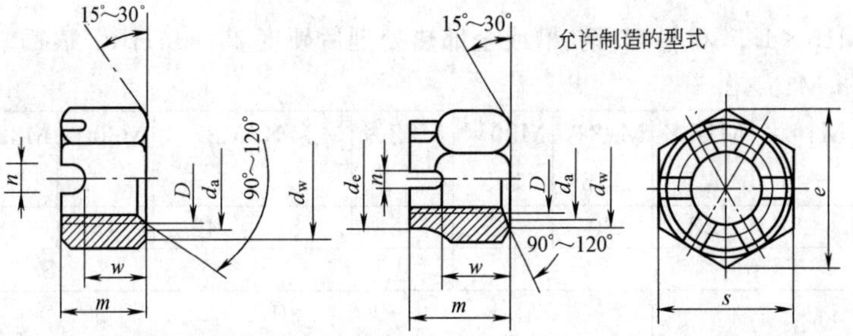

标记示例：螺纹规格 D＝M5、性能等级为8级、不经表面处理、A级的1型六角开槽螺母的标记为

螺母 GB/T 6178—1986　M5

螺纹规格 D＝M12、性能等级为04级、不经表面处理、A级的六角开槽薄螺母的标记为

螺母 GB/T 6181—1986　M12

螺纹规格		M4	M5	M6	M8	M10	M12	(M14)	M16	M20	M24	M30	M36
	$D\times P$	—	—	—	M8×1	M10×1	M12×1.5	(M14×1.5)	M16×1.5	M20×2	M24×2	M30×2	M36×3
d_a	min	4	5	6	8	10	12	14	16	20	24	30	36
d_w	min	5.9	6.9	8.9	11.6	14.6	16.6	19.4	22.5	27.7	33.2	42.7	51.1
d_e	max	—	—	—	—	—	—	—	—	28	34	42	50
e	min	7.66	8.79	11.05	14.38	17.77	20.03	23.35	26.75	32.95	39.55	50.85	60.79

续表

螺纹规格	D	M4	M5	M6	M8	M10	M12	(M14)	M16	M20	M24	M30	M36
	$D\times P$	—	—	—	M8×1	M10×1	M12×1.5	(M14×1.5)	M16×1.5	M20×2	M24×2	M30×2	M36×3
n min		1.2	1.4	2	2.5	2.8	3.5	3.5	4.5	4.5	5.5	7	7
s max		7	8	10	13	16	18	21	24	30	36	46	55
m max	GB/T 6181—1986 GB/T 9459—1988	—	5.1	5.7	7.5	9.3	12	14.1	16.4	20.3	23.9	28.6	34.7
	GB/T 6178—1986 GB/T 9457—1988	5	6.7	7.7	9.8	12.4	15.8	17.8	20.8	24	29.5	34.6	40
	GB/T 6180—1986	—	6.9	8.3	10.5	13.3	17	19.1	22.4	26.3	31.9	37.6	43.7
	GB/T 9458—1988	—	6.9	8.3	10	12.3	16	19.1	21.1	26.3	31.9	37.6	43.7
w max	GB/T 6181—1986 GB/T 9459—1988	—	3.1	3.5	4.5	5.3	7	9.1	10.4	14.3	15.9	19.6	23.7
	GB/T 6178—1986 GB/T 9459—1988	3.2	4.7	5.2	6.8	8.4	10.8	12.8	14.8	18	21.5	25.6	31
	GB/T 6180—1986 GB/T 9458—1988	—	5.1	5.7	7.5	9.3	12	14.1	16.4	20.3	23.9	28.6	34.7
开口销		1×10	1.2×12	1.6×14	2×16	2.5×20	3.2×22	3.2×25	4×28	4×36	5×40	6.3×50	6.3×63

技术条件	标准				
技术条件	GB/T 6178—1986	材料	钢	产品等级	螺纹公差
		性能等级	6、8、10	A用于 $D\leqslant16$；B用于 $D>16$	6H
	GB/T 6180—1986	材料	钢	产品等级	螺纹公差
		性能等级	9、12	A用于 $D\leqslant16$；B用于 $D>16$	6H
	GB/T 9457—1988	材料	钢	产品等级	螺纹公差
		性能等级	6、8、10	A用于 $D\leqslant16$；B用于 $D>16$	6H
	GB/T 9458—1988	材料	钢	产品等级	螺纹公差
		性能等级	8、10	A用于 $D\leqslant16$；B用于 $D>16$	6H
	GB/T 6181—1986	材料	钢、不锈钢	产品等级	螺纹公差
		性能等级	04、05、A2-50	A用于 $D\leqslant16$；B用于 $D>16$	6H
	表面处理	钢：不经处理；镀锌钝化；氧化		不锈钢：不经处理	

表 3-2-76　1 型六角开槽螺母-C 级（摘自 GB/T 6179—1986）　/mm

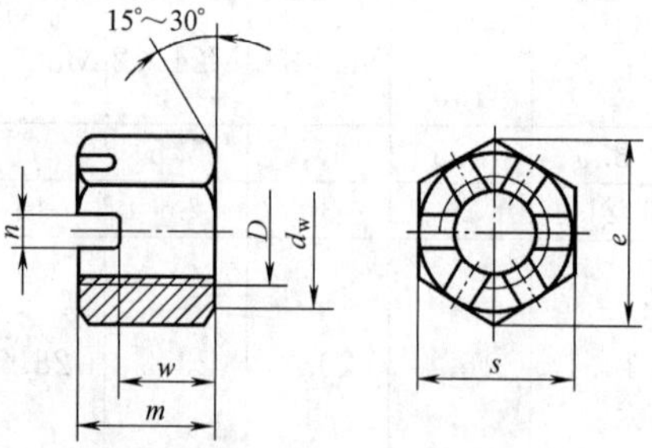

标记示例：螺纹规格 D＝M5、性能等级为 5 级、不经表面处理、C 级的 1 型六角开槽螺母的标记为

螺母 GB/T 6179—1986　M5

螺纹规格 D		M5	M6	M8	M10	M12	(M14)	M16	M20	M24	M30	M36
d_w	min	6.9	8.7	11.5	14.5	16.5	19.2	22	27.7	33.2	42.7	51.1
e	min	8.63	10.89	14.20	17.59	19.85	22.78	26.17	32.95	39.55	50.85	60.79
m	max	6.7	7.7	9.8	12.4	15.8	17.8	20.8	24	29.5	34.6	40
	min	5.2	6.2	8.3	10.6	14	16	18.7	21.9	27.4	32.1	37.5
n	max	2	2.6	3.1	3.4	4.25	4.25	5.7	5.7	6.7	8.5	8.5
	min	1.4	2	2.5	2.8	3.5	3.5	4.5	4.5	5.5	7	7
s	max	8	10	13	16	18	21	24	30	36	46	55
	min	7.64	9.64	12.57	15.57	17.57	20.16	23.16	29.16	35	45	53.8
w	max	4.7	5.2	6.8	8.4	10.8	12.8	14.8	18	21.5	25.6	31
	min	4.22	4.72	6.22	7.82	10.1	12.1	14.1	17.3	20.66	24.76	30
开口销		1.2×12	1.6×14	2×16	2.5×20	3.2×22	3.2×25	4×28	4×36	5×40	6.3×50	6.3×63
技术条件		材料	螺纹公差		性能等级		表面处理					
		钢	7H		4、5		不经处理；镀锌钝化					

注：尽可能不采用括号内的规格。

2.8 垫圈

2.8.1 圆形垫圈

表 3-2-77　平垫圈 A 级（摘自 GB/T 97.1—2002）、平垫圈倒角型 A 级（摘自 GB/T 97.2—2002）和小垫圈 A 级（摘自 GB/T 848—2002）　/mm

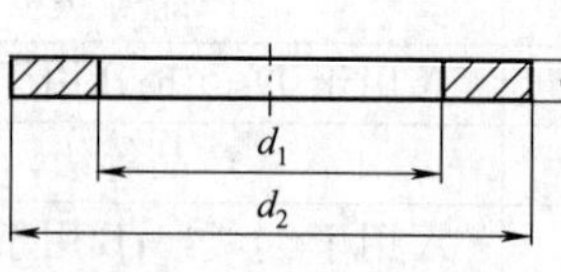

GB/T 97.1、GB/T 848

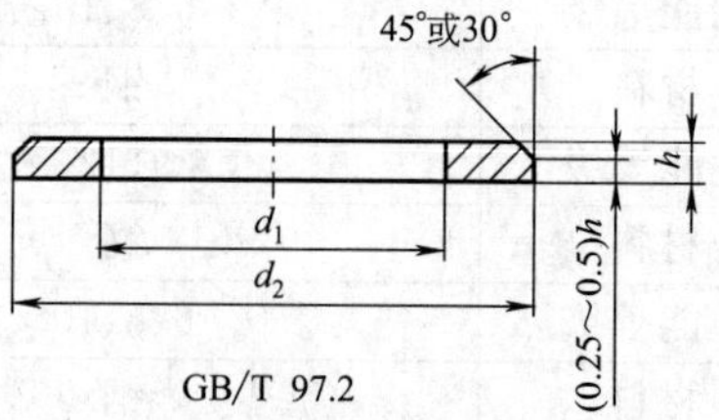

GB/T 97.2

规格（螺纹大径）		1.6	2	2.5	3	4	5	6	8	10	12	14	16	20	24	30	36
GB/T 97.1	d_1	1.7	2.2	2.7	3.2	4.3	5.3	6.4	8.4	10.5	13	15	17	21	25	31	37
	d_2	4	5	6	7	9	10	12	16	20	24	28	30	37	44	56	66
	h	0.3		0.5		0.8	1	1.6		2	2.5		3		4		5

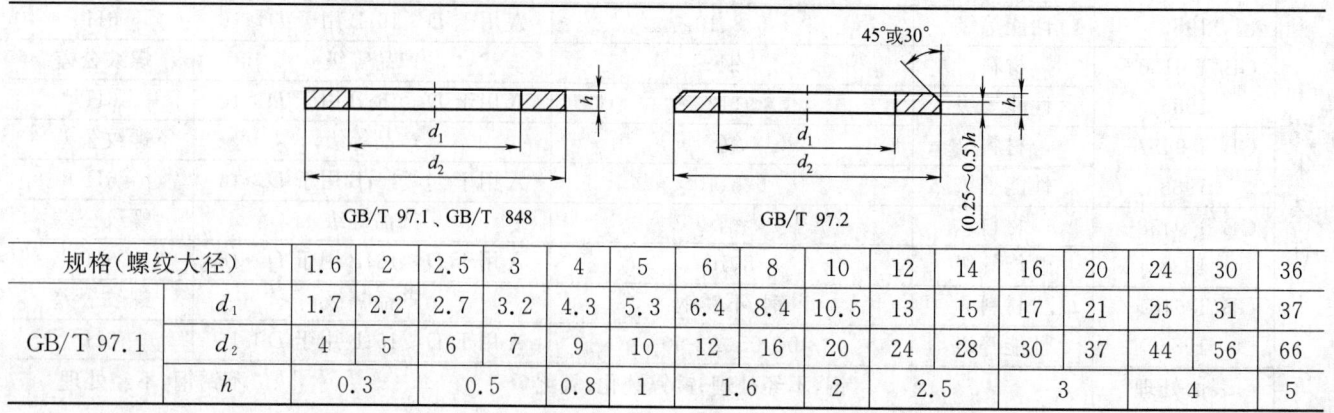

续表

规格(螺纹大径)		1.6	2	2.5	3	4	5	6	8	10	12	14	16	20	24	30	36
GB/T 97.2	d_1	—					5.3	6.4	8.4	10.5	13	15	17	21	25	31	37
	d_2	—					10	12	16	20	24	28	30	37	44	56	66
	h	—					1	1.6		2	2.5		3		4		5
GB/T 848	d_1	1.7	2.2	2.7	3.2	4.3	5.3	6.4	8.4	10.5	13	15	17	21	25	31	37
	d_2	3.5	4.5	5	6	8	9	11	15	18	20	24	28	34	39	50	60
	h	0.3		0.5		0.8	1	1.6		2	2.5		3		4		5
性能等级	钢	200HV、300HV															
	不锈钢	A2、A4、F1、C1、C4															
表面处理	钢	不经处理;镀锌钝化															
	不锈钢	不经处理															

注：规格 42～64 的尺寸见 GB/T 97.1 及 GB/T 97.2。

标记示例：标准系列、规格 8mm、性能等级为 200HV 级、不经表面处理、产品等级为 A 级的平垫圈的标记为

垫圈　GB/T 97.1　8

标准系列、规格 8mm、性能等级为 200HV 级、不经表面处理、产品等级为 A 级的倒角型平垫圈的标记为

垫圈　GB/T 97.2　8

小系列、规格 8mm、性能等级为 200HV 级、不经表面处理、产品等级为 A 级的平垫圈的标记为

垫圈　GB/T 848　8

表 3-2-78　平垫圈 C 级（摘自 GB/T 95—2002）、**大垫圈 A 和 C 级**（摘自 GB/T 96.1、2—2002）**和特大垫圈 C 级**（摘自 GB/T 5287—2002）　/mm

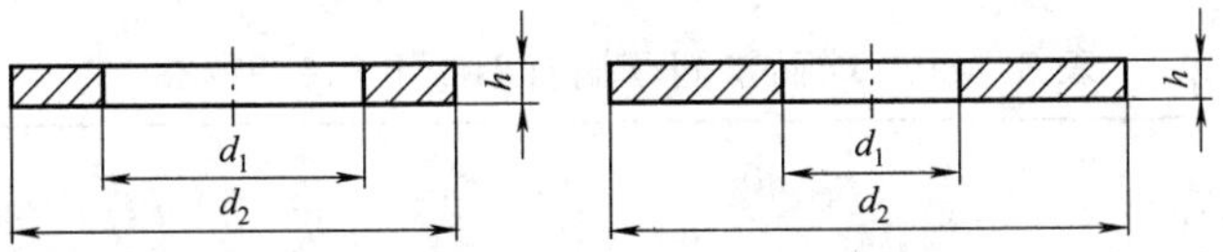

规格(螺纹大径)		3	4	5	6	8	10	12	14	16	20	24	30	36
GB/T 95	d_1	3.4	4.5	5.6	6.5	9	11	13.5	15.5	17.5	22	26	33	39
	d_2	7	9	10	12	16	20	24	28	30	37	44	56	66
	h	0.5	0.8	1	1.6		2	2.5		3		4		5
GB/T 96.1、2	d_1	3.2	4.3	5.3	6.4	8.4	10.5	13	15	17	22	26	33	39
	d_2	9	12	15	18	24	30	37	44	50	60	72	92	110
	h	0.8	1	1.2	1.6	2	2.5	3			4	5	6	8
GB/T 5287	d_1	—	—	5.5	6.6	9	11	13.5	15.5	17.5	22	26	33	39
	d_2	—	—	18	22	28	34	44	50	56	72	85	105	125
	h	—	—	2		3		4		5	6			8
性能等级	钢	A 级:200HV、300HV;C 级:100HV												
	不锈钢	A2、A4、F1、C1、C4												
表面处理	钢	GB/T 95:不经处理;GB/T 96、GB/T 5287:不经处理;镀锌钝化												
	不锈钢	不经处理												

注：规格 1.6～2.5 及 42～64 的尺寸见 GB/T 95。

标记示例：标准系列、规格 8mm、性能等级为 100HV 级、不经表面处理、产品等级为 C 级的平垫圈的标记为

垫圈　GB/T 95　8

大系列、规格 8mm、性能等级为 100HV 级、不经表面处理、产品等级为 C 级的平垫圈的标记为

垫圈　GB/T 96.2　8

特大系列、规格 8mm、性能等级为 100HV 级、不经表面处理、产品等级为 C 级的平垫圈的标记为

垫圈　GB/T 5287　8

表 3-2-79　钢结构用高强度垫圈（摘自 GB/T 1230—2006）　/mm

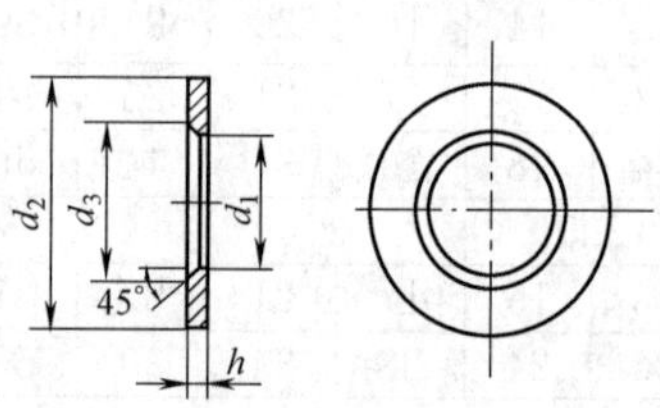

标记示例：规格为 20mm、热处理硬度为 35～45HRC 的钢结构用高强度垫圈的标记为

垫圈 GB/T 1230　20

规格（螺纹大径）		12	16	20	（22）	24	（27）	30
d_1	min	13	17	21	23	25	28	31
	max	13.43	17.43	21.52	23.52	25.52	28.52	31.62
d_2	min	23.7	31.4	38.4	40.4	45.4	50.1	54.1
	max	25	33	40	42	47	52	56
h	公称	3.0	4.0	4.0	5.0	5.0	5.0	5.0
	min	2.5	3.5	3.5	4.5	4.5	4.5	4.5
	max	3.8	4.8	4.8	5.8	5.8	5.8	5.8
d_3	min	15.23	19.23	24.32	26.32	28.32	32.84	35.84
	max	16.03	20.03	25.12	27.12	29.12	33.64	36.64
每 1000 个钢垫圈的理论质量/kg		10.47	23.40	33.55	43.34	55.76	66.52	75.42

注：1. 括号内的规格为第二选择系列。

2. 技术条件按 GB/T 1231 规定。

表 3-2-80　球面垫圈（摘自 GB/T 849—1988）　/mm

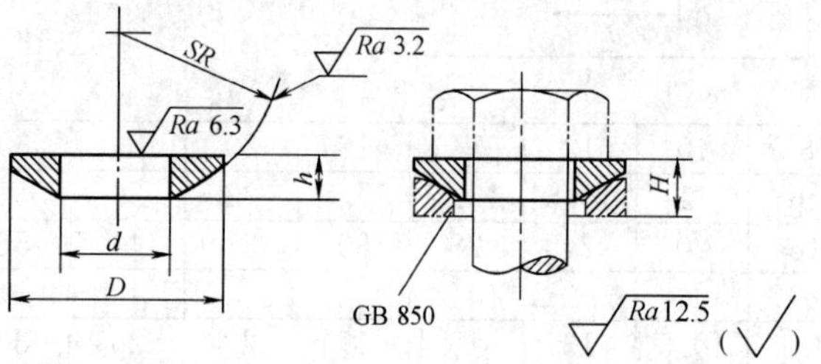

标记示例：规格为 16mm、材料为 45 钢、热处理硬度 40～48HRC、表面氧化的球面垫圈标记为

垫圈 GB/T 849—1988　16

规格（螺纹大径）	d	D	h	R	$H\approx$	规格（螺纹大径）	d	D	h	R	$H\approx$
6	6.40	12.50	3.00	10	4	16	17.00	30.00	6.00	25	8
8	8.40	17.00	4.00	12	5	20	21.00	37.00	6.60	32	10
10	10.50	21.00	4.00	16	6	24	25.00	44.00	9.60	36	13
12	13.00	24.00	5.00	20	7	30	31.00	56.00	9.80	40	16
36	37.00	66.00	12.00	50	19	48	50.00	92.00	20.00	70	30
42	43.00	78.00	16.00	63	24						

注：技术条件

材料：45 钢。

垫圈应进行热处理：40～48HRC。

球面如需抛光，应在订单中注明。

垫圈应进行表面氧化处理。

表 3-2-81　锥面垫圈（摘自 GB/T 850—1988）　/mm

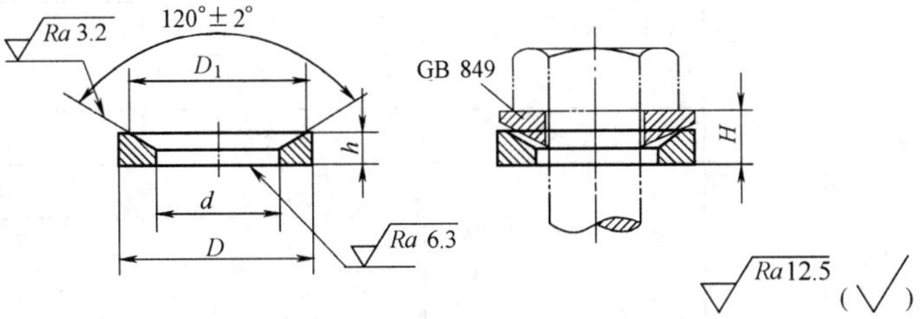

标记示例：规格为 16mm、材料为 45 钢、热处理硬度 40～48HRC、表面氧化的锥面垫圈的标记为

垫圈 GB/T 850—1988　16

规格（螺纹大径）	d	D	h	D_1	$H\approx$	规格（螺纹大径）	d	D	h	D_1	$H\approx$
6	8	12.5	2.6	12	4	24	30	44	6.8	38.5	13
8	10	17	3.2	16	5	30	36	56	8.9	45.2	16
10	12.5	21	4	18	6	36	43	66	14.3	64	19
12	16	24	4.7	23.5	7	42	50	78	14.4	69	24
16	20	30	5.1	29	8	48	60	92	17.4	78.6	30
20	25	37	6.6	34	10						

注：技术条件

材料：45 钢。

垫圈应进行热处理：40～48HRC。

锥面（120°）如需抛光，应在订单中注明。

垫圈应进行表面氧化处理。

表 3-2-82　工字钢用方斜垫圈（摘自 GB/T 852—1988）、槽钢用方斜垫圈（摘自 GB/T 853—1988）　/mm

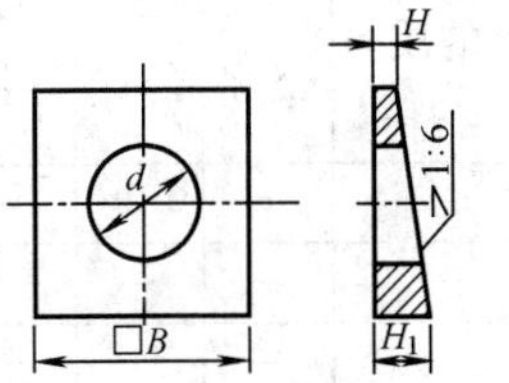

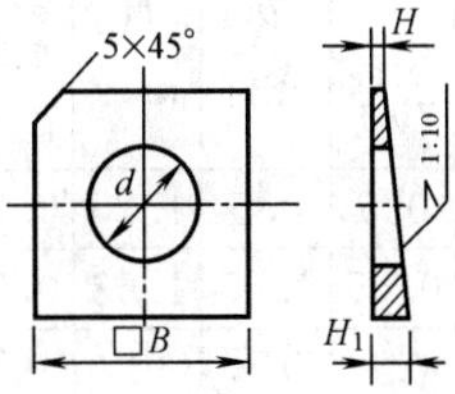

标记示例：规格为 16mm、材料为 Q235、不经表面处理的工字钢用方斜垫圈的标记为

垫圈 GB/T 852—1988　16

标记示例：规格为 16mm、材料为 Q235、不经表面处理的槽钢用方斜垫圈的标记为

垫圈 GB/T 853—1988　16

规格（螺纹大径）	d min	B	H	（H_1）	H_1	每 1000 个的质量/kg ≈	
				GB/T 853—1988	GB/T 852—1988	GB/T 853—1988	GB/T 852—1988
6	6.6	16		3.6	4.7	4.75	5.8
8	9	18	2	3.8	5.0	5.79	7.11
10	11	22		4.2	5.7	9.31	11.69

续表

规格（螺纹大径）	d min	B	H	(H_1) GB/T 853—1988	H_1 GB/T 852—1988	每1000个的质量/kg ≈ GB/T 853—1988	每1000个的质量/kg ≈ GB/T 852—1988
12	13.5	28	2	4.8	6.7	16.9	21.76
16	17.5	35		5.4	7.8	28.22	37.6
(180)	20	40	3	7	9.7	50	63.73
20	22				9.7	47.43	60.47
(22)	24				9.7	44.61	56.9
24	26	50		8	11.3	84.33	109.8
(27)	30				11.3	76.78	99.91
30	33	60		9	13.0	128.3	171.3
36	39	70		10	14.7	187.7	255.9

注：1. 尽可能不采用括号内的规格。

2. 材料：Q235。

3. 全部为商品规格。

2.8.2 弹性垫圈

表 3-2-83 标准型弹簧垫圈（摘自 GB/T 93—1987）、**轻型弹簧垫圈**（摘自 GB/T 859—1987）、**重型弹簧垫圈**（摘自 GB/T 7244—1987） /mm

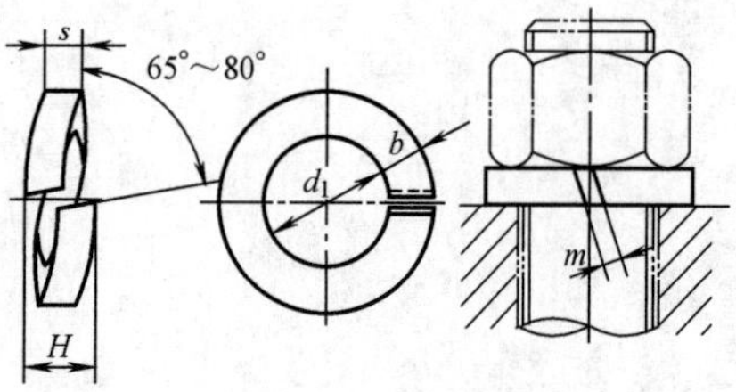

标记示例：规格 16mm、材料为 65Mn、表面氧化的重型弹簧垫圈的标记为

垫圈 GB/T 7244—1987 16

规格（螺纹大径）	d_1 min	GB/T 93					GB/T 859					GB/T 7244				
		s 公称	b 公称	H max	m≤	每1000个的质量/kg ≈	s 公称	b 公称	H max	m≤	每1000个的质量/kg ≈	s 公称	b 公称	H max	m≤	每1000个的质量/kg ≈
2	2.1	0.5	0.5	1.25	0.25	0.015	—	—	—	—	—	—	—	—	—	—
2.5	2.6	0.65	0.65	1.63	0.33	0.03	—	—	—	—	—	—	—	—	—	—
3	3.1	0.8	0.8	2	0.4	0.06	0.6	1	1.5	0.3	0.06	—	—	—	—	—
4	4.1	1.1	1.1	2.75	0.55	0.16	0.8	1.2	2	0.4	0.13	—	—	—	—	—
5	5.1	1.3	1.3	3.25	0.65	0.27	1.1	1.5	2.75	0.55	0.27	—	—	—	—	—
6	6.1	1.6	1.6	4	0.8	0.49	1.3	2	3.25	0.65	0.52	1.8	2.6	4.5	0.9	1
8	8.1	2.1	2.1	5.25	1.05	1.11	1.6	2.5	4	0.8	1.05	2.4	3.2	6	1.2	2.14
10	10.2	2.6	2.6	6.5	1.3	2.13	2	3	5	1	1.95	3	3.8	7.5	1.5	3.94
12	12.2	3.1	3.1	7.75	1.55	3.63	2.5	3.5	6.25	1.25	3.39	3.5	4.3	8.75	1.75	6.12
(14)	14.2	3.6	3.6	9	1.8	5.69	3	4	7.5	1.5	5.39	4.1	4.8	10.25	2.05	9.22
16	16.2	4.1	4.1	10.25	2.05	8.42	3.2	4.5	8	1.6	7.35	4.8	5.3	12	2.4	13.49
(18)	18.2	4.5	4.5	11.25	2.25	11.34	3.6	5	9	1.8	10.3	5.3	5.8	13.25	2.65	18.2

规格（螺纹大径）	d_1 min	GB/T 93					GB/T 859					GB/T 7244				
		s 公称	b 公称	H max	$m\leqslant$	每1000个的质量/kg ≈	s 公称	b 公称	H max	$m\leqslant$	每1000个的质量/kg ≈	s 公称	b 公称	H max	$m\leqslant$	每1000个的质量/kg ≈
20	20.2	5	5	12.5	2.5	15.54	4	5.5	10	2	13.94	6	6.4	15	3	25.2
(22)	22.5	5.5	5.5	13.75	2.75	20.9	4.5	6	11.25	2.25	18.98	6.6	7.2	16.5	3.3	34.8
24	24.5	6	6	15	3	27.1	5	7	12.25	2.5	27.2	7.1	7.5	17.75	3.55	42.04
(27)	27.5	6.8	6.8	17	3.4	39.1	5.5	8	13.75	2.75	38.52	8	8.5	20	4	60.37
30	30.5	7.5	7.5	18.75	3.75	52.71	6	9	15	3	52.6	9	9.3	22.5	4.5	82.15
(33)	33.5	8.5	8.5	21.25	4.25	74.84	—	—	—	—	—	9.9	10.2	24.75	4.95	108.8
36	36.5	9	9	22.5	4.6	90.89	—	—	—	—	—	10.8	11.1	27	5.4	140.73
(39)	39.5	10	10	25	5	122.07	—	—	—	—	—	—	—	—	—	—
42	42.5	10.5	10.5	26.25	5.25	144.1	—	—	—	—	—	—	—	—	—	—
(45)	45.5	11	11	27.5	5.5	168.6	—	—	—	—	—	—	—	—	—	—
48	48.5	12	12	30	6	214.85	—	—	—	—	—	—	—	—	—	—

注：1. 尽可能不采用括号内规格。

2. m 应大于零。

表 3-2-84　内齿锁紧垫圈（摘自 GB/T 861.1—1987）、**内锯齿锁紧垫圈**（摘自 GB/T 861.2—1987）、**外齿锁紧垫圈**（摘自 GB/T 862.1—1987）、**外锯齿锁紧垫圈**（摘自 GB/T 862.2—1987）　/mm

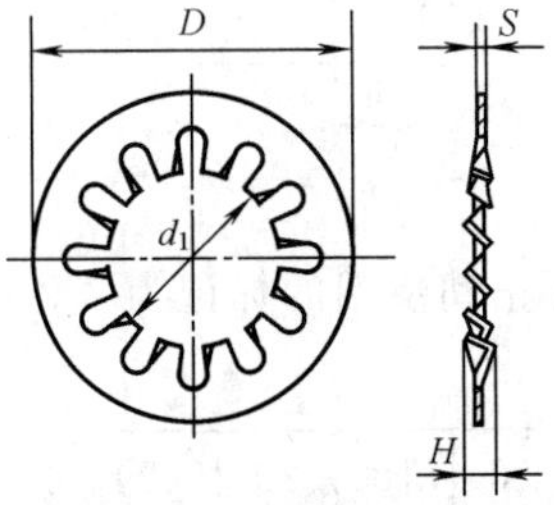

GB/T 861.1—1987　$H\geqslant 2S$

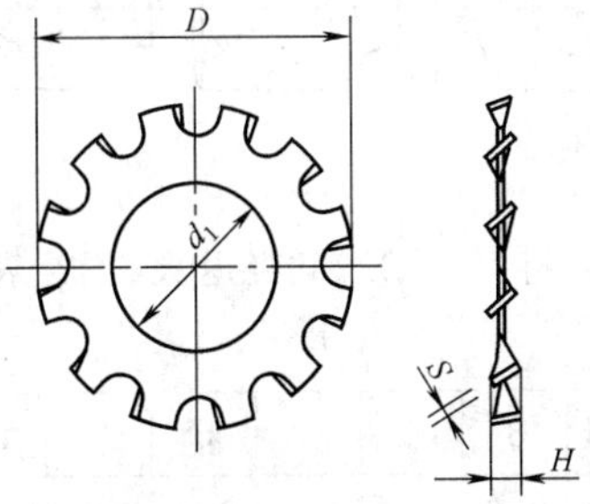

GB/T 862.1—1987　$H\geqslant 2S$

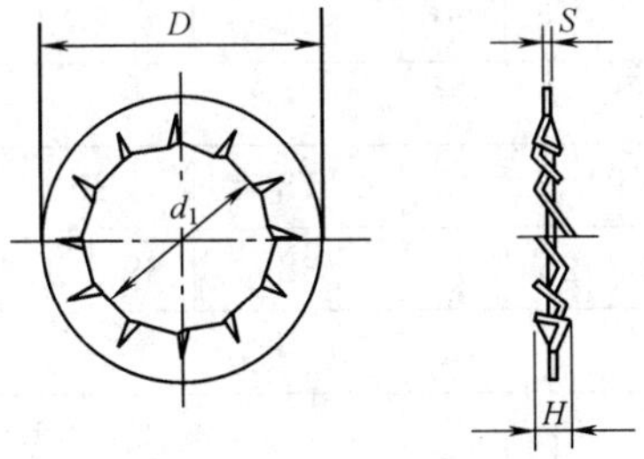

GB/T 861.2—1987　$H\approx 3S$

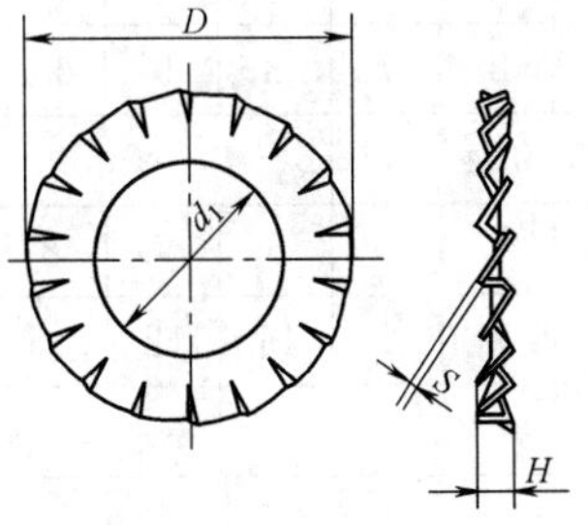

GB/T 862.2—1987　$H\leqslant 3S$

标记示例：规格 6mm、材料为 65Mn、表面氧化的垫圈标记为

内齿锁紧垫圈 GB/T 861.1—1987　6

内锯齿锁紧垫圈 GB/T 861.2—1987　6

外齿锁紧垫圈 GB/T 862.1—1987　6

外锯齿锁紧垫圈 GB/T 862.2—1987　6

规格(螺纹大径)		2	2.5	3	4	5	6	8	10	12	(14)	16	(18)	20
d_1 min		2.2	2.7	3.2	4.3	5.3	6.4	8.4	10.5	12.5	14.5	16.5	19	21
D max		4.5	5.5	6	8	10	11	15	18	20.5	24	26	30	33
S		0.3		0.4	0.5	0.6		0.8	1.0		1.2		1.5	
齿数 min	GB/T 861.1 GB/T 862.1	6			8				9	10		12		
	GB/T 861.2	7			8		9	10	12		14			16
	GB/T 862.2	9			11		12	14	16		18			20

注：1. 尽可能不采用括号内的规格。

2. 材料：65Mn。

表 3-2-85 单耳止动垫圈（摘自 GB/T 854—1988）、**双耳止动垫圈**（摘自 GB/T 855—1988） /mm

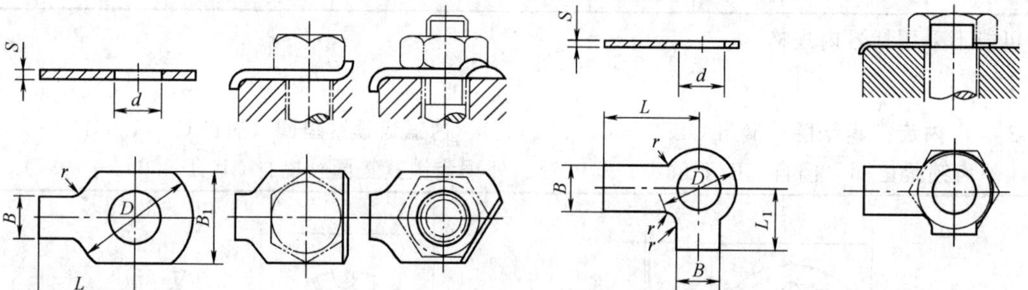

标记示例:规格为 10mm、材料为 Q235、经退火、不经表面处理的双耳止动垫圈的标记为

垫圈 GB/T 855—1988 10

规格(螺纹大径)		2.5	3	4	5	6	8	10	12	(14)	16	(18)	20	(22)	24	(27)	30	36	42	48
d min		2.7	3.2	4.2	5.3	6.4	8.4	10.5	13	15	17	19	21	23	25	28	31	37	43	50
L 公称		10	12	14	16	18	20	22	28		32	36		42		48	52	62	70	80
L_1 公称		4	5	7	8	9	11	13	16		20	22		25		30	32	38	44	50
S		0.4			0.5				1							1.5				
B		3	4	5	6	7	8	10	12		15	18		20		24	26	30	35	40
B_1		6	7	9	11	12	16	19	21	25	32	38		39	42	48	55	65	78	90
r	GB/T 854	2.5				4		6	10							16				
	GB/T 855	1					2					3								4
D_{max}	GB/T 854	8	10	14	17	19	22	26	32		40	45		50		58	63	75	88	100
	GB/T 855	5		8	9	11	14	17	22		27	32		36		41	46	55	65	75
每 1000 个垫圈的质量/kg ≈	单耳	0.16	0.26	0.42	0.79	1.08	1.37	1.8	5.8	5.5	8.55	11.3	10.8	13.9	13.3	27	31	44.2	61.9	80.5
	双耳	0.12	0.19	0.29	0.47	0.66	0.85	1.11	3.64	3.3	4.59	6.91	6.43	8.63	8.11	16.1	18	26.2	35.1	46.2

注：尽可能不用括号内的尺寸。

表 3-2-86　外舌止动垫圈（摘自 GB/T 856—1988）　/mm

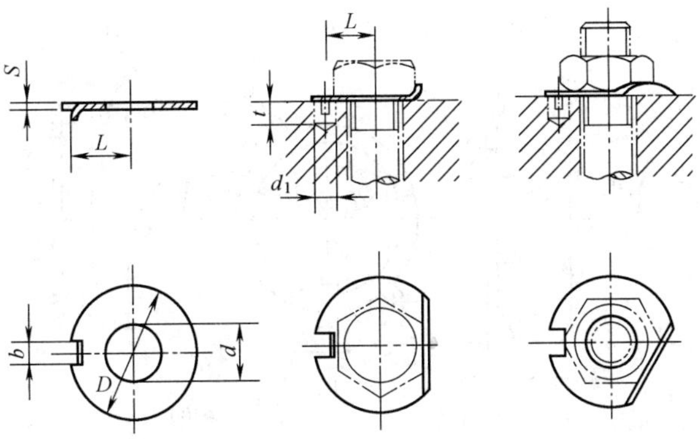

标记示例：规格为 10mm、材料为 Q235、经退火、不经表面处理的外舌止动垫圈的标记为

垫圈 GB/T 856—1988　10

<table>
<tr><th>规格
（螺纹大径）</th><th>d
min</th><th>D
max</th><th>b
max</th><th>L
公称</th><th>S</th><th>d_1</th><th>t</th><th>每 1000 个的
质量/kg ≈</th></tr>
<tr><td>2.5</td><td>2.7</td><td>10</td><td>2</td><td>3.5</td><td rowspan="3">0.4</td><td>2.5</td><td rowspan="3">3</td><td>0.21</td></tr>
<tr><td>3</td><td>3.2</td><td>12</td><td>2.5</td><td>4.5</td><td rowspan="2">3</td><td>0.31</td></tr>
<tr><td>4</td><td>4.2</td><td>14</td><td>2.5</td><td>5.5</td><td>0.41</td></tr>
<tr><td>5</td><td>5.3</td><td>17</td><td>3.5</td><td>7</td><td rowspan="3">0.5</td><td rowspan="3">4</td><td rowspan="3">4</td><td>0.82</td></tr>
<tr><td>6</td><td>6.4</td><td>19</td><td>3.5</td><td>7.5</td><td>1.00</td></tr>
<tr><td>8</td><td>8.4</td><td>22</td><td>3.5</td><td>8.5</td><td>1.30</td></tr>
<tr><td>10</td><td>10.5</td><td>26</td><td>4.2</td><td>10</td><td>0.5</td><td rowspan="3">5</td><td>5</td><td>1.77</td></tr>
<tr><td>12</td><td>13</td><td>32</td><td>4.2</td><td>12</td><td rowspan="7">1</td><td rowspan="3">6</td><td>5.26</td></tr>
<tr><td>(14)</td><td>15</td><td>32</td><td>4.2</td><td>12</td><td>4.92</td></tr>
<tr><td>16</td><td>17</td><td>40</td><td>5.2</td><td>15</td><td>6</td><td>8.10</td></tr>
<tr><td>(18)</td><td>19</td><td>45</td><td>5.7</td><td>18</td><td rowspan="2">7</td><td rowspan="4">7</td><td>10.2</td></tr>
<tr><td>20</td><td>21</td><td>45</td><td>5.7</td><td>18</td><td>9.80</td></tr>
<tr><td>(22)</td><td>23</td><td>50</td><td>6.64</td><td>20</td><td rowspan="2">8</td><td>12.1</td></tr>
<tr><td>24</td><td>25</td><td>50</td><td>6.64</td><td>20</td><td>11.6</td></tr>
<tr><td>(27)</td><td>28</td><td>58</td><td>7.64</td><td>23</td><td rowspan="5">1.5</td><td rowspan="2">9</td><td rowspan="3">10</td><td>23.9</td></tr>
<tr><td>30</td><td>31</td><td>63</td><td>7.64</td><td>25</td><td>27.2</td></tr>
<tr><td>36</td><td>37</td><td>75</td><td>10.57</td><td>31</td><td rowspan="2">12</td><td>38.7</td></tr>
<tr><td>42</td><td>43</td><td>88</td><td>10.57</td><td>36</td><td>12</td><td>54.0</td></tr>
<tr><td>48</td><td>50</td><td>100</td><td>12.57</td><td>40</td><td>14</td><td>13</td><td>69.2</td></tr>
</table>

表 3-2-87 圆螺母用止动垫圈（摘自 GB/T 858—1988） /mm

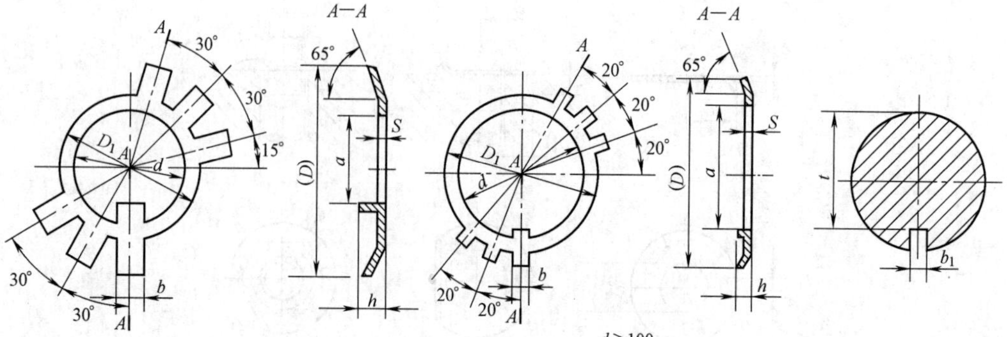

$d \leqslant 100$　　　$d > 100$

标记示例:规格为 16mm、材料为 Q235、经退火、表面氧化的圆螺母用止动垫圈的标记为

垫圈 GB/T 858—1988　16

规格(螺纹大径)	d	D 参考	D_1	S	h	b	a	轴端 b_1	轴端 t	每1000个的质量/kg ≈
10	10.5	25	16	1	3	3.8	8	4	7	1.91
12	12.5	28	19				9	4	8	2.3
14	14.5	32	20				11	4	10	2.5
16	16.5	34	22			4.8	13	5	12	2.99
18	18.5	35	24		4		15	5	14	3.04
20	20.5	38	27				17	5	16	3.5
22	22.5	42	30				19	5	18	4.14
24	24.5	45	34				21	5	20	5.01
25[①]	25.5	45	34				22	5	—	4.7
27	27.5	48	37		5		24	5	23	5.4
30	30.5	52	40				27	5	26	5.87
33	33.5	56	43	1.5		5.7	30	6	29	10.01
35[①]	35.5						32	6	—	8.75
36	36.5	60	46				33	6	32	10.76
39	39.5	62	49				36	6	35	11.06
40[①]	40.5						37	6	—	10.33
42	42.5	66	53				39	6	38	12.55
45	45.5	72	59				42	6	41	16.3
48	48.5	76	61			7.7	45	8	44	17.68
50[①]	50.5				6		47	8	—	15.86
52	52.5	82	67				49	8	48	21.12
55[①]	56						52	8	—	17.67
56	57	90	74				53	8	52	26
60	61	94	79				57	8	56	28.4
64	65	100	84				61	8	60	31.55

续表

规格(螺纹大径)	d	D 参考	D_1	S	h	b	a	轴端 b_1	轴端 t	每1000个的质量/kg ≈
65①	66	100	84	1.5	6	7.7	62	8	—	30.35
68	69	105	88			9.6	65	10	64	34.69
72	73	110	93		7		69	10	68	37.9
75①	76						71	10	—	33.9
76	77	115	98				72	10	70	41.27
80	81	120	103				76	10	74	44.7
85	86	125	108				81	10	79	46.72
90	91	130	112	2		11.6	86	12	84	64.82
95	96	135	117				91	12	89	67.4
100	101	140	122				96	12	94	69.97
105	106	145	127				101	12	99	72.54
110	111	156	135			13.5	106	14	104	89.03
115	116	160	140				111	14	109	91.33
120	121	166	145				116	14	114	94.96
125	126	170	150				121	14	119	97.21
130	131	176	155				126	14	122	100.8
140	141	186	165				136	14	132	106.7
150	151	206	180	2.5		15.5	146	16	142	175.9
160	161	216	190		8		156	16	149	185.1
170	171	226	200				166	16	159	194
180	181	236	210				176	16	169	202.9
190	191	246	220				186	16	179	211.7
200	201	256	230				196	16	189	220.6

① 仅用于滚动轴承锁紧装置。

2.9 挡圈

表 3-2-88 锥销锁紧挡圈（摘自 GB/T 883—1986）、**螺钉锁紧挡圈**（摘自 GB/T 884—1986） /mm

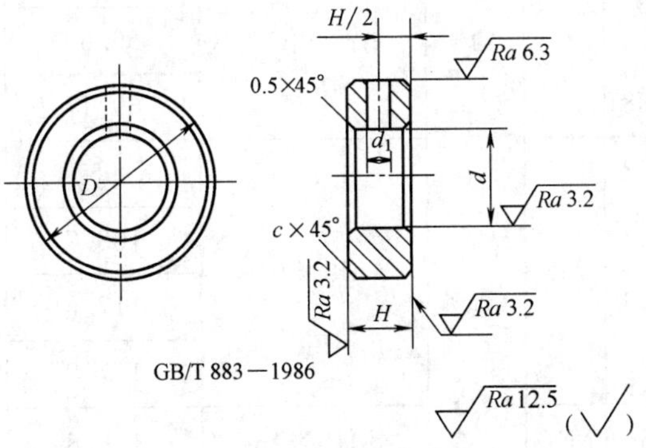

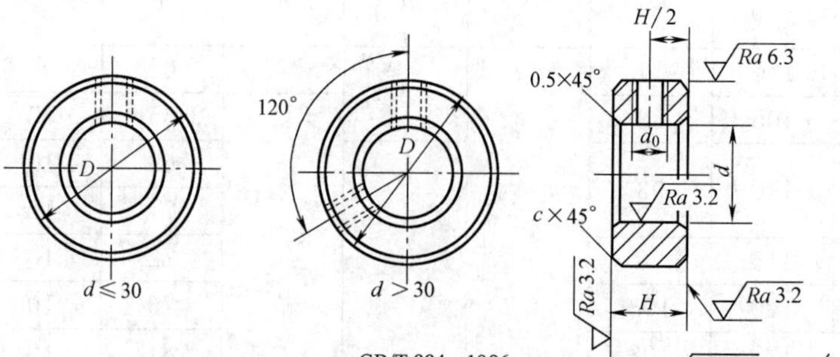

GB/T 884—1986

标记示例:公称直径 $d=20$mm、材料为 Q235、不经表面处理的螺钉锁紧挡圈的标记为

挡圈 GB/T 884—1986　20

公称直径 d		H		D	GB/T 884				GB/T 883			
基本尺寸	极限偏差	基本尺寸	极限偏差		d_0	c	螺钉 GB/T 71(推荐)	每 100 个的质量/kg ≈	d_1	c	圆锥销(推荐)	每 100 个的质量/kg ≈
8	+0.036 0	10	0 −0.36	20	M5	0.5	M5×8	19.85	3	0.5	3×22	20.25
(9)		10		22				23.89				24.33
10		10						22.79				23.19
12	+0.043 0	10		25				28.67			3×25	29.11
(13)		10						27.2				27.6
14		12		28	M6	1	M6×10	42	4		4×28	42.54
(15)		12		30				48.31			4×32	48.89
16		12						46.12				46.66
17		12		32				52.72				53.3
18		12						50.23				50.77
(19)	+0.052 0	12	0 −0.43	35				62.11		1	4×35	62.73
20		12						59.33				59.91
22		12		38				69.17	5		5×40	69.35
25		14		42	M8		M8×12	95			5×45	96.39
28		14		45				103.7				105.1
30		14		48				117.6	6		6×50	118.4
32	+0.062 0	14		52				137.8			6×55	141.9
35		16		56	M10		M10×16	176.8				185

公称直径 d		H		D	GB/T 884				GB/T 883			
基本尺寸	极限偏差	基本尺寸	极限偏差		d_0	c	螺钉 GB/T 71(推荐)	每 100 个的质量/kg ≈	d_1	c	圆锥销(推荐)	每 100 个的质量/kg ≈
40	+0.062 0	16	0 −0.43	62	M10	1	M10×16	209	6	1	6×60	217.5
45		18		70				304			6×70	314.3
50		18		80			M10×20	415.1	8		8×80	424.2
55	+0.074 0	18		85				448.2			8×90	457.3
60		20	0 −0.52	90				536.4				545.5
65		20		95				573.1	10		10×100	578.9
70		20		100				609.9				615.7
75		22		110	M12		M12×25	847.4			10×110	861.9
80		22		115				894.7			10×120	909.1
85	+0.087 0	22		120				941.7				956.3
90		22		125				988.9				1004
95		25		130		1.5		1181		1.5	10×130	1195
100		25		135				1234			10×140	1249
105		25		140				1288				1303
110		30		150				1882	12		12×150	1894
115		30		155				1956				1967
120		30		160				2030			12×160	2041
(125)	+0.1 0	30		165				2103				2114
130		30		170				2177			12×180	2188
(135)		30		175				2250				
140		30		180				2324				
(145)		30		190			M12×30	2738				
150		30		200				3180				
160		30		210				3364				
170		30		220				3548				
180		30		230				3731				
190	+0.115 0	30		240				3915				
200		30		250				4099				

注：1. 尽可能不采用括号内的规格。

2. d_1 孔在加工时，只钻一面；在装配时钻透并铰孔。

3. 技术条件按 GB/T 959.3—1986 规定。

表 3-2-89　带锁圈的螺钉锁紧挡圈（摘自 GB/T 885—1986）、钢丝锁圈（摘自 GB/T 921—1986）　/mm

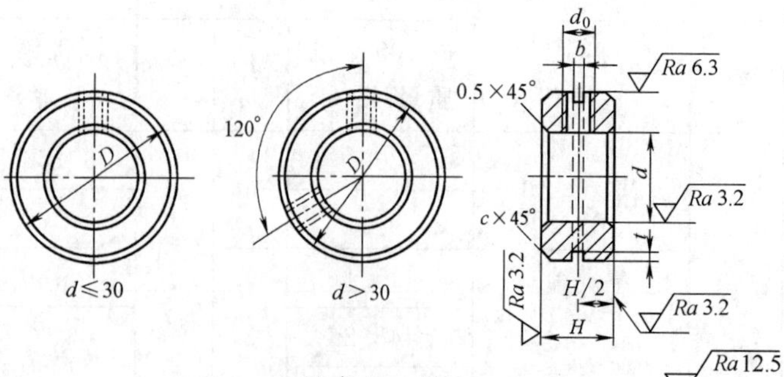

GB/T 885—1986

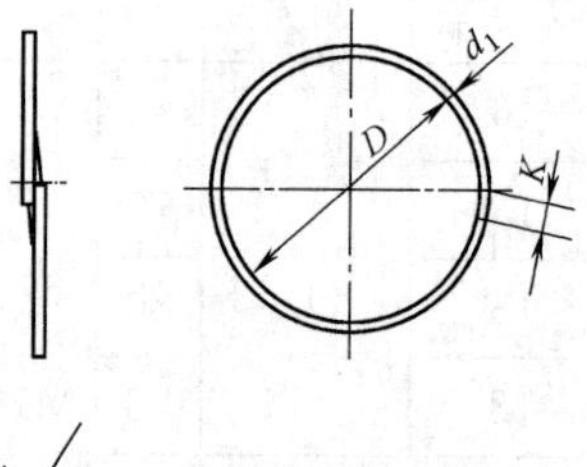

GB/T 921—1986

标记示例：公称直径 d＝20mm、材料为 Q235、不经表面处理的带锁圈的螺钉锁紧挡圈的标记为

挡圈 GB/T 885—1986-20

公称直径 d＝30mm、材料为碳素弹簧钢丝、经低温回火及表面氧化处理的锁圈的标记为

锁圈 GB/T 921—1986-30

GB/T 885														GB/T 921		
公称直径 d		H		b		t		D	d_0	c	螺钉 GB/T 71（推荐）	每 1000 个的质量 /kg ≈	锁圈 GB/T 921—1986	d_1	K	每 1000 个的质量 /kg ≈
基本尺寸	极限偏差	基本尺寸	极限偏差	基本尺寸	极限偏差	基本尺寸	极限偏差									
8	+0.036 0	10	0 −0.36	1	+0.20 +0.06	1.8	±0.18	20	M5	0.5	M5×8	19	15	0.7	2	0.15
(9)		10		1		1.8		22				23	17			0.17
10		10		1		1.8						22				
12	+0.043 0	10		1		1.8		25				28	20			0.2
(13)		10		1		1.8						26				
14		12	0 −0.43	1		2	±0.20	28	M6	1	M6×10	41	23	0.8	3	0.3
15		12		1		2		30				47	25			0.33
16		12		1		2						45				
17		12		1		2		32				51	27			0.35
18		12		1		2						49				
(19)	+0.052 0	12		1		2		35				61	30			0.39
20		12		1		2						58				
22		12		1		2		38				67	32			0.42
25		14		1.2	+0.31 +0.06	2.5	±0.25	42	M8		M8×12	92	35	1	6	0.73
28		14		1.2		2.5		45				101	38			0.79
30		14		1.2		2.5		48				114	41			0.85

GB/T 885														GB/T 921		
公称直径 d		H		b		t		D	d_0	c	螺钉 GB/T 71（推荐）	每 1000 个的质量 /kg ≈	锁圈 GB/T 921—1986	d_1	K	每 1000 个的质量 /kg ≈
基本尺寸	极限偏差	基本尺寸	极限偏差	基本尺寸	极限偏差	基本尺寸	极限偏差									
32	+0.062 0	14	0 −0.43	1.2	+0.31 +0.06	2.5	±0.25	52	M8	1	M8×12	134	44	1	6	0.9
35		16		1.6		3	±0.30	56	M10		M10×16	171	47	1.4		1.9
40		16		1.6		3		62				202	54			2.16
45		18		1.6		3		70				297	62			2.46
50		18		1.6		3		80			M10×20	406	71		9	2.84
55	+0.074 0	18		1.6		3		85				439	76			3.03
60		20	0 −0.52	1.6		3		90				526	81			3.22
65		20		1.6		3		95				562	86			3.4
70		20		1.6		3		100				599	91			3.59
75		22		2		3.6	±0.36	110	M12		M12×25	829	100	1.8		6.53
80		22		2		3.6		115				875	105			6.84
85	+0.087 0	22		2		3.6		120				921	110			7.15
90		22		2		3.6		125				968	115			7.46
95		25		2		3.6		130		1.5		1159	120			7.77
100		25		2		3.6		135				1211	124		12	8.08
105		25		22		3.6		140				1264	129			8.39
110		30		2		4.5	±0.45	150				1850	136			8.83
115		30		2		4.5		155				1923	142			9.2
120		30		2		4.5		160				1995	147			9.52
(125)	+0.10 0	30		2		4.5		165				2068	152			9.83
130		30		2		4.5		170				2140	156			10.08
(135)		30		2		4.5		175				2212	162			10.45
140		30		2		4.5		180				2285	166			10.7
(145)		30		2		4.5		190			M12×30	2697	176			11.33
150		30		2		4.5		200				3137	186			11.95
160		30		2		4.5		210				3319	196			12.57
170		30		2		4.5		220				3500	206			13.2
180		30		2		4.5		230				3682	216			13.82
190	+0.115 0	30		2		4.5		240				3863	226			14.44
200		30		2		4.5		250				4045	236			15.07

注：1. 尽可能不采用括号内的规格。

2. GB/T 885—1986 的技术条件按 GB/T 959.3—1986 规定。

3. 钢丝锁圈 GB/T 921—1986 应进行低温回火及表面氧化处理。

表 3-2-90 孔用弹性挡圈（摘自 GB/T 893—2017） /mm

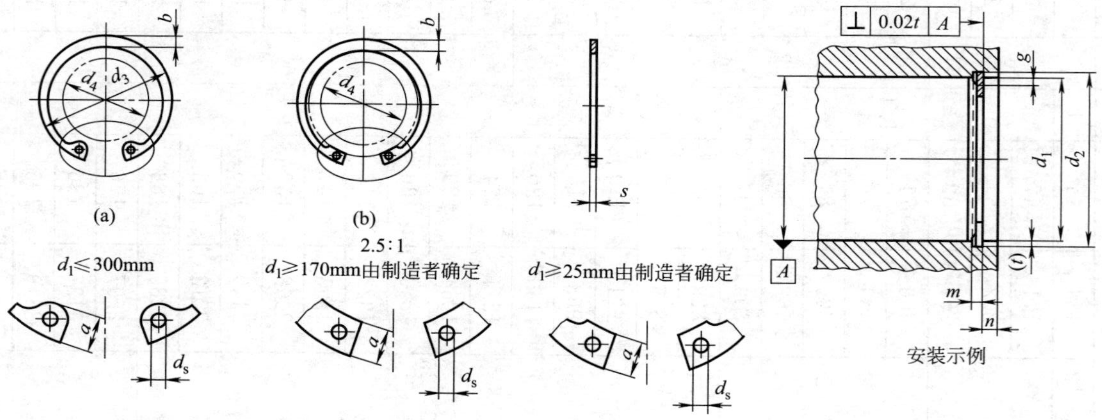

注：挡圈形状由制造者确定。

标记示例：孔径 $d_1=40$mm、厚度 $s=1.75$mm、材料 C67S，表面磷化处理的 A 型孔用弹性挡圈的标记为：

挡圈 GB/T 893—2017 40

孔径 $d_0=40$mm、厚度 $s=2.00$mm，材料 C67S，表面磷化处理的 B 型孔用弹性挡圈的标记为：

挡圈 GB/T 893—2017 40B

公称规格 d_1	挡圈								沟槽					其他					
	s		d_3		a max	b[①] ≈	d_5 min	千件质量 ≈ /kg	d_2[②]		m[③] H13	t	n min	d_4	F_N /kN	F_R[④] /kN	g	F_{Rg}[④] /kN	安装工具规格[⑤]
	基本尺寸	极限偏差	基本尺寸	极限偏差					基本尺寸	极限偏差									
标准型(A 型)																			
8	0.80	0 −0.05	8.7	+0.36 −0.10	2.4	1.1	1.0	0.14	8.4	+0.09 0	0.9	0.20	0.6	3.0	0.86	2.00	0.5	1.50	1.0
9	0.80		9.8		2.5	1.3	1.0	0.15	9.4		0.9	0.20	0.6	3.7	0.96	2.00	0.5	1.50	
10	1.00	0 −0.06	10.8		3.2	1.4	1.2	0.18	10.4	+0.11 0	1.1	0.20	0.6	3.3	1.08	4.00	0.5	2.20	1.5
11	1.00		11.8		3.3	1.5	1.2	0.31	11.4		1.1	0.20	0.6	4.1	1.17	4.00	0.5	2.30	
12	1.00		13		3.4	1.7	1.5	0.37	12.5		1.1	0.25	0.8	4.9	1.60	4.00	0.5	2.30	
13	1.00		14.1		3.6	1.8	1.5	0.42	13.6		1.1	0.30	0.9	5.4	2.10	4.20	0.5	2.30	
14	1.00		15.1		3.7	1.9	1.7	0.52	14.6		1.1	0.30	0.9	6.2	2.25	4.50	0.5	2.30	2.0
15	1.00		16.2		3.7	2.0	1.7	0.56	15.7		1.1	0.35	1.1	7.2	2.80	5.00	0.5	2.30	
16	1.00		17.3		3.8	2.0	1.7	0.60	16.8		1.1	0.40	1.2	8.0	3.40	5.50	1.0	2.60	

公称规格 d_1	挡圈 s 基本尺寸	挡圈 s 极限偏差	挡圈 d_3 基本尺寸	挡圈 d_3 极限偏差	挡圈 a max	挡圈 b[①] ≈	挡圈 d_5 min	挡圈 千件质量 ≈ /kg	沟槽 d_2[②] 基本尺寸	沟槽 d_2[②] 极限偏差	沟槽 m[③] H13	沟槽 t	沟槽 n min	其他 d_4	其他 F_N /kN	其他 F_R[④] /kN	其他 g	其他 F_{Rg}[④] /kN	其他 安装工具规格[⑤]
标准型(A型)																			
17	1.00	0 −0.06	18.3		3.9	2.1	1.7	0.65	17.8	+0.11 0	1.1	0.40	1.2	8.8	3.60	6.00	1.0	2.50	2.0
18	1.00		19.5	+0.42 −0.13	4.1	2.2	2.0	0.74	19	+0.13 0	1.1	0.50	1.5	9.4	4.80	6.50	1.0	2.60	
19	1.00		20.5		4.1	2.2	2.0	0.83	20		1.1	0.50	1.5	10.4	5.10	6.80	1.0	2.50	
20	1.00		21.5		4.2	2.3	2.0	0.90	21		1.1	0.50	1.5	11.2	5.40	7.20	1.0	2.50	
21	1.00		22.5		4.2	2.4	2.0	1.00	22		1.1	0.50	1.5	12.2	5.70	7.60	1.0	2.60	
22	1.00		23.5		4.2	2.5	2.0	1.10	23		1.1	0.50	1.5	13.2	5.90	8.00	1.0	2.70	
24	1.20		25.9	+0.42 −0.21	4.4	2.6	2.0	1.42	25.2	+0.21 0	1.3	0.60	1.8	14.8	7.70	13.90	1.0	4.60	
25	1.20		26.9		4.5	2.7	2.0	1.50	26.2		1.3	0.60	1.8	15.5	8.00	14.60	1.0	4.70	
26	1.20		27.9		4.7	2.8	2.0	1.60	27.2		1.3	0.60	1.8	16.1	8.40	13.85	1.0	4.60	
28	1.20		30.1	+0.50 −0.25	4.8	2.9	2.0	1.80	29.4		1.3	0.70	2.1	17.9	10.50	13.30	1.0	4.50	
30	1.20		32.1		4.8	3.0	2.0	2.06	31.4	+0.25 0	1.3	0.70	2.1	19.9	11.30	13.70	1.0	4.60	
31	1.20		33.4		5.2	3.2	2.5	2.10	32.7		1.3	0.85	2.6	20.0	14.10	13.80	1.0	4.70	2.5
32	1.20		34.4		5.4	3.2	2.5	2.21	33.7		1.3	0.85	2.6	20.6	14.60	13.80	1.0	4.70	
34	1.50		36.5		5.4	3.3	2.5	3.20	35.7		1.60	0.85	2.6	22.6	15.40	26.20	1.5	6.30	
35	1.50		37.8		5.4	3.4	2.5	3.54	37.0		1.60	1.00	3.0	23.6	18.80	26.90	1.5	6.40	
36	1.50		38.8		5.4	3.5	2.5	3.70	38.0		1.60	1.00	3.0	24.6	19.40	26.40	1.5	6.40	
37	1.50		39.8		5.5	3.5	2.5	3.74	39		1.60	1.00	3.0	25.4	19.80	27.10	1.5	6.50	
38	1.50		40.8		5.5	3.7	2.5	3.90	40		1.60	1.00	3.0	26.4	22.50	28.20	1.5	6.70	
40	1.75		43.5	+0.90 −0.39	5.8	3.9	2.5	4.70	42.5		1.85	1.25	3.8	27.8	27.00	44.60	2.0	8.30	
42	1.75		45.5		5.9	4.1	2.5	5.40	44.5		1.85	1.25	3.8	29.6	28.40	44.70	2.0	8.40	3.0
45	1.75		48.5		6.2	4.3	2.5	6.00	47.5		1.85	1.25	3.8	32.0	30.20	43.10	2.0	8.20	
47	1.75		50.5	+1.10 −0.46	6.4	4.4	2.5	6.10	49.5		1.85	1.25	3.8	33.5	31.40	43.50	2.0	8.30	
48	1.75		51.5		6.4	4.5	2.5	6.70	50.5		1.85	1.25	3.8	34.5	32.00	43.20	2.0	8.40	
50	2.00	0 −0.07	54.2		6.5	4.6	2.5	7.30	53.0	+0.30 0	2.15	1.50	4.5	36.3	40.50	60.80	2.0	12.10	
52	2.00		56.2		6.7	4.7	2.5	8.20	55.0		2.15	1.50	4.5	37.9	42.00	60.25	2.0	12.00	
55	2.00		59.2		6.8	5.0	2.5	8.30	58.0		2.15	1.50	4.5	40.7	44.40	60.30	2.0	12.50	

续表

公称规格 d_1	挡圈 s 基本尺寸	挡圈 s 极限偏差	挡圈 d_3 基本尺寸	挡圈 d_3 极限偏差	挡圈 a max	挡圈 b[①] ≈	挡圈 d_5 min	挡圈 千件质量 ≈ /kg	沟槽 d_2[②] 基本尺寸	沟槽 d_2[②] 极限偏差	沟槽 m[③] H13	沟槽 t	沟槽 n min	其他 d_4	其他 F_N /kN	其他 F_R[④] /kN	其他 g	其他 F_{Rg}[④] /kN	安装工具规格[⑤]
标准型(A 型)																			
56	2.00	0 −0.07	60.2	+1.10 −0.46	6.8	5.1	2.5	8.70	59.0	+0.30 0	2.15	1.50	4.5	41.7	45.20	60.30	2.0	12.60	3.0
58	2.00		62.2		6.9	5.2	2.5	10.50	61.0		2.15	1.50	4.5	43.5	46.70	60.80	2.0	12.70	
60	2.00		64.2		7.3	5.4	2.5	11.10	63.0		2.15	1.50	4.5	44.7	48.30	61.00	2.0	13.00	
62	2.00		66.2		7.3	5.5	2.5	11.20	65.0		2.15	1.50	4.5	46.7	49.80	60.90	2.0	13.00	
63	2.00		67.2		7.3	5.6	2.5	12.40	66.0		2.15	1.50	4.5	47.7	50.60	60.80	2.0	13.00	
65	2.50		69.2		7.6	5.8	3.0	14.30	68.0		2.65	1.50	4.5	49.0	51.80	121.00	2.5	20.80	
68	2.50		72.5		7.8	6.1	3.0	16.00	71.0		2.65	1.50	4.5	51.6	51.50	121.50	2.5	21.20	
70	2.50		74.5		7.8	6.2	3.0	16.50	73.0		2.65	1.50	4.5	53.6	56.20	119.00	2.5	21.00	
72	2.50		76.5		7.8	6.4	3.0	18.10	75.0		2.65	1.50	4.5	55.6	58.00	119.20	2.5	21.00	
75	2.50		79.5		7.8	6.6	3.0	18.80	78.0		2.65	1.50	4.5	58.6	60.00	118.00	2.5	21.00	
78	2.50		82.5	+1.30 −0.54	8.5	6.6	3.0	20.4	81.0	+0.35 0	2.65	1.50	4.5	60.1	62.30	122.50	2.5	21.80	
80	2.50		85.5		8.5	6.8	3.0	22.0	83.5		2.65	1.75	5.3	62.1	74.60	120.90	2.5	21.80	
82	2.50		87.5		8.5	7.0	3.0	24.0	85.5		2.65	1.75	5.3	64.1	76.60	119.00	2.5	21.40	
85	3.00	0 −0.08	90.5		8.6	7.0	3.5	25.3	88.5		3.15	1.75	5.3	66.9	79.50	201.40	3.0	31.20	
88	3.00		93.5		8.6	7.2	3.5	28.0	91.5		3.15	1.75	5.3	69.9	82.10	209.40	3.0	32.70	
90	3.00		95.5		8.6	7.6	3.5	31.0	93.5		3.15	1.75	5.3	71.9	84.00	199.00	3.0	31.40	
92	3.00		97.5		8.7	7.8	3.5	32.0	95.5		3.15	1.75	5.3	73.7	85.80	201.00	3.0	32.00	
95	3.00		100.5		8.8	8.1	3.5	35.0	98.5		3.15	1.75	5.3	76.5	88.60	195.00	3.0	31.40	
98	3.00		103.5		9.0	8.3	3.5	37.0	101.5		3.15	1.75	5.3	79.0	91.30	191.00	3.0	31.00	
100	3.00		105.5		9.2	8.4	3.5	38.0	103.5		3.15	1.75	5.3	80.6	93.10	188.00	3.0	30.80	
102	4.00	0 −0.10	108		9.5	8.5	3.5	55.0	106.0	+0.54 0	4.15	2.00	6.0	82.0	108.80	439.00	3.0	72.60	4.0
105	4.00		112		9.5	8.7	3.5	56.0	109.0		4.15	2.00	6.0	85.0	112.00	436.00	3.0	73.00	
108	4.00		115		9.5	8.9	3.5	60.0	112.0		4.15	2.00	6.0	88.0	115.00	419.00	3.0	71.00	
110	4.00		117		10.4	9.0	3.5	64.5	114.0		4.15	2.00	6.0	88.2	117.00	415.00	3.0	71.00	
112	4.00		119		10.5	9.1	3.5	72.0	116.0		4.15	2.00	6.0	90.0	119.00	418.00	3.0	72.00	
115	4.00		122		10.5	9.3	3.5	74.5	119.0		4.15	2.00	6.0	93.0	122.00	409.00	3.0	71.20	

公称规格 d_1	挡圈								沟槽					其他					
	s		d_3		a	b[①]	d_5	千件质量	d_2[②]		m[③]	t	n	d_4	F_N	F_R[④]	g	F_{Rg}[④]	安装工具规格[⑤]
	基本尺寸	极限偏差	基本尺寸	极限偏差	max	≈	min	≈ /kg	基本尺寸	极限偏差	H13		min		/kN	/kN		/kN	
标准型(A型)																			
120	4.00	0 −0.10	127	+1.50 −0.63	11.0	9.7	3.5	77.0	124.0	+0.63 0	4.15	2.00	6.0	96.9	127.00	396.00	3.0	70.00	4.0
125	4.00		132		11.0	10.0	4.0	79.0	129.0		4.15	2.00	6.0	101.9	132.00	385.00	3.0	70.00	
130	4.00		137		11.0	10.2	4.0	82.0	134.0		4.15	2.00	6.0	106.9	138.00	374.00	3.0	69.00	
135	4.00		142		11.2	10.5	4.0	84.0	139.0		4.15	2.00	6.0	11.5	143.00	358.00	3.0	67.00	
140	4.00		147		11.2	10.7	4.0	87.5	144.0		4.15	2.00	6.0	116.5	148.00	350.00	3.0	66.50	
145	4.00		152		11.4	10.9	4.0	93.0	149.0		4.15	2.00	6.0	121.0	153.00	336.00	3.0	65.00	
150	4.00		158		12.0	11.2	4.0	105.0	155.0		4.15	2.50	7.5	124.8	191.00	326.00	3.0	64.00	
155	4.00		164		12.0	11.4	4.0	107.0	160.0		4.15	2.50	7.5	129.8	206.00	324.00	3.5	55.00	
160	4.00		169		13.0	11.6	4.0	110.0	165.0		4.15	2.50	7.5	132.7	212.00	321.00	3.5	54.40	
165	4.00		174.5		13.0	11.8	4.0	125.0	170.0		4.15	2.50	7.5	137.7	219.00	319.00	3.5	54.00	
170	4.00		179.5		13.5	12.2	4.0	140.0	175.0		4.15	2.50	7.5	141.6	225.00	349.00	3.5	59.00	
175	4.00		184.5	+1.70 −0.72	13.5	12.7	4.0	150.0	180.0		4.15	2.50	7.5	146.6	232.00	351.00	3.5	59.00	
180	4.00		189.5		14.2	13.2	4.0	165.0	185.0	+0.72 0	4.15	2.50	7.5	150.2	238.00	347.00	3.5	58.50	
185	4.00		194.5		14.2	13.7	4.0	170.0	190.0		4.15	2.50	7.5	155.2	245.00	349.00	3.5	57.50	
190	4.00		199.5		14.2	13.8	4.0	175.0	195.0		4.15	2.50	7.5	160.2	251.00	340.00	3.5	57.50	
195	4.00		204.5		14.2	14.0	4.0	183.0	200.0		4.15	2.50	7.5	165.2	258.00	330.00	3.5	55.50	
200	4.00		209.5		14.2	14.0	4.0	195.0	205.0		4.15	2.50	7.5	170.2	265.00	325.00	3.5	55.00	
210	5.00	0 −0.12	222.0		14.2	14.0	4.0	270.0	216.0		5.15	3.00	9.0	180.2	333.00	601.00	4.0	89.50	
220	5.00		232.0		14.2	14.0	4.0	315.0	226.0		5.15	3.00	9.0	190.2	349.00	574.00	4.0	85.00	
230	5.00		242.0		14.2	14.0	4.0	330.0	236.0		5.15	3.00	9.0	200.2	365.00	549.00	4.0	81.00	
240	5.00		252.0	+2.00 −0.81	14.2	14.0	4.0	345.0	246.0		4.15	3.00	9.0	210.2	380.00	525.00	4.0	77.50	
250	5.00		262.0		16.2	16.0	5.0	360.0	256.0	+0.81 0	5.15	3.00	9.0	220.2	396.00	504.00	4.0	75.00	
260	5.00		275.0		16.2	16.0	5.0	375.0	268.0		5.15	4.00	12.0	226.0	553.00	538.00	4.0	80.00	
270	5.00		285.0		16.2	16.0	5.0	388.0	278.0		5.15	4.00	12.0	236.0	573.00	518.00	4.0	77.00	
280	5.00		295.0		16.2	16.0	5.0	400.0	288.0		5.15	4.00	12.0	246.0	593.00	499.00	4.0	74.00	
290	5.00		305.0		16.2	16.0	5.0	415.0	298.0		5.15	4.00	12.0	256.0	615.00	482.00	4.0	71.50	
300	5.00		315.0		16.2	16.0	5.0	435.0	308.0		5.15	4.00	12.0	266.0	636.00	466.00	4.0	69.00	

续表

公称规格 d_1	挡圈 s 基本尺寸	挡圈 s 极限偏差	挡圈 d_3 基本尺寸	挡圈 d_3 极限偏差	挡圈 a max	挡圈 b[①] ≈	挡圈 d_5 min	挡圈 千件质量 ≈ /kg	沟槽 d_2[②] 基本尺寸	沟槽 d_2[②] 极限偏差	沟槽 m[③] H13	沟槽 t	沟槽 n min	其他 d_4	其他 F_N /kN	其他 F_R[④] /kN	其他 g	其他 F_{Rg}[④] /kN	安装工具规格[⑤]
重型(B型)																			
20	1.50	0 −0.06	21.5	+0.42 −0.21	4.5	2.4	2.0	1.41	21.0	+0.13 0	1.60	0.50	1.5	10.5	5.40	16.0	1.0	5.60	2.0
22	1.50		23.5		4.7	2.8	2.0	1.85	23.0		1.60	0.50	1.5	12.1	5.90	18.0	1.0	6.10	
24	1.50		25.9		4.9	3.0	2.0	1.98	25.2	+0.21 0	1.60	0.60	1.8	13.7	7.70	21.7	1.0	7.20	
25	1.50		26.9		5.0	3.1	2.0	2.16	26.2		1.60	0.60	1.8	14.5	8.00	22.8	1.0	7.30	
26	1.50		27.9		5.1	3.1	2.0	2.25	27.2		1.60	0.60	1.8	15.3	8.40	21.6	1.0	7.20	
28	1.50		30.1	+0.50 −0.25	5.3	3.2	2.0	2.48	29.4		1.60	0.70	2.1	16.9	10.50	20.8	1.0	7.00	
30	1.50		32.1		5.5	3.3	2.0	2.84	31.4	+0.25 0	1.60	0.70	2.1	18.4	11.30	21.4	1.0	7.20	
32	1.50		34.4		5.7	3.4	2.0	2.94	33.7		1.60	0.85	2.6	20.0	14.60	21.4	1.0	7.30	2.5
34	1.75		36.5		5.9	3.7	2.5	4.20	35.7		1.85	0.85	2.6	21.6	15.40	35.6	1.5	8.60	
35	1.75		37.8		6.0	3.8	2.5	4.62	37.0		1.85	1.00	3.0	22.4	18.80	36.6	1.5	8.70	
37	1.75		39.8		6.2	3.9	2.5	4.73	39.0		1.85	1.00	3.0	24.0	19.80	36.8	1.5	8.80	
38	2.00		40.8		6.3	3.9	2.5	4.80	40.0		1.85	1.00	3.0	24.7	22.50	38.3	1.5	9.10	
40	2.00	0 −0.07	43.5	+0.90 −0.39	6.5	3.9	2.5	5.38	42.5		2.15	1.25	3.8	26.3	27.00	58.4	2.0	10.90	
42	2.00		45.5		6.7	4.1	2.5	6.18	44.5		2.15	1.25	3.8	27.9	28.40	58.5	2.0	11.00	3.0
45	2.00		48.5		7.0	4.3	2.5	6.86	47.5		2.15	1.25	3.8	30.3	30.20	56.5	2.0	10.70	
47	2.00		50.5	+1.10 −0.46	7.2	4.4	2.5	7.00	49.5		2.15	1.25	3.8	31.9	31.40	57.0	2.0	10.80	
50	2.00		54.2		7.5	4.6	2.5	9.15	53.0	+0.30 0	2.65	1.50	4.5	34.2	40.50	95.50	2.0	19.00	
52	2.50		56.2		7.7	4.7	2.5	10.20	55.0		2.65	1.50	4.5	35.8	42.00	94.60	2.0	18.80	
55	2.50		59.2		8.0	5.0	2.5	10.40	58.0		2.65	1.50	4.5	38.2	44.40	94.70	2.0	19.60	
60	3.00	0 −0.08	64.2		8.5	5.4	2.5	16.60	63.0		3.15	1.50	4.5	42.1	48.30	137.00	2.0	29.20	

公称规格 d_1	挡圈								沟槽					其他					
	s		d_3		a max	b[1] ≈	d_5 min	千件质量 ≈ /kg	d_2[2]		m[3] H13	t	n min	d_4	F_N /kN	F_R[4] /kN	g	F_{Rg}[4] /kN	安装工具规格[5]
	基本尺寸	极限偏差	基本尺寸	极限偏差					基本尺寸	极限偏差									
重型(B型)																			
62	3.00	0 −0.08	66.2	+1.10 −0.46	8.6	5.5	2.5	16.80	65.0	+0.30 0	3.15	1.50	4.5	43.9	49.80	137.00	2.0	29.20	3.0
65	3.00		69.2		8.7	5.8	3.0	17.20	68.0		3.15	1.50	4.5	46.7	51.80	174.00	2.5	30.00	
68	3.00		72.5		8.8	6.1	3.0	19.20	71.0		3.15	1.50	4.5	49.5	54.50	174.50	2.5	30.60	
70	3.00		74.5		9.0	6.2	3.0	19.80	73.0		3.15	1.50	4.5	51.1	56.20	171.00	2.5	30.30	
72	3.00		76.5		9.2	6.4	3.0	21.70	75.0		3.15	1.50	4.5	52.7	58.00	172.00	2.5	30.30	
75	3.00		79.5		9.3	6.6	3.0	22.60	78.0		3.15	1.50	4.5	55.5	60.00	170.00	2.5	30.30	
80	4.00	0 −0.10	85.5	+1.30 −0.54	9.5	7.0	3.0	35.20	83.5	+0.35 0	4.15	1.75	5.3	60.0	74.60	308.00	2.5	56.00	
85	4.00		90.5		9.7	7.2	3.5	38.80	88.5		4.15	1.75	5.3	64.6	79.50	358.00	3.0	55.00	
90	4.00		95.5		10.0	7.6	3.5	41.50	93.5		4.15	1.75	5.3	69.0	84.00	354.00	3.0	56.00	
95	4.00		100.5		10.3	8.1	3.5	46.70	98.5		4.15	1.75	5.3	73.4	88.60	347.00	3.0	56.00	
100	4.00		105.5		10.5	8.4	3.5	50.70	103.5		4.15	1.75	5.3	78.0	93.10	335.00	3.0	55.00	

① 尺寸 b 不能超过 a_{max}。

② 见 6.1。

③ 见 6.2。

④ 适用于 C67S、C75S 制造的挡圈。

⑤ 挡圈安装工具按 JB/T 3411.48 规定。

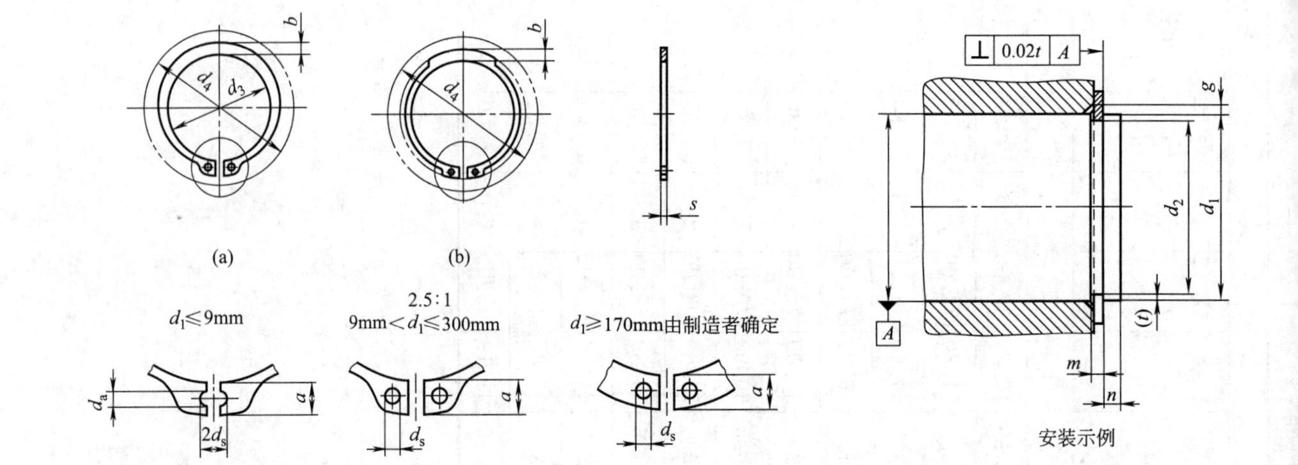

注：挡圈形状由制造者确定。

标记示例：轴径 d_0＝40mm、厚度 s＝1.75mm，材料 C67S，表面磷化处理的 A 型轴用弹性挡圈的标记为

挡圈 GB/T 894—2017　40

轴径 d_0＝40mm、厚度 s＝2.00mm、材料 C67S，表面磷化处理的 B 型轴用弹性挡圈的标记为

挡圈 GB/T 894—2017　40B

公称规格 d_1	挡圈								沟槽					其他						
	s		d_3		a max	b① ≈	d_s min	千件质量 ≈ /kg	$d_2$②		m③ H13	t	n min	d_4	F_N /kN	F_R④ /kN	g	F_{Rg}④ /kN	n_{abl}④ /r·min⁻¹	安装工具规格⑤
	基本尺寸	极限偏差	基本尺寸	极限偏差					基本尺寸	极限偏差										
标准型（A 型）																				
3	0.40	0 −0.05	2.7	+0.04 −0.15	1.9	0.8	1.0	0.017	2.8	0 −0.04	0.5	0.10	0.3	7.0	0.15	0.47	0.5	0.27	360000	1.0
4	0.40		3.7		2.2	0.9	1.0	0.022	3.8	0 −0.05	0.5	0.10	0.3	8.6	0.20	0.50	0.5	0.30	211000	
5	0.60		4.7		2.5	1.1	1.0	0.066	4.8		0.7	0.10	0.3	10.3	0.26	1.00	0.5	0.80	154000	
6	0.70		5.6		2.7	1.3	1.2	0.084	5.7		0.8	0.15	0.5	11.7	0.46	1.45	0.5	0.90	114000	
7	0.80		6.5	+0.06 −0.18	3.1	1.4	1.2	0.121	6.7	0 −0.06	0.9	0.15	0.5	13.5	0.54	2.60	0.5	1.40	121000	
8	0.80		7.4		3.2	1.5	1.2	0.158	7.6		0.9	0.20	0.6	14.7	0.81	3.00	0.5	2.00	96000	
9	1.00	0 −0.06	8.4		3.3	1.7	1.2	0.300	8.6	0 −0.11	1.1	0.20	0.6	16.0	0.92	3.50	0.5	2.40	85000	
10	1.00		9.3	+0.10 −0.36	3.3	1.8	1.5	0.340	9.6		1.1	0.20	0.6	17.0	1.01	4.00	1.0	2.40	84000	1.5
11	1.00		10.2		3.3	1.8	1.5	0.410	10.5		1.1	0.25	0.8	18.0	1.40	4.50	1.0	2.40	70000	
12	1.00		11.0		3.3	1.8	1.7	0.500	11.5		1.1	0.25	0.8	19.0	1.53	5.00	1.0	2.40	75000	
13	1.00		11.9		3.4	2.0	1.7	0.530	12.4		1.1	0.30	0.9	20.2	2.00	5.80	1.0	2.40	66000	
14	1.00		12.9		3.5	2.1	1.7	0.640	13.4		1.1	0.30	0.9	21.4	2.15	6.35	1.0	2.40	58000	
15	1.00		13.8		3.6	2.2	1.7	0.670	14.3		1.1	0.35	1.1	22.6	2.66	6.90	1.0	2.40	50000	
16	1.00		14.7		3.7	2.2	1.7	0.700	15.2		1.1	0.40	1.2	23.8	3.26	7.40	1.0	2.40	45000	
17	1.00		15.7		3.8	2.3	1.7	0.820	16.2		1.1	0.40	1.2	25.0	3.46	8.00	1.0	2.40	41000	
18	1.20		16.5		3.9	2.4	2.0	1.11	17.0		1.30	0.50	1.5	26.2	4.58	17.0	1.5	3.75	39000	

公称规格 d_1	挡圈 s 基本尺寸	挡圈 s 极限偏差	挡圈 d_3 基本尺寸	挡圈 d_3 极限偏差	挡圈 a max	挡圈 b① ≈	挡圈 d_s min	挡圈 千件质量 ≈/kg	沟槽 $d_2$② 基本尺寸	沟槽 $d_2$② 极限偏差	沟槽 m③ H13	沟槽 t	沟槽 n min	其他 d_4	其他 F_N/kN	其他 F_R④/kN	其他 g	其他 F_{Rg}④/kN	其他 n_{abl}④/r·min^{-1}	其他 安装工具规格⑤
标准型(A型)																				
19	1.20	0 −0.06	17.5	+0.10 −0.36	3.9	2.5	2.0	1.22	18.0	0 −0.11	1.30	0.50	1.5	27.2	4.48	17.0	1.5	3.80	35000	2.0
20	1.20		18.5	+0.13 −0.42	4.0	2.6	2.0	1.30	19.0	0 −0.13	1.30	0.50	1.5	28.4	5.06	17.1	1.5	3.85	32000	
21	1.20		19.5		4.1	2.7	2.0	1.42	20.0		1.30	0.50	1.5	29.6	5.36	16.8	1.5	3.75	29000	
22	1.20		20.5		4.2	2.8	2.0	1.50	21.0		1.30	0.50	1.5	30.8	5.65	16.9	1.5	3.80	27000	
24	1.20		22.2	+0.21 −0.42	4.4	3.0	2.0	1.77	22.9	0 −0.21	1.30	0.55	1.7	33.2	6.75	16.1	1.5	3.65	27000	
25	1.20		23.2		4.4	3.0	2.0	1.90	23.9		1.30	0.55	1.7	34.2	7.05	16.2	1.5	3.70	25000	
26	1.20		24.2		4.5	3.1	2.0	1.96	24.9		1.30	0.55	1.7	35.5	7.34	16.1	1.5	3.70	24000	
28	1.50		25.9		4.7	3.2	2.0	2.92	26.6		1.60	0.70	2.1	37.9	10.00	32.1	1.5	7.50	21200	
29	1.50		26.9		4.8	3.4	2.0	3.20	27.6		1.60	0.70	2.1	39.1	10.37	31.8	1.5	7.45	20000	
30	1.50		27.9		5.0	3.5	2.0	3.31	28.6		1.60	0.70	2.1	40.5	10.73	32.1	1.5	7.65	18900	
32	1.50		29.6	+0.25 −0.50	5.2	3.6	2.5	3.54	30.3	0 −0.25	1.60	0.85	2.6	43.0	13.85	31.2	2.0	5.55	16900	2.5
34	1.50		31.5		5.4	3.8	2.5	3.80	32.3		1.60	0.85	2.6	45.4	14.72	31.3	2.0	5.60	16100	
35	1.50		32.2		5.6	3.9	2.5	4.00	33.0		1.60	1.00	3.0	46.8	17.80	30.8	2.0	5.55	15500	
36	1.75		33.2		5.6	4.0	2.5	5.00	34.0		1.85	1.00	3.0	47.8	18.33	49.4	2.0	9.00	14500	
38	1.75		35.2		5.8	4.2	2.5	5.62	36.0		1.85	1.00	3.0	50.2	19.30	49.5	2.0	9.10	13600	
40	1.75		36.5	+0.39 −0.90	6.0	4.4	2.5	6.03	37.0		1.85	1.25	3.8	52.6	25.30	51.0	2.0	9.50	14300	3.0
42	1.75		38.5		6.5	4.5	2.5	6.5	39.5		1.85	1.25	3.8	55.7	26.70	50.0	2.0	9.45	13000	
45	1.75		41.5		6.7	4.7	2.5	7.5	42.5		1.85	1.25	3.8	59.1	28.60	49.0	2.0	9.35	11400	
48	1.75		44.5		6.9	5.0	2.5	7.9	45.5		1.85	1.25	3.8	62.5	30.70	49.4	2.0	9.55	10300	
50	2.00	0 −0.07	45.8		6.9	5.1	2.5	10.2	47.0		2.15	1.50	4.5	64.5	38.00	73.3	2.0	14.40	10500	
52	2.00		47.8		7.0	5.2	2.5	11.1	49.0		2.15	1.50	4.5	66.7	39.70	73.1	2.5	11.50	9850	
55	2.00		50.8	+0.46 −1.10	7.2	5.4	2.5	11.4	52.0	0 −0.30	2.15	1.50	4.5	70.2	42.00	71.4	2.5	11.40	8960	
56	2.00		51.8		7.3	5.5	2.5	11.8	53.0		2.15	1.50	4.5	71.6	42.80	70.8	2.5	11.35	8670	
58	2.00		53.8		7.3	5.6	2.5	12.6	55.0		2.15	1.50	4.5	73.6	44.30	71.1	2.5	11.50	8200	
60	2.00		55.8		7.4	5.8	2.5	12.9	57.0		2.15	1.50	4.5	75.6	46.00	69.2	2.5	11.30	7620	
62	2.00		57.8		7.5	6.0	2.5	14.3	59.0		2.15	1.50	4.5	77.8	47.50	69.3	2.5	11.45	7240	
63	2.00		58.8		7.6	6.2	2.5	15.9	60.0		2.15	1.50	4.5	79.0	48.30	70.2	2.5	11.60	7050	
65	2.50		60.8		7.8	6.3	3.0	18.2	62.0		2.65	1.50	4.5	81.4	49.80	135.6	2.5	22.70	6640	
68	2.50		63.5		8.0	6.5	3.0	21.8	65.0		2.65	1.50	4.5	84.8	52.20	135.9	2.5	23.10	6910	
70	2.50		65.5		8.1	6.6	3.0	22.0	67.0		2.65	1.50	4.5	87.0	53.80	134.2	2.5	23.00	6530	
72	2.50		67.5		8.2	6.8	3.0	22.5	69.0		2.65	1.50	4.5	89.2	55.30	131.8	2.5	22.80	6190	
75	2.50		70.5		8.4	7.0	3.0	24.6	72.0		2.65	1.50	4.5	92.7	57.60	130.0	2.5	22.80	5740	
78	2.50		73.5		8.6	7.3	3.0	26.2	75.0		2.65	1.50	4.5	96.1	60.00	131.3	3.0	19.75	5450	
80	2.50		74.5		8.6	7.4	3.0	27.3	76.5		2.65	1.75	5.3	98.1	71.60	128.4	3.0	19.50	6100	

续表

公称规格 d_1	挡圈 s 基本尺寸	挡圈 s 极限偏差	挡圈 d_3 基本尺寸	挡圈 d_3 极限偏差	挡圈 a max	挡圈 b[①] ≈	挡圈 d_s min	挡圈 千件质量 ≈ /kg	沟槽 d_2[②] 基本尺寸	沟槽 d_2[②] 极限偏差	沟槽 m[③] H13	沟槽 t	沟槽 n min	其他 d_4	其他 F_N /kN	其他 F_R[④] /kN	其他 g	其他 F_{Rg}[④] /kN	其他 n_{abl}[④] /r·min^{-1}	其他 安装工具规格[⑤]
标准型(A型)																				
82	2.50	0 −0.07	76.5	+0.46 −1.10	8.7	7.6	3.0	31.2	78.5	0 −0.30	2.65	1.75	5.3	100.3	73.50	128.0	3.0	19.60	5860	3.0
85	3.00	0 −0.08	79.5		8.7	7.8	3.5	36.4	81.5	0 −0.35	3.15	1.75	5.3	103.3	76.20	215.4	3.0	33.40	5710	
88	3.00		82.5	+0.54 −1.30	8.8	8.0	3.5	41.2	84.5		3.15	1.75	5.3	106.5	79.00	221.8	3.0	34.85	5200	
90	3.00		84.5		8.8	8.2	3.5	44.5	86.5		3.15	1.75	5.3	108.5	80.80	217.2	3.0	34.40	4980	
95	3.00		89.5		9.4	8.6	3.5	49.0	91.5		3.15	1.75	5.3	114.8	85.50	212.2	3.5	29.25	4550	
100	3.00		94.5		9.6	9.0	3.5	53.7	96.5		3.15	1.75	5.3	120.2	90.00	206.4	3.5	29.00	4180	
105	4.00	0 −0.10	98.0		9.9	9.3	3.5	80.0	101.0	0 −0.54	4.15	2.00	6.0	125.8	107.60	471.8	3.5	67.70	4740	
110	4.00		103.0		10.1	9.6	3.5	82.0	106.0		4.15	2.00	6.0	131.2	113.00	457.0	3.5	66.90	4340	4.0
115	4.00		108.0		10.6	9.8	3.5	84.0	111.0		4.15	2.00	6.0	137.3	118.20	438.6	3.5	65.50	3970	
120	4.00		113.0		11.0	10.2	3.5	86.0	116.0		4.15	2.00	6.0	143.1	123.50	424.6	3.5	64.50	3685	
125	4.00		118.0		11.4	10.4	4.0	90.0	121.0	0 −0.63	4.15	2.00	6.0	149.0	128.70	411.5	4.0	56.50	3420	
130	4.00		123.0	+0.63 −1.50	11.6	10.7	4.0	100.0	126.0		4.15	2.00	6.0	154.4	134.00	395.5	4.0	55.20	3180	
135	4.00		128.0		11.8	11.0	4.0	104.0	131.0		4.15	2.00	6.0	159.8	139.20	389.5	4.0	55.40	2950	
140	4.00		133.0		12.0	11.2	4.0	110.0	136.0		4.15	2.0	6.0	165.2	144.5	376.5	4.0	54.4	2760	
145	4.00		138.0		12.2	11.5	4.0	115.0	141.0		4.15	2.0	6.0	170.6	149.6	367.0	4.0	53.8	2600	
150	4.00		142.0		13.0	11.8	4.0	120.0	145.0		4.15	2.5	7.5	177.3	193.0	357.5	4.0	53.4	2480	
155	4.00		148.0		13.0	12.0	4.0	135.0	150.0		4.15	2.5	7.5	182.3	199.6	352.9	4.0	52.6	2710	
160	4.00		151.0		13.3	12.2	4.0	150.0	155.0		4.15	2.5	7.5	188.0	206.1	349.2	4.0	52.2	2540	
165	4.00		155.5		13.5	12.5	4.0	160.0	160.0		4.15	2.5	7.5	193.4	212.5	345.3	5.0	41.4	2520	
170	4.00		160.5		13.5	12.9	4.0	170.0	165.0		4.15	2.5	7.5	198.4	219.1	349.2	5.0	41.9	2440	
175	4.00		165.5		13.5	13.5	4.0	180.0	170.0		4.15	2.5	7.5	203.4	225.5	340.1	5.0	40.7	2300	
180	4.00		170.5		14.2	13.5	4.0	190.0	175.0		4.15	2.5	7.5	210.0	232.2	345.3	5.0	41.4	2180	
185	4.00		175.5		14.2	14.0	4.0	200.0	180.0		4.15	2.5	7.5	215.0	238.6	336.7	5.0	40.4	2070	
190	4.00		180.5		14.2	14.0	4.0	210.0	185.0	0 −0.72	4.15	2.5	7.5	220.0	245.1	333.8	5.0	40.0	1970	
195	4.00		185.5		14.2	14.0	4.0	220.0	190.0		4.15	2.5	7.5	225.0	251.8	325.4	5.0	39.0	1835	
200	4.00		190.5		14.2	14.0	4.0	230.0	195.0		4.15	2.5	7.5	230.0	258.3	319.2	5.0	38.3	1770	
210	5.00	0 −0.12	198.0	+0.72 −1.70	14.2	14.0	4.0	248.0	204.0		5.15	3.0	9.0	240.0	325.1	598.2	6.0	59.9	1835	
220	5.00		208.0		14.2	14.0	4.0	265.0	214.0		5.15	3.0	9.0	250.0	340.8	572.4	6.0	57.3	1620	
230	5.00		218.0		14.2	14.0	4.0	290.0	224.0		5.15	3.0	9.0	260.0	356.6	548.9	6.0	55.0	1445	
240	5.00		228.0		14.2	14.0	4.0	310.0	234.0		5.15	3.0	9.0	270.0	372.6	530.3	6.0	53.0	1305	
250	5.00		238.0		14.2	14.0	4.0	335.0	244.0		5.15	3.0	9.0	280	388.3	504.3	6.0	50.5	1180	
260	5.00		245.0	+0.81 −2.00	16.2	16.0	5.0	355.0	252.0	0 −0.81	5.15	4.0	12.0	294	535.8	540.6	6.0	54.6	1320	
270	5.00		255.0		16.2	16.0	5.0	375.0	262.0		5.15	4.0	12.0	304	556.6	525.3	6.0	52.5	1215	
280	5.00		265.0		16.2	16.0	5.0	398.0	272.0		5.15	4.0	12.0	314	576.6	508.2	6.0	50.9	1100	

公称规格 d_1	挡圈 s 基本尺寸	挡圈 s 极限偏差	挡圈 d_3 基本尺寸	挡圈 d_3 极限偏差	挡圈 a max	挡圈 b[①] ≈	挡圈 d_s min	挡圈 千件质量 ≈ /kg	沟槽 d_2[②] 基本尺寸	沟槽 d_2[②] 极限偏差	沟槽 m[③] H13	沟槽 t	沟槽 n min	其他 d_4	其他 F_N /kN	其他 F_R[④] /kN	其他 g	其他 F_{Rg}[④] /kN	其他 n_{abl}[④] /r·min^{-1}	其他 安装工具规格[⑤]
标准型(A型)																				
290	5.00	0 −0.12	275.0	+0.81 −2.00	16.2	16.0	5.0	418.0	282.0	0 −0.81	5.15	4.0	12.0	324	599.1	490.8	6.0	49.2	1005	
300	5.00		285.0		16.2	16.0	5.0	440.0	292.0		5.15	4.0	12.0	334	619.1	475.0	6.0	47.5	930	
重型(B型)																				
15	1.50	0 −0.06	13.8	+0.10 −0.36	4.8	2.4	2.0	1.10	14.3	0 −0.11	1.60	0.35	1.1	25.1	2.66	15.5	1.0	6.40	57000	2.0
16	1.50		14.7		5.0	2.5	2.0	1.19	15.2		1.60	0.40	1.2	26.5	3.26	16.6	1.0	6.35	44000	
17	1.50		15.7		5.0	2.6	2.0	1.39	16.2		1.60	0.40	1.2	27.5	3.46	18.0	1.0	6.70	46000	
18	1.50		16.5		5.1	2.7	2.0	1.56	17.0		1.60	0.50	1.5	28.7	4.58	26.6	1.5	5.85	42750	
20	1.75		18.5	+0.13 −0.42	5.5	3.0	2.0	2.19	19.0	0 −0.13	1.85	0.50	1.5	31.6	5.06	36.3	1.5	8.20	36000	
22	1.75		20.5		6.0	3.1	2.0	2.42	21.0		1.85	0.50	1.5	34.6	5.65	36.0	1.5	8.10	29000	
24	1.75		22.2	+0.21 −0.42	6.3	3.2	2.0	2.76	22.9	0 −0.21	1.85	0.55	1.7	37.3	6.75	34.2	1.5	7.60	29000	
25	2.00	0 −0.07	23.2		6.4	3.4	2.0	3.59	23.9		2.15	0.55	1.7	38.5	7.05	45.0	1.5	10.30	25000	
28	2.00		25.9		6.5	3.5	2.0	4.25	26.6		2.15	0.70	2.1	41.7	10.00	57.0	1.5	13.40	22200	
30	2.00		27.9		6.5	4.1	2.0	5.35	28.6		2.15	0.70	2.1	43.7	10.70	57.0	1.5	13.60	21100	
32	2.00		29.6		6.5	4.1	2.5	5.85	30.3	0 −0.25	2.15	0.85	2.6	45.7	13.80	55.5	2.0	10.00	18400	2.5
34	2.50		31.5	+0.25 −0.50	6.6	4.2	2.5	7.05	32.3		2.65	0.85	2.6	47.9	14.70	87.0	2.0	15.60	17800	
35	2.50		32.2		6.7	4.2	2.5	7.20	33.0		2.65	1.00	3.0	49.1	17.80	86.0	2.0	15.40	16500	
38	2.50		35.2		6.8	4.3	2.5	8.30	36.0		2.65	1.00	3.0	52.3	19.30	101.0	2.0	18.60	14500	
40	2.50		36.5	+0.39 −0.90	7.0	4.4	2.5	8.60	37.5		2.65	1.25	3.8	54.7	25.30	104.0	2.0	19.30	14300	
42	2.50		38.5		7.2	4.5	2.5	9.30	39.5		2.65	1.25	3.8	57.2	26.70	102.0	2.0	19.20	13000	
45	2.50		41.5		7.5	4.7	2.5	10.7	42.5		2.65	1.25	3.8	60.8	28.6	100.0	2.0	19.1	11400	
48	2.50		44.5		7.8	5.0	2.5	11.3	45.5		2.65	1.25	3.8	64.4	30.7	101.0	2.0	19.5	10300	
50	3.00	0 −0.08	45.8		8.0	5.1	2.5	15.3	47.0		3.15	1.50	4.5	66.8	38.0	165.0	2.0	32.4	10500	
52	3.00		47.8		8.2	5.2	2.5	16.6	49.0		3.15	1.50	4.5	69.3	39.7	165.0	2.5	26.0	9850	
55	3.00		50.8	+0.46 −1.10	8.5	5.4	2.5	17.1	52.0	0 −0.30	3.15	1.50	4.5	72.9	42.0	161.0	2.5	25.6	8960	
58	3.00		53.8		8.8	5.6	2.5	18.9	55.0		3.15	1.50	4.5	76.5	44.3	160.0	2.5	26.0	8200	
60	3.00		55.8		9.0	5.8	2.5	19.4	57.0		3.15	1.50	4.5	78.9	46.0	156.0	2.5	25.4	7620	
65	4.00	0 −0.10	60.8		9.3	6.3	3.0	29.1	62.0		4.15	1.50	4.5	84.6	49.8	346.0	2.5	58.0	6640	3.0
70	4.00		65.5		9.5	6.6	3.0	35.3	67.0		4.15	1.50	4.5	90.0	53.8	343.0	2.5	59.0	6530	
75	4.00		70.5		9.7	7.0	3.0	39.3	72.0		4.15	1.50	4.5	95.4	57.6	333.0	2.3	58.0	5740	
80	4.00		74.5		9.8	7.4	3.0	43.7	76.5		4.15	1.75	5.3	100.6	71.6	328.0	3.0	50.0	6100	
85	4.00		79.5		10.0	7.8	3.5	48.5	81.5	0 −0.35	4.15	1.75	5.3	106.0	76.2	383.0	3.0	59.4	5710	3.5
90	4.00		84.5	+0.54 −1.30	10.2	8.2	3.5	59.4	86.5		4.15	1.75	5.3	111.5	80.8	386.0	3.0	61.0	4980	
100	4.0		94.5		10.5	9.0	3.5	71.6	96.5		4.15	1.75	5.3	122.1	90.0	368.0	3.0	51.6	4180	

① 尺寸 b 不能超过 a_{max}。
② 见 7.1。
③ 见 7.2。
④ 适用于 C67S、C75S 制造的挡圈。
⑤ 挡圈安装工具按 JB/T 3411.47 规定。

第3篇

表 3-2-92　螺钉紧固轴端挡圈（摘自 GB/T 891—1986）、螺栓紧固轴端挡圈（摘自 GB/T 892—1986）

/mm

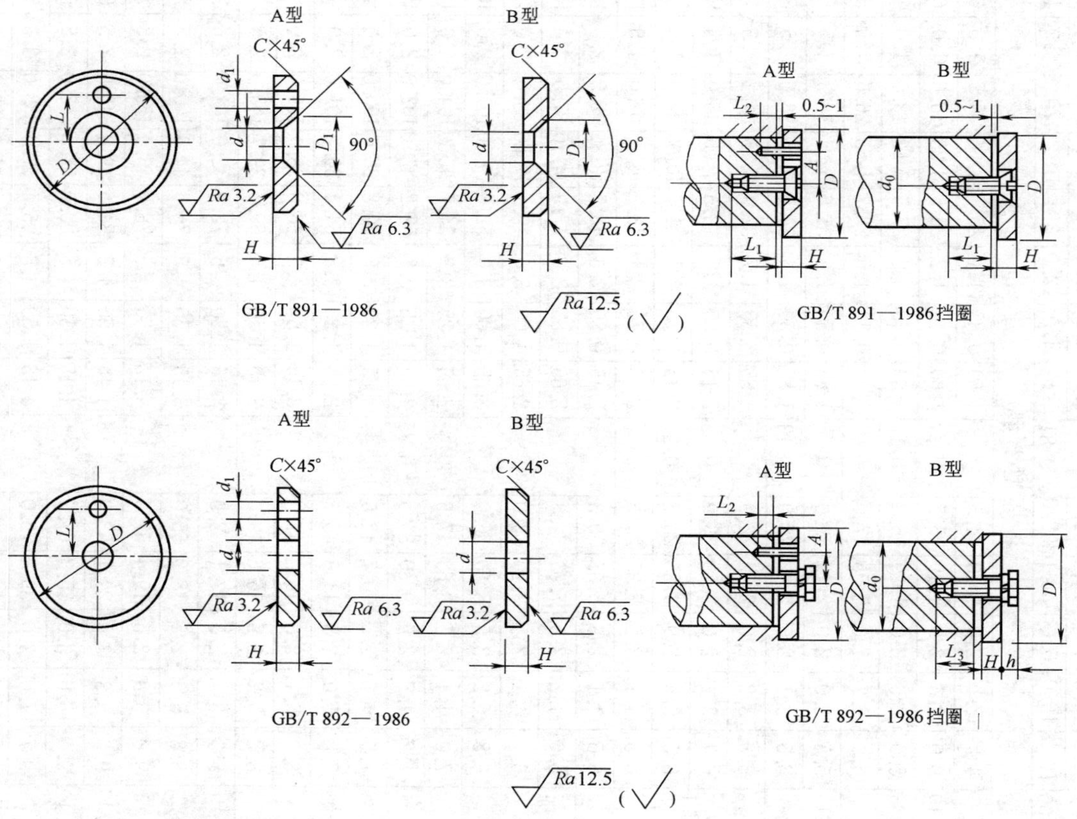

标记示例：公称直径 D＝45mm、材料为 Q235A、不经表面处理的 A 型螺钉紧固轴端挡圈的标记为

挡圈 GB/T 891—1986　45

按 B 型制造时，应加标记 B：挡圈 GB/T 891—1986　B45

轴径 d_0 ≤	H 公称尺寸	极限偏差	L 基本尺寸	L 极限偏差	D	d	d_1	C	GB/T 891 D_1	GB/T 891 螺钉尺寸 GB/T 819.1—2016（推荐）	GB/T 891 圆柱销尺寸 GB/T 119.1—2000（推荐）	GB/T 891 每1000个的质量/kg ≈ A型	GB/T 891 每1000个的质量/kg ≈ B型	GB/T 892 螺栓尺寸 GB/T 5783—2016（推荐）	GB/T 892 圆柱销尺寸 GB/T 119.1—2000（推荐）	GB/T 892 垫圈尺寸 GB/T 93—1987（推荐）	GB/T 892 每1000个的质量/kg ≈ A型	GB/T 892 每1000个的质量/kg ≈ B型	安装尺寸 L_1	安装尺寸 L_2	安装尺寸 L_3	安装尺寸 h
14	4	0 −0.30		±0.11	20	5.5	2.1	0.5	11	M5×12	A2×10		8.7	M5×16	A2×10	5		9.2	14	6	16	5.1
16	4				22								10.7					11.2				
18	4				25								14.2					14.7				
20	4		7.5		28							17.9	18.1				18.4	18.6				
22	4		7.5		30							20.8	21.0				21.3	21.5				
25	5		10		32	6.6	3.2	1	13	M6×16	A3×12	28.7	29.2	M6×20	A3×12	6	29.7	30.2	18	7	20	6
28	5		10		35							34.8	35.3				35.8	36.3				
30	5		10		38							41.5	42.0				42.5	43.0				
32	5		12	±0.135	40							46.3	46.8				47.3	47.8				
35	5		12		45							59.5	59.9				60.5	60.9				
40	5		12		50							74.0	74.5				75.0	75.5				
45	6		16		55	9	4.2	1.5	17	M8×20	A4×14	108	109	M8×25	A4×14	8	110	111	22	8	24	8
50	6		16		60							126	127				128	129				
55	6		16		65							149	150				151	152				
60	6		20	±0.165	70							174	175				176	177				
65	6		20		75							200	201				202	203				
70	6		20		80							229	230				231	232				
75	8	0 −0.36	25		90	13	5.2	2	25	M12×25	A5×16	381	383	M12×30	A5×16	12	388	390	26	10	28	11.5
85	8		25		100							427	429				434	436				

注：1. 当挡圈装在带中心孔的轴端时，紧固用螺钉（螺栓）允许加长。
2. 除标记示例外，其他材料和热处理、表面处理等见 GB/T 959.3—1986。

表 3-2-93　孔用钢丝挡圈（摘自 GB/T 895.1—1986）、**轴用钢丝挡圈**（摘自 GB/T 895.2—1986）/mm

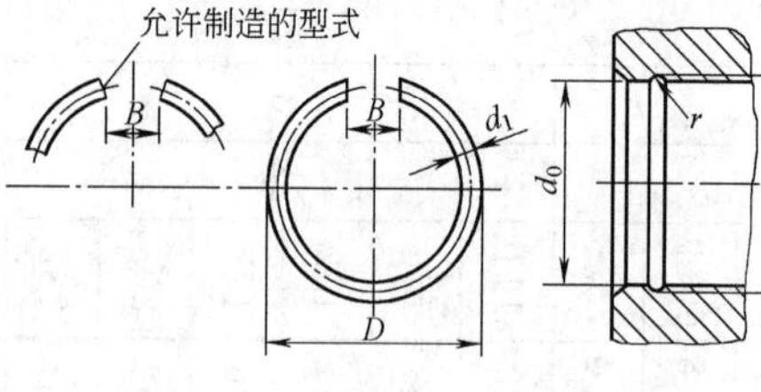

GB/T 895.1

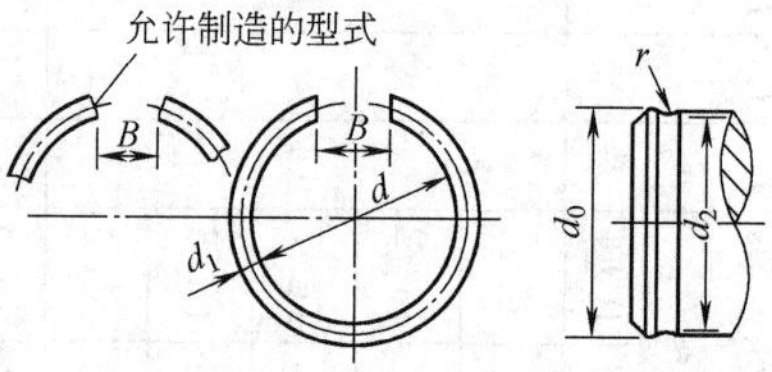

GB/T 895.2

标记示例：轴径 d_0＝40mm、材料为碳素弹簧钢丝、经低温回火及表面氧化处理的轴用钢丝挡圈标记为

挡圈　GB/T 895.2—1986-40

孔径，轴径 d_0	d_1	r	挡圈 GB/T 895.1 D 基本尺寸	D 极限偏差	B	每1000个的质量/kg ≈	挡圈 GB/T 895.2 d 基本尺寸	d 极限偏差	B	每1000个的质量/kg ≈	沟槽(推荐) GB/T 895.1 d_2 基本尺寸	d_2 极限偏差	沟槽(推荐) GB/T 895.2 d_2 基本尺寸	d_2 极限偏差
4			—			—	3						3.4	
5	0.6	0.4	—		—	—	4	0 −0.18	1	0.03			4.4	±0.037
6			—			—	5			0.037			5.4	
7			8.0	+0.22 0		0.0735	6			0.076	7.8	±0.045	6.2	
8	0.8	0.5	9.0		4	0.0859	7	0 −0.22	2	0.089	8.8		7.2	±0.045
10			11.0			0.0934	9			0.114	10.8		9.2	
12	1.0	0.6	13.5	+0.43 0	6	0.205	10.5			0.204	13.0	±0.055	11.0	
14			15.5			0.244	12.5			0.243	15.0		13.0	
16	1.6	0.9	18.0		8	0.705	14.0	0 −0.47		0.726	17.6		14.4	±0.055
18			20.0			0.804	16.0			0.825	19.6	±0.065	16.4	
20			22.5			1.32	17.5			1.437	22.0		18.0	±0.09
22			24.5	+0.52 0		1.47	19.5		3	1.592	24.0		20.0	
24			26.5			1.63	21.5			1.747	26.0		22.0	
25	2.0	1.1	27.5		10	1.70	22.5			1.824	27.0	±0.105	23.0	
26			28.5			1.79	23.5	0 −0.52		1.902	28.0		24.0	±0.105
28			30.5	+0.62 0		1.94	25.5			2.057	30.0		26.0	
30			32.5			2.10	27.5			2.212	32.0		28.0	
32			35.0			3.47	29.0			3.659	34.5		29.5	
35			38.0		12	3.85	32.0			4.022	37.6		32.5	
38			41.0	+1.00 0		4.2	35.0			4.386	40.6	±0.125	35.5	
40	2.5	1.4	43.0			4.43	37.0		4	4.628	42.6		37.5	
42			45.0			4.54	39.0	0 −0.00		4.87	44.5		39.5	±0.125
45			48.0			4.89	42.0			5.233	47.5		42.5	
48			51.0	+1.20 0	16	5.24	45.0			5.596	50.5	±0.150	45.5	
50			53.0			5.51	47.0			5.838	52.5		47.5	

续表

孔径，轴径 d_0	d_1	r	挡圈 GB/T 895.1 D 基本尺寸	挡圈 GB/T 895.1 D 极限偏差	挡圈 GB/T 895.1 B	挡圈 GB/T 895.1 每1000个的质量/kg ≈	挡圈 GB/T 895.2 d 基本尺寸	挡圈 GB/T 895.2 d 极限偏差	挡圈 GB/T 895.2 B	挡圈 GB/T 895.2 每1000个的质量/kg ≈	沟槽(推荐) GB/T 895.1 d_2 基本尺寸	沟槽(推荐) GB/T 895.1 d_2 极限偏差	沟槽(推荐) GB/T 895.2 d_2 基本尺寸	沟槽(推荐) GB/T 895.2 d_2 极限偏差
55	3.2	1.8	59.0	+1.20 0	20	9.805	51.0	0 −1.20	4	10.434	58.2	±0.150	51.8	±0.15
60			64.0			10.796	56.0			11.426	63.2		56.8	
65			69.0			11.788	61.0			12.219	68.2		61.8	
70			74.0		25	12.464	66.0		5	13.409	73.2		66.8	
75			79.0			13.465	71.0			14.401	78.2		71.8	
80			84.0	+1.40 1		14.448	76.0			15.393	83.2	±0.175	76.8	
85			89.0			15.439	81.0	0 −1.40		16.385	88.2		81.8	
90			94.0			16.431	86.0			17.376	93.2		86.8	
95			99.0			17.423	91.0			18.368	98.2		91.8	
100			104.0		32	17.972	96.0			19.36	103.2		96.8	
105			109.0			18.964	101.0			20.351	108.2		101.8	
110			114.0			19.956	106.0			21.343	113.2		106.8	
115			119.0			20.948	111.0			22.335	118.2		111.8	
120			124.0	+1.60 0		21.939	116.0			23.326	123.2	±0.200	116.8	
125			129.0			22.931	121.0	0 −1.60		24.318	128.2		121.8	±0.20

注：技术条件按 GB/T 959.2—1986 规定。

第3章

键、花键和销连接

3.1 键连接

3.1.1 键的类型、特点和应用

表 3-3-1 键的类型、特点和应用

类型		图形	特点	应用
平键	普通型	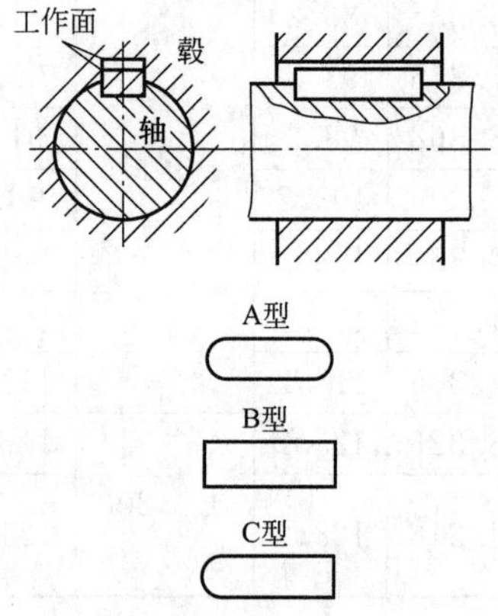 GB/T 1096—2003	工作时靠侧面传递转矩。对中良好，装拆方便。但不能实现轴上零件的轴向固定 A型适用于用指状铣刀加工的轴槽，键在槽中的轴向固定良好，但槽在轴上引起的应力集中较大；B型用于盘铣刀加工的轴槽，轴的应力集中较小；C型用于轴端	应用最广，适用于静连接，且适用于高精度、高速或承受变载、冲击的场合 薄型平键适用于空心轴等薄壁结构
	导向型	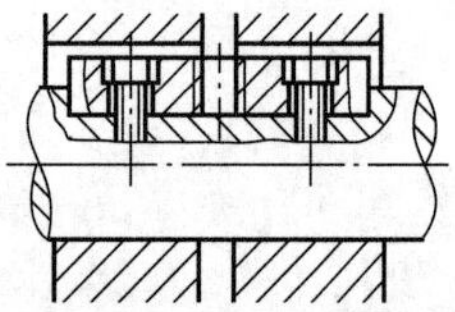 GB/T 1097—2003	工作时靠键的两个侧面工作，键用螺钉固定在轴上，键与键槽采用间隙配合，轴上零件可沿键槽作轴向运动	用于轴上零件轴向移动量不大的场合。如变速箱中的滑移齿轮
	滑键	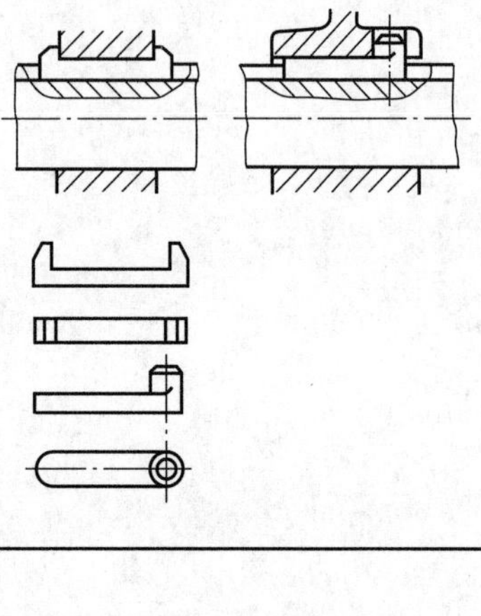	键固定在轮毂键槽中，轴上的零件可带着键做轴向移动，轴端键槽需开通	用于轴上零件轴向移动量大的场合

续表

类型		图形	特点	应用
普通型半圆键		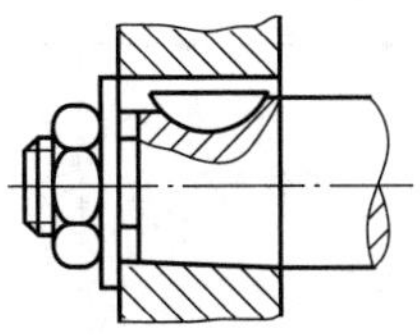 GB/T 1099.1—2003	靠键的侧面传递转矩。由于键是半圆形，在轴槽中能绕槽底圆弧曲率中心摆动，故装配极为方便 键槽较深，对轴的强度削弱较大	适用于轻载或轴的锥形端部
楔键	普通型楔键	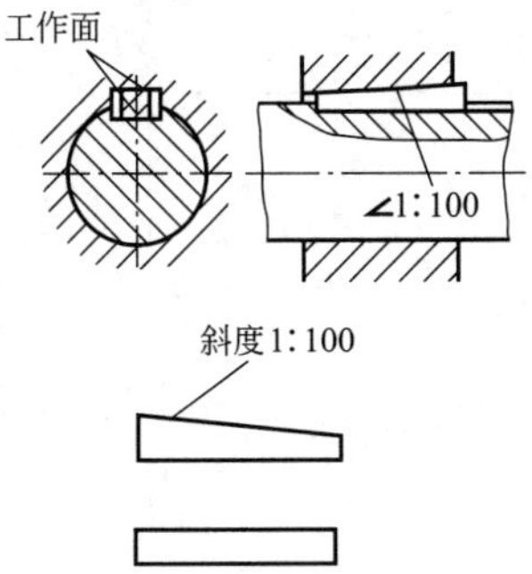 GB/T 1564—2003	键的上、下表面为工作面，键的上表面与轮毂槽的底面各有 1∶100 的斜度，装配时需打入楔紧，使键楔紧在轴与轮毂之间以传递转矩。能轴向固定零件和传递单方向轴向力。但在装配后，会使轴上零件与轴的配合产生偏心	用于对中性要求不严，转速较低时传递较大的转矩 当楔键不能从轴的另一端打出时，可用钩头楔键
	钩头型楔键	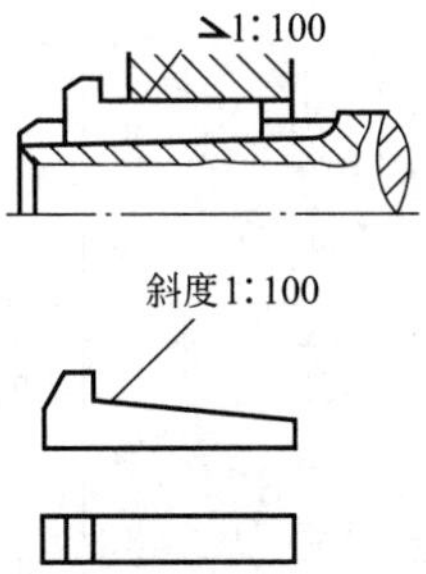 GB/T 1565—2003		
切向键		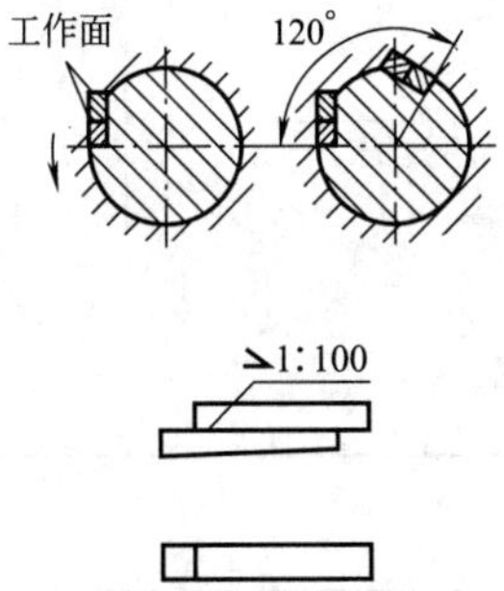 GB/T 1974—2003	切向键由两个斜度为 1∶100 的楔键组成。其上、下两面为工作表面，其中一个面在通过轴心的平面内。工作面上的压力沿轴的切线方向作用，能传递很大的转矩。一个切向键只传递一个方向的转矩，传递双向转矩时，需安装两个键，互成 120°～135°	能传递很大的转矩。常用于直径较大、对中性要求不高的场合

3.1.2 键的选择和强度计算

键的类型可依使用要求、工作条件和连接的结构特点按表 3-3-1 选定，而后可按轴的直径从标准中选取键的剖面尺寸。键的长度则按轮毂长度从键的标准长度系列值中选取。

键连接的强度校核可按表 3-3-2 中所示公式进行。若强度不够，可采用双键，通常两个平键按 180°间隔布置；两个半圆键应沿轴布置在一条直线上；两个楔键位置夹角一般为 90°～120°。双键连接的强度校核按 1.5 个键计算。表 3-3-3 为键连接的许用应力。

表 3-3-2　键连接的强度校核公式

键的类型	受力简图	计算内容	校核计算公式	计算说明
平键	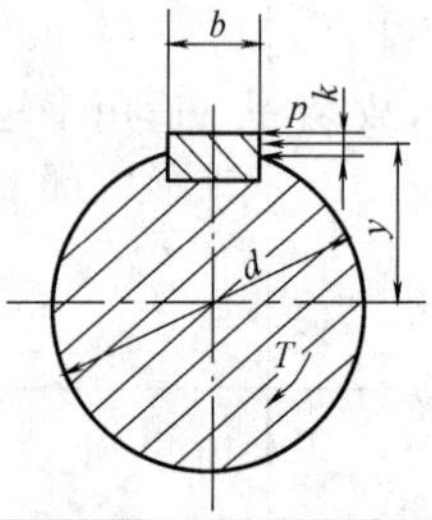 $y\approx\frac{d}{2}$	键或键槽工作表面的挤压和键的剪切	$\sigma_p=\frac{2T}{dkl}\leqslant[\sigma_p]$ $\tau=\frac{2T}{dbl}\leqslant[\tau]$	T——转矩，N·mm d——轴的直径，mm l——键的工作长度，对于A型键，$l=L-b$ L——键的长度，mm b——键的宽度，mm k——键与轮毂的接触高度，mm，平键 $k\approx\frac{h}{2}$，半圆键查标准 t——切向键的工作高度，mm c——切向键倒角的宽度，mm f——摩擦因数，对钢和铸铁，$f=0.12\sim0.17$ $[\sigma_p]$——键连接的许用挤压应力，MPa，见表3-3-3 $[\tau]$——键连接的许用切应力，MPa，见表3-3-3
半圆键	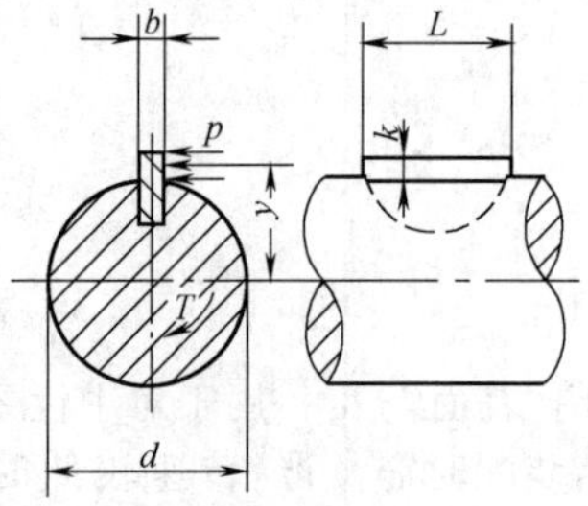 $y\approx\frac{d}{2}$	同平键连接	$\tau=\frac{2T}{dbL}\leqslant[\tau]$	
楔键	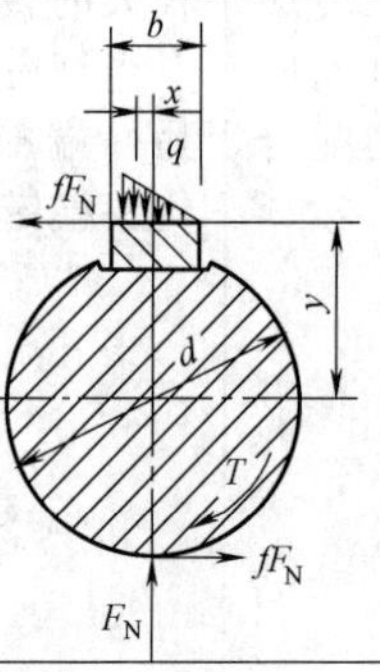 $y\approx\frac{d}{2}$ $x\approx\frac{b}{6}$	键或键槽工作面的挤压	$\sigma_p=\frac{12T}{bL(6fd+b)}\leqslant[\sigma_p]$	
切向键	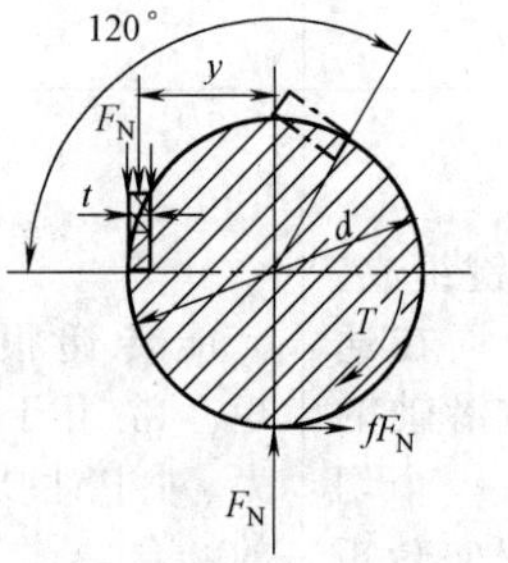 $y\approx\frac{d-t}{2}$ $t\approx\frac{d}{10}$	键或键槽工作面的挤压	$\sigma_p=\frac{T}{(0.5f+0.45)dl(t-c)}\leqslant[\sigma_p]$	

表 3-3-3　键连接的许用应力　　/MPa

应力种类	连接方式	零件材料	载荷性质		
			静载	轻微冲击	冲击
许用挤压应力$[\sigma_p]$	静连接	钢	125～150	100～120	60～90
		铸铁	70～80	50～60	30～45
	动连接	钢	50	40	30
键的许用切应力$[\tau]$		钢	120	90	60

注：1. $[\sigma_p]$ 应按连接中材料力学性能较弱的零件选取。

2. 键的抗拉强度应不小于 600MPa。

3.1.3 键的标准件

表 3-3-4 普通型 平键（摘自 GB/T 1096—2003） /mm

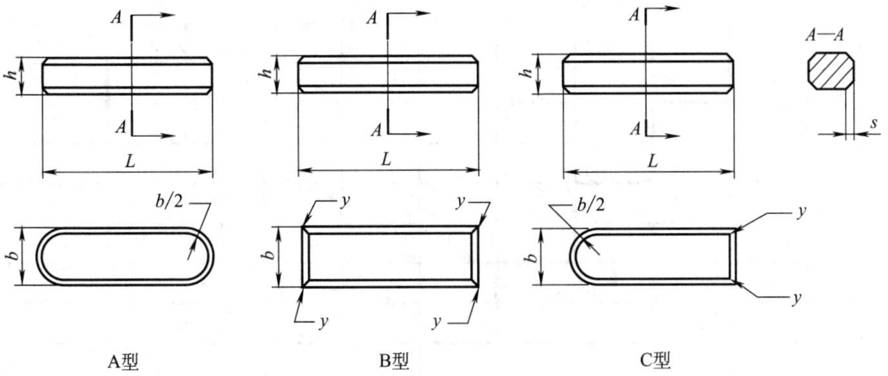

$y \leqslant s_{max}$

标记示例：普通 A 型平键 b=16mm、h=10mm、L=100mm，标记为
GB/T 1096 键 16×10×100
普通 B 型平键 b=16mm、h=10mm、L=100mm，标记为
GB/T 1096 键 B 16×10×100
普通 C 型平键 b=16mm、h=10mm、L=100mm，标记为
GB/T 1096 键 C 16×10×100

宽度 b	基本尺寸		2	3	4	5	6	8	10	12	14	16	18	20	22
	极限偏差（h8）		0 −0.014		0 −0.018			0 −0.022		0 −0.027				0 −0.033	
高度 h	基本尺寸		2	3	4	5	6	7	8	8	9	10	11	12	14
	极限偏差	矩形（h11）	—		—			0 −0.090					0 −0.110		
		方形（h8）	0 −0.014		0 −0.018			—					—		
倒角或倒圆 s			0.16～0.25			0.25～0.40			0.40～0.60					0.60～0.80	
长度 L															
基本尺寸	极限偏差（h14）														
6	0 −0.36				—	—	—	—	—	—	—	—	—	—	—
8						—	—	—	—	—	—	—	—	—	—
10							—	—	—	—	—	—	—	—	—
12	0 −0.43						—	—	—	—	—	—	—	—	—
14								—	—	—	—	—	—	—	—
16								—	—	—	—	—	—	—	—
18									—	—	—	—	—	—	—
20	0 −0.52								—	—	—	—	—	—	—
22			—			标准				—	—	—	—	—	—
25			—							—	—	—	—	—	—
28			—								—	—	—	—	—

长度 *L* 基本尺寸	长度 *L* 极限偏差 (h14)													
32	0 −0.62	—								—	—	—	—	—
36		—									—	—	—	—
40		—	—								—	—	—	—
45		—	—					长度				—	—	—
50		—	—	—									—	—
56	0 −0.74	—	—	—										—
63		—	—	—	—									
70		—	—	—	—									
80		—	—	—	—	—								
90	0 −0.87	—	—	—	—	—					范围			
100		—	—	—	—	—	—							
110		—	—	—	—	—	—							
125	0 −1.00	—	—	—	—	—	—	—						
140		—	—	—	—	—	—	—						
160		—	—	—	—	—	—	—	—					
180		—	—	—	—	—	—	—	—	—				
200	0 −1.15	—	—	—	—	—	—	—	—	—	—			
220		—	—	—	—	—	—	—	—	—	—	—		
250		—	—	—	—	—	—	—	—	—	—	—	—	
宽度 *b*	基本尺寸	25	28	32	36	40	45	50	56	63	70	80	90	100
	极限偏差 (h8)	0 −0.033		0 −0.039					0 −0.046				0 −0.054	

高度 *h*														
高度 *h*	基本尺寸		14	16	18	20	22	25	28	32	32	36	40	45	50
	极限偏差	矩形 (h11)	0 −0.110			0 −0.130				0 −0.160					
		方形 (h8)	—			—				—					

倒角或倒圆 *s*	0.60～0.80				1.00～1.20				1.60～2.00		2.50～3.00		

长度 *L* 基本尺寸	长度 *L* 极限偏差 (h14)													
70	0 −0.74		—	—	—	—	—	—	—	—	—	—	—	—
80				—	—	—	—	—	—	—	—	—	—	—
90	0 −0.87				—	—	—	—	—	—	—	—	—	—
100							—	—	—	—	—	—	—	—
110								—	—	—	—	—	—	—

续表

长度 L														
基本尺寸	极限偏差(h14)													
125	0 −1.00								—	—	—	—	—	—
140										—	—	—	—	—
160					标准						—	—	—	—
180												—	—	—
200	0 −1.15												—	—
220														—
250								长度						
280	0 −1.30													
320	0 −1.40	—												
360		—	—								范围			
400		—	—	—										
450	0 −1.55	—	—	—	—	—								
500		—	—	—	—	—	—							

注：1. 普通型平键的技术条件应符合 GB/T 1568 的规定。

2. 键槽的尺寸应符合 GB/T 1095 的规定。

3. 当键长大于 500mm 时，其长度应按 GB/T 321 的 R20 系列选取，为减小由于直线度而引起的问题，键长应小于 10 倍的键宽。

表 3-3-5 导向型平键（摘自 GB/T 1097—2003） /mm

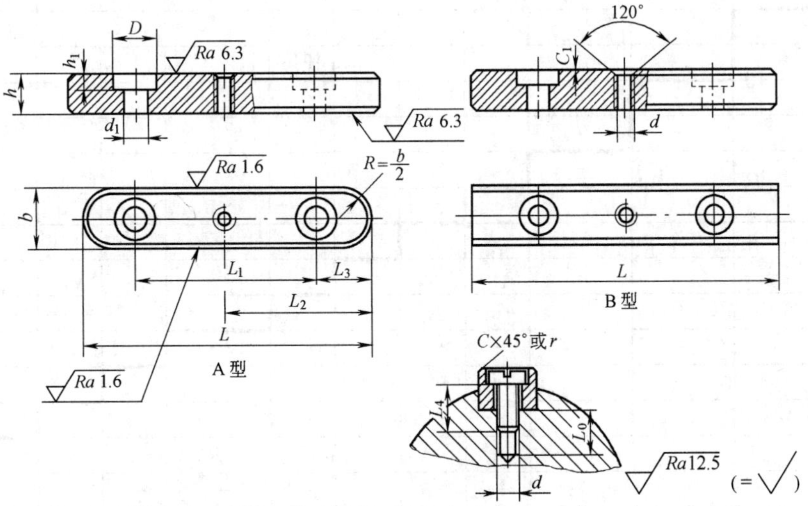

标记示例：导向 A 型平键 $b=16$mm、$h=10$mm、$L=100$mm，标记为

GB/T 1097 键 16×100

导向 B 型平键 $b=16$mm、$h=10$mm、$L=100$mm，标记为

GB/T 1097 键 16×100

续表

b	基本尺寸			8	10	12	14	16	18	20	22	25	28	32	36	40	45
	极限偏差(h8)			0 −0.022		0 −0.027				0 −0.033				0 −0.039			
h	基本尺寸			7	8	8	9	10	11	12	14	14	16	18	20	22	25
	极限偏差(h11)			0 −0.090					0 −0.110						0 −0.130		
C 或 r				0.25～0.40	0.40～0.60					0.60～0.80					1.00～1.20		
h_1				2.4		3.0	3.5		4.5			6		7	8		
d				M3		M4	M5		M6			M8		M10	M12		
d_1				3.4		4.5	5.5		6.6			9		11	14		
D				6		8.5	10		12			15		18	22		
C_1				0.3		0.5									1.0		
L_0				7	8	10			12			15		18	22		
螺钉($d \times L_4$)				M3×8	M3×10	M4×10	M5×10		M6×12		M6×16	M8×16		M10×20	M12×25		
L	L_1	L_2	L_3														
25	13	12.5	6			—	—	—	—	—	—	—	—	—	—	—	—
28	14	14	7				—	—	—	—	—	—	—	—	—	—	—
32	16	16	8				—	—	—	—	—	—	—	—	—	—	—
36	18	18	9					—	—	—	—	—	—	—	—	—	—
40	20	20	10					—	—	—	—	—	—	—	—	—	—
45	23	22.5	11						—	—	—	—	—	—	—	—	—
50	26	25	12							—	—	—	—	—	—	—	—
56	30	28	13								—	—	—	—	—	—	—
63	35	31.5	14									—	—	—	—	—	—
70	40	35	15				标准						—	—	—	—	—
80	48	40	16											—	—	—	—
90	54	45	18												—	—	—
100	60	50	20	—													—
110	66	55	22	—						长度							
125	75	62	25	—	—												
140	80	70	30	—	—												
160	90	80	35	—	—	—											
180	100	90	40	—	—	—	—							范围			
200	110	100	45	—	—	—	—	—									
220	120	110	50	—	—	—	—	—	—								
250	140	125	55	—	—	—	—	—	—	—							
280	160	140	60	—	—	—	—	—	—	—	—						
320	180	160	70	—	—	—	—	—	—	—	—	—					
360	200	180	80	—	—	—	—	—	—	—	—	—	—				
400	220	200	90	—	—	—	—	—	—	—	—	—	—	—			
450	250	225	100	—	—	—	—	—	—	—	—	—	—	—	—	—	

注：1. 导向型平键的技术条件应符合 GB/T 1568 的规定。

2. 键槽的尺寸应符合 GB/T 1095 的规定。

3. 当键长大于 450mm 时，其长度应按 GB/T 321 的 R20 系列选取。为减小由于直线度而引起的问题，键长应小于 10 倍的键宽。

4. 固定用螺钉应符合 GB/T 822 或 GB/T 65 的规定。

表 3-3-6　平键键槽的剖面尺寸（摘自 GB/T 1095—2003）　　/mm

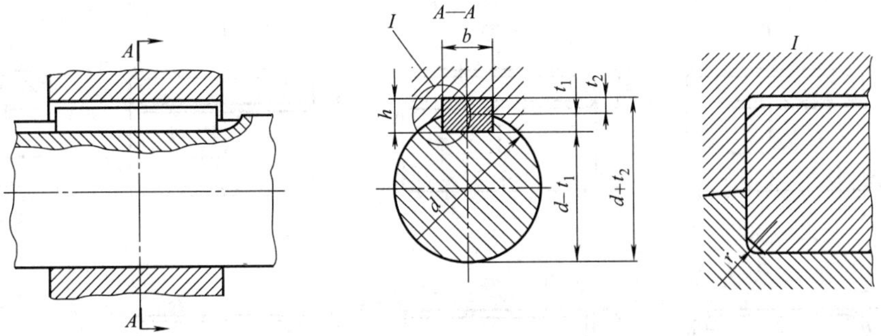

<table>
<tr><th>键</th><th colspan="12">键槽</th></tr>
<tr><th rowspan="4">公称尺寸
b×h</th><th colspan="6">宽度 b</th><th colspan="4">深度</th><th colspan="2" rowspan="3">半径
r</th></tr>
<tr><th rowspan="3">公称尺寸
b</th><th colspan="5">极限偏差</th><th colspan="2" rowspan="2">轴 t</th><th colspan="2" rowspan="2">毂 t_1</th></tr>
<tr><th colspan="2">松连接</th><th colspan="2">正常连接</th><th>紧密连接</th></tr>
<tr><th>轴 H9</th><th>毂 D10</th><th>轴 N9</th><th>毂 JS9</th><th>轴和毂
P9</th><th>公称
尺寸</th><th>极限
偏差</th><th>公称
尺寸</th><th>极限
偏差</th><th>min</th><th>max</th></tr>
<tr><td>2×2</td><td>2</td><td rowspan="2">+0.025
0</td><td rowspan="2">+0.060
+0.020</td><td rowspan="2">−0.004
−0.029</td><td rowspan="2">±0.0125</td><td rowspan="2">−0.006
−0.031</td><td>1.2</td><td rowspan="5">+0.1
0</td><td>1</td><td rowspan="5">+0.1
0</td><td rowspan="3">0.08</td><td rowspan="3">0.16</td></tr>
<tr><td>3×3</td><td>3</td><td>1.8</td><td>1.4</td></tr>
<tr><td>4×4</td><td>4</td><td rowspan="3">+0.030
0</td><td rowspan="3">+0.078
+0.030</td><td rowspan="3">0
−0.030</td><td rowspan="3">±0.015</td><td rowspan="3">−0.012
−0.042</td><td>2.5</td><td>1.8</td></tr>
<tr><td>5×5</td><td>5</td><td>3.0</td><td>2.3</td><td rowspan="3">0.16</td><td rowspan="3">0.25</td></tr>
<tr><td>6×6</td><td>6</td><td>3.5</td><td>2.8</td></tr>
<tr><td>8×7</td><td>8</td><td rowspan="2">+0.036
0</td><td rowspan="2">+0.098
+0.040</td><td rowspan="2">0
−0.036</td><td rowspan="2">±0.018</td><td rowspan="2">−0.015
−0.051</td><td>4.0</td><td rowspan="11">+0.2
0</td><td>3.3</td><td rowspan="11">+0.2
0</td></tr>
<tr><td>10×8</td><td>10</td><td>5.0</td><td>3.3</td><td rowspan="5">0.25</td><td rowspan="5">0.40</td></tr>
<tr><td>12×8</td><td>12</td><td rowspan="4">+0.043
0</td><td rowspan="4">+0.120
+0.050</td><td rowspan="4">0
−0.043</td><td rowspan="4">±0.0215</td><td rowspan="4">−0.018
−0.061</td><td>5.0</td><td>3.3</td></tr>
<tr><td>14×9</td><td>14</td><td>5.5</td><td>3.8</td></tr>
<tr><td>16×10</td><td>16</td><td>6.0</td><td>4.3</td></tr>
<tr><td>18×11</td><td>18</td><td>7.0</td><td>4.4</td></tr>
<tr><td>20×12</td><td>20</td><td rowspan="4">+0.052
0</td><td rowspan="4">+0.149
+0.065</td><td rowspan="4">0
−0.052</td><td rowspan="4">±0.026</td><td rowspan="4">−0.022
−0.074</td><td>7.5</td><td>4.9</td><td rowspan="5">0.40</td><td rowspan="5">0.60</td></tr>
<tr><td>22×14</td><td>22</td><td>9.0</td><td>5.4</td></tr>
<tr><td>25×14</td><td>25</td><td>9.0</td><td>5.4</td></tr>
<tr><td>28×16</td><td>28</td><td>10.0</td><td>6.4</td></tr>
<tr><td>32×18</td><td>32</td><td rowspan="5">+0.062
0</td><td rowspan="5">+0.180
+0.080</td><td rowspan="5">0
−0.062</td><td rowspan="5">±0.031</td><td rowspan="5">−0.026
−0.088</td><td>11.0</td><td>7.4</td></tr>
<tr><td>36×20</td><td>36</td><td>12.0</td><td rowspan="9">+0.3
0</td><td>8.4</td><td rowspan="9">+0.3
0</td><td rowspan="4">0.70</td><td rowspan="4">1.0</td></tr>
<tr><td>40×22</td><td>40</td><td>13.0</td><td>9.4</td></tr>
<tr><td>45×25</td><td>45</td><td>15.0</td><td>10.4</td></tr>
<tr><td>50×28</td><td>50</td><td>17.0</td><td>11.4</td></tr>
<tr><td>56×32</td><td>56</td><td rowspan="4">+0.074
0</td><td rowspan="4">+0.220
+0.100</td><td rowspan="4">0
−0.074</td><td rowspan="4">±0.037</td><td rowspan="4">−0.032
−0.0106</td><td>20.0</td><td>12.4</td><td rowspan="3">1.2</td><td rowspan="3">1.6</td></tr>
<tr><td>63×32</td><td>63</td><td>20.0</td><td>12.4</td></tr>
<tr><td>70×36</td><td>70</td><td>22.0</td><td>14.4</td></tr>
<tr><td>80×40</td><td>80</td><td>25.0</td><td>15.4</td><td rowspan="3">2.0</td><td rowspan="3">2.5</td></tr>
<tr><td>90×45</td><td>90</td><td rowspan="2">+0.087
0</td><td rowspan="2">+0.260
+0.120</td><td rowspan="2">0
−0.087</td><td rowspan="2">±0.0435</td><td rowspan="2">−0.037
−0.124</td><td>28.0</td><td>17.4</td></tr>
<tr><td>100×50</td><td>100</td><td>31.0</td><td>19.5</td></tr>
</table>

注：1. 普通型平键的尺寸应符合 GB/T 1096 的规定。
2. 导向型平键的尺寸应符合 GB/T 1097 的规定。
3. 导向型平键的轴槽与轮毂槽用较松键联结的公差。
4. 平键轴槽的长度公差用 H14。
5. 轴槽及轮毂槽的宽度 b 对轴及轮毂轴心线的对称度，一般可按 GB/T 1184—1996 表 B4 中对称度公差 7～9 级选取。
6. 键槽表面粗糙度一般规定：
轴槽、轮毂槽的键槽宽度 b 两侧面粗糙度参数 Ra 值推荐为 1.6～3.2μm。
轴槽底面、轮毂槽底面的表面粗糙度参数 Ra 值为 6.3μm。

表 3-3-7 薄型平键型式尺寸（摘自 GB/T 1567—2003） /mm

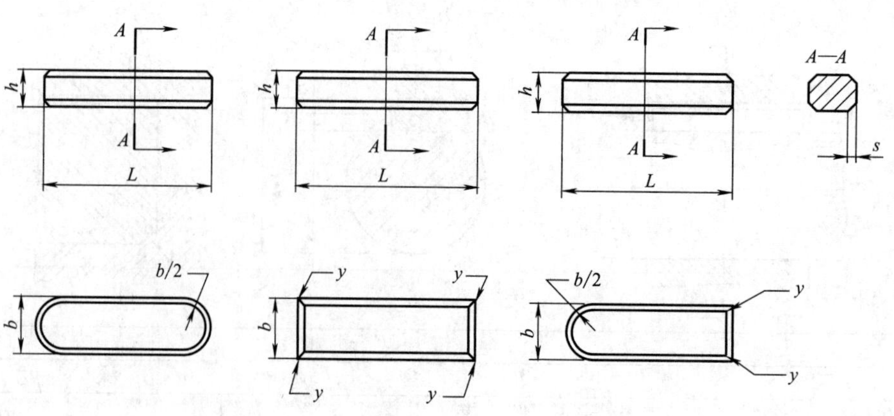

A型 B型 C型

$y \leqslant s_{max}$

标记示例：薄 A 型平键 b=16mm、h=7mm、L=100mm，标记为

GB/T 1567 键 16×7×100

薄 B 型平键 b=16mm、h=7mm、L=100mm，标记为

GB/T 1567 键 B 16×7×100

薄 C 型平键 b=16mm、h=7mm、L=100mm，标记为

GB/T 1567 键 C 16×7×100

宽度 b	基本尺寸	5	6	8	10	12	14	16	18	20	22	25	28	32	36
	极限偏差 (h8)	0 −0.018		0 −0.022		0 −0.027				0 −0.033				0 −0.039	
高度 h	基本尺寸	3	4	5	6	6	6	7	7	8	9	9	10	11	12
	极限偏差 (h11)	0 −0.060	0 −0.075					0 −0.090						0 −0.110	
倒角或倒圆 s		0.25～0.40			0.40～0.60					0.60～0.80					1.0～1.2
长度 L 基本尺寸	极限偏差 (h14)														
10	0 −0.36		—	—	—	—	—	—	—	—	—	—	—	—	—
12			—	—	—	—	—	—	—	—	—	—	—	—	—
14	0 −0.43			—	—	—	—	—	—	—	—	—	—	—	—
16				—	—	—	—	—	—	—	—	—	—	—	—
18					—	—	—	—	—	—	—	—	—	—	—
20	0 −0.52				—	—	—	—	—	—	—	—	—	—	—
22						—	—	—	—	—	—	—	—	—	—
25						—	—	—	—	—	—	—	—	—	—
28							—	—	—	—	—	—	—	—	—
32	0 −0.62	标准					—	—	—	—	—	—	—	—	—
36								—	—	—	—	—	—	—	—
40								—	—	—	—	—	—	—	—

长度 L 基本尺寸	长度 L 极限偏差 (h14)														
45	0								—	—	—	—	—	—	—
50	−0.62									—	—	—	—	—	—
56	0					长度					—	—	—	—	—
63		—										—	—	—	—
70	−0.74	—											—	—	—
80		—	—											—	—
90	0	—	—												—
100		—	—	—						范围					
110	−0.87	—	—	—											
125		—	—	—	—										
140	0	—	—	—	—										
160		—	—	—	—	—									
180	−1.00	—	—	—	—	—	—								

注：1. 薄型平键的技术条件应符合 GB/T 1568 的规定。

2. 键槽的尺寸应符合 GB/T 1566 的规定。

表 3-3-8 薄型平键键槽的剖面尺寸（摘自 GB/T 1566—2003） /mm

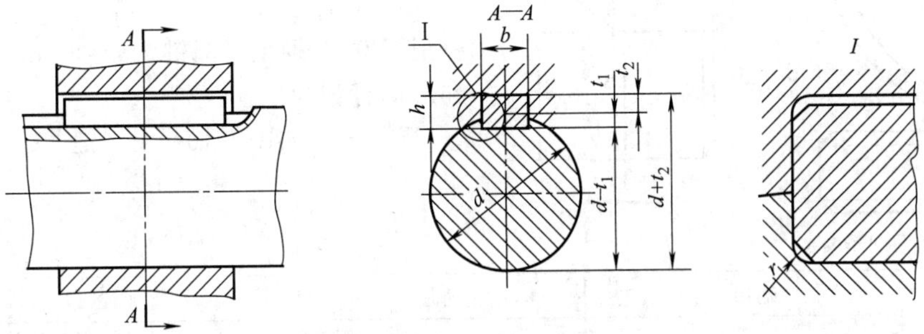

键尺寸 b×h	键槽											
	宽度 b						深度				半径 r	
	基本尺寸	极限偏差					轴 t		毂 t_1			
		正常连接		紧密连接	松连接		基本尺寸	极限偏差	基本尺寸	极限偏差	min	max
		轴 N9	毂 JS9	轴和毂 P9	轴 H9	毂 D10						
5×3	5	0	±0.015	−0.012	+0.030	+0.078	1.8	+0.1 0	1.4	+0.1 0	0.16	0.25
6×4	6	−0.030		−0.042	0	+0.030	2.5		1.8			
8×5	8	0	±0.018	−0.015	+0.036	+0.098	3.0		2.3			
10×6	10	−0.036		−0.051	0	+0.040	3.5		2.8		0.25	0.40
12×6	12	0	±0.0215	−0.018	+0.043	+0.120	3.5		2.8			
14×6	14	−0.043		−0.061	0	+0.050	3.5		2.8			

键尺寸 $b\times h$	键槽											
	宽度 b						深度				半径 r	
	基本尺寸	极限偏差					轴 t		毂 t_1			
		正常连接		紧密连接	松连接		基本尺寸	极限偏差	基本尺寸	极限偏差	min	max
		轴 N9	毂 JS9	轴和毂 P9	轴 H9	毂 D10						
16×7	16	0	±0.0215	−0.018	+0.043	+0.120	4.0		3.3		0.25	0.40
18×7	18	−0.043		−0.061	0	+0.050	4.0		3.3			
20×8	20						5.0		3.3			
22×9	22	0	±0.026	−0.022	+0.052	+0.149	5.5	+0.2	3.8	+0.2		
25×9	25	−0.052		−0.074	0	+0.065	5.5	0	3.8	0	0.40	0.60
28×10	28						6.0		4.3			
32×11	32	0	±0.031	−0.026	+0.062	+0.180	7.0		4.4			
36×12	36	−0.062		−0.088	0	+0.080	7.5		4.9		0.70	1.0

注：1. 薄型平键的尺寸应符合 GB/T 1567 的规定。

2. 薄型平键的轴槽长度公差用 H14。

3. 轴槽及轮毂槽的宽度 b 对轴及轮毂轴心线的对称度，一般可按 GB/T 1184—1996 表 B4 中的对称度公差 7～9 级选取。

4. 键槽表面粗糙度一般规定：轴槽、轮毂槽的键槽宽度 b 两侧粗糙度参数按 GB/T 1031，选 Ra 值为 1.6～3.2μm；轴槽底面、轮毂槽底面粗糙度参数按 GB/T 1031，选 Ra 值为 6.3μm。

表 3-3-9　普通型半圆键型式尺寸（摘自 GB/T 1099.1—2003）　/mm

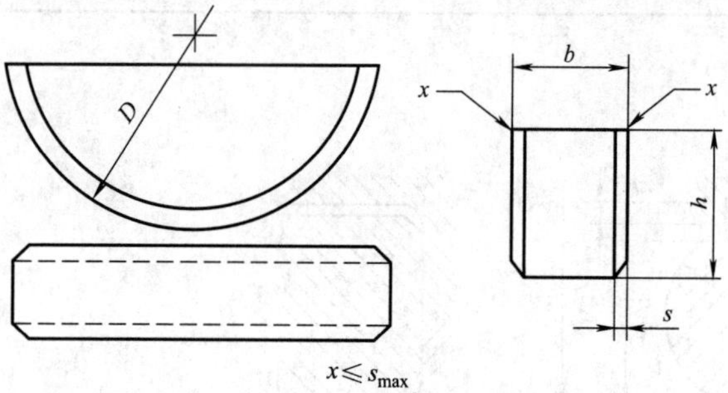

标记示例：普通型半圆键　$b=6$mm、$h=10$mm、直径 $D=25$mm，标记为

GB/T 1099.1　键　6×10×25

键尺寸 $b\times h\times D$	宽度 b		高度 h		直径 D		倒角或倒圆 s	
	基本尺寸	极限偏差	基本尺寸	极限偏差 (h12)	基本尺寸	极限偏差 (h12)	min	max
1×1.4×4	1		1.4		4	0 −0.120		
1.5×2.6×7	1.5		2.6	0 −0.10	7			
2×2.6×7	2		2.6		7			
2×3.7×10	2		3.7		10	0 −0.150	0.16	0.25
2.5×3.7×10	2.5	0 −0.025	3.7	0 −0.12	10			
3×5×13	3		5		13			
3×6.5×16	3		6.5		16	0 −0.180		
4×6.5×16	4		6.5	0 −0.15	16			
4×7.5×19	4		7.5		19	0 −0.210	0.25	0.40

续表

键尺寸 $b\times h\times D$	宽度 b		高度 h		直径 D		倒角或倒圆 s	
	基本尺寸	极限偏差	基本尺寸	极限偏差 (h12)	基本尺寸	极限偏差 (h12)	min	max
5×6.5×16	5	0 −0.025	6.5	0 −0.15	16	0 −0.180	0.25	0.40
5×7.5×19	5		7.5		19	0 −0.210		
5×9×22	5		9		22			
6×9×22	6		9		22			
6×10×25	6		10		25			
8×11×28	8		11	0 −0.18	28		0.40	0.60
10×13×32	10		13		32	0 −0.250		

注：1. 半圆键的技术条件应符合 GB/T 1568 的规定。

2. 键槽的尺寸应符合 GB/T 1098 的规定。

表 3-3-10 半圆键键槽的剖面尺寸（摘自 GB/T 1098—2003） /mm

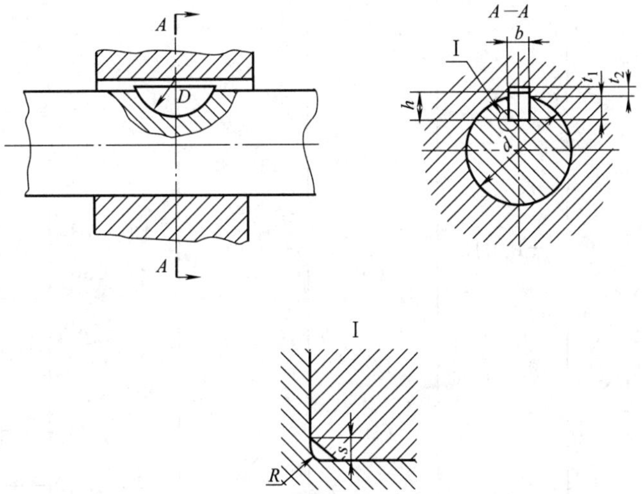

注:键尺寸中的公称直径 D 即为键槽直径最小值

键尺寸 $b\times h\times D$	键槽											
	宽度 b						深度				半径 R	
	基本尺寸	极限偏差					轴 t_1		毂 t_2			
		正常连接		紧密连接	松连接		基本尺寸	极限偏差	基本尺寸	极限偏差	max	min
		轴 N9	毂 JS9	轴和毂 P9	轴 H9	毂 D10						
1×1.4×4 1×1.1×4	1	−0.004 −0.029	±0.0125	−0.006 −0.031	+0.025 0	+0.060 +0.020	1.0	+0.1 0	0.6	+0.1 0	0.16	0.08
1.5×2.6×7 1.5×2.1×7	1.5						2.0		0.8			
2×2.6×7 2×2.1×7	2						1.8		1.0			

续表

键尺寸 $b\times h\times D$	键槽											
	宽度 b						深度				半径 R	
	基本尺寸	极限偏差					轴 t_1		毂 t_2			
		正常连接		紧密连接	松连接		基本尺寸	极限偏差	基本尺寸	极限偏差		
		轴 N9	毂 JS9	轴和毂 P9	轴 H9	毂 D10					max	min
2×3.7×10 2×3×10	2						2.9	+0.1 0	1.0			
2.5×3.7×10 2.5×3×10	2.5	−0.004 −0.029	±0.0125	−0.006 −0.031	+0.025 0	+0.060 +0.020	2.7		1.2			
3×5×13 3×4×13	3						3.8		1.4		0.16	0.08
3×6.5×16 3×5.2×16	3						5.3		1.4			
4×6.5×16 4×5.2×16	4						5.0	+0.2 0	1.8	+0.1 0		
4×7.5×19 4×6×19	4						6.0		1.8			
5×6.5×16 5×5.2×19	5						4.5		2.3			
5×7.5×19 5×6×19	5	0 −0.030	±0.015	−0.012 −0.042	+0.030 0	+0.078 +0.030	5.5		2.3		0.25	0.16
5×9×22 5×7.2×22	5						7.0		2.3			
6×9×22 6×7.2×22	6						6.5		2.8			
6×10×25 6×8×25	6						7.5	+0.3 0	2.8			
8×11×28 8×8.8×28	8	0 −0.036	±0.018	−0.015 −0.051	+0.036 0	+0.098 +0.040	8.0		3.3	+0.2 0	0.40	0.25
10×13×32 10×10.4×32	10						10		3.3			

注：1. 普通型半圆键的尺寸应符合 GB/T 1099.1 的规定。
2. 平底型半圆键的尺寸应符合 GB/T 1099.2 的规定。
3. 轴槽及轮毂槽的宽度 b 对轴及轮毂轴心线的对称度，一般可按 GB/T 1184—1996 表 B4 中对称度公差 7～9 级选取。
4. 键槽表面粗糙度一般规定：
轴槽、轮毂槽的键槽宽度 b 两侧面粗糙度参数按 GB/T 1031，选 Ra 值为 1.6～3.2μm；
轴槽底面、轮毂槽底面的表面粗糙度参数按 GB/T 1031，选 Ra 值为 6.3μm。

表 3-3-11 普通型 楔键型式尺寸（摘自 GB/T 1564—2003）

/mm

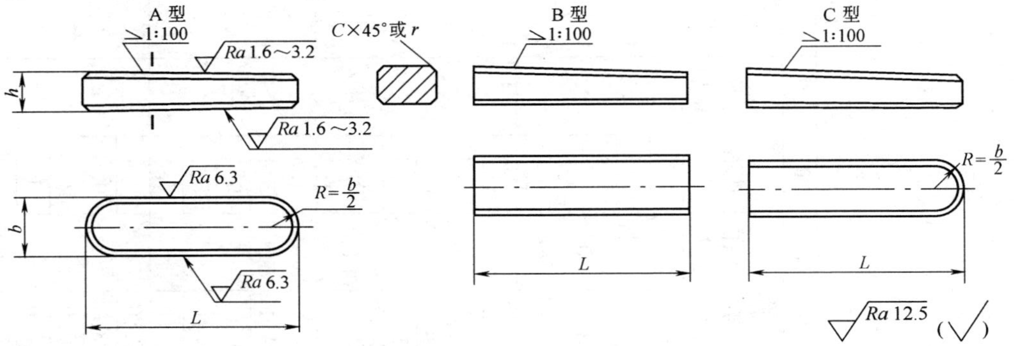

标记示例：普通 A 型楔键　$b=16mm$、$h=10mm$、$L=100mm$，标记为
GB/T 1564　键　16×10×100
普通 B 型楔键　$b=16mm$、$h=10mm$、$L=100mm$，标记为
GB/T 1564　键 B　16×10×100
普通 C 型楔键　$b=16mm$、$h=10mm$、$L=100mm$，标记为
GB/T 1564　键 C　16×10×100

b	公称尺寸	2	3	4	5	6	8	10	12	14	16	18	20	22	25	28	32	36	40	45	50	56	63	70	80	90	100
	极限偏差（h8）	0 −0.014		0 −0.018			0 −0.022		0 −0.027				0 −0.033		0 −0.033		0 −0.039					0 −0.046				0 −0.054	
h	公称尺寸	2	3	4	5	6	7	8	8	9	10	11	12	14	14	16	18	20	22	25	28	32	32	36	40	45	50
	极限偏差（h11）	0 −0.060		0 −0.075			0 −0.090					0 −0.110			0 −0.110			0 −0.130				0 −0.160					
C 或 r		0.16～0.25			0.25～0.40			0.40～0.60					0.60～0.80		0.60～0.80			1.0～1.2				1.6～2.0			2.5～3.0		

L	公称尺寸	6～10	12～18	20～28	32～50	56～80	90～110	125～180	200～250	280	320～400	450～500
	极限偏差（h14）	0 −0.36	0 −0.43	0 −0.52	0 −0.62	0 −0.74	0 −0.87	0 −1.0	0 −1.15	0 −1.30	0 −1.40	0 −1.55

注：1. 普通型楔键的技术条件应符合 GB/T 1568 的规定。
2. 键槽的尺寸应符合 GB/T 1563 的规定。
3. 当键长大于 500mm 时，其长度应按 GB/T 321 的 R20 系列选取，为减小由于直线度而引起的问题，键长应小于 10 倍的键宽。

表 3-3-12 楔键键槽的剖面尺寸（摘自 GB/T 1563—2017） /mm

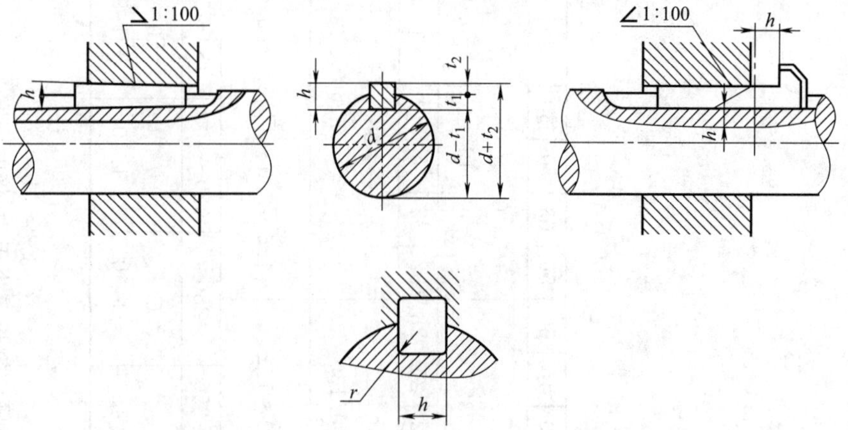

1.（$d+t_2$）及 t_2 表示大端轮毂槽深度

2. 安装时，键的斜面与轮毂槽的斜面紧密贴合

键尺寸 $b\times h$	键槽 宽度 b 基本尺寸	宽度 b 极限偏差 正常连接 轴 N9	正常连接 毂 JS9	紧密连接 轴和毂 P9	松连接 轴 H9	松连接 毂 D10	深度 轴 t_1 基本尺寸	轴 t_1 极限偏差	毂 t_2 基本尺寸	毂 t_2 极限偏差	半径 r min	半径 r max
2×2	2	−0.004 −0.029	±0.0125	−0.006 −0.031	+0.025 0	+0.060 +0.020	1.2		1.0			
3×3	3						1.8	+0.1 0	1.4	+0.1 0	0.08	0.16
4×4	4	0 −0.030	±0.015	−0.012 −0.042	+0.030 0	+0.078 +0.030	2.5		1.8			
5×5	5						3.0		2.3			
6×6	6						3.5		2.8		0.16	0.25
8×7	8	0 −0.036	±0.018	−0.015 −0.051	+0.036 0	+0.098 +0.040	4.0		3.3			
10×8	10						5.0		3.3			
12×8	12	0 −0.043	±0.0215	−0.018 −0.061	+0.043 0	+0.120 +0.050	5.0		3.3			
14×9	14						5.5		3.8		0.25	0.40
16×10	16						6.0		4.3			
18×11	18						7.0	+0.2 0	4.4	+0.2 0		
20×12	20	0 −0.052	±0.026	−0.022 −0.074	+0.052 0	+0.149 +0.065	7.5		4.9			
22×14	22						9.0		5.4			
25×14	25						9.0		5.4		0.40	0.60
28×16	28						10.0		6.4			
32×18	32	0 −0.062	±0.031	−0.026 −0.088	+0.062 0	+0.180 +0.080	11.0		7.4			
36×20	36						12.0		8.4			
40×22	40						13.0		9.4			
45×25	45						15.0		10.4		0.70	1.00
50×28	50						17.0		11.4			
56×32	56	0 −0.074	±0.037	−0.032 −0.106	+0.074 0	+0.220 +0.100	20.0	+0.3 0	12.4	+0.3 0		
63×32	63						20.0		12.4		1.20	1.60
70×36	70						22.0		14.4			
80×40	80	0 −0.087	±0.0430	−0.037 −0.124	+0.087 0	+0.260 +0.120	25.0		15.4			
90×45	90						28.0		17.4		2.00	2.50
100×50	100						31.0		19.5			

注：1. 普通型楔键的尺寸应符合 GB/T 1564 规定。

2. 钩头型楔键的尺寸应符合 GB/T 1565 规定。

3. 键槽表面粗糙度一般规定：

轴槽，轮毂槽的键槽宽度 b 两侧面粗糙度参数按 GB/T 1031，选 Ra 值为 6.3μm。

轴槽底面、轮毂槽底面的表面粗糙度参数按 GB/T 1031，选 Ra 值为 1.6～3.2μm。

表 3-3-13　钩头型　楔键（摘自 GB/T 1565—2003）　　/mm

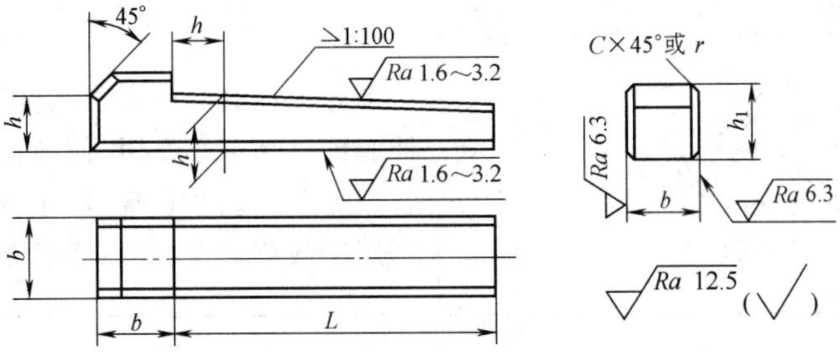

标记示例：钩头型楔键　b=16mm、h=10mm、L=100mm，标记为

键　16×100　GB/T 1565

宽度 b 公称尺寸	4	5	6	8	10	12	14	16	18	20	22	25	28	32	36	40	45	50	56	63	70	80	90	100
宽度 b 极限偏差(h8)	0 −0.018			0 −0.022		0 −0.027				0 −0.033				0 −0.039					0 −0.046				0 −0.054	
高度 h 公称尺寸	4	5	6	7	8	8	9	10	11	12	14	14	16	18	20	22	25	28	32	32	36	40	45	50
高度 h 极限偏差(h11)	0 −0.075			0 −0.090					0 −0.110						0 −0.130				0 −0.160					
h_1	7	8	10	11	12	12	14	16	18	20	22	22	25	28	32	36	40	45	50	50	56	63	70	80
C 或 r	0.16～0.25	0.25～0.40			0.40～0.60					0.60～0.80					1.0～1.2				1.6～2.0			2.6～3.0		

L	14～18	20～28	32～50	56～80	90～110	125～180	200～250	280～320	360～400	450～500
极限偏差(h14)	0 −0.43	0 −0.52	0 −0.62	0 −0.74	0 −0.81	0 −1.0	0 −1.15	0 −1.30	0 −1.40	0 −1.55

注：1. 钩头型楔键的技术条件应符合 GB/T 1568 的规定。

2. 键槽的尺寸应符合 GB/T 1563 的规定。

3. 当键长大于 500mm 时，其长度应按 GB/T 321 的 R20 系列选取。为减少由于直线度而引起的问题，键长应小于 10 倍的键宽。

3.2　花键连接

3.2.1　花键的类型和应用

花键连接为多齿工作，工作面为齿侧面，其承载能力高，对中性和导向性好，对轴与毂的强度削弱小，适用于载荷较大和对中性要求较高的静连接和动连接。花键连接按其齿的形状不同，常用的有两种，见表 3-3-14。

表 3-3-14　花键连接的特点和应用

类　型	图　　形	特　点　和　应　用
矩形花键	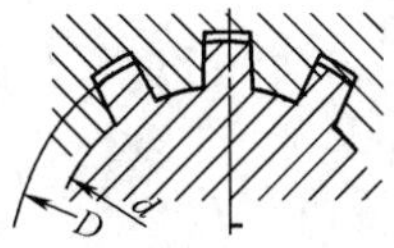GB/T 1144	矩形花键便于加工，能用磨削方法获得较高的精度。其连接采用小径定心，定心精度高，广泛应用于各种机械的传动装置中

续表

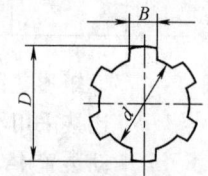

类　型	图　　形	特　点　和　应　用
渐开线花键	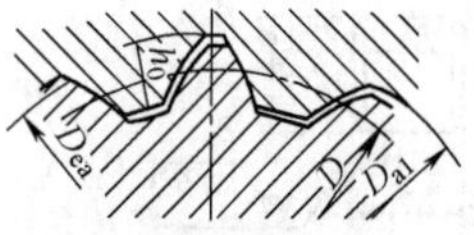 GB/T 3478.1	渐开线花键的齿廓为渐开线，承受负载时齿间的径向力能起到自动定心作用，使各齿受力比较均匀，强度高、寿命长。加工工艺与齿轮相同，易获得较高的精度和互换性。可用于载荷较大、定心精度要求较高以及尺寸较大的连接

3.2.2　花键的挤压强度校核

$$\sigma_p=\frac{2T}{\psi ZhlD_m}\leqslant[\sigma_p]\ (\text{MPa})$$

式中　T——转矩，N·mm；

ψ——各齿载荷不均匀系数，一般取 $\psi=0.7\sim0.8$；

Z——齿数；

$[\sigma_p]$——花键连接许用挤压应力，见表 3-3-15，MPa；

l——齿的工作长度，mm；

D_m——平均直径，mm，

矩形花键　$D_m=\dfrac{D+d}{2}$

渐开线花键　$D_m=d_f$（分度圆直径）

D——大径

d——小径；

h——齿的工作高度，mm

矩形花键　$h=\dfrac{D-d}{2}-2C$

C——倒角尺寸

渐开线花键　$h=m$

m——模数。

3.2.3　矩形花键

矩形花键的优点是：能用磨削加工方法消除热处理变形，故定心直径尺寸公差和位置公差都能获得较高的精度。标准规定其定心方式为小径定心。

3.2.3.1　矩形花键的基本尺寸

表 3-3-15　花键连接的许用挤压应力 $[\sigma_p]$　/MPa

连接方式	使用和制造情况	许用应力 $[\sigma_p]$ 齿面未经热处理	许用应力 $[\sigma_p]$ 齿面经热处理
静连接	不良	35～50	40～70
	中等	60～100	100～140
	良好	80～120	120～200
不在载荷作用下移动的动连接	不良	15～20	20～35
	中等	20～30	30～60
	良好	25～40	40～70
在载荷作用下移动的动连接	不良		3～10
	中等		5～15
	良好		10～20

注：1. 使用和制造情况不良，是指受变载、有双向冲击、振动频率高和振幅大、润滑不好（对动连接）、材料硬度不高和精度不高等。

2. 同一情况下，$[\sigma_p]$ 的较小值用于工作时间较长和较重要的场合。内、外花键的抗拉强度不低于600MPa。

表 3-3-16　矩形花键基本尺寸系列（摘自 GB/T 1144—2001，等效 ISO 14：1982）　/mm

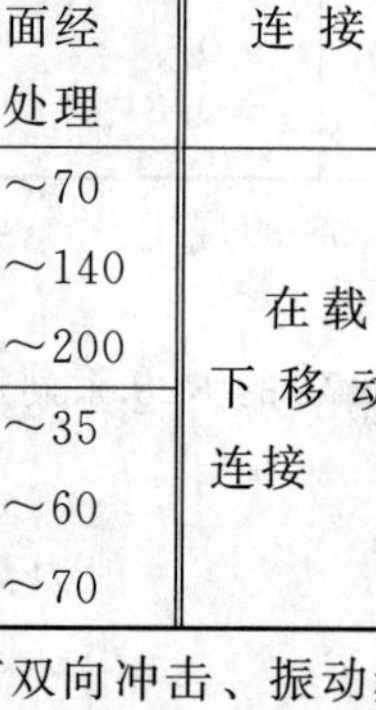

小径 d	轻系列				中系列			
	规格 $N\times d\times D\times B$	键数 N	大径 D	键宽 B	规格 $N\times d\times D\times B$	键数 N	大径 D	键宽 B
11					6×11×14×3		14	3
13					6×13×16×3.5		16	3.5
16					6×16×20×4		20	4
18					6×18×22×5	6	22	5
21					6×21×25×5		25	5
23	6×23×26×6		26	6	6×23×28×6		28	6
26	6×26×30×6	6	30	6	6×26×32×6		32	6
28	6×28×32×7		32	7	6×28×34×7		34	7
32	8×32×36×6		36	6	8×32×38×6		38	6
36	8×36×40×7		40	7	8×36×42×7		42	7
42	8×42×46×8		46	8	8×42×48×8		48	8
46	8×46×50×9	8	50	9	8×46×54×9	8	54	9
52	8×52×58×10		58	10	8×52×60×10		60	10
56	8×56×62×10		62	10	8×56×65×10		65	10
62	8×62×68×12		68	12	8×62×72×12		72	12
72	10×72×78×12		78	12	10×72×82×12		82	12
82	10×82×88×12		88	12	10×82×92×12		92	12
92	10×92×98×14	10	98	14	10×92×102×14	10	102	14
102	10×102×108×16		108	16	10×102×112×16		112	16
112	10×112×120×18		120	18	10×112×125×18		125	18

表 3-3-17 矩形内花键长度系列（摘自 GB/T 10081—2005） /mm

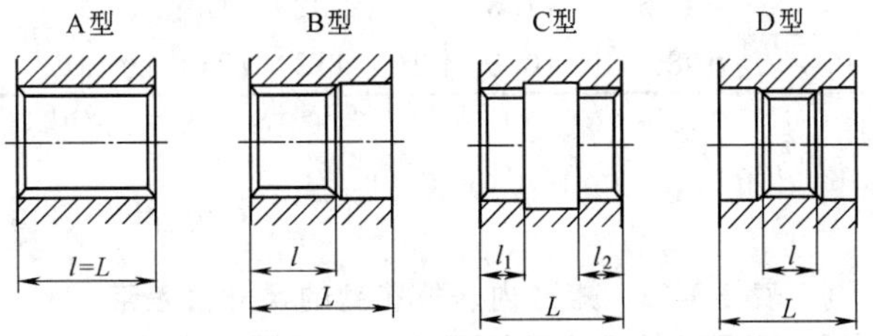

花键小径 d	11	13	16	18	21	23	26	28	32	36	42	46	52	56	62	72	82	92	102	112
花键长度 l 或 l_1+l_2	10～50		10～80							22～120						32～120	32～200			
孔的最大长度 L	50	80				120				200				250					300	
l 或 l_1+l_2 系	10,12,15,18,22,25,28,30,32,36,38,42,45,48,50,56,60,63,71,75,80,85,90,95,100,120,130,140,160,180,200																			

表 3-3-18 键槽截面和尺寸 /mm

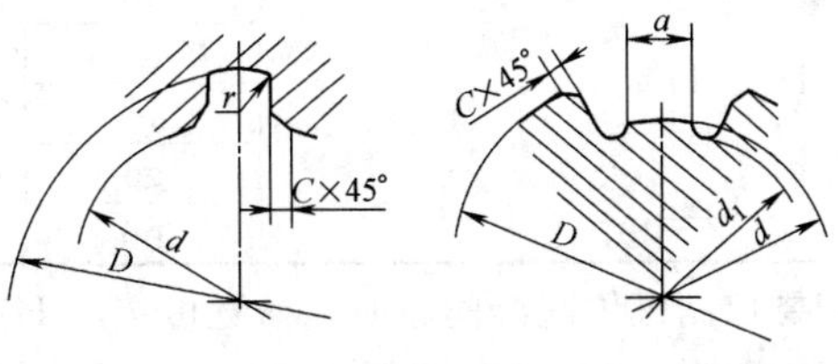

续表

轻系列					中系列				
规格 $N\times a\times D\times B$	C	r	参考		规格 $N\times a\times D\times B$	C	r	参考	
			$d_{1\min}$	$a_{\min}$				$d_{1\min}$	$a_{\min}$
					6×11×14×3	0.2	0.1		
					6×13×16×3.5				
					6×16×20×4	0.3	0.2	14.1	1.0
					6×18×22×5			16.6	1.0
					6×21×25×5			19.5	2.0
6×23×26×6	0.2	0.1	22	3.5	6×23×28×6			21.2	1.2
6×26×30×6	0.3	0.2	24.5	3.8	6×26×32×6	0.4	0.3	23.6	1.2
6×28×32×7			26.6	4.0	6×28×34×7			25.8	1.4
8×32×36×6			30.3	2.7	8×32×38×6			29.4	1.0
8×36×40×7			34.4	3.5	8×36×42×7			33.4	1.0
8×42×46×8			40.5	5.0	8×42×48×8			39.4	2.5
8×46×50×9			44.6	5.7	8×46×54×9	0.5	0.4	42.6	1.4
8×52×58×10	0.4	0.3	49.6	4.8	8×52×60×10			48.6	2.5
8×56×62×10			53.5	6.5	8×56×65×10			52.0	2.5
8×62×68×12			59.7	7.3	8×62×72×12	0.6	0.5	57.7	2.4
10×72×78×12			69.6	5.4	10×72×82×12			67.4	1.0
10×82×88×12			79.3	8.5	10×82×92×12			77.0	2.9
10×92×98×14			89.6	9.9	10×92×102×14			87.3	4.5
10×102×108×16			99.6	11.3	10×102×112×16			97.7	6.2
10×112×120×18	0.5	0.4	108.8	10.5	10×112×125×18			106.2	4.1

注：d_1 和 d 仅适用于展成法加工。

3.2.3.2 矩形花键的公差配合

表 3-3-19 矩形内、外花键的尺寸公差带

内花键				外花键			装配形式
d	D	B		d	D	B	
		拉削后不热处理	拉削后热处理				
一般用							
H7	H10	H9	H11	f7	a11	d10	滑动
				g7		f9	紧滑动
				h7		h10	固定
精密传动用							
H5	H10	H7、H9		f5	a11	d8	滑动
				g5		f7	紧滑动
				h5		h8	固定
H6				f6		d8	滑动
				g6		f7	紧滑动
				h6		h8	固定

注：1. 精密传动用的内花键，当需要控制键侧配合间隙时，槽宽可选用 H7，一般情况下可选用 H9。

2. d 为 H6 和 H7 的内花键，允许与提高一级的外花键配合。

表 3-3-20　矩形花键的位置度公差　/mm

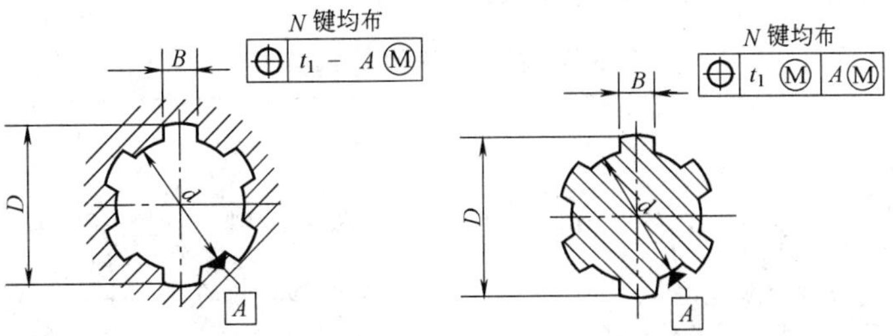

键槽宽或键宽 B		3	3.5～6	7～10	12～18
		t_1			
键槽宽		0.010	0.015	0.020	0.025
键宽	滑动、固定	0.010	0.015	0.020	0.025
	紧滑动	0.006	0.010	0.013	0.016

表 3-3-21　矩形花键对称度和等分度公差（参考件）　/mm

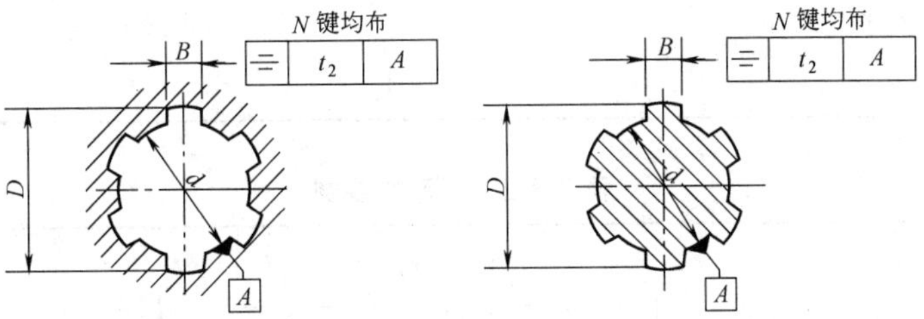

内花键　　外花键

键槽宽或键宽 B	3	3.5～6	7～10	12～18
	t_2			
一般用	0.010	0.012	0.015	0.018
精密传动用	0.006	0.008	0.009	0.011

注：花键的等分度公差等于键宽的对称度公差。

3.2.3.3　矩形花键标记

矩形花键的标记代号应按次序包括下列项目：键数 N，小径 d，大径 D，键宽 B，基本尺寸及配合公差代号和国标代号。

花键 $N=6$；$d=23\frac{H7}{f7}$；$D=26\frac{H10}{a11}$；$B=6\frac{H11}{d10}$的标记是

花键规格：$N\times d\times D\times B$

$6\times23\times26\times6$

花键副：$6\times23\frac{H7}{f7}\times26\frac{H10}{a11}\times6\frac{H11}{d10}$　GB/T 1144—2001

内花键：6×23H7×26H10×6H11　GB/T 1144—2001

外花键：6×23f7×26a11×6d10　GB/T 1144—2001

3.2.4　圆柱直齿渐开线花键（摘自 GB/T 3478.1—2008，等效 ISO 4156-1:2005）

本标准规定的圆柱直齿渐开线花键的标准压力角有 30°和 37.5°（模数从 0.5～10mm）以及 45°（模数从 0.25～2.5mm）三种。其中 30°压力角的渐开线花键有平齿根和圆齿根两种（压力角 37.5°和 45°均为圆齿根），圆齿根有利于降低齿根的应力集中和避免淬火裂纹。为了刀具制造方便，一般采用平齿根，见表 3-3-22。

3.2.4.1　基本参数和基本齿廓

基本参数见表 3-3-23。标准压力角 α_D 是基本齿廓的齿形角，模数 m 分为两个系列，共15种。优先选用第1系列。

渐开线花键的基本齿廓是指基本齿条的法向齿廓。

本标准按三种齿形角和两种齿根规定了四种齿廓，见表3-3-24。

表 3-3-22　渐开线花键连接

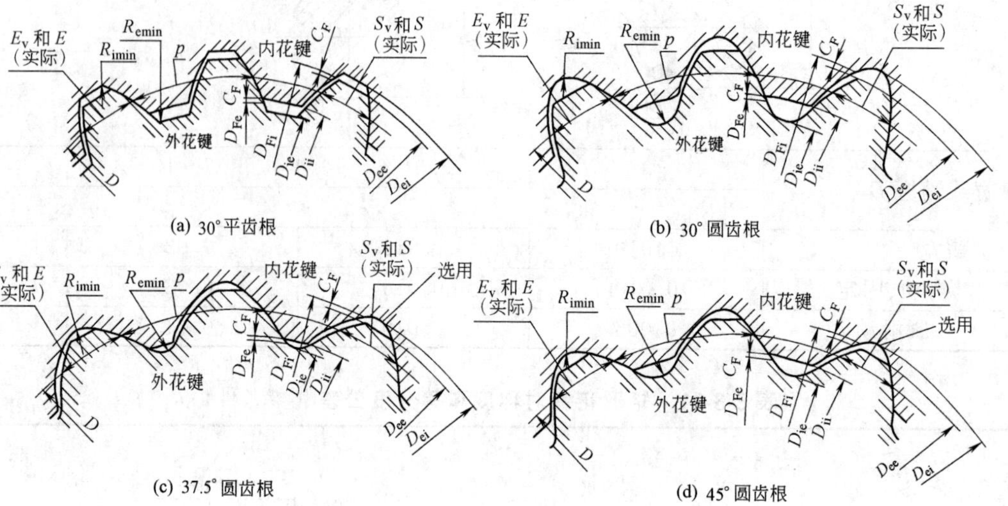

(a) 30°平齿根　(b) 30°圆齿根　(c) 37.5°圆齿根　(d) 45°圆齿根

表 3-3-23　基本参数

/mm

齿[①]	模数 m		齿距	基本齿槽宽 E 和基本齿厚 S	
				α_D	
	第1系列	第2系列		30°、37.5°	45°
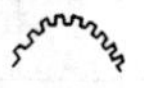	0.25	—	0.785	—	0.393
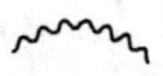	0.5	—	1.571	0.785	0.785
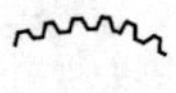	—	0.75	2.356	1.178	1.178
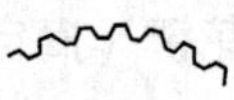	1	—	3.142	1.571	1.571
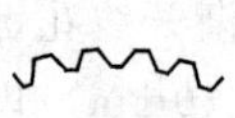	—	1.25	3.927	1.963	1.963
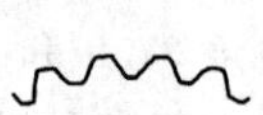	1.5	—	4.712	2.356	2.356
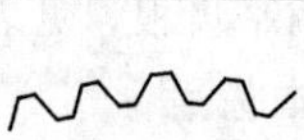	—	1.75	5.498	2.749	2.749

续表

齿①	模数 m		齿距	基本齿槽宽 E 和基本齿厚 S	
				α_D	
	第 1 系列	第 2 系列		30°、37.5°	45°
	2	—	6.283	3.142	3.142
	2.5	—	7.854	3.927	3.927
	3	—	9.425	4.712	—
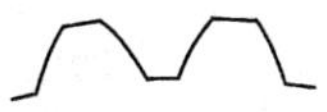	—	4	12.566	6.283	—
	5	—	15.708	7.854	—
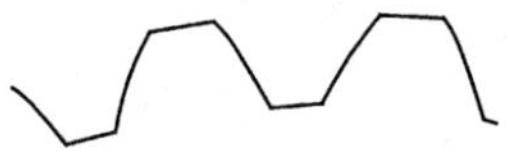	—	6	18.850	9.425	—
	—	8	25.133	12.566	—
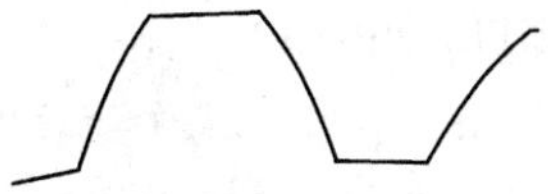	10	—	31.416	15.708	—

① 为便于对比，给出标准压力角 α_D 为 30°、齿数为 30 时，不同模数、比例为 1∶1 的花键齿的大小。

表 3-3-24　基本齿廓

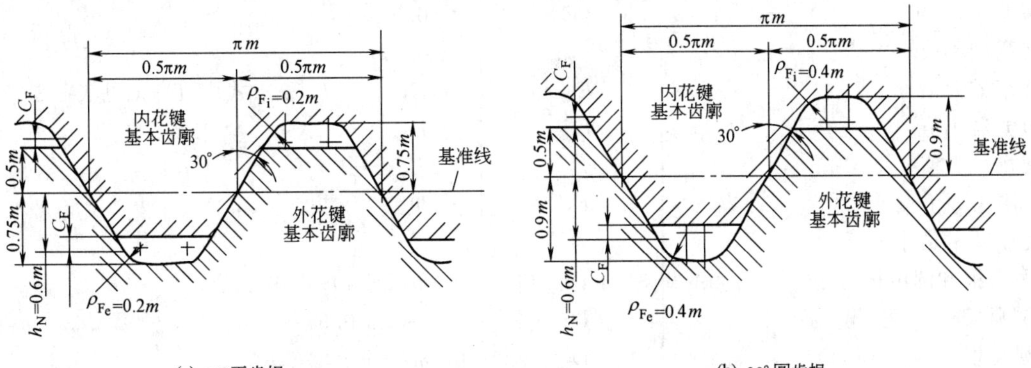

(a) 30°平齿根　　(b) 30°圆齿根

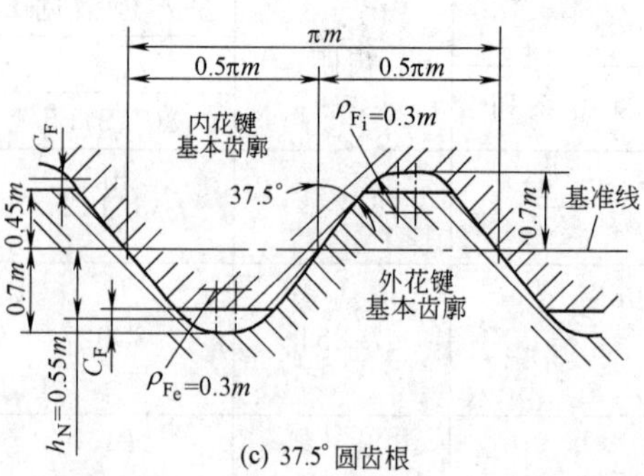

(c) 37.5° 圆齿根

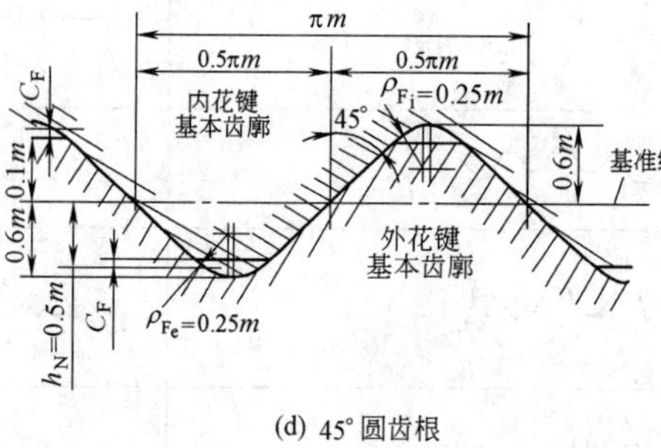

(d) 45° 圆齿根

3.2.4.2 渐开线花键尺寸

花键尺寸的计算公式见表 3-3-25。

表 3-3-25 花键尺寸计算公式 /mm

项目	代号	公式或说明
分度圆直径	D	mz(z——齿数,m——模数)
基圆直径	D_b	$mz\cos\alpha_D$
齿距	p	πm
内花键大径基本尺寸		
30°平齿根	D_{ei}	$m(z+1.5)$
30°圆齿根	D_{ei}	$m(z+1.8)$
37.5°圆齿根	D_{ei}	$m(z+1.4)$
45°圆齿根	D_{ei}	$m(z+1.2)$①
内花键大径下偏差		0
内花键大径公差		从 IT12、IT13 或 IT14 中选取
内花键渐开线终止圆直径最小值		
30°平齿根和圆齿根	$D_{F_{imin}}$	$m(z+1)+2C_F$
37.5°圆齿根	$D_{F_{imin}}$	$m(z+0.9)+2C_F$
45°圆齿根	$D_{F_{imin}}$	$m(z+0.8)+2C_F$
内花键小径基本尺寸	D_{ii}	$D_{F_{emax}}+2C_F$②
内花键小径极限偏差		见表 3-3-31
基本齿槽宽	E	$0.5\pi m$
作用齿槽宽最小值	E_{Vmin}	$0.5\pi m$
实际齿槽宽最大值	E_{max}	$E_{Vmin}+(T+\lambda)$(式中 $T+\lambda$ 见表 3-3-27)
实际齿槽宽最小值	E_{min}	$E_{Vmin}+\lambda$
作用齿槽宽最大值	E_{Vmax}	$E_{Vmax}-\lambda$
外花键作用齿厚上偏差	es_V	见表 3-3-29
外花键大径基本尺寸		
30°平齿根和圆齿根	D_{ee}	$m(z+1)$
37.5°圆齿根	D_{ee}	$m(z+0.9)$
45°圆齿根	D_{ee}	$m(z+0.8)$
外花键大径上偏差		$es_V/\tan\alpha_D$,见表 3-3-30

项目	代号	公式或说明
外花键大径公差		见表 3-3-31
外花键渐开线起始圆直径最大值	$D_{F_{emax}}$	$2\sqrt{(0.5D_b)^2+\left(0.5D\sin\alpha_D-\frac{h_s-\frac{0.5es_V}{\tan\alpha_D}}{\sin\alpha_D}\right)^2}$③
外花键小径基本尺寸		
30°平齿根	D_{ie}	$m(z-1.5)$
30°圆齿根	D_{ie}	$m(z-1.8)$
37.5°圆齿根	D_{ie}	$m(z-1.4)$
45°圆齿根	D_{ie}	$m(z-1.2)$
外花键小径上偏差		$es_V/\tan\alpha_D$，见表 3-3-30
外花键小径公差		从 IT12、IT13 或 IT14 中选取
基本齿厚	S	$0.5\pi m$
作用齿厚最大值	S_{Vmax}	$S+es_V$
实际齿厚最小值	S_{min}	$S_{Vmax}-(T+\lambda)$
实际齿厚最大值	S_{max}	$S_{Vmax}-\lambda$
作用齿厚最小值	S_{Vmin}	$S_{min}+\lambda$
齿形裕度	C_F	$0.1m$④

① 37.5°和 45°圆齿根内花键允许选用平齿根，此时，内花键大径基本尺寸 D_{ei} 应大于内花键渐开线终止圆直径最小值 $D_{F_{imin}}$。

② 对所有花键齿侧配合类别，均按 H/h 配合类别取 $D_{F_{emax}}$ 值。

③ 本公式是按齿条形刀具加工原理推导的。

④ 除 H/h 配合类别 C_F 等于 $0.1m$ 外，其他各种配合类别的齿形裕度均有变化。

3.2.4.3 渐开线花键公差

本标准规定 4、5、6 和 7 四个公差等级。

表 3-3-26 渐开线花键公差术语、代号和定义

术语	代号	定义
齿形裕度	C_F	在花键连接中，渐开线齿形超过结合部分的径向距离
总公差	$T+\lambda$	加工公差与综合公差之和
加工公差	T	实际齿槽宽或实际齿厚的允许变动量
综合误差	$\Delta\lambda$	花键齿(或齿槽)的形状和位置误差的综合
综合公差	λ	允许的综合误差
齿距累积误差	ΔF_p	在分度圆上任意两个同侧齿面间的实际弧长与理论弧长之差的最大绝对值
齿距累积公差	F_p	允许的齿距累积误差
齿形误差	Δf_f	在齿形工作部分(包括齿形裕度部分、不包括齿顶倒棱)包容实际齿形的两条理论齿形之间的法向距离
齿形公差	f_f	允许的齿形误差

续表

术语	代号	定义
齿向误差	ΔF_{β}	在花键长度范围内，包容实际齿线的两条理论齿线之间的分度圆弧长 齿线是分度圆柱面与齿面的交线
齿向公差	F_{β}	允许的齿向误差
作用齿槽宽 最大值 最小值	E_{V} E_{Vmax} E_{Vmin}	等于一与之在全齿长上配合（无间隙且无过盈）的理想全齿外花键分度圆上的弧齿厚
作用齿厚 最大值 最小值	S_{V} S_{Vmax} S_{Vmin}	等于一与之在全齿长上配合（无间隙且无过盈）的理想全齿内花键分度圆上的弧齿槽宽

注：ΔF_{p} 和 ΔF_{β} 允许在分度圆附近测量。

表 3-3-27　渐开线花键公差计算式

/μm

公差等级	齿槽宽和齿厚的总公差 $(T+\lambda)$	综合公差 λ	齿距累积公差 F_{p}	齿形公差 f_{f}	齿向公差 F_{β}
4	$10i^{①}+40i^{②}$	$\lambda=0.6\sqrt{F_{p}^{2}+f_{f}^{2}+F_{\beta}^{2}}$	$2.5\sqrt{L}+6.3$	$1.6\psi_{f}+10$	$0.8\sqrt{g}+4$
5	$16i^{①}+64i^{②}$		$3.55\sqrt{L}+9$	$2.5\psi_{f}+16$	$1.0\sqrt{g}+5$
6	$25i^{①}+100i^{②}$		$5\sqrt{L}+12.5$	$4\psi_{f}+25$	$1.25\sqrt{g}+6.3$
7	$40i^{①}+160i^{②}$		$7.1\sqrt{L}+18$	$6.3\psi_{f}+40$	$2.0\sqrt{g}+10$

① 以分度圆直径 D 为基础的公差，其公差单位 i 为：

当 $D\leqslant 500$mm 时　$i=0.45\sqrt[3]{D}+0.001D$（μm）

当 $D>500$mm 时　$i=0.004D+2.1$（μm）

② 以基本齿槽宽 E 或基本齿厚 S 为基础的公差，其公差单位 i 为：

$i=0.45\sqrt[3]{E}+0.001E$ 或

$i=0.45\sqrt[3]{S}+0.001S$（μm）

式中，D、E 和 S 的单位为 mm。

注：1. L—分度圆周长之半，即 $L=\pi mZ/2$，mm；ψ_{f}—公差因数，$\psi_{f}=m+0.0125D$，mm；g—花键配合长度，mm。

2. 加工公差 T 为总公差 $(T+\lambda)$ 与综合公差 λ 之差，即 $(T+\lambda)-\lambda$。

3. 综合公差 λ 是根据齿距累积误差、齿形误差和齿向误差对花键配合的综合影响给定的。考虑到各项误差不大可能同时以最大值出现在同一花键上，而且三项单项误差不大可能相互无补偿地影响花键配合等情况，所以将三项公差按统计法相加并取其60%为综合公差。当花键配合长度 g 不同时，必要时 λ 值可以调整，但总公差 $(T+\lambda)$ 不变。

表 3-3-28　渐开线花键齿向公差 F_{β}

/μm

花键长度 g/mm		≤5	>5~10	>10~15	>15~20	>20~25	>25~30	>30~35	>35~40	>40~45	>45~50	>50~55	>55~60	>60~70	>70~80	>80~90	>90~100
公差等级	4	6	7	7	8	8	8	9	9	9	10	10	10	11	11	12	12
	5	7	8	9	9	10	10	11	11	12	12	12	13	13	14	14	15
	6	9	10	11	12	13	13	14	14	15	15	16	16	17	17	18	19
	7	14	16	18	19	20	21	22	23	23	24	25	25	27	28	29	30

注：当花键长度不为表中数值时，可按表 3-3-27 给出的计算式计算。

表 3-3-29 作用齿槽宽 E_V 下偏差和作用齿厚 S_V 上偏差

分度圆直径 D /mm	基本偏差						
	H	d	e	f	h	js	k
	作用齿槽宽 E_V 下偏差/μm	作用齿厚 S_V 上偏差 /μm					
≤6	0	−30	−20	−10	0		
>6～10	0	−40	−25	−13	0		
>10～18	0	−50	−32	−16	0		
>18～30	0	−65	−40	−20	0		
>30～50	0	−80	−50	−25	0		
>50～80	0	−100	−60	−30	0		
>80～120	0	−120	−72	−36	0		
>120～180	0	−145	−85	−43	0	$+(T+\lambda)/2$	$+(T+\lambda)$
>180～250	0	−170	−100	−50	0		
>250～315	0	−190	−110	−56	0		
>315～400	0	−210	−125	−62	0		
>400～500	0	−230	−135	−68	0		
>500～630	0	−260	−145	−76	0		
>630～800	0	−290	−160	−80	0		
>800～1000	0	−320	−170	−86	0		

注：当表中的作用齿厚上偏差 es_V 值不能满足需要时，可从 GB/T 1800.1 中选择合适的基本偏差。

表 3-3-30 外花键小径 D_{ie} 和大径 D_{ee} 的上偏差 $es_V/\tan\alpha_D$

分度圆直径 D /mm	d			e			f			h	js	k
	标准压力角 α_D											
	30°	37.5°	45°	30°	37.5°	45°	30°	37.5°	45°	30°、37.5°、45°		
	$es_V/\tan\alpha_D$/μm											
≤6	−52	−39	−30	−35	−26	−20	−17	−13	−10			
>6～10	−69	−52	−40	−43	−33	−25	−23	−17	−13			
>10～18	−87	−65	−50	−55	−42	−32	−28	−21	−16			
>18～30	−113	−85	−65	−69	−52	−40	−35	−26	−20			
>30～50	−139	−104	−80	−87	−65	−50	−43	−33	−25			
>50～80	−173	−130	−100	−104	−78	−60	−52	−39	−30			
>80～120	−208	−156	−120	−125	−94	−72	−62	−47	−36			
>120～180	−251	−189	−145	−147	−111	−85	−74	−56	−43	0	$\frac{+(T+\lambda)}{2\tan\alpha_D}$①	$\frac{+(T+\lambda)}{\tan\alpha_D}$①
>180～250	−294	−222	−170	−170	−130	−100	−87	−65	−50			
>250～315	−329	−248	−190	−190	−143	−110	−97	−73	−56			
>315～400	−364	−274	−210	−210	−163	−125	−107	−81	−62			
>400～500	−398	−300	−230	−230	−176	−135	−118	−89	−68			
>500～630	−450	−339	−260	−260	−189	−145	−132	−99	−76			
>630～800	−502	−378	−290	−290	−209	−160	−139	−104	−80			
>800～1000	−554	−417	−320	−320	−222	−170	−149	−112	−86			

① 对于大径，取值为零。

表 3-3-31　内花键小径 D_{ii} 极限偏差和外花键大径 D_{ee} 公差　/μm

直径 D_{ii} 和 D_{ee} /mm	内花键小径 D_{ii} 极限偏差			外花键大径 D_{ee} 公差		
	模数 m					
	0.25～0.75 H10	1～1.75 H11	2～10 H12	0.25～0.75 IT10	1～1.75 IT11	2～10 IT12
≤6	+48 0			48		
>6～10	+58 0	+90 0		58		
>10～18	+70 0	+110 0	+180 0	70	110	
>18～30	+84 0	+130 0	+210 0	84	130	210
>30～50	+100 0	+160 0	+250 0	100	160	250
>50～80	+120 0	+190 0	+300 0	120	190	300
>80～120		+220 0	+350 0		220	350
>120～180		+250 0	+400 0		250	400
>180～250			+460 0			460
>250～315			+520 0			520
>315～400			+570 0			570
>400～500			+630 0			630
>500～630			+700 0			700
>630～800			+800 0			800
>800～1000			+900 0			900

注：若花键尺寸超出表中数值时，按 GB/T 1800.1 取值。

3.2.4.4　渐开线花键齿侧配合

在渐开线花键连接中，键齿侧面既起驱动作用，又有自动定心作用，在结构设计时应考虑到这一特点。当内、外花键对其安装基准有同轴度误差时，将影响花键齿侧的最小作用间隙，因此，应当调整齿侧配合类别予以补偿。渐开线连接的齿侧配合采用基孔制，即仅用改变外花键作用齿厚上偏差的方法实现不同配合。齿侧配合的性质取决于最小作用间隙，本标准规定花键连接有 6 种齿侧配合类别（见表 3-3-32）：H/k、H/js、H/h、H/f、H/e 和 H/d。对 45°压力角的花键连接，应优先选用 H/k、H/h 和 H/f。允许不同公差等级的内、外花键相互配合。

3.2.4.5　渐开线花键标注方法

在零件图样上，应给出制造花键时所需的全部尺寸、公差和参数，列出参数表，表中应给出齿数、模数、压力角、公差等级和配合类别、渐开线终止圆直径最小值或渐开线起始圆直径最大值、齿根圆弧最小曲率半径，以及与选用的检验方法有关的相应项目。必要时画出齿形放大图，见如下示例（见表 3-3-33、表 3-3-34）。

表 3-3-32 齿侧配合的公差带

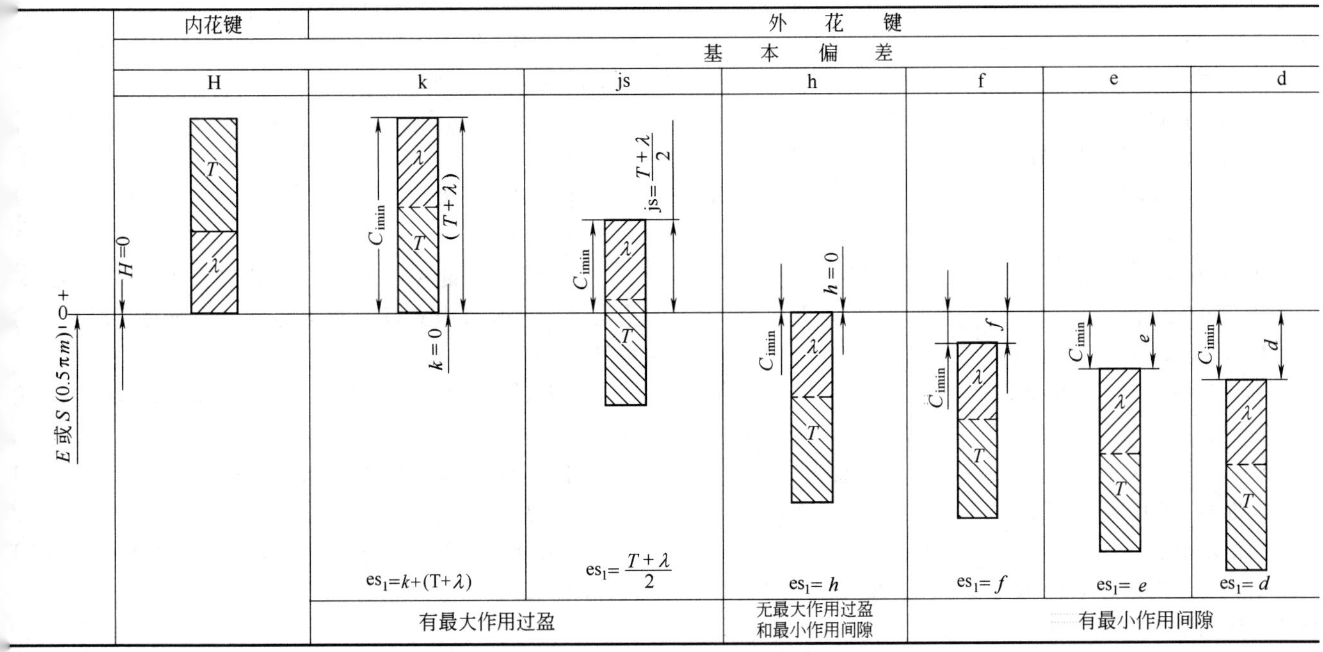

表 3-3-33 内花键参数

参数	符号	数值	单位	参数	符号	数值	单位
齿数	z	24		作用齿槽宽最小值	F_{Vmin}	3.927	mm
模数	m	2.5	mm	实际齿槽宽最小值	F_{min}	3.957	mm
压力角	α_D	30°		作用齿槽宽最大值	F_{Vmax}	3.972	mm
公差等级配合类别	5H	GB/T 3478.1—1995		齿根圆弧最小曲率半径	R_{imin}	R0.50	mm
大径	D_{ei}	$\phi 63.75^{+0.30}_{0}$	mm				
渐开线终止圆直径最小值	D_{Fmin}	ϕ63	mm	齿距累积误差	F_p	0.043	mm
				齿形公差	f_f	0.024	mm
小径	D_{ii}	$\phi 57.74^{+0.30}_{0}$	mm	齿向公差	F_β	0.010	mm
实际齿槽宽最大值	E_{max}	4.002	mm				

表 3-3-34 外花键参数

参数	符号	数值	单位	参数	符号	数值	单位
齿数	z	24		实际齿厚最小值	S_{min}	3.852	mm
模数	m	2.5	mm	作用齿厚最小值	S_{Vmin}	3.882	mm
压力角	α_D	30°		实际齿厚最大值	S_{max}	3.897	mm
公差等级和配合类别	5h	GB/T 3478.1—1995		齿根圆弧最小曲率半径	R_{emin}	R0.50	mm
大径	D_{ee}	$\phi 62.5^{0}_{-0.30}$	mm				
渐开线起始圆直径最大值	$D_{F_{emax}}$	ϕ57.24	mm	齿距累积误差	F_p	0.043	mm
				齿形公差	f_f	0.024	mm
小径	D_{ie}	$\phi 56.25^{0}_{-0.30}$	mm	齿向公差	F_β	0.010	mm
作用齿厚最大值	S_{Vmax}	3.927	mm				

在有关图样和技术文件中，需要标记时应符合以下规定：

内花键：INT

外花键：EXT

花键副：INT/EXT

齿数：z（前面加齿数值）

模数：m（前面加模数值）

30°平齿根：30P

30°圆齿根：30R

37.5°圆齿根：37.5

45°圆齿根：45

公差等级：4、5、6或7

配合类别：H（内花键）

k、js、h、f、e或d（外花键）

标准号：GB/T 3478.1—2008

标记示例：

示例1：花键副，齿数24、模数2.5、30°圆齿根、公差等级为5级、配合类别为H/h。

花键副：INT/EXT $24Z \times 2.5m \times 30R \times 5H/5h$ GB/T 3478.1—2008

内花键：INT $24Z \times 2.5m \times 30R \times 5H$ GB/T 3478.1—2008

外花键：EXT $24Z \times 2.5m \times 30R \times 5h$ GB/T 3478.1—2008

示例2：花键副，齿数24、模数2.5、内花键为30°平齿根、公差等级为6级、外花键为30°圆齿根、其公差等级为5级、配合类别为H/h。

花键副：INT/EXT $24Z \times 2.5m \times 30P/R \times 6H/5h$ GB/T 3478.1—2008

内花键：INT $24Z \times 2.5m \times 30P \times 6H$ GB/T 3478.1—2008

外花键：EXT $24Z \times 2.5m \times 30R \times 5h$ GB/T 3478.1—2008

示例3：花键副，齿数24、模数2.5、45°圆齿根、内花键公差等级为6级、外花键公差等级为7级、配合类别H/h。

花键副：INT/EXT $24Z \times 2.5m \times 45 \times 6H/7h$ GB/T 3478.1—2008

内花键：INT $24Z \times 2.5m \times 45 \times 6H$ GB/T 3478.1—2008

外花键：EXT $24Z \times 2.5m \times 45 \times 7h$ GB/T 3478.1—2008

3.3 销连接

3.3.1 销的类型和应用

在机械中，销钉主要用作装配定位，也可用作连接、防松以及安全装置中的过载剪断元件。销的类型、特点和应用见表3-3-35。

表3-3-35 销的类型、特点和应用

类型	图形	特点和应用
圆柱销	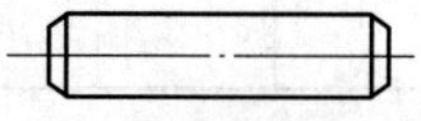 普通圆柱销 (GB/T 119—2000) 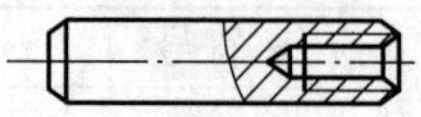 内螺纹圆柱销 (GB/T 120—2000) 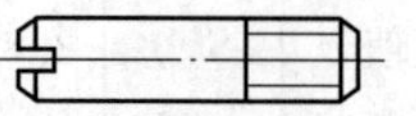 开槽无头螺钉 (GB/T 878—2007) 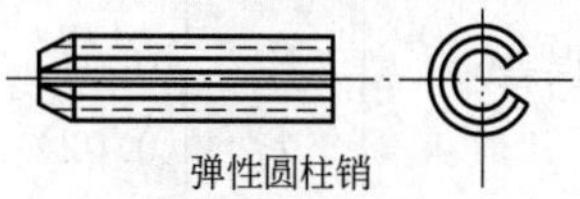 弹性圆柱销 (GB/T 879—2018)	圆柱销主要用于定位，也可用于连接，但只能传递不大的载荷。销孔应配作铰制，不宜多次拆装 内螺纹圆柱销(B型)有通气平面，适用于盲孔 螺纹圆柱销常用于精度要求不高的场合 弹性圆柱销具有弹性，装配后不易松脱。对销孔的精度要求较低，可不铰制，互换性好，可多次拆卸。因刚性较差，不适于高精度定位

续表

类型	图　　形	特　点　和　应　用
圆锥销	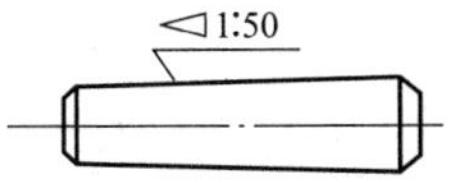 普通圆锥销 (GB/T 117—2000) 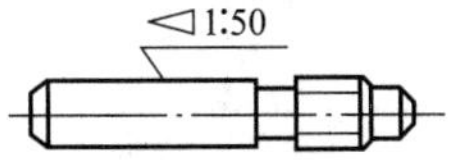 螺尾圆锥销 (GB/T 881—2000) 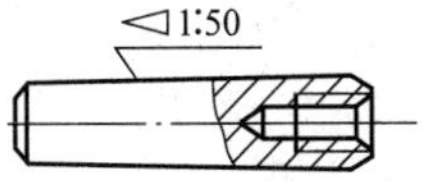 内螺纹圆锥销 (GB/T 118—2000) 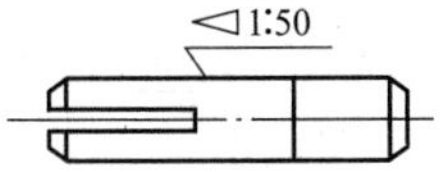 开尾圆锥销 (GB/T 877—1986)	圆锥销有 1∶50 的锥度,便于安装。其定位精度比圆柱销高,主要用于定位,也可以用来固定零件、传递动力,多用于经常拆卸的场合 内螺纹圆锥销用于盲孔;螺尾圆锥销用于拆卸困难处;开尾圆锥销在打入销孔后,末端可稍张开,以防松脱,可用于有冲击、振动的场合
销轴	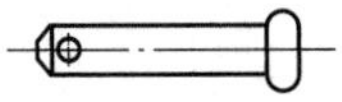 销轴 (GB/T 882—2008) 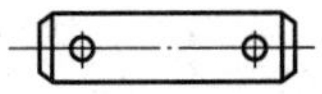 无头销轴 (GB/T 880—2008)	用于铰接处,并用开口销锁定,拆卸方便
开口销	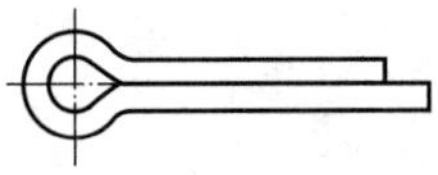 开口销 (GB/T 91—2000)	用于锁定其他紧固件,如六角开槽螺母、销轴等。工作可靠,拆卸方便
安全销	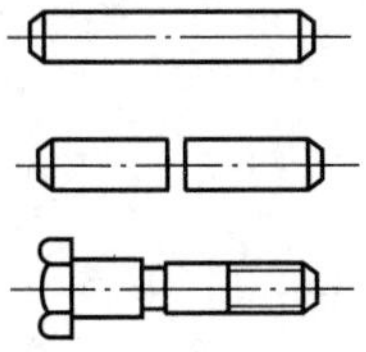 安全销	安全销主要用于机器和传动装置的过载保护,具有结构简单、更换方便等特点。安全销没有标准件,需自行设计

3.3.2 销的选择和连接强度计算

销的类型在使用中依其工作要求选定。连接用的销,其直径可根据连接的结构特点,按经验确定,必要时再作强度校核。定位销的直径可按结构确定。销在每一连接件内的长度,为其直径的 1～2 倍。

销的常用材料为 35 或 45 钢。

安全销的材料可用 35、45、50、T8A、T10A 等,热处理后硬度为 30～36HRC。销套材料可用 45、35SiMn、40Cr 等,热处理后硬度为 40～50HRC。销的强度校核公式见表 3-3-36。

表 3-3-36　销的强度校核公式

销的类型	受力简图	计算内容	校核计算公式	计算说明
圆柱销	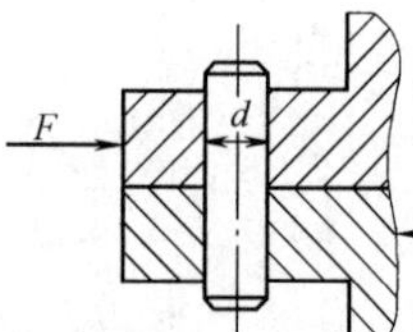	销的剪切	$\tau=\dfrac{4F}{\pi d^2 Z}\leqslant[\tau]$	F——横向力，N d——销的直径，mm $[\tau]$——销的许用切应力，MPa，45 钢，$[\tau]=80$MPa Z——销的个数
	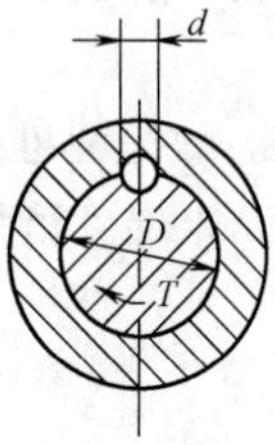	销或被连接件的挤压 销的剪切	$\sigma_p=\dfrac{5T}{DdL}\leqslant[\sigma_p]$ $\tau=\dfrac{2T}{DdL}\leqslant[\tau]$	T——转矩，N·mm D——轴的直径，mm d——销的直径，mm，$d=(0.13\sim0.16)D$ L——销的长度 $[\sigma_p]$——销连接的许用挤压应力，MPa(查表 3-3-3)
圆锥销	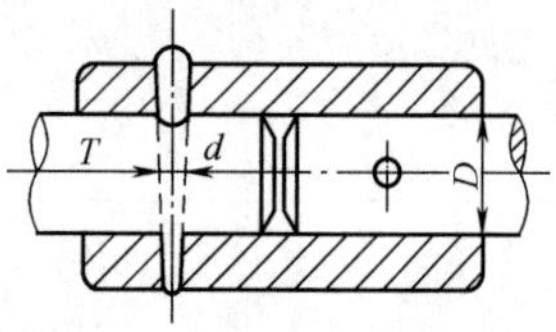	销的剪切	$\tau=\dfrac{4T}{\pi d^2 D}\leqslant[\tau]$	d——圆锥销的平均直径，mm $d=(0.2\sim0.3)D$
安全销	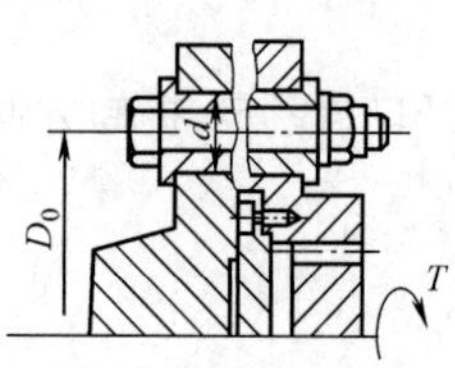	销的直径	$d=1.6\sqrt{\dfrac{T}{D_0 Z\tau_b}}$	D_0——安全销中心圆直径，mm τ_b——剪切强度极限，MPa $\tau_b=(0.6\sim0.7)R_m$ R_m——抗拉强度极限，MPa Z——销的个数，mm

3.3.3　销的标准件

表 3-3-37　圆锥销（摘自 GB/T 117—2000，等效 ISO 2339：1986）　　/mm

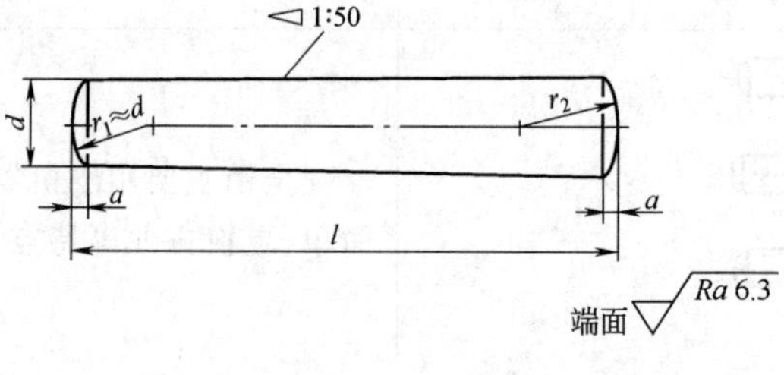

$$r_2\approx\frac{a}{2}+d+\frac{0.021^2}{8a}$$

A 型(磨削)：锥面表面粗糙度　$Ra=0.8\mu m$

B 型(切削或冷镦)：锥面表面粗糙度　$Ra=3.2\mu m$

标记示例：公称直径 $d=6$mm、公称长度 $l=30$mm、材料为 35 钢、热处理硬度 28～38HRC、表面氧化处理的 A 型圆锥销的标记为

销 GB/T 117—2000　6×30

续表

d h10①	0.6	0.8	1	1.2	1.5	2	2.5	3	4	5	6	8	10	12	16	20	25	30	40	50
a ≈	0.08	0.1	0.12	0.16	0.2	0.25	0.3	0.4	0.5	0.63	0.8	1	1.2	1.6	2	2.5	3	4	5	6.3
l② 商品长度范围	4～8	5～12	6～16	6～20	8～24	10～35	10～35	12～45	14～55	18～60	22～90	22～120	26～160	32～180	40～200	45～200	50～200	55～200	60～200	65～200

技术条件		
	钢	不锈钢
材料	易切钢：Y12、Y15(GB/T 8731) 碳素钢：35、45(GB/T 699) 35，28～38HRC(GB/T 699) 45，38～46HRC(GB/T 699) 合金钢：30CrMnSiA，35～41 HRC(GB/T 3077)	1Cr13、2Cr13(GB/T 1220) Cr17Ni2(GB/T 1220) 0Cr18Ni9Ti(GB/T 1220)
表面处理	不经处理 氧化 磷化按 GB/T 11376 镀锌钝化按 GB/T 5267	简单处理

① 其他公差，如 a11、c11 和 f8，由供需双方协议。

② 公称长度大于 200mm，按 20mm 递增。

表 3-3-38 内螺纹圆锥销（摘自 GB/T 118—2000，等效 ISO 8736：1986） /mm

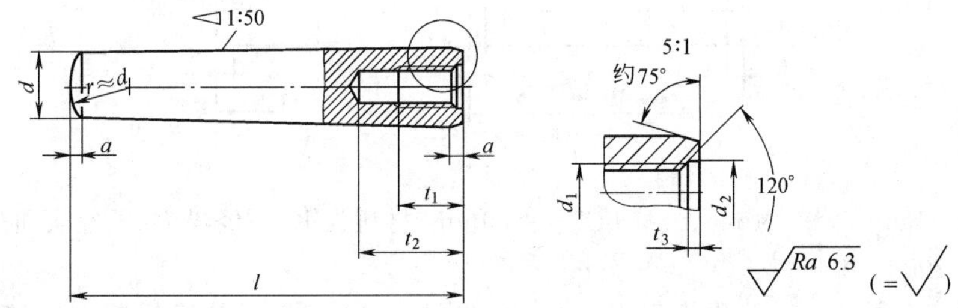

A 型(磨削)：锥面表面粗糙度 $Ra=0.8\mu m$

B 型(切削或冷镦)：锥面表面粗糙度 $Ra=3.2\mu m$

标记示例：公称直径 d=6mm、公称长度 l=30mm、材料为 35 钢、热处理硬度 28～38HRC、表面氧化处理的 A 型内螺纹圆锥销的标记为

销 GB/T 118—2000 6×30

d h10①	6	8	10	12	16	20	25	30	40	50
a≈	0.8	1	1.2	1.6	2	2.5	3	4	5	6.3
d_1	M4	M5	M6	M8	M10	M12	M16	M20	M20	M24
P②	0.7	0.8	1	1.25	1.5	1.75	2	2.5	2.5	3
d_2	4.3	5.3	6.4	8.4	10.5	13	17	21	21	25
t_1	6	8	10	12	16	18	24	30	30	36
t_2 mim	10	12	16	20	25	28	35	40	40	50
t_3	1	1.2	1.2	1.2	1.5	1.5	2	2	2.5	2.5
l③	16～60	18～80	22～100	26～120	32～160	40～200	50～200	60～200	80～200	100～200

续表

技术条件		
螺纹	6H(GB/T 197)	
	钢	不锈钢
材料	易切钢:Y12、Y15(GB/T 8731) 碳素钢:35、45(GB/T 699) 35,28～38HRC(GB/T 699) 45,38～41HRC(GB/T 699) 合金钢:30CrMnSiA,35～41HRC(GB/T 3077)	1Cr13、2Cr13(GB/T 1220) Cr17Ni2(GB/T 1220) 0Cr18Ni9Ti(GB/T 1220)
表面处理	不经处理 氧化 磷化按 GB/T 11376 镀锌钝化按 GB/T 5267	简单处理

① 其他公差，如 a11、c11 和 f8，由供需双方协议。

② P 为螺距。

③ 公称长度大于 200mm，按 20mm 递增。

表 3-3-39 圆柱销（摘自 GB/T 119.1—2000，等效 ISO 2338：1997；GB/T 119.2—2000，等效 ISO 8734：1997）

/mm

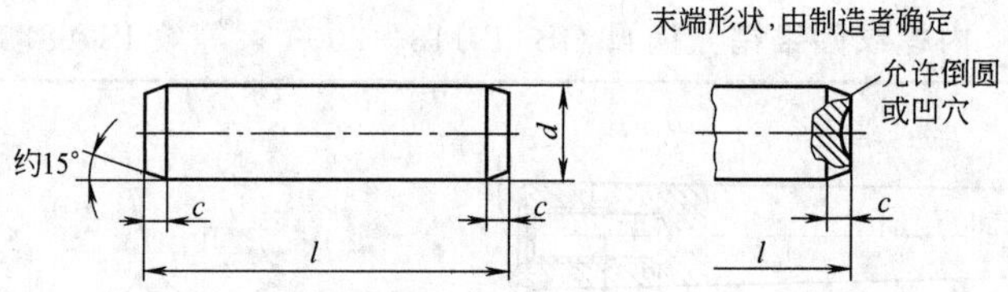

标记示例:公称直径 d=6mm、公差为 m6、公称长度 l=30mm、材料为钢、不经淬火、不经表面处理的圆柱销的标记为

销 GB/T 119.1—2000　6m6×30

公称直径 d=6mm、公差为 m6、公称长度 l=30mm、材料为 A1 组奥氏体不锈钢、表面简单处理的圆柱销的标记为

销 GB/T 119.1—2000　6m6×30-A1

公称直径 d=6mm、公差为 m6、公称长度为 30mm、材料为钢、普通淬火(A 型),表面氧化处理的圆柱销的标记为

销 GB/T 119.2—2000　6×30

公称直径 d=6mm、公差为 m6、公称长度 l=30mm、材料为 C1 组马氏体不锈钢、表面简单处理的圆柱销的标记为

销 GB/T 119.2—2000　6×30C1

GB/T 119.1—2000

d m6/h8①	0.6	0.8	1	1.2	1.5	2	2.5	3	4	5	6	8	10	12	16	20	25	30	40	50
c≈	0.12	0.16	0.2	0.25	0.3	0.35	0.4	0.5	0.63	0.8	1.2	1.6	2	2.5	3	3.5	4	5	6.3	8
l②	2～6	2～8	4～10	4～12	4～16	6～20	6～24	8～30	8～40	10～50	12～60	14～80	18～95	22～140	26～180	35～200	50～200	60～200	80～200	95～200

续表

<table>
<tr><td colspan="3">技　术　条　件</td></tr>
<tr><td rowspan="2">材　料④</td><td>钢</td><td>奥氏体不锈钢</td></tr>
<tr><td>硬度 125～245HV30</td><td>A1(GB/T 3098.6)
硬度 210～280HV30</td></tr>
<tr><td>表面粗糙度</td><td colspan="2">公差 m6:$Ra \leqslant 0.8\mu m$
公差 h8:$Ra \leqslant 1.6\mu m$</td></tr>
<tr><td>表面处理</td><td>不经处理
氧化
镀锌钝化按 GB/T 5267
磷化按 GB/T 11376</td><td>简单处理</td></tr>
</table>

GB/T 119.2—2000

d　m6①	1	1.5	2	2.5	3	4	5	6	8	10	12	16	20
c　≈	0.2	0.3	0.35	0.4	0.5	0.63	0.8	1.2	1.6	2	2.5	3	3.5
l③ 商品长度范围	3～10	4～16	5～20	6～24	8～30	10～40	12～50	14～60	18～80	22～100	26～100	40～100	50～100

<table>
<tr><td colspan="5">技　术　条　件</td></tr>
<tr><td rowspan="5">材　料④</td><td colspan="3">钢</td><td>马氏体不锈钢</td></tr>
<tr><td>A 型
普通淬火</td><td colspan="2">B 型
表面淬火</td><td>C1(GB/T 3098.6)</td></tr>
<tr><td colspan="3">化学成分/%</td><td rowspan="3">淬火并回火硬度:
460～560HV30</td></tr>
<tr><td rowspan="2">C:0.95～1.1
Si:0.15～0.35
Mn:0.25～0.4
P:0.03max
S:0.025max
Cr:1.35～1.65
硬度:550～650HV30</td><td>其他
C:0.06～0.13
Si:0.1～0.4
Mn:0.25～0.6
P:0.025max
S:0.05max</td><td>或
C:0.15max
Si:0.10max
Mn:0.9～1.3
P:0.07max
S:0.15～0.35
Pb:0.15～0.35</td></tr>
<tr><td colspan="2">由制造者确定
表面硬度:600～700HV1
渗碳层深度 0.25～0.4mm 的硬度:
550HV1min</td></tr>
<tr><td>表面粗糙度</td><td colspan="4">$Ra \leqslant 0.8\mu m$</td></tr>
<tr><td>表面处理</td><td colspan="3">不经处理
氧化
镀锌钝化按 GB/T 5267
磷化按 GB/T 11376</td><td>简单处理</td></tr>
</table>

① 其他公差由供需双方协议。

② GB/T 119.1 公称长度大于 200mm，按 20mm 递增。

③ GB/T 119.2 公称长度大于 100mm，按 20mm 递增。

④ 其他材料由供需双方协议。

表 3-3-40　内螺纹圆柱销（摘自 GB/T 120.1—2000，等效 ISO 8733：1997；GB/T 120. 2—2000，等效 ISO 8735：1997）　/mm

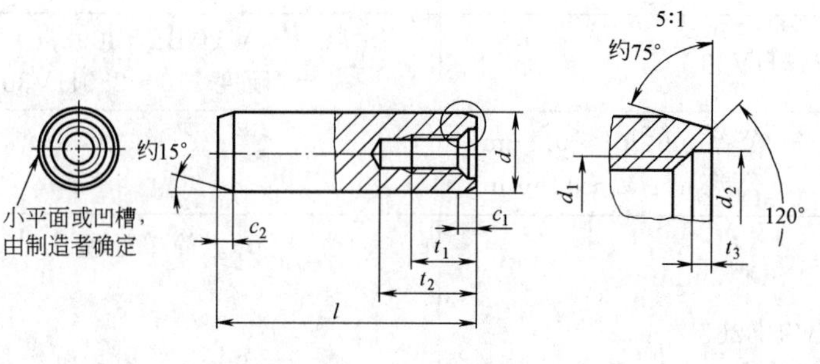

GB/T 120.1、GB/T 120.2B 型

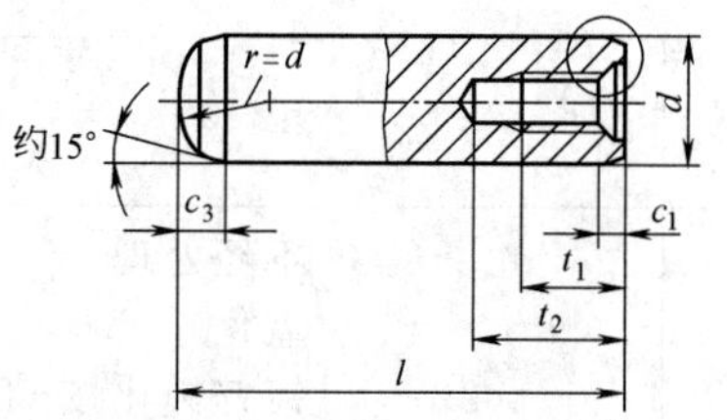

GB/T 120.2A 型

标记示例：公称直径 d=6mm、公差为 m6、公称长度 l=30mm、材料为钢、不经淬火、不经表面处理的内螺纹圆柱销的标记为

销 GB/T 120.1—2000　6×30

公称直径 d=6mm、公差为 m6、公称长度 l=30mm、材料为 A1 组奥氏体不锈钢、表面简单处理的内螺纹圆柱销的标记为

销 GB/T 120.1—2000　6×30-A

d　m6①	6	8	10	12	16	20	25	30	40	50
c_1　≈	0.8	1	1.2	1.6	2	2.5	3	4	5	6.3
c_2　≈	1.2	1.6	2	2.5	3	3.5	4	5	6.3	8
c_3	2.1	2.6	3	3.8	4.6	6	6	7	8	10
d_1	M4	M5	M6	M6	M8	M10	M16	M20	M20	M24
P②	0.7	0.8	1	1	1.25	1.5	2	2.5	2.5	3
d_2	4.3	5.3	6.4	6.4	8.4	10.5	17	21	21	25
t_1	6	8	10	12	16	18	24	30	30	36
t_2　min	10	12	16	20	25	28	35	40	40	50
t_3	1	1.2	1.2	1.2	1.5	1.5	2	2	2.5	2.5
l③ 商品长度范围	16～60	18～80	22～100	26～120	32～160	40～200	50～200	60～200	80～200	100～200

技　术　条　件

螺　纹	6H(GB/T 197)	
表面粗糙度	Ra≤0.8μm	
表面处理	不经处理 氧化 镀锌钝化按 GB/T 5267 磷化按 GB/T 11376	简单处理
	其他表面镀层或表面处理，应由供需双方协议 所有公差仅适用于涂、镀前的公差	

<table>
<tr><td rowspan="2">材　　料④
GB/T 120.1</td><td colspan="3">钢</td><td>奥氏体不锈钢</td></tr>
<tr><td colspan="3">硬度 125～245HV30</td><td>A1(GB/T 3098.6)
硬度 210～280HV30</td></tr>
<tr><td rowspan="6">材　　料④
GB/T 120.2</td><td colspan="3">钢</td><td>马氏体不锈钢</td></tr>
<tr><td>A 型
普通淬火</td><td colspan="2">B 型
表面淬火</td><td>C1(GB/T 3098.6)</td></tr>
<tr><td colspan="3">化学成分/%</td><td rowspan="4">淬火并回火硬度：
460～560HV30</td></tr>
<tr><td rowspan="3">C:0.95～1.1
Si:0.15～0.35
Mn:0.25～0.4
P:0.03max
S:0.025max
Cr:1.35～1.65
硬度:550～650 HV30</td><td>其他</td><td>或</td></tr>
<tr><td>C:0.06～0.13
Si:0.1～0.4
Mn:0.25～0.6
P:0.025max
S:0.05max</td><td>C:0.15max
Si:0.10max
Mn:0.9～1.3
P:0.07max
S:0.15～0.35
Pb:0.15～0.35</td></tr>
<tr><td colspan="2">由制造者确定
表面硬度:600～700 HV1
渗碳层深度 0.25～0.4mm 的硬度:
550 HV1 min</td></tr>
</table>

① 其他公差由供需双方协议。
② P 为螺距。
③ 公称长度大于 200mm，按 20mm 递增。
④ 其他材料由供需双方协议。

表 3-3-41　开尾圆锥销（摘自 GB/T 877—1986）　　　　/mm

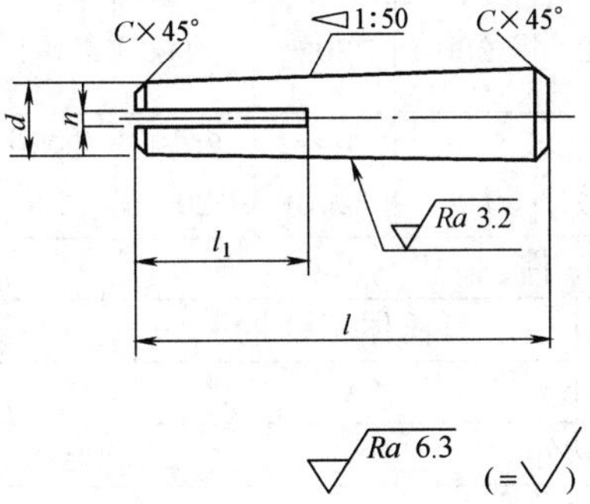

标记示例：公称直径 d = 10mm、长度 l = 60mm、材料为 35 钢、不经热处理及表面处理的开尾圆锥销的标记为

销 GB/T 877—1986　10×60

d 公称	3	4	5	6	8	10	12	16
n 公称	0.8		1		1.6		2	
l_1	10		12	15	20	25	30	40
C≈	0.5		1			1.5		
l 商品规格	30～55	35～60	40～80	50～100	60～120	70～160	80～200	100～200
l 系列	30,32,35,40,45,50,55,60,65,70,75,80,85,90,95,100,120,140,160,180,200							

注：销的技术条件见 GB/T 121—1986。

表 3-3-42 弹性圆柱销 直槽 轻型（摘自 GB/T 879.2—2018，等效 ISO 13337：2009） /mm

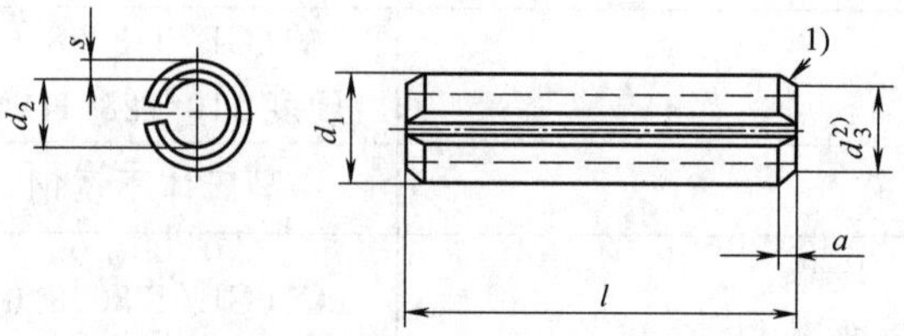

1. 公称直径 $d_1 \geqslant 10$mm 的弹性销，也可由制造者选用单面倒角的形式

2. $d_3 < d_{1公称}$

标记示例：公称直径 $d_1=6$mm、公称长度 $l=30$mm、材料为钢（St）、热处理硬度 500～560HV30、表面不经处理、直槽、轻型弹性圆柱销的标记为

销 GB/T 879.2—2018 6×30

d_1	公称		2	2.5	3	3.5	4	4.5	5	6	8	10	12	13
	装配前	max	2.4	2.9	3.5	4.0	4.6	5.1	5.6	6.7	8.8	10.8	12.8	13.8
		min	2.3	2.8	3.3	3.8	4.4	4.9	5.4	6.4	8.5	10.5	12.5	13.5
d_2	装配前①		1.9	2.3	2.7	3.1	3.4	3.9	4.4	4.9	7	8.5	10.5	11
a		max	0.4	0.45	0.45	0.5	0.7	0.7	0.7	0.9	1.8	2.4	2.4	2.4
		min	0.2	0.25	0.25	0.3	0.5	0.5	0.5	0.7	1.5	2.0	2.0	2.0
s			0.2	0.25	0.3	0.35	0.5	0.5	0.5	0.75	0.75	1	1	1.2
最小剪切载荷 双面剪②/kN			1.5	2.4	3.5	4.6	8	8.8	10.4	18	24	40	48	66
l③ 商品长度范围			4～30	4～30	4～40	4～40	4～50	6～50	6～80	10～100	10～120	10～160	10～180	10～180
d_1	公称		14	16	18	20	21	25	28	30	35	40	45	50
	装配前	max	14.8	16.8	18.9	20.9	21.9	25.9	28.9	30.9	35.9	40.9	45.9	50.9
		min	14.5	16.5	18.5	20.5	21.5	25.5	28.5	30.5	35.5	40.5	45.5	50.5
d_2	装配前①		11.5	13.5	15	16.5	17.5	21.5	23.5	25.5	28.5	32.5	37.5	40.5
a		max	2.4	2.4	2.4	2.4	2.4	3.4	3.4	3.4	3.6	4.6	4.6	4.6
		min	2.0	2.0	2.0	2.0	2.0	3.0	3.0	3.0	3.0	4.0	4.0	4.0
s			1.5	1.5	1.7	2	2	2	2.5	2.5	3.5	4	4	5
最小剪切载荷 双面剪②/kN			84	98	126	58	168	202	280	302	490	634	720	1000
l③ 商品长度范围			10～200	10～200	10～200	10～200	14～200	14～200	14～200	14～200	20～200	20～200	20～200	20～200

技 术 条 件

材料	钢		奥氏体不锈钢	马氏体不锈钢
	St（由制造者任选）		A	C
	化学成分/%			
	优质碳素钢	硅锰钢	C≤0.15 Mn≤2.00 Si≤1.50 Cr：16～20 Ni：6～12 P≤0.045 S≤0.03 Mo≤0.8 冷加工	C≥0.15 Mn≤1.00 Si≤1.00 Cr：11.5～14 Ni≤1.00 P≤0.04 S≤0.03 淬火并回火硬度： 440～560HV30
	C≥0.64 Mn≥0.60 淬火并回火硬度： 420～520HV30 或奥氏体回火硬度： 500～560HV30	C≥0.5 Si≥1.5 Mn≥0.7 淬火并回火硬度： 420～560HV30		

技术条件		
表面处理	不经处理 氧化技术要求按 GB/T 15519 磷化技术要求按 GB/T 11376 电镀技术要求按 GB/T 5267.1 非电解锌片涂层技术按 GB/T 5267.2	简单处理 钝化处理技术按 GB/T 5267.4
	其他表面镀层或表面处理，应由供需双方协议 所有公差仅适用于涂、镀前的公差	

① 参考。
② 仅适用于钢和马氏体不锈钢产品；对奥氏体不锈钢弹性销，不规定双面剪切载荷值。
③ 公称长度大于 200mm，按 20mm 递增。
注：1. 销孔的公称直径应等于弹性销的公称直径（$d_{公称}$），公差为 H12。
2. 当弹性销装入允许的最小销孔时，槽口也不得完全闭合。

表 3-3-43 无头销轴（摘自 GB/T 880—2008，等效 ISO 2340：1986） /mm

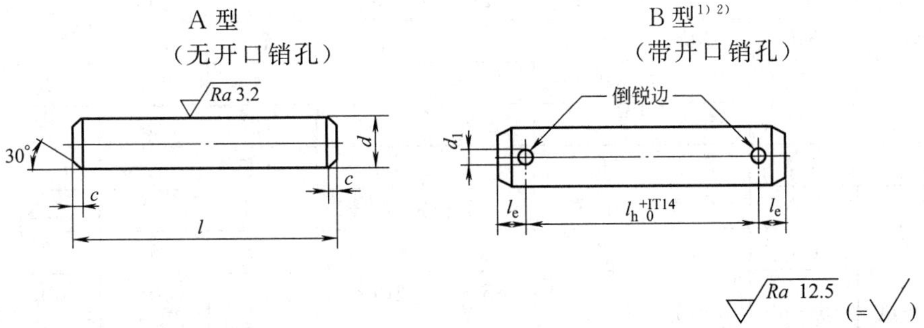

1. 其余尺寸、角度和表面粗糙度值见 A 型
2. 某些情况下，不能按 $l-l_e$ 计算 l_h 尺寸，所需要的尺寸应在标记中注明，但不允许 l_h 尺寸小于表规定的数值
用于铁路和开口销承受交变横向力的场合，推荐采用表规定的下一档较大的开口销及相应的孔径
标记示例：公称直径 $d=20$mm、长度 $l=100$mm、孔距 $l_h=80$mm、开口销为 6.3mm、由易切削钢制造的硬度为 125～245HV、表面氧化处理的 B 型无头销轴的标记为

销 GB/T 880 20×100×6.3×80

d h11①	3	4	5	6	8	10	12	14	16	18	20	22	24
d_1 H13②	0.8	1	1.2	1.6	2	3.2	3.2	4	4	5	5	5	6.3
c max	1	1	2	2	2	2	3	3	3	3	4	4	4
l_e min	1.6	2.2	2.9	3.2	3.5	4.5	5.5	6	6	7	8	8	9
l③④	6～30	8～40	10～50	12～60	16～80	20～100	24～120	28～140	32～160	33～180	40～200	45～200	50～200
d h11①	27	30	33	36	40	45	50	55	60	70	80	90	100
d_1 H13②	6.3	8	8	8	8	10	10	10	10	13	13	13	13
c max	4	4	4	4	4	4	4	6	6	6	6	6	6
l_e min	9	10	10	10	10	12	12	14	14	16	16	16	16
l③④	55～200	60～200	65～200	70～200	80～200	90～200	100～200	120～200	120～200	140～200	160～200	180～200	200

① 其他公差，如 a11、c11、f8 应由供需双方协议。
② 孔径 d_1 等于开口销的公称规格（见 GB/T 91）。
③ 公称长度大于 200mm，按 20mm 递增。
④ l 长度系列：6～32（2 进位）、35～100（5 进位）、120～200（20 进位）。

表 3-3-44　螺尾锥销（摘自 GB/T 881—2000，等效 ISO 8737：1986）　　/mm

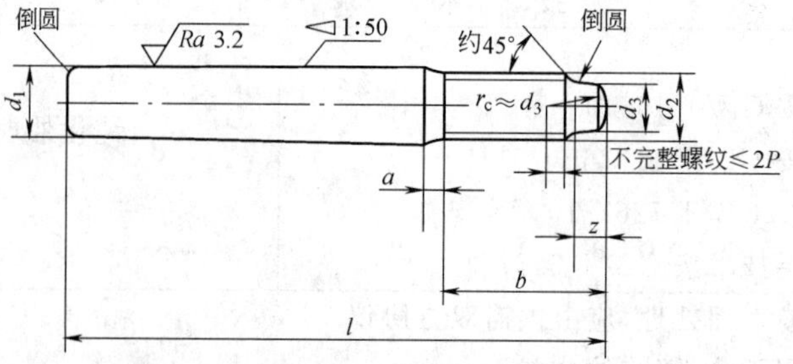

标记示例：公称直径 d_1＝6mm、公称长度 l＝50mm、材料为 Y12 或 Y15、不经热处理、不经表面处理的螺尾锥销的标记为

销 GB/T 881—2000　6×50

d_1	h10①	5	6	8	10	12	16	20	25	30	40	50
a	max	2.4	3	4	4.5	5.3	6	6	7.5	9	10.5	12
b	max	15.6	20	24.5	27	30.5	39	39	45	52	65	78
	min	14	18	22	24	27	35	35	40	46	58	70
d_2		M5	M6	M8	M10	M12	M16	M16	M20	M24	M30	M36
P②		0.8	1	1.25	1.5	1.75	2	2	2.5	3	3.5	4
d_3	max	3.5	4	5.5	7	8.5	12	12	15	18	23	28
	min	3.25	3.7	5.2	6.6	8.1	11.5	11.5	14.5	17.5	22.5	27.5
z	max	1.5	1.75	2.25	2.75	3.25	4.3	4.3	5.3	6.3	7.5	9.4
	min	1.25	1.5	2	2.5	3	4	4	5	6	7	9
l③ 商品长度范围		40～50	45～60	55～75	65～100	85～120	100～160	120～190	140～250	160～280	190～320	220～400

技　术　条　件

螺　纹	6g(GB/T 197)	
	钢	不锈钢
材　料	易切钢：Y12、Y15(GB/T 8731) 碳素钢：35、45(GB/T 699) 35，28～38HRC(GB/T 699) 45，38～41HRC(GB/T 699) 合金钢：30CrMnSiA，35～41HRC (GB/T 3077)	1Cr13、2Cr13(GB/T 1220) Cr17Ni2(GB/T 1220) 0Cr18Ni9Ti(GB/T 1220)
表面处理	不经处理 氧化 磷化按 GB/T 11376 镀锌钝化按 GB/T 5276	简单处理
	其他表面镀层或表面处理，应由供需双方协议 所有公差仅适用于涂、镀前的公差	

① 其他公差由供需双方协议。

② P 为螺距。

③ 公称长度大于 400mm，按 40mm 递增。

表 3-3-45　销轴（摘自 GB/T 882—2008，等效 ISO 2341：1986）　/mm

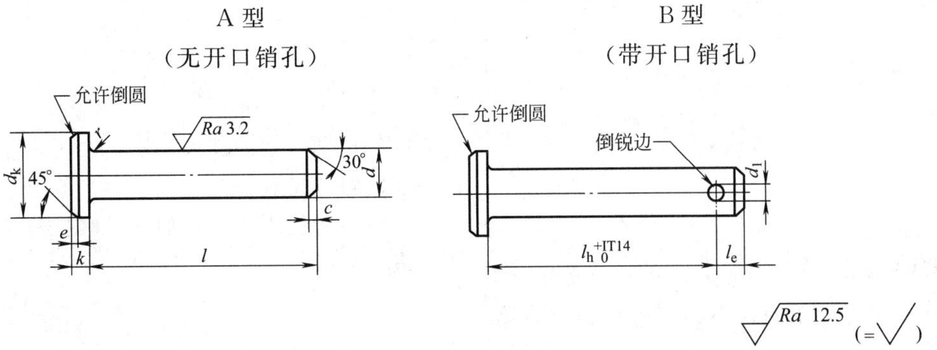

1. B 型其余尺寸、角度和表面粗糙度值见 A 型

2. 某些情况下，不能按 $l-l_e$ 计算 l_h 尺寸，所需要的尺寸应在标记中注明，但不允许 l_h 尺寸小于表中规定的数值

用于铁路和开口销承受交变横向力的场合，推荐采用表规定的下一档较大的开口销及相应的孔径

标记示例：公称直径 $d=20$mm、长度 $l=100$mm，由钢制造的硬度为 125～245HV、表面氧化处理的 B 型销轴的标记为

销　GB/T 882　20×100

开口销孔为 6.3mm、其余要求与上述示例相同的销轴的标记为

销 GB/T 882　20×100×6.3

d	h11①	3	4	5	6	8	10	12	14	16	18	20	22	24
d_k	h14	5	6	8	10	14	18	20	22	25	28	30	33	36
d_1	H13②	0.8	1	1.2	1.6	2	3.2	3.2	4	4	5	5	5	6.3
c	max	1	1	2	2	2	2	3	3	3	3	4	4	4
e	≈	0.5	0.5	1	1	1	1	1.6	1.6	1.6	1.6	2	2	2
k	js14	1	1	1.6	2	3	4	4	4	4.5	5	5	5.5	6
l_e	min	1.6	2.2	2.9	3.2	3.5	4.5	5.5	6	6	7	8	8	9
r		0.6	0.6	0.6	0.6	0.6	0.6	0.6	0.6	0.6	1	1	1	1
l③④		6～30	8～40	10～50	12～60	16～80	20～100	24～120	28～140	32～160	35～200	40～200	45～200	50～200
d	h11①	27	30	33	36	40	45	50	55	60	70	80	90	100
d_k	h14	40	44	47	50	55	60	66	72	78	90	100	110	120
d_1	H13②	6.3	8	8	8	8	10	10	10	10	13	13	13	13
c	max	4	4	4	4	4	4	4	6	6	6	6	6	6
e	≈	2	2	2	2	2	2	2	3	3	3	3	3	3
k	js14	6	8	8	8	8	9	9	11	12	13	13	13	13
l_e	min	9	10	10	10	10	12	12	14	14	16	16	16	16
r		1	1	1	1	1	1	1	1	1	1	1	1	1
l③④		55～200	60～200	65～200	70～200	80～200	90～200	100～200	120～200	120～200	140～200	160～200	180～200	200

① 其他公差，如 a11、c11、f8 应由供需双方协议。

② 孔径 d_1 等于开口销的公称规格（见 GB/T 91）。

③ 公称长度大于 200mm，按 20mm 递增。

④ l 长度系列：6～32mm（2 进位）、35～100mm（5 进位）、120～200mm（20 进位）。

第4章

粘接

4.1 胶黏剂

4.1.1 胶黏剂的组成及特点

粘接是由粘接剂将两种相同或不相同的材料紧密牢固的粘接到一起的连接方法，尤其适合薄片材料的连接。粘接的特点见表3-4-1。

粘接所使用的粘接剂（又称胶黏剂），其成分及组成见表3-4-2。

表3-4-1 粘接的特点

特点	内容
优点	应用范围广，可以粘接不同性质的材料。可制成复合结构，设计的自由度更高
	是非破坏性连接方法。通常不经过高温，不破坏金属组织，提高产品性能和耐久性。还可避免焊接时产生的热变形和铆接时产生的机械变形；有些大面积薄板结构件若不采用粘接方法是难以制造的
	外观好，表面光滑，应力分布均匀。对航空工业和导弹、火箭等尖端工业是非常重要的
	粘接接头有良好的疲劳强度。粘接是面连接，不易产生应力集中。通常，粘接疲劳强度要比铆接高几十倍
	粘接容易实现密封、绝缘、防腐蚀，可根据要求使接头具有某些特种性能，如导电、透明、隔热等
	粘接工艺简便，操作方便，提高工效，节约能源，降低成本，减轻劳动强度等。在直升飞机制造中应用粘接工艺可省工40%～50%，建筑结构中应用粘接工艺可减少劳动量40%左右
	结构重量轻，粘接比铆、焊及螺纹连接重量轻，在飞机制造中，粘接代替铆接之后重量可减轻20%～30%，大型天文望远镜用粘接结构的重量可减轻25%左右
缺点	粘接接头抗剥离强度、不均匀扯离强度和抗冲击强度较低。一般只有焊接、铆接强度的1/10～1/2
	部分粘接剂质量不够稳定。如热固性粘接剂的剥离力较低，热塑性粘接剂受力时有蠕变倾向等。多数粘接剂的耐热性不高，使用温度有很大局限性，通常在100～150℃下使用。少数粘接剂如芳杂环类和有机硅类粘接剂可以在300℃以上使用；无机粘接剂可达600～1000℃，但太脆，经不起冲击
	有些粘接剂耐高温性能和耐老化性能较差。在高温、高湿、冷、热、日光、化学的作用下，会逐渐老化
	有些粘接剂中含有苯、甲醇等物质，粘接过程及粘接后，散发的气体对人体有害
	粘接工艺的影响因素很多，难以控制，检测手段还不完善，缺乏可靠的无损检验粘接质量的方法，也缺乏按老化时间确定粘接件使用寿命的完整资料

表3-4-2 粘接剂（胶黏剂）的组成

序号	成分	作用	说明和举例
1	基料	具有黏性的主要成分，即主体高分子材料。对粘接性起主要作用	分八大类，见表3-4-3
2	固化剂	又称硬化剂、交联剂，使液态基料通过化学反应，发生聚合、缩聚或交联反应，变成高分子固体。固化剂是使胶接接头具有力学强度和稳定性的物质	不同的基料需要的固化剂类型不同，对配比的要求也不一样。如用双氰胺固化的环氧树脂结构强度大，用聚酰胺和长链聚醚胺固化剂的柔性较好。应选用固化快，质量好，用量小的固化剂

续表

序号	成分	作用	说明和举例
3	促进剂	加速固化剂与树脂、橡胶的反应速度，降低固化温度	三氯化铁溶液等
4	填料	惰性物质，不与基料起化学反应，但可提高粘接强度，改变其耐热性、收缩率、脆性、密度等，提高尺寸稳定性	其品种很多，如石棉粉、铝粉、云母石英粉、碳酸钙、钛白粉、滑石粉等各有不同效果，可根据要求选用
5	增塑剂	或称增韧剂，降低高分子化合物玻璃化温度和熔融温度，能提高粘接剂的柔韧性，降低脆性，改善抗冲击性等	邻苯二甲酸酯、磷酸三辛酯、液体橡胶等
6	增稠剂 触变剂	调节粘接剂的流变行为，增加黏度，调节胶层厚度和施工特性。改善膏状粘接剂的触变性，保持粘接剂组成均匀	气溶胶、气相二氧化硅等
7	稀释剂	降低胶黏剂的黏度，便于操作施工，控制胶层厚度，增加粘接剂的润湿能力，从而提高粘接力	有活性稀释剂和惰性稀释剂之分。前者参与固化反应，后者不参与固化反应。如脂肪烃、脂类、醇类等
8	偶联剂	能同时与极性物质和非极性物质产生一定结合力的化合物，能加强主体树脂分子间的作用力及与被粘物间的结合	有机硅烷、有机羧酸类（乙酸、丙酸、丁酸、乳酸等）、钛酸酯、多异氰酸酯等
9	稳定剂	提高粘接剂储存时对光、热的稳定性	如氰基苯烯酸酯胶加入二氧化硅
10	防老剂	延缓高分子化合物老化	

4.1.2 胶黏剂的分类

胶黏剂的分类方法很多，按基料的属性分类见表3-4-3，按固化方式的分类见表3-4-4。

4.1.3 胶黏剂的强度特性

粘接作为连接方式之一，表征胶黏剂性能的强度数据即粘接强度，这是评价粘接质量最常用的方法。粘接强度是指在外力作用下，使粘接件中的胶黏剂与被粘接物界面或其邻近处发生破坏所需要的应力。粘接强度取决于三个基本因素，即胶黏剂的内聚强度、被粘材料的内聚强度、胶黏剂与被粘材料之间的黏合力。不同种类的胶黏剂，其粘接强度有所不同。不同胶黏剂的强度特性见表3-4-5。

4.1.4 常用胶黏剂的应用

胶黏剂的种类繁多，应用场合及工况广泛，故选择所需考虑的因素相对复杂。表3-4-6列出胶黏剂的选择要点。常用结构胶黏剂的性能和应用见表3-4-7，部分通用胶黏剂的性能和应用见表3-4-8，部分特种胶黏剂的性能和应用分别见表3-4-9～表3-4-12。胶黏剂根据类别、应用行业的不同，大多有相应的国家标准或行业标准，市场和厂家还有相应的产品牌号，设计选用胶黏剂除参照表3-4-6外，还有遵照相应的标准。表3-4-13列出部分胶黏剂的产品标准。

表3-4-3 粘接剂（胶黏剂）的分类（摘自GB/T 13553—1996）

大类	小类	组别
动物胶	血液胶	
	骨胶朊	骨胶、皮（腱）胶、鱼胶
	酪朊	
	紫胶	
植物胶	纤维素衍生物	羧甲基纤维素、硝酸纤维素、乙酸纤维素、甲基或乙基纤维素及其他
	多糖及其衍生物	淀粉、改性淀粉、糊精、海藻酸钠、树胶及其他

续表

大类	小类	组别
植物胶	天然树脂	木质素及其衍生物、单宁及其衍生物、松香及其衍生物、萜烯树脂、阿拉伯树脂及其他
	植物蛋白	大豆蛋白
	天然橡胶类	天然橡胶、天然乳胶、天然橡胶接枝共聚物及其他
无机物及矿物	硅酸盐类及其他无机物	硅酸钠、硅酸钠改性物、磷酸盐、硫酸盐、金属氧化物、玻璃、陶瓷及其他
	矿物蒸馏物及残渣	石油树脂、石油沥青、焦油沥青及其他
合成弹性体	聚丁二烯类	聚丁二烯、丁苯橡胶、丁腈橡胶及其他
	聚烯烃类	异戊二烯橡胶、苯乙烯-异戊二烯共聚物、聚异丁烯橡胶、丁基橡胶、乙丙橡胶及其他
	卤化烃类	氯丁橡胶、接枝氯丁橡胶、氯磺化聚乙烯、卤化丁基橡胶及其他
	硅和氟橡胶类	硅橡胶、改性硅橡胶、氟橡胶
	聚氨酯橡胶类	聚酯型聚氨酯橡胶、聚醚型聚氨酯橡胶及其他
	聚硫橡胶类	聚硫橡胶、改性聚硫橡胶
	遥爪型液体聚合物类	丁二烯、氯丁、丁腈、聚硫
	其他合成弹性体	丙烯酸酯橡胶、氯醚橡胶及其他
合成热塑性材料	乙烯基树脂类	聚乙酸乙烯酯、乙烯/乙酸乙烯共聚物及其他化合物、乙酸乙烯与其他单体共聚物、聚乙烯醇、聚乙烯醇缩醛、聚氯代乙烯、聚乙烯吡咯烷酮
	聚苯乙烯类	聚苯乙烯、改性聚苯乙烯、丙烯腈-丁二烯-苯乙烯共聚物
	丙烯酸酯聚合物类	丙烯酸酯聚合物、丙烯酸酯与苯乙烯共聚物、丙烯酸酯与其他单体共聚物、氰基丙烯酸酯及其他
	聚酯类	饱和聚酯、改性聚酯
	聚氨酯类	聚酯型聚氨酯、聚醚型聚氨酯
	聚醚类	聚苯醚、氯化聚醚、聚羟醚(含硫酚氧)、聚硫醚
	聚酰胺类	聚酰胺、低分子聚酰胺及其他
	其他热塑性材料	聚 4-甲基戊烯、聚砜、聚碳酸酯、氟树脂、硅树脂、聚醚酮
合成热固性材料	不饱和聚酯及其改性物	
	环氧树脂类	
	氨基树脂类	脲醛树脂、二聚氰胺甲醛树脂
	有机硅树脂类	
	聚氨酯类	聚酯型聚氨酯、聚醚型聚氨酯及其他
	酚醛树脂类	酚醛树脂、间苯二酚甲醛树脂
	双马来西亚胺	
	呋喃树脂类	糠醇树脂、糠醛树脂、糠酮树脂
	杂环聚合物	聚酰亚胺、聚苯并咪唑、聚苯并噻唑及其他
热固化性热性材料与弹体复合	酚醛复合型结构胶黏剂	酚醛-丁腈型、酚醛-氯丁型、酚醛-环氧型、酚醛-缩醛型及其他
	环氧复合型结构胶黏剂	环氧-丁腈型、环氧-聚酚氧型、环氧-聚砜型、环氧-聚酰胺型、环氧-聚氨脂型及其他
	其他复合型结构胶黏剂	

表 3-4-4 胶黏剂按固化方式的分类

类别	说明
热固化	通过加热的方式使胶黏剂发生聚合反应而固化，温度和时间根据不同的产品有很大区别
湿气固化	与空气中的水汽发生聚合反应达到固化
UV 固化	光引发剂紫外线照射下，形成自由基或阳离子从而引发胶黏剂的聚合反应而固化
厌氧固化	在隔绝空气的条件下，发生自由基聚合反应，空气存在会阻碍聚合反应
催化固化	在催化剂作用下使胶黏剂发生聚合反应达到固化

表 3-4-5 不同胶黏剂的强度特性

胶黏剂种类	抗剪	抗拉	剥离	挠曲	扭曲	冲击	蠕变	疲劳
环氧树脂	好	中	差	差	差	差	好	差
酚醛树脂	好	中	差	差	差	差	好	差
氰基丙烯酸酯	好	中	差	差	差	差	好	差
尼龙	好	好	中	好	好	好	中	好
聚乙烯醇缩甲醛	好	好	中	好	好	好	中	好
聚乙烯醇缩乙酯	中	中	中	好	好	好	中	好
氰基橡胶	差	差	中	好	好	好	差	好
硅酮树脂	差	差	中	好	好	好	差	好
热固＋热塑性树脂	好	好	好	好	好	好	好	好

表 3-4-6 胶黏剂的选择要点

(1)根据被粘材料的化学性质选择	
被粘材料名称或要求	常用胶黏剂及说明
钢铁	环氧-聚酰胺胶、环氧-多胺胶、环氧-丁腈胶、环氧-聚砜胶、环氧-聚硫胶、环氧-尼龙胶、环氧-缩醛胶、酚醛-丁腈胶、第二代丙烯酸酯胶、厌氧胶、α-氰基丙烯酸酯胶、无机胶
铜及其合金	环氧-聚酰胺胶、环氧-丁腈胶、酚醛-缩醛胶、第二代丙烯酸酯胶、α-氰基丙烯酸酯胶、厌氧胶
铝及其合金	环氧-聚酰胺胶、环氧-缩醛胶、环氧-丁腈胶、环氧-脂肪胺胶、酚醛-缩醛胶、酚醛-丁腈胶、第二代丙烯酸酯胶、α-氰基丙烯酸酯胶、厌氧胶、聚氨酯胶
不锈钢	环氧-聚酰胺胶、酚醛-丁腈胶、聚氨酯胶、第二代丙烯酸酯胶、聚苯硫醚胶
镁及其合金	环氧-聚酰胺胶、酚醛-丁腈胶、聚氨酯胶、α-氰基丙烯酸酯胶
钛及其合金	环氧-聚酰胺胶、酚醛-缩醛胶、第二代丙烯酸酯胶
玻璃钢(环氧、酚醛、不饱和聚酯)	环氧胶、酚醛-缩醛胶、第二代丙烯酸酯胶、α-氰基丙烯酸酯胶
胶(电)木	环氧-脂肪胺胶、酚醛-缩醛胶、α-氰基丙烯酸酯胶
层压塑料	环氧胶、酚醛-缩醛胶、α-氰基丙烯酸酯胶
有机玻璃	α-氰基丙烯酸酯胶、聚氨酯胶、第二代丙烯酸酯胶
聚苯乙烯	α-氰基丙烯酸酯胶
ABS	α-氰基丙烯酸酯胶、第二代丙烯酸酯胶、聚氨酯胶、不饱和聚酯胶
硬聚氯乙烯	过氯乙烯胶、酚醛-氯丁胶、第二代丙烯酸酯胶
软聚氯乙烯	聚氨酯胶、第二代丙烯酸酯胶、PVC 胶

续表

(1)根据被粘材料的化学性质选择	
被粘材料名称或要求	常用胶黏剂及说明
聚碳酸酯	α-氰基丙烯酸酯胶、聚氨酯胶、第二代丙烯酸酯胶、不饱和聚酯胶
聚甲醛	环氧-聚酰胺胶、α-氰基丙烯酸酯胶
尼龙	环氧-聚酰胺胶、环氧-尼龙胶、聚氨酯胶
涤纶	氯丁-酚醛胶、聚酯胶
聚砜	α-氰基丙烯酸酯胶、第二代丙烯酸酯胶、聚氨酯胶、不饱和聚酯胶
聚乙(丙)烯	EVA热熔胶、丙烯酸压敏胶、聚异丁烯胶
聚四氟乙烯	F-2胶、F-4D胶、FS-203胶
天然橡胶	氯丁胶、聚氨酯胶、天然橡胶粘接剂
氯丁橡胶	氯丁胶、丁腈胶
丁腈橡胶	丁腈胶
丁苯橡胶	氯丁胶、聚氨酯胶
聚氨酯橡胶	聚氨酯胶、接枝氯丁胶
硅橡胶	硅橡胶胶
氟橡胶	FXY-3胶
玻璃	环氧-聚酰胺胶、厌氧胶、不饱和聚酯胶
陶瓷	环氧胶
混凝土	环氧胶、酚醛-氯丁胶、不饱和聚酯胶
木(竹)材	白乳胶、脲醛胶、酚醛胶、环氧胶、丙烯酸酯乳液胶
棉织物	天然胶乳、氯丁胶、白乳胶
尼龙织物	氯丁乳胶、接枝氯丁胶、热熔胶
涤纶织物	氯丁-酚醛胶、氯丁胶乳、热熔胶
纸张	聚乙烯醇胶、聚乙烯醇缩醛胶、白乳胶、热熔胶
皮革	氯丁胶、聚氨酯胶、热熔胶
人造革、合成革	接枝氯丁胶、聚氨酯胶
(2)根据被粘材料的物理性质选择	
被粘材料名称或要求	常用胶黏剂及说明
陶瓷、玻璃、水泥、石料等脆性材料	选用强度高、硬度大、不易变形的热固性树脂胶,如环氧树脂胶、酚醛树脂胶、不饱和聚酯胶
金属及其合金等刚性材料	选用既有高粘接强度、又有较高冲击强度和剥离强度的热固性树脂和橡胶或线性树脂配制的复合胶,如酚醛-丁腈胶、酚醛-缩醛胶、环氧-丁腈胶、环氧-尼龙胶等。对于不受冲击力和剥离力作用的工件,可选用剪切强度高的热固性树脂胶,如环氧树脂胶,丙烯酸聚酯胶
橡胶制品等弹性变形大的材料	选用黏度较大的胶黏剂,如环氧树脂胶、聚氨酯胶、聚醋酸乙烯胶等
皮革、人造革、塑料薄膜和纸张等韧性材料	选用韧性好、能经受反复曲折的胶,如聚醋酸乙烯胶、氯丁胶、聚氨酯胶、聚乙烯醇及聚乙烯醇缩醛胶
泡沫塑料、海绵、织物等多孔材料	选用黏度较大的胶黏剂,如环氧树脂胶、聚氨酯胶、聚醋酸乙烯胶等

续表

(3)根据被粘材料的用途和要求选择		
受力构件	选用强度高、韧性好的结构胶，一般工件可采用非结构胶，如粘塑料薄膜用压敏胶	
耐高温构件	耐热性是由配制胶液的树脂、固化剂、填料和固化方法决定	
	胶　黏　剂	允许使用温度/℃
	普通环氧树脂胶、聚氨酯胶、α-氰基丙烯酸酯胶、氯丁胶	≤100
	FSC-1 胶(201# 胶)	150
	E-4 胶(酚醛-缩醛-环氧胶)	200～250
	JF-1 胶(酚醛-缩醛-有机硅胶)	200
	J-09 胶(酚醛-改性聚硼硅酮胶)	400～450
	J-01 胶(酚醛-丁腈胶)	150～200
	JX-09 胶(酚醛-丁腈胶)	200～300
	J-16 胶	250～350
	聚酰亚胺胶	−60～280
	聚苯并咪唑胶(PBI 胶)	−253～538
耐低温构件	多数胶黏剂在−20～40℃下性能较好，被粘工件在−70℃以下使用时需采用耐低温胶	
	胶　黏　剂	允许使用温度/℃
	环氧-聚氨酯胶	−200～60
	聚氨酯 1# 耐超低温胶	−273～60
	聚氨酯 3# 耐超低温胶	−200～150
	环氧尼龙胶	−200～150
冷热交变构件	冷热交变、线胀系数不同的材料构成的接头，会因产生较大的内应力而破坏。应选用既耐高温又耐低温且韧性较好的胶，如酚醛-丁腈胶、聚酰亚胺胶、环氧-尼龙胶、环氧-聚砜胶等	
耐潮构件	常用胶黏剂在温度较大环境中使用会降低接头的粘接强度，需用耐潮能力较强的材料，酚醛胶、酚醛-环氧胶、硅胶、氯丁胶、丁苯胶、环氧-聚酯胶，一般分子交联密度越高，吸潮性越小	

耐酸碱构件	胶黏剂	耐　酸	耐　碱	胶黏剂	耐　酸	耐　碱
	环氧树脂胶	尚可	好	氰基丙烯酸酯胶	较差	较差
	聚氨酯胶	较差	较差	乙烯基树脂胶	好	好
	酚醛树脂胶	好	较差	丙烯酸酯树脂胶	好	较差
	氨基树脂胶	较差	尚可	丁腈胶	尚可	尚可
	有机硅树脂胶	较差	较差	氯丁胶	好	好
	不饱和聚酯胶	尚可	尚可	聚硫胶	好	好

接头要求透明	聚乙烯醇缩醛胶、丙烯酸聚酯胶、不饱和聚酯胶、聚氨酯胶
导电、导热、耐辐射的接头	选用相应的胶黏剂
(4)根据被粘件使用的工艺条件选择	
耐溶剂(石油、醇酯、芳香烃)构件	聚乙烯醇胶、酚醛胶、聚酰胺胶、酚醛-聚酰胺胶、氯丁胶
满足固化条件	胶黏剂固化条件有常压、加压及常温、高温之分。一般性能优异的胶黏剂都需要加温、加压固化，但由于被粘材料本身性质、接头部位和形状的限制，有的能加温而不能加压，有的既不能加温也不能加压。因此在选择胶黏剂时，就必须考虑被粘接工件所能允许的工艺条件

续表

(4)根据被粘件使用的工艺条件选择	
要求快速粘接	在自动化生产线中，往往需要粘接工序在几分钟甚至几秒钟内完成，可选用热溶胶、光敏胶、压敏胶、α-氰基丙烯酸酯胶
防止胶中有机溶剂污染	热熔胶、水乳胶、水溶胶等不含或少含有机溶剂的胶黏剂
(5)异种材料(金属与非金属材料)粘接时的选择	
金属-木材	环氧胶、氯丁胶、醋酸乙烯酯胶、不饱和聚酯胶、丁腈胶、无机胶
金属-织物	氯丁胶、聚酰胺胶、环氧胶、不饱和聚酯胶
金属-玻璃	环氧胶、聚丙烯酸酯胶、酚醛-环氧胶
金属-硬聚氯乙烯	聚丙烯酸酯胶、丁苯胶、氯丁胶、无机胶、环氧胶
金属-聚丙烯	丁腈胶、环氧-聚硫胶、无机胶
金属-软聚氯乙烯	丁腈胶
金属-聚苯乙烯	聚丙烯酸酯胶、不饱和聚酯胶
金属-聚乙烯	丁腈胶、环氧胶

注：常用胶黏剂的牌号及性能见表 3-4-7～表 3-4-12。

表 3-4-7　常用结构胶黏剂的性能和应用

<table>
<tr><th>牌号或名称</th><th>组成和固化条件</th><th>主要性能</th><th>特点及用途</th></tr>
<tr><td>铁锚 201
(FSC-胶)</td><td>由聚乙烯缩甲醛和酚醛树脂组成
在压力 0.1～0.2MPa、160℃条件下需 2h 固化</td><td>(1)常温下测试胶接强度<table><tr><td>材料</td><td>铝合金</td><td>不锈钢</td><td>耐热钢</td><td>黄铜</td></tr><tr><td>剪切强度/MPa</td><td>22～23</td><td>23～25</td><td>23</td><td>22～24</td></tr><tr><td>拉伸强度/MPa</td><td>31～35</td><td>—</td><td>—</td><td>—</td></tr></table>(2)不均匀扯离强度：35～39kN/m(铝合金)
(3)不同温度下测试胶接强度(铝合金)<table><tr><td>测试温度/℃</td><td>−70</td><td>20</td><td>60</td><td>100</td><td>150</td><td>200</td></tr><tr><td>剪切强度/MPa</td><td>23</td><td>22.4</td><td>22</td><td>20.6</td><td>13.5</td><td>3.7</td></tr></table></td><td>胶接强度高、耐老化、耐水、耐油、性能稳定，价格低廉，使用温度为−70～150℃
用于金属、金属与陶瓷、玻璃、电木等材料的胶接。还可用于浸渍玻璃布</td></tr>
<tr><td>J-15
胶黏剂</td><td>由热固性高邻位酚醛树脂、混炼丁腈橡胶和氯化物催化剂等组成
在 0.1～0.3MPa、180℃条件下需 3h 固化</td><td>胶接铝合金材料在不同温度下的测试强度(表面经化学氧化处理)<table><tr><td>温度/℃</td><td>剪切强度/MPa</td><td>不均匀扯离强度/kN·m^{−1}</td></tr><tr><td>−60</td><td>≥28.0</td><td>—</td></tr><tr><td>20</td><td>30.0～32.0</td><td>70～100</td></tr><tr><td>100</td><td>22.0～25.0</td><td>38～40</td></tr><tr><td>150</td><td>16.0～18.0</td><td>—</td></tr><tr><td>250</td><td>8.0～10.0</td><td>—</td></tr><tr><td>300</td><td>5.0～6.0</td><td>—</td></tr></table></td><td>具有较高的静强度，疲劳、持久性能和耐湿热、耐大气老化等综合性能优良，使用温度为−60～260℃
用于各种金属结构件的胶接。亦可用于有孔蜂窝结构或耐高温密封结构</td></tr>
<tr><td>J-19
胶黏剂</td><td>由环氧树脂和聚砜树脂等组成。分 A、B、C 三种型号；接触压力、180℃条件下需 3h 固化</td><td>(1)胶接钢材料在不同温度下的测试温度<table><tr><td colspan="2">型号</td><td>A</td><td>B</td><td>C</td></tr><tr><td rowspan="2">剪切强度/MPa</td><td>室温</td><td colspan="2">60.0～65.0</td><td>50.0</td></tr><tr><td>120℃</td><td colspan="3">30.0～35.0</td></tr></table>(2)不均匀扯离强度(常温)：90～100kN/m</td><td>胶接强度高，使用温度为常温至 120℃
用于各种金属和非金属结构的胶接</td></tr>
</table>

续表

<table>
<tr><th>牌号或名称</th><th>组成和固化条件</th><th colspan="4">主　要　性　能</th><th>特点及用途</th></tr>
<tr><td rowspan="4">J-22
胶黏剂</td><td rowspan="4">由环氧树脂、增韧剂和固化剂等组成；接触压力、80℃条件下需2h固化</td><td colspan="4">(1)胶接铝合金材料在不同温度下的测试强度(表面经化学氧化处理)</td><td rowspan="4">韧性和综合性能好，工艺简便，使用温度为−60～80℃
用于航空仪表的黏合和密封，电子仪器的组装等</td></tr>
<tr><td>温度/℃</td><td>−60</td><td>20</td><td>100</td></tr>
<tr><td>剪切强度/MPa</td><td>≥25.0</td><td>≥30.0</td><td>≥8.0</td></tr>
<tr><td colspan="4">(2)不均匀扯离强度(常温)：≥60kN/m</td></tr>
<tr><td rowspan="5">J-32
高强度
胶黏剂</td><td rowspan="5">由环氧树脂、增韧剂和固化剂等组成；接触压力、80℃条件下需2h固化</td><td colspan="4">(1)胶接件在不同温度下的测试强度</td><td rowspan="5">胶接强度高，耐疲劳性能好，使用温度为−60～150℃
用于各种金属结构件的胶接，亦可用于玻璃钢等非金属与金属的胶接</td></tr>
<tr><td>温度/℃</td><td>20</td><td>100</td><td>150</td></tr>
<tr><td>剪切强度/MPa</td><td>≥35.0</td><td>≥24.0</td><td>≥8.0</td></tr>
<tr><td colspan="4">(2)不均匀扯离强度：≥60kN/m</td></tr>
<tr><td colspan="4">(3)拉伸强度：≥50.0MPa</td></tr>
<tr><td rowspan="6">J-48
修补胶</td><td rowspan="6">由环氧树脂、橡胶、酸酐固化剂等组成；在0.1～0.3MPa、100℃下需3h或60℃需6h固化</td><td colspan="4">胶接铝合金材料的测试强度(表面经化学氧化处理)</td><td rowspan="6">固化温度低，耐介质、耐湿热老化及耐热老化等性能良好，工艺简便，使用温度为−60～175℃
主要用于设备的修复</td></tr>
<tr><td rowspan="2">剪切强度
/MPa</td><td>常温</td><td colspan="2">18.0</td></tr>
<tr><td>175℃</td><td colspan="2">6.0</td></tr>
<tr><td rowspan="2">剥离强度
/kN·m^{-1}</td><td>板-板</td><td colspan="2">3.0</td></tr>
<tr><td>板-芯</td><td colspan="2">2.0</td></tr>
<tr><td colspan="2">蜂窝拉脱强度/MPa</td><td colspan="2">2.0</td></tr>
<tr><td rowspan="4">KH-225
胶黏剂</td><td rowspan="4">由环氧树脂、端羧基丁腈橡胶、咪唑类固化剂和白炭黑等组成接触压力、120℃需1～3h或80℃需4～8h固化</td><td colspan="4">(1)胶接碳钢件的测试强度(120℃固化)</td><td rowspan="4">中温固化，胶接强度高，使用温度约100℃；用于胶接钢、铝、不锈钢等金属材料，玻璃钢、硬塑料、陶瓷、玻璃、玉石等无机非金属材料。适用于对热敏感、形状复杂的部件</td></tr>
<tr><td>温度/℃</td><td>常温</td><td colspan="2">100</td></tr>
<tr><td>剪切强度/MPa</td><td>40.0</td><td colspan="2">15.0</td></tr>
<tr><td colspan="4">(2)胶接铝合金材料常温不均匀扯离强度≥60kN/m</td></tr>
</table>

表 3-4-8　部分通用胶黏剂的性能和应用

牌号或名称	组成和固化条件	主　要　性　能	特点及用途
EF型 胶黏剂	由乙烯-醋酸乙烯共聚物及增黏树脂等配制。有EF-1型泡沫材料用胶黏剂、EF-2型复合粘接用胶黏剂 接触压力、常温需5～10min固化	剥离强度(胶接24h后测定)：>0.3kN/m	溶剂型、无毒害、透光性好，使用温度为−30～60℃ EF-1型适合于聚乙烯、聚氨酯软泡沫，聚苯乙烯、聚氯乙烯硬泡沫，橡胶海绵等胶接，也可与金属、木材等胶接；EF-2型主要用于聚丙烯、聚酯、聚氨酯等薄膜与纸张复合用

续表

<table>
<tr><th>牌号或名称</th><th>组成和固化条件</th><th>主　要　性　能</th><th>特点及用途</th></tr>
<tr><td>铁锚 801 强力胶</td><td>由氯丁橡胶、酚醛树脂、溶剂等组成
室温，数小时基本固化，3～6d 达最高强度</td><td>(1)胶接不同材料的常温测试强度<table><tr><td>材　料</td><td>丁腈橡胶-铝</td><td>帆布-铝</td><td>丁腈橡胶-钢</td></tr><tr><td>剥离强度/N·$(2.5cm)^{-1}$</td><td>≥118</td><td>≥80</td><td>≥103</td></tr></table>(2)耐水性(浸渍 6d)<table><tr><td>材　料</td><td>丁腈橡胶-铝</td><td>帆布-铝</td></tr><tr><td>剥离强度/N·$(2.5cm)^{-1}$</td><td>≥92</td><td>≥177</td></tr></table>(3)耐油性(浸渍 6d)<table><tr><td>材　料</td><td>丁腈橡胶-铝</td><td>帆布-铝</td></tr><tr><td>剥离强度/N·$(2.5cm)^{-1}$</td><td>≥95</td><td>≥208</td></tr></table></td><td>初始胶接强度高，胶模柔软，耐冲击、耐振、耐介质性优良，最高使用温度 80℃
主要用于橡胶、皮革、织物、塑料及各种金属材料的胶接</td></tr>
<tr><td>铁锚 901、902 胶</td><td>聚氯乙烯溶剂
50～100kPa、室温需 3d 固化</td><td>(1)胶接聚氯乙烯的常温剪切强度：≥7MPa
(2)耐介质性：试件在下列介质中浸泡一周的测试强度<table><tr><td>介　质</td><td>水</td><td>10%NaOH</td><td>10%HCl</td><td>空白</td></tr><tr><td>剪切强度/MPa</td><td>7.8</td><td>8.8</td><td>8.6</td><td>7.5</td></tr></table></td><td>快速定位，强度高，常温使用
901 胶专用于硬质聚氯乙烯和高抗冲聚氯乙烯的胶接
902 胶用于聚氯乙烯薄膜、吹塑玩具、人造革、泡沫塑料、薄片及硬聚氯乙烯的胶接</td></tr>
<tr><td>HH-703 胶黏剂</td><td>由环氧树脂、稀释剂、填加剂和聚酰胺固化剂组成
接触压力、常温需 24～48h 或 60℃需 5～6h 固化</td><td>胶接不同材料的常温测试强度<table><tr><td>材　料</td><td>剪切强度/MPa</td></tr><tr><td>铝合金</td><td>≥20.0</td></tr><tr><td>低碳钢</td><td>≥20.0</td></tr><tr><td>铝-酚醛布板</td><td>布板破坏</td></tr><tr><td>铝-硬聚苯乙烯泡沫塑料</td><td>塑料破坏</td></tr></table></td><td>配制方便，毒性小，使用温度为－50～50℃
用于胶接模具、量具、硬质聚苯乙烯泡沫塑料、酚醛布板、机床导轨、铸件修补等</td></tr>
<tr><td>KH-520 胶黏剂</td><td>由环氧树脂、聚硫橡胶和低相对分子质量聚酰胺、酚醛胺固化剂组成
接触压力、60℃需 2～3h 固化或 10℃ 24h 固化</td><td>(1)胶接铝合金材料的测试强度<table><tr><td>测试温度/℃</td><td>常温</td><td>60</td></tr><tr><td>剪切强度/MPa</td><td>≥28</td><td>≥10</td></tr><tr><td>不均匀扯离强度/kN·m^{-1}</td><td>≥50</td><td>—</td></tr></table>(2)耐介质性(在下列介质中浸渍 30d)<table><tr><td>介质</td><td>自来水</td><td>乙醇</td><td>机油</td><td>甲苯</td></tr><tr><td>剪切强度/MPa</td><td>27</td><td>26</td><td>29</td><td>29</td></tr></table></td><td>胶接强度较高，耐介质性良好，但耐热性较差，使用温度为常温至 60℃
主要用于柴油机缸体、油管、油箱、水箱及各种农机具的胶接修补，也可用于各种金属与非金属的胶接</td></tr>
<tr><td>J-39 快干胶</td><td>由甲基丙烯酸甲酯或丙烯酸双酯、橡胶和引发剂组成。分 2A、2B、2C 及底胶四种型号
接触压力、8～25℃、10～20min 变定，24h 完全固化</td><td>(1)胶接铝合金材料在不同温度下的测试强度<table><tr><td>测试温度/℃</td><td>－60</td><td>常温</td><td>100</td><td>120</td></tr><tr><td>剪切强度/MPa</td><td></td><td></td><td></td><td></td></tr></table>(2)剥离性能
90°剥离强度(铝-铝，经化学处理并加 FT-1 表面处理剂，常温测试)：≥9kN/m
180°剥离强度(氯丁橡胶-环氧玻璃钢、橡胶用 FT-2 表面处理剂处理)：常温，＞5kN/m；120°，＞1kN/m
(3)对不同金属材料的油面胶接性能<table><tr><td>材料</td><td>铝合金</td><td>钛合金</td><td>碳钢</td><td>不锈钢</td></tr><tr><td>剪切强度保持率/%</td><td>89</td><td>82</td><td>83</td><td>99</td></tr></table></td><td>室温快速固化，粘接强度较高，柔韧性和耐热性好，并可进行油面胶接，工艺简便，使用温度为－40～100℃
主要用于机械修补、铭牌胶接、油管堵漏等非结构性胶接密封。2A 适于铭牌粘贴，2B 用于大面积和需韧性的场合；2C 用于油箱、油管的快堵</td></tr>
</table>

续表

<table>
<tr><th>牌号或名称</th><th>组成和固化条件</th><th>主　要　性　能</th><th>特点及用途</th></tr>
<tr><td>AR-4、AR-5耐磨胶</td><td>由环氧树脂和聚酰胺、聚硫橡胶及多种无机填料组成
接触压力、常温需 24h 或 60℃需 2h 固化</td><td>不同型号胶对铝件的胶接性能
<table>
<tr><td>型号</td><td>AR-4</td><td>AR-5</td></tr>
<tr><td>剪切强度/MPa</td><td>15.0～16.0</td><td>18.0～20.0</td></tr>
<tr><td>布氏硬度　HBW</td><td>5.00～6.87</td><td>11.7～11.9</td></tr>
<tr><td>摩擦因数(油润滑,200r/min,负荷 1～2MPa)</td><td colspan="2">0.01～0.013</td></tr>
<tr><td>热导率/W·m^{-1}·K^{-1}</td><td colspan="2">3.05×10^{-2}</td></tr>
<tr><td>线胀系数/$℃^{-1}$</td><td colspan="2">4.5×10^{-5}</td></tr>
</table></td><td>胶接强度较高,耐磨性好,AR-5 比 AR-4 硬度高,机械加工性和耐介质性良好,使用温度为－45～120℃
用于机械零件磨损的尺寸恢复、机床导轨及缸体等损伤部件的修复,还可用于堵塞裂缝、气孔、砂眼等</td></tr>
</table>

表 3-4-9　常用耐高温胶的性能和应用

<table>
<tr><th>牌号或名称</th><th>组成和固化条件</th><th>主　要　性　能</th><th>特点及用途</th></tr>
<tr><td>H-02胶黏剂</td><td>由 H-02 环氧树脂,4,4′-二氨基二苯甲烷和气溶胶组成。接触压力、150℃ 4h 固化</td><td>(1)胶接铝合金件在不同温度下的测试强度
<table>
<tr><td>测试温度/℃</td><td>常温</td><td>150</td><td>200</td><td>300</td></tr>
<tr><td>剪切强度/MPa</td><td>26.5</td><td>25</td><td>10.3</td><td>3.3</td></tr>
</table>
(2)不均匀扯离强度:80N/cm</td><td>具有良好的耐高温性能,使用温度为 20～200℃
主要用于铝及铝合金、碳钢、不锈钢等金属材料的胶接</td></tr>
<tr><td>KH505高温胶黏剂</td><td>由甲基苯基硅树脂、无机填料和甲苯等组成
0.5MPa、270℃需 3h 固化,去除压力后 425℃固化 3h 可提高强度</td><td>(1)胶接钢件在不同温度下的测试强度
<table>
<tr><td colspan="2">测试温度/℃</td><td>常温</td><td>425</td></tr>
<tr><td rowspan="2">剪切强度/MPa</td><td>未后固化</td><td>7.9～8.7</td><td>3～3.5</td></tr>
<tr><td>经后固化</td><td>9.9～11</td><td>3.4～4</td></tr>
</table>
(2)胶接钢件在下述老化条件下于 425℃的测试强度
<table>
<tr><td rowspan="2">老化条件</td><td>温度/℃</td><td>400</td><td colspan="2">－60～425</td></tr>
<tr><td>时间或交变次数</td><td>200h</td><td>5 次</td><td>10 次</td></tr>
<tr><td rowspan="2">剪切强度/MPa</td><td>未后固化</td><td>3.1～3.7</td><td>2.9～3.3</td><td>3.4～3.5</td></tr>
<tr><td>经后固化</td><td>2.9～3.3</td><td>3.4～4.7</td><td>—</td></tr>
</table>
(3)持久强度(切应力 1.5MPa、425℃测):>30h</td><td>具有良好的耐水、耐大气老化性,对金属无腐蚀性,使用温度为－60～400℃
用于高温下金属、玻璃、陶瓷的胶接。适用于螺栓的紧固密封、钠硫电池耐高温密封,也可作为耐高温应变片胶</td></tr>
<tr><td>聚苯并咪唑胶黏剂(PBI 胶)</td><td>15%聚苯并咪唑的二甲基乙酰胺溶液
0.1MPa、100～120℃下 0.5h 后,从 120℃升至 200℃为 0.5h,再在 200℃下 0.5h,从 200℃升至 250℃为 0.5h,最后在 250℃下 3h 固化</td><td>(1)胶接不同金属材料的测试强度
<table>
<tr><td colspan="2">材　　料</td><td>铝合金</td><td>黄铜</td><td>紫铜</td><td>45 钢</td><td>不锈钢</td></tr>
<tr><td rowspan="3">剪切强度/MPa</td><td>－78℃</td><td>—</td><td>29.0</td><td>—</td><td>46.0</td><td>39.0</td></tr>
<tr><td>常温</td><td>30.0</td><td>28.0</td><td>12.0</td><td>42.0</td><td>36.0</td></tr>
<tr><td>250℃</td><td>20.0</td><td>23.0</td><td>9.7</td><td>23.8</td><td>24.0</td></tr>
</table>
(2)不均匀扯离强度:常温时,7kN/m;200℃时,50kN/m
(3)耐老化性(铝合金件经不同老化后的测试强度)
<table>
<tr><td colspan="2">老化温度/℃</td><td colspan="6">260</td><td colspan="4">317</td></tr>
<tr><td colspan="2">老化时间/h</td><td>0</td><td>100</td><td>200</td><td>300</td><td>400</td><td>500</td><td>50</td><td>100</td><td>150</td><td>200</td></tr>
<tr><td rowspan="2">剪切强度/MPa</td><td>常温</td><td>26.4</td><td>14.3</td><td>7.7</td><td>7.0</td><td>3.3</td><td>2.1</td><td>10.8</td><td>3.1</td><td>2.5</td><td>5</td></tr>
<tr><td>250℃</td><td>18.4</td><td>11.1</td><td>7.6</td><td>8.1</td><td>6.8</td><td>1.6</td><td>8.9</td><td>6.7</td><td>5.6</td><td>0</td></tr>
</table></td><td>瞬间耐高温性良好,低温时也有较好的性能,但高温时易氧化而破坏,使用温度为－253～538℃
用于胶接不锈钢、45 钢、黄铜、紫铜、铝合金等,还可胶接聚酰亚胺、硅片、硅树脂等</td></tr>
</table>

续表

<table>
<tr><th>牌号或名称</th><th>组成和固化条件</th><th colspan="5">主 要 性 能</th><th>特点及用途</th></tr>
<tr><td rowspan="9">30 号胶</td><td rowspan="9">由芳香族二胺、芳香族二元酸酐和芳香族二酰胺聚合成聚酰亚胺的二甲基乙酰胺溶液组成
0.1～0.3MPa、200℃下 1h，然后 280℃下 2h 固化</td><td colspan="5">(1)胶接铝合金件在不同温度下的测试强度</td><td rowspan="9">高温下具有优良的介电性、阻燃性、耐辐射性及较高的胶接强度，使用温度为－60～280℃
适用于铝合金、钛合金、不锈钢、陶瓷、应变片片基及耐高温、耐辐射方面的胶接</td></tr>
<tr><td>测试温度/℃</td><td>－60</td><td>室温</td><td>250</td><td>300</td></tr>
<tr><td>剪切强度/MPa</td><td>≥20</td><td>≥20</td><td>≥15</td><td>≥10</td></tr>
<tr><td colspan="5">(2)胶接铝合金件的测试强度</td></tr>
<tr><td colspan="2">测试条件</td><td>常温</td><td colspan="2">250℃、1000h</td></tr>
<tr><td colspan="2">不均匀扯离强度/N·cm⁻¹</td><td>350～400</td><td colspan="2">350</td></tr>
<tr><td colspan="5">(3)耐热老化性(铝合金件在下列介质中浸泡 31d，常温测试)</td></tr>
<tr><td colspan="2">介质</td><td>水</td><td>汽油</td><td>海水</td></tr>
<tr><td colspan="2">剪切强度/MPa</td><td>18</td><td>19</td><td>17</td></tr>
</table>

表 3-4-10 常用耐低温胶的性能和应用

<table>
<tr><th>牌号或名称</th><th>组成和固化条件</th><th colspan="6">主 要 性 能</th><th>特点及用途</th></tr>
<tr><td rowspan="3">DW-1 耐超低温胶</td><td rowspan="3">由三羟基聚氧化丙烯醚异氰酸酯的预聚体和 3,3′-二氯 4,4′-二氨基二苯基甲烷组成
0.2MPa、60℃下 2h 或 100℃下 1h，或常温数天固化</td><td colspan="6">铝(打毛)胶接件在不同条件下的测试强度</td><td rowspan="3">具有优良的低温胶接性能，黏度低，使用方便，常温或加温固化，使用温度为－196℃至常温
主要用于制氧机的胶接、修补和密封，也可用于玻璃钢、陶瓷、铝合金等材料的低温胶接</td></tr>
<tr><td colspan="2">测试条件</td><td>室温</td><td>－196℃</td><td colspan="2">－196～40℃
冷热交变 5 次</td></tr>
<tr><td colspan="2">剪切强度/MPa</td><td>≥5.0</td><td>≥18.0</td><td colspan="2">≥5.0</td></tr>
<tr><td rowspan="7">DW-3 耐超低温胶</td><td rowspan="7">由四氢呋喃共聚醚环氧树脂、双酚 A 环氧树脂，间苯二胺衍生物和有机硅化合物等组成
接触压力，100℃下 2h 或 60℃下 8h 固化</td><td colspan="6">(1)胶接铝合金件在不同温度下的测试强度</td><td rowspan="7">具有优良的低温胶接性能，黏度低，使用方便，胶接强度高，韧性好，使用温度为－269～60℃
主要用于超低温下工作的金属、非金属材料的胶接，也可用于两种线胀系数差别较大的材料胶接</td></tr>
<tr><td>测试温度/℃</td><td>60</td><td>20</td><td>－196</td><td>－253</td><td>－269</td></tr>
<tr><td>剪切强度/MPa</td><td>7.8</td><td>≥18.0</td><td>≥20.0</td><td>≥20.0</td><td>≥20.0</td></tr>
<tr><td colspan="6">(2)胶接不同材料的测试强度</td></tr>
<tr><td colspan="2">材 料</td><td>钢</td><td>不锈钢</td><td>紫铜</td><td>黄铜</td></tr>
<tr><td rowspan="2">剪切强度/MPa</td><td>－196℃</td><td>≥20.0</td><td>≥20.0</td><td>≥20.0</td><td>≥20.0</td></tr>
<tr><td>室温</td><td>≥18.0</td><td>≥18.0</td><td>≥18.0</td><td>≥18.0</td></tr>
<tr><td rowspan="4">H-01 耐低温环氧胶</td><td rowspan="4">由均苯三酸三缩水甘油酯、液体丁腈橡胶和 4,4′-二氨基二苯基甲烷组成
接触压力、80℃下 5h 固化</td><td colspan="6">(1)胶接铝合金件在不同温度下的测试强度</td><td rowspan="4">具有优良的低温和高温胶接性能，使用温度为－170～200℃
主要用于既在低温又在高温(200℃以下)工作的各种金属、非金属材料的胶接</td></tr>
<tr><td colspan="2">测试温度/℃</td><td>－196</td><td colspan="2">常温</td><td>200</td></tr>
<tr><td colspan="2">剪切强度/MPa</td><td>≥17.0</td><td colspan="2">≥20.0</td><td>≥11.0</td></tr>
<tr><td colspan="6">(2)不均匀扯离强度：≥80N/cm</td></tr>
</table>

续表

<table>
<tr><th>牌号或名称</th><th>组成和固化条件</th><th>主 要 性 能</th><th>特点及用途</th></tr>
<tr><td>H-006耐低温环氧胶</td><td>由均苯三酸三缩水甘油酯、液体丁腈橡胶和4,4′-二氨基二苯基甲烷组成
接触压力、80℃下5h固化</td><td>(1)胶接铝合金件在不同温度下的测试强度
<table>
<tr><td>测试温度/℃</td><td>−196</td><td>常温</td><td>200</td></tr>
<tr><td>剪切强度/MPa</td><td>≥19.0</td><td>≥20.0</td><td>≥14.0</td></tr>
</table>
(2)不均匀扯离强度:≥350N/cm
(3)耐老化性(150℃,500h)
<table>
<tr><td>测试温度/℃</td><td>−196</td><td>常温</td><td>200</td></tr>
<tr><td>剪切强度/MPa</td><td>≥17.0</td><td>≥18.0</td><td>≥15.0</td></tr>
</table>
(4)耐高低温交变性(-196～150℃,120次)
<table>
<tr><td>测试温度/℃</td><td>−196</td><td>常温</td><td>200</td></tr>
<tr><td>剪切强度保持率/%</td><td>≥92</td><td>≥96</td><td>≥82</td></tr>
</table></td><td>具有优良的耐辐照、耐高低温交变性和低温胶接性能,使用温度为−196～150℃
主要用于低温和高温下工作的铝合金、钛合金、不锈钢等金属材料的胶接</td></tr>
<tr><td>HY-912耐超低温胶</td><td>由环氧树脂,聚氨酯树脂和铝粉等组成
接触压力、100℃下4h固化</td><td>(1)胶接铝合金件在不同条件下的测试强度
<table>
<tr><td>测试条件</td><td>常温</td><td>50℃</td><td>−190℃</td><td>−190～100℃冷热交变3次</td></tr>
<tr><td>剪切强度/MPa</td><td>21.7</td><td>4.7</td><td>15.4</td><td>20.3</td></tr>
</table>
(2)胶接不同材料的测试强度
<table>
<tr><td colspan="2">材 料</td><td>铝合金-环氧玻璃钢</td><td>紫铜-环氧玻璃钢</td><td>不锈钢-环氧玻璃钢</td></tr>
<tr><td rowspan="2">剪切强度/MPa</td><td>室温</td><td>10.5～14</td><td>10～13</td><td>9～15</td></tr>
<tr><td>−190～25℃交变3次</td><td>9～10.7</td><td>12～14</td><td>8～13</td></tr>
</table></td><td>胶液活性期长,使用方便,低温和室温下都有较高的胶接强度,使用温度为−190℃～室温
用于低温下工作的各种金属、非金属材料的胶接和修补</td></tr>
<tr><td>铁锚104胶(超低温发泡型)</td><td>由(甲)环氧丙烷聚醚聚氨酯和(乙)环氧丙烷聚醚、交联剂及催化剂组成
接触压力、常温下24h固化</td><td>(1)胶液的技术指标
<table>
<tr><td>甲组分</td><td>游离异氰酸根,3.5%～6.0%</td></tr>
<tr><td>乙组分</td><td>羟值(140±30)mgKOH/g</td></tr>
</table>
(2)胶接铝合金件的测试强度
<table>
<tr><td>测试温度/℃</td><td>25</td><td>−196</td></tr>
<tr><td>剪切强度/MPa</td><td>≥1.2(泡沫塑料断)</td><td>≥30</td></tr>
</table></td><td>无溶剂、具有优良的低温胶接性能,在胶接时有低发泡性,能很好地填充接合部位的缝隙,使用温度为−196℃至常温
广泛用于泡沫塑料与金属或非金属材料的胶接,保冷管道中泡沫材料与金属管胶接</td></tr>
</table>

表 3-4-11 典型热熔胶黏剂的性能和应用

<table>
<tr><th>牌号或名称</th><th>组成和固化条件</th><th>主 要 性 能</th><th>特点及用途</th></tr>
<tr><td>CKD-1热熔胶</td><td>由乙烯-醋酸乙烯共聚树脂及其他添加剂等组成
将胶加热至150～170℃,熔融后涂胶,迅速合拢,加压0.7MPa,冷却1～4min即固化</td><td>(1)胶液技术指标
<table>
<tr><td>软化点(环球法)/℃</td><td>熔融黏度/mPa·s</td></tr>
<tr><td>>85</td><td><10000[(20±2)℃]</td></tr>
</table>
(2)胶接不同材料的常温测试强度
<table>
<tr><td>材 料</td><td>聚丙烯</td><td>高密度聚乙烯</td><td>低密度聚乙烯</td></tr>
<tr><td>剪切强度/MPa</td><td>≥3.0</td><td>≥2.8</td><td>≥2.5</td></tr>
</table>
(3)"T"剥离强度(聚丙烯编织袋):袋破坏</td><td>无毒,使用温度为−30～50℃
主要用于聚乙烯、聚丙烯等难粘塑料的胶接,也可用于金属、陶瓷、木材、纸张等的胶接</td></tr>
</table>

续表

<table>
<tr><th>牌号或名称</th><th>组成和固化条件</th><th colspan="9">主要性能</th><th>特点及用途</th></tr>
<tr><td rowspan="7">HM-2
热熔胶</td><td rowspan="7">由乙烯-醋酸乙烯共聚树脂、松香脂和防老剂等组成
将胶加热至170～180℃使之熔融，涂胶后露置5s，迅速合拢，冷却后即固化（如被胶接材料为金属，对其预热至100～120℃）</td><td colspan="9">(1)软化点(环球法)：≥72℃</td><td rowspan="7">固化速度快，无毒，无溶剂，可用于流水线高效率操作，使用温度为－40～55℃
可胶接多种材料，尤其是未经表面处理的聚乙烯、聚丙烯、聚甲醛、尼龙等难粘材料。用于冷库保温材料的胶接密封，无线电器件、塑料管材、泡沫塑料等的胶接</td></tr>
<tr><td colspan="9">(2)胶接强度</td></tr>
<tr><td colspan="5">剪切强度/MPa</td><td colspan="2">≥2(聚丙烯)</td><td colspan="2">≥3(硬铝)</td></tr>
<tr><td colspan="5">剥离强度/N・(2.5cm)$^{-1}$</td><td colspan="4">≥20(铝箔)</td></tr>
<tr><td colspan="9">(3)胶接不同材料的常温测试强度</td></tr>
<tr><td>材料</td><td>紫铜</td><td>铁</td><td>铝</td><td>低密度聚乙烯</td><td>改性聚丙烯</td><td>尼龙1010</td><td>ABS</td><td>聚乙烯-铝</td></tr>
<tr><td>压剪强度/MPa</td><td>≥6</td><td>≥6</td><td>≥6</td><td>≥3</td><td>≥4</td><td>≥5</td><td>≥5</td><td>≥4</td></tr>
<tr><td rowspan="6">ME
热熔胶</td><td rowspan="6">由乙烯-醋酸乙烯共聚树脂及其他助剂等组成；将胶加热至熔融状态下涂胶，胶接后1～3min即可固化。被粘材料不需表面处理</td><td colspan="4">熔点/℃</td><td colspan="5">≥19</td><td rowspan="6">具有良好的耐酸碱介质、耐老化、电气绝缘等性能，无毒，不用溶剂、工艺简便，使用温度为－20～50℃；主要用于聚乙烯、聚丙烯管材、板材的胶接，也可用于封口、书籍无线装订及铝箔与玻璃的胶接</td></tr>
<tr><td colspan="4">邵氏硬度</td><td colspan="5">75～85</td></tr>
<tr><td colspan="4">断裂伸长率/%</td><td colspan="5">130～150</td></tr>
<tr><td colspan="4">剪切强度/MPa</td><td colspan="5">≥4</td></tr>
<tr><td colspan="4">拉伸强度/MPa</td><td colspan="5">≥4</td></tr>
<tr><td colspan="4">“T”剥离强度/N・cm^{-1}</td><td colspan="5">13</td></tr>
<tr><td rowspan="9">PV-1
热熔胶</td><td rowspan="9">由乙烯-醋酸乙烯共聚树脂及其他助剂等组成
将胶加热至熔融后，涂布于清洁接合面，迅速合拢，冷却后即固化</td><td colspan="9">(1)胶接不同材料的常温测试强度</td><td rowspan="9">具有优良的耐水性，使用温度为－10～60℃
主要用于聚乙烯、聚丙烯管材、板材、薄膜的胶接，也可用于木材、陶瓷、金属等的胶接</td></tr>
<tr><td colspan="2">材　料</td><td colspan="3">聚乙烯</td><td colspan="4">聚丙烯</td></tr>
<tr><td colspan="2">剪切强度/MPa</td><td colspan="3">1.2～1.4(材料断)</td><td colspan="4">1.8～2.0</td></tr>
<tr><td colspan="9">(2)剥离强度(聚乙烯薄膜)：7～9N/cm</td></tr>
<tr><td colspan="9">(3)耐油压：≥1.8MPa</td></tr>
<tr><td colspan="9">(4)耐介质性</td></tr>
<tr><td colspan="2">介　质</td><td>水</td><td colspan="2">5%盐溶液</td><td colspan="2">5%硫酸</td><td colspan="2">5%烧碱</td></tr>
<tr><td colspan="2">剪切强度保持率/%</td><td>100</td><td colspan="2">100</td><td colspan="2">100</td><td colspan="2">97</td></tr>
<tr><td colspan="9"></td></tr>
<tr><td rowspan="4">HM-3
热熔胶</td><td rowspan="4">由改性乙烯-醋酸乙烯共聚树脂、增黏剂、防老剂等组成；将胶加热至150～160℃使之熔融，并将接合面预热至50℃，涂胶后迅速合拢，冷却后即固化，30min后达最高强度</td><td colspan="9">粘接强度</td><td rowspan="4">软化点大于80℃，分解温度大于170℃，无毒，使用温度为常温至60℃
专用于硬PVC塑料制品的胶接。对皮革、织物等材料也有良好的胶接性能</td></tr>
<tr><td colspan="4">材　料</td><td colspan="5">硬PVC</td></tr>
<tr><td colspan="4">剪切强度/MPa</td><td colspan="5">≥15</td></tr>
<tr><td colspan="4">剥离强度/N・(2.5cm)$^{-1}$</td><td colspan="5">≥500</td></tr>
<tr><td rowspan="5">HM-1
热熔胶</td><td rowspan="5">由乙烯-醋酸乙烯共聚树脂和松香甘油脂等组成
将胶加热至120～160℃使之熔融，热涂于被粘表面，迅速合拢，冷却后即固化</td><td colspan="9">性能指标</td><td rowspan="5">固化速度快，工艺简便，无毒，无溶剂，使用温度为－30～50℃
主要用于铝、钢等金属材料的胶接，也可用于难粘的聚乙烯、聚丙烯等的胶接，常用于电子线圈的固定和金属铭牌的胶接</td></tr>
<tr><td colspan="4">软化点(环球法)/℃</td><td colspan="5">≥70</td></tr>
<tr><td colspan="4" rowspan="2">拉伸强度/MPa</td><td colspan="5">3(铝合金)</td></tr>
<tr><td colspan="5">1.5(镀锌钢片)</td></tr>
<tr><td colspan="4">压剪强度/MPa</td><td colspan="5">>1.5(聚乙烯)</td></tr>
</table>

表 3-4-12　典型厌氧胶黏剂的性能和应用

<table>
<tr><th>牌号或名称</th><th>组成和固化条件</th><th colspan="8">主　要　性　能</th><th>特点及用途</th></tr>
<tr><td rowspan="4">铁锚 302 厌氧胶</td><td rowspan="4">由丙烯酸酯、引发剂、稳定剂和促进剂等组成
常温下 10～60min 变定，3～6h 达实用强度，24h 完全固化</td><td colspan="3">黏度/mPa·s</td><td colspan="5">10～20</td><td rowspan="4">常温固化，工艺简便，使用温度为−55～60℃
主要用于螺栓的紧固和铸件砂眼的修补</td></tr>
<tr><td colspan="3">破坏扭矩/N·m</td><td colspan="5">30</td></tr>
<tr><td colspan="3">牵出扭矩/N·m</td><td colspan="5">40</td></tr>
<tr><td colspan="3">剪切强度/MPa</td><td colspan="5">≥30</td></tr>
<tr><td rowspan="4">铁锚 351 厌氧胶</td><td rowspan="4">由丙烯酸酯、引发剂、稳定剂和促进剂等组成
常温下 10～60min 变定，3～6h 达实用强度，24h 完全固化</td><td colspan="3">黏度/mPa·s</td><td colspan="5">300～500</td><td rowspan="4">常温固化，工艺简便，使用温度为−55～120℃；主要用于螺栓的紧固密封；机械零件的装配定位；轴承与轴套的胶接等</td></tr>
<tr><td colspan="3">破坏扭矩/N·m</td><td colspan="5">≥20</td></tr>
<tr><td colspan="3">牵出扭矩/N·m</td><td colspan="5">≥30</td></tr>
<tr><td colspan="3">剪切强度/MPa</td><td colspan="5">≥21</td></tr>
<tr><td rowspan="3">铁锚 372 厌氧胶</td><td rowspan="3">由丙烯酸酯、引发剂、稳定剂和促进剂等组成
常温下 10～60min 变定，3～6h 达实用强度，24h 完全固化</td><td colspan="3">黏度/mPa·s</td><td colspan="5">1.5～2.0</td><td rowspan="3">常温固化，工艺简便，具有优良的耐高温性能，使用温度为−55～200℃
主要用于在高温下的螺栓紧固和平面接合部件的胶接</td></tr>
<tr><td colspan="3">破坏扭矩/N·m</td><td colspan="5">≥10</td></tr>
<tr><td colspan="3">牵出扭矩/N·m</td><td colspan="5">≥20</td></tr>
<tr><td rowspan="5">GY-340 厌氧胶</td><td rowspan="5">由甲基丙烯酸环氧树脂、双甲基丙烯酸缩醇酯等组成
室温下 2～6h 固化</td><td colspan="3">密度/g·cm^{-3}</td><td colspan="5">1.12±0.02</td><td rowspan="5">常温固化速度快，胶接强度高，使用温度为−55～150℃
主要用于螺栓的紧固密封和阀件、液压元件，空气压缩机部件等的胶接</td></tr>
<tr><td colspan="3">黏度/mPa·s</td><td colspan="5">150～300</td></tr>
<tr><td colspan="3">剪切强度/MPa</td><td colspan="5">≥20</td></tr>
<tr><td colspan="3">破坏扭矩/N·m</td><td colspan="5">≥30</td></tr>
<tr><td colspan="3">最大填充间隙/mm</td><td colspan="5">0.18</td></tr>
<tr><td rowspan="6">XQ-1 厌氧胶</td><td rowspan="6">由聚酯树脂 309、过氧化羟基异丙苯、三乙胺和丙烯酸等组成。另附促进剂
隔绝空气、28～30℃下 24～72h 固化</td><td colspan="8">胶接不同材料在不同固化时间后的常温测试强度</td><td rowspan="6">无溶剂，毒性小，常温固化，使用方便，在 100℃以下使用
用于在振动冲击条件下工作的不经常拆卸螺纹连接件的紧固及密封，管道螺纹连接接头及平面法兰接合面的耐压密封和紧固，也可作一般胶黏剂使用</td></tr>
<tr><td colspan="3">固化时间/h</td><td>0.15</td><td>0.5</td><td>1</td><td>24</td><td>72</td></tr>
<tr><td rowspan="4">剪切强度/MPa</td><td rowspan="2">钢</td><td>无促进剂</td><td>—</td><td>—</td><td>—</td><td>8.9</td><td>—</td></tr>
<tr><td>有促进剂</td><td>6.5</td><td>8.3</td><td>10.3</td><td>14.1</td><td>17.6</td></tr>
<tr><td rowspan="2">铝合金</td><td>无促进剂</td><td>—</td><td>—</td><td>—</td><td>2.8</td><td>—</td></tr>
<tr><td>有促进剂</td><td>1.9</td><td>5.6</td><td>6.6</td><td>9.5</td><td>—</td></tr>
<tr><td rowspan="5">Y-82 厌氧胶</td><td rowspan="5">由双甲基丙烯酸缩醇酯、甲基丙烯酸苯甲酸缩醇酯和氧化还原催化剂等组成，或加促进剂组成双组分
配用促进剂时，隔绝空气、常温下 1h 固化</td><td colspan="3">密度/g·cm^{-3}</td><td colspan="5">1.07±0.02</td><td rowspan="5">室温快速固化，使用温度为−45～100℃
主要用于螺栓的紧固密封和可拆部位的胶接密封</td></tr>
<tr><td colspan="3">黏度/mPa·s</td><td colspan="5">164</td></tr>
<tr><td colspan="3">稳定性(80℃)/min</td><td colspan="5">≥30</td></tr>
<tr><td colspan="3">剪切强度(钢)/MPa</td><td colspan="5">≥9</td></tr>
<tr><td colspan="3">最大破坏扭矩/N·m</td><td colspan="5">8～15</td></tr>
</table>

续表

<table>
<tr><th>牌号或名称</th><th>组成和固化条件</th><th colspan="7">主　要　性　能</th><th>特点及用途</th></tr>
<tr><td rowspan="5">Y-150
厌氧胶</td><td rowspan="5">由甲基丙烯酸环氧树脂等组成；加促进剂为双组分
单组分：隔绝空气、室温下24h达最大强度
双组分：室温下10min变定</td><td colspan="3">密度/g·cm^{-3}</td><td colspan="4">1.12±0.02</td><td rowspan="5">无溶剂，黏度低，使用温度为－45～150℃
主要用于不经常拆卸的螺栓、轴、轴承、转子、滑轮、键合件等的紧固、胶接和密封</td></tr>
<tr><td colspan="3">黏度/mPa·s</td><td colspan="4">150～300</td></tr>
<tr><td colspan="3">稳定性(80℃)/min</td><td colspan="4">≥30</td></tr>
<tr><td colspan="3">剪切强度/MPa</td><td colspan="4">≥9</td></tr>
<tr><td colspan="3">最大破坏扭矩/N·m</td><td colspan="4">≥25</td></tr>
<tr><td rowspan="9">ZY-801
厌氧胶</td><td rowspan="9">由甲基丙烯酸四氢糠醇酯等组成；加促进剂为双组分
单组分：室温下24h固化
双组分：室温下5min变定，3h达实用强度</td><td colspan="7">(1)性能指标</td><td rowspan="9">胶接强度高，工艺简便，耐介质性优良，使用温度为－30～150℃
主要用于螺栓的紧固和各种金属接合件的胶接</td></tr>
<tr><td colspan="3">密度/g·cm^{-3}</td><td colspan="4">1.11</td></tr>
<tr><td colspan="3">黏度/mPa·s</td><td colspan="4">80</td></tr>
<tr><td colspan="3">破坏扭矩/N·m</td><td colspan="4">34～36</td></tr>
<tr><td colspan="3">牵出扭矩/N·m</td><td colspan="4">40～50</td></tr>
<tr><td colspan="3">剪切强度/MPa</td><td colspan="4">25～30</td></tr>
<tr><td colspan="7">(2)耐介质性(87℃浸渍168h)</td></tr>
<tr><td>介　质</td><td>水</td><td>柴油</td><td>机油</td><td>10%
烧碱</td><td>10%
硫酸</td><td>3%
盐水</td></tr>
<tr><td>剪切强度
保持率/%</td><td>82</td><td>91</td><td>114</td><td>27.5</td><td>55</td><td>76</td></tr>
</table>

表 3-4-13　部分胶黏剂（胶黏剂）的产品标准

序号	标准号	标准名称	序号	标准号	标准名称
1	GB 19340—2014	鞋和箱包用胶粘剂	14	HG/T 3318—2002	修补用天然橡胶胶粘剂
2	GB/T 29755—2013	中空玻璃用弹性密封胶	15	HG/T 3658—1999	双面压敏胶粘带
3	GB/T 29848—2013	光伏组件封装用乙烯-醋酸乙烯酯共聚物(EVA)胶膜	16	HG/T 3659—1999	快速粘接输送带用氯丁胶粘剂
4	GB/T 30775—2014	聚乙烯(PE)保护膜压敏胶粘带	17	HG/T 3697—2002	纺织品用热熔胶粘剂
			18	HG/T 3698—2002	EVA热熔胶粘剂
5	GB/T 30778—2014	聚醋酸乙烯-丙烯酸酯乳液纸塑冷贴复合胶	19	HG/T 3737—2004	单组分厌氧胶粘剂
6	GB/T 30779—2014	鞋用水性聚氨酯胶粘剂	20	HG/T 3738—2004	溶剂型多用途氯丁橡胶胶粘剂
7	GB 30982—2014	建筑胶粘剂有害物质限量	21	HG/T 20631—2006	电气用压敏胶粘带
8	GJB1087—1991	室温固化高温无机胶粘剂	22	JC/T 438—2006	水溶性聚乙烯醇建筑胶粘剂
9	HG/T 2406—2014	通用型压敏胶标签纸			
10	HG/T 2408—1992	牛皮纸压敏胶粘带	23	JC/T 547—2005	陶瓷墙地砖胶粘剂
11	HG/T 2492—2005	α-氰基丙烯酸乙酯瞬间胶粘剂	24	JC/T 548—1994	壁纸胶粘剂
			25	JC/T 549—1994	天花板胶粘剂
12	HG/T 2727—2010	聚乙酸乙烯酯乳液木材胶粘剂	26	JC/T 550—2008	聚氯乙烯块状塑料地板胶粘剂
13	HG/T 2814—2009	溶剂型聚酯聚氨酯胶粘剂	27	JC/T 636—1996	木地板胶粘剂

续表

序号	标准号	标准名称	序号	标准号	标准名称
28	JC/T 863—2011	高分子防水卷材胶粘剂	31	LY/T 1601—2011	水基聚合物——异氰酸酯木材胶粘剂
29	JC/T 887—2001	干挂石材幕墙用环氧胶粘剂	32	QB/T 2568—2002	硬聚氯乙烯(PVC-U)塑料管道系统用溶液剂型胶粘剂
30	LY/T 1206—2008	木工用氯丁橡胶胶粘剂			

4.2 粘接接头的设计

4.2.1 粘接接头的常用型式

粘接接头的常用型式及说明见表 3-4-14。

4.2.2 粘接接头的设计

粘接接头的受力可归纳为图 3-4-1 所示的 4 种。由表 3-4-5 可知，合成树脂类粘接剂的拉伸、剪切强度较大；合成橡胶类粘接剂可用于剥离和不均匀扯离受力。粘接接头的应力计算见表 3-4-15，设计原则见表 3-4-16。

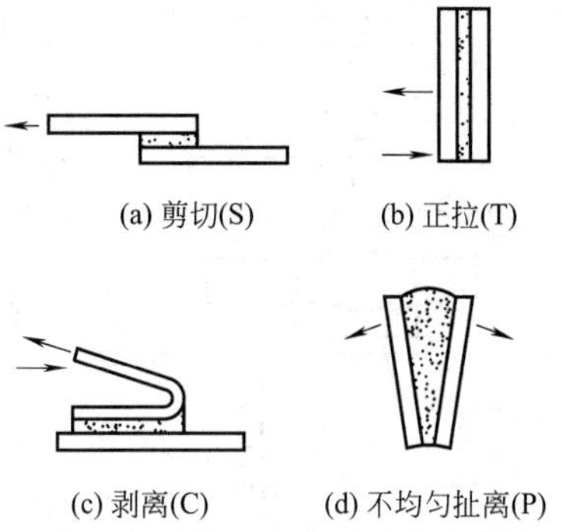

图 3-4-1 粘接接头中胶层几种典型受力情况

表 3-4-14 粘接接头的常用型式及说明

型式	简图	说明
对接	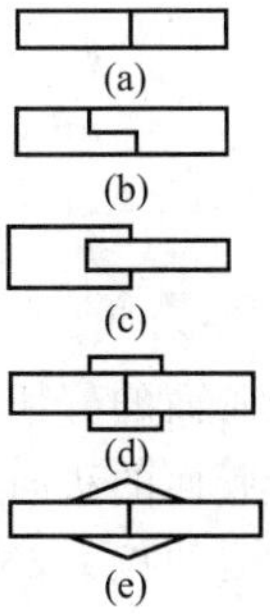	图(a)粘接面积小，除拉力外，任何方向的力都容易形成不均匀扯离力而造成应力集中，粘接强度低，一般不采用 图(b)为双对接，明显增加胶接面积，对受压有利 图(c)为插接形式，承受弯曲应力有利 图(d)为加盖板对接，受力性能较图 a 大有提高 图(e)为加三角盖板对接，可改善图 d 由于截面突变而产生应力急剧变化
角接	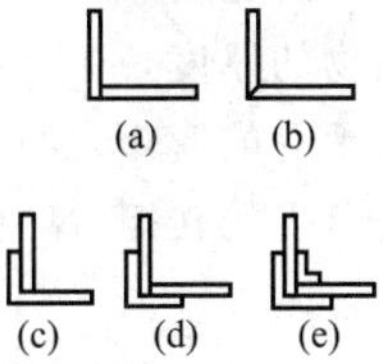	图(a)、图(b)粘接面积小，所受的力是不均匀扯离力，强度低，应避免使用 图(c)～图(e)是改进设计，合理增加粘接面积，提高承载能力。另外，防止材料厚度突变，使应力分布更加均匀
T 形	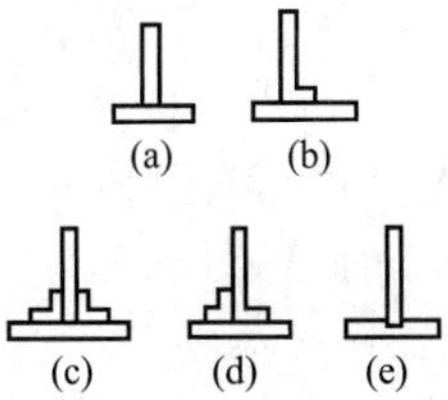	图(a)粘接强度低，一般不允许采用 图(b)～图(e)为改进设计，采用支撑接头或插入接头，效果较好

续表

型式	简图	说明
搭接	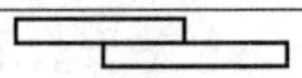 (a) 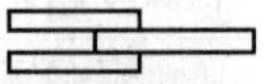 (b) 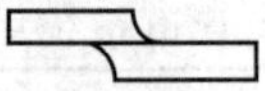 (c) 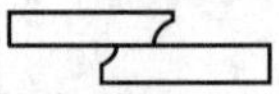 (d) 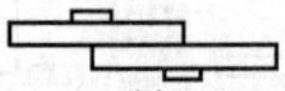 (e)	所受的作用力一般是剪切力，应力分布较均匀，有较高强度，接头加工容易，应用较多 图(a)为常用形式，工艺较方便，粘接面积可适当增减，但载荷偏心会造成附加弯矩，对接头受力不利。图(b)为双搭接，避免了载荷的偏心。外侧切角[见图(c)]、内侧切角[见图(d)]以及增加端部刚度[见图(e)]均为减小粘缝端部应力集中、提高承载能力的方法 较佳搭接长度为1～3cm，一般不超过5cm，用增加宽度方法提高承载能力较有效
套接	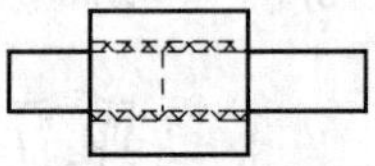	所受的作用力基本上是纯剪切力，粘接面积大，强度高，多用于棒材或管材的粘接
斜搭接	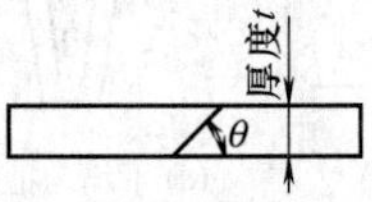	是效能最好的接头之一。粘接面积大，无附加弯矩产生，故有应力集中小、占据空间小、不影响工件外形等优点，但由于接头斜面不易加工，实际应用较少

表 3-4-15　粘接接头的应力及计算

项目		简图	计算公式	说明
拉伸、压缩	斜搭接	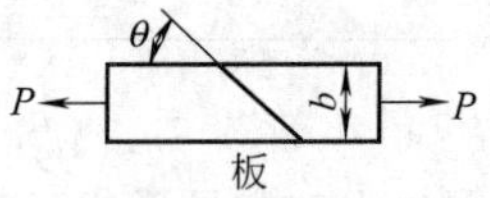 板	$\tau=\dfrac{P}{bt}\sin\theta\cos\theta$ $\sigma=\dfrac{P}{bt}\sin^2\theta$	τ——平行于胶面的剪切应力，MPa σ——垂直于胶面的法向应力，MPa P——接头承受的拉力，N θ——斜面夹角，(°) b——被粘物的宽度，mm t——被粘物的厚度，mm M——接头承受的弯矩，N·mm T——接头承受的转矩，N·mm R——外径，mm r——内径，mm
		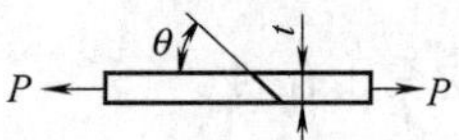 板		
弯曲		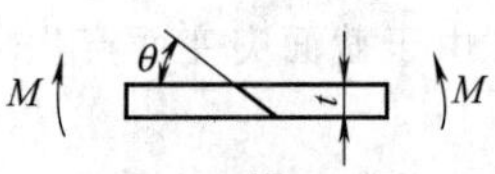 板	$\tau=\dfrac{6M}{t^2b}\sin\theta\cos\theta$ $\sigma=\dfrac{6M}{t^2b}\sin^2\theta$	
拉伸、压缩	斜搭接	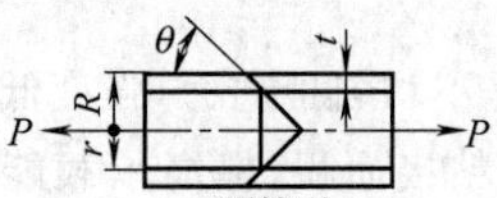 圆筒形	$\tau=\dfrac{P}{2\pi Rt}\sin\theta\cos\theta$ $\sigma=\dfrac{P}{2\pi Rt}\sin^2\theta$	
弯曲		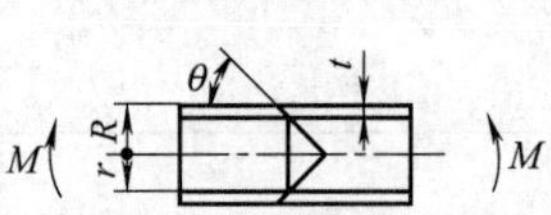 圆筒形	$\tau=\dfrac{2M(R+r)}{\pi(R^4-r^4)}\sin\theta\cos\theta$ $\sigma=\dfrac{2M(R+r)}{\pi(R^4-r^4)}\sin^2\theta$	
扭转		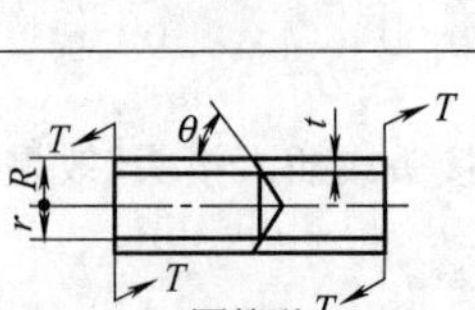 圆筒形	$\tau=\dfrac{2T\sin\theta}{\pi(R+r)^2(R-r)}$ $\sigma=0$	

项目		简图	计算公式	说明
拉伸、压缩	双面搭接	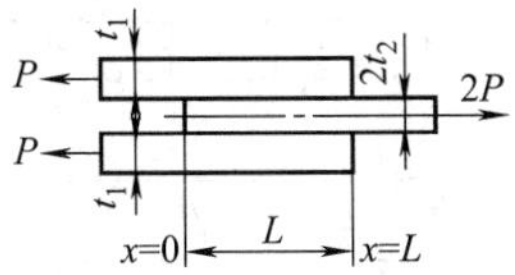	$x=0$ 时： $\tau_0=\tau_p\left[1+\frac{CL^2}{3E}\left(\frac{1}{t_1}-\frac{1}{2t_2}\right)\right]$ $x=L$ 时： $\tau_L=\tau_p\left[1+\frac{CL^2}{3E}\left(\frac{1}{t_2}-\frac{1}{2t_1}\right)\right]$ $t_1=t_2=t$ 时： $\tau_0=\tau_L=\tau_{max}=\tau_p\left(1+\frac{CL^2}{6Et}\right)$	τ_p——平均剪应力，MPa， E——被粘物弹性模量，MPa t_1,t_2——被粘物厚度，mm L——粘接长度，mm C——系数， G——胶黏剂切变模量，MPa h——胶层厚度，mm

注：1. 粘接胶层厚度一般为0.08～0.15mm。

2. 承受静载荷粘接接头安全系数 $n\geqslant3$；承受动载荷粘接接头安全系数 $n=10$。

表 3-4-16　粘接接头的设计原则

序号	设计原则
1	粘接接头强度和被粘接物强度应在同一数量级上
2	合理增大粘接面积，以提高粘接接头承载能力。通常，在一定搭接范围内，增加搭接宽度优于增加搭接长度
3	尽量使粘缝受剪力或拉力，应尽力避免粘缝承受剥离力、弯曲力和不均匀扯离，否则应采取加固或局部加强。为避免过大应力集中，加盖板对接粘缝应采用三角形盖板
4	尽量使胶层应力分布均匀。以搭接接头为例，若搭接长度过长，应力分布愈不均匀。建议搭接长度不超过10～15倍的板厚。采用斜搭接接头对应力分布可有时改善
5	接头表面粗糙度对有机胶以 Ra2.5～6.3μm 为宜；无机胶以 Ra25～100μm 为宜
6	尽量采用混合连接方式，如粘接与机械相结合的连接，粘接加铆、加螺栓、穿销、点焊、卷边等方式，可使粘接接头更牢固
7	考虑温度对粘接接头的影响，包括耐热性耐寒性和耐冷热交变性。一般的粘接剂使用温度为－40～150℃，此范围以外需要耐高温或耐低温粘接剂。冷热交变的应采用耐温度变化而且韧性较好的粘接剂，如酚醛-丁腈胶、环氧-酚醛胶等
8	考虑胶层厚度对粘接接头的影响，通常，胶层厚度为0.1～0.2mm时，粘接接头强度最佳；轴与毂的连接则只需0.03mm
9	接头加工方便、夹具简单、粘接质量易于掌握

4.3　常用粘接工艺与步骤

不同的胶黏剂，粘接工艺有所不同，而粘接工艺过程对粘接接头的结合力和性能有很大影响，应予以重视。其主要粘接过程和主要步骤见表3-4-17。

表 3-4-17　粘接工艺过程及粘接主要步骤

粘接过程	润湿	为使被粘物表面易被润湿，需清洗处理，除去油污
	胶黏剂分子的移动和扩散	胶黏剂分子按布朗运动的规律向被粘物表面移动
	胶黏剂的渗透	粘接时胶黏剂向被粘物的缝隙渗透，从而增大了接触面积
	物理化学结合	化学键结合，范德华力结合

粘接步骤	表面处理	目的是清除被粘表面的油污、锈蚀等，使粘接表面有适当的粗糙度，以保证粘接的强度和接触面积，详细步骤见表 3-4-18
	配胶	单组分胶黏剂可直接使用，配制多组分胶黏剂时，参见表 3-4-19
	涂敷	应使胶黏剂充分浸润和吸附被粘工件表面，详见表 3-4-19
	晾置	通常，表面涂敷胶黏剂的零件应晾置一定时间，再把两零件合拢。目的是挥发溶剂，增加黏性，流匀胶层，有利于排除空气。要点见表 3-4-20
	固化	应按要求控制固化时的压力、温度和时间，以保证粘接质量，详见表 3-4-20
	检查	分为外观检查、内部探伤和粘接强度检查。外观包括有无错位、裂纹、气孔、缺胶等。可用 X 射线或超声进行无损探伤

表 3-4-18　粘接表面处理步骤

金属材料	非金属材料
1. 除油 ①有机溶剂除油：如汽油、丙酮、甲苯、三氟三氯乙烷。溶解力强、沸点低、但去油污能力较差，需反复多次，用丙酮需擦洗三次以上 ②碱洗除油：无毒、不燃，较为经济 ③电解除油：效率高，除油效果好 ④超声波除油：常用于小型精密工作 2. 除锈 (1)机械除锈 ①手工除锈：简便易行，劳动强度大，工效低，用于粘接强度不高的工件 ②电动工具除锈：效率高，除锈效果好 ③喷砂除锈（干法、湿法）：干法喷砂粉尘大，对操作人员有伤害；湿法消除粉尘，表面质量好，但效率较较干法低，冬季不宜露天操作 (2)化学除锈 ①化学浸蚀：黑色金属用酸浸蚀，铝及铝合金用氢氧化钠浸蚀 ②电化学浸蚀（阴极法、阳极法）：浸蚀速度快，酸液消耗少，但需耗电，表面不规整工件浸蚀效果差。阴极法使金属基本不受浸蚀，不改变零件几何尺寸，易引起氢脆。阳极法则相反 3. 化学活化处理 金属材料经除油、除锈后能满足一般粘接要求。但要进一步提高粘接强度，还需要进行化学活化处理，使工件表面呈现高表面能状态 4. 用水滴法检验表面处理质量 用蒸馏水滴在被处理金属表面，若呈连续水膜，说明表面洁净；若呈不连接珠状，说明表面仍有非极性物质，需继续处理。被粘材料若停放超过 8h 需重新处理	1. 机械处理 除去油污，还要除去高分子材料表面残存的脱模剂、增塑剂和硫化剂。对于极性塑料，用砂纸打磨较好 2. 物理处理 效率高，效果好，耗材少，但处理设备造价高，适用于非极性高分子材料 ①火焰处理：表面发氧化反应，得到含碳的极性表面，适用于粘接聚乙烯、聚丙烯 ②电晕放电处理：使表面产生极性膜，适用于粘接聚烯烃薄膜 ③接触放电处理：耗电少，处理均匀 ④等离子处理：适用范围广，可以处理几乎所有高分子材料，效果显著。如聚丙烯、尼龙、聚苯乙烯采用环氧树脂粘接，强度可达 20MPa、聚四氟乙烯达 5MPa，但设备造价高 3. 化学处理 用酸、强氧化剂除去工件表面油污，并生成含碳等极性物质以利于粘接 4. 辐射接枝 用甲基丙烯酸甲酯、丙烯酸、醋酸乙烯等极性单体处理聚乙烯、聚丙烯、氟塑料等非极性材料，改善表面性质，效果显著，但费用高 5. 溶剂处理 用甲苯、丙酮、氯仿等对聚烯烃材料进行溶胀处理，提高粘接强度，方法简便，但效果不太理想

注：高分子材料介电常数一般在 3.6 以上的为极性材料；在 2.8～3.6 之间的为弱极性材料，在 2.8 以下的为非极性材料。

表 3-4-19　胶黏剂配制和涂敷

(1)配胶	用胶量少时，通常采用双层壁配胶罐配胶；用胶量多时，用带搅拌桨叶的调胶机进行配胶 配胶时，需对树脂与固化剂等组分称量准确，比例适当，注意加料顺序，一般按基料、稀释剂、增塑剂、填料、固化剂的顺序配制；要充分搅拌。配胶量要适当，用多少，配多少，配制成胶黏剂应在规定时间内使用
(2)涂敷	涂敷是将胶黏剂用适当工具涂在被粘材料表面。涂敷工作需注意的是胶黏剂应充分浸润和吸附被粘工件表面，胶液黏度一般为 0.5～3Pa·s，黏度太大时，可将被粘表面预热。每个被粘面应分别涂胶。为排除胶液中的水分和气体，涂胶速度以 2～4cm/s 为宜。涂胶要均匀，胶层厚度一般为 0.08～0.15mm，应避免涂敷层中有气泡。涂敷方法有以下几种 ①刮涂法：是最常用方法，用玻璃棒、刮刀等工具将胶液刮在被粘材料表面。适用于黏度较大的胶液，但效率低，胶层不易均匀 ②刷涂法：也是最常用方法。用漆刷将胶液涂在被粘材料表面。适用于黏度较小的胶液，效率比刮涂法高，且胶层均匀 ③喷涂法：适用于大面积涂胶。工效高，胶液浪费大，喷出胶雾对人体有害 ④滚涂法：适用于压敏胶带的制造，工效高，胶层均匀，易于自动化

表 3-4-20　晾置与固化

项目	方法或参数		特点或说明
晾置	自然晾置		环氧树脂胶等没有惰性溶剂的胶液，一般不需晾置 α-氰基丙烯酸酯在微量潮气催化下迅速聚合的胶黏剂，晾置时间越短越好 酚醛树脂胶等含惰性溶剂的胶黏剂，应多次涂敷，每一层晾置 20～30min，保证溶剂挥发，提高粘接强度 环境湿度越低越好，尤其是对聚氨酯胶、氯丁胶
固化	固化参数	固化温度	热固性胶黏剂必须在一定温度下固化。不同的胶种固化温度不同，适当选择固化温度，能有较好的力学和耐老化性能
		固化时间	在一定固化温度下，需保持一定时间。提高固化温度可以缩短时间
		固化压力	加压有助于粘接面紧密接触及胶液微孔渗透，有助于排除胶液中的水分和溶剂，保证胶层厚度均匀致密
	加热方法	电烘箱加热	简便易行，常用，尤其适合小批量。但周期长、耗电量大，不易实现自动化
		红外线烘房或隧道窑加热	缩短固化时间、耗电量低，易自动化
		热风加热	传热快，加热范围变化灵活，适用压敏胶带加热
		工频和高频电流加热	效率高，加热速度快
	加压方法	触压	靠工件自重压紧，适用环氧树脂胶
		锤压	用木榔头砸实胶接部位，适用氯丁胶
		机械夹子加压	方便灵活、压力高、工效低、压力不均匀，适用于形状复杂的零件
		液压机加压	压力大而均匀，用于胶合板、复合材料的制造
		滚压	适用于复合材料的制造

第5章

焊接

5.1 金属材料焊接方法的选择

5.1.1 金属材料的焊接性

设计焊接结构和选择焊接方法时，很重要的一个方面，是应选用可焊性较好的材料。

钢材的焊接性（可焊性），是指钢材对某种焊接工艺适应的程度，即在一定的焊接工艺条件下，获得优质焊接头的可能性和难易程度。

钢材的焊接性通常以裂纹敏感性的高低来表征。影响钢材焊接性的因素很多，单从其化学成分来分析，主要取决于钢材的纯净度（合金元素和杂质的含量）。其中碳是影响焊接性能最重要的因素之一，钢中碳含量越低，焊接性就越好，焊接时不易产生裂纹。对于其他合金元素，则根据它们对焊接性影响的大小，折合成相当的碳含量，即碳当量来判别焊接性的好坏。碳当量的估算公式很多，以国际焊接协会推荐的估算碳钢和低合金钢的碳当量公式多用，见式（3-5-1）。

$$C_{eq}=C+\frac{Mn}{6}+\frac{Cr+Mo+V}{5}+\frac{Ni+Cu}{15}(\%) \quad (3\text{-}5\text{-}1)$$

式中元素的符号表示其在钢中的含量（质量分数）。通常，含碳量≤0.25%的低碳钢和碳当量≤0.4%的低合金钢，焊接性良好，几乎适用于各种焊接方法；含碳量在0.25%～0.35%的中碳钢和碳当量在0.4%～0.6%的合金钢，焊接性一般，采用预热等适当的焊接规范，可以得到满意的焊接结果；而含碳量和碳当量超过此限的碳钢和合金钢，属于难焊的材料。

钢材中的有害元素硫和磷的含量也是影响钢材焊接性的重要因素。特别是对安全性要求高的焊接结构（如压力容器）对硫、磷含量都有严格的限定，分别控制在0.008%以下。用碳、硫、磷含量作为评价钢材热裂纹倾向的碳当量公式见式（3-5-2）。

$$C_{eq}=C+2S+\frac{P}{3}(\%) \quad (3\text{-}5\text{-}2)$$

其他金属材料中，铸铁因含碳量较高，组织不均匀，塑性低，所以属于可焊性较差的金属材料，但采用镍基焊条则可获得较好的焊接质量；有色金属中黄铜和纯铝焊接性较好。

5.1.2 焊接工艺方法代号

常规的焊接方法，分9大类，GB/T 5185—2005给出焊接及相关工艺方法代号，用三位数表示。其中，一位数代号表示工艺方法大类，二位数代号表示工艺方法分类，而三位数代号表示某种工艺方法，详见表3-5-1。

表3-5-1 焊接及相关工艺方法代号（摘自GB/T 5185—2005）

代号	焊接及相关工艺方法	代号	焊接及相关工艺方法	代号	焊接及相关工艺方法
1	电弧焊	13	熔化极气体保护电弧焊	151	等离子MIG焊
101	金属电弧焊	131	熔化极惰性气体保护电弧焊(MIG)	152	等离子粉末堆焊
11	无气体保护的电弧焊			18	其他电弧焊方法
111	焊条电弧焊	135	熔化极非惰性气体保护电弧焊(MAG)	185	磁激弧对焊
112	重力焊			2	电阻焊
114	自保护药芯焊丝电弧焊	136	非惰性气体保护的药芯焊丝电弧焊	21	点焊
12	埋弧焊			211	单面点焊
121	单丝埋弧焊	137	惰性气体保护的药芯焊丝电弧焊	212	双面点焊
122	带极埋弧焊			22	缝焊
123	多丝埋弧焊	14	非熔化极气体保护电弧焊	221	搭接缝焊
124	添加金属粉末的埋弧焊	141	钨极惰性气体保护电弧焊(TIG)	222	压平缝焊
125	药芯焊丝埋弧焊	15	等离子弧焊	225	薄膜对接缝焊

续表

代号	焊接及相关工艺方法	代号	焊接及相关工艺方法	代号	焊接及相关工艺方法
226	加带缝焊	71	铝热焊	91	硬钎焊
23	凸焊	72	电渣焊	911	红外线硬钎焊
231	单面凸焊	73	气电立焊	912	火焰硬钎焊
232	双面凸焊	74	感应焊	913	炉中硬钎焊
24	闪光焊	741	感应对焊	914	浸渍硬钎焊
241	预热闪光焊	742	感应缝焊	915	盐浴硬钎焊
242	无预热闪光焊	75	光辐射焊	916	感应硬钎焊
25	电阻对焊	753	红外线焊	918	电阻硬钎焊
29	其他电阻焊方法	77	冲击电阻焊	919	扩散硬钎焊
291	高频电阻焊	78	螺柱焊	924	真空硬钎焊
3	气焊	782	电阻螺柱焊	93	其他硬钎焊
31	氧燃气焊	783	带瓷箍或保护气体的电弧螺柱焊	94	软钎焊
311	氧乙炔焊			941	红外线软钎焊
312	氧丙烷焊	784	短路电弧螺柱焊	942	火焰软钎焊
313	氢氧焊	785	电容放电螺柱焊	943	炉中软钎焊
4	压力焊	786	带点火嘴的电容放电螺柱焊	944	浸渍软钎焊
41	超声波焊	787	带易熔颈箍的电弧螺柱焊	945	盐浴软钎焊
42	摩擦焊	788	摩擦螺柱焊	946	感应软钎焊
44	高机械能焊	8	切割和气刨	947	超声波软钎焊
441	爆炸焊	81	火焰切割	948	电阻软钎焊
45	扩散焊	82	电弧切割	949	扩散软钎焊
47	气压焊	821	空气电弧切割	951	波峰软钎焊
48	冷压焊	822	氧电弧切割	952	烙铁软钎焊
5	高能束焊	83	等离子弧切割	954	真空软钎焊
51	电子束焊	84	激光切割	956	拖焊
511	真空电子束焊	86	火焰气刨	96	其他软钎焊
512	非真空电子束焊	87	电弧气刨	97	钎接焊
52	激光焊	871	空气电弧气刨	971	气体钎接焊
521	固体激光焊	872	氧电弧气刨	972	电弧钎接焊
522	气体激光焊	88	等离子气刨		
7	其他焊接方法	9	硬钎焊、软钎焊及钎接焊		

5.1.3 常用焊接方法及应用

表 3-5-2 几种常用金属材料的焊接方法及应用

焊接方法		原理	应用范围			设备费	焊接费
			常焊材料	厚度/mm	特点		
熔化焊	气焊	利用气体燃烧发热，来熔化焊件与焊条进行焊接	钢	≤2	火焰温度及心智可以调节，与电弧焊热源相比，热影响区宽，热量不如电弧焊集中，生产率较低。适用于薄壁、小件的焊接。当厚度为 0.5～1.5mm 时，生产率可超过电弧焊	少	中等
			铸铁				
			铝及铝合金、铜、青铜、黄铜	≤14			
			硬质合金				

续表

焊接方法			原理	应用范围			设备费	焊接费
				常焊材料	厚度/mm	特点		
熔化焊	电弧焊	焊条电弧焊	以焊条和焊件为电极，利用电弧放电产生的高温（6000～7000℃）来熔化焊条与焊件进行焊接	钢	＞1.2～150	具有机动、灵活、适用性广泛、所用设备简单、耐用，维修费用低等优点。但劳动强度大，质量不稳定，它决定于操作水平。在单件、小批修配中广泛应用。适用于3mm以上各种金属材料。焊件在静载、冲击、振动条件下工作时，要求焊缝坚固、紧密	少	少
				铝及铝合金	≥1			
				铜	≥1			
				青铜、铸铁				
				硬质合金				
		埋弧自动、半自动电弧焊	以焊丝与焊件为电极，利用它们之间产生的电弧将焊剂熔化，使电弧与外界隔绝，电弧继续放电，焊丝不断熔化，与被熔焊件液态金属混合，冷却凝固成焊缝	钢	＞3～150	生产率比焊条电弧焊提高5～10倍，焊接质量稳定，质量好，节省金属材料，改善劳动条件。在大量生产中，适用于长、直、环形或垂直的横焊缝。焊件可在各种类型载荷下工作，要求焊缝坚固、紧密。生产率很高	中等	少
				铝及铝合金	≥6			
				铜	≥4			
		气体保护焊：不熔电极氩弧焊	用外加的氩气（惰性气体）或 CO_2 作保护气体，保护电弧和焊接区，不受空气有害作用的一种电弧焊	铜、铝及铝合金、钛、钛合金、镁合金	0.5～4	由于气体保护作用，使热量集中，熔池小，焊速快，热影响区较窄，焊接变形小，电弧稳定，飞溅少、焊缝致密，表面无熔渣、美观。生产率很高，适用于焊接易氧化的铜、铝、钛及其合金，锆、钽、钼等稀有金属及不锈钢，耐热钢等的焊接	少	中等
		气体保护焊：熔化电极氩弧焊		不锈钢、耐热钢	＞4～30		中等	中等
		气体保护焊：CO_2 气体保护焊		碳钢及某些合金钢	1～50	成本低，约为埋弧焊、焊条电弧焊的2/5。质量较好，生产率高，操作性能好。设备较复杂，用于机车等低碳钢和低合金钢的焊接	中等	少
		等离子弧焊	利用电弧焊的电弧，将焊接区内的气体电离后，再经热收缩效应，而产生的一束等离子体高温热源，进行焊接	合金钢、铜合金、钨、钼、钴、钛等		等离子弧焊除具有氩弧焊的特点外，且能量密度大，弧柱温度高，穿透力强，能一次焊透双面；电流小时，电弧仍能稳定燃烧，并能保持好的挺度和方向性。广泛用于波纹管、航天装置上薄壁容器的焊接	大	少
熔化焊	电渣焊		利用电流，通过熔渣而产生的电阻热来熔化金属，进行焊接	结构钢	≥40	生产率高，各种厚度的钢板不开坡口可一次焊成，焊丝金属干净。热影响区较宽，晶粒粗大，易产生过热组织，焊后需正火处理，改善性能。适用于结构钢的大、重型构件焊接	大	少

续表

焊接方法			原理	应用范围			设备费	焊接费
				常焊材料	厚度/mm	特点		
压焊	电阻焊	点焊	利用电流通过接触的两焊件，在接触处电阻最大，产生高温，使材料熔化，再加压，将材料焊接起来	低碳钢	≤1.2	低电压、大电流，生产率高，变形小。限用于搭接。不需填加焊接材料，易实现自动化。设备复杂，耗电量大，主要用于焊接各种薄板冲压结构及钢筋。利用悬挂式点焊枪，可进行全方位焊接 对焊，焊前对被焊件表面清理工作要求高，用于断面小的工作	大	中等
				合金结构钢	≤10			
		缝焊		不锈钢	≤6			
				铝合金	≤3			
		接触对焊		耐热合金	≤3			
	气压焊		将金属局部加热到熔化或半熔化状态再加外力，使金属焊接	碳钢	3～50	利用火焰将焊件加热到熔化状态后，加外力使其连接在一起。主要用于圆形、长方形截面的杆件或管件	中等	少
	高频焊		用高频（>100kHZ）电流，使焊件边缘加热到熔化或半熔化塑性状态加压后，使金属焊接	低碳钢	≤3	热能高度集中，生产率高，成本低，焊缝质量稳定，焊接变形小；适于连续高速生产，更适于有缝金属管的生产	中等	少
				工具钢				
				铜、铝				
				钛、镍				

5.1.4 常用金属材料适用的焊接方法

表 3-5-3 几种常用金属材料的焊接方法适用性

材料		焊接方法												
		手弧焊	埋弧焊	CO_2 焊	氩弧焊	电渣焊	气电焊	氧乙炔焊	气压焊	点缝焊	闪光焊	铝热焊	电子束焊	钎焊
铁	纯铁	优	优	良	一般	优	优	优	优	优	优	优	优	优
碳钢	低碳钢	优	优	优	良	优	优	优	优	优	优	优	优	优
	中碳钢	优	优	优	良	优	优	优	优	良	优	优	优	良
	高碳钢	优	良	一般	良	良	良	良	优	差	优	优	优	良
	工具钢	良	良	差	良	一般	一般	优	优	差	良	良	优	良
	含铜钢	优	优	一般	良	优	优	优	优	优	优	良	优	良
铸钢	碳素铸钢	优	优	优	良	优	优	优	良	良	优	优	优	良
	高锰钢	良	良	良	良	优	优	良	差	良	良	良	优	良
铸铁	灰铸铁	良	差	差	良	良	良	优	差	差	差	良	一般	一般
	可锻铸铁	良	差	差	良	良	良	良	差	差	差	良	一般	一般
	合金铸铁	良	差	差	良	良	良	优	差	差	差	优	一般	一般
低合金钢	镍钢	优	优	一般	良	差	差	优	优	优	优	良	优	良
	镍铜钢	优	优	一般	—	差	差	优	优	优	优	良	优	良
	锰钼钢	优	优	一般	—	差	良	优	良	优	优	良	优	良
	碳素钼钢	优	优	一般	—	差	良	优	良	—	优	良	优	良

续表

材料		焊接方法												
		手弧焊	埋弧焊	CO_2 焊	氩弧焊	电渣焊	气电焊	氧乙炔焊	气压焊	点缝焊	闪光焊	铝热焊	电子束焊	钎焊
低合金钢	镍铬钢	优	优	一般	—	差	差	优	优	差	优	良	优	良
	铬钼钢	优	优	一般	良	差	差	优	优	差	优	良	优	良
	镍铬钼钢	良	优	一般	良	差	差	良	优	差	良	良	优	良
	镍钼钢	良	良	一般	优	差	差	良	良	差	良	良	优	良
	铬钢	优	良	一般	—	差	差	优	优	差	优	良	优	良
	铬钒钢	优	优	一般	—	差	差	优	优	差	优	良	优	良
	锰钢	优	优	一般	良	良	良	优	良	差	优	良	优	良
不锈钢	铬钢 M 型	优	优	良	优	一般	良	良	良	一般	良	差	优	一般
	铬钢 F 型	优	优	良	优	一般	良	良	良	优	优	差	优	一般
	铬镍钢 A 型	优	优	良	优	一般	良	优	优	优	优	差	优	良
耐热合金	耐热超合金	优	优	一般	优	一般	一般	优	良	优	优	差	优	一般
	高镍合金	优	优	一般	优	一般	一般	优	良	优	优	差	优	良
有色金属	纯铝	良	差	差	优	差	差	优	一般	优	优	差	优	良
	铝合金	良	差	差	优	差	差	优	一般	优	优	差	优	良
	纯钛	差	差	差	优	差	差	差	差	优	差	差	优	一般
	钛合金	差	差	差	优	差	差	差	差	良	差	差	优	差
	纯铜	良	一般	一般	优	差	差	良	一般	一般	一般	差	良	良
	黄铜	良	差	一般	优	差	差	良	一般	一般	一般	差	良	良
	磷青铜	良	一般	一般	优	差	差	一般	一般	一般	一般	差	良	良
	铝青铜	良	差	一般	优	差	差	一般	一般	一般	一般	差	良	良
	镍青铜	良	差	一般	优	差	差	一般	一般	一般	一般	差	良	良

5.2 焊接材料的选择

5.2.1 常用焊接材料的类别及应用

焊接材料是焊接时所消耗材料的统称，包括焊条、焊丝、焊剂、气体等。

焊条按用途分为 8 类，见表 3-5-4。其中型号是在标准中根据特性指标明确规定的代号；牌号则是焊条生产厂家对焊条产品的具体命名。结构钢（非合金钢及细晶粒钢）焊条主要参数见表 3-5-5，主要特征和应用见表 3-5-6。不锈钢焊条主要参数见表 3-5-7，主要特征和应用见表 3-5-8。

焊丝按结构形状分为实芯焊丝和药芯焊丝，其中药芯焊丝又可分为气保护和自保护两种。焊丝的主要标准见表 3-5-9。

表 3-5-4　焊条的分类

焊条型号				焊条牌号		
序号	焊条分类	代号	国家标准	序号	焊条分类（按用途分类）	代号 汉字(字母)
1	非合金钢及细晶粒钢(碳钢)焊条	E	GB/T 5117—2012	1	结构钢焊条	结(J)
2	热强钢(低合金钢)焊条	E	GB/T 5118—2012	2	钼及钼铬耐热钢焊条	热(R)
				3	低温钢焊条	温(W)
3	不锈钢焊条	E	GB/T 983—2012	4	铬不锈钢焊条 铬镍不锈钢焊条	铬(G) 奥(O)

焊条型号				焊条牌号		
序号	焊条分类	代号	国家标准	序号	焊条分类（按用途分类）	代号 汉字(字母)
4	堆焊焊条	ED	GB/T 984—2001	5	堆焊焊条	堆(D)
5	铸铁焊条	EZ	GB/T 10044—2006	6	铸铁焊条	铸(Z)
6	镍及镍合金焊条	ENi	GB/T 13814—2008	7	镍及镍合金焊条	镍(Ni)
7	铜及铜合金焊条	TCu	GB/T 3670—1995	8	铜及铜合金焊条	铜(T)
8	铝及铝合金焊条	TAl	GB/T 3669—2001	9	铝及铝合金焊条	铝(L)
				10	特殊用途焊条	特(TS)

表 3-5-5 结构钢（非合金钢及细晶粒钢）焊条主要参数（摘自 GB/T 5117—2012）

焊条牌号	型号	化学成分(质量分数)/%										力学性能			
		C	Mn	Si	P	S	Ni	Cr	Mo	V	其他	抗拉强度 R_m /MPa	屈服强度 R_{eL} 或 $R_{p0.2}$ /MPa	断后伸长率 A /%	冲击试验温度 /℃
J421	E4313	0.20	1.20	1.00	0.040	0.035	0.30	0.20	0.30	0.08	—	≥430	≥330	≥16	—
J422	E4303	0.20	1.20	1.00	0.040	0.035	0.30	0.20	0.30	0.08	—	≥430	≥330	≥20	0
J423	E4319	0.20	1.20	1.00	0.040	0.035	0.30	0.20	0.30	0.08	—	≥430	≥330	≥20	−20
J424	E4320	0.20	1.20	1.00	0.040	0.035	0.30	0.20	0.30	0.08	—	≥430	≥330	≥20	—
J425	E4311	0.20	1.20	1.00	0.040	0.035	0.30	0.20	0.30	0.08	—	≥430	≥330	≥20	−30
J426	E4316	0.20	1.20	1.00	0.040	0.035	0.30	0.20	0.30	0.08	—	≥430	≥330	≥20	−30
J427	E4315	0.20	1.20	1.00	0.040	0.035	0.30	0.20	0.30	0.08	—	≥430	≥330	≥20	30
J502	E5003	0.15	1.25	0.90	0.040	0.035	0.30	0.20	0.30	0.08	—	≥490	≥400	≥20	0
J502Fe	E5024	0.15	1.25	0.90	0.035	0.035	0.30	0.20	0.30	0.08	—	≥490	≥400	≥16	—
J503	E5019	0.15	1.25	0.90	0.035	0.035	0.30	0.20	0.30	0.08	—	≥490	≥400	≥20	−20
J505	E5011	0.20	1.25	0.90	0.035	0.035	0.30	0.20	0.30	0.08	—	490～650	≥400	≥20	−30
J506	E5016	0.15	1.60	0.75	0.035	0.035	0.30	0.20	0.30	0.08	—	≥490	≥400	≥20	−30
J506Fe16	E5028	0.15	1.60	0.90	0.035	0.035	0.30	0.20	0.30	0.08	—	≥490	≥400	≥20	−20
J507	E5015	0.15	1.60	0.90	0.035	0.035	0.30	0.20	0.30	0.08	—	≥490	≥400	≥20	−30

表 3-5-6 结构钢（非合金钢及细晶粒钢）焊条特征和应用

焊条牌号	焊条型号	特征和用途
J421 氧化钛型	E4313	交、直流两用，可进行全位置焊接，操作性能良好，飞溅少，脱渣性好，成形美观，再引弧容易。熔深较小，焊缝韧性稍差些，用于焊接一般低碳钢结构，特别适用于薄板、小件及短焊缝的间断焊，常用于要求表面光洁的盖面焊缝
J422 钛钙型	E4303	交、直流两用，可进行全位置焊接，具有优异的焊接工艺性能，电弧稳定，飞溅少，焊道成形美观，再引弧性能良好，熔深适中，焊缝韧性较高。用于焊接较重要的低碳钢结构，如造船、车辆、建筑、桥梁等，也可用于焊接强度等级低的低合金钢
J423 （钛铁矿型）	E4319	交、直流两用，可进行全位置焊接，电弧稳定，熔渣流动性好，脱渣容易，熔深大，飞溅少，焊道成形美观，再引弧性能良好，焊接韧性较高。最适宜平焊和平角焊，用于焊接较重要的低碳钢结构，如造船、车辆、建筑、重型机械

续表

焊条牌号	焊条型号	特征和用途
J424 （氧化铁型）	E4320	交、直流两用，可进行全位置焊接，操作性能良好，再引弧容易，但飞溅稍大。熔深大，熔化速度快，由于焊缝中含锰量较高，抗热烈性能良好。这类焊条适用于平焊和平角焊，用于焊接较重要的碳钢结构
J425 （纤维素型）	E4311	交、直流两用，可进行全位置焊接，较常用于向下立焊。焊接时产生大量气体以保护熔覆金属，电弧吹力大，熔深较深，熔化速度快，熔渣少，脱渣容易，飞溅较大，限制使用大电流施焊。主要用于碳钢结构件，如管道的焊接，也可用于打底焊接，还适用于薄板的对接、角接和搭接焊
J426 （低氢钾型）	E4316	药皮中含多种碳酸盐和氟石，还加入适量稳弧剂。熔渣碱度高，焊接力学性能优良，抗裂性能良好，可交、直流两用，适用于全位置焊接、焊接工艺性能一般，焊接较粗，角焊缝略凸起，焊深适中，脱渣容易，用于焊接较重要的钢结构，也可焊接某些低合金钢结构
J427 J427Ni （低氢钠型）	E4315 E4315-G	药皮主要组成物是碳酸盐和氟石，熔渣碱度高，扩散氢含量较低，熔敷金属具有优良的力学性能和抗裂性能。采用直流电源，焊条接正极，可进行全位置焊接。焊波较粗，角焊缝略凸起，焊接工艺性能一般。主要用于焊接重要的钢结构件；也可用于焊接某些低合金结构件。J427Ni 低温韧性优良
J502 （钛钙型）	E5003	熔渣流动性良好，电弧稳定，熔深适中。飞溅少，焊道美观，再引弧性能良好，焊缝韧性较高，交、直流两用，可进行全位置焊接。用于焊接较重要的低碳钢和 Q235 等低合金钢结构
J503 （钛铁矿型）	E5019	熔渣流动性良好，电弧稍强。熔深大，覆盖良好，脱渣性较好。交、直流两用，可进行全位置焊接。适用于中厚板的焊接，常用于平焊和平角焊，焊缝韧性良好，焊条成本低廉，可用于造船、车辆特等碳钢和低合金钢结构件焊接
J505、J505x J505MoD （纤维素型）	E5011	J505、J505x 类焊条电弧吹力大，熔深较大，熔化速度快，熔渣少，飞溅大。由于向下立焊时铁屑和熔渣不下淌，故常用于碳钢和低合金钢管道的向下立焊。J505MoD 焊接效率高，电弧穿透力大，不易产生气孔、夹渣等缺陷，是底层焊的专用焊条，可单面焊双面成形。一般用于厚壁容器或管道的底层焊接
J506 （低氢钾型）	E5016	药皮中含有多种碳酸盐和氟石，并加入适量稳定剂，熔渣碱度高，焊缝力学性能优良，抗裂性能好，可交、直流两用，可进行全位置焊接；焊接工艺性能一般，焊波较粗，角焊缝凸起；熔深适中，脱渣容易。可用于低合金结构件焊接
J507 （低氢钾型）	E5015	药皮中含有大量碳酸盐和氟石，熔渣碱度高，熔敷金属中含氢量低，力学性能优良，抗裂性能好。采用交、直流两用，焊条接正极，可进行全位置焊接。焊接工艺性能一般，焊波较粗，角焊缝凸起，可用于焊接低合金结构件，也可焊接中碳钢结构件，是使用非常普遍的一种焊条
J506G J506H J506RH	E5016-G E5016-1 E5016-G	J506G 焊缝低温韧性高，适用于焊接海上平台、船舶、高压容器等重要结构件。J506H 扩散氢含量较低，低温韧性好，用于焊接重要的碳钢和低合金钢结构。J506RH 是交、直流用高韧性及超低氢型焊条，适用于焊接 E36、D36 等钢的重要结构，如海上平台等
J507R J507GR J507H J507RH	E5015-G E5015-G E5015 E5015-G	J507R 焊接韧性良好，用于焊接压力容器，也可焊接如 Q345 等其他低合金钢制结构件。J507GR 低温下具有高的冲击韧性和断裂韧性，用于船舶、锅炉、压力容器等重要结构的焊接。J507H 超低氢型焊条抗裂性能优良，用于焊接重要结构和大型钢结构，如海上平台等。J507RH 是高韧性超低氢型焊条，用于船舶、锅炉、压力容器等重要结构件的焊接

焊条牌号	焊条型号	特征和用途
J421X J506X J507X J507XG	E4313 E5016 E5015 相当于E5015	向下立焊及管道向下立焊专用焊条。J421X焊接工艺性能良好，再引弧容易，特别适用于薄板向下立焊及间断焊。J506X焊接工艺性能良好，成型美观，可用于船体上层结构角焊缝的向下立焊。J507X采用直流反接，用于造船、建筑、车辆、电站等结构的角接和搭接缝向下立焊。J507XG焊缝力学性能和抗裂性良好，适用于管道对接及打底焊道的向下立焊
J506D J507D J506GM J422GM	E5016 相当于E5015 E5016 E4303	底层及盖面焊接专用焊条。J506D打底焊接时单面焊双面成形，可免除铲根和封底焊，专用于底层打底焊接。J507D采用直流反接，可进行全位置焊接，单面焊双面成形，专用于管道及厚壁容器打底焊。J506GM具有良好的焊接工艺性能和力学性能，用于压力容器、油气管道、造船等表面装饰焊接。J422GM具有良好的焊接工艺性能。焊缝表面光滑美观，适用于海上平台、工程机械表面装饰焊接
J426DF J505DF J507DF	E4316 E5016 E5015	碱性低尘焊条。焊接时烟尘的发生量和烟尘种可溶性氟化物含量较一般，低氢型焊条最低，烟尘发生量小于或等于10g/kg。氯化物的质量分数小于或等于10%，适用于密闭容器及通风不良工作场地焊接，可焊接Q345、Q295等低合金钢结构
J350 J420G	E4300	纯铁焊条和管道专用焊条。J350采用微碳纯铁系焊芯，铁钙低氢型药皮直接反接，电弧吹力小，熔深较浅，平焊、平角焊工艺性能好，抗裂性好，抗高温氢、氧、氨腐蚀。J420G可交、直流两用，全位置焊接，具有良好的抗气孔性能和冷弯塑性，符合水电系统管道焊接要求。用于温度小于450℃、压力3.96～18.0MPa电站用管道的焊接
TS202	—	水下电焊条。焊条药皮具有抗水表层，能在淡水及海水中进行焊接，采用直流电源，可进行全范围焊接。用于低碳钢结构的水下焊补

注：焊条型号后加“G”代表有合金元素加入，可作为特殊用途，焊接专用母材，如船板、容器等。

表 3-5-7 不锈钢焊条主要参数（摘自 GB/T 983—2012）

焊条牌号	焊条型号	焊缝金属主要成分(质量分数)%										焊缝金属力学性能	
		C	Mn	Si	P	S	Cr	Ni	Mo	Cu	其他	抗拉强度 R_m /MPa	断后伸长率 A /%
A002	E308L-16	0.08	0.5～2.5	1.00	0.04	0.03	18.0～21.0	9.0～12.0	0.75	0.75	—	510	30
A022	E316-16	0.08	0.5～2.5	1.00	0.04	0.03	17.0～20.0	11.0～14.0	2.0～3.0	0.75	—	520	25
A032	E317LMnCu-16	0.04	0.5～2.5	0.90	0.035	0.030	18.0～21.0	12.0～14.0	2.0～2.5	2	—	540	25
A102	E308-16	0.08	0.5～2.5	1.00	0.04	0.03	18.0～21.0	9.0～11.0	0.75	0.75	—	550	30
A107	E308-15	0.08	0.5～2.5	1.00	0.04	0.03	18.0～21.0	9.0～11.0	0.75	0.75	—	550	30
A132	E347-16	0.08	0.5～2.5	1.00	0.04	0.03	18.0～21.0	9.0～11.0	2.0～3.0	0.75	Nb+Ta	520	25
A137	E347-15	0.08	0.5～2.5	1.00	0.04	0.03	18.0～21.0	9.0～11.0	2.0～3.0	0.75	Nb+Ta	520	25

续表

焊条牌号	焊条型号	焊缝金属主要成分(质量分数)%										焊缝金属力学性能	
		C	Mn	Si	P	S	Cr	Ni	Mo	Cu	其他	抗拉强度 R_m MPa	断后伸长率 A %
A202	E316-16	0.08	0.5～2.5	1.00	0.04	0.03	17.0～20.0	11.0～14.0	2.0～3.0	0.75	—	520	25
A207	E316-16	0.08	0.5～2.5	1.00	0.04	0.03	17.0～20.0	11.0～14.0	2.0～3.0	0.75	—	520	25
A212	E316-16	0.08	0.5～2.5	1.00	0.04	0.03	17.0～20.0	11.0～14.0	2.0～3.0	0.75	—	520	25
A222	E317MoCu-16	0.08	0.5～2.5	0.90	0.035	0.030	18.0～21.0	12.0～14.0	2.0～2.5	2	—	540	25
A232	E317LMoCu-16	0.04	0.5～2.5	0.90	0.035	0.030	18.0～21.0	12.0～14.0	2.0～2.5	2	—	540	25
A237	E308-16	0.08	0.5～2.5	1.00	0.04	0.03	18.0～21.0	9.0～11.0	0.75	0.75	—	550	30
A302	E308-16	0.08	0.5～2.5	1.00	0.04	0.03	18.0～21.0	9.0～11.0	0.75	0.75	—	550	30
A307	E347-15	0.08	0.5～2.5	1.00	0.04	0.03	18.0～21.0	9.0～11.0	2.0～3.0	0.75	Nb+Ta	520	25
A312	E347-16	0.08	0.5～2.5	1.00	0.04	0.03	18.0～21.0	9.0～11.0	2.0～3.0	0.75	Nb+Ta	520	25
A402	E316-16	0.08	0.5～2.5	1.00	0.04	0.03	18.0～21.0	9.0～11.0	0.75	0.75	—	520	25
A407	E316-15	0.08	0.5～2.5	1.00	0.04	0.03	18.0～21.0	9.0～11.0	0.75	0.75	—	520	25
A412	E310Mo-16	0.12	1.0～2.5	0.75	0.03	0.03	25.0～28.0	20.0～22.0	2.0～3.0	0.75	—	550	28

表 3-5-8 不锈钢焊条特征和应用

焊条牌号	焊条型号	药皮类型	焊接电源	主要用途	焊条尾端色别
A002	E308L-16	钛钙型	交直流	焊接 S30408 或 S30403 不锈钢结构。如合成纤维、化肥、石油等设备	中绿
A022	E316-16	钛钙型	交直流	焊接尿素、合成纤维设备	大红
A032	E317MnCuL-16	钛钙型	交直流	焊接合成纤维等设备,如稀、中浓度硫酸介质中工作的超低碳不锈钢结构	棕色
A102	E308-16	钛钙型	交直流	焊接温度低于 300℃,耐腐蚀的 S32108 不锈钢结构	中绿
A107	E308-15	低氢型	直流	焊接温度低于 300℃,耐腐蚀的 S30408 不锈钢结构	无色
A132	E347-16	钛钙型	交直流	焊接重要的含钛稳定的 S32108 不锈钢结构	中黄
A137	E347-15	低氢型	直流	焊接重要的含钛稳定的 S32108 不锈钢结构	中黄

续表

焊条牌号	焊条型号	药皮类型	焊接电源	主要用途	焊条尾端色别
A202	E316-16	钛钙型	交直流	焊接在有机和无机酸介质中工作的 S31608 不锈钢结构	大红
A207	E316-15	低氢型	直流	焊接在有机和无机酸介质中工作的 S31608 不锈钢结构	大红
A212	E316-16	钛钙型	交直流	焊接 S30408 或 S30403 不锈钢结构。如合成纤维、化肥、石油等设备	中绿
A222	E317MoCub-16	钛钙型	交直流	焊接尿素、合成纤维设备	大红
A232	E317MoCuL-16	钛钙型	交直流	焊接合成纤维等设备，如稀、中浓度硫酸介质中工作的超低碳不锈钢结构	棕色
A237	E308-16	钛钙型	交直流	焊接温度低于 300℃，耐腐蚀的 S32108 不锈钢结构	中绿
A302	E308-16	钛钙型	交直流	焊接温度低于 300℃，耐腐蚀的 S30408 不锈钢结构	无色
A307	E347-15	低氢型	直流	焊接重要的含钛稳定的 S32108 不锈钢结构	中黄
A312	E347-16	钛钙型	交直流	焊接重要的含钛稳定的 S32108 不锈钢结构	中黄
A402	E316-16	钛钙型	交直流	焊接在有机和无机酸介质中工作的 S31608 不锈钢结构	大红
A407	E316-15	低氢型	直流	焊接在有机和无机酸介质中工作的 S31608 不锈钢结构	大红
A412	E310Mo-16	钛钙型	交直流	焊接高温条件下工作的耐热不锈钢	天蓝

表 3-5-9　焊丝主要标准

序号	标准号	标准名称	序号	标准号	标准名称
1	GB/T 3429—2015	焊接用钢盘条	7	GB/T 10858—2008	铝及铝合金焊丝
2	GB/T 4241—2017	焊接用不锈钢盘条	8	GB/T 14957—1994	熔化焊用钢丝
3	GB/T 5293—2018	埋弧焊用非合金钢及细晶粒钢实心焊丝、药芯焊丝和焊丝　焊剂组合分类要求	9	GB/T 12470—2018	埋弧焊用热强钢实心焊丝、药芯焊丝和焊丝　焊剂组合分类要求
4	GB/T 8110—2008	气体保护电弧焊用碳钢、低合金钢焊丝	10	GB/T 15620—2008	镍及镍合金焊丝
5	GB/T 9460—2008	铜及铜合金焊丝	11	GB/T 17493—2018	热强钢药芯焊丝
6	GB/T 10045—2018	非合金钢及细晶粒钢药芯焊丝	12	GB/T 17853—2018	不锈钢药芯焊丝

5.2.2　焊接材料选择

焊接材料选择的基本原则见表 3-5-10，常用焊条、焊丝、焊剂推荐选用见表 3-5-11～表 3-5-19。

表 3-5-10　焊接材料选择的基本原则

序号	考虑方面	选择原则
1	从焊件的力学性能和化学成分考虑	从“等强度原则”出发，对低碳钢和强度级别较低(＜500MPa)的低合金钢焊件，应选择能满足力学性能的焊条。对强度＞700MPa 的高强度焊件，一般应选择接头强度与韧性“低组配”的焊条。对合金结构钢，一般不要求焊缝金属成分与母材的合金成分相同或近似；而耐热钢和耐蚀钢要求焊缝主要成分应与母材相同或相近；对焊件成分中含碳、硫、磷有害杂质较多时，应选择抗裂性和抗气孔性较好的焊条，如氧化钛钙型、钛铁矿型焊条或低氢型焊条

续表

序号	考虑方面	选择原则
2	从焊件的工作条件和使用性能考虑	对承受动载荷或冲击载荷的焊件，除应保证强度外，还对其冲击韧性、伸长率有较高要求，因此，应首先选用低氢型（碱性）焊条，其次选用钛钙型和氧化铁型焊条；对在腐蚀性介质中工作的不锈钢或其他耐蚀材料，应根据介质的种类、浓度和工作温度等条件选用适合的不锈钢焊条；对在非常温下工作的焊件，应选用相应的保证低温或高温力学性能的焊条；在特殊条件下工作的焊件，如受磨损，是在常温还是高温下受磨损，是在一般条件下还是冲击下受磨损，区别不同情况选用相应的焊条
3	从焊件几何形状复杂程度、刚度大小、焊件坡口的制备情况和焊位考虑	对形状复杂或尺寸大、厚度厚的焊件，因焊缝金属在冷却时产生大的内应力，易产生裂纹，所以应选用抗裂性强的低氢型焊条或高韧性、氧化铁型焊条；对受条件限制，不能翻转施工的焊件，对焊接部位难清理的焊件，应选用氧化性强，对锈、油垢和氧化皮等敏感性较小的酸性焊条，以免产生气孔等缺陷
4	从施焊工地设备状况考虑	对无直流焊机的地方，应选用交直流电源的焊条；对某些焊前需预热、焊后需热处理的焊件（如含铬与钼的钢材），应选用 Cr25Ni13 型焊条代替一般焊条
5	从提高生产率、降低成本、改善劳动强度考虑	在酸性、碱性焊条都能满足要求时，应尽量选用酸性焊条；在满足使用性能和工艺条件下，应尽量选用价格较低、效率高的焊条，如目前在国内酸性焊条比碱性焊条价格低，在酸性焊条中，钛型、钛钙型比钛铁矿型药皮的焊条贵

表 3-5-11　低碳钢、低合金钢推荐选用焊条（摘自 HG/T 20581—2011）

钢号	焊条牌号	符合国标型号	相近标准型号	用途
Q245R	J427 J426	E4315 E4316		低氢碱性焊条，焊缝金属抗拉强度≥420MPa
	J420G	E4300		碳钢管道等全位置打底专用焊条，具有良好背面成形性能，抗气孔性好
	J427Ni	E4315		低氢碱性焊条，含有一定量镍，药皮含水量及熔敷金属扩散氢含量低，因此低温韧性良好
16Mn Q345R 20MnMo 16MnDR	J507	E5015		低氢碱性焊条，焊缝金属抗拉强度≥490MPa
	J507R		E5015-G	低氢碱性焊条，焊后长期消除应力热处理后，熔敷金属抗拉强度≥490MPa
	J507NiTiB		E5015-G	超低氢焊条，−40℃低温韧性良好，抗裂性好
	J507RH	E5016-G		
	J506D	E5015 E5016		低氢碱性焊条，全位置打底焊专用，具有良好背面成形性能，抗气孔性能及抗夹渣性能良好
20MnMo Q370R	J557	E5015-G		低氢碱性焊条，熔敷金属抗拉强度≥550MPa
	J557RH	E5515-G		低氢碱性焊条，抗裂性比 J557 显著改善，用于厚壁、现场焊接等场合
13MnNiMoR 18MnMoNbR 20MnMoNb	J607	E6015-D1		低氢碱性焊条，熔敷金属抗拉强度≥590MPa
	J607Ni		E6015-G	低氢碱性焊条，低温韧性及抗裂纹性能比 J607 好
	J607RH	E6015-G		超低氢碱性焊条，具有良好的低温韧性和抗裂性能

钢 号	焊条牌号	符合国标型号	相近标准型号	用 途
12AlMoV	J507Mo		E5015-G	低氢焊条，高温抗 S 及 H_2S 腐蚀用 12AlMoV 钢专用焊条
10MoWVNb	J507MW		E5015-G	低氢焊条，高温高压抗氢及氢、氮、氨腐蚀用 10MoWVNb 钢专用焊条

注：E4300、E4315、E5015、E5016 为《非合金钢及细晶粒钢焊条》GB/T 5117 所列型号；E5015-G、E5515-G、E6015-D1、E6015-G 为《热强钢焊条》GB/T 5118 所列型号。符合上述国标型号的焊条应按相应国家标准验收。

表 3-5-12 珠光体耐热钢推荐选用焊条（摘自 HG/T 20581—2011）

钢材类别	焊条牌号	符合国标型号	钢材类别	焊条牌号	符合国标型号
12CrMo 12CrMoG	R207	E5515-B1	12Cr1MoV 12Cr1MoVG	R317	E5515-B2-V
15CrMo 15CrMoG 15CrMoR	R307,R307B	E5515-B2	12Cr2Mo 12Cr2Mo1 12Cr2Mo1R	R407	E6015-B3
14Cr1Mo 14Cr1MoR	R307H,R307B	E5515-B2	1Cr5Mo	R507	E5MoV-15

注：E5515-B1、E5515-B2、E6015-B3、E5515-B2-V 为《热强钢焊条》GB/T 5118 所列型号；E5MoV-15 为《不锈钢焊条》GB/T 983 所列型号。符合上述国标型号的焊条应按相应国家标准验收。

表 3-5-13 奥氏体不锈钢推荐选用焊条（摘自 HG/T 20581—2011）

钢材类别	焊条牌号	符合国标型号	钢材类别	焊条牌号	符合国标型号
S30408 06Cr19Ni10	A102 A107	E308-16 E308-15	S31683 022Cr18Ni14Mo12Cu2	A032	E317MoCuL-16
S30403 022Cr19Ni10	A002 A002A	E308L-16	S31708 06Cr19Ni13Mo3	A242	E317-16
S32168 06Cr18Ni11Ti	A132 A137	E347-16 E347-15	S31703 022Cr19Ni13Mo3	—	E317L-16
S31608 06Cr18Ni12Mo2	A202	E316-16	S31808 06Cr25Ni20	A402	E310-16
S31603 022Cr17Ni12Mo2	A022	E316L-16	(4Cr25Ni20)	A432	E310H-16
S31688 06Cr18Ni12Mo2Cu2	A222	E317MoCu-16	(4Cr25Ni35)	A447	—

注：表中焊条牌号均为符合《不锈钢焊条》GB/T 983 相应型号的焊条。括号内为旧不锈钢牌号。

表 3-5-14 不同强度级别的低碳钢、低合金高强钢异种钢焊接推荐选用焊条（摘自 HG/T 20581—2011）

母材	抗拉强度 490MPa 级低碳钢	抗拉强度 490MPa 低合金钢	抗拉强度 530MPa 低合金钢	抗拉强度 590MPa 低合金钢
抗拉强度 490MPa 级碳锰钢	J427	J507	J507	J507
抗拉强度 530MPa 低合金钢	J427	J507	J557	J607

续表

母材	抗拉强度 490MPa 级低碳钢	抗拉强度 490MPa 低合金钢	抗拉强度 530MPa 低合金钢	抗拉强度 590MPa 低合金钢
抗拉强度 590MPa 低合金钢	J427	J507	J557	J607
抗拉强度 690MPa 低合金钢	J427	J507	J557	J607

表 3-5-15 珠光体耐热钢之间的异种钢焊接推荐选用焊条（摘自 HG/T 20581—2011）

母　材	另一侧母材		
	15CrMoR	14Cr1MoR	12Cr2MoR
Q245R	J427	J427	J427
Q345R	J507	J507	J507,R407
20MnMo	J507,J557,R307B	J507,R307H	J507,R407
S30408(06Cr19Ni10)	A302	A302	A302
S30403(022Cr19Ni10)	A062	A062	A062
S31603(022Cr17Ni12Mo2)	A312,A042	A312,A042	A312,A042

表 3-5-16 奥氏体不锈钢之间的异种钢焊接推荐选用焊条（摘自 HG/T 20581—2011）

母　材	S30403	S30908	S31008	S31608	S31603	S31708	S32168
S30408	A002	A102 A302	A102 A302 A402	A102 A202	A102 A202	A102 A202 A242	A102
S30403		A102 A302	A302 A402	A102 A202	A002 A022	A202 A242	A002 A132
S30908			A302 A402	A302 A202	A302 A022	A302 A202	A302 A132
S31008				A202	A202	A242	A132 A402
S31608					A202	A202 A242	A132 A202
S31603						A242 A002	A002
S31708							A242 A132

表 3-5-17 低碳钢、低合金高强钢埋弧焊推荐焊丝和焊剂（摘自 HG/T 20581—2011）

钢材类别	焊剂型号及焊丝牌号	焊剂牌号及焊丝牌号
Q235AF,Q235B,Q235C Q245R	F4A0-H08A F4A2- H08MnA	HJ431-H08A HJ431-H08MnA
Q345R	F5A0-H10Mn2 F5A0-H10MnSi F5A2-H10Mn2	HJ431-H10Mn2 HJ350-H10Mn2 HJ431-H10MnSi HJ350-H10MnSi SJ101-H10Mn2

续表

钢材类别	焊剂型号及焊丝牌号	焊剂牌号及焊丝牌号
20MnMo	F5A0-H10Mn2A F55A0-H08MnMoA	HJ431-H10Mn2A HJ350-H08MnMoA
13MnNiMoR 18MnMoNbR 20MnMoNbR	F62A0-H08Mn2MoA F62A0-H08Mn2MoVA	HJ431-H08Mn2MoA HJ350-H08Mn2MoA HJ431-H08Mn2MoVA HJ350-H08Mn2MoVA SJ101-H08Mn2MoA SJ101-H08Mn2MoVA

第3篇

表 3-5-18 珠光体耐热钢埋弧焊推荐焊丝和焊剂（摘自 HG/T 20581—2011）

钢材类别	焊丝牌号	焊剂牌号
15CrMo，14Cr1MoR	H08CrMoA，H13CrMoA	HJ350，HJ250，SJ101，SJ603
12Cr1MoV，12Cr1MoR	H08CrMoVA	HJ350，HJ250，SJ101

表 3-5-19 不锈钢埋弧焊推荐焊丝和焊剂（摘自 HG/T 20581—2011）

钢材类别	焊剂型号及焊丝牌号	焊剂牌号及焊丝牌号
S30408 06Cr19Ni10	F308-H08Cr21Ni10	SJ601-H08Cr21Ni10 HJ260- H08Cr21Ni10
S30403 022Cr19Ni10	F308L-H03Cr21Ni10	SJ601-H03Cr21Ni10 HJ260- H03Cr21Ni10
S32168 06Cr18Ni11Ti	F347-H08Cr20Ni10	SJ601-H08Cr20Ni10Nb HJ260-H08Cr20Ni10Nb
S31608 06Cr17Ni12Mo2	F316-H08Cr19Ni12Mo2	SJ601-H08Cr19Ni12Mo2 HJ260-H08Cr19Ni12Mo2
S31603 022Cr17Ni12Mo2	F316L-H03Cr19Ni12Mo2	SJ601-H03Cr19Ni12Mo2 HJ260-H03Cr19Ni12Mo2
S31708 06Cr19Ni13Mo3	F317-H08Cr19Ni14Mo3	SJ601-H08Cr19Ni14Mo3 HJ260-H08Cr19Ni14Mo3

5.3 焊接接头的静载强度计算

5.3.1 许用应力设计法

5.3.1.1 电弧焊及其他熔化焊接头的静载强度计算

由于焊接的形状和焊缝布置的特点，焊接接头工作应力的分布是不均匀的，其最大应力 σ_{max} 比平均应力值 σ_m 高，这种情况称应力集中。图 3-5-1 所示为对接接头典型受力情况。通常焊缝根据其载荷的传递情况，可分为承载焊缝与非承载焊缝。承载焊缝也称工作焊缝，其与被连接的元件是串联的，承担着传递全部载荷的作用，一旦断裂，结构就立即失效，如图 3-5-2（a）、（b）所示。另一种非承载焊缝，其与被连接的元件是并联的，仅传递很小的载荷，主要起元件之间相互联系的作用，焊缝一旦断裂，结构不会立即失效。由于只起连接作用，故也称联系焊缝，如图 3-5-2（c）、（d）所示。工作焊缝的应力称为工作应力。设计时，不需计算联系焊缝的强度，只计算工作焊缝的强度。许用应力设计法是焊接接头静载强度计算的常用方法，表 3-5-20 给出对接焊缝、角焊缝焊接接头静载强度的常用计算公式和计算方法。为简化计算，在焊接接头的静载强度计算中，采用了下列假定：

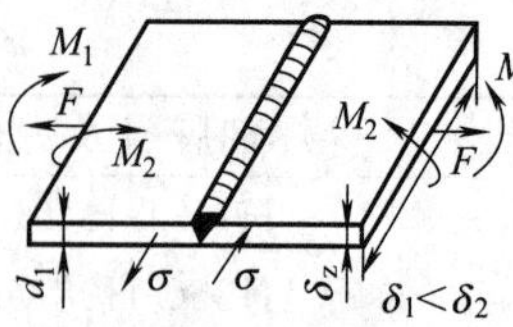

图 3-5-1　对接接头典型受力情况

① 不考虑剩余应力对焊接接头静载强度的影响；

② 不考虑焊根和焊趾处的应力集中，接头的工作应力均匀分布，以平均应力进行计算；

③ 焊脚尺寸的大小对角焊缝单位面积的强度没有影响。

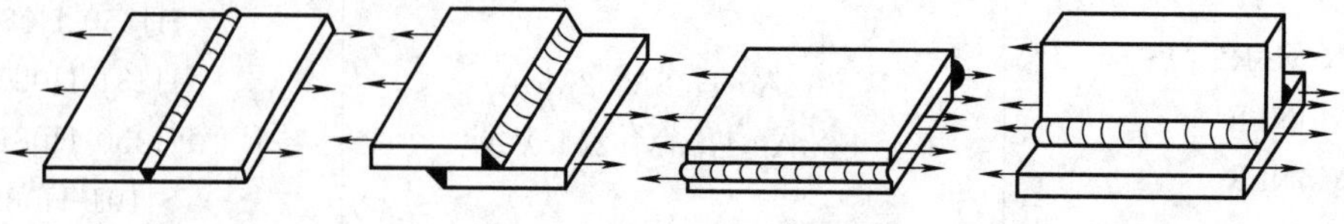

图 3-5-2　工作焊缝与联系焊缝

表 3-5-20　焊接接头的应力及计算

接头形式	项目	简图	计算公式	说明
单边对接接头	拉伸、压缩或纯剪	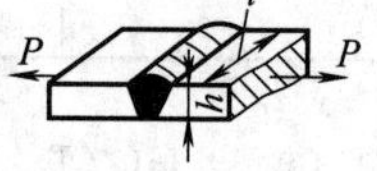	$\sigma=\dfrac{P}{hl}$	P——拉力或压力,N h——焊口厚度,m l——焊板宽度,m
	纯弯	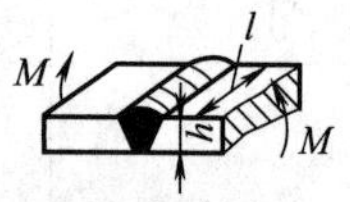	$\sigma=\dfrac{6M}{h^2 l}$	M——弯矩,N·m h——焊口厚度,m l——焊板宽度,m
双边对接接头	拉伸、压缩或纯剪	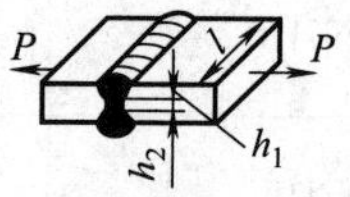	$\sigma=\dfrac{P}{(h_1+h_2)l}$	P——拉力或压力,N h_1,h_2——焊口厚度,m l——焊板宽度,m
	纯弯	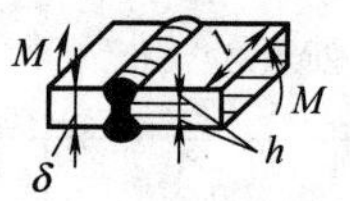	$\sigma=\dfrac{3\delta M}{hl(3\delta^2-6\delta h+4h^2)}$	M——弯矩,N·m h——焊口厚度,m δ——焊板厚度,m l——焊板宽度,m
T形对接接头	拉伸、压缩	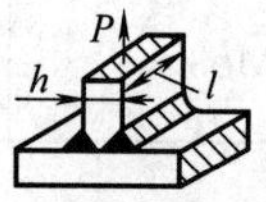	$\sigma=\dfrac{P}{hl}$	P——拉力或压力,N h——焊口厚度,m l——焊板宽度,m
	拉伸、压缩	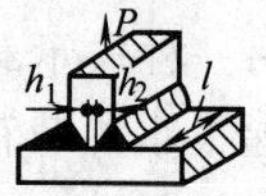	$\sigma=\dfrac{P}{(h_1+h_2)l}$	P——拉力或压力,N h_1,h_2——焊口厚度,m l——焊板宽度,m
	扭转	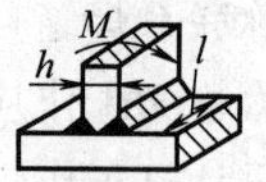	$\sigma=\dfrac{6M}{h^2 l}$	M——弯矩,N·m h——焊口厚度,m l——焊板宽度,m
	扭转	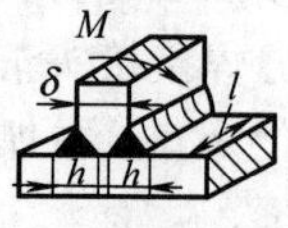	$\sigma=\dfrac{3\delta M}{hl(3\delta^2-6\delta h+4h^2)}$	M——弯矩,N·m δ——焊板厚度,m h——焊口厚度,m l——焊板宽度,m

接头形式	项目	简图	计算公式	说明
单边搭接角接接头	拉伸、压缩或纯剪全焊透时(焊缝满焊)	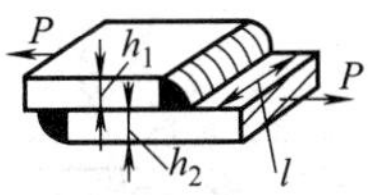	$\sigma=\dfrac{1.414P}{(h_1+h_2)l}$	P——拉力或压力,N h_1,h_2——焊口厚度,m l——焊板宽度,m
	拉伸、压缩或纯剪(焊缝与板不等高)	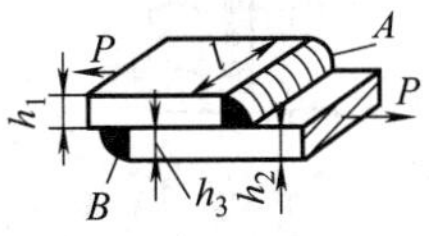	$A:\sigma=\dfrac{1.414P}{(h_1+h_2)l}$ $B:\sigma=\dfrac{1.414Ph_2}{h_3(h_1+h_2)l}$	P——拉力或压力,N $h_1\sim h_3$——焊口厚度,m l——焊板宽度,m
双边搭接角接接头	拉伸、压缩	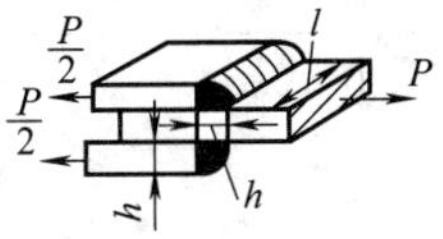	$\sigma=\dfrac{0.707P}{hl}$	P——拉力或压力,N h——焊口厚度,m l——焊板宽度,m
T形角接接头	拉伸、压缩	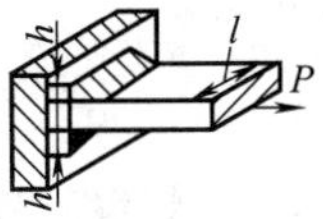	$\sigma=\dfrac{0.707P}{hl}$	P——拉力或压力,N h——焊口厚度,m l——焊板宽度,m
	扭转	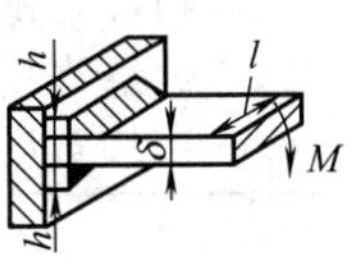	$\sigma=\dfrac{1.414M}{hl(\delta+h)}$	M——弯矩,N·m δ——焊板厚度,m h——焊口厚度,m l——焊板宽度,m
	弯曲+剪切	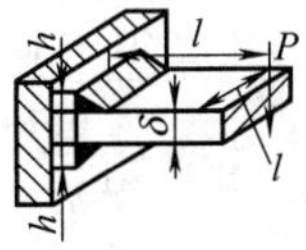	$\sigma=\dfrac{0.707P}{hl}$ $\sigma_{max}=\dfrac{P}{hl(\delta+h)}\times\sqrt{2L^2+\dfrac{(\delta+h)}{2}}$	P——拉力或压力,N δ——焊板厚度,m h——焊口厚度,m l——焊板宽度,m

5.3.1.2 电阻焊接头的静载荷强度计算

点焊接头的静载强度计算中不考虑焊点受力不均匀的影响，焊点内工作应力均匀分布。点焊和焊缝接头受简单载荷作用的静载荷强度计算公式见表 3-5-21。碳素结构钢、低合金结构钢和部分铝合金的点焊接头和缝焊接头的许用应力 $[\tau'_0]=(0.3\sim0.5)[\sigma']$，抗撕拉许用应力 $[\sigma'_0]=(0.25\sim0.3)[\sigma']$。式中 $[\sigma']$ 为焊缝金属的许用应力。

点焊最小直径见表 3-5-22。点焊、缝焊搭接宽度、节距和焊缝宽度见表 3-5-23。

表 3-5-21 电阻焊点焊、缝焊接头静载强度计算

点焊接头	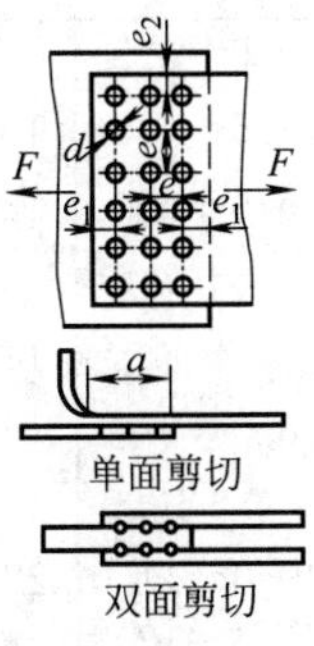 拉或压 单面剪切 $\tau=\dfrac{4F}{ni\pi d^2}\leqslant[\tau'_0]$ 双面剪切 $\tau=\dfrac{2F}{ni\pi d^2}\leqslant[\tau'_0]$ $[\tau'_0]$——焊点的许用切应力 i——焊点的列数 n——每列的焊点数	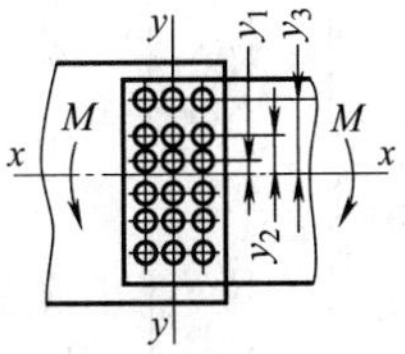 弯(式中符号含义同左) 单面剪切 $\tau_{max}=\dfrac{4My_{max}}{i\pi d^2\sum y^2 i}\leqslant[\tau'_0]$ 双面剪切 $\tau_{max}=\dfrac{2My_{max}}{i\pi d^2\sum y^2 i}\leqslant[\tau'_0]$

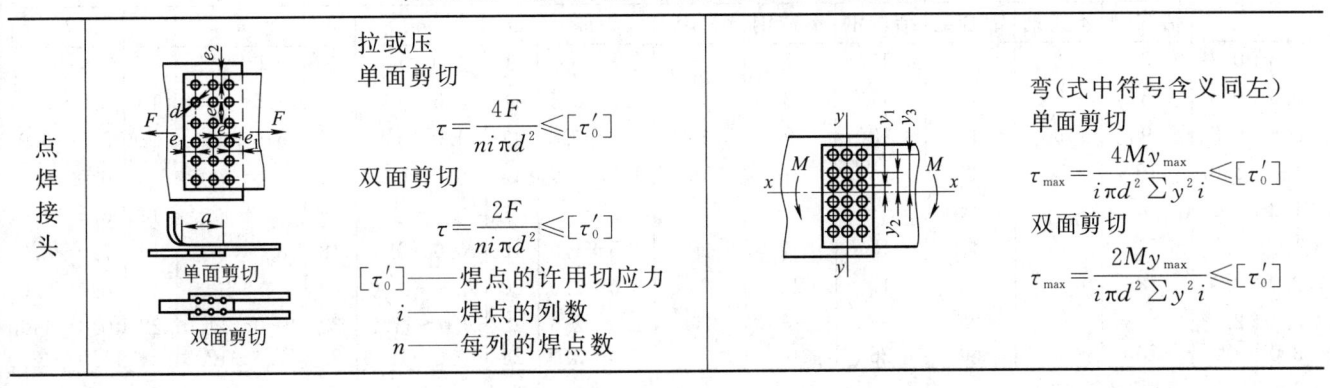

点焊接头	焊点位置	焊点直径 d 见表 3-5-24 或 $d=5\sqrt{\delta}$，δ 为被焊板中较薄者 节距 $e\geqslant 3d$，边距 $e_1\geqslant 2d$，$e_2\geqslant 1.5d$ 点焊搭接宽度和节距见表 3-5-25	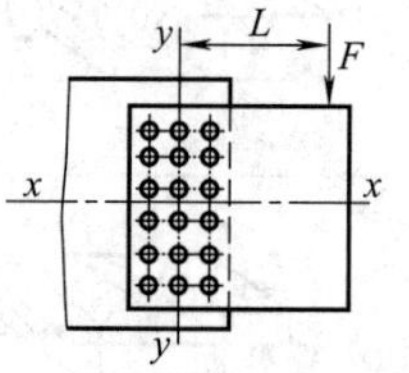	偏心力 $\tau_M=\dfrac{4FLy_{max}}{i\pi d^2\sum y^2 i}$（单面剪） $\tau_M=\dfrac{2FLy_{max}}{i\pi d^2\sum y^2 i}$（双面剪） $\tau_Q=\dfrac{4F}{ni\pi d^2}$（单面剪） $\tau_Q=\dfrac{2F}{ni\pi d^2}$（双面剪） $\tau_R=\sqrt{\tau_M^2+\tau_Q^2}\leqslant[\tau_0']$
缝焊接头		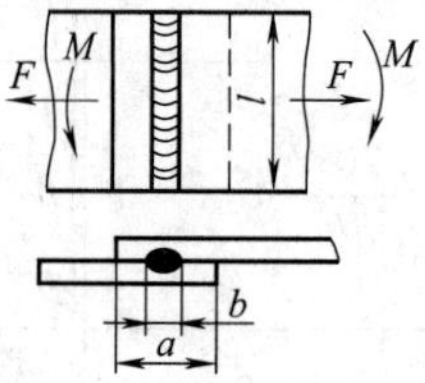		受拉或压 $\tau=\dfrac{F}{bl}\leqslant[\tau_0']$ 受弯 $\tau=\dfrac{6M}{bl^2}\leqslant[\tau_0']$ b——焊缝宽度，见表 3-5-23 l——焊缝长度 $[\tau_0']$——焊缝许用切应力 a——搭接宽度 a，见表 3-5-23

表 3-5-22　点焊最小直径　/mm

板厚①	低碳钢、低合金钢	不锈钢、耐热钢、钛合金	铝合金	板厚①	低碳钢、低合金钢	不锈钢、耐热钢、钛合金	铝合金
0.3	2.0	2.5	—	1.5	5.0	5.5	6.0
0.5	2.5	2.5	3.0	2.0	6.0	6.5	7.0
0.6	2.5	3.0	—	2.5	6.5	7.5	8.0
0.8	3.0	3.5	3.5	3.0	7.0	8.0	9.0
1.0	3.5	4.0	4.0	4.0	9.0	10.0	12.0
1.2	4.0	4.5	5.0				

① 指被焊板中的较薄者。

表 3-5-23　点焊、缝焊搭接宽度、节距和焊缝宽度

板厚	点焊搭接宽度和节距						缝焊搭接宽度 a、焊缝宽度 b						
	最小搭接宽度 a			最小节距 e			材料	结构钢		不锈钢		铝合金	
	结构钢	不锈钢	铝合金	结构钢	不锈钢	铝合金	板厚	a	b	a	b	a	b
0.3+0.3	6	6	—	10	7	—	0.3+0.3	8	3.0～4.0	7	3.0～3.5	—	—
0.5+0.5	8	8	12	11	8	13	0.5+0.5	9	3.5～4.5	8	3.5～4.0	10	5.0～5.5
0.8+0.8	9	9	12	13	9	15	0.8+0.8	11	4.0～5.5	12	5.5～6.0	12	5.5～6.0
1.0+1.0	12	10	14	14	10	15	1.0+1.0	13	5.0～6.5	14	6.0～7.0	13	6.0～6.5
1.2+1.2	—	—	14	—	—	15	1.2+1.2	—	—	—	—	14	6.5～7.0
1.5+1.5	14	13	16	15	12	20	1.5+1.5	16	6.0～8.0	18	8.0～9.0	16	7.0～8.0
2.0+2.0	18	16	20	17	14	25	2.0+2.0	20	8.0～10.0	20	9.0～10.0	18	8.0～9.0
2.5+2.5	—	—	26	—	—	30	2.5+2.5	22	9.0～11.0	22	10.0～11.0	22	10.0～11.0
3.0+3.0	20	20	30	26	18	35	3.0+3.0	24	10.0～12.0	25	11.0～12.5	24	11.0～12.0

5.3.1.3 角焊缝最小焊脚高度的确定

角焊缝通常是在切应力作用下破坏的，其破坏断面在角焊缝截面的最小高度上。图 3-5-3 给出不同外形的角焊缝的计算厚度。计算时不考虑正面角焊缝和侧面角焊缝的强度差别，取内接三角形高度 a 为计算高度。直角等腰角焊缝的计算高度：$a=K\cos45°$，即 $a\approx0.7K$，如图 3-5-3（a）所示。尽管一般焊接方法的小量的熔深对于接头强度没有影响，但对埋弧自动焊和 CO_2 气体保护焊的较大熔深应予以考虑，其角焊缝计算断面厚度 $a=0.7(K+p)$，如图 3-5-3（e）所示。当 $K\leqslant8$mm 时，a 可取 K；当 $K>8$mm 时，熔深 p 一般取 3mm。焊缝的计算长度一般取每条焊缝的实际长度减去 10mm，侧面和正面的计算长度不得小于 $8K$，且不小于 40mm。

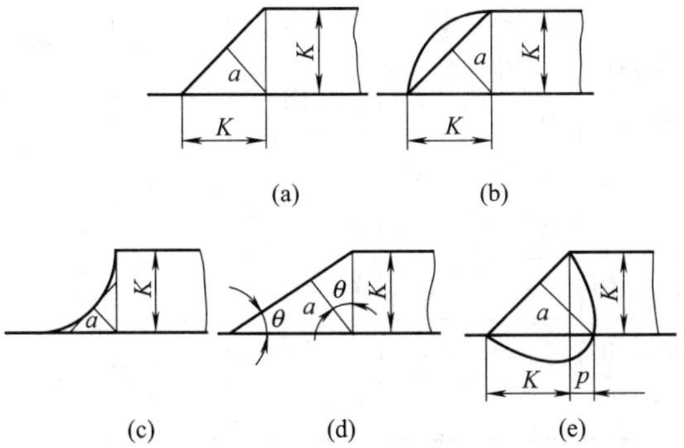

图 3-5-3　不同外形的角焊缝的计算厚度

开坡口部分的熔透的角焊缝，其计算厚度按图 3-5-4 所示方法确定。

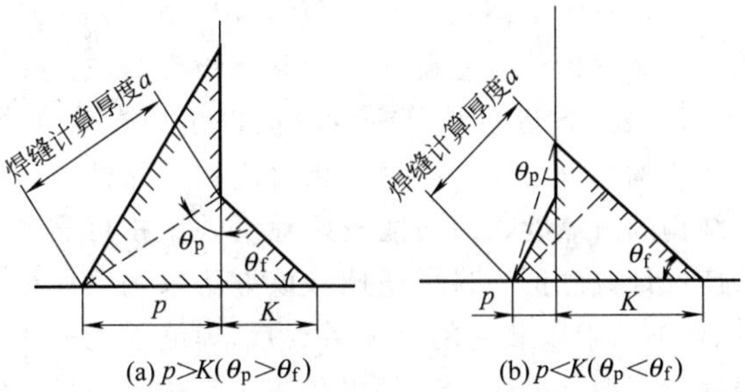

图 3-5-4　部分熔透角焊缝的计算厚度

在设计角焊缝时，应满足最小焊脚尺寸 $K_{min}\geqslant$ 4mm，当焊件厚度小于 4mm 时，可与焊件厚度相同。不是主要用于承载的角焊缝，或因结构上需要而设置的角焊缝，其最小焊脚尺寸根据被连接板的厚度及焊接工艺要求确定，参见表 3-5-24。在承受静载的次要焊件中，如果计算出的角焊缝尺寸小于规定的最小值时，可采用断续焊缝。断续焊缝的焊脚尺寸可根据折算方法确定。断续焊缝之间的距离，在受压构件中不应大于 15δ，受拉构件中，一般不应大于 30δ（δ 为被连接构件中较薄件的厚度）。在腐蚀介质中工作的构件不应采用断续焊缝。

表 3-5-24　角焊缝的最小焊脚尺寸 K_{min}　　/mm

被焊构件中较厚件的厚度		$\delta\leqslant10$	$10<\delta\leqslant20$	$10<\delta\leqslant20$
K_{min}	碳素钢	4	6	8
	低合金钢	6	8	10

5.3.1.4 按刚度条件设计角焊缝尺寸

焊接机床床身、底座、立柱的横梁等大型构件，一般工作应力很小，只相当于一般结构钢所需应力的 10%～20%。若按工作应力设计角焊缝尺寸，其值势必很小；若按等强度原则来设计角焊缝尺寸，则尺寸将很大，不仅增加焊接成本，还会产生大的残余应力和变形，故这类构件的焊缝不宜再采用强度条件来确定焊缝尺寸，而按刚度条件来确定焊缝尺寸。根据实践经验提出，以被焊件中较薄件的强度的 33%、50%、100% 作为焊缝强度来计算确定焊缝尺寸。

例如对 T 形接头的双面角焊缝，其焊脚尺寸 K 与立板板厚 δ 的关系如下。

100%强度焊缝：$K=\frac{3}{4}\delta$；50%强度焊缝：$K=\frac{3}{8}\delta$；33%强度焊缝：$K=\frac{1}{4}\delta$。

100%强度的角焊缝为等强度焊缝，主要用于集中载荷作用的部位，如导轨的焊缝。50%强度的角焊缝用于焊接箱体中，一般指 $K=\frac{3}{4}\delta$ 的单面角焊（$K=20\text{mm}\times\frac{3}{4}=15\text{mm}$），见图 3-5-5。33%强度的角焊缝，主要用于不承载焊缝，既可以是单面的，也可以是双面的，见图 3-5-6。按刚度条件确定的角焊缝尺寸见表 3-5-25。

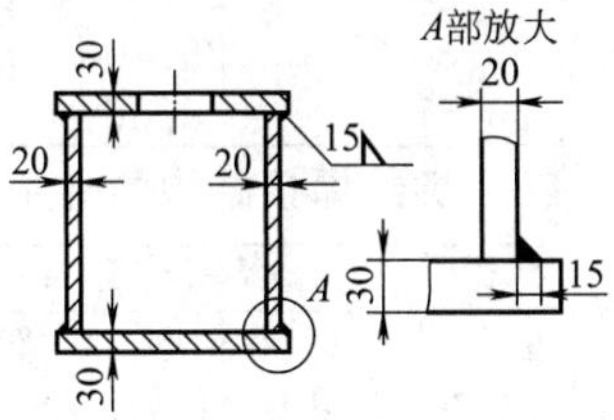

图 3-5-5　50%强度角焊缝

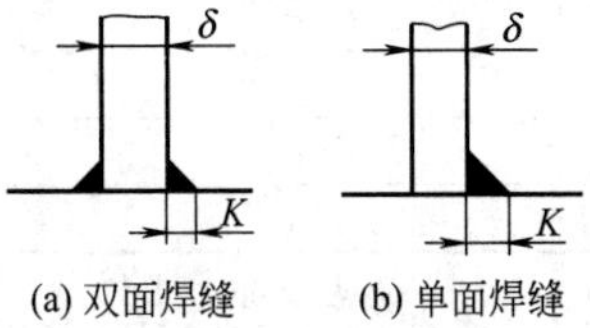

图 3-5-6　33%强度角焊缝

5.3.1.5 焊缝的许用应力

焊缝的许用应力除与焊接工艺和材料有关外，还与接头型式、焊接检验方法的精确度等有关。机器焊接结构中焊缝的许用应力见表 3-5-26。我国起重机行业中采用的焊缝许用应力见表 3-5-27。压力容器中焊缝的许用应力见表 3-5-28。对于高强度钢和高强度铝合金以及其他特殊材料制成的和在特殊工作条件下（高温、腐蚀介质等）使用的焊接结构中焊缝的许用应力，应按有关规定或通过专门试验来确定。

表 3-5-25 刚度条件确定的角焊缝尺寸 /mm

板厚 δ	强度设计 100%强度 $K=\frac{3}{4}\delta$	刚度设计 50%强度 $K=\frac{3}{8}\delta$	刚度设计 33%强度 $K=\frac{1}{4}\delta$
6.35	4.76	4.76	4.76
7.94	6.35	4.76	4.76
9.53	7.94	4.76	4.76
11.11	9.53	4.76	4.76
12.70	9.53	4.76	4.76
14.27	11.11	6.35	6.35
15.88	12.70	6.35	6.35
19.05	14.27	7.94	6.35
22.23	15.88	9.53	7.94
25.40	19.05	9.53	7.94
28.58	22.23	11.11	7.94
31.75	25.40	12.70	7.94
34.93	28.58	12.70	9.53
38.10	31.75	14.29	9.53
41.29	34.88	15.88	11.11
44.45	34.95	19.05	11.11
50.86	38.10	19.05	12.70
53.98	41.29	22.23	14.29
56.75	44.45	22.23	14.29
60.33	44.45	25.40	15.88
63.50	47.61	25.40	15.88
66.67	50.80	25.40	19.05
69.85	50.80	25.40	19.05
76.20	56.75	28.58	19.05

表 3-5-26 机器焊接结构的许用应力

焊缝种类	应力状态	焊缝许用应力	
		一般 E43××型及 E50××型焊条电弧焊	低氢焊条电弧焊、埋弧焊、半埋弧焊
对接缝	拉应力	0.9[σ]	[σ]
	压应力	[σ]	[σ]
	切应力	0.6[σ]	0.65[σ]
角焊缝	切应力	0.6[σ]	0.65[σ]

注：1. 表中 [σ] 为基本金属的许用拉伸应力。

2. 本表适用于低碳钢及 500MPa 级以下的低合金结构钢。

表 3-5-27 起重机结构焊缝的许用应力

焊缝种类	应力种类	符号	用普通方法检查的焊条电弧焊	埋弧焊或用精确方法检查的焊条电弧焊
对接	拉伸、压缩应力	[σ′]	0.8[σ]	[σ]
对接及角焊缝	切应力	[τ′]	$\frac{0.8[\sigma]}{\sqrt{2}}$	$\frac{[\sigma]}{\sqrt{2}}$

注：[σ] 为基本金属的许用拉应力；[σ′] 为焊缝金属的许用拉应力；[τ′] 为焊缝的许用切应力。

表 3-5-28 压力容器焊缝的许用应力

无损探伤的程度	焊缝类型		
	双面焊或相当于双面焊的全焊透对接焊缝	单面对接焊缝，沿焊缝根部全长具有紧贴基本金属垫板	单面焊环向对接焊缝，无垫板
100%探伤	[σ]	0.9[σ]	
局部探伤	0.85[σ]	0.8[σ]	
无法探伤			0.6[σ]

注：此表系数只适于厚度不超过 16mm、直径不超过 600mm 的壳体环向焊缝。

5.3.2 极限状态设计法

我国现行的钢结构设计规范（GB 50017—2017）采用的是以概率理论为基础的极限状态设计方法，用分项系数设计表达式进行计算。该方法以结构失效概率 P_F 来定义结构的可靠度，并以其相对应的可靠性指标 β 来度量结构的可靠度，因而能较好地反映结构可靠度的实质，使设计概念更为科学明确。该方法采用载荷设计值（载荷标准值乘以载荷的分项系数），焊缝强度采用焊缝的强度设计值。表 3-5-29 是焊接接头分项系数极限状态设计法的基本计算公式。在进行强度计算时，应采用载荷设计值 G_d，G_d 与载荷标准值 G_K 的关系为：

$$G_d=r_G G_K$$

式中，r_G 为永久载荷分项系数，一般采用 1.2，当永久载荷效应对结构构件的承载能力有效时，应采用 1.0。

表 3-5-30 焊缝的强度设计值，其值与钢材的尺寸和形状以及焊缝质量等有关。

表 3-5-29　焊接接头强度计算公式（极限状态设计法）

焊缝类型	简　图	计算公式	焊缝类型	简　图	计算公式	备　注
对接接头和T形接头中垂直于轴心拉力的对接焊缝	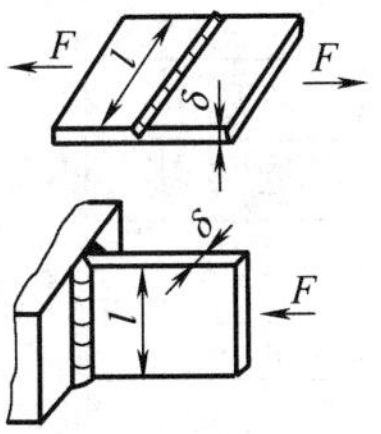	$\sigma=\frac{F}{l\delta}\leqslant[\sigma']$	对接接头和T形接头中承受弯矩和剪力共同作用的对接焊缝	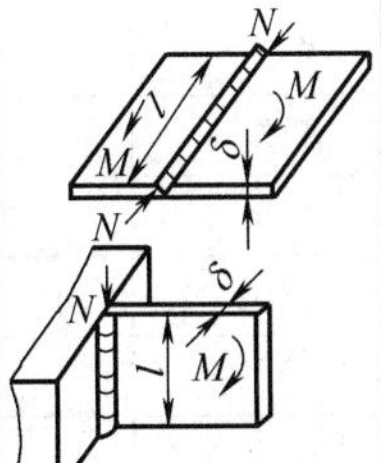	$\sqrt{\sigma^2+3\tau^2}\leqslant 1.1[\sigma_b']$	F——轴心拉力或压力 l——焊缝计算长度 δ——在对接接头中为连接件的较小厚度，在T形接头中为腹板厚度 N——通过焊缝形心的剪力 σ_f——角焊缝计算截面上垂直于焊缝的正应力 $[\sigma_b']$——角焊缝的强度设计值 a——角焊缝的计算厚度 β_f——正面角焊缝的增大系数，静载或间接动载，$\beta_f=1.22$，动载 $\beta_f=1.0$ $[\sigma']$、$[\sigma_c']$——对接焊缝的抗拉、抗压强度设计值 $[\tau']$——与焊缝平行的切应力
对接接头和T形接头中垂直于轴心压力的对接焊缝	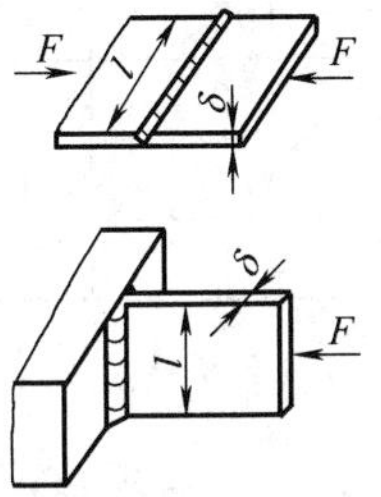	$\sigma=\frac{F}{l\delta}\leqslant[\sigma_c']$	在通过焊缝形心的拉力、压力或剪力作用下的角焊缝	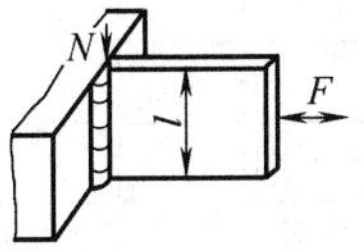	$\sigma_f=\frac{F}{2al}\leqslant\beta_f[\sigma_b']$ $[\tau']=\frac{N}{2al}\leqslant[\sigma']$	
			在各种力综合作用下的角焊缝	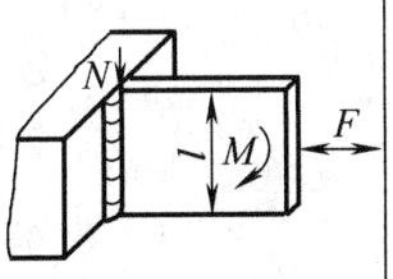	$\sqrt{\left(\frac{\sigma_f}{\beta_f}\right)^2+\tau_f^2}\leqslant[\sigma']$	

表 3-5-30　焊缝的强度设计值（摘自 GB 50017—2017）　　/10^{-2} MPa

焊接方法和焊条型号	钢材牌号规格和标准号		对接焊缝				角焊缝
	牌号	厚度或直径/mm	抗压 f_{wc}	焊缝质量为下列等级时，抗拉：一级、二级	三级	抗剪 f_{wv}	抗拉压和抗剪 f_{wf}
自动焊、半自动焊和E43型焊条电弧焊	Q235	≤16	215	215	185	125	160
		>16～40	205	205	175	120	
		>40～60	200	200	170	115	
		>60～100	200	200	170	115	
自动焊、半自动焊和E50、E55型焊条电弧焊	Q345	≤16	305	305	260	175	200
		>16～40	295	295	250	170	
		>40～63	290	290	245	165	
		>63～80	280	280	240	160	
		>80～100	270	270	230	155	
自动焊、半自动焊和E50、E55型焊条电弧焊	Q390	≤16	345	345	295	200	200(E50) 220(E55)
		>16～40	330	330	280	190	
		>40～63	310	310	265	180	
		>63～80	295	295	250	170	
		>80～100	295	295	250	170	

续表

焊接方法和焊条型号	钢材牌号规格和标准号		对接焊缝				角焊缝
	牌号	厚度或直径/mm	抗压 f_{wc}	焊缝质量为下列等级时，抗拉 一级、二级	三级	抗剪 f_{wv}	抗拉压和抗剪 f_{wf}
自动焊、半自动焊和E55、E60型焊条电弧焊	Q420	≤16	375	375	320	215	220(E55) 240(E60)
		>16～40	355	355	300	205	
		>40～63	320	320	270	185	
		>63～80	305	305	260	175	
		>80～100	305	305	260	175	
自动焊、半自动焊和E55、E60型焊条电弧焊	Q460	≤16	410	410	350	235	220(E55) 240(E60)
		>16～40	390	390	330	225	
		>40～63	355	355	300	205	
		>63～80	340	340	290	195	
		>80～100	340	340	290	195	
自动焊、半自动焊和E50、E55型焊条电弧焊	Q345GJ	>16～35	310	310	265	180	200
		>35～50	290	290	245	170	
		>50～100	285	285	240	165	

5.4 焊缝的符号表示和标注方法

5.4.1 焊缝的符号表示

在技术图样或文件上需要表示焊缝或接头时，推荐采用焊缝符号。完整的焊缝符号包括基本符号、指引线、补充符号、尺寸符号及数据等。基本符号、基本符号的组合、补充符号和尺寸符号分别见表3-5-31～表3-5-34。

5.4.2 焊缝的标注方法

尺寸的标注方法参见图3-5-7，通常横向尺寸标注在基本符号的左侧；纵向尺寸标注在基本符号的右侧；坡口角度、坡口面角度、根部间隙标注在基本符号的上侧或下侧；相同焊缝数量标注在尾部；当尺寸较多不易分辨时，可在尺寸数据前标注相应的尺寸符号。当箭头线方向改变时，上述规则不变。

表3-5-31 焊缝基本符号（摘自GB/T 324—2008）

序号	名称	示意图	符号	序号	名称	示意图	符号
1	卷边焊缝（卷边完全融化）			5	带钝边V形焊缝	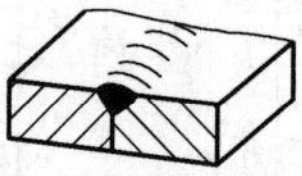	
2	I形焊缝	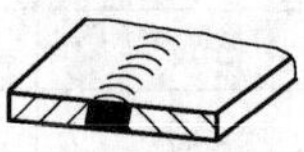		6	带钝边单边V形焊缝		
3	V形焊缝	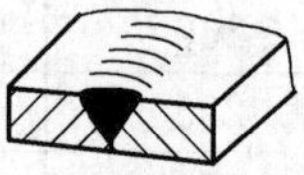		7	带钝边U形焊缝		
4	单边V形焊缝			8	带钝边J形焊缝		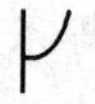

序号	名称	示意图	符号	序号	名称	示意图	符号
9	封底焊缝	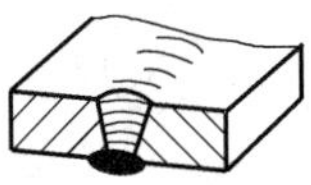		15	陡边单V形焊缝	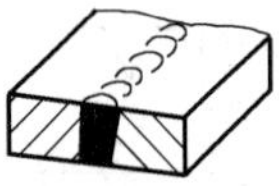	
10	角焊缝	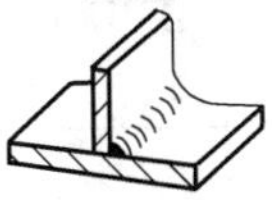		16	端焊缝		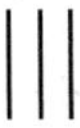
11	塞焊缝或槽焊缝	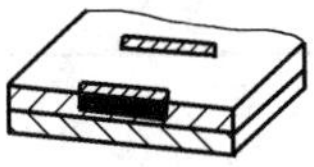		17	堆焊缝		
12	点焊缝	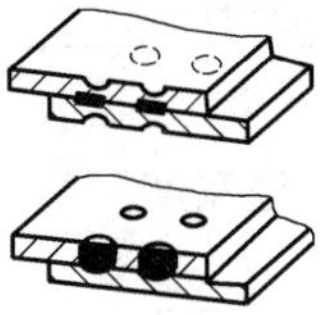	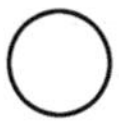	18	平面连接(钎焊)	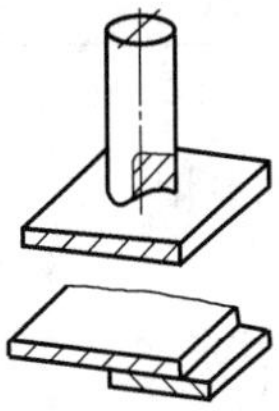	
13	缝焊缝	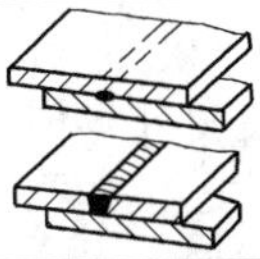	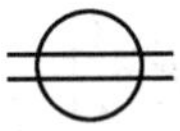	19	斜面连接(钎焊)	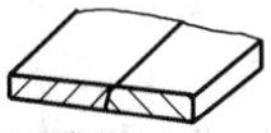	
14	陡边V形焊缝			20	折叠连接(钎焊)		

表 3-5-32 双面焊缝基本符号的组合（摘自 GB/T 324—2008）

序号	名称	示意图	符号	序号	名称	示意图	符号
1	双面V形焊缝（X焊缝）	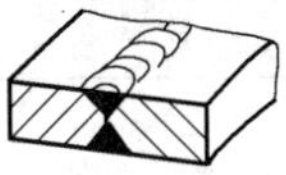		4	带钝边的双面单V形焊缝	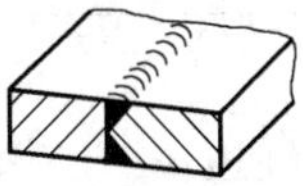	
2	双面单V形焊缝（K焊缝）	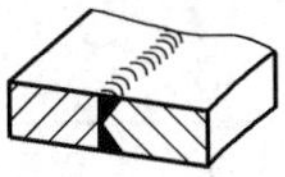		5	双面U形焊缝		
3	带钝边的双面V形焊缝						

表 3-5-33 焊缝补充符号（摘自 GB/T 324—2008）

序号	名称	示意图	说明	序号	名称	示意图	说明
1	平面		焊缝表面通常经过加工后平整	3	凸面		焊缝表面凸起
2	凹面		焊缝表面凹陷	4	圆滑过渡		焊趾处过渡圆滑

续表

序号	名称	示意图	说明	序号	名称	示意图	说明
5	永久衬垫	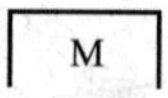	衬垫永久保留	8	周围焊缝	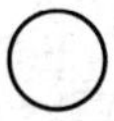	沿着工件周边施焊的焊缝标注位置为基准线与箭头线的交点处
6	临时衬垫	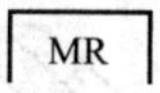	衬垫在焊接完成后拆除	9	现场焊缝		在现场焊接的焊缝
7	三面焊缝	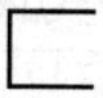	三面带有焊缝	10	尾部		可以表示所需的信息

表 3-5-34　尺寸符号（摘自 GB/T 324—2008）

符号	名称	示意图	符号	名称	示意图
δ	工件厚度	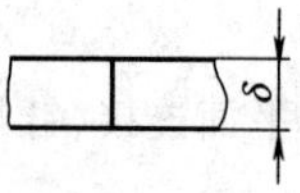	c	焊缝宽度	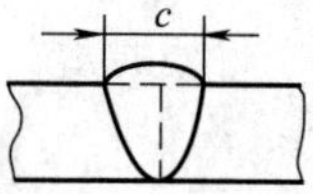
α	坡口角度	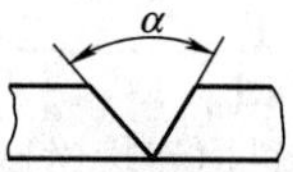	K	焊脚尺寸	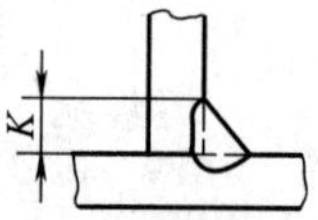
β	坡口面角度	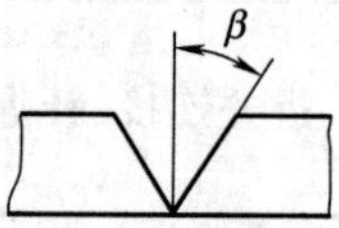	d	点焊:熔核直径 塞焊:孔径	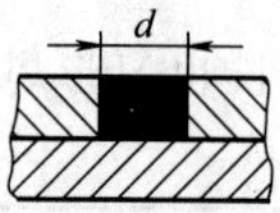
b	根部间隙	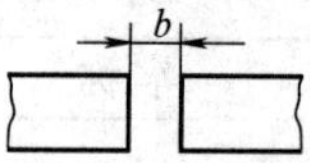	n	焊缝段数	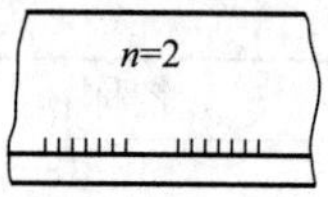
p	钝边	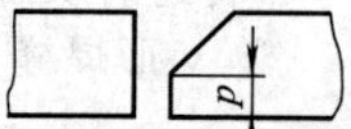	l	焊缝长度	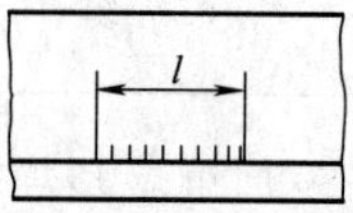
R	根部半径	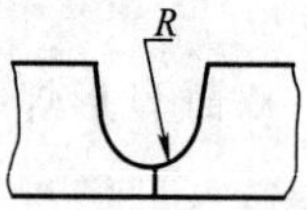	e	焊缝间距	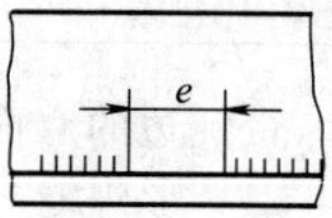
H	坡口深度	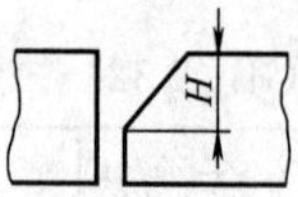	N	相同焊缝数量	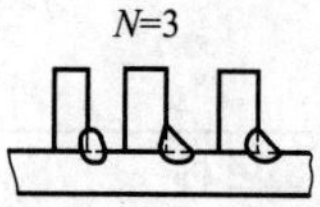
S	焊缝有效厚度	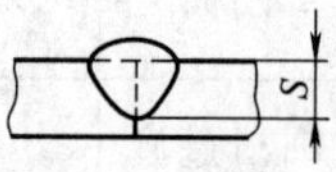	h	余高	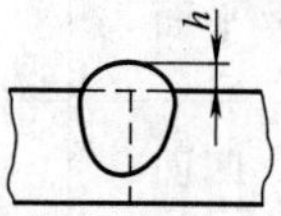

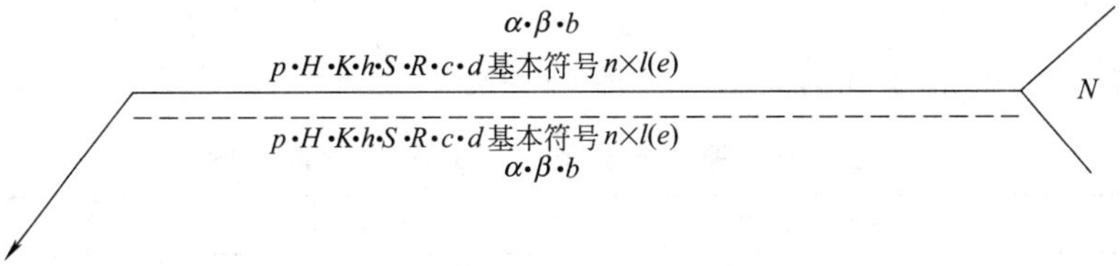

图 3-5-7 尺寸标注方法

为了简化，在图样上标注焊缝时通常只采用基本符号和指引线，其他内容一般在有关的文件中明确。指引线的组成见图 3-5-8，其中箭头直接指向的接头侧为“接头的箭头侧”，与之相对的则为“接头的非箭头侧”，见图 3-5-9。基准线一般应与图样的底边平行，必要时也可与底边垂直。实线和虚线的位置可根据需要互换。基本符号与基准线的相对位置见表 3-5-35。基本符号的比例、尺寸及标注位置参见 GB/T 12212 的有关规定。

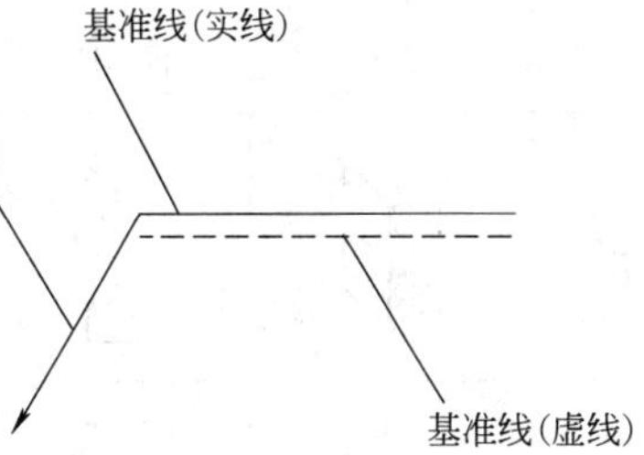

图 3-5-8 指引线

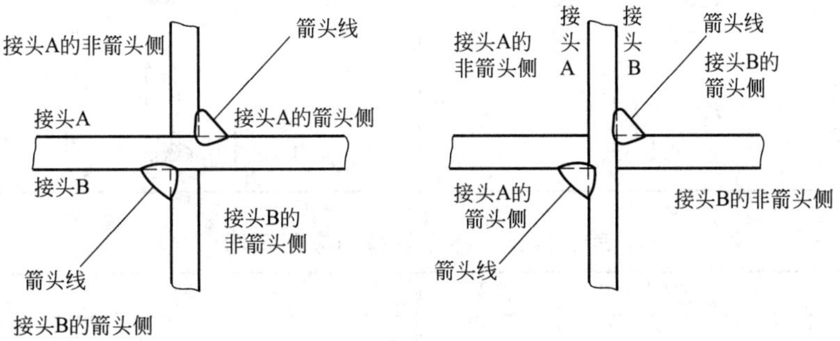

图 3-5-9 接头的“箭头侧”及“非箭头侧”示例

表 3-5-35 基本符号与基准线的相对位置

相对位置	说 明	图 例
基本符号在实线侧时	表示焊缝在箭头侧	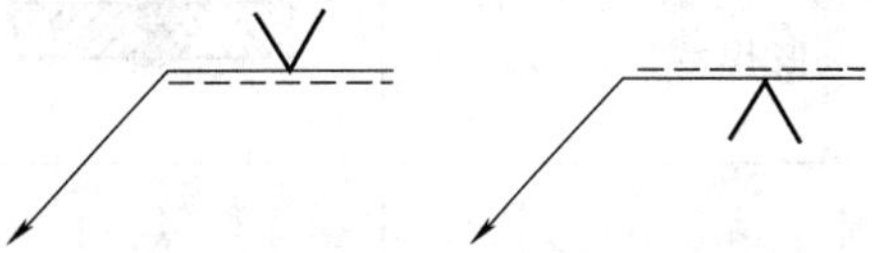
基本符号在虚线侧时	表示焊缝在非箭头侧	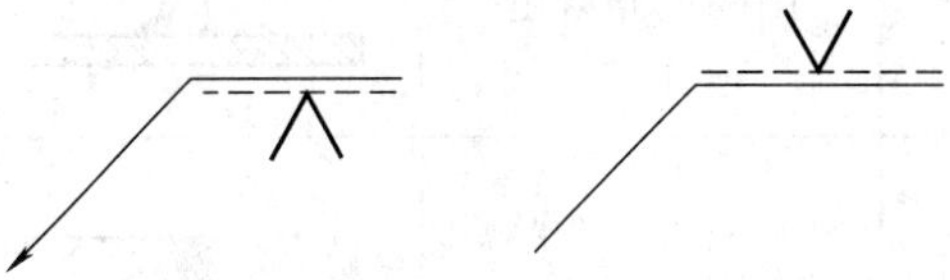
对称焊缝	允许省略虚线	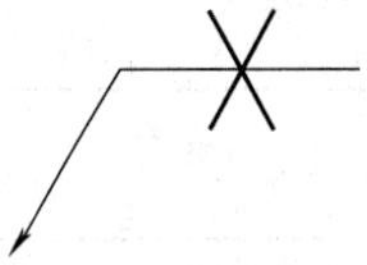
在明确焊缝分布位置的情况下	有些双面焊缝也可省略虚线	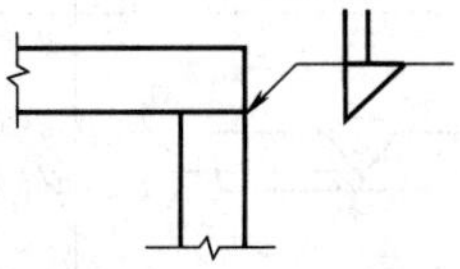

5.4.3 焊缝的标注示例

表 3-5-36 为基本符号和补充符号的标注示例，表 3-5-37 为补充符号的应用示例，表 3-5-38 为尺寸标注示例。

表 3-5-36 基本符号和补充符号的标注示例

序号	符号	示意图	标注示例	序号	符号	示意图	标注示例
1	V	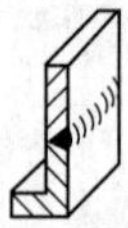	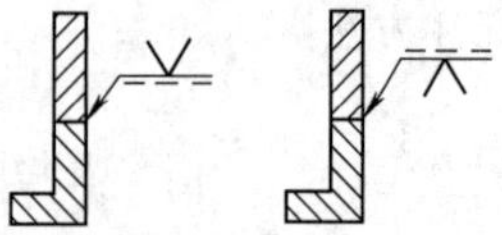	5		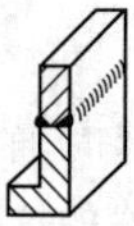	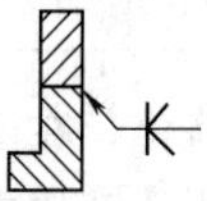
2		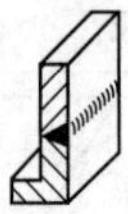	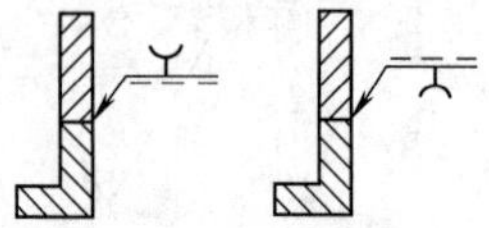	6		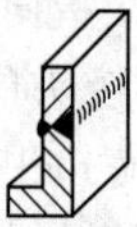	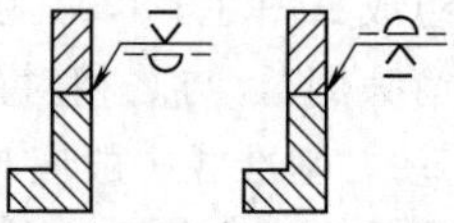
3		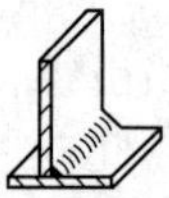	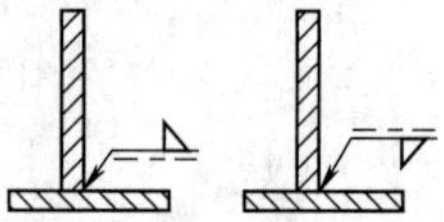	7		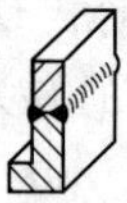	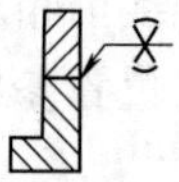
4	X	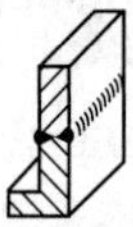	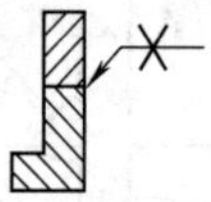	8			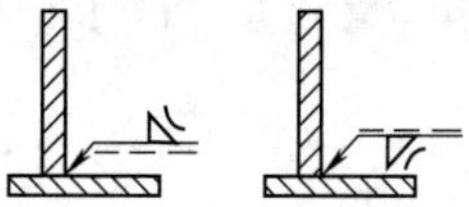

表 3-5-37 补充符号的应用示例

序号	名称	示意图	符号	序号	名称	示意图	符号
1	平齐的 V 形焊缝			5	表面过渡平滑的角焊缝	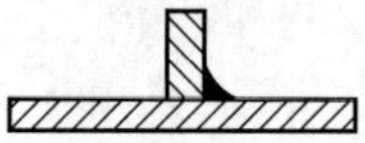	
2	凸起的双面 V 形焊缝			6	焊缝围绕工件周边的周围焊缝	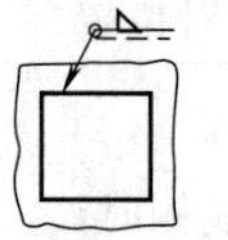	圆形符号 ○
3	凹陷的角焊缝	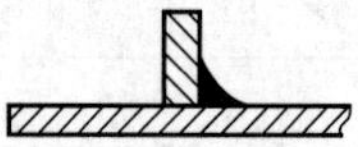		7	野外或现场焊缝	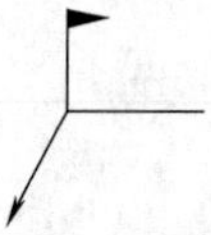	小旗 
4	平齐的 V 形焊缝和封底焊缝			8	尾部标注焊接方法代号	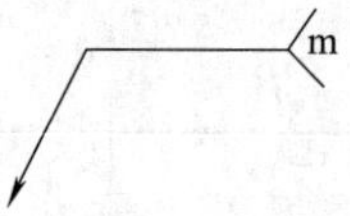	代号 见表 3-5-1

表 3-5-38 尺寸标注示例

名称	示意图	尺寸符号	标注方法	名称	示意图	尺寸符号	标注方法
对接焊缝	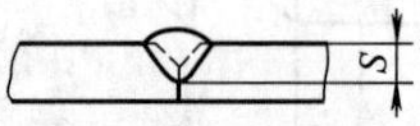	S：焊缝有效厚度		连续角焊缝	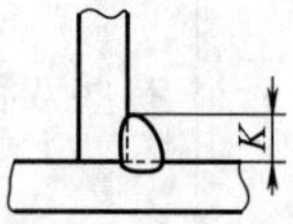	K：焊脚尺寸	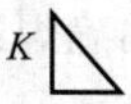

名称	示意图	尺寸符号	标注方法	名称	示意图	尺寸符号	标注方法
断续角焊缝	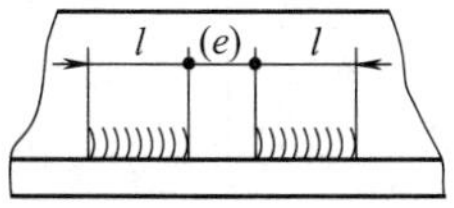	l：焊缝长度 e：间距 n：焊缝段数 K：焊脚尺寸		塞焊缝或槽焊缝	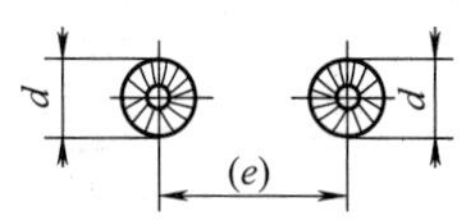	e：间距 n：焊缝段数 d：孔径	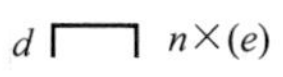
交错断续角焊缝	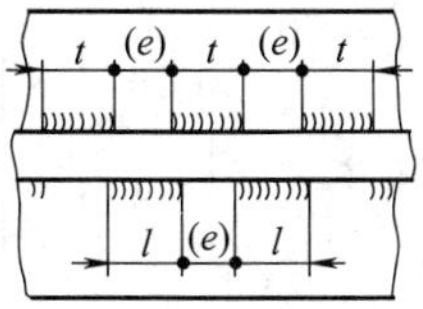		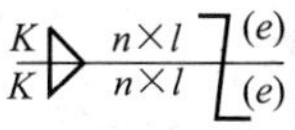		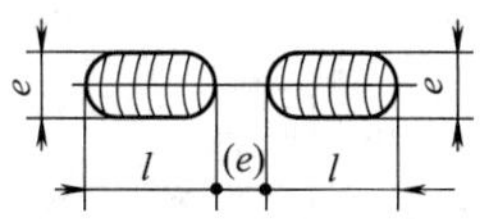	l：焊缝长度 e：间距 n：焊缝段数 c：槽宽	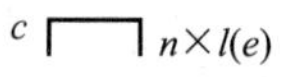
点焊缝	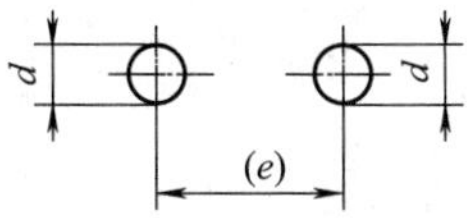	n：焊点数量 e：焊点距 d：熔核直径	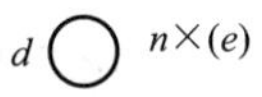	缝焊缝	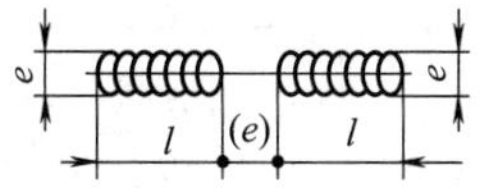	l：焊缝长度 e：间距 n：焊缝段数 c：焊缝宽度	

5.5 焊接坡口形式及尺寸

焊接坡口是指将焊件的待焊部位加工成的一定几何形状的沟槽，以保证全焊透。表 3-5-39～表 3-5-41 给出气焊、焊条电弧焊、气体保护焊和高能束焊推荐坡口；不同厚度钢板的对接接头，若两板厚度差（$\delta-\delta_1$）不超过表 3-5-42 的规定，则焊接接头的基本形式与尺寸按较厚的尺寸数据来选取，否则，应在较厚的板上做出单面或双面削薄，削薄长度 $l\geqslant 3(\delta-\delta_1)$。有色金属焊接坡口形式及尺寸见表 3-5-43。

表 3-5-39 单面对接焊推荐坡口（摘自 GB/T 985.1—2008）

母材厚度 t/mm	坡口种类	基本符号	横截面示意图	焊缝示意图	尺寸/mm	适用焊接方法	备注
≤2	卷边坡口		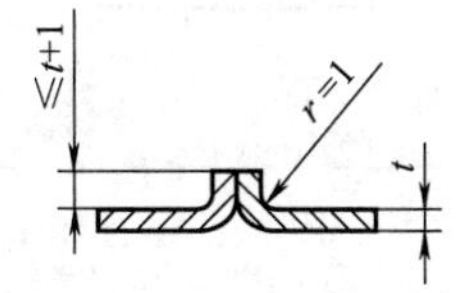		—	3 111 141 512	通常不填加焊接材料
≤4	I形坡口		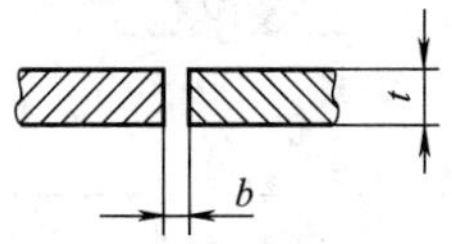	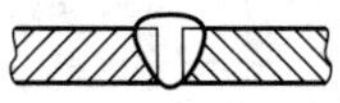	b≈t	3 111 141	—
3<t≤8					3<b≤8	13	必要时加衬垫
					b≈t	141[①]	
≤15					b≤1	52	
≤100	I形坡口（带衬垫）	—	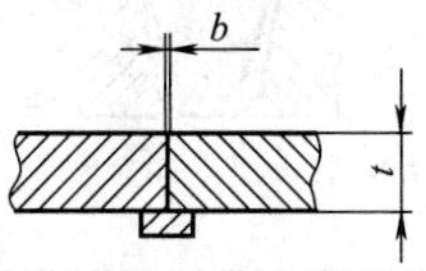	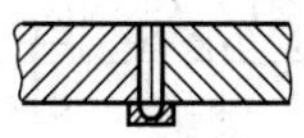	—	51	—

续表

母材厚度 t /mm	坡口种类	基本符号	横截面示意图	焊缝示意图	尺寸/mm	适用焊接方法	备注
≤100	I形坡口（带衬垫）	—	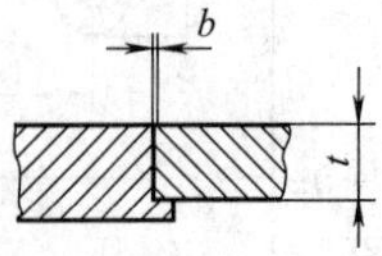	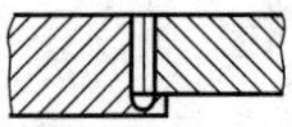	—	51	—
3<t≤10	V形坡口		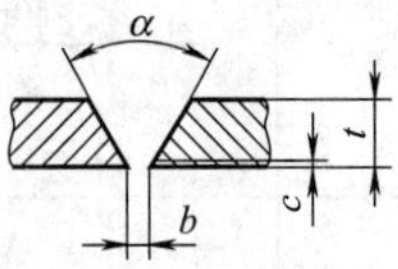	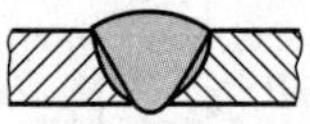	40°≤α≤60° b≤4 c≤2	3 111 13 141	必要时加衬垫
8<t≤12					6°≤α≤8° c≤2	52[2]	
>16	陡边坡口		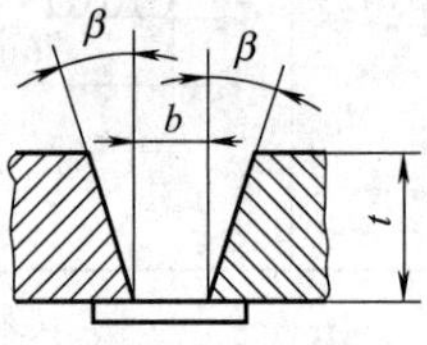	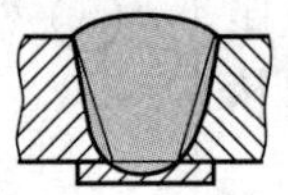	5°≤β≤20° 5≤b≤15	111 13	带衬垫
5≤t≤40	V形坡口（带钝边）		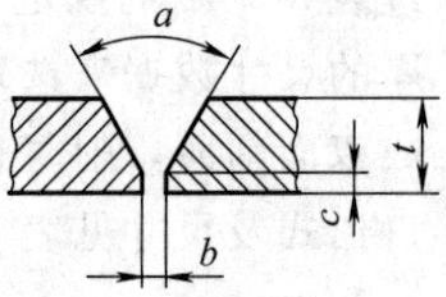	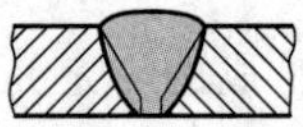	α≈60° 1≤b≤4 2≤c≤4	111 13 141	—
>12	U-V形组合坡口		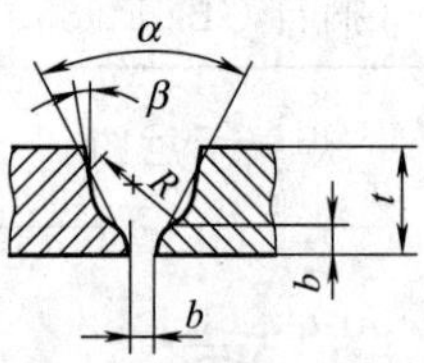	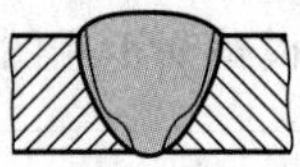	60°≤α≤90° 8°≤β≤12° 1≤b≤3 h≈4 6≤R≤9	111 13 141	—
>12	V-V形组合坡口		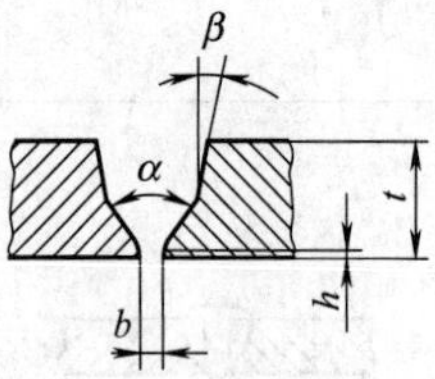	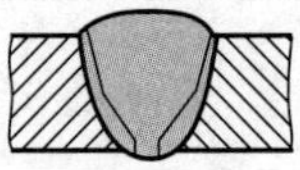	60°≤α≤90° 10°≤β≤15° 2≤b≤4 c >2	111 13 141	—
>12	U形坡口		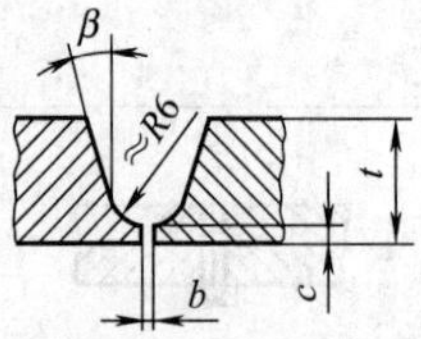	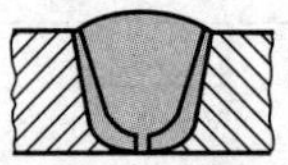	8°≤β≤12° b≤4 c≤3	111 13 141	—

母材厚度 t /mm	坡口种类	基本符号	横截面示意图	焊缝示意图	尺寸/mm	适用焊接方法	备注
$3<t\leqslant10$	单边V形坡口		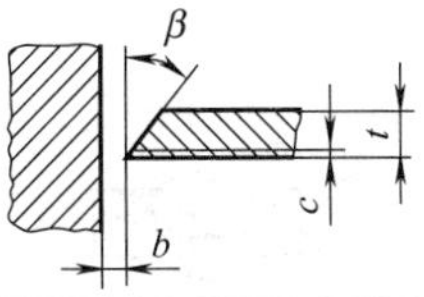 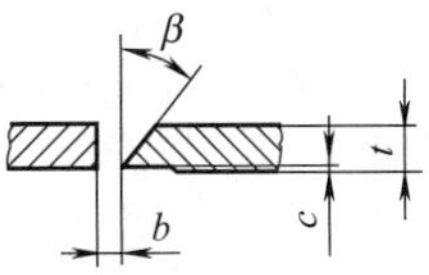	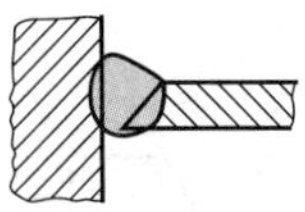 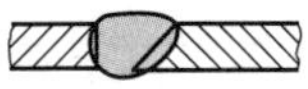	$35°\leqslant\beta\leqslant60°$ $2\leqslant b\leqslant4$ $1\leqslant c\leqslant2$	111 13 141	—
>16	单边陡边坡口		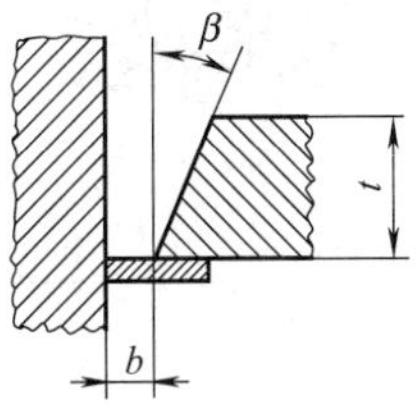	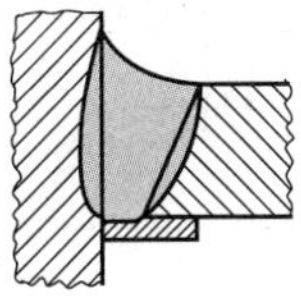	$15°\leqslant\beta\leqslant60°$ $6\leqslant b\leqslant12$	111	带衬垫
					$15°\leqslant\beta\leqslant60°$ $b\approx12$	13 141	
>16	J形坡口		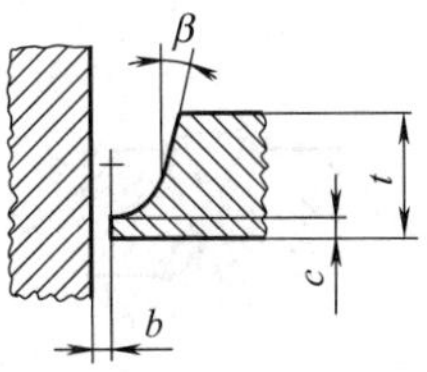	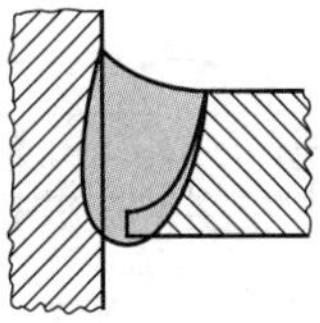	$10°\leqslant\beta\leqslant20°$ $2\leqslant b\leqslant4$ $1\leqslant c\leqslant2$	111 13 141	—
≤15	T形接头	—	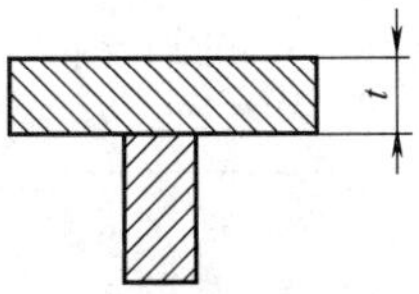	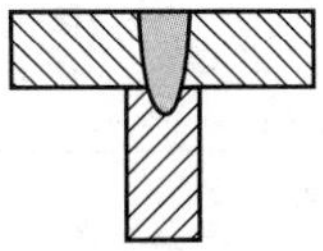	—	52	—
≤100						51	
≤15	T形接头	—	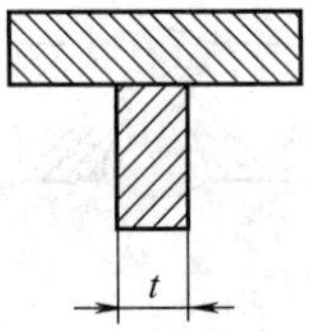	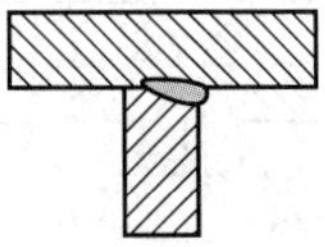	—	52	—
≤100						51	

① 该种焊接方法不一定适用于整个工件厚度范围的焊接。

② 需要添加焊接材料。

表 3-5-40 双面对接焊推荐坡口（摘自 GB/T 985.1—2008）

母材厚度 t /mm	坡口种类	基本符号	横截面示意图	焊缝示意图	尺寸/mm	适用焊接方法	备注
≤8	I形坡口		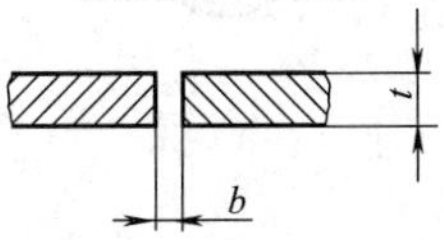	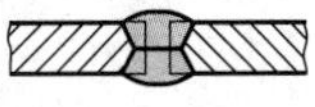	$b\approx t/2$	3 111 141	—
≤15					$b=0$	52	

续表

母材厚度 t /mm	坡口种类	基本符号	横截面示意图	焊缝示意图	尺寸/mm	适用焊接方法	备注
$3\leqslant t\leqslant 40$	V 形坡口		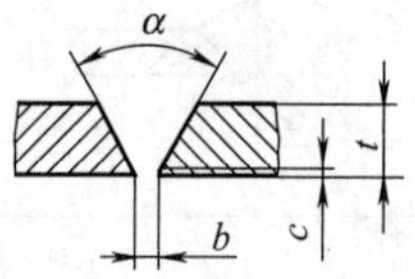	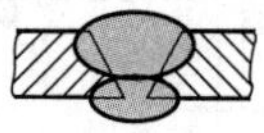	$\alpha\approx 60°$ $b\leqslant 3$ $c\leqslant 2$	111 141	封底
					$40°\leqslant\alpha\leqslant 60°$ $b\leqslant 3$ $c\leqslant 2$	13	
>10	带钝边 V 形坡口		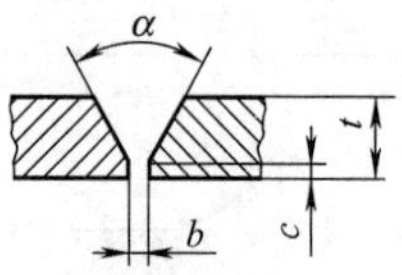	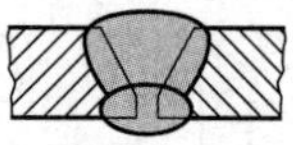	$\alpha\approx 60°$ $1\leqslant b\leqslant 3$ $2\leqslant c\leqslant 4$	111 141	—
					$40°\leqslant\alpha\leqslant 60°$ $1\leqslant b\leqslant 3$ $2\leqslant c\leqslant 4$	13	
>10	双 V 形坡口（带钝边）		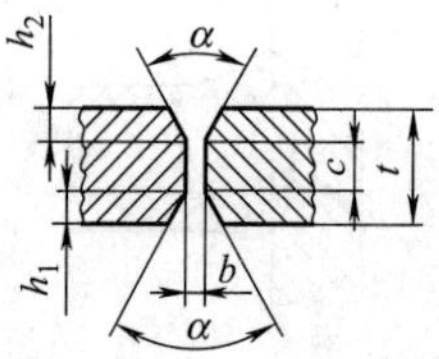	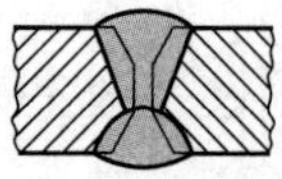	$\alpha\approx 60°$ $1\leqslant b\leqslant 4$ $2\leqslant c\leqslant 6$ $h_1=h_2=(t-c)/2$	111 141	—
					$40°\leqslant\alpha\leqslant 60°$ $1\leqslant b\leqslant 4$ $2\leqslant c\leqslant 6$ $h_1=h_2=(t-c)/2$	13	
>10	双 V 形坡口		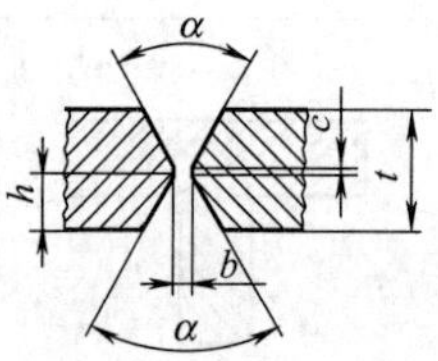	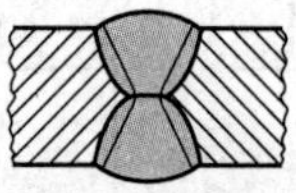	$\alpha\approx 60°$ $1\leqslant b\leqslant 3$ $c\leqslant 2$ $h\approx t/2$	111 141	—
					$40°\leqslant\alpha\leqslant 60°$ $1\leqslant b\leqslant 3$ $c\leqslant 2$ $h\approx t/2$	13	
>10	非对称双 V 形坡口		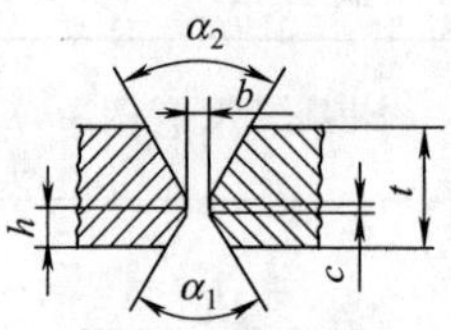	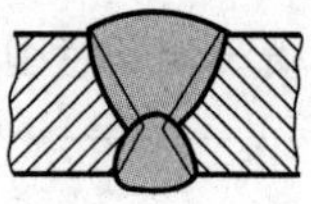	$\alpha_1=\alpha_2\approx 60°$ $1\leqslant b\leqslant 3$ $c\leqslant 2$ $h\approx t/2$	111 141	—
					$40°\leqslant\alpha_1\leqslant 60°$ $40°\leqslant\alpha_2\leqslant 60°$ $1\leqslant b\leqslant 3$ $c\leqslant 2$ $h\approx t/2$	13	

母材厚度 t /mm	坡口种类	基本符号	横截面示意图	焊缝示意图	尺寸/mm	适用焊接方法	备注
>12	U形坡口		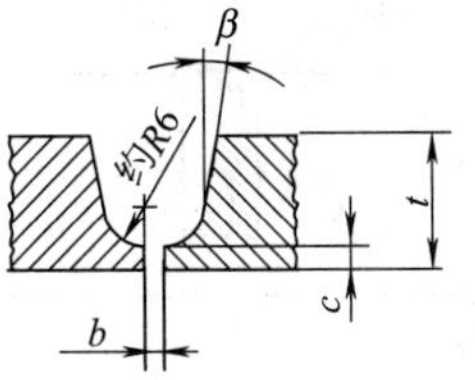	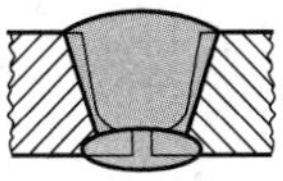	$8^\circ\leqslant\beta\leqslant12^\circ$ $1\leqslant b\leqslant3$ $c\approx5$	111 13	封底
					$8^\circ\leqslant\beta\leqslant12^\circ$ $b\leqslant3$ $c\approx5$	141①	
>30	双U形坡口		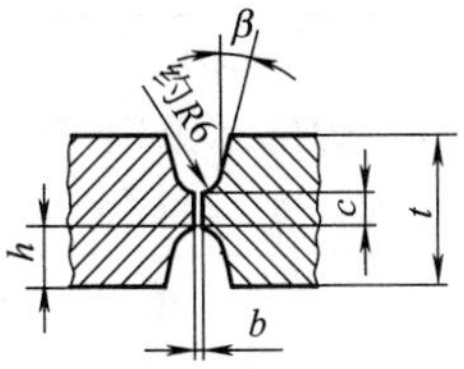	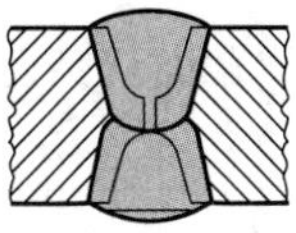	$8^\circ\leqslant\beta\leqslant12^\circ$ $b\leqslant3$ $c\approx3$ $h=(t-c)/2$	111 13 141①	可制成与V形坡口相似的非对称坡口形式
$3\leqslant t\leqslant30$	单边V形坡口		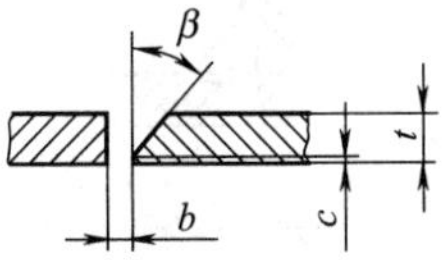	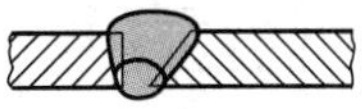	$35^\circ\leqslant\beta\leqslant60^\circ$ $1\leqslant b\leqslant4$ $c\leqslant2$	111 13 141①	封底
>10	K形坡口	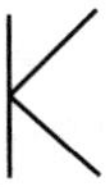	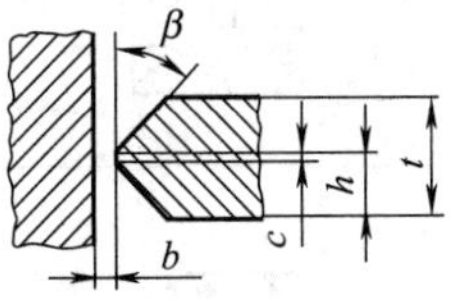 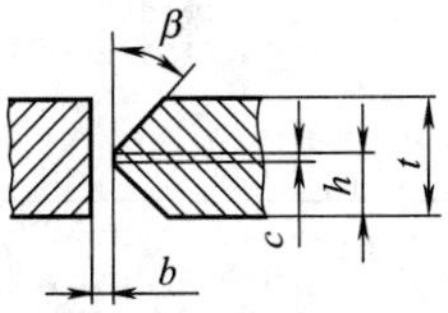	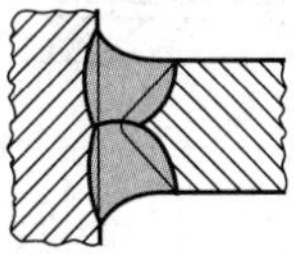 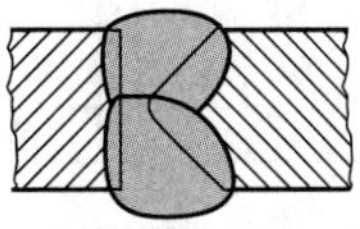	$35^\circ\leqslant\beta\leqslant60^\circ$ $1\leqslant b\leqslant4$ $c\leqslant2$ $h\approx t/2$ 或 $h\approx t/3$	111 13 141①	可制成与V形坡口相似的非对称坡口形式
>16	J形坡口		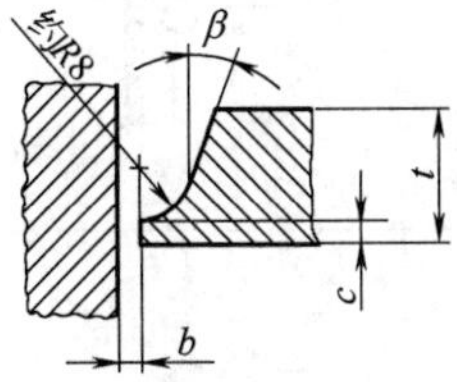	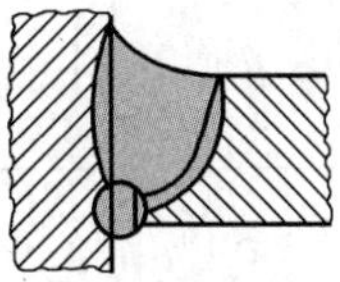	$10^\circ\leqslant\beta\leqslant20^\circ$ $1\leqslant b\leqslant3$ $c\geqslant2$	111 13 141①	封底
>30	双J形坡口		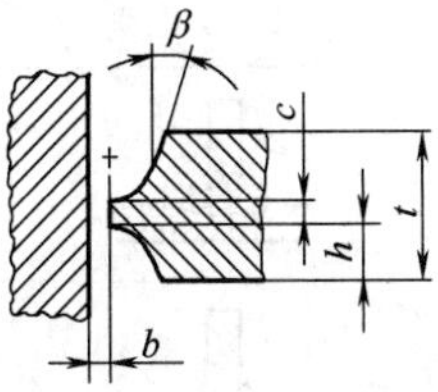	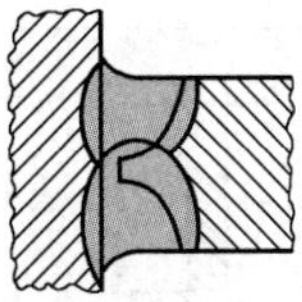	$10^\circ\leqslant\beta\leqslant20^\circ$ $b\leqslant3$ $c\geqslant2$ $h=(t-c)/2$	111 13 141①	可制成与V形坡口相似的非对称坡口形式
					$10^\circ\leqslant\beta\leqslant20^\circ$ $b\leqslant3$ $c<2$ $h\approx t/2$		

续表

母材厚度 t /mm	坡口种类	基本符号	横截面示意图	焊缝示意图	尺寸/mm	适用焊接方法	备注
≤25	T形接头	—	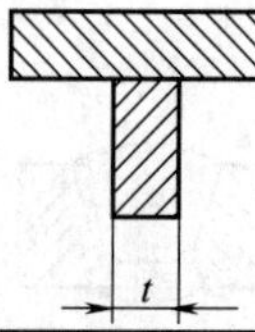	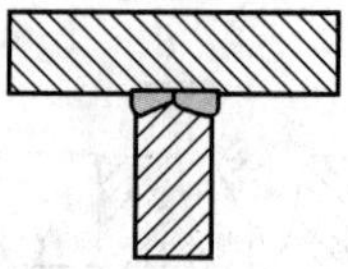	—	52	—
≤170						51	

① 该种焊接方法不一定适用于整个工件厚度范围的焊接。

表 3-5-41 角焊缝的接头形式（摘自 GB/T 985.1—2008）

母材厚度 t /mm	接头形式	基本符号	横截面示意图	焊缝示意图	尺寸		适用焊接方法[①]
					角度 α	间隙 b /mm	
$t_1>2$ $t_2>2$	T形接头		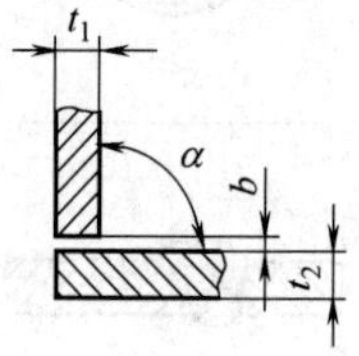	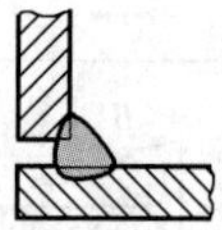	$70°\leqslant\alpha\leqslant100°$	≤2	3 111 13 141
$t_1>2$ $t_2>2$	搭接接头		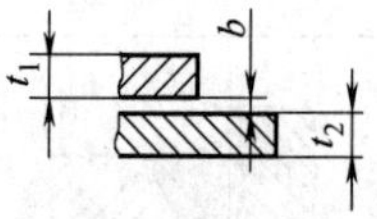	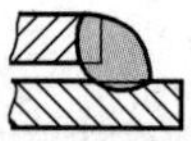	—	≤2	3 111 13 141
$t_1>2$ $t_2>2$	角接接头		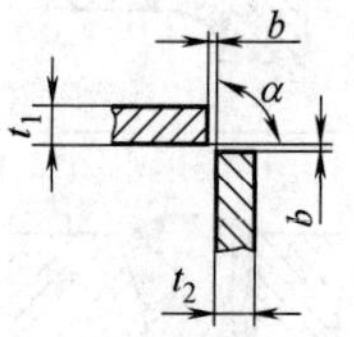		$60°\leqslant\alpha\leqslant120°$	≤2	3 111 13 141
$t_1>3$ $t_2>3$	角接接头		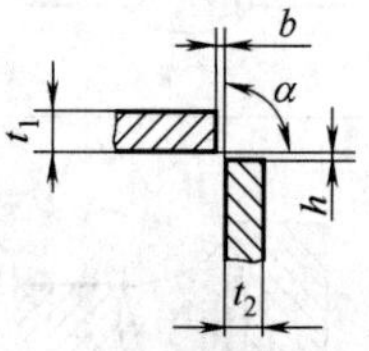		$70°\leqslant\alpha\leqslant100°$	≤2	3 111 13 141
$t_1>2$ $t_2>5$	角接接头		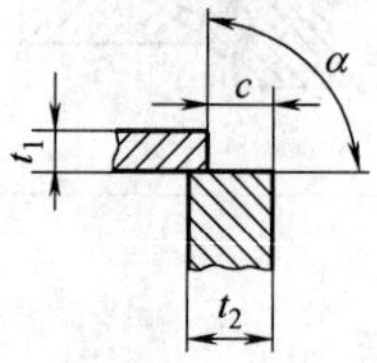	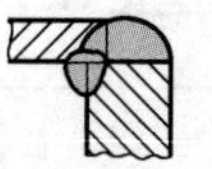	$60°\leqslant\alpha\leqslant120°$	—	3 111 13 141
$2\leqslant t_1\leqslant4$	T形接头		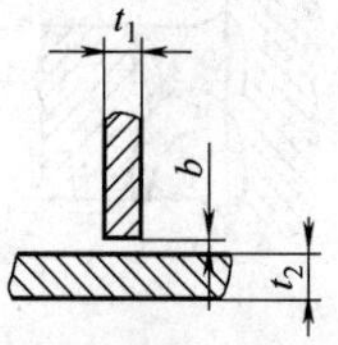		—	≤2	3 111 13 141
$t_1>4$ $t_2>4$	T形接头				—	—	

① 该种焊接方法不一定适用于整个工件厚度范围的焊接。

表 3-5-42　不同厚度钢板的对接接头的基本形式与尺寸　　/mm

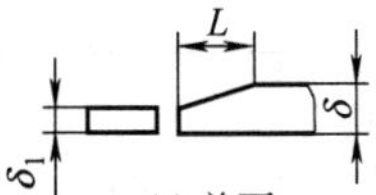 (a) 单面	较薄板的厚度 δ_1	≥2～5	>5～9	>9～12	>12
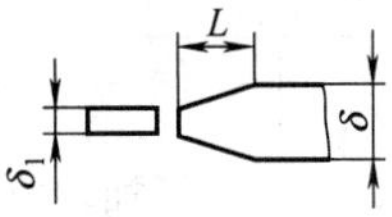 (b) 双面	允许厚度差 $(\delta-\delta_1)$	1	2	3	4

注：$L \geqslant 3\ (\delta-\delta_1)$。

表 3-5-43　有色金属焊接坡口形式及尺寸

铜及铜合金焊接坡口形式及尺寸

坡口			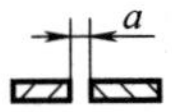	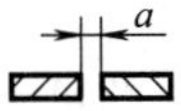	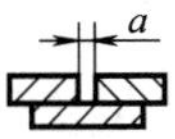	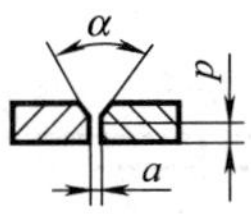		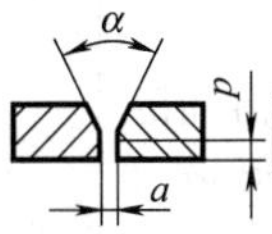	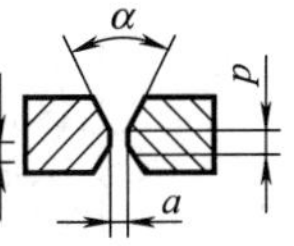
坡口尺寸	氧乙炔气焊	板厚	1～3	3～6	3～6	5～10		10～15	15～25
		间隙 a	1～1.5	1～2	3～4	1～3		2～3	2～3
		钝边 p	—	—	—	1.5～3.0		1.5～3	1～3
		角度 α/(°)	—	—	—			60～80	
	焊条电弧焊	板厚	—	—	—	5～10		—	10～20
		间隙 a	—	—	—	0～2		—	0～2
		钝边 p	—	—	—	1～3		—	1.5～2
		角度 α/(°)	—	—	—	60～70		—	60～80
	碳弧焊	板厚	3～5	—	5～10			—	10～20
		间隙 a	2.0～2.5	—	2～3	2～2.5		—	2～2.5
		钝边 p	—	—	3～4	1～2		—	1.5～2
		角度 α/(°)	—	—	60～80			—	60～80
	钨极手工氩弧焊	板厚	3	—	—	6		12～18	>24
		间隙 a	0～1.5	—	—			0～1.5	
		钝边 p	—	—	—	1.5		1.5～3	
		角度 α/(°)	—	—	—	70～80		80～90	
	熔化极自动氩弧焊	板厚	3～4	6	—	8～10		12	—
		间隙 a	1	2.5	—	1～2		1～2	—
		钝边 p	—	—	—	2.5～3.0		2～3	—
		角度 α/(°)	—	—	—	60～70		70～80	—
	埋弧自动焊	板厚	3～4	5～6	—	8～10	12～16	21～25	≥20
		间隙 a	1	2.5	—	2～3	2.5～3	1～3	1～2
		钝边 p	—	—	—	3～4		4	2
		角度 α/(°)	—	—	—	60～70	70～80	80	60～65

铝及铝合金气焊坡口形式及尺寸

接头形式	坡口	坡口简图	板厚 T	坡口尺寸			备注
				间隙 a	钝边 p	角度 $\alpha/(°)$	
对接	卷边	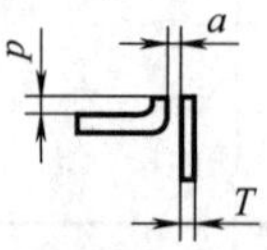	1～2	<0.5	4～5	—	不加填充焊丝
对接	卷边	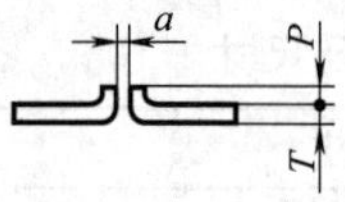	2～3	<0.5	5～6	—	不加填充焊丝
对接	仅留间隙不开坡口	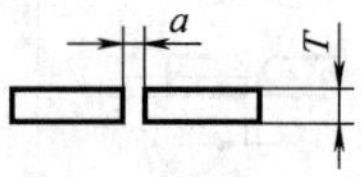	1～5	0.5～3	—	—	
对接	V形坡口	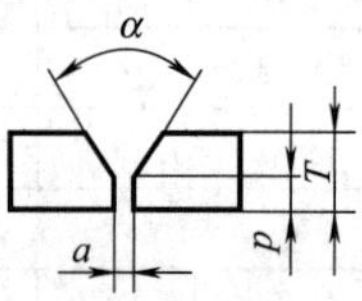	6～12	4～6	3～5	80±5	
对接	X形坡口	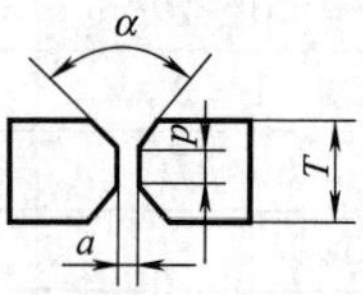	12～20	2～4	1.5～3	80±5	多层焊
角接	双面V形坡口	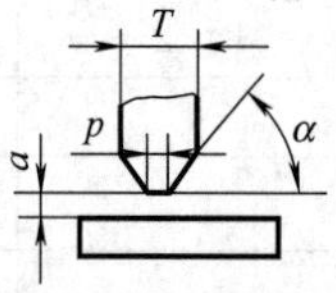	12～20	0～3	3～5	60±5	

5.6 钎焊

钎焊是采用比母材熔点低的金属材料作钎料，将母材和钎料加热到钎料熔化，利用液态钎料润湿母材，填充接头间隙并与母材溶解和扩散而实现连接母材的方法。

5.6.1 钎焊焊接的原理及分类

钎焊过程应包括熔态钎料的填充过程及钎料与母材的相互作用。其中实现熔态钎料填充过程的必要条件如下。

（1）钎料的润湿和毛细作用

影响钎料润湿作用的主要因素包括：钎料和母材组成、钎焊湿度、母材表面氧化物、母材表面粗糙度和钎剂。

（2）钎料与母材的相互作用

这种作用可归为两种：一种是固态母材向液态钎料的溶解；另一种是液态钎料向母材的扩散。这些作用对钎焊接头性能影响很大。

钎焊通常根据所使用的热源来命名及分类，见表3-5-44。

5.6.2 钎焊的接头形式及设计

钎焊的接头形式有多种，典型钎焊接头形式见表3-5-45。

表 3-5-44　钎焊的分类及主要特点

钎焊方法	主要特点		用　　途
烙铁钎焊	设备简单、灵活性好，适用于微细钎焊	需使用钎剂	只能用于软钎焊，钎焊小件
火焰钎焊	设备简单，灵活性好	控制温度困难，操作技术要求较高	钎焊小件
金属浴钎焊	加热快，能精确控制温度	钎料消耗大，焊后处理复杂	用于软钎焊及其批量生产
盐浴钎焊	加热快，能精确控制温度	设备费用高，焊后需仔细清洗	用于批量生产，不能焊密闭工件
气相钎焊	能精确控制温度，加热均匀，钎焊质量高	成本高	只用于软钎焊及其批量生产
波峰钎焊	生产率高	钎料损耗较大	
电阻钎焊	加热快，生产率高，成本较低	控制温度困难，工件形状、尺寸受限	钎焊小件
感应钎焊	加热快，钎焊质量好	温度不能精确控制，工件形状受限	批量钎焊小件
保护气体炉中钎焊	能精确控制温度，加热均匀，变形小，一般不用钎剂，钎焊质量好	设备费用较高，加热慢，钎料和工件不宜含大量易挥发元素	大、小件的批量生产，多钎缝工件的钎焊
真空炉中钎焊	能精确控制温度加热均匀，变形小，能钎焊难焊的高温合金，不用钎剂，钎焊质量好	设备费用高钎料和工件不宜含较多的易挥发元素	重要工件

表 3-5-45　典型钎焊接头形式

接头形式	简　　图	接头形式	简　　图
平面搭接	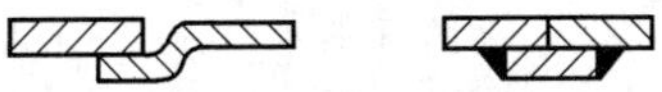	闭合接头	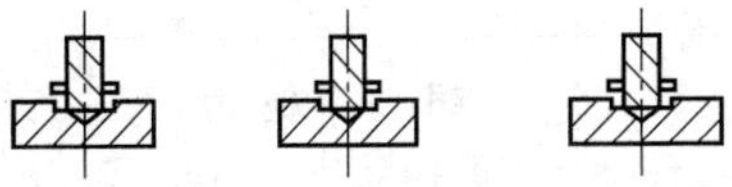
套管法兰接头	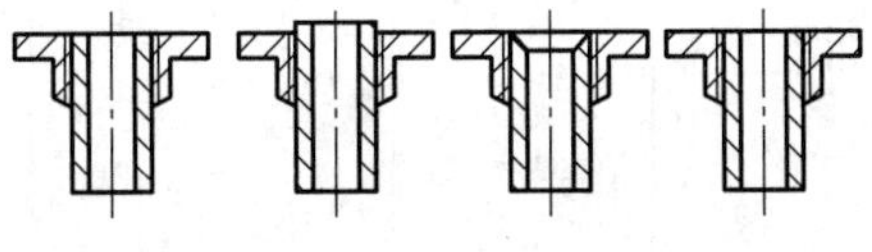	容器堵头接头	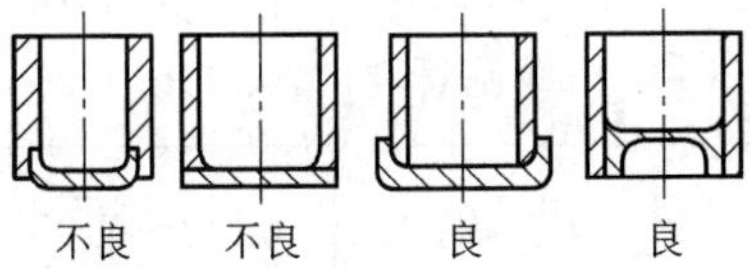
T 形接头	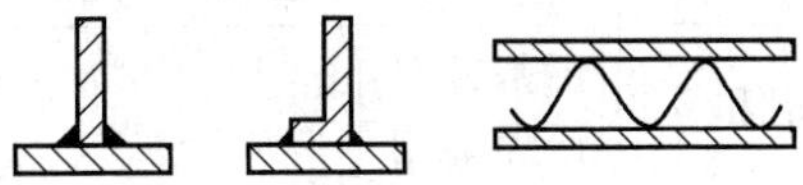	角接头	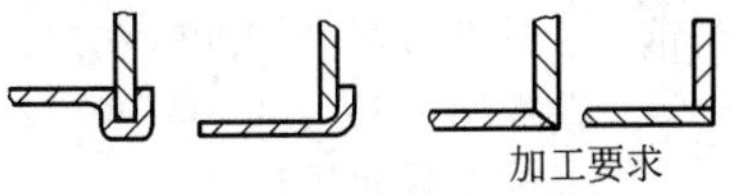
线接头	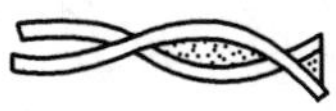	管接头	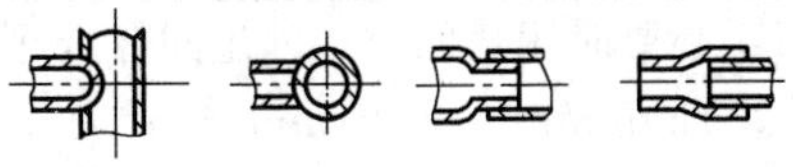
紧配合接头		薄壁锁边接头	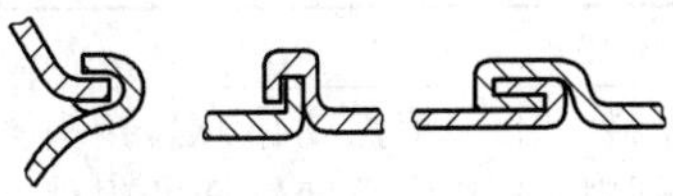

续表

接头形式	简　图	接头形式	简　图
钎料安置	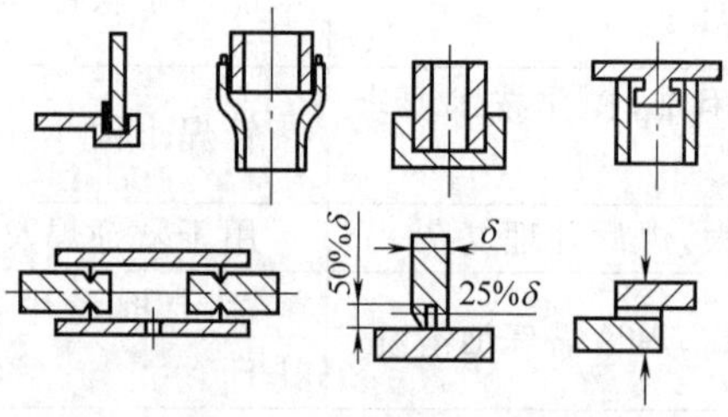 应保证钎料能均匀流布在钎焊间隙内	零件定位	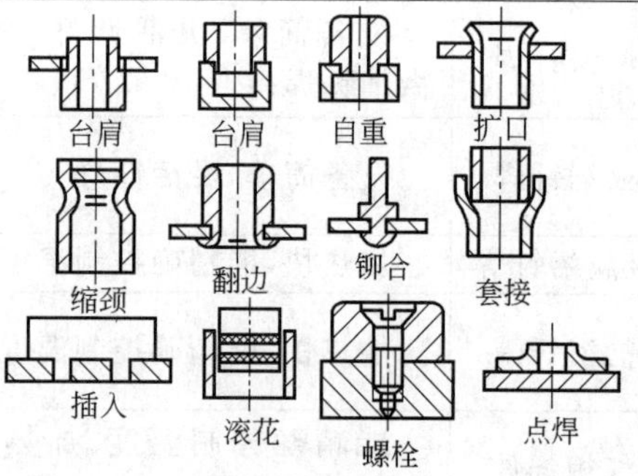 尽量不用夹具而能保证装配定位及间隙

钎焊接头的设计应考虑以下原则。

① 考虑接头强度。通常，增加接头的长度、保证接头面间有足够的间隙能提高接头强度，达到与母材的等强度。如银基、铜基、镍基等强度较高的钎焊的接头，搭接长度通常取为薄件厚度的2～3倍；锡铅等软钎料钎焊的接头，可取为薄件厚度的4～5倍，但不希望搭接长度大于15mm。因为此时钎料很难填满间隙，往往形成大量缺陷。钎焊接头间隙和抗剪强度见表3-5-46。

② 考虑组合件的尺寸精度。零件的装配定位、钎料的安置、接头间隙等均影响组合件的尺寸精度。

5.6.3 钎焊焊料的种类及选择

钎焊焊料（钎料）的分类及特点见表3-5-47，钎料的基本要求见表3-5-48，现行钎料的常用标准见表3-5-49，钎料的选择应从使用要求出发，对钎焊接头强度要求不高和工作温度不高的可用软钎焊，对要求导电性好的电气零件，应选用含锡量高的锡铅钎料或含银量高的银基钎料，还应考虑钎料与母材的相互作用、钎焊加热温度、加热方法的影响，并从经济观点出发选择。典型钎料的选择参见表3-5-50。

表3-5-46　钎焊接头间隙和抗剪强度

钎焊金属	钎　料	间　隙	抗剪强度 σ_τ /N·mm^{-2}②
碳钢	铜	0.000～0.05①	100～150
	黄铜	0.05～0.20	200～250
	银基钎料	0.05～0.15	150～240
	锡基钎料	0.05～0.20	38～51
不锈钢	铜	0.02～0.07	
	铜基钎料	0.03～0.20	370～500
	银基钎料	0.05～0.15	190～230
	镍基钎料	0.05～0.12	190～210
	锰基钎料	0.04～0.15	≈300

钎焊金属	钎　料	间　隙	抗剪强度 σ_τ /N·mm^{-2}②
铜和铜合金	铜锌钎料	0.05～0.13	铜 170～190
	铜磷钎料	0.02～0.15	黄铜 270～400
	银基钎料	0.05～0.13	铜 160～180 黄铜 160～220
	锡铅钎料	0.05～0.20	铜 21～46 黄铜 28～46
	镉基钎料	0.05～0.20	40～80
铝和铝合金	铝基钎料	0.1～0.3	60～100
	钎焊铝用软钎料	0.1～0.3	40～80

① 必要时用负间隙（过盈配合），强度最大。

② 1kgf/mm^2＝10N/mm^2。

表3-5-47　钎焊焊料的分类及特点

类　别	特　点	典型钎料
软钎料（易熔钎料）	熔点≤450℃，接头强度低，一般只适用于受力不大或工作温度较低的焊件	铋基、铟基、锡基、镉基、锌基和铅基等

类　别	特　点	典型钎料
硬钎料（难熔钎料）	熔点＞450℃，接头强度较高，适用于受力较大或工作温度较高的焊件	铝基、银基、铜基、锰基、镍基、金基、钯基、镁基、钼基和钛基等

表 3-5-48　焊料的基本要求

序号	要　求
1	合适的熔化温度范围，一般比母材的熔化温度低
2	在钎焊温度下具有良好的润湿作用，能填充接头间隙，即钎料和母材之间的分界面间隙通过扩散实现合金化
3	与母材的物理、化学作用应保证它们之间形成牢固的结合
4	成分稳定尽可能减少钎焊温度下元素的损耗：少含或不含稀有金属和贵重金属
5	能满足钎焊接头物理、化学及力学性能等要求

表 3-5-49　现行焊料的常用标准

序号	标准号	标准名称	序号	标准号	标准名称
1	GB/T 3131—2001	锡铅焊料	6	GB/T 13679—2016	锰基钎料
2	GB/T 6418—2008	铜基钎料	7	GB/T 13815—2008	铝基钎料
3	GB/T 8012—2013	铸造锡铅焊料	8	GB/T 20422—2018	无铅钎料
4	GB/T 10046—2018	银钎料	9	GB/T 37603—2019	铝合金中温钎料
5	GB/T 10859—2008	镍基钎料	10	YS/T 93—2015	膏状软钎料规范

表 3-5-50　钎料的选择

接合的金属或合金	→ 铝及铝合金	镍及镍合金	碳钢	不锈钢	铸铁	铜及铜合金	高碳钢及工具钢	耐热钢
↓ 铝及铝合金	Al,Zn							
镍及镍合金	不推荐	Cu,Ag Cu-Zn Cr-Ni						
碳钢	Al-Si	Cu,Ag Cu-Zn Cr-Ni	Cu,Ag,Pb Sn,Cu-Zn Cr-Ni					
不锈钢	不推荐	Cu,Ag Cu-Zn Cr-Ni	Cu,Ag Cu-Zn Cr-Ni	Cu,Ag Cu-Zn Cr-Ni				
铸铁	不推荐	Cu,Ag Cu-Zn	Cu,Ag Cu-Zn Pb-Sn	Cu,Ag Cu-Zn	Cu,Ag Cu-Zn Pb-Sn			
铜及铜合金	不推荐	Ag Cu-Zn	Ag Cu-Zn Pb-Sn	Ag Cu-Zn	Ag Cu-Zn Pb-Sn	Ag,Cu-P Cu-Zn Pb-Sn		

续表

接合的金属或合金	→ 铝及铝合金	镍及镍合金	碳钢	不锈钢	铸铁	铜及铜合金	高碳钢及工具钢	耐热钢
高碳钢及工具钢	不推荐	Cu,Ag Cu-Zn	Cu,Ag Cu-Zn	Cu-Zn Cu,Ag	Cu,Ag Cu-Zn	Ag Cu-Zn	Cu,Ag Cu-Zn	
耐热钢	不推荐	Cu,Ag Cu-Zn Cr-Ni	Cu,Ag Cu-Zn Cr-Ni	Cu,Ag Cu-Zn Cr-Ni	Cu,Ag Cu-Zn Cr-Ni	Ag Cu-Zn	Cu,Ag Cu-Zn	Cu,Ag Cu-Zn Cr-Ni

钎接方法	钎接的金属与合金							
	铝及铝合金	镍及镍合金	碳钢	不锈钢	铸铁	铜及铜合金	高碳钢及工具钢	耐热钢
烙铁	Zn	Pb-Sn	Pb-Sn	—	Pb-Sn	Pb-Sn	—	—
气焊枪	Al Zn	Ag Cu-Zn	Cu-Zn Ag,Zn-Pb	Ag Cu-Zn	Ag Cu-Zn Pb-Sn	Cu-P Cu-Zn Ag,Pb-Sn	Ag Cu-Zn	Ag Cu-Zn
电阻加热	Al	Ag Cu-Zn	Cu-Zn Ag	Ag	—	Cu-P Cu-Zn Ag	Ag	Ag
感应加热	Al	Ag	Cu-Zn Ag,Pb-Sn	Ag	Ag Cu-Zn	Cu-P Cu-Zn Pb-Sn,Ag	Ag Cu-Zn Pb-Sn	Ag
电弧加热	Al	Ag Cu-Zn	Ag Cu-Zn	Ag	Ag Cu-Zn	Cu-P Cu-Zn,Ag	Ag Cu-Zn	Ag
熔融盐浴	Al	Ag	Cu-Zn Ag	Ag	Ag Cu-Zn	Ag,Cu-P Cu-Zn	Ag Cu-Zn	Ag
浸渍熔化钎料	—	Ag(Zn) Cu-Zn	Cu-Zn Ag(Zn)	Cu-Zn Ag(Zn)	Ag Cu-Zn	Cu-P Ag(Zn) Ag(P)	Cu-Zn Ag	Cu-Zn Ag-(Zn)
在炉中加热	Al	Ag,Cu Cr-Ni	Cu,Ag Cu-Zn Cr-Ni	Ag,Cu Cr-Ni	Ag Cu-Zn	Cu-P Ag Pb-Sn	Ag,Cu Cu-Zn	Cu-Ag Cr-Ni

5.6.4 常用钎焊焊剂的应用

钎焊过程中，一般均需使用钎剂，作用是去除母材和液态钎料表面上的氧化物及杂质，保护母材和钎料在加热过程中不致进一步氧化，改善钎料对母材表面的润湿能力。钎剂对钎焊质量影响很大，故应具备以下条件：具有足够的去除母材及钎料表面氧化物的能力；熔化温度及最低活性温度略低于钎料的熔化温度；在钎焊温度下具备足够的润湿能力。

软钎焊焊剂的分类见表 3-5-51；硬钎焊剂的分类见表 3-5-52。

表 3-5-51　软钎剂分类（摘自 GB/T 15829—2008）

类　型	基本成分	活性成分	形　态
1——树脂系	1——松香	1——未添加活化剂 2——加入卤化物活化剂 3——加入非卤化物活化剂	A——液态 B——固态 C——膏状
	2——非松香		
2——有机物类	1——水溶性		
	2——非水溶性		
3——无机物类	1——盐类	1——含有氯化铵 2——不含有氯化铵	
	2——酸类	1——磷酸 2——其他酸	
	3——碱类	1——氨和(或)铵	

注：表中的钎剂分类，对钎剂进行编码，如磷酸活性无机物膏状钎剂的编号为 3.2.1C；不含卤化物活化剂的松香类液体钎剂的编号为 1.1.3A。

表 3-5-52　硬钎剂分类（摘自 JB/T 6045—2017）

主要组分分类代号 (X_1)	辅助分类代号 (X_2)	主要组分(质量分数)和特性 (不包括成膏剂)	钎焊温度范围(参考) /℃
1		硼酸＋硼酸盐＋卤化物≥90％	
1	01	主要组分不含卤化物	565～850
	02	卤化物≤45％	565～850
	03	卤化物≥45％	550～850
	04	显碱性	565～850
	05	钎焊温度高	760～1200
2		卤化物≥80％，含有氯化物	
2	01	含有重金属卤化物	450～620
	02	不含有重金属卤化物	500～650
3		硼酸＋硼酸盐＋氟硼酸盐≥80％	
3	01	硼酸＋硼酸盐≥60％	750～1100
	02	氟硼酸盐≥40％	565～925
4		硼酸三甲酯≥30％	
4	01	硼酸三甲酯≥30％～45％	750～950
	02	硼酸三甲酯≥45％～60％	750～950
	03	硼酸三甲酯≥60％～65％	750～950
4	04	硼酸三甲酯≥65％	750～950
5		氟铝酸盐≥80％	
5	01	氟铝酸钾≥80％	500～620
	02	氟铝酸铯或氟铝酸铷≥10％	450～620

硬钎剂型号由五部分组成，第一部分用字母“FB”表示硬钎焊用钎剂；第二部分用数字 1～5 表示钎剂主要组分分类代号；第三部分用 01、02 等表示辅助分类代号；第四部分用大写字母 S（粉状）、P（膏状）、L（液

态）表示钎剂形态；第五部分用数字或字母来表示厂家代号。型号表示方法如下：

FB　X_1　X_2　X_3-X_4

- X_4——厂家代号
- X_3——钎剂形态
- X_2——钎剂辅助分类代号(见表1)
- X_1——钎剂主要组分分类代号
- FB——硬钎焊钎剂代号

钎剂标记示例：一种含硼酸＋硼酸盐＋氟化物（质量分数）≥90%，不含氯化物，粉末吸潮性，厂家代号为01的粉末钎剂，标记为：

FB　1　01　S-01

- 01——厂家代号为01
- S——钎剂形态是粉状
- 01——钎剂辅助分类代号为01
- 1——钎剂主要组分分类代号为1
- FB——硬钎焊钎剂代号

钎剂的其他要求，详见GB/T 15829—2008《软钎剂分类与性能要求》和JB/T 6045—2017《硬钎焊用钎剂》。

5.7 塑料焊接

塑料焊接是指用加热方法使两个塑料制件的接触面同时熔化，从而使它们结合成整体的连接方法，仅适用于热塑性塑料连接。焊接时可使用焊条或不用焊条。使用焊条时，需将被焊端端面制成一定形状（如U形、X形等）的接缝，焊条熔融体滴满缝内，两个被焊件连成一体；不用焊条时，则将焊接面加热熔化，再向被焊面施加垂直压力直至紧密熔合为一体。

5.7.1 塑料焊接方法分类

热塑性塑料焊接方法的分类见表3-5-53。

5.7.2 常用塑料的可焊性

热塑性塑料的可焊性见表3-5-54。

5.7.3 常用塑料焊接接头形式及尺寸

硬聚氯乙烯塑料焊接接头形式及尺寸见表3-5-55。

表3-5-53　热塑性塑料焊接方法分类

焊接方法			获取塑性状态途径	主要接头形式
热风焊接			热风加热(手动、自动)	S、T、U
加热元件焊接	直接加热式	加热板式焊接	在焊件之间放置加热板加热	S、U
		承插式焊接	在焊件的内、外表面放置加热元件加热	U
		热丝套筒式焊接	电热丝加热	U
	间接式	热合焊接	用加热元件在一个或二个表面加热	U(薄膜)
超声波焊接			通过(内、外)摩擦加热	S、T
高频焊接			通过电介质逸散加热	U(薄膜)
摩擦焊接			通过旋转摩擦加热	S
溶剂焊接			通过单体溶剂使其在冷却状态变成塑性，然后施加压力	S、T、U(板、薄膜)
激光焊接			通过激光加热	S、T、U

注：S—对接接头；T—T型接头；U—搭接接头。

表3-5-54　热塑性塑料的可焊性

塑料名称	焊接方法						
	电加热		火加热			机械加热	
	接触加热	高频电流加热	热空气加热	热惰性气体加热	热混合气体加热	摩擦加热	热工具加热
聚乙烯(板材、薄膜)	好	—	好	好	一般	—	好
聚乙烯(棒料、管)	好	—	好	好	好	—	好
硬聚氯乙烯塑料(板材、薄膜)	好	好	好	好	好	好	好
硬聚氯乙烯塑料(棒料、管)	好	好	好	好	好	好	好

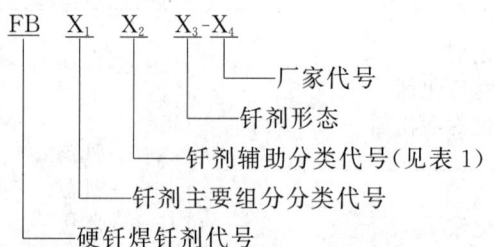

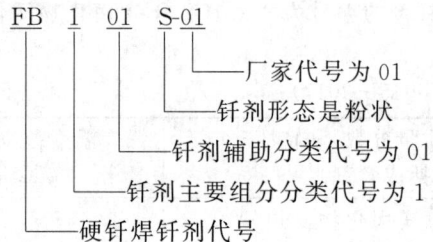

塑料名称	焊接方法						
	电加热		火加热			机械加热	
	接触加热	高频电流加热	热空气加热	热惰性气体加热	热混合气体加热	摩擦加热	热工具加热
聚酰胺	好	好	好	好	—	—	好
巴维诺尔薄膜	好	好	好	好	—	—	好
聚甲基丙烯酸甲酯(有机玻璃)	好	一般	—	—	一般	一般	好
聚异丁烯	—	—	好	好	一般	—	—
聚苯乙烯	好	—	好	—	—	好	好
软聚氯乙烯塑料	好	一般	好	好	一般	—	—
氟塑料(板材、薄膜)	好	一般	一般	一般	—	—	好
聚丙烯(板材、薄膜)	好	一般	一般	一般	—	—	好

注：高频电流焊接广泛用于塑料薄膜（总厚度小于 2mm）的焊接。

表 3-5-55 硬聚氯乙烯塑料焊接接头形式及尺寸

焊接形式	焊接名称	形 式	尺寸/mm	应 用 说 明
对接焊缝	单面 V 形对接焊缝	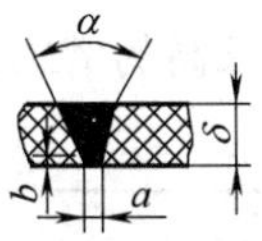	$a=0.5\sim1.5$ $b=1\sim1.5$ $\delta\leqslant5,\alpha=60°\sim70°$ $\delta>5,\alpha=70°\sim90°$	应用于只能在一面焊接的焊缝。在不焊的一面有一缺口,受外力易造成应力集中。一般 $\delta\leqslant6$mm
	双面 V 形对接焊缝	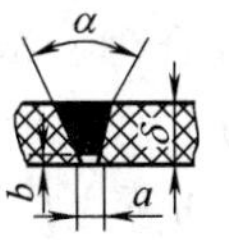		两面进行焊接,一面只焊一条焊缝,可避免缺口应力集中。一般用于 $\delta\leqslant10$mm
	对称 X 形对接焊缝	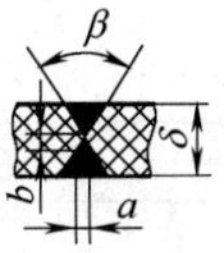	$\delta\leqslant10,\beta=60°\sim70°$ $\delta>10,\beta=70°\sim90°$	两面进行焊接。是三种对接形式中用料最省、强度最高的一种。一般用于 $\delta\leqslant6$mm
搭接焊缝	平边双面搭接焊缝	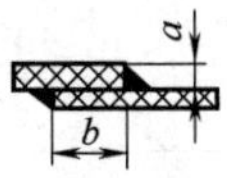	$b\geqslant3a$	不适于焊接由薄片层压而成的板材,由于两板的中心线不在一起,故在受外力时会产生弯曲力矩。一般很少单独使用,大多用于辅助焊缝
T 形连接焊接	单斜边单面 T 形连接	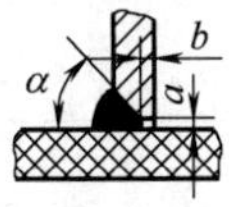	$a=0.5\sim1$ $b=1\sim1.5$ $\alpha=45°\sim55°$	用于焊接安装在塔或贮槽内的架子、隔板等,不宜用于塔或贮槽等底部的焊缝,即不能用作主要结构焊缝
	双斜边双面 T 形连接	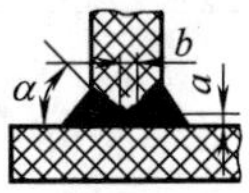		
对角焊缝	单斜边单面角形连接	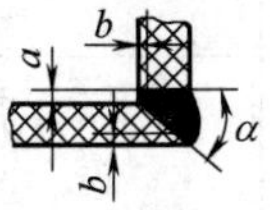	$a=0.5\sim1$ $b=1\sim1.5$ $\alpha=45°\sim55°$ $\beta=80°\sim90°$	用于塔式容器及槽体顶部、底部和器壁的连接。一般用于板厚 $\delta\geqslant6$mm

续表

焊接形式	焊接名称	形式	尺寸/mm	应用说明
对角焊缝	双斜边单面角形连接	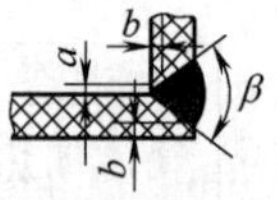	$a=0.5\sim1$ $b=1\sim1.5$ $\alpha=45°\sim55°$ $\beta=80°\sim90°$	用于塔式容器及槽体顶部、底部和器壁的连接。一般用于板厚 $\delta\geqslant6$mm
	双斜边双面角形连接	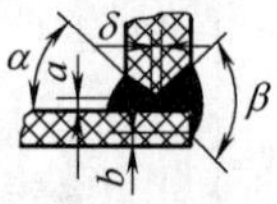		用于塔式容器及槽体顶部、底部和器壁的连接。一般用于板厚 $\delta>10$mm
组合焊缝	带角形加强板的单斜边角焊接	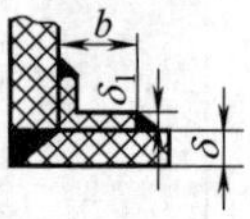	$b=30\sim50$ $\delta_1\leqslant\delta$ 一般 $\delta_1=4$	用于气密性要求高的塔式容器顶部、底部的主要焊缝
	带条形加强板的V形焊接	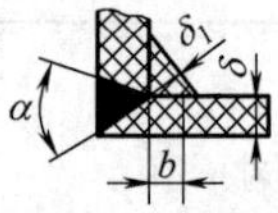	$b=60\sim80$ $\alpha=45°$ $\delta_1\leqslant\delta$ 一般 $\delta_1=4$	
	带条形加强板的双面搭接焊接	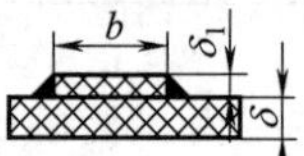	$b=60\sim80$ $\delta_1\leqslant\delta$ 一般 $\delta_1=4$	用于气密性要求高的塔式容器的主要焊缝

5.8 焊接结构工艺性设计应注意的问题

焊接结构需采用具体的焊接方法来制造，因此在设计焊接结构时除了合理选择构件材料、焊接材料、焊接方法及焊接接头形式外，还应充分考虑焊接结构的工艺性要求，使焊缝布置合理、结构强度高、应力变形小、制造方便、符合结构工艺性设计的一般原则等，保证焊接结构设计的经济、可靠。焊接结构工艺性的一般原则见表 3-5-56。

表 3-5-56 焊接结构工艺性设计的一般原则

设计原则	不好的设计	改进后的设计
焊缝位置应便于操作 1. 焊条电弧焊要考虑焊条操作空间 2. 自动焊应考虑接头处便于存放焊剂 3. 点焊或缝焊应考虑电极伸入方便	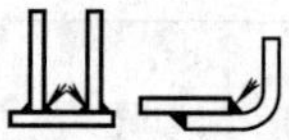	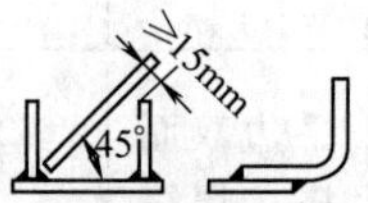
	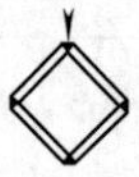	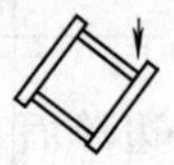
		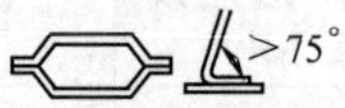
焊缝位置布置应有利于减少焊接应力与变形 1. 焊缝应避免过分密集或交叉	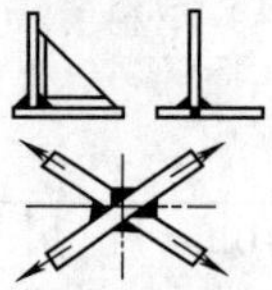	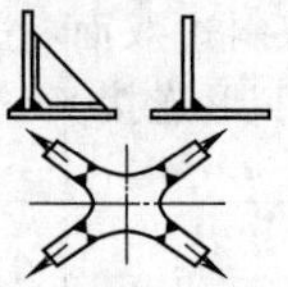
2. 尽量减少焊缝数量(适当利用型钢和冲压件)		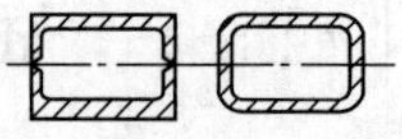

续表

设计原则	不好的设计	改进后的设计
3. 焊缝应尽量对称布置	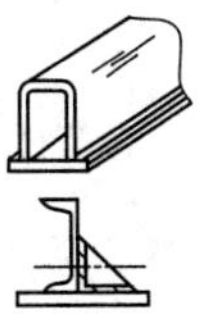	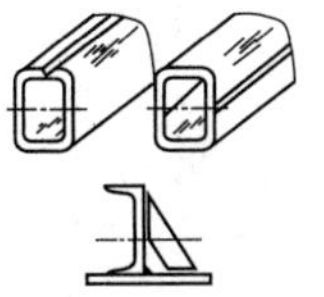
4. 焊缝端部产生锐角处应该去掉	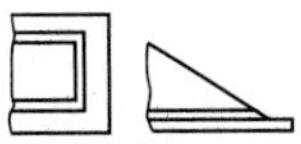	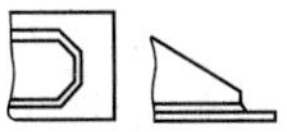
焊缝应尽量避开最大应力或应力集中处	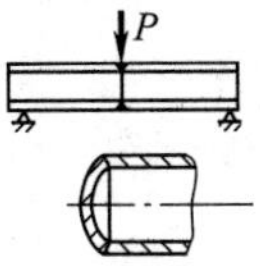	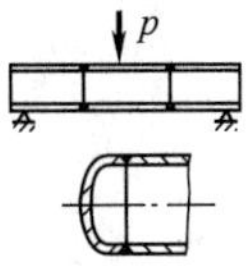
不同厚度工件焊接时，接头处应平滑过渡	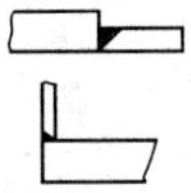	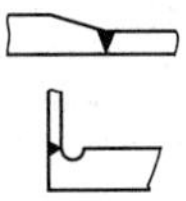
焊缝应避开加工表面	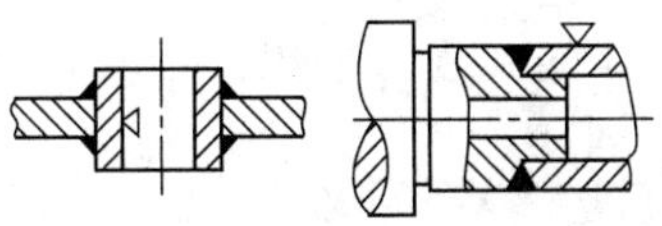	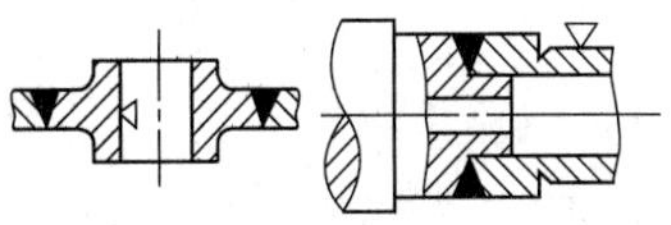
	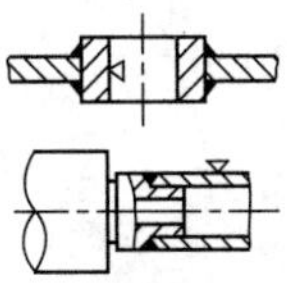	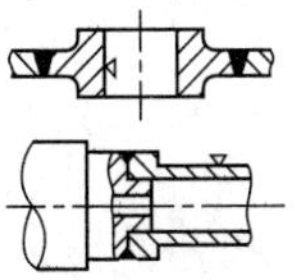
不同厚度工件焊接时，接头处应平滑过渡	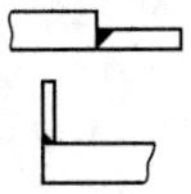	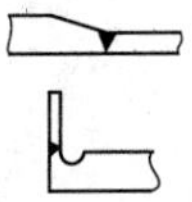
焊缝应避开加工表面	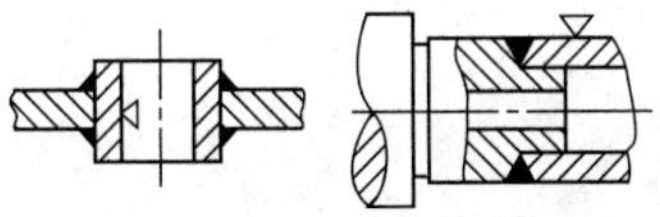	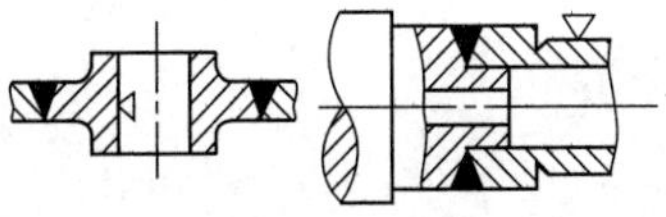
	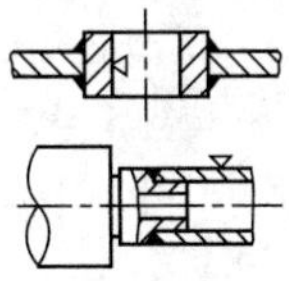	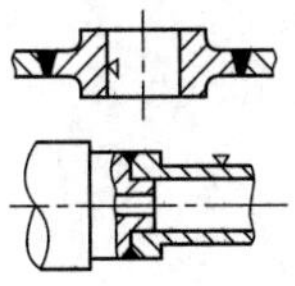

第4篇

弹簧

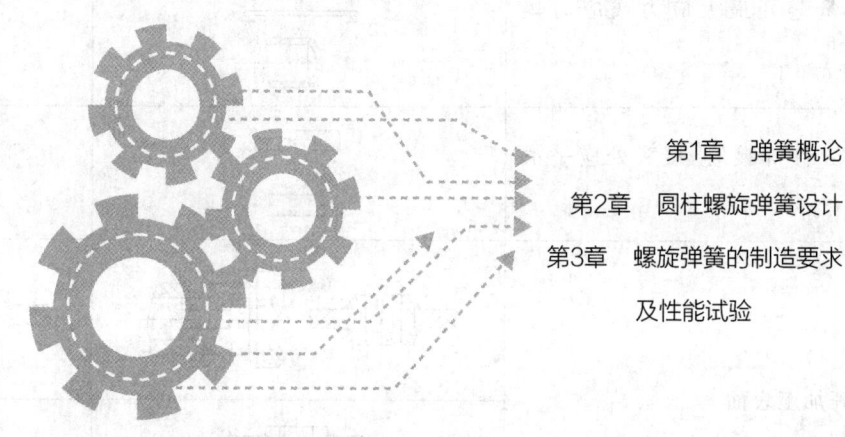

第1章

弹簧概论

1.1 弹簧的类型及应用

弹簧的类型及应用见表 4-1-1。

表 4-1-1 弹簧的类型及应用

名称及简图	性能及应用
圆柱螺旋压缩弹簧	特性线呈直线，材料截面多为圆形。结构简单，制造方便，安全性较好，应用最广泛。弹簧丝受扭应力
圆柱螺旋拉伸弹簧	特性线呈直线，材料截面多为圆形。两端有钩或环，用于承受拉伸载荷。弹簧丝受扭应力
圆柱螺旋扭转弹簧	特性线呈直线，材料截面多为圆形。两端有扭臂。用于承受扭转载荷。弹簧丝受弯曲应力
变节距圆柱螺旋压缩弹簧	当有弹簧丝开始接触后，特性线变为渐增的非线性。其刚度与自振频率随之改变，利于消除或缓和共振。可用于高速变载荷机构
圆锥螺旋弹簧	当有弹簧丝开始接触后，特性线变为渐增的非线性。防共振能力比变节距螺旋弹簧好。稳定性好，结构紧凑，多用于承受较大载荷和减振
涡卷螺旋弹簧	与圆锥螺旋弹簧相似，但吸收的能量更大
板弹簧	有单板弹簧与多板弹簧。多板弹簧阻尼较大，减振能力强。多用于汽车、拖拉机和铁道车辆的悬架装置
扭杆弹簧	特性线呈直线，单位体积储存的变形能大，多用于车辆的悬架装置
碟形弹簧	承载能力大，缓冲和减振能力强，多用于重型机械的缓冲、减振装置
环形弹簧	承载能力大，有很高的减振能力，用于重型机械的减振装置
平面涡卷弹簧	有接触型和非接触型，圈数多，变形角大，能储存较大的能量。多用于压紧弹簧和仪器仪表中的储能弹簧
空气弹簧	在密闭容器中储入压缩空气，利用空气的可压缩性实现弹簧作用。可按需要设计弹簧高度，多用于车辆悬架装置
橡胶弹簧	利用橡胶的弹性变形实现弹簧作用。由于橡胶的弹性模量小，容易得到所需的非线性特性线，形状不受限制，各方向的刚度可自由选择，可以承受多方向的载荷
开槽碟形弹簧	在碟簧内径向外径方向切出径向沟槽，可以在较小的载荷下产生较大的变形。常用于要求轴向尺寸小而允许径向尺寸较大的场合

1.2 弹簧设计的基本概念

1.2.1 弹簧的强度

设计弹簧应满足强度要求。一般情况下弹簧为变载荷，应具有足够的疲劳强度。对静载荷或偶然作用的冲击载荷，弹簧应有足够的静强度，不产生塑性变形或断裂。

1.2.2 弹簧的刚度和特性线

使弹簧产生单位变形所需的载荷称为弹簧的刚度。

对于受压缩或拉伸载荷的弹簧，其刚度为

$$F'=\frac{dF}{df}=\tan\beta$$

式中 F——弹簧所受的压缩或拉伸载荷，N；

f——弹簧的变形，mm；

β——见图 4-1-1（直线型特性线 β 为常数，渐增型、渐减型 $\tan\beta$ 为特性线各点切线的斜率）。

对于受扭转载荷的弹簧，其刚度为

$$F'_{\phi}=\frac{dT}{d\Phi}=\tan\beta$$

式中 T——弹簧所受的扭转载荷，N·mm；

Φ——弹簧的变形，rad［或（°）］；

β——见图 4-1-1。

载荷 F（或 T）与变形 f（或 Φ）之间的关系曲线称为弹簧的特性线，特性线可以分为三种类型即直线型、渐增型、渐减型，见图 4-1-1。

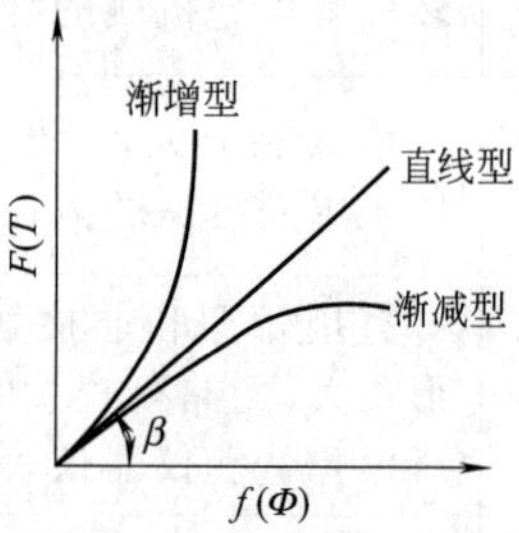

图 4-1-1 特性线的类型

应按工作条件对特性线提出要求，选择弹簧类型。具有直线型特性线的弹簧，刚度不变，这类弹簧制造简单，应用广泛。以弹簧为测量元件的测量装置，对弹簧的直线性有较高的要求。具有渐增型特性线的弹簧，在载荷达到一定程度以后，刚度迅速增加，具有自我保护的作用。

按工作要求提出的载荷与变形的关系，确定弹簧的刚度要求，计算弹簧的尺寸。

1.2.3 弹簧的变形能

弹簧在载荷作用下储存的能量，称为弹簧的变形能 U。对于拉伸或压缩弹簧，变形能 $U=\int F\mathrm{d}f$；对于扭转弹簧变形能 $U=\int T\mathrm{d}\Phi$。各种弹簧变形能的计算公式及其有关系数和相对值，见表 4-1-2。

1.2.4 共振与阻尼（受周期变载荷的弹簧）

当其固有频率与激振频率一致或接近时会发生共振，严重的共振会使弹簧损坏。设计这类弹簧时应校核弹簧的自振频率是否与其工作频率有足够的差距。有些类型的弹簧内部摩擦较大，如多股螺旋弹簧、碟形弹簧、环形弹簧和多板弹簧等，其加载特性线与卸载特性线不重合。特性线所包围的面积，即为每次载荷变化所消耗的能量 U_0，U_0 值越大，则弹簧的吸振能力越大，消除或缓和共振的能力越强。取阻尼系数 $\Psi=U_0/U$。

表 4-1-2 各种弹簧变形能的计算和比值

弹簧类型	变形能 U 的计算公式	系数 k	变形能的比值①/%
杆的拉伸或压缩	$k\dfrac{V\sigma^2}{E}$	$\frac{1}{2}$	100
悬臂板弹簧		$\frac{1}{18}$	11
弓形板弹簧		$\frac{1}{6}$	33
圆截面材料螺旋扭转弹簧		$\frac{1}{8}$	25
矩形截面材料螺旋扭转弹簧		$\frac{1}{6}$	33
平面涡卷弹簧		$\frac{1}{6}$	33
圆截面材料螺旋拉伸或压缩弹簧	$k\dfrac{V\tau^2}{G}$	$\frac{1}{4}$	43
方形截面材料螺旋拉伸或压缩弹簧②		$\frac{1}{6}$	29
圆截面扭杆弹簧		$\frac{1}{4}$	43

① 按 $G\approx E/2.6$，$\tau=\sigma/\sqrt{3}$ 换算。

② 方形截面材料亦可按此近似计算。

此外，对压缩弹簧还有稳定性要求，根据工作条件有尺寸、重量、耐热、耐腐蚀、经济性、安装等要求，都必须考虑。

1.3 弹簧材料

弹簧常在交变或冲击载荷下工作，其应力不允许超过屈服极限，因而对材料要求具有较高的疲劳极限、屈服极限和一定的冲击韧性。冷卷的弹簧多用冷拉并经热处理的优质碳素弹簧钢丝，卷后不再淬火，只需经过低温回火以消除内应力；热卷弹簧卷成后，必须先淬火后再经回火处理。常用弹簧钢在油中淬透的尺寸列于表

4-1-3。

弹簧一般采用材料见表 4-1-4，常用材料的力学性能见表 4-1-5～表 4-1-13。不同牌号弹簧钢的主要用途见表 4-1-14。

表 4-1-3　常用弹簧钢在油中能淬透的尺寸　/mm

钢　号	在油中能淬透的尺寸	钢　号	在油中能淬透的尺寸
碳素弹簧钢(65、70)	7	60Si2CrA、50CrVA	45
65Mn	15	65Si2MnWA 60Si2CrVA	50
60Si2Mn	25		
50CrMn	30		

表 4-1-4　弹簧一般采用的材料（摘自 GB/T 23935—2009）

标准号	标准名称	牌号或组别	直径规格/mm	性　能
GB/T 4357—2009	冷拉碳素弹簧钢丝	SL、SM、SH、DM、DH	SL 组:1.0～10.00 SM 组:0.3～13.00 SH 组:0.3～13.00 DM 组:0.08～13.00 DH 组:0.05～13.00	强度高,性能好。SL 组用于低抗拉强度,SM 组用于中等抗拉强度,SH 组用于高抗拉强度,DM 组用于中等抗拉强度且动载荷,DH 组用于高抗拉强度且动载荷
YB/T 5311—2010	重要用途碳素弹簧钢丝	E、F、G	E 组:0.08～6.0 F 组:0.08～6.0 G 组:1.0～6.0	强度高,韧性好。用于重要用途的弹簧
GB/T 18983—2017	淬火-回火弹簧钢丝	VDC	0.5～10.0	强度高,性能好。用于高疲劳级弹簧
		FDC、TDC	0.5～17.0	强度高,性能好。FDC 用于静态级弹簧;TDC 用于中疲劳级弹簧
		FDSiMn、TDSiMn	0.5～17.0	强度高,有较高的疲劳性能。用于较高负荷的弹簧。FDSiMn 用于静态级弹簧;TDSiMn 用于中疲劳级弹簧
		VDCrSi	0.5～10.0	强度高,疲劳性能好。VDCrSi 用于高疲劳级弹簧;TDCrSi 用于中疲劳级弹簧;FDCrSi 用于静态级弹簧
		FDCrSi、TDCrSi	0.5～17.0	
		VDCrA-A	0.5～10.0	强度高,疲劳性能好。VDCrV-A 用于高疲劳级弹簧
		FDCrV-A、TDCrV-A	0.5～17.0	强度较高,疲劳性能较好,TDCrV-A 用于中疲劳级弹簧;FDCrV-A 用于静态级弹簧
YB/T 5318	合金弹簧钢丝	50CrVA 60Si2MnA 55CrSi	0.5～14.0	强度高,有较高的疲劳性能。用于普通机械的弹簧

续表

标准号	标准名称	牌号或组别	直径规格/mm	性能
GB/T 24588—2009	弹簧用不锈钢丝	A组： 12Cr18Ni9 06Cr19Ni9 06Cr17Ni12Mn2 10Cr18Ni9Ti 12Cr18Mn9Ni5N B组： 12Cr18Ni9 06Cr18Ni9N 12Cr18Mn9Ni5N C组： 07Cr17Ni7Al D组： 12Cr17Mn8Ni3Cu3N	A组：0.20～10.0 B组：0.20～12.0 C组：0.20～10.0 D组：0.20～6.0	耐腐蚀、耐高温、耐低温。用于腐蚀或高、低温工作条件下的弹簧。其中D组不宜在耐蚀性要求较高的环境中应用
GB/T 21652	铜及铜合金线材	QSi3-1， QSn4-3 QSn6.5-0.1 QSn6.5-0.4 QSn7-0.2	0.1～6.0	有较高的耐蚀性和防磁性能，用于机械或仪表等用弹性元件
YS/T 571	铍青铜圆形线材	QBe2	0.03～6.0	强度、硬度、疲劳强度和耐磨性均高，耐腐蚀，防磁，导电性好，撞击时，无火花，用作电表游丝
GB/T 1222—2016	弹簧钢	60Si2Mn 60Si2MnA	12.0～80.0	有较高的疲劳强度，较高的疲劳性，广泛用于各种机械用弹簧
		50CrVA 60CrMnA 60CrMnBA		强度高，耐高温，用于承受较重负荷的弹簧
		55CrSiA 60Si2CrA 60Si2CrVA		有高的疲劳性能，耐高温，用于较高工作温度下的弹簧

注：此表中部分内容根据新标准有修改。

表 4-1-5 碳素弹簧钢丝抗拉强度（摘自 GB/T 4357—2009）

钢丝公称直径[①] /mm	抗拉强度 R_m[②]/MPa				
	SL型	SM型	DM型	SH型	DH[③]型
0.05	—	—	—	—	2800～3520
0.06					2800～3520
0.07					2800～3520
0.08			2780～3100		2800～3480
0.09			2740～3060		2800～3430
0.10			2710～3020		2800～3380
0.11			2690～3000		2800～3350
0.12			2660～2960		2800～3320

续表

钢丝公称直径[①]/mm	抗拉强度 R_m[②]/MPa				
	SL 型	SM 型	DM 型	SH 型	DH[③] 型
0.14	—	—	2620～2910	—	2800～3250
0.16	—	—	2570～2860	—	2800～3200
0.18	—	—	2530～2820	—	2800～3160
0.20	—	—	2500～2790	—	2800～3110
0.22	—	—	2470～2760	—	2770～3080
0.25	—	—	2420～2710	—	2720～3010
0.28	—	—	2390～2670	—	2680～2970
0.30	—	2370～2650	2370～2650	2660～2940	2660～2940
0.32	—	2350～2630	2350～2630	2640～2920	2640～2920
0.34	—	2330～2600	2330～2600	2610～2890	2610～2890
0.36	—	2310～2580	2310～2580	2590～2890	2590～2890
0.38	—	2290～2560	2290～2560	2570～2850	2570～2850
0.40	—	2270～2550	2270～2550	2560～2830	2570～2830
0.43	—	2250～2520	2250～2520	2530～2800	2570～2800
0.45	—	2240～2500	2240～2500	2510～2780	2570～2780
0.48	—	2220～2480	2240～2500	2490～2760	2570～2760
0.50	—	2200～2470	2200～2470	2480～2740	2480～2740
0.53	—	2180～2450	2180～2450	2460～2720	2460～2720
0.56	—	2170～2430	2170～2430	2440～2700	2440～2700
0.60	—	2140～2400	2140～2400	2410～2670	2410～2670
0.63	—	2130～2380	2130～2380	2390～2650	2390～2650
0.65	—	2120～2370	2120～2370	2380～2640	2380～2640
0.70	—	2090～2350	2090～2350	2360～2610	2360～2610
0.80	—	2050～2300	2050～2300	2310～2560	2310～2560
0.85	—	2030～2280	2030～2280	2290～2530	2290～2530
0.90	—	2010～2260	2010～2260	2270～2510	2270～2510
0.95	—	2000～2240	2000～2240	2250～2490	2250～2490
1.00	1720～1970	1980～2220	1980～2220	2230～2470	2230～2470
1.05	1710～1950	1960～2220	1960～2220	2210～2450	2210～2450
1.10	1690～1940	1950～2190	1950～2190	2200～2430	2200～2430
1.20	1670～1910	1920～2160	1920～2160	2170～2400	2170～2400
1.25	1660～1900	1910～2130	1910～2130	2140～2380	2140～2380
1.30	1640～1890	1900～2130	1900～2130	2140～2370	2140～2370
1.40	1620～1860	1870～2100	1870～2100	2110～2340	2110～2340
1.50	1600～1840	1850～2080	1850～2080	2090～2310	2090～2310
1.60	1590～1820	1830～2050	1830～2050	2060～2290	2060～2290
1.70	1570～1800	1810～2030	1810～2030	2040～2260	2040～2260
1.80	1550～1780	1790～2010	1790～2010	2020～2240	2020～2240
1.90	1540～1760	1770～1990	1770～1990	2000～2220	2000～2220

第4篇

钢丝公称直径[①] /mm	抗拉强度 R_m[②]/MPa				
	SL 型	SM 型	DM 型	SH 型	DH[③] 型
2.00	1520～1750	1760～1970	1760～1970	1980～2200	1980～2200
2.10	1510～1730	1740～1960	1740～1960	1970～2180	1970～2180
2.25	1490～1710	1720～1930	1720～1930	1940～2150	1940～2150
2.40	1470～1690	1700～1910	1700～1910	1920～2130	1920～2130
2.50	1460～1680	1690～1890	1690～1890	1900～2110	1900～2110
2.60	1450～1660	1670～1880	1670～1880	1890～2100	1890～2100
2.80	1420～1640	1650～1850	1650～1850	1860～2070	1860～2070
3.00	1410～1620	1630～1830	1630～1830	1840～2040	1840～2040
3.20	1390～1600	1610～1810	1610～1810	1820～2020	1820～2020
3.40	1370～1580	1590～1780	1590～1780	1790～1990	1790～1990
3.60	1350～1560	1570～1760	1570～1760	1770～1970	1770～1970
3.80	1340～1540	1550～1740	1550～1740	1750～1950	1750～1950
4.00	1320～1520	1530～1730	1530～1730	1740～1930	1740～1930
4.25	1310～1500	1510～1700	1510～1700	1710～1900	1710～1900
4.50	1290～1490	1500～1680	1500～1680	1690～1880	1690～1880
4.75	1270～1470	1480～1670	1480～1670	1680～1840	1680～1840
5.00	1260～1450	1460～1650	1460～1650	1660～1830	1660～1830
5.30	1240～1430	1440～1630	1440～1630	1640～1820	1640～1820
5.60	1230～1420	1430～1610	1430～1610	1620～1800	1620～1800
6.00	1210～1390	1400～1580	1400～1580	1590～1770	1590～1770
6.30	1190～1380	1390～1560	1390～1560	1570～1750	1570～1750
6.50	1180～1370	1380～1550	1380～1550	1560～1740	1560～1740
7.00	1160～1340	1350～1530	1350～1530	1540～1710	1540～1710
7.50	1140～1320	1330～1500	1330～1500	1510～1680	1510～1680
8.00	1120～1300	1310～1480	1310～1480	1490～1660	1490～1660
8.50	1110～1280	1290～1460	1290～1460	1470～1630	1470～1630
9.00	1090～1260	1270～1440	1270～1440	1450～1610	1450～1610
9.50	1070～1250	1260～1420	1260～1420	1430～1590	1430～1590
10.00	1060～1230	1240～1400	1240～1400	1410～1570	1410～1570
10.50	—	1220～1380	1220～1380	1390～1550	1390～1550
11.00		1210～1370	1210～1370	1380～1530	1380～1530
12.00		1180～1340	1180～1340	1350～1500	1350～1500
12.50		1170～1320	1170～1320	1330～1480	1330～1480
13.00		1160～1310	1160～1310	1320～1470	1320～1470

① 中间尺寸钢丝抗拉强度值按表中相邻较大钢丝的规定执行。

② 对特殊用途的钢丝，可商定其他抗拉强度。

③ 对直径为 0.08～0.18mm 的 DH 型钢丝，经供需双方协商，其抗拉强度波动值范围可规定为 300MPa。

注：直条定尺钢丝的极限强度最多可能低 10%；矫直和切断作业也会降低扭转值。

表 4-1-6　重要用途碳素钢丝抗拉强度（摘自 YB/T 5311—2010）

直径 /mm	抗拉强度 R_m/MPa			直径 /mm	抗拉强度 R_m/MPa		
	E 组	F 组	G 组		E 组	F 组	G 组
0.10	2440～2890	2900～3380	—	0.12	2440～2860	2870～3320	—

直径/mm	抗拉强度 R_m/MPa			直径/mm	抗拉强度 R_m/MPa		
	E组	F组	G组		E组	F组	G组
0.14	2440～2840	2850～3250	—	1.00	2020～2350	2360～2660	1850～2110
0.16	2440～2840	2850～3200	—	1.20	1940～2270	2280～2580	1820～2080
0.18	2390～2770	2780～3160	—	1.40	1880～2200	2210～2510	1780～2040
0.20	2390～2750	2760～3110	—	1.60	1820～2140	2150～2450	1750～2010
0.22	2370～2720	2730～3080	—	1.80	1800～2120	2060～2360	1700～1960
0.25	2340～2690	2700～3050	—	2.00	1790～2090	1970～2250	1670～1910
0.28	2310～2660	2670～3020	—	2.20	1700～2000	1870～2150	1620～1860
0.30	2290～2640	2650～3000	—	2.50	1680～1960	1830～2110	1620～1860
0.32	2270～2620	2630～2980	—	2.80	1630～1910	1810～2070	1570～1810
0.35	2250～2600	2610～2960	—	3.00	1610～1890	1780～2040	1570～1810
0.40	2250～2580	2590～2940	—	3.20	1560～1840	1760～2020	1570～1810
0.45	2210～2560	2570～2920	—	3.50	1500～1760	1710～1970	1470～1710
0.50	2190～2540	2550～2900	—	4.00	1470～1730	1680～1930	1470～1710
0.55	2170～2520	2530～2880	—	4.50	1420～1680	1630～1880	1470～1710
0.60	2150～2500	2510～2850	—	5.00	1400～1650	1580～1830	1420～1660
0.63	2130～2480	2490～2830	—	5.50	1370～1610	1550～1800	1400～1640
0.70	2100～2460	2470～2800	—	6.00	1350～1580	1520～1770	1350～1590
0.80	2080～2430	2440～2770	—	6.50	1320～1550	1490～1740	1350～1590
0.90	2070～2400	2410～2740	—	7.00	1300～1530	1460～1710	1300～1540

表 4-1-7 油淬火-退火弹簧钢丝的分类、代号及直径范围（摘自 GB/T 18983—2017）

分类		静态级	中疲劳级[①]	高疲劳级
抗拉强度	低强度	FDC	TDC	VDC
	中强度	FDCrV、FDSiMn	TDSiMn	VDCrV
	高强度	FDSiCr	TDSiCr-A	VDSiCr
	超高强度	—	TDSiCr-B、TDSiCr-C	VDSiCrV
直径范围/mm		0.50～18.00	0.50～18.00	0.50～10.00

① TDSiCr-B 和 TDSiCr-C 直径范围为 8.0～18.0mm。

注：1. 静态级钢丝适用于一般用途弹簧，以 FD 表示。

2. 中疲劳级钢丝用于一般强度离合器弹簧、悬架弹簧等，以 TD 表示。

3. 高疲劳级钢丝适用于剧烈运动的场合，例如用于阀门弹簧，以 VD 表示。

表 4-1-8 淬火-退火弹簧钢丝代号与常用牌号的对应关系（摘自 GB/T 18983—2017）

钢丝代号	常用代表性牌号	钢丝代号	常用代表性牌号
FDC、TDC、VDC	65、70、65Mn	FDSiCr、TDSiCr-A、TDSiCr-B、TDSiCr-C、VDSiCr	55SiCr
FDCrV、TDCrV、VDCrV	50CrV		
FDSiMn、TDSiMn	60Si2Mn	VDSiCrV	65Si2CrV

表 4-1-9 油淬火-退火弹簧钢丝静态级、中疲劳级钢丝力学性能（摘自 GB/T 18983—2017）

直径范围/mm	抗拉强度 R_m/MPa						断面收缩率 Z①/% ≥	
	FDC TDC	FDCrV-A TDCrV-A	FDSiMn FDSiMn	FDSiCr TDSiCr-A	TDSiCr-B	TDSiCr-C	FD	TD
0.50～0.80	1800～2100	1800～2100	1850～2100	2000～2250	—	—	—	
>0.80～1.00	1800～2060	1780～2080	1850～2100	2000～2250	—	—	—	
>1.00～1.30	1800～2010	1750～2010	1850～2100	2000～2250	—	—	45	45
>1.30～1.40	1750～1950	1750～1990	1850～2100	2000～2250	—	—	45	45
>1.40～1.60	1740～1890	1710～1950	1850～2100	2000～2250	—	—	45	45
>1.60～2.00	1720～1890	1710～1890	1820～2000	2000～2250	—	—	45	45
>2.00～2.50	1670～1820	1670～1830	1800～1950	1970～2140	—	—	45	45
>2.50～2.70	1640～1790	1660～1820	1780～1930	1950～2120	—	—	45	45
>2.70～3.00	1620～1770	1630～1780	1760～1910	1930～2100	—	—	45	45
>3.00～3.20	1600～1750	1610～1760	1740～1890	1910～2080	—	—	40	45
>3.20～3.50	1580～1730	1600～1750	1720～1870	1900～2060	—	—	40	45
>3.50～4.00	1550～1700	1560～1710	1710～1860	1870～2030	—	—	40	45
>4.00～4.20	1540～1690	1540～1690	1700～1850	1860～2020	—	—	40	45
>4.20～4.50	1520～1670	1520～1670	1690～1840	1850～2000	—	—	40	45
>4.50～4.70	1510～1660	1510～1660	1680～1830	1840～1990	—	—	40	45
>4.70～5.00	1500～1650	1500～1650	1670～1820	1830～1980	—	—	40	45
>5.00～5.60	1470～1620	1460～1610	1660～1810	1800～1950	—	—	35	40
>5.60～6.00	1460～1610	1440～1590	1650～1800	1780～1930	—	—	35	40
>6.00～6.50	1440～1590	1420～1570	1640～1790	1760～1910	—	—	35	40
>6.50～7.00	1430～1580	1400～1550	1630～1780	1740～1890	—	—	35	40
>7.00～8.00	1400～1550	1380～1530	1620～1770	1710～1860	—	—	35	40
>8.00～9.00	1380～1530	1370～1520	1610～1760	1700～1850	1750～1850	1850～1950	30	35
>9.00～10.00	1360～1510	1350～1500	1600～1750	1660～1810	1750～1850	1850～1950	30	35
>10.00～12.00	1320～1470	1320～1470	1580～1730	1660～1810	1750～1850	1850～1950	30	35
>12.00～14.00	1280～1430	1300～1450	1560～1710	1620～1770	1750～1850	1850～1950	30	35
>14.00～15.00	1270～1420	1290～1440	1550～1700	1620～1770	1750～1850	1850～1950	30	35
>15.00～17.00	1250～1400	1270～1420	1540～1690	1580～1730	1750～1850	1850～1950	30	35

① FDSiMn 和 TDSiMn 直径不大于 5.00mm 时，$Z \geqslant 35\%$；直径大于 5.00～14.00mm 时，$Z \geqslant 30\%$。

表 4-1-10 淬火-回火弹簧钢丝高疲劳级钢丝力学性能（摘自 GB/T 18983—2017）

直径范围/mm	抗拉强度 R_m/MPa				断面收缩率 Z/% ≥
	VDC	VDCrV-A	VDSiCr	VDSiCrV	
0.50～0.80	1700～2000	1750～1950	2080～2230	2230～2380	—
>0.80～1.00	1700～1950	1730～1930	2080～2230	2230～2380	—
>1.00～1.30	1700～1900	1700～1900	2080～2230	2230～2380	45
>1.30～1.40	1700～1850	1680～1860	2080～2230	2210～2360	45

续表

直径范围/mm	抗拉强度 R_m/MPa				断面收缩率 Z/% ≥
	VDC	VDCrV-A	VDSiCr	VDSiCrV	
>1.40～1.60	1670～1820	1660～1860	2050～2180	2210～2360	45
>1.60～2.00	1650～1800	1640～1800	2010～2110	2160～2310	45
>2.00～2.50	1630～1780	1620～1770	1960～2060	2100～2250	45
>2.50～2.70	1610～1760	1610～1760	1940～2040	2060～2210	45
>2.70～3.00	1590～1740	1600～1750	1930～2030	2060～2210	45
>3.00～3.20	1570～1720	1580～1730	1920～2020	2060～2210	45
>3.20～3.50	1550～1700	1560～1710	1910～2010	2010～2160	45
>3.50～4.00	1530～1680	1540～1690	1890～1990	2010～2160	45
>4.00～4.20	1510～1660	1520～1670	1860～1960	1960～2110	45
>4.20～4.50	1510～1660	1520～1670	1860～1960	1960～2110	45
>4.50～4.70	1490～1640	1500～1650	1830～1930	1960～2110	45
>4.70～5.00	1490～1640	1500～1650	1830～1930	1960～2110	45
>5.00～5.60	1470～1620	1480～1630	1800～1900	1910～2060	40
>5.60～6.00	1450～1600	1470～1620	1790～1890	1910～2060	40
>6.00～6.50	1420～1570	1440～1590	1760～1860	1910～2060	40
>6.50～7.00	1400～1550	1420～1570	1740～1840	1860～2010	40
>7.00～8.00	1370～1520	1410～1560	1710～1810	1860～2010	40
>8.00～9.00	1350～1500	1390～1540	1690～1790	1810～1960	35
>9.00～10.00	1340～1490	1370～1520	1670～1770	1810～1960	35

表 4-1-11　弹簧用不锈钢丝的力学性能（摘自 GB/T 24588—2009）　/MPa

公称直径 d/mm	A组	B组	C组		D组
	12Cr18Ni9 06Cr19Ni9 06Cr17Ni12Mo2 10Cr18Ni9Ti 12Cr18Mn9Ni5N	12Cr18Ni9 06Cr18Ni9N 12Cr18Mn9Ni5N	07Cr17Ni7Al[①]		12Cr17Mn8Ni3Cu3N
			冷拉不小于	时效	
0.20	1700～2050	2050～2400	1970	2270～2610	1750～2050
0.22	1700～2050	2050～2400	1950	2250～2580	1750～2050
0.25	1700～2050	2050～2400	1950	2250～2580	1750～2050
0.28	1650～1950	1950～2300	1950	2250～2580	1720～2000
0.30	1650～1950	1950～2300	1950	2250～2580	1720～2000
0.32	1650～1950	1950～2300	1920	2220～2550	1680～1950
0.35	1650～1950	1950～2300	1920	2220～2550	1680～1950
0.40	1650～1950	1950～2300	1920	2220～2550	1680～1950
0.45	1600～1900	1900～2200	1900	2200～2530	1680～1950
0.50	1600～1900	1900～2200	1900	2200～2530	1650～1900
0.55	1600～1900	1900～2200	1850	2150～2470	1650～1900
0.60	1600～1900	1900～2200	1850	2150～2470	1650～1900

续表

公称直径 d/mm	A组	B组	C组		D组
	12Cr18Ni9 06Cr19Ni9 06Cr17Ni12Mo2 10Cr18Ni9Ti 12Cr18Mn9Ni5N	12Cr18Ni9 06Cr18Ni9N 12Cr18Mn9Ni5N	07Cr17Ni7Al①		12Cr17Mn8Ni3Cu3N
			冷拉 不小于	时效	
0.63	1550～1850	1850～2150	1850	2150～2470	1650～1900
0.70	1550～1850	1850～2150	1820	2120～2440	1650～1900
0.80	1550～1850	1850～2150	1820	2120～2440	1620～1870
0.90	1550～1850	1850～2150	1800	2100～2410	1620～1870
1.0	1550～1850	1850～2150	1800	2100～2410	1620～1870
1.1	1450～1750	1750～2050	1750	2050～2350	1620～1870
1.2	1450～1750	1750～2050	1750	2050～2350	1580～1830
1.4	1450～1750	1750～2050	1700	2000～2300	1580～1830
1.5	1400～1650	1650～1900	1700	2000～2300	1550～1800
1.6	1400～1650	1650～1900	1650	1950～2240	1550～1800
1.8	1400～1650	1650～1900	1600	1900～2180	1550～1800
2.0	1400～1650	1650～1900	1600	1900～2180	1550～1800
2.2	1320～1570	1550～1800	1550	1850～2140	1550～1800
2.5	1320～1570	1550～1800	1550	1850～2140	1510～1760
2.8	1230～1480	1450～1700	1500	1790～2060	1510～1760
3.0	1230～1480	1450～1700	1500	1790～2060	1510～1760
3.2	1230～1480	1450～1700	1450	1740～2000	1480～1730
3.5	1230～1480	1450～1700	1450	1740～2000	1480～1730
4.0	1230～1480	1450～1700	1400	1680～1930	1480～1730
4.5	1100～1350	1350～1500	1350	1620～1870	1400～1650
5.0	1100～1350	1350～1600	1350	1620～1870	1330～1580
5.5	1100～1350	1350～1600	1300	1550～1800	1330～1580
6.0	1100～1350	1350～1600	1300	1550～1800	1230～1480
6.3	1020～1270	1270～1520	1250	1500～1750	—
7.0	1020～1270	1270～1520	1250	1500～1750	—
8.0	1020～1270	1270～1520	1200	1450～1700	—
9.0	1000～1250	1150～1400	1150	1400～1650	—
10.0	980～1200	1000～1250	1150	1400～1650	—
11.0	—	1000～1250	—	—	—
12.0	—	1000～1250	—	—	—

① 钢丝试样时效处理推荐工艺制度为：400～500℃，保温 0.5～1.5h，空冷。

表 4-1-12　铜及铜合金线材力学性能（摘自 GB/T 21652）

材料牌号	状态	线材直径/mm	R_m/MPa
QCd1	M（软）	0.1～6.0	≥275
	Y（硬）	0.1～0.5	590～880
		>0.5～4.0	490～735
		>4.0～6.0	470～685
QSn6.5-0.1 QSn6.5-0.4 QSn7-0.2	M（软）	0.1～1.0	≥350
		>1.0～6.0	
QSi3-1、QSn4-3、 QSn6.5-0.1、QSn6.5-0.4 QSn7-0.2	Y（硬）	0.1～1.0	880～1130
		>1.0～2.0	860～1060
		>2.0～4.0	830～1030
		>4.0～6.0	780～980

表 4-1-13　弹簧材料的切变模量 G、弹性模量 E 和推荐使用温度范围（摘自 GB/T 23935—2009）

标准号	标准名称	牌号/组别	切变模量 G /MPa	弹性模量 E /MPa	推荐使用温度范围 /℃
GB/T 4357—2009	冷拉碳素弹簧钢丝	SL、SM、SH、DM、DH	78.5×10^3	206×10^3	−40～150
YB/T 5311—2010	重要用途碳素弹簧钢丝	E、F、G			
GB/T 18983—2017	淬火-回火弹簧钢丝	VDC			−40～150
		FDC、TDC			
		FDSiMn TDSiMn			−40～250
		VDCrSi			−40～250
		FDCrSi、TDCrSi			−40～250
		VDCrV-A			−40～210
		FDCrV-A、TDCrV-A			−40～210
YB/T 5318	合金弹簧钢丝	50CrVA			−40～210
		60Si2MnA			−40～250
		55CrSi			−40～250
GB/T 24588—2009	弹簧用不锈钢丝	A 组： 12Cr18Ni9 06Cr19Ni9 06Cr17Ni12Mo2	70×10^3	185×10^3	−200～290
		B 组： 12Cr18Ni9 06Cr18Ni10 C 组： 07Cr17Ni8Al	73×10^3	195×10^3	

第4篇

续表

标准号	标准名称	牌号/组别	切变模量 G /MPa	弹性模量 E /MPa	推荐使用温度范围 /℃
GB/T 21652	铜及铜合金线材	QSi3-1	40.2×10^3	93.1×10^3	$-40\sim120$
		QSn4-3 QSn6.5-0.1 QSn6.5-0.4 QSn7-0.2	39.2×10^3		$-250\sim120$
YS/T 571	铍青铜线	QBe2	42.1×10^3	129.4×10^3	$-200\sim120$
GB/T 1222	弹簧钢	50CrVA	78.5×10^3	206×10^3	$-40\sim210$
		60Si2Mn 60Si2MnA 60CrMnA 60CrMnBA 55CrSiA 60Si2CrA 60Si2CrVA			$-40\sim250$

注：1. 当弹簧工作环境温度超出常温时，应适当调整许用应力，其变化见图 4-1-2。

2. 此表中部分内容根据新标准有修改。

表 4-1-14　各牌号弹簧钢的主要用途（摘自 GB/T 1222—2016）

牌号	主要用途
65　70 80　85	应用非常广泛,但多用于工作温度不高的小型弹簧或不太重要的较大尺寸弹簧及一般机械用的弹簧
65Mn　70Mn	制造各种小截面扁簧、圆簧、发条等,亦可制弹簧环、气门簧、减振器和离合器簧片、刹车簧等
28SiMnB	用于制造汽车钢板弹簧
40SiMnVBE 55SiMnVB	制作重型、中、小型汽车的板簧,亦可制作其他中型断面的板簧和螺旋弹簧
38Si2	主要用于制造轨道扣件用弹条
60Si2Mn	应用广泛,主要制造各种弹簧,如汽车、机车、拖拉机的板簧、螺旋弹簧,一般要求的汽车稳定杆、低应力的货车转向架弹簧,轨道扣件用弹条
55CrMn 60CrMn	用于制作汽车稳定杆,亦可制作较大规格的板簧、螺旋弹簧
60CrMnB	适用于制造较厚的钢板弹簧、汽车导向臂等产品
60CrMnMo	大型土木建筑、重型车辆、机械等使用的超大型弹簧
60Si2Cr	多用于制造载荷大的重要弹簧、工程机械弹簧等
55SiCr	用于制作汽车悬挂用螺旋弹簧、气门弹簧
56Si2MnCr	一般用于冷拉钢丝、淬回火钢丝制作悬架弹簧,或板厚大于 10～15mm 的大型板簧等
52Si2CrMnNi	铬硅锰镍钢,欧洲客户用于制作载重卡车用大规格稳定杆
55SiCrV	用于制造汽车悬挂用螺旋弹簧、气门弹簧
60Si2CrV	用于制造高强度级别的变截面板簧,货车转向架用螺旋弹簧,亦可制造载荷大的重要大型弹簧、工程机械弹簧等

续表

牌号	主要用途
50CrV 51CrMnV	适宜制造工作应力高、疲劳性能要求严格的螺旋弹簧、汽车板簧等；亦可用作较大截面的高负荷重要弹簧及工作温度小于300℃的阀门弹簧、活塞弹簧、安全阀弹簧
52CrMnMoV	用作汽车板簧、高速客车转向架弹簧、汽车导向臂等
60Si2MnCrV	可用于制作大载荷的汽车板簧
30W4Cr2V	主要用于工作温度500℃以下的耐热弹簧，如汽轮机主蒸汽阀弹簧、锅炉安全阀弹簧等

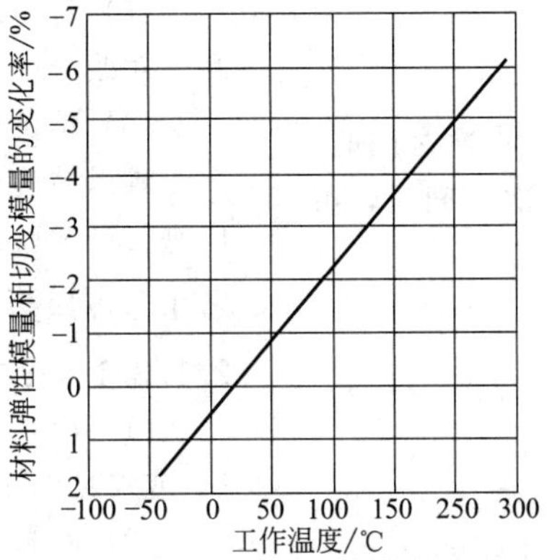

图 4-1-2　材料切变模量 G、弹性模量 E 和温度关系曲线

第4篇

第2章

圆柱螺旋弹簧设计

2.1 弹簧的负荷类型和许用应力

2.1.1 弹簧负荷类型

弹簧负荷类型见表4-2-1。

当冷卷弹簧负荷循环次数介于10^6和10^7次之间时、热卷弹簧负荷循环次数介于10^5和2×10^6次之间时，可根据使用情况参照有限或无限疲劳寿命设计。

2.1.2 许用应力选取的原则

(1) 静负荷作用下的弹簧，除了考虑强度条件外，对应力松弛有要求的，应适当降低许用应力。

(2) 动负荷作用下的弹簧，除了考虑循环次数外，还应考虑应力（变化）幅度，这时按照循环特征公式(4-2-1)计算，在图4-2-1（或图4-2-3）中查取。当循环特征值大时，即应力（变化）幅度小，许用应力取大值；当循环特征值小时，即应力（变化）幅度大，许用应力取小值。

$$\gamma=\frac{\tau_{\min}}{\tau_{\max}}=\frac{F_{\min}}{F_{\max}} \quad 或 \quad \gamma=\frac{\sigma_{\min}}{\sigma_{\max}}=\frac{T_{\min}}{T_{\max}}=\frac{\varphi_{\min}}{\varphi_{\max}} \qquad (4\text{-}2\text{-}1)$$

(3) 对于重要用途的弹簧（其损坏对整个机械有重大影响）以及在较高或较低温度下工作的弹簧，许用应力应适当降低。

(4) 经有效喷丸处理的弹簧，可提高疲劳强度或疲劳寿命。

(5) 对压缩弹簧，经有效强压处理，可提高疲劳寿命，对改善弹簧的性能有明显效果。

(6) 动负荷作用下的弹簧，影响疲劳强度的因素很多，难以精确估计，对于重要用途的弹簧，设计完成后，应进行试验验证。

2.1.3 弹簧的试验应力及许用应力

2.1.3.1 冷卷压缩弹簧的试验切应力及许用切应力

(1) 冷卷压缩弹簧的许用切应力见表4-2-2及图4-2-1，或参见图4-2-2。

(2) 冷卷拉伸弹簧的试验切应力及许用切应力，取表4-2-2所列值的80%。

2.1.3.2 冷卷扭转弹簧的试验弯曲应力及许用弯曲应力

(1) 扭转弹簧的试验弯曲应力见表4-2-3。

(2) 扭转弹簧的许用弯曲应力见表4-2-3及图4-2-3，或参见图4-2-4。

2.1.3.3 热卷弹簧的试验应力及许用应力

表4-2-1 弹簧负荷类型（摘自GB/T 23935—2009）

负荷类型	判断标准	—		
静负荷	负荷不变化 或循环次数 $N<10^4$ 次	—		
动负荷	循环次数 $N\geqslant10^4$ 次		有限疲劳寿命	无限疲劳寿命
		冷卷弹簧	$N\geqslant10^4\sim10^6$ 次	$N\geqslant10^7$ 次
		热卷弹簧	$N\geqslant10^4\sim10^5$ 次	$N\geqslant2\times10^7$ 次

表4-2-2 冷卷压缩弹簧的试验切应力和许用切应力

应力类型	材料			
	油淬火-退火弹簧钢丝	碳素弹簧钢丝、重要用途碳素弹簧钢丝	弹簧用不锈钢丝	铜及铜合金线材、铍青铜线
试验切应力	$0.55R_m$	$0.50R_m$	$0.45R_m$	$0.40R_m$
静负荷许用切应力	$0.50R_m$	$0.45R_m$	$0.38R_m$	$0.36R_m$

应力类型		材料			
		油淬火-退火弹簧钢丝	碳素弹簧钢丝、重要用途碳素弹簧钢丝	弹簧用不锈钢丝	铜及铜合金线材、铍青铜线
动负荷许用切应力	有限疲劳寿命	$(0.40\sim0.50)R_m$	$(0.38\sim0.45)R_m$	$(0.34\sim0.38)R_m$	$(0.33\sim0.36)R_m$
	无限疲劳寿命	$(0.35\sim0.40)R_m$	$(0.33\sim0.38)R_m$	$(0.30\sim0.34)R_m$	$(0.30\sim0.33)R_m$

注：1. 抗拉强度 R_m 选取材料标准的下限值。

2. 材料直径 d 小于 1mm 的弹簧，试验切应力为表列值的 90%。

3. 当试验切应力大于压并切应力时，取压并切应力为试验切应力。

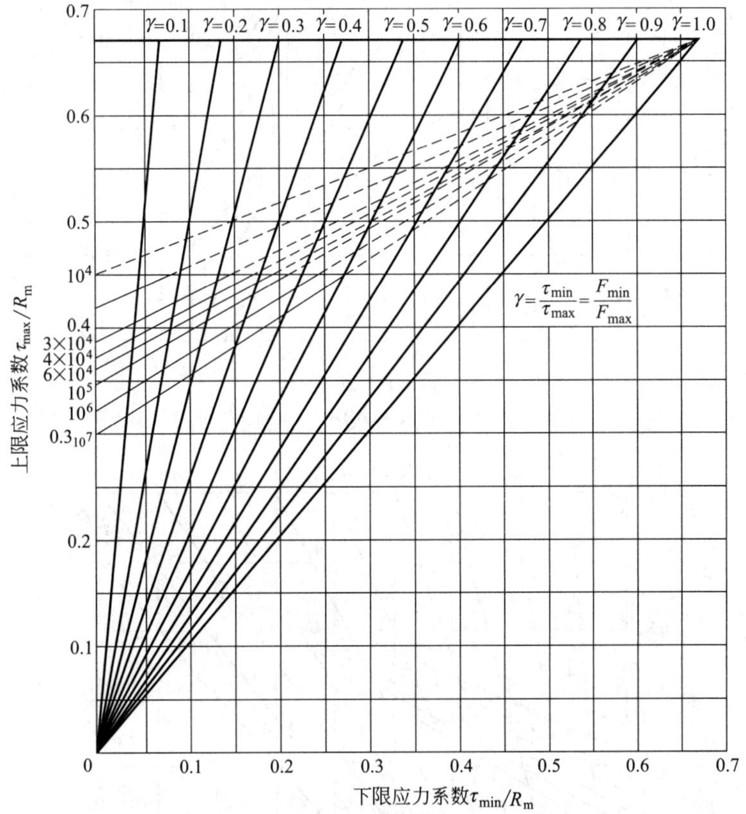

图 4-2-1　压缩、拉伸弹簧疲劳极限

适用于未经喷丸处理的具有较好的耐疲劳性能的钢丝，如重要用途碳素弹簧钢丝、高疲劳级油淬火-退火弹簧钢丝

表 4-2-3　扭转弹簧的许用弯曲应力（摘自 GB/T 23935—2009）

应力类型		材料			
		油淬火-退火弹簧钢丝	碳素弹簧钢丝、重要用途碳素弹簧钢丝	弹簧用不锈钢丝	铜及铜合金线材、铍青铜线
试验弯曲应力		$0.80R_m$	$0.78R_m$	$0.75R_m$	$0.75R_m$
静负荷许用弯曲应力		$0.72R_m$	$0.70R_m$	$0.68R_m$	$0.68R_m$
动负荷许用弯曲应力	有限疲劳寿命	$(0.60\sim0.68)R_m$	$(0.58\sim0.66)R_m$	$(0.55\sim0.65)R_m$	$(0.55\sim0.65)R_m$
	无限疲劳寿命	$(0.50\sim0.60)R_m$	$(0.49\sim0.58)R_m$	$(0.45\sim0.55)R_m$	$(0.45\sim0.55)R_m$

注：抗拉强度 R_m 取材料标准的下限值。

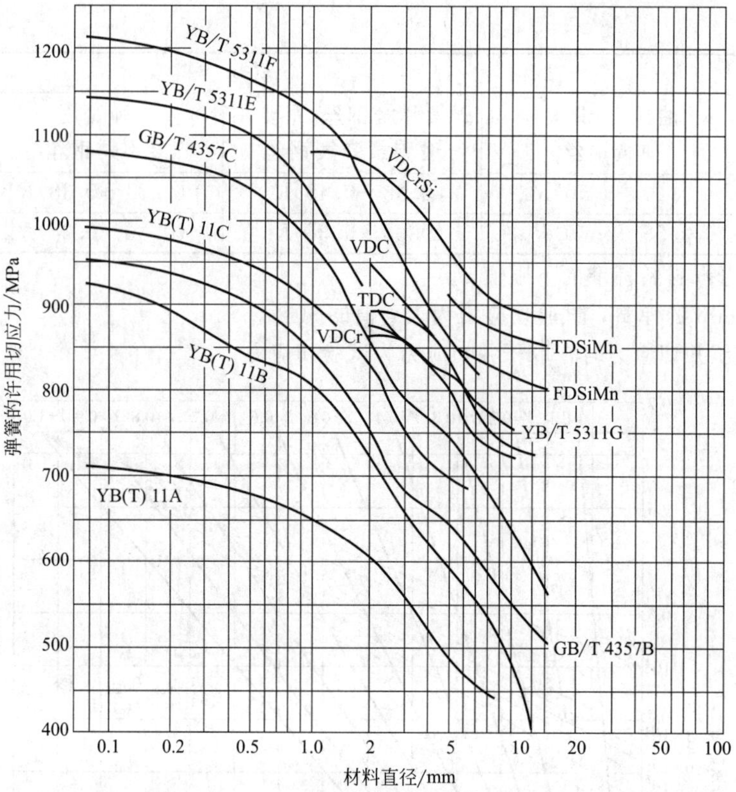

图 4-2-2 压缩弹簧的许用切应力

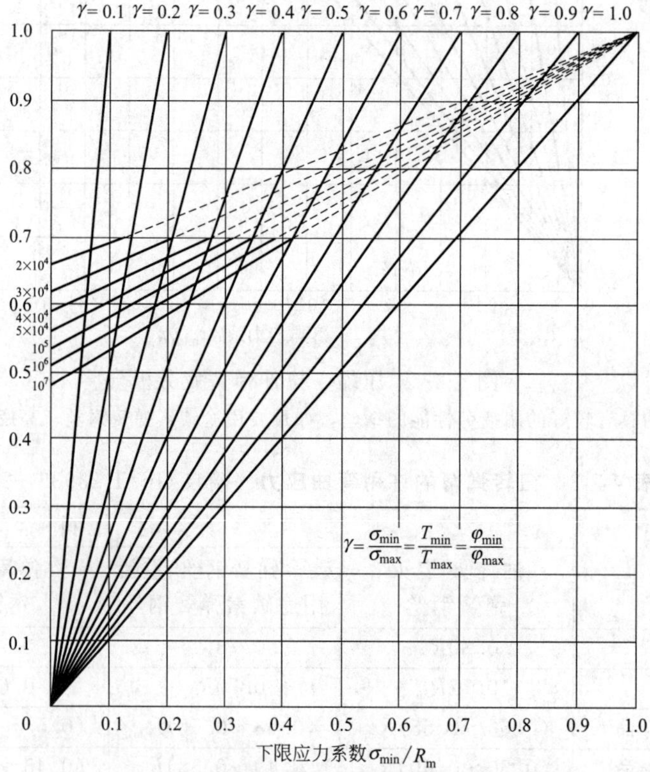

图 4-2-3 扭转弹簧疲劳极限

注：适用于未经喷丸处理的具有较好的耐疲劳性能的钢丝，如重要用途碳素弹簧钢丝、高疲劳级油淬火-退火弹簧钢丝

表 4-2-4　热卷弹簧的试验应力及许用应力（摘自 GB/T 23935—2009）　/MPa

弹簧类型	应力类型		材料
			60Si2Mn、60Si2MnA、50CrVA、55CrSiA、60CrMnA、60CrMnBA、60Si2CrA、60Si2CrVA
压缩弹簧	试验切应力		710～890
	静负荷许用切应力		
	动负荷许用切应力	有限疲劳寿命	568～712
		无限疲劳寿命	426～534
拉伸弹簧	试验切应力		475～596
	静负荷许用切应力		
	动负荷许用切应力	有限疲劳寿命	405～507
		无限疲劳寿命	356～447
扭转弹簧	试验弯曲应力		994～1232
	静负荷许用弯曲应力		
	动负荷许用弯曲应力	有限疲劳寿命	795～986
		无限疲劳寿命	636～788

注：1. 弹簧硬度范围为 42～52HRC（392～535HBW）。当硬度接近下限，试验应力或许用应力则取下限值；当硬度接近上限，试验应力或许用应力则取上限值。

2. 拉伸、扭转弹簧试验应力或许用应力一般取下限值。

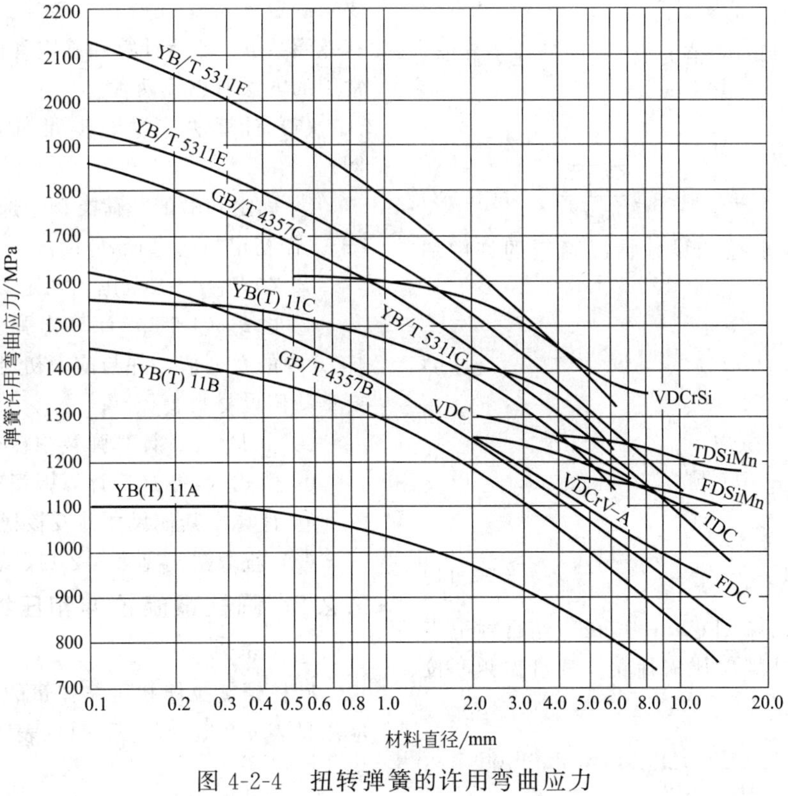

图 4-2-4　扭转弹簧的许用弯曲应力

2.2 圆柱螺旋压缩、拉伸弹簧的设计方法

2.2.1 按强度和刚度要求计算圆柱螺旋压缩、拉伸弹簧主要参数的基本计算公式

（1）弹簧负荷

$$F=\frac{Gd^4}{8D^3n}f \tag{4-2-2}$$

式中，材料切变模量 G 参见表 4-1-12。

（2）弹簧变形量

$$f=\frac{8D^3nF}{Gd^4} \tag{4-2-3}$$

（3）弹簧刚度

$$F'=\frac{F}{f}=\frac{Gd^4}{8D^3n} \tag{4-2-4}$$

（4）弹簧切应力

$$\tau=K\frac{8DF}{\pi d^3} \tag{4-2-5}$$

或

$$\tau=K\frac{Gdf}{\pi D^2n} \tag{4-2-6}$$

式中，K 为曲度系数，K 值按公式（4-2-7）计算：

$$K=\frac{4C-1}{4C-4}+\frac{0.615}{C} \tag{4-2-7}$$

静负荷时，一般可以取 K 值为 1，当弹簧应力高时，亦考虑 K 值。

弹簧材料直径：

$$d\geqslant\sqrt[3]{\frac{8KDF}{\pi[\tau]}}\quad 或 \quad d\geqslant\sqrt{\frac{8KCF}{\pi[\tau]}} \tag{4-2-8}$$

式中，$[\tau]$ 为根据上述的设计情况确定的许用切应力。

（5）弹簧中径

$$D=Cd \tag{4-2-9}$$

（6）弹簧有效圈数

$$n=\frac{Gd^4}{8D^3F}f \tag{4-2-10}$$

（7）变形能

$$U=\frac{1}{2}Ff \tag{4-2-11}$$

（8）自振频率　对两端固定，一端在工作行程范围内周期性往复运动的圆柱螺旋压缩弹簧，其自振频率按公式（4-2-12）计算：

$$f_e=\frac{3.56d}{nD^2}\sqrt{\frac{G}{\rho}} \tag{4-2-12}$$

（9）弹簧特性

① 在需要保证指定高度时的负荷，弹簧的变形量应在试验负荷下变形量的 20%～80%之间，即 $0.2f_s\leqslant f_{1,2,\cdots,n}\leqslant 0.8f_s$。

② 在需要保证负荷下的高度，弹簧的变形量应在试验负荷下变形量的 20%～80%之间，即 $0.2f_s\leqslant f_{1,2,\cdots,n}\leqslant 0.8f_s$，但最大变形量下的负荷应不大于试验负荷。

③ 在需要保证刚度时，弹簧变形量应在试验负荷下变形量的 30%～70%之间，即 f_1 和 f_2 满足 $0.3f_s\leqslant f_{1,2}\leqslant 0.7f_s$。弹簧刚度按公式（4-2-13）计算：

$$F'=\frac{F_2-F_1}{f_2-f_1}=\frac{F_2-F_1}{H_1-H_2} \tag{4-2-13}$$

（10）试验负荷 F_s　为测定弹簧特性时，弹簧允许承受的最大负荷，其值按公式（4-2-14）计算：

$$F_s=\frac{\pi d^3}{8D}\tau_s \tag{4-2-14}$$

式中，τ_s 为试验切应力，按表 4-2-2 选取。

（11）压并负荷 F_b　为弹簧压并时的理论负荷，对应的压并变形量为 f_b。

2.2.2 圆柱螺旋弹簧的常用设计方法

圆柱螺旋弹簧设计一般已知条件是最大工作负荷 F 和变形（刚度）要求。设计的主要步骤是按强度（负荷）要求确定弹簧丝直径 d，按刚度（变形）要求确定弹簧有效圈数 n。然后计算和确定其他参数并进行校核计算。常用的方法有以下两种。

（1）计算法　主要步骤如下（详细步骤见计算实例）。

① 确定弹簧的载荷类型、选择材料、查得许用应力 $[\tau]$（需初定材料直径 d）；

② 在 $C=4\sim8$ 范围内初定 C 值；

③ 由式（4-2-8）计算出弹簧材料直径 d，选取表 4-2-6 中的系列值，并与前面初定值进行比较，确定是否要重新假设材料直径 d；

④ 由 $D=Cd$ 计算弹簧中径 D；

⑤ 由式（4-2-10）计算弹簧有效圈数 n；

⑥ 计算出其他尺寸并校核稳定性、自振频率等。

（2）查表法　见表 4-2-11、表 4-2-12。

2.2.3 圆柱螺旋拉伸和压缩弹簧的类型和尺寸系列

圆柱螺旋拉伸和压缩弹簧的端部结构形式、代号及应用见表 4-2-5。尺寸系列见表 4-2-6。旋绕比推荐值见表 4-2-7。

表 4-2-5　圆柱螺旋拉伸和压缩弹簧的端部结构形式、代号及应用（摘自 GB/T 23935—2009）

类型	代号	简　图	端部结构形式	应用范围
冷卷压缩弹簧	YI	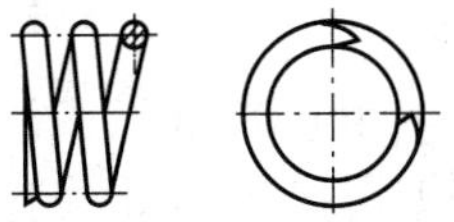	两端圈并紧磨平 $n_2 \geqslant 2$	用于承受载荷较大、要求各圈受力均匀及垂直度要求较高的弹簧材料 $d \geqslant 0.5$mm
	YⅡ	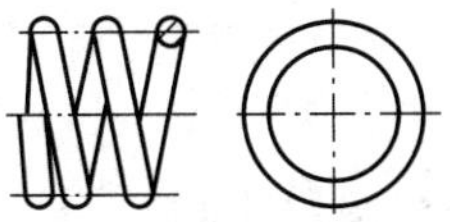	两端圈并紧不磨 $n_2 \geqslant 2$	用于钢丝直径较细、弹簧指数较大的情况；弹簧基本可直立，但各圈受力不太均匀
	YⅢ	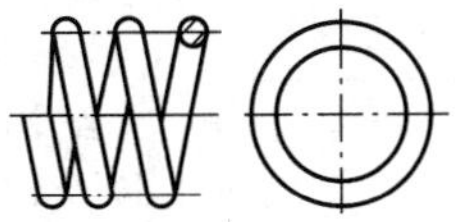	两端圈不并紧 $n_2 < 2$	一般用于弹簧指数大而又不太重要的弹簧材料 $d \geqslant 0.5$mm
热卷压缩弹簧	RYⅠ	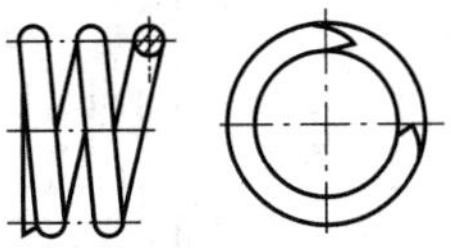	两端圈并紧磨平 $n_2 \geqslant 1.5$	不适用于特殊性能的弹簧
	RYⅡ	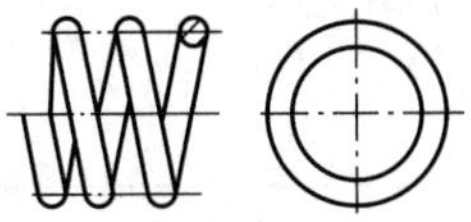	两端圈并紧不磨 $n_2 \geqslant 1.5$	
	RYⅢ	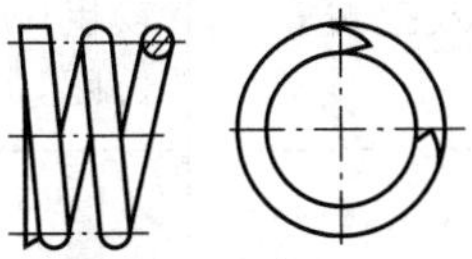	两端圈制扁，并紧磨平 $n_2 \geqslant 1.5$	用于受载荷较大，要求各圈受力均匀，及垂直度要求高的压缩弹簧
	RYⅣ	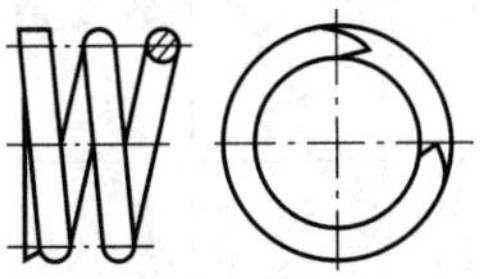	两端圈制扁、并紧不磨 $n_2 \geqslant 1.5$	弹簧基本可以直立但受力均匀性较差
	LⅠ	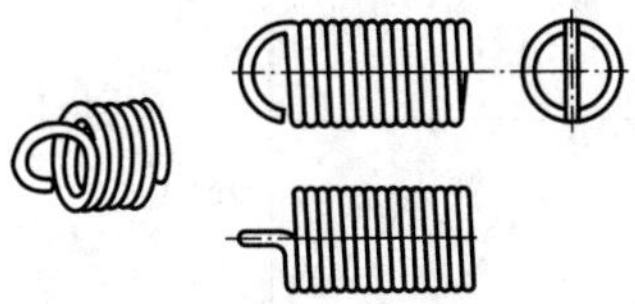	半圆钩环	结构简单，但钩环弯折处应力较大，易折断，弹簧许用应力减小，一般多用于拉力不太大的情况。材料 $d \geqslant 0.5$mm 推荐采用 LⅠ、LⅡ、LⅢ
	LⅡ	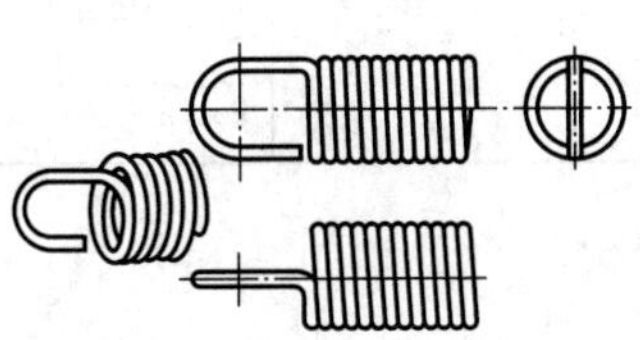	长臂半圆钩环	

类型	代号	简　图	端部结构型式	应用范围
热卷压缩弹簧	LⅢ	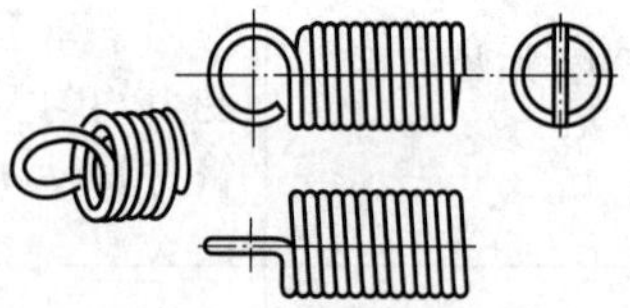	圆钩环扭中心（圆钩环）	结构简单，但钩环弯折处应力较大，易折断，弹簧许用应力减小，一般多用于拉力不太大的情况。材料 $d \geqslant 0.5$mm 推荐采用 LⅠ、LⅡ、LⅢ
	LⅣ	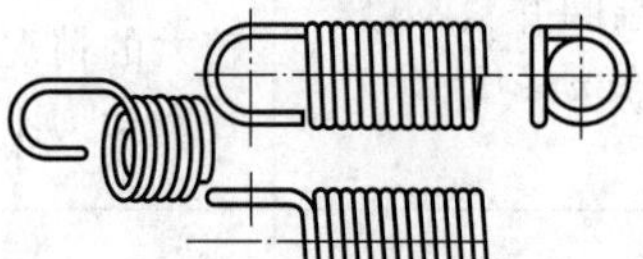	长臂偏心半圆钩环	结构简单，但钩环弯折处应力较大，易折断，弹簧许用应力减小，一般多用于拉力不太大的情况。材料 $d > 0.5$mm 推荐采用 LⅠ、LⅡ、LⅢ
	LⅤ	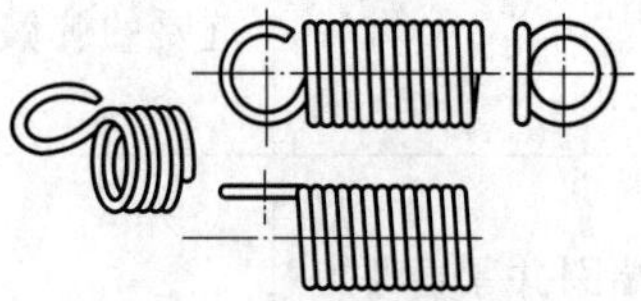	偏心圆钩环	
	LⅥ	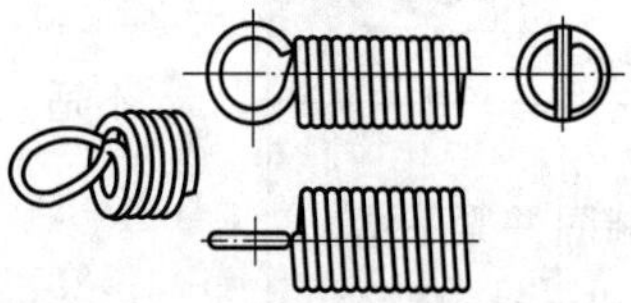	圆钩环压中心	
	LⅦ	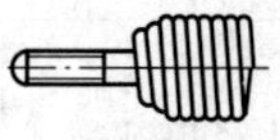	可调式拉簧	一般多用于受力大、钢丝直径较粗（$d > 5$mm）的情况，可调节长度，但结构复杂
	LⅧ	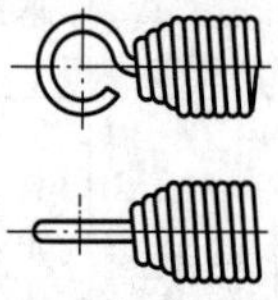	具有可转钩环	钩可转动到任意方向，结构比较复杂
	LⅨ	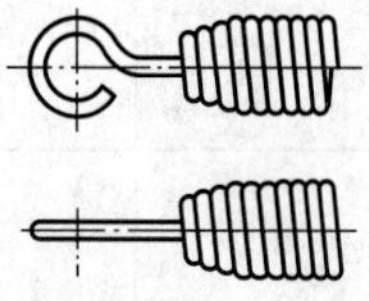	长臂小圆钩环	不属于常用的类型，必要时采用
	LⅩ		连接式圆钩环	

注：1. 弹簧结构形式推荐采用圆钩环扭中心。

2. 高强度油淬火-退火钢丝推荐采用 LⅦ、LⅧ型的弹簧。

3. 各种形式的应用范围不是 GB/T 23935—2009 的内容。

表 4-2-6　圆柱螺旋弹簧尺寸系列（摘自 GB/T 1358—2009）

弹簧钢丝截面直径 d/mm	第一系列	0.10	0.12	0.14	0.16	0.20	0.25	0.30	0.35	0.40	0.45
		0.50	0.60	0.70	0.80	0.90	1.00	1.20	1.60	2.00	2.50
		3.00	3.50	4.00	4.50	5.00	6.00	8.00	10.0	12.0	15.0
		16.0	20.0	25.0	30.0	35.0	40.0	45.0	50.0	60.0	
		注：设计时优先选用第一系列									
	第二系列	0.05	0.06	0.07	0.08	0.09	0.18	0.22	0.28	0.32	
		0.55	0.65	1.40	1.80	2.20	2.80	3.20	5.50	6.50	
		7.00	9.00	11.0	14.0	18.0	22.0	28.0	32.0	38.0	
		42.0	55.0								
弹簧中径 D/mm		0.3	0.4	0.5	0.6	0.7	0.8	0.9	1	1.2	1.4
		1.6	1.8	2	2.2	2.5	2.8	3	3.2	3.5	3.8
		4	4.2	4.5	4.8	5	5.5	6	6.5	7	7.5
		8	8.5	9	10	12	14	16	18	20	22
		25	28	30	32	38	42	45	48	50	52
		55	58	60	65	70	75	80	85	90	95
		100	105	110	115	120	125	130	135	140	145
		150	160	170	180	190	200	210	220	230	240
		250	260	270	280	290	300	320	340	360	380
		400	450	500	550	600					
有效圈数 n/圈	压缩弹簧	2	2.25	2.5	2.75	3	3.25	3.5	3.75	4	4.25
		4.5	4.75	5	5.5	6	6.5	7	7.5	8	8.5
		9	9.5	10	10.5	11.5	12.5	13.5	14.5	15	16
		18	20	22	25	28	30				
	拉伸弹簧	2	3	4	5	6	7	8	9	10	11
		12	13	14	15	16	17	18	19	20	22
		25	28	30	35	40	45	50	55	60	65
		70	80	90	100						
		注：由于两钩环相对位置不同，其尾数还可为 0.25、0.5、0.75									
自由高度 H_0/mm		2	3	4	5	6	7	8	9	10	11
		12	13	14	15	16	17	18	19	20	22
		24	26	28	30	32	35	38	40	42	45
		48	50	52	55	58	60	65	70	75	80
		85	90	95	100	105	110	115	120	130	140
		150	160	170	180	190	200	220	240	260	280
		300	320	340	360	380	400	420	450	480	500
		520	550	580	600	620	650	680	700	720	750
		780	800	850	900	950	1000				

表 4-2-7　旋绕比（弹簧指数）C 的推荐值（摘自 GB/T 23935—2009）

d/mm	0.2～0.5	>0.5～1.1	>1.1～2.5	>2.5～7.0	>7.0～16	>16
$C=\dfrac{D}{d}$	7～14	5～12	5～10	4～9	4～8	4～16

注：C 值越小，弹簧丝的曲率越大，卷制越困难，工作中弹簧丝内侧应力越大，弹簧的刚度亦越大。

2.2.4 圆柱螺旋压缩、拉伸弹簧几何尺寸计算

圆柱螺旋压缩、拉伸弹簧的几何尺寸计算公式及设计步骤列于表 4-2-8 中。

表 4-2-8 圆柱螺旋压缩、拉伸弹簧几何尺寸计算

名　称	代　号	计算步骤及计算公式	
		压缩弹簧	拉伸弹簧
材料直径	d/mm	根据弹簧负荷,用计算法或查表法求得	
弹簧中径	D/mm	(a)根据结构要求估计;(b)由 $D_2=Cd$ 求出符合表 4-2-9 的系列值;(c)查表 4-2-5 或表 4-2-6 得知 D	
弹簧内径	D_1/mm	$D_1=D-d$	
弹簧外径	D_2/mm	$D_2=D+d$	
有效圈数	n	由式(4-2-10)计算,其值应符合表 4-2-6 的系列值,一般不小于 3 圈,最少不小于 2 圈	
支承圈数	n_2	由表 4-2-5 选取	
总圈数	n_1	$n_1=n+n_2$ 整圈或尾数为$\frac{1}{4}$、$\frac{1}{2}$、$\frac{3}{4}$,推荐用$\frac{1}{2}$圈	$n_1=n$ 当 $n>20$,圆整为整圈 $n<20$,圆整为半圈
节距	P/mm	① $P=d+\frac{f_n}{n}+\delta_1$ 式中,δ_1 为余隙,取$\delta_1\geqslant 0.1d$;f_n 由工况而定 ② $P=(0.28\sim0.5)D_2$	$P=d+\delta$ 对密卷弹簧,取 $\delta=0$
间距	δ/mm	$\delta=P-d$	
高径比	b	$b=\frac{H_0}{D}$	
自由高度(长度)	H_0/mm	两端圈磨平 $n_1=n+1.5$ 时,$H_0=Pn+d$ $n_1=n+2$ 时,$H_0=Pn+1.5d$ $n_1=n+2.5$ 时,$H_0=Pn+2d$ 两端圈不磨平 $n_1=n+2$ 时,$H_0=Pn+3d$ $n_1=n+2.5$ 时,$H_0=Pn+3.5d$	LⅠ型　$H_0=(n+1)d+D_1$ LⅡ型　$H_0=(n+1)d+2D_1$ LⅢ型　$H_0=(n+1.5)d+2D_1$
工作高度(长度)	H_2/mm	由图 4-2-7 $H_1=H_0-f_1$,$H_2=H_0-f_2$ 式中,$f_2=\frac{8F_2C^4n}{GD}$ $f_1=f_2\frac{F_1}{F_2}$	由图 4-2-8 $H_1=H_0+f_1$,$H_2=H_0+f_2$ 式中,$f_1=\frac{8F_1C^4n}{GD}-f_0$ $f_2=\frac{8F_2C^4n}{GD}-f_0$ f_0 为初变形量
工作极限载荷 F_j 下的高度(长度)	H_j/mm	$H_j=H_0-f_j$ 式中,$f_j=\frac{8F_jC^4n}{GD_2}$	$H_j=H_0+f_j$ 式中,$f_j=\frac{8F_jC^4n}{GD}-f_0$

名　　称	代　号	计算步骤及计算公式	
		压 缩 弹 簧	拉 伸 弹 簧
压并高度	H_b/mm	两端圈磨平　$H_b \approx (n_1 - 0.5)d$ 两端圈不磨　$H_b \approx (n_1 + 1)d$	
螺旋角	α/(°)	$\alpha = \arctan \dfrac{p}{\pi D_2}$ 推荐 $\alpha = 5° \sim 9°$	$\alpha = \arctan \dfrac{p}{\pi D}$
弹簧展开长度	L/mm	$L = \dfrac{\pi D n_1}{\cos\alpha}$	$L = \pi D n$ + 钩环展开长度

2.2.5 验算弹簧的钩环强度、疲劳强度、稳定性、共振和疲劳强度验算

2.2.5.1 拉伸弹簧钩环强度验算

对于重要的拉伸弹簧，应该验算钩环的强度，如图 4-2-5 所示钩环的 A、B 两处将承受最大弯曲应力 σ 和切应力 τ。其强度条件为

$$\sigma = \frac{16F_2D}{\pi d^3} \times \frac{r_1}{r_2} \leqslant [\sigma]\ (\mathrm{N}) \tag{4-2-15}$$

$$\tau = \frac{8F_2D}{\pi d^3} \times \frac{r_3}{r_4} \leqslant [\tau]\ (\mathrm{N}) \tag{4-2-16}$$

式中，$r_1 \sim r_4$ 为半径，见图 4-2-5 所示，建议 r_2、$r_4 \geqslant 2d$。许用弯曲应力 $[\sigma] = (0.50 \sim 0.60)R_m$。

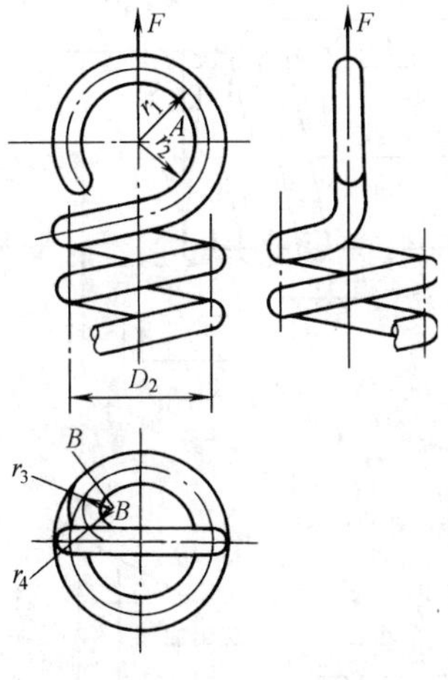

图 4-2-5　拉伸弹簧钩环

2.2.5.2 压缩弹簧稳定性验算

高径比 $b\left(b = \dfrac{H_0}{D}\right)$ 较大的压缩弹簧，轴向载荷达到一定值会产生侧向弯曲而失去稳定性。为保证不致失去稳定性，b 值应满足以下要求：两端固定时，$b < 5.3$；一端固定另一端回转时，$b < 3.7$；两端回转时，$b < 2.6$。当 b 值大于上述数值时，则要按照下式进行验算

$$F_C = C_B F' H_0 > F_2\ (\mathrm{N})$$

式中　F_C——弹簧的临界载荷，N；

C_B——稳定系数，可从图 4-2-6 查得；

F'——弹簧的刚度，N/mm，按式（4-2-4）计算；

F_2——最大工作载荷，N。

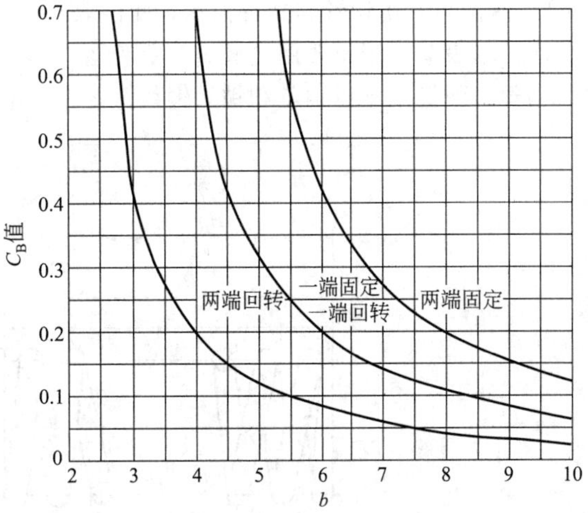

图 4-2-6　C_B 值

为了保证弹簧的稳定性，最大工作负荷 F_n 应小于临界负荷 F_C 值。当不满足要求时，应重新改变参数，使其符合上述要求以保证弹簧的稳定性。如设计结构受限制，不能改变参数时，应设置导杆或导套。导杆或导套与簧圈的间隙值（直径差）按表 4-2-9。

表 4-2-9　导杆或导套与圆柱螺旋压缩弹簧圈的间隙

/mm

D	≤5	>5～10	>10～18	>18～30
间隙	0.6	1	2	3
D	>30～50	>50～80	>80～120	>120～150
间隙	4	5	6	7

为了保证弹簧的稳定性，高径比 b 应大于 0.8。

2.2.5.3 弹簧的共振验算

必要时，受动负荷的弹簧应进行共振验算。f_e 与强

迫振动频率 f_r 之比应大于 10，即 $f_e/f_r>10$。

2.2.5.4 弹簧的疲劳强度校核

受动负荷的重要弹簧，应进行疲劳强度校核。进行校核时要考虑循环特征 $\gamma(=F_{min}/F_{max}=\tau_{min}/\tau_{max})$ 和循环次数 N，以及材料表面状态等影响疲劳强度的各种因素，按公式（4-2-17）校核。

$$S=\frac{\tau_{u0}+0.75\tau_{min}}{\tau_{max}}\geqslant S_{min} \quad (4\text{-}2\text{-}17)$$

式中 τ_{u0}——脉动疲劳极限应力，其值见表 4-2-10；

S——疲劳安全系数；

S_{min}——最小安全系数，$S_{min}=1.1\sim1.3$。

表 4-2-10 碳素弹簧钢丝的疲劳极限

（摘自 GB/T 23935—2009） /MPa

负荷循环次数 N	10^4	10^5	10^6	10^7
脉动疲劳极限 τ_{u0}	$0.45R_m$ ①	$0.35R_m$	$0.32R_m$	$0.30R_m$

① 弹簧用不锈钢丝和硅青铜线，此值取 $0.35R_m$。

注：本表适用于重要用途碳素弹簧钢丝、淬火-回火弹簧钢丝、弹簧用不锈钢丝和铍青铜线。

对于重要用途碳素钢丝、高疲劳级淬火-回火弹簧钢丝等优质钢丝制作的弹簧，在不进行喷丸强化的情况下，其疲劳寿命按图 4-2-1 校核。

2.2.6 弹簧典型工作图样

弹簧的典型工作图样，包括弹簧工作图、技术要求内容及设计计算数据三部分。

2.2.6.1 弹簧工作图（见图 4-2-7、图 4-2-8）

2.2.6.2 技术要求内容

（1）弹簧端部结构形式。

（2）总圈数 n_1。

（3）有效圈数 n。

（4）旋向。

（5）表面处理。

（6）制造技术条件。

在需要时可注明立定处理、强化处理等要求，以及使用条件如温度、负荷性质等。

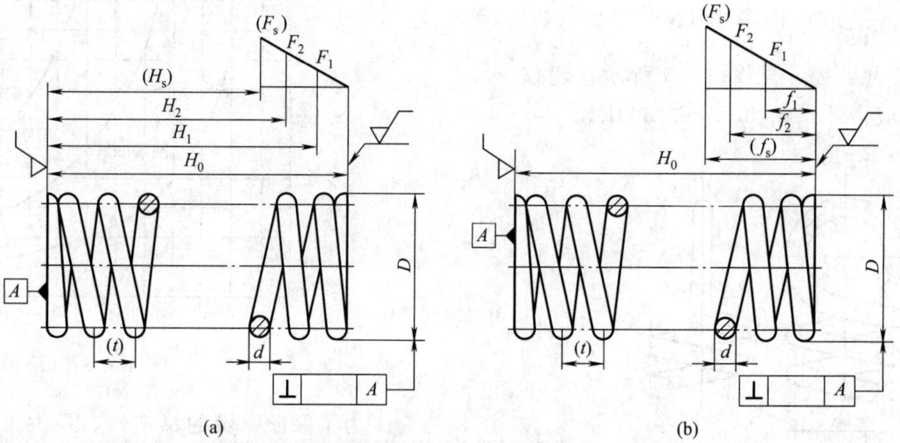

图 4-2-7 压缩弹簧工作图

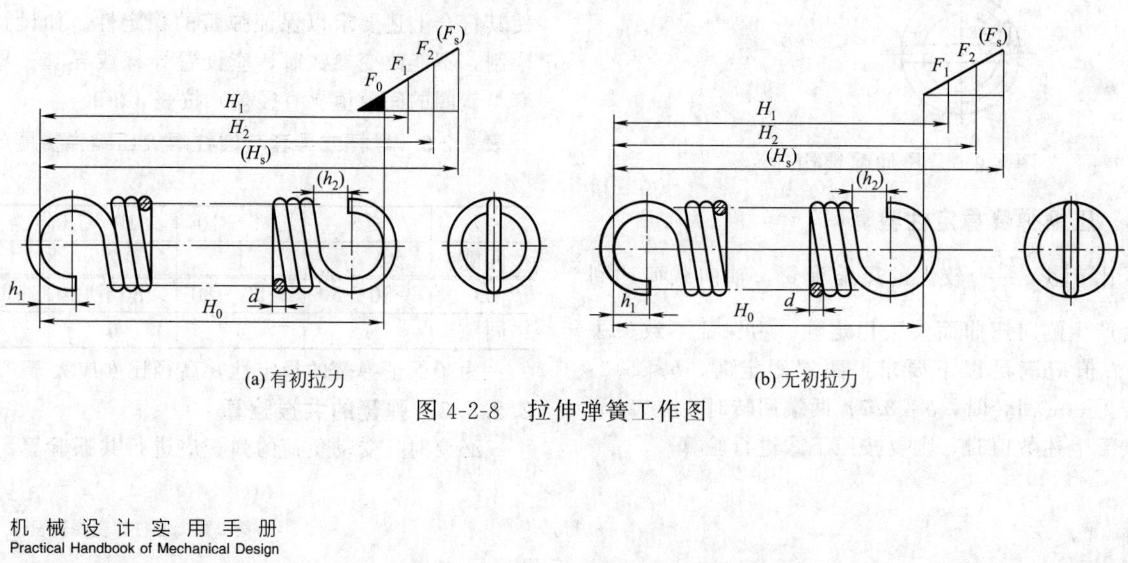

图 4-2-8 拉伸弹簧工作图

表 4-2-11　普通圆柱螺旋压缩弹簧尺寸及参数（摘自 GB/T 2089—2009）

d /mm	D /mm	F_n /N	n=2.5 圈			n=4.5 圈			n=6.5 圈			n=8.5 圈			n=10.5 圈			n=12.5 圈		
			H_0 /mm	f_n /mm	F' /N·mm^{-1}	H_0 /mm	f_n /mm	F' /N·mm^{-1}	H_0 /mm	f_n /mm	F' /N·mm^{-1}	H_0 /mm	f_n /mm	F' /N·mm^{-1}	H_0 /mm	f_n /mm	F' /N·mm^{-1}	H_0 /mm	f_n /mm	F' /N·mm^{-1}
0.5	3	14	4	1.5	9.1	7	2.8	5.1	10	4.0	3.5	11	5.2	2.7	14	6.4	2.2	16	7.8	1.8
	3.5	12	5	2.1	5.8	8	3.8	3.2	12	5.5	2.2	13	7.1	1.7	16	8.6	1.4	19	10	1.2
	4	11	6	2.8	3.9	9	5.2	2.1	14	7.3	1.5	15	10	1.1	19	12	0.9	22	14	0.8
	4.5	9.6	7	3.6	2.7	10	6.4	1.5	16	9.6	1.0	18	12	0.8	22	16	0.6	26	19	0.5
	5	8.6	8	4.3	2.0	12	7.8	1.1	18	11	0.8	21	14	0.6	26	17	0.5	30	22	0.4
0.8	4	40	6	1.6	25	9	2.9	14	12	4.1	9.7	15	5.4	7.4	18	6.7	6.0	22	7.8	5.1
	4.5	36	7	2.0	18	10	3.6	10	14	5.3	6.8	16	6.9	5.2	20	8.6	4.2	24	10	3.6
	5	32	8	2.5	13	11	4.4	7.2	15	6.4	5.0	18	8.4	3.8	22	10	3.1	28	12	2.6
	6	27	9	3.6	7.5	13	6.4	4.2	19	9.3	2.9	22	12	2.2	28	15	1.8	32	18	1.5
	7	23	10	4.9	4.7	15	8.8	2.6	23	13	1.8	28	16	1.4	32	21	1.1	38	26	0.9
	8	20	12	6.3	3.2	18	11	1.8	28	17	1.2	32	22	0.9	40	25	0.8	48	33	0.6
1	4.5	68	7	1.6	43	10	2.8	24	14	4.0	17	16	5.2	13	20	6.8	10	24	7.8	8.7
	5	62	8	1.9	32	11	3.4	18	15	5.2	12	18	6.7	9.3	22	8.3	7.5	26	9.8	6.3
	6	51	9	2.8	18	12	5.1	10	18	7.3	7.0	20	9.4	5.4	26	12	4.4	30	14	3.7
	7	44	10	3.7	12	14	6.9	6.4	21	10	4.4	26	13	3.4	30	16	2.7	35	19	2.3
	8	38	12	4.9	7.7	17	8.8	4.3	25	13	3.0	30	17	2.3	35	21	1.8	42	25	1.5
	9	34	13	6.3	5.4	20	11	3.0	29	16	2.1	35	21	1.6	42	26	1.3	48	31	1.1
	10	31	15	7.8	4.0	22	14	2.2	35	21	1.5	40	26	1.2	48	34	0.9	58	39	0.8
1.2	6	86	9	2.3	38	12	4.1	21	17	5.7	15	22	7.8	11	25	9.6	9.0	30	11	7.6
	7	74	10	3.1	24	14	5.7	13	20	8.0	9.2	25	11	7.0	30	13	5.7	35	15	4.8
	8	65	11	4.1	16	16	7.3	8.9	24	11	6.2	28	14	4.7	35	17	3.8	40	20	3.2
	9	58	12	5.3	11	20	9.4	6.2	28	13	4.3	35	18	3.3	45	22	2.7	50	26	2.2
	10	52	14	6.3	8.2	24	11	4.6	32	16	3.2	40	22	2.4	50	26	2.0	58	33	1.6
	12	43	17	9.1	4.7	26	17	2.6	40	24	1.8	48	31	1.4	58	39	1.1	70	48	0.9
1.4	7	114	10	2.6	44	15	4.6	25	20	6.7	17	26	8.8	13	30	10	11	35	13	8.8
	8	100	11	3.3	30	16	6.3	16	22	9.1	11	28	11	8.7	35	14	7.1	40	17	5.9
	9	89	12	4.2	21	18	7.4	12	24	11	8.0	32	15	6.1	38	18	5.0	45	21	4.2
	10	80	13	5.3	15	20	9.5	8.4	28	14	5.8	35	18	4.5	42	22	3.6	50	27	3.0
	12	67	16	7.6	8.8	24	14	4.9	35	20	3.4	45	26	2.6	52	32	2.1	60	37	1.8
	14	57	19	10	5.5	30	18	3.1	42	27	2.1	55	36	1.6	65	44	1.3	75	52	1.1

续表

d /mm	D /mm	F_n /N	n=2.5圈 H_0 /mm	n=2.5圈 f_n /mm	n=2.5圈 F' /N·mm^{-1}	n=4.5圈 H_0 /mm	n=4.5圈 f_n /mm	n=4.5圈 F' /N·mm^{-1}	n=6.5圈 H_0 /mm	n=6.5圈 f_n /mm	n=6.5圈 F' /N·mm^{-1}	n=8.5圈 H_0 /mm	n=8.5圈 f_n /mm	n=8.5圈 F' /N·mm^{-1}	n=10.5圈 H_0 /mm	n=10.5圈 f_n /mm	n=10.5圈 F' /N·mm^{-1}	n=12.5圈 H_0 /mm	n=12.5圈 f_n /mm	n=12.5圈 F' /N·mm^{-1}
1.6	8	145	11	2.8	51	17	5.2	28	22	7.6	19	28	9.7	15	35	12	12	40	15	10
	9	129	12	3.6	36	19	6.5	20	24	9.2	14	32	13	10	38	15	8.5	45	18	7.1
	10	116	13	4.5	26	20	8.3	14	28	12	10	35	15	7.6	42	19	6.2	48	22	5.2
	12	97	15	6.5	15	24	12	8.3	32	17	5.8	42	22	4.4	50	27	3.6	60	32	3.0
	14	83	18	8.8	9.4	28	16	5.2	40	23	3.6	50	30	2.8	60	38	2.2	70	44	1.9
	16	73	22	12	6.3	36	21	3.5	48	30	2.4	60	38	1.9	70	49	1.5	85	56	1.3
1.8	9	179	13	3.1	57	18	5.6	32	25	8.1	22	32	11	17	38	13	14	42	16	11
	10	161	15	3.9	41	20	7.0	23	28	10	16	35	13	12	40	16	9.9	48	19	8.3
	12	134	16	5.6	24	24	10	13	32	15	9.2	40	19	7.1	50	24	5.7	58	28	4.8
	14	115	18	7.7	15	28	14	8.4	38	20	5.8	48	26	4.4	58	32	3.6	70	38	3.0
	16	101	20	10	10	32	18	5.6	45	26	3.9	60	34	3.0	70	42	2.4	80	51	2.0
	18	90	22	13	7	38	23	4.0	52	33	2.7	65	43	2.1	80	53	1.7	95	64	1.4
2	10	215	13	3.4	63	20	6.1	35	28	9.0	24	35	11	19	40	14	15	48	17	13
	12	179	15	4.8	37	24	9.0	20	32	13	14	40	16	11	48	21	8.7	58	25	7.3
	14	153	17	6.7	23	26	12	13	38	17	8.9	50	23	6.8	55	28	5.5	65	33	4.6
	16	134	19	8.9	15	30	16	8.6	42	23	5.9	55	30	4.5	65	37	3.7	75	43	3.1
	18	119	22	11	11	35	20	6.0	48	28	4.2	65	37	3.2	75	46	2.6	90	54	2.2
	20	107	24	14	7.9	40	24	4.4	55	36	3.0	75	47	2.3	90	56	1.9	105	67	1.6
2.5	12	339	16	3.8	89	24	6.8	50	32	10	34	40	13	26	50	16	21	58	19	18
	14	291	17	5.2	56	28	9.4	31	38	13	22	45	17	17	55	22	13	65	26	11
	16	255	19	6.7	38	30	12	21	40	18	14	52	23	11	65	28	9.0	75	34	7.5
	18	226	20	8.7	26	30	15	15	48	23	10	58	29	7.8	70	36	6.3	85	43	5.3
	20	204	24	11	19	38	19	11	52	28	7.4	65	36	5.7	80	44	4.6	95	52	3.9
	22	185	26	13	14	42	23	8.1	58	33	5.6	75	43	4.3	90	53	3.5	105	64	2.9
	25	163	30	16	10	48	30	5.5	70	43	3.8	90	56	2.9	105	68	2.4	120	82	2.0
3	14	475	18	4.1	117	28	7.3	65	38	11	45	48	14	34	58	17	28	65	21	23
	16	416	20	5.3	78	30	9.7	43	40	14	30	52	18	23	65	22	19	75	26	16
	18	370	22	6.7	55	35	12	30	45	18	21	58	23	16	70	28	13	80	34	11
	20	333	24	8.3	40	38	15	22	50	22	15	65	28	12	75	35	9.5	90	42	8.0
	22	303	24	10	30	40	18	17	58	25	12	70	34	8.8	85	42	7.2	100	51	6.0

续表

d /mm	D /mm	F_n /N	n=2.5 圈			n=4.5 圈			n=6.5 圈			n=8.5 圈			n=10.5 圈			n=12.5 圈		
			H_0 /mm	f_n /mm	F' /N·mm^{-1}	H_0 /mm	f_n /mm	F' /N·mm^{-1}	H_0 /mm	f_n /mm	F' /N·mm^{-1}	H_0 /mm	f_n /mm	F' /N·mm^{-1}	H_0 /mm	f_n /mm	F' /N·mm^{-1}	H_0 /mm	f_n /mm	F' /N·mm^{-1}
3	25	266	28	13	20	45	23	11	65	34	7.9	80	44	6.0	100	54	4.9	115	65	4.1
	28	238	32	16	15	52	29	8.1	70	43	5.6	95	55	4.3	115	68	3.5	140	82	2.9
	30	222	35	19	12	58	34	6.6	80	48	4.6	100	63	3.5	120	79	2.8	150	93	2.4
3.5	16	661	22	4.6	145	32	8.3	80	45	12	56	55	15	43	65	19	34	75	23	29
	18	587	22	5.8	102	35	10	56	48	15	39	58	20	30	70	24	24	80	29	20
	20	528	24	7.1	74	38	13	41	50	19	28	65	24	22	75	29	18	90	35	15
	22	480	26	8.6	56	40	15	31	55	23	21	70	30	16	85	37	13	100	44	11
	25	423	28	11	38	45	20	21	65	28	15	80	38	11	95	47	9.0	110	56	7.6
	28	377	32	14	27	50	25	15	70	38	10	90	48	7.9	110	59	6.4	130	70	5.4
	30	352	35	16	22	55	29	12	75	42	8.4	95	54	6.5	115	68	5.2	140	80	4.4
	32	330	38	18	18	60	33	10	80	47	7.0	105	62	5.3	130	77	4.3	150	92	3.6
	35	302	40	22	14	65	39	7.7	90	57	5.3	115	74	4.1	140	92	3.3	170	108	2.8
4	20	764	26	6.1	126	38	11	70	52	16	49	65	21	37	80	25	30	90	30	25
	22	694	28	7.3	95	40	13	53	55	19	37	70	25	28	85	30	23	100	37	19
	25	611	30	9.4	65	45	17	36	60	24	25	80	32	19	95	41	15	110	47	13
	28	545	34	12	46	50	21	26	70	30	18	90	39	14	105	50	11	130	59	9.2
	30	509	36	14	37	55	24	21	75	36	14	95	46	11	115	57	8.9	140	68	7.5
	32	477	37	15	31	58	28	17	80	40	12	100	52	9.1	120	65	7.3	150	77	6.2
	35	436	41	18	24	65	34	13	90	48	9.1	115	63	6.9	140	78	5.6	160	93	4.7
	38	402	46	22	18	70	40	10	100	57	7.1	130	74	5.4	150	91	4.4	180	109	3.7
	40	382	48	24	16	75	43	8.8	105	63	6.1	142	83	4.6	160	101	3.8	190	119	3.2
4.5	22	988	28	6.5	152	42	12	85	58	17	59	70	22	45	85	27	36	100	33	30
	25	870	30	8.4	104	48	15	58	60	22	40	80	29	30	95	35	25	110	41	21
	28	777	32	11	74	50	19	41	70	28	28	85	35	22	105	43	18	120	52	15
	30	725	36	12	60	52	22	33	75	32	23	90	40	18	110	52	14	130	60	12
	32	680	37	14	49	58	25	27	75	36	19	100	45	15	120	57	12	140	69	9.9
	35	621	40	16	38	60	30	21	85	41	15	105	56	11	130	69	9.0	150	82	7.6
	38	572	44	19	30	65	36	16	90	52	11	110	66	8.7	145	82	7.0	160	97	5.9
	40	544	48	22	25	70	39	14	100	56	9.7	130	74	7.4	160	91	6.0	190	107	5.1
	45	483	54	27	18	85	48	10	120	71	6.8	150	93	5.2	180	115	4.2	220	134	3.6

续表

d /mm	D /mm	F_n /N	n=2.5 圈			n=4.5 圈			n=6.5 圈			n=8.5 圈			n=10.5 圈			n=12.5 圈		
			H_0 /mm	f_n /mm	F' /N·mm^{-1}	H_0 /mm	f_n /mm	F' /N·mm^{-1}	H_0 /mm	f_n /mm	F' /N·mm^{-1}	H_0 /mm	f_n /mm	F' /N·mm^{-1}	H_0 /mm	f_n /mm	F' /N·mm^{-1}	H_0 /mm	f_n /mm	F' /N·mm^{-1}
5	25	1154	30	7	158	48	13	88	65	19	61	80	25	46	100	30	38	115	36	32
	28	1030	32	9	112	52	17	62	70	24	43	90	31	33	105	38	27	120	47	22
	30	962	35	11	91	55	19	51	75	27	35	95	36	27	115	44	22	130	53	18
	32	902	38	12	75	58	21	42	80	31	29	100	41	22	120	50	18	140	60	15
	35	824	40	14	58	60	26	32	85	37	22	110	48	17	130	59	14	150	69	12
	38	759	42	17	45	65	30	25	90	44	17	120	58	13	140	69	11	170	84	9.0
	40	721	45	18	39	70	34	21	100	48	15	130	66	11	150	78	9.2	180	93	7.7
	45	641	50	24	27	80	43	15	115	64	10	140	80	8.0	180	99	6.5	200	118	5.4
	50	577	55	29	20	95	52	11	130	76	7.6	170	99	5.8	200	123	4.7	240	144	4.0
6	30	1605	38	8	190	55	15	105	75	22	73	95	29	56	115	36	45	130	42	38
	32	1505	38	10	156	58	17	87	80	25	60	100	33	46	120	41	37	140	49	31
	35	1376	40	12	119	60	21	66	85	30	46	105	39	35	130	49	28	150	57	24
	38	1267	42	14	93	65	24	52	90	35	36	115	47	27	140	58	22	160	67	19
	40	1204	45	15	80	70	27	44	95	39	31	120	50	24	140	63	19	170	75	16
	45	1070	48	19	56	75	35	31	105	49	22	140	63	17	160	82	13	190	97	11
	50	963	52	23	41	85	42	23	120	60	16	150	80	12	190	98	9.8	220	117	8.2
	55	876	58	28	31	95	52	17	130	73	12	170	97	9.0	200	120	7.3	240	141	6.2
	60	803	65	33	24	105	62	13	150	88	9.1	190	115	7.0	240	143	5.6	280	171	4.7
8	32	3441	45	7	494	70	13	274	90	18	190	110	24	145	150	29	118	155	35	99
	35	3146	47	8	377	72	15	210	96	22	145	115	28	111	140	35	90	160	42	75
	38	2898	49	10	295	76	18	164	98	26	113	122	33	87	140	41	70	170	49	59
	40	2753	50	11	253	78	20	140	100	28	97	128	37	74	150	46	60	180	54	51
	45	2447	52	14	178	84	25	99	105	36	68	130	47	52	160	58	42	190	68	36
	50	2203	55	17	129	88	31	72	115	44	50	150	58	38	180	73	31	210	85	26
	55	2002	58	21	97	90	37	54	130	54	37	160	69	29	190	87	23	220	105	19
	60	1835	60	24	75	100	44	42	140	63	29	170	83	22	220	102	18	260	122	15
	65	1694	65	29	59	110	51	33	150	74	23	190	100	17	240	121	14	280	141	12
	70	1573	70	33	47	115	61	26	160	87	18	200	112	14	260	143	11	300	167	9.4
	75	1468	75	39	38	130	70	21	180	98	15	220	133	11	280	161	9.1	320	191	7.7
	80	1377	80	43	32	140	77	18	190	115	12	260	148	9.3	300	184	7.5	360	219	6.3

续表

d /mm	D /mm	F_n /N	n=2.5圈			n=4.5圈			n=6.5圈			n=8.5圈			n=10.5圈			n=12.5圈		
			H_0 /mm	f_n /mm	F' /N·mm^{-1}	H_0 /mm	f_n /mm	F' /N·mm^{-1}	H_0 /mm	f_n /mm	F' /N·mm^{-1}	H_0 /mm	f_n /mm	F' /N·mm^{-1}	H_0 /mm	f_n /mm	F' /N·mm^{-1}	H_0 /mm	f_n /mm	F' /N·mm^{-1}
10	40	5181	56	8	617	80	15	343	110	22	237	140	28	182	160	35	147	190	42	123
	45	4605	58	11	433	85	19	241	115	28	167	140	36	127	170	45	103	200	53	87
	50	4145	61	13	316	90	24	176	120	34	122	150	45	93	190	55	75	220	66	63
	55	3768	64	16	237	95	29	132	130	41	91	170	54	70	200	66	57	240	80	47
	60	3454	68	19	183	105	34	102	140	49	70	180	64	54	210	79	44	260	93	37
	65	3188	72	22	144	110	40	80	150	58	55	190	76	42	220	94	34	260	110	29
	70	2961	75	26	115	115	46	64	160	67	44	200	87	34	240	110	27	280	129	23
	75	2763	80	29	94	120	53	52	170	77	36	220	99	28	260	126	22	300	145	19
	80	2591	86	34	77	130	60	43	180	86	30	240	113	23	280	144	18	340	173	15
	85	2438	92	38	64	140	68	36	190	98	25	255	128	19	300	163	15	360	188	13
	90	2303	94	43	54	150	77	30	200	110	21	270	144	16	320	177	13	380	210	11
	95	2181	98	47	46	160	84	26	220	121	18	280	156	14	340	198	11	400	237	9.2
	100	2072	100	52	40	170	94	22	240	138	15	300	173	12	360	220	9.4	420	262	7.9
12	50	6891	70	11	655	105	19	364	140	27	252	180	36	193	220	44	156	260	53	131
	55	6264	75	13	492	110	23	274	150	33	189	190	43	145	230	54	117	260	64	98
	60	5742	75	15	379	120	27	211	160	39	146	200	51	112	240	64	90	280	76	76
	65	5301	80	18	298	130	32	166	170	46	115	220	60	88	260	75	71	300	88	60
	70	4922	85	21	239	130	37	133	180	54	92	230	70	70	280	86	57	320	103	48
	75	4594	90	24	194	140	43	108	190	61	75	240	81	57	300	100	46	340	118	39
	80	4307	95	27	160	150	48	89	200	69	62	260	92	47	320	113	38	380	135	32
	85	4053	100	30	133	160	55	74	220	79	51	280	104	39	340	127	32	400	152	27
	90	3828	105	34	112	170	62	62	240	89	43	300	116	33	360	142	27	420	174	22
	95	3627	110	38	96	180	68	53	240	98	37	320	130	28	380	158	23	450	191	19
	100	3445	115	42	82	190	75	46	260	108	32	340	144	24	420	172	20	480	215	16
	110	3132	130	51	62	220	92	34	300	131	24	380	174	18	480	209	15	550	261	12
	120	2871	140	61	47	240	110	26	340	160	18	450	205	14	520	261	11	620	302	9.5
14	60	10627	82	15	703	130	27	390	170	39	270	220	51	207	260	64	167	300	75	141
	65	9809	85	18	553	135	32	307	180	46	213	230	60	163	270	74	132	320	88	111
	70	9109	90	21	442	140	37	246	190	54	170	240	70	130	280	87	105	340	104	88
	75	8501	95	24	360	145	43	200	200	62	138	250	80	106	300	99	86	360	118	72

续表

d /mm	D /mm	F_n /N	n=2.5圈			n=4.5圈			n=6.5圈			n=8.5圈			n=10.5圈			n=12.5圈		
			H_0 /mm	f_n /mm	F' /N·mm^{-1}	H_0 /mm	f_n /mm	F' /N·mm^{-1}	H_0 /mm	f_n /mm	F' /N·mm^{-1}	H_0 /mm	f_n /mm	F' /N·mm^{-1}	H_0 /mm	f_n /mm	F' /N·mm^{-1}	H_0 /mm	f_n /mm	F' /N·mm^{-1}
14	80	7970	105	27	296	150	48	165	210	70	114	270	92	87	320	112	71	380	135	59
	85	7501	110	30	247	160	55	137	220	79	95	280	103	73	340	127	59	400	153	49
	90	7084	115	34	208	170	61	116	240	89	80	300	116	61	360	142	50	420	169	42
	95	6712	120	38	177	180	68	98	240	99	68	320	129	52	380	160	42	450	192	35
	100	6376	125	42	152	190	76	84	260	110	58	320	142	45	400	177	36	480	213	30
	110	5796	130	51	114	200	92	63	280	132	44	360	170	34	450	215	27	520	252	23
	120	5313	140	60	88	220	108	49	320	156	34	400	204	26	500	253	21	580	295	18
	130	4905	150	71	69	260	129	38	360	182	27	450	245	20	550	307	16	650	350	14
16	65	14642	90	16	943	140	28	524	190	40	363	240	53	277	280	65	224	340	77	189
	70	13596	95	18	755	150	32	419	200	47	290	240	61	222	300	76	180	350	90	151
	75	12690	100	21	614	150	37	341	210	54	236	260	71	180	320	87	146	360	103	123
	80	11897	100	24	506	160	42	281	220	61	194	260	80	149	320	99	120	380	118	101
	85	11197	105	27	422	165	48	234	230	69	162	280	90	124	340	112	100	400	133	84
	90	10575	110	30	355	170	54	197	240	77	137	300	102	104	360	124	85	420	149	71
	95	10018	115	33	302	180	60	168	250	86	116	320	113	89	380	139	72	450	167	60
	100	9517	120	37	259	190	66	144	260	95	100	320	125	76	400	154	62	480	183	52
	110	8652	130	45	194	200	80	108	280	115	75	360	152	57	450	188	46	520	222	39
	120	7931	140	53	150	220	96	83	320	137	58	400	180	44	480	220	36	580	264	30
	130	7321	150	62	118	240	113	65	340	163	45	450	209	35	520	261	28	620	305	24
	140	6798	160	72	94	260	131	52	380	189	36	480	243	28	580	309	22	680	358	19
	150	6345	180	82	77	300	148	43	400	212	30	520	276	23	650	352	18	750	423	15
18	75	18068	105	18	983	160	33	546	220	48	378	260	63	289	320	77	234	380	92	197
	80	16939	105	21	810	160	38	450	230	54	311	280	71	238	340	88	193	400	105	162
	85	15943	110	24	675	170	43	375	240	61	260	290	80	199	350	99	161	410	118	135
	90	15057	115	26	569	180	48	316	250	69	219	300	90	167	360	112	135	420	132	114
	95	14264	120	29	484	185	53	269	260	77	186	320	100	142	380	124	115	450	147	97
	100	13551	120	33	415	190	59	230	270	85	159	340	111	122	400	137	99	480	163	83
	110	12319	130	39	312	200	71	173	280	103	120	360	134	92	450	166	74	520	199	62
	120	11293	140	47	240	220	85	133	300	123	92	400	159	71	480	198	57	550	235	48
	130	10424	150	55	189	240	99	105	340	143	73	420	186	56	520	232	45	620	274	38
	140	9679	160	64	151	260	115	84	360	167	58	450	220	44	550	269	36	650	323	30
	150	9034	170	73	123	280	133	68	400	192	47	500	251	36	620	312	29	720	361	25
	160	8470	190	84	101	300	151	56	420	217	39	550	282	30	680	353	24	800	426	20
	170	7971	200	95	84	340	170	47	480	249	32	600	319	25	720	399	20	850	469	17

.2.6.3 设计计算数据

序号	参数名称	代号	数值	单位	序号	参数名称	代号	数值	单位
1	旋绕比	C		—	10	试验切应力	τ_s		MPa
2	曲度系数	K			11	刚度	F'		N/mm
3	中径	D		mm	12	弹簧变形能	U		N·mm
4	压并负荷	F_b		N	13	弹簧自振频率	f_e		Hz
5	压并高度	H_b		mm	14	强迫振频率	f_r		Hz
6	试验高度	H_s			15	循环次数	N		次
7	材料抗拉强度	R_m		MPa	16	展开长度	L		mm
8	压并切应力	τ_b							
9	工作切应力	τ_1							
		τ_2							

2.2.7 圆柱螺旋压缩弹簧设计示例（摘自 GB/T 23935—2009）

例 设计 YⅠ阀门弹簧，要求弹簧外径 $D_2 \leqslant 34.8\text{mm}$，阀门关闭时 $H_1=43\text{mm}$，负荷 $F_1=270\text{N}$，阀门全开时，$H_2=32\text{mm}$，负荷 $F_2=540\text{N}$，最高工作频率 25Hz，循环次数 $N>10^7$ 次。

解

(1) 选择材料

根据弹簧工作条件选用适合弹簧用高疲劳级淬火-回火（VDCrSi）弹簧钢丝。根据 F_2 初步假设材料直径为 $d=4\text{mm}$。由表 4-1-12 查得材料切变模量 $G=78.5\times10^3\text{MPa}$。由表 4-1-8 查得材料抗拉强度 $R_m=1840\text{MPa}$。

(2) 选取弹簧许用切应力

根据

$$\gamma=\frac{F_1}{F_2}=\frac{270}{540}=0.5$$

在图 4-2-1 中 $\gamma=0.5$ 与 10^7 线交点的纵坐标大致为 0.41，即

$$[\tau]=1840\times0.41=754.4\text{MPa}$$

$D_2\leqslant34.8\text{mm}$，考虑公差的影响，假设中径 $D=30.5\text{mm}$。

根据公式（4-2-9）计算弹簧旋绕比：

$$C=\frac{D}{d}=\frac{30.5}{4}=7.6$$

根据公式（4-2-7）计算曲度系数：

$$K=\frac{4C-1}{4C-4}+\frac{0.615}{C}=\frac{4\times7.6-1}{4\times7.6-4}+\frac{0.615}{7.6}=1.194$$

将 $K=1.194$，代入公式（4-2-8）得：

$$d\geqslant\sqrt[3]{\frac{8KFD}{\pi[\tau]}}=\sqrt[3]{\frac{8\times1.194\times540\times30.5}{3.14\times754.4}}=4.05\text{mm}$$

取 $d=4.1\text{mm}$。抗拉强度为 1810MPa。与原假设基本相符合。重新计算得 $D=30.4\text{mm}$，$C=7.4$，$K=1.20$。

(3) 弹簧直径

弹簧中径：$D=30.4\text{mm}$。

弹簧外径：$D_2=D+d=30.4+4.1=34.5\text{mm}$。

弹簧内径：$D_1=D-d=30.4-4.1=26.3\text{mm}$。

(4) 弹簧所需刚度和圈数

弹簧所需刚度按公式（4-2-13）计算：

$$F'=\frac{F_2-F_1}{H_1-H_2}=\frac{540-270}{11}=24.55\text{N/mm}$$

按公式（4-2-10）计算有效圈数：

$$n=\frac{Gd^4}{8F'D^3}=\frac{78.5\times10^3\times4.1^4}{8\times24.55\times30.4^3}=4.02\text{圈}$$

取 $n=4.0$ 圈。

取支承圈 $n_z=2$ 圈，则总圈数：

$$n_1=n+n_Z=4.0+2=6.0\text{圈}$$

(5) 弹簧刚度、变形量和负荷校核

弹簧刚度按公式（4-2-4）计算得：

$$F'=\frac{Gd^4}{8D^3n}=\frac{78.5\times10^3\times4.1^4}{8\times30.4^3\times4.0}=24.67\text{N/mm}$$

与所需刚度 $F'=24.55\text{N/mm}$ 基本相符。

同样按公式（4-2-4）计算阀门关闭时变形量：

$$f_1=\frac{F_1}{F'}=\frac{270}{24.67}=10.94\text{mm}$$

按公式（4-2-4）计算阀门开启时变形量：

$$f_2=\frac{F_2}{F'}=\frac{540}{24.67}=21.89\text{mm}$$

由表 4-2-8 公式计算自由高度：

$$H_0=H_1+f_1=43+10.94=53.94\text{mm}$$

或者

$$H_0=H_2+f_2=32+21.89=53.89\text{mm}$$

取 $H_0=53.9$mm。

阀门关闭时的工作变形量：

$$f_1=H_0-H_1=53.9-43=10.9\text{mm}$$

由公式（4-2-4）计算阀门关闭时负荷：

$$F_1=F'f_1=24.67\times10.9=268.9\text{N}$$

阀门开启时的工作变形量：

$$f_2=H_0-H_2=53.9-32=21.9\text{mm}$$

由公式（4-2-4）计算阀门开启时负荷：

$$F_2=F'f_2=24.67\times21.9=540.3\text{N}$$

与要求值 $F_1=270$N 和 $F_2=540$N 接近，故符合要求。

（6）自由高度、压并高度和压并变形量

自由高度：$H_0=53.9$mm。

压并高度：$H_b\leqslant n_1d=6.0\times4.1\leqslant24.6$mm。

压并变形量：$f_b=H_0-H_b=53.9-24.6=29.3$mm。

（7）试验负荷和试验负荷下的高度和变形量

由表 4-2-2 计算最大试验切应力：

$$\tau_s=0.55R_m=0.55\times1810=995.5\text{MPa}$$

由公式（4-2-14）计算试验负荷：

$$F_s=\frac{\pi d^3}{8D}\tau_s=\frac{3.14\times4.1^3}{8\times30.4}\times995.5=886.3\text{N}$$

压并时负荷：

$$F_b=F'f_b=24.67\times29.3=722.8\text{N}$$

由 $F_s>F_b$，取 $F_s=F_b=722.8$N，$f_s=f_b=29.3$mm。

由公式（4-2-14）计算试验切应力：

$$\tau_s=\tau_b=\frac{8F_sD}{\pi d^3}=\frac{8\times722.8\times30.4}{3.14\times4.1^3}=811.9\text{MPa}$$

（8）弹簧展开长度

按表 4-2-8 公式计算：

$$L=\pi Dn_1=3.14\times30.4\times6=572.7\text{mm}$$

（9）弹簧质量

取钢材密度 $\rho=7.85\times10^{-6}\text{kg/mm}^3$ 则有：

$$m=\frac{\pi}{4}d^2L\rho=\frac{3.14}{4}\times4.1^2\times572.7\times7.85\times10^{-6}$$
$$=0.0593\text{kg}$$

（10）特性校核

$$\frac{f_1}{f_s}=\frac{10.9}{29.3}=0.37\quad \frac{f_2}{f_s}=\frac{21.9}{29.3}=0.75$$

满足 $0.2F_s\leqslant f_{1,2}\leqslant0.8F_s$ 的要求。

（11）结构参数

自由高度：$H_0=53.9$mm。

阀门关闭高度：$H_1=43$mm。

阀门开启高度：$H_2=32$mm。

压并（试验）高度：$H_b=H_s=24.6$mm。

节距按表 4-2-8 计算：

$$P=\frac{H_0-1.5d}{n}=\frac{53.9-1.5\times4.1}{4.0}=11.94\text{mm}$$

螺旋角按表 4-2-8 计算：

$$\alpha=\arctan\frac{P}{\pi D}=\arctan\frac{11.94}{3.14\times30.4}=7.13^\circ$$

弹簧展开长度按表 4-2-8 计算：

$$L\approx\pi Dn_1=3.14\times30.4\times6.0=572.7\text{mm}$$

（12）弹簧的疲劳强度和稳定性校核

① 弹簧的疲劳强度校核。弹簧工作切应力校核按公式（4-2-5）计算：

$$\tau_1=K\frac{8DF_1}{\pi d^3}=1.200\times\frac{8\times30.4\times268.9}{3.14\times4.1^3}=362.6\text{MPa}$$

$$\tau_2=K\frac{8DF_2}{\pi d^3}=1.200\times\frac{8\times30.4\times540.3}{3.14\times4.1^3}=728.6\text{MPa}$$

$$\gamma=\frac{\tau_1}{\tau_2}=\frac{362.6}{728.2}=0.50$$

$$\frac{\tau_1}{\sigma_b}=\frac{362.6}{1810}=0.20\quad \frac{\tau_2}{\sigma_b}=\frac{728.6}{1810}=0.40$$

由图 4-2-1 可以看出点（0.20，0.40）在 $\gamma=0.5$ 和 10^7 作用线的交点以下，表明此弹簧的疲劳寿命 $N>10^7$ 次。

强度校核按公式（4-2-17）计算：

$$S=\frac{\tau_{u0}+0.75\tau_{min}}{\tau_{max}}=\frac{0.30\times1810+0.75\times362.6}{728.6}$$
$$=1.12\geqslant S_{min}$$

② 弹簧稳定性校核。弹簧的高径比：$b=H_0/D=53.9/30.4=1.8$，满足稳定性要求。

③ 共振校核。自振频率按公式（4-2-12）计算：

$$f_e=\frac{3.56d}{nD^2}\times\sqrt{\frac{G}{\rho}}=\frac{3.56\times4.1}{4.0\times30.4^2}\times\sqrt{\frac{78.5\times10^3}{7.85\times10^{-6}}}$$
$$=394.8\text{Hz}$$

强迫振动频率：$f_r=25$Hz。

因此 $$\frac{f_e}{f_r}=\frac{394.8}{25}=15.8>10$$

满足要求。

（13）弹簧典型工作图样

弹簧工作图见图 4-2-9。

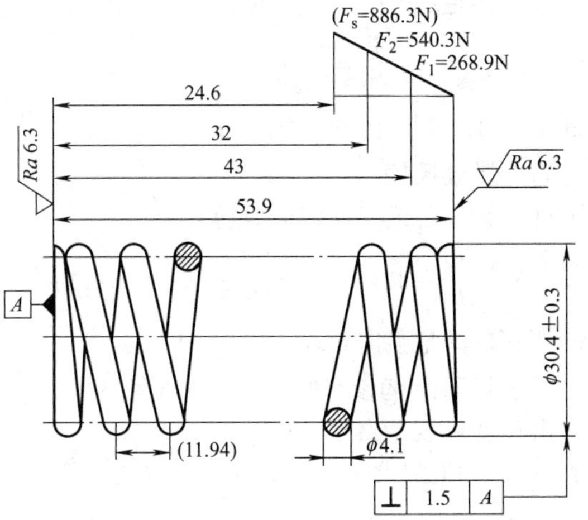

技术要求

1. 弹簧端部结构型式：YⅠ冷卷压缩弹簧。
2. 旋向：右旋。
3. 总圈数：$n_1=6.0$ 圈。
4. 有效圈数：$n=4.0$ 圈。
5. 强化处理：立定处理。
6. 喷丸强度：0.3～0.45A，表面覆盖率大于 90%。
7. 表面处理：清洗上防锈油。
8. 制造技术条件：其余按 GB/T 1239.2 二级精度。

图 4-2-9　弹簧工作图

设计计算数据如下：

序号	参数名称	代号	数值	单位
1	旋绕比	C	7.4	—
2	曲度系数	K	1.200	
3	弹簧中径	D	30.4	mm
4	压并负荷	F_b	722.8	N
5	压并高度	H_b	24.6	mm
6	试验负荷下的高度	H_s	24.6	
7	抗拉强度	R_m	1810	MPa
8	压并应力	τ_b	811.9	
9	工作应力	τ_1	362.6	
		τ_2	728.6	
10	试验应力	τ_s	811.9	MPa
11	刚度	F'	24.67	N/mm
12	自振频率	f_e	394.8	Hz
13	强迫振动频率	f_r	25	Hz
14	循环次数	N	$>10^7$	次
15	展开长度	L	572.7	mm
16	质量	m	0.0593	kg

2.2.8　圆柱螺旋拉伸弹簧设计示例（摘自 GB/T 23935—2009）

例　设计一拉伸弹簧，循环次数 $N=1.0\times10^5$ 次。工作负荷 $F=160$N，工作负荷下变形量为 22mm，采用 LⅢ圆钩环，外径 $D_2=21$mm。

解

（1）选择材料

根据要求选择重要用途碳素钢丝 F 组。根据工作负荷。初步假设材料直径 $d=3$mm。由表 4-1-4 查得材料切变模量 $G=78.5\times10^3$MPa；根据表 4-1-8 查得材料抗拉强度为 $R_m=1690$MPa；根据表 4-2-2 选取试验切应力为 $\tau_s=1690\times0.50\times0.8=676$MPa；许用切应力为 $[\tau]=1690\times0.45\times0.8=608.4$MPa。

（2）材料直径

根据设计要求取 $D_2=21$mm，则 $D=D_2-d=21-3=18$mm，从而计算旋绕比 C：

$$C=\frac{D}{d}=\frac{18}{3}=6$$

按公式（4-2-7）计算曲度系数 $K=1.253$，将相关数值代入公式（4-2-8）计算：

$$d\geqslant\sqrt[3]{\frac{8KDF}{\pi[\tau]}}=\sqrt[3]{\frac{8\times1.253\times18\times160}{3.14\times608}}=2.47\text{mm}$$

与假设基本相符，取 $d=2.5$mm，根据表 4-2-2 查得材料抗拉强度为 $R_m=1770$MPa。

根据表 4-2-2 选取计算试验切应力：

$$\tau_s=0.50R_m\times0.8=0.50\times1770\times0.8=708\text{MPa}$$

许用切应力为

$$[\tau]=1770\times0.45\times0.8=637.2\text{MPa}$$

（3）弹簧直径

弹簧外径：$D_2=21$mm。

弹簧中径：$D=D_2-d=21-2.5=18.5$mm。

弹簧内径：$D_1=D-d=18.5-2.5=16.0$mm。

（4）弹簧旋绕比

$$C=\frac{D}{d}=\frac{18.5}{2.5}=7.4$$

则曲度系数 K 按公式（4-2-7）计算：$K=1.2$。

（5）弹簧初拉力范围选取

根据图 4-2-10，当 $C=7.4$ 时，查得初切应力 $\tau_0=70$～130MPa。

计算初拉力的公式为：

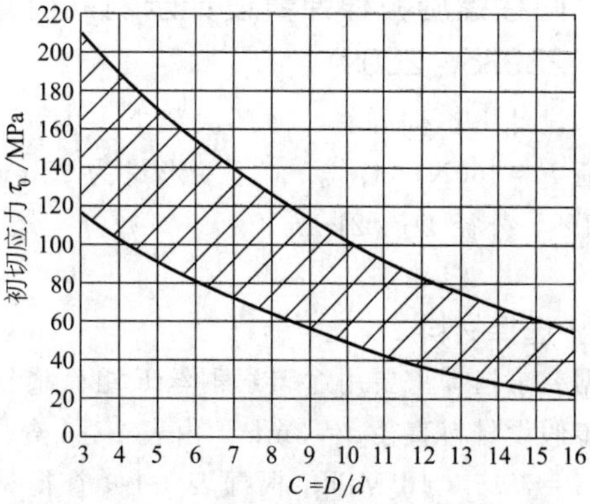

图 4-2-10　旋绕比与初切应力的关系

$$F_0=\frac{\pi d^3}{8D}\tau_0=\frac{3.14\times 2.5^3}{8\times 18.5}\times(70\sim130)$$

$$=23.2\sim43.1\text{N}$$

这里取 $F_0=32\text{N}$。

(6) 弹簧刚度和有效圈数

弹簧刚度按下列公式计算：

$$F'=\frac{F-F_0}{f}=\frac{160-32}{22}=5.82\text{N/mm}$$

弹簧有效圈数按公式（4-2-4）推导计算：

$$n=\frac{Gd^4}{8D^3F'}=\frac{78.5\times10^3\times2.5^4}{8\times18.5^3\times5.82}=10.4\text{圈}$$

则弹簧有效圈数取 $n=10.5$ 圈。

(7) 弹簧实际刚度

因 $n=10.5$ 圈，则弹簧的实际刚度，按公式（4-2-4）计算：

$$F'=\frac{Gd^4}{8D^3n}=\frac{78.5\times10^3\times2.5^4}{8\times18.5^3\times10.5}=5.76\text{N/mm}$$

初拉力按下列公式计算：

$$F_0=F-F'f=160-5.76\times22=33.3\text{N}$$

$F_0=33.3\text{N}$ 在 $23.2\sim43.1\text{N}$ 范围内。

初切应力按下列公式计算：

$$\tau_0=\frac{8D}{\pi d^3}F_0=\frac{8\times18.5}{3.14\times2.5^3}\times33.3=100.5\text{MPa}$$

(8) 弹簧的试验负荷

按公式（4-2-14）计算：

$$F_s=\frac{\pi d^3}{8D}\tau_s=\frac{3.14\times2.5^3}{8\times18.5}\times708=234.7\text{N}$$

(9) 试验负荷下弹簧的变形量

按下列公式计算：

$$f_s=\frac{8D^3n}{Gd^4}(F_s-F_0)$$

$$=\frac{8\times18.5^3\times10.5}{78.5\times10^3\times2.54}\times(234.7-33.3)$$

$$=34.9\text{mm}$$

(10) 特性校核

$$\frac{f}{f_s}=\frac{22}{34.9}=0.63$$

满足 $0.2f_s\leqslant f\leqslant0.8f_s$ 的要求。

(11) 强度校核

强度校核按公式（4-2-5）计算：

$$\tau=K\frac{8DF}{\pi d^3}=1.2\times\frac{8\times18.5\times160}{3.14\times2.5^3}=579.2\text{MPa}$$

$\tau<[\tau]$，满足强度要求。

(12) 弹簧结构参数

自由长度按表 4-2-8 计算：

$$H_0=(n+1)d+2D_1=(10.5+1)\times2.5+2\times16.0$$

$$=60.8\approx61\text{mm}$$

取自由长度 $H_0=61\text{mm}$。

工作长度：$H_1=H_0+f=61+22=83\text{mm}$

试验长度：$H_s=H_0+f_s=61+34.9=95.9\text{mm}$

有初拉力要求，弹簧密绕。

弹簧的展开长度按表 4-2-8 公式计算：

$$L\approx\pi Dn+2\pi D\text{（钩环部分）}$$

$$=3.14\times18.5\times10.5+2\times3.14\times18.5$$

$$=726.1\text{mm}$$

(13) 弹簧典型工作图样

弹簧工作图见图 4-2-11。

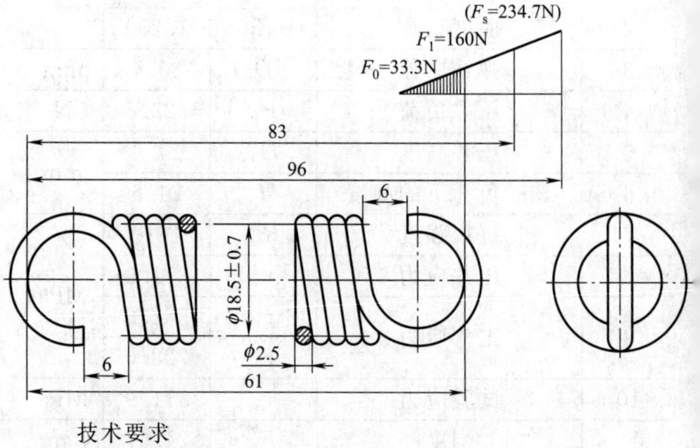

技术要求

1. 弹簧端部结构型式：LⅢ圆钩环扭中心拉伸弹簧。
2. 有效圈数：$n=10.5$ 圈。
3. 旋向：右旋。
4. 表面处理：浸防锈油。
5. 制造技术条件：其余按 GB/T 1239.1 二级精度。

图 4-2-11　弹簧工作图

设计计算数据如下：

序号	参数名称	代号	数值	单位	序号	参数名称	代号	数值	单位
1	旋绕比	C	7.4	—	7	试验应力	τ_s	708	MPa
2	曲度系数	K	1.2		8	初拉力	F_0	33.3	N
3	弹簧中径	D	18.5	mm	9	刚度	F'	5.76	N/mm
4	抗拉强度	R_m	1770	MPa	10	循环次数	N	1.0×10^5	次
5	初切应力	τ_0	(100.5)		11	展开长度	L	726.1	mm
6	工作应力	τ_1	579.2						

2.2.9 查表法确定圆柱螺旋压缩拉伸弹簧尺寸

2.2.9.1 压缩弹簧计算

(1) GB/T 2089—2009 普通圆柱螺旋压缩弹簧尺寸及参数（两端圈并紧磨平或制扁），采用材料按 C 组材料（见表 4-1-9）。

(2) 标记方法：弹簧的标记由类型代号、规格、精度代号、旋向代号和标准号组成，规定如下。

Y $d\times D\times H_0$-□ □ GB/T 2089

- GB/T 2089——标准号
- 第二个□——旋向代号（左旋应注明为左，右旋不表示）
- 第一个□——精度代号（2 级精度制造不表示，3 级应注明“3”级）
- $d\times D\times H_0$——规格（材料直径×弹簧中径×自由高度）
- Y——类型代号（YA 为两端圈并紧磨平的冷卷压缩弹簧，YB 为两端圈并紧制扁的热卷压缩弹簧）

标记示例如下。

示例 1：YA 型弹簧，材料直径为 1.2mm，弹簧中径为 8mm，自由高度 40mm，精度等级为 2 级，左旋的两端圈并紧磨平的冷卷压缩弹簧，标记为

YA 1.2×8×40 左 GB/T 2089

示例 2：YB 型弹簧，材料直径为 30mm，弹簧中径为 160mm，自由高度 200mm，精度等级为 3 级，右旋的并紧制扁的热卷压缩弹簧，标记为

YB 30×160×200-3　GB/T 2089

(3) 弹簧尺寸及参数见表 4-2-12。表中 F_0 为初拉力，F_s 为试验负荷，H_{Lb} 为有效圈长度。

(4) 用查表法确定圆柱螺旋压缩弹簧尺寸及参数例题（摘自 GB/T 2089—2009）。

例 1　一两端圈并紧磨平按 2 级精度制造的右旋压缩弹簧，要求安装负荷 $F_1=232$N，最大工作负荷 $F_2=490$N，工作行程 $f=10$mm，弹簧自由高度不得超过 56mm，弹簧外径不得超过 35mm，弹簧在常温下受动负荷循环次数小于 10^5 次。

解　已知 F_1、F_2、f，则弹簧刚度：

$$F'=\frac{F_2-F_1}{f_2-f_1}=\frac{F}{f}=\frac{490-232}{10}=25.8\approx26\text{N/mm}$$

按 $F=F'f$ 公式，则最大工作负荷下的变形量：

$$f=\frac{F}{F'}=\frac{490}{26}=18.8\text{mm}$$

已知：弹簧自由高度不得超过 56mm，弹簧外径不得超过 35mm，弹簧刚度 $F'=26$N/mm，弹簧最大工作变形量 $f=18.8$mm；根据弹簧在常温下工作，受动负荷循环次数小于 10^5 次。

查表 4-2-13，选规格 YA 4×28×50，其中最大工作负荷 $F_n=545$N，最大工作变量 $f=21$mm。

验证合理性：

最大工作负荷 $F_2=490\text{N}<F_n=545$N，符合要求。

最大工作负荷下的变形量 $f=18.8\text{mm}<f_n=21$mm，符合要求。

弹簧外径（28+4=32mm）<35mm，符合要求。

弹簧高度 50mm<56mm，符合要求。

选压簧：YA 4×28×50-2 GB/T 2089 符合设计要求。

例 2　一两端圈并紧制扁按 2 级精度制造的左旋压缩弹簧，其最大工作变形量 $f_2=108$mm，最大工作负荷 $F_2=11618$N，弹簧自由高度不得超过 450mm，弹簧外径不超过 150mm，弹簧在常温下受静负荷作用。

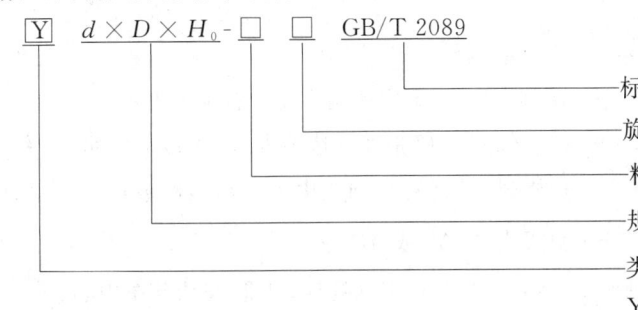

解 已知F_2、f_2，则弹簧刚度：

$$F'=\frac{F}{f}=\frac{F_2}{f_2}=\frac{11618}{108}=107.6\text{N/mm}$$

已知：弹簧最大工作变形量$f_2=108$mm，最大工作负荷$F_2=11618$N，弹簧刚度$F'=107.6$N/mm，弹簧自由高度不得超过450mm，弹簧外径不超过150mm，弹簧在常温下受静负荷作用。

查表4-2-13，选规格YB 20×120×400，其中最大工作负荷$F_n=15491$N，最大工作变量$f=143$mm。

验证合理性：

最大工作负荷$F_2=11618\text{N}<F_n=15491$N，符合要求。

最大工作负荷下的变形量$f_2=108\text{mm}<f_n=$143mm，符合要求。

弹簧高度400mm<450mm，符合要求。

弹簧外径（120＋20＝140mm）<150mm，符合要求。

选压簧：YB 20×120×400-2 左 GB/T 2089 符合设计要求。

2.2.9.2 拉伸弹簧计算

（1）GB/T 2088—2009普通圆柱螺旋拉伸弹簧尺寸及参数，采用材料按C组材料（见表4-1-9）。

（2）标记方法：弹簧的标记由类型代号、型式代号、规格、精度代号、旋向代号和标准编号组成，规定如下。

L□ □ $d\times D\times n$-□ □ GB/T 2088

- GB/T 2088——标准号
- 第二个□——旋向代号（左旋应注明为左，右旋不表示）
- 第一个□——精度代号（2级精度制造不表示，3级应注明“3”级）
- $d\times D\times n$——规格（材料直径×弹簧中径×有效圈数）
- □——型式代号“A”或“B”
- L——类型代号（LⅠ 半圆钩环，LⅢ 圆钩环扭中心，LⅥ 圆钩环压中心）

标记示例如下。

示例1：LⅠ型弹簧，材料直径为1mm，弹簧中径为7mm，有效圈数为10.5，精度等级为3级，A型左旋弹簧。

标记：LⅠA 1×7×10.5-3 左 GB/T 2088

示例2：LⅢ型弹簧，材料直径为1mm，弹簧中径为5mm，有效圈数为12.25，精度为2级的B型弹簧。

标记：LⅢ B 1×5×12.25 GB/T 2088

示例3：LⅥ型弹簧，材料直径为2.5mm，弹簧中径为16mm，有效圈数为30.25，精度为3级的B型弹簧。

标记：LⅥ B 2.5×16×30.25-3 GB/T 2088

（3）弹簧尺寸及参数见表4-2-12。

（4）用查表法确定圆柱螺旋拉伸弹簧尺寸及参数例题（摘自GB/T 2088—2009）。

例1 一拉伸弹簧，要求最小拉力$F_1=147.15$N，最大拉力$F_2=441.45$N，工作行程$f=75$mm，弹簧外径不得超过32mm，此弹簧受变负荷循环次数小于10^3次。

解 已知F_1、F_2及f，则弹簧刚度为：

$$F'=\frac{F_2-F_1}{f}=\frac{441.45-147.15}{75}=3.92\text{N/mm}$$

因为弹簧受变负荷循环次数小于10^3次，所以允许：$F_s\geqslant F_2$，即$F_s\geqslant 441.45$N。

已知：$F_s\geqslant 441.45$N，$F'=3.92$N/mm，$D_2\leqslant 32$mm。

查表4-2-5和表4-2-12，选规格：LI A 4×25×40.5。

其中：$F_s=611$N，$f_s=129.4$mm，$F_0=94.7$N，$F'=3.92$N/mm。

验证该弹簧工作特征：

$F_1=147.15$N时

$$f_1=\frac{F_1-F_0}{F'}=\frac{147.15-94.7}{3.92}\approx 13.38\text{mm}$$

$F_2=441.45$N时

$$f_2=\frac{F_2-F_0}{F'}=\frac{441.45-94.7}{3.92}\approx 88.46\text{mm}$$

$$f_2+\frac{F_0}{F'}=88.46+\frac{94.7}{3.92}=112.62\text{mm}$$

所选弹簧$f_s=129.4\text{mm}>112.62$mm，$F_s=611\text{N}>441.45$N。

选拉簧：LI A 4×25×40.5 GB/T 2088 符合设计要求。

例2 一拉伸弹簧，要求最小拉力$F_1=176.5$N，最

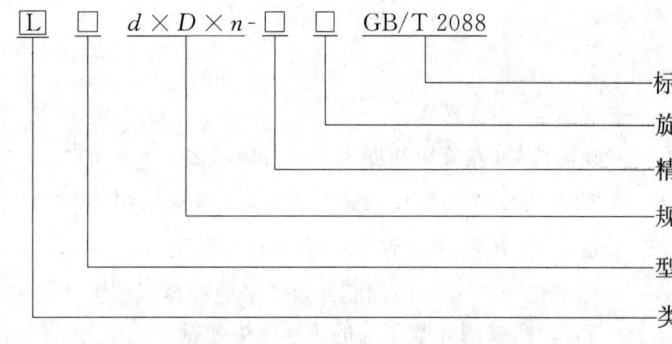

拉力 $F_2=333.5\text{N}$，工作行程 $f=11\text{mm}$，弹簧外径不得超过 18mm，此弹簧受变负荷作用次数小于 10^3 次。

解 已知 F_1、F_2 及 f，则弹簧刚度为：

$$F'=\frac{F_2-F_1}{f}=\frac{333.5-176.5}{11}=14.27\text{N/mm}$$

因为弹簧受动负荷循环次数小于 10^3 次，可按受静负荷弹簧处理，表 4-2-12 数值运用于本弹簧设计要求。

$F_s \geqslant F_2$，即 $F_s \geqslant 333.5\text{N}$。

已知：$F_s \geqslant 333.5\text{N}$，$F'=14.27\text{N/mm}$，$D_2 \leqslant 18\text{mm}$。

查表 4-2-5 和表 4-2-12 选规格：LⅢ A 3×14×20.5。

其中：$F_s=475\text{N}$，$f_s=26.7\text{mm}$，$F_0=95.6\text{N}$，$F'=4.2\text{N/mm}$。

验证该弹簧工作特征：

$F_1=176.5\text{N}$ 时 $$f_1=\frac{F_1-F_0}{F'}=\frac{176.5-95.6}{14.2}\approx 5.70\text{mm}$$

$F_2=333.5\text{N}$ 时 $$f_2=\frac{F_2-F_0}{F'}=\frac{333.5-95.6}{14.2}\approx 16.8\text{mm}$$

$$f_s=f_2+\frac{F_0}{F'}=16.8+\frac{95.6}{14.2}=23.4\text{mm}$$

所选弹簧 $f_s=33.4\text{mm}>23.4\text{mm}$，$F_s=475\text{N}>333.54\text{N}$。

选拉簧：LⅢ A 3×14×20.5 GB/T 2088，符合设计要求。

2.2.10 圆柱螺旋扭转弹簧设计计算

（1）弹簧材料直径计算公式

如图 4-2-12 和图 4-2-13 所示弹簧分别受扭矩 $T=FR$ 和 $F=F_1R_1=F_2R_2$ 作用，材料弯曲应力，按公式（4-2-18）计算：

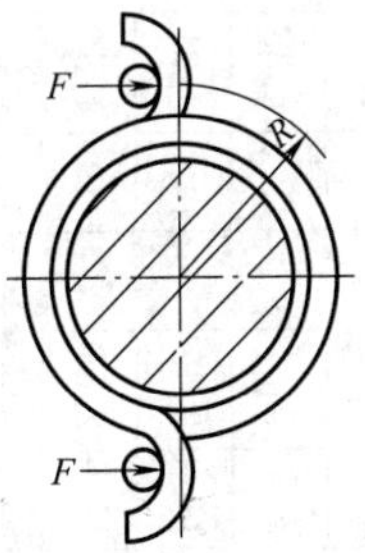

图 4-2-12 短扭臂弹簧

$$\sigma=K_b\frac{32T}{\pi d^3} \tag{4-2-18}$$

弹簧材料直径按公式（4-2-19）计算：

$$d\geqslant\sqrt[3]{\frac{10.2K_bT}{[\sigma]}} \tag{4-2-19}$$

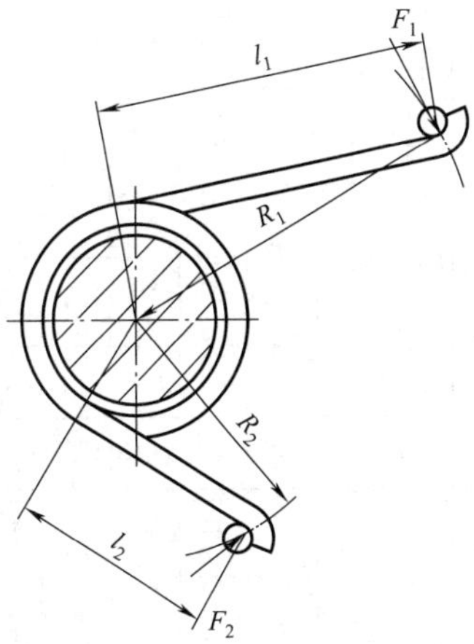

图 4-2-13 长扭臂弹簧

曲度系数 K_b 按公式（4-2-20）计算：

$$K_b=\frac{4C^2-C-1}{4C^2(C-1)} \tag{4-2-20}$$

当顺旋向扭转时，曲度系数 $K_b=1$。

弹簧中径按公式（4-2-9）计算。

（2）扭转变形角、刚度计算公式

① 对短扭臂弹簧（见图 4-2-12）扭臂变形可以忽略不计。扭转变形角，按公式（4-2-21）或公式（4-2-22）计算：

$$\varphi=\frac{64DnT}{Ed^4}\ (\text{rad}) \tag{4-2-21}$$

$$\varphi^\circ=\frac{3667TDn}{Ed^4}\ (^\circ) \tag{4-2-22}$$

式中材料弹性模量 E 参见表 4-1-12。

扭转刚度按公式（4-2-23）或公式（4-2-24）计算：

$$T'=\frac{Ed^4}{64Dn}\ (\text{N}\cdot\text{mm/rad})$$

或 $$T'=\frac{Ed^4}{3667Dn}[\text{N}\cdot\text{mm/}(^\circ)] \tag{4-2-23}$$

$$T'=\frac{T}{\varphi}=\frac{T_2-T_1}{\varphi_2-\varphi_1} \quad 或 \quad T'=\frac{T}{\varphi^\circ}=\frac{T_2-T_1}{\varphi_2^\circ-\varphi_1^\circ} \tag{4-2-24}$$

有效圈数计算公式：

$$n=\frac{Ed^4\varphi}{64TD} \quad 或 \quad n=\frac{Ed^4\varphi^\circ}{3667TD}$$

② 当扭臂 $(l_1+l_2)\geqslant 0.09\pi Dn$ 时，要考虑臂长的影响。对长扭臂弹簧（见图 4-2-13）扭臂的变形必须计算在内，则扭转变形角按下列计算：

表 4-2-12 普通圆柱螺拉伸弹簧尺寸及参数（摘自 GB/T 2088—2009）

d /mm	D /mm	F_0 /N	F_s /N	n=8.25 圈			n=10.5 圈			n=12.25 圈			n=15.5 圈			n=18.25 圈			n=20.5 圈			n=25.5 圈			n=30.25 圈			n=40.5 圈		
				H_{Lb} /mm	f_s /mm	F' /N·mm^{-1}	H_{Lb} /mm	f_s /mm	F' /N·mm^{-1}	H_{Lb} /mm	f_s /mm	F' /N·mm^{-1}	H_{Lb} /mm	f_s /mm	F' /N·mm^{-1}	H_{Lb} /mm	f_s /mm	F' /N·mm^{-1}	H_{Lb} /mm	f_s /mm	F' /N·mm^{-1}	H_{Lb} /mm	f_s /mm	F' /N·mm^{-1}	H_{Lb} /mm	f_s /mm	F' /N·mm^{-1}	H_{Lb} /mm	f_s /mm	F' /N·mm^{-1}
	3	1.6	14.4		4.6	2.77		5.9	2.18		5.3	1.87		8.7	1.47		10.2	1.25		11.4	1.12		14.3	0.896		19.8	0.648		22.7	0.564
	3.5	1.2	12.3		6.4	1.74		8.1	1.37		9.8	1.18		11.9	0.929		14.1	0.789		15.8	0.702		19.6	0.565		27.2	0.408		31.3	0.355
0.5	4	0.9	10.8	4.6	8.5	1.17	5.8	10.8	0.92	6.6	15.7	0.79	8.3	15.9	0.622	9.6	18.8	0.528	10.7	21.1	0.470	13.2	26.2	0.378	15.6	36.1	0.274	20.8	41.6	0.238
	5	0.6	8.6		13.3	0.60		17	0.47		22.9	0.40		25.1	0.319		29.5	0.271		33.2	0.241		41.2	0.194		57.1	0.140		65.6	0.122
	6	0.4	7.2		19.4	0.35		25.2	0.27		31.5	0.23		37	0.184		43.3	0.157		48.9	0.139		60.7	0.112		83.8	0.081		96.3	0.0706
	3	3.3	23.9		3.6	5.75		4.6	4.51		5.3	3.87		6.7	3.06		7.9	2.60		8.9	2.31		11.1	1.86		13.1	1.570		17.6	1.17
	4	1.9	17.9		6.6	2.42		8.4	1.90		9.8	1.63		12.4	1.29		14.5	1.10		16.4	0.975		20.4	0.784		24.2	0.661		32.4	0.494
0.6	5	1.2	14.3	5.6	10.6	1.24	6.9	13.4	0.975	7.9	15.7	0.836	9.9	19.8	0.661	11.6	23.4	0.561	12.9	26.3	0.499	15.9	32.6	0.402	18.8	38.8	0.338	24.9	51.8	0.253
	6	0.8	11.9		15.5	0.718		19.7	0.564		22.9	0.484		29.1	0.382		34.2	0.325		38.4	0.289		47.8	0.232		56.6	0.196		76.0	0.146
	7	0.6	10.2		21.2	0.452		27	0.355		31.5	0.305		39.8	0.241		47.1	0.204		52.7	0.182		65.8	0.146		78.0	0.123		104.3	0.092
	4	5.9	40.4		4.5	7.66		5.7	6.02		6.7	5.16		8.5	4.08		10	3.46		11.2	3.08		13.9	2.48		16.5	2.09		22.1	1.56
	5	3.8	32.3		7.3	3.92		9.3	3.08		10.8	2.64		13.6	2.09		16.1	1.77		18	1.58		22.4	1.27		26.6	1.07		35.7	0.799
0.8	6	2.6	26.9	7.4	10.7	2.27	9.2	13.7	1.78	10.6	15.9	1.53	13.2	20.1	1.21	15.4	23.6	1.03	17.2	26.6	0.913	21.2	33.1	0.734	25.0	39.3	0.619	33.2	52.6	0.462
	8	1.5	20.2		19.6	0.952		24.9	0.752		29	0.645		36.7	0.510		43.2	0.433		48.6	0.385		60.3	0.310		71.6	0.261		95.9	0.195
	9	1.2	18.0		25	0.673		31.8	0.528		37.1	0.453		46.9	0.358		55.3	0.304		62	0.271		77.1	0.218		91.8	0.183		122.6	0.137
	5	9.2	61.5		5.5	9.58		7	7.52		8.1	6.45		10.3	5.10		12.1	4.33		13.6	3.85		16.9	3.10		20.0	2.61		26.8	1.95
	6	6.4	51.3		8.1	5.54		10.3	4.35		12	3.73		15.2	2.95		17.9	2.51		25.1	1.79		25.1	1.79		29.7	1.51		39.7	1.13
	7	4.7	44.0		11.3	3.49		14.3	2.74		16.7	2.35		21.2	1.86		24.9	1.58		28.1	1.40		34.8	1.13		41.3	0.952		55.3	0.711
1.0	8	3.6	38.5	9.3	14.9	2.34	11.5	19	1.84	13.3	22.2	1.57	16.5	28.1	1.24	19.3	32.9	1.06	21.5	37.1	0.941	26.5	46.2	0.756	31.3	54.7	0.638	41.5	73.3	0.476
	10	2.3	30.8		23.8	1.20		30.3	0.940		35.4	0.806		44.7	0.637		52.7	0.541		59.1	0.482		73.6	0.387		87.4	0.326		116.8	0.244
	12	1.6	25.6		34.6	0.693		44.1	0.544		51.4	0.467		65	0.369		76.7	0.313		86	0.279		107.1	0.224		127.0	0.189		170.2	0.141
	6	13.3	86.4		6.4	11.5		8.1	9.03		9.4	7.74		11.9	6.12		14.1	5.19		15.8	4.62		19.7	3.72		23.4	3.13		31.2	2.34
1.2	7	9.8	74.0	11.1	8.9	7.24	13.8	11.3	5.69	15.9	13.2	4.87	19.8	16.7	3.85	23.1	19.6	3.27	25.8	21.8	2.95	31.8	27.4	2.34	37.5	32.6	1.97	49.8	43.7	1.47
	8	7.5	64.8		11.8	4.85		15	3.81		17.6	3.26		22.2	2.58		26.2	2.19		29.4	1.95		36.5	1.57		43.4	1.32		58.0	0.988

续表

d/mm	D/mm	F_0/N	F_s/N	n=8.25圈			n=10.5圈			n=12.25圈			n=15.5圈			n=18.25圈			n=20.5圈			n=25.5圈			n=30.25圈			n=40.5圈		
				H_{Lb}/mm	f_s/mm	F'/N·mm^{-1}	H_{Lb}/mm	f_s/mm	F'/N·mm^{-1}	H_{Lb}/mm	f_s/mm	F'/N·mm^{-1}	H_{Lb}/mm	f_s/mm	F'/N·mm^{-1}	H_{Lb}/mm	f_s/mm	F'/N·mm^{-1}	H_{Lb}/mm	f_s/mm	F'/N·mm^{-1}	H_{Lb}/mm	f_s/mm	F'/N·mm^{-1}	H_{Lb}/mm	f_s/mm	F'/N·mm^{-1}	H_{Lb}/mm	f_s/mm	F'/N·mm^{-1}
1.2	10	4.8	51.8	11.1	19	2.48	13.8	19.5	2.41	15.9	28.1	1.67	19.8	35.6	1.32	23.1	42	1.12	25.8	47	0.999	31.8	58.5	0.803	37.5	69.4	0.677	49.8	92.9	0.506
	12	3.3	43.2		27.7	1.44		35.3	1.13		41.3	0.967		52.2	0.765		61.5	0.649		69	0.578		85.8	0.465		101.8	0.392		136.2	0.293
	14	2.4	37.0		38.2	0.905		48.7	0.711		56.8	0.609		71.9	0.481		84.6	0.409		95.1	0.364		118.1	0.293		140.1	0.247		188	0.184
1.6	8	23.6	145	14.8	7.9	15.3	18.4	10.1	12.0	21.2	11.8	10.3	26.4	14.9	8.15	30.8	17.5	6.93	34.4	19.7	6.17	42.4	24.5	4.96	50.0	29.0	4.18	66.4	38.9	3.12
	10	15.1	116		12.9	7.84		16.4	6.16		19.1	5.28		24.1	4.18		28.4	3.55		31.9	3.16		39.7	2.54		47.1	2.14		63.1	1.60
	12	10.5	97.0		19.1	4.54		24.2	3.57		28.3	3.06		35.7	2.42		42.2	2.05		47.3	1.83		58.8	1.47		69.8	1.24		93.5	0.925
	14	7.7	83.1		26.4	2.86		33.5	2.25		39.1	1.93		49.6	1.52		58.4	1.29		65.6	1.15		81.5	0.925		96.7	0.780		129.6	0.582
	16	5.9	72.7		34.8	1.92		44.5	1.50		51.8	1.29		65.5	1.02		77.1	0.866		86.6	0.771		107.7	0.620		128	0.522		171.3	0.390
	18	4.7	64.7		44.4	1.35		56.6	1.06		66.2	0.906		83.8	0.716		98.7	0.608		110.9	0.541		137.9	0.435		163.5	0.367		219	0.274
2.0	10	37.0	215	18.5	9.3	19.2	23.0	11.9	15.0	26.5	13.8	12.9	33.0	17.5	10.20	38.5	20.6	8.66	43.0	23.1	7.71	53.0	28.7	6.20	62.5	34.1	5.22	8.3	45.6	3.90
	12	25.7	179		13.8	11.1		17.6	8.71		20.5	7.46		26	5.90		30.6	5.01		34.4	4.46		42.7	3.59		50.8	3.02		67.8	2.26
	14	18.8	153		19.2	6.98		24.5	5.48		28.6	4.70		36.2	3.71		42.5	3.16		47.8	2.81		59.4	2.26		70.6	1.90		94.5	1.42
	16	14.4	134		25.6	4.68		32.6	3.67		38	3.15		48	2.49		56.7	2.11		63.6	1.88		79.2	1.51		93.4	1.28		125.6	0.952
	18	11.4	119		32.8	3.28		41.7	2.58		48.7	2.21		61.5	1.75		72.7	1.48		81.5	1.32		101.5	1.06		120.1	0.896		160.8	0.669
	20	9.2	107		40.9	2.39		52	1.88		60.7	1.61		77	1.27		90.6	1.08		101.6	0.963		126.2	0.775		149.8	0.653		200.4	0.488
2.5	12	62.7	339	23.1	10.2	27.1	28.8	13	21.3	33.1	15.2	18.2	41.3	19.2	14.4	48.1	22.6	12.2	53.8	25.3	10.9	66.3	31.6	8.75	78.1	37.4	7.38	103.8	50.1	5.51
	14	46.1	291		14.4	17.0		18.3	13.4		21.3	11.5		27	9.07		31.8	7.70		35.7	6.86		44.4	5.51		52.7	4.65		70.6	3.47
	16	35.3	255		19.3	11.4		24.5	8.97		28.6	7.69		36.1	6.08		42.6	5.16		47.9	4.59		59.5	3.69		70.6	3.11		94.3	2.33
	18	27.9	226		24.7	8.02		31.4	6.30		36.7	5.40		46.4	4.27		54.7	3.62		61.3	3.23		76.5	2.59		90.5	2.19		121.5	1.63
	20	22.6	204		31.1	5.84		39.5	4.59		46	3.94		58.3	3.11		68.7	2.64		77.2	2.35		96.0	1.89		114.1	1.59		152.4	1.19
	25	14.4	163		49.7	2.99		63.2	2.35		73.6	2.02		128.1	11.59		110.1	1.35		123.8	1.20		153.5	0.968		182.1	0.816		243.6	0.610
3.0	14	95.6	475	27.8	10.7	35.3	34.5	13.6	27.8	39.8	15.9	23.8	49.5	20.2	18.8	57.8	23.7	16.0	64.5	26.7	14.2	79.5	33.3	11.4	93.8	39.4	9.64	124.5	52.7	7.20
	16	73.2	416		14.5	23.7		18.4	18.6		21.6	15.9		27.2	12.6		32	10.7		36	9.53		44.8	7.66		53.1	6.46		71.1	4.82
	18	57.8	370		18.8	16.6		23.8	13.1		27.9	11.2		35.3	8.85		41.5	7.52		46.7	6.69		58	5.38		68.9	4.53		92.1	3.39

续表

d /mm	D /mm	F_0 /N	F_s /N	$n=8.25$ 圈			$n=10.5$ 圈			$n=12.25$ 圈			$n=15.5$ 圈			$n=18.25$ 圈			$n=20.5$ 圈			$n=25.5$ 圈			$n=30.25$ 圈			$n=40.5$ 圈		
				H_{Lb} /mm	f_s /mm	F' /N·mm^{-1}	H_{Lb} /mm	f_s /mm	F' /N·mm^{-1}	H_{Lb} /mm	f_s /mm	F' /N·mm^{-1}	H_{Lb} /mm	f_s /mm	F' /N·mm^{-1}	H_{Lb} /mm	f_s /mm	F' /N·mm^{-1}	H_{Lb} /mm	f_s /mm	F' /N·mm^{-1}	H_{Lb} /mm	f_s /mm	F' /N·mm^{-1}	H_{Lb} /mm	f_s /mm	F' /N·mm^{-1}	H_{Lb} /mm	f_s /mm	F' /N·mm^{-1}
	20	46.8	333		23.7	12.1		30.1	9.52		35.1	8.16		44.4	6.45		52.2	5.48		58.6	4.88		73	3.92		86.5	3.31		115.9	2.47
3.0	22	38.7	303	27.8	29	9.11	34.5	37	7.15	39.8	43.1	6.13	49.5	54.5	4.85	57.8	64.2	4.12	64.5	72.2	3.66	79.5	89.6	2.95	93.8	106.6	2.48	124.5	142.9	1.85
	25	29.9	266		38	6.21		48.4	4.88		56.5	4.18		71.5	3.30		84	2.81		94.4	2.50		117.5	2.01		139.7	1.69		187.4	1.26
	18	107	587		15.6	30.8		19.8	24.2		23.2	20.7		29.3	16.4		34.5	13.9		38.7	12.4		48.2	9.96		57.1	8.40		76.6	6.27
	20	86.8	528		19.6	22.5		25.1	17.6		29.2	15.1		36.8	12.0		43.7	10.1		48.8	9.04		60.8	7.26		72.1	6.12		96.5	4.57
3.5	22	71.7	480	32.4	24.2	16.9	40.3	30.7	13.3	46.4	35.8	11.4	57.8	45.5	8.98	67.4	53.5	7.63	75.3	60.1	6.79	92.8	74.8	5.46	109.4	88.8	4.60	145.3	118.7	3.44
	25	55.5	423		32	11.5		40.7	9.03		47.5	7.74		60	6.12		70.7	5.20		79.4	4.63		98.8	3.72		117	3.14		157.1	2.34
	28	44.2	377		40.7	8.18		51.8	6.43		60.4	5.51		76.3	4.36		89.9	3.70		101.2	3.29		125.6	2.65		149.2	2.23		199.3	1.67
	35	28.4	302		65.3	4.19		83.2	3.29		97	2.82		122.7	2.23		144.8	1.89		161.9	1.69		201.2	1.36		240	1.14		320.8	0.853
	22	123	694		19.8	28.8		25.3	22.6		29.4	19.4		37.3	15.3		43.9	13.0		49.2	11.6		61.3	9.31		72.7	7.85		97.4	5.86
	25	94.7	611		26.3	19.6		33.5	15.4		39.1	13.2		49.6	10.4		58.2	8.87		65.4	7.89		81.4	6.34		96.5	5.35		129.4	3.99
	28	75.4	545		33.5	14.0		42.7	11.0		50	9.40		63.2	7.43		74.4	6.31		83.6	5.62		103.9	4.52		123.3	3.81		165.4	2.84
4.0	32	57.8	477	37.0	44.8	9.35	46.0	57	7.35	53.0	66.5	6.30	66	84.2	4.98	77.0	99.1	4.23	86.0	111.5	3.76	106	138.3	3.03	125.0	164.4	2.55	166.0	220.6	1.90
	35	48.3	436		54.2	7.15		69	5.62		80.6	4.81		102	3.80		120	3.23		134.6	2.88		167.8	2.31		198.8	1.95		265.5	1.46
	40	37.0	382		72	4.79		91.8	3.76		107.1	3.22		135.3	2.55		159.7	2.16		178.8	1.93		222.6	1.55		263.4	1.31		353.8	0.975
	45	29.2	339		92.2	3.36		118.7	2.61		137.1	2.26		173.1	1.79		203.8	1.52		229.5	1.35		284.2	1.09		337.8	0.917		452.3	0.685
	25	152	870		15.6	46.1		29.1	24.7		33.9	21.2		43	16.7		50.6	14.2		57	12.6		70.4	10.2		83.8	8.57		112.2	6.40
	28	121	777		29.3	22.4		37.3	17.6		43.4	15.1		55.1	11.9		65	10.1		72.9	9.00		90.7	7.23		107.5	6.10		144.2	4.55
	32	92.6	680		39.2	15.0		49.8	11.8		58.2	10.1		73.7	7.97		86.8	6.77		97.4	6.03		121.1	4.85		143.6	4.09		192.6	3.05
4.5	35	77.4	621	41.6	47.7	11.4	51.8	60.5	8.99	59.6	70.5	7.71	74.3	89.3	6.09	86.6	104.9	5.18	96.8	117.9	4.61	119.3	146.9	3.70	140.6	174.2	3.12	186.8	233.3	2.33
	40	62.8	544		62.7	7.67		79.8	6.03		93.1	5.17		117.9	4.08		138.7	3.47		155.7	3.09		194	2.48		230.2	2.09		308.5	1.56
	45	46.8	483		80.9	5.39		103.1	4.23		120.2	3.63		152	2.87		179.5	2.43		201	2.17		250.7	1.74		296.7	1.47		396.5	1.10
	50	37.9	435		101	3.93		128.5	3.09		150.4	2.64		190	2.09		223.1	1.78		251.3	1.58		312.7	1.27		371.1	1.07		496.4	0.800

d /mm	D /mm	F_0 /N	F_s /N	n=8.25圈			n=10.5圈			n=12.25圈			n=15.5圈			n=18.25圈			n=20.5圈			n=25.5圈			n=30.25圈			n=40.5圈		
				H_{Lb} /mm	f_s /mm	F' /N·mm^{-1}	H_{Lb} /mm	f_s /mm	F' /N·mm^{-1}	H_{Lb} /mm	f_s /mm	F' /N·mm^{-1}	H_{Lb} /mm	f_s /mm	F' /N·mm^{-1}	H_{Lb} /mm	f_s /mm	F' /N·mm^{-1}	H_{Lb} /mm	f_s /mm	F' /N·mm^{-1}	H_{Lb} /mm	f_s /mm	F' /N·mm^{-1}	H_{Lb} /mm	f_s /mm	F' /N·mm^{-1}	H_{Lb} /mm	f_s /mm	F' /N·mm^{-1}
	25	232	1154		19.2	47.9		24.5	37.6		28.6	32.2		36.2	25.5		42.7	21.6		47.8	19.3		59.5	15.5		70.4	13.1		94.6	9.75
	28	184	1030		24.8	34.1		31.6	26.8		36.8	23.0		46.7	18.1		54.9	15.4		61.8	13.7		76.9	11.0		91.1	9.29		121.9	6.94
	32	141	902		33.4	22.8		42.5	17.9		49.4	15.4		62.4	12.2		73.9	10.3		82.8	9.19		103	7.39		122.2	6.23		163.7	4.65
5.0	35	118	824	46.3	40.6	17.4	57.5	51.5	13.7	66.3	59.8	11.8	82.5	76	9.29	96.3	89.5	7.89	107.5	100.6	7.02	132.5	125	5.65	156.3	148.3	4.76	207.5	198.9	3.55
	40	90.3	721		53.9	11.7		68.7	9.18		80.1	7.87		101.4	6.22		119.5	5.28		134.2	4.70		166.9	3.78		197.7	3.19		265	2.38
	45	71.3	641		69.4	8.21		88.3	6.45		103	5.53		130.4	4.37		153.6	3.71		172.6	3.30		214.2	2.66		243.5	2.34		341.1	1.67
	55	47.8	525		106	4.50		135.2	3.53		157.5	3.03		199.7	2.39		235.1	2.03		263.6	1.81		329.1	1.45		388	1.23		521	0.916
	32	292	1505		25.6	47.3		32.6	37.2		38	31.9		48.1	25.2		56.7	21.4		63.5	19.1		79.3	15.3		94	12.9		125.8	9.64
	35	244	1376		31.3	36.2		39.9	28.4		46.4	24.4		58.7	19.3		69	16.4		77.5	14.6		96.8	11.7		114.7	9.87		153.6	7.37
	40	187	1204		42	24.2		53.5	19		62.4	16.3		78.8	12.9		92.5	11.0		104.3	9.75		129.7	7.84		153.9	6.61		205.9	4.94
6.0	45	148	1070	55.5	54.2	17	69	68.8	13.4	79.5	80.2	11.5	99.0	101.8	9.06	116	119.7	7.70	129	134.6	6.85	159	167.3	5.51	188	198.7	4.64	249	265.7	3.47
	50	120	963		68	12.4		86.5	9.75		100.8	8.36		126.4	6.67		150.3	5.61		168.9	4.99		209.7	4.02		249.4	3.38		333.2	2.53
	60	83.2	803		100.3	7.18		127.6	5.64		148.7	4.84		188.4	3.82		221.5	3.25		249.1	2.89		310.3	2.32		367.2	1.96		493	1.46
	70	61.1	688		138.7	4.52		176.6	3.55		205.5	3.05		260.1	2.41		307.3	2.04		344.5	1.82		429.4	1.46		509.7	1.23		680.7	0.921
	40	592	2753		28.2	76.6		35.9	60.2		41.9	51.6		53	40.8		62.5	34.6		70.2	30.8		87.1	24.8		103.4	20.9		138.5	15.6
	45	468	2447		36.8	53.8		46.8	42.3		55.7	35.5		69.2	28.6		81.4	24.3		91.2	21.7		113.7	17.4		134.6	14.7		181.6	10.9
	50	379	2203		46.5	39.2		59.2	30.8		70.4	25.9		87.3	20.9		103.1	17.7		115.4	15.8		143.6	12.7		170.5	10.7		228.3	7.99
8.0	55	313	2002	132	57.3	29.5	154	72.8	23.2	172	87.1	19.4	132	107.6	15.7	154	127	13.3	172	141.9	11.9	212	177.2	9.53	250	210.1	8.04	332	281.5	6.00
	60	263	1835		69.3	22.7		88.3	17.8		102.7	15.3		129.9	12.1		152.6	10.3		172.2	9.13		214.2	7.34		254	6.19		340.3	4.62
	70	193	1573		96.5	14.3		123.2	11.2		143.3	9.63		181.3	7.61		213.6	6.46		240	5.75		298.7	4.62		353.8	3.90		474.2	2.91
	80	148	1377		128.3	9.58		163.4	7.52		190.5	6.45		241	5.10		283.8	4.33		319.2	3.85		396.5	3.10		470.9	2.61		630.3	1.95

$$\varphi=\frac{64T}{\pi Ed^4}\left[\pi Dn+\frac{1}{3}(l_1+l_2)\right]\ (\mathrm{rad})$$

或
$$\phi^\circ=\frac{3667T}{\pi Ed^4}\left[\pi Dn+\frac{1}{3}(l_1+l_2)\right]\ (^\circ)$$

扭转刚度计算公式：

$$T'=\frac{\pi Ed^4}{64\left[\pi Dn+\frac{1}{3}(l_1+l_2)\right]}\ (\mathrm{N\cdot mm/rad})$$

或
$$T'=\frac{\pi Ed^4}{3667\left[\pi Dn+\frac{1}{3}(l_1+l_2)\right]}\ [\mathrm{N\cdot mm/(^\circ)}]$$

(3) 弹簧的扭矩和扭转变形角

当弹簧有特性要求时，为了保证指定扭转变形角下的扭矩，T 和 φ (φ°) 应分别在试验扭矩 T_s 和试验扭矩下的变形角 φ_s 的 20%～80%之间。

即 $0.2T_s\leqslant T_{1,2,\cdots,n}\leqslant 0.8T_s$ 和 $0.2\varphi_s\leqslant\varphi_{1,2,\cdots,n}\leqslant 0.8\varphi_s$ ($0.2\varphi^\circ_s\leqslant\varphi^\circ_{1,2,\cdots,n}\leqslant 0.8\varphi^\circ$)。

① 试验扭矩和试验扭矩下的变形角。试验扭矩 T 即弹簧允许的最大扭矩，其计算公式：

$$T_s=\frac{\pi d^3}{32}\sigma_s(\mathrm{N\cdot mm})$$

式中，σ_s 为试验弯曲应力，查表 4-2-3 和图 4-2-3。

试验扭矩下的变形角计算公式：

$$\varphi_s=\frac{T_s}{T'}\ [\mathrm{rad}\ 或(^\circ)]$$

② 弹簧特性。由于弹簧端部的结构形状，弹簧与导杆的摩擦等均影响弹簧的特性，所以无特殊需要时不规定特性要求。如规定弹簧特性要求时，应采用簧圈间有间隙的弹簧，用指定扭转变形角时的扭矩进行考核。

(4) 弹簧的端部结构型式、参数及计算公式

① 弹簧的端部结构型式。弹簧端部结构型式见表 4-2-13。

表 4-2-13　圆柱螺旋扭转弹簧端部结构（摘自 GB/T 23935—2009）

代号	简　　图	端部结构型式	代号	简　　图	端部结构型式
NⅠ	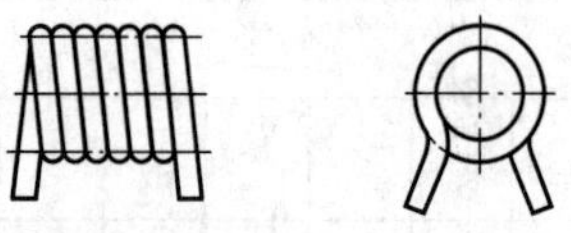	外臂扭转弹簧	NⅣ	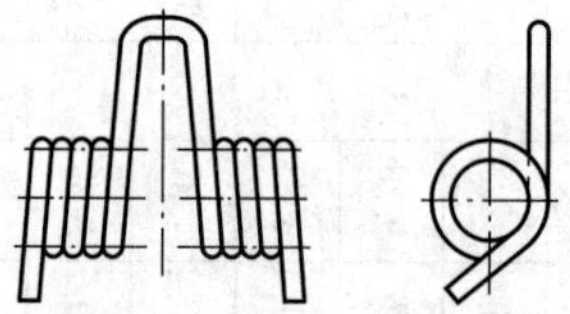	平列双扭弹簧
NⅡ	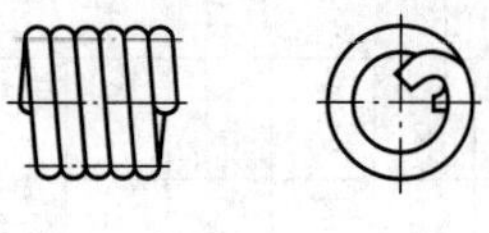	内臂扭转弹簧	NⅤ	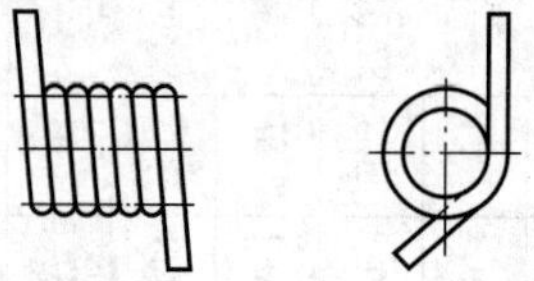	直臂扭转弹簧
NⅢ	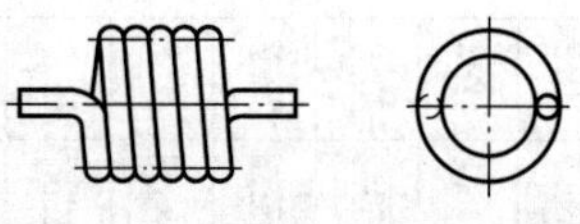	中心距扭转弹簧	NⅥ	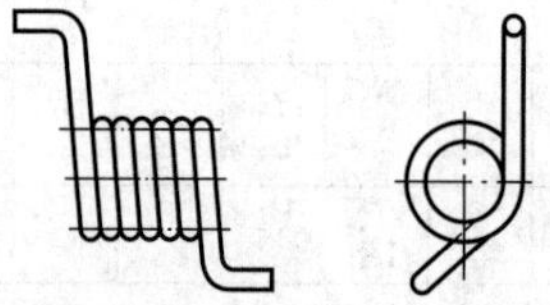	单臂弯曲扭转弹簧

注：1. 弹簧结构型式推荐用外臂扭转弹簧、内臂扭转弹簧、直臂扭转弹簧。

2. 弹簧端部扭臂结构型式根据安装方法、安装条件的要求，可做成特殊的型式。

为了避免产生应力集中，端部扭臂弯曲部分的曲率半径 r 尽可能取大些，一般应大于材料直径 d，即$r\geqslant d$。

端部扭臂长度、弯曲角度、直径偏差应符合 GB/T 1239.3 的规定。

弹簧直径的偏差可按 GB/T 1239.3 选取。

顺向扭转时，为了避免弹簧受扭矩后抱紧导杆，应考虑在扭矩作用下弹簧直径的减小。其减小值可近似地按以下公式计算：

$$\Delta D_s=\frac{\varphi_s D}{2\pi n}=\frac{\varphi_s D}{360n}$$

② 导杆直径按计算公式：

$$D'=0.9(D_1-\Delta D_s)$$

③ 扭转弹簧扭转角度 φ 后，内径按计算公式：

$$D_1=\frac{2\pi nD}{2\pi n+\varphi}-d$$

(5) 弹簧旋绕比

旋绕比根据材料直径 d 在表 4-2-14 中选取。

表 4-2-14 圆柱螺旋扭转弹簧的旋绕比

(摘自 GB/T 23935—2009)

d/mm	0.2～0.5	>0.5～1.1	>1.1～2.5	>2.5～7.0	>7.0～16	>16
C	7～14	5～12	5～10	4～9	4～8	4～16

(6) 弹簧圈数

需要考核特性的弹簧，一般有效圈数不少于 3 圈。

(7) 弹簧自由角度

自由角度 φ_0 为无负荷时两扭臂的夹角，可根据需要确定。有特性要求时的弹簧，自由角度不予考核；无特性要求的弹簧，自由角度的偏差应符合 GB/T 1239.3 的规定。

(8) 弹簧节距和自由长度

节距 P 按下式计算：

$$P=d+\delta$$

密圈弹簧的间距 $\delta=0$。

自由长度可参考以下近似公式计算：

$$H_0=(nt+d)+\text{扭臂在弹簧轴线的长度}$$

式中，n 取整数，自由长度偏差应符合 GB/T 1239.3 的规定。

(9) 弹簧展开长度

弹簧展开长度计算公式：

$$L\approx\pi Dn+\text{扭臂部分长度}$$

(10) 弹簧疲劳强度校核

受动负荷的重要弹簧，应进行疲劳强度校核。进行校核时要考虑变负荷的循环特征 $r=\sigma_{\min}/\sigma_{\max}=T_{\min}/T_{\max}=\varphi_{\min}/\varphi_{\max}$，循环次数 N，以及材料表面状态等影响疲劳强度的各种因素。

对于采用重要用途碳素弹簧钢丝等制造的弹簧，其疲劳极限可由图 4-2-3 确定。

图中 $\sigma_{\max}/R_m=0.70$ 的横线，是不产生永久变形的极限值，随着永久变形允许程度，$\sigma_{\max}$ 可以适当向上移动，最高可到静负荷时的许用弯曲应力。

① 弹簧典型工作图样见图 4-2-14。

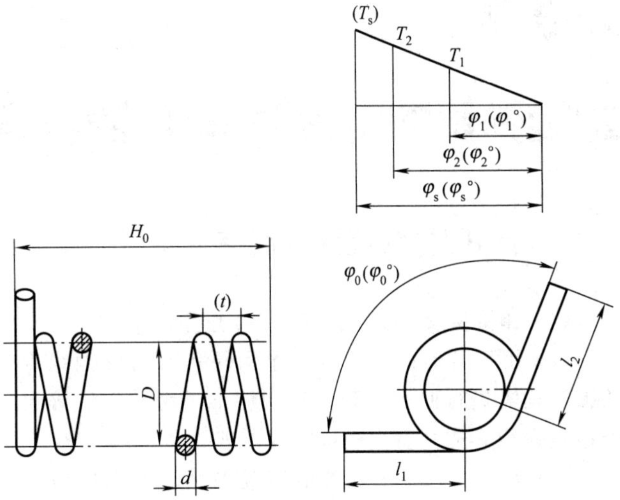

图 4-2-14 扭转弹簧工作图

② 技术要求内容

ⅰ. 弹簧端部结构形式。

ⅱ. 有效圈数 n。

ⅲ. 旋向。

ⅳ. 表面处理。

ⅴ. 制造技术条件。

ⅵ. 其他技术要求。

③ 设计计算数据

序号	参数名称	代号	数值	单位
1	旋绕比	C		
2	曲度系数	K_b		
3	中径	D		mm
4	自由长度	H_0		
5	抗拉强度	R_m		MPa
6	工作弯曲应力	σ_1		
		σ_2		
7	试验弯曲应力	σ_s		MPa
8	扭转刚度	T'		N·mm/rad 或 N·mm/(°)
9	弹簧变形能	U		N·mm
10	导杆直径	D'		mm
11	展开长度	L		

第3章

螺旋弹簧的制造要求及性能试验

3.1 普通圆柱螺旋弹簧制造要求

(1) 弹簧材料一般应按表4-1-4选用。

(2) 用不需淬火的弹簧钢丝和硬状态的青铜线冷卷的弹簧均需进行回火处理，其硬度不予考核。用淬火冷硬铍青铜线卷的弹簧应进行时效处理。

(3) 经淬火、回火处理的冷卷弹簧，淬火次数不得超过2次，回火次数不限，其硬度值应达到42～52HRC。在特殊情况下，其硬度值可扩大范围到55HRC。

用退火冷硬铍青铜冷卷弹簧需经淬火时效处理，淬火次数不得超过2次，时效次数不限。

(4) 经淬火、回火处理的热卷弹簧，单边脱碳层的深度，允许比原材料标准规定的脱碳层深度再增加材料直径的0.25%。

(5) 弹簧的主要参数按制造精度分1级、2级、3级。主要参数的允许偏差、公差见表4-3-1。

(6) 根据使用要求，可考核弹簧节距不均匀度。其公差为间距δ的10%，最小公差值一般为0.3mm。

压缩弹簧当压缩到全变量的80%时，正常节距的弹簧圈不允许接触。

(7) 对压缩弹簧端面的加工要求：

① 两端圈并紧并磨平的压缩弹簧支承圈，磨平部分不少于圆周长的$\frac{3}{4}$，端头厚度一般不小于$\frac{1}{8}d$。端面粗糙度Ra值应大于12.5μm，两端头锻扁的弹簧，其端头厚度$\frac{1}{3}d$，宽度应小于0.7d。

② 材料直径≤0.5mm，时，允许不磨端面。

③ 热卷弹簧在保证垂直度要求、端面平整的情况下，允许不磨端面。

(8) 对弹簧成品的表面质量要求：

① 表面应光滑，不允许有裂纹、氧化皮、锈蚀等缺陷。

② 冷卷弹簧不允许有深度超出材料直径公差之半的个别压痕、凹坑和刮伤。

③ 热卷弹簧允许用打磨方法消除在制造过程中所产生的个别压痕、凹坑和刮伤，修磨后断面尺寸允许比原材料实际尺寸再减去原材料的公差值。

(9) 弹簧表面。凡镀层为锌、铬和镉时，电镀后应进行去氢处理。

(10) 有工作极限负荷（力或转矩）要求的压缩、拉伸、扭转弹簧不允许有永久变形。

(11) 根据需要可对弹簧规定下列要求：

① 喷丸处理；

② 探伤；

③ 疲劳试验，冲击试验，模拟试验。

3.2 弹簧的制造精度及极限偏差

表4-3-1 冷卷圆柱螺旋弹簧的制造精度及极限偏差（摘自GB/T 1239.1～1239.3—2009）

弹簧类型	项目	弹簧制造精度及极限偏差					备注
冷卷压缩弹簧	指定高度时载荷(F)的极限偏差/N	精度等级		1	2	3	
		有效圈数	≥3～10	±0.05F	±0.10F	±0.15F	
			>10	±0.04F	±0.08F	±0.12F	
	弹簧刚度(k)的极限偏差/N·mm^{-1}	精度等级		1	2	3	
		有效圈数	≥3～10	±0.05k	±0.10k	±0.15k	
			>10	±0.04k	±0.08k	±0.12k	

续表

弹簧类型	项目	弹簧制造精度及极限偏差					备注
冷卷压缩弹簧	弹簧外径或内径的极限偏差/mm	精度等级		1	2	3	
		旋绕比 C (D_2/d)	≥4～8	$\pm0.01D_2$ 最小±0.15	$\pm0.015D_2$ 最小±0.2	$\pm0.025D_2$ 最小±0.4	
			＞8～15	$\pm0.015D_2$ 最小±0.2	$\pm0.02D_2$ 最小±0.3	$\pm0.03D_2$ 最小±0.5	
			＞15～22	$\pm0.02D_2$ 最小±0.3	$\pm0.03D_2$ 最小±0.5	$\pm0.04D_2$ 最小±0.7	
	弹簧自由高度(H_0)的极限偏差/mm	精度等级		1	2	3	弹簧有特性要求时，自由高度作为参考
		旋绕比 C (D_2/d)	≥4～8	$\pm0.01H_0$ 最小±0.2	$\pm0.02H_0$ 最小±0.5	$\pm0.03H_0$ 最小±0.7	
			＞8～15	$\pm0.015H_0$ 最小±0.5	$\pm0.03H_0$ 最小±0.7	$\pm0.04H_0$ 最小±0.9	
			＞15～22	$\pm0.02H_0$ 最小±0.6	$\pm0.04H_0$ 最小±0.8	$\pm0.06H_0$ 最小±1	
	总圈数的极限偏差圈	总圈数 n_1 圈		≤10	＞10～20	＞20～50	弹簧有特性要求时，总圈数作为参考
		极限偏差		±0.25	±0.5	±1.0	
	两端经磨削的弹簧轴心线对端面的垂直度/mm或(°)	精度等级		1	2	3	弹簧在自由状态下
		垂直度极限偏差		$0.02H_0$ (1°26′)	$0.05H_0$ (2°52′)	$0.08H_0$ (4°34′)	
冷卷拉伸弹簧	指定长度时载荷(F)时的极限偏差/N	±[初拉力×α+(指定长度时负荷－初拉力)×β]					有效圈数大于3
		精度等级		1	2	3	
		α		0.10	0.15	0.20	
		β		0.05	0.10	0.15	
	弹簧刚度(k)的极限偏差/N·mm^{-1}	精度等级		1	2	3	
		有效圈数 n	≥3～10	$\pm0.05k$	$\pm0.10k$	$\pm0.15k$	
			＞10	$\pm0.04k$	$\pm0.08k$	$\pm0.12k$	
	弹簧外径(D)的极限偏差/mm	精度等级		1	2	3	
		旋绕比 C (D_2/d)	≥4～8	$\pm0.01D_2$ 最小±0.15	$\pm0.015D_2$ 最小±0.2	$\pm0.025D_2$ 最小±0.4	
			＞8～15	$\pm0.015D_2$ 最小±0.2	$\pm0.02D_2$ 最小±0.3	$\pm0.03D_2$ 最小±0.5	
			＞15～22	$\pm0.020D_2$ 最小±0.4	$\pm0.030D_2$ 最小±0.5	$\pm0.040D_2$ 最小±0.8	
	弹簧自由长度 H_0(两钩环内侧之间的长度)的极限偏差/mm	精度等级		1	2	3	弹簧有特性要求时，自由长度作为参考。 对于无初拉力的弹簧自由长度由供需双方协议规定
		旋绕比 C (D_2/d)	≥4～8	$\pm0.01H_0$ 最小±0.2	$\pm0.02H_0$ 最小±0.5	$\pm0.03H_0$ 最小±0.6	
			＞8～15	$\pm0.015H_0$ 最小±0.5	$\pm0.03H_0$ 最小±0.7	$\pm0.04H_0$ 最小±0.8	
			＞15～22	$\pm0.02H_0$ 最小±0.6	$\pm0.04H_0$ 最小±0.8	$\pm0.06H_0$ 最小±1	

续表

弹簧类型	项目		弹簧制造精度及极限偏差				备注
冷卷拉伸弹簧	弹簧两钩环相对角度的公差/(°)		弹簧中径 D_2/mm	角度公差(Δ)			
			≤10	40°			
			>10～25	30°			
			>25～55	20°			
			>55	15°			
	钩环中心面与弹簧轴心线位置度/mm		弹簧中径 D_2/mm	公差(Δ)/mm			适于半圆钩环、圆钩环、压中心圆钩环。其他钩环的位置度公差由供需双方商定
			>3～6	0.5			
			>6～10	1			
			>10～18	1.5			
			>18～30	2			
			>30～50	2.5			
			>50～120	3			
	弹簧钩环钩部长度及其极限偏差/mm		钩环钩部长度 A/mm	极限偏差	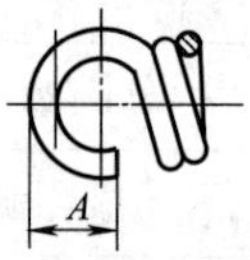		
			≤15	±1			
			>15～30	±2			
			>30～50	±3			
			>50	±4			
冷卷扭转弹簧	自由角度的极限偏差/(°)		精度等级	1	2	3	所列极限偏差数值,适用于旋绕比为4～22的弹簧
		圈数 n_1	≤3	±8	±10	±15	
			>3～10	±10	±15	±20	
			>10～20	±15	±20	±30	
			>20～30	±20	±30	±40	
	自由长度 H_0 的极限偏差/mm		精度等级	1	2	3	密卷弹簧的自由长度不考核
		旋绕比 C (D_2/d)	≥4～8	$\pm0.015H_0$ 最小±0.3	$\pm0.03H_0$ 最小±0.6	$\pm0.05H_0$ 最小±1	
			>8～15	$\pm0.02H_0$ 最小±0.4	$\pm0.04H_0$ 最小±0.8	$\pm0.07H_0$ 最小±1.4	
			>15～22	$\pm0.03H_0$ 最小±0.6	$\pm0.06H_0$ 最小±1.2	$\pm0.09H_0$ 最小±1.8	
	扭臂长度极限偏差/mm		精度等级	1	2	3	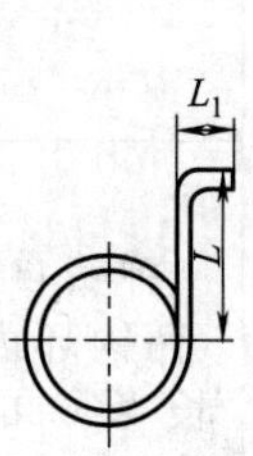
		材料直径 d	0.5～1	$\pm0.02L(L_1)$ 最小±0.5	$\pm0.03L(L_1)$ 最小±0.7	$\pm0.04L(L_1)$ 最小±1.5	
			>1～2	$\pm0.02L(L_1)$ 最小±0.7	$\pm0.03L(L_1)$ 最小±1.0	$\pm0.04L(L_1)$ 最小±2.0	
			>2～4	$\pm0.02L(L_1)$ 最小±1.0	$\pm0.03L(L_1)$ 最小±1.5	$\pm0.04L(L_1)$ 最小±3.0	
			>4	$\pm0.02L(L_1)$ 最小±1.5	$\pm0.03L(L_1)$ 最小±2.0	$\pm0.04L(L_1)$ 最小±4.0	

弹簧类型	项目	弹簧制造精度及极限偏差					备注
冷卷扭转弹簧	扭臂弯曲角度 α 的极限偏差/(°)	精度等级	1	±5	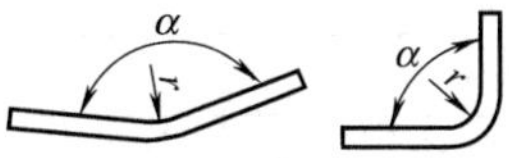		
			2	±10			
			3	±15			
	转矩极限偏差/N·mm	±(计算扭转角×β_1+β_2)×k_T					
		精度等级		1	2	3	
		β_1		0.03	0.05	0.08	
		圈数		≥3～10	>10～20	>20～30	
		β_2/(°)		10	15	20	
	弹簧外径的极限偏差/mm	精度等级		1	2	3	
		旋绕比 C (D_2/d)	≥4～8	±0.01D_2 最小±0.15	±0.015D_2 最小±0.2	±0.025D_2 最小±0.4	
			>8～15	±0.015D_2 最小±0.2	±0.02D_2 最小±0.3	±0.03D_2 最小±0.5	
			>15～22	±0.02D_2 最小±0.4	±0.03D_2 最小±0.6	±0.04D_2 最小±0.8	

注：1. 弹簧尺寸的极限偏差，必要时可不对称使用，其公差值不变。

2. 拉伸弹簧的自由长度指两钩环内侧之间的长度。

3. 等节距的压缩弹簧在压缩到全变形量的80%时，其正常节距不得接触。

4. 有效圈数大于3的冷卷拉伸弹簧，其指定长度时的载荷极限偏差按以下规定：±[（初拉力×α)+(指定长度时载荷－初拉力)×β]。

表 4-3-2　弹簧尺寸和特性的极限偏差（摘自 GB/T 23934—2015）

冷加工棒料的直径极限偏差/mm			
直径		极限偏差	
8≤d<12.5		±0.06	
12.5≤d<26		±0.08	
26≤d<48		±0.10	
48≤d≤60		±0.15	
自由高度极限偏差/mm			
等级	1级	2级	3级
极限偏差	±1.5%H_0 最小值±2.0	±2%H_0 最小值±3.0	±3%H_0 最小值±4.0
弹簧外径或内径极限偏差/mm			
等级	1级	2级	3级
极限偏差	±1.25%D 最小值±2.0	±2.0%D 最小值±2.5	±2.75%D 最小值±3.0
外侧面对端面的垂直度公差/mm			
等级	1级	2级	3级
H_0≤500	2.6%H_0	3.5%H_0	5%H_0
H_0>500	3.5%H_0	5%H_0	7%H_0

续表

平行度公差/mm			
等级	1级	2级	3级
公差	2.6%D_2	3.5%D_2	5%D_2
指定负荷下高度极限偏差/mm			
等级	1级	2级	3级
极限偏差	±0.05f 最小值±2.5	±0.10f 最小值±5.0	±0.15f 最小值±7.5
指定高度下负荷极限偏差/N			
等级	1级	2级	3级
极限偏差	±0.05F 最小值±fF'	±0.10F 最小值±fF'	±0.15F 最小值±fF'

注：等级1，f=2.5mm；等级2，f=5mm；等级3，f=7.5mm。

3.3 螺旋弹簧的性能试验

(1) 弹簧永久变形检查，将弹簧成品压缩（拉伸、扭转）5次到工作极限负荷下的高度 H_j（或 φ_j），测量第4次或第5次的高度（长度、角度），其值不变则认为合格。

(2) 弹簧成品的负荷公差及尺寸与表面形状和位置公差的检查，应在检查永久变形之后进行，检查方法如下。

a. 弹簧特性的测定，负荷测量应使用相对应的弹簧测力仪器进行。当弹簧自重影响负荷时，只测量刚度或变形量。

b. 弹簧外径（或内径）的检查，可用塞规、环规、样板测量。

c. 压缩弹簧自由高度或长度（H_0）的检查——在最高点测量。当自重影响自由高度时，在水平方向测量。

d. 用卡尺或厚薄规测量压缩弹簧轴心线和两端面垂直度，测量其最大间隙值。

e. 弹簧轴心线垂直度的检查——将弹簧水平放置于平板上，测量其最大间隙。

f. 弹簧节距不均匀度的检查——用通用量具测量间距最大值与最小值，其差值即为节距 p 的误差。

g. 拉伸弹簧钩环中心面与弹簧轴心线的位置度的检查——用卡尺或专用样板测量。测量时将弹簧放置V形槽内，在钩环平面两侧对应180°处测量对应两尺寸差之半，即为其位置度误差。

h. 拉伸弹簧两钩角度的公差的检查——目测或专用样板测量。

(3) 弹簧的疲劳试验、冲击试验等，应按图纸要求在专用试验机上进行。

(4) 弹簧表面质量的检查，目测或用5倍放大镜进行；弹簧的表面处理的质量，应按图纸要求检查。

参考文献

[1] 王少怀. 机械设计师手册：上册. 北京：电子工业出版社，2006.
[2] 张英会，刘辉航，王德成. 弹簧手册. 北京：机械工业出版社，1997.
[3] 全国弹簧标准化技术委员会，中国出版社第3编辑室. 零部件及相关标准汇编：弹簧卷. 北京：中国标准出版社. 2009.

第5篇

轴和联轴器

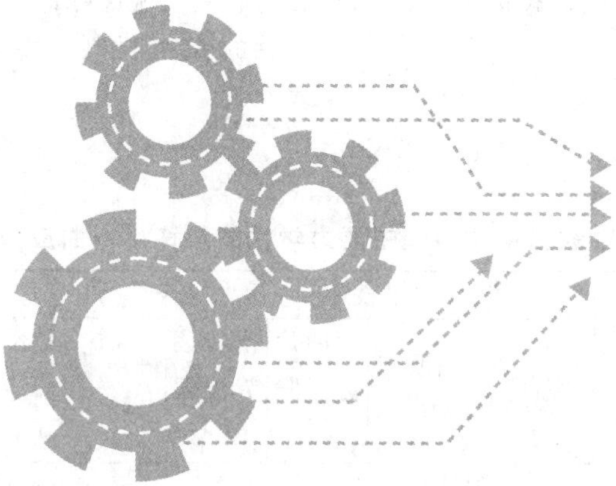

第1章 轴

1.1 轴的分类

常见的轴有直轴、曲轴和软轴。本章只讨论直轴。

直轴分转轴、心轴和传动轴。转轴承受弯知和转矩；心轴只承受弯矩，不传递转矩；传动轴主要承受转矩，不承受或只承受较小弯矩。

1.2 轴的材料

45 钢等优质中碳钢是直轴最常用的材料。Q235A 等普通碳素钢用于不重要的轴或受载较小的轴。合金钢具有较高的机械强度，用于受载较大、结构尺寸受限制、需提高轴劲的耐磨性及处于高低温或腐蚀等条件下的轴。铸钢、球墨铸铁和一些高强度铸铁，易于铸成外形复杂的轴，它们吸振性好，对应力集中敏感性较低。

轴的常用材料、主要力学性能及许用弯曲应力见表 5-1-1。

表 5-1-1 轴的常用材料和主要力学性能及许用弯曲应力

钢号	热处理	毛坯直径/mm	硬度 HBW	力学性能 抗拉强度 R_m	屈服点 R_{eL}	弯曲疲劳极限 σ_{-1}	扭转疲劳极限 τ_{-1}	许用弯曲应力 静应力 $[\sigma_{+1}]$	脉动循环应力 $[\sigma_0]$	对称循环应力 $[\sigma_{-1}]$	应用
				MPa		≥		MPa			
Q235A	热轧或锻后空冷	≤100 >100～250		400～420 375～390	225 215	170	105	125	70	40	用于不重要和载荷不大的轴
20	正火回火	≤100 >100～300 >300～500	103～156	390 375 365	215 195 190	170	95 90 85	125	70	40	用于载荷不大，要求韧性较高的轴
35	正火回火	≤100 >100～300	149～187	510 490	265 255	240	120 115	165	75	45	用于有一定强度和加工塑性要求的轴
	调质	≤100 >100～300	156～207	550 530	295 275	230	130 125	175	85	50	
45	正火回火	≤100 >100～300 >300～500	170～217 162～217 156～217	590 570 540	295 285 275	255 245 230	140 135 130	195	95	55	应用最广泛
	调质	≤200	217～255	640	355	275	155	215	100	60	
40Cr	调质	≤100 >100～300 >300～500	241～286 229～269	735 685 630	540 490 430	355 335 310	200 185 165	245	12	70	用于载荷较大，而无很大冲击的重要轴
35SiMn (42SiMn)	调质	≤100 >100～300 >300～400	229～286 219～269 217～255	785 735 685	510 440 390	355 335 315	205 185 170	245	120	70	性能接近 40Cr，用于中小型轴
40MnB	调质	≤200	241～286	735	490	345	195	245	120	70	性能接近 40Cr，用于重要的轴

钢号	热处理	毛坯直径/mm	硬度 HBW	力学性能				许用弯曲应力			应用
				抗拉强度 R_m	屈服点 R_{eL}	弯曲疲劳极限 σ_{-1}	扭转疲劳极限 τ_{-1}	静应力 $[\sigma_{+1}]$	脉动循环应力 $[\sigma_0]$	对称循环应力 $[\sigma_{-1}]$	
				MPa ≥				MPa			
40CrNi	调质	≤100 >100～300	270～300 240～270	900 785	735 570	430 370	260 210	285	130	75	用于很重要的轴
35CrMo	调质	≤100 >100～300 >300～500	207～269	735 685 635	540 490 440	355 335 315	200 185 170	245	120	70	性能接近40CrNi，用于重载荷的轴
38SiMnMo	调质	≤100 >100～300 >300～500	229～286 217～269 196～241	735 685 630	590 540 480	365 345 320	210 195 175	275	120	70	性能接近35CrMo
20Cr	渗碳、淬火、回火	≤60	表面 56～62 HRC	640	390	305	160	215	100	60	用于要求强度和韧性均较高的轴
20CrMnTi	渗碳、淬火、回火	15	表面 56～62 HRC	1080	835	480	300	365	165	100	用于要求强度和韧性均较高的轴
38CrMoAlA	调质	≤60 >60～100 >100～160	293～321 277～302 241～277	930 835 785	785 685 590	440 410 375	280 270 220	275	125	75	用于要求高耐磨性、高强度且热处理(氮化)变形小的轴
3Cr13	调质	≤100	≥241	835	635	395	230	275	130	75	用于在腐蚀条件下工作的轴
QT400-15			156～197	400	300	145	125	100			用于制造形状复杂的轴
QT600-3			197～269	600	420	215	185	150			

注：1. 表中疲劳极限数值，均按下列各式计算：碳钢 $\sigma_{-1}\approx 0.43\sigma_b$，合金钢 $\sigma_{-1}\approx 0.2(R_m+R_{eL})+100$，不锈钢 $\sigma_{-1}\approx 0.27(R_m+R_{eL})$，各种钢 $\tau_{-1}\approx 0.156(R_m+R_{eL})$，球墨铸铁 $\sigma_{-1}\approx 0.36\sigma_b$，$\tau_{-1}\approx 0.31\sigma_b$。

2. 球墨铸铁的屈服点为 $R_{p0.2}$。

3. 其他性能，一般可取 $\tau_s\approx(0.55\sim 0.62)R_{eL}$，$\sigma_0\approx 1.4\sigma_{-1}$，$\tau_0\approx 1.5\tau_{-1}$。

1.3 轴的结构设计

1.3.1 轴结构设计的一般原则

① 轴上零件的布置应使轴受力合理；

② 轴上零件定位可靠、装拆方便；

③ 采用各种减小应力集中和提高疲劳强度的结构措施；

④ 有良好的结构工艺性，便于加工制造和保证精度；

⑤ 对于要求刚性大的轴，还应从结构上考虑减小轴的变形。

1.3.2 轴上零件的定位

轴上零件的轴向定位是以轴肩、套筒、圆螺母、轴端挡圈、锁紧挡圈、弹性挡圈、紧定螺钉和圆锥面等来保证的，见表5-1-2。轴肩、轴环处由于轴的截面变化会产生应力集中，易发生疲劳破坏。为了保证轴的疲劳强度，轴肩、轴环处的过渡圆角半径不应过小，见表5-1-3和表5-1-4。

表 5-1-2 轴上零件的轴向定位

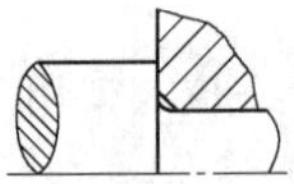 轴肩	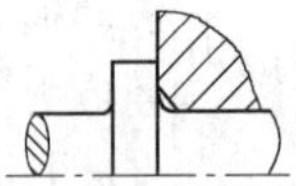 轴环	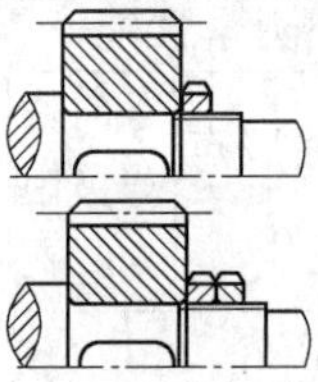 螺母	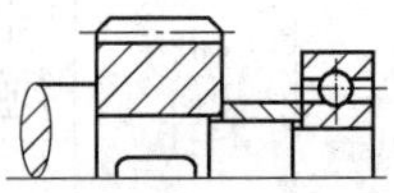 套筒	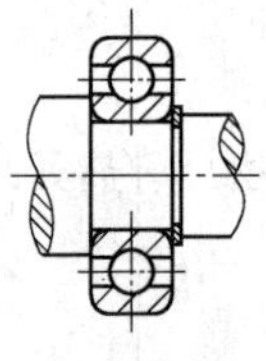 弹性挡圈
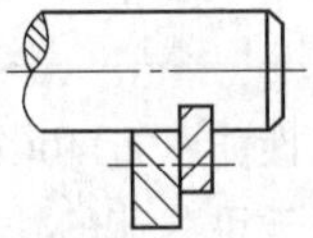 轴端挡板	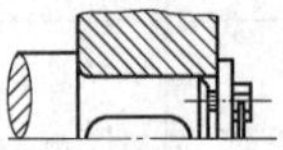 轴端挡圈	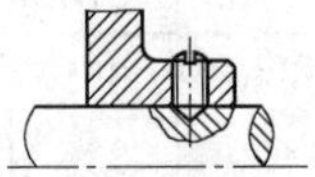 紧定螺钉	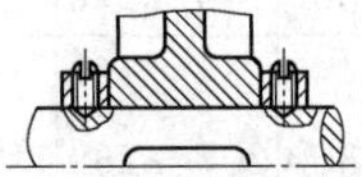 锁紧挡圈	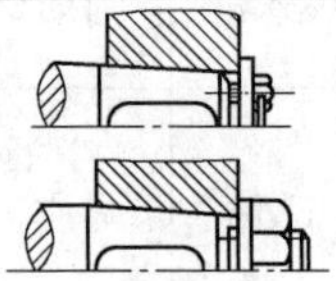 圆锥面

表 5-1-3 轴肩配合表面处圆角半径和倒角尺寸 /mm

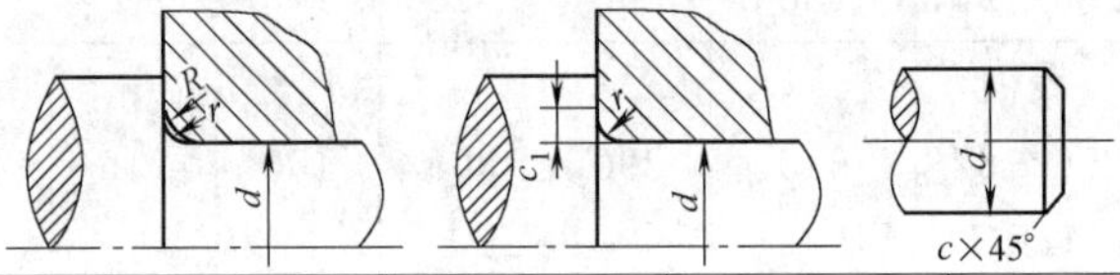

轴直径 d	3～6	＞6～10	＞10～18	＞18～30	＞30～50	＞50～80	＞80～120	＞120～180
r 及 c	0.4	0.5(c=0.6)	1	1.5	2	2.5	3	4
R 及 c_1	0.5	1	1.5	2	2.5	3	4	5
轴直径 d	＞180～260	＞260～360	＞360～500	＞500～630	＞630～800	＞800～1000	＞1000～1250	＞1250～1600
r 及 c	5	6	8	10	12	16	20	25
R 及 c_1	6	8	10	12	16	20	25	32

表 5-1-4 轴肩自由表面过渡圆角半径 /mm

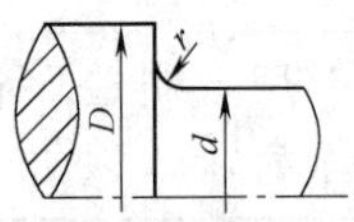	$(D-d)$	2	5	8	10	15	20	25
	r	1	2	3	4	5	8	10
	$(D-d)$	30	40	55	70	100	140	180
	r	12	16	20	25	30	40	50

注：尺寸 $(D-d)$ 是表中数值的中间值时，一般按较小值选 r。

轴上零件的周向定位常用键、花键、销、紧定螺钉和过盈配合来实现。

1.3.3 提高轴疲劳强度的结构措施

轴的破坏大多为疲劳破坏。提高轴的疲劳强度要求降低应力集中、提高轴的表面质量。降低应力集中的主要措施见表 5-1-5。提高轴的表面质量可由降低轴的表面粗糙度数值、进行热处理或表面强化处理等来实现。

表 5-1-5 降低轴上应力集中的主要措施举例

圆角	简图	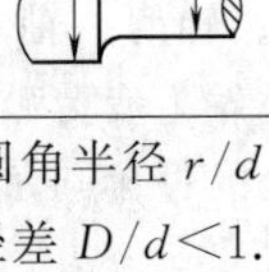	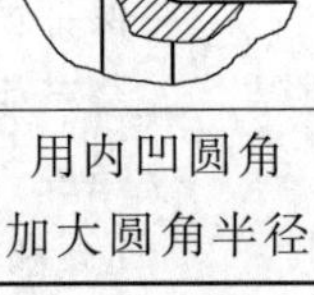	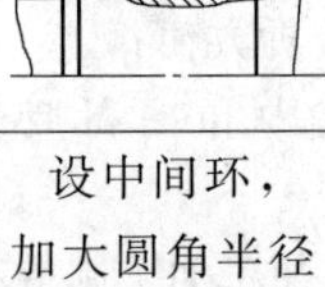	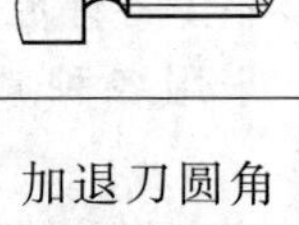
	措施	加大圆角半径 $r/d>0.1$ 减小直径差 $D/d<1.15-1.2$	用内凹圆角 加大圆角半径	设中间环， 加大圆角半径	加退刀圆角

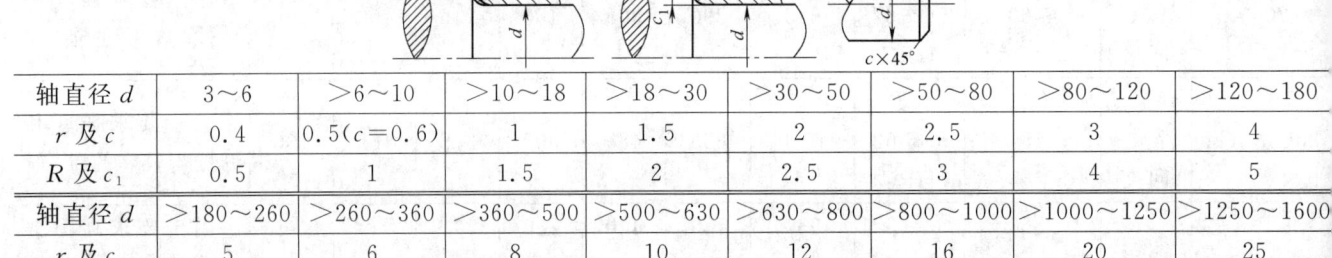

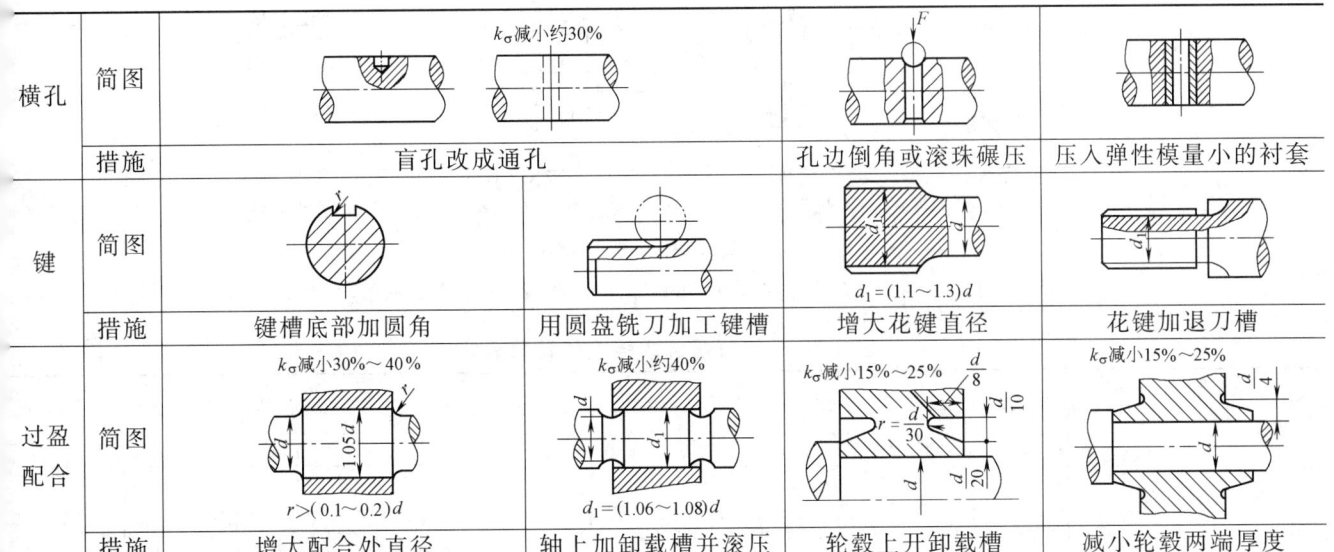

续表

横孔	简图	k_σ减小约30% 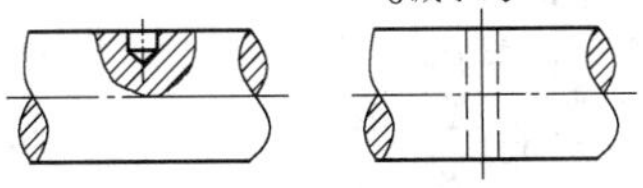		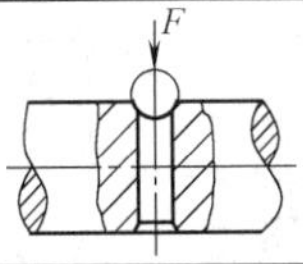	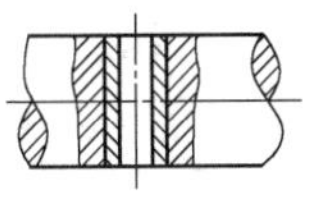
	措施	盲孔改成通孔		孔边倒角或滚珠碾压	压入弹性模量小的衬套
键	简图	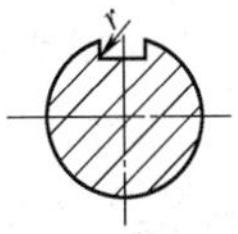	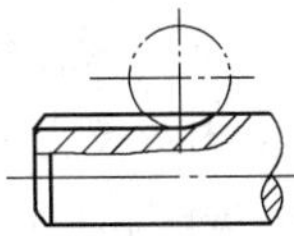	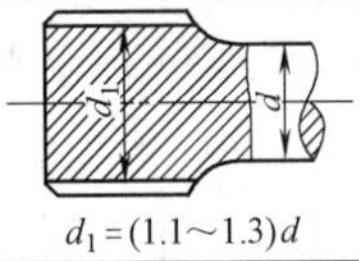 $d_1=(1.1\sim1.3)d$	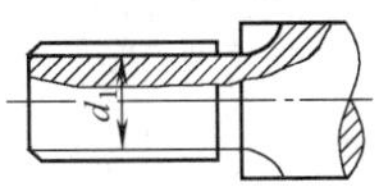
	措施	键槽底部加圆角	用圆盘铣刀加工键槽	增大花键直径	花键加退刀槽
过盈配合	简图	k_σ减小30%～40% 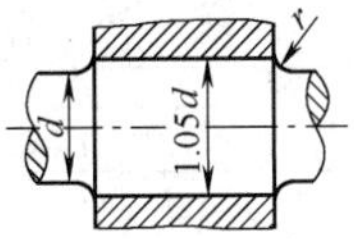 $r>(0.1\sim0.2)d$	k_σ减小约40% 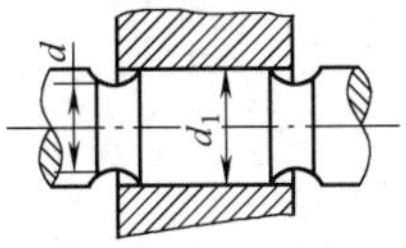 $d_1=(1.06\sim1.08)d$	k_σ减小15%～25% 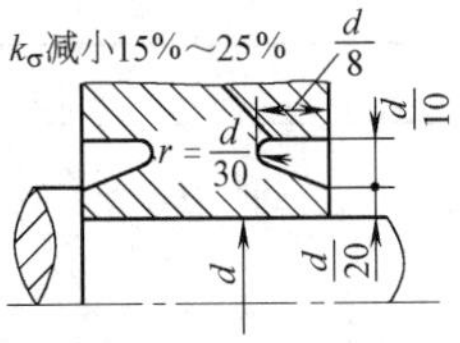	k_σ减小15%～25% 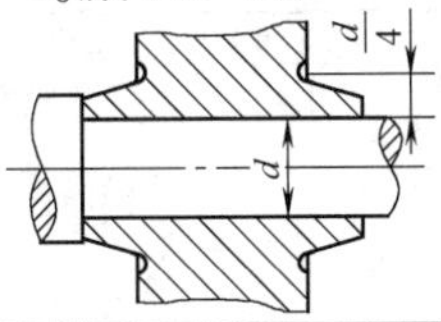
	措施	增大配合处直径	轴上加卸载槽并滚压	轮毂上开卸载槽	减小轮毂两端厚度

注：k_σ为有效应力集中系数，其减小值为概略值。

1.4 轴的强度计算

1.4.1 按扭转强度计算

此方法只按轴所受的转矩进行计算，计算公式见表5-1-6。如果轴受转矩的同时受不大的弯矩，则通过降低许用扭矩切应力来考虑轴所受弯矩的影响。当截面处有键槽时，应将求得的直径增大，增大值见表5-1-8。此计算方法一般为传动轴的计算和对轴径的估算。

1.4.2 按弯扭合成强度计算

计算时，把轴当作置于铰链支座上的梁，作用在轴上的载荷一般按集中载荷考虑，其作用点取零件轮缘宽度的中点。轴上支承反力的作用点按图5-1-1来确定。计算公式见表5-1-9。

表 5-1-6 按扭转强度的计算公式

实心轴	空心轴
$d\geqslant\sqrt[3]{\frac{5T}{[\tau]}}=A\sqrt[3]{\frac{P}{n}}$	$d\geqslant\sqrt[3]{\frac{5T}{[\tau]}}\frac{1}{\sqrt[3]{1-\gamma^4}}=A\sqrt[3]{\frac{P}{n}}\frac{1}{\sqrt[3]{1-\gamma^4}}$

式中 d——轴的直径，mm；

T——轴传递的转矩，N·mm，$T=9.55\times10^6\frac{P}{n}$；

P——轴传递的额定功率，kW；

n——轴的转速，r/min；

$[\tau]$——轴材料的许用切应力，MPa，见表5-1-7；

A——系数，见表5-1-7；

γ——空心轴的内径 d_0 和外径 d 之比，$\gamma=\frac{d_0}{d}$

表 5-1-7 几种常用轴材料的 [τ] 及 A 值

轴的材料	Q235A，20	35	45	40Cr，35SiMn，42SiMn，40MnB，38SiMnMo，3Cr13，20CrMnTi
[τ]/MPa	15～25	20～35	25～45	35～55
A	147～126	135～112	126～103	112～97

注：1. 表中 [τ] 值为考虑了轴受弯矩影响而降低了许用切应力。

2. 在下列情况下 [τ] 取较大值，A 取较小值：弯矩相对转矩较小或只受转矩作用、载荷较平稳、无轴向载荷或只有较小的轴向载荷、减速器的低速轴、轴单向旋转。反之，[τ] 取较小值，A 取较大值。

表 5-1-8 轴截面有键槽时轴径的增大值

轴的直径 d/mm	<30	30～100	>100
有一个键槽时的增大值/%	7	5	3
有两个相隔180°键槽时的增大值/%	15	10	7

如果作用在轴上的各载荷不在同一面时，可将其分解到两个相互垂直的平面内，然后分别求出各平面内的弯矩，再按矢量法求得合成弯矩。

如果轴截面上有键槽，则应将求得的轴径按表5-1-8所列值增大。

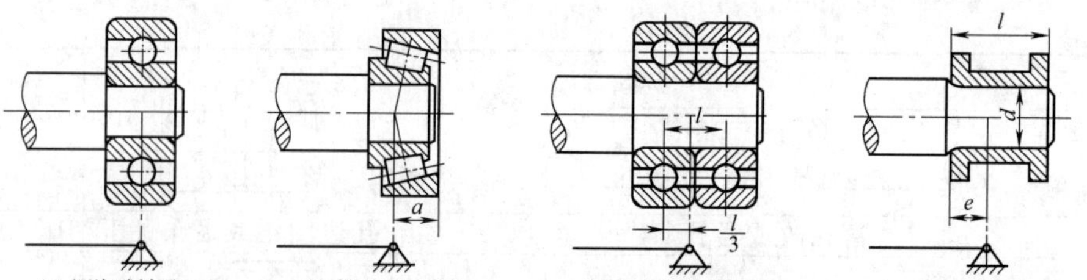

图 5-1-1　轴上支承反力的作用点

$l/d \leqslant 1$ 时，$e=0.5l$；$l/d>1$ 时，$e=0.5d$，且 $e>0.25l$；对调心轴承，$e=0.5l$

表 5-1-9　按弯扭合成强度的计算公式

受载情况	实　心　轴	空　心　轴
受弯矩和转矩	$\sigma=\dfrac{10\sqrt{M^2+(\alpha T)^2}}{d^3}\leqslant[\sigma_{-1}]$ $d=\sqrt[3]{\dfrac{10\sqrt{M^2+(\alpha T)^2}}{[\sigma_{-1}]}}$	$\sigma=\dfrac{10\sqrt{M^2+(\alpha T)^2}}{d^3}\times\dfrac{1}{(1-\gamma^4)}[\sigma_{-1}]$ $d=\sqrt[3]{\dfrac{10\sqrt{M^2+(\alpha T)^2}}{[\sigma_{-1}]}}\times\dfrac{1}{\sqrt[3]{1-\gamma^4}}$
受弯矩和转矩及较大轴向力	$\sigma=\sqrt{\left(\dfrac{M}{0.1d^3}+\alpha'\dfrac{4F_a}{\pi d^2}\right)^2+4\left(\dfrac{\alpha T}{0.2d^3}\right)^2}\leqslant[\sigma_{-1}]$	

式中　d——轴的直径，mm；

σ——轴在计算截面上的工作应力，MPa；

M——轴在计算截面上的合成弯矩，N·mm；

T——轴在计算截面上的转矩，N·mm；

F_a——轴在计算截面上的轴向载荷，N；

$[\sigma_{-1}]$——许用弯曲应力，MPa，见表 5-1-1，对于固定心轴：当载荷平稳时，将$[\sigma_{-1}]$改写为$[\sigma_{+1}]$；当载荷变化时，将$[\sigma_{-1}]$改写为$[\sigma_0]$，$[\sigma_{+1}]$、$[\sigma_0]$见表 5-1-1；

α，α'——根据切应力或轴向应力变化性质而定的校正系数，切应力或轴向应力按对称循环变化时，$\alpha=1$，$\alpha'=1$；切应力或轴向应力按脉动循环变化时，$\alpha=\dfrac{[\sigma_{-1}]}{[\sigma_0]}\approx0.6$，$\alpha'\approx0.6$；切应力或轴向应力不变时，$\alpha=\dfrac{[\sigma_{-1}]}{[\sigma_{+1}]}\approx0.3$，$\alpha'\approx0.3$；

γ——空心轴的内径 d_0 和外径 d 之比，$\gamma=\dfrac{d_0}{d}$

1.4.3　轴强度的精确校核

1.4.3.1　疲劳强度安全系数校核

疲劳强度的校核是计入应力集中、表面状态和绝对尺寸影响以后，对轴的危险截面的精确校核。危险截面是受力较大、截面较小及应力集中较严重的截面。危险截面的安全系数 S 的校核计算公式见表 5-1-10。

1.4.3.2　静强度安全系数校核

该校核的目的在于校验轴对塑性变形的抵抗能力。轴的静强度是根据轴所受的最大瞬时载荷（包括动载荷和冲击载荷）来计算的。

危险截面安全系数校核公式：

$$S_s=\frac{\sigma_s}{\sqrt{\left(\dfrac{M_{max}}{W}+\dfrac{F_{amax}}{A}\right)^2+3\left(\dfrac{T_{max}}{W_T}\right)^2}}\geqslant[S_s]$$

式中　$[S_s]$——静强度的许用安全系数，见表 5-1-22；

R_{eL}——材料的屈服极限，MPa，见表 5-1-1；

M_{max}，T_{max}——轴危险截面上的最大弯矩和最大扭矩，N·mm；

$F_{a\,max}$——作用在轴上的最大轴向载荷，N；

W，W_T——轴危险截面的抗弯和抗扭截面模量，mm^3，见表 5-1-11；

A——轴危险截面的面积，mm^2。

表 5-1-10　危险截面的安全系数 S 的校核计算公式

心轴		转轴	
固定心轴	$S=\dfrac{2\sigma_{-1}}{(K_\sigma+\Psi_\sigma)\dfrac{M}{W}}\geqslant[S]$	单向旋转	$S=\dfrac{\sigma_{-1}}{\sqrt{\left(K_\sigma\dfrac{M}{W}\right)^2+\dfrac{3}{4}\left[(K_\tau+\Psi_\tau)\dfrac{T}{W_T}\right]^2}}\geqslant[S]$
转动心轴	$S=\dfrac{\sigma_{-1}}{K_\sigma\dfrac{M}{W}}\geqslant[S]$	双向旋转	$S=\dfrac{\sigma_{-1}}{\sqrt{\left(K_\sigma\dfrac{M}{W}\right)^2+3\left(K_\tau\dfrac{T}{W_T}\right)^2}}\geqslant[S]$

式中　σ_{-1}——材料的弯曲疲劳极限，MPa，见表 5-1-1；

M,T——轴危险截面上的弯矩和转矩，N·mm；

W,W_T——轴危险截面上的抗弯和抗扭截面模量，mm^3，见表 5-1-11；

Ψ_σ,Ψ_τ——弯曲和扭转时的平均应力折合为应力幅的等效系数：

低碳钢	$\Psi_\sigma=0.15$	$\Psi_\tau=0.05$
中碳钢	$\Psi_\sigma=0.2$	$\Psi_\tau=0.1$
合金钢	$\Psi_\sigma=0.25$	$\Psi_\tau=0.15$

K_σ,K_τ——弯曲和剪切疲劳极限的综合影响系数；轴上配合零件边缘的 K_σ、K_τ 见表 5-1-12，其余按下式计算：

$$K_\sigma=\frac{k_\sigma}{\beta\varepsilon_\sigma},K_\tau=\frac{k_\tau}{\beta\varepsilon_\tau}$$

k_σ,k_τ——弯曲和扭转时的有效应力集中系数，见表 5-1-13～表 5-1-15；

$\varepsilon_\sigma,\varepsilon_\tau$——弯曲和扭转时的绝对尺寸影响系数，见表 5-1-16；

β——表面状态系数，见表 5-1-17～表 5-1-20；

$[S]$——疲劳强度的许用安全系数，见表 5-1-21

表 5-1-11　抗弯截面模量 W 和抗扭截面模量 W_T 的计算公式　　/mm^3

截面形状	W	W_T	截面形状	W	W_T
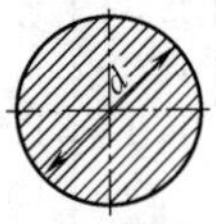	$\dfrac{\pi d^3}{32}\approx0.1d^3$	$2W$	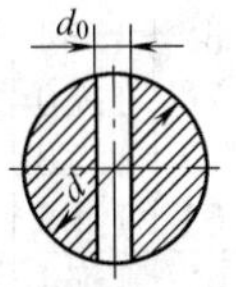	$\dfrac{\pi d^3}{32}-\left(1-1.54\dfrac{d_0}{d}\right)$	$\dfrac{\pi d^3}{16}\left(1-\dfrac{d_0}{d}\right)$
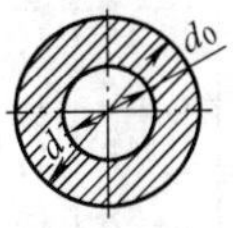	$\dfrac{\pi d^3}{32}(1-\gamma^4)\approx$ $0.1d^3(1-\gamma^4)\left(\gamma=\dfrac{d_0}{d}\right)$	$2W$	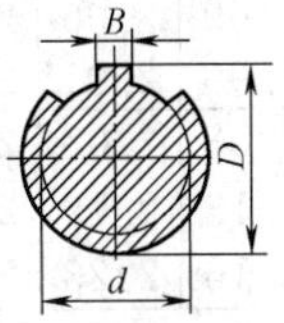	$\dfrac{\pi d^4+BN(D-d)(D+d)^2}{32D}$ （N——花键齿数）	$2W$
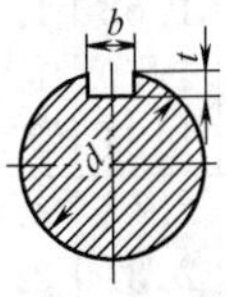	$\dfrac{\pi d^3}{32}-\dfrac{bt(d-t)^2}{2d}$	$\dfrac{\pi d^3}{16}-\dfrac{bt(d-t)^2}{2d}$	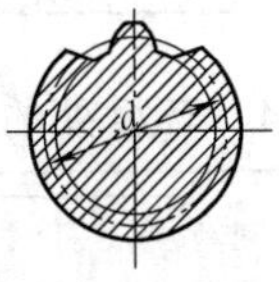	$\dfrac{\pi d^3}{32}\approx0.1d^3$	$2W$
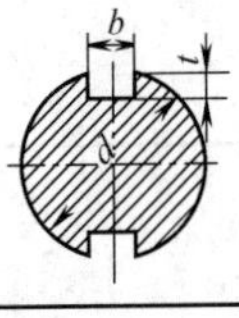	$\dfrac{\pi d^3}{32}-\dfrac{bt(d-t)^2}{d}$	$\dfrac{\pi d^3}{16}-\dfrac{bt(d-t)^2}{d}$			

注：开有键槽的轴和花键轴，也有按内接圆直径计算其抗扭截面模量的。

表 5-1-12 轴上配合零件边缘的综合影响系数 K_σ、K_τ

直径/mm	配合	K_σ								K_τ							
		R_m/MPa															
		400	500	600	700	800	900	1000	1200	400	500	600	700	800	900	1000	1200
30	H7/r6	2.25	2.50	2.75	3.00	3.25	3.50	3.75	4.25	1.75	1.90	2.05	2.20	2.35	2.50	2.65	2.95
	H7/n6	2.25	2.50	2.75	3.00	3.25	3.50	3.75	4.25	1.75	1.90	2.05	2.20	2.35	2.50	2.65	2.95
	H7/m6	1.86	2.07	2.26	2.48	2.68	2.90	3.10	3.51	1.52	1.64	1.76	1.89	2.01	2.14	2.26	2.51
	H7/k6	1.69	1.88	2.06	2.25	2.44	2.63	2.82	3.19	1.41	1.53	1.64	1.75	1.86	1.98	2.09	2.31
	H7/h6	1.46	1.63	1.79	1.95	2.11	2.28	2.44	2.76	1.28	1.38	1.47	1.57	1.67	1.77	1.86	2.06
50	H7/r6	2.75	3.05	3.36	3.66	3.96	4.28	4.60	5.20	2.05	2.23	2.42	2.60	2.78	2.97	3.16	3.52
	H7/n6	2.75	3.05	3.36	3.66	3.96	4.28	4.60	5.20	2.05	2.23	2.42	2.60	2.78	2.97	3.16	3.52
	H7/m6	2.44	2.70	2.99	3.26	3.53	3.80	4.10	4.63	1.86	2.02	2.20	2.36	2.52	2.68	2.86	3.18
	H7/k6	2.06	2.28	2.52	2.75	2.97	3.20	3.45	3.90	1.64	1.77	1.93	2.05	2.18	2.32	2.48	2.74
	H7/h6	1.80	1.98	2.18	2.38	2.57	2.78	3.00	3.40	1.48	1.59	1.70	1.83	1.94	2.07	2.20	2.44
≥100	H7/r6	2.95	3.29	3.60	3.94	4.25	4.60	4.90	5.60	2.17	2.37	2.56	2.76	2.95	3.16	3.34	3.76
	H7/n6	2.80	3.12	3.42	3.74	4.04	4.37	4.65	5.32	2.08	2.27	2.45	2.64	2.82	3.02	3.19	3.60
	H7/m6	2.54	2.83	3.10	3.39	3.66	3.96	4.21	4.81	1.92	2.10	2.26	2.44	2.60	2.78	2.93	3.29
	H7/k6	2.22	2.46	2.70	2.96	3.20	3.46	3.98	4.20	1.73	1.88	2.02	2.18	2.32	2.48	2.80	2.92
	H7/h6	1.92	2.13	2.34	2.56	2.76	3.00	3.18	3.64	1.55	1.68	1.80	1.94	2.06	2.20	2.31	2.58

注：1. 滚动轴承与轴配合，轴按 r6 查取系数 K_σ 和 K_τ 值。

2. 对于直径的各中间值，K_σ 和 K_τ 用插入法确定。

3. 表中所列数值适用于未经表面强化处理的轴。

表 5-1-13 圆角处的有效应力集中系数 k_σ、k_τ

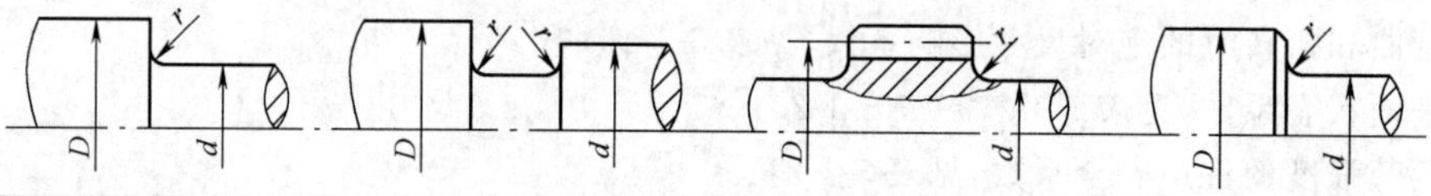

$\frac{D-d}{r}$	$\frac{r}{d}$	k_σ								k_τ							
		R_m/MPa															
		400	500	600	700	800	900	1000	1200	400	500	600	700	800	900	1000	1200
2	0.01	1.34	1.36	1.38	1.40	1.41	1.43	1.45	1.49	1.26	1.28	1.29	1.29	1.30	1.30	1.31	1.32
	0.02	1.41	1.44	1.47	1.49	1.52	1.54	1.57	1.62	1.33	1.35	1.36	1.37	1.37	1.38	1.39	1.42
	0.03	1.59	1.63	1.67	1.71	1.76	1.80	1.84	1.92	1.39	1.40	1.42	1.44	1.45	1.47	1.48	1.52
	0.05	1.54	1.59	1.64	1.69	1.73	1.78	1.83	1.93	1.42	1.43	1.44	1.46	1.47	1.50	1.51	1.54
	0.10	1.38	1.44	1.50	1.55	1.61	1.66	1.72	1.83	1.37	1.38	1.39	1.42	1.43	1.45	1.46	1.50
4	0.01	1.51	1.54	1.57	1.59	1.62	1.64	1.67	1.72	1.37	1.39	1.40	1.42	1.43	1.44	1.46	1.47
	0.02	1.76	1.81	1.86	1.91	1.96	2.01	2.06	2.16	1.53	1.55	1.58	1.59	1.61	1.62	1.65	1.68
	0.03	1.76	1.82	1.88	1.94	1.99	2.05	2.11	2.23	1.52	1.54	1.57	1.59	1.61	1.64	1.66	1.71
	0.05	1.70	1.76	1.82	1.88	1.95	2.01	2.07	2.19	1.50	1.53	1.57	1.59	1.62	1.65	1.68	1.74
6	0.01	1.86	1.90	1.94	1.99	2.03	2.08	2.12	2.21	1.54	1.57	1.59	1.61	1.64	1.66	1.68	1.73
	0.02	1.90	1.96	2.02	2.08	2.13	2.19	2.25	2.37	1.59	1.62	1.66	1.69	1.72	1.75	1.79	1.86
	0.03	1.89	1.96	2.03	2.10	2.16	2.23	2.30	2.44	1.61	1.65	1.68	1.72	1.74	1.77	1.81	1.88
10	0.01	2.07	2.12	2.17	2.23	2.28	2.34	2.39	2.50	2.12	2.18	2.24	2.30	2.37	2.42	2.48	2.60
	0.02	2.09	2.16	2.23	2.30	2.38	2.45	2.52	2.66	2.03	2.08	2.12	2.17	2.22	2.26	2.31	2.40

表 5-1-14 环槽处的有效应力集中系数 k_σ、k_τ

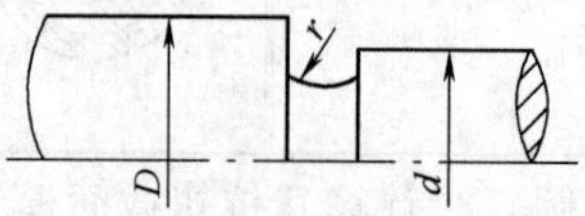

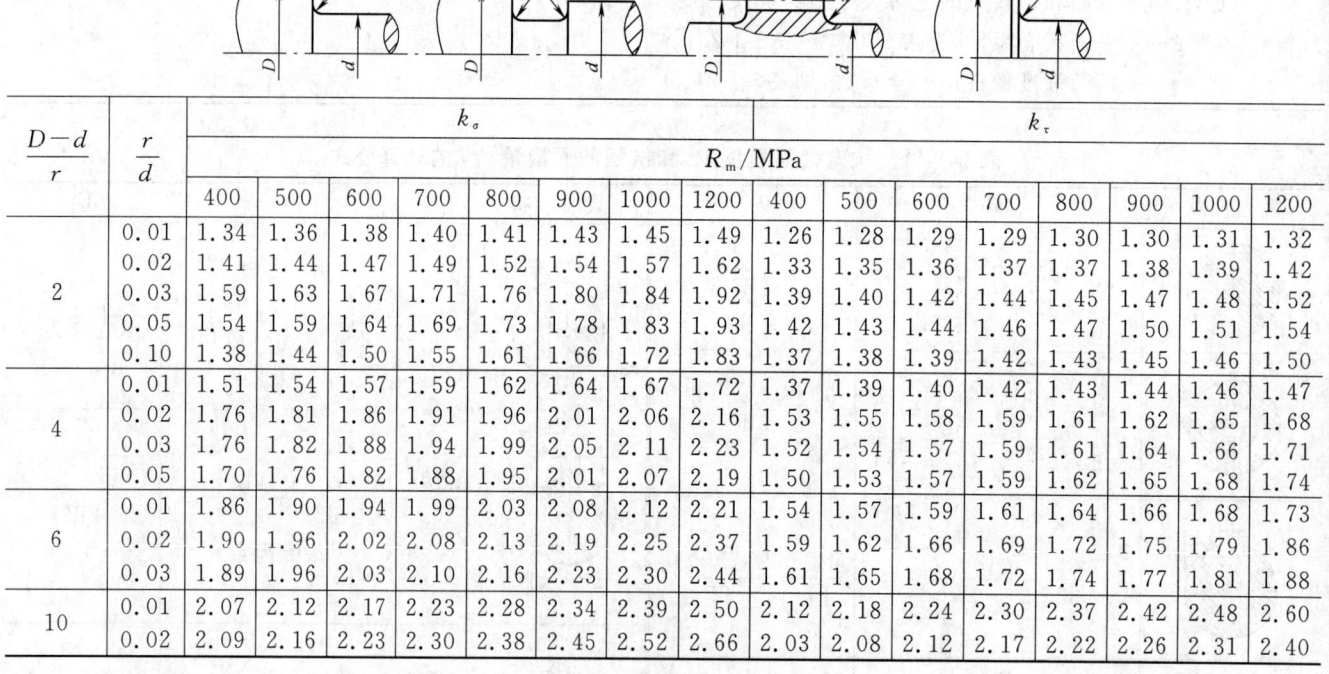

续表

系数 $\frac{D-d}{r}$		$\frac{r}{d}$	R_m/MPa							
			400	500	600	700	800	900	1000	1200
k_σ	1	0.01	1.88	1.93	1.98	2.04	2.09	2.15	2.20	2.31
		0.02	1.79	1.84	1.89	1.95	2.00	2.06	2.11	2.22
		0.03	1.72	1.77	1.82	1.87	1.92	1.97	2.02	2.12
		0.05	1.61	1.66	1.71	1.77	1.82	1.88	1.93	2.04
		0.10	1.44	1.48	1.52	1.55	1.59	1.62	1.66	1.73
	2	0.01	2.09	2.15	2.21	2.27	2.37	2.39	2.45	2.57
		0.02	1.99	2.05	2.11	2.17	2.23	2.28	2.35	2.49
		0.03	1.91	1.97	2.03	2.08	2.14	2.19	2.25	2.36
		0.05	1.79	1.85	1.91	1.97	2.03	2.09	2.15	2.27
	4	0.01	2.29	2.36	2.43	2.50	2.56	2.63	2.70	2.84
		0.02	2.18	2.25	2.32	2.38	2.45	2.51	2.58	2.71
		0.03	2.10	2.16	2.22	2.28	2.35	2.41	2.47	2.59
	6	0.01	2.38	2.47	2.56	2.64	2.73	2.81	2.90	3.07
		0.02	2.28	2.35	2.42	2.49	2.56	2.63	2.70	2.84
k_τ	任何比值	0.01	1.60	1.70	1.80	1.90	2.00	2.10	2.20	2.40
		0.02	1.51	1.60	1.69	1.77	1.86	1.94	2.03	2.20
		0.03	1.44	1.52	1.60	1.67	1.75	1.82	1.90	2.05
		0.05	1.34	1.40	1.46	1.52	1.57	1.63	1.69	1.81
		0.10	1.17	1.20	1.23	1.26	1.28	1.31	1.34	1.40

表 5-1-15 螺纹、键槽、花键及横孔处的有效应力集中系数 k_σ、k_τ

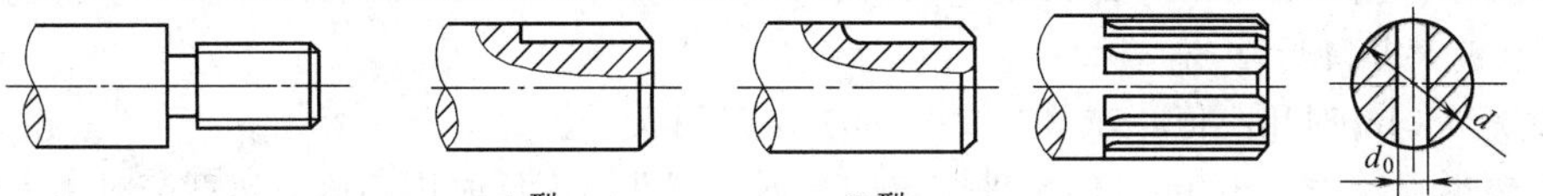

A型 B型

螺纹 键槽 花键 横孔

R_m/MPa	螺纹(k_τ=1) k_σ	键槽			花键			横孔		
		k_σ		k_τ	k_σ	k_τ		k_σ		k_τ
		A型	B型	A、B型		矩形	渐开线形	$\frac{d_0}{d}$=0.05～0.10	$\frac{d_0}{d}$=0.15～0.25	$\frac{d_0}{d}$=0.05～0.25
400	1.45	1.51	1.30	1.20	1.35	2.10	1.40	1.90	1.70	1.70
500	1.78	1.64	1.38	1.37	1.45	2.25	1.43	1.95	1.75	1.75
600	1.96	1.76	1.46	1.54	1.55	2.35	1.46	2.00	1.80	1.80
700	2.20	1.89	1.54	1.71	1.60	2.45	1.49	2.05	1.85	1.80
800	2.32	2.01	1.62	1.88	1.65	2.55	1.52	2.10	1.90	1.85
900	2.47	2.14	1.69	2.05	1.70	2.65	1.55	2.15	1.95	1.90
1000	2.61	2.26	1.77	2.22	1.72	2.70	1.58	2.20	2.00	1.90
1200	2.90	2.50	1.92	2.39	1.75	2.80	1.60	2.30	2.10	2.00

注：1. 蜗杆螺旋根部的有效应力集中系数可取 k_σ=2.3～2.5，k_τ=1.7～1.9（R_m≤700MPa 时取最小值，R_m≥000MPa 时取最大值）。

2. 齿轮轴的齿取 k_σ=1，k_τ 与渐开线花键同。

3. 在键槽或花键的中段处，取 k_σ=1。

表 5-1-16 绝对尺寸影响系数 ε_σ、ε_τ

直径 d/mm		>20～30	>30～40	>40～50	>50～60	>60～70	>70～80	>80～100	>100～120	>120～150	>150～500
ε_σ	碳钢	0.91	0.88	0.84	0.81	0.78	0.75	0.73	0.70	0.68	0.60
	合金钢	0.83	0.77	0.73	0.70	0.68	0.66	0.64	0.62	0.60	0.54
各种钢 ε_τ		0.89	0.81	0.78	0.76	0.74	0.73	0.72	0.70	0.68	0.60

表 5-1-17　加工表面的表面状态系数 β

加工方法	轴表面粗糙度 Ra/μm	R_m/MPa			加工方法	轴表面粗糙度 Ra/μm	R_m/MPa		
		400	800	1200			400	800	1200
磨　削	0.2～0.1	1	1	1	粗　车	12.5～32	1.2	1.25	1.5
车　削	1.6～0.4	1.05	1.1	1.25	未加工的表面		1.3	1.5	2.2

表 5-1-18　强化表面的表面状态系数 β

强化方法	心部强度 R_{mx}/MPa	β		
		光　轴	低应力集中的轴 $k_\sigma \leqslant 1.5$	高应力集中的轴 $k_\sigma \geqslant 1.8 \sim 2$
高频淬火	600～800	1.5～1.7	1.6～1.7	2.4～2.8
	800～1000	1.3～1.5		
渗　氮	900～1200	1.1～1.25	1.5～1.7	1.7～2.1
渗　碳	400～600	1.8～2.0	3.0	
	700～800	1.4～1.5	2.5	
	1000～1200	1.2～1.3	2.0	
喷丸硬化	600～1500	1.1～1.25	1.5～1.6	1.7～2.1
滚子滚压	600～1500	1.1～1.3	1.3～1.5	1.6～2.0

注：1. 高频淬火系根据直径为10～20mm，淬硬层厚度为（0.05～0.20）d 的试件试验求得的数据；对大尺寸的试件强化系数的值会有某些降低。

2. 渗氮层厚度为0.01d 时用小值，在（0.03～0.04）d 时用大值。

3. 喷丸硬化系根据直径为8～40mm 的试件求得的数据。喷丸速度低时用小值；速度高时用大值。

4. 滚子滚压系根据直径为17～130mm 的试件求得的数据。

表 5-1-19　未有防腐表面层的表面状态系数 β

使用条件	R_m/MPa								
	400	500	600	700	800	900	1000	1100	1200
淡水，轴上有应力集中	0.70	0.62	0.57	0.51	0.47	0.43	0.40	0.38	0.37
淡水，光轴 海水，轴上有应力集中	0.57	0.50	0.43	0.37	0.32	0.28	0.24	0.22	0.20
海水，光轴	0.36	0.30	0.26	0.23	0.20	0.18	0.16	0.14	0.13

注：1. 表中数据为小直径（d=7～10mm）试样的试验数据。

2. 试验时的应力循环数 $N=10^7$。

表 5-1-20　有防腐表面层的表面状态系数 β

材　料	表面处理方法	表层厚度 /μm	腐蚀介质	试验应力循环数 N 及转速 n/r·min^{-1}	β
碳　钢 [w(C)=0.3%～0.5%C]	电镀铬或镍	5～15	3%NaCl 溶液	$N=10^7$	0.25～0.45
		15～30		$n=1500$	0.8～0.95
	喷铝	50		$N=2\times10^7, n=2200$	0.8
	滚子滚压	—		$N=10^7, n=1500$	1
渗氮钢 (R_m=700～1200MPa)	渗氮	—	淡水	$N=10^7 \sim 10^8$	1.2～1.4

注：1. 表中数据为小直径（d=8～10mm）试样的试验数据。

2. 电镀铬和镍的轴，在空气中的疲劳极限将降低，β=0.65～0.9。

表 5-1-21　许用安全系数［S］

条　　件	［S］
材料性能均匀,载荷与应力计算精确	1.3～1.5
材料性能不够均匀,载荷与应力计算不够精确	1.5～1.8
材料性能均匀性较差,载荷与应力计算精确度较低或轴径较大(d>200mm)	1.8～2.5

表 5-1-22　静强度的许用安全系数［S_s］

R_{eL}/R_m	高塑性材料 0.45～0.55	中等塑性材料 >0.55～0.7	低塑性材料 >0.7～0.9	铸造轴
［S_s］	1.2～1.5	1.4～1.8	1.7～2.2	1.6～2.5

如果最大载荷只能近似求得及应力无法准确计算时，上述［S_s］值应增大 20%～50%。

1.4.4　轴的强度计算实例

例　一台两级的减速器中间轴，结构尺寸如图 5-1-2 (a) 所示。此轴的输入功率 15.75kW，转速 260r/min，齿轮受力简图如图 5-1-2 (b) 所示。轴的材料为 45 钢、调质。

解　(1) 计算支承反力、画出水平平面、垂直平面受力图，见图 5-1-2 (c) 和图 5-1-2 (e)；画出水平平面、垂直平面弯矩图，见图 5-1-2 (d) 和图 5-1-2 (f)；画出合成弯矩图和转矩图，见图 5-1-2 (g) 和图 5-1-2 (h)。

(2) 进行疲劳强度安全系数校核。截面Ⅰ、Ⅲ处有圆角和配合引起的应力集中（配合引起的应力集中在轴的两端），截面Ⅲ与截面Ⅰ比较，所受载荷大而轴径相差不大，所以，截面Ⅲ比截面Ⅰ危险。截面Ⅱ有齿轮齿根引起的应力集中，虽然轴径较大，但所受载荷也最大。截面Ⅱ、Ⅲ的疲劳强度安全系数校核见计算结果。

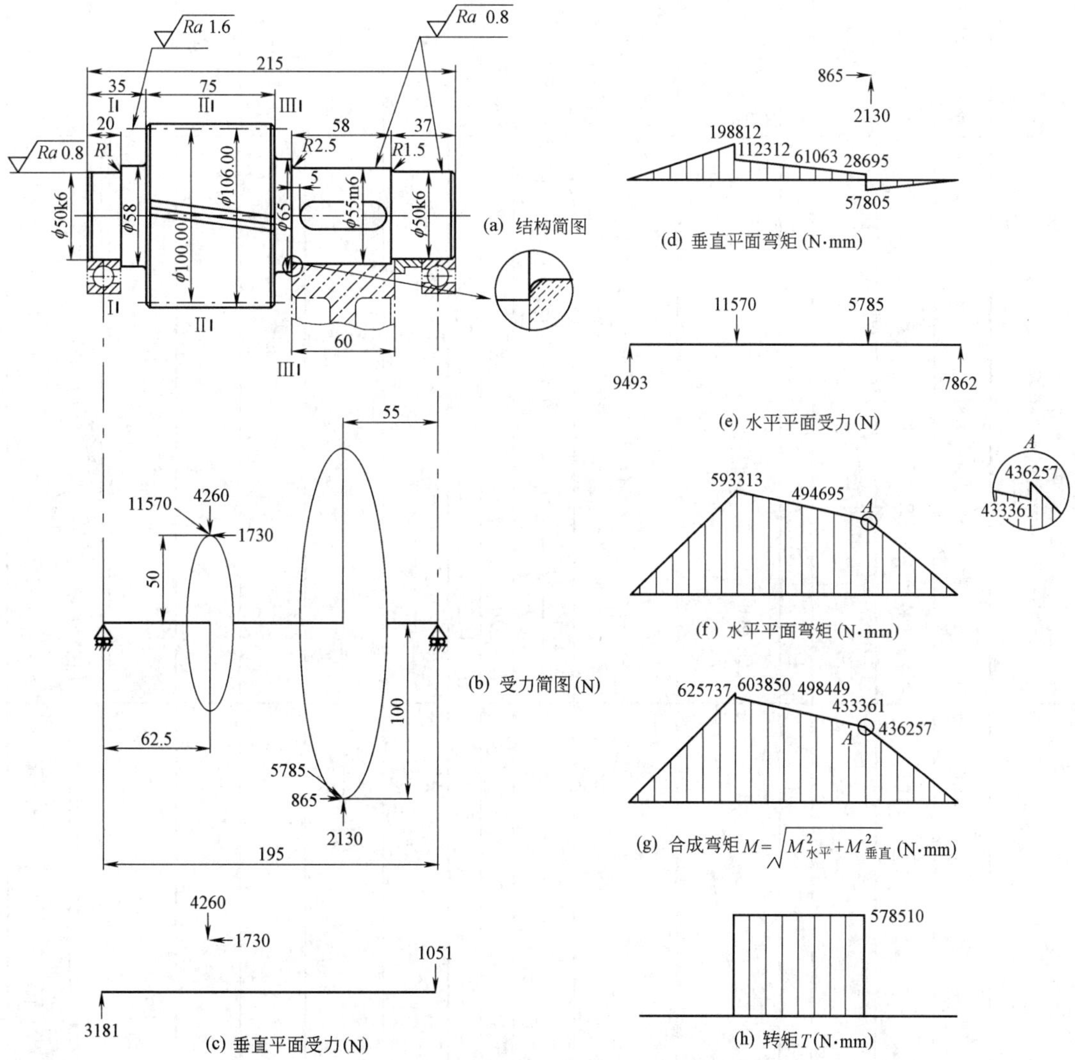

图 5-1-2　轴的受力和结构尺寸简图

计算内容	计算结果 截面Ⅱ	计算结果 截面Ⅲ	说明
M /N·mm	625737	498449	
T /N·mm $T=9.55\times10^6\dfrac{P}{n}$	$T=9.55\times10^6\dfrac{15.75}{260}=578510$	578510	
W /mm³	$W=\dfrac{\pi}{32}d^3=\dfrac{\pi}{32}\times100^3=98175$	$W=\dfrac{\pi}{32}d^3=\dfrac{\pi}{32}\times55^3=16334$	由表 5-1-11 得
W_T /mm³	$W_T=2W=2\times98175=196350$	$W_T=2W=2\times16334=32668$	
σ_{-1} /MPa	275	275	由表 5-1-1 得
Ψ_τ	0.1	0.1	中碳钢
k_σ	齿轮轴的齿： $k_\sigma=1$	圆角$\dfrac{D-d}{r}=\dfrac{65-55}{2.5}=4$，$\dfrac{r}{d}=\dfrac{2.5}{55}=0.045$ 用插入法得 $k_\tau=1.859$	由表 5-1-13 和表 5-1-15 得(由表 5-1-1 得:$\sigma_b=640$)
k_τ	$k_\tau=\dfrac{1.49-1.46}{700-600}\times(640-600)+1.46=1.472$	圆角$\dfrac{D-d}{r}=4$　$\dfrac{r}{d}=0.045$ 用插入法得：$k_\tau=1.578$	
β	$\beta=\dfrac{1.1-1.05}{800-400}\times(640-400)+1.05=1.08$	1.08	由表 5-1-17 得
ε_σ	$d=100$　$\varepsilon_\sigma=0.73$	$d=55$　$\varepsilon_\sigma=0.81$	由表 5-1-16 得
ε_τ	$d=100$　$\varepsilon_\tau=0.72$	$d=55$　$\varepsilon_\tau=0.76$	
K_σ　$K_\sigma=\dfrac{k_\sigma}{\beta\varepsilon_\sigma}$	$K_\sigma=\dfrac{1}{1.08\times0.73}=1.268$	圆角　$K_\sigma=\dfrac{1.859}{1.08\times0.81}=2.125$	
K_τ　$K_\tau=\dfrac{k_\tau}{\beta\varepsilon_\tau}$	$K_\tau=\dfrac{1.472}{1.08\times0.72}=1.893$	圆角　$K_\tau=\dfrac{1.578}{1.08\times0.76}=1.923$	
K_σ		配合$\dfrac{H7}{m6}$　$d=55$，$K_\sigma=3.110$	由表 5-1-12 得
K_τ		配合$\dfrac{H7}{m6}$　$d=55$，$K_\tau=2.271$	
S $S=\dfrac{\sigma_{-1}}{\sqrt{\left(K_\sigma\dfrac{M}{W}\right)^2+\dfrac{3}{4}\left[(K_\tau+\Psi_\tau)\dfrac{T}{W_T}\right]^2}}$	$S=\dfrac{275}{\sqrt{\left(1.268\times\dfrac{625737}{98175}\right)^2+\dfrac{3}{4}\left[(1.893+0.1)\times\dfrac{578510}{196350}\right]^2}}$ $=28.8$	$S=\dfrac{275}{\sqrt{\left(3.110\times\dfrac{498449}{16334}\right)^2+\dfrac{3}{4}\left[(2.271+0.1)\times\dfrac{578510}{32668}\right]^2}}$ $=2.71$	由表 5-1-10 得，式中 K_σ、K_τ 取大值①
[S]	1.8	1.8	由表 5-1-21 得
结论	$S>[S]$，轴的强度满足要求		

① 当一个断面有几种应力集中时，一般推荐选用应力集中系数大者。

1.5 轴的刚度校核

轴受载后会产生弯曲和扭转变形，若变形过大，会影响轴上零件的正常工作。因此，对精密传动的轴及对刚度要求较高的轴，应进行刚度校核。

1.5.1 轴的扭转刚度校核

轴的扭转刚度用每米轴长的扭转角 ϕ 来度量。计算公式见表 5-1-23。

1.5.2 轴的弯曲刚度校核

轴的弯曲刚度用挠度 y 及偏转角 θ 来度量。对于一般机械，轴的许用挠度 $[y]$ 和许用偏转角 $[\theta]$ 见表 5-1-24。

光轴的挠度和偏转角的计算公式见表 5-1-25。对于阶梯轴，如果对计算精度要求不高时，可用当量直径为 d_v 的光轴近似计算：

$$d_v=\frac{\sum d_i l_i}{\sum l_i}$$

式中 l_i，d_i——阶梯轴第 i 段的长度和直径，mm。

表 5-1-23 每米轴长的扭转角 ϕ 计算公式

轴的类型	实心轴	空心轴
光轴	$\phi=7350\dfrac{T}{d^4}\leqslant[\phi]$	$\phi=7350\dfrac{T}{d^4-d_0^4}\leqslant[\phi]$
阶梯轴	$\phi=\dfrac{7350}{l}\sum\dfrac{T_i l_i}{d_i^4}\leqslant[\phi]$	$\phi=\dfrac{7350}{l}\sum\dfrac{T_i l_i}{d_i^4-d_{0i}^4}\leqslant[\phi]$

式中 T——轴所传递的转矩，N·m；

l——轴受转矩作用的长度，mm；

d——轴的外径，mm；

d_0——空心轴的内径，mm；

T_i——第 i 段轴所受转矩，N·m；

l_i,d_i,d_{0i}——第 i 段轴长度、直径和空心轴内径，mm；

$[\phi]$——许用扭转角

精密传动	$[\phi]=0.25\sim0.5(°)/m$
一般传动	$[\phi]=0.5\sim1(°)/m$
精度要求不高的传动	$[\phi]>1(°)/m$

本公式适用于切变模量 $G=7.94\times10^4$ MPa 的钢轴

表 5-1-24 轴的许用挠度 $[y]$ 及偏转角 $[\theta]$

条件	许用挠度$[y]$/mm	条件	许用偏转角$[\theta]$/rad
一般用途的轴	$[y_{max}]=(0.0003\sim0.0005)l$	滑动轴承处	$[\theta]=0.001$
刚度要求较高的轴	$[y_{max}]=0.0002l$	深沟球轴承处	$[\theta]=0.005$
安装齿轮的轴	$[y]=(0.01\sim0.03)m_n$	调心球轴承处	$[\theta]=0.05$
安装蜗轮的轴	$[y]=(0.02\sim0.05)m_t$	圆柱滚子轴承处	$[\theta]=0.0025$
		圆锥滚子轴承处	$[\theta]=0.0016$
		安装齿轮处	$[\theta]=0.001\sim0.002$

注：l 为支承间跨距，mm；m_n 为齿轮法面模数，mm；m_t 为蜗轮端面模数，mm。

表 5-1-25　光轴的挠度 y 及偏转角 θ 的计算公式

轴受载情况简图	偏转角 θ/rad	挠度 y/mm	最大挠度 y_{max}/mm
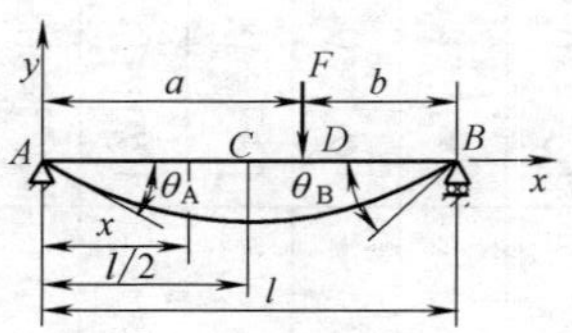	$\theta_A=-\frac{Fab}{6EIl}(l+b)$ $\theta_B=\frac{Fab}{6EIl}(l+a)$	$y=-\frac{Fbx}{6EIl}(l^2-x^2-b^2)$ $0\leqslant x\leqslant a$ $y=-\frac{Fa(l-x)}{6EIl}[l^2-a^2-(l-x)^2]$ $a\leqslant x\leqslant l$	设 $a>b$，在 $x=\sqrt{\frac{l^2-b^2}{3}}$ 处 $y_{max}=-\frac{\sqrt{3}Fb}{27EIl}(l^2-b^2)^{\frac{3}{2}}$ 在 $x=\frac{l}{2}$ 处 $y_c=-\frac{Fb}{48EI}(3l^2-4b^2)$
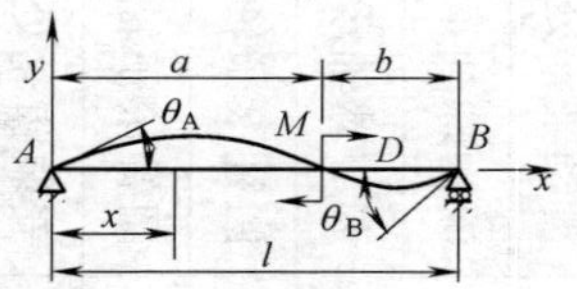	$\theta_A=\frac{M}{6EIl}(l^2-3b^2)$ $\theta_B=\frac{M}{6EIl}(l^2-3a^2)$	$y=\frac{Mx}{6EIl}(l^2-3b^2-x^2)$ $0\leqslant x\leqslant a$ $y=-\frac{M(l-x)}{6EIl}[l^2-3a^2-(l-x)^2]$ $a\leqslant x\leqslant l$	设 $a>b$，在 $x=\sqrt{\frac{l^2-3b^2}{3}}$ 处 $y_{max}=-\frac{\sqrt{3}M}{27EIl}(l^2-3b^2)^{\frac{3}{2}}$
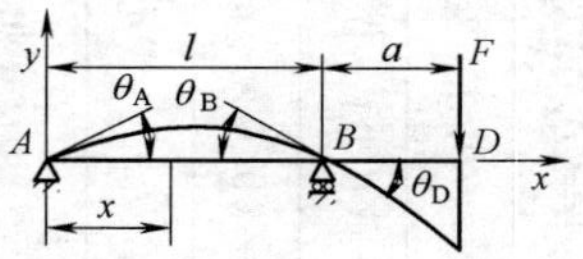	$\theta_A=-\frac{1}{2}\theta_B=\frac{Fal}{6EI}$ $\theta_D=-\frac{Fa}{6EI}(2l+3a)$	$y=\frac{Fax}{6EIl}(l^2-x^2)$ $0\leqslant x\leqslant l$ $y=-\frac{F(x-l)}{6EI}[a(3x-l)-(x-l)^2]$ $l\leqslant x\leqslant l+a$	$y_D=-\frac{Fa^2}{3EI}(l+a)$ 在 $x=0.57735l$ 处 $y_{max}=\frac{Fal^2}{15.55EI}$
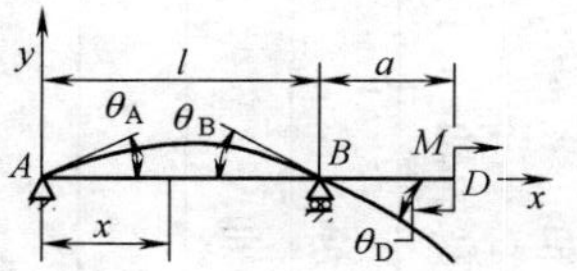	$\theta_A=-\frac{1}{2}\theta_B=\frac{Ml}{6EI}$ $\theta_D=-\frac{M}{3EI}(l+3a)$	$y=\frac{Mx}{6EIl}(l^2-x^2)$ $0\leqslant x\leqslant l$ $y=-\frac{M}{6EI}(3x-l)(x-l)$ $l\leqslant x\leqslant l+a$	$y_D=-\frac{Ma}{6EI}(2l+3a)$ 在 $x=0.57735l$ 处 $y_{max}=\frac{Ml^2}{15.55EI}$

注：F 为集中载荷，N；M 为外力矩，N·mm；l 为支点间距，mm；a、b 为如图所示距离，mm；E 为材料弹性模量，对钢 $E=2.1\times10^3$ MPa；I 为截面惯性矩，mm^4。

1.6 轴的临界转速校核

轴上周期性载荷的频率和轴的自振频率相同或接近时，轴要发生共振，轴的振幅将急剧增大，运转不稳定，影响机器的正常工作，严重时会造成轴系和整台机器的破坏。共振时轴的转速称为轴的临界转速。因此，对转速较高、跨度较大而刚性较小和外伸端较长的轴，应进行临界转速的校核，使轴的工作转速 n 避开轴的临界转速 n_{cr}。

轴的振动可分为横向振动、扭转振动和纵向振动三类。在轴的工作转速范围内，最可能发生的是横向振动。

同类型振动的临界转速可以有好多个，最低的一个叫做第一阶临界转速。工作转速 n 低于第一阶临界转速的轴称为刚性轴；超过第一阶临界转速的轴称为挠性轴。对于刚性轴，应使 $n \leqslant 0.75n_{cr1}$；对于挠性轴，应使 $1.4n_{cr1} \leqslant n \leqslant 0.7n_{cr2}$，$n_{cr1}$ 和 n_{cr2} 分别为轴的第一阶和第二阶临界转速。

光轴的第一阶临界转速计算公式见表 5-1-26，阶梯轴的临界转速可用当量直径为 d_v 的光轴近似计算：

$$d_v = \xi \frac{\sum d_i l_i}{\sum l_i}$$

式中 d_i ——阶梯轴第 i 段轴的直径，mm；

l_i ——阶梯轴第 i 段轴的长度，mm；

ξ ——经验修正系数。

若阶梯轴最粗一段或几段的轴段长度超过轴全长的 0.5 倍时，可取 $\xi=1$；小于 0.15 倍时，此段作为轴环，另按次粗轴段来考虑。一般情况下，最好按照同系列机器的计算对象，选取有准确解的轴试算几例，从中找出合适的 ξ 值。例如，对于一般的压缩机、离心机或鼓风机转子，可取 $\xi=1.094$。

表 5-1-26 光轴的第一阶临界转速 n_{cr1} 计算公式

简　　图	临界转速 n_{cr1}/r·min^{-1}
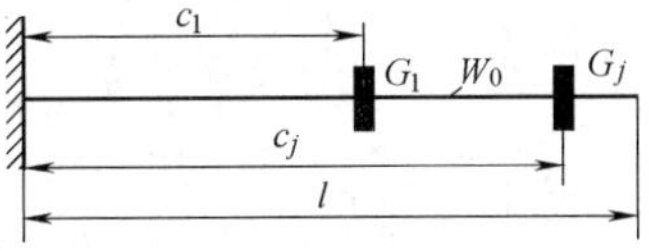	$n_{cr1}=\dfrac{1.07\times10^5 d^2}{\sqrt{W_0 l^3+4.12\sum c_j^3 G_j}}$
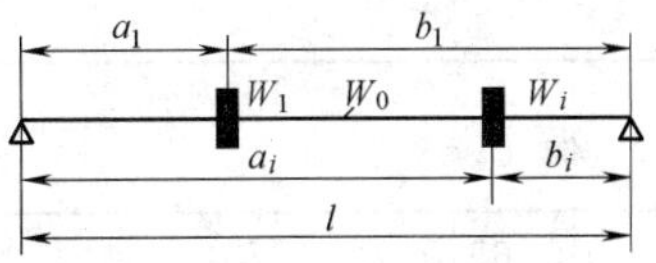	$n_{cr1}=\dfrac{2.99\times10^5 d^2}{\sqrt{W_0 l^3+\dfrac{32.47}{l}\sum a_i^2 b_i^2 W_i}}$
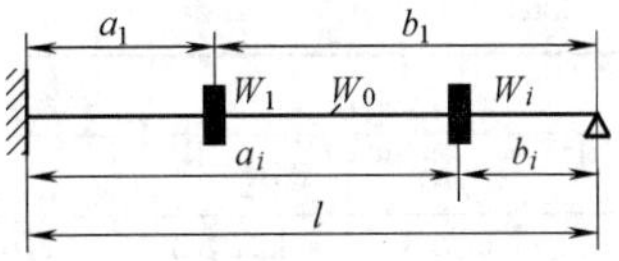	$n_{cr1}=\dfrac{4.68\times10^5 d^2}{\sqrt{W_0 l^3+\dfrac{4.955}{l^3}\sum a_i^3 b_i^2(0.75a_i+b_i)W_i}}$
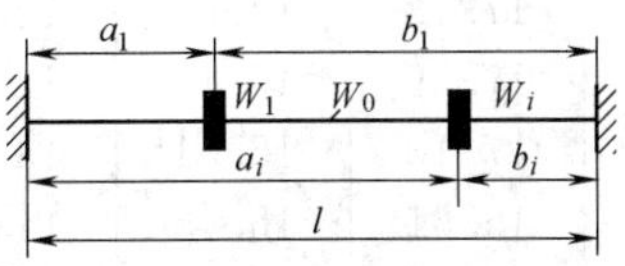	$n_{cr1}=\dfrac{6.79\times10^5 d^2}{\sqrt{W_0 l^3+\dfrac{166.8}{l^3}\sum a_i^3 b_i^3 W_i}}$

续表

简　图	临界转速 n_{cr1}/r・min^{-1}
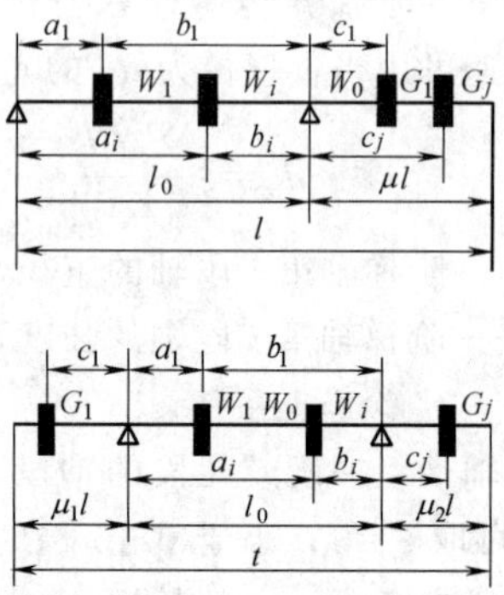	$n_{cr1}=\dfrac{5.27\times10^4\lambda_1 d^2}{\sqrt{3W_0 l^3+\lambda_1^2\left[\dfrac{1}{l_0}\sum W_i a_i^2 b_i^2+\sum G_j c_j^2(l_0+c_j)\right]}}$ 一端外伸轴的系数 λ_1 值见表 5-1-27 两端外伸轴的系数 λ_1 值见表 5-1-28

当计算空心轴的第一阶临界转速时，应将所列公式乘以 $\sqrt{1-\left(\dfrac{d_0}{d}\right)^4}$

式中　W_i——支承间第 i 个圆盘质量，kg；

G_j——外伸端第 j 个圆盘质量，kg；

W_0——轴的质量，kg；

d——轴的直径，mm；

d_0——空心轴的内径，mm；

l——轴的总长，mm；

l_0——支承间距离，mm；

μ,μ_1,μ_2——外伸端长度与轴长 l 之比；

a_i,b_i——支承间第 i 个圆盘至左及右支承间的距离，mm；

c_j——外伸端第 j 个圆盘至支承间的距离，mm；

λ_1——一端外伸轴的系数，见表 5-1-27；两端外伸轴的系数，见表 5-1-28。

所列公式适用于弹性模量 $E=2.1\times10^5$ MPa 的刚性轴

表 5-1-27　一端外伸轴的系数 λ_1 值

μ	0	0.05	0.10	0.15	0.20	0.25	0.30	0.35	0.40	0.45	0.50	0.55	0.60	0.65	0.70	0.75	0.80	0.85	0.90	0.95	1
λ_1	9.87	10.9	12.1	13.3	14.4	15.1	14.6	13.1	11.5	10	8.7	7.7	6.9	6.2	5.6	5.2	4.8	4.4	4	3.7	3.5

表 5-1-28　两端外伸轴的系数 λ_1 值

μ_2	μ_1									
	0.05	0.10	0.15	0.20	0.25	0.30	0.35	0.40	0.45	0.50
0.05	12.15	13.58	15.06	16.41	17.06	16.32	14.52	12.52	10.80	9.37
0.10	13.58	15.22	16.94	18.41	18.82	17.55	15.26	13.05	11.17	9.70
0.15	15.06	16.94	18.90	20.41	20.54	18.66	15.96	13.54	11.58	10.02
0.20	16.41	18.41	20.41	21.89	21.76	19.56	16.65	14.07	12.03	10.39
0.25	17.06	18.82	20.54	21.76	21.70	20.05	17.18	14.61	12.48	10.80
0.30	16.32	17.55	18.66	19.56	20.05	19.56	17.55	15.10	12.97	11.29
0.35	14.52	15.26	15.96	16.65	17.18	17.55	17.18	15.51	13.54	11.78
0.40	12.52	13.05	13.54	14.07	14.61	15.10	15.51	15.46	14.11	12.41
0.45	10.80	11.17	11.58	12.03	12.48	12.97	13.54	14.11	14.43	13.15
0.50	9.37	9.70	10.02	10.39	10.80	11.29	11.78	12.41	13.15	14.06

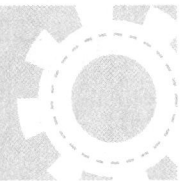

第2章 联轴器

2.1 联轴器的分类、特点及应用

表 5-2-1 联轴器的分类、特点及应用

类别	名称	型号	转矩范围 /N·m	转速范围 /$r \cdot min^{-1}$	补偿量范围 轴向 ΔX /mm	补偿量范围 径向 ΔY /mm	补偿量范围 角向 $\Delta\alpha$	特点	应用
刚性联轴器	凸缘联轴器	GY 型 GYS 型 GYH 型	25～100000	12000～1600				结构简单，无补偿和缓冲减振性能，要求两轴对中精度高	用于载荷平稳、对中性要求较高的传动
	立式夹壳联轴器		85～9000	900～380				装拆方便，无补偿和缓冲减振性能，被连接的轴头需加工成凹槽	用于立轴的连接和无冲击载荷的传动
	套筒联轴器	Ⅰ型	4.5～4000	≤200～250				结构简单，制造容易，无补偿和缓冲减振性能，要求两轴对中性高	用于轻载、低速、经常正反转、对中性要求较高的传动
		Ⅱ型	71～5000						
		Ⅲ型	56～450						
		Ⅳ型	150～10000						
无弹性元件的挠性联轴器	滚子链联轴器	GL 型	40～25000	4500～200	1.4～9.5	0.19～1.27	1°	结构简单，维护方便，工作可靠，寿命长，需润滑，具有一定补偿两轴相对偏移性能	用于潮湿、多尘、高温的场合，不宜用于启动频繁、经常正反转及有较大冲击载荷的传动
	齿式联轴器	GⅡCL 型	400～4500000	4000～460		1.0～8.5	1°30′	结构复杂，承载力大，工作可靠，有噪声，具有一定补偿性能，但不能缓冲减振	主要用于重型机械和长轴的连接，不适于立轴的连接，允许正反转
		GSL 型	31500～1600000						
	滑块联轴器	KL 型	16～5000	10000～1500	1～2	≤0.2	≤0°40′	结构简单，转动惯量小，具有一定补偿两轴相对偏移、减振和缓冲性能	用于传递功率小、转速高的场合，如控制器和油泵装置
	十字滑块联轴器		120～20000	100～250			0°30′	结构简单，转动惯量较大，需润滑，具有一定补偿两轴相对偏移性能	用于转速不高和无冲击载荷的传动
	十字销万向联轴器	WX 型 WXS 型	11.2～8000					一个 WS 型或两个 WSD 型十字轴万向联轴器能保持主、从动轴的同步转动	用于连接两轴线折角≤45°的传动

续表

类别	名称	型号	转矩范围/N·m	转速范围/$r\cdot min^{-1}$	补偿量范围 轴向ΔX/mm	补偿量范围 径向ΔY/mm	补偿量范围 角向$\Delta\alpha$	特点	应用
有弹性元件的挠性联轴器	弹性套柱销联轴器	LT型	16～22400	8800～1150		0.2～0.6	1°30′～0°30′	结构简单，维护方便，承载能力大，具有一定补偿两轴相对偏移和一般减振性能	用于启动频繁、经常正反转、载荷平稳的传动
		LTZ型	224～22400	3800～1000		0.3～0.6			
	弹性柱销联轴器	LX型	250～180000	8500～950	±0.5～±3	0.15～0.25	≤0°30′	结构简单，维护方便，具有一定补偿两轴相对偏移和一般减振性能	用于启动频繁、正反转较多、有启动载荷的高、低速传动
		LXZ型	560～35500	5600～950	±1～±2.5				
	弹性柱销齿式联轴器	LZ型	112～2800000	5000～460	±1.5～±5.0	0.3～1.5	0°30′	承载力大，不需润滑，但有噪声，具有一定补偿两轴相对偏移和一般减振性能	用于启动频繁、经常正反转的传动
	梅花形弹性联轴器	LM型	28～25200	15300～1900	1.2～5.0	0.5～1.8	2°00′～1°00′	结构简单，工作可靠，具有一定补偿两轴相对偏移、减振、耐磨及缓冲性能	用于启动频繁、经常正反转及工作可靠性要求高的传动
	星形弹性联轴器	LX型	20～25000	9500～1800	1.2～6.4	0.4～2.2	≤1°30′	结构简单，具有一定补偿两轴相对偏移和减振性能	转矩受工作温度、启动次数等影响较大；可正、反转
	H形弹性块联轴器	HTLA型	20～4500	5000～2000	+2～+5	0.5～1.5	1°30′～1°	结构简单，具有一定补偿两轴相对位移和缓冲减振性能	可用于水平和垂直轴传动轴系
		HTLB型	180～71000	5000～800	+2～+6	0.8～2.0			
	轮胎式联轴器	LLA型	10～20000	5000～800	1.26～14.0	1.26～14.0	≤6°	结构简单，不需润滑，无摩擦、无噪声，具有较高的补偿两轴相对偏移、减振及缓冲性能	用于启动频繁、经常正反转及潮湿、多尘的场合
		LLB型		5000～1000					
	膜片联轴器	JM型	25～160000	6000～710		1～2	1°30′～30′	结构简单，无噪声，吸振能力不大，具有一定补偿两轴相对偏移、传动平稳、耐酸和耐腐蚀等特点	用于连接两同轴线中、高速及载荷较平稳的传动
	蛇形弹簧联轴器	JS型	45～800000	4500～540	±0.3～±1.3	0.31～1.02	0.25～4.65	结构较复杂，有JS(恒刚度)与JSB(变刚度)两大系列，恒刚度适用于转矩变化不大的两轴连接，变刚度适用于转矩变化较大的场合。具有一定补偿两轴相对偏移和减振、缓冲性能	适用于连接两同轴线的中、大功率的传动轴系
		JSB型	45～63000	6000～1600			0.25～4.29		

续表

类别	名称	型号	转矩范围 /N·m	转速范围 /r·min^{-1}	补偿量范围			特　　点	应　　用
					轴向 ΔX	径向 ΔY	角向 $\Delta\alpha$		
					/mm				
安全联轴器	MAL 型摩擦安全联轴器	MAL 型	6.3～9500	1000～140	±0.95～±3.8	0.25～1.0	1°	工作可靠，使用寿命长，装拆维修方便，具有一定补偿两轴相对偏移量的性能，能限制转矩，起到过载保护的作用	适用于连接两同轴线和平行轴线的传动轴系

2.2 联轴器的选择

2.2.1 一般联轴器的选择计算[1]

一般联轴器是根据载荷情况、计算转矩、轴直径和工作转速来选择。计算转矩 T_c 由下式求出：

$$T_c = KT = K \times 9550 \times \frac{P_w}{n} \leqslant T_n \ (\mathrm{N \cdot m})$$

式中　T——理论转矩，N·m；

T_n——公称转矩，N·m；

T_c——计算转矩，N·m；

P_w——驱动功率，kW；

n——工作转速，r/min；

K——工作情况系数，见表 5-2-2。

表 5-2-2　联轴器载荷分类及工作情况系数

载荷类别	工作状况	设备名称举例	工作情况系数 K
Ⅰ	均匀载荷	离心式鼓风机和压缩机、发电机、(均匀加载)运输机、废水处理设备、搅拌设备等	1.0～1.5
Ⅱ	中等冲击载荷	洗衣机、木材加工机械、工具机、混凝土搅拌机、旋转式粉碎机、起重机和卷扬机等	1.5～2.5
Ⅲ	重冲击载荷	破碎机、往复式给料机、摆动运输机、可逆输送辊道等	≥2.5

注：1. 本表所列工况系数适用于原动机为电动机和蒸汽涡轮机传动系统。

2. 大功率非连续工作电动机及设备，在承受激烈冲击载荷或易产生事故的工作情况时，工况系数应特殊考虑，不按本表选用。

2.2.2 GⅡCL 型齿式联轴器的选择计算

GⅡCL 型齿式联轴器的选择不仅要考虑载荷情况、计算转矩、轴端直径和工作转速，还要考虑转速与角向补偿量的变化对传递转矩的影响。计算转矩 T_c 为：

$$T_c \leqslant K_1 T_n \ (\mathrm{N \cdot m})$$

式中　K_1——转矩修正系数，由图 5-2-1 查得；

T_n——公称转矩，N·m。

图 5-2-1 中 $\Delta\alpha$ 为角向补偿量，单位为 min，K_n 为转速系数，由下式求得：

$$K_n = \frac{n}{[n]}$$

式中　n——工作转速，r/min；

$[n]$——许用转速，r/min，由表 5-2-20 查得。

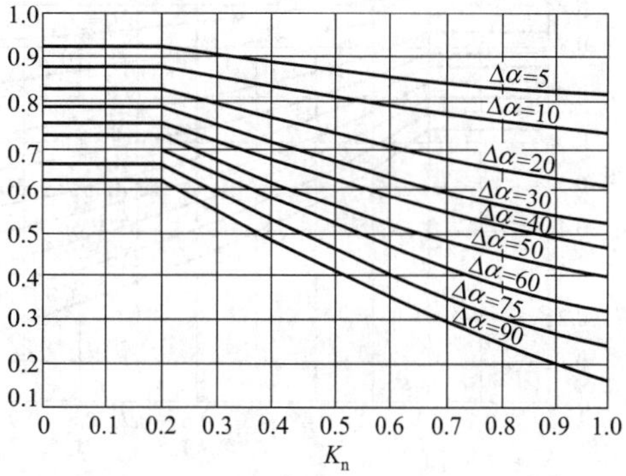

图 5-2-1　齿式联轴器的转矩修正系数

例　已知，计算转矩 $T_c = 1000\mathrm{N \cdot m}$，转速 $n = 1200\mathrm{r/min}$，角向偏移量 $\Delta\alpha = 20'$，试选用鼓形齿式联轴器的型号。

解　根据已知，查表 5-2-20，选用 GⅡCL4 型鼓形齿式联轴器，其公称转矩 $T_n = 1600\mathrm{N \cdot m}$，许用转速 $[n] = 4000\mathrm{r/min}$。

$$K_n = \frac{n}{[n]} = \frac{1200}{4000} = 0.3$$

[1] 一般联轴器是指本章中除齿式联轴器和万向联轴器以外的其他各种联轴器。

由图 5-2-1 查得 $K_1=0.8$，则 $K_1T_n=0.8\times1600=1280\text{N}\cdot\text{mm}$。

因为 $T_c<K_1T_n$，所以可选用 GⅡCL4 型鼓形齿式联轴器。

2.2.3 GSL 伸缩型齿式联轴器的选择计算

GSL 伸缩型齿式联轴器应根据负荷情况、计算转矩、轴端直径和工作转速等因素综合考虑进行选择。计算转矩 T_c 为：

$$T_c=KT=K\times9550\times\frac{P_w}{n}\leqslant T_n$$

式中 T_c——计算转矩，N·m；

K——负荷性质系数，见表 5-2-3；

T——理论转矩，N·m；

P_w——驱动功率，kW；

n——工作转速，r/min；

T_n——公称转矩，N·m。

表 5-2-3 负荷性质系数

工作机械负荷性质	K
负荷均匀，工作平稳	1.0
负荷不均匀，中等冲击	1.1～1.3
较大冲击负荷和频繁正反转	1.3～1.5
特大冲击负荷和频繁正反转	>1.5～2.25

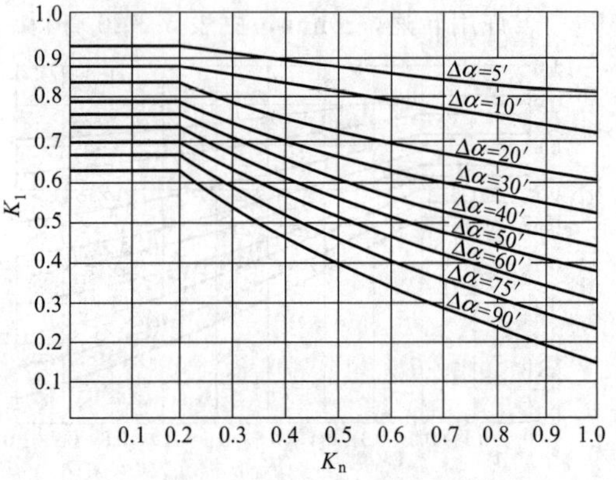

图 5-2-2 转矩修正系数

在选用 GSL 伸缩型齿式联轴器时，应考虑转速与角向补偿量的变化对传递转矩的影响，即：

$$T_c\leqslant K_1T_n$$

式中 K_1——转矩修正系数，由图 5-2-2 查得。

图中 $\Delta\alpha$ 为角向补偿量；K_n 为转速系数，由下式求得：

$$K_n=\frac{n}{[n]}$$

式中 n——工作转速，r/min；

$[n]$——许用转速，r/min。

选用 GSL 伸缩型齿式联轴器时，其工作转速必须低于临界转速。临界转速为：

$$n_c=1.195\times10^8\times\frac{D}{L^2}$$

式中 n_c——临界转速，r/min；

D——中间轴直径，mm；

L——两鼓形齿截面间的距离，mm。

实际工作转速应$\leqslant0.75n_c$。

2.2.4 十字销万向联轴器的选择计算

(1) 采用滑动轴承

采用滑动轴承的十字销万向联轴器的功率曲线见图 5-2-3。当夹角 β 为 10°时，单十字轴万向联轴器在长期使用中能传递的功率和转矩与转速有关。当夹角大于 10°时，应先根据图 5-2-4 查出修正系数 η，然后按下式求出修正的功率 P'：

$$P'=\frac{P}{\eta}$$

式中 P'——修正的功率，kW；

P——传递的功率，kW；

η——修正系数，由图 5-2-4 查得。

若 β 值在 0°～5°之间，则从图 5-2-4 求得的修正系数 η 可使 P' 提高 25%，在 5°～10°之间，则可在线性区内用插值法求得。

双十字销万向联轴器可传递的功率，仅为单十字销万向联轴器修正值的 90%。

例 1 已知传递的功率 $P=1.5\text{kW}$，转速 $n=250\text{r/min}$，夹角 $\beta=22°30'$，试选用单十字万向联轴器的型号。

解 由图 5-2-4 查得 $\eta=0.45$。

$$修正功率\ P'=\frac{P}{\eta}=\frac{1.5}{0.45}=3.3\ (\text{kW})$$

由图 5-2-3，适合 $n=250\text{r/min}$，$P'=3.3\text{kW}$ 的单十字销万向联轴器的型号为 WX60，其轴孔直径 d 的范围为 30～40mm，传递转矩为 $T=128\text{N}\cdot\text{m}$。

(2) 采用滚针轴承

采用滚针轴承的十字销万向联轴器的功率曲线见图 5-2-5，修正的转矩 T'为：

$$T'=T\eta_a\eta_z$$

式中 T——传递的转矩，N·m；

η_a——修正系数，由图 5-2-6 查得；

η_z——冲击系数，$\eta_z=1\sim3$。

例 2 已知传递的转矩 $T=70\text{N}\cdot\text{m}$，转速 $n=1400\text{r/min}$，夹角 $\beta=20°$，寿命 500h。

解 取冲击系数 $\eta_z=1.5$，从图 5-2-6 查出修正系数

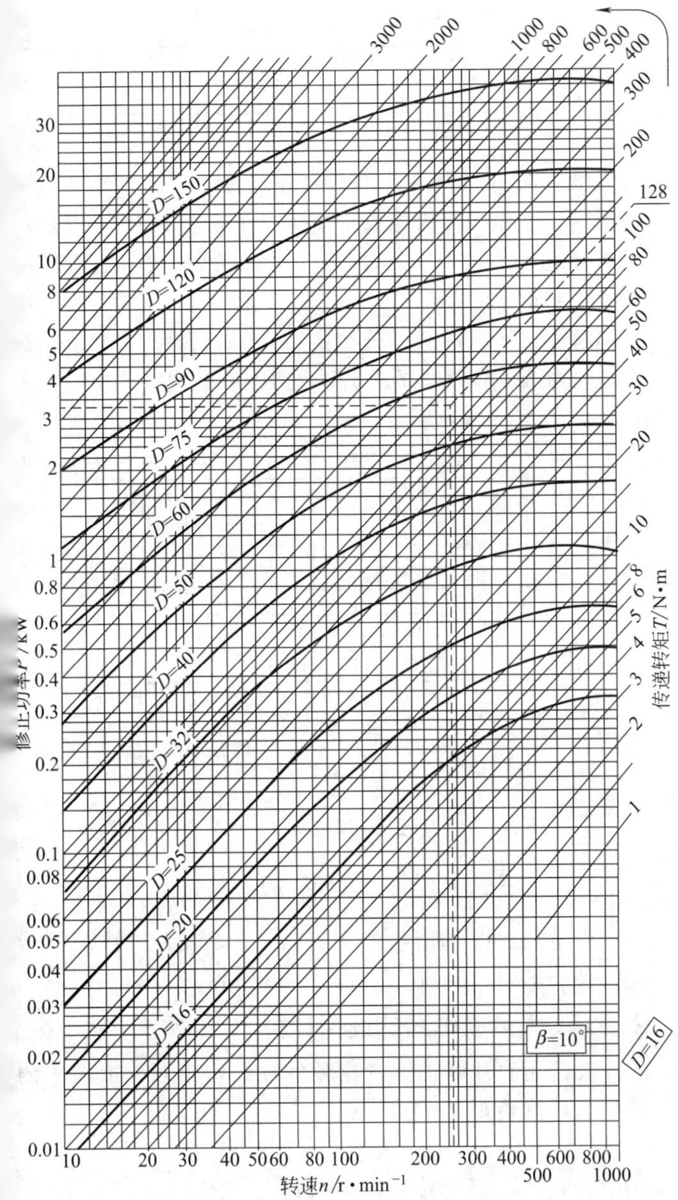

图 5-2-3　采用滑动轴承时功率的曲线图

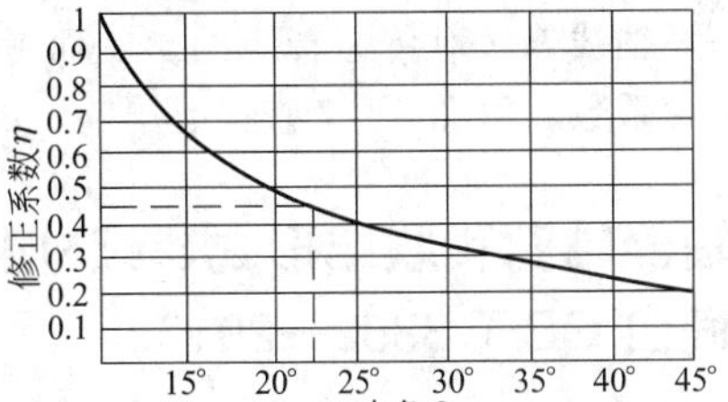

图 5-2-4　采用滑动轴承时修正系数 η 的曲线

$\eta_a=1.1$，修正的转矩 $T'=T\eta_a\eta_z=70\times1.1\times1.5=116$N·m，寿命×转速$=500\times1400=70\times10^4$，根据图 5-2-5，适合的单十字销万向联轴器型号为 WX60，其轴孔直径 d 的范围为 30～40mm。

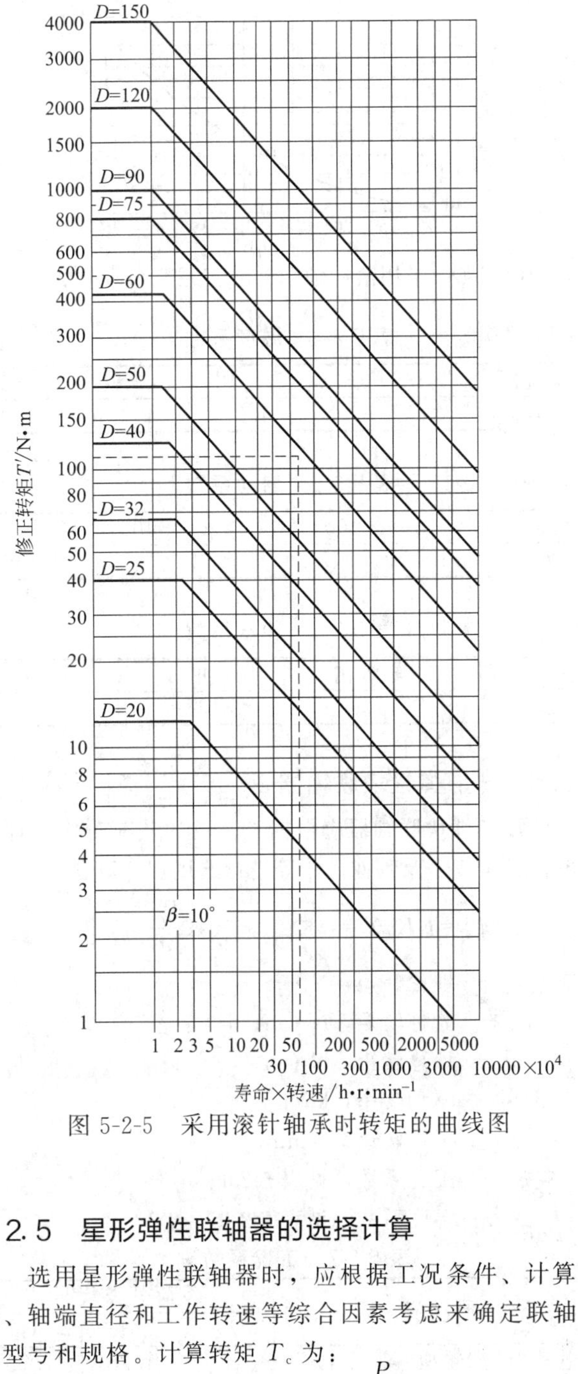

图 5-2-5　采用滚针轴承时转矩的曲线图

2.2.5　星形弹性联轴器的选择计算

选用星形弹性联轴器时，应根据工况条件、计算转矩、轴端直径和工作转速等综合因素考虑来确定联轴器的型号和规格。计算转矩 T_c 为：

$$T_c=K_1K_2K_3\times9550\times\frac{P_w}{n}\leqslant T_n$$

式中　T_c——计算转矩，N·m；

K_1——温度系数，见表 5-2-4；

K_2——启动系数，见表 5-2-5；

K_3——冲击系数，见表 5-2-6；

T_n——公称转矩，N·m；

P_w——驱动功率，kW；

n——工作转速，r/min。

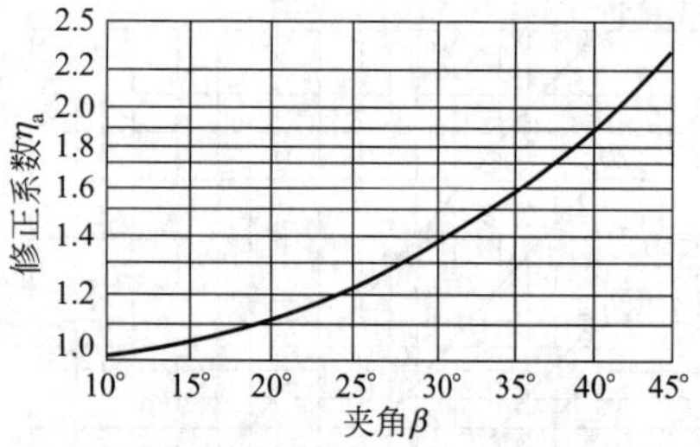

图 5-2-6 采用滚针轴承时修正系数 η_a 的曲线

表 5-2-4 温度系数

环境温度/℃	−35～+35	≥+40	≥+60	≥+80
K_1	1.0	1.2	1.4	1.8

表 5-2-5 启动系数

启动次数 h	≤100	>100～200	>200～400	>400～800
K_2	1.0	1.2	1.4	1.6

表 5-2-6 冲击系数

冲击类别	轻冲击	中冲击	重冲击
K_3	1.5	1.8	2.2

2.2.6 H形弹性块联轴器

H形弹性块联轴器应根据工作机的载荷分类、计算转矩、工作转速及轴伸尺寸等进行选用。计算公式为：

$$T_c = KK_1T = KK_1 \times 9550 \times \frac{P_w}{n} \leq T_n$$

式中 T——理论转矩，N·m；

T_n——公称转矩，N·m；

T_c——计算转矩，N·m；

P_w——驱动功率，kW；

n——工作转速，r/min；

K——工况系数，见表 5-2-7；

K_1——温度系数，见表 5-2-8。

表 5-2-7 工况系数 K

原动机	载荷分类代号		
	U	M	H
电动机、汽轮机、液压马达	1	1.25	1.75
4缸～6缸柱塞发动机	1.25	1.5	2.0
1缸～3缸柱塞发动机	1.5	2.0	2.5(3)

注：1. 表中系数是在工作机械每小时启动 25 次以下的情况下给定的。如工作机械实际启动次数大于每小时 25 次，则系数应取邻近栏内稍大一挡的值。

2. 括号内的数值仅适用于每小时启动次数大于 25 次的场合。

3. U为均匀载荷；M为中等冲击载荷；H为强烈冲击载荷。

表 5-2-8 温度系数 K_1

温度	−30～+60℃	>+60～+80℃
K_1	1	1.2

注：K_1 值仅适用于弹性块材料为丁腈橡胶。

例 选用 HTLA 型联轴器连接传动。已知原动机为电动机，工作机械为橡胶挤压机，驱动功率 P_w=95kW，工作转速 n=1430r/min，每小时启动 30 次，工作环境温度 t=20℃。

解 挤压机的载荷分类代号为 H，因每小时启动 30 次，故由表 5-2-7 选择工况系数 $K=2$，由 $t=20$℃查表 5-2-8，得 $K_1=1$，所以：

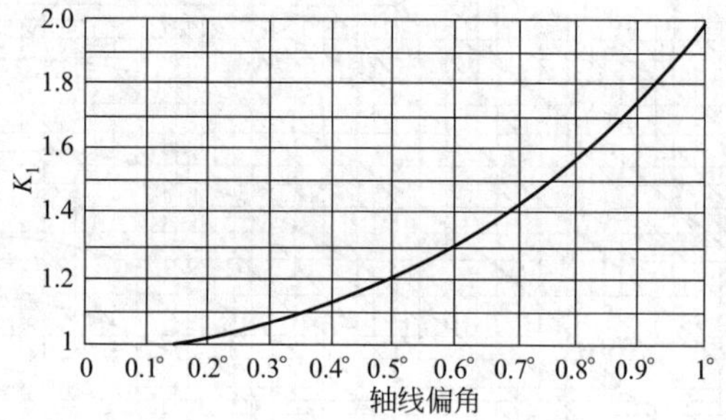

图 5-2-7 轴线偏差系数

$$T_c = KK_1T = KK_1 \times 9550 \times \frac{P_w}{n} = 2 \times 1 \times 9550 \times \frac{95}{1430} = 1268.8\ (\mathrm{N \cdot m})$$

由表 5-2-42 选用联轴器 HTLA10，其公称转矩 T_n=1600N·m，许用转速 $[n]$=2800r/min。

2.2.7 膜片联轴器的选择计算

在选用膜片联轴器时应考虑轴线偏角对传递转矩的影响，计算转矩 T_c 为：

$$T_c = KK_1T\ (\mathrm{N \cdot m})$$

式中 T_c——理论转矩，N·m；

K——工况系数，见表 5-2-2；

K_1——轴线偏转对传递转矩的影响而考虑的偏差系数，由图 5-2-7 查得。

2.3 联轴器轴孔和联结形式、尺寸及标记（摘自 GB/T 3852—2017）

本标准适用于键联结圆柱形轴孔、1∶10 圆锥形轴孔和花键联结的花键孔联轴器。

2.3.1 联轴器轴孔和联结形式及代号

联轴器轴孔型式有 7 种，见表 5-2-9；联结形式有 11 种，见表 5-2-10。

表 5-2-9　联轴器轴孔型式及代号

名称	型式及代号	图　示	备注	名称	型式及代号	图　示	备注
柱形轴孔	Y 型	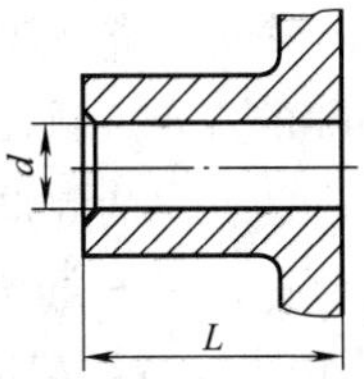	适用于长、短系列，推荐选用短系列	有沉孔的圆锥形轴孔	Z 型	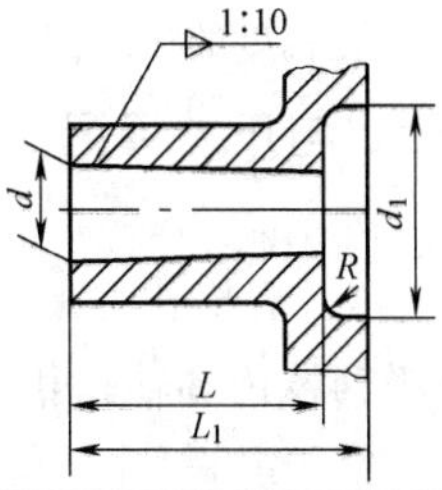	适用于长、短系列
有沉孔的短圆柱形轴孔	J 型	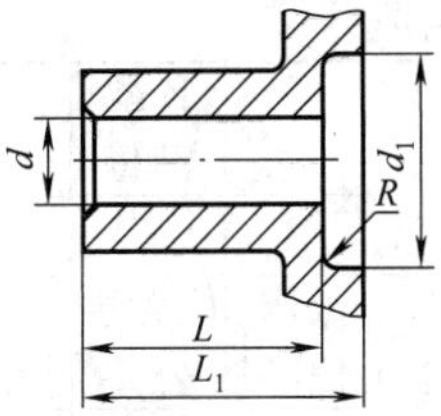	推荐选用	圆锥形轴孔	Z_1 型	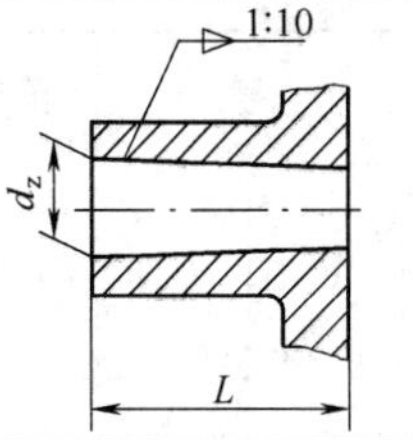	适用于长、短系列

表 5-2-10　联轴器联结型式及代号

名称	型式及代号	图　示	名称	型式及代号	图　示
平键单键槽	A 型	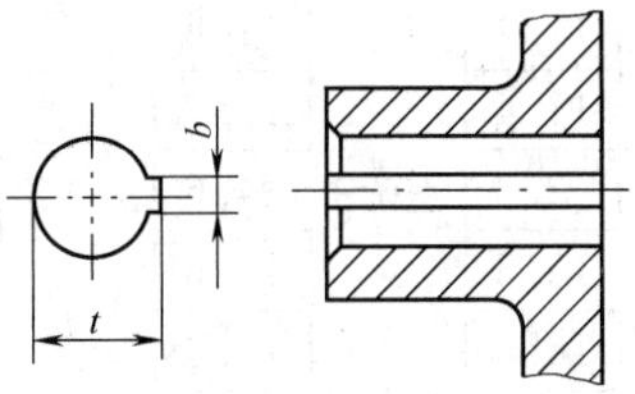	圆柱形轴孔普通切向键键槽	D 型	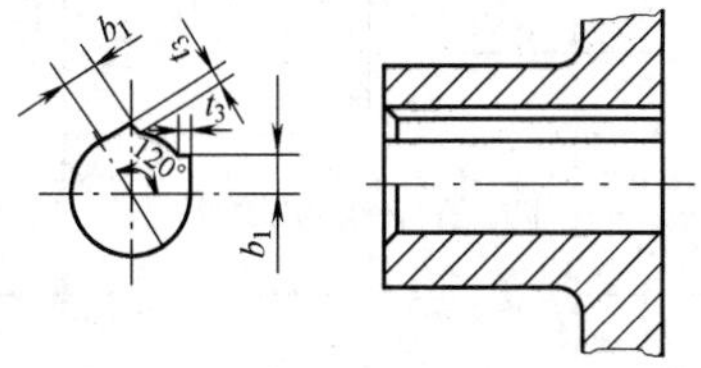
120°布置平键双键槽	B 型	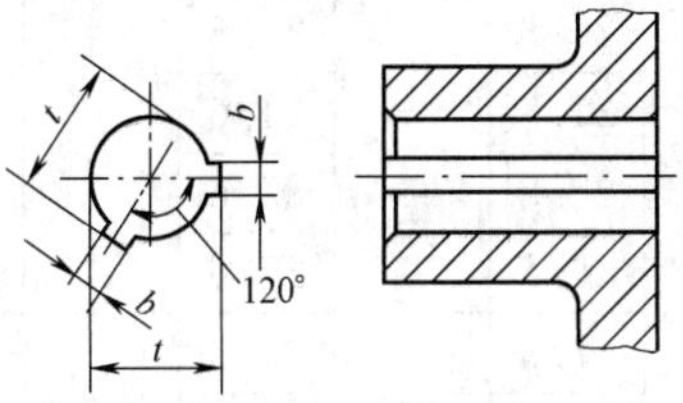	矩形花键	符合 GB/T 1144	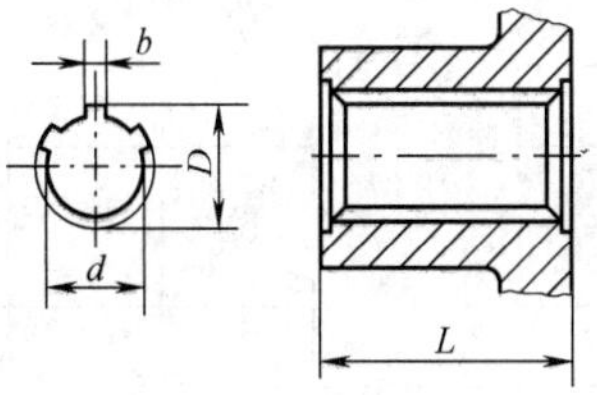
180°布置平键双键槽	B_1 型	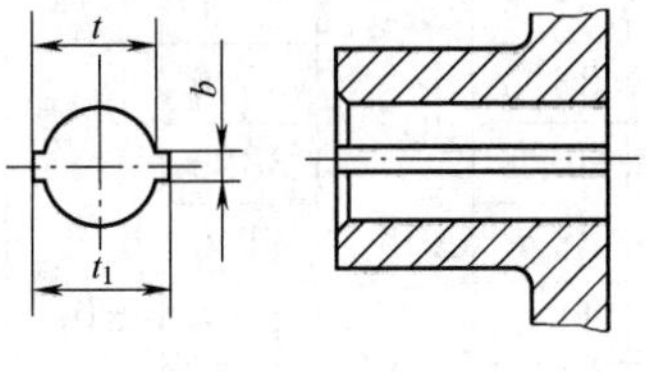	圆柱直齿渐开线花键	符合 GB/T 3478.1	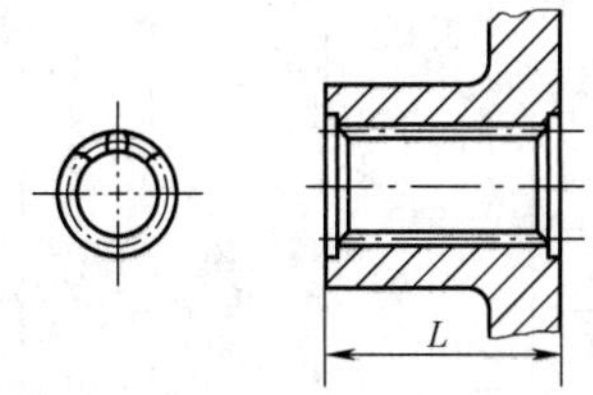
圆锥形轴孔平键单键槽	C 型	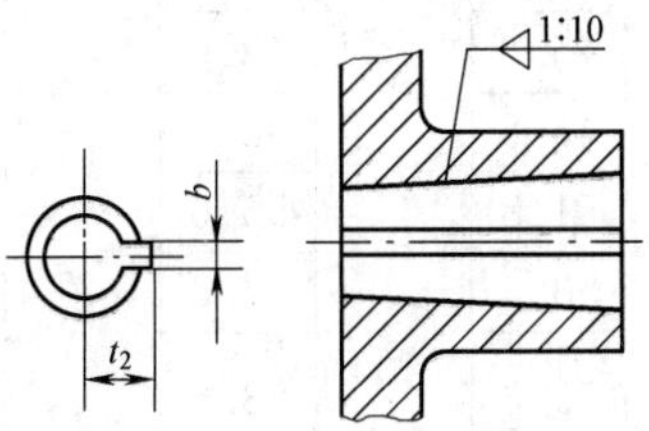			

2.3.2 联轴器轴孔和键槽尺寸

圆柱形和圆锥形轴孔和键槽尺寸见表 5-2-11 和表 5-2-12。圆柱形轴孔与轴伸的配合见表 5-2-13，圆锥形轴孔与轴伸配合时，轴孔直径及轴孔长度的极限偏差见表 5-2-14。

2.3.3 联轴器轴孔形式与尺寸标记

2.3.3.1 键联结

键联结标记见图 5-2-8。Y 型孔、A 型键槽的代号，在标记中可省略不注；联轴器两端轴孔和键槽的型式与尺寸相同时，只标记一端，另一端省略不注。

2.3.3.2 花键联结

花键联结标记见图 5-2-9。两端花键孔形式与尺寸相同时，只标一端，另一端可省略不注。矩形花键尺寸和公差应符合 GB/T 1144 的规定，圆柱直齿渐开线花键尺寸和公差应符合 GB/T 3478.1 的规定。

2.3.3.3 一端为花键孔，另一端为其他联结型式

标记时按图 5-2-9 中主、从动端位置分别标记。

表 5-2-11 Y 型、J 型圆柱形轴孔的直径与长度及键槽尺寸 /mm

直径 d		长度			沉孔尺寸		A 型、B 型、B_1 型键槽						B 型键槽	D 型键槽		
公称尺寸	极限偏差 H7	L 长系列	L 短系列	L_1	d_1	R	b 公称尺寸	b 极限偏差 P9	t 公称尺寸	t 极限偏差	t_1 公称尺寸	t_1 极限偏差	T 位置度公差	t_3 公称尺寸	t_3 极限偏差	b_1
6	+0.012 0	18	—	—	—	—	2	−0.006 −0.031	7.0	+0.1 0	8.0	+0.2 0	—	—	—	—
7	+0.015 0								8.0		9.0					
8		22							9.0		10.0					
9							3		10.4		11.8					
10		25	22						11.4		12.8					
11	+0.018 0						4	−0.012 −0.042	12.8		14.6		0.03			
12		32	27						13.8		15.6					
14							5		16.3		18.6					
16		42	30	42	38	1.5			18.3		20.6					
18							6		20.8		23.6					
19	+0.021 0								21.8		24.6					
20		52	38	52					22.8		25.6					
22									24.8		27.6					
24							8	−0.015 −0.051	27.3	+0.2 0	30.6	+0.4 0	0.04			
25		62	44	62	48				28.3		31.6					
28									31.3		34.6					
30		82	60	82	55				33.3		36.6					
32	+0.025 0					2.0	10		35.3		38.6					
35									38.3		41.6					
38		112	84	112	65				41.3		44.6					
40							12	−0.018 −0.061	43.3		46.6		0.05			
42									45.3		48.6					
45					80		14		48.8		52.6					
48									51.8		55.6					
50					95				53.8		57.6					
55	+0.030 0					2.5	16		59.3		63.6					

直径 d		长度			沉孔尺寸		A 型、B 型、B_1 型键槽						B 型键槽	D 型键槽		
公称尺寸	极限偏差 H7	L		L_1	d_1	R	b		t		t_1		T	t_3		b_1
		长系列	短系列				公称尺寸	极限偏差 P9	公称尺寸	极限偏差	公称尺寸	极限偏差	位置度公差	公称尺寸	极限偏差	
56	+0.030 0	112	84	112	95	2.5	16	−0.018 −0.061	60.3	+0.2 0	64.6	+0.4 0	0.05	—	—	—
60		142	107	142	105		18		64.4		68.8			7	0 −0.2	19.3
63									67.4		71.8					19.8
65									69.4		73.8					20.1
70					120		20	−0.022 −0.074	74.9		79.8		0.06			21.0
71									75.9		80.8			8		22.4
75									79.9		84.8					23.2
80		172	132	172	140		22		85.4		90.8					24.0
85	+0.035 0					3.0			90.4		95.8					24.8
90					160		25		95.4		100.8					25.6
95									100.4		105.8			9		27.8
100		212	167	212	180		28		106.4		112.8					28.6
110									116.4		122.8					30.1
120					210		32	−0.026 −0.088	127.4		134.8		0.08	10		33.2
125	+0.040 0					4.0			132.4		139.8					33.9
130		252	202	252	235				137.4		144.8					34.6
140							36		148.4	+0.3 0	156.8	+0.6 0		11		37.7
150					265				158.4		166.8					39.1
160		302	242	302			40		169.4		178.8			12	0 −0.3	42.1
170									179.4		188.8					43.5
180					330		45		190.4		200.8					44.9
190	+0.046 0	352	282	352		5.0			200.4		210.8			14		49.6
200									210.4		220.8					51.0
220							50		231.4		242.8			16		57.1
240		410	330	—	—	—	56	−0.032 −0.106	252.4		264.8					59.9
250									262.4		274.8		0.10	18		64.6
260	+0.052 0								272.4		284.8					66.0
280		470	380				63		292.4		304.8			20		72.1
300							70		314.4		328.8					74.8
320	+0.057 0								334.4		348.8			22		81.0
340		550	450				80		355.4		370.8					83.6
360									375.4		390.8			26		93.2
380									395.4		410.8					95.9
400		650	540				90	−0.037 −0.124	417.4		434.8		0.12			98.6
420	+0.063 0								437.4		454.8			30		108.2
440									457.4		474.8					110.9
450							100		469.5		489.0					112.3

第 5 篇

续表

直径 d		长度			沉孔尺寸		A型、B型、B_1型键槽						B型键槽	D型键槽		
公称尺寸	极限偏差 H7	L		L_1	d_1	R	b		t		t_1		T	t_3		b_1
		长系列	短系列				公称尺寸	极限偏差 P9	公称尺寸	极限偏差	公称尺寸	极限偏差	位置度公差	公称尺寸	极限偏差	
460	+0.063 0	650	540				100	−0.037 −0.124	479.5	+0.3 0	499.0	+0.6 0	0.12	34	0 −0.3	120.[illegible]
480									499.5		519.0					123.[illegible]
500									519.5		539.0					125.[illegible]
530	+0.070 0	800	680				110		552.2		574.4			38		136.[illegible]
560									582.2		604.4					140.[illegible]
600							120		624.5		649.0			42		153.[illegible]
630									654.8		679.0					157.1
670	+0.080 0	—	780				—	—	—	—	—	—	—	67	—	201.0
710														71		213.0
750				—	—	—								75		225.0
800	+0.090 0		880											80		240.0
850														85		255.0
900			980											90		270.0
950														95		285.0
1000			1100											100		300.0
1060	+0.150 0													—		—
1120			1200													
1180																
1250			1300													

注：键槽宽度 b 的极限偏差，也可采用 GB/T 1095 中规定的轴 n9、毂按 JS9 选取。

表 5-2-12　Z型、Z_1型圆锥形轴孔的直径与长度及键槽尺寸　/mm

直径 d_z		长度				沉孔尺寸		C型键槽				
公称尺寸	极限偏差 H8	L		L_1	L_2	d_1	R	b		t_2		
		长系列	短系列					公称尺寸	极限偏差 P9	长系列	短系列	极限偏差
6	+0.022 0	12	—	18	—	16	—	—	—	—	—	—
7												
8		14		22		24						
9												
10		17		25								
11	+0.027 0							2	−0.006 −0.031	6.1		+0.1 0
12		20		32		28				6.5		
14								3		7.9		
16		30	18	42	30	38	1.5			8.7	9.0	
18								4	−0.012 −0.042	10.1	10.4	
19	+0.033 0									10.6	10.9	
20										10.9	11.2	

直径 d_z		长度				沉孔尺寸		C型键槽				
公称尺寸	极限偏差 H8	L 长系列	L 短系列	L_1	L_2	d_1	R	b 公称尺寸	b 极限偏差 P9	t_2 长系列	t_2 短系列	t_2 极限偏差
22	+0.033 0	38	24	52	38	38	1.5	4	−0.012 −0.042	11.9	12.2	+0.1 0
24								5		13.4	13.7	
25		44	26	62	44	48				13.7	14.2	
28										15.2	15.7	
30		60	38	82	60	55				15.8	16.4	
32	+0.039 0						2.0	6		17.3	17.9	
35										18.8	19.4	
38						65				20.3	20.9	
40		84	56	112	84			10	−0.015 −0.051	21.2	21.9	+0.2 0
42										22.2	22.9	
45						80		12	−0.018 −0.061	23.7	24.4	
48										25.2	25.9	
50						95				26.2	26.9	
55	+0.046 0						2.5	14		29.2	29.9	
56										29.7	30.4	
60		107	72	142	107	105		16		31.7	32.5	
63										32.2	34.0	
65										34.2	35.0	
70						120		18		36.8	37.6	
71										37.3	38.1	
75										39.3	40.1	
80		132	92	172	132	140		20	−0.022 −0.074	41.6	42.6	
85	+0.054 0						3.0			44.1	45.1	
90						160		22		47.1	48.1	
95										49.6	50.6	
100		167	122	212	167	180		25		51.3	52.4	
110										56.3	57.4	
120						210	4.0	28		62.3	63.4	
125	+0.063 0									64.8	65.9	
130		202	152	252	202	235				66.4	67.6	
140								32	−0.026 −0.088	72.4	73.6	
150						265				77.4	78.6	
160		242	182	302	242			36		82.4	83.9	+0.3 0
170										87.4	88.9	
180						330	5.0	40		93.4	94.9	
190	+0.072 0	282	212	352	282					97.4	99.9	
200										102.4	104.1	
220								45		113.4	115.1	

注：键槽宽度 b 的极限偏差，也可采用GB/T 1095中规定的Js9。

第5篇

表 5-2-13　圆柱形轴孔与轴伸的配合

直径 d/mm	配合代号	
6～30	H7/j6	根据使用要求，也可采用 H7/n6、H7/p6 和 H7/r6
＞30～50	H7/k6	
＞50	H7/m6	

表 5-2-14　圆锥形轴孔直径及轴孔长度的极限偏差

圆锥孔直径 d_z	轴、孔配合代号	长度 L 极限偏差
＞6～10	H8/k8	0 −0.220
＞10～18		0 −0.270
＞18～30		0 −0.330
＞30～50		0 −0.390
＞50～80		0 −0.460
＞80～120		0 −0.540
＞120～180		0 −0.630
＞180～		0 −0.720

注：配合代号是对 GB/T 1570 规定的标准圆锥形轴伸的配合。

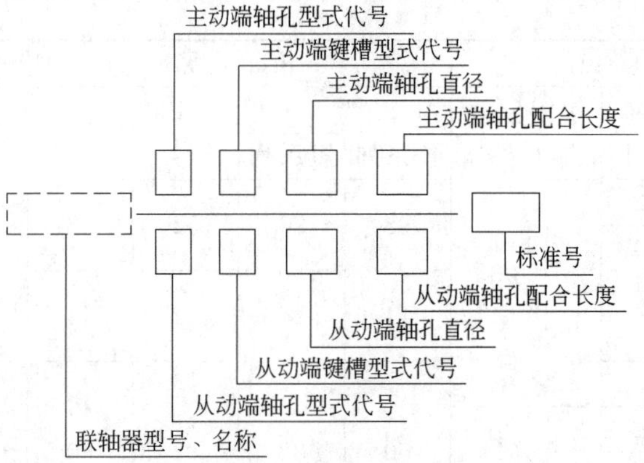

图 5-2-8　键联结标记

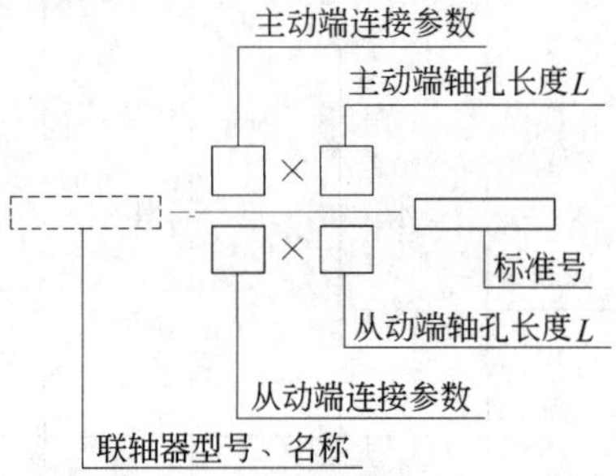

图 5-2-9　花键联结标记

2.4　联轴器的性能、参数和尺寸

2.4.1　刚性联轴器

2.4.1.1　凸缘联轴器（摘自GB/T 5843—2003）

表 5-2-15　凸缘联轴器　　/mm

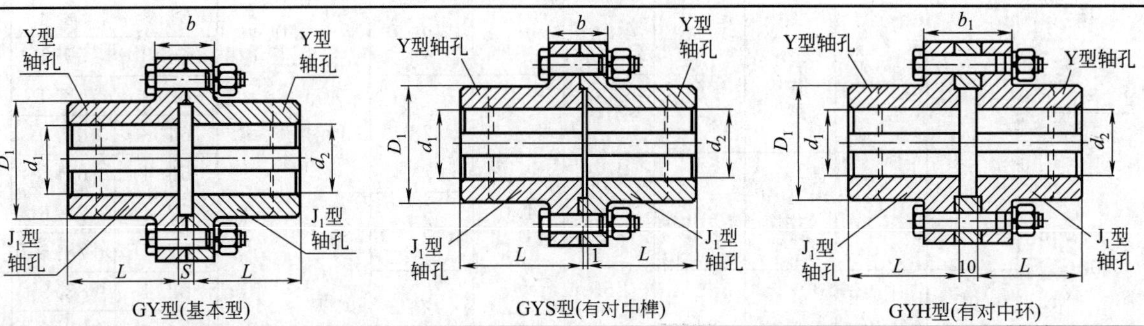

标记示例如下

GY4 凸缘联轴器

主动端：J_1 型轴孔，A 型键槽，$d=30$，$L=60$

从动端：J_1 型轴孔，B 型键槽，$d=28$，$L=44$

标记为：GY4 联轴器 $\dfrac{J_1 30\times60}{J_1 B28\times44}$ GB/T 5843—2003

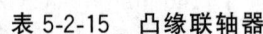

续表

型号	公称转矩 T_n/N·m	许用转矩 $[n]$/r·min^{-1}	轴孔直径 d_1、d_2	轴孔长度 L		D	D_1	b	b_1	S	转动惯量 I/kg·m^2	质量 m/kg
				Y 型	J_1 型							
GY1 GYS1 GYH1	25	12000	12,14	32	27	80	30	26	42	6	0.0008	1.16
			16,18,19	42	30							
GY2 GYS2 GYH2	63	10000	16,18,19	42	30	90	40	28	44	6	0.0015	1.72
			20,22,24	52	38							
			25	62	44							
GY3 GYS3 GYH3	112	9500	20,22,24	52	38	100	45	30	46	6	0.0025	2.38
			25,28	62	44							
GY4 GYS4 GYH4	224	9000	25,28	62	44	105	55	32	48	6	0.003	3.15
			30,32,35	82	60							
GY5 GYS5 GYH5	400	8000	30,32,35,38	82	60	120	68	36	52	8	0.007	5.43
			40,42	112	84							
GY6 GYS6 GYH6	900	6800	38	82	60	140	80	40	56	8	0.015	7.59
			40,42,45,48,50	112	84							
GY7 GYS7 GYH7	1600	6000	48,50,55,56	112	84	160	100	40	56	8	0.031	13.1
			60,63	142	107							
GY8 GYS8 GYH8	3150	4800	60,63,65,70,71,75	142	107	200	130	50	68	10	0.103	27.5
			80	172	132							
GY9 GYS9 GYH9	6300	3600	75	142	107	260	160	66	84	10	0.319	47.8
			80,85,90,95	172	132							
			100	212	167							
GY10 GYS10 GYH10	10000	3200	90,95	172	132	300	200	72	90	10	0.720	82.0
			100,110,120,125	212	167							
GY11 GYS11 GYH11	25000	2500	120,125	212	167	380	260	80	98	10	2.278	162.2
			130,140,150	252	202							
			160	302	242							
GY12 GYS12 GYH12	50000	2000	150	252	202	460	320	92	112	12	5.923	285.6
			160,170,180	302	242							
			190,200	352	282							
GY13 GYS13 GYH13	100000	1600	190,200,220	352	282	590	400	110	130	12	19.978	611.9
			240,250	410	330							

注：1. 质量、转动惯量是按 GY 型联轴器 Y/J_1 轴孔组合形式和最小轴孔直径计算的。

2. 联轴器的轴孔和键槽形式及尺寸见表 5-2-9～表 5-2-11。

3. 使用凸缘联轴器时应具有安全防护装置。

2.4.1.2 立式夹壳联轴器

表 5-2-16 立式夹壳联轴器 /mm

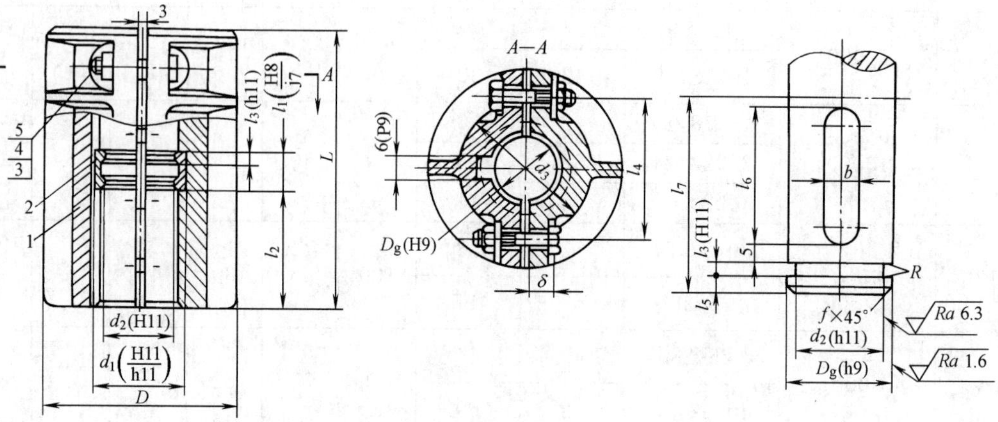

工作温度≤250℃

1—夹壳；2—悬吊环；3—垫圈；4—螺母；5—螺栓

标记示例：

公称轴径 50mm 的立式夹壳联轴器、联轴器 D_g50

公称直径 D_g	公称转矩 /N·m	许用转速 /r·min^{-1}	D	d_1	d_2	d_3	L	l_1	l_2	l_3	l_4	l_5	l_6	l_7	δ	b	f	R	螺栓 数目	螺栓 规格	质量 /kg
30	85	900	102	38	25	62	130	20	55	5	64	4	45	70	16	8	0.4	0.2	4	M12	4.47
40	236	800	118	48	35	76	162	20	71	5	80	4	55	85	16	12	0.6	0.4	6	M12	7.60
50	536	700	135	62	42	90	190	24	83	6	94	5	70	100	18	16	0.6	0.4	6	M12	10.85
65	1400	550	172	78	55	120	250	30	110	8	124	6	100	130	22	18	1.0	0.6	8	M16	20.06
80	2650	510	185	94	70	130	280	38	121	10	138	8	110	145	24	24	1.0	0.6	8	M16	30.16
95	5200	415	230	110	85	160	330	38	146	10	164	8	140	170	30	28	1.0	0.6	8	M24	56.38
110	9000	380	260	125	100	190	390	46	172	12	190	10	160	200	38	32	1.0	0.6	8	M24	78.00

注：1. 联轴器的材料：夹壳 HT200；悬吊环 Q255。

2. 夹壳最高圆周线速度为 5m/s。

3. 当对旋转偏摆量要求严格时，应根据具体情况进行平衡试验。

2.4.1.3 套筒联轴器

表 5-2-17 套筒联轴器 /mm

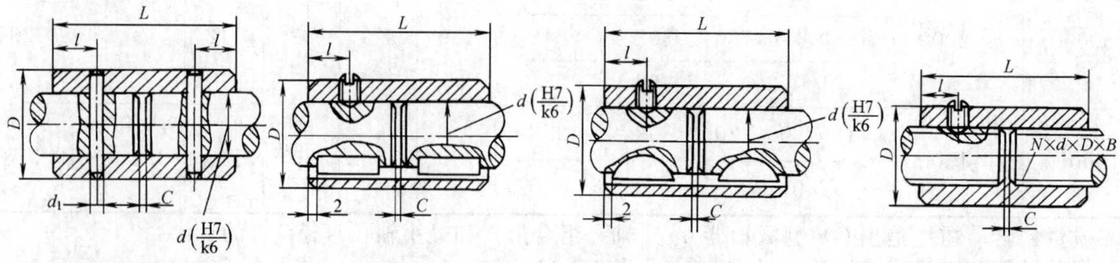

圆锥销连接　平键连接　半圆键连接　花键连接

续表

圆锥销连接

d	公称转矩 /N·m	D	L	l	C	圆锥销 (2件)	d	公称转矩 /N·m	D	L	l	C	圆锥销 (2件)
10	4.5	18	35	8	0.5	2.5×18	35	250	50	105	25	1.5	10×50
12	7.5	22	40	8	0.5	3×22	40	280	60	120	25	1.5	10×60
14	16.0	25	45	10	0.5	4×25	45	460	70	140	35	1.5	12×70
16	28.0	28	45	10	0.5	5×28	50	510	80	150	35	1.5	12×80
18	32.0	32	55	12	1.0	5×32	55	560	90	160	35	1.5	12×90
20	50.0	35	60	15	1.0	6×35	60	1060	100	180	45	2.0	16×100
22	56.0	35	65	15	1.0	6×35	70	1250	110	200	45	2.0	16×110
25	112.0	40	75	20	1.0	8×40	80	2240	120	220	50	2.0	20×120
28	127	45	80	20	1.0	8×45	90	2500	130	240	50	2.0	20×130
30	132	45	90	20	1.0	8×45	100	4000	140	280	60	2.0	25×140

平键连接

d	公称转矩 /N·m	D	L	l	C	平键 (2件)	紧定螺钉 (1件)	d	公称转矩 /N·m	D	L	l	C	平键 (2件)	紧定螺钉 (1件)
20	71	35	60	15	1.0	6×22	M6×10	50	850	80	150	35	1.5	16×70	M12×18
22	90	35	65	15	1.0	6×25	M6×10	55	1060	90	160	35	1.5	16×70	M12×22
25	125	40	75	20	1.0	8×28	M6×10	60	1500	100	180	45	2.0	18×80	M12×25
28	170	45	80	20	1.0	6×32	M8×12	70	2240	110	200	45	2.0	20×90	M16×25
30	212	45	90	20	1.0	8×32	M8×12	80	3150	120	220	50	2.0	24×100	M16×25
35	355	50	105	25	1.5	10×45	M8×12	90	4000	130	240	50	2.0	25×110	M16×25
40	450	60	120	25	1.5	12×50	M8×12	100	5000	140	280	60	2.0	28×125	M20×25
45	710	70	140	35	1.5	14×60	M10×18								

半圆键连接

d	公称转矩 /N·m	D	L	l	C	半圆键 (2件)	紧定螺钉 (1件)	d	公称转矩 /N·m	D	L	l	C	半圆键 (2件)	紧定螺钉 (1件)
18	56	32	55	12	0.5	5×6.5×19	M5×10	28	220	45	80	20	1.0	6×10×25	M8×12
20	90	35	60	15	1.0	5×7.5×19	M6×10	30	280	45	90	20	1.0	8×11×28	M8×12
22	110	35	65	15	1.0	5×9×22	M6×10	35	450	50	105	25	1.5	10×13×32	M8×12
25	160	40	75	20	1.0	6×9×22	M6×10								

花键连接

花键 $N\times d\times D\times B$	公称转矩 /N·m	D	L	l	C	紧定螺钉 (1件)	花键 $N\times d\times D\times B$	公称转矩 /N·m	D	L	l	C	紧定螺钉 (1件)
6×21×25×5	150	35	45	10	1.0	M6×8	8×46×54×9	2000	70	100	20	1.5	M8×12
6×23×28×6	250	40	50	12	1.0	M6×8	8×52×60×10	2500	80	110	25	2.0	M8×14
6×26×32×6	360	45	55	12	1.0	M6×8	8×56×65×10	3250	90	120	30	2.0	M10×18
6×28×34×7	420	45	60	12	1.0	M6×10	8×62×72×12	4750	100	130	30	2.0	M10×18
8×32×38×6	650	50	70	15	1.0	M6×10	10×72×82×12	7500	110	150	35	2.0	M10×18
8×36×42×7	900	55	80	15	1.5	M6×10	10×82×92×12	10000	120	170	40	2.0	M12×18
8×42×48×8	1250	60	90	20	1.5	M8×10							

2.4.2 无弹性元件挠性联轴器

2.4.2.1 滚子链联轴器（摘自GB/T 6069—2017）

表 5-2-18 滚子链联轴器 /mm

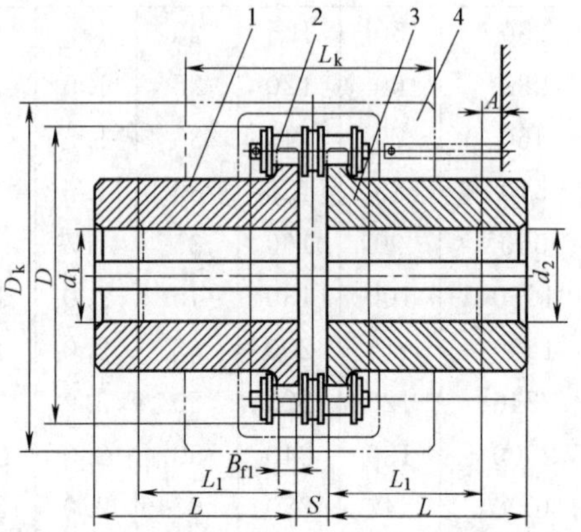

标记示例如下

GL7 型滚子链联轴器

主动端:J 型孔,B 型键槽,$d_1=45$mm,$L_1=84$mm

从动端:J 型孔,B_1 型键槽,$d_2=50$mm,$L_1=84$mm

标记为:GL7 联轴器 $\dfrac{\text{JB45}\times 84}{\text{JB}_1 50\times 84}$ GB/T 6069—2017

GL3 型滚子链联轴器,有罩壳

主动端:J 型孔,A 型键槽,$d_1=25$mm,$L_1=44$mm

从动端:J 型孔,A 型键槽,$d_2=25$mm,$L_1=44$mm

标记为:GL3F 联轴器 J25×44 GB/T 6069—2017

1—半联轴器Ⅰ;2—双排滚子链;3—半联轴器Ⅱ;4—罩壳

型号	公称转矩 T_n /N·m	许用转速[n] /r·min^{-1} 不装罩壳	许用转速[n] /r·min^{-1} 安装罩壳	轴孔直径 d_1、d_2	轴孔长度 L	链条节距 P	齿数 z	D	B_{f1}	S	D_k（最大）	L_k（最大）	质量 /kg	转动惯量 /kg·m^2
GL1	40	1400	4500	16,18,19	42	9.525	14	51.06	5.3	4.9	70	70	0.40	0.00010
				20	52									
GL2	63	1250	4500	19	42	9.525	16	57.08	5.3	4.9	75	75	0.70	0.00020
				20,22,24	52									
GL3	100	1000	4000	20,22,24	52	12.7	14	68.88	7.2	6.7	85	80	1.1	0.00038
				25	62									
GL4	160	1000	4000	24	52	12.7	16	76.91	7.2	6.7	95	88	1.8	0.00086
				25,28	62									
				30,32	82									
GL5	250	800	3150	28	62	15.875	16	94.46	8.9	9.2	112	100	3.2	0.0025
				30,32,35,38	82									
				40	112									
GL6	400	630	2500	32,35,38	82	15.875	20	116.57	8.9	9.2	140	105	5.0	0.0058
				40,42,45,48,50	112									
GL7	630	630	2500	40,42,45,48,50,55	112	19.05	18	127.78	11.9	10.9	150	122	7.4	0.012
				60	142									
GL8	1000	500	2240	45,48,50,55	112	25.40	16	154.33	15.0	14.3	180	135	11.1	0.025
				50,60,65,70	142									
GL9	1600	400	2000	50,55	112	25.40	20	186.50	15.0	14.3	215	145	20.0	0.061
				60,65,70,75	142									
				80	172									
GL10	2500	315	1600	60,65,70,75	142	31.75	18	213.02	18.0	17.8	245	165	26.1	0.079
				80,85,90	172									

续表

型号	公称转矩 T_n /N·m	许用转速[n] /r·min^{-1} 不装罩壳	安装罩壳	轴孔直径 d_1、d_2	轴孔长度 L	链条节距 P	齿数 z	D	B_{f1}	S	D_k（最大）	L_k（最大）	质量 /kg	转动惯量 /kg·m^2
GL11	4000	250	1500	75	142	38.1	16	231.49	24.0	21.5	270	195	39.2	0.188
				80,85,90,95	172									
				100	212									
GL12	6300	250	1250	85,90,95	172	44.45	16	270.08	24.0	24.9	310	205	59.4	0.380
				100,110,120	212									
GL13	10000	200	1120	100,110,120,125	212	50.8	18	340.80	30.0	28.6	380	230	86.5	0.869
				130,140	252	50.8	22	405.22	30.0	28.6				
GL14	16000	200	1000	120,125	212						450	250	150.8	2.06
				130,140,150	252									
				160	302									
GL15	25000	200	900	140,150	252	63.5	20	466.25	36.0	35.6	510	285	234.4	4.37
				160,170,180	302									
				190	352									

注：1. 有罩壳时，在型号后加“F”，例 GL5 型联轴器，有罩壳时改为 GL5F。

2. 联轴器罩壳的结构和其余尺寸可根据需要确定。

3. 联轴器轴孔和联结型式及尺寸见表 5-2-9～表 5-2-11。

4. 联轴器的润滑对性能有重大影响，无论有无罩壳，均应涂润滑脂。

5. 联轴器许用补偿量见表 5-2-19。

表 5-2-19　滚子链联轴器许用补偿量

项目	GL1	GL2	GL3	GL4	GL5	GL6	GL7	GL8	GL9	GL10	GL11	GL12	GL13	GL14	GL15
径向 ΔY/mm	0.19	0.19	0.25	0.25	0.25	0.32	0.32	0.38	0.50	0.50	0.63	0.76	0.88	1.0	1.27
轴向 ΔX/mm	1.40	1.40	1.90	1.90	2.30	2.30	2.80	3.80	3.80	4.70	5.70	6.60	7.60	7.60	9.50
角向 $\Delta\alpha$	1°														

注：径向偏移量的测量部位，在半联轴器轮毂外圆宽度的$\frac{1}{2}$处。

2.4.2.2　齿式联轴器

（1）GⅡCL 型鼓形齿式联轴器（摘自 JB/T 8854.2—2001）

表 5-2-20　GⅡCL 型鼓形齿式联轴器　　/mm

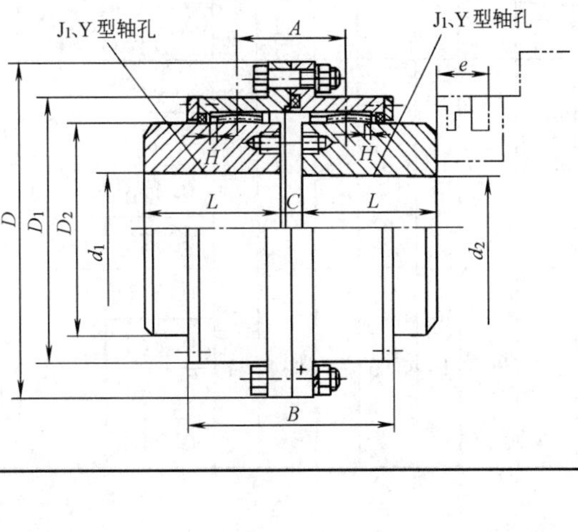

标记示例如下

GⅡCL4 型鼓形齿式联轴器

主动端：J_1 型轴孔，A 型键槽，$d_1=55$mm，$L=84$mm

从动端：J_1 型轴孔，A 型键槽，$d_2=60$mm，$L=107$mm

标记为：GⅡCL4 联轴器 $\frac{J_1 55\times 84}{J_1 60\times 107}$　JB/T 8854.2—2001

GⅡCL10 型鼓形齿式联轴器

主动端：Y 型轴孔，A 型键槽，$d_1=75$mm，$L=142$mm

从动端：Y 型轴孔，A 型键槽，$d_2=75$mm，$L=142$mm

标记为：GⅡCL10 联轴器 75×142　JB/T 8854.2—2001

续表

型号	公称转矩 T_n /N·m	许用转速$[n]$ /r·min^{-1}	轴孔直径 d_1, d_2	轴孔长度 L		D	D_1	D_2	C	H	A	B	e	转动惯量 /kg·m^2	润滑脂用量 /mL	质量 /kg
				Y型	J_1型											
GⅡCL1	400	4000	16,18,19	42	—	103	71	50	8	2	36	76	38	0.0035	51	3.1
			20,22,24	52	38									0.0035		3
			25,28	62	44									0.0035		3.1
			30,32,35	82	60									0.00375		3.6
GⅡCL2	710	4000	20,22,24	52	—	115	83	60	8	2	42	88	42	0.00575	70	4.9
			25,28	62	44									0.00550		4.5
			30,32,35,88	82	60									0.006		5.1
			40,42,45	112	84									0.00675		6.2
GⅡCL3	1120	4000	22,24	52	—	127	95	75	8	2	44	90	42	0.0105	68	7.5
			25,28	62	44									0.010		7
			30,32,35,88	82	60									0.010		6.9
			40,42,45,48,50,55,56	112	84									0.0113		8.6
GⅡCL4	1800	4000	38	82	60	149	116	90	8	2	49	98	42	0.02	87	10.1
			40,42,45,48,50,55,56	112	84									0.0223		12.2
			60,63,65	142	107									0.0245		14.5
GⅡCL5	3150	4000	40,42,45,48,50,55,56	112	84	167	134	105	10	2.5	55	108	42	0.0378	125	16.4
			60,63,65,70,71,75	142	107									0.0433		19.6
GⅡCL6	5000	4000	45,48,50,55,56	112	84	187	153	125	10	2.5	56	110	42	0.0663	148	22.1
			60,63,65,70,71,75	142	107									0.075		26.5
			80,85,90	172	132									0.0843		31.2
GⅡCL7	7100	3750	50,55,56	112	84	204	170	140	10	2.5	60	118	42	0.103	175	27.6
			60,63,65,70,71,75	142	107									0.115		33.1
			80,85,90,95	172	132									0.1298		39.2
			100,(105)	212	167									0.151		47.5
GⅡCL8	10000	3300	55,56	112	84	230	186	155	12	3	67	142	47	0.167	268	35.5
			60,63,65,70,71,75	142	107									0.188		42.3
			80,85,90,95	172	132									0.210		49.7
			100,110,(115)	212	167									0.241		60.2
GⅡCL9	16000	3000	60,63,65,70,71,75	142	107	256	212	180	12	3	69	146	47	0.316	310	55.6
			80,85,90,95	172	132									0.356		65.6
			100,110,120,125	212	167									0.413		79.6
			130,(135)	252	202									0.470		95.8
GⅡCL10	22400	2650	65,70,71,75	142	107	287	239	200	14	3.5	78	164	47	0.511	472	72
			80,85,90,95	172	132									0.573		84.4
			100,110,120,125	212	167									0.659		101
			130,140,150	252	202									0.745		119

续表

型号	公称转矩 T_n /N·m	许用转速[n] /r·min⁻¹	轴孔直径 d_1,d_2	轴孔长度 L Y型	轴孔长度 L J_1型	D	D_1	D_2	C	H	A	B	e	转动惯量 /kg·m²	润滑脂用量 /mL	质量 /kg
GⅡCL11	35500	2350	70,71,75	142	107	325	276	235	14	3.5	81	170	47	1.454	550	97
			80,85,90,95	172	132									1.096		114
			100,110,120,125	212	167									1.235		138
			130,140,150	252	202									1.340		161
			160,170,(175)	302	242									1.588		189
GⅡCL12	50000	2100	75	142	107	362	313	270	16	4	89	190	49	1.623	695	128
			80,85,90,95	172	132									1.828		150
			100,110,120,125	212	167									2.113		205
			130,140,150	252	202									2.40		213
			160,170,180	302	242									2.728		248
			190,200	352	282									3.055		285
GⅡCL13	71000	1850	150	252	202	412	350	300	18	4.5	98	208	49	3.925	1019	269
			160,170,180,(185)	302	242									4.425		315
			190,200,220,(225)	352	282									4.918		360

注：1. GⅡCL14～GⅡCL25 型未编入本表。
2. 带括号的轴孔直径新设计时不用。
3. 联轴器轴孔和键槽形式及尺寸见表 5-2-9～表 5-2-11。
4. 键槽形式有 A、B、B_1、D 型，轴孔形式有$\frac{J_1}{J_1}$、$\frac{Y}{Y}$、$\frac{J_1}{Y}$、$\frac{Y}{J_1}$四种。
5. 联轴器的任一端均可作主、从动端。
6. 联轴器可正、反转。
7. 轴孔长度推荐 J_1 型。
8. 转动惯量与质量按 J_1 型计算，并包括轴伸在内。

(2) GⅡCL 型鼓形齿式联轴器许用补偿量

当两轴线无径向位移时，外齿端套轴线与内齿圈轴线的许用角向补偿量和两轴线的最大角向补偿量见表 5-2-21。

当两轴线无角向位移时，联轴器的许用径向补偿量见表 5-2-22。

表 5-2-21 齿式联轴器的许用角向补偿量

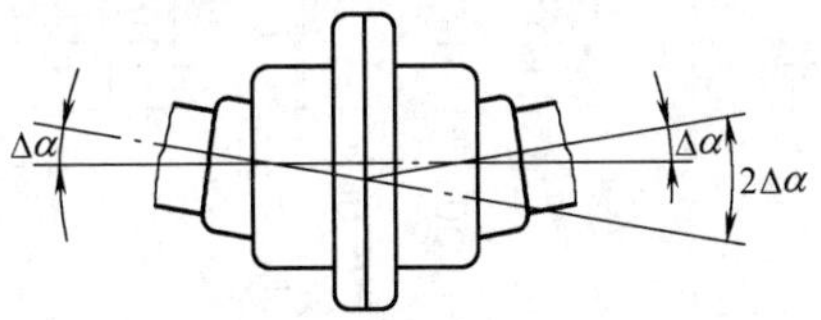

联轴器型号	许用角向补偿量 Δα	许用角向补偿量 2Δα
GⅡCL	1°30′	3°

表 5-2-22 齿式联轴器的许用径向补偿量 /mm

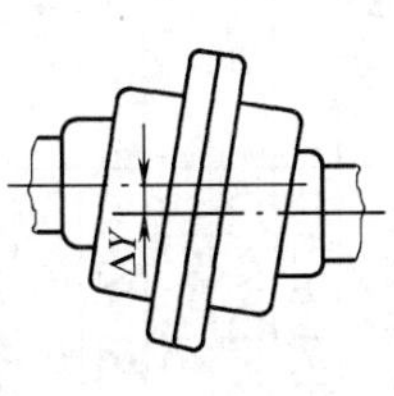

联轴器型号	GⅡCL1	GⅡCL2	GⅡCL3	GⅡCL4	GⅡCL5	GⅡCL6	GⅡCL7
许用径向补偿量 ΔY	1.0	1.0	1.1	1.2	1.4	1.4	1.5

联轴器型号	GⅡCL8	GⅡCL9	GⅡCL10	GⅡCL11	GⅡCL12	GⅡCL13
许用径向补偿量 ΔY	1.7	1.8	2.0	2.1	2.3	2.6

2.4.2.3 GSL 伸缩型鼓形齿式联轴器（摘自JB/T 10540—2005）

(1) GSL-Z 正装伸缩型鼓形齿式联轴器

表 5-2-23 GSL-Z 正装伸缩型鼓形齿式联轴器 /mm

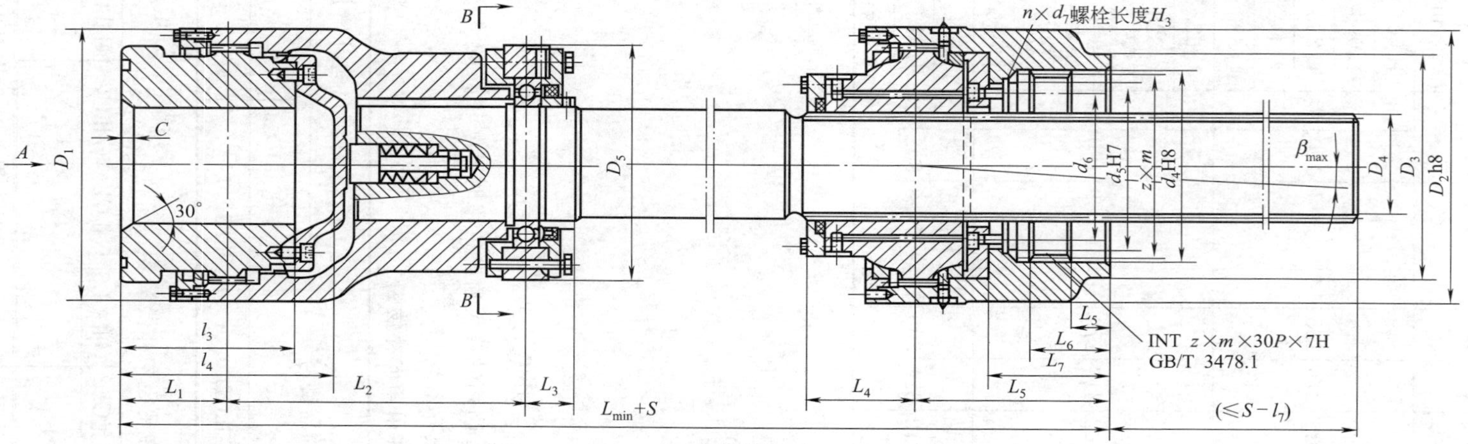

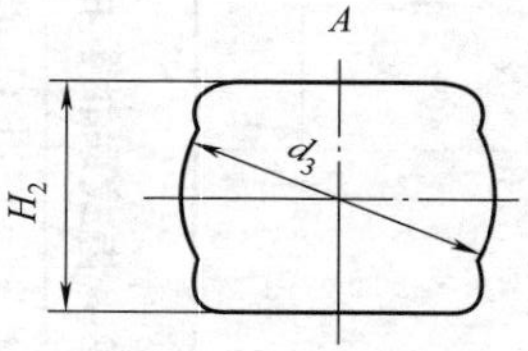

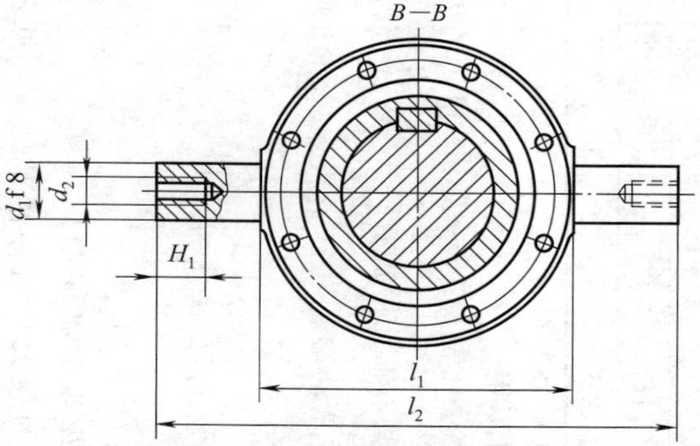

标记示例：回转直径是 285mm，最小长度 1000mm，用于安装使用的伸缩量为 600mm 的正装联轴器标记为

联轴器 GSL-Z 285×1000+600 JB/T 10540—2005

规格型号	公称转矩 T_n /kN·m	工作轴线折角 β	外形尺寸 L_1	L_2	L_3	L_4	L_5	L_{min}	D_1	D_2(h8)	D_3	D_4	D_5	伸缩量 S	耳轴尺寸 d_1(f8)	l_1	l_2	$d_2 \times H_1$
GSL-Z200	31.5	≤1.5°	90	250	50	80	190	710	200	200	170	88	200	500	40	200	345	M20×35
GSL-Z250	50		105	280	60	90	195	780	250	258	220	105	250		45	270	425	M20×35
GSL-Z285	80		115	315	60	105	205	850	285	270	245	120	270		50	278	442	M20×40
GSL-Z300	100		115	315	62	108	205	855	300	280	250	124	280	600	50	292	487	M24×45
GSL-Z335	140		130	360	65	135	235	975	335	330	280	150	300		55	293	488	M24×45
GSL-Z355	180		130	360	75	145	245	1005	355	350	310	174	330		55	312	505	M24×45
GSL-Z390	224		140	390	80	155	255	1070	390	380	335	180	360		60	360	570	M24×50

规格型号	公称转矩 T_n /kN·m	工作轴线折角 β	外形尺寸											伸缩量 S	耳轴尺寸			
			L_1	L_2	L_3	L_4	L_5	L_{min}	D_1	D_2(h8)	D_3	D_4	D_5		d_1(f8)	l_1	l_2	$d_2 \times H_1$
GSL-Z405	250	≤1.5°	140	390	80	155	255	1070	405	400	340	194	390	600	60	390	580	M24×50
GSL-Z440	315		150	430	85	165	260	1140	440	440	375	208	410		65	420	650	M24×50
GSL-Z475	400		155	460	85	165	265	1180	475	480	415	220	450		70	460	684	M36×70
GSL-Z510	500		160	490	90	180	310	1280	510	520	430	245	480	700	80	500	770	M36×70
GSL-Z550	630		160	510	95	180	310	1300	550	550	470	252	510		85	520	800	M36×70
GSL-Z580	750		165	515	98	185	320	1315	580	560	485	258	525		90	540	850	M42×80
GSL-Z610	840		225	580	105	210	360	1550	610	610	520	280	580		100	600	940	M42×80
GSL-Z600	1050		245	640	115	230	390	1690	660	660	540	295	630		100	650	990	M42×80
GSL-Z710	1300		265	680	125	250	410	1800	710	710	580	315	680		110	700	1070	M42×80
GSL-Z760	1600		290	730	135	260	430	1920	760	760	620	340	740		120	750	1150	M42×80

规格型号	轧辊端连接尺寸							减速器端连接尺寸								质量/kg		转动惯量/kg·m²	
	d_{3max}		H_{2max}		l_{3max}	l_{4max}	C	d_4 (H8)	d_5 (H7)	d_6 (JS10)	$m \times z$	$n \times d_7 \times H_3$	l_5	l_6	l_7	L_{min}	每增长100mm	L_{min}	每增长100mm
	公称尺寸	极限偏差	公称尺寸	极限偏差															
GSL-Z200	125	+0.20 +0.10	95	+0.20 +0.10	135	175	10	155	130	110	4×36	6×M10×25	35	85	120	150	4.77	0.75	0.024
GSL-Z250	150		110		195	235	15	195	170	150	4×46	8×M10×25	35	90	125	207	6.80	1.62	0.05
GSL-Z285	165		120		205	245		220	195	175	4×46	10×M10×25	40	95	130	291	8.88	2.95	0.09
GSL-Z300	180		130		210	250		220	195	175	5×42	12×M12×30	45	100	132	322	9.48	3.62	0.11
GSL-Z335	195	+0.25 +0.15	150	+0.25 +0.15	210	255		245	220	200	5×46	12×M12×30	50	100	150	460	13.87	6.45	0.19
GSL-Z355	195		150		215	255		260	240	220	5×50	12×M12×30	50	100	150	507	18.67	7.99	0.29
GSL-Z390	220	+0.35 +0.20	170	+0.35 +0.20	230	275	25	280	260	240	5×54	12×M12×30	50	100	150	650	19.98	12.36	0.38
GSL-Z405	240		180		240	285		305	280	260	5×58	12×M12×30	50	110	155	785	23.20	16.09	0.48
GSL-Z440	260		190		250	295		336	306	276	6×54	12×M16×40	50	115	155	836	26.67	20.23	0.65
GSL-Z475	280		210		272	317		365	330	300	6×58	12×M16×40	50	115	155	1032	29.84	29.11	0.84
GSL-Z510	300	+0.40 +0.25	230	+0.40 +0.25	300	355	30	390	345	315	6×62	12×M16×40	50	130	170	1531	37.01	49.78	1.20
GSL-Z550	320		240		320	375		400	370	320	6×64	12×M16×40	50	130	170	1537	39.15	58.12	1.48
GSL-Z580	340		260		325	388		405	370	320	6×66	12×M16×40	50	135	175	1769	41.04	74.39	1.73
GSL-Z610	400		300		420	470	35	455	420	370	8×54	12×M20×50	50	160	210	2492	48.34	115.91	2.25
GSL-Z660	420		320		440	500		485	440	400	8×58	12×M20×50	60	180	230	3178	53.65	173.04	2.92
GSL-Z710	460		350		480	540	40	530	475	430	10×50	12×M20×50	60	190	240	3693	61.18	232.71	3.85
GSL-Z760	500		380		530	590		570	515	470	10×54	12×M20×50	60	200	250	4592	71.27	331.54	5.15

注：1. 两端的连接尺寸（轧辊端扁孔直径、长度和减速器端模数和齿数）是按最大结构尺寸给出的，当实际需要更改时，可在此范围内进行调整。
2. L_{min} 为联轴器允许制造的最短长度尺寸。实际需要最短长度尺寸以及伸缩量可根据用户的实际需要确定，但必须≥L_{min}。
3. 表中的质量和转动惯量是按 L_{min}（不包含伸缩量）计算的近似值。
4. 有负载时轴线折角≤1.5°，空载时轴线折角≤3°。

(2) GSL-F 反装伸缩型鼓形齿式联轴器

表 5-2-24 GSL-F 反装伸缩型鼓形齿式联轴器 /mm

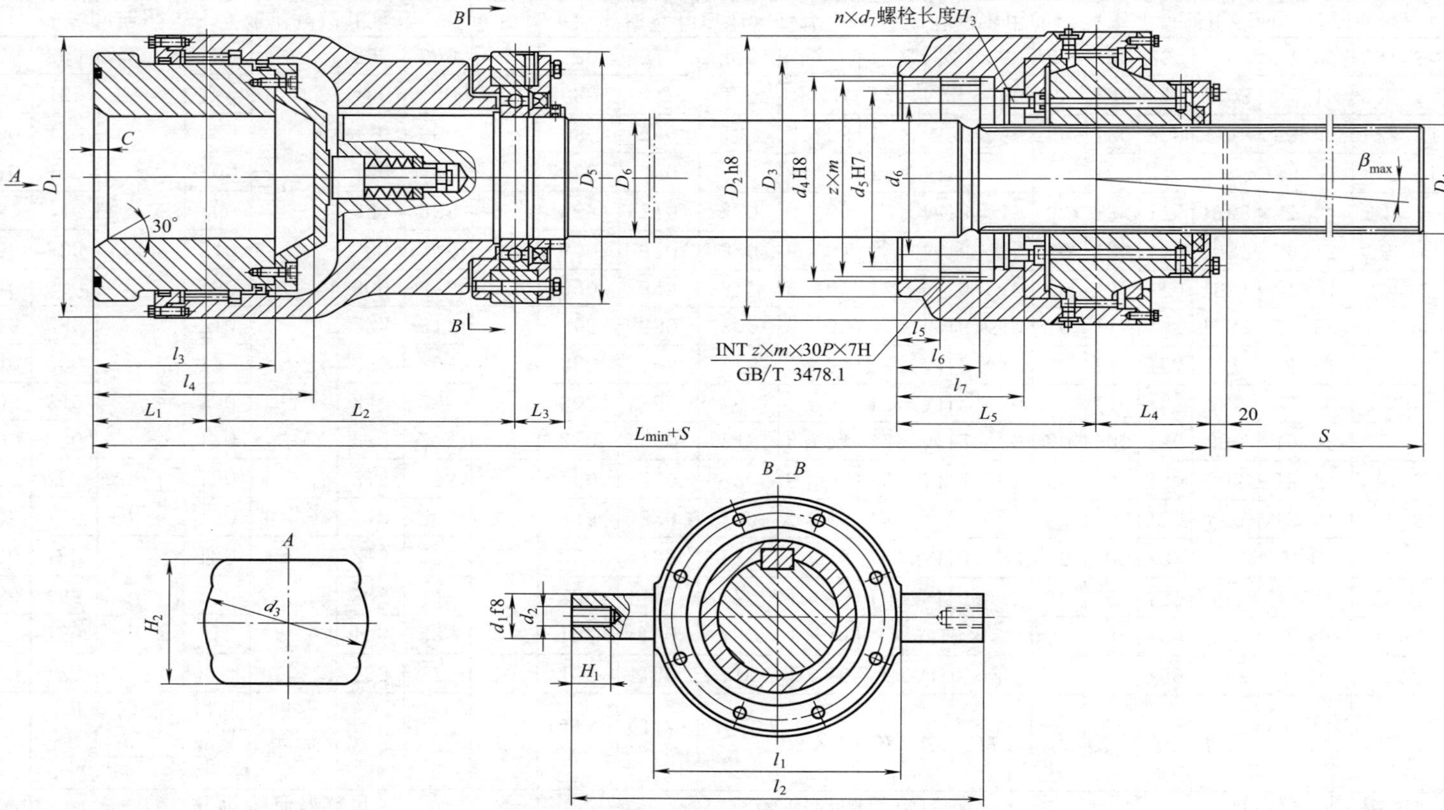

标记示例：回转直径是 285mm，最小长度 1260mm，用于安装使用的伸缩量为 600mm 的反装联轴器标记为
联轴器 GSL-F 285×1260+600 JB/T 10540—2005

规格型号	公称转矩 T_n/kN·m	工作轴线折角 β	外形尺寸												伸缩量	耳轴尺寸			
			L_1	L_2	L_3	L_4	L_5	L_{min}	D_1	D_2(h8)	D_3	D_4	D_5	D_6	s	d_1(f8)	l_1	l_2	$d_2 \times H_1$
GSL-F200	31.5	≤1.5°	90	250	50	80	190	960	200	200	170	88	200	90	500	40	200	345	M20×35
GSL-F250	50		105	280	60	90	195	1050	250	258	220	105	250	107		45	270	425	M20×35
GSL-F285	80		115	315	60	105	205	1140	285	270	245	120	270	122		50	278	442	M20×40
GSL-F300	100		115	315	62	108	205	1165	300	280	250	124	280	126	600	50	292	487	M24×45
GSL-F335	140		130	360	65	135	235	1315	335	330	280	150	300	152		55	293	488	M24×45
GSL-F355	180		130	360	75	145	245	1360	355	350	310	174	330	176		55	312	505	M24×45
GSL-F390	224		140	390	80	155	255	1450	390	380	335	180	360	182		60	360	570	M24×50
GSL-F405	250		140	390	80	155	255	1450	405	400	340	194	390	196		60	390	580	M24×50
GSL-F440	315		150	430	85	165	260	1540	440	440	375	208	410	210		65	420	650	M24×50

规格型号	公称转矩 T_n/kN·m	工作轴线折角 β	外形尺寸 L_1	L_2	L_3	L_4	L_5	L_{min}	D_1	D_2(h8)	D_3	D_4	D_5	D_6	伸缩量 s	耳轴尺寸 d_1(f8)	l_1	l_2	$d_2 \times H_1$
GSL-F475	400	≤1.5°	155	460	85	165	265	1600	475	480	415	220	450	222	600	70	460	684	M36×70
GSL-F510	500		160	490	90	180	310	1750	510	520	430	245	480	247	700	80	500	770	M36×70
GSL-F550	630		160	510	95	180	310	1770	550	550	470	252	510	254		85	520	800	M36×70
GSL-F580	750		165	515	98	185	320	1790	580	560	485	258	525	260		90	540	850	M42×80
GSL-F610	840		225	580	105	210	360	2060	610	610	520	280	580	282		100	600	940	M42×80
GSL-F660	1050		245	640	115	230	390	2230	660	660	540	295	630	297		100	650	990	M42×80
GSL-F710	1300		265	680	125	250	410	2380	710	710	580	315	680	317		110	700	1070	M42×80
GSL-F760	1600		290	730	135	260	430	2540	760	760	620	340	740	342		120	750	1150	M42×80

规格型号	轧辊端连接尺寸 d_{3max} 公称尺寸	d_{3max} 极限偏差	H_{2max} 公称尺寸	H_{2max} 极限偏差	l_{3max}	l_{4max}	C	减速器端连接尺寸 d_4(H8)	d_5(H7)	d_6(JS10)	$m \times z$	$n \times d_7 \times H_3$	l_5	l_6	l_7	质量/kg L_{min}	质量/kg 每增长100mm	转动惯量/kg·m² L_{min}	转动惯量/kg·m² 每增长100mm
GSL-F200	125	+0.20 +0.10	95	+0.20 +0.10	135	175	10	155	130	110	4×36	6×M10×25	35	85	120	162	4.77	0.81	0.02
GSL-F250	150		110		195	235	15	195	170	150	4×46	8×M10×25	35	90	125	226	6.80	1.77	0.05
GSL-F285	165		120		205	245		220	195	175	4×46	10×M10×25	40	95	130	317	8.88	3.22	0.09
GSL-F300	180		130		210	250		220	195	175	5×42	12×M12×30	45	100	132	352	9.48	3.96	0.11
GSL-F335	195	+0.25 +0.15	150	+0.25 +0.15	210	255		245	220	200	5×46	12×M12×30	50	100	150	508	13.87	7.13	0.19
GSL-F355	195		150		215	255		260	240	220	5×50	12×M12×30	50	100	150	574	18.67	9.04	0.29
GSL-F390	220	+0.35 +0.20	170	+0.35 +0.20	230	275	25	280	260	240	5×54	12×M12×30	50	100	150	727	19.98	13.82	0.38
GSL-F405	240		180		240	285		305	280	260	5×58	12×M12×30	50	110	155	874	23.20	17.92	0.48
GSL-F440	260		190		250	295		336	306	276	6×54	12×M16×40	50	115	155	944	26.67	22.84	0.65
GSL-F475	280		210		272	317		365	330	300	6×58	12×M16×40	50	115	155	1159	29.84	32.69	0.84
GSL-F510	300	+0.40 +0.25	230	+0.40 +0.25	300	355	30	390	345	315	6×62	12×M16×40	50	130	170	1707	37.01	55.50	1.20
GSL-F550	320		240		320	375		400	370	320	6×64	12×M16×40	50	130	170	1723	39.15	65.15	1.48
GSL-F580	340		260		325	388		405	370	320	6×66	12×M16×40	50	135	175	1966	41.04	82.67	1.73
GSL-F610	400		300		420	470	35	455	420	370	8×54	12×M20×50	50	160	210	2741	48.34	127.49	2.25
GSL-F660	420		320		440	500		485	440	400	8×58	12×M20×50	60	180	230	3470	53.65	188.94	2.92
GSL-F710	460		350		480	540	40	530	475	430	10×50	12×M20×50	60	190	240	4051	61.18	255.26	3.85
GSL-F760	500		380		530	590		570	515	470	10×54	12×M20×50	60	200	250	5037	71.27	363.67	5.15

注：1. 两端的连接尺寸（轧辊端扁孔直径、长度和减速器端模数和齿数）是按最大结构尺寸给出的，当实际需要更改时，可在此范围内进行调整。
2. L_{min} 为联轴器允许制造的最短长度尺寸。实际需要最短长度尺寸以及伸缩量可根据用户的实际需要确定，但必须≥L_{min}。
3. 表中的质量和转动惯量是按 L_{min}（不包含伸缩量）计算的近似值。
4. 有负载时轴线折角≤1.5°，空载时轴线折角≤3°。

2.4.2.4 滑块联轴器

表 5-2-25 滑块联轴器 /mm

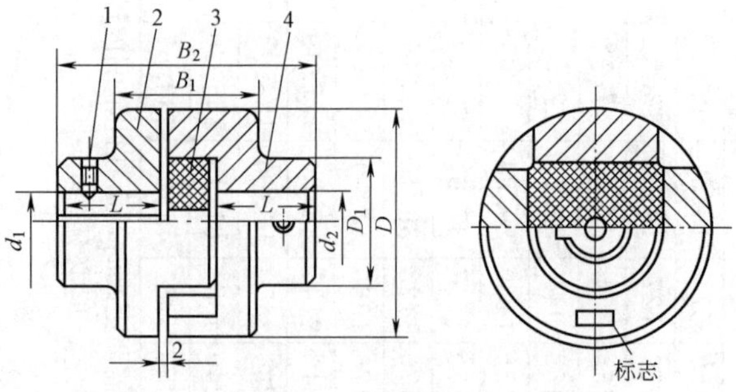

1—螺钉；2，4—半联轴器；3—滑块

工作温度：－20～＋70℃

标记示例如下

KL6 滑块联轴器

主动端：Y 型轴孔，A 型键槽，$d_1=45$mm，$L=112$mm

从动端：J_1 型轴孔，A 型键槽，$d_2=42$mm，$L=84$mm

标记为：KL6 联轴器 $\frac{45\times112}{J_1 42\times84}$

KL6 滑块联轴器

主动端：Y 型轴孔，A 型键槽，$d_1=45$mm，$L=112$mm

从动端，Y 型轴孔，A 型键槽，$d_2=45$mm，$L=112$mm

标记为：KL6 联轴器 45×112

型号	公称转矩 T_n /N·m	许用转速 $[n]$ /r·min^{-1}	轴孔直径 d_1、d_2	轴孔长度 L Y 型	轴孔长度 L J_1 型	D	D_1	B_1	B_2	转动惯量 /kg·m^2	质量 /kg
KL1	16	10000	10，11 12，14	25 32	22 27	40	30	52	67 81	0.0007	0.6
KL2	31.5	8200	12，14 16、(17)、18	32 42	27 30	50	32	56	86 106	0.0038	1.5
KL3	63	7000	(17)、18、19 20、22	42 52	30 38	70	40	60	106 126	0.0063	1.8
KL4	160	5700	20、22、24 25、28	52 62	38 44	80	50	64	126 146	0.013	2.5
KL5	280	4700	25、28 30、32、35	62 82	44 60	100	70	75	151 191	0.045	5.8
KL6	500	3800	30、32、35、38 40、42、45	82 112	60 84	120	80	90	201 261	0.12	9.5
KL7	900	3200	40、42、45、48 50、55	112	84	150	100	120	266	0.43	25
KL8	1800	2400	50、55 60、63、65、70	112 142	84 107	190	120	150	276 336	1.98	55
KL9	3550	1800	65、70、75 80、85	142 172	107 132	250	150	180	346 406	4.9	85
KL10	5000	1500	80、85、90、95 100	172 212	132 167	330	190	180	406 486	7.5	120

注：1. 表中联轴器质量和转动惯量是按最小轴孔直径和最大长度计算的近似值。
2. 括号内的数值尽量不选用。
3. 联轴器轴孔和键槽形式及尺寸见表 5-2-9～表 5-2-11。
4. 半联轴器材料：$d<45$mm 时，用 Q235A，$d\geqslant45$mm 时，用 HT150，滑块材料为尼龙。
5. 联轴器许用补偿量见表 5-2-26。

表 5-2-26 滑块联轴器许用补偿量

项　　目	许用补偿量	项　　目	许用补偿量
轴向 ΔX/mm	1～2	角向 $\Delta\alpha$	≤0°40′
径向 ΔY/mm	≤0.2		

2.4.2.5 十字滑块联轴器

表 5-2-27 十字滑块联轴器 /mm

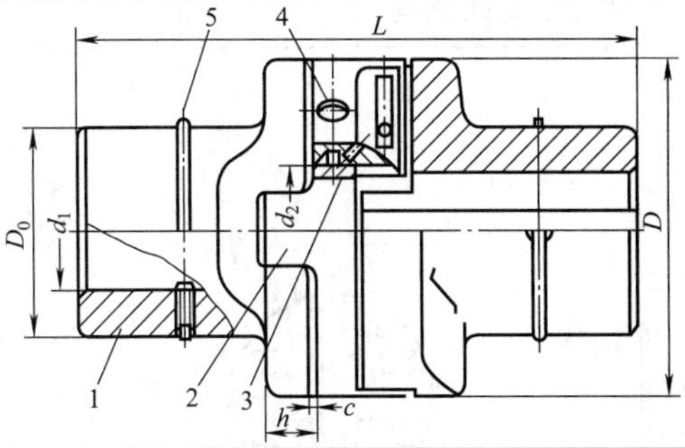

1—半联轴器；2—滑块；3—套筒；
4—压注油杯；5—弹性挡圈

公称转矩 /N·m	许用转速 /r·min⁻¹	d_1	D_0	D	L	h	d_2	c	质量 /kg	转动惯量 /kg·m²
120	250	15	32	70	95	10	18	$0.5^{+0.3}_{0}$	1.5	0.0005
		17					20		1.47	
		18					22		1.43	
250		20	45	90	115	12	25		2.68	0.002
		25					30		2.55	
		30					34		2.60	
500		36	60	110	160	16	40		5.57	0.0065
		40					45		5.21	
800		45	80	130	200	20	50		10.00	0.0175
		50					55		9.46	
1250		55	95	150	240	25	60		15.40	0.035
		60					65		14.46	
2000		65	105	170	275	30	70		22.41	0.0625
		70					75		21.29	
3200		75	115	190	310	34	80		31.50	0.125
		80					85		29.80	
5000		85	130	210	355	38	90	$1.0^{+0.5}_{0}$	44.77	0.225
		90					95		42.46	
8000		95	140	240	395	42	100		59.44	0.4
		100					105		57.02	
10000	100	110	170	280	435	45	115		91.50	0.75
		120					130		84.29	
16000		130	190	320	485	50	140		129.55	1.425
		140					150		120.0	
20000		150	210	340	550	55	160		162.55	2.1

注：半联轴器和十字滑块材料：45 钢，ZG 310-570，表面淬火 46～60HRC；套筒材料为 Q235A 钢。

凸榫与凹榫槽工作面压强验算：

$$p=\frac{6T_cD}{(D^3-d_1^3)h}\leqslant[p]$$

式中 T_c——计算转矩，N·mm；

D——十字滑块的外径，mm；

d_1——十字滑块的内径，mm；

h——十字滑块凸榫的高度，mm；

$[p]$——许用压强，当半联轴器和十字滑块均为淬火钢，润滑良好，$[p]=15\sim30$MPa；当半联轴器为淬火钢，十字滑块为铸铁，$[p]=10\sim15$MPa。

2.4.2.6 十字销万向联轴器（摘自JB/T 5901—2017）

本标准适用于连接两轴线夹角 $\beta \leqslant 45°$ 的传动轴系。

表 5-2-28 WX、WXS 型十字轴万向联轴器 /mm

本标准适用于联结两轴线折角 $\beta \leqslant 45°$ 的传动轴系

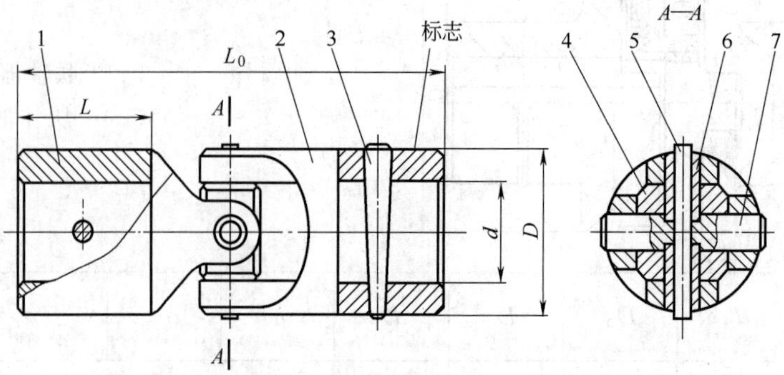

WX型联轴器

1,2—半联轴器;3—圆锥销;4—十字轴;
5—销钉;6—套筒;7—圆柱销

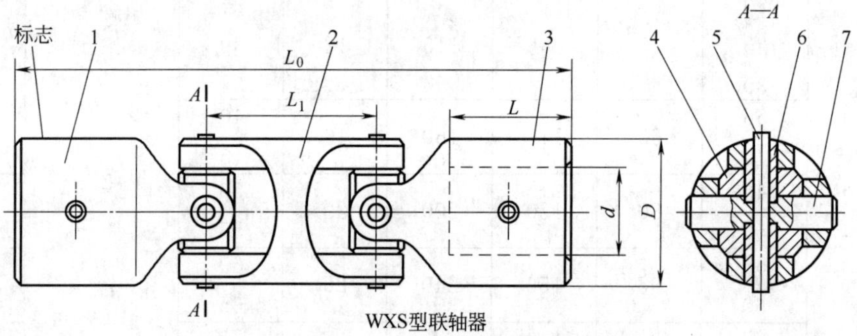

WXS型联轴器

1,3—半联轴器;2—叉形接头;4—十字轴;
5—销钉;6—套筒;7—圆柱销

标记示例如下

采用滚针轴承时联轴器的标记代号为:G。采用滑动轴承时联轴器的标记代号为:H。

两端采用相同孔型的联轴器标记示例如下

WXS32 型联轴器,两端均为不带键槽的圆柱形轴孔

主动端:Y 型轴孔,不带键槽,轴孔直径 $d=16$mm,轴孔长度 $L=42$mm

从动端:Y 型轴孔,不带键槽,轴孔直径 $d=18$mm,轴孔长度 $L=30$mm

采用滚针轴承时的标记为

WXS32 联轴器 16×42/18×30(G)JB/T 5901—2017

WX32 型联轴器,两端均为带键槽的圆柱形轴孔

主动端:Y 型轴孔,A 型键槽,轴孔直径 $d=18$mm,轴孔长度 $L=42$mm

从动端:Y 型轴孔,A 型键槽,轴孔直径 $d=18$mm,轴孔长度 $L=42$mm

采用滑动轴承时的标记为

WX32 联轴器 Y18×42(H)JB/T 5901—2017

WXS40 型联轴器,两端均为四方形轴孔

主动端:四方形轴孔,轴孔边长 $S=19$mm,轴孔长度 $L=52$mm

从动端:四方形轴孔,轴孔边长 $S=19$mm,轴孔长度 $L=52$mm

采用滑动轴承时的标记为

WXS40 联轴器 $S$19×52(H)JB/T 5901—2017

两端采用不同孔形的联轴器标记示例如下

WXS32 型联轴器,采用圆柱形孔和带键槽的圆柱形孔

主动端:Y 型轴孔,不带键槽,轴孔直径 $d=16$mm,轴孔长度 $L=42$mm

从动端:Y 型轴孔,A 型键槽,轴孔直径 $d=18$mm,轴孔长度 $L=42$mm

采用滚针轴承时的标记为

WXS32 联轴器 16×42/Y18×42(G)JB/T 5901—2017

WX40 型联轴器,采用圆柱形孔和四方形孔

主动端:Y 型轴孔,不带键槽,轴孔直径 $d=20$mm,轴孔长度 $L=52$mm

从动端:四方形孔,轴孔边长 $S=19$mm,轴孔长度 $L=52$mm

采用滑动轴承时的标记为

WX40 联轴器 20×52/$S$19×52(H)JB/T 5901—2017

WXS25 型联轴器,采用带 B 型键槽圆柱形孔和四方形孔

主动端:Y 型轴孔,B 型键槽,轴孔直径 $d=12$mm,轴孔长度 $L=32$mm

从动端:四方形孔,轴孔边长 $S=14$mm,轴孔长度 $L=42$mm

采用滑动轴承时的标记为

WXS25 联轴器 YB12×32/$S$14×42(H)JB/T 5901—2017

续表

型号	公称转矩 T_n/N·m	轴孔直径 d(H7)	联轴器回转直径 D	联轴器长度 L_0/mm WX型	联轴器长度 L_0/mm WXS型	轴孔长度 L	销钉间距 L_{1min}	转动惯量/kg·m² WX型	转动惯量/kg·m² WXS型	质量/kg WX型	质量/kg WXS型
WX16 WXS16	11.2	8	16	60	80	20	20	0.01	0.01	0.05 0.06	0.07 0.08
		9									
		10		60,66	80,86	22 25					
WX20 WXS20	22.4	10	20	64,70	90,96		26	0.02 0.03	0.03 0.03	0.10 0.11	0.14 0.15
		11									
		12		74,84	100,110	27 32					
WX25 WXS25	45	12	25	80,90	112,122		32	0.09 0.10	0.11 0.13	0.17 0.19	0.24 0.26
		14									
		16		86,110	118,142	30 42					
WX32 WXS32	90	16	32	92,116	130,154		38	0.15 0.17	0.18 0.19	0.28 0.40	0.45 0.53
		18									
		19									
		20		108,136	146,174	38,52					
WX40 WXS40	140	19	40	100,124	148,172	30,42	48	0.21 0.22	0.23 0.25	0.63 0.78	0.89 1.04
		20		116,144	164,192	38,52					
		22									
		24									
		25		128,164	176,212	44,62					
WX50 WXS50	360	24	50	124,152	182,210	38,52	58	0.25 0.27	0.28 0.29	1.15 1.46	1.64 1.95
		25		136,172	194,230	44,62					
		28									
		30		168,212	226,270	60 82					
		32									
WX60 WXS60	560	30	60	182 226	252 296		70	0.31 0.34	0.36 0.38	2.22 2.75	3.07 3.61
		32									
		35									
		38									
		40		230,286	300,356	84,112					
WX75 WXS75	1120	38	75	196,240	288,332	60,82	92	0.41 0.43	0.46 0.49	4.7 5.7	6.4 7.5
		40		244 300	336 392	84 112					
		42									
		45									
		48		244,300	336,392	84,112	92	0.41 0.43	0.46 0.49	4.7 5.7	6.4 7.5
WX90 WXS90	1800	45	90	308,364	428,484		120	0.52 0.54	0.58 0.61	8.5 9.9	12 13
		48									
		50									

续表

型号	公称转矩 T_n/N·m	轴孔直径 d(H7)	联轴器回转直径 D	联轴器长度 L_0/mm		轴孔长度 L	销钉间距 $L_{1\min}$	转动惯量 /kg·m²		质量/kg	
				WX 型	WXS 型			WX 型	WXS 型	WX 型	WXS 型
WX120 WXS120	4000	55	120	344,400	484,540	84,112	140	0.68 0.75	0.82 0.86	20 22	27 29
		60		390,460	530,600	107,142					
		63									
		65									
WX150 WXS150	8000	70	150	450,520	610,680		160	0.97 1.1	1.1 1.2	40 43	52 56
		75									
		80		500,580	660,740	132,172					
		85									

注：1. 表中联轴器质量、转动惯量是近似值。

2. 表格中 L 有两个数值的，较小的是 Y 型圆柱形轴孔短系列的数值，较大的是长系列的数值。

3. 表中 WX 型的 L_0 为两端同为短系列圆柱形轴孔长度时的总长：WXS 型的 L_0 为两端同为长系列圆柱形轴孔长度且 L_1 为 $L_{1\min}$ 时的总长。

4. 联轴器轴孔和键槽型式及尺寸见表 5-2-9～表 5-2-11。

5. 联轴器两端可采用 Y 型圆柱形轴孔、带键槽的 Y 型圆柱形轴孔和四方形轴孔，四方形轴孔主要尺寸见表 5-2-29。

6. 要保证旋转运动的等角速和主、从动轴之间保持同步转动，应选用 WXS 型联轴器或两个 WX 型联轴器通过中间轴组合在一起使用，并满足以下三个条件：

a. 中间轴与主动轴、从动轴间的夹角相等，即 $\beta_1=\beta_2$；

b. 中间轴两端的叉头的对称面在同一平面内；

c. 中间轴与主动轴、从动轴三轴线在同一平面内，见图 5-2-10。

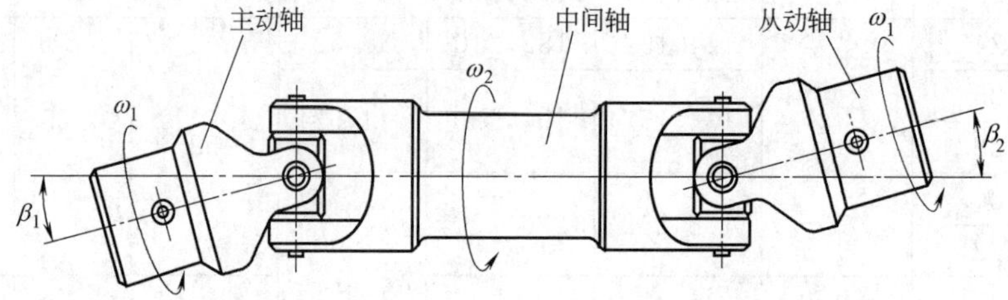

图 5-2-10　主、从动端在同一平面的示意

表 5-2-29　四方形轴孔主要尺寸　/mm

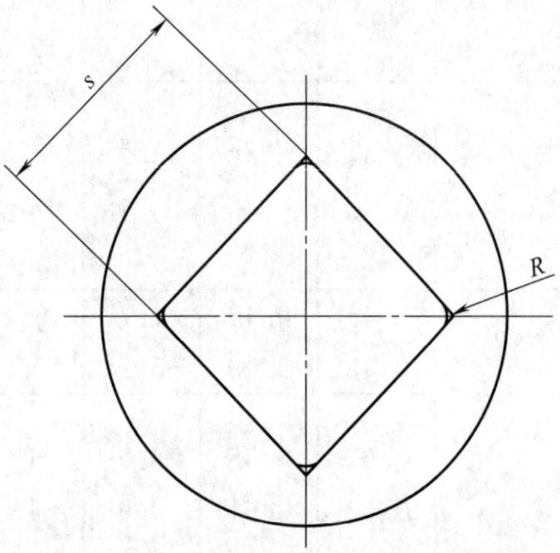							
S(H9)	10	14	19	24	30	36	46
$R\geqslant$	0.56	0.9	0.95	1	1.2	1.5	2.5

2.4.3 有弹性元件挠性联轴器

2.4.3.1 弹性套柱销联轴器（摘自GB/T 4323—2017）

（1）LT型弹性套柱销联轴器

表 5-2-30 LT型弹性套柱销联轴器 /mm

工作温度：−30～+100℃

标记示例如下

LT6 弹性套柱销联轴器

主动端：Y型轴孔，A型键槽，$d_1=38$mm，$L=82$mm

从动端：Y型轴孔，A型键槽，$d_2=38$mm，$L=82$mm

标记为 LT6 联轴器 38×82 GB/T 4323—2017

LT8 弹性套柱销联轴器

主动端：Z型轴孔，C型键槽，$d_Z=50$mm，$L=84$mm

从动端：Y型轴孔，A型键槽，$d_1=60$mm，$L=142$mm

标记为 LT8 联轴器 $\dfrac{\text{ZC}50\times84}{60\times142}$ GB/T 4323—2017

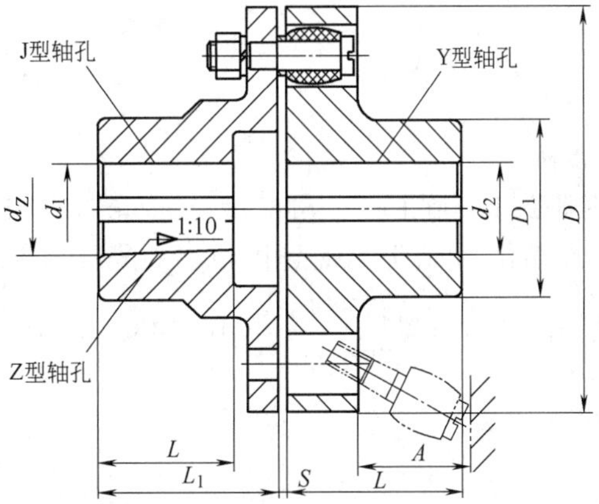

型号	公称转矩 T_n/N·m	许用转速 $[n]$ /r·min^{-1}	轴孔直径 d_1、d_2、d_Z	轴孔长度 Y型 L	轴孔长度 J、Z型 L_1	轴孔长度 J、Z型 L	D	D_1	S	A	转动惯量 /kg·m^2	质量 /kg
LT1	16	8800	10,11	22	25	22	71	22	3	18	0.0004	0.7
			12,14	27	32	27						
LT2	25	7600	12,14	27	32	27	80	30	3	18	0.001	1.0
			16,18,19	30	42	30						
LT3	63	6300	16,18,19	30	42	30	95	35	4	35	0.002	2.2
			20,22	38	52	38						
LT4	100	5700	20,22,24	38	52	38	106	42	4	35	0.004	3.2
			25,28	44	62	44						
LT5	224	4600	25,28	44	62	44	130	56	5	45	0.011	5.5
			30,32,35	60	82	60						
LT6	355	3800	32,35,38	60	82	60	160	71	5	45	0.026	9.6
			40,42	84	112	84						
LT7	560	3600	40,42,45,48	84	112	84	190	80	5	45	0.06	15.7
LT8	1120	3000	40,42,45,48,50,55	84	112	84	224	95	6	65	0.13	24.0
			60,63,65	107	142	107						
LT9	1600	2850	50,55	84	112	84	250	110	6	65	0.20	31.0
			60,63,65,70	107	142	107						
LT10	3150	2300	63,65,70,75	107	142	107	315	150	8	80	0.64	60.2
			80,85,90,95	132	172	132						
LT11	6300	1800	80,85,90,95	132	172	132	400	190	10	100	2.06	114
			100,110	167	212	167						
LT12	12500	1450	100,110,120,125	167	212	167	475	220	12	130	5.00	212
			130	202	252	202						
LT13	22400	1150	120,125	167	212	167	600	280	14	180	16.0	416
			130,140,150	202	252	202						
			160,170	242	302	242						

注：1. 转动惯量和质量是按Y型最大轴孔长度、最小轴孔直径计算的数值。

2. 轴孔型式组合为：Y/Y、J/Y、Z/Y。

3. 联轴器轴孔和键槽形式及尺寸见表 5-2-9～表 5-2-11。

(2) LTZ 型带制动轮弹性套柱销联轴器

表 5-2-31　LTZ 型带制动轮弹性套柱销联轴器　/mm

工作温度：$-30\sim+100$℃

标记示例如下

LTZ5 联轴器

半联轴器端：J 型轴孔，A 型键槽，$d_1=55$mm，$L=84$mm

带制动轮端：Y 型轴孔，A 型键槽，$d_2=60$mm，$L=142$mm

标记为：LTZ5 联轴器 $\dfrac{\text{J}55\times84}{60\times142}$　GB/T 4323—2017

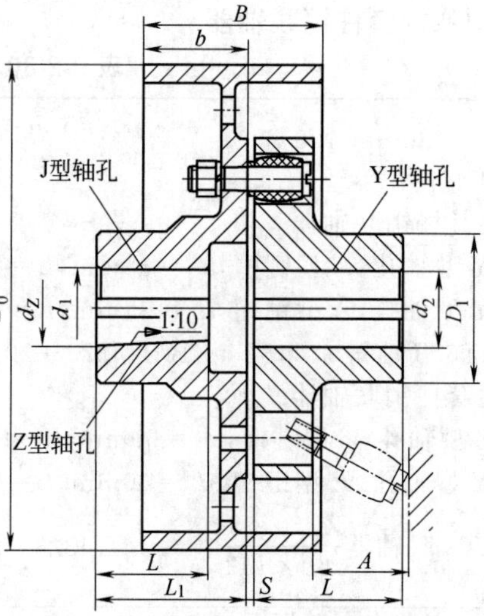

型号	公称转矩 T_n/N·m	许用转速 [n] /r·min^{-1}	轴孔直径 d_1、d_2、d_Z	轴孔长度 Y 型	轴孔长度 J、Z 型		D_0	D_1	B	b	S	A	转动惯量 /kg·m^2	质量 /kg
				L	L_1	L								
LTZ1	224	3800	25,28	44	62	44	200	56	85	40	5	45	0.05	8.3
			30,32,35	60	82	60								
LTZ2	355	3000	32,35,38	60	82	60	250	71	105	50	5	45	0.15	15.3
			40,42	84	112	84								
LTZ3	560	2400	40,42,45,48	84	112	84	315	80	135	65	5	45	0.45	30.3
LTZ4	1120	2400	45,48,50,55	84	112	84	315	95	135	65	6	65	0.50	40.0
			60,63	107	142	107								
LTZ5	1600	2400	50,55	84	112	84	315	110	135	65	6	65	1.26	47.3
			60,63,65,70	107	142	107								
LTZ6	3150	1900	63,65,70,75	107	142	107	400	150	170	81	8	80	1.63	93.0
			80,85,90,95	132	172	132								
LTZ7	6300	1500	80,85,90,95	132	172	132	500	190	210	100	10	100	4.04	172
			100,110	167	212	167								
LTZ8	12500	1200	100,110,120,125	167	212	167	630	220	265	127	12	130	15.0	304
			130	202	252	202								
LTZ9	22400	1000	120,125	167	212	167	710	280	300	143	14	180	33.0	577
			130,140,150	202	252	202								
			160,170	242	302	242								

注：1. 转动惯量和质量是按 Y 型最大轴孔长度、最小轴孔直径计算的数值。

2. 轴孔型式组合为：Y/Y、J/Y、Z/Y。

3. 联轴器轴孔和键槽形式及尺寸见表 5-2-9～表 5-2-11。

（3）弹性套柱销联轴器许用补偿量

联轴器的许用径向补偿量 ΔY 和许用角向补偿量 $\Delta\alpha$ 按表5-2-32的规定，表中所规定的许用补偿量为由于安装误差、冲击、振动、机座变形、温度变化等因素所形成的两轴线相对偏移量。

表 5-2-32 LT 型、LTZ 型联轴器许用补偿量

许用补偿量	联轴器型号												
	LT1	LT2	LT3	LT4	LT5 LTZ1	LT6 LTZ2	LT7 LTZ3	LT8 LTZ4	LT9 LTZ5	LT10 LTZ6	LT11 LTZ7	LT12 LTZ8	LT13 LTZ9
ΔY/mm	0.2				0.3			0.4			0.5		0.6
$\Delta\alpha$/(°)	1.5					1					0.5		

2.4.3.2 弹性柱销联轴器（摘自GB/T 5014—2017）

（1）LX 型弹性柱销联轴器

表 5-2-33 LX 型弹性柱销联轴器 /mm

工作温度：−20～+70℃

标记示例如下

LX6 弹性柱销联轴器

主动端：Y 型轴孔，A 型键槽，d_1=65mm，L=142mm

从动端：Y 型轴孔，A 型键槽，d_2=65mm，L=142mm

标记为：LX6 联轴器 65×142 GB/T 5014—2017

LX7 弹性柱销联轴器

主动端：Z 型轴孔，C 型键槽，d_Z=75mm，L_1=107mm

从动端：J 型轴孔，B 型键槽，d_2=70mm，L_1=107mm

标记为：LX7 联轴器 $\frac{\text{ZC75×107}}{\text{JB70×107}}$ GB/T 5014—2017

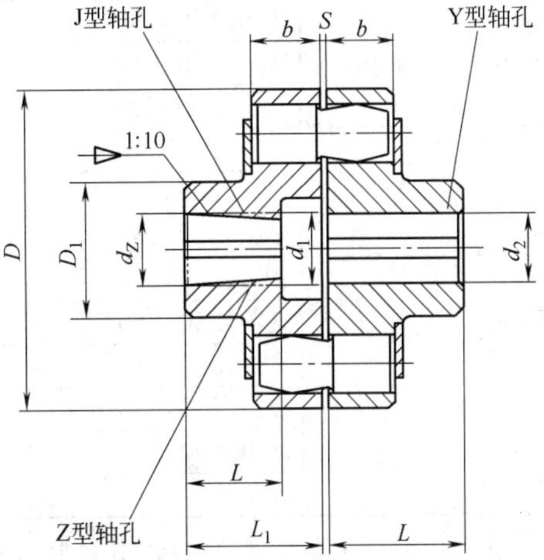

型号	公称转矩 T_n/N·m	许用转速 [n] /r·min^{-1}	轴孔直径 d_1、d_2、d_Z	轴孔长度 Y型 L	轴孔长度 J、Z型 L	轴孔长度 J、Z型 L_1	D	D_1	b	S	转动惯量 I /kg·m^2	质量 m/kg
LX1	250	8500	12,14	32	27	—	90	40	20	2.5	0.002	2
			16,18,19	42	30	42						
			20,22,24	52	38	52						
LX2	560	6300	20,22,24	52	38	52	120	55	28	2.5	0.009	5
			25,28	62	44	62						
			30,32,35	82	60	82						
LX3	1250	4750	30,32,35,38	82	60	82	160	75	36	2.5	0.026	8
			40,42,45,48	112	84	112						
LX4	2500	3850	40,42,45,48,50,55,56	112	84	112	195	100	45	3	0.109	22
			60,63	142	107	142						
LX5	3150	3450	50,55,56	112	84	112	220	120	45	3	0.191	30
			60,63,65,70,71,75	142	107	142						
LX6	6300	2720	60,63,65,70,71,75	142	107	142	280	140	56	4	0.543	53
			80,85	172	132	172						

型号	公称转矩 T_n/N·m	许用转速 [n] /r·min^{-1}	轴孔直径 d_1、d_2、d_Z	轴孔长度 Y型 L	J、Z型 L	J、Z型 L_1	D	D_1	b	S	转动惯量 I /kg·m^2	质量 m/kg
LX7	11200	2360	70,71,75	142	107	142	320	170	56	4	1.314	98
			80,85,90,95	172	132	172						
			100,110	212	167	212						
LX8	16000	2120	80,85,90,95	172	132	172	360	200	56	5	2.023	119
			100,110,120,125	212	167	212						
LX9	22400	1850	100,110,120,125	212	167	212	410	230	63	5	4.386	197
			130,140	252	202	252						
LX10	35500	1600	110,120,125	212	167	212	480	280	75	6	9.760	322
			130,140,150	252	202	252						
			160,170,180	302	242	302						
LX11	50000	1400	130,140,150	252	202	252	540	340	75	6	20.05	520
			160,170,180	302	242	302						
			190,200,220	352	282	352						
LX12	80000	1220	160,170,180	302	242	302	630	400	90	7	37.71	714
			190,200,220	352	282	352						
			240,250,260	410	330	—						
LX13	125000	1060	190,200,220	352	282	352	710	465	100	8	71.37	1057
			240,250,260	410	330	—						
			280,300	470	380	—						
LX14	180000	950	240,250,260	410	330	—	800	530	110	8	170.6	1956
			280,300,320	470	380	—						
			340	550	450	—						

注：1. 质量、转动惯量是按 J/Y 轴孔组合形式和最小轴孔直径计算的。

2. 联轴器轴孔和键槽形式及尺寸见表 5-2-9～表 5-2-11。

(2) LXZ 型带制动轮弹性柱销联轴器

表 5-2-34 LXZ 型带制动轮弹性柱销联轴器

/mm

工作温度：−20～+70℃

标注示例如下

LXZ5 带制动轮弹性柱销联轴器

主动端：J 型轴孔，B 型键槽，$d_1=60$mm，$L_1=107$mm

从动端：J 型轴孔，B 型键槽，$d_2=55$mm，$L_1=84$mm

标记为：LXZ5 联轴器 $\frac{JB60\times107}{JB55\times84}$ GB/T 5014—2017

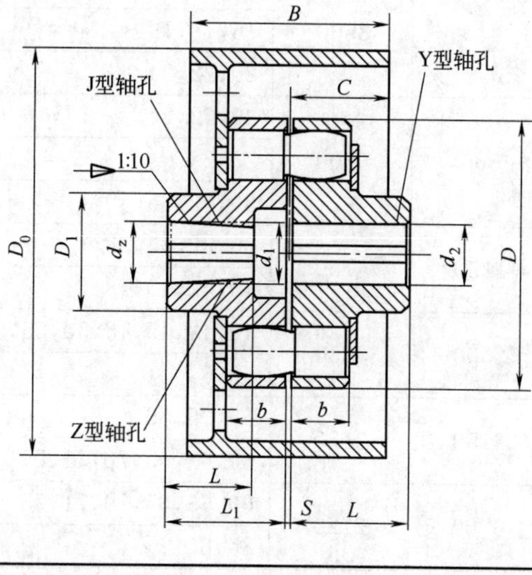

续表

型号	公称转矩 T_n /N·m	许用转速 $[n]$ /r·min^{-1}	轴孔直径 d_1、d_2、d_z	轴孔长度 Y型	轴孔长度 J、J_1、Z型		D_0	D	D_1	B	b	S	C	转动惯量 I /kg·m^2	质量 m/kg
				L	L	L_1									
LXZ1	560	5600	20,22,24	52	38	52	200	120	55	85	28	2.5	42	0.055	11
			25,28	62	44	62									
			30,32,35	82	60	82									
LXZ2	1250	3750	30,32,35,38	82	60	82	200	160	75	85	36	2.5	40	0.072	14
			40,42,45,48	112	84	112									
LXZ3	1250	2430	30,32,35,38	82	60	82	315	160	75	132	36	2.5	66	0.313	25
			40,42,45,48	112	84	112									
LXZ4	2500	2430	40,42,45,48,50,55,56	112	84	112	315	195	100	132	45	3	66	0.504	40
			60,63	142	107	142									
LXZ5	2500	1900	40,42,45,48,50,55,56	112	84	112	400	195	100	168	45	3	84	1.192	59
			60,63	142	107	142									
LXZ6	3150	1900	50,55,56	112	84	112	400	220	120	168	45	3	84	1.402	69
			60,63,65,70,71,75	142	107	142									
LXZ7	3150	1500	50,55,56	112	84	112	500	220	120	210	45	3	105	2.872	91
			60,63,65,70,71,75	142	107	142									
LXZ8	6300	1900	60,63,65,70,71,75	142	107	142	400	280	140	168	56	4	84	1.800	88
			80,85	172	132	172									
LXZ9	6300	1500	60,63,65,70,71,75	142	107	142	500	280	140	210	56	4	105	3.582	113
			80,85	172	132	172									
LXZ10	11200	1500	70,71,75	142	107	142	500	320	170	210	56	4	105	4.970	156
			80,85,90,95	172	132	172									
			100,110	212	167	212									
LXZ11	11200	1220	70,71,75	142	107	142	630	320	170	265	56	4	132	9.392	187
			80,85,90,95	172	132	172									
			100,110	212	167	212									
LXZ12	16000	1220	80,85,90,95	172	132	172	630	360	200	265	56	5	132	16.43	326
			100,110,120,125	212	167	212									
LXZ13	22400	1080	100,110,120,125	212	167	212	710	410	230	298	63	5	149	21.66	337
			130,140	252	202	252									
LXZ14	35500	1080	110,120,125	212	167	212	710	480	280	298	75	6	149	29.55	458
			130,140,150	252	202	252									
			160,170,180	302	242	302									
LXZ15	35500	950	110,120,125	212	167	212	800	480	280	335	75	6	168	41.08	504
			130,140,150	252	202	252									
			160,170,180	302	242	302									

注：1. 质量、转惯量是按J/Y轴孔组合形式和最小轴孔直径计算的。

2. 联轴器轴孔和键槽形式及尺寸见表5-2-9～表5-2-11。

(3) 弹性柱销联轴器许用补偿量

表 5-2-35　弹性柱销联轴器许用补偿量

项目	型号													
	LX1	LX2	LX3	LX4	LX5	LX6	LX7	LX8	LX9	LX10	LX11	LX12	LX13	LX14
		LXZ1	LXZ2 LXZ3	LXZ4 LXZ5	LXZ6 LXZ7	LXZ8 LXZ9	LXZ10 LXZ11	LXZ12	LXZ13	LXZ14 LXZ15	—	—	—	—
轴向 ΔX/mm	±0.5	±1	±1	±1.5	±1.5	±2	±2	±2	±2	±2.5	±2.5	±2.5	±3	±3
经向 ΔY/mm	0.15	0.15	0.15	0.15	0.15	0.20	0.20	0.20	0.20	0.25	0.25	0.25	0.25	0.25
角向 $\Delta\alpha$	$\leqslant 0°30'$													

注：1. 径向补偿量的测量部位在半联轴器最大外圆宽度的$\frac{1}{2}$处。

2. 表中所列补偿量是指由于安装误差、冲击、振动、变形、温度变化等因素形成的两轴相对偏移量，其安装误差必须小于表中数值。

2.4.3.3　弹性柱销齿式联轴器（摘自GB/T 5015—2017）

表 5-2-36　LZ 型弹性柱销齿式联轴器　/mm

工作温度：−20～+70℃

标记示例如下

LZ3 弹性柱销齿式联轴器

主动端：Y 型轴孔，B 型键槽，d_1 = 40mm，L = 112mm

从动端：Y 型轴孔，B 型键槽，d_2 = 40mm，L = 112mm

标记为：LZ3 联轴器 B40×112　GB/T 5015—2017

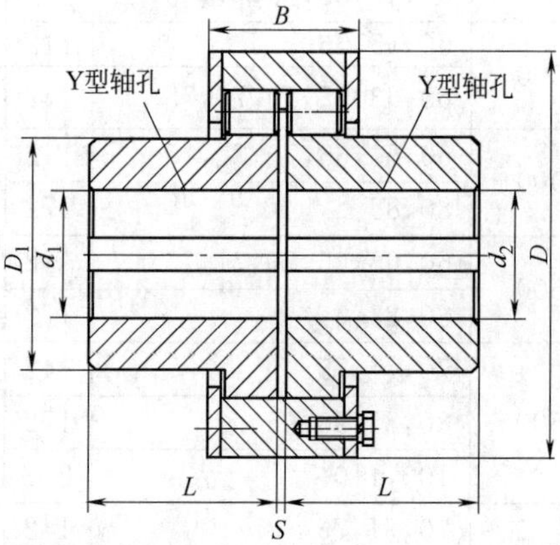

型号	公称转矩 T_n/N·m	许用转矩 $[n]$/r·min^{-1}	轴孔直径 d_1、d_2	轴孔长度 L Y型 长系列	轴孔长度 L Y型 短系列	D	D_1	B	S	转动惯量 I/kg·m^2	质量 m/kg
LZ1	112	5000	12,14	32	27	78	40	42	2.5	0.001	1.53
			16,18,19	42	30						1.60
			20,22,24	52	38						1.67
LZ2	250	5000	16,18,19	42	30	90	50	50	2.5	0.002	2.70
			20,22,24	52	38						2.76
			25,28	62	44					0.003	2.79
			30,32	82	60						3.00
LZ3	630	4500	25,28	62	44	118	65	70	3	0.011	6.49
			30,32,35,38	82	60						7.05
			40,42	112	84					0.012	7.31
LZ4	1800	4200	40,42,45,48,50,55	112	84	158	90	90	4	0.044	16.20
			60	142	107					0.045	15.25

续表

型号	公称转矩 T_n/N·m	许用转矩 $[n]$/r·min^{-1}	轴孔直径 d_1、d_2	轴孔长度 L Y型 长系列	轴孔长度 L Y型 短系列	D	D_1	B	S	转动惯量 I/kg·m^2	质量 m/kg
LZ5	4500	4000	50,55	112	84	192	120	90	4	0.100	24.82
			60,63,65,70,75	142	107					0.107	27.02
			80	172	132					0.108	25.44
LZ6	8000	3300	60,63,65,70,75	142	107	230	130	112	5	0.238	40.89
			80,85,90,95	172	132					0.242	40.15
LZ7	11200	2900	70,75	142	107	260	160	112	5	0.406	54.93
			80,85,90,95	172	132					0.428	59.14
			100,110	212	167					0.443	59.60
LZ8	18000	2500	80,85,90,95	172	132	300	190	128	6	0.860	89.35
			100,110,120,125	212	167					0.911	94.67
			130	252	202					0.908	87.43
LZ9	25000	2300	90,95	172	132	335	220	150	7	1.559	113.9
			100,110,120,125	212	167					1.678	138.1
			130,140,150	252	202					1.733	136.6
LZ10	31500	2100	100,110,120,125	212	167	355	245	152	8	2.236	165.5
			130,140,150	252	202					2.362	169.3
			160,170	302	242					2.422	164.0
LZ11	40000	2000	110,120,125	212	167	380	260	172	8	3.054	190.9
			130,140,150	252	202					3.249	203.1
			160,170,180	302	242					3.369	202.1
LZ12	63000	1700	130,140,150	252	202	445	290	182	8	6.146	288.5
			160,170,180	302	242					6.432	296.6
			190,200	352	282					6.524	288.0
LZ13	100000	1500	150	252	202	515	345	218	8	12.76	413.6
			160,170,180	302	242					13.62	469.2
			190,200,220	352	282					14.19	480.0
			240	410	330					13.98	436.1

注：1. LZ14～LZ23 未编入本表。

2. 质量、转动惯量是按 Y/Y 轴孔组合型式和最大轴孔长度、最小轴孔直径计算的。

3. 短时过载不得超过许用转矩的 2 倍。

4. 联轴器轴孔和键槽形式及尺寸见表 5-2-9～表 5-2-11。

5. 联轴器的许用补偿量见表 5-2-37。

表 5-2-37　LZ 型弹性柱销齿式联轴器许用补偿量

型号	径向 ΔY/mm	轴向 ΔX/mm	角向 $\Delta\alpha$
LZ1～LZ3	0.30	±1.5	0°30′
LZ4～LZ7	0.40		
LZ8～LZ13	0.60	±2.5	

注：1. 径向补偿量的测量部位在半联轴器最大外圆宽度的$\frac{1}{2}$处。

2. 表中所列补偿量是指由于安装误差、冲击、振动、变形、温度变化等因素形成的两轴相对偏移量，其安装误差必须小于表中数值。

2.4.3.4 梅花形弹性联轴器（摘自GB/T 5272—2017）

表 5-2-38 LM 型梅花形弹性联轴器 /mm

工作温度：−35～+80℃
标记示例如下
LM145 梅花形弹性联轴器
主动端：Y 型轴孔，A 型键槽，$d_1=45$mm，$L=112$mm
从动端：Y 型轴孔，A 型键槽，$d_2=45$mm，$L=112$mm
标记为：LM145 联轴器 45×112 GB/T 5272—2017

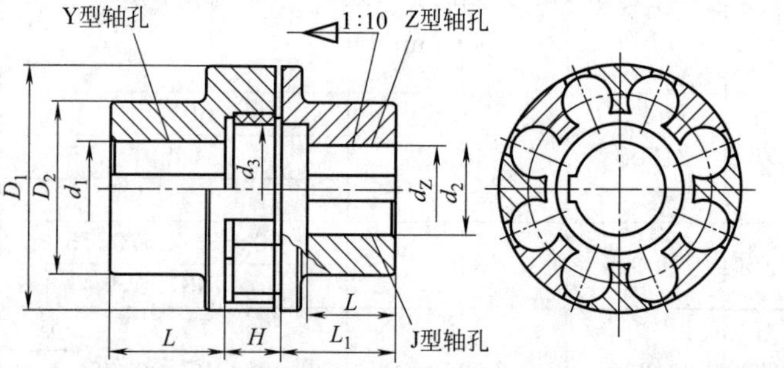

型号	公称转矩 T_n /N·m	最大转矩 T_{max} /N·m	许用转速 [n] /r·min⁻¹	轴孔直径 d_1、d_2、d_Z	轴孔长度 Y型 L	轴孔长度 J、Z型 L_1	轴孔长度 J、Z型 L	D_1	D_2	H	转动惯量 /kg·m²	质量 /kg
LM50	28	50	15000	10,11	22	—	—	50	42	16	0.0002	1.00
				12,14	27	—	—					
				16,18,19	30	—	—					
				20,22,24	38	—	—					
LM70	112	200	11000	12,14	27	—	—	70	55	23	0.0011	2.50
				16,18,19	30	—	—					
				20,22,24	38	—	—					
				25,28	44	—	—					
				30,32,35,38	60	—	—					
LM85	160	288	9000	16,18,19	30	—	—	85	60	24	0.0022	3.42
				20,22,24	38	—	—					
				25,28	44	—	—					
				30,32,35,38	60	—	—					
LM105	355	640	7250	18,19	30	—	—	105	65	27	0.0051	5.15
				20,22,24	38	—	—					
				25,28	44	—	—					
				30,32,35,38	60	—	—					
				40,42	84	—	—					
LM125	450	810	6000	20,22,24	38	52	38	125	85	33	0.014	10.1
				25,28	44	62	44					
				30,32,35,38①	60	82	60					
				40,42,45,48,50,55	84	—	—					
LM145	710	1280	5250	25,28	44	62	44	145	95	39	0.025	13.1
				30,32,35,38	60	82	60					
				40,42,45①,48①,50①,55①	84	112	84					
				60,63,65	107	—	—					
LM170	1250	2250	4500	30,32,35,38	60	82	60	170	120	41	0.055	21.2
				40,42,45,48,50,55	84	112	84					
				60,63,65,70,75	107	—	—					
				80,85	132	—	—					

续表

型号	公称转矩 T_n /N·m	最大转矩 T_{max} /N·m	许用转速 $[n]$ /r·min^{-1}	轴孔直径 d_1、d_2、d_Z	轴孔长度 Y型 L	轴孔长度 J、Z型 L_1	轴孔长度 J、Z型 L	D_1	D_2	H	转动惯量 /kg·m^2	质量 /kg
LM200	2000	3600	3750	35,38	60	82	60	200	135	48	0.119	33.0
				40,42,45,48,50,55	84	112	84					
				60,63,65,70①,75①	107	142	107					
				80,85,90,95	132	—	—					
LM230	3150	5670	3250	40,42,45,48,50,55	84	112	84	230	150	50	0.217	45.5
				60,63,65,70,75	107	142	107					
				80,85,90,95	132	—	—					
LM260	5000	9000	3000	45,48,50,55	84	112	84	260	180	60	0.458	75.2
				60,63,65,70,75	107	142	107					
				80,85,90①,95①	132	172	132					
				100,110,120,125	167	—	—					
LM300	7100	12780	2500	60,63,65,70,75	107	142	107	300	200	67	0.804	99.2
				80,85,90,95	132	172	132					
				100,110,120,125	167	—	—					
				130,140	202	—	—					
LM360	12500	22500	2150	60,63,65,70,75	107	142	107	360	225	73	1.73	148.1
				80,85,90,95	132	172	132					
				100,110,120①,125①	167	212	167					
				130,140,150	202	—	—					
LM400	14000	25200	1900	80,85,90,95	132	172	132	400	250	73	2.84	197.5
				100,110,120,125	167	212	167					
				130,140,150	202	—	—					
				160	242	—	—					

① 无J、Z型轴孔型式。

注：1. 转动惯量和质量是按Y型最大轴孔长度、最小轴孔直径计算的数值。

2. 联轴器轴孔和键槽形式及尺寸见表5-2-9～表5-2-11。

3. 联轴器许用补偿量见表5-2-39。

表5-2-39 LM型梅花形弹性联轴器许用补偿量

联轴器型号	$\Delta\alpha$/(°)	ΔY/mm	ΔX/mm	联轴器型号	$\Delta\alpha$/(°)	ΔY/mm	ΔX/mm
LM50	2	0.5	1.2	LM200	1.5	1.5	4.0
LM70		0.8	1.5	LM230	1.0		4.5
LM85			2.0	LM260			5.0
LM105			2.5	LM300		1.8	
LM125	1.5	1.0	3.0	LM360			
LM145				LM400			
LM170			3.5				

2.4.3.5 星形弹性联轴器（摘自JB/T 10466—2004）

表 5-2-40 LX 型星形弹性联轴器 /mm

工作温度：−35～+80℃

标记示例如下

LX5 星形弹性联轴器

主动端：Y 型轴孔，A 型键槽，$d_1=35\text{mm}$，$L=82\text{mm}$

从动端：J_1 型轴孔，A 型键槽，$d_2=40\text{mm}$，$L=84\text{mm}$

标记为：LX5 联轴器$\dfrac{35\times82}{J_1 40\times84}$ JB/T 10466—2004

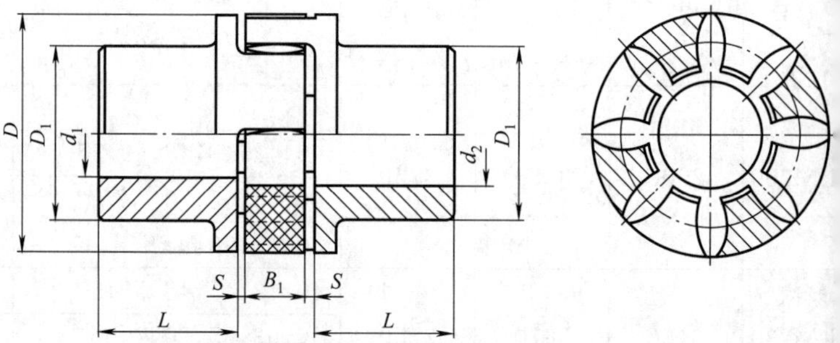

型号	公称转矩 T_n/N·m	许用转速 $[n]$/r·min^{-1}	轴孔直径 d_1,d_2	L Y型	L J_1、Z_1型	D	D_1	B_1	S	转动惯量 /kg·m^2	质量 /kg
LX1	20	9500	6,7	18	—	40	32	12	2	0.0001	0.43
			8,9	22	—						
			10,11	25	22						
			12,14	32	27						
			16,18,19	42	30						
LX2	71	9500	8,9	22	—	55	40	14	2	0.0003	0.85
			10,11	25	22						
			12,14	32	27						
			16,18,19	42	30						
			20,22,24	52	38						
LX3	200	9500	10,11	25	22	65	48	15	2.5	0.0006	1.50
			12,14	32	27						
			16,18,19	42	30						
			20,22,24	52	38						
			25,28	62	44						
LX4	400	9500	12,14	32	27	80	66	18	3	0.0029	3.30
			16,18,19	42	30						
			20,22,24	52	38						
			25,28	62	44						
			30,32,35,38	82	60						
LX5	560	8000	14	32	27	95	75	20	3	0.0076	6.10
			16,18,19	42	30						
			20,22,24	52	38						
			25,28	62	44						
			30,32,35,38	82	60						
			40,42	112	84①						
LX6	630	7100	16,18,19	42	30	105	85	21	3.5	0.010	7.70
			20,22,24	52	38						
			25,28	62	44						
			30,32,35,38	82	60						
			40,42,45,48	112	84①						

续表

型号	公称转矩 T_n/N·m	许用转速 $[n]$/r·min^{-1}	轴孔直径 d_1,d_2	L Y型	L J_1、Z_1型	D	D_1	B_1	S	转动惯量 /kg·m^2	质量 /kg
LX7	800	6300	20,22,24	52	38	120	98	22	4	0.025	9.50
			25,28	62	44						
			30,32,35,38	82	60						
			40,42,45,48,50,55	112	84①						
LX8	900	5600	22,24	52	38	135	115	26	4.5	0.044	15.3
			25,28	62	44						
			30,32,35,38	82	60						
			40,42,45,48,50,55,56	112	84						
			60,63,65	140	107①						
LX9	2000	4750	30,32,35,38	82	60	160	135	30	5	0.071	22.2
			40,42,45,48,50,55,56	112	84						
			60,63,65,70,71,75	142	107						
LX10	5000	3750	40,42,45,48,50,55、56	112	84	200	160	34	5.5	0.190	40.5
			60,63,65,70,71,75	142	107						
			80,85,90	172	132						
LX11	7100	3350	55,55,56	112	84	225	180	38	6	0.315	62.5
			60,63,65,70,71,75	142	107						
			80,85,90,95	172	132						
			100	212	167						
LX12	8000	3000	60,63,65,70,71,75	142	107	255	200	42	6.5	0.61	78.3
			80,85,90,95	172	132						
			100,110	212	167						
LX13	10000	2650	60,63,65,70,71,75	142	107	290	230	46	7	1.03	103.2
			80,85,90,95	172	132						
			100,110,120,125	212	167						
LX14	14000	2360	60,63,65,70,71,75	142	107	320	255	50	7.5	1.71	151
			80,85,90,95	172	132						
			100,110,120,125	212	167						
			130,140	252	202						
LX15	20000	2000	80,85,90,95	172	132	370	290	57	9	3.61	230
			100,110,120,125	212	167						
			130,140,150	252	202						
			160	302	242						
LX16	25000	1800	85,90,95	172	132	420	325	64	10.5	6.20	301
			100,110,120,125	212	167						
			130,140,150	252	202						
			160,170,180	302	242						

① 不适用于 Z_1 型轴孔。

注：1. 表中质量和转动惯量是按最大轴孔直径 Y 型孔计算的近似值。

2. 联轴器的轴孔和键槽形式及尺寸见表 5-2-9～表 5-2-11。

3. 联轴器允许正、反转。

4. 联轴器许用补偿量见表 5-2-41。

当两轴线无角向位移时，联轴器的径向位移和轴向位移不超过表 5-2-41 的规定。

表 5-2-41　LX 型星形弹性联轴器许用补偿量　/mm

型号	LX1	LX2	LX3	LX4	LX5	LX6	LX7	LX8	LX9	LX10	LX11	LX12	LX13	LX14	LX15	LX16
径向位移	0.4	0.8	1.0			1.4			1.8			2.2				
轴向位移	1.2	1.4	1.5	1.8	2.0	2.1	2.2	2.6	3.0	3.4	3.8	4.2	4.6	5.0	5.7	6.4

2.4.3.6　H 形弹性块联轴器（摘自JB/T 5511—2006）

（1）HTLA 型 H 形弹性块联轴器

表 5-2-42　HTLA 型 H 形弹性块联轴器　/mm

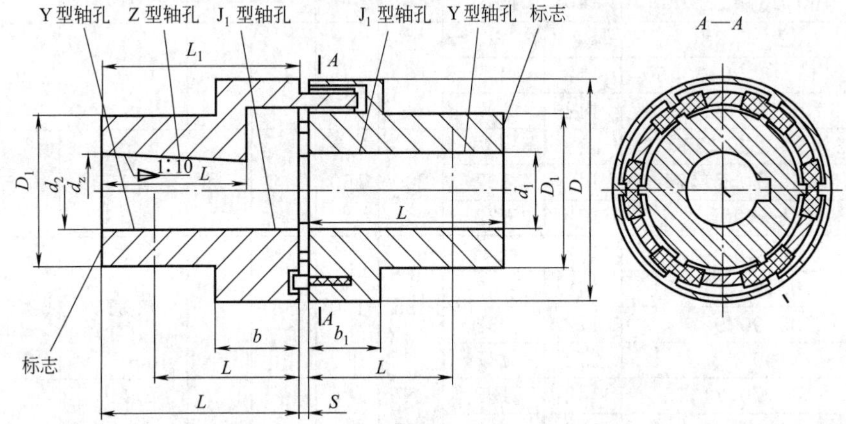

工作温度：−30～+80℃

标记示例如下

HTLA5 H 形弹性块联轴器

主动端：Y 型轴孔，A 型键槽，d_1＝35mm，L＝82mm

从动端：Y 型轴孔，A 型键槽，d_2＝35mm，L＝82mm

标记为：HTLA5 联轴器 35×82 JB/T 5511—2006

型号	公称转矩 T_n /N·m	许用转速 [n] /r·min^{-1}	轴孔直径 d_1,d_2,d_z	轴孔长度 Y 型 L	轴孔长度 J_1、Z 型 L	轴孔长度 J_1、Z 型 L_1	b Y型 J_1型	b Z型	b_1	D	D_1	S	质量 /kg	转动惯量 /kg·m^2
HTLA1	20	5000	12,14	32	27	—	8	22	20	58	40	2	1.00	0.0003
			16,18,19	42	30	44								
			20,22,24	52	38	52								
HTLA2	35.5	5000	16,18,19	42	30	48	8	26	20	70	48	2	1.65	0.0006
			20,22,24	52	38	56								
			25,28	62	44	62								
HTLA3	71	5000	20,22,24	52	38	60	10	32	21	82	60	2	3.22	0.0017
			25,28	62	44	66								
			30,32	82	60	82								
HTLA4	112	5000	24	52	38	66	12	40	24	95	70	2	5.15	0.0041
			25,28	62	44	72								
			30,32,35,38	82	60	88								
			40	112	84	112								
HTLA5	180	5000	28	62	44	72	14	42	27	110	80	2	7.39	0.008
			30,32,35,38	82	60	88								
			40,42,45	112	84	112								

型号	公称转矩 T_n /N·m	许用转速 [n] /r·min⁻¹	轴孔直径 d_1,d_2,d_z	轴孔长度 Y型 L	J₁、Z型 L	J₁、Z型 L_1	b Y型 J₁型	b Z型	b_1	D	D_1	S	质量 /kg	转动惯量 /kg·m²
HTLA6	280	4500	32,35,38	82	60	88	17	45	31	125	92	2	10.85	0.014
			40,42,45,48,50	112	84	112 / —								
HTLA7	400	4000	38	82	60	88	20	48	34	140	100	2	12.97	0.020
			40,42,45,48,50,55,56	112	84	112								
HTLA8	630	3500	42,45,48,50,55,56	112	84	119	20	55	39	160	110	2	20.15	0.033
			60,63,65	142	107	142								
HTLA9	1000	3100	50,55,56	112	84	119	20	55	42	180	125	2	26.12	0.061
			60,63,65,70,75	142	107	142								
HTLA10	1600	2800	60,63,65,70,71,75	142	107	147	22	62	47	200	140	2	38.90	0.13
			80,85	172	132	172								
HTLA11	2240	2500	65,70,71,75	142	107	147	22	62	52	225	150	2	43.13	0.19
			80,85,90	172	132	172								
HTLA12	3150	2200	71,75	142	107	152	22	67	60	250	165	3	57.55	0.33
			80,85,90,95	172	132	177								
			100	212	167	212								
HTLA13	4500	2000	80,85,90,95	172	132	177	24	69	65	280	80	3	80.33	0.52
			100,110	212	167	212								

注：1. 质量及转动惯量均按最小轴孔的 Y 型孔计算的近似值。
2. 瞬时过载转矩不得大于公称转矩值的 2 倍。
3. 联轴器轴孔和键槽形式及尺寸见表 5-2-9～表 5-2-11。

(2) HTLB 型 H 形弹性块联轴器

表 5-2-43　HTLB 型 H 形弹性块联轴器　/mm

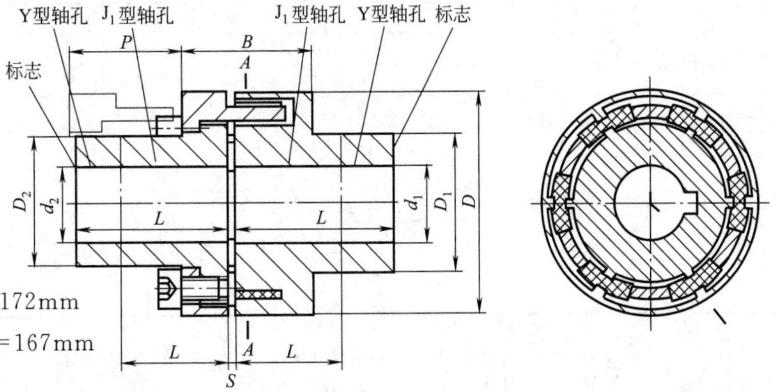

工作温度：−30～+80℃
标记示例如下
HTLB10 H 形弹性块联轴器
主动端：Y 型轴孔，B_1 型键槽，$d_1=90$mm，$L=172$mm
从动端：J_1 型轴孔，B_1 型键槽，$d_2=100$mm，$L=167$mm
标记为：HTLB10 联轴器 $\dfrac{B_1 90\times172}{J_1B_1 100\times167}$　JB/T 5511—2006

续表

型号	公称转矩 T_n /N·m	许用转速 [n] /r·min^{-1}	轴孔直径 d_1,d_2	轴孔长度 Y型 L	轴孔长度 J_1型 L	B	D	D_1	D_2	S	P	质量 /kg	转动惯量 /kg·m^2
HTLB1	180	5000	28	62	44	49	110	80	62	2	33	6.0	0.007
			30,32,35,38	82	60								
			40①,42①,45①	112	84								
HTLB2	280	4500	32,35,38	82	60	56	125	92	75	2	38	9.2	0.012
			40,42,45,48①,50①	112	84								
HTLB3	400	4000	38	82	60	62	140	100	80	2	43	11.2	0.020
			40,42,45,48,50,55①,56①	112	84								
HTLB4	630	3500	42,45,48,50,55,56	112	84	69	160	110	95	2	47	17.8	0.039
			60①,63①,65①	142	107								
HTLB5	1000	3100	50,55,56	112	84	74	180	125	108	2	50	25.4	0.072
			60,63,65,70①,71①,75①	142	107								
HTLB6	1600	2800	60,63,65,70,71,75	142	107	81	200	140	122	2	53	31.3	0.117
			80①,85①	172	132								
HTLB7	2240	2500	65,70,71,75	142	107	92	225	150	138	2	61	43.4	0.183
			80,85,90①	172	132								
HTLB8	3150	2200	71,75	142	107	105	250	165	155	3	69	58.5	0.35
			80,85,90,95	172	132								
			100①	212	167								
HTLB9	4500	2000	80,85,90,95	172	132	110	280	180	172	3	73	81	0.55
			100,110①	212	167								
HTLB10	6300	1800	90,95	172	132	120	315	200	200	3	78	98.9	0.9
			100,110,120,125	212	167								
HTLB11	8000	1600	100,110,120,125	212	167	128	350	230	230	3	83	152.0	1.6
			130,140	252	202								
HTLB12	11200	1400	110,120,125	212	167	137	400	250	250	3	88	182.8	2.7
			130,140,150	252	202								
HTLB13	14000	1300	120,125	212	167	155	440	265	265	5	99	204.0	3.9
			130,140,150	252	202								
			160	302	242								
HTLB14	18000	1200	130,140,150	252	202	160	480	300	300	5	104	277.6	5.9
			160,170	302	242								
HTLB15	22400	1100	140,150	252	202	175	520	315	315	5	115	348.3	8.6
			160,170,180	302	242								
HTLB16	31500	1000	160,170,180	302	242	201	560	320	320	6	125	496.9	13.9
			190,200	352	282								
HTLB17	40000	900	170,180	302	242	215	610	352	352	6	135	582.0	20.2
			190,200,220	352	282								
HTLB18	50000	860	180	302	242	234	660	384	384	6	145	706.2	29.7
			190,200,220	352	280								
			240	410	330								
HTLB19	71000	800	200,220	352	280	246	710	416	416	6	155	917.2	43.2
			240,250	410	330								

① 轴孔直径不适用于 d_2。

注：1. 质量及转动惯量均按最小轴孔的 Y 型孔计算的近似值。

2. 瞬时过载转矩不得大于公称转矩值的 2 倍。

3. 表中尺寸 P 为拆卸拨爪的最小尺寸。

4. 联轴器轴孔和键槽形式及尺寸见表 5-2-9～表 5-2-11。

(3) H形弹性块联轴器许用补偿量

表 5-2-44　H形弹性块联轴器许用补偿量

项目	HTLA1 HTLA2 HTLA3 HTLA4	HTLA5 HTLA6 HTLA7	HTLB1 HTLB2 HTLB3	HTLA8 HTLA9 HTLA10 HTLA11	HTLB4 HTLB5 HTLB6 HTLB7	HTLA12 HTLA13 HTLB8 HTLB9	HTLB10 HTLB11 HTLB12	HTLB13 HTLB14 HTLB15	HTLB16 HTLB17 HTLB18 HTLB19
轴向 ΔX/mm	+2			+4		+5			+6
径向 ΔY/mm	0.5	0.8		1		1.5			2.0
角向 Δα	1°30′					1°			

.4.3.7　轮胎式联轴器（摘自JB/T 10541—2005）

(1) LLA型轮胎式联轴器

表 5-2-45　LLA型轮胎式联轴器　/mm

工作温度：−20～80℃
标记示例如下
LLA6型轮胎联轴器
主动端：Y型轴孔，A型键槽，d_1=45mm，L=112mm
从动端：J_1型轴孔，A型键槽，d_2=42mm，L=84mm
标记为：LLA6联轴器$\frac{45\times112}{J_1 42\times84}$　JB/T 10541—2005

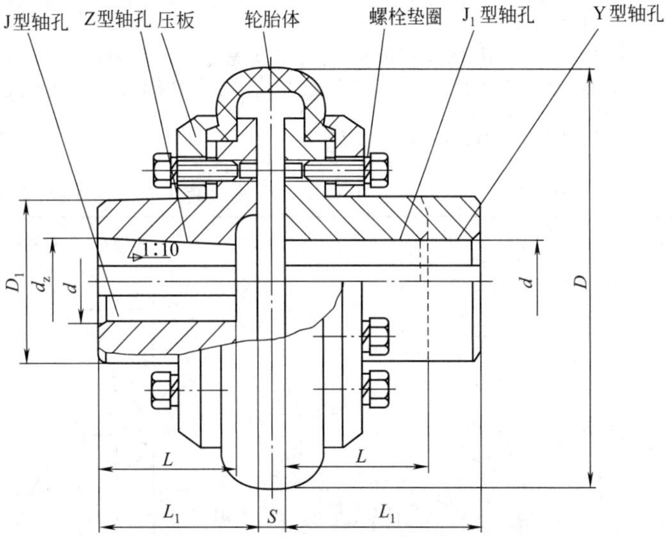

(无骨架式轮胎体)

联轴器型号	公称转矩 T_n /N·m	许用转速 [n] /r·min^{-1}	轴孔直径 d、d_z	轴孔长度 Y型 L	轴孔长度 J、J_1、Z型 L	轴孔长度 J、J_1、Z型 L_1	D	D_1	S	转动惯量 /kg·m^2	质量 /kg
LLA1	10	5000	6,7	16	—	—	63	20	4	0.0004	0.35
			8,9	20	—	—					
			10,11	25	22	—					
LLA2	20		8,9	20	—	—	100	36	8	0.005	1.33
			10,11	25	22	—					
			12,14	32	27	—					
			16,18,19	42	30	35					
LLA3	80	4000	18,19	42	30		135	48	12	0.022	3.4
			20,22,24	52	38	42					
			25,28	62	44	50					
LLA4	160	3150	25,28				180	64	18	0.071	7.4
			30,32,35,38	82	60	65					
LLA5	315	2800	30,32,35,38				210	80		0.154	13.5
			40,42,45,48,50	112	84	90					
LLA6	630	2500	40,42,45,48,50,55,56				265	100	24	0.46	22.6

第5篇

续表

联轴器型号	公称转矩 T_n /N·m	许用转速 [n] /r·min^{-1}	轴孔直径 d、d_z	轴孔长度 Y型 L	轴孔长度 J、J_1、Z型 L	轴孔长度 J、J_1、Z型 L_1	D	D_1	S	转动惯量 /kg·m^2	质量 /kg
LLA7	1250	2000	45,48,50,55,56	112	84	90	310	120	28	0.89	84.8
			60,63,65,70,71,75	142	107	120					
LLA8	2500	1600	60,63,65,70,71,75				400	150	38	3.57	74.3
			80,85,90,95	172	132	145					
LLA9	5000	1250	80,85,90,95				450	190	42	6.74	111.5
			100,110,120,125	212	167	180					
LLA10	10000	1000	100,110,120,125				560	230	51	17.55	191.3
			130,140,150	252	202	220					
LLA11	20000	800	130,140,150	252	202	220	700	280	70	54.1	373
			160,170,180	302	242	270					

注：1. 两个半联轴器的轴孔，可按需要采用 Y、J、J_1 型轴孔，但两端不能同时采用 Z、J 型轴孔。

2. 如需采用 Z_1 型孔要考虑 S 尺寸。

3. 联轴器轴孔和键槽形式及尺寸见表 5-2-9～表 5-2-11。

4. 轴向与径向位移不大于轮胎体最大外径的 2%，角向位移≤6°。

(2) LLB 型轮胎式联轴器

表 5-2-46　LLB 型轮胎式联轴器　/mm

工作温度：−20～80℃

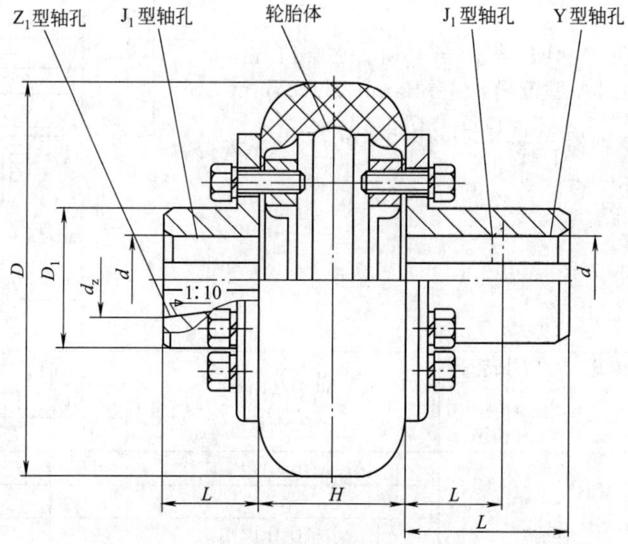

(有骨架式轮胎体)

联轴器型号	公称转矩 T_n /N·m	许用转速 [n] /r·min^{-1}	轴孔直径 d、d_z	轴孔长度 Y型 L	轴孔长度 J_1、Z_1型 L	D	D_1	H	转动惯量 /kg·m^2	质量 /kg
LLB1	10	5000	6,7	16	—	63	20	26	0.0003	0.4
			8,9	20	—					
			10,11	25	—					
			10,11	25	—	100	36	32	0.0035	1.5
			12,14	32	27					
			16,18,19	42	30					
LLB3	100	4500	16,18,19			120	44	39	0.01	2.2
			20,22,24	52	38					

续表

联轴器型号	公称转矩 T_n /N·m	许用转速 [n] /r·min^{-1}	轴孔直径 d,d_z	轴孔长度 Y型 L	轴孔长度 J_1,Z_1型 L	D	D_1	H	转动惯量 /kg·m^2	质量 /kg
LLB4	160	4200	22,24	52	38	140	50	45	0.021	3.1
			25,28	62	44					
			30,32,35	82	60					
LLB5	224	4000	25,28	62	44	160	60	51	0.028	5
			30,32,35,38	82	60					
LLB6	315	3600	30,32,35,38	82	60	185	70	58	0.07	8.1
			40,42,45	112	84					
LLB7	500	3200	35,38	82	60	220	85	68	0.15	13
			40,42,45,48,50,55,56	112	84					
LLB8	800	2600	40,42,45,48,50,55,56	112	84	265	100	82	0.30	22
			60,63,65	142	107					
LLB9	1250	2200	45,48,50,55,56	112	84	310	120	106	0.75	35
			60,63,65,70,71,75	142	107					
LLB10	2500	1800	60,63,65,70,71,75	142	107	400	150	124	2.2	69
			80,85,90,95	172	132					
LLB11	5000	1600	80,85,90,95	172	132	450	190	140	4.4	110
			100,110,120,125	212	167					
LLB12	10000	1200	100,110,120,125	212	167	560	239	172	14	190
			130,140,150	252	202					
LLB13	20000	1000	130,140,150	252	202	700	318	220	38	340
			160,170,180	302	242					
			190,200	352	282					

注：1. 两端半联轴器不得同时采用 Z_1 型孔。

2. 联轴器轴孔和键槽形式及尺寸见表 5-2-9～表 5-2-11。

3. 轴向与径向位移不大于轮胎体最大外径的 2%，角向位移≤6°。

2.4.3.8 膜片联轴器（摘自JB/T 9147—1999）

（1）JM 型膜片联轴器

表 5-2-47 JM Ⅰ型膜片联轴器 /mm

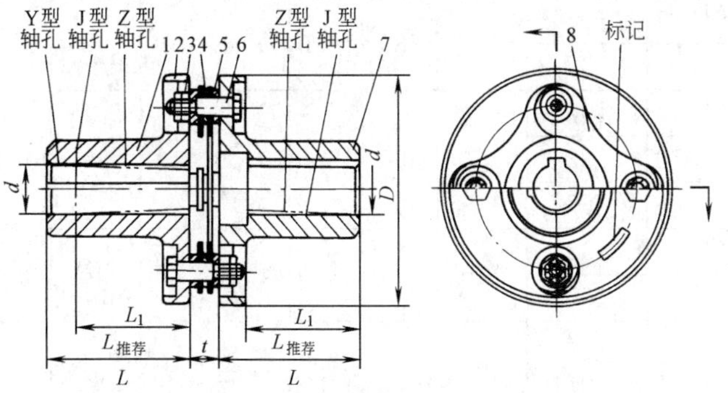

1,7—半联轴器；2—扣紧螺母；3—六角螺母；4—隔圈；5—支承圈；6—六角头铰制孔用螺栓；8—膜片

工作温度：−20～250℃

标记示例如下

JM3 型膜片联轴器

主动端：Z_1 型轴孔，C 型键槽，d=28mm，L=44mm

从动端：J_1 型轴孔，B 型键槽，d=30mm，L=60mm

标记为：JM3 联轴器 $\frac{Z_1C28\times44}{J_1B30\times60}$ JB/T 9147—1999

续表

型号	公称转矩 T_n /N·m	瞬时最大转矩 T_{max} /N·m	许用转速[n] /r·min^{-1}	轴孔直径 d (H7)	轴孔长度 Y型 L	轴孔长度 J、J_1、Z、Z_1 型 L	轴孔长度 J、J_1、Z、Z_1 型 L_1	$L_{推荐}$	D	t	扭转刚度 /N·m·rad^{-1}	质量 /kg ≈	转动惯量 /kg·m² ≈
JMⅠ1	25	80	6000	14	32	—	J_1型 27 Z_1型 20	35	90	8.8	1×10^4	1.0	0.0007
				16,18,19	42		30						
				20,22	52		38						
JMⅠ2	63	180	5000	18,19	42	—	30	45	100	9.5	1.4×10^4	1.3	0.0010
				20,22,24	52		38						
				25	62		44						
JMⅠ3	100	315	5000	20,22,24	52	—	38	50	120	11	1.87×10^4	2.3	0.0024
				25,28	62		44						
				30	82		60						
JMⅠ4	160	500	4500	24	52	—	38	55	130	12.5	3.12×10^4	3.3	0.0037
				25,28	62		44						
				30,32,35	82		60						
JMⅠ5	250	710	4000	28	62	—	44	60	150	14.0	4.32×10^4	5.3	0.0083
				30,32,35,38	82		60						
				40	112		84						
JMⅠ6	400	1120	3600	32,35,38	82	82	60	65	170	15.5	16.88×10^4	8.7	0.0159
				40,42,45,48,50	112	112	84						
JMⅠ7	630	1800	3000	40,42,45,48	112	112	107	70	210	19.0	10.35×10^4	14.3	0.0432
				50,55,56,60	142	—							
JMⅠ8	1000	2500	2800	45,48,50,55,56	112	112	84	80	240	22.5	16.11×10^4	22	0.0879
				60,63,65,70	142		107						
JMⅠ9	1600	4000	2500	55,56	112	112	84	85	260	24.0	26.17×10^4	29	0.1415
				60, 63, 65, 70, 71,75	142		107						
				80	172		132						
JMⅠ10	2500	6300	2000	63,65,70,71,75	142	142	107	90	280	17.0	7.88×10^4	52	0.2974
				80,85,90,95	172	—	132						
JMⅠ11	4000	9000	1800	75	142	142	107	95	300	19.5	10.49×10^4	69	0.4782
				80,85,90,95	172	172	132						
				100,110	212	—	167						
JMⅠ12	6300	12500	1600	90,95	172	—	132	120	340	23.0	14.07×10^4	94	0.8067
				100,110,120,125	212		167						
JMⅠ13	10000	18000	1400	100,110,120,125	212	—	167	135	380	28.0	19.23×10^4	128	1.7053
				130,140	252		202						
JMⅠ14	16000	28000	1200	120,125	212	—	167	150	420	31.0	30.01×10^4	184	2.6832
				130,140,150	252		202						
				160	302		242						

续表

型号	公称转矩 T_n /N·m	瞬时最大转矩 T_{max} /N·m	许用转速[n] /r·min^{-1}	轴孔直径 d (H7)	轴孔长度 Y型	J、J_1、Z、Z_1型		$L_{推荐}$	D	t	扭转刚度 /N·m·rad^{-1}	质量 /kg ≈	转动惯量 /kg·m^2 ≈
					L	L	L_1						
M Ⅰ15	25000	40000	1120	140,150	252	—	202	180	480	37.5	47.46×10^4	263	4.8015
				160,170,180	302		242						
M Ⅰ16	40000	56000	1000	160,170,180	302	—	242	200	560	41.0	68.09×10^4	384	9.4118
				190,200	352		282						
M Ⅰ17	63000	80000	900	190,200,220	352	—	282	220	630	47.0	101.3×10^4	561	18.3753
				240	410		330						
M Ⅰ18	100000	125000	800	200	352	—	282	250	710	54.5	161.4×10^4	723	28.2023
				240,250,260	410		330						
JM Ⅰ19	160000	200000	710	250,260	410	—	330	280	800	48.0	79.8×10^4	1267	66.5813
				280,300,320	470		380						

注：1. 轴孔和键槽形式及尺寸见表 5-2-9～表 5-2-12；轴孔长度优选 $L_{推荐}$。
2. 各规格的轮毂直径不小于规格中最大孔径的 1.6 倍。
3. 在高速工况条件下使用的联轴器应和主机轴系一起进行动平衡试验。
4. 联轴器在使用时应加防护罩。
5. 联轴器许用补偿量见表 5-2-48，最大允许安装角向偏差不超过±5′的范围。

第5篇

（2）膜片联轴器许用补偿量

表 5-2-48 膜片联轴器许用补偿量

许用补偿量	JM Ⅰ1～JM Ⅰ6	JM Ⅰ7～JM Ⅰ10	JM11～JM19
轴向 ΔY/mm	1	1.5	2
角向 $\Delta\alpha$	1°		30′

注：表中所列补偿量是指由于制造误差、安装误差、工作时载荷变化所引起的冲击、振动、变形和温度变化等综合因素所形成的两轴线相对偏移量的许用补偿能力。

2.4.3.9 蛇形弹簧联轴器（摘自JB/T 8869—2000）

（1）JS型蛇形弹簧联轴器

表 5-2-49 JS型蛇形弹簧联轴器 /mm

工作温度：−30～150℃
标记示例如下
JS6 蛇形弹性联轴器
主动端：J_1 型轴孔，A 型键槽，d=50mm，L=76mm
从动端：J_1 型轴孔，B 型键槽，d=63mm，L=76mm

标记为：JS6 联轴器 $\dfrac{J_1 50\times76}{J_1 B63\times76}$ JB/T 8869—2000

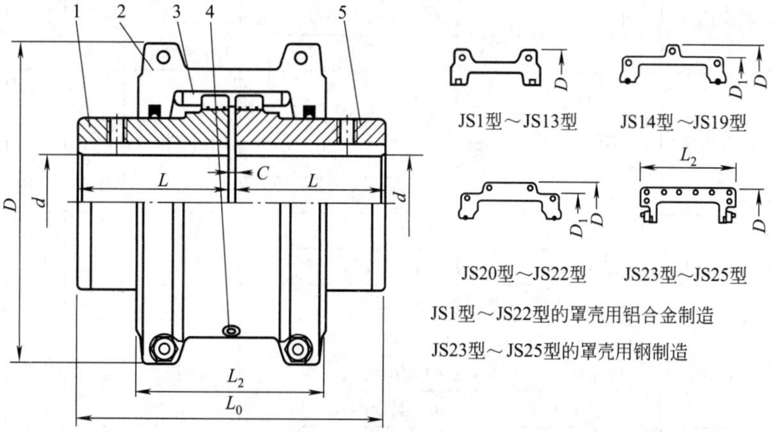

JS型 罩壳径向安装型(基本型)
1,5—半联轴器；2—罩壳；3—蛇形弹簧；4—润滑孔

续表

型号	公称转矩 T_n /N·m	许用转速 $[n]$ /r·min^{-1}	轴孔直径 d	轴孔长度 L	总长 L_0	L_2	D	D_1	间隙 C	质量 m /kg	转动惯量 I /kg·m^2	润滑油 /kg
JS1	45	4500	18,19	47	97	66	95	—	3	1.91	0.0014	0.027
			20,22,24									
			25,28									
JS2	140		22,24			68	105			2.59	0.0022	0.041
			25,28									
			30,32,35									
JS3	224		25,28	50	103	70	115			3.36	0.0033	0.054
			30,32,35,38									
			40,42									
JS4	400		32,35,38	60	123	80	130			5.45	0.0073	0.068
			40,42,45,48,50									
JS5	630	4350	40,42,45,48,50,55,56	63	129	92	150			7.26	0.0119	0.086
JS6	900	4125	48,50,55,56	76	155	95	160			10.44	0.0185	0.113
			60,63,65									
JS7	1800	3600	55,56	89	181	116	190			17.70	0.0451	0.172
			60,63,65,70,71,75									
			80									
JS8	3150		65,70,71,75	98	199	122	210			25.42	0.0787	0.254
			80,85,90,95									
JS9	5600	2440	75	120	245	155	250		5	42.22	0.1780	0.426
			80,85,90,95									
			100,110									
JS10	8000	2250	85,90,95	127	259	162	270			54.45	0.2700	0.508
			100,110,120									
JS11	12500	2025	90,95	149	304	192	310			81.27	0.5140	0.735
			100,110,120,125									
			130,140									
JS12	18000	1800	110,120,125	162	330	195	346		6	121.00	0.9890	0.908
			130,140,150									
			160,170									
JS13	25000	1650	120,125	184	374	201	384	391		178.00	1.8500	1.135
			130,140,150									
			160,170,180									
			190,200									
JS14	35500	1500	140,150	183	372	271	450	431		234.26	3.4900	1.952
			160,170,180									
			190,200									
JS15	50000	1350	160,170,180	198	402	279	500	487		316.89	5.8200	2.815
			190,200,220									
			240									
JS16	63000	1225	180	216	438	304	566			448.10	10.4000	3.496
			190,200,220									

续表

型号	公称转矩 T_n /N·m	许用转速 $[n]$ /r·min^{-1}	轴孔直径 d	轴孔长度 L	总长 L_0	L_2	D	D_1	间隙 C	质量 m /kg	转动惯量 l /kg·m^2	润滑油 /kg
JS16	63000	1225	240,250,260	216	438	304	566	487		448.10	10.4000	3.496
			280									
JS17	90000	1100	200,220	239	484	322	630	555		619.71	18.3000	3.768
			240,250,260									
			280,300						6			
JS18	125000	1050	240,250,260	260	526	325	675	608		776.34	26.1000	4.400
			280,300,320									
JS19	160000	900	280,300,320	280	566	355	756	660		1058.27	43.5000	5.630
			340,360									
JS20	224000	820	300,320	305	623	432	845	751		1425.56	75.5000	10.530
			340,360,380									
JS21	315000	730	320	325	663	490	920	822		1786.49	113.0000	16.070
			340,360,380									
			400,420									
JS22	400000	680	340,360,380	345	703	546	1000	905	13	2268.64	175.0000	26.060
			400,420,440,450									
JS23	500000	630	360,380	368	749	648	1087			2950.82	339.0000	33.820
			400,420,440,450,460,480					—				
JS24	630000	580	400,420,440,450,460	401	815	698	1180			3836.30	524.0000	50.170
JS25	800000	540	420,440,450,460,480,500	432	877	762	1260			4686.19	711.0000	67.240

注：1. 若按 GB/T 3852 轴孔形式，与制造厂协商。

2. 质量、转动惯量是按无孔计算。

（2）JSB 型蛇形弹簧联轴器

表 5-2-50　JSB 型蛇形弹簧联轴器　/mm

工作温度：－30～＋150℃

标记示例如下

JSB9 蛇形弹簧联轴器

主动端：J_1 型轴孔，A 型键槽，d＝90mm，L＝120mm

从动端：J_1 型轴孔，A 型键槽，d＝90mm，L＝120mm

标记为：JSB9 联轴器 90×120　JB/T 8869—2000

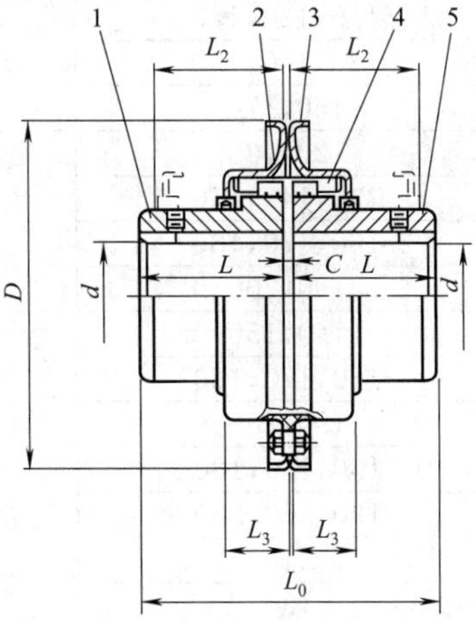

JSB1型～JSB13型

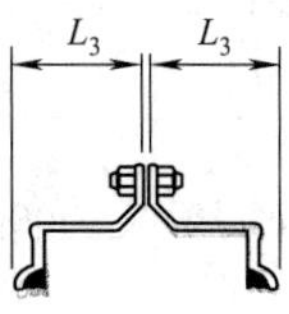

JSB14型～JSB16型

JSB 型　罩壳轴向安装型

1,5—半联轴器；2—润滑孔；3—罩壳；4—蛇形弹簧

第 5 篇

续表

型号	公称转矩 T_n /N·m	许用转速 $[n]$ /r·min^{-1}	轴孔直径 d	轴孔长度 L	总长 L_0	L_2	L_3	D	间隙 C	质量 m /kg	润滑油 /kg
JSB1	45	6000	18,19 20,22,24 25,28	47	97	48	24	112	3	1.95	0.027
JSB2	140	6000	22,24 25,28 30,32,35	47	97	48	25	122	3	2.59	0.041
JSB3	224	6000	25,28 30,32,35,38 40,42	50	103	51	26	130	3	3.36	0.054
JSB4	400	6000	32,35,38 40,42,45,48,50	60	123	61	31	149	3	5.45	0.068
JSB5	630	6000	40,42,45,48,50,55,56	63	129	64	32	163	3	7.26	0.086
JSB6	900	5500	48,50,55,56 60,63,65	76	155	67	34	174	3	10.44	0.113
JSB7	1800	4750	55,56 60,63,65,70,71,75 80	89	181	89	44	200	3	17.7	0.172
JSB8	3150	4000	65,70,71,75 80,85,90,95	98	199	96	47	233	3	25.42	0.254
JSB9	5600	3250	75 80,85,90,95 100,110	120	245	121	60	268	6	42.22 42.20	0.427 0.426
JSB10	8000	3000	80,85,90,95 100,110,120	127	259	124	63	287	6	54.48	0.508
JSB11	12500	2700	90,95 100,110,120,125 130,140	149	304	143	74	320	6	81.72	0.735
JSB12	18000	2400	110,120,125 130,140,150 160,170	162	330	146	75	379	6	122.58	0.908
JSB13	25000	2200	120,125 130,140,150 160,170,180 190,200	184	374	156	78	411	6	180.24	1.135
JSB14	35500	2000	140,150 160,170,180 190,200	183	372	204	107	476	6	230.18	1.952
JSB15	50000	1750	160,170,180 190,200,220 240	216	438	216	115	533	6	321.43	2.815
JSB16	63000	1600	180 190,200,220 240,250,260	216	438	226	120	584	6	448.55	3.496

注：1. 若按 GB/T 3852 轴孔形式，与制造厂协商。

2. 质量是按无孔计算。

(3) JS 型、JSB 型蛇形弹簧联轴器许用补偿量

表 5-2-51　JS 型、JSB 型蛇形弹簧联轴器许用补偿量　/mm

公称转矩 T_n /N·m	最大允许安装误差		最大运转补偿量		轴向 ΔX
	径向 ΔY	角向 $\Delta\alpha=0.25°$时 $A-A_1$	径向 ΔY	角向 $\Delta\alpha=0.5°$时 $A-A_1$	
45	0.15	0.076	0.31	0.25	±0.3
140				0.31	
224				0.33	
400	0.2	0.1	0.41	0.4	
630		0.127		0.45	
900				0.5	
1800		0.15		0.6	
3150		0.18		0.7	
5600	0.25	0.2	0.51	0.84	±0.5
8000		0.23		0.9	
12500	0.28	0.25	0.56	1	±0.6
18000		0.3		1.2	
25000		0.33		1.35	
35500	0.3	0.4	0.61	1.57	
50000		0.45		1.78	
63000		0.5		2	
90000	0.38	0.56	0.76	2.26	
125000		0.6		2.46	
160000		0.68		2.72	
224000	0.46	0.74	0.92	2.99	±1.3
315000		0.8		3.28	
400000	0.48	0.89	0.97	3.6	
500000		0.96		3.9	
630000	0.5	1.07	1.02	4.29	
800000		1.77		4.65	

注：1. 最大运转补偿量是指工作状态下，允许的由于安装误差、振动、冲击、温度变化等综合因素所形成的两轴相对的偏移量。

2. 径向 ΔY、轴向 ΔX、角向 $A-A_1$：

角向　　径向　　轴向

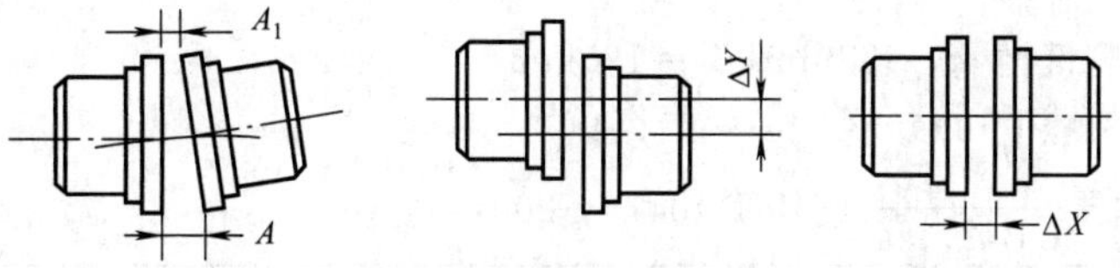

第 5 篇

2.4.4 安全联轴器

MAL 型摩擦安全联轴器（摘自 JB/T 10476—2004）

表 5-2-52　MAL 型摩擦安全联轴器　　/mm

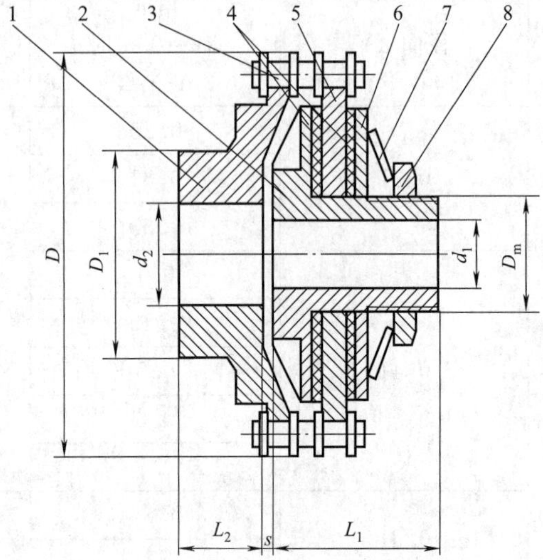

(a) MAL1～MAL2

1—从动端半联轴器；2—主动端半联轴器；3—链条；4—摩擦片；5—链轮；6—压板；7—碟形弹簧；8—圆螺母

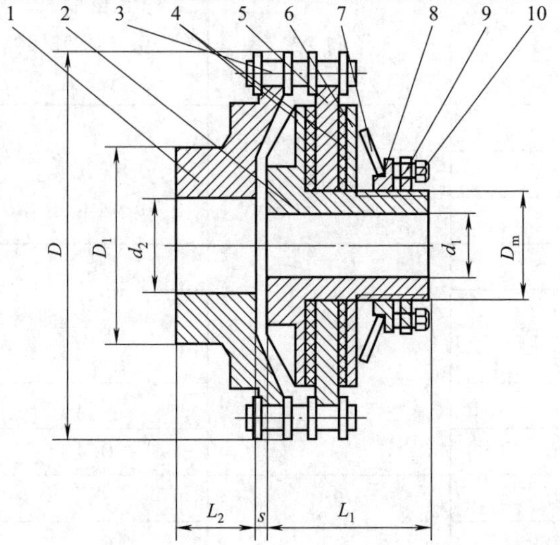

(b) MAL3～MAL4

1—从动端半联轴器；2—主动端半联轴器；3—链条；4—摩擦片；5—链轮；6—压板；7—碟形弹簧；8—定位环；9—螺母；10—螺钉

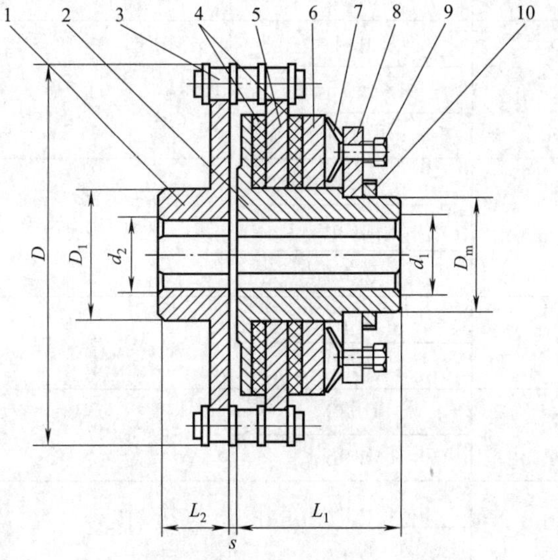

(c) MAL5～MAL7

1—从动端半联轴器；2—主动端半联轴器；3—链条；4—摩擦片；5—链轮；6—压板；7—碟形弹簧；8—调节板；9—调节螺钉；10—圆螺母

工作温度：−20～70℃

标记示例如下

MAL5Q 摩擦式安全联轴器

主动端：Y 型轴孔，A 型键槽，$d_1=38$mm，$L_1=120$mm

从动端：J_1 型轴孔，B 型键槽，$d_2=42$mm，$L_2=84$mm

标记为：MAL5Q 联轴器 $\frac{38\times120}{J_1B42\times84}$　JB/T 10476—2004

续表

规格	公称转矩 T_n /N·m min	公称转矩 T_n /N·m max	许用转速 $[n]$ /r·min^{-1}	主动端 轴孔直径 d_1	主动端 长度 Y型 L_1	从动端 轴孔直径 d_2	从动端 长度 J_1型 L_2	D	D_m	D_1	s	质量 /kg	转动惯量 /kg·m^2
MAL1Q	6.3	28	1000	10,11,12,14,16,18,19	52	14	27	101	M33×1.5	60	3.7	3.0	0.003
						16,18,19	30						
						20,22,24	38						
						25,28	44						
MAL1Z	14	56		16,18,19,20,22,24	52	18,19	30						
						20,22,24	38						
						25,28	44						
						30,32,35,38	60						
MAL2Q	20	80	800	16,18,19,20,22,24,25	62	18,19	30	137	M42×1.5	80	4.2	8.0	0.014
						20,22,24	38						
						25,28	44						
						30,32,35,38	60						
MAL2Z	40	140		19,20,22,24,25,28	62	20,22,24	38						
						25,28	44						
						30,32,35,38	60						
						40,42,45	84						
MAL3Q	63	224	500	20,22,24,25,28	75	20,22,24	38	188	M65×2	110	3.7	18.9	0.061
						25,28	44						
				30,32,35	82	30,32,35,38	60						
						40,42,45,48	84						
MAL3Z	90	400		25,28	75	30,32,35,38	60						
				30,32,35,38	82	40,42,45,48	84						
				40,42,45	112	50,55,56	84						
						60,63,65	107						
MAL4Q	125	560	400	30,32,35,38	100	30,32,35,38	60	250	M90×2	150	5.2	46.5	0.658
				40,42,45,48,50	112	40,42,45,48,50,55,56	84						
						60,63,65,70	107						
MAL4Z	224	1120		35,38	100	40,42,45,48,50,55,56	84						
				40,42,45,48,50,55,56	112	60,63,65,70,71,75	107						
				60,63	142	80,85,90	132						
MAL5Q	400	1400	300	38,40,42,45,48,50,56	120	40,42,45,48,50,55,56	84	354	M100×2	130	5.8	76.5	0.921
				60,63,65	142	60,63,65,70,71,75	107						
MAL5Z	630	2000		42,45,48,50,55,56	120	45,48,50,55,56	84						
				60,63,65,70,71	142	60,63,65,70,71,75	107						
						80,85	132						

第5篇

续表

规格	公称转矩 T_n /N·m		许用转速 [n] /r·min^{-1}	主动端		从动端		D	D_m	D_1	s	质量 /kg	转动惯量 /kg·m^2
				轴孔直径	长度 Y 型	轴孔直径	长度 J_1 型						
	min	max		d_1	L_1	d_2	L_2						
MAL6Q	900	2800	200	45,48,50,55,56,60,63,65,70,71,75	150	45,48,50,55,56	84	470	M150×2	145	5.4	155	3.726
						60,63,65,70,71,75	107						
						80,85	132						
MAL6Z	2000	4000		65,70,71,75	150	65,70,71,75	107						
				80,85,90,95	172	80,85,90,95	132						
				100	212	100	167						
MAL7Q	2500	5000	140	70,71,75,80,85,90,95	190	80,85,90,95	132	631	M190×3	250	10	335	8.249
						100,110,120,125	167						
				100,110	212	130,140	202						
MAL7Z	4700	9500		95	190	110,120,125	167						
				100,110,120,125	212	130,140,150	202						
				130	252	160,170	242						

注：1. 表中所列质量和转动惯量均是按最小轴孔、最大长度计算的。

2. 当选用较大转矩时可使用双键结构。

3. Q 表示轻型，Z 表示重型。

4. 联轴器轴孔和键槽形式及尺寸见表 5-2-9～表 5-2-11。

5. 联轴器的许用补偿量见表 5-2-53。

表 5-2-53　MAL 型摩擦安全联轴器许用补偿量

规格	MAL1$_{Z}^{Q}$	MAL2$_{Z}^{Q}$	MAL3$_{Z}^{Q}$	MAL4$_{Z}^{Q}$	MAL5$_{Z}^{Q}$	MAL6$_{Z}^{Q}$	MAL7$_{Z}^{Q}$
轴向 ΔX/mm	±0.95	±1.15	±1.4	±1.9	±3.3	±3.8	±3.8
径向 ΔY/mm	0.25	0.32	0.38	0.50	0.88	1.0	1.0
角向 $\Delta\alpha$	1°						

参 考 文 献

［1］ 机械设计实用手册编委会．机械设计实用手册．北京：机械工业出版社，2010．

［2］ 吴宗泽．机械设计师手册：下册．第 2 版．北京：机械工业出版社，2019．

［3］ 周明衡．联轴器选用手册．北京：化学工业出版社，2001．

［4］ 吴宗泽．机械设计禁忌 800 例．北京：机械工业出版社，2011．

［5］ 吴宗泽．机械结构设计准则与实例．北京：机械工业出版社，2006．

［6］ 文斌．联轴器设计选用手册．北京：机械工业出版社，2010．

第6篇

轴承

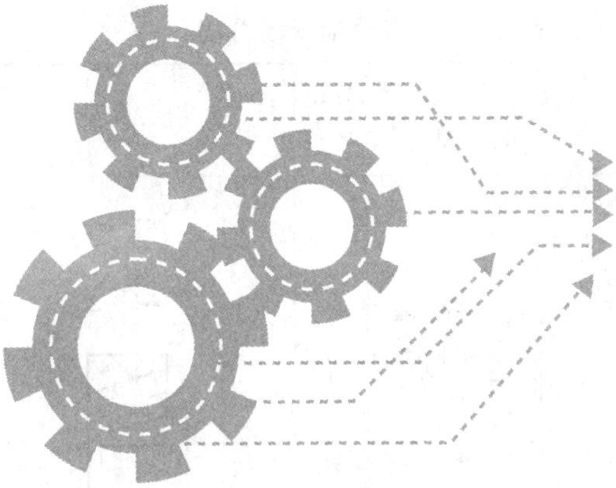

第1章

滚动轴承

1.1 滚动轴承的分类、类型及其代号

1.1.1 滚动轴承的分类

滚动轴承类型很多，可以按不同角度分类。按承受载荷的方向及公称接触角 α 值分类，见表 6-1-1。

表 6-1-1 滚动轴承的分类

分类名称	主要简图	承受载荷方向，接触角 α 值	常用轴承类型	分类名称	主要简图	承受载荷方向，接触角 α 值	常用轴承类型
向心轴承	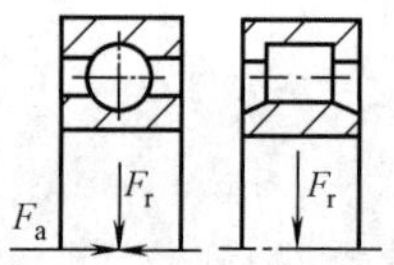	接触角 α＝0° 主要承受径向载荷，有的可承受较小单向轴向载荷（如内圈或外圈单挡边的圆柱滚子轴承）或承受较小双向轴向载荷（如深沟球轴承、调心球轴承、调心滚子轴承）	深沟球轴承 调心球轴承 圆柱滚子轴承 调心滚子轴承 滚针轴承	向心角接触轴承	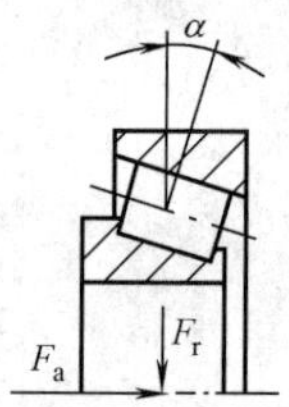	接触角 0°＜α≤45° 能同时承受径向载荷及轴向载荷，一般以径向载荷为主	角接触球轴承 圆锥滚子轴承
推力轴承	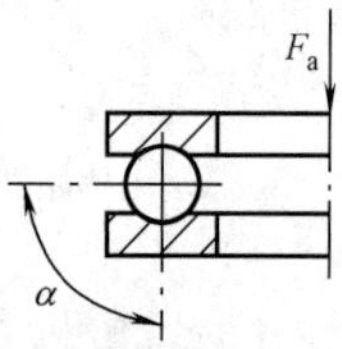	接触角 α＝90° 只能承受单向或双向轴向载荷	推力球轴承 双向推力球轴承 推力滚子轴承	推力角接触轴承	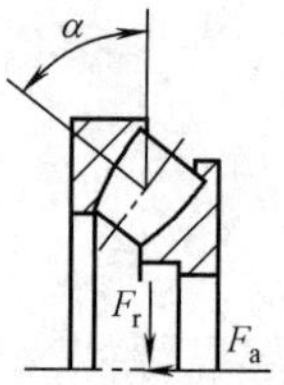	接触角 45°＜α≤90° 主要承受轴向载荷，也可以承受较小的径向载荷	推力调心滚子轴承 推力圆锥滚子轴承

1.1.2 常用滚动轴承的类型、基本结构形式、特点及应用

表 6-1-2 常用滚动轴承类型、基本结构形式、特点及应用

轴承类型	轴承结构简图	类型代号	尺寸系列代号	轴承基本代号	承受载荷方向	限制轴向位移能力②	特点和应用
双列角接触球轴承	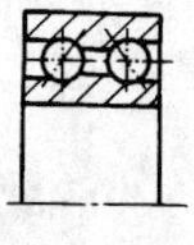 GB/T 296—2015	(0)① (0)	32 33	(0)3200 (0)3300	承受以径向载荷为主和双向轴向载荷的联合作用，不宜承受纯轴向载荷	Ⅰ	极限转速较高，主要用于限制轴或外壳的双向轴向位移

续表

轴承类型	轴承结构简图	类型代号	尺寸系列代号	轴承基本代号	承受载荷方向	限制轴向位移能力②	特点和应用
调心球轴承	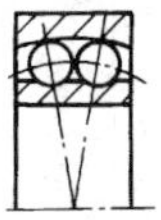 GB/T 281—2013 表 6-1-48	1 1 1 1 (1) 1 (1)	39 (1)0 30 (0)2 22 (0)3 23	13900 1000 13000 1200 2200 1300 2300	主要承受径向载荷，也可以同时承受少量双向轴向载荷，不宜承受纯轴向载荷	Ⅰ	具有自动调心功能，允许内圈（轴）对外圈（外壳）轴线偏斜量≤2°～3°。此类轴承主要用于在负荷作用下弯曲变形较大的传动轴或支座孔不易保证严格同心的部件中
调心滚子轴承	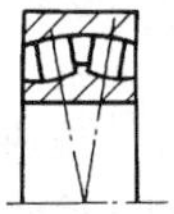 GB/T 288—2013 表 6-1-51	 2 2 2 2 2 2 2 2	38 48 39 49 30 40 31 41 22 32 03 23	23800 24800 23900 24900 23000 24000 23100 24100 22200 23200 21300 22300	主要承受径向载荷，也可同时承受少量双向轴向载荷	Ⅰ	特点与调心球轴承相同，但具有较大承载能力，允许内圈与外圈轴线偏斜量≤1.5°～2.5°
推力调心滚子轴承	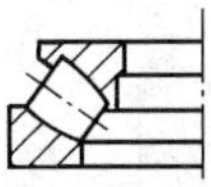 GB 5859—2008 表 6-1-55	2 2 2	92 93 94	29200 29300 29400	用于承受以轴向载荷为主的轴向、径向联合载荷，但径向载荷不得超过轴向载荷的 55%	Ⅱ	为了保证正常工作，需施加一定轴向预负荷 允许轴圈对座圈轴线偏斜量≤1.5°～2.5°
圆锥滚子轴承	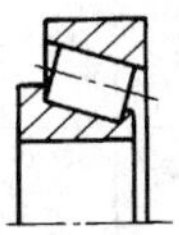 GB/T 297—2015 表 6-1-52	3 3 3 3 3 3 3 3 3 3	29 20 30 31 02 22 32 03 13 23	32900 32000 33000 33100 30200 32200 33200 30300 31300 32300	可以承受以径向载荷为主的径、轴向联合载荷 31300 为大锥度滚动轴承（$\alpha=27°48'39''$）可以承受以轴向载荷为主的径、轴向联合载荷	Ⅱ	外圈可分离，其内圈（含圆锥滚子和保持架）和外圈可分别安装，在安装和使用过程中，可以调整轴承的径向和轴向游隙，一般应成对使用
双列深沟球轴承	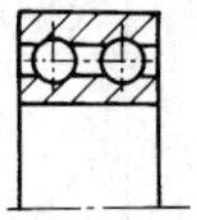	4 4	(2)2 (2)3	4200 4300	能承受较大的径向载荷，同时也能承受少量双向轴向载荷	Ⅰ	具有深沟球轴承特点

轴承类型		轴承结构简图	类型代号	尺寸系列代号	轴承基本代号	承受载荷方向	限制轴向位移能力[②]	特点和应用
推力轴承	推力球轴承	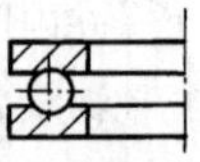 GB/T 301—2015 表 6-1-53	5 5 5 5	11 12 13 14	51100 51200 51300 51400	只承受单方向的轴向载荷	Ⅱ	为了防止钢球与滚道之间的滑动，工作时必须有一定的轴向载荷，极限转速低。轴线必须与轴承座底面垂直，载荷必须与轴线重合，以保证钢球载荷的均匀分配 安装时，内外圈轴线有倾斜时，球面座圈可补偿误差，使轴承能正常工作
	双向推力球轴承	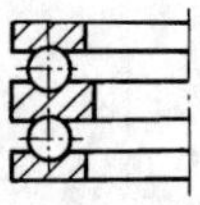 GB/T 301—2015 表 6-1-54	5 5 5	22 23 24	52200 52300 52400	可以承受双向的轴向载荷	Ⅰ	
	带球面座圈的推力球轴承	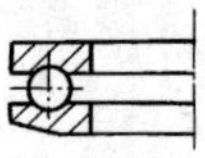 GB/T 28697—2012	5 5 5	32 33 34	53200 53300 53400	只承受单方向轴向载荷	Ⅱ	
	带球面座圈的双向推力球轴承	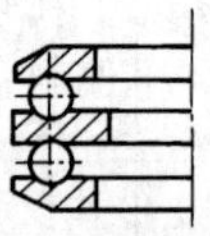 GB/T 28697—2012	5 5 5	42 43 44	54200 54300 54400	只承受双方向轴向载荷	Ⅰ	
深沟球轴承	深沟球轴承	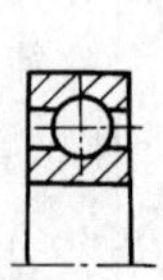 GB/T 276—2013 表 6-1-47	6 6 6 6 16 6 6 6 6	17 37 18 19 (0)0 (1)0 (0)2 (0)3 (0)4	61700 63700 61800 61900 16000 6000 6200 6300 6400	主要承受径向载荷，也可以同时承受少量双向轴向载荷 在高速不宜用推力轴承，可用此类轴承承受较轻纯轴向载荷	Ⅰ	与尺寸相同其他类型轴承相比较，此类轴承摩擦损失最小，极限转速高，工作中允许内外圈轴线偏斜量≤8′～16′

轴承类型		轴承结构简图	类型代号	尺寸系列代号	轴承基本代号	承受载荷方向	限制轴向位移能力[2]	特点和应用
深沟球轴承	外圈有止动槽的深沟球轴承	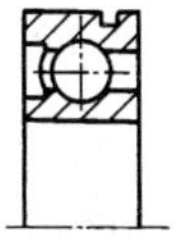 GB/T 276—2013	6 6 6 6 6 6	18 19 (1)0 (0)2 (0)3 (0)4	61800N 61900N 6000N 6200N 6300N 6400N			具有深沟球轴承的特点。轴承外圈带止动槽，放入止动环后，可简化轴承在外壳孔(可作成通孔)的轴向紧固，缩短了轴向尺寸 允许的轴向载荷较低
	一面带防尘盖、另一面外圈有止动槽的深沟球轴承	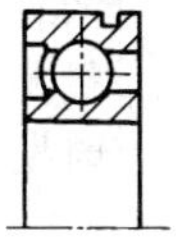 GB/T 276—2013	6 6 6 6	18 19 (0)2 (0)3	61800-ZN 61900-ZN 6200-ZN 6300-ZN			
	一面带防尘盖的深沟球轴承	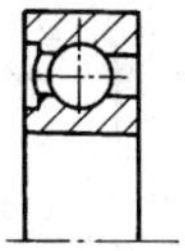 GB/T 276—2013	6 6 6 6	19 (1)0 (0)2 (0)3	61900-Z 6000-Z 6200-Z 6300-Z	主要承受径向载荷，也可以同时承受少量双向轴向载荷 在高速不宜用推力轴承时，可用此类轴承承受较轻纯轴向载荷	Ⅰ	具有深沟球轴承的特点，防尘性好 两面带防尘盖轴承制造时，已装入适量润滑脂，工作中在一定时期内不用再加油
	两面带防尘盖的深沟球轴承	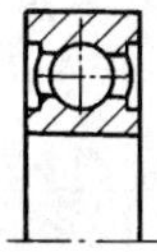 GB/T 276—2013	6 6 6 6 6	18 19 (1)0 (0)2 (0)3	61800-2Z 61900-2Z 6000-2Z 6200-2Z 6300-2Z			
	一面带密封圈的深沟球轴承	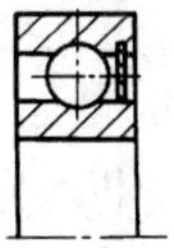 GB/T 276—2013 (接触式)	6 6 6 6 6 6 6 6	18 19 (1)0 (0)2 (0)3 (1)0 (0)2 (0)3	61800-LS 61900-LS 6000-RS 6200-RS 6300-LS 6000-LS 6200-LS 6300-LS			具有深沟球轴承的特点，密封圈能较严密地防止污物从一面或两面侵入轴承。两面带密封圈的轴承制造时，已装入适量润滑脂，工作中在一定时期内不用再加油
		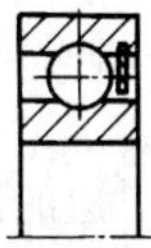 GB/T 276—2013 (非接触式)	6 6 6 6 6	18 19 (1)0 (0)2 (0)3	61800-RZ 61900-RZ 6000-RZ 6200-RZ 6300-RZ			

续表

轴承类型		轴承结构简图	类型代号	尺寸系列代号	轴承基本代号	承受载荷方向	限制轴向位移能力②	特点和应用
深沟球轴承	两面带密封圈的深沟球轴承	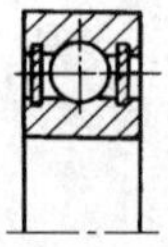 GB/T 276—2013（接触式）	6	18	61800-2LS	主要承受径向载荷，也可以同时承受少量双向轴向载荷 在高速不宜用推力轴承，可用此类轴承承受较轻纯轴向载荷	Ⅰ	具有深沟球轴承的特点，密封圈能较严密地防止污物从一面或两面侵入轴承。两面带密封圈的轴承制造时，已装入适量润滑脂，工作中在一定时期内不用再加油
			6	19	61900-2LS			
			6	(1)0	6000-2LS			
			6	(0)2	6200-2LS			
			6	(0)3	6300-2LS			
			6	(1)0	6000-2LS			
			6	(0)2	6200-2LS			
			6	(0)3	6300-2LS			
		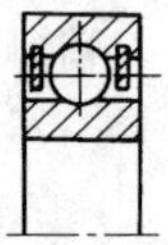 GB/T 276—2013（非接触式）	6	18	61800-2RZ			
			6	19	61900-2RZ			
			6	(1)0	6000-2RZ			
			6	(0)2	6200-2RZ			
			6	(0)3	6300-2RZ			
角接触球轴承		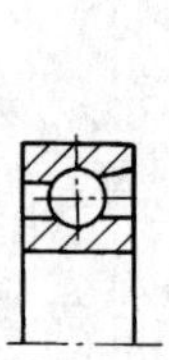 GB/T 292—2007 表 6-1-46	7			承受径向和轴向（单向）载荷联合作用	Ⅱ	能在较高转速下工作，由于一个轴承只能承受单方向的轴向载荷，因此一般应成对使用 接触角越大，承受轴向载荷能力大
			7					
			7	18	71800			
			7	19	71900			
			7	(1)0	7000			
			7	(0)2	7200			
			7	(0)3	7300			
			7	(0)4	7400			
			7					
			7					
推力滚子轴承		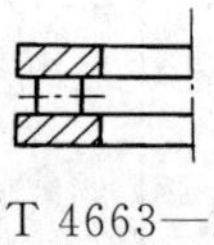 GB/T 4663—2017	8	11	81100	只承受单方向轴向载荷	Ⅱ	两支承面必须平行，轴中心线与外壳支承面应保证垂直
			8	12	81200			
圆柱滚子轴承	外圈无挡边圆柱滚子轴承	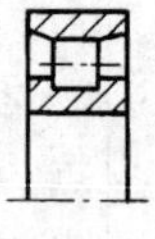 GB/T 283—2007 表 6-1-50	N	10	N1000	只能承受径向载荷	Ⅲ	允许内外圈轴线偏斜度较小（2′～4′），故只能用于刚性较大的轴，并要求支承座孔很好地对中，常用于受外力弯曲较小的固定短轴或因发热而使轴伸长的机件上，此时于一个支点上安装无挡边的滚子轴承，另一个支点上则应安装使轴与壳体能轴向固定的轴承
			N	(0)2	N200			
			N	22	N2200			
			N	(0)3	N300			
			N	23	N2300			
			N	(0)4	N400			
	内圈无挡边圆柱滚子轴承	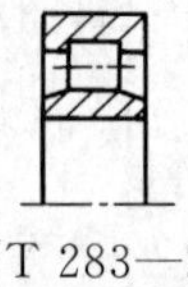 GB/T 283—2007 表 6-1-49	NU	10	NU1000			
			NU	(0)2	NU200			
			NU	22	NU2200			
			NU	(0)3	NU300			
			NU	23	NU2300			
			NU	(0)4	NU400			

续表

轴承类型		轴承结构简图	类型代号	尺寸系列代号	轴承基本代号	承受载荷方向	限制轴向位移能力[2]	特点和应用
圆柱滚子轴承	内圈单挡边圆柱滚子轴承	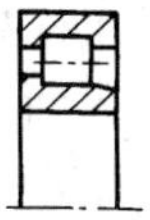 GB/T 283—2007 表 6-1-49	NJ NJ NJ NJ NJ	(0)2 22 (0)3 23 (0)4	NJ200 NJ2200 NJ300 NJ2300 NJ400	主要承受径向载荷，也可承受较小单方向的轴向载荷	Ⅱ	允许内外圈轴线偏斜度较小（2′～4′），故只能用于刚性较大的轴，并要求支承座孔很好地对中，常用于受外力弯曲较小的固定短轴或因发热而使轴伸长的机件上，此时于一个支点上安装无挡边的滚子轴承，另一个支点上则应安装使轴与壳体能轴向固定的轴承
	外圈单挡边圆柱滚子轴承	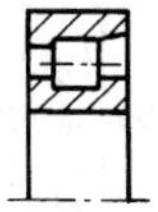 GB/T 283—2007 表 6-1-50	NF NF NF	(0)2 (0)3 23	NF200 NF300 NF2300			
	内圈单挡边并带平挡圈圆柱滚子轴承	 GB/T 283—2007 表 6-1-49	NUP NUP NUP NUP	(0)2 22 (0)3 23	NUP200 NUP2200 NUP300 NUP2300	主要承受径向载荷，也可承受较小的双向轴向载荷	Ⅰ	
	内圈单挡边带斜挡圈的圆柱滚子轴承	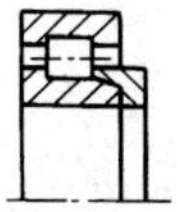 GB/T 283—2007 表 6-1-50	NH NH NH NH NH	(0)2 (0)3 (0)4 22 23	NH200 NH300 NH400 NH2200 NH2300			
	双列圆柱滚子轴承	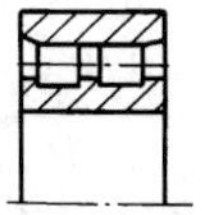 GB/T 285—2013	NN NN	30 49	NN3000 NN4900	只能承受径向载荷	Ⅲ	
	内圈无挡边的双列圆柱滚子轴承	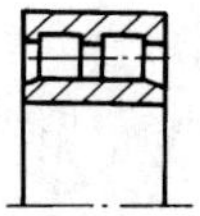 GB/T 285—2013	NNU	49	NNU4900			

续表

轴承类型		轴承结构简图	类型代号	尺寸系列代号	轴承基本代号	承受载荷方向	限制轴向位移能力②	特点和应用
外球面球轴承	带顶丝外球面球轴承	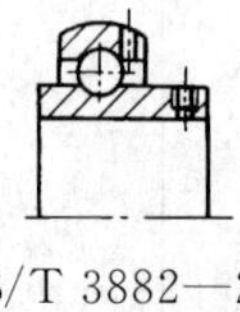 GB/T 3882—2017	UC UC	2 3	UC200 UC300	主要承受径向载荷，也可同时承受少量双向轴向载荷	Ⅰ	外圈外径为球面，与轴承座的凹球面配合能自动调心。适用于刚性差、挠度大的通轴
	带偏心套外球面球轴承	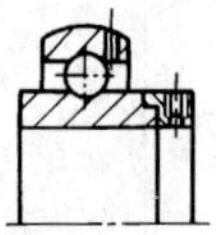 GB/T 3882—2017	UEL UEL	2 3	UEL200 UEL300			轴承的结构和作用与UC型接近，所不同之处，其内圈带一偏心套，顶丝不在内圈，而在偏心套上，其工艺性较UC型好
	圆锥孔外球面球轴承	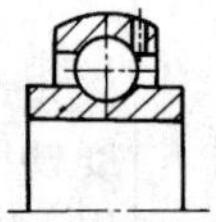 GB/T 3882—2017	UK UK	2 3	UK200 UK300			轴承内圈有锥孔（锥度1∶12），可直接安装在锥形轴上，或借助紧定衬套安装在无轴肩的光轴上，并微调轴承的径向游隙，其他性能同UC型轴承

①"（ ）"号内的数字表示在组合代号中省略。

② 限制轴向位移能力：

Ⅰ——轴的双向轴向位移限制在轴承的轴向游隙范围以内；

Ⅱ——限制轴的单向轴向位移；

Ⅲ——不限制轴的轴向位移。

表 6-1-3 滚针轴承的基本结构型式、特点及应用

轴承类型	结构简图	类型代号	配合安装特征尺寸表示①		轴承基本代号	承受载荷方向	限制轴向位移能力	特点及应用
滚针轴承	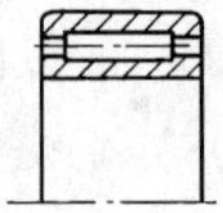 GB/T 5801—2006 表 6-1-56	NA	用尺寸系列代号内径代号表示		NA4800 NA4900 NA6900	只承受径向载荷	Ⅲ	在同样内径条件下，与其他类型轴承相比，其外径最小，内圈与外圈可以分离，工作时允许内、外圈有少量的轴向移动
			尺寸系列代号 48 49 69	内径代号②按表 6-1-7				

续表

轴承类型	结构简图	类型代号	配合安装特征尺寸表示①	轴承基本代号	承受载荷方向	限制轴向位移能力	特点及应用
穿孔型冲压外圈滚针轴承	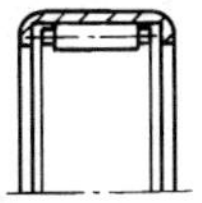 GB/T 290—2017	HK	F_wB	HK F_wB 如 HK0408	只承受径向载荷	Ⅲ	该轴承无内圈、有保持架，外径尺寸小，由于是穿孔型，可以装在轴的任何部位。保持架组件与相配轴颈表面直接为滚动面，因而要求轴颈表面硬度、表面粗糙度应与轴承套圈相同
封口型冲压外圈滚针轴承	 GB/T 290—2017	BK	F_wB	BK F_wB 如 BK0408			一个端面封闭，适用于轴颈没有外伸端的部件，其他性能同 HK

① 尺寸用毫米数表示时，如是个位数，需要在左边加“0”，如 8mm 用 08 表示。

② 内径代号除 $d<10$mm 用“/公称内径尺寸毫米数”表示外，其余按表 6-1-7。

注：表中 F_w——无内圈滚针轴承组内径；滚针保持架组件内径。

1.1.3 滚动轴承的代号（摘自 GB/T 272—2017）

滚动轴承代号由基本代号、前置代号和后置代号组成，用字母和数字等表示。滚动轴承代号的构成见表 6-1-4。

1.1.3.1 滚动轴承基本代号

（1）标准外形尺寸轴承的基本代号（滚针轴承除外）

基本代号用来表明轴承类型、宽度系列、直径系列和内径，一般最多为五位数。

① 类型代号。滚动轴承类型代号用数字或大写的拉丁字母表示见表 6-1-5。

② 尺寸系列代号。轴承尺寸系列代号由宽度（用于向心轴承）或高度（用于推力轴承）和直径系列代号组成见表 6-1-6。

例：调心滚子轴承 23224

2——轴承类型；32——尺寸系列代号；24——内径代号 $d=120$mm。

（2）滚针轴承基本代号

其基本代号由轴承类型代号和表示轴承配合安装特征的尺寸依次排列构成。类型代号用大写拉丁字母表示，表示轴承配合安装特征的尺寸用尺寸系列代号、内径代号或者直接用毫米数表示，见表 6-1-3。

表 6-1-4 滚动轴承代号的构成

前置代号	基本代号			后置代号(组)							
	1	2 3	4 5	1	2	3	4	5	6	7	8
成套轴承部件	类型	尺寸系列	轴承内径	内部结构	密封与防尘套圈变形	保持架及其材料	特殊轴承材料	公差等级	游隙	配置	其他
表 6-1-8	表 6-1-5	表 6-1-6	表 6-1-7	表 6-1-9	表 6-1-10			表 6-1-11	表 6-1-12	表 6-1-13	

表 6-1-5　滚动轴承类型代号

代号	轴承类型	代号	轴承类型
0	双列角接触球轴承	N	圆柱滚子轴承
1	调心球轴承		双列或多列用字母 NN 表示
2	调心滚子轴承和推力调心滚子轴承	U	外球面球轴承
3	圆锥滚子轴承	QJ	四点接触球轴承
4	双列深沟球轴承	C	长弧面滚子轴承(圆环轴承)
5	推力球轴承		
6	深沟球轴承		
7	角接触球轴承		
8	推力圆柱滚子轴承		

注：在代号后或前加字母或数字表示该类轴承中的不同结构。

表 6-1-6　向心轴承、推力轴承尺寸系列代号

直径系列代号	向心轴承								推力轴承			
	宽度系列代号								高度系列代号			
	8	0	1	2	3	4	5	6	7	9	1	2
	尺寸系列代号											
7	—	—	17	—	37	—	—	—	—	—	—	—
8	—	08	18	28	38	48	58	68	—	—	—	—
9	—	09	19	29	39	49	59	69	—	—	—	—
0	—	00	10	20	30	40	50	60	70	90	10	—
1	—	01	11	21	31	41	51	61	71	91	11	—
2	82	02	12	22	32	42	52	62	72	92	12	22
3	83	03	13	23	33	—	—	—	73	93	13	23
4	—	04	—	24	—	—	—	—	74	94	14	24
5	—	—	—	—	—	—	—	—	—	95	—	—

表 6-1-7　轴承的内径代号

轴承公称内径/mm		内径代号	示例
0.6～10 (非整数)		用公称内径毫米数直接表示，在其与尺寸系列代号之间用"/"分开	深沟球轴承 618/1.5 内径 $d=1.5$mm
1～9 (整数)		用公称内径毫米数直接表示，对深沟球轴承 7、8、9 直径系列与尺寸系列代号之间用"/"分开	深沟球轴承 63 5，618/5 内径 $d=5$mm
10～17	10	00	深沟球轴承 62 00 内径 $d=10$mm
	12	01	
	15	02	调心球轴承 1201 内径 $d=12$mm
	17	03	
20～480 (22，28，32 除外)		公称内径除以 5 的商数，商数为个位数时需在商数左边加"0"，如 08	调心滚子轴承 232 09 内径 $d=45$mm
大于和等于 500 以及 22，28，32		用公称毫米数直接表示，但在与尺寸系列之间用"/"分开	调心滚子轴承 230/500 内径 $d=500$mm 深沟球轴承 62/22 内径 $d=22$mm

.1.3.2 滚动轴承的前置、后置代号

(1) 前置代号

前置代号用字母表示，代号及其含义见表 6-1-8。

表 6-1-8 滚动轴承前置代号及其含义

代号	含义	示例
L	可分离轴承的内圈或外圈	LNU207 LN207
R	不带可分离内圈或外圈的轴承(滚针轴承仅适用于 NA 型)	RNU207 RNA6904
K	滚子和保持架组件	K81107
WS	推力圆柱滚子轴承轴圈	WS81107
GS	推力圆柱滚子轴承座圈	GS81107

(2) 后置代号

后置代号用大写拉丁字母或大写拉丁字母加数字表示，后置代号组内容如表 6-1-4 所示。其中

① 内部结构代号及其含义见表 6-1-9。

表 6-1-9 滚动轴承内部结构代号及其含义

代号	含义	示例
A、B、C、D、E	1)表示内部结构改变 2)表示标准设计，其含义随不同类型、结构而异	B:1)角接触球轴承，公称接触角 $\alpha=40°$ 7210B 2)圆锥滚子轴承，接触角加大 32310B C:角接触球轴承，公称接触角 $\alpha=15°$ 7005C E:加强型[①] NU207E
AC D ZW	角接触球轴承 公称接触角 $\alpha=25°$ 剖分式轴承 滚针保持架组件 双列	7210 AC K50×55×20D K20×25×40ZW

① 加强型即内部结构设计改进，增大了轴承承载能力。

② 密封、防尘与外部形状变化的代号及其含义见表 6-1-10。

表 6-1-10 滚动轴承密封、防尘与外部形状变化的代号及其含义

代号	含义	示例
K	圆锥孔轴承 锥度 1∶12(外球面轴承除外)	1210K
K30	圆锥孔轴承 锥度 1∶30	24122K30
R	轴承外圈有止动挡边(凸缘外圈)(不适用于内径小于 10mm 的向心球轴承)	30307R
N	轴承外圈有止动槽	6208N
NR	轴承外圈有止动槽，并带止动环	6208NR
-RS	轴承一面带有骨架式橡胶密封圈(接触式)	6208-RS
-2RS	轴承两面带有骨架式橡胶密封圈(接触式)	6208-2RS
-RZ	轴承一面带有骨架式橡胶密封圈(非接触式)	6208-RZ
-2RZ	轴承两面带有骨架式橡胶密封圈(非接触式)	6208-2RZ
-Z	轴承一面带防尘盖	6208-Z
-2Z	轴承两面带防尘盖	6208-2Z
-RSZ	轴承一面带骨架式橡胶密封圈(接触式)，一面带防尘盖	6208-RSZ
-RZZ	轴承一面带骨架式橡胶密封圈(非接触式)，一面带防尘盖	6208-RZZ
-ZN	轴承一面带防尘盖，另一面外圈有止动槽	6208-ZN
-ZNR	轴承一面带防尘盖，另一面外圈有止动槽并带止动环	6208-ZNR
-ZNB	轴承一面带防尘盖，同一面外圈有止动槽	6208-ZNB
-2ZN	轴承两面带防尘盖，外圈有止动槽	6208-2ZN
U	推力球轴承带球面垫圈	53210U

注：密封圈代号与防尘盖代号同样可以与止动槽代号进行多种组合。

③ 保持架结构、材料改变及轴承材料改变的代号及其含义按 JB/T 2974—2004 的规定确定。

④ 公差等级代号及其含义见表 6-1-11。表中普通级精度最低，依次由低级到高级，2 级精度最高。

⑤ 游隙代号及其含义见表 6-1-12。

常用的轴承径向游隙系列分别为 1 组、2 组、N 组、3 组、4 组和 5 组，共 6 个组别，径向游隙依次由小到大。N 组游隙是常用的游隙组别，在轴承代号中不标出。

例：/P63——表示轴承公差等级 6 级，径向游隙 3 组。

/P52——表示轴承公差等级 5 级，径向游隙 2 组。

表 6-1-11 滚动轴承公差等级代号及其含义

代号	示例	含 义
/PN	6205	公差等级为普通级,代号中省略不表示
/P6	6205/P6	公差等级为 6 级
/P6X	30210/P6X	公差等级为 6X 级(适用于圆锥滚子轴承)
/P5	6205/P5	公差等级为 5 级
/P4	6205/P4	公差等级为 4 级
/P2	6205/P2	公差等级为 2 级
/SP	234420/SP	公差等级为 5 级 旋转精度为 4 级
/UP	234730/UP	公差等级为 4 级 旋转精度高于 4 级

表 6-1-12 滚动轴承游隙代号及其含义

代号	示例	含 义
/C2	6210/C2	径向游隙为 2 组
/CN	6210	径向游隙为 N 组(代号中省略不表示)
/C3	6210/C3	径向游隙为 3 组
/C4	NN3006K/C4	径向游隙为 4 组
/C5	NNU4920K/C5	径向游隙为 5 组

注：公差等级代号与游隙代号需同时表示时，可以简化，取公差等级代号加上游隙组号（N组不表示）组合表示。

轴承径向游隙值按 GB/T 4604.1—2012 的规定确定。

⑥ 配置代号及其含义见表 6-1-13。

⑦ 其他代号。在对轴承振动、工作温度、润滑、噪声、摩擦力矩等要求特殊时，其代号按 JB/T 2974—2004 的规定确定。

表 6-1-13 滚动轴承的配置代号及其含义

代 号	含 义	示 例
/DF	成对面对面安装	30210/DF
/DB	成对背靠背安装	7308C/DB
/DT	成对串联安装	7308C/DT

1.1.3.3 滚动轴承代号示例

(1) 6 2 09

- 09 — 内径 d =45mm
- 2 — 尺寸系列 02，宽度系列为 0 省略，直径系列 2
- 6 — 深沟球轴承

(2) 7 3 10 C/P4

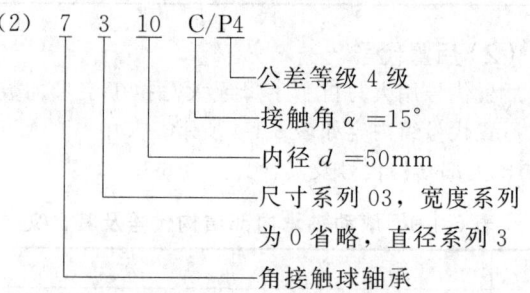

- P4 — 公差等级 4 级
- C — 接触角 α =15°
- 10 — 内径 d =50mm
- 3 — 尺寸系列 03，宽度系列为 0 省略，直径系列 3
- 7 — 角接触球轴承

(3) N 22 06/P4 3

- 3 — 游隙 3 组
- P4 — 公差等级 4 级
- 06 — 内径 d =30mm
- 22 — 尺寸系列 22，宽度系列和直径系列均为 2
- N — 圆柱滚子轴承

(4) NN 30 15 K/ W33/ P2 2

- 2 — 游隙 2 组
- P2 — 公差等级 2 级
- W33 — 外圈有润滑油槽和 3 个润滑油孔
- K — 圆锥孔，锥度 1∶12
- 15 — 内径 d =75mm(圆锥孔小头)
- 30 — 尺寸系列 30，宽度系列 3，直径系列 0
- NN — 双列圆柱滚子轴承

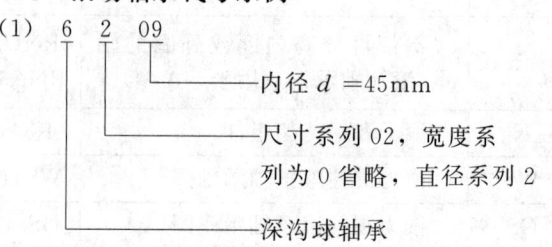

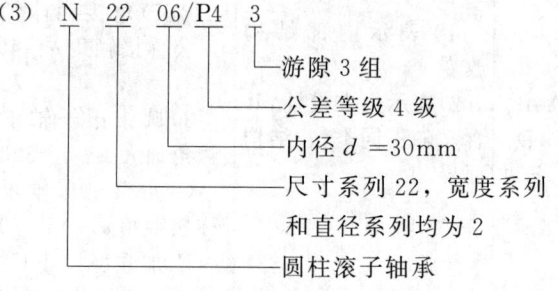

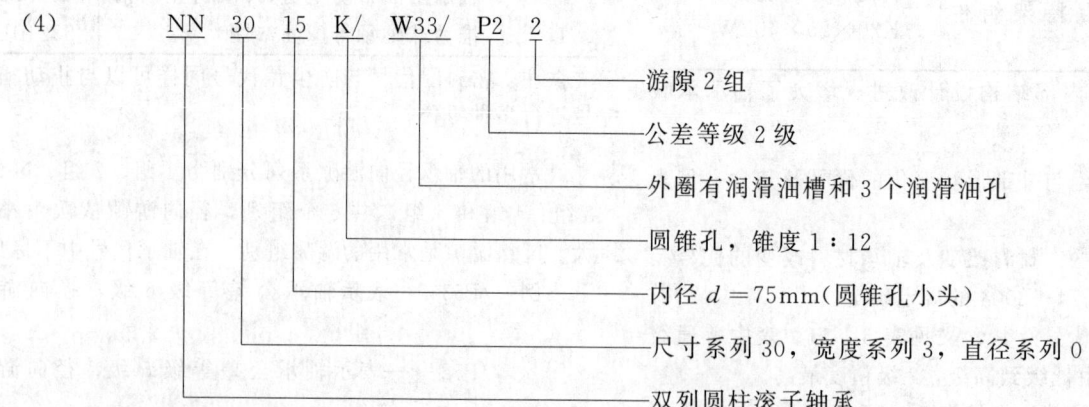

.2 滚动轴承的选择与计算

.2.1 滚动轴承的选择

.2.1.1 滚动轴承的类型选择

首先选择轴承类型，各类轴承特点和适用场合，见表 6-1-2。选择类型时应综合考虑下列主要因素。

（1）轴承所承受的载荷

轴承所承受的载荷大小、方向和性质是选择轴承的主要依据。

① 载荷大小。一般情况下滚子轴承承载能力大，宜用于承受较大载荷。球轴承承载能力小，宜用于较轻或中等载荷。

② 载荷方向。对于纯径向载荷作用，宜选深沟球轴承，圆柱滚子轴承或滚针轴承，也可考虑选用调心球轴承、调心滚子轴承。对于纯轴向载荷作用，宜选推力球轴承或推力滚子轴承。对于径向载荷及轴向载荷联合作用时，一般选择角接触球轴承或圆锥滚子轴承，这两类轴承随接触角 α 的增大，承受轴向载荷能力提高，若径向载荷大而轴向载荷较小时，也可选深沟球轴承和内外圈都有挡边的圆柱滚子轴承。若轴向载荷较大而径向载荷较小时，可选推力调心滚子轴承或推力圆锥滚子轴承。

③ 载荷性质。有冲击载荷时，宜选滚子轴承。

（2）轴承转速

在一般转速下，转速的高低对轴承类型的选择没有什么影响，只有在高速时才会有比较明显的影响。轴承样本中列入了各种类型、各种型号尺寸轴承的极限转速 $n_{\lim}$ 值，这个转速是指载荷不大（$P\leqslant 0.1C$，P 为当量动载荷、C 为基本额定动载荷）、冷却条件正常，普通级公差时，轴承允许的最大转速。

但从工作转速对轴承要求，如何从转速上发挥各种轴承的优势，可从下面几方面来考虑。

① 球轴承与滚子轴承相比较，有较高的极限转速（除推力球轴承外），故在高速时应优先选用球轴承。

② 在内径相同的条件下，轴承外径越小则滚动体越轻、小，运转时滚动体作用在外圈上的离心惯性力也就越小，因此更适于较高转速下工作，故在高速时，宜选用超轻、特轻及轻系列（旧标准直径系列）的轴承。

③ 保持架的材料与结构对轴承转速影响很大，实体保持架比冲压保持架允许更高一些的转速。

④ 推力轴承极限转速均很低，当工作转速较高时，若轴向载荷不很大，可采用角接触球轴承来承受纯轴向载荷。

⑤ 若工作转速略超过样本中规定的 $n_{\lim}$ 值时，可以用提高轴承的公差等级，或者适当加大轴承的径向游隙，并保持良好润滑、冷却等措施来改善轴承高速性能。若工作转速超过极限转速较多，要选用特别的高速滚动轴承，对重要的高速轴承要验算其极限转速（见计算部分）。

（3）轴承的调心功能

轴的中心线与轴承座孔中心线有角度误差、同轴度差（制造与安装造成误差）或轴的变形大，以及多支点轴，均要求轴承调心功能好，应选用调心球轴承或调心滚子轴承。

（4）轴承允许的空间

径向尺寸受限制的机械装置，可选用滚针轴承或特轻型轴承。轴向尺寸受限制，宜选用窄或特窄的轴承。

（5）轴承的安装和拆卸

便于装拆也是选择轴承类型时应考虑的一个因素，整体式轴承座或频繁装拆时应优先选用内、外圈可分离的轴承，如圆柱滚子轴承（N0000 型）、滚针轴承（NA0000 型）、圆锥滚子轴承（30000 型），当轴承装在长轴上时，为装拆方便，可选用带锥孔和紧定套的轴承。

1.2.1.2 滚动轴承的公差等级选择

滚动轴承公差等级分为六级见表 6-1-11，普通级最低，2 级最高。对于一般机械的支承，普通级公差轴承即可满足要求。只有在高精度机械中，才选用公差等级高的轴承，相应的轴与壳体孔的加工精度也应提高。各类轴承均有普通级公差产品，高于普通级公差的轴承生产情况见表 6-1-14。

1.2.2 滚动轴承计算中常用基本概念及术语

（1）寿命——单个轴承，其中一个套圈或滚动体首次出现疲劳扩展点蚀之前，一套圈相对于另一套圈的转数。

（2）可靠度——在同一条件下运转的一组轴承寿命期望值达到某一规定值的概率。

（3）基本额定寿命——一批轴承在相同条件下运转，其可靠度为 90%时的寿命，即一批轴承中，10%的轴承发生疲劳点蚀破坏前的总转数或工作小时数，以 L_{10} 或 L_{10h} 表示。

（4）基本额定动载荷——一批轴承，其基本额定寿命为 10^6 转时所能承受的载荷值，以 C 表示。这个基本额定动载荷对向心轴承，指的是纯径向载荷，并称为径向基本额定动载荷，用 C_r 表示；对于推力轴承，指的是

表 6-1-14　部分类型轴承的制造公差等级

轴承类型	结构形式		类型代号	公差等级 6	5	4	2
调心球轴承	内径 $d\leqslant 80$mm		10000	○	○	—	—
	内径 $d>80$mm			○	—	—	—
圆锥滚子轴承	单列		30000	○	○	○	○
	双列			○	○	—	—
推力球轴承	单向		50000	○	○	○	○
深沟球轴承	开型,带防尘盖,带密封圈		60000,60000-Z,60000-2Z,60000-RS,60000-2RS	○	○	○	○
	有止动槽		60000N	○	○	—	—
角接触球轴承	单列	分离型	S70000	○	○	○	—
		不可分离型	70000C,70000AC,70000B	○	○	○	○
		四点接触	QJ	○	○	—	—
	成对安装		70000C/DB,70000AC/DB,70000C/DF,70000AC/DF,70000C/DT,70000AC/DT	○	○	○	○
圆柱滚子轴承	单列	外圈无挡边	N	○	○	○	—
		内圈无挡边	NU	○	○	○	○
		外圈有单挡边	NF	○	○	—	—
		内圈有单挡边	NJ,NUP	○	○	—	—
	双列		NN,NNU	○	○	○	○

注：○表示该公差等级的轴承有生产。

纯轴向载荷，并称为轴向基本额定动载荷，用 C_a 表示；对角接触球轴承或圆锥滚子轴承，指的是使套圈间产生纯径向位移的载荷的径向分量。

(5) 基本额定静载荷——按 GB/T 4662—2012 规定，使受载荷最大的滚动体与滚道接触中心处引起的接触应力达到一定值（对于向心球轴承为 4200MPa）的载荷，作为静强度的界限，称为基本额定静载荷，用 C_0（C_{0r} 或 C_{0a}）表示。

(6) 当量动载荷——把轴承的实际载荷转换为与确定基本额定动载荷条件相一致的动载荷，在这一载荷作用下，轴承的寿命与实际载荷作用下的寿命相等，用 P 表示。

(7) 平均当量动载荷——用平均当量动载荷作用于变载荷下工作的轴承，所得寿命与实际使用条件下轴承的寿命相同。

(8) 当量静载荷——大小和方向恒定的静载荷（径向或轴向），在这一载荷作用下，受载荷最大的滚动体与滚道接触中心处引起的接触应力与实际载荷作用下相同，用 P_0 表示。

1.2.3　滚动轴承的寿命计算

1.2.3.1　滚动轴承基本额定寿命计算公式

$$L_{10h}=\frac{10^6}{60n}\left(\frac{C}{P}\right)^{\varepsilon} \qquad (6\text{-}1\text{-}1)$$

式中　L_{10h}——轴承的基本额定寿命（可靠度为 90%），h；

n——轴承工作转速，r/min；

C——基本额定动载荷，N，见表 6-1-48～表 6-1-58 中的 C_r 或 C_a；

P——当量动载荷，N；

ε——寿命指数，对球轴承 $\varepsilon=3$，滚子轴承 $\varepsilon=\frac{10}{3}$。

L_{10h} 应大于或等于轴承的预期使用寿命，常用机械设备推荐轴承的预期寿命 L_h' 见表 6-1-15。

表 6-1-15　常用机械设备推荐轴承的预期寿命 L_h'

使用条件	预期寿命 L_h'/h
不经常使用的仪器或设备等	300～3000
短期或间断使用的机械,中断使用不致引起严重后果,如手动机械、自动送料机、农业机械、装配吊车等	3000～8000
间断使用的机械,中断使用后果严重,如发电站辅助设备、流水作业的传动装置、带式运输机、升降机、吊车等	8000～12000
每天 8h 工作的机械,但经常不是满载荷使用,如电机、一般齿轮传动装置和一般机械等	12000～25000
每天 8h 工作的机械,满负荷使用,如机床、木材加工机械、印刷机械、离心机等	20000～30000
24h 连续工作的机械,如矿山升降机、纺织机械、泵、轧机齿轮装置等	40000～50000
24h 连续工作的机械,中断使用后果严重,如电站主要设备、矿用通风机、矿井水泵、船舶螺旋桨、纤维机械、造纸机械等	≈100000

.2.3.2 滚动轴承的修正额定动载荷

公式（6-1-1）中的基本额定动载荷 C（即表中的 C_r 或 $_a$ 值）是按常规材料（普通轴承钢）、轴承零件表面硬度)~65HRC，轴承工作温度低于 120℃的条件下实验得出)。如果轴承温度高于 120℃时，轴承的额定动载荷应为

$$C_t = f_t C \qquad (6\text{-}1\text{-}2)$$

式中 C_t——工作温度为 t(℃) 时轴承的额定动载荷，N；
f_t——温度系数，见表 6-1-16；
C——一般轴承的额定动载荷，N。

表 6-1-16 温度系数 f_t

轴承工作温度/℃	<120	125	150	175	200	225	250	300
f_t	1	0.95	0.9	0.85	0.80	0.75	0.70	0.60

.2.3.3 滚动轴承的当量动载荷计算

当量动载荷的一般计算公式为：

$$P = f_p (XF_r + YF_a) \qquad (6\text{-}1\text{-}3)$$

式中 f_p——载荷性质系数，见表 6-1-17；
F_r——轴承所受的径向载荷，N；
F_a——轴承所受的轴向载荷，N；
X——径向系数，见表 6-1-18；
Y——轴向系数，见表 6-1-18。

表 6-1-17 载荷性质系数 f_p

载荷性质	f_p	举　例
无冲击或轻微冲击	1.0~1.2	电机、通风机、汽轮机、水泵等
中等冲击或中等惯性力	1.2~1.8	车辆、起重机、机床、冶金机械、水力机械、造纸机、木材加工机械，传动装置等
强大冲击	1.8~3.0	破碎机、轧钢机、石油钻机、振动筛等

表 6-1-18 径向系数 X 和轴向系数 Y

轴承类型		$\frac{F_a}{C_{0r}}$	单列轴承				双列轴承				e
			$\frac{F_a}{F_r}\leqslant e$		$\frac{F_a}{F_r}>e$		$\frac{F_a}{F_r}\leqslant e$		$\frac{F_a}{F_r}>e$		
			X	Y	X	Y	X	Y	X	Y	
深沟球轴承		0.014				2.30				2.3	0.19
		0.029				1.99				1.99	0.22
		0.056				1.71				1.71	0.26
		0.084				1.55				1.55	0.28
		0.11	1	0	0.56	1.45	1	0	0.56	1.45	0.30
		0.17				1.31				1.31	0.34
		0.29				1.15				1.15	0.38
		0.43				1.04				1.04	0.42
		0.57				1.00				1.00	0.44
角接触球轴承	$\alpha=15°$	0.015				1.47		1.65		2.39	0.38
		0.029				1.40		1.57		2.28	0.40
		0.058				1.30		1.46		2.11	0.43
		0.087				1.23		1.38		2	0.46
		0.12	1	0	0.44	1.19	1	1.34	0.72	1.93	0.47
		0.17				1.12		1.26		1.82	0.50
		0.29				1.02		1.14		1.66	0.55
		0.44				1.00		1.12		1.63	0.56
		0.58				1.00		1.12		1.63	0.56
	$\alpha=25°$		1	0	0.41	0.87	1	0.92	0.67	1.41	0.68
	$\alpha=40°$				0.35	0.57		0.55	0.57	0.93	1.14
调心球轴承			1	0	0.40	0.4cotα	1	0.42cotα	0.65	0.65cotα	见表 6-1-48
调心滚子轴承							1	0.45cotα	0.67	0.67cotα	见表 6-1-51
圆锥滚子轴承			1	0	0.40	0.4cotα	1	0.45cotα	0.67	0.67cotα	见表 6-1-52
推力调心滚子轴承					tanα	1					1.5tanα

1.2.3.4　角接触球轴承和圆锥滚子轴承的轴向载荷计算

（1）载荷作用中心

这两类轴承在计算支反力时，首先要确定载荷作用中心 O 点的位置（见图 6-1-1），其位置数 a 的数值见表 6-1-46 和表 6-1-52。

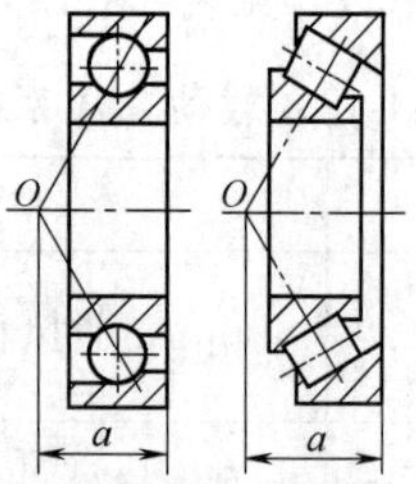

图 6-1-1　角接触轴承的载荷作用中心

（2）轴承内部轴向力

这两类轴承在受纯径向载荷时，将产生内部轴向力 S，其计算公式见表 6-1-19。

表 6-1-19　内部轴向力 S 的计算公式

圆锥滚子轴承	角接触球轴承		
	70000C（$\alpha=15°$）	70000AC（$\alpha=25°$）	70000B（$\alpha=40°$）
$S=\dfrac{F_r}{2Y}$	$S=eF_r$	$S=0.68F_r$	$S=1.14F_r$

注：Y 值查表 6-1-52；e 值查表 6-1-18。

（3）轴承轴向载荷计算

成对安装的角接触球轴承和圆锥滚子轴承轴向载荷的计算公式见表 6-1-20。

1.2.3.5　变载荷、变转速下工作轴承平均当量动载荷和平均转速的计算

对于工作载荷和转速都在频繁改变的轴承（例如金属切削机床、起重机械中的轴承），在确定轴承寿命时，则应用平均当量动载荷和平均转速来计算。

图 6-1-2 所示为轴承在规律性非稳定载荷作用时，

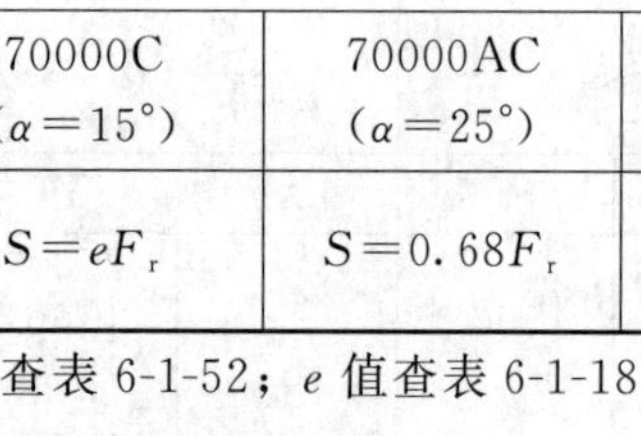

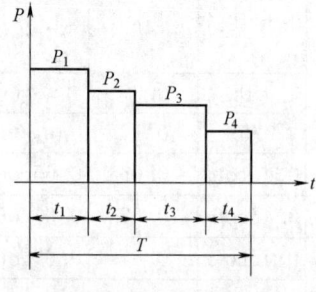

图 6-1-2　非稳定载荷

表 6-1-20　成对安装角接触球轴承和圆锥滚子轴承轴向载荷计算公式

序号		安装示意图	载荷条件	F_{a1}	F_{a2}
1	轴承面对面（正装）		$S_1+F_A>S_2$	S_1	S_1+F_A
2	轴承面对面（正装）	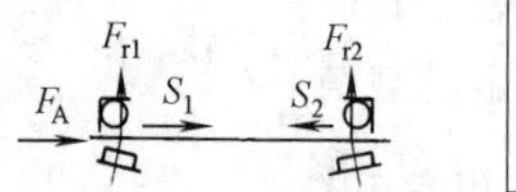	$S_1+F_A<S_2$	S_2-F_A	S_2
3	轴承面对面（正装）	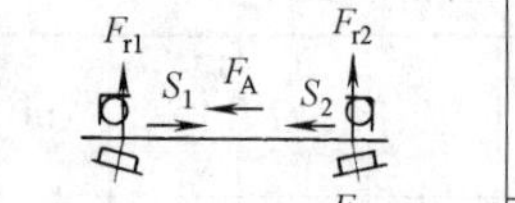	$S_2+F_A>S_1$	S_2+F_A	S_2
4	轴承面对面（正装）	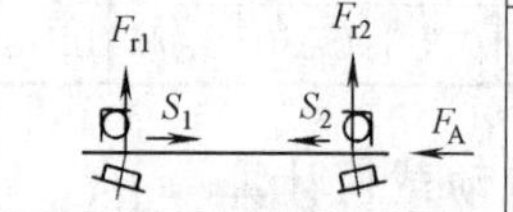	$S_2+F_A<S_1$	S_1	S_1-F_A
5	轴承背靠背（反装）	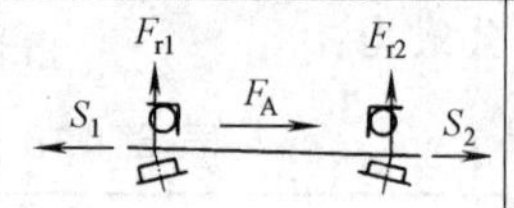	$S_2+F_A>S_1$	S_2+F_A	S_2
6	轴承背靠背（反装）	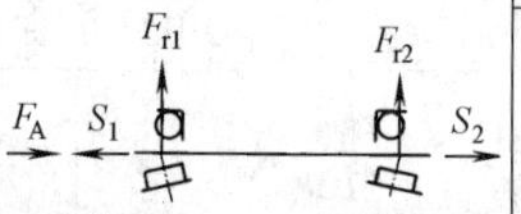	$S_2+F_A<S_1$	S_1	S_1-F_A
7	轴承背靠背（反装）	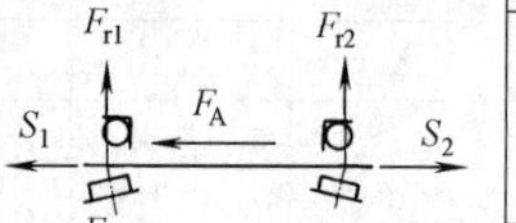	$S_1+F_A>S_2$	S_1	S_1+F_A
8	轴承背靠背（反装）	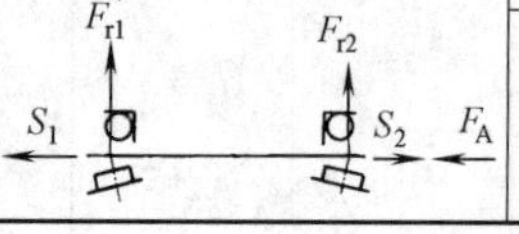	$S_1+F_A<S_2$	S_2-F_A	S_2

表中　F_{r1}，F_{r2}——轴承Ⅰ、轴承Ⅱ承受的径向载荷，向任一方向都取正值；

F_A——外部轴向载荷，可作用在两支承之间或两支承之外；

S_1，S_2——轴承Ⅰ、轴承Ⅱ的内部轴向力；

F_{a1}，F_{a2}——轴承Ⅰ、轴承Ⅱ承受的轴向载荷。

其平均当量动载荷 P_m 及平均转速 n_m 计算公式为：

$$P_m=\sqrt[\varepsilon]{\frac{P_1^{\varepsilon}t_1+P_2^{\varepsilon}t_2+P_3^{\varepsilon}t_3+P_4^{\varepsilon}t_4+\cdots}{T}}\qquad(6\text{-}1\text{-}4)$$

$$n_m=\frac{n_1t_1+n_2t_2+n_3t_3+n_4t_4+\cdots}{T}\qquad(6\text{-}1\text{-}5)$$

式中　P_m——平均当量动载荷，N；

P_1，P_2，P_3，P_4…——各级载荷下计算的当量动载荷，N；

n_1，n_2，n_3，n_4…——对应于 P_1、P_2、P_3、P_4…的转速，r/min；

t_1，t_2，t_3，t_4…——P_1、P_2、P_3、P_4…作用的时间，h；

T——总的运转时间，h；

ε——寿命系数，球轴承 $\varepsilon=3$，滚子轴承 $\varepsilon=\frac{10}{3}$；

n_m——平均转速，r/min。

把 P_m 及 n_m 代入式（6-1-1）中即得：

$$L_{10h}=\frac{10^6}{60n_m}\left(\frac{C}{P_m}\right)^{\varepsilon}\text{h} \qquad (6\text{-}1\text{-}6)$$

1.2.3.6 滚动轴承的寿命修正

按公式 $L_{10h}=\frac{10^6}{60n}\left(\frac{C}{P}\right)^{\varepsilon}$ 计算出来的轴承的基本额定寿命是轴承材料为普通轴承钢，一般工作条件下，可靠度为90%的寿命。对非常规材料或运转条件可靠度不为90%的轴承寿命修正公式为：

$$L_{nh}=\alpha_1\alpha_2\alpha_3L_{10h} \qquad (6\text{-}1\text{-}7)$$

式中 L_{nh}——一般条件下轴承寿命，h；

α_1——可靠度不为90%时寿命修正系数，表6-1-21；

α_2——材料系数；

α_3——工作条件系数。

普通轴承钢在一般工作条件下可取 $\alpha_2=\alpha_3=1$。

表 6-1-21 可靠度不为90%时的寿命修正系数 α_1

可靠度/%	80		90	95	96	97	98	99
α_1	球	1.96	1	0.62	0.53	0.44	0.33	0.21
	滚子	1.95						

1.2.4 滚动轴承的静载荷计算

对于在工作载荷下基本上不旋转（如起重吊钩上用的推力轴承）或缓慢摆动及转速极低的轴承，主要是防止滚动体与滚道接触处产生过大的塑性变形，以保证轴承能轻快、平稳地工作，此时应按轴承的静载荷选择轴承尺寸。

（1）轴承所需基本额定静载荷的确定

按额定静载荷选择轴承的基本公式为：

$$C_0(C_{0r}\text{或}C_{0a})\geqslant S_0P_0 \qquad (6\text{-}1\text{-}8)$$

式中 C_{0r}——径向基本额定静载荷，N；

C_{0a}——轴向基本额定静载荷，N；

P_0——当量静载荷，N；

S_0——安全系数，表6-1-22。

表 6-1-22 安全系数 S_0

载荷性质和使用要求	S_0
对有大的冲击载荷或对旋转精度及运转平稳性要求较高	1.2～2.5
正常使用	0.8～1.2
对没有冲击载荷和振动或旋转精度及运转平稳性要求较低	0.5～0.8

（2）各类轴承的当量静载荷 P_0 的计算公式见表6-1-23。

1.2.5 静不定支承结构的载荷计算

在轴承支承结构设计中，常会用到如图6-1-3的支承结构，一个支承为成对安装两个同型号的向心角接触轴承（向心推力球轴承或圆锥滚子轴承），另一个支承安装一个只能承受径向载荷的向心轴承，该支点轴可以在轴向自由游动，若轴的刚度较大变形可忽略不计，计算时只考虑轴承的变形。

如果轴向外载荷 F_A 比径向载荷 F_r 大，则轴承2的变形较大，所承受的载荷也较大。此时距离 b_1 的值也愈大（b_1 为轴承支承中心到径向载荷 F_r 之间的距离），这

表 6-1-23 当量静载荷计算公式

轴承类型		计算公式	附注
向心滚子轴承 $\alpha=0°$		$P_{0r}=F_r$	α——接触角； P_{0r}——径向当量静载荷； P_{0a}——轴向当量静载荷； F_r——径向载荷； F_a——轴向载荷； X_0——静径向载荷系数查表6-1-46～表6-1-52，表6-1-55～表6-1-56； Y_0——静轴向载荷系数查表6-1-46～表6-1-55
向心滚子轴承 $\alpha\neq0°$ 调心球轴承、深沟球轴承、角接触球轴承		$\begin{cases}P_{0r}=F_r\\P_{0r}=X_0F_r+Y_0F_a\end{cases}$ 取上两式中较大值	
推力轴承	$\alpha=90°$	$P_{0a}=F_a$	
	$\alpha\neq90°$	$P_{0a}=2.3F_r\tan\alpha+F_a$	

说明 b_1 的大小与$\frac{F_A}{F_r}$有关，即$\frac{F_A}{F_r}$愈大时，轴承 2 承受的载荷愈大，b_1 值也愈大。考虑到轴承的接触角 α 对轴承内部载荷分布有影响，可将$\frac{F_A}{F_r}\cot\alpha$ 作为横坐标，$\frac{b_1}{b}$作为纵坐标，得出关系曲线见图 6-1-4，由图上曲线可知比值$\frac{F_A}{F_r}\cot\alpha$ 愈大，$\frac{b_1}{b}$值也愈大，即 F_r 的作用点愈向轴承 2 的载荷中心Ⅱ靠近，轴承 2 所承受的载荷增加。如果$\frac{F_A}{F_r}\cot\alpha$ 继续加大，则最后可以达到全部外载荷 F_r 及 F_A 完全由轴承 2 所承受，此时 F_r 作用于Ⅱ点，$\frac{b_1}{b}=0.5$，轴承 3 卸荷。

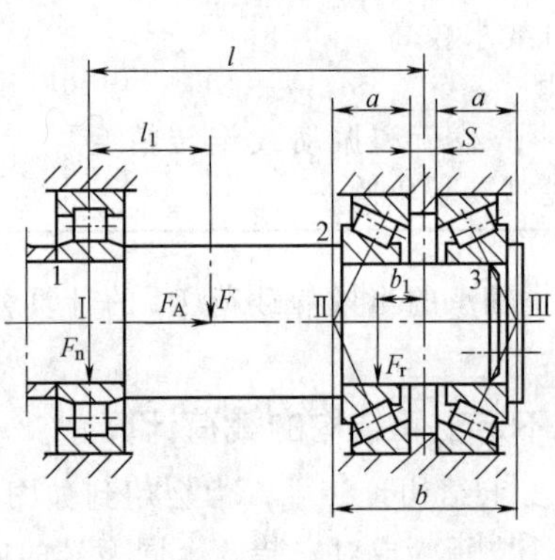

图 6-1-3　静不定支承结构

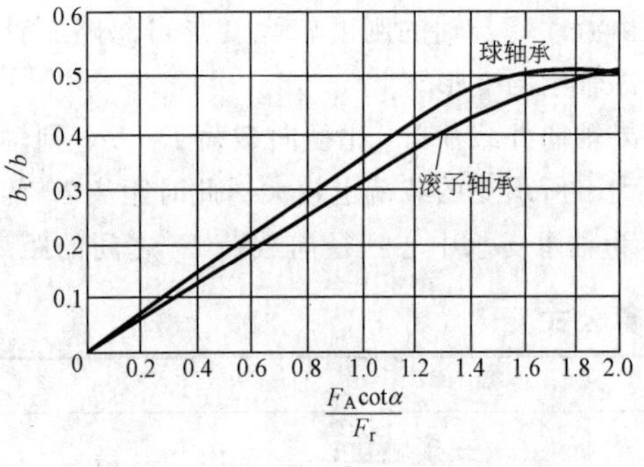

图 6-1-4　$\frac{F_A\cot\alpha}{F_r}$对应的$\frac{b_1}{b}$近似值

每个轴承承受的载荷，计算步骤如下。

（1）计算$\frac{F_A}{F_r}\cot\alpha$ 之值。假定两个向心角轴承的合成径向载荷 F_r 作用在支承中点 O，作为第一次近似计算。α 值用下式计算：对角接触球轴承，$\cot\alpha=\frac{12.5}{e}$；对圆锥滚子轴承，$\cot\alpha=2.5Y$。

（2）根据$\frac{F_A}{F_r}\cot\alpha$ 之值由图 6-1-4 查得$\frac{b_1}{b}$的第一次近似值，求出 b_1。

（3）根据 b_1 值，计算出径向载荷 F_r 的第二次近似值。

经过几次迭代、逼近，便可确定 F_r 的数值。

必须指出，成对安装的两个同一型号的角接触轴承，可按双列轴承进行轴承寿命计算，其基本额定动载荷 C 之值，应取双列轴承的数值。如已知单列轴承的基本额定动载荷为 C_1，则双列轴承的基本额定动载荷应为：角接触球轴承 $C=1.625C_1$；圆锥滚子轴承 $C=1.715C_1$。

1.2.6　滚动轴承的极限转速

列于滚动轴承主要尺寸和性能表中的各型轴承，在脂润滑和油润滑条件的极限转速 n（r/min）仅适用于：当量动载荷 $P\leqslant 0.1C$ 的载荷条件；润滑与冷却条件正常；刚性的轴承座和轴；向心轴承仅受径向载荷，推力轴承仅受轴向载荷；轴承的精度等级为普通级。

当轴承在 $P>0.1C$ 的载荷条件下运转时，由于滚动体和滚道接触面的接触应力增大，使轴承温度升高，影响润滑剂的性能，因此需将性能表中的极限转速乘以载荷系数 f_1，f_1 可由图 6-1-5 查得。

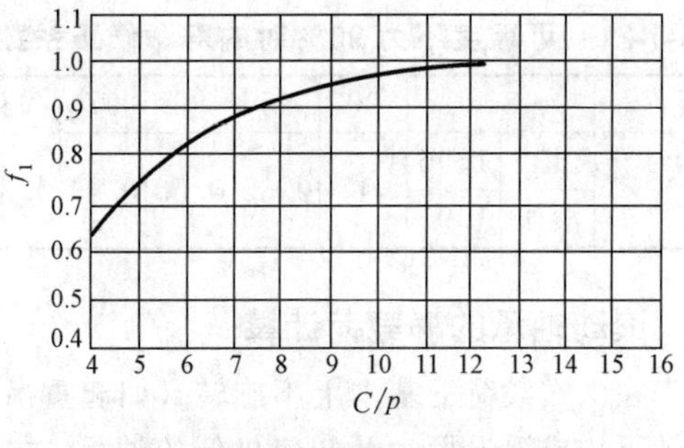

图 6-1-5　载荷系数

当轴承在径向和轴向载荷联合作用下工作时，由于承受载荷的滚动体数量增加，摩擦与发热增大、润滑条件恶化，因此需要根据轴承类型和载荷角 β（轴承所承受的径向载荷 F_r 与轴向载荷 F_a 的合力与半径方向的夹角 β 称载荷角）的大小，将性能表中的极限转速乘以载荷分布系数 f_2，f_2 查阅图 6-1-6。

这样在实际工作条件下，轴承允许的最高转速 n_{max} 为：

$$n_{max}\leqslant f_1 f_2 n_{lim} \tag{6-1-9}$$

式中　n_{lim}——轴承性能表中列出的极限转速，r/min。

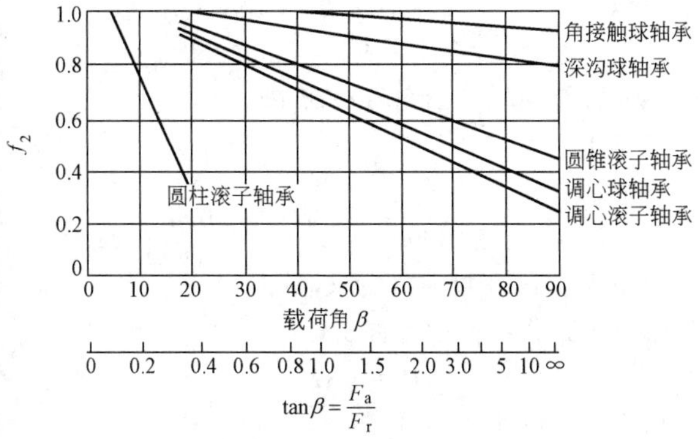

图 6-1-6　载荷分布系数

1.2.7　滚动轴承的选择计算实例

例 1　二级斜齿圆柱齿轮减速器，低速轴转速 $n=600\text{r/min}$，两个支承所承受的径向载荷分别为 $F_{r1}=1790\text{N}$，$F_{r2}=2162\text{N}$，作用在轴上的轴向载荷 $F_A=509\text{N}$，工作中有轻微冲击，轴承工作温度 $t<70℃$，轴的直径 $d=40\text{mm}$，要求轴承的寿命不低于 15000h，选用：

（1）一对深沟球轴承、两端固定，见图 6-1-7（a）；

（2）一对角接触球轴承（$\alpha=15°$），正装，见图 6-1-7（b）。

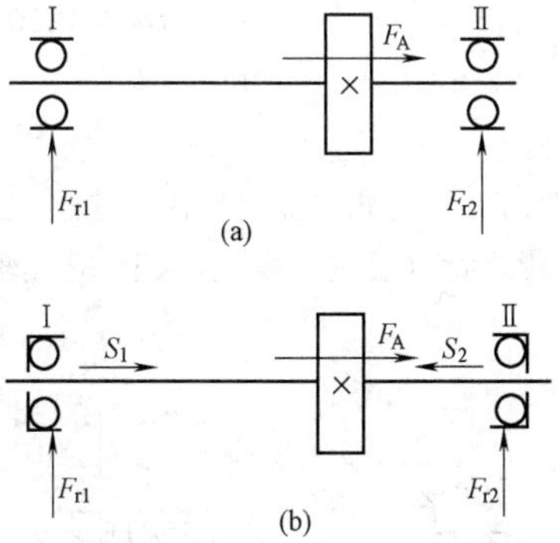

图 6-1-7　由滚动轴承支承的轴

试经过计算分别选择出两类轴承的型号。

解　（1）选用一对深沟球轴承时

① 初选轴承型号。根据已知直径初选 6208 型轴承，查表 6-1-47　$C_r=29500\text{N}$，$C_{0r}=18000\text{N}$

② 计算两轴承当量动载荷 P_1、P_2。

轴承Ⅰ：不受轴向载荷，工作中有轻微冲击。

$$P_1=f_pF_{r1}$$

由表 6-1-17 取 $f_p=1.2$ 代入得

$$P_1=f_pF_{r1}=1.2\times1790=2148\text{N}$$

轴承Ⅱ：受轴向载荷，工作中有轻微冲击。

$$P_2=f_p(XF_{r2}+YF_{a2})$$

$$F_{a2}=F_A=509\text{N}$$

$$\frac{F_{a2}}{C_{0r}}=\frac{509}{18000}=0.0283$$

由表 6-1-18 查得 $e=0.2186$（用插入法计算）

由于　$$\frac{F_{a2}}{F_{r2}}=\frac{509}{2162}=0.235>e$$

故由表 6-1-18 查得 $X=0.56$，$Y=2.004$（用插入法计算）

$$P_2=f_p(XF_{r2}+YF_{a2})=1.2\times(0.56\times2162+2.004\times509)=2676.9\text{N}$$

③ 计算轴承寿命 L_{10h}。由于 $P_2>P_1$，因此按 P_2 计算

$$L_{10h}=\frac{10^6}{60n}\left(\frac{C_r}{P_2}\right)^3=\frac{10^6}{60\times600}\times\left(\frac{29500}{2676.9}\right)^3=37176\text{h}>15000\text{h}$$

（2）选用一对角接触球轴承（$\alpha=15°$）正装时

① 初选轴承型号。根据已知轴径、初选 7208C 型轴承，由表 6-1-46 查得：

$$C_r=36800\text{N}，C_{0r}=25800\text{N}$$

② 计算两轴承的内部轴向力 S_1，S_2 和轴向载荷 F_{a1}，F_{a2}。由表 6-1-19 查得 $S=eF_r$，其中 e 为表 6-1-18 中判断系数，其值由 $\frac{F_a}{C_{0r}}$ 的大小来确定，但现 F_a 未知，故初选 $e=0.4$，可估算

$$S_1=eF_{r1}=0.4F_{r1}=0.4\times1790=716\text{N}$$

$$S_2=eF_{r2}=0.4F_{r2}=0.4\times2162=864.8\text{N}$$

所以

$$F_{a1}=S_1=716\text{N}$$

$$F_{a2}=S_1+F_A=1225\text{N}$$

$$\frac{F_{a1}}{C_{0r}}=\frac{716}{25800}=0.0278$$

$$\frac{F_{a2}}{C_{0r}}=\frac{1225}{25800}=0.0475$$

由表 6-1-18 查得 $e_1=0.398$，$e_2=0.419$（用插入法计算）

再计算出

$$S_1=e_1F_{r1}=0.398\times1790=712.4\text{N}$$

$$S_2=e_2F_{r2}=0.419\times2162=905.9\text{N}$$

所以

$$F_{a1}=S_1=712.4\text{N}$$

$$F_{a2}=S_1+F_A=712.4+509=1221.4\text{N}$$

$$\frac{F_{a1}}{C_{0r}}=\frac{712.4}{25800}=0.0276$$

$$\frac{F_{a2}}{C_{0r}}=\frac{1221.4}{25800}=0.0473$$

两次计算出$\frac{F_a}{C_{0r}}$值相差不大，因此确定 $e_1=0.398$，$e_2=0.419$，$F_{a1}=712.4\text{N}$，$F_{a2}=1221.4\text{N}$

③ 计算两轴承的当量动载荷 P_1，P_2。因为

$$\frac{F_{a1}}{F_{r1}}=\frac{712.4}{1790}=0.398=e_1=0.398$$

$$\frac{F_{a2}}{F_{r2}}=\frac{1221.4}{2162}=0.5649>e_2=0.419$$

由表 6-1-18 查得

对轴承Ⅰ　　$X_1=1$；$Y_1=0$

对轴承Ⅱ $X_2=0.44$；$Y_2=1.337$（用插入法计算）

因轴承工作中有轻微冲击，由表 6-1-17 取 $f_p=1.2$

则 $P_1=f_p(X_1F_{r1}+Y_1F_{a1})=1.2\times1790=2148\text{N}$

$P_2=f_p(X_2F_{r2}+Y_2F_{a2})=1.2\times(0.44\times2162+1.337\times1221.4)=3101\text{N}$

④ 计算轴承的寿命 L_{10h}。因为 $P_2>P_1$，因此按 P_2 计算

$$L_{10h}=\frac{10^6}{60n}\left(\frac{C_r}{P_2}\right)^3=\frac{10^6}{60\times600}\left(\frac{36800}{3101}\right)^3=46424\text{h}>15000\text{h}$$

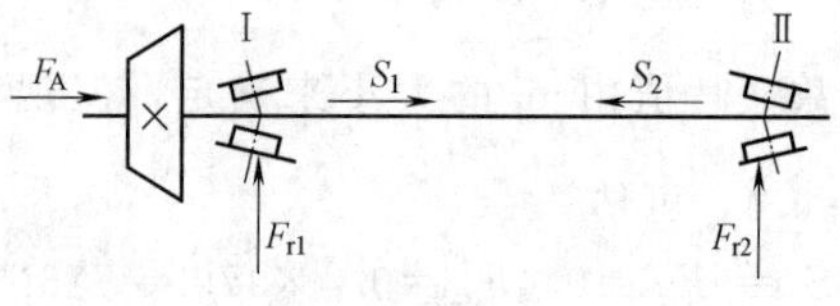

图 6-1-8　轴承受力

故所选两种轴承都满足寿命要求。

例 2　一圆锥齿轮减速器主动轴，两支承所承受的径向载荷分别为 $F_{r1}=2800\text{N}$，$F_{r2}=1250\text{N}$，作用在轴上的轴向载荷 $F_A=302\text{N}$，轴的转速 $n=970\text{r/min}$，轴的直径为 $d=45\text{mm}$，工作中有中等冲击，要求轴承寿命不低于 20000h，若选一对单列圆锥滚子轴承，正装见图 6-1-8，试选择轴承型号。

解　(1) 初选轴承型号

根据已知轴径和工作条件，初选 30209 型轴承，由表 6-1-52 查得：$C_r=67800\text{N}$，$C_{r0}=83500\text{N}$，$e=0.4$，$Y=1.5$。

(2) 计算两轴承的内部轴向力 S_1，S_2 及轴向载荷 F_{a1}，F_{a2}

由表 6-1-19 得　$S_1=\frac{F_{r1}}{2Y}=\frac{2800}{2\times1.5}=933.3\text{N}$

$$S_2=\frac{F_{r2}}{2Y}=\frac{1250}{2\times1.5}=416.7\text{N}$$

因为　$S_1+F_A=933.3+302=1235.3\text{N}>416.7\text{N}$

所以　$F_{a1}=S_1=933.3\text{N}$

$F_{a2}=S_1+F_A=1235.3\text{N}$

(3) 计算两轴承的当量载荷 P_1，P_2

轴承Ⅰ

$$\frac{F_{a1}}{F_{r1}}=\frac{933.3}{2800}=0.33<e=0.4$$

故由表 6-1-18 查得 $X_1=1$，$Y_1=0$。

轴承Ⅰ工作中有中等冲击，故

$$P_1=f_pF_{r1}$$

由表 6-1-17 取 $f_p=1.5$。

$$P_1=f_pF_{r1}=1.5\times2800=4200\text{N}$$

轴承Ⅱ

$$\frac{F_{a2}}{F_{r2}}=\frac{1235.3}{1250}=0.99>e$$

由表 6-1-18 查得 $X_2=0.4$，$Y_2=1.5$。

工作中有中等冲击，故

$P_2=f_p(X_2F_{r2}+Y_2F_{a2})=1.5\times(0.4\times1250+1.5\times1235.3)=3529.4\text{N}$

(4) 计算轴承寿命 L_{10h}

因为 $P_1>P_2$，因此按 P_1 计算：

$$L_{10h}=\frac{10^6}{60n}\left(\frac{C_r}{P_1}\right)^{\frac{10}{3}}=\frac{10^6}{60\times970}\left(\frac{67800}{4200}\right)^{\frac{10}{3}}=182509\text{h}>20000\text{h}$$

满足要求。

例 3　图 6-1-9 的轴承部件中，右边支承采用两个 30307 轴承，背靠背（反装）安装，试计算此轴承的寿命。

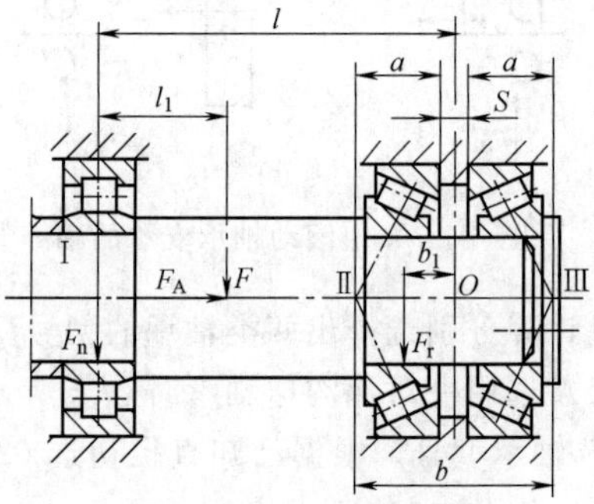

图 6-1-9　轴承支承结构

已知数据：径向外载荷 $F=10000\text{N}$；轴向外载荷 $F_A=1100\text{N}$，载荷平稳；轴的转速 $n=1420\text{r/min}$；$l=250\text{mm}$（两个支承点的中点间的距离）；$l_1=100\text{mm}$。

解　查表 6-1-52，由单列圆锥滚子轴承得

$C_r=75200\text{N}$，$e=0.31$，$Y=1.9$，$a\approx17\text{mm}$

第一次近似计算：

先假定支点反力 F_r 作用于轴承支座的中点，按力矩平衡的条件得

$$F_r=F\frac{l_1}{l}=10000\times\frac{100}{250}=4000\text{N}$$

计算 $\frac{F_A}{F_r}\cot\alpha$ 值：

查表 6-1-18 根据单列圆锥滚子轴承查得 $Y=0.4\cot\alpha$

$$\cot\alpha=2.5Y=2.5\times1.9=4.75$$

$$\frac{F_A}{F_r}\cot\alpha=\frac{1100}{4000}\times4.75=1.306$$

计算 b_1：由图 6-1-4 查得 $\frac{b_1}{b}=0.405$，隔离环的宽度 $S=10\text{mm}$

$$b=2a+S=2\times17+10=44\text{mm}$$

$$b_1=44\times0.405=17.82\text{mm}$$

第二次近似计算的支点距离为

$$l'=l-b_1=250-17.82=232.18\text{mm}$$

第二次近似计算的支点反力为

$$F_r=F\frac{l_1}{l'}=10000\,\frac{100}{232.18}=4307\text{N}$$

重新计算：$\frac{F_A}{F_r}\cot\alpha=\frac{1100}{4307}\times4.75=1.213$

由图 6-1-4 查得 $\frac{b_1}{b}=0.38$。

第二次近似计算的 $b_1=44\times0.38=16.72\text{mm}$。

故得第三次近似计算的支点距离为

$$l''=250-16.72=233.28\text{mm}$$

第三次近似计算的支点反力为

$$F_r=F\frac{l_1}{l''}=10000\,\frac{100}{233.28}=4286.7\text{N}$$

再次计算：$\frac{F_A}{F_r}\cot\alpha=\frac{1100}{4286.7}\times4.75=1.219$

再由图 6-1-4 查得 $\frac{b_1}{b}=0.38$ 与上次计算结果相同，故已很精确。

轴承寿命计算：查表 6-1-18 双列圆锥滚子轴承 X 及 Y 值。

当 $\frac{F_a}{F_r}=\frac{1100}{4286.7}=0.257<e$（$e=0.31$）

取 $X=1$，$Y=0.45\cot\alpha=0.45\times4.75=2.14$。

当量动载荷：

$$P=f_p(XF_r+YF_a),\ F_a=F_A$$

根据载荷平稳，由表 6-1-17 查得 $f_p=1$。

$$P=1\times4286.7+2.14\times1100=6640.7\text{N}$$

双列轴承的额定动载荷：

圆锥滚子轴承

$$C=1.715C_r=1.715\times75200=128968\text{N}$$

轴承寿命：

$$l_h=\frac{10^6}{60n}\left(\frac{C}{P}\right)^{\frac{10}{3}}=\frac{16667}{1420}\left(\frac{128968}{6640.7}\right)^{\frac{10}{3}}=230869\text{h}$$

1.3 滚动轴承装置的设计

为了滚动轴承正常工作，除了正确选择轴承类型和尺寸外，还应正确设计轴承装置。轴承装置的设计主要是合理选择配置、紧固、游隙、配合、预紧、润滑、密封等。

1.3.1 滚动轴承的配置

一般一根轴需要两个支点，每个支点可由一个或一个以上轴承组成。合理的轴承配置，应考虑轴在机器中有正确的位置，防止轴向窜动及轴受热膨胀后不致将轴承卡死。常见的轴承配置与支承形式见表 6-1-24。

表 6-1-24 常见的轴承配置与支承形式

支承形式	序号	布置简图	配置		承受轴向载荷情况	轴热伸长补偿方式	其他特点
			固定端	游动端			
单向限位支承组合（又称两端固定）适用于支承跨距较短，温差变化不大处	1	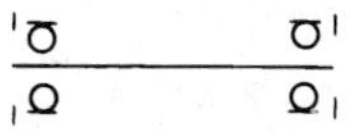	一对深沟球轴承		能承受双向轴向载荷	外圈端面与端盖间的间隙	转速高、结构简单，调整方便
	2	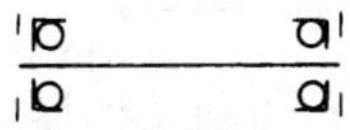	一对角接触球轴承（面对面）			轴承游隙	
	3	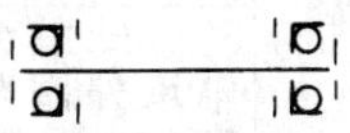	一对角接触球轴承（背靠背）				

续表

支承形式	序号	布置简图	配置		承受轴向载荷情况	轴热伸长补偿方式	其他特点
			固定端	游动端			
单向限位支承组合（又称两端固定）适用于支承跨距较短，温差变化不大处	4	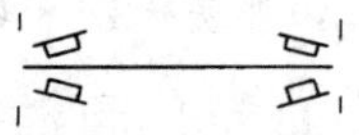	一对圆锥滚子轴承（面对面）		能承受较大双向轴向载荷	轴承游隙	结构简单，调整方便
	5		一对圆锥滚子轴承（背靠背）				结构简单，调整较难
	6	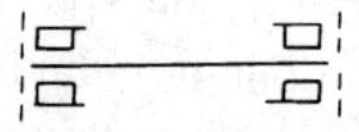	一对外圈单挡边圆柱滚子轴承		能承受较小双向轴向载荷	外圈端面与轴承盖间隙	结构简单，调整方便
	7	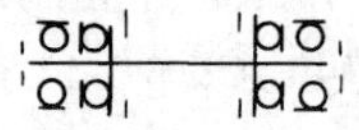	两套深沟球轴承与推力球轴承组合		能承受双向轴向载荷	轴承游隙	
	8	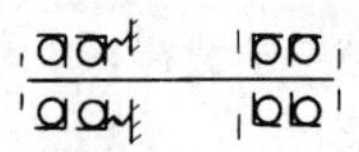	角接触球轴承串联组合（背靠背）			轴热伸长后，轴承游隙增大，靠弹簧保持预紧量	用于转速较高场合
	9	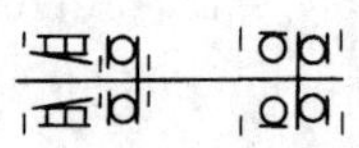	一端深沟球轴承和推力轴承，另一端推力轴承和带锥度双列滚子轴承组合			外圈端面与端盖间的间隙	通过径向预紧，可以提高支承刚性
	10	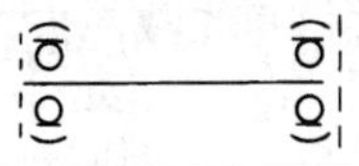	一对外球面深沟球轴承			轴承游隙	转速较高，结构简单，调整方便
一端固定，一端游动，适用于支承跨距较大或热伸长较大场合	11	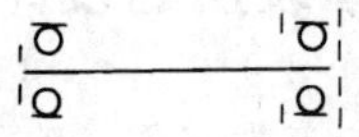	一对深沟球轴承		能承受双向轴向载荷	游动端（简图中左端）深沟球轴承外圈与轴承座孔为间隙配合	转速高，结构简单，调整方便
	12	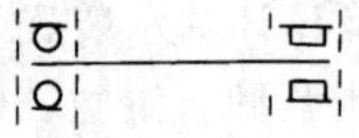	深沟球轴承	外圈无挡边圆柱滚子轴承		游动端（右端）滚子相对于外圈滚道轴向移动	结构简单，调整方便
	13	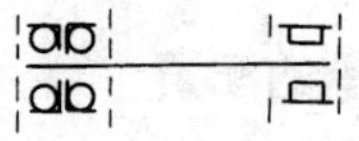	成对安装角接触球轴承（背靠背）				通过轴承轴向预紧，可以提高支承刚性
	14	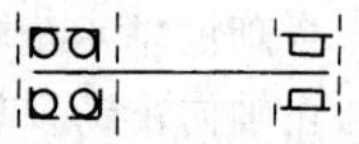	成对安装角接触球轴承（面对面）				可以承受较大的径向、轴向载荷，结构简单，调整方便
	15	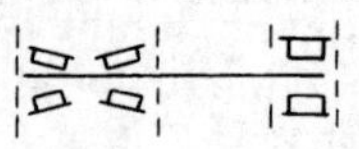	成对安装圆锥滚子轴承（背靠背）				
	16	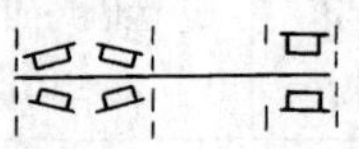	成对安装圆锥滚子轴承（面对面）				转速较高，能承受较大径向载荷，结构紧凑
	17	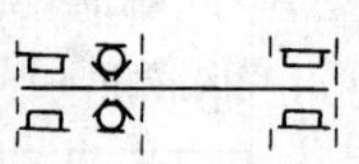	三点接触的球轴承与外圈无挡边滚子轴承				
	18	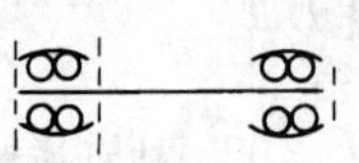	一对调心球轴承		能承受较小的轴向载荷	游动端（右端）轴承外圈与轴承座孔为间隙配合	适用于承受径向载荷，具有调心功能
	19	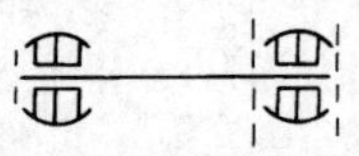	一对调心滚子轴承			游动端（左端）轴承外圈与轴承座孔为间隙配合	适用于承受较大径向载荷，具有调心功能

支承形式	序号	布置简图	配置		承受轴向载荷情况	轴热伸长补偿方式	其他特点
			固定端	游动端			
两端游动	20	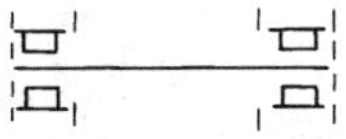	一对外圈无挡边的圆柱滚子轴承		不能承受轴向载荷	两端轴承的滚子相对于外圈滚道轴向移动	适用于要求轴能轴向游动的场合
	21	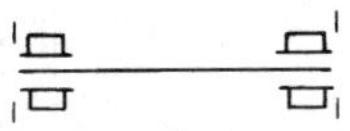	一对无内圈的滚针轴承			轴相对于两端轴承的滚针移动	

注：上表简图中轴承端面所画的短竖线，代表轴承内圈、外圈或内外圈的轴向固定，结构图参见表 6-1-45。

例：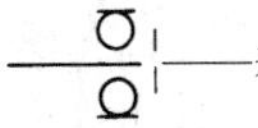——表示内圈轴向固定；

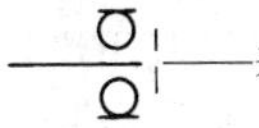——表示外圈轴向固定；

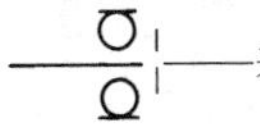——表示内、外圈轴向固定。

1.3.2 滚动轴承的轴向紧固

滚动轴承内、外圈轴向紧固方式很多，选用时应考虑轴向载荷大小、转速高低、轴承类型及装拆等因素，常见轴承内、外圈固定方式见表 6-1-25、表 6-1-26。

1.3.3 滚动轴承的游隙选择

滚动轴承的游隙分为径向游隙 u_r 和轴向游隙 u_a，它们分别表示一个套圈固定时，另一个套圈沿径向和轴向由一个极限位置到另一个极限位置的最大位移量，见图 6-1-10。

径向游隙又分为原始游隙、安装游隙和工作游隙，原始游隙即轴承未安装前的游隙，表 6-1-27 为几种轴承的原始径向游隙值。安装游隙是轴承安装在轴和壳体轴承孔中的游隙。工作游隙是轴承在工作运转条件下的游隙，工作中轴承的径向游隙受多种因素影响，如配合的松紧、温度的变化、载荷的大小等，通常轴承的工作径

表 6-1-25　滚动轴承内圈紧固方式

序号	简　　图	紧固方式	特　　点	序号	简　　图	紧固方式	特　　点
1	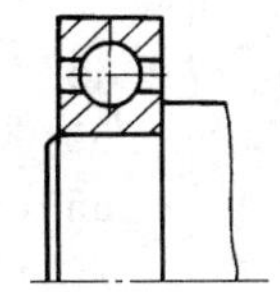	内圈靠轴肩定位，外圈外侧用端盖紧固	结构简单，装拆方便，轴尺寸小，可承受单向的轴向载荷	4	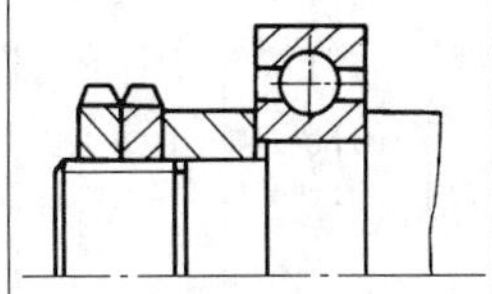	用轴套和双螺母紧固	可同时固定轴承和其他零件，可承受较大的轴向载荷
2	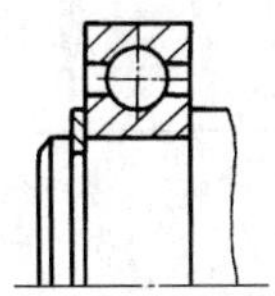	用弹簧挡圈紧固	结构简单、装拆方便、轴向尺寸小，轴向载荷不宜过大	5	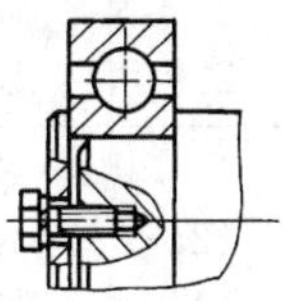	在轴端用压板和螺钉紧固，用弹簧垫圈防松	用于轴端加工螺纹有困难的场合，能承受较大的轴向载荷
3	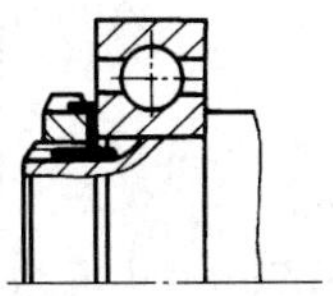	用圆螺母和止动垫圈紧固	结构简单、装拆方便、紧固可靠，可承受较大轴向力	6	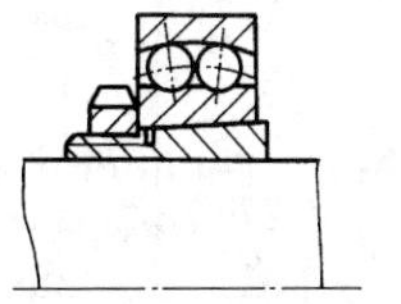	用紧定套(或退卸套)止动垫圈、螺母紧固	用于带锥孔的轴承，装拆方便，能承受一定的轴向载荷，多用于调心轴承内圈紧固，也适用于不便加工轴肩的多支点轴支承

表 6-1-26 滚动轴承外圈紧固方式

序号	简图	紧固方式	特点	序号	简图	紧固方式	特点
1	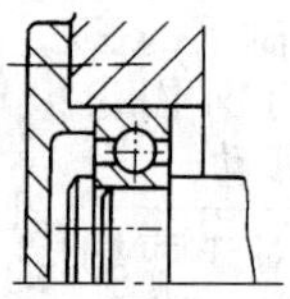	轴承外圈用轴承端盖紧固	结构简单、紧固可靠、调整轴承轴向游隙方便	4	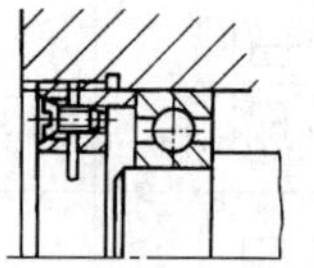	轴承外圈由带螺纹的端盖紧固，盖上有一开口槽，用螺钉拧入可防松	在径向尺寸小，不宜使用轴承盖的情况下采用，能承受较大的轴向载荷，缺点是在壳体孔内加工螺孔
2	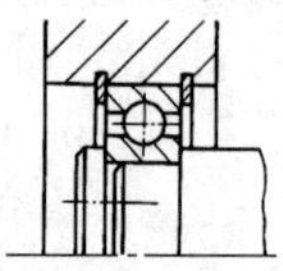	轴承外圈两端用弹簧挡圈紧固	结构简单、装拆方便、结构紧凑，多用于向心轴承	5	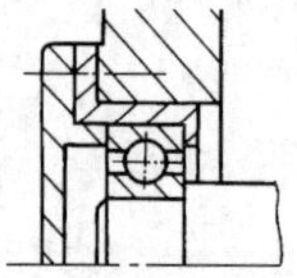	轴承外圈由衬套挡肩定位，再用端盖紧固	壳体做成通孔，有利于镗孔操作，轴上零件可在壳体外安装，利用垫片可调整轴系的轴向位置
3	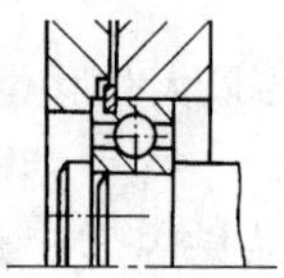	轴承外圈用止动环和轴承盖紧固	用于外圈有止动槽的轴承，结构简单，轴向尺寸小，内孔无凸肩	6	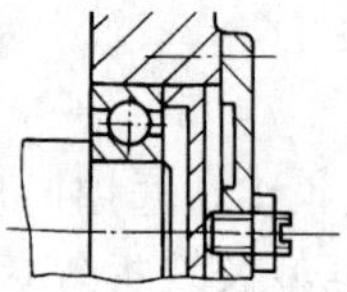	轴承外圈用轴承盖、压盖和调节螺钉紧固，调节螺钉应有防松措施	便于调整轴承轴向游隙

表 6-1-27 几种轴承原始径向游隙（摘自 GB/T 4604.1—2012） /μm

轴承类型	公称内径 d /mm	2组		N组		3组		4组		5组	
		最小	最大	最小	最大	最小	最大	最小	最大	最小	最大
深沟球轴承	>10～18	0	9	3	18	11	25	18	33	25	45
	>18～24	0	10	5	20	13	28	20	36	28	48
	>24～30	1	11	5	20	13	28	23	41	30	53
	>30～40	1	11	6	20	15	33	28	46	40	64
	>40～50	1	11	6	23	18	36	30	51	45	73
	>50～65	1	15	8	28	23	43	38	61	55	90
	>65～80	1	15	10	30	25	51	46	71	65	105
	>80～100	1	18	12	36	30	58	53	84	75	120
	>100～120	2	20	15	41	36	66	61	97	90	140
	>120～140	2	23	18	48	41	81	71	114	105	160
	>140～160	2	23	18	53	46	91	81	130	120	180
圆柱孔调心球轴承	>10～14	2	10	6	19	13	26	21	35	30	48
	>14～18	3	12	8	21	15	28	23	37	32	50
	>18～24	4	14	10	23	17	30	25	39	34	52
	>24～30	5	16	11	24	19	35	29	46	40	58
	>30～40	6	18	13	29	23	40	34	53	46	66
	>40～50	6	19	14	31	25	44	37	57	50	71
	>50～65	7	21	16	36	30	50	45	69	62	88
	>65～80	8	24	18	40	35	60	54	83	76	108
	>80～100	9	27	22	48	42	70	64	96	89	124
	>100～120	10	31	25	56	50	83	75	114	105	145
	>120～140	10	38	30	68	60	100	90	135	125	175
	>140～160	15	44	25	80	70	120	110	161	150	210

续表

轴承类型	公称内径 d /mm	2组		N组		3组		4组		5组	
		最小	最大	最小	最大	最小	最大	最小	最大	最小	最大
圆柱孔调心滚子轴承	>14～18	10	20	20	35	35	45	45	60	60	75
	>18～24	10	20	20	35	35	45	45	60	60	75
	>24～30	15	25	25	40	40	55	55	75	75	95
	>30～40	15	30	30	45	45	60	60	80	80	100
	>40～50	20	35	35	55	55	75	75	100	100	125
	>50～65	20	40	40	65	65	90	90	120	120	150
	>65～80	30	50	50	80	80	110	110	145	145	180
	>80～100	35	60	60	100	100	135	135	180	180	225
	>100～120	40	75	75	120	120	160	160	210	210	260
	>120～140	50	95	95	145	145	190	190	240	240	300
	>140～160	60	110	110	170	170	220	220	280	280	350
	>160～180	65	120	120	180	180	240	240	310	310	390
圆柱孔圆柱滚子轴承	>10～24	0	25	20	45	35	60	50	75	65	90
	>24～30	0	25	20	45	35	60	50	75	70	95
	>30～40	5	30	25	50	45	70	60	85	80	105
	>40～50	5	35	30	60	50	80	70	100	95	125
	>50～65	10	40	40	70	60	90	80	110	110	140
	>65～80	10	45	40	75	65	100	90	125	130	165
	>80～100	15	50	50	85	75	110	105	140	155	190
	>100～120	15	55	50	90	85	125	125	165	180	220
	>120～140	15	60	60	105	100	145	145	190	200	245
	>140～160	20	70	70	120	115	165	165	215	225	275

注：其他尺寸及有关类型轴承径向游隙见 GB/T 4604.1—2012。

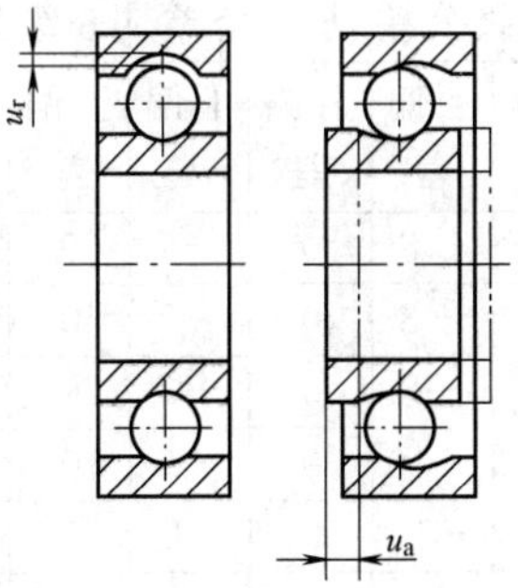

图 6-1-10　轴承游隙

向游隙小于原始游隙。轴承的径向游隙对轴承的寿命、温升、噪声等都有很大影响。轴承样本中的额定动载荷（C 和 C_0）都是工作游隙为零时的载荷值。

按轴承结构和游隙调整方式的不同，轴承大体可分为非调整式和调整式两大类，向心轴承（深沟球轴承、圆柱滚子轴承、调心球轴承、调心滚子轴承等）属于非调整式，此类轴承在制造时已按不同的组级留有规定范围的径向游隙，可根据使用条件选用，安装时一般不再调整。角接触球轴承、圆锥滚子轴承、推力轴承等属于调整式，此类轴承能在安装中根据使用情况对轴承轴向游隙进行适当调整。

决定轴承径向游隙时，必须考虑以下几点。

① 在正常工作状态下，如果轴承的配合（内圈与轴的配合、外圈与壳体的配合）是在表 6-1-33～表 6-1-36 允许范围内选取，正常安装、选用 N 组游隙就能满足使用要求。

② 如过盈量大的配合、大冲击、重载荷、内外温度变化大、需要降低摩擦力矩，深沟球轴承承受较大轴向载荷或需改善调心功能等场合，宜采用游隙较大轴承（如用第三组、第四组等）。

③ 对内外圈有较松的配合，要求振动和噪声低、回转精度要求较高或需严格限制轴向位移等，宜采用游隙较小的轴承（如用第二组）。

如图 6-1-11 对于角接触球轴承、圆锥滚子轴承和推力轴承等调整式轴承，轴承轴向游隙的大小是通过调整轴承内外圈之间相互活动的位置达到的，此类轴承正常工作的轴向游隙范围见表 6-1-28～表 6-1-30。

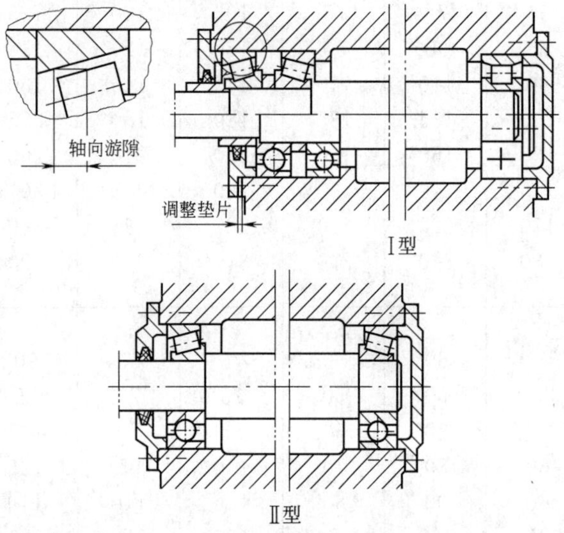

图 6-1-11 角接触球轴承、圆锥滚子轴承的轴向游隙

表 6-1-28 角接触球轴承轴向游隙

轴承公称内径 d /mm	允许轴向游隙的范围/μm						Ⅱ型轴承间允许的距离(大概值)
	接触角 α=15°				α=25° 及 40°		
	Ⅰ 型		Ⅱ 型		Ⅰ 型		
	min	max	min	max	min	max	
≤30	20	40	30	50	10	20	8*d*
>30～50	30	50	40	70	15	30	7*d*
>50～80	40	70	50	100	20	40	6*d*
>80～120	50	100	60	150	30	50	5*d*
>120～180	80	150	100	200	40	70	4*d*
>180～260	120	200	150	250	50	100	2～3*d*

1.3.4 滚动轴承的配合（摘自 GB/T 275—2015）

滚动轴承内圈与轴的配合采用基孔制，外圈与壳体孔的配合采用基轴制，轴承内、外径的上偏差均为 0，见表 6-1-31 和表 6-1-32。由于轴承内圈基孔制与一般圆柱体公差带方向相反，故在配合种类相同的条件下，内圈与轴的配合较紧。轴承内圈与轴和轴承外圈与轴承座孔常用的公差带见图 6-1-12 及图 6-1-13。滚动轴承配合种类选择与轴承类型、精度、尺寸及载荷大小、方向和性质有关，见表 6-1-33～表 6-1-36，表 6-1-37 表示与轴承相配合轴和轴承座孔的表面粗糙度，表 6-1-38 为轴与壳体孔的形位公差。

表 6-1-29 圆锥滚子轴承轴向游隙

轴承公称内径 d /mm	允许轴向游隙的范围/μm						Ⅱ型轴承间允许的距离(大概值)
	接触角 α=10°～18°				接触角 α=27°～30°		
	Ⅰ 型		Ⅱ 型		Ⅰ 型		
	min	max	min	max	min	max	
≤30	20	40	40	70	—	—	14*d*
>30～50	40	70	50	100	20	40	12*d*
>50～80	50	100	80	150	30	50	11*d*
>80～120	80	150	120	200	40	70	10*d*
>120～180	120	200	200	300	50	100	9*d*
>180～260	160	260	250	350	80	150	6.5*d*
>260～360	200	300	—	—	—	—	—
>360～400	250	350	—	—	—	—	—

表 6-1-30 推力轴承轴向游隙

轴承公称内径 d /mm	允许轴向游隙的范围/μm					
	轴 承 系 列					
	51100		51200 及 51300		51400	
	min	max	min	max	min	max
～50	10	20	20	40	—	—
>50～120	20	40	40	60	60	80
>120～140	40	60	60	80	80	120

表 6-1-31 滚动轴承内径偏差

轴承内径 d/mm		d 的平均偏差 Δd_{mp}/μm							
		普通级公差		6 级公差		5 级公差		4 级公差	
大于	至	上偏差	下偏差	上偏差	下偏差	上偏差	下偏差	上偏差	下偏差
3	6	0	−8	0	−7	0	−5	0	−4
6	10	0	−8	0	−7	0	−5	0	−4
10	18	0	−8	0	−7	0	−5	0	−4
18	30	0	−10	0	−8	0	−6	0	−5
30	50	0	−12	0	−10	0	−8	0	−6
50	80	0	−15	0	−12	0	−9	0	−7
80	120	0	−20	0	−15	0	−10	0	−8
120	180	0	−25	0	−18	0	−13	0	−10
180	250	0	−30	0	−22	0	−15	0	−12
250	315	0	−35	0	−25	0	−18		
315	400	0	−40	0	−30	0	−23		
400	500	0	−45	0	−35				

表 6-1-32　滚动轴承外径偏差

轴承外径 D/mm		D 的平均偏差 ΔD_{mp}/μm							
		普通级公差		6 级公差		5 级公差		4 级公差	
大于	至	上偏差	下偏差	上偏差	下偏差	上偏差	下偏差	上偏差	下偏差
10	18	0	−18	0	−7	0	−5	0	−4
18	30	0	−9	0	−8	0	−6	0	−5
30	50	0	−11	0	−9	0	−7	0	−6
50	80	0	−13	0	−11	0	−9	0	−7
80	120	0	−15	0	−13	0	−10	0	−8
120	150	0	−18	0	−15	0	−11	0	−9
150	180	0	−25	0	−18	0	−13	0	−10
180	250	0	−30	0	−20	0	−15	0	−11
250	315	0	−35	0	−25	0	−18	0	−13
315	400	0	−40	0	−28	0	−20	0	−15
400	500	0	−45	0	−33	0	−23		

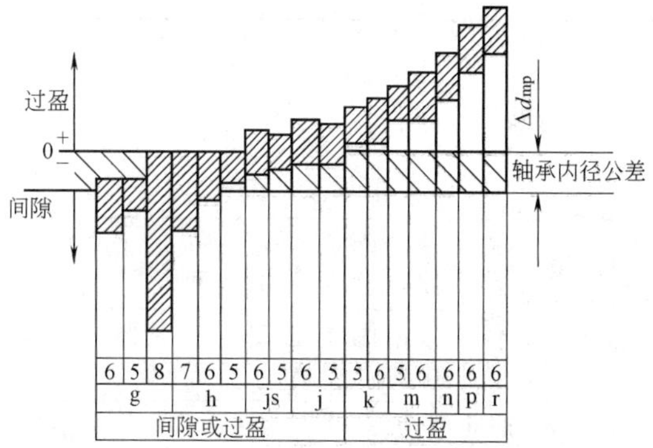

图 6-1-12　轴承与轴配合常用公差带

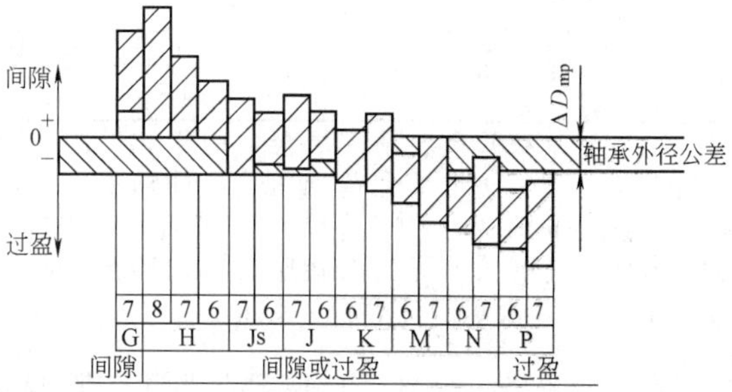

图 6-1-13　轴承与外壳配合常用公差带

表 6-1-33　安装向心轴承的轴公差带

内圈工作条件		应用举例	深沟球轴承、角接触球轴承和调心球轴承	圆柱滚子轴承和圆锥滚子轴承	调心滚子轴承	公差带
			轴承公称内径 d/mm			
内圈承受旋转载荷或方向不定载荷	轻载荷 $P\leqslant 0.07C_r$	电器仪表、精密机械、泵、通风机、传送带	$d\leqslant 18$ $18<d\leqslant 100$ $100<d\leqslant 200$ —	— $d\leqslant 40$ $40<d\leqslant 140$ $140<d\leqslant 200$	— $d\leqslant 40$ $40<d\leqslant 100$ $100<d\leqslant 200$	h5 j6[1] k6[1] m6[1]
	正常载荷 $0.07C_r<P\leqslant 0.15C_r$	一般通用机械、电动机、涡轮机、泵、内燃机、正齿轮传动装置	$d\leqslant 18$ $18<d\leqslant 100$ $100<d\leqslant 140$ $140<d\leqslant 200$ $200<d\leqslant 280$ — —	— $d\leqslant 40$ $40<d\leqslant 100$ $100<d\leqslant 140$ $140<d\leqslant 200$ $200<d\leqslant 400$ —	— $d\leqslant 40$ $40<d\leqslant 65$ $65<d\leqslant 100$ $100<d\leqslant 140$ $140<d\leqslant 280$ $280<d\leqslant 500$	j5　js5 k5[2] m5[2] m6 n6 p6 r6
	重载荷 $P>0.15C_r$	铁路车辆和电车的轴箱、牵引电动机、轧机、破碎机等重型机械	— — — —	$50<d\leqslant 140$ $140<d\leqslant 200$ $d>200$ —	$50<d\leqslant 100$ $100<d\leqslant 140$ $140<d\leqslant 200$ $d>200$	n6 p6[3] r6 r7

第 6 篇

续表

内圈工作条件			应用举例	深沟球轴承、角接触球轴承和调心球轴承	圆柱滚子轴承和圆锥滚子轴承	调心滚子轴承	公差带
				轴承公称内径 d/mm			
内圈承受固定载荷	所有载荷	内圈必须在轴向容易移动	静止轴上的各种轮子	所有尺寸			f6 g6①
		内圈不必要在轴向移动	张紧滑轮、绳索轮、振动筛				h6 j6
纯轴向载荷			所有应用场合	所有尺寸			j6 或 js6
锥孔轴承(带锥形套)							
所有载荷			机车和电车的轴箱	装在退卸衬套上的所有尺寸			h8(IT6)④⑤
			一般机械或传动轴	装在紧定套上的所有尺寸			h9(IT7)⑤④

① 凡对公差有较高要求的场合，应用 j5、k5 等代替 j6、k6 等。
② 单列圆锥滚子轴承和单列角接触球轴承，因内部游隙的影响不大，可用 k6 和 m6 代替 k5 和 m5。
③ 重载荷下轴承游隙应选择大于 N 组。
④ 凡有较高的公差等级或转速要求的场合，应选用 h7（IT5）代替 h8（IT6）等。
⑤ IT6、IT7 表示圆柱度公差数值。

表 6-1-34 推力轴承和轴的配合 轴公差带代号

内圈工作条件		推力球和推力滚子轴承	推力调心滚子轴承②	公差带
运转状态	载荷状态	轴承公称内径 d/mm		
纯轴向载荷		所有尺寸		j6,js6
固定的轴圈载荷	径向和轴向联合载荷	— —	$d\leqslant250$ $d>250$	j6 js6
旋转的轴圈载荷或方向不定载荷		— — —	$\leqslant200$ $200<d\leqslant400$ $d>400$	k6① m6 n6

① 要求较小过盈时，可分别用 j6、k6、m6 代替 k6、m6、n6。
② 也包括推力圆锥滚子轴承，推力角接触球轴承。

表 6-1-35 向心轴承和外壳的配合 孔公差带代号

运转状态		载荷状态	其他状况	公差带①	
说明	举例			球轴承	滚子轴承
固定的外圈载荷	一般机械、铁路机车车辆轴箱、电动机、泵、曲轴主轴承	轻、正常、重	轴向易移动，可采用剖分式外壳	H7、G7②	
		冲击	轴向能移动，可采用整体或剖分式外壳	J7、Js7	
方向不定载荷		轻、正常			
		正常、重	轴向不移动，采用整体式外壳	K7	
		冲击		M7	
旋转的外圈载荷	张紧滑轮、轮毂轴承	轻		J7	K7
		正常		K7、M7	M7、N7
		重		—	N7、P7

① 并列公差带随尺寸的增大从左至右选择，对旋转精度有较高要求时，可相应提高一个公差等级。
② 不适用于剖分式外壳。

表 6-1-36　推力轴承和外壳的配合　孔公差带代号

运转状态	载荷状态	轴　承　类　型	公差带	备　　注
纯轴向载荷		推力球轴承	H8	
		推力圆柱、圆锥滚子轴承	H7	
		推力调心滚子轴承		外壳孔与座圈间间隙为 0.001D(D 为轴承公称外径)
固定的座圈载荷	径向和轴向联合载荷	推力角接触球轴承、推力调心滚子轴承、推力圆锥滚子轴承	H7	
旋转的座圈载荷或方向不定载荷			K7	普通使用条件
			M7	有较大径向载荷时

表 6-1-37　配合面的表面粗糙度

轴或轴承座直径 /mm		轴或外壳配合表面直径公差等级					
		IT7		IT6		IT5	
		表面粗糙度 $Ra/\mu m$					
超过	到	磨	车	磨	车	磨	车
80	80	1.6	3.2	0.8	1.6	0.4	0.8
	500	1.6	3.2	1.6	3.2	0.8	1.6
端面		3.2	6.3	3.2	6.3	16	3.2

表 6-1-38　轴和外壳孔的形位公差

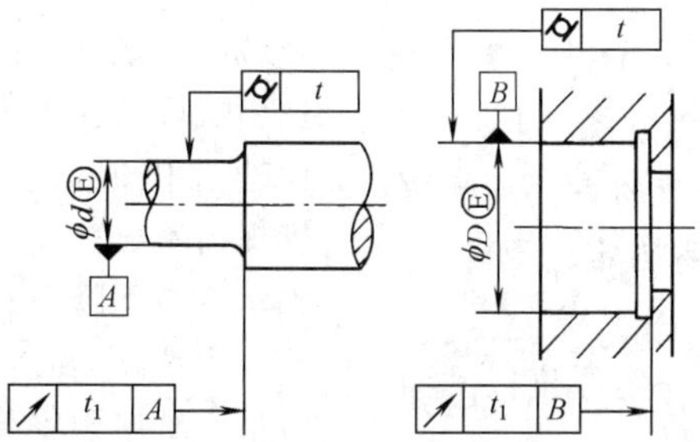

公称尺寸 /mm		圆柱度 t				端面圆跳动 t_1			
		轴颈		轴承座孔		轴肩		轴承座孔肩	
		轴　承　公　差　等　级							
		/P0	/P6(P6x)	/P0	/P6(/P6x)	/P0	/P6(/P6x)	/P0	/P6(/P6x)
超过	到	公差值/μm							
	6	2.5	1.5	4	2.5	5	3	8	5
6	10	2.5	1.5	4	2.5	6	4	10	6
10	18	3.0	2.0	5	3.0	8	5	12	8
18	30	4.0	2.5	6	4.0	10	6	15	10
30	50	4.0	2.5	7	4.0	12	8	20	12
50	80	5.0	3.0	8	5.0	15	10	25	15
80	120	6.0	4.0	10	6.0	15	10	25	15
120	180	8.0	5.0	12	8.0	20	12	30	20
180	250	10.0	7.0	14	10.0	20	12	30	20
250	315	12.0	8.0	16	12.0	25	15	40	25
315	400	13.0	9.0	18	13.0	25	15	40	25
400	500	15.0	10.0	20	15.0	25	15	40	25

1.3.5 滚动轴承的预紧

预紧是通过对轴承施加一定的预载荷，消除轴承的工作游隙，并提高轴承部件的刚度和工作精度，降低轴的振动和噪声。预紧分为轴向预紧和径向预紧。轴向预紧又分为定位预紧和定压预紧。圆柱滚子轴承和滚针轴承只能承受径向预紧；推力球轴承只能承受轴向预紧，按背靠背或面对面成对安装的角接触轴承（见图 6-1-14）通过轴向预紧能显著提高轴承的刚度。深沟球轴承选用大于零组的游隙，加大接触角后也可以像角接触球轴承一样作轴向预紧。

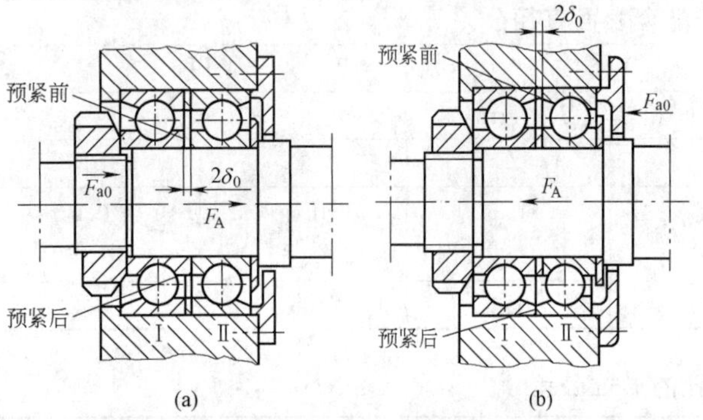

图 6-1-14 定位预紧结构

轴承的预紧可以用预紧量（距离）或预紧力来表示。通过控制轴向预紧量（距离）来实现预紧的方法称为定位预紧，通过预紧力来实现预紧的方法称为定压预紧。

1.3.5.1 定位预紧

将一对角接触轴承内圈或外圈磨去一定厚度或其间加垫片见图 6-1-14。

预紧前，两轴承的内圈或外圈之间存在间隙 $2\delta_0$，施加预紧力 F_{a0} 以后，两个轴承的预紧变形量均为 δ_{a0}，$\delta_{a0}=\delta_0$。

当继续施加轴向负荷 F_A 时，两轴承的轴向变形和轴向载荷情况见图 6-1-15。

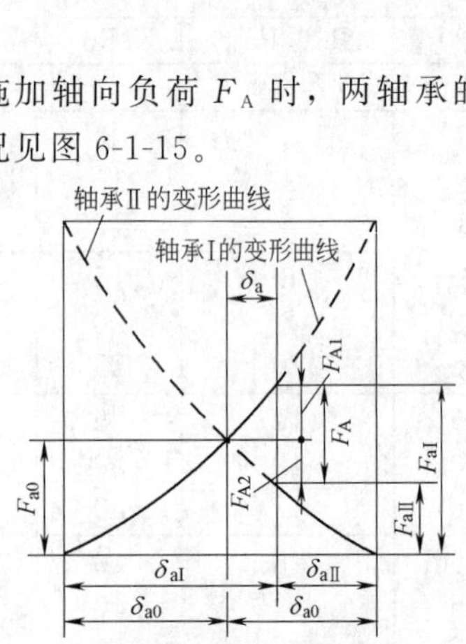

图 6-1-15 定位预紧原理

轴承Ⅰ和轴承Ⅱ的轴向变形量分别为

$$\begin{cases}\delta_{aⅠ}=\delta_{a0}+\delta_a\\ \delta_{aⅡ}=\delta_{a0}-\delta_a\end{cases}$$

式中 δ_a——负荷 F_a 引起的轴承Ⅰ的弹性变形增量。

这时轴承Ⅰ和轴承Ⅱ所承受的轴向载荷分别为：

$$\begin{cases}F_{aⅠ}=F_{a0}+F_{A1}\\ F_{aⅡ}=F_{a0}-F_{A2}\end{cases}$$

式中 F_{A1}——作用于轴承Ⅰ上的轴向载荷增加量；

F_{A2}——作用于轴承Ⅱ上的轴向载荷增加量。

当轴向载荷 F_A 增大到使 $F_{A2}=F_{a0}$ 时，轴承Ⅱ将处于卸载状态，此时支承系统的轴向变形量为 $\delta_a=\delta_{a0}$。

若不加预紧力，使轴承Ⅱ处于卸载状态时，支承系统变形量即轴承Ⅰ的变形量 $\delta_a=2\delta_{a0}$。由此可见与不预紧相比较，定位预紧可提高支承刚度一倍。

预紧量过小，将达不到预紧的目的，预紧力过大又会使轴承中的接触应力和摩擦阻力加大，从而导致轴承寿命降低。合适的预紧量 δ_a 根据表 6-1-39 中的公式，作出轴承的载荷-变形曲线，再根据不同载荷情况和使用要求确定。

预紧载荷的大小，应根据工作载荷情况和应用要求而定，一般来说高速轻载条件下，或为了提高旋转精度及减少支承系统的振动，则选用较小的预紧载荷，在中速中载或低速重载条件下，以及为增加支承系统的刚度，则选用中预紧或大的预紧载荷。预紧载荷过大，支承刚度提高不显著，反而会使轴承摩擦阻力增大，温度升高，轴承寿命下降。

定位预紧时，应使滚动体与座圈始终保持接触，这时最小轴向预紧载荷按表 6-1-40 的公式计算。

定位预紧还可以通过在一对轴承内、外圈间分别装入长度不等的套筒实现预紧，见图 6-1-16，预紧力的大小通过套筒长度差控制，这种结构刚性大。

1.3.5.2 定压预紧

图 6-1-17 为利用弹簧使轴承受一轴向载荷，并产生预紧变形实现定压预紧。图中弹簧产生的预紧载荷为 F_{a0}，当外加轴向载荷 F_A 作用在轴上时，轴承Ⅰ的变形量增加为 δ_a，而轴承Ⅱ的变形量几乎不变，可见定压预紧不会出现卸载状态，且预紧量不受温度变化的影响，但对轴承的刚度提高不大。

1.3.5.3 径向预紧

径向预紧是利用过盈配合使轴承内圈膨胀或外圈缩小来消除径向游隙，使轴承达到预紧状态。

径向预紧可增加承载区滚动体的数目，提高支承刚度，减少高速轴承中滚动体离心力的作用及滚动体与滚

表 6-1-39　轴向变形量的计算公式

轴承类型	深沟球轴承、角接触球轴承	圆锥滚子轴承	推力球轴承
轴承变形量 δ_a /mm	$\dfrac{0.002F_A^{\frac{2}{3}}}{D_g^{\frac{1}{3}}Z^{\frac{2}{3}}(\sin\alpha)^{\frac{5}{3}}}$	$\dfrac{0.0006F_A^{\frac{2}{3}}}{Z^{0.9}L^{0.8}(\sin\alpha)^{1.9}}$	$\dfrac{0.0024F_A^{\frac{2}{3}}}{D_g^{\frac{1}{3}}Z^{\frac{2}{3}}(\sin\alpha)^{\frac{5}{3}}}$

注：F_A —轴向载荷，N；Z —滚子数；D_g —滚动体直径，mm；L —滚子长，mm；α —接触角，(°)。

表 6-1-40　定位预紧的最小轴向预紧载荷

轴承类型	载　荷　情　况	最小预紧载荷 F_{a0min}
角接触球轴承	纯轴向载荷 F_A	$F_{a0min} \geqslant 0.35F_A$
	径向载荷 F_r 与轴向载荷 F_A 联合作用	$\left.\begin{array}{l}F_{a0min} \geqslant 1.7F_{r\mathrm{I}}\tan\alpha_{\mathrm{I}} - 0.5F_A \\ F_{a0min} \geqslant 1.7F_{r\mathrm{II}}\tan\alpha_{\mathrm{II}} + 0.5F_A\end{array}\right\}$ 取大值
圆锥滚子轴承	纯轴向载荷 F_A	$F_{a0min} \geqslant 0.5F_A$
	径向载荷 F_r 与轴向载荷 F_A 联合作用	$\left.\begin{array}{l}F_{a0min} \geqslant 1.9F_{r\mathrm{I}}\tan\alpha_{\mathrm{I}} - 0.5F_A \\ F_{a0min} \geqslant 1.9F_{r\mathrm{II}}\tan\alpha_{\mathrm{II}} + 0.5F_A\end{array}\right\}$ 取大值

注：$F_{r\mathrm{I}}$，$F_{r\mathrm{II}}$ ——轴承Ⅰ、轴承Ⅱ所受的径向载荷；
　　α_{I}，α_{II} ——轴承Ⅰ、轴承Ⅱ的接触角。

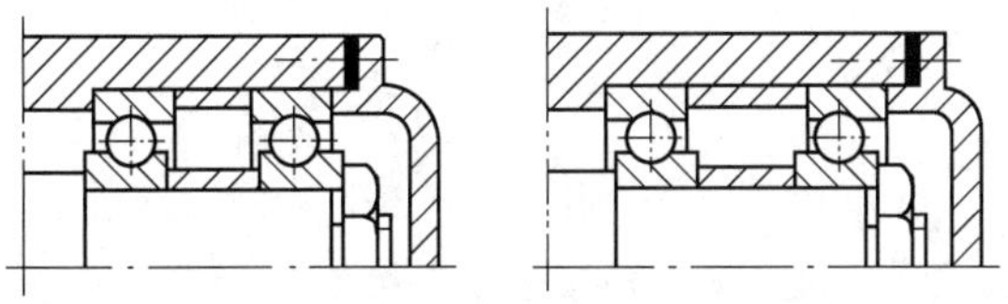

图 6-1-16　采用长度不等的套筒预紧

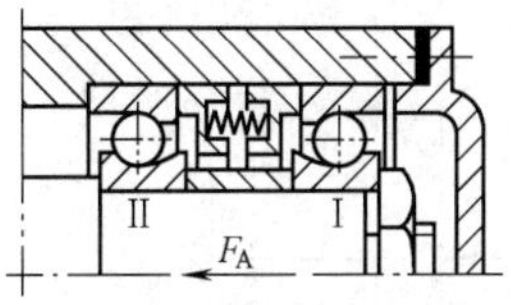

图 6-1-17　用弹簧定压预紧

道间打滑现象。

圆锥形内孔轴承，可用锁紧螺母调整内圈与紧定套的相对位置，达到减小轴承的径向游隙，从而实现径向预紧。

1.3.6　推力轴承最小轴向载荷的确定

推力轴承在运转中，滚动体受离心力作用，滚动体和滚道之间产生相对滑动，导致发热，两套圈相互分离，为了保证轴承正常工作，必须施加一定的轴向载荷预紧。各种类型推力轴承的最小轴向载荷 F_{amin} 的计算公式列于表 6-1-41。

当计算所需的最小轴向载荷大于作用在轴承上的实际轴向载荷时，轴承必须进行预紧。

1.3.7　滚动轴承的润滑

轴承的润滑不仅可以降低摩擦阻力，还可以起到散热、吸收振动、防止锈蚀等作用。

1.3.7.1　润滑剂的选择

用于滚动轴承的润滑剂主要有润滑油和润滑脂两种，固体润滑剂（二硫化钼）用于特殊用途的轴承。

表 6-1-41　推力轴承最小轴向载荷 F_{amin} 的计算公式

轴承类型	F_{amin}/N	
推力调心滚子轴承	$\dfrac{C_{0a}}{1000} \leqslant F_{amin} > 1.8F_r + A\left(\dfrac{n}{1000}\right)^2$	说明 C_{0a} —— 基本额定静载荷，见表 6-1-55～表 6-1-57； A —— 最小载荷系数，见表 6-1-55～表 6-1-57； n ——轴承转速，r/min； F_r ——径向载荷，N
推力圆柱滚子轴承 推力圆锥滚子轴承	$\dfrac{C_{0a}}{1000} \leqslant F_{amin} > A\left(\dfrac{n}{1000}\right)^2$	
推力球轴承	$F_{amin} > A\left(\dfrac{n}{1000}\right)^2$	

选择润滑剂应考虑轴承的工作温度、轴承的载荷、轴承的转速和工作环境的影响。一般说来，温度高、载荷大、转速低时选用黏度高的润滑剂。润滑方式的选择与轴承的速度有关。表 6-1-42 所示为各种轴承在不同润滑剂和润滑方式时允许的 dn 值。

表 6-1-42　各种润滑方式下轴承允许的 dn 值

$/10^4\,mm \cdot r \cdot min^{-1}$

轴承类型	脂润滑	油润滑			
		油浴	滴油	循环油(喷油)	油雾
深沟球轴承	16	25	40	60	>60
调心球轴承	16	25	40		
角接触球轴承	16	25	40	60	>60
圆柱滚子轴承	12	25	40	60	>60
圆锥滚子轴承	10	16	23	30	
调心滚子轴承	8	12		25	
推力球轴承	4	6	12	15	

注：dn——速度因数（衡量滚动轴承线速度的参数）；
　　d——滚动轴承内径，mm；
　　n——轴承转速，r/min。

1.3.7.2　润滑脂

（1）润滑脂的种类

润滑脂分为钙基润滑脂、钠基润滑脂、钙钠基润滑脂等，并可根据抗氧化、防锈等要求加入适量添加剂。常用润滑脂的主要性能及应用见表 7-1-13。轴承的工作温度必须低于表 7-1-10 中润滑脂滴点 10～20℃（合成润滑脂应低于 20～30℃）。

（2）润滑脂的填充量

润滑脂的填充量，以填充轴承内部空间的 1/3～1/2 为宜，高速时应仅填充 1/3 或更少，转速很低而且要求密封时，可以填满轴承内部。

（3）润滑脂更换或补充周期

当轴承工作温度不超过 70℃时，可根据轴承内径及转速查出深沟球轴承及圆柱滚子轴承（见图 6-1-18）、圆锥及调心滚子轴承（见图 6-1-19）的润滑脂更换的大致时间。

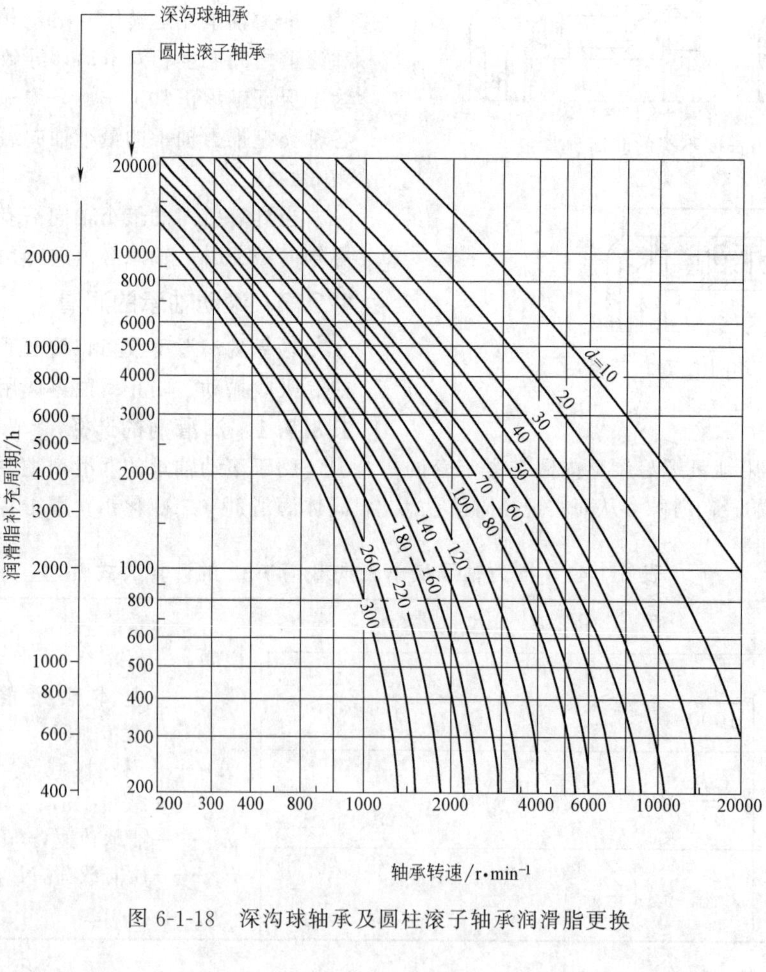

图 6-1-18　深沟球轴承及圆柱滚子轴承润滑脂更换

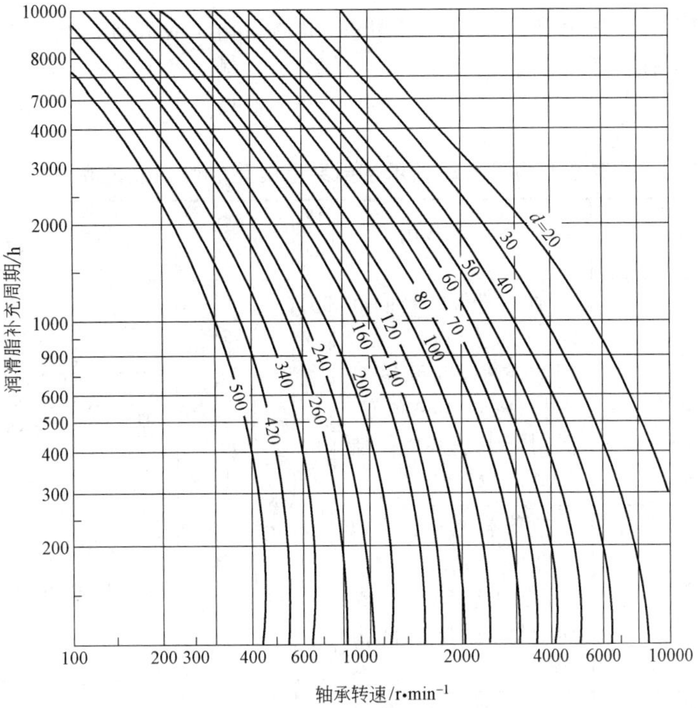

图 6-1-19 圆锥及调心滚子轴承润滑脂更换

当轴承的工作温度大于 70℃时，每上升 15℃，补充周期应减半。如果轴承用于多灰尘处，且密封不可靠的场合，补充周期可缩短到图示值的 1/10～1/2。

1.3.7.3 润滑油

（1）润滑油的选择

润滑油的主要特性是黏度，转速越高，应选用黏度越低的润滑油；载荷越大，应选用黏度越高的润滑油。根据工作温度及 dn 值参考图 6-1-20，可选出润滑油应具有的黏度值，然后根据黏度从润滑油产品目录中选出相应的润滑油牌号。

（2）润滑方法选用

① 油浴润滑。它是将轴承局部浸入润滑油中，保持架每转动一圈，每个滚动体都浸入油中一次，同时将油带到滚道及其他工作面上，当轴承静止时，浸油池面不超过最低滚动体的中心。这种润滑方法适用于低、中速转动的轴承。

② 循环油润滑。润滑油由油泵通过油管进入轴承内部，由于循环油可以排出大量的热量，散热效果好，适于转速高、载荷大的场合。

③ 喷油润滑。在高速情况下，由于油通过轴承的流动阻力随转速的增加而增大，必须压力供油，用喷嘴将油喷入轴承内，喷油嘴的位置应放在内圈与保持架的间隙中，喷油量的近似值见表 6-1-43。

表 6-1-43 喷油润滑的用油量

轴承内径/mm	≤50	＞50～120	＞120
用油量/L·min^{-1}	0.5～1.5	1.1～4.2	2.5

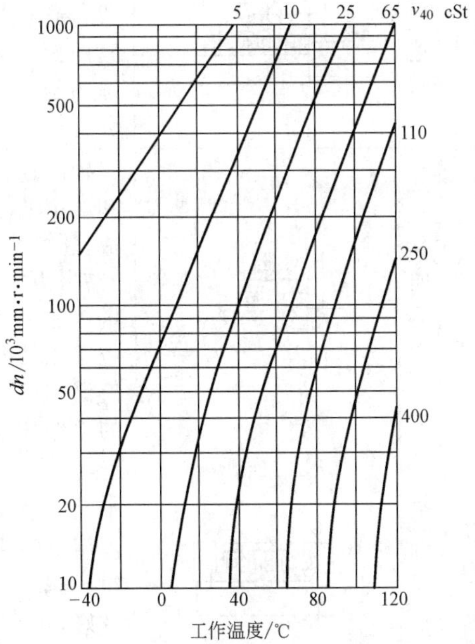

图 6-1-20 润滑油选择曲线

④ 油雾润滑。用压缩空气把润滑油喷成雾状吹入轴承中，在轴承内部形成油膜，进行润滑和散热，由于润滑剂量少，阻抗小，适于高速轴承部件的润滑。

1.3.8 滚动轴承的密封

滚动轴承的密封装置是为了阻止灰尘等杂物进入轴承内部及防止润滑剂泄出而设置的。密封装置分为非接触式、接触式及混合式，各种形式的结构、特点及应用见表 6-1-44。

表 6-1-44 滚动轴承密封装置类型、特点及应用

序号	密封形式			简图	特点及应用
1	非接触式	间隙式	缝隙式	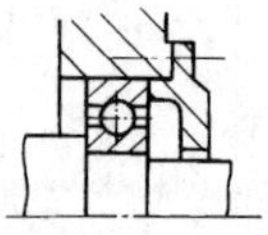	轴与端盖的径向间隙为 0.1～0.3mm，间隙越小，间隙宽度越长，密封效果越好，适用于干净环境的脂润滑密封
2	非接触式	间隙式	油沟式	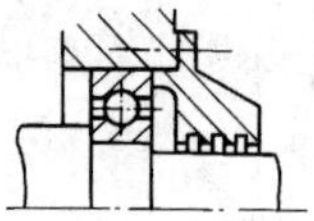	在端盖上开 3 个以上宽 3～4mm、深 4～5mm 的沟槽，并填充润滑脂，适于脂润滑密封
3	非接触式	间隙式	W式	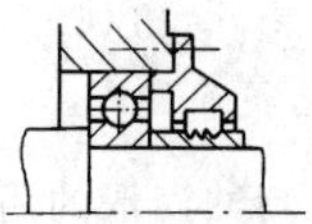	在轴或套上开有“W”形槽，借以甩回渗漏出来的润滑油，并在端盖上开有回油槽或孔，将油收流入轴承内，用于油润滑密封
4	非接触式	迷宫式	径向迷宫	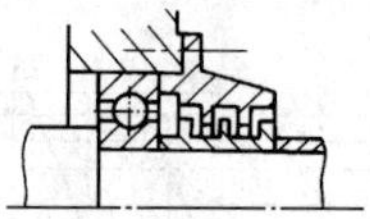	径向迷宫曲路由套和端盖的径向间隙组成，端盖剖分两半，迷宫曲路沿轴向布置，适用于比较脏的工作环境
5	非接触式	迷宫式	轴向迷宫	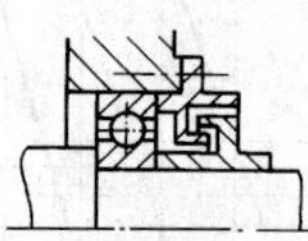	轴向迷宫曲路由套和端盖的轴向间隙组成，迷宫曲线沿径向布置，由于装拆方便，端盖不需剖开，因此应用比径向迷宫形式广泛，适用于比较脏的工作环境
6	非接触式	迷宫式	组合迷宫	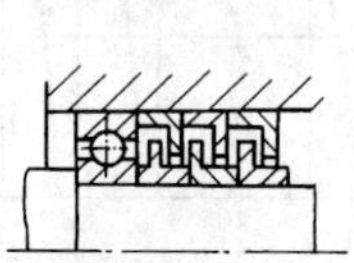	组合迷宫曲路由两组“Γ”形垫圈组成，占用空间小、成本低，组数越多，密封效果越好，可用于脂或油润滑密封
7	非接触式	垫圈式	挡油盘	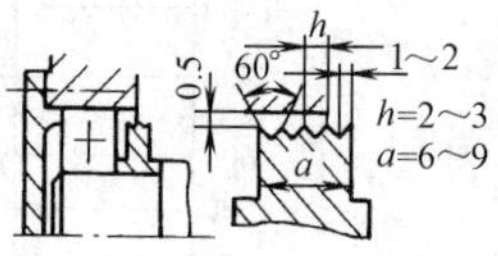	挡油盘、挡油环随轴一起转动，转速越高，密封效果越好，用于脂润滑密封。这两种形式可阻挡外流油对轴承内部润滑脂的冲击。其密封效果，挡油盘优于挡油环
8	非接触式	垫圈式	挡油环	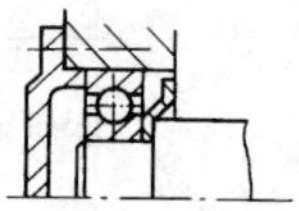	
9	接触式	毛毡密封	单毡圈	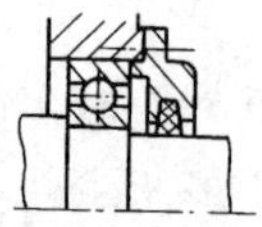	用羊毛毡充填槽中，使毡圈与轴表面接触摩擦实现密封。一般接触处的圆周速度<4～5m/s，如果轴颈表面经过抛光，毛毡质量好，圆周速度可允许到 7～8m/s。适用于环境比较干净的脂润滑密封。密封效果，双圈好于单圈
10	接触式	毛毡密封	双毡圈	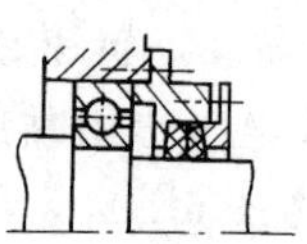	
11	接触式	密封圈密封	密封唇向外	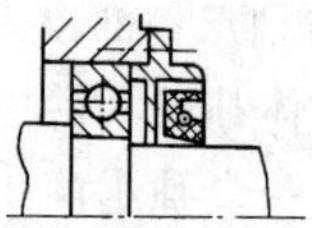	油封安放在端盖内，用弹簧圈把密封唇箍在轴上。用于油润滑密封，滑动速度<7m/s，工作温度<100℃；密封唇背向轴承，主要防止灰尘、杂物侵入
12	接触式	密封圈密封	密封唇向里	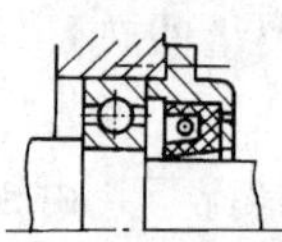	密封唇朝向轴承，主要防止油泄出

续表

序号	密封形式	简图	特点及应用
13	接触式 密封圈密封 两密封圈对装	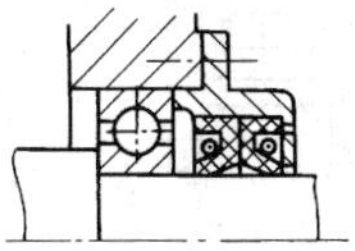	油封安放在端盖内，用弹簧圈把密封唇箍在轴上。用于油润滑密封，滑动速度＜7m/s，工作温度＜100℃；两个密封圈对装，既可防止外泄，又可防止灰尘杂物侵入
14	组合式 迷宫与毛毡组合	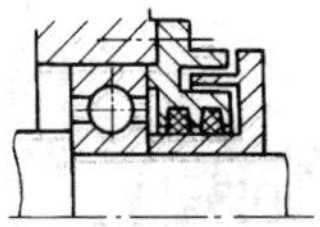	密封效果好，适于油、脂润滑密封，接触处圆周速度＜7m/s
15	组合式 挡油环密封圈组合	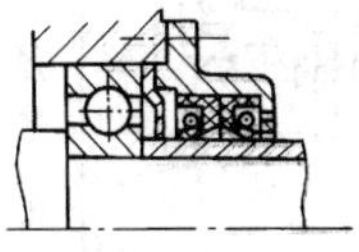	适用于油、脂润滑密封，接触处圆周速度可＞7～15m/s
16	组合式 甩油环与W型组合	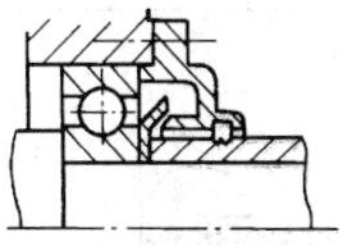	无摩擦阻力损失，密封效果可靠，适用于油、脂润滑密封

1.4 滚动轴承组合设计的典型结构

表 6-1-45 滚动轴承组合设计典型结构

结构形式	特点与应用	结构形式	特点与应用
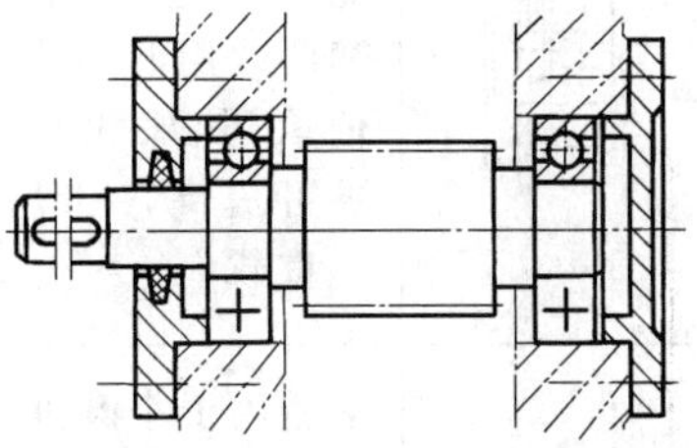	深沟球轴承，轴承靠端盖轴向固定，在右端轴承外圈与端盖间留有不大的间隙（0.25～0.4mm）以便游动；毛毡密封，润滑油润滑，适用于轻载，毛毡处滑动速度 $v \leqslant 4 \sim 5$m/s，工作环境比较干净时	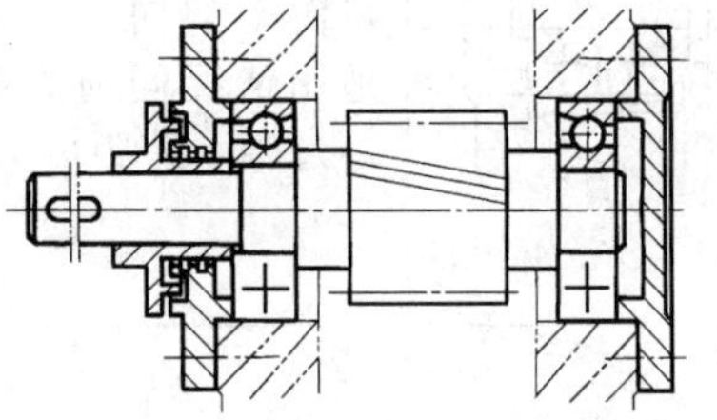	角接触球轴承，迷宫式密封，靠端盖与箱壳间的调整垫片，安装时保证轴承具有合适的轴向间隙，以便游动。可同时受径向力及较大的双向轴向力，适用于轻载高速，轴承跨距较小时（一般跨距小于300mm）
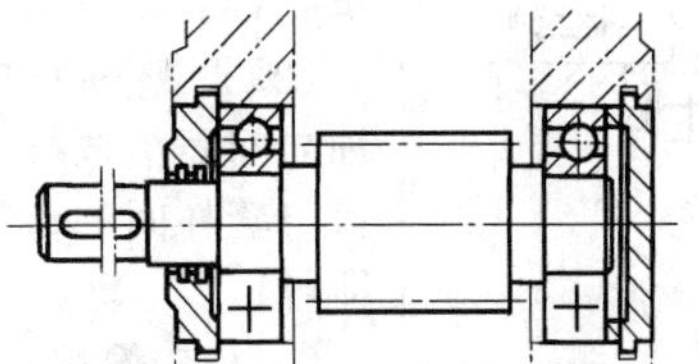	轴承与前方案相同，不同点：嵌入式端盖；靠右端轴承外圈与端盖间用调整环来保证轴承有必要的轴向间隙，以便游动；沟槽式密封	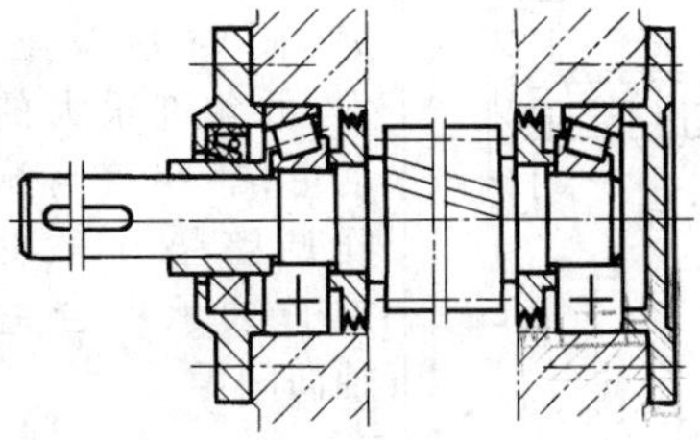	圆锥滚子轴承，特点与前方案相同，采用皮碗式密封，轴承内侧设有挡油盘，防止轴承孔中润滑脂稀释而流失，适用于中载中速

续表

结构形式	特点与应用	结构形式	特点与应用
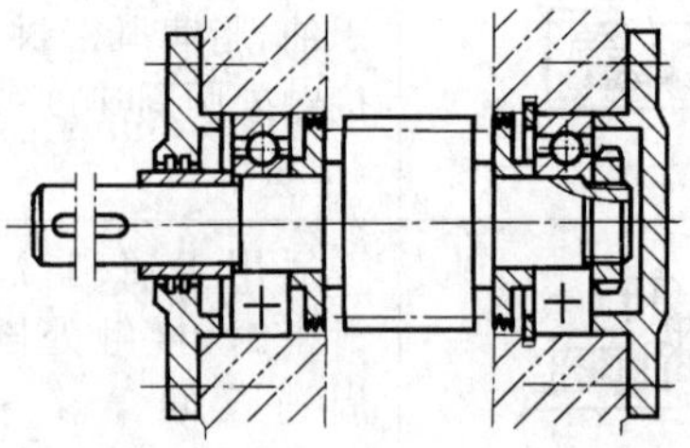	轴承与前方案相同,不同点:右端轴承将轴双向轴向固定;可承受径向力及不大的双向轴向力;轴承的内侧加挡油盘,防止轴承孔中润滑脂被稀释而流失。可用于轴承跨距较大的支承	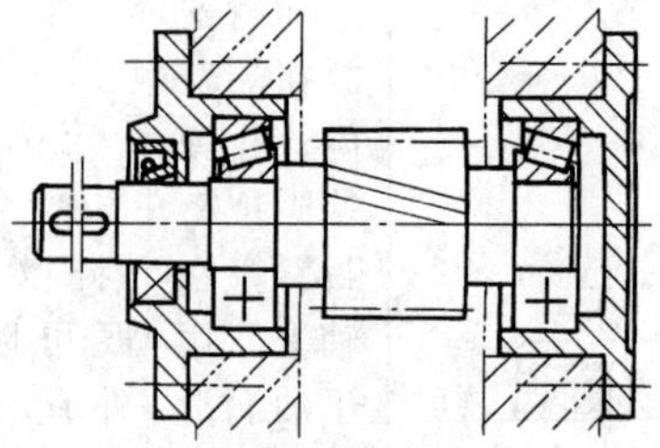	基本与前方案相同,皮碗式密封、反装,主要防止外界杂物侵入,轴承装于端盖中,以便提高轴承孔的配合精度,但结构复杂
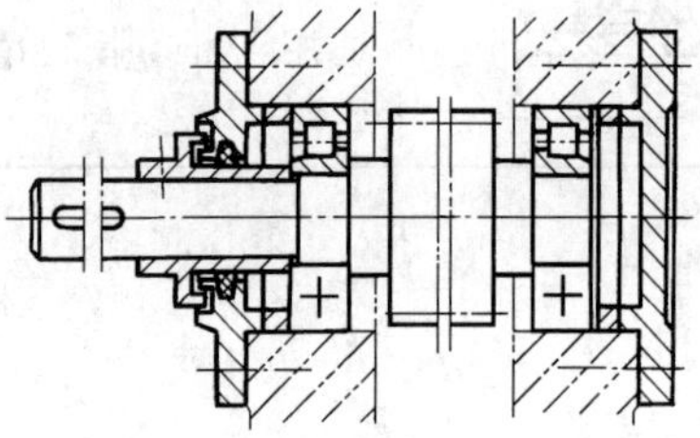	圆柱滚子轴承,其内圈外侧无挡边,轴承外圈(图中右端)与调整环间留有间隙,以便游动,复合式密封,适用于较大的纯径向载荷,轴承跨距小于600mm时	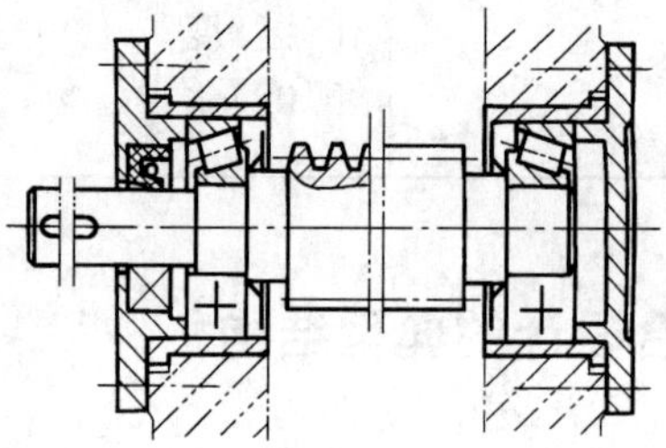	基本与前方案相同,不同者装轴承的套环与端盖分开制,皮碗式密封,轴承的内侧加挡油环,以免过多的油及杂物浸入轴承孔中
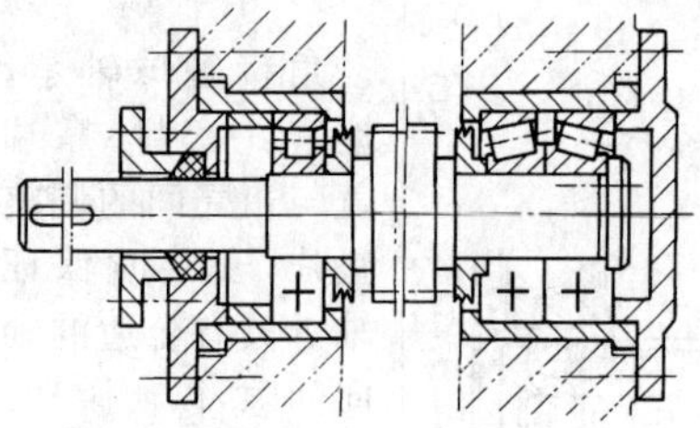	右端安装两个圆锥滚子轴承,并双向轴向固定;左端装一可游动的向心轴承。适用情况同前方案,不过轴承跨距可大	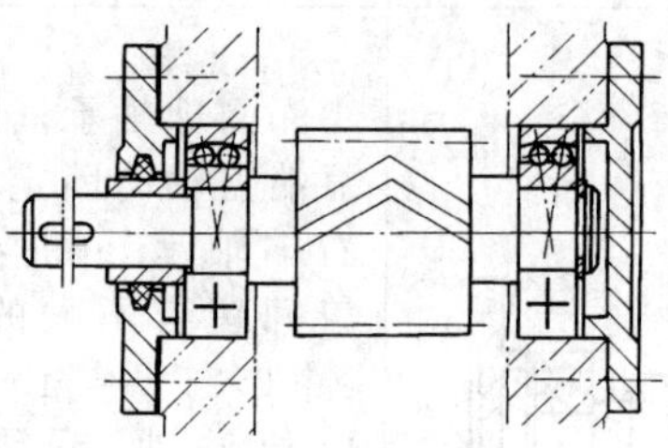	调心球轴承,亦可用于上述情况,并可用于长轴或用于深沟球轴承工作能力不足时,本方案要改用调心滚子轴承,其承载能力更可提高,一般用于重载
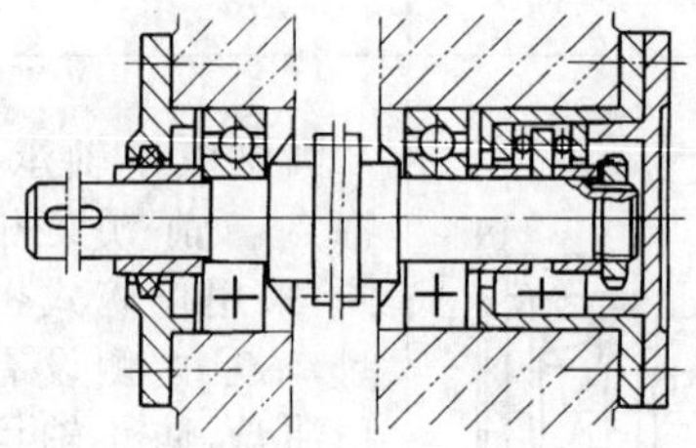	右端装双向的推力球轴承和深沟球轴承,左端装可游动的深沟球轴承;可承受很大的双向轴向力,同时承受径向力;可允许很大的游动量;靠端盖与箱壳间调整垫片来得到推力轴承中合适的轴向间隙	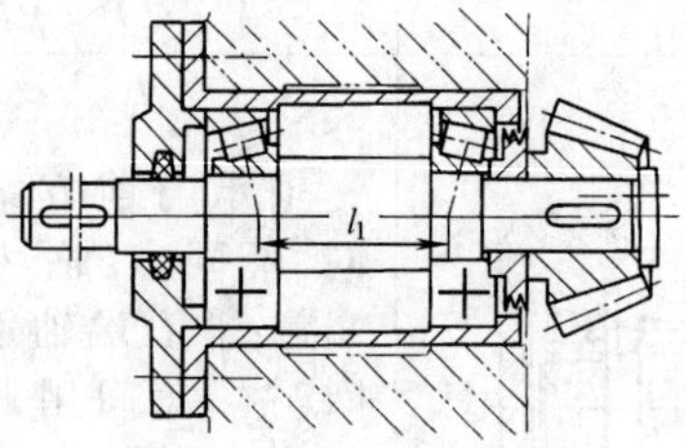	适用于小圆锥齿轮的支承,与下一方案比较有下述优点: (1)轴向力由受径向力小的轴承承受; (2)调整轴承的轴向间隙借调整端盖与套杯间的垫片即可; (3)结构简单,如不需要轴向紧固的圆螺母等

结构形式	特点与应用	结构形式	特点与应用
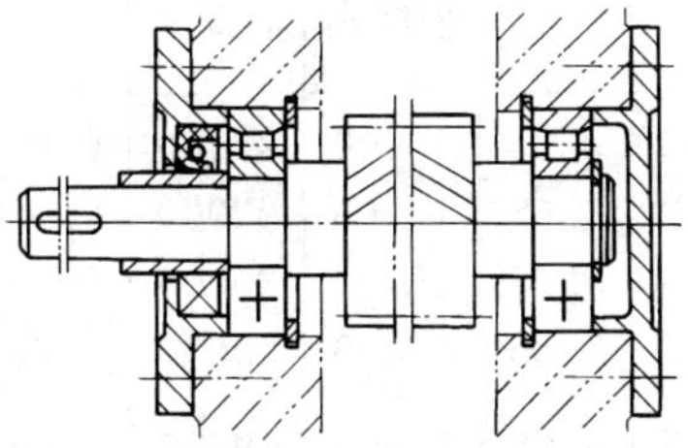	外圈无挡边的圆柱滚子轴承，在人字齿轮传动中，需有一根轴(往往高速轴)采用这种轴双向可游动的方案，以便能自动调节，使两边的齿受力均匀，采用皮碗密封	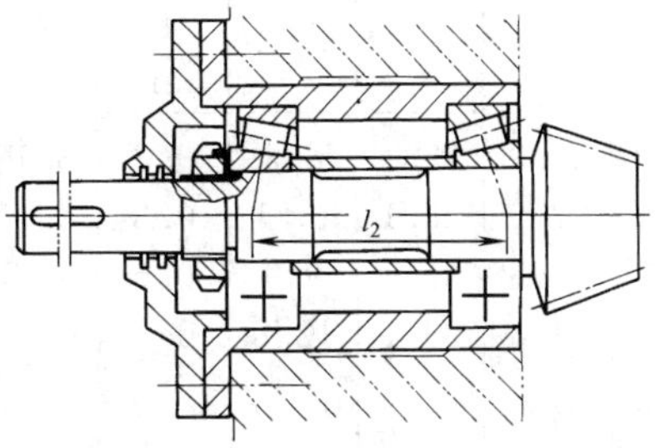	与前方案比较有以下优点 (1)允许轴热胀量大 (2)结构刚性较大，如当轴承跨距 L 相等时，这两轴承反力作用点的距离 $l_2>l_1$(见上图)

1.5 常用滚动轴承尺寸及性能参数

1.5.1 角接触球轴承

表 6-1-46 角接触球轴承（部分摘自 GB/T 292—2007）

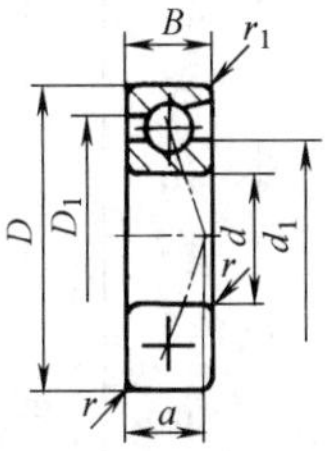

70000C 型 70000AC 型 70000B 型

外形尺寸

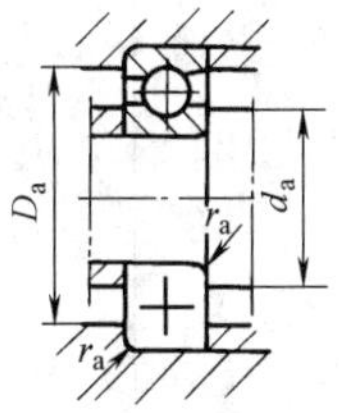

安装尺寸

接触角	载荷类型：当量动载荷	载荷类型：当量静载荷	70000C 型(36000)(15°)：F_r/C_{0r}	e	Y
70000C 型 (36000)15°	当 $F_a/F_r \leqslant e$　$P_r=F_r$ 当 $F_a/F_r>e$　$P_r=0.44F_r+YF_a$	当 $P_{0r}<F_r$　取 $P_{0r}=F_r$ $P_{0r}=0.5F_r+0.46F_a$	0.015	0.38	1.47
			0.029	0.40	1.40
			0.058	0.43	1.30
70000AC 型 (46000)25°	当 $F_a/F_r \leqslant 0.68$　$P_r=F_r$ 当 $F_a/F_r>0.68$　$P_r=0.41F_r+0.87F_a$	当 $P_{0r}<F_r$　取 $P_{0r}=F_r$ $P_{0r}=0.5F_r+0.38F_a$	0.087	0.46	1.23
			0.12	0.47	1.19
			0.17	0.50	1.12
70000B 型 (66000)40°	当 $F_a/F_r \leqslant 1.14$　$P_r=F_r$ 当 $F_a/F_r>1.14$　$P_r=0.35F_r+0.57F_a$	当 $P_{0r}<F_r$　取 $P_{0r}=F_r$ $P_{0r}=0.5F_r+0.26F_a$	0.29	0.55	1.02
			0.44	0.56	1.00
			0.58	0.56	1.00

轴承代号	外形尺寸/mm								安装尺寸/mm			基本额定载荷/kN		极限转速/r·min^{-1}		质量/kg
	d	D	B	d_1 ≈	D_1 ≈	a	r min	r_1 min	d_a min	D_a max	r_a max	C_r	C_{0r}	脂润滑	油润滑	W ≈
7002C	15	32	9	20.4	26.6	7.6	0.3	0.15	17.4	29.6	0.3	6.25	3.42	17000	24000	0.028
7002AC		32	9	20.4	26.6	10.0	0.3	0.15	17.4	29.6	0.3	5.95	3.25	17000	24000	0.028
7202C		35	11	21.6	29.4	8.9	0.6	0.15	20	30	0.6	8.68	4.62	16000	22000	0.043
7202AC		35	11	21.6	29.4	11.4	0.6	0.15	20	30	0.6	8.35	4.40	16000	22000	0.043

续表

轴承代号	外形尺寸/mm								安装尺寸/mm			基本额定载荷/kN		极限转速/r·min^{-1}		质量/kg
	d	D	B	d_1 ≈	D_1 ≈	a	r min	r_1 min	d_a min	D_a max	r_a max	C_r	C_{0r}	脂润滑	油润滑	W ≈
7003C	17	35	10	22.9	29.1	8.5	0.3	0.15	19.4	32.6	0.3	6.60	3.85	16000	22000	0.036
7003AC		35	10	22.9	29.1	11.1	0.3	0.15	19.4	32.6	0.3	6.30	3.68	16000	22000	0.036
7203C		40	12	24.8	33.4	9.9	0.6	0.3	22	35	0.6	10.8	5.95	15000	20000	0.062
7203AC		40	12	24.8	33.4	12.8	0.6	0.3	22	35	0.6	10.5	5.65	15000	20000	0.062
7004C	20	42	12	26.9	35.1	10.2	0.6	0.15	25	37	0.6	10.5	6.08	14000	19000	0.064
7004AC		42	12	26.9	35.1	13.2	0.6	0.15	25	37	0.6	10.0	5.78	14000	19000	0.064
7204C		47	14	29.3	39.7	11.5	1	0.3	26	41	1	14.5	8.22	13000	18000	0.1
7204AC		47	14	29.3	39.7	14.9	1	0.3	26	41	1	14.0	7.82	13000	18000	0.1
7204B		47	14	30.5	37	21.1	1	0.3	26	41	1	14.0	7.85	13000	18000	0.11
73005C	25	47	12	31.9	40.1	10.8	0.6	0.15	30	42	0.6	11.5	7.45	12000	17000	0.074
7005AC		47	12	31.9	40.1	14.4	0.6	0.15	30	42	0.6	11.2	7.08	12000	17000	0.074
7205C		52	15	33.8	44.2	12.7	1	0.3	31	46	1	16.5	10.5	11000	16000	0.12
7205AC		52	15	33.8	44.2	16.4	1	0.3	31	46	1	15.8	9.88	11000	16000	0.12
7205B		52	15	35.4	42.1	23.7	1	0.3	31	46	1	15.8	9.45	11000	16000	0.13
7305B		62	17	39.2	48.4	26.8	1.1	0.6	32	55	1	26.2	15.2	8500	12000	—
7006C	30	55	13	38.4	47.7	12.2	1	0.3	36	49	1	15.2	10.2	9500	14000	0.11
7006AC		55	13	38.4	47.7	16.4	1	0.3	36	49	1	14.5	9.85	9500	14000	0.11
7206C		62	16	40.8	52.2	14.2	1	0.3	36	56	1	23.0	15.0	9000	13000	0.19
7206AC		62	16	40.8	52.2	18.7	1	0.3	36	56	1	22.0	14.2	9000	13000	0.19
7206B		62	16	42.8	50.1	27.4	1	0.3	36	56	1	20.5	13.8	8500	12000	0.21
7306B		72	19	46.8	56.8	31.1	1.1	0.6	37	65	1	31.0	19.2	7500	10000	0.37
7007C	35	62	14	43.3	53.7	13.5	1	0.3	41	56	1	19.5	14.2	8500	12000	0.15
7007AC		62	14	43.3	53.7	18.3	1	0.3	41	56	1	18.5	13.5	8500	12000	0.15
7207C		72	17	46.8	60.2	15.7	1.1	0.6	42	65	1	30.5	20.0	8000	11000	0.28
7207AC		72	17	46.8	60.2	21.0	1.1	0.6	42	65	1	29.0	19.2	8000	11000	0.28
7207B		72	17	49.5	58.1	30.9	1.1	0.6	42	65	1	27.0	18.8	8000	11000	0.3
7307B		80	21	52.4	63.4	24.6	1.5	0.6	44	71	1.5	38.2	24.5	7000	9500	0.51
7008C	40	68	15	48.8	59.2	14.7	1	0.3	46	62	1	20.0	15.2	8000	11000	0.18
7008AC		68	15	48.8	59.2	20.1	1	0.3	46	62	1	19.0	14.5	8000	11000	0.18
7208C		80	18	52.8	67.2	17.0	1.1	0.6	47	73	1	36.8	25.8	7500	10000	0.37
7208AC		80	18	52.8	67.2	23.0	1.1	0.6	47	73	1	35.2	24.5	7500	10000	0.37
7208B		80	18	56.4	65.7	34.5	1.1	0.6	47	73	1	32.5	23.5	7500	10000	0.39
7308B		90	23	59.3	71.6	38.8	1.5	0.6	49	81	1.5	46.2	30.5	6700	9000	0.67
7408B		110	27	64.6	85.4	37.7	2	1	50	100	2	67.0	47.0	6000	8000	1.4
7009C	45	75	16	54.2	65.9	16.0	1	0.3	51	69	1	25.8	20.5	7500	10000	0.23
7009AC		75	16	54.2	65.9	21.9	1	0.3	51	69	1	25.8	19.5	7500	10000	0.23
7209C		85	19	58.8	73.2	18.2	1.1	0.6	52	78	1	38.5	28.5	6700	9000	0.41
7209AC		85	19	58.8	73.2	24.7	1.1	0.6	52	78	1	36.8	27.2	6700	9000	0.41
7209B		85	19	60.5	70.2	36.8	1.1	0.6	52	78	1	36.0	26.2	6700	9000	0.44

续表

轴承代号	外形尺寸/mm								安装尺寸/mm			基本额定载荷/kN		极限转速/r·min^{-1}		质量/kg
	d	D	B	d_1 ≈	D_1 ≈	a	r min	r_1 min	d_a min	D_a max	r_a max	C_r	C_{0r}	脂润滑	油润滑	W ≈
7309B		100	25	66	80	42.9	1.5	0.6	54	91	1.5	59.5	39.8	6000	8000	0.9
7010C	50	80	16	59.2	70.9	16.7	1	0.3	56	74	1	26.5	22.0	6700	9000	0.25
7010AC		80	16	59.2	70.9	23.2	1	0.3	56	74	1	25.2	21.0	6700	9000	0.25
7210C		90	20	62.4	77.7	19.4	1.1	0.6	57	83	1	42.8	32.0	6300	8500	0.46
7210AC		90	20	62.4	77.7	26.3	1.1	0.6	57	83	1	40.8	30.5	6300	8500	0.46
7210B		90	20	65.4	75.4	39.4	1.1	0.6	57	83	1	37.5	29.0	6300	8500	0.40
7310B		110	27	74.2	88.8	47.5	2	1	60	100	2	68.2	48.0	5600	7500	1.15
7011C	55	90	18	66	79	18.7	1.1	0.6	62	83	1	37.2	30.5	6000	8000	0.38
7011AC		90	18	66	79	25.9	1.1	0.6	62	83	1	35.2	29.2	6000	8000	0.38
7211C		100	21	68.9	86.1	20.9	1.5	0.6	64	91	1.5	52.8	40.5	5600	7500	0.61
7211AC		100	21	68.9	86.1	28.6	1.5	0.6	64	91	1.5	50.5	38.5	5600	7500	0.61
7211B		100	21	72.4	83.4	43.0	1.5	0.6	64	91	1.5	46.2	36.0	5600	7500	0.65
7311B		120	29	80.5	96.4	51.4	2	1	65	110	2	78.8	56.5	5000	6700	1.45
7012C	60	95	18	71.4	85.7	9.38	1.1	0.6	67	88	1	38.2	32.8	5600	7500	0.4
7012AC		95	18	71.4	85.7	27.1	1.1	0.6	67	88	1	36.2	31.5	5600	7500	0.4
7212C		110	22	76	94.1	22.4	1.5	0.6	69	101	1.5	61.0	48.5	5300	7000	0.8
7212AC		110	22	76	94.1	30.8	1.5	0.6	69	101	1.5	58.2	46.2	5300	7000	0.8
7212B		110	22	79.3	91.5	46.7	1.5	0.6	69	101	1.5	56.0	44.5	5300	7000	0.84
7312B		130	31	87.1	104.2	55.4	2.1	1.1	72	118	2.1	90.0	66.3	4800	6300	1.85
7013C	65	100	18	75.3	89.8	20.1	1.1	0.6	72	93	1	40.0	35.5	5300	7000	0.43
7013AC		100	18	75.3	89.8	28.2	1.1	0.6	72	93	1	38.0	33.8	5300	7000	0.43
7213C		120	23	82.5	102.6	24.2	1.5	0.6	74	111	1.5	69.8	55.2	4800	6200	1
7213AC		120	23	82.5	102.6	33.5	1.5	0.6	74	111	1.5	66.5	52.5	4800	6200	1
7213B		120	23	88.4	101.2	51.1	1.5	0.6	74	111	1.5	62.5	53.2	4800	6300	1.05
7313B		140	33	93.9	124.4	59.5	2.1	1.1	77	128	2.1	102	77.8	4300	5600	2.25
7014C	70	110	20	82	98	22.1	1.1	0.6	77	103	1	48.2	43.5	5000	6700	0.6
7014AC		110	20	82	98	30.9	1.1	0.6	77	103	1	45.8	41.5	5000	6700	0.6
7214C		125	24	89	109.1	25.3	1.5	0.6	79	116	1.5	70.2	60.0	4500	6700	1.1
7214AC		125	24	89	109.1	35.1	1.5	0.6	79	116	1.5	69.2	57.5	4500	6700	1.1
7214B		125	24	91.1	104.9	52.9	1.5	0.6	79	116	1.5	70.2	57.2	4500	6700	1.15
7314B		150	35	100.9	120.5	63.7	2.1	1.1	82	138	2.1	115	87.2	4000	5300	2.75
7015C	75	115	20	88	104	22.7	1.1	0.6	82	108	1	49.5	46.5	4800	6300	0.63
7015AC		115	20	88	104	32.2	1.1	0.6	82	108	1	46.8	44.2	4800	6300	0.63
7215C		130	25	94	115	26.4	1.5	0.6	84	121	1.5	79.2	65.8	4300	5600	1.2
7215AC		130	25	94	115	36.6	1.5	0.6	84	121	1.5	75.2	63.0	4300	5600	1.2
7215B		130	25	96.1	109.9	55.5	1.5	0.6	84	121	1.5	72.8	62.0	4000	5300	1.3

续表

轴承代号	外形尺寸/mm								安装尺寸/mm			基本额定载荷/kN		极限转速/r·min^{-1}		质量/kg
	d	D	B	d_1 ≈	D_1 ≈	a	r min	r_1 min	d_a min	D_a max	r_a max	C_r	C_{0r}	脂润滑	油润滑	W ≈
7315B		160	37	107.9	128.4	68.4	2.1	1.1	87	148	2.1	125	98.5	3400	4500	3.3
7016C	80	125	22	95.2	112.8	24.7	1.1	0.6	87	118	1	58.5	55.8	4500	6000	0.85
7016AC		125	22	95.2	112.8	34.9	1.1	0.6	87	118	1	55.5	53.2	4500	6000	0.85
7216C		140	26	100	122	27.7	2	1	90	130	2	89.5	78.2	4000	5300	1.45
7216AC		140	26	100	122	38.9	2	1	90	130	2	85.0	74.5	4000	5300	1.45
7216B		140	26	103.2	117.8	59.2	2	1	90	130	2	80.2	69.5	3600	4800	1.55
7316B		170	39	114.8	136.8	71.9	2.1	1.1	92	158	2.1	135	110	3600	4800	3.9
7017C	85	130	22	99.4	116.3	25.4	1.1	0.6	92	123	1	62.5	60.2	4300	5600	0.89
7017AC		130	22	99.4	116.3	36.1	1.1	0.6	92	123	1	59.2	57.2	4300	5600	0.89
7217C		150	28	107.1	131	29.9	2	1	95	140	2	99.8	85.0	3800	5000	1.8
7217AC		150	28	107.1	131	41.6	2	1	95	140	2	94.8	81.5	3800	5000	1.8
7217B		150	28	110.1	126	63.3	2	1	95	140	2	93.0	81.5	3400	4500	1.95
7317B		180	41	121.2	145.6	76.1	3	1.1	99	166	2.5	148	122	3000	4000	4.6
7018C	90	140	24	107.2	126.8	27.4	1.5	0.6	99	131	1.5	71.5	69.8	4000	5300	1.15
7018AC		140	24	107.2	126.8	38.8	1.5	0.6	99	131	1.5	67.5	66.5	4000	5300	1.15
7218C		160	30	111.7	138.4	31.7	2	1	100	150	2	122	105	3600	4800	2.25
7218AC		160	30	111.7	138.4	44.2	2	1	100	150	2	118	100	3600	4800	2.25
7218B		160	30	118.1	135.2	67.9	2	1	100	150	2	105	94.5	3200	4300	2.4
7318B		190	43	128.6	153.2	80.8	3	1.1	104	176	2.5	158	138	2800	3800	5.4
7019C	95	145	24	110.2	129.8	28.1	1.5	0.6	104	136	1.5	73.5	73.2	3800	5000	1.2
7019AC		145	24	110.2	129.8	40	1.5	0.6	104	136	1.5	69.5	69.8	3800	5000	1.2
7219C		170	32	118.1	147	33.8	2.1	1.1	107	158	2.1	135	115	3400	4500	2.7
7219AC		170	32	118.1	147	46.9	2.1	1.1	107	158	2.1	128	108	3400	4500	2.7
7219B		170	32	126.1	144.4	72.5	2.1	1.1	107	158	2.1	120	108	3000	4000	2.9
7319B		200	45	135.4	161.5	84.4	3	1.1	109	186	2.5	172	155	2800	3800	6.25
7020C	100	150	24	114.6	135.4	28.7	1.5	0.6	109	141	1.5	79.2	78.5	3800	5000	1.25
7020AC		150	24	114.6	135.4	41.2	1.5	0.6	109	141	1.5	75.0	74.8	3800	5000	1.25
7220C		180	34	124.8	155.3	35.8	2.1	1.1	112	168	2.1	148	128	3200	4300	3.25
7220AC		180	34	124.8	155.3	49.7	2.1	1.1	112	168	2.1	142	122	3200	4300	3.25
7220B		180	34	130.9	150.5	75.7	2.1	1.1	112	168	2.1	130	115	2600	3600	3.45
7320B	100	215	47	144.5	172.5	89.6	3	1.1	114	201	2.5	188	180	2400	3400	7.75

续表

轴承代号	外形尺寸/mm								安装尺寸/mm			基本额定载荷/kN		极限转速/$r \cdot min^{-1}$		质量/kg
	d	D	B	d_1 ≈	D_1 ≈	a	r min	r_1 min	d_a min	D_a max	r_a max	C_r	C_{0r}	脂润滑	油润滑	W ≈
7021C	105	160	26	121.5	143.6	30.8	2	1	115	150	2	88.5	88.8	3600	4800	1.6
7021AC		160	26	121.5	143.6	43.9	2	1	115	150	2	83.8	84.2	3600	4800	1.6
7221C		190	36	131.3	163.8	37.8	2.1	1.1	117	178	2.1	162	145	3000	4000	3.85
7221AC		190	36	131.3	163.8	52.4	2.1	1.1	117	178	2.1	155	138	3000	4000	3.85
7221B		190	36	137.5	159	79.9	2.1	1.1	117	178	2.1	142	130	2600	3600	4.1
7321B		225	49	151.4	180.7	93.7	3	1.1	119	211	2.5	202	195	2200	3200	8.8
7022C	110	170	28	129.1	152.9	32.8	2	1	120	160	2	100	102	3600	4800	1.95
7022AC		170	28	129.1	152.9	46.7	2	1	120	160	2	95.5	97.2	3600	4800	1.95
7222C		200	38	138.9	173.2	39.8	2.1	1.1	122	188	2.1	175	162	2800	3800	4.55
7222AC		200	38	138.9	173.2	55.2	2.1	1.1	122	188	2.1	168	155	2800	3800	4.55
7222B		200	38	144.8	166.8	84.0	2.1	1.1	122	188	2.1	155	145	2400	3400	4.8
7322B		240	50	160.3	192.0	98.4	3	1.1	124	226	2.5	225	225	2000	3000	10.5
7024C	120	180	28	137.7	162.4	34.1	2	1	130	170	2	108	110	2800	3800	2.1
7024AC		180	28	137.7	162.4	48.9	2	1	130	170	2	102	105	2800	3800	2.1
7224C		215	40	149.4	185.7	42.4	2.1	1.1	132	203	2.1	188	180	2400	3400	5.4
7224AC		215	40	149.4	185.7	59.1	2.1	1.1	132	203	2.1	180	172	2400	3400	5.4
7026C	130	200	33	151.4	178.7	38.6	2	1	140	190	2	128	135	2600	3600	3.2
7026AC		200	33	151.4	178.7	54.9	2	1	140	190	2	122	128	2600	3600	3.2
7226C		230	40	162.9	199.3	44.3	3	1.1	144	216	2.5	205	210	2200	3200	6.25
7226AC		230	40	162.9	199.3	62.2	3	1.1	144	216	2.5	195	200	2200	3200	6.25
7028C	140	210	33	162.0	188	40.0	2	1	150	200	2	140	145	2400	3400	3.62
7028AC		210	33	162.0	188	59.2	2	1	150	200	2	140	150	2200	3200	3.62
7228C		250	42	—	—	41.7	3	1.1	154	236	2.5	230	245	1900	2800	9.36
7228AC		250	42	—	—	68.6	3	1.1	154	236	2.5	230	235	1900	2800	9.24
7328B		300	62	—	—	111	4	1.5	158	282	3	288	315	1700	2400	22.44
7030C	150	225	35	—	—	63.2	2.1	1.1	162	213	2.1	160	155	2200	3200	4.83
7330AC		220	35	199.5	270.5	57.5	4	1.5	162	213	2.1	152	168	2000	3000	—
7232C	160	290	48	—	—	47.9	3	1.1	174	276	2.5	262	298	1700	2400	14.5
7232AC		290	48	—	—	78.9	3	1.1	174	276	2.5	248	278	1700	2400	14.5
7034AC	170	260	42	—	—	73.4	2.1	1.1	182	248	2.1	192	222	1800	2600	8.25
7234C		310	52	—	—	51.5	4	1.5	188	292	3	322	290	1600	2200	19.2
7234AC		310	52	—	—	84.5	4	1.5	188	292	3	368	368	1600	2200	17.2
7236C	180	320	52	—	—	52.6	4	1.5	198	302	3	335	415	1500	2000	18.1
7236AC		320	52	—	—	87.0	4	1.5	198	302	3	315	388	1500	2000	18.1
7038AC	190	290	46	—	—	81.5	2.1	1.1	202	278	2.1	215	262	1600	2200	10.7

续表

轴承代号	外形尺寸/mm								安装尺寸/mm			基本额定载荷/kN		极限转速/$r\cdot min^{-1}$		质量/kg
	d	D	B	d_1 ≈	D_1 ≈	a	r min	r_1 min	d_a min	D_a max	r_a max	C_r	C_{0r}	脂润滑	油润滑	W ≈
7040AC	200	310	51	—	—	87.7	2.1	1.1	212	298	2.1	252	325	1500	2000	14.04
7240C		360	58	—	—	58.8	4	1.5	218	342	3	360	475	1300	1800	25.2
7240AC		360	58	—	—	97.3	4	1.5	218	342	3	345	448	1300	1800	25.2

1.5.2 深沟球轴承

表 6-1-47 深沟球轴承（部分摘自 GB/T 276—2013）

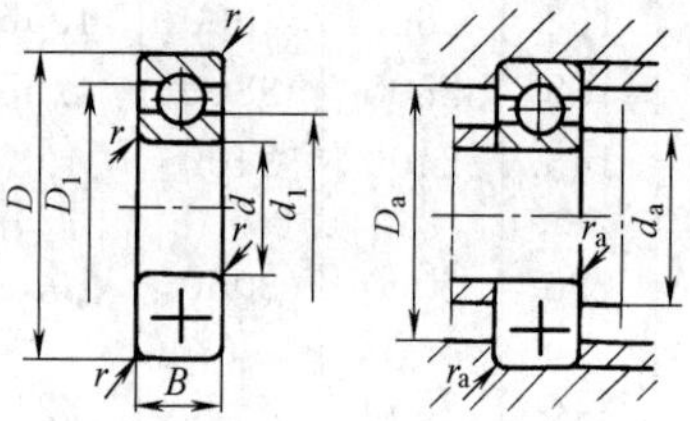

60000型 外形尺寸　　安装尺寸

当量动载荷

$P_r = XF_r + XF_a$

当量静载荷

当 $F_a/F_r \leqslant 0.8$　$P_{0r} = F_r$

当 $F_a/F_r > 0.8$　$P_{0r} = 0.6F_r + 0.5F_a$

$\frac{F_a}{C_{0r}}$	$\frac{F_a}{F_r} \leqslant e$		$\frac{F_a}{F_r} > e$		e
	X	Y	X	Y	
0.014	1	0	0.56	2.30	0.19
0.029				1.99	0.22
0.056				1.71	0.26
0.084				1.55	0.28
0.11				1.45	0.30
0.17				1.31	0.34
0.29				1.15	0.38
0.43				1.04	0.42
0.57				1.00	0.44

轴承代号	外形尺寸/mm						安装尺寸/mm			基本额定载荷/kN		极限转速/$r\cdot min^{-1}$		质量/kg
	d	D	B	d_1 ≈	D_1 ≈	r min	d_a min	D_a max	r_a max	C_r	C_{0r}	脂润滑	油润滑	W ≈
61800	10	19	5	12.6	16.4	0.3	12.0	17	0.3	1.80	0.93	28000	36000	0.005
61900		22	6	13.5	18.5	0.3	12.4	20	0.3	2.70	1.30	25000	32000	0.008
6000		26	8	14.9	21.3	0.3	12.4	23.6	0.3	4.58	1.98	22000	30000	0.019
6200		30	9	17.4	23.8	0.6	15.0	26	0.6	5.10	2.38	20000	26000	0.032
6300		35	11	19.4	27.6	0.6	15.0	30.0	0.6	7.65	3.48	18000	24000	0.053
61801	12	21	5	14.6	18.4	0.3	14	19	0.3	1.90	1.00	24000	32000	0.005
61901		24	6	15.5	20.6	0.3	14.4	22	0.3	2.90	1.50	22000	28000	0.008
16001		28	7	16.7	23.3	0.3	14.4	25.6	0.3	5.10	2.40	20000	26000	0.015
6001		28	8	17.4	23.8	0.3	14.4	25.6	0.3	5.10	2.38	20000	26000	0.022
6201		32	10	18.3	26.1	0.6	17.0	28	0.6	6.82	3.05	19000	24000	0.035
6301		37	12	19.3	29.7	1	18.0	32	1	9.72	5.08	17000	22000	0.051

续表

轴承代号	外形尺寸/mm						安装尺寸/mm			基本额定载荷/kN		极限转速/r·min^{-1}		质量/kg
	d	D	B	d_1 ≈	D_1 ≈	r min	d_a min	D_a max	r_a max	C_r	C_{0r}	脂润滑	油润滑	W ≈
61802	15	24	5	17.6	21.4	0.3	17	22	0.3	2.10	1.30	22000	30000	0.005
61902		28	7	18.3	24.7	0.3	17.4	26	0.3	4.30	2.30	20000	26000	0.012
16002		32	8	20.2	26.8	0.3	17.4	29.6	0.3	5.60	2.80	19000	24000	0.023
6002		32	9	20.4	26.6	0.3	17.4	29.6	0.3	5.58	2.85	19000	24000	0.031
6202		35	11	21.6	29.4	0.6	20.0	32	0.6	7.65	3.72	18000	22000	0.045
6302		42	13	24.3	34.7	1	21.0	37	1	11.5	5.42	16000	20000	0.080
61803	17	26	5	19.6	23.4	0.3	19	24	0.3	2.20	1.5	20000	28000	0.007
61903		30	7	20.3	26.7	0.3	19.4	28	0.3	4.60	2.6	19000	24000	0.014
16003		35	8	22.7	29.3	0.3	19.4	32.6	0.3	6.00	3.3	18000	22000	0.028
6003		35	10	22.9	29.1	0.3	19.4	32.6	0.3	6.00	3.25	17000	21000	0.040
6203		40	12	24.6	33.4	0.6	22.0	36	0.6	9.58	4.78	16000	20000	0.064
6303		47	14	26.8	38.2	1	23.0	41.0	1	13.5	6.58	15000	18000	0.109
6403		62	17	31.9	47.1	1.1	24.0	55.0	1	22.7	10.8	11000	15000	0.268
61804	20	32	7	23.5	28.6	0.3	22.4	30	0.3	3.50	2.20	18000	24000	0.015
61904		37	9	25.2	31.8	0.3	22.4	34.6	0.3	6.40	3.70	17000	22000	0.031
16004		42	8	27.1	34.9	0.3	22.4	39.6	0.3	7.90	4.50	16000	19000	0.052
6004		42	12	26.9	35.1	0.6	25.0	38	0.6	9.38	5.02	16000	19000	0.068
6204		47	14	29.3	39.7	1	26.0	42	1	12.8	6.65	14000	18000	0.103
6304		52	15	29.8	42.2	1.1	27.0	45.0	1	15.8	7.88	13000	16000	0.142
6404		72	19	38.0	56.1	1.1	27.0	65.0	1	31.0	15.2	9500	13000	0.400
61805	25	37	7	28.2	33.8	0.3	27.4	35	0.3	4.3	2.90	16000	20000	0.017
61905		42	9	30.2	36.8	0.3	27.4	40	0.3	7.0	4.50	14000	18000	0.038
16005		47	8	33.1	40.9	0.3	27.4	44.6	0.3	8.8	5.60	13000	17000	0.059
6005		47	12	31.9	40.1	0.6	30	43	0.6	10.0	5.85	13000	17000	0.078
6205		52	15	33.8	44.2	1	31	47	1	14.0	7.88	12000	15000	0.127
6305		62	17	36.0	51.0	1.1	32	55	1	22.2	11.5	10000	14000	0.219
6405		80	21	42.3	62.7	1.5	34	71	1.5	38.2	19.2	8500	11000	0.529
61806	30	42	7	33.2	38.8	0.3	32.4	40	0.3	4.70	3.60	13000	17000	0.019
61906		47	9	35.2	41.8	0.3	32.4	44.6	0.3	7.20	5.00	12000	16000	0.043
16006		55	9	38.1	47.0	0.3	32.4	52.6	0.3	11.2	7.40	11000	14000	0.084
6006		55	13	38.4	47.7	1	36	50.0	1	13.2	8.30	11000	14000	0.113
6206		62	16	40.8	52.2	1	36	56	1	19.5	11.5	9500	13000	0.200
6306		72	19	44.8	59.2	1.1	37	65	1	27.0	15.2	9000	11000	0.349
6406		90	23	48.6	71.4	1.5	39	81	1.5	47.5	24.5	8000	10000	0.710
61807	35	47	7	38.2	43.8	0.3	37.4	45	0.3	4.90	4.00	11000	15000	0.023
61907		55	10	41.1	48.9	0.6	40	51	0.6	9.50	6.80	10000	13000	0.078
16007		62	9	44.6	53.5	0.3	37.4	59.6	0.3	12.2	8.80	9500	12000	0.107
6007		62	14	43.3	53.7	1	41	56	1	16.2	10.5	9500	12000	0.148
6207		72	17	46.8	60.2	1.1	42	65	1	25.5	15.2	8500	11000	0.288
6307		80	21	50.4	66.6	1.5	44	71	1.5	33.4	19.2	8000	9500	0.455
6407		100	25	54.9	80.1	1.5	44	91	1.5	56.8	29.5	6700	8500	0.926

第6篇

续表

轴承代号	外形尺寸/mm						安装尺寸/mm			基本额定载荷/kN		极限转速/r·min^{-1}		质量/kg
	d	D	B	d_1 ≈	D_1 ≈	r min	d_a min	D_a max	r_a max	C_r	C_{0r}	脂润滑	油润滑	W ≈
61808	40	52	7	43.2	48.8	0.3	42.4	50	0.3	5.10	4.40	10000	13000	0.026
61908		62	12	46.3	55.7	0.6	45	58	0.6	13.7	9.90	9500	12000	0.103
16008		68	9	49.6	58.5	0.3	42.4	65.6	0.3	12.6	9.60	9000	11000	0.125
6008		68	15	48.8	59.2	1	46	62	1	17.0	11.8	9000	11000	0.185
6208		80	18	52.8	67.2	1.1	47	73	1	29.5	18.0	8000	10000	0.368
6308		90	23	56.5	74.6	1.5	49	81	1.5	40.8	24.0	7000	8500	0.639
6408		110	27	63.9	89.1	2	50	100	2	65.5	37.5	6300	8000	1.221
61809	45	58	7	48.3	54.7	0.3	47.4	56	0.3	6.40	5.60	9000	12000	0.030
61909		68	12	51.8	61.2	0.6	50	63	0.6	14.1	10.90	8500	11000	0.123
16009		75	10	55.0	65.0	0.6	50	70	0.6	15.6	12.2	8000	10000	0.155
6009		75	16	54.2	65.9	1	51	69	1	21.0	14.8	8000	10000	0.230
6209		85	19	58.8	73.2	1.1	52	78	1	31.5	20.5	7000	9000	0.416
6309		100	25	63.0	84.0	1.5	54	91	1.5	52.8	31.8	6300	7500	0.837
6409		120	29	70.7	98.3	2	55	110	2	77.5	45.5	5600	7000	1.520
61810	50	65	7	54.3	60.7	0.3	52.4	62.6	0.3	6.6	6.1	8500	10000	0.043
61910		72	12	56.3	65.7	0.6	55	68	0.6	14.5	11.7	8000	9500	0.122
16010		80	10	60.0	70.0	0.6	55	75	0.6	16.1	13.1	8000	9500	0.166
6010		80	16	59.2	70.9	1	56	74	1	22.0	16.2	7000	9000	0.250
6210		90	20	62.4	77.6	1.1	57	83	1	35.0	23.2	6700	8500	0.463
6310		110	27	69.1	91.9	2	60	100	2	61.8	38.0	6000	7000	1.082
6410		130	31	77.3	107.8	2.1	62	118	2.1	92.2	55.2	5300	6300	1.855
61811	55	72	9	60.2	66.9	0.3	57.4	69.6	0.3	9.1	8.4	8000	9500	0.070
61911		80	13	62.9	72.2	1	61	75	1	15.9	13.2	7500	9000	0.170
16011		90	11	67.3	77.7	0.6	60	85	0.6	19.4	16.2	7000	8500	0.207
6011		90	18	65.4	79.7	1.1	62	83	1	30.2	21.8	7000	8500	0.362
6211		100	21	68.9	86.1	1.5	64	91	1.5	43.2	29.2	6000	7500	0.603
6311		120	29	76.1	100.9	2	65	110	2	71.5	44.8	5600	6700	1.367
6411		140	33	82.8	115.2	2.1	67	128	2.1	100	62.5	4800	6000	2.316
61812	60	78	10	66.2	72.9	0.3	62.4	75.6	0.3	9.1	8.7	7000	8500	0.093
61912		85	13	67.9	77.2	1	66	80	1	16.4	14.2	6700	8000	0.181
16012		95	11	72.3	82.7	0.6	65	90	0.6	19.9	17.5	6300	7500	0.224
6012		95	18	71.4	85.7	1.1	67	89	1	31.5	24.2	6300	7500	0.385
6212		110	22	76.0	94.1	1.5	69	101	1.5	47.8	32.8	5600	7000	0.789
6312		130	31	81.7	108.4	2.1	72	118	2.1	81.8	51.8	5000	6000	1.710
6412		150	35	87.9	122.2	2.1	72	138	2.1	109	70.0	4500	5600	2.811

轴承代号	外形尺寸/mm						安装尺寸/mm			基本额定载荷/kN		极限转速/r·min^{-1}		质量/kg
	d	D	B	d_1 ≈	D_1 ≈	r min	d_a min	D_a max	r_a max	C_r	C_{0r}	脂润滑	油润滑	W ≈
61813	65	85	10	71.1	78.9	0.6	69	81	0.6	11.9	11.5	6700	8000	0.13
61913		90	13	72.9	82.2	1	71	85	1	17.4	16.0	6300	7500	0.196
16013		100	11	77.3	87.7	0.6	70	95	0.6	20.5	18.6	6000	7000	0.241
6013		100	18	75.3	89.7	1.1	72	93	1	32.0	24.8	6000	7000	0.410
6213		120	23	82.5	102.5	1.5	74	111	1.5	57.2	40.0	5000	6300	0.990
6313		140	33	88.1	116.9	2.1	77	128	2.1	93.8	60.5	4500	5300	2.100
6413		160	37	94.5	130.6	2.1	77	148	2.1	118	78.5	4300	5300	3.342
61814	70	90	10	76.1	83.9	0.6	74	86	0.6	12.1	11.9	6300	7500	0.138
61914		100	16	79.3	90.7	1	76	95	1	23.7	21.1	6000	7000	0.336
16014		110	13	83.8	96.2	0.6	75	105	0.6	27.9	25.0	5600	6700	0.386
6014		110	20	82.0	98.0	1.1	77	103	1	38.5	30.5	5600	6700	0.575
6214		125	24	89.0	109.0	1.5	79	116	1.5	60.8	45.0	4800	6000	1.084
6314		150	35	94.8	125.3	2.1	82	138	2.1	105	68.0	4300	5000	2.550
6414		180	42	105.6	146.4	3	84	166	2.5	140	99.5	3800	4500	4.896
61815	75	95	10	81.1	88.9	0.6	79	91	0.6	12.5	12.8	6000	7000	0.147
61915		105	16	84.3	95.7	1	81	100	1	24.3	22.5	5600	6700	0.355
16015		115	13	88.8	101.2	0.6	80	110	0.6	28.7	26.8	5300	6300	0.411
6015		115	20	88.0	104.0	1.1	82	108	1	40.2	33.2	5300	6300	0.603
6215		130	25	94.0	115.0	1.5	84	121	1.5	66.0	49.5	4500	5600	1.171
6315		160	37	101.3	133.7	2.1	87	148	2.1	113	76.8	4000	4800	3.050
6415		190	45	112.1	155.9	3	89	176	2.5	154	115	3600	4300	5.739
61816	80	100	10	86.1	93.9	0.6	84	96	0.6	12.7	13.3	5600	6700	0.155
61916		110	16	89.3	100.7	1	86	105	1	24.9	23.9	5300	6300	0.375
16016		125	14	95.8	109.2	0.6	85	120	0.6	33.1	31.4	5000	6000	0.539
6016		125	22	95.2	112.8	1.1	87	118	1	47.5	39.8	5000	6000	0.821
6216		140	26	100.0	122.0	2	90	130	2	71.5	54.2	4300	5300	1.448
6316		170	39	107.9	142.2	2.1	92	158	2.1	123	86.5	3800	4500	3.610
6416		200	48	117.1	162.9	3	94	186	2.5	163	125	3400	4000	6.752
61817	85	110	13	92.5	102.5	1	90	105	1	19.2	19.8	5000	6300	0.245
61917		120	18	95.8	109.2	1.1	92	113.5	1	31.9	29.7	4800	6000	0.507
16017		130	14	100.8	114.2	0.6	90	125	0.6	34	33.3	4500	5600	0.568
6017		130	22	99.4	117.6	1.1	92	123	1	50.8	42.8	4500	5600	0.848
6217		150	28	107.1	130.9	2	95	140	2	83.2	63.8	4000	5000	1.803
6317		180	41	114.4	150.6	3	99	166	2.5	132	96.5	3600	4300	4.284
6417		210	52	123.5	171.5	4	103	192	3	175	138	3200	3800	7.933

续表

轴承代号	外形尺寸/mm						安装尺寸/mm			基本额定载荷/kN		极限转速/r·min^{-1}		质量/kg
	d	D	B	d_1 ≈	D_1 ≈	r min	d_a min	D_a max	r_a max	C_r	C_{0r}	脂润滑	油润滑	W ≈
61818	90	115	13	97.5	107.5	1	95	110	1	19.5	20.5	4800	6000	0.258
61918		125	18	100.8	114.2	1.1	97	118.5	1	32.8	31.5	4500	5600	0.533
16018		140	16	107.3	122.8	1	96	134	1	41.5	39.3	4300	5300	0.671
6018		140	24	107.2	126.8	1.5	99	131	1.5	58.0	49.8	4300	5300	1.10
6218		160	30	117.7	138.4	2	100	150	2	95.8	71.5	3800	4800	2.17
6318		190	43	120.8	159.2	3	104	176	2.5	145	108	3400	4000	4.97
6418		225	54	131.8	183.2	4	108	207	3	192	158	2800	3600	9.56
61819	95	120	13	102.5	112.5	1	100	115	1	19.8	21.3	4500	5600	0.27
61919		130	18	105.8	119.2	1.1	102	124	1	33.7	33.3	4300	5300	0.56
16019		145	16	112.3	127.8	1	101	139	1	42.7	41.9	4000	5000	0.71
6019		145	24	110.2	129.8	1.5	104	136	1.5	57.8	50.0	4000	5000	1.15
6219		170	32	118.1	146.9	2.1	107	158	2.1	110	82.8	3600	4500	2.62
6319		200	45	127.1	167.9	3	109	186	2.5	157	122	3200	3800	5.74
61820	100	125	13	107.5	117.5	1	105	120	1	20.1	22.0	4300	5300	0.28
61920		140	20	112.3	127.8	1.1	107	133	1	42.7	41.9	4000	5000	0.77
16020		150	16	118.3	133.8	1	106	144	1	43.8	44.3	3800	4800	0.74
6020		150	24	114.6	135.4	1.5	109	141	1.5	64.5	56.2	3800	4800	1.18
6220		180	34	124.8	155.3	2.1	112	168	2.1	122	92.8	3400	4300	3.19
6320		215	47	135.6	179.4	3	114	201	2.5	173	140	2800	3600	7.09
6420		250	58	146.4	203.6	4	118	232	3	223	195	2400	3200	12.9
61821	105	130	13	112.5	122.5	1	110	125	1	20.3	22.7	4000	5000	0.30
61921		145	20	117.3	132.8	1.1	112	138	1	43.9	44.3	3800	4800	0.81
16021		160	18	123.7	141.3	1	111	154	1	51.8	50.6	3600	4500	1.00
6021		160	26	121.5	143.6	2	115	150	2	71.8	63.2	3600	4500	1.52
6221		190	36	131.3	163.7	2.1	117	178	2.1	133	105	3200	4000	3.78
6321		225	49	142.1	187.9	3	119	211	2.5	184	153	2600	3200	8.05
61822	110	140	16	119.3	130.7	1	115	135	1	28.1	30.7	3800	5000	0.50
61922		150	20	122.3	137.8	1.1	117	143	1	43.6	44.4	3600	4500	0.84
16022		170	19	130.7	149.3	1	116	164	1	57.4	56.7	3400	4300	1.27
6022		170	28	129.1	152.9	2	120	160	2	81.8	72.8	3400	4300	1.89
6222		200	38	138.9	173.2	2.1	122	188	2.1	144	117	3000	3800	4.42
6322		240	50	150.2	199.8	3	124	226	2.5	205	178	2400	3000	9.53
6422		280	65	163.6	226.5	4	128	262	3	225	238	2000	2800	18.34

续表

轴承代号	外形尺寸/mm						安装尺寸/mm			基本额定载荷/kN		极限转速/r·min^{-1}		质量/kg
	d	D	B	d_1 ≈	D_1 ≈	r min	d_a min	D_a max	r_a max	C_r	C_{0r}	脂润滑	油润滑	W ≈
61824	120	150	16	129.3	140.7	1	125	145	1	28.9	32.9	3400	4300	0.54
61924		165	22	133.7	151.3	1.1	127	158	1	55.0	56.9	3200	4000	1.13
16024		180	19	140.7	159.3	1	126	174	1	58.8	60.4	3000	3800	1.374
6024		180	28	137.7	162.4	2	130	170	2	87.5	79.2	3000	3800	1.99
6224		215	40	149.4	185.6	2.1	132	203	2.1	155	131	2600	3400	5.30
6324		260	55	163.3	216.7	3	134	246	2.5	228	208	2200	2800	12.2
61826	130	165	18	140.8	154.2	1.1	137	158	1	37.9	42.9	3200	4000	0.736
61926		180	24	145.2	164.8	1.5	139	171	1.5	65.1	67.2	3000	3800	1.496
16026		200	22	153.6	176.4	1.1	137	193	1	79.7	79.2	2800	3600	1.868
6026		200	33	151.4	178.7	2	140	190	2	105	96.8	2800	3600	3.08
6226		230	40	162.9	199.1	3	144	216	2.5	165	148.0	2400	3200	6.12
6326		280	58	176.2	233.8	4	148	262	3	253	242	2000	2600	14.77
61828	140	175	18	150.8	164.2	1.1	147	168	1	38.2	44.3	3000	3800	0.784
61928		190	24	155.2	174.8	1.5	149	181	1.5	66.6	71.2	2800	3600	1.589
16028		210	22	163.6	186.4	1.1	147	203	1	82.1	85	2400	3200	2.00
6028		210	33	160.6	189.5	2	150	200	2	116	108	2400	3200	3.17
6228		250	42	175.8	214.2	3	154	236	2.5	179	167	2000	2800	7.77
6328		300	62	189.5	250.5	4	158	282	3	275	272	1900	2400	18.33
61830	150	190	20	162.3	177.8	1.1	157	183	1	49.1	57.1	2800	3400	1.114
61930		210	28	168.6	191.4	2	160	180	2	84.7	90.2	2600	3200	2.454
16030		225	24	175.6	199.4	1.1	157	218	1	91.9	98.5	2200	3000	2.638
6030		225	35	172.0	203.0	2.1	162	213	2.1	132	125	2200	3000	3.903
6230		270	45	189.0	231.0	3	164	256	2.5	203	199	1900	2600	9.78
6330		320	65	203.6	266.5	4	168	302	3	288	295	1700	2200	21.87
61832	160	200	20	172.3	187.8	1.1	167	193	1	49.6	59.1	2600	3200	1.176
61932		220	28	178.6	201.4	2	170	190	2	86.9	95.5	2400	3000	2.589
16032		240	25	187.6	212.4	1.5	169	231	1.5	98.7	107	2000	2800	2.835
6032		240	38	183.8	216.3	2.1	172	228	2.1	145	138	2000	2800	4.83
6232		290	48	203.1	246.9	3	174	276	2.5	215	218	1800	2400	12.22
6332		340	68	221.6	284.5	4	178	322	3	313	340	1600	2000	26.43
61834	170	215	22	183.7	201.3	1.1	177	208	1	61.5	73.3	2200	3000	1.545
61934		230	28	188.6	211.4	2	180	220	2	88.8	100	2000	2800	2.725
16034		260	28	201.4	228.7	1.5	179	251	1.5	118	130	1900	2600	4.157
6034		260	42	196.8	233.2	2.1	182	248	2.1	170	170	1900	2600	6.50
6234		310	52	216.0	264.0	4	188	292	3	245	260	1700	2200	15.241
6334		360	72	237.0	303.0	4	188	342	3	335	378	1500	1900	31.14

续表

轴承代号	外形尺寸/mm						安装尺寸/mm			基本额定载荷/kN		极限转速/r·min^{-1}		质量/kg
	d	D	B	d_1 ≈	D_1 ≈	r min	d_a min	D_a max	r_a max	C_r	C_{0r}	脂润滑	油润滑	W ≈
61836	180	225	22	193.7	211.3	1.1	187	218	1	62.3	75.9	2000	2800	1.621
61936		250	33	201.6	228.5	2	190	240	2	118	133	1900	2600	4.062
16036		280	31	214.5	245.5	2	190	270	2	144	157	1800	2400	5.135
6036		280	46	212.4	251.6	2.1	192	268	2.1	188	198	1800	2400	8.51
6236		320	52	227.5	277.9	4	198	302	3	262	285	1600	2000	15.518
61838	190	240	24	205.2	224.9	1.5	199	231	1.5	75.1	91.6	1900	2600	2.1
61938		260	33	211.6	238.5	2	200	250	2	117	133	1800	2400	4.216
16038		290	31	224.5	255.5	2	200	280	2	149	168	1700	2200	5.429
6038		290	46	220.4	259.7	2.1	202	278	2.1	188	200	1700	2200	8.865
6238		340	55	241.2	294.6	4	208	322	3	285	322	1500	1900	18.691
61840	200	250	24	215.2	234.9	1.5	209	241	1.5	74.2	91.2	1800	2400	2.178
61940		280	38	224.5	255.5	2.1	212	268	2.1	149	168	1700	2200	5.879
16040		310	34	238.5	271.6	2	210	300	2	167	191	1800	2000	6.624
6040		310	51	234.2	275.8	2.1	212	298	2.1	205	225	1600	2000	11.64
6240		360	58	253.0	307.0	4	218	342	3	288	332	1400	1800	22.577
61844	220	270	24	235.2	254.9	1.5	229	261	1.5	76.4	97.8	1700	2200	2.369
61944		300	38	244.5	275.5	2.1	232	288	2.1	152	178	1600	2000	6.340
16044		340	37	262.5	297.6	2.1	232	328	2.1	181	216	1400	1800	9.285
6044		340	56	257.0	304.0	3	234	326	2.5	252	268	1400	1800	18.0
6244		400	65	282.0	336.0	4	238	382	3	355	365	1200	1600	36.5
61848	240	300	28	259.0	282	2	250	290	2	83.5	108	1500	1900	4.50
61948		320	38	266.0	294.0	2.1	252	308	2.1	142	178	1400	1800	8.2
16048		360	37	281.0	319	2.1	252	348	2.1	172	210	1200	1600	14.5
6048		360	56	277.0	324	3	254	346	2.5	270	292	1200	1600	20.0
6248		440	72	308.0	373	4	258	422	3	358	467	1000	1400	53.9
61852	260	320	28	279.0	302.0	2	270	310	2	95	128	1300	1700	4.85
61952		360	46	292.0	328.0	2.1	272	348	2.1	210	268	1200	1600	13.70
16052		400	44	306.0	354.0	3	274	386	2.5	235	310	1100	1500	22.5
6052		400	65	304.0	357.0	4	278	382	3	292	372	1100	1500	28.80
61856	280	350	33	302.0	329.0	2	290	340	2	135	178	1200	1600	7.4
61956		380	46	312.0	349.0	2.1	292	368	2.1	210	268	1100	1400	15.0
6056		420	65	324.0	376.0	4	298	402	3	305	408	950	1300	32.10
61860	300	380	38	326.0	356.0	2.1	312	368	2.1	162	222	1100	1400	11.0
61960		420	56	338.0	382.0	3	314	406	2.5	270	370	1000	1300	21.10

表 6-1-48 调心球轴承（部分摘自 GB/T 281—2013）

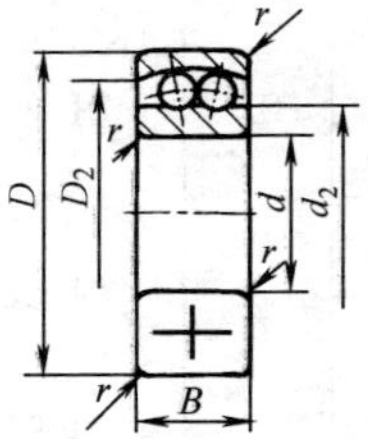

圆柱孔
10000(TN1、M)型

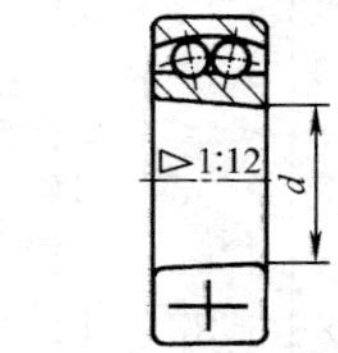

圆锥孔(锥度1:12)
10000K(KTN1、KM)型

外形尺寸

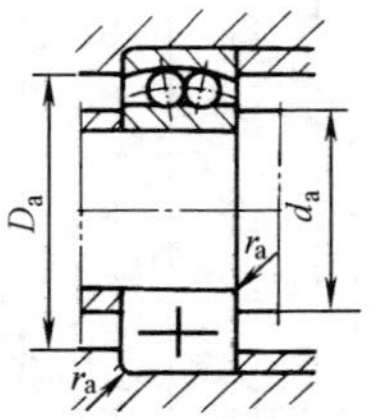

安装尺寸

当量动载荷

当 $F_a/F_r \leqslant e$　　$P_r=F_1+Y_1F_a$

当 $F_a/F_r > e$　　$P_r=0.65F_r+Y_2F_a$

当量静载荷

$P_0=F_r+Y_0F_a$

轴承代号		基本尺寸/mm			其他尺寸/mm			安装尺寸/mm			计算系数				基本额定载荷/kN		极限转速/$r \cdot min^{-1}$		质量/kg
圆柱孔 10000(TN1、M)型	圆锥孔 10000K (KTN1、KM)型	d	D	B	d_2	D_2	r min	d_a max	D_a max	r_a max	e	Y_1	Y_2	Y_0	C_r	C_{0r}	脂	油	W ≈
1200	1200 K	10	30	9	16.7	24.4	0.6	15	25	0.6	0.32	2.0	3.0	2.0	5.48	1.20	24000	28000	0.035
1200 TN1	1200 KTN1		30	9	16.7	23.5	0.6	15	25	0.6	0.31	2.1	3.17	2.1	5.40	1.20	24000	28000	0.035
2200	2200 K		30	14	15.3	23.32	0.6	15	25	0.6	0.62	1.0	1.6	1.1	7.12	1.58	24000	28000	0.050
2200 TN1	—		30	14	15.6	23.3	0.6	15	25	0.6	0.48	1.3	2.0	1.4	8.00	1.70	24000	28000	0.054
1300	1300 K		35	11	—	—	0.6	15	30	0.6	0.33	1.9	3.0	2.0	7.22	1.62	20000	24000	0.06
1300 TN1	—		35	11	18.5	26.4	0.6	15	30	0.6	0.33	1.9	3.0	2.0	7.30	1.60	20000	24000	0.062
2300	2300 K		35	17	—	—	0.6	15	30	0.6	0.66	0.95	1.5	1.0	11.0	2.45	18000	22000	0.09
2300 TN1	—		35	17	17.1	25.4	0.6	15	30	0.6	0.56	1.1	1.7	1.1	10.8	2.40	18000	22000	0.097
1201	1201 K	12	32	10	18.5	26.2	0.6	17	27	0.6	0.33	1.9	2.9	2.0	5.55	1.25	22000	26000	0.042
1201 TN1	1201 KTN1		32	10	18.4	25.5	0.6	17	27	0.6	0.32	1.9	3.0	2.1	6.20	1.40	22000	26000	0.042
2201	2201 K		32	14	—	—	0.6	17	27	0.6	—	—	—	—	8.80	1.80	22000	26000	—

续表

轴承代号		基本尺寸/mm			其他尺寸/mm			安装尺寸/mm			计算系数				基本额定载荷/kN		极限转速/r·min^{-1}		质量/kg
圆柱孔 10000(TN1、M)型	圆锥孔 10000K (KTN1、KM)型	d	D	B	d_2	D_2	r min	d_a max	D_a max	r_a max	e	Y_1	Y_2	Y_0	C_r	C_{0r}	脂	油	W ≈
2201 TN1	—	12	32	14	17.6	25.6	0.6	17	27	0.6	0.45	1.4	2.2	1.5	8.50	1.90	22000	26000	0.059
1301	1301 K		37	12	20.0	30.8	1	18	31	1	0.35	1.8	2.8	1.9	9.42	2.12	18000	22000	0.07
1301 TN1	—		37	12	20.0	29.2	1	18	31	1	0.34	1.8	2.8	1.9	9.40	2.10	18000	22000	0.071
2301	2301 K		37	17	—	—	1	18	31	1	—	—	—	—	12.5	2.72	17000	22000	—
2301 TN1	—		37	17	18.8	27.5	1	18	31	1	0.53	1.1	1.9	1.3	11.5	2.60	17000	22000	0.105
1202	1202 K	15	35	11	20.9	29.9	0.6	20	30	0.6	0.33	1.9	3.0	2.0	7.48	1.75	18000	22000	0.051
1202 TN1	1202 KTN1		35	11	21.0	29.0	0.6	20	30	0.6	0.30	2.1	3.2	2.2	7.40	1.70	18000	22000	0.051
2202	2202 K		35	14	20.8	30.4	0.6	20	30	0.6	0.50	1.3	2.0	1.3	7.65	1.80	18000	22000	0.06
2202 TN1	—		35	14	20.5	28.6	0.6	20	30	0.6	0.39	1.6	2.5	1.7	8.70	2.00	18000	22000	0.066
1302	1302 K		42	13	23.6	34.1	1	21	36	1	0.33	1.9	2.9	2.0	9.50	2.28	16000	20000	0.1
1302 TN1	—		42	13	23.9	33.7	1	21	36	1	0.31	2.0	3.1	2.1	10.8	2.60	16000	20000	0.097
2302	2302 K		42	17	23.2	35.2	1	21	36	1	0.51	1.2	1.9	1.3	12.0	2.88	14000	18000	0.11
2302 TN1	—		42	17	23.9	33.5	1	21	36	1	0.46	1.4	2.1	1.4	11.8	2.90	14000	18000	0.126
1203	1203 K	17	40	12	24.2	33.7	0.6	22	35	0.6	0.31	2.0	3.2	2.1	7.90	2.02	16000	20000	0.076
1203 TN1	1203 KTN1		40	12	24.1	32.8	0.6	22	35	0.6	0.30	2.1	3.2	2.2	8.90	2.20	16000	20000	0.075
2203	2203 K		40	16	23.5	34.3	0.6	22	35	0.6	0.50	1.2	1.9	1.3	9.00	2.45	16000	20000	0.09
2203 TN1	—		40	16	23.6	33.1	0.6	22	35	0.6	0.40	1.6	2.4	1.6	10.5	2.50	16000	20000	0.098
1303	1303 K		47	14	26.4	38.3	1	23	41	1	0.33	1.9	3.0	2.0	12.5	3.18	14000	17000	0.14
1303 TN1	—		47	14	28.9	39.5	1	23	41	1	0.30	2.1	3.2	2.2	12.8	3.40	14000	17000	0.131
2303	2303 K		47	19	25.8	39.4	1	23	41	1	0.52	1.2	1.9	1.3	14.5	3.58	13000	16000	0.17
2303 TN1	—		47	19	26.5	37.5	1	23	41	1	0.50	1.3	1.9	1.3	14.5	3.60	13000	16000	0.175
1204	1204 K	20	47	14	28.9	39.1	1	26	41	1	0.27	2.3	3.6	2.4	9.95	2.65	14000	17000	0.12
1204 TN1	1204 KTN1		47	14	29.2	39.6	1	26	41	1	0.30	2.1	3.2	2.2	12.8	3.40	14000	17000	0.12
2204	2204 K		47	18	28.0	40.4	1	26	41	1	0.48	1.3	2.0	1.4	12.5	3.28	14000	17000	0.15
2204 TN1	2204 KTN1		47	18	27.4	39.3	1	26	41	1	0.40	1.6	2.4	1.6	16.8	4.20	14000	17000	0.152
1304	1304 K		52	15	31.3	43.6	1.1	27	45	1	0.29	2.2	3.4	2.3	12.5	3.38	12000	15000	0.17
1304 TN1	1304 KTN1		52	15	32.4	43.4	1.1	27	45	1	0.28	2.2	3.4	2.3	14.2	4.00	12000	15000	0.169

轴承代号		基本尺寸/mm			其他尺寸/mm			安装尺寸/mm			计算系数				基本额定载荷/kN		极限转速/r·min^{-1}		质量/kg
圆柱孔 10000(TN1、M)型	圆锥孔 10000K (KTN1、KM)型	d	D	B	d_2	D_2	r min	d_a max	D_a max	r_a max	e	Y_1	Y_2	Y_0	C_r	C_{0r}	脂	油	W ≈
2304	2304 K	20	52	21	28.8	43.7	1.1	27	45	1	0.51	1.2	1.9	1.3	17.8	4.75	11000	14000	0.22
2304 TN1	2304 KTN1		52	21	29.5	40.9	1.1	27	45	1	0.44	1.4	2.2	1.5	18.2	4.70	11000	14000	0.238
1205	1205 K	25	52	15	33.1	44.9	1	31	46	1	0.27	2.3	3.6	2.4	12.0	3.30	12000	14000	0.14
1205 TN1	1205 KTN1		52	15	33.3	44.2	1	31	46	1	0.28	2.3	3.5	2.4	14.2	4.00	12000	14000	0.148
2205	2205 K		52	18	33.0	44.7	1	31	46	1	0.41	1.5	2.3	1.5	12.5	3.40	12000	14000	0.19
2205 TN1	2205 KTN1		52	18	32.6	44.6	1	31	46	1	0.33	1.9	3.0	2.0	16.8	4.40	12000	14000	0.17
1305	1305 K		62	17	37.8	52.5	1.1	32	55	1	0.27	2.3	3.5	2.4	17.8	5.05	10000	13000	0.26
1305 TN1	1305 KTN1		62	17	37.3	50.3	1.1	32	55	1	0.28	2.2	3.5	2.3	18.8	5.50	10000	13000	0.272
2305	2305 K		62	24	35.2	52.5	1.1	32	55	1	0.47	1.3	2.1	1.4	24.5	6.48	9500	12000	0.35
2305 TN1	2305 KTN1		62	24	36.1	50.0	1.1	32	55	1	0.41	1.5	2.3	1.6	24.5	6.50	9500	12000	0.375
1206	1206 K	30	62	16	40.1	53.2	1	36	56	1	0.24	2.6	4.0	2.7	15.8	4.70	10000	12000	0.23
1206 TN1	1206 KTN1		62	16	40.0	51.7	1	36	56	1	0.25	2.5	3.9	2.7	15.5	4.70	10000	12000	0.228
2206	2206 K		62	20	40.0	53.0	1	36	56	1	0.39	1.6	2.4	1.7	15.2	4.60	10000	12000	0.26
2206 TN1	2206 KTN1		62	20	38.8	53.4	1	36	56	1	0.33	1.9	3.0	2.0	23.8	6.60	10000	12000	0.275
1306	1306 K		72	19	44.9	60.9	1.1	37	65	1	0.26	2.4	3.8	2.6	21.5	6.28	8500	11000	0.4
1306 TN1	1306 KTN1		72	19	44.9	59.0	1.1	37	65	1	0.25	2.5	3.9	2.6	21.2	6.30	8500	11000	0.399
2306	2306 K		72	27	41.7	60.9	1.1	37	65	1	0.44	1.4	2.2	1.5	31.5	8.68	8000	10000	0.5
2306 TN1	2306 KTN1		72	27	41.9	58.5	1.1	37	65	1	0.43	1.5	2.3	1.5	31.5	8.70	8000	10000	0.556
1207	1207 K	35	72	17	47.5	60.7	1.1	42	65	1	0.23	2.7	4.2	2.9	15.8	5.08	8500	10000	0.32
1207 TN1	1207 KTN1		72	17	47.1	60.2	1.1	42	65	1	0.23	2.7	4.2	2.9	18.8	5.90	8500	10000	0.328
2207	2207 K		72	23	46.0	62.2	1.1	42	65	1	0.38	1.7	2.6	1.8	21.8	6.65	8500	10000	0.44
2207 TN1	2207 KTN1		72	23	45.1	61.9	1.1	42	65	1	0.31	2.0	3.1	2.1	30.5	8.70	8500	10000	0.425
1307	1307 K		80	21	51.5	69.5	1.5	44	71	1.5	0.25	2.6	4.0	2.7	25.0	7.95	7500	9500	0.54
1307 TN1	1307 KTN1		80	21	51.7	67.1	1.5	44	71	1.5	0.25	2.5	3.9	2.6	26.2	8.50	7500	9500	0.534
2307	2307 K		80	31	46.5	68.4	1.5	44	71	1.5	0.46	1.4	2.1	1.4	39.2	11.0	7100	9000	0.68
2307 TN1	2307 KTN1		80	31	47.7	66.6	1.5	44	71	1.5	0.39	1.6	2.5	1.7	39.5	11.2	7100	9000	0.763

续表

轴承代号		基本尺寸/mm			其他尺寸/mm			安装尺寸/mm			计算系数				基本额定载荷/kN		极限转速/r·min^{-1}		质量/kg
圆柱孔 10000(TN1、M)型	圆锥孔 10000K (KTN1、KM)型	d	D	B	d_2	D_2	r min	d_a max	D_a max	r_a max	e	Y_1	Y_2	Y_0	C_r	C_{0r}	脂	油	W ≈
1208	1208 K	40	80	18	53.6	68.8	1.1	47	73	1	0.22	2.9	4.4	3.0	19.2	6.40	7500	9000	0.41
1208 TN1	1208 KTN1		80	18	53.6	66.7	1.1	47	73	1	0.22	2.9	4.5	3.0	20.0	6.90	7500	9000	0.43
2208	2208 K		80	23	52.4	68.8	1.1	47	73	1	0.24	1.9	2.9	2.0	22.5	7.38	7500	9000	0.53
2208 TN1	2208 KTN1		80	23	52.1	69.3	1.1	47	73	1	0.29	2.2	3.4	2.3	31.8	10.2	7500	9000	0.523
1308	1308 K		90	23	57.5	76.8	1.5	49	81	1.5	0.24	2.6	4.0	2.7	29.5	9.50	6700	8500	0.71
1308 TN1	1308 KTN1		90	23	60.6	78.7	1.5	49	81	1.5	0.24	2.6	4.1	2.8	33.7	11.3	6700	8500	0.723
2308	2308 K		90	33	53.5	76.8	1.5	49	81	1.5	0.43	1.5	2.3	1.5	44.8	13.2	6300	8000	0.93
2308 TN1	2308 KTN1		90	33	53.4	76.2	1.5	49	81	1.5	0.40	1.6	2.5	1.7	54.0	15.8	6300	8000	1.013
1209	1209 K	45	85	19	57.3	73.7	1.1	52	78	1	0.21	2.9	4.6	3.1	21.8	7.32	7100	8500	0.49
1209 TN1	1209 KTN1		85	19	57.4	71.7	1.1	52	78	1	0.22	2.9	4.5	3.0	23.5	8.30	7100	8500	0.489
2209	2209 K		85	23	57.5	74.1	1.1	52	78	1	0.31	2.1	3.2	2.2	23.2	8.00	7100	8500	0.55
2209 TN1	2209 KTN1		85	23	55.3	72.4	1.1	52	78	1	0.26	2.4	3.8	2.5	32.5	10.5	7100	8500	0.574
1309	1309 K		100	25	63.7	85.7	1.5	54	91	1.5	0.25	2.5	3.9	2.6	38.0	12.8	6000	7500	0.96
1309 TN1	1309 KTN1		100	25	67.7	87.0	1.5	54	91	1.5	0.23	2.7	4.2	2.8	38.8	13.5	6000	7500	0.978
2309	2309 K		100	36	60.2	86.0	1.5	54	91	1.5	0.42	1.5	2.3	1.6	55.0	16.2	5600	7100	1.25
2309 TN1	2309 KTN1		100	36	60.0	85.0	1.5	54	91	1.5	0.37	1.7	2.6	1.8	63.8	19.2	5600	7100	1.351
1210	1210 K	50	90	20	62.3	78.7	1.1	57	83	1	0.20	3.1	4.8	3.3	22.8	8.08	6300	8000	0.54
1210 TN1	1210 KTN1		90	20	62.3	77.5	1.1	57	83	1	0.21	3.0	4.6	3.1	26.5	9.50	6300	8000	0.55
2210	2210 K		90	23	62.5	79.3	1.1	57	83	1	0.29	2.2	3.4	2.3	23.2	8.45	6300	8000	0.68
2210 TN1	2210 KTN1		90	23	61.3	79.3	1.1	57	83	1	0.24	2.7	4.1	2.8	33.5	11.2	6300	8000	0.596
1310	1310 K		110	27	70.1	95.0	2	60	100	2	0.24	2.7	4.1	2.8	43.2	14.2	5600	6700	1.21
1310 TN1	1310 KTN1		110	27	70.3	90.6	2	60	100	2	0.24	2.7	4.1	2.8	43.8	15.2	5600	6700	1.301
2310	2310 K		110	40	65.8	94.4	2	60	100	2	0.43	1.5	2.3	1.6	64.5	19.8	5000	6300	1.64
2310 TN1	2310 KTN1		110	40	67.7	91.4	2	60	100	2	0.34	1.9	2.9	2.0	64.8	20.2	5000	6300	1.839
1211	1211K	55	100	21	70.1	88.4	1.5	64	91	1.5	0.20	3.2	5.0	3.4	26.8	10.0	6000	7100	0.72
1211 TN1	1211 KTN1		100	21	70.7	86.4	1.5	64	91	1.5	0.19	3.3	5.1	3.4	27.8	10.5	6000	7100	0.717
2211	2211 K		100	25	69.7	87.8	1.5	64	91	1.5	0.28	2.3	3.5	2.4	26.8	9.95	6000	7100	0.81

续表

轴承代号		基本尺寸/mm			其他尺寸/mm			安装尺寸/mm			计算系数				基本额定载荷/kN		极限转速/r·min⁻¹		质量/kg
圆柱孔 10000(TN1、M)型	圆锥孔 10000K (KTN1、KM)型	d	D	B	d_2	D_2	r min	d_a max	D_a max	r_a max	e	Y_1	Y_2	Y_0	C_r	C_{0r}	脂	油	W ≈
2211 TN1	2211 KTN1	55	100	25	67.6	87.4	1.5	64	91	1.5	0.23	2.7	4.2	2.8	39.2	13.5	6000	7100	0.81
1311	1311 K		120	29	77.7	104	2	65	110	2	0.23	2.7	4.2	2.8	51.5	18.2	5000	6300	1.58
1311 TN1	1311 KTN1		120	29	78.7	101.5	2	65	110	2	0.23	2.7	4.2	2.8	52.8	18.8	5000	6300	1.641
2311	2311 K		120	43	72	103	2	65	110	2	0.41	1.5	2.4	1.6	75.2	23.5	4800	6000	2.1
2311 TN1	2311 KTN1		120	43	73.9	99.7	2	65	110	2	0.33	1.9	3.0	2.0	75.2	24.0	4800	6000	2.345
1212	1212 K	60	110	22	77.8	97.5	1.5	69	101	1.5	0.19	3.4	5.3	3.6	30.2	11.5	5300	6300	0.9
1212 TN1	1212 KTN1		110	22	78.6	95.7	1.5	69	101	1.5	0.18	3.4	5.3	3.6	31.2	12.2	5300	6300	0.917
2212	2212 K		110	28	75.5	96.1	1.5	69	101	1.5	0.28	2.3	3.5	2.4	34.0	12.5	5300	6300	1.1
2212 TN1	2212 KTN1		110	28	74.8	96.0	1.5	69	101	1.5	0.24	2.6	4.0	2.7	46.5	16.2	5300	6300	1.109
1312	1312 K		130	31	87	115	2.1	72	118	2.1	0.23	2.8	4.3	2.9	57.2	20.8	4500	5600	1.96
1312 TN1	1312 KTN1		130	31	87.1	111.5	2.1	72	118	2.1	0.23	2.8	4.3	2.9	58.2	21.2	4500	5600	2.023
2312	2312 K		130	46	76.9	112	2.1	72	118	2.1	0.41	1.6	2.5	1.6	86.8	27.5	4300	5300	2.6
2312 TN1	2312 KTN1		130	46	80.0	108.5	2.1	72	118	2.1	0.33	1.9	3.0	2.0	87.5	28.2	4300	5300	2.912
1213	1213 K	65	120	23	85.3	105	1.5	74	111	1.5	0.17	3.7	5.7	3.9	31.0	12.5	4800	6000	0.92
1213 TN1	1213 KTN1		120	23	85.7	104.0	1.5	74	111	1.5	0.18	3.6	5.6	3.8	35.0	13.8	4800	6000	1.155
2213	2213 K		120	31	81.9	105	1.5	74	111	1.5	0.28	2.3	3.5	2.4	43.5	16.2	4800	6000	1.5
2213 TN1	2213 KTN1		120	31	80.9	104.5	1.5	74	111	1.5	0.24	2.6	4.0	2.7	56.8	20.2	4800	6000	1.504
1313	1313 K		140	33	92.5	122	2.1	77	128	2.1	0.23	2.8	4.3	2.9	61.8	22.8	4300	5300	2.39
1313 TN1	1313 KTN1		140	33	90.4	115.7	2.1	77	128	2.1	0.23	2.7	4.2	2.9	62.8	22.8	4300	5300	2.528
2313	2313 K		140	48	85.5	122	2.1	77	128	2.1	0.38	1.6	2.6	1.7	96.0	32.5	3800	4800	3.2
2313 TN1	2313 KTN1		140	48	87.6	118.4	2.1	77	128	2.1	0.32	2.0	3.1	2.1	97.2	31.8	3800	4800	3.477
1214	1214 K	70	125	24	87.4	109	1.5	79	116	1.5	0.18	3.5	5.4	3.7	34.5	13.5	4800	5600	1.29
1214 M	1214 KM		125	24	88.7	106.9	1.5	79	116	1.5	0.18	3.5	5.4	3.7	34.5	13.5	4800	5600	1.345
2214	2214 K		125	31	87.5	111	1.5	79	116	1.5	0.27	2.4	3.7	2.5	44.0	17.0	4500	5600	1.62

续表

轴承代号		基本尺寸/mm			其他尺寸/mm			安装尺寸/mm			计算系数				基本额定载荷/kN		极限转速/r·min^{-1}		质量/kg
圆柱孔 10000(TN1、M)型	圆锥孔 10000K (KTN1、KM)型	d	D	B	d_2	D_2	r min	d_a max	D_a max	r_a max	e	Y_1	Y_2	Y_0	C_r	C_{0r}	脂	油	W ≈
2214 TN1	2214 KTN1	70	125	31	88.1	109.3	1.5	79	116	1.5	0.23	2.7	4.2	2.9	55.2	19.5	4500	5600	1.575
1314	1314 K		150	35	97.7	129	2.1	82	138	2.1	0.22	2.8	4.4	2.9	74.5	27.5	4000	5000	3.0
1314 M	1314 KM		150	35	97.2	125.1	2.1	82	138	2.1	0.23	2.8	4.3	2.9	75.0	28.5	4000	5000	3.267
2314	2314 K		150	51	91.6	130	2.1	82	138	2.1	0.38	1.7	2.6	1.8	110	37.5	3600	4500	3.9
2314 M	2314 KM		150	51	91.7	126.1	2.1	82	138	2.1	0.37	1.7	2.6	1.8	113	37.2	3600	4500	5.358
1215	1215 K	75	130	25	93	116	1.5	84	121	1.5	0.17	3.6	5.6	3.8	38.8	15.2	4300	5300	1.35
1215 M	1215 KM		130	25	93.9	113.3	1.5	84	121	1.5	0.17	3.7	5.7	3.8	38.8	15.5	4300	5300	1.461
2215	2215 K		130	31	93.1	117	1.5	84	121	1.5	0.25	2.5	3.9	2.6	44.2	18.0	4300	5300	1.72
2215 TN1	2215 KTN1		130	31	93.2	113.9	1.5	84	121	1.5	0.22	2.9	4.4	3.0	56.5	20.8	4300	5300	1.619
1315	1315 K		160	37	104	138	2.1	87	148	2.1	0.22	2.8	4.4	3.0	79.0	29.8	3800	4500	3.6
1315 M	1315 KM		160	37	106.0	135.0	2.1	87	148	2.1	0.22	2.8	4.4	3.0	78.8	30.0	3800	4500	3.898
2315	2315 K		160	55	97.8	139	2.1	87	148	2.1	0.38	1.7	2.6	1.7	122	42.8	3400	4300	4.7
2315 M	2315 KM		160	55	98.8	135.2	2.1	87	148	2.1	0.37	1.7	2.7	1.8	126	42.2	3400	4300	6.535
1216	1216 K	80	140	26	101	125	2	90	130	2	0.18	3.6	5.5	3.7	39.5	16.8	4000	5000	1.65
1216 M	1216 KM		140	26	102	121.7	2	90	130	2	0.17	3.7	5.7	3.9	39.5	16.2	4000	5000	1.792
2216	2216 K		140	33	98.8	124	2	90	130	2	0.25	2.5	3.9	2.6	48.8	20.2	4000	5000	2.19
2216 TN1	2216 KTN1		140	33	98.9	124.5	2	90	130	2	0.22	2.9	4.4	3.0	65.2	25.5	4000	5000	2.057
1316	1316 K		170	39	109	147	2.1	92	158	2.1	0.22	2.9	4.5	3.1	88.5	32.8	3600	4300	4.2
1316 M	1316 KM		170	39	110.2	140.7	2.1	92	158	2.1	0.22	2.8	4.4	3.0	86.5	32.8	3600	4300	4.648
2316	2316 K		170	58	104	148	2.1	92	158	2.1	0.39	1.6	2.5	1.7	128	45.5	3200	4000	5.7
2316 M	2316 KM		170	58	105.4	144.4	2.1	92	158	2.1	0.37	1.7	2.6	1.8	137	47.5	3200	4000	7.785
1217	1217 K	85	150	28	107	134	2	95	140	2	0.17	3.7	5.7	3.9	48.8	20.5	3800	4500	2.1
1217 M	1217 KM		150	28	107.1	129	2	95	140	2	0.17	3.6	5.6	3.8	47.8	19.5	3800	4500	2.240
2217	2217 K		150	36	105	133	2	95	140	2	0.25	2.5	3.8	2.6	58.2	23.5	3800	4500	2.53
2217 TN1	2217 KTN1		150	36	104.7	130.3	2	95	140	2	0.22	2.9	4.5	3.0	66.3	26.2	3800	4500	2.611
1317	1317 K		180	41	117	158	3	99	166	2.5	0.22	2.9	4.5	3.0	97.8	37.8	3400	4000	5.0

轴承代号		基本尺寸/mm			其他尺寸/mm			安装尺寸/mm			计算系数				基本额定载荷/kN		极限转速/r·min^{-1}		质量/kg
圆柱孔 10000(TN1、M)型	圆锥孔 10000K (KTN1、KM)型	d	D	B	d_2	D_2	r min	d_a max	D_a max	r_a max	e	Y_1	Y_2	Y_0	C_r	C_{0r}	脂	油	W ≈
1317 M	1317 KM	85	180	41	117.4	149.4	3	99	166	2.5	0.22	2.9	4.4	3.0	97.8	38.5	3400	4000	5.475
2317	2317 K		180	60	111	157	3	99	166	2.5	0.38	1.7	2.6	1.7	140	51.0	3000	3800	6.70
2317 M	2317 KM		180	60	114.6	153.6	3	99	166	2.5	0.36	1.8	2.7	1.8	140	51.5	3000	3800	8.982
1218	1218 K	90	160	30	112	142	2	100	150	2	0.17	3.8	5.7	4.0	56.5	23.2	3600	4300	2.5
1218 M	1218 KM		160	30	113.9	137.2	2	100	150	2	0.18	3.6	5.5	3.7	52.5	21.7	3600	4300	2.753
2218	2218 K		160	40	112	142	2	100	150	2	0.27	2.4	3.7	2.5	70.0	28.5	3600	4300	3.22
2218 M	2218 KM		160	40	112.6	139	2	100	150	2	0.26	2.4	3.7	2.5	70.2	28.5	3600	4300	4.073
1318	1318 K		190	43	122	165	3	104	176	2.5	0.22	2.8	4.4	2.9	115	44.5	3200	3800	6.0
1318 M	1318 KM		190	43	126.7	162.4	3	104	176	2.5	0.23	2.7	4.2	2.9	115.8	46.2	3200	3800	6.418
2318	2318 K		190	64	115	164	3	104	176	2.5	0.39	1.6	2.5	1.7	142	57.2	2800	3600	7.9
2318 M	2318 KM		190	64	119.4	160.5	3	104	176	2.5	0.37	1.7	2.6	1.8	152	57.8	2800	3600	10.722
1219	1219 K	95	170	32	120	151	2.1	107	158	2.1	0.17	3.7	5.7	3.9	63.5	27.0	3400	4000	3.0
1219 M	1219 KM		170	32	121.8	147.6	2.1	107	158	2.1	0.17	3.7	5.7	3.8	63.8	26.8	3400	4000	3.314
2219	2219 K		170	43	118	151	2.1	107	158	2.1	0.26	2.4	3.7	2.5	82.8	33.8	3400	4000	4.2
2219 M	2219 KM		170	43	119.1	147.9	2.1	107	158	2.1	0.27	2.3	3.6	2.5	83.2	34.2	3400	4000	5.024
1319	1319 K		200	45	127	174	3	109	186	2.5	0.23	2.8	4.3	2.9	132	50.8	3000	3600	7.0
1319 M	1319 KM		200	45	131.1	170.2	3	109	186	2.5	0.24	2.6	4.0	2.7	132	52.4	3000	3600	7.5
2319	2319 K		200	67	—	—	3	109	186	2.5	0.38	1.7	2.6	1.8	162	64.2	2800	3400	9.2
2319 M	2319 KM		200	67	125.1	168.6	3	109	186	2.5	0.37	1.7	2.7	1.8	165	64.2	2800	3400	12.414
1220	1220 K	100	180	34	127	159	2.1	112	168	2.1	0.18	3.5	5.4	3.7	68.5	29.2	3200	3800	3.7
1220 M	1220 KM		180	34	128.5	155.4	2.1	112	168	2.1	0.17	3.7	5.7	3.8	69.2	29.5	3200	3800	3.979

续表

轴承代号		基本尺寸/mm			其他尺寸/mm			安装尺寸/mm			计算系数				基本额定载荷/kN		极限转速/$r \cdot min^{-1}$		质量/kg
圆柱孔 10000(TN1、M)型	圆锥孔 10000K (KTN1、KM)型	d	D	B	d_2	D_2	r min	d_a max	D_a max	r_a max	e	Y_1	Y_2	Y_0	C_r	C_{0r}	脂	油	W ≈
2220	2220 K	100	180	46	125	160	2.1	112	168	2.1	0.27	2.3	3.6	2.5	97.2	40.5	3200	3800	5.0
2220 M	2220 KM		180	46	125.7	156.8	2.1	112	168	2.1	0.27	2.4	3.7	2.5	97.5	40.5	3200	3800	6.065
1320	1320 K		215	47	—	185	3	114	201	2.5	0.24	2.7	4.1	2.8	142	57.2	2800	3400	8.64
1320 M	1320 KM		215	47	140.3	181	3	114	201	2.5	0.24	2.7	4.1	2.8	145	59.5	2800	3400	9.240
2320	2320 K		215	73	—	—	3	114	201	2.5	0.37	1.7	2.6	1.8	192	78.5	2400	3200	12.4
2320 M	2320 KM		215	73	134.5	182.5	3	114	201	2.5	0.37	1.7	2.6	1.8	192	78.5	2400	3200	15.949
1221	1221 K	105	190	36	134	167	2.1	117	178	2.1	0.18	3.5	5.5	3.7	74	32.2	3000	3600	4.4
1221 M	1221 KM		190	36	135.6	163.7	2.1	117	178	2.1	0.17	3.7	5.7	3.9	74.5	32.2	3000	3600	4.727
2221	2221 K		190	50	—	—	2.1	117	178	2.1	—	—	—	—	—	—	3000	3600	—
2221 M	—		190	50	131.9	164.8	2.1	117	178	2.1	0.27	2.3	3.6	2.4	110	46.5	3000	3600	7.391
1321	1321K		225	49	—	—	3	119	211	2.5	0.24	2.6	4.1	2.7	152	64.5	2600	3200	9.55
1321 M	—		225	49	148.5	190.8	3	119	211	2.5	0.24	2.7	4.3	2.8	150	63.5	2600	3200	10.544
2321 M	2321 KM		225	77	140.8	190.9	3	119	211	2.5	0.36	1.7	2.7	1.8	205	86.8	2400	3000	18.284
1222	1222 K	110	200	38	140	176	2.1	122	188	2.1	0.17	3.6	5.6	3.8	87.2	37.5	2800	3400	5.2
1222 M	1222 KM		200	38	142.5	173.2	2.1	122	188	2.1	0.17	3.6	5.6	3.8	88.0	38.5	2800	3400	5.578
2222	2222 K		200	53	137	177	2.1	122	188	2.1	0.28	2.2	3.5	2.4	125	52.2	2800	3400	7.2
2222 M	2222 KM		200	53	138.3	174.1	2.1	122	188	2.1	0.28	2.3	3.5	2.4	125	52.2	2800	3400	8.759
1322	1322 K		240	50	154	206	3	124	226	2.5	0.23	2.8	4.3	2.9	162	72.8	2400	3000	11.8
1322 M	1322 KM		240	50	157.8	201.9	3	124	226	2.5	0.23	2.8	4.3	2.9	162	72.5	2400	3000	12.452
2322	2322 K		240	80	—	—	3	124	226	2.5	0.39	1.6	2.5	1.7	215	94.2	2200	2800	17.6
2322 M	2322 KM		240	80	149.8	202.6	3	124	226	2.5	0.37	1.7	2.7	1.8	215	94.2	2200	2800	21.967

1.5.4 圆柱滚子轴承

表 6-1-49 圆柱滚子轴承（NU 型、NJ 型、NUP 型）（部分摘自 GB/T 283—2007）

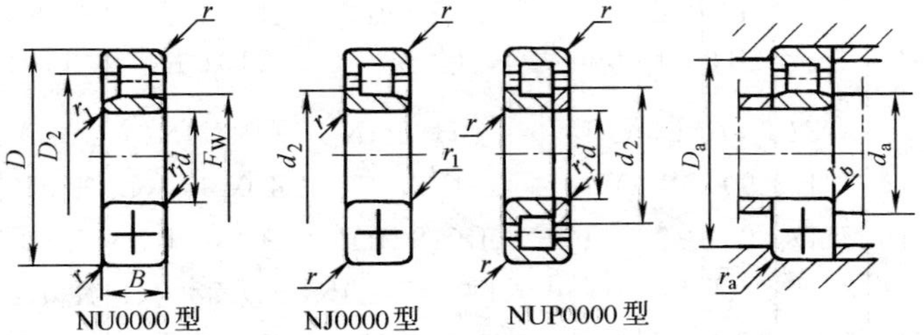

当量动载荷

$P_r=F_r$

对轴向承载圆柱滚子轴承

对于 NJ200(42200)、NUP300(92300)系列

当 $0\leqslant F_a/F_r\leqslant 0.12$ 时　$P_r=F_r+0.3F_a$

当 $0.12\leqslant F_a/F_r\leqslant 0.3$ 时　$P_r=0.94F_r+0.8F_a$

对于 NJ2200(42500)、NUP2300(92600)系列

当 $0\leqslant F_a/F_r\leqslant 0.18$ 时　$P_r=F_r+0.2F_a$

当 $0.18\leqslant F_a/F_r\leqslant 0.3$ 时　$P_r=0.94F_r+0.53F_a$

当量静载荷

$P_{0r}=F_r$

轴承代号			基本尺寸/mm				其他尺寸/mm				安装尺寸/mm							基本额定载荷/kN		极限转速/$r\cdot min^{-1}$		质量/kg
NU 型	NJ 型	NUP 型	d	D	B	F_W	d_2	D_2	r min	r_1 min	d_a max	d_a min	d_b min	d_c min	D_a max	r_a max	r_b max	C_r	C_{0r}	脂	油	$W\approx$
NU 202	NJ 202	—	15	35	11	19.3	22	26.4	0.6	0.3	—	17	21	23	31	0.6	0.3	7.98	5.5	15000	19000	—
NU 203	NJ 203	NUP 203	17	40	12	22.9	25.5	30.9	0.6	0.3	—	19	24	27	36	0.6	0.3	9.12	7.0	14000	18000	—
NU 303	NJ 303	—		47	14	27	—	—	1	0.6	—	21	27	30	42	1	0.6	12.8	10.8	13000	17000	0.147
NU 1004	—	—	20	42	12	25.5	—	—	0.6	0.3	—	22	27	—	38	0.6	0.3	10.5	9.2	13000	17000	0.09
NU 204 E	NJ 204 E	NUP 204 E		47	14	26.5	29.7	38.5	1	0.6	26	24	29	32	42	1	0.6	25.8	24.0	12000	16000	0.117
NU 2204 E	NJ 2204 E	NUP 2204 E		47	18	26.5	29.7	38.5	1	0.6	26	24	29	32	42	1	0.6	30.8	30.0	12000	16000	0.149
NU 304 E	NJ 304 E	NUP 304 E		52	15	27.5	31.2	42.3	1.1	0.6	27	24	30	33	45.5	1	0.6	29.0	25.5	11000	15000	0.155
NU 2304 E	NJ 2304 E	NUP 2304 E		52	21	27.5	29.7	38.5	1.1	0.6	27	24	30	33	45.5	1	0.6	39.2	37.5	10000	14000	0.216
NU 1005	—	—	25	47	12	30.5	—	38.8	0.6	0.3	30	27	32	—	43	0.6	0.3	11.0	10.2	11000	15000	0.1
NU 205 E	NJ 205 E	NUP 205 E		52	15	31.5	34.7	43.5	1	0.6	31	29	34	37	47	1	0.6	27.5	26.8	11000	14000	0.14
NU 2205 E	NJ 2205 E	NUP 2205 E		52	18	31.5	34.7	43.5	1	0.6	31	29	34	37	47	1	0.6	32.8	33.8	11000	14000	0.168
NU 305 E	NJ 305 E	NUP 305 E		62	17	34	38.1	50.4	1.1	1.1	33	31.5	37	40	55.5	1	1	38.5	35.8	9000	12000	0.251
NU 2305 E	NJ 2305 E	NUP 2305 E		62	24	34	38.1	50.4	1.1	1.1	33	31.5	37	40	55.5	1	1	53.2	54.5	9000	12000	0.355
NU 1006	—	—	30	55	13	36.5	—	45.6	1	0.6	35	34	38	—	50	1	0.6	13.0	12.8	9500	12000	0.12
NU 206 E	NJ 206E	NUP 206 E		62	16	37.5	41.3	52.3	1	0.6	37	34	40	44	57	1	0.6	36.0	35.5	8500	11000	0.214
NU 2206 E	NJ 2206 E	NUP 2206 E		62	20	37.5	41.3	52.3	1	0.6	37	34	40	44	57	1	0.6	45.5	48.0	8500	11000	0.268
NU 306 E	NJ 306 E	NUP 306 E		72	19	40.5	45	58.6	1.1	1.1	40	36.5	44	48	65.5	1	1	49.2	48.2	8000	10000	0.377
NU 2306 E	NJ 2306 E	NUP 2306 E		72	27	40.5	45	58.6	1.1	1.1	40	36.5	44	48	65.5	1	1	70.0	75.5	8000	10000	0.538
NU 406	NJ 406	NUP 406		90	23	45	50.5	65.8	1.5	1.5	44	38	47	52	82	1.5	1.5	57.2	53.0	7000	9000	0.73

续表

轴承代号			基本尺寸/mm				其他尺寸/mm				安装尺寸/mm							基本额定载荷/kN		极限转速/r·min^{-1}		质量/kg
NU型	NJ型	NUP型	d	D	B	F_W	d_2	D_2	r min	r_1 min	d_a max	d_a min	d_b min	d_c min	D_a max	r_a max	r_b max	C_r	C_{0r}	脂	油	$W\approx$
NU 1007	—	—	35	62	14	42	—	54.5	1	0.6	41	39	44	—	57	1	0.6	19.5	18.8	8500	11000	0.16
NU 207 E	NJ 207 E	NUP 207 E		72	17	44	48.3	60.5	1.1	0.6	43	39	46	50	65.5	1	0.6	46.5	48.0	7500	9500	0.311
NU 2207 E	NJ 2207 E	NUP 2207 E		72	23	44	48.3	60.5	1.1	0.6	43	39	46	50	65.5	1	0.6	57.5	63.0	7500	9500	0.414
NU 307 E	NJ 307 E	NUP 307 E		80	21	46.2	51.1	66.3	1.5	1.1	45	41.5	48	53	72	1.5	1	62.0	63.2	7000	9000	0.501
NU 2307 E	NJ 2307 E	NUP 2307 E		80	31	46.2	51.1	66.3	1.5	1.1	45	41.5	48	53	72	1.5	1	87.5	98.2	7000	9000	0.738
NU 407	NJ 407	NUP 407		100	25	53	59	75.3	1.5	1.5	52	43	55	61	92	1.5	1.5	70.8	68.2	6000	7500	0.94
NU 1008	NJ 1008	—	40	68	15	47	—	57.6	1	0.6	46	44	49	—	63	1	0.6	21.2	22.0	7500	9500	0.22
NU 208 E	NJ 208 E	NUP 208 E		80	18	49.5	54.2	67.6	1.1	1.1	49	46.5	52	56	73.5	1	1	51.5	53.0	7000	9000	0.394
NU 2208 E	NJ 2208 E	NUP 2208 E		80	23	49.5	54.2	67.6	1.1	1.1	49	46.5	52	56	73.5	1	1	67.5	75.2	7000	9000	0.507
NU 308 E	NJ 308	NUP 308 E		90	23	52	57.7	75.4	1.5	1.5	51	48	55	60	82	1.5	1.5	76.8	77.8	6300	8000	0.68
NU 2308 E	NJ 2308 E	NUP 2308 E		90	33	52	57.7	75.4	1.5	1.5	51	48	55	60	82	1.5	1.5	105	118	6300	8000	0.974
NU 408	NJ 408	NUP 408		110	27	58	64.8	83.3	2	2	57	49	60	67	101	2	2	90.5	89.8	5600	7000	1.25
NU 1009	NJ 1009	—	45	75	16	52.5	—	63.9	1	0.6	52	49	54	—	70	1	0.6	23.2	23.8	6500	8500	0.26
NU 209 E	NJ 209 E	NUP 209 E		85	19	54.5	59.2	72.6	1.1	1.1	54	51.5	57	61	78.5	1	1	58.5	63.8	6300	8000	0.45
NU 2209 E	NJ 2209 E	NUP 2209 E		85	23	54.5	59.2	72.6	1.1	1.1	54	51.5	57	61	78.5	1	1	71.0	82.0	6300	8000	0.55
NU 309 E	NJ 309 E	NUP 309 E		100	25	58.5	64.7	83.6	1.5	1.5	57	53	60	66	92	1.5	1.5	93.0	98.0	5600	7000	0.93
NU 2309 E	NJ 2309 E	NUP 2309 E		100	36	58.5	64.7	83.6	1.5	1.5	57	53	60	66	92	1.5	1.5	130	152	5600	7000	1.34
NU 409	NJ 409	NUP 409		120	29	64.5	71.8	91.4	2	2	63	54	66	74	111	2	2	102	100	5000	6300	1.8
NU 1010	NJ 1010	—	50	80	16	57.5	—	68.9	1	0.6	57	54	59	—	75	1	0.6	25.0	27.5	6300	8000	—
NU 210 E	NJ 210 E	NUP 210 E		90	20	59.5	64.2	77.6	1.1	1.1	58	56.5	62	67	83.5	1	1	61.2	69.2	6000	7500	0.505
NU 2210 E	NJ 2210E	NUP 2210 E		90	23	59.5	64.2	77.6	1.1	1.1	58	56.5	62	67	83.5	1	1	74.2	88.8	6000	7500	0.59
NU 310 E	NJ 310 E	NUP 310 E		110	27	65	71.2	91.7	2	2	63	59	67	73	101	2	2	105	112	5300	6700	1.2
NU 2310 E	NJ 2310 E	NUP 2310 E		110	40	65	71.2	91.7	2	2	63	59	67	73	101	2	2	155	185	5300	6700	1.79
NU 410	NJ 410	NUP 410		130	31	70.8	78.8	101	2.1	2.1	69	61	73	81	119	2.1	2.1	120	120	4800	6000	2.3
NU 1011	NJ 1011	—	55	90	18	64.5	—	79	1.1	1	63	60	66	—	83.5	1	1	35.8	40.0	5600	7000	0.45
NU 211 E	NJ 211 E	NUP 211 E		100	21	66	70.9	86.2	1.5	1.1	65	61.5	68	73	92	1.5	1	80.2	95.5	5300	6700	0.68
NU 2211 E	NJ 2211 E	NUP 2211 E		100	25	66	70.9	86.2	1.5	1.1	65	61.5	68	73	92	1.5	1	94.8	118	5300	6700	0.81
NU 311 E	NJ 311 E	NUP 311 E		120	29	70.5	77.4	100.6	2	2	69	64	72	80	111	2	2	128	138	4800	6000	1.53
NU 2311 E	NJ 2311 E	NUP 2311 E		120	43	70.5	77.4	100.6	2	2	69	64	72	80	111	2	2	190	228	4800	6000	2.28
NU 411	NJ 411	NUP 411		140	33	77.2	85.2	108	2.1	2.1	76	66	79	87	129	2.1	2.1	128	132	4300	5300	2.8

续表

轴承代号			基本尺寸/mm				其他尺寸/mm				安装尺寸/mm							基本额定载荷/kN		极限转速/r·min⁻¹		质量/kg
NU 型	NJ 型	NUP 型	d	D	B	F_w	d_2	D_2	r min	r_1 min	d_a max	d_a min	d_b min	d_c min	D_a max	r_a max	r_b max	C_r	C_{0r}	脂	油	$W\approx$
NU 1012	NJ 1012	—	60	95	18	69.5	—	81.6	1.1	1	68	65	71	—	88.5	1	1	38.5	45.0	5300	6700	0.48
NU 212 E	NJ 212 E	NUP 212 E		110	22	72	77.7	95.8	1.5	1.5	71	68	75	80	102	1.5	1.5	89.8	102	5000	6300	0.86
NU 2212 E	NJ 2212 E	NUP 2212 E		110	28	72	77.7	95.8	1.5	1.5	71	68	75	80	102	1.5	1.5	122	152	5000	6300	1.12
NU 312 E	NJ 312 E	NUP 312 E		130	31	77	84.3	109.9	2.1	2.1	75	71	79	86	119	2.1	2.1	142	155	4500	5600	1.87
NU 2312 E	NJ 2312 E	NUP 2312 E		130	46	77	84.3	109.9	2.1	2.1	75	71	79	86	119	2.1	2.1	212	260	4500	5600	2.81
NU 412	NJ 412	NUP 412		150	35	83	91.8	116	2.1	2.1	82	71	85	94	139	2.1	2.1	155	162	4000	5000	3.4
NU 1013	NJ 1013	—	65	100	18	74.5	—	86.6	1.1	1	73	70	76	—	93.5	1	1	39	46.5	4800	6000	0.51
NU 213 E	NJ 213 E	NUP 213 E		120	23	78.5	84.6	104	1.5	1.5	77	73	81	87	112	1.5	1.5	102	118	4500	5600	1.08
NU 2213 E	NJ 2213 E	NUP 2213 E		120	31	78.5	84.6	104	1.5	1.5	77	73	81	87	112	1.5	1.5	142	180	4500	5600	1.48
NU 313 E	NJ 313 E	NUP 313 E		140	33	82.5	90.6	118.8	2.1	2.1	81	76	85	93	129	2.1	2.1	170	188	4000	5000	2.31
NU 2313 E	NJ 2313 E	NUP 2313 E		140	48	82.5	90.6	118.8	2.1	2.1	81	76	85	93	129	2.1	2.1	235	285	4000	5000	3.34
NU 413	NJ 413	NUP 413		160	37	89.5	98.5	124	2.1	2.1	88	76	91	100	149	2.1	2.1	170	178	3800	4800	4
NU 1014	NJ 1014	—	70	110	20	80	—	95.4	1.1	1	78	75	82	—	103.5	1	1	47.5	57.0	4800	6000	0.71
NU 214 E	NJ 214 E	NUP 214 E		125	24	83.5	89.6	109	1.5	1.5	82	78	86	92	117	1.5	1.5	112	135	4300	5300	1.2
NU 2214 E	NJ 2214 E	NUP 2214 E		125	31	83.5	89.6	109	1.5	1.5	82	78	86	92	117	1.5	1.5	148	192	4300	5300	1.56
NU 314 E	NJ 314 E	NUP 314 E		150	35	89	97.5	127	2.1	2.1	87	81	92	100	139	2.1	2.1	195	220	3800	4800	2.86
NU 2314 E	NJ 2314 E	NUP 2314 E		150	51	89	97.5	127	2.1	2.1	87	81	92	100	139	2.1	2.1	260	320	3800	4800	4.1
NU 414	NJ 414	NUP 414		180	42	100	110	139	3	3	99	83	102	112	167	2.5	2.5	215	232	3400	4300	5.9
NU 1015	NJ 1015	—	75	115	20	85	—	101	1.1	1	83	80	87	—	108.5	1	1	51.5	61.2	4500	5600	0.74
NU 215 E	NJ 215 E	NUP 215 E		130	25	88.5	94.6	114	1.5	1.5	87	83	90	96	122	1.5	1.5	125	155	4000	5000	1.32
NU 2215 E	NJ 2215 E	NUP 2215 E		130	31	88.5	94.6	114	1.5	1.5	87	83	90	96	122	1.5	1.5	155	205	4000	5000	1.64
NU 315 E	NJ 315 E	NUP 315 E		160	37	95	104.2	136.5	2.1	2.1	93	86	97	106	149	2.1	2.1	228	260	3600	4500	3.43
NU 2315	NJ 2315	NUP 2315		160	55	95.5	104	129	2.1	2.1	93	86	98	107	149	2.1	2.1	245	308	3600	4500	5.4
NU 415	NJ 415	NUP 415		190	45	104.5	116	147	3	3	103	88	107	118	177	2.5	2.5	250	272	3200	4000	7.1
NU 1016	NJ 1016	—	80	125	22	91.5	—	109	1.1	1	90	85	94	—	118.5	1	1	59.2	77.8	4300	5300	1
NU 216 E	NJ 216 E	NUP 216 E		140	26	95.3	101.1	123.1	2	2	94	89	97	104	131	2	2	132	165	3800	4800	1.58
NU 2216 E	NJ 2216 E	NUP 2216 E		140	33	95.3	101.1	123.1	2	2	94	89	97	104	131	2	2	178	242	3800	4800	2.05
NU 316 E	NJ 316 E	NUP 316 E		170	39	101	110.1	144.2	2.1	2.1	99	91	105	114	159	2.1	2.1	245	282	3400	4300	4.05
NU 2316	NJ 2316	NUP 2316		170	58	103	111	136	2.1	2.1	99	91	106	114	159	2.1	2.1	258	328	3400	4300	6.4
NU 416	NJ 416	NUP 416		200	48	110	122	156	3	3	109	93	112	124	187	2.5	2.5	285	315	3000	3800	8.3

续表

轴承代号			基本尺寸/mm				其他尺寸/mm				安装尺寸/mm							基本额定载荷/kN		极限转速/r·min^{-1}		质量/kg
NU 型	NJ 型	NUP 型	d	D	B	F_W	d_2	D_2	r min	r_1 min	d_a max	d_a min	d_b min	d_c min	D_a max	r_a max	r_b max	C_r	C_{0r}	脂	油	$W≈$
NU 1017	NJ 1017	—	85	130	22	96.5	—	114	1.1	1	95	90	99	—	123.5	1	1	64.5	81.6	4000	5000	1.05
NU 217 E	NJ 217 E	NUP 217 E		150	28	100.5	107.1	131.7	2	2	99	94	104	110	141	2	2	158	192	3600	4500	2
NU 2217 E	NJ 2217 E	NUP 2217 E		150	36	100.5	107.1	131.7	2	2	99	94	104	110	141	2	2	205	272	3600	4500	2.58
NU 317 E	NJ 317 E	NUP 317 E		180	41	108	117.4	153	3	3	106	98	110	119	167	2.5	2.5	280	332	3200	4000	4.82
NU 2317	NJ 2317	NUP 2317		180	60	108	117	144	3	3	106	98	111	120	167	2.5	2.5	295	380	3200	4000	7.4
NU 417	NJ 417	NUP 417		210	52	113	126	162	4	4	111	101	115	128	194	3	3	312	345	2800	3600	9.8
NU 1018	NJ 1018	—	90	140	24	103	—	122	1.5	1.1	101	96.5	106	—	132	1.5	1	74.0	94.8	3800	4800	1.36
NU 218 E	NJ 218 E	NUP 218 E		160	30	107	113.9	140	2	2	105	99	109	116	151	2	2	172	215	3400	4300	2.44
NU 2218 E	NJ 2218 E	NUP 2218 E		160	40	107	113.9	140	2	2	105	99	109	116	151	2	2	230	312	3400	4300	3.26
NU 318 E	NJ 318 E	NUP 318 E		190	43	113.5	123.7	161.9	3	3	111	103	117	127	177	2.5	2.5	298	348	3000	3800	5.59
NU 2318	NJ 2318	NUP 2318		190	64	115	125	153	3	3	111	103	118	128	177	2.5	2.5	310	395	3000	3800	8.4
NU 418	NJ 418	NUP 418		225	54	123.5	137	175	4	4	122	106	125	139	209	3	3	352	392	2400	3200	11
NU 1019	NJ 1019	—	95	145	24	108	—	127	1.5	1.1	106	101.5	111	—	137	1.5	1	75.5	98.5	3600	4500	1.4
NU 219 E	NJ 219 E	NUP 219 E		170	32	112.5	120.2	148.9	2.1	2.1	111	106	116	123	159	2.1	2.1	208	262	3200	4000	2.96
NU 2219 E	NJ 2219 E	NUP 2219 E		170	43	112.5	120.2	148.9	2.1	2.1	111	106	116	123	159	2.1	2.1	275	368	3200	4000	3.97
NU 319 E	NJ 319 E	NUP 319 E		200	45	121.5	131.7	169.9	3	3	119	108	124	134	187	2.5	2.5	315	380	2800	3600	6.52
NU 2319	NJ 2319	NUP 2319		200	67	121.5	132	161	3	3	119	108	124	135	187	2.5	2.5	370	500	2800	3600	10.4
NU 419	NJ 419	NUP 419		240	55	133.5	147	185	4	4	132	111	136	149	224	3	3	378	428	2200	3000	14
NU 1020	NJ 1020	—	100	150	24	113	—	132	1.5	1.1	111	106.5	116	—	142	1.5	1	78.0	102	3400	4300	1.5
NU 220 E	NJ220 E	NUP 220 E		180	34	119	127	157.2	2.1	2.1	117	111	122	130	169	2.1	2.1	235	302	3000	3800	3.58
NU 2220 E	NJ 2220 E	NUP 2220 E		180	46	119	127	157.2	2.1	2.1	117	111	122	130	169	2.1	2.1	318	440	3000	3800	4.86
NU 320 E	NJ 320 E	NUP 320 E		215	47	127.5	139.1	182.3	3	3	125	113	132	143	202	2.5	2.5	365	425	2600	3200	7.89
NU 2320	NJ 2320	NUP 2320		215	73	129.5	140	172	3	3	125	113	132	143	202	2.5	2.5	415	558	2600	3200	13.5
NU 420	NJ 420	NUP 420		250	58	139	153	194	4	4	137	116	141	156	234	3	3	418	480	2000	2800	16
NU 1021	NJ 1021	—	105	160	26	119.5	—	140	2	1.1	118	112	122	—	151	2	1	91.5	122	3200	4000	1.9
NU 221	NJ 221	NUP 221		190	36	126.8	135	159	2.1	2.1	124	116	129	137	179	2.1	2.1	185	235	2800	3600	4
NU 321	NJ 321	NUP 321		225	49	135	147	181	3	3	132	118	137	149	212	2.5	2.5	322	392	2200	3000	—
NU 421	NJ 421	NUP 421		260	60	144.5	159	202	4	4	143	121	147	162	244	3	3	508	602	1900	2600	—

轴承代号			基本尺寸/mm				其他尺寸/mm				安装尺寸/mm							基本额定载荷/kN		极限转速/r·min⁻¹		质量/kg
NU型	NJ型	NUP型	d	D	B	F_w	d_2	D_2	r min	r_1 min	d_a max	d_a min	d_b min	d_c min	D_a max	r_a max	r_b max	C_r	C_{0r}	脂	油	$W\approx$
NU 1022	NJ 1022	—	110	170	28	125	131	149	2	1.1	124	116.5	128	—	161	2	1	115	155	3000	3800	2.3
NU 222 E	NJ 222 E	NUP 222 E		200	38	132.5	141.3	174.1	2.1	2.1	130	121	135	144	189	2.1	2.1	278	360	2600	3400	5.02
NU 2222	NJ 2222	NUP 2222		200	53	132.5	141	167	2.1	2.1	130	121	135	144	189	2.1	2.1	312	445	2600	3400	7.5
NU 322	NJ 322	NUP 322		240	50	143	155	192	3	3	140	123	145	158	227	2.5	2.5	352	428	2000	2800	11
NU 2322	NJ 2322	NUP 2322		240	80	143	155	201	3	3	140	123	145	158	227	2.5	2.5	535	740	2000	2800	17.5
NU 422	NJ 422	NUP 422		280	65	155	171	216	4	4	153	126	157	173	264	3	3	515	602	1800	2400	22
NU 1024	NJ 1024	—	120	180	28	135	—	159	2	1.1	134	126.5	138	—	171	2	1	130	168	2600	3400	2.96
NU 224 E	NJ 224 E	NUP 224 E		215	40	143.5	153	188.1	2.1	2.1	141	131	146	156	204	2.1	2.1	322	422	2200	3000	6.11
NU 2224	NJ 2224	NUP 2224		215	58	143.5	153	180	2.1	2.1	141	131	146	156	204	2.1	2.1	345	522	2200	3000	9.5
NU 324	NJ 324	NUP 324		260	55	154	168	209	3	3	151	133	156	171	247	2.5	2.5	440	552	1900	2600	14
NU 2324	NJ 2324	NUP 2324		260	86	154	168	219	3	3	151	133	156	171	247	2.5	2.5	632	868	1900	2600	22.5
NU 424	NJ 424	NUP 424		310	72	170	188	238	5	5	168	140	172	190	290	4	4	642	772	1700	2200	30
NU 1026	NJ 1026	—	130	200	33	148	—	175	2	1.1	146	136.5	151	—	191	2	1	152	212	2400	3200	3.7
NU 226	NJ 226	NUP 226		230	40	156	165	192	3	3	151	143	158	168	217	2.5	2.5	258	352	2000	2800	7
NU 2226	NJ 2226	NUP 2226		230	64	156	—	—	3	3	151	143	158	168	217	2.5	2.5	368	552	2000	2800	11.5
NU 326	NJ 326	NUP 326		280	58	167	182	225	4	4	164	146	169	184	264	3	3	492	620	1700	2200	18
NU 2326	NJ 2326	NUP 2326		280	93	167	182	236	4	4	164	146	169	184	264	3	3	748	1060	1700	2200	28.5
NU 426	NJ 426	NUP 426		340	78	185	—	—	5	5	183	150	187	208	320	4	4	782	942	1500	1900	39
NU 1028	NJ 1028	—	140	210	33	158	—	185	2	1.1	156	146.5	161	—	201	2	1	158	220	2000	2800	4
NU 228	NJ 228	NUP 228		250	42	169	179	208	3	3	166	153	171	182	237	2.5	2.5	302	415	1800	2400	9.1
NU 2228	NJ 2228	NUP 2228		250	68	169	179	208	3	3	166	153	171	182	237	2.5	2.5	438	700	1800	2400	15
NU 328	NJ 328	NUP 328		300	62	180	196	241	4	4	176	156	182	198	284	3	3	545	690	1600	2000	22
NU 2328	NJ 2328	NUP 2328		300	102	180	192	252	4	4	176	156	182	198	284	3	3	825	1180	1600	2000	37
NU 428	NJ 428	NUP 428		360	82	196	—	—	5	5	195	160	200	222	340	4	4	845	1020	1400	1800	—
NU 1030	NJ 1030	—	150	225	35	169.5	—	198	2.1	1.5	167	158	173	—	214	2.1	1.5	188	268	1900	2600	4.8
NU 230	NJ 230	NUP 230		270	45	182	193	225	3	3	179	163	184	196	257	2.5	2.5	360	490	1700	2200	11
NU 2230	NJ 2230	NUP 2230		270	73	182	193	225	3	3	179	163	184	196	257	2.5	2.5	530	772	1700	2200	17
NU 330	NJ 330	NUP 330		320	65	193	209	270	4	4	190	166	195	213	304	3	3	595	765	1500	1900	26
NU 2330	NJ 2330	NUP 2330		320	108	193	209	270	4	4	190	166	195	213	304	3	3	930	1340	1500	1900	45
NU 430	NJ 430	NUP 430		380	85	209	—	—	5	5	210	170	216	237	360	4	4	912	1100	1300	1700	53

续表

轴承代号			基本尺寸/mm				其他尺寸/mm				安装尺寸/mm							基本额定载荷/kN		极限转速/$r \cdot min^{-1}$		质量/kg
NU 型	NJ 型	NUP 型	d	D	B	F_W	d_2	D_2	r min	r_1 min	d_a max	d_a min	d_b min	d_c min	D_a max	r_a max	r_b max	C_r	C_{0r}	脂	油	$W\approx$
NU 1032	NJ 1032	—	160	240	38	180	—	211	2.1	1.5	178	168	184	—	229	2.1	1.5	212	302	1800	2400	6
NU 232	NJ 232	NUP 232		290	48	195	206	250	3	3	192	173	197	210	277	2.5	2.5	405	552	1600	2000	14
NU 2232	NJ 2232	NUP 2232		290	80	195	205	252	3	3	190	173	196	209	277	2.5	2.5	590	898	1600	2000	25
NU 332	NJ 332	NUP 332		340	68	208	—	—	4	4	200	176	211	228	324	3	3	628	825	1400	1800	31.6
NU 2332	NJ 2332	NUP 2332		340	114	208	—	—	4	4	200	176	211	228	324	3	3	972	1430	1400	1800	55.8
NU 1034	NJ 1034	—	170	260	42	193	—	227	2.1	2.1	190	181	197	—	249	2.1	2.1	255	365	1700	2200	8.14
NU 234	NJ234	NUP 234		310	52	208	220	269	4	4	204	186	211	223	294	3	3	425	650	1500	1900	17.1
NU 334	NJ 334	NUP 334		360	72	220	—	290	4	4	216	186	223	241	344	3	3	715	952	1300	1700	36
NU 2334	NJ 2334	NUP 2334		360	120	220	—	290	4	4	212	186	223	241	344	3	3	1110	1650	1300	1700	63
NU 1036	NJ 1036	—	180	280	46	205	215	244	2.1	2.1	203	191	209	—	269	2.1	2.1	300	438	1600	2000	10.1
NU 236	NJ 236	NUP 236		320	52	218	230	279	4	4	214	196	221	233	304	3	3	425	650	1400	1800	18
NU 336	NJ 336	NUP 336		380	75	232	252	306	4	4	227	196	235	255	364	3	3	835	1100	1200	1600	42
NU 2336	NJ 2336	NUP 2336		380	126	232	252	306	4	4	222	196	236	255	364	3	3	1210	1780	1200	1600	71.2
NU 1038	NJ 1038	—	190	290	46	215	—	254	2.1	2.1	213	201	219	—	279	2.1	2.1	335	495	1500	1900	—
NU 238	NJ 238	NUP 238		340	55	231	244	295	4	4	227	206	234	247	324	3	3	512	745	1300	1700	23
NU 2238	NJ 2238	NUP 2238		340	92	231	—	295	4	4	227	206	234	247	324	3	3	975	1570	1300	1700	38.5
NU 338	NJ 338	NUP 338		400	78	245	—	322	5	5	240	210	248	268	380	4	4	882	1190	1100	1500	50
NU 1040	NJ 1040	—	200	310	51	229	239	269	2.1	2.1	226	211	233	—	299	2.1	2.1	408	615	1400	1800	14.3
NU 240	NJ 240	NUP 240		360	58	244	258	312	4	4	240	216	247	261	344	3	3	570	842	1200	1600	26
NU 2240	NJ 2240	NUP 2240		360	98	244	—	—	4	4	—	216	247	261	344	3	3	1120	1725	1200	1600	—
NU 340	NJ 340	NUP 340		420	80	260	—	—	5	5	254	220	263	283	400	4	4	972	1290	1000	1400	—

注：重量以 NJ 型为主。

表 6-1-50 圆柱滚子轴承［N 型、NF 型、NH（NJ＋HJ）型］（部分摘自 GB/T 283—2007）

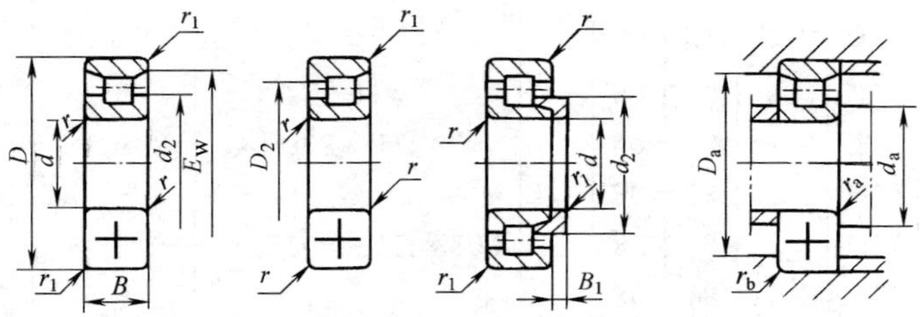

N0000 型　NF0000 型　NH0000 型 (NJ+HJ)

外形尺寸　安装尺寸

当量动载荷

$P_r = F_r$

对轴向承载圆柱滚子轴承

对于 NF200(12200)、NJ300 时＋HJ300(62300)系列

当 $0 \leqslant F_a/F_r \leqslant 0.12$ 时　$P_r = F_r + 0.3F_a$

当 $0.12 \leqslant F_a/F_r \leqslant 0.3$ 时　$P_r = 0.94F_r + 0.8F_a$

对于 NF2200(12500)，NJ2300＋HJ2300(626000)系列

当 $0 \leqslant F_a/F_r \leqslant 0.18$ 时　$P_r = F_r + 0.2F_a$

当 $0.18 \leqslant F_a/F_r \leqslant 0.3$ 时　$P_r = 0.94F_r + 0.53F_a$

当量静载荷

$P_{0r} = F_r$

轴承代号			基本尺寸 /mm			其他尺寸 /mm				安装尺寸/mm						基本额定载荷/kN		极限转速 /r·min^{-1}		质量 /kg
N 型	NF 型	NH(NJ＋HJ)型	d	D	B	E_W	d_2	D_2	B_1	r min	r_1 min	d_a min	D_a max	r_a max	r_b max	C_r	C_{0r}	脂	油	W ≈
N 202	NF 202	—	15	35	11	29.3	22	26.4	—	0.6	0.3	19	—	0.6	0.3	7.98	5.5	15000	19000	—
N 203	NF 203	—	17	40	12	33.9	25.5	30.9	—	0.6	0.3	21	—	0.6	0.3	9.12	7.0	14000	18000	—
N 1004	—	—	20	42	12	36.5	28.3	—	—	0.6	0.3	24	—	0.6	0.3	10.5	8.0	13000	17000	0.09
—	NF 204	NJ 204＋HJ 204		47	14	40	29.9	36.7	3	1	0.6	25	42	1	0.6	12.5	11.0	12000	16000	0.11
N 204E	—	—		47	14	41.5	29.7	—	—	1	0.6	25	42	1	0.6	25.8	24.0	12000	16000	0.117
N 2204 E	—	—		47	18	41.5	29.7	—	—	1	0.6	25	42	1	0.6	30.8	30.0	12000	16000	0.149
—	NF 304	NJ 304＋HJ 304		52	15	44.5	31.8	39.8	4	1.1	0.6	26.5	47	1	0.6	18.0	15.0	11000	15000	0.17
N 304E	—	—		52	15	45.5	31.2	—	—	1.1	0.6	26.5	47	1	0.6	29.0	25.5	11000	15000	0.155
N 2304 E	—	—		52	21	45.5	31.2	—	—	1.1	0.6	26.5	47	1	0.6	39.2	37.5	10000	14000	0.216
N 1005	—	—	25	47	12	41.5	—	—	—	0.6	0.3	29	—	0.6	0.3	11.0	10.2	11000	15000	0.1
—	NF 205	NJ 205＋HJ 205		52	15	45	34.9	41.6	3	1	0.6	30	47	1	0.6	14.2	12.8	11000	14000	0.16
N 205 E	—	—		52	15	46.5	34.7	—	—	1	0.6	30	47	1	0.6	27.5	26.8	11000	14000	0.14
—	—	NJ 2205＋HJ 2205		52	18	—	34.9	41.6	3	1	0.6	30	—	1	0.6	21.2	19.8	11000	14000	—
N 2205 E	—	—		52	18	46.5	34.7	—	—	1	0.6	30	47	1	0.6	32.8	33.8	11000	14000	0.168
—	NF 305	NJ 305＋HJ 305		62	17	53	39	48	4	1.1	1.1	31.5	55	1	1	25.5	22.5	9000	12000	0.2
N 305 E	—	—		62	17	54	38.1	—	—	1.1	1.1	31.5	55	1	1	38.5	35.8	9000	12000	0.251
—	NF 2305	—		62	24	53	39	48	—	1.1	1.1	31.5	55	1	1	38.5	39.2	9000	12000	—
N 2305 E	—	—		62	24	54	38.1	—	—	1.1	1.1	31.5	55	1	1	53.2	54.5	9000	12000	0.355

续表

轴承代号			基本尺寸/mm			其他尺寸/mm						安装尺寸/mm				基本额定载荷/kN		极限转速/r·min^{-1}		质量/kg
N 型	NF 型	NH(NJ+HJ)型	d	D	B	E_W	d_2	D_2	B_1	r min	r_1 min	d_a min	D_a max	r_a max	r_b max	C_r	C_{0r}	脂	油	W ≈
—	NF 206	NJ 206+HJ 206	30	62	16	53.5	41.8	49.1	4	1	0.6	36	56	1	0.6	19.5	18.2	8500	11000	0.2
N 206 E	—	—		62	16	55.5	41.3	—	—	1	0.6	36	56	1	0.6	36.0	35.5	8500	11000	0.214
—	—	NJ 2206+HJ 2206		62	20	—	41.8	49.1	4	1	0.6	36	—	1	0.6	28.8	30.2	8500	11000	0.29
N 2206 E	—	—		62	20	55.5	41.3	—	—	1	0.6	36	56	1	0.6	45.5	48.0	8500	11000	0.268
—	NF 306	NJ 306+HJ 306		72	19	62	45.9	56.7	5	1.1	1.1	37	64	1	1	33.5	31.5	8000	10000	0.3
N 306 E	—	—		72	19	62.5	45	—	—	1.1	1.1	37	64	1	1	49.2	48.2	8000	10000	0.377
—	NF 2306	—		72	27	62	45.9	56.7	—	1.1	1.1	37	64	1	1	46.5	47.5	8000	10000	0.6
N 2306 E	—	—		72	27	62.5	45	—	—	1.1	1.1	37	64	1	1	70.0	75.5	8000	10000	0.538
N406	—	NJ 406+HJ 406		90	23	73	50.5	65.8	7	1.5	1.5	39	—	1.5	1.5	57.2	53.0	7000	9000	0.73
—	NF 207	NJ 207+HJ 207	35	72	17	61.8	47.6	56.8	4	1.1	0.6	42	64	1	0.6	28.5	28.0	7500	9500	0.3
N 207E	—	—		72	17	64	48.3	—	—	1.1	0.6	42	64	1	0.6	46.5	48.0	7500	9500	0.311
—	—	NJ 2207+HJ 2207		72	23	—	47.6	56.8	4	1.1	0.6	42	—	1	0.6	43.8	48.5	7500	9500	0.45
N 2207 E	—	—		72	23	64	48.3	—	—	1.1	0.6	42	64	1	0.6	57.5	63.0	7500	9500	0.414
—	NF 307	NJ 307+HJ 307		80	21	68.2	50.8	62.4	6	1.5	1.1	44	71	1.5	1	41.0	39.2	7000	9000	0.56
N 307 E	—	—		80	21	70.2	51.1	—	—	1.5	1.1	44	71	1.5	1	62.0	63.2	7000	9000	0.501
—	NF 2307	—		80	31	—	50.8	62.4	—	1.5	1.1	44	71	1.5	1	54.8	57.0	7000	9000	0.85
N 2307 E	—	—		80	31	70.2	51.5	—	—	1.5	1.1	44	71	1.5	1	87.5	98.2	7000	9000	0.738
N407	—	NJ 407+HJ 407		100	25	83	59	75.3	8	1.5	1.5	44	—	1.5	1.5	70.8	68.2	6000	7500	0.94
N 1008	—	—	40	68	15	61	50.3	—	—	1	0.6	45	—	1	0.6	21.2	22.0	7500	9500	0.22
—	NF 208	NJ 208+HJ 208		80	18	70	54.2	64.7	5	1.1	1.1	47	72	1	1	37.5	38.2	7000	9000	0.4
N 208 E	—	—		80	18	71.5	54.2	—	—	1.1	1.1	47	72	1	1	51.5	53.0	7000	9000	0.394
—	—	NJ 2208+HJ 2208		80	23	—	54.2	64.7	5	1.1	1.1	47	—	1	1	52.0	57.8	7000	9000	0.53
N 2208 E	—	—		80	23	71.5	54.2	—	—	1.1	1.1	47	72	1	1	67.5	75.2	7000	9000	0.507
—	NF 308	NJ 308+HJ 308		90	23	77.5	58.4	71.2	7	1.5	1.5	49	80	1.5	1.5	48.8	47.5	6300	8000	0.7
N 308 E	—	—		90	23	80	57.7	—	—	1.5	1.5	49	80	1.5	1.5	76.8	77.8	6300	8000	0.68
—	NF 2308	—		90	33	77.5	58.4	71.2	—	1.5	1.5	49	80	1.5	1.5	70.8	76.8	6300	8000	1.1
N 2308 E	—	—		90	33	80	57.7	—	—	1.5	1.5	49	80	1.5	1.5	105	118	6300	8000	0.974
N 408	—	NJ 408+HJ 408		110	27	92	64.8	83.3	8	2	2	50	—	2	2	90.5	89.8	5600	7000	1.25

续表

轴承代号			基本尺寸/mm			其他尺寸/mm						安装尺寸/mm				基本额定载荷/kN		极限转速/r·min^{-1}		质量/kg
N 型	NF 型	NH(NJ+HJ)型	d	D	B	E_W	d_2	D_2	B_1	r min	r_1 min	d_a min	D_a max	r_a max	r_b max	C_r	C_{0r}	脂	油	W ≈
—	NF 209	NJ 209+HJ 209	45	85	19	75	59	69.7	5	1.1	1.1	52	77	1	1	39.8	41.0	6300	8000	0.5
N 209 E	—	—		85	19	76.5	59.2	—	—	1.1	1.1	52	77	1	1	58.5	63.8	6300	8000	0.45
—	—	NJ 2209+HJ 2209		85	23	—	59	69.7	5	1.1	1.1	52	—	1	1	54.8	62.2	6300	8000	0.59
N 2209 E	—	—		85	23	76.5	59.2	—	—	1.1	1.1	52	77	1	1	71.0	82.0	6300	8000	0.55
—	NF 309	NJ 309+HJ 309		100	25	86.5	64	79.3	7	1.5	1.5	54	89	1.5	1.5	66.8	66.8	5600	7000	0.9
N 309 E	—	—		100	25	88.5	64.7	—	—	1.5	1.5	54	89	1.5	1.5	93.0	98.0	5600	7000	0.93
—	NF 2309	—		100	36	86.5	64	79.6	—	1.5	1.5	54	89	1.5	1.5	91.5	100	5600	7000	1.5
N 2309 E	—	—		100	36	88.5	64.7	—	—	1.5	1.5	54	89	1.5	1.5	130	152	5600	7000	1.34
N 409	—	NJ 409+HJ 409		120	29	100.5	71.8	91.4	8	2	2	55	—	2	2	102	100	5000	6300	1.8
N 1010	—	—	50	80	16	72.5	—	—	—	1	0.6	55	—	1	0.6	25.0	27.5	6300	8000	—
—	NF210	NJ 210+HJ 210		90	20	80.4	64.6	75.1	5	1.1	1.1	57	83	1	1	43.2	48.5	6000	7500	0.6
N 210 E	—	—		90	20	81.5	64.2	—	—	1.1	1.1	57	83	1	1	61.2	69.2	6000	7500	0.505
—	—	NJ 2210+HJ 2210		90	23	—	64.6	75.1	5	1.1	1.1	57	—	1	1	57.2	69.2	6000	7500	0.65
N 2210 E	—	—		90	23	81.5	64.2	—	—	1.1	1.1	57	83	1	1	74.2	88.8	6000	7500	0.59
—	NF 310	NJ 310+HJ 310		110	27	95	71	87.3	8	2	2	60	98	2	2	76.0	79.5	5300	6700	1.2
N 310 E	—	—		110	27	97	71.2	—	—	2	2	60	98	2	2	105	112	5300	6700	1.2
—	NF2310	NJ 2310+HJ 2310		110	40	95	71	87.3	8	2	2	60	98	2	2	112	132	5300	6700	1.85
N 2310 E	—	—		110	40	97	71.2	—	—	2	2	60	98	2	2	155	185	5300	6700	1.79
N 410	NF 2310	NJ 410+HJ 410		130	31	110.8	78.8	101	9	2.1	2.1	62	—	2.1	2.1	120	120	4800	6000	2.3
N 1011	—	—	55	90	18	81.5	—	—	—	1.1	1	61.5	—	1	1	35.8	40.0	5600	7000	0.45
—	NF 211	NJ 211+HJ 211		100	21	88.5	70.8	82.7	6	1.5	1.1	64	91	1.5	1	52.8	60.2	5300	6700	0.7
N211 E	—	—		100	21	90.0	70.2	—	—	1.5	1.1	64	91	1.5	1	80.2	95.5	5300	6700	0.68
—	—	NJ 2211+HJ 2211		100	25	—	70.8	82.7	6	1.5	1.1	64	—	1.5	1	70.8	87.5	5300	6700	0.86
N 2211 E	—	—		100	25	90	70.9	—	—	1.5	1.1	64	91	1.5	1	94.8	118	5300	6700	0.81
—	NF 311	NJ 311+HJ 311		120	29	104.5	77.2	95.8	9	2	2	65	107	2	2	97.8	105	4800	6000	1.7
N 311 E	—	—		120	29	106.5	77.4	—	—	2	2	65	107	2	2	128	138	4800	6000	1.53
—	NF 2311	NJ 2311+HJ 2311		120	43	104.5	77.2	95.8	9	2	2	65	107	2	2	130	148	4800	6000	2.4
N 2311 E	—	—		120	43	106.5	77.4	—	—	2	2	65	107	2	2	190	228	4800	6000	2.28
N 411	—	NJ 411+HJ 411		140	33	117.2	85.2	108	10	2.1	2.1	67	—	2.1	2.1	128	132	4300	5300	2.8

续表

轴承代号			基本尺寸/mm			其他尺寸/mm				安装尺寸/mm						基本额定载荷/kN		极限转速/r·min^{-1}		质量/kg
N型	NF型	NH(NJ+HJ)型	d	D	B	E_W	d_2	D_2	B_1	r min	r_1 min	d_a min	D_a max	r_a max	r_b max	C_r	C_{0r}	脂	油	W ≈
N 1012	—	—	60	95	18	86.5	72.9	—	—	1.1	1	66.5	—	1	1	38.5	45.0	5300	6700	0.48
—	NF 212	NJ 212+HJ 212		110	22	97	—	—	6	1.5	1.5	69	100	1.5	1.5	62.8	73.5	5000	6300	0.9
N 212 E	—	—		110	22	100	77.7	—	—	1.5	1.5	69	100	1.5	1.5	89.8	102	5000	6300	0.86
—	—	NJ 2212+HJ 2212		110	28	—	—	—	6	1.5	1.5	69	—	1.5	1.5	91.2	118	5000	6300	1.25
N 2212 E	—	—		110	28	100	77.7	—	—	1.5	1.5	69	100	1.5	1.5	122	152	5000	6300	1.12
—	NF 312	NJ 312+HJ 312		130	31	113	84.2	104	9	2.1	2.1	72	116	2.1	2.1	118	128	4500	5600	2
N 312 E	—	—		130	31	115	84.3	—	—	2.1	2.1	72	116	2.1	2.1	142	155	4500	5600	1.87
—	NF 2312	NJ 2312+HJ 2312		130	46	113	84.2	104	9	2.1	2.1	72	116	2.1	2.1	155	195	4500	5600	2
N 2312 E	—	—		130	46	115	84.3	—	—	2.1	2.1	72	116	2.1	2.1	212	260	4500	5600	2.81
N 412	—	NJ 412+HJ 412		150	35	127	91.8	116	10	2.1	2.1	72	—	2.1	2.1	155	162	4000	5000	3.4
—	NF 213	NJ 213+HJ 213	65	120	23	105.5	84.8	98.9	6	1.5	1.5	74	108	1.5	1.5	73.2	87.5	4500	5600	1.1
N 213 E	—	—		120	23	108.5	84.6	—	—	1.5	1.5	74	108	1.5	1.5	102	118	4500	5600	1.08
—	—	NJ 2213+HJ 2213		120	31	—	84.8	98.6	6	1.5	1.5	74	—	1.5	1.5	108	145	4500	5600	—
N 2213 E	—	—		120	31	108.5	84.6	—	—	1.5	1.5	74	108	1.5	1.5	142	180	4500	5600	1.48
—	NF 313	NJ 313+HJ 313		140	33	121.5	91	112	10	2.1	2.1	77	125	2.1	2.1	125	135	4000	5000	2.5
N 313 E	—	—		140	33	124.5	90.6	—	—	2.1	2.1	77	125	2.1	2.1	170	188	4000	5000	2.31
—	NF 2313	NJ 2313+HJ 2313		140	48	121.5	91	112	10	2.1	2.1	77	125	2.1	2.1	175	210	4000	5000	4
N 2313 E	—	—		140	48	124.5	90.6	—	—	2.1	2.1	77	125	2.1	2.1	235	285	4000	5000	3.34
N 413	—	NJ 413+HJ 413		160	37	135.3	98.5	124	11	2.1	2.1	77	—	2.1	2.1	170	178	3800	4800	4
N 1014	—	—	70	110	20	100	84.5	—	—	1.1	1	76.5	—	1	1	47.5	57.0	4800	6000	0.71
—	NF 214	NJ 214+HJ 214		125	24	110.5	89.6	104	7	1.5	1.5	79	114	1.5	1.5	73.2	87.5	4300	5300	1.3
N 214 E	—	—		125	24	113.5	89.6	—	—	1.5	1.5	79	114	1.5	1.5	112	135	4300	5300	1.2
—	—	NJ 2214+HJ 2214		125	31	—	89.6	104	7	1.5	1.5	79	—	1.5	1.5	108	145	4300	5300	1.7
N 2214 E	—	—		125	31	113.5	89.6	—	—	1.5	1.5	79	114	1.5	1.5	148	192	4300	5300	1.56
—	NF 314	NJ 314+HJ 314		150	35	130	98	120	10	2.1	2.1	82	134	2.1	2.1	145	162	3800	4800	3.1
N 314 E	—	—		150	35	133	97.5	—	—	2.1	2.1	82	134	2.1	2.1	195	220	3800	4800	2.86
—	NF 2314	NJ 2314+HJ 2314		150	51	130	98	120	10	2.1	2.1	82	134	2.1	2.1	212	260	3800	4800	4.4
N 2314 E	—	—		150	51	133	97.5	—	—	2.1	2.1	82	134	2.1	2.1	260	320	3800	4800	4.1
N 414	—	NJ 414+HJ 414		180	42	152	110	139	12	3	3	84	—	2.5	2.5	215	232	3400	4300	5.9

轴承代号			基本尺寸/mm			其他尺寸/mm						安装尺寸/mm				基本额定载荷/kN		极限转速/r·min^{-1}		质量/kg
N 型	NF 型	NH(NJ+HJ)型	d	D	B	E_W	d_2	D_2	B_1	r min	r_1 min	d_a min	D_a max	r_a max	r_b max	C_r	C_{0r}	脂	油	W ≈
—	NF 215	NJ 215+HJ 215	75	130	25	118.3	94	110	7	1.5	1.5	84	120	1.5	1.5	89.0	110	4000	5000	1.4
N 215 E	—	—		130	25	118.5	94.6	—	—	1.5	1.5	84	120	1.5	1.5	125	155	4000	5000	1.32
—	—	NJ 2215+HJ 2215		130	31	—	94	110	7	1.5	1.5	84	—	1.5	1.5	125	165	4000	5000	1.8
N 2215 E	—	—		130	31	118.5	94.6	—	—	1.5	1.5	84	120	1.5	1.5	155	205	4000	5000	1.64
—	NF 315	NJ 315+HJ 315		160	37	139.5	104	129	11	2.1	2.1	87	143	2.1	2.1	165	188	3600	4500	3.7
N 315 E	—	—		160	37	143	104.2	—	—	2.1	2.1	87	143	2.1	2.1	228	260	3600	4500	3.43
N 2315	NF 2315	NJ 2315+HJ 2315		160	55	142.1	104	129	11	2.1	2.1	87	143	2.1	2.1	245	308	3600	4500	5.4
N 415	—	NJ 415+HJ 415		190	45	160.5	116	147	13	3	3	89	—	2.5	2.5	250	272	3200	4000	7.1
N 1016	—	—	80	125	22	113.5	—	—	—	1.1	1	86.5	—	1	1	59.2	77.8	4300	5300	1
—	NF 216	NJ 216+HJ 216		140	26	125	101	118	8	2	2	90	128	2	2	102	125	3800	4800	1.7
N 216 E	—	—		140	26	127.3	101.1	—	—	2	2	90	128	2	2	132	165	3800	4800	1.58
—	—	NJ 2216+HJ 2216		140	33	—	101	118	8	2	2	90	—	2	2	145	195	3800	4800	2.2
N 2216 E	—	—		140	33	127.3	101.1	—	—	2	2	90	128	2	2	178	242	3800	4800	2.05
—	NF 316	NJ 316+HJ 316		170	39	147	111	136	11	2.1	2.1	92	151	2.1	2.1	175	200	3400	4300	4.4
N 316 E	—	—		170	39	151	110.1	—	—	2.1	2.1	92	151	2.1	2.1	245	282	3400	4300	4.05
N 2316	NF 2316	NJ 2316+HJ 2316		170	58	147	111	136	11	2.1	2.1	92	151	2.1	2.1	258	328	3400	4300	6.4
N 416	—	NJ 416+HJ 416		200	48	170	122	156	13	3	3	94	—	2.5	2.5	285	315	3000	3800	8.3
—	NF 217	NJ 217+HJ 217	85	150	28	135.5	108	126	8	2	2	95	137	2	2	115	145	3600	4500	2.1
N 217 E	—	—		150	28	136.5	107.1	—	—	2	2	95	137	2	2	158	192	3600	4500	2
—	—	NJ 2217+HJ 2217		150	36	—	108	126	8	2	2	95	—	2	2	165	230	3600	4500	2.8
N 2217 E	—	—		150	36	136.5	107.1	—	—	2	2	95	137	2	2	205	272	3600	4500	2.58
—	NF 317	NJ 317+NJ 317		180	41	156	117	144	12	3	3	99	160	2.5	2.5	212	242	3200	4000	5.2
N 317 E	—	—		180	41	160	117.4	—	—	3	3	99	160	2.5	2.5	280	332	3200	4000	4.82
N 2317	NF 2317	NJ 2317+HJ 2317		180	60	156.5	117	144	12	3	3	99	160	2.5	2.5	295	380	3200	4000	7.4
N 417	—	NJ 417+HJ 417		210	52	179.5	126	162	14	4	4	103	—	3	3	312	345	2800	3600	9.8
N 1018	—	—	90	140	24	127	—	—	—	1.5	1.1	98	—	1.5	1	74.0	94.8	3800	4800	1.36
—	NF 218	NJ 218+HJ 218		160	30	143	114	134	9	2	2	100	146	2	2	142	178	3400	4300	2.5
N 218 E	—	—		160	30	145	113.9	—	—	2	2	100	146	2	2	172	215	3400	4300	2.44
—	—	NJ 2218+HJ 2218		160	40	—	114	134	9	2	2	100	—	2	2	192	268	3400	4300	3.5

续表

轴承代号			基本尺寸/mm			其他尺寸/mm						安装尺寸/mm				基本额定载荷/kN		极限转速/r·min^{-1}		质量/kg
N型	NF型	NH(NJ+HJ)型	d	D	B	E_W	d_2	D_2	B_1	r min	r_1 min	d_a min	D_a max	r_a max	r_b max	C_r	C_{0r}	脂	油	W ≈
N 2218 E	—	—	90	160	40	145	113.9	—	—	2	2	100	146	2	2	230	312	3400	4300	3.26
—	NF 318	NJ 318+HJ 318		190	43	165	125	153	12	3	3	104	146	2.5	2.5	228	265	3000	3800	6.1
N 318 E	—	—		190	43	169.5	123.7	—	—	3	3	104	169	2.5	2.5	298	348	3000	3800	5.59
N 2318	NF 2318	NJ 2318+HJ 2318		190	64	165	125	153	12	3	3	104	169	2.5	2.5	310	395	3000	3800	8.4
N 418	—	NJ 418+HJ 418		225	54	191.5	137	175	14	4	4	108	—	3	3	352	392	2400	3200	11
—	NF 219	NJ 219+HJ 219	95	170	32	151.5	121	142	9	2.1	2.1	107	155	2.1	2.1	152	190	3200	4000	3.2
N 219 E	—	—		170	32	154.5	120.2	—	—	2.1	2.1	107	155	2.1	2.1	208	262	3200	4000	2.96
—	—	NJ 2219+HJ 2219		170	43	—	121	142	9	2.1	2.1	107	—	2.1	2.1	215	298	3200	4000	4.5
N 2219 E	—	—		170	43	154.5	120.2	—	—	2.1	2.1	107	155	2.1	2.1	275	368	3200	4000	3.97
—	NF 319	NJ 319+HJ 319		200	45	173.5	132	161	13	3	3	109	178	2.5	2.5	245	288	2800	3600	7
N 319 E	—	—		200	45	177.5	131.7	—	—	3	3	109	178	2.5	2.5	315	380	2800	3600	6.52
N 2319	NF 2319	NJ 2319+HJ 2319		200	67	173.5	132	161	13	3	3	109	178	2.5	2.5	370	500	2800	3600	10.4
N 419	—	NJ 419+HJ 419		240	55	201.5	147	185	15	4	4	113	—	3	3	378	428	2200	3000	14
N 1020	—	—	100	150	24	137	—	—	—	1.5	1.1	108	—	1.5	1	78.0	102	3400	4300	1.5
—	NF 220	NJ 220+HJ 220		180	34	160	128	150	10	2.1	2.1	112	164	2.1	2.1	168	212	3000	3800	3.5
N 220 E	—	—		180	34	163	127	—	—	2.1	2.1	112	164	2.1	2.1	235	302	3000	3800	3.58
—	—	NJ 2220+HJ 2220		180	46	—	128	150	10	2.1	2.1	112	—	2.1	2.1	240	335	3000	3800	5.2
N 2220 E	—	—		180	46	163	127	—	—	2.1	2.1	112	164	2.1	2.1	318	440	3000	3800	4.86
—	NF 320	NJ 320+HJ 320		215	47	185.5	140	172	13	3	3	114	190	2.5	2.5	282	340	2600	3200	8.6
N 320 E	—	—		215	47	191.5	139.1	—	—	3	3	114	190	2.5	2.5	365	425	2600	3200	7.89
N 2320	NF 2320	NJ 2320+HJ 2320		215	73	185.5	140	172	13	3	3	114	190	2.5	2.5	415	558	2600	3200	13.5
N 420	—	NJ 420+HJ 420		250	58	211	153	194	16	4	4	118	—	3	3	418	480	2000	2800	16
N 1021	—	—	105	160	26	145.5	125.5	—	—	2	1.1	114	—	2	1	91.5	122	3200	4200	1.9
N 221	NF 221	NJ 221+HJ 221		190	36	168.8	135	159	10	2.1	2.1	117	173	2.1	2.1	185	235	2800	3600	4
N 321	NF 321	NJ 321+HJ 321		225	49	196	147	181	13	3	3	119	199	2.5	2.5	322	392	2200	3000	—
N 421	—	NJ 421+HJ 421		260	60	220.5	159	202	16	4	4	123	—	3	3	508	602	1900	2600	—

续表

轴承代号			基本尺寸/mm			其他尺寸/mm						安装尺寸/mm				基本额定载荷/kN		极限转速/r·min^{-1}		质量/kg
N 型	NF 型	NH(NJ+HJ)型	d	D	B	E_w	d_2	D_2	B_1	r min	r_1 min	d_a min	D_a max	r_a max	r_b max	C_r	C_{0r}	脂	油	W ≈
N 1022	—	—	110	170	28	155	131	—	—	2	1.1	119	—	2	1	115	155	3000	3800	2.3
—	NF 222	NJ 222+NJ 222		200	38	178.5	141	167	11	2.1	2.1	122	182	2.1	2.1	220	285	2600	3400	5
N 222 E	—	—		200	38	180.5	141.3	—	—	2.1	2.1	122	182	2.1	2.1	278	360	2600	3400	5.02
N 2222	NF 2222	NJ 2222+HJ 2222		200	53	178.5	141	167	11	2.1	2.1	122	—	2.1	2.1	312	445	2600	3400	7.5
N 322	NF 322	NJ 322+HJ 322		240	50	207	155	192	14	3	3	124	211	2.5	2.5	352	428	2000	2800	11
N 2322	NF 2322	NJ 2322+HJ 2322		240	80	207	155	201	14	3	3	124	211	2.5	2.5	535	740	2000	2800	7.5
N 422	—	NJ 422+HJ 422		280	65	230.5	171	216	17	4	4	128	—	3	3	515	602	1800	2400	22
N 1024	—	—	120	180	28	165	156	—	—	2	1.1	129	—	2	1	130	168	2600	3400	2.96
—	NF 224	NJ 224+HJ 224		215	40	191.5	153	180	11	2.1	2.1	132	196	2.1	2.1	230	332	2200	3000	6.4
N 224 E	—	—		215	40	195.5	153	—	—	2.1	2.1	132	196	2.1	2.1	322	422	2200	3000	6.11
N 2224	—	NJ 2224+HJ 2224		215	58	191.5	153	180	11	2.1	2.1	132	—	2.1	2.1	345	522	2200	3000	9.5
N 324	NF 324	NJ 324+HJ 324		260	55	226	168	209	14	3	3	134	230	2.5	2.5	440	552	1900	2600	14
N 2324	NF 2324	NJ 2324+HJ 2324		260	86	226	168	219	14	3	3	134	230	2.5	2.5	632	868	1900	2600	22.5
N 424	—	NJ 424+HJ 424		310	72	260	188	238	17	5	5	142	—	4	4	642	772	1700	2200	30
N 1026	—	—	130	200	33	182	156	—	—	2	1.1	139	—	2	1	152	212	2400	3200	3.7
N 226	NF 226	NJ 226+HJ 226		230	40	204	165	192	11	3	3	144	208	2.5	2.5	258	352	2000	2800	7
N 2226	NF 2226	NJ 2226+NJ 2226		230	64	204	167	195	11	3	3	144	—	2.5	2.5	368	552	2000	2800	11.5
N 326	NF 326	NJ 326+HJ 326		280	58	243	182	225	14	4	4	148	247	3	3	492	620	1700	2200	18
N 2326	NF 2326	NJ 2326+HJ 2326		280	93	243	182	236	14	4	4	148	247	3	3	748	1060	1700	2200	28.5
N 426	—	NJ 426+HJ 426		340	78	289	—	—	18	5	5	152	—	4	4	782	942	1500	1900	39
N 1028	—	—	140	210	33	192	—	—	—	2	1.1	149	—	2	1	158	220	2000	2800	4
N228	NF 228	NJ 228+HJ 228		250	42	221	179	208	11	3	3	154	—	2.5	2.5	302	415	1800	2400	9.1
N 2228	—	NJ 2228+HJ 2228		250	68	221	179	208	11	3	3	154	—	2.5	2.5	438	700	1800	2400	15
N 328	NF 328	NJ 328+HJ 328		300	62	260	196	241	15	4	4	158	—	3	3	545	690	1600	2000	22
N 2328	NF 2328	NJ 2328+HJ 2328		300	102	260	192	252	15	4	4	158	—	3	3	825	1180	1600	2000	37
N 428	—	NJ 428+HJ 428		360	82	304	—	—	18	5	5	162	—	4	4	845	1020	1400	1800	—
N 1030	—	—	150	225	35	206.5	177	—	—	2.1	1.5	161	—	2.1	1.5	188	268	1900	2600	4.8
N 230	NF 230	NJ 230+HJ 230		270	45	238	193	225	12	3	3	164	—	2.5	2.5	360	490	1700	2200	11
N 2230	NF 2230	NJ 2230+NJ 2230		270	73	238	193	225	12	3	3	164	—	2.5	2.5	530	772	1700	2200	17
N 330	NF 330	NJ 330+HJ 330		320	65	277	209	270	15	4	4	168	—	3	3	595	765	1500	1900	26
N 2330	NF 2330	NJ 2330+HJ 2330		320	108	277	209	270	15	4	4	168	—	3	3	930	1340	1500	1900	45
N 430	—	NJ 430+HJ 430		380	85	321	—	—	20	5	5	172	—	4	4	912	1100	1300	1700	53

续表

轴承代号			基本尺寸/mm			其他尺寸/mm						安装尺寸/mm				基本额定载荷/kN		极限转速/r·min^{-1}		质量/kg
N 型	NF 型	NH(NJ+HJ)型	d	D	B	E_W	d_2	D_2	B_1	r min	r_1 min	d_a min	D_a max	r_a max	r_b max	C_r	C_{0r}	脂	油	W ≈
N 1032	—	—	160	240	38	220	—	—	—	2.1	1.5	171	—	2.1	1.5	212	302	1800	2400	6
N 232	NF 232	NJ 232+HJ 232		290	48	257	206	250	12	3	3	174	—	2.5	2.5	405	552	1600	2000	14
N 2232	—	NJ 2232+HJ 2232		290	80	257	205	252	12	3	3	174	—	2.5	2.5	590	898	1600	2000	25
N 332	NF 332	NJ 332+HJ 332		340	68	292	—	—	—	4	4	178	—	3	3	628	825	1400	1800	31.6
N 2332	NF 2332	—		340	114	—	—	—	—	4	4	178	—	3	3	972	1430	1400	1800	55.8
N 1034	—	—	170	260	42	238	201	—	—	2.1	2.1	181	—	2.1	2.1	255	365	1700	2200	8.14
N 234	NF 234	NJ 234+HJ 234		310	52	272	220	269	12	4	4	188	—	3	3	425	650	1500	1900	17.1
N 334	—	—		360	72	310	—	—	—	4	4	188	—	3	3	715	952	1300	1700	36
N 2334	NF 2334	—		360	120	310	—	290	—	4	4	188	—	3	3	1110	1650	1300	1700	63
N 1036	—	—	180	280	46	255	215	—	—	2.1	2.1	191	—	2.1	2.1	300	438	1600	2000	10.1
N 236	—	NJ 236+HJ 236		320	52	282	230	279	12	4	4	198	—	3	3	425	650	1400	1800	18
N 336	—	—		380	75	328	252	—	—	4	4	198	—	3	3	835	1100	1200	1600	42
N 2336	NF 2336	—		380	126	330	—	306	—	4	4	198	—	3	3	1210	1780	1200	1600	71.2
N 1038	—	—	190	290	46	—	225	—	—	2.1	2.1	201	—	2.1	2.1	335	495	1500	1900	10.0
N 238	—	NJ 238+HJ 238		340	55	299	244	295	13	4	4	208	—	3	3	512	745	1300	1700	23
N 2238	—	NJ 2238+NJ 2238		340	92	299	—	295	13	4	4	208	—	3	3	975	1570	1300	1700	38.5
N 338	—	—		400	78	345	264	—	—	5	5	212	—	4	4	882	1190	1100	1500	50
N 1040	—	—	200	310	51	283	239	—	—	2.1	2.1	211	—	2.1	2.1	408	615	1400	1800	14.3
N 240	—	NJ 240+HJ 240		360	58	316	258	312	14	4	4	218	—	3	3	570	842	1200	1600	26
N 2240	—	NJ 2240+HJ 2240		360	98	316	256	313	14	4	4	218	—	3	3	1120	1725	1200	1600	—
N 340	—	—		420	80	—	280	—	—	5	5	222	—	4	4	972	1290	1000	1400	—

1.5.5 调心滚子轴承

表 6-1-51 调心滚子轴承（部分摘自 GB/T 288—2013）

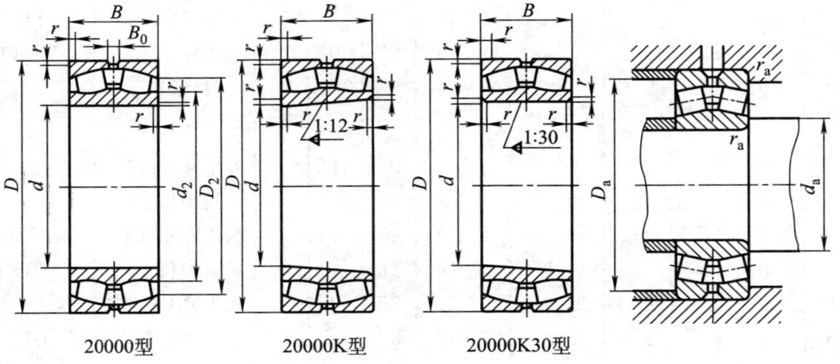

符号含义
TN——尼龙保持架
K——圆锥孔(锥度 1∶12)
K30——圆锥孔(锥度 1∶30)

外形尺寸
径向当量动载荷：
当 $F_a/F_r \leqslant e$ 时，$P_r = F_r + Y_1 F_a$
当 $F_a/F_r > e$ 时，$P_r = 0.67F_r + Y_2 F_a$

安装尺寸
径向当量静载荷：
$P_{0r} = F_r + Y_0 F_a$

轴承代号		基本尺寸/mm			其他尺寸/mm				安装尺寸/mm			计算系数				基本额定载荷/kN		极限转速/$r \cdot min^{-1}$		质量/kg
圆柱孔	圆锥孔	d	D	B	d_2 ≈	D_2 ≈	B_0	r min	d_a min	D_a max	r_a max	e	Y_1	Y_2	Y_0	C_r	C_{0r}	脂	油	W ≈
21304	21304 K	20	52	15	29.5	42	—	1.1	27	45	1	0.31	2.2	3.3	2.2	31.5	31.2	6000	7500	0.175
21304 TN	21304 KTN		52	15	30.5	44.1	—	1.1	27	45	1	0.29	2.3	3.4	2.2	35.8	34.2	6000	7500	0.161
22205	22205 K	25	52	18	30.9	43.9	5.5	1	30	46	1	0.35	1.9	2.9	1.9	36.8	36.8	8000	10000	0.177
22205 TN	22205 KTN		52	18	28.8	42.8	5.5	1	30	46	1	0.36	1.9	2.8	1.8	45.2	44.0	8000	10000	0.178
21305	21305 K		62	17	36.4	50.8	—	1.1	32	55	1	0.29	2.4	3.5	2.3	42.5	44.2	5300	6700	0.277
21305 TN	21305 KTN		62	17	35.9	51.3	—	1.1	32	55	1	0.29	2.4	3.5	2.3	45.5	44.5	5300	6700	0.257
22206	22206 K	30	62	20	37.9	52.7	5.5	1	36	56	1	0.32	2.1	3.1	2.1	51.8	55.0	6700	8500	0.283
22206 TN	22206 KTN		62	20	37.4	53.3	5.5	1	35	56	1	0.32	2.1	3.1	2.1	58.2	59.5	6700	8500	0.271
21306	21306 K		72	19	43.3	59.6	—	1.1	37	65	1	0.27	2.5	3.7	2.4	57.2	62.0	4500	6000	0.412
21306 TN	21306 KTN		72	19	41.2	59.6	—	1.1	37	65	1	0.28	2.4	3.6	2.4	63.8	63.5	4500	6000	0.391
22207	22207 K	35	72	23	44.1	60.9	5.5	1.1	42	65	1	0.32	2.1	3.2	2.1	70.2	79.0	5600	7000	0.437

续表

轴承代号		基本尺寸/mm			其他尺寸/mm				安装尺寸/mm			计算系数				基本额定载荷/kN		极限转速/r·min^{-1}		质量/kg
圆柱孔	圆锥孔	d	D	B	d_2 ≈	D_2 ≈	B_0	r min	d_a min	D_a max	r_a max	e	Y_1	Y_2	Y_0	C_r	C_{0r}	脂	油	W ≈
22207 TN	—	35	72	23	43.6	61.5	5.5	1.1	42	65	1	0.32	2.1	3.2	2.1	78.2	84.5	5600	7000	0.428
21307	21307 K		80	21	49.1	66.3	—	1.5	44	71	1.5	0.27	2.5	3.8	2.5	65.2	73.2	4000	5300	0.542
21307 TN	21307 KTN		80	21	47.6	67.8	—	1.5	44	71	1.5	0.27	2.5	3.8	2.5	74.2	75.5	4000	5300	0.507
22208	22208 K	40	80	23	50.4	69.4	5.5	1.1	47	73	1	0.28	2.4	3.6	2.4	79.0	88.5	5000	6300	0.524
22208 TN	22208 KTN		80	23	49.4	70.5	5.5	1.1	47	73	1	0.28	2.4	3.6	2.4	95.0	102	5000	6300	0.524
21308	21308 K		90	23	54.0	75.1	—	1.5	49	81	1.5	0.26	2.6	3.8	2.5	87.2	96.2	3600	4500	0.743
21308 TN	21308 KTN		90	23	53.5	75.6	—	1.5	49	81	1.5	0.26	2.6	3.8	2.5	93.5	99.0	3600	4500	0.717
22308	22308 K		90	33	51.4	74.3	5.5	1.5	49	81	1.5	0.38	1.8	2.7	1.8	122	138	4500	6000	1.02
22308 TN	22308KTN		90	33	50.9	74.8	5.5	1.5	48	81	1.5	0.38	1.8	2.7	1.8	132	148	4500	6000	1.02
22209	22209 K	45	85	23	54.6	73.6	5.5	1.1	52	78	1	0.26	2.6	3.8	2.5	82.8	95.2	4500	6000	0.571
22209 TN	22209 KTN		85	23	53.6	74.7	5.5	1.1	52	78	1	0.26	2.6	3.8	2.5	95.0	102	4500	6000	0.555
21309	21309 K		100	25	61.4	84.4	—	1.5	54	91	1.5	0.25	2.7	4.0	2.6	102	115	3200	4000	1.0
21309 TN	21309 KTN		100	25	60.4	84.4	—	1.5	54	91	1.5	0.25	2.7	4.0	2.6	110	120	3200	4000	0.949
22309	22309 K		100	36	57.6	82.2	5.5	1.5	54	91	1.5	0.37	1.8	2.7	1.8	145	170	4000	5300	1.37
22309 TN	22309 KTN		100	36	57.6	83.3	5.5	1.5	54	91	1.5	0.37	1.8	2.7	1.8	165	185	4000	5300	1.39
22210	22210 K	50	90	23	59.7	78.8	5.5	1.1	57	83	1	0.24	2.8	4.1	2.7	86.0	102	4300	5300	0.614
22210 TN	22210 KTN		90	23	58.7	79.8	5.5	1.1	57	83	1	0.24	2.8	4.1	2.7	99.0	110	4300	5300	0.596
21310	21310 K		110	27	66.7	91.7	—	2	60	100	2	0.25	2.7	4.0	2.6	122	140	2800	3800	1.3
21310 TN	21310 KTN		110	27	67.3	93.3	—	2	60	100	2	0.25	2.7	4.1	2.7	128	140	2800	3800	1.22
22310	22310 K		110	40	63.4	91.9	5.5	2	60	100	2	0.37	1.8	2.7	1.8	182	212	3800	4800	1.79
22310 TN	22310 KTN		110	40	64.1	92.7	5.5	2	60	100	2	0.37	1.8	2.8	1.8	198	228	3800	4800	1.84
22211	22211 K	55	100	25	66	88	5.5	1.5	64	91	1.5	0.24	2.8	4.2	2.8	105	125	3800	5000	0.847
22211 TN	22211 KTN		100	25	65.5	88.5	5.5	1.5	63	91	1.5	0.24	2.8	4.2	2.8	122	140	3800	5000	0.823
21311	21311 K		120	29	72.6	100.5	—	2	65	110	2	0.25	2.7	4.1	2.7	145	170	2600	3400	1.65
21311 TN	21311 KTN		120	29	74.1	102.1	—	2	65	110	2	0.24	2.8	4.2	2.7	148	165	2600	3400	1.57
22311	22311 K		120	43	69.2	100.5	5.5	2	65	110	2	0.36	1.9	2.8	1.8	215	252	3400	4300	2.31
22311 TN	22311 KTN		120	43	68.8	101.2	5.5	2	65	110	2	0.36	1.9	2.8	1.8	232	262	3400	4300	2.32

续表

轴承代号		基本尺寸/mm			其他尺寸/mm				安装尺寸/mm			计算系数				基本额定载荷/kN		极限转速/r·min^{-1}		质量/kg
圆柱孔	圆锥孔	d	D	B	d_2 ≈	D_2 ≈	B_0	r min	d_a min	D_a max	r_a max	e	Y_1	Y_2	Y_0	C_r	C_{0r}	脂	油	W ≈
22212	22212 K	60	110	28	72.7	96.5	5.5	1.5	69	101	1.5	0.24	2.8	4.1	2.7	125	155	3600	4500	1.15
22212 TN	22212 KTN		110	28	72.7	98.6	5.5	1.5	69	101	1.5	0.24	2.8	4.2	2.7	155	185	3600	4500	1.14
21312	21312 K		130	31	79.5	109.3	—	2.1	72	118	2.1	0.24	2.8	4.2	2.7	165	195	2400	3200	2.08
21312 TN	21312 KTN		130	31	80	110.8	—	2.1	72	118	2.1	0.24	2.8	4.2	2.8	175	195	2400	3200	1.96
22312	22312 K		130	46	74.9	109	5.5	2.1	72	118	2.1	0.36	1.9	2.8	1.8	248	292	3200	4000	2.88
22312 TN	22312 KTN		130	46	75.5	109.6	5.5	2.1	72	118	2.1	0.36	1.9	2.8	1.9	270	312	3200	4000	2.96
22213	22213 K	65	120	31	78.4	104	5.5	1.5	74	111	1.5	0.25	2.7	4.0	2.6	155	195	3200	4000	1.54
22213 TN	22213 KTN		120	31	77.4	105	5.5	1.5	74	111	1.5	0.25	2.7	4.0	2.6	178	212	3200	4000	1.53
21313	21313 K		140	33	87.4	118.1	—	2.1	77	128	2.1	0.24	2.9	4.3	2.8	188	228	2200	3000	2.57
21313 TN	21313 KTN		140	33	86.4	119.1	—	2.1	77	128	2.1	0.24	2.9	4.3	2.8	202	235	2200	3000	2.45
22313	22313 K		140	48	81.5	117.4	5.5	2.1	77	128	2.1	0.35	1.9	2.9	1.9	272	320	3000	3800	3.47
22313 TN	22313 KTN		140	48	81.5	118.5	5.5	2.1	77	128	2.1	0.35	2.0	2.9	1.9	302	355	3000	3800	3.57
22214	22214 K	70	125	31	84.1	109.7	5.5	1.5	79	116	1.5	0.24	2.9	4.3	2.8	155	195	3000	3800	1.6
22214 TN	22214 KTN		125	31	83	110.6	5.5	1.5	79	116	1.5	0.24	2.9	4.3	2.8	185	225	3000	3800	1.6
21314	21314 K		150	35	94.3	127.9	—	2.1	82	138	2.1	0.23	2.9	4.3	2.8	218	268	2000	2800	3.11
21314 TN	21314 KTN		150	35	92.8	127.4	—	2.1	82	138	2.1	0.23	2.9	4.3	2.8	225	265	2000	2800	2.97
22314	22314 K		150	51	88.2	125.9	8.3	2.1	82	138	2.1	0.34	2.0	2.9	1.9	320	395	2800	3400	4.34
22314 TN	22314 KTN		150	51	87.7	126.5	8.3	2.1	82	138	2.1	0.34	2.0	2.9	1.9	340	405	2800	3400	4.35
22215	22215 K	75	130	31	88.2	114.8	5.5	1.5	84	121	1.5	0.22	3.0	4.5	2.9	165	215	3000	3800	1.69
22215 TN	22215 KTN		130	31	87.7	115.4	5.5	1.5	84	121	1.5	0.22	3.0	4.5	2.9	185	232	3000	3800	1.67
21315	21315 K		160	37	102.2	137.7	—	2.1	87	148	2.1	0.23	3.0	4.4	2.9	245	302	1900	2600	3.76
21315 TN	21315 KTN		160	37	99.5	136	—	2.1	87	148	2.1	0.23	2.9	4.3	2.9	258	310	1900	2600	3.63
22315	22315 K		160	55	94.5	133.8	8.3	2.1	87	148	2.1	0.35	2.0	2.9	1.9	358	448	2600	3200	5.28
22315 TN	22315 KTN		160	55	93.7	135.1	8.3	2.1	87	148	2.1	0.35	2.0	2.9	1.9	390	470	2600	3200	5.33
22216	22216 K	80	140	33	95.1	122.8	5.5	2	90	130	2	0.22	3.0	4.5	3.0	180	235	2800	3400	2.13
22216 TN	22216 KTN		140	33	93.5	124.2	5.5	2	90	130	2	0.22	3.0	4.5	3.0	218	275	2800	3400	2.09
21316	21316 K		170	39	107	144.4	—	2.1	92	158	2.1	0.23	3.0	4.4	2.9	268	332	1800	2400	4.47

续表

轴承代号		基本尺寸/mm			其他尺寸/mm				安装尺寸/mm			计算系数				基本额定载荷/kN		极限转速/r·min^{-1}		质量/kg
圆柱孔	圆锥孔	d	D	B	d_2 ≈	D_2 ≈	B_0	r min	d_a min	D_a max	r_a max	e	Y_1	Y_2	Y_0	C_r	C_{0r}	脂	油	W ≈
21316 TN	21316 KTN	80	170	39	105	143.4	—	2.1	92	158	2.1	0.23	2.9	4.3	2.9	288	350	1800	2400	4.33
22316	22316 K		170	58	100.4	142.5	8.3	2.1	92	158	2.1	0.34	2.0	2.9	1.9	402	508	2400	3000	6.32
22316 TN	22316 KTN		170	58	100.4	143.6	8.3	2.1	92	158	2.1	0.34	2.0	2.9	1.9	422	515	2400	3000	6.27
22217	22217 K	85	150	36	100.6	132.2	8.3	2	95	140	2	0.23	3.0	4.4	2.9	218	282	2600	3200	2.67
22217 TN	22217 KTN		150	36	101.3	135.9	8.3	2	95	140	2	0.22	3.0	4.5	2.9	270	340	2600	3200	2.64
21317	21317 K		180	41	112.9	153.3	—	3	99	166	2.5	0.23	3.0	4.4	2.9	305	385	1700	2200	5.23
21317 TN	21317 KTN		180	41	111.9	152.3	—	3	99	166	2.5	0.23	3.0	4.4	2.9	318	390	1700	2200	5.07
22317	22317 K		180	60	106.3	151.6	8.3	3	99	166	2.5	0.34	2.0	3.0	2.0	442	555	2200	2800	7.27
22317 TN	22317 KTN		180	60	105.3	152.6	8.3	3	99	166	2.5	0.34	2.0	3.0	2.0	472	572	2200	2800	7.27
22218	22218 K	90	160	40	107.8	141	8.3	2	100	150	2	0.24	2.9	4.3	2.8	258	338	2400	3000	3.38
22218 TN	22218 KTN		160	40	107.8	142.1	8.3	2	100	150	2	0.24	2.9	4.3	2.8	288	378	2400	3000	3.35
23218	23218 K		160	52.4	105.5	137.2	5.5	2	100	150	2	0.31	2.2	3.2	2.1	338	482	1800	2400	4.4
21318	21318 K		190	43	119.7	161	—	3	104	176	2.5	0.23	3.0	4.5	2.9	328	420	1600	2200	6.17
21318 TN	21318 KTN		190	43	119.7	161	—	3	104	176	2.5	0.23	3.0	4.5	2.9	338	420	1600	2200	5.88
22318	22318 K		190	64	112.8	159.7	8.3	3	104	176	2.5	0.34	2.0	3.0	2.0	495	640	2200	2600	8.63
22318 TN	22318 KTN		190	64	111.8	160.8	8.3	3	104	176	2.5	0.34	2.0	3.0	2.0	532	660	2200	2600	8.72
22219	22219 K	95	170	43	113.5	148.5	8.3	2.1	107	158	2.1	0.24	2.8	4.2	2.7	290	390	2200	2800	4.2
22219 TN	22219 KTN		170	43	113.5	149.6	8.3	2.1	107	158	2.1	0.24	2.8	4.2	2.7	318	420	2200	2800	4.1
21319	21319 K		200	45	129.7	171.9	—	3	109	186	2.5	0.22	3.1	4.6	3.0	365	485	1700	2200	7.15
21319 TN	21319 KTN		200	45	127.6	169.8	—	3	109	186	2.5	0.22	3.0	4.5	3.0	375	482	1700	2200	6.9
22319	22319 K		200	67	118.5	168.2	8.3	3	109	186	2.5	0.34	2.0	3.0	2.0	545	705	2000	2600	9.97
22319 TN	22319 KTN		200	67	117.5	169.2	8.3	3	109	186	2.5	0.34	2.0	3.0	2.0	582	728	2000	2600	10.1
23120	23120 K	100	165	52	115.5	144.3	5.5	2	110	155	2	0.29	2.3	3.5	2.3	330	510	1700	2200	4.31
22220	22220 K		180	46	120.3	158.1	8.3	2.1	112	168	2.1	0.24	2.8	4.1	2.7	322	435	2200	2600	5.01
22220 TN	22220 KTN		180	46	119.3	159.1	8.3	2.1	112	168	2.1	0.24	2.8	4.1	2.7	378	492	2200	2600	4.97
23220	23220 K		180	60.3	118.6	154.5	5.5	2.1	112	168	2.1	0.32	2.1	3.2	2.1	432	630	1600	2200	6.52
21320	21320 K		215	47	136.6	180.6	—	3	114	201	2.5	0.22	3.1	4.6	3.0	395	530	1600	2000	8.81

续表

轴承代号		基本尺寸/mm			其他尺寸/mm				安装尺寸/mm			计算系数				基本额定载荷/kN		极限转速/r·min^{-1}		质量/kg
圆柱孔	圆锥孔	d	D	B	d_2 ≈	D_2 ≈	B_0	r min	d_a min	D_a max	r_a max	e	Y_1	Y_2	Y_0	C_r	C_{0r}	脂	油	W ≈
21320 TN	21320 KTN	100	215	47	136.6	181.7	—	3	114	201	2.5	0.22	3.1	4.6	3.0	438	575	1600	2000	8.63
22320	22320 K		215	73	126.7	179.8	11.1	3	114	201	2.5	0.34	2.0	2.9	1.9	635	832	1900	2400	12.8
22320 TN	22320 KTN		215	73	125.7	180.9	11.1	3	114	201	2.5	0.34	2.0	2.9	1.9	675	855	1900	2400	13
21321	21321 K	105	225	49	140.4	186.3	—	3	119	211	2.5	0.22	3.1	4.5	3.0	418	558	1500	1900	10.0
21321 TN	21321 KTN		225	49	143.4	190.4	—	3	119	211	2.5	0.22	3.1	4.6	3.0	458	605	1500	1900	9.75
23022	23022 K	110	170	45	125.4	152.1	5.5	2	120	160	2	0.24	2.8	4.2	2.8	280	452	2000	2400	3.68
23122	23122 K		180	56	126.4	157.9	5.5	2	120	170	2	0.29	2.4	3.5	2.3	388	602	1600	2000	5.51
24122	24122 K		180	69	124.9	154.2	5.5	2	120	170	2	0.35	1.9	2.8	1.9	470	775	1600	2000	6.63
22222	22222 K		200	53	132.5	173.7	8.3	2.1	122	188	2.1	0.25	2.7	4.0	2.6	420	588	1900	2400	7.32
22222 TN	22222 KTN		200	53	132.5	174.8	8.3	2.1	122	188	2.1	0.25	2.7	4.0	2.6	462	635	1900	2400	7.25
23222	23222 K		200	69.8	130.2	169.1	5.5	2.1	122	188	2.1	0.34	2.0	3.0	2.0	535	800	1500	1900	9.46
21322	21322 K		240	50	150.5	200.5	—	3	124	226	2.5	0.21	3.2	4.8	3.1	472	635	1400	1800	11.8
21322 TN	21322 KTN		240	50	150.5	201.5	—	3	124	226	2.5	0.21	3.2	4.8	3.1	525	695	1400	1800	11.7
22322	22322 K		240	80	141	199.6	13.9	3	124	226	2.5	0.34	2.0	3.0	2.0	735	968	1700	2200	17.5
22322 TN	22322 KTN		240	80	140	200.7	13.9	3	124	226	2.5	0.34	2.0	3.0	2.0	815	1058	1700	2200	18.2
23024	23024 K	120	180	46	133.5	162.2	5.5	2	130	170	2	0.23	2.9	4.4	2.9	308	500	1800	2200	3.98
24024	24024 K		180	60	133.1	159.9	5.5	2	130	170	2	0.30	2.3	3.4	2.2	390	675	1500	2000	5.05
23124	23124 K		200	62	140.1	175.1	5.5	2	130	190	2	0.29	2.4	3.5	2.3	462	722	1400	1800	7.67
24124	24124 K		200	80	138.2	170.2	5.5	2	130	190	2	0.37	1.8	2.7	1.8	590	998	1400	1800	9.65
22224	22224 K		215	58	143	187.9	11.1	2.1	132	203	2.1	0.26	2.6	3.9	2.6	492	690	1700	2200	9.0
22224 TN	22224 KTN		215	58	142	189	11.1	2.1	132	203	2.1	0.26	2.6	3.9	2.6	558	765	1700	2200	9.1
23224	23224 K		215	76	141.5	182.7	8.3	2.1	132	203	2.1	0.34	2.0	3.0	2.0	625	955	1300	1700	11.7
22324	22324 K		260	86	152.4	216.6	13.9	3	134	246	2.5	0.34	2.0	3.0	2.0	868	1160	1500	1900	22.2
22324 TN	22324 KTN		260	86	152.4	216.6	13.9	3	134	246	2.5	0.34	2.0	3.0	2.0	935	1230	1500	1900	22.9
23026	23026 K	130	200	52	148.1	180.5	5.5	2	140	190	2	0.23	2.9	4.3	2.8	382	630	1700	2000	5.85
24026	24026 K		200	69	145.9	175.8	5.5	2	140	190	2	0.31	2.2	3.2	2.1	485	852	1400	1800	7.55
23126	23126 K		210	64	148	183.9	8.3	2	140	200	2	0.28	2.4	3.6	2.4	495	802	1300	1700	8.49

续表

轴承代号		基本尺寸/mm			其他尺寸/mm				安装尺寸/mm			计算系数				基本额定载荷/kN		极限转速/r·min^{-1}		质量/kg
圆柱孔	圆锥孔	d	D	B	d_2 ≈	D_2 ≈	B_0	r min	d_a min	D_a max	r_a max	e	Y_1	Y_2	Y_0	C_r	C_{0r}	脂	油	W ≈
24126	24126 K	130	210	80	147.7	181.1	8.3	2	140	200	2	0.35	1.9	2.9	1.9	600	1030	1300	1700	10.3
22226	22226 K		230	64	153.3	200.9	11.1	3	144	216	2.5	0.26	2.6	3.8	2.5	578	832	1600	2000	11.2
22226 TN	22226 KTN		230	64	152.3	201.9	11.1	3	144	216	2.5	0.26	2.6	3.8	2.5	648	912	1600	2000	11.3
23226	23226 K		230	80	152.2	196.4	8.3	3	144	216	2.5	0.33	2.0	3.0	2.0	695	1080	1200	1600	13.8
22326	22326 K		280	93	164.6	233.5	16.7	4	148	262	3	0.34	2.0	3.0	2.0	990	1340	1400	1800	27.5
22326 TN	22326 KTN		280	93	164.6	233.5	16.7	4	148	262	3	0.34	2.0	3.0	2.0	1078	1440	1400	1800	28.6
23028	23028 K	140	210	53	158	190.4	8.3	2	150	200	2	0.22	3.0	4.5	2.9	405	680	1600	1900	6.31
24028	24028 K		210	69	156.3	186.4	5.5	2	150	200	2	0.29	2.3	3.4	2.3	502	895	1300	1700	8.01
23128	23128 K		225	68	159.7	197.4	8.3	2.1	152	213	2.1	0.28	2.4	3.6	2.4	552	905	1200	1600	10.2
24128	24128 K		225	85	158.2	193.1	8.3	2.1	152	213	2.1	0.35	1.9	2.9	1.9	688	1200	1200	1600	12.5
22228	22228 K		250	68	167.1	218.5	11.1	3	154	236	2.5	0.26	2.6	3.9	2.6	658	955	1400	1700	14.2
22228 TN	22228 KTN		250	68	166.1	219.5	11.1	3	154	236	2.5	0.26	2.6	3.9	2.6	745	1060	1400	1700	14.4
23228	23228 K		250	88	164.2	212.6	11.1	3	154	236	2.5	0.34	2.0	3.0	2.0	835	1300	1100	1500	18.1
22328	22328 K		300	102	177.4	250.3	16.7	4	158	282	3	0.34	2.0	2.9	1.9	1160	1610	1300	1700	34.6
22328 TN	22328 KTN		300	102	176.3	250.3	16.7	4	158	282	3	0.34	2.0	2.9	1.9	1262	1720	1300	1700	36.2
23030	23030 K	150	225	56	168.8	203	8.3	2.1	162	213	2.1	0.22	3.0	4.5	3.0	445	750	1400	1800	7.74
24030	24030 K		225	75	167.6	199.2	5.5	2.1	162	213	2.1	0.30	2.3	3.4	2.2	585	1070	1200	1500	10.1
23130	23130 K		250	80	173	216.5	11.1	2.1	162	238	2.1	0.30	2.3	3.4	2.2	758	1250	1100	1400	15.7
24130	24130 K		250	100	171.7	211.6	8.3	2.1	162	238	2.1	0.37	1.8	2.7	1.8	915	1600	1100	1400	19.0
22230	22230 K		270	73	178.7	234.7	13.9	3	164	256	2.5	0.26	2.6	3.9	2.6	770	1130	1300	1600	18
22230 TN	22230 KTN		270	73	178.7	236.8	13.9	3	164	256	2.5	0.26	2.6	3.9	2.6	858	1230	1300	1600	18.4
23230	23230 K		270	96	177.1	228.8	11.1	3	164	256	2.5	0.34	2.0	3.0	1.9	972	1540	1100	1400	23.2
22330	22330 K		320	108	189.8	266.3	16.7	4	168	302	3	0.34	2.0	3.0	1.9	1305	1850	1200	1500	42
22330 TN	22330 KTN		320	108	190.8	267.3	16.7	4	168	302	3	0.34	2.0	3.0	1.9	1408	1970	1200	1500	43.6
23032	23032 K	160	240	60	179.5	216.4	11.1	2.1	172	228	2.1	0.22	3.0	4.5	3.0	522	890	1300	1700	9.43
24032	24032 K		240	80	178.1	212.2	8.3	2.1	172	228	2.1	0.30	2.3	3.4	2.2	670	1230	1100	1400	12.2
23132	23132 K		270	86	186.5	234.5	13.9	2.1	172	258	2.1	0.30	2.3	3.4	2.2	868	1440	1000	1300	19.8
24132	24132 K		270	109	184.4	228.4	8.3	2.1	172	258	2.1	0.37	1.8	2.7	1.8	1068	1880	1000	1300	24.4

续表

轴承代号		基本尺寸/mm			其他尺寸/mm				安装尺寸/mm			计算系数				基本额定载荷/kN		极限转速/r·min^{-1}		质量/kg
圆柱孔	圆锥孔	d	D	B	d_2 ≈	D_2 ≈	B_0	r min	d_a min	D_a max	r_a max	e	Y_1	Y_2	Y_0	C_r	C_{0r}	脂	油	W ≈
22232	22232 K	160	290	80	191.9	251.4	13.9	3	174	276	2.5	0.26	2.6	3.8	2.5	870	1290	1200	1500	22.9
22232 TN	22232 KTN		290	80	190.9	252.4	13.9	3	174	276	2.5	0.26	2.6	3.8	2.5	978	1430	1200	1500	23.4
23232	23232 K		290	104	189.1	244.9	13.9	3	174	276	2.5	0.34	2.0	2.9	1.9	1120	1780	1100	1400	29.4
22332	22332 K		340	114	213	279.4	—	4	178	322	3	0.38	1.8	2.7	1.8	1172	1770	800	1000	51
23034	23034 K	170	260	67	192.8	233.2	11.1	2.1	182	248	2.1	0.23	2.9	4.3	2.9	632	1100	1200	1600	12.8
24034	24034 K		260	90	190.7	227.7	8.3	2.1	182	248	2.1	0.31	2.2	3.2	2.1	812	1520	1000	1300	16.7
23134	23134 K		280	88	195.5	244.4	13.9	2.1	182	268	2.1	0.29	2.3	3.5	2.3	925	1550	1000	1300	21.1
24134	24134 K		280	109	192.9	238.2	8.3	2.1	182	268	2.1	0.36	1.9	2.8	1.8	1098	1930	1000	1300	25.5
22234	22234 K		310	86	205.4	269.6	16.7	4	188	292	3	0.26	2.6	3.8	2.5	1002	1500	1100	1400	28.1
22234 TN	22234 KTN		310	86	204.4	270.7	16.7	4	188	292	3	0.26	2.6	3.8	2.5	1120	1660	1100	1400	28.9
23234	23234 K		310	110	205.7	264.4	13.9	4	188	292	3	0.34	2.0	3.0	2.0	1232	2030	900	1200	35.7
22334	22334 K		360	120	227.4	319	—	4	188	342	3	0.39	1.7	2.6	1.7	1295	2060	750	950	60
23036	23036 K	180	280	74	206.1	248.9	13.9	2.1	192	268	2.1	0.24	2.8	4.2	2.8	738	1310	1200	1400	16.9
24036	24036 K		280	100	204.3	243.1	8.3	2.1	192	268	2.1	0.32	2.1	3.1	2.1	952	1820	950	1200	22.1
23136	23136 K		300	96	208.5	260.9	13.9	3	194	286	2.5	0.30	2.3	3.4	2.2	1078	1830	900	1200	26.9
24136	24136 K		300	118	207.8	256.4	11.1	3	194	286	2.5	0.36	1.9	2.8	1.8	1242	2220	900	1200	32.0
22236	22236 K		320	86	215.7	280.1	16.7	4	198	302	3	0.25	2.7	3.9	2.6	1038	1590	1100	1300	29.4
22236 TN	22236 KTN		320	86	214.7	281.1	16.7	4	198	302	3	0.25	2.7	3.9	2.6	1170	1760	1100	1300	30.2
23236	23236 K		320	112	213.7	274.3	13.9	4	198	302	3	0.33	2.0	3.0	2.0	1315	2170	850	1100	37.9
22336	22336 K		380	126	240.8	336.5	—	4	198	362	3	0.38	1.8	2.6	1.7	1420	2270	700	900	70
23038	23038 K	190	290	75	215.2	260	13.9	2.1	202	278	2.1	0.23	2.9	4.3	2.8	775	1380	1100	1400	17.7
24038	24038 K		290	100	213.7	254.9	8.3	2.1	202	278	2.1	0.31	2.2	3.3	2.1	1002	1910	900	1200	23.0
23138	23138 K		320	104	222.6	279.2	13.9	3	204	306	2.5	0.30	2.2	3.3	2.2	1232	2120	850	1100	33.6
24138	24138 K		320	128	219.3	271.6	11.1	3	204	306	2.5	0.37	1.8	2.7	1.8	1448	2590	850	1100	40.2
23238	23238 K		340	120	227.7	291.6	16.7	4	208	322	3	0.33	2.0	3.0	2.0	1488	2490	800	1100	46.1
22338	22338 K		400	132	255	328.4	—	5	212	378	4	0.36	1.8	2.7	1.8	1568	2530	670	850	81

1.5.6 圆锥滚子轴承

表 6-1-52 圆锥滚子轴承（部分摘自 GB/T 297—2015）

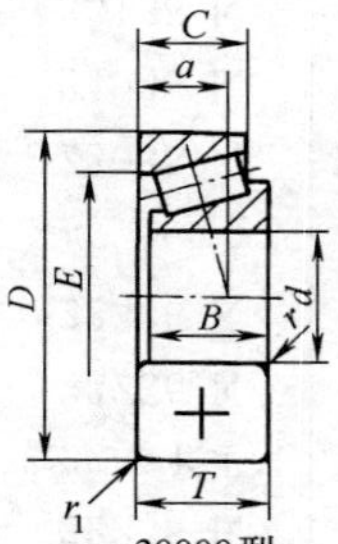

30000型
外形尺寸

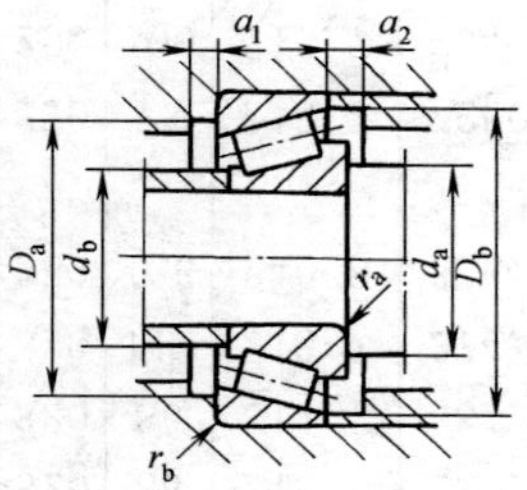

安装尺寸

当量动载荷

当 $F_a/F_r \leqslant e$ 时　$P_r = F_r$

当 $F_a/F_r > e$ 时　$P_r = 0.4F_r + YF_a$

当量静载荷

$P_{0r} = 0.5F_r + Y_0F_a$

若 $P_{0r} < F_r$ 时　取 $P_{0r} = F_r$

轴承代号	基本尺寸/mm					其他尺寸/mm			安装尺寸/mm									计算系数			基本额定载荷/kN		极限转速/r·min^{-1}		质量/kg
30000 型	d	D	T	B	C	a ≈	r min	r_1 min	d_a min	d_b max	D_a min	D_a max	D_b min	a_1 min	a_2 min	r_a max	r_b max	e	Y	Y_0	C_r	C_{0r}	脂	油	W ≈
30302	15	42	14.25	13	11	9.6	1	1	21	22	36	36	38	2	3.5	1	1	0.29	2.1	1.2	22.8	21.5	9000	12000	0.094
30203	17	40	13.25	12	11	9.9	1	1	23	23	34	34	37	2	2.5	1	1	0.35	1.7	1	20.8	21.8	9000	12000	0.079
30303		47	15.25	14	12	10.4	1	1	23	25	40	41	43	3	3.5	1	1	0.29	2.1	1.2	28.2	27.2	8500	11000	0.129
32303		47	20.25	19	16	12.3	1	1	23	24	39	41	43	3	4.5	1	1	0.29	2.1	1.2	35.2	36.2	8500	11000	0.173
32904	20	37	12	12	9	8.2	0.3	0.3	—	—	—	—	—	—	—	0.3	0.3	0.32	1.9	1	13.2	17.5	9500	13000	0.056
32004		42	15	15	12	10.3	0.6	0.6	25	25	36	37	39	3	3	0.6	0.6	0.37	1.6	0.9	25.0	28.2	8500	11000	0.095
30204		47	15.25	14	12	11.2	1	1	26	27	40	41	43	2	3.5	1	1	0.35	1.7	1	28.2	30.5	8000	10000	0.126
30304		52	16.25	15	13	11.1	1.5	1.5	27	28	44	45	48	3	3.5	1.5	1.5	0.3	2	1.1	33.0	33.2	7500	9500	0.165
32304		52	22.25	21	18	13.6	1.5	1.5	27	26	43	45	48	3	4.5	1.5	1.5	0.3	2	1.1	42.8	46.2	7500	9500	0.230
329/22	22	40	12	12	9	8.5	0.3	0.3	—	—	—	—	—	—	—	0.3	0.3	0.32	1.9	1	15.0	20.0	8500	11000	0.065
320/22		44	15	15	11.5	10.8	0.6	0.6	27	27	38	39	41	3	3.5	0.6	0.6	0.40	1.5	0.8	26.0	30.2	8000	10000	0.100
32905	25	42	12	12	9	8.7	0.3	0.3	—	—	—	—	—	—	—	0.3	0.3	0.32	1.9	1	16.0	21.0	6300	10000	0.064
32005		47	15	15	11.5	11.6	0.6	0.6	30	30	40	42	44	3	3.5	0.6	0.6	0.43	1.4	0.8	28.0	34.0	7500	9500	0.11
33005		47	17	17	14	11.1	0.6	0.6	30	30	40	42	45	3	3	0.6	0.6	0.29	2.1	1.1	32.5	42.5	7500	9500	0.129

续表

轴承代号	基本尺寸/mm					其他尺寸/mm			安装尺寸/mm									计算系数			基本额定载荷/kN		极限转速/r·min^{-1}		质量/kg
30000 型	d	D	T	B	C	a ≈	r min	r_1 min	d_a min	d_b max	D_a min	D_a max	D_b min	a_1 min	a_2 min	r_a max	r_b max	e	Y	Y_0	C_r	C_{0r}	脂	油	W ≈
30205	25	52	16.25	15	13	12.5	1	1	31	31	44	46	48	2	3.5	1	1	0.37	1.6	0.9	32.2	37.0	7000	9000	0.154
33205		52	22	22	18	14.0	1	1	31	30	43	46	49	4	4	1	1	0.35	1.7	0.9	47.0	55.8	7000	9000	0.216
30305		62	18.25	17	15	13.0	1.5	1.5	32	34	54	55	58	3	3.5	1.5	1.5	0.3	2	1.1	46.8	48.0	6300	8000	0.263
31305		62	18.25	17	13	20.1	1.5	1.5	32	31	47	55	59	3	5.5	1.5	1.5	0.83	0.7	0.4	40.5	46.0	6300	8000	0.262
32305		62	25.25	24	20	15.9	1.5	1.5	32	32	52	55	58	3	5.5	1.5	1.5	0.3	2	1.1	61.5	68.8	6300	8000	0.368
329/28	28	45	12	12	9	9.0	0.3	0.3	—	—	—	—	—	—	—	0.3	0.3	0.32	1.9	1	16.8	22.8	7500	9500	0.069
320/28		52	16	16	12	12.6	1	1	34	33	45	46	49	3	4	1	1	0.43	1.4	0.8	31.5	40.5	6700	8500	0.142
332/28		58	24	24	19	15.0	1	1	34	33	49	52	55	4	5	1	1	0.34	1.8	1.0	58.0	68.2	6300	8000	0.286
32906	30	47	12	12	9	9.2	0.3	0.3	—	—	—	—	—	—	—	0.3	0.3	0.32	1.9	1	17.0	23.2	7000	9000	0.072
32006 X2		55	17	16	14	12.0	1	1	—	—	—	—	—	3	5	—	—	0.26	2.3	1.3	27.8	35.5	6300	8000	0.16
32006		55	17	17	13	13.3	1	1	36	35	48	49	52	3	4	1	1	0.43	1.4	0.8	35.8	46.8	6300	8000	0.170
33006		55	20	20	16	12.8	1	1	36	35	48	49	52	3	4	1	1	0.29	2.1	1.1	43.8	58.8	6300	8000	0.201
30206		62	17.25	16	14	13.8	1	1	36	37	53	56	58	2	3.5	1	1	0.37	1.6	0.9	43.2	50.5	6000	7500	0.231
32206		62	21.25	20	17	15.6	1	1	36	36	52	56	58	3	4.5	1	1	0.37	1.6	0.9	51.8	63.8	6000	7500	0.287
33206		62	25	25	19.5	15.7	1	1	36	36	53	56	59	5	5.5	1	1	0.34	1.8	1	63.8	75.5	6000	7500	0.342
30306		72	20.75	19	16	15.3	1.5	1.5	37	40	62	65	66	3	5	1.5	1.5	0.31	1.9	1.1	59.0	63.0	5600	7000	0.387
31306		72	20.75	19	14	23.1	1.5	1.5	37	37	55	65	68	3	7	1.5	1.5	0.83	0.7	0.4	52.5	60.5	5600	7000	0.392
32306		72	28.75	27	13	18.9	1.5	1.5	37	38	59	65	66	4	6	1.5	1.5	0.31	1.9	1.1	81.5	96.5	5600	7000	0.562
329/32	32	52	14	14	10	10.2	0.6	0.6	37	37	46	47	49	3	4	0.6	0.6	0.32	1.9	1	23.8	32.5	6300	8000	0.106
320/32		58	17	17	13	14.0	1	1	38	38	50	52	55	3	4	1	1	0.45	1.3	0.7	36.5	49.2	6000	7500	0.187
332/32		65	26	26	20.5	16.6	1	1	38	38	55	59	62	5	5.5	1	1	0.35	1.7	1	68.8	82.2	5600	7000	0.385
32907	35	55	14	14	11.5	10.1	0.6	0.6	40	40	49	50	52	3	2.5	0.6	0.6	0.29	2.1	1.1	25.8	34.8	6000	7500	0.114
32007 X2		62	18	17	15	14.0	1	1	—	—	—	—	—	3	5	1	1	0.29	2.1	1.1	33.8	47.2	5600	7000	0.21
32007		62	18	18	14	15.1	1	1	41	40	54	56	59	4	4	1	1	0.44	1.4	0.8	43.2	59.2	5600	7000	0.224
33007		62	21	21	17	13.5	1	1	41	41	54	56	59	3	4	1	1	0.31	2	1.1	46.8	63.2	5600	7000	0.254
30207		72	18.25	17	15	15.3	1.5	1.5	42	44	62	65	67	3	3.5	1.5	1.5	0.37	1.6	0.9	54.2	63.5	5300	6700	0.331

续表

轴承代号	基本尺寸/mm					其他尺寸/mm			安装尺寸/mm									计算系数			基本额定载荷/kN		极限转速/r·min^{-1}		质量/kg
30000 型	d	D	T	B	C	a ≈	r min	r_1 min	d_a min	d_b max	D_a min	D_a max	D_b min	a_1 min	a_2 min	r_a max	r_b max	e	Y	Y_0	C_r	C_{0r}	脂	油	W ≈
32207	35	72	24.25	23	19	17.9	1.5	1.5	42	42	61	65	68	3	5.5	1.5	1.5	0.37	1.6	0.9	70.5	89.5	5300	6700	0.445
33207		72	28	28	22	18.2	1.5	1.5	42	42	61	65	68	5	6	1.5	1.5	0.35	1.7	0.9	82.5	102	5300	6700	0.515
30307		80	22.75	21	18	16.8	2	1.5	44	45	70	71	74	3	5	2	1.5	0.31	1.9	1.1	75.2	82.5	5000	6300	0.515
31307		80	22.75	21	15	25.8	2	1.5	44	42	62	71	76	4	8	2	1.5	0.83	0.7	0.4	65.8	76.8	5000	6300	0.514
32307		80	32.75	31	25	20.4	2	1.5	44	43	66	71	74	4	8.5	2	1.5	0.31	1.9	1.1	99.0	118	5000	6300	0.763
32908 X2	40	62	15	14	12	12.0	0.6	0.6	—	—	—	—	—	3	5	0.6	0.6	0.28	2.1	1.2	21.2	28.2	5600	7000	0.14
32908		62	15	15	12	11.1	0.6	0.6	45	45	55	57	59	3	3	0.6	0.6	0.29	2.1	1.1	31.5	46.0	5600	7000	0.155
32008 X2		68	19	18	16	15.0	1	1	—	—	—	—	—	3	5	1	1	0.3	2	1.1	39.8	55.2	5300	6700	0.27
32008		68	19	19	14.5	14.9	1	1	46	46	60	62	65	4	4.5	1	1	0.38	1.6	0.9	51.8	71.0	5300	6700	0.267
33008		68	22	22	18	14.1	1	1	46	46	60	62	64	3	4	1	1	0.28	2.1	1.2	60.2	79.5	5300	6700	0.306
33108		75	26	26	20.5	18.0	1.5	1.5	47	47	65	68	71	4	5.5	1.5	1.5	0.36	1.7	0.9	84.8	110	5000	6300	0.496
30208		80	19.75	18	16	16.9	1.5	1.5	47	49	69	73	75	3	4	1.5	1.5	0.37	1.6	0.9	63.0	74.0	5000	6300	0.422
32208		80	24.75	23	19	18.9	1.5	1.5	47	48	68	73	75	3	6	1.5	1.5	0.37	1.6	0.9	77.8	77.2	5000	6300	0.532
33208		80	32	32	25	20.8	1.5	1.5	47	47	67	73	76	5	7	1.5	1.5	0.36	1.7	0.9	105	135	5000	6300	0.715
30308		90	25.25	23	20	19.5	2	1.5	49	52	77	81	84	3	5.5	2	1.5	0.35	1.7	1	90.8	108	4500	5600	0.747
31308		90	25.25	23	17	29.0	2	1.5	49	48	71	81	87	4	8.5	2	1.5	0.83	0.7	0.4	81.5	96.5	4500	5600	0.727
32308		90	35.25	33	27	23.3	2	1.5	49	49	73	81	83	4	8.5	2	1.5	0.35	1.7	1	115	148	4500	5600	1.04
32909 X2	45	68	15	14	12	13.0	0.6	0.6	—	—	—	—	—	3	5	0.6	0.6	0.31	1.9	1.1	22.2	32.8	5300	6700	—
32909		68	15	15	12	12.2	0.6	0.6	50	50	61	63	65	3	3	0.6	0.6	0.32	1.9	1	32.0	48.5	5300	6700	0.180
32009 X2		75	20	19	16	16.0	1	1	—	—	—	—	—	4	6	1	1	0.3	2	1.1	44.5	62.5	5000	6300	0.32
32009		75	20	20	15.5	16.5	1	1	51	51	67	69	72	4	4.5	1	1	0.39	1.5	0.8	58.5	81.5	5000	6300	0.337
33009		75	24	24	19	15.9	1	1	51	51	67	69	72	4	5	1	1	0.32	1.9	1	72.5	100	5000	6300	0.398
33109		80	26	26	20.5	19.1	1.5	1.5	52	52	69	73	77	4	5.5	1.5	1.5	0.38	1.6	1	87.0	118	4500	5600	0.535
30209		85	20.75	19	16	18.6	1.5	1.5	52	53	74	78	80	3	5	1.5	1.5	0.4	1.5	0.8	67.8	83.5	4500	5600	0.474
32209		85	24.75	23	19	20.1	1.5	1.5	52	53	73	78	81	3	6	1.5	1.5	0.4	1.5	0.8	80.8	105	4500	5600	0.573
33209		85	32	32	25	21.9	1.5	1.5	52	52	72	78	81	5	7	1.5	1.5	0.39	1.5	0.9	110	145	4500	5600	0.771
30309		100	27.25	25	22	21.3	2	1.5	54	59	86	91	94	3	5.5	2	1.5	0.35	1.7	1	108	130	4000	5000	0.984
31309		100	27.25	25	18	31.7	2	1.5	54	54	79	91	96	4	9.5	2.0	1.5	0.83	0.7	0.4	95.5	115	4000	5000	0.944
32309		100	38.25	36	30	25.6	2	1.5	54	56	82	91	93	4	8.5	2.0	1.5	0.35	1.7	1	145	188	4000	5000	1.40

续表

轴承代号	基本尺寸/mm					其他尺寸/mm			安装尺寸/mm									计算系数			基本额定载荷/kN		极限转速/r·min^{-1}		质量/kg
30000 型	d	D	T	B	C	a ≈	r min	r_1 min	d_a min	d_b max	D_a min	D_a max	D_b min	a_1 min	a_2 min	r_a max	r_b max	e	Y	Y_0	C_r	C_{0r}	脂	油	W ≈
32910 X2	50	72	15	14	12	15.0	0.6	0.6	—	—	—	—	—	3	5	0.6	0.6	0.35	1.7	0.9	22.2	32.8	5000	6300	0.7
32910		72	15	15	12	13.0	0.6	0.6	55	55	64	67	69	3	3	0.6	0.6	0.34	1.8	1	36.8	56.0	5000	6300	0.181
32010 X2		80	20	19	16	17.0	1	1	—	—	—	—	—	4	6	1	1	0.32	1.9	1	45.8	66.2	4500	5600	0.31
32010		80	20	20	15.5	17.8	1	1	56	56	72	74	77	4	4.5	1	1	0.42	1.4	0.8	61.0	89.0	4500	5600	0.366
33010		80	24	24	19	17.0	1	1	56	56	72	74	76	4	5	1	1	0.32	1.9	1	76.8	110	4500	5600	0.433
33110		85	26	26	20	20.4	1.5	1.5	57	56	74	78	82	4	6	1.5	1.5	0.41	1.5	0.8	89.2	125	4300	5300	0.572
30210		90	21.75	20	17	20.0	1.5	1.5	57	58	79	83	86	3	5	1.5	1.5	0.42	1.4	0.8	73.2	92.0	4300	5300	0.529
32210		90	24.75	23	19	21.0	1.5	1.5	57	57	78	83	86	3	6	1.5	1.5	0.42	1.4	0.8	82.8	108	4300	5300	0.626
33210		90	32	32	24.5	23.2	1.5	1.5	57	57	77	83	87	5	7.5	1.5	1.5	0.41	1.5	0.8	112	155	4300	5300	0.825
30310		110	29.25	27	23	23.0	2.5	2	60	65	95	100	103	4	6.5	2	2	0.35	1.7	1	130	158	3800	4800	1.28
31310		110	29.25	27	19	34.8	2.5	2	60	58	87	100	105	4	10.5	2	2	0.83	0.7	0.4	108	128	3800	4800	1.21
32310		110	42.25	40	33	28.2	2.5	2	60	61	90	100	102	5	9.5	2	2	0.35	1.7	1	178	235	3800	4800	1.89
32911	55	80	17	17	14	14.3	1	1	61	60	71	74	77	3	3	1	1	0.31	1.9	1.1	41.5	66.8	4800	6000	0.262
32011 X2		90	23	22	19	19.0	1.5	1.5	—	—	—	—	—	4	6	1.5	1.5	0.31	1.9	1.1	63.8	93.2	4000	5000	0.53
32011		90	23	23	17.5	19.8	1.5	1.5	62	63	81	83	86	4	5.5	1.5	1.5	0.41	1.5	0.8	80.2	118	4000	5000	0.551
33011		90	27	27	21	19.0	1.5	1.5	62	63	81	83	86	5	6	1.5	1.5	0.31	1.9	1.1	94.8	145	4000	5000	0.651
33111		95	30	30	23	21.9	1.5	1.5	62	62	83	88	91	5	7	1.5	1.5	0.37	1.6	0.9	115	165	3800	4800	0.843
30211		100	22.75	21	18	21.0	2	1.5	64	64	88	91	95	4	5	2	1.5	0.4	1.5	0.8	90.8	115	3800	4800	0.713
32211		100	26.75	25	21	22.8	2	1.5	64	62	87	91	96	4	6	2	1.5	0.4	1.5	0.8	108	142	3800	4800	0.853
33211		100	35	35	27	25.1	2	1.5	64	62	85	91	96	6	8	2	1.5	0.4	1.5	0.8	142	198	3800	4800	1.15
30311		120	31.5	29	25	24.9	2.5	2	65	70	104	110	112	4	6.5	2.5	2	0.35	1.7	1	152	188	3400	4300	1.63
31311		120	31.5	29	21	37.5	2.5	2	65	63	94	110	114	4	10.5	2.5	2	0.83	0.7	0.4	130	158	3400	4300	1.56
32311		120	45.5	43	35	30.4	2.5	2	65	66	99	110	111	5	10	2.5	2	0.35	1.7	1	202	270	3400	4300	2.37
32912 X2	60	85	17	16	14	18.0	1	1	—	—	—	—	—	3	5	1	1	0.38	1.6	0.9	34.5	56.5	4000	5000	0.24
32912		85	17	17	14	15.1	1	1	66	65	75	79	82	3	3	1	1	0.33	1.8	1	46.0	73.0	4000	5000	0.279
32012 X2		95	23	22	19	20.0	1.5	1.5	—	—	—	—	—	4	6	1.5	1.5	0.33	1.8	1	64.8	98.0	3800	4800	0.56
32012		95	23	23	17.5	20.9	1.5	1.5	67	67	85	88	91	4	5.5	1.5	1.5	0.43	1.4	0.8	81.8	122	3800	4800	0.584
33012		95	27	27	21	19.8	1.5	1.5	67	67	85	88	90	5	6	1.5	1.5	0.33	1.8	1	96.8	150	3800	4800	0.691

续表

轴承代号	基本尺寸/mm					其他尺寸/mm			安装尺寸/mm									计算系数			基本额定载荷/kN		极限转速/r·min^{-1}		质量/kg
30000 型	d	D	T	B	C	a ≈	r min	r_1 min	d_a min	d_b max	D_a min	D_a max	D_b min	a_1 min	a_2 min	r_a max	r_b max	e	Y	Y_0	C_r	C_{0r}	脂	油	W ≈
33112	60	100	30	30	23	23.1	1.5	1.5	67	67	88	93	96	5	7	1.5	1.5	0.4	1.5	0.8	118	172	3600	4500	0.895
30212		110	23.75	22	19	22.3	2	1.5	69	69	96	101	103	4	5	2	1.5	0.4	1.5	0.8	102	130	3600	4500	0.904
32212		110	29.75	28	24	25.0	2	1.5	69	68	95	101	105	4	6	2	1.5	0.4	1.5	0.8	132	180	3600	4500	1.17
33212		110	38	38	29	27.5	2	1.5	69	69	93	101	105	6	9	2	1.5	0.4	1.5	0.8	165	230	3600	4500	1.51
30312		130	33.5	31	26	26.6	3	2.5	72	76	112	118	121	5	7.5	2.5	2.1	0.35	1.7	1	170	210	3200	4000	1.99
31312		130	33.5	31	22	40.4	3	2.5	72	69	103	118	124	5	11.5	2.5	2.1	0.83	0.7	0.4	145	178	3200	4000	1.90
32312		130	48.5	46	37	32.0	3	2.5	72	72	107	118	122	6	11.5	2.5	2.1	0.35	1.7	1	228	302	3200	4000	2.90
32913	65	90	17	17	14	16.2	1	1	71	70	80	84	87	3	3	1	1	0.35	1.7	0.9	45.5	73.2	3800	4800	0.295
32013 X2		100	23	22	19	21.0	1.5	1.5	—	—	—	—	—	4	6	1.5	1.5	0.35	1.7	0.9	67.0	102	3600	4500	0.63
32013		100	23	23	17.5	22.4	1.5	1.5	72	72	90	93	97	4	5.5	1.5	1.5	0.46	1.3	0.7	82.8	128	3600	4500	0.620
33013		100	27	27	21	20.9	1.5	1.5	72	72	89	93	96	5	6	1.5	1.5	0.35	1.7	1	98.0	158	3600	4500	0.732
33113		110	34	34	26.5	26.0	1.5	1.5	72	73	96	103	106	6	7.5	1.5	1.5	0.39	1.6	0.9	142	220	3400	4300	1.30
30213		120	24.75	23	20	23.8	2	1.5	74	77	106	111	114	4	5	2	1.5	0.4	1.5	0.8	120	152	3200	4000	1.13
32213		120	32.75	31	27	27.3	2	1.5	74	75	104	111	115	4	6	2	1.5	0.4	1.5	0.8	160	222	3200	4000	1.55
33213		120	41	41	32	29.5	2	1.5	74	74	102	111	115	7	9	2	1.5	0.39	1.5	0.9	202	282	3200	4000	1.99
30313		140	36	33	28	28.7	3	2.5	77	83	122	128	131	5	8	2.5	2.1	0.35	1.7	1	195	242	2800	3600	2.44
31313		140	36	33	23	44.2	3	2.5	77	75	111	128	134	5	13	2.5	2.1	0.83	0.7	0.4	165	202	2800	3600	2.37
32313		140	51	48	39	34.3	3	2.5	77	79	117	128	131	6	12	2.5	2.1	0.35	1.7	1	260	350	2800	3600	3.51
32914 X2	70	100	20	19	16	19.0	1	1	—	—	—	—	—	4	6	1	1	0.33	1.8	1	53.2	85.5	3600	4500	—
32914		100	20	20	16	17.6	1	1	76	76	90	94	96	4	4	1	1	0.32	1.9	1	70.8	115	3600	4500	0.471
32014 X2		110	25	24	20	23.0	1.5	1.5	—	—	—	—	—	5	7	1.5	1.5	0.34	1.8	1	83.8	128	3400	4300	0.85
32014		110	25	25	19	23.8	1.5	1.5	77	78	98	103	105	5	6	1.5	1.5	0.43	1.4	0.8	105	160	3400	4300	0.839
33014		110	31	31	25.5	22.0	1.5	1.5	77	79	99	103	105	5	5.5	1.5	1.5	0.28	2	1	135	220	3400	4300	1.07
33114		120	37	37	29	28.2	2	1.5	79	79	104	111	115	6	8	2	1.5	0.39	1.5	1.2	172	268	3200	4000	1.70
30214		125	26.25	24	21	25.8	2	1.5	79	81	110	116	119	4	5.5	2	1.5	0.42	1.4	0.8	132	175	3000	3800	1.26
32214		125	33.25	31	27	28.8	2	1.5	79	79	108	116	120	4	6.5	2	1.5	0.42	1.4	0.8	168	238	3000	3800	1.64
33214		125	41	41	32	30.7	2	1.5	79	79	107	116	120	7	9	2	1.5	0.41	1.5	0.8	208	298	3000	3800	2.10
30314		150	38	35	30	30.7	3	2.5	82	89	130	138	141	5	8	2.5	2.1	0.35	1.7	1	218	272	2600	3400	2.98

轴承代号	基本尺寸/mm					其他尺寸/mm			安装尺寸/mm									计算系数			基本额定载荷/kN		极限转速/r·min^{-1}		质量/kg
30000 型	d	D	T	B	C	a ≈	r min	r_1 min	d_a min	d_b max	D_a min	D_a max	D_b min	a_1 min	a_2 min	r_a max	r_b max	e	Y	Y_0	C_r	C_{0r}	脂	油	W ≈
31314	70	150	38	35	25	46.8	3	2.5	82	80	118	138	143	5	13	2.5	2.1	0.83	0.7	0.4	188	230	2600	3400	2.86
32314		150	54	51	42	36.5	3	2.5	82	84	125	138	141	6	12	2.5	2.1	0.35	1.7	1	298	408	2600	3400	4.34
32915	75	105	20	20	16	18.5	1	1	81	81	94	99	102	4	4	1	1	0.33	1.8	1	78.2	125	3400	4300	0.490
32015 X2		115	25	24	20	24.0	1.5	1.5	—	—	—	—	—	5	7	1.5	1.5	0.35	1.7	0.9	85.2	135	3200	4000	0.88
32015		115	25	25	19	25.2	1.5	1.5	82	83	103	108	110	5	6	1.5	1.5	0.46	1.3	0.7	102	160	3200	4000	0.875
33015		115	31	31	25.5	22.8	1.5	1.5	82	83	103	108	110	6	5.5	1.5	1.5	0.3	2	1	132	220	3200	4000	1.12
33115		125	37	37	29	29.4	2	1.5	84	84	109	116	120	6	8	2	1.5	0.4	1.5	0.8	175	280	3000	3800	1.78
30215		130	27.25	25	22	27.4	2	1.5	84	85	115	121	125	4	5.5	2	1.5	0.44	1.4	0.8	138	185	2800	3600	1.36
32215		130	33.25	31	27	30.0	2	1.5	84	84	115	121	126	4	6.5	2	1.5	0.44	1.4	0.8	170	242	2800	3600	1.74
33215		130	41	41	31	31.9	2	1.5	84	83	111	121	125	7	10	2	1.5	0.43	1.4	0.8	208	300	2800	3600	2.17
30315		160	40	37	31	32.0	3	2.5	87	95	139	148	150	5	9	2.5	2.1	0.35	1.7	1	252	318	2400	3200	3.57
31315		160	40	37	26	49.7	3	2.5	87	86	127	148	153	6	14	2.5	2.1	0.83	0.7	0.4	208	258	2400	3200	3.38
32315		160	58	55	45	39.4	3	2.5	87	91	133	148	150	7	13	2.5	2.1	0.35	1.7	1	348	482	2400	3200	5.37
32916	80	110	20	20	16	19.6	1	1	86	85	99	104	107	4	4	1	1	0.35	1.7	0.9	79.2	128	3200	4000	0.514
32016 X2		125	29	27	23	26.0	1.5	1.5	—	—	—	—	—	5	8	1.5	1.5	0.34	1.8	1	102	162	3000	3800	1.18
32016		125	29	29	22	26.8	1.5	1.5	87	89	112	117	120	6	7	1.5	1.5	0.42	1.4	0.8	140	220	3000	3800	1.27
33016		125	36	36	29.5	25.2	1.5	1.5	87	90	112	117	119	6	7	1.5	1.5	0.28	2.2	1.2	182	305	3000	3800	1.63
33116		130	37	37	29	30.7	2	1.5	89	89	114	121	126	6	8	2	1.5	0.42	1.4	0.8	180	292	2800	3600	1.87
30216		140	28.25	26	22	28.1	2.5	2	90	90	124	130	133	4	6	2.1	2	0.42	1.4	0.8	160	212	2600	3400	1.67
32216		140	35.25	33	28	31.4	2.5	2	90	89	122	130	135	5	7.5	2.1	2	0.42	1.4	0.8	198	278	2600	3400	2.13
33216		140	46	46	35	35.1	2.5	2	90	89	119	130	135	7	11	2.1	2	0.43	1.4	0.8	245	362	2600	3400	2.83
30316		170	42.5	39	33	34.4	3	2.5	92	102	148	158	160	5	9.5	2.5	2.1	0.35	1.7	1	278	352	2200	3000	4.27
31316		170	42.5	39	27	52.8	3	2.5	92	91	134	158	161	6	15.5	2.5	2.1	0.83	0.7	0.4	230	288	2200	3000	4.05
32316		170	61.5	58	48	42.1	3	2.5	92	97	142	158	160	7	13.5	2.5	2.1	0.35	1.7	1	388	542	2200	3000	6.38
32917 X2	85	120	23	22	29	21.0	1.5	1.5	—	—	—	—	—	4	6	1.5	1.5	0.26	2.3	1.3	74.2	125	3400	3800	0.73
32917		120	23	23	18	21.1	1.5	1.5	92	92	111	113	115	4	5	1.5	1.5	0.33	1.8	1	96.8	165	3400	3800	0.767
32017 X2		130	29	27	23	27.0	1.5	1.5	—	—	—	—	—	5	8	1.5	1.5	0.35	1.7	0.9	105	170	2800	3600	1.25
32017		130	29	29	22	28.1	1.5	1.5	92	94	117	122	125	6	7	1.5	1.5	0.44	1.4	0.8	140	220	2800	3600	1.32

轴承代号	基本尺寸/mm					其他尺寸/mm			安装尺寸/mm									计算系数			基本额定载荷/kN		极限转速/r·min^{-1}		质量/kg
30000 型	d	D	T	B	C	a ≈	r min	r_1 min	d_a min	d_b max	D_a min	D_a max	D_b min	a_1 min	a_2 min	r_a max	r_b max	e	Y	Y_0	C_r	C_{0r}	脂	油	W ≈
33017	85	130	36	36	29.5	26.2	1.5	1.5	92	94	118	122	125	6	6.5	1.5	1.5	0.29	2.1	1.1	180	305	2800	3600	1.69
33117		140	41	41	32	33.1	2.5	2	95	95	122	130	135	7	9	2.1	2	0.41	1.5	0.8	215	355	2600	3400	2.43
30217		150	30.5	28	24	30.3	2.5	2	95	96	132	140	142	5	6.5	2.1	2	0.42	1.4	0.8	178	238	2400	3200	2.06
32217		150	38.5	36	30	33.9	2.5	2	95	95	130	140	143	5	8.5	2.1	2	0.42	1.4	0.8	228	325	2400	3200	2.68
33217		150	49	49	37	36.9	2.5	2	95	95	128	140	144	7	12	2.1	2	0.42	1.4	0.8	282	415	2400	3200	3.52
30317		180	44.5	41	34	35.9	4	3	99	107	156	166	168	6	10.5	3	2.5	0.35	1.7	1	305	388	2000	2800	4.96
31317		180	44.5	41	28	55.6	4	3	99	96	143	166	171	6	16.5	3	2.5	0.83	0.7	0.4	255	318	2000	2800	4.69
32317		180	63.5	60	49	43.5	4	3	99	102	150	166	168	8	14.5	3	2.5	0.35	1.7	1	422	592	2000	2800	7.31
32918 X2	90	125	23	22	19	25.0	1.5	1.5	—	—	—	—	—	4	6	1.5	1.5	0.38	1.6	0.9	77.8	140	3200	3600	—
32918		125	23	23	18	22.2	1.5	1.5	97	96	113	117	121	4	5	1.5	1.5	0.34	1.8	1	95.8	165	3200	3600	0.796
32018 X2		140	32	30	26	29.0	2	1.5	—	—	—	—	—	5	8	2	1.5	0.34	1.8	1	122	192	2600	3400	1.7
32018		140	32	32	24	30.0	2	1.5	99	100	125	131	134	6	8	2	1.5	0.42	1.4	0.8	170	270	2600	3400	1.72
33018		140	39	39	32.5	27.2	2	1.5	99	100	127	131	135	7	6.5	2	1.5	0.27	2.2	1.2	232	388	2600	3400	2.20
33118		150	45	45	35	34.9	2.5	2	100	100	130	140	144	7	10	2.1	2	0.4	1.5	0.8	252	415	2400	3200	3.13
30218		160	32.5	30	26	32.3	2.5	2	100	102	140	150	151	5	6.5	2.1	2	0.42	1.4	0.8	200	270	2200	3000	2.54
32218		160	42.5	40	34	36.8	2.5	2	100	101	138	150	153	5	8.5	2.1	2	0.42	1.4	0.8	270	395	2200	3000	3.44
33218		160	55	55	42	40.8	2.5	2	100	100	134	150	154	8	13	2.1	2	0.4	1.5	0.8	330	500	2200	3000	4.55
30318		190	46.5	43	36	37.5	4	3	104	113	165	176	178	6	10.5	3	2.5	0.35	1.7	1	342	440	1900	2600	5.80
31318		190	46.5	43	30	58.5	4	3	104	102	151	176	181	6	16.5	3	2.5	0.83	0.7	0.4	282	358	1900	2600	5.46
32318		190	67.5	64	53	46.2	4	3	104	107	157	176	178	8	14.5	3	2.5	0.35	1.7	1	478	682	1900	2600	8.81
32919	95	130	23	23	18	23.4	1.5	1.5	102	101	117	122	126	4	5	1.5	1.5	0.36	1.7	0.9	97.2	170	2600	3400	0.831
32019 X2		145	32	30	26	30.0	2	1.5	—	—	—	—	—	5	8	2	1.5	0.36	1.7	0.9	122	192	2400	3200	1.7
32109		145	32	32	24	31.4	2	1.5	104	105	130	136	140	6	8	2	1.5	0.44	1.4	0.8	175	280	2400	3200	1.79
33019		145	39	39	32.5	28.4	2	1.5	104	104	131	136	139	7	6.5	2	1.5	0.28	2.2	1.2	230	390	2400	3200	2.26
33119		160	49	49	38	37.3	2.5	2	105	105	138	150	154	7	11	2.1	2	0.39	1.5	0.8	298	498	2200	3000	3.94
30219		170	34.5	32	27	34.2	3	2.5	107	108	149	158	160	5	7.5	2.5	2.1	0.42	1.4	0.8	228	308	2000	2800	3.04
32219		170	45.5	43	37	39.2	3	2.5	107	106	145	158	163	5	8.5	2.5	2.1	0.42	1.4	0.8	302	448	2000	2800	4.24
33219		170	58	58	44	42.7	3	2.5	107	105	144	158	163	9	14	2.5	2.1	0.41	1.5	0.8	378	568	2000	2800	5.48

轴承代号	基本尺寸/mm					其他尺寸/mm			安装尺寸/mm									计算系数			基本额定载荷/kN		极限转速/r·min^{-1}		质量/kg
30000 型	d	D	T	B	C	a ≈	r min	r_1 min	d_a min	d_b max	D_a min	D_a max	D_b min	a_1 min	a_2 min	r_a max	r_b max	e	Y	Y_0	C_r	C_{0r}	脂	油	W ≈
30319	95	200	49.5	45	38	40.1	4	3	109	118	172	186	185	6	11.5	3	2.5	0.35	1.7	1	370	478	1800	2400	6.80
31319		200	49.5	45	32	61.2	4	3	109	107	157	186	189	6	17.5	3	2.5	0.83	0.7	0.4	310	400	1800	2400	6.46
32319		200	71.5	67	55	49.0	4	3	109	114	166	186	187	8	16.5	3	2.5	0.35	1.7	1	515	738	1800	2400	10.1
32920	100	140	25	25	20	24.3	1.5	1.5	107	108	128	132	136	4	5	1.5	1.5	0.33	1.8	1	128	218	2400	3200	1.12
32020 X2		150	32	30	26	32.0	2	1.5	—	—	—	—	—	5	8	2	1.5	0.37	1.6	0.9	125	205	2200	3000	1.79
32020		150	32	32	24	32.8	2	1.5	109	109	134	141	144	6	8	2	1.5	0.46	1.3	0.7	172	282	2200	3000	1.85
33020		150	39	39	32.5	29.1	2	1.5	109	108	135	141	143	7	6.5	2	1.5	0.29	2.1	1.2	230	390	2200	3000	2.33
33120		165	52	52	40	40.3	2.5	2	110	110	142	155	159	8	12	2.1	2	0.41	1.5	0.8	308	528	2000	2800	4.31
30220		180	37	34	29	36.4	3	2.5	112	114	157	168	169	5	8	2.5	2.1	0.42	1.4	0.8	255	350	1900	2600	3.72
32220		180	49	46	39	41.9	3	2.5	112	113	154	168	172	5	10	2.5	2.1	0.42	1.4	0.8	340	512	1900	2600	5.10
33220		180	63	63	48	45.5	3	2.5	112	112	151	168	172	10	15	2.5	2.1	0.4	1.5	0.8	438	665	1900	2600	6.71
30320		215	51.5	47	39	42.2	4	3	114	127	184	201	199	6	12.5	3	2.5	0.35	1.7	1	405	525	1600	2000	8.22
31320		215	56.5	51	35	68.4	4	3	114	115	168	201	204	7	21.5	3	2.5	0.83	0.7	0.4	372	488	1600	2000	8.59
32320		215	77.5	73	60	52.9	4	3	114	122	177	201	201	8	17.5	3	2.5	0.35	1.7	1	600	872	1600	2000	13.0
32921	105	145	25	25	20	25.4	1.5	1.5	112	112	132	137	141	5	5	1.5	1.5	0.34	1.8	1	128	225	2200	3000	1.16
32021 X2		160	35	33	28	33.0	2.5	2	—	—	—	—	—	6	9	2.1	2	0.36	1.7	0.9	162	270	2000	2800	2.5
32021		160	35	35	26	34.6	2.5	2	115	116	143	150	154	6	9	2.1	2	0.44	1.4	0.7	205	335	2000	2800	2.40
33021		160	43	43	34	30.8	2.5	2	115	116	145	150	153	7	9	2.1	2	0.28	2.1	1.2	258	438	2000	2800	2.97
33121		175	56	56	44	42.9	2.5	2	115	115	149	165	170	8	12	2.1	2	0.4	1.5	0.8	352	608	1900	2600	5.29
30221		190	39	36	30	38.5	3	2.5	117	121	165	178	178	6	9	2.5	2.1	0.42	1.4	0.8	285	398	1800	2400	4.38
32221		190	53	50	43	45.0	3	2.5	117	118	161	178	182	5	10	2.5	2.1	0.42	1.4	0.8	380	578	1800	2400	6.26
33221		190	68	68	52	48.6	3	2.5	117	117	159	178	182	12	16	2.5	2.1	0.4	1.5	0.8	498	770	1800	2400	8.12
30321		225	53.5	49	41	43.6	4	3	119	133	193	211	208	7	12.5	3	2.5	0.35	1.7	1	432	562	1500	1900	9.38
31321		225	58	53	36	70.0	4	3	119	121	176	211	213	7	22	3	2.5	0.83	0.7	0.4	398	525	1500	1900	9.58
32321		225	81.5	77	63	55.1	4	3	119	128	185	211	210	8	18.5	3	2.5	0.35	1.7	1	648	945	1500	1900	14.8
32922 X2	110	150	25	24	20	25	1.5	1.5	—	—	—	—	—	5	7	1.5	1.5	0.28	2.1	1.2	85.5	148	2000	2800	1.1
32922		150	25	25	20	26.5	1.5	1.5	117	117	137	142	146	5	5	1.5	1.5	0.36	1.7	0.9	130	232	2000	2800	1.20
32022 X2		170	38	36	31	35	2.5	2	—	—	—	—	—	6	9	2.1	2	0.35	1.7	0.9	182	302	1900	2600	3.1

续表

轴承代号	基本尺寸/mm					其他尺寸/mm			安装尺寸/mm									计算系数			基本额定载荷/kN		极限转速/r·min^{-1}		质量/kg
30000 型	d	D	T	B	C	a ≈	r min	r_1 min	d_a min	d_b max	D_a min	D_a max	D_b min	a_1 min	a_2 min	r_a max	r_b max	e	Y	Y_0	C_r	C_{0r}	脂	油	W ≈
32022	110	170	38	38	29	36.6	2.5	2	120	122	152	160	163	7	9	2.1	2	0.43	1.4	0.8	245	402	1900	2600	3.02
33022		170	47	47	37	33.2	2.5	2	120	123	152	160	161	7	10	2.1	2	0.29	2.1	1.2	288	502	1900	2600	3.74
33122		180	56	56	43	44.0	2.5	2	120	121	155	170	174	9	13	2.1	2	0.42	1.4	0.8	372	638	1800	2400	5.50
30222		200	41	38	32	40.4	3	2.5	122	128	174	188	189	6	9	2.5	2.1	0.42	1.4	0.8	315	445	1700	2200	5.21
32222		200	56	53	46	47.3	3	2.5	122	124	170	188	192	6	10	2.5	2.1	0.42	1.4	0.8	430	665	1700	2200	7.43
30322		240	54.5	50	42	45.1	4	3	124	142	206	226	222	8	12.5	3	2.5	0.35	1.7	1	472	612	1400	1800	11.0
31322		240	63	57	38	75.3	4	3	124	129	188	226	226	7	25	3	2.5	0.83	0.7	0.4	458	610	1400	1800	12.1
32322		240	84.5	80	65	57.8	4	3	124	137	198	226	224	9	19.5	3	2.5	0.35	1.7	1	725	1060	1400	1800	17.8
32924	120	165	29	29	23	29.3	1.5	1.5	127	128	150	157	160	6	6	1.5	1.5	0.35	1.7	1	172	318	1800	2400	1.78
32024 X2		180	38	36	31	38.0	2.5	2	—	—	—	—	—	6	9	2.1	2	0.37	1.6	0.9	198	338	1700	2200	3.1
32024		180	38	38	29	39.3	2.5	2	130	131	161	170	173	7	9	2.1	2	0.46	1.3	0.7	242	405	1700	2200	3.18
33024		180	48	48	38	35.5	2.5	2	130	132	160	170	171	6	10	2.1	2	0.31	2	1.1	298	535	1700	2200	4.07
33124		200	62	62	48	47.6	2.5	2	130	130	172	190	192	10	14	2.1	2	0.40	1.5	0.8	448	778	1600	2000	7.68
30224		215	43.5	40	34	44.1	3	2.5	132	139	187	203	203	6	9.5	2.5	2.1	0.44	1.4	0.8	338	482	1500	1900	6.20
32224		215	61.5	58	50	52.3	3	2.5	132	134	181	203	206	7	11.5	2.5	2.1	0.44	1.4	0.8	478	758	1500	1900	9.26
30324		260	59.5	55	46	49.0	4	3	134	153	221	246	238	8	13.5	3	2.5	0.35	1.7	1	562	745	1300	1700	14.2
31324		260	68	62	42	81.8	4	3	134	140	203	246	246	9	26	3	2.5	0.83	0.7	0.4	535	725	1300	1700	15.3
32324		260	90.5	86	69	61.6	4	3	134	147	213	246	240	9	21.5	3	2.5	0.35	1.7	1	825	1230	1300	1700	22.1
32926 X2	130	180	32	30	26	30.0	2	1.5	—	—	—	—	—	5	8	2	1.5	0.27	2.2	1.2	142	260	1700	2200	2.31
32926		180	32	32	25	31.6	2	1.5	140	139	164	171	174	6	7	2	1.5	0.34	1.8	1	205	380	1700	2200	2.34
32026 X2		200	45	42	36	42.0	2.5	2	—	—	—	—	—	7	11	2.1	2	0.35	1.7	0.9	242	418	1600	2000	4.46
32026		200	45	45	34	43.3	2.5	2	140	144	178	190	192	8	11	2.1	2	0.43	1.4	0.8	335	568	1600	2000	4.94
33026		200	55	55	43	42.0	2.5	2	140	140	178	190	192	8	12	2.1	2	0.34	1.8	1	400	728	1600	2000	6.14
30226		230	43.75	40	34	46.1	4	3	144	150	203	216	219	7	10	3	2.5	0.44	1.4	0.8	365	520	1400	1800	6.94
32226		230	67.75	64	54	56.6	4	3	144	143	193	216	221	7	14	3	2.5	0.44	1.4	0.8	552	888	1400	1800	11.4
30326		280	63.75	58	49	53.2	5	4	145	165	239	262	258	8	15	4	3	0.35	1.7	1	640	855	1100	1500	17.3
31326		280	72	66	44	87.2	5	4	147	150	218	262	263	9	28	4	3	0.83	0.7	0.4	592	805	1100	1500	18.4

轴承代号	基本尺寸/mm					其他尺寸/mm			安装尺寸/mm									计算系数			基本额定载荷/kN		极限转速/r·min^{-1}		质量/kg
30000 型	d	D	T	B	C	a ≈	r min	r_1 min	d_a min	d_b max	D_a min	D_a max	D_b min	a_1 min	a_2 min	r_a max	r_b max	e	Y	Y_0	C_r	C_{0r}	脂	油	W ≈
32928 X2	140	190	32	30	26	32.0	2	1.5	—	—	—	—	—	5	8	2	1.5	0.29	2.1	1.1	145	265	1600	2000	2.43
32928		190	32	32	25	33.8	2	1.5	150	150	177	181	184	6	6	2	1.5	0.36	1.7	0.9	208	392	1600	2000	2.47
32028 X2		210	45	42	36	44.0	2.5	2	—	—	—	—	—	7	11	2.1	2	0.37	1.6	0.9	258	452	1400	1800	5.21
32028		210	45	45	34	46.0	2.5	2	150	153	187	200	202	8	11	2.1	2	0.46	1.3	0.7	330	568	1400	1800	5.15
33028		210	56	56	44	45.1	2.5	2	150	150	186	200	202	8	12	2.1	2	0.36	1.7	0.9	408	755	1400	1800	6.57
30228		250	45.75	42	36	49.0	4	3	154	162	219	236	236	9	11	3	2.5	0.44	1.4	0.8	408	585	1200	1600	8.73
32228		250	71.75	68	58	60.7	4	3	154	156	210	236	240	8	14	3	2.5	0.44	1.4	0.8	645	1050	1200	1600	14.4
30328		300	67.75	62	53	56.5	5	4	155	176	255	282	275	9	15	4	3	0.35	1.7	1	722	975	1000	1400	21.4
31328		300	77	70	47	94.1	5	4	157	162	235	282	283	9	30	4	3	0.83	0.7	0.4	678	928	1000	1400	22.8
32930 X2	150	210	38	36	31	35.6	2.5	2	—	—	—	—	—	6	9	2.1	2	0.27	2.2	1.2	198	368	1400	1800	—
32930		210	38	38	30	36.4	2.5	2	160	162	192	200	202	7	8	2.1	2	0.33	1.8	1	260	510	1400	1800	3.87
32030 X2		225	48	45	38	47.0	3	2.5	—	—	—	—	—	7	12	2.5	2.1	0.37	1.6	0.9	292	525	1300	1700	6.2
32030		225	48	48	36	49.2	3	2.5	162	164	200	213	216	8	12	2.5	2.1	0.46	1.3	0.7	368	635	1300	1700	6.25
33030		225	59	59	46	48.2	3	2.5	162	162	200	213	218	9	13	2.5	2.1	0.36	1.7	0.9	460	875	1300	1700	7.98
30230		270	49	45	38	52.4	4	3	164	174	234	256	252	9	11	3	2.5	0.44	1.4	0.8	450	645	1100	1500	10.8
32230		270	77	73	60	65.4	4	3	164	168	226	256	256	8	17	3	2.5	0.44	1.4	0.8	720	1180	1100	1500	18.2
30330		320	72	65	55	60.6	5	4	165	190	273	302	294	9	17	4	3	0.35	1.7	1	802	1090	950	1300	25.2
31330		320	82	75	50	100.1	5	4	167	173	251	302	302	9	32	4	3	0.83	0.7	0.4	772	1070	950	1300	27.4
32932 X2	160	220	38	36	31	36.0	2.5	2	—	—	—	—	—	6	9	2.1	2	0.27	2.2	1.2	218	405	1300	1700	3.79
32932		220	38	38	30	38.7	2.5	2	170	170	199	210	214	7	8	2.1	2	0.35	1.7	1	262	525	1300	1700	4.07
32032 X2		240	51	48	41	50.0	3	2.5	—	—	—	—	—	7	12	2.5	2.1	0.37	1.6	0.9	345	632	1200	1600	7.7
32032		240	51	51	38	52.6	3	2.5	172	175	213	228	231	8	13	2.5	2.1	0.46	1.3	0.7	420	735	1200	1600	7.66
30232		290	52	48	40	55.5	4	3	174	189	252	276	271	9	12	3	2.5	0.44	1.4	0.8	512	738	1000	1400	13.3
32232		290	84	80	67	70.9	4	3	174	180	242	276	276	10	17	3	2.5	0.44	1.4	0.8	858	1430	1000	1400	23.3
30332		340	75	68	58	63.3	5	4	175	202	290	320	312	9	17	4	3	0.35	1.7	1	878	1190	900	1200	29.5
32934 X2	170	230	38	36	31	38.0	2.5	2	—	—	—	—	—	6	6	2.1	2	0.28	2.1	1.2	222	418	1200	1600	3.84

续表

轴承代号	基本尺寸/mm					其他尺寸/mm			安装尺寸/mm									计算系数			基本额定载荷/kN		极限转速/r·min^{-1}		质量/kg
30000 型	d	D	T	B	C	a ≈	r min	r_1 min	d_a min	d_b max	D_a min	D_a max	D_b min	a_1 min	a_2 min	r_a max	r_b max	e	Y	Y_0	C_r	C_{0r}	脂	油	W ≈
32934	170	230	38	38	30	41.9	2.5	2	180	183	213	220	222	7	8	2.1	2	0.38	1.6	0.9	280	560	1200	1600	4.33
32034 X2		260	57	54	46	51.0	3	2.5	—	—	—	—	—	8	13	2.5	2.1	0.31	1.9	1.1	385	728	1100	1500	10.1
32034		260	57	57	43	56.4	3	2.5	182	187	230	248	249	10	14	2.5	2.1	0.44	1.4	0.7	520	920	1100	1500	10.4
30234		310	57	52	43	60.4	5	4	188	201	269	292	290	9	14	4	3	0.44	1.4	0.8	590	865	1000	1300	16.6
32234		310	91	86	71	76.3	5	4	188	194	259	292	296	10	20	4	3	0.44	1.4	0.8	968	1640	1000	1300	28.6
30334		360	80	72	62	68.0	5	4	185	214	307	342	331	10	18	4	3	0.35	1.7	1	995	1370	850	1100	35.6
32936	180	250	45	45	34	54.0	2.5	2	190	193	225	240	241	8	11	2.1	2	0.48	1.3	0.7	340	708	1100	1500	6.44
32036 X2		280	64	60	52	63	3	2.5	—	—	—	—	—	8	14	2.5	2.1	0.4	1.5	0.8	502	890	1000	1400	14.7
32036		280	64	64	48	60.1	3	2.5	192	199	247	268	267	10	16	2.5	2.1	0.42	1.4	0.8	640	1150	1000	1400	14.1
30236		320	57	52	43	62.8	5	4	198	209	278	302	300	9	14	4	3	0.45	1.3	0.7	610	912	900	1200	17.3
32236		320	91	86	71	78.8	5	4	198	201	267	302	306	10	20	4	3	0.45	1.3	0.7	998	1720	900	1200	29.9
30336		380	83	75	64	70.9	5	4	198	228	327	362	351	10	19	4	3	0.35	1.7	1	1090	1500	900	1100	40.7
32938 X2	190	260	45	42	36	52.0	2.5	2	—	—	—	—	—	7	11	2.1	2	0.38	1.6	0.9	292	580	1000	1400	6.52
32938		260	45	45	34	55.2	2.5	2	200	204	235	250	251	8	11	2.1	2	0.48	1.3	0.7	360	740	1000	1400	6.66
32038 X2		290	64	60	52	56.0	3	2.5	—	—	—	—	—	8	14	2.5	2.1	0.29	2.1	1.1	502	932	950	1300	14.1
32038		290	64	64	48	62.8	3	2.5	202	209	257	278	279	10	16	2.5	2.1	0.44	1.4	0.8	652	1180	950	1300	14.6
30238		340	60	55	46	65.0	5	4	208	223	298	322	321	9	14	4	3	0.44	1.4	0.8	698	1030	850	1100	20.8
32238		340	97	92	75	82.1	5	4	208	214	286	322	326	10	22	4	3	0.44	1.4	0.8	1120	1900	850	1100	36.1
32940 X2	200	280	51	48	41	57.0	3	2.5	—	—	—	—	—	7	12	2.5	2.1	0.39	1.5	0.8	345	710	950	1300	8.86
32940		280	51	51	39	54.2	3	2.5	212	214	257	268	271	9	12	2.5	2.1	0.39	1.5	0.8	460	950	950	1300	9.43
32040 X2		310	70	66	56	67.0	3	2.5	—	—	—	—	—	10	16	2.5	2.1	0.37	1.6	0.9	575	1120	900	1200	17.4
32040		310	70	70	53	66.9	3	2.5	212	221	273	298	297	11	17	2.5	2.1	0.43	1.4	0.8	782	1420	900	1200	18.9
30240		360	64	58	48	69.3	5	4	218	236	315	342	338	9	16	4	3	0.44	1.4	0.8	765	1140	800	1000	24.7
32240		360	104	98	82	85.1	5	4	218	222	302	342	342	11	22	4	3	0.41	1.5	0.8	1320	2180	800	1000	43.2
32944 X2	220	300	51	48	41	53.0	3	2.5	—	—	—	—	—	7	12	2	2.5	0.31	1.9	1.1	372	795	900	1200	10.1
32944		300	51	51	39	59.1	3	2.5	232	234	275	288	290	10	12	2.5	2.1	0.43	1.4	0.8	470	978	900	1200	10.0
32044 X2		340	76	72	62	71.0	4	3	—	—	—	—	—	10	16	3.5	2.5	0.35	1.7	0.9	702	1330	800	1000	22.3
32044		340	76	76	57	73.0	4	3	234	243	300	326	326	12	19	3	2.5	0.43	1.4	0.8	908	1670	800	1000	24.4

轴承代号	基本尺寸/mm					其他尺寸/mm			安装尺寸/mm									计算系数			基本额定载荷/kN		极限转速/r·min^{-1}		质量/kg
30000 型	d	D	T	B	C	a ≈	r min	r_1 min	d_a min	d_b max	D_a min	D_a max	D_b min	a_1 min	a_2 min	r_a max	r_b max	e	Y	Y_0	C_r	C_{0r}	脂	油	W ≈
32948 X2	240	320	51	48	41	67.0	3	2.5	—	—	—	—	—	7	12	2.5	2.1	0.45	1.3	0.7	390	860	800	1000	10.9
32948		320	51	51	39	64.7	3	2.5	252	254	290	308	311	10	12	2.5	2.1	0.46	1.3	0.7	520	1060	800	1000	10.7
32048 X2		360	76	72	62	70.0	4	3	—	—	—	—	—	10	16	3	2.5	0.32	1.9	1	710	1420	700	900	25.5
32048		360	76	76	57	78.4	4	3	254	261	318	346	346	12	19	3	2.5	0.46	1.3	0.7	920	1730	700	900	25.9
32952 X2	260	360	63.5	60	52	64.0	3	2.5	—	—	—	—	—	8	14	2.5	2.1	0.3	2	1.1	525	1150	700	900	19.2
32952		360	63.5	63.5	48	69.6	3	2.5	272	279	328	348	347	11	15.5	2.5	2.1	0.41	1.5	0.8	688	1470	700	900	18.6
32052 X2		400	87	82	71	76.0	5	4	—	—	—	—	—	12	18	4	3	0.3	2	1.1	902	1810	670	850	37.8
32052		400	87	87	65	85.6	5	4	278	287	352	382	383	14	22	4	3	0.43	1.4	0.8	1120	2170	670	850	38.0
32956	280	380	63.5	63.5	48	74.5	3	2.5	292	298	344	368	368	11	15	2.5	2.1	0.43	1.4	0.7	745	1580	630	800	19.7
32056 X2		420	87	82	71	87.0	5	4	—	—	—	—	—	12	18	4	3	0.37	1.6	0.9	622	1940	600	750	39.6
32056		420	87	87	65	90.3	5	4	298	305	370	402	402	14	22	4	3	0.46	1.3	0.7	1190	2290	600	750	40.2
32960 X2	300	420	76	72	62	72.0	4	3	—	—	—	—	—	10	16	3	2.5	0.28	2.1	1.2	778	1700	600	750	30.2
32960		420	76	76	57	80.0	4	3	315	324	379	406	405	13	19	3	2.5	0.39	1.5	0.8	1020	2200	600	750	31.5
32060 X2		460	100	95	82	90.0	5	4	—	—	—	—	—	14	20	4	3	0.31	1.9	1.1	1050	2190	560	700	55.9
32060		460	100	100	74	97.7	5	4	318	329	404	442	439	15	26	4	3	0.43	1.4	0.8	1520	2940	560	700	57.5
32964 X2	320	440	76	72	62	76.0	4	3	—	—	—	—	—	10	16	3	2.5	0.3	2	1.1	798	1760	560	700	44.7
32964		440	76	76	57	85.1	4	3	335	343	398	426	426	13	19	3	2.5	0.42	1.4	0.8	1040	2320	560	700	33.3
32064 X2		480	100	95	82	106	5	4	—	—	—	—	—	14	20	4	3	0.42	1.4	0.8	1050	2190	530	670	59.1
32064		480	100	100	74	103.5	5	4	338	350	424	462	461	15	26	4	3	0.46	1.3	0.7	1540	3000	530	670	60.6
32968 X2	340	460	76	72	62	80.0	4	3	—	—	—	—	—	10	16	3	2.5	0.31	1.9	1.1	805	1830	530	670	34.3
32968		460	76	76	57	90.5	4	3	355	362	417	446	446	13	19	3	2.5	0.44	1.4	0.8	1050	2380	530	670	34.8
32927 X2	360	480	76	72	62	84.0	4	3	—	—	—	—	—	10	16	3	2.5	0.33	1.8	1	838	1940	500	630	35.8
32972		480	76	76	57	96.2	4	3	375	381	436	466	466	13	19	3	2.5	0.46	1.3	0.7	1060	2430	500	630	36.3

1.5.7 推力球轴承

1.5.7.1 单向推力球轴承

表 6-1-53 单向推力球轴承（部分摘自 GB/T 301—2015）

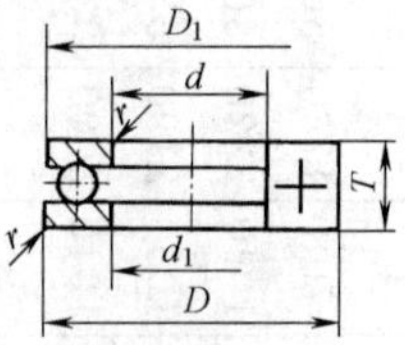

51000型
外形尺寸

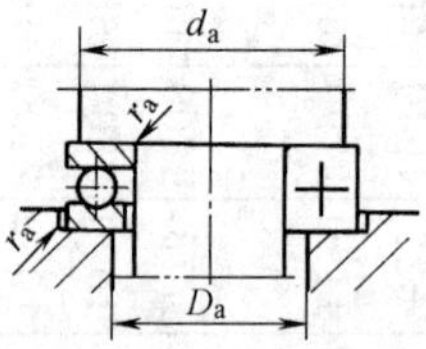

安装尺寸

当量动载荷
$P_a=F_a$
当量静载荷
$P_{0a}=F_a$

轴承代号	外形尺寸/mm						安装尺寸/mm			基本额定载荷/kN		最小载荷常数	极限转速/r·min^{-1}		质量/kg
	d	D	T	d_1 min	D_1 max	r min	d_a min	D_a max	r_a max	C_a	C_{0a}	A	脂润滑	油润滑	W ≈
51104	20	35	10	21	35	0.3	29	26	0.3	14.2	24.5	0.004	48.00	6700	0.036
51204		40	14	22	40	0.6	32	28	0.6	22.2	37.5	0.007	3800	5300	0.075
51304		47	18	22	47	1	36	31	1	35.0	55.8	0.016	3600	4500	0.15
51105	25	42	11	26	42	0.6	35	32	0.6	15.2	30.2	0.005	4300	6000	0.055
51205		47	15	27	47	0.6	38	34	0.6	27.8	50.5	0.013	3400	4800	0.11
51305		52	18	27	52	1	41	36	1	35.5	61.5	0.021	3000	4300	0.17
51405		60	24	27	60	1	46	39	1	55.5	89.2	0.044	2200	3400	0.31
51106	30	47	11	32	47	0.6	40	37	0.6	16.0	34.2	0.007	4000	5600	0.062
51206		52	16	32	52	0.6	43	39	0.6	28.0	54.2	0.016	3200	4500	0.13
51306		60	21	32	60	1	48	42	1	42.8	78.5	0.033	2400	3600	0.26
51406		70	28	32	70	1	54	46	1	72.5	125	0.082	1900	3000	0.51
51107	35	52	12	37	52	0.6	45	42	0.6	18.2	41.5	0.010	3800	5300	0.077
51207		62	18	37	62	1	51	46	1	39.2	78.2	0.033	2800	4000	0.21
51307		68	24	37	68	1	55	48	1	55.2	105	0.059	2000	3200	0.37
51407		80	32	37	80	1.1	62	53	1	86.8	155	0.130	1700	2600	0.76
51108	40	60	13	42	60	0.6	52	48	0.6	26.8	62.8	0.021	3400	4800	0.11
51208		68	19	42	68	1	57	51	1	47.0	98.2	0.050	2400	3600	0.26
51308		78	26	42	78	1	63	55	1	69.2	135	0.096	1900	3000	0.53
51408		90	36	42	90	1.1	70	60	1	112	205	0.220	1500	2200	1.06
51109	45	65	14	47	65	0.6	57	53	0.6	27.0	66.0	0.024	3200	4500	0.14
51209		73	20	47	73	1	62	56	1	47.8	105	0.059	2200	3400	0.30
51309		85	28	47	85	1	69	61	1	75.8	150	0.130	1700	2600	0.66
51409		100	39	47	100	1.1	78	67	1	140	262	0.360	1400	2000	1.41
51110	50	70	14	52	70	0.6	62	58	0.6	27.2	69.2	0.027	3000	4300	0.15
51210		78	22	52	78	1	67	61	1	48.5	112	0.068	2000	3200	0.37
51310		95	31	52	95	1.1	77	68	1	96.5	202	0.210	1600	2400	0.92
51410		110	43	52	110	1.5	86	74	1.5	160	302	0.500	1300	1900	1.86

续表

轴承代号	外形尺寸/mm						安装尺寸/mm			基本额定载荷/kN		最小载荷常数	极限转速/r·min^{-1}		质量/kg
	d	D	T	d_1 min	D_1 max	r min	d_a min	D_a max	r_a max	C_a	C_{0a}	A	脂润滑	油润滑	W ≈
51111	55	78	16	57	78	0.6	69	64	0.6	33.8	89.2	0.043	2800	4000	0.22
51211		90	25	57	90	1	76	69	1	67.5	158	0.130	1900	3000	0.58
51311		105	35	57	105	1.1	85	75	1	115	242	0.310	1500	2200	1.28
51411		120	48	57	120	1.5	94	81	1.5	182	355	0.680	1100	1700	2.51
51112	60	85	17	62	85	1	75	70	1	40.2	108	0.063	2600	3800	0.27
51212		95	26	62	95	1	81	74	1	73.5	178	0.16	1800	2800	0.66
51312		110	35	62	110	1.1	90	80	1	118	262	0.35	1400	2000	1.37
51412		130	51	62	130	1.5	102	88	1.5	200	395	0.88	1000	1600	3.08
51113	65	90	18	67	90	1	80	75	1	40.5	112	0.07	2400	3600	0.31
51213		100	27	67	100	1	86	79	1	74.8	188	0.18	1700	2600	0.72
51313		115	36	67	115	1.1	95	85	1	115	262	0.38	1300	1900	1.48
51413		140	56	68	140	2	110	95	2	215	448	1.14	900	1400	3.91
51114	70	95	18	72	95	1	85	80	1	40.8	115	0.078	2200	3400	0.33
51214		105	27	72	105	1	91	84	1	73.5	188	0.19	1600	2400	0.75
51314		125	40	72	125	1.1	103	92	1	148	340	0.60	1200	1800	1.98
51414		150	60	73	150	2	118	102	2	255	560	1.71	850	1300	4.85
51115	75	100	19	77	100	1	90	85	1	48.2	140	0.11	2000	3200	0.38
51215		110	27	77	110	1	96	89	1	74.8	198	0.21	1500	2200	0.82
51315		135	44	77	135	1.5	111	99	1.5	162	380	0.77	1100	1700	2.58
51415		160	65	78	160	2	125	110	2	268	615	2.00	800	1200	6.08
51116	80	105	19	82	105	1	95	90	1	48.5	145	0.12	1900	3000	0.40
51216		115	28	82	115	1	101	94	1	83.8	222	0.27	1400	2000	0.90
51316		140	44	82	140	1.5	116	104	1.5	160	380	0.81	1000	1600	2.69
51416		170	68	83	170	2.1	133	117	2	292	692	2.55	750	1100	7.12
51117	85	110	19	87	110	1	100	95	1	49.2	150	0.13	1800	2800	0.42
51217		125	31	88	125	1	109	101	1	102	280	0.41	1300	1900	1.21
51317		150	49	88	150	1.5	124	111	1.5	208	495	1.28	950	1500	3.47
51417		180	72	88	177	2.1	141	124	2	318	782	3.24	700	1000	8.28
51118	90	120	22	92	120	1	108	102	1	65.0	200	0.21	1700	2600	0.65
51218		135	35	93	135	1.1	117	108	1	115	315	0.52	1200	1800	1.65
51318		155	50	93	155	1.5	129	116	1.5	205	495	1.34	900	1400	3.69
51418		190	77	93	187	2.1	149	131	2	325	825	3.71	670	950	9.86
51120	100	135	25	102	135	1	121	114	1	85.0	268	0.37	1600	2400	0.95
51220		150	38	103	150	1.1	130	120	1	132	375	0.75	1100	1700	2.21
51320		170	55	103	170	1.5	142	128	1.5	235	595	1.88	800	1200	4.86
51420		210	85	104	205	3	165	145	2.5	400	1080	6.17	600	850	13.3

续表

轴承代号	外形尺寸/mm						安装尺寸/mm			基本额定载荷/kN		最小载荷常数	极限转速/$r \cdot min^{-1}$		质量/kg
	d	D	T	d_1 min	D_1 max	r min	d_a min	D_a max	r_a max	C_a	C_{0a}	A	脂润滑	油润滑	W ≈
51122	110	145	25	112	145	1	131	124	1	87.0	288	0.43	1500	2200	1.03
51222		160	38	113	160	1.1	140	130	1	138	412	0.89	1000	1600	2.39
51322		190	63	113	187	2	158	142	2	278	755	2.97	700	1100	7.05
51422		230	95	113	225	3	181	159	2.5	490	1390	10.4	530	750	20.0
51124	120	155	25	122	155	1	141	134	1	87.0	298	0.48	1400	2000	1.10
51224		170	39	123	170	1.1	150	140	1	135	412	0.96	950	1500	2.62
51324		210	70	123	205	2.1	173	157	2.1	330	945	4.58	670	950	9.54
51424		250	102	123	245	4	196	174	3	412	1220	12.4	480	670	25.5
51126	130	170	30	132	170	1	154	146	1	108	375	0.74	1300	1900	1.70
51226		190	45	133	187	1.5	166	154	1.5	188	575	1.75	900	1400	3.93
51326		225	75	134	220	2.1	186	169	2	358	1070	5.91	600	850	11.7
51426		270	110	134	265	4	212	188	3	630	2010	21.1	430	600	32.0
51128	140	180	31	142	178	1	164	156	1	110	402	0.84	1200	1800	1.85
51228		200	46	143	197	1.5	176	164	1.5	190	598	1.96	850	1300	4.27
51328		240	80	144	235	2.1	199	181	2	395	1230	7.84	560	800	14.1
51428		280	112	144	275	4	222	198	3	630	2010	22.2	400	560	32.2
51130	150	190	31	152	188	1	174	166	1	110	415	0.93	1100	1700	1.95
51230		215	50	152	212	1.5	189	176	1.5	242	768	3.06	800	1200	5.52
51330		250	80	154	245	2.1	209	191	2	405	1310	8.80	530	750	14.9
51430		300	120	154	295	4	238	212	3	670	2240	27.9	380	530	38.2
51132	160	200	31	162	198	1	184	176	1	110	428	1.01	1000	1600	2.06
51232		225	51	163	222	1.5	199	186	1.5	240	768	3.23	750	1100	5.91
51332		270	87	164	265	3	225	205	2.5	470	1570	12.8	500	700	18.9
51134	170	215	34	172	213	1.1	197	188	1	135	528	1.48	950	1500	2.71
51234		240	55	173	237	1.5	212	198	1.5	280	915	4.48	700	1000	7.31
51334		280	87	174	275	3	235	215	2.5	470	1580	13.8	480	670	22.5
51136	180	225	34	183	222	1.1	207	198	1	135	528	1.56	900	1400	2.77
51236		250	56	183	247	1.5	222	208	1.5	285	958	4.91	670	950	7.84
51336		300	95	184	295	3	251	229	2.5	518	1820	17.9	430	600	28.7
51138	190	240	37	193	237	1.1	220	210	1	172	678	2.41	850	1300	3.61
51238		270	62	194	267	2	238	222	2	328	1160	6.97	630	900	10.5
51338		320	105	195	315	4	266	244	3	608	2220	26.7	400	560	41.1
51140	200	250	37	203	247	1.1	230	220	1	172	698	2.60	800	1200	3.77
51240		280	62	204	277	2	248	232	2	332	1210	7.59	600	850	11.0
51340		340	110	205	335	4	282	258	3	600	2220	28.0	360	500	44.0

1.5.7.2 双向推力球轴承

表 6-1-54 双向推力球轴承（部分摘自 GB/T 301—2015）

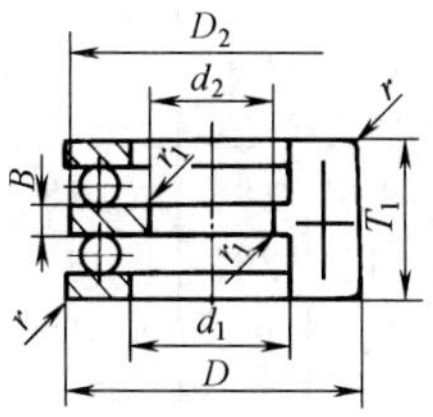

52000型
外形尺寸

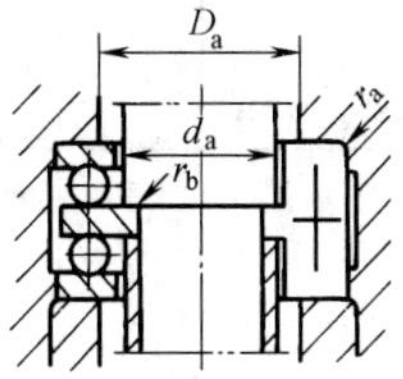

安装尺寸

当量动载荷

$P_a = F_a$

当量静载荷

$P_{0a} = F_a$

轴承代号	外形尺寸/mm								安装尺寸/mm				基本额定载荷/kN		最小载荷常数	极限转速/r·min^{-1}		质量/kg
	d_2	D	T_1	d_1 min	D_2 max	B	r min	r_1 min	d_a max	D_a min	r_a	r_b	C_a	C_{0a}	A	脂润滑	油润滑	W ≈
52205	20	47	28	27	47	7	0.6	0.3	25	34	0.6	0.3	27.8	50.5	0.013	3400	4800	0.21
52305		52	34	27	52	8	1	0.3	25	36	1	0.3	35.5	61.5	0.021	3000	4300	0.32
52406		70	52	32	70	12	1	0.6	30	46	1	0.6	72.5	125	0.082	1900	3000	0.97
52206	25	52	29	32	52	7	0.6	0.3	30	39	0.6	0.3	28.0	54.2	0.016	3200	4500	0.24
52306		60	38	32	60	9	1	0.3	30	42	1	0.3	42.8	78.5	0.033	2400	3600	0.47
52407		80	59	37	80	14	1.1	0.6	35	53	1	0.6	86.8	155	0.13	1700	2600	1.41
52207	30	62	34	37	62	8	1	0.3	35	46	1	0.3	39.2	78.2	0.033	2800	4000	0.41
52307		68	44	37	68	10	1	0.3	35	48	1	0.3	55.2	105	0.059	2000	3200	0.68
52208		68	36	42	68	9	1	0.6	40	51	1	0.6	47.0	98.2	0.050	2400	3600	0.53
52308		78	49	42	78	12	1	0.6	40	55	1	0.6	69.2	135	0.098	1900	3000	1.03
52408		90	65	42	90	15	1.1	0.6	40	60	1	0.6	112	205	0.22	1500	2200	1.94
52209	35	73	37	47	73	9	1	0.6	45	56	1	0.6	47.8	105	0.059	2200	3400	0.59
52309		85	52	47	85	12	1	0.6	45	61	1	0.6	75.8	150	0.13	1700	2600	1.25
52409		100	72	47	100	17	1.1	0.6	45	67	1	0.6	140	262	0.36	1400	2000	2.64
52210	40	78	39	52	78	9	1	0.6	50	61	1	0.6	48.5	112	0.068	2000	3200	0.69
52310		95	58	52	95	14	1.1	0.6	50	68	1	0.6	96.5	202	0.21	1600	2400	1.76
52410		110	78	52	110	18	1.5	0.6	50	74	1.5	0.6	160	302	0.50	1300	1900	3.40
52211	45	90	45	57	90	10	1	0.6	55	69	1	0.6	67.5	158	0.13	1900	3000	1.17
52311		105	64	57	105	15	1.1	0.6	55	75	1	0.6	115	242	0.31	1500	2200	2.38
52411		120	87	57	120	20	1.5	0.6	55	81	1.5	0.6	182	355	0.68	1100	1700	4.54
52212	50	95	46	62	95	10	1	0.6	60	74	1	0.6	73.5	178	0.16	1800	2800	1.21
52312		110	64	62	110	15	1.1	0.6	60	80	1	0.6	118	262	0.35	1400	2000	2.54
52412		130	93	62	130	21	1.5	0.6	60	88	1.5	0.6	200	395	0.88	1000	1600	5.58
52413		140	101	68	140	23	2	1	65	95	2	1	215	448	1.14	900	1400	7.07

续表

轴承代号	外形尺寸/mm								安装尺寸/mm				基本额定载荷/kN		最小载荷常数	极限转速/r·min^{-1}		质量/kg
	d_2	D	T_1	d_1 min	D_2 max	B	r min	r_1 min	d_a max	D_a min	r_a	r_b	C_a	C_{0a}	A	脂润滑	油润滑	W ≈
52213	55	100	47	67	100	10	1	0.6	65	79	1	0.6	74.8	188	0.18	1700	2600	1.32
52313		115	65	67	115	15	1.1	0.6	65	85	1	0.6	115	262	0.38	1300	1900	2.72
52214		105	47	72	105	10	1	1	70	84	1	1	73.5	188	0.19	1600	2400	1.42
52314	55	125	72	72	125	16	1.1	1	70	92	1	1	148	340	0.60	1200	1800	3.64
52414		150	107	73	150	24	2	1	70	102	2	1	255	560	1.71	850	1300	8.71
52215	60	110	47	77	110	10	1	1	75	89	1	1	74.8	198	0.21	1500	2200	1.50
52315		135	79	77	135	18	1.5	1	75	99	1.5	1	162	380	0.77	1100	1700	4.72
52415		160	115	78	160	26	2	1	75	110	2	1	268	615	2.00	800	1200	10.7
52216	65	115	48	82	115	10	1	1	80	94	1	1	83.8	222	0.27	1400	2000	1.63
52316		140	79	82	140	18	1.5	1	80	104	1.5	1	160	380	0.81	1000	1600	4.92
52416		180	128	88	179.5	29	2.1	1.1	85	124	2	1	318	782	3.24	700	1000	14.8
52217	70	125	55	88	125	12	1	1	85	109	1	1	102	280	0.41	1300	1900	2.27
52317		150	87	88	150	19	1.5	1	85	114	1.5	1	208	495	1.28	950	1500	6.26
52417		190	135	93	189.5	30	2.1	1.1	90	131	2	1	325	825	3.71	670	950	17.3
52218	75	135	62	93	135	14	1.1	1	90	108	1	1	115	315	0.52	1200	1800	3.05
52318		155	88	93	155	19	1.5	1	90	116	1.5	1	205	495	1.34	900	1400	6.56
52420	80	210	150	103	209.5	33	3	1.1	100	145	2.5	1	400	1080	6.17	600	850	23.5
52220	85	150	67	103	150	15	1.1	1	100	120	1	1	132	375	0.75	1100	1700	4.03
52320		170	97	103	170	21	1.5	1	100	128	1.5	1	235	595	1.88	800	1200	8.62
52422	90	230	166	113	229	37	3	1.1	110	159	2.5	1	490	1390	10.4	530	750	33.0
52222	95	160	67	113	160	15	1.1	1	110	130	1	1	138	412	0.89	1000	1600	4.38
52322		190	110	113	189.5	24	2	1	110	142	2	1	278	755	2.97	700	1100	12.4
52224	100	170	68	123	170	15	1.1	1.1	120	140	1	1	135	412	0.96	950	1500	4.82
52324		210	123	123	209.5	27	2.1	1.1	120	157	2	1	330	945	4.58	670	950	17.1
52426		270	192	134	269	42	4	2	130	188	3	2	630	2010	21.1	430	600	55.0
52226	110	190	80	133	189.5	18	1.5	1.1	130	154	1.5	1	188	575	1.75	900	1400	7.36
52326		225	130	134	224	30	2.1	1.1	130	169	2	1	358	1070	5.91	600	850	20.8
52428		280	196	144	279	44	4	2	140	198	3	2	630	2010	22.2	400	560	61.2
52228	120	200	81	143	199.5	18	1.5	1.1	140	164	1.5	1	190	598	1.96	850	1300	7.80
52328		240	140	144	239	31	2.1	1.1	140	181	2	1	395	1230	7.84	560	800	25.0
52430		300	209	154	299	46	4	2	150	212	3	2	670	2240	27.9	380	530	68.1
52230	130	215	89	153	214.5	20	1.5	1.1	150	176	1.5	1	242	768	3.06	800	1200	10.3
52330		250	140	154	249	31	2.1	1.1	150	191	2	1	405	1310	8.80	530	750	26.4
52232	140	225	90	163	224.5	20	1.5	1.1	160	186	1.5	1	240	768	3.23	750	1100	10.9
52332		270	153	164	269	33	3	1.1	160	205	2.5	1	470	1570	12.8	500	700	33.6

续表

轴承代号	外形尺寸/mm								安装尺寸/mm				基本额定载荷/kN		最小载荷常数	极限转速/r·min^{-1}		质量/kg
	d_2	D	T_1	d_1 min	D_2 max	B	r min	r_1 min	d_a max	D_a min	r_a	r_b	C_a	C_{0a}	A	脂润滑	油润滑	W ≈
52234	150	240	97	173	239.5	21	1.5	1.1	170	198	1.5	1	280	915	4.48	700	1000	14.3
52334		280	153	174	279	33	3	1.1	170	215	2.5	1	470	1580	13.8	480	670	15.0
52236		250	98	183	249	21	1.5	2	180	208	1.5	2	285	958	4.91	670	950	14.6
52336		300	165	184	299	37	3	2	180	229	2.5	2	518	1820	17.9	430	600	49.0
52238	160	270	109	194	269	24	2	2	190	222	2	2	328	1160	6.97	630	900	19.5
52240	170	280	109	204	279	24	2	2	200	232	2	2	332	1210	7.59	600	850	20.4

1.5.8 推力调心滚子轴承

表 6-1-55 推力调心滚子轴承（部分摘自 GB/T 5859—2008）

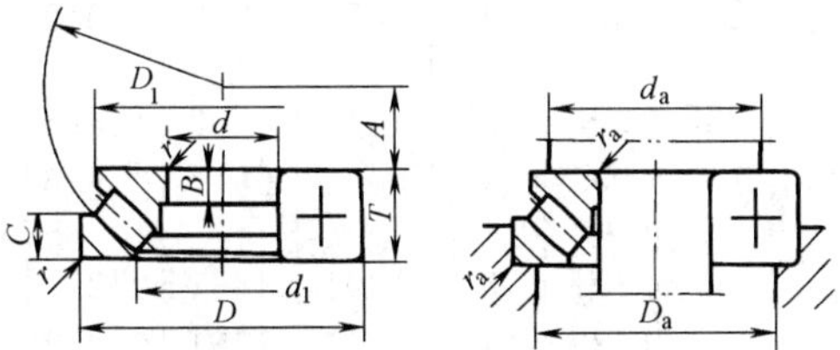

29000 型
外形尺寸

安装尺寸

当量动载荷

$$P_a = F_a + 1.2F_r$$

当量静载荷

$$P_{0a} = F_a + 2.7F_r$$

轴承代号	外形尺寸/mm									安装尺寸/mm			基本额定载荷/kN		最小载荷常数	极限转速/r·min^{-1}		质量/kg
	d	D	T	d_1 max	D_1 max	B min	C	A	r min	d_a min	D_a max	r_a max	C_a	C_{0a}	A	脂润滑	油润滑	W ≈
29412	60	130	42	89	123	15	20	38	1.5	90	107	1.5	319	897	0.086	—	2400	—
29413	65	140	45	96	133	16	21	42	2	100	115	2	371	1048	0.118	—	2200	—
29414	70	150	48	103	142	17	23	44	2	105	124	2	416	1198	0.155	—	2000	—
29415	75	160	51	109	152	18	24	47	2	115	132	2	468	1367	0.21	—	1900	—
29416	80	170	54	117	162	19	26	50	2.1	120	141	2.1	532	1563	0.263	—	1700	—
29317	85	150	39	114	143.5	13	19	50	1.5	115	129	1.5	326	1037	0.105	—	2200	—
29417		180	58	125	170	21	28	54	2.1	130	150	2.1	582	1708	0.304	—	1700	—
29318	90	155	39	117	148.5	13	19	52	1.5	118	135	1.5	335	1089	0.116	—	2200	—
29418		190	60	132	180	22	29	56	2.1	135	158	2.1	642	1904	0.392	—	1600	—
29320	100	170	42	129	163	14	20.8	58	1.5	132	148	1.5	390	1284	0.166	—	2000	—
29420		210	67	146	200	24	32	62	3	150	175	2.5	778	2343	0.588	—	1400	—
29322	110	190	48	143	182	16	23	64	2	145	165	2	487	1625	0.279	—	1800	—
29422		230	73	162	220	26	35	69	3	165	192	2.5	923	2854	0.724	—	1300	—
29324	120	210	54	159	200	18	26	70	2.1	160	182	2.1	620	2066	0.44	—	1600	—
29424		250	78	174	236	29	37	74	4	180	210	3	1074	3308	0.933	—	1200	—

续表

轴承代号	外形尺寸/mm									安装尺寸/mm			基本额定载荷/kN		最小载荷常数	极限转速/$r\cdot min^{-1}$		质量/kg
	d	D	T	d_1 max	D_1 max	B min	C	A	r min	d_a min	D_a max	r_a max	C_a	C_{0a}	A	脂润滑	油润滑	W ≈
29326	130	225	58	171	215	19	28	76	2.1	170	195	2.1	663	2235	0.543	—	1500	—
29426		270	85	189	225	31	41	81	4	195	227	3	1249	3918	1.64	—	1100	—
29328	140	240	60	183	230	20	29	82	2.1	185	208	2.1	719	2539	0.71	—	1400	—
29428		280	85	199	268	31	41	86	4	205	237	3	1288	4133	1.796	—	1000	—
29330	150	250	60	194	240	20	29	87	2.1	195	220	2.1	718	2753	0.774	—	1300	—
29430		300	90	214	285	32	44	92	4	220	253	3	1452	4680	2.285	—	950	—
29332	160	270	67	208	260	23	32	92	3	210	236	2.5	927	3253	1.063	—	1200	—
29432		320	95	229	306	34	50	99	5	230	271	4	1589	5315	2.969	—	900	—
29334	170	280	67	216	270	23	32	96	3	220	247	2.5	940	3358	1.16	—	1100	—
29434		340	103	243	324	37	52	104	5	245	288	4	1878	6265	4.015	—	850	—
29336	180	300	73	232	290	25	35	103	3	235	263	2.5	1111	4056	1.628	—	1000	—
29436		360	109	253	342	39	52	110	5	260	305	4	2056	6867	4.936	—	750	—
29338	190	320	78	246	308	27	38	110	4	250	281	3	1301	4861	2.294	—	900	—
29438		380	115	271	360	41	55	117	5	275	322	4	2297	7774	6.228	—	700	—
29240	200	280	48	236	271	15	24	108	2	235	258	2	612	2518	0.759	—	1400	—
29340		340	85	261	325	29	41	116	4	265	298	3	1430	5181	2.827	—	900	—
29440		400	122	286	380	43	59	122	5	290	338	4	2483	8368	7.588	—	700	—
29244	220	300	48	254	292	15	24	117	2	260	277	2	634	2705	0.749	—	1300	—
29344		360	85	280	345	29	41	125	4	285	316	3	1524	5661	3.21	—	850	—
29444		420	122	308	400	43	59	132	6	310	360	5	2588	8990	8.583	—	670	—
29248	240	340	60	283	330	19	30	130	2.1	285	311	2.1	915	3951	1.483	—	1100	—
29348		380	85	300	365	29	41	135	4	300	337	3	1583	6014	3.569	—	800	—
29448		440	122	326	420	43	59	142	6	330	381	5	2725	9771	9.656	—	630	—
29252	260	360	60	302	350	19	30	139	2.1	305	331	2.1	944	4207	1.754	—	1000	—
29352		420	95	329	405	32	45	148	5	330	372	4	1940	7716	6.073	—	750	—
29452		480	132	357	460	48	64	154	6	360	419	5	3247	11930	14.45	—	600	—
29256	280	380	60	323	370	19	30	150	2.1	325	351	2.1	954	4348	1.855	—	950	—
29356		440	95	348	423	32	46	158	5	350	394	4	2023	8207	6.782	—	670	—
29456		520	145	387	495	52	68	166	6	390	446	5	3753	13794	20.73	—	530	—
29260	300	420	73	353	405	21	38	162	3	355	386	2.5	1340	6057	3.43	—	900	—
29360		480	109	379	460	37	50	168	5	380	429	4	2554	10396	10.2	—	630	—
29460		540	145	402	515	52	70	175	6	410	471	5	3895	14689	22.95	—	480	—

注：C 为参考尺寸。

1.5.9 滚针轴承

表 6-1-56 单双列滚针轴承（部分 GB/T 5801—2006）

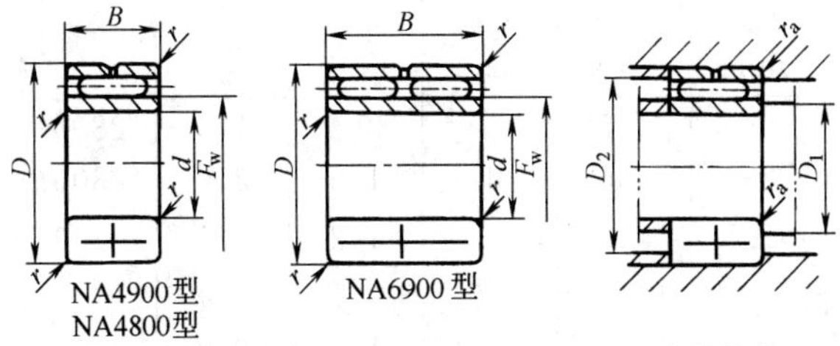

当量动载荷 $P_r = F_r$
当量静载荷 $P_{0r} = F_r$

轴承代号	外形尺寸 /mm					安装尺寸 /mm			基本额定载荷 /kN		极限转速 /r·min^{-1}		质量 /kg
	d	D	B	F_w	r min	D_1 min	D_2 max	r_a max	C_r	C_{0r}	脂润滑	油润滑	W ≈
NA4900	10	22	13	14	0.3	12	20	0.3	8.60	9.20	15000	22000	24.3
NA4901	12	24	13	16	0.3	14	22	0.3	9.60	10.8	13000	19000	27.6
NA6901		24	22	16	0.3	14	22	0.3	16.2	21.5	13000	19000	46.9
NA4902	15	28	13	20	0.3	17	26	0.3	10.2	12.8	10000	16000	35.9
NA6902		28	23	20	0.3	17	26	0.3	17.5	25.2	10000	16000	63.7
NA4903	17	30	13	22	0.3	19	28	0.3	11.2	14.5	9500	15000	39.4
NA6903		30	23	22	0.3	19	28	0.3	19.0	28.8	9500	15000	39.9
NA4904	20	37	17	25	0.3	22	35	0.3	21.2	35.2	9000	14000	79.9
NA6904		37	30	25	0.3	22	35	0.3	35.2	48.5	9000	14000	141
NA4905	25	42	17	30	0.3	27	40	0.3	24.0	31.2	8000	12000	94.7
NA6905		42	30	30	0.3	27	40	0.3	40.0	60.2	8000	12000	167
NA4906	30	47	17	35	0.3	32	45	0.3	25.5	35.5	7000	10000	108
NA6906		47	30	35	0.3	32	45	0.3	42.8	68.5	7000	10000	191
NA4907	35	55	20	42	0.6	39	51	0.6	32.5	51.0	6000	8500	181
NA6907		55	36	42	0.6	39	51	0.6	49.5	87.2	6000	8500	—
NA4908	40	62	22	48	0.6	44	58	0.6	43.5	66.2	5300	7500	240
NA6908		62	40	48	0.6	44	58	0.6	62.8	108	5300	7500	—
NA4909	45	68	22	52	0.6	49	64	0.6	46.0	79.0	4800	6700	284
NA6909		68	40	52	0.6	49	64	0.6	67.2	118	4800	6700	—
NA4910	50	72	22	58	0.6	54	68	0.6	48.2	80.0	4500	6300	287
NA6910		72	40	58	0.6	54	68	0.6	70.2	128	4500	6300	—
NA4911	55	80	25	63	1	60	75	1	58.5	99.0	4000	5600	416
NA6911		80	45	63	1	60	75	1	87.8	168	4000	5600	—
NA4912	60	85	25	68	1	65	80	1	61.2	108	3800	5300	448
NA6912		85	45	68	1	65	80	1	90.8	182	3800	5300	—
NA4913	65	90	25	72	1	70	85	1	60.2	112	3600	5000	479
NA6913		90	45	72	1	70	85	1	93.2	188	3600	5000	—
NA4914	70	100	30	80	1	75	95	1	84.0	152	3200	4500	762
NA6914		100	54	80	1	75	95	1	130	260	3200	4500	—
NA4915	75	105	30	85	1	80	100	1	85.5	158	3000	4300	805
NA6915		105	54	85	1	80	100	1	130	270	3000	4300	—

第6篇

续表

轴承代号	外形尺寸 /mm					安装尺寸 /mm			基本额定载荷 /kN		极限转速 /r·min^{-1}		质量 /kg
	d	D	B	F_w	r min	D_1 min	D_2 max	r_a max	C_r	C_{0r}	脂润滑	油润滑	W ≈
NA4916	80	110	30	90	1	85	105	1	89.0	170	2800	4000	852
NA6916		110	54	90	1	85	105	1	105	210	2800	4000	—
NA4917	85	120	35	100	1.1	91.5	113.5	1	112	235	2400	3600	1280
NA6917		120	63	100	1.1	91.5	113.5	1	155	365	2400	3600	—
NA4918	90	125	35	105	1.1	96.5	118.5	1	115	250	2200	3400	1340
NA6918		125	63	105	1.1	96.5	118.5	1	165	388	2200	3400	—
NA4919	95	130	35	110	1.1	101.5	123.5	1	120	265	2000	3200	1410
NA6919		130	63	110	1.1	101.5	123.5	1	172	412	2000	3200	—
NA4920	100	140	40	115	1.1	106.5	133.5	1	130	270	2000	3200	1960
NA6920		140	71	115	1.1	106.5	133.5	1	202	480	2000	3200	—
NA4822	110	140	30	120	1	115	135	1	93.5	210	2000	3200	1130
NA4922		150	40	125	1.1	116.5	143.5	1	138	295	1900	3000	2120
NA4824	120	150	30	130	1	125	145	1	96.2	225	1900	3000	1220
NA4924		165	45	135	1.1	126.5	158.5	1	180	382	1800	2800	2910
NA4826	130	165	35	145	1	136.5	158.5	1	118	302	1700	2600	—
NA4926		180	50	150	1.5	138	172	1.5	202	406	1600	2400	3960
NA4828	140	175	35	155	1.1	146.5	168.5	1	122	320	1600	2400	1980
NA4928		190	50	160	1.5	148	182	1.5	210	488	1500	2200	4220
NA4830	150	190	40	165	1.1	156.5	183.5	1	152	395	1500	2200	2800
NA4832	160	200	40	175	1.1	166.5	193.5	1	158	418	1500	2200	2970
NA4834	170	215	45	185	1.1	176.5	208.5	1	192	520	1300	2000	4080
NA4836	180	225	45	195	1.1	186.5	218.5	1	198	552	1200	1900	4290

1.6 滚动轴承座

1.6.1 适用范围

本标准规定的滚动轴承座为二螺柱剖分立式轴承座，适用于安装直径系列 2（5）和直径系列 3（6）的调心球轴承、调心滚子轴承以及装在紧定套上的调心球轴承和调心滚子轴承等。

轴承座中的滚动轴承采用脂润滑。轴承座的工作条件：线速度 $v \leqslant 5\text{m/s}$；温度 $t \leqslant 90$℃。

1.6.2 型号表示法

滚动轴承座的型号是用字母与数字来表示的。

SN 5 07

07 —— 内径尺寸代号（表示方法与轴承相同）

5 —— 系列代号，表示安装有紧定套的直径系列为 2 的轴承（圆锥孔）

SN —— 剖分式立式滚动轴承座

SN 3 10

10 —— 内径尺寸代号（表示方法与轴承相同）

3 —— 系列代号，表示安装直径系列为 3 的轴承（圆柱孔）

SN —— 剖分式立式滚动轴承座

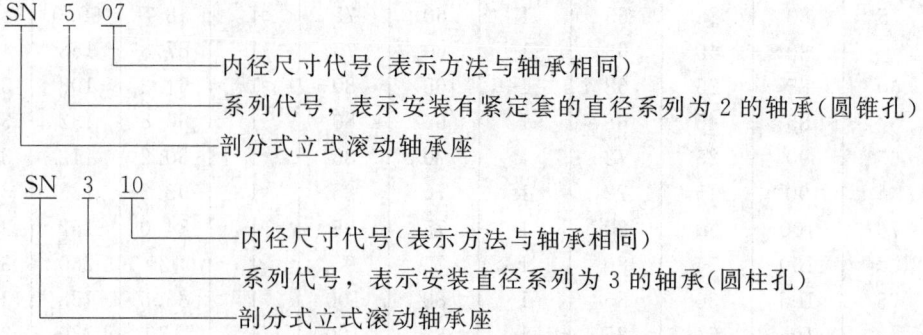

标志示例：

例 1　SN615　GB/T 7813—2018

表示符合于 GB/T 7813，轴承内径为 75mm 装有紧定套的，直径系列为 3 的滚动轴承（圆锥孔）用的滚动轴承座。

例 2　SN230　GB/T 7813—2018

表示符合于 GB/T 7813 轴承内径为 150mm 的，直径系列为 2 的滚动轴承（圆柱孔）用的滚动轴承座。

1.6.3　外形尺寸

表 6-1-57　滚动轴承座（摘自 GB/T 7813—2018）

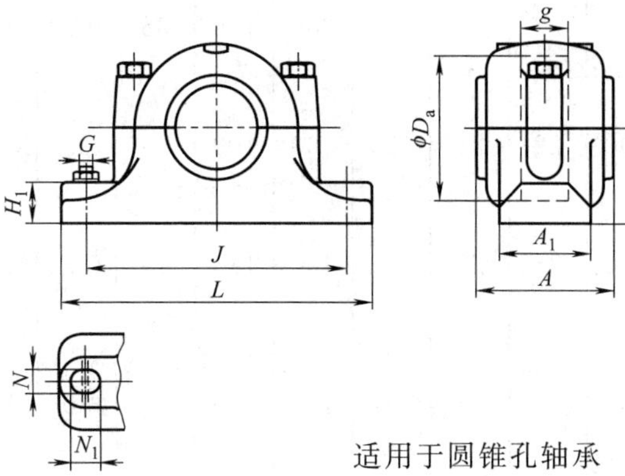

适用于圆锥孔轴承

轴承座型号	外形尺寸/mm													适用轴承及附件		
	d	d_0	D_a	H	J	N	N_1 min	A max	L max	A_1	H_1 max	g	G	调心球轴承	调心滚子轴承	紧定套
SN 505	25	20	52	40	130	15	15	72	170	46	22	25	M 12	1205 K 2205 K	— —	H 205 H 305
SN 506	30	25	62	50	150	15	15	82	190	52	22	30	M 12	1206 K 2206 K	— —	H 206 H 306
SN 507	35	30	72	50	150	15	15	85	190	52	22	33	M 12	1207 K 2207 K	— —	H 207 H 307
SN 508	40	35	80	60	170	15	15	92	210	60	25	33	M 12	1208 K 2208 K	— 22208 K	H 208 H 308
SN 509	45	40	85	60	170	15	15	92	210	60	25	31	M 12	1209 K 2209 K	— 22209 K	H 209 H 309
SN 510	50	45	90	60	170	15	15	100	210	60	25	33	M 12	1210 K 2210 K	— 22210 K	H 210 H 310
SN 511	55	50	100	70	210	18	18	105	270	70	28	33	M 16	1211 K 2211 K	— 22211 K	H 211 H 311
SN 512	60	55	110	70	210	18	18	115	270	70	30	38	M 16	1212 K 2212 K	— 22212 K	H 212 H 312
SN 513	65	60	120	80	230	18	18	120	290	80	30	43	M 16	1213 K 2213 K	— 22213 K	H 213 H 313
SN 515	75	65	130	80	230	18	18	125	290	80	30	41	M 16	1215 K 2215 K	— 22215 K	H 215 H 315
SN 516	80	70	140	95	260	22	22	135	330	90	32	43	M 20	1216 K 2216 K	— 22216 K	H 216 H 316

轴承座型号	外形尺寸/mm													适用轴承及附件		
	d	d_0	D_a	H	J	N	N_1 min	A max	L max	A_1	H_1 max	g	G	调心球轴承	调心滚子轴承	紧定套
SN 517	85	75	150	95	260	22	22	140	330	90	32	46	M 20	1217 K 2217 K	— 22217 K	H 217 H 317
SN 518	90	80	160	100	290	22	22	145	360	100	35	62.4	M 20	1218 K 2218 K —	— 22218 K 23218 K	H 218 H 318 H 2318
SN 519	95	85	170	112	290	22	22	150	360	100	35	53	M 20	1219 K 2219 K	— 22219 K	H 219 H 319
SN 520	100	90	180	112	320	26	26	165	400	110	40	70.3	M 24	1220 K 2220 K —	— 22220 K 23220 K	H 220 H 320 H 2320
SN 522	110	100	200	125	350	26	26	177	420	120	45	80	M 24	1222 K 2222 K —	— 22222 K 23222 K	H 222 H 322 H 2322
SN 524	120	110	215	140	350	26	26	187	420	120	45	86	M 24	—	22224 K 23224 K	H 3124 H 2324
SN 526	130	115	230	150	380	28	28	192	450	130	50	90	M 24	—	22226 K 23226 K	H 3126 H 2326
SN 528	140	125	250	150	420	35	35	207	510	150	50	98	M 30	—	22228 K 23228 K	H 3128 H 2328
SN 530	150	135	270	160	450	35	35	224	540	160	60	106	M 30	—	22230 K 23230 K	H 3130 H 2330
SN 532	160	140	290	170	470	35	35	237	560	160	60	114	M 30	—	22232 K 23232 K	H 3132 H 2332
SN 605	25	20	62	50	150	15	15	82	190	52	22	34	M 12	1305 K 2305 K	— —	H 305 H 2305
SN 606	30	25	72	50	150	15	15	85	190	52	22	37	M 12	1306 K 2306 K	— —	H 306 H 2306
SN 607	35	30	80	60	170	15	15	92	210	60	25	41	M 12	1307 K 2307 K	— —	H 307 H 2307
SN 608	40	35	90	60	170	15	15	100	210	60	25	43	M 12	1308 K 2308 K	— 22308 K	H 308 H 2308
SN 609	45	40	100	70	210	18	18	105	270	70	28	46	M 16	1309 K 2309 K	— 22309 K	H 309 H 2309
SN 610	50	45	110	70	210	18	18	115	270	70	30	50	M 16	1310 K 2310 K	— 22310 K	H 310 H 2310
SN 611	55	50	120	80	230	18	18	120	290	80	30	53	M 16	1311 K 2311 K	— 22311 K	H 311 H 2311
SN 612	60	55	130	80	230	18	18	125	290	80	30	56	M 16	1312 K 2312 K	— 22312 K	H 312 H 2312

续表

轴承座型号	外形尺寸/mm													适用轴承及附件		
	d	d_0	D_a	H	J	N	N_1 min	A max	L max	A_1	H_1 max	g	G	调心球轴承	调心滚子轴承	紧定套
SN 613	65	60	140	95	260	22	22	135	330	90	32	58	M 20	1313 K 2313 K	— 22313 K	H 313 H 2313
SN 615	75	65	160	100	290	22	22	145	360	100	35	65	M 20	1315 K 2315 K	— 22315 K	H 315 H 2315
SN 616	80	70	170	112	290	22	22	150	360	100	35	68	M 20	1316 K 2316 K	— 22316 K	H 316 H 2316
SN 617	85	75	180	112	320	26	26	165	400	110	40	70	M 24	1317 K 2317 K	— 22317 K	H 317 H 2317
SN 618	90	80	190	112	320	26	26	165	405	110	40	74	M 24	1318 K 2318 K	— 22318 K	H 318 H 2318
SN 619	95	85	200	125	350	26	26	117	420	120	45	77	M 24	1319 K 2319 K	— 22319 K	H 319 H 2319
SN 620	100	90	215	140	350	26	26	187	420	120	45	83	M 24	1320 K 2320 K	— 22320 K	H 320 H 2320
SN 622	110	100	240	150	390	28	28	195	475	130	50	90	M 24	1322 K 2322 K	— 22322 K	H 322 H 2322
SN 624	120	110	260	160	450	35	35	210	545	160	60	96	M 30	—	22324 K	H 2324
SN 626	130	115	280	170	470	35	35	225	565	160	60	103	M 30	—	22326 K	H 2326
SN 628	140	125	300	180	520	35	35	237	630	170	65	112	M 30	—	22328 K	H 2328
SN 630	150	135	320	190	560	35	35	245	680	180	65	118	M 30	—	22330 K	H 2330
SN 632	160	140	340	200	580	42	42	260	710	190	70	124	M 36	—	22332 K	H 2332

注：1. SN 524～SN 532 应装有吊环螺钉。

2. SN 624～SN 632 应装有吊环螺钉。

表 6-1-58　滚动轴承座（摘自 GB/T 7813—2018）

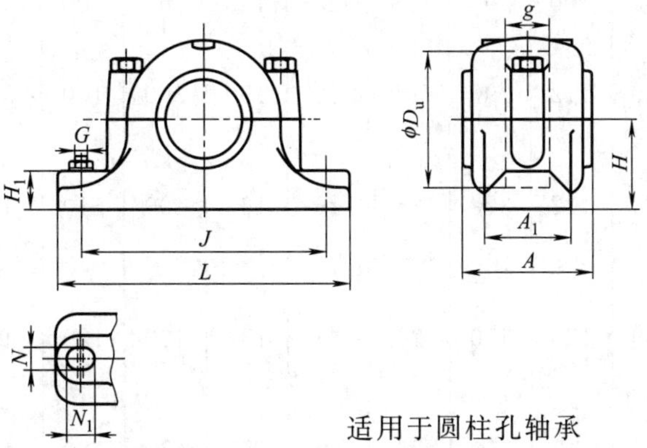

适用于圆柱孔轴承

第 6 篇

续表

轴承座型号	外形尺寸/mm													适用轴承	
	d	d_0	D_a	H	J	N	N_1 min	A max	L max	A_1	H_1 max	g	G	调心球 轴承	调心滚子 轴承
SN 205	25	30	52	40	130	15	15	72	170	46	22	25	M12	1205 2205	— 22205
SN 206	30	35	62	50	150	15	15	82	190	52	22	30	M12	1206 2206	— 22206
SN 207	35	45	72	50	150	15	15	85	190	52	22	33	M12	1207 2207	— 22207
SN 208	40	50	80	60	170	15	15	92	210	60	25	33	M12	1208 2208	— 22208
SN 209	45	55	85	60	170	15	15	92	210	60	25	31	M12	1209 2209	— 22209
SN 210	50	60	90	60	170	15	15	100	210	60	25	33	M12	1210 2210	— 22210
SN 211	55	65	100	70	210	18	18	105	270	70	28	33	M16	1211 2211	— 22211
SN 212	60	70	110	70	210	18	18	115	270	70	30	38	M16	1212 2212	— 22212
SN 213	65	75	120	80	230	18	18	120	290	80	30	43	M16	1213 2213	— 22213
SN 214	70	80	125	80	230	18	18	120	290	80	30	44	M16	1214 2214	— 22214
SN 215	75	85	130	80	230	18	18	125	290	80	30	41	M16	1215 2215	— 22215
SN 216	80	90	140	95	260	22	22	135	330	90	32	43	M20	1216 2216	— 22216
SN 217	85	95	150	95	260	22	22	140	330	90	32	46	M20	1217 2217	— 22217
SN 218	90	100	160	100	290	22	22	145	360	100	35	62.4	M20	1218 2218	— 22218
SN 219	95	110	170	112	290	22	22	150	360	100	35	53	M20	1219 2219	— 22219
SN 220	100	115	180	112	320	26	26	165	400	110	40	70.3	M24	1220 2220 —	— 22220 23220
SN 222	110	125	200	125	350	26	26	177	420	120	45	80	M24	1222 2222 —	— 22222 23222
SN 224	120	135	215	140	350	26	26	187	420	120	45	86	M24	—	22224 23224

轴承座型号	外形尺寸/mm													适用轴承	
	d	d_0	D_a	H	J	N	N_1 min	A max	L max	A_1	H_1 max	g	G	调心球轴承	调心滚子轴承
SN 226	130	145	230	150	380	26	26	192	450	130	50	90	M24	—	22226 23226
SN 228	140	155	250	150	420	35	35	207	510	150	50	98	M30	—	22228 23228
SN 230	150	165	270	160	450	35	35	224	540	160	60	106	M30	—	22230 23230
SN 232	160	175	290	170	470	35	35	237	560	160	60	114	M30	—	22232 23232
SN 224～SN 232 应装有吊环螺钉。															
SN 310	50	60	110	70	210	18	23	115	255	70	30	50	M16	1310 2310	21310 22310
SN 311	55	65	120	80	230	18	23	120	275	80	30	53	M16	1311 2311	21311 22311
SN 312	60	70	130	80	230	18	23	125	280	80	30	56	M16	1312 2312	21312 22312
SN 313	65	75	140	95	260	22	27	135	315	90	32	58	M20	1313 2313	21313 22313
SN 314	70	80	150	95	260	22	27	140	320	90	32	61	M20	1314 2314	21314 22314
SN 315	75	85	160	100	290	22	27	145	345	100	35	65	M20	1315 2315	21315 22315
SN 316	80	90	170	112	290	22	27	150	345	100	35	68	M20	1316 2316	21316 22316
SN 317	85	95	180	112	320	26	32	165	380	110	40	70	M24	1317 2317	21317 22317

1.7 定位环

表 6-1-59 定位环（摘自 GB/T 7813—2018）

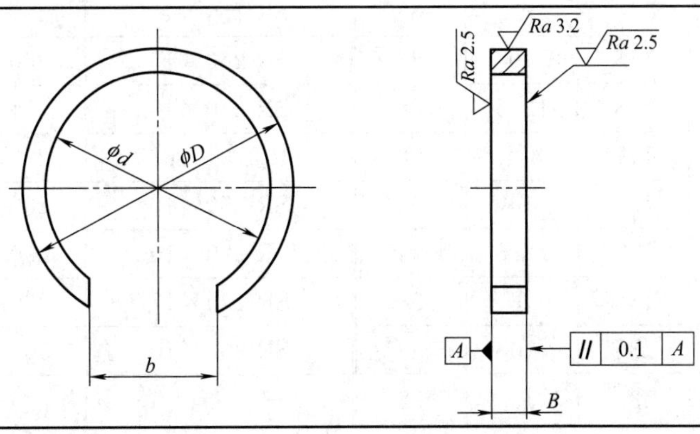

第6篇

续表

型号	外形尺寸/mm				型号	外形尺寸/mm			
	D	d	B	b		D	d	B	b
SR 52×5	52	45	5	32	SR 160×10	160	144	10	105
SR 52×7	52	45	7	32	SR 160×11.2	160	144	11.2	105
SR 62×7	62	54	7	38	SR 160×14	160	144	14	105
SR 62×8.5	62	54	8.5	38	SR 160×16.2	160	144	16.2	105
SR 62×10	62	54	10	38	SR 170×10	170	154	10	112
SR 72×8	72	64	8	47	SR 170×10.5	170	154	10.5	112
SR 72×9	72	64	9	47	SR 170×14.5	170	154	14.5	112
SR 72×10	72	64	10	47	SR 180×10	180	163	10	120
SR 80×7.5	80	70	7.5	52	SR 180×12.1	180	163	12.1	120
SR 80×10	80	70	10	52	SR 180×14.5	180	163	14.5	120
SR 85×6	85	75	6	57	SR 180×18.1	180	163	18.1	120
SR 85×8	85	75	8	57	SR 190×10	190	173	10	130
SR 90×6.5	90	80	6.5	62	SR 190×15.5	190	173	15.5	130
SR 90×10	90	80	10	62	SR 200×10	200	180	10	130
SR 100×6	100	90	6	68	SR 200×13.5	200	180	13.5	130
SR 100×8	100	90	8	68	SR 200×16	200	180	16	130
SR 100×10	100	90	10	68	SR 200×21	200	180	21	130
SR 100×10.5	100	90	10.5	68	SR 215×10	215	195	10	140
SR 110×8	110	99	8	73	SR 215×14	215	195	14	140
SR 110×10	110	99	10	73	SR 215×18	215	195	18	140
SR 110×11.5	110	99	11.5	73	SR 230×10	230	210	10	150
SR 120×10	120	108	10	78	SR 230×13	230	210	13	150
SR 120×12	120	108	12	78	SR 240×10	240	218	10	150
SR 125×10	125	113	10	84	SR 240×20	240	218	20	150
SR 125×13	125	113	13	84	SR 250×10	250	230	10	160
SR 130×8	130	118	8	88	SR 250×15	250	230	15	160
SR 130×10	130	118	10	88	SR 260×10	260	238	10	170
SR 130×12.5	130	118	12.5	88	SR 270×10	270	248	10	170
SR 140×8.5	140	127	8.5	93	SR 270×16.5	270	248	16.5	170
SR 140×10	140	127	10	93	SR 280×10	280	255	10	170
SR 140×12.5	140	127	12.5	93	SR 290×10	290	268	10	180
SR 150×9	150	135	9	98	SR 290×17	290	268	17	180
SR 150×10	150	135	10	98	SR 300×10	300	275	10	190
SR 150×13	150	135	13	98					

1.8 紧定套

表 6-1-60 紧定套（摘自 GB/T 9160.1—2017）

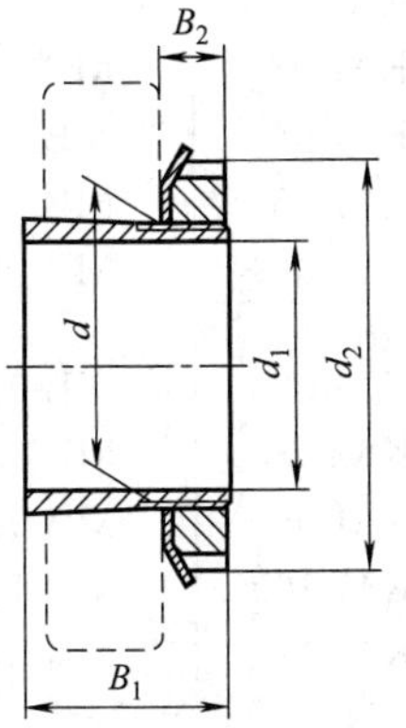

带锁紧螺母和锁紧垫圈的紧定套

本紧定套适用于安装锥孔(1∶12)轴承于无轴肩的圆柱形轴上

紧定套型号	外形尺寸/mm				组成紧定套的零件型号			轴承内径代号
	d_1	d_2	B_1	B_2 ≈	紧定衬套	锁紧螺母①	锁紧垫圈①	
H 202	12	25	19	6	A 202 X	KM 02	MB 02	02
H 203	14	28	20	6	A 203 X	KM 03	MB 03	03
H 204	17	32	24	7	A 204 X	KM 04	MB 04	04
H 205	20	38	26	8	A 205 X	KM 05	MB 05	05
H 206	25	45	27	8	A 206 X	KM 06	MB 06	06
H 207	30	52	29	9	A 207 X	KM 07	MB 07	07
H 208	35	58	31	10	A 208 X	KM 08	MB 08	08
H 209	40	65	33	11	A 209 X	KM 09	MB 09	09
H 210	45	70	35	12	A 210 X	KM 10	MB 10	10
H 211	50	75	37	12	A 211 X	KM 11	MB 11	11
H 212	55	80	38	13	A 212 X	KM 12	MB 12	12
H 213	60	85	40	14	A 213 X	KM 13	MB 13	13
H 214	60	92	41	14	A 214 X	KM 14	MB 14	14
H 215	65	98	43	15	A 215 X	KM 15	MB 15	15
H 216	70	105	46	17	A 216 X	KM 16	MB 16	16
H 217	75	110	50	18	A 217 X	KM 17	MB 17	17
H 218	80	120	52	18	A 218 X	KM 18	MB 18	18
H 219	85	125	55	19	A 219 X	KM 19	MB 19	19
H 220	90	130	58	20	A 220 X	KM 20	MB 20	20
H 221	95	140	60	20	A 221 X	KM 21	MB 21	21
H 222	100	145	63	21	A 222 X	KM 22	MB 22	22

续表

紧定套型号	外形尺寸/mm				组成紧定套的零件型号			轴承内径代号
	d_1	d_2	B_1	B_2 ≈	紧定衬套	锁紧螺母[①]	锁紧垫圈[①]	
H 302	12	25	22	6	A 302 X	KM 02	MB 02	02
H 303	14	28	24	6	A 303 X	KM 03	MB 03	03
H 304	17	32	28	7	A 304 X	KM 04	MB 04	04
H 305	20	38	29	8	A 305 X	KM 05	MB 05	05
H 306	25	45	31	8	A 306 X	KM 06	MB 06	06
H 307	30	52	35	9	A 307 X	KM 07	MB 07	07
H 308	35	58	36	10	A 308 X	KM 08	MB 08	08
H 309	40	65	39	11	A 309 X	KM 09	MB 09	09
H 310	45	70	42	12	A 310 X	KM 10	MB 10	10
H 311	50	75	45	12	A 311 X	KM 11	MB 11	11
H 312	55	80	47	13	A 312 X	KM 12	MB 12	12
H 313	60	85	50	14	A 313 X	KM 13	MB 13	13
H 314	60	92	52	14	A 314 X	KM 14	MB 14	14
H 315	65	98	55	15	A 315 X	KM 15	MB 15	15
H 316	70	105	59	17	A 316 X	KM 16	MB 16	16
H 317	75	110	63	18	A 317 X	KM 17	MB 17	17
H 318	80	120	65	18	A 318 X	KM 18	MB 18	18
H 319	85	125	68	19	A 319 X	KM 19	MB 19	19
H 320	90	130	71	20	A 320 X	KM 20	MB 20	20
H 321	95	140	74	20	A 321 X	KM 21	MB 21	21
H 322	100	145	77	21	A 322 X	KM 22	MB 22	22
H 2302	12	25	25	6	A 2302 X	KM 02	MB 02	02
H 2303	14	28	27	6	A 2303 X	KM 03	MB 03	03
H 2304	17	32	31	7	A 2304 X	KM 04	MB 04	04
H 2305	20	38	35	8	A 2305 X	KM 05	MB 05	05
H 2306	25	45	38	8	A 2306 X	KM 06	MB 06	06
H 2307	30	52	43	9	A 2307 X	KM 07	MB 07	07
H 2308	35	58	46	10	A 2308 X	KM 08	MB 08	08
H 2309	40	65	50	11	A 2309 X	KM 09	MB 09	09
H 2310	45	70	55	12	A 2310 X	KM 10	MB 10	10
H 2311	50	75	59	12	A 2311 X	KM 11	MB 11	11
H 2312	55	80	62	13	A 2312 X	KM 12	MB 12	12
H 2313	60	85	65	14	A 2313 X	KM 13	MB 13	13
H 2314	60	92	68	14	A 2314 X	KM 14	MB 14	14
H 2315	65	98	73	15	A 2315 X	KM 15	MB 15	15
H 2316	70	105	78	17	A 2316 X	KM 16	MB 16	16

紧定套型号	外形尺寸/mm				组成紧定套的零件型号			轴承内径代号
	d_1	d_2	B_1	B_2 ≈	紧定衬套	锁紧螺母[①]	锁紧垫圈[①]	
H 2317	75	110	82	18	A 2317 X	KM 17	MB 17	17
H 2318	80	120	86	18	A 2318 X	KM 18	MB 18	18
H 2319	85	125	90	19	A 2319 X	KM 19	MB 19	19
H 2320	90	130	97	20	A 2320 X	KM 20	MB 20	20
H 2321	95	140	101	20	A 2321 X	KM 21	MB 21	21
H 2322	100	140	105	21	A 2322 X	KM 22	MB 22	22
H 2324	110	155	112	22	A 2324 X	KM 24	MB 24	24
H 2326	115	165	121	23	A 2326 X	KM 26	MB 26	26
H 2328	125	180	131	24	A 2328 X	KM 28	MB 28	28
H 2330	135	195	139	26	A 2330 X	KM 30	MB 30	30
H 2332	140	210	147	28	A 2332 X	KM 32	MB 32	32
H 2334	150	220	154	29	A 2334 X	KM 34	MB 34	34
H 2336	160	230	161	30	A 2336 X	KM 36	MB 36	36
H 2338	170	240	169	31	A 2338 X	KM 38	MB 38	38
H 2340	180	250	176	32	A 2340 X	KM 40	MB 40	40
H 3024	110	145	72	22	A 3024 X	KML 24	MBL 24	24
H 3026	115	155	80	23	A 3026 X	KML 26	MBL 26	26
H 3028	125	165	82	24	A 3028 X	KML 28	MBL 28	28
H 3030	135	180	87	26	A 3030 X	KML 30	MBL 30	30
H 3032	140	190	93	28	A 3032 X	KML 32	MBL 32	32
H 3034	150	200	101	29	A 3034 X	KML 34	MBL 34	34
H 3036	160	210	109	30	A 3036 X	KML 36	MBL 36	36
H 3038	170	220	112	31	A 3038 X	KML 38	MBL 38	38
H 3040	180	240	120	32	A 3040 X	KML 40	MBL 40	40
H 3120	90	130	76	20	A 3120 X	KM 20	MB 20	20
H 3121	95	140	80	20	A 3121 X	KM 21	MB 20	21
H 3122	100	145	81	21	A 3122 X	KM 22	MB 22	22
H 3124	110	155	88	22	A 3124 X	KM 24	MB 24	24
H 3126	115	165	92	23	A 3126 X	KM 26	MB 26	26
H 3128	125	180	97	24	A 3128 X	KM 28	MB 28	28
H 3130	135	195	111	26	A 3130 X	KM 30	MB 30	30
H 3132	140	210	119	28	A 3132 X	KM 32	MB 32	32
H 3134	150	220	122	29	A 3134 X	KM 34	MB 34	34
H 3136	160	230	131	30	A 3136 X	KM 36	MB 36	36
H 3138	170	240	141	31	A 3138 X	KM 38	MB 38	38
H 3140	180	250	150	32	A 3140 X	KM 40	MB 40	40

① 锁紧螺母和锁紧垫圈按 GB/T 9160.2 的规定。

1.9 退卸衬套

表 6-1-61 退卸衬套（摘自 GB/T 9160.1—2017）

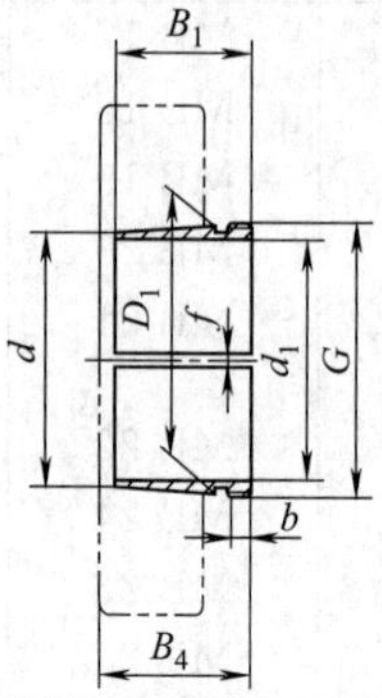

退卸衬套适用于将锥孔(1∶12)轴承安装于圆柱形轴上。轴承安装于紧靠轴肩上，退卸衬套被压入轴承内孔，直到轴承径向游隙减小到合适值为止。拆卸轴承时，拧紧螺母使退卸衬套退出。

退卸衬套型号	外形尺寸/mm					参考尺寸			适配的锁紧螺母型号[①]
	d	d_1	G	B_1 max	B_4	D_1	b	f	
AH 208	40	35	M 45×1.5	25	27	41.5	6	2	KM 09
AH 209	45	40	M 50×1.5	26	29	46.67	6	2	KM 10
AH 210	50	45	M 55×2	28	31	51.15	7	2	KM 11
AH 211	55	50	M 60×2	29	32	56.83	7	3	KM 12
AH 212	60	55	M 65×2	32	35	62	8	3	KM 13
AHX 213	65	60	M 70×2	32.5	36	67.08	8	3	KM 14
AHX 214	70	65	M 75×2	33.5	37	72.17	8	3	KM 15
AHX 215	75	70	M 80×2	34.5	38	77.25	8	3	KM 16
AH 216	80	75	M 90×2	35.5	39	82.33	8	3	KM 18
AH 217	85	80	M 95×2	38.5	42	87.5	9	3	KM 19
AH 218	90	85	M 100×2	40	44	92.67	9	3	KM 20
AH 219	95	90	M 105×2	43	47	97.83	10	4	KM 21
AH 220	100	95	M 110×2	45	49	103	10	4	KM 22
AH 221	105	100	M 115×2	47	51	108.08	11	4	KM 23
AH 222	110	105	M 120×2	50	54	113.33	11	4	KM 24
AH 224	120	115	M 130×2	53	57	123.5	12	4	KM 26
AH 226	130	125	M 140×2	53	57	133.5	12	4	KM 28
AH 228	140	135	M 150×2	56	61	143.75	13	4	KM 30
AH 230	150	145	M 160×3	60	65	154	14	4	KM 32
AH 232	160	150	M 170×3	64	69	164.25	15	5	KM 34
AH 234	170	160	M 180×3	69	74	174.58	16	5	KM 36
AH 236	180	170	M 190×3	69	74	184.58	16	5	KM 38
AHX 238	190	180	M 200×3	73	78	194.58	17	5	KM 40
AHX 240	200	190	Tr 210×4	77	82	204.83	18	5	KM 42
AHX 244	220	200	Tr 230×4	85	91	225.58	18	5	KM 46
AHX 248	240	220	Tr 260×4	96	102	246.17	22	5	KM 52
AHX 252	260	240	Tr 280×4	105	111	266.83	23	6	KM 56
AHX 256	280	260	Tr 300×4	105	113	287	23	6	HM 60

续表

退卸衬套型号	外形尺寸/mm					参考尺寸			适配的锁紧螺母型号[①]
	d	d_1	G	B_1 max	B_4	D_1	b	f	
AH 308	40	35	M 45×1.5	29	32	41.92	6	2	KM 09
AH 309	45	40	M 50×1.5	31	34	47.08	6	2	KM 10
AH 310	50	45	M 55×2	35	38	52.33	7	2	KM 11
AH 311	55	50	M 60×2	37	40	57.38	7	3	KM 12
AH 312	60	55	M 65×2	40	43	62.38	8	3	KM 13
AHX 313	65	60	M 70×2	42	45	67.83	8	3	KM 14
AHX 314	70	65	M 75×2	43	47	73	8	3	KM 15
AHX 315	75	70	M 80×2	45	49	78.17	8	3	KM 16
AH 316	80	75	M 90×2	48	52	83.42	8	3	KM 18
AH 317	85	80	M 95×2	52	56	88.67	9	3	KM 19
AH 318	90	85	M 100×2	53	57	93.75	9	3	KM 20
AH 319	95	90	M 105×2	57	61	99	10	4	KM 21
AH 320	100	95	M 110×2	59	63	104.17	10	4	KM 22
AH 321	105	100	M 115×2	62	66	109.25	12	4	KM 23
AH 322	110	105	M 120×2	63	67	114.33	12	4	KM 24
AH 324	120	115	M 130×2	69	73	124.75	13	4	KM 26
AH 326	130	125	M 140×2	74	78	135.08	14	4	KM 28
AH 328	140	135	M 150×2	77	82	145.42	14	4	KM 30
AHX 330	150	145	M 160×3	83	88	155.83	15	4	KM 32
AHX 332	160	150	M 170×3	88	93	166.17	16	5	KM 34
AHX 334	170	160	M 180×3	93	98	176.5	17	5	KM 36
AHX 2236	180	170	M 190×3	105	110	187.5	17	5	KM 38
AHX 2238	190	180	M 200×3	112	117	197.5	18	5	KM 40
AH 2240	200	190	Tr 220×4	118	123	208.17	19	5	KM 44
AH 2244	220	200	Tr 240×4	130	136	229.17	20	5	KM 48
AH 2308	40	35	M 45×1.5	40	43	42.75	7	2	KM 09
AH 2309	45	40	M 50×1.5	44	47	48	7	2	KM 10
AH 2310	50	45	M 55×2	50	53	53.17	9	2	KM 11
AH 2311	55	50	M 60×2	54	57	58.42	10	3	KM 12
AH 2312	60	55	M 65×2	58	61	63.63	11	3	KM 13
AHX 2313	65	60	M 70×2	61	64	69.08	12	3	KM 14
AHX 2314	70	65	M 75×2	64	68	74.42	12	3	KM 15
AHX 2315	75	70	M 80×2	68	72	79.75	12	3	KM 16
AH 2316	80	75	M 90×2	71	75	85	12	3	KM 18
AH 2317	85	80	M 95×2	74	78	90.17	13	3	KM 19
AH 2318	90	85	M 100×2	79	83	95.5	14	3	KM 20
AH 2319	95	90	M 105×2	85	89	100.83	16	4	KM 21
AH 2320	100	95	M 110×2	90	94	106.25	16	4	KM 22
AH 2321	105	100	M 120×2	94	98	111.58	16	4	KM 24
AHX 2322	110	105	M 120×2	98	102	116.92	16	4	KM 24
AHX 2324	120	115	M 130×2	105	109	127.42	17	4	KM 26

续表

退卸衬套型号	外形尺寸/mm					参考尺寸			适配的锁紧螺母型号①
	d	d_1	G	B_1 max	B_4	D_1	b	f	
AHX 2326	130	125	M 140×2	115	119	138.08	19	4	KM 28
AHX 2328	140	135	M 150×2	125	130	148.92	20	4	KM 30
AHX 2330	150	145	M 160×3	135	140	159.42	24	4	KM 32
AHX 2332	160	150	M 170×3	140	146	169.92	24	5	KM 34
AHX 2334	170	160	M 180×3	146	152	180.42	24	5	KM 36
AHX 2336	180	170	M 190×3	154	160	190.92	26	5	KM 38
AHX 2338	190	180	M 200×3	160	167	201.25	26	5	KM 40
AH 2340	200	190	Tr 220×4	170	177	211.75	30	5	KM 44
AH 2344	220	200	Tr 240×4	181	189	232.75	30	5	KM 48
AH 3024	120	115	M 130×2	60	64	124	13	4	KML 26
AH 3026	130	125	M 140×2	67	71	134.5	14	4	KML 28
AH 3028	140	135	M 150×2	68	73	144.67	14	4	KML 30
AH 3030	150	145	M 160×3	72	77	154.92	15	4	KML 32
AH 3032	160	150	M 170×3	77	82	165.25	16	5	KML 34
AH 3034	170	160	M 180×3	85	90	175.83	17	5	KML 36
AH 3036	180	170	M 190×3	92	98	186.25	17	5	KML 38
AHX 3038	190	180	M 200×3	96	102	196.5	18	5	KML 40
AHX 3040	200	190	Tr 210×4	102	108	206.92	19	5	KM 42
AHX 3044	220	200	Tr 230×4	111	117	227.58	20	5	KM 46
AH 3120	100	95	M 110×2	64	68	104.5	11	4	KM 22
AH 3121	105	100	M 115×2	68	72	109.83	11	4	KM 23
AH 3122	110	105	M 120×2	68	72	114.83	11	4	KM 24
AH 3124	120	115	M 130×2	75	79	125.33	12	4	KM 26
AH 3126	130	125	M 140×2	78	82	135.58	12	4	KM 28
AH 3128	140	135	M 150×2	83	88	145.92	14	4	KM 30
AHX 3130	150	145	M 160×3	96	101	156.92	15	4	KM 32
AHX 3132	160	150	M 170×3	103	108	167.42	16	5	KM 34
AHX 3134	170	160	M 180×3	104	109	177.5	16	5	KM 36
AHX 3136	180	170	M 190×3	116	122	188.33	19	5	KM 38
AHX 3138	190	180	M 200×3	125	131	198.75	20	5	KM 40
AH 3140	200	190	Tr 220×4	134	140	209.42	21	5	KM 44
AH 3144	220	200	Tr 240×4	145	151	230.17	23	5	KM 48
AH 3148	240	220	Tr 260×4	154	161	250.83	25	5	KM 52
AH 3934	170	160	M 180×3	59	64	173.67	13	5	KML 36
AH 3936	180	170	M 190×3	66	71	184.25	13	5	KML 38
AH 3938	190	180	M 200×3	66	71	193.92	13	5	KML 40
AH 3940	200	190	Tr 210×4	77	83	204.83	16	5	KM 42
AH 3944	220	200	Tr 230×4	77	83	224.75	16	5	KM 46

① 锁紧螺母按 GB/T 9160.2 的规定。

第 2 章

滑动轴承

按滑动轴承的摩擦状态，可以分为混合润滑轴承和液体（或气体）润滑轴承。对于精度、寿命等要求不高，不很重要的轴承，常采用混合润滑轴承（也称非完全润滑轴承）。本章只介绍混合润滑轴承。

2.1 混合润滑轴承的选用计算及常用材料

2.1.1 径向滑动轴承

径向滑动轴承按其结构分为整体式和对开式两种。整体式滑动轴承结构简单，对开式滑动轴承拆装方便。轴承座结构已标准化，参见表 6-2-8～表 6-2-11。轴承所受的径向载荷方向应在垂直于分合面的轴承中心线左右 35°的范围内。若超过此范围时，可采用斜滑动轴承座（见表 6-2-11）。径向滑动轴承的验算公式见表 6-2-1。

2.1.2 推力滑动轴承

受轴向载荷时，可采用推力滑动轴承，其结构类型见表 6-2-2，验算公式见表 6-2-3。

表 6-2-1　径向滑动轴承的验算

项目	压强 p 的验算 $p_{max}=\dfrac{P_{max}}{dB}\leqslant[p]$(MPa)	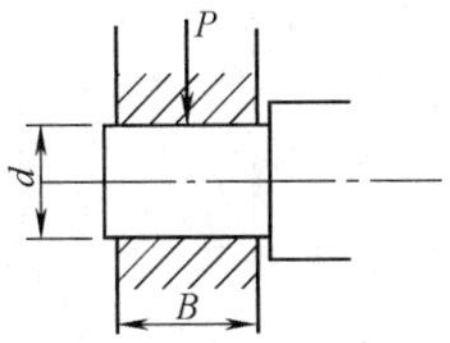	符号意义	P_{max}——轴承所受的最大径向载荷,N; d——轴承直径,mm; B——轴承宽度,mm; P——轴承所受的平均径向载荷,N; n——轴与轴瓦的相对转速,r/min; $[p]$——许用压强,MPa; $[pv]$——许用 pv 值,MPa·m/s; $[v]$——许用滑动速度,m/s
	pv 值的验算 $pv=\dfrac{Pn}{19100B}\leqslant[pv]$(MPa·m/s)			
	滑动速度 v 的验算 $v=\dfrac{\pi dn}{60\times1000}\leqslant[v]$(m/s)			

注：1. 间歇工作的轴承，当其转动的延续时间小于或等于停歇时间，以及轴径速度 $v\leqslant0.1$m/s 的轴承仅按压强 p 来计算。

2. 轴承允许通过轴肩承受不大的轴向载荷，当轴肩直径不小于轴瓦肩部外径时允许承受的轴向载荷不大于最大径向载荷的 30%。

表 6-2-2　推力滑动轴承的常用结构类型

类型	结构简图	特点及应用	结构尺寸	类型	结构简图	特点及应用	结构尺寸
实心止推轴承	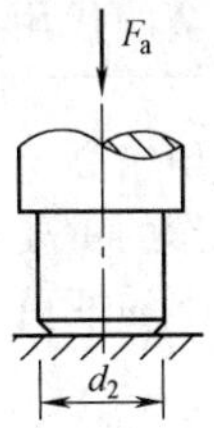	经使用后，由于磨损不均匀，在接触面上压力分布很不均匀，轴颈中心处压力大，对润滑不利	d_2 由轴颈结构决定	环形止推轴承	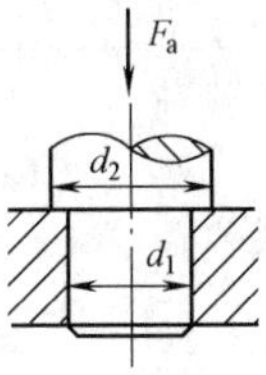	可利用轴套的端面止推，结构简单，润滑方便，广泛用于低速、轻载的场合	d_1、d_2 由轴的结构设计确定
空心止推轴承	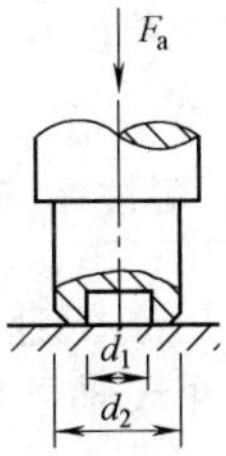	接触面上压力分布比较均匀，润滑条件有所改善	d_2 由轴颈结构决定 按下列公式确定： 一般 $d_1=(0.4\sim0.6)d_2$ 若结构上无限制 $d_1=0.5d_2$		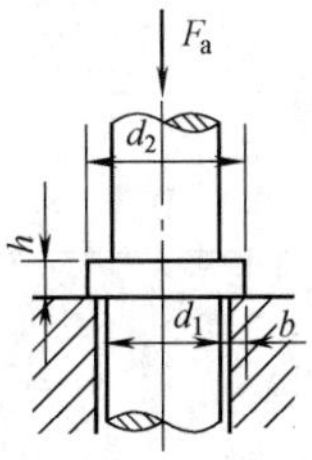		d_1 由轴的结构设计确定 $d_2=(1.2\sim1.6)d_1$ $h=(0.12\sim0.15)d_1$ $b=(0.1\sim0.3)d_1$

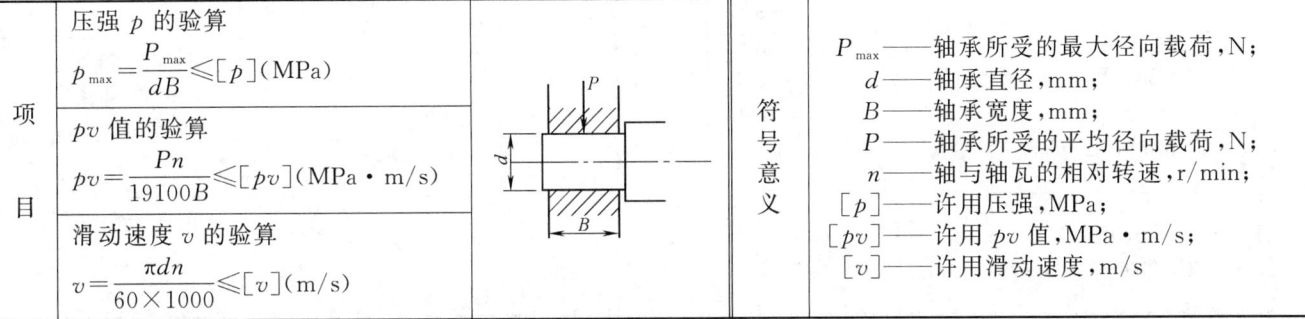

表 6-2-3　推力滑动轴承的验算

项目		符号意义
项目	压强 p 的验算 $p_{\max}=\dfrac{F_a}{\dfrac{\pi}{4}(d_2^2-d_1^2)}\leqslant[p]$(MPa)	F_a——轴承所受的最大径向载荷,N; d_2、d_1——端面的外径、内径,mm; v_m——平均速度,m/s; d_m——平均直径,mm; $[p]$——许用压力,MPa; $[pv]$——许用 pv 值,MPa·m/s
	pv 值的验算 $pv_m\leqslant[pv]$ $v_m=\dfrac{\pi d_m n}{60\times1000}$(m/s) $d_m=\dfrac{1}{2}(d_2+d_1)$ (mm)	

2.1.3　常用滑动轴承材料的性能和许用值

表 6-2-4　常用金属轴承材料的性能和许用值

名称	代号	许用值[1] $[p]$/MPa	许用值[1] $[v]$/m·s^{-1}	许用值[1] $[pv]$/MPa·m·s^{-1}	最高工作温度/℃	硬度[2] HBW	性能比较[3] 抗咬合性	性能比较[3] 顺应性	性能比较[3] 嵌藏性[4]	性能比较[3] 耐蚀性	性能比较[3] 耐疲劳性	备注
铸造铜合金	ZCuSn10Pb1	15	10	15(25)	280	5～100						用于中速重载及受变载的轴承
	ZCuSn5Pb5Zn5	8	3	15		(200)	5	3		1	1	用于中速中载的轴承
	ZCuPb10Sn10 ZCuPb30	25	12	30(90)	280	40～280 (300)	3	4		4	2	用于高速重载轴承,能承受变载和冲击载荷
	ZCuAl10Fe5Ni5 ZCuAl10Fe3 ZCuAl10Fe3Mn2	15(30) 30 20	4(10) 8 5	12(60) 12 15	280	100～120 (200)	5	5		5	2	最宜用于润滑充分的低速重载轴承
铅基轴承合金	ZPbSb16Sn16Cu2 ZPbSb15Sn5Cu ZPbSb15Sn10	12 5 20	12 8 15	10(50) 5 15	150	15～30 (150)	1	1		3	5	用于中速、中载轴承。不宜受显著冲击,可作为锡基轴承合金的代用品
锡基轴承合金	ZSnSb12Pb10Cu4 ZSnSb11Cu6 ZSnSb8Cu4 ZSnSb4Cu4	平稳载荷 25(40) 冲击载荷 20	 80 60	 20(100) 15	150	20～30 (150)	1	1		1	5	用于高速、重载下工作的重要轴承,变载下易疲劳,价贵
铝基轴承合金	20 高锡铝合金 铝硅合金	28～35	14		140	45～50 (300)	4	3		1	2	用于高速中载受变载荷的轴承
黄铜	ZCuZn38Mn2Pb2 ZCuZn38Mn2Pb2	10 12	1 2	10 10	200	80～150 (200)	3	5		1	1	用于低速中载轴承,耐蚀耐热
铸铁	HT150,HT200 HT250	2～4	0.5～1	1～4	150	160～180 (200～250)	4	5		1	1	用于低速轻载的不重要轴承,价廉

续表

名称	代号	许用值① [p]/MPa	许用值① [v]/m·s^{-1}	许用值① [pv]/MPa·m·s^{-1}	最高工作温度/℃	硬度② HBW	性能比较③ 抗咬合性	性能比较③ 顺应性 嵌藏性④	性能比较③ 耐蚀性	性能比较③ 耐疲性	备注
三元电镀合金	如铅-硅-镉镀层	14～35			170	(200～300)	1	2	2	2	在钢背上镀铅锡青铜作中间层再镀10～30μm三元减摩层疲劳强度高应急性嵌藏性好

① 括号内的数值为极限值，其余为一般值（润滑良好）。对于液体动压轴承限值没有意义（因其与散热等条件关系很大）。

② 括号外的数值为合金硬度，括号内的数值为最小轴颈硬度。

③ 性能比较：1—最佳，2—良好，3—较好，4——般，5—最差。

④ 顺应性是指轴承材料补偿对中误差和其他几何形状误差的能力。嵌藏性是指轴承材料嵌藏外来微粒和污物使之不外露，以防磨粒磨损的能力。对金属轴承材料，弹性模量小和塑性好的材料具有良好的顺应性。顺应性好一般嵌藏性也好。

表 6-2-5　常用非金属和多孔质金属轴承材料的性能和许用值

材料名称		最大许用值 [p]/MPa	最大许用值 [v]/m·s^{-1}	最大许用值 [pv]/MPa·m·s^{-1}	最高工作温度/℃	备注
非金属材料	酚醛树脂	41	13	0.18	120	抗咬合性好，强度、抗振性好。耐酸碱，导热性差，重载时需用水或油充分润滑。易膨胀，轴承间隙宜取大些
	尼龙	14	3	0.11(0.05m/s) 0.09(0.5m/s) ＜0.09(5m/s)	90	摩擦因数低，耐磨性好。金属瓦上覆以尼龙薄层，能受中等载荷。加入石墨、二硫化钼等填料可提高其力学性能刚性和耐磨性，加入耐热成分的尼龙可提高工作温度
	聚碳酸酯	7	5	0.03(0.05m/s) 0.01(0.5m/s) ＜0.01(5m/s)	105	都是较新的塑料。物理性能好，易于注射成形，比较经济。填充石墨的聚酰亚胺温度可达280℃
	醛缩醇	14	3	0.1	100	
	聚酰亚胺	—	—	4(0.05m/s)	260	
	聚四氟乙烯(PTFE)	3	1.3	0.04(0.05m/s) 0.06(0.5m/s) ＜0.09(5m/s)	280	摩擦因数很低，自润滑性能好，能耐任何化学药品的侵蚀，适应温度范围宽(＞280℃时有少量有害气体放出)。但成本高，承载能力低。用玻璃丝、石墨等材料为填料，承载能力和[pv]值可有很大提高
	PTFE织物	400	0.8	0.9	250	
	填充PTFE	17	5	0.5	250	
	碳-石墨	4	13	0.5(干) 5.25(润滑)	400	有自润滑性，高温稳定性好，耐蚀性能强。常用于要求清洁的机器中

续表

材料名称		最大许用值			最高工作温度/℃	备注
		$[p]$/MPa	$[v]$/m·s^{-1}	$[pv]$/MPa·m·s^{-1}		
非金属材料	橡胶	0.34	5	0.53	65	能隔振、降低噪声、减小动载补偿误差，导热性差需加强冷却。常用于水、泥浆等工业设备中。温度高易老化
多孔质金属材料	多孔铁 （Fe95%，Cu2%，石墨和其他3%）	55（低速，间歇） 21(0.013m/s) 4.8(0.51～0.76m/s) 2.1(0.76～1m/s)	7.6	1.8	125	具有成本低、含油量多、耐磨性好、强度高等特点，应用广泛
	多孔青铜 （Cu90%，Sn10%）	27（低速，间歇） 14(0.013m/s) 3.4(0.51～0.76m/s) 1.8(0.76～1m/s)	4	1.6	125	孔隙度大的用于高速轻载轴承，孔隙度小的用于摆动或往复运动的轴承。长期运转而不补充润滑剂的应降低$[pv]$值。高温或连续工作的应定期补充润滑剂

表 6-2-6　止推轴承材料及其 $[p]$ 和 $[pv]$ 值

轴材料	未淬火钢			淬火钢		
轴承材料	铸铁	青铜	轴承合金	青铜	轴承合金	淬火钢
$[p]$/MPa	2～2.5	4～5	5～6	7.5～8	8～9	12～15
$[pv]$/MPa·m·s^{-1}	1～2.5			1～2.5		

薄壁滑动轴承（轴瓦、轴套、止推片）的金属多层材料技术要求按 GB/T 18326—2001（等效 ISO 4383：2000）的规定。钢背一般采用低碳钢，对有减摩塑料层的青铜/聚合物组成的材料（参见表 6-2-7）可以使用镀铜钢。镀层材料常用的有 PbSn10Cu2，PbSn10，PbIn7。

标记示例：轴承合金为 CuPb24Sn 浇铸（G）在钢背上（烧结用 P 表示），带有 PbSn10Cu2 镀层的多层材料标记为

轴承合金　GB/T 18326—G—CuPb24Sn—PbSn10Cu2

表 6-2-7　薄壁轴承合金材料特性、一般用途及配合轴颈硬度（摘自 GB/T 18326—2001）

轴承合金		带材轴承合金硬度			轴颈最小硬度	特性	主要用途
		铸造	烧结	轧制、退火			
铅基和锡基合金	PbSb10Sn6 PbSb15SnAs PbSb15Sn10	19～23HV 16～20HV 18～23HV			180HBW	软，耐腐蚀，有较好的表面性能（顺应性、嵌藏性、相容性），可与软轴或硬轴配合	用于载荷较小的内燃机主轴和连杆轴承，止推垫圈、凸轮轴承
	SnSb8Cu4	17～24HV			220HBW		
铜基合金	CuPb10Sn10	70～130 HBW	60～90 HBW		53HRC	有很高的疲劳强度和承载能力，高抗冲击能力，好的耐蚀性，与淬硬轴配合	适用于中载，中到高速，大冲击载荷的轴承，内燃机的主轴和连杆轴承。卷制轴套，垫圈等
	CuPb17Sn5	60～95 HBW			50HRC		

轴承合金		带材轴承合金硬度			轴颈最小硬度	特性	主要用途
		铸造	烧结	轧制、退火			
铜基合金	CuPb24Sn4	60～90 HBW	45～70 HBW		48HRC	高疲劳强度、承载能力、抗冲击，耐蚀性能好，与淬硬轴配合	高速、摆动和旋转条件下工作的轴承。轴承表面镀有软合金层时，可用于高速重载的内燃机主轴和连杆轴承，轧钢机轴承，机床轴承等
	CuPb24Sn	50～80 HBW	40～60 HBW		45HRC	较高疲劳强度和承载能力，较好的轴承表面性能，易受润滑油的腐蚀，铸造合金的疲劳强度比烧结的约高20%。有软合金镀层时可以与硬轴或软轴配合	内燃机主轴和连杆轴承，止推垫圈、卷制轴套
	CuPb30		30～45 HBW		270 HBW	中等疲劳强度和承载能力，较好的轴承表面性能。易受润滑油的腐蚀，轴承工作表面必须镀软合金层	内燃机主轴和连杆轴承，止推垫圈、卷制轴套
铝基合金	AlSn20Cu			30～40 HBW	250 HBW	中等疲劳强度和承载能力，耐蚀性良好，轴承表面性能较好，可与软轴配合	内燃机主轴和连杆轴承，止推垫圈、卷制轴套
	AlSn12Si2.5Pb1.7				250 HBW	中等到较高的疲劳强度和承载能力，不需表面涂层，特别适合于球铁曲轴	内燃机主轴和连杆轴承，止推垫圈、卷制轴套
	AlSn6Cu				45HRC	中等到较高的疲劳强度和承载能力，良好的耐蚀性，镀软合金层可与硬轴配合	内燃机主轴和连杆轴承，止推垫圈、卷制轴套
	AlSi11Cu				50HRC	较高的疲劳强度和承载能力，好的轴承表面性能和耐腐蚀性，镀软合金层可与硬轴配合	内燃机主轴和连杆轴承，止推垫圈、卷制轴套
	AlZn5Si1.5Cu1Pb1Mg				45HRC	高的疲劳强度，通常应有镀层，可与硬轴、软轴配合	常用于内燃机主轴和连杆轴承
镀层	PbSn10Cu2 PbSn10 PbIn7					软，有好的减摩性，良好的轴承表面性能和耐蚀性，疲劳强度取决于它的厚度	适用于各种合金材料的轴承表面作为镀层。厚度一般为0.013～0.025mm，大型柴油机主轴承为0.05～0.07mm

2.2 混合润滑轴承标准系列

2.2.1 整体有衬正滑动轴承座

表 6-2-8 整体有衬正滑动轴承座（摘自 JB/T 2560—2007） /mm

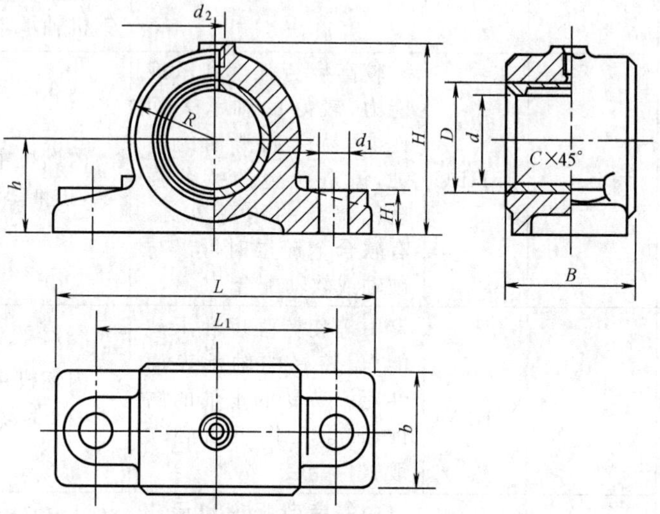

标记示例：$d=60$mm 的整体有衬正滑动轴承座，标记为 HZ60 轴承座 JB/T 2560—2007

<table>
<tr><th>型号</th><th>d
(H8)</th><th>D</th><th>R</th><th>B</th><th>b</th><th>L</th><th>L_1</th><th>H
≈</th><th>h
(h12)</th><th>H_1</th><th>d_1</th><th>d_2</th><th>C</th><th>质量
/kg</th></tr>
<tr><td>HZ 020</td><td>20</td><td>28</td><td>26</td><td>30</td><td>25</td><td>105</td><td>80</td><td>50</td><td>30</td><td>14</td><td>12</td><td rowspan="7">M10×1</td><td rowspan="3">1.5</td><td>0.6</td></tr>
<tr><td>HZ 025</td><td>25</td><td>32</td><td>30</td><td>40</td><td>35</td><td>125</td><td>95</td><td>60</td><td>35</td><td>16</td><td>14.5</td><td>0.9</td></tr>
<tr><td>HZ 030</td><td>30</td><td>38</td><td>30</td><td>50</td><td>40</td><td>150</td><td>110</td><td>70</td><td>35</td><td rowspan="3">20</td><td rowspan="3">18.5</td><td>1.7</td></tr>
<tr><td>HZ 035</td><td>35</td><td>45</td><td>38</td><td>55</td><td>45</td><td>160</td><td>120</td><td>84</td><td>42</td><td rowspan="4">2</td><td>1.9</td></tr>
<tr><td>HZ 040</td><td>40</td><td>50</td><td>40</td><td>60</td><td>50</td><td>165</td><td>125</td><td>88</td><td>45</td><td>2.4</td></tr>
<tr><td>HZ 045</td><td>45</td><td>55</td><td>45</td><td>70</td><td>60</td><td>185</td><td>140</td><td>90</td><td>50</td><td>25</td><td>24</td><td>3.6</td></tr>
<tr><td>HZ 050</td><td>50</td><td>60</td><td>45</td><td>75</td><td>65</td><td>185</td><td>140</td><td>100</td><td>50</td><td>25</td><td>24</td><td>3.8</td></tr>
<tr><td>HZ 060</td><td>60</td><td>70</td><td>55</td><td>80</td><td>70</td><td>225</td><td>170</td><td>120</td><td>60</td><td rowspan="3">30</td><td rowspan="3">28</td><td rowspan="8">M14×1.5</td><td rowspan="3">2.5</td><td>6.5</td></tr>
<tr><td>HZ 070</td><td>70</td><td>85</td><td>65</td><td>100</td><td>80</td><td>245</td><td>190</td><td>140</td><td>70</td><td>9.0</td></tr>
<tr><td>HZ 080</td><td>80</td><td>95</td><td>70</td><td>100</td><td>80</td><td>255</td><td>200</td><td>155</td><td>80</td><td>10.0</td></tr>
<tr><td>HZ 090</td><td>90</td><td>105</td><td>75</td><td>120</td><td>90</td><td>285</td><td>220</td><td>165</td><td>85</td><td rowspan="3">40</td><td rowspan="3">35</td><td rowspan="5">3</td><td>13.2</td></tr>
<tr><td>HZ 100</td><td>100</td><td>115</td><td>85</td><td>120</td><td>90</td><td>305</td><td>240</td><td>180</td><td>90</td><td>15.5</td></tr>
<tr><td>HZ 110</td><td>110</td><td>125</td><td>90</td><td>140</td><td>100</td><td>315</td><td>250</td><td>190</td><td>95</td><td>21.0</td></tr>
<tr><td>HZ 120</td><td>120</td><td>135</td><td>100</td><td>150</td><td>110</td><td>370</td><td>290</td><td>210</td><td>105</td><td rowspan="2">45</td><td rowspan="2">42</td><td>27.0</td></tr>
<tr><td>HZ 140</td><td>140</td><td>160</td><td>115</td><td>170</td><td>130</td><td>400</td><td>320</td><td>240</td><td>120</td><td>38.0</td></tr>
</table>

注：适用于环境温度 $-20℃<t<80℃$ 的工作条件。

. 2.2 对开式滑动轴承座

表 6-2-9 对开式二螺柱正滑动轴承座（摘自 JB/T 2561—2007） /mm

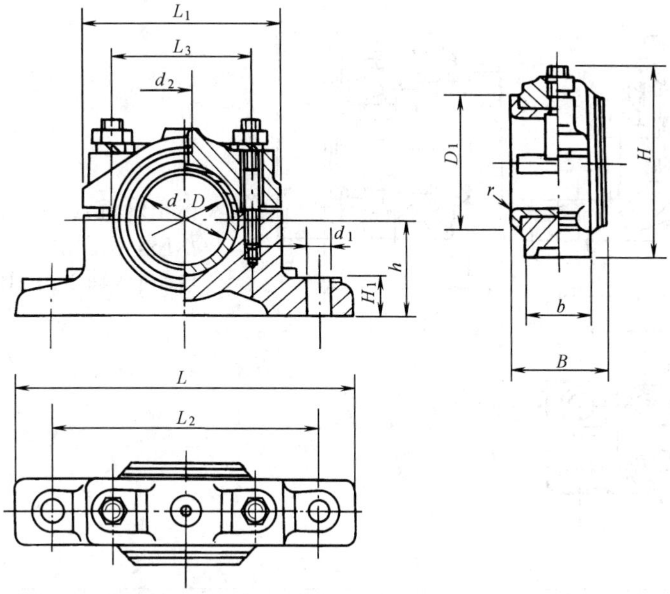

标记示例：$a=60$mm 对开式二螺柱正滑动轴承座，标记为
H 2060 轴承座 JB/T 2561—2007

型号	d(H8)	D	D_1	B	b	H ≈	h (h12)	H_1	L	L_1	L_2	L_3	d_1 孔径	d_2	r	质量 /kg ≈
H 2030	30	28	48	34	22	70	35	15	140	85	115	60	10	M10×1	1.5	0.8
H 2035	35	45	55	45	28	87	42	18	165	100	135	75	12		2	1.2
H 2040	40	50	60	50	35	90	45	20	170	110	140	80	14.5			1.8
H 2045	45	55	65	55	40	100	50		175		145	85				2.3
H 2050	50	60	70	60		105		25	200	120	160	90	18.5			2.9
H 2060	60	70	80	70	50	125	60		240	140	190	100	24	M14×1.5	2.5	4.6
H 2070	70	85	95	80	60	140	70	30	250	160	210	120				7.0
H 2080	80	95	110	95	70	160	80	35	290	180	240	140	28			10.5
H 2090	90	105	120	105	80	170	85		300	190	250	150			3	12.5
H 2100	100	115	130	115	90	185	90	40	340	210	280	160	35			17.5
H 2110	110	125	140	125	100	190	95		350	220	290	170				19.5
H 2120	120	135	150	140	110	205	105	45	370	240	310	190				25.0
H 2140	140	160	175	160	120	230	120	50	390	260	330	210			4	33.5
H 2160	160	180	200	180	140	250	130		410		350	230				45.5

注：1. 轴承允许通过轴肩承受不大的轴向负荷，当轴肩直径不小于轴瓦肩部外径时，允许承受的轴向负荷不大于最大径向负荷的 30%。

2. 与轴承座配合的轴颈应进行表面硬化。

3. 适用于环境温度 $-20℃<t<80℃$ 的工作条件。

4. d_3 为锁紧螺母的螺纹孔大径。

表 6-2-10 对开式四螺柱正滑动轴承座（摘自 JB/T 2562—2007） /mm

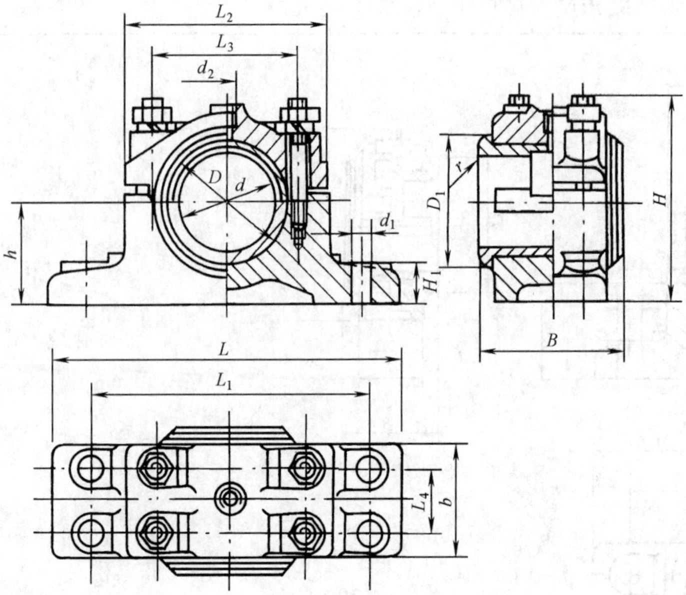

标记示例：$d=60$mm 对开式四螺柱正滑动轴承座，标记为

H 4060 轴承座 JB/T 2562—2007

型号	d(H8)	D	D_1	B	b	H ≈	h (h12)	H_1	L	L_1	L_2	L_3	L_4	d_1 孔径	d_2	r	质量/kg ≈
H 4050	50	60	70	75	60	105	50	25	200	160	120	90	30	14.5	M10×1	2.5	4.2
H 4060	60	70	80	90	75	125	60		240	190	140	100	40	18.5			6.5
H 4070	70	85	95	105	90	135	70	30	260	210	160	120	45		M14×1.5		9.5
H 4080	80	95	110	120	100	160	80	35	290	240	180	140	55	24			14.5
H 4090	90	105	120	135	115	165	85		300	250	190	150	70			3	18.0
H 4100	100	115	130	150	130	175	90	40	340	280	210	160	80				23.0
H 4110	110	125	140	165	140	185	95		350	290	220	170	85				30.0
H 4120	120	135	150	180	155	200	105		370	310	240	190	90	28			41.5
H 4140	140	160	175	210	170	230	120	45	390	330	260	210	100			4	51.0
H 4160	160	180	200	240	200	250	130	50	410	350	280	230	120				59.5
H 4180	180	200	220	270	220	260	140		460	400	320	260	140	35			73.0
H 4200	200	230	250	300	245	295	160	55	520	440	360	300	160	42		5	98.0
H 4220	220	250	270	320	265	360	170	60	550	470	390	330	180				125.0

注：1. 轴承允许通过轴肩承受不大的轴向负荷，当轴肩直径不小于轴瓦肩部外径时，允许承受的轴向负荷不大于最大径向负荷的 30%。

2. 与轴承座配合的轴颈应进行表面硬化。

3. 适用于环境温度 $-20℃<t<80℃$ 的工作条件。

表 6-2-11　对开式四螺柱斜滑动轴承座（摘自 JB/T 2563—2007）　　/mm

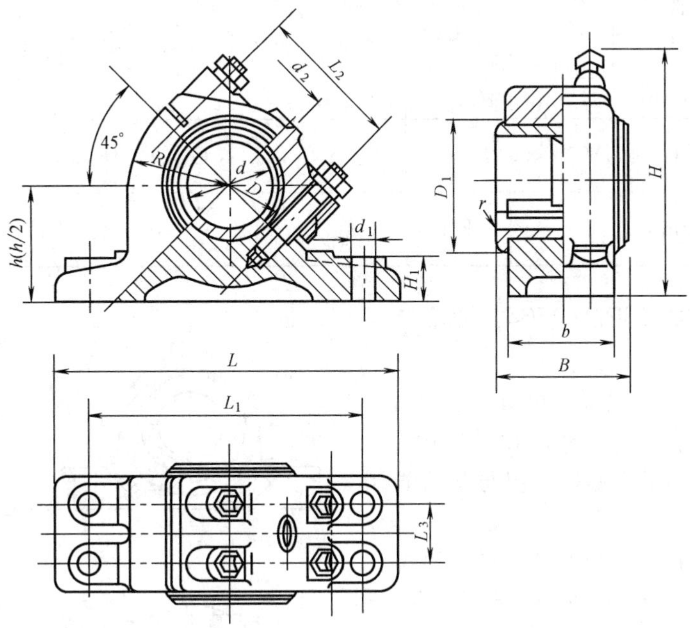

标记示例：d＝60mm 对开式四螺柱斜滑动轴承座，标记为
H 4060 轴承座 JB/T 2563—2007

型号	d(H8)	D	D_1	B	b	H ≈	h (h12)	H_1	L	L_1	L_2	L_3	R	r	d_1	d_2	质量 /kg ≈
HX 050	50	60	70	75	60	140	65	25	200	160	90	30	60	2.5	14.5	M10×1	5.1
HX 060	60	70	80	90	75	160	75		240	190	100	40	70		18.5		8.1
HX 070	70	85	95	105	90	185	90	30	260	210	120	45	80			M14×1.5	12.5
HX 080	80	95	110	120	100	215	100	35	290	240	140	55	90		24		17.5
HX 090	90	105	120	135	115	225	105		300	250	150	70	95	3			21.0
HX 100	100	115	130	150	130	250	115	40	340	280	160	80	105				29.5
HX 110	110	125	140	165	140	260	120		350	290	170	85	110				32.5
HX 120	120	135	150	180	155	275	130		370	310	190	90	120		28		40.5
HX 140	140	160	175	210	170	300	140	45	390	330	210	100	130	4			53.5
HX 160	160	180	200	240	200	335	150	50	410	350	230	120	140				76.5
HX 180	180	200	220	270	220	375	170		460	400	260	140	160		35		94.0
HX 200	200	230	250	300	245	425	190	55	520	440	300	160	180	5	42		120.0
HX 220	220	250	270	320	265	440	205	60	550	470	330	180	195				140.0

注：1. 轴承允许通过轴肩承受不大的轴向负荷，当轴肩直径不小于轴瓦肩部外径时，允许承受的轴向负荷不大于最大径向负荷的 30%。

2. 与轴承座配合的轴颈应进行表面硬化。

3. 适用于环境温度 $-20℃<t<80℃$ 的工作条件。

表 6-2-12　滑动轴承座公差（摘自 JB/T 2664—2007）

尺寸名称	内孔直径	中心高	轴瓦外径	轴套外径	轴瓦轴套内径	底面平面度	内孔 D 圆柱度	两端面对内孔垂直度	轴套外径圆柱度	轴线对底面平行度	斜剖分面 45°的角度公差
符号	D/mm	h/mm	D/mm	D/mm	d/mm						
按国家标准	GB/T 1800.4—1999					GB/T 1184					GB/T 11335
规定等级	H7	h12	m6	s7	H8	8 级	8 级	8 级	8 级	8 级	V 级

2.2.3　滑动轴承座技术条件（JB/T 2564—2007）

（1）材料

① 滑动轴承座的材料采用 HT200 灰铸铁或 ZG200～ZG400 铸钢制造，其力学性能应符合 GB/T 9439 或 GB/T 11352 的规定。滑动轴承座亦可采用与其性能相同或优越的其他材料制造。

② 轴瓦和轴套的材料采用 ZCuA110Fe3（10-3 铝青铜）制造，轴套也可采用 ZCuSn6Zn6Pb3（6-6-3 锡青铜）制造，其力学性能和化学成分应符合 GB/T 1176 的规定。

（2）公差（见表 6-2-12）

（3）表面粗糙度

① 滑动轴承座的内孔直径 D 的表面粗糙度 Ra 最大允许值为 1.6μm。

② 轴瓦和轴套的内孔直径 d 和外径 D 的表面粗糙度 Ra 最大允许值为 1.6μm。

（4）对铸件的要求

① 滑动轴承座的表面不允许有裂纹、气孔、缩孔、渣孔和浇不足以及其他降低轴承座强度和明显损害外观的铸件缺陷存在，但是，在下列范围内允许存在：非加工表面的缩孔、气孔及渣孔等缺陷，深度不超过铸件的八分之一，长×宽不大于 5mm×5mm，缺陷总数不超过三个，但轴承座的主要受力断面（图 6-2-1 断面中阴影部分）不允许有铸造缺陷。

② 加工后的表面不允许有砂眼等铸造缺陷。

③ 铸件上的型砂应清除干净，浇口、冒口、结疤及夹砂均应铲除或打磨掉，清理后，毛坯表面应平整、光洁。

（5）滑动轴承座上铸出的字体（如轴承座型号、制造厂代号或商标）应保证完整、清晰和光洁。

（6）滑动轴承座毛坯应在机械加工前进行时效处理。

（7）加工后的轴承座上盖与底座在自由状态下分合面应贴合良好，分合面对轴承座内孔直径 D 的轴线位置度公差为 0.05mm。

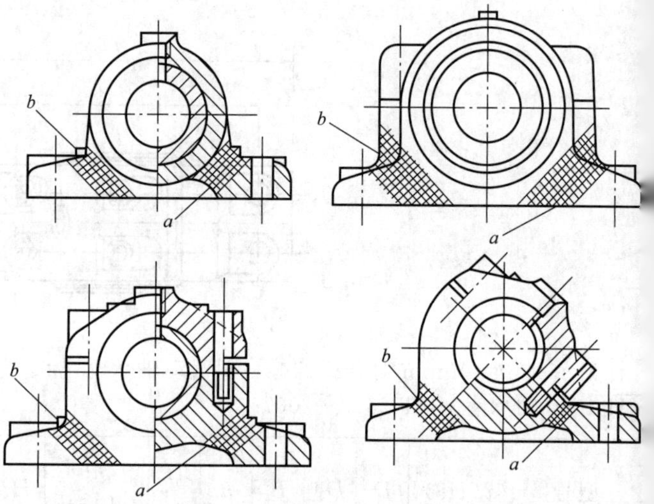

图 6-2-1　轴承座主要受力断面

（8）其他

① 轴瓦油槽棱边应倒钝、圆滑，内径 d 两端的圆角应圆滑，其圆角半径 R 应符合图样要求。

② 滑动轴承座表面应涂油漆或喷漆，油漆颜色由制造厂或用户与制造厂协商确定。

③ 滑动轴承座检查合格后，应在所有加工面涂上铸铁防锈剂。

2.3　轴套与轴瓦

2.3.1　轴套

2.3.1.1　卷制轴套（见表6-2-13～表6-2-19）

2.3.1.2　铜合金轴套（见表6-2-20）

2.3.2　轴瓦

根据轴瓦的壁厚，轴瓦分为厚壁轴瓦和薄壁轴瓦，国家标准只对薄壁轴瓦做了规定。薄壁轴瓦分为无法兰和有法兰两种，如图 6-2-2 所示。薄壁轴瓦的尺寸及其公差见表 6-2-21～表 6-2-23。

表 6-2-13　卷制轴套内径 D_i、外径 D_o、壁厚 s_3 和宽度 B 的优选公称尺寸（摘自 GB/T 12613.1—2011）

/mm

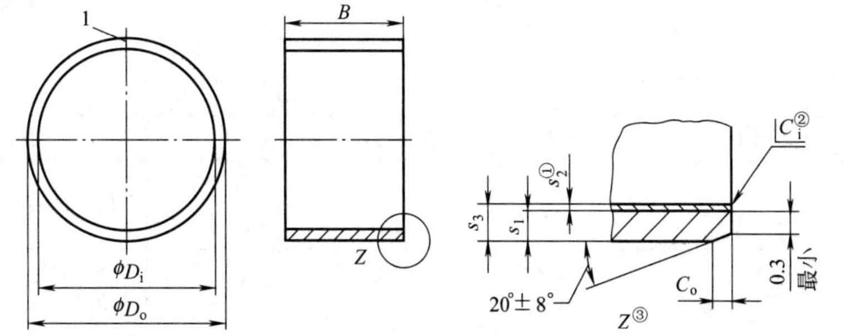

1—开缝

① 轴承材料层的厚度:仅适用于按照 GB/T 12613.2 的计算

② C_i 可以是圆弧或倒角,按照 ISO 13715

③ 图示为多层材料制成的轴套。

D_i	D_o	s_3	B①											
			4	6	8	10	12	15	20	25	30	40	50	60
4	5.5	0.75	*a*	*a*										
6	8	1		*a*		*a*								
8	10	1			*a*	*a*	*a*							
10	12	1				*a*	*a*	*b*						
12	14	1				*a*		*b*	*b*					
13	15	1				*a*		*b*	*b*					
14	16	1						*b*	*b*	*b*				
15	17	1						*b*	*b*	*b*				
16	18	1						*b*	*b*	*b*				
18	20	1						*b*	*b*	*b*				
18	21	1.5						*a*	*b*	*b*				
20	23	1.5						*a*	*b*	*b*	*b*			
22	25	1.5						*a*	*b*	*b*	*b*			
24	27	1.5						*a*	*b*	*b*				
25	28	1.5						*a*			*b*			
28	31	1.5							*b*	*b*	*b*			
28	32	2							*a*	*a*	*b*			
30	34	2							*a*		*b*	*b*		
32	36	2							*a*		*b*	*b*		
35	39	2							*a*		*b*	*b*		
38	42	2							*a*		*b*	*b*		
40	44	2							*a*		*b*	*b*		
45	50	2.5							*a*		*b*	*b*	*b*	
50	55	2.5								*a*		*b*	*b*	*b*
55	60	2.5									*a*	*b*		*b*

D_i	D_o	s_3	B①						
			30	40	50	60	70	80	100
60	65	2.5	*a*	*b*	*b*		*c*		
65	70	2.5	*a*		*b*		*c*		
70	75	2.5	*a*		*b*		*c*		
75	80	2.5		*b*		*b*		*c*	
80	85	2.5		*b*		*b*		*c*	*c*
85	90	2.5		*b*		*b*		*c*	*c*
90	95	2.5		*b*		*b*			*c*
95	100	2.5				*b*			*c*
100	105	2.5			*b*	*b*			*c*
105	110	2.5				*b*			*c*
110	115	2.5				*b*			*c*
115	120	2.5				*b*			*c*
120	125	2.5				*b*			*c*
125	130	2.5				*b*			*c*
130	135	2.5				*b*			*c*
135	140	2.5				*b*			*c*
140	145	2.5				*b*			*c*
150	155	2.5				*b*			*c*
160	165	2.5				*b*			*c*
170	175	2.5							*c*
180	185	2.5							*c*
200	205	2.5							*c*
220	225	2.5							*c*
250	255	2.5							*c*
300	305	2.5							*c*

① 宽度 B 的公差范围：a 为±0.25mm，b 为±0.5mm，c 为±0.75mm。

注：当轴套宽度 B 超出范围时，a、b、c 的值应与制造者协商并在标准指定的公称尺寸后给出；如需要使用非标准的宽度 B，则在 $D_i \leqslant 50$mm 时，应有一个 2、5 和 8 的尾数；当 $D_i > 50$mm 时，有一个 5 的尾数。轴套宽度 B 的检测应符合 ISO 12301 的规定。

表 6-2-14　A、B、C、D 系列的壁厚 s_3、钢层厚度 s_1 的公称尺寸和公差

（按照 GB/T 12613.2—2011，检验方法 A）　/mm

公称尺寸		壁厚 s_3 公差				多层金属材料制造的轴套钢层厚度 $s_1$①	
		轴承孔不预留加工余量			轴承孔预留加工余量		
		系列 A	系列 B	系列 D	系列 C	范围	公差
0.75		0 −0.015	0 −0.020	—	+0.25 +0.15	$0.38 \leqslant s_1 \leqslant 0.53$	±0.08
1		0 −0.015	+0.005 −0.020	+0.020 −0.045	+0.25 +0.15	$0.45 \leqslant s_1 \leqslant 0.68$	±0.13
1.5		0 −0.015	+0.005 −0.025	+0.025 −0.055	+0.25 +0.15	$0.85 \leqslant s_1 \leqslant 1.1$	±0.15
2		0 −0.015	+0.005 −0.030	+0.030 −0.065	+0.25 +0.15	$1.3 \leqslant s_1 \leqslant 1.55$	±0.2
2.5	$D_o \leqslant 80$	0 −0.020	+0.005 −0.040	+0.040 −0.085	+0.30 +0.15	$1.8 \leqslant s_1 \leqslant 2.05$	±0.2
	$80 < D_o \leqslant 120$	0 −0.025	+0.010 −0.060				
	$D_o > 120$	0 −0.030	+0.035 −0.085				

① 钢层平均厚度取决于衬层材料的种类。

注：1. 按 GB/T 12613.4—2011 材料 P1 制造的轴套，只用于 B 系列；对按 GB/T 12613.4—2011 材料 P2 制造的轴套，则优先用于 D 系列；

2. 根据制造工艺，通常轴套背部会出现分散的轻微凹陷。因此，壁厚的测量部位应离开这些凹陷区，即在“承载部位”。

表 6-2-15　W 系列卷制轴套内径 D_i 的尺寸和公差（按照 GB/T 12613.2—2011，检验方法 C）　/mm

D_i 公称	>	—	10	18	30	50	80	120
	⩽	10	18	30	50	80	120	175
$D_{i,ch}$ 公差		+0.036 0	+0.043 0	+0.052 0	+0.062 0	+0.074 0	+0.087 0	+0.100 0

注：除非另有异议，轴套内径与外径的同轴度为 0.05mm。

表 6-2-16　用于检验轴套内径 $D_{i,ch}$ 的环规内径尺寸 $d_{ch,1}$（按照 GB/T 12613.2—2011，检验方法 C）

/mm

D_o 公称	>	—	10	18	30	50	80	120
	⩽	10	18	30	50	80	120	180
$d_{ch.1}$①		D_o+0.008	D_o+0.009	D_o+0.011	D_o+0.013	D_o+0.015	D_o+0.018	D_o+0.020

① 环规内径 $d_{ch.1}$ 的尺寸 D_o，其公差范围的圆整平均值为 H7。

表 6-2-17　W 系列卷制轴套外径 D_o 尺寸和公差（按照 GB/T 12613.2—2011，检验方法 A 和 D）/mm

测试		A								D
D_o 公称	>	—	10	18	30	40	50	80	120	140①
	⩽	10	18	30	40	50	80	120	140	—

续表

测试		A								D
轴套公差	钢 钢/轴承材料	+0.055 +0.025	+0.065 +0.030	+0.075 +0.035	+0.085 +0.045	+0.085 +0.045	+0.100 +0.055	+0.120 +0.070	+0.170 +0.100	+0.225 +0.125
	铜合金	+0.075 +0.045	+0.080 +0.050	+0.095 +0.055	+0.110 +0.065	+0.110 +0.065	+0.125 +0.075	+0.140 +0.090	+0.190 +0.120	+0.245 +0.145

① 对于 D_o>140mm 的轴套，其外径可根据 GB/T 12613.2—2011 检验方法 D 的精密测量，通过圆整比较测量进行控制。

表 6-2-18　卷制轴套用单层和多层滑动轴承的材料及其代号（摘自 GB/T 12613.4—2011）

材料牌号	标记代号	硬度 HBW	材料牌号	标记代号	硬度 HBW	材料牌号	标记代号	硬度 HBW
钢(硬化)	Z1	—	钢/P-CuPb24Sn	S2	40～60	钢/AlZn5	R4	60～100
CuSn8P	Y1	120	钢/G-CuPb24Sn4	S3	60～90	钢-烧结锡青铜、填充物以及加入添加剂的 PTFE 表面涂层(磨合层)	P1、B1	—
	Y2	150	钢/P-CuPb24Sn4	S4	45～90			
CuZn31Si	W1	110	钢/G-CuPb10Sn10	S5	70～130			
	W2	140	钢/P-CuPb10Sn10	S6	60～90			
钢/SnSb8Cu4	T2	17～24①	钢/AlSn20Cu	R2	30～40	钢-带热塑性聚合物的烧结青铜	P2、B2	—
钢/G-CuPb24Sn	S1	55～80	钢/AlSn12SiCu	R3	40～60			

① 硬度为 HV。

注：斜线前为衬背材料，斜线后为衬层材料；G—铸造，P—烧结。

表 6-2-19　轴套表面粗糙度 *Ra*　/μm

表面	系列				
	A	B	C/E	D	W
轴承孔	0.8	1.6①	6.3	1.6①	
轴承背面	1.6				
其他表面	25				

① 按照 ISO 3547—4 中规定的 B1 和 P1 材料制成的轴套，轴承孔 $Ra \leqslant 6.3\mu m$。

表 6-2-20　铜合金轴套（摘自 GB/T 18324—2001）　/mm

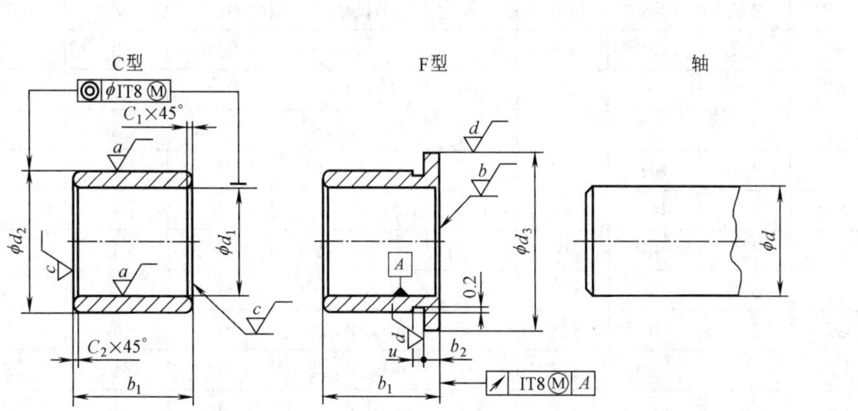

标记示例：C 型轴套内径 d_1=22mm，外径 d_2=28mm，宽度 b_1=20mm，协商而定的外圆倒角 C_2 为 15°(Y)，材料为符合 GB/T 18324 的 CuSn8P，其标记为

轴套 GB/T 18324—C22×28×20Y—CuSn8P

续表

内径 d_1	C型	F型						C型及F型			F型
		第一系列			第二系列				倒角		
	外径 d_2	外径 d_2	翻边外径 d_3	翻边宽度 b_2	外径 d_2	翻边外径 d_3	翻边宽度 b_2	宽度 b_1	45° C_1,C_2 max	15° C_2 max	退刀槽宽度 u
6	8,10,12	8	10	1	12	14	3	6[①],10	0.3	1	1
8	10,12,14	10	12	1	14	18	3	6[①],10	0.3	1	1
10	12,14,16	12	14	1	16	20	3	6[①],10	0.3	1	1
12	14,16,18	14	16	1	18	22	3	10,15,20	0.5	2	1
14	16,18,20	16	18	1	20	25	3	10,15,20	0.5	2	1
15	17,19,21	17	19	1	21	27	3	10,15,20	0.5	2	1
16	18,20,22	18	20	1	22	28	3	12,15,20	0.5	2	1.5
18	20,22,24	20	22	1	24	30	3	12,20,30	0.5	2	1.5
20	23,24,26	23	26	1.5	26	32	3	15,20,30	0.5	2	1.5
22	25,26,28	25	28	1.5	28	34	3	15,20,30	0.5	2	1.5
(24)	27,28,30	27	30	1.5	30	36	3	15,20,30	0.5	2	1.5
25	28,30,32	28	31	1.5	32	38	4	20,30,40	0.5	2	1.5
(27)	30,32,34	30	33	1.5	34	40	4	20,30,40	0.5	2	1.5
28	32,34,36	32	36	2	36	42	4	20,30,40	0.5	2	1.5
30	34,36,38	34	38	2	38	44	4	20,30,40	0.5	2	2
32	36,38,40	36	40	2	40	46	4	20,30,40	0.8	3	2
(33)	37,40,42	37	41	2	42	48	5	20,30,40	0.8	3	2
35	39,41,45	39	43	2	45	50	5	30,40,50	0.8	3	2
(36)	40,42,46	40	44	2	46	52	5	30,40,50	0.8	3	2
38	42,45,48	42	46	2	48	54	5	30,40,50	0.8	3	2
40	44,48,50	44	48	2	50	58	5	30,40,60	0.8	3	2
42	46,50,52	46	50	2	52	60	5	30,40,60	0.8	3	2
45	50,53,55	50	55	2.5	55	63	5	30,40,60	0.8	3	2
48	53,56,58	53	58	2.5	58	66	5	40,50,60	0.8	3	2
50	55,58,60	55	60	2.5	60	68	5	40,50,60	0.8	3	2
55	60,63,65	60	65	2.5	65	73	5	40,50,70	0.8	3	2
60	65,70,75	65	70	2.5	75	83	7.5	40,60,80	0.8	3	2
65	70,75,80	70	75	2.5	80	88	7.5	50,60,80	1	4	2
70	75,80,85	75	80	2.5	85	95	7.5	50,70,90	1	4	2
75	80,85,90	80	85	2.5	90	100	7.5	50,70,90	1	4	3
80	85,90,95	85	90	2.5	95	105	7.5	60,80,100	1	4	3
85	90,95,100	90	95	2.5	100	110	7.5	60,80,100	1	4	3
90	100,105,110	100	110	5	110	120	10	60,80,120	1	4	3
95	105,110,115	105	115	5	115	125	10	60,100,120	1	4	3
100	110,115,120	110	120	5	120	130	10	80,100,120	1	4	3

续表

内　径 d_1	C 型	F 型						C 型及 F 型			F 型
	外径 d_2	第一系列			第二系列			宽度 b_1	倒　角		退刀槽宽度 u
		外径 d_2	翻边外径 d_3	翻边宽度 b_2	外径 d_2	翻边外径 d_3	翻边宽度 b_2		45° C_1,C_2 max	15° C_2 max	
105	115,120,125	115	125	5	125	135	10	80,100,120	1	4	3
110	120,125,130	120	130	5	130	140	10	80,100,120	1	4	3
120	130,135,140	130	140	5	140	150	10	100,120,150	1	4	3
130	140,145,150	140	150	5	150	160	10	100,120,150	2	5	4
140	150,155,160	150	160	5	160	170	10	100,150,180	2	5	4
150	160,165,170	160	170	5	170	180	10	120,150,180	2	5	4
160	170,180,185	170	180	5	185	200	12.5	120,150,180	2	5	4
170	180,190,195	180	190	5	195	210	12.5	120,180,200	2	5	4
180	190,200,210	190	200	5	210	220	15	150,180,250	2	5	4
190	200,210,220	200	210	5	220	230	15	150,180,250	2	5	4
200	210,220,230	210	220	5	230	240	15	180,200,250	2	5	4

① 只用于 C 型。

注：1. 括号内的值仅作特殊用途，应尽可能避免使用。

2. 内径 d_1 公差按 E6，外径 d_2 公差按 s6（$d_2 \leqslant 120$mm）r6（$d_2 > 120$mm），翻边外径 d_3 公差按 d11，宽度 b_1 公差按 h13，轴承座孔直径 d_2 公差按 H7，轴径 d_1 公差按 e7 或 g7。

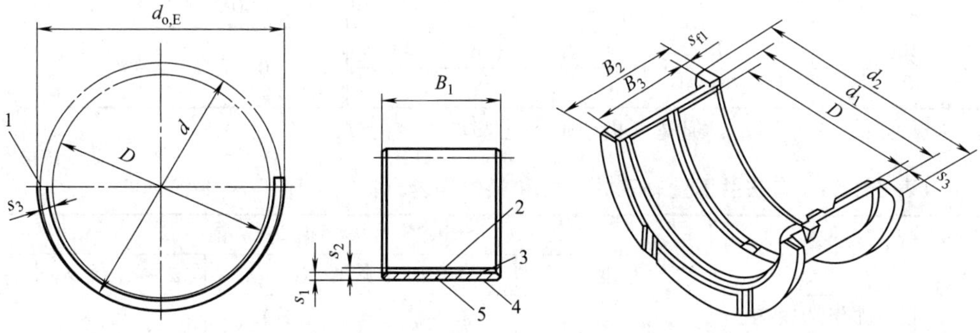

(a) 无法兰薄壁轴瓦(有自由弹张量)　　(b) 有法兰薄壁轴瓦(整体式或组合式，无自由弹张量)

图 6-2-2　薄壁轴瓦

1—对口面；2—滑动表面；3—轴承合金；4—轴瓦背面；5—钢背；

$d_{o,E}$—轴瓦自由状态（有自由弹张量）的外径，mm；B_1—轴瓦宽度（无法兰），mm；s_1—钢背厚度，mm；s_2—轴承合金厚度，mm；s_3—轴瓦壁厚，mm；B_2—有法兰轴瓦宽度，mm；B_3—法兰间距，mm；d—轴承公称外径，mm；d_2—法兰外径，mm；d_1—轴承公称外径，mm；s_{fl}—法兰厚度，mm；D—轴瓦公称内径（轴承孔），mm

表 6-2-21　无法兰薄壁轴瓦的外径 d 和壁厚 s_3 的标准尺寸（摘自 GB/T 7308—2008）　　/mm

壁厚 s_3											
1.5	1.75	2	2.5	3	3.5	4	5	6	8	10	12
外径 d											
≤50											
	>50～80										

续表

<table>
<tr><td colspan="12">壁厚 s_3</td></tr>
<tr><td>1.5</td><td>1.75</td><td>2</td><td>2.5</td><td>3</td><td>3.5</td><td>4</td><td>5</td><td>6</td><td>8</td><td>10</td><td>12</td></tr>
<tr><td colspan="12">外径 d</td></tr>
<tr><td></td><td></td><td colspan="4">>80～120</td><td></td><td></td><td></td><td></td><td></td><td></td></tr>
<tr><td></td><td></td><td></td><td></td><td colspan="4">>120～160</td><td></td><td></td><td></td><td></td></tr>
<tr><td></td><td></td><td></td><td></td><td></td><td colspan="3">>160～200</td><td></td><td></td><td></td><td></td></tr>
<tr><td></td><td></td><td></td><td></td><td></td><td></td><td colspan="3">>200～250</td><td></td><td></td><td></td></tr>
<tr><td></td><td></td><td></td><td></td><td></td><td></td><td></td><td colspan="3">>250～315</td><td></td><td></td></tr>
<tr><td></td><td></td><td></td><td></td><td></td><td></td><td></td><td></td><td colspan="3">>315～400</td><td></td></tr>
<tr><td></td><td></td><td></td><td></td><td></td><td></td><td></td><td></td><td></td><td colspan="3">>400～500</td></tr>
</table>

表 6-2-22　薄壁轴瓦各部位的尺寸、公差和极限偏差（摘自 GB/T 7308—2008）　/mm

<table>
<tr><td colspan="2">外径 d</td><td colspan="2">壁厚 s_3 公差</td><td rowspan="2">高出度公差</td><td rowspan="2">轴瓦宽度 B_1
极限偏差</td></tr>
<tr><td>大于</td><td>至</td><td>无电镀减摩层</td><td>带电镀减摩层</td></tr>
<tr><td>—</td><td>50</td><td rowspan="2">0.008</td><td>—</td><td>0.03</td><td rowspan="3">0
−0.3</td></tr>
<tr><td>50</td><td>80</td><td>0.012</td><td>0.035</td></tr>
<tr><td>80</td><td>120</td><td>0.010</td><td>0.015</td><td>0.04</td></tr>
<tr><td>120</td><td>160</td><td rowspan="2">0.015</td><td rowspan="2">0.022</td><td>0.045</td><td rowspan="3">0
−0.4</td></tr>
<tr><td>160</td><td>200</td><td>0.05</td></tr>
<tr><td>200</td><td>250</td><td rowspan="2">0.02</td><td rowspan="2">0.03</td><td>0.055</td></tr>
<tr><td>250</td><td>315</td><td>0.06</td><td rowspan="3">0
−0.5</td></tr>
<tr><td>315</td><td>400</td><td>0.025</td><td>0.035</td><td rowspan="2">0.07</td></tr>
<tr><td>400</td><td>500</td><td>0.03</td><td>0.04</td></tr>
</table>

注：轴瓦宽度 B 根据使用要求而定，但宽度极限偏差应按本表中的规定。

表 6-2-23　有法兰薄壁轴瓦的尺寸和极限偏差（摘自 GB/T 7308—2008）　/mm

<table>
<tr><td colspan="2" rowspan="2">外径 d_1
/mm</td><td rowspan="2">壁厚 s_3
/mm</td><td colspan="5">极限偏差[①]/mm</td></tr>
<tr><td>法兰厚度 s_{f1}[②③]</td><td colspan="2">轴瓦宽度 B_2</td><td>法兰外径 d_2</td><td>法兰间距[③] B_3</td></tr>
<tr><td>></td><td>≤</td><td>优先选用的
公称尺寸</td><td></td><td>整体法
兰轴瓦</td><td>组合法
兰轴瓦</td><td></td><td></td></tr>
<tr><td>—</td><td>50</td><td>1.5、1.75、2、2.5</td><td>0
−0.05</td><td>0
−0.05</td><td>0
−0.12</td><td>±1</td><td>+0.05
0</td></tr>
<tr><td>50</td><td>80</td><td>1.75、2、2.5、3</td><td>0
−0.05</td><td>0
−0.05</td><td>0
−0.12</td><td>±1</td><td>+0.05
0</td></tr>
<tr><td>80</td><td>120</td><td>2、2.5、3、3.5</td><td>0
−0.05</td><td>0
−0.07</td><td>0
−0.12</td><td>±1</td><td>+0.07
0</td></tr>
<tr><td>120</td><td>160</td><td>3、3.5、4、5</td><td>0
−0.05</td><td>0
−0.07</td><td>0
−0.12</td><td>±1.5</td><td>+0.07
0</td></tr>
<tr><td>160</td><td>200</td><td>3.5、4、5</td><td>0
−0.05</td><td>0
−0.12</td><td>0
−0.2</td><td>±1.5</td><td>+0.07
0</td></tr>
<tr><td>200</td><td>250</td><td>4、5、6</td><td>0
−0.05</td><td>0
−0.12</td><td>0
−0.2</td><td>±1.5</td><td>+0.07
0</td></tr>
</table>

续表

外径 d_1 /mm		壁厚 s_3 /mm	极限偏差①/mm				
			法兰厚度 s_{f1} ②③	轴瓦宽度 B_2		法兰外径 d_2	法兰间距③ B_3
250	315	5、6、8	—	—	—	—	—
315	400	6、8、10	—	—	—	—	—
400	500	8、10、12	—	—	—	—	—

① 经用户与制造商共同商定。
② 在承载边。
③ 极限偏差不应加大。
注：有法兰薄壁轴瓦的壁厚公差、高出度公差与无法兰薄壁轴瓦相同，见表 6-2-22。

2.3.3 润滑槽

表 6-2-24 润滑槽基本尺寸（摘自 GB/T 6403.2—2008） /mm

滑动轴承上用的润滑槽型式和尺寸

径向轴承

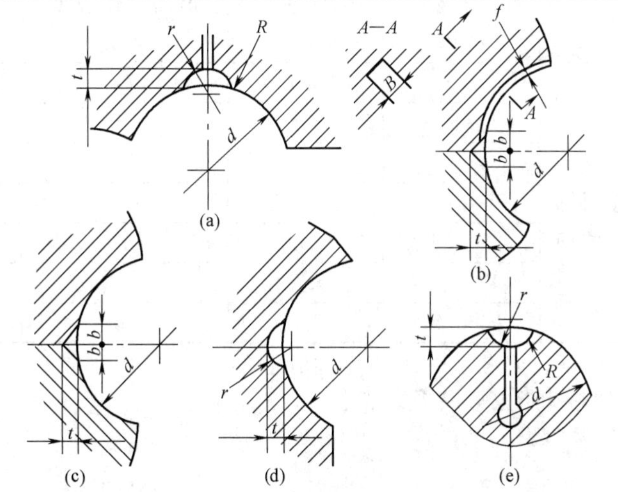

图(a)～图(d)用于轴瓦、轴套，图(e)用于轴上

推力轴承

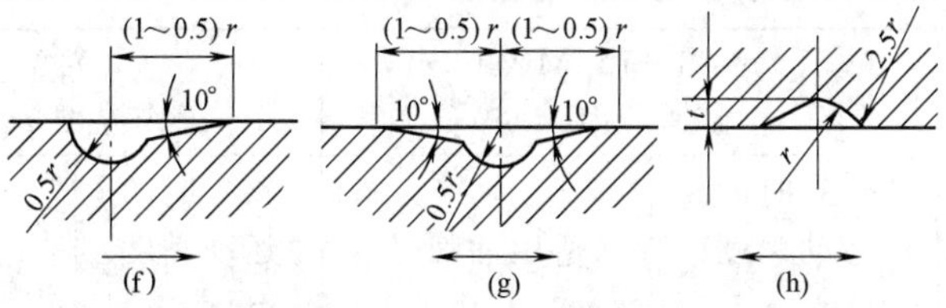

图(f)、图(g)用于推力轴承上，图(h)用于轴端面上

平面上用的润滑槽型式和尺寸

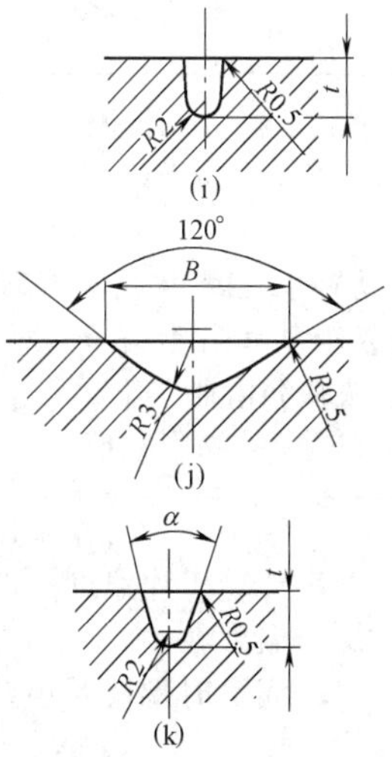

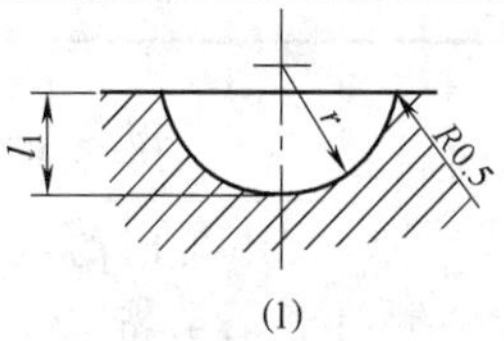

直径 d	t	r	R	B	f	b
≤50	0.8	1.0	1.0	—	—	—
	1.0	1.6	1.6	—	—	—
	1.6	3.0	6.0	5.0	1.6	4.0
>50～120	2.0	4.0	10	8.0	2.0	6.0
	2.5	5.0	16	10	2.0	8.0
	3.0	6.0	20	12	2.5	10
>120	4.0	8.0	25	16	3.0	12
	5.0	10	32	20	3.0	16
	6.0	12	40	25	4.0	20

图(i)～图(k)尺寸如下：
B:4mm、6mm、10mm、12mm、16mm
α:15°、30°、45°
t:3mm、4mm、5mm
图(l)尺寸 l_1 如下表：

l_1	1.0	1.6	2.0
r	1.6	2.5	4.0

注：标准中未注明尺寸的棱边，按小于 0.5mm 倒圆。

第6篇

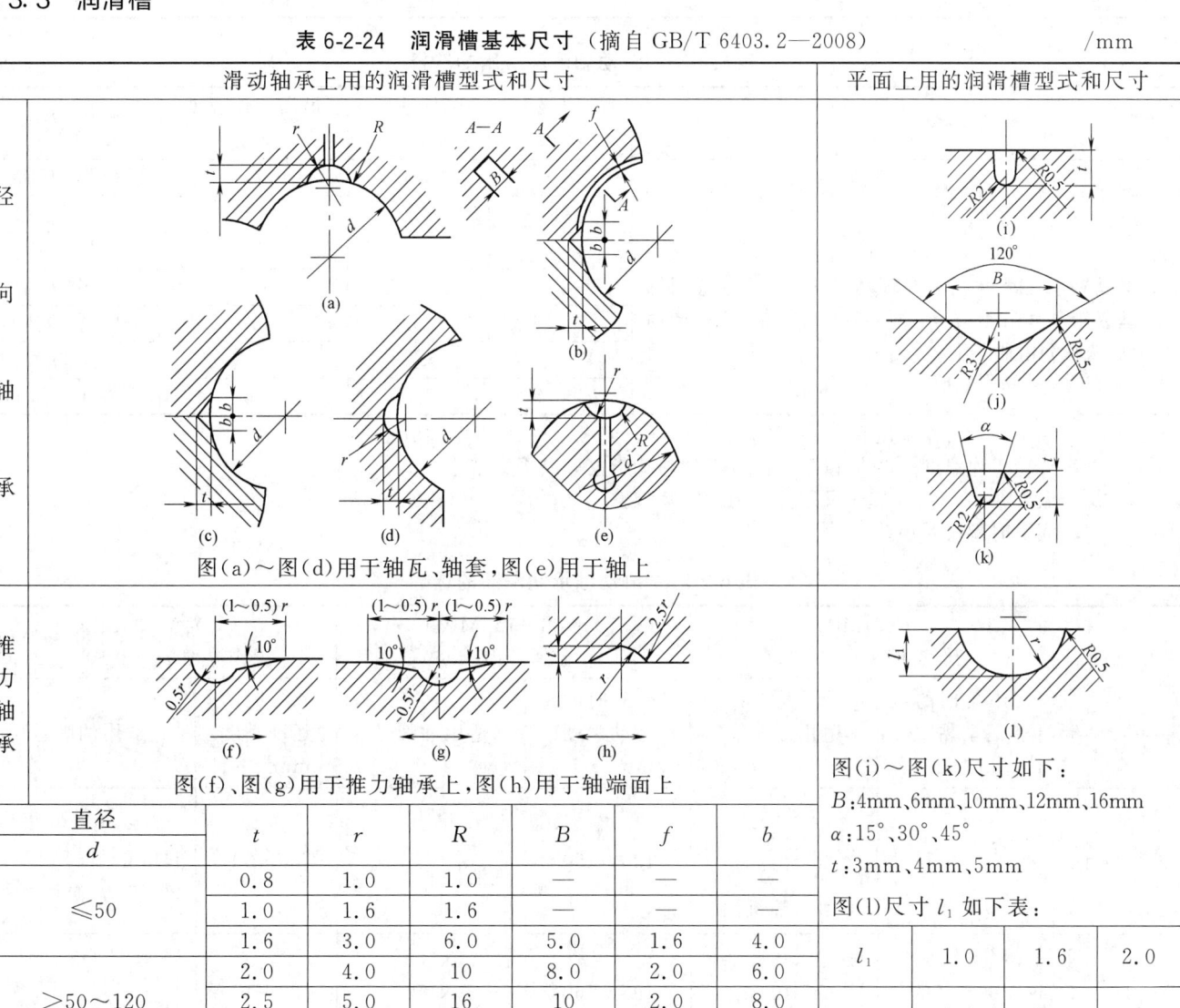

2.3.4 混合润滑轴承的配合

推荐采用$\frac{H7}{f6}$，$\frac{H7}{f7}$，$\frac{H8}{f8}$，$\frac{H9}{f9}$。

2.4 混合润滑轴承的润滑

表 6-2-25 滑动轴承润滑方式的选择

K 值的计算	K	润 滑 方 法	说 明
$K=\sqrt{pv^3}$ 式中 $p=\frac{f}{d\times b}$	≤2 >2～15 >15～30 >30	用润滑脂润滑(可用黄油杯) 用润滑油润滑(可用针阀油杯) 用油环，飞溅润滑，需用水或循环油冷却 必须用循环压力润滑	p——轴径上的平均压强，MPa； v——轴径的圆周速度，m/s； f——轴承所受的最大径向载荷，N； d——轴径直径，mm； b——轴承工作长度，mm

表 6-2-26 滑动轴承润滑脂的选择

选 择 原 则	平均压力 /kPa	圆周速度 /m·s^{-1}	最高工作温度 /℃	选用润滑脂
1. 轴承的负荷大，转速低时，润滑脂的针入度应该小些，反之，针入度应该大些 2. 润滑脂的滴点一般应高于工作温度 20～30℃ 3. 滑动轴承在水淋或潮湿环境里工作时，应选用钙基或铝基润滑脂；在环境温度较高的条件下，选用钙-钠基润滑脂 4. 具有较好的黏附性能	≤1	≤1	75	3 号钙基脂
	1～6.5	0.5～5	55	2 号钙基脂
	>6.5	≤0.5	75	3 号钙基脂
	≤6.5	0.5～5	120	2 号钙基脂
	>6.5	≤0.5	110	1 号钙-钠基脂
	1～6.5	≤1	50～100	锂基脂
	>6.5	0.5	60	2 号压延机脂

注：1. 潮湿环境工作温度在 75～120℃的条件下，应考虑用钙-钠基润滑脂。

2. 潮湿环境工作温度在 75℃以下，没有 3 号钙基脂也可以用铝基脂。

3. 工作温度在 110～120℃时可用锂基脂或钡基脂。

4. 集中润滑时稠度要小些。

表 6-2-27 滑动轴承润滑油的选择

轴颈圆周速度 v /m·s^{-1}	p<3MPa 工作温度 t=10～60℃		p=3～7.5MPa 工作温度 t=10～60℃		p>7.5～30MPa 工作温度 t=20～80℃	
	40℃时的运动黏度 /mm^2·s^{-1}	适用油牌号	40℃时的运动黏度 /mm^2·s^{-1}	适用油牌号	40℃时的运动黏度 /mm^2·s^{-1}	适用油牌号
<0.1	80～150	L—AN68、L—AN100、L—AN150，30 号汽油机油	130～190	L—AN150，40 号汽油机油	30～50	HJ3-28，HG-38、HG-52 汽缸油
0.1～0.3	65～120	L—AN68、L—AN100，30 号汽油机油	105～160	L—AN100、L—AN150，40 号汽油机油	20～35	HJ3-28，HG-38 汽缸油
0.3～1.0	48～80	L—AN46、L—AN68，20 号汽油机油	100～120	L—AN100，30 号汽油机油	10～20	L—AN100、L—AN150，30、40 号汽油机油

续表

轴颈圆周速度 v /m·s^{-1}	p<3MPa 工作温度 t=10～60℃		p=3～7.5MPa 工作温度 t=10～60℃		p>7.5～30MPa 工作温度 t=20～80℃	
	40℃时的运动黏度 /mm^2·s^{-1}	适用油牌号	40℃时的运动黏度 /mm^2·s^{-1}	适用油牌号	40℃时的运动黏度 /mm^2·s^{-1}	适用油牌号
1.0～2.5	40～80	L—AN46、L—AN68，20号汽油机油	65～90	L—AN100，20号汽油机油		
2.5～5.0	40～55	L—AN46，20号汽油机油				
5.0～9.0	15～50	L—AN15、L—AN22、L—AN32、L—AN46，20号汽油机油				
>9.0	5～22	L—AN7、L—AN10、L—AN15				

2.5 关节轴承

2.5.1 向心关节轴承

主要尺寸、公差和间隙见表 6-2-28～表 6-2-43（摘自 GB/T 9163—2001，等效 ISO 12240.1：1998）。

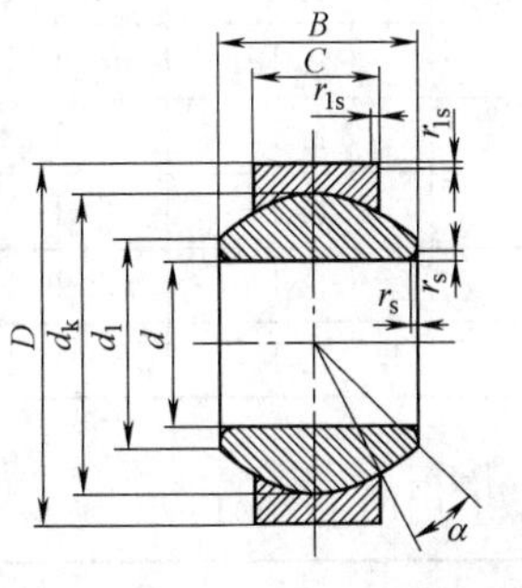

图 6-2-3　E、G、C、K、H 系列向心关节轴承

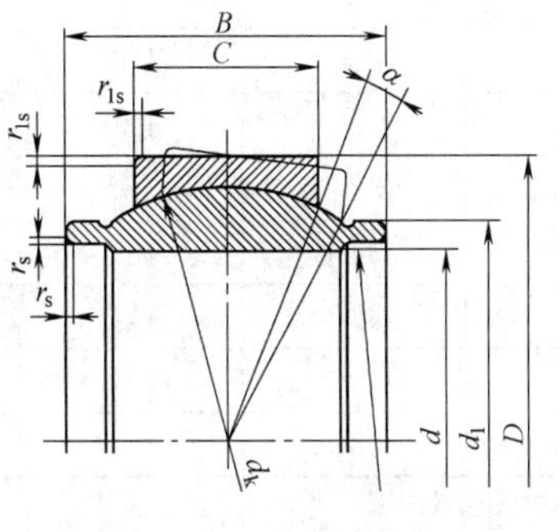

图 6-2-4　W 系列带再润滑装置的宽内圈向心关节轴承

注：制造厂可自行决定是否设计该越程槽

表 6-2-28　E 系列向心关节轴承主要尺寸（摘自 GB/T 9163—2001）　/mm

d	D	B	C	d_1 ≈	d_k①	r_{smin}	r_{1smin}	α/(°) ≈
4	12	5	3	6	8	0.3	0.3	16
5	14	6	4	8	10	0.3	0.3	13
6	14	6	4	8	10	0.3	0.3	13
8	16	8	5	10	13	0.3	0.3	15
10	19	9	6	13	16	0.3	0.3	12
12	22	10	7	15	18	0.3	0.3	10

续表

d	D	B	C	d_1 ≈	d_k①	r_{smin}	r_{1smin}	α/(°) ≈
15	26	12	9	18	22	0.3	0.3	8
17	30	14	10	20	25	0.3	0.3	10
20	35	16	12	24	29	0.3	0.3	9
25	42	20	16	29	35	0.6	0.6	7
30	47	22	18	34	40	0.6	0.6	6
35	55	25	20	39	47	0.6	1	6
40	62	28	22	45	53	0.6	1	7
45	68	32	25	50	60	0.6	1	7
50	75	35	28	55	66	0.6	1	6
55	85	40	32	62	74	0.6	1	7
60	90	44	36	66	80	1	1	6
70	105	49	40	77	92	1	1	6
80	120	55	45	88	105	1	1	6
90	130	60	50	98	115	1	1	5
100	150	70	55	109	130	1	1	7
110	160	70	55	120	140	1	1	6
120	180	85	70	130	160	1	1	6
140	210	90	70	150	180	1	1	7
160	230	105	80	170	200	1	1	8
180	260	105	80	192	225	1.1	1.1	6
200	290	130	100	212	250	1.1	1.1	7
220	320	135	100	238	275	1.1	1.1	8
240	340	140	100	265	300	1.1	1.1	8
260	370	150	110	285	325	1.1	1.1	7
280	400	155	120	310	350	1.1	1.1	6
300	430	165	120	330	375	1.1	1.1	7

① 参考尺寸。

表 6-2-29　G 系列向心关节轴承主要尺寸（摘自 GB/T 9163—2001） /mm

d	D	B	C	d_1 ≈	d_k①	α/(°) ≈	d	D	B	C	d_1 ≈	d_k①	α/(°) ≈
4	14	7	4	7	10	20	25	47	28	18	29	40	17
5	14	7	4	7	10	20	30	55	32	20	34	47	17
6	16	9	5	9	13	21	35	62	35	22	39	53	16
8	19	11	6	11	16	21	40	68	40	25	44	60	17
10	22	12	7	13	18	18	45	75	43	28	50	66	15
12	26	15	9	16	22	18	50	90	56	36	57	80	17
15	30	16	10	19	25	16	60	105	63	40	67	92	17
17	35	20	12	21	29	19	70	120	70	45	77	105	16
20	42	25	16	24	35	17	80	130	75	50	87	115	14

续表

d	D	B	C	d_1 ≈	d_k[①]	$\alpha/(°)$ ≈	d	D	B	C	d_1 ≈	d_k[①]	$\alpha/(°)$ ≈
90	150	85	55	98	130	15	180	290	155	100	196	250	14
100	160	85	55	110	140	14	200	320	165	100	220	275	15
110	180	100	70	122	160	12	220	340	175	100	243	300	16
120	210	115	70	132	180	16	240	370	190	110	263	325	15
140	230	130	80	151	200	16	260	400	205	120	283	350	15
160	260	135	80	176	225	16	280	430	210	120	310	375	15

① 参考尺寸。

表 6-2-30 C 系列向心关节轴承主要尺寸（摘自 GB/T 9163—2001） /mm

d	D	B	C	d_1 ≈	d_k[①]	$\alpha/(°)$ ≈	d	D	B	C	d_1 ≈	d_k[①]	$\alpha/(°)$ ≈
320	440	160	135	340	375	4	800	1060	355	300	850	915	3
340	460	160	135	360	390	3	850	1120	365	310	905	975	3
360	480	160	135	380	410	3	900	1180	375	320	960	1030	3
380	520	190	160	400	440	4	950	1250	400	340	1015	1090	3
400	540	190	160	425	465	3	1000	1320	438	370	1065	1150	3
420	560	190	160	445	480	3	1060	1400	462	390	1130	1220	3
440	600	218	185	465	515	3	1120	1460	462	390	1195	1280	3
460	620	218	185	485	530	3	1180	1540	488	410	1260	1350	3
480	650	230	195	510	560	3	1250	1630	515	435	1330	1425	3
500	670	230	195	530	580	3	1320	1720	545	460	1405	1510	3
530	710	243	205	560	610	3	1400	1820	585	495	1485	1600	3
560	750	258	215	590	645	4	1500	1950	625	530	1590	1710	3
600	800	272	230	635	690	3	1600	2060	670	565	1690	1820	3
630	850	300	260	665	730	3	1700	2180	710	600	1790	1925	3
670	900	308	260	710	770	3	1800	2300	750	635	1890	2035	3
710	950	325	275	755	820	3	1900	2430	790	670	2000	2150	3
750	1000	335	280	800	870	3	2000	2570	835	700	2100	2260	3

① 参考尺寸。

表 6-2-31 K 系列向心关节轴承主要尺寸（摘自 GB/T 9163—2001） /mm

d	D	B	C	d_1 ≈	d_k[①]	$\alpha/(°)$ ≈	d	D	B	C	d_1 ≈	d_k[①]	$\alpha/(°)$ ≈
3	10	6	4.5	5.1	7.9	14	18	35	23	16.5	21.8	31.7	15
5	13	8	6	7.7	11.1	13	20	40	25	18	24.3	34.9	14
6	16	9	6.75	8.9	12.7	13	22	42	28	20	25.8	38.1	15
8	19	12	9	10.3	15.8	14	25	47	31	22	29.5	42.8	15
10	22	14	10.5	12.9	19	13	30	55	37	25	34.8	50.8	17
12	26	16	12	15.4	22.2	13	35	65	43	30	40.3	59	16
14	29	19	13.5	16.8	25.4	16	40	72	49	35	44.2	66	16
16	32	21	15	19.3	28.5	15	50	90	60	45	55.8	82	14

① 参考尺寸。

注：该系列轴承并入了符合 GB/T 9161—2001 表 5 中规定的杆端关节轴承中。

表 6-2-32 H系列向心关节轴承主要尺寸（摘自 GB/T 9163—2001） /mm

d	D	B	C	d_1 ≈	d_k①	$\alpha/(°)$ ≈	d	D	B	C	d_1 ≈	d_k①	$\alpha/(°)$ ≈
100	150	71	67	114	135	2	420	600	300	280	441	534	2
110	160	78	74	122	145	2	440	630	315	300	479	574	2
120	180	85	80	135	160	2	460	650	325	308	496	593	2
140	210	100	95	155	185	2	480	680	340	320	522	623	2
160	230	115	109	175	210	2	500	710	355	335	536	643	2
180	260	128	122	203	240	2	530	750	375	355	558	673	2
200	290	140	134	219	260	2	560	800	400	380	602	723	2
220	320	155	148	245	290	2	600	850	425	400	645	773	2
240	340	170	162	259	310	2	630	900	450	425	677	813	2
260	370	185	175	285	340	2	670	950	475	450	719	862	2
280	400	200	190	311	370	2	710	1000	500	475	762	912	2
300	430	212	200	327	390	2	750	1060	530	500	814	972	2
320	460	230	218	344	414	2	800	1120	565	530	851	1022	2
340	480	243	230	359	434	2	850	1220	600	565	936	1112	2
360	520	258	243	397	474	2	900	1250	635	600	949	1142	2
380	540	272	258	412	494	2	950	1360	670	635	1045	1242	2
400	580	280	265	431	514	2	1000	1450	710	670	1103	1312	2

① 参考尺寸。

表 6-2-33 W系列向心关节轴承主要尺寸（摘自 GB/T 9163—2001） /mm

d	D	B	C	d_1 ≈	d_k①	$\alpha/(°)$ ≈	d	D	B	C	d_1 ≈	d_k①	$\alpha/(°)$ ≈
12②	22	12	7	15.5	18	4	50	75	50	28	57	66	4
15	26	15	9	18.5		5	60	90	60	36	68		3
16	28	16	9	20	23	4	63	95	63	36	71.5	83	4
17	30	17	10	21		7	70	105	70	40	78		4
20	35	20	12	25	29	4	80	120	80	45	91	105	4
25	42	25	16	30.5	35	4	100	150	100	55	113	130	4
30	47	30	18	34		4	125	180	125	70	138	160	4
32	52	32	18	38	44	4	160	230	160	80	177	200	4
35	55	35	20	40		4	200	290	200	100	221	250	4
40	62	40	22	46	53	4	250	400	250	120	317	350	4
45	68	45	25	52		4	320	520	320	160	405	450	4

① 参考尺寸。

② 制造厂家可自行决定是否在外圈上设置再润滑装置。

表 6-2-34～表 6-2-37 中符号的名称：

Δd_{mp}——单一平面平均内径偏差；

ΔD_{mp}——单一平面平均外径偏差；

ΔB_s——内圈单一宽度偏差；

ΔC_s——外圈单一宽度偏差。

表 6-2-34 E、G、C、H 系列的内圈公差（摘自 GB/T 9163—2001） /μm

d/mm		Δd_{mp}		ΔB_s		d/mm		Δd_{mp}		ΔB_s	
>	≤	上偏差	下偏差	上偏差	下偏差	>	≤	上偏差	下偏差	上偏差	下偏差
2.5	18	0	−8	0	−120	315	400	0	−40	0	−400
18	30	0	−10	0	−120	400	500	0	−45	0	−450
30	50	0	−12	0	−120	500	630	0	−50	0	−500
50	80	0	−15	0	−150	630	800	0	−75	0	−750
80	120	0	−20	0	−200	800	1000	0	−100	0	−1000
120	180	0	−25	0	−250	1000	1250	0	−125	0	−1250
180	250	0	−30	0	−300	1250	1600	0	−160	0	−1600
250	315	0	−35	0	−350	1600	2000	0	−200	0	−2000

注：1. 本标准规定的公差值适用于精加工后但在涂敷、电镀、剖分和开裂工序前的向心关节轴承。
2. 经表面处理的向心关节轴承，其公差与本标准规定的公差值略有差异。

表 6-2-35 K、W 系列的内圈公差（摘自 GB/T 9163—2001） /μm

d/mm		Δd_{mp}		ΔB_s				d/mm		Δd_{mp}		ΔB_s			
		K、W		K		W				K、W		K		W	
>	≤	上偏差	下偏差	上偏差	下偏差	上偏差	下偏差	>	≤	上偏差	下偏差	上偏差	下偏差	上偏差	下偏差
2.5	3	+10	0	0	−120	0	−100	50	80	+30	0	—	—	0	−300
3	6	+12	0	0	−120	0	−120	80	120	+35	0	—	—	0	−350
6	10	+15	0	0	−120	0	−150	120	180	+40	0	—	—	0	−400
10	18	+18	0	0	−120	0	−180	180	250	+46	0	—	—	0	−460
18	30	+21	0	0	−120	0	−210	250	315	+52	0	—	—	0	−520
30	50	+25	0	0	−120	0	−250	315	400	+57	0	—	—	0	−570

注：同表 6-2-34 注。

表 6-2-36 E、G、C、W、H 系列的外圈公差（摘自 GB/T 9163—2001） /μm

D/mm		ΔD_{mp}		ΔC_s		D/mm		ΔD_{mp}		ΔC_s	
>	≤	上偏差	下偏差	上偏差	下偏差	>	≤	上偏差	下偏差	上偏差	下偏差
6	18	0	−8	0	−240	400	500	0	−45	0	−900
18	30	0	−9	0	−240	500	630	0	−50	0	−1000
30	50	0	−11	0	−240	630	800	0	−75	0	−1100
50	80	0	−13	0	−300	800	1000	0	−100	0	−1200
80	120	0	−15	0	−400	1000	1250	0	−125	0	−1300
120	150	0	−18	0	−500	1250	1600	0	−160	0	−1600
150	180	0	−25	0	−500	1600	2000	0	−200	0	−2000
180	250	0	−30	0	−600	2000	2500	0	−250	0	−2500
250	315	0	−35	0	−700	2500	3150	0	−300	0	−3200
315	400	0	−40	0	−800						

注：同表 6-2-34 注。

第 6 篇

表 6-2-37　K 系列的外圈公差（摘自 GB/T 9163—2001）　/μm

D/mm		ΔD_{mp}		ΔC_s		D/mm		ΔD_{mp}		ΔC_s	
>	≤	上偏差	下偏差	上偏差	下偏差	>	≤	上偏差	下偏差	上偏差	下偏差
5	18	0	−11	0	−240	50	80	0	−19	0	−300
18	30	0	−13	0	−240	80	120	0	−22	0	−400
30	50	0	−16	0	−240						

注：同表 6-2-34 注。

表 6-2-38　E 系列径向游隙（摘自 GB/T 9163—2001）　/μm

d/mm		2 组		N 组		3 组		d/mm		2 组		N 组		3 组	
>	≤	min	max	min	max	min	max	>	≤	min	max	min	max	min	max
2.5	12	8	32	32	68	68	104	90	140	18	85	85	165	165	245
12	20	10	40	40	82	82	124	140	200	18	100	100	192	192	284
20	35	12	50	50	100	100	150	200	240	18	110	110	214	214	318
35	60	15	60	60	120	120	180	240	300	18	125	125	239	239	353
60	90	18	72	72	142	142	212								

表 6-2-39　G 系列径向游隙（摘自 GB/T 9163—2001）　/μm

d/mm		2 组		N 组		3 组		d/mm		2 组		N 组		3 组	
>	≤	min	max	min	max	min	max	>	≤	min	max	min	max	min	max
2.5	10	8	32	32	68	68	104	80	120	18	85	85	165	165	245
10	17	10	40	40	82	82	124	120	180	18	100	100	192	192	284
17	30	12	50	50	100	100	150	180	220	18	110	110	214	214	318
30	50	15	60	60	120	120	180	220	280	18	125	125	239	239	353
50	80	18	72	72	142	142	212								

表 6-2-40　C 系列径向游隙（摘自 GB/T 9163—2001）　/μm

d/mm		N 组		d/mm		N 组	
>	≤	min	max	>	≤	min	max
300	340	125	239	850	1060	195	405
340	420	135	261	1060	1400	220	470
420	530	145	285	1400	1700	240	540
530	670	160	320	1700	2000	260	610
670	850	170	350				

表 6-2-41　K 系列径向游隙（摘自 GB/T 9163—2001）　/μm

d/mm		2 组		N 组		3 组		d/mm		2 组		N 组		3 组	
>	≤	min	max	min	max	min	max	>	≤	min	max	min	max	min	max
2.5	8	8	32	32	68	68	104	25	40	15	60	60	120	120	180
8	16	10	40	40	82	82	124	40	50	18	72	72	142	142	212
16	25	12	50	50	100	100	150								

表 6-2-42　H 系列径向游隙（摘自 GB/T 9163—2001）　/μm

d/mm		2 组		N 组		3 组		d/mm		2 组		N 组		3 组	
>	⩽	min	max	min	max	min	max	>	⩽	min	max	min	max	min	max
90	120	18	85	85	165	165	245	380	480	—	—	145	285	—	—
120	180	18	100	100	192	192	284	480	600	—	—	160	320	—	—
180	240	18	110	110	214	214	318	600	750	—	—	170	350	—	—
240	300	18	125	125	239	239	353	750	950	—	—	195	405	—	—
300	380	—	—	135	261	—	—	950	1000	—	—	220	470	—	—

表 6-2-43　W 系列径向游隙（摘自 GB/T 9163—2001）　/μm

d/mm		2 组		N 组		3 组		d/mm		2 组		N 组		3 组	
>	⩽	min	max	min	max	min	max	>	⩽	min	max	min	max	min	max
2.5	12	8	32	32	68	68	104	90	125	18	85	85	165	165	245
12	20	10	40	40	82	82	124	125	200	18	100	100	192	192	284
20	32	12	50	50	100	100	150	200	250	18	125	125	239	239	353
32	50	15	60	60	120	120	180	250	320	18	135	135	261	261	387
50	90	18	72	72	142	142	212								

2.5.2　推力关节轴承

推力关节轴承（见图 6-2-5）的外形尺寸和公差见表 6-2-44～表 6-2-46（摘自 GB/T 9162—2001，等效 ISO 12240.3：1998）。

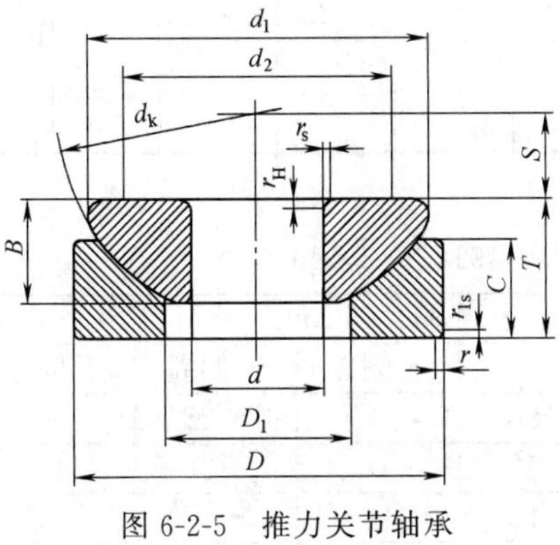

图 6-2-5　推力关节轴承

2.5.3　角接触关节轴承

角接触关节轴承（见图 6-2-6）的外径尺寸和公差见表 6-2-47～表 6-2-49（摘自 GB/T 9164—2001，等效 ISO 12240.2：1998）。

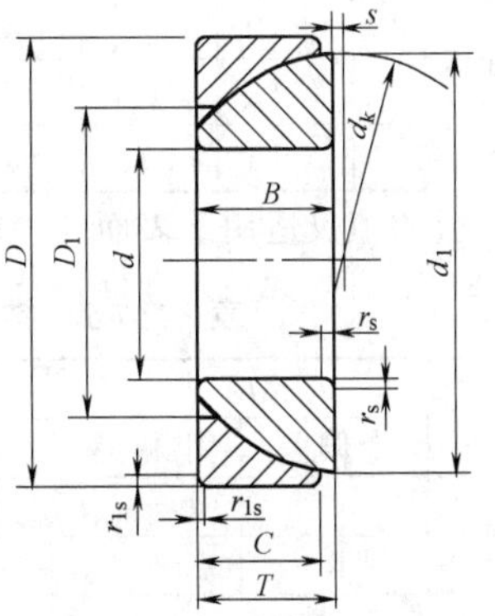

图 6-2-6　角接触关节轴承

表 6-2-44　推力关节轴承外形尺寸（摘自 GB/T 9162—2001）　/mm

d	D	B max	C max	T	d_k①	S ≈	d_1 min	d_k②	D_1 max	r_{smin}③ r_{1smin}
10	30	8	7	9.5	32	7	27	21	17	0.6
12	35	10	10	13	38	8	31.5	24	20	0.6
15	42	11	11	15	46	10	38.5	29	24.5	0.6
17	47	12	12	16	51	11	43	34	28.5	0.6
20	55	15	14	20	60	12.5	49.5	40	34	1
25	62	17	17	22.5	67	14	57	45	35	1
30	75	19	20	26	81	17.5	68.5	56	44.5	1

续表

d	D	B max	C max	T	d_k[①]	S ≈	d_1 min	d_k[②]	D_1 max	r_{smin}[③] r_{1smin}
35	90	22	21	28	98	22	83.5	66	52.5	1
40	105	27	22	32	114	24.5	96	78	59.5	1
45	120	31	26	36.5	129	27.5	109	89	68.5	1
50	130	34	32	42.5	140	30	119	98	71	1
60	150	37	34	45	160	35	139	109	86.5	1
70	160	42	37	50	173	35	149	121	95.5	1
80	180	44	38	50	196	42.5	167	135	109	1
100	210	51	46	59	221	45	194	155	134	1
120	230	54	50	64	248	52.5	213	170	155	1
140	260	61	54	72	274	52.5	243	198	177	1.5
160	290	66	58	77	313	65	271	213	200	1.5
180	320	74	62	86	340	67.5	299	240	225	1.5
200	340	80	66	87	365	70	320	265	247	1.5

① 参考尺寸。

② 由制造厂家确定。

③ 相应的倒角尺寸最大值按 GB/T 274—2000 中的规定。

表 6-2-45　推力关节轴承轴圈和轴承高度公差（摘自 GB/T 9162—2001）　/μm

d/mm		Δd_{mp}		ΔB_s		ΔT_s		d/mm		Δd_{mp}		ΔB_s		ΔT_s	
>	≤	上偏差	下偏差	上偏差	下偏差	上偏差	下偏差	>	≤	上偏差	下偏差	上偏差	下偏差	上偏差	下偏差
2.5	18	0	−8	0	−240	+250	−40	80	120	0	−20	0	−400	+250	−60
18	30	0	−10	0	−240	+250	−40	120	180	0	−25	0	−500	+350	−70
30	50	0	−12	0	−240	+250	−40	180	200	0	−30	0	−600	+350	−80
50	80	0	−15	0	−300	+250	−50								

注：表中的公差值仅适用于表面处理前的推力关节轴承。

表 6-2-46　推力关节轴承座圈公差（摘自 GB/T 9162—2001）　/μm

D/mm		ΔD_{mp}		ΔC_s		D/mm		ΔD_{mp}		ΔC_s	
>	≤	上偏差	下偏差	上偏差	下偏差	>	≤	上偏差	下偏差	上偏差	下偏差
18	30	0	−9	0	−240	150	180	0	−25	0	−500
30	50	0	−11	0	−240	180	250	0	−30	0	−600
50	80	0	−13	0	−300	250	315	0	−35	0	−700
80	120	0	−15	0	−400	315	400	0	−40	0	−800
120	150	0	−18	0	−500						

注：同表 6-2-45 注。

表 6-2-47　A 系列角接触关节轴承外形尺寸（摘自 GB/T 9164—2001）　/mm

d	D	B max	C max	T	d_k[①]	d_1 ≈	D_1 max	s ≈	d	D	B max	C max	T	d_k[①]	d_1 ≈	D_1 max	s ≈
25	47	15	14	15	42	41.5	32	1	35	62	18	17	18	56	55.5	43	2
28	52	16	15	16	47	46.5	36	1	40	68	19	18	19	61	60.5	48	2
30	55	17	16	17	50	49.5	37	2	45	75	20	19	20	67	66.5	54	3
32	58	17	16	17	52	51.5	40	2	50	80	20	19	20	74	73.5	60	4

续表

d	D	B max	C max	T	d_k[①]	d_1 ≈	D_1 max	s ≈	d	D	B max	C max	T	d_k[①]	d_1 ≈	D_1 max	s ≈
55	90	23	22	23	81	80	63	5	110	170	38	36	38	158	155	127	14
60	95	23	22	23	87	86	69	5	120	180	38	37	38	169	165	137	16
65	100	23	22	23	93	92	77	6	130	200	45	43	45	188	184	149	18
70	110	25	24	25	102	101	83	7	140	210	45	43	45	198	194	162	19
75	115	25	24	25	106	105	87	7	150	225	48	46	48	211	207	172	20
80	125	29	27	29	115	113.5	92	9	160	240	51	49	51	225	221	183	20
85	130	29	27	29	121	119	98	10	170	260	57	55	57	246	242	195	21
90	140	32	30	32	129	127	104	11	180	280	64	61	64	260	256	207	21
95	145	32	30	32	133	131.5	109	9	190	290	64	62	64	275	270	213	26
100	150	32	31	32	141	138.5	115	12	200	310	70	66	70	290	285	230	26
105	160	35	33	35	149	146.5	120	13									

① 参考尺寸。

表 6-2-48　角接触关节轴承内圈和轴承宽度公差（摘自 GB/T 9164—2001）　/μm

d/mm		Δd_{mp}		ΔB_s		ΔT_s		d/mm		Δd_{mp}		ΔB_s		ΔT_s	
>	≤	上偏差	下偏差	上偏差	下偏差	上偏差	下偏差	>	≤	上偏差	下偏差	上偏差	下偏差	上偏差	下偏差
—	50	0	−12	0	−240	+250	−400	120	180	0	−25	0	−500	+350	−700
50	80	0	−15	0	−300	+250	−500	180	200	0	−30	0	−600	+350	−800
80	120	0	−20	0	−400	+250	−600								

注：表中的公差值仅适用于表面处理前的角接触关节轴承。

表 6-2-49　角接触关节轴承外圈公差（摘自 GB/T 9164—2001）　/μm

D/mm		ΔD_{mp}		ΔC_s		D/mm		ΔD_{mp}		ΔC_s	
>	≤	上偏差	下偏差	上偏差	下偏差	>	≤	上偏差	下偏差	上偏差	下偏差
—	50	0	−14	0	−240	150	180	0	−25	0	−500
50	80	0	−16	0	−300	180	250	0	−30	0	−600
80	120	0	−18	0	−400	250	315	0	−35	0	−700
120	150	0	−20	0	−500						

注：同表 6-2-48 注。

2.6　烧结轴承

表 6-2-50　滑动轴承烧结轴套的尺寸和公差（摘自 GB/T 18323—2001）　/mm

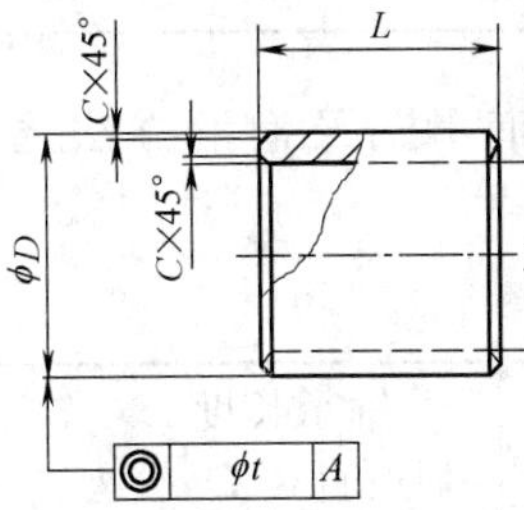

圆柱轴套

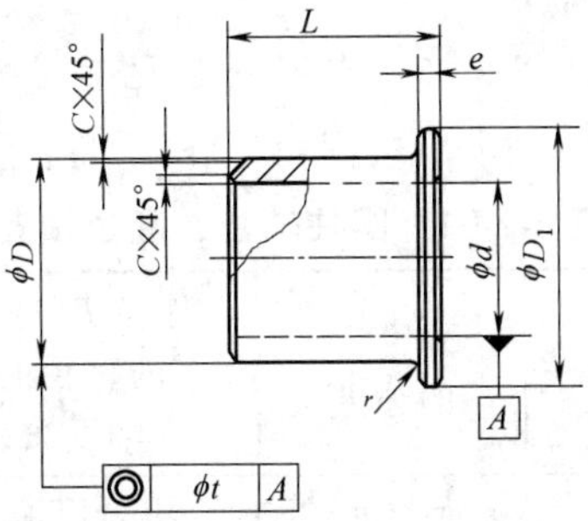

翻边轴套

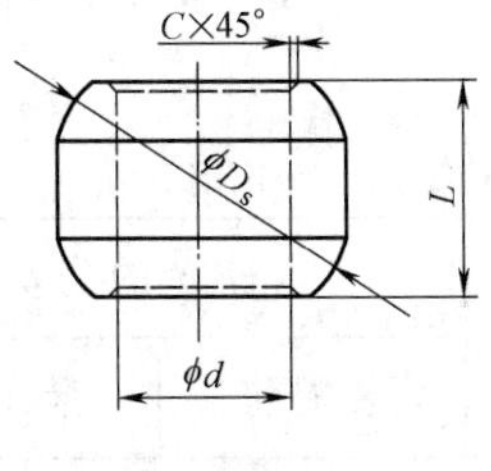

球面轴套

续表

内径 d	外径 D		圆柱轴套	翻边轴套						球面轴套	
			长度 L	翻边直径 D_1		翻边厚度 e		长度 L		球面直径 D_s	长度 L
	常用系列	薄壁系列		常用系列	薄壁系列	常用系列	薄壁系列	常用系列	薄壁系列		
1	3	—	1.2	5		1		2		3	2
1.5	4	—	1.2	6		1		2		4.5	3
2	5	—	2.3	8		1.5		3		5	3
2.5	6	—	3.3	9		1.5		3		6	4
3	6	5①	3.4	9		1.5		4		8	6
4	8	7①	3-4-6	12		2		3-4-6		10	8
5	9	8①	4-5-8	13		2		4-5-8		12	9
6	10	9①	4-6-10	14		2		4-6-10		14	10
7	11	10①	5-8-10	15		2		5-8-10		16	11
8	12	11①	6-8-12	16		2		6-8-12		16	11
9	14	12①	6-10-14	19		2.5		6-10-14		18	12
10	16	14	8-10-16	22	18	3	2	8-10-16	8-10-16	20,22	13,14
12	18	16	8-12-20	24	20	3	2	8-12-20	8-12-20	22	15
14	20	18	10-14-20	26	22	3	2	10-14-20	10-14-20	24	17
15	21	19	10-15-25	27	23	3	2	10-15-25	10-15-25	27	20
16	22	20	12-16-25	28	24	3	2	12-16-25	12-16-25	28	20
18	24	22	12-18-30	30	26	3	2	12-18-30	12-18-30	30	20
20	26	25	15-20-25-30	32	30	3	2.5	15-20-25-30	15-20-25	36	25
22	28	27	15-20-25-30	34	32	3	2.5	15-20-25-30	15-20-25		
25	32	30	20-25-30-35	39	35	3.5	2.5	20-25-30	20-25-30		
28	36	33(34)①	20-25-30-40	44		4		20-25-30			
30	38	35(36)①	20-25-30-40	46		4		20-25-30			
32	40	38①	20-25-30-40	48		4		20-25-30			
35	45	41①	25-35-40-50	55		5		25-35-40			
38	48	44①	25-35-45-55	58		5		25-35-45			
40	50	46①	30-40-50-60	60		5		30-40-50			
42	52	48①	30-40-50-60	62		5		30-40-50			
45	55	51①	35-45-55-65	65		5		35-45-55			
48	58	55①	35-50-70	68		5		35-50			
50	60	58①	35-50-70	70		5		35-50			
55	65	63①	40-55-70	75		5		40-55			
60	72	68①	50-60-70	84		6		50-60			

① 只用于圆柱轴套。

注：公差见表 6-2-51，常用材料见表 6-2-52，许用压强见表 6-2-53，润滑剂及润滑方法选择见图 6-2-7～图 6-2-10。

表 6-2-51　圆柱轴套、翻边轴套公差

外径 D 的尺寸 /mm	内径 d 的公差		外径 D 的公差	外径 D 对内表内直径的同轴度公差	轴承长度 L 翻边直径 D_1公差 翻边厚度 e	轴承座孔公差
	装配前	装配后				
$D\leqslant50$	F7～G7	H7	$r_6\sim s_7$	IT9	js13	H7
$D>50$	F8～G8	H8	$r_7\sim s_8$	IT10		

表 6-2-52　常用烧结轴套的材料

（摘自 GB/T 2688—2012）

类别		合金成分	牌号标记
铁基	1	铁	F1160,F1165
	2	铁-碳	F1260,F1265
	3	铁-碳-铜	F1360,F1365
	4	铁-铜	F1460,F1465
铜基	1	铜-锡-锌-铅	F2170,F2175
	2	铜-锡	F2265,F2270
	3	铜-锡-铅	F2365

表 6-2-53　烧结轴承的允许载荷

（摘自 GB/T 2688—2012）

轴速 v/m·s^{-1}	许用压强[p]/MPa	
	铁基	铜基
慢而间断	23	22.5
≤0.125	13	14
>0.25～0.5	3.2	3.9
>0.5～0.67	2.1	2.6
>0.67～1	1.6	2.0
>1	p=0.5/v	

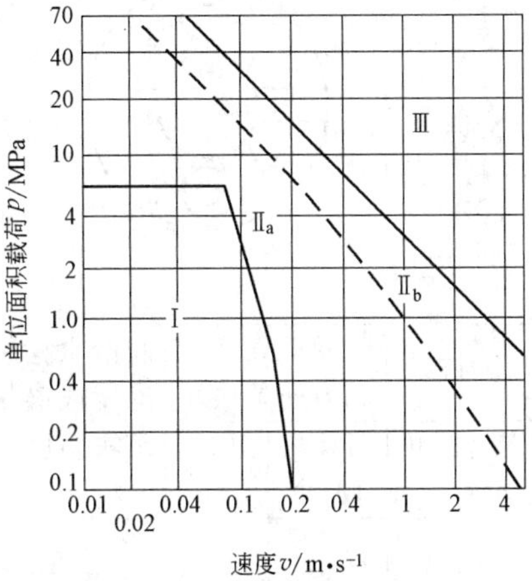

图 6-2-7　润滑方式的选择

Ⅰ—不需供油；Ⅱ$_a$—需补充供油；Ⅱ$_b$—需补充供油并采用高孔隙率轴承材料；Ⅲ—需连续供油

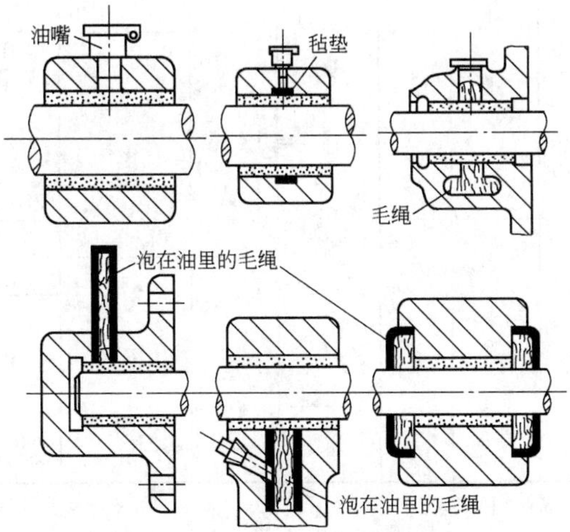

图 6-2-8　常用补充供油的方法

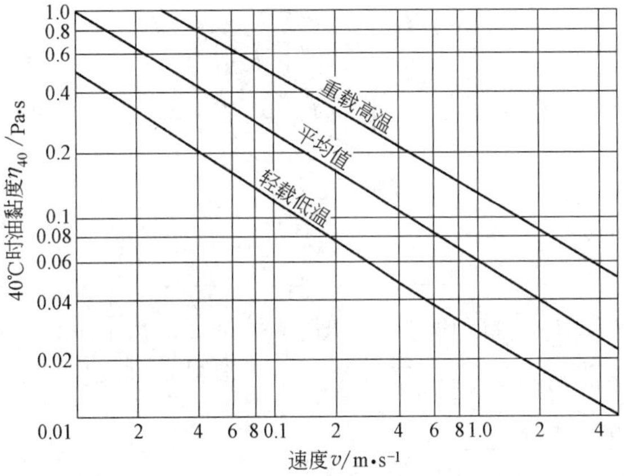

图 6-2-9　润滑油黏度的选取

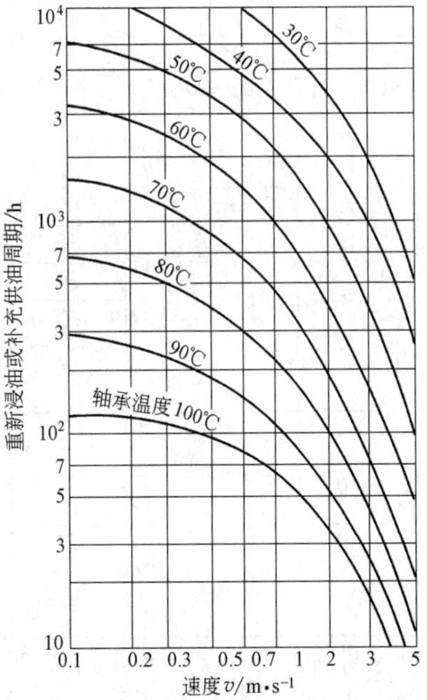

图 6-2-10　重新浸油时间

2.7 塑料轴承

表 6-2-54 水润滑热固性塑料止推轴承尺寸和公差（摘自 JB/T 5985—1992） /mm

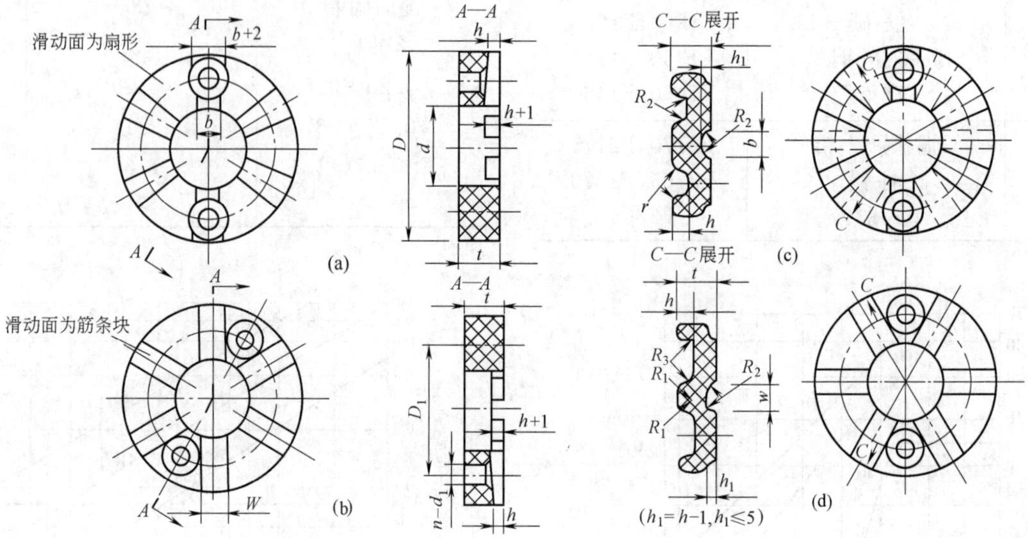

外径 D		内径 d	壁厚 t		定位孔中心圆直径 D_1	定位孔直径 d_1	定位孔数 n/个	滑动表面为扇面形			滑动表面为筋条块		润滑水槽深度或筋条块高度 h	托盘进水孔截面积总和约不小于/mm²
基本尺寸	极限偏差	基本尺寸	基本尺寸	极限偏差				润滑水槽数/个	水槽宽 b	圆角 r	筋条块数/个	块宽 w		
35	−0.10 −0.25	15	10	0 −0.15	25	5.5	2～4	6	6	1	6	6	3	35
40		20			30									
45					32				8	2				55
50					35									
55	−0.20 −0.40	30	12		43			10			8		4	110
60					45									
65		35			50							8		200
70					53				10	2				
75					55						10			
80		40	15		60								5	300
85		45			65									400
90		50			70			12						470
95					73						12			
100		55			78									620
110	−0.20 −0.45				83	6.6			12	2				670
120		65	20		92							8	6	
130		70			100			16			16			900
140					105									
150		80	25		115								8	
160		90			125	9		20			20			1100
170					130									

注：1. 轴承材料为酚醛塑料 P23-1、P117 和聚邻苯二甲酸二丙烯酯 DPA-2。

2. 轴承的工作介质为含砂量（质量比）不超过 0.01％的清水，其酸碱度（pH）为 6.5～8.5，氯离子含量不超过 400mg/L，水温不高于 65℃。

表 6-2-55 水润滑热固性塑料径向轴承尺寸和公差（摘自 JB/T 5985—1992） /mm

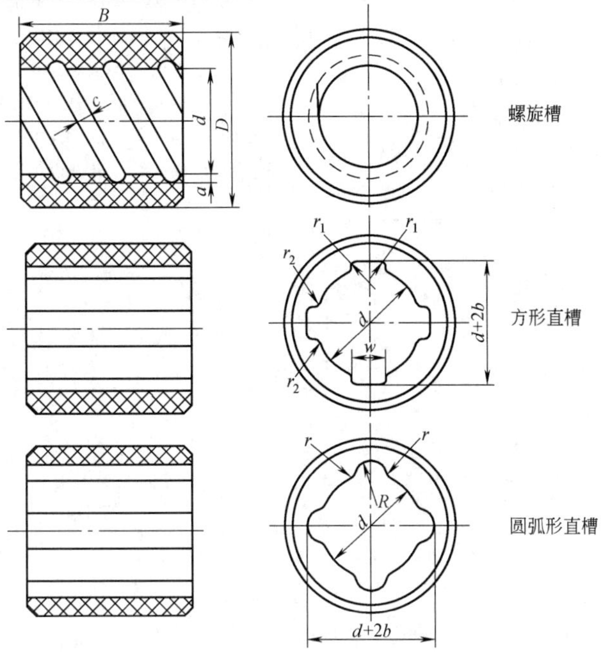

内径 d		外径 D		宽度 B		带直槽的滑动表面					带螺旋槽的滑动表面		轴承内孔与轴颈之间的最小间隙（双面）	
基本尺寸	极限偏差	基本尺寸	极限偏差	基本尺寸	极限偏差	槽数/个	方形槽 ($w\times b$),r_1,r_2		圆弧槽 R,b,r		槽宽 c	槽深 a	轴承外圆设定位要素	轴承外圆不设定位要素
25	H8	40	p7 外圆无定位要素 d9 外圆有定位要素	32,40,48	0 −0.50	4	$w\times b=$ 10×3	$r_1=1$ $r_2=2$	$R=5$ $b=3$	$r=4$	6	3	0.07	0.12
28		44		35,44,52										
30		50		40,50,60			$w\times b=$ 12×3	$r_1=2$ $r_2=4$	$R=6$ $b=4$					
35		55		44,55,66									0.10	0.16
38		58		46,58,70		6				$r=6$				
42		62		50,62,75										
45		65		52,65,78										
50		74		60,74,90			$w\times b=$ 14×4	$r_1=3$ $r_2=6$	$R=7$ $b=5$		8	4		
55		80		64,80,96									0.12	0.20
60		85		68,85,102										
70		95		76,95,114										
80		110		86,110,132						$r=8$	10	5		
90		120		96,120,144		8	$w\times b=$ 16×5	$r_1=6$ $r_2=8$	$R=8$ $b=6$				0.14	0.25
100		130		104,130,156										
120		150		120,150,180										

注：1. 轴承材料为酚醛塑料 P23-1、P117 和聚邻苯二甲酸二丙烯酯 DPA-2。

2. 轴承的工作介质为含砂量（质量比）不超过 0.01%的清水，其酸碱度（pH）为 6.5～8.5，氯离子含量不超过 400mg/L，水温不高于 65℃。

参考文献

[1] 张松林主编. 最新轴承手册. 北京：电子工业出版社，2007
[2] 王少怀主编. 机械设计师手册. 上册. 北京：电子工业出版社，2006
[3] 吴宗泽主编. 机械设计师手册. 第2版. 下册. 北京：机械工业出版社，2009
[4] 成大先主编. 机械设计手册. 第2卷. 第5版. 北京：化学工业出版社，2008
[5] 中国标准出版社. 全国滑动轴承标准化技术委员会，中国机械工业标准汇编. 滑动轴承卷. 北京：中国标准出版社，2003
[6] 国家质量监督检验检疫总局. 中国国家标准. 关节轴承. 北京：中国标准出版社，2002，2003
[7] 卜炎等. 实用轴承技术手册. 北京：机械工业出版社，2003
[8] 闻邦椿主编. 机械设计手册. 第6版. 第3卷. 北京：机械工业出版社，2017

第 7 篇

润滑与密封

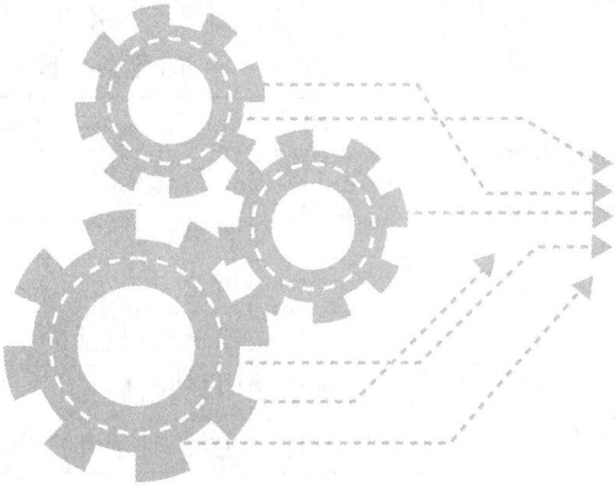

第1章

润滑剂

1.1 润滑剂的分类

润滑剂是加入两个相对运动表面之间，能减少或避免摩擦磨损的物质。常用的润滑剂分类见图 7-1-1。石油产品及润滑剂分类方法和类别按表 7-1-1 规定；润滑剂、工业用油和有关产品（L 类）的分类，按表 7-1-2 的规定。

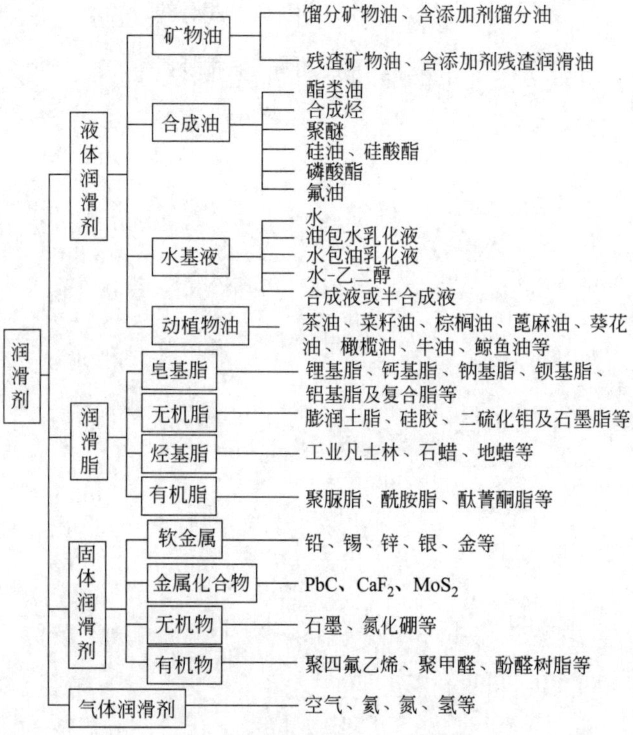

图 7-1-1 常用的润滑剂分类

表 7-1-1 石油产品和有关产品的总分类
（摘 GB/T 498—2014）

类别	类别的含义
F	燃料
S	溶剂和化工原料
L	润滑剂、工业润滑油和有关产品
W	蜡
B	沥青

产品分类举例：ISO-L-G-68

产品分类说明：ISO——词首；L——类别（表示润滑剂）；G——品种（表示导轨油），由 1～4 个英文字母组成，见表 7-1-2 或其他分类标准；68——数字（表示 ISO 黏度等级），见表 7-1-5 或按相应的标准规定。

表 7-1-2 润滑剂、工业用油和有关产品（L 类）的分类（摘 GB/T 7631.1—2008）

组别	应用场合	标准编号
A	全损耗系统	GB/T 7631.13
B	脱模	—
C	齿轮	GB/T 7631.7
D	压缩机(包括冷冻机和真空机)	GB/T 7631.9
E	内燃机油	GB/T 7631.17
F	主轴、轴承和离合器	GB/T 7631.4
G	导轨	GB/T 7631.11
H	液压系统	GB/T 7631.2
M	金属加工	GB/T 7631.5
N	电气绝缘	GB/T 7631.15
P	气动工具	GB/T 7631.16
Q	热传导液	GB/T 7631.12
R	暂时保护防腐蚀	GB/T 7631.6
T	汽轮机	GB/T 7631.10
U	热处理	GB/T 7631.14
X	用润滑脂的场合	GB/T 7631.8
Y	其他应用场合	—
Z	蒸汽汽缸	—

1.2 润滑剂的选用原则

各类润滑剂的特性见表 7-1-3。润滑设计应遵循通用性的原则，优先采用国家、行业现行润滑剂产品标准规范，不应使用作废的润滑剂产品标准规范。润滑剂的选择原则见表 7-1-4。

表 7-1-3　各类润滑剂的特性

特性	液体润滑剂			润滑脂	固体润滑剂
	普通矿物油	含添加剂的矿物油	合成油		
边界润滑性	较好	好～极好	差～极差	好～极好	好～极好
冷却性	很好	很好	较好	差	很差
抗摩擦和摩擦力矩性	较好	好	较好	较好	差～较好
黏附在轴承上不流失的性能	差	差	很差～差	好	很好
密封防污染物的性能	差	差	差	很好	较好～极好
使用温度范围	好	很好	较好～极好	很好	极好
耐大气腐蚀性	差～好	极好	差～好	极好	差
挥发性(低为好)	较好	较好	较好～极好	好	极好
可燃性(低为好)	差	差	较好～极好	较好	较好～极好
配伍性	较好	较好	很差～差	较好	极好
价格	很低	低	高～很高	较高	高
决定使用寿命的因素	变质和污染	污染	变质和污染	变质	磨损

表 7-1-4　润滑剂的选用原则

考虑因素		选用原则
工作范围	运动速度	两摩擦面相对运动速度愈高,其形成油膜的作用也愈强,故在高速的运动副上宜采用低黏度润滑油和锥入度较大(较软)的润滑脂;反之,应采用高黏度的润滑油和锥入度较小的润滑脂
	载荷大小	运动副的载荷或压强愈大,愈应选用黏度大或油性好的润滑油;反之,选用润滑油的黏度应愈小 各种润滑油均具有一定的承载能力,在低速、重载荷的运动副上,首先考虑润滑油的允许承载能力。在边界润滑的重载荷运动副上,应考虑润滑油的极压性能
	运动情况	冲击振动载荷将形成瞬时极大的压强,而往复与间歇运动对油膜的形成不利,故均应采用黏度较大的润滑油。有时宁可采用润滑脂(锥入度较小)或固体润滑剂,以保证可靠的润滑
周围环境	温度	环境温度低时,运动副应采用黏度较小、凝点低的润滑油和锥入度较大的润滑脂;反之,则采用黏度较大、闪点较高、油性好以及氧化安定性强的润滑油和滴点较高的润滑脂。温度升降变化大的,应选用黏温性能较好(即黏度变化比较小)的润滑油
	潮湿条件	在潮湿的工作环境,或者与水接触较多的工作条件下,一般润滑油容易变质或被水冲走,应选用抗乳化能力较强和油性、防锈蚀性能较好的润滑剂。润滑脂(特别钙基、锂基、钡基等)有较强的抗水能力,宜用于潮湿的条件。但不能选用钠基脂
	尘屑较多地方	密封有一定困难的场合,采用润滑脂可起到一定的隔离作用,防止尘屑的侵入。在系统密封较好的场合,可采用带有过滤装置的集中循环润滑方法。在化学气体比较严重的地方,最好采用有耐蚀性能的润滑油
摩擦副表面	间隙	摩擦副之间的间隙愈小,润滑油的黏度应愈低,因低黏度润滑油的流动和楔入能力强,能迅速进入间歇小的摩擦副起润滑作用
	加工精度	摩擦副表面粗糙,要求使用黏度较大的润滑油或锥入度较小的润滑脂;反之,应选用黏度较小的润滑油或锥入度较大的润滑脂
	表面位置	在垂直导轨、丝杠上以及外露齿轮、链条、钢丝绳润滑油容易流失,应选用黏度较大的润滑油。立式轴承宜选用润滑脂,这样可以减少流失,保证润滑
润滑装置的特点		在循环润滑系统以及油芯或毛毡滴油系统,要求润滑油具有较好的流动性,宜采用黏度较小的润滑油。对于循环润滑系统,还要求润滑油抗氧化安定性较高、机械杂质要少,以保证系统长期的清洁、通畅。在集中润滑系统中采用的润滑脂,其锥入度应该大些,便于输送。在飞溅及油雾润滑系统中,为减轻润滑油的氧化作用,应选用有抗氧化添加剂的润滑油。对人工间歇加油的装置,则应采用黏度大一些的润滑油,以免迅速流失

1.3 常用润滑油

1.3.1 润滑油的主要质量指标

润滑油的主要质量指标列于表 7-1-5。

1.3.2 常用润滑油的性能及应用

常用润滑油（国家标准）的主要性能及应用列于表 7-1-8，其他常用润滑油仅列出相关标准，见表 7-1-9。

表 7-1-5 润滑油的主要质量指标

指标		定 义	说 明
黏度	动力黏度(μ)	定义为应力与应变速率之比，其数值上等于面积为 $1m^2$ 相距 1m 的两平板，以 1m/s 的速度相对运动时，因之间存在流体互相作用所产生的内摩擦力	表示液体在一定剪切应力下流动时，内摩擦力的量度。单位：$N\cdot s/m^2$，即 $Pa\cdot s$。一般常用 $mPa\cdot s$，$1Pa\cdot s=10^3 mPa\cdot s$ 黏度是各种润滑油分类分级和评定产品质量的主要指标，对选用润滑油都有着重要意义。黏度分成不同的等级，表 7-1-6 和表 7-1-7 给出两种黏度分类
	运动黏度(ν)	运动黏度为相同温度下液体的动力黏度与其密度之比	表示液体在重力作用下流动时，内摩擦力的量度。单位：m^2/s 或 mm^2/s，$1m^2/s=10^6 mm^2/s$
	条件黏度	采用不同的特定黏度计所测得的黏度以条件黏度表示	较常用的有恩氏黏度、赛氏黏度和雷氏黏度等。恩氏黏度单位：°E；赛氏黏度和雷氏黏度单位：s
黏度指数		表示油品黏度随温度变化这个特性的一个约定量值。黏度指数高，表示油品的黏度随温度变化较小	它是油品黏度-温度特性的衡量指标。检验时将润滑油试样与一种黏温性能较好（黏度指数定为 100）及另一种黏温性能较差（黏度指数定为 0）的标准油进行比较所得黏度的温度变化的相对值（GB/T 1995）
凝点		试样在规定条件下冷却至停止移动时的最高温度，以℃表示	表示润滑油的耐低温的性能。按 GB/T 510 标准方法检验时，将润滑油装在试管中，冷却到预期的温度时，将试管倾斜 45℃，经过 1min，观察液面是否移动，记录试管内液面不移动时的最高温度作为凝点
倾点		在规定条件下，被冷却的试样能流动的最低温度，以℃表示	倾点是表示油品低温流动性的指标。现在我国已逐步改用倾点来表示润滑油的低温性能。按 GB/T 3535 标准方法检验时将润滑油放在试管中预热后，在规定速度下冷却，每间隔 3℃检查一次润滑油的流动性。观察到被冷却的润滑油能流动的最低温度作为倾点
黏度比		油品在两个规定温度下所测得较低温度下的运动黏度与较高温度下的运动黏度之比。黏度比越小表示油品黏度随温度变化越小	黏度比是用来评定成分相同的同牌号油在同一温度范围内的低温黏度与高温黏度的比值。一般润滑油规定以 40℃时的运动黏度与 100℃时的运动黏度的比值，用 ν_{40}/ν_{100} 表示
闪点		在规定条件下，加热油品所逸出的蒸气和空气组成的混合物与火焰接触发生瞬间闪火时的最低温度，以℃表示	选用润滑油时，应根据使用温度考虑润滑油闪点的高低，一般要求润滑油的闪点比使用温度高 20～30℃，以保证使用安全和减少挥发损失。测定闪点有两种方法：开杯闪点（开口闪点），用于测定闪点在 150℃以下的轻质油品；闭杯闪点（闭口闪点），用于测定重质润滑油和深色石油产品。用开口杯（GB/T 267）闪点法测定闪点时，把试样装入内坩埚到规定的刻线。首先迅速升高试样的温度，然后缓慢升温，当接近闪点时，恒速升温，在规定的温度间隔，用一个小的点火器火焰按规定速度通过试样表面，以点火器的火焰使试样表面上的蒸气发生闪火的最低温度，作为开口杯闪点

指标	定义	说明
酸值	中和1g润滑油中酸性物质所需氢氧化钾的毫克数	润滑油在储存和使用过程中被氧化变质时，酸值也逐渐增大，常用酸值的变化大小来衡量润滑油的氧化稳定性和储存稳定性，或作为换油指标之一。常用的润滑油酸值标准测定法有电位滴定位(GB/T 7304)、颜色指示剂法(GB/T 4945)、半微量颜色指示剂法(SH/T 0163)及碱性蓝法(GB/T 264)等
残炭	油品在热与氧共同作用下，受热裂解缩合和催化生成的残留物	残炭值主要是内燃机油和空压机油等的质量指标之一。在这些机器工作时，其活塞环不断地将润滑油带入高温的缸内，部分分解氧化形成了积炭，在缸壁、活塞顶部的积炭会妨碍散热而使零件过热。积炭沉积在火花塞、阀门上会引起点火不灵及阀门开关不灵甚至烧坏。现行的残炭标准测定法有康氏法(GB/T 268)与电炉法(SH/T 0170)两种
灰分	是指试样在规定条件下被灼烧炭化后所剩的残留物经煅烧所得的无机物，以质量分数表示。硫酸盐灰分是指试样炭化后剩余的残渣用硫酸处理，并加热至恒重的质量，以质量分数表示	对于不含添加剂的润滑油，灰分可以作为检查基础油精制是否正常的指标之一。灰分越少越好。灰分含量较多会促使油品加速氧化、生胶，增加机械的磨损。对于含添加剂的润滑油，在未加添加剂前，灰分含量越少越好。但某些添加剂本身就是金属盐类，为保证油中加有足够的添加剂，又要求硫酸盐灰分不小于某一数值，以间接地表明添加剂的含量。按GB/T 508及GB/T 2433标准方法测定
机械杂质	是指润滑油中不溶于汽油、乙醇和苯等溶剂的沉淀物或胶状悬浮物。来源于润滑油生产、储存和使用中的外界污染或机械本身磨损和腐蚀，大部分是砂石、铁屑和积炭类，以及添加剂带来的一些难溶于溶剂的有机金属盐	也是反映油品精制程度的质量指标。它的存在加速机械的磨损，严重时堵塞油路、油嘴和滤油器，破坏正常润滑。在使用前和使用中应对油进行必要的过滤。对于加有添加剂的油品，不应简单地用机械杂质含量的大小判断其好坏，而是应分析机械杂质的内容，因为这时杂质中含有加入添加剂后所引入的对使用无害的溶剂不溶物。机械杂质的测定按GB/T 511标准方法进行
水分	存在于润滑油中的水含量称为水分。润滑油中水分一般以溶解水或以微滴状态悬浮于油中的混合水两种状态存在	润滑油中存在水分，会促使油品氧化变质，破坏润滑油形成的油膜，使润滑效果变差。水分还加速油中有机酸对金属的腐蚀作用，造成设备锈蚀。导致润滑油添加剂失效以及其他一些影响。因而润滑油中水分越少越好，用户必须在使用储存中注意保管油品。水分的测定按GB/T 260标准方法进行，将一定量的试样与无水溶剂(二甲苯)混合，进行蒸馏，测定其水分含量
水溶性酸或碱	是指存在于润滑油中的酸性或碱性物质	新油中如有水溶性酸或碱，则可能是润滑油在酸碱精制过程中酸碱分离不好的结果。储存和使用过程中的油品如含有水溶性酸和碱，则表明润滑油被污染或氧化分解。润滑油酸和碱不合格将腐蚀机械零件，使汽轮机油的抗乳化性降低，变压器油的耐电压性能下降。水溶性酸或碱的测定按GB/T 259标准方法进行

续表

指标	定义	说明
氧化安定性	是指润滑油在加热和在金属的催化作用下抵抗氧化变质的能力	是反映油品在实际使用、储存和运输过程中氧化变质或老化倾向的重要特性。内燃机油的氧化安定性按 SH/T 0299 标准方法测定；汽轮机油用 SH/T 0193 标准方法测定；变压器油用 SH/T 0124 标准方法测定；极压润滑油用 SH/T 0123、直馏和不含添加剂润滑油用 SH/T 0185 标准方法测定
防腐性	是测定油品在一定温度下阻止与其相接触的金属被腐蚀的能力	在润滑油中引起金属腐蚀的物质，有可能是基础油和添加剂生产过程中所残留的，也可能源于油品的氧化产物和油品储运与使用过程中受到污染的产物。腐蚀试验一般按石油产品铜片腐蚀试验方法(GB/T 5096)进行。还可采用润滑油腐蚀试验方法(SH/T 0195)。常用的试验条件为 100℃，3h。此外，内燃机油对轴瓦(铅铜合金)等的腐蚀性，可按发动机润滑油腐蚀度测定法(GB/T 391)进行
极压性能	使用四球试验机测定润滑剂极压和磨损性能的试验方法	按 GB/T 12583 标准方法，使用四球机测定润滑剂极压性能(承载能力)。该标准规定了三个指标：①最大无卡咬负荷 PB，即在试验条件下不发生卡咬的最大负荷；②烧结负荷 PD，即在试验条件下使钢球发生烧结的最小负荷；③综合磨损值 ZMZ，又称平均赫兹负荷或负荷磨损指标 LWI，是润滑剂抗极压能力的一个指数，它等于若干次校正负荷的数学平均值
抗摩擦能力	借助梯姆肯(环块)极压试验机测定润滑油脂承压能力、抗摩擦和抗磨损性能的一种试验方法	按 SH/T 0532 标准方法，使用梯姆肯试验机测定润滑油抗擦伤能力。该标准规定了两个指标：①OK 值，即用梯姆肯法测定润滑油承压能力过程中，没有引起刮伤或卡咬(又称咬粘)时所加负荷的最大值；②刮伤值，即用同一方法测定中出现刮伤或卡咬时所加负荷的最小值

表 7-1-6 工业液体润滑剂 ISO 黏度分类（摘自 GB/T 3141—1994）

ISO 黏度等级	中间点运动黏度 (40℃)/$mm^2 \cdot s^{-1}$	运动黏度范围 (40℃)/$mm^2 \cdot s^{-1}$		ISO 黏度等级	中间点运动黏度 (40℃)/$mm^2 \cdot s^{-1}$	运动黏度范围 (40℃)/$mm^2 \cdot s^{-1}$	
		最小	最大			最小	最大
2	2.2	1.98	2.42	150	150	135	165
3	3.2	2.88	3.52				
5	4.6	4.14	5.06				
7	6.8	6.12	7.48	220	220	198	242
10	10	9.00	11.0	320	320	288	352
15	15	13.5	16.5	460	460	414	506
				680	680	612	748
22	22	19.8	24.2				
32	32	28.8	35.2	1000	1000	900	1100
46	46	41.4	50.6	1500	1500	1350	1650
68	68	61.2	74.8	2200	2200	1980	2420
100	100	90.0	110	3200	3200	2880	3520

注：1. 对于某些 40℃运动黏度等级大于 3200 的产品，如某些含高聚物或沥青的润滑剂，可以参照本分类表中的黏度等级设计，只要把运动黏度测定温度由 40℃改为 100℃，并在黏度等级后加后缀符号“H”即可。如黏度等级为 15H，则表示该黏度等级是采用 100℃运动黏度确定的，它在 100℃时的运动黏度范围应为 13.5～16.5mm^2/s。

2. 本黏度等级分类标准不适用于内燃机油和车辆齿轮油。

表 7-1-7 内燃机油黏度分类（摘自 GB/T 14906—2018）

低温黏度分类

低温黏度等级	低温启动黏度/mPa·s 不大于	低温泵送黏度/mPa·s 不大于	运动黏度（100℃）/$mm^2 \cdot s^{-1}$ 不小于	低温黏度等级	低温启动黏度/mPa·s 不大于	低温泵送黏度/mPa·s 不大于	运动黏度（100℃）/$mm^2 \cdot s^{-1}$ 不小于
0W	6200(−35℃)	60000(−40℃)	3.8	15W	7000(−20℃)	60000(−25℃)	5.6
5W	6600(−30℃)	60000(−35℃)	3.8	20W	9500(−15℃)	60000(−20℃)	5.6
10W	7000(−25℃)	60000(−30℃)	4.1	25W	13000(−10℃)	60000(−15℃)	9.3

高温黏度分类

高温黏度等级	100℃时运动黏度/$mm^2 \cdot s^{-1}$		150℃时高剪切黏度/mPa·s 不大于	高温黏度等级	100℃时运动黏度/$mm^2 \cdot s^{-1}$		150℃时高剪切黏度/mPa·s 不大于
	不小于	小于			不小于	小于	
8	4.0	6.1	1.7	30	9.3	12.5	2.9
12	5.0	7.1	2.0	40	12.5	16.3	3.5(0W-40,5W-40,10W-40)3.7(15W-40,20W-40,25W-40和40等级)
16	6.1	8.2	2.3	50	16.3	21.9	3.7
20	6.9	9.3	2.6	60	21.9	26.1	3.7

表 7-1-8 润滑油主要性能及应用

名称与牌号	黏度等级 GB 3141	运动黏度/$mm^2 \cdot s^{-1}$		黏度指数不小于	闪点（开杯）/℃ 不低于	倾点/℃ 不高于	低温动力黏度/mPa·s 不大于	主要用途
		40℃	100℃					
L-AN 全损耗系统用油（GB 443—1989）	5	4.14～5.06	—	—	80	−5	—	L-AN 全损耗系统用油是合并了原机械油、缝纫机油和高速机械油标准而形成的。适用于过去使用机械油的各种场合。如机床、纺织机械、中小型电机、风机、水泵等各种机械的变速箱、手动加油转动部位、轴承等一般润滑点或润滑系统，及对润滑油无特殊要求的全损耗润滑系统，不适用于循环润滑系统
	7	6.12～7.48	—	—	110	−5	—	
	10	9.00～11.00	—	—	130	−5	—	
	15	13.5～16.5	—	—	150	−5	—	
	22	19.8～24.2	—	—	150	−5	—	
	32	28.8～35.2	—	—	150	−5	—	
	46	41.4～50.6	—	—	160	−5	—	
	68	61.2～74.8	—	—	160	−5	—	
	100	90.0～110	—	—	180	−5	—	
	150	135～165	—	—	180	−5	—	

续表

名称与牌号		黏度等级 GB 3141	运动黏度/mm²·s⁻¹ 40℃	运动黏度/mm²·s⁻¹ 100℃	黏度指数 不小于	闪点(开杯)/℃ 不低于	倾点/℃ 不高于	低温动力黏度/mPa·s 不大于	主要用途
工业闭式齿轮油(GB 5903—2011)	L-CKB	100	90.0～110	—	90	180	−8	—	在轻载荷下运转的工业闭式齿轮传动装置的润滑
		150	135～165	—	90	200	−8	—	
		220	198～242	—	90	200	−8	—	
		320	288～352	—	90	200	−8	—	
	L-CKC	32	28.8～35.2	报告	90	180	−12	—	保持在正常或中等恒定油温和重载荷下运转的工业闭式齿轮传动装置的润滑
		46	41.4～50.6	报告	90	180	−12	—	
		68	61.2～74.8	报告	90	180	−12	—	
		100	90.0～110	报告	90	200	−12	—	
		150	135～165	报告	90	200	−9	—	
		220	198～242	报告	90	200	−9	—	
		320	288～352	报告	90	200	−9	—	
		460	414～506	报告	90	200	−9	—	
		680	612～748	报告	85	200	−5	—	
		1000	900～1100	报告	85	200	−5	—	
		1500	1350～1650	报告	85	200	−5	—	
	L-CKD	68	61.2～74.8	报告	90	180	−12	—	在高的恒定油温和重载荷下运转的工业闭式齿轮传动装置的润滑
		100	90.0～110	报告	90	200	−12	—	
		150	135～165	报告	90	200	−9	—	
		220	198～242	报告	90	200	−9	—	
		320	288～352	报告	90	200	−9	—	
		460	414～506	报告	90	200	−9	—	
		680	612～748	报告	90	200	−5	—	
		1000	900～1100	报告	90	200	−5	—	
轻负荷喷油回转式空气压缩机油(GB 5904—1986)		N15	13.5～16.5	—	90	165	−9	—	适用于排气温度小于100℃、有效工作压力小于800kPa的轻载荷喷油内冷回转式空气压缩机
		N22	19.8～24.2	—	90	175	−9	—	
		N32	28.8～35.2	—	90	190	−9	—	
		N46	41.4～50.6	—	90	200	−9	—	
		N68	61.2～74.8	—	90	210	−9	—	
		N100	90.0～100	—	90	220	−9	—	
液压油 GB 11118.1—2011	L-HL	15	13.5～16.5	—	80	140	−12	—	适用于抗氧防锈型流体静压液压系统中使用的液压油
		22	19.8～24.2	—	80	165	−9	—	
		32	28.8～35.2	—	80	175	−6	—	
		46	41.4～50.6	—	80	185	−6	—	
		68	61.2～74.8	—	80	195	−6	—	
		100	90～110	—	80	205	−6	—	
		150	135～165	—	80	215	−6	—	

续表

名称与牌号		黏度等级 GB 3141	运动黏度/mm²·s⁻¹		黏度指数不小于	闪点(开杯)/℃ 不低于	倾点/℃ 不高于	低温动力黏度/mPa·s 不大于	主要用途
			40℃	100℃					
液压油 GB 11118.1—2011	L-HM 高压	32	28.8～35.2	—	95	175	−15	—	适用于抗磨型流体静压液压系统中使用的液压油
		46	41.4～50.6	—	95	185	−9	—	
		68	61.2～74.8	—	95	195	−9	—	
		100	90～110	—	95	205	−9	—	
	L-HM 普通	22	19.8～24.2	—	85	165	−15	—	
		32	28.8～35.2	—	85	175	−15	—	
		46	41.4～50.6	—	85	185	−9	—	
		68	61.2～74.8	—	85	195	−9	—	
		100	90～110	—	85	205	−9	—	
		150	135～165	—	85	215	−9	—	
	L-HV	10	9.0～11.0	—	130	—	−39	—	适用于低温型流体静压液压系统中使用的液压油
		15	13.5～16.5	—	130	125	−36	—	
		22	19.8～24.2	—	140	175	−36	—	
		32	28.8～35.2	—	140	175	−33	—	
		46	41.4～50.6	—	140	180	−33	—	
		68	61.2～74.8	—	140	180	−30	—	
		100	90～110	—	140	190	−21	—	
	L-HS	10	9.0～11.0	—	130	—	−45	—	适用于超低温型流体静压液压系统中使用的液压油
		15	13.5～16.5	—	130	125	−45	—	
		22	19.8～24.2	—	150	175	−45	—	
		32	28.8～35.2	—	150	175	−45	—	
		46	41.4～50.6	—	150	180	−39	—	
	L-HG	32	28.8～35.2	—	90	175	−6	—	适用于各类液压导轨使用的液压油
		46	41.4～50.6	—	90	185	−6	—	
		68	61.2～74.8	—	90	195	−6	—	
		100	90～110	—	90	205	−6	—	
涡轮机油 GB 11120—2011	L-TSA L-TSE (A级)	32	28.8～35.2	—	90	186	−6	—	适用于电力、工业、船舶及其他工业汽轮机组等的润滑和密封
		46	41.4～50.6	—	90	186	−6	—	
		68	61.2～74.8	—	90	195	−6	—	
	L-TSA L-TSE (B级)	32	28.8～35.2	—	85	186	−6	—	
		46	41.4～50.6	—	85	186	−6	—	
		68	61.2～74.8	—	85	195	−6	—	
		100	90～110	—	85	195	−6	—	
	L-TGA L-TGE	32	28.8～35.2	—	90	186	−6	—	适用于电力、工业、船舶及其他工业燃气轮机组等的润滑和密封
		46	41.4～50.6	—	90	186	−6	—	
		68	61.2～74.8	—	90	186	−6	—	

续表

名称与牌号		黏度等级 GB 3141	运动黏度/$mm^2 \cdot s^{-1}$		黏度指数 不小于	闪点(开杯)/℃ 不低于	倾点/℃ 不高于	低温动力黏度/mPa·s 不大于	主要用途
			40℃	100℃					
涡轮机油 GB 11120—2011	L-TGSB L-TGSE	32	28.8～35.2	—	90	186	−6	—	适用于电力、工业、船舶及其他工业汽轮机和燃气轮机组等的润滑和密封
		46	41.4～50.6	—	90	186	−6	—	
		68	61.2～74.8	—	90	186	−6	—	
空气压缩机油 GB/T 12691—1990	L-DAA L-DAB	32	28.8～35.2	报告	—	175	−9	—	适用于有油润滑的活塞式和滴油回转式空气压缩机。L-DAA 用于轻载荷空气压缩机；L-DAB 用于中载荷空气压缩机
		46	41.6～50.6	报告	—	185	−9	—	
		68	61.2～74.8	报告	—	195	−9	—	
		100	90.0～110	报告	—	205	−9	—	
		150	135～165	报告	—	215	−3	—	
食品机械专用白油 GB 12494—1990		10	9.0～11.0	—	—	140	−5	—	适用于与食品非直接接触的食品加工机械设备的润滑，包括粮油加工、水果蔬菜加工、乳制品加工等食品工业的加工设备润滑
		15	13.5～16.5	—	—	150	−5	—	
		22	19.8～24.2	—	—	160	−5	—	
		32	28.8～35.2	—	—	180	−5	—	
		46	41.4～50.6	—	—	180	−5	—	
		68	61.2～74.8	—	—	200	−5	—	
冷冻机油 GB/T 16630—2012	L-DRA	15	13.5～16.5	—	—	150	−39	—	用于制冷系统中蒸发器操作温度高于−40℃的开启式货半封闭式普通冷冻机
		22	19.8～24.2	—	—	150	−36	—	
		32	28.8～35.2	—	—	160	−33	—	
		46	41.4～50.6	—	—	160	−33	—	
		68	61.2～74.8	—	—	170	−27	—	
		100	90～110	—	—	170	−21	—	
	L-DRB	22	19.8～24.2	—	—	200	双方商定	—	用于制冷系统中蒸发器操作温度低于−40℃的全封闭式冷冻、冷藏设备、电冰箱
		32	28.8～35.2	—	—	200	双方商定	—	
		46	41.4～50.6	—	—	200	双方商定	—	
		68	61.2～74.8	—	—	200	双方商定	—	
		100	90～110	—	—	200	双方商定	—	
		150	135～165	—	—	200	双方商定	—	
	L-DRD	7	6.12～7.48	—	—	130	−39	—	车用空调，家用制冷，民用商用空调，热泵，商业制冷包括运输制冷
		10	9.0～11.0	—	—	130	−39	—	
		15	13.5～16.5	—	—	150	−39	—	
		22	19.8～24.2	—	—	150	−39	—	
		32	28.8～35.2	—	—	180	−39	—	
		46	41.4～50.6	—	—	180	−39	—	
		68	61.2～74.8	—	—	180	−36	—	
		100	90～110	—	—	180	−33	—	
		150	135～165	—	—	210	−30	—	

名称与牌号		黏度等级 GB 3141	运动黏度/mm²·s⁻¹		黏度指数不小于	闪点(开杯)/℃ 不低于	倾点/℃ 不高于	低温动力黏度/mPa·s 不大于	主要用途
			40℃	100℃					
冷冻机油 GB/T 16630—2012	L-DRD	220	198～242	—	—	210	-21	—	
		320	288～352	—	—	210	-21	—	
		460	414～506	—	—	210	-21	—	
	L-DRE	15	13.5～16.5	—	—	150	-39	—	车用空调，家用制冷，民用商用空调，热泵，商业制冷包括运输制冷
		22	19.8～24.2	—	—	150	-36	—	
		32	28.8～35.2	—	—	160	-36		
		46	41.4～50.6	—	—	160	-33		
		68	61.2～74.8	—	—	170	-27		
		100	90～110	—	—	180	-24		
		150	135～165	—	—	210	-18	—	
		220	198～242	—	—	210	-15	—	
		320	288～352	—	—	225	-12	—	
		460	414～506	—	—	225	-9	—	
	L-DRG	10	9.0～11.0	—	—	150	-45	—	工业制冷，家用制冷，民用商用空调，热泵(备注:工厂厂房用的低负载制冷装置)
		15	13.5～16.5	—	—	150	-39	—	
		22	19.8～24.2	—	—	150	-36	—	
		32	28.8～35.2	—	—	160	-33	—	
		46	41.4～50.6	—	—	160	-33	—	
		68	61.2～74.8	—	—	170	-24	—	
		100	90～110	—	—	170	-24	—	
		150	135～165	—	—	210	-21	—	
		220	198～242	—	—	210	-15	—	
		320	288～352	—	—	210	-12	—	
		460	414～506	—	—	225	-9	—	

名称与牌号		黏度等级 GB/T 14906	运动黏度/mm²·s⁻¹		黏度指数不小于	闪点(开杯)/℃ 不低于	倾点/℃ 不高于	低温动力黏度/mPa·s 不大于	主要用途
			40℃	100℃					
汽油机油 GB 11121—2006	SE和SF	0W-20	—	5.6～<9.3	—	200	-40	3250 (-30℃)	用于轿车和某些货车的汽油机以及要求使用API SF、SE及SC级油的汽油机。此种油品的抗氧化和抗磨损性能优于SE，还具有控制汽油机沉积、锈蚀和腐蚀的性能。并可代替SE、SD或SC
		0W-30	—	9.3～<12.5	—	200	-40	3250 (-30℃)	
		5W-20	—	5.6～<9.3	—	200	-35	3500 (-25℃)	
		5W-30	—	9.3～<12.5	—	200	-35	3500 (-25℃)	
		5W-40	—	12.5～<16.3	—	200	-35	3500 (-25℃)	
		5W-50	—	16.3～<21.9	—	200	-35	3500 (-25℃)	

名称与牌号		黏度等级 GB/T 14906	运动黏度/mm²·s⁻¹		黏度指数不小于	闪点（开杯）/℃ 不低于	倾点/℃ 不高于	低温动力黏度/mPa·s 不大于	主要用途
			40℃	100℃					
汽油机油 GB 11121—2006	SE和SF	10W-30	—	9.3～<12.5	—	205	−30	3500（−20℃）	用于轿车和某些货车的汽油机以及要求使用API SF、SE及SC级油的汽油机。此种油品的抗氧化和抗磨损性能优于SE，还具有控制汽油机沉积、锈蚀和腐蚀的性能。并可代替SE、SD或SC
		10W-40	—	12.5～<16.3	—	205	−30	3500（−20℃）	
		10W-50	—	16.3～<21.9	—	205	−30	3500（−20℃）	
		15W-30	—	9.3～<12.5	—	215	−23	3500（−15℃）	
		15W-40	—	12.5～<16.3	—	215	−23	3500（−15℃）	
		15W-50	—	16.3～<21.9	—	215	−23	3500（−15℃）	
		20W-40	—	12.5～<16.3	—	215	−18	4500（−10℃）	
		20W-50	—	16.3～<21.9	—	215	−18	4500（−10℃）	
		30	—	9.3～<12.5	75	220	−15	—	
		40	—	12.5～<16.3	80	225	−10	—	
		50	—	16.3～<21.9	80	230	−5	—	
	SG SH GF-1 SJ GF-2 SL GF-3	0W-20	—	5.6～<9.3	—	200	−40	6200（−35℃）	用于轿车和轻型卡车的汽油机以及要求使用API SH级油的汽油机。SH质量在汽油机磨损、锈蚀、腐蚀及沉淀物的控制和油的氧化方面优于SG，并可代替SG
		0W-30	—	9.3～<12.5	—	200	−40	6200（−35℃）	
		5W-20	—	5.6～<9.3	—	200	−35	6600（−30℃）	
		5W-30	—	9.3～<12.5	—	200	−35	6600（−30℃）	
		5W-40	—	12.5～<16.3	—	200	−35	6600（−30℃）	
		5W-50	—	16.3～<21.9	—	200	−35	6600（−30℃）	
		10W-30	—	9.3～<12.5	—	205	−30	7000（−25℃）	
		10W-40	—	12.5～<16.3	—	205	−30	7000（−25℃）	
		10W-50	—	16.3～<21.9	—	205	−30	7000（−25℃）	

续表

名称与牌号		黏度等级 GB/T 14906	运动黏度/$mm^2 \cdot s^{-1}$		黏度指数 不小于	闪点（开杯）/℃ 不低于	倾点/℃ 不高于	低温动力黏度/mPa·s 不大于	主要用途
			40℃	100℃					
汽油机油 GB 11121—2006	SG SH GF-1 SJ GF-2 SL GF-3	15W-30	—	9.3～<12.5	—	215	−25	7000（−20℃）	用于轿车和轻型卡车的汽油机以及要求使用 API SH 级油的汽油机。SH 质量在汽油机磨损、锈蚀、腐蚀及沉淀物的控制和油的氧化方面优于 SG，并可代替 SG
		15W-40	—	12.5～<16.3	—	215	−25	7000（−20℃）	
		15W-50	—	16.3～<21.9	—	215	−25	7000（−20℃）	
		20W-40	—	12.5～<16.3	—	215	−20	9500（−15℃）	
		20W-50	—	16.3～<21.9	—	215	−20	9500（−15℃）	
		30	—	9.3～<12.5	75	220	−15	—	
		40	—	12.5～<16.3	80	225	−10	—	
		50	—	16.3～<21.9	80	230	−5	—	
柴油机油 GB 11122—2006	CC 和 CD	0W-20	—	5.6～<9.3	—	200	−40	3250（−30℃）	CC 级用于在中及重载荷下运行的非增压、低增压或增压式柴油机，并包括一些重载荷汽油机。对于柴油机具有控制高温沉积物和轴瓦腐蚀的性能，对于汽油机具有控制锈蚀、腐蚀和高温沉积物的性能 CD 级用于需要高效控制磨损及沉积物或使用包括高硫燃料非增压、低增压及增压式柴油机以及国外要求使用 API CD 级油的柴油机。具有控制轴承腐蚀和高温沉积物的性能
		0W-30	—	9.3～<12.5	—	200	−40		
		0W-40	—	12.5～<16.3	—	200	−40		
		5W-20	—	5.6～<9.3	—	200	−35	3500（−25℃）	
		5W-30	—	9.3～<12.5	—	200	−35		
		5W-40	—	12.5～<16.3	—	200	−35		
		5W-50	—	16.3～<21.9	—	200	−35		
		10W-30	—	9.3～<12.5	—	205	−30	3500（−20℃）	
		10W-40	—	12.5～<16.3	—	205	−30		
		10W-50	—	16.3～<21.9	—	205	−30		
		15W-30	—	9.3～<12.5	—	215	−23	3500（−15℃）	
		15W-40	—	12.5～<16.3	—	215	−23		
		15W-50	—	16.3～<21.9	—	215	−23		
		20W-40	—	12.5～<16.3	—	215	−18	4500（−10℃）	
		20W-50	—	16.3～<21.9	—	215	−18		
		20W-60	—	21.9～<26.1	—	215	−18		
		30	—	9.3～<12.5	75	220	−15	—	
		40	—	12.5～<16.3	80	225	−10	—	
		50	—	16.3～<21.9	80	230	−5	—	
		60	—	21.9～<26.1	80	240	−5	—	

第7篇

续表

名称与牌号		黏度等级 GB/T 14906	运动黏度/$mm^2 \cdot s^{-1}$		黏度指数不小于	闪点(开杯)/℃不低于	倾点/℃不高于	低温动力黏度/mPa·s不大于	主要用途
			40℃	100℃					
柴油机油 GB 11122—2006	CF CF-4 CH-4 CI-4	0W-20	—	5.6～<9.3	—	200	−40	6200(−35℃)	CF级用于在低速高载荷和高速高载荷条件下运行的低增压和增压式重载荷柴油机以及要求使用CF级油的发动机,同时也满足CD级油性能要求 CF-4级用于高速四冲程柴油机以及要求使用API CF-4级油的柴油机。在油耗和活塞沉积物控制方面性能优于CE并可代替CE,此种油品特别适用于高速公路行驶的重载荷卡车 CH-4级用于重负荷柴油机以及要求使用API CH-4级油的柴油机。燃烧高或低硫燃料并满足美国1998年排放标准。具有更好的热稳定性及清净分散性能,更长的换油期,更强的抗磨损性能。可用于大型超重负荷集装箱运输车辆及在各种苛刻工况下作业的推土机、挖掘机、采矿设备、发电机组等
		0W-30	—	9.3～<12.5	—	200	−40		
		0W-40	—	12.5～<16.3	—	200	−40		
		5W-20	—	5.6～<9.3	—	200	−35	6600(−30℃)	
		5W-30	—	9.3～<12.5	—	200	−35		
		5W-40	—	12.5～<16.3	—	200	−35		
		5W-50	—	16.3～<21.9	—	200	−35		
		10W-30	—	9.3～<12.5	—	205	−30	7000(−25℃)	
		10W-40	—	12.5～<16.3	—	205	−30		
		10W-50	—	16.3～<21.9	—	205	−30		
		15W-30	—	9.3～<12.5	—	215	−25	7000(−20℃)	
		15W-40	—	12.5～<16.3	—	215	−25		
		15W-50	—	16.3～<21.9	—	215	−25		
		20W-40	—	12.5～<16.3	—	215	−20	9500(−15℃)	
		20W-50	—	16.3～<21.9	—	215	−20		
		20W-60	—	21.9～<26.1	—	215	−20		
		30	—	9.3～<12.5	75	220	−15	—	
		40	—	12.5～<16.3	80	225	−10	—	
		50	—	16.3～<21.9	80	230	−5	—	
		60	—	21.9～<26.1	80	240	−5	—	
重负荷车辆齿轮油(GL-5) GB 13895—2018		75W-90	—	13.5～<18.5	报告	170	报告	—	主要适用于汽车驱动桥,特别适用于在高速冲击负荷、高速低扭矩和低速高扭矩工况下应用的双曲面齿轮
		80W-90	—	13.5～<18.5	报告	180	报告	—	
		80W-110	—	18.5～<24.0	报告	180	报告	—	
		80W-140	—	24.0～<32.5	报告	180	报告	—	
		85W-90	—	13.5～<18.5	报告	180	报告	—	
		85W-110	—	18.5～<24.0	报告	180	报告	—	
		85W-140	—	24.0～<32.5	报告	180	报告	—	
		90	—	13.5～<18.5	90	180	−12	—	
		110	—	18.5～<24.0	90	180	−9	—	
		140	—	24.0～<32.5	90	200	−6	—	

续表

名称与牌号	黏度等级 GB/T 14906	运动黏度/mm²·s⁻¹		黏度指数不小于	闪点(开杯)/℃ 不低于	倾点/℃ 不高于	低温动力黏度/mPa·s 不大于	主要用途
		40℃	100℃					
农用柴油机油 GB 20419—2006	10W-30	—	9.3～<12.5	—	195	−30	3500 (−20℃)	适用于以单缸柴油机为动力的三轮汽车(原三轮农用运输车)、拖拉机运输机组、小型拖拉机发动机的润滑，还可用于其他以单缸柴油机为动力的小型农机具，如抽水机、发电机等
	15W-30	—	9.3～<12.5	—	200	−23	3500 (−15℃)	
	15W-40	—	12.5～<16.3	—	205	−23	3500 (−15℃)	
	30	—	9.3～<12.5	60	210	−12	—	
	40	—	12.5～<16.3	60	215	−3	—	
	50	—	17.0～<21.9	60	220	0	—	

表 7-1-9　部分常用润滑油专业标准和企业标准

序号	标准号	标准名称	序号	标准号	标准名称
1	SH/T 0010—1990	热定型机润滑油	10	SH/T 0363—1992	普通开式齿轮油
2	SH/T 0017—1990	轴承油	11	SH/T 0465—1992	4122 号高温仪表油
3	SH/T 0040—1991	超高压变压器油	12	SH/T 0528—1992	矿物油型真空泵油
4	SH/T 0094—1991	蜗轮蜗杆油	13	SH/T 0676—2005	水冷二冲程汽油机油
5	SH/T 0138—1994	10 号仪表油	14	SH/T 0692—2000	防锈油
6	SH 0139—1995	车轴油	15	JT/T 224—2008	中负荷车辆齿轮油
7	SH/T 0360—1992	13 号机械油(专用锭子油)	16	QB/T 2766—2006	矿物油型造纸机循环润滑系统润滑油
8	SH/T 0361—1998	导轨油	17	QB/T 2767—2006	合成型造纸机循环润滑系统润滑油
9	SH/T 0362—1996	抗氨汽轮机油	18	NB/SH/T 0454—2018	特种精密仪表油规范

1.4　常用润滑脂

1.4.1　润滑脂的主要质量指标

润滑脂是将稠化剂分散于液体润滑剂中所组成的稳定的固体或半固体产品。这种产品可以加入旨在改善某种特性的添加剂和填料。润滑脂的主要组成包括基础油、稠化剂以及添加剂和填料等，润滑脂的组分见表 7-1-10；润滑脂的主要质量指标见表 7-1-11。润滑脂的分类可查 GB/T 7631.8—1990，其中润滑脂的稠度通常根据锥入度值的不同，分为 9 个等级（即 NLGI 稠度等级），见表 7-1-12。

表 7-1-10　润滑脂的组分

基础油		稠化剂				添加剂		
矿物油 合成烃油 双脂类油 硅油	磷酸酯 氟碳类油 氟硅类油 氯硅类油	钠皂 钙皂 锂皂 铝皂	钡皂 复合铝皂 复合锂皂 膨润土	硅类 石墨 聚脲 聚四氟乙烯	聚乙烯 阴丹士林染料	抗氧剂 抗磨剂 极压抗磨剂 抗腐蚀剂	摩擦改进剂 金属钝化剂 黏度指数改进剂	增稠剂 抗水剂 染料 结构改进剂

表 7-1-11　润滑脂的主要质量指标

指标	定　义	说　明
外观	是通过目测和感观检验质量的项目。如可以目测脂的颜色、透明度和均匀性等；可以用手摸和观察脂纤维状况、黏附性和软硬程度等	通常在玻璃板上抹 1～2mm 脂层，对光检验其外观，初步判断出润滑脂的质量和鉴别润滑脂的种类。例如钠基脂是纤维状结构，能拉出较长的丝，对金属的附着力也强。一般润滑脂的颜色、浓度均匀，没有硬块、颗粒，没有析油、析皂现象，表面没有硬皮层状和稀软糊层状等
滴点	润滑脂在规定加热条件下，从不流动状态达到一定流动性时的最低温度。通常是从脂杯中滴下第一滴脂或流出 25mm 油柱时的温度。对于非皂基稠化剂类的脂，可以没有状态的变化，而是析出油	是衡量润滑脂耐热程度的一个指标，可用它鉴别润滑脂类型、粗略估计其最高使用温度，一般皂基脂的最高使用温度要比滴点低 20～30℃。但对于复合皂基脂、膨润土脂、硅胶脂等，二者间没有直接关系 中国润滑脂滴点标准测定方法有：①GB/T 4929，与国际标准 ISO/DP 2176 等效；②润滑脂宽温度范围滴点测定法(GB/T 3498)
锥入度	过去亦称针入度，是指在规定质量(150g)、规定温度(25℃)下锥入度计的标准圆锥体由自由落体垂直穿入装于标准脂杯内的润滑脂试样，经过 5s 所达到的深度。以 1/10mm 为单位。在 25℃下测定称为工作锥入度。一般润滑脂规格中的锥入度都是工作锥入度	是鉴定润滑脂稠度即软硬程度的指标。锥入度越大表示润滑脂越软。润滑脂锥入度根据 GB/T 269（等效采用国际标准 ISO/DIS 2137）规定的标准方法进行测定。为了节省试样，还有 1/4 锥入度和 1/2 锥入度，其圆锥体和捣脂器的尺寸都缩小。1/4 锥入度又称微锥入度，圆锥体和撞杆总质量为 9.38g±0.025g。1/2 锥入度的圆锥体和撞杆总质量为 37.5g±0.05g
水分	是指润滑脂的含水量，以质量分数表示	润滑脂中的水分有两种：一种是结合水，它是润滑脂中的稳定剂，对润滑脂结构的形成和性质都有重要的影响；另一种是游离的水分，是润滑脂中不希望有的，必须加以限制。因此，根据不同润滑脂提出不同含水量要求，例如钠基脂和钙基脂允许含很少量水分；钙基脂的水分依不同牌号脂的含皂量的多少而规定某一范围，水分过多或过少均会影响脂的质量；一般锂基脂、铝基脂和烃基脂等均不允许含水，润滑脂水分按照润滑脂水分测定法(GB/T 512)测定
皂分	是指润滑脂中作为稠化剂的脂肪酸皂组分的含量。非皂基脂没有皂分指标，但可规定一个稠化剂含量(只在生产过程控制)	测定润滑脂的皂分，可了解皂基润滑脂的其他物理性质是否和稠化剂的浓度相对应。同一牌号的皂基润滑脂，皂分高，则产品含油量少，在使用中就易产生硬化结块和干固现象，使用寿命缩短；皂分低，则骨架不强，机械安定性和胶体安定性会下降，易分离和流失。皂分按 SH/T 0319 方法测定
机械杂质	是指稠化剂和固体添加剂以外的不溶于规定溶剂的固体物质，例如砂砾、尘土、铁锈、金属屑等	润滑脂中的机械杂质，会引起机械摩擦面的磨损并增大轴承噪声，金属屑或金属盐还会促进润滑脂氧化等。润滑脂的机械杂质测定法有 4 种：①酸分解法（GB/T 513)；②溶剂抽出法（SH/T 0330)；③显微镜法（SH/T 0336)；④有害粒子鉴定法(SH/T 0322)
灰分	是指润滑脂试样经燃烧和煅烧所剩余的氧化物和以盐类形式存在的不燃烧组分，以质量分数表示	润滑脂灰分的主要来源是：稠化剂（如各种脂肪酸皂类）中的金属氧化物、原料中的杂质以及外界混入脂中的机械杂质等。润滑脂灰分按照 SH/T 0327 的方法测定

续表

指标	定　　义	说　　明
胶体安定性	润滑脂是一个由稠化剂和基础油形成的结构分散体系。基础油在有些情况下会自动从体系中分出来。润滑脂在长期储存和使用过程中抵抗分油的能力称为润滑脂的胶体安定性。通常把润滑脂析出的油的数量换算为质量分数来表示，即分油量指标	润滑脂的分油量（即胶体安定性）是润滑脂的重要指标之一。如果润滑脂产品在储存期间大量析油，则说明其胶体安定性差，这种产品只能短期存放，否则会因变质而报废。胶体安定性好的润滑脂，即使在较高温度和载荷的部位使用，也不致因受压力、离心力及较高温度而发生严重析油 润滑脂胶体安定性的标准测定方法有：①压力分油测定法（GB/T 392）；②锥网法分油测定（NB/SH/T 0324）
氧化安定性	是指润滑脂在储存和使用过程中抵抗氧化的能力	是润滑脂的重要性能之一。关系到其最高使用温度和寿命长短。润滑脂氧化安定性按 SH/T 0335 标准测定

表 7-1-12　润滑脂稠度等级（NLGI）

稠度等级（稠度号）	锥入度（25℃，150g）$/(10mm)^{-1}$	稠度等级（稠度号）	锥入度（25℃，150g）$/(10mm)^{-1}$	稠度等级（稠度号）	锥入度（25℃，150g）$/(10mm)^{-1}$
000	445～475	1	310～340	4	175～205
00	440～430	2	265～295	5	130～160
0	355～385	3	220～250	6	85～115

1.4.2　常用润滑脂的性能及应用

常用润滑脂（国家标准）的主要性能及应用列于表 7-1-13，其他常用润滑脂仅列出相关标准，见表 7-1-14。

表 7-1-13　常用润滑脂的主要性能及应用

名称与标准	稠度等级（NLGI）	外观	滴点/℃不低于	锥入度（25℃，150g）$/(10mm)^{-1}$	水分/%不大于	特性及主要用途
钙基润滑脂 GB/T 491—2008	1	淡黄色至暗褐色、均匀油膏	80	310～340	1.5	温度小于 55℃、轻载荷和有自动给脂的轴承，以及汽车底盘和气温较低地区的小型机械
	2		85	265～295	2.0	中小型滚动轴承，及冶金、运输、采矿设备中温度≤55℃轻载荷、高速机械的摩擦部位
	3		90	220～250	2.5	中型电机的滚动轴承，发电机及其他设备温度≤60℃、中等载荷及转速的机械摩擦部位
	4		95	175～205	3.0	汽车、水泵的轴承，重载荷机械的轴承，发电机、纺织机及其他≤60℃重载荷低速机械
钠基润滑脂 GB/T 492—1989	2	—	160	265～295	—	适用于－10～110℃内一般中等载荷机械设备的润滑，不适用于与水相接触的润滑部位
	3			220～250		

名称与标准	稠度等级(NLGI)	外观	滴点/℃不低于	锥入度(25℃,150g)/(10mm)$^{-1}$	水分/%不大于	特性及主要用途
极压锂基润滑脂 GB/T 7323—2019	00	—	165	400～430	—	适用于工作温度－20～120℃的高载荷机械设备轴承及齿轮润滑，也可用于集中润滑系统
	0		170	355～385		
	1		180	310～340		
	2		180	265～295		
通用锂基润滑脂 GB/T 7324—2010	1	浅黄色至褐色光滑油膏	170	310～340	—	具有良好的抗水性、耐蚀性、机械和氧化安定性。适用于温度－20～120℃的各种机械设备的滚动和滑动轴承及其他摩擦部位的润滑
	2		175	265～295		
	3		180	220～250		
汽车通用锂基润滑脂 GB/T 5671—2014	2	—	180	265～295	—	具有良好的机械安定性、胶体安定性、防锈性、氧化安定性和抗水性，用于温度－30～120℃汽车轮毂轴承、底盘、水泵和发电机等部位的润滑
	3			220～250		
食品机械润滑脂 GB/T 15179—1994	2	白色光滑油膏，无异味	135	265～295	—	具有良好的抗水性、防锈性、润滑性，适用于与食品接触的加工、包装、输送设备的润滑，最高使用温度100℃
风力发电机组专用润滑剂 第1部分：轴承润滑脂 GB/T 33540.1—2017	主轴偏航变桨距轴承	—	250	290～320	痕迹	适用于内陆及沿海风力发电机组轴承的润滑 适用温度范围：－40～140℃
	发电机轴承	—	260	265～295	痕迹	
风力发电机组专用润滑剂 第2部分：开式齿轮润滑脂 GB/T 33540.2—2017	00	—	150	400～430(不工作时)	—	适用于内陆及沿海风力发电机组偏航系统、变桨距系统的开式齿轮的润滑 适用温度范围：－40～140℃
	0			355～385(不工作时)		
	1		160	310～340(60次工作)		
	2			265～295(60次工作)		
复合磺酸钙基润滑脂 GB/T 33585—2017	1	均匀光滑油膏	280	310～340	—	适用于高温、多水、重负荷机械设备的滚动轴承和滑动轴承及其他摩擦部位的润滑
	2		300	265～295		

表 7-1-14　部分常用润滑油专业标准和企业标准

序号	标准号	标准名称	序号	标准号	标准名称
1	SH 0011—1990	7903号耐油密封润滑脂	6	SH 0371—1992	铝基润滑脂
2	SH 0113—1992	压延机用润滑脂	7	SH 0372—1992	合成钙基润滑脂
3	SH 0368—1992	钙钠基润滑脂	8	SH 0373—1992	铁道润滑脂(硬干油)
4	SH 0369—1992	石墨钙基润滑脂	9	SH 0374—1992	合成复合钙基润滑脂
5	SH 0370—1995	复合钙基润滑脂	10	SH 0375—1992	2号航空润滑脂

序号	标准号	标准名称
11	SH 0376—1992	4 号高温润滑脂
12	SH 0377—1992	铁路制动缸润滑脂
13	SH 0378—1992	复合铝基润滑脂
14	SH 0381—1992	合成复合铝基润滑脂
15	SH 0382—1992	精密机床主轴润滑脂
16	SH 0384—1995	弹药保护脂
17	SH 0431—1992	7017-1 号高低温润滑脂
18	SH 0433—1992	4106 号合成航空润滑脂
19	SH 0445—1992	7112 号宽温航空润滑脂
20	SH 0447—1992	7163 号专用阻尼脂
21	SH 0469—1992	7407 号齿轮润滑脂
22	SH 0534—1993	极压复合铝基润滑脂
23	SH 0535—1993	极压复合锂基润滑脂
24	SH 0536—1993	膨润土润滑脂
25	SH 0537—1993	极压膨润土润滑脂
26	SH/T 0789—2007	极压聚脲润滑脂
27	TB/T 2548—2011	铁道车辆滚动轴承润滑脂
28	TB/T 2788—1997	机车车辆制动缸 89D 润滑脂
29	TB/T 2955—1999	铁路机车轮对滚动轴承润滑脂
30	NB/SH/T 0438—2014	7011 号低温极压脂
31	NB/SH/T 0454—2018	特种精密仪表油规范
32	NB/SH/T 0456—2014	特 7 号精密仪表脂
33	SH/T 0385—2017	3 号仪表润滑脂
34	NB/SH/T 0387—2014	钢丝绳用润滑脂

1.5 固体润滑剂

1.5.1 固体润滑剂的特点

能保护相对运动表面不受损伤，并降低其摩擦与磨损而使用的固体粉末或薄膜称为固体润滑剂。其作用原理是当固体润滑剂粉末擦涂到润滑部位时，由于其剪切强度小，在摩擦过程中会吸附到基材表面形成润滑膜，并且会转移到对偶材料表面形成转移膜使原来摩擦副之间的干摩擦变成润滑膜和转移膜之间的摩擦，由于摩擦是发生在低剪切系数的极薄固体膜内部，所以使摩擦和磨损都大为降低。常用的固体润滑剂种类及性能见表 7-1-15。

表 7-1-15　常用固体润滑剂的种类和性能

类别	性能特点
石墨	石墨是目前应用最广的无机固体润滑剂之一。石墨是碳单质的一种同素异形体，外观呈黑色并有脂肪的油腻感。石墨晶体具有层状六方晶体结构，在层状结构内部每个碳原子与相邻的三个碳原子以共价键牢固结合在一起不易被破坏。而层与层之间距离较远，靠结合力较弱的范德华力结合，因此在受剪切力作用时，层与层之间容易滑动起润滑作用 石墨的高温安定性好，而且温度越高强度越大，抗拉、抗弯、抗压强度均随温度上升而加大。石墨的黏着性好，是热和电的良好导体，真空中蒸发性小，因此适用宇航设备等特殊机械的润滑。石墨有良好的化学稳定性，与水共存时其润滑性能不减，可制成水分散胶体石墨使用。石墨作为固体润滑剂可以以干粉形态进行飞溅润滑，也可以作为添加剂制成水剂和油剂，也可以与其他材料组成复合材料使用
二硫化钼	二硫化钼属于六方晶系的层状结构，其晶体是由 S-Mo-S 三个平面层组成的单元层，在单元层内部每个钼原子被三棱形分布的硫原子包围，靠强共价键联系在一起，单元层之间靠弱分子间作用力连接，极易从层与层之间辟开。二硫化钼与金属表面有很强的结合力，比石墨强，能够形成牢固的润滑膜，是目前应用最广泛的固体润滑剂，可以粉剂、油剂、水剂等形式或与其他金属或高分子材料组成复合润滑材料使用。把分散在水中或挥发性溶剂中形成的二硫化钼悬浮液，喷涂在金属表面，待溶剂挥发后再经揉抹或擦光可形成牢固的二硫化钼润滑膜。利用等离子焰产生的高温将二硫化钼粉末熔化再喷涂到零件表面上形成一种类似电镀的致密润滑膜

续表

类别		性能特点
二硫化钨		用钨酸铵与硫化氢反应或用三氧化钨与碳酸钠、硫黄、碳混合加热到900℃可生成二硫化钨。它的晶体也具有六方晶形层状结构，通常填充在润滑脂或石蜡、地蜡中使用，或添加在金属基复合材料中使用
氮化硼		具有类似石墨的结构，因此许多物理性能与石墨相似。由于其外观白色或淡黄色，也称为“白石墨”，不像石墨那样使机件变黑。高纯度的氮化硼，具有良好的耐热性、化学稳定性和电气绝缘性，适合做高温润滑剂 氮化硼粉末可直接喷涂，也可分散在水、油、溶剂中，喷涂在摩擦表面，待溶剂挥发后形成干膜，还可以填充在树脂、陶瓷、金属表层做成耐高温的自润滑复合材料。氮化硼单独使用效果不理想，通常与其他润滑膜复合使用
金属氟化物		主要是氟化钙和氟化钡，它们的耐高温性能很好，在1000℃以上仍然能够保持良好的润滑性能，适合在超声速飞机和航天飞机的方向舵上使用
软金属		作为固体润滑剂的软金属有金、银、铅、锡、锌、铟等。它们的晶体属于面心立方晶格的结构，因此不具有石墨、二硫化钼那样的承载能力，但具有与高黏度液体相似的润滑行为，有一定的自修补性，也没有低温脆性，因此在低温条件下也不丧失润滑性能，可在较宽的温度范围内使用 软金属具有剪切强度低的优点，因此发生摩擦时软金属会在对偶材料表面形成转移膜，使摩擦发生在软金属润滑膜和转移膜之间，从而降低摩擦因数并减少磨损。许多软金属熔点较低，在摩擦过程中产生的瞬间温度可超过其熔点使其熔化而产生润滑作用。软金属的热导性好，使摩擦热很快散失，有利于摩擦表面降温。软金属的蒸发率很低，适合在高度真空环境中使用。软金属的缺点是容易被氧化降低润滑性能。铅、锌、锡等低熔点软金属通常直接当作干润滑膜使用，也可以将软金属通过烧结、铸造、浸渍等方式添加到合金或粉末合金中作润滑成分使用
高分子固体润滑剂	聚四氟乙烯	聚四氟乙烯具有无规则的非结晶区及薄层和具有带状结晶结构的结晶区组成，其分子呈线性直链结构而没有分支，分子链之间也不形成交链。这种分子结构使聚四氟乙烯具有摩擦因数低的特性，其摩擦因数比石墨、二硫化钼都低。在运动过程中聚四氟乙烯又容易在极短的时间内在对偶材料表面形成转移膜，使摩擦副变成聚四氟乙烯内部的摩擦。聚四氟乙烯具有极好的化学稳定性，在高温条件下也不与浓酸、浓碱和强氧化剂发生反应。其性能在使用温度从−195～250℃的范围内都不会降低，因此是高分子润滑材料中使用最多的一种 但是由于其晶体结构特性决定了聚四氟乙烯在对偶材料上的黏着性差，故摩擦时磨损量大，为弥补这个缺陷，通常不单独使用聚四氟乙烯，而使用含各种添加剂的填充改性聚四氟乙烯。根据所用填料不同，将其复合材料分为无机盐填充、金属填充和高聚物填充三类。为更好地弥补聚四氟乙烯的缺陷，目前国外还采用共聚的化学方法进行改性处理
	其他高分子固体润滑剂	工业上使用的高分子固体润滑剂还有尼龙、聚甲醛和聚酰亚胺等。尼龙是热塑性聚酰胺树脂，具有优良的力学性能和耐磨损性能，但缺点是吸水性大容易吸潮，尺寸稳定性差，只能在100℃以下使用。聚甲醛是一种高熔点、高结晶性的热塑性线性工程塑料，是一种力学性能与金属最接近的工程塑料，具有优良的自润滑性能，适用于长期滑动的部件。聚酰亚胺是耐热性最好的工程塑料，具有优良的耐摩擦磨损性能和尺寸稳定性，但不耐酸碱

1.5.2 常用固体润滑剂的性能及应用

表7-1-16和表7-1-17给出了标准推荐的固体润滑剂二硫化钼技术要求和主要技术指标。

其他固体润滑剂的技术要求及技术指标查阅相关生产厂家资料。常见固体润滑剂的使用方法见表7-1-18。

表 7-1-16　固体润滑剂二硫化钼技术要求　　/%

名称与牌号		主含量（质量分数）	杂质元素（质量分数）								
		MoS_2	总不溶物	Fe	Pb	MoO_3	SiO_2	Si	H_2O	酸值以KOH计/$mg \cdot g^{-1}$	含油量（丙酮萃取）
		不小于	不大于								
二硫化钼 GB/T 23271—2009	$FMoS_2$-3	98.50	0.50	0.15	0.02	0.20	0.10	—	0.20	0.50	0.50
	$FMoS_2$-4	98.00	0.65	0.30	0.02	0.20	0.20	—	0.20	0.50	0.50
	$FMoS_2$-5	96.00	2.50	0.70	0.02	0.20	—	—	0.20	1.00	0.50
高纯二硫化钼 HG/T 3929—2007	Ⅱ型	99.0	0.40	0.10	—	0.10	—	0.05	0.20	—	0.30

表 7-1-17　热固化二硫化钼干膜润滑剂主要技术指标

项　目		指　标
外观		干膜应均匀、平整、无粗糙颗粒、无流痕、裂纹、针孔、起泡等表面缺陷
厚度/mm		0.005～0.015
附着力（胶带法）		不应露出金属基体，允许胶带上粘有黑粉
腐蚀（50℃，RH 95%，500h）		合格
耐热性（260℃，3h）		干膜不起泡、剥落和产生裂纹。附着力符合要求
耐低温性（−55℃，3h）		
耐液体介质（室温，24h）	2号或3号喷气燃料	干膜不软化、起泡和剥落。附着力符合要求
	10号或12号航空液压油	
	8号或HP-8A航空液压油	
航空洗涤汽油	耐磨寿命/min	不小于140
	承载能力/N	不小于9000

表 7-1-18　常见固体润滑剂使用方法

类　型	使　用　方　法
固体润滑剂粉末	固体润滑剂粉末分散在气体、液体或胶体中 ①固体润滑剂分散在润滑油（油剂或油膏）、切削液（油剂或水剂）及各种润滑脂中 ②将固体润滑剂均匀分散在硬脂酸和蜂蜡、石蜡等内部，形成固体润滑蜡笔或润滑块 ③运转时将固体润滑剂粉末随气流输送到摩擦面
固体润滑膜	借助于人力和机械力等将固体润滑剂涂抹到摩擦面上，构成固体润滑膜 将粉末与挥发性溶剂混合后，用喷涂或涂抹、机械加压等方法固定在摩擦面上
	用黏结剂将固体润滑剂粉末黏结在摩擦面上，构成固体润滑膜 用各种无机或有机的黏结剂、金属陶瓷黏结固体润滑剂，涂抹到摩擦面上
	用各种特殊方法形成固体润滑膜 ①用真空沉积、溅射、火焰喷镀、离子喷镀、电泳、电沉积等方法形成固体润滑膜 ②用化学反应法（供给适当的气体或液体，在一定温度和压力下使表面反应）形成固体润滑膜或原位形成摩擦聚合膜 ③金属在高温下压力加工时用玻璃作为润滑剂，常温时为固体，使用时熔融而起润滑作用

续表

类　型	使 用 方 法
自润滑复合材料	将固体润滑剂粉末与其他材料混合后压制烧结或浸渍，形成复合材料 ①固体润滑剂与高分子材料混合，常温或高温压制，烧结为高分子复合自润滑材料 ②固体润滑剂与金属粉末混合，常温或高温压制，烧结为金属基复合自润滑材料 ③固体润滑剂与金属和高分子材料混合，压制、烧结在金属背衬上成为金属-塑料复合自润滑材料 ④在多孔性材料中或增强纤维织物中浸渍固体润滑剂
	将固体润滑剂预埋在摩擦面上，长时期提供固体润滑膜 ①用烧结或浸渍的方法将固体润滑剂及其复合材料预埋在金属摩擦面上 ②在金属铸造的同时将固体润滑剂及其复合材料设置在铸件的预设部位 ③用机械镶嵌的办法将固体润滑剂及其复合材料固定在金属摩擦面上

第 2 章

常用润滑方法和装置

2.1 常用润滑方法

采用润滑油或润滑脂时，有多种润滑方法，如稀油润滑、干油润滑等。常用润滑方法及特点见表 7-2-1。

表 7-2-1 润滑油（脂）常用润滑方法及其特点

序号	润滑方法	供油质量	可靠性	冷却能力	耗油量	装置复杂性	维护工作量	油能够回收	速度限制
1	手工加脂	中	中	差	中	小	中	否	无
2	集中压力供脂	好	好	差	中	大	小	否	无
3	手工加油	差	差	差	大	低	大	否	无
4	滴油	中	中	差	大	中	中	否	无
5	油杯、油盘	好	好	中	小	中	小	能	有
6	油绳、油垫	中	中	差	中	中	中	否	无
7	油浴、飞溅	好	好	好	小	中	中	能	有
8	油雾	优	好	优	小	高	小	否	无
9	循环	优	好	优	中	高	中	能	无

2.2 油杯

润滑常用基本润滑方法及装置是手工加油。表 7-2-2～表 7-2-5 给出手工给油油杯的基本型式和尺寸；表 7-2-6、表 7-2-7 给出滴油润滑油杯的基本型式和尺寸。油枪是一种手动的储油（脂）筒，可将油（脂）注入油杯或直接注入润滑部位进行润滑。使用时，注油嘴必须与润滑点上的油杯相匹配，标准油枪见表 7-2-8 和表 7-2-9。

表 7-2-2 直通式压注油杯基本型式与尺寸（摘自 JB/T 7940.1—1995） /mm

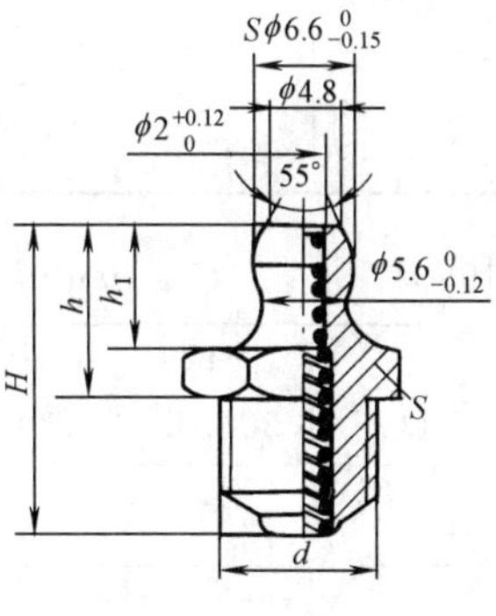

	d	H	h	h_1	S		钢球（GB/T 308.1—2013）
					基本尺寸	极限偏差	
标记示例如下 d=M10×1，直通式压注油杯，标记为： 油杯 M10×1 JB/T 7940.1—1995	M6	13	8	6	8	0 −0.22	3
	M8	16	9	6.5	10		
	M10×1	18	10	7	11		

表 7-2-3　旋盖式油杯基本型式与尺寸（摘自 JB/T 7940.3—1995）　/mm

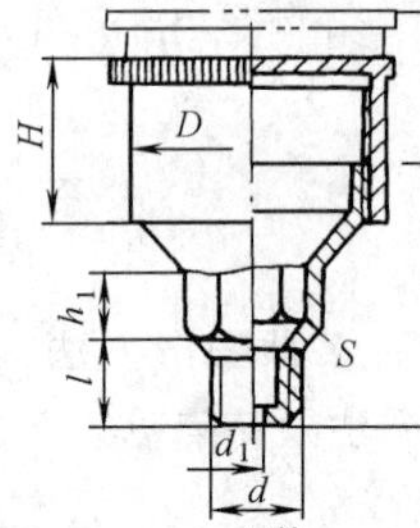

A型

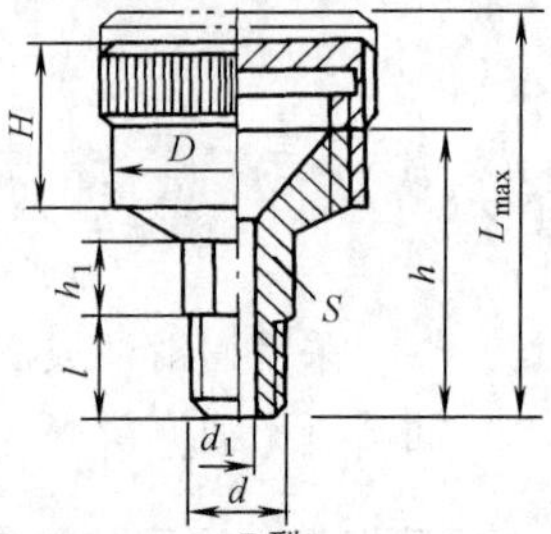

B型

标记示例：最小容量 25cm³，A 型旋盖式油杯，标记为
油杯 A25　JB/T 7940.3—1995

最小容量 /cm³	d	l	H	h	h_1	d_1	D		L_{max}	S	
							A 型	B 型		基本尺寸	极限偏差
1.5	M8×1	8	12	22	7	3	16	18	33	10	0 −0.22
3	M10×1		15	23	8	4	20	22	35	13	0 −0.27
6			17	26			26	28	40		
12	M14×1.5	12	20	30	10	5	32	34	47	18	
18			22	32			36	40	50		
25			24	34			41	44	55		
50	M16×1.5		30	44			51	54	70	21	0 −0.33
100			38	52			68	68	85		
200	M34×1.5	16	48	64	16	6	—	86	105	30	—

表 7-2-4　接头式压注油杯基本型式与尺寸（摘自 JB/T 7940.2—1995）　/mm

JB/T 7940.1—1995

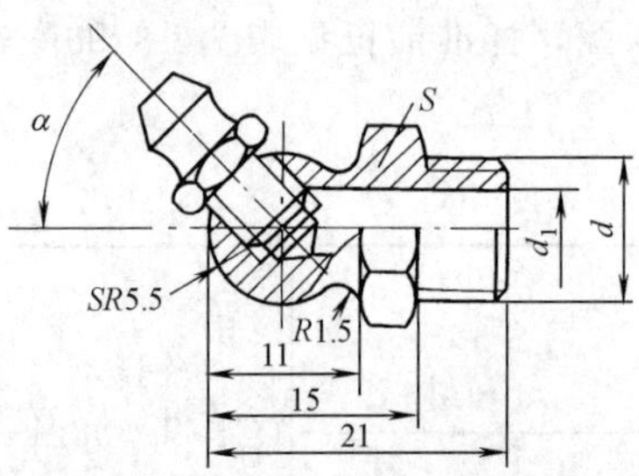

标记示例：
d＝M10×1，45°接头式压注油杯，标记为：
油杯　45°　M10×1　JB/T 7940.2—1995

d	d_1	α	S		直通式压注油杯（按 JB/T 7940.1）
			基本尺寸	极限偏差	
M6	3	45°，90°	11	0 −0.22	M6
M8	4				
M10×1	5				

表 7-2-5　压配式压注油杯基本型式与尺寸（摘自 JB/T 7940.4—1995）　/mm

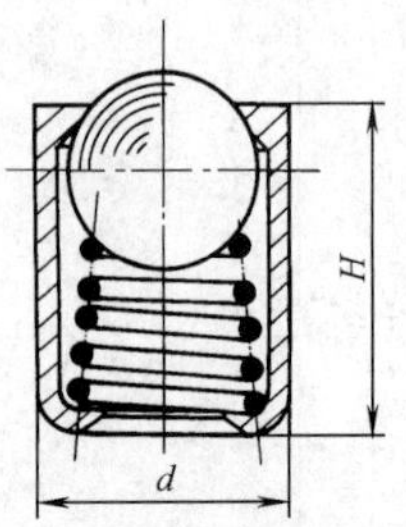

与 d 相配孔的极限偏差按 H8
标记示例：
d＝6mm，压配式压注油杯，标记为
油杯　6　JB/T 7940.4—1995

d		H	钢球（GB/T 308.1—2013）
基本尺寸	极限偏差		
6	+0.040 +0.028	6	4
8	+0.049 +0.034	10	5
10	+0.058 +0.040	12	6
16	+0.063 +0.045	20	11
25	+0.085 +0.064	30	12

表 7-2-6　弹簧盖油杯基本型式与尺寸（摘自 JB/T 7940.5—1995）　/mm

A 型

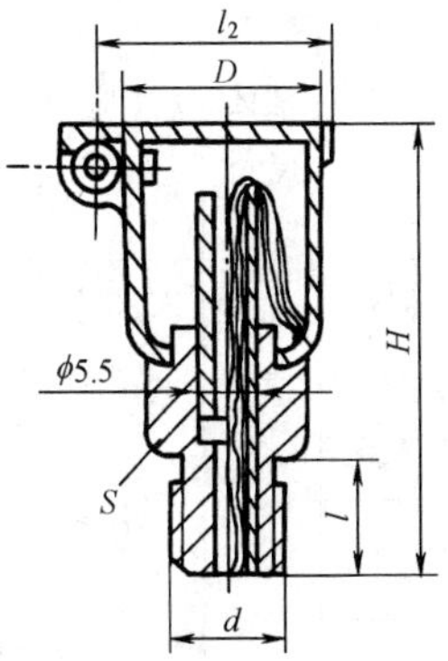

标记示例：最小容量 3cm³ 的 A 型弹簧盖油杯，标记为
油杯 A3　JB/T 7904.5—1995

<table>
<tr><th rowspan="2">最小容量 /cm³</th><th rowspan="2">d</th><th>H</th><th>D</th><th rowspan="2">l_2 ≈</th><th rowspan="2">l</th><th colspan="2">S</th></tr>
<tr><th colspan="2">≤</th><th>基本尺寸</th><th>极限偏差</th></tr>
<tr><td>1</td><td rowspan="2">M8×1</td><td>38</td><td>16</td><td>21</td><td rowspan="4">10</td><td rowspan="2">10</td><td rowspan="2">0
−0.22</td></tr>
<tr><td>2</td><td>40</td><td>18</td><td>23</td></tr>
<tr><td>3</td><td rowspan="2">M10×1</td><td>42</td><td>20</td><td>25</td><td rowspan="2">11</td><td rowspan="6">0
−0.27</td></tr>
<tr><td>6</td><td>45</td><td>25</td><td>30</td></tr>
<tr><td>12</td><td rowspan="4">M14×1.5</td><td>55</td><td>30</td><td>36</td><td rowspan="4">12</td><td rowspan="4">18</td></tr>
<tr><td>18</td><td>60</td><td>32</td><td>38</td></tr>
<tr><td>25</td><td>65</td><td>35</td><td>41</td></tr>
<tr><td>50</td><td>68</td><td>45</td><td>51</td></tr>
</table>

B 型

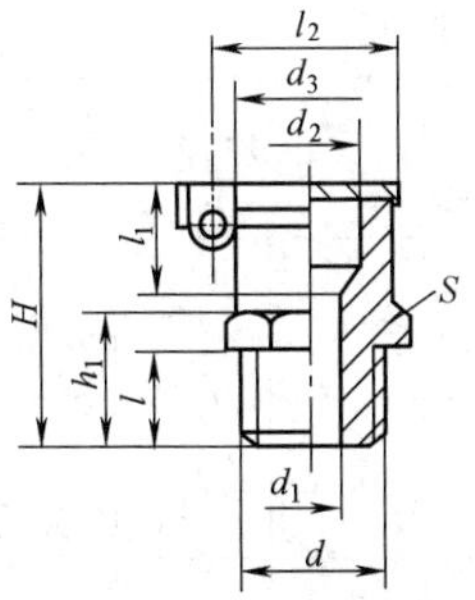

标记示例：d 为 M10×1 的 B 型弹簧盖油杯，标记为
油杯 B　M10×1
JB/T 7904.5—1995

<table>
<tr><th rowspan="2">d</th><th rowspan="2">d_1</th><th rowspan="2">d_2</th><th rowspan="2">d_3</th><th rowspan="2">H</th><th rowspan="2">h_1</th><th rowspan="2">l</th><th rowspan="2">l_1</th><th rowspan="2">l_2</th><th colspan="2">S</th></tr>
<tr><th>基本尺寸</th><th>极限偏差</th></tr>
<tr><td>M6</td><td>3</td><td>6</td><td>10</td><td>18</td><td>9</td><td>6</td><td>8</td><td>15</td><td>10</td><td>0
−0.22</td></tr>
<tr><td>M8×1</td><td>4</td><td rowspan="2">8</td><td rowspan="2">12</td><td rowspan="2">24</td><td rowspan="2">12</td><td rowspan="2">8</td><td rowspan="2">10</td><td rowspan="2">17</td><td rowspan="2">13</td><td rowspan="3">0
−0.27</td></tr>
<tr><td>M10×1</td><td>5</td></tr>
<tr><td>M12×1.5</td><td>6</td><td>10</td><td>14</td><td>26</td><td rowspan="2">14</td><td rowspan="2">10</td><td rowspan="2">12</td><td>19</td><td>16</td></tr>
<tr><td>M16×1.5</td><td>8</td><td>12</td><td>18</td><td>30</td><td>23</td><td>21</td><td>0
−0.33</td></tr>
</table>

C 型

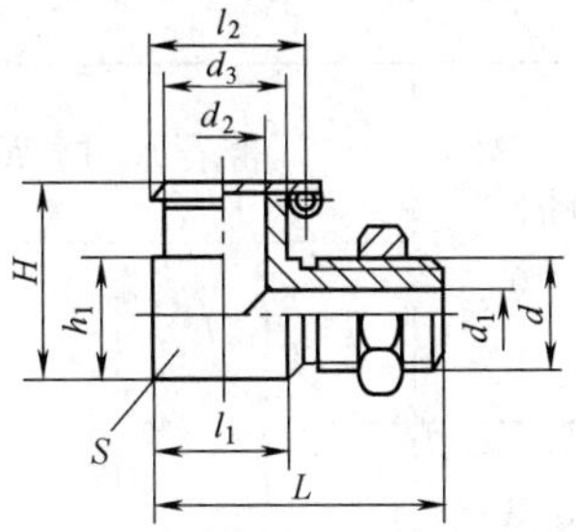

标记示例：d 为 M10×1 的 C 型弹簧盖油杯，标记为
油杯 C　M10×1
JB/T 7904.5—1995

<table>
<tr><th rowspan="2">d</th><th rowspan="2">d_1</th><th rowspan="2">d_2</th><th rowspan="2">d_3</th><th rowspan="2">H</th><th rowspan="2">h_1</th><th rowspan="2">L</th><th rowspan="2">l_1</th><th rowspan="2">l_2</th><th rowspan="2">螺母(按 GB/T 6172)</th><th colspan="2">S</th></tr>
<tr><th>基本尺寸</th><th>极限偏差</th></tr>
<tr><td>M6</td><td>3</td><td>6</td><td>10</td><td>18</td><td>9</td><td>25</td><td>12</td><td>15</td><td>M6</td><td rowspan="3">13</td><td rowspan="4">0
−0.27</td></tr>
<tr><td>M8×1</td><td>4</td><td rowspan="2">8</td><td rowspan="2">12</td><td rowspan="2">24</td><td rowspan="2">12</td><td>28</td><td>14</td><td rowspan="2">17</td><td>M8×1</td></tr>
<tr><td>M10×1</td><td>5</td><td>30</td><td>16</td><td>M10×1</td></tr>
<tr><td>M12×1.5</td><td>6</td><td>10</td><td>14</td><td>26</td><td>14</td><td>34</td><td>19</td><td>19</td><td>M12×1.5</td><td>16</td></tr>
<tr><td>M16×1.5</td><td>8</td><td>12</td><td>18</td><td>30</td><td>18</td><td>37</td><td>23</td><td>23</td><td>M16×1.5</td><td>21</td><td>0
−0.33</td></tr>
</table>

表 7-2-7　针阀式注油杯基本型式与尺寸（摘自 JB/T 7940.6—1995）　/mm

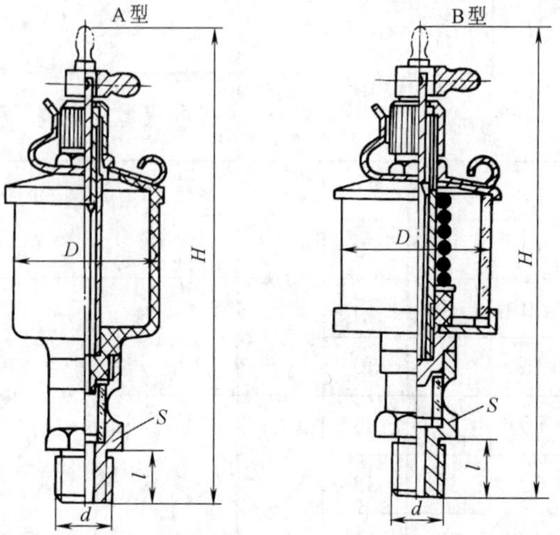

标记示例：最小容量 25cm³，A 型针阀式油杯，标记为
油杯 A25 JB/T 7904.6—1995

最小容量 /cm³	d	l	H	D	S 基本尺寸	S 极限偏差	螺母(按 GB/T 6172)
16	M10×1	12	105	32	13	0 −0.27	M8×1
25	M14×1.5		115	36	18		
50			130	45			M10×1
100			140	55			
200	M16×1.5	14	170	70	21	0 −0.33	
400			180	85			

表 7-2-8　压杆式油枪基本型式与尺寸（摘自 JB/T 7942.1—1995）

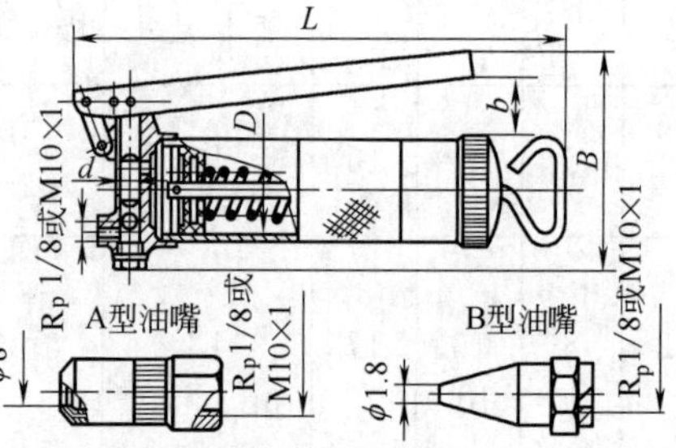

标记示例：储油量 200cm³、带 A 型注油嘴的压杆式油枪，标记为
油枪　A200　JB/T 7942.1—1995

储油量 /cm³	公称压力 /MPa	出油量 /cm³	推荐尺寸/mm D	L	B	b	d
100	16	0.6	35	255	90	30	8
200		0.7	42	310	96		
400		0.8	53	385	125		9

注：1. A 型仅用于 JB/T 7940.1—1995、JB/T 7940.2—1995 规定的油杯。
2. 油枪本体与油嘴间用硬管或软管连接。

表 7-2-9　手推式油枪基本型式与尺寸（摘自 JB/T 7942.2—1995）

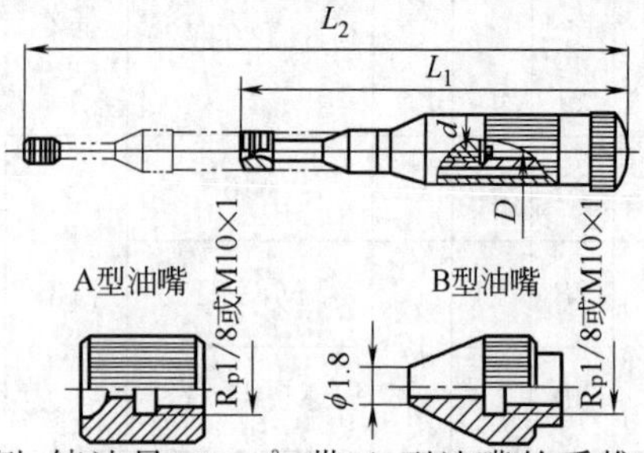

标记示例：储油量 50cm³、带 A 型油嘴的手推式油枪，标记为
油枪　A50　JB/T 7942.2—1995

储油量 /cm³	公称压力 /MPa	出油量 /cm³	推荐尺寸/mm D	L_1	L_2	d
50	6.3	0.3	33	230	330	5
100		0.5				6

注：1. A 型油嘴仅用于压注润滑脂。
2. 公称压力指压注润滑脂的给定压力。

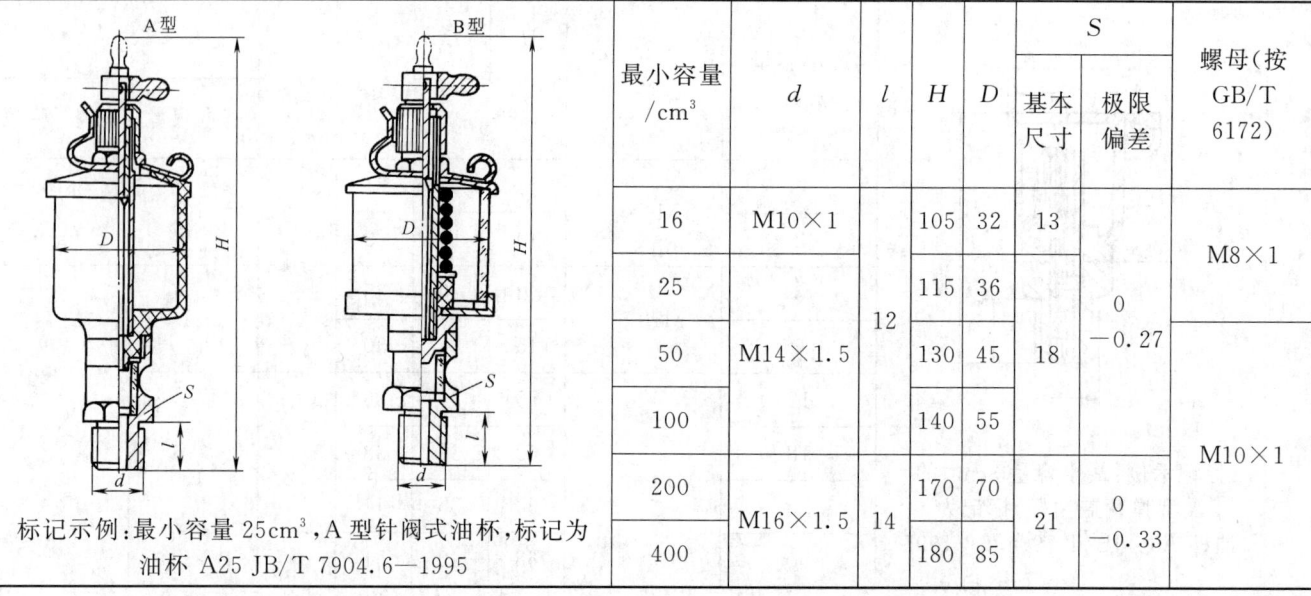

2.3 油标

油标是安装在储油装置或油箱上的油位显示装置，有压配式圆形、旋入式圆形、长形和管状四种型式。为了便于观察油位，必须选用适宜的型式和安装位置。常用显示油面位置的装置见表 7-2-10～表 7-2-13。

表 7-2-10 压配式圆形油标（摘自 JB/T 7941.1—1995） /mm

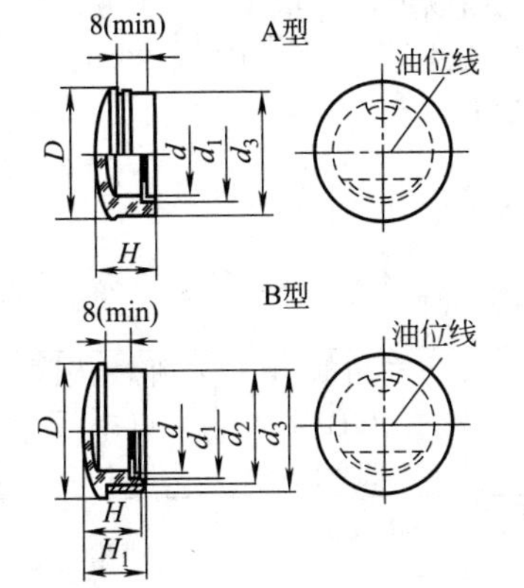

标记示例：视孔 d=32mm，A 型压配式圆形油标，标记为

油标 A32 JB/T 7941.1—1995

d	D	d_1 基本尺寸	d_1 极限尺寸	d_2 基本尺寸	d_2 极限尺寸	d_3 基本尺寸	d_3 极限尺寸	H	H_1	密封圈（GB/T 3452.1）
12	22	12	−0.050 −0.160	17	−0.050 −0.160	20	−0.065 −0.195	14	16	15×2.65
16	27	18		22		25				20×2.65
20	34	22	−0.065 −0.195	28	−0.065 −0.195	32	−0.080 −0.240	16	18	25×3.55
25	40	28		34		38				31.5×3.55
32	43	35	−0.080 −0.240	41	−0.080 −0.240	45	−0.100 −0.290	18	20	38.7×3.55
40	58	45		51		55				48.7×3.55
50	70	55	−0.100 −0.290	61	−0.100 −0.290	65		22	24	自行设计
63	85	70		76		80				

注：1. 与 d_1 相配合的孔极限偏差按 H11。

2. A 型用密封圈沟槽尺寸按 GB/T 3452.3，B 型用密封圈由制造厂设计选用。

表 7-2-11 旋入式圆形油标（摘自 JB/T 7941.2—1995） /mm

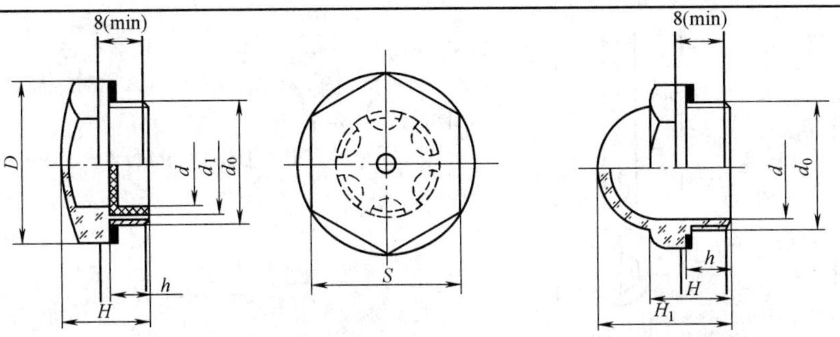

A型指示油位　　B型观察油位

标记示例：视孔 d=32mm，A 型旋入式圆形油标，标记为

油标 A32 JB/T 7941.2—1995

d	d_0	D 基本尺寸	D 极限尺寸	d_1 基本尺寸	d_1 极限尺寸	S	H	H_1	h
10	M16×1.5	22	−0.065 −0.195	12	−0.050 −0.160	21	15	22	8
20	M27×1.5	36	−0.080 −0.240	22	−0.065 −0.195	32	18	30	10
32	M42×1.5	52	−0.100 −0.290	35	−0.080 −0.240	46	22	40	12
50	M60×2	72		55	−0.100 −0.290	65	26	—	14

表 7-2-12　长形油标（摘自 JB/T 7941.3—1995）

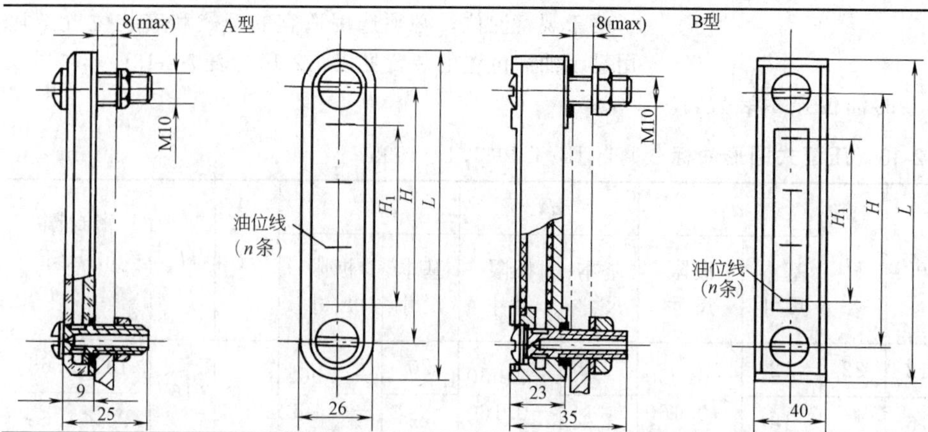

标记示例：H = 80mm，A 型长形油标，标记为

油标　A80　JB/T 7941.3—1995

H 基本尺寸 A型	H 基本尺寸 B型	H 极限偏差	H_1 A型	H_1 15×2.65	L A型	L B型	n(条数) A型	n(条数) B型	密封圈 (GB/T 3452.1)	六角螺母 (GB/T 6172)	弹性垫圈 (GB/T 861.1)
80		±0.17	40		110		2		10×2.65	M10	10
100	—		60	—	130	—	3	—			
125	—	±0.20	80	—	135	—	4	—			
160			120		190		6				
—	250	±0.23	—	210	—	280	—	8			

表 7-2-13　管状油标（摘自 JB/T 7941.4—1995）

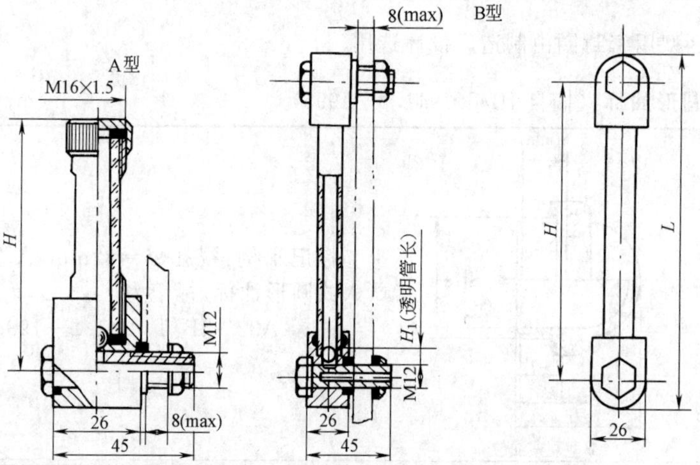

标记示例：H=200mm，A 型管状油标，标记为

油标　A200　JB/T 7941.4—1995

A型 H	B型 H 基本尺寸	B型 H 极限偏差	B型 H_1	B型 L	A型及B型 密封圈 (GB/T 3452.1)	A型及B型 六角螺母 (GB/T 6172)	A型及B型 弹性垫圈 (GB/T 861.1)
80,100,125,160,200	200	±0.23	175	226	11.8×2.65	M12	12
	250		225	276			
	320	±0.26	295	346			
	400	±0.28	375	426			
	500	±0.35	475	526			
	630		605	656			
	800	±0.40	775	826			
	1000	±0.45	975	1026			

第3章

密封

3.1 密封的分类和应用

密封是机械设备中应用最广的零部件之一，其主要功能是防止泄漏。

3.1.1 密封的分类

密封的分类方法很多。按密封原理，可分为强制型密封、自紧式密封及半自紧式密封。通常按密封面的运动状态分为两大类：动密封与静密封、其中密封部位的结合面相对运动的密封称动密封，密封部位的结合面相对静止的密封称静密封。

密封分接触式密封和非接触式密封两大类。所有静密封均为接触式密封。接触式动密封又可分为两种形式：径向密封和轴向密封。

3.1.2 密封的特点及应用

静密封广泛用于管道连接、压力容器等结合面的密封中。静密封的种类及应用范围见表 7-3-1。动密封广泛用于转动装置的密封中，一般说来，接触式密封的密封性好，但受摩擦磨损限制，适用于密封面线速度较低的场合；非接触式密封的密封性较差，适用于较高速度的场合。动密封的特性及应用范围见表 7-3-2。

表 7-3-1 静密封的种类及应用范围

<table>
<tr><th colspan="3">种类</th><th>真空度/Pa</th><th>压力/MPa</th><th>温度/℃</th><th>适用流体类型</th><th>尺寸范围/mm</th></tr>
<tr><td rowspan="15">强制压紧类</td><td rowspan="9">塑性垫片</td><td>纤维质垫片</td><td>133.32×10^{-1}</td><td>2.5</td><td>200(450)</td><td>油、水、气、酸、碱</td><td rowspan="8">不限</td></tr>
<tr><td>橡胶垫片</td><td>133.32×10^{-6}</td><td>1.6</td><td>−70～200</td><td>真空、油、水、气</td></tr>
<tr><td>塑料垫片</td><td>133.32×10^{-1}</td><td>0.6</td><td>−180～200</td><td>酸、碱</td></tr>
<tr><td>金属包垫片</td><td rowspan="2">—</td><td rowspan="2">6.4</td><td rowspan="2">450(600)</td><td rowspan="2">油、蒸汽、燃气</td></tr>
<tr><td>金属缠绕垫片</td></tr>
<tr><td>橡胶O形环</td><td>133.32×10^{-6}</td><td>100</td><td>−70～200</td><td>油、水、气、酸、碱</td></tr>
<tr><td>密封胶</td><td rowspan="2">—</td><td rowspan="2">—</td><td rowspan="2">—</td><td rowspan="2">油、水、气</td></tr>
<tr><td>密封条、带</td></tr>
<tr><td>金属平垫片</td><td>133.32×10^{-12}</td><td>20</td><td rowspan="2">600</td><td rowspan="5">油、合成原料气</td><td>1000</td></tr>
<tr><td rowspan="5">弹性线接触</td><td>金属椭圆及八角形环</td><td rowspan="13">—</td><td>≥6.4</td><td>800</td></tr>
<tr><td>卡扎里密封</td><td>32</td><td rowspan="3">350</td><td>>1000</td></tr>
<tr><td>单锥密封</td><td>150</td><td><500</td></tr>
<tr><td>金属透镜垫</td><td>16,32</td><td><250</td></tr>
<tr><td>金属中空O形环</td><td>300</td><td>600</td><td>放射性、高压气</td><td><6000</td></tr>
<tr><td>研合</td><td>研合密封面</td><td>0.01～100</td><td>550</td><td>油、水、气、汽</td><td>不限</td></tr>
<tr><td rowspan="7">自紧类</td><td rowspan="4">自紧密封环</td><td>双锥密封</td><td>70</td><td rowspan="7">350</td><td rowspan="3">合成原料气等</td><td>1300(2800)</td></tr>
<tr><td>三角垫密封</td><td rowspan="2">32</td><td rowspan="3"><1000</td></tr>
<tr><td>C形环密封</td></tr>
<tr><td>B形环密封</td><td>300</td><td>聚乙烯原料气等</td></tr>
<tr><td rowspan="3">自紧顶盖</td><td>平垫自紧密封</td><td>100</td><td rowspan="3">合成氨原料气</td><td>350</td></tr>
<tr><td>楔形垫密封</td><td rowspan="2">32</td><td rowspan="2">1000</td></tr>
<tr><td>组合式密封
(伍德密封)</td></tr>
</table>

表 7-3-2　动密封的种类及应用范围

种类			真空度/MPa	压力/MPa	工作温度/℃	线速度/$m\cdot s^{-1}$	漏泄率/$cm^3\cdot h^{-1}$	平均寿命	其他特性：运动方式	其他特性：介质②	其他特性：润滑③
接触型	压紧填料密封		1.3332×10^{-3}	<32	−50～600	<20	10～10000	每周紧2～3次	往复、旋转	气、液	干、半、全
	成型填料	挤紧型	1.3332×10^{-7}	100	−45～230	10	0.001～0.1	6～12月			半
		唇型	1.3332×10^{-9}				0.1～10				
	橡胶油封	油封	—	0.03	−30～150	12		3～6月	旋转		干、半
		防尘油封								气、液、粉	半、全
	硬填料密封	往复		300	−45～400①		—	3～12月	往复	气、液	半
		旋转				—		6～12月	旋转		半、全
	胀圈密封	往复	1.3332×10^{-3}			12	0.2%～1%吸气容积	3～6月	往复		半
		旋转		0.2					旋转		半、非
	机械密封	普通型	1.3332×10^{-7}	8	−190～400①	30	0.1～150	3～12月			干、半、全
		液膜	—	32	−30～150	30～100	100～5000	>12月			全
		气膜		2	不限	不限	—			气	
非接触型	迷宫密封		1.3332×10^{-5}	20	600		大	>36月		气、液、粉	非
	间隙密封	液膜浮环	—	32	—	80	内漏<200L/d	>12月	往复	气、液	全
		气体浮环		1	−30～150	70			往复、旋转	气	非
		套筒密封		1000	−30～100	2				气、液	半、全
	动力密封 离心密封	背叶轮	1.3332×10^{-3}	0.25	0～50	30	—		旋转	液、粉	非
	动力密封 离心密封 甩油环	油封	—	0	不限	不限		非易损件			
		防尘									
	动力密封 螺旋密封	螺旋密封	1.3332×10^{-3}	2.5	−30～100	30		按轴承寿命		气、液	
		螺旋迷宫密封	—			70				液	
	其他	铁磁流体密封	1.3332×10^{-13}	4.2	−50～90			—		气、液	
		全封闭密封							往复		

① 凡使用橡胶件者，适用温度同成型填料。

② 介质，泛指被密封介质、密封工作流体和循环物质。粉，代表粉尘。

③ 干—干摩擦；半—半干摩擦；全—全液膜润滑；非—非接触密封，不依赖润滑。

3.1.3 常用工况下密封的选择

对密封件的基本要求是：密封性能可靠，耐磨性好，使用寿命长；结构紧凑，系统简单，制造维修方便，便于装卸；互换性好，成本低廉，易实现标准化、系列化。

密封的形式很多，各有其特点和使用范围，设计和选用密封时应先进行分析比较。表 7-3-3 列出各种常用密封方法的主要特征，供常用工况下密封选择时参考。

表 7-3-3 各种常用密封方法的特征

密封类型	使用条件		耐压性	耐高速性	耐热性	耐寒性	耐久性	用途	备注
	往复运动	旋转运动							
填料密封	良	良	良	良	良	可	可	泵、水轮机、阀、高压釜	可用缠绕填料、编织填料或成型填料
O 形圈密封	良	可	良	可、良	可、良	可	可	活塞密封	可广泛用作静密封，此时耐久性良好
Y 形圈密封	优	×	优	良	良、可	可	可	活塞密封	有时作静密封
机械密封	×	优	优	优	优	优	优	泵、釜、水轮机、压气机、压缩机等	可用不同的材料组合，包括金属波纹管密封
油　封	(可)	优	可	优	可、良	可	可	轴承密封	或与其他密封并用，防尘
分瓣滑环密封	可	良	优	优	优	优	优	水轮机、汽轮机	多用石墨作滑环
迷宫式密封	优	优	优	优	优	优	优	汽轮机、泵、压气机	往复用时，宜高速；低速不用
浮环密封	可	良	优	优	优	优	优	泵、压气机	
离心密封	×	优	良	良	良	良	优	泵	
螺旋密封	×	优	良	良	良	良	优	泵	
磁流体密封	×	优	可	优	良	优	优	压气机	只用于气体介质

注：优—优秀；良—良好；可—尚可；×—不可。

3.2 垫密封

3.2.1 垫密封的种类及应用

垫密封是一种夹持在两个独立连接件之间的材料或材料的组合，通常由连接法兰、垫片和紧固件等组成密封接头，在预定的使用寿命内，保持两个连接件间的密封。垫密封广泛用于管道、压力容器以及各种机器等可拆连接处，是最主要的静密封型式。

垫密封的分类方法很多。通常垫密封按材料分为三大类，即非金属垫片、金属垫片和复合型垫片；按其受力情况，可分为强制式密封、自紧式密封、半自紧式密封；按操作压力不同，可分为中低压密封、高压密封和超高压密封；按应用场合，可分为管法兰垫片、压力容器垫片等。

垫片根据连接法兰的类型，有相应的公称通径和公称压力。对于管法兰，GB/T 1047—2019 规定了公称尺寸的定义和选用。标准规定以“*DN*＋无量纲的整数数字”组成标识。公称通径 *DN* 是与制造尺寸密切相关的经过圆整后的一个名义尺寸，单位为 mm。它不代表测量值，也不应用于计算。其优先系列见表 7-3-4。当单位采用英寸（in）时，以 NPS 标识，当 $DN \geqslant 100$mm 时，NPS＝*DN*/25。GB/T 1048—2019 给出管道元件公称压力的定义和选用，公称压力是与管道元件力学性能和尺寸特性相关的字母和数字组合的标识，以“*PN*（或 Class)＋无量纲的数字”组成，其无量纲的数字不代表测量值，也不应用于计算，除与相关管道元件标准有关联外，字母 *PN*（或 Class）也不具有意义，但具有相同 *PN*（或 Class）的管道元件，与其配合的法兰具有相同的连接尺寸。标准规定的公称压力系列见表 3-7-5。垫片的公称通径和公称压力按表 7-3-4 和表 7-3-5。压力容器法兰垫片的公称直径和公称压力见表 7-3-6。

垫片又根据相应法兰密封面型式不同，分为（全）平面（FF）型、突面（RF）型、凹凸面（MFM 或 MF）型、榫槽面（TG）型、环连接面（RJ）型等。

常用垫片的种类及其应用见表 7-3-7。

表 7-3-4　优先选用公称尺寸系列

DN	NPS	DN	NPS	DN	NPS	DN	NPS	DN	NPS	DN	NPS	DN	NPS	DN	NPS	DN	NPS	DN	NPS
6	1/8	32	1¼	125	5	400	16	700	28	1000	40	1400	56	2000	80	2600	104	3400	136
8	1/4	40	1½	150	6	450	18	750	30	1050	42	1500	60	2100	84	2700	108	3600	144
10	3/8	50	2	200	8	500	20	800	32	1100	44	1600	64	2200	88	2800	112	3800	152
15	1/2	65	2½	250	10	550	22	850	34	1150	46	1700	68	2300	92	2900	116	4000	160
20	3/4	80	3	300	12	600	24	900	36	1200	48	1800	72	2400	96	3000	120		
25	1	100	4	350	14	650	26	950	38	1300	50	1900	76	2500	100	3200	128		

表 7-3-5　公称压力数值

PN 系列公称压力数值				Class 系列公称压力数值			
				Class	PN	Class	PN
PN2.5	PN 16	PN 63	PN 250	Class 150	PN20	Class 900	PN150
PN 6	PN 25	PN 100	PN 320	Class 300	PN50	Class 1500	PN260
PN 10	PN 40	PN 160	PN 400	Class 600	PN110	Class 2500	PN420

表 7-3-6　标准压力容器法兰及垫片的公称压力和公称直径

法兰标准号	NB/T 47021—2012				NB/T 47022—2012						NB/T 47023—2012					
法兰类型	甲型平焊法兰				乙型平焊法兰						长颈对焊法兰					
公称压力 PN/MPa	0.25	0.60	1.00	1.60	0.25	0.60	1.00	1.60	2.50	4.00	0.60	1.00	1.60	2.50	4.00	6.40
公称直径 DN/mm	700～2000	450～1200	300～900	300～650	2600～3000	1300～2400	1000～1800	700～1400	300～800	300～600	1300～2600	300～2600			300～2000	300～1200

表 7-3-7　常用垫片密封类型及应用

垫片型式		材　料	使用范围 压力/MPa	使用范围 温度/℃	所适用密封面型式	特点与应用
非金属平垫片	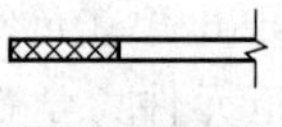 石棉橡胶板垫片	耐油石棉橡胶	2	300	全平面、突面、凹凸面、榫槽面	寿命长，具有耐油性能，用于不常拆卸、更换周期长的部位。不宜用于苯及环氧乙烷介质。为防止石棉纤维混入油品，不宜用于航空汽油或航空煤油
	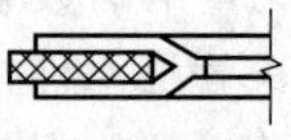 聚四氟乙烯包覆垫片	聚四氟乙烯＋石棉橡胶	4	150	突面	耐蚀性优异，回弹性较好 广泛用于腐蚀性介质的密封和有清洁要求的介质
金属复合垫片	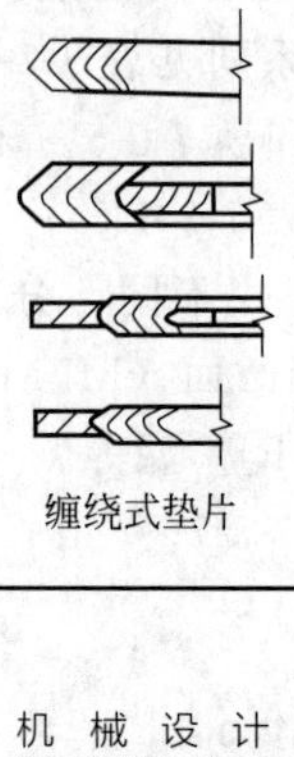 缠绕式垫片	不锈钢带＋特制石棉带	25	500	突面、凹凸面、榫槽面	压缩性、回弹性好，价格便宜、制造简单。以膨胀石墨带为填料的垫片，密封性能好 适用于有松弛、温度和压力波动，以及有冲动和振动的条件 用于各种液体及气体介质；用于航空汽油或航空煤油时需用柔性石墨为填料；用于氢氟酸介质时应采用带蒙乃尔合金钢带材料
		不锈钢带＋柔性石墨带		650(氧化性介质为450)		
		不锈钢带＋聚四氟乙烯带		200		

续表

垫片型式		材料	使用范围		所适用密封面型式	特点与应用
			压力/MPa	温度/℃		
金属复合垫片	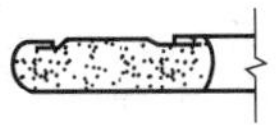 金属包覆垫片	包覆材料：铜、铝，软钢、不锈钢等 填充材料：石棉橡胶、有机纤维、无机纤维、聚四氟乙烯、柔性石墨	15	按包覆材料和填充材料中较低者	突面	耐蚀性取决于包皮材料；耐温性能取决于包皮和垫片材料 用于蒸汽、煤气、油品、汽油、溶剂及一般工艺介质
金属复合垫片	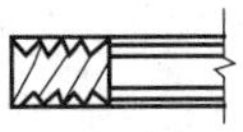 金属齿形组合垫片	覆盖层材料：柔性石墨、聚四氟乙烯 齿形环材料：不锈钢等	16	柔性石墨 540 聚四氟乙烯 200	突面、凹凸面、榫槽面	用于中、高压管道
金属垫片	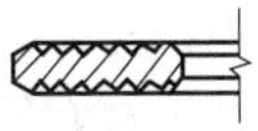 金属平垫片或齿形垫片	紫铜、铝、铅、软钢、不锈钢、合金钢	20	600	突面、凹凸面、榫槽面	适用介质：蒸汽、氢气、压缩空气、天然气、油品、溶剂、重油、丙烯、烧碱、酸、碱、液化气、水
金属垫片	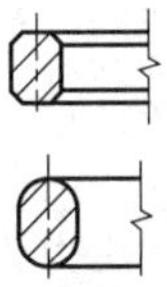 金属环形垫片	低碳钢、铬钢、不锈钢等	42	600	环连接面	密封接触面小，容易压紧，常用于高温、高压的场合 椭圆形金属垫安装方便，八角形金属垫加工较容易

3.2.2 垫密封的设计及选择

垫密封的工作原理是靠外力压紧密封垫片，使其本身发生弹性和塑性变形，以填满密封面上的微观凹凸不平来实现密封。也就是利用密封面上的比压使介质通过密封面的阻力大于密封面两侧的介质压力差来实现密封。垫密封正常工作与否，除了取决于设计选用的垫片本身的性能外，还取决于密封系统的刚度和变形、接合面的表面粗糙度和平行度、紧固载荷的大小和均匀性等。

为保证垫密封正常工作，要在连接件的密封面与垫片之间产生一定的预紧力。预紧力既要保证在初始密封状态下垫片所产生的弹塑性变形能堵塞泄漏间隙，又能保证在工作状态下垫密封具有满足不泄漏的最小压紧应力。预紧力的大小，与装配垫片时的预紧压缩量和垫片材料的弹性模量等有关，其合理取值取决于垫密封结构与材料、密封要求、环境因素、使用寿命及经济性等因素。

预紧力的正确设计必须保证表征垫密封性能的两个重要特征参数——最小有效压紧力（垫片比压力）y 和垫片系数 m 同时满足工作要求，即垫片的受压面积 A_g 应符合下面的条件：

$$A_g \geqslant A_e p_i/(y-mp_i) \qquad (7\text{-}3\text{-}1)$$

其中，垫片有效承压面积 A_e 和设备或管道内压力 p_i 在使用条件下是给定的。垫片比压力 y 是密封垫的固有值，只与密封垫本身的材料、形状有关，而与介质的种类及内压的大小无关。垫片系数 m 的大小反映了垫片在实际工况下密封的难易程度。垫片比压力 y 和垫片系数 m 可在表 7-3-8 和查阅有关标准或密封垫产品样本中查到。

垫密封的基本要求：具有良好的弹性和恢复性，能适应压力变化和温度波动；有适当的柔软性，与接合面贴合良好；不污染工艺介质，不粘结密封面，拆卸容易；加工性能好，安装、压紧方便；使用寿命长，价格合理。

垫密封的选择要点见表 7-3-9，标准管法兰垫片（*PN* 系列）的使用条件及选配参见表 7-3-10，标准压力容器法兰垫片的使用条件及选配参见表 7-3-11。

3.2.3 标准垫密封

常用标准垫密封及相关标准列于表 7-3-12。下面给出 6 种常用管法兰标准垫片。

表 7-3-8 部分垫片特征参数

<table>
<tr><th>垫片材料</th><th>厚度/mm</th><th>垫片系数 m</th><th>比压力 y /MPa</th><th colspan="2">垫 片 种 类</th><th>垫片系数 m</th><th>比压力 y /MPa</th></tr>
<tr><td rowspan="3">合成纤维橡胶板</td><td>3</td><td>2</td><td>11.0</td><td colspan="2">聚四氟乙烯包覆垫</td><td>3.5</td><td>19.6</td></tr>
<tr><td>1.5</td><td>2.75</td><td>25.5</td><td colspan="2">柔性石墨复合垫</td><td>2.0</td><td>15.2</td></tr>
<tr><td>0.75</td><td>3.5</td><td>44.8</td><td rowspan="2">齿形组合垫(石墨)</td><td>碳钢</td><td>2.5</td><td>52.4</td></tr>
<tr><td rowspan="2">改性聚四氟乙烯</td><td>3</td><td>2.5</td><td rowspan="2">20.7</td><td>不锈钢</td><td>3.0</td><td>69.6</td></tr>
<tr><td>1.5</td><td>3.0</td><td rowspan="2">金属包覆垫</td><td>碳钢</td><td>3.75</td><td>52.4</td></tr>
<tr><td rowspan="3">纯聚四氟乙烯</td><td>1</td><td>3</td><td>19.6</td><td>不锈钢</td><td>4.25</td><td>62</td></tr>
<tr><td>2</td><td>2.5</td><td rowspan="2">14.7</td><td rowspan="2">金属环</td><td>碳钢</td><td>5.5</td><td>124.1</td></tr>
<tr><td>3</td><td>2</td><td>不锈钢</td><td>6.5</td><td>179.3</td></tr>
</table>

表 7-3-9 垫密封的选择要点

因素	选 择 要 点
介质特性	根据介质的物理特性、压力、温度、操作条件、相配法兰结构型式等情况合理选用。通常，常温低压时选用非金属软垫片；中压高温时选用金属和非金属组合密封垫或金属密封垫；温度和压力都有较大波动时，选用弹性好的或自紧式密封垫；在低温、腐蚀性介质或真空条件下，应考虑具有特殊性能的密封垫
工作温度	当工作温度较高或温度波动时，会引起材料蠕变及应力松弛现象，降低垫片的密封性能。故当垫密封部位温度高于200℃时，除选择弹性好的垫片外，还可在垫片和法兰的接触面上涂覆密封胶来提高密封效果，但对垫片更换带来困难
工作压力	应考虑垫密封使用时的瞬态最大工作压力、压力脉动幅度和周期等，通常取极限密封压力为最大工作压力的1.25～1.5倍。对于非金属材料垫片，还应同时考虑垫片能承受的最高工作温度
法兰与垫片的硬度差	取垫片材料的硬度低于法兰材料的硬度，其硬度差越大，越易实现密封，特别是金属垫片，建议采用金属垫片硬度比法兰硬度低40HBW以上为宜
法兰密封面表面粗糙度	法兰密封面表面粗糙度对密封效果影响大，特别是金属等的硬质垫片。故法兰密封面表面粗糙度的选择，可参考表7-3-7
垫片的厚度	对大多数非金属板状垫片，其抵抗应力松弛的能力，与垫片厚度成反比，故应优先选择薄垫片；但垫片太薄，无法填补法兰表面的凹凸不平，因此垫片的最小厚度，取决于法兰的表面粗糙度、垫片的压缩性、垫片应力和法兰面的平行度等因素，可参考标准垫片选取
环保要求	考虑环保要求，限制使用会对环境造成污染的垫片，如含有石棉成分的垫片、使用中会造成挥发物溢出的垫片等
其他	应综合考虑载荷循环特性、零件振动、介质中的悬浮颗粒和污染物、垫片材料对法兰的腐蚀等因素

表 7-3-10 PN系列管法兰垫片的使用条件及选配

<table>
<tr><th colspan="3">垫片型式</th><th>公称压力 PN/MPa</th><th>公称尺寸 DN/mm</th><th>最高使用温度 /℃</th><th>密封面型式</th><th>密封面表面粗糙度 Ra/μm</th><th>法兰型式</th></tr>
<tr><td rowspan="6">非金属</td><td>天然橡胶</td><td>NR</td><td rowspan="6">≤16</td><td rowspan="6">10～2000</td><td>80</td><td rowspan="6">全平面
突面
凹凸面
榫槽面</td><td rowspan="6">3.2～12.5</td><td rowspan="6">各种型式</td></tr>
<tr><td>氯丁橡胶</td><td>CR</td><td>100</td></tr>
<tr><td>丁腈橡胶</td><td>NBR</td><td>110</td></tr>
<tr><td>丁苯橡胶</td><td>SBR</td><td>90</td></tr>
<tr><td>三元乙丙橡胶</td><td>EPDM</td><td>140</td></tr>
<tr><td>氟橡胶</td><td>FKM</td><td>200</td></tr>
</table>

续表

垫片型式				公称压力 PN/MPa	公称尺寸 DN/mm	最高使用温度/℃	密封面型式	密封面表面粗糙度 Ra/μm	法兰型式
非金属	石棉橡胶板		XB350	≤25	10～2000	300	全平面 突面 凹凸面 榫槽面	3.2～12.5	各种型式
			XB450						
	耐油石棉橡胶板		NY400						
	非石棉纤维橡胶板	无机纤维	NAS	≤40		290			
		有机纤维				200			
	聚四氟乙烯板		PTFE	≤16		100			
	膨胀聚四氟乙烯板或带		ePTFE	≤40		200			
	填充改性聚四氟乙烯板		RPTFE						
	增强柔性石墨板		RSB	10～63		650(450)	突面 凹凸面 榫槽面	3.2～6.3	
	高温云母复合板			10～63		900			
	聚四氟乙烯包覆垫			6～40	10～600	150	突面		
半金属	缠绕垫	柔性石墨带		16～160	10～2000	650(450)	突面 凹凸面 榫槽面		带颈平焊法兰 带颈对焊法兰 整体法兰 承插焊法兰 法兰盖
		聚四氟乙烯带				200			
		非石棉纤维带				250			
	齿形组合垫	柔性石墨覆盖层				650(450)			
		聚四氟乙烯覆盖层				200			
半金属/金属	金属包覆垫	铝纯板 L3		25～160	10～900	200	突面	1.6～3.2	带颈对焊法兰 整体法兰 法兰盖
		纯铜板 T3				300			
		低碳钢				400			
		铬钢				500			
		不锈钢				600		0.8～1.6	
金属	金属环垫	低碳钢		63～160	15～400	540	环连接面	0.8～1.6	
		铬钢				650			
		不锈钢				700		0.4～0.8	

注：括号内使用温度为用于氧化介质时的最高使用温度。

表 7-3-11 标准压力容器法兰垫片使用条件

垫片种类及标准号	垫片材料		代号	公称压力 PN/MPa	温度范围 t/℃	公称尺寸 DN/mm	法兰型式
非金属软垫片 NB/T 47024—2012	橡胶	氯丁橡胶	CR	0.25～1.6	−20～100	300～3000	甲型平焊法兰 乙型平焊法兰 长颈对焊法兰
		丁腈橡胶	NBR		−20～100		
		三元乙丙橡胶	EPDM		−30～140		
		氟橡胶	FKM		−20～200		
	石棉橡胶	石棉橡胶板	XB350	0.25～2.5	−40～300		
			XB450				
		耐油石棉橡胶板	NY400				
	聚四氟乙烯板		PTFE	0.25～4.0	−50～100		
	增强柔性石墨板		RSB	1.0～6.4	−240～650		

第7篇

垫片种类及标准号	垫片材料		代号	公称压力 PN/MPa	温度范围 t/℃	公称尺寸 DN/mm	法兰型式
缠绕垫片 NB/T 47025—2012	金属带	碳素钢	1	1.0～6.4	−20～450	300～2600	乙型平焊法兰 长颈对焊法兰
		06Cr19Ni10	2		−196～700		
		06Cr17Ni12Mo2	3				
		022Cr17Ni12Mo2	4		−196～450		
		06Cr13	5		−196～500		
		06Cr18Ni11Ti	6		−196～700		
		022Cr19Ni10	7		−196～450		
	填充带	石棉	1		−50～500		
		柔性石墨	2		−196～800(600)		
		聚四氟乙烯	3		−196～260		
		非石棉纤维	4		−50～300		
金属包垫片 NB/T 47026—2012	金属板材	镀锡薄钢板	A	0.25～6.4	最高 400	300～3000	乙型平焊法兰 长颈对焊法兰
		镀锌薄钢板	B				
		碳钢	C				
		铜 T2	D		最高 300		
		1060(铝 L2)	E		最高 200		
		06Cr13	F		最高 500		
		06Cr19Ni10	G		最高 600		
	填充材料	石棉橡胶板	1		最高 300		
		柔性石墨板	2		最高 600		

注：括号内使用温度为用于氧化介质时的最高使用温度。

表 7-3-12 常用垫密封标准

序号	标准号	标准名称	序号	标准号	标准名称
1	GB/T 4622.1—2009	缠绕式垫片 分类	10	GB/T 15601—2013	管法兰用金属包覆垫片
2	GB/T 4622.2—2008	缠绕式垫片 管法兰用垫片尺寸	11	GB/T 17727—2017	船用法兰非金属垫片
3	GB/T 4622.3—2007	缠绕式垫片 技术条件	12	GB/T 19066.1—2008	柔性石墨金属波齿复合垫片 尺寸
4	GB/T 9126—2008	管法兰用非金属平垫片 尺寸	13	GB/T 19066.3—2003	柔性石墨金属波齿复合垫片 技术条件
5	GB/T 9128—2003	钢制管法兰用金属环垫 尺寸	14	GB/T 19675.1—2005	管法兰用金属冲齿板柔性石墨复合垫片 尺寸
6	GB/T 9129—2003	管法兰用非金属平垫片 技术条件	15	GB/T 19675.2—2005	管法兰用金属冲齿板柔性石墨复合垫片 技术条件
7	GB/T 9130—2007	钢制管法兰用金属环垫 技术条件	16	GB/T 29463.1—2012	管壳式热交换器用垫片 第1部分：金属包垫片
8	GB/T 13403—2008	大直径钢制管法兰用垫片			
9	GB/T 13404—2008	管法兰用非金属聚四氟乙烯包覆垫片			

续表

序号	标准号	标准名称	序号	标准号	标准名称
17	GB/T 29463.2—2012	管壳式热交换器用垫片 第2部分:缠绕式垫片	33	HG/T 20633—2009	钢制管法兰用金属环形垫(Class系列)
18	GB/T 29463.3—2012	管壳式热交换器用垫片 第3部分:非金属软垫片	34	JB/T 87—2015	管路法兰用非金属平垫片
19	GB/T 33836—2017	热能装置用平面密封垫片	35	JB/T 88—2014	管路法兰用金属齿形垫片
20	HG/T 2050—2019	搪玻璃设备 垫片	36	JB/T 89—2015	管路法兰用金属环垫
21	HG/T 2944—2011	食品容器橡胶垫片	37	JB/T 90—2015	管路法兰用缠绕式垫片
22	HG/T 20606—2009	钢制管法兰用非金属平垫片(*PN*系列)	38	JB/T 6369—2005	柔性石墨金属缠绕垫片技术条件
23	HG/T 20607—2009	钢制管法兰用聚四氟乙烯包覆垫片(*PN*系列)	39	JB/T 8559—2014	金属包垫片
24	HG/T 20609—2009	钢制管法兰用金属包覆垫片(*PN*系列)	40	JB/T 10537—2005	冷冻空调设备用复合密封垫片
25	HG/T 20610—2009	钢制管法兰用缠绕式垫片(*PN*系列)	41	JB/T 10688—2006	聚四氟乙烯垫片技术条件
26	HG/T 20611—2009	钢制管法兰用具有覆盖层的齿形组合垫(*PN*系列)	42	JB/T 12669—2016	非金属覆盖层波形金属垫片技术条件
27	HG/T 20612—2009	钢制管法兰用金属环形垫(*PN*系列)	43	JB/T 12670—2016	非金属覆盖层齿形金属垫片技术条件
28	HG/T 20627—2009	钢制管法兰用非金属平垫片(Class系列)	44	NB/T 47024—2012	非金属软垫片
			45	NB/T 47025—2012	缠绕垫片
			46	NB/T 47026—2012	金属包垫片
29	HG/T 20628—2009	钢制管法兰用聚四氟乙烯包覆垫片(Class系列)	47	SH/T 3401—2013	石油化工钢制管法兰用非金属平垫片
30	HG/T 20630—2009	钢制管法兰用金属包覆垫片(Class系列)	48	SH/T 3402—2013	石油化工钢制管法兰用聚四氟乙烯包覆垫片
31	HG/T 20631—2009	钢制管法兰用缠绕式垫片(Class系列)	49	SH/T 3403—2013	石油化工钢制管法兰用金属环垫
32	HG/T 20632—2009	钢制管法兰用具有覆盖层的齿形组合垫(Class系列)	50	SH/T 3407—2013	石油化工钢制管法兰用缠绕式垫片

3.2.3.1 管法兰用非金属平垫片

非金属平垫片是最传统的垫密封型式，应用广泛。其材料及标识代号参见表7-3-10。PN系列管法兰用非金属平垫片尺寸见表7-3-13和表7-3-14，Class系列管法兰用非金属平垫片尺寸见表7-3-15。

3.2.3.2 管法兰用聚四氟乙烯包覆垫片

聚四氟乙烯包覆垫片分嵌入层和包覆层。嵌入层材料一般为石棉橡胶板或非石棉纤维橡胶板，包覆层材料为聚四氟乙烯。包覆型式有三种，A型为剖切型，B型为机加工型，适用于 $DN \leqslant 500$mm 的场合，推荐选用B型；C型为折包型，适用于 $DN \geqslant 350$mm 的场合。聚四氟乙烯包覆垫片尺寸见表7-3-16。

3.2.3.3 管法兰用金属包覆垫片

金属包覆垫片有平面型（F型）和波纹型（C型）两种，均由包覆金属和填充材料组成，其材料代号及最高工作温度见表7-3-17。金属包覆垫片尺寸见表7-3-18。

第7篇

表 7-3-13 PN 系列管法兰用全平面 FF 型垫片尺寸（摘自 GB/T 9126—2008） /mm

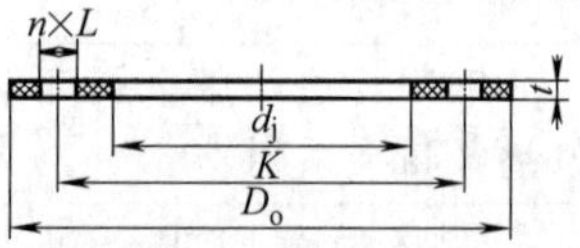

标记示例：公称尺寸 $DN50$，公称压力 $PN10$ 的全平面管法兰用非金属平垫片，标记为
非金属平垫片 FF $DN50$-$PN10$ GB/T 9126

公称尺寸 DN	垫片内径 D_i	垫片外径 D_o					螺栓孔中心圆直径 K					螺栓孔径 L					螺栓孔数 n					垫片厚度 t
		PN2.5、$PN$6	$PN$10	$PN$16	$PN$25	$PN$40	PN2.5、$PN$6	$PN$10	$PN$16	$PN$25	$PN$40	PN2.5、$PN$6	$PN$10	$PN$16	$PN$25	$PN$40	PN2.5、$PN$6	$PN$10	$PN$16	$PN$25	$PN$40	
10	18	75	90	90	90	90	50	60	60	60	60	11	14	14	14	14	4	4	4	4	4	0.8～3.0
15	22	80	95	95	95	95	55	65	65	65	65	11	14	14	14	14	4	4	4	4	4	
20	27	90	105	105	105	105	65	75	75	75	75	11	14	14	14	14	4	4	4	4	4	
25	34	100	115	115	115	115	75	85	85	85	85	11	14	14	14	14	4	4	4	4	4	
32	43	120	140	140	140	140	90	100	100	100	100	14	18	18	18	18	4	4	4	4	4	
40	49	130	150	150	150	150	100	110	110	110	110	14	18	18	18	18	4	4	4	4	4	
50	61	140	165	165	165	165	110	125	125	125	125	14	18	18	18	18	4	4	4	4	4	
65	77	160	185	185	185	185	130	145	145	145	145	14	18	18	18	18	4	8	8	8	8	
80	89	190	200	200	200	200	150	160	160	160	160	18	18	18	18	18	4	8	8	8	8	
100	115	210	220	220	235	235	170	180	180	190	190	18	18	18	22	22	4	8	8	8	8	
125	141	240	250	250	270	270	200	210	210	220	220	18	18	18	26	26	8	8	8	8	8	
150	169	265	285	285	300	300	225	240	240	250	250	18	22	22	26	26	8	8	8	8	8	
200	220	320	340	340	360	375	280	295	295	310	320	18	22	22	26	30	8	8	12	12	12	
250	273	375	395	405	425	450	335	350	355	370	385	18	22	26	30	33	12	12	12	12	12	
300	324	440	445	460	485	515	395	400	410	430	450	22	22	26	30	33	12	12	12	16	16	
350	356	490	505	520	555	580	445	460	470	490	510	22	22	26	33	36	12	16	16	16	16	
400	407	540	565	580	620	660	495	515	525	550	585	22	26	30	36	39	16	16	16	16	16	
450	458	595	615	640	670	685	550	565	585	600	610	22	26	30	36	39	16	20	20	20	20	
500	508	645	670	715	730	755	600	620	650	660	670	22	26	33	36	42	20	20	20	20	20	
600	610	755	780	840	845	890	705	725	770	770	795	26	30	36	39	48	20	20	20	20	20	

表 7-3-14 PN 系列管法兰用 RF 型、MFM 型、TG 型垫片尺寸（摘自 GB/T 9126—2008） /mm

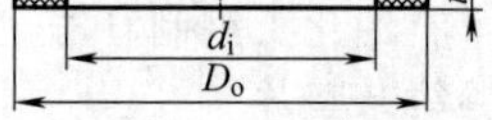

标记示例：公称尺寸 $DN80$mm、公称压力 $PN10$ 的突面管法兰用非金属平垫片，标记为
非金属平垫片 RF $DN80$-$PN10$ GB/T 9126

公称尺寸 DN	垫片内径 d_i		垫片外径 D_o								垫片厚度 t
	RF 型 MFM 型	TG 型	RF 型					MFM 型	TG 型		
			PN2.5～$PN$6	$PN$10	$PN$16	$PN$25	$PN$40	$PN$10～$PN$63	$PN$10～$PN$40	$PN$63	
10	18	24	39	46	46	46	46	34	34	34	0.8～3.0
15	22	29	44	51	51	51	51	39	39	39	
20	27	36	54	61	61	61	61	50	50	50	
25	34	43	64	71	71	71	71	57	57	57	
32	43	51	76	82	82	82	82	65	65	65	

续表

公称尺寸 DN	垫片内径 d_i		垫片外径 D_o								垫片厚度 t
	RF 型 MFM 型	TG 型	RF 型					MFM 型	TG 型		
			PN2.5～PN6	PN10	PN16	PN25	PN40	PN10～PN63	PN10～PN40	PN63	
40	49	61	86	92	92	92	92	75	75	75	0.8～3.0
50	61	73	96	107	107	107	107	87	87	87	
65	77	95	116	127	127	127	127	109	109	109	
80	89	106	132	142	142	142	142	120	120	120	
100	115	129	152	162	162	168	168	149	149	149	
125	141	155	182	192	192	194	194	175	175	175	
150	169	183	207	218	218	224	224	203	203	203	
200	220	239	262	273	273	284	290	259	259	259	
250	273	292	317	328	329	340	352	312	312	312	
300	324	343	373	378	384	400	417	363	363	363	
350	356	395	423	438	444	457	474	421	421	421	
400	407	447	473	489	495	514	546	473	473	473	
450	458	497	528	539	555	564	571	523	523	—	
500	508	549	578	594	617	624	628	575	575	—	
600	610	649	679	695	734	731	747	675	675	—	

表 7-3-15 Class 系列管法兰用垫片尺寸（摘自 GB/T 9126—2008） /mm

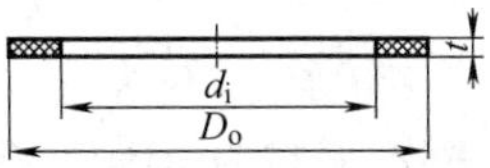

标记示例：公称尺寸 100mm、公称压力 Class300 的突面管法兰用非金属平垫片，标记为
非金属平垫片 RF DN100-CL300 GB/T 9126

公称尺寸		垫片内径 d_i		垫片外径 D_o				螺栓孔中心圆直径 K	螺栓孔径 L	螺栓孔数 n	垫片厚度 t	
NPS	DN	FF 型 RF 型 MFM 型	TG 型	FF 型	RF 型		MFM 型 TG 型	FF 型	FF 型	FF 型	FF 型 RF 型	MFM 型 TG 型
				Class150	Class150	Class300	Class300	Class150	Class150	Class150		
1/2	15	22	25.5	89	47.5	54.0	35	60.3	16	4	1.5～3.0	0.8～3.0
3/4	20	27	33.5	98	57.0	66.5	43	69.9	16	4		
1	25	34	38.0	108	66.5	73.0	51	79.4	16	4		
1¼	32	43	47.5	117	76.0	82.5	64	88.9	16	4		
1½	40	49	54.0	127	85.5	95.0	73	98.4	16	4		
2	50	61	73.0	152	104.5	111.0	92	120.7	18	4		
2½	65	73	85.5	178	124.0	130.0	105	139.7	18	4		
3	80	89	108.0	191	136.5	149.0	127	152.4	18	4		
4	100	115	132.0	229	174.5	181.0	157	190.5	18	8		
5	125	141	160.5	254	196.5	216.0	186	215.9	22	8		
6	150	169	190.5	279	222.0	251.0	216	241.3	22	8		
8	200	220	238.0	343	279.0	308.0	270	298.5	22	8		

续表

公称尺寸		垫片内径 d_i		垫片外径 D_o				螺栓孔中心圆直径 K	螺栓孔径 L	螺栓孔数 n	垫片厚度 t	
NPS	DN	FF 型 RF 型 MFM 型	TG 型	FF 型	RF 型		MFM 型 TG 型	FF 型	FF 型	FF 型	FF 型 RF 型	MFM 型 TG 型
				Class150	Class150	Class300	Class300	Class150	Class150	Class150		
10	250	273	286.0	406	339.5	362.0	324	362.0	26	12		
12	300	324	343.0	483	409.5	422.0	381	431.8	26	12		
14	350	356	374.5	533	450.5	485.5	413	476.3	29	12		
16	400	407	425.5	597	514.0	539.5	470	539.8	29	16	1.5～3.0	0.8～3.0
18	450	458	489.0	635	549.0	597.0	533	577.9	32	16		
20	500	508	533.5	699	606.5	654.0	584	635.0	32	20		
24	600	610	641.5	813	717.5	774.5	692	749.3	35	20		

表 7-3-16 聚四氟乙烯包覆垫片尺寸（摘自 HG/T 20607—2009 和 HG/T 20628—2009） /mm

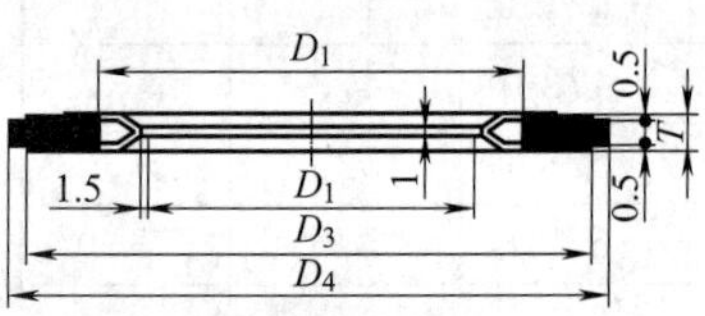

A型—剖切型

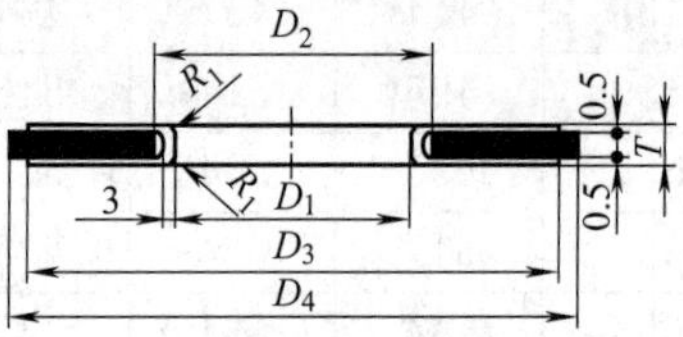

B型—机加工型

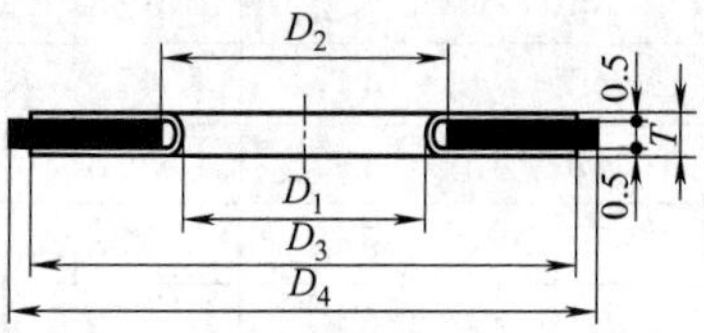

C型 — 折包型

标记示例 1：公称尺寸 $DN$200、公称压力 $PN$10 的钢制管法兰用剖切型聚四氟乙烯包覆垫片，嵌入层材料为丁腈橡胶板，标记为

HG/T 20607　四氟包覆垫（NBR）　A　200-10

标记示例 2：公称尺寸 $DN$100、公称压力 Class300 的钢制管法兰用机加工型聚四氟乙烯包覆垫片，芯材为 XB450 石棉橡胶板，标记为

HG/T 20628　四氟包覆垫（XB450）　B　100-300

公称尺寸		包覆层内径 D_1		包覆层外 D_3		垫片外径 D_4							垫片厚度 T	垫片型式
DN	NPS	PN 系列	Class 系列	PN 系列	Class 系列	PN 系列					Class 系列			
						$PN$6	$PN$10	$PN$16	$PN$25	$PN$40	Class150	Class300		
10	3/8	18	—	36	—	39	46	46	46	46	—	—		
15	1/2	22	22	40	40	44	51	51	51	51	46.5	52.5		
20	3/4	27	27	50	50	54	61	61	61	61	56.0	66.5		
25	1	34	34	60	60	64	71	71	71	71	65.5	73.0		
32	1¼	43	43	70	70	76	82	82	82	82	75.0	82.5		
40	1½	49	49	80	80	86	92	92	92	92	84.5	94.5		
50	2	61	61	92	92	96	107	107	107	107	104.5	111.0	3	A 型 B 型
65	2½	77	77	110	110	116	127	127	127	127	123.5	129.0		
80	3	89	89	126	126	132	142	142	142	142	136.5	148.5		
100	4	115	115	151	151	152	162	162	168	168	174.5	180.0		
125	5	141	141	178	178	182	192	192	194	194	196.0	215.0		
150	6	169	169	206	206	207	218	218	224	224	221.5	250.0		

续表

公称尺寸		包覆层内径 D_1		包覆层外 D_3		垫片外径 D_4							垫片厚度 T	垫片型式
						PN 系列					Class 系列			
DN	NPS	*PN* 系列	Class 系列	*PN* 系列	Class 系列	*PN*6	*PN*10	*PN*16	*PN*25	*PN*40	Class150	Class300		
200	8	220	220	260	260	262	273	273	284	290	278.5	306.0	3	A 型 B 型
250	10	273	273	314	314	317	328	329	340	352	338.0	360.5		
300	12	324	324	365	365	373	378	384	400	417	408.0	421.0		
350	14	377	356	412	412	423	438	444	457	474	449.5	484.5	4	A 型 B 型 C 型
400	16	426	407	469	469	473	489	495	514	546	513.0	538.5		
450	18	480	458	528	528	528	539	555	564	571	548.0	595.5		
500	20	530	508	578	578	578	594	617	624	628	605.0	653.0		
600	24	630	610	679	679	679	695	734	731	747	716.5	774.0		C 型

注：垫片厚度 T 为推荐厚度，用户可规定其他垫片厚度，但应在订货时注明。

表 7-3-17　金属包覆垫片的材料标识及代号

包覆金属材料	材料代号	最高工作温度/℃	填充材料		材料代号	最高工作温度/℃
纯铝板 L3	L3	200	柔性石墨板		FG	650
纯铜板 T3	T3	300	石棉橡胶板		AS	300
镀锌钢板	St(Zn)	400	非石棉纤维橡胶板	有机纤维	NAS	200
08F	St	400		无机纤维		290
12Cr13	405	500				
06Cr19Ni10	304	600				
06Cr18Ni11Ti	321	600				
022Cr17Ni12Mo2	316L	600				
022Cr19Ni13Mo3	317L	600				

表 7-3-18　管法兰用金属包覆垫片尺寸（摘自 GB/T 15601—2013）　/mm

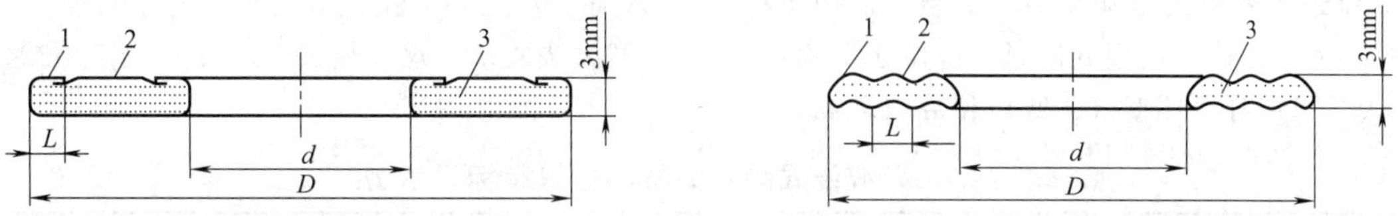

(a) 平面型(F型)垫片结构　　(b) 波纹型(C型)垫片结构

1—垫片外壳；2—垫片盖；3—填充材料　　1—垫片外壳；2—垫片盖；3—填充材料

标记示例 1：平面型、公称尺寸 *DN*300、公称压力 *PN*25、金属包覆层材料为 06Cr19Ni10，填充材料为非石棉纤维橡胶板的垫片，标记为

金属包覆垫片　*DN*300-*PN*25　304/NAS　GB/T 15601

标记示例 2：波纹型、公称尺寸 *DN*80(NPS)、公称压力 Class300、包覆层材料为 06Cr19Ni10，填充材料为柔性石墨的垫片，标记为

金属包覆垫片　C 型　3″(或 *DN*80)-CL300　304/FG　GB/T 15601

续表

公称尺寸		内径 d		垫片外径 D									
DN	NPS	PN 系列	Class 系列	PN 系列							Class 系列		
				PN2.5	PN6	PN10	PN16	PN25	PN40	PN63	Class150	Class300	Class600
10	3/8	18	—	39	39	46	46	46	46	56	—	—	—
15	1/2	22	22.4	44	44	51	51	51	51	61	44.5	50.8	50.8
20	3/4	27	28.7	54	54	61	61	61	61	72	54.1	63.5	63.5
25	1	34	38.1	64	64	71	71	71	71	82	63.5	69.9	69.9
32	1¼	43	47.8	76	76	82	82	82	82	88	73.2	79.5	79.5
40	1½	49	54.1	86	86	92	92	92	92	103	82.6	92.2	92.2
50	2	61	73.2	96	96	107	107	107	107	113	101.6	108.0	108.0
65	2½	77	85.9	116	116	127	127	127	127	138	120.7	127.0	127.0
80	3	89	108.0	132	132	142	142	142	142	148	133.4	146.1	146.1
100	4	115	131.8	152	152	162	162	168	168	174	171.5	177.8	190.5
125	5	141	152.4	182	182	192	192	194	194	210	193.8	212.9	238.3
150	6	169	190.5	207	207	218	218	224	224	247	219.2	247.7	263.7
200	8	220	238.3	262	262	273	273	284	290	309	276.4	304.8	317.5
250	10	273	285.8	317	317	328	329	340	352	364	336.6	358.9	397.0
300	12	324	342.9	373	373	378	384	400	417	424	406.4	419.1	454.2
350	14	377	374.7	423	423	438	444	457	474	486	447.8	482.6	489.0
400	16	426	425.5	473	473	489	495	514	526	543	511.3	536.7	562.1
450	18	480	489.0	528	528	539	555	564	571	—	546.1	593.9	609.6
500	20	530	533.4	578	578	594	617	624	628	—	603.3	651.0	679.5
600	24	630	641.4	679	679	695	734	741	747	—	714.5	771.7	787.4

3.2.3.4 缠绕式垫片（摘自HG/T 20610—2009和HG/T 20631—2009）

缠绕式垫片分四种型式。基本型（A型）适用于榫面/槽面（TG）法兰；带内环型（B型）适用于凹面/凸面（MFM）法兰；带对中环型（C型）和带内环和对中环型（D型）适用于突面（RF）或全平面（FF）法兰。缠绕式垫片的材料标记代号、标记缩写和标记示例见表7-3-19。A型和B型缠绕式垫片尺寸见表7-3-20；C型和D型缠绕式垫片尺寸见表7-3-21和表7-3-22。

表 7-3-19　缠绕式垫片的材料标识和标记示例

材　　料	材料标志缩写	材料标记代号	材　　料	材料标志缩写	材料标记代号
金属材料(含金属带材料、内环材料、对中环材料)					
无对中环或无内环	—	0	06Cr25Ni20	310	8
碳钢	CRS	1	钛	TI	9
06Cr19Ni10	304	2	Ni-Cu 合金 Monel 400	MON	
022Cr19Ni10	304L	3	Ni-Mo 合金 Hastelloy B2	HAST B	
06Cr17Ni12Mo2	316	4	Ni-Mo-Cr 合金 Hastelloy C-276	HAST C	
022Cr17Ni12Mo2	316L	5	Ni-Cr-Fe 合金 Inconel 600	INC 600	
06Cr18Ni11Ti	321	6	Ni-Fe-Cr 合金 Inconel 800	INC 800	
06Cr18Ni11Nb	347	7	锆	ZIRC	

续表

材　　料	材料标志缩写	材料标记代号	材　　料	材料标志缩写	材料标记代号
填充材料					
温石棉带	ASB	1	聚四氟乙烯带	PTFE	3
柔性石墨带	G. F.	2	非石棉纤维带	NA	4
标　记　示　例					

标记示例1：*PN* 系列，公称尺寸为 *DN*100、公称压力为 *PN*40 的钢制管法兰用带内环和对中环的缠绕式垫片（D型），对中材料为碳钢，金属带材料为06Cr19Ni10，填料为柔性石墨带，内环材料为06Cr19Ni10，标记为

HG/T 20610 缠绕垫 D100-40 1222

标记示例2，Class 系列，公称尺寸为 *DN*100、公称压力为 Class900 的钢制管法兰用带内环和对中环的缠绕式垫片（D型），对中材料为碳钢，金属带材料为06Cr19Ni10，填料为柔性石墨带，内环材料为06Cr19Ni10，标记为

HG/T 20631 缠绕垫 D100-40 1222

表 7-3-20　基本型（A型）和带内环型（B型）缠绕式垫片尺寸　/mm

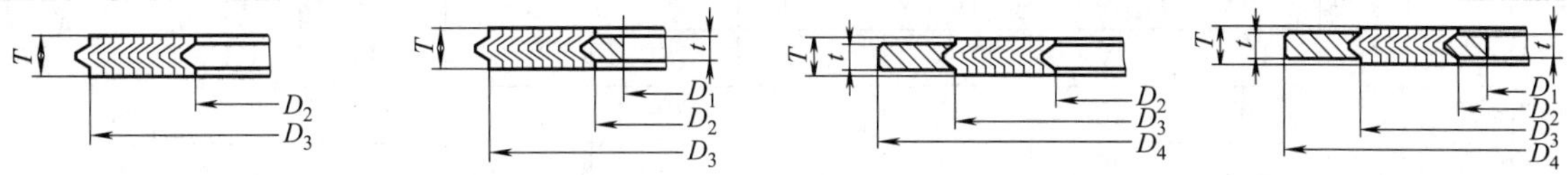

基本型(A型)　带内环型(B型)　带对中环型(C型)　带内环和对中环型(D型)

公称尺寸		内环内径 D_1		缠绕部分内径 D_2			缠绕部分外径 D_3			缠绕部分厚度 *T*	内环厚度 *t*
DN	NPS	*PN* 系列	Class 系列	*PN* 系列	A型 Class300～2500 B型 Class300～1500	B型 Class2500	*PN* 系列	A型 Class300～2500 B型 Class300～1500	B型 Class 2500		
10	3/8	18	—	24	—	—	34	—	—	3.2	2.0
15	1/2	22	14.3	29	25.4	20.6	39	34.9	34.9		
20	3/4	27	20.6	36	33.3	27.0	50	42.9	42.9		
25	1	34	27.0	43	38.1	31.8	57	50.8	50.8		
32	1¼	43	34.9	51	47.6	41.3	65	63.5	63.5		
40	1½	49	41.3	61	54.0	47.6	75	73.0	73.0		
50	2	61	52.4	73	73.0	60.3	87	92.1	92.1		
65	2½	77	63.5	95	85.7	76.2	109	104.8	104.8		
80	3	90	77.8	106	108.0	95.3	120	127.0	127.0		
100	4	116	103.2	129	131.8	120.7	149	157.2	157.2		
125	5	143	128.6	155	160.3	146.1	175	185.7	185.7		
150	6	170	154.0	183	190.5	171.5	203	215.9	215.9		
200	8	222	203.2	239	238.1	222.3	259	269.9	269.9		
250	10	276	254.0	292	285.8	273.1	312	323.9	323.9		
300	12	328	303.2	343	342.9	330.2	363	381.0	381.0		
350	14	381	342.9	395	374.7	—	421	412.8	—		
400	16	430	393.7	447	425.5	—	473	469.9	—		
450	18	471	444.5	497	489.0	—	523	533.4	—		
500	20	535	495.3	549	533.4	—	575	584.2	—		
600	24	636	596.9	649	641.4	—	675	692.2	—		

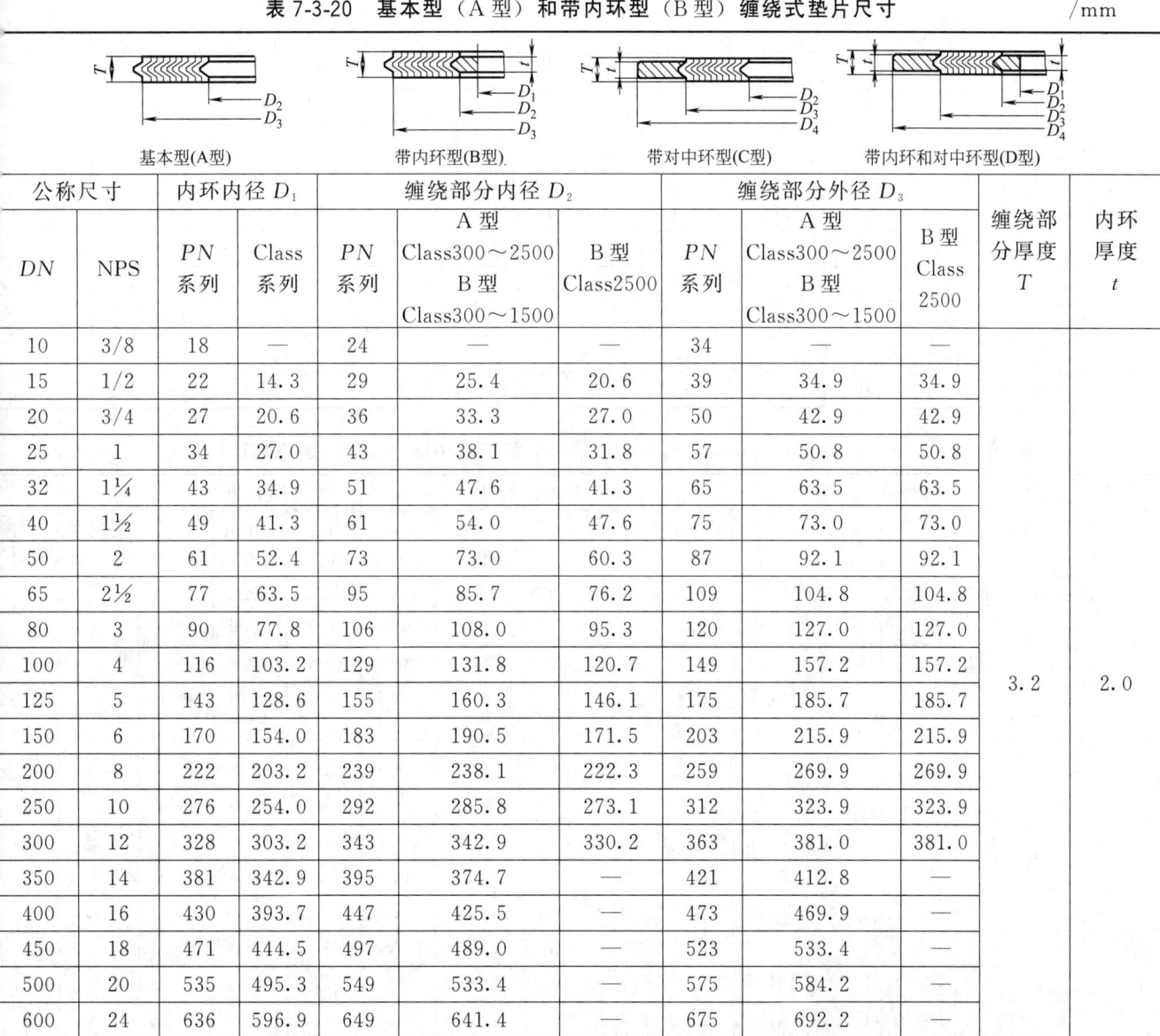

表 7-3-21　*PN* 系列带对中环（C 型）或带内环和带对中环（D 型）缠绕式垫片尺寸　/mm

公称尺寸 DN	内环内径 D_1	缠绕部分内径 $D_{2\min}$	缠绕部分外径 D_3		对中环外径 D_4						缠绕部分厚度 T	内环厚度 t
			$PN16\sim PN40$	$PN63\sim PN160$	$PN16$	$PN25$	$PN40$	$PN63$	$PN100$	$PN160$		
10	18	24	34	34	46	46	46	56	56	56		
15	22	28	38	38	51	51	51	61	61	61		
20	27	33	45	45	61	61	61	72	72	72		
25	34	40	52	52	71	71	71	82	82	82		
32	43	49	61	61	82	82	82	88	88	88		
40	49	55	67	67	92	92	92	103	103	103		
50	61	70	86	86	107	107	107	113	119	119		
65	77	86	102	106	127	127	127	138	144	144		
80	90	99	115	119	142	142	142	148	154	154		
100	116	128	144	148	162	168	168	174	180	180		
125	143	155	173	179	192	194	194	210	217	217	4.5	3.0
150	170	182	200	206	218	224	224	247	257	257		
200	222	234	254	258	273	284	290	309	324	324		
250	276	288	310	316	329	340	352	364	391	388		
300	328	340	364	368	384	400	417	424	458	458		
350	381	393	417	421	444	457	474	486	512	—		
400	430	442	470	476	495	514	546	543	572	—		
450	471	480	506	—	555	564	571	—	—	—		
500	535	547	575	—	617	624	628	—	—	—		
600	636	648	676	—	734	731	747	—	—	—		

表 7-3-22　Class 系列带对中环（C 型）或带内环和带对中环（D 型）缠绕式垫片尺寸　/mm

公称尺寸		内环内径 D_1				缠绕部分内径 D_2					缠绕部分外径 D_3			缠绕部分厚度 T	内环厚度 t
DN	NPS	Class 150～Class 600	Class 900	Class 1500	Class 2500	Class 150～Class 300	Class 600	Class 900	Class 1500	Class 2500	Class 150～Class 600	Class 900～Class 1500	Class 2500		
15	1/2	14.3	14.3	14.3	14.3	19.1	19.1	19.1	19.1	19.1	31.8	31.8	31.8		
20	3/4	20.7	20.7	20.7	20.7	25.4	25.4	25.4	25.4	25.4	39.6	39.6	39.6		
25	1	27.0	27.0	27.0	27.0	31.8	31.8	31.8	31.8	31.8	47.8	47.8	47.8		
32	1¼	38.1	33.4	33.4	33.4	47.8	47.8	39.6	39.6	39.6	60.5	60.5	60.5		
40	1½	44.5	41.3	41.3	41.3	54.1	54.1	47.8	47.8	47.8	69.9	69.9	69.9		
50	2	55.6	52.4	52.4	52.4	69.9	69.9	58.7	58.7	58.7	85.9	85.9	85.9	4.5	3.0
65	2½	66.7	63.5	63.5	63.5	82.6	82.6	69.9	69.9	69.9	98.6	98.6	98.6		
80	3	81.0	81.0	81.0	81.0	101.6	101.6	95.3	92.2	92.2	120.7	120.7	120.7		
100	4	106.4	106.4	106.4	106.4	127.0	120.7	120.7	117.6	117.6	149.4	149.4	149.4		
125	5	131.8	131.8	131.8	131.8	155.7	147.6	147.6	143.0	143.0	177.8	177.8	177.8		
150	6	157.2	157.2	157.2	157.2	182.6	174.8	174.8	171.5	171.5	209.6	209.6	209.6		

续表

公称尺寸		内环内径 D_1				缠绕部分内径 D_2					缠绕部分外径 D_3			缠绕部分厚度 T	内环厚度 t
DN	NPS	Class 150～Class 600	Class 900	Class 1500	Class 2500	Class 150～Class 300	Class 600	Class 900	Class 1500	Class 2500	Class 150～Class 600	Class 900～Class 1500	Class 2500		
200	8	215.9	196.9	196.9	196.9	233.4	225.6	222.3	215.9	215.9	263.7	257.3	257.3		
250	10	268.3	246.1	246.1	246.1	287.3	274.6	276.4	266.7	270.0	317.5	311.2	311.2		
300	12	317.5	292.1	292.1	292.1	339.9	327.2	323.9	323.9	317.5	374.7	368.3	368.3		
350	14	349.3	320.8	320.8	—	371.6	362.0	355.6	362.0	—	406.4	400.1	—		
400	16	400.0	374.7	368.3	—	422.4	412.8	412.8	406.4	—	463.6	457.2	—		
450	18	449.3	425.5	425.5	—	474.7	469.9	463.6	463.6	—	527.1	520.7	—		
500	20	500.0	482.6	476.3	—	525.5	520.7	520.7	514.4	—	577.9	571.5	—		
600	24	603.3	590.6	577.9	—	628.7	628.7	628.7	616.0	—	685.8	679.5	—		

3.2.3.5 具有覆盖层的齿形组合垫（摘自HG/T 20611—2009和HG/T 20632—2009）

齿形组合垫的型式及适用法兰密封面型式见表7-3-23，表中给出金属齿形垫详图。齿形组合垫由齿形金属圆环和覆盖层组成，其材料标识、标记缩写代号和标记示例见表7-3-24。A型齿形组合垫尺寸见表7-3-25；C型和D型缠绕式垫片尺寸见表7-3-26。

3.2.3.6 金属环垫（HG/T 20612—2009和HG/T 20633—2009）

金属环垫用于高压环连接面，其材料及代号见表7-3-27，PN 系列金属环垫尺寸见表7-3-28。Class系列金属环垫尺寸用环号来区分，不同公称尺寸及公称压力的环号见表7-3-29，其尺寸、尺寸公差分别见表7-3-30、表7-3-31。

表 7-3-23　具有覆盖层的齿形组合垫型式

齿形组合垫型式	基本型(A型)	带整体对中环型(B型)	带活动对中环型(C型)	
结构图	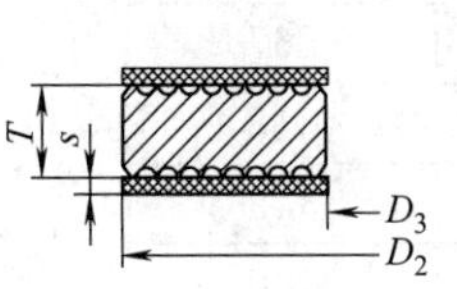	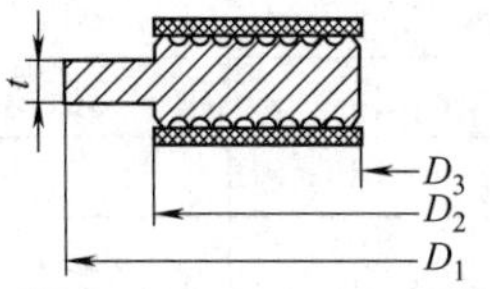	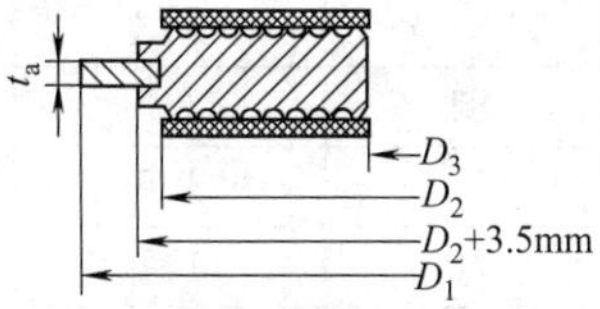	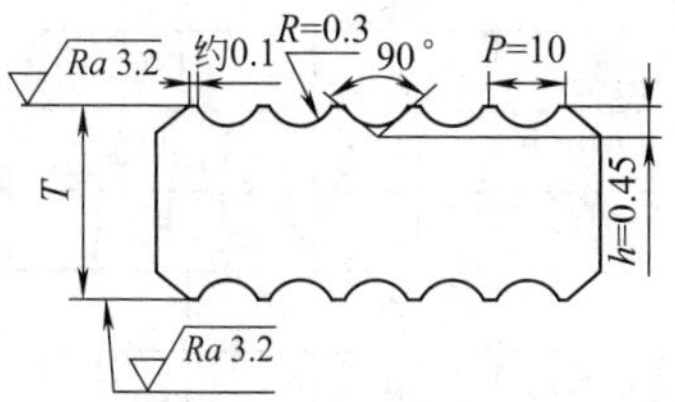
适用范围	适用于榫面/槽面(TG)或凹面/凸面(MFM)	适用于突面(RF)或全平面(FF)	适用于突面(RF)或全平面(FF)	金属齿形垫尺寸 图中 h 为最小值

表 7-3-24　具有覆盖层的齿形组合垫的材料标识和标记示例

材　料	缩写代号	材　料	缩写代号	材　料	缩写代号
06Cr19Ni10	304	06Cr25Ni20	310	Ni-Fe-Cr 合金 Inconel 800	INC 800
022Cr19Ni10	304L	钛	TI	锆	ZIRC
06Cr17Ni12Mo2	316	Ni-Cu 合金 Monel 400	MON	柔性石墨	FG
022Cr17Ni12Mo2	316L	Ni-Mo 合金 Hastelloy B2	HAST B	聚四氟乙烯	PTFE
06Cr18Ni11Ti	321	Ni-Mo-Cr 合金 Hastelloy C-276	HAST C		
06Cr18Ni11Nb	347	Ni-Cr-Fe 合金 Inconel 600	INC 600		

标 记 示 例
标记示例 1：*PN* 系列，公称尺寸为 *DN*100、公称压力为 *PN*40 的钢制管法兰用具有覆盖层的齿形组合垫（C 型），齿形金属圆环材料为 06Cr19Ni10，覆盖层材料为柔性石墨，活动对中环材料为碳钢，标记为 HG/T 20611 齿形垫 C 100-40 304/FG 标记示例 2：Class 系列，公称尺寸为 *DN*100、公称压力为 Class900 的钢制管法兰用具有覆盖层的齿形组合垫（C 型），齿形金属圆环材料为 06Cr19Ni10，覆盖层材料为柔性石墨，活动对中环材料为碳钢，标记为 HG/T 20632 齿形垫 C 100-900 304/FG

表 7-3-25　榫面/槽面和凹面/凸面法兰用基本型（A 型）齿形组合垫尺寸　/mm

公称尺寸		齿形金属圆环外径 D_2		齿形金属圆环内径 D_3				齿形金属圆环厚度 T
DN	NPS	*PN*16～*PN*160	Class300～Class1500	*PN*16～*PN*160		Class300～Class1500		
				榫面/槽面	凹面/凸面	榫面/槽面	凹面/凸面	
10	3/8	34	—	24	18	—	—	3.0
15	1/2	39	35	29	22	25	21	
20	3/4	50	43	36	28	33	27	
25	1	57	51	43	35	38	33	
32	1¼	65	64	51	43	48	42	
40	1½	75	73	61	49	54	44	
50	2	87	92	73	61	73	57	
65	2½	109	105	95	77	86	68	
80	3	120	127	106	90	108	84	
100	4	149	157	129	115	132	110	
125	5	175	186	155	141	160	137	
150	6	203	216	183	169	191	162	
200	8	259	270	239	220	238	213	
250	10	312	324	292	274	286	267	
300	12	363	381	343	325	343	318	
350	14	421	413	395	368	375	349	
400	16	473	470	447	420	425	400	
450	18	523	533	497	470	489	451	
500	20	575	584	549	520	533	502	
600	24	675	692	649	620	641	603	

表 7-3-26　突面法兰用带对中环型（B 型和 C 型）齿形组合垫尺寸　/mm

公称尺寸		齿形金属圆环外径 D_2			齿形金属圆环内径 D_3		对中环外径 D_1												齿形金属圆环厚度 T	整体对中环厚度 t	活动对中环厚度 t_1	覆盖层厚度 s
DN	NPS	*PN*16～*PN*40	*PN*63～*PN*160	Class 系列	*PN* 系列	Class 系列	*PN* 16	*PN* 25	*PN* 40	*PN* 63	*PN* 100	*PN* 160	Class 150	Class 300	Class 600	Class 900	Class 1500	Class 2500				
10	3/8	36	36	—	22	—	46	46	46	56	56	56	—	—	—	—	—	—	4.0	2.0	1.5	0.5
15	1/2	42	42	33.3	26	23.0	51	51	51	61	61	61	46.5	52.5	52.5	62.5	62.5	69.0				

续表

公称尺寸		齿形金属圆环外径 D_2			齿形金属圆环内径 D_3		对中环外径 D_1												齿形金属圆环厚度 T	整体对中环厚度 t	活动对中环厚度 t_1	覆盖层厚度 s
DN	NPS	$PN$16～$PN$40	$PN$63～$PN$160	Class系列	PN系列	Class系列	$PN$16	$PN$25	$PN$40	$PN$63	$PN$100	$PN$160	Class150	Class300	Class600	Class900	Class1500	Class2500				
20	3/4	47	47	39.7	31	28.6	61	61	61	72	72	72	56.0	66.5	66.5	69.0	69.0	75.0	4.0	2.0	1.5	0.5
25	1	52	52	47.6	36	36.5	71	71	71	82	82	82	65.5	73.0	73.0	77.5	77.5	84.0				
32	1¼	62	62	60.3	46	44.4	82	82	82	88	88	88	75.0	82.5	82.5	87.0	87.0	103.0				
40	1½	69	69	69.8	53	52.4	92	92	92	103	103	103	84.5	94.5	94.5	97.0	97.0	116.0				
50	2	81	81	88.9	65	69.8	107	107	107	113	119	119	104.5	111.0	111.0	141.0	141.0	144.5				
65	2½	100	100	101.6	81	82.5	127	127	127	138	144	144	123.5	129.0	129.0	163.5	163.5	167.0				
80	3	115	115	123.8	95	98.4	142	142	142	148	154	154	136.5	148.5	148.5	166.5	173.0	195.5				
100	4	138	138	154.0	118	123.8	162	168	168	174	180	180	174.5	180.0	192.0	205.0	208.5	234.0				
125	5	162	162	182.6	142	150.8	192	194	194	210	217	217	196.0	215.0	239.5	246.5	253.0	379.0				
150	6	190	190	212.7	170	177.8	218	224	224	247	257	257	221.5	250.0	265.0	287.5	281.5	316.5				
200	8	240	248	266.7	220	228.6	273	284	290	309	324	324	278.5	306.0	319.0	357.5	351.5	386.0				
250	10	290	300	320.7	270	282.6	329	340	352	364	391	388	338.0	360.5	399.0	434.0	434.5	476.0				
300	12	340	356	377.8	320	339.7	384	400	417	424	458	458	408.0	421.0	456.0	497.5	519.5	549.0				
350	14	395	415	409.6	375	371.5	444	457	474	486	512	—	449.5	484.5	491.0	520.0	579.0	—				
400	16	450	474	466.7	426	422.3	495	514	546	543	572	—	513.0	538.5	564.0	574.0	641.0	—				
450	18	506	—	530.2	480	479.4	555	564	571	—	—	—	548.0	595.5	612.0	638.0	704.5	—				
500	20	560	—	581.0	530	530.2	617	624	628	—	—	—	605.0	653.0	682.0	697.5	756.0	—				
600	24	664	—	682.6	630	631.8	734	731	747	—	—	—	716.5	774.0	790.0	837.5	900.5	—				

表 7-3-27 金属环垫材料及代号

金属环形垫材料	代号	最高硬度		金属环形垫材料	代号	最高硬度	
		HBW	HRB			HBW	HRB
纯铁	D	90	56	022Cr19Ni10	304L	150	80
10	S	120	68	06Cr17Ni12Mo2	316	160	83
12Cr5Mo	F5	130	72	022Cr17Ni12Mo2	316L	150	80
12Cr13	410S	170	86	06Cr18Ni11Ti	321	160	83
06Cr19Ni10	304	160	83	06Cr18Ni11Nb	347	160	83

表 7-3-28 *PN* 系列金属环垫尺寸 /mm

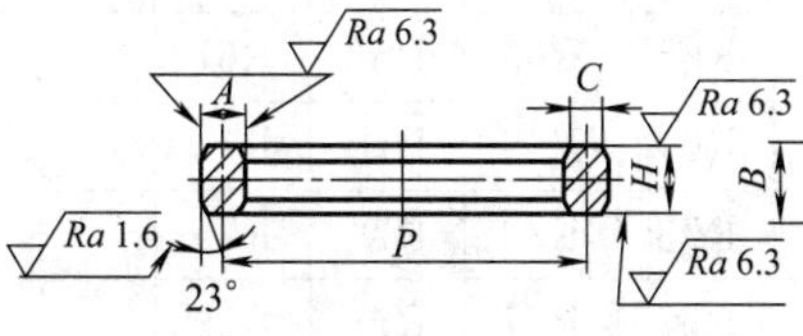

八角型

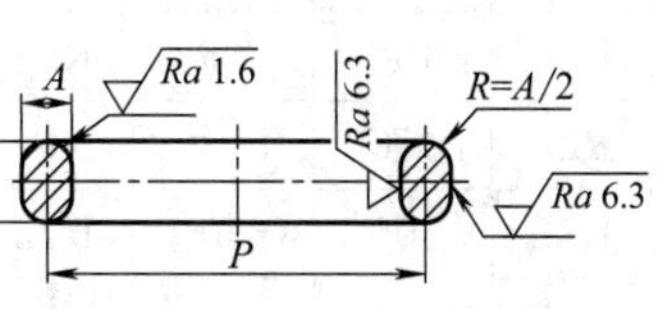

椭圆型

公称通径 100mm、公称压力 10.0MPa、材料为 0Cr18Ni9 的八角型金属环垫，标记为

HG20612 八角垫 100-10.0 304

公称通径 200mm、公称压力 16.0MPa、材料为 0Cr13 的椭圆型金属环垫，标记为

HG20612 椭圆垫 200-16.0 410

第 7 篇

公称尺寸 DN	节径 P		环宽 A			椭圆垫环高 B			八角垫环高 H			环平面宽度 C			圆角半径 r
	PN63 PN100	PN160	PN63	PN100	PN160	PN63	PN100	PN160	PN63	PN100	PN160	PN63	PN100	PN160	
15	35	35	8	8	8	14	14	14	13	13	13	5.5	5.5	5.5	1.6
20	45	45	8	8	8	14	14	14	13	13	13	5.5	5.5	5.5	
25	50	50	8	8	8	14	14	14	13	13	13	5.5	5.5	5.5	
32	65	65	8	8	8	14	14	14	13	13	13	5.5	5.5	5.5	
40	75	75	8	8	8	14	14	14	13	13	13	5.5	5.5	5.5	
50	85	95	11	11	11	18	18	18	16	16	16	8	8	8	
65	110	110	11	11	11	18	18	18	16	16	16	8	8	8	
80	115	130	11	11	11	18	18	18	16	16	16	8	8	8	
100	145	160	11	11	11	18	18	18	16	16	16	8	8	8	
125	175	190	11	11	11	18	18	18	16	16	16	8	8	8	
150	205	205	11	11	13	18	18	22	16	16	20	8	8	9	
200	265	275	11	11	15.5	18	18	24	16	16	22	8	8	10.5	
250	320	330	11	11	15.5	18	18	24	16	16	22	8	8	10.5	
300	375	380	11	11	21	18	18	30	16	16	28	8	8	14	
350	420	—	11	15.5	—	18	24	—	16	22	—	8	10.5	—	
400	480	—	11	15.5	—	18	24	—	16	22	—	8	10.5	—	

表 7-3-29　美洲体系金属环垫环号表

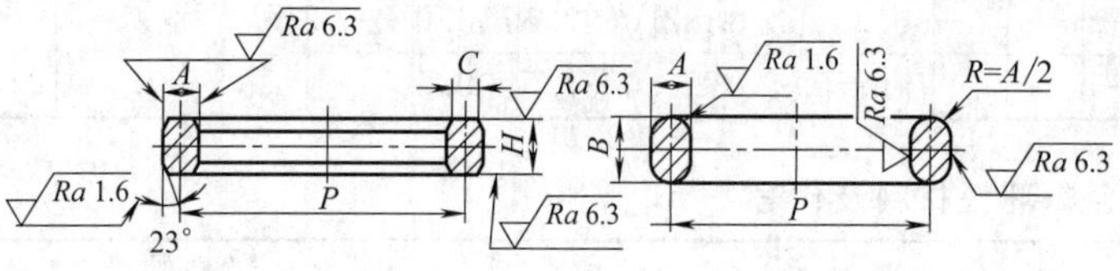

八角型　　椭圆型

标记示例：公称尺寸 DN100、公称压力 Class900 的钢制管法兰用金属环形垫（八角型），材料为 06Cr19Ni10，标记为

HG/T 20633　八角垫　100-900　304

公称尺寸		公称压力 Class						公称尺寸		公称压力 Class					
DN	NPS	150	300	600	900	1500	2500	DN	NPS	150	300	600	900	1500	2500
15	1/2	—	R11	R11	R12	R12	R13	150	6	R43	R45	R45	R45	R46	R47
20	3/4	—	R13	R13	R14	R14	R16	200	8	R48	R49	R49	R49	R50	R51
25	1	R15	R16	R16	R16	R16	R18	250	10	R52	R53	R53	R53	R54	R55
32	1¼	R17	R18	R18	R18	R18	R21	300	12	R56	R57	R57	R57	R58	R60
40	1½	R19	R20	R20	R20	R20	R23	350	14	R59	R61	R61	R62	R63	—
50	2	R22	R23	R23	R24	R24	R26	400	16	R64	R65	R65	R66	R67	—
65	2½	R25	R26	R26	R27	R27	R28	450	18	R68	R69	R69	R70	R71	—
80	3	R29	R31	R31	R31	R35	R32	500	20	R72	R73	R73	R74	R75	—
100	4	R36	R37	R37	R37	R39	R38	600	24	R76	R77	R77	R78	R79	—
125	5	R40	R41	R41	R41	R44	R42								

表 7-3-30　Class 系列金属环形垫尺寸表　/mm

环号 R	节径 P	环宽 A	环高		八角垫环平面宽 C	圆角半径 r	环号 R	节径 P	环宽 A	环高		八角垫环平面宽 C	圆角半径 r
			椭圆形 B	八角形 H						椭圆形 B	八角形 H		
R11	34.14	6.35	11.11	9.53	4.32	1.6	R47	228.60	19.05	25.40	23.81	12.32	1.6
R12	39.67	7.94	14.29	12.70	5.23	1.6	R48	247.65	7.94	14.29	12.70	5.23	1.6
R13	42.88	7.94	14.29	12.70	5.23	1.6	R49	269.88	11.11	17.46	15.88	7.75	1.6
R14	44.45	7.94	14.29	12.70	5.23	1.6	R50	269.88	15.88	22.23	20.64	10.49	1.6
R15	47.63	7.94	14.29	12.70	5.23	1.6	R51	279.40	22.23	28.58	26.99	14.81	1.6
R16	50.80	7.94	14.29	12.70	5.23	1.6	R52	304.80	7.94	14.29	12.70	5.23	1.6
R17	57.15	7.94	14.29	12.70	5.23	1.6	R53	323.85	11.11	17.46	15.88	7.75	1.6
R18	60.33	7.94	14.29	12.70	5.23	1.6	R54	323.85	15.88	22.23	20.64	10.49	1.6
R19	65.07	7.94	14.29	12.70	5.23	1.6	R55	342.90	28.58	36.51	34.93	19.81	2.4
R20	68.27	7.94	14.29	12.70	5.23	1.6	R56	381.00	7.94	14.29	12.70	5.23	1.6
R21	72.23	11.11	17.46	15.88	7.75	1.6	R57	381.00	11.11	17.46	15.88	7.75	1.6
R22	82.55	7.94	14.29	12.70	5.23	1.6	R58	381.00	22.23	28.58	26.99	14.81	1.6
R23	82.55	11.11	17.46	15.88	7.75	1.6	R59	396.88	7.94	14.29	12.70	5.23	1.6
R24	95.25	11.11	17.46	15.88	7.75	1.6	R60	406.40	31.75	36.69	38.10	22.33	2.4
R25	101.60	7.94	14.29	12.70	5.23	1.6	R61	419.10	11.11	17.46	15.88	7.75	1.6
R26	101.60	11.11	17.46	15.88	7.75	1.6	R62	419.10	15.88	22.23	20.64	10.49	1.6
R27	107.95	11.11	17.46	15.88	7.75	1.6	R63	419.10	25.40	33.34	31.75	17.30	2.4
R28	111.13	12.70	19.05	17.46	8.66	1.6	R64	454.03	7.94	14.29	12.70	5.23	1.6
R29	114.30	7.94	14.29	12.70	5.23	1.6	R65	469.90	11.11	17.46	15.88	7.75	1.6
R31	123.83	11.11	17.46	15.88	7.75	1.6	R66	469.90	15.88	22.23	20.64	10.49	1.6
R32	127.00	12.70	19.05	17.46	8.66	1.6	R67	469.90	28.58	36.51	34.93	19.81	2.4
R35	136.53	11.11	17.46	15.88	7.75	1.6	R68	517.53	7.94	14.29	12.70	5.23	1.6
R36	149.23	7.94	14.29	12.70	5.23	1.6	R69	533.40	11.11	17.46	15.88	7.75	1.6
R37	149.23	11.11	17.46	15.88	7.75	1.6	R70	533.40	19.05	25.40	23.81	12.32	1.6
R38	157.18	15.88	22.23	20.64	10.49	1.6	R71	533.40	28.58	36.51	34.93	19.81	2.4
R39	161.93	11.11	17.46	15.88	7.75	1.6	R72	558.80	7.94	14.29	12.70	5.23	1.6
R40	171.45	7.94	14.29	12.70	5.23	1.6	R73	584.20	12.70	19.05	17.46	8.66	1.6
R41	180.98	11.11	17.46	15.88	7.75	1.6	R74	584.20	19.05	25.40	23.81	12.32	1.6
R42	190.50	19.05	25.40	23.81	12.32	1.6	R75	584.20	31.75	36.69	38.10	22.33	2.4
R43	193.68	7.94	14.29	12.70	5.23	1.6	R76	673.10	7.94	14.29	12.70	5.23	1.6
R44	193.68	11.11	17.46	15.88	7.75	1.6	R77	692.15	15.88	22.23	20.64	10.49	1.6
R45	211.12	11.11	17.46	15.88	7.75	1.6	R78	692.15	25.40	33.34	31.75	17.30	2.4
R46	211.14	12.70	19.05	17.46	8.66	1.6	R79	692.15	34.93	44.45	41.28	24.82	2.4

表 7-3-31　金属环形垫的尺寸公差　/mm

项　目	代　号	尺寸公差	项　目	代　号	尺寸公差
节　径	P	±0.18	环平面高度	C	±0.20
环　宽	A	±0.20	角　度	23°	±0.5°
环　高	H 或 B	±0.50	圆角半径	r	±0.5

3.3 胶密封

胶密封是采用密封胶涂覆或渗浸在两结合面上，胶接并填充泄漏间隙，起密封作用。密封胶属于功能型粘接剂的一种，对力学性能和粘接强度要求不高，作为一种柔性密封填料或称液态垫片，主要用于隔离，连接件可拆。胶密封不仅适用于同种材料，也适用于异种材料，广泛应用于石油化工、机械、车辆、航空、造船、建筑、仪表、电子设备等连接部位的密封，除平面密封外，还可用于紧固件锁紧、管道接头密封、浸渗补漏等。

3.3.1 胶密封的分类

胶密封分类方法有多种。按基料分为橡胶型、树脂型、油基型；按硫化方法分为化学硫化型、氧化硬化型、热转变型、溶剂挥发凝固型、湿空气硫化型等；按密封胶形态分为膏状密封胶、液态弹性密封胶、液体密封胶、热熔密封胶等；按施工后性能分为固化型密封胶和非固化型密封胶。常用密封胶的分类和特性见表 7-3-32。

3.3.2 液态密封胶

液态密封胶是以高分子材料为主要成分，添加填料、增塑剂、溶剂等制成的液态密封材料。按其化学组成可分为橡胶型、树脂型、油改性型及天然高分子型；按应用范围及使用场所可分为耐热型、耐寒型、耐压型、耐水型、耐油型、耐溶剂型、耐化学药品型、绝缘型等；按其涂敷后成膜性状可分为干性附着型、干性可剥型、非干性粘接型和半干性粘弹型 4 种（最常用）。

液态密封胶的分类和特点见表 7-3-33。液态密封胶的主要技术要求见表 7-3-34，适用范围见表 7-3-35。部分非硫化型液态密封胶性能见表 7-3-36。

表 7-3-32 常用密封胶的分类和特性

名称		工作温度/℃	特性	应用举例
室温硫化型	聚硫橡胶密封胶	−60～110	具有较好的耐油性、耐老化性和耐水性，对其他材料具有粘接性，使用寿命较长	飞机油箱、座舱、汽车车门、建筑物防水、化工贮槽的密封
	硅橡胶密封胶	−70～230	具有优良的耐热空气、臭氧、光和大气老化性能、防潮和电绝缘性能，但耐燃油和润滑性较差	飞机发动机、电熨斗、玻璃幕墙、防火墙、照明灯具的密封
非硫化型	液体密封胶	<70	耐老化性能较好，对其他材料有一定的粘接性，密封工艺较简单	建筑业防水密封、桥梁板缝嵌缝、地下管道、客车车身密封
液态密封胶	有机高分子材料	<120	具有良好的耐老化性和对其他材料的粘接性	发动机机体、液压油泵结合面的密封
	无机高分子材料	<750	具有较高的耐热性和耐压强度，不易燃，便于拆装	法兰配合面、箱体结构润滑轴承等部位的结合面密封
厌氧胶		<120	具有良好的流动性，在与空气隔绝的条件下可自行固化	螺纹连接件锁固密封、零件修补、填充堵漏

表 7-3-33 液态密封胶的分类和特点

特点	类型			
	干性附(黏)着型	干性可剥型	非干性粘接型	半干性黏弹型
涂敷前性状	含有溶剂时呈液体	含有溶剂时呈液体	有溶剂时呈液状，无溶剂时呈膏状或浆状	含有溶剂时呈稀浆状
涂敷后成膜性状	溶剂挥发后牢固地附着在结合面上	溶剂迅速挥发，形成柔软的弹性薄膜	长期不硬，保持黏性，不会发生龟裂和脱落现象	溶剂挥发后形成弹性膜，长期不硬，长久保持黏弹性
组成成分	以固体状合成树脂为主	主要由合成橡胶和纤维类树脂制成（一般是橡胶型的）	以黏性合成树脂为主	由黏性合成树脂和弹性合成橡胶合成

特点	类型			
	干性附(黏)着型	干性可剥型	非干性粘接型	半干性黏弹型
干燥时间/min	20～45	2～6		
优点	耐热性、耐压性、阻漏效果较好,受热后软化小	耐振动、冲击性好,附着严密,可剥离,便拆卸,膜的厚度易控制	耐振动和冲击,有良好的可拆性,涂敷方便,耐低温	耐热性、耐压性较好,膜柔软,受热后不易软化,易拆卸
缺点	可拆性差,不耐振动和冲击,拆卸时易伤金属面	溶剂挥发迅速,面积大的部位难以施工	受热软化,不适用于高温和大间隙	
适用范围	用于不经常拆卸、温度较高和无振动、无冲击的部位	用于装拆频繁、有振动冲击、间隙较大和有锥度的部位	适用于经常拆卸的部位,常和固体垫片合用	适用于中、高温密封部位及大结合面上

表 7-3-34 液态密封胶的技术要求（摘自 JB/T 4254—2016）

项目		非干性	半干性或干性	项目		非干性	半干性或干性
黏度/mPa·s		＞5000	＞1000	耐介质性/%	蒸馏水	−5～5	−5～5
密度/g·cm^{-3}		＞0.8	＞0.8		32号液压油		
不挥发物含量/%		＞65	＞20		93(92)号车用汽油		
耐压性/MPa	室温	8.83	7.85	腐蚀性	45钢	无	无
	80℃±5℃	6.86	6.86		HT200		
	150℃±5℃	3.92	3.92		H62黄铜		
冷热交换耐压性/MPa		4.90	4.90		—		

表 7-3-35 不同液态密封胶的适用范围

适用部位与性能	类型				适用部位与性能		类型			
	干性附着型	干性可剥型	非干性黏型	半干性黏弹型			干性附着型	干性可剥型	非干性黏型	半干性黏弹型
耐热性	优	可	良	可	适用部位	平面	优	优	优	优
耐压性	优	可	良	可		螺纹	优	不可	优	可
间隙较大	优	可	良	可		嵌入	优	不可	优	良
耐振动、冲击	不可	良	优	可		滑动	不可	不可	可	不可
剥离性	不可	优	可	可	与固体垫片合用时耐压耐热性		良	优	优	优

3.3.3 厌氧密封胶

厌氧密封胶是一类具有厌氧固化特性的胶黏密封剂，与空气（氧）接触时呈液态，不会固化，当其渗入结合面间隙内，与空气隔绝时，加之结合面金属的催化作用，胶液中氧化还原催化剂引发的不饱和单体以自由基链反应聚合固化，达到密封效果。厌氧密封胶具有单组分、不含挥发性溶剂、低毒、使用方便等特点。

厌氧密封胶可广泛用于螺纹连接孔密封、管螺纹密封、法兰面、机械箱体结合面和承插部件等的密封。

有代表性的厌氧密封胶有铁锚系列、GY系列、乐泰系列等。铁锚300系列厌氧密封胶主要性能见表7-3-37，GY系列厌氧密封胶主要性能见表7-3-38。

表 7-3-36　部分非硫化型液态密封胶性能

类型与牌号		干性黏着型	干性可剥型			半干性黏弹型		非干性黏型				
		机床密封填料	№4	尼龙液体垫料	铁锚609	铁锚601	铁锚602	7302①	W-1	W-4	G-1	MF-1
一般理化性能	外观	浅灰黏液	灰色黏液	乳白黏液	灰色黏液	黄色稠胶	灰色稠胶	棕黄稠胶	蓝色稠胶	绿色稠胶	灰黑稠胶	灰红稠胶
	密度/$kg \cdot m^{-3}$	1100	1200	950	1800	1200	1800	1700	1200	2400	5000	1400
	黏度/Pa·s	2.6～2.8	5～7	1.5～1.6	3～7	39～44	280～320	230～380	400～420	550～600	250～300	200～240
	不挥发成分/%	11.7	46.8	43.1	22.3	35.2	20.7	64.5	48.1	48.3	70.5	30.8
	接合应力/MPa	0.316	0.352	0.122	0.193	0.084	0.154	0.091	0.047	0.064	0.063	0.075
	流动性/$mm \cdot min^{-1}$	91	200	600	77	0	2.3	97	0	0	0	0.5
	热分解温度/℃	219	291	317	370	319	332	318	220	241	520	230
密封性能	耐高温/℃	140	140	220	140	200	200	120	160	160	300	200
	耐压/MPa	1.2	1.2	1.5	1.2	1.4	1.4	1.1	1.3	1.3	1.65	1.4
耐介质性能②	水(25℃,24h)	−4.16	+0.66	−15.91	−2.05	−0.46	−1.41	−9.06	−0.10	−7.19	−7.19	−0.70
	20号机油(80℃,24h)	−4.6	+14.23	−7.13	+11.0	+3.94	−0.19	−9.24	+1.34	+3.56	−2.56	+6.16
	120号汽油(25℃,24h)	+5.44	−5.47	−19.4	+1.15	+2.70	−26.7	−0.92	+5.69	+3.53	−26.6	−21.6
施工性能	涂敷性	好	好	好	稍差	好	好	较好	较好	较好	较好	好
	去除性	较难	可剥,加热后难	较易	易							

① 7302 胶在 80℃以上为干附着型。

② 增重率（%）。

表 7-3-37　铁锚系列厌氧胶主要性能

型号	外观	黏度/Pa·s	定位时间/min	破坏转矩①/N·m	拆卸转矩①/N·m	压剪强度/MPa	使用温度/℃
300	淡黄液体	0.009	10～20	15	30	—	−55～60
302		0.01～0.02	30	30	40	30.4	
322		0.6～0.8	20～30	4～6	1～3	6.0	
342		0.6～0.8		8～10	2～5	8.5	
350	棕红液体	1.4	30	20	30	18～20	−55～120
351	橘红液体	0.3～0.5	20～30			21.8	
352		0.4～0.6	10～20			22.8	
353	黄色悬浮体	0.9～1.1	20～30			21.1	
360	褐色液体	0.8～1.0		10	20	17.2	−55～150
370		0.7～0.9				19.3	
372	土黄悬浮体	1.5～2.0				—	−55～200

① 转矩值测试件为 M10 螺栓及螺帽在室温下固化 72h 测试。

表 7-3-38　GY 系列厌氧胶主要性能

类别	型　号		黏度/MPa·s	静剪切强度/MPa	平均拆卸转矩/N·m	破坏转矩/N·m	最大填充间隙/mm
螺纹锁固密封胶	标准粘接型	GY-210	100～150	4	1.5～6	5.5～11.5	0.13
		GY-230	100～150	8	2～7	10～23	0.13
		GY-250/271	500～800	17	20～40	20～30	0.13
		GY-255/277	4000～7000	26	15～30	20～35	0.25
	触变性润滑型	GY-220/222	1000	4	1.5～7.5	5～11.5	0.13
		GY-240/242	800～3000	8	2～7	10～23	0.13
		GY-245	4000～7000	8	2～7	10～23	0.13
		GY-260/262	1000～3000	18	12.5～17.5	20～40	0.13
		GY-265	5000～15000	12.5～17	17.5～35	2.5～11.5	0.13
	低黏度渗入型	GY-280/290	10～25	12	17.5～35	2.5～11.5	0.13
平面与管路密封胶	GY-168/515		糊状	10	—	—	0.5
	GY-190/567		糊状或膏状	>5	—	—	—
装配固定用厌氧胶	GY-340/609		150～300	>5	24～40	15～30	0.1
	GY-380/680		2000～3500	≥20	24～40	18～30	0.25

3.3.4　热熔型密封胶

热熔密封胶是功能性热熔胶之一，使用时需加热熔融涂覆，静冷却固化后达到密封效果。广泛用于各机械设备接合部位的密封，尤其是在造船、机床、汽车、建筑等工业中。热熔型密封胶具有施工速度快，便于机械操作；使用无浪费，环境清洁；良好的耐候性、耐压性和一定的可拆性等特性，是一种较为理想的密封胶。热熔型密封胶组成和作用见表 7-3-39，表 7-3-40 列出了典型热熔型密封胶的类型及性能。

3.3.5　胶密封的应用

胶密封的选用通常是根据使用条件（受力状况、工作温度、环境情况及密封件是否要求可拆等）、密封件的材料、密封面状况（密封面间隙的大小和形态、表面粗糙度及是否有氧化膜等）、密封介质的种类、特性及涂敷工艺等要求综合考虑。选用原则参考表 7-3-41，部分密封胶及其应用参见表 7-3-42。

表 7-3-39　热熔型密封胶的组成及作用

组分	类　　型	作　　用
基体	EVA、EEA、EAA 衍生物、聚酰胺、聚酯、聚氨酯、聚烯烃、聚醋酸乙烯酯等	决定物理、力学性能及化学性能，提高黏附性及浸润性
增黏剂	松香、合成松香、萜烯树脂、烃类树脂、氯化烃类树脂等	增加柔韧性，提高黏附性
增塑剂	邻苯二甲酸酯类、甘醇酸酯类、聚丁烯树酯类、矿物油等	提高浸润性，增加黏弹性和柔韧性
黏度调节剂	石蜡、微晶石蜡、合成石蜡、植物蜡、地蜡等	调节黏度，控制固化速度，提高浸润性
填充剂	滑石粉、重晶石、碳酸钙、黏土等	控制熔融流动性，降低成本
防老剂	带取代基的酚类化合物等	防老化，提高化学稳定性

表 7-3-40　热熔型密封胶的类型及性能

类　型	软化点/℃	熔点/℃	抗拉强度/MPa	延伸率/%	剪切强度/MPa	剥离强度/MPa
乙烯-醋酸乙烯共聚物(EVA)	40	95	15.9	800		0.016
乙烯-丙烯酸乙酯共聚物(EEA)	60	93	11.0	700		0.072

第7篇

续表

类　型	软化点/℃	熔点/℃	抗拉强度/MPa	延伸率/%	剪切强度/MPa	剥离强度/MPa
乙烯-丙烯酸共聚物(EAA)	70		17.4	600	10	0.02
EAA衍生物	75		23.2	450		0.02
聚酰胺树脂	100		11.6	300	5.6	
聚酯树脂		260	26.1	500		0.08
聚乙烯树脂	77～98	136	11.6	450		0.032
聚醋酸乙烯脂	65～195		29.0	10		
聚乙烯醇缩丁醛			37.8	100		

表 7-3-41　胶密封的选择原则

因素	说　明
强度	非金属材料零件可选用低强度胶，金属材料零件则选用高强度胶。当零件受力较大，受冲击载荷及交变载荷时，应选用强度较高的密封胶
温　度	工作温差变化大时，应选用韧性好的密封胶
黏　度	通常胶液黏度要高，且随温度的变化小。当密封表面粗糙、存在氧化膜或密封间隙较大时，应选择黏度大的密封胶。密封面积大或表面光滑时，选用黏度小的密封胶
填充性	当密封表面较粗糙时，密封胶应能填充所有的凹陷，并对表面有很好的浸润性
致密性	在密封间隙中形成的密封胶层应该是致密和柔韧的
吻合性	密封胶与密封表面应有很好的黏附性，受振动时仍然可以黏附
连续性	密封胶成膜必须是连续的
稳定性	胶液本身对金属不腐蚀，对密封的介质化学稳定性好
适应性	密封胶应能适应外界环境、介质及温度等条件的变化，不因外界条件发生变化而失去密封性
成膜型	由于气体比液体更容易泄漏，密封气体时应选择成膜型好的密封胶
相容性	密封液体时要注意密封胶与介质的相容性，两者不得互相溶解

表 7-3-42　部分密封胶及其应用

牌号或名称	组成和固化条件	性　能			特点及用途
604 密封胶(铁锚牌 604 胶)	由改性蓖麻油、氧化铁粉、羊毛脂等组成 可采用笔涂、刷涂、刮涂和辊涂等涂胶方式，涂胶后即可合拢压紧	密度/$g \cdot cm^{-3}$		1.2±0.05	无溶剂、无毒，具有优良的耐高温性和密封性，最高使用温度为500℃ 主要用于蒸汽透平机，螺栓连接处端面等高温条件下的密封防漏
		密封性(300℃)/MPa		1.4	
7302密封胶	由改性聚酯树脂、增韧剂、溶剂、填料等组成 涂胶后晾置10～15min，然后合拢压紧，如接合部位间隙大于0.3mm，应与固体垫圈配合使用	密度/$g \cdot cm^{-3}$		1.7	具有良好的密封性和涂布浸润性，使用温度为-40～120℃ 主要用于汽车、拖拉机、机床、工程机械等的平面静接合部位和输油管道法兰、螺纹的密封
		黏度/$Pa \cdot s$		23～28	
		热分解温度/℃		318	
		不挥发分/%		64.5	
		接合强度/MPa		0.97	
		密封性(120℃)/MPa		1.1	
		耐介质性重量变化率/%	机油	-9.24	
			水	-9.06	
			汽油	-0.92	

续表

<table>
<tr><th>牌号或名称</th><th>组成和固化条件</th><th colspan="3">性　　能</th><th>特点及用途</th></tr>
<tr><td rowspan="3">7303 密封胶</td><td rowspan="3">由聚酯树脂、酚醛树脂、酒精等组成
涂胶后晾置 5～10min,然后合拢压紧,如接合部位间隙大于 0.3mm,应与固体垫圈配合使用</td><td colspan="2">密度/$g \cdot cm^{-3}$</td><td>1.2</td><td rowspan="3">具有良好的密封性和涂布浸润性,最高使用温度为 300℃
主要用于机械、管道、电子仪表、交通运输等设备静接合部位的密封。可在水、蒸汽、汽油、机油、甲苯、硫酸介质中使用</td></tr>
<tr><td colspan="2">不挥发分/%</td><td>85</td></tr>
<tr><td colspan="2">密封性(300℃)/MPa</td><td>7</td></tr>
<tr><td rowspan="5">D-06 硅橡胶密封胶</td><td rowspan="5">由室温硫化型硅橡胶、白炭黑、交联剂等组成
无压力或接触压力,室温下 1～3d 固化</td><td colspan="2">拉伸强度/MPa</td><td>≥4.5</td><td rowspan="5">具有优异的耐温性和电性能,工艺简便,使用温度为 -70～230℃
主要用于玻璃、陶瓷、涤纶、硅橡胶等材料的胶接密封。不适于铜、镁等金属</td></tr>
<tr><td colspan="2">扯断伸长率/%</td><td>≥350</td></tr>
<tr><td colspan="2">邵氏硬度 A</td><td>35～45</td></tr>
<tr><td colspan="2">表面失黏时间/min</td><td>20</td></tr>
<tr><td colspan="2">撕裂强度/$N \cdot cm^{-1}$</td><td>≥150</td></tr>
<tr><td rowspan="3">D-10 硅橡胶密封胶</td><td rowspan="3">由醋酸型室温硫化硅橡胶及其他添加剂等组成
直接涂布,常温数小时表面固化,24h 完全固化</td><td colspan="2">拉伸强度/MPa</td><td>2.5～4.0</td><td rowspan="3">工艺简便,具有优良的耐高温性能和电性能,使用温度为 -60～200℃
主要用于玻璃、陶瓷、铝合金等材料的胶接密封</td></tr>
<tr><td colspan="2">撕裂强度/$N \cdot cm^{-1}$</td><td>8～12</td></tr>
<tr><td colspan="2">伸长率/%</td><td>400～500</td></tr>
<tr><td rowspan="3">D-20 硅橡胶密封胶</td><td rowspan="3">由醇型室温硫化硅橡胶及其他添加剂组成
直接涂布,室温数小时可表面固化,24h 完全固化</td><td colspan="2">拉伸强度/MPa</td><td>2.0～3.5</td><td rowspan="3">室温固化,工艺简便,具有优良的耐热、耐寒、防潮、防振和电绝缘性能,使用温度 -60～200℃
主要用于除聚乙烯、聚丙烯和聚四氟乙烯等难粘塑料之外的各种材料的胶接和密封</td></tr>
<tr><td colspan="2">撕裂强度/$N \cdot cm^{-1}$</td><td>5～9</td></tr>
<tr><td colspan="2">伸长率/%</td><td>200～300</td></tr>
<tr><td rowspan="4">CH-107 聚硫密封胶</td><td rowspan="4">由聚硫橡胶和硫化胶组成
接触压力、室温下 10d 或 100℃下 24h 固化</td><td colspan="3">胶接铝合金件在不同条件的测试强度</td><td rowspan="4">具有优良的耐油、耐热及密封性能,使用温度为 -50～130℃
主要用于铆接、螺栓连接及其他结构的密封和填隙防漏</td></tr>
<tr><td>测试条件</td><td>常温</td><td>130℃、50h 后,常温</td></tr>
<tr><td>剪切强度/MPa</td><td>1.5</td><td>1.5</td></tr>
<tr><td>剥离强度/$N \cdot (2.5cm)^{-1}$</td><td>50</td><td>50</td></tr>
<tr><td rowspan="9">G-3 密封胶</td><td rowspan="9">由聚异丁烯、聚醚、铝粉等组成
可采用笔涂、刷涂、刮涂、辊涂等涂胶方式,涂胶后即可合拢压紧</td><td colspan="2">密度/$g \cdot cm^{-3}$</td><td>5.0</td><td rowspan="9">无溶剂,工艺简便,具有不干性和优异的耐高温性,使用温度为 -40～300℃
主要用于高温条件下的平面接合部位及管道法兰、螺纹等的密封</td></tr>
<tr><td colspan="2">黏度/$Pa \cdot s$</td><td>250～300</td></tr>
<tr><td colspan="2">不挥发分/%</td><td>70.5</td></tr>
<tr><td colspan="2">接合力/kPa</td><td>63</td></tr>
<tr><td colspan="2">流动性</td><td>—</td></tr>
<tr><td colspan="2">密封性(300℃)/MPa</td><td>1.6</td></tr>
<tr><td rowspan="3">耐介质性重量变化率/%</td><td>机油</td><td>-2.56</td></tr>
<tr><td>水</td><td>-7.91</td></tr>
<tr><td>汽油</td><td>-26.6</td></tr>
</table>

第 7 篇

续表

牌号或名称	组成和固化条件	性能	特点及用途
JLC-1 聚硫密封胶	由聚硫橡胶,环氧树脂和填料,促进剂组成 常温或加温固化	拉伸强度/MPa ≥2.5 相对伸长率/% ≥250 永久变形/% ≤6 邵氏硬度 A ≥40 剥离强度/N·cm⁻¹ 铁 ≥30 剥离强度/N·cm⁻¹ 水泥-帆布 ≥10	具有优良的耐油、耐老化和胶接性能,使用温度为−45～100℃ 主要用于非金属油罐的密封堵漏,也可用于机械接合部位的胶接和密封
JLC-2 聚硫密封胶	由聚硫橡胶,钛白粉和二氧化锰,促进剂组成 常温或加热固化	拉伸强度/MPa ≥2.5 相对伸长率/% ≥150 永久变形/% ≤20 邵氏硬度 A ≥40 剥离强度(铁-玻璃)/N·cm⁻¹ ≥20	具有优良的耐油、耐老化和胶接性能,使用温度为−45～100℃ 主要用于汽车挡风玻璃、汽车驾驶室顶篷及中空玻璃的胶接密封,也可用于机械接合部位的密封堵漏
JN-11 聚硫密封胶	由聚硫橡胶和硫化橡胶组成 常温下 10d 或 70℃下 24h;或 100℃下 8h 固化	(1)胶接不同材料的常温测试强度 材料:铝、铝-铁、铝-玻璃、铝-钢、铝-硬PVC 剥离强度/N·(2.5cm)⁻¹:≥100、≥100、≥100、≥100、≥100 (2)耐介质性 铝胶接件在煤油中,100℃浸50h和90℃浸100h后,强度无变化	具有良好的耐油、耐水和气密性,使用温度为−40～90℃ 主要用于各种金属、非金属材料的胶接和密封
M-7 聚硫密封胶	由液态聚硫橡胶和重铬酸钠组成 室温下 48h 或 70℃下 24h 固化	脆化温度/℃ −38 伸长率/% ≥360 永久变形/% ≤6.5 拉伸强度/MPa ≥1.5	具有优良的耐油、耐热和胶接性能,使用温度为−50～130℃ 主要用于铆接、螺栓连接等的紧固密封,油箱、气柜等外接合面的填隙堵漏
S-2 聚硫密封胶(JN-4 密封胶)	由液态聚硫橡胶,硫化剂,环氧树脂,促进剂组成 室温下 10d;或 70℃下 24h;或 100℃下 8h 固化	拉伸强度/MPa ≥3.0 相对伸长率/% ≥300 永久变形/% ≤20 邵氏硬度 A 40～60 剥离强度/N·(2.5cm)⁻¹ ≥50	具有良好的气密性、堆积性和优良的胶接性能,使用温度为−60～100℃,短期可达130℃ 主要用于油箱、齿轮箱、气柜及建筑构件的填隙密封。适于顶面和立面部位的密封
W-1 密封胶(铁锚 603 胶)	由聚醚型聚氨酯、聚醚环氧树脂、高岭土等组成	密度/g·cm⁻³ 1.2 黏度/Pa·s 400～420 热分解温度/℃ 220 不挥发分/% 48.1 接合力/kPa 47	无溶剂,工艺简便,具有不干性和优良的耐油性,使用温度为−40～160℃

续表

牌号或名称	组成和固化条件	性能			特点及用途
W-1 密封胶（铁锚 603 胶）	可采用笔涂、刷涂、刮涂和辊涂等多种方式涂胶，涂胶后即可合拢压紧	流动性		—	主要用于各种平面接合部位、管道法兰及螺栓的密封防漏。如用于汽车油箱壳、变速箱盖、机床齿轮箱盖、机车车轴座、柴油机分箱面等部位的密封防漏
		密封性（160℃）/MPa		1.3	
		耐介质性重量变化率/%	机油	1.76	
			水	−7.91	
			汽油	5.69	

3.3.6 胶密封的施工工艺

胶密封的施工工艺是实现有效密封的关键环节之一，以涂敷液态密封胶为例，其施工工艺见表 7-3-43。施工注意事项见表 7-3-44。

表 7-3-43 液态密封胶的施工工艺

工艺名称	工艺内容
预处理	用煤油、汽油、丙酮、水基金属洗涤剂等洗涤，除去密封表面的漆皮、铁锈及灰尘等。要求密封表面显示出金属光泽
预装	检验密封件是否符合用密封胶密封的要求，判断尺寸、形位公差是否正确和达到要求。必要时应加以修正，以保证密封面平整、间隙适当和均匀
调胶	多组分和自制的胶料需经过调胶。要求严格符合配比，按说明处理，调合要均匀
涂胶	涂胶应在密封面预处理后立即进行，涂料和密封面都应达到规定的温度，且胶层厚薄要均匀，涂胶面应略小于密封表面
固化	在胶层固化过程中，温度和时间有重要影响，同时还必须施加一定的压紧力。通常，提高温度可缩短固化时间；不同性质的胶料固化时间也不相同；加入固化促进剂，可大大缩短固化时间
检验	检验胶层在涂敷、装配、固化各工序中是否有缺陷，以保证密封质量
整修	除去装配固化后挤出的多余胶料，清除涂敷过程中滴落在非密封表面上的胶料，平整外露胶层，以使胶层美观

表 7-3-44 施工注意事项

序号	事项	说明
1	施工环境要求	密封胶的标准施工条件是温度 23℃±2℃，相对湿度 50%±5%。温度和湿度的变化都能影响室内硫化密封胶的活性期和不黏期的长短
2	固化时间和温度	固化时间是指密封胶配置以后能达到标准所规定的力学性能的时间。高温固化时要注意保持稳定的固化温度。采用恒温箱、红外灯烘箱等固化加温设备，严禁用明火烤。室温固化时要注意季节以及相对湿度。热固性胶在固化后应逐渐自然冷却，以免胶层快速收缩
3	胶层厚度控制	一般无机胶黏剂厚度为 0.1～0.2mm；有机胶黏剂厚度则为 0.03～0.1mm。胶层中的溶剂要充分挥发，采用稀释剂时应注意用量
4	密封胶型号选择	密封胶与接触介质不应相溶。介质为气体时应选用成膜性较好的密封胶，小而粗糙的结合面应选择黏度大的密封胶，大而光洁的结合面则应选择低黏度的密封胶
5	密封胶的保存	多组分的胶种配制应严格按比例进行，并在规定时间内使用，最好一次用完，现用现配。混合好的密封胶也可在低温下保存，以延长其使用时间。密封胶应储存在 25℃以下、相对湿度低于 70%的库房内，距离热源不少于 1m，防止日光直射，并避免受其他化学药品的污染。贮存的密封胶应定期检查，超过有效期和变质凝固的密封胶不能使用

3.4 填料密封

填料密封俗称盘根，是使用最早的一种动密封型式，既可用于旋转密封，也可用于往复密封。填料密封结构简单，装拆方便，成本低廉；但密封性能差，功耗大，对轴磨损严重，需较频繁拧紧压盖螺栓或更换填料，使用寿命短。

3.4.1 典型结构和工作原理

填料密封的典型结构及工作原理见表 7-3-45。

3.4.2 填料箱尺寸确定和设计计算

填料密封根据转轴的位置分为卧式安装和立式安装两种。其结构型式主要有单填料箱、带夹套填料箱、带液环填料箱、带节流套填料箱、浮动填料箱等。通常依据轴的运动形式、工况条件（介质、温度、压力、转速）和对密封的要求选取。填料箱的主要尺寸见表 7-3-46，设计计算见表 7-3-47。

3.4.3 填料的种类及常用材料

填料密封中填料的结构形式通常按加工方法不同而分类，见表 7-3-48。填料的主要材料分纤维质材料和非纤维质材料两大类，表 7-3-49 列出部分填料常用材料及主要性能。除主体材料外，填料中还有填充材料作润滑剂，有固体和液体之分，常用润滑剂材料及应用见表 7-3-50。现行编结填料的主要标准见表 7-3-51，常用填料产品及应用见表 7-3-52。

表 7-3-45 填料密封的典型结构及工作原理

<table>
<tr><th>典型结构</th><th>工作原理</th></tr>
<tr><td>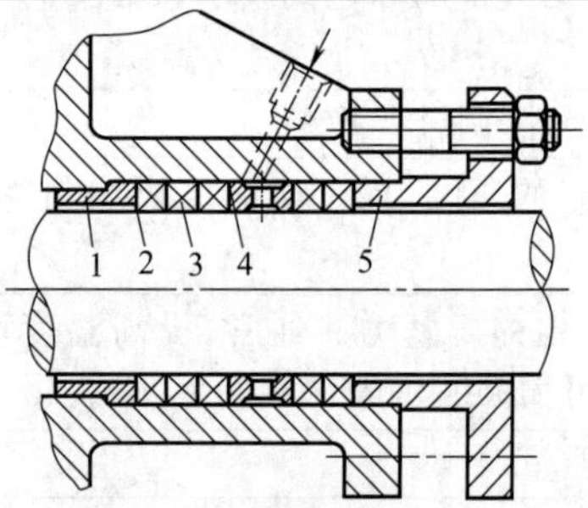1—底衬套；2—填料箱体；3—填料；
4—液环；5—压盖</td><td>填料密封是利用预紧螺栓，将填料轴向压紧，填料轴向压缩变形，沿径向内外扩张，与转轴外径和填料函内径贴紧，来阻止泄漏。填料装入填料箱后，压盖对其轴向压缩。填料的塑性，使它产生径向力，与轴紧密接触。同时，填料中浸渍的润滑油被挤出，在接触面之间形成油膜。由于接触部位的不均匀，接触部位出现边界润滑状态，这种状态称为“轴承效应”。而未接触的凹部形成小油槽，有较厚的油膜，当轴与填料有相对运动时，接触部位与不接触部位组成一道不规则的迷宫，起阻止流体泄漏的作用，此称为“迷宫效应”。填料密封良好的工作状态在于维持轴承效应和迷宫效应</td></tr>
</table>

表 7-3-46 填料箱的主要尺寸

<table>
<tr><td>图例</td><td colspan="14">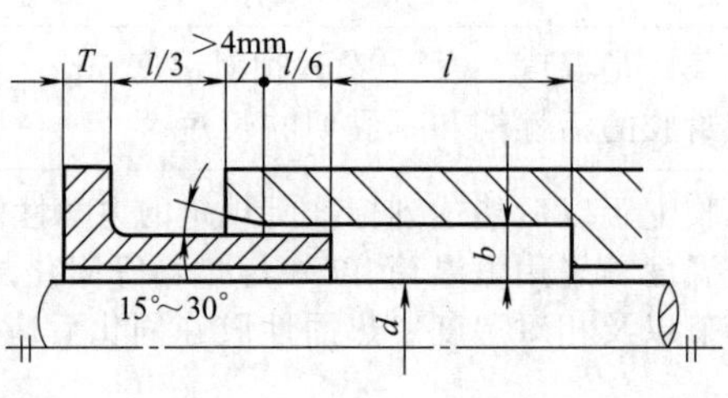无液环
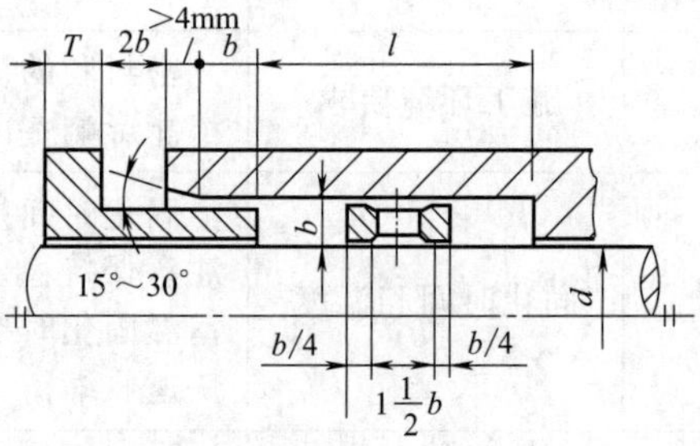有液环</td></tr>
<tr><td rowspan="2">正方形填料截面边长 b/mm</td><td colspan="2">轴径 d</td><td><20</td><td>20~35</td><td>35~50</td><td>50~75</td><td colspan="2">75~110</td><td colspan="2">110~150</td><td colspan="2">150~200</td><td colspan="2">>200</td></tr>
<tr><td colspan="2">边长 b</td><td>5×5</td><td>6×6</td><td>10×10</td><td>13×13</td><td colspan="2">16×16</td><td colspan="2">19×19</td><td colspan="2">22×22</td><td colspan="2">25×25</td></tr>
<tr><td rowspan="5">填料箱深度 l/mm</td><td rowspan="2">无液环：
l=nb</td><td rowspan="2">旋转</td><td>压力 p/MPa</td><td colspan="2">0~0.1</td><td colspan="3">>0.1~0.5</td><td colspan="3">>0.5~1</td><td colspan="3">>1~2</td></tr>
<tr><td>填料环数 n</td><td colspan="2">3~4</td><td colspan="3">4~5</td><td colspan="3">5~7</td><td colspan="3">采用双填料箱</td></tr>
<tr><td rowspan="2">有液环：
l=(n+2)b</td><td rowspan="2">往复</td><td>压力 p/MPa</td><td colspan="2"><1</td><td colspan="2">1~3.5</td><td colspan="2">3.5~7</td><td colspan="2">7~10</td><td colspan="3">>10</td></tr>
<tr><td>填料环数 n</td><td colspan="2">3~4</td><td colspan="2">4~5</td><td colspan="2">5~6</td><td colspan="2">6~7</td><td colspan="3">7~8 或更多</td></tr>
<tr><td colspan="2">静止</td><td colspan="12">2b</td></tr>
</table>

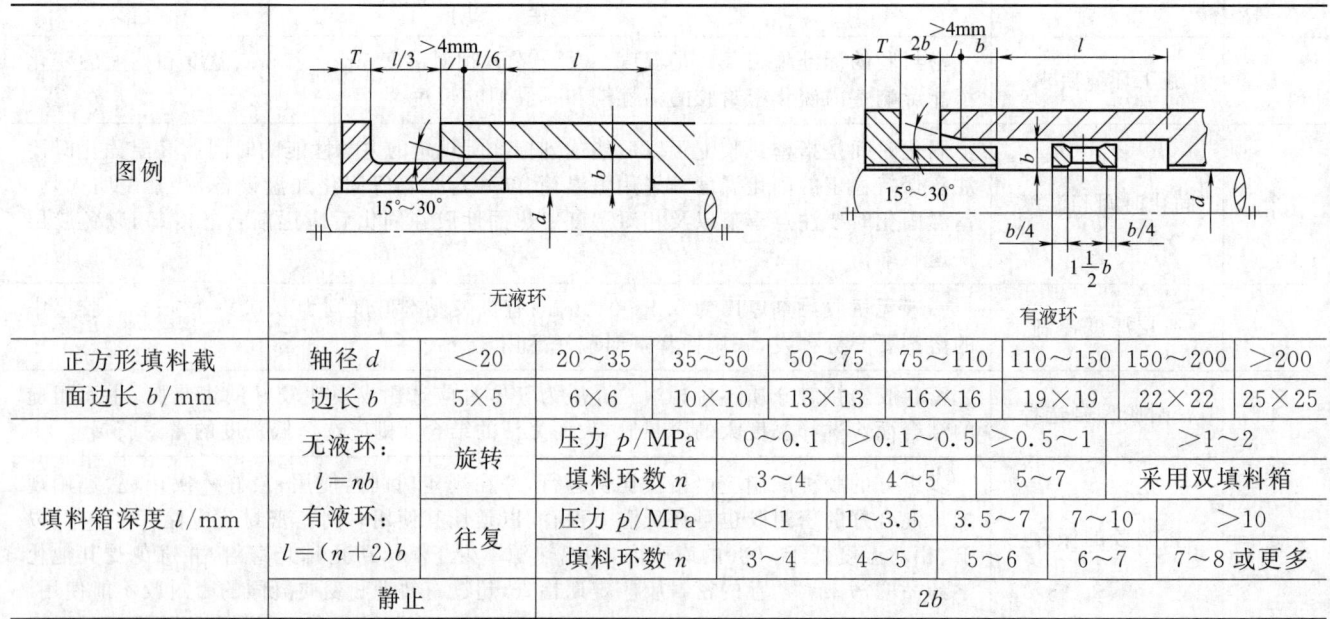

压盖螺栓螺纹小径 d_b/mm	由压紧填料及达到密封所需的力来决定，见表 7-3-47
压盖法兰厚度 T/mm	$T \geqslant 0.75d_b$
填料压盖高度	除去压盖法兰厚度 T，填料压盖高度按图所示，或取 $(2\sim4)b$
压盖螺栓长度	应保证即使填料箱装满填料也不需事先下压即可拉紧填料箱
其他	箱体及压盖与填料接触的端面，既可与轴线垂直，亦可与轴线呈 60°夹角

表 7-3-47　填料密封的设计计算

项目	公式或参数				说　明
填料侧压力系数 K	填料类型	油浸天然纤维类	石棉类	柔性石墨编结类	D——填料箱内壁直径，mm d——轴直径，mm l——填料高度，mm p——介质压力，MPa Z——螺栓数目，取 2～4 个 σ_p——螺栓许用应力，对低碳钢取 20～35MPa f——填料与转轴间的摩擦因数，$f=0.08\sim0.25$ v——轴表面线速度，m/s n——轴的转速，r/min s——填料与轴半径间隙，mm Δp——填料两侧的压差，Pa η——液体流动黏度系数，Pa・s
	K	0.6～0.8	0.8～0.9	0.9～1.0	
压紧力 y/MPa	填料类型	优质石棉填料	黄麻、大麻填料	柔性石墨填料	
	y	4	2.5	3.5	
压紧填料箱所需力 F_1/N	$F_1=0.785(D^2-d^2)y$				
使密封箱达到密封所需的力 F_2/N	$F_2=2.356(D^2-d^2)p$				
螺栓载荷 F_{max}/N	取和两者中较大值				
压盖螺栓螺纹小径 d_b/mm	$d_b=\sqrt{\dfrac{4Q_{max}}{\pi Z\sigma_p}}$				
填料的侧压力 q/MPa	$q=K\dfrac{4Q_{max}}{\pi(D^2-d^2)}$				
轴表面线速度 v/m・s^{-1}	$v=\dfrac{\pi dn}{60}$				
填料与转轴间的摩擦力 F_m/N	$F_m=\pi dlqf$				
填料与转轴间的摩擦功率 P/kW	$P=F_m v/1000$				
泄漏量 Q/mm^3・s^{-1}	$Q=\dfrac{\pi ds^3}{12\eta l}p$				

表 7-3-48　填料密封的结构形式

种　类		说　明	图　例
胶合填料		几股石棉线胶合在一起 多用于低压蒸汽阀门	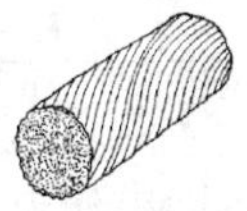
编结填料	发辫式编结	松软，容易浸渍润滑剂，对轴的振动和偏心有浮动弹性 用于各种泵类轴封	
	穿心编结	均匀、致密、强固、表面平整，密封性好 适用于高速运转的轴	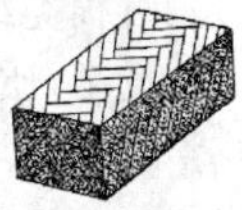

续表

种类		说明	图例
编结填料	夹心套层编结	致密、强固、抗弯性能、密封性能好 用于泵、釜和蒸汽阀的轴封	
塑性填料	绵状填料	把纤维与石墨、金属粉、油脂和弹性黏结剂相混合，填入填料箱经压盖压紧使用。没有固定尺寸，可调节混合料的种类与配比。其不含润滑剂，高压下体积减小甚微 用于高速泵类和高压阀门，密封性好，但强度差	
	积层填料	积层填料是在石棉布或帆布的表面上涂敷橡胶，一层层叠合或卷绕，再加热加压成型 主要用于往复泵和阀杆的密封，也可用于低转速轴的密封	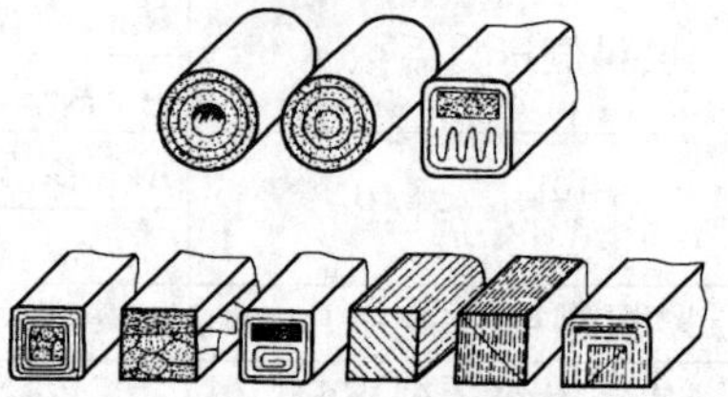
金属填料		金属填料有半金属填料和金属填料两种。以石棉绳为芯，外层用铅、铝或锡箔带呈螺旋线多层缠绕而成。导热性好、耐磨、摩擦因数小、摩擦性能稳定，机械强度大、耐压和耐波动压力，但需要较大的压紧力 主要用于锅炉给水泵等高温场合的轴封	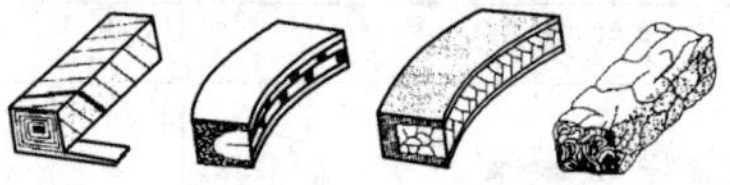

表 7-3-49　填料常用材料的主要性能

类别		主要性能	典型应用	
纤维类	天然纤维	麻纤维粗，摩擦力大，但在水中强度增加，柔软性更好；棉纤维柔软性好，在水中会变硬且膨胀，使摩擦力增大；对洁净性有要求可选天然纤维	棉填料	中低压、温度不高，油、水类介质
			麻填料	中低压、温度不高，水或海水介质
			羊毛填料	中低压、温度不高，酸性介质
	矿物纤维	矿物纤维主要是石棉类纤维。石棉柔软性好，强度高、耐磨损，耐热、耐酸碱和多种化学品。但编织后有渗透泄漏，需浸渍油脂和其他润滑剂防泄漏。且石棉具有致癌性，已限制或禁止使用	散状石棉填料	高温（＜510℃）、高压阀门填料
			油浸石棉填料	压力＜6MPa，温度＜450℃
			橡胶石棉填料	压力＜6MPa，温度＜450℃
			金属丝加强填料	高温、高压，蒸汽
			浸氟石棉填料	压力＜35MPa、温度－70～200℃，线速度＜12m/s，弱酸、强碱、液氨、水、海水、油品、溶剂
	合成纤维	合成纤维化学性能稳定，强度高，耐磨，耐温，摩擦因数小，寿命延长。其中碳纤维常与聚四氟乙烯纤维混编，用于高温、高压、高速、强腐蚀场合。酚醛纤维价格低廉，用于一般场合，性能超过石棉类纤维。芳纶纤维抗张强度高，模量高，质地柔软，富有弹性，耐磨、耐热、耐蚀性均佳	碳纤维	压力＜20MPa、温度－250～320℃，线速度＜20m/s，自润滑性好，耐酸、强碱、溶剂
			聚四氟乙烯纤维	压力＜35MPa、温度－196～260℃，线速度＜20m/s，强腐蚀介质
			酚醛纤维	压力＜4.9MPa、温度＜150℃，弱酸、强碱、溶剂
			芳纶纤维	石油化工等行业的高压、高速或固液混合工况

续表

类别		主要性能	典型应用
纤维类	陶瓷纤维	耐高温和耐蚀，但质脆易断，常与金属纤维混编	用于高温，本身耐1200℃，耐温和耐蚀性取决于金属纤维性能
	金属纤维	很少单独使用，多与石棉、陶瓷或合成纤维混编	用于高温、高压、高速条件下
非纤维类	柔性石墨	耐热、耐寒性优异，耐蚀性强，回弹率高，自润滑性好。多制成绵状填料，也与其他纤维混编	用于高、低温工况，阀门密封应用较多；与其他填料组合使用，也可用于高速条件下
	橡胶	多作为积层填料的芯，弹性好	压力<1MPa，温度<120℃，弱腐蚀介质
	金属	常用铅、铝或锡箔包覆或缠绕，导热性好、耐磨	高压、高温，耐磨、耐冲蚀和冲击，导热性好，但泄漏量较大

表 7-3-50　常用润滑剂材料的特点和使用范围

润滑剂名称	特点和使用范围
动物脂肪	一般用于冷水介质，适用于纤维填料，容易分解出脂肪酸，对金属表面产生腐蚀
蓖麻油	适用于水、酸、盐类介质，但溶解于石油系矿物油
棕榈油	不溶解于石油系矿物油，与蓖麻油混合后可适用于多种介质
甘油	不溶解于石油系矿物油，适用于石油产品，特别是汽油用密封填料，也用于蒸汽用橡胶填料
矿物油或石蜡	适合汽缸密封编结填料
石墨	化学性能稳定润滑性能良好，是最常用的固体润滑剂，几乎每种填料都可使用，但应特别注意密封面的电化学腐蚀，因为它是良导体
二硫化钼	以固体粉末与油、脂混合使用，适用于高 Pv 值，且它为绝缘体，不产生电化学腐蚀。但分解温度在300℃左右，所以适用温度不得超过此值。价格比石墨略高
云母与滑石粉	耐高温，有良好的润滑性能，用于不允许石墨污染的密封部位，摩擦因数比石墨大
聚四氟乙烯	既是填充剂，又是润滑剂。其低温性能良好，可在－200～250℃内使用，耐各种化学品，润滑性良好，但不及石墨。有绝缘性，不产生电化学腐蚀

第7篇

表 7-3-51　现行填料密封的主要标准

序号	标准号	标准名称	序号	标准号	标准名称
1	GB/T 5661—2013	轴向吸入离心泵　机械密封和软填料用空腔尺寸	7	JB/T 7759—2008	芳纶纤维、酚醛纤维编织填料　技术条件
2	HG/T 2048.1—2018	搪玻璃填料箱	8	JB/T 7852—2008	编织填料用聚丙烯腈预氧化纤维　技术条件
3	JB/T 6617—2016	柔性石墨填料环　技术条件	9	JB/T 8558—1997	石棉/聚四氟乙烯混编填料
4	JB/T 6626—2011	聚四氟乙烯编织盘根	10	JB/T 8560—2013	碳化纤维/聚四氟乙烯编织填料
5	JB/T 6627—2008	碳（化）纤维浸渍聚四氟乙烯编织填料	11	JB/T 10819—2008	聚丙烯腈编织填料　技术条件
6	JB/T 7370—2014	柔性石墨编织填料	12	JB/T 13036—2017	苎麻纤维编织填料

表 7-3-52 常用填料产品及应用

名称	牌号	使用范围							性能特点
		压力/MPa		线速度/m·s^{-1}		温度/℃	pH	适用介质	
		旋转	往复	旋转	往复				
聚四氟乙烯纤维编织填料	NFS-1(SFW/260)	10	25	8	2.5	−200～260	0～4	硝酸、硫酸、氢氟酸、强碱及化学药品	耐腐蚀、耐磨、强度高，自润滑性好，摩擦因数小，但导热性差，膨胀系数大，高速时需加强冷却
	NFS-2(SFGS/260)	10	25	8	2	−200～260	0～14		
	NFS-3(SFP/260)	2	15	8	1.5	−200～260	2～14	酸、碱、化学试剂及药剂	耐磨性、传热性好，摩擦因数小，自润滑性好，使用寿命长
	NFS-4(SFPS/250)	8	25	10	2	−200～250	0～12	强酸、强碱、有机溶液及药品	耐磨、强度高，自润滑性好，高速旋转密封性好，不宜用于液氧和纯硝酸
碳素纤维编织填料	TCW-1	5	20	25	5	−200～250	2～12	除浓硝酸外的酸类，以及碱和有机溶剂	耐热、耐化学药品，传热好，自润滑性好，使用寿命长
	TCW-2	5	25	25	3	−100～280	2～12	碱、盐酸、有机溶液及液氨	导热性、耐磨性好，耐腐蚀，机械强度好，是较理想的密封材料
碳素纤维聚四氟乙烯纤维密封环	FTH	2	5	6	1.5	−200～200	2～12	强酸、强碱、液氨、液氮及油脂	耐高低温，耐腐蚀，自润滑性好，弹性、导热性好
石棉石墨编织填料	SMT	2.5	5	8	2.5	−200～300	6～14	碱、盐溶液、水蒸气	柔软性、自润滑性好，弹性大，但强度差，不宜用于高压密封
柔性石墨高压密封环	RSU	3	20	30	5	−200～600 在乏氧环境中	0～14	酸、碱、氨、有机溶液及化学药品	耐蚀，耐高低温、自润滑性好，弹性大，转矩小，但强度低，宜与其他填料混合使用
	MHC	15	35	8	5	−200～260	0～14	强酸和碱、有机溶剂、低温介质及食品工业	密封性强，耐高温，耐腐蚀
	FTH	10	20	20	3	−200～260	2～14	酸、碱、液氨及有机溶剂	耐高压、导热性好、耐腐蚀、耐磨，可制不同形状填料，是理想材料
聚四氟乙烯填料	MHC	5	15	8	1.5	−200～260	0～14	强酸、强碱及药品	强度高、摩擦因数小，绝缘性好，耐腐蚀，是较好的密封材料

名称	牌号	使用范围							性能特点
		压力/MPa		线速度/m·s^{-1}		温度/℃	pH	适用介质	
		旋转	往复	旋转	往复				
碳素纤维和石棉纤维编织填料	TSS	5	20	10	2	−200～260	3～14	碱溶液及腐蚀性化学药品	良好的耐磨性和耐碱性
碳素纤维和聚四氟乙烯纤维编织材料	TFS	3	25	15	3	−200～200	2～12	液氮、液氧、液氢、化学药品、有机溶液及碱	耐腐蚀、自润滑性、导热性和耐低温性能好，磨损小。摩擦因数小，适用高压、高速密封
酚醛纤维编织填料	FQS	1	12	8	2	−200～250	2～12	酸、碱、有机溶剂及化学药品	密封性、自润滑性好，耐腐蚀，强度高，是较好的密封材料
石棉线浸渍聚四氟乙烯编织填料	SMF	5	25	1	5	−180～300	4～14	弱酸、强碱、有机溶剂及水	耐热，耐磨，耐腐蚀，密封性好
	YAB	3	15	20	2	−200～240	2～14	弱酸、强碱、有机溶剂、液氨、纸浆及海水	耐热，柔软，强度高，耐腐蚀，摩擦因数小，应用广泛
石棉线加合金丝编织填料	SMB-1	—	25	—	0.2	−180～550	4～12	高温碱及热水	耐高温、高压，耐碱性好，致密，弹性大，是优良的密封材料
聚芳酰胺纤维编织填料	FLS-1	2.5	10	15	5	−100～250	3～12	酸、碱及有机溶剂	优异的润滑性和耐磨性
纤维与橡胶复合填料	NFG-1	3	15	10	5	−200～260	0～14	浓硝酸、硫酸、氢氟酸、强碱及化学药品	耐腐蚀，弹性大，密封性好

表 7-3-53 泥状混合填料密封结构、工作原理和特点

<table>
<tr><th>密封结构</th><th colspan="2">工作原理</th><th>特点</th></tr>
<tr><td>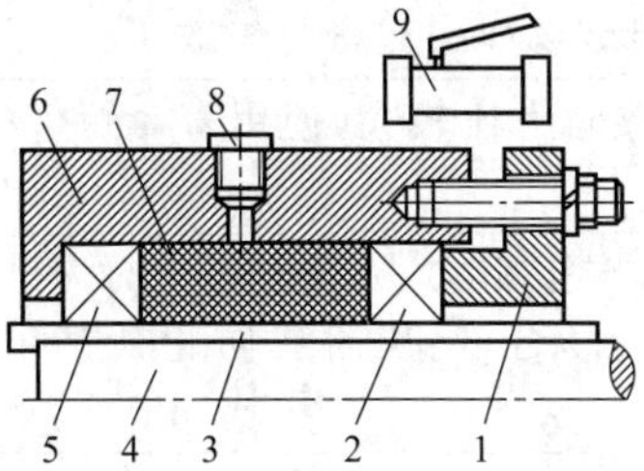1—压盖；2,5—软填料环；3—轴套；4—轴；6—填料箱；7—泥状混合填料；8—快速接管；9—注射系统</td><td>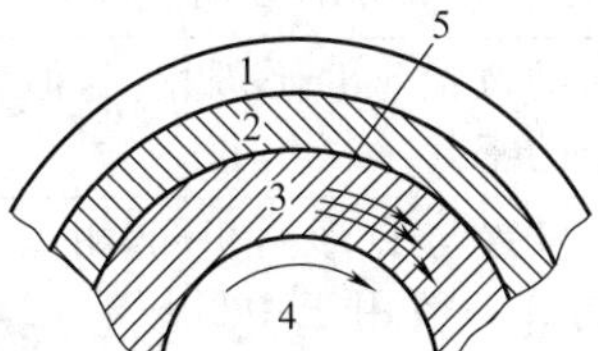1—填料箱壳；
2—不动层；
3—旋转层；
4—轴(或轴套)；
5—剪切层</td><td>在轴的运转过程中，填泥状混合填料由于分子间吸引力极小，具有很强的可塑性，可缠绕在轴上，随轴同步旋转，形成“旋转层”，起到对轴的保护作用，避免了轴的磨损，使得轴套永远不需要更换，减少了停机维修的时间；随着“旋转层”的直径逐渐加大，轴对纤维的缠扰能力逐渐减小，没有与轴缠绕的填料则与填料箱保持相对静止，形成一个“不动层”。这样，泥状混合填料中间形成一个剪切分层面，从而使摩擦区域处在填料中间而不是填料与轴之间</td><td>无泄漏，密封可靠，对轴(或轴套)无磨损；安装简单，维修时可在线修复，降低了劳动强度；不需冲洗和冷却；轴功率损耗小，只有普通填料密封的22%左右</td></tr>
</table>

表 7-3-54　泥状混合填料技术参数

型号	产地	温度/℃	最大压力/MPa	最大线速度/$m\cdot s^{-1}$	pH	适用介质
SR900	中国	−20～200	1.0	10	4～13	水基介质
第一代 CMS2000	美国	−18～200	0.7	8	4～13	水基介质
第二代 CMS2000	美国	−40～204	1.0	10	1～13	除氧化物、氟、三氟化氯及化合物、熔融碱金属外
第三代 CMS2000	美国	−50～750	1.5	18	1～14	除强酸、强氧化物外
BP720	英国	−18～195	0.8	9	4～13	水基介质
BP920	英国	−65～205	2.5	16	2～14	水或污水基介质

3.4.4　泥状混合填料

泥状混合填料是一种新型的密封填料，它是由纯合成纤维、高纯度石墨或高分子硅酯、聚四氟乙烯、有机密封剂混合，形成一种无规格限制的胶泥状物质。泥状混合填料密封结构、工作原理和特点见表 7-3-53；目前国内使用较多的泥状混合填料技术参数见表 7-3-54。

3.5　成型填料密封

成型填料密封泛指用橡胶、塑料、皮革及金属材料经模压或车削加工成形的环状密封圈，按工作特性分为挤压型密封圈和唇形密封圈两类。唇形密封圈又按工作方式的不同，分为往复运动唇形密封圈和旋转运动唇形密封圈。成型填料是靠填料本身在机械压紧力或介质压力的自紧作用下产生弹塑性变形而堵塞流体泄漏通道的。其结构简单紧凑，密封性能良好，品种规格多，工作参数范围广，是各种动、静密封的主要结构形式之一。

3.5.1　挤压型密封圈

3.5.1.1　挤压型密封圈的类型

3.5.1.2　O 形密封圈的密封机理

O 形密封圈简称 O 形圈，它是借介质本身压力来改变其接触状态使之实现密封的，故称为“自封作用”，其工作原理见表 7-3-56。

表 7-3-55　挤压型密封圈的类型及特点

类型	图　例	特点和应用
O 形圈	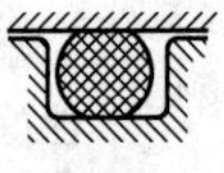	O 形圈属于典型的挤压型结构形式，结构最简单，安装部位紧凑，密封性能好，运动摩擦阻力小，应用最广。能作静密封及各种运动条件下的动密封件，对压力交变场合也能适用。但用于往复动密封时有启动摩擦阻力大、易扭曲的缺点。且高压时需用挡圈，防止挤出破坏
方形圈	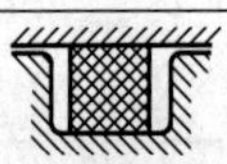	类似于 O 形圈，但装填不便，摩擦阻力较大。常作静密封件应用。4 个角倒圆后，性能可获改善
D 形圈	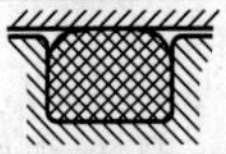	D 形圈是为克服 O 形圈在沟槽内有滚动扭曲而改进的。工作时，其位置稳定，适用于变压力的场合。高压时要防止受到挤出破坏而引起密封失效
三角形圈	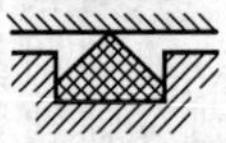	三角形圈在沟槽中的位置与 D 形圈相同，但摩擦阻力比较大，使用寿命短，一般只适合于特殊用途的密封
T 形圈	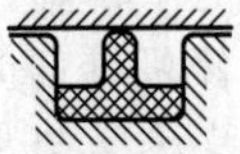	T 形圈在沟槽中的位置与 D 形圈相同，耐振动，摩擦阻力小，采用 5% 的沟槽压缩率即能达到密封。一般用于中低压有振动的场合，高压时要防止被挤出破坏
心形圈		心形圈断面与 O 形圈相似，但摩擦因数比 O 形圈小，一般适用于低压旋转轴的密封件
X 形圈	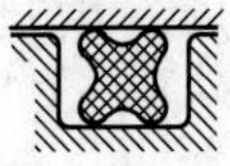	X 形圈有两个凸起部位，形似两个 O 形圈叠加，在沟槽中位置稳定，无滚动扭曲。采用 1% 的沟槽压缩率即达到密封，摩擦阻力小，允许工作线速度较高。可用于旋转及往复运动而又要求摩擦阻力低的轴（或杆）的密封。应防止挤出

<table>
<tr><th>类型</th><th>图　例</th><th>特点和应用</th></tr>
<tr><td>W 形圈</td><td>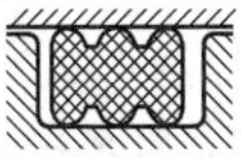</td><td>W 形圈有三个凸起部位，相当于三个 O 形圈叠加，外侧两凸起部分较高，使其在沟槽中位置稳定且压缩率大，工作压力可达 210MPa</td></tr>
<tr><td>多边形圈</td><td>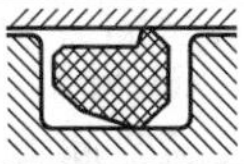</td><td>多边形圈摩擦阻力比 O 形圈小。泄漏量也比 O 形圈低。工作压力可达 14MPa，在液压缸、气动缸的柱塞密封中经常使用</td></tr>
</table>

表 7-3-56　O 形密封圈的工作原理

<table>
<tr><td rowspan="2">静密封原理</td><td>空载状态</td><td>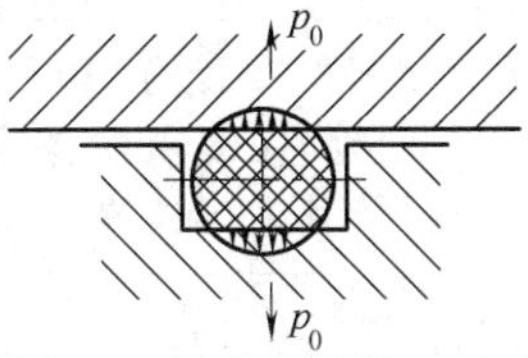</td><td>承载状态</td><td>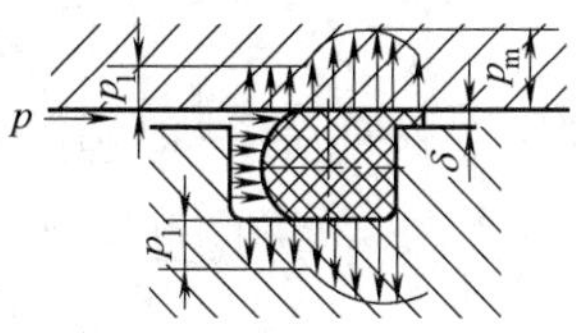</td></tr>
<tr><td colspan="4">O 形圈装入密封槽后，受沟槽的预压缩作用，产生弹性变形，并转变成对接触面的初始接触压力，获得预密封效果。即空载时，靠 O 形圈自身的弹性力作用，也能实现密封。当作用介质压力 p_1 时，O 形圈被压到沟槽的一侧，并改变其截面形状，密封面上的接触压力上升，当 p_m 大于 p_1 时，便能堵塞泄漏通道，实现密封</td></tr>
<tr><td rowspan="2">动密封原理</td><td colspan="4">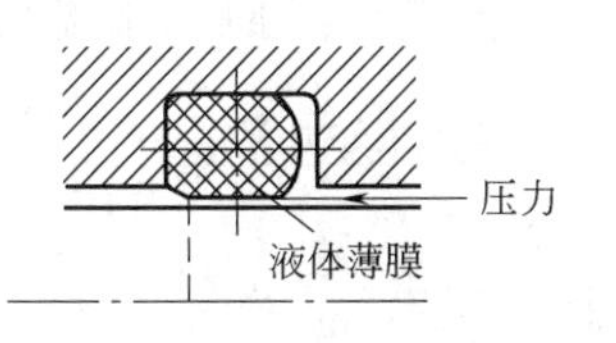 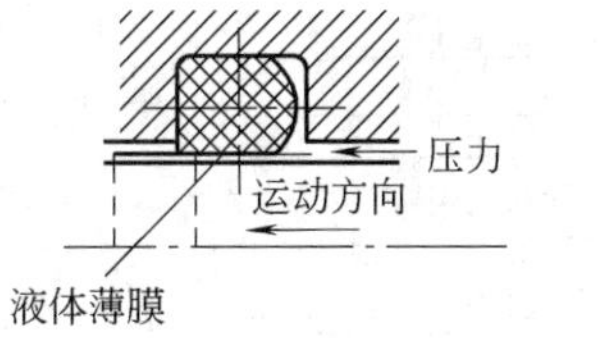 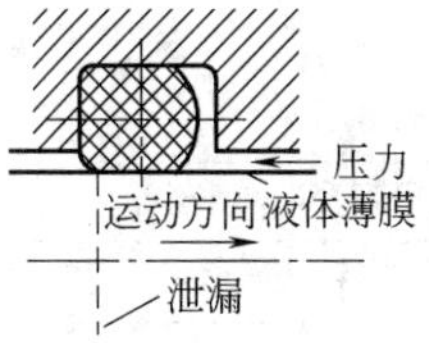</td></tr>
<tr><td colspan="4">O 形圈用作往复运动，其预密封效果和自密封作用与静密封一样。若介质为润滑油，在压力作用下，往复运动面之间始终存在起密封作用的液体薄膜。当往复运动时，在压力和 O 形圈自紧作用下，接触压力大于介质压力达到密封效果；而往复运动的轴缩回时，液体薄膜便被 O 形圈阻留在外，逐渐形成油滴，导致发生黏附泄漏</td></tr>
</table>

3.5.1.3　O 形密封圈的压缩率和沟槽尺寸的设计

O 形密封圈一般安装在密封沟槽内起密封作用，O 形圈尺寸与沟槽尺寸的正确匹配直接影响密封效果。O 形密封圈压缩率和沟槽尺寸的设计见表 7-3-57。组合结构 O 形圈的选取见表 7-3-58。

3.5.1.4　O 形密封圈的材料选择

O 形密封圈多用橡胶制成，其选择要求及注意事项见表 7-3-59；常用 O 形圈材料及使用范围见表 7-3-60。

3.5.1.5　O 形密封圈的应用

O 形密封圈大多采用标准件，O 形密封圈主要标准及相关标准见表 7-3-61；通用液压气动用 O 形橡胶密封圈尺寸及公差见表 7-3-62；O 形橡胶密封圈沟槽型式见表 7-3-63，O 形橡胶密封圈沟槽尺寸及公差见表 7-3-64。

3.5.2　往复唇形密封圈

3.5.2.1　往复唇形密封圈的工作原理和主要类型

唇形密封圈是最古老且用途广泛的密封之一。早期用皮革制作，形状如碗，故俗称皮碗密封。

唇形密封圈与挤压型密封圈不同，其密封压紧力是随介质压力的改变而变化的，工作中始终适应介质压力的变化，具有比挤压型密封圈更显著的自紧作用，故既能保证足够的密封压紧力，又不至于产生过大的摩擦力，密封性好。且在工作中，唇形密封圈可以通过唇部撑开，变形补偿小的磨损量，从而保证密封效果和使用寿命。由此，唇形密封圈被广泛用于各种往复运动密封中。典型往复唇形密封圈的类型见表 7-3-65。

3.5.2.2　往复唇形密封圈的材料

常用的唇形密封圈材料有橡胶、皮革、夹织物橡胶和聚四氟乙烯，橡胶唇形密封圈应用最广。液压气动系统多采用丁腈橡胶和氯丁橡胶，而天然橡胶用于水和空气的密封；丁基橡胶用于不燃性液压油和磷酸酯液压油；氟橡胶用于各种腐蚀性介质和高温场合，工作温度可达 200℃。当要求密封圈耐磨性好时，可使用聚氨酯橡胶。

表 7-3-57　O 形密封圈压缩率和沟槽尺寸设计

	形式	图例	说明
沟槽形式及选择	矩形	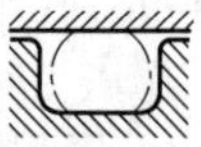	矩形槽加工容易，便于保证 O 形圈有必要的压缩量，是使用最多的沟槽形式，适用于静密封和各种运动条件的动密封
	三角形		三角形沟槽尺寸紧凑，容易加工，能对 O 形圈产生较大的预压缩量，O 形圈几乎完全填满沟槽的空间，流体不易泄漏，密封效果好。但安装使用后 O 形圈永久变形大，很难对拆后的 O 形圈重复使用，一般仅用于静密封
	燕尾形		燕尾形槽内安装的 O 形圈不容易产生脱落，适合在特殊位置（如法兰面等）及要求摩擦阻力小的动密封场合安装使用，但其加工费用较其他形式高，一般不用
	半圆形	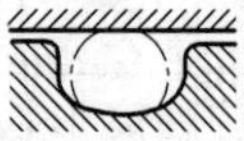	半圆形槽一般仅用于旋转轴的密封
	斜底形	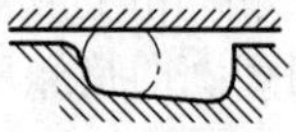	斜底形槽使用也较少，主要用于温度变化大，使 O 形圈有较大体积变化的场合。如用于对燃料油有润滑条件的密封
	组合式	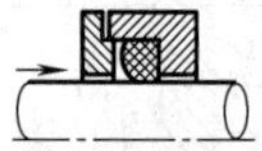	有时在某些场合，为了安装和加工制造的方便，可将矩形沟槽设计成组合形式

压缩量 S_q/mm	$S_q=d_c-H$	式中　d_c——O 形圈截面直径，mm H——O 形圈压缩后断面高度，即槽底至被密封表面高度，mm E——O 形圈材料弹性模量，MPa $f(\varepsilon_c)$——与压缩率有关的函数 p——流体压力，MPa K_t——流体压力传递系数
压缩率 ε_c/%	$\varepsilon_c=S_q/d_c$	
最大初始接触压力 p_{1max}/MPa	$p_{1max}=Ef(\varepsilon_c)$	
流体传递给接触面压力 p_2/MPa	$p_2=K_t p$	
总的最大接触压力 p_{3max}/MPa	$p_{3max}=p_{1max}+p_2$	

压缩率的选择	压缩率过小会使密封性能下降，容易引起液压系统泄漏，而压缩率过大，会增大运动阻力和密封圈的磨损
拉伸率的选择	O 形圈在装入密封沟槽后，会有一定的拉伸。拉伸率大，不但会导致 O 形圈安装困难，同时也会因截面直径发生变化而使压缩率降低，以致引起泄漏。特别是旋转轴用 O 形圈，设计应取 O 形圈内径比轴径大 3%～5%，并使 O 形圈外径有 3%～8% 的压缩量，避免产生焦耳效应，即橡胶在拉伸状态下受热会剧烈收缩。O 形圈内径小于轴径，处于拉伸状态，收缩后抱轴紧，摩擦热多，恶性循环

	密封型式	密封介质	拉伸率/%	压缩率/%
压缩率和拉伸率的选取范围	静密封	液压油	1.03～1.04	15～25
		空气	<1.01	15～25
	往复动密封	液压油	1.02	12～17
		空气	<1.01	12～17
	旋转动密封	液压油	0.95～1	5～10

续表

	外装结构径向密封（活塞密封）	内装结构径向密封（活塞杆密封）	受内部压力轴向密封	受外部压力轴向密封
不同工作位置的矩形沟槽及选择	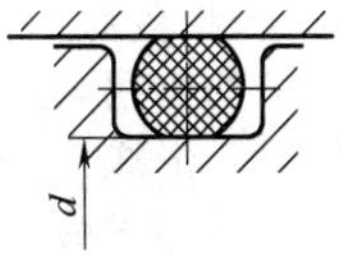	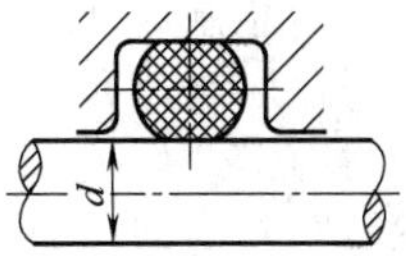	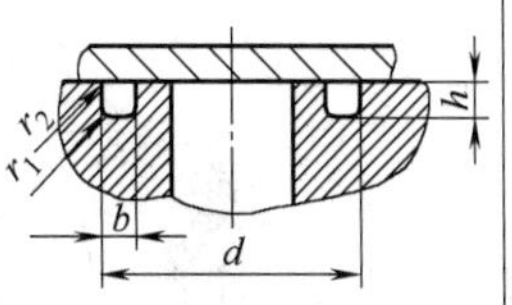	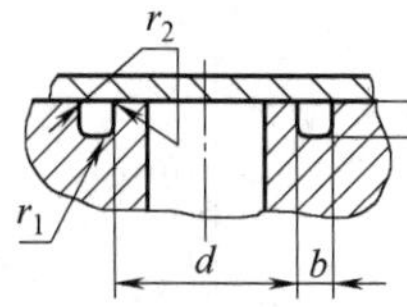
	建议 O 形圈断面中心与槽的断面中心相重合		d 应与 O 形圈外径相等	d 应与 O 形圈内径相等
槽宽的设计	矩形沟槽尺寸应比 O 形圈截面面积大 15%左右，建议取槽宽为 O 形圈截面直径的 1.1～1.5 倍，或查标准			
槽深的设计	槽深取决于 O 形圈所需的压缩量，通常槽深 h 加上间隙，应小于 O 形圈截面直径，以保证 O 形圈所需压缩量			
圆角的设计	一般在槽口及槽底设置较小的圆角半径 0.1～0.2mm，以避免该处形成锋利的刃口；圆角过大，易使 O 形圈挤出			
间隙的确定	往复运动的活塞和缸壁之间必须有间隙，但由于间隙的存在，当介质压力过大，超过 O 形圈材料的强度极限之后，会造成 O 形圈的挤出破坏。防止挤出破坏的办法是正确选择胶料硬度及沟槽间隙。其大小与介质工作压力和 O 形圈材料的硬度有关，一般介质工作压力越大，间隙越小。O 形圈材料的硬度越大，间隙越大			
表面粗糙度确定	通常槽壁及槽底表面粗糙度，静密封用：Ra 值为 6.3～3.2μm；往复运动用：$Ra \leqslant 1.6\mu m$；旋转运动用：Ra 值为 0.4μm			
挡圈的设置	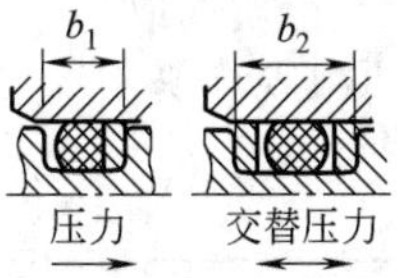	通常，静密封工作压力高于 10MPa 时，动密封工作压力超过 32MPa 时，可采用挡圈来防止 O 形圈挤出。挡圈应加在承压侧；对双向受压，则应两侧各设一个挡圈。挡圈材料有聚四氟乙烯、硬橡胶、皮革、尼龙等，聚四氟乙烯最常用，也可用铜、铝等软金属		

表 7-3-58　组合结构 O 形圈的选用

组合型式	图　例	说　明
同轴密封圈	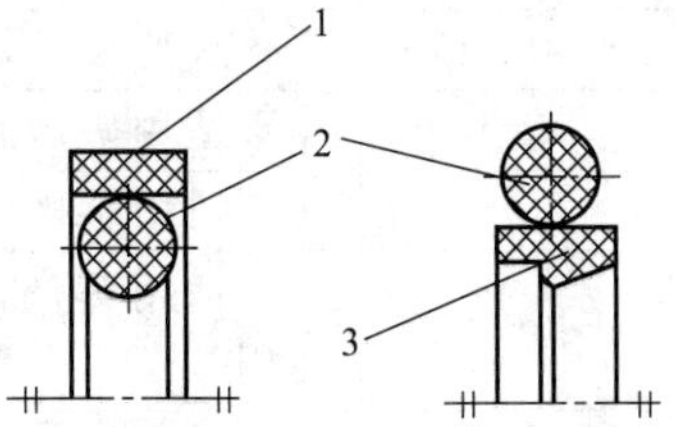(a) 活塞用　(b) 活塞杆用 1—格来圈；2—O 形密封圈；3—斯特圈	同轴密封圈是组合式密封，既可用于活塞密封，也可用于活塞杆密封。由一个润滑性能好、摩擦因数小的滑环和一个充当弹性体的橡胶密封圈组合而成。滑环材料为填充聚四氟乙烯，弹性体为 O 形橡胶圈（或矩形橡胶圈、星形橡胶圈）。利用橡胶圈的良好弹性变形性能，通过其预压缩力使滑环紧贴在密封偶合面上起密封作用，与密封面接触并有相对运动的是摩擦因数小、抗粘着能力强的填充聚四氟乙烯环，因此运动平稳、无爬行。活塞用同轴密封圈由格来圈加 O 形密封圈组成，可双向密封；活塞杆用同轴密封圈由斯特圈加 O 形密封圈组成，但有方向性。斯特圈接触部位制成阶梯形，并有一刃口。活塞杆伸出时靠刃口的刮油作用减小油膜厚度；活塞杆缩回时，斯特圈的斜面部利用流体动力作用保护油膜，使之返回工作腔，从而改善润滑条件，提高了密封性。设计选用时，可参考或按 GB/T 15242.1—2017 选择

第 7 篇

续表

组合型式	图例	说明
旋转格来圈	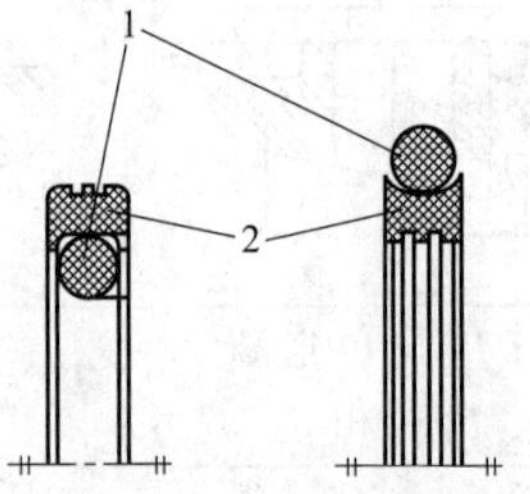 (a) 外圈密封　(b) 内圈密封 1—O形密封圈;2—格来圈	旋转格来圈中格来圈材料常用填充聚四氟乙烯,压力高时使用聚酰胺树脂制成,O形密封圈常用橡胶材料。 为适应高速和低速不同工况的需要,根据格来圈截面大小不同,在密封面上开设1～2个环形沟槽,形成润滑油腔蓄油,可降低摩擦力;旋转时蓄油的动力学作用可增强密封效果。格来圈与O形圈接触的一面,沿轴向制成弧形,以增加与O形圈的接触面,防止格来圈随轴产生旋转。 旋转格来圈内、外圆密封均能使用,具有润滑油腔,摩擦力小,无黏滞现象,驱动平稳,耐磨损,尺寸稳定性好。 旋转格来圈应用于有旋转运动的轴、杆、销、旋转接头等动密封,可承受两侧压力和交变压力的作用,可在高压及每分钟几十转的运转速度条件下工作,如汽车启动机、液压装载机的中心回转接头等部位

表 7-3-59　O形密封圈材料要求及选择原则

材料要求	1)富有弹性和回弹性 2)具有适当的力学性能,包括拉伸强度、伸长率和撕裂强度等 3)性能稳定,在介质中不易溶胀,热收缩效应(焦耳效应)小 4)易加工成型,并能保持精密的尺寸 5)不腐蚀接触面,不污染介质等
选择原则	1)根据O形圈是用于静密封还是用于动密封;是用在往复运动还是用在旋转运动中选取 2)根据机器是处于连续的工作状态,还是处于断续的工作状态,并要考虑到每次断续时间的长短,是否有冲击载何作用在密封部位选取 3)根据工作介质是液体还是气体,并要考虑到其物理、化学性质选取 4)根据工作压力的大小、波动幅度以及瞬时出现的最大压力等选取 5)根据工作温度,包括瞬时温度和冷热交变时的温度选取 6)考虑价格和来源等因素选取

表 7-3-60　常用O形密封圈材料及使用范围

材料	代号	适用介质	使用温度/℃		备注
			运动用	静止用	
丁腈橡胶	NBR	矿物油,汽油,苯	80	−30～120	
氯丁橡胶	CR	空气,水,氧	80	−40～120	运动用应注意
丁基橡胶	IIR	动,植物油,弱酸,碱	80	−30～110	永久变形大,不适用矿物油
丁苯橡胶	SBR	碱,动,植物油,水,空气	80	−30～100	不适用矿物油
天然橡胶	NR	水,弱酸,弱碱	60	−30～90	不适用矿物油
硅橡胶	MVQ	高、低温油,矿物油,动植物油,氧,弱酸,弱碱	−60～260	−60～260	不适用蒸汽,运动部位避免使用
氯磺化聚乙烯	CSM	高温油,氧,臭氧	100	−10～150	运动部位避免使用
聚氨酯橡胶	AU	水,油	60	−30～80	耐磨,但避免高速使用
氟橡胶	FPM	热油,蒸汽,空气,无机酸,卤素类溶剂	150	−20～200	
聚四氟乙烯	PTFE	酸,碱,各种溶剂	—	−100～260	不适用运动部位

表 7-3-61 O形密封圈的相关标准

序号	标准号	标准名称	备注
1	GB/T 3452.1—2005	液压气动用O形橡胶密封圈 第1部分:尺寸系列及公差	见表7-3-62
2	GB/T 3452.2—2007	液压气动用O形橡胶密封圈 第2部分:外观质量检验规范	
3	GB/T 3452.3—2005	液压气动用O形橡胶密封圈 沟槽尺寸	见表7-3-63、表7-3-64
4	GB/T 15242.1—2017	液压缸活塞和活塞杆动密封装置尺寸系列 第1部分:同轴密封件尺寸系列和公差	
5	GB/T 15242.3—1994	液压缸活塞和活塞杆动密封装置用同轴密封件安装沟槽尺寸系列和公差	
6	JB/T 1092—2018	真空技术 O型真空橡胶密封圈 型式和尺寸	
7	JB/T 6658—2007	气动用O形橡胶密封圈沟槽尺寸和公差	
8	JB/T 6659—2007	气动用O形橡胶密封圈的尺寸系列及公差	
9	JB/T 7757.2—2006	机械密封用O形橡胶圈	
10	JB/T 10706—2007	机械密封用氟塑料全包覆橡胶O形圈	

表 7-3-62 液压气动用的O形橡胶密封圈尺寸系列及公差(摘自 GB/T 3452.1—2005)

O形圈结构	O形圈尺寸标识代号示例				
	内径 d_1 /mm	截面直径 d_2/mm	系列代号(G或A)	等级代号(N或S)	O形圈尺寸标识代号
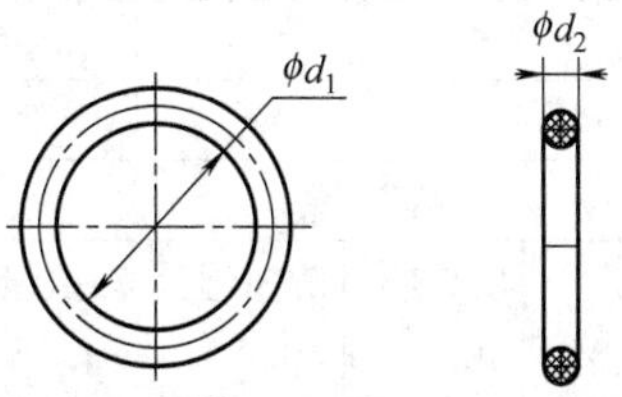	7.5	1.8	G	S	O形圈 7.5×1.8-G-S-GB/T 3452.1—2005
	32.5	2.65	A	N	O形圈 32.5×2.65-A-N-GB/T 3452.1—2005
	167.5	3.55	A	S	O形圈 167.5×3.55-A-S-GB/T 3452.1—2005
	268	5.3	G	N	O形圈 268×5.3-G-N-GB/T 3452.1—2005
	515	7	G	N	O形圈 515×7-G-N-GB/T 3452.1—2005
	注:N、S的定义见 GB/T 3452.2				

d_1		d_2				d_1		d_2			
内径	公差±	1.80±0.08	2.65±0.09	3.55±0.10	5.30±0.13	内径	公差±	1.80±0.08	2.65±0.09	3.55±0.10	5.30±0.13
1.8	0.13	×				3.75	0.14	×			
2		×				4		×			
2.24		×				4.5	0.15	×			
2.5		×				4.75		×			
2.8		×				4.87		×			
3.15	0.14	×				5		×			
3.55		×				5.15		×			

续表

d_1		d_2			
内径	公差±	1.80±0.08	2.65±0.09	3.55±0.10	5.30±0.13
5.3	0.15	×			
5.6	0.16	×			
6		×			
6.3		×			
6.7		×			
6.9		×			
7.1		×			
7.5	0.17	×			
8		×			
8.5		×			
8.75	0.18	×			
9		×			
9.5		×			
9.75		×			
10	0.19	×			
10.6		×	×		
11.2	0.20	×	×		
11.6		×	×		
11.8	0.21	×	×		
12.1		×	×		
12.5		×	×		
12.8		×	×		
13.2		×	×		
14	0.22	×	×		
14.5		×	×		
15		×	×		
15.5	0.23	×	×		
16		×	×		
17	0.24	×	×		
18	0.25	×	×	×	
19		×	×	×	
20	0.26	×	×	×	
20.6		×	×	×	
21.2	0.27	×	×	×	
22.4	0.28	×	×	×	
23	0.29	×	×	×	
23.6		×	×	×	
24.3	0.30	×	×	×	

d_1		d_2			
内径	公差±	1.80±0.08	2.65±0.09	3.55±0.10	5.30±0.13
25	0.30	×	×	×	
25.8	0.31	×	×	×	
26.5		×	×	×	
27.3	0.32	×	×	×	
28		×	×	×	
29	0.33	×	×	×	
30	0.34	×	×	×	
31.5	0.35	×	×	×	
32.5	0.36	×	×	×	
33.5		×	×	×	
34.5	0.37	×	×	×	
35.5	0.38	×	×	×	
36.5		×	×	×	
37.5	0.39	×	×	×	
38.7	0.40	×	×	×	
40	0.41	×	×	×	×
41.2	0.42	×	×	×	×
42.5	0.43	×	×	×	×
43.7	0.44	×	×	×	×
45		×	×	×	×
46.2	0.45	×	×	×	×

d_1		d_2				
内径	公差	1.80±0.08	2.65±0.09	3.55±0.10	5.30±0.13	7.00±0.15
47.5	0.46	×	×	×	×	
48.7	0.47	×	×	×	×	
50	0.48	×	×	×	×	
51.5	0.49		×	×	×	
53	0.50		×	×	×	
54.5	0.51		×	×	×	
56	0.52		×	×	×	
58	0.54		×	×	×	
60	0.55		×	×	×	
61.5	0.56		×	×	×	
63	0.57		×	×	×	
65	0.58		×	×	×	
67	0.60		×	×	×	
69	0.61		×	×	×	

续表

d_1		d_2				
内径	公差	1.80±0.08	2.65±0.09	3.55±0.10	5.30±0.13	7.00±0.15
71	0.63		×	×	×	
73	0.64		×	×	×	
75	0.65		×	×	×	
77.5	0.67		×	×	×	
80	0.69		×	×	×	
82.5	0.71		×	×	×	
85	0.72		×	×	×	
87.5	0.74		×	×	×	
90	0.76		×	×	×	
92.5	0.77		×	×	×	
95	0.79		×	×	×	
97.5	0.81		×	×	×	
100	0.82		×	×	×	
103	0.85		×	×	×	
106	0.87		×	×	×	
109	0.89		×	×	×	×
112	0.91		×	×	×	×
115	0.93		×	×	×	×
118	0.95		×	×	×	×
122	0.97		×	×	×	×
125	0.99		×	×	×	×
128	1.01		×	×	×	×
132	1.04		×	×	×	×
136	1.07		×	×	×	×
140	1.09		×	×	×	×
142.5	1.11		×	×	×	×
145	1.13		×	×	×	×
147.5	1.14		×	×	×	×
150	1.16		×	×	×	×
152.5	1.18			×	×	×
155	1.19			×	×	×
157.5	1.21			×	×	×
160	1.23			×	×	×
162.5	1.24			×	×	×
165	1.26			×	×	×
167.5	1.28			×	×	×
170	1.29			×	×	×
172.5	1.31			×	×	×

d_1		d_2				
内径	公差	1.80±0.08	2.65±0.09	3.55±0.10	5.30±0.13	7.00±0.15
175	1.33			×	×	×
177.5	1.34			×	×	×
180	1.36			×	×	×
182.5	1.38			×	×	×
185	1.39			×	×	×
187.5	1.41			×	×	×
190	1.43			×	×	×
195	1.46			×	×	×
200	1.49			×	×	×
203	1.51				×	×
206	1.53				×	×
212	1.57				×	×
218	1.61				×	×
224	1.65				×	×
227	1.67				×	×
230	1.69				×	×
236	1.73				×	×
239	1.75				×	×
243	1.77				×	×
250	1.82				×	×
254	1.84				×	×

d_1		d_2		
内径	公差	3.55±0.10	5.30±0.13	7.00±0.15
258	1.87		×	×
261	1.89		×	×
265	1.91		×	×
268	1.92		×	×
272	1.96		×	×
276	1.98		×	×
280	2.01		×	×
283	2.03		×	×
286	2.05		×	×
290	2.08		×	×
295	2.11		×	×
300	2.14		×	×
303	2.16		×	×
307	2.19		×	×
311	2.21		×	×

续表

d_1		d_2			d_1		d_2		
内径	公差	3.55±0.10	5.30±0.13	7.00±0.15	内径	公差	3.55±0.10	5.30±0.13	7.00±0.15
315	2.24		×	×	462	3.17			×
320	2.27		×	×	466	3.19			×
325	2.30		×	×	470	3.22			×
330	2.33		×	×	475	3.25			×
335	2.36		×	×	479	3.28			×
340	2.40		×	×	483	3.30			×
345	2.43		×	×	487	3.33			×
350	2.46		×	×	493	3.36			×
355	2.49		×	×	500	3.41			×
360	2.52		×	×	508	3.46			×
365	2.56		×	×	515	3.50			×
370	2.59		×	×	523	3.55			×
375	2.62		×	×	530	3.60			×
379	2.64		×	×	538	3.65			×
383	2.67		×	×	545	3.69			×
387	2.70		×	×	553	3.74			×
391	2.72		×	×	560	3.78			×
395	2.75		×	×	570	3.85			×
400	2.78		×	×	580	3.91			×
406	2.82			×	590	3.97			×
412	2.85			×	600	4.03			×
418	2.89			×	608	4.08			×
425	2.93			×	615	4.12			×
429	2.96			×	623	4.17			×
433	2.99			×	630	4.22			×
437	3.01			×	640	4.28			×
443	3.05			×	650	4.34			×
450	3.09			×	660	4.40			×
456	3.13			×	670	4.47			×

表 7-3-63 O形橡胶密封圈沟槽型式（摘自 GB/T 3452.3—2005）

径向密封		
径向密封的活塞密封沟槽	径向密封的活塞杆密封沟槽	径向密封带挡圈密封沟槽
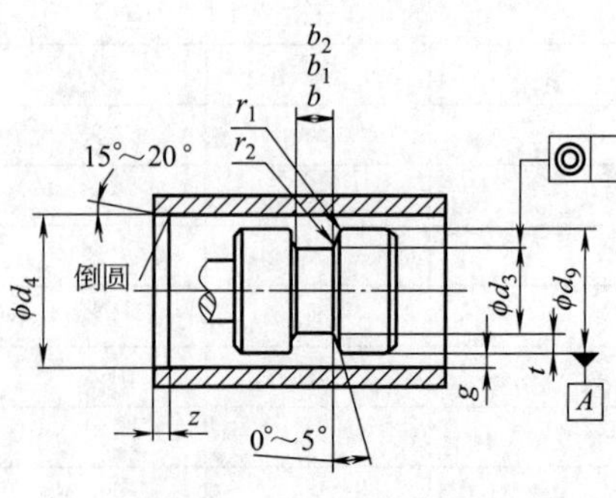	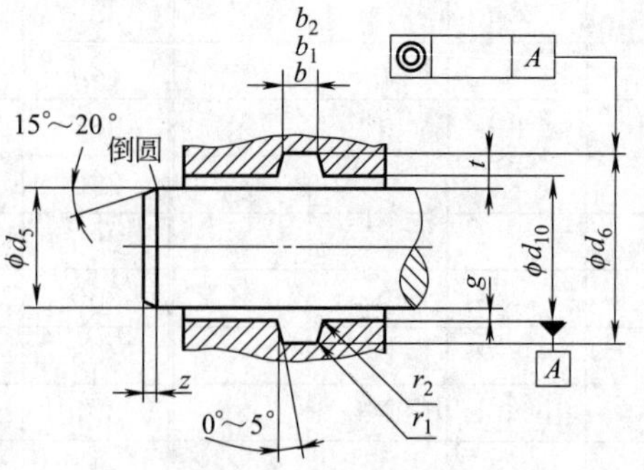	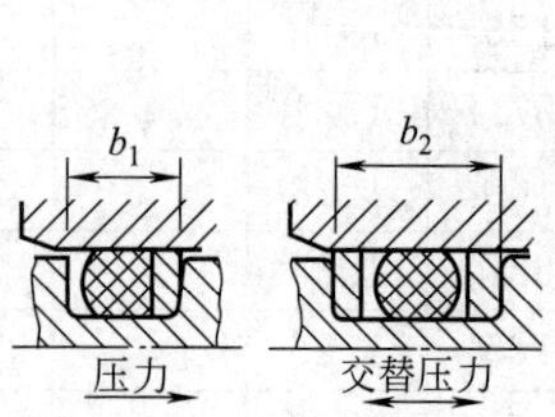

续表

轴向密封	
受内部压力的沟槽	受外部压力的沟槽
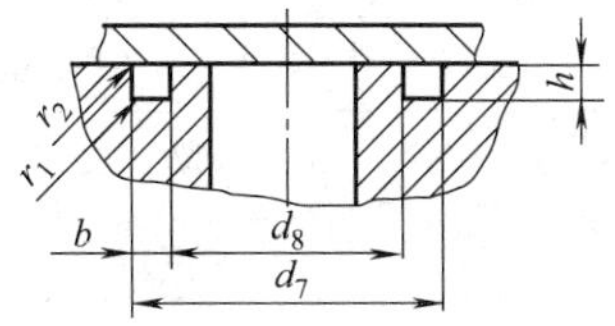	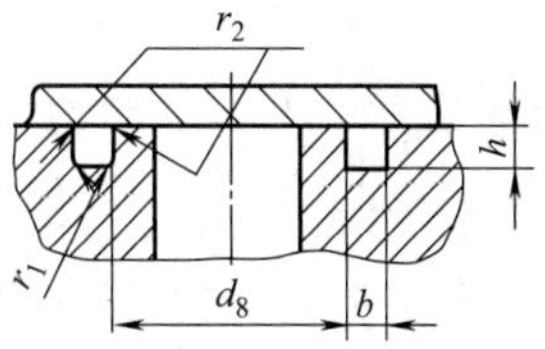

表 7-3-64　O 形橡胶密封圈沟槽尺寸及公差（摘自 GB/T 3452.3—2005）　/mm

径向密封沟槽尺寸	O 形圈截面直径 d_2		尺寸	1.80	2.65	3.55	5.30	7.00
			公差	±0.08	±0.09	±0.10	±0.13	±0.15
	沟槽宽度	气动动密封	b	2.2	3.4	4.6	6.90	9.3
		液压动密封或静密封	b	2.4	3.6	4.8	7.1	9.5
			b_1	3.8	5.0	6.2	9.0	12.3
			b_2	5.2	6.4	7.6	10.9	15.1
		b、b_1、b_2 公差		$^{+0.25}_{0}$				
	沟槽深度	活塞密封（计算 d_3 用）	液压动密封	1.35	2.10	2.85	4.35	5.85
			气动动密封	1.40	2.15	2.95	4.50	6.10
			静密封	1.32	2.00	2.90	4.31	5.85
			沟槽槽底直径 d_3 最大值	$d_{3max}=d_4-2$　d_4 为活塞缸内径				
			沟槽槽底直 d_3 公差	h9				
		活塞杆密封（计算 d_6 用）	液压动密封	1.35	2.10	2.85	4.35	5.85
			气动动密封	1.40	2.15	2.95	4.50	6.10
			静密封	1.32	2.00	2.90	4.31	5.85
			沟槽槽底直径 d_6 最小值	$d_{6min}=d_{5max}+2$　d_{5max} 为活塞杆最大直径				
			沟槽槽底直径 d_6 公差	H9				
	缸内径 d_4 公差			H8				
	活塞直径 d_9 公差			f7				
	活塞杆直径 d_5 公差			f7				
	活塞杆配合孔直径 d_{10} 公差			H8				
	最小导角长度 Z_{min}			1.1	1.5	1.8	2.7	3.6
	沟槽底圆角半径 r_1			0.2～0.4		0.4～0.8		0.8～1.2
	沟槽棱圆角半径 r_2			0.1～0.3				
轴向密封沟槽尺寸	O 形圈截面直径 d_2		尺寸	1.80	2.65	3.55	5.30	7.00
			公差	±0.08	±0.09	±0.10	±0.13	±0.15
	沟槽宽度 b		尺寸	2.6	3.8	5.0	7.3	9.7
			公差	$^{+0.25}_{0}$				
	沟槽深度		尺寸	1.28	1.97	2.75	4.24	5.72
			公差	$^{+0.05}_{0}$			$^{+0.10}_{0}$	

第 7 篇

续表

轴向密封沟槽尺寸	沟槽底圆角半径 r_1	0.2～0.4	0.4～0.8	0.8～1.2
	沟槽棱圆角半径 r_2	0.1～0.3		
	受内部压力时,轴向密封的沟槽外径 d_7	尺寸	$\leqslant d_1$(基本尺寸)$+2d_2$(基本尺寸)	
		公差	H11	
	受外部压力时,轴向密封的沟槽内径 d_8	尺寸	$\geqslant d_1$	
		公差	H11	

表 7-3-65　典型往复唇形密封圈的类型

类型	材质	使用条件			特点及应用
		压力/MPa	速度/m·s^{-1}	温度/℃	
Y 形圈	纯胶	10	1	−30～120	结构简单紧凑,抗根部磨损能力强,工作位置较稳定。但在压力波动大时需使用支撑环。高压时应加挡环
	橡胶复合	30	1.5		
	橡胶夹布	30	1		
V 形圈	橡胶夹布	60	0.5		多个重叠使用,耐压和耐磨性好,使用寿命长,但摩擦阻力大,尺寸大,安装、调节较困难。适用于水压、油压的往复动密封,广泛用于高压系统,特别是用于高压大直径、长冲程等苛刻条件
	橡胶复合	40	1		
U 形圈	纯胶	10	1		结构简单,摩擦因素较低,耐磨性高,但唇口容易翻转,需加支撑环。用于低速水压、油压的往复运动密封,缓慢旋转时也可以使用
	橡胶复合	30	5		
	橡胶夹布	30	1		
L 形圈	纯胶	10	1		装配容易,用于低、中压(油、水)和空气压缩机的活塞密封
	橡胶复合	16	1.5		
J 形圈	纯胶	10	1		用于低、中压(油、水)和空气压缩机的活塞密封
	橡胶复合	16	0.5		
蕾形圈	橡胶夹布	60	1		用于高压低速密封,广泛用于液压支架密封
	橡胶复合	40	1.5		

皮革的韧性强，耐压性好，富有弹性和屈挠性等，很容易装配，缸和活塞之间有少量偏心时也可正常使用。皮革在一般矿物油中性能很稳定，加之其多孔的纤维组织吸油性大，长期使用润滑性能良好，磨损少、寿命长。且皮革在空气中不变质，只要装配时饱吸了润滑油，可长时间不润滑，用于低于100℃、pH 在4～8 内的各种介质。

夹织物橡胶的耐压性能和耐磨性能均比纯橡胶好，密封圈的刚度和强度高，适用于高压密封。另外，夹织物橡胶密封圈还可以切开装配，使用比较方便。不同材料的往复唇形密封圈及主要特性见表 7-3-66。

3.5.2.3　往复唇形密封圈的应用

目前，用作往复运动的唇形密封圈大多已标准化，除普通单向密封、双向密封外，还有防尘密封、组合式密封，如同轴密封等。往复运动的密封圈常用标准见表 7-3-67。

单向密封的橡胶密封圈主要结构型式见表 7-3-68。表 7-3-69～表 7-3-72 为部分活塞及活塞杆密封圈尺寸和公差。双向密封的橡胶密封圈主要结构型式见表 7-3-73，主要尺寸见表 7-3-74。

3.5.3　旋转唇形密封圈

旋转轴唇形密封圈由于结构简单、紧凑、摩擦阻力小，对无压或低压环境的旋转轴密封可靠，因而获得了广泛应用。在无压环境中，常用于防止机械润滑油的向外泄漏，故又称油封；或者用于防止外界灰尘杂质等有害物质进入机械内部，又称为防尘密封。旋转轴唇形密封圈主要应用在低压润滑系统的旋转密封。

表 7-3-66 不同材料的往复唇形密封圈及主要特性

项目		皮革	合成橡胶	夹织物橡胶
一般矿物系液压油		良	良	良
空气		良	良	良
水		良	良	良
不燃性液压油	磷酸酯系液压油	浸渍石蜡或聚硫化物	氟橡胶	氟橡胶
	水-乙二醇系液压油	不相容	丁腈橡胶	丁腈橡胶
	W/O 乳化剂	浸渍石蜡或聚氨酯聚硫化物	丁腈橡胶	丁腈橡胶
密封面状态		不需要镀铬	要求硬而光滑的表面,镀铬	要求硬而光滑的表面,镀铬
表面粗糙度 $Ra/\mu m$		1.6	0.4	0.8
密封间隙		一般配合	要求非常小	要求小
摩擦因数		小	较大	比合成橡胶小
磨损		小	较大	较大
最大使用压力/MPa		500	35	60
同轴度		普通	要求非常高	要求小
使用温度/℃		−60～100	−60～120	−25～200
偏心载荷		适合	不适合	适合
耐冲击压力		大	中	大
寿命		最长	中	长

表 7-3-67 往复运动的密封圈常用标准

序号	标准号	标准名称	备注
1	GB/T 10708.1—2000	往复运动橡胶密封圈结构尺寸系列　第 1 部分:单向密封橡胶密封圈	表 7-3-68、表 7-3-72
2	GB/T 10708.2—2000	往复运动橡胶密封圈结构尺寸系列　第 2 部分:双向密封橡胶密封圈	表 7-3-73、表 7-3-74
3	GB/T 10708.3—2000	往复运动橡胶密封圈结构尺寸系列　第 3 部分:橡胶防尘密封圈	
4	GB/T 15242.1—2017	液压缸活塞和活塞杆动密封装置尺寸系列　第 1 部分:同轴密封件尺寸系列和公差	
5	GB/T 15242.2—2017	液压缸活塞和活塞杆动密封装置尺寸系列　第 2 部分:支承环尺寸系列和公差	
6	GB/T 15242.3—1994	液压缸活塞和活塞杆动密封装置用同轴密封件安装沟槽尺寸系列和公差	
7	GB/T 15242.4—1994	液压缸活塞和活塞杆动密封装置用支承环安装沟槽尺寸系列和公差	
8	GB/T 36520.1—2018	液压传动　聚氨酯密封件尺寸系列　第 1 部分:活塞往复运动密封圈的尺寸和公差	
9	GB/T 36520.2—2018	液压传动　聚氨酯密封件尺寸系列　第 2 部分:活塞杆往复运动密封圈的尺寸和公差	
10	GB/T 36520.3—2019	液压传动　聚氨酯密封件尺寸系列　第 3 部分:防尘圈的尺寸和公差	
11	GB/T 36520.4—2019	液压传动　聚氨酯密封件尺寸系列　第 4 部分:缸口密封圈的尺寸和公差	

表 7-3-68 单向密封橡胶密封圈主要结构型式（摘自 GB/T 10708.1—2000）

L_1 密封沟槽用

活塞 L_1 密封沟槽的密封结构型式及 Y 形圈（尺寸见表 7-3-69）

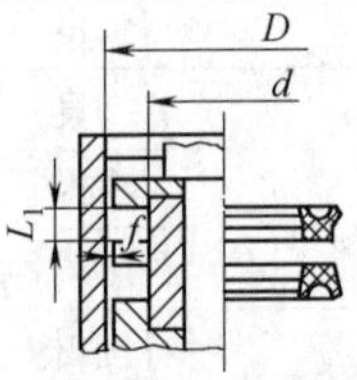

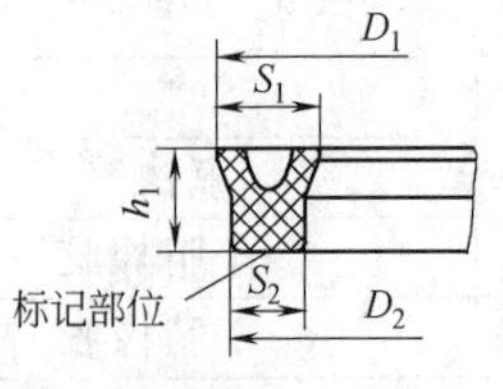

活塞杆 L_1 密封沟槽的密封结构型式及 Y 形圈（尺寸见表 7-3-69）

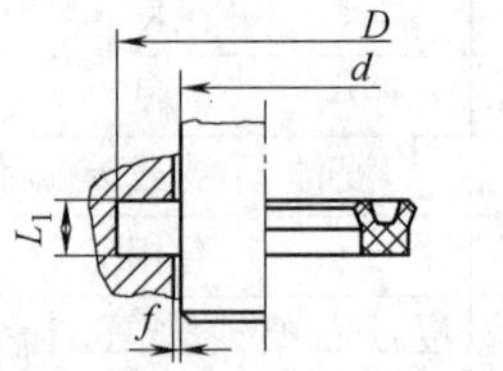

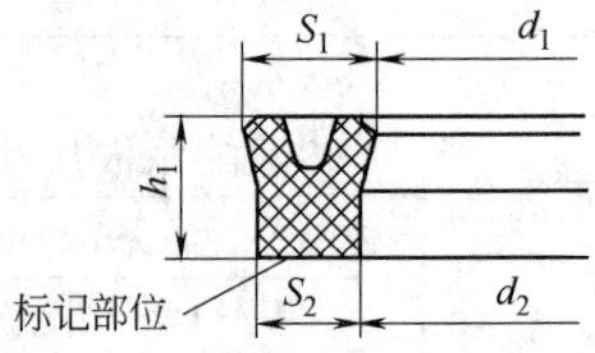

L_2 密封沟槽用

活塞 L_2 密封沟槽的密封结构型式及 Y 形圈、蕾形圈（尺寸见表 7-3-69）

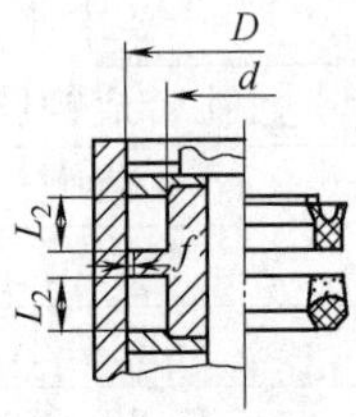

Y 形圈

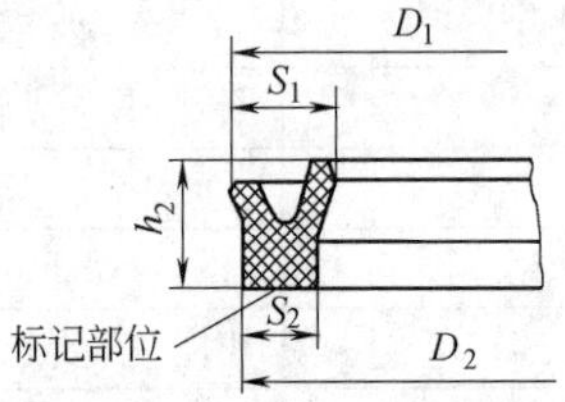

蕾形圈

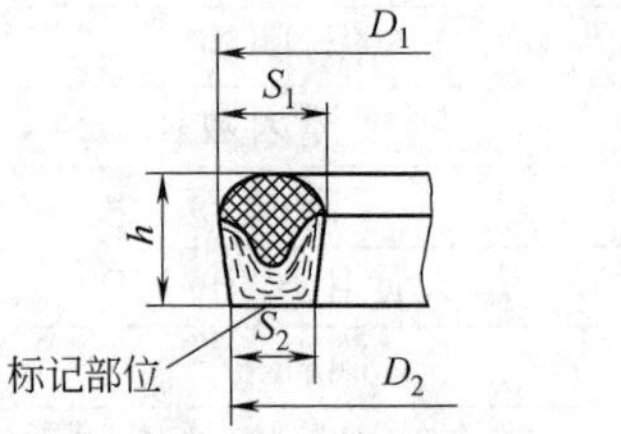

活塞杆 L_2 密封沟槽的密封结构型式及 Y 形圈、蕾形圈（尺寸见表 7-3-70）

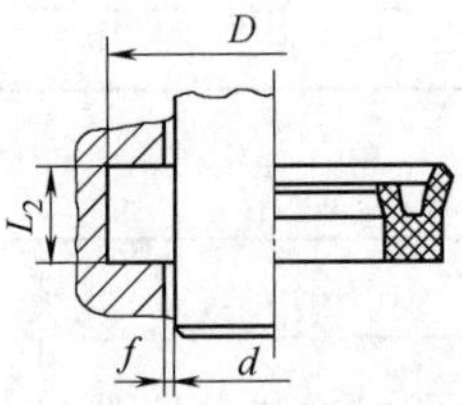

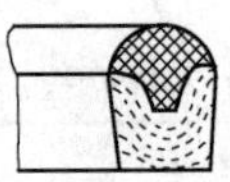

Y 形圈

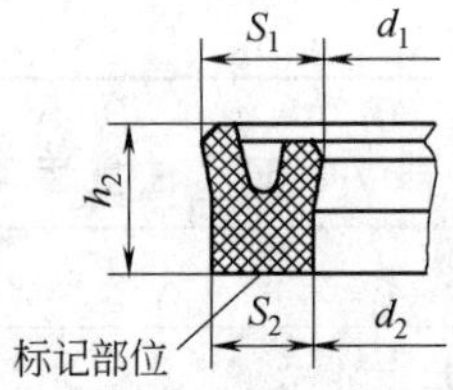

蕾形圈

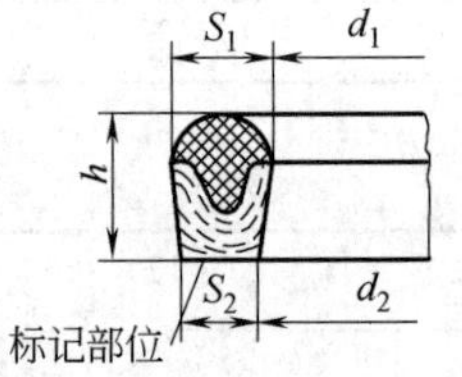

L_3 密封沟槽用

活塞 L_3 密封沟槽的密封结构型式及 V 形圈（尺寸见表 7-3-71）

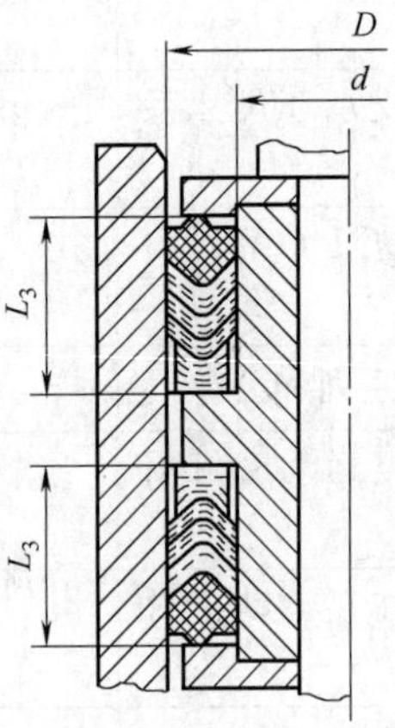

V 形圈

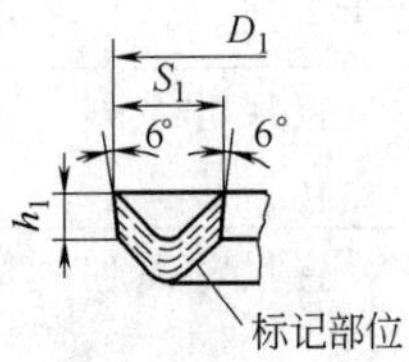

弹性密封圈

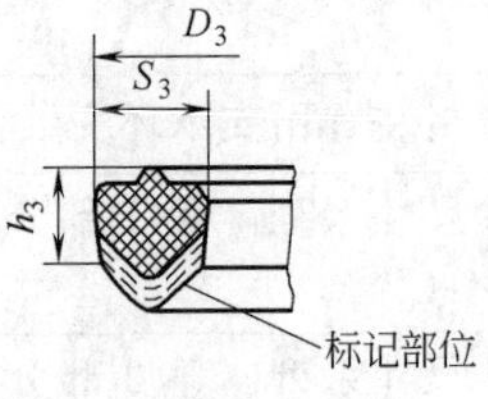

压环

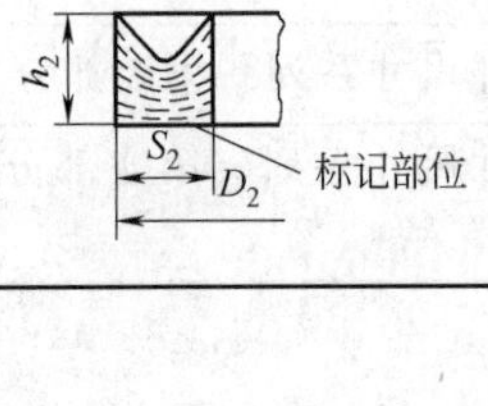

活塞杆 L_3 密封沟槽的密封结构型式及 V 形圈（尺寸见表 7-3-72）

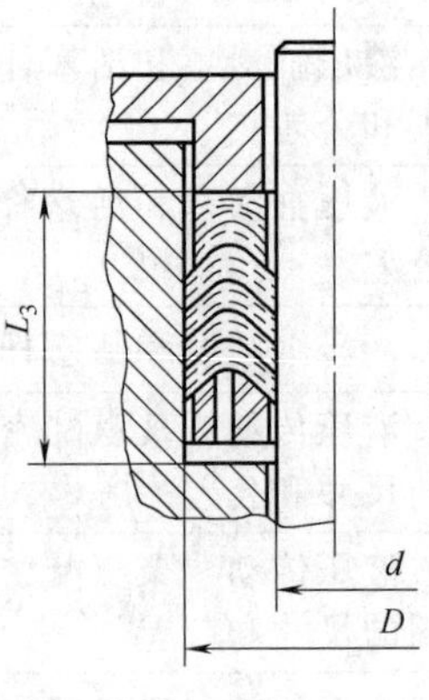

V 形圈

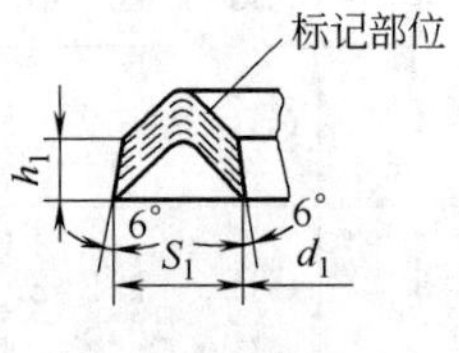

弹性密封圈

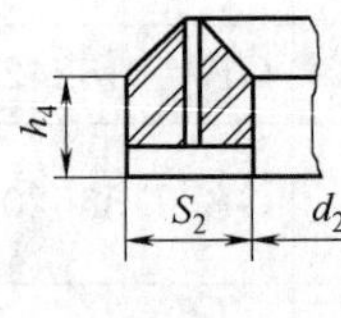

压环

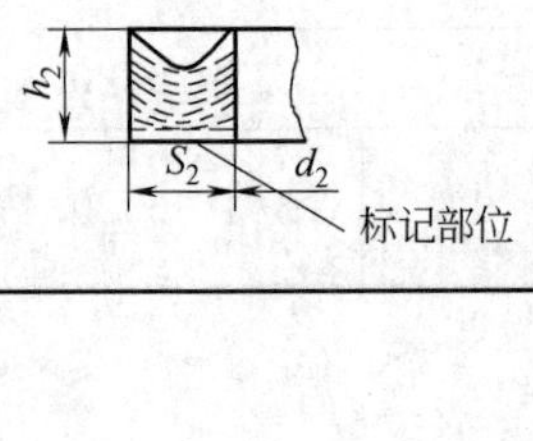

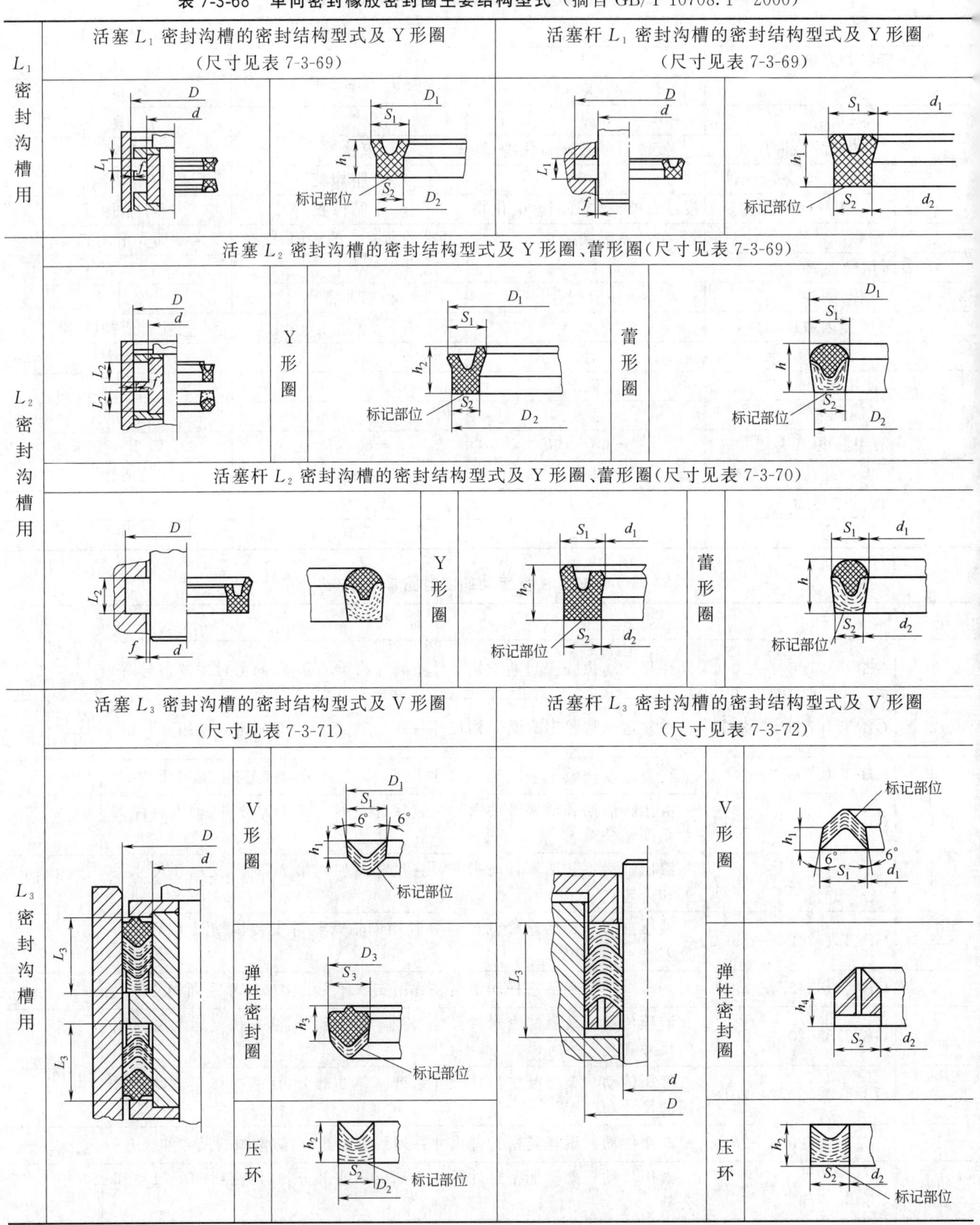

表 7-3-69　活塞 L_1 及活塞 L_2 密封沟槽用 Y 形圈、蕾形圈尺寸和公差　/mm

密封沟槽尺寸				外径						宽度					高度			
				Y 形圈			蕾形圈			Y 形圈		蕾形圈		极限偏差	Y 形		蕾形	极限偏差
D	d	L_1	L_2	D_1	D_2	极限偏差	D_1	D_2	极限偏差	S_1	S_2	S_1	S_2		h_1	h_2	h	
12	4	5	6.3	13	11.5	±0.20	12.7	11.5	±0.18	5	3.5	4.7	3.5	±0.15	4.4	5.8	5.6	±0.20
16	8			17	15.5		16.7	15.5										
20	12			21	19.5	±0.25	20.7	19.5	±0.22									
	10	6.3	8	21.2	19.4		20.8	19.4		6.2	4.4	5.8	4.4		5.6	7.3	7	
25	17	5	6.3	26	24.5		25.7	24.5		5	3.5	4.7	3.5		4.4	5.8	5.6	
	15	6.3	8	26.2	24.4		25.8	24.4		6.2	4.4	5.8	4.4		5.6	7.3	7	
32	24	5	6.3	33	31.5		32.7	31.5		5	3.5	4.7	3.5		4.4	5.8	5.6	
	22	6.3	8	33.2	31.4		32.8	31.4		6.2	4.4	5.8	4.4		5.6	7.3	7	
40	32	5	6.3	41	39.5		40.7	39.5		5	3.5	4.7	3.5		4.4	5.8	5.6	
	30	6.3	8	41.2	39.4		40.8	39.4		6.2	4.4	5.8	4.4		5.6	7.3	7	
50	40			51.2	49.4		50.8	49.4										
	35	9.5	12.5	51.5	49.2		51	49.1		9	6.7	8.5	6.6		8.5	11.5	11.3	
56	46	6.3	8	57.2	55.4		56.8	55.4		6.2	4.4	5.8	4.4		5.6	7.3	7	
	41	9.5	12.5	57.4	55.2		57	55.1		9	6.7	8.5	6.6		8.5	11.5	11.3	
63	53	6.3	8	64.2	62.4		63.8	62.4		6.2	4.4	5.8	4.4		5.6	7.3	7	
	48	9.5	12.5	64.5	62.2	±0.35	64	62.1	±0.28	9	6.7	8.5	6.6		8.5	11.5	11.3	
70	55			71.5	69.2		71	69.1										
	50	12.5	16	71.8	69		71.2	68.8		11.8	9	11.2	8.6		11.3	15	14.5	
80	65	9.5	12.5	81.5	79.2		81	79.1		9	6.7	8.5	6.6		8.5	11.5	11.3	
	60	12.5	16	81.8	79		81.2	78.6		11.8	9	11.2	8.6		11.3	15	14.5	
90	75	9.5	12.5	91.5	89.2		91	89.1		9	6.7	8.5	6.6		8.5	11.5	11.3	
	70	12.5	16	91.8	89		91.2	88.6		11.8	9	11.2	8.6		11.3	15	14.5	
100	85	9.5	12.5	101.5	99.2		101	99.1		9	6.7	8.5	6.6		8.5	11.5	11.3	
	80	12.5	16	101.8	99		101.2	98.6		11.8	9	11.2	8.6		11.3	15	14.5	
110	95	9.5	12.5	111.5	109.2	±0.45	111	109.1	±0.35	9	6.7	8.5	6.6		8.5	11.5	11.3	
	90	12.5	16	111.8	109		111.2	108.6		11.8	9	11.2	8.6		11.3	15	14.5	
125	105			126.8	124		126.2	123.6										
	100	16	20	127.2	123.8		126.3	123.2		14.7	11.3	13.8	10.7		14.8	18.5	18	
140	120	12.5	16	141.8	139		141.2	138.6		11.8	9	11.2	8.6		11.3	15	14.5	
	115	16	20	142.2	138.8		141.3	138.2		14.7	11.3	13.8	10.7		14.8	18.5	18	
160	140	12.5	16	161.8	159		161.2	158.6		11.8	9	11.2	8.6		11.3	15	14.5	
	135	16	20	162.2	158.8		161.3	158.2		14.7	11.3	13.8	10.7		14.8	18.5	18	
180	160	12.5	16	181.8	179	±0.60	181.2	178.6	±0.45	11.8	9	11.2	8.6		11.3	15	14.5	
	155	16	20	182.2	178.8		181.3	178.2		14.7	11.3	13.8	10.7		14.8	18.5	18	
200	175			202.2	198.8		201.3	198.2										
	170	20	25	202.8	198.5		201.4	198		17.8	13.5	16.4	12.7	±0.20	18.5	23	22.5	±0.25

续表

密封沟槽尺寸				外径						宽度					高度			
				Y形圈			蕾形圈			Y形圈		蕾形圈		极限偏差	Y形		蕾形	极限偏差
D	d	L_1	L_2	D_1	D_2	极限偏差	D_1	D_2	极限偏差	S_1	S_2	S_1	S_2		h_1	h_2	h	
220	195	16	20	222.2	218.8	±0.60	221.3	218.2	±0.45	14.7	11.3	13.8	10.7	±0.15	14.8	18.5	18	±0.20
	190	20	25	222.8	218.5		221.4	218		17.8	13.5	16.4	12.7	±0.20	18.5	23	22.5	±0.25
250	225	16	20	252.2	248.8		251.3	248.2		14.7	11.3	13.8	10.7	±0.15	14.8	18.5	18	±0.20
	220	20	25	252.8	248.5		251.4	248		17.8	13.5	16.4	12.7	±0.20	18.5	23	22.5	±0.25
280	250			282.8	278.5	±0.90	281.4	278	±0.60									
320	290			322.8	318.5		321.4	318										
360	330			362.8	358.5		361.4	358										
400	360	25	32	403.3	398	±1.40	401.8	397	±0.90	23.3	18	21.8	17		23	29	28.5	
450	410			453.3	448		451.8	447										
500	460			503.3	498		501.8	497										

表 7-3-70 活塞杆 L_1 及活塞杆 L_2 密封沟槽用 Y 形圈、蕾形圈尺寸和公差 /mm

密封沟槽尺寸				内径						宽度					高度			
				Y形圈			蕾形圈			Y形圈		蕾形圈		极限偏差	Y形		蕾形	极限偏差
D	d	L_1	L_2	d_1	d_2	极限偏差	d_1	d_2	极限偏差	S_1	S_2	S_1	S_2		h_1	h_2	h	
6	14	5	6.3	5	6.5	±0.20	5.3	6.5	±0.18	5	3.5	4.7	3.5	±0.15	4.6	5.8	5.5	±0.20
8	16			7	8.5		7.3	8.5										
10	18			9	10.5		9.3	10.5										
	20	—	8	8.8	10.6		9.2	10.6		6.2	4.4	5.8	4.4		—	7.3	7	
12	20	5	6.3	11	12.5		11.3	12.5		5	3.5	4.7	3.5		4.6	5.8	5.5	
	22	—	8	10.8	12.6		11.2	12.6		6.2	4.4	5.8	4.4		—	7.3	7	
14	22	5	6.3	13	14.5		13.3	14.5		5	3.5	4.7	3.5		4.6	5.8	5.5	
	24	—	8	12.8	14.6		13.2	14.6		6.2	4.4	5.8	4.4		—	7.3	7	
16	24	5	6.3	15	16.5		15.3	16.5		5	3.5	4.7	3.5		4.6	5.8	5.5	
	26	—	8	14.8	16.6		15.2	16.6		6.2	4.4	5.8	4.4		—	7.3	7	
18	26	5	6.3	17	18.5		17.3	18.5		5	3.5	4.7	3.5		4.6	5.8	5.5	
	28	—	8	16.8	18.6		17.2	18.6		6.2	4.4	5.8	4.4		—	7.3	7	
20	28	5	6.3	19	20.5		19.3	20.5		5	3.5	4.7	3.5		4.6	5.8	5.5	
	30	—	8	18.8	20.6		19.2	20.6		6.2	4.4	5.8	4.4		—	7.3	7	
22	30	5	6.3	21	22.5	±0.25	21.3	22.5	±0.22	5	3.5	4.7	3.5		4.6	5.8	5.5	
	32	—	8	20.8	22.6		21.2	22.6		6.2	4.4	5.8	4.4		—	7.3	7	
25	33	5	6.3	24	25.5		24.3	25.5		5	3.5	4.7	3.5		4.6	5.8	5.5	
	35	—	8	23.8	25.6		24.2	25.6		6.2	4.4	5.8	4.4		—	7.3	7	
28	38	6.3	8	26.8	28.6		27.2	28.6		6.2	4.4	5.8	4.4		5.6	7.3	7	
	43	—	12.5	26.5	28.8		27	28.9		9	6.7	8.5	6.6		—	11.5	11.3	
32	42	6.3	8	30.8	32.6		31.2	32.6		6.2	4.4	5.8	4.4		5.6	7.3	7	
	47	—	12.5	30.5	32.8		31	32.9		9	6.7	8.5	6.6		—	11.5	11.3	

续表

密封沟槽尺寸				外径						宽度					高度			
				Y形圈			蕾形圈			Y形圈		蕾形圈		极限偏差	Y形		蕾形	极限偏差
D	d	L_1	L_2	d_1	d_2	极限偏差	d_1	d_2	极限偏差	S_1	S_2	S_1	S_2		h_1	h_2	h	
36	46	6.3	8	34.8	36.6	±0.25	35.2	36.6	±0.22	6.2	4.4	5.8	4.4	±0.15	5.6	7.3	7	±0.20
	51	—	12.5	34.8	36.8		35	36.9		9	6.7	8.5	6.6		—	11.5	11.3	
40	50	6.3	8	38.8	40.6		39.2	40.6		6.2	4.4	5.8	4.4		5.6	7.3	7	
	55	—	12.5	38.5	40.8		39	40.9		9	6.7	8.5	6.6		—	11.5	11.3	
45	55	6.3	8	43.8	45.6		44.2	45.6		6.2	4.4	5.8	4.4		5.6	7.3	7	
	60	—	12.5	43.5	45.8		44	45.9		9	6.7	8.5	6.6		—	11.5	11.3	
50	60	6.3	8	48.8	50.6		49.2	50.6		6.2	4.4	5.8	4.4		5.6	7.3	7	
	65	—	12.5	48.5	50.8		49	50.9		9	6.7	8.5	6.6		—	11.5	11.3	
56	71	9.5	12.5	54.5	56.8		55	56.9							8.5			
	76	—	16	54.2	57		54.8	57.4		11.8	9	11.2	8.6		—	15	14.5	
63	78	9.5	12.5	61.5	63.8	±0.35	62	63.9	±0.28	9	6.7	8.5	6.6		8.5	11.5	11.3	
	83	—	16	61.2	64	±0.25	61.8	64.4	±0.22	11.8	9	11.2	8.6		—	15	14.5	
70	85	9.5	12.5	68.5	70.8	±0.35	69	70.9	±0.28	9	6.7	8.5	6.6		8.5	11.5	11.3	
	90	—	16	68.2	71		68.8	71.4		11.8	9	11.2	8.6		—	15	14.5	
80	95	9.5	12.5	78.5	80.8		79	80.9		9	6.7	8.5	6.6		8.5	11.5	11.3	
	100	—	16	78.2	81		78.8	81.4		11.8	9	11.2	8.6		—	15	14.5	
90	105	9.5	12.5	88.5	90.8		89	90.9		9	6.7	8.5	6.6		8.5	11.5	11.3	
	110	—	16	88.2	91		88.8	91.4		11.8	9	11.2	8.6		—	15	14.5	
100	120	12.5	16	98.2	101		89.8	101.4							11.3			
	125	—	20	97.8	101.2	±0.45	98.7	101.8	±0.35	14.7	11.3	13.8	10.7		—	18.5	18	
110	130	12.5	16	108.2	111		108.8	111.4		11.8	9	11.2	8.6		11.3	15	14.5	
	135	—	20	107.8	111.2		108.7	111.8		14.7	11.3	13.8	10.7		—	18.5	18	
125	145	12.5	16	123.2	126		123.8	126.4		11.8	9	11.2	8.6		11.3	15	14.5	
	150	—	20	122.8	126.2		123.7	126.8		14.7	11.3	13.8	10.7		—	18.5	18	
140	160	12.5	16	138.2	141		138.8	141.4		11.8	9	11.2	8.6		11.3	15	14.5	
	165	—	20	137.8	141.2		138.7	141.8		14.7	11.3	13.8	10.7		—	18.5	18	
160	185	16		157.8	161.2		158.7	161.8						±0.20	14.8			±0.25
	190	—	25	157.2	161.5	±0.60	158.6	162	±0.45	18.5	13.5	16.4	13		—	23	22.5	
180	205	16	20	177.8	181.2		178.7	181.8		14.7	11.3	13.8	10.7	±0.15	14.8	18.5	18	±0.20
	210	—	25	177.2	181.5		178.6	182		18.5	13.5	16.4	13	±0.20	—	23	22.5	±0.25
200	225	16	20	197.8	201.2		198.7	201.8		14.7	11.3	13.8	10.7	±0.15	14.8	18.5	18	±0.20
	230	—	25	197.2	201.5		198.6	202		18.5	13.5	16.4	13	±0.20	—	23	22.5	±0.25
220	250	20		217.2	221.5		218.6	222							18.5			
250	280			247.2	251.5		248.6	252										
280	310			277.2	281.5	±0.90	278.6	282	±0.60									
320	360	25	32	317.7	322		318.2	323		23.3	18	21.8	17		23	29	28.5	
360	400			357.7	362		358.2	363										

第7篇

表 7-3-71 活塞 L_3 密封沟槽用 V 形圈、压环及弹性圈尺寸和公差 /mm

D	d	L_3	外径				宽度				高度				V形圈数量
			D_1	D_2	D_3	极限偏差	S_1	S_2	S_3	极限偏差	h_1	h_2	h_3	极限偏差	
20	10		20.6	19.7	20.8										
25	15	16	25.6	24.7	25.8		5.6	4.7	5.8		3	6	6.5		1
32	22		32.6	31.7	32.8										
40	30		40.6	39.7	40.8										
50	35	25	50.7	49.5	51.1	±0.22	8.2	7	8.6		4.5	7.5	8		2
	40	16	50.6	49.7	50.8		5.6	4.7	5.8		3	6	6.5		1
56	41	25	56.7	55.5	57.1		8.2	7	8.6		4.5	7.5	8		2
	46	16	56.6	55.7	56.8		5.6	4.7	5.8		3	6	6.5		1
63	48	25	63.7	62.5	64.1		8.2	7	8.6		4.5	7.5	8		2
	53	16	63.6	62.7	63.8		5.6	4.7	5.8		3	6	6.5		1
70	50	32	70.8	69.4	71.3		10.8	9.4	11.3		5	10	11		
	55	25	70.7	69.5	71.1		8.2	7	8.6		4.5	7.5	8		
80	60	32	80.8	79.4	81.3		10.8	9.4	11.3		5	10	11		
	65	25	80.7	79.5	81.1	±0.28	8.2	7	8.6		4.5	7.5	8		
90	70	32	90.8	89.4	91.3		10.8	9.4	11.3		5	10	11		
	75	25	90.7	89.5	91.1		8.2	7	8.6		4.5	7.5	8		
100	80	32	100.8	99.4	101.3		10.8	9.4	11.3		5	10	11		
	85	25	100.7	99.5	101.1		8.2	7	8.6		4.5	7.5	8		
110	90	32	110.8	109.4	111.3	±0.35	10.8	9.4	11.3	±0.15	5	10	11	±0.20	2
	95	25	110.7	109.5	111.1	±0.28	8.2	7	8.6		4.5	7.5	8		
125	100	40	126	124.4	126.6		13.5	11.9	14.1		6	12	15		
	105		125.8		126.3		10.8	9.4	11.3		5	10	11		
140	115	32	141	139.4	141.6		13.5	11.9	14.1		6	12	15		
	120		140.8			±0.35	10.8	9.4	11.3		5	10	11		
160	135	40	161	169.4	161.6										
	140	32	160.8	159.4	161.3		13.5	11.9	14.1		6		15		
180	155	40	181	179.4	181.6										
	160		180.8		181.3										
200	170	50	201.3	199.2	201.9		16.3	14.2	16.8		6.5		17.5		3
	175	40	201	199.4	201.6		13.5	11.9	14.1		6		15		2
220	190	50	221.3	219.2	221.9	±0.45	16.3	14.2	16.8		6.5	12	17.5		
	195	40	221	219.4	221.6		13.5	11.9	14.1		6		15		
250	220	50	251.3	249.2	221.9		16.3	14.2	16.8		6.5		17.5		
	225	40	251	249.4	251.6		13.5	11.9	14.1		6		15		3
280	250		281.3	279.2	281.9										
320	290	50	321.3	319.2	321.9	±0.60	16.3	14.2	16.8		6.5		17.5		
360	330		361.3	359.2	361.9										
400	360		401.6	399	402.1										
450	410	63	451.6	449	452.1	±0.90	21.6	19	22.1	±0.20	7	14	26.5	±0.25	
500	400		501.6	499	502.1										

表 7-3-72 活塞杆 L_3 密封沟槽用 V 形圈、压环及弹性圈尺寸和公差

/mm

d	D	L_3	内径 d_1	内径 d_2	内径 极限偏差	宽度 S_1	宽度 S_2	宽度 极限偏差	高度 h_1	高度 h_2	高度 h_4	高度 极限偏差	V 形圈数量
6	14	14.5	5.5	6.3	±0.18	4.5	3.7	±0.15	2.5	6	3	±0.20	2
8	16		7.5	8.3									
10	18		9.5	10.3									
	20	16	9.4		±0.22	5.6	4.7		3	6.5			
12		14.5	11.5	12.3	±0.18	4.5	3.7		2.5	6			
	22	16	11.4		±0.22	5.6	4.7		3	6.5			
14		14.5	13.5	14.3	±0.18	4.5	3.7		2.5	6			
	24	16	13.4		±0.22	5.6	4.7		3	6.5			
16		14.5	15.5	16.3	±0.18	4.5	3.7		2.5	6			
	26	16	15.4		±0.22	5.6	4.7		3	6.5			
18		14.5	17.5	18.3		4.5	3.7		2.5	6			
	28	16	17.4			5.6	4.7		3	6.5			
20		14.5	19.5	20.3		4.5	3.7		2.5	6			
	30	16	19.4			5.6	4.7		3	6.5			
22		14.5	21.5	22.3		4.5	3.7		2.5	6			
	32	16	21.4			5.6	4.7		3	6.5			
25	33	14.5	24.5	25.3		4.5	3.7		2.5	6			
	35	16	24.4			5.6	4.7		3	6.5			
28	38		27.4	28.3									
	43	25	27.3	28.5		8.2	7		4.5	8			3
32	42	16	31.4	32.3		5.6	4.7		3	6.5			2
	47	25	31.3	32.5		8.2	7		4.5	8			3
36	46	16	35.4	36.3		5.6	4.7		3	6.5			2
	51	25	35.5	36.5		8.2	7		4.5	8			3
40	50	16	39.4	40.3		5.6	4.7		3	6.5			2
	55	25	39.3	40.5		8.2	7		4.5	8			3
45	55	16	44.4	45.3		5.6	4.7		3	6.5			2
	60	25	44.3	45.5		8.2	7		4.5	8			3
50	60	16	49.4	50.3		5.6	4.7		3	6.5			2
	65	25	49.3	50.5		8.2	7		4.5	8			3
56	71		55.3	56.6									
	76	32	55.2			10.8	9.4		6	10			
63	78	25	62.3	63.6		8.2	7		4.5	8			
	83	32	62.2			10.8	9.4		6	10			
70	85	25	69.3	70.5	±0.28	8.2	7		4.5	8			
	90	32	69.2	70.6		10.8	9.4		6	10			
80	95	25	79.3	80.5		8.2	7		4.5	8			
	100	32	79.2	80.6		10.8	9.4		6	10			

第7篇

续表

d	D	L_3	内径 d_1	内径 d_2	内径 极限偏差	宽度 S_1	宽度 S_2	宽度 极限偏差	高度 h_1	高度 h_2	高度 h_4	高度 极限偏差	V形圈数量
90	105	25	89.3	90.5	±0.28	8.2	7	±0.15	4.5	8	3	±0.20	3
90	110	32	89.2	90.6	±0.28	10.8	9.4	±0.15	6	10	3	±0.20	3
100	120	32	99.2	100.6	±0.28	10.8	9.4	±0.15	6	10	3	±0.20	3
100	125	40	99	100.6	±0.35	13.5	11.9	±0.15	6	12	3	±0.20	4
110	130	32	109.2	110.6	±0.28	10.8	9.4	±0.15	6	10	3	±0.20	3
110	135	40	109	110.6	±0.35	13.5	11.9	±0.15	6	12	3	±0.20	4
125	145	32	124.2	125.5	±0.35	10.8	9.4	±0.15	6	10	3	±0.20	3
125	150	40	124	125.6	±0.35	13.5	11.9	±0.15	6	12	3	±0.20	4
140	160	32	139.2	140.6	±0.35	10.8	9.4	±0.15	6	10	3	±0.20	3
140	165	40	139	140.6	±0.35	13.5	11.9	±0.15	6	12	3	±0.20	4
160	185	40	159	160.6	±0.35	13.5	11.9	±0.15	6	12	3	±0.20	4
160	190	50	158.8	160.8	±0.35	16.2	14.2	±0.20	6.5	14	3	±0.25	5
180	205	40	179	180.6	±0.45	13.5	11.9	±0.15	6	12	3	±0.20	4
180	210	50	178.8	180.8	±0.45	16.2	14.2	±0.20	6.5	14	3	±0.25	5
200	225	40	199	200.6	±0.45	13.5	11.9	±0.15	6	12	3	±0.20	4
200	230	50	198.8	200.8	±0.45	16.2	14.2	±0.20	6.5	14	3	±0.25	5
220	250	50	218.8	220.8	±0.45	16.2	14.2	±0.20	6.5	14	3	±0.25	5
250	280	50	248.8	250.8	±0.45	16.2	14.2	±0.20	6.5	14	3	±0.25	5
280	310	50	278.8	280.6	±0.60	16.2	14.2	±0.20	6.5	14	3	±0.25	5
320	360	63	318.4	321	±0.60	21.6	19	±0.25	7	15.5	4	±0.25	6
360	400	63	358.4	361	±0.60	21.6	19	±0.25	7	15.5	4	±0.25	6

表 7-3-73　双向密封橡胶密封圈主要结构型式

密封结构型式	橡胶密封圈		塑料支承环	
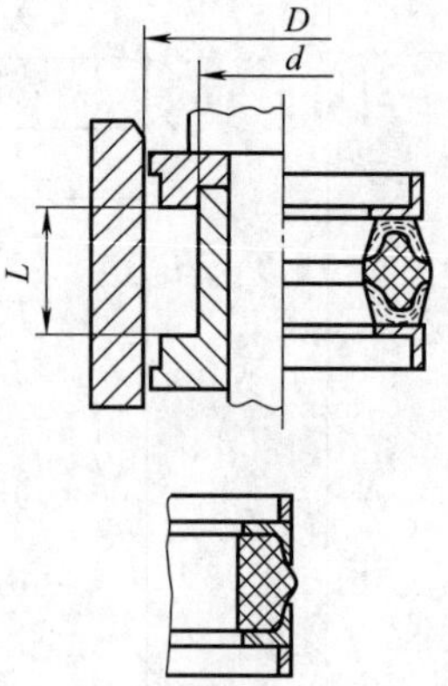	鼓形圈	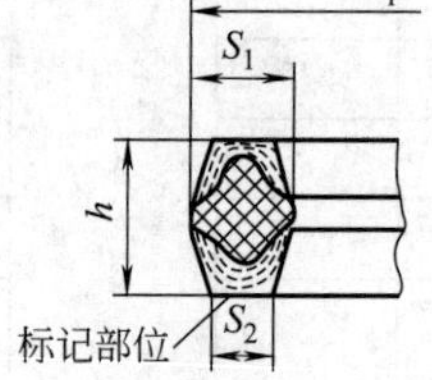	鼓形圈用	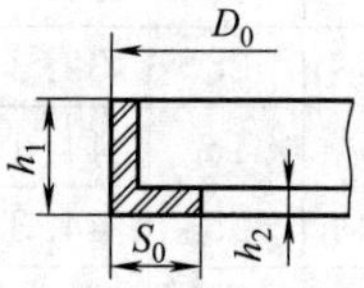
	山形圈	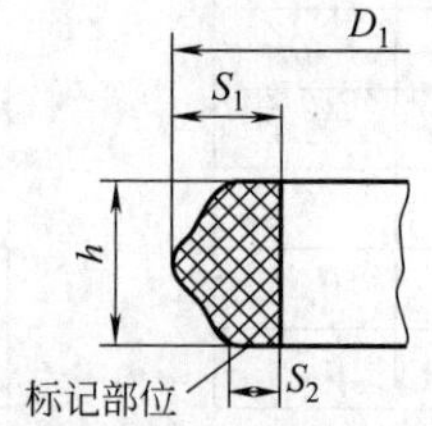	山形圈用	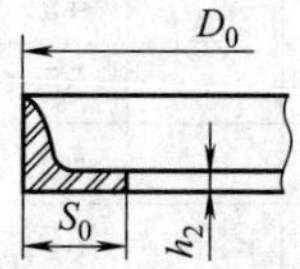 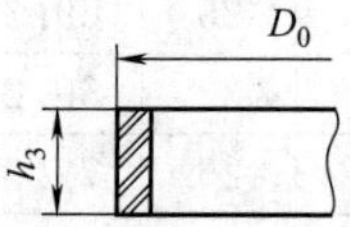

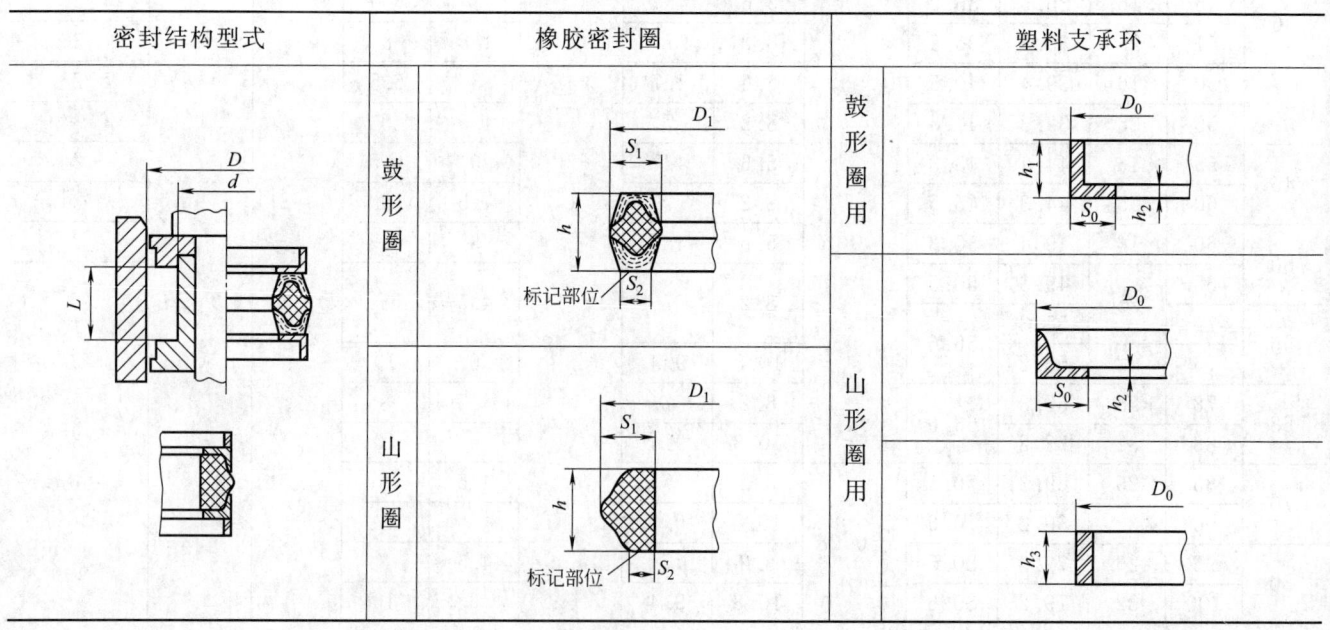

表 7-3-74　双向密封橡胶密封圈主要尺寸　　/mm

密封沟槽尺寸			橡胶密封圈尺寸									塑料支承环尺寸							
			外径		高度		宽度					外径		宽度		高度			
							鼓形圈		山形圈										
D	d	L	D_1	极限偏差	h	极限偏差	S_1	S_2	S_1	S_2	极限偏差	D_0	极限偏差	S_0	极限偏差	h_1	h_2	h_3	极限偏差
25	17		25.6									25							
32	24	10	32.6		6.5		4.6	3.4	4.7	2.5		32	0 −0.15	4					
40	32		40.6									40							
25	15		25.7									25							
32	22		32.7	±0.22								32				5.5			
40	30		40.7									40							
50	40	12.5	50.7		8.5		5.7	4.2	5.8	3.2		50	0 −0.18	5					
56	46		56.7									56							
63	53		63.7									63					1.5	4 5	
50	35		50.9									50							
56	41		56.9									56							
63	48		63.9									63							
70	55		70.9									70							
80	65	20	80.9		14.5		8.4	6.5	8.5	4.5		80	0 −0.22	7.5		6.5			
90	75		90.9	±0.28		±0.20					±0.15	90			0 −0.10				+0.10 0
100	85		100.9									100							
110	95		110.9									110							
80	60		81									80							
90	70		91									90							
100	80		101									100							
110	90		111									110							
125	105	25	126		18		11	8.7	11.2	5.5		125		10		8.3	2	6.3	
140	120		141	±0.35								140	0 −0.26						
160	140		161									160							
180	160		181									180							
125	100		126.3									125							
140	115		141.3									140							
160	135	32	161.3		24		13.7	10.8	13.9	7		160		12.5		13		10	
180	155		181.3	±0.45								180							
200	170		201.5									200							
220	190		221.5									220					3		
250	220		251.5									250							
280	250	36	281.5		28		16.5	12.9	16.7	8.6		280	0 −0.35	15	0 −0.12	15.5		12.5	+0.12 0
320	290		321.5	±0.60		±0.25					±0.20	320							
360	330		361.5									360							
400	360		401.8									400							
450	410	50	451.8	±0.90	40		21.8	7.5	22	12		450	0 −0.50	20	0 −0.15	20	4	16	+0.15 0
500	460		501.8									500							

第 7 篇

3.5.3.1 油封的类型

油封的分类方法很多，按轴的旋转线速度可分为低速油封和高速油封；按所能承受的压力分为常压型油封和耐压型油封；按结构及密封原理分为标准型油封和动力回流型油封；按构成油封组件材质又可分为骨架型油封和无骨架型油封、有弹簧型油封和无弹簧型油封等。油封的结构有四种，见表 7-3-75。

3.5.3.2 油封的工作原理和设计

表 7-3-75　油封的结构类型及特点

结构型式	结构图例	结构特点
粘接结构	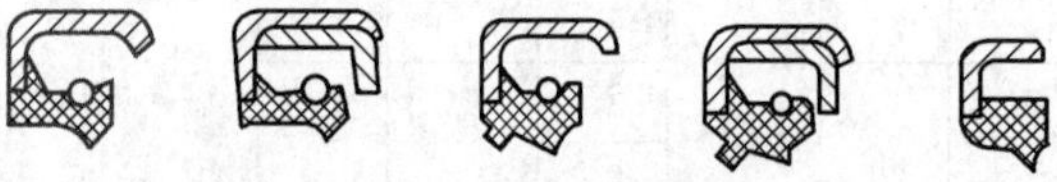	橡胶部分和金属骨架可以分别加工制造，再用胶粘接在一起成为外露骨架型。制造简单，价格便宜。美国、日本等国家多采用这种结构
装配结构	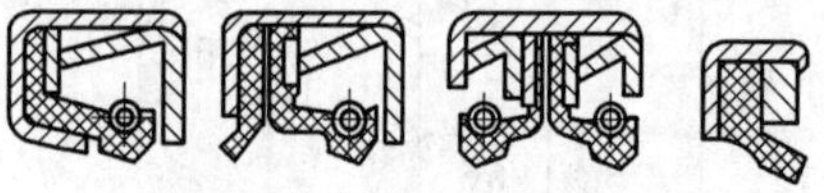	把橡胶唇部、金属骨架和弹簧圈三者装配起来而组成油封，它由内、外骨架把橡胶唇部夹紧，通常还有一个挡板，以防弹簧脱出
骨架结构		把冲压好的金属骨架包在橡胶之中，成为内包骨架型，其制造工艺较为复杂，但刚度好，易装配，且对钢板材料要求不高
全胶结构	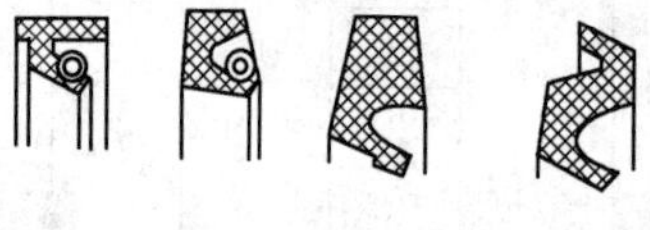	这种油封无骨架，有的甚至无弹簧，整体由橡胶模压成型，刚度差，易产生塑性变形，但可以切口使用，这对于不能从轴端装入而又必须用油封的部位是仅有的一种型式

表 7-3-76　油封的工作原理

原理图	工作原理
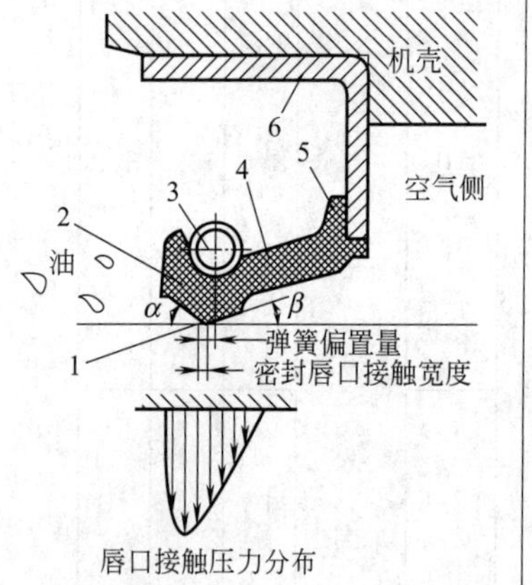 唇口接触压力分布 1—唇口；2—冠部；3—自紧用弹簧；4—腰部；5—底部；6—骨架	(1)自由状态下，油封唇口内径比轴径小，具有一定的过盈量 (2)安装后，油封外缘与腔体固定，并保证油封处于静态；油封刃口的过盈压力和自紧弹簧的收缩力对旋转轴产生一定的径向压力 (3)工作时，油封唇口在径向压力的作用下，形成 0.25～0.5mm 宽的密封接触环带。在润滑油压力的作用下，油液渗入油封刃口与旋转轴之间，形成极薄的一层油膜。油膜具有流体的动特性，密封表面许多微观隆起和凹陷，在动态下相当于微小的滑动轴承板，动态下将黏性液体带入楔形间隙，形成流体动力液膜，从而起到润滑和密封作用 (4)油封的正常工作在于控制合理的油膜。油封的密封能力，取决于密封面油膜的厚度，厚度过大，油封泄漏；厚度过小，可能发生干摩擦，引起油封和轴的磨损；密封唇与轴之间没有油膜，则易引起发热、磨损 因此，在安装时，必须在密封圈上涂些油，同时保证骨架油封与轴心线垂直，若不垂直，油封的密封唇会把润滑油从轴上排干，这会导致密封唇的过度磨损。在运转中，壳体内的润滑剂微微渗出一点，以达到密封面处形成油膜的状态最为理想

表 7-3-77　油封的设计

项　目	设计要点
唇口与轴的过盈量	密封安装后，唇口直径应扩大 5%～8%。根据使用条件确定过盈量，通常为 0.2～0.5mm，轴径大和无弹簧时选较大过盈量；高速型选较小值，低速型选较大值
唇口与轴的接触宽度	油封唇口接触宽度的典型值为 0.1～0.15mm，介质压力大时，接触宽度应加大，介质含有磨粒时，接触宽度可取 0.5～0.7mm，甚至更多

项　　目	设 计 要 点
唇口比压(径向力)	唇口比压是指单位圆周长度上的油封唇口对轴表面压力,低速型为150～220N/m,高速型为95～130N/m
弹簧尺寸和载荷	当介质压力大于0.1MPa时,需加设弹簧维持一定的径向力。通常弹簧丝径取0.3～0.4mm,中径取2～3mm。弹簧装入油封后,弹簧本身应拉长3%～4%,弹簧产生的径向力约占整个径向力的60%
油封摩擦力 F/N	$F=\pi d_0 F_0$ 式中 d_0——轴直径,cm;F_0——轴圆周单位长度的摩擦力,N/cm,F_0取决于摩擦面的表面质量、润滑条件、弹簧力等,估算时取$F_0=0.3\sim0.5$N/cm,密封压力较大时取上限;n——轴的转速,r/min
油封摩擦力矩 T/N·cm	$T=F\times\frac{d_0}{2}=\frac{\pi d_0^2 F_0}{2}$
油封摩擦功率 P/kW	$P=\frac{T_n}{955000}=\frac{\pi d_0^2 F_0 n}{1910000}$
轴的表面粗糙度	表面粗糙度 Ra 的推荐值为0.8～3.2μm,Ra 值太低,油容易从密封接触面被挤出,油膜变薄或消失,导致唇部发热或烧坏;反之,唇口磨损过快,造成泄漏
轴的表面硬度	轴的表面硬度推荐为30～40HRC或镀铬
油封材料选择	橡胶应具有耐蚀、耐磨和耐热的性能,如丁腈橡胶耐油,聚氨酯橡胶耐磨,硅橡胶耐高温和低温,氟橡胶耐较高温度等。橡胶硬度应在65～75(邵氏硬度A)之间,考虑速度和温度的影响,油封材料选择如下 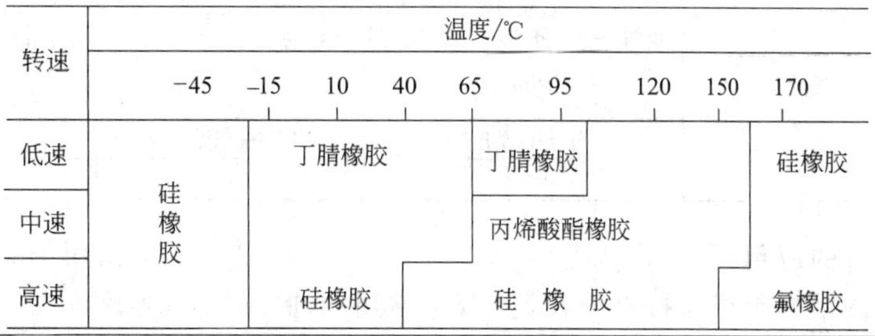
轴的振动量	一般油封对轴的允许振动量见图 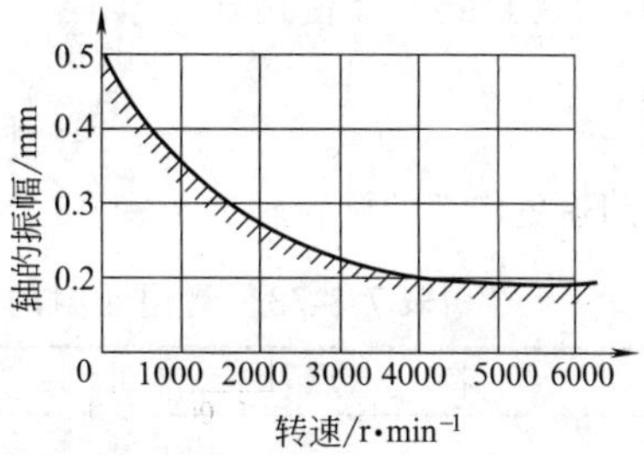
转轴的允许偏心量	由于轴的偏心、油封内外径不同心、油封安装孔与轴线不同心等原因,造成油封唇口与轴接触不均匀,易造成泄漏,故油封唇口对轴表面允许偏心量见图a,其中,低速、中速和高速的界限见图b 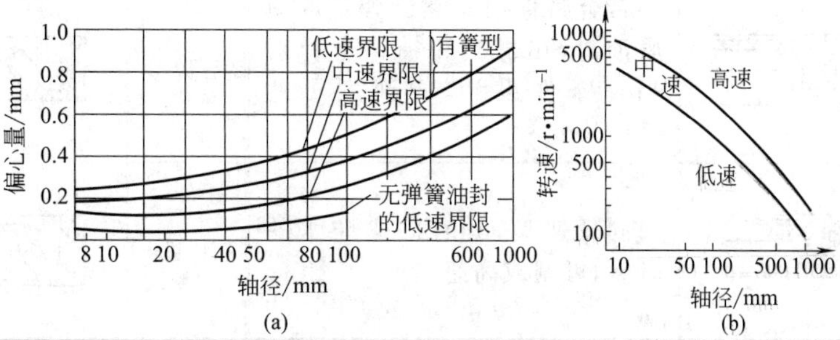 (a) (b)

<table>
<tr><th>项　　目</th><th>设 计 要 点</th></tr>
<tr><td>允许转速和线速度</td><td>转速越高，发热越严重，当发热超过橡胶允许温度时，油封会老化、龟裂和损坏。各种橡胶的最高允许转速和线速度见图
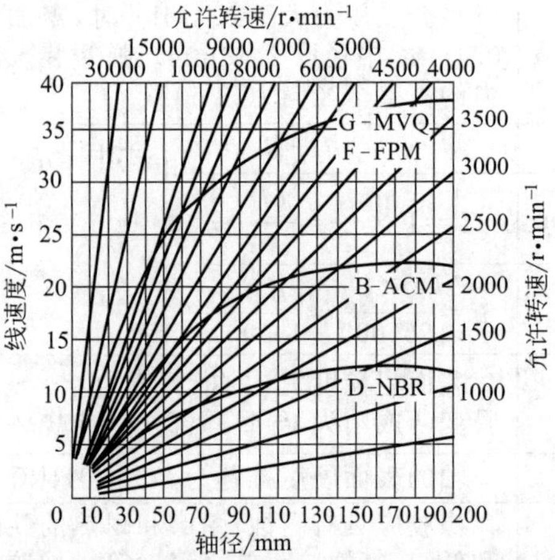

胶种代号：D—丁腈橡胶(NBR)；B—丙烯酸酯橡胶(ACM)；F—氟橡胶(FPM)；G—硅橡胶(MVQ)</td></tr>
<tr><td>线胀系数/℃⁻¹</td><td>橡胶比钢线胀系数大，在一定温度下二者膨胀量不同，故当温度超过 80℃后，若壳体膨胀量大，油封外圆配合会松动而产生泄漏。故油封外圆应采用橡胶来解决。不同橡胶的线胀系数如下
<table><tr><th>丁腈橡胶</th><th>丙烯酸酯橡胶</th><th>硅橡胶</th><th>氟橡胶</th></tr><tr><td>115×10^{-6}</td><td>100×10^{-6}</td><td>185×10^{-6}</td><td>145×10^{-6}</td></tr></table></td></tr>
</table>

3.5.3.3　油封的应用

常用油封的结构类型及特点见表 7-3-78；常用的油封标准见表 7-3-79。典型旋转轴唇形密封圈的基本类型及尺寸见表 7-3-80。旋转轴唇形密封圈安装使用注意事项见表 7-3-81。

3.5.3.4　V_D 形橡胶密封圈

V_D 形橡胶密封圈是一种用途更广泛的旋转轴唇形密封圈，适用于工作介质为油、水、空气等介质，回转轴圆周速度不大于 19m/s 的机械设备，可作端面密封和防尘密封之用。标准型 V_D 形橡胶密封圈（JB/T 6694—2007）有 S 型和 A 型二种型式。密封圈用橡胶材料为丁腈橡胶或氟橡胶，当工作温度为－40～100℃时，采用丁腈橡胶，当工作温度大于 100～200℃时，采用氟橡胶。V_D 形橡胶密封圈主要尺寸见表 7-3-82。

表 7-3-78　常用油封的结构类型及特点

类型	简　图	特　点	类型	简　图	特　点
低速型	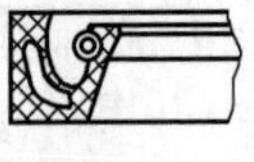	带金属骨架和螺旋弹簧的单唇油封，线速度低于 4m/s	包铁型	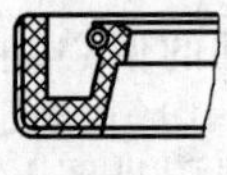	骨架外露成金属壳，装配简便，定位准确，同心度好
高速型	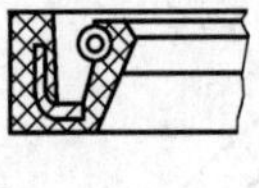	带金属骨架和螺旋弹簧的单唇油封，在材质和结构上针对高速条件设计，线速度可达 12～15m/s	无簧型	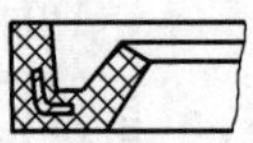	仅有骨架而无弹簧，常用于防尘密封。尺寸紧凑，油封高度为 4～7mm
双唇型	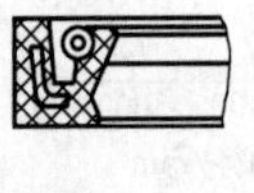	同低速型，具有防尘防水的副唇，可制成高速型	J 型	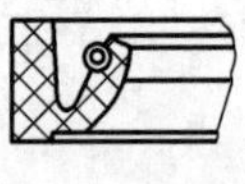	仅有弹簧而无骨架，常用于大轴径的低速机械上。装填时外圈需用压板固定。用于小轴径上，亦可制成有骨架的

续表

类型	简　图	特　点	类型	简　图	特　点
复式	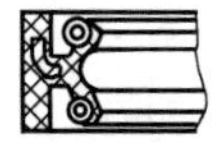	可视为两个油封的复合结构，用于密封两种不同介质的场合	U型	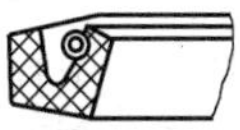	端面似U形，仅有弹簧而无骨架，装填在梯形沟槽中使用
耐压型	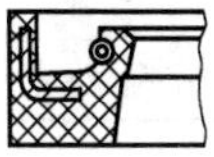	提高油封结构的承压能力，用于较高压力场合	S型	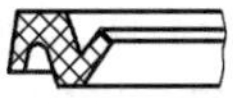	无骨架无簧，尺寸紧凑，装填在与毡圈相似的梯形槽中作为防尘密封件
封孔油封	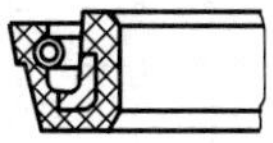	唇口位于外圈，用于密封旋转孔。可制成双唇型	单向动压型	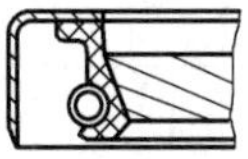	唇口气侧面上有螺纹或斜筋等浅花纹，正转时产生动压回流作用，把将要滴漏的油回流到油侧
端面油封	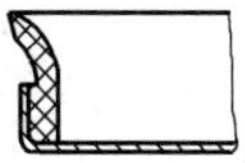	唇口位于轴端面，主要作为防尘密封件	双向动压型	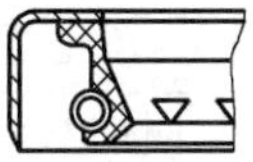	唇口气侧面上有对称的浅花纹，如三角凸块等。动压回流原理同单向动压型。正反转时均有动压回流作用

表 7-3-79　常用的油封标准

序号	标准号	标 准 名 称	备注
1	GB/T 9877—2008	液压传动　旋转轴唇形密封圈设计规范	
2	GB/T 13871.1—2007	密封　元件为弹性体材料的旋转轴唇形密封圈　第1部分：基本尺寸和公差	表 7-3-77
3	GB/T 13871.2—2015	密封　元件为弹性体材料的旋转轴唇形密封圈　第2部分：词汇	
4	GB/T 13871.3—2008	密封　元件为弹性体材料的旋转轴唇形密封圈　第3部分：贮存、搬运和安装	
5	GB/T 13871.4—2007	密封　元件为弹性体材料的旋转轴唇形密封圈　第4部分：性能试验程序	
6	GB/T 13871.5—2015	密封　元件为弹性体材料的旋转轴唇形密封圈　第5部分：外观缺陷的识别	
7	GB/T 21283.1—2007	密封　元件为热塑性材料的旋转轴唇形密封圈　第1部分：基本尺寸和公差	
8	GB/T 21283.2—2007	密封　元件为热塑性材料的旋转轴唇形密封圈　第2部分：词汇	
9	GB/T 21283.3—2008	密封　元件为热塑性材料的旋转轴唇形密封圈　第3部分：贮存、搬运和安装	
10	GB/T 21283.4—2008	密封　元件为热塑性材料的旋转轴唇形密封圈　第4部分：性能试验程序	
11	GB/T 21283.5—2008	密封　元件为热塑性材料的旋转轴唇形密封圈　第5部分：外观缺陷的识别	
12	GB/T 21283.6—2015	密封　元件为热塑性材料的旋转轴唇形密封圈　第6部分：热塑性材料与弹性体包覆材料的性能要求	
13	GB/T 24795.1—2009	商用车车桥旋转轴唇形密封圈　第1部分：结构、尺寸和公差	
14	GB/T 33154—2016	风电回转支承用橡胶密封圈	
15	HG/T 3880—2006	耐正负压内包骨架旋转轴　唇形密封圈	
16	HG/T 2811—1996	旋转轴唇形密封圈橡胶材料	
17	HG/T 3980—2007	汽车轴承用密封圈	
18	JB/T 1090—2018	真空技术　J型真空橡胶密封圈　型式和尺寸	
19	JB/T 1091—2018	真空技术　JO型和骨架型真空橡胶密封圈　型式和尺寸	
20	JB/T 6639—2015	滚动轴承　骨架式橡胶密封圈　技术条件	

第7篇

续表

序号	标准号	标 准 名 称	备注
21	JB/T 6994—2007	V_D 形橡胶密封圈	
22	JB/T 6997—2007	U 形内骨架橡胶密封圈	
23	YB 4059—1991	金属包覆高温密封圈	

表 7-3-80　旋转轴唇形密封圈类型及标注、公称尺寸及安装要求（摘自 GB 13871.1—2007）　/mm

内包骨架		外露骨架		装配式	
无副唇	有副唇	无副唇	有副唇	无副唇	有副唇
B 型	FB 型	W 型	FW 型	Z 型	FZ 型
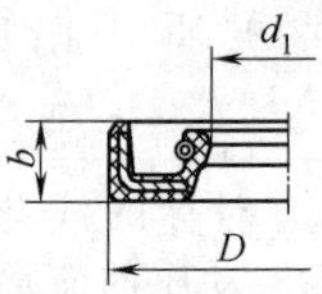	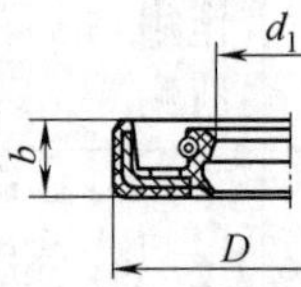	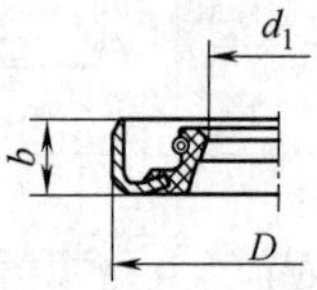	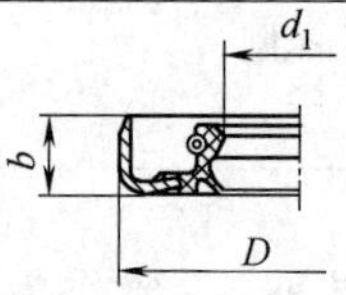	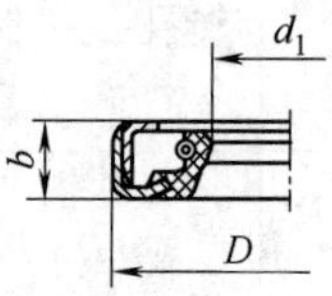	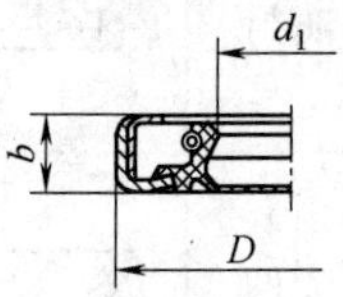

密封圈尺寸标识代码应由旋转轴和腔体的公称尺寸组成，例：

d_1	D	尺寸代码	d_1	D	尺寸代码	d_1	D	尺寸代码
6	16	006016	70	90	070090	400	440	400440

密封圈标注应由基本类型＋旋转轴公称尺寸＋腔体的公称尺寸及标准号组成，其标注示例分别为：

内包骨架	外露骨架	装配式
唇形密封圈(F)B 025 040 GB 13871.1—2007	唇形密封圈(F)W 075 100 GB 13871.1—2007	唇形密封圈(F)Z 120 150 GB 13871.1—2007

基 本 尺 寸

d_1	D	b	d_1	D	b	d_1	D	b	d_1	D	b	d_1	D	b
6	16		20	40		35	52		60	85	8	140	170	
6	22		(20)	45		35	55		65	85		150	180	
7	22		22	35		38	55		65	90		160	190	
8	22		22	40		38	58		70	90		170	200	
8	24		22	47		38	62		70	95		180	210	
9	22		25	40		40	55		75	95	10	190	220	15
10	22		25	47		(40)	60		75	100		200	230	
10	25		25	52	7	40	62		80	100		220	250	
12	24		28	40		42	55		80	110		240	270	
12	25	7	28	47		42	62	8	85	110		(250)	290	
12	30		28	52		45	62		85	120		260	300	
15	26		30	42		45	65		(90)	115		280	320	
15	30		30	47		50	68		90	120		300	340	
15	35		(30)	50		(50)	70		95	120	12	320	360	20
16	30		30	52		50	72		100	125		340	380	
(16)	35		32	45		55	72		(105)	130		360	400	
18	30		32	47	8	(55)	75		110	140		380	420	
18	35		32	52		55	80		120	150		400	440	
20	35		35	50		60	80		130	160		—	—	—

安装要求

轴导入倒角

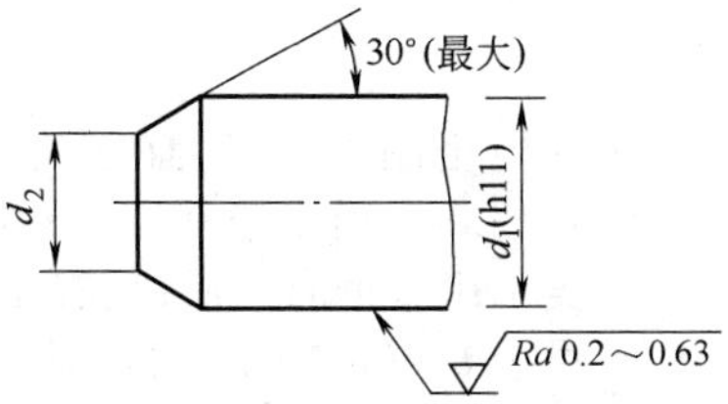

d_1	d_1-d_2	d_1	d_1-d_2
$d_1\leqslant10$	1.5	$50<d_1\leqslant70$	4.0
$10<d_1\leqslant20$	2.0	$70<d_1\leqslant95$	4.5
$20<d_1\leqslant30$	2.5	$95<d_1\leqslant130$	5.5
$30<d_1\leqslant40$	3.0	$130<d_1\leqslant240$	7.0
$40<d_1\leqslant50$	3.5	$240<d_1\leqslant400$	11.0
若轴端采用倒圆角，其半径应不小于(d_1-d_2)的差值			

腔体内孔尺寸

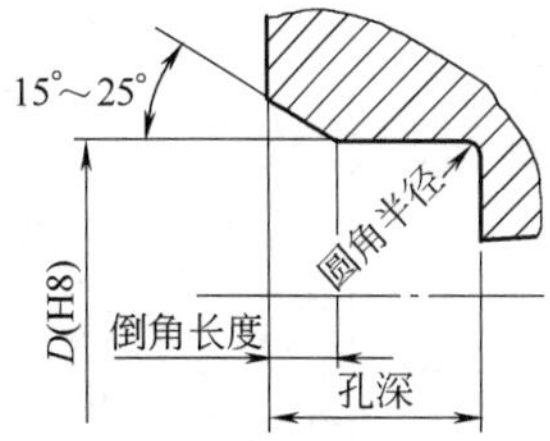

基本宽度 b	最小内孔深	倒角长度	最大圆角半径
≤10	$b+0.9$	0.70～1.00	0.50
>10	$b+1.2$	1.20～1.50	0.75
轴直径公差		不得超过 h11	
腔体内径公差		不应超过 H8	

与密封圈唇口接触的轴表面粗糙度	Ra 为 0.2～0.63μm； Rz 为 0.8～2.5μm 与密封圈接触的轴的表面不允许有机械加工的痕迹	腔体内孔表面粗糙度	Ra 为 1.6～3.2μm Rz 为 6.3～12.5μm 当采用外露骨架型密封圈时，内孔表面粗糙度可选更低的数值

注：表中带括号为国内用到，而 ISO 6194-1：1982 中没有的规格。

表 7-3-81　旋转轴唇形密封圈安装使用注意事项

注意事项	简　　图	说　　明
密封的沟槽尺寸和表面粗糙度	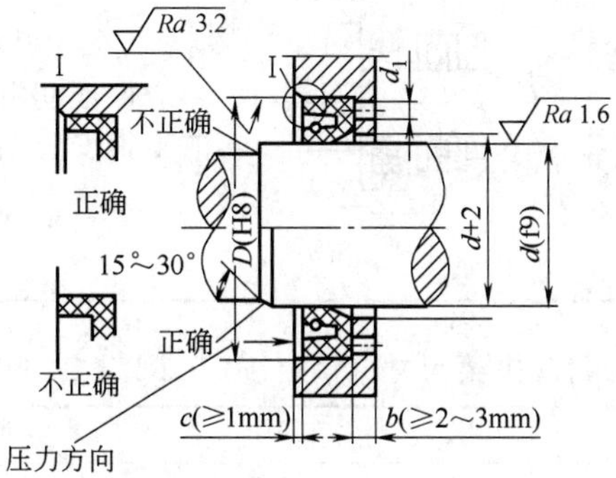	在壳体上应钻有直径 $d_1=3\sim6$mm 的小孔 3～4 个，以便通过该小孔拆卸密封
加套筒的结构	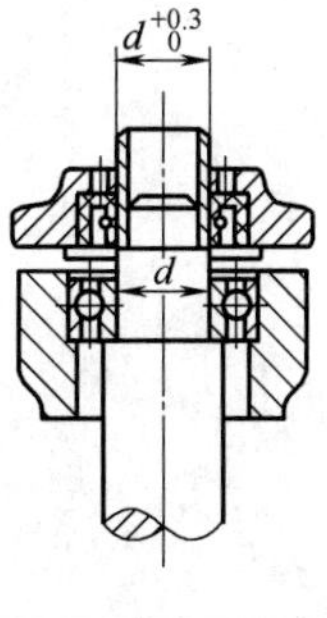	为使密封便于安装和避免在安装时发生损伤，需在轴上倒角 15°～30°。如因结构的原因不能倒角则装配时需用专门套筒

注意事项	简图	说明
加垫圈支承密封两侧的压力差	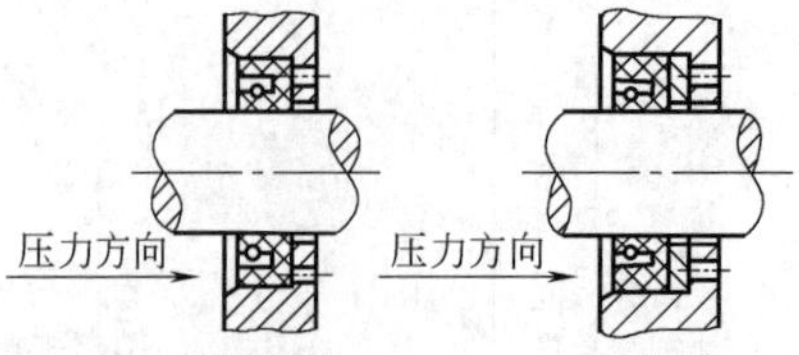	当密封前后两面之间的压力差大于0.05MPa而小于0.3MPa时，需用垫圈来支承压力小的一面；没有压力差及压力差小于0.05MPa时可以不用垫圈
用于圆锥滚子轴承	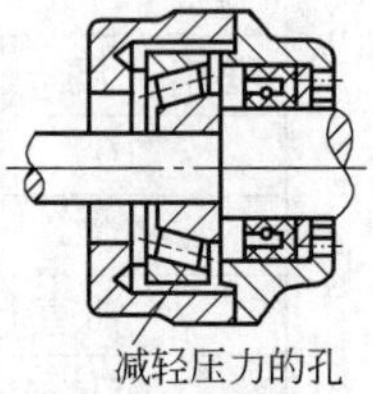	密封用于圆锥滚子轴承部位时，在轴承外径配合处应钻有减轻压力的孔
外径配合面	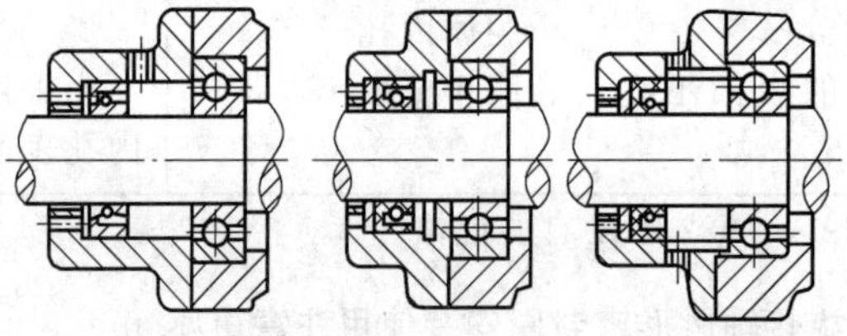	密封外径的配合处不应有孔、槽等，以便在装入和取出密封时，外径不受损伤
挡油圈的安装位置	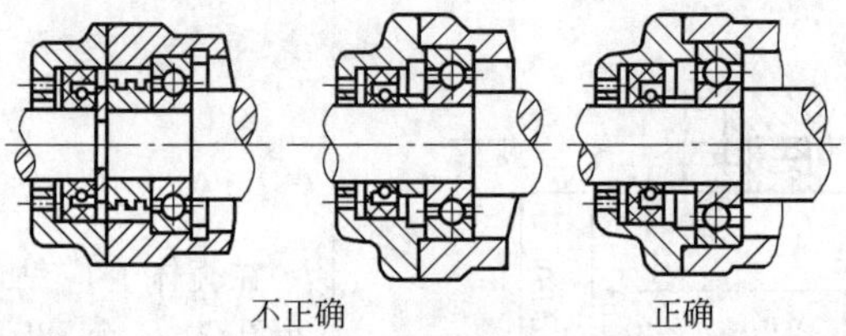	应保证润滑油能流入密封部位，在密封前不得安装挡油圈

表 7-3-82　V_D 形橡胶密封圈主要尺寸（摘自 JB/T 6694—2007）

S型密封圈	A型密封圈
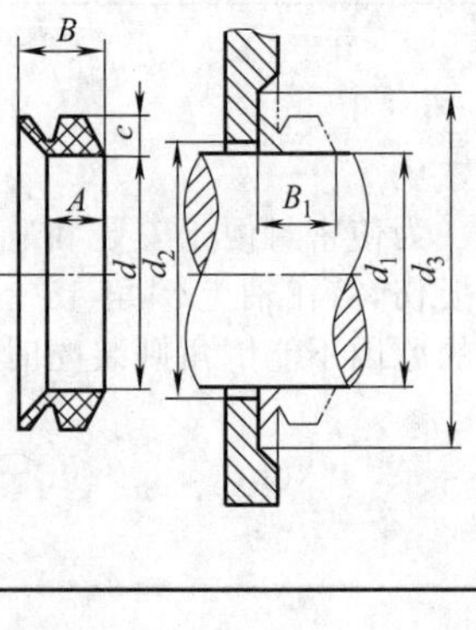	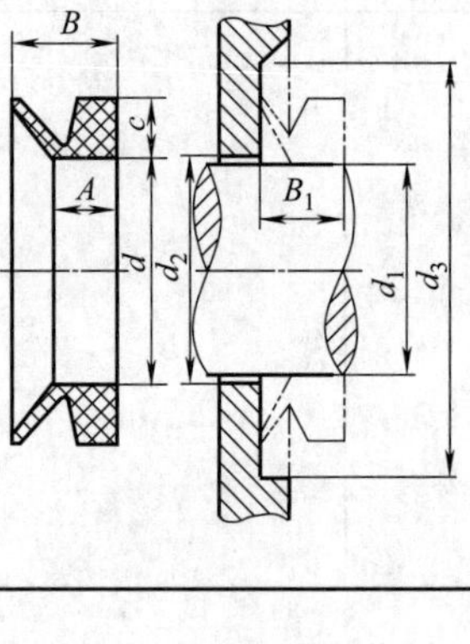

S型密封圈主要尺寸									
密封圈代号	公称轴径	轴径 d_1	d	c	A	B	d_{2max}	d_{3min}	安装宽度 B_1
V_D5S	5	4.5～5.5	4	2	3.9	5.2	d_1+1	d_1+6	4.5±0.4
V_D6S	6	5.5～6.5	5						
V_D7S	7	6.5～8.0	6						
V_D8S	8	8.0～9.5	7						
V_D10S	10	9.5～11.5	9	3	5.6	7.7	d_1+2	d_1+9	6.7±0.6
V_D12S	12	11.5～13.5	10.5						
V_D14S	14	13.5～15.5	12.5						
V_D16S	16	15.5～17.5	14						
V_D18S	18	17.5～19	16						
V_D20S	20	19～21	18	4	7.9	10.5		d_1+12	9.0±0.8
V_D22S	22	21～24	20						
V_D25S	25	24～27	22						
V_D28S	28	27～29	25				d_1+3		
V_D30S	30	29～31	27						
V_D32S	32	31～33	29						
V_D36S	36	33～36	31						
V_D38S	38	36～38	34						
V_D40S	40	38～43	36	5	9.5	13.0		d_1+15	11.0±1.0
V_D45S	45	43～48	40						
V_D50S	50	48～53	45						
V_D56S	56	53～58	49						
V_D60S	60	58～63	54						
V_D63S	63	63～68	58						
V_D71S	71	68～73	63	6	11.3	15.5	d_1+4	d_1+18	13.5±1.2
V_D75S	75	73～78	67						
V_D80S	80	78～83	72						
V_D85S	85	83～88	76						
V_D90S	90	88～93	81						
V_D95S	95	93～98	85						
V_D100S	100	98～105	90						
V_D110S	110	105～115	99	7	13.1	18.0		d_1+21	15.5±1.5
V_D120S	120	115～125	108						
V_D130S	130	125～135	117						
V_D140S	140	135～145	126						
V_D150S	150	145～155	135						
V_D160S	160	155～165	144	8	15.0	20.5	d_1+5	d_1+24	18.0±1.8
V_D170S	170	165～175	153						
V_D180S	180	175～185	162						
V_D190S	190	185～195	171						
V_D200S	200	195～210	180						

第7篇

续表

<table>
<tr><th colspan="10">A 型密封圈主要尺寸</th></tr>
<tr><th>密封圈代号</th><th>公称轴径</th><th>轴径 d_1</th><th>d</th><th>c</th><th>A</th><th>B</th><th>$d_{2\max}$</th><th>$d_{3\min}$</th><th>安装宽度 B_1</th></tr>
<tr><td>V_D3A</td><td>3</td><td>2.7～3.5</td><td>2.5</td><td>1.5</td><td>2.1</td><td>3.0</td><td rowspan="6">d_1+1</td><td>d_1+4</td><td>2.5±0.3</td></tr>
<tr><td>V_D4A</td><td>4</td><td>3.5～4.5</td><td>3.3</td><td rowspan="5">2</td><td rowspan="5">2.4</td><td rowspan="5">3.7</td><td rowspan="5">d_1+6</td><td rowspan="5">3.0±0.4</td></tr>
<tr><td>V_D5A</td><td>5</td><td>4.5～5.5</td><td>4</td></tr>
<tr><td>V_D6A</td><td>6</td><td>5.5～6.5</td><td>5</td></tr>
<tr><td>V_D7A</td><td>7</td><td>6.5～8.0</td><td>6</td></tr>
<tr><td>V_D8A</td><td>8</td><td>8.0～9.5</td><td>7</td></tr>
<tr><td>V_D10A</td><td>10</td><td>9.5～11.5</td><td>9</td><td rowspan="6">3</td><td rowspan="6">3.4</td><td rowspan="6">5.5</td><td rowspan="9">d_1+2</td><td rowspan="6">d_1+9</td><td rowspan="6">4.5±0.6</td></tr>
<tr><td>V_D12A</td><td>12</td><td>11.5～12.5</td><td>10.5</td></tr>
<tr><td>V_D13A</td><td>13</td><td>12.5～13.5</td><td>11.7</td></tr>
<tr><td>V_D14A</td><td>14</td><td>13.5～15.5</td><td>12.5</td></tr>
<tr><td>V_D16A</td><td>16</td><td>15.5～17.5</td><td>14</td></tr>
<tr><td>V_D18A</td><td>18</td><td>17.5～19</td><td>16</td></tr>
<tr><td>V_D20A</td><td>20</td><td>19～21</td><td>18</td><td rowspan="9">4</td><td rowspan="9">4.7</td><td rowspan="9">7.5</td><td rowspan="9">d_1+12</td><td rowspan="9">6.0±0.8</td></tr>
<tr><td>V_D22A</td><td>22</td><td>21～24</td><td>20</td></tr>
<tr><td>V_D25A</td><td>25</td><td>24～27</td><td>22</td></tr>
<tr><td>V_D28A</td><td>28</td><td>27～29</td><td>25</td><td rowspan="12">d_1+3</td></tr>
<tr><td>V_D30A</td><td>30</td><td>29～31</td><td>27</td></tr>
<tr><td>V_D32A</td><td>32</td><td>31～33</td><td>29</td></tr>
<tr><td>V_D36A</td><td>36</td><td>33～36</td><td>31</td></tr>
<tr><td>V_D38A</td><td>38</td><td>36～38</td><td>34</td></tr>
<tr><td>V_D40A</td><td>40</td><td>38～43</td><td>36</td><td rowspan="6">5</td><td rowspan="6">5.5</td><td rowspan="6">9.0</td><td rowspan="6">d_1+15</td><td rowspan="6">7.0±1.0</td></tr>
<tr><td>V_D45A</td><td>45</td><td>43～48</td><td>40</td></tr>
<tr><td>V_D50A</td><td>50</td><td>48～53</td><td>45</td></tr>
<tr><td>V_D56A</td><td>56</td><td>53～58</td><td>49</td></tr>
<tr><td>V_D60A</td><td>60</td><td>58～63</td><td>54</td></tr>
<tr><td>V_D63A</td><td>63</td><td>63～68</td><td>58</td></tr>
<tr><td>V_D71A</td><td>71</td><td>68～73</td><td>63</td><td rowspan="7">6</td><td rowspan="7">6.8</td><td rowspan="7">11.0</td><td rowspan="12">d_1+4</td><td rowspan="7">d_1+18</td><td rowspan="7">9.0±1.2</td></tr>
<tr><td>V_D75A</td><td>75</td><td>73～78</td><td>67</td></tr>
<tr><td>V_D80A</td><td>80</td><td>78～83</td><td>72</td></tr>
<tr><td>V_D85A</td><td>85</td><td>83～88</td><td>76</td></tr>
<tr><td>V_D90A</td><td>90</td><td>88～93</td><td>81</td></tr>
<tr><td>V_D95A</td><td>95</td><td>93～98</td><td>85</td></tr>
<tr><td>V_D100A</td><td>100</td><td>98～105</td><td>90</td></tr>
<tr><td>V_D110A</td><td>110</td><td>105～115</td><td>99</td><td rowspan="5">7</td><td rowspan="5">7.9</td><td rowspan="5">12.8</td><td rowspan="5">d_1+21</td><td rowspan="5">10.5±1.5</td></tr>
<tr><td>V_D120A</td><td>120</td><td>115～125</td><td>108</td></tr>
<tr><td>V_D130A</td><td>130</td><td>125～135</td><td>117</td></tr>
<tr><td>V_D140A</td><td>140</td><td>135～145</td><td>126</td></tr>
<tr><td>V_D150A</td><td>150</td><td>145～155</td><td>135</td></tr>
</table>

A型密封圈主要尺寸									
密封圈代号	公称轴径	轴径 d_1	d	c	A	B	d_{2max}	d_{3min}	安装宽度 B_1
V_D160A	160	155～165	144	8	9.0	14.5	d_1+5	d_1+24	12.0±1.8
V_D170A	170	165～175	153						
V_D180A	180	175～185	162						
V_D190A	190	185～195	171						
V_D200A	200	195～210	180	15	14.3	25	d_1+10	d_1+45	20.0±4.0
V_D224A	224	210～235	198						
V_D250A	250	235～265	225						
V_D280A	280	265～290	247						
V_D300A	300	290～310	270						
V_D320A	320	310～335	292						
V_D355A	355	335～365	315						
V_D375A	375	365～390	337						
V_D400A	400	390～430	360						
V_D450A	450	430～480	405						
V_D500A	500	480～530	450						
V_D560A	560	530～580	495						
V_D600A	600	580～630	540						
V_D630A	630	630～665	600						
V_D670A	670	665～705	630						
V_D710A	710	705～745	670						
V_D750A	750	745～785	705						
V_D800A	800	785～830	745						
V_D850A	850	830～875	785						
V_D900A	900	975～920	825						
V_D950A	950	920～965	865						

3.5.4 防尘密封

旋转轴唇形密封圈（油封）大多兼顾防尘密封使用，但当粉尘严重或是为了保护其他密封件时，常使用专门的防尘密封。特别是往复运动的液压设备，若渗入尘土，不仅磨损密封件，而且会造成导向套和活塞杆的磨损。此外，杂质进入液压介质中也会影响液压阀和泵的正常功能，在最坏的情况下还可能损坏这些部件。防尘圈能够除掉活塞杆表面上的尘土和杂物，但不损坏活塞杆上的油膜，这对密封件的润滑也有一定的作用。

防尘密封的材料，液压机械多用橡胶，气动设备多用毛毡（方形和梯形）。工作在低温工况下为防止活塞杆外部结冰，以及化工生产中为防止活塞杆上的黏着物，也常用金属做防尘密封。

常用防尘密封圈的类型、特点和用途见表7-3-83。

我国用于往复运动的标准橡胶防尘密封圈（GB/T 10708.3—2000）有三种类型（A型、B型和C型），见表7-3-84。此外，GB/T 36520.3—2019规定了液压传动聚氨酯密封件的防尘密封。

防尘毡圈密封结构简单，成本低廉，尺寸紧凑，对轴的偏心和窜动不敏感，广泛用于轴承或柱塞杆大气侧，阻止润滑剂外泄和杂质浸入，但它仅用于常压场合，且摩擦阻力较大，轴表面最好抛光，适用速度 $v<5m/s$。

方形和梯形防尘圈，在密封机理上属于填料密封，防尘能力与接触的紧密程度有关，接触越紧防尘能力越好，但摩擦阻力越大。楔形防尘圈实际上与唇形圈无区别，它依靠唇尖的接触力刮去尘埃和污垢，其摩擦阻力小，但唇尖与轴表面的夹角大小对密封性和磨损有很大的影响。

表 7-3-83　常用防尘密封圈的类型、特点和用途

类型	骨架式	无骨架式	J形防尘圈	锥形防尘圈	刮板防尘圈	毛毡防尘圈	防尘节流环	防尘迷宫	防尘挡圈
简图			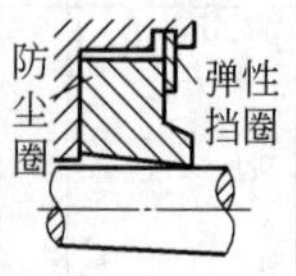	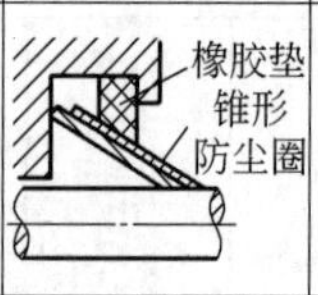		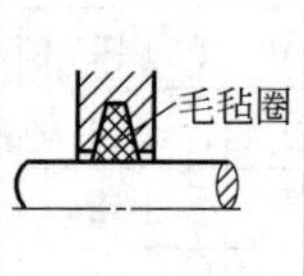	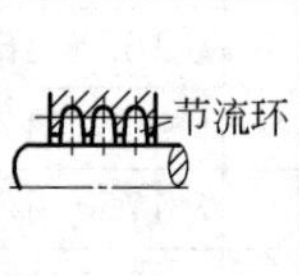		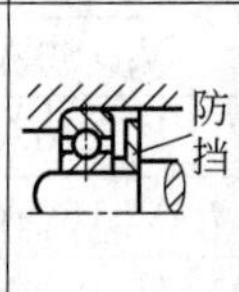
特点	依靠唇口除尘	支承部分尺寸较大，强度好，结构简单，装卸方便	浮动式结构，追随性好，刮除污垢能力强	橡胶垫式结构，唇口追随性好，除污能力强	除污能力不如锥形防尘圈	工作温度不超过90℃，压力低于0.1MPa	可直接利用机壳构成，或镶嵌一个衬环，工作寿命长	利用间隙的节流效应产生防尘密封作用	利用离心力效应产生防尘密封作用
用途	用于往复防尘密封，去除黏着力较小的污垢		用于去除黏着力较大的污垢			用于机械中润滑油(脂)的密封和防尘	用于较清洁环境中脂润滑轴承部位	用于负荷较大的脂及稀油润滑的轴承部位	用于脂润滑的轴承部位

表 7-3-84　往复运动橡胶防尘密封圈（摘自 GB/T 10708.3—2000）

A型防尘密封圈形状	B型防尘密封圈形状	C型防尘密封圈形状
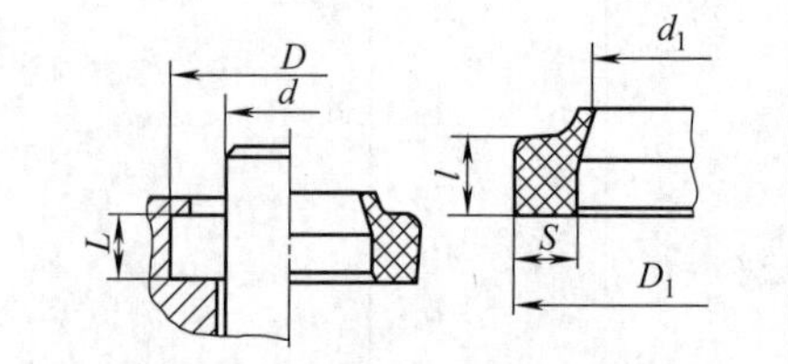	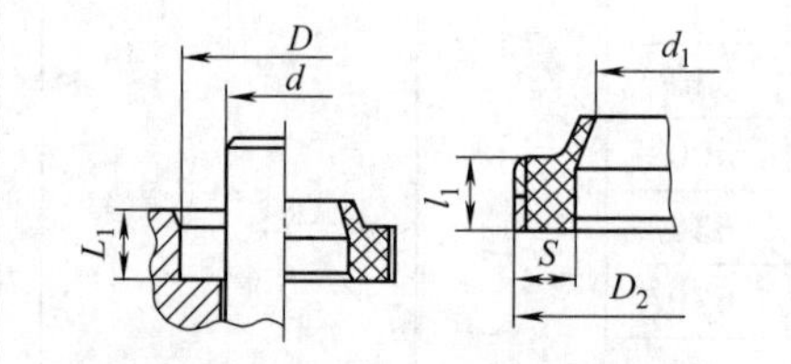	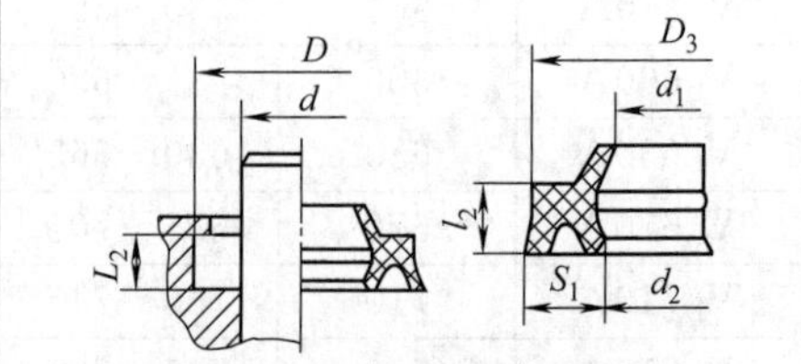
A型是一种普通结构，由高硬度的纯橡胶材料压制而成。用于安装在往复运动液压缸活塞杆导向套上，起防尘和密封作用	B型是有金属骨架的橡胶圈，在A型防尘圈的底部和外面增加了一个金属骨架，因此只能压紧在开口的缸套中。作用与A型相同	C型是双向唇的密封圈，内部有一个硬质的具有高刚度的密封唇，能使活塞上黏结的尘土和冻霜刮去。可应用在长冲程和高速的条件下

防尘毡圈密封使用时应注意，必须在安装前用润滑油浸透，否则旋转时，毛毡会因轴劲发生干摩擦而产生高温，造成接触面弹力失效，失去密封性能。此外，如果没有浸过润滑油的防尘毡圈，装好后会自行吸附大量润滑油，使自身体积收缩，造成密封不严，同时还可能使机器内部润滑油面降低，影响润滑质量。

防尘毡圈密封安装应加以适当的预紧力，通常毡圈的自然厚度应比密封装置中固定时的尺寸大1/4～1/3。防尘毡圈密封没有新标准，一般机械可采用JB/Q 4606—1986标准。

3.6　机械密封

机械密封又称端面密封，应用于各类泵、釜、压缩机等机器设备的旋转轴密封。机械密封是由至少一对垂直于旋转轴线的端面在流体压力和补偿机构的弹力（或磁力）的作用以及辅助密封的配合下，保持贴合并相对滑动而构成的防止流体泄漏的密封装置。机械密封具有性能稳定，泄漏量少，功耗低，使用寿命长，密封参数高，使用范围广泛等特点，是目前较为先进、成熟的密封技术之一，被广泛用于石油化工、冶金、机械、航空等领域。

3.6.1　机械密封工作原理

3.6.2　机械密封的类型及应用

机械密封分类方法很多。表7-3-86列出机械密封常用分类方法，表7-3-87是机械密封的基本类型及其应用。

表 7-3-85　机械密封的基本结构及工作原理

基本结构	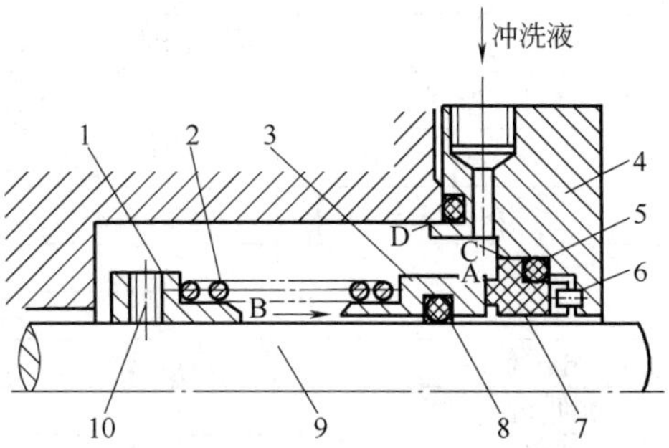 1—弹簧座；2—弹簧；3—动环（旋转环）；4—压盖；5—静环密封圈；6—防转销；7—静环（静止环）；8—动环密封圈；9—轴（或轴套）；10—紧定螺钉；A～D—密封部位（通道）
主要零件名词术语	机械密封中其端面垂直于旋转轴线相互贴合并相对滑动的两个环形零件均称密封环；密封环在工作时与另一个密封环相贴合的端面称密封端面；密封端面之间的交界面称密封界面。其中，随轴作旋转运动的密封环称动环（旋转环），不随轴作旋转运动的密封环称静环（静止环）；具有轴向补偿能力的密封环称补偿环，不具有轴向补偿能力的密封环称非补偿环，通过不同的结构设计，补偿环可以由动环承担，也可由静环承担。弹簧或波纹管之类的具有弹性的元件称弹性元件；由补偿环、弹性补偿元件和辅助密封等所构成的组合件称补偿环组件；由弹性元件和对弹性元件起定位、支撑、预紧、连接等作用的元件所组成的能起补偿作用的机构称补偿机构。阻止密封流体通过密封端面以外部位泄漏的元件，如 O 形圈、柔性石墨环、柔性石墨垫片、波纹管等称辅助密封
泄漏通道或密封部位	*A*——由动环 3 和静环 7 的密封端面所构成的密封部位，又称主密封，阻止流体（介质）由泄漏通道 *A* 处泄漏，属动密封 *B*——动环密封圈 8 阻止了流体（介质）沿动环 3 与轴（或轴套）9 配合面 *B* 处的泄漏通道，属相对静密封 *C*——静环密封圈 5 阻止了流体（介质）沿静环 7 与压盖 4 端面 *C* 处的泄漏通道，属静密封 *D*——*D* 处的泄漏通道为压盖 4 与机体连接处的间隙，属静密封，常用密封圈或垫片来阻止流体（介质）泄漏
工作原理	机械密封工作时，在由流体（介质）压力和弹性元件的弹力（或磁性元件的磁力）等引起的合力作用下，在密封环的端面上产生一个适当的比压（压紧力），使两个接触端面（动环、静环端面）相互紧密贴合，并在两端面间极小的间隙中维持一层极薄的液膜，从而达到密封的目的。所形成的液膜具有流体动压力与静压力，对端面起润滑和平衡压力的作用

表 7-3-86　机械密封常用分类方法（摘自 JB/T 4127.2—2013）

按应用主机	泵用	各种单级离心泵、多级离心泵、螺杆泵、真空泵等用
		内燃机冷却水泵，包括汽车、拖拉机、内燃机车等内燃机冷却水泵用
		船用泵，船舶和舰艇上的各种泵用
		潜水电泵，包括潜水、潜油、潜卤电动机用
	釜用	各种不锈钢釜、搪瓷釜、搪玻璃釜等用
	透平压缩机用	各种离心压缩机、轴流压缩机等用
	风机用	各种通风机、鼓风机等用
	潜水电动机用	潜水电动机、潜油电动机及潜卤电动机等
	冷冻机用	螺杆冷冻机、离心制冷机
	其他	分离机械、洗衣机、高温染色机；减速器；往复压缩机曲轴箱

续表

	项目	参数			
按综合参数		压力 p/MPa	温度 t/℃	线速度 v/m·s^{-1}	轴径 d/mm
	重型	>3	<−20或>150	>25	>120
	中型	0.5~3	−20~150	10~25	40~120
	轻型	<0.5	0<t<80	<10	<40
按工况和参数	按密封腔温度 t/℃	高温	>150		
		中温	>80~150		
		普温	−20~80		
		低温	<−20		
	按密封压力 p/MPa	超高压	>15		
		高压	>3~15		
		中压	>1~3		
		低压	常压~1		
		真空	负压		
	按适用密封端面线速度 v/m·s^{-1}	超高速	>100		
		高速	25~100		
		一般速度	<25		
	按轴径大小 d/mm	大轴径	>120		
		一般轴径	25~120		
		小轴径	<25		
	按使用介质	耐油、水及其他弱腐蚀介质	耐油、水、有机溶剂及其他弱腐蚀介质		
		耐强腐蚀介质	耐强酸、碱及其他强腐蚀介质		
		耐磨粒介质	含磨粒介质时使用		

表 7-3-87 机械密封的基本类型及其应用

类型			图例	特点	主要应用场合
单端面			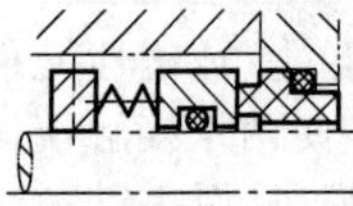	由一对密封端面组成的机械密封，结构简单，制造和装拆比较容易，因而使用普遍	用于介质本身润滑性好和允许有微量泄漏的情况，是最常用的机械密封型式，只适合于一般场合
双端面	轴向双端面	背对背	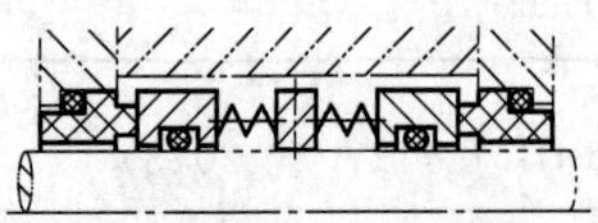	由两对密封端面组成的机械密封，双端面机械密封需要在两对密封端面间引入带压的密封液（隔离流体），密封液压力一般高于介质压力0.05~0.2MPa，以改善端面间的润滑及冷却条件，使介质与外界隔离，改变介质泄漏方向，实现介质“零泄漏”	适用范围广，用于介质本身润滑性差，强腐蚀、有毒、易燃、易爆、易挥发、黏度低、含颗粒及气体等使用工况苛刻和对泄漏量有严格要求的场合 轴向双端面用于轴向空间大而径向空间小的场合，静环面对面安装轴向双端面可用于高速；径向双端面用于径向空间大而轴向空间小的场合
		动环面对面	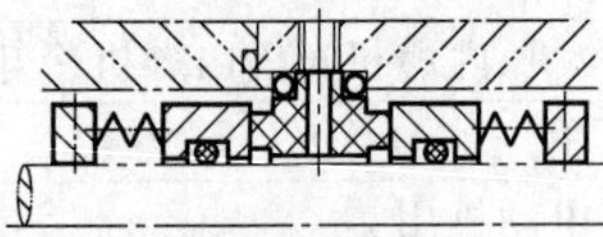		
		静环面对面	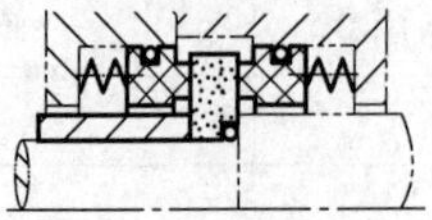		
	径向双端面		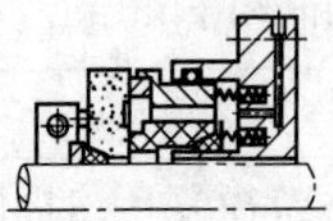		

续表

类型	图　　例	特　　点	主要应用场合
多端面	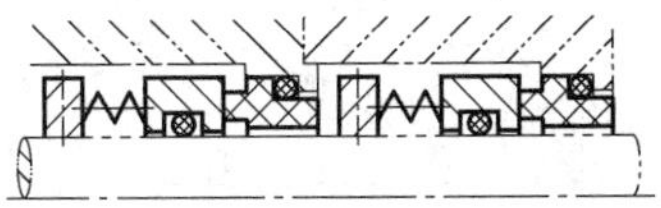	由两对以上密封端面组成的机械密封，也称多级机械密封。多采用串联式安装，使每级密封端面承受的压力递减	用于高压的场合
非平衡型	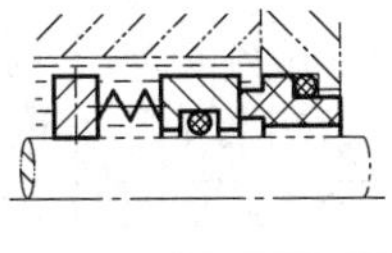	密封流体作用在密封端面上的压力不卸荷，载荷系数 $K\geqslant 1$ 的机械密封。其端面比压随密封流体压力的变化而变化较大	用于压力较低或真空的场合
平衡型	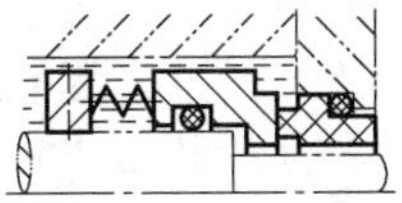	密封流体作用在密封端面上的压力卸荷，载荷系数 $K<1$ 的机械密封。其端面比压随密封流体压力的变化而变化较小	用于压力较高的场合
内装式	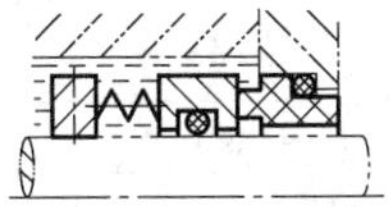	静止环安装于密封端盖（或相当于密封端盖的零件）的内侧（即面向主机工作腔的一侧）的机械密封	由于摩擦副受力状态好，冷却和润滑效果好而多采用，用于安装精度高的场合
外装式	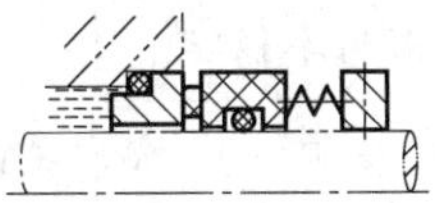	静止环安装于密封端盖（或相当于密封端盖的零件）的外侧（即背向主机工作腔的一侧）的机械密封	可直接观察密封端面的工作及磨损情况，用于强腐蚀、易结晶、低压介质及需安装调试方便的场合
弹簧内置式	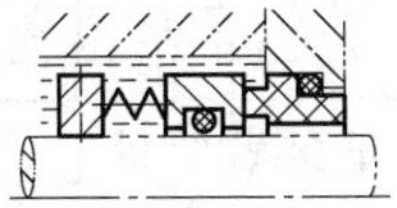	弹簧置于密封流体之内的机械密封。弹簧内置式多见于内装式机械密封，但内装式机械密封也有弹簧外置式	由于弹簧置于密封流体之内，直接与介质接触，故不宜用于有腐蚀、易结晶、黏稠介质的场合
弹簧外置式	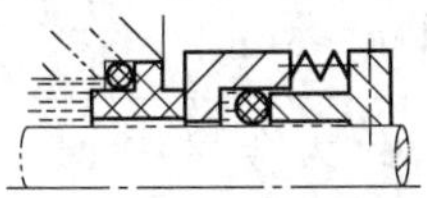	弹簧置于密封流体之外的机械密封。弹簧外置式多见于外装式机械密封，但外装式机械密封也有弹簧内置式	外置式由于弹簧不与介质接触，故可用于在上述介质中弹簧不能很好工作的场合
单弹簧（大弹簧）	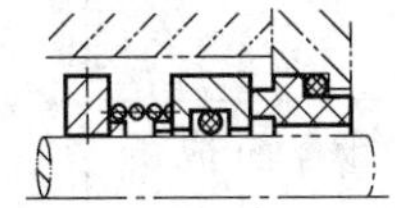	补偿机构中只含一个弹簧的机械密封，与轴同心安装。由于弹簧丝径大，腐蚀性和易结晶介质对其影响不大	轴径 $d\leqslant 65$mm，轴向尺寸大，径向尺寸小，安装简单，且低速、对缓冲性要求不高的场合
多弹簧（小弹簧）	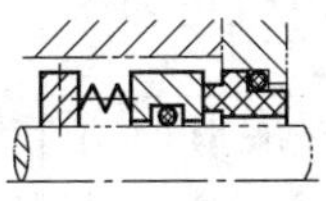	补偿机构中含有多个弹簧的机械密封。多弹簧沿圆周均匀分布，可方便的通过增减弹簧数量来调节弹簧力，比压均匀	用于径向尺寸大，轴向尺寸小的清洁、弱腐蚀及压缩量变化不大的场合，适用于高速、大直径的场合
旋转式	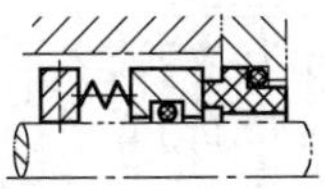	补偿环随轴旋转的机械密封。弹性元件装置结构简单，径向尺寸小，是常用结构	用于线速度 $v\leqslant 20\sim 30$m/s 的场合

类型			图例	特点	主要应用场合
静止式			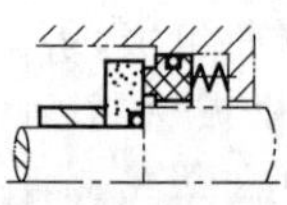	补偿环不随轴旋转的机械密封。弹性元件装置结构较复杂，但不受离心力的影响	用于高速、离心力大情况下，通常用于线速度 $v>30\text{m/s}$ 的场合
内流式			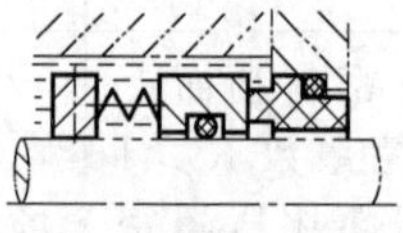	流体在密封端面间的泄漏方向与离心力方向相反的机械密封。离心力起着阻碍流体泄漏的作用，故泄漏量少，密封可靠	优先选用的结构，可用于高压、有固体颗粒的流体
外流式			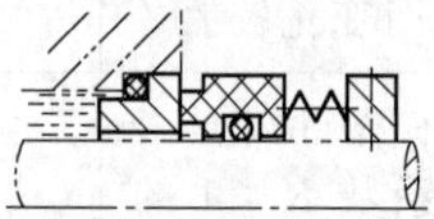	流体在密封端面间的泄漏方向与离心力方向相同的机械密封	可用于高速、低压的场合
背面高压式			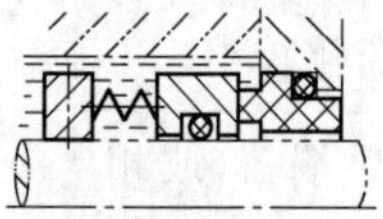	指补偿环上离密封端面最远的背面处于高压侧的机械密封，其介质压力与弹簧力方向相同，可选较小的弹簧力	优先选用的结构，其比压随介质压力增大而增大，因而增加了密封的可靠性
背面低压式			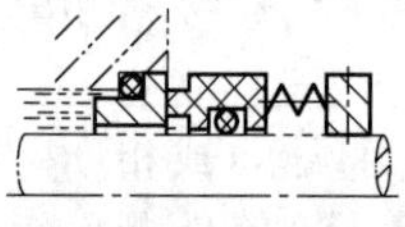	指补偿环上离密封端面最远的背面处于低压侧的机械密封，其介质压力与弹簧力方向相反，介质压力升高会使密封不稳定	多为外装、弹簧外置式结构，用于强腐蚀、易结晶、低压介质
接触式			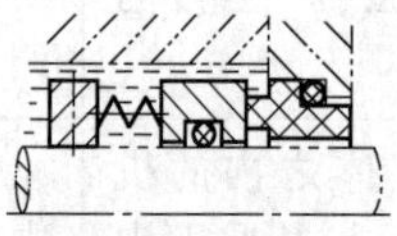	密封端面微凸体接触的机械密封，靠弹性元件的弹力和密封流体的压力使密封端面贴合，通常密封面间隙 $h=0.5\sim2\mu\text{m}$	普通机械密封多为接触式，结构简单，泄漏量小，除重型机械密封外多采用此结构
非接触式			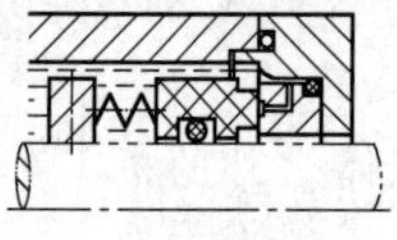	密封端面微凸体不接触的机械密封，分流体静压式（通常密封面间隙 $h>2\mu\text{m}$）和流体动压式（通常密封面间隙 $h>5\mu\text{m}$）	功耗及发热量少，正常工作时无磨损，可用于苛刻工矿下工作
波纹管	金属波纹管	压力成型	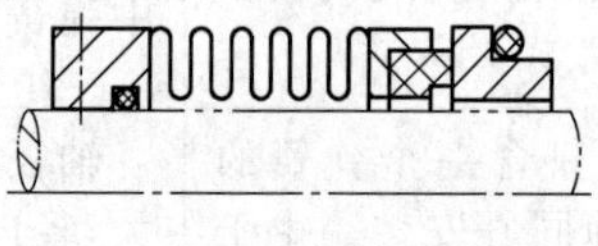	补偿环的辅助密封为金属波纹管的机械密封，在轴上无相对滑动，对轴无磨损，浮动性好，使用范围广	可在高、低温下使用
		焊接成型	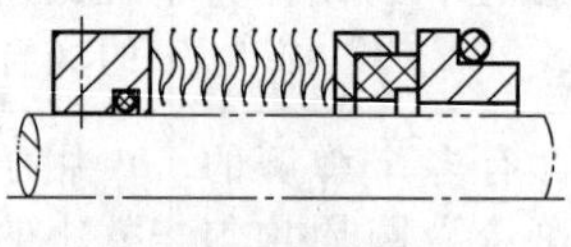	使用由波片焊接组合而成的金属波纹管机械密封，金属波纹管本身能代替弹性元件，对轴无磨损，浮动性好，使用范围广	
	聚四氟乙烯波纹管		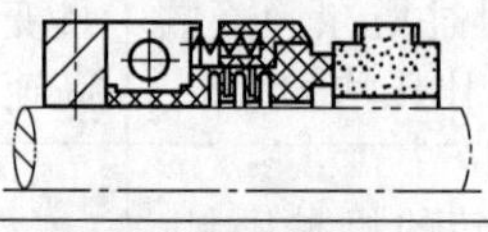	补偿环的辅助密封为聚四氟乙烯波纹管的机械密封，其浮动性好，材料耐蚀性强	用于各种强蚀性介质中
	橡胶波纹管		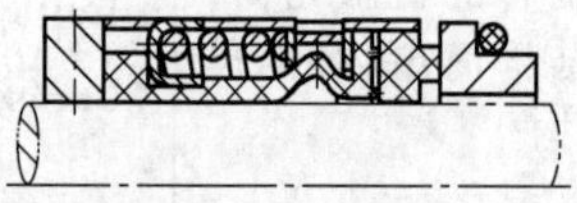	补偿环的辅助密封为橡胶波纹管的机械密封，其结构简单、价格低廉，常称为简易密封	用于参数较低的轻型机械密封

3.6.3 机械密封的设计计算

表 7-3-88 机械密封的设计计算

项　目	设计要点			
	普通型		波纹管型	
几何尺寸示意图	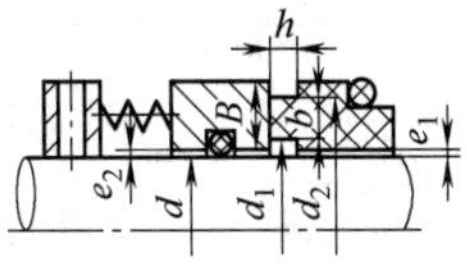		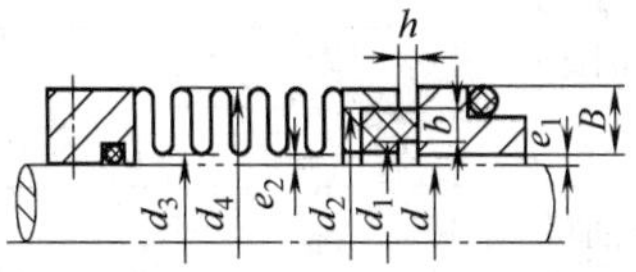	
	内装内流非平衡式	内装内流平衡式	外装外流非平衡式	外装外流平衡式
平衡直径示意图	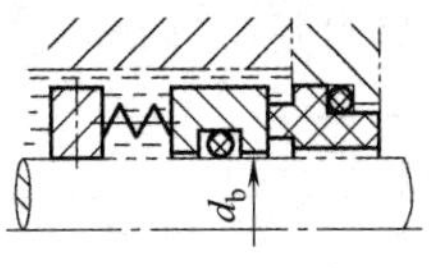	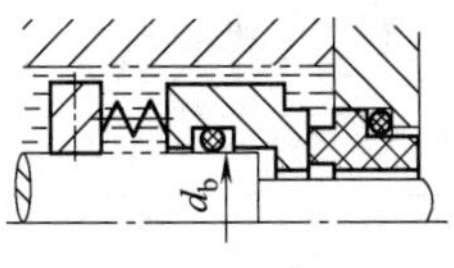	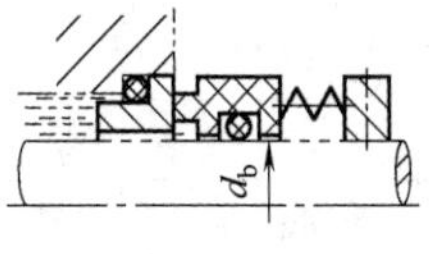	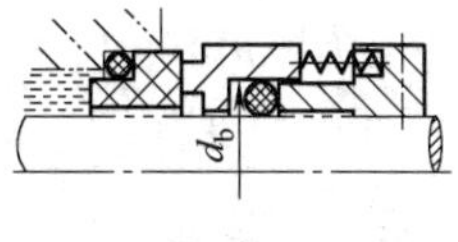
平衡直径确定 d_b/mm	普通型取补偿环作轴向位移时，补偿环辅助密封圈有相对位移处的那个表面的直径；波纹管型取有效直径 d_e			
	挤压成型金属波纹管U形波	焊接金属波纹管锯齿形波	聚四氟乙烯波纹管矩形波	橡胶波纹管
波纹管型有效直径 d_e/mm	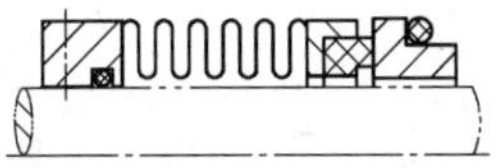	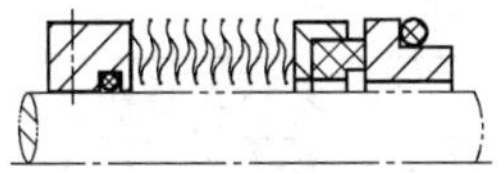	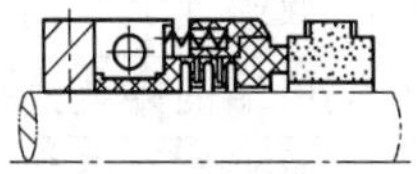	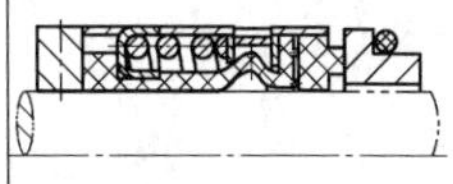
	$d_e=\sqrt{\frac{1}{8}(3d_3^2+3d_4^2+2d_3d_4)}$	$d_e=\sqrt{\frac{1}{3}(d_3^2+d_4^2+d_3d_4)}$	$d_e=\sqrt{\frac{1}{2}(d_3^2+d_4^2)}$	$d_e=\frac{1}{2}(d_3+d_4)$
	式中，d_3 为波纹管受压内直径，mm；d_4 为波纹管受压外直径，mm			

项　目	材料组合	轴径/mm						注
		16～28	30～40	45～55	60～65	70～85	90～120	
端面接触宽度 b/mm	软环-硬环	3	4	4.5	5	5.5	6	硬环比软环宽度大1～3mm
	硬环-硬环	2.5			3			两环宽度相等

项　目	设计要点			
端面凸台高度 h/mm	根据材料强度、耐磨能力及寿命确定，通常取2～5mm。端面内外径棱缘不允许有倒角			
	内装内流非平衡式	内装内流平衡式	外装外流非平衡式	外装外流平衡式
载荷系数 K	$K_1=\frac{d_2^2-d_b^2}{d_2^2-d_1^2}$		$K_2=\frac{d_b^2-d_1^2}{d_2^2-d_1^2}$	
载荷系数 K 推荐值	$K_1=1.15\sim1.3$	$K_1=0.55\sim0.85$	$K_2=1.2\sim1.3$	$K_2=0.65\sim0.8$

项　目	设计要点		注
端面接触内径 d_1/mm	内装内流式	$d_1=\frac{-4b(1-K)+\sqrt{4d_b^2-16b^2K(1-K)}}{2}$	注：在设计确定端面接触宽度 b 和确定载荷系数 K 值后，计算端面接触内径 d_1 和端面接触外径 d_2
	外装外流式	$d_1=\frac{-4bK+\sqrt{4d_b^2-16b^2K(1-K)}}{2}$	
端面接触外径 d_2/mm	$d_2=d_1+2b$		
端面平均直径 d_m/mm	$d_m=\frac{1}{2}(d_1+d_2)$		

续表

项目	设计要点					
密封环带面积 A/mm^2	$A=\frac{\pi}{4}(d_2^2-d_1^2)$					
静环内径与轴的间隙 e_1/mm	轴径					
	16～100			110～200		
	软环：0.5～1；硬环：1～2			软环：1～1.5；硬环：2～3		
动环内径与轴的间隙 e_2/mm	可按直径大小取0.5～1mm，注意不要将间隙选择过大，以免动环密封圈被挤出，卡入间隙而造成密封失效					
端面表面粗糙度 $Ra/\mu\mathrm{m}$	金属材料（或硬环）：0.2；非金属材料（或软环）：0.4					
端面平面度/mm	0.0009					
反压力系数 λ	介质	油	水	气	液化气	
	λ	0.34	0.5	0.67	0.7	
弹簧比压 p_s/MPa	$p_s=\frac{ZF_n}{A}$			式中 F_n——弹簧工作载荷，N；Z——弹簧个数；p_1——密封介质压力，MPa；p_2——密封液压力，MPa（p_2 通常取 $p_1+(0.05\sim0.2)$）		
端面比压 p_c/MPa	单端面内流式、双端面大气端	$p_c=p_s+p_1(K_1-\lambda)$				
	单端面外流式	$p_c=p_s+p_1(K_2-\lambda)$				
	双端面介质端	$p_c=p_s+p_2(K_1-\lambda)+p_1(K_2-\lambda)$				
弹簧比压推荐值 p_s/MPa	内装内流非平衡式	内装内流平衡式	外装外流非平衡式	外装外流平衡式		
	0.08～0.3	0.15～0.25	0.1～0.3	0.1～0.3		
端面比压推荐值 p_c/MPa	内装内流非平衡式	内装内流平衡式	外装外流非平衡式	外装外流平衡式		
	0.3～0.6	0.3～0.6	0.3～0.5	0.3～0.5		
密封端面平均线速度 $v/\mathrm{m\cdot s^{-1}}$	$v=\frac{\pi d_m n}{60}$			式中 n——轴转速，r/min		
许用 $p_c\cdot v$ 值 $[p_c\cdot v]$ $/\mathrm{MPa\cdot m\cdot s^{-1}}$	$[p_c v]=\frac{极限\ p_c v}{安全系数}$，常用 $[p_c v]$ 值参见表7-3-89，或由试验得出，计算 $p_c v$ 值应 $<[p_c v]$ 值					
摩擦因数 f	摩擦状态	全液摩擦	半液摩擦	边界摩擦	半干摩擦	干摩擦
	摩擦因数	0.0001～0.05	0.005～0.10	0.05～0.15	0.10～0.60	0.20～1.00或更高
	注：对于普通机械密封，当无试验数据时，可取 $f=0.1$ 进行估算					
摩擦功率 N/W	$N=\pi d_m bfp_c v$					

表7-3-89 常用摩擦副材料组合的 $[p_c v]$ 值 $/\mathrm{MPa\cdot m\cdot s^{-1}}$

摩擦副材料组合		非平衡型			平衡型	
静环	动环	水	油	气	水	油
碳石墨	钨铬钴合金	3～9	4.5～11	1～4.5	8.5～10.5	58～70
	铬镍铁合金	—	20～30	—	—	—
	碳化钨	7～15	9～20	—	26～42	122.5～150
	不锈钢	1.8～10	5.5～15	—	—	—
	铅青铜	1.8	—	—	—	—
	陶瓷	3～7.5	8～15	—	21	42

续表

摩擦副材料组合		非平衡型			平衡型	
静环	动环	水	油	气	水	油
碳石墨	喷涂陶瓷	15	20	—	90	150
	氧化铬	7	—	—	—	—
	铸铁	5～10	9	—	—	—
碳化硅	钨铬钴合金	8.5	—	—	—	—
	碳化钨	12	—	—	—	—
	碳石墨	180	—	—	—	—
	碳化硅	14.5	—	—	—	—
碳化钨	碳化钨	4.4	7.1	—	20	42
陶瓷	钨铬钴合金	0.5	1	—	—	—
青铜	铬镍铁合金	—	9～20	—	—	—
	碳化钨	2	20	—	—	—
	氧化铝陶瓷	1.5	—	—	—	—
铸铁	钨铬钴合金	—	6	—	—	—
	铬镍铁合金	—	6	—	—	—
填充聚四氟乙烯	钨铬钴合金	3	0.5	0.06	—	—
	不锈钢	3	—	—	—	—
	高硅铸铁	3	—	—	—	—

注：p_c—端面比压，MPa；v—密封端面平均线速度，m/s。

3.6.4 机械密封典型零件结构设计

表 7-3-90 机械密封零件典型结构设计

动环常用结构形式						
结构形式	整 体 结 构			镶嵌结构		表面复合结构
简图	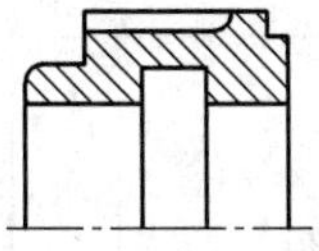	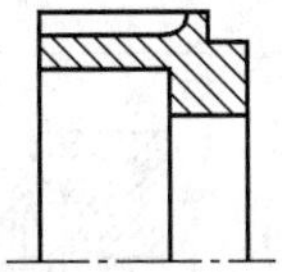	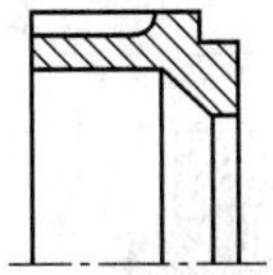	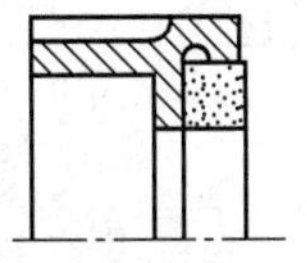	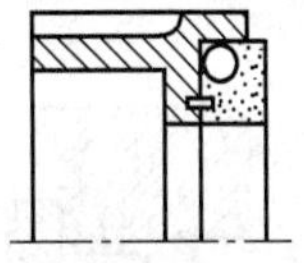	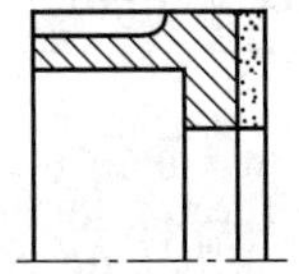
特点	简单，省略推环，沟槽直径不易测量	适用各种形状密封圈，安装方便	仅适用O形圈，容易密封，但易变形	刚性过盈镶嵌，简单，但高温易脱落	柔性过盈镶嵌，密封圈＋柱销连接	表面堆焊硬质合金或喷涂氧化铬
静环常用结构形式						
结构形式	常用简单结构		双O形圈结构			端盖夹持结构
简图	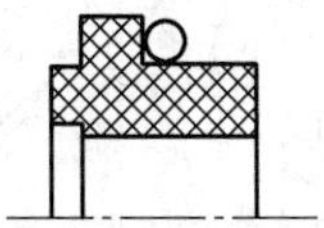	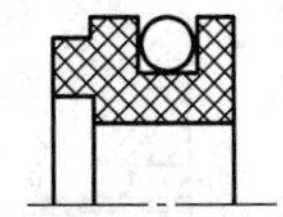	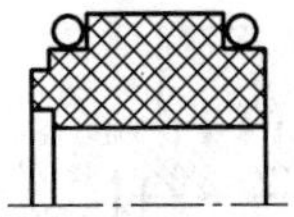	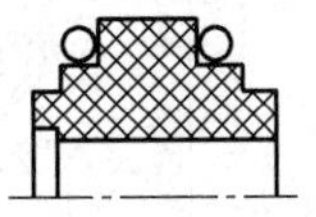	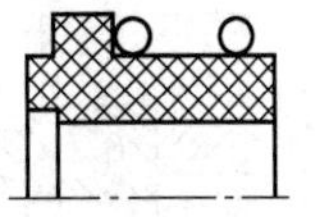	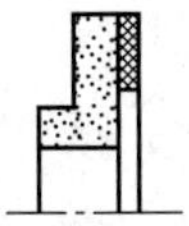
特点	结构简单，适合不同断面密封圈	O形圈置于槽内，方便静环座加工	尾部较长，中间环隙可通冷却水	两O形圈中间可通冷却水	两端均是工作面，可调头使用	端盖夹持安装，多用于外装式密封

辅助密封圈断面形状						
形状名称	O形	V形	方形	楔形	矩形	包覆形
简图	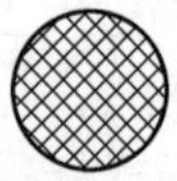	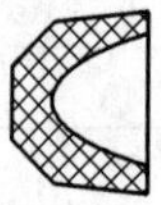		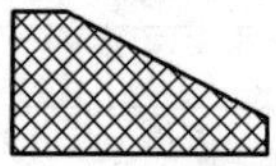		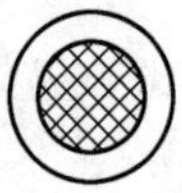
特点	最常用，一般介质	四氟制造，耐腐蚀	四氟或柔性石墨制造，用于高低温或腐蚀环境			替代部分O形圈

动环传动结构形式			
传动方式	并圈弹簧传动	带钩弹簧传动	拨叉传动
简图	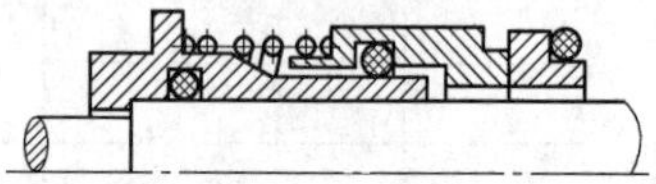	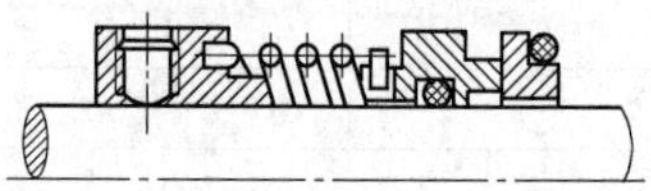	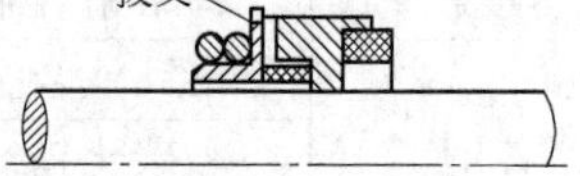
特点	结构简单，但传动转矩小，有方向性	传动结构简单，弹簧钩头易损坏	传动结构简单，易断裂，用于中性介质
传动方式	带凹槽的传动套传动	带柱销的传动套传动	传动螺钉传动
简图	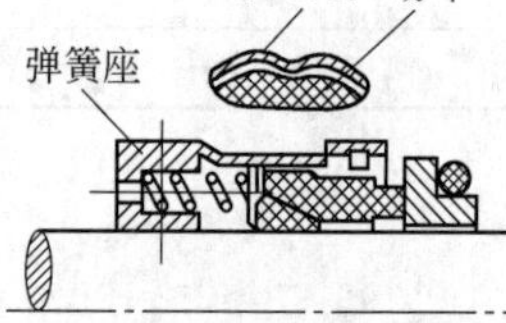	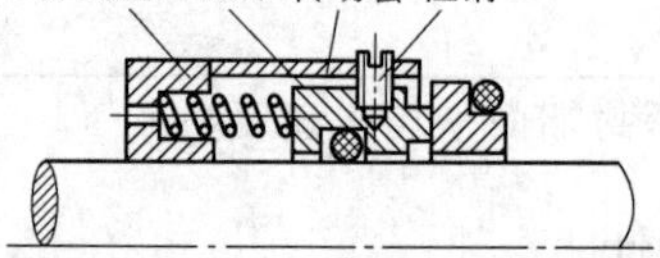	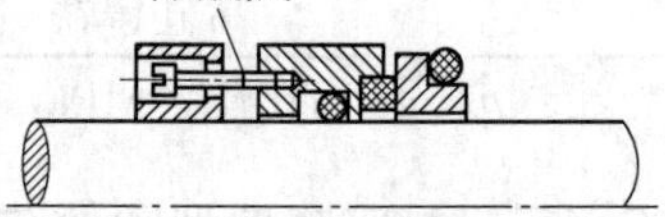
特点	结构简单，工作可靠，传动套用料多，加工麻烦，批量大时可用冲压件制造		结构简单，常用于多弹簧结构

静环常用的支承方式				
支承方式	浮装式			
简图	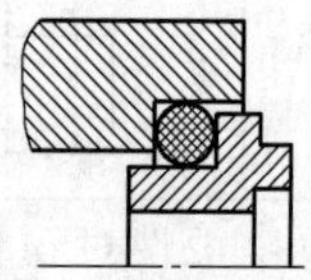	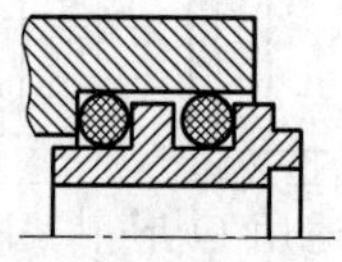	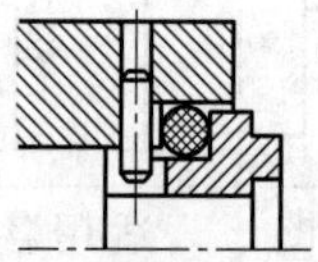	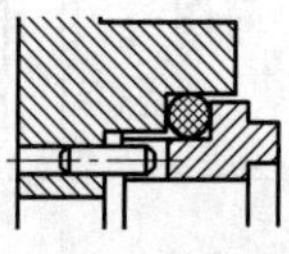
特点	结构简单，拆装方便，能吸收部分轴和腔体的振动。但柔性体把静环隔开，不利于热传导。不适用于高压、高速条件			
支承方式	托装式			夹装式
简图	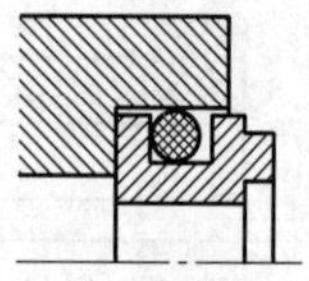	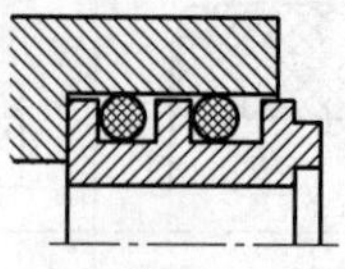	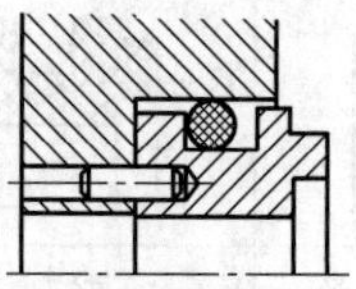	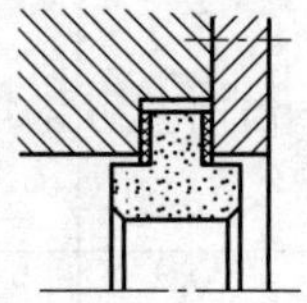
特点	刚性支承，适用用高压、高速、高黏工况，需加防转销或夹持，传热好，但吸振性差			结构简单，传热好，不能吸振

3.6.5 机械密封材料

机械密封的材料包括摩擦副材料、辅助密封圈材料、弹性元件材料、波纹管材料等。常用摩擦副材料特性及应用见表 7-3-91，常用辅助密封圈材料特性及应用见表 7-3-92，部分弹性元件材料性能见表 7-3-93，金属波纹管常用材料及性能表 7-3-94，典型工况下机械密封材料的选择见表 7-3-95，机械密封常用零件及材料标准见表 7-3-96。

表 7-3-91 常用摩擦副材料特性及应用

材料名称		特性及适用范围
纯石墨		具有优良的耐蚀性能,化学稳定性高,在400℃以下稳定。除强氧化性介质(如王水、铬酸、浓硫酸)及卤素外,可耐其他酸、碱、盐类及一切有机化合物的腐蚀;有极好的自润滑性和低摩擦因数、高的热导率、良好的热稳定性,耐热、耐寒、耐热冲击性好,是用量最大、使用范围广的材料之一。但抗拉强度低,无延展性,硬度低,开孔气孔率大
浸渍树脂石墨(包括浸酚醛、环氧、呋喃树脂)		浸渍树脂石墨可弥补纯石墨气孔率大的缺陷,浸渍树脂石墨具有良好的耐蚀性能,酚醛树脂耐酸性好,环氧树脂耐碱性好,呋喃树脂既耐酸又耐碱。因此浸渍呋喃树脂石墨使用最广泛
浸渍金属石墨(包括浸铜、锑、巴氏合金等)		浸渍金属石墨同样可弥补纯石墨气孔率大的缺陷,可用于大于170℃而小于浸渍金属熔点的温度下,浸渍金属石墨耐高温性能较好,但耐蚀性能差
填充聚四氟乙烯		聚四氟乙烯有优异的耐蚀性能,具有良好的自润滑性和低摩擦因数,热稳定性好,并有良好的可加工性、不燃性、不黏性和韧性。但热导率低、线胀系数大,具有冷流动性。常用填充石墨、二硫化钼、玻璃纤维、聚苯硫醚、青铜粉等改性,填充聚四氟乙烯耐磨性和导热性能提高,冷流动性和线胀系数降低;但耐蚀性能受填充剂影响而下降,作为软质摩擦副材料
陶瓷	氧化铝陶瓷(Al_2O_3)	氧化铝陶瓷来源广,制造工艺简单,是应用较广、较为理想的陶瓷材料。氧化铝陶瓷具有很高的硬度和耐磨性,且耐蚀性能好,除氢氟酸、氟硅酸及浓碱外,几乎耐各种介质的腐蚀,有良好的导热性,但耐温度骤变性差,属脆性材料,避免在温度骤变及干摩擦工况使用
	氮化硅陶瓷(Si_3N_4)	氮化硅陶瓷有热压烧结、常压烧结和反应烧结等方法,其中反应烧结氮化硅陶瓷可二次氮化,收缩率小。其强度和硬度略低于氧化铝陶瓷,但摩擦因数低,自润滑性好,有一定的耐磨性和较好的抗温度骤变性
	碳化硅陶瓷(SiC)	碳化硅陶瓷是新型优质陶瓷,其摩擦因数低,硬度高,耐磨性好,适用于含固体颗粒的介质;且化学稳定性高,热导率高,耐热性、耐热冲击性都是陶瓷中最好的,可用于高温和温度变化的场合
硬质合金		硬质合金属属于难熔金属,最常用的是碳化钨,也有碳化钛和碳化钽等,黏结金属常用钴、镍、铬、钼等,最常用的是钴基硬质合金(WC-Co)。硬质合金有极高的硬度和强度、良好的耐磨性及抗颗粒冲刷性,适用于重载或有固体颗粒介质的场合。其热导率高,线胀系数低,但冲击韧性低,脆性高,加工困难。WC本身耐蚀性好,但钴不耐腐蚀,有腐蚀性要求时,需采用镍基硬质合金(WC-Ni)
铸铁		球墨铸铁具有铸铁的特性,也具有钢的高强度、耐磨性、抗氧化性,同时还可经过热处理提高强度。适用于油类和中性介质
高硅铸铁		高硅铸铁是优良的耐酸材料,适用于各种浓度的硫酸、硝酸、有机酸、酸性盐等介质,不适用于氢氟酸、强碱、盐酸和热的三氯化铁溶液,质脆而硬,加工困难,抗温度剧变性差
碳钢		常用碳钢材料有45、50钢,热处理后硬度达45HRC左右,适用于化学中性介质
铬钢		常用的铬钢材料有30Cr13(S42030)、40Cr13(S42040)、95Cr18(S44090),淬火后有较高的硬度和耐蚀性,适用于弱腐蚀性介质

第7篇

材料名称	特性及适用范围
铬镍钢	常用的铬镍钢有12Cr18Ni9(S30210)、06Cr18Ni11Ti(S32168)、06Cr17Ni12Mo2Ti(S31668),铬镍钢具有良好的耐蚀性,适用于强腐蚀性介质。其韧性大、强度低、耐磨性不高
青铜	青铜材料具有弹性模量大,导热性、耐磨性、可加工性好的特点,对硬质材料相容性好,在充分润滑条件下具有良好的减摩性,但质软、耐蚀性能较差,适用于海水、油等中性介质在高 pv 值下使用
表面堆焊硬质合金	在金属表面堆焊硬质合金可以有效地改善耐磨性能和耐蚀性能。目前广泛采用的有钴基合金和铬基合金。但制造工艺比较复杂,易产生气孔、夹渣,表面硬度不均等缺陷,有时出现龟裂
表面喷涂氧化铬	表面热喷工艺主要常用等离子热喷,多喷涂氧化铬(Cr_2O_3),喷涂层厚度通常为0.3～0.5mm,过厚易脱落。表面喷涂氧化铬应用广泛,可用普通基材表面复合硬质材料,降低成本。可利用基材的韧性和涂层材料的耐磨、耐蚀性能,使材料具有复合功能。适用于大直径、低参数和结构复杂的密封环

表 7-3-92 辅助密封圈材料特性及应用

名称		代号	使用温度范围/℃	特性	应用
天然橡胶		NR	−50～120	弹性和低温性好,高温性能和耐油性差,在空气中容易老化	用于水、醇类介质,不宜在燃料油中使用
丁苯橡胶		SBR	−30～120	耐动、植物油,耐老化性强,耐磨性比天然橡胶好,对一般矿物油则膨胀大	用于水、动植物油、酒精类介质,不可用于矿物油
丁腈橡胶	中丙烯腈(丁腈-26)	NBR	−30～120	耐油、耐磨、耐老化性好。但不适用于磷酸、脂系液压油及含极压添加剂的齿轮油	应用广泛,适用于耐油性要求高的场合,如矿物油、汽油
	高丙烯腈(丁腈-40)		−20～120	耐燃料油、汽油及矿物油性能最好,丙烯腈含量高,耐油性能好,但耐寒性较差	
氢化丁腈橡胶		HNBR	−30～150	使用温度范围和耐油性等均优于丁腈橡胶	适用于耐油且对温度有一定要求的场合
乙丙橡胶		EPDM	−50～150	耐热、耐寒、耐老化性、耐放射性、耐碱性、耐磨性好,但不耐一般矿物油系润滑油及液压油	适用于核电等对放射性有要求的场合,可用于过热蒸汽,但不可用于矿物油
硅橡胶		VMQ	−70～250	耐热、耐寒性能和耐压缩永久变形极佳。但机械强度差,在汽油、苯等溶剂中膨胀大,在高压水蒸气中发生分解,在酸碱作用下发生离子型分解	用于高、低温下高速旋转的场合,如矿物油、弱酸、弱碱
氟橡胶		FPM	−20～200	耐油、耐热和耐酸、碱性能极佳,几乎耐所有润滑油、燃料油。耐真空性好。但耐寒性和耐压缩永久变形性不好,价格高	用于耐高温、耐腐蚀的场合,如丁烷、丙烷、乙烯,但对酮、酯类溶剂不适用

名　　称	代号	使用温度范围/℃	特　　性	应　　用
聚硫橡胶	T	0～80	耐油、耐溶剂性能极佳，在汽油中几乎不膨胀。强度、撕裂性、耐磨性能差，使用温度狭窄	多用于在介质中不允许膨胀的静止密封
氯丁橡胶	CR	−40～130	耐老化性、臭氧性、耐热性较好，耐燃性在通用橡胶中最好，耐油性次于丁腈橡胶而优于其他橡胶，耐酸、碱、溶剂也较好	用于易燃性介质及酸、碱、溶剂等场合，但不能用于芳香烃及氯化烃油介质
氯醚橡胶	CHC	−30～120	耐油、耐溶剂、耐酸、碱性、耐天候及耐臭氧性能优异，耐气体渗透性在所有胶种中最好，且减震性好	用于耐油、耐臭氧场合，或制造氟利昂冷冻剂工况
全氟醚橡胶	FFKM	−39～288	具有极其优异的耐化学腐蚀性，除在氟代溶剂中溶胀外，对所以化学药品均稳定；耐热性能优异，可用于327℃高温环境，但加工性能较差，价格昂贵	用于氟橡胶不能胜任、条件苛刻的场合，如火箭燃料、氧化剂、四氧化二氮、发烟硝酸等密封件
填充聚四氟乙烯	PTFE	−260～260	耐磨性极佳，耐热、耐寒，耐溶剂、耐蚀性能好，具有低的透气性但弹性极差，线胀系数大	用于高温或低温条件下的酸、碱、盐、溶剂等强腐蚀性介质
柔性石墨	—	−200～400	耐温性好，在非氧化性介质中，可用在1600℃下；有良好的耐蚀性、柔性、回弹性、耐辐照性和自润滑性，但强度差	常在高、低温环境下与金属波纹管机械密封配合使用

表 7-3-93　弹簧元件材料性能

材料代号	弹性模量 E/MPa	切变模量 G/MPa	使用温度 t/℃	主要特点
304、321型不锈钢(S30408、S32168)	193060	71540	−250～250	用于制造耐腐蚀、耐热、低温的机械密封弹簧
316型不锈钢(S31603、S31608)	—	71001		
316+Ti型不锈钢(S31668)	—	71540		
沉淀硬化型不锈钢(S15700、S17700)	183260	73500	<300	耐腐蚀、耐高温的机械密封弹簧
蒙乃尔(Monel)合金 Ni66Cu30Fe	179193	65464	300	耐腐蚀介质的机械密封弹簧
因科镍(Inconel)合金 Ni76Cr16Fe8	213640	75783	371	耐高温、强耐腐蚀介质的机械密封弹簧

表 7-3-94　金属波纹管常用材料及性能

材料	主要性能							备　注
	密度/$kg \cdot m^{-3}$	线胀系数/10^{-6}℃$^{-1}$		屈服强度/MPa		抗拉强度/MPa		
		温度/℃	数值	温度/℃	数值	温度/℃	数值	
321型不锈钢(退火)	8.03×10^3	−196～20	13.5	21.1	241	21.1	621	适用于高、低温，廉价
		0～100	16.7	−196	290	−196	1379	
		0～315.6	17.1	649	152	649	345	

续表

材料	主要性能								备注
	密度/kg·m^{-3}	线胀系数/10^{-6}℃$^{-1}$		屈服强度/MPa		抗拉强度/MPa			
		温度/℃	数值	温度/℃	数值	温度/℃	数值		
347型不锈钢（退火）	8.03×10^3	−196～20 20～100 20～649	13.5 16.7 19.1	21.1 −196 649	276 372 152	21.1 −196 649	655 1345 345		适用于高、低温，廉价
A-236	7.972×10^3	0～21.1 21.1～100 21.1～649	14.94 16.8 17.4	21.1 −196 649	616 931 431	21.1 −196 649	725 1379 712		力学性能取决于热处理
AM-350（热处理）	7.75×10^3	200～100 20～300	11.9 12.4	21.1 −196 371	1173 1497 968	21.1 −196 371	1400 1711 1448		在低温中易碎
因科镍合金（时效退火）	8.30×10^3	−196～21.1 37.8 649	10.3 13.7 15.1	21.1 −196 649	635 821 221	21.1 −196 649	1117 1324 828		适合于高温
17-7PH TH1050	7.64×10^3	21.1～93.3 21.1～315.6	10.1 11.34	21.1 −196 649	1248 1490 1104	21.1 −196 649	1352 1365 1588		在低温中易碎
钛	4.43×10^3	−196～21.1 20～538	6.93 10.3	−196 538	828 435	21.1 −196 538	897 1621 538		
铝 6061-T6	2.71×10^3	−196～20 20～100 100～300	18 23.4 25.4	21.1 −196 260	276 324 48	21.1 −196 260	310 414 55		

表 7-3-95 机械密封材料选用参考表

介质			动环	静环	辅助密封圈	弹簧
名称	浓度/%	温度/℃				
清水		常温	铸铁、堆焊硬质合金	浸树脂石墨、酚醛塑料	丁腈橡胶 氯丁橡胶	磷青铜、碳素弹簧钢（65Mn等）、不锈钢（06Cr18Ni11Ti等）
河水	含颗粒		碳化钨	碳化钨		
海水			碳化钨、铸铁、镍铬基硬质合金	浸渍树脂石墨、碳化钨		
过热水		<180				
汽油、机油等		常温	铸铁、碳化钨、堆焊硬质合金	浸树脂石墨、酚醛塑料	丁腈橡胶	碳素弹簧钢(65Mn等)
		<150	碳化钨、堆焊硬质合金	浸青铜或树脂石墨	氟胶、聚四氟乙烯	
	含颗粒		碳化钨	碳化钨	丁腈橡胶	
硫酸	1～75	常温	工程陶瓷、高硅铸铁	填充聚四氟乙烯、浸酚醛、糠酮、呋喃树脂	氟橡胶 聚四氟乙烯	不锈钢（06Cr17Ni12Mo2Ti等）、高镍铬钢（Ni76Cr16Fe8等）
	50	<100				
	发烟	<60	工程陶瓷	填充聚四氟乙烯	聚四氟乙烯	

介质			动环	静环	辅助密封圈	弹簧
名称	浓度/%	温度/℃				
硝酸	3	常温	工程陶瓷、高硅铸铁	填充聚四氟乙烯，浸环氧树脂石墨	聚四氟乙烯 氟橡胶	不锈钢 （06Cr17Ni12Mo2Ti 等）、 高镍铬钢 （Ni76Cr16Fe8 等）
	10	30～85		填充聚四氟乙烯		
	65～68	<沸点	工程陶瓷			
	浓	<100			聚四氟乙烯	
	发烟					
盐酸	36～38	常温	工程陶瓷	填充聚四氟乙烯、浸环氧、糠醇、糠酮树脂石墨	聚四氟乙烯 氟橡胶	镍相合金
		<沸点		填充聚四氟乙烯、浸糠酮树脂石墨		
醋酸		<沸点	工程陶瓷、高硅铸铁堆焊硬质合金	浸酚醛树脂石墨	聚四氟乙烯 丁基橡胶	不锈钢
碱		常温	碳化钨、工程陶瓷、堆焊硬质合金	填充聚四氟乙烯、浸呋喃、环氧、酚醛树脂石墨	聚四氟乙烯 氟橡胶	不锈钢
	含颗粒	<沸点	碳化钨	碳化钨		
有机物（如醇、铜、醛、醚等）		<沸点	碳化钨、堆焊硬质合金、铸铁	填充聚四氟乙烯、酚醛塑料	聚四氟乙烯	不锈钢

表 7-3-96　机械密封常用零件及材料标准

序号	标准号	标准名称	序号	标准号	标准名称
1	HG/T 2044—2020	机械密封用喷涂氧化铬密封环　技术条件	10	JB/T 10706—2007	机械密封用氟塑料全包覆橡胶O形圈
2	HG/T 2479—2020	机械密封用波形弹簧　技术条件	11	JB/T 10874—2008	机械密封用氧化铝陶瓷密封环　技术条件
3	JB/T 6372—2011	机械密封用堆焊密封环　技术条件	12	JB/T 11107—2011	机械密封用圆柱螺旋弹簧
4	JB/T 6374—2006	机械密封用碳化硅密封环技术条件	13	JB/T 11958—2014	机械密封用缠绕式波形弹簧　技术条件
5	JB/T 6615—2011	机械密封用碳化硼密封环技术条件	14	JB/T 11959—2014	机械密封用硬质合金密封环
6	JB/T 7757.2—2006	机械密封用O形橡胶圈	15	JC/T 2402—2017	船舶用液相烧结碳化硅陶瓷密封环
7	JB/T 8724—2011	机械密封用反应烧结氮化硅密封环	16	YS/T 60—2019	硬质合金密封环毛坯
8	JB/T 8872—2016	机械密封用碳石墨密封环技术条件	17	T/ZZB 0288—2017	高纯度、高性能氧化铝陶瓷密封环
9	JB/T 8873—2011	机械密封用填充聚四氟乙烯和聚四氟乙烯毛坯　技术条件	18	T/ZZB 0686—2018	高性能无压烧结碳化硅密封环

注：T/ZZB 为团体标准。

3.6.6 机械密封技术条件

表 7-3-97 机械密封主要技术条件

机械密封类型			泵用 普通	泵用 轻型	釜用 普通	釜用 高压
参考产品标准			JB/T 4127.1—2013	JB/T 6619.1—2018	HG/T 2269—2003	GB/T 24319—2009
适用范围		工作压力/MPa	0～10(密封腔内)	0～0.5(密封腔内)	1.33×10^{-5}(绝压)～6.3(表压)	6.3～10
适用范围		工作温度/℃	−20～150(密封腔内)	0～100(密封腔内)	≤350	≤350
适用范围		轴(或轴)套外径/mm	10～120	≤40	30～220	30～220
适用范围		密封端面平均线速度/$m\cdot s^{-1}$	≤30	≤10	≤3	≤3
适用范围		适用介质	水、油类和一般腐蚀性液体	水、油类和一般腐蚀性液体	除氧化性酸、高浓度碱外的各种流体	除氧化性酸、高浓度碱外的各种流体
机械密封的性能要求	泄漏量/$mL\cdot h^{-1}$	轴径≤50mm(泵用) 轴径≤80mm(釜用)	0<p≤5MPa时：≤3；5MPa<p≤10MPa时：≤5	0.1(小型潜水电泵) 2(其他泵)	≤5(当量液体体积量)	≤5
机械密封的性能要求	泄漏量/$mL\cdot h^{-1}$	轴径 50<d≤120(泵用) 轴径>80mm(釜用)	0<p≤5MPa时：≤15；5MPa<p≤10MPa时：≤20	0.1(小型潜水电泵) 2(其他泵)	≤8(当量液体体积量)	≤8
机械密封的性能要求	泄漏量/$mL\cdot h^{-1}$	其他	特殊条件及被密封介质为气体时不受此限	气密性应无可见气泡;汽车冷却水泵按 JB/T 11242	单端面结构对泄漏作定性检查,以肉眼观察无明显气泡为合格	工作介质为有毒、易燃易爆气体时,泄漏量参照有关安全规定
机械密封的性能要求	使用期/h	清水、油类等中性介质	8000	8000	8000	8000
机械密封的性能要求	使用期/h	弱腐蚀性气体或液体	4000～8000	8000	8000	8000
机械密封的性能要求	使用期/h	较强腐蚀性或易挥发性气体	4000～8000	—	4000	4000
机械密封的性能要求	使用期/h	使用条件苛刻时或特殊情况	不受此限	买卖双方协商确定	不受此限	不受此限
机械密封的性能要求	磨损量/$mm\cdot(100h)^{-1}$	以清水介质进行试验,软质材料的密封环磨损量	≤0.02	≤0.02	≤0.03	—
安装与使用要求	安装机械密封部位的轴(或轴套)	外径尺寸公差	h6	h6	h9	h6
安装与使用要求	安装机械密封部位的轴(或轴套)	表面粗糙度 Ra 值/μm	≤3.2	≤1.6	≤1.6	≤1.6
安装与使用要求	安装机械密封部位的轴(或轴套)	径向跳动公差/mm	外径/mm 10～50：公差值 0.04；外径/mm >50～120：公差值 0.06	0.04	外径/mm 20～80：公差值 0.4；外径/mm >80～130：公差值 0.6	外径/mm ≤60：公差值 0.20；外径/mm >60～100：公差值 0.25
安装与使用要求		轴向窜动量/mm	≤0.3	≤0.1	≤0.5	±0.1

<table>
<tr><td colspan="2" rowspan="2">机械密封类型</td><td colspan="2">泵　　用</td><td colspan="2">釜　　用</td></tr>
<tr><td>普　通</td><td>轻　型</td><td>普　通</td><td>高　压</td></tr>
<tr><td rowspan="5">安装与使用要求</td><td>安装旋转环辅助密封圈轴（或轴套）的端部</td><td>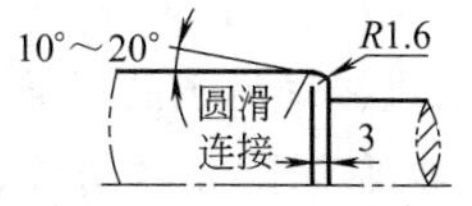</td><td>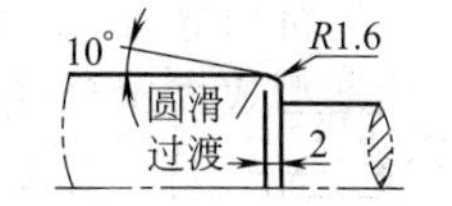</td><td>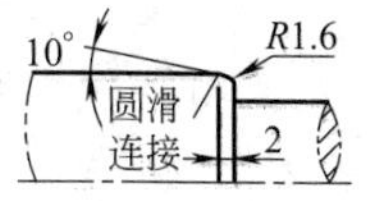</td><td>—</td></tr>
<tr><td rowspan="2">安装静止环辅助密封圈部位孔的端部及表面粗糙度</td><td>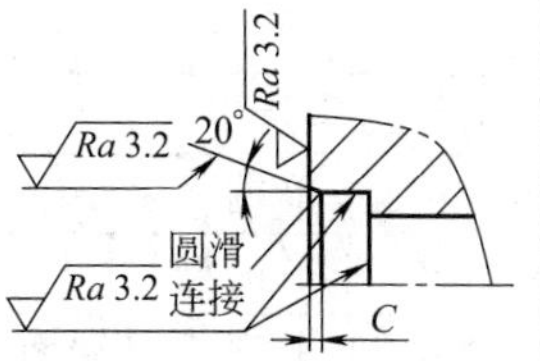</td><td>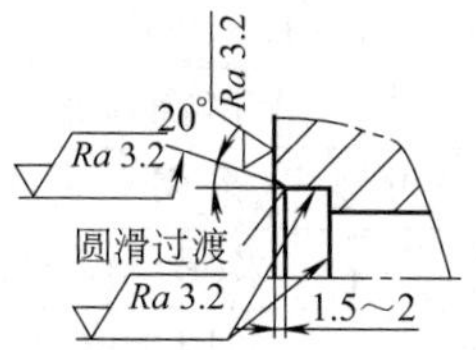</td><td>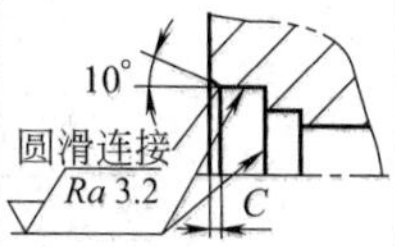</td><td>—</td></tr>
<tr><td>外径/mm　C值/mm
10～16　1.5
＞16～48　2.0
＞48～75　2.5
＞75～120　3.0</td><td>—</td><td>外径/mm　C值/mm
20～80　2.0
90～130　3.0
140～220　4.0</td><td>—</td></tr>
<tr><td>辅助措施</td><td>当输送介质温度偏高、过低，或含有杂质颗粒、易燃、易爆、有毒时，必须采取相应的阻封、冲洗、冷却过滤等措施，按照JB/T 6629执行</td><td>—</td><td>单端面釜用机械密封用隔离流体（一般选用清洁机油），其液面要高出密封端面50mm以上；双端面釜用机械密封用隔离流体的压力应大于釜内压力0.05～0.2MPa</td><td>工作时应按HG/T 2122的规定配置辅助系统，其隔离流体压力，应高于釜内工作压力0.25～0.5MPa。隔离流体应循环冷却，其流量≥15mL/min</td></tr>
<tr><td>其他</td><td colspan="4">（1）必须将轴（或轴套）、密封腔体、密封端盖及机械密封本身清洗干净，防止任何杂质进入密封部位
（2）应按产品安装使用说明书或样本安装，保证机械密封的安装尺寸</td></tr>
<tr><td rowspan="4">主要零件</td><td>静止环和旋转环密封端面</td><td colspan="4">平面度≤0.0009mm；硬质材料表面粗糙度 $Ra \leq 0.2\mu m$；软质材料表面粗糙度 $Ra \leq 0.4\mu m$</td></tr>
<tr><td>静止环和旋转环与辅助密封圈接触部位</td><td colspan="4">表面粗糙度 $Ra1.6 \sim 3.2\mu m$；外圆或内孔尺寸公差为h8或H8</td></tr>
<tr><td>石墨、填充聚四氟乙烯及组装的密封环</td><td colspan="4">以1.25倍的设计压力进行水压试验，持续10min，不应有渗漏现象，或按相关标准</td></tr>
<tr><td>精度等级</td><td colspan="4">零件各位置公差精度按GB/T 1184的7级；弹簧尺寸及位置公差精度按GB/T 7757.1的要求</td></tr>
</table>

第7篇

3.6.7 机械密封的选用

表 7-3-98　机械密封的选择要点

根据工作主机的特点选取		
工作主机的类型	泵用、釜用、压缩机用等；机械密封工作位置（立式、卧式）、数量（几个密封点），优先选择与工作主机配套的标准型式机械密封，主要机械密封产品标准见表 7-3-99	
运行状态和性能要求	连续运行、间断运行；允许寿命和可靠性要求；泄漏方向（内漏或外漏）及允许泄漏量	
安装的尺寸和空间要求	轴径系列、密封腔尺寸、轴向尺寸、径向尺寸等，离心泵密封腔尺寸应参照 GB/T 5661 的规定	
根据操作条件和工作参数选取		
使用压力 p/MPa	确定机械密封型式（采用平衡或非平衡型；单端面、双端面或多端面）	
	$p \leqslant 1.0$	采用单端面、接触式、非平衡型
	$1.0 < p \leqslant 5.0$	采用单端面、接触式、平衡型或双端面
	$p > 5.0$	采用双（多）端面串联逐级减压，或采用流体动、静压非接触式
	真空（负压）	加大弹簧比压的单端面，金属波纹管型，配合辅助系统，防止干摩擦
使用温度 T/℃	确定密封的结构、摩擦副材料、辅助密封圈材料、润滑冷却方式、冲洗及降温措施和保冷措施等	
	$T > 150$	采用接触式、金属波纹管型，需考虑密封冲洗方案和辅助设备
	$80 < T \leqslant 150$	采用接触式、弹簧型或金属波纹管型，需考虑密封冲洗方案和辅助设备
	$-20 < T \leqslant 80$	采用接触式、弹簧型
	$T \leqslant -20$	采用接触式、弹簧型或金属波纹管型，需考虑密封冲洗方案和辅助设备
工作线速度 v/m·s^{-1}	确定弹性元件是否随轴旋转，即旋转式或静止式，接触式或非接触式	
	$v < 25$	采用接触式
	$25 \leqslant v \leqslant 100$	采用接触式或非接触式、静止型，需考虑密封冲洗方案和辅助设备
	$v > 100$	采用非接触式、静止型，需考虑密封冲洗方案和辅助设备
根据被密封介质的特性		
强腐蚀性介质	采用外装式四氟波纹管型结构，若采用内装式，除合理选材外，需选择弹簧外置式或大弹簧结构	
易燃易爆介质	采用双端面结构，需考虑合理的密封冲洗方案和辅助设备	
高黏度介质	采用静止型双端面结构，窄密封面或刃口密封，考虑弹簧和传动销能足以克服高黏度带来的阻力	
易结晶或含固体颗粒介质	选择硬对硬摩擦副材料组对，配以密封冲洗方案	
气体介质或易汽化介质	选择自润滑性好的材料组对，防止干摩擦，密封要求严时采用双端面结构，加强冷却与冲洗	
根据安装维修的难易程度和经济性		
其他因素	安装维修的难易程度、密封的购置成本和运行成本、获取密封件的难易程度等，都可能影响选型。因此机械密封的选型应综合判断考虑，并优先选用标准系列	

表 7-3-99　机械密封产品及相关标准

序号	标准号	标准名称	序号	标准号	标准名称
1	GB/T 6556—2016	机械密封的型式、主要尺寸、材料和识别标志	2	GB/T 24319—2009	釜用高压机械密封　技术条件
			3	GB/T 25018—2010	船艉轴水润滑密封装置

续表

序号	标准号	标准名称
4	GB/T 33509—2017	机械密封通用规范
5	GJB 5904—2006	舰船用离心泵机械密封规范
6	CB/T 3345—2008	船用泵轴机械密封装置
7	HG/T 2057—2017	搪玻璃搅拌容器用机械密封
8	HG/T 2098—2011	釜用机械密封类型、主要尺寸及标志
9	HG/T 2100—2020	液环式氯气泵用机械密封
10	HG/T 2269—2020	釜用机械密封　技术条件
11	HG/T 2477—2016	砂磨机用机械密封　技术条件
12	HG/T 3124—2020	焊接金属波纹管釜用机械密封　技术条件
13	HG/T 4114—2020	纸浆泵用机械密封　技术条件
14	HG/T 4571—2013	医药搅拌设备用机械密封技术条件
15	HG/T 21571—1995	搅拌传动装置　机械密封
16	JB/T 1472—2011	泵用机械密封
17	SH/T 3156—2019	石油化工离心泵和转子泵用轴封系统工程　技术规范
18	JB/T 4127.1—2013	机械密封　第1部分：技术条件
19	JB/T 5966—2012	潜水电泵用机械密封
20	JB/T 6614—2011	锅炉给水泵用机械密封　技术条件
21	JB/T 6616—2011	橡胶波纹管机械密封　技术条件
22	JB/T 6619.1—2018	轻型机械密封　第1部分：技术条件
23	JB/T 7371—2011	耐碱泵用机械密封
24	JB/T 7372—2011	耐酸泵用机械密封
25	JB/T 8723—2008	焊接金属波纹管机械密封
26	JB/T 11242—2011	汽车发动机冷却水泵用机械密封
27	JB/T 11289—2012	干气密封　技术条件
28	JB/T 11957—2014	食品制药机械用机械密封
29	JB/T 12391—2015	烟气脱硫泵用机械密封　技术条件
30	JB/T 13387—2018	上游泵送液膜机械密封　技术条件
31	JB/T 13406—2018	离心压缩机一体式蜂窝密封　技术条件
32	T/ZZB 0668—2018	食品制药卫生级机械密封

注：T/ZZB 为团体标准。

3.6.8 机械密封循环保护系统及辅助装置

机械密封使用过程中，除工况环境温度外，还会产生摩擦热、搅拌热等热量，造成密封端面间液膜汽化、密封环变形、磨损加剧和产生热裂等问题。机械密封循环保护系统（或辅助装置）是对机械密封进行温度控制最有效的措施。常用机械密封温度控制方法及装置见表 7-3-100。

表 7-3-100　常用机械密封温度控制方法及装置

机械密封温度控制方法	
冲洗	冲洗是一种直接冷却的方案。常用于内装单端面机械密封，利用主机的压差、密封腔内泵效装置的压差或由外部引入与被密封流体相容的流体，向密封端面高压侧部位直接注入和排出流体，以改善密封工作条件的方法。起冲洗作用的流体称作冲洗流体
急冷	急冷是一种直接冷却的方案。当用单端面机械密封来密封易结晶或危险介质时，在机械密封的外侧（大气侧）设置简单的密封（如节流衬套、填料密封、唇密封等），在两种密封之间引入压力稍高于大气压力的清洁中性流体（常用水、蒸汽或氮气），以便对密封进行冷却或加热，并将泄漏出来的被密封介质及时带走以改善密封工作条件
冷却	冷却是一种间接冷却的方案。冷却流体通过夹套、蛇管、空心轴等方法，采用外部循环，不与密封端面接触，使密封得到冷却的方法。当介质为易结晶流体时，也可采用加热流体，用此方案间接加热
循环	循环又分为内循环、外循环和自循环。内循环是利用主机的压差或密封腔内泵效装置的压差，使主机内的被密封介质通过密封腔形成闭合回路，以改善密封工作条件的方法。管路当中可以设置分离器、过滤器和冷却器。外循环是利用外加泵、密封腔内的泵效装置或热虹吸效应等使密封流体进行循环的一种方法。自循环是利用密封腔内泵效装置或热虹吸效使密封流体形成闭合回路，以改善密封工作条件的方法

泵用机械密封典型冲洗方案

方式		图例	特点	应用
内冲洗	正冲洗	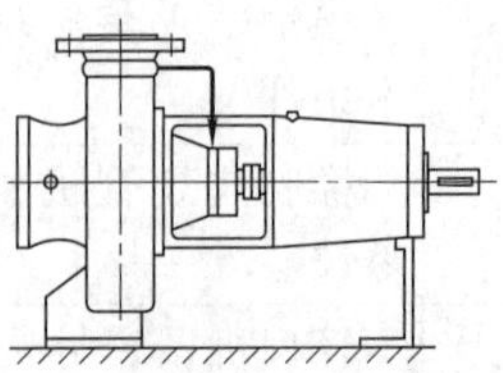	利用工作主机的被密封介质做冲洗液，由泵的出口端，通过限流孔板引出一小部分流体，由管路引入密封腔中密封端面的高压侧进行冲洗	用于泵送清洁流体，密封腔压力稍大于泵进口压力的场合，应用广泛 当温度高或有杂质时，可在管路上设置冷却器、过滤器等
内冲洗	反冲洗	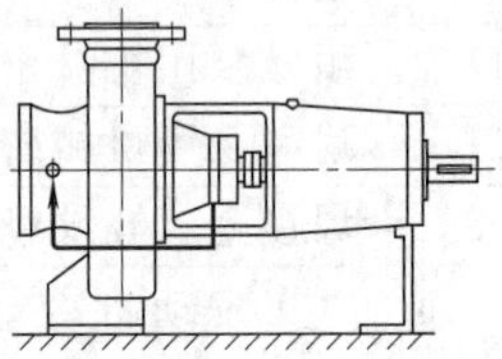	利用工作主机的被密封介质做冲洗液，将密封腔内的冲洗液，通过限流孔板流出，由管路引至泵的入口端的冲洗方案，对密封进行冷却，并把气体和蒸汽排出密封腔	用于泵送清洁流体，密封腔压力接近泵出口压力的场合，也是密封腔没有喉口衬套的立式泵的常用冲洗方案 当温度高或有杂质时，可在管路上设置冷却器、过滤器等
内冲洗	全冲洗	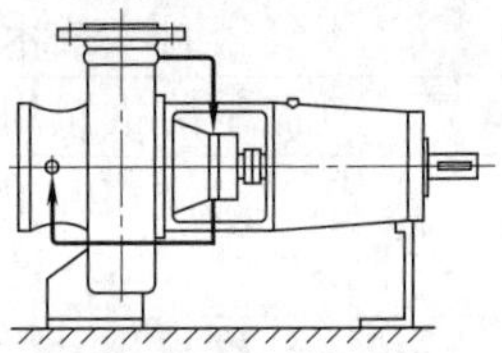	是正冲洗和反冲洗的组合，冲洗液流入密封腔对密封端面进行冷却，同时连续地对密封腔进行排气	冷却效果优于前两种，用于清洁流体，通常应用于立式泵 当温度高或有杂质时，可在管路上设置冷却器、过滤器等
外冲洗		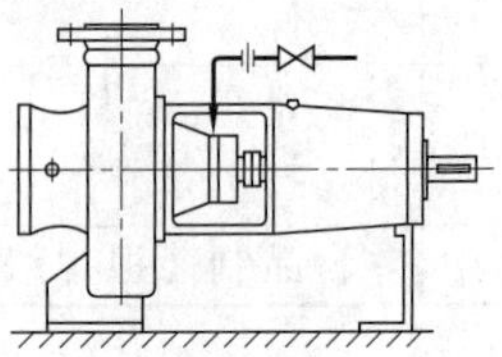	由外部引入与被密封介质相容的清洁流体，注入密封腔进行冲洗	外冲洗液压力应比被密封介质压力大 0.05～0.1MPa，适用于介质为高温或含固体颗粒等不适宜做冲洗液的场合

冲洗液冲洗量推荐	轴径/mm	≤45	>45～60	>60～85	>85～95	>95～135	>135～185	>185～235	>235～275	>275～300
	冲洗量/$L\cdot min^{-1}$	3	4	6	8	11	15	19	26	34
其他	在典型冲洗方案的基础上，配置各种压力罐、增压罐、蓄能器、冷却器、过滤器、分离器、孔板等装置，可组成多种冲洗方案，详细组合冲洗方案参见 JB/T 6629《机械密封循环保护系统及辅助系统》									

釜用机械密封辅助装置基本类型

类型代号	类型特征	介质侧密封承压类型	密封液流动类型	装置流程图	密封腔压力/MPa	密封腔温度/℃	推荐应用类型
11	储罐型带内冷却	压力型	热虹吸型	图例 1	常压	≤80	单端面或双端面
12	平衡罐型带内冷却	压差型	热虹吸型	图例 2	≤2.5	≤80	双端面隔离液
13	加压罐型带内冷却	压力型	热虹吸型	图例 3	≤6.3	≤80	双端面隔离液
14	增压罐型带内冷却	压差型	热虹吸型	图例 4	≤10.0	≤80	双端面隔离液
15	循环泵型	压力型	强制循环型	图例 5	常压	>80	单端面或双端面
21	储罐型带内冷却＋循环泵	压力型	强制循环型	图例 6	≤10.0	>80	多端面缓冲液
22	平衡罐型带内冷却＋循环泵	压差型	强制循环型	图例 7	≤2.5	>80	双端面隔离液
23	加压罐型带内冷却＋循环泵	压力型	强制循环型	图例 8	≤6.3	>80	双端面隔离液
24	增压罐型带内冷却＋循环泵	压差型	强制循环型	图例 9	≤10.0	>80	双端面隔离液
25	液压泵型	压力型	强制循环型	图例 10	≤4.0	>80	双端面隔离液

续表

类型代号	类型特征	介质侧密封承压类型	密封液流动类型	装置流程图	密封腔压力/MPa	密封腔温度/℃	推荐应用类型
31	储罐型带外冷却＋循环泵	压力型	强制循环型	图例 11	≤10.0	＞80	多端面缓冲液
32	平衡罐型带外冷却＋循环泵	压差型	强制循环型	图例 12	≤2.5	＞80	双端面隔离液
33	加压罐型带外冷却＋循环泵	压力型	强制循环型	图例 13	≤6.3	＞80	双端面隔离液
34	增压罐型带外冷却＋循环泵	压差型	强制循环型	图例 14	≤10.0	＞80	双端面隔离液
44	双储罐型带外冷却＋循环泵	压力型	强制循环型	图例 15	≤10.0	＞80	双端面隔离液

图例 1(11 型)

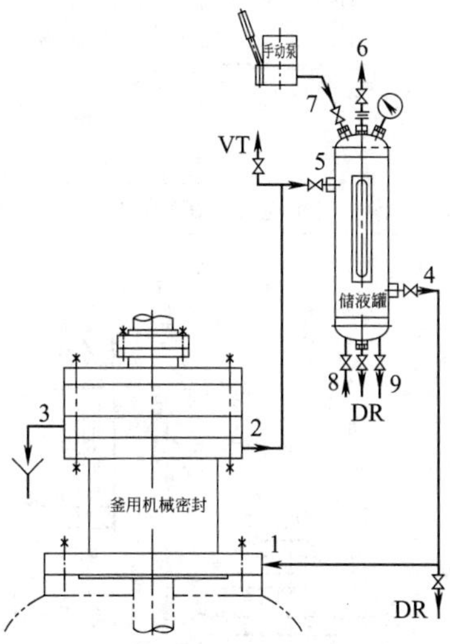

图例 2(12 型)

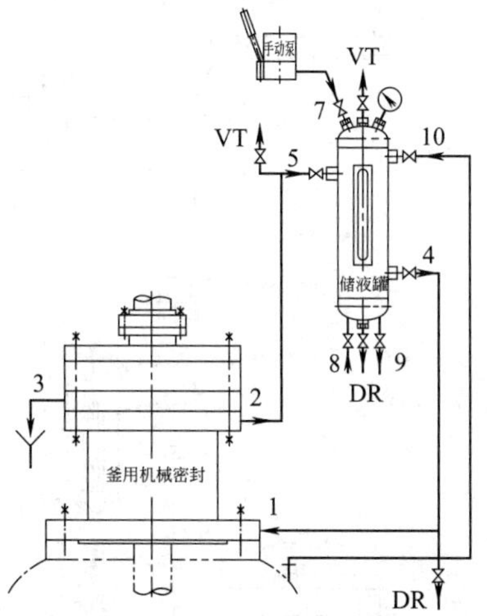

图例 3(13 型)

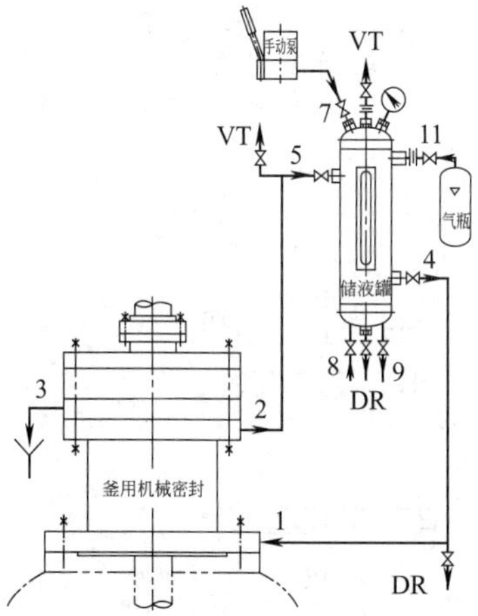

图例 4(14 型)

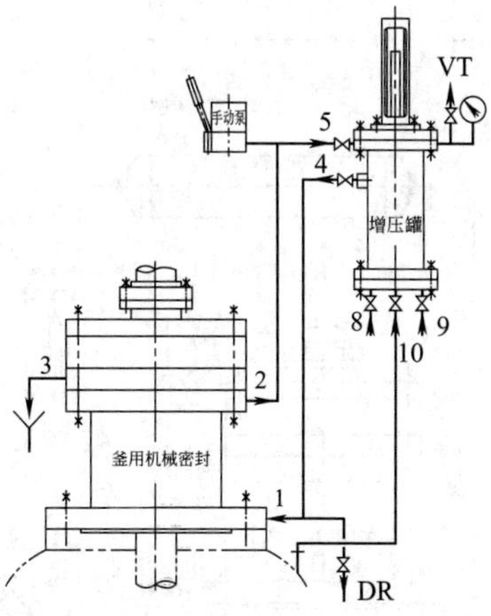

图例 5(15 型)

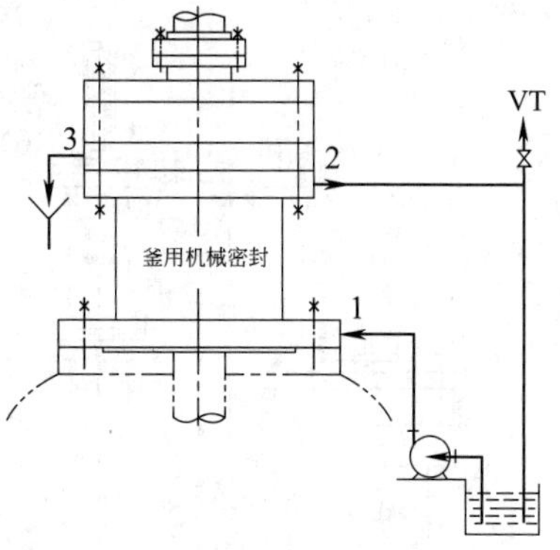

图例 6(21 型)

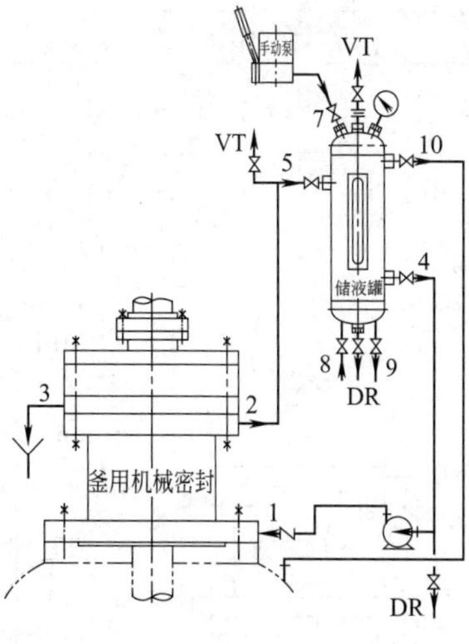

图例 7(22 型)	图例 8(23 型)	图例 9(24 型)
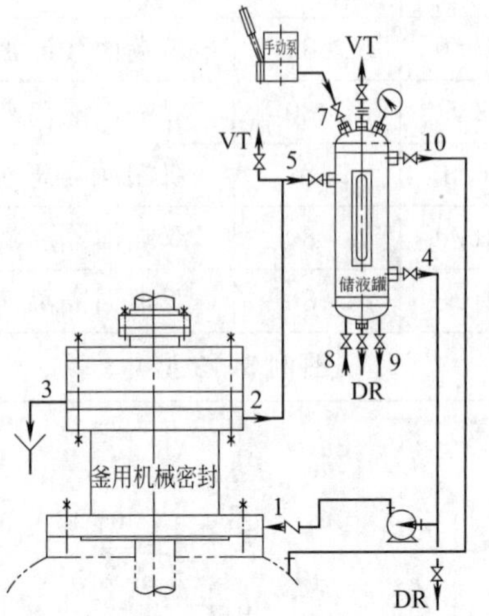	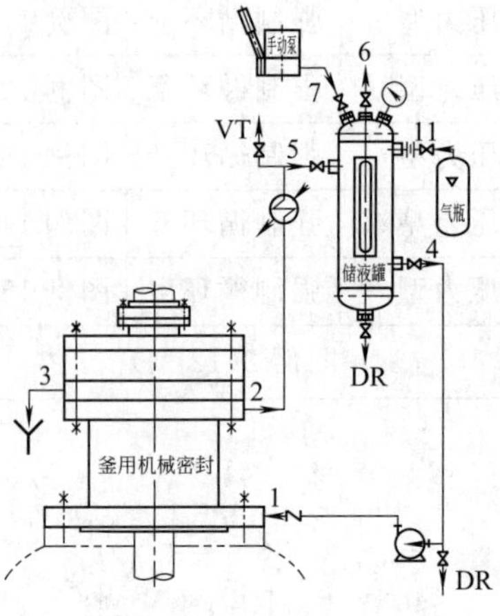	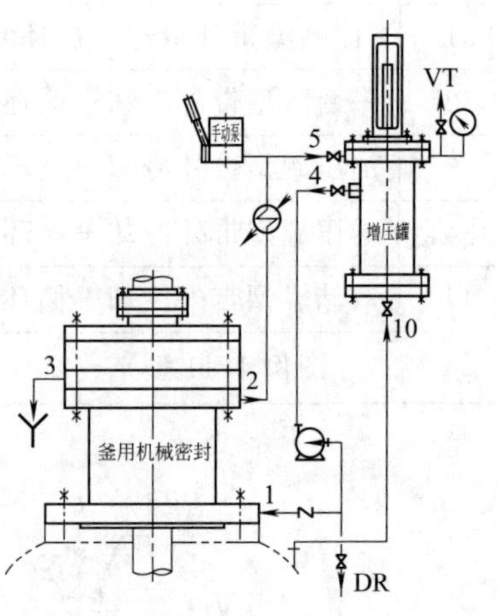
图例 10(25 型)	图例 11(31 型)	图例 12(32 型)
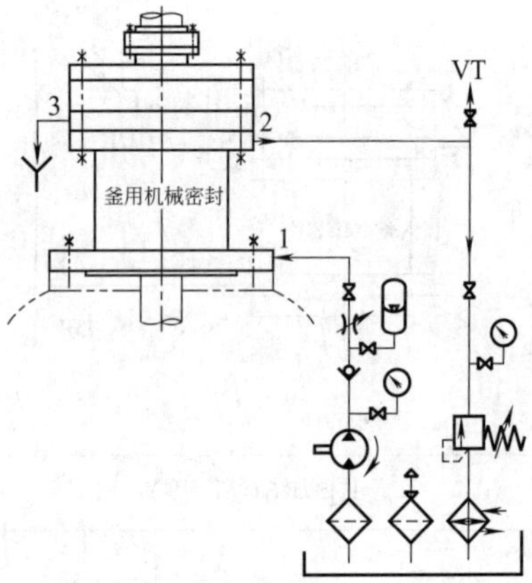	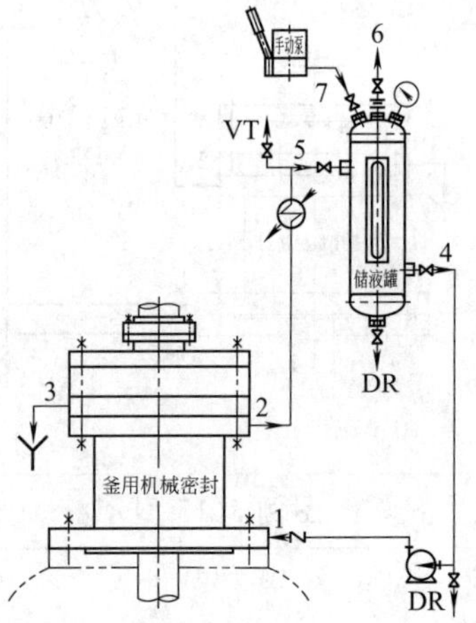	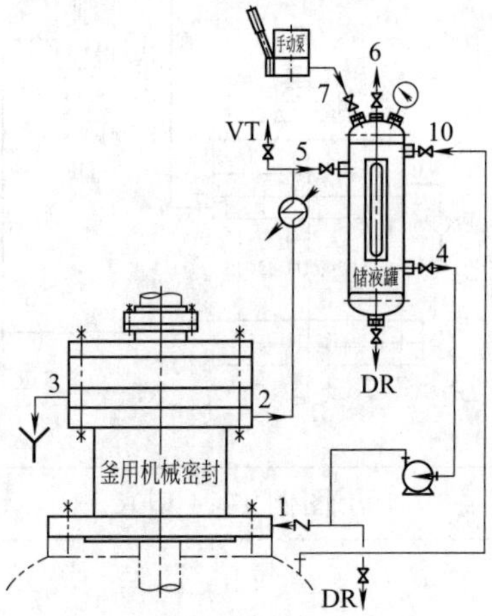
图例 13(33 型)	图例 14(34 型)	图例 15(43 型)
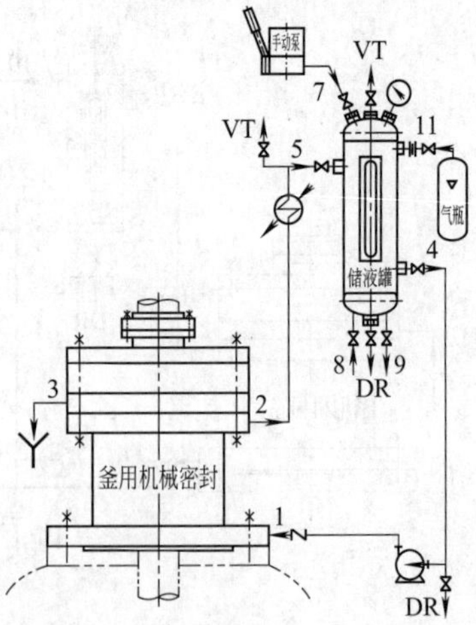	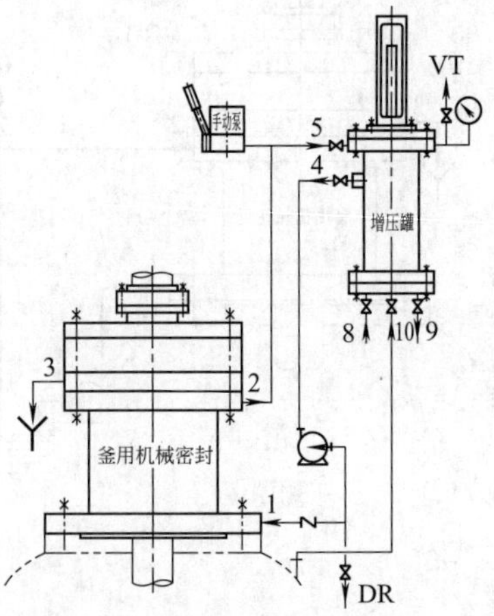	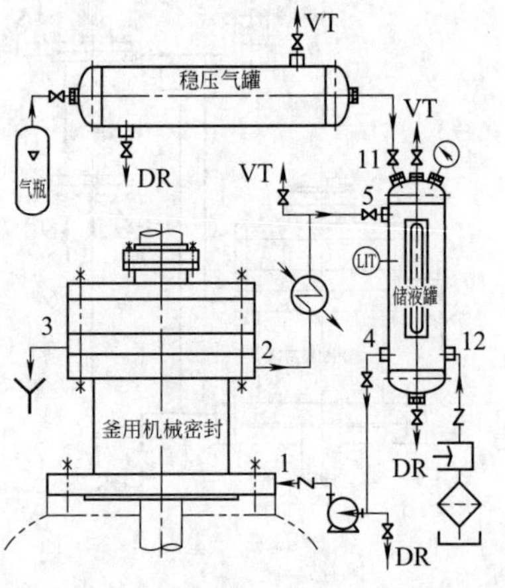

辅助装置设置原则	①外装单端面釜用机械密封宜配置缓冲液的加注系统；②不允许介质外漏的双端面釜用机械密封均应配有隔离液的加注系统；③压力高的双端面或多端面釜用机械密封均应配有缓冲液的加注系统；④其他设置要求按 HG/T 2122《釜用机械密封辅助装置》	
透平机械干气密封供气系统		
供气系统的组成及作用	透平机械干气密封供气系统承担系统的控制、向密封提供缓冲气以及监测干气密封运转情况的工作，主要包括过滤器、切断阀、监测器、流量计、孔板等。为了显示可能出现的故障，根据安全要求，密封系统应配备报警装置和停电继电器。如需要定量监测，控制盘上应具有显示功能。通常根据干气密封类型选用适合的供气方案和类型。干气密封供气系统及控制，详见 JB/T 13407《透平机械干气密封控制系统》	
典型供气系统类型	系　统　图	说　　明
单端面干气密封的密封气系统	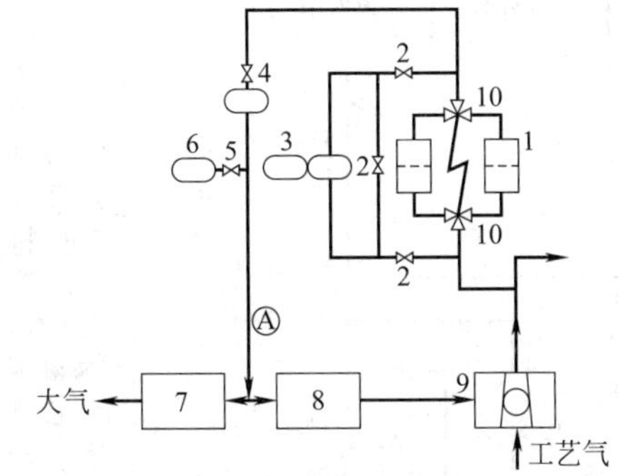 1—双过滤器；2—切断阀；3—带电触点的压差计；4—带针形阀的流量计；5—测量切断阀；6—带电触点的压力计；7—干气密封；8—迷宫密封；9—压缩机；10—换向阀	密封气为工艺气体，由压缩机 9 出口引出，通过过滤精度 2μm 的双过滤器 1(一台操作，一条备用)，送至干气密封 7 的Ⓐ口。过滤器利用带电触点的压差计 3 监测过滤器阻力降。当压差升到一定值时，由电触点发出信号至控制室进行报警，人工转动换向阀 10 切换到另一台过滤器，该台过滤器便可以进行清理。密封气的流量由带针型阀的流量计 4 显示，并用针型阀调节。带电触点的压力计 6 显示并控制气体压力，监测压力泄漏情况，若密封失效时，气体外漏，带电触点的压力计 6 显示出压力过低，通过电触点发出报警信号
双端面干气密封的缓冲气系统	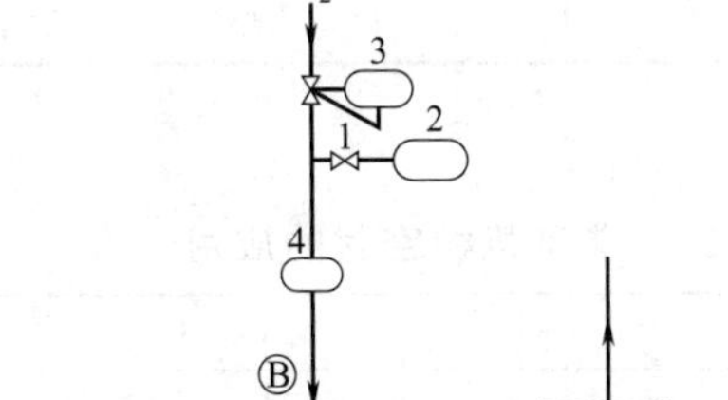 1—测量切断阀；2—带电触点的压力计；3—减压阀；4—带电触点的流量计；5—压缩机；6,7—干气密封	在双端面密封中间级即大气侧密封和介质侧密封之间通入由外部提供的清洁缓冲气，如氮气，由干气密封Ⓑ口引入。缓冲气向密封两侧泄漏是微量的。缓冲气的流量和压力由带电触点的流量计 4 和带电触点的压力计 2 显示和控制，并利用电触点发出信号至控制室，监测密封泄漏情况。若密封失效，泄漏量增大，缓冲气压力降低，将发出信号警报。为了保证密封的使用寿命，缓冲气也需经双过滤器(一台操作，一台备用)过滤，过滤精度 2μm

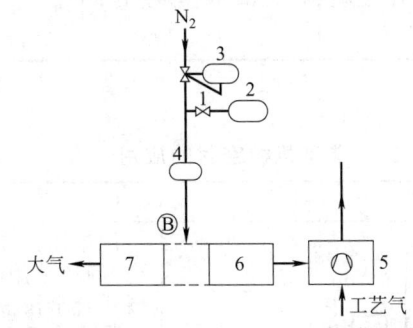

续表

典型供气系统类型	系统图	说明
串联式干气密封的密封气系统	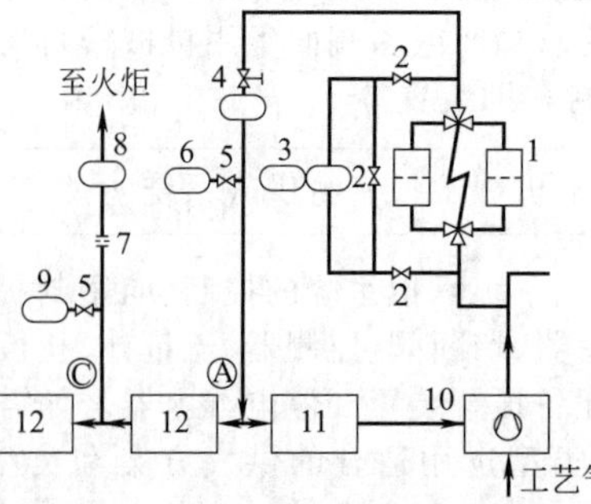 1—双过滤器；2—切断阀；3—带电触点的压差计；4—带针型阀的流量计；5—测量切断阀；6—带电触点的压力计；7—孔板；8—流量计；9—压力开关；10—压缩机；11—迷宫密封；12—串联干气密封	被密封气体侧的密封采用经过过滤的高压被密封气体，由Ⓐ口引入进行冲洗，如同单端面干气密封的密封气系统那样，流量和压力差需要监测。泄漏的被密封气体集中在两个密封之间后由Ⓒ口排至火炬 流量计8用于测量泄漏气体的流量。由压力开关9引出压力信号，监测密封泄漏情况。压力高或低都应报警。压力高，表示被密封气体侧密封失效；压力低，表示大气侧密封失效
带中间迷宫密封的串联式干气密封的缓冲气系统	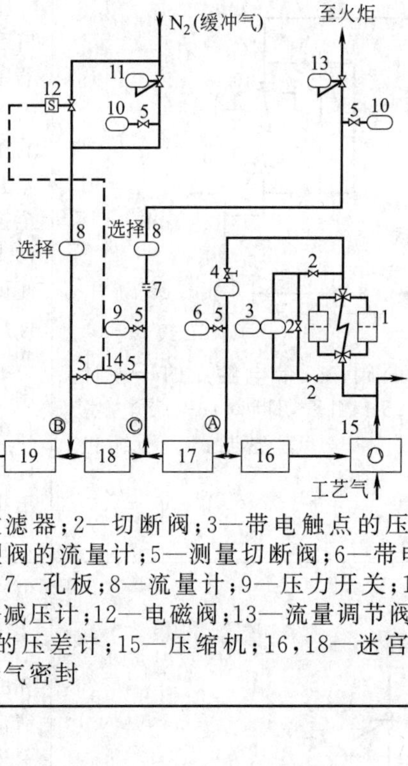 1—双过滤器；2—切断阀；3—带电触点的压差计；4—带针型阀的流量计；5—测量切断阀；6—带电触点的压力计；7—孔板；8—流量计；9—压力开关；10—压力计；11—减压计；12—电磁阀；13—流量调节阀；14—带电触点的压差计；15—压缩机；16，18—迷宫密封；17，19—干气密封	被密封气体测得干气密封。采用经过过滤器的被密封气体油管口引入。进行冲洗，如同单端面干气密封的密封系统，从干气密封泄漏的气体从管口Ⓒ排至火炬。中间迷宫密封装在去火炬广场口Ⓒ和缓冲器供气管口的Ⓑ之间，外侧干气密封，用于防止缓冲器泄漏到大气，利用带电触点的压差计的电触点控制电磁阀的开度，保证缓冲器的压力始终高于去火炬的气体压力。以确保从中间迷宫密封泄漏的缓冲器与泄漏的被密封气体一起由管口排至火炬。若被密封气体则干气密封失效，由于泄漏的气体压力的影响，导致缓冲气压力升高，压力开关发出信号报警，中间迷宫密封阻止泄漏气体漏到大气侧，泄漏的气体排至火炬，如果外侧密封失效，Ⓒ口压差过低，则发出信号报警。图中标有“选择”是指根据需要选择，确定是否采用

3.6.9 典型机械密封的应用

表 7-3-101 典型机械密封的应用

型式	简图	特点及应用
高压中速机械密封	 1—耐磨涂层；2—弹簧；3—防挤出挡圈；4—动环；5—静环	用于压差7MPa、速度不大于15m/s的场合；静环采用碳石墨，动环使用高弹性模量的硬质合金镶嵌，动环座有足够的截面厚度；端面受力合理，尽量减少变形。采用平衡式密封，减小载荷系数 K。选用可靠的传动方式，如键、销等；为防止高压下挤出动环O形圈，设置防挤出挡圈；采用冲洗方案加强冷却和润滑

续表

型式	简　　图	特点及应用
高速机械密封	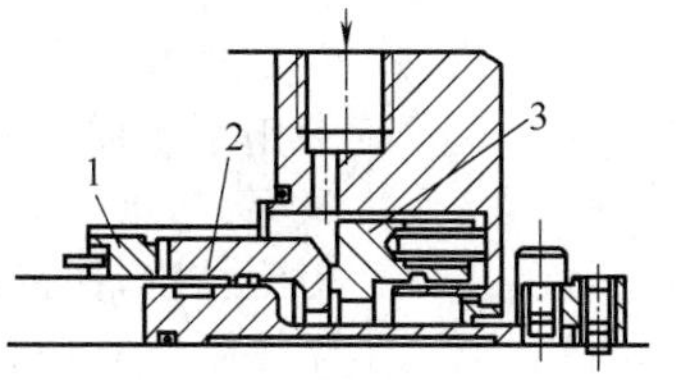 1—止推轴承；2—动环；3—静环	用于高速度，密封平均线速度超过25m/s的场合；选用静止式平衡型密封结构，尽量减少旋转零件；动环由止推轴承定位，由键传递转矩，动环应与轴线对称且保持动平衡，浮动性好；选用高($p_c v$)值的端面材料，窄端面宽度，尽量选取较小的端面压力；加强对端面的润滑和冷却
热油泵用高温机械密封	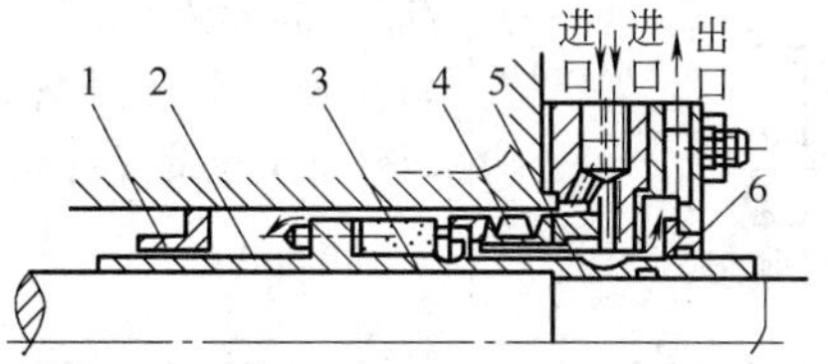 1—内冲洗节流套；2—轴套；3—动环；4—金属波纹管静环组合件；5—导流套；6—填料密封	用于使用温度超过150℃的场合；采用金属波纹管机械密封结构；摩擦副材料选用耐高温、导热性好、低摩擦因数和热膨胀系数的材料；采用冲洗、冷却结构，及时把密封腔热量传导出去；设置导流套增加冷却面积；有装配关系的地方(如镶嵌密封环)，选用热膨胀系数相近的材料
液氧泵低温机械密封	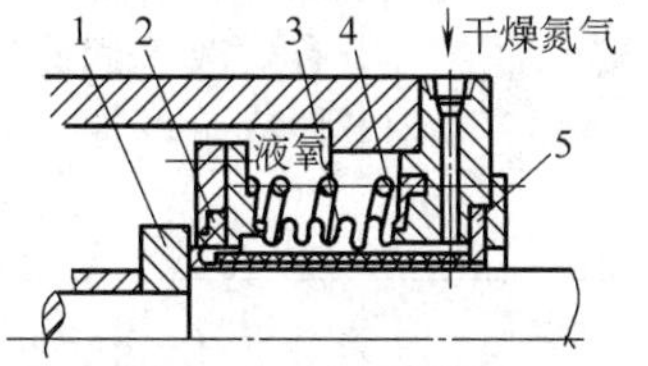 1—动环；2—静环；3—金属波纹管；4—弹簧；5—导流套	用于使用温度小于−20℃的场合；采用静止式金属波纹管机械密封结构；摩擦副材料组对为青铜对石墨；为防止端面液膜汽化，可采取冷却措施，并增加导流套；在大气侧注入干燥惰性气体，防止水气进入密封引起结冰；端面比压不宜选择过小，适当提高密封大气侧的压力
化工泵耐腐蚀机械密封	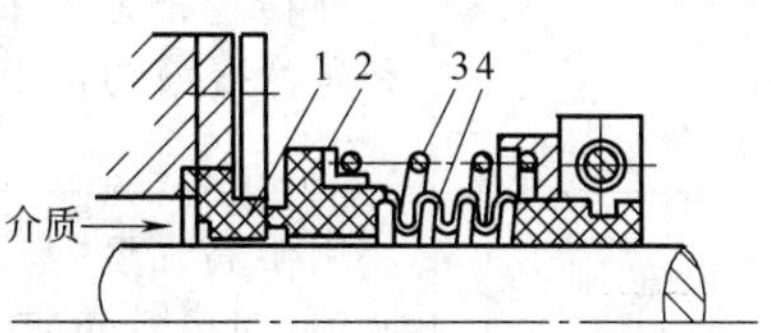 1—静环；2—动环；3—弹簧；4—聚四氟乙烯波纹管	用于易腐蚀介质(如盐酸、硝酸、硫酸、醋酸等)工况；采用聚四氟乙烯波纹管外装式结构，要求高选双端面；选用耐腐蚀材料，摩擦副由氧化铝陶瓷与填充玻璃纤维聚四氟乙烯组对，波纹管采用纯聚四氟乙烯制成；弹簧采用不锈钢，轴径小选单弹簧，轴径大选小弹簧；设置漏液回收或稀释装置
污水泵耐磨机械密封	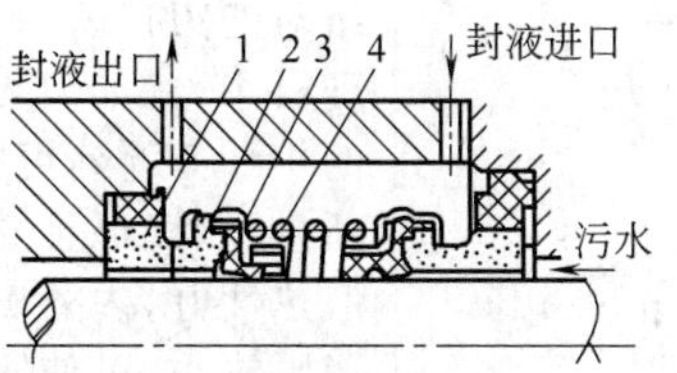 1—静环；2—动环；3—橡胶波纹管；4—弹簧	用于易结晶或含杂质介质(粉尘、晶粒、纤维等)的场合；采用双端面橡胶波纹管外装式结构，端面材料由碳化硅对碳化硅(硬对硬)组对；宜采用大弹簧结构；采用冲洗方式保持端面周围环境干净；必要时在污水进入端增加油封、离心式密封等辅助密封，以减小杂质等侵入；循环系统中加过滤、分离装置等

型式	简　　图	特点及应用
液化石油气用机械密封	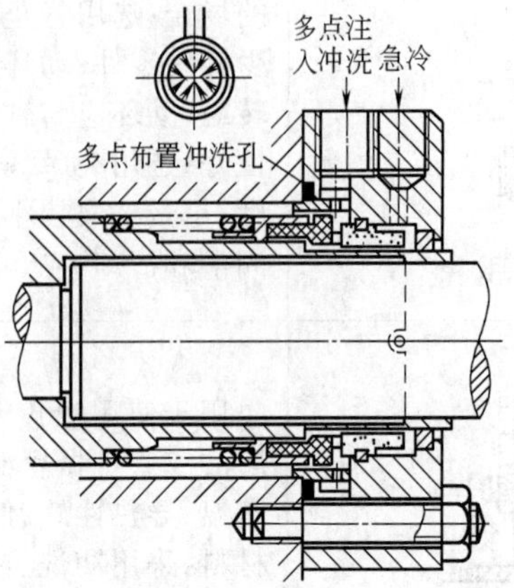	用于易挥发介质(如轻烃泵、液化气泵、液氨泵、热水泵等)场合;采用旋转式大弹簧平衡型结构,保持合适的端面比压;采用合理的摩擦副组对,配合冲洗改善密封环境;采用多点冲洗,使冲洗液沿圆周分布均匀、变形小、散热好、端面温度均匀稳定,有利于密封面润滑、冷却和相态稳定;大气侧装有起节流、检漏、保险左右的副密封,备有蒸汽急冷系统,防止轻烃一旦泄漏到大气中,会在轴封处结成冰霜,造成密封磨损
轻烃泵用热流体动压型机械密封	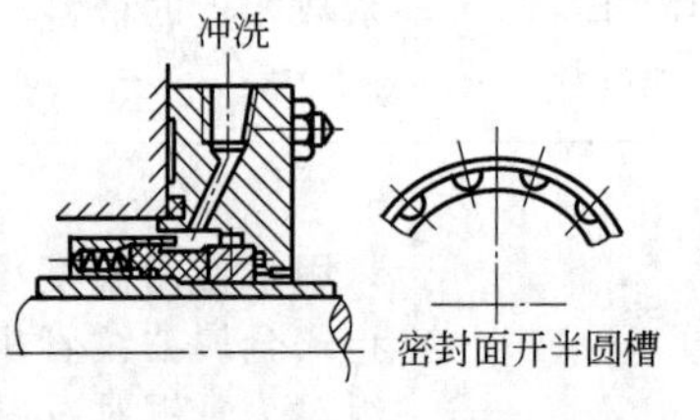	工况环境同上;密封采用平衡型结构;选择合理的软-硬摩擦副组对;配合冲洗改善密封环境;流体动压槽可使密封面承载能力提高,有效改善润滑性,防止密封端面间液膜汽化,形成干摩擦
汽相机械密封	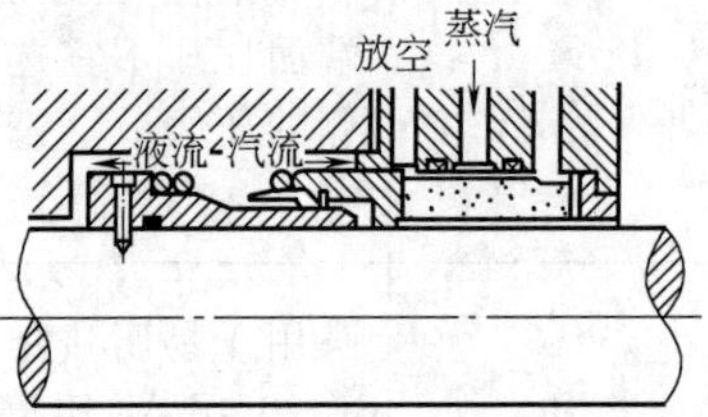	用于蒸汽环境下的机械密封;采用平衡型结构,保持合适的端面比压;选择合理的摩擦副组对,采用自润滑性能好,具有较高的[$p_c v$]值的材料;采用低压蒸汽急冷,保证密封在稳定相态下工作;考虑启动前气体放空和蒸汽凝液的排出
高黏度刃口机械密封	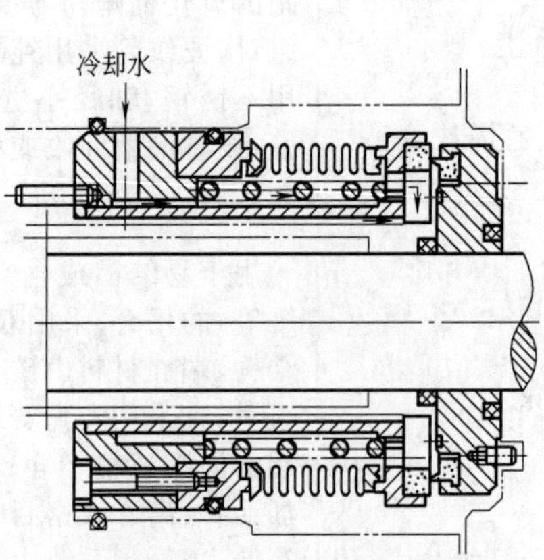	用于高黏度、易凝固的液体和附着性强的液体(如塑料、橡胶原液等)工况;密封采用挤压成型金属波纹管+弹簧结构,U形波纹管结构有较大的间距,可避免凝聚物、沉淀物填塞间隙而失去弹性;密封摩擦副采用硬对应组对的刃口密封,其特点是:非补偿环端面宽度极小,犹如刀刃一样;弹簧比压是普通密封的10～60倍,可把密封面间生成的凝聚物切断排除,以保证正常密封性能;由于刃口窄,散热性好,内外侧温差小,受热变形和压力变形影响小,可使密封性能稳定;冷却水采用折流方式,不仅带走摩擦热,还可带走波纹管内侧及弹簧处的沉积物

续表

型式	简图	特点及应用
运动式机械密封	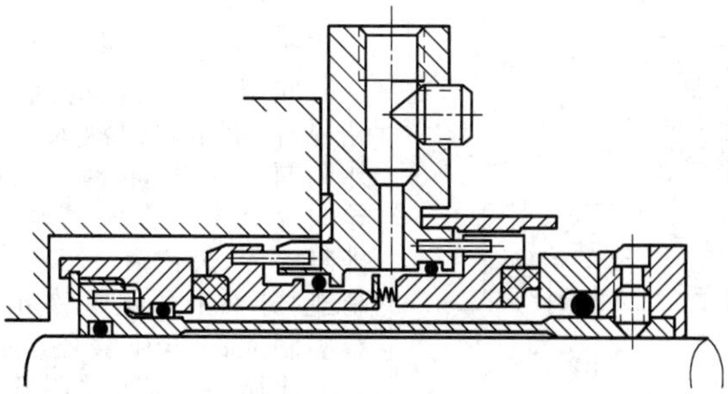	用于大的轴向窜动及具有回旋陀螺效应的密封场合；采用静止型带轴套集装式密封，轴不磨损且方便拆装；两个浮动静环，可沿动环宽密封面径向运动达6mm，适应较大偏心和大的轴向窜动；弹簧不接触介质，两静环采用一组弹簧，可消除不均匀载荷
备用机械密封	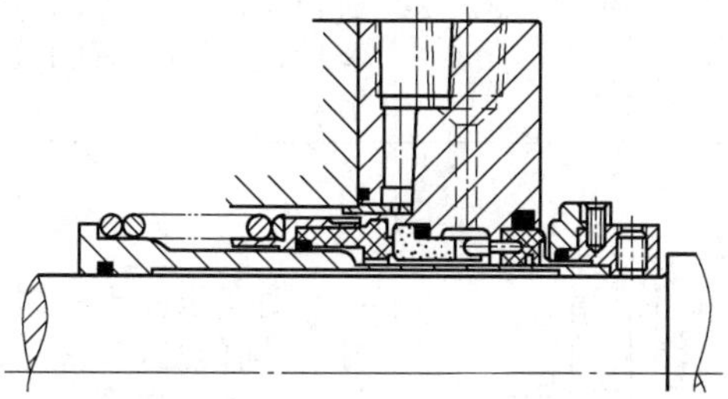	用于对密封性能及安全性要求高的场合；主密封工作时，副密封动、静环不接触，处于备用状态。一旦主密封失效，中间压力升高，将副密封的静止环推向旋转环，副密封处于接触状态，担负起密封任务。同时，由于中间压力升高，报警系统工作，可致主密封失效，采取必要措施
流体静压式机械密封	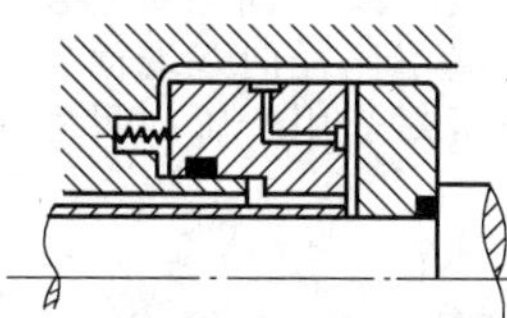 (a) 自加压凹槽式 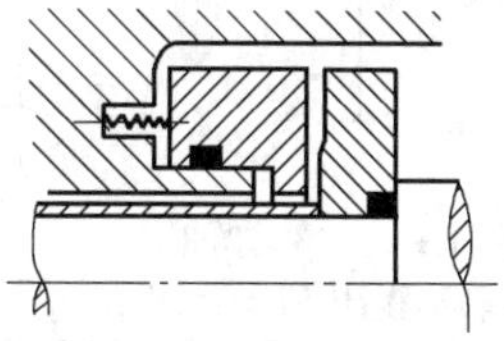 (b) 自加压台阶式 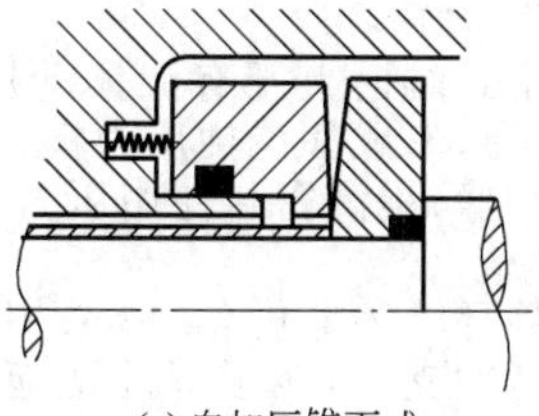 (c) 自加压锥面式 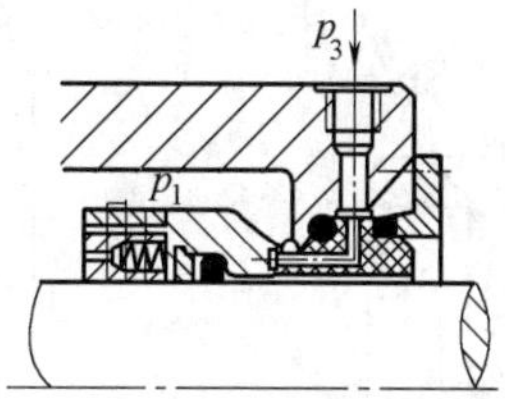 (d) 外加压凹槽式	流体静压式机械密封属于非接触式机械密封，用以平衡外载的压力，向密封端面输入液体和自身介质，建立一层端面静压液膜，对密封端面充分提供充分的润滑和冷却。其中图(a)自加压凹槽式，是在静环外周开若干孔并与端面环形槽相通，其端面流体膜刚度大，工作性能稳定，但需防止小孔堵塞；图(b)自加压台阶式，是在一个端面加工成台阶，其端面流体膜刚度比图(a)小，端面研磨加工较困难；图(c)自加压锥面式，一个端面为收敛形锥面，其流体膜刚度比图(a)和图(b)都低，流体静压力沿半径呈抛物线分布；三者都是靠介质本身的压力在端面形成静压流体膜，其液膜厚度随介质压力波动而变化。图(d)外加压凹槽式与图(a)相似，不同的只是静环外周开孔，不与介质相通，而由外部引入液体进入端面环形槽，建立端面静压流体膜
外装式单端面釜用机械密封	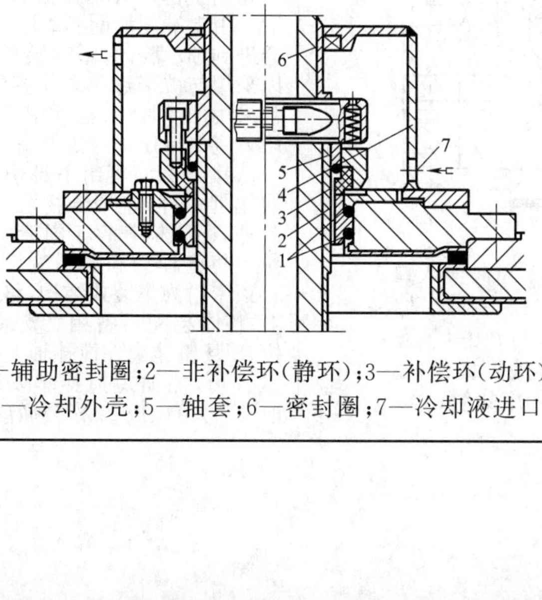 1—辅助密封圈；2—非补偿环(静环)；3—补偿环(动环)；4—冷却外壳；5—轴套；6—密封圈；7—冷却液进口	左图为衬胶搅拌设备用的带有冷却外壳的外装式单端面机械密封。与釜内腐蚀性介质接触的密封零件是耐蚀性能很好的石墨制成的动环3、陶瓷制成的静环2，以及弹性的辅助密封圈1，轴套5表面喷涂陶瓷或衬橡胶，也可采用哈氏合金制造。考虑到轴径向摆动量较大，静环采用两个辅助密封圈支承，能够适应轴径向摆动量1mm。为了装配方便，密封采用夹紧结构固定 适用于真空和压力小于0.5MPa、搅拌轴转速较低的场合。冷却介质的压力取决于大气侧密封圈6，一般不超过0.05～0.1MPa

续表

型式	简　　图	特点及应用
径向双端面釜用机械密封	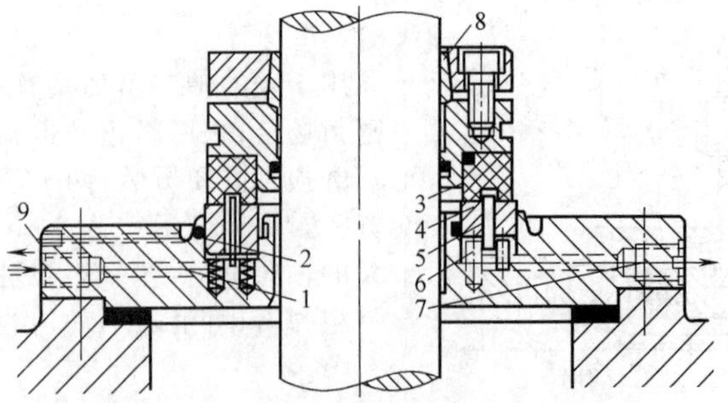 1—隔离液入口；2—漏液收集槽；3—动环；4—内静环；5—外静环；6—导向片；7—隔离液出口；8—锥形环；9—泄漏液出口	当轴向安装尺寸小而径向尺寸大时，可采用径向双端面釜用机械密封。不设密封腔外壳，隔离液由隔离液入口1进入，在导向片6外侧向上流动，润滑内、外两个端面后，再沿导向片6内侧向下流动，并从隔离液出口7排出。内、外静环4、5是补偿环，由硬质材料制造，分别由两组规格相同的小弹簧压向由石墨制成的非补偿环（动环3）。内、外端面上的比压，可以通过调整各自端面宽度来达到。动环的旋转，通过锥形环8来实。这种密封，适用于压力1.0MPa
轴向尺寸小的双端面釜用机械密封	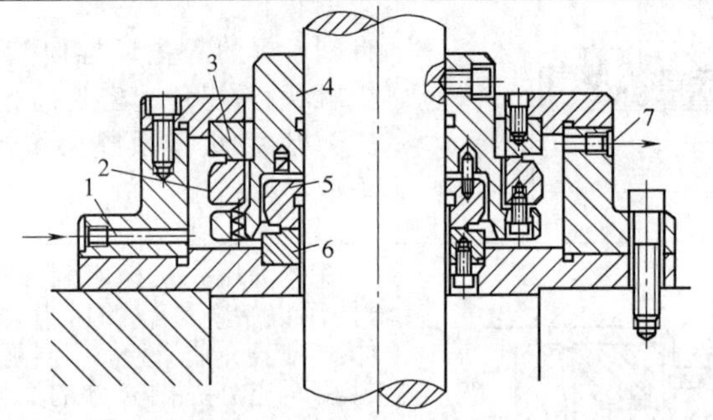 1—隔离液入口；2—动环；3—静环；4—传动轴套；5—动环；6—静环；7—隔离液出口	左图所示同为轴向尺寸小的双端面机械密封，不同的是，该密封将下端面密封所属零件隐藏在上端面密封零件之内，因而增加了径向尺寸，缩小了轴向尺寸。由于这种密封的隔离液泄漏方向与离心力方向相反，故隔离液泄漏率比径向双端面釜用机械密封低。 该密封适用于轴向尺寸受限制的场合
带轴承和冷却腔的流体动压式双端面釜用机械密封	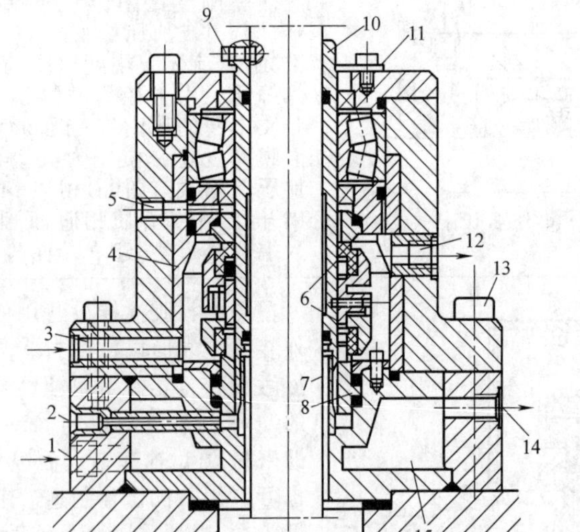 1—冷却水入口；2—接口；3—隔离液入口；4—防腐保护衬套；5—排液口；6—补偿动环；7—衬套；8—静环；9,13—螺钉；10—轴套；11—定位板；12—隔离液出口；14—冷却水出口；15—冷却腔	左图为轴向双端面机械密封，用于密封压力为5MPa 密封端面上开有流体动压循环槽（毫米级深槽），形成润滑油压力楔，提高润滑性能，减少摩擦；提高密封使用压力、速度极限和冷却效应 静环8为非补偿环，采用弹性很大的两个密封圈支承，能很好地适应搅拌轴的摆动和振动。上密封圈用压板压住，保证隔离液压力下降时，不会被釜内压力挤出 密封上部设有单独轴承腔，轴承采用油脂润滑。由上端面泄漏隔离液，经排液口5排出，不会进到轴承腔内，影响轴承运转。密封腔内可以采用与被密封介质相容的流体做隔离液，通常采用油或甘油，也可用水等做隔离液。隔离压力应保持比釜内压力高0.2～0.5MPa 从接口2向密封下部引入适当的溶解剂和软化剂，可防止聚合物沉积在密封下部区域。此外，还能检查存于衬套7内的磨损颗粒，并易于将磨损物和泄漏液排出 该密封为集装式结构，整个密封装在轴套10上；整体装配后备用。安装时用定位板11定位，现场整体套在搅拌轴上，拧紧螺钉9和螺钉13即可，能缩短搅拌釜安装停车时间。运行前，应将定位板11松开撤离。拆卸时反之

续表

<table>
<tr><th>型式</th><th>简　　图</th><th>特点及应用</th></tr>
<tr><td>单端面干气密封</td><td>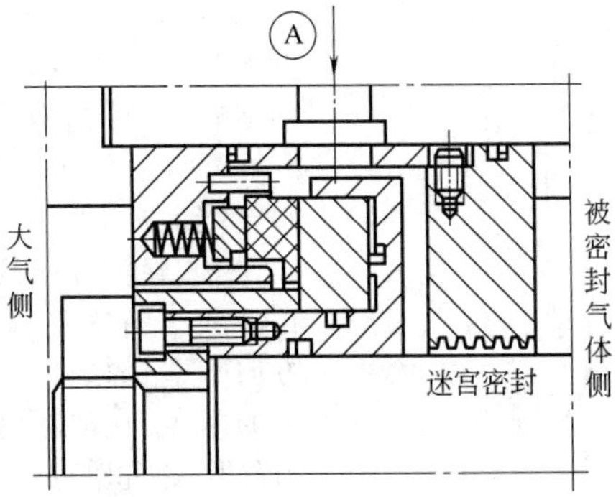
</td><td>这种密封适合使用在被密封气体可以泄漏到大气而不会引起任何危险的场合，如空气压缩机、氮气压缩机和二氧化碳压缩机
当被密封气体比较脏时，应采用图中所示的迷宫密封。由压缩机出口引出高压被密封的气体，经过滤器后得到清洁的气体(称密封气)，直接进入管口Ⓐ，其压力稍高于被密封气体，导致密封腔内的气体朝向被密封气体方向流动，防止脏的被密封气体进入密封内，部分密封气通过密封端面的间隙泄漏到大气中</td></tr>
<tr><td>双端面干气密封</td><td>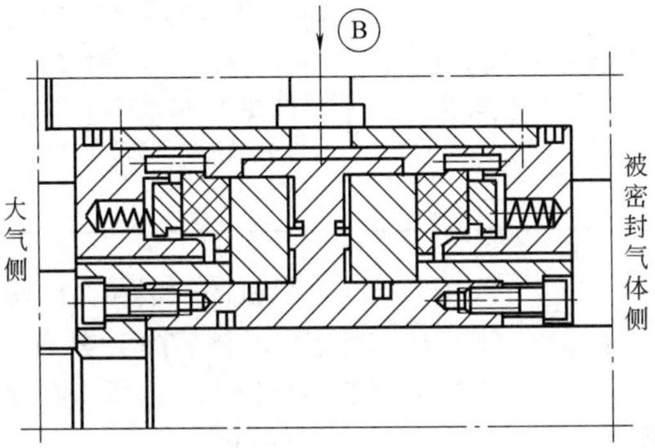
</td><td>这种密封能防止被密封气体漏到大气中，在两个密封之间的管口Ⓑ通入缓冲气，如氮气，氮气压力应比被密封气体压力高。缓冲气一部分通过外侧密封端面间隙漏到大气中，另一部分通过内侧密封端面间隙漏到被密封的气体中，适用于被密封气体不允许泄漏到大气及允许氮气泄漏到被密封气体的场合，如烃类气体及严禁泄漏到大气中的其他危险气体</td></tr>
<tr><td>串联式干气密封</td><td>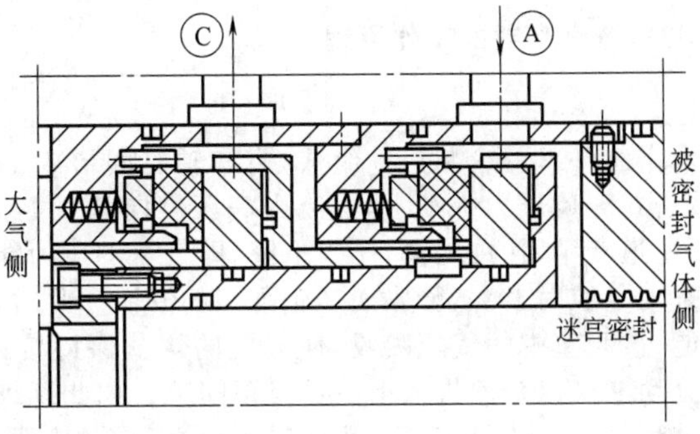
</td><td>这种密封是将两个单端面密封串联起来使用。被密封气体侧的密封承担全部压力差，大气侧的密封作为安全密封，实际上是在无压力条件下运转
压缩机出口引出的被密封的气体由Ⓐ口引入，经内侧密封端面外径向内径方向泄漏，泄漏气体经管口Ⓒ排向火炬。大气侧密封端面仅仅密封火炬和大气之间很低的压力差，故泄漏气体是微量的。当被密封气体比较脏时，迷宫密封应装在被密封气体侧密封的前边。高压被密封工艺气体需经过滤后，通过管口Ⓐ引入密封内
串联干气密封适用于允许微量被密封气体泄漏到大气中的场合，如石油化工生产用工艺气体压缩机</td></tr>
<tr><td>带中间迷宫密封的串联式干气密封</td><td>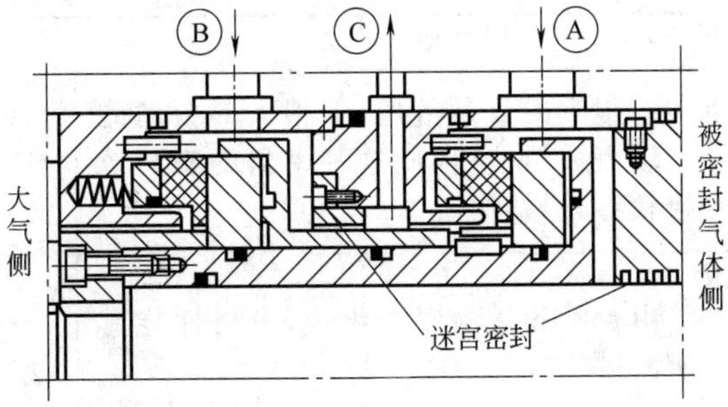
</td><td>在串联式干气密封的两密封端面间装设迷宫密封，用于工艺气体不允许漏到大气，也不允许缓冲气漏到被密封气体中的场合，如氢气、天然气、乙烯、丙烯压缩机
该密封被密封气体侧工作如串联式干气密封；在大气侧增加管口Ⓑ，将缓冲气(氮气或空气)引入密封腔冲洗密封端面。从密封端面泄漏的缓冲气汇同泄漏的工艺气体一起由管口Ⓒ排至火炬。缓冲气的压力应保持通过迷宫密封到火炬的气量是稳定的</td></tr>
</table>

型式	简　　图	特点及应用
螺旋槽双向旋转干气密封	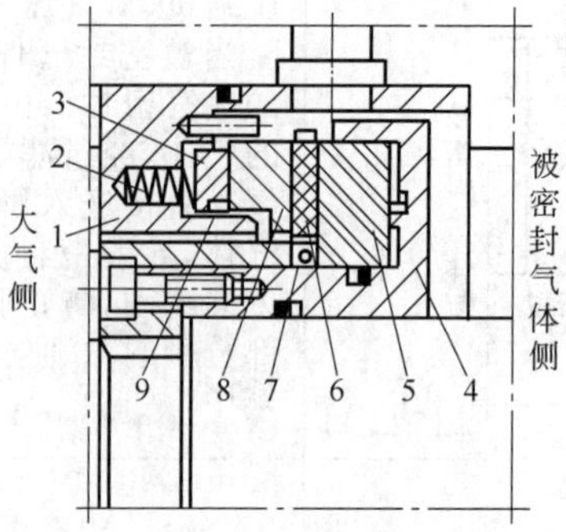 1—密封壳体；2—弹簧；3—推力环；4—轴套；5—动环；6—中间环；7，9—O形圈；8—静环	螺旋槽式干气密封气膜刚度大，摩擦力小，发热量小而广泛使用，但仅适合于一个方向的运转；螺旋槽双向旋转干气密封是在静环8和动环5端面上分别开有螺旋槽，且在两密封端面间用一个石墨制成的中间环6隔开，根据旋转方向的不同，密封端面间隙可以在静环一侧建立，此时动环端面上的螺旋槽方向不适合打开密封端面，它与中间环有很大的摩擦力，动环将带动中间环一起转动，并与静环端面螺旋槽形成干气密封。相反，密封端面间隙也可以在动环上建立（与前述转向相反），此时中间环便与静止一起静止不动，而与动环端面之间形成干气密封；干气密封在静止状态时，动环与静环均与中间环接触，并在各自端面上密封。动环轴向固定在轴套4上

3.7　迷宫密封

迷宫密封又称梳齿密封，由于其转子和机壳间存在迷宫间隙，无接触，不需润滑，允许热膨胀，故可主要用于高温、高速、小压差的气体工况（如汽轮机、离心式压缩机、鼓风机的轴端和级间的密封），或作为其他动密封的前置密封。迷宫密封具有维修简单、寿命长的特点，但其泄漏量较大，不适于有毒和易燃、易爆的场合。

3.7.1　工作原理

3.7.2　密封方式及特点

表 7-3-102　迷宫密封的工作原理

原理简图	工 作 原 理
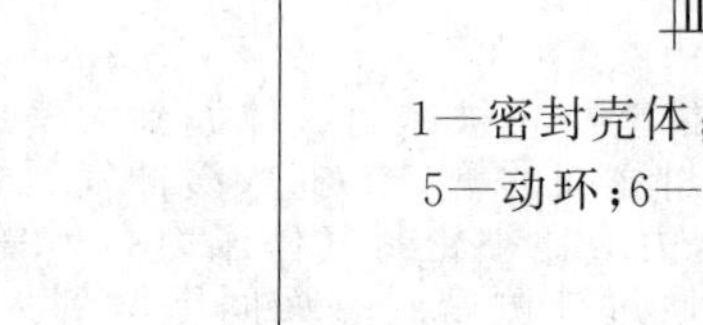	迷宫密封由一组环状的密封齿片组成，齿和轴之间形成了一组节流间隙与膨胀空腔；在被密封介质压力推动下，气流由高压侧向低压侧流动，当气流经过间隙δ时，由于流道变窄，速度增高，压力下降，即气流的压力能转变为速度能。当气流以高速进入空腔时，突然膨胀而产生强烈的漩涡。此时，气流的大部分动能又转化为热能，被腔室中的气流吸收，使气流的焓值保持接近于间隙前的数值。气流残余部分动能又以余速进入下一级齿顶间隙。如此逐级重复上述节流过程及等焓热力过程，使气体压头下降，泄漏量也随之降低，从而达到密封目的

表 7-3-103　迷宫密封方式及特点

密封方式	结构简图	特　点	应　用
直通型迷宫密封	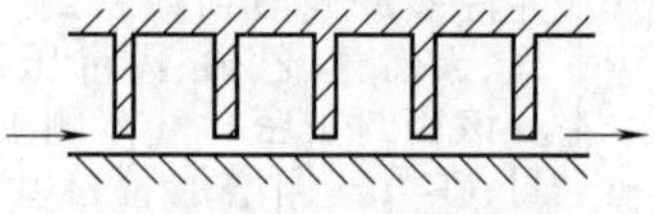	有很大的直通效应，但很大部分动能未转变成热能，因此这种密封的密封效果较差，但结构简单	汽轮机叶片围带气封，压缩机、鼓风机级间气封
复合直通型迷宫密封	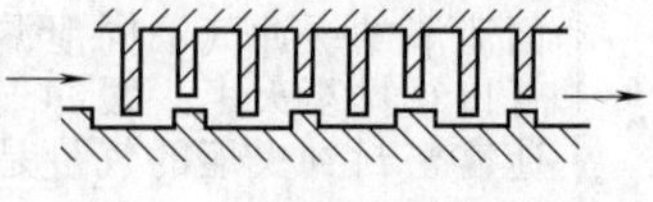	由台阶和梳齿复合组成，密封性能有所改进	压缩机、鼓风机平衡盘、轴端密封

续表

密封方式	结构简图	特点	应用
错列型迷宫密封	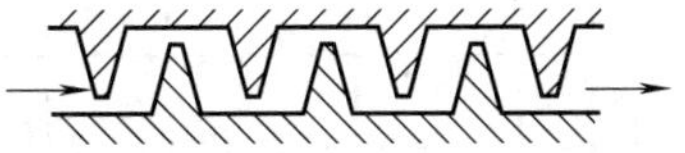	热力学性能比较完善，接近理想密封，密封效果较好，但结构复杂	燃气轮机轴封、轴流式和离心式压缩机轴封、真空泵与真空装置轴封、级间密封等
阶梯型迷宫密封	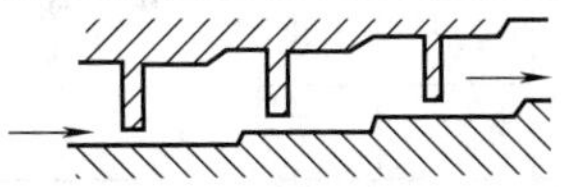	密封面呈阶梯状	压缩机、鼓风机机轮盖密封
斜齿阶梯型迷宫密封	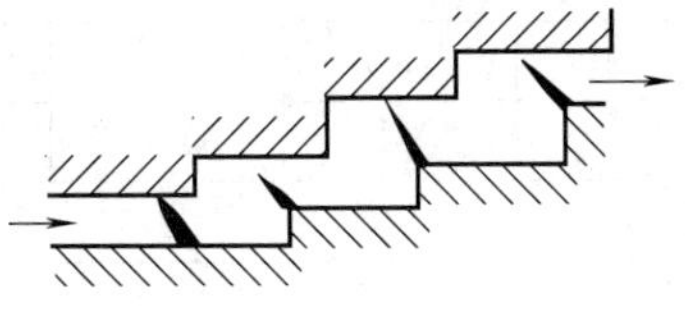	密封效果因斜齿而大为改善	压缩机、鼓风机机轮盖密封
蜂窝密封	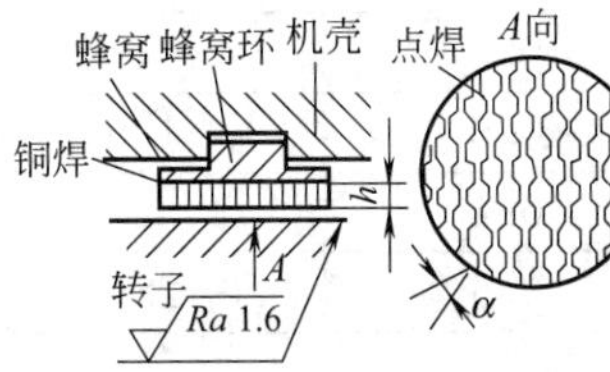	采用蜂窝密封可以改善密封效果，提高转子的动力稳定性	压缩机平衡盘
蜂窝密封与直通型迷宫密封组合的密封	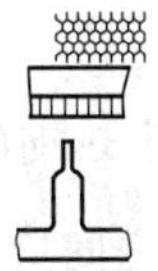	发挥蜂窝密封和直通型迷宫密封的优势	压缩机平衡盘
直通型迷宫与承磨衬套组合的密封	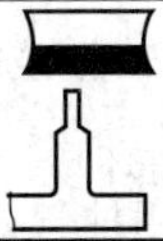	可以减小迷宫间隙，改善密封性能，节省能耗	小功率汽轮机轴端密封

3.7.3 密封的型式及选择

表 7-3-104 迷宫密封的型式及选择

机　　器	介质种类	迷宫型式	备　　注
汽轮机轴封，级间密封	蒸汽	错列型为主	压力较高，旋转密封
燃气轮机轴封，级间密封	燃气	错列型，直通型	高温，小压差，高速旋转
轴流式压缩机轴封，级间密封	空气及其他气体	错列型，直通型	旋转密封
离心式压缩机轴封，叶轮密封	空气及其他气体	径向密封，错列型，直通型	旋转密封
平衡盘密封	—	蜂窝密封	—
真空泵与真空装置轴封	空气或稀有气体	错列型，直通型	旋转密封
罗茨鼓风机轴封，转子密封	空气及其他气体	直通型	正交运动
无油润滑压缩机活塞、活塞杆密封	空气、氧气和其他气体	直通型	往复运动，压力周期变化
各种回转机器，油封	润滑油，脂	错列型，平齿型	回转运动

3.7.4 结构尺寸设计

表 7-3-105　迷宫密封的型式及选择　　/mm

迷宫式密封槽

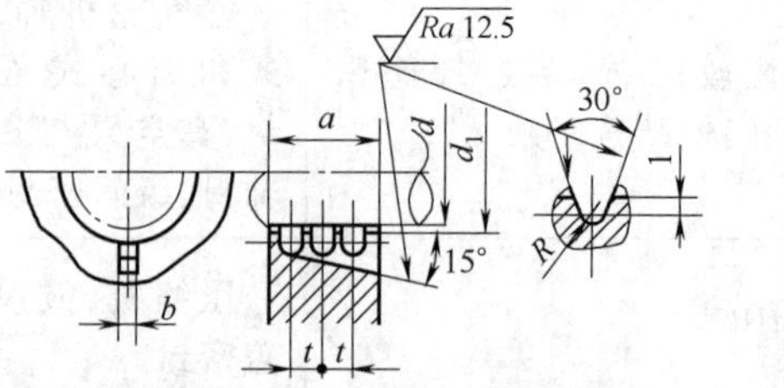

轴径 d	R	t	b	$a_{\min}$	d_1	n(槽数)
25～80	1.5	4.5	4	$nt+R$	$d+1$	2～4
>80～120	2	6	5			
>120～180	2.5	7.5	6			
>180	3	9	7			

径向密封槽

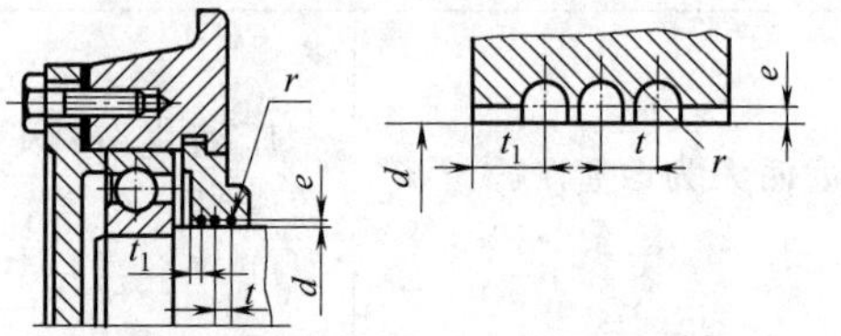

d	10～50	50～80	80～110	110～180	>180
r	1	1.5	2	2.5	3
e	0.2	0.3	0.4	0.5	0.5
t	$3r$				
t_1	$2r$				

轴向密封槽

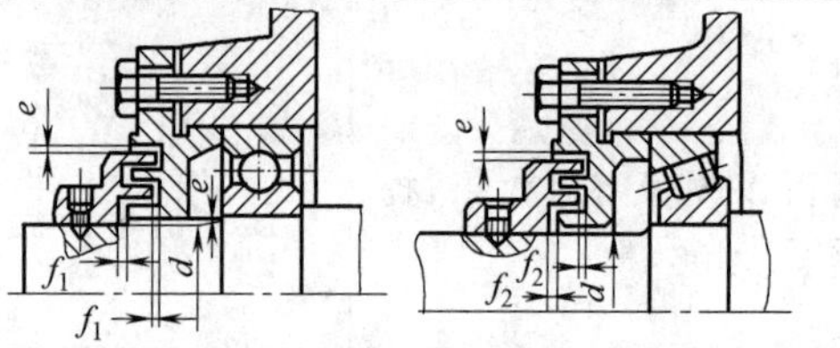

d	e	f_1	f_2
10～50	0.2	1	1.5
>50～80	0.3	1.5	2.5
>80～110	0.4	2	3
>110～180	0.5	2.5	3.5

设计注意事项

(1)迷宫密封的径向间隙 e 至少应为直径的 1/1000，或按下式计算：

$$e=A\frac{D}{1000}+0.25$$

式中，D 为间隙直径，mm；A 为系数，通常，对压缩机取 $A=0.6$；对用奥氏体耐热钢的涡轮机取 $A=1.3$；对其他耐热钢取透平取 $A=0.85$

(2)尽量使气流的动能转化为热能，而不使余速进入下一个间隙。故齿与齿之间应保持适当的间距(间距一般为5～9mm)；或采用高-低齿强制改变气流方向

(3)密封齿要做得尽量薄，并带锐角。齿尖厚度应小于 0.5mm，运行中偶尔与轴相碰时，齿尖先磨损而脱落接触，不致因摩擦出现轴的局部过热而造成事故

(4)由于迷宫密封泄漏量大，在密封易燃、易爆或有毒气体时，要注意防止污染环境。采用充气式迷宫密封，间隙内引入惰性气体，其压力稍大于密封气体压力；如果介质不允许混入充气，则可采用抽气式迷宫密封

3.8 螺旋密封

3.8.1 螺旋密封的方式及特点

表 7-3-106　螺旋密封的方式及特点

密封方式	单向回流式	双向增压式	双向抽空式
结构简图	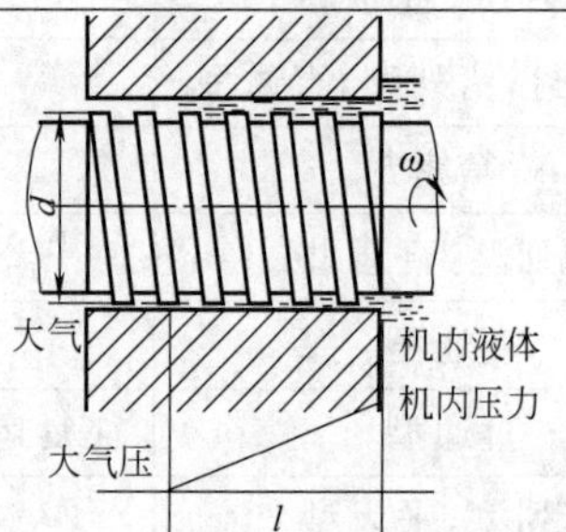	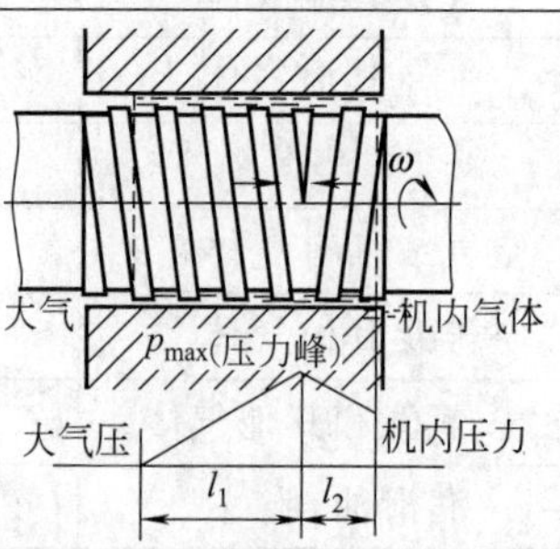	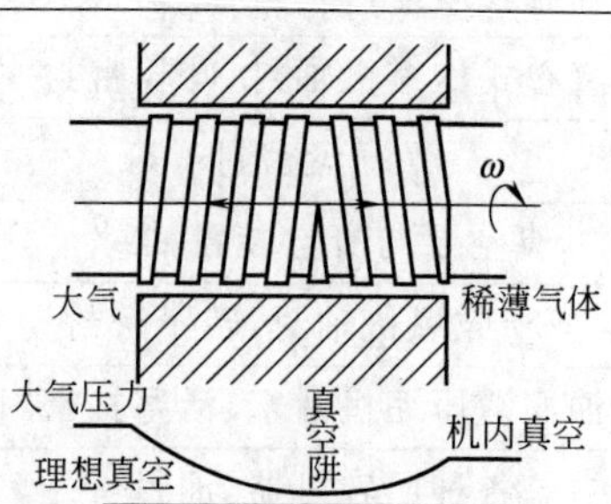

密封方式	单向回流式	双向增压式	双向抽空式
特点及应用	用单段螺旋将漏液打回，用于密封液体或液气混合物；不需外加封液；常用于轴承封油	常用于密封气体或真空；需采用外部供给的高黏度液体作为密封液，两段旋向相反的螺旋将密封液挤向中间，产生超过被封压力的压力峰，形成液封	不需要密封液。在高转速下，两反向螺旋将气体向两侧排出，中间形成高真空阱；可用作真空密封

3.8.2 螺旋密封的设计

表 7-3-107 螺旋密封的设计计算

<table>
<tr><th>项目</th><th colspan="6">设 计 方 法</th></tr>
<tr><td>赶油方向</td><td colspan="6">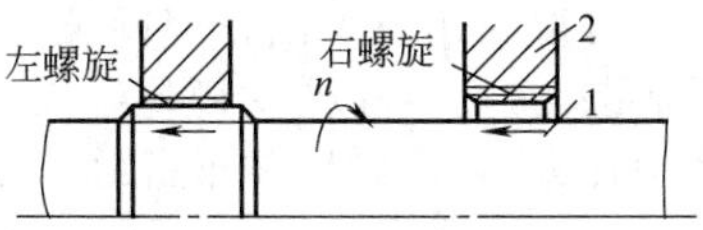

设计时注意螺旋密封的赶油方向，如图所示，设轴的旋转方向从右向左看为顺时针方向。如欲使赶油方向向左，当螺旋加工于轴 1 上时，应为左螺纹；当螺纹加工于壳体 2 的孔内时，则螺纹方向应为右螺纹</td></tr>
<tr><td>密封间隙</td><td colspan="6">通常，间隙 $c=(0.6/1000\sim2.6/1000)d$，或取 $c=0.2$mm，式中，d 为密封轴径，mm</td></tr>
<tr><td>螺纹形式</td><td colspan="6">提高密封压力——三角形螺纹最好，梯形螺纹中等，矩形螺纹最差
提高输油量——梯形螺纹最好，三角形螺纹中等，矩形螺纹最差
因矩形螺纹加工方便，所以仍应用较广泛</td></tr>
<tr><td rowspan="6">矩形螺纹尺寸</td><td>轴径/mm</td><td>10～18</td><td>>18～30</td><td>>30～50</td><td>>50～80</td><td>>80～120</td></tr>
<tr><td>直径间隙/mm</td><td>0.045～0.094</td><td>0.060～0.118</td><td>0.075～0.142</td><td>0.095～0.175</td><td>0.120～0.210</td></tr>
<tr><td>螺距/mm</td><td>3,5</td><td>7,10</td><td>7,10</td><td>10</td><td>16,24</td></tr>
<tr><td>螺纹头数</td><td>1</td><td>2</td><td>2</td><td>3</td><td>4</td></tr>
<tr><td>螺纹槽宽/mm</td><td>1</td><td>1</td><td>1.5、2</td><td>1.5</td><td>2</td></tr>
<tr><td>螺纹槽深/mm</td><td>0.5</td><td>0.5</td><td>1.0</td><td>1.0</td><td>1.0</td></tr>
<tr><td rowspan="4">矩形螺纹槽参数</td><td colspan="2">螺旋角 α</td><td colspan="4">一般取 7°～15°</td></tr>
<tr><td colspan="2">螺纹槽形状比 ω</td><td colspan="4">一般取 $\omega\geqslant4$</td></tr>
<tr><td colspan="2">相对螺纹槽宽 u</td><td colspan="4">一般取 0.5 或 0.8</td></tr>
<tr><td colspan="2">相对螺纹槽深 v</td><td colspan="4">一般取 4～8</td></tr>
<tr><td>密封轴线速度</td><td colspan="6">螺旋密封适用于线速度小于 4m/s 的场合</td></tr>
<tr><td>轴与轴孔的偏心</td><td colspan="6">当偏心较大时，会造成螺纹与孔之间两侧的间隙不同，泄漏会在宽间隙一侧产生，同时会降低密封的使用寿命</td></tr>
<tr><td>密封压差</td><td colspan="6">密封压差主要由被密封介质压力决定。如果密封液就是机内被密封介质，则密封压差等于机内被密封介质压力与大气压力之差；如果被密封介质为气体，其压力为 p_1，则密封液压力 p_2 应略高于 p_1。密封压差 $\Delta p=p_1-p_2$，通常取 $\Delta p=0.05\sim0.1$MPa；如果机内为负压，则 p_2 应略高于大气压力</td></tr>
<tr><td>密封液</td><td colspan="6">密封气体时，密封液的选择是很重要的。它应该满足下列要求：密封液对被密封的气体必须是稳定的；密封液有较大的黏度和较平坦的黏度-温度曲线，必要时需设有冷却措施；密封液有较大的热导率、表面张力；密封液有较低的饱和蒸汽压，对真空密封尤为重要，被密封气体有较小的溶解度</td></tr>
<tr><td>停车密封</td><td colspan="6">由于螺旋密封在低速和静止状态下不能起密封作用，故设计既简单又可靠的停车密封是很重要的。停车密封有多种，如皮碗、骨架油封、滑阀式、端面式等</td></tr>
</table>

3.9 离心密封

3.9.1 离心密封结构形式

表 7-3-108 离心密封的结构形式

形 式	结构简图	特点及应用
简单离心密封	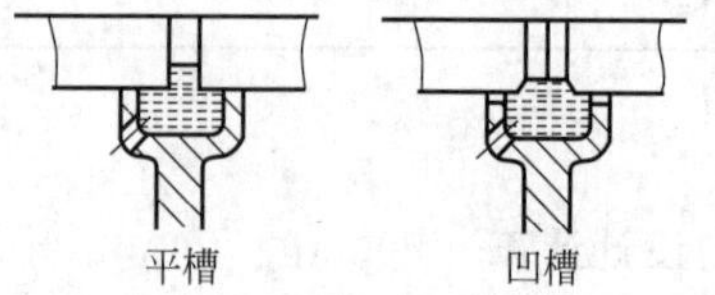	在光滑轴上车出 1～2 个环形槽,可以阻止液体沿轴爬行,使其在离心力作用下沿沟槽端面径向甩出,由集液槽引至回液箱,这是最简单的离心密封,常用作低压轴端密封
背叶轮密封	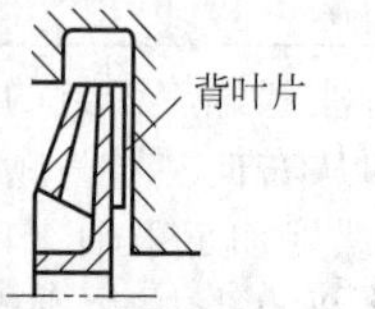	在工作叶轮的背面设置若干直的和弯曲的叶片。起到降压密封作用。可以采用较大的密封间隙,磨损小,寿命长,可以做到接近零泄漏,常用于输送含固体介质的杂质泵、矿浆泵中,但密封功率消耗大,且需配置停车密封
副叶轮密封	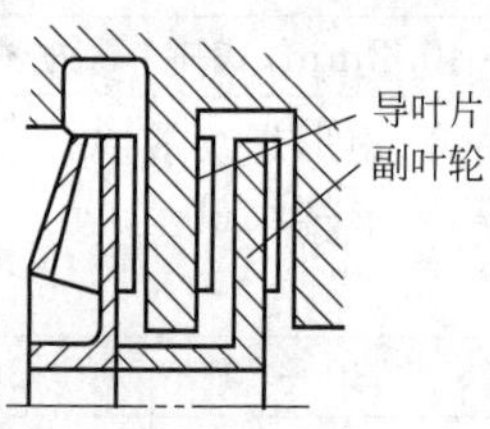	在工作叶轮的后面,再另外设置一个叶轮(副叶轮)来起到降压密封作用。此外,一般还在副叶轮密封腔内侧设置了若干固定导叶片,起到稳流和部分消除副叶轮光滑面的增压作用,进一步提高副叶轮的密封能力。可以采用较大的密封间隙,磨损小,寿命长,可以做到接近零泄漏,常用于输送含固相介质的杂质泵、矿浆泵中,但密封功耗大,且需配置停车密封

3.9.2 离心密封的计算

表 7-3-109 离心密封的设计计算

项目	设计计算		符号说明
密封气体用离心密封的计算	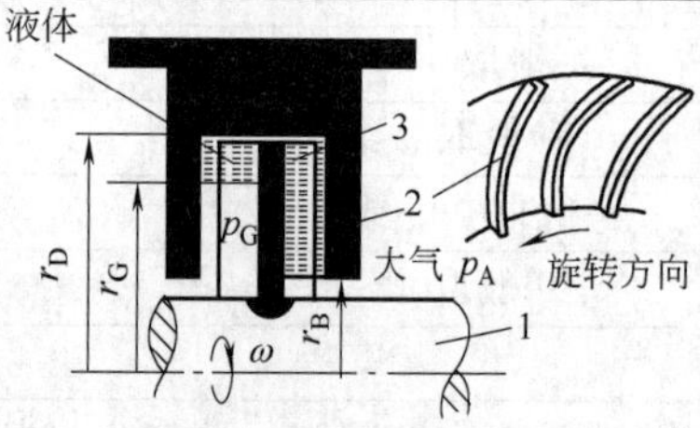 密封气体用带后弯叶片旋转圆盘离心密封 1—轴;2—叶片;3—旋转盘	以左图所示密封气体的离心密封结构为例,计算其密封能力 该结构密封气体的最大压力为 $p_G-p_A=C_v\frac{\rho}{2}\omega^2(r_G^2-r_B^2)$	C_v——压力折减系数 ρ——流体密度 ω——轴旋转的角速度 k——反压系数 s——叶片侧密封腔总宽度 t——叶片宽度 c——叶片顶面至壳壁之间的间隙 C_s——副叶轮光滑面升压系数,无固定导叶副叶轮的升压系数一般为 0.25～0.3,有固定导叶副叶轮的升压系数一般为 0.02
密封液体用离心密封的计算	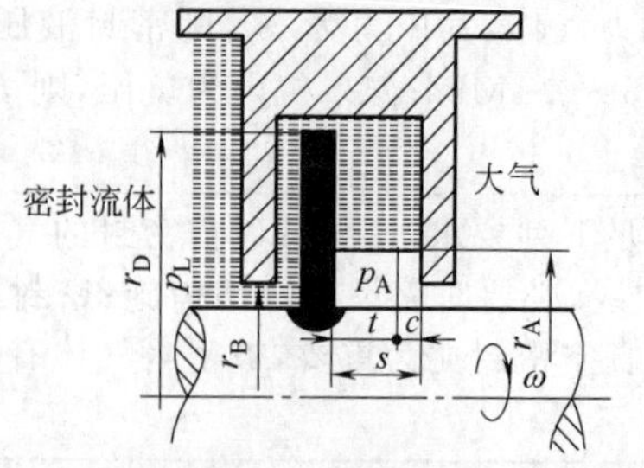 密封液体用离心密封(背叶轮密封、副叶轮密封)	背叶轮密封和副叶轮密封的密封能力计算 该结构密封气体最大压力为 $p_L-p_A=k\frac{\rho}{2}\omega^2(r_D^2-r_A^2)$ $k=\left(\frac{s+t}{2s}\right)^2$ 若考虑副叶轮光滑面对液体的升压作用,则副叶轮离心密封的密封能力 $p_L-p_A=\frac{\rho}{2}\omega^2[k(r_D^2-r_A^2)-C_s(r_D^2-r_B^2)]$	

续表

项目	设 计 计 算	符号说明
功率损耗	离心密封的功率损耗，包括圆盘摩擦损失和环流搅拌损失，用于液体环境可按下式计算 $$P=C_{\mathrm{m}}\frac{\rho}{2}\omega^2 r_{\mathrm{D}}^5$$	C_{m}——摩擦有关的系数，取决于密封的具体结构和流体的雷诺数 其余符号的含义如图中所示
结构要素	①副叶轮叶片高度：高度增大，可提高承压能力，一般 12mm 左右，必要时可增大至 25mm。②轴向间隙：轴向间隙过大会使副叶轮承压能力下降，间隙过小，安装调整困难，并容易出现气体夹带现象，故一般取 1mm。③径向间隙：根据介质和结构实际情况确定径向间隙。④副叶轮外径：外径大能提高承载能力，但功耗增大，尽量取小值。⑤固定导叶：在泵后盖上制出 8～12 片径向固定导叶，可提高副叶轮的承载能力	

3.10 停车密封

停车密封是动力密封的重要组成部分。当转速降低或停车时，动力密封便失去密封能力，就要依靠停车密封来阻止泄漏。停车密封应具备即开即闭的功能，即停车时能及时而迅速地实现密封；启动及正常运转时，停车密封密封面能及时和迅速打开，以免密封面磨损和增加功耗。

处动力密封外，某些液封和气封也带有停车密封，以便停车后将液封、气封系统关闭。停车密封的结构类型有很多，常用停车密封见表 7-3-110。

表 7-3-110 停车密封的种类及应用

形式	结 构 简 图	特点及应用
填料式停车密封	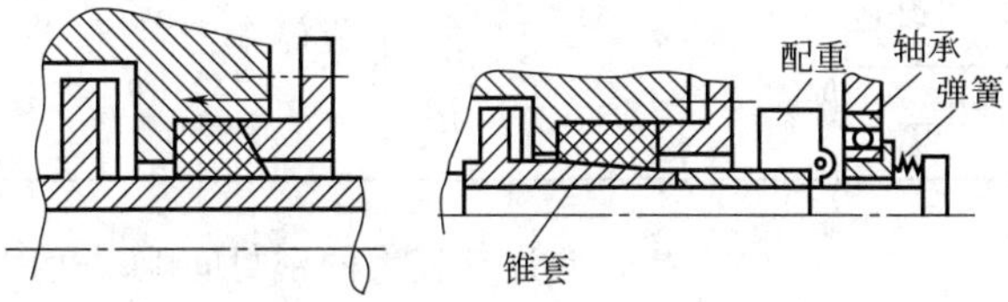 (a) 人工松紧式 (b) 机械松紧式	填料停车密封，简单可靠，易实现。人工松紧式结构简单，价格便宜，但操作稍麻烦，可靠性差，且工作时填料有磨损。机械式松紧式在开车时，随转速的增大，配重在离心力作用下飞开，弹簧被压缩，而锥套被推动左移，填料松开；停车时，配重在弹簧作用下回位，锥套右移将填料压紧；这种停车密封结构复杂，但填料可自动松紧，摩擦、磨损小，密封性好
与螺旋密封组合的压力调节式停车密封	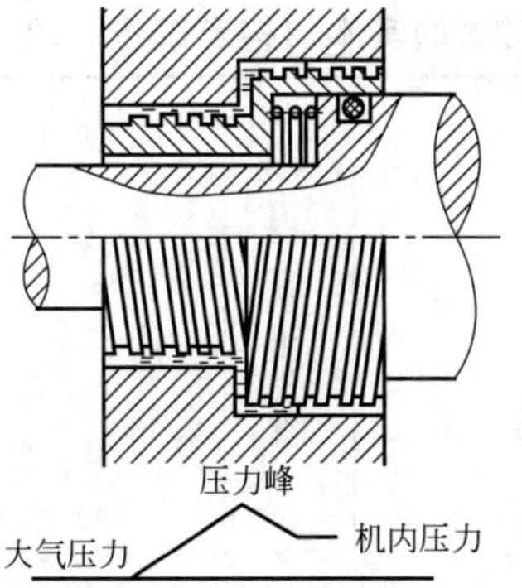	与螺旋密封组合的压力调节式停车密封。停车时，可在轴上移动的螺旋套，在弹簧力的推动下，使其台阶端面压紧而实现密封。运行时，两段反向的螺旋使间隙中的黏性流体在端面处形成压力峰，作用于螺旋轴的台阶端面使其与壳体端面脱离接触

形式	结构简图	特点及应用
离心式停车密封	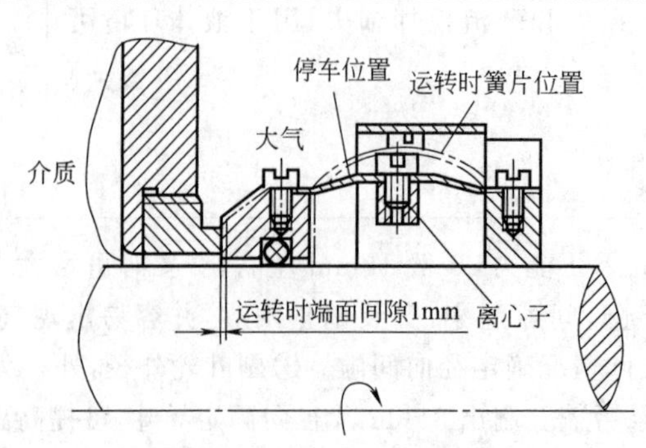	弹簧片离心式停车密封，当机器启动后，弹簧片上的离心子在离心力作用下向外甩，将弹簧片顶弯，而使两密封端面脱开，成为非接触状态；机器的密封由其他动力密封来实现；停车时装在旋转轴上的三个弹簧片平伸，将端面压紧，实现停车密封
滑阀式停车密封	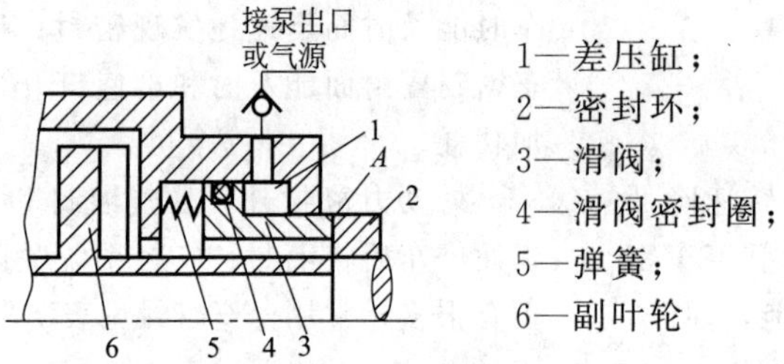	带有滑阀的停车密封，其运转时，差压缸充压，使滑阀左移，密封面 A 脱开，同时弹簧被压缩；停车时，差压缸卸压，滑阀在弹簧作用下右移，滑阀与密封环贴紧而形成停车密封
气控胀胎式停车密封	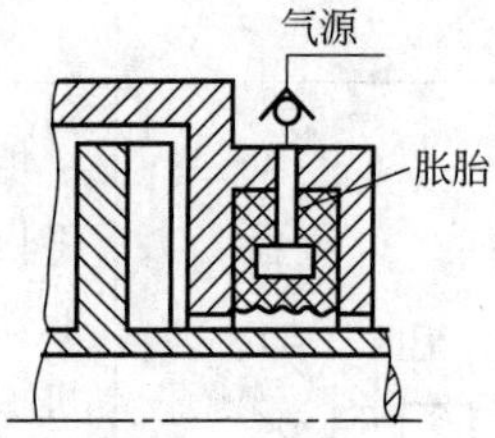	气控胀胎是停车密封，运转时将胀胎中气体放空，使胀胎脱开轴套表面；停车时，对胀胎充气，胀胎抱紧轴套表面而形成停车密封

3.11 磁流体密封

磁流体密封是近年来发展起来的一种新型密封。它可达到无泄漏、无固体摩擦。对轴的表面粗糙度要求不高，允许有较大的密封间隙。适用于高真空、高速运转，但承受的压差较小，不耐高温，耐蚀性能亦较差。故近年来应用于釜用高速搅拌，计算机磁盘防尘密封等。

3.11.1 基本结构及工作原理

表 7-3-111　磁流体密封的基本结构及工作原理

基本结构	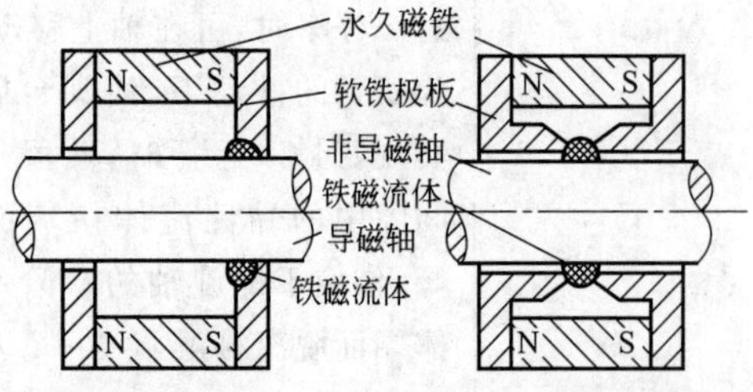 (a) 磁通经过轴　(b) 磁通不经过轴	原理简图	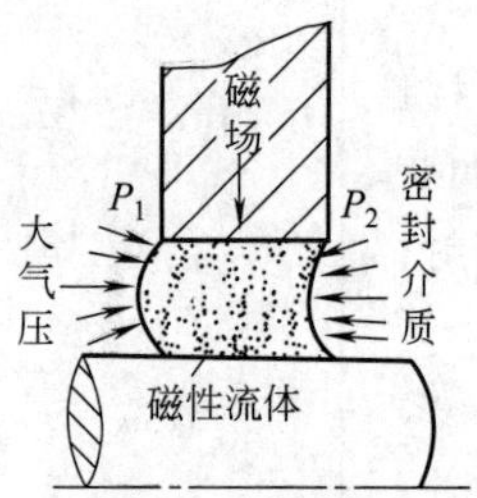

工作原理	磁流体密封有两种结构形式，图(a)为磁通经过轴，磁铁两侧磁极和转轴构成磁路，磁极尖端磁通密度大，磁场强度高，铁磁流体集中而形成磁流体圆形环，起到密封作用；图(b) 为磁通不经过轴，轴的材料为非导磁材料，由磁铁和极板构成磁路 铁磁性超级微颗粒在低挥发度的液体中构成稳定的胶体溶液，即为铁磁流体。铁磁流体在密封间隙中受到磁场作用，形成强韧的液体膜，于是在此形成了具有高磁能的弹性液体密封圈，阻止泄漏。只要密封介质施加在磁性液体上的轴向剪切力所作用的力小于磁场中磁性流体所具有的磁能，则磁流体膜就能承受这个压力而保持不破裂，从而达到密封目的。若密封介质压力大于磁场中磁性流体所具有的磁能，磁流体液环将会被吹破，两侧压力趋于平衡，磁流体液环自行修复 膜内的磁质点被分散剂和载液分割而不会聚胶，仍保持液体特性，对轴无固体摩擦

3.11.2 磁流体的组成与性能

磁流体是由磁性微粒、分散剂和载液组成的一种悬浮胶体溶液。磁性微粒由 Fe_3O_4、$\gamma\text{-}Fe_2O_3$、CrO_3 等加工制成，颗粒直径要求小于 100A（10^{-10}m）；分散剂为各种表面活性剂，如油酸、二脂酸、氟醚酸等，其极化基吸附于磁粒表面形成单分子保护层，使得在载液中不聚胶；载体可用水、矿物油、硅油等润滑性能好、饱和蒸汽压低并具有适当黏度的液体。

总之，对磁流体要求：高磁饱和强度、低挥发度、长期不聚胶沉降、适当的黏度、较好的耐热和耐蚀性。表 7-3-112 列出几种常用磁流体的特性。

3.11.3 磁流体密封的特点及使用

表 7-3-112 常用磁流体的特性

磁流体	W-35	HC-50	DEA-40	DES-40	NS-35	L-25	FX-10
外观	黑色液态	黑褐色液态	黑色液态	黑色液态	黑色液态	黑色液态	黑色液态
磁化/4πM(T)	0.036±0.002	0.042±0.002	0.040±0.002	0.040±0.002	0.030±0.002	0.018±0.002	0.010±0.002
密度/g·cm^{-2}	1.35	1.30	1.40	1.40	1.27	1.10	1.24
黏度(25℃)/Pa·s	0.03%±20%	0.03%±20%	0.02%±20%	0.03%±20%	1.0%±20%	0.3%±20%	—
沸点(0.1013MPa)/℃	100	180～212	335	377	—	—	240～260 (266.64Pa)
流动点/℃	0	−27.5	−72.5	−62	−35	−55	−35
着火点/℃	—	65	192	215	225	244	233
蒸气压/Pa	—	—	33.3 (200℃时)	66.7 (200℃时)	0.33×10^{-8} (200℃时) 0.66(150℃时)	—	—
载液	水	煤油	二酯	二酯	醇酸萘	合成油	磷酸二酯

表 7-3-113 磁流体密封的特点及使用

特点	优点	(1)因为是液体形成的密封，只要在允许的压差范围内，可以实现零泄漏，因而对于剧毒、易燃、易爆、放射性物质，特别是贵重物质及高纯度物质的密封具有非常重要的意义 (2)因为是非接触式密封，不存在固体摩擦，仅有磁流体内部的液体摩擦，因此，功率消耗低，使用寿命长，易于维护。密封寿命主要取决于磁流体的消耗，而磁流体又可以在不影响设备正常运转的情况下，通过补加孔加入，以弥补磁流体的损耗 (3)结构简单，制造容易。没有复杂的零部件，且对轴的表面质量和间隙加工要求不高 (4)特别适用于含固体颗粒的介质。这是因为磁流体具有很强的排他性，在强磁场作用下，磁流体能将任何杂质排出磁流体外，从而不至于因存在固体颗粒的磨损造成密封提前失效的情况

特点	优点	(5)可用于往复式运动的密封。通常只需将导磁轴套加长,使导磁轴套在做往复运动的整个行程中都不脱离外加磁场和磁极的范围,使磁流体在导磁轴套上相对滑动,并始终保持着封闭式的密封状态 (6)轴的对中性要求不高 (7)能够适应高速旋转运动,特别是在挠性轴中使用。当轴的线速度达到 20m/s 时,离心力就不可忽略了 (8)瞬时过压,在压力回落时,磁流体密封可自动愈合
	缺点	(1)磁流体密封能适用的介质种类有限,特别是对石油化工行业 (2)要求工艺流体与磁流体互相不溶合 (3)受工艺流体蒸发和磁铁退磁的限制 (4)不耐高压差(<7MPa) (5)耐温范围小 (6)不能对任何液体都安全应用,目前多用于蒸汽和气体的密封 (7)磁流体尚无法大量供应
提高密封间隙中磁场强度的措施		(1)提高外加磁场强度 (2)尽可能缩小磁极与导磁轴套之间的间隙 (3)提高磁极与导磁轴套的导磁能力,改善磁回路,以尽量减少磁能损失,从而提高间隙中的磁场强度
提高磁流体饱和磁化强度的措施		(1)选用饱和磁化强度高的磁性材料 (2)提高磁粉在载体中的浓度 (3)控制合适的温度,一般温度超过 100℃时,饱和磁化强度会大大降低
提高磁流体黏度的措施		磁流体作为液体,具有表面张力、黏度等液体力作用,表面张力高、黏度大的磁流体,其密封能力也强;但黏度大也会造成动力消耗增加,从而导致发热量大、温升过高,故对提高磁流体的黏度应综合考虑
级数选择		选取合理的级数,在外加磁场一定时,采用尽可能多的级数将能充分利用磁能,达到最高的密封能力
磁流体密封的典型应用		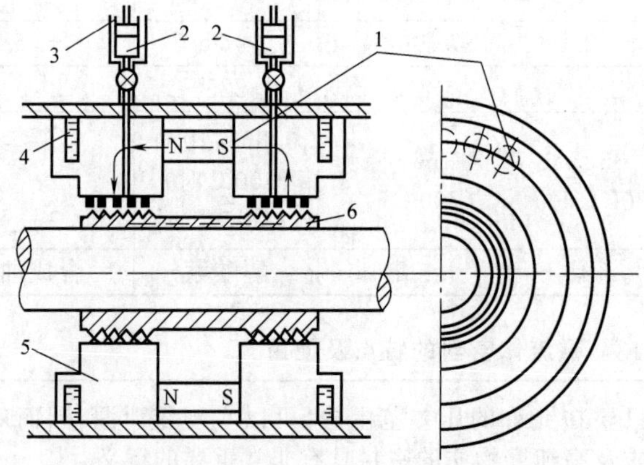 具有磁流体补充装置和冷却水槽的密封 1—永久磁铁;2—磁流体;3—补充磁流体装置;4—水冷却槽;5—环形磁极;6—导磁轴套

第8篇

机械传动

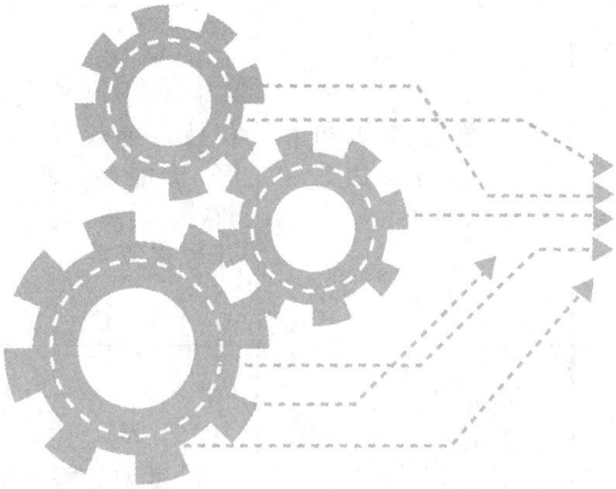

第1章 带传动

1.1 带传动的类型、特点及应用

带传动的类型很多，几种常用带的类型、特点及应用见表 8-1-1，带传动形式特点及适用性见表 8-1-2，带传动的效率见表 8-1-3。

表 8-1-1 常用带传动的类型、特点及应用

类型		简图	结构	特点	应用
平带	普通平带（胶帆布平带）	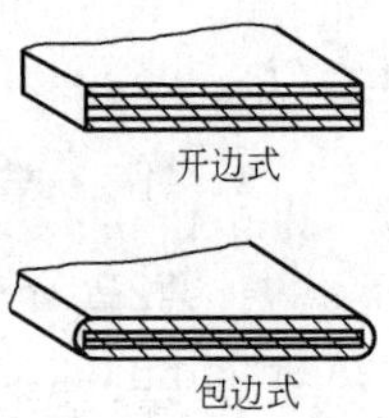	由数层胶帆布粘接而成，有开边式和包边式两类	抗拉强度较大，预紧力保持性能较好，耐湿性较好，价廉；承受过载能力较小，耐热、耐油性较差；开边式较柔软	功率 $P<500\text{kW}$，速度 $v<30\text{m/s}$，传动比 $i\leqslant7$，可用于交叉、半交叉及有导轮的角度传动
	聚酰胺片基复合平带	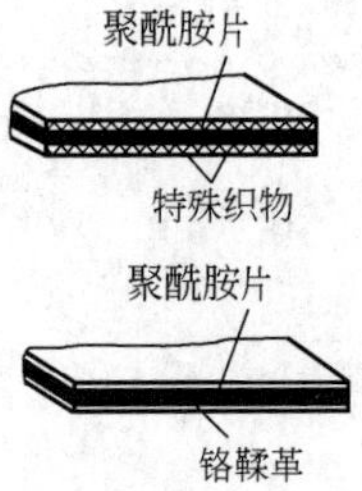	以聚酰胺片基为抗拉体，在其一面或两面贴有铬鞣革、胶帆布或特殊织物	强度高、摩擦因数大，弹性模量大，挠曲性好，不易松弛	用于大、中功率传动，薄型可用于高速传动
V带	普通V带	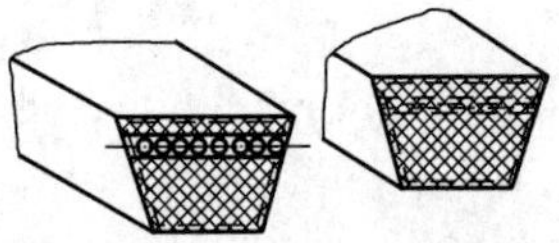	抗拉体为帘布芯或绳芯，楔角为 40°，相对高度 h/b 近似为 0.7，梯形截面环形带	较平带摩擦力大，允许包角小，传动比大，轴间距小，预紧力小，外廓尺寸小，绳芯结构带体柔软，曲挠疲劳性好	功率 $P<500\text{kW}$，速度 $v<20\sim30\text{m/s}$，传动比 $i\leqslant10$，轴间距较小的传动，应用广泛
	窄V带	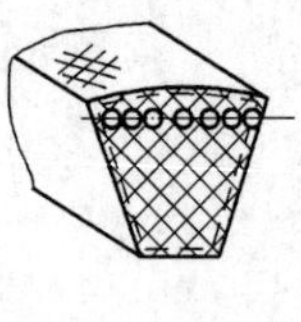	抗拉体为绳芯，楔角为 40°，相对高度近似为 0.9，梯形截面环形带	除具有普通 V 带的特点外，能承受较大的预紧力，允许速度和曲挠次数高，寿命延长，结构紧凑，传递功率增大，带轮的宽度和直径可减小，费用比普通 V 带降低 20%～40%	功率 $P<700\text{kW}$，$v<35\sim40\text{m/s}$，$i\leqslant10$，结构紧凑的传动，应用很广
	联组V带	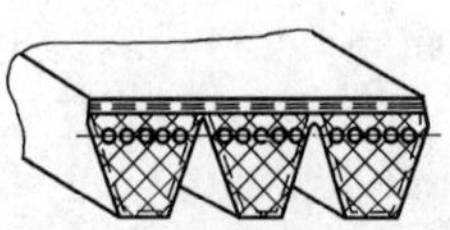	将几根相同的普通 V 带或窄 V 带的顶面用胶帘布等距离粘接而成，有 2，3，4 根或 5 根连成一组	各根 V 带长度一致，受载均匀，可减少运转中振动，避免带在轮槽中扭转，增加了传动稳定性，耐冲击性能好，要求带轮尺寸加工精度高	用于结构紧凑、载荷变动大、要求高、传递功率大的传动

类型		简图	结构	特点	应用
同步带	梯形齿同步带	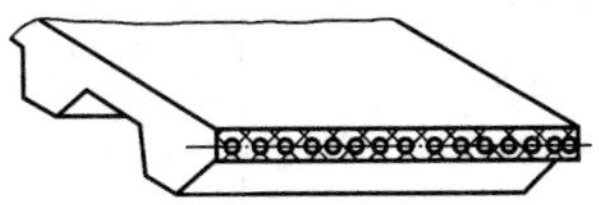	工作面有梯形齿，抗拉体为玻璃纤维绳芯或钢丝绳芯的环形带，基体为氯丁橡胶和聚氨酯橡胶两种	靠啮合传动，速比准确，传动效率高，初张紧力小，压轴力小，结构紧凑，耐油、耐磨性好，安装制造要求高	功率 $P<300\text{kW}$，速度 $v<60\text{m/s}$，传动比 $i<10$，要求同步的传动，载荷大时应选橡胶同步带，载荷小或有耐油要求时，选聚氨酯同步带
	圆弧齿同步带	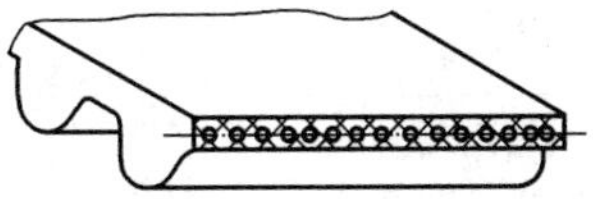	工作面有弧形齿，抗拉体为玻璃纤维绳芯或合成纤维绳芯的环形带，基体为氯丁橡胶	与梯形齿同步带相同，但工作时，齿根应力集中小，承载能力大，寿命更长，传递功率比梯形带高1.2～2倍	用于大功率的传动

表 8-1-2　带传动形式、特点及适用性

传动形式	简图	允许带速 $v/\text{m}\cdot\text{s}^{-1}$①	传动比 i②	相对传递功率/%	安装条件	特点和应用	平带		V带			同步带
							普通平带	复合平带	普通V带	窄V带	联组V带	
开口传动	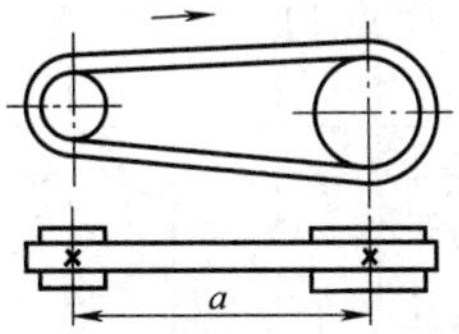	25～50	≤5 (≤7)	100	轮宽中心平面重合	结构简单，用于平行轴、双向、同旋向传动	✓	✓	✓	✓	✓	✓
交叉传动	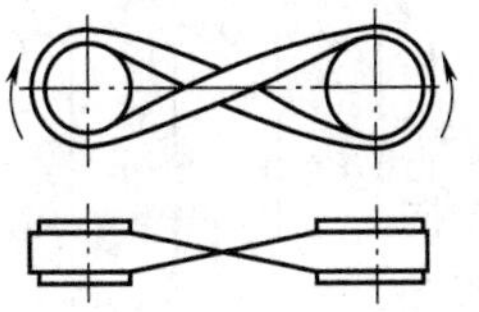	15	≤6	70～80		用于轴间距较大的平行轴、双向、反旋向传动	✓	△	×	×	×	×
半交叉传动	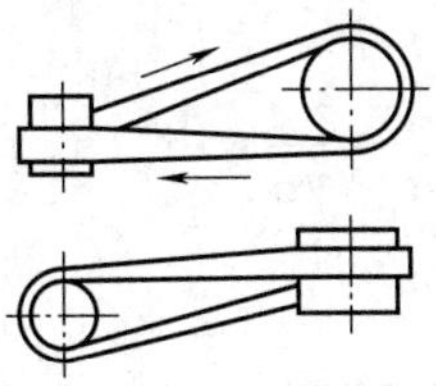	15	≤3 (≤2.5)	70～80	一轮宽中心平面通过另一轮带的绕出点	用于交错轴、单向传动，交错角通常为90°	✓	✓	△	△	△	×
有张紧轮的平行轴传动	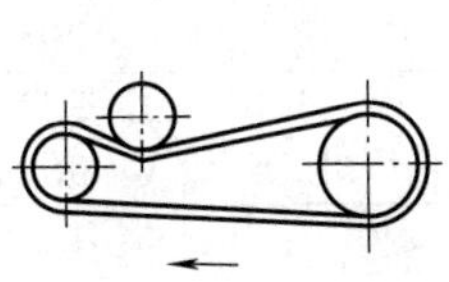	25～50	≤10	≥100	同开口传动，张紧轮装在松边接近小带轮处，接头要求高	用于轴间距小、传动比大的平行轴、单向、同旋向传动	✓	✓	✓	✓	✓	✓

续表

传动形式	简图	允许带速 v/m·s^{-1}①	传动比 i②	相对传递功率/%	安装条件	特点和应用	平带		V带			同步带
							普通平带	复合平带	普通V带	窄V带	联组V带	
角度传动	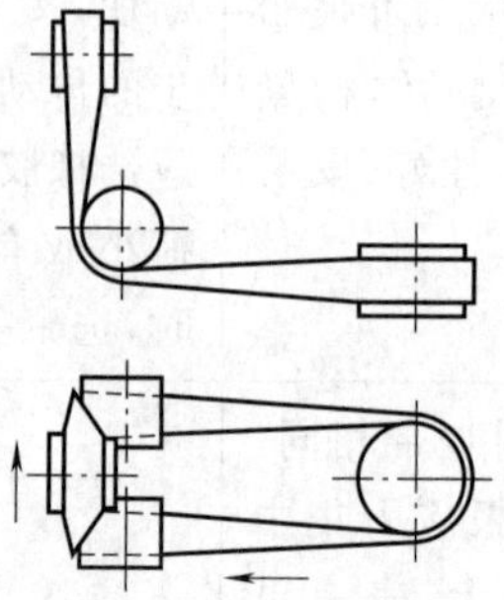	15	≤4	70～80	两轮轮宽中心平面应与导轮圆柱面相切	带轮两轴线相交的带传动	✓	△	×	×	×	×
多从动轮传动	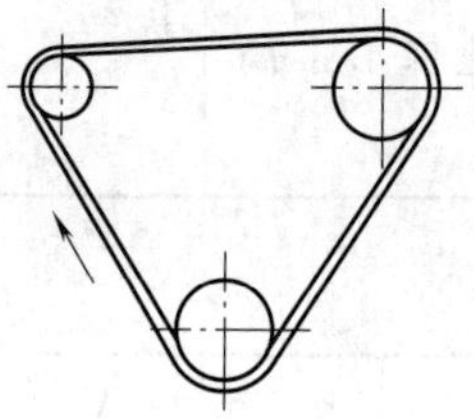	25	≤6	—	各轮轮宽中心平面重合	简化传动结构，带的曲挠次数多，寿命短，用于变轴传动	✓	✓	✓	✓	✓	✓
用拨叉移动的带传动-游轮传动	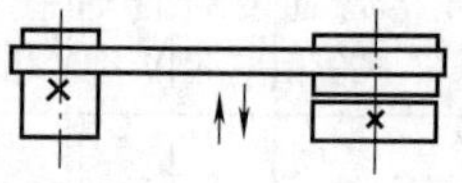	25	≤5	100		从动轴可获得间歇运动，用于平行轴、同旋向传动	✓（适用包边式）	×	×	×	×	×
塔轮传动	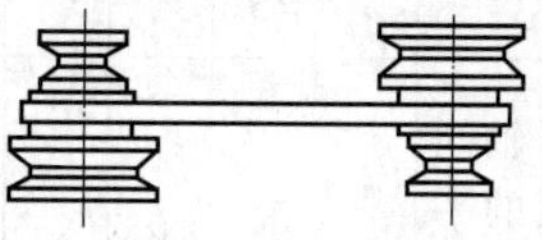	25～50	≤5（ϕ③—公比、通常取1.25～1.75；金属切削机床取2）	100	轮宽中心平面重合	是一种有级变速的带传动，变速级数一般为3～5级。结构简单，制造容易，用于平行轴、双向、同旋向传动	✓	✓	✓	✓	×	×

① $v>30$m/s时，只适用于高速带、同步带等。

② 括号内的 i 值只适用于V带、同步带、多楔带等。

③ 若主动轴的转速为 n_1，从动轴的转速分别为 n_{21}、n_{22}、n_{23}、…，则公比 $\phi=\frac{n_{22}}{n_{21}}=\frac{n_{23}}{n_{22}}=\cdots$。

注：表内符号：✓—适用；△—不合理，寿命短；×—不适用。

表 8-1-3 带传动的效率

带的种类	效率/%	带的种类	效率/%
平带①	83～98	有张紧轮的平带	80～95
普通平带②		窄V带	90～95
帘布结构	87～92	多楔带	92～97
绳芯结构	92～96	同步带	93～98

① 复合带取高值。

② V带传动的效率与$\frac{d_1}{h}$（d_1—小带轮直径；h—带高）有关：当$\frac{d_1}{h}\approx 9$时取低值，$\frac{d_1}{h}\approx 19$时取高值。

1.2 V带传动

V带和带轮有两种宽度制，即基准宽度制和有效宽度制。

V带在作垂直底边的纵向弯曲时，在带中保持不变的周线称为V带的节线，由全部节线组成的面称为节面，V带的节面宽度为节宽，当带绕在带轮上而弯曲时，节宽不变。

基准宽度制是以基准线的位置和基准宽度 b_d [见图8-1-1 (a)] 来定义带轮的轮槽、基准直径和V带在轮槽中的位置。轮槽的基准宽度位置与所用V带节面处于同一位置，它是表示轮槽截面的特征值，是V带与带轮标准化的基本尺寸。在轮槽基准宽度处的直径是带轮的基准直径。

有效宽度制是以轮槽两侧面最外端的槽宽 b_e [见图8-1-1 (b)] 为有效宽度，在轮槽有效宽度处的直径称为带轮的有效直径。

由于尺寸制不同，带的长度分别以基准长度和有效长度来表示。基准长度是在规定的张紧力下，V带位于

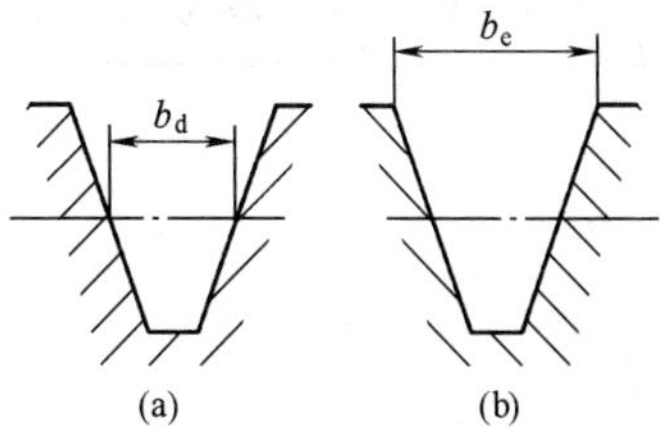

图 8-1-1　V带的两种宽度制

测量带轮基准直径处的周长。有效长度则是在规定的张紧力下，V带位于测量带轮有效直径处的周长。

普通V带和窄V带是采用基准宽度制，N系列窄V带和J系列的联组窄V带采用有效宽度制。这两种系列窄V带在我国都生产使用，并列入国家标准。两者的设计方法相同，尺寸计算则有差别。

1.2.1 V带的尺寸规格

1.2.1.1 普通V带、窄V带和联组窄V带截面尺寸

普通V带和窄V带（基准宽度制）的截面尺寸见表8-1-4，窄V带（有效宽度制）的截面尺寸见表8-1-5，联组窄V带（有效宽度制）的截面尺寸见表8-1-6，联组窄V带的组合形式见表8-1-7。

表 8-1-4　普通V带和窄V带（基准宽度制）的截面尺寸及露出高度（摘自 GB/T 11544—2012） /mm

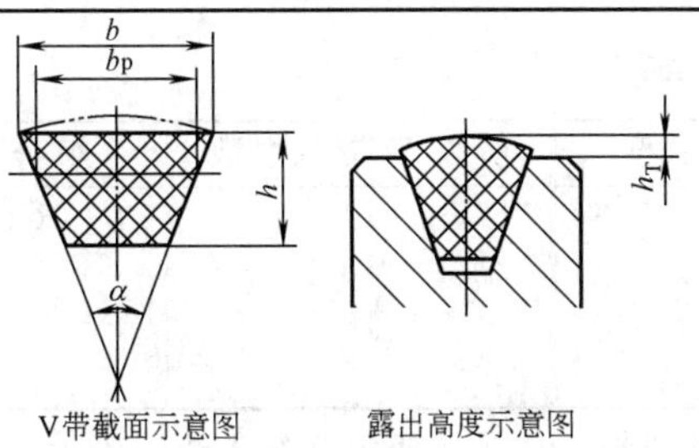

标记示例：A型普通V带，基准长度 L_d=1600mm
V带 A-1600 GB/T 11544—2012

型号		节宽 b_p	顶宽 b	高度 h	楔角 α	露出高度 h_T		适用槽形的基准宽度
						最大	最小	
普通V带	Y	5.3	6.0	4.0	40°	0.8	−0.8	5.3
	Z	8.5	10.0	6.0		1.6	−1.6	8.5
	A	11	13.0	8.0		1.6	−1.6	11
	B	14	17.0	11.0		1.6	−1.6	14
	C	19	22.0	14.0		1.5	−2.0	19
	D	27	32.0	19.0		1.6	−3.2	27
	E	32	38.0	23.0		1.6	−3.2	32
窄V带	SPZ	8.5	10.0	8.0	40°	1.1	−0.4	8.5
	SPA	11	13.0	10.0		1.3	−0.6	11
	SPB	14	17.0	14.0		1.4	−0.7	14
	SPC	19	22.0	18.0		1.5	−1.0	19

注：当V带的节面与带轮的基准宽度重合时，基准宽度才等于节宽。

第8篇

表 8-1-5　窄 V 带（有效宽度制）的截面尺寸（摘自 GB/T 13575.2—2008）　/mm

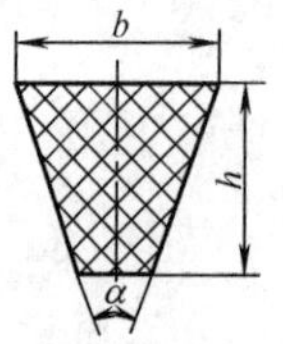

V 带截面示意图

型　　号	顶宽 b	带高 h	楔角 α
9N(3V)	9.5	8.0	40°
15N(5V)	16.0	13.5	
25N(8V)	25.5	23.0	

注：括号内是美国、日本等国采用的带型。

表 8-1-6　联组窄 V 带（有效宽度制）的截面尺寸（摘自 GB/T 13575.2—2008）　/mm

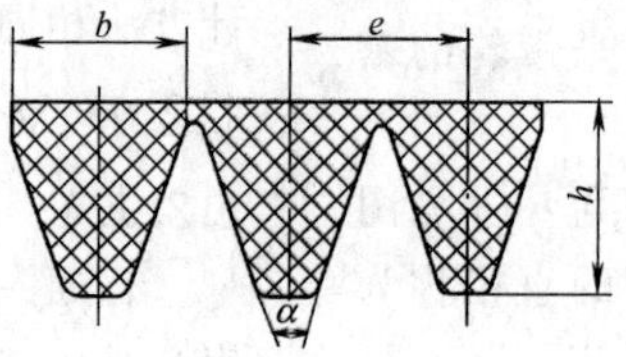

带　　型	顶宽 b	节距 e	带高 h①	楔角 α	联组数
9J	9.5	10.3	10.0	40°	2～5
15J	16	17.5	16.0		
25J	25.5	28.6	26.5		

① h 为参考尺寸。带的有效长度系列应查产品目录。

表 8-1-7　联组窄 V 带的组合

所需 V 带总根数	组合形式①	所需 V 带总根数	组合形式①	所需 V 带总根数	组合形式①
6	3、3	10	5、5	14	5、4、5
7	3、4	11	4、3、4	15	5、5、5
8	4、4	12	4、4、4	16	4、4、4、4
9	5、4	13	4、5、4		

① 数字表示一根联组 V 带的联组根数。例如 5、4 表示由联组数分别为 5 与 4 的两根联组 V 带组成。

1.2.1.2　普通V带、窄V带和联组窄V带的基准长度系列

普通 V 带的基准长度系列见表 8-1-8，当表中数系不能满足要求时，可按表 8-1-9 选取普通 V 带的基准长度。窄 V 带（基准宽度制）的基准长度系列见表 8-1-10，窄 V 带（有效宽度制）的有效长度系列见表 8-1-11。联组窄 V 带（有效宽度制）的有效长度系列见表 8-1-12。

表 8-1-8　普通 V 带的基准长度系列（摘自 GB/T 11544—2012）　/mm

基准长度 L_d		带　　型							配组公差①
基本尺寸	极限偏差	Y	Z	A	B	C	D	E	
200	+8 −4	Y							2
224									
250									
280	+9 −4								
315									
355	+10 −5								
400									

续表

<table>
<tr><th colspan="2">基准长度 L_d</th><th colspan="7">带　　　型</th><th rowspan="2">配组公差①</th></tr>
<tr><th>基本尺寸</th><th>极限偏差</th><th>Y</th><th>Z</th><th>A</th><th>B</th><th>C</th><th>D</th><th>E</th></tr>
<tr><td>450</td><td rowspan="2">+11
−6</td><td rowspan="2"></td><td rowspan="12">Z</td><td rowspan="3"></td><td rowspan="6"></td><td rowspan="11"></td><td rowspan="16"></td><td rowspan="20"></td><td rowspan="10">2</td></tr>
<tr><td>500</td></tr>
<tr><td>550</td><td rowspan="2">+13
−6</td><td rowspan="32"></td></tr>
<tr><td>630</td><td rowspan="14">A</td></tr>
<tr><td>710</td><td rowspan="2">+15
−7</td></tr>
<tr><td>800</td></tr>
<tr><td>900</td><td rowspan="2">+17
−8</td><td rowspan="16">B</td></tr>
<tr><td>1000</td></tr>
<tr><td>1120</td><td rowspan="2">+19
−10</td></tr>
<tr><td>1250</td></tr>
<tr><td>1400</td><td rowspan="2">+23
−11</td><td rowspan="4">4</td></tr>
<tr><td>1600</td><td rowspan="16">C</td></tr>
<tr><td>1800</td><td rowspan="2">+27
−13</td><td rowspan="22"></td></tr>
<tr><td>2000</td></tr>
<tr><td>2240</td><td rowspan="2">+31
−16</td><td rowspan="4">8</td></tr>
<tr><td>2500</td></tr>
<tr><td>2800</td><td rowspan="2">+37
−18</td><td rowspan="15">D</td></tr>
<tr><td>3150</td><td rowspan="17"></td></tr>
<tr><td>3550</td><td rowspan="2">+44
−22</td><td rowspan="4">12</td></tr>
<tr><td>4000</td></tr>
<tr><td>4500</td><td rowspan="2">+52
−26</td><td rowspan="14">E</td></tr>
<tr><td>5000</td></tr>
<tr><td>5600</td><td rowspan="2">+63
−32</td><td rowspan="12"></td><td rowspan="4">20</td></tr>
<tr><td>6300</td></tr>
<tr><td>7100</td><td rowspan="2">+77
−38</td></tr>
<tr><td>8000</td></tr>
<tr><td>9000</td><td rowspan="2">+93
−46</td><td rowspan="4">32</td></tr>
<tr><td>10000</td><td rowspan="7"></td></tr>
<tr><td>11200</td><td rowspan="2">+112
−56</td></tr>
<tr><td>12500</td></tr>
<tr><td>14000</td><td rowspan="2">+140
−70</td><td rowspan="4">48</td></tr>
<tr><td>16000</td><td rowspan="3"></td></tr>
<tr><td>18000</td><td rowspan="2">+170
−85</td></tr>
<tr><td>20000</td></tr>
</table>

① 多带成组传动时，同组 V 带长度的最大允许差值即配组差。

标记示例：A 型普通 V 带，基准长度 L_d=1600mm，标记为

A 1600 GB/T 11544—1997

表 8-1-9　普通 V 带基准长度（摘自 GB/T 13575.1—2008）　　/mm

型	号					
Y	Z	A	B	C	D	E
200	405	630	930	1565	2740	4660
224	475	700	1000	1760	3100	5040
250	530	790	1100	1950	3330	5420
280	625	890	1210	2195	3730	6100
315	700	990	1370	2420	4080	6850
355	780	1100	1560	2715	4620	7650
400	820	1250	1760	2880	5400	9150
450	1080	1430	1950	3080	6100	12230
500	1330	1550	2180	3520	6840	13750

第 8 篇

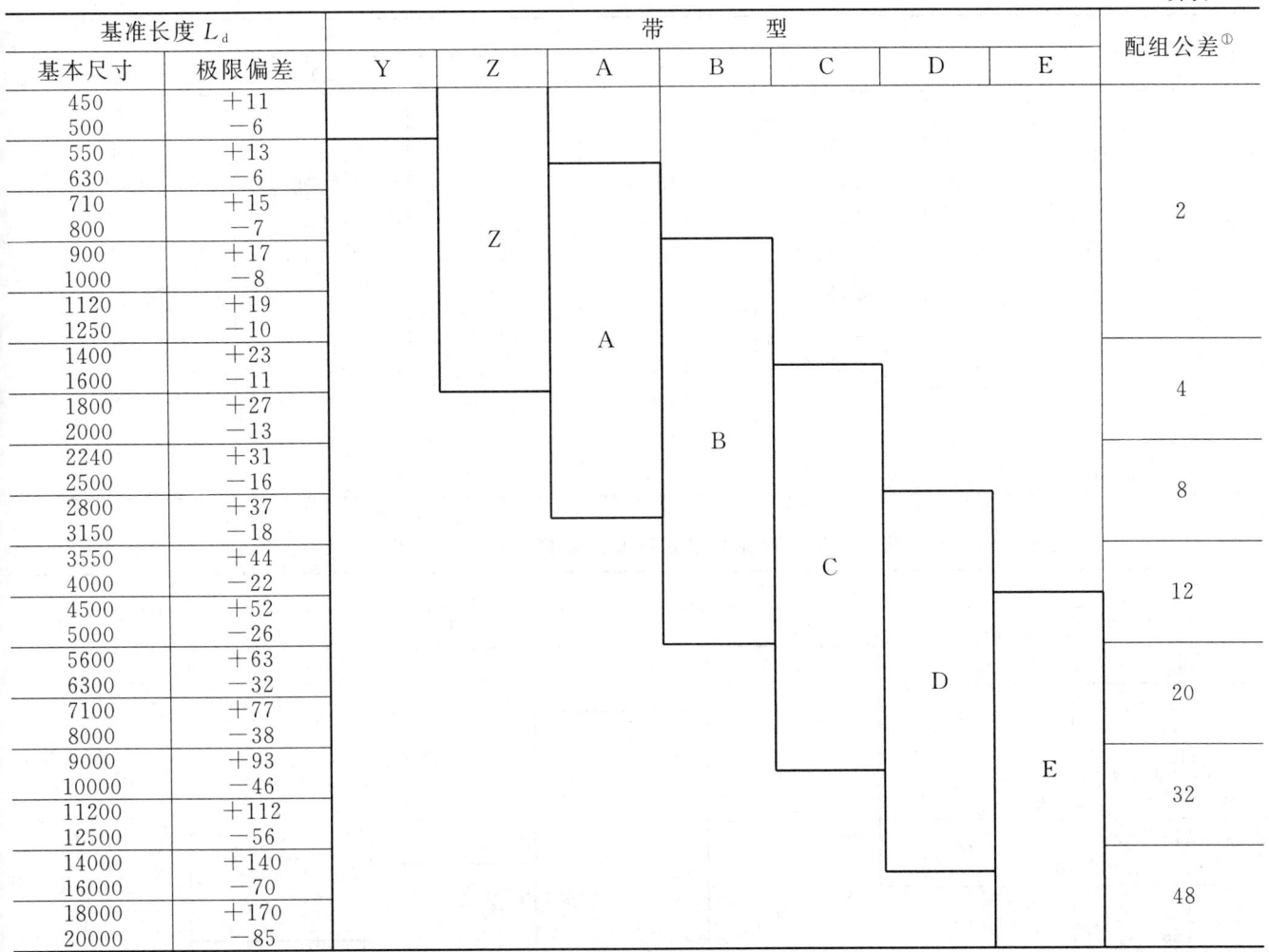

续表

型			号			
Y	Z	A	B	C	D	E
	1420	1640	2300	4060	7620	15280
	1540	1750	2500	4600	9140	16800
		1940	2700	5380	10700	
		2050	2870	6100	12200	
		2200	3200	6815	13700	
		2300	3600	7600	15200	
		2480	4060	9100		
		2700	4430	10700		
			4820			
			5370			
			6070			

表 8-1-10 窄 V 带（基准宽度制）的基准长度系列（摘自 GB/T 13575.1—2008） /mm

<table>
<tr><th colspan="2">基准长度 L_d</th><th colspan="4">带 型</th><th rowspan="2">配组公差</th></tr>
<tr><th>基本尺寸</th><th>极限偏差</th><th>SPZ</th><th>SPA</th><th>SPB</th><th>SPC</th></tr>
<tr><td>630</td><td>±6</td><td rowspan="16">SPZ</td><td rowspan="2"></td><td rowspan="6"></td><td rowspan="9"></td><td rowspan="11">2</td></tr>
<tr><td>710</td><td rowspan="2">±8</td></tr>
<tr><td>800</td><td rowspan="16">SPA</td></tr>
<tr><td>900</td><td rowspan="2">±10</td></tr>
<tr><td>1000</td></tr>
<tr><td>1120</td><td rowspan="2">±13</td></tr>
<tr><td>1250</td><td rowspan="17">SPB</td></tr>
<tr><td>1400</td><td rowspan="2">±16</td></tr>
<tr><td>1600</td></tr>
<tr><td>1800</td><td rowspan="2">±20</td><td rowspan="18">SPC</td></tr>
<tr><td>2000</td></tr>
<tr><td>2240</td><td rowspan="2">±25</td><td rowspan="4">4</td></tr>
<tr><td>2500</td></tr>
<tr><td>2800</td><td rowspan="2">±32</td></tr>
<tr><td>3150</td></tr>
<tr><td>3550</td><td rowspan="2">±40</td><td rowspan="4">6</td></tr>
<tr><td>4000</td><td rowspan="11"></td></tr>
<tr><td>4500</td><td rowspan="2">±50</td></tr>
<tr><td>5000</td><td rowspan="9"></td></tr>
<tr><td>5600</td><td rowspan="2">±63</td><td rowspan="4">10</td></tr>
<tr><td>6300</td></tr>
<tr><td>7100</td><td rowspan="2">±80</td></tr>
<tr><td>8000</td></tr>
<tr><td>9000</td><td rowspan="2">±100</td><td rowspan="4"></td><td rowspan="4">16</td></tr>
<tr><td>10000</td></tr>
<tr><td>11200</td><td rowspan="2">±125</td></tr>
<tr><td>12500</td></tr>
</table>

表 8-1-11 窄 V 带（有效宽度制）的长度系列（摘自 GB/T 11544—2012） /mm

公称有效长度 L_e			极限偏差	配组差	公称有效长度 L_e			极限偏差	配组差
型　号					型　号				
9N	15N	25N			9N	15N	25N		
630			±8	4	3180	3180	3180	±15	10
670			±8	4	3350	3350	3350	±15	10
710			±8	4	3550	3550	3550	±15	10
760			±8	4		3810	3810	±20	10
800			±8	4		4060	4060	±20	10
850			±8	4		4320	4320	±20	10
900			±8	4		4570	4570	±20	10
950			±8	4		4830	4830	±20	10
1015			±8	4		5080	5080	±20	10
1080			±8	4		5380	5380	±20	10
1145			±8	4		5690	5690	±20	10
1205			±8	4		6000	6000	±20	10
1270	1270		±8	4		6350	6350	±20	16
1345	1345		±10	4		6730	6730	±20	16
1420	1420		±10	6		7100	7100	±20	16
1525	1525		±10	6		7620	7620	±20	16
1600	1600		±10	6		8000	8000	±25	16
1700	1700		±10	6		8500	8500	±25	16
1800	1800		±10	6		9000	9000	±25	16
1900	1900		±10	6			9500	±25	16
2030	2030		±10	6			10160	±25	16
2160	2160		±13	6			10800	±30	16
2290	2290		±13	6			11430	±30	16
2410	2410		±13	6			12060	±30	24
2540	2540	2540	±13	6			12700	±30	24
2690	2690	2690	±15	6					
2840	2840	2840	±15	10					
3000	3000	3000	±15	10					

标记示例：9N 型窄 V 带，有效长度 L_e=670mm，标记为

V 带　9N 670 GB/T 11544—1997

1.2.2 V 带轮

1.2.2.1 带轮的设计要求和带轮材料

带轮应既有足够的强度，又应使其结构工艺性好，质量分布均匀，重量轻，并避免由于铸造而产生过大的内应力。(平衡要求参见第 1 篇 9.3 节)。

轮槽工作表面应光滑（表面粗糙度一般 Ra = 3.2μm)，以减轻带的磨损。

带轮材料常用灰铸铁、钢、铝合金或工程塑料等。灰铸铁应用最广，当带速 $v \leqslant 25$m/s 时用 HT150 或 HT200，$v \geqslant 25 \sim 45$m/s 时则应采用 HT300 或铸钢如 ZG 310-570、ZG 340-640，也可以用钢板冲压焊接而成。小功率传动的带轮也可以用铸铝或塑料。

1.2.2.2 V 带轮结构

带轮由轮缘、轮辐和轮毂三部分组成。

表 8-1-12 联组窄 V 带（有效宽度制）的有效长度系列（摘自 GB/T 13575.2—2008） /mm

<table>
<tr><th colspan="2">有效长度 L_e</th><th colspan="3">带 型</th><th rowspan="2">配组公差</th></tr>
<tr><th>基本尺寸</th><th>极限偏差</th><th>9N、9J</th><th>15N、15J</th><th>25N、25J</th></tr>
<tr><td>630</td><td rowspan="13">±8</td><td rowspan="30">9N、9J</td><td rowspan="11"></td><td rowspan="24"></td><td rowspan="16">2.5</td></tr>
<tr><td>670</td></tr>
<tr><td>710</td></tr>
<tr><td>760</td></tr>
<tr><td>800</td></tr>
<tr><td>850</td></tr>
<tr><td>900</td></tr>
<tr><td>950</td></tr>
<tr><td>1010</td></tr>
<tr><td>1018</td></tr>
<tr><td>1145</td></tr>
<tr><td>1205</td><td rowspan="36">15N、15J</td></tr>
<tr><td>1270</td></tr>
<tr><td>1345</td><td rowspan="8">±10</td></tr>
<tr><td>1420</td></tr>
<tr><td>1525</td></tr>
<tr><td>1600</td><td rowspan="9">5</td></tr>
<tr><td>1700</td></tr>
<tr><td>1800</td></tr>
<tr><td>1900</td></tr>
<tr><td>2030</td></tr>
<tr><td>2160</td><td rowspan="4">±13</td></tr>
<tr><td>2290</td></tr>
<tr><td>2410</td></tr>
<tr><td>2540</td><td rowspan="29">25N、25J</td></tr>
<tr><td>2690</td><td rowspan="12">±15</td><td rowspan="11">7.5</td></tr>
<tr><td>2840</td></tr>
<tr><td>3000</td></tr>
<tr><td>3180</td></tr>
<tr><td>3350</td></tr>
<tr><td>3550</td><td rowspan="23"></td></tr>
<tr><td>3810</td></tr>
<tr><td>4060</td></tr>
<tr><td>4320</td></tr>
<tr><td>4570</td></tr>
<tr><td>4830</td></tr>
<tr><td>5080</td><td rowspan="7">10</td></tr>
<tr><td>5380</td><td rowspan="7">±20</td></tr>
<tr><td>5690</td></tr>
<tr><td>6000</td></tr>
<tr><td>6350</td></tr>
<tr><td>6730</td></tr>
<tr><td>7100</td></tr>
<tr><td>7620</td><td rowspan="6">12.5</td></tr>
<tr><td>8000</td><td rowspan="5">±25</td></tr>
<tr><td>8500</td></tr>
<tr><td>9000</td></tr>
<tr><td>9500</td><td rowspan="6"></td></tr>
<tr><td>10160</td></tr>
<tr><td>10800</td><td rowspan="4">±30</td><td rowspan="4">15</td></tr>
<tr><td>11430</td></tr>
<tr><td>12060</td></tr>
<tr><td>12700</td></tr>
</table>

注：9N、15N、25N 为单根带、9J、15J、25J 为联组窄 V 带。

基准宽度制V带轮轮槽尺寸见表8-1-13，V带轮基准直径系列见表8-1-16，V带轮最小基准直径 d_{dmin} 见表8-1-18。

有效宽度制窄V带轮、联组窄V带轮轮槽尺寸见表8-1-14和表8-1-15，V带轮的有效直径系列和节径见表8-1-17，V带轮最小有效直径 d_{emin} 见表8-1-19。

轮辐部分有实心、辐板（或孔板）和椭圆轮辐式等三种形式，可根据带轮的基准直径参考表8-1-21确定，V带轮的典型结构见图8-1-2。

1.2.2.3 带轮的技术要求

（1）带轮各部位不允许有裂缝、砂眼、缩孔及气泡。

（2）带轮轮槽工作面的表面粗糙度 $Ra=3.2\mu m$，轮毂孔 $Ra=3.2\mu m$，轮缘和轴孔端面 $Ra=6.3\sim12.5\mu m$，轮槽底 $Ra=12.5\mu m$，轮槽的棱边要倒圆或修钝。

（3）轮毂孔公差为H7或H8，轮毂长度上偏差为IT14，下偏差为0。

（4）基准宽度制V带轮外圆的径向跳动公差 t 不得大于表8-1-16中的规定值，有效宽度制窄V带轮的径向和轴向圆跳动公差 t 不得大于表8-1-20中的规定值。

（5）轮槽对称面与带轮轴线垂直度允许±30′。

（6）带轮的平衡要求参数表1-9-3。

1.2.3 V带传动的设计计算

这里引用的是GB/T 13575.1—2008及GB/T 13575.2—2008所推荐的计算方法。

普通V带和基准宽度制窄V带传动设计计算见表8-1-22。

表8-1-13 基准宽度制V带轮轮槽尺寸（摘自GB/T 13575.1—2008） /mm

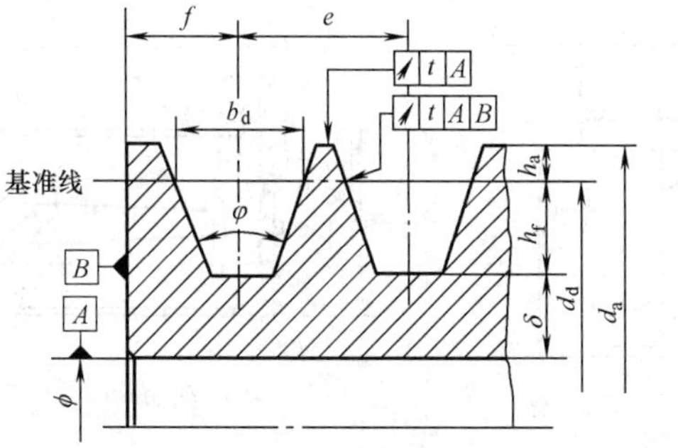

项目		符号	槽型						
			Y	Z SPZ	A SPA	B SPB	C SPC	D	E
基准宽度		b_d	5.3	8.5	11.0	14.0	19.0	27.0	32.0
基准线上槽深		h_{amin}	1.6	2.0	2.75	3.5	4.8	8.1	9.6
基准线下槽深		h_{fmin}	4.7	7.0 9.0	8.7 11.0	10.8 14.0	14.3 19.0	19.9	23.4
槽间距		e	8±0.3	12±0.3	15±0.3	19±0.4	25.5±0.5	37±0.6	44.5±0.7
槽边距①		f_{min}	6	7	9	11.5	16	23	28
最小轮缘厚		δ_{min}	5	5.5	6	7.5	10	12	15
带轮宽		B	$B=(z-1)e+2f$　z—轮槽数						
外径		d_a	$d_a=d_d+2h_a$						
轮槽角 φ	32°	相应的基准直径 d_d	≤60	—	—	—	—	—	—
	34°		—	≤80	≤118	≤190	≤315	—	—
	36°		>60	—	—	—	—	≤475	≤600
	38°		—	>80	>118	>190	>315	>475	>600
	极限偏差		±0.5°						

① 槽边距是第一槽对称面至端面的最小距离，f 值的偏差应考虑带轮的找正。

第8篇

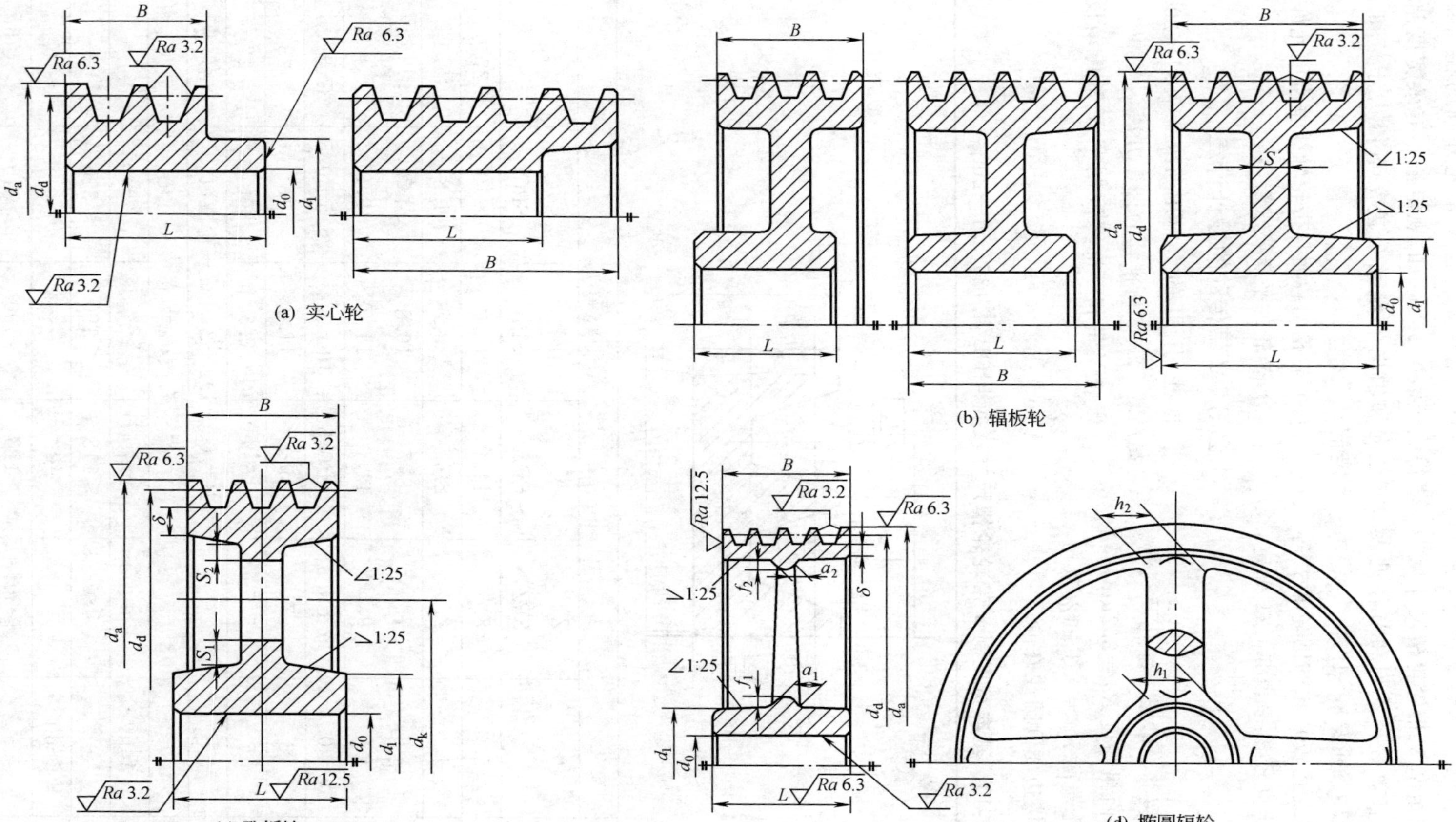

(a) 实心轮

(b) 辐板轮

(c) 孔板轮

(d) 椭圆辐轮

图 8-1-2 V带轮的典型结构

$d_1=(1.8\sim2.0)d_0$	$h_1=290\sqrt[3]{\frac{P}{nA}}$，mm	$h_2=0.8h_1$
$L=(1.5\sim2.0)d_0$		$a_1=0.4h_1$
S 查表 8-1-21	P—传递功率，kW	$a_2=0.8a_1$
$S_1\geqslant1.5S$	n—带轮转速，r/min	$f_1=0.2h_1$
$S_2\geqslant0.5S$	A—轮辐数	$f_2=0.2h_2$

表 8-1-14　窄 V 带轮（有效宽度制）轮槽截面及尺寸（摘自 GB/T 13575.2—2008）　/mm

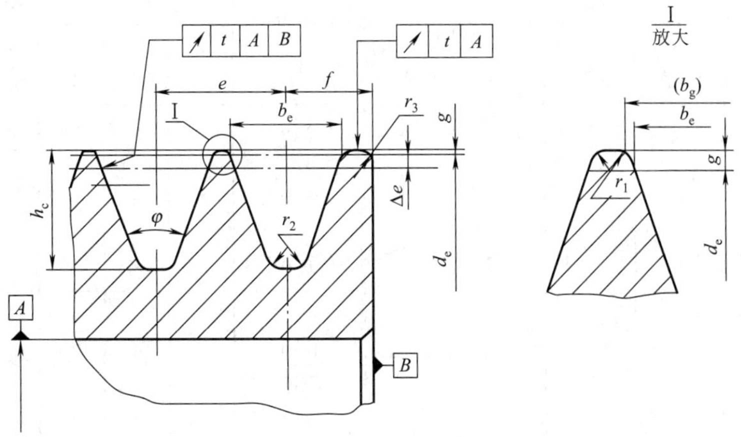

槽型	d_e	$\varphi/(°)$	b_e	Δe	e	f_{min}	h_c	(b_g)	g	r_1	r_2	r_3
9N、9J	≤90 >90～150 >150～305 >305	36 38 40 42	8.9	0.6	10.3 ±0.25	9	$9.5^{+0.5}_{0}$	9.23 9.24 9.26 9.28	0.5	0.2～ 0.5	0.5～ 1.0	1～2
15N、15J	≤255 >255～405 >405	38 40 42	15.2	1.3	17.5 ±0.25	13	$15.5^{+0.5}_{0}$	15.54 15.56 15.58	0.5	0.2～ 0.5	0.5～ 1.0	2～3
25N、25J	≤405 >405～570 >570	38 40 42	25.4	2.5	28.6 ±0.25	19	$25.5^{+0.5}_{0}$	25.74 25.76 26.78	0.5	0.2～ 0.5	0.5～ 1.0	3～5

表 8-1-15　有效宽度制窄 V 带轮和联组窄 V 带轮槽角与带轮有效直径的对应关系
（摘自 GB/T 13575.2—2008）

槽　型	带轮槽角 φ(±0.5°)			
	36°	38°	40°	42°
	有效直径 d_e/mm			
9N/9J	$d_e≤90$	$90<d_e≤150$	$150<d_e≤305$	$d_e>305$
15N/15J	—	$d_e≤255$	$255<d_e≤405$	$d_e>405$
25N/25J	—	$d_e≤405$	$405<d_e≤570$	$d_e>570$

表 8-1-16　普通和窄 V 带轮（基准宽度制）直径系列（摘自 GB/T 13575.1—2008）　/mm

基准直径 d_d	槽型						基准直径 d_d	槽型						
	Y	Z SPZ	A SPA	B SPB	C SPC	圆跳动公差 t		Z SPZ	A SPA	B SPB	C SPC	D	E	圆跳动公差 t
20	+					0.2	33.5	+						0.2
22.4	+						40	+						
25	+						45	+						
28	+						50	+	+					
31.5	+						56	+	+					

第 8 篇

续表

基准直径 d_d	槽型					圆跳动公差 t
	Y	Z SPZ	A SPA	B SPB	C SPC	
63		×				
71		×				
75		×	+			
80	+	×	+			0.2
85			+			
90	+	×	×			
95			×			
100	+	×	×			
106			×			
112	+	×	×			
118			×			
125	+	×	×	+		0.3
132		×	×	+		
140		×	×	×		
150		×	×	×		
160		×	×	×		
170				×		
180		×	×	×		
200		×	×	×	+	
212					+	0.4
224		×	×	×	×	
236					×	
250		×	×	×	×	
265				×		
280	×	×	×	×		
300				×		0.5
315	×	×	×	×		
335				×		

基准直径 d_d	槽型						圆跳动公差 t
	Z SPZ	A SPA	B SPB	C SPC	D	E	
355	×	×	×	×	+		
375					+		0.5
400	×	×	×	×	+		
425					+		
450		×	×	×	+		
475					+		
500	×	×	×	×	+	+	
530						+	0.6
560		×	×	×	+	+	
600			×	×	+	+	
630	×	×	×	×	+	+	
670						+	
710		×	×	×	+	+	
750			×	×	+		
800		×	×	×	+	+	0.8
900			×	×	+	+	
1000			×	×	+	+	
1060					+		
1120			×	×	+	+	
1250				×	+	+	1
1400				×	+	+	
1500					+	+	
1600				×	+	+	
1800					+	+	
2000				×	+	+	1.2
2240						+	
2500						+	

注：1. 有+号的只用于普通V带、有×号的用于普通V带和窄V带。

2. 不推荐使用表中未注符号的尺寸。

表 8-1-17 窄V带轮和联组窄V带轮（有效宽度制）直径系列（摘自 GB/T 13575.2—2008） /mm

9N、9J	15N、15J	25N、25J
67	180	315
71	190	335
75	200	355
80	212	375
85	224	400
90	236	425
92.5	243	450
100	250	475

续表

9N、9J	15N、15J	25N、25J
103 112 118 125 132 140 150	258 265 272 280 300 315 335	500 530 560 600 630 750 800
160 165 175 200 250	355 375 400 475 500	900 1000 1120 1250 1320
265 315	530 600	1600 1800
355 400 475	630 710 800	2000 2500
500 630 800 850	950 1000 1120 1250 1600 1800	

表 8-1-18 V带轮（基准宽度制）**最小基准直径 $d_{d\,min}$**（摘自 GB/T 13575.1—2008） /mm

带型	Y	Z	A	B	C	D	E	SPZ	SPA	SPB	SPC
d_{dmin}	20	50	75	125	200	355	500	63	90	140	224

表 8-1-19 窄 V 带轮和联组窄 V 带轮（有效宽度制）**的最小有效直径 d_{emin}**（摘自 GB/T 13575.2—2008）

/mm

带型	9N/9J	15N/15J	25N/25J
d_{emin}	67	180	315

表 8-1-20 窄 V 带轮和联组窄 V 带轮（有效宽度制）**工作表面的径向和轴向圆跳动公差**

（摘自 GB/T 13575.2—2008） /mm

有效直径基本值 d_e	径向圆跳动 t_1	轴向圆跳动 t_2	有效直径基本值 d_e	径向圆跳动 t_1	轴向圆跳动 t_2
$d_e \leqslant 125$	0.2	0.3	$1000 < d_e \leqslant 1250$	0.8	1
$125 < d_e \leqslant 315$	0.3	0.4	$1250 < d_e \leqslant 1600$	1	1.2
$315 < d_e \leqslant 710$	0.4	0.6	$1600 < d_e \leqslant 2500$	1.2	1.2
$710 < d_e \leqslant 1000$	0.6	0.8			

有效宽度制窄 V 带和联组窄 V 带传动设计计算与普通 V 带和基准宽度制窄 V 带传动类似，可以参考表 8-1-22，其不同处见表 8-1-23。

已知条件：(1) 传递功率；(2) 小带轮转速 n_1 和大带轮转速 n_2（或传动比 i）；(3) 传动用途、载荷性质、原动机种类、传动位置要求及工作制度等。

表 8-1-21　V 带轮的结构型式和辐板厚度　　/mm

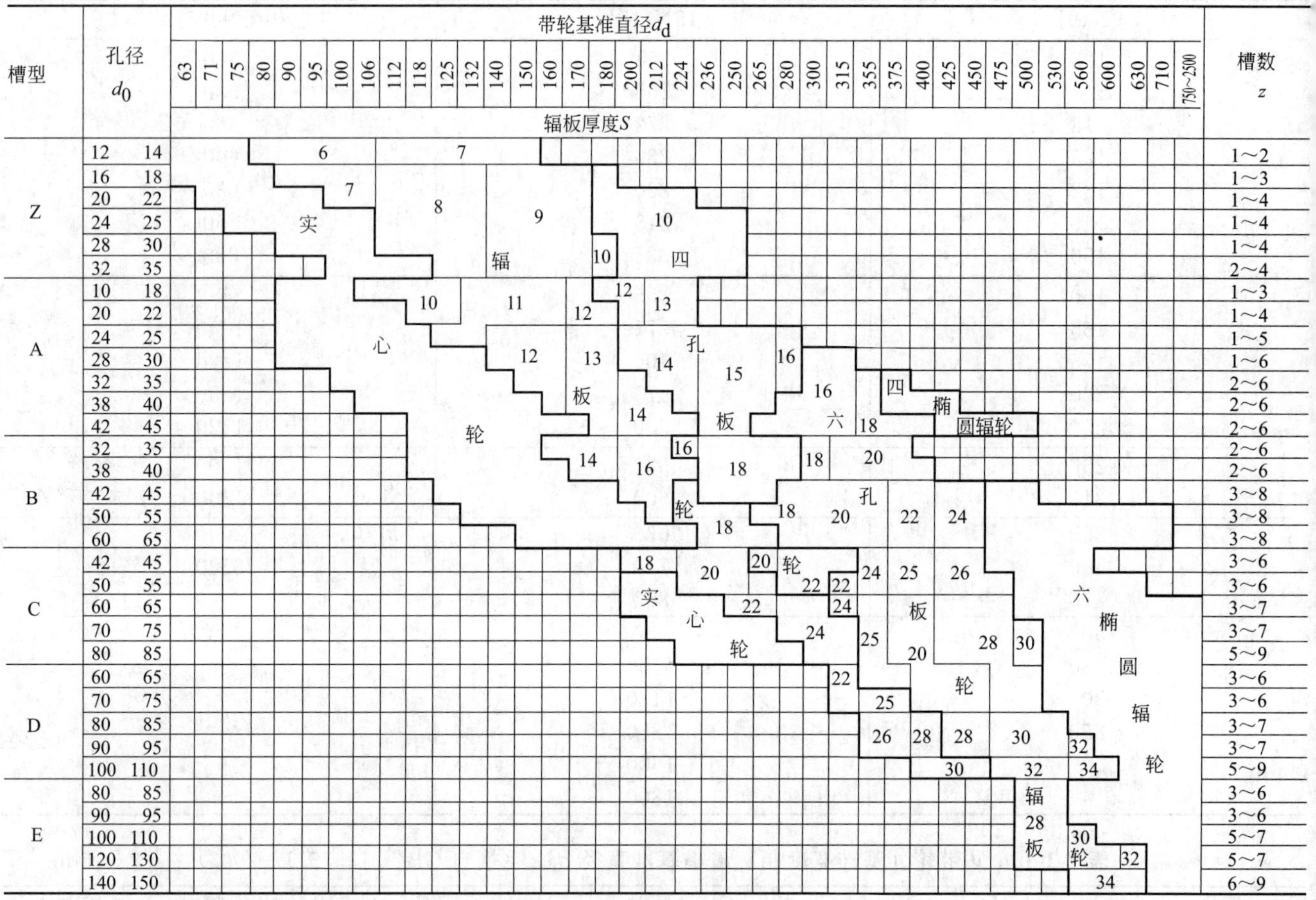

表 8-1-22　普通 V 带和基准宽度制窄 V 带的设计计算（摘自 GB/T 13575.1—2008）

序号	计算项目	符号	单位	计算公式和参数选择	说明
1	设计功率	P_d	kW	$P_d = K_A P$	P——传递的功率，kW K_A——工况系数，查表 8-1-24
2	选定带型			根据 P_d 和 n_1 查图 8-1-3 或图 8-1-4 选取	n_1——小带轮转速，r/min
3	传动比	i		$i=\dfrac{n_1}{n_2}=\dfrac{d_{p2}}{d_{p1}}$ 若计入滑动率，则 $i=\dfrac{n_1}{n_2}=\dfrac{d_{p2}}{(1-\varepsilon)d_{p1}}$ 通常 $\varepsilon=0.01\sim0.02$	n_2——大带轮转速，r/min d_{p1}——小带轮节圆直径，mm d_{p2}——大带轮节圆直径，mm ε——弹性滑动率 通常带轮的节圆直径可视为基准直径
4	小带轮基准直径	d_{d1}	mm	由表 8-1-16 和表 8-1-18 选定 $d_{d1} \geqslant d_{dmin}$	为了提高 V 带的寿命，在结构允许条件下，宜选较大的基准直径
5	大带轮基准直径	d_{d2}	mm	$d_{d2}=id_{d1}(1-\varepsilon)$ 对转速要求不高时，ε 可以忽略	d_{d2} 应按表 8-1-16 取标准值

序号	计算项目	符号	单位	计算公式和参数选择	说明
6	带速	v	m/s	$v=\frac{\pi d_{d1}n_1}{60\times1000}\leqslant v_{max}$ 普通V带 $v_{max}=25\sim30$ 窄V带 $v_{max}=35\sim40$	一般v不要低于5m/s，为了充分发挥V带的传动能力，应使$v\approx20$m/s
7	初定中心距	a_0	mm	$0.7(d_{d1}+d_{d2})\leqslant a_0\leqslant2(d_{d1}+d_{d2})$	可根据结构要求定
8	所需基准长度	L_{d0}	mm	$L_{d0}=2a_0+\frac{\pi}{2}(d_{d1}+d_{d2})+\frac{(d_{d2}-d_{d1})^2}{4a_0}$	普通V带由表8-1-8或表8-1-9，窄V带(基准宽度制)由表8-1-10选取近似的L_d
9	实际中心距	a	mm	$a\approx a_0+\frac{L_d-L_{d0}}{2}$	一般中心距应能调整，其调整范围如下： 安装时所需最小轴间距 $a_{min}=a-(2b_d+0.009L_d)$ 张紧或补偿伸长所需最大轴间距 $a_{max}=a+0.02L_d$
10	小带轮包角	α_1	(°)	$\alpha_1=180°-\frac{d_{d2}-d_{d1}}{a}\times57.3°$	一般$\alpha_1\geqslant120°$，最小不低于90°，如α_1较小，应增大a或用张紧轮
11	单根V带传递的基本额定功率	P_1	kW	根据带型号、d_{d1}和n_1普通V带查表8-1-30(a)～(g)，窄V带查表8-1-31(a)～(d)	P_1是$\alpha_1=\alpha_2=180°$、特定长度、载荷平稳时单根V带的基本额定功率
12	$i\neq1$时单根V带额定功率增量	ΔP_1	kW	根据带型号、n_1和i普通V带查表8-1-30(a)～(g)，窄V带查表8-1-31(a)～(d)	
13	V带的根数	z		$z=\frac{P_d}{(P_1+\Delta P_1)K_\alpha K_L}$	K_α——小带轮包角修正系数，查表8-1-25 K_L——带长修正系数，查表8-1-26
14	单根V带的预紧力	F_0	N	$F_0=500\left(\frac{2.5}{K_\alpha}-1\right)\frac{P_d}{zv}+mv^2$	m——V带每米长的质量，kg/m，查表8-1-26
15	作用在轴上的力(压轴力)	F_Q	N	$F_Q=2F_0z\sin\frac{\alpha_1}{2}$ $F_{Qmax}=3F_0z\sin\frac{\alpha_1}{2}$	F_{Qmax}——考虑新带初预紧力为正常预紧力的1.5倍
16	带轮的结构和尺寸				见本章1.2.2

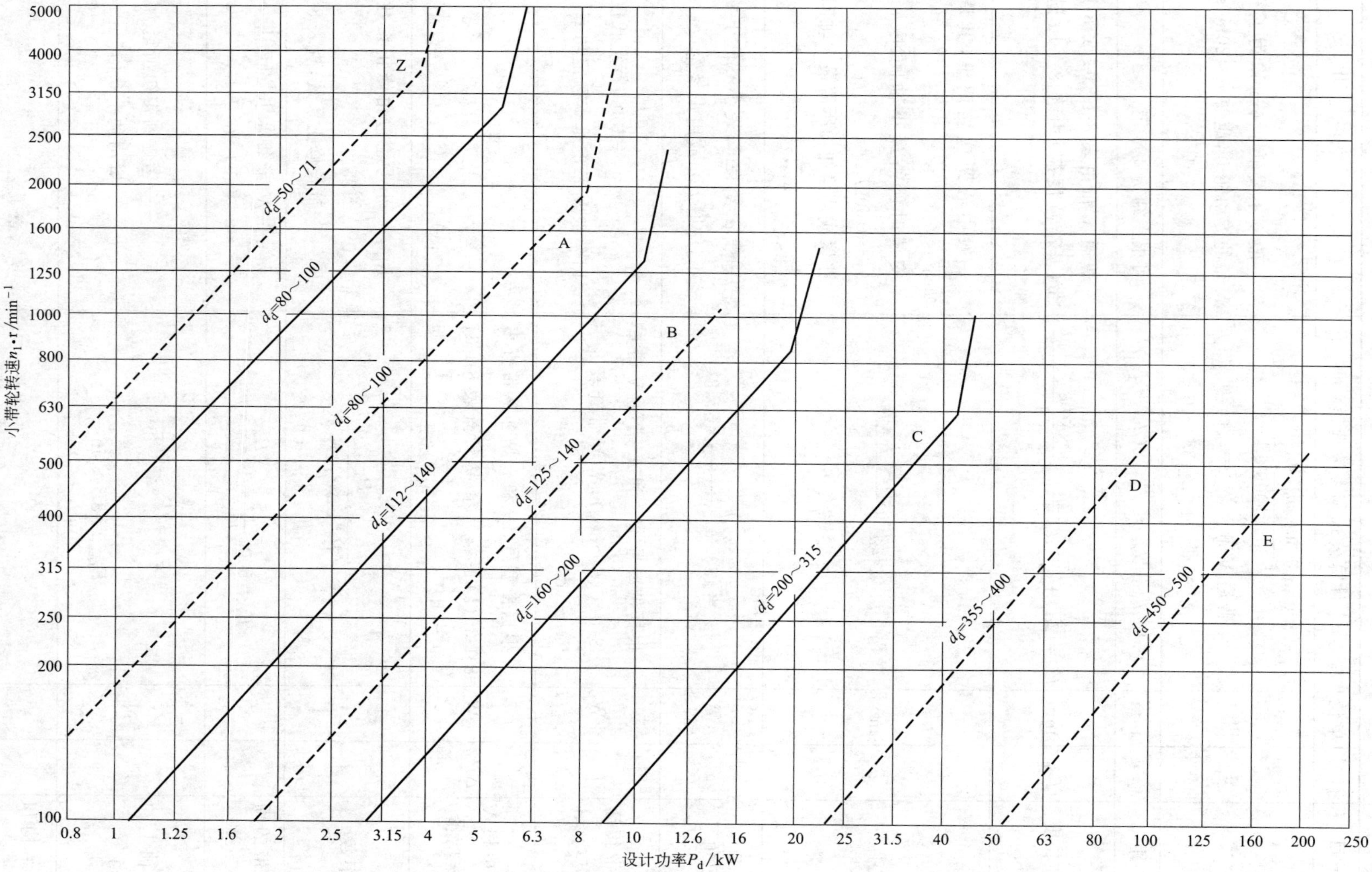

图 8-1-3 普通 V 带选型图

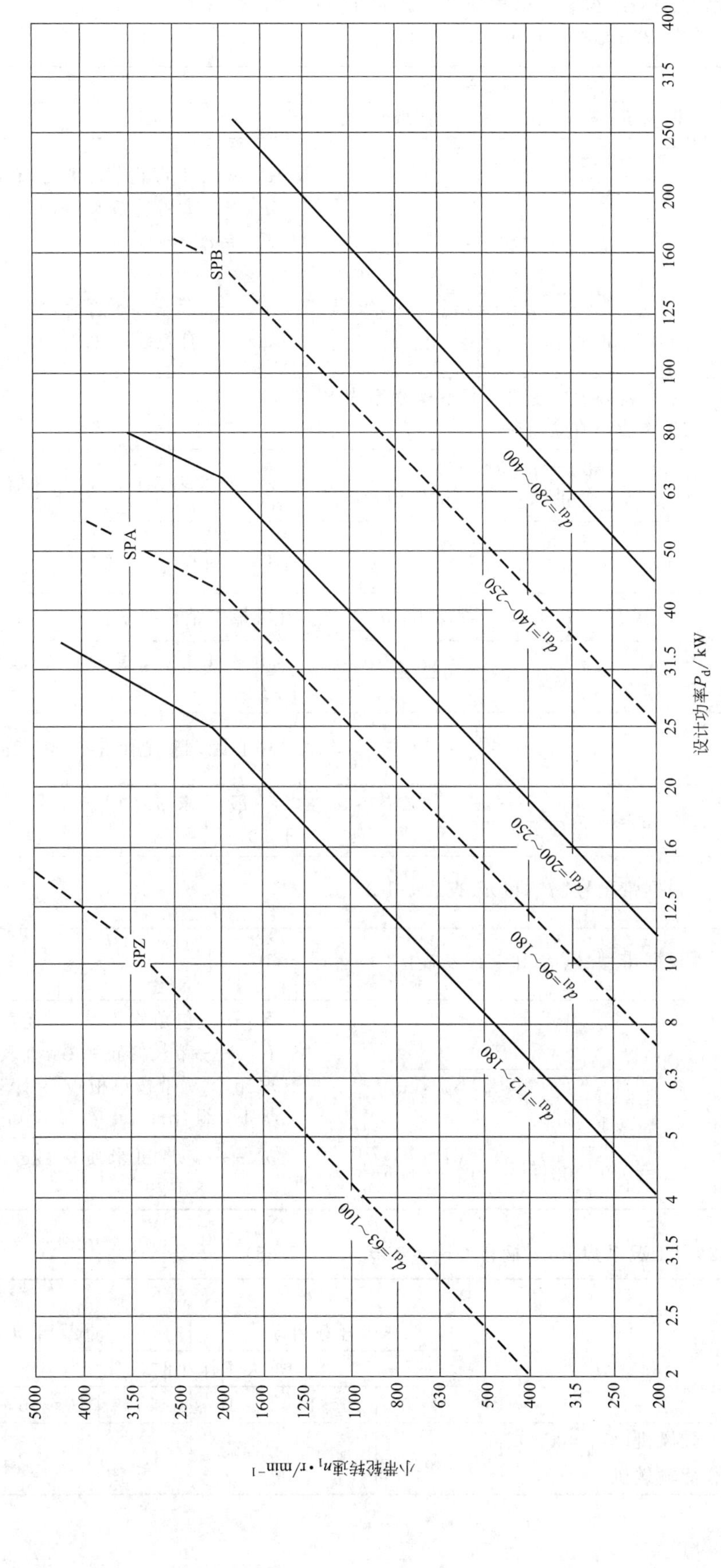

图 8-1-4 基准宽度制窄 V 带选型图

第8篇

表 8-1-23　有效宽度制窄 V 带和联组窄 V 带传动设计计算（摘自 GB/T 13575.2—2008）

（本表序号与表 8-1-22 对应）

序号	计算项目	符号	单位	计算公式和参数选择	说　明
2	选择带型			根据 P_d 和 n_1 由图 8-1-5 选取	
3	传动比	i		$i=\dfrac{n_1}{n_2}=\dfrac{d_{p2}}{d_{p1}}$ 若计入滑动率： $i=\dfrac{n_1}{n_2}=\dfrac{d_{p2}}{(1-\varepsilon)d_{p1}}$ 通常 $\varepsilon=0.01\sim0.02$	d_{p1}——小带轮节圆直径，mm； d_{p2}——大带轮节圆直径，mm； $d_{p1}=d_{e1}-z\Delta e$ $d_{p2}=d_{e2}-z\Delta e$ d_e——带轮有效直径； Δe——有效线差见表 8-1-14
4	小带轮有效直径	d_{e1}		参考表 8-1-17 选取，但不得小于表 8-1-19 的最小有效直径	
5	大带轮有效直径	d_{e2}		$d_{e2}=id_{e1}(1-\varepsilon)$ 对转速要求不高时，ε 可以忽略	d_{e2} 应按表 8-1-17 取标准值
6	带速	v	m/s	$v=\dfrac{\pi d_{p1}n_1}{60\times1000}\leqslant v_{max}$	$v_{max}=35\sim40\text{m/s}$
7	初定中心距	a_0	mm	$0.7(d_{e1}+d_{e2})\leqslant a_0\leqslant2(d_{e1}+d_{e2})$	可根据结构要求定
8	所需带的有效长度	L_{e0}	mm	$L_{e0}=2a_0+\dfrac{\pi}{2}(d_{e1}+d_{e2})+\dfrac{(d_{e2}-d_{e1})^2}{4a_0}$	由表 8-1-11、表 8-1-12 选取近似的 L_e
9	实际中心距	a	mm	$a=a_0+\dfrac{L_e-L_{e0}}{2}$	中心距调整范围见表 8-1-28
10	小带轮包角	α_1	(°)	$\alpha_1=180°-\dfrac{d_{e2}-d_{e1}}{a}\times57.3°$	一般要求 $\alpha_1\geqslant120°$，最小不得低于 90°
11	单根 V 带的基本额定功率	P_1	kW	根据带型号、d_{e1} 和 n_1 查表 8-1-32	
12	$i\neq1$ 时单根 V 带额定功率增量	ΔP_1	kW	根据带型号、n_1 和 i 查表 8-1-32	
13	V 带根数	z		$z=\dfrac{P_d}{(P_1+\Delta P_1)K_\alpha K_L}$	K_α——包角修正系数，查表 8-1-25 K_L——带长修正系数，查表 8-1-27 联组窄 V 带按单根 V 带计算后，按表 8-1-7 组合
14	单根 V 带的预紧力	F_0	N	$F_0=0.9\left[500\left(\dfrac{2.5}{K_\alpha}-1\right)\dfrac{P_d}{zv}+mv^2\right]$	m——V 带每米质量，kg/m，查表 8-1-29

表 8-1-24　工况系数 K_A（摘自 GB/T 13575.1—2008）

工　况		K_A					
		空、轻载启动			重载启动		
		每天工作小时数/h					
		<10	10～16	>16	<10	10～16	>16
载荷变动最小	液体搅拌机、通风机和鼓风机（≤7.5kW）、离心式水泵和压缩机、轻载荷输送机	1.0	1.1	1.2	1.1	1.2	1.3

续表

工况		K_A					
		空、轻载启动			重载启动		
		每天工作小时数/h					
		<10	10～16	>16	<10	10～16	>16
载荷变动小	带式输送机（不均匀负荷）、通风机（>7.5kW）、旋转式水泵和压缩机（非离心式）、发电机、金属切削机床、印刷机、旋转筛、锯木机和木工机械	1.1	1.2	1.3	1.2	1.3	1.4
载荷变动较大	制砖机、斗式提升机、往复式水泵和压缩机、起重机、磨粉机、冲剪机床、橡胶机械、振动筛、纺织机械、重载输送机	1.2	1.3	1.4	1.4	1.5	1.6
载荷变动很大	破碎机（旋转式、颚式等）、磨碎机（球磨、棒磨、管磨）	1.3	1.4	1.5	1.5	1.6	1.8

注：1. 空、轻载启动——电动机（交流启动、三角启动、直流并励）、四缸以上的内燃机、装有离心式离合器、液力联轴器的动力机。

2. 重载启动——电动机（联机交流启动、直流复励或串励）、四缸以下的内燃机。

3. 反复启动、正反转频繁、工作条件恶劣等场合，K_A 应乘 1.2，有效宽度制窄 V 带乘 1.1。

4. 增速传动时 K_A 应乘下列系数：

i	1.25～1.74	1.75～2.49	2.5～3.49	≥3.5
系　数	1.05	1.11	1.18	1.25

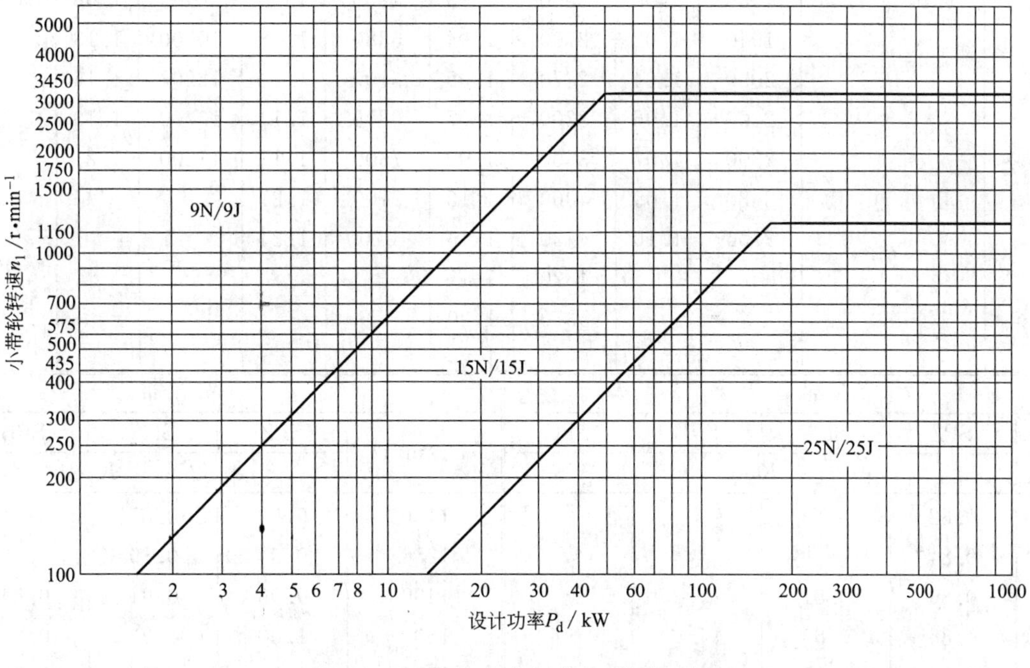

图 8-1-5　有效宽度制窄 V 带选型图

第 8 篇

表 8-1-25　小带轮包角修正系数 K_{α}（摘自 GB/T 13575.1—2008）

小带轮包角 $\alpha_1/(°)$	K_{α}	小带轮包角 $\alpha_1/(°)$	K_{α}	小带轮包角 $\alpha_1/(°)$	K_{α}	小带轮包角 $\alpha_1/(°)$	K_{α}
180	1	155	0.93	130	0.86	105	0.76
175	0.99	150	0.92	125	0.84	100	0.74
170	0.98	145	0.91	120	0.82	95	0.72
165	0.96	140	0.89	115	0.80	90	0.69
160	0.95	135	0.88	110	0.78		

表 8-1-26　普通 V 带和窄 V 带的基准带长和带长修正系数 K_L

（摘自 GB/T 11544—2012、GB/T 13575.1—2008）

普通 V 带													
Y		Z		A		B		C		D		E	
L_d/mm	K_L	L_d/mm	K_L	L_d/mm	K_L	L_d/mm	K_L	L_d/mm	K_L	L_d/mm	K_L	L_d/mm	K_L
200	0.81	405	0.87	630	0.81	930	0.83	1565	0.82	2740	0.82	4660	0.91
224	0.82	475	0.90	700	0.83	1000	0.84	1760	0.85	3100	0.86	5040	0.92
250	0.84	530	0.93	790	0.85	1100	0.86	1950	0.87	3330	0.87	5420	0.94
280	0.87	625	0.96	890	0.87	1210	0.87	2195	0.90	3730	0.90	6100	0.96
315	0.89	700	0.99	990	0.89	1370	0.90	2420	0.92	4080	0.91	6850	0.99
355	0.92	780	1.00	1100	0.91	1560	0.92	2715	0.94	4620	0.94	7650	1.01
400	0.96	920	1.04	1250	0.93	1760	0.94	2880	0.95	5400	0.97	9150	1.05
450	1.00	1080	1.07	1430	0.96	1950	0.97	3080	0.97	6100	0.99	12230	1.11
500	1.02	1330	1.13	1550	0.98	2180	0.99	3520	0.99	6840	1.02	13750	1.15
		1420	1.14	1640	0.99	2300	1.01	4060	1.02	7620	1.05	15280	1.17
		1540	1.54	1750	1.00	2500	1.03	4600	1.05	9140	1.08	16800	1.19
				1940	1.02	2700	1.04	5380	1.08	10700	1.13		
				2050	1.04	2870	1.05	6100	1.11	12200	1.16		
				2200	1.06	3200	1.07	6815	1.14	13700	1.19		
				2300	1.07	3600	1.09	7600	1.17	15200	1.21		
				2480	1.09	4060	1.13	9100	1.21				
				2700	1.10	4430	1.15	10700	1.24				
						4820	1.17						
						5370	1.20						
						6070	1.24						

窄 V 带					窄 V 带				
L_d/mm	SPZ	SPA	SPB	SPC	L_d/mm	SPZ	SPA	SPB	SPC
	K_L					K_L			
630	0.82				1120	0.93	0.87		
710	0.84				1250	0.94	0.89	0.82	
800	0.86	0.81			1400	0.96	0.91	0.84	
900	0.88	0.83			1600	1.00	0.93	0.86	
1000	0.90	0.85			1800	1.01	0.95	0.88	

续表

L_d/mm	窄V带 SPZ	窄V带 SPA	窄V带 SPB	窄V带 SPC	L_d/mm	窄V带 SPZ	窄V带 SPA	窄V带 SPB	窄V带 SPC
	K_L					K_L			
2000	1.02	0.96	0.90	0.81	5600			1.08	1.00
2240	1.05	0.98	0.92	0.83	6300			1.10	1.02
2500	1.07	1.00	0.94	0.86	7100			1.12	1.04
2800	1.09	1.02	0.96	0.88	8000			1.14	1.06
3150	1.11	1.04	0.98	0.90	9000				1.08
3550	1.13	1.06	1.00	0.92	10000				1.10
4000		1.08	1.02	0.94	11200				1.12
4500		1.09	1.04	0.96	12500				1.14
5000			1.06	0.98					

表 8-1-27 窄V带和联组窄V带（有效宽度制）的带长修正系数 K_L（摘自 GB/T 13575.2—2008）

L_e	带型 9N、9J	带型 15N、15J	带型 25N、25J
630	0.83		
670	0.84		
710	0.85		
760	0.86		
800	0.87		
850	0.88		
900	0.89		
950	0.9		
1050	0.92		
1080	0.93		
1145	0.94		
1205	0.95		
1270	0.96	0.85	
1345	0.97	0.86	
1420	0.98	0.87	
1525	0.99	0.88	
1600	1.00	0.89	
1700	1.01	0.90	
1800	1.02	0.91	
1900	1.03	0.92	
2030	1.04	0.93	
2160	1.06	0.94	
2290	1.07	0.95	
2410	1.08	0.96	
2540	1.09	0.96	0.87
2690	1.10	0.97	0.88
2840	1.11	0.98	0.88
3000	1.12	0.99	0.89
3180	1.13	1.00	0.90
3350	1.14	1.01	0.91

续表

L_e	带型		
	9N、9J	15N、15J	25N、25J
3550	1.15	1.02	0.92
3810		1.03	0.93
4060		1.04	0.94
4320		1.05	0.94
4570		1.06	0.95
4830		1.07	0.96
5080		1.08	0.97
5380		1.09	0.98
5690		1.09	0.98
6000		1.10	0.99
6350		1.11	1.00
6730		1.12	1.01
7100		1.13	1.02
7620		1.14	1.03
8000		1.15	1.03
8500		1.16	1.04
9000		1.17	1.05
9500			1.06
10160			1.07
10800			1.08
11430			1.09
12060			1.09
12700			1.10

表 8-1-28 有效宽度制窄 V 带传动中心距调整范围 /mm

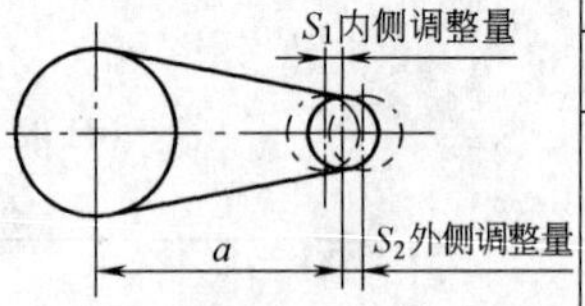

有效长度 L_e	带型							有效长度 L_e	带型						
	9N	9J	15N	15J	25N	25J	S_2		9N	9J	15N	15J	25N	25J	S_2
	S_1								S_1						
≤1205	15	30					25	>5080～6000							75
>1205～1800							30	>6000～6730					45	90	80
>1800～2690	20	35					40	>6730～7620			30	60			90
>2690～3180			25	55	40	85	45	>7620～9000							100
>3180～4320							55	>9000～9500					50	100	115
>4320～5080					45	90	65	>9500～12700							140

表 8-1-29 有效宽度制窄 V 带、联组 V 带每根每米长的质量 *m*（摘自 GB/T 13575.2—2008） $/kg \cdot m^{-1}$

带型	9N	15N	25N	9J	15J	25J
m	0.08	0.20	0.57	0.122	0.252	0.693

表 8-1-30（a） Y 型 V 带的额定功率（摘自 GB/T 1171—2017） /kW

n_1/r·min^{-1}	小带轮基准直径 d_{d1}/mm								传动比 i 或 $1/i$									
	20	25	28	31.5	35.5	40	45	50	1.00~1.01	1.02~1.04	1.05~1.08	1.09~1.12	1.13~1.18	1.19~1.24	1.25~1.34	1.35~1.50	1.51~1.99	≥2.00
	单根 V 带的基本额定功率 P_1								$i\neq1$ 时额定功率的增量 ΔP_1/kW									
200	—	—	—	—	—	—	—	0.04	0.00	0.00	0.00	0.00	0.00	0.00	0.00	0.00	0.00	0.00
400	—	—	—	—	—	—	0.04	0.05	0.00	0.00	0.00	0.00	0.00	0.00	0.00	0.00	0.00	0.00
700	—	—	—	0.03	0.04	0.04	0.05	0.06	0.00	0.00	0.00	0.00	0.00	0.00	0.00	0.00	0.00	0.00
800	—	0.03	0.03	0.04	0.05	0.05	0.06	0.07	0.00	0.00	0.00	0.00	0.00	0.00	0.00	0.00	0.00	0.00
950	0.01	0.03	0.04	0.04	0.05	0.06	0.07	0.08	0.00	0.00	0.00	0.00	0.00	0.00	0.01	0.01	0.01	0.01
1200	0.02	0.03	0.04	0.05	0.06	0.07	0.08	0.09	0.00	0.00	0.00	0.00	0.00	0.00	0.01	0.01	0.01	0.01
1450	0.02	0.04	0.05	0.06	0.06	0.08	0.09	0.11	0.00	0.00	0.00	0.00	0.00	0.01	0.01	0.01	0.01	0.01
1600	0.03	0.05	0.05	0.06	0.07	0.09	0.11	0.12	0.00	0.00	0.00	0.00	0.00	0.01	0.01	0.01	0.01	0.01
2000	0.03	0.05	0.06	0.07	0.08	0.11	0.12	0.14	0.00	0.00	0.00	0.00	0.00	0.01	0.01	0.01	0.01	0.02
2400	0.04	0.06	0.07	0.09	0.09	0.12	0.14	0.16	0.00	0.00	0.00	0.00	0.01	0.01	0.01	0.01	0.02	0.02
2800	0.04	0.07	0.08	0.10	0.11	0.14	0.16	0.18	0.00	0.00	0.00	0.01	0.01	0.01	0.01	0.02	0.02	0.02
3200	0.05	0.08	0.09	0.11	0.12	0.15	0.17	0.20	0.00	0.00	0.00	0.01	0.01	0.01	0.02	0.02	0.02	0.02
3600	0.06	0.08	0.10	0.12	0.13	0.16	0.19	0.22	0.00	0.00	0.01	0.01	0.01	0.02	0.02	0.02	0.02	0.03
4000	0.06	0.09	0.11	0.13	0.14	0.18	0.20	0.23	0.00	0.00	0.01	0.01	0.01	0.02	0.02	0.02	0.03	0.03
4500	0.07	0.10	0.12	0.14	0.16	0.19	0.21	0.24	0.00	0.00	0.01	0.01	0.01	0.02	0.02	0.02	0.03	0.03
5000	0.08	0.11	0.13	0.15	0.18	0.20	0.23	0.25	0.00	0.01	0.01	0.01	0.01	0.02	0.02	0.02	0.03	0.03
5500	0.09	0.12	0.14	0.16	0.19	0.22	0.24	0.26	0.00	0.01	0.01	0.01	0.01	0.02	0.02	0.02	0.03	0.03
6000	0.10	0.13	0.15	0.17	0.20	0.24	0.26	0.27	0.00	0.01	0.01	0.01	0.01	0.02	0.02	0.02	0.03	0.03

表 8-1-30（b） Z 型 V 带的额定功率（摘自 GB/T 1171—2017） /kW

n_1/r·min^{-1}	小带轮基准直径 d_{d1}/mm						传动比 i 或 $1/i$									
	50	56	63	71	80	90	1.00~1.01	1.02~1.04	1.05~1.08	1.09~1.12	1.13~1.18	1.19~1.24	1.25~1.34	1.35~1.50	1.51~1.99	≥2.00
	单根 V 带的基本额定功率 P_1						$i\neq1$ 时额定功率的增量 ΔP_1									
200	0.04	0.04	0.05	0.06	0.10	0.10	0.00	0.00	0.00	0.00	0.00	0.00	0.00	0.00	0.00	0.00
400	0.06	0.06	0.08	0.09	0.14	0.14	0.00	0.00	0.00	0.00	0.00	0.00	0.00	0.00	0.01	0.01
700	0.09	0.11	0.13	0.17	0.20	0.22	0.00	0.00	0.00	0.00	0.00	0.00	0.01	0.01	0.01	0.02
800	0.10	0.12	0.15	0.20	0.22	0.24	0.00	0.00	0.00	0.00	0.01	0.01	0.01	0.01	0.02	0.02
960	0.12	0.14	0.18	0.23	0.26	0.28	0.00	0.00	0.00	0.01	0.01	0.01	0.01	0.02	0.02	0.02
1200	0.14	0.17	0.22	0.27	0.30	0.33	0.00	0.00	0.01	0.01	0.01	0.01	0.02	0.02	0.02	0.03
1450	0.16	0.19	0.25	0.30	0.35	0.36	0.00	0.00	0.01	0.01	0.01	0.02	0.02	0.02	0.02	0.03
1600	0.17	0.20	0.27	0.33	0.39	0.40	0.00	0.01	0.01	0.01	0.01	0.02	0.02	0.02	0.03	0.03
2000	0.20	0.25	1.32	0.39	0.44	0.48	0.00	0.01	0.01	0.02	0.02	0.02	0.02	0.03	0.03	0.04
2400	0.22	0.30	0.37	0.46	0.50	0.54	0.00	0.01	0.02	0.02	0.02	0.03	0.03	0.03	0.04	0.04
2800	0.26	0.33	0.41	0.50	0.56	0.60	0.00	0.01	0.02	0.02	0.03	0.03	0.03	0.04	0.04	0.04
3200	0.28	0.35	0.45	0.54	0.61	0.64	0.00	0.01	0.03	0.03	0.03	0.03	0.03	0.04	0.04	0.05
3600	0.30	0.37	0.47	0.58	0.64	0.68	0.00	0.02	0.03	0.03	0.03	0.04	0.04	0.04	0.05	0.05
4000	0.32	0.39	0.49	0.61	0.67	0.72	0.00	0.02	0.03	0.04	0.04	0.04	0.04	0.05	0.05	0.06
4500	0.33	0.40	0.50	0.62	0.67	0.73	0.00	0.02	0.03	0.04	0.04	0.04	0.05	0.05	0.06	0.06
5000	0.34	0.41	0.50	0.62	0.66	0.73	0.00	0.02	0.03	0.04	0.04	0.04	0.05	0.05	0.06	0.06
5500	0.33	0.41	0.49	0.61	0.64	0.65	0.00	0.02	0.03	0.04	0.04	0.04	0.05	0.05	0.06	0.06
6000	0.31	0.40	0.48	0.56	0.61	0.56	0.00	0.02	0.03	0.04	0.04	0.04	0.05	0.05	0.06	0.06

第 8 篇

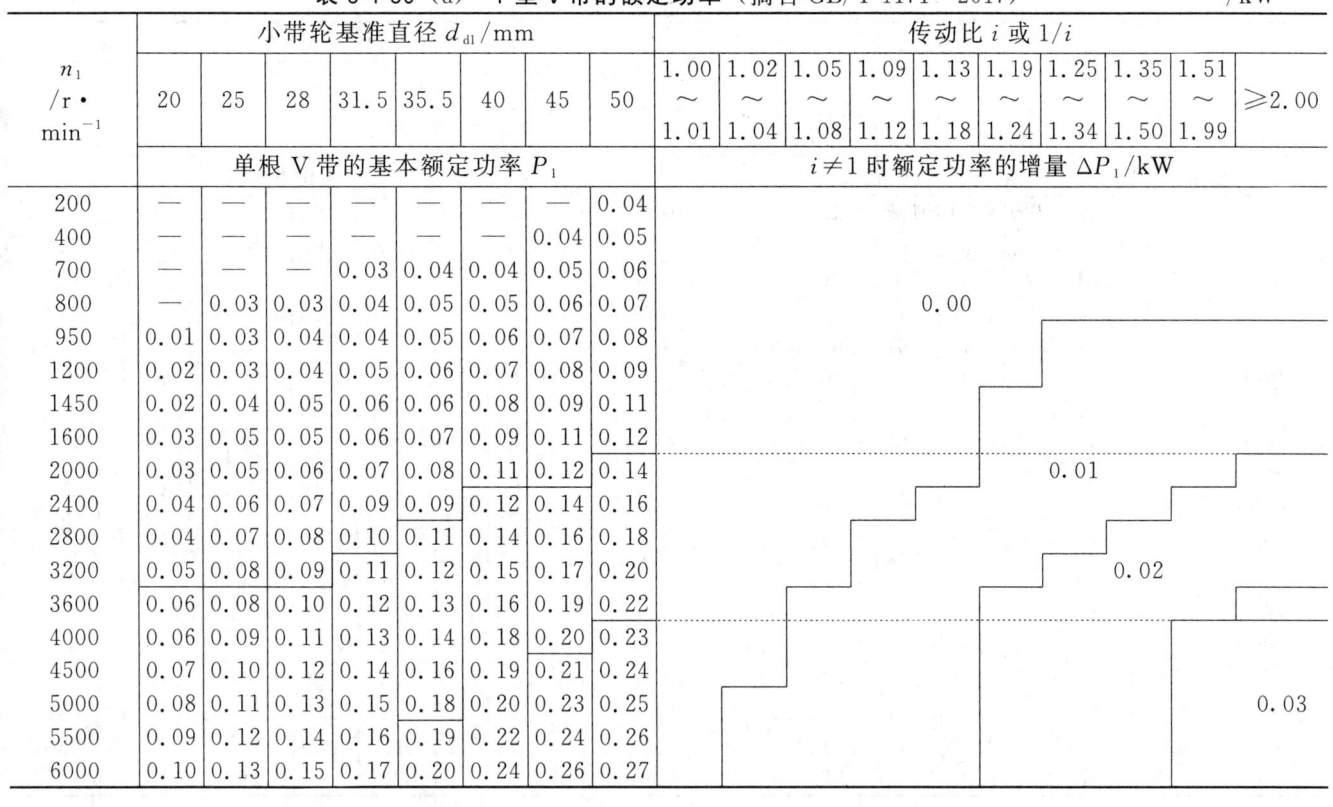

表 8-1-30（c） A 型 V 带的额定功率（摘自 GB/T 1171—2017） /kW

n_1 /r·min^{-1}	小带轮基准直径 d_{d1}/mm								传动比 i 或 $1/i$									
	75	90	100	112	125	140	160	180	1.00～1.01	1.02～1.04	1.05～1.08	1.09～1.12	1.13～1.18	1.19～1.24	1.25～1.34	1.35～1.51	1.52～1.99	≥2.00
	单根 V 带的基本额定功率 P_1								$i \neq 1$ 时额定功率的增量 ΔP_1									
200	0.15	0.22	0.26	0.31	0.37	0.43	0.51	0.59	0.00	0.00	0.01	0.01	0.01	0.01	0.02	0.02	0.02	0.03
400	0.26	0.39	0.47	0.56	0.67	0.78	0.94	1.09	0.00	0.01	0.01	0.02	0.02	0.03	0.03	0.04	0.04	0.05
700	0.40	0.61	0.74	0.90	1.07	1.26	1.51	1.76	0.00	0.01	0.02	0.03	0.04	0.05	0.06	0.07	0.08	0.09
800	0.45	0.68	0.83	1.00	1.19	1.41	1.69	1.97	0.00	0.01	0.02	0.03	0.04	0.05	0.06	0.08	0.09	0.10
950	0.51	0.77	0.95	1.15	1.37	1.62	1.95	2.27	0.00	0.01	0.03	0.04	0.05	0.06	0.07	0.08	0.10	0.11
1200	0.60	0.93	1.14	1.39	1.66	1.96	2.36	2.74	0.00	0.02	0.03	0.05	0.07	0.08	0.10	0.11	0.13	0.15
1450	0.68	1.07	1.32	1.61	1.92	2.28	2.73	3.16	0.00	0.02	0.04	0.06	0.08	0.09	0.11	0.13	0.15	0.17
1600	0.73	1.15	1.42	1.74	2.07	2.45	2.54	3.40	0.00	0.02	0.04	0.06	0.09	0.11	0.13	0.15	0.17	0.19
2000	0.84	1.34	1.66	2.04	2.44	2.87	3.42	3.93	0.00	0.03	0.06	0.08	0.11	0.13	0.16	0.19	0.22	0.24
2400	0.92	1.50	1.87	2.30	2.74	3.22	3.80	4.32	0.00	0.03	0.07	0.10	0.13	0.16	0.19	0.23	0.26	0.29
2800	1.00	1.64	2.05	2.51	2.98	3.48	4.06	4.54	0.00	0.04	0.08	0.11	0.15	0.19	0.23	0.26	0.30	0.34
3200	1.04	1.75	2.19	2.68	3.16	3.65	4.19	4.58	0.00	0.04	0.09	0.13	0.17	0.22	0.26	0.30	0.34	0.39
3600	1.08	1.83	2.28	2.78	3.26	3.72	4.17	4.40	0.00	0.05	0.10	0.15	0.19	0.24	0.29	0.34	0.39	0.44
4000	1.09	1.87	2.34	2.83	3.28	3.67	3.98	4.00	0.00	0.05	0.11	0.16	0.22	0.27	0.32	0.38	0.43	0.48
4500	1.07	1.83	2.33	2.79	3.17	3.44	3.48	3.13	0.00	0.06	0.12	0.18	0.24	0.30	0.36	0.42	0.48	0.54
5000	1.02	1.82	2.25	2.64	2.91	2.99	2.67	1.81	0.00	0.07	0.14	0.20	0.27	0.34	0.40	0.47	0.54	0.60
5500	0.96	1.70	2.07	2.37	2.48	2.31	1.51	—	0.00	0.08	0.15	0.23	0.30	0.38	0.46	0.53	0.60	0.68
6000	0.80	1.50	1.80	1.96	1.87	1.37	—	—	0.00	0.08	0.16	0.24	0.32	0.40	0.49	0.57	0.65	0.73

表 8-1-30（d） B 型 V 带的额定功率（摘自 GB/T 1171—2017） /kW

n_1 /r·min^{-1}	小带轮基准直径 d_{d1}/mm								传动比 i 或 $1/i$									
	125	140	160	180	200	224	250	280	1.00～1.01	1.02～1.04	1.05～1.08	1.09～1.12	1.13～1.18	1.19～1.24	1.25～1.34	1.35～1.51	1.52～1.99	≥2.00
	单根 V 带的基本额定功率 P_1								$i \neq 1$ 时额定功率的增量 ΔP_1									
200	0.48	0.59	0.74	0.88	1.02	1.19	1.37	1.58	0.00	0.01	0.01	0.02	0.03	0.04	0.04	0.05	0.06	0.06
400	0.84	1.05	1.32	1.59	1.85	2.17	2.50	2.89	0.00	0.01	0.03	0.04	0.06	0.07	0.08	0.10	0.11	0.13
700	1.30	1.64	2.09	2.53	2.96	3.47	4.00	4.61	0.00	0.02	0.05	0.07	0.10	0.12	0.15	0.17	0.20	0.22
800	1.44	1.82	2.32	2.81	3.30	3.86	4.46	5.13	0.00	0.03	0.06	0.08	0.11	0.14	0.17	0.20	0.23	0.25
950	1.64	2.08	2.66	3.22	3.77	4.42	5.10	5.85	0.00	0.03	0.07	0.10	0.13	0.17	0.20	0.23	0.26	0.30
1200	1.93	2.47	3.17	3.85	4.50	5.26	6.04	6.90	0.00	0.04	0.08	0.13	0.17	0.21	0.25	0.30	0.34	0.38
1450	2.19	2.82	3.62	4.39	5.13	5.97	6.82	7.76	0.00	0.05	0.10	0.15	0.20	0.25	0.31	0.36	0.40	0.46
1600	2.33	3.00	3.86	4.68	5.46	6.33	7.20	8.13	0.00	0.06	0.11	0.17	0.23	0.28	0.34	0.39	0.45	0.51
1800	2.50	3.23	4.15	5.02	5.83	6.73	7.63	8.46	0.00	0.06	0.13	0.19	0.25	0.32	0.38	0.44	0.51	0.57
2000	2.64	3.42	4.40	5.30	6.13	7.02	7.87	8.60	0.00	0.07	0.14	0.21	0.28	0.35	0.42	0.49	0.56	0.63
2200	2.76	3.58	4.60	5.52	6.35	7.19	7.97	8.53	0.00	0.08	0.16	0.23	0.31	0.39	0.46	0.54	0.62	0.70
2400	2.85	3.70	4.75	5.67	6.47	7.25	7.89	8.22	0.00	0.08	0.17	0.25	0.34	0.42	0.51	0.59	0.68	0.76
2800	2.96	3.85	4.89	5.76	6.43	6.95	7.14	6.80	0.00	0.10	0.20	0.29	0.39	0.49	0.59	0.69	0.79	0.89
3200	2.94	3.83	4.80	5.52	5.95	6.05	5.60	4.26	0.00	0.11	0.23	0.34	0.45	0.56	0.68	0.79	0.90	1.01
3600	2.80	3.63	4.46	4.92	4.98	4.47	3.12	—	0.00	0.13	0.25	0.38	0.51	0.63	0.76	0.89	1.01	1.14
4000	2.51	3.24	3.82	3.92	3.47	2.14	—	—	0.00	0.14	0.28	0.42	0.56	0.70	0.84	0.99	1.13	1.27
4500	1.93	2.45	2.59	2.04	0.73	—	—	—	0.00	0.16	0.32	0.48	0.63	0.79	0.95	1.11	1.27	1.43
5000	1.09	1.29	0.81	—	—	—	—	—	0.00	0.18	0.36	0.53	0.71	0.89	1.07	1.24	1.42	1.60

表 8-1-30（e） C 型 V 带的额定功率（摘自 GB/T 1171—2017） /kW

n_1 /r·min^{-1}	小带轮基准直径 d_{d1}/mm								传动比 i 或 $1/i$									
	200	224	250	280	315	355	400	450	1.00～1.01	1.02～1.04	1.05～1.08	1.09～1.12	1.13～1.18	1.19～1.24	1.25～1.34	1.35～1.51	1.52～1.99	≥2.00
	单根 V 带的基本额定功率 P_1								$i \neq 1$ 时额定功率的增量 ΔP_1									
200	1.39	1.70	2.03	2.42	2.84	3.36	3.91	4.51	0.00	0.02	0.04	0.06	0.08	0.10	0.12	0.14	0.16	0.18
300	1.92	2.37	2.85	3.40	4.04	4.75	5.54	6.40	0.00	0.03	0.06	0.09	0.12	0.15	0.18	0.21	0.24	0.26
400	2.41	2.99	3.62	4.32	5.14	6.05	7.06	8.20	0.00	0.04	0.08	0.12	0.16	0.20	0.23	0.27	0.31	0.35
500	2.87	3.58	4.33	5.19	6.17	7.27	8.52	9.81	0.00	0.05	0.10	0.15	0.20	0.24	0.29	0.34	0.39	0.44
600	3.30	4.12	5.00	6.00	7.14	8.45	9.82	11.29	0.00	0.06	0.12	0.18	0.24	0.29	0.35	0.41	0.47	0.53
700	3.69	4.64	5.64	6.76	8.09	9.50	11.02	12.63	0.00	0.07	0.14	0.21	0.27	0.34	0.41	0.48	0.55	0.62
800	4.07	5.12	6.23	7.52	8.92	10.46	12.10	13.80	0.00	0.08	0.16	0.23	0.31	0.39	0.47	0.55	0.63	0.71
950	4.58	5.78	7.04	8.49	10.05	11.73	13.48	15.23	0.00	0.09	0.19	0.27	0.37	0.47	0.56	0.65	0.74	0.83
1200	5.29	6.71	8.21	9.81	11.53	13.31	15.04	16.59	0.00	0.12	0.24	0.35	0.47	0.59	0.70	0.82	0.94	1.06
1450	5.84	7.45	9.04	10.72	12.46	14.12	15.53	16.47	0.00	0.14	0.28	0.42	0.58	0.71	0.85	0.99	1.14	1.27
1600	6.07	7.75	9.38	11.06	12.72	14.19	15.24	15.57	0.00	0.16	0.31	0.47	0.63	0.78	0.94	1.10	1.25	1.41
1800	6.28	8.00	9.63	11.22	12.67	13.73	14.08	13.29	0.00	0.18	0.35	0.53	0.71	0.88	1.06	1.23	1.41	1.59
2000	6.34	8.06	9.62	11.04	12.14	12.59	11.95	9.64	0.00	0.20	0.39	0.59	0.78	0.98	1.17	1.37	1.57	1.76
2200	6.26	7.92	9.34	10.48	11.08	10.70	8.75	4.44	0.00	0.22	0.43	0.65	0.86	1.08	1.29	1.51	1.72	1.94
2400	6.02	7.57	8.75	9.50	9.43	7.98	4.34	—	0.00	0.23	0.47	0.70	0.94	1.18	1.41	1.65	1.88	2.12
2600	5.61	6.93	7.85	8.08	7.11	4.32	—	—	0.00	0.25	0.51	0.76	1.02	1.27	1.53	1.78	2.04	2.29
2800	5.01	6.08	6.56	6.13	4.16	—	—	—	0.00	0.27	0.55	0.82	1.10	1.37	1.64	1.92	2.19	2.47
3200	3.23	3.57	2.93	—	—	—	—	—	0.00	0.31	0.61	0.91	1.22	1.53	1.63	2.14	2.44	2.75

表 8-1-30（f） D 型 V 带的额定功率（摘自 GB/T 1171—2017） /kW

n_1 /r·min^{-1}	小带轮基准直径 d_{d1}/mm								传动比 i 或 $1/i$									
	355	400	450	500	560	630	710	800	1.00～1.01	1.02～1.04	1.05～1.08	1.09～1.12	1.13～1.18	1.19～1.24	1.25～1.34	1.35～1.51	1.52～1.99	≥2.00
	单根 V 带的基本额定功率 P_1								$i \neq 1$ 时额定功率的增量 ΔP_1									
100	3.01	3.66	4.37	5.08	5.91	6.88	8.01	9.22	0.00	0.03	0.07	0.10	0.14	0.17	0.21	0.24	0.28	0.31
150	4.20	5.14	6.17	7.18	8.43	9.82	11.38	13.11	0.00	0.05	0.11	0.15	0.21	0.26	0.31	0.36	0.42	0.47
200	5.31	6.52	7.90	9.21	10.76	12.54	14.55	16.76	0.00	0.07	0.14	0.21	0.28	0.35	0.42	0.49	0.56	0.63
250	6.36	7.88	9.50	11.09	12.97	15.13	17.54	20.18	0.00	0.09	0.18	0.26	0.35	0.44	0.57	0.61	0.70	0.78
300	7.35	9.13	11.02	12.88	15.07	17.57	20.35	23.39	0.00	0.10	0.21	0.31	0.42	0.52	0.62	0.73	0.83	0.94
400	9.24	11.45	13.85	16.20	18.95	22.05	25.45	29.08	0.00	0.14	0.28	0.42	0.56	0.70	0.83	0.97	1.11	1.25
500	10.90	13.55	16.40	19.17	22.38	25.94	29.76	33.72	0.00	0.17	0.35	0.52	0.70	0.87	1.04	1.22	1.39	1.56
600	12.39	15.42	18.67	21.78	25.32	29.18	33.18	37.13	0.00	0.21	0.42	0.62	0.83	1.04	1.25	1.46	1.67	1.88
700	13.70	17.07	20.63	23.99	27.73	31.68	35.59	39.14	0.00	0.24	0.49	0.73	0.97	1.22	1.46	1.70	1.95	2.19
800	14.83	18.46	22.25	25.76	29.55	33.38	36.87	39.55	0.00	0.28	0.56	0.83	1.11	1.39	1.67	1.95	2.22	2.50
950	16.15	20.06	24.01	27.50	31.04	34.19	36.35	36.76	0.00	0.33	0.66	0.99	1.32	1.60	1.92	2.31	2.64	2.97
1100	16.98	20.99	24.84	28.02	30.85	32.65	32.52	29.26	0.00	0.38	0.77	1.15	1.53	1.91	2.29	2.68	3.06	3.44
1200	17.25	21.20	24.84	26.71	29.67	30.15	27.88	21.32	0.00	0.42	0.84	1.25	1.67	2.09	2.50	2.92	3.34	3.75
1300	17.26	21.06	24.35	26.54	27.58	26.37	21.42	10.73	0.00	0.45	0.91	1.35	1.81	2.26	2.71	3.16	3.61	4.06
1450	16.77	20.15	22.02	23.59	22.58	18.06	7.99	—	0.00	0.51	1.01	1.51	2.02	2.52	3.02	3.52	4.03	4.53
1600	15.63	18.31	19.59	18.88	15.13	6.25	—	—	0.00	0.56	1.11	1.67	2.23	2.78	3.33	3.89	4.45	5.00
1800	12.97	14.28	13.34	9.59	—	—	—	—	0.00	0.63	1.24	1.88	2.51	3.13	3.74	4.38	5.01	5.62

表 8-1-30（g） E型V带的额定功率（摘自 GB/T 1171—2017） /kW

n_1 /r·min^{-1}	小带轮基准直径 d_{d1}/mm								传动比 i 或 $1/i$									
	500	560	630	710	800	900	1000	1120	1.00～1.01	1.02～1.04	1.05～1.08	1.09～1.12	1.13～1.18	1.19～1.24	1.25～1.34	1.35～1.51	1.52～1.99	≥2.00
	单根V带的基本额定功率 P_1								$i≠1$ 时额定功率的增量 ΔP_1									
100	6.21	7.32	8.75	10.31	12.05	13.96	15.64	18.07	0.00	0.07	0.14	0.21	0.28	0.34	0.41	0.48	0.55	0.62
150	8.60	10.33	12.32	14.56	17.05	19.76	22.14	25.58	0.00	0.10	0.20	0.31	0.41	0.52	0.62	0.72	0.83	0.93
200	10.86	13.09	15.65	18.52	21.70	25.15	28.52	32.47	0.00	0.14	0.28	0.41	0.55	0.69	0.83	0.96	1.10	1.24
250	12.97	15.67	18.77	22.23	26.03	30.14	34.11	38.71	0.00	0.17	0.34	0.52	0.69	0.86	1.03	1.20	1.37	1.55
300	14.96	18.10	21.69	25.69	30.05	34.71	39.17	44.26	0.00	0.21	0.41	0.62	0.83	1.03	1.24	1.45	1.65	1.86
350	16.81	20.38	24.42	28.89	33.73	38.64	43.66	49.04	0.00	0.24	0.48	0.72	0.96	1.20	1.45	1.69	1.92	2.17
400	18.55	22.49	26.95	31.83	37.05	42.49	47.52	52.98	0.00	0.28	0.55	0.83	1.00	1.38	1.65	1.93	2.20	2.48
500	21.65	26.25	31.36	36.85	42.53	48.20	53.12	57.94	0.00	0.34	0.64	1.03	1.38	1.72	2.07	2.41	2.75	3.10
600	24.21	29.30	34.83	40.58	46.26	51.48	55.45	58.42	0.00	0.41	0.83	1.24	1.65	2.07	2.48	2.89	3.31	3.72
700	26.21	31.59	37.26	42.87	47.96	51.95	54.00	53.62	0.00	0.48	0.97	1.45	1.93	2.41	2.89	3.38	3.86	4.34
800	27.57	33.03	38.52	43.52	47.38	49.21	48.19	42.77	0.00	0.55	1.10	1.65	2.21	2.76	3.31	3.86	4.41	4.96
950	28.32	33.40	37.92	41.02	41.59	38.19	30.08	—	0.00	0.65	1.29	1.95	2.62	3.27	3.92	4.58	5.23	5.89
1100	27.30	31.35	33.94	33.74	29.06	17.65	—	—	0.00	0.76	1.52	2.27	3.03	3.79	4.40	5.30	6.06	6.82
1200	25.53	28.49	29.17	25.91	16.46	—	—	—										
1300	22.82	24.31	22.56	15.44	—	—	—	—										
1450	16.82	15.35	8.85	—	—	—	—	—										

表 8-1-31（a） SPZ型窄V带单根基准额定功率（摘自 GB/T 13575.1—2008）

d_{d1} /mm	i 或 $1/i$	小轮转速 n_1/r·min^{-1}																	
		200	400	700	800	950	1200	1450	1600	2000	2400	2800	3200	3600	4000	4500	5000	5500	6000
		额定功率 P/kW																	
63	1	0.20	0.35	0.54	0.60	0.68	0.81	0.93	1.00	1.17	1.32	1.45	1.56	1.66	1.74	1.81	1.85	1.87	1.85
	1.05	0.21	0.37	0.58	0.64	0.73	0.88	1.01	1.09	1.27	1.44	1.59	1.73	1.84	1.94	2.04	2.11	2.15	2.16
	1.2	0.22	0.39	0.61	0.68	0.78	0.94	1.08	1.17	1.38	1.57	1.74	1.89	2.03	2.15	2.27	2.37	2.43	2.47
	1.5	0.23	0.41	0.65	0.72	0.83	1.00	1.16	1.25	1.48	1.69	1.88	2.06	2.21	2.35	2.50	2.63	2.72	2.77
	≥3	0.24	0.43	0.68	0.76	0.88	1.06	1.23	1.33	1.58	1.81	2.03	2.22	2.40	2.56	2.74	2.88	3.00	3.08
71	1	0.25	0.44	0.70	0.78	0.90	1.08	1.25	1.35	1.59	1.81	2.00	2.18	2.33	2.46	2.59	2.68	2.73	2.74
	1.05	0.26	0.46	0.74	0.82	0.95	1.14	1.32	1.43	1.69	1.93	2.15	2.34	2.51	2.67	2.82	2.94	3.02	3.05
	1.2	0.27	0.49	0.77	0.87	1.00	1.20	1.40	1.51	1.79	2.05	2.29	2.51	2.70	2.87	3.05	3.20	3.30	3.26
	1.5	0.28	0.51	0.81	0.91	1.04	1.26	1.47	1.59	1.90	2.18	2.43	2.67	2.88	3.08	3.28	3.45	3.58	3.67
	≥3	0.29	0.53	0.85	0.95	1.09	1.33	1.55	1.68	2.00	2.30	2.58	2.83	3.07	3.28	3.51	3.71	3.86	3.98
80	1	0.31	0.55	0.88	0.99	1.14	1.38	1.60	1.73	2.05	2.34	2.61	2.85	3.06	3.24	3.42	3.56	3.64	3.66
	1.05	0.32	0.57	0.92	1.03	1.19	1.44	1.67	1.81	2.15	2.47	2.75	3.01	3.24	3.45	3.65	3.81	3.92	3.97
	1.2	0.33	0.59	0.96	1.07	1.24	1.50	1.75	1.89	2.25	2.59	2.90	3.18	3.43	3.65	3.89	4.07	4.20	4.27
	1.5	0.34	0.61	0.99	1.11	1.28	1.56	1.82	1.97	2.36	2.71	3.04	3.34	3.61	3.86	4.12	4.33	4.48	4.58
	≥3	0.35	0.64	1.03	1.15	1.33	1.62	1.90	2.06	2.46	2.84	3.18	3.51	3.80	4.06	4.35	4.58	4.77	4.89

d_{d1} /mm	i 或 1/i	小轮转速 n_1/r·min^{-1}																	
		200	400	700	800	950	1200	1450	1600	2000	2400	2800	3200	3600	4000	4500	5000	5500	6000
		额定功率 P/kW																	
90	1	0.37	0.67	1.09	1.21	1.40	1.70	1.98	2.14	2.55	2.93	3.26	3.57	3.84	4.07	4.30	4.46	4.55	4.56
	1.05	0.38	0.69	1.12	1.26	1.45	1.76	2.06	2.23	2.65	3.05	3.41	3.73	4.02	4.27	4.53	4.71	4.83	4.87
	1.2	0.39	0.71	1.16	1.30	1.50	1.82	2.13	2.31	2.76	3.17	3.55	3.90	4.21	4.48	4.76	4.97	5.11	5.17
	1.5	0.40	0.74	1.19	1.34	1.55	1.88	2.20	2.39	2.86	3.30	3.70	4.06	4.39	4.68	4.99	5.23	5.39	5.48
	≥3	0.41	0.76	1.23	1.38	1.60	1.95	2.28	2.47	2.96	3.42	3.84	4.23	4.58	4.89	5.22	5.48	5.68	5.79
100	1	0.43	0.79	1.28	1.44	1.66	2.02	2.36	2.55	3.05	3.49	3.90	4.26	4.58	4.85	5.10	5.27	5.35	5.32
	1.05	0.44	0.81	1.32	1.48	1.71	2.08	2.43	2.64	3.15	3.62	4.05	4.43	4.76	5.05	5.34	5.53	5.63	5.63
	1.2	0.45	0.83	1.35	1.52	1.76	2.14	2.51	2.72	3.25	3.74	4.19	4.59	4.95	5.26	5.57	5.79	5.92	5.94
	1.5	0.46	0.85	1.39	1.56	1.81	2.20	2.58	2.80	3.35	3.86	4.33	4.76	5.13	5.46	5.80	6.05	6.20	6.25
	≥3	0.47	0.87	1.43	1.60	1.86	2.27	2.66	2.88	3.46	3.99	4.48	4.92	5.32	5.67	6.03	6.30	6.48	6.56
112	1	0.51	0.93	1.52	1.70	1.97	2.40	2.80	3.04	3.62	4.16	4.64	5.06	5.42	5.72	5.99	6.14	6.16	6.05
	1.05	0.52	0.95	1.55	1.74	2.02	2.46	2.88	3.12	3.73	4.28	4.78	5.23	5.61	5.92	6.22	6.40	6.45	6.36
	1.2	0.53	0.98	1.59	1.78	2.07	2.52	2.95	3.20	3.83	4.41	4.93	5.39	5.79	6.13	6.45	6.65	6.73	6.66
	1.5	0.54	1.00	1.63	1.83	2.12	2.58	3.03	3.28	3.93	4.53	5.07	5.55	5.98	6.33	6.68	6.91	7.01	6.97
	≥3	0.55	1.02	1.66	1.87	2.17	2.65	3.10	3.37	4.04	4.65	5.21	5.72	6.16	6.54	6.91	7.17	7.29	7.28
125	1	0.59	1.09	1.77	1.91	2.30	2.80	3.28	3.55	4.24	4.85	5.40	5.88	6.27	6.58	6.83	6.92	6.84	6.57
	1.05	0.60	1.11	1.81	2.03	2.35	2.86	3.35	3.63	4.34	4.98	5.55	6.04	6.46	6.78	7.06	7.18	7.12	6.88
	1.2	0.61	1.13	1.84	2.07	2.40	2.93	3.43	3.72	4.44	5.10	5.69	6.21	6.64	6.99	7.29	7.44	7.41	7.19
	1.5	0.62	1.15	1.88	2.11	2.45	2.99	3.50	3.80	4.54	5.22	5.83	6.37	6.83	7.19	7.52	7.69	7.69	7.50
	≥3	0.63	1.17	1.91	2.15	2.50	3.05	3.58	3.88	4.65	5.35	5.98	6.53	7.01	7.40	7.75	7.95	7.97	7.81
140	1	0.68	1.26	2.06	2.31	2.68	3.26	3.82	4.13	4.92	5.63	6.24	6.75	7.16	7.45	7.64	7.60	7.34	6.81
	1.05	0.69	1.28	2.09	2.35	2.73	3.32	3.89	4.21	5.02	5.75	6.38	6.92	7.35	7.66	7.87	7.86	7.62	7.12
	1.2	0.70	1.30	2.13	2.39	2.77	3.39	3.96	4.30	5.13	5.87	6.53	7.08	7.53	7.86	8.10	8.12	7.90	7.43
	1.5	0.71	1.32	2.17	2.43	2.82	3.45	4.04	4.38	5.23	6.00	6.67	7.25	7.72	8.07	8.33	8.37	8.18	7.74
	≥3	0.72	1.34	2.20	2.47	2.87	3.51	4.11	4.46	5.33	6.12	6.81	7.41	7.90	8.27	8.56	8.63	8.47	8.04
160	1	0.80	1.49	2.44	2.73	3.17	3.86	4.51	4.88	5.80	6.60	7.27	7.81	8.19	8.40	8.41	8.11	7.47	6.45
	1.05	0.81	1.51	2.47	2.78	3.22	3.92	4.59	4.97	5.90	6.72	7.42	7.97	8.37	8.61	8.64	8.37	7.75	6.76
	1.2	0.82	1.53	2.51	2.82	3.27	3.98	4.66	5.05	6.00	6.84	7.56	8.13	8.56	8.81	8.88	8.62	8.03	7.07
	1.5	0.83	1.55	2.54	2.86	3.32	4.05	4.74	5.13	6.11	6.97	7.70	8.30	8.74	9.02	9.11	8.88	8.31	7.37
	≥3	0.84	1.57	2.58	2.90	3.37	4.11	4.81	5.21	6.21	7.09	7.85	8.46	8.93	9.22	9.34	9.14	8.60	7.68
180	1	0.92	1.71	2.81	3.15	3.65	4.45	5.19	5.61	6.63	7.50	8.20	8.71	9.01	9.08	8.81	8.11	6.93	5.22
	1.05	0.93	1.74	2.84	3.19	3.70	4.51	5.26	5.69	6.74	7.63	8.35	8.88	9.20	9.29	9.04	8.36	7.21	5.53
	1.2	0.94	1.76	2.88	3.23	3.75	4.57	5.34	5.77	6.84	7.75	8.49	9.04	9.38	9.49	9.28	8.62	7.49	5.84
	1.5	0.95	1.78	2.92	3.28	3.80	4.63	5.41	5.86	6.94	7.87	8.63	9.21	9.57	9.70	9.51	8.88	7.77	6.15
	≥3	0.96	1.80	2.95	3.32	3.85	4.69	5.49	5.94	7.04	8.00	8.78	9.37	9.75	9.90	9.74	9.14	8.06	6.45
v/m·s^{-1} ≈			5			10		15		20	25	30		35	40				

注：表格中带黑框的速度为电动机的负荷转速。

第8篇

表 8-1-31（b） SPA 型窄 V 带单根基准额定功率（摘自 GB/T 13575.1—2008）

d_{d1} /mm	i 或 $1/i$	小轮转速 n_1/r·min^{-1}																	
		200	400	700	800	950	1200	1450	1600	2000	2400	2800	3200	3600	4000	4500	5000	5500	6000
		额定功率 P/kW																	
90	1	0.43	0.75	1.17	1.30	1.48	1.76	2.02	2.16	2.49	2.77	3.00	3.16	3.26	3.29	3.24	3.07	2.77	2.34
	1.05	0.45	0.80	1.25	1.39	1.59	1.90	2.18	2.34	2.72	3.05	3.32	3.53	3.67	3.76	3.76	3.64	3.40	3.03
	1.2	0.47	0.85	1.34	1.49	1.70	2.04	2.35	2.53	2.96	3.33	3.64	3.90	4.09	4.22	4.28	4.22	4.04	3.72
	1.5	0.50	0.89	1.42	1.58	1.81	2.18	2.52	2.71	3.19	3.60	3.96	4.27	4.50	4.68	4.80	4.80	4.67	4.41
	≥3	0.52	0.94	1.5	1.67	1.92	2.32	2.69	2.90	3.42	3.88	4.29	4.63	4.92	5.14	5.30	5.37	5.31	5.10
100	1	0.53	0.94	1.49	1.65	1.89	2.27	2.61	2.80	3.27	3.67	3.99	4.25	4.42	4.50	4.42	4.31	3.97	3.46
	1.05	0.55	0.99	1.57	1.75	2.00	2.41	2.78	2.99	3.50	3.94	4.32	4.61	4.83	4.96	5.00	4.89	4.61	4.15
	1.2	0.57	1.03	1.65	1.84	2.11	2.54	2.95	3.17	3.73	4.22	4.64	4.98	5.25	5.43	5.52	5.46	5.24	4.84
	1.5	0.60	1.08	1.73	1.93	2.22	2.68	3.11	3.36	3.96	4.50	4.96	5.35	5.66	5.89	6.04	6.04	5.88	5.53
	≥3	0.62	1.13	1.81	2.02	2.33	2.82	3.28	3.54	4.19	4.78	5.29	5.72	6.08	6.35	6.56	6.62	6.51	6.22
112	1	0.64	1.16	1.86	2.07	2.38	2.86	3.31	3.57	4.18	4.71	5.15	5.49	5.72	5.85	5.83	5.61	5.16	4.47
	1.05	0.67	1.21	1.94	2.16	2.49	3.00	3.48	3.75	4.41	4.99	5.47	5.86	6.14	6.31	6.35	6.18	5.80	5.17
	1.2	0.69	1.26	2.02	2.26	2.6	3.14	3.65	3.94	4.64	5.27	5.79	6.23	6.55	6.77	6.87	6.76	6.43	5.86
	1.5	0.71	1.30	2.10	2.35	2.71	3.28	3.82	4.12	4.87	5.54	6.12	6.60	6.97	7.23	7.39	7.34	7.06	6.55
	≥3	0.74	1.35	2.18	2.44	2.82	3.42	3.98	4.30	5.11	5.82	6.44	6.96	7.38	7.69	7.91	7.91	7.70	7.24
125	1	0.77	1.40	2.25	2.52	2.90	3.50	4.06	4.38	5.15	5.80	6.34	6.76	7.03	7.16	7.09	6.75	6.11	5.14
	1.05	0.79	1.45	2.33	2.61	3.01	3.64	4.23	4.56	5.38	6.08	6.67	7.13	7.45	7.62	7.61	7.33	6.74	5.00
	1.2	0.82	1.50	2.42	2.70	3.12	3.78	4.40	4.73	5.61	6.36	6.99	7.49	7.36	9.08	3.13	7.9	7.37	6.52
	1.5	0.84	1.54	2.50	2.80	3.23	3.92	4.56	4.93	5.84	6.63	7.31	7.86	8.28	8.54	8.65	8.48	8.01	7.21
	≥3	0.86	1.59	2.58	2.89	3.34	4.06	4.73	5.12	6.07	6.91	7.63	8.23	8.69	9.01	9.17	9.06	8.64	7.91
140	1	0.92	1.66	2.71	3.03	3.49	4.23	4.91	5.29	6.22	7.01	7.64	8.11	8.39	8.48	8.27	7.69	6.71	5.28
	1.05	0.94	1.72	2.79	3.12	3.60	4.37	5.07	5.48	6.45	7.29	7.97	8.48	8.81	8.94	8.79	8.27	7.34	5.97
	1.2	0.96	1.77	2.87	3.21	3.71	4.50	5.24	5.66	6.68	7.56	8.29	8.85	9.22	9.40	9.31	8.85	7.98	6.66
	1.5	0.99	1.82	2.95	3.31	3.82	4.64	5.41	5.84	6.91	7.84	8.61	9.22	9.64	9.85	9.83	9.42	8.61	7.35
	≥3	1.01	1.86	3.03	3.40	3.93	4.78	5.58	6.03	7.14	8.12	8.94	9.59	10.05	10.32	10.35	10.00	9.25	8.05
160	1	1.11	2.04	3.30	3.70	4.27	5.17	6.01	6.47	7.60	8.53	9.24	9.72	9.94	9.87	9.34	8.28	6.62	4.31
	1.05	1.13	2.08	3.38	3.79	4.38	5.31	6.17	6.66	7.83	8.80	9.57	10.09	10.35	10.33	9.85	8.85	7.25	5.00
	1.2	1.15	2.13	3.46	3.88	4.49	5.45	6.34	6.84	8.06	9.08	9.89	10.46	10.77	10.79	10.38	9.43	7.88	5.70
	1.5	1.18	2.18	3.55	3.98	4.60	5.59	6.51	7.03	8.29	9.36	10.21	10.83	11.18	11.25	10.90	10.01	8.52	6.39
	≥3	1.20	2.22	3.63	4.07	4.71	5.73	6.68	7.21	8.52	9.63	10.53	11.20	11.60	11.72	11.42	10.58	9.15	7.08
180	1	1.30	2.39	3.89	4.36	5.04	6.10	7.07	7.62	8.9	9.93	10.67	11.09	11.15	10.81	9.78	7.99	6.33	1.83
	1.05	1.32	2.44	3.97	4.45	5.15	6.23	7.24	7.80	9.13	10.21	11.00	11.46	11.56	11.27	10.29	8.57	6.02	2.57
	1.2	1.34	2.49	4.05	4.54	5.25	6.37	7.41	7.99	9.37	10.49	11.32	11.83	11.98	11.73	10.31	9.15	6.65	3.26
	1.5	1.37	2.53	4.13	4.64	5.36	6.51	7.57	8.17	9.60	10.76	11.64	12.20	12.39	12.19	11.33	9.72	7.29	3.95
	≥3	1.39	2.58	4.21	4.73	5.47	6.65	7.74	8.35	9.83	11.04	11.96	12.56	12.81	12.65	11.85	10.3	7.92	4.64

续表

d_{d1}/mm	i 或 $1/i$	小轮转速 n_1/r·min^{-1}																	
		200	400	700	800	950	1200	1450	1600	2000	2400	2800	3200	3600	4000	4500	5000	5500	6000
		额定功率 P/kW																	
200	1	1.49	2.75	4.47	5.01	5.79	7.00	8.10	8.72	10.13	11.22	11.92	12.19	11.98	11.25	9.50	6.75	2.89	
	1.05	1.51	2.79	4.55	5.10	5.89	7.14	8.27	8.90	10.37	11.49	12.24	12.56	12.40	11.71	10.02	7.33	3.52	
	1.2	1.53	2.84	4.63	5.19	6.00	7.27	8.44	9.08	10.60	11.77	12.56	12.93	12.81	12.17	10.54	7.91	4.16	
	1.5	1.55	2.89	4.71	5.29	6.11	7.41	8.61	9.27	10.83	12.05	12.89	13.30	13.23	12.63	11.06	8.43	4.79	
	≥3	1.58	2.93	4.79	5.38	6.22	7.55	8.77	9.45	11.06	12.32	13.21	13.67	13.64	13.09	11.58	9.06	5.43	
224	1	1.71	3.17	5.16	5.77	6.67	8.05	9.30	9.97	11.51	12.59	13.15	13.13	12.45	11.04	8.15	3.87		
	1.05	1.73	3.21	5.24	5.87	6.78	8.19	9.46	10.16	11.74	12.86	13.47	13.49	12.86	11.50	8.67	4.44		
	1.2	1.75	3.26	5.32	5.96	6.89	8.33	9.63	10.34	11.97	13.14	13.79	13.86	13.28	11.96	9.19	5.02		
	1.5	1.78	3.30	5.40	6.05	6.99	8.46	9.80	10.53	12.2	13.42	14.12	14.23	13.69	12.42	9.71	5.60		
	≥3	1.80	3.35	5.48	6.14	7.10	8.60	9.96	10.71	12.43	13.69	14.44	14.60	14.11	12.89	10.23	6.17		
250	1	1.95	3.62	5.88	6.59	7.60	9.15	10.53	11.26	12.85	13.84	14.13	13.62	12.22	9.83	5.29			
	1.05	1.97	3.66	5.97	6.68	7.71	9.29	10.69	11.44	13.08	14.12	14.45	13.99	12.64	10.29	5.81			
	1.2	1.99	3.71	6.05	6.77	7.82	9.43	10.86	11.63	13.31	14.39	14.77	14.36	13.05	10.75	6.33			
	1.5	2.02	3.75	6.13	6.87	7.93	9.56	11.03	11.81	13.54	14.67	15.1	14.73	13.47	11.21	6.85			
	≥3	2.04	3.80	6.21	6.96	8.04	9.70	11.19	12.00	13.77	14.95	15.42	15.10	13.83	11.67	7.36			
v/m·s^{-1} ≈		5		10		15		20	25	30	35	40							

注：表格中带黑框的速度为电动机的负荷转速。

表 8-1-31（c） SPB 型窄 V 带单根基准额定功率（摘自 GB/T 13575.1—2008）

d_{d1}/mm	i 或 $1/i$	小轮转速 n_K/r·min^{-1}																
		200	400	700	800	950	1200	1450	1600	1800	2000	2200	2400	2800	3200	3600	4000	4500
		额定功率 P_N/kW																
140	1	1.08	1.92	3.02	3.35	3.83	4.55	5.19	5.54	5.95	6.31	6.62	6.86	7.15	7.17	6.89	6.23	5.00
	1.05	1.12	2.02	3.19	3.55	4.06	4.84	5.55	5.93	6.39	6.80	7.15	7.44	7.84	7.95	7.77	7.25	6.10
	1.2	1.17	2.12	3.35	3.74	4.29	5.14	5.90	6.32	6.83	7.29	7.69	8.03	8.52	8.73	8.65	8.23	7.20
	1.5	1.22	2.21	3.53	3.94	4.52	5.43	6.25	6.71	7.27	7.70	8.23	8.61	9.20	9.51	9.52	9.80	8.30
	≥3	1.27	2.31	3.70	4.13	4.76	5.72	6.61	7.40	7.71	8.26	8.76	9.20	9.89	10.29	10.40	10.18	9.39
160	1	1.37	2.47	3.92	4.37	5.01	5.98	6.86	7.33	7.89	8.38	8.80	9.13	9.52	9.53	9.10	8.21	6.36
	1.05	1.41	2.57	4.10	4.57	5.24	6.28	7.21	7.72	8.33	8.87	9.33	9.71	10.2	10.31	9.98	9.18	7.45
	1.2	1.46	2.66	4.27	4.76	5.17	6.57	7.56	8.11	8.77	9.36	9.87	10.30	10.89	11.09	10.86	10.16	8.55
	1.5	1.51	2.76	4.44	4.96	5.70	6.86	7.92	8.50	9.21	9.85	10.41	10.88	11.57	11.87	11.74	11.13	9.65
	≥3	1.56	2.86	4.61	5.15	5.93	7.15	8.27	8.89	9.65	10.33	10.94	11.47	12.25	12.65	12.61	12.11	10.75
180	1	1.65	3.01	4.82	5.37	6.16	7.38	8.46	9.05	9.74	10.34	10.83	11.21	11.62	11.49	10.77	9.40	6.68
	1.05	1.70	3.11	4.99	5.57	6.40	7.67	8.82	9.44	10.18	10.83	11.37	11.80	12.30	12.27	11.65	10.37	7.77
	1.2	1.75	3.20	5.16	5.76	6.63	7.97	9.17	9.83	10.62	11.32	11.91	12.39	12.98	13.05	12.52	11.35	8.87
	1.5	1.80	3.30	5.83	5.96	6.86	8.26	9.53	10.22	11.06	11.80	12.44	12.97	13.66	13.83	13.40	12.32	9.97
	≥3	1.85	3.40	5.50	6.15	7.09	8.55	9.88	10.61	11.50	12.29	12.98	13.56	14.35	14.61	14.28	13.30	11.07
200	1	1.94	3.54	5.69	6.35	7.30	8.74	10.02	10.70	11.50	12.18	12.72	13.11	13.41	13.01	11.83	9.77	5.85
	1.05	1.99	3.64	5.86	6.55	7.53	9.04	10.37	11.09	11.94	12.67	13.25	13.69	14.10	13.79	12.71	10.75	6.95
	1.2	2.03	3.74	6.03	6.75	7.76	9.33	10.73	11.48	12.38	13.15	13.79	14.28	14.78	14.57	13.69	11.72	8.04
	1.5	2.08	3.84	6.21	6.94	7.99	9.52	11.03	11.87	12.82	13.64	11.33	14.86	15.46	15.36	14.46	12.70	9.14
	≥3	2.13	3.93	6.38	7.14	8.23	9.91	11.43	12.26	13.26	14.13	14.86	15.45	16.14	16.14	15.34	13.68	10.24

第8篇

d_{d1} /mm	i 或 $1/i$	小轮转速 n_K/r·min^{-1}																
		200	400	700	800	950	1200	1450	1600	1800	2000	2200	2400	2800	3200	3600	4000	4500
		额定功率 P_N/kW																
224	1	2.28	4.18	6.73	7.52	8.63	10.33	11.81	12.59	13.49	14.21	14.76	15.10	15.14	14.22	12.23	9.04	3.18
	1.05	2.32	4.28	6.90	7.71	8.86	10.62	12.17	12.98	13.93	14.70	15.29	15.69	15.83	15.00	13.11	10.01	4.28
	1.2	2.37	4.37	7.07	7.91	9.10	10.92	12.58	13.37	14.37	15.19	15.83	16.27	16.51	15.78	13.98	10.99	5.38
	1.5	2.42	4.47	7.24	8.10	9.33	11.21	12.87	13.76	14.80	15.68	16.37	16.86	17.19	16.57	14.86	11.96	6.47
	≥3	2.47	4.57	7.41	8.30	9.56	11.50	13.23	14.15	15.24	16.16	16.90	17.44	17.87	17.35	15.74	12.94	7.57
250	1	2.64	4.86	7.84	8.75	10.04	11.99	13.66	14.51	15.47	16.19	16.68	16.89	16.44	14.69	11.48	6.63	
	1.05	2.69	4.96	8.01	8.94	10.27	12.28	14.01	14.90	15.91	16.68	17.21	17.47	17.13	15.47	12.36	7.61	
	1.2	2.74	5.05	8.18	9.14	10.50	12.57	14.37	15.29	16.35	17.17	17.75	18.06	17.81	16.25	13.23	8.58	
	1.5	2.79	5.15	8.35	9.33	10.74	12.87	14.72	15.68	16.78	17.66	18.28	18.65	18.49	17.03	14.11	9.55	
	≥3	2.83	5.25	8.52	9.53	10.97	13.16	15.07	16.07	17.22	18.15	18.82	19.23	19.17	17.81	14.99	10.53	
280	1	3.05	5.63	9.09	10.14	11.62	13.82	15.65	16.56	17.52	18.17	18.48	18.43	17.13	14.04	8.92	1.55	
	1.05	3.10	5.73	9.26	10.33	11.85	14.11	16.01	16.95	17.96	18.65	19.01	19.01	17.81	14.82	9.80	2.53	
	1.2	3.15	5.83	9.43	10.53	12.08	14.41	16.36	17.34	18.39	19.14	19.55	19.60	18.49	15.60	10.68	3.50	
	1.5	3.20	5.93	9.6	10.72	12.32	14.70	16.72	17.73	18.83	19.63	20.09	20.18	19.18	16.38	11.56	4.48	
	≥3	3.25	6.02	9.77	10.92	12.55	14.99	17.07	18.12	19.27	20.12	20.62	20.77	19.86	17.16	12.43	5.45	
315	1	3.53	6.53	10.51	11.71	13.40	15.84	17.79	18.70	19.55	20.00	19.97	19.44	16.71	11.47	3.40		
	1.05	3.58	6.62	10.68	11.91	13.68	16.13	18.15	19.09	20.00	20.49	20.51	20.03	17.39	12.25	4.28		
	1.2	3.63	6.72	10.85	12.11	13.86	16.43	18.50	19.48	20.44	20.97	21.05	20.61	18.07	13.03	5.16		
	1.5	3.68	6.82	11.02	12.30	14.09	16.72	18.85	19.87	20.88	21.46	21.58	21.20	18.76	13.81	6.04		
	≥3	3.73	6.92	11.19	12.50	14.38	17.01	19.21	20.26	21.32	21.95	22.12	21.78	19.44	14.59	6.91		
355	1	4.08	7.53	12.10	13.46	15.33	17.99	19.96	20.78	21.39	21.42	20.79	19.46	14.45	5.91			
	1.05	4.18	7.63	12.27	13.65	15.57	18.28	20.31	21.17	21.83	21.91	21.33	20.05	15.13	6.69			
	1.2	4.17	7.73	12.44	13.85	15.80	18.57	20.67	21.56	22.27	22.39	21.87	20.63	15.81	7.47			
	1.5	4.22	7.82	12.61	14.04	16.03	18.86	21.02	21.95	22.71	22.88	22.40	21.22	16.50	8.85			
	≥3	4.27	7.92	12.78	14.24	16.26	19.16	21.37	22.34	23.15	23.37	22.94	21.80	17.18	9.03			
400	1	4.68	8.64	13.82	15.34	17.39	20.17	22.02	22.62	22.76	22.07	20.46	17.87	9.37				
	1.05	4.73	8.74	13.99	15.53	17.62	20.46	22.37	23.01	23.19	22.55	21.00	18.46	10.05				
	1.2	4.78	8.84	14.16	15.73	17.85	20.75	22.72	23.4	23.63	23.04	21.54	19.04	10.74				
	1.5	4.83	8.94	14.33	15.92	18.09	21.05	23.08	23.79	24.07	23.53	22.07	19.63	11.42				
	≥3	4.87	9.03	14.50	16.12	18.32	21.34	23.43	24.18	24.51	24.02	22.61	20.21	12.10				
v/m·s^{-1} ≈		5	10	15		20	25 30		35	40								

注：表格中带黑框的速度为电动机的负荷转速。

表 8-1-31（d） SPC 型窄 V 带单根基准额定功率（摘自 GB/T 13575.1—2008）

d_{d1} /mm	i 或 $1/i$	小轮转速 n_K/r·min^{-1}																
		200	300	400	500	600	700	800	950	1200	1450	1600	1800	2000	2200	2400	2800	3200
		额定功率 P_N/kW																
224	1	2.90	4.08	5.19	6.23	7.21	8.13	8.99	10.19	11.89	13.22	13.81	14.35	14.58	14.47	14.01	11.89	8.01
	1.05	3.02	4.26	5.43	6.53	7.57	8.55	9.47	10.76	12.61	14.09	14.77	15.43	15.78	15.79	15.44	13.57	9.93
	1.2	3.14	4.44	5.67	6.83	7.92	8.97	9.95	11.33	13.33	14.95	15.73	16.51	16.98	17.11	16.88	15.25	11.85
	1.5	3.26	4.62	5.91	7.13	8.28	9.39	10.43	11.90	14.05	15.82	16.69	17.59	18.17	18.43	18.32	16.92	13.77
	≥3	3.38	4.80	6.15	7.43	8.64	9.81	10.91	12.47	14.77	16.69	17.65	18.66	19.37	19.75	19.75	18.60	15.68

续表

d_{d1} /mm	i 或 $1/i$	小轮转速 n_K/r·min^{-1}																
		200	300	400	500	600	700	800	950	1200	1450	1600	1800	2000	2200	2400	2800	3200
		额定功率 P_N/kW																
250	1	3.50	4.95	6.31	7.60	8.81	9.95	11.02	12.51	14.61	16.21	16.52	17.52	17.70	17.44	16.69	13.60	8.12
	1.05	3.62	5.13	6.55	7.89	9.17	10.37	11.50	13.07	15.33	17.08	17.88	18.59	18.90	18.76	18.13	15.28	10.04
	1.2	3.74	5.31	6.79	8.19	9.53	10.79	11.98	13.64	16.05	17.95	18.83	19.67	20.10	20.08	19.57	16.96	11.96
	1.5	3.86	5.49	7.03	8.49	9.89	11.21	12.46	14.21	16.77	18.82	19.79	20.75	21.30	21.40	21.01	18.64	13.88
	≥3	3.98	5.67	7.27	8.79	10.25	11.63	12.94	14.78	17.49	19.69	20.75	21.83	22.50	22.72	22.45	20.32	15.80
280	1	4.18	5.94	7.59	9.15	10.62	12.01	13.31	15.10	17.60	19.44	20.20	20.75	20.75	20.13	18.86	14.11	6.10
	1.05	4.30	6.12	7.83	9.45	10.98	12.43	13.79	15.67	18.32	20.31	21.16	21.83	21.95	21.45	20.30	15.79	8.02
	1.2	4.42	6.30	8.07	9.75	11.34	12.85	14.27	16.24	19.04	21.18	22.12	22.91	23.15	22.77	21.73	17.47	9.93
	1.5	4.54	6.48	8.31	10.05	11.70	13.27	14.75	16.81	19.76	22.05	23.07	23.99	24.34	24.09	23.17	19.15	11.85
	≥3	4.66	6.66	8.55	10.35	12.06	13.69	15.23	17.38	20.48	22.92	24.03	25.07	25.54	25.41	24.61	20.83	13.77
315	1	4.97	7.08	9.07	10.94	12.70	14.36	15.90	18.01	20.88	22.87	23.58	23.91	23.47	22.18	19.98	12.53	
	1.05	5.09	7.26	9.31	11.24	13.06	14.78	16.38	18.58	21.60	23.74	24.54	24.99	24.67	23.50	21.42	14.20	
	1.2	5.21	7.44	9.55	11.54	13.42	15.20	16.86	19.15	22.32	24.60	25.50	26.07	25.87	24.82	32.86	15.88	
	1.5	5.33	7.62	9.79	11.84	13.73	15.62	17.34	19.72	23.04	25.47	26.46	27.15	27.07	26.14	24.30	17.56	
	≥3	5.45	7.80	10.03	12.14	14.14	16.04	17.82	20.29	23.76	26.34	27.42	28.23	28.26	27.46	25.74	19.24	
355	1	5.87	8.37	10.72	12.94	15.02	16.96	18.76	21.17	24.34	26.29	26.80	26.62	25.37	22.94	19.22		
	1.05	5.99	8.55	10.96	13.24	15.38	17.38	19.24	21.74	25.06	27.16	27.76	27.70	26.57	24.06	20.66		
	1.2	6.11	8.73	11.20	13.54	15.74	17.80	19.72	22.31	25.78	28.03	28.72	28.78	27.77	25.58	22.10		
	1.5	6.23	8.91	11.44	13.84	16.10	18.22	20.20	22.88	26.50	28.90	29.68	29.86	28.97	26.90	23.54		
	≥3	6.35	9.09	11.68	14.14	16.46	18.64	20.68	23.45	27.22	29.77	30.64	30.94	30.17	28.22	24.98		
400	1	6.86	9.80	12.56	15.15	17.56	19.79	21.84	24.52	27.83	29.46	29.53	28.42	25.81	21.54	15.48		
	1.05	6.98	9.98	12.80	15.45	17.92	20.21	22.32	25.09	28.55	30.33	30.49	29.50	27.01	22.86	16.91		
	1.2	7.10	10.16	13.04	15.75	18.28	20.63	22.80	25.66	29.27	31.20	31.45	30.58	28.21	24.18	18.35		
	1.5	7.22	10.34	13.28	16.04	18.64	21.05	23.28	26.23	29.99	32.07	32.41	31.66	29.41	25.50	19.79		
	≥3	7.34	10.52	13.52	16.34	19.00	21.47	23.76	26.80	30.70	32.94	33.37	32.74	30.60	26.82	21.23		
450	1	7.96	11.37	14.56	17.54	20.29	22.81	25.07	27.94	31.15	32.06	31.33	28.69	23.95	16.89			
	1.05	8.08	11.55	14.80	17.83	20.65	23.23	25.55	28.51	31.87	32.93	32.29	29.77	25.15	18.21			
	1.2	8.20	11.73	15.04	18.13	21.01	23.65	26.03	29.08	32.59	33.80	33.25	30.85	26.34	19.53			
	1.5	8.32	11.91	15.28	18.43	21.37	24.07	26.51	29.65	33.31	34.67	34.21	31.92	27.54	20.85			
	≥3	8.44	12.09	15.52	18.73	21.73	24.48	26.99	30.22	34.03	35.54	35.16	33.00	28.74	22.17			
500	1	9.04	12.91	16.52	19.86	22.92	25.67	28.09	31.04	33.85	33.58	31.70	26.94	19.35				
	1.05	9.16	13.09	16.76	20.16	23.28	26.09	28.57	31.61	34.57	34.45	32.66	28.02	20.54				
	1.2	9.28	13.27	17.00	20.46	23.64	26.51	29.05	32.18	35.29	35.31	33.62	29.10	21.74				
	1.5	9.40	13.45	17.24	20.76	24.00	26.93	29.53	32.75	36.01	36.18	34.57	30.18	22.94				
	≥3	9.52	13.63	17.48	21.06	24.35	27.35	30.01	33.32	36.73	37.05	35.53	31.26	24.14				
560	1	10.32	14.74	18.82	22.56	25.93	28.90	31.43	34.29	36.18	33.83	30.05	21.90					
	1.05	10.44	14.92	19.06	22.86	26.29	29.32	31.91	34.86	36.90	34.70	31.01	22.98					
	1.2	10.56	15.09	19.30	23.16	26.65	29.74	32.39	35.43	37.62	35.57	31.97	24.05					
	1.5	10.68	15.27	19.54	23.46	27.01	30.16	32.87	36.00	38.34	36.44	32.93	25.14					
	≥3	10.80	15.45	19.78	23.76	27.37	30.58	33.35	36.57	39.06	37.31	33.89	26.22					
630	1	11.80	16.82	21.42	25.56	29.25	32.37	34.88	37.37	37.52	31.74	24.90						
	1.05	11.92	17.00	21.66	25.88	29.61	32.79	35.36	37.94	38.24	32.61	25.92						
	1.2	12.04	17.18	21.90	26.18	29.96	33.21	35.84	38.51	38.96	33.48	26.88						
	1.5	12.16	17.36	22.14	26.48	30.32	33.63	36.32	39.07	39.68	34.35	27.84						
	≥3	12.28	17.54	22.38	26.78	30.68	34.04	36.80	39.64	40.40	35.22	28.79						
v/m·s^{-1} ≈				10	15		20	25	30	35	40							

注：表格中带黑框的速度为电动机的负荷转速。

表 8-1-32（a） 9N、9J 型窄 V 带的额定功率

n_1 /r·min^{-1}	d_{e1}/mm													
	67	71	75	80	90	100	112	125	140	160	180	200	250	315
	P_1													
575	0.52	0.60	0.68	0.78	0.97	1.16	1.39	1.64	1.92	2.30	2.67	3.03	3.93	5.06
690	0.60	0.70	0.79	0.91	1.14	1.37	1.64	1.93	2.26	2.70	3.14	3.57	4.62	5.94
725	0.63	0.73	0.82	0.95	1.90	1.43	1.71	2.02	2.37	2.83	3.28	3.73	4.83	6.21
870	0.73	0.84	0.96	1.10	1.39	1.67	2.01	2.37	2.78	3.32	3.86	4.38	5.67	7.27
950	0.78	0.91	1.03	1.19	1.50	1.80	2.17	2.56	3.00	3.59	4.17	4.73	6.11	7.83
1160	0.91	1.07	1.22	1.40	1.77	2.14	2.58	3.05	3.58	4.27	4.96	5.63	7.25	9.22
1425	1.07	1.26	1.44	1.66	2.11	2.55	3.08	3.63	4.27	5.10	5.91	6.70	8.58	10.81
1750	1.26	1.47	1.69	1.96	2.50	3.03	3.66	4.32	5.07	6.05	7.00	7.91	10.04	12.45
2850	1.78	2.12	2.45	2.86	3.67	4.47	5.39	6.35	7.41	8.75	9.98	11.09	13.32	
3450	2.01	2.41	2.80	3.28	4.22	5.12	6.17	7.24	8.41	9.82	11.05	12.10		
100	0.12	0.13	0.15	0.17	0.21	0.24	0.29	0.34	0.39	0.47	0.54	0.61	0.79	1.02
200	0.21	0.24	0.27	0.31	0.38	0.46	0.54	0.64	0.74	0.88	1.02	1.16	1.50	1.94
300	0.30	0.35	0.39	0.44	0.55	0.66	0.78	0.92	1.07	1.28	1.48	1.68	2.18	2.81
400	0.38	0.44	0.50	0.57	0.71	0.85	1.01	1.19	1.39	1.66	1.92	2.18	2.83	3.65
500	0.46	0.53	0.60	0.69	0.86	1.03	1.23	1.45	1.70	2.03	2.35	2.67	3.46	4.46
600	0.54	0.62	0.70	0.80	1.01	1.21	1.45	1.71	2.00	2.39	2.77	3.15	4.08	5.25
700	0.61	0.70	0.80	0.92	1.15	1.38	1.66	1.96	2.29	2.74	3.18	3.61	4.68	6.02
800	0.68	0.79	0.89	1.03	1.29	1.55	1.87	2.20	2.58	3.08	3.58	4.07	5.26	6.76
900	0.75	0.87	0.99	1.13	1.43	1.72	2.07	2.44	2.86	3.42	3.97	4.51	5.83	7.48
1000	0.81	0.94	1.08	1.24	1.56	1.89	2.27	2.68	3.14	3.75	4.36	4.95	6.39	8.17
1100	0.88	1.02	1.16	1.34	1.70	2.05	2.46	2.91	3.42	4.08	4.73	5.38	6.93	8.84
1200	0.94	1.09	1.25	1.44	1.83	2.21	2.66	3.14	3.68	4.40	5.10	5.79	7.46	9.48
1300	1.00	1.17	1.33	1.54	1.95	2.36	2.84	3.66	3.95	4.71	5.47	6.20	7.97	10.09
1400	1.06	1.24	1.42	1.64	2.08	2.51	3.03	3.58	4.21	5.02	5.82	6.60	8.46	10.67
1500	1.12	1.31	1.50	1.73	2.20	2.67	3.21	3.80	4.46	5.32	6.17	6.99	8.93	11.22
1600	1.17	1.38	1.58	1.83	2.32	2.81	3.39	4.01	4.71	5.62	6.50	7.36	9.39	11.74
1700	1.23	1.44	1.66	1.92	2.44	2.96	3.57	4.22	4.95	5.91	6.83	7.73	9.83	12.22
1800	1.28	1.51	1.73	2.01	2.56	3.10	3.74	4.42	5.19	6.19	7.16	8.09	10.25	12.67
1900	1.33	1.57	1.81	2.10	2.68	3.24	3.91	4.63	5.43	6.47	7.47	8.43	10.65	13.08
2000	1.39	1.63	1.88	2.19	2.79	3.38	4.08	4.82	5.66	6.74	7.77	8.77	11.03	13.45
2100	1.44	1.70	1.95	2.27	2.90	3.52	4.25	5.02	5.88	7.00	8.07	9.09	11.39	13.78
2200	1.49	1.76	2.02	2.35	3.01	3.65	4.41	5.21	6.11	7.26	8.36	9.40	11.73	14.07
2300	1.53	1.81	2.09	2.44	3.12	3.78	4.57	5.39	6.32	7.51	8.63	9.70	12.04	14.32
2400	1.58	1.87	2.16	2.52	3.22	3.91	4.72	5.58	6.53	7.75	8.90	9.98	12.33	14.52
2500	1.63	1.93	2.23	2.60	3.33	4.04	4.88	5.76	6.74	7.98	9.16	10.25	12.60	
2600	1.67	1.98	2.29	2.68	3.43	4.16	5.03	5.93	6.94	8.21	9.41	10.51	12.84	
2700	1.72	2.04	2.36	2.75	3.53	4.29	5.17	6.10	7.13	8.43	9.64	10.75	13.04	
2800	1.76	2.09	2.42	2.83	3.63	4.41	5.32	6.27	7.32	8.64	9.87	10.98	13.24	
2900	1.80	2.14	2.48	2.90	3.72	4.52	5.46	6.43	7.50	8.85	10.08	11.20	13.40	
3000	1.84	2.19	2.54	2.97	3.82	4.64	5.59	6.59	7.68	9.04	10.29	11.40	13.53	
3100	1.88	2.24	2.60	3.04	3.91	4.75	5.73	6.74	7.85	9.23	10.48	11.58		
3200	1.92	2.29	2.66	3.11	4.00	4.86	5.86	6.89	8.02	9.41	10.66	11.75		
3300	1.96	2.34	2.72	3.18	4.09	4.97	5.98	7.04	8.18	9.58	10.83	11.90		
3400	2.00	2.39	2.77	3.25	4.17	5.07	6.11	7.18	8.33	9.74	10.98	12.04		
3500	2.03	2.43	2.82	3.31	4.26	5.17	6.23	7.31	8.48	9.89	11.12	12.15		
3600	2.07	2.47	2.88	3.37	4.34	5.27	6.34	7.44	8.62	10.04	11.25	12.25		
3700	2.10	2.52	2.93	3.43	4.42	5.37	6.46	7.57	8.76	10.17	11.37	12.33		
3800	2.13	2.56	2.98	3.49	4.50	5.46	6.57	7.69	8.88	10.29	11.47	12.40		
3900	2.16	2.60	3.03	3.55	4.57	5.55	6.67	7.80	9.00	10.40	11.56			
4000	2.19	2.64	3.07	3.61	4.65	5.64	6.77	7.91	9.12	10.51	11.63			
4100	2.22	2.67	3.12	3.66	4.72	5.73	6.87	8.02	9.22	10.60	11.69			
4200	2.25	2.71	3.16	3.72	4.79	5.81	6.96	8.12	9.32	10.68	11.74			
4300	2.28	2.75	3.20	3.77	4.85	5.89	7.05	8.21	9.41	10.75				
4400	2.31	2.78	3.25	3.82	4.92	5.96	7.14	8.30	9.50	10.81				
4500	2.33	2.81	3.29	3.87	4.98	6.04	7.22	8.39	9.57	10.86				
4600	2.35	2.84	3.32	3.91	5.04	6.11	7.30	8.46	9.64	10.90				
4700	2.38	2.87	3.36	3.96	5.10	6.17	7.37	8.53	9.70	10.92				
4800	2.40	2.90	3.40	4.00	5.15	6.24	7.44	8.60	9.75	10.93				
4900	2.42	2.93	3.43	4.04	5.21	6.30	7.50	8.66	9.79					
5000	2.44	2.96	3.46	4.08	5.26	6.36	7.56	8.71	9.83					

(摘自 GB/T 13575.2—2008) /kW

i									
1.00～1.01	1.02～1.05	1.06～1.11	1.12～1.18	1.19～1.26	1.27～1.38	1.39～1.57	1.58～1.94	1.95～3.38	3.39 以上
ΔP_1									
0.0	0.01	0.02	0.04	0.05	0.07	0.08	0.09	0.09	0.10
0.0	0.01	0.03	0.05	0.07	0.08	0.09	0.10	0.11	0.12
0.0	0.01	0.03	0.05	0.07	0.08	0.10	0.11	0.12	0.13
0.0	0.01	0.03	0.06	0.08	0.10	0.12	0.13	0.14	0.15
0.0	0.01	0.04	0.07	0.09	0.11	0.13	0.14	0.16	0.17
0.0	0.02	0.05	0.08	0.11	0.13	0.16	0.17	0.19	0.20
0.0	0.02	0.06	0.10	0.13	0.16	0.19	0.21	0.23	0.25
0.0	0.03	0.07	0.12	0.16	0.20	0.23	0.26	0.29	0.30
0.0	0.04	0.11	0.20	0.27	0.33	0.38	0.43	0.47	0.50
0.0	0.05	0.14	0.24	0.33	0.39	0.46	0.52	0.57	0.60
0.0	0.00	0.00	0.01	0.01	0.01	0.01	0.02	0.02	0.02
0.0	0.00	0.01	0.01	0.02	0.02	0.03	0.03	0.03	0.03
0.0	0.00	0.01	0.02	0.03	0.03	0.04	0.05	0.05	0.05
0.0	0.01	0.02	0.03	0.04	0.05	0.05	0.06	0.07	0.07
0.0	0.01	0.02	0.03	0.05	0.06	0.07	0.08	0.08	0.09
0.0	0.01	0.02	0.04	0.06	0.07	0.08	0.09	0.10	0.10
0.0	0.01	0.03	0.05	0.07	0.08	0.09	0.11	0.11	0.12
0.0	0.01	0.03	0.06	0.08	0.09	0.11	0.12	0.13	0.14
0.0	0.01	0.04	0.06	0.08	0.10	0.12	0.14	0.15	0.16
0.0	0.01	0.04	0.07	0.09	0.11	0.13	0.15	0.16	0.17
0.0	0.02	0.04	0.08	0.10	0.13	0.15	0.17	0.18	0.19
0.0	0.02	0.05	0.08	0.11	0.14	0.16	0.18	0.20	0.21
0.0	0.02	0.05	0.09	0.12	0.15	0.17	0.20	0.21	0.23
0.0	0.02	0.06	0.10	0.13	0.16	0.19	0.21	0.23	0.24
0.0	0.02	0.06	0.10	0.14	0.17	0.20	0.23	0.25	0.26
0.0	0.02	0.06	0.11	0.15	0.18	0.21	0.24	0.26	0.28
0.0	0.02	0.07	0.12	0.16	0.19	0.23	0.26	0.28	0.30
0.0	0.03	0.07	0.12	0.17	0.21	0.24	0.27	0.30	0.31
0.0	0.03	0.08	0.13	0.18	0.22	0.25	0.29	0.31	0.33
0.0	0.03	0.08	0.14	0.19	0.23	0.27	0.30	0.33	0.35
0.0	0.03	0.08	0.15	0.20	0.24	0.28	0.32	0.34	0.36
0.0	0.03	0.09	0.15	0.21	0.25	0.29	0.33	0.36	0.38
0.0	0.03	0.09	0.16	0.22	0.26	0.31	0.35	0.38	0.40
0.0	0.03	0.10	0.17	0.23	0.27	0.32	0.36	0.39	0.42
0.0	0.04	0.10	0.17	0.24	0.29	0.33	0.38	0.41	0.43
0.0	0.04	0.10	0.18	0.25	0.30	0.35	0.39	0.43	0.45
0.0	0.04	0.11	0.19	0.25	0.31	0.36	0.41	0.44	0.47
0.0	0.04	0.11	0.19	0.26	0.32	0.37	0.42	0.46	0.49
0.0	0.04	0.12	0.20	0.27	0.33	0.39	0.44	0.48	0.50
0.0	0.04	0.12	0.21	0.28	0.34	0.40	0.45	0.49	0.52
0.0	0.05	0.12	0.21	0.29	0.35	0.41	0.47	0.51	0.54
0.0	0.05	0.13	0.22	0.30	0.37	0.43	0.48	0.52	0.56
0.0	0.05	0.13	0.23	0.31	0.38	0.44	0.50	0.54	0.57
0.0	0.05	0.14	0.24	0.32	0.39	0.45	0.51	0.56	0.59
0.0	0.05	0.14	0.24	0.33	0.40	0.47	0.53	0.57	0.61
0.0	0.05	0.14	0.25	0.34	0.41	0.48	0.54	0.59	0.63
0.0	0.05	0.15	0.26	0.35	0.42	0.49	0.56	0.61	0.64
0.0	0.06	0.15	0.26	0.36	0.43	0.51	0.57	0.62	0.66
0.0	0.06	0.15	0.27	0.37	0.45	0.52	0.59	0.64	0.68
0.0	0.06	0.16	0.28	0.38	0.46	0.54	0.60	0.66	0.69
0.0	0.06	0.16	0.28	0.39	0.47	0.55	0.62	0.67	0.71
0.0	0.06	0.17	0.29	0.40	0.48	0.56	0.63	0.69	0.73
0.0	0.06	0.17	0.30	0.41	0.49	0.58	0.65	0.71	0.75
0.0	0.06	0.17	0.30	0.41	0.50	0.59	0.66	0.72	0.76
0.0	0.07	0.18	0.31	0.42	0.51	0.60	0.68	0.74	0.78
0.0	0.07	0.18	0.32	0.43	0.53	0.62	0.69	0.75	0.80
0.0	0.07	0.19	0.33	0.44	0.54	0.63	0.71	0.77	0.82
0.0	0.07	0.19	0.33	0.45	0.55	0.64	0.72	0.79	0.83
0.0	0.07	0.19	0.34	0.46	0.56	0.66	0.74	0.80	0.85
0.0	0.07	0.20	0.35	0.47	0.57	0.67	0.75	0.82	0.87

表 8-1-32（b） 15N、15J 型窄 V 带的额定功率

n_1 /r·min^{-1}	d_{e1}/mm												
	180	190	200	212	224	236	250	280	315	355	400	450	500
	P_1												
485	4.63	5.09	5.55	6.10	6.65	7.19	7.82	9.16	10.70	12.44	14.36	16.45	18.51
575	5.36	5.90	6.44	7.08	7.71	8.35	9.08	10.64	12.43	14.44	16.65	19.06	21.40
690	6.26	6.90	7.53	8.28	9.03	9.78	10.64	12.46	14.55	16.89	19.45	22.21	24.88
725	6.53	7.20	7.86	8.64	9.43	10.20	11.10	13.00	15.18	17.61	20.27	23.13	25.89
870	7.61	8.39	9.17	10.09	11.00	11.91	12.96	15.17	17.69	20.49	23.51	26.73	29.78
950	8.19	9.03	9.87	10.86	11.85	12.82	13.95	16.32	19.01	21.99	25.19	28.56	31.73
1160	9.63	10.63	11.62	12.79	13.95	15.09	16.41	19.16	22.25	25.61	29.15	32.78	36.04
1425	11.31	12.49	13.65	15.02	16.37	17.69	19.21	22.35	25.81	29.46	33.17	36.73	
1750	13.15	14.52	15.86	17.43	18.97	20.46	22.16	25.60	29.26	32.93	36.34		
2850	17.30	19.00	20.60	22.40	24.06	25.58	27.15						
3450	17.95	19.56	21.02	22.56	23.86								
50	0.62	0.67	0.73	0.79	0.86	0.93	1.00	1.17	1.36	1.57	1.81	2.07	2.34
60	0.73	0.79	0.86	0.94	1.02	1.09	1.19	1.38	1.60	1.86	2.14	2.46	2.77
70	0.83	0.91	0.99	1.08	1.17	1.26	1.36	1.59	1.85	2.14	2.47	2.83	3.19
80	0.94	1.03	1.11	1.22	1.32	1.42	1.54	1.80	2.09	2.42	2.79	3.20	3.61
90	1.05	1.14	1.24	1.35	1.47	1.58	1.72	2.00	2.33	2.70	3.11	3.57	4.02
100	1.15	1.26	1.36	1.49	1.62	1.74	1.89	2.20	2.56	2.97	3.43	3.93	4.44
150	1.65	1.81	1.96	2.15	2.33	2.52	2.73	3.19	3.71	4.31	4.98	5.71	6.44
200	2.13	2.33	2.54	2.78	3.02	3.26	3.54	4.14	4.83	5.61	6.47	7.43	8.38
250	2.59	2.84	3.09	3.39	3.69	3.99	4.33	5.06	5.91	6.87	7.93	9.10	10.26
300	3.05	3.34	3.64	3.99	4.34	4.69	5.10	5.97	6.97	8.10	9.35	10.73	12.10
350	3.49	3.83	4.17	4.58	4.98	5.38	5.85	6.85	8.00	9.30	10.74	12.33	13.89
400	3.92	4.30	4.69	5.15	5.61	6.07	6.59	7.72	9.02	10.48	12.11	13.89	15.64
450	4.34	4.77	5.20	5.71	6.22	6.73	7.32	8.57	10.01	11.64	13.44	15.41	17.34
500	4.75	5.23	5.70	6.26	6.83	7.38	8.03	9.41	10.99	12.77	14.75	16.89	19.00
550	5.16	5.68	6.19	6.81	7.42	8.03	8.73	10.23	11.95	13.89	16.02	18.35	20.61
600	5.56	6.12	6.68	7.34	8.00	8.66	9.42	11.04	12.90	14.98	17.27	19.76	22.18
650	5.95	6.56	7.15	7.87	8.58	9.28	10.10	11.83	13.82	16.05	18.49	21.14	23.70
700	6.34	6.98	7.62	8.39	9.15	9.90	10.77	12.62	14.73	17.10	19.69	22.48	25.18
750	6.72	7.41	8.09	8.90	9.70	10.50	11.43	13.38	15.62	18.12	20.85	23.78	26.60
800	7.10	7.82	8.54	9.40	10.25	11.10	12.07	14.14	16.50	19.12	21.98	25.04	27.96
850	7.47	8.23	8.99	9.89	10.79	11.68	12.71	14.88	17.35	20.10	23.08	26.26	29.28
900	7.83	8.63	9.43	10.38	11.32	12.26	13.33	15.61	18.19	21.05	24.15	27.43	30.53
950	8.19	9.03	9.87	10.86	11.85	12.82	13.95	16.32	19.01	21.99	25.19	28.56	31.73
1000	8.54	9.42	10.29	11.33	12.36	13.38	14.55	17.02	19.81	22.89	26.19	29.65	32.86
1100	9.23	10.18	11.13	12.25	13.36	14.46	15.72	18.37	21.36	24.62	28.09	31.66	34.93
1200	9.89	10.92	11.93	13.14	14.33	15.50	16.85	19.67	22.82	26.24	29.83	33.48	36.73
1300	10.54	11.63	12.71	13.99	15.26	16.50	17.93	20.90	24.21	27.75	31.42	35.07	38.22
1400	11.16	12.32	13.46	14.82	16.15	17.46	18.96	22.07	25.50	29.14	32.84	36.43	39.41
1500	11.76	12.98	14.19	15.61	17.01	18.38	19.94	23.17	26.70	30.39	34.08	37.54	
1600	12.33	13.61	14.88	16.36	17.82	19.25	20.87	24.20	27.80	31.52	35.13	38.38	
1700	12.89	14.22	15.54	17.08	18.60	20.07	21.75	25.16	28.80	32.50	35.99	38.95	
1800	13.41	14.80	16.17	17.77	19.33	20.85	22.56	26.03	29.70	33.33	36.63		
1900	13.91	15.35	16.76	18.41	20.02	21.57	23.32	26.83	30.48	34.00	37.05		
2000	14.39	15.88	17.33	19.02	20.66	22.24	24.02	27.55	31.15	34.52			
2100	14.84	16.37	17.85	19.58	21.25	22.86	24.65	28.18	31.69	34.86			
2200	15.27	16.83	18.35	20.11	21.80	23.42	25.22	28.71	32.11				
2300	15.66	17.26	18.80	20.59	22.30	23.93	25.72	29.16	32.40				
2400	16.03	17.65	19.22	21.03	22.74	24.37	26.15	29.51	32.56				
2500	16.37	18.01	19.60	21.42	23.14	24.75	26.51	29.75					
2600	16.67	18.34	19.94	21.76	23.47	25.07	26.79	29.89					
2700	16.95	18.63	20.23	22.05	23.75	25.33	27.00	29.93					
2800	17.19	18.88	20.49	22.30	23.97	25.51	27.12						
2900	17.41	19.10	20.70	22.49	24.13	25.62	27.16						
3000	17.59	19.28	20.87	22.63	24.23	25.67	27.11						
3100	17.73	19.41	20.98	22.71	24.27	25.63	26.98						
3200	17.84	19.51	21.06	22.74	24.24	25.52							
3300	17.91	19.56	21.08	22.71	24.14	25.34							
3400	17.95	19.57	21.05	22.63	23.97								
3500	17.95	19.54	20.97	22.48									
3600	17.90	19.46	20.84	22.26									
3700	17.82	19.33	20.66										
3800	17.70	19.16	20.42										

（摘自 GB/T 13575.2—2008） /kW

i									
1.00～1.01	1.02～1.05	1.06～1.11	1.12～1.18	1.19～1.26	1.27～1.38	1.39～1.57	1.58～1.94	1.95～3.38	3.39 以上
ΔP_1									
0.0	0.04	0.11	0.19	0.26	0.31	0.37	0.41	0.45	0.48
0.0	0.05	0.13	0.23	0.31	0.37	0.44	0.49	0.53	0.57
0.0	0.06	0.16	0.27	0.37	0.45	0.52	0.59	0.64	0.68
0.0	0.06	0.16	0.28	0.39	0.47	0.55	0.62	0.67	0.71
0.0	0.07	0.20	0.34	0.46	0.56	0.66	0.74	0.81	0.88
0.0	0.08	0.21	0.37	0.51	0.61	0.72	0.81	0.88	0.93
0.0	0.10	0.26	0.45	0.62	0.75	0.88	0.99	1.08	1.14
0.0	0.12	0.32	0.56	0.76	0.92	1.08	1.21	1.32	1.40
0.0	0.14	0.39	0.69	0.93	1.13	1.33	1.49	1.62	1.72
0.0	0.24	0.64	1.12	1.52	1.84	2.16	2.43	2.65	2.80
0.0	0.28	0.78	1.35	1.84	2.23	2.61	2.94	3.20	3.39
0.0	0.00	0.01	0.02	0.03	0.03	0.04	0.04	0.05	0.05
0.0	0.00	0.01	0.02	0.03	0.04	0.05	0.05	0.06	0.06
0.0	0.01	0.02	0.03	0.04	0.05	0.05	0.06	0.06	0.07
0.0	0.01	0.02	0.03	0.04	0.05	0.06	0.07	0.07	0.08
0.0	0.01	0.02	0.04	0.05	0.06	0.07	0.08	0.08	0.09
0.0	0.01	0.02	0.04	0.05	0.06	0.08	0.09	0.09	0.10
0.0	0.01	0.03	0.06	0.08	0.10	0.11	0.13	0.14	0.15
0.0	0.02	0.04	0.08	0.11	0.13	0.15	0.17	0.19	0.20
0.0	0.02	0.06	0.10	0.13	0.16	0.19	0.21	0.23	0.25
0.0	0.02	0.07	0.12	0.16	0.19	0.23	0.26	0.28	0.30
0.0	0.03	0.08	0.14	0.19	0.23	0.27	0.30	0.32	0.34
0.0	0.03	0.09	0.16	0.21	0.26	0.30	0.34	0.37	0.39
0.0	0.04	0.10	0.18	0.24	0.29	0.34	0.38	0.42	0.44
0.0	0.04	0.11	0.20	0.27	0.32	0.38	0.43	0.46	0.49
0.0	0.05	0.12	0.22	0.29	0.36	0.42	0.47	0.51	0.54
0.0	0.05	0.13	0.24	0.32	0.39	0.45	0.51	0.56	0.59
0.0	0.05	0.15	0.25	0.35	0.42	0.49	0.55	0.60	0.64
0.0	0.06	0.16	0.27	0.37	0.45	0.53	0.60	0.65	0.69
0.0	0.06	0.17	0.29	0.40	0.48	0.57	0.64	0.70	0.74
0.0	0.07	0.18	0.31	0.43	0.52	0.61	0.68	0.74	0.79
0.0	0.07	0.19	0.33	0.45	0.55	0.64	0.72	0.79	0.84
0.0	0.07	0.20	0.35	0.48	0.58	0.68	0.77	0.84	0.89
0.0	0.08	0.21	0.37	0.51	0.61	0.72	0.81	0.88	0.93
0.0	0.08	0.22	0.39	0.53	0.65	0.76	0.85	0.93	0.98
0.0	0.09	0.25	0.43	0.59	0.71	0.83	0.94	1.02	1.08
0.0	0.10	0.27	0.47	0.64	0.78	0.91	1.02	1.11	1.18
0.0	0.11	0.29	0.51	0.69	0.84	0.98	1.11	1.21	1.28
0.0	0.12	0.31	0.55	0.75	0.91	1.06	1.19	1.30	1.38
0.0	0.12	0.34	0.59	0.80	0.97	1.14	1.28	1.39	1.48
0.0	0.13	0.36	0.63	0.85	1.03	1.21	1.36	1.49	1.57
0.0	0.14	0.38	0.67	0.91	1.10	1.29	1.45	1.58	1.67
0.0	0.15	0.40	0.71	0.96	1.16	1.36	1.53	1.67	1.77
0.0	0.16	0.43	0.74	1.01	1.23	1.44	1.62	1.76	1.87
0.0	0.17	0.45	0.78	1.07	1.29	1.51	1.70	1.86	1.97
0.0	0.17	0.47	0.82	1.12	1.36	1.59	1.79	1.95	2.07
0.0	0.18	0.49	0.86	1.17	1.42	1.67	1.88	2.04	2.16
0.0	0.19	0.52	0.90	1.23	1.49	1.74	1.96	2.14	2.26
0.0	0.20	0.54	0.94	1.28	1.55	1.82	2.05	2.23	2.36
0.0	0.21	0.56	0.98	1.33	1.62	1.89	2.13	2.32	2.46
0.0	0.21	0.58	1.02	1.39	1.68	1.97	2.22	2.41	2.56
0.0	0.22	0.61	1.06	1.44	1.75	2.04	2.30	2.51	2.66
0.0	0.23	0.63	1.10	1.49	1.81	2.12	2.39	2.60	2.75
0.0	0.24	0.65	1.14	1.55	1.88	2.20	2.47	2.69	2.85
0.0	0.25	0.67	1.18	1.60	1.94	2.27	2.56	2.79	2.95
0.0	0.26	0.70	1.22	1.65	2.00	2.35	2.64	2.88	3.05
0.0	0.26	0.72	1.25	1.71	2.07	2.42	2.73	2.97	3.15
0.0	0.27	0.74	1.29	1.76	2.13	2.50	2.81	3.06	3.25
0.0	0.28	0.76	1.33	1.81	2.20	2.57	2.90	3.16	3.34
0.0	0.29	0.79	1.37	1.87	2.26	2.65	2.98	3.25	3.44
0.0	0.30	0.81	1.41	1.92	2.33	2.73	3.07	3.34	3.54
0.0	0.31	0.83	1.45	1.97	2.39	2.80	3.15	3.44	3.64
0.0	0.31	0.85	1.49	2.03	2.46	2.88	3.24	3.53	3.74

表 8-1-32（c） 25N、25J 型窄 V 带的额定功率

n_1 /r·min^{-1}	d_{e1}/mm												
	315	335	355	375	400	425	450	475	500	560	630	710	800
	P_1												
485	19.26	21.66	24.05	26.42	29.35	32.26	35.14	38.00	40.82	47.48	55.04	63.38	72.37
575	22.15	24.94	27.71	30.44	33.83	37.18	40.49	43.76	46.98	54.55	63.06	72.33	82.13
690	25.64	28.89	32.11	35.28	39.20	43.06	46.85	50.59	54.26	62.80	72.24	82.30	92.60
725	26.66	30.04	33.38	36.68	40.75	44.75	48.68	52.55	56.33	65.12	74.78	84.98	95.30
870	30.61	34.51	38.35	42.13	46.76	51.28	55.70	60.00	64.18	73.72	83.90	94.15	
950	32.62	30.79	40.87	44.87	49.76	54.52	59.15	63.63	67.96	77.72	87.89	97.75	
1160	37.29	42.02	46.63	51.11	56.51	61.69	66.63	71.33	75.78	85.34	94.36		
1425	41.78	47.00	51.99	56.76	62.38	67.60	72.41	76.79	80.71				
1750	44.87	50.23	55.20	59.77	64.87	69.28							
10	0.62	0.68	0.75	0.81	0.89	0.97	1.05	1.13	1.21	1.40	1.62	1.86	2.14
20	1.16	1.28	1.41	1.53	1.68	1.84	1.99	2.14	2.29	2.66	3.08	3.55	4.08
30	1.67	1.85	2.03	2.21	2.44	2.66	2.89	3.11	3.33	3.86	4.48	5.18	5.95
40	2.16	2.40	2.64	2.88	3.17	3.47	3.76	4.05	4.34	5.04	5.84	6.75	7.77
50	2.64	2.94	3.23	3.52	3.89	4.25	4.61	4.97	5.33	6.19	7.18	8.30	9.56
60	3.11	3.46	3.81	4.15	4.59	5.02	5.44	5.87	6.30	7.31	8.49	9.82	11.31
70	3.57	3.97	4.37	4.78	5.27	5.77	6.27	6.76	7.25	8.42	9.78	11.32	13.04
80	4.02	4.48	4.93	5.39	5.95	6.51	7.08	7.63	8.19	9.52	11.06	12.80	14.74
90	4.46	4.97	5.48	5.99	6.62	7.25	7.87	8.50	9.12	10.60	12.32	14.26	16.43
100	4.90	5.46	6.02	6.58	7.28	7.97	8.66	9.35	10.04	11.67	13.57	15.71	18.10
110	5.33	5.95	6.56	7.17	7.93	8.69	9.45	10.20	10.95	12.73	14.80	17.14	19.75
120	5.76	6.43	7.09	7.75	8.58	9.40	10.22	11.03	11.85	13.78	16.02	18.56	21.39
130	6.18	6.90	7.62	8.33	9.22	10.10	10.99	11.86	12.74	14.82	17.24	19.97	23.01
140	6.60	7.37	8.14	8.90	9.85	10.80	11.75	12.69	13.62	15.86	18.44	21.36	24.61
150	7.01	7.83	8.65	9.47	10.48	11.49	12.50	13.50	14.50	16.88	19.63	22.74	26.21
160	7.42	8.29	9.16	10.03	11.11	12.18	13.25	14.31	15.37	17.90	20.82	24.12	27.79
170	7.82	8.75	9.67	10.58	11.72	12.86	13.99	15.11	16.24	18.91	21.99	25.48	29.35
180	8.22	9.20	10.17	11.14	12.34	13.54	14.73	15.91	17.09	19.91	23.16	26.83	30.91
190	8.62	9.65	10.67	11.68	12.95	14.21	15.46	16.70	17.94	20.90	24.31	28.17	32.45
200	9.02	10.09	11.16	12.23	13.55	14.87	16.18	17.49	18.79	21.89	25.46	29.50	33.98
250	10.95	12.27	13.58	14.89	16.52	18.14	19.75	21.35	22.94	26.73	31.09	36.01	41.45
300	12.82	14.38	15.93	17.48	19.40	21.30	23.20	25.09	26.96	31.42	36.53	42.28	48.62
350	14.63	16.42	18.21	19.98	22.19	24.38	26.56	28.72	30.86	35.96	41.79	48.32	55.48
400	16.38	18.41	20.42	22.42	24.91	27.37	29.82	32.24	34.65	40.35	46.86	54.12	62.03
450	18.09	20.34	22.58	24.80	27.55	30.28	32.98	35.66	38.32	44.60	51.74	59.66	68.24
500	19.75	22.22	24.67	27.10	30.12	33.10	36.06	38.98	41.88	48.70	56.43	64.94	74.08
550	21.36	24.05	26.71	29.35	32.61	35.84	39.03	42.19	45.31	52.64	60.90	69.94	79.55
600	22.93	25.82	28.69	31.53	35.03	38.50	41.92	45.29	48.62	56.42	65.16	74.64	84.61
650	24.46	27.55	30.61	33.64	37.38	41.07	44.70	48.28	51.81	60.03	69.19	79.03	89.23
700	25.93	29.22	32.47	35.69	39.65	43.55	47.38	51.15	54.86	63.47	72.98	83.08	93.40
750	27.37	30.84	34.28	37.67	41.84	45.94	49.96	53.91	57.78	66.72	76.51	86.79	97.07
800	28.75	32.41	36.02	39.58	43.95	48.23	52.43	56.54	60.55	69.78	79.79	90.13	100.24
850	30.09	33.92	37.70	41.41	45.97	50.43	54.79	59.03	63.17	72.64	82.78	93.08	
900	31.38	35.38	39.32	43.18	47.91	52.53	57.03	61.40	65.65	75.29	85.49	95.63	
950	32.62	36.79	40.87	44.87	49.76	54.52	59.15	63.63	67.96	77.72	87.89	97.75	
1000	33.82	38.13	42.35	46.49	51.52	56.41	61.14	65.71	70.10	79.93	89.98	99.42	
1050	34.96	39.41	43.77	48.02	53.19	58.19	63.01	67.64	72.08	81.89	91.73	100.63	
1100	36.05	40.64	45.11	49.48	54.76	59.85	64.74	69.41	73.87	83.61	93.14		
1150	37.09	41.80	46.39	50.85	56.23	61.40	66.33	71.03	75.48	85.08	94.19		
1200	38.07	42.90	47.59	52.13	57.60	62.82	67.78	72.48	76.90	86.28	94.87		
1250	39.00	43.93	48.71	53.32	58.86	64.11	69.09	73.76	78.11	87.20			
1300	39.87	44.89	49.75	54.42	60.01	65.28	70.24	74.86	79.12	87.84			
1350	40.68	45.79	50.71	55.43	61.04	66.31	71.23	75.77	79.92	88.19			
1400	41.43	46.61	51.59	56.34	61.96	67.21	72.06	76.50	80.50				
1450	42.12	47.36	52.38	57.15	62.76	67.96	72.72	77.03	80.86				
1500	42.74	48.04	53.08	57.86	63.44	68.57	73.22	77.36	80.98				
1550	43.30	48.64	53.70	58.46	63.99	69.03	73.53	77.48					
1600	43.80	49.16	54.22	58.96	64.42	69.33	73.66	77.39					
1650	44.23	49.60	54.64	59.34	64.71	69.47	73.61						
1700	44.58	49.96	54.97	59.61	64.86	69.45	73.36						
1750	44.87	50.23	55.20	59.77	64.87	69.26							
1800	45.08	50.42	55.33	59.80	64.74	68.91							
1850	45.22	50.52	55.35	59.71	64.46								
1900	45.29	50.52	55.27	59.50	64.03								
1950	45.28	50.44	55.08	59.16									
2000	45.18	50.26	54.77	58.69									

（摘自 GB/T 13575.2—2008） /kW

i									
1.00～1.01	1.02～1.05	1.06～1.11	1.12～1.18	1.19～1.26	1.27～1.38	1.39～1.57	1.58～1.94	1.95～3.38	3.39 以上
ΔP_1									
0.0	0.20	0.55	0.97	1.32	1.59	1.87	2.10	2.29	2.43
0.0	0.24	0.66	1.15	1.56	1.89	2.21	2.49	2.71	2.88
0.0	0.29	0.79	1.38	1.87	2.27	2.66	2.99	3.26	3.45
0.0	0.30	0.83	1.44	1.97	2.38	2.79	3.14	3.42	3.63
0.0	0.37	0.99	1.73	2.36	2.86	3.35	3.77	4.11	4.35
0.0	0.40	1.09	1.89	2.58	3.12	3.66	4.12	4.49	4.75
0.0	0.49	1.33	2.31	3.15	3.81	4.47	5.03	5.48	5.80
0.0	0.60	1.63	2.84	3.87	4.68	5.49	6.18	6.73	7.13
0.0	0.73	2.00	3.49	4.75	5.75	6.74	7.58	8.26	8.87
0.0	0.00	0.01	0.02	0.03	0.03	0.04	0.04	0.05	0.05
0.0	0.01	0.02	0.04	0.05	0.07	0.08	0.09	0.09	0.10
0.0	0.01	0.03	0.06	0.08	0.10	0.12	0.13	0.14	0.15
0.0	0.02	0.05	0.08	0.11	0.13	0.15	0.17	0.19	0.20
0.0	0.02	0.06	0.10	0.14	0.16	0.19	0.22	0.24	0.25
0.0	0.03	0.07	0.12	0.16	0.20	0.23	0.26	0.28	0.30
0.0	0.03	0.08	0.14	0.19	0.23	0.27	0.30	0.33	0.35
0.0	0.03	0.09	0.16	0.22	0.26	0.31	0.35	0.38	0.40
0.0	0.04	0.10	0.18	0.24	0.30	0.35	0.39	0.42	0.45
0.0	0.04	0.11	0.20	0.27	0.33	0.39	0.43	0.47	0.50
0.0	0.05	0.13	0.22	0.30	0.36	0.42	0.84	0.52	0.55
0.0	0.05	0.14	0.24	0.33	0.39	0.46	0.52	0.57	0.60
0.0	0.05	0.15	0.26	0.35	0.43	0.50	0.56	0.61	0.65
0.0	0.06	0.16	0.28	0.38	0.46	0.54	0.61	0.66	0.70
0.0	0.06	0.17	0.30	0.41	0.49	0.58	0.65	0.71	0.75
0.0	0.07	0.18	0.32	0.43	0.53	0.62	0.69	0.76	0.80
0.0	0.07	0.19	0.34	0.46	0.56	0.65	0.74	0.80	0.85
0.0	0.08	0.21	0.36	0.49	0.59	0.69	0.78	0.85	0.90
0.0	0.08	0.22	0.38	0.52	0.62	0.73	0.82	0.90	0.95
0.0	0.08	0.23	0.40	0.54	0.66	0.77	0.87	0.94	1.00
0.0	0.10	0.29	0.50	0.68	0.82	0.96	1.08	1.18	1.25
0.0	0.13	0.34	0.60	0.81	0.99	1.16	1.30	1.42	1.50
0.0	0.15	0.40	0.70	0.95	1.15	1.35	1.52	1.65	1.75
0.0	0.17	0.46	0.80	1.09	1.32	1.54	1.73	1.89	2.00
0.0	0.19	0.51	0.90	1.22	1.48	1.73	1.95	2.12	2.25
0.0	0.21	0.57	1.00	1.36	1.64	1.93	2.17	2.36	2.50
0.0	0.23	0.63	1.10	1.49	1.81	2.12	2.38	2.60	2.75
0.0	0.25	0.69	1.20	1.63	1.97	2.31	2.60	2.83	3.00
0.0	0.27	0.74	1.30	1.76	2.14	2.50	2.82	3.07	3.25
0.0	0.29	0.80	1.40	1.90	2.30	2.70	3.03	3.30	3.50
0.0	0.31	0.86	1.49	2.03	2.47	2.89	3.25	3.54	3.75
0.0	0.34	0.91	1.59	2.17	2.63	3.08	3.47	3.78	4.00
0.0	0.36	0.97	1.69	2.31	2.79	3.27	3.68	4.01	4.25
0.0	0.38	1.03	1.79	2.44	2.96	3.47	3.90	4.25	4.50
0.0	0.40	1.09	1.89	2.58	3.12	3.66	4.12	4.49	4.75
0.0	0.42	1.14	1.99	2.71	3.29	3.85	4.33	4.72	5.00
0.0	0.44	1.20	2.09	2.85	3.45	4.04	4.55	4.96	5.25
0.0	0.46	1.26	2.19	2.98	3.62	4.24	4.77	5.19	5.50
0.0	0.48	1.31	2.29	3.12	3.78	4.43	4.98	5.43	5.75
0.0	0.50	1.37	2.39	3.26	3.95	4.62	5.20	5.67	6.00
0.0	0.52	1.43	2.49	3.39	4.11	4.81	5.42	5.90	6.25
0.0	0.55	1.49	2.59	3.53	4.27	5.01	5.63	6.14	6.50
0.0	0.57	1.54	2.69	3.66	4.44	5.20	5.85	6.37	6.75
0.0	0.59	1.60	2.79	3.80	4.60	5.39	6.07	6.61	7.00
0.0	0.61	1.66	2.89	3.93	4.77	5.58	6.28	6.85	7.25
0.0	0.63	1.72	2.99	4.07	4.93	5.78	6.50	7.08	7.50
0.0	0.65	1.77	3.09	4.20	5.10	5.97	6.72	7.32	7.75
0.0	0.67	1.83	3.19	4.34	5.26	6.16	6.93	7.55	8.00
0.0	0.69	1.89	3.29	4.48	5.42	6.35	7.15	7.79	8.25
0.0	0.71	1.94	3.39	4.61	5.59	6.55	7.37	8.03	8.50
0.0	0.73	2.00	3.49	4.75	5.75	6.74	7.58	8.26	8.75
0.0	0.76	2.06	3.59	4.88	5.92	6.93	7.80	8.50	9.00
0.0	0.78	2.12	3.69	5.02	6.08	7.12	8.02	8.73	9.25
0.0	0.80	2.17	3.79	5.15	6.25	7.32	8.23	8.97	9.50
0.0	0.82	2.23	3.89	5.29	6.41	7.51	8.45	9.21	9.75
0.0	0.84	2.29	3.99	5.43	6.53	7.70	8.67	9.44	10.00

1.2.4 计算实例

例 有一带式输送装置，其电动机与齿轮减速器之间用普通V带传动，电动机为Y160M-6，额定功率$P=7.5kW$，转速$n_1=970r/min$，减速器输入轴转速$n_2=385r/min$，输送装置工作时有轻微冲击，每天工作16h。

计算：

计 算 项 目	计 算 及 说 明	结 果 数 据
(1) 设计功率P_d	根据工作情况由表8-1-24查得工况系数$K_A=1.2$ $P_d=K_AP=1.2\times7.5=9kW$	$K_A=1.2$ $P_d=9kW$
(2) 选定带型	根据$P_d=9kW$和$n_1=970r/min$,由图8-1-3确定B型	B型
(3) 计算传动比i	$i=\frac{n_1}{n_2}=\frac{970}{385}=2.519$	
(4) 小带轮基准直径d_{d1}	由表8-1-16和表8-1-18取小带轮基准直径$d_{d1}=160mm$	$d_{d1}=160mm$
(5) 大带轮基准直径d_{d2}	大带轮基准直径$d_{d2}=id_{d1}(1-\varepsilon)$ 取弹性滑动率$\varepsilon=0.02$ $d_{d2}=id_{d1}(1-\varepsilon)=2.519\times160(1-0.02)=395mm$ 由表8-1-16取$d_{d2}=400mm$ 实际传动比$i=\frac{d_{d2}}{d_{d1}(1-\varepsilon)}=\frac{400}{160(1-0.02)}=2.55$ 从动轮的实际转速$n_2=\frac{n_1}{i}=\frac{970}{2.55}=380.4r/min$ 转速误差$\Delta n_2=\frac{385-380.4}{385}=0.012=1.2\%<5.0\%$	$d_{d2}=400mm$ $i=2.55$ $n_2=380.4r/min$
(6) 带速v	$v=\frac{\pi d_{d1}n_1}{60\times1000}=\frac{\pi\times160\times970}{60\times1000}=8.13m/s$	$v=8.13m/s$
(7) 初定中心距a_0	$0.7(d_{d1}+d_{d2})\leqslant a_0\leqslant2(d_{d1}+d_{d2})$ $0.7(160+400)\leqslant a_0\leqslant2(160+400)$ $392\leqslant a_0\leqslant1120$ 取$a_0=600mm$	
(8) 所需V带基准长度L_{d0}	$L_{d0}=2a_0+\frac{\pi}{2}(d_{d1}+d_{d2})+\frac{(d_{d2}-d_{d1})^2}{4a_0}$ $=2\times600+\frac{\pi}{2}(160+400)+\frac{(400-160)^2}{4\times600}$ $=2103.6mm$ 查表8-1-8选取$L_d=2240mm$	$L_d=2240mm$
(9) 实际中心距a	$a\approx a_0+\frac{L_d-L_{d0}}{2}=600+\frac{2240-2103.6}{2}\approx668mm$ 根据B型V带查表8-1-13取$b_d=14mm$ $a_{min}=a-(2b_d+0.009L_d)$ $=668-(2\times14+0.009\times2240)=620mm$ $a_{max}=a+0.02L_d=668+0.02\times2240=715mm$	$a=668.2mm$ $a_{min}=620mm$ $a_{max}=715mm$
(10) 小带轮包角α_1	$\alpha_1=180°-\frac{d_{d2}-d_{d1}}{a}\times57.3°$ $=180°-\frac{400-160}{668}\times57.3°=160.8°>120°$	$\alpha_1=160.8°$
(11) 单根V带的基本额定功率P_1	根据$d_{d1}=160mm$和$n_1=970r/min$由表8-1-30(d)用内插法得B型V带的$P_1=2.70kW$	$P_1=2.70kW$

计算项目	计算及说明	结果数据
(12) 额定功率的增量 ΔP_1	根据 $n_1=970\text{r/min}$ 和 $i=2.55$ 由表 8-1-30(d)用内插法得 B 型 V 带的 $\Delta P_1=0.306\text{kW}$	$\Delta P_1=0.306\text{kW}$
(13) V 带的根数 z	$z=\dfrac{P_d}{(P_1+\Delta P_1)K_\alpha K_L}$ 根据 $\alpha_1=160.8°$ 查表 8-1-25 得 $K_\alpha=0.952$ 根据 $L_d=2240$ 查表 8-1-26 得 $K_L=1$ $z=\dfrac{P_d}{(P_1+\Delta P_1)K_\alpha K_L}=\dfrac{9}{(2.7+0.306)\times0.952\times1}=3.14$ 取 $z=4$ 根	$z=4$ 根 标记:B2240
(14) 单根 V 带的预紧力 F_0	$F_0=500\left(\dfrac{2.5}{K_\alpha}-1\right)\dfrac{P_d}{zv}+mv^2$ 由表 8-1-26 查得 B 型带 $m=0.17\text{kg/m}$ $F_0=500\left(\dfrac{2.5}{K_\alpha}-1\right)\dfrac{P_d}{zv}+mv^2$ $=500\left(\dfrac{2.5}{0.95}-1\right)\dfrac{9}{4\times8.13}+0.17\times8.13^2=237\text{N}$	$F_0=237\text{N}$
(15) 压轴力 F_Q	$F_Q=2F_0z\sin\dfrac{\alpha_1}{2}=2\times237\times4\sin\dfrac{160.8°}{2}=1869\text{N}$	$F_Q=1869\text{N}$
(16) 绘制工作图	见图 8-1-6	

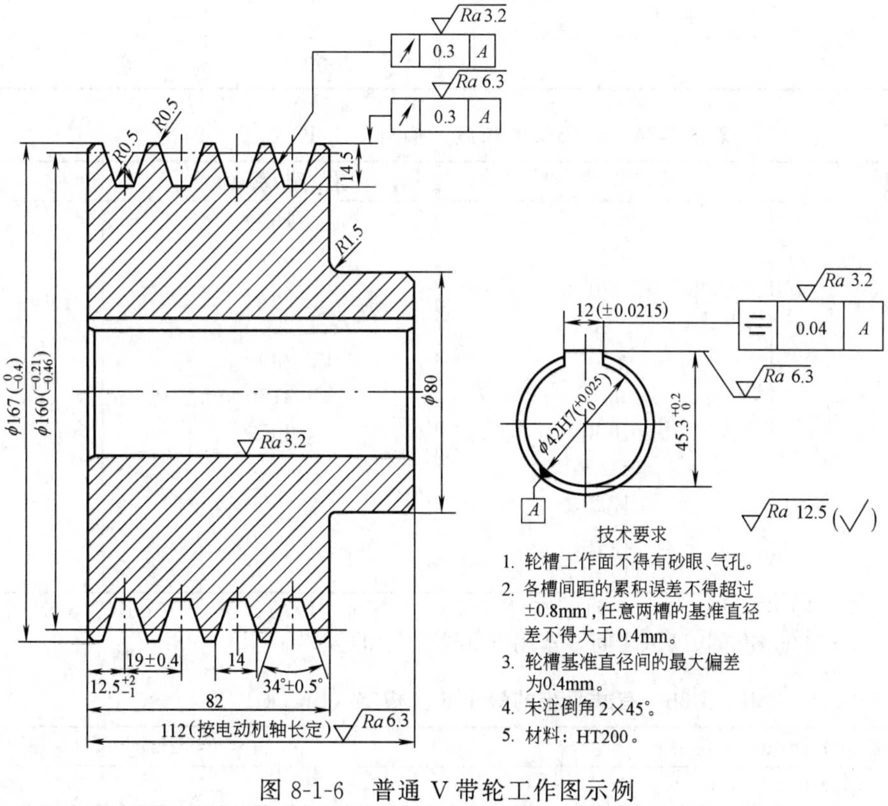

图 8-1-6 普通 V 带轮工作图示例

1.3 平带传动

1.3.1 平型传动带的尺寸与公差

平带宽度及其极限偏差和推荐用带轮宽度见表 8-1-34，平带的厚度横向差不大于平均厚度的 10%，平带的直线度应在 10m 内不大于 20mm。

环形平带的长度是平带在正常安装张力下的内周长度，环形带的长度见表 8-1-34。

有端平带长度由供需双方协商确定，供货的有端平带可由若干段组成，其偏差范围为 0%～±2%，最小长度应符合表 8-1-35 的规定。

平带全厚度拉伸强度规格和要求见表 8-1-36。

有端平带的接头形式见表 8-1-37。

1.3.2 平带传动的标记

（1）有端平带的标记包含以下内容：

① 拉伸强度规格；

② 平带宽度规格；

表 8-1-33　平带宽度、极限偏差和推荐用带轮宽度（摘自 GB/T 524—2007）　/mm

平带宽度公称值	平带宽度极限偏差	推荐用对应带轮宽	平带宽度公称值	平带宽度极限偏差	推荐用对应带轮宽
16	±2	20	140	±4	160
20		25	160		180
25		32	180		200
32		40	200		224
40		50	224		250
50		63	250		280
63		71			
71	±3	80	280	±5	315
80		90	315		355
90		100	355		400
100		112	400		450
112		125	450		500
125		140	500		560

表 8-1-34　环形带的长度（摘自 GB/T 524—2007）　/mm

优选系列①	第二系列	优选系列①	第二系列
500	530	1800	1900
560	600	2000	
630	670	2240	
710	750	2500	
800	850	2800	
900	950	3150	
1000	1060	3550	
1120	1180	4000	
1250	1320	4500	
1400	1500	5000	
1600	1700		

① 如果给出的长度范围不够用，可按下列原则进行补充：系列的两端以外，按 GB/T 321—2005 选用 $R20$ 优先数系中的其他数，2000～5000 相邻长度值之间，选用 $R40$ 数系中的数。

表 8-1-35　有端平带的最小长度规定（摘自 GB/T 4489）

平带宽度 b/mm	$b \leqslant 90$	$90 < b \leqslant 250$	$b > 250$
有端平带最小长度/m	8	15	20

表 8-1-36　平带全厚度拉伸强度规格和要求（摘自 GB/T 524—2007）

拉伸强度规格	拉伸强度纵向最小值/kN·m^{-1}	拉伸强度横向最小值/kN·m^{-1}	拉伸强度规格	拉伸强度纵向最小值/kN·m^{-1}	拉伸强度横向最小值/kN·m^{-1}
190/40	190	75	340/60	340	200
190/60	190	110	385/60	385	225
240/40	240	95	425/60	425	250
240/60	240	140	450	450	
290/40	290	115	500	500	
290/60	290	175	560	600	
340/40	340	130			

注：斜线前的数字表示纵向拉伸强度规格（以 kN/m 为单位）；斜线后的数字表示横向强度对纵向强度的百分比（简称横纵强度比，省略“%”号）；没有斜线时，数字表示纵向拉伸强度规格，且其对应的横纵强度比只有 40% 一种。

③ 织物黏合材料的类型：通用橡胶材料用“R”表示，氯丁胶材料用“C”表示，塑料材料用“P”表示。当织物黏合材料为橡胶时，可以省略此项标记。

示例：

340/40　R　160　GB/T 524—2007

- GB/T 524—2007——产品标准编号
- 160——平带宽度规格(mm)
- R——织物黏合材料为橡胶，也可省略
- 340/40——拉伸强度规格

(2) 环形平带的标记除包括平带标记内容外，还增加内周长度规格。

示例：

190/40　P　50 - 20　GB/T 524—2007

- GB/T 524—2007——产品标准编号
- 20——内周长度规格(m)
- 50——平带宽度规格(mm)
- P——织物黏合材料为塑料
- 190/40——拉伸强度规格

1.3.3　帆布平带

1.3.3.1　尺寸规格

普通平带的尺寸规格见表 8-1-38，有开边和包边两种形式。带长分有端平带和环形平带，有端平带其长度可根据需要截取，其接头形式见表 8-1-37。环形带的长度见表 8-1-34。

1.3.3.2　平带带轮

平带带轮除轮缘需适应平带传动外，其他如设计要求、材料选择、轮毂尺寸及平衡等均与 V 带相同（见本章 1.2）。

平带轮的直径、结构形式和辐板厚度 S 见表 8-1-39，轮缘尺寸见表 8-1-40，为了防止掉带，通常可将带轮表面制成中凸度，见表 8-1-41。

1.3.3.3　帆布平带传动设计计算

帆布平带传动设计计算见表 8-1-42。已知条件：(1) 传动功率；(2) 小带轮和大带轮转速（或传动比 i）；(3) 传动形式、载荷性质、原动机的种类及工作制度等。

表 8-1-37　平带的接头形式

接头种类		结构简图	特点及应用
硫化接头	普通平带硫化接头	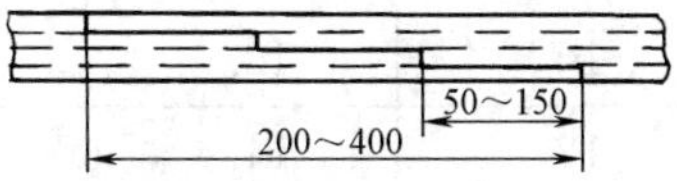	接头平滑、可靠，连接强度高，但硫化粘接技术要求高。用于不需经常改接头的高速大功率传动和有张紧轮的传动 接头效率 80%～90%
	聚酰胺片基复合平带硫化接头	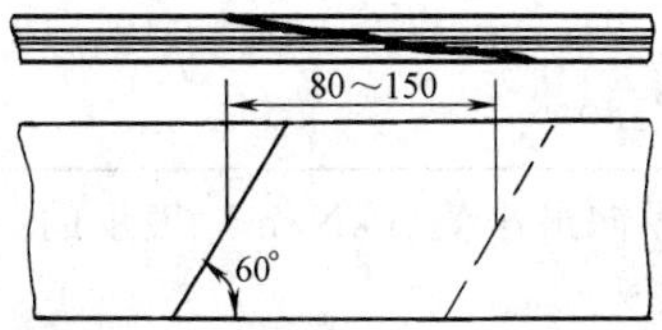	

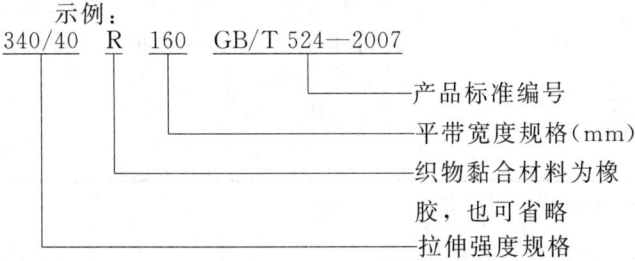

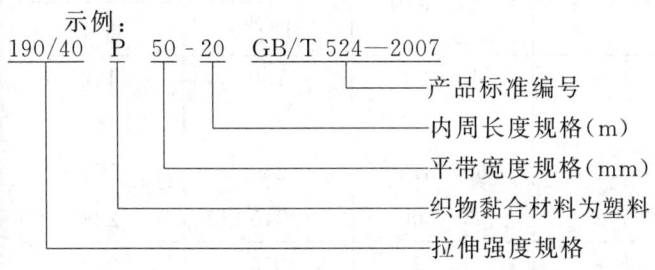

接头种类		结构简图	特点及应用
机械接头	带扣接头	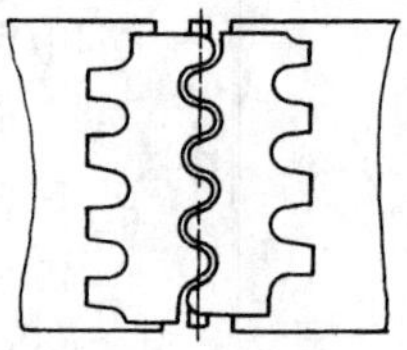	连接迅速方便，但端部被削弱，运行中有冲击。用于经常改接头的中小功率传动。普通平带用带扣接头时 $v<20\text{m/s}$，用铁丝钩接头时 $v<25\text{m/s}$ 接头效率 85%～90%
	铁丝钩接头	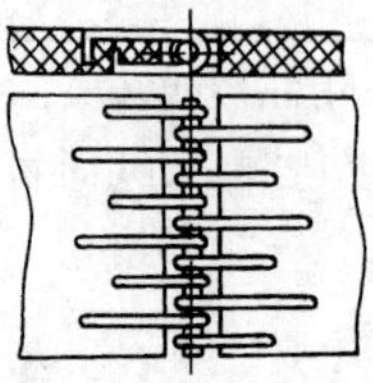	
	螺栓接头	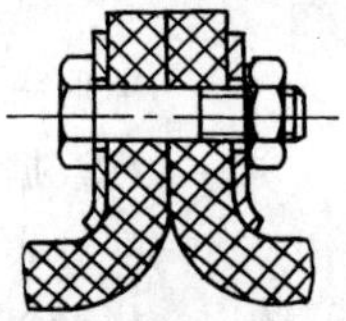	连接方便，接头强度高，只能单面传动，用于 $v<10\text{m/s}$ 的大功率普通平带传动 接头功率 30%～65%

注：使用螺栓接头或硫化接头时，其搭接方向与带轮的转向应如图 8-1-7 所示。

表 8-1-38　帆布平带的尺寸规格（摘自 GB/T 524—2007）　　/mm

带型①	全厚度最小纵向拉伸强度/kN·m^{-1}	胶布层数 Z	带厚② δ	带宽度范围 b	最小带轮直径 d_{min}	
					推荐	许用
190	190	3	3.6	16～20	160	112
240	240	4	4.8	20～315	200	160
290	290	5	6.0	63～315	250	180
340	340	6	7.2	63～500	315	224
385	385	7	8.4		355	280
425	425	8	9.6	200～500	400	315
450	450	9	10.8		450	355
500	500	10	12.0		500	400
560	560	12	14.4	355～560	630	500
宽度系列	16　20　25　32　40　50　63　71　80　90　100　112　125　140　160　180　200　224　250　280　315　355　400　450　500　560					

① 带型是用普通平带全厚度的拉伸强度纵向最小值（kN/m）表示的。

② 带厚为参考值。

表 8-1-39 平带轮的直径系列、结构形式和辐板厚度 /mm

轴孔直径 d_0(H7)(H8)	带轮直径 d 及基偏差[1]																								轮缘宽度 B
	50	56	63	71	80	90	100	112	125	140	160	180	200	224	250	280	315	355	400	450	500	560～710	800～1000	1120～1400	
	±0.6	±0.8		±1.0		±1.2			±1.6			±2.0		±2.5		±3.2			±4.0			±5.0	±6.3	±8.0	
	结构形式及辐板厚度 S																								
12～14					8			9	10		10														20～32
16～18							10																		20～50
20～22									12			12													20～55
24～25						实				14			14		四孔板轮										40～80
28～30																16	18	20							40～80
32～35								心			16		16		18		20	22	四						40～110
38～40											辐板轮		18		20		22			椭			六椭		60～160
42～45												18			20					圆辐			圆轴		90～200
50～55										轮									24		轮		轮		90～200
60～65													20			22	六孔			26					90～200
70～75																	板轮								90～200
80～85																22		24							140～250
90～95																	24			26					140～250

① 平带轮直径系列摘自 GB/T 11358—1999，直径 $d \geqslant 1800$mm 时，偏差可取＋10mm。

第8篇

表 8-1-40　平带轮轮缘尺寸（摘自 GB/T 11358—1999）　/mm

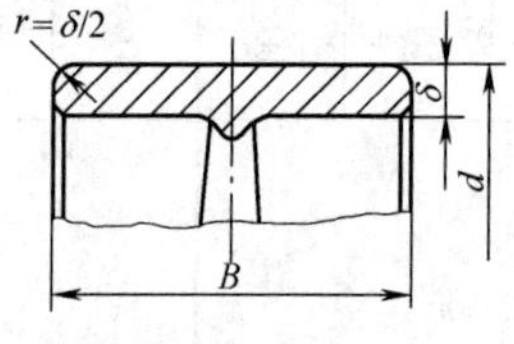

轮缘厚 $\delta=0.005d+3$

带宽 b		轮缘宽 B		带宽 b		轮缘宽 B	
基本尺寸	偏差	基本尺寸	偏差	基本尺寸	偏差	基本尺寸	偏差
16	±2	20	±1	140	±4	160	±2
20		25		160		180	
25		32		180		200	
32		40		200		224	
40		50		224		250	
50		63		250		280	
63		71					
71	±3	80	±1.5	280	±5	315	±3
80		90		315		355	
90		100		335		400	
100		112		400		450	
112		125		450		500	
125		140		500		560	

注：交叉、半交叉传动要求较宽带轮时，可取轮宽为 $1.4b+10\leqslant B\leqslant 2b$。

表 8-1-41　平带轮轮缘的中凸度（摘自 GB/T 11358—1999）　/mm

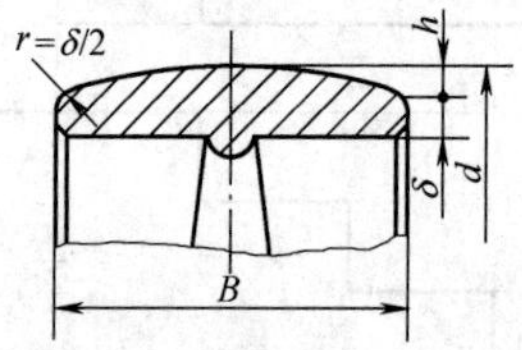

带轮直径 d	中凸度 h	带轮直径 d	中凸度 h	带轮直径 d	中凸度 h
20～112	0.3	250～280	0.8	800～1000	1.2～1.5①
125～140	0.4	315～355	1.0	1120～1400	1.5～2.0①
160～180	0.5	400～500	1.0	1600～2000	1.8～2.5①
200～224	0.6	560～710	1.2		

① 轮缘宽 $B>250$mm 时取大值。

表 8-1-42　帆布平带传动的设计计算

序号	计算项目	符号	单位	计算公式和参数选择	说明
1	设计功率	P_d	kW	$P_d=K_AP$	K_A——工况系数，见表 8-1-24 P——传动功率，kW

序号	计算项目	符号	单位	计算公式和参数选择	说　明
2	传动比	i		$i=\frac{n_1}{n_2}\leqslant i_{max}$ i_{max} 见表 8-1-2 一般 $i\leqslant 3$	n_1 ——小带轮转速,r/min n_2 ——大带轮转速,r/min
3	小带轮直径	d_1	mm	$d_1=(1100\sim1300)\sqrt[3]{\frac{P}{n_1}}$ $d_1=\frac{6000v}{\pi n_1}$	P——传递的功率,kW v——带速,10～20m/s d_1 应按表 8-1-39 选标准值
4	带速	v	m/s	$v=\frac{\pi d_1 n_1}{60\times1000}\leqslant v_{max}$ 普通平带 $v_{max}=30$m/s	最有利的带速范围： $v=10\sim20$m/s,否则应改变 d_1 值
5	大带轮直径	d_2	mm	$d_2=id_1(1-\varepsilon)=\frac{n_1}{n_2}d_1(1-\varepsilon)$ $\varepsilon=0.01\sim0.02$	ε ——弹性滑动率 d_2 应按表 8-1-39 选标准值
6	中心距	a	mm	$a=(1.5\sim2)(d_1+d_2)$ 且 $1.5(d_1+d_2)\leqslant a\leqslant 5(d_1+d_2)$	或根据结构要求定
7	所需带长	L	mm	开口传动 $L=2a+\frac{\pi}{2}(d_1+d_2)+\frac{(d_2-d_1)^2}{4a}$ 交叉传动 $L=2a+\frac{\pi}{2}(d_1+d_2)+\frac{(d_2+d_1)^2}{4a}$ 半交叉传动 $L=2a+\frac{\pi}{2}(d_1+d_2)+\frac{d_1^2+d_2^2}{4a}$	接头长度需根据所选的接头形式另行考虑
8	小带轮包角	α_1	(°)	开口传动 $\alpha_1=180°-\frac{d_2-d_1}{a}\times57.3°\geqslant150°$ 交叉传动 $\alpha_1\approx180°+\frac{d_2-d_1}{a}\times57.3°$ 半交叉传动 $\alpha_1\approx180°+\frac{d_1}{a}\times57.3°$	
9	挠曲次数	u	次/s	$u=\frac{1000mv}{L}\leqslant u_{max}$ $u_{max}=6\sim10$	m ——带轮数
10	带型、带原			根据 $\delta\leqslant\left(\frac{1}{40}\sim\frac{1}{30}\right)d_1$ 查表 8-1-38 选取带型和胶帆布层数 Z	δ ——带厚,mm

第8篇

续表

序号	计算项目	符号	单位	计算公式和参数选择	说明
11	带宽	b	mm	$b=\dfrac{P_d}{P_0K_\alpha K_\beta}$	P_0——$\alpha=180°$、载荷平稳时平带单位宽度的基本额定功率,kW/mm,见表 8-1-43 K_α——包角修正系数,见表 8-1-44 K_β——传动布置系数,见表 8-1-45 b 按表 8-1-38 取标准值
12	作用在轴上的力	F_r	N	$F_r=2\sigma_0 A\sin\dfrac{\alpha_1}{2}$	σ_0'——每层胶帆布单位宽度的预紧力,N/mm 推荐:$\sigma_0=1.8$MPa
13	带轮结构和尺寸				见表 8-1-39～表 8-1-41

表 8-1-43 覆胶帆布平带单位截面积传递的额定功率 P_0（$\alpha=180°$，$\sigma_0=1.8\text{N/mm}^2$，平稳载荷）

/kW · cm^{-2}

<table>
<tr><th rowspan="2">d_1/δ</th><th colspan="26">$v/m \cdot s^{-1}$</th></tr>
<tr><th>5</th><th>6</th><th>7</th><th>8</th><th>9</th><th>10</th><th>11</th><th>12</th><th>13</th><th>14</th><th>15</th><th>16</th><th>17</th><th>18</th><th>19</th><th>20</th><th>21</th><th>22</th><th>23</th><th>24</th><th>25</th><th>26</th><th>27</th><th>28</th><th>29</th><th>30</th></tr>
<tr><td>30</td><td rowspan="4">1.1</td><td rowspan="3">1.3</td><td rowspan="2">1.5</td><td rowspan="2">1.7</td><td>1.9</td><td>2.1</td><td>2.3</td><td rowspan="2">2.5</td><td rowspan="2">2.7</td><td rowspan="4">2.9</td><td>3.0</td><td rowspan="2">3.2</td><td>3.3</td><td>3.5</td><td>3.6</td><td>3.7</td><td>3.8</td><td rowspan="2">4.0</td><td>4.0</td><td rowspan="2">4.1</td><td>4.2</td><td rowspan="2">4.3</td><td>4.3</td><td>4.3</td><td>4.3</td><td>4.3</td></tr>
<tr><td>35</td><td rowspan="3">2.0</td><td rowspan="3">2.2</td><td rowspan="3">2.4</td><td rowspan="3">3.1</td><td rowspan="3">3.4</td><td rowspan="3">3.6</td><td rowspan="3">3.7</td><td>3.8</td><td>3.9</td><td>4.1</td><td rowspan="2">4.3</td><td rowspan="2">4.4</td><td rowspan="2">4.4</td><td>4.4</td><td>4.4</td></tr>
<tr><td>40</td><td rowspan="4">1.6</td><td rowspan="4">1.8</td><td rowspan="3">2.6</td><td rowspan="3">2.8</td><td rowspan="2">3.3</td><td rowspan="2">3.9</td><td rowspan="3">4.0</td><td rowspan="2">4.1</td><td rowspan="2">4.2</td><td rowspan="2">4.3</td><td>4.4</td><td rowspan="2">4.5</td><td>4.5</td></tr>
<tr><td>45</td><td rowspan="5">1.4</td><td rowspan="2">4.5</td><td rowspan="2">4.5</td><td rowspan="2">4.5</td><td rowspan="2">4.5</td><td rowspan="2">4.6</td></tr>
<tr><td>50</td><td rowspan="4">1.2</td><td rowspan="4">2.1</td><td rowspan="3">2.3</td><td rowspan="3">2.5</td><td>3.0</td><td>3.2</td><td rowspan="2">3.4</td><td>3.5</td><td rowspan="2">3.7</td><td>3.8</td><td rowspan="2">4.0</td><td rowspan="2">4.2</td><td rowspan="2">4.3</td><td rowspan="2">4.4</td><td rowspan="2">4.6</td></tr>
<tr><td>60</td><td rowspan="2">2.7</td><td rowspan="3">2.9</td><td rowspan="2">3.1</td><td rowspan="2">3.3</td><td rowspan="2">3.6</td><td rowspan="2">3.9</td><td>4.1</td><td>4.5</td><td rowspan="2">4.6</td><td>4.6</td><td>4.6</td><td rowspan="2">4.7</td></tr>
<tr><td>75</td><td rowspan="2">1.7</td><td rowspan="2">1.9</td><td rowspan="2">3.5</td><td>3.8</td><td rowspan="2">4.1</td><td rowspan="2">4.2</td><td>4.3</td><td>4.4</td><td>4.5</td><td rowspan="2">4.6</td><td rowspan="2">4.7</td><td rowspan="2">4.7</td><td>4.7</td></tr>
<tr><td>100</td><td>2.4</td><td>2.6</td><td>2.8</td><td>3.2</td><td>3.4</td><td>3.7</td><td>3.9</td><td>4.0</td><td>4.4</td><td>4.5</td><td>4.6</td><td>4.7</td><td>4.8</td><td>4.8</td></tr>
</table>

注：1. 平带单位截面积所能传递的功率 P_0：当 $\sigma_0=1.6$MPa 时，比表内数值约小 7.8%；$\sigma_0=2$MPa 时，比表内数值约大 7.8%。

2. 自动张紧时，P_0 值仅使用功率表中 $v=10$m/s 一项，并必须乘以$\dfrac{v}{10}$。

表 8-1-44 平带传动的包角修正系数 K_α

包角 α_1/(°)	220	210	200	190	180	170	160	150	140	130	120
K_α	1.20	1.15	1.10	1.05	1.00	0.97	0.94	0.91	0.88	0.85	0.82

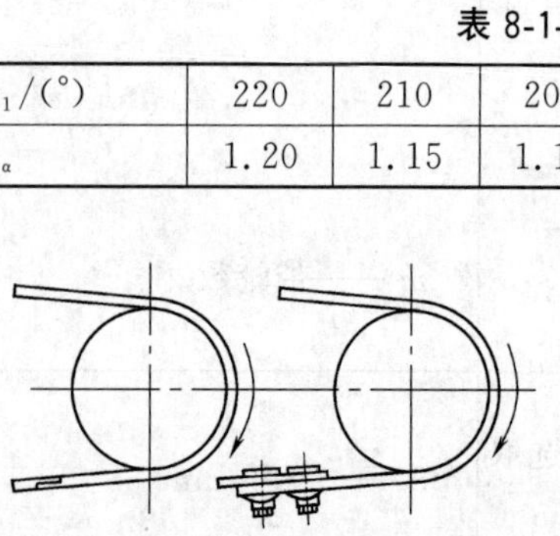

图 8-1-7 平带的搭接方向与带轮的转向

1.3.3.4 普通平带传动设计计算实例

例 试设计由电动机与离心式水泵间用普通平带传动，电动机为 Y160M-6，额定功率 $P=7.5$kW，$n_1=970$r/min，水泵转速 $n_2=350$r/min，载荷平稳，每天工作 16h，要求中心距为 2000mm 左右。

表 8-1-45　传动布置系数 K_β

传动形式 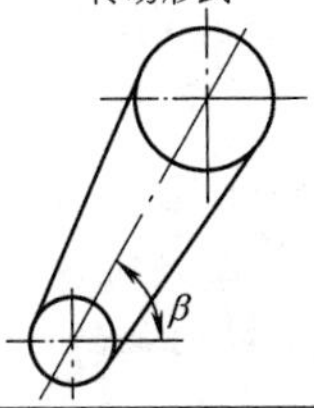	两轮轴连心线与水平线交角 β		
	0～60°	60°～80°	80°～90°
	K_β		
自动张紧传动	1.0	1.0	1.0
简单开口传动(定期张紧或改缝)	1.0	0.9	0.8
交叉传动	0.9	0.8	0.7
半交叉传动、有导轮的角度传动	0.8	0.7	0.6

计算：

计 算 项 目	计 算 及 说 明	结 果 数 据
(1)设计功率 P_d	根据工作情况由表 8-1-24 查得工况系数 $K_A=1.1$	$K_A=1.1$
	$P_d=K_AP=1.1\times7.5=8.25\text{kW}$	$P_d=8.25\text{kW}$
(2)传动比 i	$i=\frac{n_1}{n_2}=\frac{970}{350}=2.771<3$	$i=2.771$
(3)小带轮直径 d_1	$d_1=(1100\sim1300)\sqrt[3]{\frac{P}{n_1}}=(1100\sim1300)\sqrt[3]{\frac{7.5}{970}}=217\sim257\text{mm}$	
	由表 8-1-39 取 $d_1=250\text{mm}$	$d_1=250\text{mm}$
(4)带速 v	$v=\frac{\pi d_1n_1}{60\times1000}=\frac{\pi\times250\times970}{60\times1000}=12.7\text{m/s}$	$v=12.7\text{m/s}$
(5)大带轮直径 d_2	取 $\varepsilon=0.015$	
	$d_2=id_1(1-\varepsilon)=2.771\times250\times(1-0.015)=682\text{mm}$	
	由表 8-1-39 取 $d_2=710\text{mm}$	$d_2=710\text{mm}$
(6)中心距 a	$a=(1.5\sim2)(d_1+d_2)$	
	且 $1.5(d_1+d_2)\leqslant a\leqslant5(d_1+d_2)$	
	$1.5(250+710)\leqslant a\leqslant5(250+710)$	
	$1440\leqslant a\leqslant4800\text{mm}$	
	按结构要求取 $a=2000\text{mm}$	$a=2000\text{mm}$
(7)所需带长 L	采取开口传动，选用有端平带	
	由表 8-1-37 采用带扣接头，不需增加带长	
	$L=2a+\frac{\pi}{2}(d_1+d_2)+\frac{(d_2-d_1)^2}{4a}$	
	$=2\times2000+\frac{\pi}{2}(250+710)+\frac{(710-250)^2}{4\times2000}=5534\text{mm}$	$L=5534\text{mm}$
(8)小带轮包角 α_1	开口传动　$\alpha_1=180°-\frac{d_2-d_1}{a}\times57.3°$	
	$=180°-\frac{710-250}{2000}\times57.3°=166.8°>150°$	$\alpha_1=166.8°$
(9)挠曲次数 u	$u=\frac{1000mv}{L}$	
	带轮数 $m=2$	
	$u=\frac{1000\times2\times12.7}{5534}=4.6<6\sim10$	$u=4.6$

计算项目	计算及说明	结果数据
(10)带厚 δ	根据 $\delta \leqslant \left(\frac{1}{40} \sim \frac{1}{30}\right) d_1=\left(\frac{1}{40} \sim \frac{1}{30}\right) \times 250$ $=6.25 \sim 8.33$	
	取 $\delta=6\text{mm}$	$\delta=6\text{mm}$
	由表 8-1-38 取带型 290 胶布层数 $Z=5$	$Z=5$
(11)带宽 b	$b=\frac{P_{\mathrm{d}}}{P_0 K_\alpha K_\beta}$ 根据带型 290，$d_1=250\text{mm}$，$v=12.7\text{m/s}$ 查表 8-1-43　$P_0=0.173\text{kW/mm}$（内插法） 根据 $\alpha_1=166.8°$ 查表 8-1-44 取 $K_\alpha=0.957$ 根据开口传动，水平布置 $\beta=0$ 查表 8-1-45 取 $K_\beta=1$ $b=\frac{8.25}{0.173 \times 0.957 \times 1}=49.83\text{mm}$	
	查表 8-1-38　取 $b=63\text{mm}$	$b=63\text{mm}$
(12)作用在轴上的压轴力 F_r	$F_r=2 a_0 A \sin \frac{\alpha_1}{2}$ 取 $a_0=1.8\text{MPa}$ $F_r=2 \times 1.8 \times 63 \times \sin \frac{166.8°}{2}=1408\text{N}$	$F_r=1408\text{N}$
(13)带轮结构和尺寸	以小带轮为例，带轮材料选 HT200 由 Y160M-6 电动机尺寸 $D \times E=42 \times 110$ 确定小带轮孔径 $d_0=42\text{mm}$，轮毂长度 $L=110\text{mm}$ 小带轮零件图见图 8-1-8	

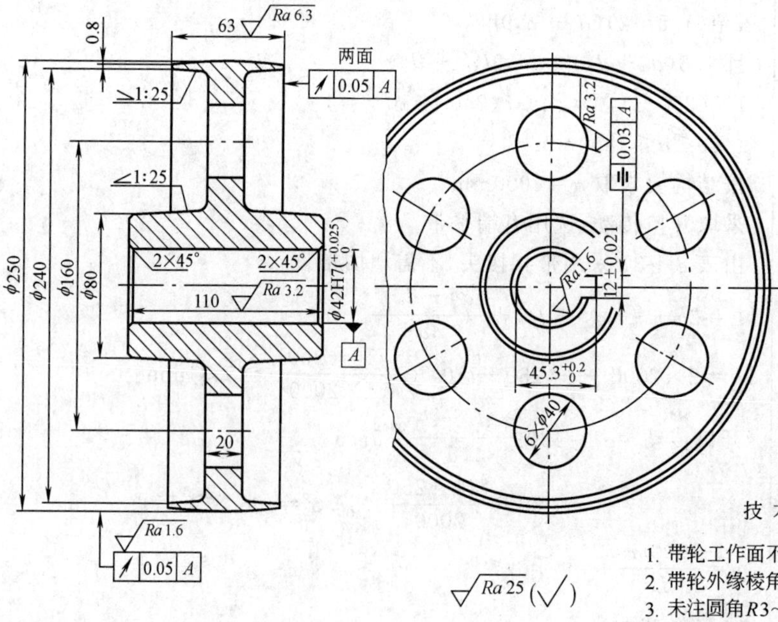

技术要求

1. 带轮工作面不得有砂眼、气孔。
2. 带轮外缘棱角要倒钝锐边。
3. 未注圆角R3～R5。
4. 材料：HT 200。

图 8-1-8　小带轮零件图

1.3.4 聚酰胺片基平带

1.3.4.1 尺寸规格

聚酰胺片基平带按承载层（聚酰胺片基）的承载能力（抗拉强度）分为轻型 L、中型 M、重型 H 和特轻型 EL、加重型 EH、超重型 EEH 等几种，其尺寸规格见表 8-1-46。

聚酰胺片基平带的标记是用带型、公称宽度×公称内周长（环形带）或长度（非环形带）标准号表示。

例如：LL-M 50×2000 GB/T 1063—2014（两面粘铬鞣革、带宽为 50mm、带长为 2000mm 的聚酰胺片基复合平带）。

1.3.4.2 聚酰胺片基平带传动设计计算

聚酰胺片基平带传动设计可以参照表 8-1-42 进行，但应考虑下列几点。

（1）选择带型时，先根据用途，载荷的情况和工作环境等按表 8-1-47 选择结构类型，然后再根据设计功率 P_d 和小带轮转速 n_1 由图 8-1-9 选择带型。

（2）小带轮直径 d_1 可按表 8-1-42 的计算值减小 30%～35%，但必须大于表 8-1-46 中规定的 d_{min}，并应使带速 $v=10\sim15$m/s 为宜。

（3）挠曲次数 u 应小于 $u_{max}=15\sim50$ 次/s，小带轮直径大时取高值，若 $u>u_{max}$，则应改用较薄的带或较大的带轮直径 d_1，以免影响带的寿命。

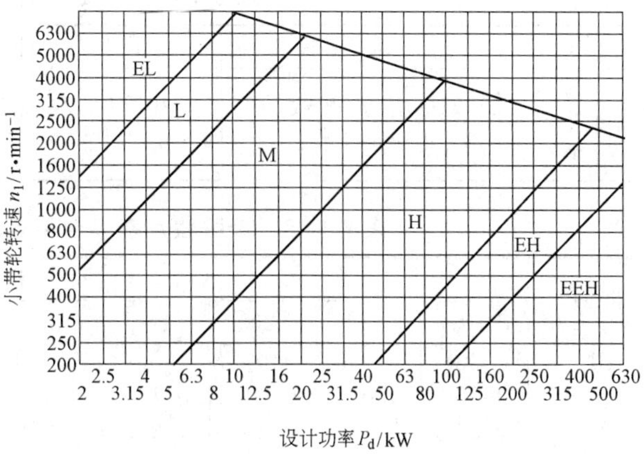

图 8-1-9 聚酰胺片基复合平带选型图

（4）确定带宽 b

$$b=\frac{P_d}{K_\alpha K_\beta P_0}\ (\mathrm{mm})$$

式中 P_d——设计功率，$P_d=K_A P$，kW；

P——传递功率，kW；

K_α——包角修正系数，查表 8-1-44；

K_β——传动布置系数，查表 8-1-45；

P_0——聚酰胺片基平带的基本额定功率，kW，查表 8-1-49。

根据上式算出带宽，应按表 8-1-46 选取标准值。

表 8-1-46 聚酰胺片基平带的尺寸规格[①] /mm

带型[②]	聚酰胺片厚 δ_N	总厚[③]（约）	宽度范围 b	带轮允许最小直径 d_{min}
LL-EL	0.3	2.8		40
LL-L	0.5	3.5		45
LL-M	0.7	4.2		71
LL-H	1.0	5.0		112
LL-EH	1.4	6.0		180
LL-EEH	2.0	6.7	16～300	250
LR(LT)-L	0.5	2.5		45
LR(LT)-M	0.7	3.0		71
LR(LT)-H	1.0	3.5		112
LR(LT)-EH	1.4	4.0		180
LR(LT)-EEH	2.0	5.0		250

带型[②]	聚酰胺片厚 δ_N	总厚[③]（约）	宽度范围 b	带轮允许最小直径 d_{min}
RR-EL	0.3	1.6		30
RR-L	0.5	1.8		40
RR-M	0.7	2.2	10～280	63
RR-H	1.0	3.5		100
RR-EH	1.4	4.0		160
RR-EEH	2.0	4.5		224

宽度系列								
	10	16	20	25	32	40	50	63
	71	80	90	100	112	125	140	160
	180	200	224	250	280	315		

① 本表综合了生产厂样本

② LL——两面粘铬鞣革；
LR——一面粘铬鞣革、一面粘弹性胶片；
LT——一面粘铬鞣革、一面粘特殊织物层；
RR——两面粘弹性胶片。

③ 为适应不同工作需要，表面层材料有多种厚度，同一带型的总厚也有若干种。

表 8-1-47 聚酰胺片基复合平带贴面类型应用条件

贴面类型	载荷条件	工作条件	贴面类型	载荷条件	工作条件
LL LR LT	适用于重载、变载、变速下工作	用于油、水或粉尘环境	RR	适用于中、轻载及载荷、速度变化不大的情况	用于干燥、粉尘环境

表 8-1-48 聚酰胺片基复合平带的基本额定功率 P_0（$\alpha=180°$载荷平稳） /kW·mm^{-1}

带型	带速 v/m·s^{-1}											
	10	15	20	25	30	35	40	45	50	55～60	65	70
EL	0.038	0.056	0.073	0.089	0.103	0.117	0.128	0.137	0.141	0.146	0.143	0.136
L	0.060	0.089	0.116	0.143	0.166	0.187	0.204	0.219	0.228	0.234	0.230	0.218
M	0.105	0.156	0.204	0.249	0.290	0.327	0.357	0.383	0.399	0.410	0.403	0.382
H	0.150	0.223	0.291	0.356	0.414	0.467	0.510	0.547	0.570	0.586	0.575	0.546
EH	0.210	0.312	0.407	0.499	0.580	0.654	0.714	0.765	0.798	0.820	0.805	0.764
EEH	0.300	0.446	0.582	0.713	0.828	0.935	1.020	1.094	1.140	1.170	1.150	1.092

1.4 同步带传动

同步带按齿的形状分为梯形齿、曲线齿和圆弧齿。梯形齿同步带传动已有国家标准（GB/T 13487—2017）。曲线齿同步带传动已有国家标准（GB/T 24619—2009）。圆弧齿同步带传动已有机械行业标准（JB/T 7512.2—2014）。

1.4.1 同步带的尺寸规格

同步带传动最基本的参数是节距 p_b，它是在规定的张紧力下，同步带相邻两齿对称中心线间沿节线度量的距离，节线长度 L_p 为同步带的公称长度。

同步带按带齿分布情况分为单面齿和双面齿，双面齿又分为对称齿（DA 型）和交错齿（DB 型）。

同步带的物理性能应符合表 8-1-49 的规定。

表 8-1-49 单面齿同步带的物理性能

项目		拉伸强度/N·mm^{-1} ≥	参考力/N·mm^{-1}	伸长率/% ≤	齿布黏合强度/N·mm^{-1} ≥	芯绳黏合强度/N ≥	齿体剪切强度/N·mm^{-1} ≥	带背硬度
曲线齿	H3M、S3M、R3M	90	70	4.0	—	—	—	由供需双方协商决定
	H5M、S5M、R5M	160	130		6	400	50	
	H8M、S8M、R8M	300	240		10	700	60	
	H14M、S14M、R14M	400	320		12	1200	80	
	H20M、S20M、R20M	520	410		15	1600	100	
圆弧齿	3M	90	70		—	—	—	
	5M	160	130		6	400	50	
	8M	300	240		10	700	60	
	14M	400	320		12	1200	80	
	20M	520	410		15	1600	100	
梯形齿	MXL、T2.5	60	45		—	—	—	
	XXL	70	55		—	—	—	
	XL、T5	80	60		5	200	50	
	L	120	90		6.5	380	60	
	H、T10	270	220		8	600	70	
	XH、T20	380	300		10	800	75	
	XXH	450	360		12	1500	90	

注：1. 拉伸强度值是对采用切开的带段作为试样时的测定结果的要求，当采用环形带作为试样时，需将测定结果除以 2，再与表中值进行比较。

2. 齿布黏合强度是指齿体的黏合强度。

1.4.1.1 梯形齿同步带规格

梯形齿同步带的型号与节距见表 8-1-50，齿形尺寸见表 8-1-51，节线长度系列及极限偏差见表 8-1-52，带宽系列见表 8-1-53。

表 8-1-50 梯形齿同步带型号与节距（摘自 GB/T 11616—2013）

型号	节距 P_b		节线差 t_a	
	mm	in	mm	in
MXL	2.032	0.080	0.254	0.010
XXL	3.175	0.125	0.254	0.010
XL	5.080	0.200	0.254	0.010
L	9.525	0.375	0.381	0.015
H	12.700	0.500	0.686	0.027
XH	22.225	0.875	1.397	0.055
XXH	31.750	1.250	1.524	0.060

表 8-1-51 梯形齿同步带齿形尺寸（摘自 GB/T 11616—2013）

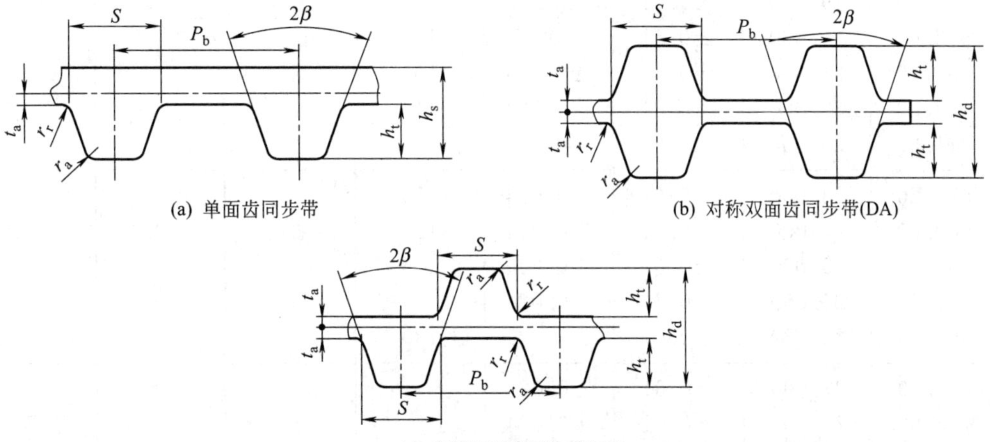

(a) 单面齿同步带　(b) 对称双面齿同步带(DA)　(c) 交错双面齿同步带(DB)

型号	2β/(°)	齿根厚 S		齿高 h_t		齿根圆角半径 r_r		齿顶圆角半径 r_a	
		mm	in	mm	in	mm	in	mm	in
MXL	40	1.14	0.045	0.51	0.020	0.13	0.005	0.13	0.005
XXL	50	1.73	0.068	0.76	0.030	0.20	0.008	0.30	0.012
XL	50	2.57	0.101	1.27	0.050	0.38	0.015	0.38	0.015
L	40	4.65	0.183	1.91	0.075	0.51	0.020	0.51	0.020
H	40	6.12	0.241	2.29	0.090	1.02	0.040	1.02	0.040
XH	40	12.57	0.495	6.35	0.250	1.57	0.062	1.19	0.047
XXH	40	19.05	0.750	9.53	0.375	2.29	0.090	1.52	0.060

表 8-1-52（a） 梯形齿同步带节线长度系列及极限偏差（摘自 GB/T 11616—2013）

长度代号	节线长 L_P		极限偏差		齿数				
	mm	in	mm	in	XL	L	H	XH	XXH
60	152.4	6	±0.41	±0.016	30				
70	177.8	7	±0.41	±0.016	35				
80	203.2	8	±0.41	±0.016	40				
90	228.6	9	±0.41	±0.016	45				
100	254	10	±0.41	±0.016	50				

续表

长度代号	节线长 L_P		极限偏差		齿数				
	mm	in	mm	in	XL	L	H	XH	XXH
110	279.4	11	±0.46	±0.018	55				
120	304.8	12	±0.46	±0.018	60				
124	314.33	12.375	±0.46	±0.018		33			
130	330.20	13.000	±0.46	±0.018	65				
140	355.60	14.000	±0.46	±0.018	70				
150	381.00	15.000	±0.46	±0.018	75	40			
160	406.40	16.000	±0.51	±0.02	80				
170	431.80	17.000	±0.51	±0.02	85				
180	457.20	18.000	±0.51	±0.02	90				
187	476.25	18.750	±0.51	±0.02		50			
190	482.60	19.000	±0.51	±0.02	95				
200	508.00	20.000	±0.51	±0.02	100				
210	533.40	21.000	±0.61	±0.024	105	56			
220	558.80	22.000	±0.61	±0.024	110				
225	571.50	25.500	±0.61	±0.024		60			
230	584.20	23.000	±0.61	±0.024	115				
240	609.60	24.000	±0.61	±0.024	120	64	48		
250	635.00	25.000	±0.61	±0.024	125				
255	647.70	25.500	±0.61	±0.024		68			
260	660.40	26.000	±0.61	±0.024	130				
270	685.80	27.000	±0.61	±0.024		72	54		
285	723.90	28.500	±0.61	±0.024		76			
300	762.00	30.000	±0.61	±0.024		80	60		
322	819.15	32.250	±0.66	±0.026		86			
330	838.20	33.000	±0.66	±0.026			66		
345	876.30	34.500	±0.66	±0.026		92			
360	914.40	36.000	±0.66	±0.026			72		
367	933.45	36.750	±0.66	±0.026		98			
390	990.60	39.000	±0.66	±0.026		104	78		
420	1066.80	42.000	±0.76	±0.03		112	84		
450	1143.00	45.000	±0.76	±0.03		120	90		
480	1219.20	48.000	±0.76	±0.03		128	96		
507	1289.05	50.750	±0.81	±0.032				58	
510	1295.40	51.000	±0.81	±0.032		136	102		
540	1371.60	54.000	±0.81	±0.032		144	108		
560	1422.40	56.000	±0.81	±0.032				64	
570	1447.80	57.000	±0.81	±0.032			114		
600	1524.00	60.000	±0.81	±0.032		160	120		
630	1600.20	63.000	±0.86	±0.034			126	72	
660	1676.40	66.000	±0.86	±0.034			132		

长度代号	节线长 L_P		极限偏差		齿数				
	mm	in	mm	in	XL	L	H	XH	XXH
700	1778.00	70.000	±0.86	±0.034			140	80	56
750	1905.00	75.000	±0.91	±0.036			150		
770	1955.80	77.000	±0.91	±0.036				88	
800	2032.00	80.000	±0.91	±0.036			160		64
840	2133.60	84.000	±0.97	±0.038				96	
850	2159.00	85.000	±0.97	±0.038			170		
900	2286.00	90.000	±0.97	±0.038			180		72
980	2489.20	98.000	±1.02	±0.04				112	
1000	2540.00	100.000	±1.02	±0.04			200		80
1100	2794.00	110.000	±1.07	±0.042			220		
1120	2844.80	112.000	±1.12	±0.044				128	
1200	3048.00	120.000	±1.12	±0.044					96
1250	3175.00	125.000	±1.17	±0.046			250		
1260	3200.40	126.000	±1.17	±0.046				144	
1400	3556.00	140.000	±1.22	±0.048			280	160	112
1540	3911.60	154.000	±1.32	±0.052				176	
1600	4064.00	160.000	±1.32	±0.052					128
1700	4318.00	170.000	±1.37	±0.054			340		
1750	4445.00	175.000	±1.42	±0.056				200	
1800	4572.00	180.000	±1.42	±0.056					144

表 8-1-52（b） MXL、XXL 型带长及极限偏差（摘自 GB/T 11616—2013）

长度代号	节线长 L_P		极限偏差		齿数	
	mm	in	mm	in	MXL	XXL
36.0	91.44	3.600	±0.41	±0.016	45	
40.0	101.60	4.000	±0.41	±0.016	50	
44.0	111.76	4.400	±0.41	±0.016	55	
48.0	121.92	4.800	±0.41	±0.016	60	
50.0	127.00	5.000	±0.41	±0.016		40
56.0	142.24	5.600	±0.41	±0.016	70	
60.0	152.40	6.000	±0.41	±0.016	75	48
64.0	162.56	6.400	±0.41	±0.016	80	
70.0	177.80	7.00	±0.41	±0.016		56
72.0	182.88	7.200	±0.41	±0.016	90	
80.0	203.20	8.000	±0.41	±0.016	100	64
88.0	223.52	8.800	±0.41	±0.016	110	

续表

长度代号	节线长 L_P		极限偏差		齿数	
	mm	in	mm	in	MXL	XXL
90.0	228.60	9.000	±0.41	±0.016		72
100.0	254.00	10.000	±0.41	±0.016	125	80
110.0	179.40	11.000	±0.46	±0.018		88
112.0	284.48	11.200	±0.46	±0.018	140	
120.0	304.80	12.000	±0.46	±0.018		96
124.0	314.96	12.400	±0.46	±0.018	155	
130.0	330.20	13.000	±0.46	±0.018		104
140.0	355.60	14.000	±0.46	±0.018	175	112
150.0	381.00	15.000	±0.46	±0.018		120
160.0	406.40	16.000	±0.51	±0.020	200	128
180.0	457.20	18.000	±0.51	±0.020		144
200.0	508.00	20.000	±0.51	±0.020	225	160
220.0	558.80	22.000	±0.61	±0.024	250	176

表 8-1-53（a） 梯形齿同步带（单面齿）带宽系列（摘自 GB/T 11616—2013）

型号	带高 h_s		带宽基本尺寸			带宽极限偏差					
						节线长					
			公称尺寸		代号	<838.2mm (33in)		838.2mm(33in)～1676.4mm(66in)		>1676.4mm (66in)	
	mm	in	mm	in		mm	in	mm	in	mm	in
MXL	1.14	0.045	3.2	0.12	012	+0.5 −0.8	+0.02 −0.03	—	—	—	—
			4.8	0.19	019				—	—	—
			6.4	0.25	025				—	—	—
XXL	1.52	0.06	3.2	0.12	012	+0.5 −0.8	+0.02 −0.03	—	—	—	—
			4.8	0.19	019				—	—	—
			6.4	0.25	025				—	—	—
XL	2.30	0.09	6.4	0.25	025	+0.5 −0.8	+0.02 −0.03	—	—	—	—
			7.9	0.31	031						
			9.5	0.37	037						
L	3.60	0.14	12.7	0.5	050	+0.8 −0.8	+0.03 −0.03	+0.8 −1.3	+0.03 −0.05	—	—
			19.1	0.75	075						
			25.4	1.00	100						
H	4.30	0.17	19.1	0.75	075	+0.8 −0.8	+0.03 −0.03	+0.8 −1.3	+0.03 −0.05	+0.8 −1.3	+0.03 −0.05
			25.4	1.00	100						
			38.1	1.5	150						
			50.8	2.00	200	+1.3 −1.5	+0.05 −0.06	+1.5 −1.5	+0.06 −0.06	+1.5 −2	+0.06 −0.08
			76.2	3.00	300	+1.3 −1.5	+0.05 −0.06	+1.5 −1.5	+0.06 −0.06	+1.5 −2	+0.06 −0.08

续表

型号	带高 h_s		带宽基本尺寸			带宽极限偏差					
			公称尺寸		代号	节线长					
						<838.2mm(33in)		838.2mm(33in)～1676.4mm(66in)		>1676.4mm(66in)	
	mm	in	mm	in		mm	in	mm	in	mm	in
XH	11.20	0.44	50.8	2.00	200	—	—	+4.8 −4.8	+0.19 −0.19	+4.8 −4.8	+0.19 −0.19
			76.2	3.00	300	—	—				
			101.6	4.00	400	—	—				
XXH	15.7	0.62	50.8	2.00	200	—	—	—	—	+4.8 −4.8	+0.19 −0.19
			76.2	3.00	300						
			101.6	4.00	400						
			127	5.00	500						

表 8-1-53（b） 梯形齿同步带（双面齿）带高（摘自 GB/T 11616—2013）

型号	带高 h_d	
	mm	in
MXL	1.53	0.060
XXL	2.03	0.080
XL	3.05	0.120
L	4.58	0.180
H	5.95	0.234
XH	15.49	0.610
XXH	22.10	0.870

梯形齿同步带标记：由长度代号、型号、宽度代号组成。对于双面同步带，还应在最前面表示出型式代号 DA 或 DB。

示例：

980 H 200
- 200——宽度代号[带宽为 50.80mm(2.00in)]
- H——型号[带齿节距为 12.700mm(0.500in)]
- 980——长度代号[节线长为 2489.20mm(98in)]

DA 980 XXH 300
- 300——宽度代号[带宽为 76.20mm(3.00in)]
- XXH——型号[带齿节距为 31.750mm(1.250in)]
- 980——长度代号[节线长为 2489.20mm(98in)]
- DA——双面齿带型式代号（对称式）

MXL 和 XXL 型号带也可采用另一种标记方式：

B 120 XXL 4.8
- 4.8——宽度(带宽为 4.8mm)
- XXL——型号[带齿节距为 3.175mm (0.125in)]
- 120——带齿数
- B——标记代号

1.4.1.2 米制节距梯形齿同步带规格

米制节距梯形齿同步带齿形尺寸见表 8-1-54，节线长度系列及极限偏差见表 8-1-55（a），带宽系列见表 8-1-55（b）。

米制节距梯形齿同步带标记：

带的标记由带节线长、型号和带宽组成，双面齿同步带还应在前面加型式代号 DA 或 DB。

示例：

DA 1320 T10 50
- 50——带宽，mm
- T10——型号
- 1320——节线长，mm
- DA——双面齿型式代号

1.4.1.3 曲线齿同步带规格

曲线齿同步带是纵向截面为曲线形等距横向齿的同步带，其结构与梯形齿同步带基本相同，带的节距相当。但齿高、齿厚和齿根圆角半径等均比梯形齿同步带大。带齿载荷后，应力分布状态好，提高了齿的承载能力。因此曲线齿同步带比梯形齿同步带传递功率大，能防止跳齿和啮合过程中齿的干涉。

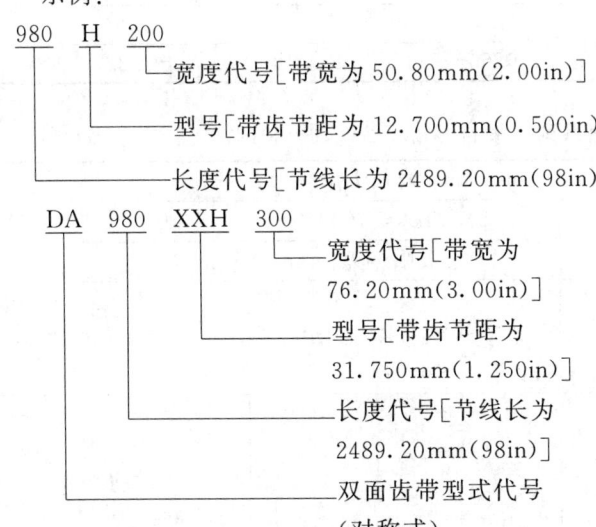

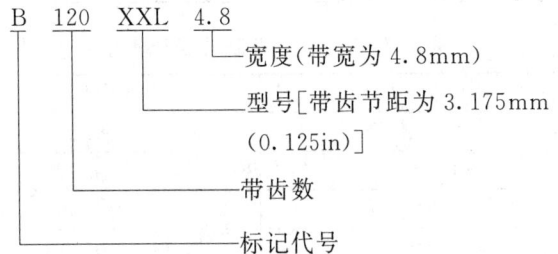

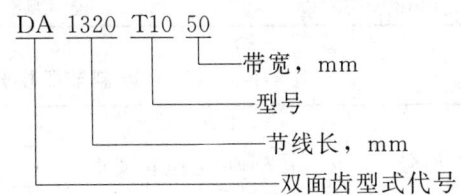

表 8-1-54　米制节距梯形齿同步带齿形尺寸（摘自 GB/T 28774—2012）　/mm

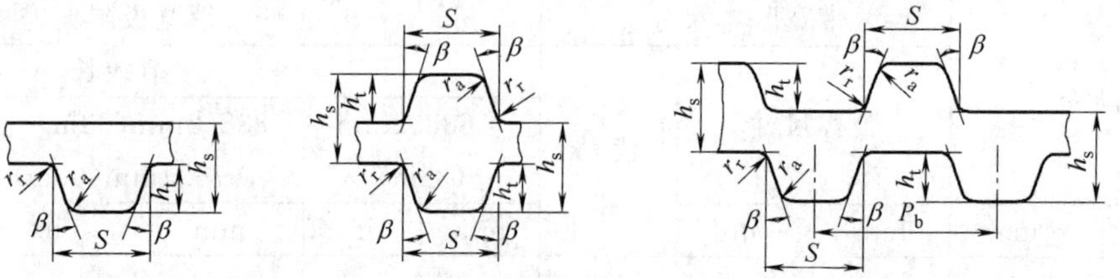

(a) 单面齿同步带　(b) 对称双面齿同步带(DA型)　(c) 交错双面齿同步带(DB型)

型号	带齿节距 P_b	齿形角 2β		齿根厚 S		齿高 h_t		带高 h_s		齿根圆角半径 r_r ±0.1	齿顶圆角半径 r_a min
		公称值	极限偏差	公称值	极限偏差	公称值	极限偏差	公称值	极限偏差		
T2.5	2.5	40°	±2°	1.50	±0.05	0.7	±0.05	1.3	±0.15	0.2	0.2
T5	5.0	40°	±2°	2.65	±0.05	1.2	±0.05	2.2	±0.15	0.4	0.4
T10	10.0	40°	±2°	5.30	±0.10	2.5	±0.10	4.5	±0.30	0.6	0.6
T20	20.0	40°	±2°	10.15	±0.15	5.0	±0.15	8.0	±0.45	0.8	0.8

表 8-1-55（a）　米制节距梯形齿同步带节线长度系列及极限偏差（摘自 GB/T 28774—2012）　/mm

节线长 L_P	极限偏差	节线长 L_P	极限偏差
≤305	±0.28	>3810～4060	±1.52
>305～390	±0.32	≥4060～4320	±1.56
≥390～500	±0.36	>4320～4570	±1.62
>500～630	±0.42	≥4570～4830	±1.68
≥630～780	±0.48	>4830～5080	±1.74
>780～990	±0.56	≥5080～5330	±1.80
≥990～1250	±0.64	>5330～5590	±1.86
>1250～1560	±0.76	≥5590～5840	±1.92
≥1560～1960	±0.88	>5840～6100	±1.98
>1960～2250	±1.04	≥6100～6350	±2.04
≥2250～3100	±1.22	>6350～6600	±2.10
>3100～3620	±1.46	≥6600～6860	±2.16
≥3620～3810	±1.48	>6860～7110	±2.22

表 8-1-55（b）　米制节距梯形齿同步带带宽系列（摘自 GB/T 28774—2012）　/mm

型号	带宽基本尺寸	节线长 L_P		
		L_P≤840	840<L_P≤1680	L_P>1680
		极限偏差		
T2.5	4 6 10	+0.2 −0.3	—	—
T5	6 10 16 25	±0.3	±0.4	±0.4

续表

型号	带宽基本尺寸	节线长 L_P		
		$L_P \leqslant 840$	$840 < L_P \leqslant 1680$	$L_P > 1680$
		极限偏差		
T10	16 25 32 50	±0.4	±0.4	±0.5
T20	32 50 75 100	—	±0.8	±1.0

曲线齿同步带和带轮分为 H、S、R 三种齿型，8mm、14mm 两种节距共六种型号。

H 齿型：H8M 型、H14M 型；S 齿型：S8M 型、S14M 型；R 齿型：R8M 型、R14M 型。

曲线齿同步带 H、S、R 三种齿型有多种带型系列，H 齿型还有 H3M 型、H5M 型、H20M 型，R 齿型还有 R3M 型、R5M 型、R20M 型。只有节距 8mm、14mm 两种带型制定了国标和 ISO 标准，实际上各种尺寸系列都已在各类工业设备上使用。

曲线齿同步带齿形见表 8-1-56，带宽和极限偏差见表 8-1-57，带长系列和极限偏差见表 8-1-58。

表 8-1-56（a） 曲线齿同步带 H 型齿形尺寸（摘自 GB/T 24619—2009） /mm

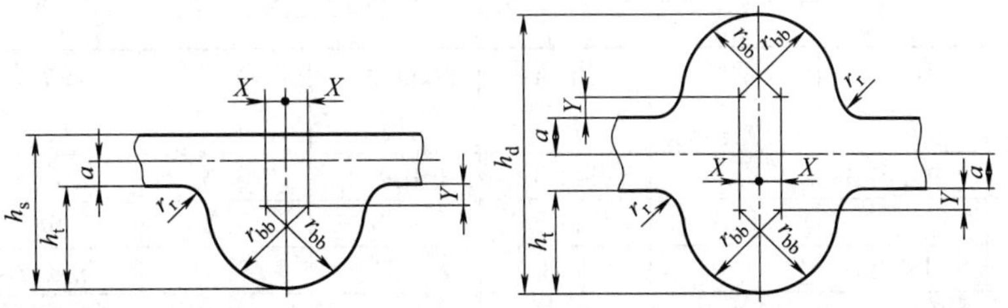

齿型	节距 P_b	带高 h_s	带高 h_d	齿高 h_t	根部半径 r_r	顶部半径 r_{bb}	节线差 a	X	Y
H8M	8	6	—	3.38	0.76	2.59	0.686	0.089	0.787
DH8M	8	—	8.1	3.38	0.76	2.59	0.686	0.089	0.787
H14M	14	10	—	6.02	1.35	4.55	1.397	0.152	1.470
DH14M	14	—	14.8	6.02	1.35	4.55	1.397	0.152	1.470

第8篇

表 8-1-56（b） 曲线齿同步带 R 型齿形尺寸（摘自 GB/T 24619—2009） /mm

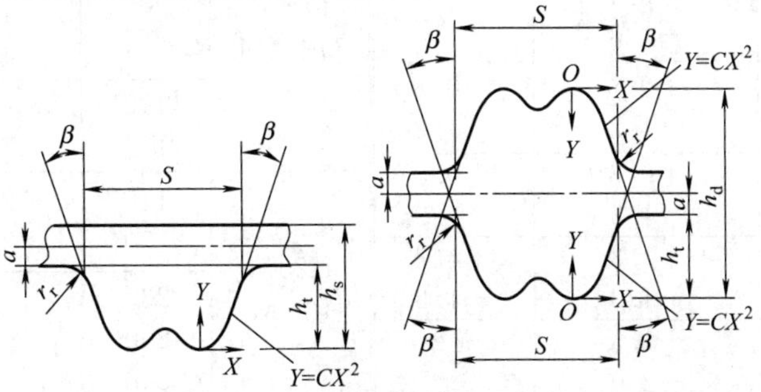

续表

齿型	节距 P_b	齿形角 β	齿根厚 S	带高 h_s	带高 h_d	齿高 h_t	根部半径 r_r	节线差 Q	C
R3M	3	16°	1.95	2.4		1.27	0.380	0.380	3.056
DR3M	3	16°	1.95		3.3	1.27	0.380	0.380	3.056
R5M	5	16°	3.30	3.8		2.15	0.630	0.570	1.795
DR5M	5	16°	3.30		5.44	2.15	0.630	0.570	1.795
R8M	8	16°	5.5	5.4		3.2	1	0.686	1.228
DR8M	8	16°	5.5		7.8	3.2	1	0.686	1.228
R14M	14	16°	9.5	9.7		6	1.75	1.397	0.643
DR14M	14	16°	9.5		14.5	6	1.75	1.397	0.643
R20M	20	16°	13.60	14.50		8.75	2.5	2.160	2.288

表 8-1-56（c） 曲线齿同步带 S 型齿形尺寸（摘自 GB/T 24619—2009） /mm

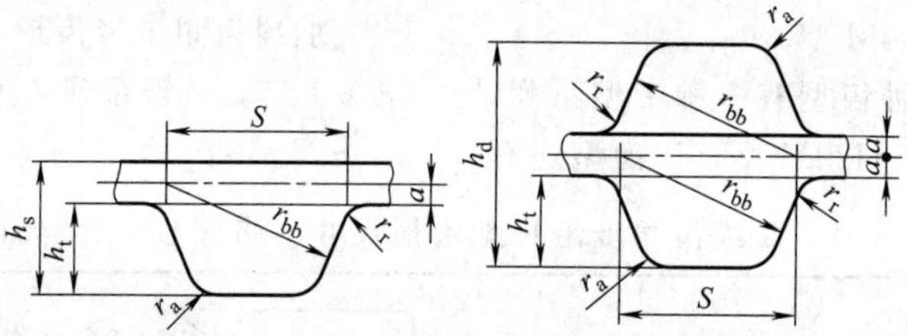

齿型	节距 P_b	带高 h_s	带高 h_d	齿高 h_t	根部半径 r_r	顶部半径 r_{bb}	节线差 Q	S	r_a
S8M	8	5.3	—	3.05	0.8	5.2	0.686	5.2	0.8
DS8M	8	—	7.5	3.05	0.8	5.2	0.686	5.2	0.8
S14M	14	10.2	—	5.3	1.4	9.1	1.397	9.1	1.4
DS14M	14	—	13.4	5.3	1.4	9.1	1.397	9.1	1.4

表 8-1-57 曲线齿同步带各型号带宽和极限偏差（摘自 GB/T 24619—2009） /mm

带型	带宽 b_s	带宽极限偏差 $L_P \leqslant 840$	$840 < L_P \leqslant 1680$	$L_P > 1680$
H3M DH3M	6 9	+0.4 −0.8	+0.4 −0.8	—
R3M DR3M	15	+0.8 −0.8	+0.8 −1.2	+0.8 −1.2
H5M DH5M	9	+0.4 −0.8	+0.4 −0.8	—
R5M DR5M	15 25	+0.8 −0.8	+0.8 −1.2	+0.8 −1.2
H8M DH8M R8M DR8M	20 30	+0.8 −0.8	+0.8 −1.3	+0.8 −1.3
	50	+1.3 −1.3	+1.3 −1.3	+1.3 −1.5
	85	+1.5 −1.5	+1.5 −2.0	+2 −2
H14M DH14M R14M DR14M	40	+0.8 −1.3	+0.8 −1.3	+1.3 −1.5
	55	+1.3 −1.3	+1.5 −1.5	+1.5 −1.5
	85	+1.5 −1.5	+1.5 −2.0	+2.0 −2.0
	115 170	+2.3 −2.3	+2.3 −2.8	+2.3 −3.3
H20M R20M	115 170	+2.3 −2.3	+2.3 −2.8	+2.3 −3.3
	230 290 340	—	—	+4.8 −6.4

续表

带型	带宽 b_s	带宽极限偏差			带型	带宽 b_s	带宽极限偏差		
		$L_P \leqslant 840$	$840 < L_P \leqslant 1680$	$L_P > 1680$			$L_P \leqslant 840$	$840 < L_P \leqslant 1680$	$L_P > 1680$
S8M DS8M	15 25	+0.8 −0.8	+0.8 −1.3	+0.8 −1.3	S14M DS14M	60	+1.3 −1.5	+1.5 −1.5	+1.5 −2.0
	60	+1.3 −1.5	+1.5 −1.5	+1.5 −2.0		80 100	+1.5 −1.5	+1.5 −2.0	+2.0 −2.0
S14M DS14M	40	+0.8 −1.3	+0.8 −1.3	+1.3 −1.5		120	+2.3 −2.3	+2.3 −2.8	+2.3 −3.3

表 8-1-58 曲线齿同步带各型号节线长和极限偏差（摘自 GB/T 24619—2009） /mm

长度代号	节线长 L_P	节线长极限偏差				齿数	
		8M	14M	D8M	D14M	8M	14M
480	480	±0.51	—	+1.02/−0.76	—	60	—
560	560	±0.61	—	+1.22/−0.91	—	70	—
640	640	±0.61	—	+1.22/−0.91	—	80	—
720	720	±0.61	—	+1.22/−0.91	—	90	—
800	800	±0.66	—	+1.32/−0.99	—	100	—
880	880	±0.66	—	+1.32/−0.99	—	110	—
960	960	±0.66	—	+1.32/−0.99	—	120	—
966	966	—	±0.66	—	+1.32/−0.99	—	69
1040	1040	±0.76	—	+1.52/−1.14	—	130	—
1120	1120	±0.76	—	+1.52/−1.14	—	140	—
1190	1190	—	±0.76	—	+1.52/−1.14	—	85
1200	1200	±0.76	—	+1.52/−1.14	—	150	—
1280	1280	±0.81	—	+1.62/−1.14	—	160	—
1400	1400	—	±0.81	—	+1.62/−1.14	—	100
1440	1440	±0.81	—	+1.62/−1.21	—	180	—
1600	1600	±0.86	—	+1.73/−1.29	—	200	—
1610	1610	—	±0.86	—	+1.73/−1.29	—	115
1760	1760	±0.86	—	+1.73/−1.29	—	220	—
1778	1778	—	±0.91	—	+1.82/−1.36	—	127
1800	1800	±0.91	—	+1.82/−1.36	—	225	—
1890	1890	—	±0.91	—	+1.82/−1.36	—	135
2000	2000	±0.91	—	+1.82/−1.36	—	250	—
2100	2100	—	±0.97	—	+1.94/−1.45	—	150
2310	2310	—	±1.02	—	+2.04/−1.53	—	165
2400	2400	±1.02	—	+2.04/−1.53	—	300	—
2450	2450	—	±1.02	—	+2.04/−1.53	—	175
2590	2590	—	±1.07	—	+2.14/−1.60	—	185
2600	2600	±1.07	—	+2.14/−1.60	—	325	—
2800	2800	±1.12	±1.12	+2.24/−1.68	+2.24/−1.68	350	200

续表

长度代号	节线长 L_P	节线长极限偏差				齿数	
		8M	14M	D8M	D14M	8M	14M
3150	3150	—	±1.17	—	+2.34/−1.75	—	250
3360	3360	—	±1.22	—	+2.44/−1.83	—	240
3500	3500	—	±1.22	—	+2.44/−1.83	—	250
3600	3600	±1.28	—	+2.56/−1.92	—	450	—
3850	3850	—	±1.32	—	+2.64/−1.98	—	275
4326	4326	—	±1.42	—	+2.84/−2.13	—	309
4400	4400	±1.42	—	+2.84/−2.13	—	550	—
4578	4578	—	±1.46	—	+2.92/−2.19	—	327
956	4956	—	±1.52	—	+3.04/−2.28	—	354
5320	5320	—	±1.58	—	+3.16/−2.37	—	380
5740	5740	—	±1.70	—	+3.40/−2.55	—	410
6160	6160	—	±1.82	—	+3.64/−2.73	—	440
6860	6860	—	±2.00	—	+4.00/−3.00	—	490

曲线齿同步带标记：由带节线长（mm）、带型号（包括齿型和节距）和带宽（mm，S齿型为实际带宽的10倍）组成，双面齿带还应在型式前面加字母D。

节线长1400mm，节距14mm，宽40mm的曲线齿同步带标记如下。

H齿型（单面）：1400H14M40；H齿型（双面）：1400DH14M40。

S齿型（单面）：1400S14M40；S齿型（双面）：1400DS14M40。

R齿型（单面）：1400R14M40；R齿型（双面）：1400DR14M40。

1.4.1.4 圆弧齿同步带规格

圆弧齿同步带按齿节距分为3M、5M、8M、14M、20M共5种型号。圆弧齿同步带传动已有机械行业标准（JB/T 7512—2014）。圆弧齿同步带齿形见表8-1-59，带宽和极限偏差见表8-1-60，带长系列见表8-1-61，圆弧齿同步带节线长极限偏差见表8-1-62。

表8-1-59 圆弧齿同步带齿形尺寸（摘自JB/T 7512.1—2014） /mm

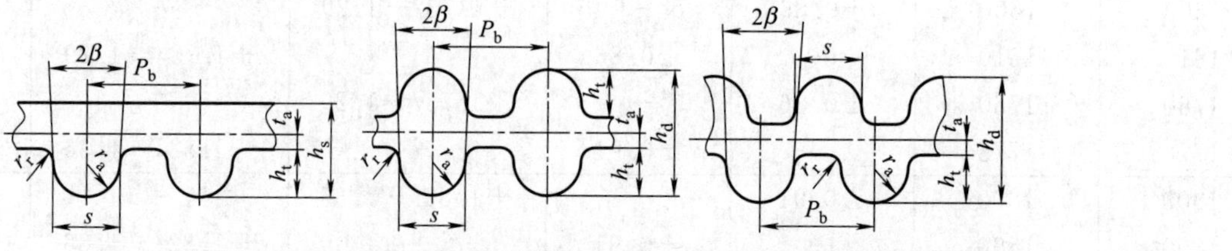

(a) 单面齿同步带 (b) 对称双面齿同步带(DA型) (c) 交错双面齿同步带(DB型)

型号	节距 P_b	齿高 h_t	齿顶圆角半径 r_a	齿根圆角半径 r_r	齿根厚 s	齿形角 2β ≈	带高(单面) h_s	带高(双面) h_d	节线差 t_a
3M	3	1.22	0.87	0.30	1.78	14°	2.4	3.2	0.381
5M	5	2.06	1.49	0.41	3.05	14°	3.8	5.3	0.572
8M	8	3.38	2.46	0.76	5.15	14°	6.0	8.1	0.686
14M	14	6.02	4.50	1.35	9.40	14°	10.0	14.8	1.397
20M	20	8.40	6.50	2.03	14	14°	13.2	—	2.159

表 8-1-60　圆弧齿同步带宽和极限偏差（摘自 JB/T 7512.1—2014）　/mm

型号	带宽 b_s	带宽极限偏差		
		$L_P \leqslant 840$	$840 < L_P \leqslant 1680$	$L_P > 1680$
3M	6	±0.3	±0.4	—
	9	±0.4	±0.4	±0.6
	15	±0.4	±0.6	±0.8
5M	9	±0.4	±0.4	±0.6
	15	±0.4	±0.6	±0.8
	25			
8M	20	±0.6	±0.8	±0.8
	30			
	50	±1.0	±1.2	±1.2
	85	±1.5	±1.5	±2.0
14M	40	±0.8	±0.8	±1.2
	55	±1.0	±1.2	±1.2
	85	±1.2	±1.2	±1.5
	115	±1.5	±1.5	±1.8
	170			
20M	115	±1.8	±1.8	±2.2
	170			
	230	—	—	±4.8
	290			
	340			

注：L_P——节线长。

表 8-1-61（a）　3M 圆弧齿同步带标准节线长系列（摘自 JB/T 7512.1—2014）　/mm

节线长 L_P/mm	齿数	节线长 L_P/mm	齿数	节线长 L_P/mm	齿数
120	40	252	84	486	162
144	48	264	88	501	167
150	50	276	92	537	179
177	59	300	100	564	188
192	64	339	113	633	211
201	67	384	128	750	250
207	69	420	140	936	312
225	75	459	153	1800	600

表 8-1-61（b）　5M 圆弧齿同步带标准节线长系列（摘自 JB/T 7512.1—2014）

节线长 L_P/mm	齿数	节线长 L_P/mm	齿数	节线长 L_P/mm	齿数
295	59	375	75	475	95
300	60	400	80	500	100
320	64	420	84	520	104
350	70	450	90	550	110

续表

节线长 L_P/mm	齿数	节线长 L_P/mm	齿数	节线长 L_P/mm	齿数
560	112	860	172	1125	225
565	113	870	174	1145	229
600	120	890	178	1270	254
615	123	900	180	1295	259
635	127	920	184	1350	270
645	129	930	186	1380	276
670	134	940	188	1420	284
695	139	950	190	1595	319
710	142	975	195	1800	360
740	148	1000	200	1870	374
830	166	1025	205	2350	470
845	169	1050	210	—	—

表 8-1-61（c） 8M圆弧齿同步带标准节线长系列（摘自 JB/T 7512.1—2014）

节线长 L_P/mm	齿数	节线长 L_P/mm	齿数	节线长 L_P/mm	齿数
416	52	1000	125	1800	225
424	53	1040	130	2000	250
480	60	1056	132	2240	280
560	70	1080	135	2272	284
600	75	1120	140	2400	300
640	80	1200	150	2600	325
720	90	1248	156	2800	350
760	95	1280	160	3048	381
800	100	1392	174	3200	400
840	105	1400	175	3280	410
856	107	1424	178	3600	450
880	110	1440	180	4400	550
920	115	1600	200	—	—
960	120	1760	220	—	—

表 8-1-61（d） 14M圆弧齿同步带标准节线长系列（摘自 JB/T 7512.1—2014）

节线长 L_P/mm	齿数	节线长 L_P/mm	齿数	节线长 L_P/mm	齿数
966	69	2100	150	3500	250
1196	85	2198	157	3850	275
1400	100	2310	165	4326	309
1540	110	2450	175	4578	327
1610	115	2590	185	4956	354
1778	127	2800	200	5320	380
1890	135	3150	225	—	—
2002	143	3360	240	—	—

表 8-1-61（e） 20M 圆弧齿同步带标准节线长系列（摘自 JB/T 7512.1—2014）

节线长 L_P/mm	齿数	节线长 L_P/mm	齿数	节线长 L_P/mm	齿数
2000	100	4600	230	5800	290
2500	125	5000	250	6000	300
3400	170	5200	260	6200	310
3800	190	5400	270	6400	320
4200	210	5600	280	6600	330

表 8-1-62 单面齿同步带节线长极限偏差（摘自 JB/T 7512.1—2014） /mm

节线长 L_P	节线长极限偏差	节线长 L_P	节线长极限偏差
$L_P≤254$	±0.40	$3320<L_P≤3556$	±1.22
$254<L_P≤381$	±0.46	$3556<L_P≤3810$	±1.28
$381<L_P≤508$	±0.50	$3810<L_P≤4064$	±1.32
$508<L_P≤762$	±0.60	$4064<L_P≤4318$	±1.38
$762<L_P≤1016$	±0.66	$4318<L_P≤4572$	±1.42
$1016<L_P≤1270$	±0.76	$4572<L_P≤4826$	±1.46
$1270<L_P≤1524$	±0.82	$4826<L_P≤5008$	±1.52
$1524<L_P≤1778$	±0.86	$5008<L_P≤5334$	±1.58
$1778<L_P≤2032$	±0.92	$5334<L_P≤5588$	±1.64
$2032<L_P≤2286$	±0.96	$5588<L_P≤5842$	±1.70
$2286<L_P≤2540$	±1.02	$5842<L_P≤6069$	±1.76
$2540<L_P≤2794$	±1.06	$6069<L_P≤6350$	±1.82
$2794<L_P≤3048$	±1.12	$6350<L_P≤6604$	±1.88
$3048<L_P≤3320$	±1.16	$6604<L_P≤6858$	±1.94

圆弧齿同步带标记：由带节线长、型号和带宽组成，双面齿同步带还应在前面加型式代号 DA 或 DB。

示例：

1120-8M-30
- 带宽（带宽为 30mm）
- 型号（带齿节距为 8mm）
- 节线长（节线长为 1120mm）

DA 1120-8M-30
- 带宽（带宽为 30mm）
- 型号（带齿节距为 8mm）
- 节线长（节线长为 1120mm）
- 双面齿带型式代号（对称式）

1.4.2 同步带轮

1.4.2.1 梯形齿同步带轮

梯形齿同步带轮的齿廓形状可以采用渐开线齿形，也可以采用直边齿形，一般推荐采用渐开线齿形。前者采用渐开线齿形轮刀具用展成法加工而成，其齿形尺寸取决于刀具。表 8-1-63 是加工渐开线齿槽的刀具尺寸和极限偏差，表 8-1-64 是直边齿槽的刀具尺寸和极限偏差。梯形齿同步带轮的直径见表 8-1-65，带轮的宽度见表 8-1-66，带轮外径极限公差见表 8-1-67，带轮的节距偏差见表 8-1-68，带轮的挡圈尺寸见表 8-1-69，带轮的公差见表 8-1-70～表 8-1-72。

表 8-1-63 加工渐开线齿槽的刀具尺寸和极限偏差（摘自 GB/T 11361—2018） /mm

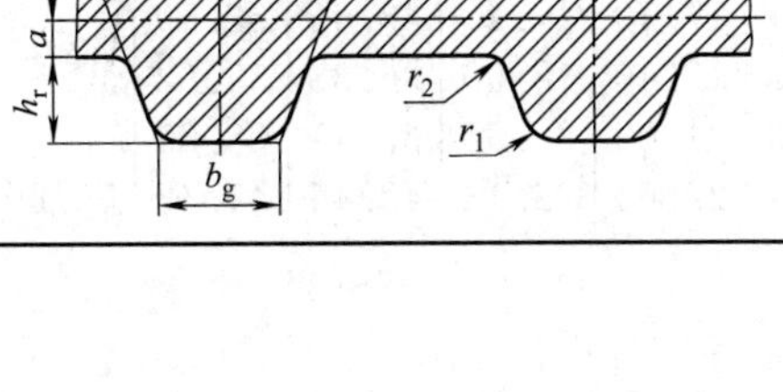

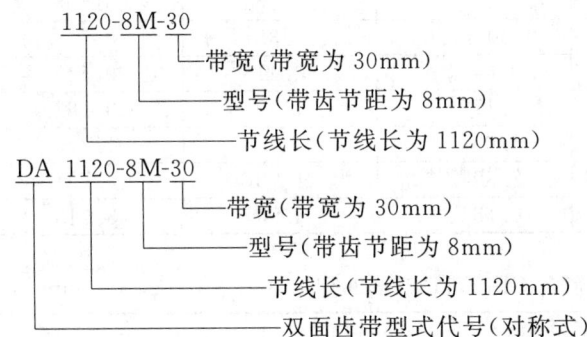

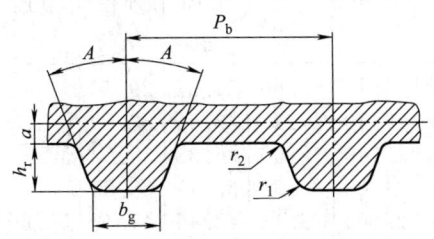

续表

型号	齿数 个	节距 P_b /mm	齿半角 $A\pm0.12$ /(°)	齿高 $h_r{}^{+0.05}_{0}$ /mm	齿顶厚 $b_g{}^{+0.05}_{0}$ /mm	齿顶圆 角半径 $r_1\pm0.03$ /mm	齿根圆 角半径 $r_2\pm0.03$ /mm	两倍节 根距 $2a$ /mm
MXL	10～23	2.032±0.008	28	0.64	0.61	0.30	0.23	0.508
	≥24		20		0.67			
XXL	≥10	3.175±0.011	25	0.84	0.96	0.30	0.28	0.508
XL	≥10	5.08±0.011	25	1.40	1.27	0.61	0.61	0.508
L	≥10	9.525±0.012	20	2.13	3.10	0.86	0.53	0.762
H	14～19	12.7±0.015	20	2.59	4.24	1.47	1.04	1.372
	≥20						1.42	
XH	≥18	22.225±0.019	20	6.88	7.59	2.01	1.93	2.794
XXH	≥18	31.75±0.025	20	10.29	11.61	2.69	2.82	3.048

表 8-1-64　直边齿槽的刀具尺寸和极限偏差（摘自 GB/T 11361—2018）　/mm

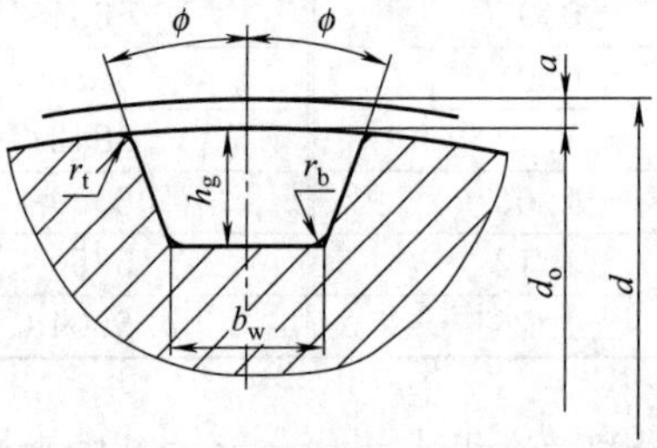

型号	齿槽底宽 b_w /mm	齿槽深 h_g /mm	齿槽半角 $\phi\pm1.5$/(°)	齿顶圆角 半径 r_t/mm	最大齿根圆角 半径 r_b/mm	两倍节顶距 $2a$ /mm
MXL	0.84±0.05	$0.69^{0}_{-0.05}$	20	$0.13^{+0.05}_{0}$	0.25	0.508
XXL	$0.96^{+0.05}_{0}$	$0.84^{0}_{-0.05}$	25	0.30±0.05	0.35	0.508
XL	1.32±0.05	$1.65^{0}_{-0.08}$	25	$0.64^{+0.05}_{0}$	0.41	0.508
L	3.05±0.1	$2.67^{0}_{-0.10}$	20	$1.17^{+0.13}_{0}$	1.19	0.762
H	4.19±0.13	$3.05^{0}_{-0.13}$	20	$1.60^{+0.13}_{0}$	1.6	1.372
XH	7.90±0.15	$7.14^{0}_{-0.13}$	20	$2.39^{+0.13}_{0}$	1.98	2.794
XXH	12.17±0.18	$10.31^{0}_{-0.13}$	20	$3.18^{+0.13}_{0}$	3.96	3.048

表 8-1-65　梯形齿同步带轮的直径（摘自 GB/T 11361—2018）　/mm

齿数	型号													
	MXL		XXL		XL		L		H		XH		XXH	
	节径 d	外径 d_o	节径 d	外径 d_o	节径 d	外径 d_o	节径 d	外径 d_o	节径 d	外径 d_o	节径 d	外径 d_o	节径 d	外径 d_o
10	6.47	5.96	10.11	9.60	16.17	15.66	30.32	29.56						
11	7.11	6.61	11.12	10.61	17.79	17.28	33.35	32.59						
12	7.76	7.25	12.13	11.62	19.40	18.90	36.38	35.62						
13	8.41	7.90	13.14	12.63	21.02	20.51	39.41	38.65						
14	9.06	8.55	14.15	13.64	22.64	22.13	42.45	41.68	56.60	55.22				

续表

齿数	型号													
	MXL		XXL		XL		L		H		XH		XXH	
	节径 d	外径 d_o	节径 d	外径 d_o	节径 d	外径 d_o	节径 d	外径 d_o	节径 d	外径 d_o	节径 d	外径 d_o	节径 d	外径 d_o
15	9.70	9.19	15.16	14.65	24.26	23.75	45.48	44.72	60.64	59.27				
16	10.35	9.84	16.17	15.66	25.87	25.36	48.51	47.75	64.68	63.31				
17	11.00	10.49	17.18	16.67	27.49	26.98	51.54	50.78	68.72	67.35				
18	11.64	11.13	18.19	17.68	29.11	28.60	54.57	53.81	72.77	71.39	127.34	124.55	181.91	178.87
19	12.29	11.78	19.20	18.69	30.72	30.22	57.61	56.84	76.81	75.44	134.41	131.62	192.02	188.97
20	12.94	12.43	20.21	19.70	32.34	31.83	60.64	59.88	80.85	79.48	141.49	138.69	202.13	199.08
(21)	13.58	13.07	21.22	20.72	33.96	33.45	63.67	62.91	84.89	83.52	148.56	145.77	212.23	209.19
22	14.23	13.72	22.23	21.73	35.57	35.07	66.70	65.94	88.94	87.56	155.64	152.84	222.34	219.29
(23)	14.88	14.37	23.24	22.74	37.19	36.68	69.73	68.97	92.98	91.61	162.71	159.92	232.45	229.40
(24)	15.52	15.02	24.26	23.75	38.81	38.30	72.77	72.00	97.02	95.65	169.79	166.99	242.55	239.50
25	16.17	15.66	25.27	24.76	40.43	39.92	75.80	75.04	101.06	99.69	176.86	174.07	252.66	249.61
(26)	16.82	16.31	26.28	25.77	42.04	41.53	78.83	78.07	105.11	103.73	183.94	181.14	262.76	259.72
(27)	17.46	16.96	27.29	26.78	43.66	43.15	81.86	81.10	109.15	107.78	191.01	188.22	272.87	269.82
28	18.11	17.60	28.30	27.79	45.28	44.77	84.89	84.13	113.19	111.82	198.08	195.29	282.98	279.93
(30)	19.40	18.90	30.32	29.81	48.51	48.00	90.96	90.20	121.28	119.90	212.23	209.44	303.19	300.14
32	20.70	20.19	32.34	31.83	51.74	51.24	97.02	96.26	129.36	127.99	226.38	223.59	323.40	320.35
36	23.29	22.78	36.38	35.87	58.21	57.70	109.15	108.39	145.53	144.16	254.68	251.89	363.83	360.78
40	25.87	25.36	40.43	39.92	64.68	64.17	121.28	120.51	161.70	160.33	282.98	280.18	404.25	401.21
48	31.05	30.54	48.51	48.00	77.62	77.11	145.53	144.77	194.04	192.67	339.57	336.78	485.10	482.06
60	38.81	38.3	60.64	60.13	97.02	96.51	181.91	181.15	242.55	241.18	424.47	421.67	606.38	603.33
72	46.57	46.06	72.77	72.26	116.43	115.92	218.30	217.53	291.06	289.69	509.36	506.57	727.66	724.61
84							254.68	253.92	339.57	338.20	594.25	591.46	848.93	845.88
96							291.06	290.30	388.08	386.71	679.15	676.35	970.21	967.16
120							363.83	363.07	485.10	483.73	848.93	846.14	1212.76	1209.71
156									630.64	629.26				

注：括号内的尺寸尽量不采用。

表 8-1-66　梯形齿同步带轮的轮宽（摘自 GB/T 11361—2018）　　/mm

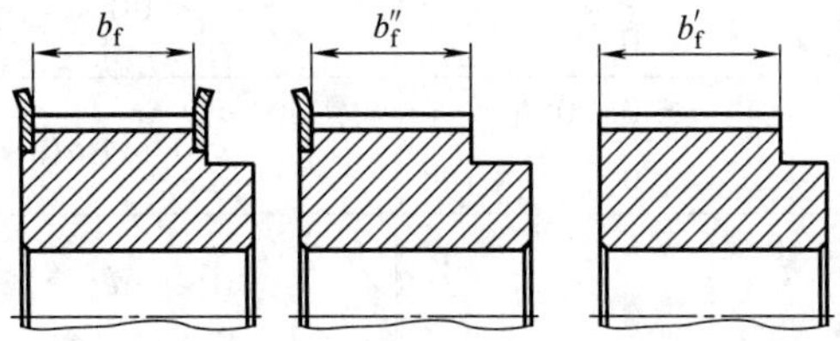

(a) 双边挡圈带轮　(b) 单边挡圈带轮　(c) 无挡圈带轮

续表

型号	轮宽代号	轮宽基本尺寸	最小轮宽	
			有挡圈 b_f 或 b_f''	无挡圈 b_f'
MXL	012	3.2	3.8	5.6
	019	4.8	5.3	7.1
	025	6.4	7.1	8.9
XXL	012	3.2	3.8	5.6
	019	4.8	5.3	7.1
	025	6.4	7.1	8.9
XL	025	6.4	7.1	8.9
	031	7.9	8.6	10.4
	037	9.5	10.4	12.2
L	050	12.7	14.0	17.0
	075	19.1	20.3	23.3
	100	25.4	26.7	29.7
H	075	19.1	20.3	24.8
	100	25.4	26.7	31.2
	150	38.1	39.4	43.9
	200	50.8	52.8	57.3
	300	76.2	79.0	83.5
XH	200	50.8	56.6	62.6
	300	76.2	83.8	89.8
	400	101.6	110.7	116.7
XXH	200	50.8	56.6	64.1
	300	76.2	83.8	91.3
	400	101.6	110.7	118.2
	500	127.0	137.7	145.2

表 8-1-67 梯形齿同步带轮外径极限公差（摘自 GB/T 11361—2018） /mm

外径 d_o	极限偏差	外径 d_o	极限偏差
$d_o \leqslant 25.4$	$^{+0.05}_{0}$	$304.8 < d_o \leqslant 508$	$^{+0.18}_{0}$
$25.4 < d_o \leqslant 50.8$	$^{+0.08}_{0}$	$508 < d_o \leqslant 762$	$^{+0.20}_{0}$
$50.8 < d_o \leqslant 101.6$	$^{+0.10}_{0}$	$762 < d_o \leqslant 1016$	$^{+0.23}_{0}$
$101.6 < d_o \leqslant 177.8$	$^{+0.13}_{0}$	$d_o > 1016$	$^{+0.25}_{0}$
$177.8 < d_o \leqslant 304.8$	$^{+0.15}_{0}$		

表 8-1-68　梯形齿同步带轮的节距偏差（摘自 GB/T 11361 -2018）　　/mm

带轮外径 d_o	节距允许偏差值	
	任意两相邻齿	90°弧内累积
$d_o \leqslant 25.4$	0.03	0.05
$25.4 < d_o \leqslant 50.8$		0.08
$50.8 < d_o \leqslant 101.6$		0.10
$101.6 < d_o \leqslant 177.8$		0.13
$177.8 < d_o \leqslant 304.8$		0.15
$304.8 < d_o \leqslant 508$		0.18
$d_o > 508$		0.20

表 8-1-69　梯形齿同步带轮的挡圈尺寸（摘自 GB/T 11361—2018）　　/mm

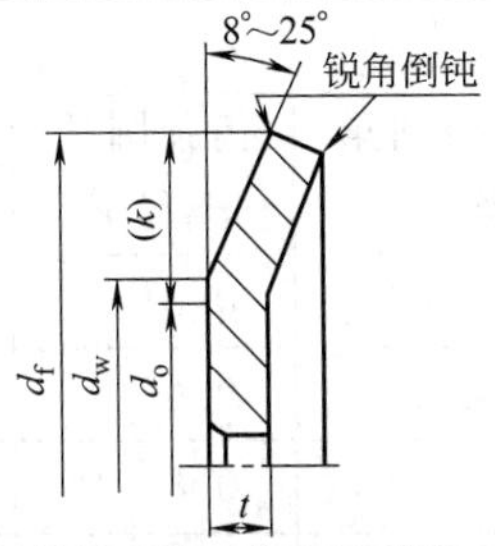

说明：

d_o——带轮外径，mm；

d_w——挡圈弯曲处最小直径，mm，$d_w = d_o + 0.5$；

k——挡圈最小高度，mm；

d_f——挡圈外径，mm，$d_f = d_o + 2k$；

t——挡圈最小厚度，mm

型号	挡圈最小高度 k	挡圈最小厚度 t	型号	挡圈最小高度 k	挡圈最小厚度 t
MXL	0.5	0.5	H	2.0	1.5
XXL	0.8	0.5	XH	4.8	2.5
XL	1.0	1.0	XXH	6.1	3.0
L	1.5	1.5			

表 8-1-70　梯形齿同步带轮的带轮圆柱度（摘自 GB/T 11361—2018）　　/mm

轮宽基本尺寸	公差 t_1	轮宽基本尺寸	公差 t_1
3.2～12.7	0.02	50.8～76.2	0.08
19.1～38.1	0.04	101.6～127	0.12

表 8-1-71　梯形齿同步带轮的径向圆跳动和端面圆跳动（摘自 GB/T 11361—2018）　　/mm

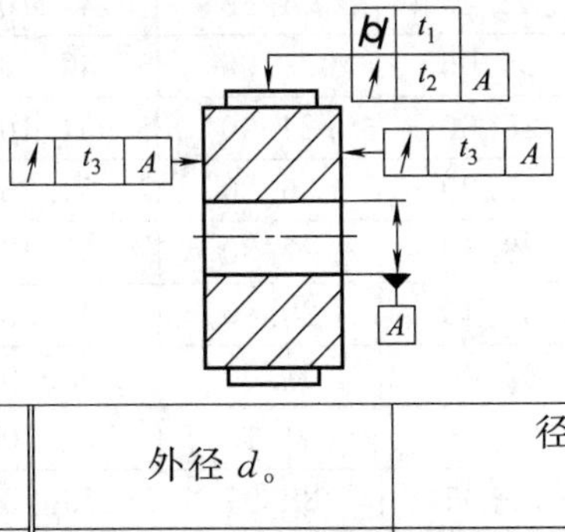

外径 d_o	径向圆跳动公差 t_2	端面圆跳动公差 t_3	外径 d_o	径向圆跳动公差 t_2	端面圆跳动公差 t_3
$d_o \leqslant 25.4$	0.05	0.05	$101.6 < d_o \leqslant 203.2$	0.13	$0.001d_o$
$25.4 < d_o \leqslant 50.8$	0.07	0.08	$203.2 < d_o \leqslant 254$	$0.13 + 0.0005(d_o - 203.2)$	$0.001d_o$
$50.8 < d_o \leqslant 101.6$	0.10	0.10	$d_o > 254$	$0.13 + 0.0005(d_o - 203.2)$	$0.25 + 0.0005(d_o - 254)$

表 8-1-72　梯形齿同步带轮的平行度

（摘自 GB/T 11361—2018）　　/mm

轮宽基本尺寸	公差
3.2～38.1	0.03
50.8～76.2	0.04
101.6～127	0.05

1.4.2.2　米制节距梯形齿同步带轮

米制节距梯形齿同步带轮的轮槽尺寸及极限偏差见表 8-1-73，带轮的直径见表 8-1-74，带轮的轮宽见表 8-1-75，带轮外径极限公差见表 8-1-76，带轮的挡圈尺寸见表 8-1-77，带轮的节距偏差见表 8-1-78，带轮的公差见表 8-1-79。

表 8-1-73　米制节距梯形齿同步轮槽尺寸及极限偏差（摘自 GB/T 28775—2012）　/mm

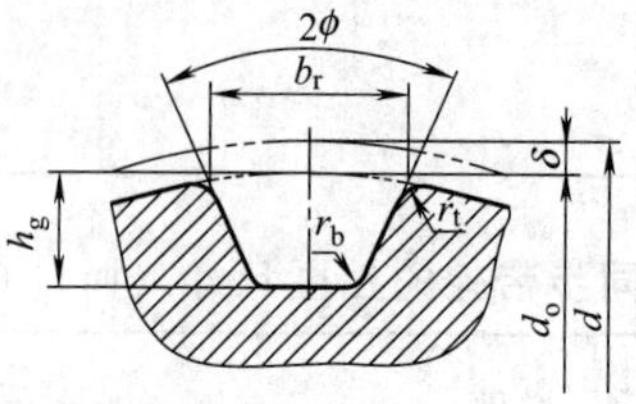

型号	齿槽顶宽 b_r		齿槽深 h_g①		齿槽角	齿根圆角	齿顶圆角	两倍节顶
	SE 型	N 型	SE 型	N 型	$2\phi\pm3°$	半径 r_b	半径 r_t	距 2δ
T2.5	$1.75^{+0.05}_{0}$	$1.83^{+0.05}_{0}$	$0.75^{+0.05}_{0}$	1.00	50°	≤0.2	$0.3^{+0.05}_{0}$	0.6
T5	$2.96^{+0.05}_{0}$	$3.32^{+0.05}_{0}$	$1.25^{+0.05}_{0}$	1.95	50°	≤0.4	$0.6^{+0.05}_{0}$	1.0
T10	$6.02^{+0.10}_{0}$	$6.57^{+0.10}_{0}$	$2.60^{+0.10}_{0}$	3.40	50°	≤0.6	$0.8^{+0.10}_{0}$	2.0
T20	$11.65^{+0.15}_{0}$	$12.60^{+0.15}_{0}$	$5.20^{+0.13}_{0}$	6.00	50°	≤0.8	$1.2^{+0.10}_{0}$	3.0

① 对 N 型为最小值。

表 8-1-74　米制节距梯形齿同步带轮的直径（摘自 GB/T 28775—2012）　/mm

齿数	型号							
	T2.5		T5		T10		T20	
	节径 d	外径 d_o	节径 d	外径 d_o	节径 d	外径 d_o	节径 d	外径 d_o
10	8.05	7.45	16.05	15.05	—	—	—	—
11	8.85	8.25	17.65	16.65	—	—	—	—
12	9.60	9.00	19.25	18.25	38.35	36.35	—	—
13	10.40	9.80	20.85	19.85	41.55	39.55	—	—
14	11.20	10.60	22.45	21.45	44.70	42.70	—	—
15	12.00	11.40	24.05	23.05	47.90	45.90	95.65	92.65
16	12.80	12.20	25.60	24.60	51.10	49.10	102.00	99.00
17	13.60	13.00	27.20	26.20	54.25	52.25	108.35	105.35
18	14.40	13.80	28.80	27.80	57.45	55.45	114.75	111.75
19	15.20	14.60	30.40	29.40	60.65	58.65	121.10	118.10
20	16.00	15.40	32.00	31.00	63.80	61.80	127.45	124.45
22	17.60	17.00	35.25	34.15	70.20	68.20	140.20	137.20
25	19.95	19.35	39.95	38.95	79.75	77.75	159.30	156.30
28	22.35	21.75	44.75	43.75	89.25	87.25	178.40	175.40
32	25.55	24.95	51.10	50.10	102.00	100.00	203.85	200.85
36	28.75	28.15	57.45	56.45	114.75	112.75	229.35	226.35

续表

齿数	型号							
	T2.5		T5		T10		T20	
	节径 d	外径 d_o	节径 d	外径 d_o	节径 d	外径 d_o	节径 d	外径 d_o
40	31.90	31.30	63.85	62.85	127.45	125.45	254.80	251.80
48	38.30	37.70	76.55	75.55	152.95	150.95	305.70	302.70
60	47.85	47.25	95.65	94.65	191.15	189.15	382.10	379.10
72	57.40	56.80	114.75	113.75	229.30	227.30	458.50	455.50
84	66.95	66.35	133.90	132.90	267.50	265.50	534.90	531.90
96	76.50	75.90	153.00	152.00	305.70	303.70	611.30	608.30

表 8-1-75　米制节距梯形齿同步带轮的轮宽

（摘自 GB/T 28775—2012）　　/mm

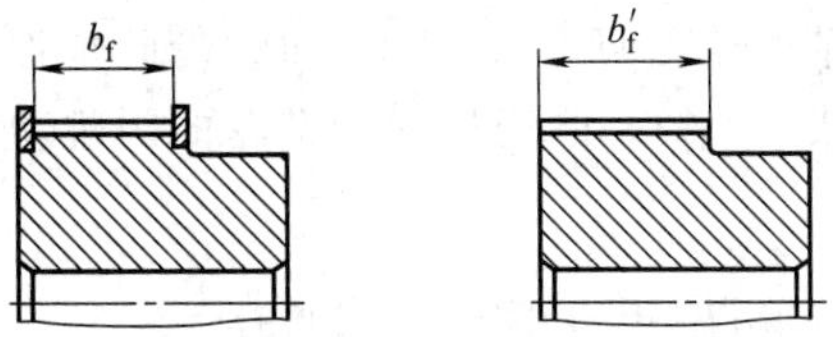

(a) 有挡圈带轮　　(b) 无挡圈带轮

型号	轮宽基本尺寸	最小轮宽	
		有挡圈 b_f	无挡圈 b'_f
T2.5	4	5.5	8
	6	7.5	10
	10	11.5	14
T5	6	7.5	10
	10	11.5	14
	16	17.5	20
	25	26.5	29
T10	16	18	21
	25	27	30
	32	34	37
	50	52	55
T20	32	34	38
	50	52	56
	75	77	81
	100	102	106

表 8-1-76　米制节距梯形齿同步带轮外径极限公差

（摘自 GB/T 28775—2012）　　/mm

外径 d_o	极限偏差
$d_o \leqslant 50$	${}^{0}_{-0.05}$
$50 < d_o \leqslant 175$	${}^{0}_{-0.08}$
$175 < d_o \leqslant 500$	${}^{0}_{-0.10}$
$d_o > 500$	${}^{0}_{-0.15}$

表 8-1-77　米制节距梯形齿同步带轮的挡圈尺寸

（摘自 GB/T 28775—2012）　　/mm

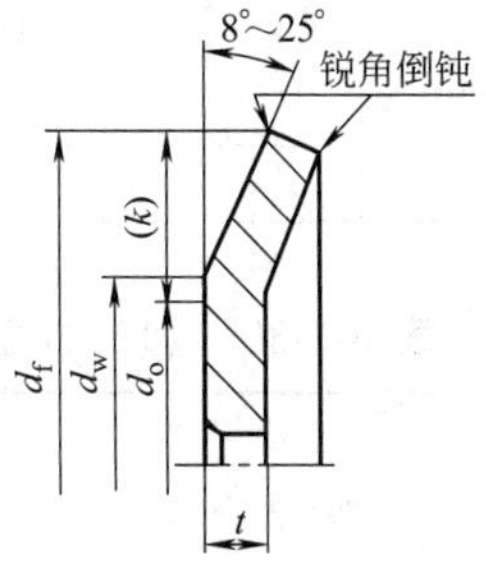

说明：

d_o——带轮外径，mm

d_w——挡圈弯曲处直径，mm，$d_w=(d_o+0.38)\pm0.25$；

d_f——挡圈外径，mm，$d_f=d_o+2k$

型号	挡圈最小高度 k	挡圈最小厚度 t
T2.5	0.8	0.5
T5	1.2	1.0
T10	2.2	1.5
T20	3.2	4.0

表 8-1-78　米制节距梯形齿同步带轮的节距偏差

（摘自 GB/T 28775—2012）　　/mm

外径 d_o	节距偏差	
	任意两相邻齿	90°弧内累积
$d_o \leqslant 25$	±0.03	±0.05
$25 < d_o \leqslant 50$		±0.08
$50 < d_o \leqslant 100$		±0.10
$100 < d_o \leqslant 175$		±0.13
$175 < d_o$		±0.15

表 8-1-79 米制节距梯形齿同步带轮的公差

（摘自 GB/T 28775—2012） /mm

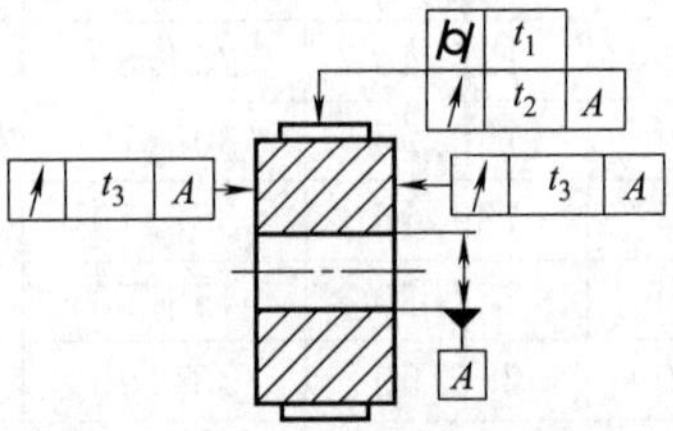

外径 d_o	径向圆跳动公差 t_2
$d_o \leqslant 200$	0.08
$d_o > 200$	$0.08+0.0005(d_o-200)$
外径 d_o	端面圆跳动公差 t_3
$d_o \leqslant 100$	0.10
$100 < d_o \leqslant 250$	$0.001d_o$
$d_o > 250$	$0.25+0.0005(d_o-250)$

带轮外径的圆柱度公差 $t_1 \leqslant 0.001b$mm。

齿槽应与轮孔的轴线平行。其平行度不大于 $0.001b$mm。

b 为轮宽，b_f、b_f'的总称。

1.4.2.3 曲线齿同步带轮

加工 H 型带轮齿条刀具尺寸和极限偏差见表 8-1-80，H 型带轮齿槽尺寸见表 8-1-81，H 型带轮直径见表 8-1-82，H 型（包括 R 型、S 型）带轮宽度见表 8-1-83，加工 R 型带轮齿廓齿条刀具尺寸和极限偏差见表 8-1-84，R 型带轮齿槽尺寸见表 8-1-85，R 型带轮直径见表 8-1-86，加工 S 型带轮齿廓齿条刀具尺寸和极限偏差见表 8-1-87，S 型带轮齿槽尺寸和极限偏差见表 8-1-88，S 型带轮宽度见表 8-1-89，各型号曲线齿同步带节线长和极限偏差见表 8-1-90，带轮挡圈尺寸见表 8-1-91，曲线齿同步带轮的节距偏差见表 8-1-92，曲线齿同步带轮外径极限公差见表 8-1-93，曲线齿同步带轮的圆跳动公差见表 8-1-94。

表 8-1-80 加工 H 型带轮齿条刀具尺寸和极限偏差（摘自 GB/T 24619—2009） /mm

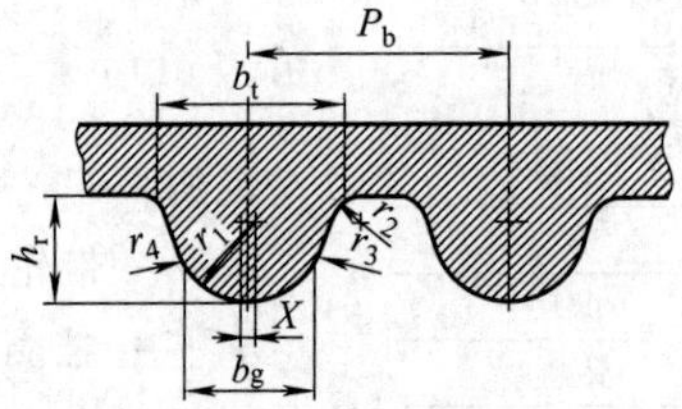

齿型	H8M			H14M		
齿数	22～27	28～89	90～200	28～36	37～89	90～216
P_b ±0.012	8	8	8	14	14	14
h_r ±0.015	3.29	3.61	3.63	6.32	6.20	6.35
b_g	3.48	4.16	4.24	7.11	7.73	8.11
b_t	6.04	6.05	5.69	11.14	10.79	10.26
r_1 ±0.012	2.55	2.77	2.64	4.72	4.66	4.62
r_2 ±0.012	1.14	1.07	0.94	1.88	1.83	1.91
r_3 ±0.012	0	12.90	0	20.83	15.75	20.12
r_4 ±0.012	0	0.73	0	1.14	1.14	0.25
X	0	0.25	0	0	0	0

表 8-1-81　H 型带轮齿槽尺寸（摘自 GB/T 24619—2009）

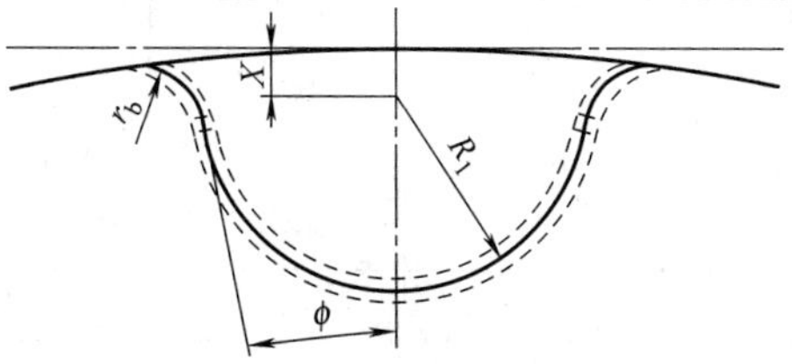

齿型	齿数 Z		R_1/mm	r_b/mm	X/mm	ϕ/(°)
H8M	22～27	标准值	2.675	0.874	0.620	11.3
		最大值	2.764	1.052		
		最小值	2.598	0.798		
	28～89	标准值	2.629	1.024	0.975	7
		最大值	2.718	1.201		
		最小值	2.553	0.947		
	90～200	标准值	2.639	1.008	0.991	6.6
		最大值	2.728	1.186		
		最小值	2.563	0.932		
H14M	28～32	标准值	4.859	1.544	1.468	7.1
		最大值	4.948	1.722		
		最小值	4.783	1.468		
	33～36	标准值	4.834	1.613	1.494	5.2
		最大值	4.923	1.791		
		最小值	4.757	1.537		
	37～57	标准值	4.737	1.654	1.461	9.3
		最大值	4.826	1.831		
		最小值	4.661	1.577		
	58～89	标准值	4.669	1.902	1.529	8.9
		最大值	4.757	2.080		
		最小值	4.592	1.826		
	90～153	标准值	4.636	1.704	1.692	6.9
		最大值	4.724	1.882		
		最小值	4.559	1.628		
	154～216	标准值	4.597	1.770	1.730	8.6
		最大值	4.686	1.948		
		最小值	4.521	1.694		

表 8-1-82　H 型带轮直径（摘自 GB/T 24619—2009）　/mm

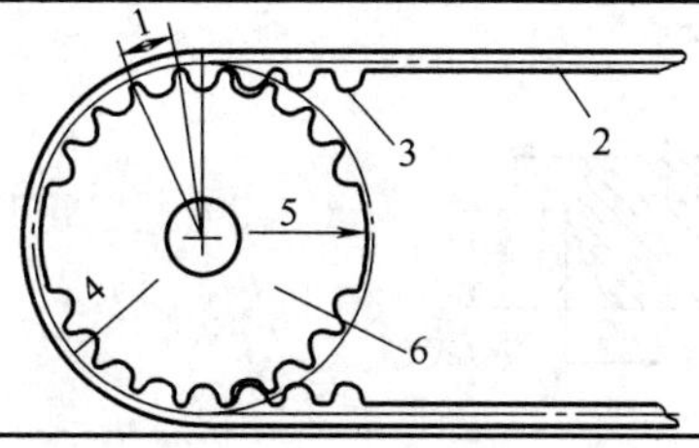

1—节距；2—同步带节线；3—带齿；
4—节圆直径；5—外径；6—带轮

第 8 篇

续表

齿数	带轮槽型				齿数	带轮槽型			
	H8M		H14M			H8M		H14M	
	节径 d	外径 d_o	节径 d	外径 d_o		节径 d	外径 d_o	节径 d	外径 d_o
22	56.02①	54.65	—	—	52	—	—	231.73	228.94
24	61.12①	59.74	—	—	56	142.60	141.23	249.55	246.76
26	66.21①	64.84	—	—	60	—		267.38	264.59
28	71.30①	70.08	124.78①	122.12	64	162.97	161.60	285.21	282.41
29			129.23①	126.57	68	—	—	303.03	300.24
30	76.39①	75.13	133.69①	130.99	72	183.35	181.97	320.86	318.06
32	81.49	80.11	142.60①	139.88	80	203.72	202.35	356.51	353.71
34	86.58	85.21	151.52①	148.79	90	229.18	227.81	401.07	398.28
36	91.67	90.30	160.43	157.68	112	285.21①	283.83	499.11	496.32
38	96.77	95.39	169.34	166.60	144	366.69①	365.32	641.71	638.92
40	101.86	100.49	178.25	175.49	168	—	—	748.66①	745.87
44	112.05	110.67	196.08	193.28	192	488.92①	487.55	855.62①	852.82
48	122.23	120.86	213.90	211.11	216	—	—	962.57①	959.78

① 通常不是适用所有宽度。

表 8-1-83　H 型（包括 R 型、S 型）带轮宽度（摘自 GB/T 24619—2009）　/mm

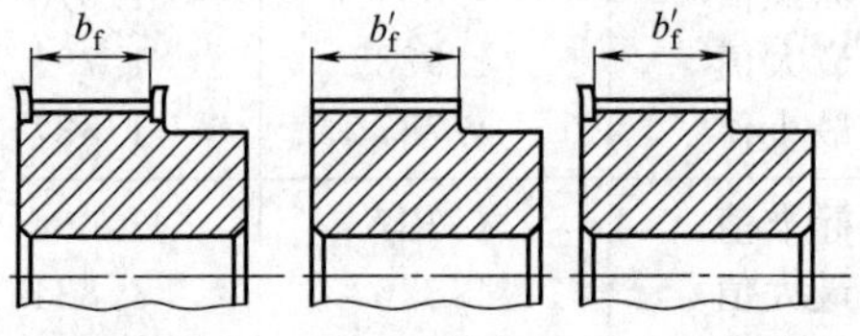

(a) 双边挡圈　(b) 无挡圈　(c) 单边挡圈

带轮槽型	带轮标准宽度	最小宽度		带轮槽型	带轮标准宽度	最小宽度	
		双边挡圈 b_f	无或单边挡圈 b'_f			双边挡圈 b_f	无或单边挡圈 b'_f
H8M R8M	20	22	30	H14M R14M	40	42	55
	30	32	40		55	58	70
	50	53	60		80	89	101
	85	89	96		115	120	131
					170	175	186

表 8-1-84　加工 R 型带轮齿廓齿条刀具尺寸和极限偏差（摘自 GB/T 24619—2009）　/mm

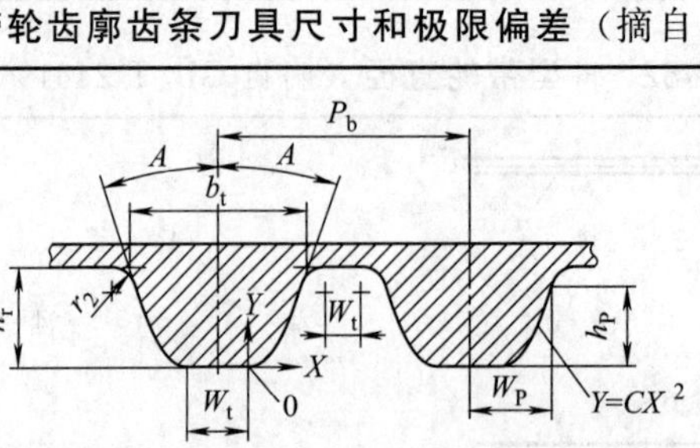

续表

齿型	齿数 Z	带齿节距 $P_b \pm 0.012$	齿形角 A $\pm 0.5°$	b_t	h_P[①]	h_r	W_P[①]	W_t[①]	$W_t \pm 0.025$	$r_2 \pm 0.025$	C
R8M	22～27	7.780	18.00	5.900 ±0.025	2.83	$3.45^{+0}_{-0.05}$	2.75	0.58	1.820	0.900	0.8373
	≥28	7.890	18.00	5.900 ±0.025	2.79	$3.45^{+0.00}_{-0.05}$	2.74	0.61	1.840	0.950	0.8477
R14M	≥28	13.800	18.00	$10.45^{+0.05}_{-0.00}$	4.93	$6.04^{+0.05}_{-0.00}$	4.87	1.02	3.320	1.600	0.4799

① 为参考值。

表 8-1-85　R 型带轮齿槽尺寸（摘自 GB/T 24619—2009）　/mm

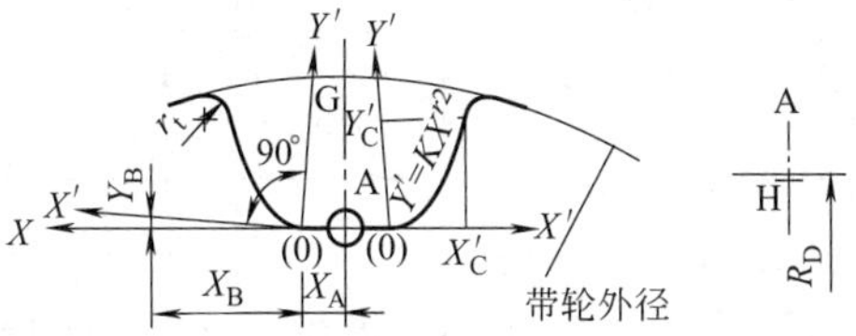

齿型	齿数	GH	X_A	X_B	Y_B	X_C'	Y_C'	K	r_t ±0.15	R_D
R8M	22～27	3.47	1.00	4.00	0.11	1.75	2.61	0.84767	0.83	22.00
	≥28	3.47	0.92	4.00	0.00	1.75	2.61	0.84767	0.95	22.00
R14M	≥28	6.04	1.64	4.00	0.00	3.21	4.93	0.4799	1.60	32.00

表 8-1-86　R 型带轮直径（摘自 GB/T 24619—2009）　/mm

齿数 Z	带轮槽型				齿数 Z	带轮槽型			
	R8M		R14M			R8M		R14M	
	节径 d	外径 d_o	节径 d	外径 d_o		节径 d	外径 d_o	节径 d	外径 d_o
22	56.02[①]	54.65	—	—	52	—	—	231.73	228.94
24	61.12[①]	59.74	—	—	56	142.60	141.23	249.55	246.76
26	66.21[①]	64.84	—	—	60	—	—	267.38	264.59
28	71.30[①]	69.93	124.78[①]	121.98	64	162.97	161.60	285.21	282.41
29	—	—	129.23[①]	126.44	68	—	—	303.03	300.24
30	76.39[①]	75.02	133.69[①]	130.90	72	183.35	181.97	320.86	318.06
32	81.49	80.12	142.60[①]	139.81	80	203.72	202.35	356.51	353.71
34	86.58	85.21	151.52[①]	148.72	90	229.18	277.81	401.07	398.28
36	91.67	90.30	160.43	157.63	112	285.21[①]	283.83	499.11	496.32
38	96.77	95.39	169.34	166.55	144	366.69[①]	365.32	641.71	638.92
40	101.86	100.49	178.25	175.46	168	—	—	748.66[①]	745.87
44	112.05	110.67	196.08	193.28	192	488.92[①]	487.55	855.62[①]	852.82
48	122.23	120.86	213.90	211.11	216	—	—	962.57[①]	959.78

① 通常不是适用所有宽度。

表 8-1-87　加工 S 型带轮齿廓齿条刀具尺寸和极限偏差（摘自 GB/T 24619—2009）　/mm

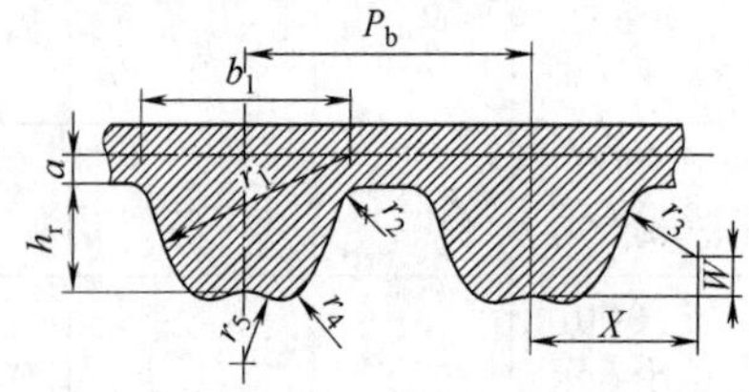

齿型	齿数	$P_b\pm0.012$	$h_r{}^{-0.05}_{0}$	$b_1{}^{-0.05}_{0}$	$r_1{}^{+0.05}_{0}$	$r_2\pm0.03$	$r_3\pm0.03$	$r_4\pm0.03$	$r_5\pm0.10$	X	W	a
S8M	≥22	8	2.83	5.2	5.3	0.75	2.71	0.4	4.04	5.05	1.13	0.686
S14M	≥28	14	4.95	9.1	9.28	1.31	4.8	0.7	7.07	8.84	1.98	1.397
S8M（可选刀具）	22～26	7.611	2.83	4.22	4.74	0.8	—	0.27	5.68	—	—	0.256
	27～33	7.689					—	0.29	5.28	—	—	0.279
	34～46	7.767					—	0.32	4.92	—	—	0.299
	47～74	7.844					—	0.35	4.59	—	—	0.321
	75～216	7.928					—	0.38	4.28	—	—	0.342
S14M（可选刀具）	28～34	13.441	4.95	7.50	8.38	1.36	—	0.52	9.17	—	—	0.784
	35～47	13.577					—	0.56	8.57	—	—	0.819
	48～75	13.716					—	0.61	8.03	—	—	0.856
	76～216	13.876					—	0.66	7.46	—	—	0.896

注：标准刀具和可选刀具所加工出的带轮都在可接受的公差范围内，但是可选刀具所加工出的带轮更加接近于理想带轮形状。

表 8-1-88　S 型带轮齿槽尺寸和极限偏差（摘自 GB/T 24619—2009）　/mm

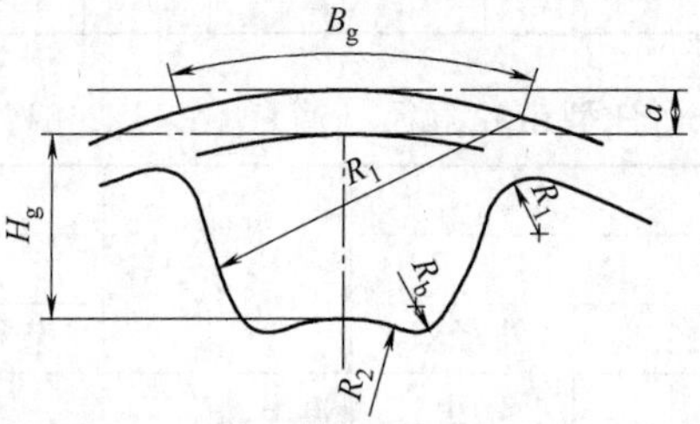

齿型	齿数	$B_g{}^{+0.10}_{-0.00}$	$H_g\pm0.03$	$R_2\pm0.1$	$R_b\pm0.1$	$R_1{}^{+0.10}_{-0.00}$	a	$R_1{}^{+0.10}_{-0.00}$
S8M	≥22	5.20	2.83	4.04	0.40	0.75	0.686	5.30
S14M	≥28	9.10	4.95	7.07	0.70	1.31	1.397	9.28

表 8-1-89　S 型带轮宽度（摘自 GB/T 24619—2009）　/mm

带轮槽型	带轮标准宽度	最小宽度		带轮槽型	带轮标准宽度	最小宽度	
		双边挡圈 b_f	无或单边挡圈 b_f'			双边挡圈 b_f	无或单边挡圈 b_f'
S8M	15	16.3	25	S14M	40	41.8	55
	25	26.6	35		60	62.9	76
	40	42.1	50		80	83.4	96
	60	62.7	70		100	103.8	116
					120	124.3	136

注：如果传动中带轮的找正可控制时，无挡圈带轮的宽度可适当减小，但不能小于双边挡圈带轮的最小宽度。

表 8-1-90　各型号曲线齿同步带节线长和极限偏差（摘自 GB/T 24619—2009）　/mm

长度代号	节线长	节线长极限偏差				齿数	
		8M	14M	D8M	D14M	8M	14M
480	480	±0.51	—	+1.02/−0.76		60	
560	560	±0.61		+1.22/−0.91	—	70	—
640	640	±0.61		+1.22/−0.91	—	80	—
720	720	±0.61		+1.22/−0.91	—	90	—
800	800	±0.66	—	+1.32/−0.99	—	100	—
880	880	±0.66		+1.32/−0.99	—	110	—
960	960	±0.66		+1.32/−0.99	—	120	—
966	966	—	±0.66		+1.32/−0.99	—	69
1040	1040	±0.76	—	+1.52/−1.14		130	
1120	1120	±0.76	—	+1.52/−1.14	—	140	—
1190	1190	—	±0.76	—	+1.52/−1.14	—	85
1200	1200	±0.76		+1.52/−1.14		150	—
1280	1280	±0.81	—	+1.62/−1.21	—	160	—
1400	1400	—	±0.81	—	+1.62/−1.21	—	100
1440	1440	±0.81	—	+1.62/−1.21	—	180	—
1600	1600	±0.86	—	+1.73/−1.29		200	—
1610	1610	—	±0.86	—	+1.73/−1.29	—	115
1760	1760	±0.86	—	+1.73/−1.29		220	—
1778	1778	—	±0.91	—	+1.82/−1.36	—	127
1800	1800	±0.91		+1.82/−1.36	—	225	—
1890	1890	—	±0.91	—	+1.82/−1.36	—	135
2000	2000	±0.91	—	+1.82/−1.36	—	250	—
2100	2100	—	±0.97	—	+1.94/−1.45	—	150
2310	2310	—	±1.02	—	+2.04/−1.53	—	165
2400	2400	±1.02	—	+2.04/−1.53	—	300	—
2450	2450	—	±1.02	—	+2.04/−1.53	—	175
2590	2590	—	±1.07	—	+2.14/−1.60	—	185
2600	2600	±1.07	—	+2.14/−1.60	—	325	—
2800	2800	±1.12	±1.12	+2.24/−1.68	+2.24/−1.68	350	200
3150	3150	—	±1.17	—	+2.34/−1.75		225
3360	3360		±1.22	—	+2.44/−1.83	—	240
3500	3500	—	±1.22	—	+2.44/−1.83		250
3600	3600	±1.28	—	+2.56/−1.92		450	
3850	3850	—	±1.32	—	+2.64/−1.98		275
4326	4326	—	±1.42	—	+2.84/−2.13		309
4400	4400	±1.42	—	+2.84/−2.13		550	
4578	4578	—	±1.46	—	+2.92/−2.19	—	327
4956	4956	—	±1.52	—	+3.04/−2.28	—	354
5320	5320	—	±1.58	—	+3.16/−2.37	—	380
5740	5740	—	±1.70	—	+3.40/−2.55	—	410
6160	6160	—	±1.82	—	+3.64/−2.73	—	440
6860	6860	—	±2.00	—	+4.00/−3.00	—	490

表 8-1-91 带轮挡圈尺寸（摘自 JB/T 7512.2—2014） /mm

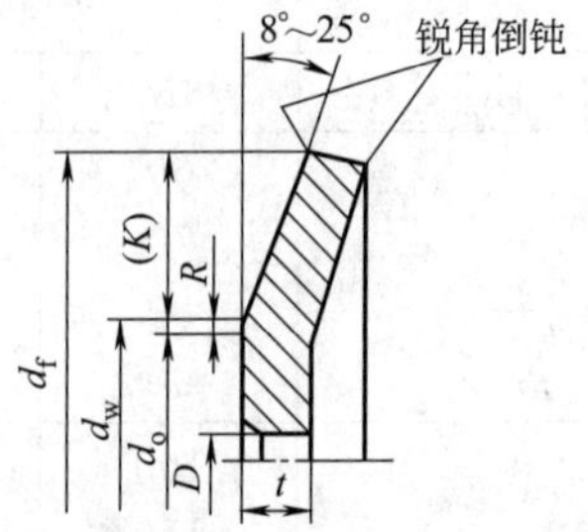

d_o——带轮外径，mm

d_w——挡圈弯曲处直径，mm，$d_w=d_o+2R$

d_f——挡圈外径，mm，$d_f=d_w+2K$

D——挡圈与带轮配合孔直径，mm

槽型	H3M	H5M	H8M	H14M	H20M
挡圈最小高度 K	2.0～2.5	2.5～3.5	4.0～5.5	7.0～7.5	8.0～8.5
$R=(d_w-d_o)/2$	1	1.5	2	2.5	3
挡圈厚度 t	1.5～2.0	1.5～2.0	1.5～2.5	2.5～3.0	3.0～3.5

表 8-1-92 曲线齿同步带轮的节距偏差

（摘自 GB/T 24619—2009） /mm

外径 d_o	节距偏差	
	任意两相邻齿间	90°弧内累积①
$50.8<d_o\leqslant101.6$	±0.03	±0.10
$101.6<d_o\leqslant177.8$		±0.13
$177.8<d_o\leqslant304.8$		±0.15
$304.8<d_o\leqslant508$		±0.18
$d_o>508$		±0.20

① 包括大于 90°弧所取最小整数齿。

表 8-1-93 曲线齿同步带轮外径极限公差

（摘自 GB/T 24619—2009） /mm

带轮外径 d_o	极限偏差
$50.8<d_o\leqslant101.6$	$^{+0.10}_{0}$
$101.6<d_o\leqslant177.8$	$^{+0.13}_{0}$
$177.8<d_o\leqslant304.8$	$^{+0.15}_{0}$
$304.8<d_o\leqslant508$	$^{+0.18}_{0}$
$508<d_o\leqslant762$	$^{+0.20}_{0}$
$762<d_o\leqslant1016$	$^{+0.23}_{0}$
$d_o>1016$	$^{+0.25}_{0}$

表 8-1-94 曲线齿同步带轮的圆跳动公差

（摘自 GB/T 24619—2009） /mm

外径 d_o	最大跳动量
端面圆跳动	
$d_o\leqslant101.6$	0.10
$101.6<d_o\leqslant254$	$0.001d_o$
$d_o>254$	$0.25+0.0005(d_o-254)$
径向圆跳动	
$d_o\leqslant203.2$	0.13
$d_o>203.2$	$0.13+0.0005(d_o-203.2)$

带轮外径的圆柱度公差 $t_1\leqslant0.001b$mm。

齿槽应与轮孔的轴线平行。其平行度不大于 $0.001b$mm。

b 为轮宽，b_f、b_f'的总称。

1.4.2.4 圆弧齿同步带轮

圆弧齿同步带轮的轮槽尺寸及极限偏差见表 8-1-95，带轮的节距允许偏差见表 8-1-96，带轮的轮宽尺寸见表 8-1-97，带轮的直径见表 8-1-98，带轮外径极限偏差见表 8-1-99，带轮最小许用齿数见表 8-1-100，带轮的挡圈尺寸见表 8-1-101，带轮的圆柱度公差见表 8-1-102，带轮圆跳动公差见表 8-1-103，带轮的平行度见表 8-1-104。

1.4.3 同步带传动的设计计算

已知条件：传递的功率；小带轮、大带轮转速；传动用途、载荷性质、原动机种类及工作制度。

1.4.3.1 梯形齿同步带传动的设计计算

设计内容和步骤见表 8-1-105。

表 8-1-95　圆弧齿同步轮槽尺寸及极限偏差（摘自 JB/T 7512.2—2014）　/mm

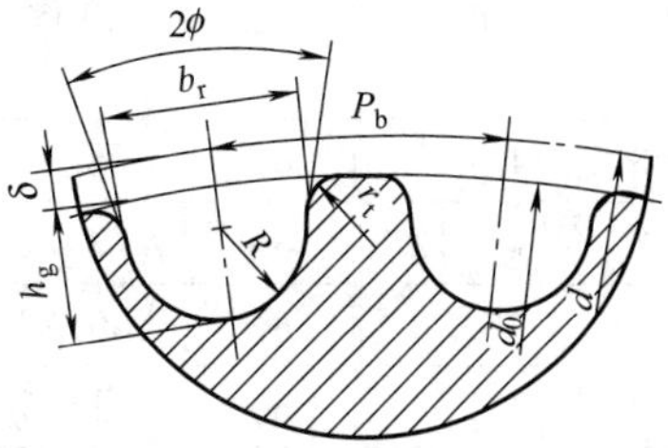

型号	节距 P_b	齿槽深 h_g	底圆半径 R	齿顶圆角半径 r_t	齿槽顶宽 b_f	两倍节顶距 2δ	齿槽角 2ϕ ≈
3M	3±0.03	1.28±0.05	0.91±0.05	0.26～0.35	1.90±0.05	0.762	14°
5M	5±0.03	2.16±0.05	1.56±0.05	0.48～0.52	3.25±0.05	1.144	14°
8M	8±0.04	3.54±0.05	2.57±0.05	0.78～0.84	5.35±0.10	1.372	14°
14M	14±0.04	6.20±0.07	4.65±0.08	1.36～1.50	9.80±0.13	2.794	14°
20M	20±0.05	8.60±0.09	6.84±0.13	1.95～2.25	14.80±0.18	4.320	14°

表 8-1-96　圆弧齿同步带轮的节距允许偏差（摘自 JB/T 7512.2—2014）　/mm

带轮外径 d_o	节距允许偏差		带轮外径 d_o	节距允许偏差	
	任意两相邻齿	90°弧内累积		任意两相邻齿	90°弧内累积
$d_o≤25.40$	0.03	0.05	$177.80<d_o≤304.80$	0.03	0.15
$25.40<d_o≤50.80$		0.08	$304.80<d_o≤508.00$		0.18
$50.80<d_o≤101.60$		0.10	$d_o>508.00$		0.20
$101.60<d_o≤177.80$		0.13			

表 8-1-97　圆弧齿同步带轮的轮宽尺寸（摘自 JB/T 7512.2—2014）　/mm

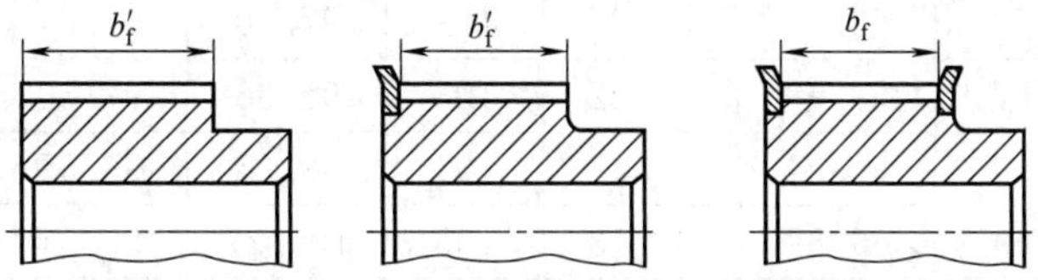

(a) 无挡圈带轮　(b) 单边挡圈带轮　(c) 双边挡圈带轮

型号	带轮基本宽度	最小允许实际轮宽		型号	带轮基本宽度	最小允许实际轮宽	
		双边挡圈 b_f	无挡圈或单边挡圈 b'_f			双边挡圈 b_f	无挡圈或单边挡圈 b'_f
3M	6	8	11	14M	40	42	55
	9	11	14		55	58	70
	15	17	20		85	89	101
5M	9	11	15		115	120	131
	15	17	21		170	175	186
	25	27	31	20M	115	120	134
8M	20	22	30		170	175	189
	30	32	40		230	235	251
	50	53	60		290	300	311
	85	89	96		340	350	361

第8篇

表 8-1-98（a） 圆弧齿同步带 3M 带轮直径（摘自 JB/T 7512.2—2014） /mm

齿数	节径 d	外径 d_o	齿数	节径 d	外径 d_o	齿数	节径 d	外径 d_o	齿数	节径 d	外径 d_o
10	9.55	8.79	46	43.93	43.17	82	78.30	77.54	118	112.68	111.92
11	10.50	9.74	47	44.88	44.12	83	79.26	78.50	119	113.64	112.88
12	11.46	10.70	48	45.84	45.08	84	80.21	79.45	120	114.59	113.83
13	12.41	11.65	49	46.79	46.03	85	81.17	80.41	121	115.55	114.79
14	13.37	12.61	50	47.75	46.99	86	82.12	81.36	122	116.50	115.74
15	14.32	13.56	51	48.70	47.94	87	83.08	82.32	123	117.46	116.70
16	15.28	14.52	52	49.66	48.90	88	84.03	83.27	124	118.41	117.65
17	16.23	15.47	53	50.61	49.85	89	84.99	84.23	125	119.37	118.61
18	17.19	16.43	54	51.57	50.81	90	85.94	85.18	126	120.32	119.56
19	18.14	17.38	55	52.52	51.76	91	86.90	86.14	127	121.28	120.52
20	19.10	18.34	56	53.48	52.72	92	87.85	87.09	128	122.23	121.47
21	20.05	19.29	57	54.43	53.67	93	88.81	88.05	129	123.19	122.43
22	21.01	20.25	58	55.39	54.63	94	89.76	89.00	130	124.14	123.38
23	21.96	21.20	59	56.34	55.58	95	90.72	89.96	131	125.10	124.34
24	22.92	22.16	60	57.30	56.54	96	91.67	90.91	132	126.05	125.29
25	23.87	23.11	61	58.25	57.49	97	92.63	91.87	133	127.01	126.25
26	24.83	24.07	62	59.21	58.45	98	93.58	92.82	134	127.96	127.20
27	25.78	25.02	63	60.16	59.40	99	94.54	93.78	135	128.92	128.16
28	26.74	25.98	64	61.12	60.36	100	95.49	94.73	136	129.87	129.11
29	27.69	26.93	65	62.07	61.31	101	96.45	95.69	137	130.83	130.07
30	28.65	27.89	66	63.03	62.27	102	97.40	96.64	138	131.78	131.02
31	29.60	28.84	67	63.98	63.22	103	98.36	97.60	139	132.73	131.97
32	30.56	29.80	68	64.94	64.18	104	99.31	98.55	140	133.69	132.93
33	31.51	30.75	69	65.89	65.13	105	100.27	99.51	141	134.64	133.88
34	32.47	31.71	70	66.84	66.08	106	101.22	100.46	142	135.60	134.84
35	33.42	32.66	71	67.80	67.04	107	102.18	101.42	143	136.55	135.79
36	34.38	33.62	72	68.75	67.99	108	103.13	102.37	144	137.51	136.75
37	35.33	34.57	73	69.71	68.95	109	104.09	103.33	145	138.46	137.70
38	36.29	35.53	74	70.66	69.90	110	105.04	104.28	146	139.42	138.66
39	37.24	36.48	75	71.62	70.86	111	106.00	105.24	147	140.37	139.61
40	38.20	37.44	76	72.57	71.81	112	106.95	106.19	148	141.33	140.57
41	39.15	38.39	77	73.53	72.77	113	107.91	107.15	149	142.28	141.52
42	40.11	39.35	78	74.48	73.72	114	108.86	108.10	150	143.24	142.48
43	41.06	40.30	79	75.44	74.68	115	109.82	109.06			
44	42.02	41.26	80	76.39	75.63	116	110.77	110.01			
45	42.97	42.21	81	77.35	76.59	117	111.73	110.97			

表 8-1-98（b） 圆弧齿同步带 5M 带轮直径（摘自 JB/T 7512.2—2014） /mm

齿数	节径 d	外径 d_o	齿数	节径 d	外径 d_o	齿数	节径 d	外径 d_o	齿数	节径 d	外径 d_o
14	22.28	21.14	51	81.17	80.03	88	140.06	138.92	125	198.94	197.80
15	23.87	22.73	52	82.76	81.62	89	141.65	140.51	126	200.53	199.39
16	25.46	24.32	53	84.35	83.21	90	143.24	142.10	127	202.13	200.99
17	27.06	25.92	54	85.94	84.80	91	144.83	143.69	128	203.72	202.58
18	28.65	27.51	55	87.54	86.40	92	146.42	145.28	129	205.31	204.17
19	30.24	29.10	56	89.13	87.99	93	148.01	146.87	130	206.90	205.76
20	31.83	30.69	57	90.72	89.58	94	149.61	148.47	131	208.49	207.35
21	33.42	32.28	58	92.31	91.17	95	151.20	150.06	132	210.08	208.94
22	35.01	33.87	59	93.90	92.76	96	152.79	151.65	133	211.68	210.54
23	36.61	35.47	60	95.49	94.35	97	154.38	153.24	134	213.27	212.13
24	38.20	37.06	61	97.08	95.94	98	155.97	154.83	135	214.86	213.72
25	39.79	38.65	62	98.68	97.54	99	157.56	156.42	136	216.45	215.31
26	41.38	40.24	63	100.27	99.13	100	159.15	158.01	137	218.04	216.90
27	42.97	41.83	64	101.86	100.72	101	160.75	159.61	138	219.63	218.49
28	44.56	43.42	65	103.45	102.31	102	162.34	161.20	139	221.22	220.08
29	46.15	45.01	66	105.04	103.90	103	163.93	162.79	140	222.82	221.68
30	47.75	46.61	67	106.63	105.49	104	165.52	164.38	141	224.41	223.27
31	49.34	48.20	68	108.23	107.09	105	167.11	165.97	142	226.00	224.86
32	50.93	49.79	69	109.82	108.68	106	168.70	167.56	143	227.59	226.45
33	52.52	51.38	70	111.41	110.27	107	170.30	169.16	144	229.18	228.04
34	54.11	52.97	71	113.00	111.86	108	171.89	170.75	145	230.77	229.63
35	55.70	54.56	72	114.59	113.45	109	173.48	172.34	146	232.37	231.23
36	57.30	56.16	73	116.18	115.04	110	175.07	173.93	147	233.96	232.82
37	58.89	57.75	74	117.77	116.63	111	176.66	175.52	148	235.55	234.41
38	60.48	59.34	75	119.37	118.23	112	178.25	177.11	149	237.14	236.00
39	62.07	60.93	76	120.96	119.82	113	179.84	178.70	150	238.73	237.59
40	63.66	62.52	77	122.55	121.41	114	181.44	180.30	151	240.32	239.18
41	65.25	64.11	78	124.14	123.00	115	183.03	181.89	152	241.91	240.77
42	66.84	65.70	79	125.73	124.59	116	184.62	183.48	153	243.51	242.37
43	68.44	67.30	80	127.32	126.18	117	186.21	185.07	154	245.10	243.96
44	70.03	68.89	81	128.92	127.78	118	187.80	186.66	155	246.69	245.55
45	71.62	70.48	82	130.51	129.37	119	189.39	188.25	156	248.28	247.14
46	73.21	72.07	83	132.10	130.96	120	190.99	189.85	157	249.87	248.73
47	74.80	73.66	84	133.69	132.55	121	192.58	191.44	158	251.46	250.32
48	76.39	75.25	85	135.28	134.14	122	194.17	193.03	159	253.06	251.92
49	77.99	76.85	86	136.87	135.73	123	195.76	194.62	160	254.65	253.51
50	79.58	78.44	87	138.46	137.32	124	197.35	196.21			

表 8-1-98（c） 圆弧齿同步带 8M 带轮直径（摘自 JB/T 7512.2—2014） /mm

齿数	节径 d	外径 d_o	齿数	节径 d	外径 d_o	齿数	节径 d	外径 d_o	齿数	节径 d	外径 d_o
22	56.02	54.65	65	165.52	164.15	108	275.02	273.65	151	384.52	383.15
23	58.57	57.20	66	168.07	166.70	109	277.57	276.20	152	387.06	385.69
24	61.12	59.75	67	170.61	169.24	110	280.11	278.74	153	389.61	388.24
25	63.66	62.29	68	173.16	171.79	111	282.66	281.29	154	392.16	390.79
26	66.21	64.84	69	175.71	174.34	112	285.20	283.83	155	394.70	393.33
27	68.75	67.38	70	178.25	176.88	113	287.75	286.38	156	397.25	395.88
28	71.30	69.93	71	180.80	179.43	114	290.30	288.93	157	399.80	398.43
29	73.85	72.48	72	183.35	181.98	115	292.84	291.47	158	402.34	400.97
30	76.39	75.02	73	185.89	184.52	116	295.39	294.02	159	404.89	403.52
31	78.94	77.57	74	188.44	187.07	117	297.94	296.57	160	407.44	406.07
32	81.49	80.12	75	190.99	189.62	118	300.48	299.11	161	409.98	408.61
33	84.03	82.66	76	193.53	192.16	119	303.03	301.66	162	412.53	411.16
34	86.58	85.21	77	196.08	194.71	120	305.58	304.21	163	415.08	413.71
35	89.13	87.76	78	198.62	197.25	121	308.12	306.75	164	417.62	416.25
36	91.67	90.30	79	201.17	199.80	122	310.67	309.30	165	420.17	418.80
37	94.22	92.85	80	203.72	202.35	123	313.22	311.85	166	422.71	421.34
38	96.77	95.40	81	206.26	204.89	124	315.76	314.39	167	425.26	423.89
39	99.31	97.94	82	208.81	207.44	125	318.31	316.94	168	427.81	426.44
40	101.86	100.49	83	211.36	209.99	126	320.86	319.49	169	430.35	428.98
41	104.41	103.04	84	213.90	212.53	127	323.40	322.03	170	432.90	431.53
42	106.95	105.58	85	216.45	215.08	128	325.95	324.58	171	435.45	434.08
43	109.50	108.13	86	219.00	217.63	129	328.50	327.13	172	437.99	436.62
44	112.04	110.67	87	221.54	220.17	130	331.04	329.67	173	440.54	439.17
45	114.59	113.22	88	224.09	222.72	131	333.59	332.22	174	443.09	441.72
46	117.14	115.77	89	226.64	225.27	132	336.13	334.76	175	445.63	444.26
47	119.68	118.31	90	229.18	227.81	133	338.68	337.31	176	448.18	446.81
48	122.23	120.86	91	231.73	230.36	134	341.23	339.86	177	450.73	449.36
49	124.78	123.41	92	234.28	232.91	135	343.77	342.40	178	453.27	451.90
50	127.32	125.95	93	236.82	235.45	136	346.32	344.95	179	455.82	454.45
51	129.87	128.50	94	239.37	238.00	137	348.87	347.50	180	458.37	457.00
52	132.42	131.05	95	241.91	240.54	138	351.41	350.04	181	460.91	459.54
53	134.96	133.59	96	244.46	243.09	139	353.96	352.59	182	463.46	462.09
54	137.51	136.14	97	247.01	245.64	140	356.51	355.14	183	466.00	464.63
55	140.06	138.69	98	249.55	248.18	141	359.05	357.68	184	468.55	467.18
56	142.60	141.23	99	252.10	250.73	142	361.60	360.23	185	471.10	469.73
57	145.15	143.78	100	254.65	253.28	143	364.15	362.78	186	473.64	472.27
58	147.70	146.33	101	257.19	255.82	144	366.69	365.32	187	476.19	474.82
59	150.24	148.87	102	259.74	258.37	145	369.24	367.87	188	478.74	477.37
60	152.79	151.42	103	262.29	260.92	146	371.79	370.42	189	481.28	479.91
61	155.33	153.96	104	264.83	263.46	147	374.33	372.96	190	483.83	482.46
62	157.88	156.51	105	267.38	266.01	148	376.88	375.51	191	486.38	485.01
63	160.43	159.06	106	269.93	268.56	149	379.42	378.05	192	488.92	487.55
64	162.97	161.60	107	272.47	271.10	150	381.97	380.60			

表 8-1-98（d） 圆弧齿同步带 14M 带轮直径（摘自 JB/T 7512.2—2014） /mm

齿数	节径 d	外径 d_o	齿数	节径 d	外径 d_o	齿数	节径 d	外径 d_o	齿数	节径 d	外径 d_o
28	124.78	121.99	64	285.20	282.41	100	445.63	442.84	136	606.06	603.27
29	129.23	126.44	65	289.66	286.87	101	450.09	447.30	137	610.52	607.73
30	133.69	130.90	66	294.12	291.33	102	454.55	451.76	138	614.97	612.18
31	138.15	135.36	67	298.57	295.78	103	459.00	456.21	139	619.43	616.64
32	142.60	139.81	68	303.03	300.24	104	463.46	460.67	140	623.89	621.10
33	147.06	144.27	69	307.49	304.70	105	467.91	465.12	141	628.34	625.55
34	151.52	148.73	70	311.94	309.15	106	472.37	469.58	142	632.80	630.01
35	155.97	153.18	71	316.40	313.61	107	476.83	474.04	143	637.25	634.46
36	160.43	157.64	72	320.86	318.07	108	481.28	478.49	144	641.71	638.92
37	164.88	162.09	73	325.31	322.52	109	485.74	482.95	145	646.17	643.38
38	169.34	166.55	74	329.77	326.98	110	490.20	487.41	146	650.62	647.83
39	173.80	171.01	75	334.22	331.43	111	494.65	491.86	147	655.08	652.29
40	178.25	175.46	76	338.68	335.89	112	499.11	496.32	148	659.54	656.75
41	182.71	179.92	77	343.14	340.35	113	503.57	500.78	149	663.99	661.20
42	187.17	184.38	78	347.59	344.80	114	508.02	505.23	150	668.45	665.66
43	191.62	188.83	79	352.05	349.26	115	512.48	509.69	151	672.91	670.12
44	196.08	193.29	80	356.51	353.72	116	516.93	514.14	152	677.36	674.57
45	200.53	197.74	81	360.96	358.17	117	521.39	518.60	153	681.82	679.03
46	204.99	202.20	82	365.42	362.63	118	525.85	523.06	154	686.27	683.48
47	209.45	206.66	83	369.88	367.09	119	530.30	527.51	155	690.73	687.94
48	213.90	211.11	84	374.33	371.54	120	534.76	531.97	156	695.19	692.40
49	218.36	215.57	85	378.79	376.00	121	539.22	536.43	157	699.64	696.85
50	222.82	220.03	86	383.24	380.45	122	543.67	540.88	158	704.10	701.31
51	227.27	224.48	87	387.70	384.91	123	548.13	545.34	159	708.56	705.77
52	231.73	228.94	88	392.16	389.37	124	552.58	549.79	160	713.01	710.22
53	236.19	233.40	89	396.61	393.82	125	557.04	554.25	161	717.47	714.68
54	240.64	237.85	90	401.07	398.28	126	561.50	558.71	162	721.93	719.14
55	245.10	242.31	91	405.53	402.74	127	565.95	563.16	163	726.38	723.59
56	249.55	246.76	92	409.98	407.19	128	570.41	567.62	164	730.84	728.05
57	254.01	251.22	93	414.44	411.65	129	574.87	572.08	165	735.29	732.50
58	258.47	255.68	94	418.89	416.10	130	579.32	576.53	166	739.75	736.96
59	262.92	260.13	95	423.35	420.56	131	583.78	580.99	167	744.21	741.42
60	267.38	264.59	96	427.81	425.02	132	588.24	585.45	168	748.66	745.87
61	271.84	269.05	97	432.26	429.47	133	592.69	589.90	169	753.12	750.33
62	276.29	273.50	98	436.72	433.93	134	597.15	594.36	170	757.58	754.79
63	280.75	277.96	99	441.18	438.39	135	601.60	598.81	171	762.03	759.24

表 8-1-98（e） 圆弧齿同步带 20M 带轮直径（摘自 JB/T 7512.2—2014） /mm

齿数	节径 d	外径 d_{o}	齿数	节径 d	外径 d_{o}	齿数	节径 d	外径 d_{o}	齿数	节径 d	外径 d_{o}
34	216.45	212.13	69	439.27	434.95	104	662.08	657.76	139	884.90	880.58
35	222.82	218.50	70	445.63	441.31	105	668.45	664.13	140	891.27	886.95
36	229.18	224.86	71	452.00	447.68	106	674.82	670.50	141	897.63	893.31
37	235.55	231.23	72	458.37	454.05	107	681.18	676.86	142	904.00	899.68
38	241.92	237.60	73	464.73	460.41	108	687.55	683.23	143	910.36	906.04
39	248.28	243.96	74	471.10	466.78	109	693.91	689.59	144	916.73	912.41
40	254.65	250.33	75	477.46	473.14	110	700.28	695.96	145	923.10	918.78
41	261.01	256.69	76	483.83	479.51	111	706.65	702.33	146	929.46	925.14
42	267.38	263.06	77	490.20	485.88	112	713.01	708.69	147	935.83	931.51
43	273.75	269.43	78	496.56	492.24	113	719.38	715.06	148	942.20	937.88
44	280.11	275.79	79	502.93	498.61	114	725.74	721.42	149	948.56	944.24
45	286.48	282.16	80	509.29	504.97	115	732.11	727.79	150	954.93	950.61
46	292.84	288.52	81	515.66	511.34	116	738.48	734.16	151	961.29	956.97
47	299.21	294.89	82	522.03	517.71	117	744.84	740.52	152	967.66	963.34
48	305.58	301.26	83	528.39	524.07	118	751.21	746.89	153	974.03	969.71
49	311.94	307.62	84	534.76	530.44	119	757.58	753.26	154	980.39	976.07
50	318.31	313.99	85	541.13	536.81	120	763.94	759.62	155	986.76	982.44
51	324.68	320.36	86	547.49	543.17	121	770.31	765.99	156	993.12	988.80
52	331.04	326.72	87	553.86	549.54	122	776.67	772.35	157	999.49	995.17
53	337.41	333.09	88	560.22	555.90	123	783.04	778.72	158	1005.86	1001.54
54	343.77	339.45	89	566.59	562.27	124	789.41	785.09	159	1012.22	1007.90
55	350.14	345.82	90	572.96	568.64	125	795.77	791.45	160	1018.59	1014.27
56	356.51	352.19	91	579.32	575.00	126	802.14	797.82	161	1024.96	1020.64
57	362.87	358.55	92	585.69	581.37	127	808.51	804.19	162	1031.32	1027.00
58	369.24	364.92	93	592.06	587.74	128	814.87	810.55	163	1037.69	1033.37
59	375.60	371.28	94	598.42	594.10	129	821.24	816.92	164	1044.05	1039.73
60	381.97	377.65	95	604.79	600.47	130	827.60	823.28	165	1050.42	1046.10
61	388.34	384.02	96	611.15	606.83	131	833.97	829.65	166	1056.79	1052.47
62	394.70	390.38	97	617.52	613.20	132	840.34	836.02	167	1063.15	1058.83
63	401.07	396.75	98	623.89	619.57	133	846.70	842.38	168	1069.52	1065.20
64	407.44	403.12	99	630.25	625.93	134	853.07	848.75	169	1075.88	1071.56
65	413.80	409.48	100	636.62	632.30	135	859.43	855.11	170	1082.25	1077.93
66	420.17	415.85	101	642.98	638.66	136	865.80	861.48	171	1088.62	1084.30
67	426.53	422.21	102	649.35	645.03	137	872.17	867.85			
68	432.90	428.58	103	655.72	651.40	138	878.53	874.21			

表 8-1-99 圆弧齿同步带轮外径极限偏差（摘自 JB/T 7512.2—2014） /mm

外径 d_o	极限偏差	外径 d_o	极限偏差
$d_o \leqslant 25.4$	$^{+0.05}_{0}$	$177.8 < d_o \leqslant 304.8$	$^{+0.15}_{0}$
$25.4 < d_o \leqslant 50.8$	$^{+0.08}_{0}$	$304.8 < d_o \leqslant 508.0$	$^{+0.18}_{0}$
$50.8 < d_o \leqslant 101.6$	$^{+0.10}_{0}$	$d_o > 508.0$	$^{+0.20}_{0}$
$101.6 < d_o \leqslant 177.8$	$^{+0.13}_{0}$		

表 8-1-100 圆弧齿同步带轮最小许用齿数（摘自 JB/T 7512.2—2014） /mm

转速 n /r·min^{-1}	型号				
	3M	5M	8M	14M	20M
$n \leqslant 900$	10	14	22	28	34
$900 < n \leqslant 1200$	14	20	28	28	34
$1200 < n \leqslant 1800$	16	24	32	32	38
$1800 < n \leqslant 3600$	20	28	36	—	—
$3600 < n \leqslant 4800$	22	30	—	—	—

表 8-1-101 圆弧齿同步带轮的挡圈尺寸（摘自 JB/T 7512.2—2014） /mm

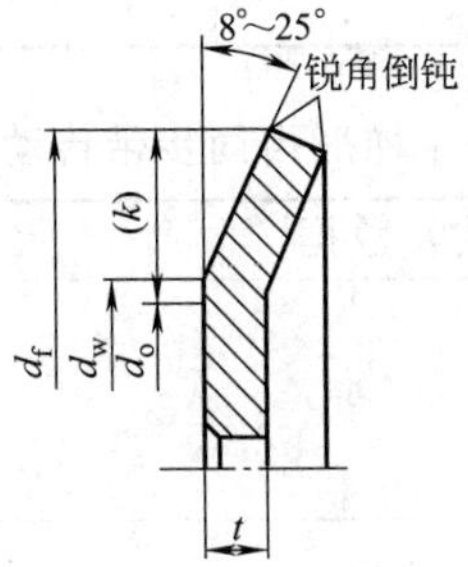

说明：

d_o——带轮外径，mm；

d_w——挡圈弯曲处直径，$d_w = (d_o + 0.38) \pm 0.25$，mm；

d_f——挡圈外径，$d_f = d_o + 2k$，mm

型　　号	3M	5M	8M	14M	20M
挡圈最小高度　k	2.0～2.5	2.5～3.5	4.0～5.5	7.0～7.5	8.0～8.5
挡圈厚度　t	1.0～2.0	1.5～2.0	1.5～2.5	2.5～3.0	3.0～3.5

表 8-1-102 圆弧齿同步带轮的圆柱度公差（摘自 JB/T 7512.2—2014） /mm

轮宽 b	圆柱度公差 t_1	轮宽 b	圆柱度公差 t_1
$b \leqslant 20$	0.02	$80 < b \leqslant 120$	0.12
$20 < b \leqslant 40$	0.04	$120 < b \leqslant 160$	0.16
$40 < b \leqslant 80$	0.08	$160 < b \leqslant 340$	$0.16 + 0.001(b - 160)$

表 8-1-103　圆弧齿同步带轮圆跳动公差（摘自 JB/T 7512.2—2014）　/mm

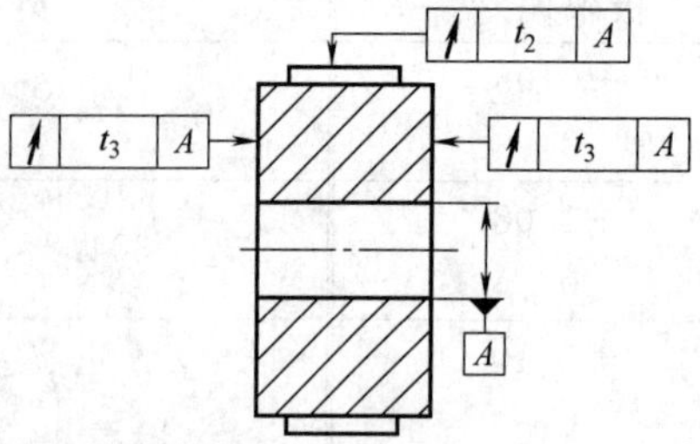

径向圆跳动公差		端面圆跳动公差	
外径 d_o	径向圆跳动公差 t_2	外径 d_o	轴向圆跳动公差 t_3
$d_o \leqslant 25.4$	0.05	$d_o \leqslant 25.4$	0.05
$25.4 < d_o \leqslant 50.8$	0.07	$25.4 < d_o \leqslant 50.8$	0.08
$50.8 < d_o \leqslant 101.6$	0.10	$50.8 < d_o \leqslant 101.6$	0.10
$101.6 < d_o \leqslant 203.2$	0.13	$101.6 < d_o \leqslant 254.0$	$0.001(d_o - 101.6)$
$d_o > 203.2$	$0.13 + 0.0005(d_o - 203.2)$	$d_o > 254.0$	$0.25 + 0.0005(d_o - 254.0)$

表 8-1-104　圆弧齿同步带轮的平行度（摘自 JB/T 7512.2—2014）　/mm

轮宽 b	平行度公差 t_4	轮宽 b	平行度公差 t_4
$b \leqslant 40$	0.03	$160 < b \leqslant 220$	0.06
$40 < b \leqslant 100$	0.04	$220 < b \leqslant 280$	0.07
$100 < b \leqslant 160$	0.05	$280 < b \leqslant 340$	0.08

表 8-1-105　梯形齿同步带传动设计计算

计算项目	代号	公式及数据	单位	说　明
设计功率	P_d	$P_d = K_A P$	kW	K_A——载荷修正系数，见表 8-1-106 P——需传递的功率
带型	MXL XXL XL L H XH XXH	根据 P_d 和 n_1 由图 8-1-10 选择 n_1——小带轮转速，r/min		当选择的带型与相邻带型较接近时，将两种带型作平行设计，择优选用
节距	P_b	具体带型对应的节距	mm	见表 8-1-50
小带轮齿数	Z_1	按表 8-1-52 选取，应取 $Z_1 \geqslant Z_{min}$，Z_{min} 见表 8-1-107		
大带轮齿数	Z_2	$Z_2 = iZ_1$		i 为传动比；计算结果按表 8-1-65 圆整
小带轮节径	d_1	$d_1 = P_b Z_1 / \pi$	mm	
大带轮节径	d_2	$d_2 = P_b Z_2 / \pi$	mm	

续表

计算项目	代号	公式及数据	单位	说　明
带速	v	$v=\dfrac{\pi d_1 n_1}{60000}=\dfrac{\omega P_b Z_1 10^{-3}}{2\pi}<v_{max}$		v_{max} 见表 8-1-109
节线长	L_P	$L_P=2a_0\cos\phi+\dfrac{\pi(d_2+d_1)}{2}+\dfrac{\pi\phi(d_2-d_1)}{180}$ 按表 8-1-52 选择最接近的标准带长	mm	a_0——初定中心距，mm； $\phi=\arcsin\left(\dfrac{d_1-d_1}{2a}\right)$
计算中心距 a. 近似公式 b. 精确公式	a	$a\approx M+\sqrt{M^2-\dfrac{1}{8}\left(\dfrac{P_b(Z_2-Z_1)}{\pi}\right)^2}$ $a=\dfrac{P_b(Z_2-Z_1)}{2\pi\cos\theta}$ $\mathrm{inv}\theta=\pi\dfrac{Z_b-Z_2}{Z_2-Z_1}$ $\mathrm{inv}\theta=\tan\theta-\theta$ 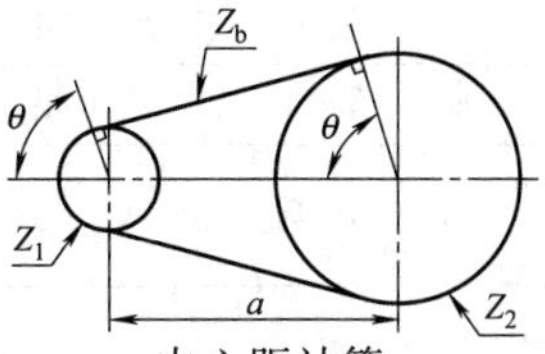 中心距计算	mm	$M=\dfrac{P_b}{8}(2Z_b-Z_1-Z_2)$ Z_b——带的齿数； Z_2/Z_1 较大时，采用方法 b Z_2/Z_1 接近 1 时，采用方法 a θ 的数值可用逐步逼近法或查渐开线函数表来确定
小带轮 啮合齿数	Z_m	$Z_m=\mathrm{ent}\left[\dfrac{Z_1}{2}-\dfrac{P_b Z_1}{2\pi^2 a}(Z_2-Z_1)\right]$		ent[ ]——取括号内的整数部分
基准额定功率 （XL～XXH 型，$Z_m\geqslant 6$ 时）	P_0	$P_0=\dfrac{(T_a-mv^2)v}{1000}$ 表 8-1-111 给出了 XL～XXH 型带的基准额定功率值	kW	T_a——带宽 b_{so} 的许用工作张力（见表 8-1-110），N b_{so}——带的基准宽度（见表 8-1-108），mm m——带宽 b_{so} 的单位长度的质量（见表 8-1-110），kg/m v——带的速度，m/s
啮合齿数系数	K_Z	$Z_m\geqslant 6$ 时，$K_Z=1$； $Z_m<6$ 时，$K_Z=1-0.2(6-Z_m)$		
额定功率	P_r	$P_r=\left(K_Z K_W T_a-\dfrac{b_s mv^2}{b_{so}}\right)\times v\times 10^{-3}$ $P_r\approx K_Z K_W P_0$	kW	K_W——宽度系数； $K_W=\left(\dfrac{b_s}{b_{so}}\right)^{1.14}$
带宽	b_s	根据设计要求，$P_d\leqslant P_r$ 故带宽 $b_s\geqslant b_{so}\left(\dfrac{P_d}{K_Z P_0}\right)^{1/1.14}$	mm	b_{so} 见表 8-1-108 根据计算结果按表 8-1-53 确定带宽，一般应使 $b_s<d_1$
验算工作能力	P	$P_r=\left(K_Z K_W T_a-\dfrac{b_s mv^2}{b_{so}}\right)\times v\times 10^{-2}>P_d$ 时，传递能力足够	kW	T_s 和 m 查表 8-1-110 $v=\dfrac{P_b d_1 n_1}{60000}$
作用在轴上的力	F_r	$F_r=\dfrac{P_d}{v}\times 1000$	N	

第 8 篇

表 8-1-106　同步带传动工作情况系数 K_A

工　作　机	原动机					
	交流电动机(普通转矩笼型同步电动机),直流电动机(并励),多缸内燃机			交流电动机(大转矩、大滑差率、单相、滑环),直流电动机(复励、串励),单缸内燃机		
	运转时间			运转时间		
	断续使用 每日 3~5h	普通使用 每日 8~10h	连续使用 每日 16~24h	断续使用 每日 3~5h	普通使用 每日 8~10h	连续使用 每日 16~24h
复印机、计算机、医疗器械	1.0	1.2	1.4	1.2	1.4	1.6
清扫机、缝纫机、办公机械、带锯盘	1.2	1.4	1.6	1.4	1.6	1.8
轻负荷传送带,包装机、筛子	1.3	1.5	1.7	1.5	1.7	1.9
液体搅拌机、圆形带锯、平碾盘、洗涤机、造纸机、印刷机械	1.4	1.6	1.8	1.6	1.8	2.0
搅拌机(水泥、黏性体)、皮带输送机(矿石、煤、砂)、牛头刨床、挖掘机、离心压缩机、振动筛、纺织机械(整经机、绕线机)、回转压缩机、往复式发动机	1.5	1.7	1.9	1.7	1.9	2.1
输送机(盘式、吊式、升降式)、抽水泵、洗涤机、鼓风机(离心式、引风、排风)、发动机、励磁机、卷扬机、起重机、橡胶加工机(压延、滚轧压出机)、纺织机械(纺纱、精纺、捻纱机、绕纱机)	1.6	1.8	2.0	1.8	2.0	2.2
离心分离机、输送机(货物、螺旋)、锤击式粉碎机、造纸机(碎浆)	1.7	1.9	2.1	1.9	2.1	2.3
陶土机械(硅、黏土搅拌)、矿山用混料机、强制送风机	1.8	2.0	2.2	2.0	2.2	2.4

注：1. 当增速传动时，将下列系数加到工况系数 K_A 中：

增速比	1.00~1.24	1.25~1.74	1.75~2.49	2.50~3.49	≥3.50
系数	0	0.1	0.2	0.3	0.4

2. 当使用张紧轮时，还要将下列系数加到工况系数 K_A 中：

张紧轮的位置	松边内侧	松边外侧	紧边内侧	紧边外侧
系数	0	0.1	0.1	0.2

3. 对带型为 14M 和 20M 的传动，当 $n_1 \leqslant 600$r/min 时，应追加系数（加进 K_A 中）：

$n_1/\mathrm{r \cdot min^{-1}}$	≤200	201~400	401~600
K_A 增加值	0.3	0.2	0.1

4. 对频繁正反转，严重冲击、紧急停机等非正常传动，视具体情况修正 K_A。

表 8-1-107　带轮最少许用齿数（摘自 GB/T 11362—2008）

小带轮转速 $n_1/\mathrm{r \cdot min^{-1}}$	带型						
	MXL	XXL	XL	L	H	XH	XXH
	带轮最少许用齿数 Z_{min}						
<900	10	10	10	12	14	22	22
900~<1200	12	12	10	12	16	24	24
1200~<1800	14	14	12	14	18	26	26
1800~<3600	16	16	12	16	20	30	—
3600~<4800	18	18	15	18	22	—	—

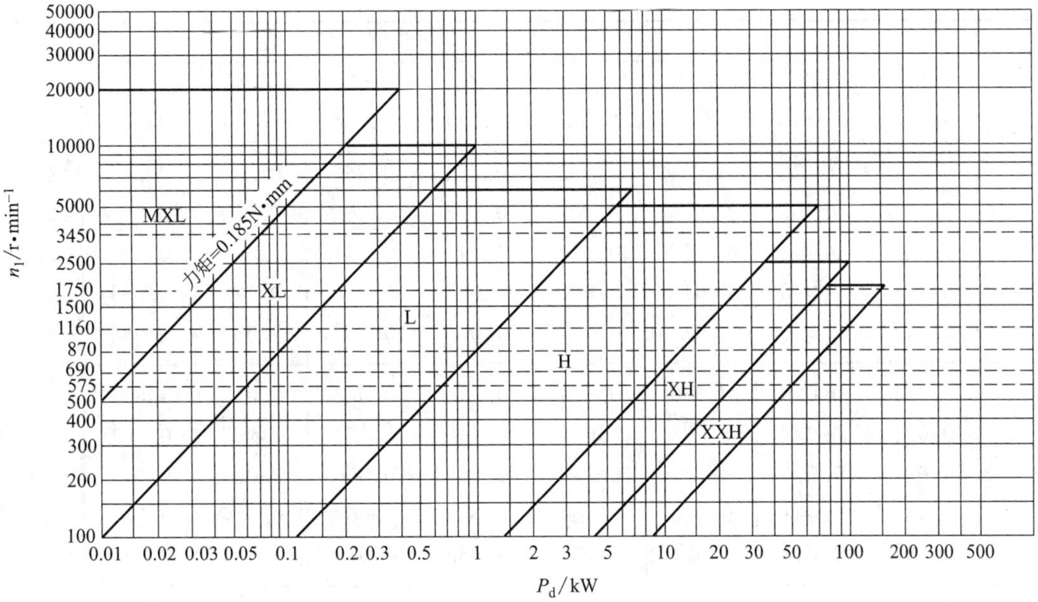

图 8-1-10　梯形齿同步带选型图

表 8-1-108　同步带基准宽度 b_{so}（摘自 GB/T 11362—2008）　/mm

带型	MXL、XXL	XL	L	H	XH	XXH
b_{so}	6.4	9.5	25.4	76.2	101.6	127.0

表 8-1-109　同步带允许最大线速度（摘自 GB/T 11362—2008）

带型	MXL、XXL、XL	L、H	XH、XXH
v_{max}/m·s^{-1}	40～50	35～40	25～30

表 8-1-110　带的许用工作张力及单位长度质量（摘自 GB/T 11362—2008）

带型	T_a/N	m/kg·m^{-1}	带型	T_a/N	m/kg·m^{-1}
MXL	27	0.007	H	2100.85	0.448
XXL	31	0.010	XH	4048.90	1.484
XL	50.17	0.022	XXH	6398.03	2.473
L	244.46	0.095			

表 8-1-111（a）　XL 型带基准额定功率（GB/T 11362—2008）　/kW

小带轮转速 n_1/r·min^{-1}	小带轮齿数和节圆直径/mm									
	10 16.17	12 19.40	14 22.64	16 25.87	18 29.11	20 32.34	22 35.57	24 38.81	28 45.28	30 48.51
950	0.040	0.048	0.057	0.065	0.073	0.081	0.089	0.097	0.113	0.121
1160	0.049	0.059	0.069	0.079	0.089	0.098	0.108	0.118	0.138	0.147
1425	—	0.073	0.085	0.097	0.109	0.121	0.133	0.145	0.169	0.181
1750	—	0.089	0.104	0.119	0.134	0.148	0.163	0.178	0.207	0.221
2850	—	0.145	0.169	0.193	0.216	0.240	0.263	0.287	0.333	0.355

第8篇

续表

小带轮转速 n_1/r·min^{-1}	小带轮齿数和节圆直径/mm									
	10 16.17	12 19.40	14 22.64	16 25.87	18 29.11	20 32.34	22 35.57	24 38.81	28 45.28	30 48.51
3450	—	0.175	0.204	0.232	0.261	0.289	0.317	0.345	0.399	0.425
100	0.004	0.005	0.006	0.007	0.008	0.009	0.009	0.010	0.012	0.013
200	0.009	0.010	0.012	0.014	0.015	0.017	0.019	0.020	0.024	0.026
300	0.013	0.015	0.018	0.020	0.023	0.026	0.028	0.031	0.036	0.038
400	0.017	0.020	0.024	0.027	0.031	0.034	0.037	0.041	0.048	0.051
500	0.021	0.026	0.030	0.034	0.038	0.043	0.047	0.051	0.060	0.064
600	0.026	0.031	0.036	0.041	0.046	0.051	0.056	0.061	0.071	0.076
700	0.030	0.036	0.042	0.048	0.054	0.060	0.065	0.071	0.083	0.089
800	0.034	0.041	0.048	0.054	0.061	0.068	0.075	0.082	0.095	0.102
900	0.038	0.046	0.054	0.061	0.069	0.076	0.084	0.092	0.107	0.115
1000	0.043	0.051	0.060	0.068	0.076	0.085	0.093	0.102	0.119	0.127
1100	0.047	0.056	0.065	0.075	0.084	0.093	0.103	0.112	0.131	0.140
1200	—	0.061	0.071	0.082	0.092	0.102	0.112	0.122	0.142	0.152
1300	—	0.066	0.077	0.088	0.099	0.110	0.121	0.132	0.154	0.165
1400	—	0.071	0.083	0.095	0.107	0.119	0.131	0.142	0.166	0.178
1500	—	0.076	0.089	0.102	0.115	0.127	0.140	0.152	0.178	0.190
1600	—	0.082	0.095	0.109	0.122	0.136	0.149	0.163	0.189	0.203
1700	—	0.087	0.101	0.115	0.130	0.144	0.158	0.173	0.201	0.215
1800	—	0.092	0.107	0.122	0.137	0.152	0.168	0.183	0.213	0.228
2000	—	0.102	0.119	0.136	0.152	0.169	0.186	0.203	0.236	0.252
2200	—	0.112	0.131	0.149	0.168	0.186	0.204	0.223	0.269	0.277
2400	—	0.122	0.142	0.163	0.183	0.203	0.223	0.242	0.282	0.301
2600	—	0.132	0.154	0.176	0.198	0.219	0.241	0.262	0.304	0.325
2800	—	0.142	0.166	0.189	0.213	0.236	0.259	0.282	0.327	0.349
3000	—	0.152	0.178	0.203	0.228	0.252	0.277	0.301	0.349	0.373
3200	—	0.163	0.189	0.216	0.242	0.269	0.295	0.321	0.371	0.396
3400	—	0.173	0.201	0.229	0.257	0.285	0.312	0.340	0.393	0.420
3600	—	0.183	0.213	0.242	0.272	0.301	0.330	0.359	0.415	0.443
3800	—	—	—	0.256	0.287	0.317	0.348	0.378	0.436	0.465
4000	—	—	—	0.269	0.301	0.333	0.365	0.396	0.458	0.487
4200	—	—	—	0.282	0.316	0.349	0.382	0.415	0.478	0.509
4400	—	—	—	0.295	0.330	0.365	0.400	0.433	0.499	0.531
4600	—	—	—	0.308	0.345	0.381	0.417	0.452	0.519	0.552
4800	—	—	—	0.321	0.359	0.396	0.433	0.470	0.539	0.573

表 8-1-111（b） L 型带基准额定功率（GB/T 11362—2008） /kW

小带轮转速 n_1 /r·min^{-1}	小带轮齿数和节圆直径/mm														
	12	14	16	18	20	22	24	26	28	30	32	36	40	44	48
	36.38	42.45	48.51	54.57	60.64	66.70	72.77	78.83	84.89	90.90	97.02	109.15	121.28	133.40	145.53
725	0.34	0.39	0.45	0.51	0.56	0.62	0.67	0.73	0.78	0.84	0.90	1.01	1.12	1.23	1.33
870	0.40	0.47	0.54	0.61	0.67	0.74	0.81	0.87	0.94	1.01	1.07	1.20	1.33	1.46	1.59
950	0.44	0.52	0.59	0.66	0.73	0.81	0.88	0.95	1.03	1.10	1.17	1.31	1.45	1.59	1.73
1160	0.54	0.63	0.72	0.81	0.90	0.98	1.07	1.16	1.25	1.33	1.42	1.59	1.76	1.93	2.09
1425	—	0.77	0.88	0.99	1.10	1.20	1.31	1.42	1.52	1.63	1.73	1.94	2.14	2.34	2.53
1750	—	0.95	1.08	1.21	1.34	1.47	1.60	1.73	1.86	1.98	2.11	2.35	2.59	2.81	3.03
2850	—	—	1.73	1.94	2.14	2.34	2.53	2.72	2.90	3.08	3.25	3.57	3.86	4.11	4.33
3450	—	—	2.08	2.32	2.55	2.78	3.00	3.21	3.40	3.59	3.77	4.09	4.35	4.56	4.69
100	0.05	0.05	0.06	0.07	0.08	0.09	0.09	0.10	0.11	0.12	0.12	0.14	0.16	0.17	0.19
200	0.09	0.11	0.12	0.14	0.16	0.17	0.19	0.20	0.22	0.23	0.25	0.28	0.31	0.34	0.37
300	0.14	0.16	0.19	0.21	0.23	0.26	0.28	0.30	0.33	0.35	0.37	0.42	0.47	0.51	0.56
400	0.19	0.22	0.25	0.28	0.31	0.34	0.37	0.40	0.43	0.47	0.50	0.56	0.62	0.68	0.74
500	0.23	0.27	0.31	0.35	0.39	0.43	0.47	0.50	0.54	0.58	0.62	0.70	0.77	0.85	0.93
600	0.28	0.33	0.37	0.42	0.47	0.51	0.56	0.60	0.65	0.70	0.74	0.83	0.93	1.02	1.11
700	0.33	0.38	0.43	0.49	0.54	0.60	0.65	0.70	0.76	0.81	0.87	0.97	1.08	1.18	1.29
800	0.37	0.43	0.50	0.56	0.62	0.68	0.74	0.80	0.86	0.93	0.99	1.11	1.23	1.35	1.47
900	0.42	0.49	0.56	0.63	0.70	0.77	0.83	0.90	0.97	1.04	1.11	1.24	1.38	1.51	1.65
1000	0.47	0.54	0.62	0.70	0.77	0.85	0.93	1.00	1.08	1.15	1.23	1.38	1.53	1.67	1.82
1100	0.51	0.60	0.68	0.77	0.85	0.93	1.02	1.10	1.18	1.27	1.35	1.51	1.68	1.83	1.99
1200	0.56	0.65	0.74	0.83	0.93	1.02	1.11	1.20	1.29	1.38	1.47	1.65	1.82	1.99	2.16
1300	0.60	0.70	0.80	0.90	1.00	1.10	1.20	1.30	1.39	1.49	1.59	1.78	1.96	2.15	2.33
1400	0.65	0.76	0.87	0.97	1.08	1.18	1.39	1.39	1.50	1.60	1.70	1.91	2.11	3.30	2.49
1500	0.70	0.81	0.93	1.04	1.15	1.27	1.38	1.49	1.60	1.71	1.82	2.04	2.25	2.45	2.65
1600	0.74	0.87	0.99	1.11	1.23	1.35	1.47	1.59	1.70	1.82	1.94	2.16	2.38	2.60	2.81
1700	0.79	0.92	1.05	1.18	1.30	1.43	1.56	1.68	1.81	1.93	2.05	2.29	2.52	2.74	2.95
1800	0.83	0.97	1.11	1.24	1.38	1.51	1.65	1.78	1.91	2.04	2.16	2.41	2.65	2.88	3.11
1900	0.88	1.03	1.17	1.31	1.45	1.59	1.73	1.87	2.01	2.14	2.27	2.53	2.78	3.02	3.25
2000	0.93	1.08	1.23	1.38	1.53	1.67	1.82	1.96	2.11	2.25	2.38	2.65	2.91	3.15	3.39
2200	1.02	1.18	1.35	1.61	1.68	1.83	1.99	3.16	2.30	2.45	3.60	3.88	3.16	3.41	3.65
2400	1.11	1.29	1.47	1.65	1.82	1.99	2.16	2.33	2.49	2.65	2.81	3.11	3.39	3.65	3.89
2600	1.20	1.39	1.59	1.78	1.96	2.15	2.33	2.51	2.68	2.85	3.01	3.32	3.61	3.87	4.10
2800	1.29	1.50	1.70	1.91	2.11	2.30	2.49	2.68	2.86	3.03	3.20	3.52	3.81	4.07	4.29
3000	1.38	1.60	1.82	2.04	2.25	2.45	2.65	2.85	3.03	3.21	3.39	3.71	4.00	4.24	4.45
3200	—	1.70	1.94	2.16	2.38	2.60	2.81	3.01	3.20	3.39	3.56	3.89	4.17	4.40	4.58
3400	—	1.81	2.05	2.29	2.52	2.74	2.96	3.17	3.37	3.55	3.73	4.05	4.32	4.53	4.67
3600		1.01	2.16	2.41	2.65	2.88	3.11	3.32	3.62	3.71	3.89	4.20	4.46	4.63	4.74
3800	—	2.01	2.27	2.53	2.78	3.02	3.25	3.47	3.67	3.86	4.03	4.33	4.56	4.70	4.76
4000	—	2.11	2.38	2.65	2.91	3.15	3.39	3.61	3.81	4.00	4.17	4.45	4.65	4.75	4.75
4200	—	—	2.49	2.77	3.03	3.28	3.52	3.74	3.94	4.13	4.29	4.55	4.71	4.76	4.70
4400	—	—	2.60	2.88	3.16	3.41	3.65	3.87	4.07	4.24	4.40	4.63	4.75	4.74	4.60①
4600	—	—	2.70	3.00	3.27	3.53	3.77	3.99	4.18	4.35	4.49	4.69	4.76	4.69	4.46①
4800	—	—	2.81	3.11	3.39	3.65	3.89	4.10	4.29	4.45	4.58	4.74	4.75	4.60	4.27①

① 带轮圆周速度在 33m/s 以上时的功率值，设计时带轮用碳素钢或铸钢。

表 8-1-111（c） H型带基准额定功率（GB/T 11362—2008）　/kW

小带轮转速 n_1 /r·min^{-1}	小带轮齿数和节圆直径/mm													
	14 56.60	16 64.68	18 72.77	20 80.85	22 88.94	24 97.02	26 105.11	28 113.19	30 121.28	32 129.36	36 145.53	40 161.70	44 177.87	48 194.04
725	4.51	5.15	5.79	6.43	7.08	7.71	8.35	8.99	9.63	10.26	11.53	12.79	14.05	15.30
870	5.41	6.18	6.95	7.71	8.48	9.25	10.01	10.77	11.53	12.29	13.80	15.30	16.78	18.26
950	—	6.74	7.58	8.42	9.26	10.09	10.92	11.75	12.58	13.40	15.04	16.66	18.28	19.87
1160	—	8.23	9.25	10.26	11.28	12.29	13.30	14.30	15.30	16.29	18.26	20.21	22.13	24.03
1425	—	—	11.33	12.57	13.81	15.04	16.26	17.47	18.68	19.87	22.24	24.56	26.83	29.06
1750	—	—	13.88	15.38	16.88	18.36	19.83	21.29	22.73	24.16	26.95	29.67	32.30	34.84
2850	—	—	—	24.56	26.84	29.06	31.22	33.33	35.37	37.33	41.04	44.40	47.39	49.96
3450	—	—	—	29.29	31.90	34.41	36.82	39.13	41.32	43.38	47.09	50.20	52.64	54.35
100	0.62	0.71	0.80	0.89	0.98	1.07	1.16	1.34	1.33	1.43	1.60	1.78	1.96	3.13
200	1.25	1.42	1.60	1.78	1.96	2.13	2.31	2.49	2.67	2.84	3.20	3.56	3.91	4.27
300	1.87	9.13	2.40	2.67	2.03	3.20	3.47	3.73	4.00	4.27	4.80	5.33	5.86	6.09
400	2.49	2.84	3.20	3.56	3.91	4.27	4.62	4.97	5.33	5.68	6.39	7.10	7.80	8.51
500	3.11	3.56	4.00	4.44	4.89	5.33	5.77	6.21	6.66	7.10	7.98	8.86	9.74	10.61
600	3.73	4.27	4.80	5.33	5.86	6.39	6.92	7.45	7.98	8.51	9.56	10.61	11.66	12.71
700	4.35	4.97	5.59	6.21	6.83	7.45	8.07	8.68	9.30	9.91	11.14	12.36	13.57	14.78
800	4.97	5.68	6.39	7.10	7.80	8.51	9.21	9.91	10.61	11.31	12.71	14.09	15.47	16.83
900	—	6.39	7.19	7.98	8.77	9.56	10.35	11.14	11.92	12.71	14.26	15.81	17.35	18.87
1000	—	7.10	7.98	8.86	9.74	10.61	11.49	12.36	13.23	14.09	15.81	17.52	19.20	20.87
1100	—	7.80	8.77	9.74	10.70	11.66	12.62	13.57	14.52	15.47	17.35	19.20	21.04	22.85
1200	—	8.51	9.56	10.61	11.66	12.71	13.75	14.78	15.81	16.83	18.87	20.87	22.85	24.80
1300	—	9.21	10.35	11.49	12.62	13.74	14.87	15.98	17.09	18.19	20.38	22.53	24.64	26.72
1400	—	9.91	11.14	12.36	13.57	14.78	15.98	17.18	18.36	19.54	21.87	24.16	26.40	28.59
1500	—	10.61	11.92	13.23	14.52	15.81	17.09	18.36	19.62	20.87	23.34	25.76	28.13	30.43
1600	—	11.31	12.71	14.09	15.47	16.83	18.19	19.54	20.88	22.20	24.80	27.35	29.82	32.23
1700	—	12.01	13.49	14.95	16.41	17.85	19.29	20.71	22.12	23.51	26.24	28.90	31.48	33.98
1800	—	12.71	14.26	15.81	17.35	18.87	20.38	21.87	23.34	24.80	27.66	30.43	33.11	35.68
1900	—	13.40	15.04	16.66	18.28	19.87	21.46	23.02	24.56	26.08	29.06	31.93	34.69	37.33
2000	—	14.09	15.81	17.52	19.20	20.87	22.53	24.16	25.76	27.35	30.43	33.40	36.24	38.93
2100	—	—	16.58	18.36	20.13	21.87	23.59	25.28	26.95	28.59	31.78	34.84	37.74	40.47
2200	—	—	17.35	19.20	21.04	22.85	24.64	26.40	28.13	29.82	33.11	36.24	39.19	41.96
2300	—	—	18.11	20.04	21.95	23.83	25.68	27.50	29.29	31.03	34.41	37.60	40.60	43.38
2400	—	—	18.87	20.87	22.85	24.80	26.72	28.59	30.43	32.23	35.68	38.93	41.96	44.73
2500	—	—	19.62	21.70	23.75	25.76	27.74	29.67	31.56	33.40	36.92	40.22	43.26	46.02
2600	—	—	20.38	22.53	24.64	26.72	28.75	30.73	32.67	34.55	38.14	41.47	44.51	47.24
2800	—	—	21.87	24.16	26.40	28.59	30.73	32.82	34.84	36.79	40.47	43.84	46.84	49.45
3000	—	—	23.35	25.76	28.13	30.43	32.67	34.84	36.93	38.93	42.67	46.02	48.93	51.35
3200	—	—	24.80	27.35	29.82	32.23	34.55	36.79	38.93	40.97	44.73	48.01	50.75	52.91
3400	—	—	26.24	28.90	31.49	33.98	36.38	38.67	40.85	42.91	46.64	49.79	52.30	54.11
3600	—	—	—	30.43	33.11	35.68	38.14	40.47	42.68	44.73	48.38	51.35	53.55	54.92
3800	—	—	—	31.93	34.69	37.33	39.84	42.20	44.40	46.43	49.96	52.67	54.49	55.33
4000	—	—	—	33.40	36.24	38.93	41.47	43.84	46.02	48.01	51.35	53.75	55.10	55.31
4200	—	—	—	34.84	37.74	40.47	43.03	45.39	47.53	49.45	52.55	54.56	55.37	54.84
4400	—	—	—	36.24	39.19	41.96	44.51	46.84	48.93	50.75	53.55	55.10	55.27	53.90
4600	—	—	—	37.60	40.60	43.38	45.92	48.20	50.20	51.91	54.35	55.36	54.78	52.46
4800	—	—	—	38.93	41.96	44.73	47.24	49.45	51.35	52.91	54.92	55.31	53.90	50.50

注：[ ]内为带轮圆周速度在33m/s以上时的功率值，设计时带轮用碳素钢或铸钢。

表 8-1-111（d） XH 型带基准额定功率（GB/T 11362—2008） /kW

小带轮转速 n_1/r·min^{-1}	小带轮齿数和节圆直径/mm						
	22 155.64	24 169.79	26 183.94	28 198.08	30 212.23	32 226.38	40 282.98
575	18.82	20.50	22.17	23.83	25.48	27.13	33.58
585	19.14	20.85	22.55	24.23	25.91	27.58	34.13
690	22.50	24.49	26.47	28.43	30.38	32.30	39.81
725	23.62	25.70	27.77	29.81	31.84	33.85	41.65
870	28.18	30.63	33.05	35.44	37.80	40.13	49.01
950	30.66	33.30	35.91	38.47	41.00	43.47	52.85
1160	37.02	40.13	43.17	46.13	49.01	51.81	62.06
1425	44.70	48.28	51.73	55.05	58.22	61.24	71.52
1750	53.44	57.40	61.14	64.62	67.83	70.74	79.12
2850	—	78.45	80.45	81.36	81.10	79.57	—
3450	—	81.37	80.10	78.90	71.62	64.10	—
100	3.30	3.60	3.90	4.20	4.50	4.80	5.99
200	6.59	7.19	7.79	8.39	8.98	9.58	11.96
300	9.88	10.77	11.66	12.55	13.44	14.33	17.87
400	13.15	14.33	15.51	16.69	17.87	19.04	23.69
500	16.40	17.87	19.33	20.79	22.24	23.69	29.39
600	19.52	21.37	23.11	24.84	26.56	28.26	34.95
700	22.82	24.84	26.84	28.83	30.80	32.75	40.34
800	25.99	28.26	30.52	32.75	34.95	37.13	45.52
900	29.11	31.64	34.13	36.59	39.01	41.39	50.47
1000	32.19	34.95	37.67	40.34	42.96	45.52	55.17
1100	35.23	38.21	41.13	43.99	46.78	49.50	59.57
1200	38.21	41.39	44.50	47.53	50.47	53.32	63.65
1300	41.13	44.50	47.78	50.95	54.02	56.95	67.39
1400	43.99	47.53	50.96	54.25	57.40	60.41	70.74
1500	46.78	50.47	54.02	57.40	60.62	65.65	73.70
1600	49.50	53.32	56.96	60.41	63.65	66.67	76.22
1700	52.15	56.07	59.78	63.26	66.48	69.45	78.27
1800	54.71	58.71	62.46	65.93	69.11	71.98	79.84
1900	57.18	61.24	65.00	68.43	71.52	74.24	80.88
2000	59.57	63.65	67.39	70.74	73.70	76.22	81.37
2100	61.85	65.94	69.61	72.85	75.63	77.90	81.28
2200	64.04	68.09	71.67	74.76	77.30	79.27	80.59
2300	66.12	70.10	73.56	76.44	78.71	80.32	79.26
2400	68.09	71.98	75.26	77.90	79.84	81.02	77.26
2500	—	73.70	76.78	79.12	80.67	81.37	74.56
2600	—	75.26	78.09	80.09	81.19	81.35	71.15
2800	—	77.90	80.09	81.24	81.28	80.13	—
3000	—	79.84	81.19	81.28	80.00	77.26	—
3200	—	81.02	81.35	80.13	77.26	72.60	—
3400	—	81.41	80.48①	77.11①	72.95	66.05	—
3600	—	80.94	78.24①	73.94①	66.98①	—	—

① 带轮圆周速度在 33m/s 以上时的功率值，设计时带轮用碳素钢或铸钢。

表 8-1-111 (e) XXH 型带基准额定功率(GB/T 11362—2008) /kW

小带轮转速 n_1/r·min^{-1}	小带轮齿数和节圆直径/mm					
	22 222.34	24 242.55	26 262.76	30 303.19	34 343.62	40 404.25
575	42.09	45.76	49.39	56.52	63.45	73.41
585	42.79	46.52	50.21	57.44	64.46	74.53
690	50.11	54.40	58.62	66.83	74.70	85.74
725	52.51	56.98	61.36	69.87	77.97	89.25
870	62.23	67.36	72.34	81.85	90.66	102.38
950	67.41	72.85	78.10	88.01	97.01	108.55
1160	80.31	86.35	92.06	102.38	111.05	120.49
1425	94.85	101.13	106.80	116.11	122.36	125.12
1750	109.43	115.05	119.53	124.72	124.25	111.30①
100	7.44	8.122	8.80	10.15	11.50	13.52
200	14.87	16.21	17.55	20.23	22.91	26.90
300	22.24	24.24	26.23	30.20	34.14	39.99
400	29.54	32.18	34.80	39.99	45.12	52.67
500	36.75	39.99	43.21	49.55	55.76	64.78
600	43.85	47.66	51.42	58.80	65.96	76.19
700	50.80	55.14	59.41	67.70	75.64	86.75
800	57.59	62.41	67.12	76.19	84.72	96.33
900	64.19	69.44	74.53	84.20	93.10	104.78
1000	70.58	76.19	81.58	91.67	100.71	111.97
1100	76.74	82.64	88.26	98.56	107.45	117.75
1200	82.64	88.75	94.50	104.79	113.25	121.98
1300	88.26	94.50	100.28	110.30	118.00	124.53
1400	93.57	99.86	105.56	115.05	121.63	125.24
1500	98.56	104.78	110.30	118.96	124.06	123.99
1600	103.19	109.26	114.46	121.98	125.18	120.62①
1700	107.45	113.24	118.00	124.06	124.93	115.00①
1800	111.31	116.71	120.88	125.12	123.20	106.99①

① 带轮圆周速度在 33m/s 以上时的功率值,设计时带轮用碳素钢或铸钢。

1.4.3.2 曲线齿同步带传动的设计计算

设计内容和步骤见表 8-1-112。

表 8-1-112 H 型曲线齿同步带传动设计计算

序号	计算项目	符号	单位	计算公式和参数选定	说 明
1	设计功率	P_d	kW	$P_d=K_AP$	P——需传递的功率,kW K_A——工况系数,见表 8-1-106
2	选定带型节距 P_b	P_b	mm	根据 P_d 和 n_1 由图 8-1-12 选取	n_1——小带轮转速,r/min
3	小带轮齿数	Z_1		$Z_1 \geqslant Z_{min}$ Z_{min} 见表 8-1-113	带速 v 和安装尺寸允许时,Z_1 应取较大的值

续表

序号	计算项目	符号	单位	计算公式和参数选定	说　明
4	小带轮节圆直径	d_1	mm	$d_1=\frac{Z_1P_b}{\pi}$	
5	大带轮齿数	Z_2		$Z_2=iZ_1=\frac{n_1}{n_2}Z_1$	i——传动比 n_2——大带轮转速,r/min Z_2 计算后应圆整
6	大带轮节圆直径	d_2	mm	$d_2=\frac{Z_2P_b}{\pi}$	
7	带速	v	m/s	$v=\frac{\pi d_1n_1}{60\times1000}$	
8	初定中心距	a_0	mm	$0.7(d_1+d_2)\leqslant a_0\leqslant2(d_1+d_2)$	或根据结构要求确定
9	带长(节线长度)	L_0	mm	$L_0=2a_0+\frac{\pi(d_1+d_2)}{2}+\frac{(d_2-d_1)^2}{4a_0}$	按表 8-1-58 选取标准节线长 L_P
10	带齿数	Z		$Z=\frac{L_P}{P_b}$	
11	实际中心距	a	mm	$a=[M+\sqrt{M^2-32(d_2-d_1)^2}]/16$ $M=4L_p-2\pi(d_2+d_1)$	
12	安装量 调整量	I S	mm mm	$a_{min}=a-I$ $a_{max}=a+S$	I、S 可由表 8-1-115 查得
13	啮合齿数	Z_m		$Z_m=\text{ent}\left[0.5-\frac{d_2-d_1}{6a}\right]Z_1$	
14	啮合齿数系数	K_Z		$Z_m\geqslant6$ 时,$K_Z=1$ $Z_m<6$ 时,$K_Z=1-0.2(6-Z_m)$	
15	基本额定功率	P_0	kW		表 8-1-115
16	要求带宽	b_s	mm	$b_s\geqslant b_{so}\sqrt[1.14]{\frac{P_d}{K_LK_ZP_0}}$ 按表 8-1-57 取 b_s	K_L——带长系数由表 8-1-116 查得 b_{so}——带的基本宽度由下表查得 带型: H3M / H5M / H8M / H14M / H20M b_{so}/mm: 6 / 9 / 20 / 40 / 115
17	紧边张力 松边张力	F_1 F_2	N N	$F_1=1250P_d/v$ $F_2=250P_d/v$	
18	压轴力	F_Q	N	$F_Q=K_F(F_1+F_2)$	K_F——矢量相加修正系数由图 8-1-11 求得

表 8-1-113　最小齿数 z_{min}（摘自 JB/T 7512.2—2014）

带轮转速 /r·min^{-1}	带型				
	H3M	H5M	H8M	H14M	H20M
	z_{min}				
≤900	10	14	22	28	34
>900～1200	14	20	28	28	34
>1200～1800	16	24	32	32	38
>1800～3600	20	28	36	—	—
>3600～4800	22	30	—	—	—

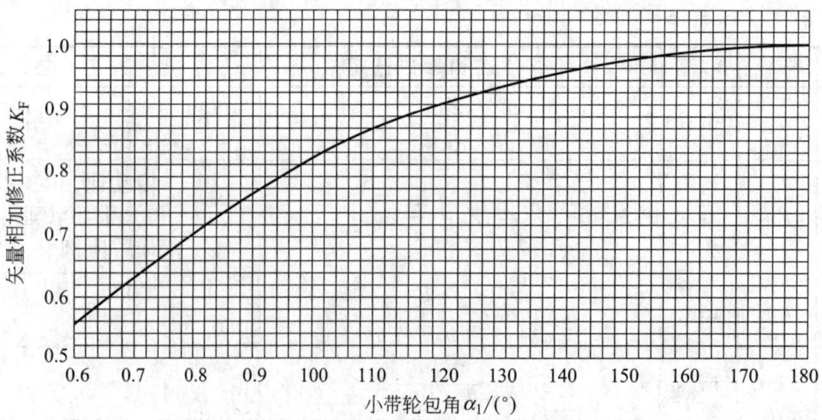

小带轮包角 $\alpha_1=180°-\left(\dfrac{d_2-d_1}{a}\right)\times 57.3°$

图 8-1-11 矢量相加修正系数

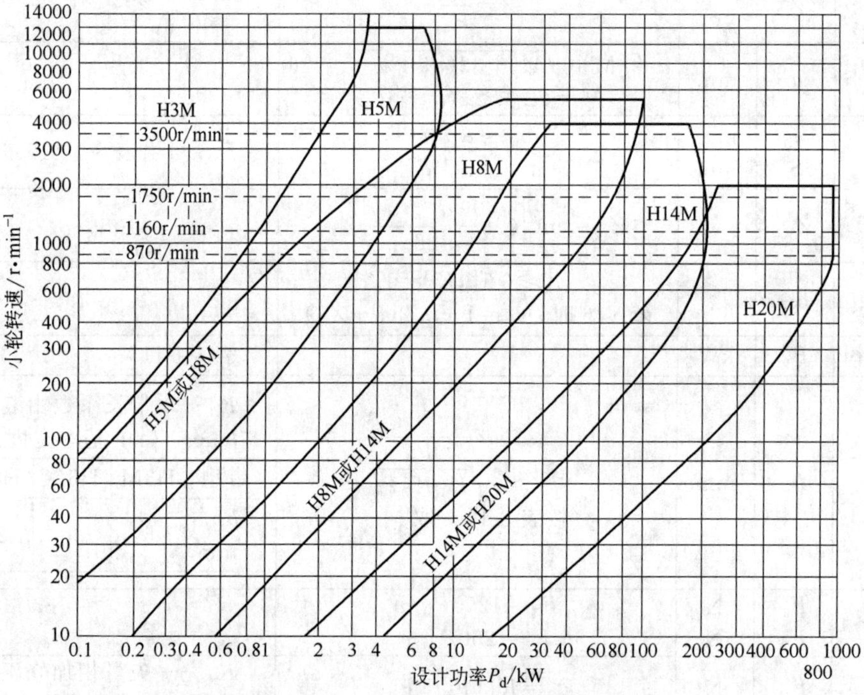

图 8-1-12 H 型曲线齿同步带选型图

表 8-1-114（a） H8M（200mm 宽）基本额定功率 P_0（摘自 JB/T 7512.3—2014） /kW

z_1		22	24	26	28	30	32	34	36	38	40	44	48	56	64	72	80
d_1/mm		56.02	61.12	66.21	71.30	76.38	81.49	86.58	91.67	96.77	101.86	112.05	122.23	142.60	162.97	183.35	203.72
小带轮转速/r·min^{-1}	10	0.02	0.02	0.02	0.03	0.04	0.04	0.07	0.08	0.08	0.09	0.10	0.10	0.12	0.14	0.16	0.18
	20	0.04	0.04	0.05	0.06	0.07	0.08	0.14	0.14	0.16	0.17	0.19	0.19	0.22	0.26	0.30	0.33
	40	0.07	0.09	0.10	0.12	0.14	0.16	0.25	0.27	0.29	0.13	0.34	0.37	0.42	0.48	0.54	0.60
	60	0.12	0.13	0.15	0.17	0.21	0.25	0.36	0.38	0.41	0.44	0.48	0.51	0.59	0.68	0.76	0.85
	100	0.19	0.22	0.25	0.28	0.34	0.41	0.54	0.58	0.63	0.68	0.74	0.79	0.92	1.04	1.18	1.31
	200	0.37	0.41	0.47	0.55	0.66	0.78	0.96	1.04	1.12	1.21	1.31	1.42	1.63	1.86	2.08	2.31

续表

z_1		22	24	26	28	30	32	34	36	38	40	44	48	56	64	72	80
d_1/mm		56.02	61.12	66.21	71.30	76.38	81.49	86.58	91.67	96.77	101.86	112.05	122.23	142.60	162.97	183.35	203.72
小带轮转速/r·min^{-1}	300	0.53	0.59	0.67	0.79	0.94	1.13	1.33	1.44	1.56	1.67	1.82	1.96	2.28	2.57	2.87	3.18
	400	0.69	0.76	0.87	1.01	1.20	1.45	1.66	1.81	1.95	2.10	2.28	2.47	2.86	3.22	3.59	3.96
	500	0.83	0.92	1.04	1.20	1.43	1.73	1.96	2.15	2.33	2.50	2.72	2.94	3.39	3.82	4.24	4.67
	600	0.98	1.07	1.20	1.38	1.64	1.99	2.25	2.47	2.68	2.87	3.13	3.37	3.90	4.37	4.85	5.32
	700	1.14	1.25	1.35	1.54	1.83	2.22	2.51	2.77	3.01	3.23	3.51	3.79	4.37	4.89	5.41	5.92
	800	1.31	1.42	1.54	1.69	1.99	2.41	2.75	3.05	3.32	3.56	3.86	4.18	4.82	5.38	5.92	6.46
	900	1.42	1.54	1.68	1.81	2.10	2.54	2.92	3.24	3.54	3.78	4.11	4.44	5.12	5.70	6.27	6.81
	1000	1.63	1.78	1.92	2.07	2.26	2.73	3.21	3.57	3.90	4.18	4.54	4.89	5.63	6.25	6.85	7.42
	1160	1.89	2.06	2.33	2.40	2.57	2.95	3.54	3.95	4.33	4.63	5.03	5.42	6.22	6.87	7.48	8.04
	1200	1.95	2.13	2.31	2.48	2.66	3.02	3.61	4.04	4.43	4.74	5.14	5.54	6.36	7.01	7.62	8.18
	1400	2.28	2.48	2.69	2.89	3.10	3.23	3.97	4.46	4.92	5.26	5.69	6.12	7.00	7.66	8.25	8.76
	1600	2.60	2.83	3.07	3.30	3.54	3.77	4.28	4.83	5.36	5.72	6.18	6.65	7.56	8.20	8.72	9.06
	1750	2.84	3.10	3.36	3.61	3.86	4.11	4.48	5.09	5.65	6.05	6.53	7.00	7.92	8.51	8.89	9.71
	2000	3.25	3.54	3.83	4.11	4.40	4.68	4.97	5.43	6.11	6.53	7.02	7.50	8.39	8.97	9.94	10.85
	2400	3.88	4.23	4.57	4.91	5.25	5.59	5.92	6.25	6.68	7.15	7.62	8.17	9.37	10.50	11.53	12.48
	2800	4.51	4.91	5.30	5.70	6.09	6.47	6.85	7.23	7.59	7.96	8.68	9.37	10.68	11.86	12.91	13.82
	3200	—	—	6.03	6.47	6.90	7.33	7.75	8.17	8.58	8.97	9.75	10.50	11.86	13.05	14.05	14.81
	3500	—	—	—	—	7.50	7.96	8.41	8.86	9.28	9.71	10.52	11.29	12.67	13.82	—	—
	4000	—	—	—	—	—	8.97	9.47	9.94	10.41	10.85	11.70	12.48	13.82	—	—	—
	4500	—	—	—	—	—	—	10.46	10.96	11.44	11.91	12.76	13.51	—	—	—	—
	5000	—	—	—	—	—	—	—	11.91	12.39	12.85	—	—	—	—	—	—
	5500	—	—	—	—	—	—	—	—	13.23	13.67	—	—	—	—	—	—

注：与粗黑线框内功率对应的使用寿命将会降低。

表 8-1-114（b） H8M（20mm 宽）基本额定功率 P_0（摘自 JB/T 7512.3—2014） /kW

z_1		28	29	30	32	34	36	38	40	44	48	56	64	72	80
d_1/mm		124.78	129.23	133.69	142.60	151.52	160.43	169.34	178.25	196.08	213.90	249.55	285.21	320.86	365.51
小带轮转速/r·min^{-1}	10	0.18	0.19	0.19	0.21	0.23	0.27	0.32	0.377	0.41	0.45	0.52	0.60	0.68	0.78
	20	0.37	0.38	0.39	0.42	0.46	0.53	0.63	0.75	0.83	0.90	1.05	1.20	1.35	1.57
	40	0.73	0.75	0.78	0.84	0.93	1.06	1.27	1.50	1.65	1.81	2.10	2.40	2.70	3.13
	60	1.10	1.13	1.17	1.25	1.39	1.59	1.91	2.25	2.48	2.70	3.16	3.60	4.05	4.70
	100	1.83	1.89	1.95	2.08	2.31	2.65	3.18	3.75	4.13	4.51	5.25	6.01	6.75	7.83
	200	3.65	3.77	3.91	4.12	4.63	5.30	6.36	7.34	8.25	9.00	10.50	12.00	13.50	15.64
	300	5.01	5.25	5.54	5.74	6.87	7.94	9.12	9.86	11.28	13.07	15.73	17.97	20.21	22.89
	400	6.14	6.51	6.90	7.24	8.57	10.44	11.21	12.09	13.71	15.73	19.36	22.29	24.63	27.04
	500	7.19	7.67	8.17	8.65	10.15	12.23	13.11	14.10	15.88	18.05	22.13	25.24	27.83	30.50
	600	8.16	8.76	9.36	9.98	11.63	13.89	14.85	15.94	17.84	20.13	24.56	27.76	30.54	33.40
	700	9.08	9.78	10.48	11.25	13.02	15.43	16.46	17.64	19.64	22.01	26.71	29.93	32.85	35.83
	800	9.95	10.75	11.56	12.46	14.33	16.85	17.97	19.22	21.29	23.71	28.60	31.79	34.79	37.84

续表

z_1		28	29	30	32	34	36	38	40	44	48	56	64	72	80
d_1/mm		124.78	129.23	133.69	142.60	151.52	160.43	169.34	178.25	196.08	213.90	249.55	285.21	320.86	365.51
小带轮转速/r·min^{-1}	870	10.54	11.41	12.27	13.27	15.21	17.80	18.96	20.25	22.37	24.80	29.80	32.94	35.96	39.16
	1000	11.59	12.57	13.55	14.72	16.76	19.64	20.69	22.05	24.21	26.65	31.76	34.73	37.73	40.72
	1160	12.81	13.92	15.02	16.40	18.54	21.31	22.63	24.06	26.23	28.63	33.75	36.37	39.25	42.01
	1200	13.11	14.25	15.37	16.80	21.75	23.08	24.53	26.69	29.08	34.17	36.73	39.52	42.19	—
	1400	14.53	15.79	17.05	18.70	20.94	23.77	25.17	26.67	28.79	31.06	35.90	37.87	40.21	42.28
	1600	15.78	17.24	18.59	20.45	22.72	25.54	26.98	28.51	30.53	32.60	37.00	38.20	39.84	—
	1750	16.84	18.25	19.66	21.65	23.92	26.71	28.17	29.70	31.60	33.49	37.40	37.91	—	—
	2000	18.40	19.84	21.29	23.46	25.69	28.38	29.83	31.32	32.97	34.47	37.31	36.44	—	—
	2400	20.82	22.08	23.52	25.83	27.91	30.30	31.66	33.00	34.72	35.14	—	—	—	—
	2800	23.48	24.11	25.30	27.52	29.34	31.31	32.47	33.53	33.72	33.33	—	—	—	—
	3200	—	26.36	26.91	28.51	29.97	31.41	32.24	32.88	—	—	—	—	—	—
	3500	—	—	28.25	29.07	29.94	30.92	31.40	—	—	—	—	—	—	—
	4000	—	—	—	30.17	29.27	—	—	—	—	—	—	—	—	—

注：与粗黑线框内功率对应的使用寿命将会降低。

1.4.3.3 圆弧齿同步带传动的设计计算

设计内容和步骤如下：

(1) 计算设计功率

$$P_d = K_A P$$

工作情况系数 K_A 由表 8-1-106 查取。

(2) 选择带型

根据 P_d 和 n_1 由图 8-1-15 选取。

(3) 传动比

$$i = n_1 / n_2$$

(4) 确定带轮直径

小带轮齿数 $Z_1 \geqslant Z_{min}$，Z_{min} 见表 8-1-113，选小带轮齿数 Z_1，大带轮齿数经 $Z_2 = iZ_1$ 计算后圆整。

大、小带轮直径 d_1、d_2 由表 8-1-98 按相应齿数 Z_1、Z_2 查得。

(5) 确定带的标准节线长度 L_P

带的初定节线长度 L_0：

$$L_0 = 2a_0 + 1.57(d_2 + d_1) + \frac{(d_2 - d_1)^2}{4a_0}$$

式中　a_0——初定中心距，由设计任务给定。

带的标准节线长度 L_P 根据 L_0 由表 8-1-90 选取。

(6) 实际中心距 a

实际中心距 a 近似

$$a = \frac{\left[M + \sqrt{M^2 - 32(d_2 - d_1)^2}\right]}{16}$$

$$M = 4L_P - 6.28(d_2 + d_1)$$

(7) 中心距安装量和调整量

中心距范围为：$(a-I) \sim (a+I)$，中心距安装量 I 和调整量 S 见表 8-1-115。

(8) 带长系数

带长系数 K_L 查表 8-1-116。

(9) 啮合齿数系数

啮合齿数 Z_m

$$Z_m = \text{ent}\left[0.5 - \frac{d_2 - d_1}{6a}\right] Z_1$$

啮合齿数系数 K_Z：

$$Z_m \geqslant 6, K_Z = 1$$

$$Z_m < 6, K_Z = 1 - 0.2(6 - Z_m)$$

(10) 带的额定功率 P_r

基本额定功率 P_0 见表 8-1-119。

$$P_r = K_L K_Z K_W P_0$$

其中，带宽系数 K_W：$K_W = \left(\frac{b_s}{b_{so}}\right)^{1.14}$

(11) 带和带轮的宽度

按 $P_d \leqslant P_r$ 原则选择带宽 b_s，则

$$b_s \geqslant b_{so} \sqrt[1.14]{\frac{P_d}{K_L K_Z P_0}}$$

带的基本宽度 b_{so} 见表 8-1-117。

(12) 压轴力

压轴力如图 8-1-13 所示。

带的紧边张力 F_1 和松边张力 F_2：

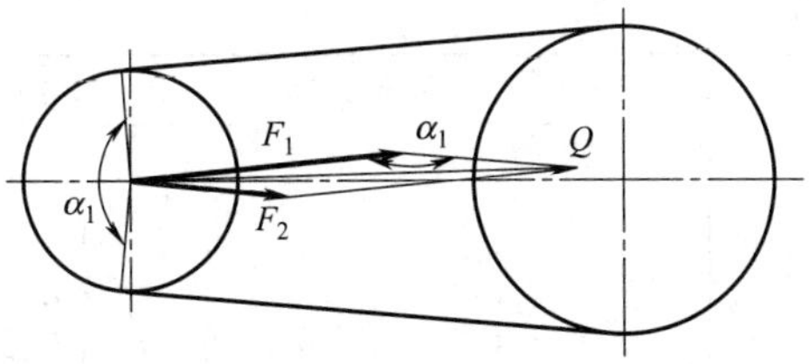

图 8-1-13　同步带传动压轴力

$$F_1=1250P_d/v$$
$$F_2=250P_d/v$$

压轴力 Q

$$Q=K_F(F_1+F_2)$$

当工作情况系数 $K_A\geqslant1.3$ 时：$Q=0.77K_F(F_1+F_2)$

矢量相加修正系数 K_F 见图 8-1-11，由小带轮包角 α_1 查得。

小带轮包角 α_1：

$$\alpha_1\approx180°-\frac{d_2-d_1}{a}\times57.3°$$

（13）带的张紧

如图 8-1-14 所示，为了使带产生适当的张紧力，根据表 8-1-118 施加安装力 G，调整中心距，使挠度 f 与下式计算值一致。

$$t=\sqrt{a^2-\left(\frac{d_2-d_1}{2}\right)^2}$$
$$f=t/64$$

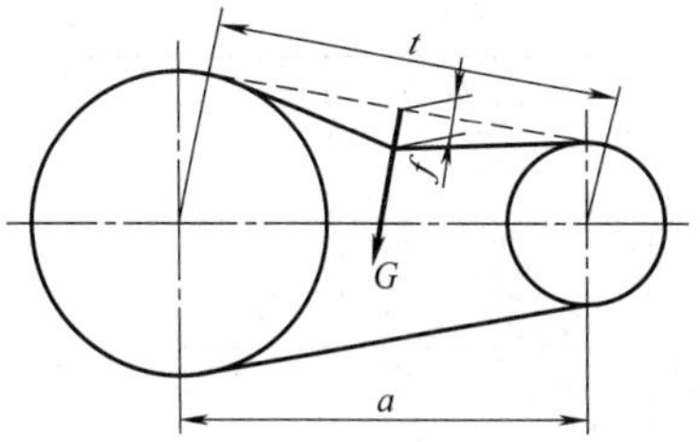

图 8-1-14　带安装时的挠度

表 8-1-115　中心距安装量 I 和调整量 S

（摘自 JB/T 7512.3—2014）　　/mm

L_P	I	S
$L_P\leqslant500$	1.02	0.76
$500<L_P\leqslant1000$	1.27	0.76
$1000<L_P\leqslant1500$	1.78	1.02
$1500<L_P\leqslant2260$	2.29	1.27
$2260<L_P\leqslant3020$	2.79	1.27
$3020<L_P\leqslant4020$	3.56	1.27
$4020<L_P\leqslant4780$	4.32	1.27
$4780<L_P\leqslant6860$	5.33	1.27

注：当有挡圈时，安装量 I 宜增加下列数值：

带型	单轮加挡圈	两轮均加挡圈
3M	3.0	6.0
5M	13.5	19.1
8M	21.6	32.8
14M	35.6	58.2
20M	47.0	77.5

表 8-1-116　带长系数（摘自 JB/T 7512.3—2014）

带型	节线长 L_P 及带长系数 K_L					
3M	L_P/mm	≤190	191～260	261～400	401～600	>600	—
	K_L	0.80	0.90	1.00	1.10	1.20	—
5M	L_P/mm	≤440	441～550	551～800	801～1100	>1100	—
	K_L	0.80	0.90	1.00	1.10	1.20	—
8M	L_P/mm	≤600	601～900	901～1250	1251～1800	>1800	—
	K_L	0.80	0.90	1.00	1.10	1.20	—
14M	L_P/mm	≤1400	1401～1700	1701～2000	2001～2500	2501～3400	>3400
	K_L	0.80	0.90	0.95	1.00	1.05	1.10
20M	L_P/mm	≤2000	2001～2500	2501～3400	3401～4600	4601～5600	>5600
	K_L	0.80	0.85	0.95	1.00	1.05	1.10

表 8-1-117　带的基本宽度 b_{so}（摘自 JB/T 7512.3—2014）　　/mm

型号	3M	5M	8M	14M	20M
b_{so}	6	9	20	40	115

第 8 篇

表 8-1-118　安装力 G

带型	带宽 b_s/mm	安装力 G/N	带型	带宽 b_s/mm	安装力 G/N
3M	6	2.0	8M	20	17.6
	9	2.9		30	26.5
	15	4.9		50	49.0
5M	9	3.9		85	84.3
	15	6.9			
	25	12.7			

表 8-1-119（a）　3M（6mm 宽）圆弧带基本额定功率 P_0（摘自 JB/T 7512.3—2014）　　/kW

Z_1		10	12	14	16	18	20	24	28	32	40	48	56	64	72	80
d_1/mm		9.55	11.46	13.37	15.28	17.19	19.10	22.92	26.74	30.56	38.20	45.48	53.48	61.12	68.75	76.39
小带轮转速 n_1/r·min^{-1}	20	0.001	0.001	0.001	0.001	0.002	0.002	0.002	0.003	0.003	0.004	0.006	0.007	0.008	0.008	0.008
	40	0.002	0.002	0.002	0.003	0.003	0.003	0.004	0.005	0.006	0.009	0.011	0.013	0.015	0.017	0.019
	60	0.002	0.003	0.003	0.004	0.005	0.005	0.007	0.008	0.010	0.013	0.017	0.020	0.023	0.025	0.028
	100	0.004	0.005	0.006	0.007	0.008	0.009	0.011	0.013	0.016	0.021	0.028	0.033	0.038	0.042	0.047
	200	0.008	0.010	0.011	0.013	0.015	0.017	0.022	0.027	0.032	0.043	0.055	0.066	0.075	0.084	0.094
	300	0.011	0.013	0.016	0.018	0.021	0.024	0.030	0.036	0.043	0.058	0.074	0.087	0.100	0.112	0.125
	400	0.013	0.016	0.019	0.023	0.026	0.030	0.037	0.045	0.053	0.071	0.090	0.107	0.122	0.138	0.153
	500	0.016	0.019	0.023	0.027	0.031	0.035	0.044	0.053	0.062	0.083	0.106	0.125	0.143	0.161	0.179
	600	0.018	0.022	0.027	0.031	0.035	0.040	0.050	0.060	0.071	0.095	0.120	0.142	0.163	0.183	0.203
	700	0.020	0.025	0.030	0.035	0.040	0.045	0.056	0.068	0.080	0.106	0.134	0.159	0.181	0.204	0.227
	800	0.023	0.028	0.033	0.039	0.044	0.050	0.062	0.075	0.088	0.117	0.148	0.174	0.199	0.224	0.249
	870	0.024	0.030	0.035	0.041	0.047	0.053	0.066	0.080	0.094	0.124	0.157	0.185	0.211	0.238	0.264
	900	0.025	0.030	0.036	0.042	0.048	0.055	0.068	0.082	0.096	0.127	0.160	0.189	0.216	0.243	0.270
	1000	0.027	0.033	0.039	0.046	0.052	0.059	0.073	0.088	0.104	0.137	0.173	0.204	0.233	0.262	0.291
	1160	0.030	0.037	0.044	0.051	0.059	0.066	0.082	0.099	0.116	0.153	0.192	0.226	0.258	0.291	0.323
	1200	0.031	0.038	0.045	0.052	0.060	0.068	0.084	0.101	0.119	0.156	0.197	0.232	0.265	0.298	0.330
	1400	0.035	0.043	0.051	0.059	0.068	0.076	0.094	0.113	0.133	0.175	0.219	0.258	0.295	0.331	0.368
	1450	0.036	0.044	0.052	0.061	0.069	0.078	0.097	0.116	0.137	0.179	0.225	0.264	0.302	0.339	0.377
	1600	0.039	0.047	0.056	0.065	0.075	0.084	0.104	0.125	0.147	0.192	0.241	0.283	0.323	0.363	0.403
	1750	0.042	0.051	0.060	0.070	0.080	0.090	0.112	0.134	0.157	0.205	0.256	0.301	0.344	0.386	0.429
	1800	0.042	0.052	0.062	0.072	0.082	0.092	0.114	0.136	0.160	0.209	0.261	0.307	0.351	0.394	0.437
	2000	0.046	0.056	0.067	0.077	0.089	0.100	0.123	0.148	0.173	0.226	0.281	0.331	0.377	0.423	0.469
	2400	0.053	0.065	0.077	0.089	0.102	0.115	0.141	0.169	0.197	0.257	0.319	0.375	0.427	0.479	0.530
	2800	0.060	0.073	0.086	0.100	0.114	0.129	0.158	0.189	0.221	0.287	0.355	0.416	0.474	0.530	0.586
	3200	0.066	0.081	0.096	0.111	0.126	0.142	0.175	0.209	0.243	0.315	0.389	0.455	0.517	0.578	0.638
	3600	0.073	0.088	0.105	0.121	0.138	0.155	0.191	0.227	0.265	0.342	0.421	0.492	0.558	0.622	0.685
	4000	0.079	0.096	0.113	0.131	0.150	0.168	0.206	0.245	0.285	0.368	0.451	0.526	0.596	0.663	0.727
	5000	0.094	0.114	0.134	0.155	0.177	0.198	0.243	0.288	0.334	0.427	0.521	0.603	0.678	0.749	0.814
	6000	0.108	0.131	0.154	0.178	0.202	0.227	0.277	0.327	0.378	0.481	0.581	0.667	0.743	0.812	0.871
	7000	0.121	0.147	0.173	0.200	0.227	0.254	0.309	0.364	0.419	0.528	0.631	0.718	0.790	0.850	0.896
	8000	0.134	0.163	0.191	0.221	0.250	0.279	0.339	0.398	0.456	0.569	0.673	0.754	0.816	0.861	0.885
	10000	0.159	0.192	0.226	0.259	0.293	0.326	0.393	0.457	0.519	0.631	0.724	0.781	0.804	0.792	0.729
	12000	0.182	0.220	0.257	0.295	0.332	0.368	0.438	0.505	0.566	0.666	0.729	0.739	0.691	0.582	—
	14000	0.204	0.245	0.286	0.327	0.366	0.404	0.476	0.541	0.596	0.670	0.683	0.616	—	—	—

表 8-1-119（b） 5M（9mm 宽）圆弧带基本额定功率 P_0（摘自 JB/T 7512.3—2014） /kW

	Z_1	14	16	18	20	24	28	32	36	40	44	48	56	64	72	80
	d_1/mm	22.28	25.46	28.65	31.83	38.20	44.56	50.93	57.30	63.66	70.03	76.39	89.13	101.86	114.59	127.32
小带轮转速 n_1 /r·min^{-1}	20	0.004	0.005	0.006	0.007	0.009	0.011	0.013	0.015	0.017	0.020	0.023	0.027	0.031	0.034	0.038
	40	0.009	0.011	0.012	0.014	0.018	0.021	0.026	0.030	0.035	0.040	0.045	0.054	0.061	0.069	0.077
	60	0.013	0.016	0.018	0.021	0.026	0.032	0.038	0.045	0.052	0.060	0.068	0.080	0.092	0.103	0.115
	100	0.022	0.026	0.030	0.035	0.044	0.054	0.064	0.075	0.087	0.100	0.113	0.134	0.153	0.172	0.192
	200	0.045	0.053	0.061	0.069	0.088	0.107	0.128	0.150	0.174	0.199	0.226	0.268	0.306	0.345	0.383
	300	0.061	0.072	0.083	0.094	0.119	0.145	0.172	0.202	0.233	0.266	0.300	0.356	0.407	0.458	0.509
	400	0.076	0.090	0.103	0.117	0.147	0.179	0.213	0.249	0.286	0.326	0.368	0.436	0.498	0.561	0.623
	500	0.091	0.106	0.122	0.139	0.174	0.211	0.251	0.292	0.336	0.382	0.430	0.510	0.583	0.656	0.728
	600	0.104	0.122	0.140	0.159	0.199	0.241	0.286	0.334	0.383	0.435	0.489	0.580	0.662	0.745	0.827
	700	0.117	0.137	0.158	0.179	0.223	0.271	0.321	0.373	0.428	0.485	0.545	0.646	0.738	0.829	0.921
	800	0.130	0.152	0.174	0.198	0.247	0.299	0.353	0.411	0.471	0.533	0.598	0.709	0.809	0.910	1.010
	870	0.139	0.162	0.186	0.211	0.263	0.318	0.376	0.437	0.500	0.566	0.634	0.751	0.858	0.965	1.071
	900	0.142	0.166	0.191	0.216	0.269	0.326	0.385	0.447	0.512	0.580	0.650	0.769	0.879	0.987	1.096
	1000	0.154	0.180	0.206	0.234	0.291	0.352	0.416	0.483	0.552	0.625	0.699	0.828	0.945	1.062	1.178
	1160	0.173	0.201	0.231	0.262	0.326	0.393	0.464	0.537	0.614	0.694	0.776	0.918	1.047	1.176	1.304
	1200	0.177	0.207	0.237	0.268	0.334	0.403	0.475	0.551	0.629	0.710	0.794	0.939	1.072	1.204	1.334
	1400	0.199	0.232	0.266	0.301	0.375	0.451	0.532	0.615	0.702	0.791	0.884	1.044	1.191	1.336	1.480
	1450	0.205	0.239	0.274	0.309	0.384	0.463	0.545	0.631	0.720	0.811	0.905	1.071	1.220	1.368	1.515
	1600	0.221	0.257	0.295	0.333	0.414	0.498	0.586	0.677	0.771	0.869	0.969	1.144	1.303	1.461	1.617
	1750	0.236	0.275	0.315	0.356	0.442	0.532	0.625	0.722	0.822	0.925	1.030	1.215	1.384	1.550	1.713
	1800	0.242	0.281	0.322	0.364	0.451	0.543	0.638	0.736	0.838	0.943	1.050	1.239	1.410	1.578	1.745
	2000	0.262	0.305	0.349	0.394	0.488	0.586	0.688	0.794	0.902	1.014	1.128	1.329	1.511	1.689	1.864
	2400	0.301	0.350	0.400	0.451	0.558	0.669	0.784	0.902	1.024	1.148	1.274	1.479	1.697	1.891	2.079
	2800	0.338	0.393	0.449	0.506	0.625	0.748	0.874	1.004	1.137	1.272	1.408	1.649	1.863	2.067	2.262
	3200	0.374	0.434	0.496	0.559	0.688	0.822	0.960	1.100	1.242	1.386	1.531	1.786	2.008	2.217	2.411
	3600	0.409	0.474	0.541	0.609	0.749	0.893	1.040	1.190	1.340	1.492	1.644	1.908	2.134	2.340	2.526
	4000	0.443	0.513	0.585	0.658	0.808	0.961	1.116	1.274	1.431	1.589	1.745	2.015	2.238	2.436	2.604
	5000	0.523	0.605	0.688	0.772	0.943	1.115	1.288	1.459	1.628	1.792	1.951	2.212	2.402	2.541	2.623
	6000	0.598	0.690	0.783	0.877	1.064	1.250	1.433	1.610	1.778	1.973	2.084	2.301	2.411	2.434	2.358
	7000	0.669	0.769	0.870	0.971	1.171	1.365	1.550	1.722	1.880	2.019	2.137	2.268	2.245	2.084	1.766
	8000	0.735	0.843	0.950	1.057	1.264	1.459	1.637	1.794	1.927	2.031	2.101	2.100	1.882	—	—
	10000	0.854	0.972	1.088	1.199	1.403	1.577	1.714	1.804	1.842	1.819	1.729	—	—	—	—
	12000	0.956	1.078	1.193	1.299	1.476	1.594	1.643	1.609	—	—	—	—	—	—	—
	14000	1.039	1.158	1.354	1.473	1.495	1.403	—	—	—	—	—	—	—	—	—

表 8-1-119（c） 8M（20mm 宽）圆弧带基本额定功率 P_0（摘自 JB/T 7512.3—2014） /kW

Z_1		22	24	26	28	30	32	34	36	38	40	44	48	56	64	72	80
d_1/mm		56.02	61.12	66.21	71.30	76.38	81.49	86.58	91.67	96.77	101.86	112.05	122.23	142.60	162.97	183.35	203.72
小带轮转速 n_1 /r·min^{-1}	10	0.02	0.02	0.02	0.03	0.04	0.04	0.07	0.08	0.08	0.09	0.10	0.10	0.12	0.14	0.16	0.18
	20	0.04	0.04	0.05	0.06	0.07	0.08	0.14	0.14	0.16	0.17	0.19	0.19	0.22	0.26	0.30	0.33
	40	0.07	0.09	0.10	0.12	0.14	0.16	0.25	0.27	0.29	0.31	0.34	0.37	0.42	0.48	0.54	0.60
	60	0.12	0.13	0.15	0.17	0.21	0.25	0.36	0.38	0.41	0.44	0.48	0.51	0.59	0.68	0.76	0.85
	100	0.19	0.22	0.25	0.28	0.34	0.41	0.54	0.58	0.63	0.68	0.74	0.79	0.92	1.04	1.18	1.31
	200	0.37	0.41	0.47	0.55	0.66	0.78	0.96	1.04	1.12	1.21	1.31	1.42	1.63	1.86	2.08	2.31
	300	0.53	0.59	0.67	0.79	0.94	1.13	1.33	1.44	1.56	1.67	1.82	1.96	2.28	2.57	2.87	3.18
	400	0.69	0.76	0.87	1.01	1.20	1.45	1.66	1.81	1.95	2.10	2.28	2.47	2.86	3.22	3.59	3.96
	500	0.83	0.92	1.04	1.20	1.43	1.73	1.96	2.15	2.33	2.50	2.72	2.94	3.39	3.82	4.24	4.67
	600	0.98	1.07	1.20	1.38	1.64	1.99	2.25	2.47	2.68	2.87	3.13	3.37	3.90	4.37	4.85	5.32
	700	1.14	1.25	1.35	1.54	1.83	2.22	2.51	2.77	3.01	3.23	3.51	3.79	4.37	4.89	5.41	5.92
	800	1.31	1.42	1.54	1.69	1.99	2.41	2.75	3.05	3.32	3.56	3.86	4.18	4.82	5.38	5.92	6.46
	900	1.42	1.54	1.68	1.81	2.10	2.54	2.92	3.24	3.54	3.78	4.11	4.44	5.12	5.70	6.27	6.81
	1000	1.63	1.78	1.92	2.07	2.26	2.73	3.21	3.57	3.90	4.18	4.54	4.89	5.63	6.25	6.85	7.42
	1160	1.89	2.06	2.23	2.40	2.57	2.95	3.54	3.95	4.33	4.63	5.03	5.42	6.22	6.87	7.48	8.04
	1200	1.95	2.13	2.31	2.48	2.66	3.02	3.61	4.04	4.43	4.74	5.14	5.54	6.36	7.01	7.62	8.18
	1400	2.28	2.48	2.69	2.89	3.10	3.23	3.97	4.46	4.92	5.26	5.69	6.12	7.00	7.66	8.25	8.76
	1600	2.60	2.83	3.07	3.30	3.54	3.77	4.28	4.83	5.36	5.72	6.18	6.65	7.56	8.20	8.72	9.06
	1750	2.84	3.10	3.36	3.61	3.86	4.11	4.48	5.09	5.65	6.05	6.53	7.00	7.92	8.51	8.89	9.71
	2000	3.25	3.54	3.83	4.11	4.40	4.68	4.97	5.43	6.11	6.53	7.02	7.50	8.39	8.97	9.94	10.85
	2400	3.88	4.23	4.57	4.91	5.25	5.59	5.92	6.25	6.68	7.15	7.62	8.17	9.37	10.50	11.53	12.48
	2800	4.51	4.91	5.30	5.70	6.09	6.47	6.85	7.23	7.59	7.96	8.68	9.37	10.68	11.86	12.91	13.82
	3200	—	—	6.03	6.47	6.90	7.33	7.75	8.17	8.58	8.97	9.75	10.50	11.86	13.05	14.05	14.81
	3500	—	—	—	—	7.50	7.96	8.41	8.86	9.28	9.71	10.52	11.29	12.67	13.82	—	—
	4000	—	—	—	—	—	8.97	9.47	9.94	10.41	10.85	11.70	12.48	13.82	—	—	—
	4500	—	—	—	—	—	—	10.46	10.96	11.44	11.91	12.76	13.51	—	—	—	—
	5000	—	—	—	—	—	—	—	11.91	12.39	12.85	—	—	—	—	—	—
	5500	—	—	—	—	—	—	—	—	13.23	13.67	—	—	—	—	—	—

注：粗实线左下方的功率值会影响同步带的寿命。

表 8-1-119（d） 14M（40mm 宽）圆弧带基本额定功率 P_0（摘自 JB/T 7512.3—2014） /kW

Z_1		28	29	30	32	34	36	38	40	44	48	56	64	72	80
d_1/mm		124.78	129.23	133.69	142.60	151.52	160.43	169.34	178.25	196.08	213.90	249.55	285.21	320.86	365.51
小带轮转速 n_1 /r·min^{-1}	10	0.18	0.19	0.19	0.21	0.23	0.27	0.32	0.377	0.41	0.45	0.52	0.60	0.68	0.78
	20	0.37	0.38	0.39	0.42	0.46	0.53	0.63	0.75	0.83	0.90	1.05	1.20	1.35	1.57
	40	0.73	0.75	0.78	0.84	0.93	1.06	1.27	1.50	1.65	1.81	2.10	2.40	2.70	3.13
	60	1.10	1.13	1.17	1.25	1.39	1.59	1.91	2.25	2.48	2.70	3.16	3.60	4.05	4.70
	100	1.83	1.89	1.95	2.08	2.31	2.65	3.18	3.75	4.13	4.51	5.25	6.01	6.75	7.83
	200	3.65	3.77	3.91	4.12	4.63	5.30	6.36	7.34	8.25	9.00	10.50	12.00	13.50	15.64

续表

Z_1		28	29	30	32	34	36	38	40	44	48	56	64	72	80
d_1/mm		124.78	129.23	133.69	142.60	151.52	160.43	169.34	178.25	196.08	213.90	249.55	285.21	320.86	365.51
小带轮转速 n_1 /r·min^{-1}	300	5.01	5.25	5.54	5.74	6.87	7.94	9.12	9.86	11.28	13.07	15.73	17.97	20.21	22.89
	400	6.14	6.51	6.90	7.24	8.57	10.44	11.21	12.09	13.71	15.73	19.36	22.29	24.63	27.04
	500	7.19	7.67	8.17	8.65	10.15	12.23	13.11	14.10	15.88	18.05	22.13	25.24	27.83	30.50
	600	8.16	8.76	9.36	9.98	11.63	13.89	14.85	15.94	17.84	20.13	24.56	27.76	30.54	33.40
	700	9.08	9.78	10.48	11.25	13.02	15.43	16.46	17.64	19.64	22.01	26.71	29.93	32.85	35.83
	800	9.95	10.75	11.56	12.46	14.33	16.85	17.97	19.22	21.29	23.71	28.60	31.79	34.79	37.84
	870	10.54	11.41	12.27	13.27	15.21	17.80	18.96	20.25	22.37	24.80	29.80	32.94	35.96	39.16
	1000	11.59	12.57	13.55	14.72	16.76	19.64	20.69	22.05	24.21	26.65	31.76	34.73	37.73	40.72
	1160	12.81	13.92	15.02	16.40	18.54	21.31	22.63	24.06	26.23	28.63	33.75	36.37	39.25	42.01
	1200	13.11	14.25	15.37	16.80	21.75	23.08	24.53	26.69	29.08	34.17	36.73	39.52	42.19	—
	1400	14.53	15.79	17.05	18.70	20.94	23.77	25.17	26.67	28.79	31.06	35.90	37.87	40.21	42.28
	1600	15.78	17.24	18.59	20.45	22.72	25.54	26.98	28.51	30.53	32.60	37.00	38.20	39.84	—
	1750	16.84	18.25	19.66	21.65	23.92	26.71	28.17	29.70	31.60	33.49	37.40	37.91	—	—
	2000	18.40	19.84	21.29	23.46	25.69	28.38	29.83	31.32	32.97	34.47	37.31	36.44	—	—
	2400	20.82	22.08	23.52	25.83	27.91	30.30	31.66	33.00	34.72	35.14	—	—	—	—
	2800	23.48	24.11	25.30	27.52	29.34	31.31	32.47	33.53	33.72	33.33	—	—	—	—
	3200	—	26.36	26.91	28.51	29.97	31.41	32.24	32.88	—	—	—	—	—	—
	3500	—	—	28.25	29.07	29.94	30.92	31.40	—	—	—	—	—	—	—
	4000	—	—	—	30.17	29.27	—	—	—	—	—	—	—	—	—

注：粗实线左下方的功率值会影响同步带的寿命。

表 8-1-119（e） 20M（115mm 宽）圆弧带基本额定功率 P_0（摘自 JB/T 7512.3—2014） /kW

Z_1		34	36	38	40	44	48	52	56	60	64	68	72	80	90
d_1/mm		216.45	229.18	241.92	254.65	280.11	305.58	331.04	356.51	381.97	407.44	432.90	458.37	509.30	572.96
小带轮转速 n_1 /r·min^{-1}	10	2.01	2.16	2.31	2.46	2.69	2.98	3.21	3.43	3.66	3.80	4.03	4.18	4.55	5.00
	20	4.03	4.33	4.55	4.85	5.45	5.89	6.42	6.86	7.31	7.68	8.06	8.18	9.17	10.00
	30	6.04	6.49	6.86	7.31	8.13	8.88	9.62	10.29	10.97	11.49	12.09	12.61	13.73	15.07
	40	7.98	8.58	9.18	9.77	10.82	11.79	12.70	13.80	14.55	15.37	16.11	16.86	18.28	20.07
	50	10.00	10.74	11.41	12.16	13.50	14.77	15.96	17.23	18.20	19.17	20.14	21.04	22.90	25.06
	60	12.01	12.91	13.73	14.62	16.26	17.68	19.17	20.14	21.86	22.97	24.17	25.29	27.45	30.06
	80	16.04	17.23	18.28	19.47	21.63	23.57	25.59	27.53	29.17	30.66	32.15	33.64	36.55	40.06
	100	19.99	21.48	22.90	24.32	27.08	29.54	31.93	34.39	36.40	38.34	40.21	42.07	45.73	50.06
	150	30.06	32.23	34.32	36.48	40.58	44.24	47.89	51.62	54.61	57.44	60.28	63.04	68.48	74.97
	200	40.06	41.78	45.73	48.64	54.01	58.93	63.80	68.71	72.66	76.47	80.20	83.93	91.09	99.67
	300	57.96	62.29	66.17	70.35	78.93	87.80	93.53	99.14	104.66	110.04	115.26	120.40	130.40	142.34
	400	73.03	78.33	83.15	88.40	98.99	110.04	116.97	123.76	130.40	136.82	143.08	149.20	160.99	174.79
	500	87.06	93.25	98.99	105.11	117.7	130.40	138.35	146.14	153.68	160.99	168.00	174.79	187.69	202.46
	600	100.19	107.27	113.77	120.70	134.73	149.20	—	166.58	174.79	182.62	190.16	197.32	210.75	225.67
	730	116.15	124.21	131.59	139.43	155.32	171.58	—	190.38	199.11	207.31	215.00	222.23	235.21	248.57

第8篇

续表

Z_1		34	36	38	40	44	48	52	56	60	64	68	72	80	90
d_1/mm		216.45	229.18	241.92	254.65	280.11	305.58	331.04	356.51	381.97	407.44	432.90	458.37	509.30	572.96
小带轮转速 n_1 /r·min^{-1}	800	124.28	132.86	140.62	148.83	165.54	182.62	192.62	201.94	210.75	218.95	226.56	233.57	245.73	257.37
	870	132.04	141.07	149.20	157.85	175.31	193.06	203.21	212.61	221.26	229.40	236.78	243.35	254.31	263.64
	970	142.64	152.18	160.76	169.94	188.29	206.87	—	226.34	234.77	242.30	248.94	254.61	263.04	—
	1170	161.88	172.33	181.58	191.42	210.97	230.51	—	248.27	255.13	260.58	264.61	267.07	267.44	—
	1200	164.57	175.09	184.49	194.33	214.03	233.57	—	250.88	257.37	262.37	265.87	267.74	266.47	—
	1460	185.46	196.57	206.19	216.27	235.96	254.98	261.55	265.95	267.96	267.52	264.46	—	—	—
	1600	194.93	206.12	215.59	225.52	244.54	262.37	266.70	268.04	266.47	—	—	—	—	—
	1750	203.66	214.70	223.60	223.27	251.03	266.99	267.96	265.35	—	—	—	—	—	—
	2000	214.92	225.14	233.13	241.26	225.36	266.47	—	—	—	—	—	—	—	—

注：粗实线左下方的功率值会影响同步带的寿命。

1.4.4 计算实例

1.4.4.1 梯形齿同步带计算实例

设计条件：

① 原动机：额定功率 2.2kW，异步电动机；转速：$n_1=1430$r/min。

② 工作机：液体搅拌机，工作转速 $n_2=350$r/min，满载工作。

③ 中心距要求：$a\approx500$mm，带轮直径不受限制。

④ 运行要求：每天 24h。

设计计算如下：

计算项目	代号	公式及数据	单位	说明
设计功率	P_d	$P_d=K_AP=1.8\times2.2=3.96$	kW	K_A 查表 8-1-106，$K_A=1.8$
带型		根据 P_d 和 n_1 由图 8-1-10 选取 H 带型		
节距	P_b	$P_b=12.7$	mm	见表 8-1-50
小带轮齿数	Z_1	按表 8-1-52 选取 $Z_1=Z_{min}=18$		
大带轮齿数	Z_2	$Z_2=iZ_1=Z_1n_1/n_2=4.086Z_1=73.55$ 按表 8-1-65 圆整 $Z_2=72$		
小带轮节径	d_1	$d_1=P_bZ_1/\pi=72.77$	mm	
大带轮节径	d_2	$d_2=P_bZ_2/\pi=291.06$	mm	
带速	v	$v=\dfrac{\pi d_1n_1}{60000}=5.45<v_{max}$		$v_{max}=40$m/s，见表 8-1-109
节线长	L_P	$L_P=2a_o\cos\phi1\ \dfrac{\pi(d_2+d_1)}{2}+\dfrac{\pi\phi(d_2-d_1)}{180}$ $=1595.42$mm 按表 8-1-52 选择最接近的标准带长 $L_P=1600.20$，带齿数 $Z_b=126$，长度代号为 630	mm	$\phi=\arcsin\left(\dfrac{d_2-d_1}{2a}\right)=12.6°$
计算中心距 a)近似公式 b)精确公式	a	$a\approx M+\sqrt{M^2-\dfrac{1}{8}\left(\dfrac{P_b(Z_2-Z_1)}{\pi}\right)^2}$ $=502.496$mm $a=\dfrac{P_b(Z_2-Z_1)}{2\pi\cos\theta}=502.409$mm	mm	$M=\dfrac{P_b}{8}(2Z_b-Z_1-Z_2)=257.175$ $Z_b=126$ $\mathrm{inv}\theta=\pi\dfrac{Z_b-Z_2}{Z_2-Z_1}=3.1416$ 逐步逼近法 $\theta=1.3518$rad

续表

计算项目	代号	公式及数据	单位	说明
小带轮啮合齿数	Z_m	$Z_m=\text{ent}\left[\frac{Z_1}{2}-\frac{P_b Z_1}{2\pi^2 a}(Z_2-Z_1)\right]=7$		
基准额定功率	P_0	$Z_1=18, n_1=1430\text{r/min}$ 由表 8-1-111 内插法,$P_0=11.37$	kW	或 $P_0=\frac{(T_a-mv^2)v}{1000}=11.38\text{kW}$;查表 8-1-110,$T_a=2100.85\text{N}$,$m=0.448\text{kg/m}$
啮合齿数系数	K_Z	$Z_m=7\geqslant 6, K_Z=1$		
宽度系数	K_W	$K_W=\left(\frac{b_s}{b_{so}}\right)^{1.14}$		
额定功率	P_r	$P_r\approx K_Z K_W P_0=K_Z P_0\left(\frac{b_s}{b_{so}}\right)^{1.14}$	kW	
带宽	b_s	根据设计要求,$P_d\leqslant P_r$ 故带宽 $b_s\geqslant b_{so}\left(\frac{P_d}{K_Z P_0}\right)^{1.14}=30.21$ 按表 8-1-53,$b_s=38.1<d_1$	mm	查表 8-1-108,$b_{so}=76.2\text{mm}$。计算结果按表 8-1-53 确定带宽
验算工作能力	P	$P_r=\left(K_Z K_w T_a-\frac{b_s mv^2}{b_{so}}\right)\times v\times 10^{-3}=5.16\text{kW}$ $>P_d=3.96\text{kW}$,传递能力足够		$K_W=0.451$

1.4.4.2 圆弧齿同步带计算实例

设计某印刷机械用圆弧齿同步带传动系统。原动机为三相异步电动机 Y112M-4,功率 $P=4\text{kW}$,转速 $n_1=1440\text{r/min}$,从动轮转速 $n_2=450\text{r/min}$,中心距 $a_0\approx 600\text{mm}$,三班制工作,中心距可调。

设计步骤如下。

(1) 设计功率

由表 8-1-106 查得工作情况系数 $K_A=1.8$,设计功率 P_d 为:

$$P_d=K_A P=1.8\times 4\text{kW}=7.2\text{kW}$$

(2) 带型

根据 $P_d=7.2\text{kW}$、$n_1=1440\text{r/min}$,由图 8-1-15 确定带型号为 8M,节距 $P_b=8\text{mm}$。

(3) 传动比

$$i=n_1/n_2=1440/450=3.2$$

(4) 带轮直径

① 小带轮齿数 Z_1 及带轮直径。对于 8M 带型,$n_1=1440\text{r/min}$,$a_0=600\text{mm}$,结构比较紧凑,根据 $Z_1\geqslant Z_{min}$ 原则,由表 8-1-113 查得 $Z_{min}=32$,确定 $Z_1=34$,由表 8-1-98 查得小带轮节圆直径 $d_1=86.58\text{mm}$,小带轮外径 $d_{01}=85.21\text{mm}$。

② 大带轮齿数 Z_2 及带轮直径。大带轮齿数 $Z_2=iZ_1=3.2\times 34=108.8$,确定大带轮齿数 $Z_2=108$,由表 8-1-98 查得大带轮节圆直径 $d_2=275.02\text{mm}$,大带轮外径 $d_{o2}=273.65\text{mm}$。

(5) 带的节线长度

① 带的初定节线长度

$$L_0=2a_0+1.57(d_2+d_1)+\frac{(d_2-d_1)^2}{4a_0}$$
$$=2\times 600+1.57\times(275.02+86.58)+\frac{(275.02-86.58)^2}{4\times 600}=1782.5\text{mm}$$

② 带的标准节线长度。由表 8-1-90 选取 $L_P=1800\text{mm}$。

(6) 实际传动中心距

$$a=[M+\sqrt{M^2-32(d_2-d_1)^2}]/16$$

式中 $M=4L_p-6.28(d_2+d_1)=4\times 1800\text{mm}-6.28\times(275.02+86.58)\text{mm}=4929.2\text{mm}$

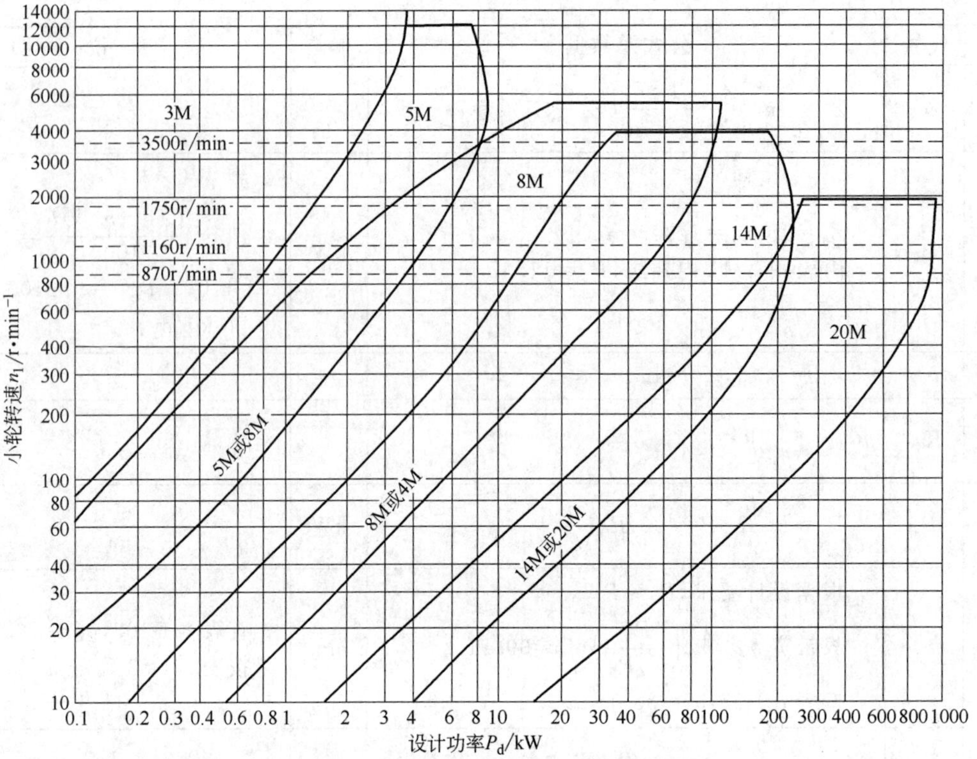

图 8-1-15　圆弧齿同步带选型图

$$a=[4929.2+\sqrt{4929.2^2-32\times(275.02-86.58)^2}]/16\text{mm}$$
$$=608.86\text{mm}$$

(7) 中心距安装量和调整量

选择单轮加挡圈形式，由表 8-1-115 查得 $I=(2.29+21.6)\text{mm}=23.89\text{mm}$，$S=1.27\text{mm}$。

中心距范围为 $(a-I)\sim(a+S)$ 即：

$$(608.86-23.89)\sim(608.86+1.27)\text{mm}$$
$$=584.97\sim610.13\text{mm}$$

(8) 带长系数

由表 8-1-116 查得带长系数 $K_L=1.10$。

(9) 啮合齿数系数

① 啮合齿数

$$Z_m=\text{ent}\left[0.5-\frac{d_2-d_1}{6a}\right]Z_1$$
$$=\text{ent}\left[0.5-\frac{275.02-86.58}{6\times608.86}\right]\times34=15$$

② 啮合齿数系数。$Z_m\geqslant6$，则 $K_Z=1$。

(10) 带的基本额定功率 P_0

由表 8-1-119 查得 $P_0=3.97\text{kW}$。

(11) 带和带轮的宽度

由表 8-1-117 查得 $b_{so}=20\text{mm}$。

$$b_s\geqslant b_{so}\sqrt[1.14]{\frac{P_d}{K_LK_ZP_0}}=20\times\sqrt[1.14]{\frac{7.2}{1.10\times1\times3.97}}$$
$$=31.01\text{mm}$$

由表 8-1-60 选取带的标准带宽 $b_s=50\text{mm}$，确定带轮基本宽度 50mm。

(12) 压轴力

① 紧边张力

$$v=\pi d_1n_1/60000=3.14\times86.58\times1440/60000\text{m/s}$$
$$=6.52\text{m/s}$$
$$F_1=1250P_d/v=1250\times7.2/6.52=1380.4\text{N}$$

② 松边张力

$$F_2=250P_d/v=250\times7.2/6.52=276.1\text{N}$$

③ 小带轮压轴力。因

$$\alpha_1\approx180°-\frac{d_2-d_1}{a}\times57.3°$$
$$=180°-\frac{275.02-86.58}{608.86}\times57.3°=162.3°$$

查图 8-1-11 可得 $K_F=0.99$，工况系数 $K_A>1.3$，则

$$Q=0.77K_F(F_1+F_2)=0.77\times0.99\times(1380.4+276.1)\text{N}=1262.7\text{N}$$

(13) 带的张紧

带的挠度 f：

$$t=\sqrt{a^2-\left(\frac{d_2-d_1}{2}\right)^2}$$

$$=\sqrt{608.86^2-\left(\frac{275.02-86.58}{2}\right)^2}=601.5\text{mm}$$

$$f=t/64=601.5/64=9.4\text{mm}$$

调整中心距，施加表 8-1-118 所示的安装力，使其产生的挠度和计算挠度相当。

根据设计要求，按照上述设计步骤，得出了以下结果。

① 同步带规格：8M 型号同步带，带齿节距 $P_b=8$mm，节线长 $L_P=1800$mm，齿数为 225，带宽 $b_s=50$mm。

② 小带轮规格：8M 型号同步带轮，双边挡圈，轮齿节距 $P_b=8$mm，齿数 $Z_1=34$，带轮基本宽度 50mm。

③ 大带轮规格：8M 型号同步带轮，轮齿节距 $P_b=8$mm，齿数 $Z_2=108$，带轮基本宽度 50mm。

④ 中心距 $a=608.86$mm。

⑤ 压轴力 $Q=1262.7$N。

⑥ 带挠度 $f=9.4$mm。

1.5 带传动的张紧、安装和使用

1.5.1 带传动的张紧

1.5.1.1 张紧方法

带传动张紧方法见表 8-1-120。

1.5.1.2 预紧力F_0的控制

在带传动中，预紧力 F_0 通常是在带与带轮的切边中点处加一垂直于带边的载荷 G，使其产生规定的挠度 f 来控制，见图 8-1-16。

表 8-1-120 带传动张紧方法

张紧方法		简图	特点和应用
调节轴间距	定期张紧	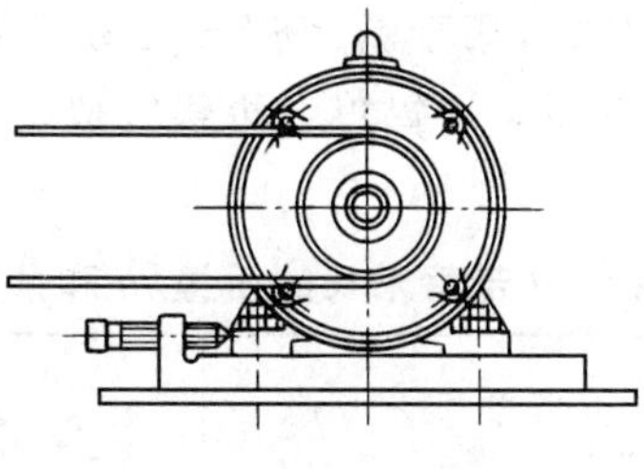 (a) 滑道式 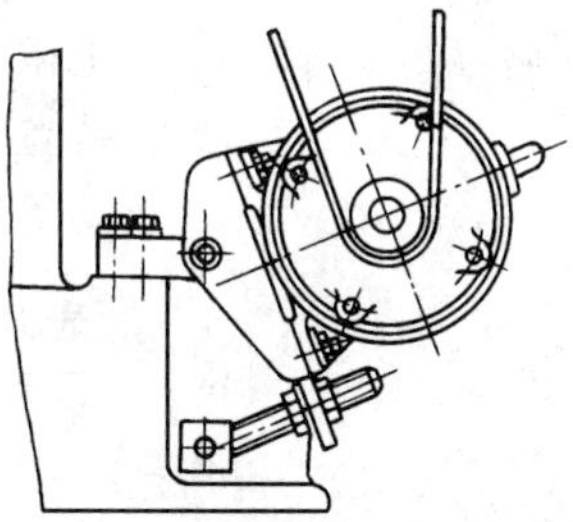 (b) 摆架式	图(a)多用于水平或接近水平的传动 图(b)多用于垂直或接近垂直的传动 二者都是最简单的通用方法
调节轴间距	自动张紧	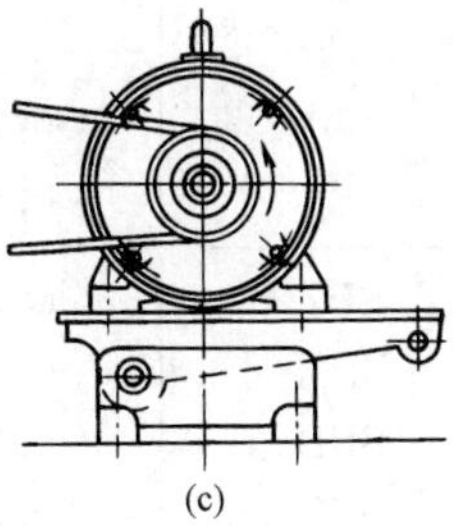 (c) 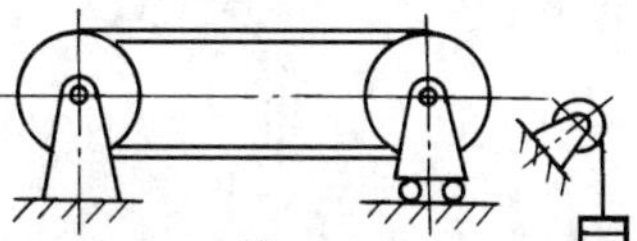 (d) 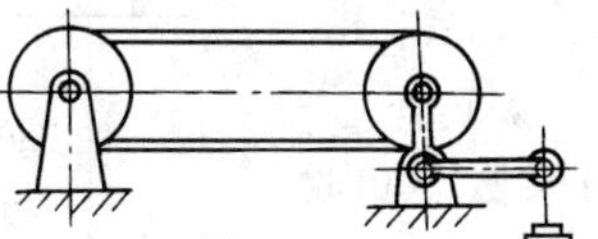 (e)	图(c)将装有带轮的电动机安装在浮动摆架上，利用电动机的自重或定子的反力矩张紧。使用时应使电动机和带轮的转向有利于减轻配重或减小偏心距 图(d)、图(e)常用于带传动的试验装置
用张紧轮	定期张紧	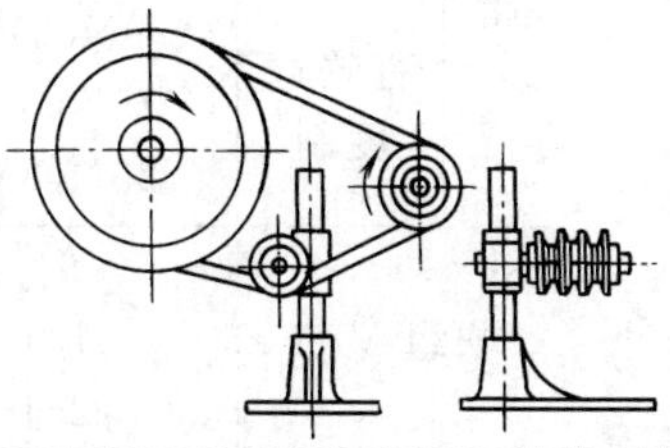	可任意调节张紧力的大小，增大包角，容易装拆，但影响带的寿命，不能逆转 张紧轮一般应在松边的内侧，靠近大带轮

续表

张紧方法		简图	特点和应用
用张紧轮	自动张紧	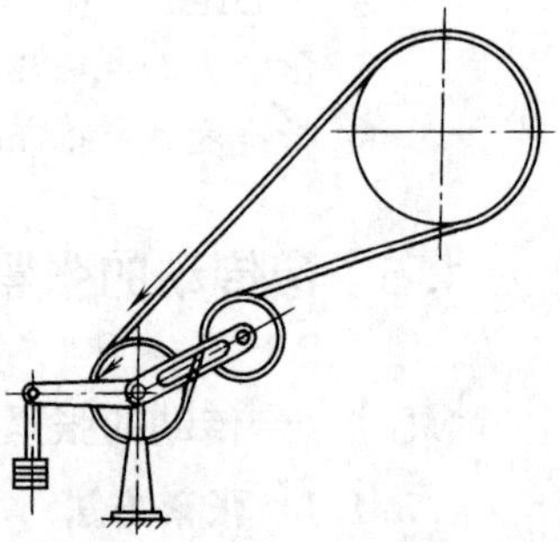	采用自动张紧时，张紧轮应安装在松边靠小带轮处，应使 $a_1 \geqslant d_1 + d_z$ $\alpha_z \leqslant 120°$ d_1——小带轮直径，mm； a_1——张紧轮与小带轮轴间距，mm； α_z——张紧轮包角，(°)
改变带长	对有接头的平带，常采取定期截去带长，使带张紧截去长度 $\Delta L = 0.01L$ mm(L——带长)		

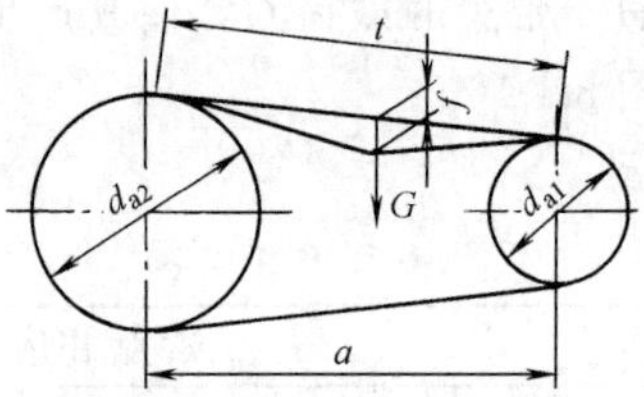

图 8-1-16　带传动预紧力的控制

切边长 t 可以实测，或用下式计算

$$t=\sqrt{a^2-\frac{(d_{a2}-d_{a1})^2}{4}}\ \text{(mm)}$$

式中　a——两轮中心距，mm；

d_{a1}，d_{a2}——小、大带轮外径 mm。

(1) V 带的预紧力 F_0　单根 V 带所需的预紧力 F_0 按下式计算

$$F_0=500\left(\frac{2.5}{K_\alpha}-1\right)\frac{P_d}{zv}+mv^2$$

式中　P_d——设计功率，kW；

z——V 带的根数；

v——带速，m/s；

K_α——包角修正系数，见表 8-1-25；

m——V 带每米长的质量，见表 8-1-95，kg/m。

对于有效宽度制的窄 V 带，上式中的系数 500 改为 450。

为了测定所需的预紧力 F_0，通常是在带的切边中点加一规定的载荷 G，使切边长每 100mm 产生 1.6mm 挠度，即通过 $f=\frac{1.6t}{100}$ 来保证。

载荷 G (N) 的值可由下式算出。

新安装的 V 带：$G=\frac{1.5F_0+\Delta F_0}{16}$

运转后的 V 带：$G=\frac{1.3F_0+\Delta F_0}{16}$

最小极限值：$G_{min}=\frac{F_0+\Delta F_0}{16}$

式中　F_0——预紧力，N；

ΔF_0——预紧力的修正值，见表 8-1-95，N。

G 值亦可以参考表 8-1-122、表 8-1-123 中 G 值的上限（高值），用于新 V 带或必须保持高张紧的传动装置（如高速、小包角、超载启动、频繁的高转矩启动等）。

表 8-1-121　V 带每米长的质量 m 和预紧力修正值 ΔF_0

带型			m /kg·m^{-1}	ΔF_0 /N
普通 V 带		Y	0.04	6
		Z	0.06	10
		A	0.10	15
		B	0.17	20
		C	0.30	29
		D	0.60	59
		E	0.87	108
窄 V 带	基准宽度制	SPZ	0.07	12
		SPA	0.12	19
		SPB	0.20	32
		SPC	0.37	55
	有效宽度制	9N(3V)	0.08	20
		15N(5V)	0.20	40
		25N(8V)	0.57	100
联组 V 带		9J	0.122	20
		15J	0.252	40
		25J	0.693	100

表 8-1-122　测定预紧力所需垂直力 G

/N·根$^{-1}$

带型		小带轮直径 d_{d1}/mm	带速 v/m·s^{-1}		
			0～10	10～20	20～30
普通V带	Z	50～100	5～7	4.2～6	3.5～5.5
		>100	7～10	6～8.5	5.5～7
	A	75～140	9.5～14	8～12	6.5～10
		>140	14～21	12～18	10～15
	B	125～200	18.5～28	15～22	12.5～18
		>200	28～42	22～33	18～27
	C	200～400	36～54	30～45	25～38
		>400	54～85	45～70	38～56
	D	355～600	74～108	62～94	50～75
		>600	108～162	94～140	75～108
	E	500～800	145～217	124～186	100～150
		>800	217～325	186～280	150～225
窄V带	SPZ	67～95	9.5～14	8～13	6.5～11
		>95	14～21	13～19	11～18
	SPA	100～140	18～26	15～21	12～18
		>140	26～28	21～32	18～27
	SPB	160～265	30～45	26～40	22～34
		>265	45～38	40～52	34～47
	SPC	224～355	58～82	48～72	40～64
		>355	82～106	72～96	64～90

表 8-1-123　测定预紧力所需垂直力 G

带型	小带轮有效直径 d_{e1}/mm	G/N·根$^{-1}$
9N 9J	67～90 >90～115 >115～150 >150	18～25 20～28 23～33 26～38
15N 15J	180～230 >230～310 >310	58～85 70～104 83～122
25N 25J	315～420 >420～520 >520	153～227 172～254 185～272

（2）平带的预紧力　普通平带的预紧力 F_0

$$F_0=F'_0bz\ (\mathrm{N})$$

式中　F'_0——每层胶帆布单位宽度的预紧力，N/mm，中心距较大、两轮连心线与水平线夹角 $\beta<60°$ 时，$F'_0=2.25$N/mm；中心距较小，两轮连心线与水平线夹角 $\beta\geqslant60°$时，$F'_0=2.0$N/mm；自动张紧时，$F'_0=2.5$N/mm；

b——带宽，mm；

z——帆布层数。

平带的预紧力也可以根据下式计算

$$F_0=500\left(\frac{3.2}{K_\alpha}-1\right)\frac{P_d}{v}+mbv^2\ (\mathrm{N})$$

式中　P_d——设计功率，kW；

v——带速，m/s；

K_α——包角修正系数，查表 8-1-45；

m——单位宽度 1m 长胶帆布带的质量，kg/(m·mm)。

为了测定所需的预紧力 F_0（$F_0=F'_0bz$），在带切边中点加载荷 G，使切边长每 100mm 产生 1mm 垂度，即 $f=\dfrac{t}{100}$来测定。

表 8-1-124、表 8-1-125 分别是测定普通平带和聚酰胺片基平带预紧力 G 值。

表 8-1-124　测定普通平带预紧力的 G 值

$\left(产生挠度\ f=\dfrac{t}{100}\mathrm{mm}\ 的载荷\ G=G'b\right)$

带型	帆布层数	单位宽度的载荷 G'/N·mm^{-1}
190	3	0.26
240	4	0.35
290	5	0.43
340	6	0.52
385	7	0.61
425	8	0.69
450	9	0.78
500	10	0.86
560	12	1.04

注：1. 按本表控制，每层胶帆布带单位宽度的预紧力 $F'_0=2.25$N/mm。

2. 轴间距小，倾斜角大于 60°时，G 值可减小 10%。

3. 自动张紧传动 G 值应增大 10%。

4. 新传动带 G 值应增大 30%～50%。

（3）同步带的预紧力 F_0　梯形齿同步带的预紧力见表 8-1-126。

表 8-1-125 测量聚酰胺片基复合平带预紧力的 G 值

$\left(\text{产生挠度 } f=\dfrac{t}{100}\text{mm 的载荷 } G=G'b\right)$

带型	单位宽度的载荷 $G'/N\cdot mm^{-1}$	带型	单位宽度的载荷 $G'/N\cdot mm^{-1}$
EL	0.02～0.03	H	0.072～0.12
L	0.03～0.05	EM	0.10～0.17
M	0.05～0.085		

注：1. 按本表控制带的预紧应力 $\sigma_0=1.8\sim3\text{MPa}$；载荷平稳取小值，载荷变动大取大值。

2. 新传动带 G 值应增大 30%～50%。

所需预紧力 F_0 的测定方法与 V 带相同，在切线中点所加的垂直载荷 G 由下式计算

$$G=\frac{F_0+\dfrac{t}{L_p}Y}{16}\ (\text{N})$$

式中 F_0——预紧力，N，见表 8-1-126；

L_p——同步带节线长，mm；

t——切边长度，mm；

Y——修正系数，见表 8-1-126。

模数制同步带预紧力的控制在切线中点加垂直载荷 $G[G=b_s(\text{N})$；b_s 为带宽(mm)]时，这时挠度 f 在表 8-1-127 范围内，即认为预紧力合适。

1.5.1.3 张紧轮

使用张紧轮将降低带的寿命，一般只用于下列情况。

(1) 小带轮包角太小。

(2) 两带轮中心距不能调整。

(3) 两轮轴心几乎在同一铅垂线上。

(4) 要求带传动能自动张紧。

(5) 防止带传动中心距大时，带产生横向跳动和拍击现象等。

表 8-1-126 梯形齿同步带的预紧力 F_0 和修正系数 Y（摘自 GB/T 11361—2018）

带型	带宽/mm		6.4	7.9	9.5	12.7	19.1	25.4	38.1	50.8	76.2	101.6	127.0
	F_0、Y 值												
XL	F_0/N	最大值	29.40	37.30	44.70								
		推荐值	13.70	19.60	25.50								
	Y		0.40	0.55	0.77								
L	F_0/N	最大值				76.5	125	175					
		推荐值				52	87	123					
	Y					4.5	7.7	11					
H	F_0/N	最大值					293	421	646	890	1392		
		推荐值					222	312	486	668	1047		
	Y						14.5	21	32	43	69		
XH	F_0/N	最大值								1009	1583	2242	
		推荐值								909	1427	2021	
	Y									86	139	200	
XXH	F_0/N	最大值								2471.5	3884	5507	7110
		推荐值								1114	1750	2479	3203
	Y									141	227	322	418

表 8-1-127 模数制同步带预紧力的挠度 f

模数 m/mm	1,1.5	2,2.5	3	4	5	7	10
挠度 f/mm	$(0.05\sim0.08)a$	$(0.04\sim0.06)a$	$(0.03\sim0.05)a$	$(0.02\sim0.03)a$	$(0.015\sim0.025)a$	$(0.01\sim0.015)a$	$(0.007\sim0.01)a$
加在切线中点处垂直载荷 G/N	$1\times b_s$（b_s 为同步带宽度，mm）						

注：a—中心距。

圆弧齿同步带预紧力的控制是在带中点处加载荷 G 时（见表 8-1-128）产生的挠度 $f=0.0156t$，t 为切边长度。

表 8-1-128　测量圆弧齿同步带预紧力时的垂直载荷 G　/N

型号	带宽 b_s/mm														
	6	9	15	20	25	30	40	50	55	85	115	170	230	290	340
3M	2	2.9	4.9												
5M		3.9	6.9	9.8	12.7	15.7									
8M				17.6		26.5		49.0		84.3					
14M							49.0		71.5	117.8	166.6	254.8			
20M											242.7	376.1	521.7	655.1	788.6

张紧轮一般应优先考虑装在带松边的内侧，使带只受单向弯曲，对带寿命影响较小，同时张紧轮还应尽量靠近大带轮，以避免过分降低带在小带轮上的包角。张紧轮装在松边外侧靠近小带轮可增大包角、提高传动能力，但由于带受交变弯曲应力，使带寿命降低。

张紧轮的直径 $d_z \geqslant (0.8 \sim 1.0) d_1$（$d_1$ 为小带轮直径，mm），张紧轮包角 $\alpha_z \leqslant 120°$。

1.5.2　带传动装置的安装

带传动安装时应注意以下几点。

（1）通常应通过调整各轮中心距的方法来装带和张紧。严禁用撬棍等工具将带强行撬入或撬出带轮。

（2）在带传动轴间距不可调、又无张紧轮的场合，安装聚酰胺片基平带时，应在带轮边缘垫布以防刮破带，并应边转动带轮边套带。安装同步带时，要在多处同时缓慢地推动带，保持带的移动平齐。

（3）用胶合或螺栓、铆钉接头或缝合的平带，其搭接方向与带轮的转向应如图 8-1-6 所示。

（4）用带扣连接的平带应使两端的同侧带边能成一直线，并且使带扣销轴与带边垂直。

（5）不同配组代号的 V 带或新旧 V 带不应同组使用。

（6）同步带传动对各轮轴线的平行度要求较高，否则会产生跑偏，跳带或引起带的早期磨损。而且支承带轮的支架和轴系部件应有足够的刚度。

1.5.3　传动带的使用

1.5.3.1　使用传动带时应注意的事项

（1）带传动不需润滑，禁止往带上加润滑油、润滑脂，当传动带沾有油脂时，应及时擦净。

（2）除皮革带、普通平带外，均禁止向带上涂防滑油膏（皮带蜡），皮革带和普通平带也最好用适当增大预紧力来解决摩擦力不足的问题，若用防滑油膏，也应只擦在带的传动面上。

（3）使用新带时，要注意使带的工作面与带轮接触，平带搭接方向与运行方向是否合适。初期运转阶段，带容易松弛，一般预紧力要大些，并及时检查调整。

（4）带传动装置如有一段时间不使用，应将传动带放松。

1.5.3.2　设计带传动装置时应注意事项

（1）水平或接近水平的开口传动中应使带的紧边在下，松边在上，可增大小带轮的包角。

（2）交叉传动中最好在交叉部位插入旋转体，避免带和带直接摩擦。

（3）如需要轴向移动的带传动，应用具有旋转辊子的拨叉与带接触，以延长带的寿命。拨叉要装在带进入从动轮之前。

（4）带传动应装设防护罩，应保证通风良好和带运转时不擦碰防护罩。

第2章

链传动

2.1 链传动类型、特点及应用

按用途不同，链条可分为传动链、输送链和曳引链，但是，有些链条既可作传动用，也可作输送或曳引用，表 8-2-1 是常见主要用于传动的链条类型、特点及应用。

短节距精密滚子链在传动链中占有主要地位，传递功率可达 100kW，链速在 15m/s 以下，效率一般为 0.94～0.96，有良好润滑的高精度链传动效率可达 0.98。

本章主要介绍短节距精密滚子链和齿形链传动的设计及有关内容。

表 8-2-1 常见主要用于传动的链条类型、特点及应用

名称	结构简图	特点	应用
传动用短节距精密滚子链（简称标准滚子链）	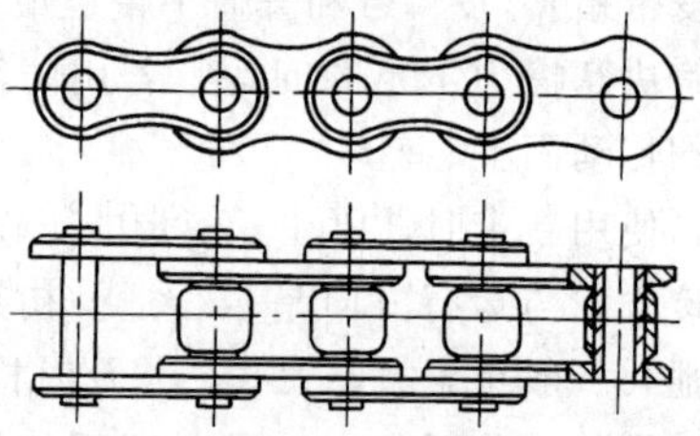	节距与滚子外径之比小于 2。组成元件都经淬硬，具有高的强度和耐久性。可组成单排，双排和多排链 标准号为 GB/T 1243—2006	应用最广泛、生产量大，从低速到较高速，从轻载到重载都适用 配上各种附件也可以用于输送
双节距精密滚子链	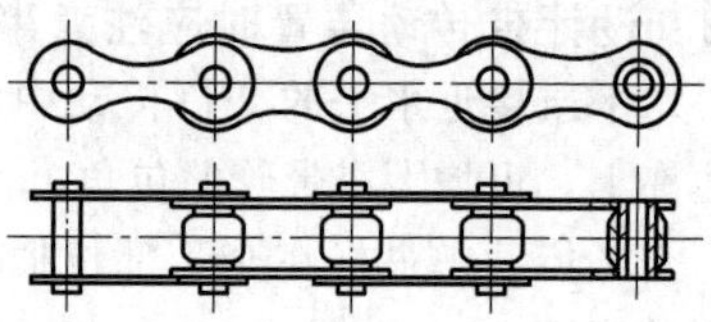	节距为短节距精密滚子链节距 2 倍以上，其余元件如滚子、套筒、销轴均相同。同样长度的链条，重量轻，经济 标准号为 GB/T 5269—2008	中小载荷，中低速和传动中心距较大的传动装置，亦可用于输送装置
弯板滚子链	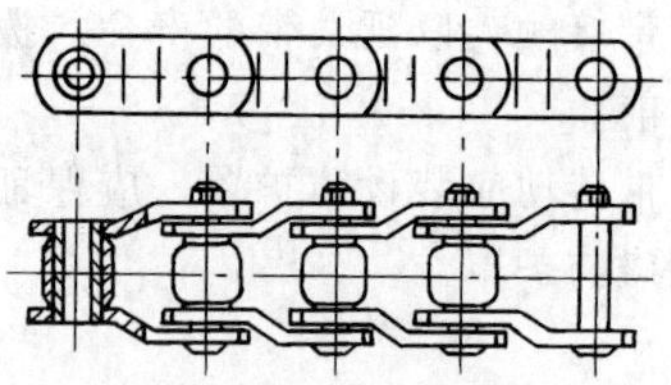	链板是弯曲的，无内外链节之分，易于缩短和接长链条，具有较高的强度，弹性好，能适应冲击载荷 标准号为 GB/T 5858—1997	主要用于低速、重载和冲击载荷较大的场合，如矿山、石油、动力铲，建筑机械等
齿形链（又称无声链）	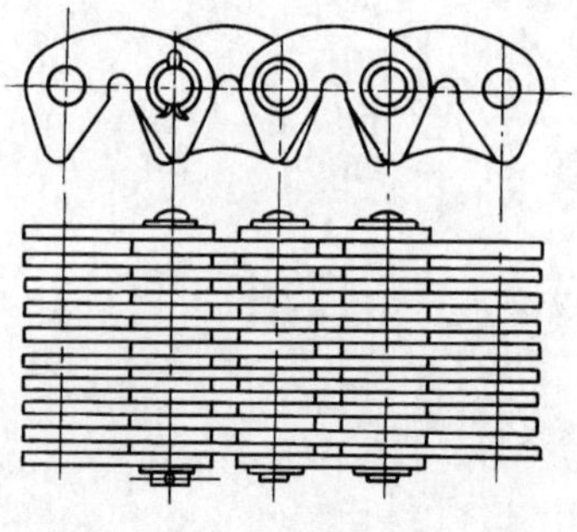	由多个齿形链片铰接而成，铰链为滚动或滑动副，链片与链轮作楔入啮合，传动平稳，无噪声，但链条自重较大，价格较高 标准号为 GB/T 10855—2016	适用于高速或运动精度和可靠性要求高的传动，也可以用于较大功率、较大传动比以及要求平稳，无噪声的传动

续表

名　称	结构简图	特　　点	应　　用
销合链	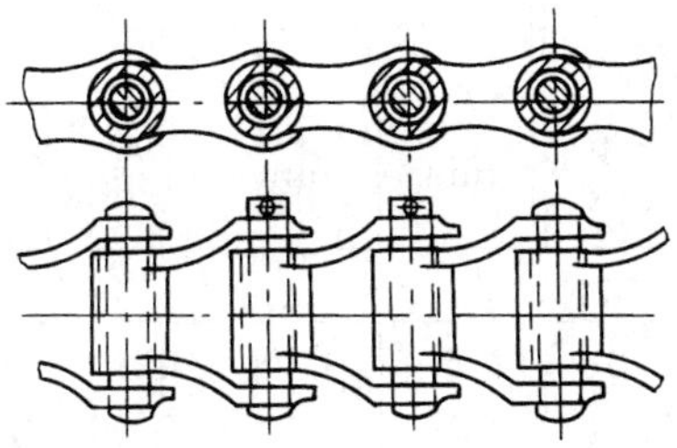	链节用耐磨性较好的可锻铸铁或球墨铸铁制成，并用钢销轴连接起来，无内外链节之分，易于接长或缩短链条，结构简单，成本低	适用于中低速、中低载以及工作环境脏污的场合，也可以用于输送或提升

2.2　滚子链传动

2.2.1　滚子链传动的基本参数和尺寸

节距是链条的基本特性参数，它是进行链传动设计计算、链长、中心距、链轮齿形尺寸等几何计算的基本参数。

传动用短节距精密滚子链标准见 GB/T 1243—2006 等效 ISO 10823：2004，其基本参数和主要尺寸见图 8-2-1 和表 8-2-2、表 8-2-3。表内链号为英制单位表示的节距，链号数乘以$\frac{25.4}{16}$（mm）即为以 mm 表示的链节距值。链号中的后缀有 A、B 两种。表示两个系列，A 系列起源于美国，流行于全世界，B 系列起源于英国，主要流行于欧洲，两种系列相互补充，在我国都已生产和使用。后缀为 H 的是加重系列。

按 GB/T 1243—2006 规定，滚子链标记方法如下：

08A-1-88　GB/T 1243—2006

- GB/T 1243—2006——标准编号
- 88——整链链节数
- 1——排数（单排 1，双排 2，三排 3）
- 08A——链号

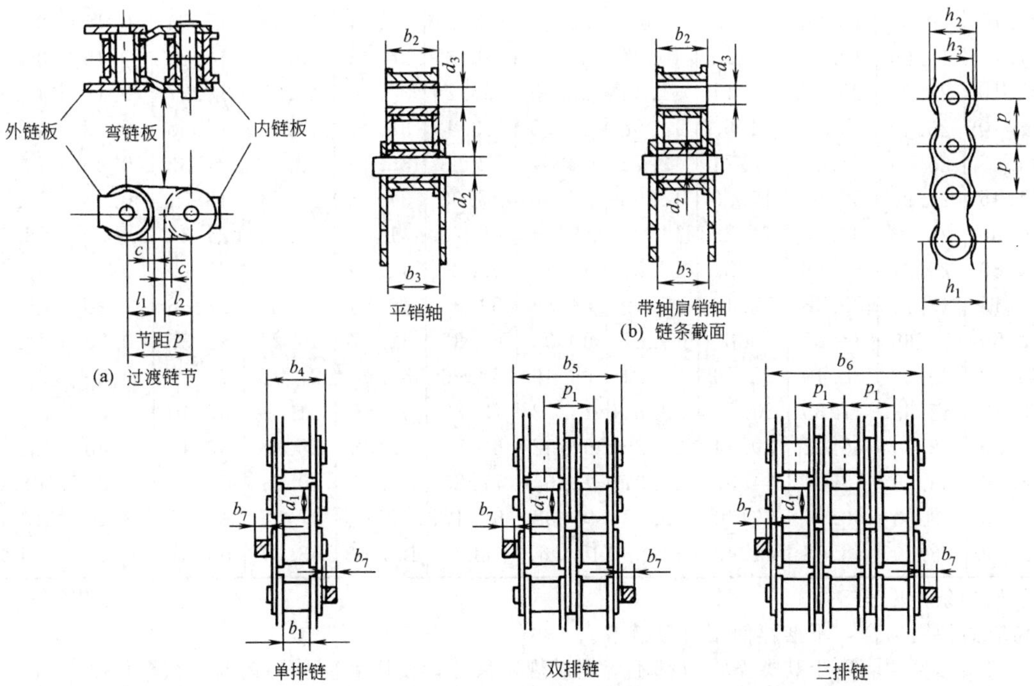

图 8-2-1　滚子链的基本参数和尺寸

尺寸 c 表示弯链板与直链板之间回转间隙。

链条通道高度 h_1 是装配好的链条要通过的通道最小高度。

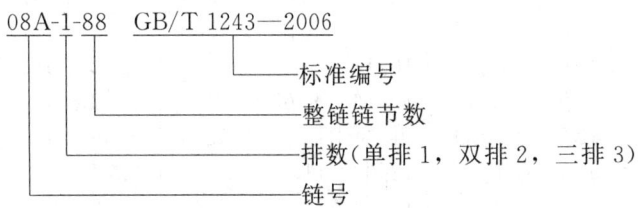

表 8-2-2　链条主要尺寸、测量力、抗拉强度

链号①	节距 p nom	滚子直径 d_1 max	内节内宽 b_1 min	销轴直径 d_2 max	套筒孔径 d_3 min	链条通道高度 h_1 min	内链板高度 h_2 max	外或中链板高度 h_3 max	过渡链节尺寸② l_1 min	过渡链节尺寸② l_2 min	过渡链节尺寸② c	排距 p_1	内节外宽 b_2 max
	mm												
04C	6.35	3.30⑦	3.10	2.31	2.34	6.27	6.02	5.21	2.65	3.08	0.10	6.40	4.80
06C	9.525	5.08⑦	4.68	3.60	3.62	9.30	9.05	7.81	3.97	4.60	0.10	10.13	7.46
05B	8.00	5.00	3.00	2.31	2.36	7.37	7.11	7.11	3.71	3.71	0.08	5.64	4.77
06B	9.525	6.35	5.72	3.28	3.33	8.52	8.26	8.26	4.32	4.32	0.08	10.24	8.53
08A	12.70	7.92	7.85	3.98	4.00	12.33	12.07	10.42	5.29	6.10	0.08	14.38	11.17
08B	12.70	8.51	7.75	4.45	4.50	12.07	11.81	10.92	5.66	6.12	0.08	13.92	11.30
081	12.70	7.75	3.30	3.66	3.71	10.17	9.91	9.91	5.36	5.36	0.08	—	5.80
083	12.70	7.75	4.88	4.09	4.14	10.56	10.30	10.30	5.36	5.36	0.08	—	7.90
084	12.70	7.75	4.88	4.09	4.14	11.41	11.15	11.15	5.77	5.77	0.08	—	8.80
085	12.70	7.77	6.25	3.60	3.62	10.17	9.91	8.51	4.35	5.03	0.08	—	9.06
10A	15.875	10.16	9.40	5.09	5.12	15.35	15.09	13.02	6.61	7.62	0.10	18.11	13.84
10B	15.875	10.16	9.65	5.08	5.13	14.99	14.73	13.72	7.11	7.62	0.10	16.59	13.28
12A	19.05	11.91	12.57	5.96	5.98	18.34	18.10	15.62	7.90	9.15	0.10	22.78	17.75
12B	19.05	12.07	11.68	5.72	5.77	16.39	16.13	16.13	8.33	8.33	0.10	19.46	15.62
16A	25.40	15.88	15.75	7.94	7.96	24.39	24.13	20.83	10.55	12.20	0.13	29.29	22.60
16B	25.40	15.88	17.02	8.28	8.33	21.34	21.08	21.08	11.15	11.15	0.13	31.88	25.45
20A	31.75	19.05	18.90	9.54	9.56	30.48	30.17	26.04	13.16	15.24	0.15	35.76	27.45
20B	31.75	19.05	19.56	10.19	10.24	26.68	26.42	26.42	13.89	13.89	0.15	36.45	29.01
24A	38.10	22.23	25.22	11.11	11.14	36.55	36.2	31.24	15.80	18.27	0.18	45.44	35.45
24B	38.10	25.40	25.40	14.63	14.68	33.73	33.4	33.40	17.55	17.55	0.18	48.36	37.92
28A	44.45	25.40	25.22	12.71	12.74	42.67	42.23	36.45	18.42	21.32	0.20	48.87	37.18
28B	44.45	27.94	30.99	15.90	15.95	37.46	37.08	37.08	19.51	19.51	0.20	59.56	46.58
32A	50.80	28.58	31.55	14.29	14.31	48.74	48.26	41.68	21.04	24.33	0.20	58.55	45.21
32B	50.80	29.21	30.99	17.81	17.86	42.72	42.29	42.29	22.20	22.20	0.20	58.55	45.57
36A	57.15	35.71	35.48	17.46	17.49	54.86	54.30	46.86	23.65	27.36	0.20	65.84	50.85
40A	63.50	39.68	37.85	19.85	19.87	60.93	60.33	52.07	26.24	30.36	0.20	71.55	54.88
40B	63.50	39.37	38.10	22.89	22.94	53.49	52.96	52.96	27.76	27.76	0.20	72.29	55.75
48A	76.20	47.63	47.35	23.81	23.84	73.13	72.39	62.49	31.45	36.40	0.20	87.83	67.81
48B	76.20	48.26	45.72	29.24	29.29	64.52	63.88	63.88	33.45	33.45	0.20	91.21	70.56
56B	88.90	53.98	53.34	34.32	34.37	78.64	77.85	77.85	40.61	40.61	0.20	106.60	81.33
64B	101.60	63.50	60.96	39.40	39.45	91.08	90.17	90.17	47.07	47.07	0.20	119.89	92.02
72B	114.30	72.39	68.58	44.48	44.53	104.67	103.63	103.63	53.37	53.37	0.20	136.27	103.81

① 重载系列链条详见表 8-2-3。
② 对于高应力使用场合，不推荐使用过渡链节。
③ 止锁件的实际尺寸取决于其类型，但都不应超过规定尺寸，使用者应从制造商处获取详细资料。
④ 动载强度值不适用于过渡链节，连接链节或带有附件的链条。
⑤ 双排链和三排链的动载试验不能用单排链的值按比例套用。
⑥ 动载强度值是基于 5 个链节的试样，不含 36A，40A，40B，48A，48B，56B，64B 和 72B，这些链条是基于
⑦ 套筒直径。

及动载强度（摘自 GB/T 1243—2006）

外节内宽 b_3 min	销轴长度			止锁件附加宽度③ b_7 max	测量力			抗拉强度 F_u			动载强度④~⑥ 单排 F_d min
	单排 b_4 max	双排 b_5 max	三排 b_6 max		单排	双排	三排	单排 min	双排 min	三排 min	
mm					N			kN			N
4.85	9.1	15.5	21.8	2.5	50	100	150	3.5	7.0	10.5	630
7.52	13.2	23.4	33.5	3.3	70	140	210	7.9	15.8	23.7	1410
4.90	8.6	14.3	19.9	3.1	50	100	150	4.4	7.8	11.1	820
8.66	13.5	23.8	34.0	3.3	70	140	210	8.9	16.9	24.9	1290
11.23	17.8	32.3	46.7	3.9	120	250	370	13.9	27.8	41.7	2480
11.43	17.0	31.0	44.9	3.9	120	250	370	17.8	31.1	44.5	2480
5.93	10.2	—	—	1.5	125	—	—	8.0	—	—	
8.03	12.9	—	—	1.5	125	—	—	11.6	—	—	
8.93	14.8	—	—	1.5	125	—	—	15.6	—	—	
9.12	14.0	—	—	2.0	80	—	—	6.7	—	—	1340
13.89	21.8	39.9	57.9	4.1	200	390	590	21.8	43.6	65.4	3850
13.41	19.6	36.2	52.8	4.1	200	390	590	22.2	44.5	66.7	3330
17.81	26.9	49.8	72.6	4.6	280	560	840	31.3	62.6	93.9	5490
15.75	22.7	42.2	61.7	4.6	280	560	840	28.9	57.8	86.7	3720
22.66	33.5	62.7	91.9	5.4	500	1000	1490	55.6	111.2	166.8	9550
25.58	36.1	68.0	99.9	5.4	500	1000	1490	60.0	106.0	160.0	9530
27.51	41.1	77.0	113.0	6.1	780	1560	2340	87.0	174.0	261.0	14600
29.14	43.2	79.7	116.1	6.1	780	1560	2340	95.0	170.0	250.0	13500
35.51	50.8	96.3	141.7	6.6	1110	2220	3340	125.0	250.0	375.0	20500
38.05	53.4	101.8	150.2	6.6	1110	2220	3340	160.0	280.0	425.0	19700
37.24	54.9	103.6	152.4	7.4	1510	3020	4540	170.0	340.0	510.0	27300
46.71	65.1	124.7	184.3	7.4	1510	3020	4540	200.0	360.0	530.0	27100
45.26	65.5	124.2	182.9	7.9	2000	4000	6010	223.0	446.0	669.0	34800
45.70	67.4	126.0	184.5	7.9	2000	4000	6010	250.0	450.0	670.0	29900
50.90	73.9	140.0	206.0	9.1	2670	5340	8010	281.0	562.0	843.0	44500
54.94	80.3	151.9	223.5	10.2	3110	6230	9340	347.0	694.0	1041.0	53600
55.88	82.6	154.9	227.2	10.2	3110	6230	9340	355.0	630.0	950.0	41800
67.87	95.5	183.4	271.3	10.5	4450	8900	13340	500.0	1000.0	1500.0	73100
70.69	99.1	190.4	281.6	10.5	4450	8900	13340	560.0	1000.0	1500.0	63600
81.46	114.6	221.2	327.8	11.7	6090	12190	20000	850.0	1600.0	2240.0	88900
92.15	130.9	250.8	370.7	13.0	7960	15920	27000	1120.0	2000.0	3000.0	106900
103.94	147.4	283.7	420.0	14.3	10100	20190	33500	1400.0	2500.0	3750.0	132700

3 个链节的试样，链条最小动载强度的计算方法见 GB/T 1243—2006 的附录 C。

表 8-2-3 ANSI 重载系列链条主要尺寸、测量力、抗拉强度及动载强度（摘自 GB/T 1243—2006）

链号	节距 p nom	滚子直径 d_1 max	内节内宽 b_1 min	销轴直径 d_2 max	套筒孔径 d_3 min	链条通道高度 h_1 min	内链板高度 h_2 max	外或中链板高度 h_3 max	过渡链节尺寸① l_1 min	过渡链节尺寸① l_2 min	过渡链节尺寸① c	排距 p_1	内节外宽 b_2 max
	mm												
60H	19.05	11.91	12.57	5.96	5.98	18.34	18.10	15.62	7.90	9.15	0.10	26.11	19.43
80H	25.40	15.88	15.75	7.94	7.96	24.39	24.13	20.83	10.55	12.20	0.13	32.59	24.28
100H	31.75	19.05	18.90	9.54	9.56	30.48	30.17	26.04	13.16	15.24	0.15	39.09	29.10
120H	38.10	22.23	25.22	11.11	11.14	36.55	36.2	31.24	15.80	18.27	0.18	48.87	37.18
140H	44.45	25.40	25.22	12.71	12.74	42.67	42.23	36.45	18.42	21.32	0.20	52.20	38.86
160H	50.80	28.58	31.55	14.29	14.31	48.74	48.26	41.66	21.04	24.33	0.20	61.90	46.88
180H	57.15	35.71	35.48	17.46	17.49	54.86	54.30	46.86	23.65	27.36	0.20	69.16	52.50
200H	63.50	39.68	37.85	19.85	19.87	60.93	60.33	52.07	26.24	30.36	0.20	78.31	58.29
240H	76.20	47.63	47.35	23.81	23.84	73.13	72.39	62.49	31.45	36.40	0.20	101.22	74.54

链号	外节内宽 b_3 min	销轴长度 单排 b_4 max	销轴长度 双排 b_5 max	销轴长度 三排 b_6 max	止锁件附加宽度② b_7 max	测量力 单排	测量力 双排	测量力 三排	抗拉强度 F_u 单排 min	抗拉强度 F_u 双排 min	抗拉强度 F_u 三排 min	动载强度③,④,⑤ 单排 F_d min
	mm					N			kN			N
60H	19.48	30.2	56.3	82.4	4.6	280	560	840	31.3	62.6	93.9	6330
80H	24.33	37.4	70.0	102.6	5.4	500	1000	1490	55.6	112.2	166.8	10700
100H	29.16	44.5	83.6	122.7	6.1	780	1560	2340	87.0	174.0	261.0	16000
120H	37.24	55.0	103.9	152.8	6.6	1110	2220	3340	125.0	250.0	375.0	22200
140H	38.91	59.0	111.2	163.4	7.4	1510	3020	4540	170.0	340.0	510.0	29200
160H	46.94	69.4	131.3	193.2	7.9	2000	4000	6010	223.0	446.0	669.0	36900
180H	52.55	77.3	146.5	215.7	9.1	2670	5340	8010	281.0	562.0	843.0	46900
200H	58.34	87.1	165.4	243.7	10.2	3110	6230	9340	347.0	694.0	1041.0	58700
240H	74.60	111.4	212.6	313.8	10.5	4450	8900	13340	500.0	1000.0	1500.0	84400

① 对于高应力使用场合，不推荐使用过渡链节。

② 止锁件的实际尺寸取决于其类型，但都不应超过规定尺寸，使用者应从制造商处获取详细资料。

③ 动载强度值不适用于过渡链节、连接链节或带有附件的链条。

④ 双排链和三排链的动载试验不能用单排链的值按比例套用。

⑤ 动载强度值是基于 5 个链节的试样，不含 180H、200H、240H，这些链条是基于 3 个链节的试样。链条最小动载强度的计算方法见 GB/T 1243—2006 的附录 C。

带止锁件的单排、双排或三排链条的全宽由下列公式确定。

a）对于铆头的链条，如果止锁件仅在一侧时：

$$(b_4+b_7)\text{或}(b_5+b_7)\text{或}(b_6+b_7)$$

b）对于铆头的链条，如果止锁件在两侧时：

$$(b_4+2b_7)\text{或}(b_5+2b_7)\text{或}(b_6+2b_7)$$

c）对于销轴露头的链条，如果止锁件仅在一侧时：

$$(b_4+1.6b_7)\text{或}(b_5+1.6b_7)\text{或}(b_6+1.6b_7)$$

d）对于销轴露头的链条，如果止锁件在两侧时：

$$(b_4+3.2b_7)\text{或}(b_5+3.2b_7)\text{或}(b_6+3.2b_7)$$

对于三排以上链条的全宽由下列公式确定：

$$b_4+p_1(\text{链条排数}-1)$$

双节距精密滚子链是由部分短节距传动用精密滚子链（GB/T 1243）派生的链条，因此它们除了在节距上为双倍关系外，链节尺寸不少是相同的。

双节距链条的使用与派生它的短节距链条相比，其所承受繁重工作能力，在传递功率及运转速度上应相对降低。双节距滚子链的基本参数与尺寸见表 8-2-4。

表 8-2-4　双节距滚子链的基本参数和主要尺寸（摘自 GB/T 5269—2008）

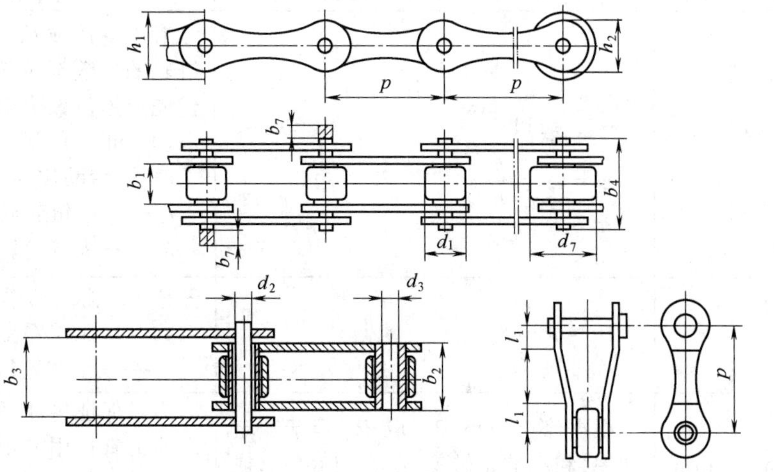

链号	节距 p	小滚子直径 d_1 max	大滚子直径① d_7 max	内链节内宽 b_1 min	销轴直径 d_2 max	套筒内径 d_3 min	链条通道高度 h_1 min	链板高度 h_2 max	过渡链板尺寸② l_1 min	内链节外宽 b_2 max	外链节内宽 b_3 min	销轴长度 b_4 max	销轴止锁端加长的量③ b_7 max	测量力	抗拉载荷 min
	mm													N	kN
208A	25.4	7.95	15.88	7.85	3.98	4.00	12.33	12.07	6.9	11.17	11.31	17.8	3.9	120	13.9
208B	25.4	8.51	15.88	7.75	4.45	4.50	12.07	11.81	6.9	11.30	11.43	17.0	3.9	120	17.8
210A	31.75	10.16	19.05	9.4	5.09	5.12	15.35	15.09	8.4	13.84	13.97	21.8	4.1	200	21.8
210B	31.75	10.16	19.05	9.65	5.08	5.13	14.99	14.73	8.4	13.28	13.41	19.6	4.1	200	22.2
212A	38.1	11.91	22.23	12.57	5.96	5.98	18.34	18.10	9.9	17.75	17.88	26.9	4.6	280	31.3
212B	38.1	12.07	22.23	11.68	5.72	5.77	16.39	16.13	9.9	15.62	15.75	22.7	4.6	280	28.9
216A	50.8	15.88	28.58	15.75	7.94	7.96	24.39	24.13	13	22.60	22.74	33.5	5.4	500	55.6
216B	50.8	15.88	28.58	17.02	8.28	8.33	21.34	21.08	13	25.45	25.58	36.1	5.4	500	60.0
220A	63.5	19.05	39.67	18.90	9.54	9.56	30.48	30.17	16	27.45	27.59	41.1	6.1	780	87.0
220B	63.5	19.05	39.67	19.56	10.19	10.24	26.68	26.42	16	29.01	29.14	43.2	6.1	780	95.0
224A	76.2	22.23	44.45	25.22	11.11	11.14	36.55	36.20	19.1	35.45	35.59	50.8	6.6	1110	125.0
224B	76.2	25.4	44.45	25.40	14.63	14.68	33.73	33.40	19.1	37.92	38.05	53.4	6.6	1110	160.0
228B	88.9	27.94	—	30.99	15.9	15.95	37.46	37.08	21.3	46.58	46.71	65.1	7.4	1510	200.0
232B	101.6	29.21	—	30.99	17.81	17.86	42.72	42.29	24.4	45.57	45.70	67.4	7.9	2000	250.0

① 大滚子主要用在输送链上，但有时传动链上也用。大滚子链在链号后加“L”来表示。

② 对于繁重工况，推荐不在链条上使用过渡链节。

③ 实际尺寸取决于止锁件形式，但不得超过该尺寸，详细资料应向制造厂索取。

2.2.2　滚子链传动的设计计算

已知：(1) 传递功率；(2) 小链轮、大链轮的转速；(3) 主动和从动机械的类型、载荷性质；(4) 中心距要求和布置；(5) 环境条件。

表 8-2-5　滚子链传动的设计计算（摘自 GB/T 18150—2006）

序号	计算项目	符号	单位	计算公式及参数选择	说　　明
1	小链轮齿数 大链轮齿数	z_1 z_2		$z_{\min}=17$ $z_{\max}=114$ $z_2=iz_1=\frac{n_1}{n_2}z_1$	对于高速或承受冲击载荷的链传动，小链轮的齿数至少选 25 齿，并齿面应淬硬。优先选用齿数为 17、19、21、23、25、38、57、71、95 和 114 i——传动比 n_1——小链轮转速，r/min n_2——大链轮转速，r/min
2	修正功率	P_c	kW	$P_c=Pf_1f_2$	P——输入功率，kW f_1——工况系数，查表 8-2-6 f_2——小链轮齿数系数，见图 8-2-2
3	链条节距	p	mm	根据修正功率 P_c（取 P_c 等于额定功率）和小链轮转速 n_s 查图 8-2-3，或图 8-2-4 选用合适的节距	为了保证传动平稳，结构紧凑，特别是在高速下宜选用节距小的链条。高速功率大时，可选用小节距的双排或多排链，但应注意多排链传动对脏污和误差比较敏感
4	初定中心距	a_0	mm	一般推荐 $a_0=(30\sim50)p$，脉动载荷、无张紧轮时取 $a_0<25p$ $a_{0\max}=80p$ $a_{0\min}$： i：<4 时，$a_{0\min}=0.2z_1(i+1)p$；$\geqslant4$ 时，$a_{0\min}=0.33z_1(i-1)p$	有张紧装置或托板时，$a_{0\max}$ 可以大于 $80p$ 对于中心距不可调整的链传动 $a_{0\min}\approx30p$ 左边 $a_{0\min}$ 计算式可以保持小链轮上包角大于 120°，且大小链轮不会相碰
5	链长节数	X_0		$X_0=\frac{2a_0}{p}+\frac{z_1+z_2}{2}+\frac{f_3p}{a_0}$ 式中　$f_3=\left(\frac{\lvert z_2-z_1\rvert}{2\pi}\right)^2$ f_3 也可由表 8-2-7 查得	X_0 应圆整成整数 X，并且取偶数，以避免使用过渡链节。有过渡链节的链条（X 为奇数时），其极限拉伸载荷为正常值的 80%
6	链条长度	L	m	$L=\frac{Xp}{1000}$ X_0 圆整成 X	X——实际链条节数
7	最大中心距（理论中心距）	a	mm	当 $z_1=z_2=z$ 时（$i=1$） $a=p\left(\frac{X-z}{2}\right)$ 当 $z_1\neq z_2$ 时（$i\neq1$） $a=f_4p[2X-(z_1+z_2)]$	f_4 见表 8-2-8
8	实际中心距	a'	mm	$a'=a-\Delta a$ 通常： $\Delta a=(0.002\sim0.004)a$	Δa 应保证链条松边有合适的垂直度 $f=(0.01\sim0.03)a$ 对中心距不可调整和没有张紧装置的链传动，Δa 取较小值，中心距可调整时，Δa 取较大值
9	链速	v	m/s	$v=\frac{z_1n_1p}{60\times1000}=\frac{z_2n_2p}{60\times1000}$	$v\leqslant0.6$m/s 为低速传动 $v>0.6\sim8$m/s 为中速传动 $v>8$m/s 为高速传动

续表

序号	计算项目	符号	单位	计算公式及参数选择	说　明
10	有效圆周力	F	N	$F=\frac{1000P}{v}$	
11	作用在轴上的力	F_Q	N	对水平传动和倾斜传动 $F_Q=(1.15\sim1.2)f_1F$ 对接近垂直的传动 $F_Q=1.05f_1F$	
12	润滑方式				见图 8-2-6、表 8-2-9
13	小链轮包角	α_1	(°)	$\alpha_1=180°-\frac{(z_2-z_1)p}{\pi a'}\times57.3°$	要求 $\alpha_1\geqslant120°$

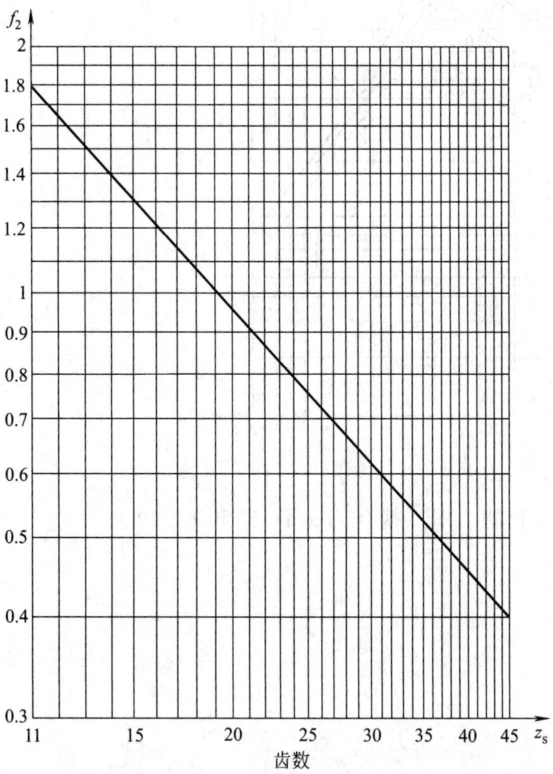

图 8-2-2　小链轮齿数系数 f_2

2.2.3　滚子链传动的静强度计算

对于 $v<0.6$m/s 的低速链传动，因抗拉静强度不够而破坏的概率很大，通常进行抗拉静强度计算。

$$n=\frac{F_u}{f_1F+F_c+F_f}\geqslant[n]$$

式中　n——链的抗拉静强度的计算安全系数；

F_u——链条极限拉伸载荷，N，见表 8-2-2，表 8-2-3；

f_1——应用系数，见表 8-2-6；

F——有效圆周力，N，见表 8-2-5；

F_c——离心力引起的拉力，N，$F_c=qu^2$；

q——链条每米质量，kg/m，见表 8-2-2，表 8-2-3；

v——链速，m/s；

F_f——悬垂拉力，N，选用 F'_f、F''_f 中较大者；

$$F'_f=K_fqa\times10^{-2}$$

$$F''_f=(K_f+\sin\alpha)qa\times10^{-2}$$

K_f——系数，见图 8-2-7；

a——链传动中心距，mm；

α——两轮中心连线对水平面的倾斜角；

$[n]$——许用安全系数，一般取 4～8；如果按最大尖峰载荷 F_{max} 代替 f_1F 进行计算，则可为 3～6；对于速度较低，从动系统惯性较小，不太重要的传动或作用力的计算比较准确时，$[n]$ 可取较小值。

2.2.4　滚子链链轮

2.2.4.1　链轮的基本参数和主要尺寸

滚子链链轮的基本参数和主要尺寸见表 8-2-10。

2.2.4.2　齿槽齿形

滚子链与链轮的啮合属于非共轭啮合，其链轮齿形设计可以有较大灵活性，GB/T 1243—2006 中没有规定具体的链轮齿形，仅仅规定了最大和最小齿槽形状及其极限参数，见表 8-2-12，凡在两个极限齿槽形状之间的各种标准齿形均可采用，实际齿槽形状取决于刀具和加工方法，但要求处于最大和最小齿侧圆弧半径之间，在对应于滚子定位圆弧角处与滚子定位圆弧应平滑连接。目前较为流行的三圆弧-直线齿形（或称凹齿形）其几何尺寸计算见表 8-2-13，当选用这种齿形并用相应的标准刀具加工时，链轮齿形在工作图上可以不画出，只需要注明链轮基本参数和主要尺寸，并注明“齿形按 3R GB/T 1244—1985 规定制造”即可。链轮也可以用渐开线齿廓链轮滚刀所切制的齿形，滚刀齿形见 GB/T 1243—2006 附录 B 规定的刀具（见表 8-2-14）进行加工。

第 8 篇

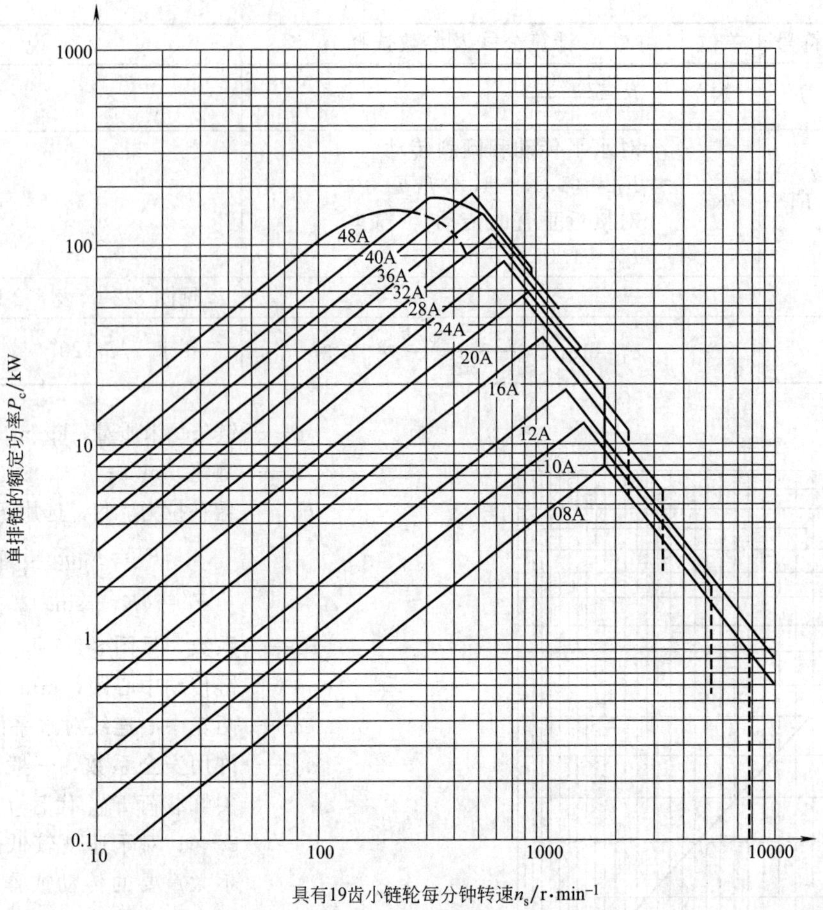

图 8-2-3 符合 GB/T 1243 A 系列单排链条的典型承载能力图（摘自 GB/T 18150—2006）

注：1. 双排链的额定功率可由单排链的 P_c 值乘以 1.7 得到。

2. 三排链的额定功率可由单排链的 P_c 值乘以 2.5 得到。

3. 本图是在下列条件下作出。

① 安装在水平平行轴的两链轮链传动。

② 小链轮齿数 $z_1=19$。

③ 无过渡链节的单排链。

④ 链条长度为 120 个链节。

⑤ 传动比（1∶3）～（3∶1）。

⑥ 链条预期使用寿命为 15000h。

⑦ 工作温度在－5～70℃之间。

⑧ 链轮正确对中，链条调节保持正确。

⑨ 运转平稳，绝无过载、振动或频繁启动现象。

⑩ 清洁和适当的润滑。

表 8-2-6 工况系数 f_1（摘自 GB/T 18150—2006）

载荷种类	工作机	原动机		
		电动机、汽轮机、燃气轮机、带液力偶合器的内燃机	内燃机（≥6 缸）、频繁起动电动机	带机械联轴器的内燃机（＜6 缸）
平稳运转	液体搅拌机、离心式泵和压缩机、风机、均匀给料的带式输送机、印刷机械、自动扶梯	1.0	1.1	1.3

续表

载荷种类	工作机	原动机		
		电动机、汽轮机、燃气轮机、带液力偶合器的内燃机	内燃机（≥6缸）、频繁起动电动机	带机械联轴器的内燃机（<6缸）
中等振动	固液比大的搅拌机、不均匀负载的输送机、多缸泵和压缩机、滚筒筛	1.4	1.5	1.7
严重振动	电铲、轧机、橡胶机械、压力机、剪床、刨床、石油钻机、单缸或双缸泵和压缩机、破碎机、矿山机械、振动机械、锻压机械、冲床	1.8	1.9	2.1

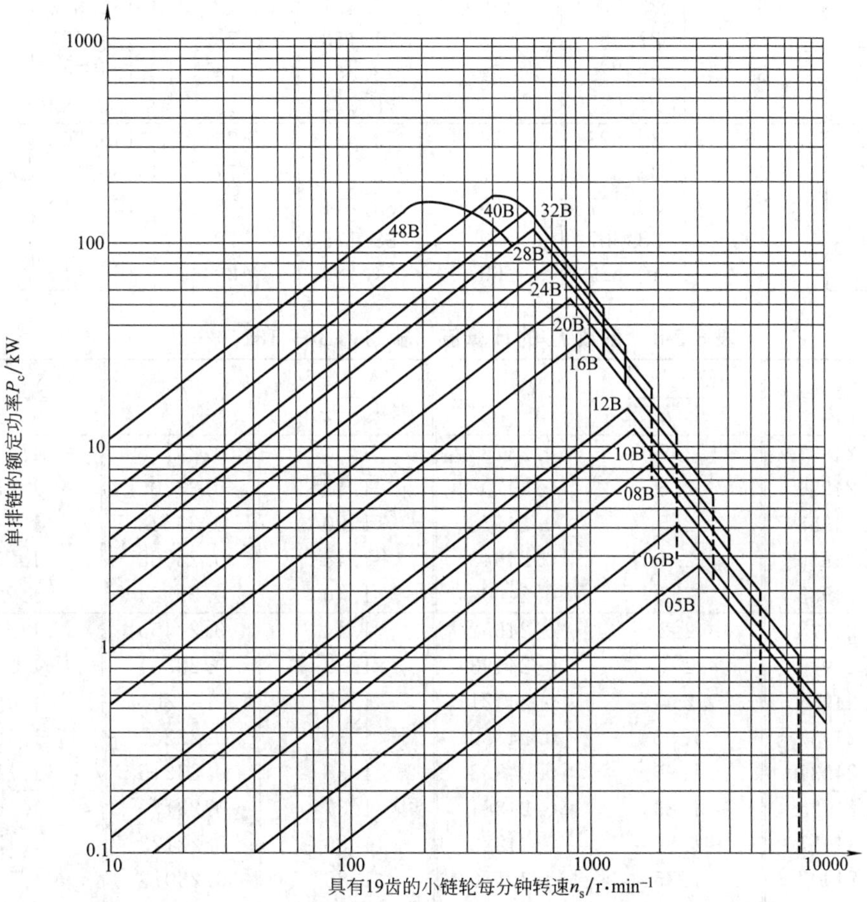

图 8-2-4 符合 GB/T 1243 B 系列单排链条的典型承载能力图（摘自 GB/T 18150—2006）

注：1. 双排链的额定功率可由单排链的 P_c 值乘以 1.7 得到。

2. 三排链的额定功率可由单排链的 P_c 值乘以 2.5 得到。

2.2.4.3 轴向齿廓

链轮的轴向齿廓尺寸见表 8-2-14。

2.2.4.4 链轮结构

小尺寸的链轮一般做成整体结构，见表 8-2-15；中等与大型尺寸的链轮则制成腹板式单排铸造链轮（见表 8-2-16）及腹板式多排铸造链轮（见表 8-2-17）。也可采用齿圈式的焊接结构或装配结构，见图 8-2-8。

表 8-2-7　系数 f_3 的计算值（摘自 GB/T 18150—2006）

$\|z_2-z_1\|$	f_3	$\|z_2-z_1\|$	f_3	$\|z_2-z_1\|$	f_3	$\|z_2-z_1\|$	f_3	$\|z_2-z_1\|$	f_3
1	0.0253	21	11.171	41	42.580	61	94.254	81	166.191
2	0.1013	22	12.260	42	44.683	62	97.370	82	170.320
3	0.2280	23	13.400	43	46.836	63	100.536	83	174.500
4	0.4053	24	14.590	44	49.040	64	103.753	84	178.730
5	0.6333	25	15.831	45	51.294	65	107.021	85	183.011
6	0.912	26	17.123	46	53.599	66	110.339	86	187.342
7	1.241	27	18.466	47	55.955	67	113.708	87	191.724
8	1.621	28	19.859	48	58.361	68	117.128	88	196.157
9	2.052	29	21.303	49	60.818	69	120.598	89	200.640
10	2.533	30	22.797	50	63.326	70	124.119	90	205.174
11	3.065	31	24.342	51	65.884	71	127.690	91	209.759
12	3.648	32	25.938	52	68.493	72	131.313	92	214.395
13	4.281	33	27.585	53	71.153	73	134.986	93	219.081
14	4.965	34	29.282	54	73.863	74	138.709	94	223.187
15	5.699	35	31.030	55	76.624	75	142.483	95	228.605
16	6.485	36	32.828	56	79.436	76	146.308	96	233.443
17	7.320	37	34.677	57	82.298	77	150.184	97	238.333
18	8.207	38	36.577	58	85.211	78	154.110	98	243.271
19	9.144	39	38.527	59	88.175	79	158.087	99	248.261
20	10.132	40	40.529	60	91.189	80	162.115	100	253.302

表 8-2-8　系数 f_4 的计算值（摘自 GB/T 18150—2006）

$\left\|\frac{X-z_s}{z_2-z_1}\right\|$	f_4	$\left\|\frac{X-z_s}{z_2-z_1}\right\|$	f_4	$\left\|\frac{X-z_s}{z_2-z_1}\right\|$	f_4	$\left\|\frac{X-z_s}{z_2-z_1}\right\|$	f_4
13	0.24991	2.7	0.24735	1.54	0.23758	1.26	0.22520
12	0.24990	2.6	0.24708	1.52	0.23705	1.25	0.22443
11	0.24988	2.5	0.24678	1.50	0.23648	1.24	0.22361
10	0.24986	2.4	0.24643	1.48	0.23588	1.23	0.22275
9	0.24983	2.3	0.24602	1.46	0.23524	1.22	0.22185
8	0.24978	2.2	0.24552	1.44	0.23455	1.21	0.22090
7	0.24970	2.1	0.24493	1.42	0.23381	1.20	0.21990
6	0.24958	2.0	0.24421	1.40	0.23301	1.19	0.21884
5	0.24937	1.95	0.24380	1.39	0.23259	1.18	0.21771
4.8	0.24931	1.90	0.24333	1.38	0.23215	1.17	0.21652
4.6	0.24925	1.85	0.24281	1.37	0.23170	1.16	0.21526
4.4	0.24917	1.80	0.24222	1.36	0.23123	1.15	0.21390
4.2	0.24907	1.75	0.24156	1.35	0.23073	1.14	0.21245
4.0	0.24896	1.70	0.24081	1.34	0.23022	1.13	0.21090
3.8	0.24883	1.68	0.24048	1.33	0.22968	1.12	0.20923
3.6	0.24868	1.66	0.24013	1.32	0.22912	1.11	0.20744
3.4	0.24849	1.64	0.23977	1.31	0.22854	1.10	0.20549
3.2	0.24825	1.62	0.23938	1.30	0.22793	1.09	0.20336
3.0	0.24795	1.60	0.23897	1.29	0.22729	1.08	0.20104
2.9	0.24778	1.58	0.23854	1.28	0.22662	1.07	0.19848
2.8	0.24758	1.56	0.23807	1.27	0.22593	1.06	0.19564

注：对减速传动，小链轮齿数 z_s＝主动链轮齿数 z_1。

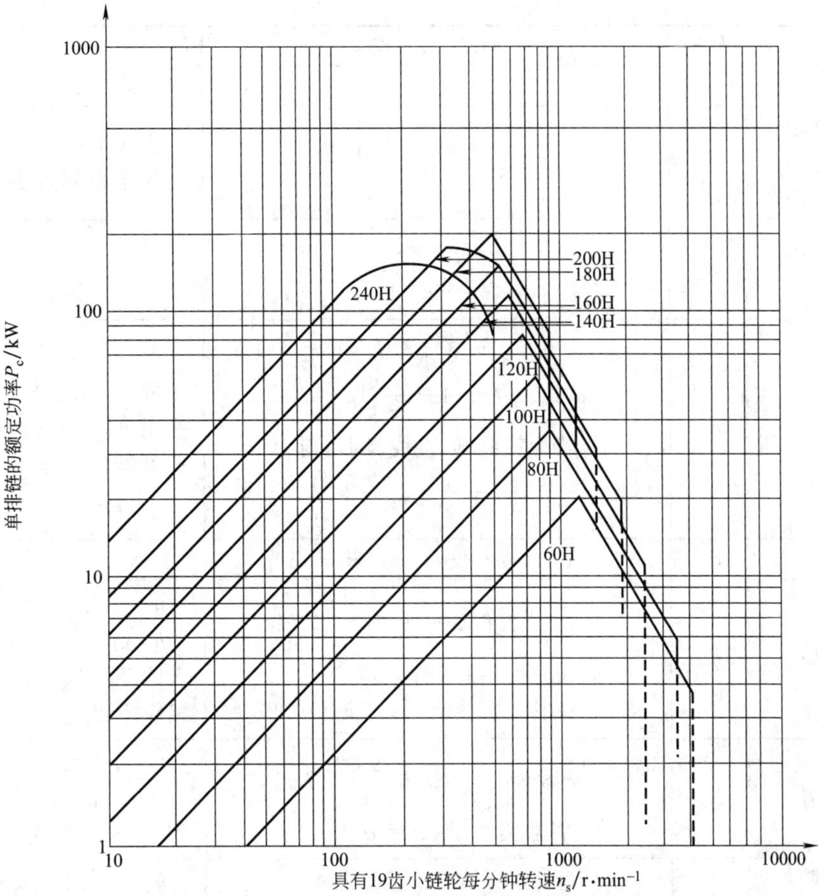

图 8-2-5　符合 GB/T 1243 A 系列重载单排链条的典型承载能力图（摘自 GB/T 18150—2006）

注：1. 双排链的额定功率可由单排链的 P_c 值乘以 1.7 得到。

2. 三排链的额定功率可由单排链的 P_c 值乘以 2.5 得到。

表 8-2-9　链传动应采用润滑油的黏度等级

环境温度 t/℃	$-5\leqslant t\leqslant 5$	$5<t\leqslant 25$	$25<t\leqslant 45$	$45<t\leqslant 70$
润滑油黏度等级	VG 68 (SAE 20)	VG 100 (SAE 30)	VG 150 (SAE 40)	VG 220 (SAE 50)

注：应保证润滑油不含污物，特别是不能有磨料性微粒存在。

表 8-2-10　滚子链链轮的基本参数和主要尺寸（摘自 GB/T 1243—2006）　　/mm

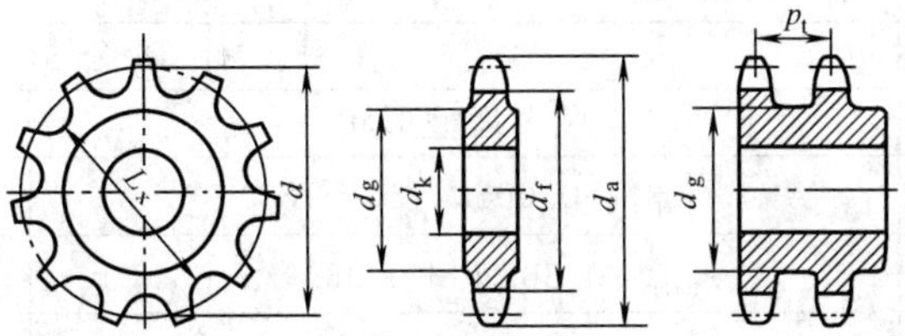

第8篇

续表

名称			符号	计算公式	说明
基本参数	链轮齿数		z		查表 8-2-5
	配用链条的	节距	p		表 8-2-2
		排距	p_t		加重系列查表 8-2-3
		滚子外径	d_1		
主要尺寸	分度圆直径		d	$d=\dfrac{p}{\sin\dfrac{180°}{z}}$	
	齿顶圆直径		d_a	$d_{a\max}=d+1.25p-d_1$ $d_{a\min}=d+\left(1-\dfrac{1.6}{z}\right)p-d_1$ 若为三圆弧-直线齿形，则 $d_a=p\left(0.54+\cot\dfrac{180°}{z}\right)$	可在 $d_{a\max}$ 与 $d_{a\min}$ 范围内选取，但当选用 $d_{a\max}$ 时，应注意用展成法加工时有可能发生顶切
	齿根圆直径		d_f	$d_f=d-d_1$	
	分度圆弦齿高		h_a	$h_{a\max}=\left(0.625+\dfrac{0.8}{z}\right)p-0.5d_1$ $h_{a\min}=0.5(p-d_1)$ 若为三圆弧-直线齿形，则 $h_a=0.27p$	h_a 见表 8-2-11 插图 h_a 是为简化放大齿形图的绘制而引入的辅助尺寸，$h_{a\max}$ 相应于 $d_{a\max}$；$h_{a\min}$ 相应于 $d_{a\min}$
	最大齿根距离		L_x	奇数齿：$L_x=d\cos\dfrac{90°}{z}-d_1$ 偶数齿：$L_x=d_f=d-d_1$	
	齿侧凸缘（或排间槽）直径		d_g	$d_g\leqslant p\cot\dfrac{180°}{z}-1.04h_2-0.76$	h_2——内链板高度，查表 8-2-2，加重系列查表 8-2-3

注：d_a，d_g 值取整数，其他尺寸精确到 0.01mm。

表 8-2-11　滚子链链轮齿槽形状参数（摘自 GB/T 1243—2006）

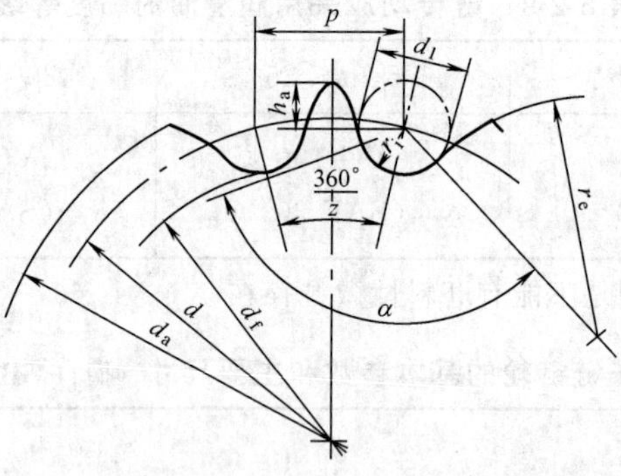

名称	符号	单位	计算公式	
			最大齿槽形状	最小齿槽形状
齿侧圆弧半径	r_e	mm	$r_{e\min}=0.008d_1(z^2+180)$	$r_{e\max}=0.12d_1(z+2)$
滚子定位圆弧半径	r_i	mm	$r_{i\max}=0.505d_1+0.069\sqrt[3]{d_1}$	$r_{i\min}=0.505d_1$
滚子定位角	α	(°)	$\alpha_{\min}=120°-\dfrac{90°}{z}$	$\alpha_{\max}=140°-\dfrac{90°}{z}$

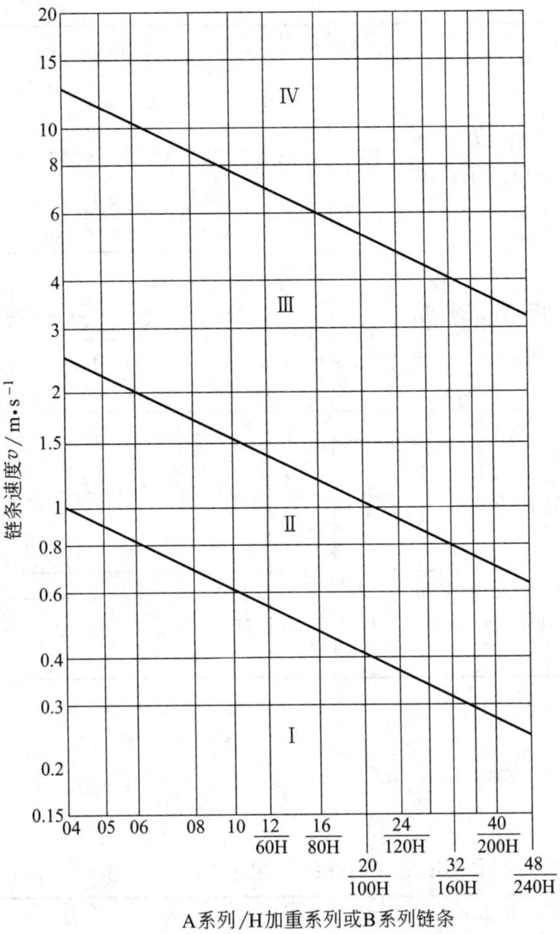

图 8-2-6　润滑方式的选择图（摘自 GB/T 18150—2006）

范围Ⅰ：用油壶或油刷由人工定期润滑。

范围Ⅱ：滴油润滑。

范围Ⅲ：油池润滑或油盘飞溅润滑。

范围Ⅳ：油泵压力供油润滑，带过滤器，必要时带油冷却器。

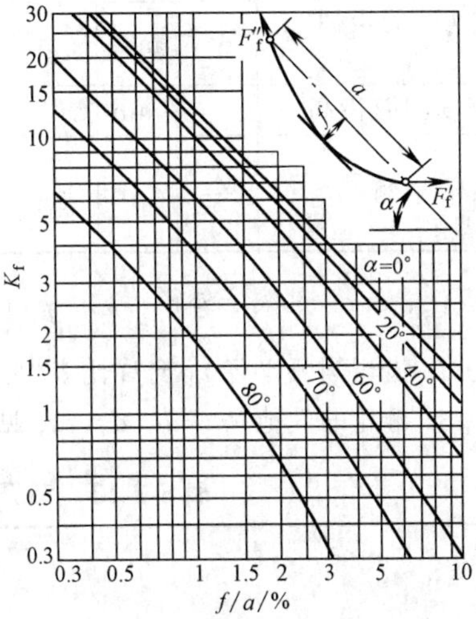

图 8-2-7　悬垂拉力的确定

表 8-2-12　三圆弧-直线齿槽形状

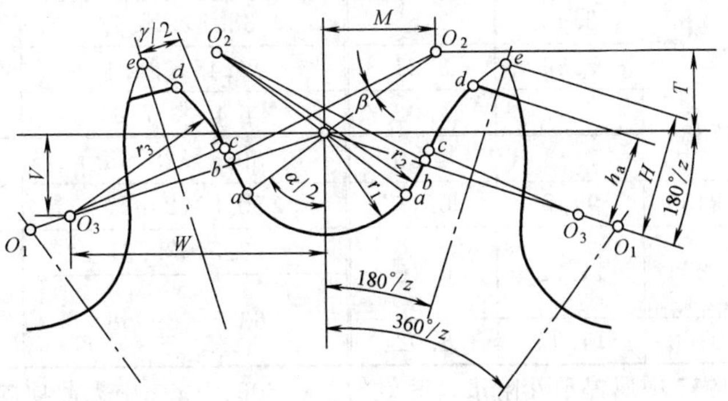

续表

名称	符号	单位	计算公式
齿顶圆直径	d_a	mm	$d_a=p\left(0.54+\cot\dfrac{180^\circ}{z}\right)$
齿沟圆弧半径	r_1	mm	$r_1=0.5025d_1+0.05$
齿沟半角	$\dfrac{\alpha}{2}$	(°)	$\dfrac{\alpha}{2}=55^\circ-\dfrac{60^\circ}{z}$
工作段圆弧半径	r_2	mm	$r_2=1.3025d_1+0.05$
工作段圆弧中心角	β	(°)	$\beta=18^\circ-\dfrac{56^\circ}{z}$
齿顶圆弧中心 O_3 的坐标	W	mm	$W=1.3d_1\cos\dfrac{180^\circ}{z}$
	V	mm	$V=1.3d_1\sin\dfrac{180^\circ}{z}$
分度圆弦齿高	h_a	mm	$h_a=0.27p$
齿形半角	$\dfrac{\gamma}{2}$	(°)	$\dfrac{\gamma}{2}=17^\circ-\dfrac{64^\circ}{z}$
工作段圆弧中心 O_2 的坐标	M	mm	$M=0.8d_1\sin\dfrac{\alpha}{2}$
	T		$T=0.8d_1\cos\dfrac{\alpha}{2}$
齿顶圆弧半径	r_3	mm	$r_3=d_1(1.3\cos\dfrac{\gamma}{2}+0.8\cos\beta-1.3025)-0.05$
工作段直线部分长度	bc	mm	$b_c=d_1(1.3\sin\dfrac{\gamma}{2}-0.8\sin\beta)$
e 点至齿沟圆弧中心连线的距离	H	mm	$H=\sqrt{r_3^2-\left(1.3d_1-\dfrac{p_0}{2}\right)^2}$

注：1. d_1 是滚子外径，$p_0=p\left(1+\dfrac{2r_1-d_1}{d}\right)$。

2. 齿沟圆弧半径 r_1 允许比表中公式计算值大 $0.0015d_1+0.06$(mm)。

3. 链轮的其他尺寸 d、d_f、d_g 见表 8-2-10。

表 8-2-13　渐开线齿廓链轮滚刀法齿形尺寸（摘自 GB/T 1243—2006 附录 B）　/mm

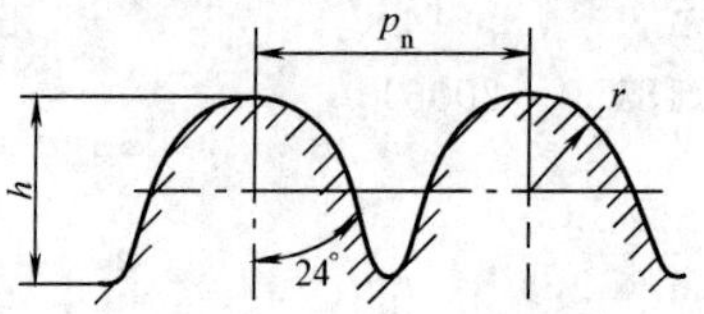

规格 链节距×滚子直径	p_n	h	r	规格 链节距×滚子直径	p_n	h	r
6.35×3.3	6.3792	3.64	1.67	31.75×19.05	31.8961	18.55	9.62
8×5	8.0368	4.70	2.53	38.1×22.23	38.2753	22.17	11.23
9.525×5.08	9.5688	5.48	2.57	38.1×25.4		22.62	12.83
9.525×6.35		5.66	3.21	44.45×25.4	44.6545	25.79	12.83
12.7×7.95	12.7584	7.47	4.02	44.45×27.94		26.15	14.11
12.7×8.51		7.55	4.30	50.8×28.58	51.0337	29.41	14.43
15.875×10.16	15.9480	9.37	5.13	50.8×29.21		29.50	14.75
19.05×11.91	19.1376	11.22	6.10	63.5×39.37	63.7921	37.33	20.04
19.05×12.07				63.5×39.68			
25.4×15.88	25.5168	14.93	8.02				

注：本表在 GB/T 1243—1997 中属提示性附录，等效的 ISO 606：1994 中无此项内容，目的在于方便使用者，它转摘自 JB/T 7427—1994《滚子链和套筒链链轮滚刀》。

表 8-2-14　滚子链链轮轴向齿廓尺寸（摘自 GB/T 1243—2006）　/mm

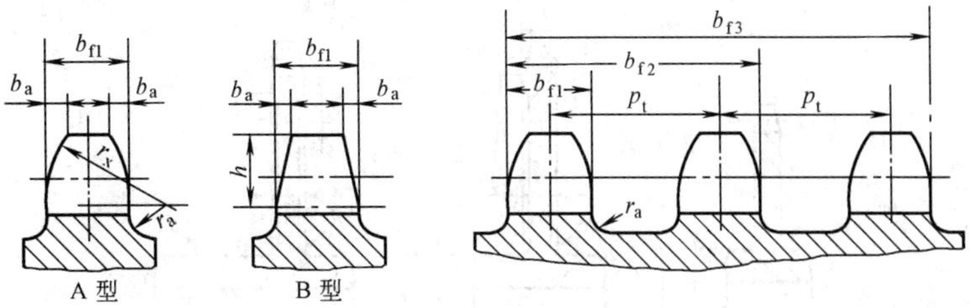

名　　称		符号	计　算　公　式		说　　明
			$p \leqslant 12.7$	$p > 12.7$	
齿宽	单排	b_{f1}	$0.93b_1$	$0.95b_1$	$p>12.7$ 时，经制造厂同意，亦可使用 $p \leqslant 12.7$ 时的齿宽 b_1——内链节内宽，查表 8-2-2、重系列查表 8-2-3
	双排、三排		$0.91b_1$	$0.93b_1$	
齿侧倒角		b_a	$b_{a公称}=0.06p$		适用于 081、083、084 规格链条
			$b_{a公称}=0.13p$		适用于其余 A 或 B 系列链条
齿侧半径		r_x	$r_{x公称}=p$		
齿侧凸缘（或排间槽）圆角半径		r_a	$r_a \approx 0.04p$		$p \leqslant 31.75$mm 时可取 r_a 为 1.5mm
齿全宽		b_{fm}	$b_{fm}=(m-1)p_t+b_{f1}$		m——排数 p_t——排距，查表 8-2-2
倒角深		h	$h=0.5p$		仅适用于 B 型

表 8-2-15　整体式钢制小链轮主要结构尺寸　/mm

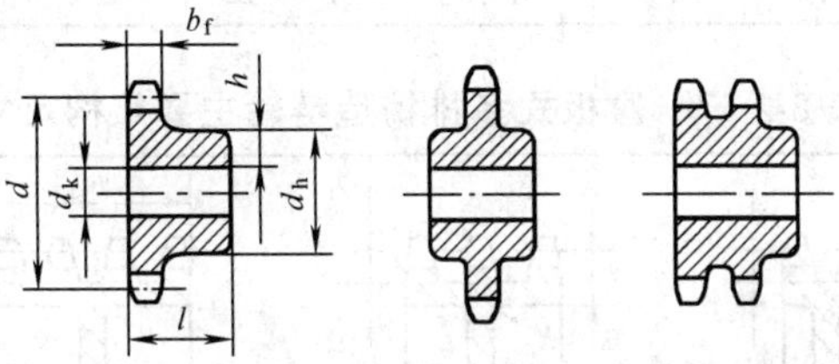

名　　称	符号	结构尺寸（参考）
轮毂厚度	h	$h=K+\frac{d_k}{6}+0.01d$ 常数 K： d：<50 / 50～100 / 100～150 / >150 K：3.2 / 4.8 / 6.4 / 9.5
轮毂长度	l	$l=3.3h$ $l_{min}=2.6h$
轮毂直径	d_h	$d_h=d_k+2h$ $d_{h\,max}<d_g$，d_g 见表 8-2-11
齿　　宽	b_f	见表 8-2-15

表 8-2-16　腹板式单排铸造链轮主要结构尺寸

/mm

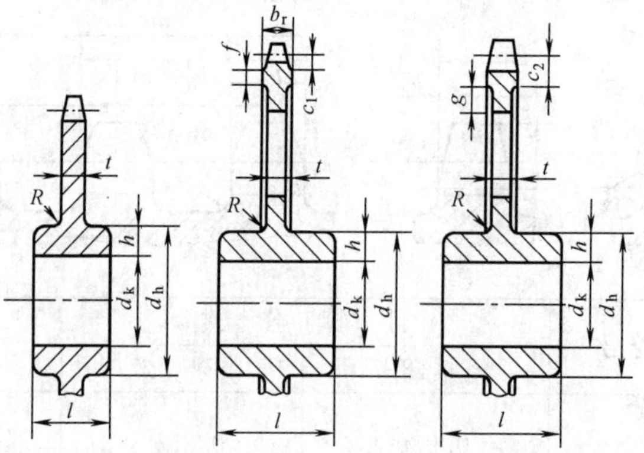

p=9.525～15.875　　$p\geqslant$19.05

$z\leqslant$80　　$z>$80　　z 不限

名　称	符号	结构尺寸(参考)											
轮毂厚度	h	$h=9.5+\frac{d_k}{6}+0.01d$											
轮毂长度	l	$l=4h$											
轮毂直径	d_h	$d_h=d_k+2h$,$d_{hmax}<d_g$,d_g 查表 8-2-10											
齿侧凸缘宽度	b_r	$b_r=0.625p+0.93b_1$,b_1——内链节内宽,见表 8-2-2、表 8-2-3											
轮缘部分尺寸	c_1	$c_1=0.5p$											
	c_2	$c_2=0.9p$											
	f	$f=4+0.25p$											
	g	$g=2t$,t——腹板厚度											
圆角半径	R	$R=0.04p$											
腹板厚度	t	p	9.525	12.7	15.875	19.05	25.4	31.75	38.1	44.45	50.8	63.5	76.2
		t	7.9	9.5	10.3	11.1	12.7	14.3	15.9	19.1	22.2	28.6	31.8

表 8-2-17　腹板式多排铸造链轮主要结构尺寸

/mm

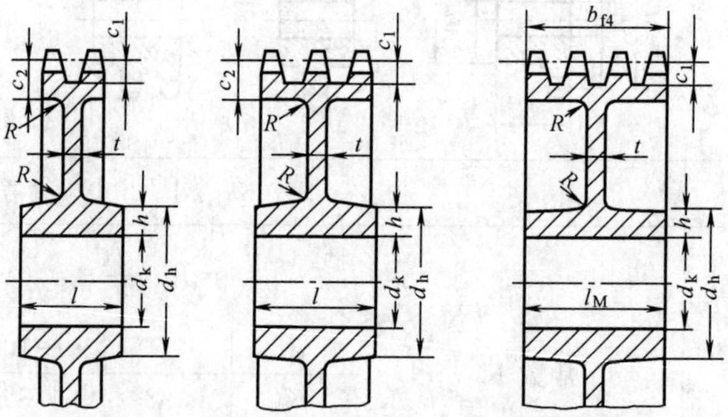

名　　称	符号	结构尺寸(参考)											
轮毂长度	l	$l=4h$;对四排链 $l_M=b_{f4}$,b_{f4} 见表 8-2-14											
腹板厚度	t	p	9.525	12.7	15.875	19.05	25.4	31.75	38.1	44.45	50.8	63.5	76.2
		t	9.5	10.3	11.1	12.7	14.3	15.9	19.1	22.2	25.4	31.8	38.1
圆角半径	R	$R=0.5t$											
其余结构尺寸		同表 8-2-16											

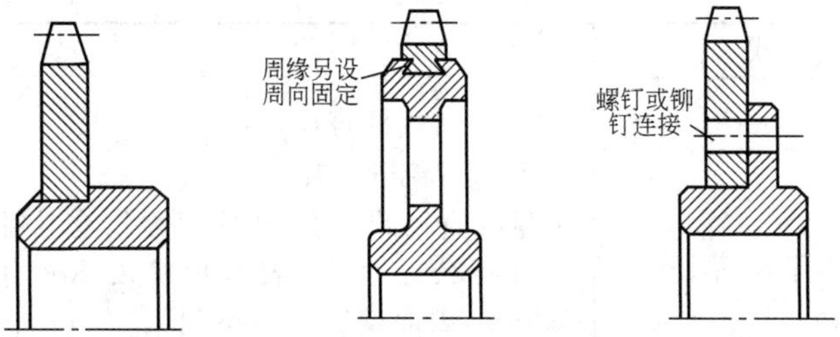

图 8-2-8 齿圈式的焊接结构或装配结构

2.2.4.5 链轮的材料及热处理

链轮常用材料及热处理方式见表 8-2-18。

2.2.4.6 链轮的公差

滚子链轮的公差见表 8-2-19～表 8-2-22（也适用于双节距滚子链）。对于一般用途的滚子链链轮，其轮齿经机械加工后，表面粗糙度 R_a 为 6.3μm。

2.2.4.7 双节距滚子链链轮

双节距滚子链链轮可以设计成单切齿与双切齿两种形式，图 8-2-9 中实线所示的齿槽为单切齿、虚线所示为双切齿，双切齿链轮的每两个链轮齿间容纳一个链节。因此，如果链轮有 22 齿，则实际参与啮合为 11 个齿。如果是 23 个齿，则每转一周后，参与啮合的齿数要更迭，即各齿的磨损机会趋向均匀。与链条滚子实现接触的链轮齿数为有效齿数，单切齿链轮的齿数为有效齿数，双切齿链轮的有效齿数为实际齿数之半。需要注意的是双切齿的链轮齿圈看起来与短节距滚子链链轮十分相似，但它不能与短节距滚子链配用。

表 8-2-18 滚子链链轮常用材料及热处理

材料	热处理	齿面硬度	应用范围
15、20	渗碳、淬火、回火	50～60HRC	$z \leqslant 25$ 有冲击载荷的链轮
35	正火	160～200HBW	$z>25$ 的链轮
45、50、45Mn、ZG310-570	淬火、回火	40～50HRC	无剧烈冲击振动和要求耐磨损的链轮
15Cr、20Cr	渗碳、淬火、回火	55～60HRC	$z<30$ 传递较大功率的重要链轮
40Cr、35SiMn、35CrMo	淬火、回火	40～50HRC	要求强度较高和耐磨损的重要链轮
Q235、Q275	焊接后退火	约 140HBW	中低速、功率不大的较大链轮
不低于 HT200 的灰铸铁	淬火、回火	260～280HBW	$z>50$ 的从动链轮以及外形复杂或强度要求一般的链轮
夹布胶木			$P<6$kW，速度较高，要求传动平稳、噪声小的链轮

表 8-2-19 滚子链链轮齿根圆直径极限偏差及量柱测量距极限偏差（摘自 GB/T 1243—2006） /mm

项目	齿根圆直径尺寸段	上偏差	下偏差	备注
齿根圆极限偏差 量柱测量距极限偏差	$d_f \leqslant 127$	0	−0.25	链轮齿根圆直径下偏差为负值，它可以用量柱法间接测量，量柱测量距 M_R 的公称尺寸值见表 8-2-20
	$127<d_f \leqslant 250$	0	−0.30	
	$250<d_f$	0	h11	

表 8-2-20 滚子链链轮的量柱测量距 M_R（摘自 GB/T 1243—2006） /mm

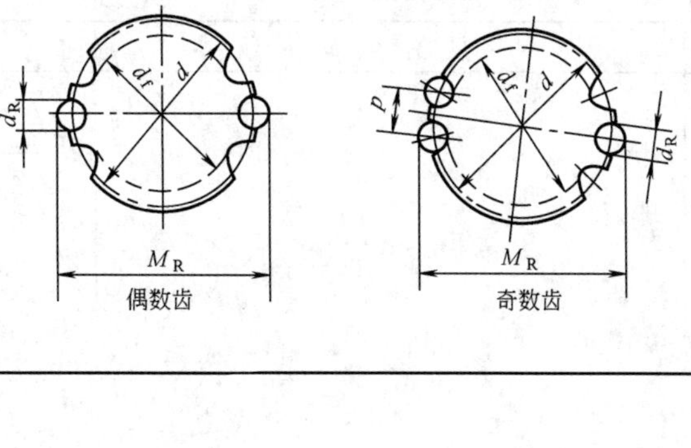

第 8 篇

续表

项目		计算公式	要求
量柱测量距	偶数齿	$M_R=d+d_{Rmin}$	d_R——量柱直径，$d_R=d_1{}^{+0.01}_{0}$ d_1——滚子外径 量柱直径的圆度、圆柱度等公差不超过直径公差之半，表面粗糙度 Ra 为 $1.6\mu m$，表面硬度 55～60HRC
	奇数齿（单切齿链轮）	$M_R=d\cos\dfrac{90°}{z}+d_{Rmin}$	
	奇数齿（双切齿链轮）	$M_R=d\cos\dfrac{90°}{z_1}+d_{Rmin}$	

注：z—单切齿链轮的实际齿数；z_1—双切齿链轮的实际齿数。

表 8-2-21　滚子链链轮的齿根圆径向圆跳动和端面圆跳动

项目	要求
链轮孔和根圆直径之间的径向圆跳量	不应超过下列两数值中的较大值：$(0.0008d_f+0.08)$mm 或 0.15mm，最大到 0.76mm
轴孔到链轮齿侧平直部分的端面圆跳动	不应超过下列计算值：$(0.000d_f+0.08)$mm，最大到 1.14mm

表 8-2-22　轮坯公差

项目	符号	公差带	要求
孔径	d_k	H8	见 GB/T 1801—2009
齿顶圆直径	d_a	h11	
齿宽	b_f	h14	见 GB/T 1804—2000

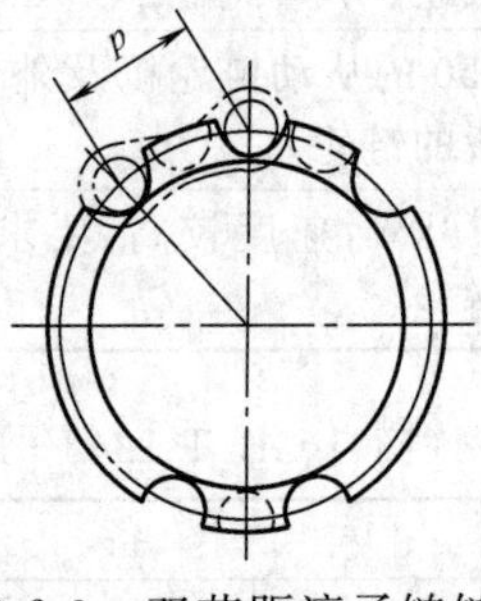

图 8-2-9　双节距滚子链链轮

与双节距链条相配的链轮，可以用短节距链轮的滚刀加工，不必专门用双节距链轮滚刀，例如 208B 与 08B 所配用的链轮，可以用同一把标准滚刀（08B 的滚刀）加工出来。

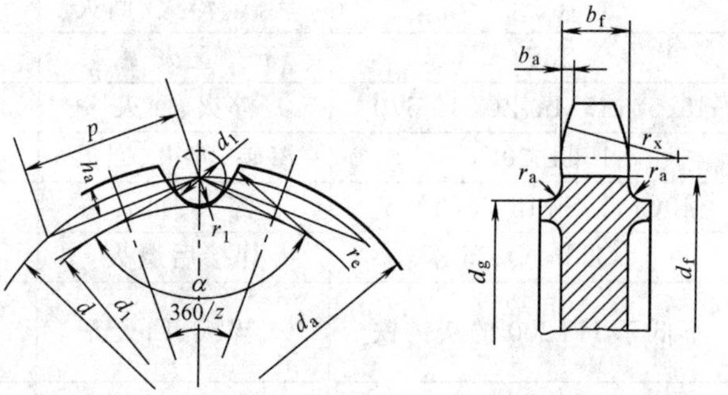

图 8-2-10　双节距链轮径向尺寸及齿高

双节距滚子链链轮的有效齿数范围为 6～75，优先选用的有效齿数为 7、9、10、11、13、19、27、38 与 57。

双节距滚子链链轮的尺寸计算见图 8-2-10 与表 8-2-23。

链轮的实际齿槽形状，应在图 8-2-10 与表 8-2-24 规定的最大与最小齿槽形状范围内，组成齿槽形状的各段曲线应光滑连接。

表 8-2-23　双节距滚子链链轮的尺寸计算（摘自 GB/T 5269—2008）　/mm

名称	符号	计算公式	备注
分度圆直径	d	$d=\dfrac{p}{\sin\dfrac{180°}{z}}$	p——双节距值； z——有效齿数 单切齿：z 为实有齿数 双切齿：$z=\dfrac{z_r}{2}$； z_r——双切齿链轮实有齿数

续表

名　　称	符号	计算公式	备　　注
齿顶圆直径	d_a	$d_{a\max}=d+0.625p-d_1$ $d_{a\min}=d+\left(0.5-\frac{0.4}{z}\right)p-d_1$	d_1——滚子外径； d_a 可在 $d_{a\max}$ 和 $d_{a\min}$ 范围内任意选用，但选 $d_{a\max}$ 时，应考虑采用展成法加工，有可能发生顶切
分度圆弦齿高	h_a	$h_{a\max}=\left(0.3125+\frac{0.8}{z}\right)p-0.5d_1$ $h_{a\min}=\left(0.25+\frac{0.6}{z}\right)p-0.5d_1$	h_a 是为简化放大齿形图的绘制而引入的辅助尺寸，$h_{a\max}$ 相应于 $d_{a\max}$，$h_{a\min}$ 相应于 $d_{a\min}$
齿根圆直径	d_f	$d_f=d-d_1$	
齿侧凸缘直径	d_g	$d_g<p\cot\frac{180°}{z}-1.04h_2-0.76$	h_2——链板高度，见表 8-2-4

表 8-2-24　双节距链轮齿形计算公式

名　　称	符号	单位	计算公式	
			最大齿槽形状	最小齿槽形状
齿面圆弧半径	r_e	mm	$r_{e\min}=0.008d_1(z^2+180)$	$r_{e\max}=0.12d_1(z+2)$
齿沟圆弧半径	r_i	mm	$r_{i\max}=0.505d_1+0.69\sqrt[3]{d_1}$	$r_{i\min}=0.505d_1$
齿沟角	α	(°)	$\alpha_{\min}=120°-\frac{90°}{z}$	$\alpha_{\max}=140°-\frac{90°}{z}$

2.2.5　滚子链传动设计计算实例

设计某一带式运输机的滚子链传动。

已知：传递功率 $P=8\text{kW}$，主动链轮转速 $n_1=720\text{r/min}$，减速传动比 $i=2.8$，载荷平稳，两班工作制，两链轮中心距 a 在 500～600mm 范围内，中心距可调，两链轮中心连线与水平面夹角近于 35°，小链轮孔径 $d_k=40\text{mm}$。

计算：

计算项目	计算及说明	结果数据
(1)小链轮齿数 z_1	取 $z_1=23$	$z_1=23$
(2)大链轮齿数 z_2	$z_2=iz_1=2.8\times23=64.4$ 取 $z_2=65$	$z_2=65$
(3)实际传动比 i	$i=\frac{z_2}{z_1}=\frac{65}{23}=2.83$	$i=2.83$
(4)链轮转速	小链轮　$n_1=720\text{r/min}$ 大链轮　$n_2=\frac{n_1}{i}=\frac{720}{2.83}=254.4\text{r/min}$	$n_1=720\text{r/min}$ $n_2=254.4\text{r/min}$
(5)修正功率	$P_c=Pf_1f_2$ 由表 8-2-6 查得工况系数 $f_1=1$ 由图 8-2-2 查得小链轮齿数系数 $f_2=0.82$ $P_c=Pf_1f_2=8\times1\times0.82=6.56\text{kW}$	$P_c=6.56\text{kW}$
(6)链条节距 p	根据 $P_c=6.56\text{kW}$ 和小链轮的转速 $n_1=720\text{r/min}$ 由图 8-2-3 查得链号为 10A，节距 $p=15.875\text{mm}$	链号为 10A 节距 $p=15.875\text{mm}$

第8篇

续表

计算项目	计算及说明	结果数据
(7)初定中心距 a_0	初定 $a_0=35p=35\times15.875=555.6\text{mm}$	
(8)链条节数 X	$X_0=\dfrac{2a_0}{p}+\dfrac{z_1+z_2}{2}+\dfrac{f_3p}{a_0}$ 式中 $f_3=\left(\dfrac{\|z_2-z_1\|}{2\pi}\right)^2$ $X_0=\dfrac{2\times35p}{p}+\dfrac{23+65}{2}+\left(\dfrac{65-23}{2\pi}\right)^2\dfrac{p}{35p}=115.3$ 取 $X=116$	$X=116$
(9)链条长度 L	$L=\dfrac{Xp}{1000}=\dfrac{116\times15.875}{1000}=1.84\text{m}$	$L=1.84\text{m}$
(10)理论中心距 a	$a=f_4p[2X-(z_1+z_2)]$ 系数 f_4 根据 $\left\|\dfrac{X-z_s}{z_2-z_1}\right\|=\left\|\dfrac{116-23}{65-23}\right\|=2.214$ 查表 8-2-8 得 $f_4=0.24559$ $a=0.24559\times15.875\times[2\times116-(23+65)]$ $=561.42\text{mm}$	
(11)实际中心距 a'	$a'=a-\Delta a$ 取 $\Delta a=0.003a$ $a'=561.42-0.003\times561.42=559.74\text{mm}$	$a'=559.74\text{mm}$
(12)链速 v	$v=\dfrac{z_1n_1p}{60\times1000}=\dfrac{23\times720\times15.875}{60\times1000}=4.38\text{m/s}$	$v=4.38\text{m/s}$
(13)有效圆周力 F	$F=\dfrac{1000P}{v}=\dfrac{1000\times8}{4.38}=1826.5\text{N}$	$F=1826.5\text{N}$
(14)作用在轴上的 F_Q	倾斜传动 取 $F_Q=1.2f_1F=1.2\times1\times1826.5$ $=2191.8\text{N}$	$F_Q=2191.8\text{N}$
(15)润滑方式	根据链号 10A 和链速 $v=4.38\text{m/s}$ 由图 8-2-6 选用润滑油范围Ⅲ,即油池润滑或油盘飞溅润滑	
(16)小链轮包角 α_1	$\alpha_1=180°-\dfrac{(z_2-z_1)p}{\pi a'}\times57.3°$ $=180°-\dfrac{(65-23)\times15.875}{\pi\times559.74}\times57.3°$ $=158.13°>120°$	合适
(17)链条标记	10A-1-116　GB/T 1243—2006	
(18)计算链轮的几何尺寸并绘制链轮工作图	小链轮尺寸计算按表 8-2-12、表 8-2-14,计算从略 小链轮的工作图见图 8-2-11	

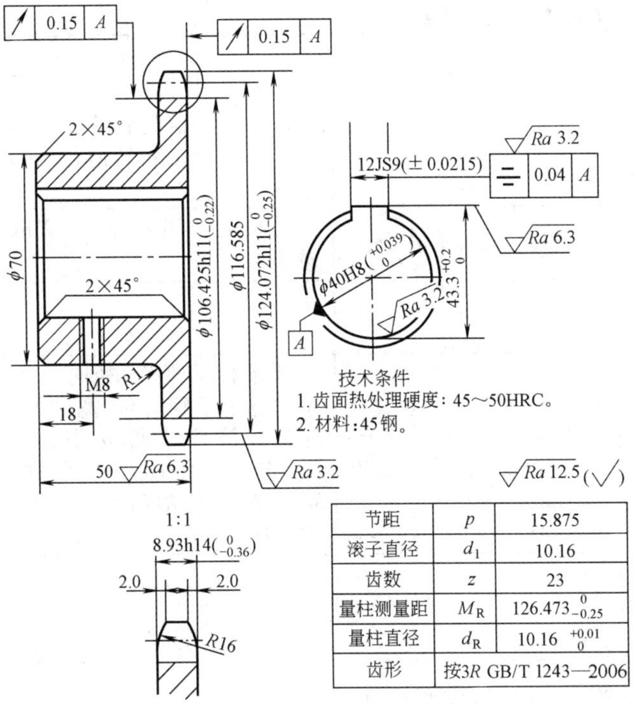

节距	p	15.875
滚子直径	d_1	10.16
齿数	z	23
量柱测量距	M_R	$126.473^{0}_{-0.25}$
量柱直径	d_R	$10.16^{+0.01}_{0}$
齿形	按3R GB/T 1243—2006	

图 8-2-11　小链轮工作图

2.3　齿形链传动

2.3.1　齿形链的基本参数和尺寸

齿形链是由一系列的齿链板和导板交替装配且用销轴或组合的铰接元件连接组成，相邻链节间为铰链节。外导式齿形链的导板跨骑在链轮两侧，如图 8-2-12（a）所示；内导式齿形链的导板则是在链轮上一个或多个圆周导槽中运行，如图 8-2-12（b）、图 8-2-12（c）所示。链条的导板用以保证链条横向的稳定性。

典型链板结构见图 8-2-13。允许链板轮廓有改变，但链板必须能同本标准所规定的链轮相啮合，使其铰接中心位于链轮的分度圆上。链节参数见表 8-2-25。

表 8-2-25　链节参数　　/mm

链号	节距 p	标志	最小分叉口高度
SC3	9.525	SC3 或 3	0.590
SC4	12.70	SC4 或 4	0.787
SC5	15.875	SC5 或 5	0.985
SC6	19.05	SC6 或 6	1.181
SC8	25.40	SC8 或 8	1.575
SC10	31.75	SC10 或 10	1.969
SC12	38.10	SC12 或 12	2.362
SC16	50.80	SC16 或 16	3.150

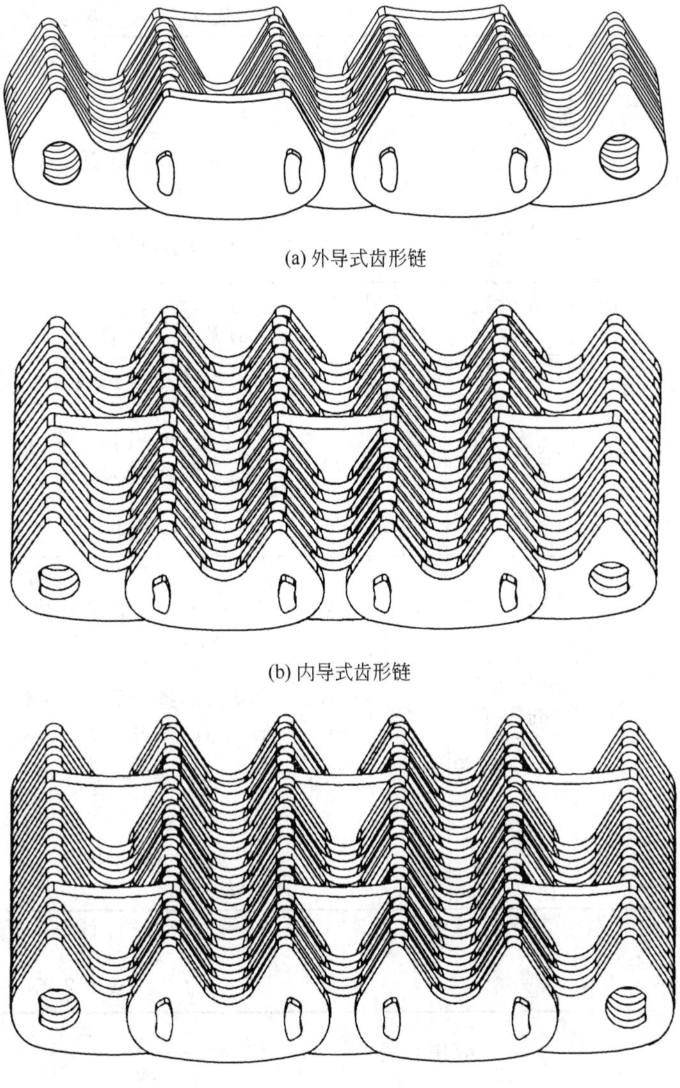

(a) 外导式齿形链

(b) 内导式齿形链

(c) 双内导式齿形链

注：图示不定义链条的实际结构和零件的实际形状。

图 8-2-12　齿形链导向型式

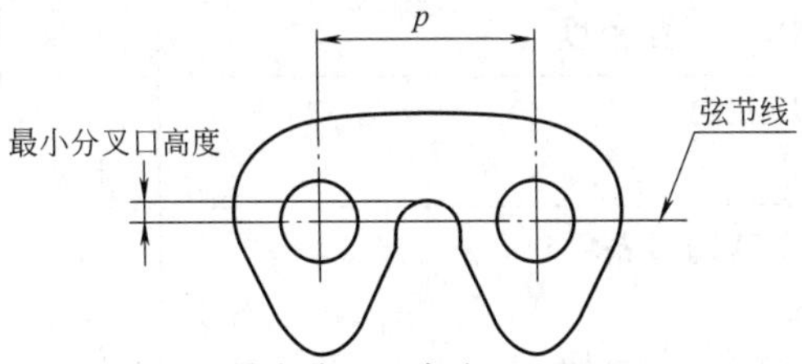

注：最小分叉口高度＝0.062p。

图 8-2-13　链板结构

2.3.2　齿形链传动的设计计算

已知条件：（1）传递功率；（2）小链轮、大链轮的转速；（3）传动用途，载荷性质及原动机种类。

齿形链传动一般设计内容和步骤见表 8-2-26。

第 8 篇

表 8-2-26　齿形链传动一般设计内容和步骤

<table>
<tr><th>序号</th><th>计算项目</th><th>符号</th><th>单位</th><th colspan="8">公式和参数选定</th><th>说　明</th></tr>
<tr><td>1</td><td>传动比</td><td>i</td><td></td><td colspan="8">$i=\frac{n_1}{n_2}=\frac{z_2}{z_1}$
通常 $i\leqslant 7$，推荐 $i=2\sim3.5$
$i_{max}=10$</td><td>n_1——小链轮转速，r/min
n_2——大链轮转速，r/min</td></tr>
<tr><td>2</td><td>小链轮齿数</td><td>z_1</td><td></td><td colspan="8">$z_1\geqslant z_{min}$，可取 $z_{min}=15\sim17$，通常 $z_1\geqslant 21$，取奇数齿</td><td>若传动空间允许，z_1 宜取较大值</td></tr>
<tr><td>3</td><td>大链轮齿数</td><td>z_2</td><td></td><td colspan="8">$z_2=iz_1$
通常 $z_{2max}=150$</td><td></td></tr>
<tr><td rowspan="3">4</td><td rowspan="3">链条节距</td><td rowspan="3">p</td><td rowspan="3">mm</td><td colspan="8">可参考小链轮转速 n_1 选择</td><td rowspan="3">要求传动平稳，径向尺寸小时选小节距，但链宽增大
从经济性考虑，a 小 i 大时，选小节距；a 大 i 小时，选大节距；传动功率大时，选大节距</td></tr>
<tr><td>n_1/r·min^{-1}</td><td>2000～5000</td><td>1500～3000</td><td>1200～2500</td><td>1000～2000</td><td>800～1500</td><td>600～1200</td><td>500～900</td></tr>
<tr><td>p</td><td>9.525</td><td>12.7</td><td>15.875</td><td>19.05</td><td>25.4</td><td>31.75</td><td>38.1</td></tr>
<tr><td>5</td><td>设计功率</td><td>P_d</td><td>kW</td><td colspan="8">$P_d=f_1P$
式中　f——工况系数，查表 8-2-27
P——传递功率，kW</td><td></td></tr>
<tr><td>6</td><td>单位链宽的额定功率</td><td>P_0</td><td>kW/mm</td><td colspan="8">根据链条节距 p、小链轮齿数 z_1 和小链轮转速 n_1（r/min），查表 8-2-28</td><td></td></tr>
<tr><td>7</td><td>链宽</td><td>M</td><td>mm</td><td colspan="8">$M\geqslant\frac{P_d}{P_0}$
根据 M 按表 8-2-25 选出链号、确定链条全宽最大值 M_{max}</td><td>链宽如不合适，也可以重新选用 p 和 z_1</td></tr>
</table>

注：其余计算参考表 8-2-5 及齿形链传动设计计算实例。

表 8-2-27　工况系数 f_1

应用设备	动力源①	
	A	B
搅拌器		
液体	1.1	1.3
半液体	1.1	1.3
半液体　可变密度	1.2	1.4
面包厂机械		
和面机	1.2	1.4
酿造和蒸馏设备		
装瓶机	1.0	1.2
气锅、炊具、捣磨桶	1.0	1.2
料斗秤(经常启动)	1.2	1.4
制砖和黏土器具机械		
挤泥机、螺旋土钻	1.3	1.5
制砖机	1.4	1.6
切割台	1.3	1.5
干压机	1.4	1.6
除气机	1.3	1.5
制粒机	1.4	1.6
混合机	1.4	1.6
拌土机	1.4	1.6
碾压机	1.4	1.6
离心机	1.4	1.6
压缩机		
离心式	1.1	1.3
回转式	1.1	1.3
往复式(单冲程或双冲程)	1.6	1.8
往复式(3 冲程或以上)	1.3	1.5
输送机		
裙板式、挡边式	1.4	1.6
带式输送(矿石、煤、砂子)	1.2	1.4
带式输送(轻物料)	1.0	1.2

续表

应用设备	动力源①	
	A	B
烘箱、干燥箱、恒温箱	1.0	1.2
螺旋式	1.6	1.8
料斗式	1.4	1.6
槽式、盘式	1.4	1.6
刮板式	1.6	1.8
提升式	1.4	1.6
棉油厂设备		
棉绒去除器、剥绒机	1.4	1.6
蒸煮器	1.4	1.6
起重机和吊车		
主提升机—正常载荷	1.2	1.4
主提升机—重载荷	1.4	1.6
倒卸式起重机、箕斗提升机	1.4	1.6
粉碎机、压碎机		
球磨机	1.6	1.8
碎煤机	1.4	1.6
煤碳粉碎机	1.4	1.6
圆锥破碎机圆锥轧碎机	1.6	1.8
破碎机	1.6	1.8
旋转破碎机、环动碎石机	1.6	1.8
哈丁球磨机	1.6	1.8
腭式粉碎机	1.6	1.8
亚麻粉碎机	1.4	1.6
棒磨机	1.6	1.8
磨管机	1.6	1.8
挖泥机、疏浚机		
输送式、泵式、码垛式	1.4	1.6
抖动式、筛分式	1.6	1.8
斗式提升机		
均匀送料	1.2	1.4
重载用工况	1.4	1.6
通风机和鼓风机		
离心式	1.3	1.5
排风机	1.3	1.5
通风机	1.2	1.4
吸风机、引风机	1.2	1.4
矿用通风机	1.4	1.6
增压鼓风机	1.5	1.7
螺旋桨式通风机	1.3	1.5
叶片式	1.3	1.5
面粉、饲料、谷物加工机械		
筛面粉机和筛选机	1.1	1.3
磨碎机和锤磨机	1.2	1.4

应用设备	动力源①	
	A	B
送料机构	1.0	1.2
净化器和滚筒机	1.1	1.3
滚磨机	1.3	1.5
分离机、谷物分选机	1.1	1.3
主轴驱动装置	1.4	1.6
洗衣机械		
湿调器	1.1	1.3
脱水机	1.1	1.3
烫布机	1.1	1.3
转筒式洗衣机	1.2	1.4
洗涤机、洗选机	1.1	1.3
圆筒干燥器	1.3	1.5
主传动轴、动力轴		
制砖厂	1.6	1.8
煤装卸设备	1.2	1.4
轧棉机、轧花机	1.1	1.3
棉油设备	1.1	1.3
谷物提升机	1.0	1.2
相似其他设备	1.2	1.5
造纸设备	1.3	1.5
橡胶设备	1.4	1.6
轧钢设备、炼钢设备	1.4	1.6
机床		
镗床	1.1	1.3
凸轮加工机床	1.1	1.3
冲床和剪切机	1.4	1.7
钻床	1.0	1.3
锻锤	1.1	1.4
磨床	1.0	1.2
车床	1.0	1.2
铣床	1.1	1.3
造纸机械		
搅拌器	1.1	1.3
打浆机	1.3	1.5
压光机	1.2	1.4
切碎机	1.5	1.7
干燥机	1.2	1.4
约当发动机	1.2	1.4
纳什发动机	1.4	1.6
造纸机	1.2	1.3
洗涤机	1.4	1.6
卷筒式升降机	1.5	1.7
美式干燥机	1.3	1.5
剥皮机(机械式)	1.6	1.8

续表

应用设备	动力源①		应用设备	动力源①	
	A	B		A	B
碾磨机			压光机	1.5	1.7
球磨机	1.5	1.7	制内胎机、硫化塔	1.5	1.7
薄片机、轧片机	1.5	1.7	挤压机	1.5	1.7
成型机	1.6	1.8	**橡胶厂机械**		
哈丁磨机	1.5	1.7	密封式混炼机	1.5	1.7
砾磨机、碎石磨机	1.5	1.7	压光机	1.5	1.7
棒磨机	1.5	1.7	混合器、脱料机	1.6	1.8
滚磨机	1.5	1.7	碾压机	1.5	1.7
管磨机	1.5	1.7	**筛分机**		
滚筒磨机	1.6	1.8	空气洗涤器、移动网筛机	1.0	1.2
烘干磨、窑磨	1.6	1.8	锥形格筛	1.2	1.4
搅拌机			旋转筛、砂砾筛、石子筛	1.5	1.7
混凝土	1.6	1.8	转动式	1.2	1.4
液体和半液体	1.1	1.3	振动式	1.5	1.7
油田机械			**钢厂**		
泥浆泵	1.5	1.7	轧机	1.3	1.5
复合搅拌装置	1.1	1.3	金属拉丝机	1.2	1.4
管道泵	1.4	1.6	**自动加煤机**	1.1	1.3
绞车	1.8	2.0	**纺织机械**		
印刷机械			进料斗、压光机	1.1	1.3
压纹机、印花机	1.2	1.4	织布机	1.1	1.3
平台印刷机	1.2	1.4	细砂机	1.0	1.2
折页机、折叠机	1.2	1.4	绞结器	1.0	1.2
划线机	1.1	1.3	整经机	1.0	1.2
杂志印刷机	1.5	1.7	手纺车、卷轴	1.0	1.2
报纸印刷机	1.5	1.7	**炼油装置**		
切纸机	1.1	1.3	冷却器、过滤器	1.5	1.7
转轮印刷机	1.1	1.3	压榨机、回转炉	1.5	1.7
泵			**制冰机械**	1.5	1.7
离心泵	1.2	1.4	**车辆**		
泥浆泵	1.6	1.8	起重机	1.5	1.7
齿轮泵	1.2	1.4	割草机	1.0	1.2
叶片泵	1.2	1.4	公路设备(履带式)	1.5	1.7
其他类泵	1.5	1.7	除雪车	1.0	1.2
管道泵	1.4	1.6	拖拉机(农用)	1.3	1.5
旋转泵	1.1	1.3	卡车(运货)	1.2	1.4
活塞泵(单冲程或双冲程)	1.3	1.5	卡车(扫雪机)	1.5	1.7
活塞泵(3冲程或以上)	1.6	1.8	卡车(筑路机)	1.5	1.7
发电机和励磁机	1.2	1.4			
橡胶厂设备					
混合器、压片机、研磨机	1.6	1.8			

① 动力源A指液力耦合或液力变矩器发动机、电动机、涡轮机或液力马达；动力源B指机械耦合发动机。

表 8-2-28（a） 4.762mm 节距链条每毫米链宽的额定功率表

/kW

小链轮齿数	小链轮转速/r·min^{-1}											
	500	600	700	800	900	1200	1800	2000	3500	5000	7000	9000
15	0.00822	0.00969	0.01116	0.01262	0.01380	0.01761	0.02349	0.02642	0.03905	0.04873	0.05695	0.05754
17	0.00969	0.01145	0.01292	0.01468	0.01615	0.02055	0.02818	0.03083	0.04697	0.05872	0.07046	0.07398
19	0.01086	0.01262	0.01468	0.01615	0.01791	0.02349	0.03229	0.03523	0.05284	0.06752	0.08103	0.08573
21	0.01204	0.01409	0.01615	0.01820	0.01996	0.02554	0.03582	0.03905	0.05960	0.07574	0.09160	0.09835
23	0.01321	0.01556	0.01761	0.01996	0.02202	0.02818	0.03963	0.04316	0.06606	0.08455	0.10275	0.11097
25	0.01439	0.01703	0.01938	0.02173	0.02407	0.03083	0.04316	0.04697	0.07193	0.09189	0.11156	0.12037
27	0.01556	0.01820	0.02084	0.02349	0.02584	0.03376	0.04639	0.05050	0.07721	0.09835	0.11919	0.12830
29	0.01673	0.01967	0.02231	0.02525	0.02789	0.03552	0.04991	0.05431	0.08308	0.10598	0.12918	0.13857
31	0.01761	0.02114	0.02378	0.02672	0.02965	0.03817	0.05314	0.05784	0.08866	0.11274	0.13681	0.14679
33	0.01879	0.02202	0.02525	0.02848	0.03141	0.04022	0.05578	0.06107	0.09307	0.11802	0.14239	—
35	0.01996	0.02349	0.02701	0.03024	0.03347	0.04257	0.05960	0.06488	0.10011	0.12536	0.15149	—
37	0.02084	0.02466	0.02818	0.03171	0.03494	0.04462	0.06195	0.06752	0.10217	0.12888	0.15384	—
40	0.02055	0.02672	0.03053	0.03406	0.03787	0.04815	0.06694	0.07340	0.11068	0.13975	—	—
45	0.02525	0.02995	0.03376	0.03817	0.04198	0.05373	0.07428	0.08074	0.12184	0.15296	—	—
50	0.02789	0.03288	0.03728	0.04022	0.04639	0.05872	0.08162	0.08866	0.13270	0.16587	—	—
润滑	方式Ⅰ						方式Ⅱ			方式Ⅲ		

表 8-2-28（b） 9.525mm 节距链条每毫米链宽的额定功率表

/kW

小链轮齿数	小链轮转速/r·min^{-1}														
	100	500	1000	1500	2000	2500	3000	3500	4000	4500	5000	6000	7000	8000	8500
17	0.02349	0.12037	0.24074	0.36111	0.47560	0.58717	0.70460	0.79267	0.91011	0.99818	1.08626	1.23305	1.35048	1.43855	1.43855
19	0.02642	0.13505	0.27010	0.40221	0.53138	0.64588	0.76331	0.88075	0.99818	1.08626	1.17433	1.32112	1.40920	1.46791	1.43855
21	0.02936	0.14973	0.29652	0.44037	0.58423	0.70460	0.85139	0.96822	1.08626	1.17433	1.26241	1.37984	1.43855	1.43855	1.37984
23	0.03229	0.16441	0.32588	0.48441	0.64588	0.79267	0.91011	1.02754	1.14497	1.26241	1.32112	1.43855	1.43855	1.35048	1.26241
25	0.03523	0.17615	0.35230	0.52258	0.67524	0.85139	0.96882	1.11561	1.23305	1.32112	1.37984	1.46791	1.40920	1.23305	1.08626
27	0.03817	0.19083	0.38166	0.56368	0.73396	0.91011	1.05690	1.17433	1.29176	1.37984	1.43855	1.43855	1.32112	1.02754	—
29	0.04110	0.20551	0.40808	0.61652	0.79267	0.96882	1.11561	1.23305	1.35048	1.40920	1.43855	1.40920	1.20369	—	—
31	0.04404	0.22019	0.44037	0.64588	0.82203	0.99818	1.17433	1.29176	1.37984	1.43855	1.46791	1.35048	1.02754	—	—
33	0.04697	0.23487	0.46386	0.67524	0.88075	1.05690	1.20369	1.32112	1.40920	1.43855	1.43855	1.26241	—	—	—
35	0.04991	0.24955	0.49028	0.70460	0.93946	1.11561	1.26241	1.37984	1.43855	1.46791	1.40920	1.11561	—	—	—
37	0.05284	0.26129	0.51671	0.76331	0.96882	1.14497	1.29176	1.40920	1.43855	1.43855	1.35048	—	—	—	—
40	0.05578	0.28184	0.55781	0.82203	1.02754	1.23305	1.35048	1.43855	1.43855	1.37984	1.23305	—	—	—	—
45	0.06459	0.31707	0.61652	0.91011	0.14497	1.32112	1.43855	1.46791	1.37984	1.20369	—	—	—	—	—
50	0.07046	0.35230	0.67524	0.96882	1.23305	1.37984	1.46791	1.40920	1.23305	—	—	—	—	—	—
润滑	方式Ⅰ		方式Ⅱ		方式Ⅲ										

第8篇

表 8-2-28（c） 12.70mm 节距链条每毫米链宽的额定功率表 /kW

小链轮齿数	小链轮转速/r·min^{-1}														
	100	500	1000	1500	2000	2500	3000	3500	4000	4500	5000	5500	6000	6500	7000
17	0.04697	0.23193	0.46386	0.67524	0.91011	1.11561	1.32112	1.49727	1.67342	1.82021	1.93765	2.05508	2.11379	2.17251	2.20187
19	0.05284	0.26129	0.51671	0.76331	0.99818	1.23305	1.43855	1.64406	1.82021	1.93765	2.05508	2.14315	2.17251	2.20187	2.14315
21	0.05872	0.28771	0.56955	0.85139	1.11561	1.35048	1.55599	1.76150	1.93765	2.05508	2.14315	2.20187	2.17251	2.11379	1.99636
23	0.06459	0.31413	0.61652	0.91011	1.20369	1.46791	1.67342	1.87893	2.02572	2.14315	2.17251	2.17251	2.11379	1.96700	1.76150
25	0.06752	0.34056	0.67524	0.99818	1.29176	1.55599	1.79085	1.96700	2.11379	2.17251	2.17251	2.11379	1.96700	1.73214	1.37984
27	0.07340	0.36991	0.73396	1.05690	1.37984	1.64406	1.87893	2.05508	2.17251	2.20187	2.14315	1.99636	1.73214	1.37984	—
29	0.07927	0.39634	0.79267	1.14497	1.46791	1.76150	1.96700	2.11379	2.20187	2.17251	2.02572	1.79085	1.40920	0.91011	—
31	0.08514	0.42276	0.82203	1.20369	1.55599	1.82021	2.02572	2.17251	2.20187	2.08444	1.87893	1.52663	0.99818	—	—
33	0.09101	0.44918	0.88075	1.29176	1.61470	1.90829	2.08444	2.20187	2.14315	1.99636	1.67342	1.17433	—	—	—
35	0.09688	0.47854	0.93946	1.35048	1.70278	1.96700	2.14315	2.20187	2.08444	1.82021	1.37984	—	—	—	—
37	0.10275	0.50496	0.99818	1.40920	1.76150	2.02572	2.17251	2.17251	1.99636	1.61470	—	—	—	—	—
40	0.10863	0.54313	1.05690	1.49727	1.87893	2.11379	2.20187	2.08444	1.79085	1.23305	—	—	—	—	—
45	0.12330	0.61652	1.17433	1.64406	1.99636	2.17251	2.14315	1.82021	1.23305	—	—	—	—	—	—
50	0.13798	0.67524	1.29176	1.79085	2.11379	2.17251	1.96700	1.37984	—	—	—	—	—	—	—
润滑	方式Ⅰ	方式Ⅱ							方式Ⅲ						

表 8-2-28（d） 15.875mm 节距链条每毫米链宽的额定功率表 /kW

小链轮齿数	小链轮转速/r·min^{-1}												
	100	500	1000	1500	2000	2500	3000	3500	4000	4500	5000	5500	6000
17	0.07340	0.36404	0.73396	1.05690	1.40920	1.70278	1.96700	2.23123	2.43674	2.58353	2.70096	2.73032	2.73032
19	0.08220	0.40514	0.79267	1.17433	1.55599	1.87893	2.14315	2.40738	2.58353	2.70096	2.73032	2.70096	—
21	0.09101	0.44918	0.88075	1.29176	1.67342	2.02572	2.31930	2.52481	2.67160	2.73032	2.70096	—	—
23	0.09982	0.49028	0.96882	1.40920	1.82021	2.17251	2.43674	2.64224	2.73032	2.70096	—	—	—
25	0.10863	0.53432	1.05690	1.52663	1.93765	2.28994	2.55417	2.70096	2.73032	2.61289	—	—	—
27	0.11450	0.57542	1.11561	1.64406	2.08444	2.40738	2.64224	2.73032	2.67160	—	—	—	—
29	0.12330	0.61652	1.20369	1.73214	2.17251	2.52481	2.70096	2.73032	2.55417	—	—	—	—
31	0.13211	0.64588	1.29176	1.84957	2.28994	2.61289	2.73032	2.67160	—	—	—	—	—
33	0.14092	0.70460	1.35048	1.93765	2.37802	2.67160	2.73032	2.55417	—	—	—	—	—
35	0.14973	0.73396	1.43855	2.02572	2.46609	2.70096	2.70096	—	—	—	—	—	—
37	0.15853	0.79267	1.49727	2.11379	2.55417	2.73032	2.64224	—	—	—	—	—	—
40	0.17028	0.85139	1.61470	2.23123	2.64224	2.73032	2.46609	—	—	—	—	—	—
45	0.19376	0.93946	1.79085	2.40738	2.73032	2.61289	—	—	—	—	—	—	—
50	0.21432	1.05690	1.93765	2.55417	2.73032	2.31930	—	—	—	—	—	—	—
润滑	方式Ⅰ		方式Ⅱ						方式Ⅲ				

表 8-2-28（e） 19.05mm 节距链条每毫米链宽的额定功率表 /kW

小链轮齿数	小链轮转速/r·min^{-1}														
	100	200	500	800	1000	1200	1500	2000	2400	2800	3000	3500	4000	5500	6000
17	0.08807	0.17615	0.43744	0.70460	0.85139	1.02754	1.26241	1.64406	1.90829	2.17251	2.26059	2.49545	2.64224	2.52481	2.28994
19	0.09688	0.19670	0.49028	0.76331	0.96882	1.14497	1.40920	1.82021	2.08444	2.31930	2.43674	2.61289	2.70096	2.20187	1.73214
21	0.10863	0.21725	0.54019	0.85139	1.05690	1.26241	1.52663	1.96700	2.26059	2.46609	2.55417	2.67160	2.67160	1.64406	0.91011
23	0.11743	0.23780	0.58717	0.93946	1.14497	1.37984	1.67342	2.11379	2.37802	2.58353	2.64224	2.70096	2.58353	0.85139	—
25	0.12918	0.25835	0.64588	0.99818	1.26241	1.46791	1.79085	2.23123	2.49545	2.64224	2.70096	2.64224	2.34866	—	—
27	0.14092	0.27890	0.70460	1.08626	1.35048	1.58535	1.90829	2.34866	2.58353	2.70096	2.70096	2.52481	2.05508	—	—
29	0.14973	0.29945	0.73396	1.17433	1.43855	1.67342	2.02572	2.43674	2.64224	2.70096	2.64224	2.31930	1.61470	—	—
31	0.16147	0.32001	0.79267	1.23305	1.52663	1.79085	2.11379	2.52481	2.70096	2.64224	2.55417	2.02572	1.05690	—	—
33	0.17028	0.34056	0.85139	1.32112	1.61470	1.87893	2.23123	2.61289	2.70096	2.55417	2.40738	1.64406	—	—	—
35	0.18202	0.36111	0.88075	1.37984	1.70278	1.96700	2.31930	2.64224	2.67160	2.43674	2.17251	1.17433	—	—	—
37	0.19083	0.38166	0.93946	1.46791	1.76150	2.05508	2.37802	2.70096	2.61289	2.23123	1.90829	—	—	—	—
40	0.20551	0.41102	0.99818	1.55599	1.87893	2.17251	2.49545	2.70096	2.46609	1.84957	1.35048	—	—	—	—
45	0.23193	0.46386	1.14497	1.73214	2.08444	2.34866	2.61289	2.61289	2.05508	0.91011	—	—	—	—	—
50	0.25835	0.51377	1.26241	1.87893	2.23123	2.49545	2.70096	2.34866	1.35048	—	—	—	—	—	—
润滑	方式Ⅰ		方式Ⅱ		方式Ⅲ										

表 8-2-28（f） 25.40mm 节距链条每毫米链宽的额定功率表 /kW

小链轮齿数	小链轮转速/r·min^{-1}														
	100	200	500	800	1000	1200	1500	1800	2000	2500	3000	3500	4000	4500	5100
17	0.13798	0.27597	0.67524	1.08626	1.35048	1.58535	1.93765	2.23123	2.43674	2.78903	2.99454	2.99454	2.75968	2.26059	1.29176
19	0.15560	0.30826	0.76331	1.20369	1.49727	1.76150	2.11379	2.43674	2.61289	2.93583	2.99454	2.81839	2.28994	1.43855	—
21	0.17028	0.34056	0.85139	1.32112	1.64406	1.90829	2.28994	2.61289	2.75968	2.99454	2.90647	2.46609	1.58535	—	—
23	0.18789	0.37285	0.91011	1.43855	1.76150	2.05508	2.43674	2.75968	2.87711	2.99454	2.70096	1.93765	—	—	—
25	0.20257	0.40808	0.99818	1.55599	1.90829	2.20187	2.58353	2.84775	2.96518	2.93583	2.37802	—	—	—	—
27	0.22019	0.44037	1.08626	1.67342	2.02572	2.34866	2.70096	2.93583	2.99454	2.78903	1.87893	—	—	—	—
29	0.23487	0.47267	1.14497	1.79085	2.14315	2.46609	2.81839	2.99454	2.99454	2.52481	—	—	—	—	—
31	0.25248	0.50496	1.23305	1.87893	2.26059	2.58353	2.90647	2.99454	2.93583	2.20187	—	—	—	—	—
33	0.27010	0.53432	1.29176	1.99636	2.37802	2.67160	2.96518	2.99454	2.81839	—	—	—	—	—	—
35	0.28478	0.56661	1.37984	2.08444	2.46609	2.75968	2.99454	2.90647	2.67160	—	—	—	—	—	—
37	0.30239	0.58717	1.43855	2.17251	2.55417	2.84775	2.99454	2.81839	2.43674	—	—	—	—	—	—
40	0.32588	0.64588	1.55599	2.31930	2.70096	2.93583	2.96518	2.55417	1.96700	—	—	—	—	—	—
45	0.36698	0.73396	1.73214	2.52481	2.84775	2.99454	2.78903	1.87893	—	—	—	—	—	—	—
50	0.40808	0.79267	1.90829	2.70096	2.96518	2.96518	2.37802	—	—	—	—	—	—	—	—
润滑	方式Ⅰ		方式Ⅱ	方式Ⅲ											

表 8-2-28（g） 31.75mm 节距链条每毫米链宽的额定功率表 /kW

小链轮齿数	小链轮转速/r·min⁻¹									
	100	200	300	400	500	600	700	800	1000	1200	1500
19	0.16441	0.29358	0.44037	0.58716	0.70460	0.76331	0.85139	0.91011	0.99818	1.02754	—
21	0.18496	0.32294	0.52845	0.67524	0.76331	0.88075	0.96882	1.05690	1.17433	1.20369	—
23	0.20257	0.38166	0.55781	0.70460	0.85139	0.99818	1.05690	1.17433	1.32112	1.35048	1.35048
25	0.22019	0.41102	0.58716	0.76331	0.91011	1.05690	1.17433	1.29176	1.46791	1.55599	1.55599
27	0.23487	0.44037	0.67524	0.85139	1.02754	1.17433	1.29176	1.43855	1.58534	1.70278	1.70278
29	0.25248	0.46973	0.70460	0.91011	1.11561	1.26240	1.40919	1.55599	1.73214	1.84957	1.87893
31	0.27303	0.52845	0.76331	0.99818	1.17433	1.35048	1.49727	1.64406	1.87893	1.99636	2.02572
33	0.29065	0.55781	0.82203	1.02754	1.26240	1.43855	1.61470	1.76149	2.02572	2.14315	2.17251
35	0.32294	0.58716	0.85139	1.11561	1.32112	1.55599	1.73214	1.87893	2.14315	2.28994	2.28994
37	0.32294	0.61652	0.88075	1.17433	1.40919	1.61470	1.84957	1.99636	2.23123	2.37802	—
40	0.35230	0.70460	0.99818	1.29176	1.55599	1.76149	1.99636	2.17251	2.43673	2.58352	—
45	0.38166	0.76331	1.11561	1.43855	1.73214	1.99636	2.20187	2.37802	2.67160	—	—
50	0.44037	0.85139	1.26240	1.58534	1.90828	2.17251	2.43673	2.64224	2.93582	—	—
润滑	方式Ⅰ			方式Ⅱ			方式Ⅲ				

表 8-2-28（h） 38.10mm 节距链条每毫米链宽的额定功率表 /kW

小链轮齿数	小链轮转速/r·min⁻¹														
	100	200	300	400	500	600	800	1000	1200	1400	1600	1800	2100	2400	2700
17	0.41982	0.85139	1.26241	1.67342	2.05508	2.46609	3.22941	3.93401	4.60925	5.19641	5.69550	6.07716	6.45882	6.57625	6.34138
19	0.46973	0.93946	1.40920	1.84957	2.28994	2.73032	3.58171	4.34502	5.02026	5.60743	6.04780	6.37074	6.57625	6.37074	5.69550
21	0.51964	1.02754	1.55599	2.05508	2.52481	3.02390	3.90465	4.69732	5.40192	5.95973	6.34138	6.54689	6.45882	5.84229	4.57989
23	0.56661	1.14497	1.70278	2.23123	2.75968	3.28813	4.22759	5.04962	5.72486	6.22395	6.51753	6.54689	6.10652	4.93219	—
25	0.61652	1.23305	1.82021	2.40738	2.99454	3.52299	4.52117	5.37256	6.01844	6.42946	6.57625	6.40010	5.49000	—	—
27	0.67524	1.32112	1.96700	2.61289	3.20005	3.78722	4.81476	5.66614	6.25331	6.54689	6.51753	6.07716	4.57989	—	—
29	0.70460	1.40920	2.11379	2.78903	3.43492	4.02208	5.07898	5.90101	6.42946	6.57625	6.31203	5.54871	—	—	—
31	0.76331	1.52663	2.26059	2.96518	3.64042	4.25695	5.34320	6.10652	6.51753	6.48818	5.95973	4.81476	—	—	—
33	0.82203	1.61470	2.40738	3.14133	3.84593	4.49181	5.57807	6.28267	6.57625	6.31203	5.43128	—	—	—	—
35	0.85139	1.70278	2.52481	3.31748	4.05144	4.69732	5.78358	6.42946	6.54689	6.01844	4.75604	—	—	—	—
37	0.91011	1.82021	2.67160	3.49363	4.25695	4.93219	5.95973	6.51753	6.45882	5.60743	—	—	—	—	—
40	0.99818	1.93765	2.87711	3.72850	4.52117	5.22577	6.22395	6.57625	6.13588	4.75604	—	—	—	—	—
45	1.11561	2.17251	3.20005	4.13952	4.96155	5.66614	6.48818	6.40010	5.19641	—	—	—	—	—	—
50	1.23305	2.40738	3.52299	4.52117	5.37256	6.01844	6.57625	5.90101	—	—	—	—	—	—	—
润滑	方式Ⅰ	方式Ⅱ			方式Ⅲ										

表 8-2-28 (i)　50.80mm 节距链条每毫米链宽的额定功率表

/kW

小链轮齿数	小链轮转速/r·min^{-1}														
	100	200	300	400	500	600	700	800	900	1000	1200	1300	1400	1500	1600
17	0.73396	1.49727	2.23123	2.93583	3.64042	4.31566	4.96155	5.57807	6.13588	6.66433	7.57443	7.95609	8.24967	8.48454	8.66069
19	0.82203	1.67342	2.46609	3.25877	4.02208	4.75604	5.46064	6.10652	6.69368	7.22213	8.07352	8.39646	8.60197	8.74876	8.74876
21	0.91011	1.82021	2.73032	3.58171	4.43310	5.19641	5.93037	6.60561	7.19277	7.72122	8.45518	8.66069	8.74876	8.71940	8.57261
23	0.99818	1.99636	2.96518	3.90465	4.81476	5.63679	6.40010	7.07534	7.63315	8.10288	8.69005	8.77812	8.69005	8.45518	8.01481
25	1.08626	2.17251	3.22941	4.22759	5.16705	6.04780	6.81112	7.48636	8.01481	8.42582	8.77812	8.66069	8.36710	7.86801	7.10470
27	1.17433	2.34866	3.46427	4.55053	5.51935	6.42946	7.19277	7.83866	8.33775	8.63133	8.66069	8.33775	7.77994	6.92855	—
29	1.26241	2.52481	3.72850	4.84411	5.87165	6.78176	7.54507	8.16160	8.57261	8.74876	8.39646	7.80930	6.89919	—	—
31	1.35048	2.67160	3.96337	5.13770	6.19459	7.13406	7.86801	8.39646	8.71940	8.74876	7.92673	7.01662	—	—	—
33	1.43855	2.84775	4.19823	5.43128	6.51753	7.42764	8.13224	8.60197	8.77812	8.63133	7.25149	—	—	—	—
35	1.52663	3.02390	4.43310	5.69550	6.81112	7.72122	8.36710	8.71940	8.71940	8.36710	6.34138	—	—	—	—
37	1.61470	3.17069	4.63861	5.95973	7.10470	7.95609	8.54325	8.77812	8.60197	7.98545	—	—	—	—	—
40	1.76150	3.43492	4.99090	6.37074	7.48636	8.27903	8.71940	8.69005	8.19096	—	—	—	—	—	—
45	1.96700	3.84593	5.51935	6.95791	8.01481	8.63133	8.71940	8.19096	—	—	—	—	—	—	—
50	2.17251	4.22759	6.04780	7.48636	8.42582	8.77812	8.36710	—	—	—	—	—	—	—	—
润滑	方式Ⅰ	方式Ⅱ		方式Ⅲ											

注：方式Ⅰ——手工润滑、刷子或油杯润滑，速度小于 5m/s；
方式Ⅱ——浸油润滑或飞溅润滑，速度小于 12.7m/s；
方式Ⅲ——循环油泵喷油润滑，速度大于 12.7m/s。

2.3.3 齿形链链轮

2.3.3.1 链轮的齿形和基本参数

齿形链链轮的齿形与基本参数见表 8-2-29。

2.3.3.2 轴向齿廓

齿形链链轮轴向齿廓及尺寸见表 8-2-30。

表 8-2-29 齿形链链轮的齿形与基本参数（摘自 GB/T 10855—2016）

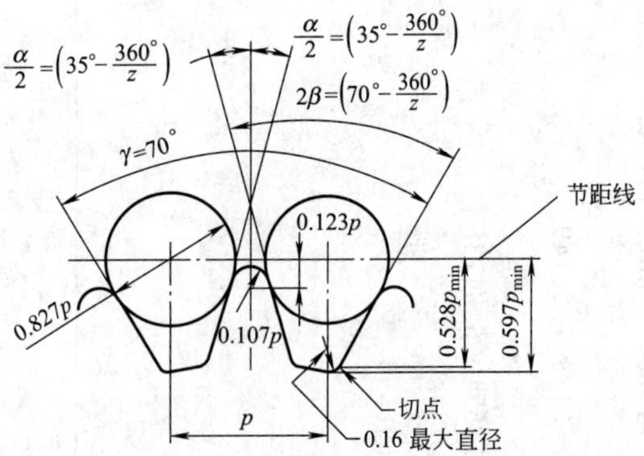

p=4.76mm链轮尺寸

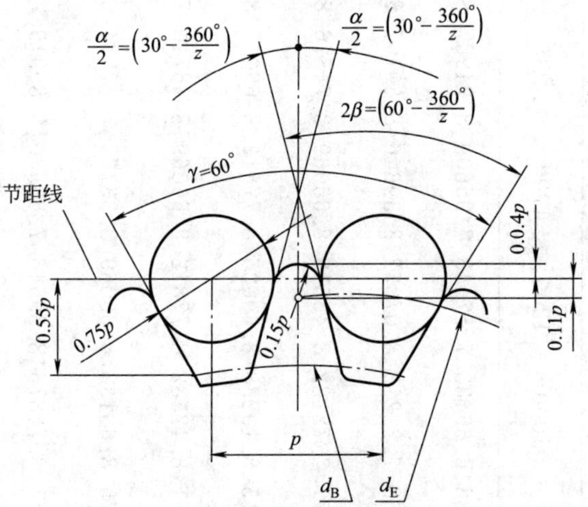

$p\geqslant$9.525mm链轮尺寸

名称		符号	单位	计算公式	备注
基本参数	链轮节距	p	mm		与配用链条节距相等
	链轮齿数	z			见表 8-2-26
	齿楔角	γ	(°)	p=4.76mm 的链轮 $\gamma=70^\circ$ p=9.525mm 及以上节距的链轮 $\gamma=60^\circ$	γ 公差为 $^{0^\circ}_{-30'}$
主要尺寸	分度圆直径	d	mm	$d=\dfrac{p}{\sin\dfrac{180^\circ}{z}}$	分度圆直径相对孔的最大径向圆跳动(全示值读数)公差： 对于 p=4.67mm 的链轮 当 $d\leqslant$101.6mm 时为 0.101mm 当 $d>$101.6mm 时为 0.203mm 对于 p=9.525mm 及以上节距的链轮为 0.001$d_a$mm，但不能小于 0.15mm,也不能大于 0.81mm
	齿顶圆直径	d_a	mm	对 p=4.76mm 的链轮： d_a(圆弧齿)$=p\left(\cot\dfrac{180^\circ}{z}-0.032\right)$ 对 p=9.525mm 及以上节距链轮： d_a(圆弧齿)$=p\left(\cot\dfrac{90^\circ}{z}+0.08\right)$ d_a(矩形齿)$=\sqrt{x^2+L^2+2xL\cos\alpha}$ 其中： $x=y\cos\alpha-\sqrt{(0.15p)^2-(y\sin\alpha)^2}$ $y=p(0.5-0.375\sec\alpha)\cot\alpha+0.11p$ $L=y+\dfrac{d_E}{2}$ d_E——齿顶圆弧中心直径 $d_E=p\left(\cot\dfrac{180^\circ}{z}-0.22\right)$ $\alpha=30^\circ-\dfrac{360^\circ}{z}$	矩形齿顶(车制)链轮的齿顶圆直径公差为 $^{0}_{-0.05}p$mm 圆弧齿顶链轮的齿顶圆直径公差与跨柱测量距公差相同，见表 8-2-32

续表

名称		符号	单位	计算公式	备注
主要尺寸	齿槽定位圆半径	r_d	mm	对于 $p=4.76$mm 链轮： $2r_d=0.827p$ 对于 $p=9.525$mm 及以上节距链轮 $2r_d=0.75p$	
	分度角	φ	(°)	$\varphi=\frac{360°}{z}$	
	齿槽角	β	(°)	对于 $p=4.76$mm 的链轮： $2\beta=70°-\frac{360°}{z}$ 对于 $p=9.525$mm 及以上节距链轮： $2\beta=60°-\frac{360°}{z}$	
	齿形角	α	(°)	对于 $p=4.76$mm 的链轮： $\alpha=2\left(35°-\frac{360°}{z}\right)$ 对于 $p=9.525$mm 及以上节距链轮： $\alpha=2\left(30°-\frac{360°}{z}\right)$	
	齿面工作段最低点至节距线的距离	h	mm	对于 $p=4.76$mm 的链轮： $h_{min}=0.528p$ 对于 $p=9.525$mm 及以上节距的链轮： $h=0.55p$	
	齿顶圆弧中心圆直径	d_E	mm	$d_E=p\left(\cot\frac{180°}{z}-0.22\right)$	d_E、d_B、e、d_f 的计算只对 $p=9.525$mm 及以上节距的链轮使用；对于 $p=4.76$mm 的链轮设计可直接参考表图
	工作面的基圆直径	d_B	mm	$d_B=p\sqrt{1.515213+\left(\cot\frac{180°}{z}-1.1\right)^2}$	
	齿根间隙	e	mm	$e=0.08p$	
	齿根圆直径	d_f	mm	$d_f=d-2\frac{h+e}{\cos\frac{180°}{z}}$	

注：1. 表中尺寸数值精确到 0.01mm，度精确到（′）。

2. 表中 d_f 只作参考尺寸，决定切齿深度的是齿槽定位圆半径，并用跨柱测量距来检验。

2.3.3.3 齿形链轮的公差

链轮直径尺寸与测量尺寸见表 8-2-32，链轮跨柱测量距公差见表 8-2-33，量柱直径和技术要求见表 8-2-34，链轮轮坯公差见表 8-2-35。

2.3.4 计算实例

例：试设计一齿形链传动。

已知：传递功率 $P=55$kW，小链轮的转速 $n_1=1000$r/min，传动比 $i=3.2$，原动机为电动机，工作机为料斗式输送机，每天工作 8h，两链轮中心距在 1000mm 左右，两链轮水平布置，中心距可调，小链轮孔径 $d_K=75$mm。

表 8-2-30　p=9.525mm 及以上节距齿形链链轮轴向齿廓及尺寸（摘自 GB/T 10855—2006）　/mm

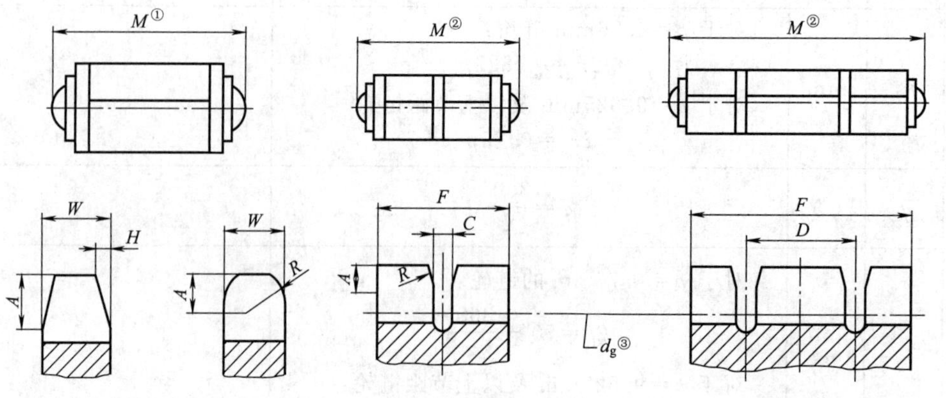

(a) 外导式①　(b) 内导式　(c) 双内导式

① 外导式的导板厚度与齿链板的厚度相同。

② M 等于链条最大全宽。

③ 切槽刀的端头可以是圆弧形或矩形，d_g 值见表 7。

参数	节距 p							
	9.525	12.70	15.875	19.05	25.40	31.75	38.10	50.80
外导 $W^{+0.25}_{0}$	10.41		—					
外导 $H\pm0.08$	1.30		—					
内导 $C\pm0.13$	2.54		3.18	4.57			5.54	
内导 $F^{+3.18}_{0}$	F 值取链宽公称尺寸							
双内导 $D\pm0.25$	25.40		50.8	101.60				
A	3.38		4.50	6.96				
$R\pm0.08$	5.08		6.35	9.14				

表 8-2-31　p=4.762mm 齿形链链轮轴向齿廓及尺寸（摘自 GB/T 10855—2016）　/mm

参数	尺寸							
外导 W	链号	SC0305	SC0307	SC0309	SC0311①	SC0313①	SC0315①	
	W	1.91	3.51	5.11	6.71	8.31	9.9	
外导 H	0.64							
内导 C_{max}	1.27							
内导 F_{min}	链号	SC0317	SC0319	SC0321	SC0323	SC0325	SC0327	SC0329	SC0331
	F_{min}	13.23	14.83	16.41	18.01	19.58	21.18	22.76	24.36
A	1.5							
R	2.3							

① 应指明内导还是外导。

注：表内尺寸参见表 8-2-30 图中标注。

表 8-2-32　链轮直径尺寸与测量尺寸（摘自 GB/T 10855—2016）　/mm

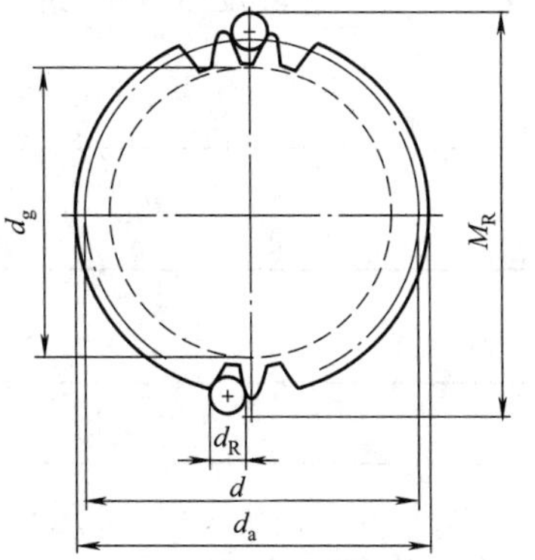

p——链条节距；
d——分度圆直径；
d_a——齿顶圆直径；
d_R——量柱直径；
z——齿数；
d_E——齿顶圆弧中心直径；
M_R——跨柱测量距；
d_g——导槽圆的最大直径。

名称	符号	计　算　公　式	备　　注
导槽圆的最大直径	d_g(max)	4.76mm 节距链轮： $d_g(\max)=p[\cot(180°/z)-1.20]$	上偏差：0 下偏差：−0.38
		9.525mm 及以上节距链轮： $d_g(\max)=p[\cot(180°/z)-1.16]$	上偏差：0 下偏差：−0.76
跨柱测量距	M_R	4.76mm 节距链轮： M_R(偶数齿)$=d-0.160p\csc(35°-180°/z)+d_R$ M_R(奇数齿)$=\cos(90°/z)[d-0.160p\csc(35°-180°/z)]+d_R$	跨柱测量距公差见表 8-2-33，量柱直径 d_R 和技术要求见表 8-2-34
		9.525mm 及以上节距链轮： M_R(偶数齿)$=d-0.125p\csc(30°-180°/z)+d_R$ M_R(奇数齿)$=\cos(90°/z)[d-0.125p\csc(30°-180°/z)]+d_R$	

表 8-2-33　链轮跨柱测量距公差（摘自 GB/T 10855—2016）　/mm

节距	齿数									
	≤15	16～24	25～35	36～48	49～63	64～80	81～99	100～120	121～143	144 以上
4.762	0.1	0.1	0.1	0.1	0.1	0.13	0.13	0.13	0.13	0.13
9.525	0.13	0.13	0.13	0.15	0.15	0.18	0.18	0.18	0.20	2.20
12.70	0.13	0.15	0.15	0.18	0.18	0.20	0.20	0.23	0.23	0.25
15.875	0.15	0.15	0.18	0.20	0.23	0.25	0.25	0.25	0.28	0.30
19.05	0.15	0.18	0.20	0.23	0.25	0.28	0.28	0.30	0.33	0.36
25.40	0.18	0.20	0.23	0.25	0.28	0.30	0.33	0.36	0.38	0.40
31.75	0.20	0.23	0.25	0.28	0.33	0.36	0.38	0.43	0.46	0.48
38.10	0.20	0.25	0.28	0.33	0.36	0.40	0.43	0.48	0.51	0.56
50.80	0.25	0.30	0.36	0.40	0.46	0.51	0.56	0.61	0.66	0.71

注：表列公差值在使用时均为负偏差值。

量柱直径 $d_R=0.625p$。p 为节距。技术要求：直径的极限偏差为 $^{+0.01}_{0}$；圆度、圆柱度等公差，不应超过直径公差之半；表面粗糙度 Ra 为 0.8μm；表面硬度 55～60HRC。

表 8-2-34　链轮轮坯公差

项　　目	公差等级或说明
链轮孔(d_K)的极限偏差	H8
(车制)链轮顶圆直径偏差	见表 8-2-29

续表

项目		公差等级或说明
链轮齿部宽度	外导	见表 8-2-30 和表 8-2-31
	内导	
链轮顶圆径向圆跳动		9 级
链轮齿部端面跳动		

计算：

计算项目	计算及说明	结果数据
(1)小链轮齿数 z_1	取 $z_1=27$	$z_1=27$
(2)大链轮齿数 z_2	$z_2=iz_1=3.2\times27=86.4$ 取 $z_2=86$	$z_2=86$
(3)实际传动比 i	$i=\frac{z_2}{z_1}=\frac{86}{27}=3.185$	$i=3.185$
(4)链条节距 p	根据 $n_1=1000\text{r/min}$ 查表 8-2-26 取 $p=25.4\text{mm}$	$p=25.4\text{mm}$
(5)设计功率 P_d	$P_d=f_1P$ 查表 8-2-27，取 $f_1=1.4$ $P_d=f_1P=1.4\times55=77\text{kW}$	$P_d=77\text{kW}$
(6)单位链宽的额定功率 P_0	根据 $p=25.4\text{mm}$，$z_1=27$ 和 $n_1=1000\text{r/min}$ 查表 8-2-28，$P_0=1.14497\text{kW/mm}$	$P_0=1.14497\text{kW/mm}$
(7)链宽 M	$M\geqslant\frac{P_d}{P_0}=\frac{77}{1.14497}=67.25\text{mm}$ 根据表 8-2-25 取内导式齿形链链号为 SC810(69.85) 即链宽 $M_{max}=69.85\text{mm}$	$M_{max}=69.85\text{mm}$
(8)初定中心距 a_0	根据表 8-2-5，初定 $a_0=35p$ $a_0=35p=35\times25.4=889\text{mm}<1000\text{mm}$	
(9)确定链条节数 X	$X_0=\frac{2a_0}{p}+\frac{z_1+z_2}{2}+\left(\frac{z_2-z_1}{2\pi}\right)^2\frac{p}{a_0}$ $=\frac{2\times35p}{p}+\frac{27+86}{2}+\left(\frac{86-27}{2\pi}\right)^2\frac{p}{35p}$ $=129.02$ 取实际链节数 $X=130$	$X=130$ 节
(10)链条长度 L	$L=\frac{Xp}{1000}=\frac{130\times25.4}{1000}=3.302\text{m}$	$L=3.302\text{m}$
(11)理论中心距 a	因为 $i\neq1$ $a=f_4p[2X-(z_1+z_2)]$ f_4 根据 $\frac{X-z_s}{z_2-z_1}=\frac{X-z_1}{z_2-z_1}=\frac{130-27}{86-27}$ $=1.74576$ （小链轮齿数 $z_s=z_1$）	

续表

计算项目	计算及说明	结果数据
	查表 8-2-8 用插入法 $f_4=0.241498$ $a=0.241498\times25.4\times[2\times130-(27+86)]$ $=901.7052\text{mm}$	
(12)实际中心距 a'	$a'=a-\Delta a$,取 $\Delta a=0.003a$ $a'=901.7052-0.003\times901.7052$ $=899.00\text{mm}$	$a'=899.00\text{mm}$
(13)链速 v	$v=\dfrac{z_1n_1p}{60\times1000}=\dfrac{27\times1000\times25.4}{60\times1000}=11.43\text{m/s}$	$v=11.43\text{m/s}$
(14)验算小链轮轮毂孔径 d_k	根据 $z_1=27$,$p=25.4\text{mm}$,取 $d_{kmax}=120\text{mm}>d_k=75\text{mm}$	
(15)有效圆周力 F	$F=\dfrac{1000P}{v}=\dfrac{1000\times55}{11.43}=4811.9\text{N}$	$F_t=4811.9\text{N}$
(16)作用在轴上的力 F_Q	水平传动 $F_Q=(1.15\sim1.2)f_1F$ 取 $F_Q=1.2f_1F=1.2\times1.4\times4811.9$ $=8084\text{N}$	$F_Q=8084\text{N}$
(17)润滑方式	根据 $p=25.4\text{mm}$ 和 $n_1=1000\text{r/min}$ 查表 8-2-28 选润滑方式Ⅱ即油浴润滑或飞溅润滑	
(18)链轮的几何尺寸计算及工作图	略	

2.4 链传动的布置、张紧与润滑

2.4.1 链传动的布置

链传动一般应布置在铅垂平面内，尽可能避免布置在水平或倾斜平面内。如确有需要，则应考虑加托板或张紧等装置、并设计成较紧凑的中心距，表 8-2-35 列出了链传动布置的正确设计。

2.4.2 链传动的张紧与安装误差

链传动应适当张紧，以避免链条的垂度过大产生链条和链轮啮合不良与链条的振动现象。链边的张紧程度可用测量松边垂度 f 的大小来控制。图 8-2-14(a) 为近似测量 f 的方法，即近似认为两轮公切线与松边的最大距离为垂度 f。图 8-2-14(b) 所示为双侧测量，其松边垂直度 f 相应为

$$f=\sqrt{f_1^2+f_2^2}$$

合适的松边垂度推荐为

$$f=(0.01\sim0.02)a\ (\text{mm})$$

或 $f_{min}\leqslant f\leqslant f_{max}$

$$f_{min}=\frac{0.00036\sqrt{a^3}}{K_v}\cos\alpha$$

$$f_{max}=3f_{min}$$

式中 a——传动中心距，mm；

f_{min}——最小垂度，mm；

f_{max}——最大垂度，mm；

α——松边对水平面的倾角，(°)；

K_v——速度系数，当 $v\leqslant10\text{m/s}$ 时，$K_v=1.0$；当 $v>10\text{m/s}$ 时，$K_v=0.1v$。

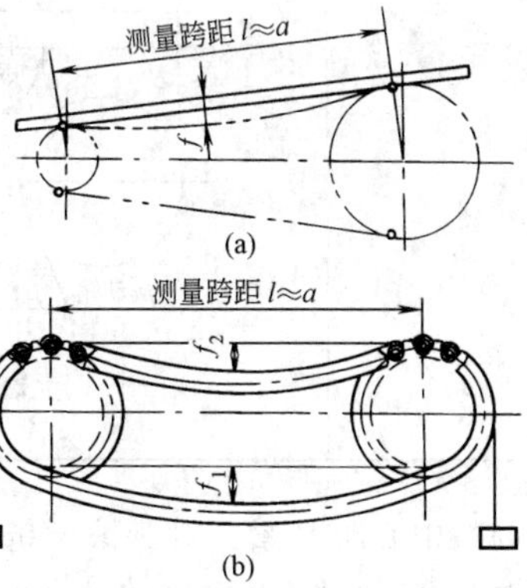

图 8-2-13 垂度测量

对于重载，经常启动、制动和反转的链传动以及接近垂度的链传动，其松边垂度应适当减小。

链传动张紧可采用下列方法。

第8篇

表 8-2-35　链传动的布置

传动条件	正确布置	不正确布置	说　明
i 与 a 较佳场合 $i=2\sim3$ $a=(30\sim50)p$	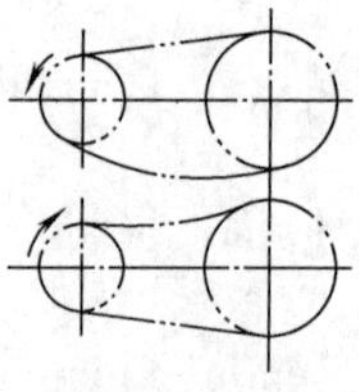		两链轮中心连线最好成水平，或与水平面成 60°以下的倾角。紧边在上面较好
i 大 a 小场合 $i>2$ $a<30p$	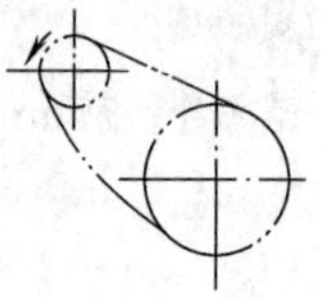	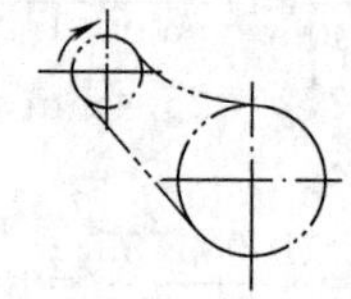	两轮轴线不在同一水平面上，此时松边应布置在下面，否则松边下垂量增大后，链条易与小链轮钩住
i 小 a 大场合 $i<1.5$ $a>60p$	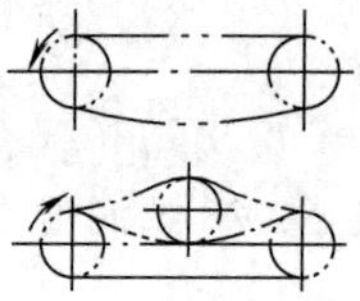	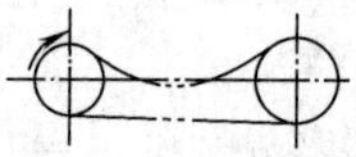	两轮轴线在同一水平面上，松边应布置在下面，否则松边下垂量增大后，松边会与紧边相碰。此外，需经常调整中心距
垂直传动场合 i、a 为任意值	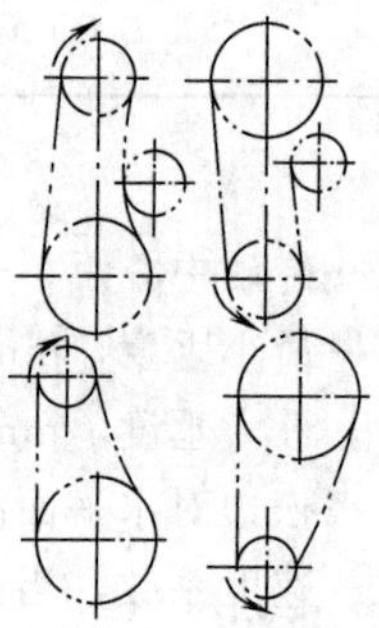	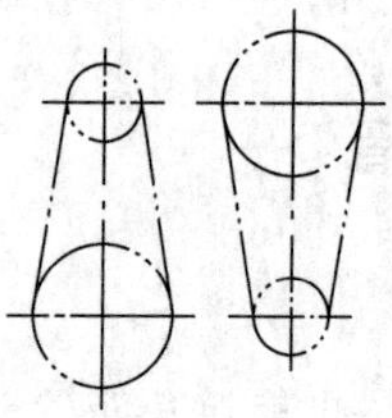	两轮轴线在同一铅垂面内，此时下垂量集中在下端，所以要尽量避免这种垂直或接近垂直的布置，否则会减少下面链轮的有效啮合齿数，降低传动能力。应采用：a)中心距可调；b)张紧装置；c)上下两轮错开，使其轴线不在同一铅垂面内；d)尽可能将小链轮布置在上方等措施
反向传动 $i<8$	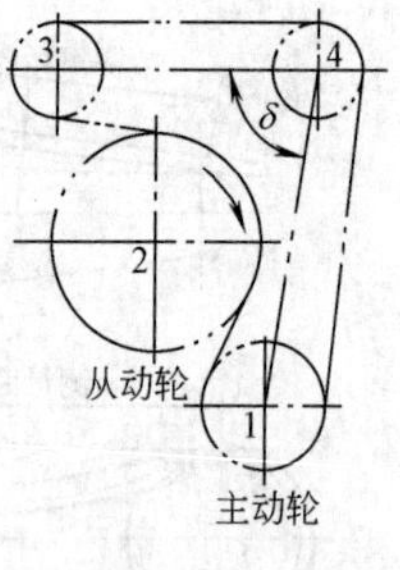		为使两轮转向相反，应加装 3 和 4 两个导向轮，且其中至少有一个是可以调整张紧的。紧边应布置在 1 和 2 两轮之间，角 δ 的大小应使轮 2 的啮合包角满足传动要求

（1）用调整中心距张紧。对于滚子链传动，其中心距调整量可取为 $2p$；对于齿形链传动，可取为 $1.5p$，p 为链条节距。

（2）用缩短链长方法张紧。当传动没有张紧装置而中心距又不可调整时，可采取拆去 1～2 个链节。

（3）用张紧装置张紧，见表 8-2-36。

下列情况应设张紧装置。

（1）两轴中心距较大（$a>50p$，脉动载荷下 $a>25p$）；

（2）两轴中心距过小，但松边在上面；

（3）两轴布置使中心线倾角 α 接近 90°；

（4）需严格控制张紧力；

表 8-2-36 链传动张紧装置示例

<table>
<tr><th>类型</th><th>张紧调节形式</th><th>简　　图</th><th>说　　明</th></tr>
<tr><td rowspan="2">定期张紧</td><td>螺纹调节</td><td>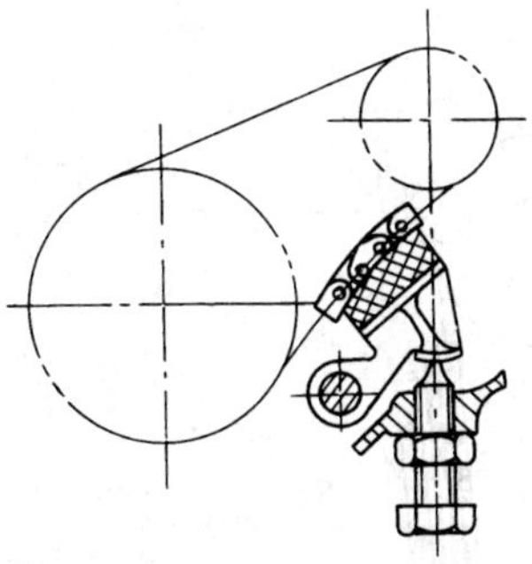</td><td>可采用细牙螺纹并带锁紧螺母</td></tr>
<tr><td>偏心调节</td><td>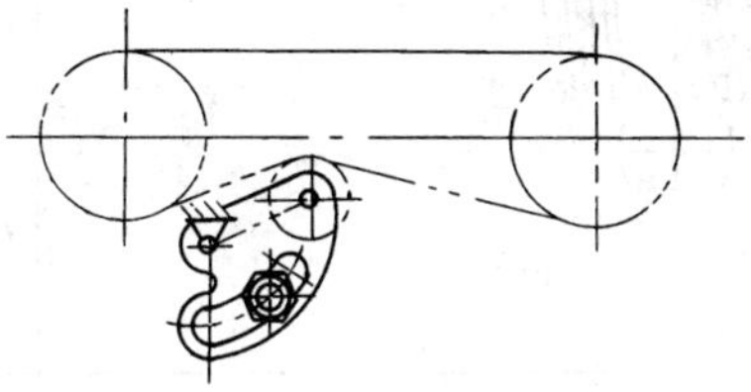</td><td rowspan="4">张紧轮一般布置在链条松边，根据需要可以靠近小链轮或大链轮，或者布置在中间位置。张紧轮可以是链轮或辊轮。张紧链轮的齿数常等于小链轮齿数。张紧辊轮常用于垂直或接近于垂直的链传动，其直径可取为$(0.6\sim0.7)d_1$，d_1为小链轮直径</td></tr>
<tr><td rowspan="3">自动张紧</td><td>弹簧调节</td><td>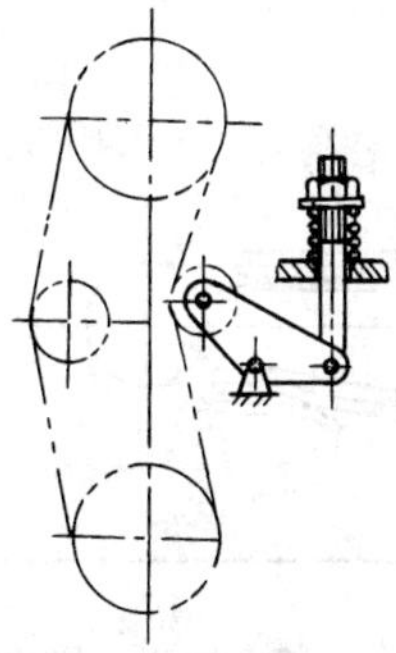</td></tr>
<tr><td>重力调节</td><td>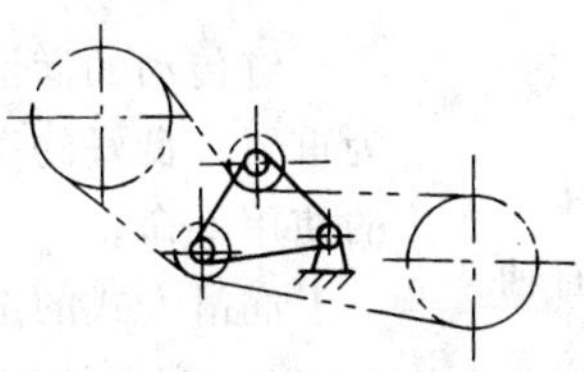</td></tr>
<tr><td>挂重调节</td><td>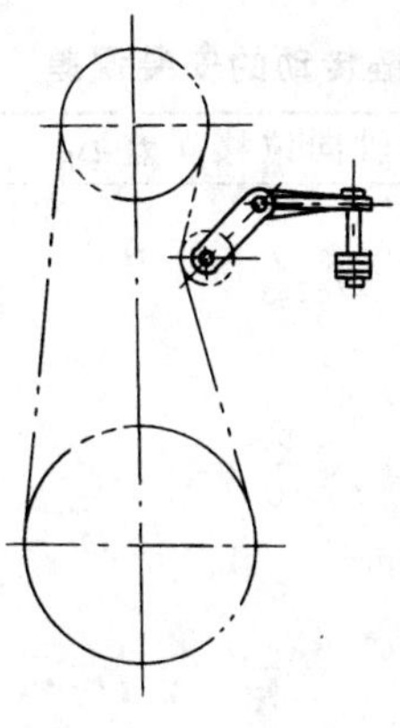</td></tr>
</table>

续表

类型	张紧调节形式	简图	说明
自动张紧	液压调节	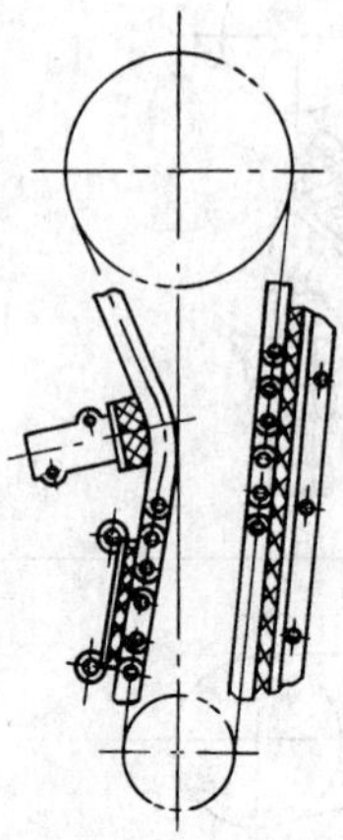	采用液压块与导板相结合的形式，减振效果好，适用于高速传动，如发动机的正时链传动
承托装置	托板和托架	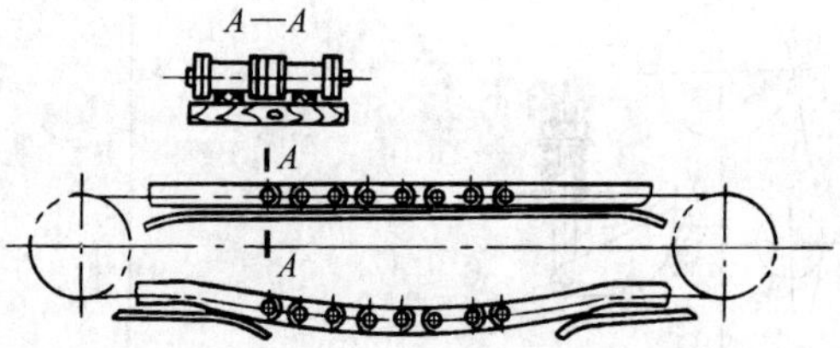	适用于轴间距较大的场合，托板上可衬以软钢、塑料或耐油橡胶，滚子可在其上滚动；中心距更大时，托板可以分成两段，借中间 6～10 节链条的自重下垂张紧

(5) 多链轮传动或反向转动；

(6) 要求减少冲击振动，避免共振；

(7) 需要增大链轮啮合包角；

(8) 采用调整中心距或缩短链长的方法有困难。

链传动的安装一般应控制两链轮轮宽的中心平面轴向位移误差 Δe 和两链轮旋转平面间的夹角误差 $\Delta\theta$，见表 8-2-37。

2.4.3 链传动的润滑

链传动的润滑十分重要，对高速、重载的链传动更为重要。良好的润滑可缓和冲击，减少磨损，延长链条的使用寿命。

润滑方式的选择见图 8-2-6，润滑方法和供油量见表 8-2-38，润滑油的选择见表 8-2-39。

表 8-2-37 链传动的安装误差

简图	中心平面轴向位移误差 Δe	两轮旋转面间夹角误差 $\Delta\theta$
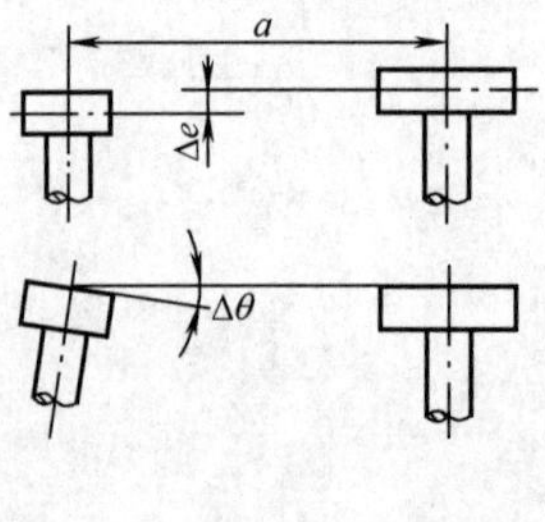	$\Delta e \leqslant \frac{0.2}{100}a$	$\Delta\theta \leqslant \frac{0.6}{100}$ rad

表 8-2-38　链传动润滑方式和供油量

<table>
<tr><th>润滑方式</th><th>润滑方法</th><th colspan="5">供油量</th></tr>
<tr><td>人工润滑</td><td>用刷子或油壶定期在链条松边内、外链板间隙中注油</td><td colspan="5">每班注油一次</td></tr>
<tr><td>滴油润滑</td><td>装置简单，用油杯滴油</td><td colspan="5">单排链，每分钟供油 5～20 滴，速度高时取大值</td></tr>
<tr><td>油浴供油</td><td>采用不漏油的外壳，使链条从油槽中通过</td><td colspan="5">链条浸入油面过深，搅油损失大，油易发热变质。一般浸油深度为 6～12mm</td></tr>
<tr><td>飞溅润滑</td><td>采用不漏油的外壳，在链轮侧边安装甩油盘，飞溅润滑。甩油盘圆周速度 $v>3\text{m/s}$。当链条宽度大于 125mm 时，链轮两侧各装一个甩油盘</td><td colspan="5">甩油盘浸油深度为 12～35mm</td></tr>
<tr><td rowspan="6">压力供油润滑</td><td rowspan="6">采用不漏油的外壳，油泵强制供油、喷油管口设在链条啮入处，循环油可起冷却作用</td><td colspan="5">每个喷油嘴供油量/$\text{L}\cdot\text{min}^{-1}$</td></tr>
<tr><td rowspan="2">链速 v /$\text{m}\cdot\text{s}^{-1}$</td><td colspan="4">节距 p/mm</td></tr>
<tr><td>≤19.05</td><td>25.4～31.75</td><td>38.1～44.45</td><td>≥50.8</td></tr>
<tr><td>8～13</td><td>1.0</td><td>1.5</td><td>2.0</td><td>2.5</td></tr>
<tr><td>>13～18</td><td>2.0</td><td>2.5</td><td>3.0</td><td>3.5</td></tr>
<tr><td>>18～24</td><td>3.0</td><td>3.5</td><td>4.0</td><td>4.5</td></tr>
</table>

表 8-2-39　链传动润滑油牌号的选择

<table>
<tr><th rowspan="2">润滑方式</th><th rowspan="2">周围温度/℃</th><th>小节距</th><th colspan="2">中等节距</th><th>大节距</th></tr>
<tr><th>9.525～15.875</th><th>19.05～25.4</th><th>31.75</th><th>38.1～76.2</th></tr>
<tr><td rowspan="4">Ⅰ、Ⅱ、Ⅲ</td><td>-10～0</td><td>L-AN46</td><td colspan="2">L-AN68</td><td>L-AN100</td></tr>
<tr><td>0～40</td><td>L-AN68</td><td colspan="2">L-AN100</td><td>L-EQB30</td></tr>
<tr><td>40～50</td><td>L-AN100</td><td colspan="2">L-EQB30</td><td>L-EQB40</td></tr>
<tr><td>50～60</td><td>L-EQB30</td><td colspan="2">L-EQB40</td><td>工业齿轮油 150（冬季用 90 号 GL-4 齿轮油）</td></tr>
<tr><td rowspan="4">Ⅳ</td><td>-10～0</td><td colspan="3">L-AN46</td><td>L-AN68</td></tr>
<tr><td>0～40</td><td colspan="3">L-AN68</td><td>L-AN100</td></tr>
<tr><td>40～50</td><td colspan="3">L-AN100</td><td>L-EQB30</td></tr>
<tr><td>50～60</td><td colspan="3">L-EQB30</td><td>L-EQB40</td></tr>
</table>

注：Ⅰ、Ⅱ、Ⅲ、Ⅳ参见图 8-2-6。

第3章 齿轮传动

3.1 渐开线圆柱齿轮传动设计计算

3.1.1 齿形和模数系列

3.1.1.1 基准齿形

表 8-3-1 渐开线圆柱齿轮的基本齿廓（摘自 GB/T 1356—2001） /mm

基本齿廓	参数	代号	数值
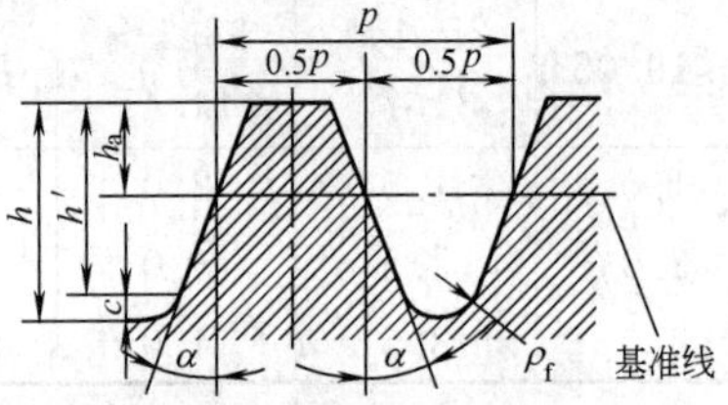	齿顶高	h_a	m
	工作齿高	h'	$2m$
	顶隙	c	$0.25m$
	全齿高	h	$2.25m$
	齿距	p	πm
	齿根圆角半径	ρ_f	$0.38m$

注：1. 渐开线圆柱齿轮的基本齿廓是指基本齿条的法向齿廓。

2. 本标准适用于模数 $m \geqslant 1$mm、齿形角 $\alpha=20°$ 的渐开线圆柱齿轮。

3. 允许齿顶修缘，其修缘量大小由设计者确定。

3.1.1.2 模数系列

表 8-3-2 通用机械和重型机械圆柱齿轮模数 m（m_n）（摘自 GB/T 1357—2008） /mm

第一系列	1;1.25;1.5;2;2.5;3;4;5;6;8;10;12;16;20;25;32;40;50
第二系列	1.125;1.375;1.75;2.25;2.75;3.5;4.5;5.5;(6.5);7;9;11;14;18;22;28;36;45

注：1. 对于斜齿轮是指法向模数。

2. 选取时，优先选用第一系列，括号内的模数尽可能不用。

3.1.2 圆柱齿轮传动类型与基本参数的选择

3.1.2.1 传动类型及其特点

表 8-3-3 传动类型及特点

传动类型	变位系数	齿数条件	啮合及安装特点	优 缺 点	使用场合
标准齿轮传动	$x_1=x_2=0$	$z_1 \geqslant z_{min}$	$\alpha_w=\alpha$ $y=0$ $\Delta y=0$ $a'=a$	设计简单，使用方便，互换性好，但小齿轮齿根较弱，滑动率较大，易磨损，特别是当传动比较大时	广泛用于各种传动中
高变位齿轮传动	$x_\Sigma=0$ $x_1=\pm x_2$	$z_1+z_2 \geqslant 2z_{min}$	$\alpha_w=\alpha$ $y=0$ $\Delta y=0$ $a'=a$	可以减小机构尺寸，提高承载能力，调整大、小齿轮强度趋近一致，滑动率趋近一致，但重合度略减小	用于要求标准中心距传动，并且希望大、小齿轮的强度和耐磨性好，而又不希望端面重合度下降很多的场合

续表

<table>
<tr><th colspan="2">传动类型</th><th>变位系数</th><th>齿数条件</th><th>啮合及安装特点</th><th>优缺点</th><th>使用场合</th></tr>
<tr><td rowspan="2">角变位齿轮传动</td><td>正传动</td><td>$x_{\Sigma}>0$</td><td>可以有
$z_1+z_2<2z_{min}$</td><td>$\alpha_w>\alpha$
$y>0$
$\Delta y>0$
$a'>a$</td><td>可以减小机构尺寸，提高接触强度和弯曲强度，提高耐磨损和抗胶合能力，或配凑中心距；但设计计算较麻烦，传动的重合度减小</td><td>用于配凑较大中心距，用于结构紧凑，$z_1\pm z_2$ 较小的场合，用于希望提高并均衡大小齿轮的强度，又允许降低端面重合度的场合</td></tr>
<tr><td>负传动</td><td>$x_{\Sigma}<0$</td><td>$z_1+z_2>2z_{min}$</td><td>$\alpha_w<\alpha$
$y<0$
$\Delta y>0$
$a'<a$</td><td>可以配凑中心距，或使重合度增大；但会使齿轮的接触强度和弯曲强度降低，会使齿根部最大滑动率增加，加剧轮齿磨损，设计计算较麻烦</td><td>仅用于配凑较小的中心距</td></tr>
</table>

注：1. 表中"±"号处，"－"号用于外啮合，"＋"用于内啮合。

2. 对于斜齿轮，代号下角标应加符号 n。

3.1.2.2 基本参数的选择

表 8-3-4 计算参数的取值

<table>
<tr><th>参数名称</th><th colspan="2">代号</th><th>取值原则</th></tr>
<tr><td>模数</td><td colspan="2">$m(m_n)$</td><td>由强度计算或结构设计确定，再按表 8-3-2 取标准值；斜齿轮 $m_t=m_n/\cos\beta$；对于动力传动，一般 $m(m_n)\geqslant 2$mm；也可按经验取 $m(m_n)=(0.007\sim0.02)a$，a 为中心距</td></tr>
<tr><td>压力角</td><td colspan="2">$\alpha(\alpha_n)$</td><td>$\alpha(\alpha_n)=20°$；斜齿轮 $\tan\alpha_t=\tan\alpha_n/\cos\beta$</td></tr>
<tr><td>齿顶高系数</td><td colspan="2">$h_a^*(h_{an}^*)$</td><td>$h_a^*(h_{an}^*)=1$</td></tr>
<tr><td>顶隙系数</td><td colspan="2">$c^*(c_n^*)$</td><td>$c^*(c_n^*)=0.25$</td></tr>
<tr><td>螺旋角</td><td colspan="2">β</td><td>斜齿轮 $\beta=8°\sim20°$；人字齿轮 $\beta=25°\sim40°$；$\beta_1=\mp\beta_2$（"－"号用于外啮合，"＋"号用于内啮合）；需满足 $\beta=\arccos\dfrac{(z_2\pm z_1)m_n}{2a}$（"＋"号用于外啮合，"－"号用于内啮合）</td></tr>
<tr><td>齿数</td><td colspan="2">$z(z_1,z_2)$</td><td>一般取 $z_1\geqslant18\sim40$，闭式传动软齿面宜取较大值，硬齿面或开式传动宜取较小值；外啮合 z_1 指小齿轮，z_2 指大齿轮；内啮合 z_1 指外齿轮，z_2 指内齿轮</td></tr>
<tr><td>齿数比</td><td colspan="2">u</td><td>$u\leqslant6\sim8$；$u=z_2/z_1$</td></tr>
<tr><td rowspan="3">齿宽与齿宽系数</td><td rowspan="3">b</td><td>ϕ_a</td><td>$\phi_a=b/a$，闭式传动 $\phi_a=0.3\sim0.6$；开式传动 $\phi_a=0.1\sim0.3$</td></tr>
<tr><td>ϕ_d</td><td>$\phi_d=b/d_1$，闭式传动、软齿面、轮齿对称布置、并靠近轴承时 $\phi_d=0.8\sim1.4$；不对称布置或悬臂布置、结构刚性较大时 $\phi_d=0.6\sim1.2$；结构刚性较小时 $\phi_d=0.4\sim0.8$；对于硬齿面，ϕ_d 的数值应取下限；开式齿轮传动 $\phi_d=0.3\sim0.5$
ϕ_d 与 ϕ_a 的关系：$\phi_d=\phi_a(u\pm1)/2$（"＋"号用于外啮合，"－"号用于内啮合）</td></tr>
<tr><td>ϕ_m</td><td>$\phi_m=b/m$，一般取 $\phi_m=8\sim25$；$\phi_m=0.5(i\pm1)\phi_a z_1=\phi_d z_1$</td></tr>
</table>

注：软齿面一般指硬度小于或等于 350HBW，硬齿面指硬度大于 350HBW。

第8篇

表 8-3-5　外啮合圆柱齿轮传动的变位系数的选择

内　容		公式及说明
选择变位系数的原则	闭式传动,软齿面	x_Σ 应取较大值,使 α_w 增大,提高齿面接触疲劳强度
	闭式传动,硬齿面	选取 x_1、x_2 应使两轮齿根弯曲强度增加并相近
	开式传动	选取 x_1、x_2 应使两轮齿根处滑动率相近,增大齿根厚度,提高齿根弯曲强度和耐磨性
	重载传动	选取 x_1、x_2 使两轮最大滑动率相近,提高抗胶合能力
	定中心距传动	按已确定的中心距计算 x_Σ,然后合理分配 x_1、x_2
	斜齿轮传动	一般不推荐 $x_{n\Sigma}>0.4$ 的变位齿轮传动,因 $x_{n\Sigma}$ 较大时会导致啮合轮齿接触线过短,反而降低其承载能力,故斜齿轮传动一般不宜采用角变位齿轮传动
选择变位系数的限制条件	保证加工时不根切	齿条型刀具　$x\geqslant h_a^*-\dfrac{z\sin^2\alpha}{2}$ 齿轮型插刀　$x\geqslant\dfrac{1}{2}\left[\sqrt{(z_0+2h_{a0}^*)^2+(z^2+2zz_0)\cos^2\alpha}-(z_0+z)\right]$(式中,$z_0$、$h_{a0}^*$ 查表 8-3-14)
	保证必要的齿顶厚度	$s_a=d_a\left(\dfrac{\pi}{2z}+\dfrac{2x\tan\alpha}{z}+\text{inv}\alpha-\text{inv}\alpha_a\right)\geqslant(0.25\sim0.4)m$(式中,$\text{inv}\alpha$、$\text{inv}\alpha_a$ 查表 8-3-13)
	保证必要的重合度	$\varepsilon_\alpha=\dfrac{1}{2\pi}[z_1(\tan\alpha_{a1}-\tan\alpha_w)+z_2(\tan\alpha_{a2}-\tan\alpha_w)]\geqslant1.2$
	保证啮合时不干涉	1 齿轮　$\tan\alpha_w-\dfrac{z_2}{z_1}(\tan\alpha_{a2}-\tan\alpha_w)\geqslant\tan\alpha-\dfrac{4(h_a^*-x_1)}{z_1\sin2\alpha}$ 2 齿轮　$\tan\alpha_w-\dfrac{z_1}{z_2}(\tan\alpha_{a1}-\tan\alpha_w)\geqslant\tan\alpha-\dfrac{4(h_a^*-x_2)}{z_2\sin2\alpha}$
选择变位系数的方法	利用线图选择	见图 8-3-1,它是用于齿条型刀具加工外齿轮的选择变位系数线图,本线图用于小齿轮齿数 $z\geqslant12$。线图右侧部分的横坐标表示一对啮合齿轮的齿数和 z_Σ,纵坐标表示总变位系数 x_Σ,图中阴影线以内为许用区。许用区内各射线为啮合角;图中 $m=6.5$、$m=7$ 等线为模数限制线。应用时可根据 z_Σ 在许用区内选 x_Σ,再按齿数比 u 分配变位系数 x_1,从坐标原点 0 向左 x_1 为正值,反之为负值。详见例 1 至例 3
	利用封闭图选择	封闭图是按齿形参数和选择变位系数的限制条件以及传动质量指标的要求而绘制的曲线封闭图,使用方便,直观,但需要大量封闭图(几百幅)才能满足一般工程需要,因篇幅所限,本手册无法给出,请参阅有关资料,封闭图的组成与使用可见图 8-3-2、图 8-3-3 及其说明

注：表中公式适用于直齿轮，对于斜齿轮可用其端面参数代入。

例 1　一对齿轮的齿数 $z_1=23$，$z_2=39$，模数 $m=6\text{mm}$，$\alpha=20°$，$h_a^*=1$，中心距 $a'=190\text{mm}$，试确定变位系数 x_1、x_2。

解

(1) 求啮合角 α_w。

$$\alpha_w=\arccos\left[\frac{m(z_1+z_2)}{2a'}\cos\alpha\right]$$

$$=\arccos\left[\frac{6\times(23+39)}{2\times190}\times\cos20°\right]=23°5'14''$$

(2) 求总变位系数 x_Σ。可用表 8-3-8 中公式计算，也可用图 8-3-1 所示的线图查取。在图 8-3-1 中，由 0 点按 $\alpha_w=23°5'14''$ 作射线，与 $z_\Sigma=z_1+z_2=62$ 处向上引的垂线相交于一点 M，则 M 点的纵坐标值即为所求的 x_Σ，查取 $x_\Sigma=0.76$。

(3) 分配 x_1。根据齿数比 $u=\dfrac{z_2}{z_1}=1.7$，按线图左侧的斜线③分配 x_1。自 M 点作水平线与斜线③交于 N 点，则 N 点的横坐标即为所求 x_1，查取 $x_1=0.45$，故 $x_2=$

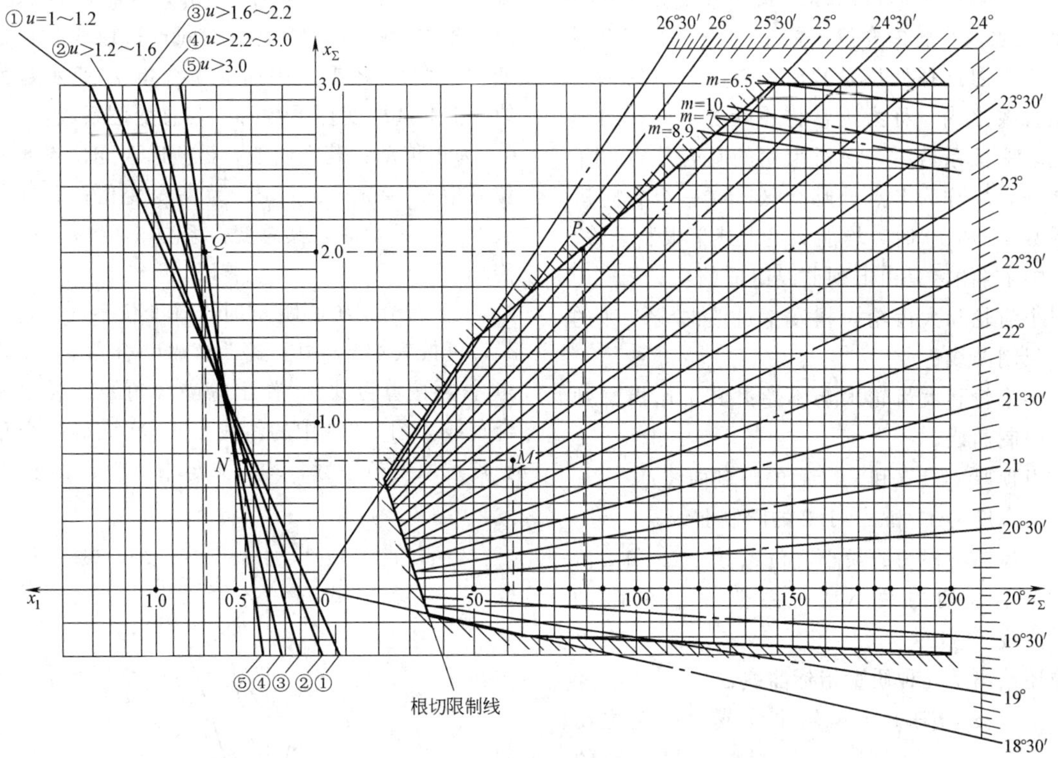

图 8-3-1　选择变位系数线图（$h_a^*=1$、$\alpha=20°$）

$x_\Sigma-x_1=0.31$。

例 2　一对齿轮的齿数 $z_1=15$，$z_2=69$，$\alpha=20°$，$h_a^*=1$，要求提高接触强度，试选择变位系数。

解　为提高接触强度，应按最大啮合角选取总变位系数 x_Σ。在图 8-3-1 中，自 $z_\Sigma=z_1+z_2=84$ 处向上引垂线，与线图上边界交于 P 点，P 点处的啮合角值为 $z_\Sigma=84$ 时的最大许用啮合角。P 点的纵坐标值即为所求的总变位系数 x_Σ，查取 $x_\Sigma=2.0$。若需圆整中心距，可适当调整 x_Σ。按齿数比 $u=\frac{z_2}{z_1}=4.6$ 确定由斜线⑤分配变位系数 x_1。自 P 点作水平线与斜线⑤交于 Q 点，则 Q 点的横坐标值即为所求 x_1，查取 $x_1=0.68$，故 $x_2=x_\Sigma-x_1=1.32$。

例 3　已知齿轮的齿数 $z_1=15$，$z_2=31$，$\alpha=20°$，$h_a^*=1$，试确定高度变位系数。

解　高度变位时，啮合角 $\alpha_w=\alpha=20°$，总变位系数 $x_\Sigma=x_1+x_2=0$，变位系数 x_1 可按齿数比 u 由图 8-3-1 左侧斜线与 $x_\Sigma=0$ 的水平线（即横坐标轴）的交点来确定。

此例因 $u=\frac{z_2}{z_1}=2.07$，故应按斜线③与横坐标轴的交点来确定 x_1，查取 $x_1=0.23$。故 $x_2=x_\Sigma-x_1=0-0.23=-0.23$。

说明：

(1) 封闭图的组成　图 8-3-2 所示为齿条型刀具加工齿轮的典型的封闭图（其齿数为 $z_1=34$，$z_2=38$，

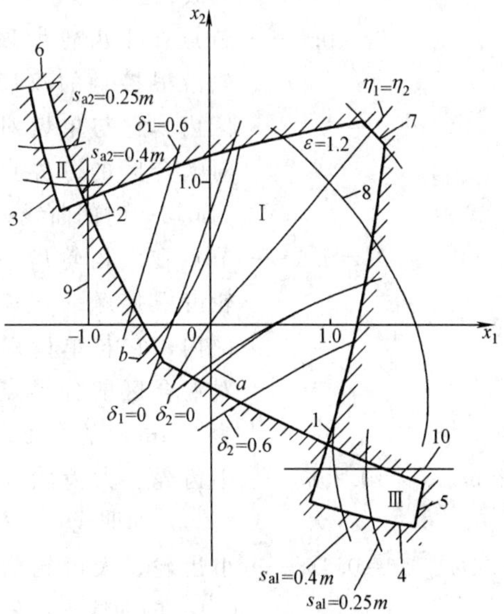

图 8-3-2　选择变位系数的封闭图

$\alpha=20°$，$h_a^*=1$）。该图中的横坐标代表小齿轮的变位系数 x_1，纵坐标代表大齿轮的变位系数 x_2。图中有三个封闭区，在封闭区Ⅰ内选择变位系数时，该对齿轮的啮合节点在实际啮合线之内，称为正常许用啮合区。在封闭区Ⅱ和Ⅲ内选取变位系数时，该对齿轮的啮合节点位于实际啮合线之外，故称为节点外啮合区。在三个封闭区内选取变位系数 x_1 和 x_2 时，均能满足上述诸限制条件。

图 8-3-2 中的封闭区是由下列曲线组成的：

1、2——小齿轮和大齿轮齿根发生过渡曲线干涉的限制曲线；

3、4——小齿轮和大齿轮根切不超过其工作齿廓的限制曲线；

5、6——齿顶厚 $s_{a1}=0$ 和 $s_{a2}=0$ 的限制曲线；

7、8——重合度 $\varepsilon=1$ 和 $\varepsilon=1.2$ 的限制曲线；

9、10——小齿轮不根切的最小变位系数 $x_{1\min}$ 和大齿轮不根切的最小变位系数 $x_{2\min}$ 的限制曲线。

封闭图中还绘出了几种质量指标曲线：

a、b——小齿轮主动或大齿轮主动时，相同材料及热处理的齿轮传动，轮齿等弯曲强度曲线；

$\eta_1=\eta_2$——实际啮合线两端点处，齿根滑动率相等的曲线；

$\delta_1=0$、$\delta_2=0$——节点位于一对齿啮合与两对齿啮合的分界点上的曲线；

$\delta_1=0.6$——节点在小齿轮齿顶与大齿轮齿根接触的双齿对啮合区内，它与单齿对和双齿对啮合区的分界点的距离为 0.6m 时的曲线；

$\delta_2=0.6$——节点在大齿轮齿顶与小齿轮齿根接触的双齿对啮合区内，它与单齿对和双齿对啮合区的分界点的距离为 0.6m 时的曲线；

$s_{a1}=0.25m$、$s_{a2}=0.25m$——小齿轮、大齿轮齿顶厚为 $0.25m$ 的曲线；

$s_{a1}=0.4m$、$s_{a2}=0.4m$——小齿轮、大齿轮齿顶厚为 $0.4m$ 的曲线。

（2）封闭图的使用方法　在任一封闭图中作出 45°斜线 1-1、2-2、3-3（见图 8-3-3），这些斜线称为等啮合角线，即在同一条斜线上的不同点选取变位系数时，其总变位系数 x_Σ 不变，因而其啮合角 α_w 是相等的，若在斜线 1-1 上选取变位系数时，其总变位系数 $x_\Sigma=x_1+x_2>0$，为正传动；若在斜线 2-2 上选取变位系数时，其总变位系数 $x_\Sigma=x_1+x_2=0$，为高度变位；若在斜线 3-3 上选取变位系数时，其总变位系数 $x_\Sigma=x_1+x_2<0$，为负传动。

① 当给定中心距 a' 时选择变位系数。若给定中心距 a'，可按表 8-3-8 中公式计算出啮合角 α_w 及总变位系数 x_Σ，再按算得的 x_Σ 作出等啮合角线。假如求得的等啮合角线为图 8-3-3 中的斜线 1-1，在该等啮合角线上的任一点选取变位系数，均可满足中心距 a' 的要求。

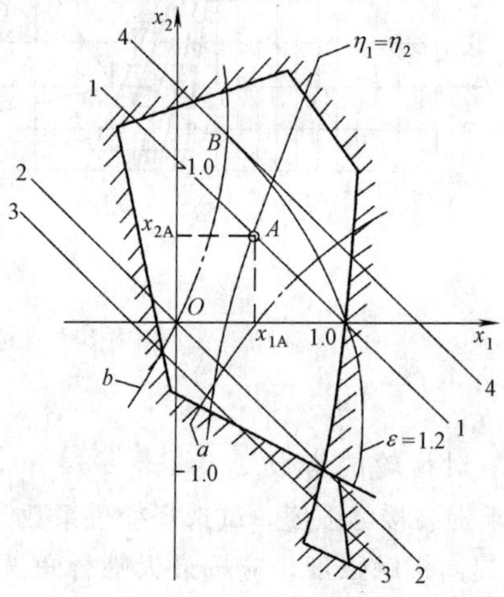

图 8-3-3　用封闭图选择变位系数方法

如果既要求中心距为 a'，又要求两齿轮的最大滑动率相等，可选斜线 1-1 与 $\eta_1=\eta_2$ 曲线的交点 A 为变位点（其变位系数分别为 x_{1A}，x_{2A}）。

② 当要求接触强度为最高时选择变位系数。一对齿轮传动的啮合角 α_w 越大，其接触强度越高，而啮合角 α_w 越大时，重合度 ε 就越小，故选择变位系数时，应在保证重合度要求的条件下尽量增大啮合角 α_w，若要求 $\varepsilon=1.2$ 时使接触强度最高，可作一条 45°斜线与 $\varepsilon=1.2$ 曲线相切，其切点即为所要求的变位点（见图 8-3-3 中斜线 4-4 与 $\varepsilon=1.2$ 曲线的切点 B）。

此外，若要求两齿轮的齿根弯曲强度相等时，变位点应选择在曲线 a（当小齿轮主动时）或在曲线 b（当大齿轮主动时）上。若要求两齿轮具有较高的抗胶合和耐磨损性能时，可在 $\eta_1=\eta_2$ 曲线上选择变位系数，并尽可能增大啮合角 α_w。

表 8-3-6　内啮合圆柱齿轮传动的变位系数的选择

内　　容		公　式　及　说　明
变位系数选择的原则		内啮合齿轮的变位并非像外啮合齿轮那样显著地提高强度，一般内啮合齿轮变位的目的是避免加工时顶切和啮合时干涉。正变位($x>0$)可以避免顶切，正传动($x_2-x_1>0$)可以避免干涉，但重合度减小 选择内啮合齿轮变位系数，可按加工内齿轮时顶切的限制条件，初步选择变位系数，然后再验算啮合时不干涉条件，以及重合度不过小，齿顶不过薄
选择变位系数的限制条件	加工时不产生范成顶切条件	$\frac{z_0}{z_2}\geqslant 1-\frac{\tan\alpha_{a2}}{\tan\alpha_{w02}}$
	加工时不产生径向切入顶切条件	(z_2-z_0)越小越易顶切，为避免顶切，可减少插齿刀齿数 z_0，或增加内齿轮的变位系数 x_2
	啮合时不产生过渡曲线干涉条件	对内齿轮 2：$[z_0\tan\alpha_{a0}+(z_2-z_0)\tan\alpha_{w02}]\geqslant[z_1\tan\alpha_{a1}+(z_2-z_1)\tan\alpha_w]$ 对外齿轮 1： 用齿轮插刀加工$[z_2\tan\alpha_{a2}-(z_2-z_1)\tan\alpha_w]\geqslant[z_1\tan\alpha_{w01}+z_0\tan\alpha_{w01}-z_0\tan\alpha_{a0}]$ 用滚刀加工$\frac{1}{z_1}[z_2\tan\alpha_{a2}-(z_2-z_1)\tan\alpha_w]\geqslant\tan\alpha-\frac{4h_a^*-x_1}{z_1\sin2\alpha}$
	啮合时不产生重叠干涉条件	$[z_1(\delta_1+\mathrm{inv}\alpha_{a1})-z_2(\delta_2+\mathrm{inv}\alpha_{a2})]+\mathrm{inv}\alpha_w(z_2-z_1)\geqslant0$ 其中：$\delta_1=\arccos\frac{r_{a2}^2-r_{a1}^2-a'^2}{2r_{a1}a'}$；$\delta_2=\arccos\frac{r_{a2}^2-r_{a1}^2+a'^2}{2r_{a2}a'}$ 当内啮合的两齿轮齿数差(z_2-z_1)越小时，越易产生重叠干涉；若(z_2-z_1)较小，可用增大内齿轮的变位系数 x_2，使 α_w 增大而避免重叠干涉

注：z_0 为插齿刀齿数；α_{a2} 为内齿轮 2 的齿顶圆压力角；α_{a1} 为外齿轮 1 的齿顶圆压力角；α_{w02} 为加工内齿轮时，齿轮 2 与刀具之间的啮合角；α_{w01} 为加工外齿轮时，齿轮 1 与刀具之间的啮合角；α_{a0} 为插齿刀的齿顶压力角。

3.1.3　圆柱齿轮传动的几何尺寸计算

3.1.3.1　外啮合标准圆柱齿轮传动

表 8-3-7　外啮合标准圆柱齿轮几何尺寸计算公式

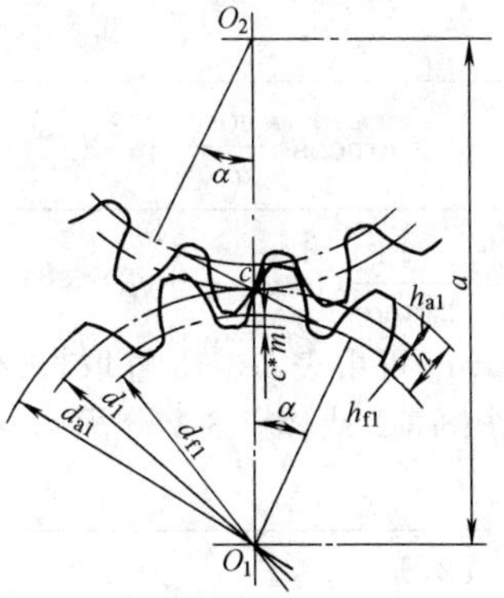

内　　容	代号	直　齿　轮	斜(人字)齿轮
分度圆直径	d	$d=mz$	$d=m_t z=\frac{m_n}{\cos\beta}z$
齿顶高	h_a	$h_a=h_a^* m=m$	$h_a=h_{an}^* m_n=m_n$
齿根高	h_f	$h_f=(h_a^*+c^*)m=1.25m$	$h_f=(h_{an}^*+c_n^*)m_n=1.25m_n$

续表

内　容	代号	直　齿　轮	斜(人字)齿轮
全齿高	h	$h=h_a+h_f=2.25m$	$h=h_a+h_f=2.25m_n$
齿顶圆直径	d_a	$d_a=d+2h_a=mz+2m$	$d_a=d+2h_a=\dfrac{m_n}{\cos\beta}z+2m_n$
齿根圆直径	d_f	$d_f=d-2h_f=mz-2.5m$	$d_f=d-2h_f=\dfrac{m_n}{\cos\beta}z-2.5m_n$
基圆直径	d_b	$d_b=d\cos\alpha=mz\cos\alpha$	$d_b=d\cos\alpha_t=\dfrac{m_n}{\cos\beta}z\cos\alpha_t$
齿距(周节)	p	$p=\pi m$	$p_t=\pi m_t, p_n=\pi m_n$
基节(法节)	p_b	$p_b=p\cos\alpha=\pi m\cos\alpha$	$p_{bt}=p_t\cos\alpha_t=\pi m_t\cos\alpha_t$
齿顶圆压力角	α_a	$\alpha_a=\arccos(d_b/d_a)$	$\alpha_{at}=\arccos(d_b/d_a)$
端面重合度	ε_α	$\varepsilon_\alpha=\dfrac{1}{2\pi}[z_1(\tan\alpha_{a1}-\tan\alpha_w)+z_2(\tan\alpha_{a2}-\tan\alpha_w)]$ ε_α 值也可由图 8-3-4 查取	$\varepsilon_\alpha=\dfrac{1}{2\pi}[z_1(\tan\alpha_{at1}-\tan\alpha_{wt})+z_2(\tan\alpha_{at2}-\tan\alpha_{wt})]$ ε_α 值也可由图 8-3-4 查取
纵向重合度	ε_β	$\varepsilon_\beta=0$	$\varepsilon_\beta=\dfrac{b\sin\beta}{\pi m_n}$，$\varepsilon_\beta$ 值也可由图 8-3-7 查取
总重合度	ε_γ	$\varepsilon_\gamma=\varepsilon_\alpha$	$\varepsilon_\gamma=\varepsilon_\alpha+\varepsilon_\beta$
当量齿数	z_n		$z_n=z/\cos^3\beta$
中心距	a	$a=\dfrac{1}{2}(d_1+d_2)=\dfrac{1}{2}m(z_1+z_2)$	$a=\dfrac{1}{2}(d_1+d_2)=\dfrac{m_n}{2\cos\beta}(z_1+z_2)$
基圆柱螺旋角	β_b		$\beta_b=\arctan(\tan\beta\,\mathrm{coa}\alpha_t)$

3.1.3.2 外啮合变位圆柱齿轮传动

表 8-3-8　外啮合变位圆柱齿轮传动几何尺寸计算公式

内　容		代号	直　齿　轮	斜(人字)齿轮
未变位时中心距		a	$a=\dfrac{m}{2}(z_1+z_2)$	$a=\dfrac{m_n}{2\cos\beta}(z_1+z_2)$
已知 a' 求 x_Σ	啮合角	$\alpha_w(\alpha_{wt})$	$\alpha_w=\arccos\dfrac{a\cos\alpha}{a'}$	$\alpha_{wt}=\arccos\dfrac{a\cos\alpha_t}{a'}$
	变位系数	$x_\Sigma(x_{n\Sigma})$	$x_\Sigma=\dfrac{z_1+z_2}{2\tan\alpha}(\mathrm{inv}\alpha_w-\mathrm{inv}\alpha)$ $\mathrm{inv}\alpha$ 和 $\mathrm{inv}\alpha_w$ 可由表 8-3-13 查取，求得 x_Σ 后可由图 8-3-2 或图 8-3-3 分配为 x_1 和 x_2	$x_{n\Sigma}=\dfrac{z_1+z_2}{2\tan\alpha_n}(\mathrm{inv}\alpha_{wt}-\mathrm{inv}\alpha_t)$ $\mathrm{inv}\alpha_t$ 和 $\mathrm{inv}\alpha_{wt}$ 可由表 8-3-13 查取，求得 $x_{n\Sigma}$ 后可由图 8-3-2 或图 8-3-3 分配为 x_{n1} 和 x_{n2}
已知 x_Σ 求 a'	啮合角	$\alpha_w(\alpha_{wt})$	$\mathrm{inv}\alpha_w=\dfrac{2(x_1+x_2)}{z_1+z_2}\tan\alpha+\mathrm{inv}\alpha$ $\mathrm{inv}\alpha$ 可由表 8-3-13 查取，求得 $\mathrm{inv}\alpha_w$ 再由表 8-3-13 查出 α_w 值	$\mathrm{inv}\alpha_{wt}=2\dfrac{(x_{n1}+x_{n2})}{z_1+z_2}\tan\alpha_n+\mathrm{inv}\alpha_t$ $\mathrm{inv}\alpha_t$ 由表 8-3-13 查取，求得 $\mathrm{inv}\alpha_{wt}$ 后再由表 8-3-13 查出 α_{wt} 值
	中心距	a'	$a'=\dfrac{a\cos\alpha}{\cos\alpha_w}$	$a'=\dfrac{a\cos\alpha_t}{\cos\alpha_{wt}}$

续表

内　　容	代号	直　齿　轮	斜(人字)齿轮
中心距变动系数	y	$y=\dfrac{a'-a}{m}$	$y_t=\dfrac{a'-a}{m_t}, y_n=\dfrac{a'-a}{m_n}$
齿顶高变动系数	Δy	$\Delta y=x_\Sigma-y$	$\Delta y_n=x_{n\Sigma}-y_n$
分度圆直径	d	$d=mz$	$d=m_t z=\dfrac{m_n}{\cos\beta}z$
基圆直径	d_b	$d_b=d\cos\alpha$	$d_b=d\cos\alpha_t$
节圆直径	d_w	$d_w=d\cos\alpha/\cos\alpha_w$	$d_w=d\cos\alpha_t/\cos\alpha_{wt}$
齿顶高	h_a	$h_a=(h_a^*+x-\Delta y)m$	$h_a=(h_{an}^*+x_n-\Delta y_n)m_n$
齿根高	h_f	$h_f=(h_a^*+c^*-x)m$	$h_f=(h_{an}^*+c_n^*-x_n)m_n$
齿顶圆直径	d_a	$d_a=d+2h_a$	$d_a=d+2h_a$
齿根圆直径	d_f	$d_f=d-2h_f$	$d_f=d-2h_f$
当量齿数	z_n		$z_n=z/\cos^3\beta$
齿顶圆压力角	$\alpha_a(\alpha_{at})$	$\alpha_a=\arccos\dfrac{d_b}{d_a}$	$\alpha_{at}=\arccos\dfrac{d_b}{d_a}$
齿厚	$s(s_t)$	$s=\dfrac{\pi}{2}m+2xm\tan\alpha$	$s_t=\dfrac{\pi}{2}m_t+2x_t m_t\tan\alpha_t$
齿顶厚	$s_a(s_{at})$	$s_a=s\dfrac{d_a}{d}-d_a(\mathrm{inv}\alpha_a-\mathrm{inv}\alpha)$	$s_{at}=s_t\dfrac{d_a}{d}-d_a(\mathrm{inv}\alpha_{at}-\mathrm{inv}\alpha_t)$
端面重合度	ε_α	$\varepsilon_\alpha=\dfrac{1}{2\pi}[z_1(\tan\alpha_{a1}-\tan\alpha_w)+z_2(\tan\alpha_{a2}-\tan\alpha_w)]$ ε_α 也可由图 8-3-6 查取	$\varepsilon_\alpha=\dfrac{1}{2\pi}[z_1(\tan\alpha_{at1}-\tan\alpha_{wt})+z_2(\tan\alpha_{at2}-\tan\alpha_{wt})]$ ε_α 也可由图 8-3-6 查取
纵向重合度	ε_β	$\varepsilon_\beta=0$	$\varepsilon_\beta=\dfrac{b\sin\beta}{\pi m_n}$；$\varepsilon_\beta$ 也可由图 8-3-7 查取
总重合度	ε_γ	$\varepsilon_\gamma=\varepsilon_\alpha$	$\varepsilon_\gamma=\varepsilon_\alpha+\varepsilon_\beta$

注：1. 计算高变位圆柱齿轮传动时，因 $x_1=-x_2$，所以公式中的 y 和 Δy 均为 0。

2. 表中几何尺寸计算公式均按滚齿齿轮计算，插齿齿轮计算见表 8-3-9。

3.1.3.3　内啮合圆柱齿轮传动

表 8-3-9　内啮合圆柱齿轮传动几何尺寸计算公式

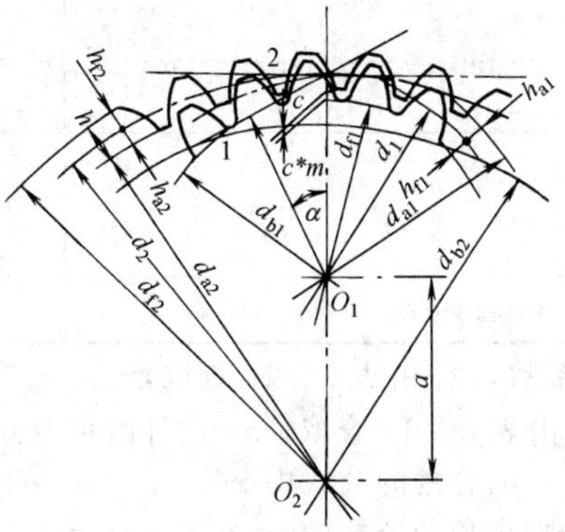

续表

内容		代号	直齿轮	斜(人字)齿轮
未变位时中心距		a	$a=\frac{1}{2}m(z_2-z_1)$	$a=\frac{m_n}{2\cos\beta}(z_2-z_1)$
已知 a' 求 x_Σ	啮合角	$\alpha_w(\alpha_{wt})$	$\alpha_w=\arccos\frac{a\cos\alpha}{a'}$	$\alpha_{wt}=\arccos\frac{a\cos\alpha_t}{a'}$
	变位系数	$x_\Sigma(x_{n\Sigma})$	$x_\Sigma=\frac{z_2-z_1}{2\tan\alpha}(\mathrm{inv}\alpha_w-\mathrm{inv}\alpha)$	$x_{n\Sigma}=\frac{z_2-z_1}{2\tan\alpha_n}(\mathrm{inv}\alpha_{wt}-\mathrm{inv}\alpha_t)$
已知 x_Σ 求 a'	啮合角	$\alpha_w(\alpha_{wt})$	$\mathrm{inv}\alpha_w=\frac{2(x_2-x_1)}{z_2-z_1}\tan\alpha+\mathrm{inv}\alpha$	$\mathrm{inv}\alpha_{wt}=\frac{2(x_{n2}-x_{n1})}{z_2-z_1}\tan\alpha_n+\mathrm{inv}\alpha_t$
	中心距	a'	$a'=\frac{a\cos\alpha}{\cos\alpha_w}$	$a'=\frac{a\cos\alpha_t}{\cos\alpha_{wt}}$
中心距变动系数		$y(y_n)$	$y=\frac{a'-a}{m}$	$y_n=\frac{a'-a}{m_n}$
分度圆直径		d	$d_1=mz_1, d_2=mz_2$	$d_1=\frac{m_n z_1}{\cos\beta}, d_2=\frac{m_n z_2}{\cos\beta}$
基圆直径		d_b	$d_{b1}=d_1\cos\alpha, d_{b2}=d_2\cos\alpha$	$d_{b1}=d_1\cos\alpha_t, d_{b2}=d_2\cos\alpha_t$
插内齿时啮合角		$\alpha_{w0}(\alpha_{wt0})$	$\mathrm{inv}\alpha_{w02}=\frac{2(x_2-x_0)}{z_2-z_0}\tan\alpha+\mathrm{inv}\alpha$ ①	$\mathrm{inv}\alpha_{wt02}=\frac{2(x_{n2}-x_{n0})}{z_2-z_0}\tan\alpha_n+\mathrm{inv}\alpha_t$ ①
插内齿时中心距		a_0	$a_{02}=\frac{1}{2}m(z_2-z_0)\cos\alpha/\cos\alpha_{w02}$ ①	$a_{02}=\frac{m_n}{2\cos\beta}(z_2-z_0)\cos\alpha_t/\cos\alpha_{wt02}$ ①
齿根圆直径		d_f	插齿:$d_{f1}=2a_{01}-d_{a0}$ ②,$d_{f2}=2a_{02}+d_{a0}$ 滚齿:$d_{f1}=d_1-2(h_a^*+c^*-x_1)m$	插齿:$d_{f1}=2a_{01}-d_{a0}$ ②,$d_{f2}=2a_{02}-d_{a0}$ 滚齿:$d_{f1}=d_1-2(h_{an}^*+c_n^*-x_{n1})m_n$
齿顶圆直径		d_a	$d_{a1}=d_{f2}-2a'-2c^*m$ $d_{a2}=d_{f1}+2a'+2c^*m$	$d_{a1}=d_{f2}-2a'-2c_n^*m_n$ $d_{a2}=d_{f1}+2a'+2c_n^*m_n$
齿顶圆压力角		$\alpha_a(\alpha_{at})$	$\alpha_{a1}=\arccos\frac{d_{b1}}{d_{a1}}, \alpha_{a2}=\arccos\frac{d_{b2}}{d_{a2}}$	$\alpha_{at1}=\arccos\frac{d_{b1}}{d_{a1}}, \alpha_{at2}=\arccos\frac{d_{b2}}{d_{a2}}$
端面重合度		ε_α	$\varepsilon_\alpha=\frac{1}{2\pi}[z_1(\tan\alpha_{a1}-\tan\alpha_w)-z_2(\tan\alpha_{a2}-\tan\alpha_w)]$	$\varepsilon_\alpha=\frac{1}{2\pi}[z_1(\tan\alpha_{at1}-\tan\alpha_{wt})-z_2(\tan\alpha_{at2}-\tan\alpha_{wt})]$
纵向重合度		ε_β		$\varepsilon_\beta=\frac{b\sin\beta}{\pi m_n}$
总重合度		ε_γ	$\varepsilon_\gamma=\varepsilon_\alpha$	$\varepsilon_\gamma=\varepsilon_\alpha+\varepsilon_\beta$

① z_0、$x_0(x_{n0})$为插刀的齿数与变位系数，z_0 由表 8-3-14 查取，$x_0(x_{n0})$设计时可取 0。

② $d_{a0}=m(z_0+2h_{a0}^*+2x_0)$，$h_{a0}^*$、$z_0$ 由表 8-3-14 查取；x_0 设计时可取 0。

注：1. 计算标准齿轮传动几何尺寸时，啮合角的公式中 $x_\Sigma=x_1=x_2=0$。

2. 计算高变位齿轮传动几何尺寸时，啮合角的公式中 $x_\Sigma=x_2-x_1=0$。

3.1.3.4　齿轮与齿条传动

表 8-3-10　齿轮与齿条传动的几何尺寸计算公式

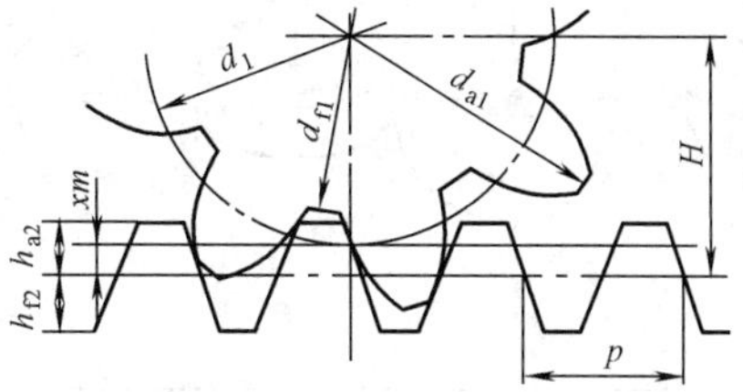

内　容	代号	直　齿　轮	斜(人字)齿轮
分度圆直径	d	$d_1=mz_1$	$d_1=(m_n/\cos\beta)z$
齿顶高	h_a	$h_{a1}=(h_a^*+x_1)m,h_{a2}=h_a^*m$	$h_{a1}=(h_{an}^*+x_{n1})m_n,h_{a2}=h_{an}^*m_n$
齿根高	h_f	$h_{f1}=(h_a^*+c^*-x_1)m,h_{f2}=(h_a^*+c^*)m$	$h_{f1}=(h_{an}^*+c_n^*-x_{n1})m_n,h_{f2}=(h_{an}^*+c_n^*)m_n$
全齿高	h	$h_1=h_{a1}+h_{f1},h_2=h_{a2}+h_{f2}$	$h_1=h_{a1}+h_{f1},h_2=h_{a2}+h_{f2}$
齿顶圆直径	d_a	$d_{a1}=d_1+2h_{a1}$	$d_{a1}=d_1+2h_{a1}$
齿根圆直径	d_f	$d_{f1}=d_1-2h_{f1}$	$d_{f1}=d_1-2h_{f1}$
基圆直径	d_b	$d_{b1}=d_1\cos\alpha$	$d_{b1}=d_1\cos\alpha_t$
齿顶圆压力角	$\alpha_a(\alpha_{at})$	$\alpha_{a1}=\arccos\dfrac{d_{b1}}{d_{a1}}$	$\alpha_{at1}=\arccos\dfrac{d_{b1}}{d_{a1}}$
端面重合度	ε_α	$\varepsilon_\alpha=\dfrac{1}{2\pi}\left[z_1(\tan\alpha_{a1}-\tan\alpha)+\dfrac{4(h_a^*-x_1)}{\sin2\alpha}\right]$	$\varepsilon_\alpha=\dfrac{1}{2\pi}\left[z_1(\tan\alpha_{at1}-\tan\alpha_t)+\dfrac{4(h_{an}^*-x_{n1})}{\sin2\alpha_t}\cos\beta\right]$
纵向重合度	ε_β	$\varepsilon_\beta=0$	$\varepsilon_\beta=\dfrac{b\sin\beta}{\pi m_n}$
总重合度	ε_γ	$\varepsilon_\gamma=\varepsilon_\alpha$	$\varepsilon_\gamma=\varepsilon_\alpha+\varepsilon_\beta$
当量齿数	z_{n1}		$z_{n1}=z_1/\cos^3\beta$
齿轮中心到齿条基准线距离	H	$H=\dfrac{d_1}{2}+x_1m$	$H=\dfrac{d_1}{2}+x_{n1}m_n$
齿条直线运动速度	v	$v=\dfrac{\pi d_1n_1}{60}$(mm/s)(n_1 为齿轮转速,r/min)	

注：1. 表内公式中，若 $x_1(x_{n1})=0$，则为标准齿轮齿条传动。

2. 考虑齿轮齿条齿根处滑动率趋于均匀，并能获得较好的耐磨条件时的 x_1，可按下面数值选取：

z_1	10	12	15	20	25	30	40
x_1	0.61	0.56	0.5	0.43	0.37	0.33	0.28

3.1.3.5　交错轴斜齿轮传动

交错轴斜齿轮传动中的单个齿轮都是斜齿轮，几何尺寸均与斜齿轮相同，可按表 8-3-6 和表 8-3-7 进行计算。本表只列出了交错轴斜齿轮传动特殊的传动参数和几何尺寸。

3.1.3.6　渐开线圆柱齿轮的齿厚测量计算

齿轮传动设计时，是按无侧隙啮合计算的，而实际齿轮传动时，考虑到润滑油膜厚度、温升膨胀的余量等，则要求轮齿侧面应具有一定的间隙。当中心距一定时，为控制齿侧的间隙，主要靠控制齿厚来实现。同时在齿轮加工时，也需测量齿厚来控制切削深度。

常用测量齿厚的方法有四种：分度圆弦齿厚 $\bar{s}$；固定弦齿厚 $\bar{s}_c$；公法线长度 W 和量柱（球）测量跨距 M。表 8-3-12 列出了这四种测量方法的计算公式、数表的查取。

表 8-3-11　标准交错轴斜齿轮传动的计算参数和几何尺寸

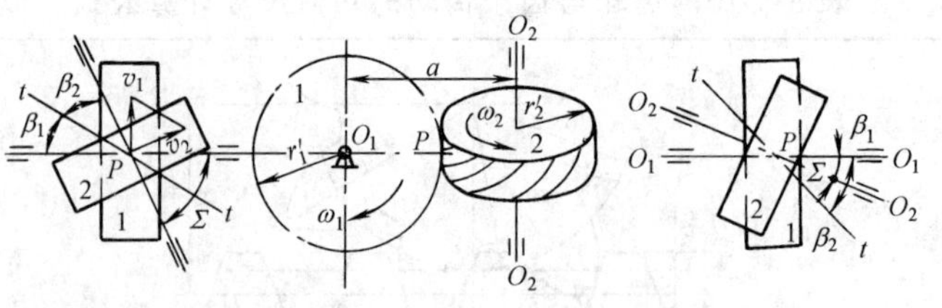

(a)　　　(b)

内容	代号	计算公式	说明
螺旋角	β_1,β_2		$\beta_1 \neq -\beta_2$
模数	$m_n(m_t)$	$m_{t1}=m_{n1}/\cos\beta_1, m_{t2}=m_{n2}/\cos\beta_2$	啮合条件：$m_{n1}=m_{n2}$ 或 $m_{t1}/m_{t2}=\cos\beta_2/\cos\beta_1$
轴交角	Σ	$\Sigma=\beta_1+\beta_2$（β_1、β_2 旋向相同）	较多采用，一般 $\Sigma=90°$①
		$\Sigma=\lvert\beta_1-\beta_2\rvert$（$\beta_1$、$\beta_2$ 旋向相反）	多用于 Σ 较小时
齿数比	u	$u=\dfrac{z_2}{z_1}=\dfrac{d_2\cos\beta_2}{d_1\cos\beta_1}$	$u\neq\dfrac{d_2}{d_1}$
中心距	a	$a=\dfrac{1}{2}(d_1+d_2)=\dfrac{m_n}{2}\left(\dfrac{z_1}{\cos\beta_1}+\dfrac{z_2}{\cos\beta_2}\right)$	
		$a=\dfrac{m_n z_1}{2}\left(\dfrac{1}{\sin\beta_2}+\dfrac{u}{\cos\beta_2}\right)$	当 $\Sigma=90°$时

① 在 $\Sigma=90°$时，可取 $\beta_1=\arctan\sqrt{u}$ 以获得最紧凑的结构。

表 8-3-12　齿厚的测量与计算

测量方法	计算公式及说明		数表查取
	外齿轮	内齿轮	
分度圆弦齿厚 $\bar{s}$ 分度圆弦齿高 $\bar{h}_a$ 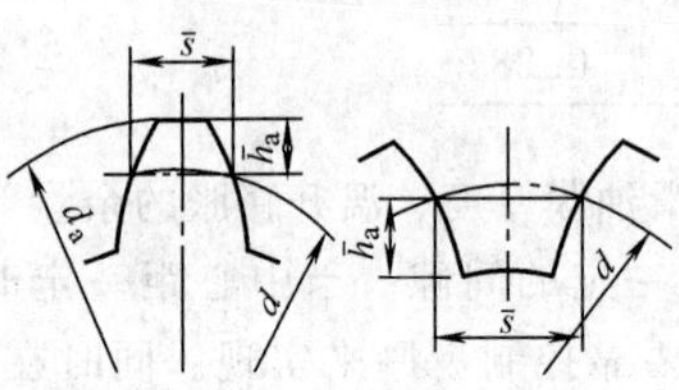	$\bar{s}=mz\sin\left(\dfrac{\pi}{2z}+\dfrac{2x\tan\alpha}{z}\right)$ $\bar{h}_a=h_a+\dfrac{1}{2}mz\left[1-\cos\left(\dfrac{\pi}{2z}+\dfrac{2x\tan\alpha}{z}\right)\right]$	$\bar{s}=mz\sin\left(\dfrac{\pi}{2z}-\dfrac{2x\tan\alpha}{z}\right)$ $\bar{h}_a=h_a-\dfrac{1}{2}mz\left[1-\cos\left(\dfrac{\pi}{2z}-\dfrac{2x\tan\alpha}{z}\right)\right]+\Delta h$ 其中　$\Delta h=\dfrac{d_a}{2}(1-\cos\delta_a)$ $\delta_a=\dfrac{\pi}{2z}-\mathrm{inv}\alpha-\dfrac{2x\tan\alpha}{z}+\mathrm{inv}\alpha_a$	外啮合标准齿轮分度圆弦齿厚查取表 8-3-15 外啮合变位齿轮分度圆弦齿厚查取表 8-3-16
	说明：对于斜齿轮，是指法向分度圆弦齿厚，上述公式中的 m、α、x 均以 m_n、α_n、x_n 代入，齿数 z 以 z_n 代入；对于标准齿轮 $x=0$		

测量方法	计算公式及说明		数表查取
	外齿轮	内齿轮	
固定弦齿厚 $\bar{s}_c$ 固定弦齿高 $\bar{h}_c$ 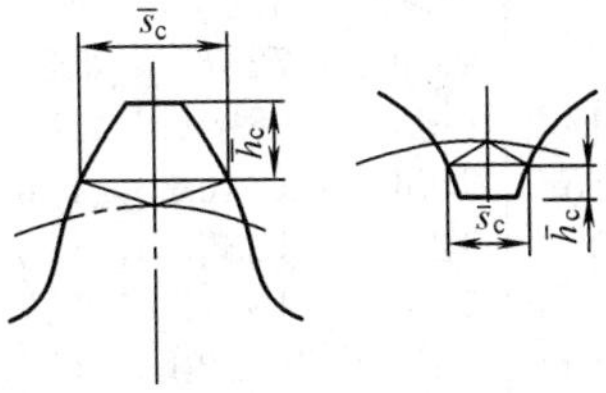	$\bar{s}_c = m\cos^2\alpha\left(\frac{\pi}{2}+2x\tan\alpha\right)$ $\bar{h}_c = h_a-\frac{1}{8}\pi m\sin 2\alpha - xm\sin^2\alpha$	$\bar{s}_c = m\cos^2\alpha\left(\frac{\pi}{2}-2x\tan\alpha\right)$ $\bar{h}_c = h_a-\frac{1}{8}\pi m\sin 2\alpha + xm\sin^2\alpha+\Delta h$ 其中 $\Delta h=\frac{d_a}{2}(1-\cos\delta_a)$ $\delta_a=\frac{\pi}{2z}-\mathrm{inv}\alpha-\frac{2x\tan\alpha}{z}+\mathrm{inv}\alpha_a$	外啮合标准齿轮固定弦齿厚查表 8-3-17 外啮合变位齿轮固定弦齿厚查表 8-3-18
	说明:对于斜齿轮,是指法向固定弦齿厚,上述公式中的 m、α、x 均以 m_n、α_n、x_n 代入;对于标准齿轮 $x=0$		
	直齿轮	斜齿轮	
公法线长度 W 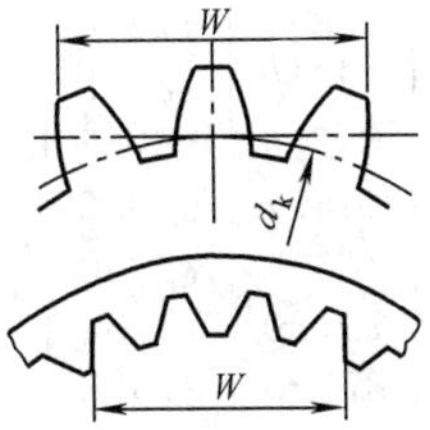	$W=W^*m+\Delta W^*m$ $W^*=\cos\alpha[\pi(k-0.5)+z\mathrm{inv}\alpha]$ $k=\frac{z}{180°}\arccos\left(\frac{z\cos\alpha}{z+2x}\right)+0.5$ $\Delta W^*=2x\sin\alpha$	$W_n=W^*m+\Delta W^*m$ $W^*=\cos\alpha_n[\pi(k-0.5)+z'\mathrm{inv}\alpha_n]$ $k=\frac{z_v}{180°}\arccos\left(\frac{z_v\cos\alpha_n}{z_v+2x_n}\right)+0.5$ $z'_1=z\frac{\mathrm{inv}\alpha_t}{\mathrm{inv}\alpha_n}$ $\Delta W^*=2x_n\sin\alpha_n$	W^* 由表 8-3-19 查取,比值 $\mathrm{inv}\alpha_t/\mathrm{inv}\alpha_n$ 由表 8-3-20 查取 假想齿数 z' 后面小数部分的 W^*,由表 8-3-21 查取 ΔW^* 由表 8-3-22 查取
	说明:对于标准齿轮 $x(x_n)=0$,k 值四舍五入取整		
	直齿轮	斜齿轮	
量柱(球)测量跨距 M 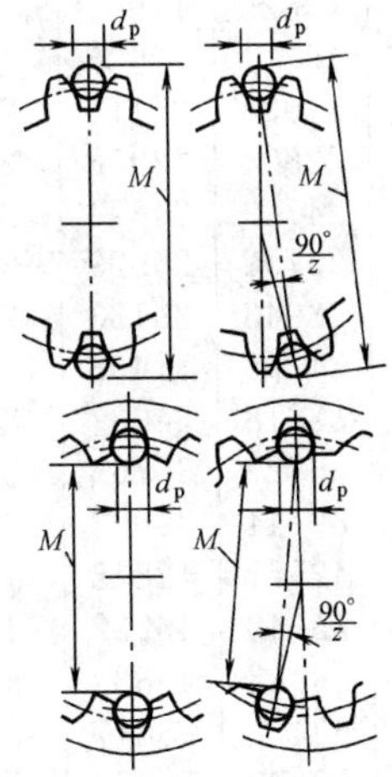	偶数齿:$M=2R_M\pm d_p$ 奇数齿:$M=2R_M\cos\frac{\pi}{2z}\pm d_p$ 其中 $R_M=\frac{d}{2}\times\frac{\cos\alpha}{\cos\alpha_M}$ α_M 为量柱(球)中心在渐开线上的压力角 $\mathrm{inv}\alpha_M=\mathrm{inv}\alpha\pm\frac{d_p}{d_b}+\frac{2x\tan\alpha}{z}\mp\frac{\pi}{2z}$	偶数齿:$M=2R_M\pm d_p$ 奇数齿:$M=2R_M\cos\frac{\pi}{2z}\pm d_p$ 其中 $R_M=\frac{d}{2}\times\frac{\cos\alpha}{\cos\alpha_{Mt}}$ α_{Mt} 为量柱(球)中心的渐开线上的端面压力角 $\mathrm{inv}\alpha_{Mt}=\mathrm{inv}\alpha_t\pm\frac{d_p}{m_n z\cos\alpha_n}+\frac{2x_n\tan\alpha_n}{z}\mp\frac{\pi}{2z}$	d_p 及 M 值也可参考表 8-3-23 查取
	d_p 为量柱(球)直径,mm 外齿轮取 $d_p=1.728m$ 内齿轮取 $d_p=1.68m$ 或 $d_p=1.44m$ 式中"+"号用于外齿轮,"−"号用于内齿轮,m 为模数		

第8篇

3.1.3.7 几何尺寸计算的附表与附图

表 8-3-13 渐开线函数 $\mathrm{inv}\alpha_K = \tan\alpha_K - \alpha_K$

α_K/(°)		0′	5′	10′	15′	20′	25′	30′	35′	40′	45′	50′	55′
10	0.00	17941	18397	18860	19332	19812	20299	20795	21299	21810	22330	22859	23396
11	0.00	23941	24495	25057	25628	26208	26797	27394	28001	28616	29241	29875	30518
12	0.00	31171	31832	32504	33185	33875	34575	35285	36005	36735	37474	38224	38984
13	0.00	39754	40534	41325	42126	42938	43760	44593	45437	46291	47157	48033	48921
14	0.00	49819	50729	51650	52582	53526	54482	55448	56427	57417	58420	59434	60460
15	0.00	61498	62548	63611	64686	65773	66873	67985	69110	70248	71398	72561	73738
16	0.0	07493	07613	07735	07857	07982	08107	08234	08362	08492	08623	08756	08889
17	0.0	09025	09161	09299	09439	09580	09722	09866	10012	10158	10307	10456	10608
18	0.0	10760	10915	11071	11228	11387	11547	11709	11873	12038	12205	12373	12543
19	0.0	12715	12888	13063	13240	13418	13598	13779	13963	14148	14334	14523	14713
20	0.0	14904	15098	15293	15490	15689	15890	16092	16296	16502	16710	16920	17132
21	0.0	17345	17560	17777	17996	18217	18440	18665	18891	19120	19350	19583	19817
22	0.0	20054	20292	20533	20775	21019	21266	21514	21765	22018	22272	22529	22788
23	0.0	23049	23312	23577	23845	24114	24386	24660	24936	25214	25495	25778	26062
24	0.0	26350	26639	26931	27225	27521	27820	28121	28424	28729	29037	29348	29660
25	0.0	29975	30293	30613	30935	31260	31587	31917	32249	32583	32920	33260	33602
26	0.0	33947	34294	34644	34997	35352	35709	36069	36432	36798	37166	37537	37910
27	0.0	38287	38666	39047	39432	39819	40209	40602	40997	41395	41797	42201	42607
28	0.0	43017	43430	43845	44264	44685	45110	45537	45967	46400	46837	47276	47718
29	0.0	48164	48612	49064	49518	49976	50437	50901	51368	51838	52312	52788	53268
30	0.0	53751	54238	54728	55221	55717	56217	56720	57226	57736	58249	58765	59285
31	0.0	59809	60336	60866	61400	61937	62478	63022	63570	64122	64677	65236	65799
32	0.0	66364	66934	67507	68084	68665	69250	69838	70430	71026	71626	72230	72838
33	0.0	73449	74064	74684	75307	75934	76565	77200	77839	78483	79130	79781	80437
34	0.0	81097	81760	82428	83100	83777	84457	85142	85832	86525	87223	87925	88631
35	0.0	89342	90058	90777	91502	92230	92963	93701	94443	95190	95942	96698	97459
36	0.	09822	09899	09977	10055	10133	10212	10292	10371	10452	10533	10614	10696
37	0.	10778	10861	10944	11028	11113	11197	11283	11369	11455	11542	11630	11718
38	0.	11806	11895	11985	12075	12165	12257	12348	12441	12534	12627	12721	12815
39	0.	12911	13006	13102	13199	13297	13395	13493	13592	13692	13792	13893	13995
40	0.	14097	14200	14303	14407	14511	14616	14722	14829	14936	15043	15152	15261
41	0.	15370	15480	15591	15703	15815	15928	16041	16156	16270	16386	16502	16619
42	0.	16737	16855	16974	17093	17214	17336	17457	17579	17702	17826	17951	18076
43	0.	18202	18329	18457	18585	18714	18844	18975	19106	19238	19371	19505	19639
44	0.	19774	19910	20047	20185	20323	20463	20603	20743	20885	21028	21171	21315
45	0.	21460	21606	21753	21900	22049	22198	22348	22499	22651	22804	22958	23112
46	0.	23268	23424	23582	23740	23899	24059	24220	24382	24545	24709	24874	25040
47	0.	25206	25374	25543	25713	25883	26055	26228	26401	26576	26752	26929	27107
48	0.	27285	27465	27646	27828	28012	28196	28381	28567	28755	28943	29133	29324
49	0.	29516	29709	29903	30098	30295	30492	30691	30891	31092	31295	31498	31703
50	0.	31909	32116	32324	32534	32745	32957	33171	33385	33601	33818	34037	34257
51	0.	34478	34700	34924	35149	35376	35604	35833	36063	36295	36529	36763	36999
52	0.	37237	37476	37716	37958	38202	38446	38693	38941	39190	39441	39693	39947
53	0.	40202	40459	40717	40977	41239	41502	41767	42034	42302	42571	42843	43116
54	0.	43390	43667	43945	44225	44506	44789	45074	45361	45650	45940	46232	46526
55	0.	46822	47119	47419	47720	48023	48328	48635	48944	49255	49568	49882	50199
56	0.	50518	50838	51161	51486	51813	52141	52472	52805	53141	53478	53817	54159
57	0.	54503	54849	55197	55547	55900	56255	56612	56972	57333	57698	58064	58433
58	0.	58804	59178	59554	59933	60314	60697	61083	61472	61863	62257	62653	63052
59	0.	63454	63858	64265	64674	65086	65501	65919	66340	66763	67189	67618	68050

例 1 $\text{inv}28°38'=0.045967+\frac{3}{5}(0.046400-0.045967)=0.0462268$。

例 2 $\text{inv}\alpha_K=0.054238$，由表查得 $\alpha_K=30°5'$。

表 8-3-14 直齿插齿刀的基本参数（摘自 GB/T 6081—2001） /mm

型式	m	z_0	d_0	d_{a0}	h_{a0}^*
锥柄直齿插齿刀	公称分度圆直径 25mm				
	1.00	26	26.00	28.72	1.25
	1.25	20	25.00	28.38	
	1.50	18	27.00	31.04	
	1.75	15	26.25	30.89	
	2.00	13	26.00	31.24	
	2.25	12	27.00	32.90	
	2.50	10	25.00	31.26	
	2.75	10	27.50	34.48	
	公称分度圆直径 38mm				
	1.00	38	38.0	40.72	1.25
	1.25	30	37.5	40.88	
	1.50	25	37.5	41.54	
	1.75	22	38.5	43.24	
	2.00	19	38.0	43.40	
	2.25	16	36.0	41.98	
	2.50	15	37.5	44.26	
	2.75	14	38.5	45.88	
	3.00	12	36.0	43.74	
	3.50	11	38.5	47.52	
碗形直齿插齿刀	公称分度圆直径 50mm				
	1.00	50	50.00	52.72	1.25
	1.25	40	50.00	53.38	
	1.50	34	51.00	55.04	
	1.75	29	50.75	55.49	
	2.00	25	50.00	55.40	
	2.25	22	49.50	55.56	
	2.50	20	50.00	56.76	
	2.75	18	49.50	56.92	
	3.00	17	51.00	59.10	
	3.50	14	49.00	58.44	
	公称分度圆直径 75mm				
	1.00	76	76.00	78.72	1.25
	1.25	60	75.00	78.38	
	1.50	50	75.00	79.04	
	1.75	43	75.25	79.99	
	2.00	38	76.00	81.40	
	2.25	34	76.50	82.56	
	2.50	30	75.00	81.76	
	2.75	28	77.00	84.42	
	3.00	25	75.00	83.10	
	3.50	22	77.00	86.44	
	4.00	19	76.00	86.80	

型式	m	z_0	d_0	d_{a0}	h_{a0}^*
盘形直齿插齿刀	公称分度圆直径 75mm				
	1.00	76	76.00	78.50	1.25
	1.25	60	75.00	78.56	
	1.50	50	75.00	79.56	
	1.75	43	75.25	80.67	
	2.00	38	76.00	82.24	
	2.25	34	76.50	83.48	
	2.50	30	75.00	82.34	
	2.75	28	77.00	84.92	
	3.00	25	75.00	83.34	
	3.50	22	77.00	86.44	
	4.00	19	76.00	86.32	
	公称分度圆直径 100mm				
盘形直齿插齿刀、碗形直齿插齿刀	1.00	100	100.00	102.62	1.25
	1.25	80	100.00	103.94	
	1.50	68	102.00	107.14	
	1.75	58	101.50	107.62	
	2.00	50	100.00	107.00	
	2.25	45	101.25	109.09	
	2.50	40	100.00	108.36	
	2.75	36	99.00	107.86	
	3.00	34	102.00	111.54	
	3.50	29	101.50	112.08	
	4.00	25	100.00	111.46	
	4.50	22	99.00	111.78	1.3
	5.00	20	100.00	113.90	
	5.50	19	104.50	119.68	
	6.00	18	108.00	124.56	
	公称分度圆直径 125mm				
	4.0	31	124.00	136.80	1.3
	4.5	28	126.00	140.14	
	5.0	25	125.00	140.20	
	5.5	23	126.50	143.00	
	6.0	21	126.00	143.52	
	7.0	18	126.00	145.74	
	8.0	16	128.00	149.92	
盘形直齿插齿刀	公称分度圆直径 160mm				
	6.0	27	162.00	178.20	1.25
	7.0	23	161.00	179.90	
	8.0	20	160.00	181.60	
	9.0	18	162.00	186.30	
	10.0	16	160.00	187.00	
	公称分度圆直径 200mm				
	8	25	200.00	221.60	1.25
	9	22	198.00	222.30	
	10	20	200.00	227.00	
	11	18	198.00	227.70	
	12	17	204.00	236.40	

注：1. 分度圆压力角均为 $\alpha=20°$。

2. 表中 h_{a0}^* 是在插齿刀的原始截面中的值。

表 8-3-15　外啮合标准齿轮分度圆弦齿厚 $\bar{s}$（$\bar{s}_n$）和弦齿高 $\bar{h}_a$（$\bar{h}_{an}$）

（$m=m_n=1$，$\alpha=\alpha_n=20°$，$h_a^*=h_{an}^*=1$）　　/mm

齿数 $z(z_n)$	分度圆弦齿厚 $\bar{s}(\bar{s}_n)$	分度圆弦齿高 $\bar{h}_a(\bar{h}_{an})$	齿数 $z(z_n)$	分度圆弦齿厚 $\bar{s}(\bar{s}_n)$	分度圆弦齿高 $\bar{h}_a(\bar{h}_{an})$	齿数 $z(z_n)$	分度圆弦齿厚 $\bar{s}(\bar{s}_n)$	分度圆弦齿高 $\bar{h}_a(\bar{h}_{an})$	齿数 $z(z_n)$	分度圆弦齿厚 $\bar{s}(\bar{s}_n)$	分度圆弦齿高 $\bar{h}_a(\bar{h}_{an})$
6	1.5529	1.1022	40	1.5704	1.0154	74	1.5707	1.0083	108	1.5707	1.0057
7	1.5568	1.0873	41	1.5704	1.0150	75	1.5707	1.0082	109	1.5707	1.0057
8	1.5607	1.0769	42	1.5704	1.0147	76	1.5707	1.0081	110	1.5707	1.0056
9	1.5628	1.0684	43	1.5704	1.0143	77	1.5707	1.0080	111	1.5707	1.0056
10	1.5643	1.0616	44	1.5705	1.0140	78	1.5707	1.0079	112	1.5707	1.0055
11	1.5655	1.0560	45	1.5705	1.0137	79	1.5707	1.0078	113	1.5707	1.0055
12	1.5663	1.0513	46	1.5705	1.0134	80	1.5707	1.0077	114	1.5707	1.0054
13	1.5670	1.0474	47	1.5705	1.0131	81	1.5707	1.0076	115	1.5707	1.0054
14	1.5675	1.0440	48	1.5705	1.0128	82	1.5707	1.0075	116	1.5707	1.0053
15	1.5679	1.0411	49	1.5705	1.0126	83	1.5707	1.0074	117	1.5707	1.0053
16	1.5683	1.0385	50	1.5705	1.0123	84	1.5707	1.0073	118	1.5707	1.0052
17	1.5686	1.0363	51	1.5705	1.0121	85	1.5707	1.0073	119	1.5708	1.0052
18	1.5688	1.0342	52	1.5706	1.0119	86	1.5707	1.0072	120	1.5708	1.0051
19	1.5690	1.0324	53	1.5706	1.0116	87	1.5707	1.0071	121	1.5708	1.0051
20	1.5692	1.0308	54	1.5706	1.0114	88	1.5707	1.0070	122	1.5708	1.0051
21	1.5693	1.0294	55	1.5706	1.0112	89	1.5707	1.0069	123	1.5708	1.0050
22	1.5695	1.0280	56	1.5706	1.0110	90	1.5707	1.0069	124	1.5708	1.0050
23	1.5696	1.0268	57	1.5706	1.0108	91	1.5707	1.0068	125	1.5708	1.0049
24	1.5697	1.0257	58	1.5706	1.0106	92	1.5707	1.0067	126	1.5708	1.0049
25	1.5698	1.0247	59	1.5706	1.0105	93	1.5707	1.0066	127	1.5708	1.0049
26	1.5698	1.0237	60	1.5706	1.0103	94	1.5707	1.0066	128	1.5708	1.0048
27	1.5699	1.0228	61	1.5706	1.0101	95	1.5707	1.0065	129	1.5708	1.0048
28	1.5700	1.0220	62	1.5706	1.0099	96	1.5707	1.0064	130	1.5708	1.0047
29	1.5700	1.0213	63	1.5706	1.0098	97	1.5707	1.0064	131	1.5708	1.0047
30	1.5701	1.0206	64	1.5706	1.0096	98	1.5707	1.0063	132	1.5708	1.0047
31	1.5701	1.0199	65	1.5706	1.0095	99	1.5707	1.0062	133	1.5708	1.0047
32	1.5702	1.0193	66	1.5706	1.0093	100	1.5707	1.0062	134	1.5708	1.0046
33	1.5702	1.0187	67	1.5706	1.0092	101	1.5707	1.0061	135	1.5708	1.0046
34	1.5702	1.0181	68	1.5707	1.0091	102	1.5707	1.0060	140	1.5708	1.0044
35	1.5703	1.0176	69	1.5707	1.0089	103	1.5707	1.0060	145	1.5708	1.0043
36	1.5703	1.0171	70	1.5707	1.0088	104	1.5707	1.0059	150	1.5708	1.0041
37	1.5703	1.0167	71	1.5707	1.0087	105	1.5707	1.0059	200	1.5708	1.0031
38	1.5703	1.0162	72	1.5707	1.0086	106	1.5707	1.0058	齿条	1.5708	1.0000
39	1.5704	1.0158	73	1.5707	1.0084	107	1.5707	1.0058			

注：1. 当模数 $m(m_n)\neq 1$ 时，应将查得结果乘以 $m(m_n)$。

2. 当 $h_a^*(h_{an}^*)\neq 1$ 时，应将查得的弦齿高减去 $(1-h_a^*)$ 或 $(1-h_{an}^*)$，弦齿厚不变。

3. 本表也可以用于斜齿圆柱齿轮和圆锥齿轮，但齿数要按照当量齿数 z_n 查表，z_n 有小数时，按插入法计算。

表 8-3-16　外啮合变位齿轮分度圆弦齿厚 $\bar{s}^*$（$\bar{s}_n^*$）和弦齿高 $\bar{h}_a^*$（$\bar{h}_{an}^*$）

（$m=m_n=1$，$\alpha=\alpha_n=20°$，$h_a^*=h_{an}^*=1$）　　/mm

z (z_n)	10		11		12		13		14		15		16		17	
x (x_n)	$\bar{s}^*$ ($\bar{s}_n^*$)	$\bar{h}_a^*$ ($\bar{h}_{an}^*$)	$\bar{s}^*$ ($\bar{s}_n^*$)	$\bar{h}_a^*$ ($\bar{h}_{an}^*$)	$\bar{s}^*$ ($\bar{s}_n^*$)	$\bar{h}_a^*$ ($\bar{h}_{an}^*$)	$\bar{s}^*$ ($\bar{s}_n^*$)	$\bar{h}_a^*$ ($\bar{h}_{an}^*$)	$\bar{s}^*$ ($\bar{s}_n^*$)	$\bar{h}_a^*$ ($\bar{h}_{an}^*$)	$\bar{s}^*$ ($\bar{s}_n^*$)	$\bar{h}_a^*$ ($\bar{h}_{an}^*$)	$\bar{s}^*$ ($\bar{s}_n^*$)	$\bar{h}_a^*$ ($\bar{h}_{an}^*$)	$\bar{s}^*$ ($\bar{s}_n^*$)	$\bar{h}_a^*$ ($\bar{h}_{an}^*$)
0.02															1.583	1.057
0.05											1.604	1.093	1.604	1.090	1.605	1.088
0.08											1.626	1.124	1.626	1.121	1.626	1.119
0.10									1.639	1.148	1.640	1.145	1.641	1.142	1.641	1.140
0.12									1.654	1.169	1.655	1.166	1.655	1.163	1.655	1.160
0.15							1.675	1.204	1.676	1.200	1.677	1.197	1.677	1.194	1.677	1.192
0.18							1.697	1.236	1.698	1.232	1.698	1.228	1.699	1.225	1.699	1.223
0.20					1.710	1.261	1.711	1.257	1.712	1.253	1.713	1.249	1.713	1.246	1.713	1.243
0.22					1.725	1.282	1.726	1.278	1.726	1.273	1.727	1.270	1.728	1.267	1.728	1.264
0.25	1.744	1.327	1.745	1.320	1.746	1.314	1.747	1.309	1.748	1.305	1.749	1.301	1.749	1.298	1.750	1.295
0.28	1.765	1.359	1.767	1.351	1.768	1.346	1.769	1.341	1.770	1.336	1.770	1.332	1.771	1.329	1.771	1.326
0.30	1.780	1.380	1.781	1.373	1.782	1.367	1.783	1.362	1.784	1.357	1.785	1.353	1.785	1.350	1.786	1.347
0.32	1.794	1.401	1.796	1.394	1.797	1.388	1.798	1.383	1.798	1.378	1.799	1.374	1.800	1.371	1.800	1.308
0.35	1.815	1.433	1.817	1.426	1.819	1.419	1.820	1.414	1.820	1.410	1.821	1.405	1.822	1.402	1.822	1.399
0.38	1.837	1.465	1.839	1.457	1.841	1.451	1.841	1.446	1.842	1.441	1.843	1.437	1.843	1.433	1.844	1.430
0.40	1.851	1.486	1.853	1.479	1.855	1.472	1.856	1.467	1.857	1.462	1.857	1.458	1.858	1.454	1.858	1.451
0.42	1.866	1.508	1.867	1.500	1.870	1.493	1.870	1.488	1.871	1.483	1.872	1.479	1.872	1.475	1.873	1.472
0.45	1.887	1.540	1.889	1.532	1.891	1.525	1.892	1.519	1.893	1.514	1.893	1.510	1.894	1.506	1.895	1.503
0.48	1.908	1.572	1.910	1.564	1.917	1.557	1.913	1.551	1.914	1.546	1.915	1.541	1.916	1.538	1.916	1.534
0.50	1.923	1.593	1.925	1.585	1.926	1.578	1.928	1.572	1.929	1.567	1.929	1.562	1.930	1.558	1.931	1.555
0.52	1.937	1.615	1.939	1.606	1.941	1.599	1.942	1.593	1.943	1.588	1.944	1.583	1.945	1.579	1.945	1.576
0.55	1.959	1.647	1.961	1.638	1.962	1.631	1.964	1.625	1.965	1.620	1.966	1.615	1.966	1.611	1.967	1.607
0.58	1.980	1.679	1.982	1.670	1.984	1.663	1.985	1.656	1.986	1.651	1.987	1.646	1.988	1.642	1.988	1.638
0.60	1.994	1.700	1.996	1.691	1.998	1.684	1.999	1.677	2.001	1.673	2.002	1.667	2.002	1.663	2.003	1.659

z (z_n)	18		19		20		21		22		23		24		25	
x (x_n)	$\bar{s}^*$ ($\bar{s}_n^*$)	$\bar{h}_a^*$ ($\bar{h}_{an}^*$)	$\bar{s}^*$ ($\bar{s}_n^*$)	$\bar{h}_a^*$ ($\bar{h}_{an}^*$)	$\bar{s}^*$ ($\bar{s}_n^*$)	$\bar{h}_a^*$ ($\bar{h}_{an}^*$)	$\bar{s}^*$ ($\bar{s}_n^*$)	$\bar{h}_a^*$ ($\bar{h}_{an}^*$)	$\bar{s}^*$ ($\bar{s}_n^*$)	$\bar{h}_a^*$ ($\bar{h}_{an}^*$)	$\bar{s}^*$ ($\bar{s}_n^*$)	$\bar{h}_a^*$ ($\bar{h}_{an}^*$)	$\bar{s}^*$ ($\bar{s}_n^*$)	$\bar{h}_a^*$ ($\bar{h}_{an}^*$)	$\bar{s}^*$ ($\bar{s}_n^*$)	$\bar{h}_a^*$ ($\bar{h}_{an}^*$)
−0.12					1.482	0.908	1.482	0.906	1.482	0.905	1.482	0.904	1.483	0.903	1.483	0.902
−0.10			1.496	0.930	1.497	0.928	1.497	0.927	1.497	0.925	1.497	0.924	1.497	0.923	1.497	0.922
−0.08			1.511	0.950	1.511	0.949	1.511	0.947	1.511	0.946	1.511	0.945	1.511	0.944	1.512	0.943
−0.05	1.533	0.983	1.533	0.981	1.533	0.979	1.533	0.978	1.533	0.977	1.533	0.976	1.534	0.975	1.534	0.974
−0.02	1.554	1.014	1.554	1.012	1.555	1.010	1.555	1.009	1.555	1.008	1.555	1.006	1.555	1.005	1.555	1.004
0.00	1.569	1.034	1.569	1.032	1.569	1.031	1.569	1.029	1.569	1.028	1.569	1.027	1.570	1.026	1.570	1.025
0.02	1.583	1.055	1.584	1.053	1.584	1.051	1.584	1.050	1.584	1.049	1.584	1.047	1.584	1.046	1.584	1.045
0.05	1.605	1.086	1.605	1.084	1.605	1.082	1.606	1.081	1.606	1.079	1.606	1.078	1.606	1.077	1.606	1.076
0.08	1.627	1.117	1.627	1.115	1.627	1.113	1.627	1.112	1.628	1.110	1.628	1.109	1.628	1.108	1.628	1.107
0.10	1.641	1.138	1.642	1.136	1.642	1.134	1.642	1.132	1.642	1.131	1.642	1.130	1.642	1.128	1.642	1.127

z (z_n)	18		19		20		21		22		23		24		25	
x (x_n)	$\overline{s}^*$ ($\overline{s}_n^*$)	$\overline{h}_a^*$ ($\overline{h}_{an}^*$)	$\overline{s}^*$ ($\overline{s}_n^*$)	$\overline{h}_a^*$ ($\overline{h}_{an}^*$)	$\overline{s}^*$ ($\overline{s}_n^*$)	$\overline{h}_a^*$ ($\overline{h}_{an}^*$)	$\overline{s}^*$ ($\overline{s}_n^*$)	$\overline{h}_a^*$ ($\overline{h}_{an}^*$)	$\overline{s}^*$ ($\overline{s}_n^*$)	$\overline{h}_a^*$ ($\overline{h}_{an}^*$)	$\overline{s}^*$ ($\overline{s}_n^*$)	$\overline{h}_a^*$ ($\overline{h}_{an}^*$)	$\overline{s}^*$ ($\overline{s}_n^*$)	$\overline{h}_a^*$ ($\overline{h}_{an}^*$)	$\overline{s}^*$ ($\overline{s}_n^*$)	$\overline{h}_a^*$ ($\overline{h}_{an}^*$)
0.12	1.656	1.158	1.656	1.156	1.656	1.154	1.656	1.153	1.657	1.151	1.657	1.150	1.657	1.149	1.657	1.147
0.15	1.678	1.189	1.678	1.187	1.678	1.185	1.678	1.184	1.678	1.182	1.678	1.181	1.679	1.179	1.679	1.178
0.18	1.699	1.220	1.700	1.218	1.700	1.216	1.700	1.215	1.700	1.213	1.700	1.212	1.700	1.210	1.701	1.209
0.20	1.714	1.241	1.714	1.239	1.714	1.237	1.714	1.235	1.715	1.234	1.715	1.232	1.715	1.231	1.715	1.229
0.22	1.728	1.262	1.729	1.259	1.729	1.257	1.729	1.256	1.729	1.254	1.729	1.253	1.729	1.251	1.730	1.250
0.25	1.750	1.293	1.750	1.290	1.750	1.288	1.751	1.287	1.751	1.285	1.751	1.283	1.751	1.281	1.751	1.280
0.28	1.772	1.324	1.772	1.321	1.772	1.319	1.773	1.318	1.773	1.316	1.773	1.314	1.773	1.313	1.773	1.311
0.30	1.786	1.344	1.787	1.342	1.787	1.340	1.787	1.338	1.787	1.336	1.787	1.335	1.788	1.333	1.788	1.332
0.32	1.801	1.365	1.801	1.363	1.801	1.361	1.802	1.359	1.802	1.357	1.802	1.355	1.802	1.354	1.802	1.353
0.35	1.822	1.396	1.823	1.394	1.823	1.392	1.823	1.390	1.824	1.388	1.824	1.386	1.824	1.385	1.824	1.383
0.38	1.844	1.427	1.844	1.425	1.845	1.423	1.845	1.421	1.845	1.419	1.845	1.417	1.846	1.415	1.846	1.414
0.40	1.858	1.448	1.859	1.446	1.859	1.443	1.859	1.441	1.860	1.439	1.860	1.438	1.860	1.436	1.860	1.435
0.42	1.873	1.469	1.873	1.466	1.874	1.464	1.874	1.462	1.874	1.460	1.874	1.458	1.875	1.457	1.875	1.455
0.45	1.895	1.500	1.895	1.497	1.896	1.495	1.896	1.493	1.896	1.491	1.896	1.489	1.896	1.488	1.897	1.486
0.48	1.916	1.531	1.917	1.529	1.917	1.526	1.918	1.524	1.918	1.522	1.918	1.520	1.918	1.518	1.918	1.517
0.50	1.931	1.552	1.931	1.549	1.932	1.547	1.932	1.545	1.932	1.543	1.933	1.541	1.933	1.539	1.933	1.537
0.52	1.945	1.573	1.946	1.570	1.946	1.568	1.947	1.565	1.947	1.563	1.947	1.562	1.947	1.560	1.947	1.558
0.55	1.967	1.604	1.968	1.601	1.968	1.599	1.968	1.596	1.969	1.594	1.969	1.593	1.969	1.591	1.969	1.589
0.58	1.989	1.635	1.989	1.632	1.990	1.630	1.990	1.627	1.990	1.625	1.991	1.624	1.991	1.621	1.991	1.620
0.60	2.003	1.656	2.004	1.653	2.004	1.650	2.005	1.648	2.005	1.646	2.005	1.645	2.005	1.642	2.005	1.641

z (z_n)	26～30	31～69	70～200	26	28	30	40	50	60	70	80	90	100	150	200
x (x_n)	$\overline{s}^*$ ($\overline{s}_n^*$)	$\overline{s}^*$ ($\overline{s}_n^*$)	$\overline{s}^*$ ($\overline{s}_n^*$)	$\overline{h}_a^*$ ($\overline{h}_{an}^*$)	$\overline{h}_a^*$ ($\overline{h}_{an}^*$)	$\overline{h}_a^*$ ($\overline{h}_{an}^*$)	$\overline{h}_a^*$ ($\overline{h}_{an}^*$)	$\overline{h}_a^*$ ($\overline{h}_{an}^*$)	$\overline{h}_a^*$ ($\overline{h}_{an}^*$)	$\overline{h}_a^*$ ($\overline{h}_{an}^*$)	$\overline{h}_a^*$ ($\overline{h}_{an}^*$)	$\overline{h}_a^*$ ($\overline{h}_{an}^*$)	$\overline{h}_a^*$ ($\overline{h}_{an}^*$)	$\overline{h}_a^*$ ($\overline{h}_{an}^*$)	$\overline{h}_a^*$ ($\overline{h}_{an}^*$)
−0.60	1.134	1.134	1.134	0.413	0.412	0.411	0.408	0.406	0.405	0.405	0.404	0.404	0.403	0.403	0.402
−0.58	1.148	1.149	1.149	0.433	0.432	0.431	0.428	0.427	0.426	0.425	0.424	0.424	0.423	0.423	0.422
−0.55	1.170	1.170	1.170	0.463	0.462	0.461	0.459	0.457	0.456	0.455	0.454	0.454	0.454	0.453	0.452
−0.52	1.192	1.192	1.192	0.494	0.493	0.492	0.489	0.487	0.486	0.485	0.485	0.484	0.484	0.483	0.482
−0.50	1.206	1.207	1.207	0.514	0.513	0.512	0.509	0.507	0.506	0.505	0.505	0.504	0.504	0.503	0.502
−0.48	1.221	1.221	1.221	0.534	0.533	0.532	0.529	0.528	0.526	0.525	0.525	0.524	0.524	0.523	0.522
−0.45	1.243	1.243	1.243	0.565	0.564	0.563	0.560	0.558	0.557	0.556	0.555	0.554	0.554	0.553	0.552
−0.42	1.265	1.265	1.266	0.595	0.594	0.593	0.590	0.588	0.587	0.586	0.585	0.584	0.584	0.583	0.582
−0.40	1.279	1.280	1.280	0.616	0.615	0.614	0.610	0.608	0.607	0.606	0.605	0.605	0.604	0.603	0.602
−0.38	1.294	1.294	1.294	0.636	0.635	0.634	0.630	0.628	0.627	0.626	0.625	0.625	0.624	0.623	0.622
−0.35	1.316	1.316	1.316	0.667	0.665	0.664	0.661	0.659	0.657	0.656	0.655	0.655	0.654	0.653	0.652
−0.32	1.338	1.338	1.338	0.697	0.696	0.695	0.691	0.689	0.687	0.686	0.686	0.685	0.685	0.683	0.682
−0.30	1.352	1.352	1.352	0.718	0.716	0.715	0.711	0.709	0.708	0.707	0.706	0.705	0.705	0.703	0.702

续表

z (z_n)	26～30	31～69	70～200	26	28	30	40	50	60	70	80	90	100	150	200
x (x_n)	$\bar{s}^*$ ($\bar{s}_n^*$)	$\bar{s}^*$ ($\bar{s}_n^*$)	$\bar{s}^*$ ($\bar{s}_n^*$)	$\bar{h}_a^*$ ($\bar{h}_{an}^*$)	$\bar{h}_a^*$ ($\bar{h}_{an}^*$)	$\bar{h}_a^*$ ($\bar{h}_{an}^*$)	$\bar{h}_a^*$ ($\bar{h}_{an}^*$)	$\bar{h}_a^*$ ($\bar{h}_{an}^*$)	$\bar{h}_a^*$ ($\bar{h}_{an}^*$)	$\bar{h}_a^*$ ($\bar{h}_{an}^*$)	$\bar{h}_a^*$ ($\bar{h}_{an}^*$)	$\bar{h}_a^*$ ($\bar{h}_{an}^*$)	$\bar{h}_a^*$ ($\bar{h}_{an}^*$)	$\bar{h}_a^*$ ($\bar{h}_{an}^*$)	$\bar{h}_a^*$ ($\bar{h}_{an}^*$)
−0.28	1.366	1.367	1.367	0.738	0.737	0.736	0.732	0.729	0.728	0.727	0.726	0.725	0.725	0.723	0.722
−0.25	1.388	1.389	1.389	0.769	0.767	0.766	0.762	0.760	0.758	0.757	0.756	0.755	0.755	0.753	0.752
−0.22	1.410	1.411	1.411	0.799	0.798	0.797	0.792	0.790	0.788	0.787	0.786	0.786	0.785	0.784	0.783
−0.20	1.425	1.425	1.425	0.819	0.818	0.817	0.813	0.810	0.809	0.807	0.806	0.806	0.805	0.804	0.803
−0.18	1.439	1.440	1.440	0.840	0.838	0.837	0.833	0.830	0.829	0.827	0.826	0.826	0.825	0.824	0.823
−0.15	1.461	1.462	1.462	0.871	0.869	0.868	0.863	0.861	0.859	0.858	0.857	0.856	0.855	0.854	0.853
−0.12	1.483	1.483	1.483	0.901	0.899	0.898	0.894	0.891	0.889	0.888	0.887	0.886	0.886	0.884	0.883
−0.10	1.497	1.497	1.498	0.922	0.920	0.919	0.914	0.911	0.909	0.908	0.907	0.906	0.906	0.904	0.903
−0.08	1.512	1.512	1.513	0.942	0.940	0.939	0.934	0.931	0.929	0.928	0.927	0.926	0.926	0.924	0.923
−0.05	1.534	1.534	1.534	0.973	0.971	0.970	0.965	0.962	0.960	0.959	0.957	0.957	0.956	0.954	0.953
−0.02	1.555	1.555	1.556	1.003	1.001	1.000	0.995	0.992	0.990	0.989	0.988	0.987	0.986	0.984	0.983
0.00	1.570	1.571	1.571	1.024	1.022	1.021	1.015	1.012	1.010	1.009	1.008	1.007	1.006	1.004	1.003
0.02	1.585	1.585	1.585	1.044	1.042	1.041	1.036	1.033	1.031	1.029	1.028	1.027	1.026	1.025	1.023
0.05	1.606	1.607	1.607	1.075	1.073	1.072	1.066	1.063	1.061	1.059	1.058	1.057	1.057	1.055	1.053
0.08	1.628	1.629	1.629	1.106	1.104	1.102	1.097	1.093	1.091	1.089	1.088	1.088	1.087	1.085	1.083
0.10	1.643	1.643	1.644	1.126	1.124	1.122	1.117	1.114	1.111	1.110	1.108	1.108	1.107	1.105	1.103
0.12	1.657	1.658	1.658	1.147	1.145	1.143	1.137	1.134	1.132	1.130	1.129	1.128	1.127	1.125	1.124
0.15	1.679	1.679	1.680	1.177	1.175	1.173	1.168	1.164	1.162	1.160	1.159	1.158	1.157	1.155	1.154
0.18	1.701	1.702	1.702	1.208	1.206	1.204	1.198	1.195	1.192	1.190	1.189	1.188	1.187	1.186	1.184
0.20	1.715	1.716	1.716	1.228	1.226	1.224	1.218	1.215	1.212	1.210	1.209	1.208	1.207	1.206	1.204
0.22	1.730	1.731	1.731	1.249	1.247	1.245	1.239	1.235	1.233	1.231	1.229	1.228	1.228	1.226	1.224
0.25	1.752	1.753	1.753	1.280	1.278	1.276	1.269	1.265	1.263	1.261	1.260	1.259	1.258	1.256	1.254
0.28	1.774	1.774	1.775	1.310	1.308	1.306	1.300	1.296	1.293	1.291	1.290	1.289	1.288	1.286	1.284
0.30	1.788	1.789	1.789	1.331	1.329	1.327	1.320	1.316	1.313	1.311	1.310	1.309	1.308	1.306	1.304
0.32	1.803	1.804	1.804	1.351	1.349	1.347	1.340	1.336	1.334	1.332	1.330	1.329	1.328	1.326	1.324
0.35	1.824	1.825	1.826	1.382	1.380	1.378	1.371	1.367	1.364	1.362	1.360	1.359	1.358	1.356	1.354
0.38	1.846	1.847	1.847	1.413	1.410	1.403	1.401	1.397	1.394	1.392	1.391	1.389	1.389	1.386	1.384
0.40	1.861	1.862	1.862	1.433	1.431	1.429	1.422	1.417	1.414	1.412	1.411	1.410	1.409	1.407	1.404
0.42	1.875	1.876	1.877	1.454	1.451	1.449	1.442	1.438	1.435	1.433	1.431	1.430	1.429	1.427	1.424
0.45	1.897	1.898	1.898	1.485	1.482	1.480	1.473	1.468	1.465	1.463	1.461	1.460	1.459	1.457	1.455
0.48	1.919	1.920	1.920	1.516	1.513	1.511	1.503	1.498	1.495	1.493	1.492	1.490	1.489	1.487	1.485
0.50	1.933	1.934	1.935	1.536	1.533	1.531	1.523	1.519	1.516	1.513	1.512	1.510	1.509	1.507	1.505
0.52	1.948	1.949	1.949	1.557	1.554	1.552	1.544	1.539	1.536	1.534	1.532	1.531	1.530	1.527	1.525
0.55	1.970	1.970	1.971	1.587	1.585	1.582	1.574	1.569	1.566	1.564	1.562	1.561	1.560	1.557	1.555
0.58	1.992	1.993	1.993	1.618	1.615	1.613	1.605	1.600	1.597	1.594	1.592	1.591	1.590	1.587	1.585
0.60	2.006	2.007	2.008	1.639	1.636	1.634	1.625	1.620	1.617	1.614	1.613	1.611	1.610	1.608	1.605

注：1. 本表可直接用于高变位齿轮（$h_a=m$ 或 $h_{an}=m_n$），对角变位齿轮，应将表中查出的 $\bar{h}$（$\bar{h}_n$）减去齿顶高变动系数 Δy（Δy_n）。

2. 当模数 m（或 m_n）$\neq 1$ 时，应将查得的 $\bar{s}^*$（$\bar{s}_n^*$）和 $\bar{h}_a^*$（$\bar{h}_{an}^*$）乘以 m（m_n）。

3. 对斜齿轮，用 z_n 查表，z_n 有小数时，按插入法计算。

第8篇

表 8-3-17 外啮合标准齿轮固定弦齿厚 $\bar{s}_c$ （$\bar{s}_{cn}$） 和弦齿高 $\bar{h}_c$ （$\bar{h}_{cn}$） （$\alpha=\alpha_n=20°$，$h_a^*=h_{an}^*=1$） /mm

$m(m_n)$	$\bar{s}_c(\bar{s}_{cn})$	$\bar{h}_c(\bar{h}_{cn})$	$m(m_n)$	$\bar{s}_c(\bar{s}_{cn})$	$\bar{h}_c(\bar{h}_{cn})$	$m(m_n)$	$\bar{s}_c(\bar{s}_{cn})$	$\bar{h}_c(\bar{h}_{cn})$	$m(m_n)$	$\bar{s}_c(\bar{s}_{cn})$	$\bar{h}_c(\bar{h}_{cn})$
1	1.387	0.748	3.5	4.855	2.617	9	12.483	6.728	28	38.837	20.932
1.25	1.734	0.934	3.75	5.202	2.803	10	13.871	7.476	30	41.612	22.427
1.5	2.081	1.121	4	5.548	2.990	11	15.258	8.224	32	44.386	23.922
1.75	2.427	1.308	4.5	6.242	3.364	12	16.645	8.971	33	45.773	24.670
2	2.774	1.495	5	6.935	3.738	14	19.419	10.466	36	49.934	26.913
2.25	3.121	1.682	5.5	7.629	4.112	16	22.193	11.961	40	55.482	29.903
2.5	3.468	1.869	6	8.322	4.485	18	24.967	13.456	45	62.417	33.641
2.75	3.814	2.056	6.5	9.016	4.859	20	27.741	14.952	50	69.353	37.379
3	4.161	2.243	7	9.709	5.233	22	30.515	16.557			
3.25	4.508	2.430	8	11.096	5.981	25	34.676	18.690			

注：$\bar{s}_c=1.3870m(\bar{s}_{cn}=1.3870m_n)$；$\bar{h}_c=0.7476m(\bar{h}_{cn}=0.7476m_n)$。

表 8-3-18 外啮合变位齿轮固定弦齿厚 $\bar{s}_c^*$（$\bar{s}_{cn}^*$）和弦齿高 $\bar{h}_c^*$（$\bar{h}_{cn}^*$）

（$m=m_n=1$，$\alpha=\alpha_n=20°$，$h_a^*=h_{an}^*=1$） /mm

$x(x_n)$	$\bar{s}_c^*(\bar{s}_{cn}^*)$	$\bar{h}_c^*(\bar{h}_{cn}^*)$	$x(x_n)$	$\bar{s}_c^*(\bar{s}_{cn}^*)$	$\bar{h}_c^*(\bar{h}_{cn}^*)$	$x(x_n)$	$\bar{s}_c^*(\bar{s}_{cn}^*)$	$\bar{h}_c^*(\bar{h}_{cn}^*)$	$x(x_n)$	$\bar{s}_c^*(\bar{s}_{cn}^*)$	$\bar{h}_c^*(\bar{h}_{cn}^*)$
−0.40	1.1299	0.3944	−0.11	1.3163	0.6504	0.18	1.5027	0.9065	0.47	1.6892	1.1626
−0.39	1.1364	0.4032	−0.10	1.3228	0.6593	0.19	1.5092	0.9154	0.48	1.6956	1.1714
−0.38	1.1428	0.4120	−0.09	1.3292	0.6681	0.20	1.5156	0.9242	0.49	1.7020	1.1803
−0.37	1.1492	0.4209	−0.08	1.3356	0.6769	0.21	1.5220	0.9330	0.50	1.7084	1.1891
−0.36	1.1556	0.4297	−0.07	1.3421	0.6858	0.22	1.5285	0.9418	0.51	1.7149	1.1979
−0.35	1.1621	0.4385	−0.06	1.3485	0.6946	0.23	1.5349	0.9507	0.52	1.7213	1.2068
−0.34	1.1685	0.4474	−0.05	1.3549	0.7034	0.24	1.5413	0.9595	0.53	1.7277	1.2156
−0.33	1.1749	0.4562	−0.04	1.3613	0.7123	0.25	1.5477	0.9683	0.54	1.7342	1.2244
−0.32	1.1814	0.4650	−0.03	1.3678	0.7211	0.26	1.5542	0.9772	0.55	1.7406	1.2332
−0.31	1.1878	0.4738	−0.02	1.3742	0.7299	0.27	1.5606	0.9860	0.56	1.7470	1.2421
−0.30	1.1942	0.4827	−0.01	1.3805	0.7387	0.28	1.5670	0.9948	0.57	1.7534	1.2509
−0.29	1.2006	0.4915	0.00	1.3870	0.7476	0.29	1.5735	1.0037	0.58	1.7599	1.2597
−0.28	1.2071	0.5003	0.01	1.3935	0.7564	0.30	1.5799	1.0125	0.59	1.7663	1.2686
−0.27	1.2135	0.5092	0.02	1.3999	0.7652	0.31	1.5863	1.0213	0.60	1.7727	1.2774
−0.26	1.2199	0.5180	0.03	1.4063	0.7741	0.32	1.5927	1.0301	0.61	1.7791	1.2862
−0.25	1.2263	0.5268	0.04	1.4128	0.7829	0.33	1.5992	1.0390	0.62	1.7856	1.2951
−0.24	1.2328	0.5357	0.05	1.4192	0.7917	0.34	1.6056	1.0478	0.63	1.7920	1.3039
−0.23	1.2392	0.5445	0.06	1.4256	0.8006	0.35	1.6120	1.0566	0.64	1.7984	1.3127
−0.22	1.2456	0.5533	0.07	1.4320	0.8094	0.36	1.6185	1.0655	0.65	1.8049	1.3215
−0.21	1.2521	0.5621	0.08	1.4385	0.8182	0.37	1.6249	1.0743	0.66	1.8113	1.3304
−0.20	1.2585	0.5710	0.09	1.4449	0.8271	0.38	1.6313	1.0831	0.67	1.8177	1.3392
−0.19	1.2649	0.5798	0.10	1.4513	0.8359	0.39	1.6377	1.0920	0.68	1.8241	1.3480
−0.18	1.2713	0.5886	0.11	1.4578	0.8447	0.40	1.6442	1.1008	0.69	1.8306	1.3569
−0.17	1.2778	0.5975	0.12	1.4642	0.8535	0.41	1.6506	1.1096	0.70	1.8370	1.3657
−0.16	1.2842	0.6063	0.13	1.4706	0.8624	0.42	1.6570	1.1184	0.71	1.8434	1.3745
−0.15	1.2906	0.6151	0.14	1.4770	0.8712	0.43	1.6634	1.1273	0.72	1.8499	1.3834
−0.14	1.2971	0.6240	0.15	1.4835	0.8800	0.44	1.6699	1.1361	0.73	1.8563	1.3922
−0.13	1.3035	0.6328	0.16	1.4899	0.8889	0.45	1.6763	1.1449	0.74	1.8627	1.4010
−0.12	1.3099	0.6416	0.17	1.4963	0.8977	0.46	1.6827	1.1538	0.75	1.8691	1.4098

注：1. 当模数 $m(m_n)\neq1$ 时，应将查得的 $\bar{s}_c^*(\bar{s}_{cn}^*)$ 和 $\bar{h}_c^*(\bar{h}_{cn}^*)$ 乘以 $m(m_n)$。

2. 本表可直接用于高变位齿轮，对于角变位齿轮，应将表中查得的 $\bar{h}_c^*(\bar{h}_{cn}^*)$ 减去齿顶高变动系数 $\Delta y(\Delta y_n)$。

表 8-3-19 公法线长度 W^* （$m_n=m=1$，$\alpha_n=\alpha=20°$） /mm

$z(z')$	$x(x_n)$	k	W^*
7	≤0.80	2	4.526
8	≤0.80	2	4.540
9	≤0.80	2	4.554
10	≤0.90	2	4.568
11	≤0.90	2	4.582
12	≤0.80	2	4.596
	>0.80～1.20	3	7.548
13	≤0.70	2	4.610
	>0.70～1.20	3	7.562
14	≤0.60	2	4.624
	>0.60～1.20	3	7.576
15	≤0.60	2	4.638
	>0.60～1.20	3	7.590
16	≤0.50	2	4.652
	>0.50～1.20	3	7.604
17	≤1.00	3	7.618
	>1.00～1.20	4	10.571
18	≤1.00	3	7.632
	>1.00～1.20	4	10.585
19	≤0.90	3	7.646
	>0.90～1.20	4	10.599
20	≤0.80	3	7.660
	>0.80～1.25	4	10.613
21	≤0.70	3	7.674
	>0.70～1.30	4	10.627
22	≤0.65	3	7.688
	>0.65～1.40	4	10.641
23	≤0.60	3	7.702
	>0.60～1.40	4	10.655
24	≤0.55	3	7.716
	>0.55～1.20	4	10.669
	>1.20～1.60	5	13.621
25	≤0.50	3	7.730
	>0.50～1.20	4	10.683
	>1.20～1.60	5	13.635
26	≤0.40	3	7.744
	>0.40～1.20	4	10.697
	>1.20～1.60	5	13.649
27	≤0.80	4	10.711
	>0.80～1.60	5	13.663
	>1.60～1.80	6	16.615
28	≤0.80	4	10.725
	>0.80～1.60	5	13.677
	>1.60～1.80	6	16.629
29	≤0.70	4	10.739
	>0.70～1.50	5	13.691
	>1.50～1.80	6	16.643
30	≤0.60	4	10.753
	>0.60～1.40	5	13.705
	>1.40～1.80	6	16.657
31	≤0.60	4	10.767
	>0.60～1.40	5	13.719
	>1.40～1.80	6	16.671
32	≤0.60	4	10.781
	>0.60～1.30	5	13.733
	>1.30～1.80	6	16.685
33	≤0.55	4	10.795
	>0.55～1.30	5	13.747
	>1.30～1.80	6	16.699
34	≤0.50	4	10.809
	>0.50～1.20	5	13.761
	>1.20～1.80	6	16.713
35	≤0.40	4	10.823
	>0.40～1.10	5	13.775
	>1.10～1.90	6	16.727
36	≤0.30	4	10.837
	>0.30～1.00	5	13.789
	>1.00～1.90	6	16.741
37	≤0.70	5	13.803
	>0.70～1.70	6	16.755
	>1.70～2.00	7	19.707
38	≤0.70	5	13.817
	>0.70～1.70	6	16.769
	>1.70～2.00	7	19.721
39	≤0.70	5	13.831
	>0.70～1.70	6	16.783
	>1.70～2.00	7	19.735
40	≤0.60	5	13.845
	>0.60～1.60	6	16.797
	>1.60～2.00	7	19.749
41	≤0.50	5	13.859
	>0.50～1.40	6	16.811
	>1.40～2.00	7	19.763
42	≤0.40	5	13.873
	>0.40～1.20	6	16.825
	>1.20～2.20	7	19.777
43	≤0.30	5	13.887
	>0.30～1.10	6	16.839
	>1.10～2.20	7	19.791
44	≤0.20	5	13.901
	>0.20～1.00	6	16.853
	>1.00～1.60	7	19.805
	>1.60～2.20	8	22.757
45	≤0.20	5	13.915
	>0.20～1.00	6	16.867
	>1.00～1.60	7	19.819
	>1.60～2.20	8	22.771
46	≤0.60	6	16.881
	>0.60～1.50	7	19.833
	>1.50～2.20	8	22.785
47	≤0.55	6	16.895
	>0.55～1.55	7	19.847
	>1.55～2.20	8	22.799
48	≤0.50	6	16.909
	>0.50～1.40	7	19.861
	>1.40～2.20	8	22.813
	>2.20～2.50	9	25.765
49	≤0.50	6	16.923
	>0.50～1.40	7	19.875
	>1.40～2.20	8	22.827
	>2.20～2.50	9	25.779
50	≤0.50	6	16.937
	>0.50～1.30	7	19.889
	>1.30～2.00	8	22.841
	>2.00～2.40	9	25.793

续表

$z(z')$	$x(x_n)$	k	W^*	$z(z')$	$x(x_n)$	k	W^*	$z(z')$	$x(x_n)$	k	W^*
51	≤0.45	6	16.951	62	≤0.30	7	20.057	73	≤0.80	9	26.115
	>0.45～1.20	7	19.903		>0.30～1.00	8	23.009		>0.80～1.70	10	29.068
	>1.20～1.90	8	22.855		>1.00～1.80	9	25.961		>1.70～2.30	11	32.020
	>1.90～2.40	9	25.807		>1.80～2.60	10	28.914		>2.30～2.80	12	34.972
52	≤0.40	6	16.965	63	≤0.20	7	20.071	74	≤0.80	9	26.129
	>0.40～1.10	7	19.917		>0.20～0.90	8	23.023		>0.80～1.60	10	29.082
	>1.10～1.80	8	22.869		>0.90～1.70	9	25.975		>1.60～2.20	11	32.034
	>1.80～2.40	9	25.821		>1.70～2.60	10	28.928		>2.20～2.80	12	34.986
53	≤0.30	6	16.979	64	≤0.80	8	23.037	75	≤0.80	9	26.144
	>0.30～1.00	7	19.931		>0.80～1.60	9	25.989		>0.80～1.50	10	29.096
	>1.00～1.70	8	22.883		>1.60～2.40	10	28.942		>1.50～2.10	11	32.048
	>1.70～2.40	9	25.835		>2.40～2.60	11	31.894		>2.10～2.80	12	35.000
54	≤0.20	6	16.993	65	≤0.80	8	23.051	76	≤0.80	9	26.158
	>0.20～1.00	7	19.945		>0.80～1.50	9	26.003		>0.80～1.40	10	29.110
	>1.00～1.60	8	22.897		>1.50～2.30	10	28.956		>1.40～2.00	11	32.062
	>1.60～2.40	9	25.849		>2.30～2.60	11	31.908		>2.00～2.80	12	35.014
55	≤0.80	7	19.959	66	≤0.80	8	23.065	77	≤0.70	9	26.172
	>0.80～1.70	8	22.911		>0.80～1.50	9	26.017		>0.70～1.30	10	29.124
	>1.70～2.40	9	25.863		>1.50～2.20	10	28.970		>1.30～1.90	11	32.076
					>2.20～2.60	11	31.922		>1.90～2.70	12	35.028
56	≤0.80	7	19.973	67	≤0.80	8	23.079	78	≤0.60	9	26.186
	>0.80～1.60	8	22.925		>0.80～1.40	9	26.031		>0.60～1.20	10	29.138
	>1.60～2.40	9	25.877		>1.40～2.10	10	28.984		>1.20～1.80	11	32.090
					>2.10～2.80	11	31.936		>1.80～2.60	12	35.042
57	≤0.80	7	19.987	68	≤0.80	8	23.093	79	≤0.50	9	26.200
	>0.80～1.50	8	22.939		>0.80～1.30	9	26.045		>0.50～1.10	10	29.152
	>1.50～2.00	9	25.891		>1.30～2.00	10	28.998		>1.10～1.80	11	32.104
	>2.00～2.40	10	28.844		>2.00～2.80	11	31.950		>1.80～2.50	12	35.056
58	≤0.80	7	20.001	69	≤0.70	8	23.107	80	≤0.40	9	26.214
	>0.80～1.40	8	22.953		>0.70～1.20	9	26.059		>0.40～1.00	10	29.166
	>1.40～2.00	9	25.905		>1.20～1.90	10	29.012		>1.00～1.80	11	32.118
	>2.00～2.40	10	28.858		>1.90～2.70	11	31.964		>1.80～2.40	12	35.070
59	≤0.65	7	20.015	70	≤0.60	8	23.121	81	≤0.30	9	26.228
	>0.65～1.30	8	22.967		>0.60～1.20	9	26.073		>0.30～0.90	10	29.180
	>1.30～2.00	9	25.919		>1.20～1.80	10	29.026		>0.90～1.80	11	32.132
	>2.00～2.40	10	28.872		>1.80～2.60	11	31.978		>1.80～2.40	12	35.084
60	≤0.50	7	20.029	71	≤0.50	8	23.135	82	≤0.80	10	29.194
	>0.50～1.20	8	22.981		>0.50～1.10	9	26.087		>0.80～1.60	11	32.146
	>1.20～2.00	9	25.933		>1.10～1.70	10	29.040		>1.60～2.20	12	35.098
	>2.00～2.60	10	28.886		>1.70～2.50	11	31.992		>2.20～2.80	13	38.050
61	≤0.40	7	20.043	72	≤0.40	8	23.149	83	≤0.80	10	29.208
	>0.40～1.10	8	22.995		>0.40～1.00	9	26.101		>0.80～1.50	11	32.160
	>1.10～1.90	9	25.947		>1.00～1.60	10	29.054		>1.50～2.20	12	35.112
	>1.90～2.60	10	28.900		>1.60～2.40	11	32.006		>2.20～2.80	13	38.064

$z(z')$	$x(x_n)$	k	W^*	$z(z')$	$x(x_n)$	k	W^*	$z(z')$	$x(x_n)$	k	W^*
84	≤0.80	10	29.222	96	≤0.60	11	32.342	112	≤0.60	13	38.470
	＞0.80～1.40	11	32.174		＞0.60～1.20	12	35.294		＞0.60～1.40	14	41.422
	＞1.40～2.20	12	35.126		＞1.20～2.00	13	38.246		＞1.40～2.00	15	44.374
	＞2.20～2.80	13	38.078		＞2.00～2.60	14	41.198		＞2.00～2.80	16	47.326
85	≤0.70	10	29.236	97	≤0.50	11	32.356	113	≤0.60	13	38.484
	＞0.70～1.30	11	32.188		＞0.50～1.10	12	35.308		＞0.60～1.30	14	41.436
	＞1.30～2.10	12	35.140		＞1.10～1.90	13	38.260		＞1.30～1.90	15	44.388
	＞2.10～2.80	13	38.092		＞1.90～2.50	14	41.212		＞1.90～2.70	16	47.340
86	≤0.60	10	29.250	98	≤0.40	11	32.370	114	≤0.60	13	38.498
	＞0.60～1.20	11	32.202		＞0.40～1.00	12	35.322		＞0.60～1.20	14	41.450
	＞1.20～2.00	12	35.154		＞1.00～1.80	13	38.274		＞1.20～1.80	15	44.402
	＞2.00～2.80	13	38.106		＞1.80～2.50	14	41.226		＞1.80～2.60	16	47.354
87	≤0.60	10	29.264	99	≤0.30	11	32.384	115	≤0.50	13	38.512
	＞0.60～1.20	11	32.216		＞0.30～0.90	12	35.336		＞0.50～1.10	14	41.464
	＞1.20～1.90	12	35.168		＞0.90～1.70	13	38.288		＞1.10～1.80	15	44.416
	＞1.90～2.70	13	38.120		＞1.70～2.40	14	41.240		＞1.80～2.50	16	47.368
88	≤0.60	10	29.278	100	≤0.80	12	35.350	116	≤0.40	13	38.526
	＞0.60～1.20	11	32.230		＞0.80～1.60	13	38.302		＞0.40～1.00	14	41.478
	＞1.20～1.80	12	35.182		＞1.60～2.20	14	41.254		＞1.00～1.80	15	44.430
	＞1.80～2.60	13	38.134		＞2.20～2.80	15	44.206		＞1.80～2.50	16	47.382
89	≤0.50	10	29.292	102	≤0.60	12	35.378	117	≤0.80	14	41.492
	＞0.50～1.10	11	32.244		＞0.60～1.40	13	38.330		＞0.80～1.60	15	44.444
	＞1.10～1.70	12	35.196		＞1.40～2.00	14	41.282		＞1.60～2.20	16	47.396
	＞1.70～2.50	13	38.148		＞2.00～2.80	15	44.234		＞2.20～2.60	17	50.348
90	≤0.40	10	29.306	104	≤0.40	12	35.406	118	≤0.80	14	41.506
	＞0.40～1.10	11	32.258		＞0.40～1.20	13	38.358		＞0.80～1.60	15	44.458
	＞1.10～1.60	12	35.210		＞1.20～2.00	14	41.310		＞1.60～2.20	16	47.410
	＞1.60～2.40	13	38.162		＞2.00～2.70	15	44.262		＞2.20～2.60	17	50.362
91	≤0.80	11	32.272	105	≤0.40	12	35.420	119	≤0.80	14	41.520
	＞0.80～1.50	12	35.224		＞0.40～1.20	13	38.372		＞0.80～1.50	15	44.472
	＞1.50～2.20	13	38.176		＞1.20～1.90	14	41.324		＞1.50～2.10	16	47.424
	＞2.20～2.80	14	41.128		＞1.90～2.60	15	44.276		＞2.10～2.50	17	50.376
92	≤0.80	11	32.286	106	≤0.40	12	35.434	120	≤0.80	14	41.534
	＞0.80～1.40	12	35.238		＞0.40～1.20	13	38.386		＞0.80～1.40	15	44.486
	＞1.40～2.20	13	38.190		＞1.20～1.80	14	41.338		＞1.40～2.00	16	47.438
	＞2.20～2.80	14	41.142		＞1.80～2.50	15	44.290		＞2.00～2.50	17	50.390
93	≤0.70	11	32.300	108	≤0.20	12	35.462	121	≤0.50	14	41.548
	＞0.70～1.30	12	35.252		＞0.20～1.00	13	38.414		＞0.50～1.50	15	44.500
	＞1.30～2.10	13	38.204		＞1.00～1.60	14	41.366		＞1.50～2.00	16	47.453
	＞2.10～2.80	14	41.156		＞1.60～2.40	15	44.318		＞2.00～2.50	17	50.405
94	≤0.60	11	32.314	110	≤0.80	13	38.442	122	≤0.50	14	41.562
	＞0.60～1.20	12	35.266		＞0.80～1.50	14	41.394		＞0.50～1.50	15	44.514
	＞1.20～2.00	13	38.218		＞1.50～2.20	15	44.346		＞1.50～2.00	16	47.467
	＞2.00～2.80	14	41.170		＞2.20～2.80	16	47.298		＞2.00～2.50	17	50.419
95	≤0.60	11	32.328	111	≤0.70	13	38.456	123	≤0.50	14	41.576
	＞0.60～1.20	12	35.280		＞0.70～1.40	14	41.408		＞0.50～1.50	15	44.528
	＞1.20～2.00	13	38.232		＞1.40～2.10	15	44.360		＞1.50～2.00	16	47.481
	＞2.00～2.60	14	41.148		＞2.10～2.80	16	47.312		＞2.00～2.50	17	50.433

续表

$z(z')$	$x(x_n)$	k	W^*	$z(z')$	$x(x_n)$	k	W^*	$z(z')$	$x(x_n)$	k	W^*
124	≤0.50	14	41.590	139	≤0.50	16	47.705	153	≤0.50	18	53.805
	>0.50～1.50	15	44.542		>0.50～1.50	17	50.657		>0.50～1.50	19	56.757
	>1.50～2.00	16	47.495		>1.50～2.00	18	53.609		>1.50～2.00	20	59.709
	>2.00～2.50	17	50.447		>2.00～2.50	19	56.561		>2.00～2.50	21	62.662
125	≤0.50	14	41.604	140	≤0.50	16	47.719	154	≤0.50	18	53.819
	>0.50～1.50	15	44.556		>0.50～1.50	17	50.671		>0.50～1.50	19	56.771
	>1.50～2.00	16	47.509		>1.50～2.00	18	53.623		>1.50～2.00	20	59.723
	>2.00～2.50	17	50.461		>2.00～2.50	19	56.575		>2.00～2.50	21	62.676
126	≤0.50	15	44.570	141	≤0.50	16	47.733	155	≤0.50	18	53.833
	>0.50～1.50	16	47.523		>0.50～1.50	17	50.685		>0.50～1.50	19	56.785
	>1.50～2.00	17	50.475		>1.50～2.00	18	53.637		>1.50～2.00	20	59.737
	>2.00～2.50	18	53.427		>2.00～2.50	19	56.589		>2.00～2.50	21	62.690
128	≤0.50	15	44.598	142	≤0.50	16	47.747	156	≤0.50	18	53.847
	>0.50～1.50	16	47.551		>0.50～1.50	17	50.699		>0.50～1.50	19	56.799
	>1.50～2.00	17	50.503		>1.50～2.00	18	53.651		>1.50～2.00	20	59.751
	>2.00～2.50	18	53.455		>2.00～2.50	19	56.603		>2.00～2.50	21	62.704
129	≤0.50	15	44.612	143	≤0.50	16	47.761	157	≤0.50	18	53.861
	>0.50～1.50	16	47.565		>0.50～1.50	17	50.713		>0.50～1.50	19	56.813
	>1.50～2.00	17	50.517		>1.50～2.00	18	53.665		>1.50～2.00	20	59.765
	>2.00～2.50	18	53.469		>2.00～2.50	19	56.617		>2.00～2.50	21	62.718
130	≤0.50	15	44.626	144	≤0.50	17	50.727	158	≤0.50	18	53.875
	>0.50～1.50	16	47.579		>0.50～1.50	18	53.679		>0.50～1.50	19	56.827
	>1.50～2.00	17	50.531		>1.50～2.00	19	56.631		>1.50～2.00	20	59.779
	>2.00～2.50	18	53.483		>2.00～2.50	20	59.583		>2.00～2.50	21	62.732
132	≤0.50	15	44.654	145	≤0.50	17	50.741	159	≤0.50	18	53.889
	>0.50～1.50	16	47.607		>0.50～1.50	18	53.693		>0.50～1.50	19	56.841
	>1.50～2.00	17	50.559		>1.50～2.00	19	56.645		>1.50～2.00	20	59.793
	>2.00～2.50	18	53.511		>2.00～2.50	20	59.597		>2.00～2.50	21	62.746
133	≤0.50	15	44.668	146	≤0.50	17	50.755	160	≤0.50	18	53.903
	>0.50～1.50	16	47.621		>0.50～1.50	18	53.707		>0.50～1.50	19	56.855
	>1.50～2.00	17	50.573		>1.50～2.00	19	56.659		>1.50～2.00	20	59.807
	>2.00～2.50	18	53.525		>2.00～2.50	20	59.611		>2.00～2.50	21	62.760
134	≤0.50	15	44.682	147	≤0.50	17	50.769	161	≤0.50	19	56.869
	>0.50～1.50	16	47.635		>0.50～1.50	18	53.721		>0.50～1.50	20	59.821
	>1.50～2.00	17	50.587		>1.50～2.00	19	56.673		>1.50～2.00	21	62.774
	>2.00～2.50	18	53.539		>2.00～2.50	20	59.625		>2.00～2.50	22	65.726
135	≤0.50	16	47.649	148	≤0.50	17	50.783	162	≤0.50	19	56.883
	>0.50～1.50	17	50.601		>0.50～1.50	18	53.735		>0.50～1.50	20	59.835
	>1.50～2.00	18	53.553		>1.50～2.00	19	56.687		>1.50～2.00	21	62.788
	>2.00～2.50	19	56.505		>2.00～2.50	20	59.639		>2.00～2.50	22	65.740
136	≤0.50	16	47.663	150	≤0.50	17	50.811	164	≤0.50	19	56.911
	>0.50～1.50	17	50.615		>0.50～1.50	18	53.763		>0.50～1.50	20	59.863
	>1.50～2.00	18	53.567		>1.50～2.00	19	56.715		>1.50～2.00	21	62.816
	>2.00～2.50	19	56.519		>2.00～2.50	20	59.667		>2.00～2.50	22	65.768
138	≤0.50	16	47.691	152	≤0.50	17	50.839	165	≤0.50	19	56.925
	>0.50～1.50	17	50.643		>0.50～1.50	18	53.791		>0.50～1.50	20	59.877
	>1.50～2.00	18	53.595		>1.50～2.00	19	56.743		>1.50～2.00	21	62.830
	>2.00～2.50	19	56.547		>2.00～2.50	20	59.695		>2.00～2.50	22	65.782

续表

$z(z')$	$x(x_n)$	k	W^*	$z(z')$	$x(x_n)$	k	W^*	$z(z')$	$x(x_n)$	k	W^*
166	≤0.50	19	56.939	171	≤0.50	20	59.961	176	≤0.50	20	60.031
	>0.50～1.50	20	59.891		>0.50～1.50	21	62.914		>0.50～1.50	21	62.984
	>1.50～2.00	21	62.844		>1.50～2.00	22	65.866		>1.50～2.00	22	65.936
	>2.00～2.50	22	65.769		>2.00～2.50	23	68.818		>2.00～2.50	23	68.888
168	≤0.50	19	56.967	172	≤0.50	20	59.975	177	≤0.50	20	60.045
	>0.50～1.50	20	59.919		>0.50～1.50	21	62.928		>0.50～1.50	21	62.998
	>1.50～2.00	21	62.872		>1.50～2.00	22	65.880		>1.50～2.00	22	65.950
	>2.00～2.50	22	65.824		>2.00～2.50	23	68.832		>2.00～2.50	23	68.902
169	≤0.50	19	56.981	174	≤0.50	20	60.003	178	≤0.50	20	60.059
	>0.50～1.50	20	59.933		>0.50～1.50	21	62.956		>0.50～1.50	21	63.012
	>1.50～2.00	21	62.886		>1.50～2.00	22	65.908		>1.50～2.00	22	65.964
	>2.00～2.50	22	65.838		>2.00～2.50	23	68.860		>2.00～2.50	23	68.916
170	≤0.50	19	56.995	175	≤0.50	20	60.017	180	≤0.50	21	63.040
	>0.50～1.50	20	59.947		>0.50～1.50	21	62.970		>0.50～1.50	22	65.992
	>1.50～2.00	21	62.900		>1.50～2.00	22	65.922		>1.50～2.00	23	68.944
	>2.00～2.50	22	65.852		>2.00～2.50	23	68.874		>2.00～2.50	24	71.896

注：1. 表中W^*是$m=1$(或$m_n=1$)时的标准齿轮的公法线长度，当$m\neq1$（或$m_n\neq1$）时，公法长度计算见表 8-3-12。

2. 对于直齿轮$z'=z$；对于斜齿轮$z'=z\dfrac{\mathrm{inv}\alpha_t}{0.0149}$(见表8-3-20)，按此式算出$z'$后面有小数部分时，其整数部分公法线值查表 8-3-19，而小数部分的公法线长度，利用表 8-3-21，按插入法进行补偿计算。

例 已知$z=25$，$m_n=4\text{mm}$，$\alpha_n=20°$，$\beta=12°36'$，确定该斜齿轮的公法线长。

(1) 查表 8-3-20，$\dfrac{\mathrm{inv}\alpha_t}{0.0149}=1.0688+\dfrac{0.0040}{20}\times16=1.072$，则$z'=1.072\times25=26.80$(取到小数点后两位数字)

(2) 查表 8-3-19，$z'=26$时，$k=3$，$W_1^*=7.744$
查表 8-3-21，$z'=0.80$时，$W_2^*=0.0112$ } $W^*=7.744+0.0112=7.7552$

(3) 由表 8-3-12，$W=W^*m_n=7.7552\times4=31.0208\text{mm}$

表 8-3-20 比值$\dfrac{\mathrm{inv}\alpha_t}{\mathrm{inv}\alpha_n}=\dfrac{\mathrm{inv}\alpha_t}{0.0149}$ ($\alpha_n=20°$)

β	$\dfrac{\mathrm{inv}\alpha_t}{0.0149}$	差值	β	$\dfrac{\mathrm{inv}\alpha_t}{0.0149}$	差值	β	$\dfrac{\mathrm{inv}\alpha_t}{0.0149}$	差值
8°	1.0283	0.0026	25°	1.3227	0.0100	32°	1.5951	0.0164
8°20′	1.0309	0.0024	25°20′	1.3327	0.0106	32°20′	1.6115	0.0170
8°40′	1.0333	0.0026	25°40′	1.3433	0.0108	32°40′	1.6285	0.0170
9°	1.0359	0.0029	26°	1.3541	0.0111	33°	1.6455	0.0176
9°20′	1.0388	0.0027	26°20′	1.3652	0.0113	33°20′	1.6631	0.0182
9°40′	1.0415	0.0031	26°40′	1.3765	0.0113	33°40′	1.6813	0.0185
10°	1.0446	0.0031	27°	1.3878	0.0118	34°	1.6998	0.0189
10°20′	1.0477	0.0031	27°20′	1.3996	0.0120	34°20′	1.7187	0.0193
10°40′	1.0508	0.0035	27°40′	1.4116	0.0124	34°40′	1.7380	0.0198
11°	1.0543	0.0034	28°	1.4240	0.0124	35°	1.7578	0.0204
11°20′	1.0577	0.0036	28°20′	1.4364	0.0131	35°20′	1.7782	0.0204
11°40′	1.0613	0.0039	28°40′	1.4495	0.0130	35°40′	1.7986	0.0215
12°	1.0652	0.0036	29°	1.4625	0.0135	36°	1.8201	0.0217
12°20′	1.0688	0.0040	29°20′	1.4760	0.0137	36°20′	1.8418	0.0222
12°40′	1.0728	0.0040	29°40′	1.4897	0.0140	36°40′	1.8640	0.0228
13°	1.0768	0.0042	30°	1.5037	0.0145	37°	1.8868	0.0233
13°20′	1.0810	0.0043	30°20′	1.5182	0.0146	37°20′	1.9101	0.0239
13°40′	1.0853	0.0043	30°40′	1.5328	0.0150	37°40′	1.9340	0.0246
14°	1.0896	0.0047	31°	1.5478	0.0155	38°	1.9586	0.0251
14°20′	1.0943	0.0048	31°20′	1.5633	0.0157	38°20′	1.9837	0.0255
14°40′	1.0991	0.0048	31°40′	1.5790	0.0161	38°40′	2.0092	0.0263
15°	1.1039		32°	1.5951		39°	2.0355	

表 8-3-21　假想齿数 z′后面小数部分公法线长度 W^*（$m_n=m=1$，$\alpha_n=\alpha=20°$）　　/mm

z'	0.00	0.01	0.02	0.03	0.04	0.05	0.06	0.07	0.08	0.09
0.0	0.0000	0.0001	0.0003	0.0004	0.0006	0.0007	0.0008	0.0010	0.0011	0.0013
0.1	0.0014	0.0015	0.0017	0.0018	0.0020	0.0021	0.0022	0.0024	0.0025	0.0027
0.2	0.0028	0.0029	0.0031	0.0032	0.0034	0.0035	0.0036	0.0038	0.0039	0.0041
0.3	0.0042	0.0043	0.0045	0.0046	0.0048	0.0049	0.0050	0.0052	0.0053	0.0055
0.4	0.0056	0.0057	0.0059	0.0060	0.0062	0.0063	0.0064	0.0066	0.0067	0.0069
0.5	0.0070	0.0071	0.0073	0.0074	0.0076	0.0077	0.0078	0.0080	0.0081	0.0083
0.6	0.0084	0.0085	0.0087	0.0088	0.0090	0.0091	0.0092	0.0094	0.0095	0.0097
0.7	0.0098	0.0099	0.0101	0.0102	0.0104	0.0105	0.0106	0.0108	0.0109	0.0111
0.8	0.0112	0.0113	0.0115	0.0116	0.0118	0.0119	0.0120	0.0122	0.0123	0.0125
0.9	0.0126	0.0127	0.0129	0.0130	0.0132	0.0133	0.0134	0.0136	0.0137	0.0139

表 8-3-22　变位齿轮的公法线长度附加量 ΔW^*（$m_n=m=1$，$\alpha_n=\alpha=20°$）　　/mm

x	0.00	0.01	0.02	0.03	0.04	0.05	0.06	0.07	0.08	0.09
0.0	0.0000	0.0068	0.0137	0.0205	0.0274	0.0342	0.0410	0.0479	0.0547	0.0616
0.1	0.0684	0.0752	0.0821	0.0889	0.0958	0.1026	0.1094	0.1163	0.1231	0.1300
0.2	0.1368	0.1436	0.1505	0.1573	0.1642	0.1710	0.1779	0.1847	0.1915	0.1984
0.3	0.2052	0.2120	0.2189	0.2257	0.2326	0.2394	0.2463	0.2531	0.2599	0.2668
0.4	0.2736	0.2805	0.2873	0.2941	0.3010	0.3078	0.3147	0.3215	0.3283	0.3352
0.5	0.3420	0.3489	0.3557	0.3625	0.3694	0.3762	0.3831	0.3899	0.3967	0.4036
0.6	0.4104	0.4173	0.4241	0.4309	0.4378	0.4446	0.4515	0.4583	0.4651	0.4720
0.7	0.4788	0.4857	0.4925	0.4993	0.5062	0.5130	0.5199	0.5267	0.5336	0.5404
0.8	0.5472	0.5541	0.5609	0.5678	0.5746	0.5814	0.5883	0.5951	0.6020	0.6088
0.9	0.6156	0.6225	0.6293	0.6362	0.6430	0.6498	0.6567	0.6635	0.6704	0.6772

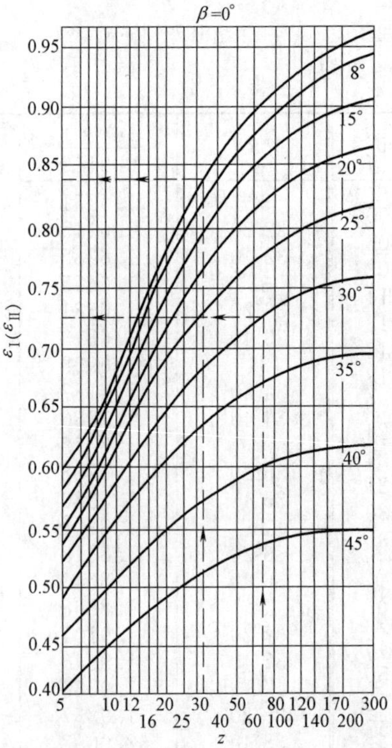

图 8-3-4　标准外啮合圆柱齿轮的端面重合度 ε_α

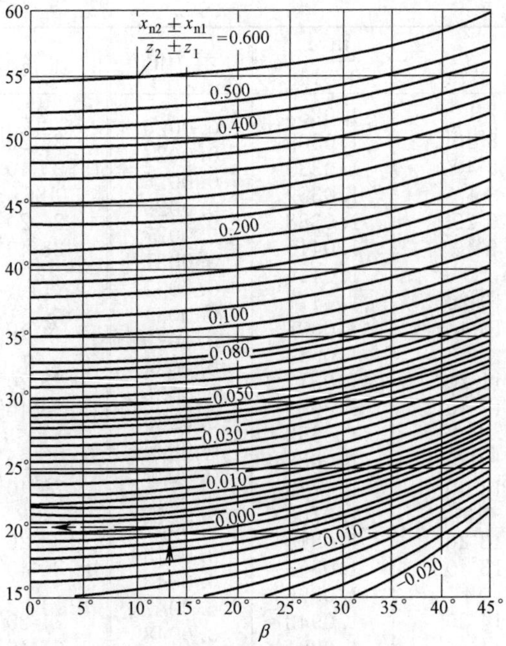

图 8-3-5　端面啮合角 α_{wt}

表 8-3-23　标准直齿内齿圆柱齿轮测量圆柱直径 d_p 及圆柱测量跨距值 M　　/mm

圆柱直径 d_p		测量跨距值 $M(\alpha=20°, m=1, d_p=1.44m)$							
		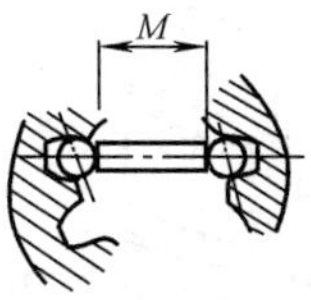	齿数		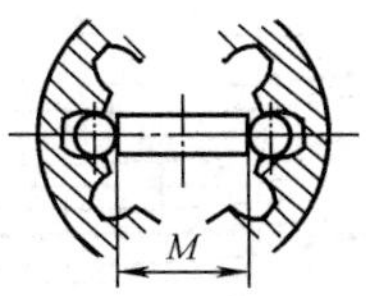	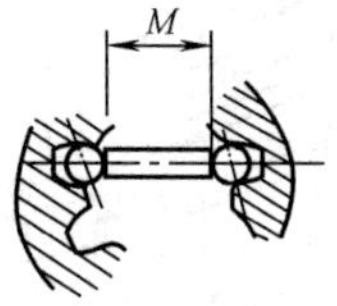	齿数		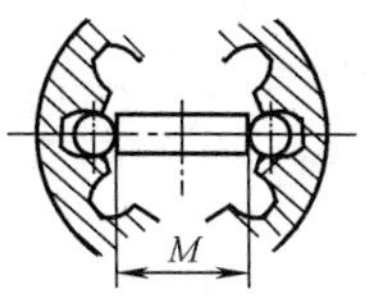
			单数	双数			单数	双数	
模数 m	$d_p=1.44m$								
1	1.44	13.5801	15	14	12.6627	67.6469	69	68	66.6649
1.25	1.80	15.5902	17	16	14.6630	69.6475	71	70	68.6649
1.5	2.16	17.5981	19	18	16.6633	71.6480	73	72	70.6649
1.75	2.52	19.6045	21	20	18.6635	73.6484	75	74	72.6649
2	2.88	21.6099	23	22	20.6636	75.6489	77	76	74.6649
2.25	3.24	23.6143	25	24	22.6638	77.6493	79	78	76.6649
2.5	3.60	25.6181	27	26	24.6639	79.6497	81	80	78.6649
3	4.32	27.6214	29	28	26.6640	81.6501	83	82	80.6649
3.5	5.04	29.6242	31	30	28.6641	83.6505	85	84	82.6649
4	5.76	31.6267	33	32	30.6642	85.6508	87	86	84.6650
4.5	6.48	33.6289	35	34	32.6642	87.6511	89	88	86.6650
5	7.20	35.6310	37	36	34.6643	89.6514	91	90	88.6650
5.5	7.92	37.6327	39	38	36.6643	91.6517	93	92	90.6650
6	8.64	39.6343	41	40	38.6644	93.6520	95	94	92.6650
7	10.08	41.6357	43	42	40.6644	95.6523	97	96	94.6650
8	11.52	43.6371	45	44	42.6645	97.6526	99	98	96.6650
9	12.96	45.6383	47	46	44.6645	99.6528	101	100	98.6650
10	14.40	47.6394	49	48	46.6646	101.6531	103	102	100.6650
12	17.28	49.6404	51	50	48.6646	103.6533	105	104	102.6650
14	20.16	51.6414	53	52	50.6646	105.6535	107	106	104.6650
16	23.04	53.6422	55	54	52.6647	107.6537	109	108	106.6650
18	25.92	55.6431	57	56	54.6647	109.6539	111	110	108.6651
20	28.80	57.6438	59	58	56.6648	111.6541	113	112	110.6651
22	31.68	59.6445	61	60	58.6648	113.6543	115	114	112.6651
25	36.00	61.6452	63	62	60.6648	115.6545	117	116	114.6651
28	40.32	63.6458	65	64	62.6648	117.6547	119	118	116.6651
30	43.20	65.6464	67	66	64.6649	119.6548	121	120	118.6651

图 8-3-4 使用说明：端面重合度 $\varepsilon_\alpha=\varepsilon_{\text{I}}+\varepsilon_{\text{II}}$，式中 ε_{I} 和 ε_{II} 是相对应于 z_1 和 z_2 的部分重合度，根据相应的齿数及螺旋角 β（直齿圆柱齿轮 $\beta=0°$）从图中分别查取。

例　以标准斜齿圆柱齿轮传动，$\beta=30°$，$z_1=31$，$z_2=69$，可查得其部分重合度分别为 $\varepsilon_{\text{I}}=0.68$，$\varepsilon_{\text{II}}=0.725$，则 $\varepsilon_\alpha=\varepsilon_{\text{I}}+\varepsilon_{\text{II}}=0.68+0.725=1.405$。

用线图确定重合度的方法：对于变位斜齿圆柱齿轮传动的总重合度 $\varepsilon_\gamma=z_1\left(\frac{\varepsilon_{\alpha1}}{z_1}\right)\pm z_2\left(\frac{\varepsilon_{\alpha2}}{z_2}\right)+\varepsilon_\beta$，式中 $\frac{\varepsilon_{\alpha1}}{z_1}$ 及 $\frac{\varepsilon_{\alpha2}}{z_2}$ 可按啮合角 α_{wt}（α_{wt} 根据 β 由图 8-3-5 查取）及 $\frac{d_{a1}}{d_{w1}}$ 和 $\frac{d_{a2}}{d_{w2}}$ 由图 8-3-6 查取；ε_β 由图 8-3-7 查取；"+"号用于外啮合，"−"号用于内啮合。对于变位直齿轮 $\varepsilon_\beta=0$。

例　一对外啮合斜齿圆柱齿轮，$z_1=20$，$z_2=71$，$m_n=3\text{mm}$，$\beta=13°20'$，$x_{n1}=0.45$，$x_{n2}=-0.45$，$b=60\text{mm}$。根据计算：$d_{w1}=61.661\text{mm}$，$d_{w2}=218.897\text{mm}$，$d_{a1}=70.36\text{mm}$，$d_{a2}=227.60\text{mm}$，试确定其总重合度 ε_γ。

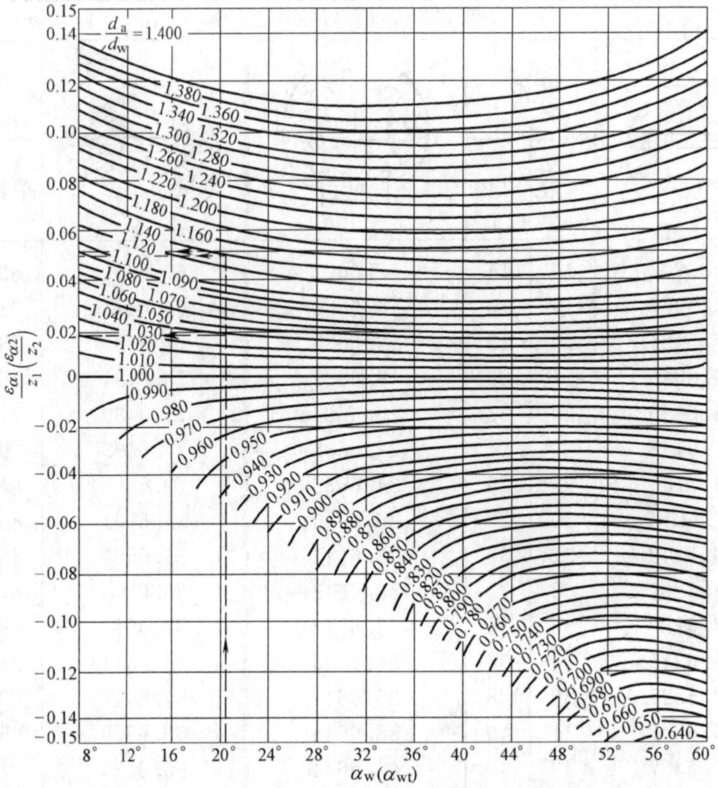

图 8-3-6　端面重合度 ε_α

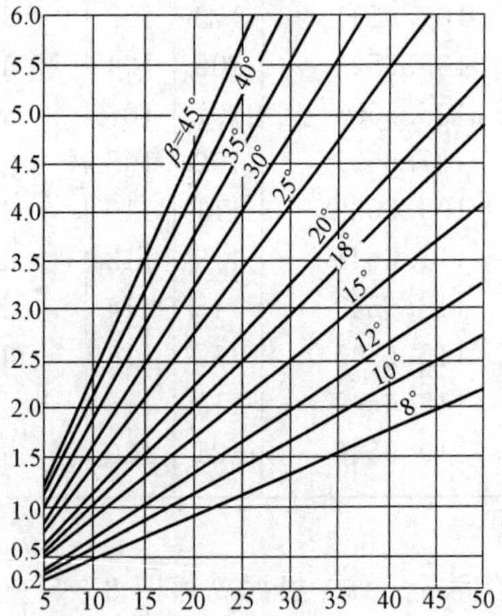

图 8-3-7　纵向重合度 ε_β

（1）按 $\beta=13°20'$，$\frac{x_{n1}+x_{n2}}{z_1+z_2}=0$，由图 8-3-5 查得 $\alpha_{wt}=20°30'$

（2）按 $\alpha_{wt}=20°30'$，$\frac{d_{a1}}{d_{w1}}=1.14$，$\frac{d_{a2}}{d_{w2}}=1.04$，由图 8-3-6 查得 $\frac{\varepsilon_{a1}}{z_1}=0.051$，$\frac{\varepsilon_{a2}}{z_2}=0.0046$

（3）按 $\frac{b}{m_n}=20$，$\beta=13°20'$，由图 8-3-7 查得 $\varepsilon_\beta=1.47$

（4）$\varepsilon_\gamma=20\times0.051+71\times0.0046+1.47=2.82$

3.1.4　圆柱齿轮传动的强度设计计算

3.1.4.1　齿轮的材料

表 8-3-24　齿轮常用材料及其力学性能

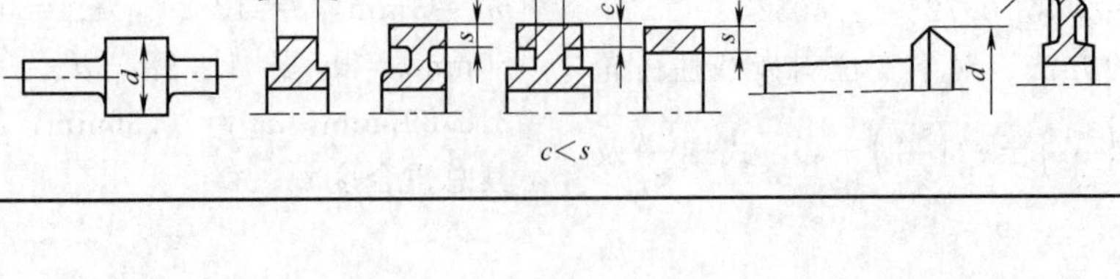

材料牌号	热处理种类	截面尺寸/mm		力学性能		硬度	
		直径 d	壁厚 s	R_m/MPa	R_{eL}/MPa	HBW	HRC
调质钢							
45	正火	≤100	≤50	588	294	169～217	
		101～300	51～150	569	284	162～217	
		301～500	151～250	549	275	162～217	
		501～800	251～400	530	265	156～217	
	调质	≤100	≤50	647	373	229～286	
		101～300	51～150	628	343	217～255	
		301～500	151～250	608	314	197～255	
	表面淬火						40～50
35SiMn	调质	≤100	≤50	785	510	229～286	
		101～300	51～150	735	441	217～269	
		301～400	151～200	686	392	217～255	
		401～500	201～250	637	373	196～255	
	表面淬火						45～55
42SiMn	调质	≤100	≤50	785	510	229～286	
		101～200	51～100	735	461	217～269	
		201～300	101～150	686	441	217～255	
		301～500	151～250	637	373	196～255	
	表面淬火						45～55
50SiMn	调质	≤100	≤50	834	539	229～286	
		101～200	51～100	735	490	217～269	
		201～300	101～150	686	441	207～255	
	表面淬火						45～50
40MnB	调质	≤200	≤100	735	490	241～286	
		201～300	101～150	686	441	241～286	
	表面淬火						45～55
38SiMnMo	调质	≤100	≤50	735	588	229～286	
		101～300	51～150	686	539	217～269	
		301～500	151～250	637	490	196～241	
		501～800	251～400	588	392	187～241	
	表面淬火						45～55
37SiMn2MoV	调质	≤200	≤100	863	686	269～302	
		201～400	101～200	814	637	241～286	
		401～600	201～300	765	588	241～269	
	表面淬火						50～55
40Cr	调质	≤100	≤50	735	539	241～286	
		101～300	51～150	686	490	241～286	
		301～500	151～250	637	441	229～269	
		501～800	251～400	588	343	217～255	
	表面淬火						48～55

续表

材料牌号	热处理种类	截面尺寸/mm		力学性能		硬度	
		直径 d	壁厚 s	R_m/MPa	R_{eL}/MPa	HBW	HRC
调质钢							
35CrMo	调质	≤100 101～300 301～500 501～800	≤50 51～150 151～250 251～400	735 686 637 588	539 490 441 392	241～286 241～286 229～269 217～255	
	表面淬火						45～55
34CrNi3Mo	调质	≤200 201～600	≤100 101～300	900 855	785 735	269～341 269～341	
34CrNiMo	调质	≤200 201～320 321～500	≤100 101～160 161～250	1000～1200 900～1100 800～950	800 700 600	248 248 248	
	表面淬火						52～58
渗碳钢、氮化钢							
20Cr	渗碳，淬火，回火 氮化	≤60		637	392		56～62 53～60
20CrMnTi	渗碳，淬火，回火 氮化	15		1079	834		56～62 57～63
20CrMnMo	渗碳，淬火，回火	15		1177	883		56～62
38CrMoAlA	调质 氮化	30		981	834	229	 ＞850HV
20MnVB	渗碳，淬火，回火	15		1079	883		56～62
16MnCr5	渗碳，淬火，回火		≤11 ＞11～30 ＞30～63	880～1180 780～1080 640～930	640 540 440		54～62 54～62 54～62
铸钢							
ZG310-570	正火			570	310	163～197	
ZG340-640	正火			640	340	179～207	
ZG40Mn2	正火，回火 调质			588 834	392 686	≥197 269～302	
ZG35SiMn	正火，回火 调质			569 637	343 412	163～217 197～248	
	表面淬火						45～53
ZG42SiMn	正火，回火 调质			588 637	373 441	163～217 197～248	
	表面淬火						45～53
ZG50SiMn	正火，回火			686	441	217～255	
ZG40Cr	正火，回火 调质			628 686	343 471	≤212 228～321	
ZG35CrMo	正火，回火 调质			588 686	392 539	179～241 179～241	
ZG35CrMnSi	正火，回火 调质			686 785	343 588	163～217 197～269	

续表

材料牌号	热处理种类	截面尺寸/mm		力学性能		硬度	
		直径 d	壁厚 s	R_m/MPa	R_{eL}/MPa	HBW	HRC
铸铁							
HT250			>4.0～10 >10～20 >20～30 >30～50	270 240 220 200		175～263 164～247 157～236 150～225	
HT300			>10～20 >20～30 >30～50	290 250 230		182～273 169～255 160～241	
HT350			>10～20 >20～30 >30～50	340 290 260		197～298 182～273 171～257	
QT500-7				500	320	170～230	
QT600-3				600	370	190～270	
QT700-2				700	420	225～305	
QT800-2				800	480	245～335	
QT900-2				900	600	280～360	

注：表中合金钢的调质硬度可提高到320～340HBW。

表 8-3-25　渗碳重载齿轮常用材料和分类（摘自 JB/T 13027—2017）

分类依据	种类	常用钢材牌号
按承载能力	一般承载能力用渗碳钢	20CrMnTi、20CrMnMo、20CrNiMo、12CrNi2、12CrNi3、20CrNi2Mo、17Cr2Ni2Mo 等
	高承载能力用渗碳钢	20Ni4Mo、20Cr2Ni4、12Cr2Ni4、18Cr2Ni4W 等
按淬透性	中淬透性渗碳钢 （油淬临界直径 ϕ20～50mm）	20CrMnTi、20CrMnMo、20CrNiMo、12CrNi2、12CrNi3、12Cr2Ni4、20CrNi2Mo、17Cr2Ni2Mo(17CrNiMo6、18CrNiMo7-6)等
	高淬透性渗碳钢 （油淬临界直径 ϕ50～100mm）	20Ni4Mo、20Cr2Ni4、18Cr2Ni4W 等

表 8-3-26　齿轮齿面硬度及其组合举例

齿面硬度	齿轮种类	热处理		两轮工作齿面硬度差 (max)　HBW	工作齿面硬度举例		备注
		小齿轮	大齿轮		小齿轮	大齿轮	
软齿面 （硬度≤350HBW）	直齿	调质	正火 调质 调质 调质	>10， ≤20～30	240～270HBW 260～290HBW 280～310HBW 300～330HBW	180～220HBW 220～240HBW 240～260HBW 260～280HBW	用于一般传动装置和重载中低速固定式传动装置
	斜齿及人字齿	调质	正火 正火 调质 调质	≥40～50	240～270HBW 260～290HBW 270～300HBW 300～330HBW	160～190HBW 180～210HBW 200～230HBW 230～260HBW	

续表

齿面硬度	齿轮种类	热处理		两轮工作齿面硬度差 (max) HBW	工作齿面硬度举例		备注
		小齿轮	大齿轮		小齿轮	大齿轮	
软硬组合齿面 (>350HBW, ≤350HBW)	斜齿及人字齿	表面淬火	调质	齿面硬度差很大	45～50HRC	200～230HBW 230～260HBW	用于负荷冲击及过载都不大的重载中低速固定式传动装置
		渗碳	调质		56～62HRC	270～300HBW 300～330HBW	
硬齿面 (>350HBW)	直齿、斜齿及人字齿	表面淬火	表面淬火	齿面硬度大致相同	45～50HRC		用于传动尺寸受结构条件限制的情况和承载能力要求较高的传动装置
		渗碳	渗碳		56～62HRC		

注：1. 对重要传动的齿轮表面应采用高频淬火或中频淬火，模数较大时，应沿齿沟进行。
2. 通常渗碳后的齿轮应进行磨齿。
3. 为了提高抗胶合性能，建议小轮和大轮采用不同牌号的钢来制造。

3.1.4.2 轮齿的受力分析及计算

表 8-3-27 轮齿的受力分析及计算公式

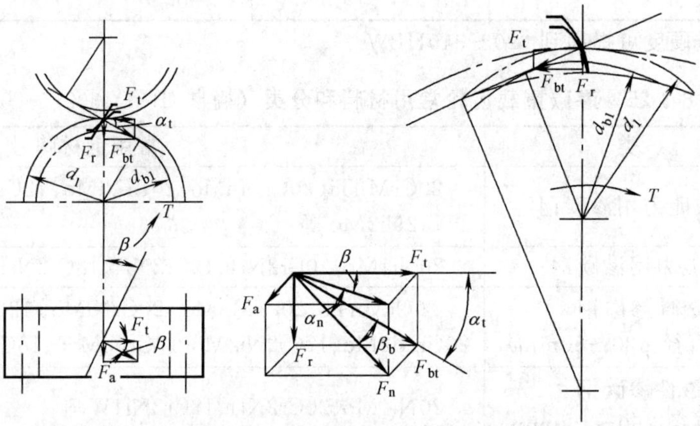

作用力	计算公式		
	直齿轮	斜齿轮	人字齿轮
转矩 T/N·m	$T=9549\dfrac{P}{n}$,式中 P 为齿轮传递功率,kW;n 为齿轮转速,r/min		
切向力 F_t/N	$F_t=\dfrac{2000T}{d}$,式中 d 为分度圆直径,mm		
径向力 F_r/N	$F_r=F_t\tan\alpha$	$F_r=F_t\tan\alpha_t$	
轴向力 F_a/N	$F_a=0$	$F_a=F_t\tan\beta$	$F_a=0$
法向力 F_n/N	$F_n=\dfrac{F_t}{\cos\alpha}$	$F_n=\dfrac{F_t}{\cos\alpha_n\cos\beta}$	

注：计算轴与轴承时需注意，若为变位齿轮，节圆与分度圆不重合，应代入节圆上的圆周力 F'_t、径向力 F'_r、轴向力 F'_a。

3.1.4.3 齿轮疲劳强度的设计计算

初步确定齿轮传动主要尺寸的方法有如下几种：类比法，参照已有的或类似的机械齿轮传动来确定；经验法，按照具体工作条件、安装尺寸、结构要求来确定；计算法，按照表 8-3-28 的简化设计计算公式初步确定齿轮传动的主要尺寸参数。

表 8-3-28　齿轮设计计算公式

按齿面接触强度计算	按齿根弯曲强度计算
$a=J_a(u\pm1)\sqrt[3]{\dfrac{KT_1}{\phi_a u\sigma_{HP}^2}}$ 或 $d_1=J_d\sqrt[3]{\dfrac{KT_1}{\phi_d\sigma_{HP}^2}\times\dfrac{u\pm1}{u}}$	$m=12.5\sqrt[3]{\dfrac{KT_1}{\phi_m z_1}\times\dfrac{Y_{FS}}{\sigma_{FP}}}$

公式中的参数说明

代号	说　　明	取　　值
a	齿轮传动中心矩(mm)	
d_1	小齿轮分度圆直径(mm)	
m	模数，对斜齿轮和人字齿轮为法向模数(mm)	
T_1	小齿轮的额定转矩(N·m)	按表 8-3-26 计算
z_1	小齿轮齿数	参考表 8-3-4 取值
ϕ_a,ϕ_d,ϕ_m	齿宽系数	参考表 8-3-4 取值
σ_{HP}	许用接触应力(MPa)	$\sigma_{HP}=0.9\sigma_{Hlim}$，取大小齿轮的小值代入计算公式 式中，$\sigma_{Hlim}$ 为试验齿轮的接触疲劳极限，MPa，由图 8-3-8 查取或按表 8-3-28 计算
σ_{FP}	许用弯曲应力(MPa)	轮齿单向受力 $\sigma_{FP}=1.6\sigma_{Flim}$ 轮齿双向受力 $\sigma_{FP}=1.2\sigma_{Flim}$ 式中，σ_{Flim} 为试验齿轮的弯曲疲劳极限，MPa，由图 8-3-9 查取或按表 8-3-28 计算
Y_{FS}	复合齿形系数	根据齿数 $z(z_n)$ 和变位系数 x，由图 8-3-10 查取
K	载荷系数	常取 $K=1.2\sim2.2$（载荷平稳，齿宽系数较小，轴对称布置，螺旋角较大，取较小值；反之，取较大值）
J_a,J_d	计算系数	见注 2

注：1. 表中"+"号用于外啮合，"−"号用于内啮合。

2. J_a、J_d 可由表 8-3-29 查取。

表 8-3-29　J_a、J_d 值

齿轮材料	小齿轮	钢			球墨铸铁		灰铸铁
	大齿轮	钢	球墨铸铁	灰铸铁	球墨铸铁	灰铸铁	灰铸铁
计算系数	J_a	480	466	435	453	422	401
	J_d	761	738	689	718	670	636

注：1. 表中的钢材包括铸钢。

2. 本表适用于 $\beta=0°\sim15°$ 的直齿轮和斜齿轮；对于 $\beta=25°\sim35°$ 的人字齿轮，表中的 J_a 和 J_d 分别乘以 0.93。

表 8-3-30 σ_{Hlim} 和 σ_{Flim} 的计算（摘自 GB/T 3480.5—2008）

接触疲劳极限 σ_{Hlim} 和弯曲疲劳极限 σ_{Flim} 可按下列公式计算：

$$\left.\begin{matrix}\sigma_{Hlim}\\ \sigma_{Flim}\end{matrix}\right\}=Ax+B\text{(MPa)}$$

式中 x——齿面硬度，HBW 或 HV

A，B——常数

表面硬度范围严格控制在表中最低和最高硬度值之间

序号	材料	应力	材质类型	缩写	等级	A	B	硬度	最低硬度值	最高硬度值
1	正火低碳钢铸钢	接触	正火态低碳锻钢	st	ML，MQ	1.000	190	HBW	110	210
2					ME	1.520	250		110	210
3			铸钢	st（铸态）	ML，MQ	0.986	131	HBW	140	210
4					ME	1.143	237		140	210
5		弯曲	正火态低碳铸钢	st	ML，MQ	0.455	69	HBW	110	210
6					ME	0.386	147		110	210
7			铸钢	st（铸态）	ML，MQ	0.313	62	HBW	140	210
8					ME	0.254	137		140	210
9	铸铁材料	接触	可锻铸铁	GTS（珠光体）	ML，MQ	1.371	143	HBW	135	250
10					ME	1.333	267		175	250
11			球墨铸铁	GGG	ML，MQ	1.434	211	HBW	175	300
12					ME	1.500	250		200	300
13			灰铸铁	GG	ML，MQ	1.033	132	HBW	150	240
14					ME	1.465	122		175	275
15		弯曲	可锻铸铁	GTS（珠光体）	ML，MQ	0.345	77	HBW	135	250
16					ME	0.403	128		175	250
17			球墨铸铁	GGG	ML，MQ	0.350	119	HBW	175	300
18					ME	0.380	134		200	300
19			灰铸铁	GG	ML，MQ	0.256	8	HBW	150	240
20					ME	0.200	53		175	275
21	调质锻钢	接触	碳钢	V	ML	0.963	283	HV	135	210
22					MQ	0.925	360		135	210
23					ME	0.838	432		135	210
24			合金钢	V	ML	1.313	188	HV	200	360
25					MQ	1.313	373		200	360
26					ME	2.213	260		200	390
27		弯曲	碳钢	V	ML	0.250	108	HV	115	215
28					MQ	0.240	163		115	215
29					ME	0.283	202		115	215
30			合金钢	V	ML	0.423	104	HV	200	360
31					MQ	0.425	187		200	360
32					ME	0.358	231		200	390

续表

序号	材料	应力	材质类型	缩写	等级	A	B	硬度	最低硬度值	最高硬度值
33	调质铸钢	接触	碳钢	V（铸态）	ML,MQ	0.831	300	HV	130	215
34					ME	0.951	345		130	215
35			合金钢	V（铸态）	ML,MQ	1.276	298	HV	200	360
36					ME	1.350	356		200	360
37		弯曲	碳钢	V（铸态）	ML,MQ	0.224	117	HV	130	215
38					ME	0.286	167		130	215
39			合金钢	V（铸态）	ML,MQ	0.364	161	HV	130	215
40					ME	0.356	186		200	360
41	渗碳钢	接触		Eh	ML	0.000	1300	HV	600	800
42					MQ	0.000	1500		660	800
43					ME	0.000	1650		660	800
44		弯曲	心部硬度＝25HRC 偏下＝25HRC 偏上＝30HRC	Eh	ML	0.000	312	HV	600	800
45					MQ	0.000	425		660	800
46						0.000	461		660	800
47						0.000	500		660	800
48					ME	0.000	525		660	800
49	火焰及感应淬火锻钢和铸钢	接触		IF	ML	0.740	602	HV	485	615
50					MQ	0.541	882		500	615
51					ME	0.505	1013		500	615
52		弯曲		IF	ML	0.305	76	HV	485	615
53					MQ	0.138	290		500	570
54						0.000	369		570	615
55					ME	0.271	237		500	615
56	氮化锻钢，氮化钢，调质氮化钢	接触	氮化钢	NT（氮化）	ML	0.000	1125	HV	650	900
57					MQ	0.000	1250		650	900
58					ME	0.000	1450		650	900
59			调质钢	NV（氮化）	ML	0.000	788	HV	450	650
60					MQ	0.000	998		450	650
61					ME	0.000	1217		450	650
62		弯曲	氮化钢	NT（氮化）	ML	0.000	270	HV	650	900
63					MQ	0.000	420		650	900
64					ME	0.000	468		650	900
65			调质钢	NV（氮化）	ML	0.000	258	HV	450	650
66					MQ	0.000	363		450	650
67					ME	0.000	432		450	650
68	碳氮共渗锻钢	接触	调质钢	NV（氮碳共渗）	ML MQ,ME	0.000	650	HV	300	650
69						1.167	425		300	450
70						0.000	950		450	650
71		弯曲	调质钢	NV（氮碳共渗）	ML MQ,ME	0.000	224	HV	300	650
72						0.653	94		300	450
73						0.000	388		450	650

第8篇

3.1.4.4 齿轮疲劳强度的校核计算（摘自 GB/T 19406—2003）

已知齿轮的尺寸、载荷、材料及使用条件，计算齿轮的承载能力，是一种精确的校核计算。为计算方便，某些参数（K_V，K_α，K_β 等）采用了简化计算式或线图，详细内容见表 8-3-31。

表 8-3-31　齿轮校核计算公式

项目	齿面接触疲劳强度		齿根弯曲疲劳强度	
强度条件	$\sigma_H \leqslant \sigma_{HP}$ 或 $S_H \leqslant S_{Hmin}$		$\sigma_F \leqslant \sigma_{FP}$ 或 $S_F \leqslant S_{Fmin}$	
计算应力/MPa	小齿轮	$\sigma_H = Z_B Z_H Z_E Z_\varepsilon Z_\beta \sqrt{\frac{F_t}{d_1 b_H}\left(\frac{u \pm 1}{u}\right)} K_A K_V K_{H\beta} K_{H\alpha}$	ISO 9085 推荐方法	$\sigma_F = \frac{F_t}{b_F m_n} K_A K_V K_{F\beta} K_{F\alpha} Y_F Y_S Y_\beta$
	大齿轮	$\sigma_H = Z_D Z_H Z_E Z_\varepsilon Z_\beta \sqrt{\frac{F_t}{d_1 b_H}\left(\frac{u \pm 1}{u}\right)} K_A K_V K_{H\beta} K_{H\alpha}$	简化方法	$\sigma_F = \frac{F_t}{b_F m_n} K_A K_V K_{F\beta} K_{F\alpha} Y_{FS} Y_\beta Y_\varepsilon$
许用应力/MPa	$\sigma_{HP} = \frac{\sigma_{Hlim} Z_{NT}}{\sigma_{Hmin}} Z_L Z_V Z_R Z_W Z_X$		$\sigma_{FP} = \frac{\sigma_{Flim} Y_{ST} Y_{NT}}{S_{Fmin}} Y_{\delta relT} Y_{RrelT} Y_X$	
安全系数	$S_H = \frac{\sigma_{Hlim} Z_{NT}}{\sigma_H} Z_L Z_V Z_R Z_W Z_X$		$S_F = \frac{\sigma_{Flim} Y_{ST} Y_{NT}}{S_F} Y_{\delta relT} Y_{RrelT} Y_X$	

公式中的参数说明

类别	代号	意　义	单位	确定方法
基本参数	σ_H	计算接触应力	MPa	表 8-3-31
	σ_F	计算弯曲应力	MPa	表 8-3-31
	σ_{HP}	许用接触应力	MPa	表 8-3-31
	σ_{FP}	许用弯曲应力	MPa	表 8-3-31
	S_H	接触疲劳强度计算安全系数		表 8-3-31
	S_F	弯曲疲劳强度计算安全系数		表 8-3-31
	S_{Hmin}	接触疲劳强度最小安全系数		表 8-3-38
	S_{Fmin}	弯曲疲劳强度最小安全系数		表 8-3-38
	F_t	分度圆上的名义切向力	N	表 8-3-28
	d_1	小齿轮分度圆直径	mm	
	b_H①	接触疲劳强度计算齿宽	mm	
	b_F②	弯曲疲劳强度计算齿宽	mm	
	m_n	法向模数	mm	
	u	齿数比		$u=(z_2/z_1)\geqslant 1$
	σ_{Hlim}	试验齿轮接触疲劳极限	MPa	图 8-3-8
	σ_{Flim}	试验齿轮弯曲疲劳极限	MPa	图 8-3-9
修正载荷的系数	K_A	使用系数		表 8-3-32
	K_V	动载系数		表 8-3-33
	$K_{H\beta}$	接触强度计算的齿向载荷分布系数		表 8-3-34
	$K_{F\beta}$	弯曲强度计算的齿向载荷分布系数		表 8-3-34
	$K_{H\alpha}$	接触强度计算的齿间载荷分配系数		表 8-3-35
	$K_{F\alpha}$	弯曲强度计算的齿间载荷分配系数		表 8-3-35
计算接触疲劳强度的系数	Z_B	小齿轮的单对齿啮合系数		表 8-3-36
	Z_D	大齿轮的单对齿啮合系数		表 8-3-36
	Z_H	节点区域系数		图 8-3-11
	Z_E	材料弹性系数	$\sqrt{\text{MPa}}$	表 8-3-37
	Z_ε	接触疲劳强度计算的重合度系数		图 8-3-12
	Z_β	接触疲劳强度计算的螺旋角系数		图 8-3-13
	Z_L	润滑剂系数		表 8-3-39
	Z_V	速度系数		表 8-3-39

类别	代号	意　　义	单位	确定方法
计算接触疲劳强度的系数	Z_R	粗糙度系数	$\sqrt{MPa}$	表 8-3-39
	Z_{NT}	接触疲劳强度计算的寿命系数		图 8-3-14
	Z_W	齿面工作硬化系数		表 8-3-40
	Z_X	接触疲劳强度计算的尺寸系数		$Z_X=1.0$(调质与表面硬化齿轮)
计算弯曲疲劳强度的系数	Y_F	齿形系数		表 8-3-44,表 8-3-45
	Y_S	应力修正系数		表 8-3-46
	Y_{FS}	复合齿形系数		图 8-3-10
	Y_β	弯曲疲劳强度计算的螺旋角系数		表 8-3-41
	Y_ε	弯曲疲劳强度计算的重合度系数		表 8-3-41
	Y_{NT}	弯曲疲劳强度计算的寿命系数		图 8-3-15
	Y_X	弯曲疲劳强度计算的尺寸系数		表 8-3-42
	$Y_{\delta relT}$	相对齿根圆角敏感系数		$Y_{\delta relT}=1$(简化方法)
	Y_{RrelT}	相对齿根圆角表面状况系数		表 8-3-43
	Y_{ST}	应力修正系数		$Y_{ST}=2$

① b_H 为齿轮节圆柱上的宽度（对双斜齿轮，$b_H=b_B$，b_B 为双斜齿轮单螺旋线部分的宽度），取相啮合齿轮中较窄者。

② b_F 为齿轮齿根圆柱上的宽度（对双斜齿轮，$b_F=b_B$），取相啮合齿轮中较窄者加一个不超过一个模数的长度，如有修形或修缘时，应按实际情况减小 b_F 值。

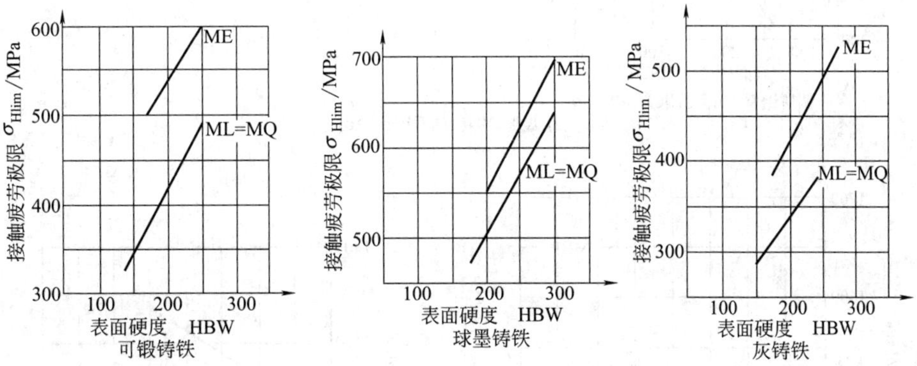

(a) 铸铁的σ_{Hlim}(当小于180HBW时,表明组织中存在较多的铁素体,不推荐作为齿轮材料)

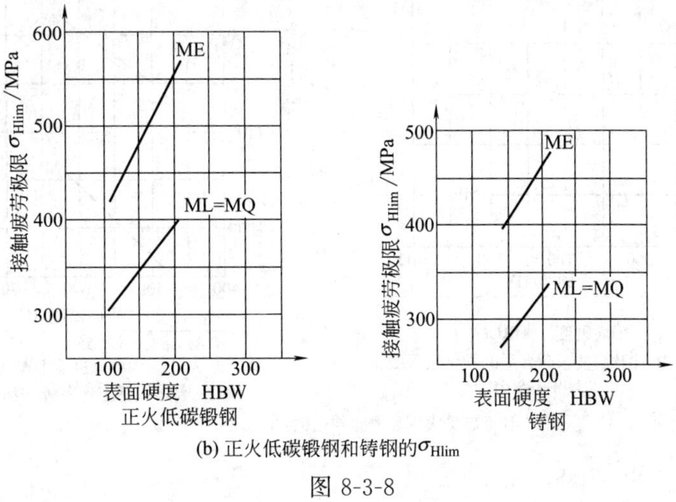

(b) 正火低碳锻钢和铸钢的σ_{Hlim}

图 8-3-8

第8篇

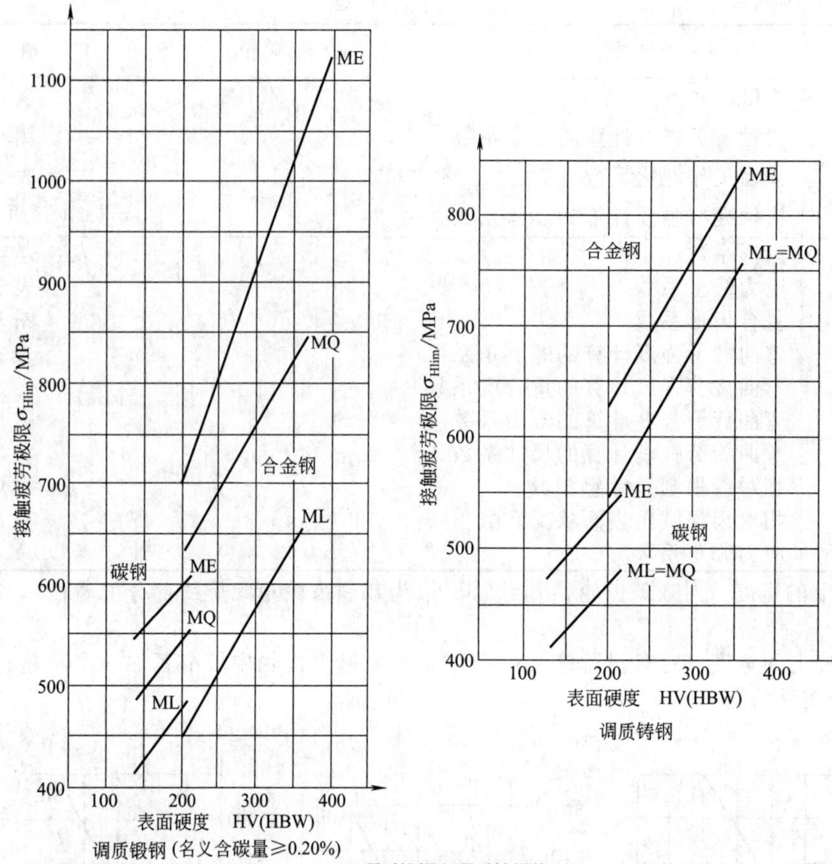

(c) 调质锻钢和调质铸钢的 σ_{Hlim}

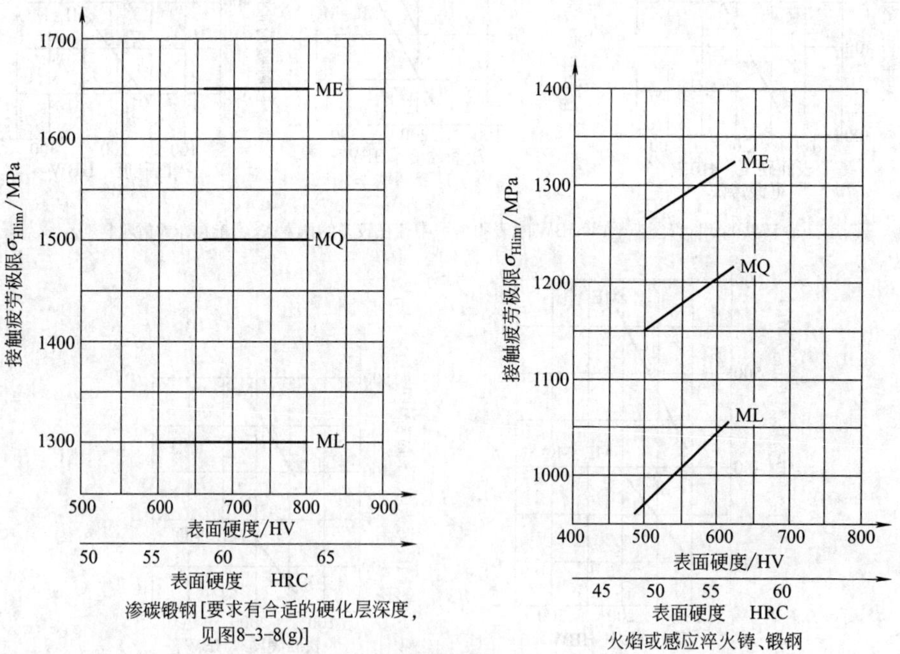

(d) 渗碳淬火钢和表面硬化钢的 σ_{Hlim}

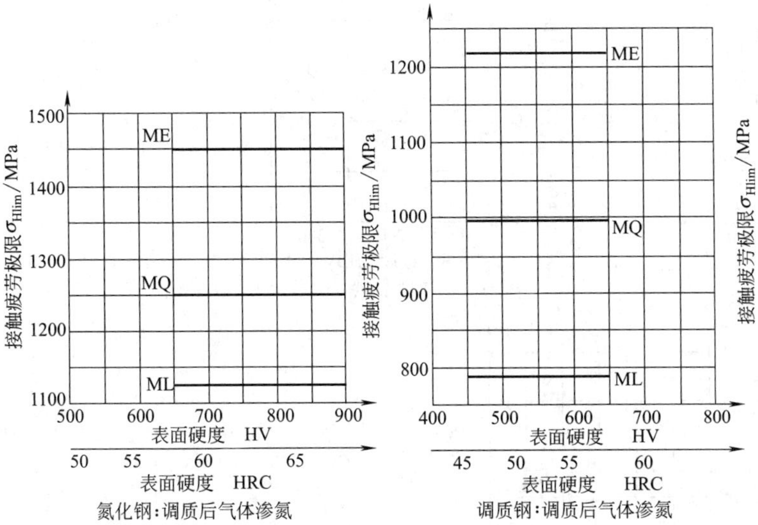

(e) 氮化钢和氮化调质钢的σ_{Hlim} [建议进行工艺可靠性试验。要求有适当的硬化层深度,见图8-3-8(h)]

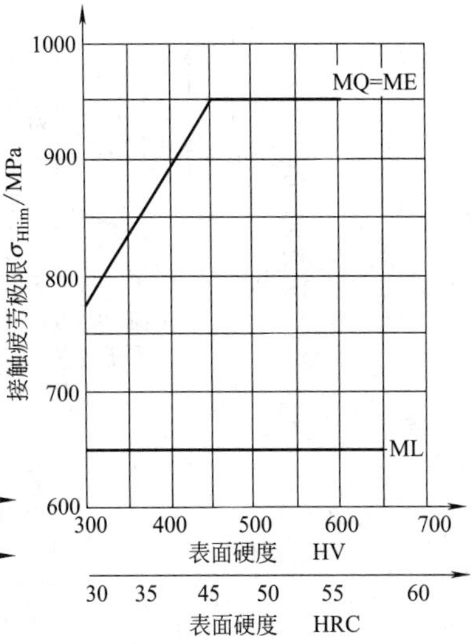

(f) 氮碳共渗钢的σ_{Hlim}(建议进行工艺可靠性试验。要求有适当的硬化层深度)

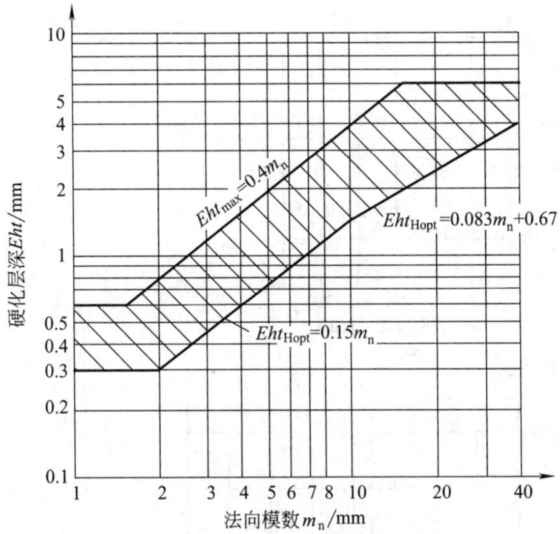

(g) 接触强度的最佳硬化层深度推荐值Eht_{Hopt}
和综合考虑弯曲强度和接触强度的最大硬化层深度Eht_{max}

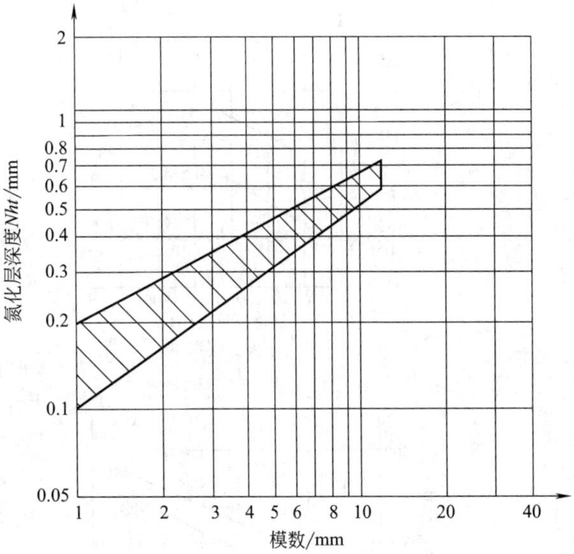

(h) 氮化层深度推荐值Nht

图 8-3-8 试验齿轮的接触疲劳强度

注：ML、MQ 和 ME 三个材料质量等级是按疲劳极限值来区分的。ML 表示对齿轮加工过程中材料质量及热处理工艺的一般要求。MQ 表示对有经验的制造者在通常成本下可达到的质量等级。ME 表示必须具有高可靠度的制造过程控制才能达到的等级。该疲劳极限图不允许外延。通常，采用特殊质量的材料，如用真空感应冶炼（VIM）和真空电弧重熔（VAR）冶炼的材料来保证高可靠性或高承载能力。

第8篇

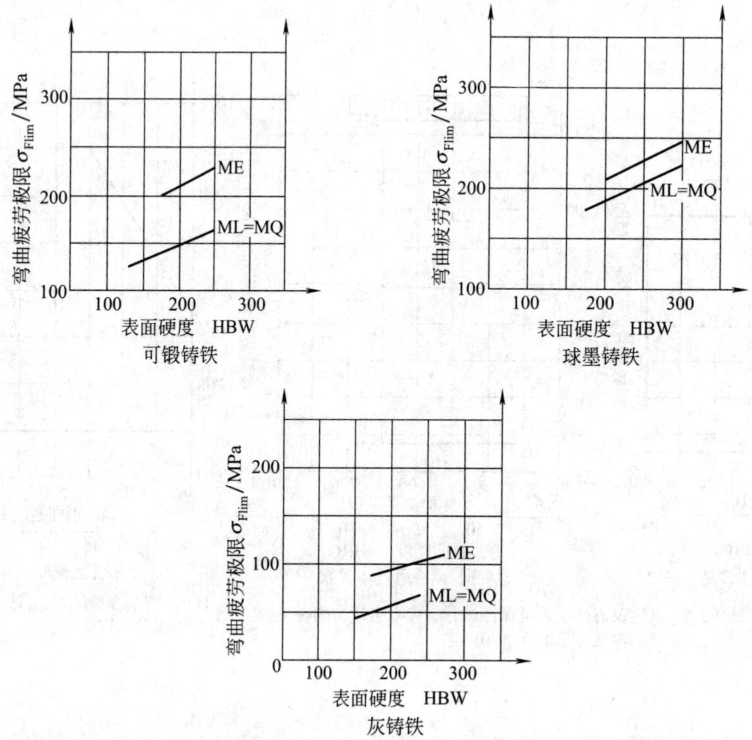

(a) 铸铁的 σ_{Flim}(当小于180HBW时，表明组织中存在较多的铁素体，不推荐作为齿轮材料)

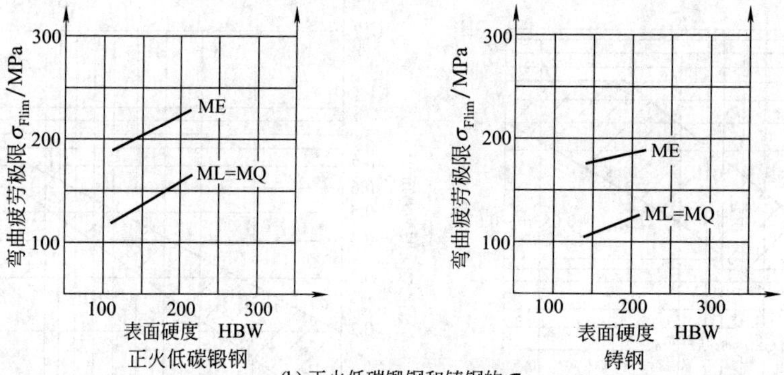

(b) 正火低碳锻钢和铸钢的 σ_{Flim}

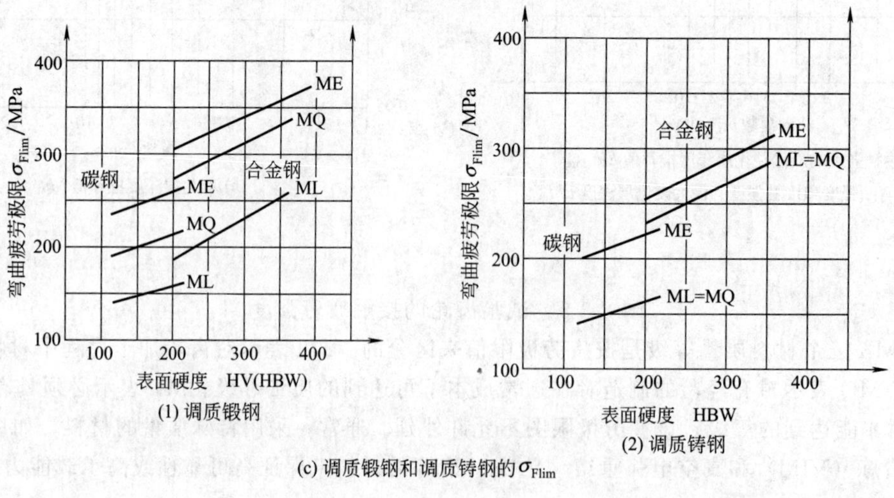

(c) 调质锻钢和调质铸钢的 σ_{Flim}

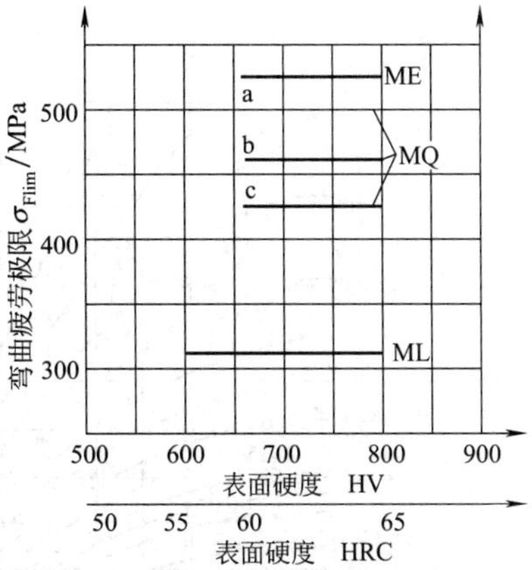

渗碳锻钢 [a:心部硬度≥30HRC；b:心部硬度≥25HRC，J=12mm处≥28HRC；c:心部硬度≥25HRC，J=12mm处＜28HRC。合适的硬化层深度见图8-3-8(g)]

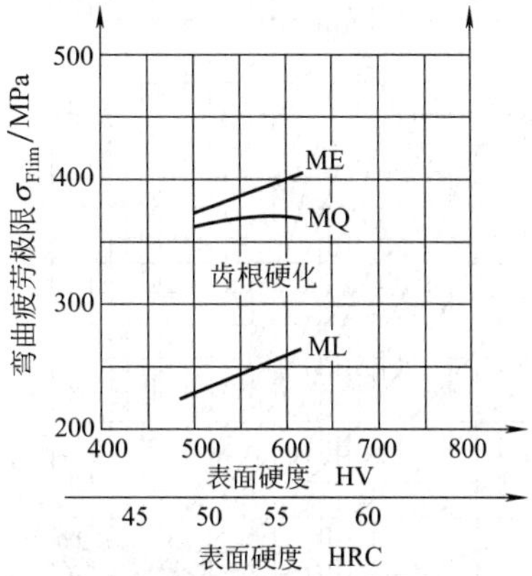

火焰或感应淬火铸、锻钢(仅适用于齿根圆角处硬化的齿轮，未提供齿根圆角处未硬化的数据。要求有适当的硬化层深度)

(d) 渗碳淬火钢和表面硬化钢的 σ_{Flim}

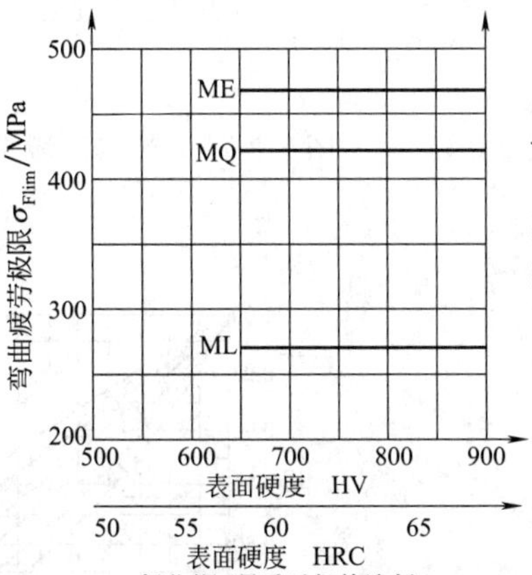

氮化钢：调质后气体渗氮

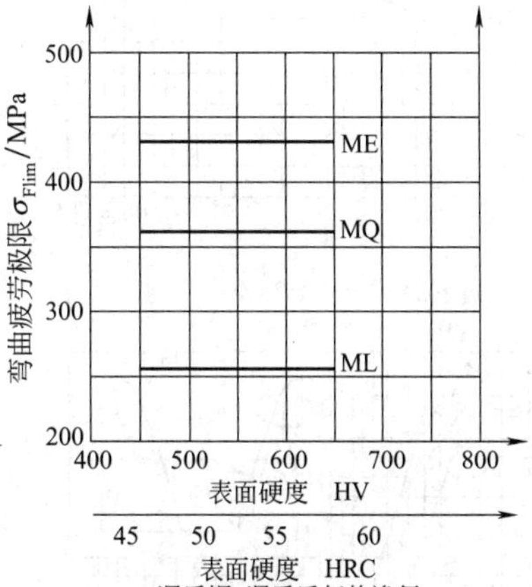

调质钢：调质后气体渗氮

(e) 氮化钢和氮化调质钢的σ_{Flim} [建议进行工艺可靠性试验。要求有合适的硬化层深度，见图8-3-8(h)]

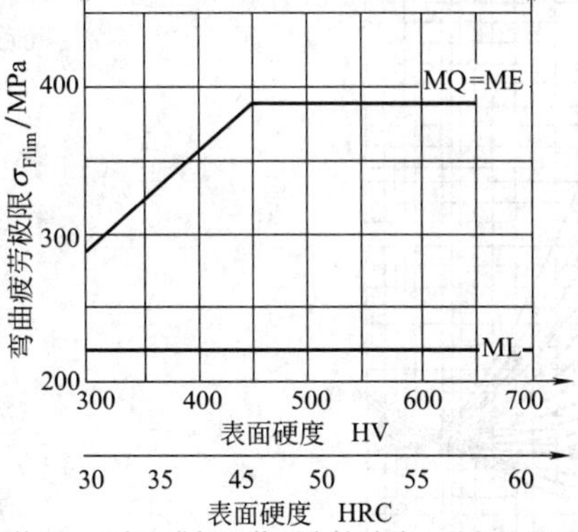

(f) 氮碳共渗钢的 σ_{Flim} (建议进行工艺可靠性试验。要求有适当的硬化层深度)

图 8-3-9 试验齿轮的弯曲疲劳极限 σ_{Flim}

注：ML、MQ 和 ME 三个材料质量等级是按疲劳极限值来区分的。ML 表示对齿轮加工过程中材料质量及热处理工艺的一般要求。MQ 表示对有经验的制造者在通常成本下可达到的质量等级。ME 表示必须具有高可靠度的制造过程控制才能达到的等级。该疲劳极限图不允许外延。通常，采用特殊质量的材料，如用真空感应冶炼（VIM）和真空电弧重熔（VAR）冶炼的材料来保证高可靠性或高承载能力。

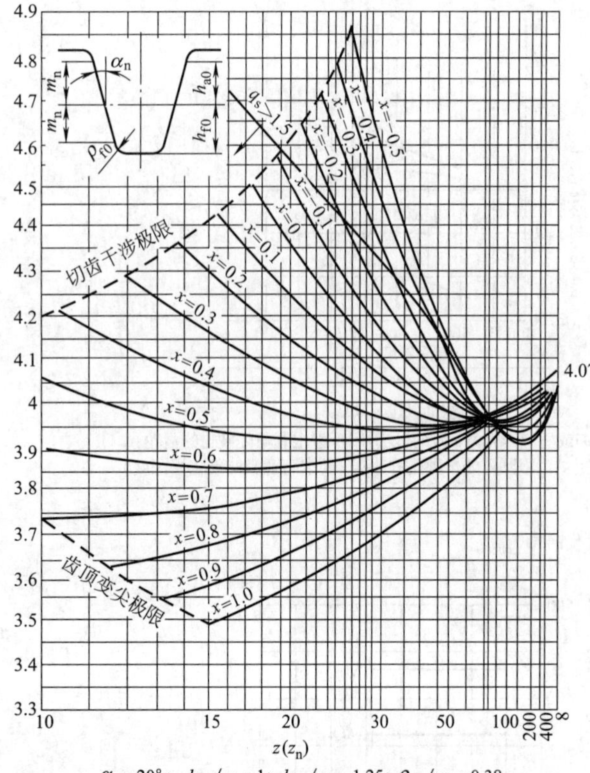

$\alpha_n=20°$; $h_{a0}/m_n=1$; $h_{f0}/m_n=1.25$; $\rho_{f0}/m_n=0.38$

(a)

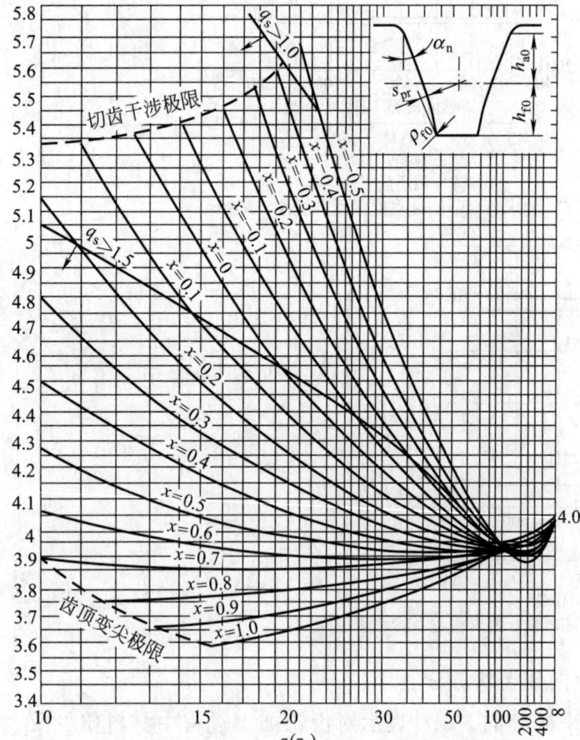

$\alpha_n=20°$; $h_{a0}/m_n=1.0$; $h_{f0}/m_n=1.4$; $\rho_{f0}=0.4$; $s_{pr}=0.02m_n$

(b)

图 8-3-10　外齿轮复合齿形系数 Y_{FS}

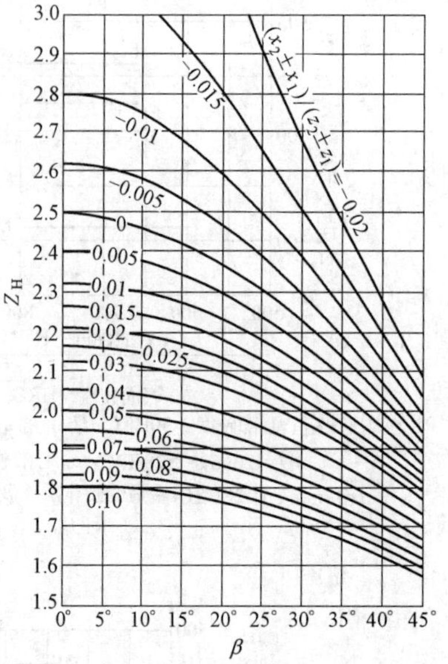

图 8-3-11　节点区域系数 Z_H（$\alpha_n=20°$）

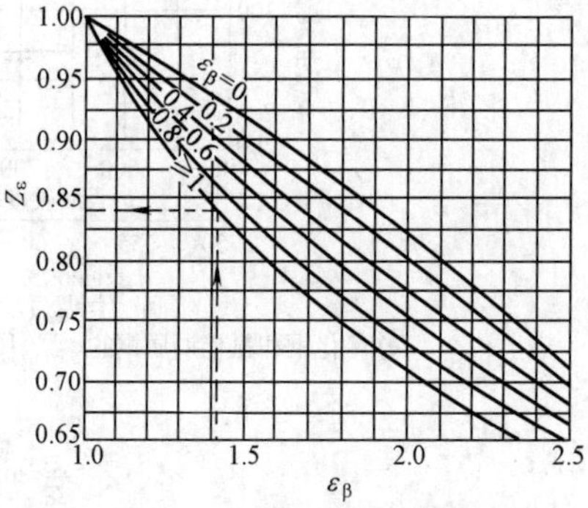

图 8-3-12　重合度系数 Z_ε

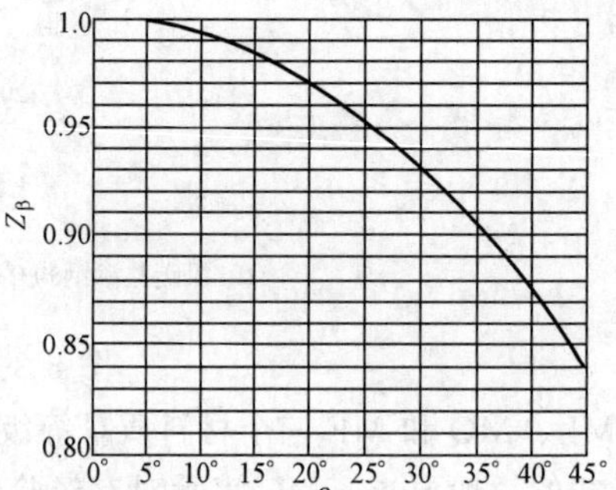

图 8-3-13　螺旋角系数 Z_β

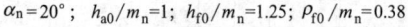

表 8-3-32 使用系数 K_A

原动机工作特性及其示例		工作机工作特性及其示例			
		均匀平稳	轻微振动	中等振动	强烈振动
		发电机，带式或板式运输机，螺旋输送机，轻型升降机，包装机，机床进刀传动装置，通风机，轻型离心机，离心泵，轻质液体或均匀密度材料的搅拌机，剪切机，冲压机①	不均匀传动的运输机，机床的主驱动装置，重型升降机，重型离心机，离心泵，工业与矿用风机，黏稠液体或变密度材料搅拌机，多缸活塞泵，给水泵，挤压机，压延机，转炉，轧机②	橡胶挤压机，橡胶和塑料作间断工作的拌和机，球磨机（轻型），木工机械，钢坯初轧机②③，提升装置，单缸活塞机	挖掘机，球磨机（重型），橡胶揉合机，破碎机，重型给水泵，旋转式钻探装置，压砖机，剥皮滚筒，落砂机，带材冷轧机②④，压坯机，冷碾机
均匀平稳	电动机、蒸汽轮机（均匀运转）、燃气轮机（小型）	1.00	1.25	1.50	1.75
轻微振动	蒸汽轮机、燃气轮机、液压装置、电动机（频繁启动）	1.10	1.35	1.60	1.85
中等振动	多缸内燃机	1.25	1.50	1.75	2.00
强烈振动	单缸内燃机	1.50	1.75	2.00	2.25

① 额定转矩等于最大切削、压制、冲击转矩。

② 额定转矩等于长时间工作的最大轧制转矩。

③ 用电流控制力矩限制器。

④ 由于轧制带材经常断裂，可提高 K_A 至 2.00。

注：1. 表中数值仅适用于在非共振速度区运转的齿轮装置。对于在重载运转、启动转矩大、间歇运行以及有反复振动载荷等情况，就需要校核静强度和有限寿命强度。

2. 对于增速运动，根据经验建议取表值的 1.1 倍。

3. 当外部机械与齿轮装置之间有挠性连接时，通常 K_A 值可适当减小。

表 8-3-33 K_V 的简化计算公式

项目		计算公式	备注
传动精度系数 C		$C=-0.5048\ln z-1.144\ln m_n+2.852\ln f_{pt}+3.32$	先用 z_1、f_{pt1} 代入计算，再用 z_2、f_{pt2} 代入计算，取其中较大值，C 应圆整成整数
K_V 值	$C\leqslant5$ 的高精度齿轮	$K_V=1.0\sim1.1$	齿轮具有良好的安装和对中精度以及合适的润滑条件
	$C\geqslant6$ 的一般精度齿轮	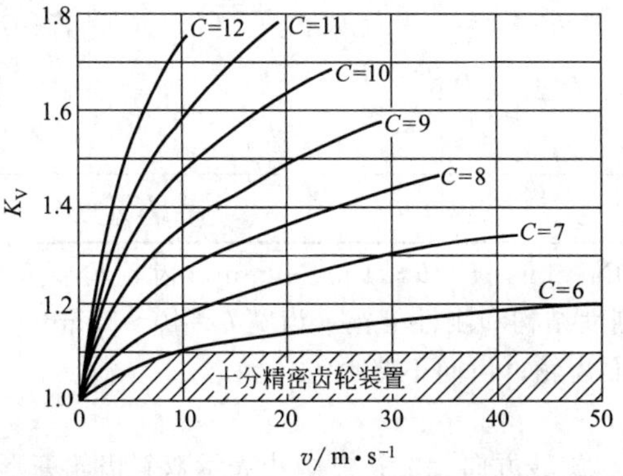	按齿轮副节圆线速度 v(m/s) 和传动精度系数 C 查左图确定 K_V

表 8-3-34　$K_{H\beta}$、$K_{F\beta}$ 的计算公式

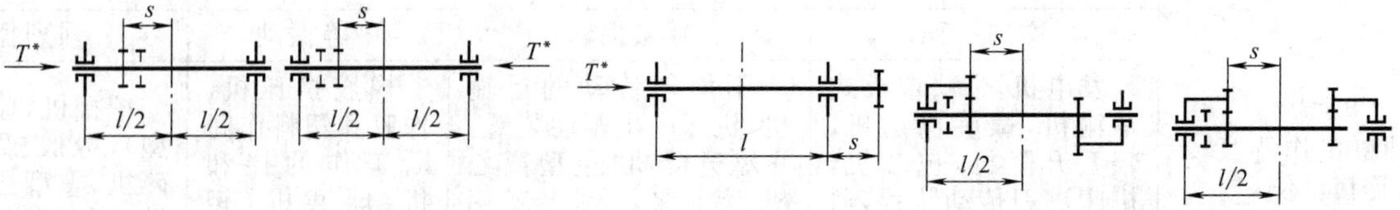

齿轮性质	是否调整	精度等级	限制条件	对称支撑 $\left(\frac{s}{l}<0.1\right)$	非对称支撑 $\left(0.1<\frac{s}{l}<0.3\right)$	悬臂支撑 $\left(\frac{s}{l}<0.5\right)$
调质齿轮	装配时不作检验调整	5	—	$1.14+0.18\phi_d^2+2.3\times10^{-4}b$　(a)	式(a)$+0.108\phi_d^4$	式(a)$+1.206\phi_d^4$
		6	—	$1.15+0.18\phi_d^2+3\times10^{-4}b$　(b)	式(b)$+0.108\phi_d^4$	式(b)$+1.206\phi_d^4$
		7	—	$1.17+0.18\phi_d^2+4.7\times10^{-4}b$　(c)	式(c)$+0.108\phi_d^4$	式(c)$+1.206\phi_d^4$
		8	—	$1.23+0.18\phi_d^2+6.1\times10^{-4}b$　(d)	式(d)$+0.108\phi_d^4$	式(d)$+1.206\phi_d^4$
	装配时检验调整或对研跑合	5	—	$1.10+0.18\phi_d^2+1.2\times10^{-4}b$　(e)	式(e)$+0.108\phi_d^4$	式(e)$+1.206\phi_d^4$
		6	—	$1.11+0.18\phi_d^2+1.5\times10^{-4}b$　(f)	式(f)$+0.108\phi_d^4$	式(f)$+1.206\phi_d^4$
		7	—	$1.12+0.18\phi_d^2+2.3\times10^{-4}b$　(g)	式(g)$+0.108\phi_d^4$	式(g)$+1.206\phi_d^4$
		8	—	$1.15+0.18\phi_d^2+3.1\times10^{-4}b$　(h)	式(h)$+0.108\phi_d^4$	式(h)$+1.206\phi_d^4$
硬齿面齿轮	装配时不作检验调整	5	$K_{H\beta}\leqslant1.34$	$1.09+0.26\phi_d^2+2\times10^{-4}b$　(i)	式(i)$+0.156\phi_d^4$	式(i)$+1.742\phi_d^4$
			$K_{H\beta}>1.34$	$1.05+0.31\phi_d^2+2.3\times10^{-4}b$　(j)	式(j)$+0.186\phi_d^4$	式(j)$+2.077\phi_d^4$
		6	$K_{H\beta}\leqslant1.34$	$1.09+0.26\phi_d^2+3.3\times10^{-4}b$　(k)	式(k)$+0.156\phi_d^4$	式(k)$+1.742\phi_d^4$
			$K_{H\beta}>1.34$	$1.05+0.31\phi_d^2+3.8\times10^{-4}b$　(l)	式(l)$+0.186\phi_d^4$	式(l)$+2.077\phi_d^4$
	装配时检验调整或对研跑合	5	$K_{H\beta}\leqslant1.34$	$1.05+0.26\phi_d^2+1\times10^{-4}b$　(m)	式(m)$+0.156\phi_d^4$	式(m)$+1.742\phi_d^4$
			$K_{H\beta}>1.34$	$0.99+0.31\phi_d^2+1.2\times10^{-4}b$　(n)	式(n)$+0.186\phi_d^4$	式(n)$+2.077\phi_d^4$
		6	$K_{H\beta}\leqslant1.34$	$1.05+0.26\phi_d^2+1.6\times10^{-4}b$　(o)	式(o)$+0.156\phi_d^4$	式(o)$+1.742\phi_d^4$
			$K_{H\beta}>1.34$	$1.0+0.31\phi_d^2+1.9\times10^{-4}b$　(p)	式(p)$+0.186\phi_d^4$	式(p)$+2.077\phi_d^4$
$K_{F\beta}$		ISO 9085 推荐方法		$K_{F\beta}=(K_{H\beta})^{N_F}$	若$(b/h)\geqslant3$,则 $N_F=\dfrac{1}{1+h/b+(h/b)^2}$ 若$(b/h)<3$,则 $N_F=0.6923$ (b 为齿宽;h 为齿高)	
		简化方法		$K_{F\beta}=K_{H\beta}$		

注：1. 本表适用范围：调质齿轮 $400\text{N/mm}\leqslant F_t/b\leqslant1000\text{N/mm}$，齿轮精度 5～8 级；硬齿面齿轮 $800\text{N/mm}\leqslant F_t/b\leqslant1500\text{N/mm}$，齿轮精度 5～6 级；刚性结构和刚性支撑，齿宽 $b=40\sim50\text{mm}$，齿宽与齿高比 $b/h=3\sim12$；齿宽系数 $\phi_d<2$ 的调质齿轮，$\phi_d<1.5$ 的硬齿面齿轮；齿向不修形。

2. 经过齿向修形的齿轮 $K_{H\beta}=1.2\sim1.3$。

3. 表图中 T^* 是输入或输出转矩端，与旋转方向无关；点画线表示双斜齿轮变形量较小的半边中点位置。

表 8-3-35　齿间载荷分配系数 $K_{H\alpha}$、$K_{F\alpha}$

K_AF_t/b		≥100N/mm							<100N/mm
精度等级Ⅱ组		5	6	7	8	9	10	11～12	6级及更低
硬齿面直齿轮	$K_{H\alpha}$	1.0		1.1	1.2	$1/Z_\varepsilon^2 \geq 1.2$			
	$K_{F\alpha}$					$1/Y_\varepsilon \geq 1.2$			
硬齿面斜齿轮	$K_{H\alpha}$	1.0	1.1	1.2	1.4	$\varepsilon_\alpha/\cos^2\beta_b \geq 1.4$			
	$K_{F\alpha}$								
非硬齿面直齿轮	$K_{H\alpha}$	1.0			1.1	1.2	$1/Z_\varepsilon^2 \geq 1.2$		
	$K_{F\alpha}$						$1/Y_\varepsilon \geq 1.2$		
非硬齿面斜齿轮	$K_{H\alpha}$	1.0		1.1	1.2	1.4	$\varepsilon_\alpha/\cos^2\beta_b \geq 1.4$		
	$K_{F\alpha}$								

注：1. 经修形的6级精度硬齿面斜齿轮，取 $K_{H\alpha}=K_{F\alpha}=1.0$。

2. 表右部第5、8行若计算得 $K_{F\alpha}>\dfrac{\varepsilon_\gamma}{\varepsilon_\alpha Y_\varepsilon}$，则取 $K_{F\alpha}=\dfrac{\varepsilon_\gamma}{\varepsilon_\alpha Y_\varepsilon}$。

3. Z_ε、Y_ε 分别见图 8-3-12 和表 8-3-41。

4. 如果是软、硬齿面相啮合的齿轮副，$K_{H\alpha}$ 取平均值；如果大、小齿轮精度等级不同时，则按精度等级较低的取值；本表也可用于灰铸铁和球墨铸铁的齿轮计算。

表 8-3-36　Z_B 和 Z_D 的计算公式

项目		计算公式		备注
直齿轮	Z_B	当 $M_1>1$，取 $Z_B=M_1$；当 $M_1\leq 1$，取 $Z_B=1.0$		d_{a1}、d_{a2}、d_{b1}、d_{b2}、z_1、z_2 分别为小齿轮、大齿轮的齿顶圆、基圆直径和齿数 α_{wt} 为端面节圆啮合角，(°) ε_α 为端面重合度
	Z_D	当 $M_2>1$，取 $Z_D=M_2$；当 $M_2\leq 1$，取 $Z_D=1.0$		
斜齿轮	Z_B	$\varepsilon_\beta \geq 1$	$Z_B=1$	
		$\varepsilon_\beta<1$	由直齿轮与 $\varepsilon_\beta\geq 1$ 的斜齿轮传动之间线性插值确定：$Z_B=M_1-\varepsilon_\beta(M_1-1)$；$Z_B\geq 1$	
	Z_D	$\varepsilon_\beta \geq 1$	$Z_D=1$	
		$\varepsilon_\beta<1$	由直齿轮与 $\varepsilon_\beta\geq 1$ 的斜齿轮传动之间线性插值确定：$Z_D=M_2-\varepsilon_\beta(M_2-1)$；$Z_D\geq 1$	
直齿轮参数 M_1		$M_1=\dfrac{\tan\alpha_{wt}}{\sqrt{\left[\sqrt{\dfrac{d_{a1}^2}{d_{b1}^2}-1}-\dfrac{2\pi}{z_1}\right]\left[\sqrt{\dfrac{d_{a2}^2}{d_{b2}^2}-1}-(\varepsilon_\alpha-1)\dfrac{2\pi}{z_2}\right]}}$		
直齿轮参数 M_2		$M_2=\dfrac{\tan\alpha_{wt}}{\sqrt{\left[\sqrt{\dfrac{d_{a2}^2}{d_{b2}^2}-1}-\dfrac{2\pi}{z_2}\right]\left[\sqrt{\dfrac{d_{a1}^2}{d_{b1}^2}-1}-(\varepsilon_\alpha-1)\dfrac{2\pi}{z_1}\right]}}$		

第8篇

表 8-3-37 弹性系数 Z_E 值

齿轮 1	齿轮 2	$Z_E/\sqrt{MPa}$
钢	钢	189.8
	铸钢	188.9
	球墨铸铁	181.4
	灰铸铁	162.0～165.4
铸钢	铸钢	188.0
	球墨铸铁	180.5
	灰铸铁	161.4
球墨铸铁	球墨铸铁	173.9
	灰铸铁	156.6
灰铸铁	灰铸铁	143.7～146.0

表 8-3-38 最小安全系数

使用要求	S_{Fmin}	S_{Hmin}
高可靠度	2.00	1.50～1.60
较高可靠度	1.60	1.25～1.30
一般可靠度	1.25	1.00～1.10
低可靠度	1.00	0.85

注：1. 在经使用验证或对材料强度、载荷工况及制造精度拥有较准确的数据时，可取表中 S_{Fmin} 下限值。

2. 一般不推荐采用低可靠度的值。

表 8-3-39 Z_L、Z_V、Z_R 的值

计算类型	加工工艺及表面粗糙度 Rz_{10}	Z_L、Z_V、Z_R	备注（R_{z10} 与 Ra 的对比）			
基准强度与长寿命时	研磨、磨削或剃削轮齿（$Rz_{10}>4\mu m$）	0.92	Rz_{10}	Ra	Rz_{10}	Ra
	滚削、插削或刨削的齿轮 $Rz_{10}\leqslant 4\mu m$ 磨削或剃削加工的轮齿啮合	0.92	0.05	0.01	0.8	0.16
	$Rz_{10}\leqslant 4\mu m$ 的磨削或剃削齿轮传动	1.0	0.1	0.02	1.6	0.32
	不符合以上三种情况或经滚削、插削或刨削的齿轮	0.85	0.2	0.04	3.2	0.63
静强度	各种加工方法	1.0	0.4	0.08	6.3	1.25

表 8-3-40 齿面工作硬化系数 Z_W

齿面硬度 HBW	计算公式	备注
<130	$Z_W=1.2$	HBW 为齿轮副中较软齿轮齿面布氏硬度
130～470	$Z_W=2-(HBW-130)/1700$	
>470	$Z_W=1.0$	

表 8-3-41 系数 Y_β、Y_ε

条件	$\varepsilon_\beta>1$ 与 $\beta\leqslant 30°$	$\varepsilon_\beta>1$ 与 $\beta>30°$	$\varepsilon_\beta\leqslant 1$ 与 $\beta\leqslant 30°$	$\varepsilon_\beta\leqslant 1$ 与 $\beta>30°$
Y_β	$1-\beta/120°$	0.75	$1-\varepsilon_\beta\beta/120°$	$1-0.25\varepsilon_\beta$
Y_ε	$Y_\varepsilon=0.25+\dfrac{0.75}{\varepsilon_{an}}$，其中 $\varepsilon_{an}=\dfrac{\varepsilon_\alpha}{\cos^2\beta_b}$			

表 8-3-42 弯曲疲劳强度计算的尺寸系数 Y_X

材料	循环次数	法向模数/mm	尺寸系数 Y_X
$R_m<800MPa$ 的钢、铸铁、调质钢 球墨铸铁（珠光体、贝氏体） 珠光体可锻铸铁	3×10^3	$m_n\leqslant 5$ $5<m_n<30$ $m_n\geqslant 30$	$Y_X=1.0$ $Y_X=1.03-0.006m_n$ $Y_X=0.85$
表面硬化钢、火焰或感应淬火钢（根部全部淬硬） 渗氮钢渗氮处理 调质与表面硬化钢渗氮处理 调质与表面硬化钢氮碳共渗处理		$m_n\leqslant 5$ $5<m_n<30$ $m_n\geqslant 30$	$Y_X=1.0$ $Y_X=1.05-0.01m_n$ $Y_X=0.8$
球墨铸铁		$m_n\leqslant 5$ $5<m_n<30$ $m_n\geqslant 30$	$Y_X=1.0$ $Y_X=1.075-0.015m_n$ $Y_X=0.7$
所有材料	静态	—	$Y_X=1.0$

表 8-3-43　相对齿根表面状况系数 Y_{RrelT}

条　　件	Y_{RrelT}	条　　件	Y_{RrelT}
$Rz \leqslant 16\mu m$	1.0	静强度	1.0
$Rz > 16\mu m$	0.9		

表 8-3-44　外齿轮齿形系数 Y_F

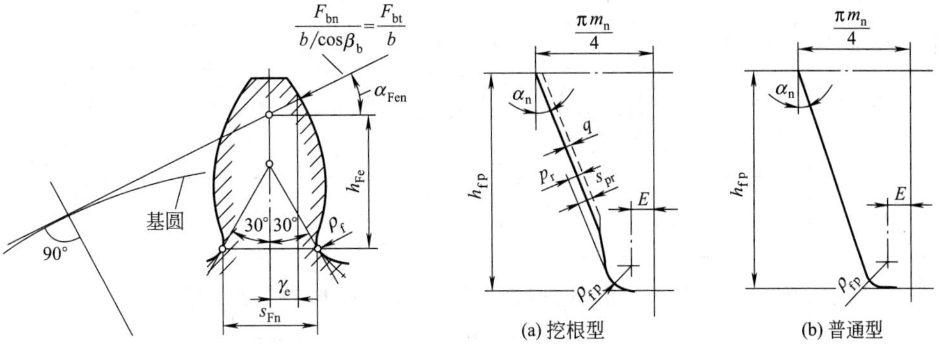

(a) 挖根型　　(b) 普通型

计算公式	$Y_F=\dfrac{\dfrac{6h_{Fe}}{m_n}\cos\alpha_{Fen}}{\left(\dfrac{s_{Fn}}{m_n}\right)^2\cos\alpha_n}$	s_{Fn} 为齿根危险截面的法向弦齿厚 h_{Fe} 为载荷作用在外齿轮齿顶的弯曲力臂 α_{Fen} 为当量齿轮单对齿啮合区外节点处的载荷作用角
公式中参数计算		
名称	计　算　式	备　　注
辅助值 E	$E=\frac{\pi}{4}m_n-h_{fp}\tan\alpha_n+\frac{s_{pr}}{\cos\alpha_n}-(1-\sin\alpha_n)\frac{\rho_{fp}}{\cos\alpha_n}$	h_{fp} 为基本齿廓齿根高 ρ_{fp} 为基本齿廓齿根圆角 $s_{pr}=p_r-q$ 齿轮不挖根时 $s_{pr}=0$
辅助值 G	$G=\frac{\rho_{fp}}{m_n}-\frac{h_{fp}}{m_n}+x$	x 为法向变位系数
辅助值 H	$H=\frac{2}{z_n}\left(\frac{\pi}{2}-\frac{E}{m_n}\right)-\frac{\pi}{3}$	$z_n=\frac{z}{\cos^3\beta}$
辅助角 θ	$\theta=\frac{2G}{z_n}\tan\theta-H$	用 $\theta=\pi/6$ 作为右边的初始值 θ，再连续迭代，直到函数收敛
危险截面的法向弦齿厚与模数之比 s_{Fn}/m_n	$\frac{s_{Fn}}{m_n}=z_n\sin\left(\frac{\pi}{3}-\theta\right)+\sqrt{3}\left(\frac{G}{\cos\theta}-\frac{\rho_{fp}}{m_n}\right)$	
齿根圆角处的圆弧半径 ρ_f	$\frac{\rho_f}{m_n}=\frac{\rho_{fp}}{m_n}+\frac{2G^2}{\cos\theta(z_n\cos^2\theta-2G)}$	计算 Y_S 时使用
当量齿轮单对齿啮合区外节点处的载荷作用角 α_{Fen}	$\alpha_{Fen}=\alpha_{en}-\gamma_e$ $\alpha_{en}=\arccos\left(\frac{d_{bn}}{d_{en}}\right)$ $\gamma_e=\frac{1}{z_n}\left(\frac{\pi}{2}+2x\tan\alpha_n\right)+\mathrm{inv}\alpha_n-\mathrm{inv}\alpha_{en}$	$\beta_b=\arccos[\sqrt{1-(\sin\beta\cos\alpha_n)^2}]$ $\varepsilon_{\alpha n}=\frac{\varepsilon_\alpha}{\cos\beta_b^2}$ $d_n=m_nz_n$；$d_{bn}=d_n\cos\alpha_n$；$d_{an}=d_n+d_a-d$ $d_{en}=2\sqrt{\left[\sqrt{\left(\frac{d_{an}}{2}\right)^2-\left(\frac{d_{bn}}{2}\right)^2}\mp\pi m_n\cos\alpha_n(\varepsilon_{\alpha n}-1)\right]^2+\left(\frac{d_{bn}}{2}\right)^2}$
弯曲力臂与模数之比 h_{Fe}/m_n	$\frac{h_{Fe}}{m_n}=0.5\left[(\cos\gamma_e-\sin\gamma_e\tan\alpha_{Fen})\frac{d_{en}}{m_n}-z_n\cos\left(\frac{\pi}{3}-\theta\right)-\frac{G}{\cos\theta}+\frac{\rho_{fp}}{m_n}\right]$	

注：表中长度单位为 mm，角度单位为 rad。

第 8 篇

表 8-3-45　内齿轮的齿形系数 Y_F

名称	代号	算　式	备注
当量内齿轮分度圆直径	d_{n2}	$d_{n2}=\dfrac{d_2}{\cos^2\beta_b}=m_n z_n$	d_2 为内齿轮分度圆直径
当量内齿轮齿根圆直径	d_{fn2}	$d_{fn2}=d_{n2}+d_{f2}-d_2$	d_{f2} 为内齿轮齿根圆直径
当量直齿轮的单对齿啮合区外界点所在圆直径	d_{en2}	$d_{en2}=2\sqrt{\left[\sqrt{\left(\dfrac{d_{an2}}{2}\right)^2-\left(\dfrac{d_{bn2}}{2}\right)^2}+\pi m_n\cos\alpha_n(\varepsilon_{an}-1)\right]^2+\left(\dfrac{d_{dn2}}{2}\right)^2}$	
当量内齿轮齿根高	h_{fp2}	$h_{fp2}=\dfrac{d_{fn2}-d_{n2}}{2}$	
内齿轮齿根过渡圆角半径	ρ_{f2}	当 ρ_{f2} 已知时取已知值；当 ρ_{f2} 未知时取为 $0.15m_n$	
刀具圆角半径	ρ_{fp2}	当齿轮型插齿刀顶端 ρ_{fp2} 已知时取已知值；当 ρ_{fp2} 未知时取 $\rho_{fp2}\approx\rho_{f2}$	
危险截面弦齿厚与模数之比	$\dfrac{s_{Fn2}}{m_n}$	$2\left(\dfrac{\pi}{4}+\dfrac{h_{fp2}-\rho_{fp2}}{m_n}\tan\alpha_n+\dfrac{\rho_{fp2}-s_{pr}}{m_n\cos\alpha_n}-\dfrac{\rho_{fp2}}{m_n}\cos\dfrac{\pi}{6}\right)$	$s_{pr}=p_r-q$ 见表 8-3-44
弯曲力臂与模数之比	$\dfrac{h_{Fe2}}{m_n}$	$\dfrac{d_{fn2}-d_{en2}}{2m_n}-\left[\dfrac{\pi}{4}-\left(\dfrac{d_{fn2}-d_{en2}}{2m_n}-\dfrac{h_{fp2}}{m_n}\right)\tan\alpha_n\right]\tan\alpha_n-\dfrac{\rho_{fp2}}{m_n}\left(1-\sin\dfrac{\pi}{6}\right)$	
齿形系数	Y_F	$Y_F=\dfrac{6h_{Fe2}}{m_n}\Big/\left(\dfrac{s_{Fn2}}{m_n}\right)^2$	

注：表中长度单位为 mm，角度单位为 rad。

表 8-3-46　应力修正系数 Y_S

计算公式	$Y_S=(1.2+0.13L)q_s^{[1/(1.21+2.3/L)]}$
说明	L——齿根危险截面处齿弦厚与弯曲力臂的比值，$L=s_{Fn}/h_{Fe}$ s_{Fn}——齿根危险截面齿厚，见表 8-3-44 和表 8-3-45 h_{Fe}——弯曲力臂，见表 8-3-44 和表 8-3-45 q_s——齿根圆角参数，$q_s=s_{Fn}/2\rho_f$ ρ_f——危险截面处的曲率半径，见表 8-3-44 和表 8-3-45

3.1.4.5　在变动载荷下工作的齿轮强度核算

当齿轮在变动载荷下工作且有载荷图谱（见图 8-3-16）可用时，应按 Palmgrren-Miner 定则核算其不同载荷水平下的应力及其疲劳累积损伤计算的强度安全系数。上述定则假定齿轮在一系列不同的重复应力水平下工作所造成的疲劳累积损伤程度，等于每一个应力水平的应力循环次数与材料应力-循环次数特性曲线（S-N 曲线）上的该应力水平对应的循环次数的比值之和。为了偏于安全，每一应力水平应取每一应力水平区间中的最大应力值。例如：在第 i 级应力水平下工作的循环次数为 N_{Li}，该应力水平所对应的 S-N 曲线上的应力循环次数为 N_i，$i=1,2,3,\cdots$，则有：$U_i=\dfrac{N_{Li}}{N_i}$，而 $U=\Sigma U_i=\Sigma\dfrac{N_{Li}}{N_i}$（$U_i$ 为在第 i 级应力水平下的疲劳损伤度；U 为齿轮疲劳累积损伤度）。

为保证齿轮强度安全系数 $S\geqslant0$，则需有 $U\leqslant0$。

各应力水平区间的接触应力 σ_{HL} 和弯曲应力 σ_{FL} 可分别按下面公式计算，并且大、小轮应分别计算。

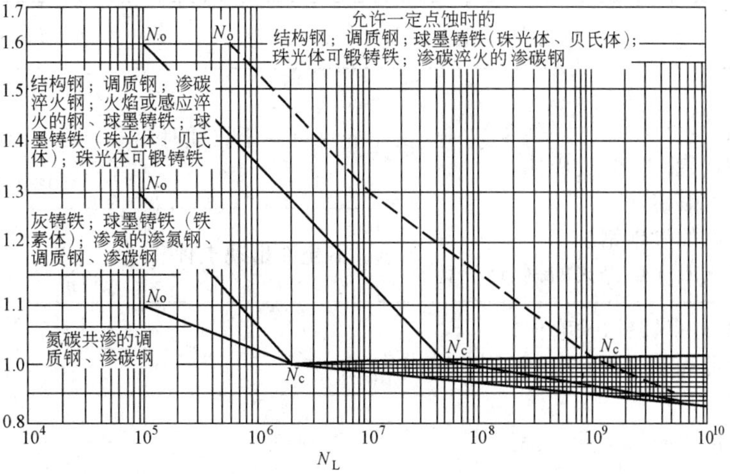

图 8-3-14　接触强度的寿命系数 Z_{NT}

N_L—应力循环次数，$N_L=60njL_h$（n 为齿轮转速，r/min，j 为齿轮每转一周同侧齿面接触次数，L_h 为齿轮工作寿命，h 表示双向工作时按啮合次数较多一侧计算）；N_o—静强度最大循环次数；N_c—持久寿命条件循环次数

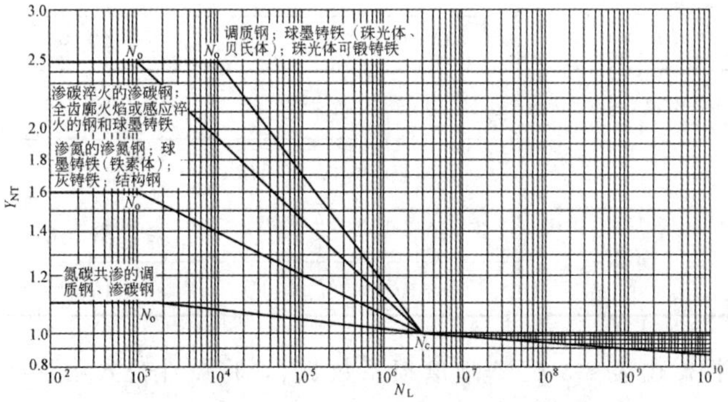

图 8-3-15　弯曲疲劳强度寿命系数 Y_{NT}

N_L—应力循环次数，$N_L=60njL_h$（n 为齿轮转速，r/min，j 为齿轮每转一周同侧齿面接触次数，L_h 为齿轮工作寿命，h 表示双向工作时按啮合次数较多一侧计算）；N_o—静强度最大循环次数；N_c—持久寿命条件循环次数

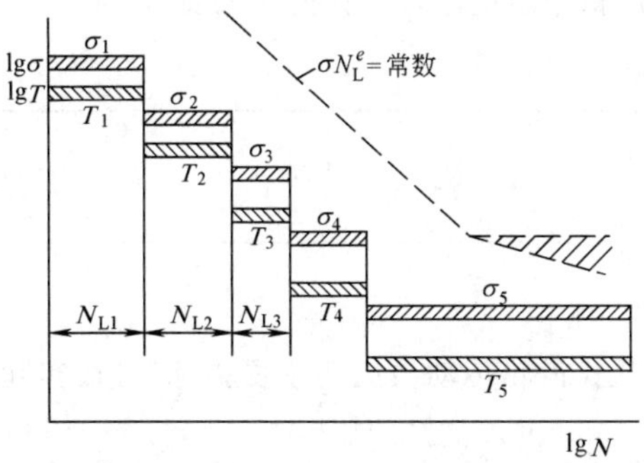

图 8-3-16　工作载荷图谱示意

$$\sigma_{HL}=Z_HZ_EZ_\varepsilon Z_\beta Z_{BD}\sqrt{\frac{2000T_L}{d_1b}\times\frac{u\pm1}{u}K_{VL}K_{H\beta L}K_{H\alpha L}} \tag{8-3-1}$$

$$\sigma_{FL}=\frac{2000T_L}{d_1bm_n}Y_FY_SY_\beta K_{VL}K_{F\beta L}K_{F\alpha L} \tag{8-3-2}$$

式中　T_L——应力水平区间内最大的小齿轮转矩，N·m；

Z_{BD}——单对齿啮合系数 Z_B 与 Z_D 之中大值者；

K_{VL}，$K_{\beta L}$，$K_{\alpha L}$——在 T_L 载荷下的 K_V、K_β、K_α 值，其含义与前面介绍相同。

在计算时，应取 $K_A=1.0$。

在 S-N 曲线上有：$\sigma_{1n}=\sigma_{2n}\left(\frac{N_2}{N_1}\right)^e$。$\sigma_{1n}$、$\sigma_{2n}$ 分别为 S-N 曲线上点 1、点 2 处的应力，MPa；N_1、N_2 分别为 S-N 曲线上点 1、点 2 处的应力循环次数；e 指材料指数，对接触强度 $e=\frac{1}{2p_i}$，对弯曲强度 $e=\frac{1}{p_i}$，p_i 值见表 8-3-45。

因此，在变载工况下，且有工作载荷谱可用时，齿轮强度安全系数 S 可按下式确定：$S=\frac{1}{U^e}$。对接触强度 $S_H=\frac{1}{U^{1/(2p_i)}}$，对弯曲强度 $S_F=\frac{1}{U^{1/p_i}}$。为保证安全，需满足 $S_H\geqslant S_{Hmin}$ 和 $S_F\geqslant S_{Fmin}$（S_{Hmin} 和 S_{Fmin} 见表 8-3-36）。

表 8-3-47 材料疲劳曲线指数 p_i

计算类别	材料及其热处理		应力循环次数 N_L	p_i
接触强度	结构钢 调质钢 球墨铸铁(珠光体、贝氏体) 珠光体可锻铸铁 渗碳淬火的渗碳钢 感应淬火或火焰淬火的钢、球墨铸铁	允许有一定点蚀时	$6\times10^5<N_L\leqslant10^7$	6.77
			$10^7<N_L\leqslant10^9$	8.78
			$10^9<N_L\leqslant10^{10}$	7.08
		不允许出现点蚀	$10^5<N_L\leqslant5\times10^7$	6.61
			$5\times10^7<N_L\leqslant10^{10}$	16.30
	灰铸铁、球墨铸铁(铁素体) 渗氮处理的渗氮钢、调质钢、渗碳钢		$10^5<N_L\leqslant2\times10^6$	5.71
			$2\times10^6<N_L\leqslant10^{10}$	26.20
	氮碳共渗的调质钢、渗碳钢		$10^5<N_L\leqslant2\times10^6$	15.72
			$2\times10^6<N_L\leqslant10^{10}$	26.20
弯曲强度	球墨铸铁(珠光体、贝氏体) 珠光体可锻铸铁 调质钢		$10^4<N_L\leqslant3\times10^6$	6.23
			$3\times10^6<N_L\leqslant10^{10}$	49.91
	渗碳淬火的渗碳钢 火焰淬火、全齿廓感应淬火的钢、球墨铸铁		$10^3<N_L\leqslant3\times10^6$	8.74
			$3\times10^6<N_L\leqslant10^{10}$	49.91
	灰铸铁、球墨铸铁(铁素体) 结构钢 渗氮处理的渗氮钢、调质钢、渗碳钢		$10^3<N_L\leqslant3\times10^6$	17.03
			$3\times10^6<N_L\leqslant10^{10}$	49.91
	氮碳共渗的调质钢、渗碳钢		$10^3<N_L\leqslant3\times10^6$	84.00
			$3\times10^6<N_L\leqslant10^{10}$	49.91

当无载荷图谱时，可近似地用常规方法，即以名义载荷乘以使用系数 K_A 来确定计算载荷。K_A 参看表 8-3-30。这样就将变动载荷工况转化为非变动载荷工况来处理，并按本节前面有关公式核算齿轮强度。

3.1.4.6 开式齿轮传动的设计计算

开式齿轮传动的设计计算是借用闭式齿轮传动的设计计算方法，考虑磨损影响，予以修正。使用表 8-3-28 的齿根弯曲强度设计公式，计算时按允许齿厚磨损量指标，由表 8-3-48 查取磨损系数 K_m，将设计公式中许用弯曲应力 σ_{FP} 除以 K_m 即可。

对于重载低速开式齿轮传动，除按上述方法计算外，还建议再进行齿面接触强度验算，即在选用齿面接触疲劳极限应力 σ_{Hlim} 时，应为闭式传动的 1.05～1.1 倍。

3.1.4.7 渐开线齿轮齿面胶合能力计算（摘自 GB/Z 6413.2—2003）

本节采用积分温度法，计算公式见表 8-3-49。

表 8-3-48 磨损系数 K_m

(齿厚允许磨损量/齿厚)/%	K_m	说明
10	1.25	这个百分数是开式齿轮传动报废的主要指标，可按实际设计确定其百分数
15	1.40	
20	1.60	
25	1.80	
30	2.00	

表 8-3-49 胶合承载能力校核计算公式

内容	计算公式	说明
计算准则	$S_{\text{int s}}=\dfrac{\Theta_{\text{int s}}}{\Theta_{\text{int}}}\geqslant S_{\text{smin}}$	$S_{\text{int s}}$——计算安全系数； S_{smin}——最小安全系数，见表 8-3-50
胶合温度/K	$\Theta_{\text{int s}}=\Theta_{\text{MT}}+X_{\text{WrelT}}C_2\Theta_{\text{fla int T}}$	C_2——加权系数，取 $C_2=1.5$
积分温度/K	$\Theta_{\text{int}}=\Theta_{\text{M}}+C_2\Theta_{\text{fla int}}$	
本体温度/℃	$\Theta_{\text{M}}=\Theta_{\text{oil}}C_1\dfrac{1+n_{\text{p}}}{2}\Theta_{\text{fla int}}X_{\text{s}}$	Θ_{oil}——工作油温，℃； C_1——加权系数，取 $C_1=0.7$； n_{p}——同时啮合的齿轮数量； X_{s}——润滑方式系数，喷油润滑 $X_{\text{s}}=1.2$；油浴润滑 $X_{\text{s}}=1.0$；浸油润滑 $X_{\text{s}}=0.2$
试验本体温度/℃	$\Theta_{\text{MT}}=80+0.23T_{\text{1T}}X_{\text{L}}$	$T_{\text{1T}}=3.726(\text{FZG 载荷级})^2$，FZG 载荷级见表 8-3-51 X_{L}——润滑剂系数，见表 8-3-52
平均闪温/K	$\Theta_{\text{fla int}}=\Theta_{\text{flaE}}X_{\varepsilon}$	Θ_{flaE}——假定载荷作用在小轮齿顶 E 点时该点的瞬时温升，℃，见表 8-3-53 X_{ε}——重合度系数，见表 8-3-54
试验齿轮平均闪温/K	$\Theta_{\text{fla int T}}=0.2T_{\text{1T}}\left(\dfrac{100}{\nu_{40}}\right)^{0.02}X_{\text{L}}$	ν_{40}——润滑油在 40℃时的名义运动黏度，mm^2/s
相对焊接系数	$X_{\text{Wrelt}}=\dfrac{X_{\text{W}}}{X_{\text{WT}}}$	对 FZG、FZGL-42、Ryder 齿轮试验，取 $X_{\text{WT}}=1$； X_{W}——实际齿轮材料的焊合系数，见表 8-3-55

表 8-3-50 最小安全系数 S_{smin}

类 别	S_{smin}	类 别	S_{smin}
高胶合危险	$S_{\text{smin}}<1$	低胶合危险	$S_{\text{smin}}>2$
中等胶合危险	$1\leqslant S_{\text{smin}}\leqslant 2$		

表 8-3-51 常用油品的 FZG 胶合载荷级

油 类		机械油液压油	汽轮机油	工业用齿轮油	轧钢机油	汽缸油	柴油机油	航空用齿轮油	准双曲面齿轮油
FZG 胶合载荷级	矿物油	2～4	3～5	5～7	6～8	6～8	6～8	5～8	
	加极压抗磨添加剂矿物油	5～8	6～9	>9					>12
	高性能合成油	9～11	10～12	>12				8～11	

表 8-3-52 润滑剂系数 X_{L}

润 滑 剂	X_{L}	润 滑 剂	X_{L}
矿物油	1.0	水溶性聚(乙)二醇	0.6
聚 α 烯族烃	0.8	牵引液体	1.5
非水溶性聚(乙)二醇	0.7	磷酸酯体	1.3

表 8-3-53　小轮齿顶的闪温 Θ_{flaE}

计算公式					
$\Theta_{flaE}=\mu_{mc}X_MX_{BE}X_{\alpha\beta}\dfrac{(K_{B\gamma}\omega_{Bt})^{0.75}v^{0.5}}{\lvert a\rvert^{0.25}}\times\dfrac{X_E}{X_QX_{Ca}}$					
公式中的参数说明					
代号	说明	取值	代号	说明	取值
μ_{mc}	平均摩擦因数	表 8-3-56	v	分度圆线速度,m/s	
X_M	热闪系数	表 8-3-57	a	中心距,mm	
X_{BE}	小齿轮齿顶几何系数	表 8-3-58	X_E	跑合系数	表 8-3-61
$X_{\alpha\beta}$	压力角系数	表 8-3-59	X_Q	啮入系数	表 8-3-62
$K_{B\gamma}$	螺旋线载荷系数	表 8-3-60	X_{Ca}	齿顶修缘系数	表 8-3-63
ω_{Bt}	单位齿宽载荷,N/mm	表 8-3-56			

表 8-3-54　重合度系数 X_ε

条件	计算公式	备　注
$\varepsilon_\alpha<1$ $\varepsilon_1<1,\varepsilon_2<1$	$X_\varepsilon=\dfrac{1}{2\varepsilon_\alpha\varepsilon_1}(\varepsilon_1^2+\varepsilon_2^2)$	$\varepsilon_1=\dfrac{z_1}{2\pi}\left[\sqrt{\left(\dfrac{d_{a1}}{d_{b1}}\right)^2-1}-\tan\alpha_{wt}\right]$ $\varepsilon_2=\dfrac{z_2}{2\pi}\left[\sqrt{\left(\dfrac{d_{a2}}{d_{b2}}\right)^2-1}-\tan\alpha_{wt}\right]$ $\varepsilon_\alpha=\varepsilon_1+\varepsilon_2$
$1\leqslant\varepsilon_\alpha<2$ $\varepsilon_1<1,\varepsilon_2<1$	$X_\varepsilon=\dfrac{1}{2\varepsilon_\alpha\varepsilon_1}[0.7(\varepsilon_1^2+\varepsilon_2^2)-0.22\varepsilon_\alpha+0.52-0.6\varepsilon_1\varepsilon_2]$	
$1\leqslant\varepsilon_\alpha<2$ $\varepsilon_1\geqslant1,\varepsilon_2<1$	$X_\varepsilon=\dfrac{1}{2\varepsilon_\alpha\varepsilon_1}(0.18\varepsilon_1^2+0.7\varepsilon_2^2+0.82\varepsilon_1-0.52\varepsilon_2-0.3\varepsilon_1\varepsilon_2)$	
$1\leqslant\varepsilon_\alpha<2$ $\varepsilon_1<1,\varepsilon_2\geqslant1$	$X_\varepsilon=\dfrac{1}{2\varepsilon_\alpha\varepsilon_1}(0.7\varepsilon_1^2+0.18\varepsilon_2^2-0.52\varepsilon_1+0.82\varepsilon_2-0.3\varepsilon_1\varepsilon_2)$	
$1\leqslant\varepsilon_\alpha<3$ $\varepsilon_1\geqslant\varepsilon_2$	$X_\varepsilon=\dfrac{1}{2\varepsilon_\alpha\varepsilon_1}(0.44\varepsilon_1^2+0.59\varepsilon_2^2+0.3\varepsilon_1-0.3\varepsilon_2-0.15\varepsilon_1\varepsilon_2)$	
$1\leqslant\varepsilon_\alpha<3$ $\varepsilon_1<\varepsilon_2$	$X_\varepsilon=\dfrac{1}{2\varepsilon_\alpha\varepsilon_1}(0.59\varepsilon_1^2+0.44\varepsilon_2^2-0.3\varepsilon_1+0.3\varepsilon_2-0.15\varepsilon_1\varepsilon_2)$	

表 8-3-55　焊合系数 X_W

齿轮材料及表面处理		X_W
调制硬化钢		1.00
磷化钢		1.25
镀铜钢		1.50
液体与气体渗氮钢		1.50
表面渗碳钢	平均奥氏体含量＜10％	1.15
	平均奥氏体含量 10％～20％	1.00
	平均奥氏体含量＞20％～30％	0.85
奥氏体钢(不锈钢)		0.45

表 8-3-56 平均摩擦因数 μ_{mc}

计算公式			
$\mu_{mc}=0.045\left(\frac{\omega_{Bt}K_{B\gamma}}{v_{\Sigma C}\rho_{redC}}\right)^{0.2}\eta_{oil}^{-0.05}X_R X_L$			
公式中参数说明			
代号	说明	取值	备注
$v_{\Sigma C}$	节点切线速度的和,m/s	$v_{\Sigma C}=2v\tan\alpha_{wt}\cos\alpha_t$	α_{wt}——端面啮合角,(°); α_t——端面压力角,(°)
η_{oil}	油温下的动力黏度,mPa·s		
ρ_{redC}	节点处相对曲率半径,mm	$\rho_{redC}=\frac{u}{(1+u)^2}a\frac{\sin\alpha_{wt}}{\cos\beta_b}$	u——齿数比; a——中心距,mm; β_b——基圆螺旋角,(°)
ω_{Bt}	单位齿宽载荷,N/mm	$\omega_{Bt}=K_A K_V K_{B\beta}K_{B\alpha}\frac{F_t}{b}$	K_A——使用系数; K_V——动载系数; $K_{B\beta}$——胶合计算的齿向载荷系数,$K_{B\beta}=K_{H\beta}$; $K_{B\alpha}$——胶合计算的齿间载荷系数,$K_{B\alpha}=K_{H\alpha}$; F_t——分度圆上名义切向载荷,N; b——齿宽,两轮中取较小值,mm
$K_{B\gamma}$	螺旋线载荷系数	表 8-3-60	
X_R	粗糙度系数	$X_R=2.2\left(\frac{Ra}{\rho_{redC}}\right)0.25$ $Ra=0.5(Ra_1+Ra_2)$	Ra——算术平均粗糙度,μm Ra_1,Ra_2——小齿轮与大齿轮在加工过的新齿面上测量的齿面粗糙度值
X_L	润滑剂系数	表 8-3-52	

表 8-3-57 热闪系数 X_M

计算公式	$X_M=\left(\frac{2}{\frac{1-\upsilon_1^2}{E_1}+\frac{1-\upsilon_2^3}{E_2}}\right)^{0.25}\frac{\sqrt{1+\Gamma}+\sqrt{1-\frac{\Gamma}{u}}}{B_{M1}\sqrt{1+\Gamma}+B_{M2}\sqrt{1-\frac{\Gamma}{u}}}$	υ_1,υ_2——小、大齿轮材料的泊松比 E_1,E_2——小、大齿轮材料的弹性模量 Γ——啮合线上的参数,$\Gamma=\frac{\tan\alpha_y}{\tan\alpha_{wt}}-1$ α_y——任意角 B_{M1},B_{M2}——小、大齿轮材料的热啮系数 $B_M=\sqrt{\lambda_M c_V}$
简化公式	$X_M=\frac{E^{0.25}}{(1-\upsilon^2)^{0.25}B_M}$	当大、小齿轮的弹性模量、泊松比、热啮系数相同时,可用简化公式

表 8-3-58 小齿轮齿顶几何系数 X_{BE}

计算公式	$X_{BE}=0.51\sqrt{\frac{\lvert z_2\rvert}{z_2}(u+1)}\times\frac{\sqrt{\rho_{E1}}-\sqrt{\frac{\lvert\rho_{E2}\rvert}{u}}}{(\rho_{E1}\lvert\rho_{E2}\rvert)^{0.25}}$ $\rho_{E1}=0.5\sqrt{d_{a1}^2-d_{b1}^2}$ $\rho_{E2}=a\sin\alpha_{wt}-\rho_{E1}$
说明	d_{a1}——小齿轮顶圆直径,mm; d_{b1}——小齿轮基圆直径,mm

注：对于内啮合齿轮，齿数 z_2、齿数比 u、中心距 a 以及所有的直径需用负值代入。

第8篇

表 8-3-59 压力角系数 $X_{\alpha\beta}$

α_{wt}	$\beta=0°$	$\beta=10°$	$\beta=20°$	$\beta=30°$	α_{wt}	$\beta=0°$	$\beta=10°$	$\beta=20°$	$\beta=30°$
19°	0.963	0.960	0.951	0.938	23°	1.021	1.018	1.009	0.995
20°	0.978	0.975	0.966	0.952	24°	1.035	1.032	1.023	1.008
21°	0.992	0.989	0.981	0.966	25°	1.049	1.046	1.037	1.012
22°	1.007	1.004	0.995	0.981					

注：对于法向压力角等于20°的齿轮，其压力角系数可近似取1。

表 8-3-60 螺旋线载荷系数 $K_{B\gamma}$

条　件	计算公式	条　件	计算公式
$\varepsilon_\gamma \leqslant 2$	$K_{B\gamma}=1$	$\varepsilon_\gamma > 3.5$	$K_{B\gamma}=1.3$
$2<\varepsilon_\gamma \leqslant 3.5$	$K_{B\gamma}=1+0.2\sqrt{(\varepsilon_\gamma-2)(5-\varepsilon_\gamma)}$		

表 8-3-61 跑合系数 X_E

计算公式	$X_E=1+(1-\phi_E)\dfrac{30R_a}{\rho_{redC}}$
说明	充分跑合 $\phi_E=1$；新加工的 $\phi_E=0$

表 8-3-62 啮入系数 X_Q

驱动方式	啮出、啮入重合度	啮出、啮入重合度比较	X_Q
小齿轮驱动大齿轮	$\varepsilon_f=\varepsilon_2,\varepsilon_a=\varepsilon_1$	$\varepsilon_f \leqslant 1.5\varepsilon_a$	1.00
		$1.5\varepsilon_a<\varepsilon_f \leqslant 3\varepsilon_a$	$1.40-\dfrac{4}{15}\times\dfrac{\varepsilon_f}{\varepsilon_a}$
		$\varepsilon_f>3\varepsilon_a$	0.60
大齿轮驱动小齿轮	$\varepsilon_f=\varepsilon_1,\varepsilon_a=\varepsilon_2$	$\varepsilon_f \leqslant 1.5\varepsilon_a$	1.00
		$1.5\varepsilon_a<\varepsilon_f \leqslant 3\varepsilon_a$	$1.40-\dfrac{4}{15}\times\dfrac{\varepsilon_f}{\varepsilon_a}$
		$\varepsilon_f>3\varepsilon_a$	0.60

表 8-3-63 齿顶修缘系数 X_{Ca}

计算公式	$X_{ca}=1+\left[0.06+0.18\left(\dfrac{C_a}{C_{eff}}\right)\right]\varepsilon_{max}+\left[0.02+0.69\left(\dfrac{C_a}{C_{eff}}\right)\right]\varepsilon_{max}^2$
说明	C_a——名义齿顶修缘量，表 8-3-64 C_{eff}——有效齿顶修缘量，μm，$C_{eff}=\dfrac{K_A F_t}{bc_\gamma}$ ε_{max}——ε_1、ε_2 中的最大值，ε_1、ε_2 的计算见表 8-3-54 c_γ——啮合刚度，N/(mm·μm)，直齿轮用单对齿刚度 c' 代替 c_γ

注：对于低精度齿轮，$X_{Ca}=1$。

表 8-3-64 名义齿顶修缘量 C_a

驱动方式	齿顶重合度	条件	C_a	说　明
小齿轮驱动大齿轮	$\varepsilon_1>1.5\varepsilon_2$	$C_{a1}\leqslant C_{eff}$	$C_a=C_{a1}$	C_{a1}，C_{a2}——小、大齿轮的实际齿顶修缘量(法向值)，μm
		$C_{a1}>C_{eff}$	$C_a=C_{eff}$	
	$\varepsilon_1\leqslant 1.5\varepsilon_2$	$C_{a1}\leqslant C_{eff}$	$C_a=C_{a2}$	
		$C_{a1}>C_{eff}$	$C_a=C_{eff}$	

驱动方式	齿顶重合度	条件	C_a	说明
大齿轮驱动小齿轮	$\varepsilon_1 > \frac{2}{3}\varepsilon_2$	$C_{a1} \leqslant C_{eff}$	$C_a = C_{a1}$	C_{a1}，C_{a2}——小、大齿轮的实际齿顶修缘量(法向值)，μm
		$C_{a1} > C_{eff}$	$C_a = C_{eff}$	
	$\varepsilon_1 \leqslant \frac{2}{3}\varepsilon_2$	$C_{a1} \leqslant C_{eff}$	$C_a = C_{a2}$	
		$C_{a1} > C_{eff}$	$C_a = C_{eff}$	

注：当相啮合的轮齿有修根时，应取齿顶与齿根修缘量之和。

3.1.5 圆柱齿轮的结构

表 8-3-65 圆柱齿轮的结构

结构名称	结构图形	结构尺寸
齿轮轴	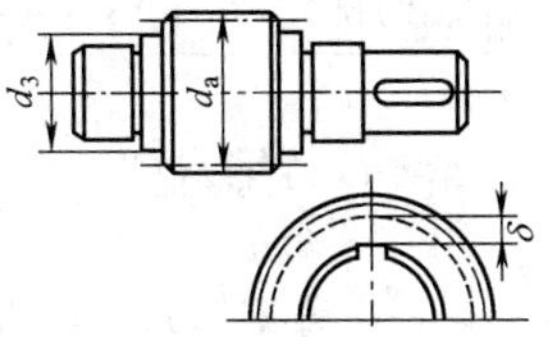	$d_a < 2d_3$ 或 $\delta \leqslant 2.5m$
锻造齿轮	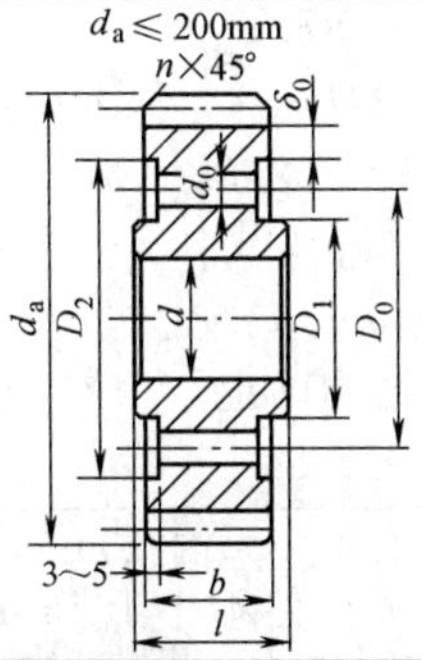	$D_1 = 1.6d$ $\delta_0 = 2.5m_n$，但不小于 8mm $d_0 = 0.2(D_2 - D_1)$，当 $d_0 < 10$mm 时可不必做孔 $D_0 = 0.5(D_2 + D_1)$ $b \leqslant l < 1.5d$(一般取 $l = b$) $n = 0.5m_n$
	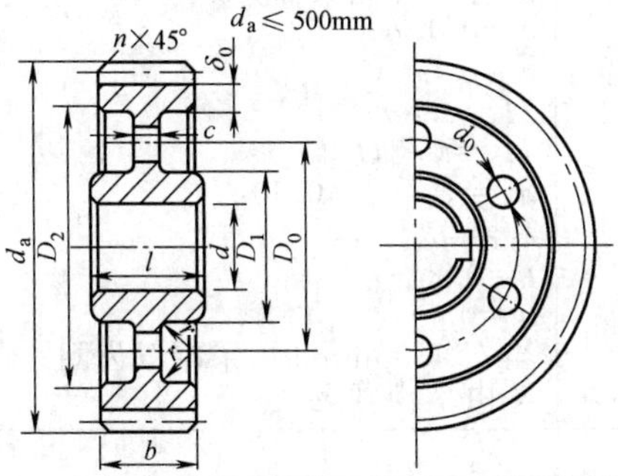	$\delta_0 = (2.5 \sim 4)m_n$，但不小于 8mm $D_1 = 1.6d$ $D_0 = 0.5(D_2 + D_1)$ $b \leqslant l < 1.5d$(一般取 $l = b$) $c = 0.3b$(自由锻)，$c = 0.2b$(模锻)，但不小于 8mm $n = 0.5m_n$； $r \approx 0.5c$ $d_0 = 0.25(D_2 - D_1)$
铸造齿轮	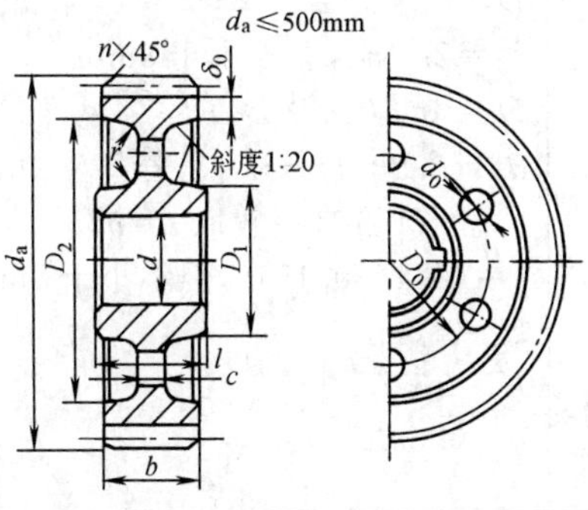	$D_1 = 1.6d$(铸钢)，$D_1 = 1.8d$(铸铁) $\delta_0 = (2.5 \sim 4)m_n$，但不小于 8mm $D_0 = 0.5(D_2 + D_1)$ $d_0 = (0.25 \sim 0.35)(D_2 - D_1)$ $l = (1.2 \sim 1.5)d$(一般取 $l = b$) $c = 0.2b$，但不小于 10mm $r \approx 0.5c$ $n = 0.5m_n$

结构名称	结 构 图 形	结 构 尺 寸
铸造齿轮	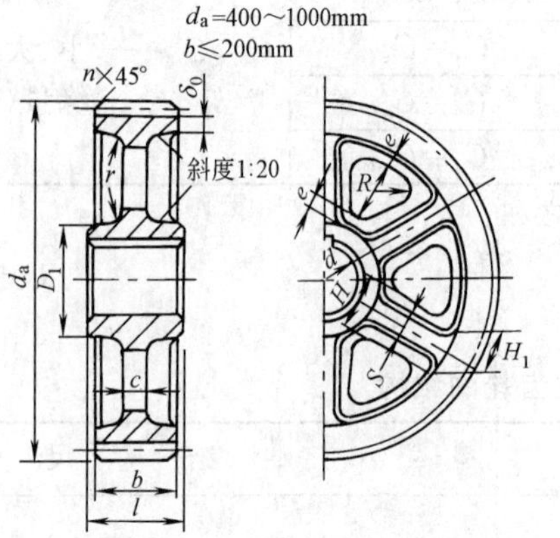	$D_1=1.6d$(铸钢),$D_1=1.8d$(铸铁) $\delta_0=(2.5\sim4)m_n$,但不小于 8mm $b\leqslant l<1.5d$(一般取 $l=b$) $H=0.8d$(铸钢),$H=0.9d$(铸铁) $H_1=0.8H$ $c=0.2H$,但不小于 10mm $S=H/6$,但不小于 10mm $e=(0.8\sim1)\delta_0$ $n=0.5m_n$ $r\approx0.5c$ R 由结构确定
	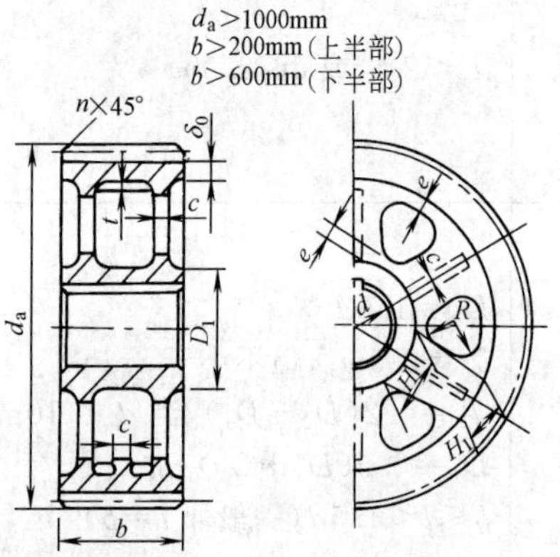	$D_1=1.6d$(铸钢),$D_1=1.8d$(铸铁) $\delta_0=(2.5\sim4)m_n$ $H=0.8d$(铸钢),$H=0.9d$(铸铁) $H_1=0.8H$ $c=0.2H$ $e=(1\sim1.2)\delta_0$ $t=0.8e$ $n=0.5m_n$ R 由结构确定
镶套齿轮	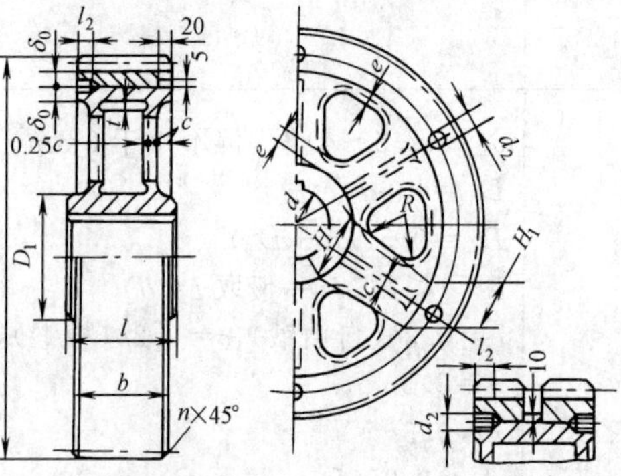	$D_1=1.6d$(铸钢),$D_1=1.8d$(铸铁) $\delta_0=4m_n$,但不小于 15mm $b\leqslant l<1.5d$(一般取 $l=b$) $c=0.15b$ $e=0.8\delta_0$ $H=0.8d$ $H_1=0.8H$ $d_2=(0.05\sim0.1)d$ $l_2=3d_2$ $t=0.8e$ $n=0.5m_n$ 当 $b>300$mm 时,采用双齿圈 R 由结构确定
焊接齿轮	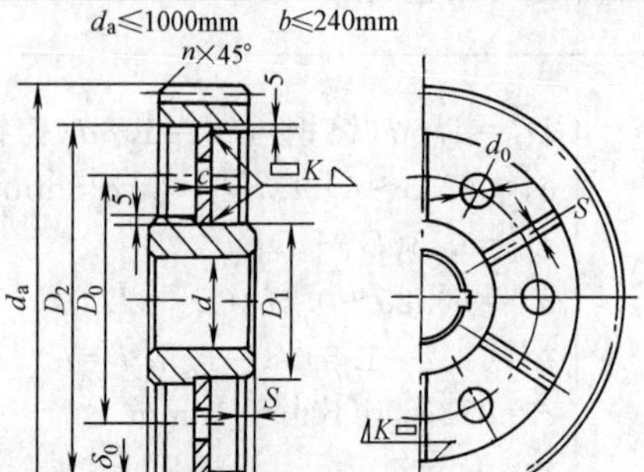	$D_1=1.6d$ $\delta_0=2.5m_n$,但不小于 8mm $D_0=0.5(D_2+D_1)$ $d_0=0.25(D_2-D_1)$,若 $d_0<10$mm 不必钻孔 $b\leqslant l<1.5d$(一般取 $l=b$) $c=(0.1\sim0.15)b$,但不小于 8mm $S=0.8c$ $K=0.67c$ $n=0.5m_n$

结构名称	结构图形	结构尺寸
焊接齿轮	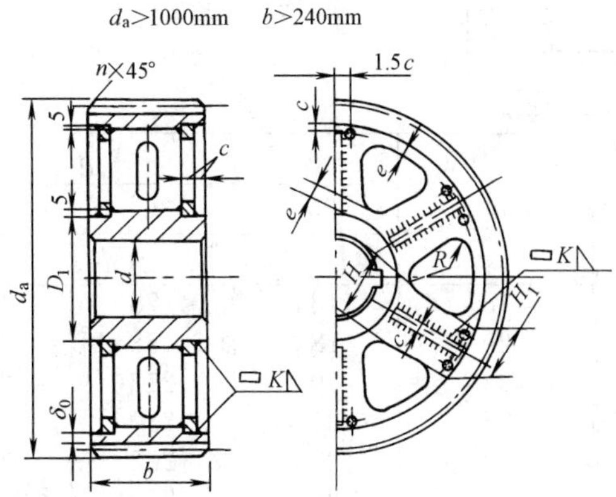	$D_1=1.6d$ $\delta_0=2.5m_n$，但不小于8mm $H=0.8d$ $H_1=0.8H$ $c=(0.1\sim0.15)b$，但不小于8mm $e=0.2d$ $n=0.5m_n$ $K=0.67c$ R 由结构确定
剖分齿轮	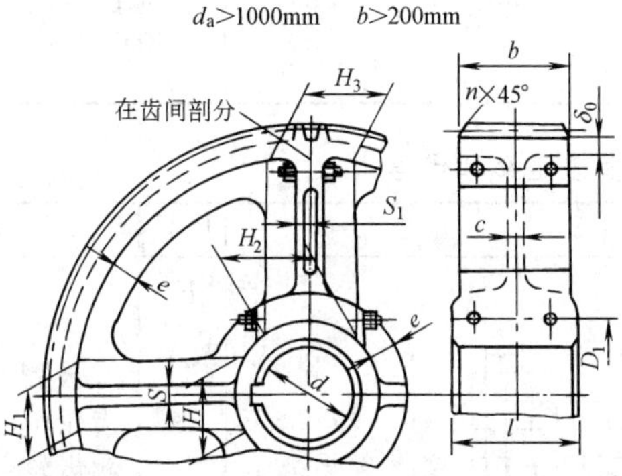	$D_1=1.8d$ $\delta_0=(4\sim5)m_t$ $b\leqslant l<1.5d$（一般取 $l=b$） $H=0.8d$ $H_1=0.8H$ $H_2=(1.4\sim1.5)H$ $H_3=0.8H_2$ $c=0.2b$ $S=0.3c$ $S_1=0.75S$ $e=1.5\delta_0$ $n=0.5m_n$ 轮辐数和齿数应取偶数；连接螺栓应尽量靠轮缘，其直径为 $0.11d+(5\sim8)$mm

注：1. 镶套齿轮的轮缘与铸铁轮芯的配合推荐采用 H7/s6（或 H7/u7）。

2. 焊接齿轮仅限于用在承载不大的不重要的传动，通常齿圈用 35 钢或 45 钢；轮毂、腹板和筋板用 Q235；电焊条为 E43。

3. 用滚刀切制人字齿轮时，中间退刀槽尺寸见表 8-3-64。

3.1.6 渐开线圆柱齿轮精度

根据目前国际上齿轮技术的发展趋势，我国参照国际标准化组织制定的 ISO 1328.1—1995 和 ISO 1328.2—1996 标准，以及与其相关的四份 ISO 技术报告（ISO/TR 10064.1：1997，ISO/TR 10064.2：1996，ISO/TR 10064.3：1996，ISO/TR 10064.4：1998），修订了 GB/T 10095.1—2001 和 GB/T 10095.2—2001，提出了渐开线圆柱齿轮精度的新标准，即 GB/T 10095.1—2008 与 GB/T 10095.2—2008。

3.1.6.1 适用范围

GB/T 10095.1 适用于基本齿廓符合 GB/T 1356《渐开线圆柱齿轮基本齿廓》规定，法向模数 $m_n\geqslant0.5\sim70$mm，分度圆直径 $d\geqslant5\sim10000$mm，齿宽 $b\geqslant4\sim1000$mm 的单个渐开线圆柱齿轮。这一部分不适用于渐开线圆柱齿轮副的检验。

GB/T 10095.2 适用于基本齿廓符合 GB/T 1356《渐开线圆柱齿轮基本齿廓》规定，法向模数 $m_n\geqslant0.2\sim10$mm，分度圆直径 $d\geqslant5\sim1000$mm 的单个渐开线圆柱齿轮。

3.1.6.2 偏差的定义与代号

齿轮各项偏差的定义和代号见表 8-3-67。

3.1.6.3 精度等级及其选择

该标准共有 13 个精度等级，用数字 0～12 由高到低的顺序排列，0 级精度最高，12 级精度最低。

径向综合偏差的精度等级由 F_i'' 和 f_i'' 的 9 个等级组成，其中 4 级精度最高，12 级精度最低。

精度等级的选择可参考表 8-3-68 和表 8-3-69，推荐齿轮的检验项目见表 8-3-70。

表 8-3-66 滚切人字齿轮的退刀槽 b' /mm

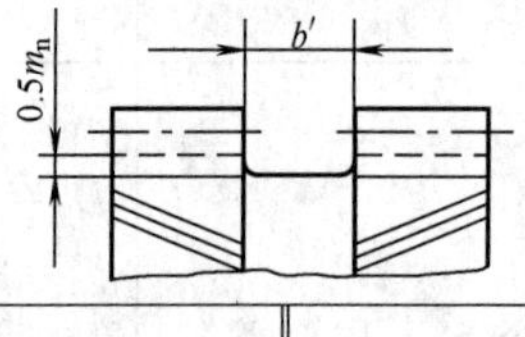

m_n	β 25°	30°	35°	40°	m_n	β 25°	30°	35°	40°
	b'_{min}					b'_{min}			
4	46	50	52	54	18	164	175	184	192
5	58	58	62	64	20	185	198	208	218
6	64	66	72	74	22	200	212	224	234
7	70	74	78	82	25	215	230	240	250
8	78	82	86	90	28	238	252	266	278
9	84	90	94	98	30	246	260	276	290
10	94	100	104	108	32	268	280	297	320
12	118	124	130	136	36	284	304	322	335
14	130	138	146	152	40	320	330	350	370
16	148	158	165	174					

表 8-3-67 齿轮偏差定义和代号

序号	名 称	代号	定 义
1	切向综合总偏差 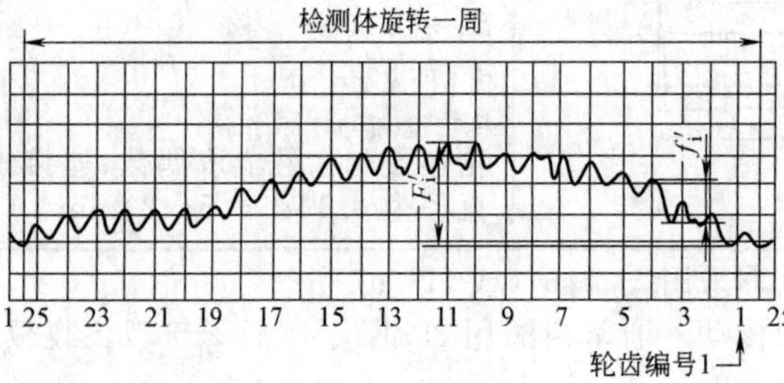 	F'_i	被测产品齿轮与测量齿轮单面啮合检验时，被测齿轮一转内，齿轮分度圆实际圆周位移与理论圆周位移的最大差值
2	一齿切向综合偏差	f'_i	在一齿距内的切向综合偏差(见序号 1 图)
3	单个齿距偏差 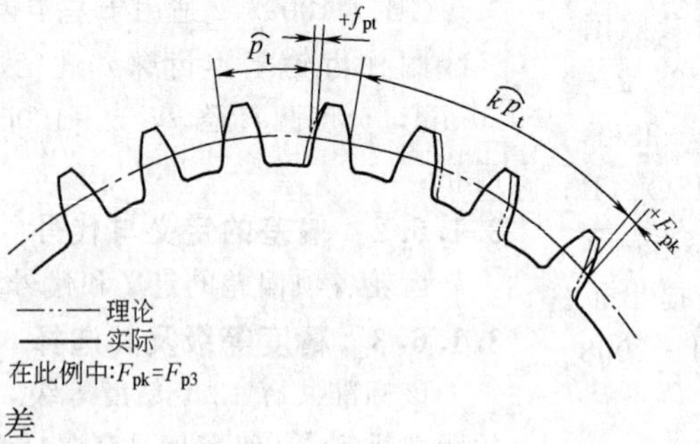 单个齿距极限偏差	f_{pt} $\pm f_{pt}$	在端平面上，在接近齿高中部的一个与齿轮轴心同心的圆上，实际齿距与理论齿距的代数差
4	K 个齿距累积偏差 K 个齿距累积极限偏差	F_{pk} $\pm F_{pk}$	任意 K 个齿距实际弧长与理论弧长的代数差(见序号 3 图)。理论上它等于这 K 个齿距的各单个齿距偏差的代数和

续表

序号	名　　称	代号	定　　义
5	齿距累积总偏差	F_p	齿轮同侧齿面任意弧段（$K=1$ 至 $K=z$）内最大齿距累积误差，它表现为齿距累积误差曲线的总幅值
6	齿廓总偏差 齿廓形状偏差 齿廓倾斜偏差 齿廓倾斜偏差允许值 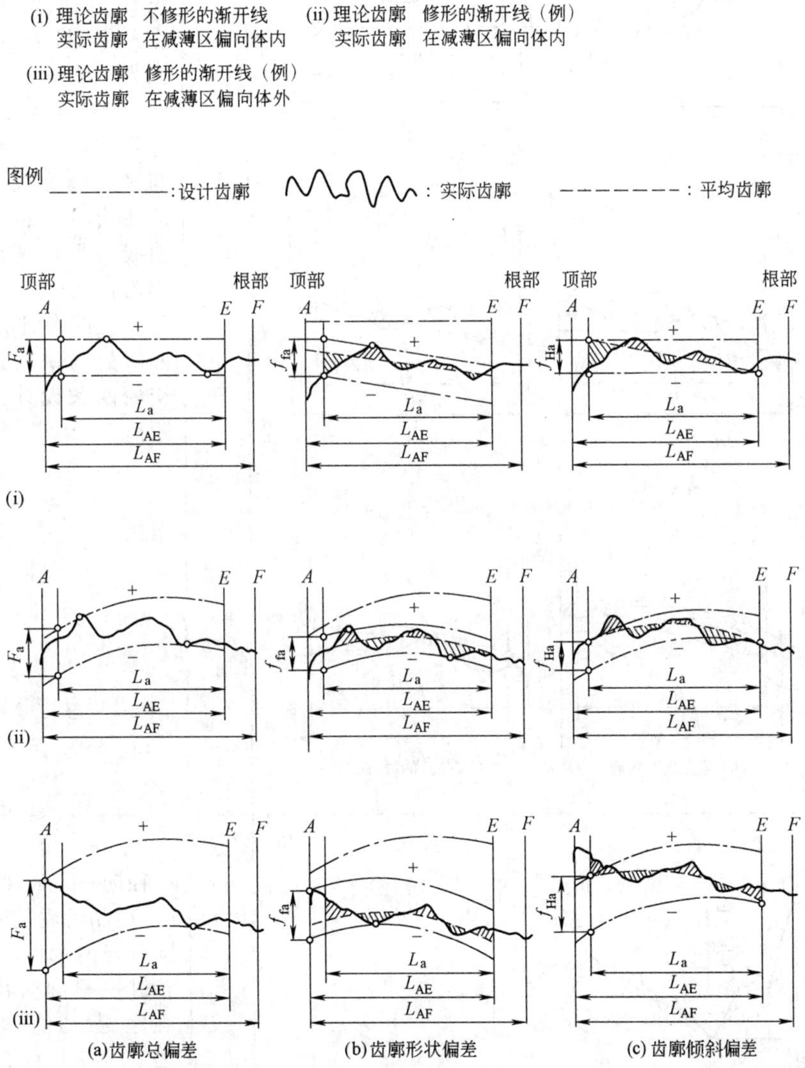	$F_α$ $f_{fα}$ $f_{Hα}$	$F_α$ 指在评定范围内，包容实际齿廓的两条设计齿廓线间的距离。在端平面内且垂直于渐开线齿廓的方向计值 $f_{fα}$ 指在评定范围内，包容实际齿廓的两条与平均齿廓线完全相同的曲线间的距离，且两条曲线与平均齿廓线的距离为常数 $f_{Hα}$ 指在评定范围的两端处与平均齿廓线相交的两条设计齿廓线间的距离

序号	名　　称	代号	定　　义
7	螺旋线总偏差 螺旋线形状偏差 螺旋线倾斜偏差 螺旋线倾斜偏差允许值 (i) 设计螺旋线　不修形的螺旋线　(ii) 设计螺旋线　修形的螺旋线（例） 实际螺旋线　在减薄区偏向体内　实际螺旋线　在减薄区偏向体内 (iii) 设计螺纹线　修形的螺旋线（例） 实际螺旋线　在减薄区偏向体外 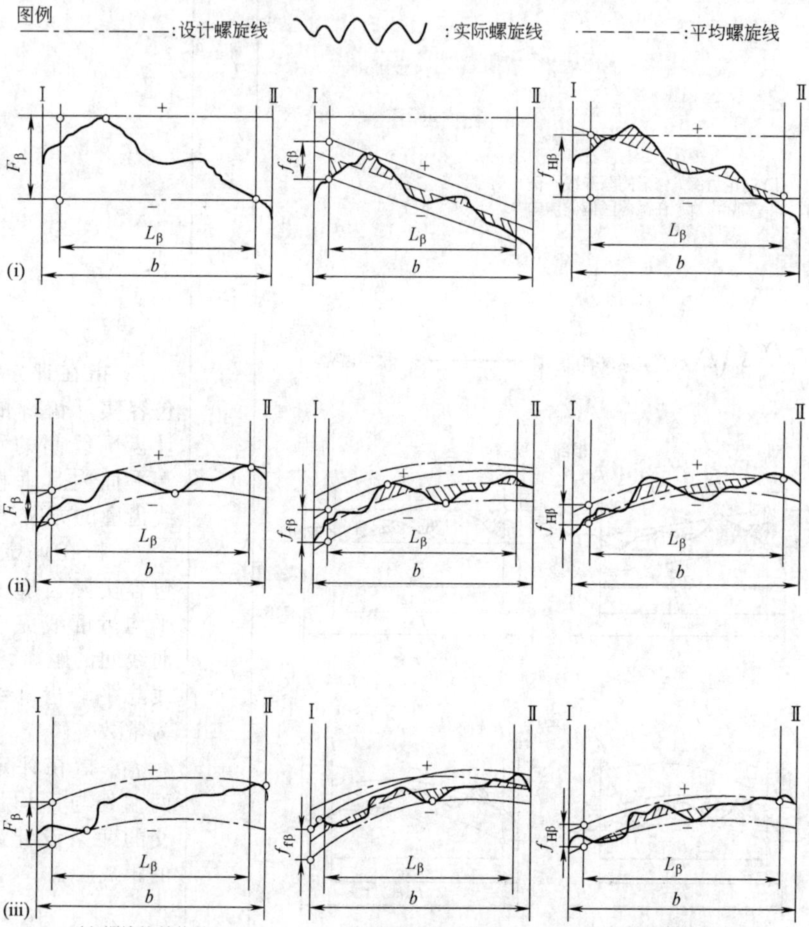 (a) 螺旋线总偏差　(b) 螺旋线形状偏差　(c) 螺旋线倾斜偏差	F_β $f_{f\beta}$ $f_{H\beta}$	F_β 指在评定范围内，包容实际螺旋线的两条设计螺旋线间的距离。在端面基圆切线方向测得 $f_{f\beta}$ 指在评定范围内，包容实际螺旋线的两条与平均螺旋线完全相同的曲线间的距离，且两条曲线与平均螺旋线的距离为常数 $f_{H\beta}$ 指在评定范围的两端处与平均螺旋线相交的两条设计螺旋线间距离
8	径向综合总偏差 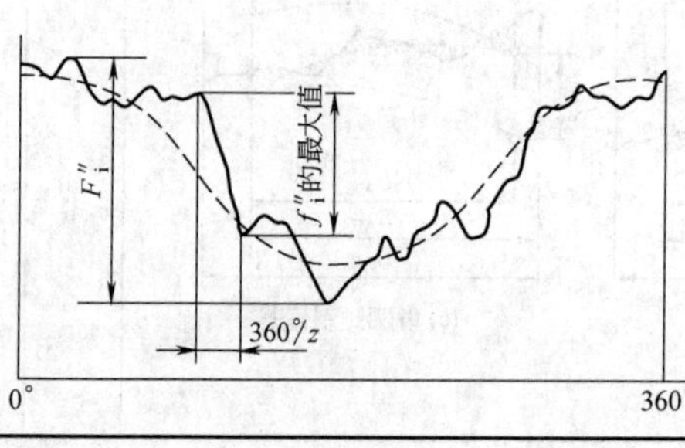	F''_i	径向（双面）综合检验时，产品齿轮的左右齿面同时与测量齿轮接触，并转过一整圈时出现的中心距最大值和最小值之差

序号	名称	代号	定义
9	一齿径向综合偏差	f_i''	当产品齿轮啮合一整圈时，对应一个齿距（360°/z）的径向综合偏差值（见序号8图）
10	径向跳动公差 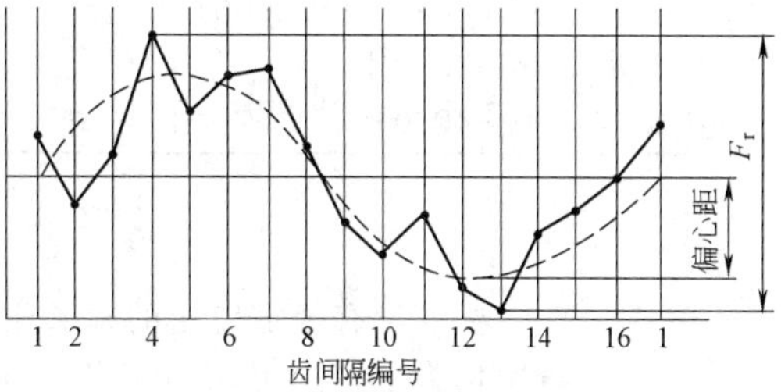 16个齿的齿轮径向跳动	F_r	当测头（球形、圆柱形、砧形）相继置于每个齿槽时，从它到齿轮轴线的最大和最小径向距离之差。检查中，测头在近似齿高中部与左右齿面接触

表 8-3-68 各种机器的传动所应用的精度等级

应用范围	精度等级	应用范围	精度等级
测量齿轮	2～5	航空发动机	4～7
涡轮减速器	3～6	拖拉机	6～9
金属切削机床	3～8	通用减速器	6～8
内燃机车	6～7	轧钢机	5～10
电气机车	6～7	矿用绞车	8～10
轻型汽车	5～8	起重机械	6～10
载重汽车	6～9	农用机器	8～10

表 8-3-69 齿轮传动的圆周速度与精度等级

设备或机器	齿轮特征	精度等级						
		4	5	6	7	8	9	10
		传动的圆周速度/m·s^{-1}						
冶金机械	直齿轮	—	—	10～15	6～10	2～6	0.5～2	—
	斜齿轮	—	—	15～30	10～15	4～6	1～4	—
地质勘探机械	直齿轮	—	—	—	6～10	2～6	0.5～2	—
	斜齿轮	—	—	—	10～15	4～10	1～4	—
煤炭机械	直齿轮	—	—	—	6～10	2～6	<2	低速
	斜齿轮	—	—	—	10～15	4～10	<4	
履带式机器	模数<2.5mm	—	16～28	11～16	7～11	2～7	2	—
	模数6～10mm	—	13～18	9～13	4～9	<4	—	—
造船机械	直齿轮	—	—	—	<9～10	<5～6	<2.5～3	0.5
	斜齿轮	—	—	—	<13～16	<8～10	<4～5	—
森林机械	任何齿轮	—	—	<15	<10	<6	<2	手动

续表

设备或机器	齿轮特征	精度等级						
		4	5	6	7	8	9	10
		传动的圆周速度/m·s^{-1}						
通用减速器	—	—	—	—	—	＜12	—	—
回转机构	直齿轮 斜齿轮	— —	— —	＜15～18 ＜13～36	＜10～12 ＜20～25	＜5～6 ＜9～12	＜2～3 ＜4～6	— —
发动机	任何齿轮	＞40 (＞4000) —	＞60 (＞2000) ＞40 (2000～4000)	15～60 (＜2000) ＜40 (2000～4000)	至15 (＜2000) —	— —	— —	— —

注：括弧中的数字指单位长度的载荷，N/cm。

表 8-3-70 推荐齿轮的检验项目

a	$f_{pt},F_p,F_\alpha,F_\beta,F_r$
b	$f_{pt},F_{pk},F_p,F_\alpha,F_\beta,F_r$
c	f_{pt},F_r(仅用于10～12级)

标准没有规定齿轮的检验组，按照齿轮的使用要求可选择表 8-3-70 检验组中的一组来验收和评定齿轮精度。齿轮常用各项公差和偏差允许值分别见表 8-3-71～表 8-3-74。5 级精度齿轮公差计算式见表 8-3-75。

表 8-3-71 齿距偏差

分度圆直径 d/mm	模数 m/mm	单个齿距偏差允许值$\pm f_{pt}$/μm						齿距累积总偏差 F_p/μm					
		精度等级											
		5	6	7	8	9	10	5	6	7	8	9	10
50＜d≤125	0.5≤m≤2	5.5	7.5	11.0	15.0	21.0	30.0	18.0	26.0	37.0	52.0	74.0	104.0
	2＜m≤3.5	6.0	8.5	12.0	17.0	23.0	33.0	19.0	27.0	38.0	53.0	76.0	107.0
	3.5＜m≤6	6.5	9.0	13.0	18.0	26.0	36.0	19.0	28.0	39.0	55.0	78.0	110.0
	6＜m≤10	7.5	10.0	15.0	21.0	30.0	42.0	20.0	29.0	41.0	58.0	82.0	116.0
	10＜m≤16	9.0	13.0	18.0	25.0	35.0	50.0	22.0	31.0	44.0	62.0	88.0	124.0
	16＜m≤25	11.0	16.0	22.0	31.0	44.0	63.0	24.0	34.0	48.0	68.0	96.0	136.0
125＜d≤280	0.5≤m≤2	6.0	8.5	12.0	17.0	24.0	34.0	24.0	35.0	49.0	69.0	98.0	138.0
	2＜m≤3.5	6.5	9.0	13.0	18.0	26.0	36.0	25.0	35.0	50.0	70.0	100.0	141.0
	3.5＜m≤6	7.0	10.0	14.0	20.0	28.0	40.0	25.0	36.0	51.0	72.0	102.0	144.0
	6＜m≤10	8.0	11.0	16.0	23.0	32.0	45.0	26.0	37.0	53.0	75.0	106.0	149.0
	10＜m≤16	9.5	13.0	19.0	27.0	38.0	53.0	28.0	39.0	56.0	79.0	112.0	158.0
	16＜m≤25	12.0	16.0	23.0	33.0	47.0	66.0	30.0	43.0	60.0	85.0	120.0	170.0
	25＜m≤40	15.0	21.0	30.0	43.0	61.0	86.0	34.0	47.0	67.0	95.0	134.0	190.0
280＜d≤560	0.5≤m≤2	6.5	9.5	13.0	19.0	27.0	38.0	32.0	46.0	64.0	91.0	129.0	182.0
	2＜m≤3.5	7.0	10.0	14.0	20.0	29.0	41.0	33.0	46.0	65.0	92.0	131.0	185.0
	3.5＜m≤6	8.0	11.0	16.0	22.0	31.0	44.0	33.0	47.0	66.0	94.0	133.0	188.0
	6＜m≤10	8.5	12.0	17.0	25.0	35.0	49.0	34.0	48.0	68.0	97.0	137.0	193.0
	10＜m≤16	10.0	14.0	20.0	29.0	41.0	58.0	36.0	50.0	71.0	101.0	143.0	202.0
	16＜m≤25	12.0	18.0	25.0	35.0	50.0	70.0	38.0	54.0	76.0	107.0	151.0	214.0
	25＜m≤40	16.0	22.0	32.0	45.0	63.0	90.0	41.0	58.0	83.0	117.0	165.0	234.0
	40＜m≤70	22.0	31.0	45.0	63.0	89.0	126.0	48.0	68.0	95.0	135.0	191.0	270.0

续表

分度圆直径 d/mm	模数 m/mm	单个齿距偏差允许值 $\pm f_{pt}/\mu m$						齿距累积总偏差 $F_p/\mu m$					
		精度等级											
		5	6	7	8	9	10	5	6	7	8	9	10
560<d≤1000	0.5≤m≤2	7.5	11.0	15.0	21.0	30.0	43.0	41.0	59.0	83.0	117.0	166.0	235.0
	2<m≤3.5	8.0	11.0	16.0	23.0	32.0	46.0	42.0	59.0	84.0	119.0	168.0	238.0
	3.5<m≤6	8.5	12.0	17.0	24.0	35.0	49.0	43.0	60.0	85.0	120.0	170.0	241.0
	6<m≤10	9.5	14.0	19.0	27.0	38.0	54.0	44.0	62.0	87.0	123.0	174.0	246.0
	10<m≤16	11.0	16.0	22.0	31.0	44.0	63.0	45.0	64.0	90.0	127.0	180.0	254.0
	16<m≤25	13.0	19.0	27.0	38.0	53.0	75.0	47.0	67.0	94.0	133.0	189.0	267.0
	25<m≤40	17.0	24.0	34.0	47.0	67.0	95.0	51.0	72.0	101.0	143.0	203.0	287.0
	40<m≤70	23.0	33.0	46.0	65.0	93.0	131.0	57.0	81.0	114.0	161.0	228.0	323.0
1000<d≤1600	2≤m≤3.5	9.0	13.0	18.0	26.0	36.0	51.0	52.0	74.0	105.0	148.0	209.0	296.0
	3.5<m≤6	9.5	14.0	19.0	27.0	39.0	55.0	53.0	75.0	106.0	149.0	211.0	299.0
	6<m≤10	11.0	15.0	21.0	30.0	42.0	60.0	54.0	76.0	108.0	152.0	215.0	304.0
	10<m≤16	12.0	17.0	24.0	34.0	48.0	68.0	55.0	78.0	111.0	156.0	221.0	313.0
	16<m≤25	14.0	20.0	29.0	40.0	57.0	81.0	57.0	81.0	115.0	163.0	230.0	325.0
	25<m≤40	18.0	25.0	36.0	50.0	71.0	100.0	61.0	86.0	122.0	172.0	244.0	345.0
	40<m≤70	24.0	34.0	48.0	68.0	97.0	137.0	67.0	95.0	135.0	190.0	269.0	381.0
1600<d≤2500	3.5≤m≤6	11.0	15.0	21.0	30.0	43.0	61.0	64.0	91.0	129.0	182.0	257.0	364.0
	6<m≤10	12.0	17.0	23.0	33.0	47.0	66.0	65.0	92.0	130.0	184.0	261.0	369.0
	10<m≤16	13.0	19.0	26.0	37.0	53.0	74.0	67.0	94.0	133.0	189.0	267.0	377.0
	16<m≤25	15.0	22.0	31.0	43.0	61.0	87.0	69.0	97.0	138.0	195.0	276.0	390.0
	25<m≤40	19.0	27.0	38.0	53.0	75.0	107.0	72.0	102.0	145.0	205.0	290.0	409.0
	40<m≤70	25.0	36.0	50.0	71.0	101.0	143.0	79.0	111.0	158.0	223.0	315.0	446.0
2500<d≤4000	6≤m≤10	13.0	18.0	26.0	37.0	52.0	74.0	80.0	113.0	159.0	225.0	318.0	450.0
	10<m≤16	15.0	21.0	29.0	41.0	58.0	82.0	81.0	115.0	162.0	229.0	324.0	459.0
	16<m≤25	17.0	24.0	33.0	47.0	67.0	95.0	83.0	118.0	167.0	236.0	333.0	471.0
	25<m≤40	20.0	29.0	40.0	57.0	81.0	114.0	87.0	123.0	174.0	245.0	347.0	491.0
	40<m≤70	27.0	38.0	53.0	75.0	106.0	151.0	93.0	132.0	186.0	264.0	373.0	525.0

表 8-3-72 齿廓偏差

分度圆直径 d/mm	模数 m/mm	齿廓总偏差 $F_a/\mu m$						齿廓形状偏差 $f_{fa}/\mu m$						齿廓倾斜偏差允许值 $\pm f_{Ha}/\mu m$					
		精度等级																	
		5	6	7	8	9	10	5	6	7	8	9	10	5	6	7	8	9	10
50<d≤125	0.5≤m≤2	6.0	8.5	12.0	17.0	23.0	33.0	4.5	6.5	9.0	13.0	18.0	26.0	3.7	5.5	7.5	11.0	15.0	21.0
	2<m≤3.5	8.0	11.0	16.0	22.0	31.0	44.0	6.0	8.5	12.0	17.0	24.0	34.0	5.0	7.0	10.0	14.0	20.0	28.0
	3.5<m≤6	9.5	13.0	19.0	27.0	38.0	54.0	7.5	10.0	15.0	21.0	29.0	42.0	6.0	8.5	12.0	17.0	24.0	34.0
	6<m≤10	12.0	16.0	23.0	33.0	46.0	65.0	9.0	13.0	18.0	25.0	36.0	51.0	7.5	10.0	15.0	21.0	29.0	41.0
	10<m≤16	14.0	20.0	28.0	40.0	56.0	79.0	11.0	15.0	22.0	31.0	44.0	62.0	9.0	13.0	18.0	25.0	35.0	50.0
	16<m≤25	17.0	24.0	34.0	48.0	68.0	96.0	13.0	19.0	26.0	37.0	53.0	75.0	11.0	15.0	21.0	30.0	43.0	60.0

续表

分度圆直径 d/mm	模数 m/mm	齿廓总偏差 F_a/μm						齿廓形状偏差 f_{fa}/μm						齿廓倾斜偏差允许值 $\pm f_{Ha}$/μm					
		精度等级																	
		5	6	7	8	9	10	5	6	7	8	9	10	5	6	7	8	9	10
$125<d\leqslant280$	$0.5\leqslant m\leqslant2$	7.0	10.0	14.0	20.0	28.0	39.0	5.5	7.5	11.0	15.0	21.0	30.0	4.4	6.0	9.0	12.0	18.0	25.0
	$2<m\leqslant3.5$	9.0	13.0	18.0	25.0	36.0	50.0	7.0	9.5	14.0	19.0	28.0	39.0	5.5	8.0	11.0	16.0	23.0	32.0
	$3.5<m\leqslant6$	11.0	15.0	21.0	30.0	42.0	60.0	8.0	12.0	16.0	23.0	33.0	46.0	6.5	9.5	13.0	19.0	27.0	38.0
	$6<m\leqslant10$	13.0	18.0	25.0	36.0	50.0	71.0	10.0	14.0	20.0	28.0	39.0	55.0	8.0	11.0	16.0	23.0	32.0	45.0
	$10<m\leqslant16$	15.0	21.0	30.0	43.0	60.0	85.0	12.0	17.0	23.0	33.0	47.0	66.0	9.5	13.0	19.0	27.0	38.0	54.0
	$16<m\leqslant25$	18.0	25.0	36.0	51.0	72.0	102.0	14.0	20.0	28.0	40.0	56.0	79.0	11.0	16.0	23.0	32.0	45.0	64.0
	$25<m\leqslant40$	22.0	31.0	43.0	61.0	87.0	123.0	17.0	24.0	34.0	48.0	68.0	96.0	14.0	19.0	27.0	39.0	55.0	77.0
$280<d\leqslant560$	$0.5\leqslant m\leqslant2$	8.5	12.0	17.0	23.0	33.0	47.0	6.5	9.0	13.0	18.0	26.0	36.0	5.5	7.5	11.0	15.0	21.0	30.0
	$2<m\leqslant3.5$	10.0	15.0	21.0	29.0	41.0	58.0	8.0	11.0	16.0	22.0	32.0	45.0	6.5	9.0	13.0	18.0	26.0	37.0
	$3.5<m\leqslant6$	12.0	17.0	24.0	34.0	48.0	67.0	9.0	13.0	18.0	26.0	37.0	52.0	7.5	11.0	15.0	21.0	30.0	43.0
	$6<m\leqslant10$	14.0	20.0	28.0	40.0	56.0	79.0	11.0	15.0	22.0	31.0	43.0	61.0	9.0	13.0	18.0	25.0	35.0	50.0
	$10<m\leqslant16$	16.0	23.0	33.0	47.0	66.0	93.0	13.0	18.0	26.0	36.0	51.0	72.0	10.0	15.0	21.0	29.0	42.0	59.0
	$16<m\leqslant25$	19.0	27.0	39.0	55.0	78.0	110.0	15.0	21.0	30.0	43.0	60.0	85.0	12.0	17.0	24.0	35.0	49.0	69.0
	$25<m\leqslant40$	23.0	33.0	46.0	65.0	92.0	131.0	18.0	25.0	36.0	51.0	72.0	101.0	15.0	21.0	29.0	41.0	58.0	82.0
	$40<m\leqslant70$	28.0	40.0	57.0	80.0	113.0	160.0	22.0	31.0	44.0	62.0	88.0	125.0	18.0	25.0	36.0	50.0	71.0	101.0
$560<d\leqslant1000$	$0.5\leqslant m\leqslant2$	10.0	14.0	20.0	28.0	40.0	56.0	7.5	11.0	15.0	22.0	31.0	43.0	6.5	9.0	13.0	18.0	25.0	36.0
	$2<m\leqslant3.5$	12.0	17.0	24.0	34.0	48.0	67.0	9.0	13.0	18.0	26.0	37.0	52.0	7.5	11.0	15.0	21.0	30.0	43.0
	$3.5<m\leqslant6$	14.0	19.0	27.0	38.0	54.0	77.0	11.0	15.0	21.0	30.0	42.0	59.0	8.5	12.0	17.0	24.0	34.0	49.0
	$6<m\leqslant10$	16.0	22.0	31.0	44.0	62.0	88.0	12.0	17.0	24.0	34.0	48.0	68.0	10.0	14.0	20.0	28.0	40.0	56.0
	$10<m\leqslant16$	18.0	26.0	36.0	51.0	72.0	102.0	14.0	20.0	28.0	40.0	56.0	79.0	11.0	16.0	23.0	32.0	46.0	65.0
	$16<m\leqslant25$	21.0	30.0	42.0	59.0	84.0	119.0	16.0	23.0	33.0	46.0	65.0	92.0	13.0	19.0	27.0	38.0	53.0	75.0
	$25<m\leqslant40$	25.0	35.0	49.0	70.0	99.0	140.0	19.0	27.0	38.0	54.0	77.0	109.0	16.0	22.0	31.0	44.0	62.0	88.0
	$40<m\leqslant70$	30.0	42.0	60.0	85.0	120.0	170.0	23.0	33.0	47.0	66.0	93.0	132.0	19.0	27.0	38.0	53.0	76.0	107.0
$1000<d\leqslant1600$	$2\leqslant m\leqslant3.5$	14.0	19.0	27.0	39.0	55.0	78.0	11.0	15.5	21.0	30.0	42.0	60.0	8.5	12.0	17.0	25.0	35.0	49.0
	$3.5<m\leqslant6$	15.0	22.0	31.0	43.0	61.0	87.0	12.0	17.0	24.0	34.0	48.0	67.0	10.0	14.0	20.0	28.0	39.0	55.0
	$6<m\leqslant10$	17.0	25.0	35.0	49.0	70.0	99.0	14.0	19.0	27.0	38.0	54.0	76.0	11.0	16.0	22.0	31.0	44.0	62.0
	$10<m\leqslant16$	20.0	28.0	40.0	56.0	80.0	113.0	15.0	22.0	31.0	44.0	62.0	87.0	13.0	18.0	25.0	36.0	50.0	71.0
	$16<m\leqslant25$	23.0	32.0	46.0	65.0	91.0	129.0	18.0	25.0	35.0	50.0	71.0	100.0	14.0	20.0	29.0	41.0	58.0	82.0
	$25<m\leqslant40$	27.0	38.0	53.0	75.0	106.0	150.0	21.0	29.0	41.0	58.0	82.0	117.0	17.0	24.0	33.0	47.0	67.0	95.0
	$40<m\leqslant70$	32.0	45.0	64.0	90.0	127.0	180.0	25.0	35.0	49.0	70.0	99.0	140.0	20.0	28.0	40.0	57.0	80.0	113.0
$1600<d\leqslant2500$	$3.5\leqslant m\leqslant6$	17.0	25.0	35.0	49.0	70.0	98.0	13.0	19.0	27.0	38.0	54.0	76.0	11.0	16.0	22.0	31.0	44.0	62.0
	$6<m\leqslant10$	19.0	27.0	39.0	55.0	78.0	110.0	15.0	21.0	30.0	43.0	60.0	85.0	12.0	17.0	25.0	35.0	49.0	70.0
	$10<m\leqslant16$	22.0	31.0	44.0	62.0	88.0	124.0	17.0	24.0	34.0	48.0	68.0	96.0	14.0	20.0	28.0	39.0	55.0	78.0
	$16<m\leqslant25$	25.0	35.0	50.0	70.0	99.0	141.0	19.0	27.0	39.0	55.0	77.0	109.0	16.0	22.0	31.0	44.0	63.0	89.0
	$25<m\leqslant40$	29.0	40.0	57.0	81.0	114.0	161.0	22.0	31.0	44.0	63.0	89.0	125.0	18.0	25.0	36.0	51.0	72.0	102.0
	$40<m\leqslant70$	34.0	48.0	68.0	96.0	135.0	191.0	26.0	37.0	53.0	74.0	105.0	149.0	21.0	30.0	43.0	60.0	85.0	121.0
$2500<d\leqslant4000$	$6\leqslant m\leqslant10$	22.0	31.0	44.0	62.0	88.0	124.0	17.0	24.0	34.0	48.0	68.0	96.0	14.0	20.0	28.0	39.0	56.0	79.0
	$10<m\leqslant16$	24.0	35.0	49.0	69.0	98.0	138.0	19.0	27.0	38.0	54.0	76.0	107.0	15.0	22.0	31.0	44.0	62.0	98.0
	$16<m\leqslant25$	27.0	39.0	55.0	77.0	110.0	155.0	21.0	30.0	42.0	60.0	85.0	120.0	17.0	24.0	35.0	49.0	69.0	98.0
	$25<m\leqslant40$	31.0	44.0	62.0	88.0	124.0	176.0	24.0	34.0	48.0	68.0	96.0	136.0	20.0	28.0	39.0	55.0	78.0	111.0
	$40<m\leqslant70$	36.0	51.0	73.0	103.0	145.0	206.0	28.0	40.0	56.0	80.0	113.0	160.0	23.0	32.0	46.0	65.0	92.0	130.0

表 8-3-73　螺旋线偏差

分度圆直径 d/mm	齿宽 b/mm	螺旋线总偏差 F_{β}/μm						螺旋线形状偏差 $f_{f\beta}$/μm 螺旋线倾斜偏差允许值 $\pm f_{H\beta}$/μm					
		精度等级											
		5	6	7	8	9	10	5	6	7	8	9	10
$50<d\leqslant125$	$4\leqslant b\leqslant10$	6.5	9.5	13.0	19.0	27.0	38.0	4.85	6.5	9.5	13.0	19.0	27.0
	$10<b\leqslant20$	7.5	11.0	15.0	21.0	30.0	42.0	5.5	7.5	11.0	15.0	21.0	30.0
	$20<b\leqslant40$	8.5	12.0	17.0	24.0	34.0	48.0	6.0	8.5	12.0	17.0	24.0	34.0
	$40<b\leqslant80$	10.0	14.0	20.0	28.0	39.0	56.0	7.0	10.0	14.0	20.0	28.0	40.0
	$80<b\leqslant160$	12.0	17.0	24.0	33.0	47.0	67.0	8.5	12.0	17.0	24.0	34.0	48.0
	$160<b\leqslant250$	14.0	20.0	28.0	40.0	56.0	79.0	10.0	14.0	20.0	28.0	40.0	56.0
	$250<b\leqslant400$	16.0	23.0	33.0	46.0	65.0	92.0	12.0	16.0	23.0	33.0	46.0	66.0
$125<d\leqslant280$	$4\leqslant b\leqslant10$	7.0	10.0	14.0	20.0	29.0	40.0	5.0	7.0	10.0	14.0	20.0	29.0
	$10<b\leqslant20$	8.0	11.0	16.0	22.0	32.0	45.0	5.5	8.0	11.0	16.0	23.0	32.0
	$20<b\leqslant40$	9.0	13.0	18.0	25.0	36.0	50.0	6.5	9.0	13.0	18.0	25.0	36.0
	$40<b\leqslant80$	10.0	15.0	21.0	29.0	41.0	58.0	7.5	10.0	15.0	21.0	29.0	42.0
	$80<b\leqslant160$	12.0	17.0	25.0	35.0	49.0	69.0	8.5	12.0	17.0	25.0	35.0	49.0
	$160<b\leqslant250$	14.0	20.0	29.0	41.0	58.0	82.0	10.0	15.0	21.0	29.0	41.0	58.0
	$250<b\leqslant400$	17.0	24.0	34.0	47.0	67.0	95.0	12.0	17.0	24.0	34.0	48.0	68.0
	$400<b\leqslant650$	20.0	28.0	40.0	56.0	79.0	112.0	14.0	20.0	28.0	40.0	56.0	80.0
$280<d\leqslant560$	$10\leqslant b\leqslant20$	8.5	12.0	17.0	24.0	34.0	48.0	6.0	8.5	12.0	17.0	24.0	34.0
	$20<b\leqslant40$	9.5	13.0	19.0	27.0	38.0	54.0	7.0	9.5	14.0	19.0	27.0	38.0
	$40<b\leqslant80$	11.0	15.0	22.0	31.0	44.0	62.0	8.0	11.0	16.0	22.0	31.0	44.0
	$80<b\leqslant160$	13.0	18.0	26.0	36.0	52.0	73.0	9.0	13.0	18.0	26.0	37.0	52.0
	$160<b\leqslant250$	15.0	21.0	30.0	43.0	60.0	85.0	11.0	15.0	22.0	30.0	43.0	61.0
	$250<b\leqslant400$	17.0	25.0	35.0	49.0	70.0	98.0	12.0	18.0	25.0	35.0	50.0	70.0
	$400<b\leqslant650$	20.0	29.0	41.0	58.0	82.0	115.0	15.0	21.0	29.0	41.0	58.0	82.0
	$650<b\leqslant1000$	24.0	34.0	48.0	68.0	96.0	136.0	17.0	24.0	34.0	49.0	69.0	97.0
$560<d\leqslant1000$	$10\leqslant b\leqslant20$	9.5	13.0	19.0	26.0	37.0	53.0	6.5	9.5	13.0	19.0	26.0	37.0
	$20<b\leqslant40$	10.0	15.0	21.0	29.0	41.0	58.0	7.5	10.0	15.0	21.0	29.0	41.0
	$40<b\leqslant80$	12.0	17.0	23.0	33.0	47.0	66.0	8.5	12.0	17.0	23.0	33.0	47.0
	$80<b\leqslant160$	14.0	19.0	27.0	39.0	55.0	77.0	9.5	14.0	19.0	27.0	39.0	55.0
	$160<b\leqslant250$	16.0	22.0	32.0	45.0	63.0	90.0	11.0	16.0	23.0	32.0	45.0	64.0
	$250<b\leqslant400$	18.0	26.0	36.0	51.0	73.0	103.0	13.0	18.0	26.0	37.0	52.0	73.0
	$400<b\leqslant650$	21.0	30.0	42.0	60.0	85.0	120.0	15.0	21.0	30.0	43.0	60.0	85.0
	$650<b\leqslant1000$	25.0	35.0	50.0	70.0	99.0	140.0	18.0	25.0	35.0	50.0	71.0	100.0
$1000<d\leqslant1600$	$20\leqslant b\leqslant40$	11.0	16.0	22.0	31.0	44.0	63.0	8.0	11.0	16.0	22.0	32.0	45.0
	$40<b\leqslant80$	12.0	18.0	25.0	35.0	50.0	71.0	9.0	13.0	18.0	25.0	35.0	50.0
	$80<b\leqslant160$	14.0	20.0	29.0	41.0	58.0	82.0	10.0	15.0	21.0	29.0	41.0	58.0
	$160<b\leqslant250$	17.0	24.0	33.0	47.0	67.0	94.0	12.0	17.0	24.0	34.0	47.0	67.0
	$250<b\leqslant400$	19.0	27.0	38.0	54.0	76.0	107.0	13.0	19.0	27.0	38.0	54.0	76.0
	$400<b\leqslant650$	22.0	31.0	44.0	62.0	88.0	124.0	16.0	22.0	31.0	44.0	63.0	89.0
	$650<b\leqslant1000$	26.0	36.0	51.0	73.0	103.0	145.0	18.0	26.0	37.0	52.0	73.0	103.0

续表

分度圆直径 d/mm	齿宽 b/mm	螺旋线总偏差 $F_{\beta}/\mu m$						螺旋线形状偏差 $f_{f\beta}/\mu m$ 螺旋线倾斜偏差允许值 $\pm f_{H\beta}/\mu m$					
		精度等级											
		5	6	7	8	9	10	5	6	7	8	9	10
$1600<d\leqslant2500$	$20\leqslant b\leqslant40$	12.0	17.0	24.0	34.0	48.0	68.0	8.5	12.0	17.0	24.0	34.0	48.0
	$40<b\leqslant80$	13.0	19.0	27.0	38.0	54.0	76.0	9.5	13.0	19.0	27.0	38.0	54.0
	$80<b\leqslant160$	15.0	22.0	31.0	43.0	61.0	87.0	11.0	15.0	22.0	31.0	44.0	62.0
	$160<b\leqslant250$	18.0	25.0	35.0	50.0	70.0	99.0	12.0	18.0	25.0	35.0	50.0	71.0
	$250<b\leqslant400$	20.0	28.0	40.0	56.0	80.0	112.0	14.0	20.0	28.0	40.0	57.0	80.0
	$400<b\leqslant650$	23.0	32.0	46.0	65.0	92.0	130.0	16.0	23.0	33.0	46.0	65.0	92.0
	$650<b\leqslant1000$	27.0	38.0	53.0	75.0	106.0	150.0	19.0	27.0	38.0	53.0	76.0	107.0
$2500<d\leqslant4000$	$40\leqslant b\leqslant80$	15.0	21.0	29.0	41.0	58.0	82.0	10.0	15.0	21.0	29.0	41.0	58.0
	$80<b\leqslant160$	17.0	23.0	33.0	47.0	66.0	93.0	12.0	17.0	23.0	33.0	47.0	66.0
	$160<b\leqslant250$	19.0	26.0	37.0	53.0	75.0	106.0	13.0	19.0	27.0	38.0	53.0	75.0
	$250<b\leqslant400$	21.0	30.0	42.0	59.0	84.0	119.0	15.0	21.0	30.0	42.0	60.0	85.0
	$400<b\leqslant650$	24.0	34.0	48.0	68.0	96.0	136.0	17.0	24.0	34.0	48.0	68.0	97.0
	$650<b\leqslant1000$	28.0	39.0	55.0	78.0	111.0	157.0	20.0	28.0	39.0	56.0	79.0	112.0

表 8-3-74 径向跳动公差 F_r /μm

分度圆直径 d/mm	法向模数 m_n/mm	精度等级						分度圆直径 d/mm	法向模数 m_n/mm	精度等级					
		5	6	7	8	9	10			5	6	7	8	9	10
$50<d\leqslant125$	$0.5\leqslant m_n\leqslant2.0$	15	21	29	42	59	83	$280<d\leqslant560$	$25<m_n\leqslant40$	33	47	66	94	132	187
	$2.0<m_n\leqslant3.5$	15	21	30	43	61	86		$40<m_n\leqslant70$	38	54	76	108	153	216
	$3.5<m_n\leqslant6.0$	16	22	31	44	62	88	$560<d\leqslant1000$	$0.5\leqslant m_n\leqslant2.0$	33	47	66	94	133	188
	$6.0<m_n\leqslant10$	16	23	33	46	65	92		$2.0<m_n\leqslant3.5$	34	48	67	95	134	190
	$10<m_n\leqslant16$	18	25	35	50	70	99		$3.5<m_n\leqslant6.0$	34	48	68	96	136	193
	$16<m_n\leqslant25$	19	27	39	55	77	109		$6.0<m_n\leqslant10$	35	49	70	98	139	197
$125<d\leqslant280$	$0.5\leqslant m_n\leqslant2.0$	20	28	39	55	78	110		$10<m_n\leqslant16$	36	51	72	102	144	204
	$2.0<m_n\leqslant3.5$	20	28	40	56	80	113		$16<m_n\leqslant25$	38	53	76	107	151	214
	$3.5<m_n\leqslant6.0$	20	29	41	58	82	115		$25<m_n\leqslant40$	41	57	81	115	162	229
	$6.0<m_n\leqslant10$	21	30	42	60	85	120		$40<m_n\leqslant70$	46	65	91	129	183	258
	$10<m_n\leqslant16$	22	32	45	63	89	126	$1000<d\leqslant1600$	$2.0\leqslant m_n\leqslant3.5$	42	59	84	118	167	236
	$16<m_n\leqslant25$	24	34	48	68	96	136		$3.5<m_n\leqslant6.0$	42	60	85	120	169	239
	$25<m_n\leqslant40$	27	38	54	76	107	152		$6.0<m_n\leqslant10$	43	61	86	122	172	243
$280<d\leqslant560$	$0.5\leqslant m_n\leqslant2.0$	26	36	51	73	103	146		$10<m_n\leqslant16$	44	63	88	125	177	250
	$2.0<m_n\leqslant3.5$	26	37	52	74	105	148		$16<m_n\leqslant25$	46	65	92	130	184	260
	$3.5<m_n\leqslant6.0$	27	38	53	75	106	150		$25<m_n\leqslant40$	49	69	98	138	195	276
	$6.0<m_n\leqslant10$	27	39	55	77	109	155		$40<m_n\leqslant70$	54	76	108	152	215	305
	$10<m_n\leqslant16$	29	40	57	81	114	161	$1600<d\leqslant2500$	$3.5\leqslant m_n\leqslant6.0$	51	73	103	145	206	291
	$16<m_n\leqslant25$	30	43	61	86	121	171		$6.0<m_n\leqslant10$	52	74	104	148	209	295

续表

分度圆直径 d/mm	法向模数 m_n/mm	精度等级 5	6	7	8	9	10	分度圆直径 d/mm	法向模数 m_n/mm	精度等级 5	6	7	8	9	10
$1600<d\leqslant2500$	$10<m_n\leqslant16$	53	75	107	151	213	302	$2500<d\leqslant4000$	$6.0\leqslant m_n\leqslant10$	64	90	127	180	255	360
	$16<m_n\leqslant25$	55	78	110	156	220	312		$10<m_n\leqslant16$	65	92	130	183	259	367
	$25<m_n\leqslant40$	58	82	116	164	232	328		$16<m_n\leqslant25$	67	94	133	188	267	377
	$40<m_n\leqslant70$	63	89	126	178	252	357		$25<m_n\leqslant40$	69	98	139	196	278	393
									$40<m_n\leqslant70$	75	105	149	211	298	422

表 8-3-75　5级精度齿轮公差计算式

项目代号	计算式	级间公比 φ	项目代号	计算式	级间公比 φ
$\pm f_{pt}$	$0.3(m_n+0.4\sqrt{d})+4$	$\sqrt{2}$	F'_i	$F_p+f'_i$	$\sqrt{2}$
$\pm F_{pk}$	$f_{pt}+1.6\sqrt{(k-1)m_n}$		f'_i	$k(4.3+f_{pt}+F_a)$ $=k(9+0.3m_n+3.2\sqrt{m_n}+0.34\sqrt{d})$ 当 $\varepsilon_\gamma<4$ 时，$k=0.2\left(\frac{\varepsilon_\gamma+4}{\varepsilon_\gamma}\right)$ 当 $\varepsilon_\gamma\geqslant4$ 时，$k=0.4$	
F_p	$0.3m_n+1.25\sqrt{d}+7$				
F_a	$3.2\sqrt{m_n}+0.22\sqrt{d}+0.7$				
f_{fa}	$2.5\sqrt{m_n}+0.17\sqrt{d}+0.5$				
$\pm f_{Ha}$	$2\sqrt{m_n}+0.14\sqrt{d}+0.5$		F''_i	$F_r+f''_i=3.2m_n+1.01\sqrt{d}+6.4$	
F_β	$0.1\sqrt{d}+0.63\sqrt{b}+4.2$		f''_i	$2.96m_n+0.01\sqrt{d}+0.8$	
$f_{f\beta}=f_{H\beta}$	$0.07\sqrt{d}+0.45\sqrt{b}+3$		F_r	$0.8F_p=0.24m_n+1.0\sqrt{d}+5.6$	

3.1.6.4　齿坯精度

有关齿轮轮齿精度（齿廓偏差、相邻齿距偏差等）参数的数值，只有明确其特定的旋转轴线时才有意义。因此在齿轮的图纸上必须把规定轮齿公差的基准轴线明确表示出来。齿坯精度正是论述基准轴线以及用来确定它的基准面和其他相关基准面的选择与规定。

齿坯精度中的基本术语与定义见表 8-3-76。

3.1.6.5　齿面粗糙度和轮齿的接触斑点

ISO/TR 10064.4：1998 提供了关于齿面粗糙度和轮齿接触斑点的检验方法。它提供的数值不作为严格的ISO 精度依据，仅作为供需双方共同协议的指南使用。

齿面粗糙度及图样标注见表 8-3-79，轮齿接触斑点见表 8-3-80。

在 GB/T 10095.1 中规定的齿轮精度等级和表中粗糙度等级之间没有直接的关系。

3.1.6.6　中心距和轴线平行度

设计者应对中心距 a 和轴线平行度两项偏差选择适当公差，以满足齿轮副侧隙和齿长方向正确使用要求。

中心距公差可参照表 8-3-81 中的齿轮副中心距极限偏差数值，轴线平行度的公差可参照表 8-3-82。

3.1.6.7　侧隙（摘自 GB/Z 18620.2—2008）

在一对装配好的齿轮副中，侧隙 j 是相啮合齿轮间的间隙，它是在节圆上齿槽宽度超过相啮轮齿齿厚的量。侧隙可以在法向平面上或沿啮合线测量（见表 8-3-83 中图），但是在端平面或啮合平面上计算和规定。

最小侧隙 j_{bnmin} 是当一个齿轮的齿以最大允许实效齿厚（指测量所得的齿厚加上轮齿各要素偏差及安装所产生的综合影响在齿厚方向上的量）与一个也具有最大允许实效齿厚的相配的齿在最小的允许中心距啮合时，在静态条件下存在的最小允许侧隙。其推荐值见表 8-3-83。

齿厚偏差计算公式见表 8-3-84。

齿厚偏差代用项目——公法线长度偏差见表 8-3-86。

3.1.7　齿条精度

本节根据 GB/T 10096，该标准适用于齿条及由直齿或斜齿圆柱齿轮与齿条组成的齿条副。齿条的基本齿廓按 GB/T 1356。

表 8-3-76　齿坯精度中的基本术语与定义

序号	术语	定　义	说　明
1	基准轴线	由基准面中心确定的，并且齿轮将以此轴线来确定齿距、齿廓和螺旋线的公差	一般将基准轴线与工作轴线重合，即将安装面作为基准面。通常先确定一条基准轴线，再将其他所有轴线（包括工作轴线及可能的一些制造轴线）用适当的公差与之相联系，并考虑公差链中所增加的链环影响。其确定方法见表 8-3-77
2	基准面	用来确定基准轴线的面	基准面（轴向和径向）应加工得与齿坯实际轴孔、轴颈和肩部完全同心（见表 8-3-78 中图）。当加工、检测和使用安装时，用它们可进行找正 对于中等精度的齿轮，部分齿顶圆柱面可用来作为径向基准面，而轴向位置可用切齿时的安装面进行校核 基准面的形状公差见表 8-3-78
3	工作轴线	指齿轮在运行时绕其旋转的轴线，以及确定工作安装面的中心（工作轴线只有考虑整个齿轮副组件时才有实际意义）	当基准轴线与工作轴线不重合时，则工作安装面相对于基准轴线的跳动必须标注在齿轮图样上予以控制。工作轴线的跳动公差应不大于表 8-3-77 的规定值
4	工作安装面	用于齿轮安装的面	工作安装面的公差不能大于表 8-3-76 中的规定值 对于其他齿轮的安装面，例如在小齿轮轴上常有一段来安装大齿轮，这时大齿轮安装面的公差应在考虑大齿轮的质量要求后来选择。常用的办法是相对于已定义的基准轴线规定其允许的跳动量
5	制造安装面	制造或检验时，用来安装齿轮的面	齿轮在制造或检验过程中，安装齿轮时应使其旋转的实际轴线与图样上规定的基准轴线重合，表 8-3-76 所规定的数值可作为这些面的端面跳动公差值

表 8-3-77　基准轴线的确定方法（摘自 GB/Z 18620.3—2008）

方法	内　容	图 形 表 示
1	用两个“短的”圆柱或圆锥形基准面上设定的两个圆的圆心来确定轴线上的两个点	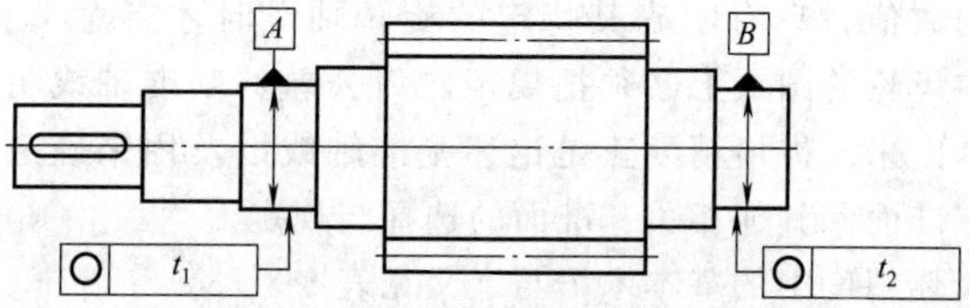
2	用一个“长的”圆柱或圆锥形的面来同时确定轴线的位置和方向，孔的轴线可以用与之相匹配正确地装配的工作心轴的轴线来代表	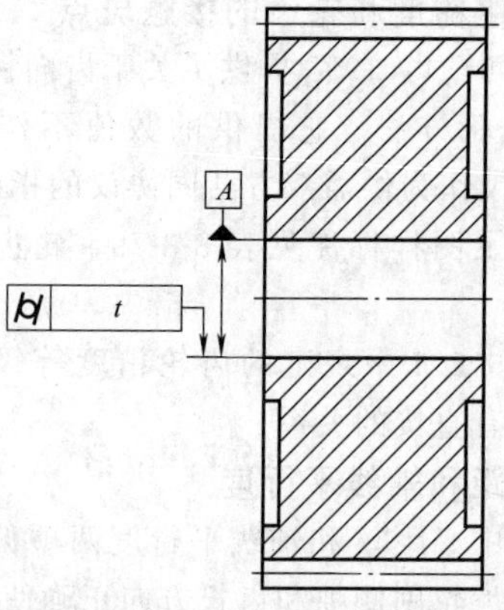

方法	内容	图形表示
3	基准轴线的位置是用一个"短的"圆柱形基准面上的一个圆的圆心来确定，而其方向则由垂直于此轴线的一个基准端面来确定，在该方法中，基准端面的直径越大越好	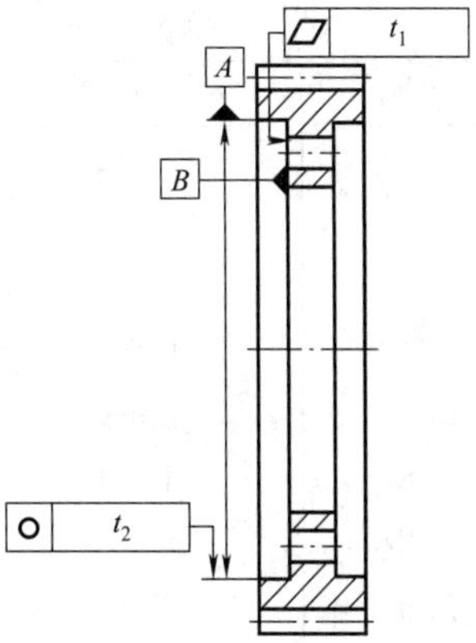
4	在制造、检验一个齿轮轴时，常将其安置在两端的顶尖上，这样两个顶尖孔就确定了其基准轴线。必须注意中心孔60°接触角范围内表面应接触良好	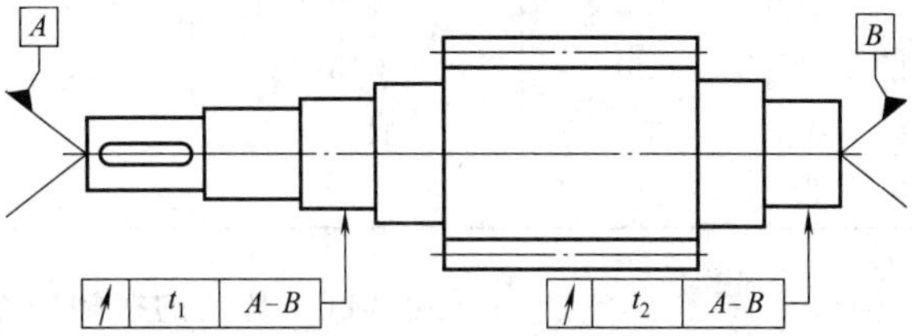

表 8-3-78　安装面的公差

形状公差				跳动公差			图形表示
确定轴线的基准面	公差项目			确定轴线的基准面	跳动量(总的指标幅度)		
	圆度	圆柱度	平面度		径向	轴向	
两个"短的"圆柱或圆锥形基准面	$0.04(L/b)F_\beta$ 或 $0.1F_p$ 或两者中的小值			仅单一圆柱或圆锥形基准面	$0.15(L/b)F_\beta$ 或 $0.3F_p$ 取两者中的大值		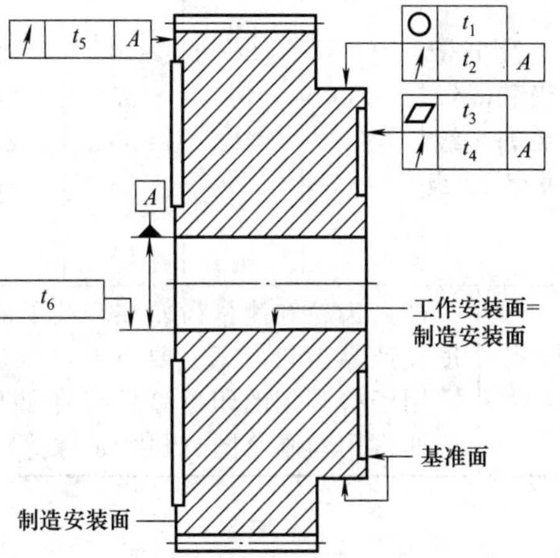
一个"长的"圆柱或圆锥形基准面		$0.04(L/b)F_\beta$ 或 $0.1F_p$ 或两者中的小者					
一个短的圆柱面和一个端面	$0.06F_p$		$0.06(D_d/b)F_\beta$	一圆柱基准面和一端面基准面	$0.3F_p$	$0.2(D_d/b)F_\beta$	
说明	① 表中 L 为较大的轴承跨距，D_d 为基准面直径，b 为齿宽 ② 基准面的形状公差：设计者必须在齿轮图样上规定基准面的精度要求，其取决于齿轮的精度等级，基准面的极限值应远小于单个轮齿的公差值；还取决于基准面的相对位置，通常公法线长度与齿轮的分度圆值相比，越大，则给定的公差就越松。所有基准面的形状公差应不大于表中规定值 ③ 工作及制造安装面的形状公差，也不能大于表中规定的值 ④ 工作轴线的跳动公差：当基准轴线与工作轴线不重合时，则工作安装面相对于基准轴线的跳动必须注在齿轮图样上予以控制。跳动公差值应不大于表中规定值						

表 8-3-79　齿面粗糙度（摘自 GB/Z 18620.4—2008）

算术平均偏差 Ra 的推荐值/μm				微观不平度十点高度 Rz 的推荐值/μm			
等级	模数/mm			等级	模数/mm		
	$m \leqslant 6$	$6 < m \leqslant 25$	$m > 25$		$m \leqslant 6$	$6 < m \leqslant 25$	$m > 25$
1		0.04		1		0.25	
2		0.08		2		0.5	
3		0.16		3		1.0	
4		0.32		4		2.0	
5	0.5	0.63	0.8	5	3.2	4.0	5.0
6	0.8	1.00	1.25	6	5.0	6.3	8.0
7	1.25	1.6	2.0	7	8.0	10.0	12.5
8	2.0	2.5	3.2	8	12.5	16	20
9	3.2	4.0	5.0	9	20	25	32
10	5.0	6.3	8.0	10	32	40	50
11	10.0	12.5	16	11	63	80	100
12	20	25	32	12	125	160	200

表 8-3-80　轮齿的接触斑点（摘自 GB/Z 18620.4—2008）

精度等级按 ISO 1328	斜齿轮装配后的接触斑点				直齿轮装配后的接触斑点				接触斑点分布的示意
	b_{c1}/% 齿宽方向	h_{c1}/% 齿高方向	b_{c2}/% 齿宽方向	h_{c2}/% 齿高方向	b_{c1}/% 齿宽方向	h_{c1}/% 齿高方向	b_{c2}/% 齿宽方向	h_{c2}/% 齿高方向	
4 级及更高	50	50	40	30	50	70	40	50	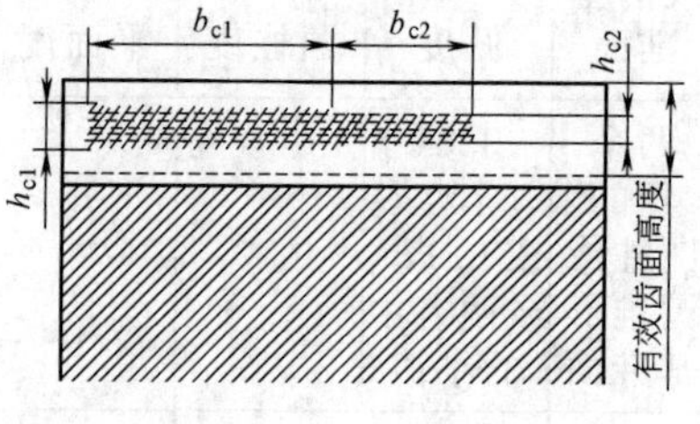
5 级和 6 级	45	40	35	20	45	50	35	30	
7 级和 8 级	35	40	35	20	35	50	35	30	
9 级至 12 级	25	40	25	20	25	50	25	30	
检测条件	产品齿轮和测量齿轮在轻载下的接触斑点，可以从安装在机架上的两相啮合的齿轮得到，但两轴线的平行度在产品齿轮齿宽上要小于 0.005mm，并且测量齿轮的齿宽不小于产品齿轮的齿宽 用于检测用的印痕涂料有装配工用的蓝色印痕涂料和其他专用涂料。涂层厚度为 0.006～0.012mm 通常用勾画草图、照片、录像等形式记录接触斑点，或用透明胶带覆盖其上，然后撕下贴在白纸上保存备查								

表 8-3-81　中心距极限偏差 ±f_a　　/μm

齿轮精度等级			1～2	3～4	5～6	7～8	9～10	11～12
f_a			$\frac{1}{2}$IT4	$\frac{1}{2}$IT6	$\frac{1}{2}$IT7	$\frac{1}{2}$IT8	$\frac{1}{2}$IT9	$\frac{1}{2}$IT11
齿轮副的中心距/mm	大于	到						
	6	10	2	4.5	7.5	11	18	45
	10	18	2.5	5.5	9	13.5	21.5	55
	18	30	3	6.5	10.5	16.5	26	65
	30	50	3.5	8	12.5	19.5	31	80

续表

齿轮精度等级			1～2	3～4	5～6	7～8	9～10	11～12
f_a			$\frac{1}{2}$IT4	$\frac{1}{2}$IT6	$\frac{1}{2}$IT7	$\frac{1}{2}$IT8	$\frac{1}{2}$IT9	$\frac{1}{2}$IT11
齿轮副的中心距/mm	大于 6	到 10	2	4.5	7.5	11	18	45
	50	80	4	9.5	15	23	37	90
	80	120	5	11	17.5	27	43.5	110
	120	180	6	12.5	20	31.5	50	125
	180	250	7	14.5	23	36	57.5	145
	250	315	8	16	26	40.5	65	160
	315	400	9	18	28.5	44.5	70	180
	400	500	10	20	31.5	48.5	77.5	200
	500	630	11	22	35	55	87	220
	630	800	12.5	25	40	62	100	250
	800	1000	14.5	28	45	70	115	280
	1000	1250	17	33	52	82	130	330
	1250	1600	20	39	62	97	155	390
	1600	2000	24	46	75	115	185	460
	2000	2500	28.5	50	87	140	220	550
	2500	3150	34.5	67.5	106	165	270	676

表 8-3-82 轴线平行度偏差 f_Σ（摘自 GB/Z 18620.3—2008）

项目	内 容	最大推荐值
1	“轴线平面内的偏差”$f_{\Sigma\delta}$ 是指在两轴线的公共平面内测量的，该公共平面是用两轴的轴承距中较长的一个 L 和另一个轴上的一个轴承来确定的	$f_{\Sigma\delta}=2f_{\Sigma\beta}$
2	“垂直平面上的偏差”$f_{\Sigma\beta}$ 是在与轴线公共平面相垂直的“交错轴平面”上测量的	$f_{\Sigma\beta}=0.5\left(\frac{L}{b}\right)F_\beta$
图形说明	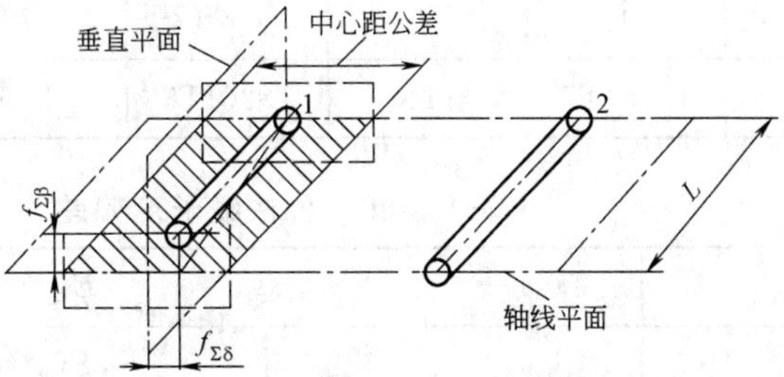	

注：b 为齿宽。

表 8-3-83　中、大模数齿轮最小侧隙 j_{bnmin} 的推荐数据（摘自 GB/Z 18620.2—2008）　　/mm

m_n	最小中心距 a					
	50	100	200	400	800	1600
1.5	0.09	0.11	—	—	—	—
2	0.10	0.12	0.15	—	—	—
3	0.12	0.14	0.17	0.24	—	—
5	—	0.18	0.21	0.28	—	—
8	—	0.24	0.27	0.34	0.47	—
12	—	—	0.35	0.42	0.55	—
18	—	—	—	0.54	0.67	0.94
侧隙的测量	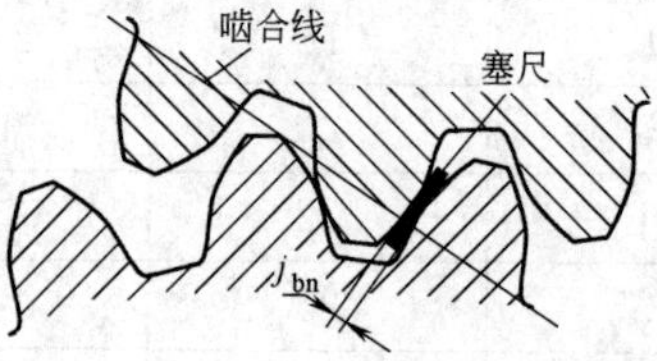					

表 8-3-84　齿厚偏差计算公式

内　容	计　算　公　式	说　　明
误差补偿量	$J_n=\sqrt{f_{pb1}^2+f_{pb2}^2+2F_\beta^2+(f_{\Sigma\delta}\sin\alpha_n)^2+(f_{\Sigma\beta}\cos\alpha_n)^2}$	f_{pb1}、f_{pb2} 查表 8-3-87 F_β 查表 8-3-73 $f_{\Sigma\delta}$、$f_{\Sigma\beta}$ 查表 8-3-82
齿厚上偏差	$E_{sns}=-f_a\tan\alpha_n-(j_{bnmin}+J_n)/2\cos\alpha_n$	f_a 查表 8-3-81 j_{bnmin} 查表 8-3-83
齿厚公差	$T_{sn}=2\tan\alpha_n\sqrt{F_r^2+b_r^2}$	F_r 查表 8-3-74 b_r 查表 8-3-85
齿厚下偏差	$E_{sni}=E_{sns}-T_{sn}$	

表 8-3-85　切齿径向进刀公差 b_r

齿轮精度等级	3	4	5	6	7	8	9	10
b_r 值	IT7	1.26IT7	IT8	1.26IT8	IT9	1.26IT9	IT10	1.26IT10

表 8-3-86　公法线长度偏差

公法线长度上偏差	$E_{bns}=E_{sns}\cos\alpha_n$
公法线长度下偏差	$E_{bni}=E_{sni}\cos\alpha_n$
说明	该检测不适用于内齿轮，对外斜齿轮需满足 $b>1.015W_k\sin\beta_b$

表 8-3-87　基节偏差允许值 $\pm f_{pb}$　/μm

分度圆直径/mm		法向模数/mm	精度等级					
大于	到		5	6	7	8	9	10
—	125	≥1～3.5	5	9	13	18	25	36
		>3.5～6.3	7	11	16	22	32	45
		>6.3～10	8	13	18	25	36	50
125	400	≥1～3.5	6	10	14	20	30	40
		>3.5～6.3	8	13	18	25	36	50
		>6.3～10	9	14	20	30	40	60
		>10～16	10	16	22	32	45	63
		>16～25	13	20	30	40	60	80
400	800	≥1～3.5	7	11	16	22	32	45
		>3.5～6.3	8	13	18	25	36	50
		>6.3～10	10	16	22	32	45	63
		>10～16	11	18	25	36	50	71
		>16～25	14	22	32	45	63	90
		>25～40	18	30	40	60	80	112
800	1600	≥1～3.5	8	13	18	25	36	50
		>3.5～6.3	9	14	20	30	40	60
		>6.3～10	10	16	22	32	45	67
		>10～16	11	18	25	36	50	71
		>16～25	14	22	32	45	63	90
		>25～40	18	30	40	60	80	112
1600	2500	≥1～3.5	9	14	20	30	40	60
		>3.5～6.3	10	16	22	32	45	67
		>6.3～10	11	18	25	36	50	71
		>10～16	13	20	30	40	60	80
		>16～25	16	25	36	50	71	100
		>25～40	20	32	45	63	90	125
2500	4000	≥1～3.5	10	16	22	32	45	63
		>3.5～6.3	11	18	25	36	50	71
		>6.3～10	13	20	30	40	60	80
		>10～16	14	22	32	45	67	90
		>16～25	16	25	36	50	71	100
		>25～40	20	32	45	63	90	125

注：对 6 级及高于 6 级的精度，在一个齿轮的同侧齿面上，最大基节与最小基节之差，不允许大于基节单向极限偏差的数值。

3.1.7.1 齿条、齿条副的误差及侧隙的定义和代号

表 8-3-88　齿条、齿条副的误差及侧隙定义和代号

名　　称	代号	定　义
切向综合误差 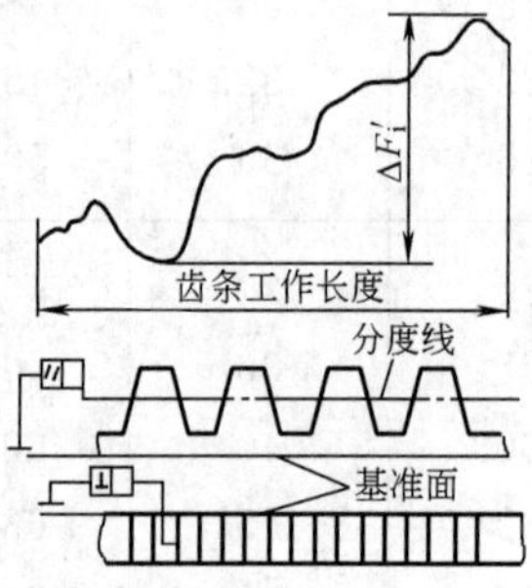 切向综合公差	$\Delta F_i'$ F_i'	当齿轮轴线与齿条基准面[①]在公称位置上，被测齿条与理想精确测量齿轮单面啮合时，被测齿条沿其分度线在工作长度内平移的实际值与公称值之差的总幅度值
一齿切向综合误差 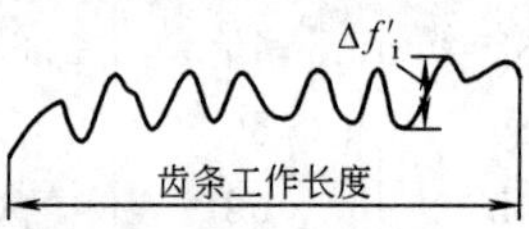 一齿切向综合公差	$\Delta f_i'$ f_i'	当齿轮轴线与齿条基准面在公称位置上，初测齿条与理想精确的测量齿轮单面啮合时，被测齿条沿其分度线在工作长度内平移一个齿距的实际值与公称值之差的最大幅度值
径向综合误差 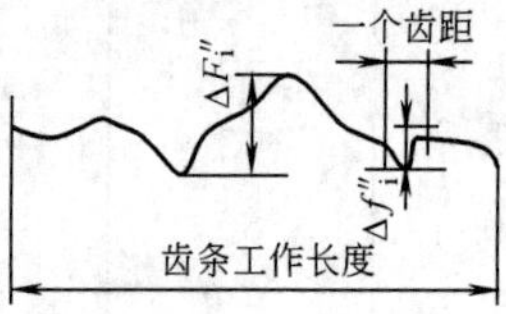 径向综合公差	$\Delta F_i''$ F_i''	被测齿条与理想精确的测量齿轮双面啮合时，在工作长度内(在齿条上取不超过 50 个齿距的任意一段)，被测齿条基准面至理想精确的测量齿轮中心之间距离的最大变动量
一齿径向综合误差 一齿径向综合公差	$\Delta f_i''$ f_i''	被测齿条与理想精确的测量齿轮双面啮合时，齿条移动一个齿距(在齿条上取不超过 50 个齿距的任意一段)，被测齿条基准面至理想精确齿轮中心之间距离的最大变动量
齿距积累误差 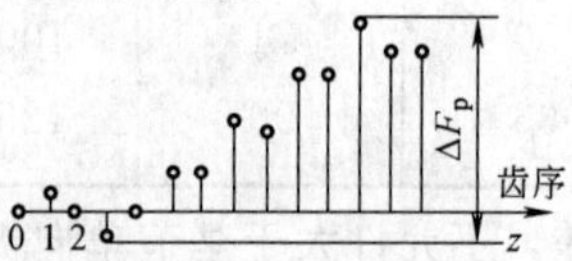 齿距积累公差	ΔF_p F_p	在齿条的分度线上，任意两个同侧齿廓间实际齿距与公称齿距之差的最大绝对值(在齿条上取不超过 50 个齿距的任意一段来确定)
齿槽跳动 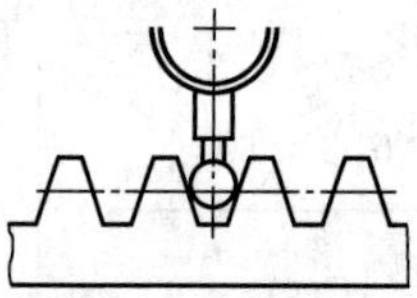 齿槽跳动公差	ΔF_r F_r	从齿槽等宽处到齿条基准面距离的最大差值(在齿条上取不超过 50 个齿距的任意一段来确定)
齿形误差 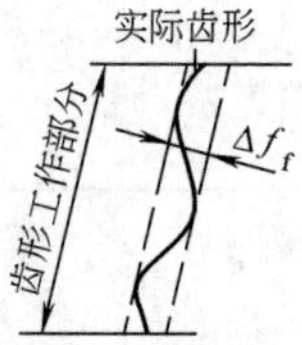 齿形公差	Δf_f f_f	在法截面(垂直于齿向的截面)上，齿形工作部分内，包容实际齿形且距离为最小的两条设计齿形间的距离
齿距偏差 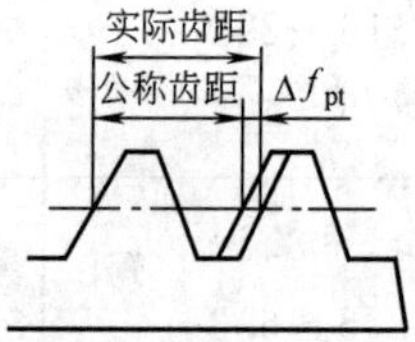 齿距极限偏差	Δf_{pt} $\pm f_{pt}$	在齿条分度线上，实际齿距与公称齿距之差
齿向误差 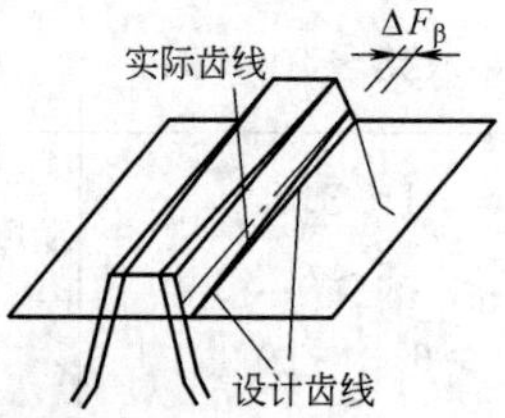 齿向公差	ΔF_β F_β	在齿条分度面上，有效齿宽范围内，包容实际齿线且距离为最小的两条设计齿线之间的端面距离
齿厚偏差 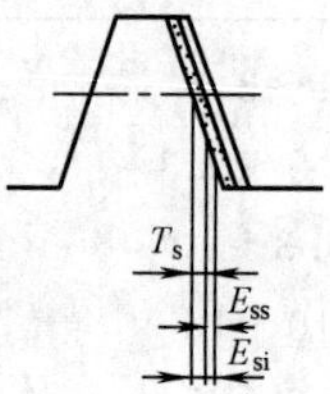 齿厚极限偏差 上偏差 下偏差 公差	ΔE_s E_{ss} E_{si} T_s	在分度面上，齿厚实际值与公称值之差 对于斜齿条，指法向齿厚

名称	代号	定义
齿条副的切向综合误差 齿条副的切向综合公差	$\Delta F'_{ic}$ F'_{ic}	安装好的齿条副，在工作长度内，齿条沿分度线平移的实际值与公称值之差的总幅度值
齿条副的接触斑点 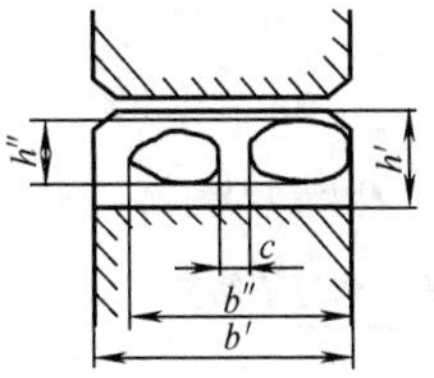		装配好的齿条副，在轻微的制动下，运转后齿面上分布的接触擦亮痕迹 接触痕迹的大小在齿面上用百分数计算 沿齿线方向，接触痕迹长度 b''（扣除超过模数值的断开部分 c）与工作长度 b' 之比的百分数，即 $\frac{b''-c}{b'}\times100\%$ 沿齿高方向，接触痕迹的平均高度 h'' 与工作高度 h' 之比的百分数，即 $\frac{h''}{h'}\times100\%$
轴线的平行度误差 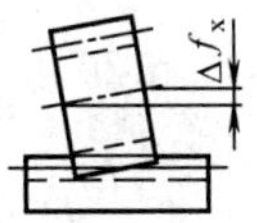 轴线的平行度公差	Δf_x f_x	安装好的齿条副，齿轮的旋转轴线对齿条基准面的平行度误差 在等于齿轮齿宽的长度上测量
轴线垂直度误差 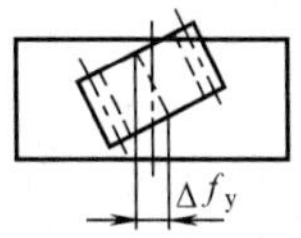 轴线垂直度公差	Δf_y f_y	安装好的齿条副，齿轮的旋转轴线在齿条端截面上的投影对齿条端截面的垂直度 在等于齿轮有效齿宽的长度上测量
齿条副的一齿切向综合误差 齿条副的一齿切向综合公差	$\Delta f'_{ic}$ f'_{ic}	安装好的齿条副，在工作长度内，齿条沿分度线平移一个齿距的实际值与公称值之差的最大幅度值
齿条副的侧隙 圆周侧隙 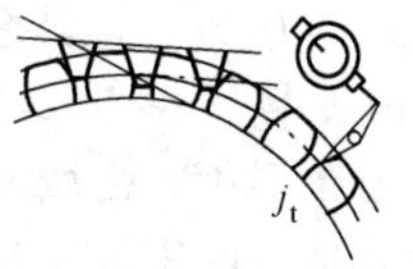	j_t	装配好的齿条副，齿条固定不动时，齿轮的圆周晃动量。以分度圆上弧长计值
法向侧隙 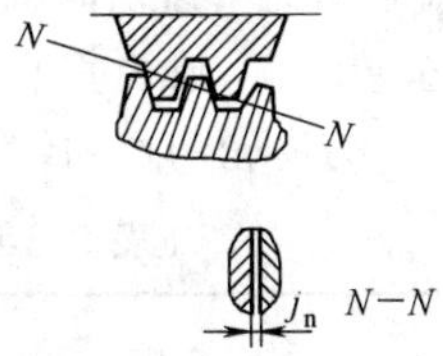	j_n	装配好的齿条副，当工作齿面接触时，非工作齿面间的最小距离
最小圆周侧隙 最大圆周侧隙 最小法向侧隙 最大法向侧隙	j_{tmin} j_{tmax} j_{nmin} j_{nmax}	$j_n=j_t\cos\beta\cos\alpha$
安装距偏差 安装距极限偏差	Δf_a $\pm f_a$	安装好的齿条副，齿轮轴线到齿条基准面的实际距离与公称距离之差

① 基准面是用于确定齿条分度线与齿线位置的平面。

第8篇

3.1.7.2 齿条及齿条副的精度等级与公差分组

GB/T 10096—1988 对齿条及齿条副规定 12 个精度等级；第 1 级精度等级最高，第 12 级精度等级最低。

齿条的各项公差与极限偏差分为三个公差组，具体如下。

Ⅰ——F_i'、F_p、F_i''、F_r；

Ⅱ——f_i'、f_i''、f_f、$\pm f_{pt}$；

Ⅲ——F_β。

根据不同的使用要求，允许各公差组选用不同的精度等级。但在同一公差组内，各项公差与极限偏差应保持相同的精度等级。

3.1.7.3 齿条副的侧隙

齿条副的侧隙要求，应根据工作条件用最大极限侧隙 j_{nmax}（或 j_{tmax}）与最小极限侧隙 j_{nmin}（或 j_{tmin}）来规定。侧隙是以选择适当安装距极限偏差 $\pm f_a$ 以及齿厚极限偏差来保证的。

安装距偏差允许值按表 8-3-96 规定；齿厚极限偏差的上偏差 E_{ss} 及下偏差 E_{si} 从表 8-3-97 中选用。

3.1.7.4 齿条及齿条副的公差与检验

（1）齿条的公差与检验　根据齿条副的使用要求和生产规模，在各公差组中，选定检验组来检定和验收齿条的精度。其中第Ⅰ公差组中的 $F_i'=F_p+f_f$，其余各公差组中的各项公差值分别列于后面表中。

（2）齿条副的公差与检验　齿条副中，齿轮与齿条的精度等级允许取为不同，通常齿轮精度不低于齿条精度。齿条副的检验项目包括：侧隙要求，接触斑点大小及齿条副的切向综合公差 F_{ic}'和齿条副的一齿切向综合公差 f_{ic}'，以及齿条副的轴线平行公差 f_x、轴线垂直度公差 f_y。其中 $F_{ic}'=F_{i1}'+F_{i2}'$（式中 F_{i1}'为齿轮的切向综合公差，F_{i2}'为齿条的切向综合公差）；$f_{ic}'=|f_{pt1}|+|f_{pt2}|$（式中 f_{pt1} 为齿轮的齿距极限偏差，f_{pt2} 为齿条的齿距极限偏差）。

3.1.7.5 图样标注

在齿条零件图上应标注齿条的精度等级和齿厚极限偏差的字母代号或齿厚极限偏差值。

标注示例如下。

（1）齿条的三个公差组精度为 7 级，齿厚上偏差为 F，下偏差为 L，标记为

7　F　L　GB/T 10096—1988

齿厚下偏差

齿厚上偏差

第Ⅰ、Ⅱ、Ⅲ公差组的精度等级

（2）齿条的第Ⅰ公差组精度为 7 级，第Ⅱ、Ⅲ公差组精度为 6 级，齿厚上偏差为 $-600\mu m$，下偏差为 $-800\mu m$，标记为

7　6　6　$\begin{pmatrix}-600\\-800\end{pmatrix}$　GB/T 10096—1988

齿厚上下偏差，齿厚下偏差

第Ⅲ公差组的精度等级

第Ⅱ公差组的精度等级

第Ⅰ公差组的精度等级

3.1.7.6 各项公差与极限偏差数值表

表 8-3-89　齿距累积公差 F_p　/μm

精度等级	法向模数 m_n /mm	齿条长度/mm								
		≤32	>32～50	>50～80	>80～160	>160～315	>315～630	>630～1000	>1000～1600	>1600～2500
5	≥1～16	15	17	20	24	35	50	60	75	95
6	≥1～16	24	27	30	40	55	75	95	120	135
7	≥1～25	35	40	45	55	75	110	135	170	200
8	≥1～25	50	56	63	75	105	150	190	240	280
9	≥1～40	70	80	90	106	150	212	265	335	400
10	≥1～40	95	110	125	150	210	300	375	475	550

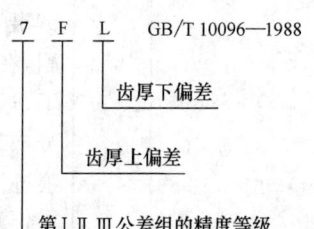

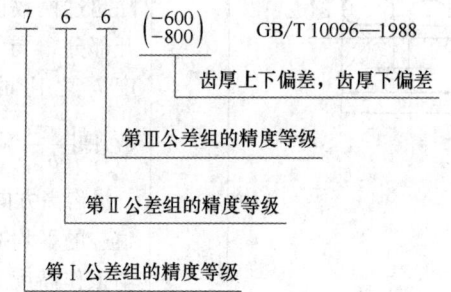

表 8-3-90　径向综合公差 F_i''，一齿径向综合公差 f_i''　/μm

法向模数 m_n /mm	径向综合公差 F_i''						一齿径向综合公差 f_i''					
	精度等级						精度等级					
	5	6	7	8	9	10	5	6	7	8	9	10
≥1～3.5	22	38	50	70	105	150	8	14	19	28	40	55
≥3.5～6.3	32	50	70	105	150	200	12	19	26	40	55	75
≥6.3～10	38	60	80	120	170	240	14	22	30	45	60	90
≥10～16	50	75	105	150	200	300	18	28	40	55	75	110

表 8-3-91　齿槽跳动公差 F_r，一齿切向综合公差 f_i'　/μm

法向模数 m_n /mm	齿槽跳动公差 F_r						一齿切向综合公差 f_i'					
	精度等级						精度等级					
	5	6	7	8	9	10	5	6	7	8	9	10
≥1～3.5	14	24	32	45	65	90	14	22	32	45	63	90
≥3.5～6.3	21	34	45	65	90	130	19	30	45	63	90	125
≥6.3～10	24	38	55	75	105	150	22	36	50	70	100	140
≥10～16	30	45	63	90	130	180	30	45	63	90	125	170
≥16～25	36	56	90	112	160	220	36	56	80	112	160	220
≥25～40	45	71	100	140	200	300	45	71	95	132	190	265

表 8-3-92　齿距偏差允许值，齿形公差 f_f　/μm

法向模数 m_n /mm	齿距偏差允许值						齿形公差 f_f					
	精度等级						精度等级					
	5	6	7	8	9	10	5	6	7	8	9	10
≥1～3.5	6	10	14	20	28	40	7.5	12	18	25	35	50
≥3.5～6.3	9	14	20	28	40	56	10	17	24	34	48	63
≥6.3～10	10	16	22	32	45	63	12	20	28	40	55	75
≥10～16	13	20	28	40	56	80	16	25	35	50	70	95
≥16～25	16	22	35	50	71	100	20	32	45	63	90	125
≥25～40	20	28	40	63	90	125	25	40	56	71	100	140

表 8-3-93　齿向公差 F_β　/μm

精度等级	法向模数 m_n /mm	有效齿宽/mm					
		≤40	>40～100	>100～160	>160～250	>250～400	>400～630
5	≥1～16	7	10	12	14	18	22
6	≥1～16	9	12	16	20	24	28
7	≥1～25	11	16	20	24	28	34
8	≥1～25	18	25	32	38	45	55
9	≥1～40	28	40	50	60	75	90
10	≥1～40	45	65	80	105	120	140

表 8-3-94　接触斑点　/%

接触斑点	精度等级					接触斑点	精度等级				
	5	6	7	8	9		5	6	7	8	9
按高度不小于	55	50	45	30	20	按长度不小于	80	70	60	40	25

表 8-3-95 轴线平行度公差

内容	x 方向轴线平行度公差 $f_x=F_\beta$
	y 方向轴线平行度公差 $f_y=\frac{1}{2}F_\beta$
说明	F_β 值见表 8-3-92

表 8-3-96 安装距、齿厚偏差允许值

安装距偏差允许值/μm			
第Ⅱ组公差精度等级	5～6	7～8	9～10
$\pm f_a$	$\frac{1}{2}$IT7	$\frac{1}{2}$IT8	$\frac{1}{2}$IT9

齿厚偏差允许值			
$C=f_{pt}$	$G=-6f_{pt}$	$L=-16f_{pt}$	$R=-40f_{pt}$
$D=0$	$H=-8f_{pt}$	$M=-20f_{pt}$	$S=-50f_{pt}$
$E=-2f_{pt}$	$J=-10f_{pt}$	$N=-25f_{pt}$	
$F=-4f_{pt}$	$K=-12f_{pt}$	$P=-32f_{pt}$	

注：IT 值见表 1-3-9。

表 8-3-97 齿条的表面粗糙度 *Ra* /μm

位置	精度等级					
	5	6	7	8	9	10
基准面	0.8	0.8	0.8	1.6	3.2	6.3
工作齿面	0.8	0.8	0.8	1.6	3.2	6.3
齿顶面	0.8	0.8	1.6	3.2	6.3	12.5

3.1.8 计算实例

要求设计一带式运输机用的锥齿轮-圆柱齿轮减速器中的圆柱齿轮传动。如图 8-3-17 所示，已知其基本齿廓符合 GB/T 1356—2001；电动机驱动，工作平稳；小齿轮传递功率 30kW，转速 $n_1=736$r/min；传动比 $i=3.2$。运输机空载启动，连续单向运转，单班制工作（每天 8h），工作年限为 10 年。

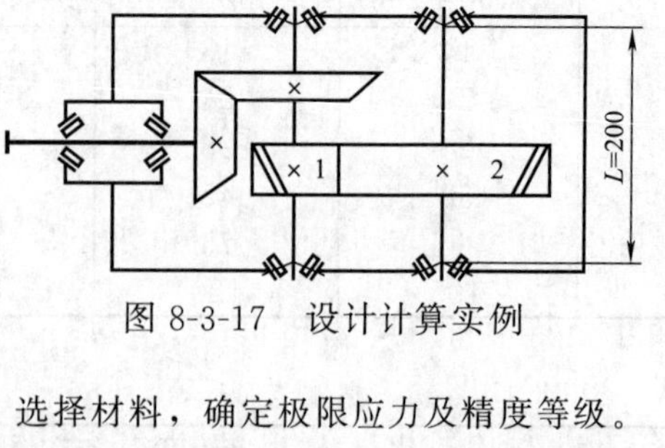

图 8-3-17 设计计算实例

（1）选择材料，确定极限应力及精度等级。

参考表 8-3-24、表 8-3-25 选择两轮材料为：大、小齿轮均为 40Cr，并经调质及表面淬火，齿面硬度为 48～55HRC；精度等级为 6 级。

按硬度下限值，由图 8-3-8（d）中的 MQ 级质量指标查得 $\sigma_{Hlim1}=\sigma_{Hlim2}=1160$MPa；由图 8-3-9（d）中的 MQ 级质量指标查得 $\sigma_{Flim1}=\sigma_{Flim2}=360$MPa。

（2）按接触强度进行初步设计。

① 确定中心距 a（见表 8-3-28）

$$a=J_a(u+1)\sqrt[3]{\frac{KT_1}{\phi_a u\sigma_{Hp}^2}}$$

计算系数 $J_a=480$（见表 8-3-28 中注）。

载荷系数 $k=1.6$（见表 8-3-28）。

小齿轮额定转矩

$$T_1=9549\frac{P}{n_1}=9549\times\frac{30}{736}=389.23\text{N}\cdot\text{m}$$

齿宽系数 $\phi_a=0.4$（见表 8-3-4）。

齿数比 $u=i=3.2$。

许用接触应力

$\sigma_{HP}=0.9\sigma_{Hlim}=0.9\times1160=1044$MPa（见表 8-3-28）

则

$$a=480\times(3.2+1)\times\sqrt[3]{\frac{1.6\times389.23}{0.4\times3.2\times1044^2}}=154.07\text{mm}$$

取 $a=160$mm。

② 确定模数（见表 8-3-4）

$$m_n=(0.007\sim0.02)a=(0.007\sim0.2)\times160=1.12\sim3.2\text{mm}$$

取 $m_n=2.5$mm。

③ 确定齿数 z_1、z_2。初取螺旋角 $\beta=13°$。则

$$z_1=\frac{2a\cos\beta}{m_n(u+1)}=\frac{2\times160\times\cos13°}{2.5\times(3.2+1)}=29.69$$

取 $z_1=30$。

$$z_2=uz_1=3.2\times30=96$$

取 $z_2=96$。

④ 重新确定螺旋角 β

$$\beta=\arccos\frac{m_n(z_1+z_2)}{2a}=\arccos\frac{2.5\times(30+96)}{2\times160}=10.142°$$

取 $\beta=10°8'31''$。

⑤ 计算主要几何尺寸（见表 8-3-7）。分度圆直径

$$d_1=\frac{m_n z_1}{\cos\beta}=\frac{2.5\times30}{\cos10.142°}=76.19\text{mm}$$

$$d_2=\frac{m_n z_2}{\cos\beta}=\frac{2.5\times96}{\cos10.142°}=243.81\text{mm}$$

齿顶圆直径

$$d_{a1}=d_1+2h_a=76.19+2\times2.5=81.19\text{mm}$$

$$d_{a2}=d_2+2h_a=243.81+2\times2.5=248.81\text{mm}$$

端面压力角

$$\alpha_t=\arctan\frac{\tan\alpha_n}{\cos\beta}=\arctan\frac{\tan20°}{\cos10.142°}=20.292°$$

基圆直径

$$d_{b1}=d_1\cos\alpha_t=76.19\times\cos20.292°=71.462\text{mm}$$

$$d_{b2}=d_2\cos\alpha_t=243.81\times\cos20.292°=228.679\text{mm}$$

齿顶圆压力角

$$\alpha_{at1}=\arccos\frac{d_{b1}}{d_{a1}}=\arccos\frac{71.462}{81.19}=28.34°$$

$$\alpha_{at2}=\arccos\frac{d_{b2}}{d_{a2}}=\arccos\frac{228.679}{248.81}=23.21°$$

端面重合度

$$\begin{aligned}\varepsilon_\alpha&=\frac{1}{2\pi}[z_1(\tan\alpha_{at1}-\tan\alpha_t)+z_2(\tan\alpha_{at2}-\tan\alpha_t)]\\&=\frac{1}{2\pi}\times[30\times(\tan28.34°-\tan20.292°)+96\times\\&\quad(\tan23.21°-\tan20.292°)]\\&=1.71\end{aligned}$$

齿宽　$b=\phi_a a=0.4\times160=64\text{mm}$

取　$b_2=64\text{mm}$，$b_1=70\text{mm}$。

齿宽系数　$\phi_d=\frac{b}{d_1}=\frac{64}{76.19}=0.84$

纵向重合度

$$\varepsilon_\beta=\frac{b\sin\beta}{\pi m_n}=\frac{64\times\sin10.142°}{\pi\times2.5}=1.43$$

当量齿数

$$z_{n1}=\frac{z_1}{\cos^3\beta}=\frac{30}{\cos^3 10.142°}=31.45$$

$$z_{n2}=\frac{z_2}{\cos^3\beta}=\frac{96}{\cos^3 10.142°}=100.64$$

基圆柱螺旋角

$$\begin{aligned}\beta_b&=\arctan(\cos\alpha_t\tan\beta)\\&=\arctan(\cos20.292°\times\tan10.142°)\\&=9.524°\end{aligned}$$

(3) 校核齿面接触强度（见表 8-3-31）

① 强度条件

$$\sigma_H\leqslant\sigma_{HP}$$

② 计算应力

$$\sigma_{H1}=Z_BZ_HZ_EZ_\varepsilon Z_\beta\sqrt{\frac{F_t}{d_1b_H}\times\frac{u+1}{u}K_AK_VK_{H\beta}K_{H\alpha}}$$

$$\sigma_{H2}=Z_DZ_HZ_EZ_\varepsilon Z_\beta\sqrt{\frac{F_t}{d_1b_H}\times\frac{u+1}{u}K_AK_VK_{H\beta}K_{H\alpha}}$$

名义切向力 $F_t=2000\frac{T_1}{d_1}=2000\times\frac{389.23}{76.19}=10217\text{N}$

使用系数 $K_A=1$（见表 8-3-32）

由表 8-3-33

$$C=-0.5048\ln z-1.144\ln m_n+2.852\ln f_{pt}+3.32$$

取 $z_1=30$、$z_2=96$、$m_n=2.5\mu\text{m}$、$f_{pt1}=8.5\mu\text{m}$、$f_{pt2}=9.0\mu\text{m}$（见表 8-3-71），则 $C_1=6.66$、$C_2=6.23$。

$$v=\frac{\pi d_1n_1}{60\times1000}=\frac{\pi\times76.19\times736}{60\times1000}=2.94\text{m/s}$$

按 $v=2.94\text{m/s}$、$C=7$，查表 8-3-33 图得动载系数 $K_v=1.08$。

由表 8-3-34，按硬齿面齿轮，装配时检验调整，6 级精度，非对称支承计算齿向载荷分布系数 $K_{H\beta}=1.32$。

齿间载荷分配系数 $K_{H\alpha}=1.1$（见表 8-3-35）。

小齿轮单对齿啮合系数 $Z_B=1$（见表 8-3-36）。

大齿轮单对齿啮合系数 $Z_D=1$（见表 8-3-36）。

节点区域系数 $Z_H=2.46$（见图 8-3-11）。

材料弹性系数 $Z_E=189.8\sqrt{\text{MPa}}$（见表 8-3-37）。

重合度系数 $Z_\varepsilon=0.835$（见图 8-3-12）。

螺旋角系数 $Z_\beta=0.994$（见图 8-3-13）。则

$$\begin{aligned}\sigma_{H1}=\sigma_{H2}&=1\times2.46\times189.8\times0.835\times0.994\times\\&\quad\sqrt{\frac{10217}{76.19\times64}\times\left(\frac{3.2+1}{3.2}\right)\times1\times1.08\times1.32\times1.1}\\&=804.77\text{MPa}\end{aligned}$$

③ 许用应力

$$\sigma_{HP}=\frac{\sigma_{H\lim}Z_{NT}}{S_{H\min}}Z_LZ_VZ_RZ_WZ_X$$

极限应力 $\sigma_{H\lim}=1160\text{MPa}$。

最小安全系数 $S_{H\min}=1.1$（见表 8-3-38）。

寿命系数 $Z_{NT}=0.91$（见图 8-3-14，其中 $N_L=60\times736\times10\times300\times8=1.06\times10^9$）。

润滑剂系数 Z_L、速度系数 Z_V，粗糙度系数 Z_R，按表 8-3-37 中的滚削与 $Rz_{10}\leqslant4\mu\text{m}$ 磨削加工的齿轮啮合，则 $Z_LZ_VZ_R=0.92$。

齿面工作硬化系数 $Z_W=1.0$（见表 8-3-40）。

尺寸系数 $Z_X=1.0$（见表 8-3-31）。

则

$$\sigma_{HP}=\frac{1160\times0.91}{1.1}\times0.92\times1.0\times1.0=882.87\text{MPa}$$

因 $\sigma_H<\sigma_{HP}$，验算结果安全。

(4) 校核齿根弯曲强度（见表 8-3-31）。

① 强度条件

$$\sigma_F\leqslant\sigma_{FP}$$

第 8 篇

② 计算应力

$$\sigma_F=\frac{F_t}{b_F m_n}K_A K_V K_{F\beta}K_{F\alpha}Y_{FS}Y_\beta Y_\varepsilon$$

齿向载荷分布系数 $K_{F\beta}=1.32$（见表 8-3-34）。

齿间载荷分配系数 $K_{F\alpha}=1.1$（见表 8-3-35）。

复合齿形系数 $Y_{FS}=4.1$（见图 8-3-10）。

螺旋角系数（见表 8-3-41）

$$Y_\beta=1-\frac{\beta}{120°}=1-\frac{10.142°}{120°}=0.915$$

重合度系数（见表 8-3-41）

$$Y_\varepsilon=0.25+\frac{0.75}{\varepsilon_{\alpha n}}=0.25+\frac{0.75}{\varepsilon_\alpha/\cos^2\beta_b}$$

$$=0.25+\frac{0.75}{1.71/\cos^2 9.524°}$$

$$=0.68$$

则 $$\sigma_F=\frac{10217}{64\times2.5}\times1\times1.08\times1.32\times1.1\times4.1\times0.915\times0.68=255.45\text{MPa}$$

③ 许用应力：

$$\sigma_{Fp}=\frac{\sigma_{Flim}Y_{ST}Y_{NT}}{S_{Fmin}}Y_{\delta relT}Y_{RrelT}Y_X$$

极限应力 $\sigma_{Flim}=360$MPa。

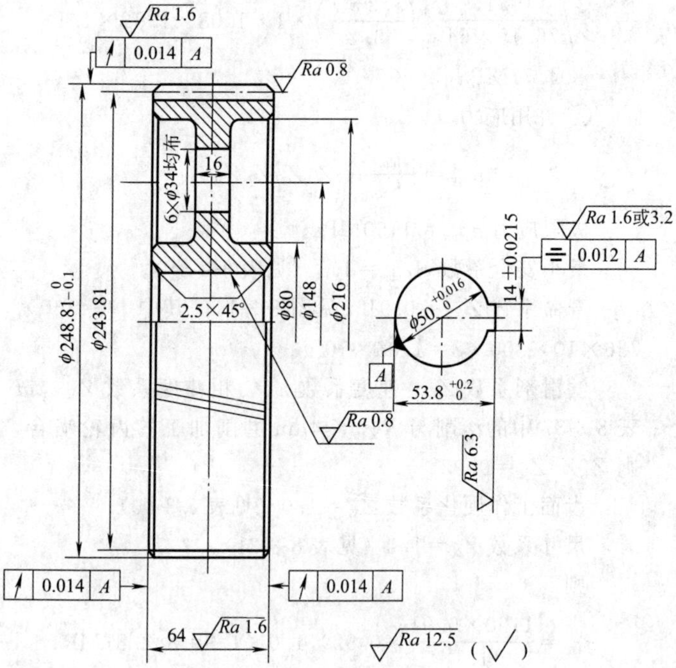

图 8-3-18 齿轮零件工作图

最小安全系数 $S_{Fmin}=1.25$（见表 8-3-38）。

应力修正系数 $Y_{ST}=2$（见表 8-3-31）。

寿命系数 $Y_{NT}=0.9$（见图 8-3-15）。

相对齿根圆角敏感系数 $Y_{\delta relT}=1$（见表 8-3-31）。

相对齿根圆角表面状况系数 $Y_{RrelT}=1$（见表 8-3-43）。

尺寸系数 $Y_X=1$（见表 8-3-42）

则 $$\sigma_{FP}=\frac{360\times2\times0.9}{1.25}\times1\times1\times1=518.4\text{MPa}$$

因 $\sigma_F<\sigma_{FP}$，验算结果安全。

(5) 齿轮及齿轮副精度的检验项目计算（以大齿轮为例）。

① 确定齿轮检验项目（见表 8-3-70）。

单个齿距极限偏差 $\pm f_{pt}=\pm0.009$mm（见表 8-3-71）。

齿距累积总偏差 $F_p=0.035$mm（见表 8-3-71）。

齿廓总偏差 $F_\alpha=0.013$mm（见表 8-3-72）。

螺旋线总偏差 $F_\beta=0.015$mm（见表 8-3-73）。

径向跳动公差 $F_r=0.028$mm（见表 8-3-74）。

② 确定齿轮副检验项目。

对齿轮，检验公法线长度偏差（见表 8-3-84～表 8-3-86）。

齿廓	渐开线		齿顶高系数	h_a^*	1
齿数	z	96	顶隙系数	c^*	0.25
法向模数	m_n	2.5	径向变位系数	x	0
螺旋角	β	10°8′31″	中心距	a	160
螺旋角方向	—	右	配对齿轮 图号		
压力角	α	20°	配对齿轮 齿数	z	30
齿厚	公法线长度尺寸 $W^{E_{bns}}_{E_{bni}}$		$94.875^{-0.101}_{-0.122}$	跨齿数 k	11
精度等级 6GB/T 10095.1—2008					
检测项目					
允许值	单个齿距极限偏差	$\pm f_{pt}$	±0.009		
允许值	齿距累计总偏差	F_p	0.035		
允许值	齿廓总偏差	F_α	0.013		
允许值	螺旋线总偏差	F_β	0.015		
允许值	径向跳动公差	F_r	0.028		
	材料		40Cr		
	标题栏				

齿厚上偏差 $E_{sns}=-0.107$mm。

齿厚下偏差 $E_{sni}=-0.130$mm。

公法线长度上偏差 $E_{bns}=-0.101$mm。

公法线长度下偏差 $E_{bni}=-0.122$mm。

公法长度 $W_n=94.875$mm（见表 8-3-12）。

则公法长度偏差为 $94.875_{-0.122}^{-0.101}$mm。

对齿轮传动，检验中心距偏差 $f_a=\pm0.020$mm（见表 8-3-81）。

③ 确定齿轮结构及齿坯精度。根据大齿轮 $d_{a2}=248.81$mm，按表 8-3-65，选择孔板式锻造齿轮。齿轮零件工作图如图 8-3-18 所示。

齿坯精度按照表 8-3-76～表 8-3-78 规定，齿面粗糙度见表 8-3-78。确定后标注在图 8-3-18 的齿轮零件工作图上。

(6) 齿轮零件工作图：根据大齿轮的顶圆直径 $d_{a2}=248.81$mm，按表 8-3-63 的齿轮结构类型，选择孔板式锻造齿轮。齿轮零件工作图如图 8-3-18 所示。

3.2 直齿锥齿轮传动设计计算

3.2.1 锥齿轮的模数和基本齿廓

3.2.1.1 模数（摘自 GB/T 12368—1990）

表 8-3-98 模数系列 /mm

1	1.125	1.25	1.375	1.5	1.75	2	2.25	2.5	2.75	3	3.25	3.5	3.75	4	4.5	5	5.5	6	6.5
7	8	9	10	11	12	14	16	18	20	22	25	28	30	32	36	40	45	50	

注：1. 本标准规定了锥齿轮大端端面模数，代号为 m。

2. 本标准适用于直齿、斜齿及曲线齿锥齿轮。

3.2.1.2 基本齿廓（摘自 GB/T 12369—1990）

表 8-3-99 基本齿廓

内容	压力角	齿顶高	工作齿高	齿距	顶隙	齿根圆角半径
代号	α	h_a	h'	p	c	ρ_f
数值	20°	m	$2m$	πm	$0.2m$	$0.3m$

注：1. 本标准适用于大端端面模数 $m\geqslant1$mm 的下列齿轮：通用与重型机械用的直齿锥齿轮；齿高沿齿线方向收缩、顶隙相等的锥齿轮副；加工方法用产形齿面为平面的展成法切削或磨削。

2. 压力角 $\alpha=20°$为基本压力角，根据需要允许采用 $\alpha=14.5°$及 $\alpha=25°$。

3. 齿根圆角半径应尽量取大些，在啮合条件允许的情况下，此值可到 $0.35m$。

4. 齿廓根据需要可以修缘，原则上在齿顶修缘，其最大值在齿高方向为 $0.6m$，在齿厚方向为 $0.02m$。

5. 齿距 p 由机床分齿运动形成。

3.2.2 锥齿轮传动的几何尺寸计算

表 8-3-100 标准及高变位直齿锥齿轮正交传动几何尺寸计算

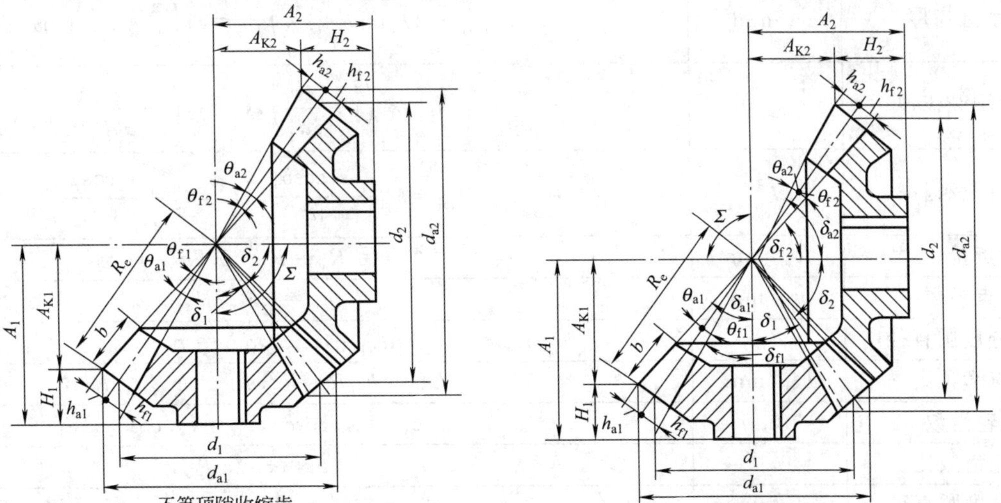

不等顶隙收缩齿　　　等顶隙收缩齿

第 8 篇

续表

内容	代号	计算公式与说明	
轴交角	$\Sigma/(°)$	$\Sigma=90°$	
齿数	z	由图 8-3-20 查取	
大端端面模数	m/mm	$m'=d_{10}/z_1$,查取表 8-3-98 并圆整为标准模数 m(d_{10} 由图 8-3-22 或图 8-3-23 查取)	
压力角	$\alpha/(°)$	由表 8-3-99 查取	
齿数比	u	$u=z_2/z_1$	
大端分度圆直径	d/mm	$d_1=mz_1$,$d_2=mz_2$	
分锥角	$\delta/(°)$	$\delta_1=\arctan(1/u)$,$\delta_2=90°-\delta_1$	
大端锥距	R_e/mm	$R_e=0.5mz_1/\sin\delta_1$	
齿宽	b/mm	取 $b=0.3R_e$ 和 $b=10m$ 中小者	
径向变位系数	x	径向变位的目的是避免小齿轮根切,使两齿轮齿面磨损均匀。小齿轮正变位,大齿轮负变位,$x_1>0$,$x_2=-x_1$。当 $\alpha=20°$、$z_1\geqslant13$ 时,$x_1=0.46[1-\cos\delta_2/(u\cos\delta_1)]$	
切向变位系数	x_t	切向变位的目的是使两轮的弯曲强度接近,当 $\alpha=20°$、$\Sigma=90°$、$z_1\geqslant13$ 时,xt_1 可由图 8-3-21 查取,$x_{t2}=-x_{t1}$	
大端齿顶高	h_a/mm	$h_{a1}=m(1+x_1)$,$h_{a2}=m(1+x_2)$	
大端齿根高	h_f/mm	$h_{f1}=m(1.2-x_1)$,$h_{f2}=m(1.2-x_2)$	
大端齿顶圆直径	d_a/mm	$d_{a1}=d_1+2h_{a1}\cos\delta_1$,$d_{a2}=d_2+2h_{a2}\cos\delta_2$	
齿根角	$\theta_f/(°)$	$\theta_{f1}=\arctan(h_{f1}/R_e)$,$\theta_{f2}=\arctan(h_{f2}/R_e)$	
齿顶角	$\theta_a/(°)$	正常收缩	$\theta_{a1}=\arctan(h_{a1}/R_e)$,$\theta_{a2}=\arctan(h_{a2}/R_e)$
		等隙收缩	$\theta_{a1}=\theta_{f2}$,$\theta_{a2}=\theta_{f1}$
顶锥角	$\delta_a/(°)$	$\delta_{a1}=\delta_1+\theta_{a1}$,$\delta_{a2}=\delta_2+\theta_{a2}$	
根锥角	$\delta_f/(°)$	$\delta_{f1}=\delta_1-\theta_{f1}$,$\delta_{f2}=\delta_2-\theta_{f2}$	
顶冠距	A_k/mm	$A_{k1}=R_e\cos\delta_1-h_{a1}\sin\delta_1$,$A_{k2}=R_e\cos\delta_2-h_{a2}\sin\delta_2$	
安装距	A/mm	由结构确定	
轮冠距	H/mm	$H_1=A_1-A_{k1}$,$H_2=A_2-A_{k2}$	
大端分度圆齿厚	s/mm	$s_1=m\left(\dfrac{\pi}{2}+2x_1\tan\alpha+x_{t1}\right)$,$s_2=m\left(\dfrac{\pi}{2}+2x_2\tan\alpha+x_{t2}\right)$	
大端分度圆弦齿厚	$\bar{s}$	$\bar{s}_1=s_1\left(1-\dfrac{s_1^2}{6d_1^2}\right)$,$\bar{s}_2=s_2\left(1-\dfrac{s_2^2}{6d_2^2}\right)$	
大端分度圆弦齿高	$\bar{h}_a$	$\bar{h}_{a1}=h_{a1}+\dfrac{s_1^2\cos\delta_1}{4d_1}$,$\bar{h}_{a2}=h_{a2}+\dfrac{s_2^2\cos\delta_2}{4d_2}$	
齿宽中点锥距	R_m/mm	$R_m=R_e-0.5b$	
齿宽中点模数	m_m/mm	$m_m=mR_m/R_e$	
齿宽中点分度圆直径	d_m	$d_{m1}=m_mz_1$,$d_{m2}=m_mz_2$	
齿宽中点齿顶高	h_{am}/mm	$h_{am1}=h_{a1}R_m/R_e$,$h_{am2}=h_{a2}R_m/R_e$	
当量齿轮齿数	z_v	$z_{v1}=z_1/\cos\delta_1$,$z_{v2}=z_2/\cos\delta_2$	
当量齿轮齿数比	u_v	$u_v=z_{v2}/z_{v1}$	
当量齿轮分度圆直径	d_v/mm	$d_{v1}=d_{m1}/\cos\delta_1$,$d_{v2}=d_{m2}/\cos\delta_2$	

续表

内　　容	代号	计算公式与说明
当量齿轮中心距	a_v/mm	$a_v=(d_{v1}+d_{v2})/2$
当量齿轮齿顶圆直径	d_{va}/mm	$d_{va1}=d_{v1}+2h_{am1}$, $d_{va2}=d_{v2}+2h_{am2}$
当量齿轮基圆直径	d_{vb}/mm	$d_{vb1}=d_{v1}\cos\alpha$, $d_{vb2}=d_{v2}\cos\alpha$
当量齿轮基圆齿距	P_{vb}/mm	$P_{vb}=pR_m\cos\alpha/Re$
当量齿轮啮合线有效长度	g_{va}/mm	$g_{va}=0.5[(d_{va1}^2-d_{vb1}^2)^{0.5}+(d_{va2}^2-d_{vb2}^2)^{0.5}]-a_v\sin\alpha$
当量齿轮端面重合度	$\varepsilon_{v\alpha}$	$\varepsilon_{v\alpha}=g_{va}/p_{vb}$

注：表中当量齿轮是指锥齿轮齿宽中点处的当量圆柱齿轮，如图 8-3-19 所示。

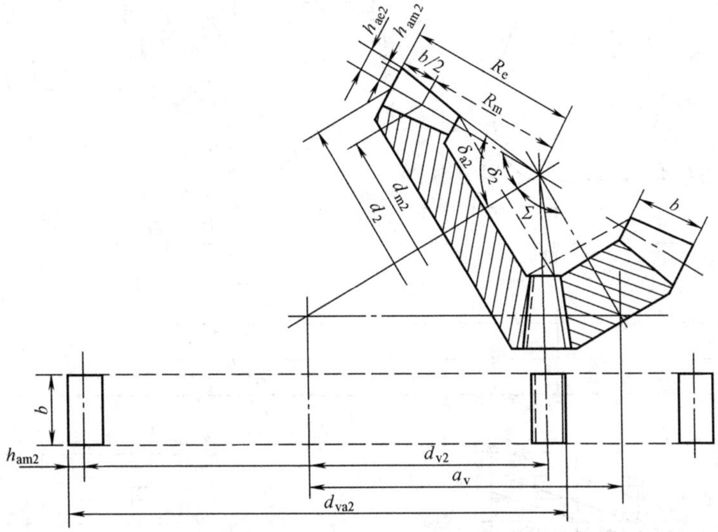

图 8-3-19　锥齿轮齿宽中点处的当量圆柱齿轮

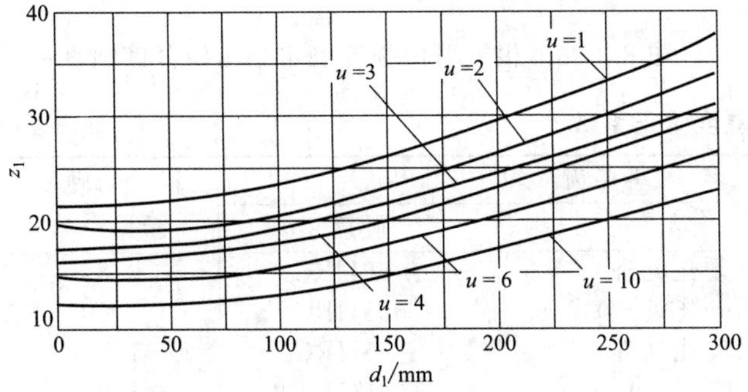

图 8-3-20　直齿锥齿轮的小齿轮齿数

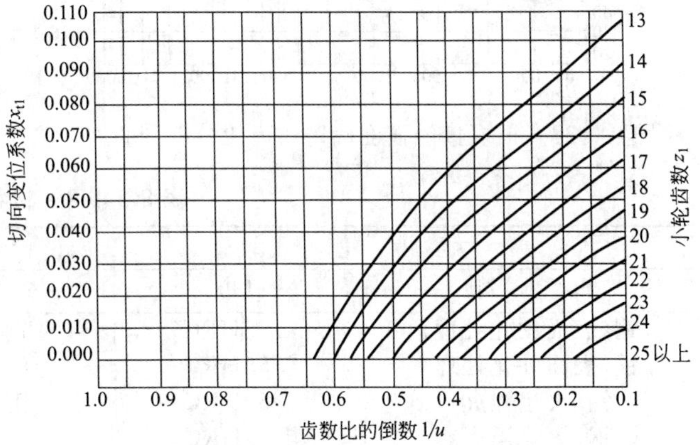

图 8-3-21　$\Sigma=90°$、$\alpha=20°$时小齿轮的切向变位系数

3.2.3 锥齿轮承载能力计算

3.2.3.1　轮齿的受力分析

3.2.3.2　直齿锥齿轮的初步设计

确定小齿轮大端分度圆直径初值 d_{10}，该初值由图 8-3-22 和图 8-3-23 查取，取其中较大者。

由线图确定 d_{10} 时需要注意以下几点。

① 当齿轮材料与齿面硬度不是渗碳钢与 55HRC 时，需要将 d_{10} 乘以表 8-3-102 所列的修正系数。

表 8-3-101　轮齿的受力分析及计算公式

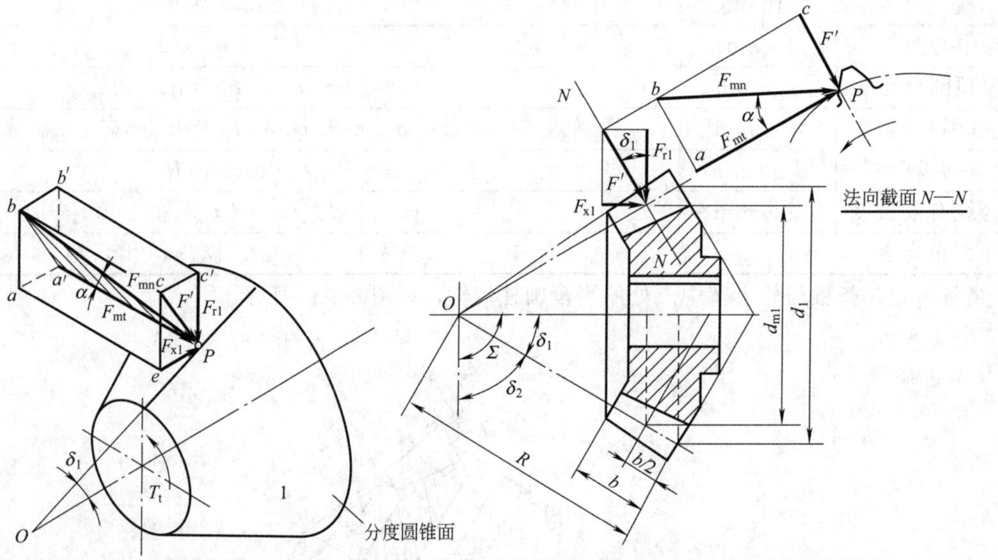

作用力/N	计　算　公　式
分锥齿宽中点处计算切向力	$F_{mt}=\dfrac{2000T_1}{d_{m1}}$　$\left[T_1=9549\dfrac{P_1}{n_1}(\mathrm{N\cdot m})\right]$
径向力	$F_{r1}=F_{mt}\tan\alpha\cos\delta_1$
轴向力	$F_{x1}=F_{mt}\tan\alpha\sin\delta_1=F_{r2}$

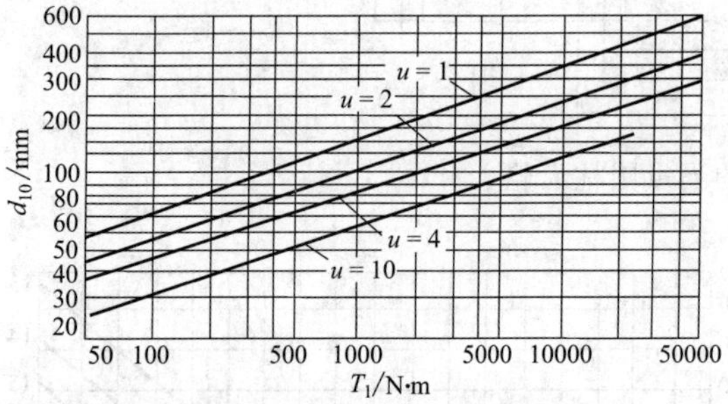

图 8-3-22　根据接触强度确定小齿轮分度圆直径

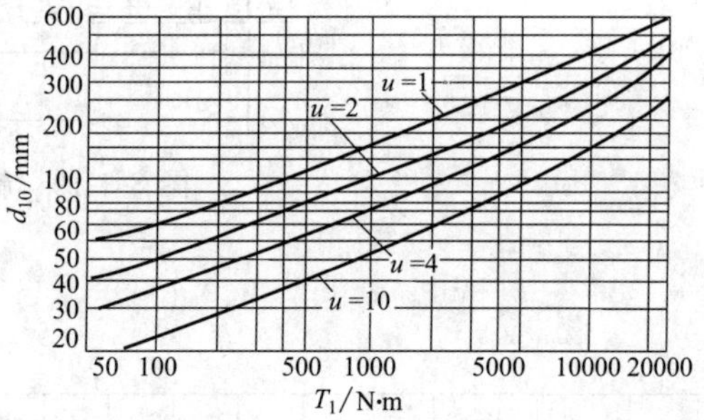

图 8-3-23　根据弯曲强度确定小齿轮分度圆直径

表 8-3-102　材料与硬度修正系数

大齿轮		小齿轮		材料与硬度修正系数
材　料	硬度	材　料	硬度	
钢(表面硬化处理)	≥58HRC	钢(表面硬化处理)	≥60HRC	0.85
钢(表面硬化处理)	≥55HRC	钢(表面硬化处理)	≥55HRC	1.00
钢(火焰淬火)	≥50HRC	钢(表面硬化处理)	≥55HRC	1.05
钢(火焰淬火)	≥50HRC	钢(火焰淬火)	375～425HBW	1.05
钢(油淬火)	375～425HBW	钢(油淬火)	≥55HRC	1.20
钢(热处理)	250～300HBW	钢(表面硬化处理)	≥55HRC	1.45
钢(热处理)	210～245HBW	钢(表面硬化处理)	≥55HRC	1.45
铸铁	—	钢(表面硬化处理)	≥50HRC	1.95
铸铁	—	钢(火焰淬火)	160～200HBW	2.00
铸铁	—	钢(退火)	—	2.10
铸铁	—	铸铁	—	3.10

② 确定 T_1 时需注意：在预期齿轮寿命内，若峰值载荷总循环数超过 10^7 次，则取峰值载荷为 T_1 值；若少于 10^7 次，则将峰值载荷的一半与持续载荷最大值比较，取其中大者为 T_1 值。

③ 由图 8-3-22 查得 d_{10} 值，对于数形直齿锥齿轮应乘以 1.2；表面硬化处理并经磨齿的弧齿锥齿轮乘以 0.8。将求得的 d_{10} 值与由图 8-3-23 查得的 d_{10} 值比较，取两者中较大者。

④ 承受不变载荷的齿轮，由图 8-3-23 查得的 d_{10} 值偏大，有振动工况下乘以 0.7，无振动时乘以 0.6。

⑤ 图 8-3-22 和图 8-3-23 不适用汽车、航空和船舶齿轮。

3.2.3.3 齿轮疲劳强度校核计算（摘自 GB/T 10062.1～3—2003）

表 8-3-103 齿轮校核计算公式

内　　容	齿面接触疲劳强度	齿根弯曲疲劳强度
应力及强度条件	$\sigma_H=\sigma_{H0}\sqrt{K_A K_V K_{H\beta} K_{H\alpha}}\leqslant\sigma_{HP}$	$\sigma_F=\sigma_{F0}K_A K_V K_{F\beta}K_{F\alpha}\leqslant\sigma_{FP}$
应力基本值/MPa	$\sigma_{H0}=\sqrt{\dfrac{F_{mt}}{d_{m1}l_{bm}}}\sqrt{\dfrac{u^2+1}{u}}Z_{M-B}Z_H Z_E Z_{LS}Z_\beta Z_K$	$\sigma_{F0}=\dfrac{F_{mt}}{bm_m}Y_{Fa}Y_{Sa}Y_\varepsilon Y_K Y_{LS}$
许用应力/MPa	$\sigma_{HP}=\dfrac{\sigma_{Hlim}Z_{NT}}{S_{Hmin}}Z_X Z_L Z_R Z_V Z_W$	$\sigma_{FP}=\dfrac{\sigma_{Flim}Y_{ST}Y_{NT}}{S_{Fmin}}Y_{\delta relT}Y_{RrelT}Y_X$

公式中参数的确定

内　　容	确　定　方　法
使用系数 K_A	由表 8-3-30 确定(表中值适用于减速传动,对于增速运动,用表中的 K_A 值再加上 $0.01u^2$)
动载系数 K_V	由表 8-3-31 确定(计算 C 值时带入 m_m)
齿向载荷系数 $K_{H\beta}$、$K_{F\beta}$	若 $b_e\geqslant0.85b$,$K_{H\beta}=K_{F\beta}=1.5K_{H\beta-be}$;若 $b_e<0.85b$,$K_{H\beta}=K_{F\beta}=1.5K_{H\beta-be}\left(\dfrac{0.85}{b_e/b}\right)$ (b_e 为满载工作时的有效齿宽,$K_{H\beta-be}$ 查表 8-3-104)
端面载荷分配系数 $K_{H\alpha}$、$K_{F\alpha}$	由表 8-3-105 确定
齿宽中点处计算切向力 F_{mt}/N	由表 8-3-101 确定
中点节圆直径 d_{m1}/mm	由表 8-3-100 确定
齿中间接触线长度 l_{bm}/mm	$l_{bm}=\dfrac{b\sqrt{\varepsilon_{v\alpha}^2-(2-\varepsilon_{v\alpha})^2}}{\varepsilon_{v\alpha}}$　($\varepsilon_{v\alpha}$ 查表 8-3-100)
齿数比 u	由表 8-3-100 确定
节点区域系数 Z_H	由图 8-3-24 确定
中点区域系数 Z_{M-B}	$Z_{M-B}=\dfrac{\tan\alpha}{\sqrt{\left[\sqrt{\left(\dfrac{d_{va1}}{d_{vb1}}\right)^2-1}-F_1\dfrac{\pi}{z_{v1}}\right]\left[\sqrt{\left(\dfrac{d_{va2}}{d_{vb2}}\right)^2-1}-F_2\dfrac{\pi}{z_{v2}}\right]}}$ 其中 $F_1=2$;$F_2=2(\varepsilon_{v\alpha}-1)$
弹性系数 Z_E	由表 8-3-37 确定
载荷分担系数 Z_{LS}	$Z_{LS}=1$
螺旋角系数 Z_β	$Z_\beta=1$
锥齿轮系数 Z_K	$Z_K=0.8$
尺寸系数 Z_X	$Z_X=1$
润滑剂系数 Z_L	由表 8-3-39 确定

第8篇

公式中参数的确定	
内　容	确　定　方　法
粗糙度系数 Z_R	由表 8-3-39 确定
速度系数 Z_V	由表 8-3-39 确定
齿面工作硬化系数 Z_W	$Z_W=1.2-(硬度值-130)/1700$ （式中硬度值为齿轮副中较软齿面的布氏硬度值。当硬度值＜130HBW 时，$Z_W=1.2$；当硬度值＞470HBW 时，$Z_W=1$；当大、小齿轮具有相同硬度时，$Z_W=1$）
寿命系数 Z_{NT}	由图 8-3-14 确定
接触疲劳极限 σ_{Hlim}/MPa	由图 8-3-8 确定
接触强度最小安全系数 S_{Hmin}	$S_{Hmin}=1$
弯曲强度最小安全系数 S_{Fmin}	$S_{Fmin}=1.5$
b、m_m	由表 8-3-100 确定
齿形系数 Y_{Fa}	由图 8-3-25 确定
齿顶加载时应力修正系数 Y_{Sa}	由图 8-3-26 确定
重合度系数 Y_ε	$Y_\varepsilon=0.25+\dfrac{0.75}{\varepsilon_{v\alpha}}\geqslant 0.625$（$\varepsilon_{v\alpha}$ 查表 8-3-100）
锥齿轮系数 Y_K	$Y_K=1$
载荷分担系数 Y_{LS}	$Y_{LS}=1$
齿根弯曲疲劳极限 σ_{Flim}/MPa	由图 8-3-9 确定
试验齿轮应力修正系数 Y_{ST}	$Y_{ST}=2$
相对齿根圆角敏感系数 $Y_{\delta relT}$	由图 8-3-27 确定
相对齿根表面状况系数 Y_{RrelT}	由图 8-3-28 确定
尺寸系数 Y_X	由图 8-3-29 确定
寿命系数 Y_{NT}	$Y_{NT}=1$

表 8-3-104　装配系数 $K_{H\beta\text{-}be}$

接触斑点检验	小齿轮与大齿轮的装配条件		
	没有任何齿轮是悬臂装配	一个齿轮是悬臂装配	两个齿轮都是悬臂装配
满载下对每套齿轮在箱体中检查	1.00	1.00	1.00
轻载下对每套齿轮检查	1.05	1.10	1.25
用标准齿轮装置检查，估算满载下的接触斑点	1.20	1.32	1.50

注：在最大的工作载荷下并在良好的接触斑点条件下检查，最大的工作载荷由装配条件下齿轮的变形试验证实。

表 8-3-105　端面载荷分配系数 $K_{H\alpha}$ 与 $K_{F\alpha}$

单位载荷 F_{mt}/b_e		≥100N/mm							＜100N/mm
齿轮精度等级		6 级及以上	7	8	9	10	11	12	所有等级
硬齿面	$K_{H\alpha}$	1.0		1.1	1.2	取 $1/z_{Ls}^2$ 和 1.2 中的较大值			
	$K_{F\alpha}$					取 $1/Y_\varepsilon$ 和 1.2 中的较大值			
软齿面	$K_{H\alpha}$	1.0			1.1	1.2	取 $1/z_{Ls}^2$ 和 1.2 中的较大值		
	$K_{F\alpha}$						取 $1/Y_\varepsilon$ 和 1.2 中的较大值		

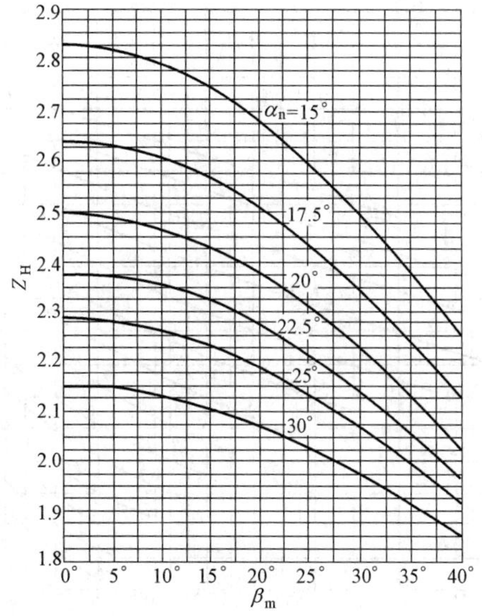

图 8-3-24　节点区域系数 Z_H

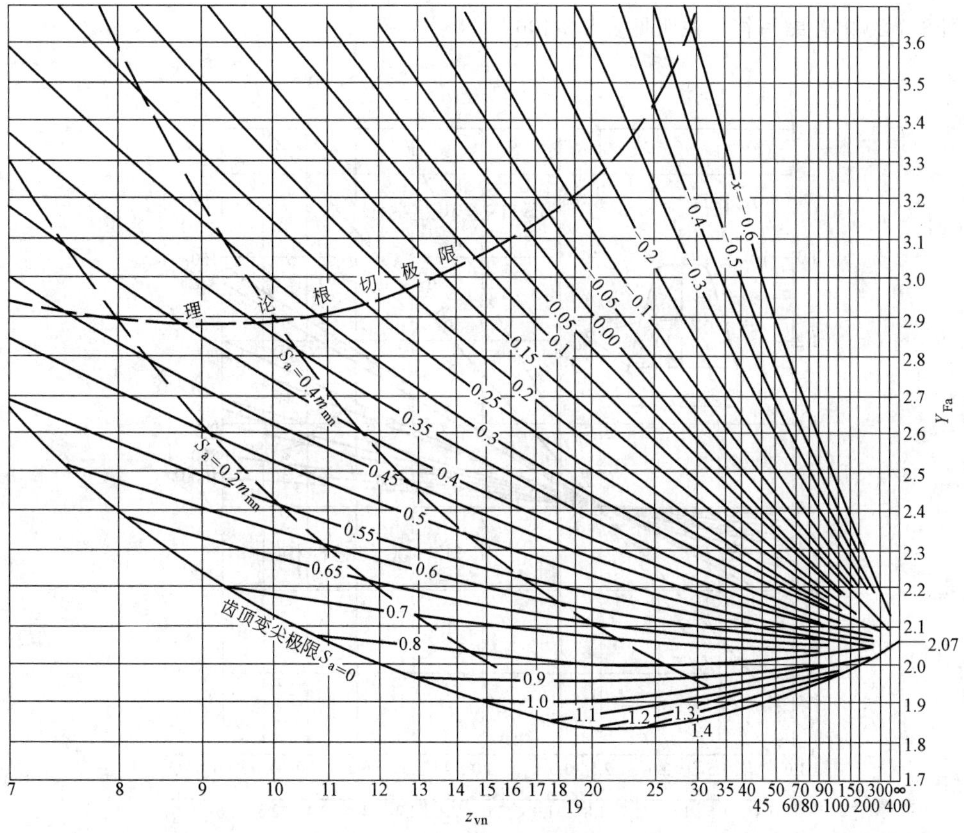

图 8-3-25　展成齿轮的齿形系数 Y_{Fa}

($\alpha=20°$，$h_a/m_{mn}=1$，$h_{a0}/m_{mn}=1.25$，$\rho_{a0}/m_{mn}=0.25$，$x_t=0$)

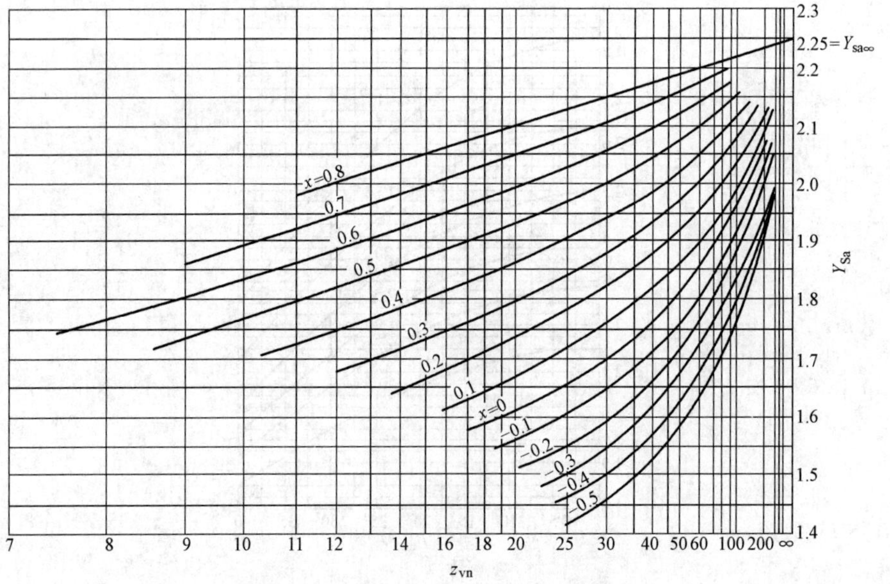

图 8-3-26　齿顶加载时应力修正系数 Y_{Sa}

（$\alpha_n=20°$，$h_{a0}/m_{mn}=1.25$，$\rho_{a0}/m_{mn}=0.25$，$x_t=0$）

图 8-3-27～图 8-3-29 中各缩写符号说明见表 8-3-106。

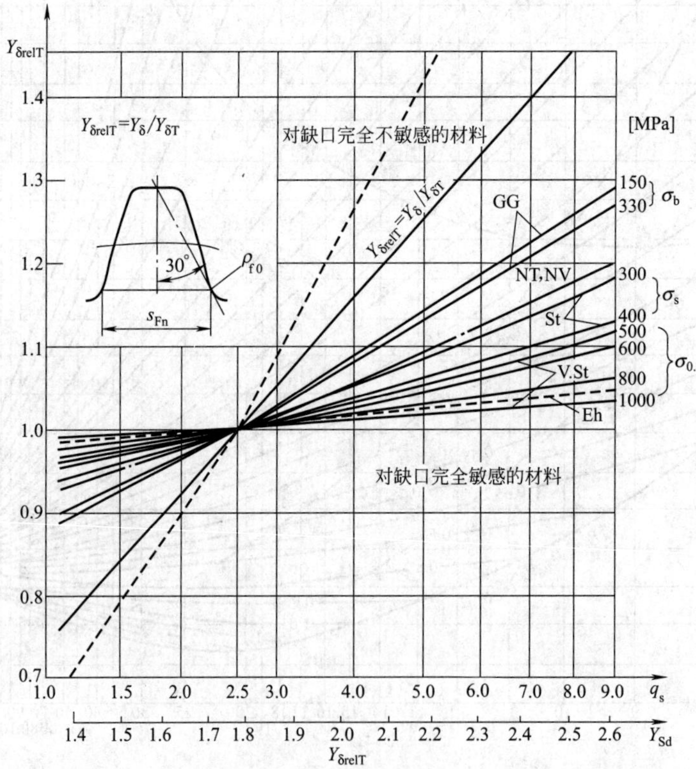

图 8-3-27　与标准试验齿轮尺寸相关的相对齿根圆角敏感系数

（许用齿根应力按名义弯曲应力确定）

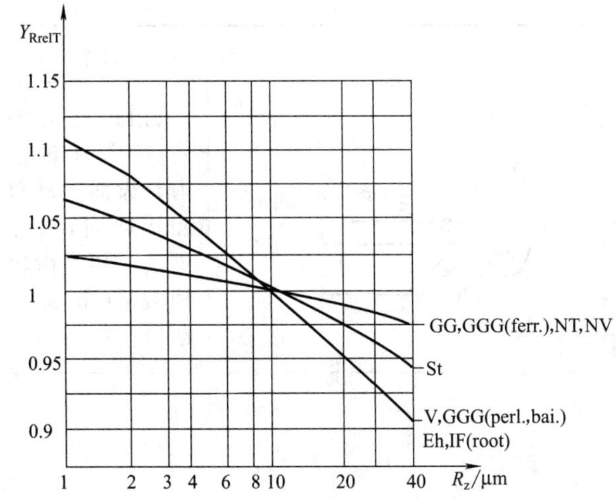

图 8-3-28 相对齿根表面状况系数 Y_{RrelT}

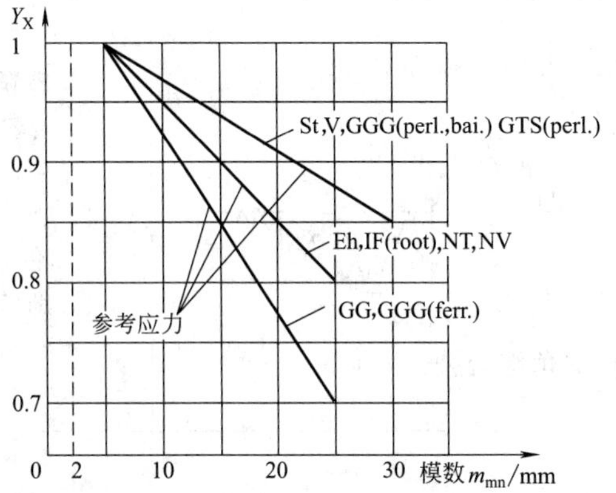

图 8-3-29 弯曲强度的尺寸系数 Y_X
(用于材料弯曲疲劳极限)

表 8-3-106 缩写词说明

缩写词	说　明	缩写词	说　明
S_t	结构钢(R_m<800MPa)	Eh	渗碳淬火的渗碳钢
V	调质钢调质(σ≥800MPa)	IF(root)	火焰或感应淬火(包括齿根圆角处)的钢、球墨铸铁
GG	灰铸铁	NT	氮化钢氮化
GGG(prel,bai,ferr.)	球墨铸铁(珠光体、贝氏体、铁素体结构)	NV(nitr.)	渗氮处理的调质钢、渗碳钢
GTS	可锻铸铁(珠光体结构)	NV(nitrocar.)	氮碳共渗的调质钢、渗碳钢

3.2.4 锥齿轮的精度

根据 GB/T 11365—1989，本标准适用于中点法向模数 m_n≥1mm 的直齿、斜齿、曲线齿和准双曲面齿轮(以下简称齿轮)。

3.2.4.1 定义和代号

表 8-3-107 齿轮、齿轮副误差的定义和代号

名　称	代号	定义	名　称	代号	定义
切向综合误差 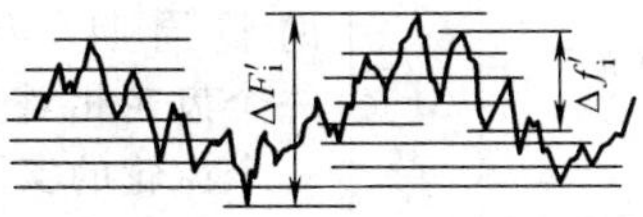 切向综合公差	$\Delta F'_i$ F'_i	被测齿轮与理想精确的测量齿轮按规定的安装位置单面啮合时，被测齿轮一转内，实际转角与理论转角之差的总幅度值。以齿宽中点分度圆弧长计	一齿切向综合误差 一齿切向综合公差	$\Delta f'_i$ f'_i	被测齿轮与理想精确的测量齿轮按规定的安装位置单面啮合时，被测齿轮一齿距角内，实际转角与理论转角之差的最大幅度值。以齿宽中点分度圆弧长计

续表

名称	代号	定义
轴交角综合误差 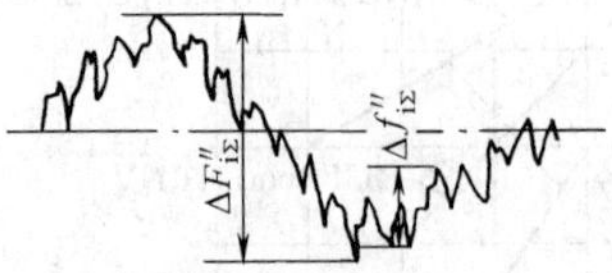 轴交角综合公差	$\Delta F''_{i\Sigma}$ $F''_{i\Sigma}$	被测齿轮与理想精确的测量齿轮在分锥顶点重合的条件下双面啮合时，被测齿轮一转内，齿轮副轴交角的最大变动量。以齿宽中点处线值计
一齿轴交角综合误差 一齿轴交角综合公差	$\Delta f''_{i\Sigma}$ $f''_{i\Sigma}$	被测齿轮与理想精确的测量齿轮在分锥顶点重合的条件下双面啮合时，被测齿轮一齿距角内，齿轮副轴交角的最大变动量。以齿宽中点处线值计
周期误差 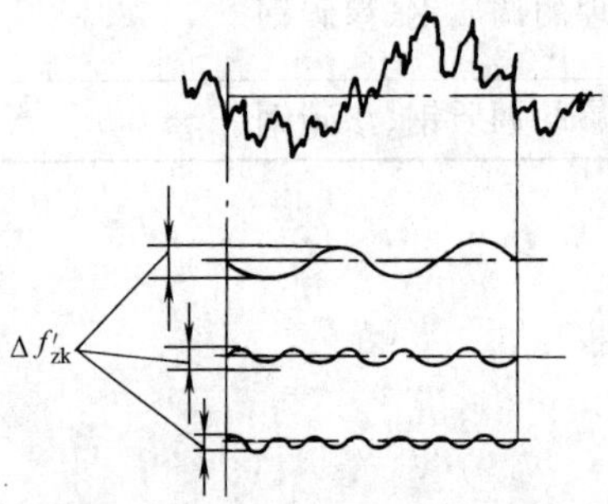 周期误差的公差	$\Delta f'_{zk}$ f'_{zk}	被测齿轮与理想精确的测量齿轮按规定的安装位置单面啮合时，被测齿轮一转内，两次(包括两次)以上各次谐波的总幅度值
齿距累积误差 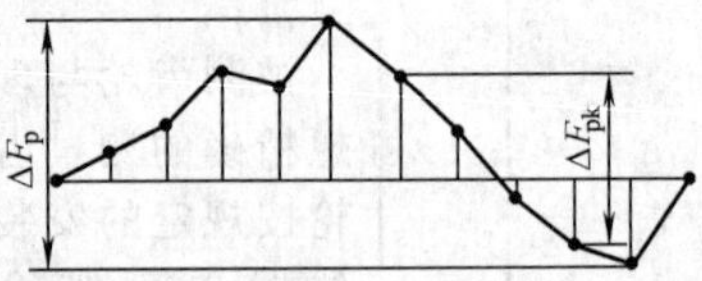 齿距累积公差	ΔF_p F_p	在中点分度圆[①]上，任意两个同侧齿面间的实际弧长与公称弧长之差的最大绝对值
K 个齿距累积误差 K 个齿距累积公差	ΔF_{pk} F_{pk}	在中点分度圆[①]上，K 个齿距的实际弧长与公称弧长之差的最大绝对值，K 为 2 到小于 $z/2$ 的整数

名称	代号	定义
齿圈跳动 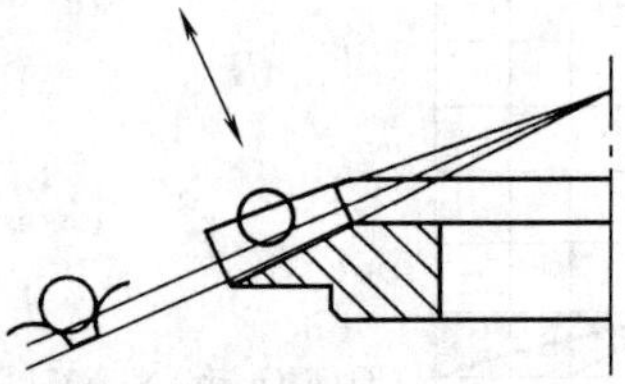 齿圈跳动公差	ΔF_r F_r	齿轮一转范围内，测头在齿槽内与齿面中部双面接触时，沿分锥法向相对齿轮轴线的最大变动量
齿距偏差 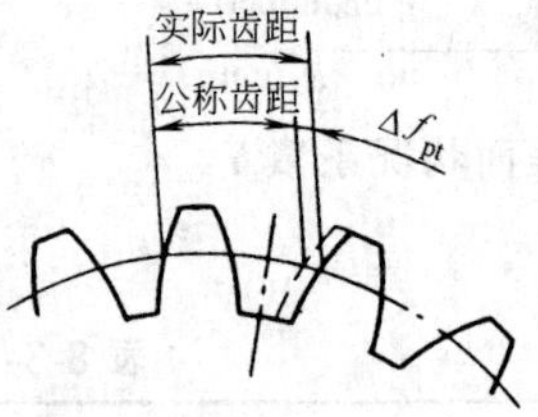 齿距偏差允许值 上偏差 下偏差	Δf_{pt} $+f_{pt}$ $-f_{pt}$	在中点分度圆[①]上，实际齿距与公称齿距之差
齿形相对误差 齿形相对误差的公差	Δf_c f_c	齿轮绕工艺轴线旋转时，各轮齿实际齿面相对于基准实际齿面传递运动的转角之差。以齿宽中点处线值计
齿厚偏差 齿厚极限偏差 上偏差 下偏差 齿厚公差	$\Delta E_{\bar{s}}$ $E_{\bar{s}s}$ $E_{\bar{s}i}$ $T_{\bar{s}}$	齿宽中点法向弦齿厚的实际值与公称值之差
齿轮副切向综合误差 齿轮副切向综合公差	$\Delta F'_{ic}$ F'_{ic}	齿轮副按规定的安装位置单面啮合时，在转动的整周期[②]内，一个齿轮相对另一个齿轮的实际转角与理论转角之差的总幅度值。以齿宽中点分度圆弧长计

续表

名称	代号	定义
齿轮副一齿切向综合误差 齿轮副一齿切向综合公差	$\Delta f'_{ic}$ f'_{ic}	齿轮副按规定的安装位置单面啮合时，在一齿距角内，一个齿轮相对另一个齿轮的实际转角与理论转角之差的最大值。在整周期[②]内取值，以齿宽中点分度圆弧长计
齿轮副轴交角综合误差 齿轮副轴交角综合公差	$\Delta F''_{i\Sigma c}$ $F''_{i\Sigma c}$	齿轮副在分锥顶点重合条件下双面啮合时，在转动的整周期[②]内，轴交角的最大变动量。以齿宽中点处线值计
齿轮副一齿轴交角综合误差 齿轮副一齿轴交角综合公差	$\Delta f''_{i\Sigma c}$ $f''_{i\Sigma c}$	齿轮副在分锥顶点重合条件下双面啮合时，在一齿距角内，轴交角的最大变动量。在整周期[②]内取值，以齿宽中点处线值计
齿轮副周期误差 齿轮副周期误差的公差	$\Delta f'_{zkc}$ f'_{zkc}	齿轮副按规定的安装位置单面啮合时，在大齿轮一转范围内，两次（包括两次）以上各次谐波的总幅度值
齿轮副齿频周期误差 齿轮副齿频周期误差的公差	$\Delta f'_{zzc}$ f'_{zzc}	齿轮副按规定的安装位置单面啮合时，以齿数为频率的谐波的总幅度值

名称	代号	定义
接触斑点 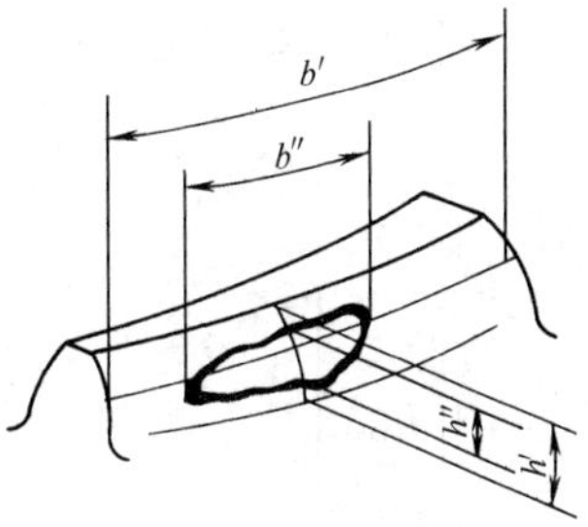	—	安装好的齿轮副（或被测齿轮与测量齿轮）在轻微力的制动下运转后，在齿轮工作齿面上得到的接触痕迹 接触斑点包括形状、位置、大小三方面的要求 接触痕迹的大小按百分比确定： 沿齿长方向——接触痕迹长度 b'' 与工作长度 b' 之比，即 $\frac{b''}{b'}\times100\%$ 沿齿高方向——接触痕迹高度 h'' 与接触痕迹中部的工作齿高 h' 之比，即 $\frac{h''}{h'}\times100\%$
齿轮副侧隙 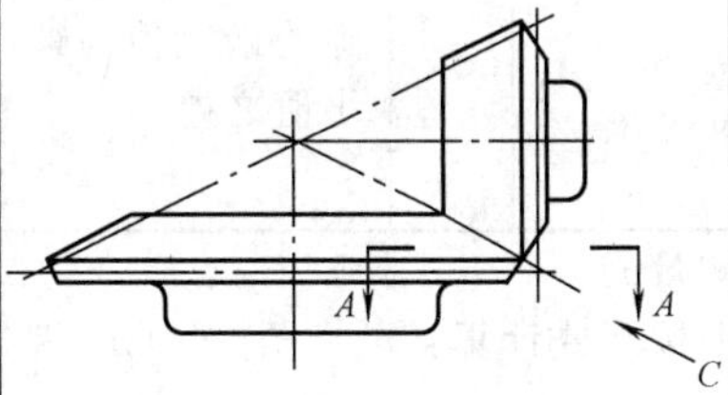 圆周侧隙 A—A旋转 2:5:1 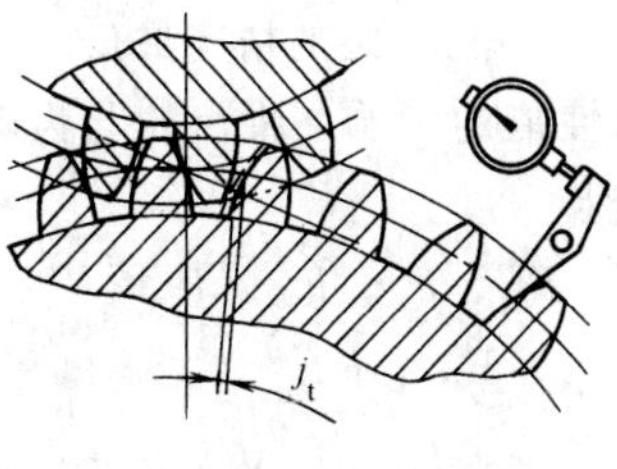	j_t	齿轮副按规定的位置安装后，其中一个齿轮固定时，另一个齿轮从工作齿面接触到非工作齿面接触所转过的齿宽中点分度圆弧长

续表

名　称	代号	定　义
法向侧隙 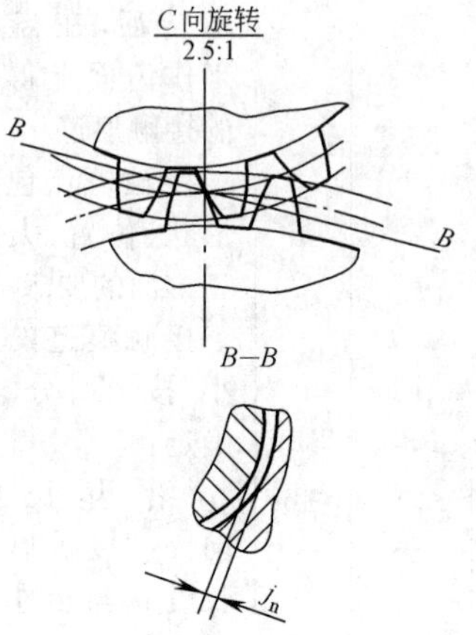 $j_n = j_t \cos\beta \cos\alpha$ 最小圆周侧隙 最大圆周侧隙 最小法向侧隙 最大法向侧隙	j_n j_{tmin} j_{tmax} j_{nmin} j_{nmax}	齿轮副按规定的位置安装后，工作齿面接触时，非工作齿面间的最小距离。以齿宽中点处计
齿轮副侧隙变动量 齿轮副侧隙变动公差	ΔF_{vj} F_{vj}	齿轮副按规定的位置安装后，在转动的整周期② 内，法向侧隙的最大值与最小值之差

名　称	代号	定　义
齿圈轴向位移 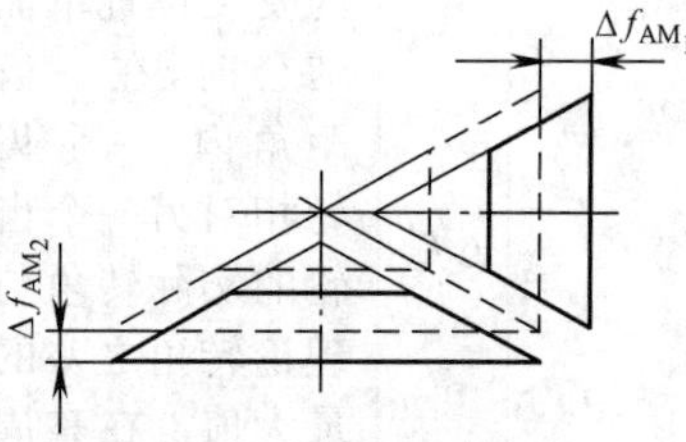 齿圈轴向位移偏差允许值 上偏差 下偏差	Δf_{AM} $+f_{AM}$ $-f_{AM}$	齿轮装配后，齿圈相对于滚动检查机上确定的最佳啮合位置的轴向位移量
齿轮副轴间距偏差 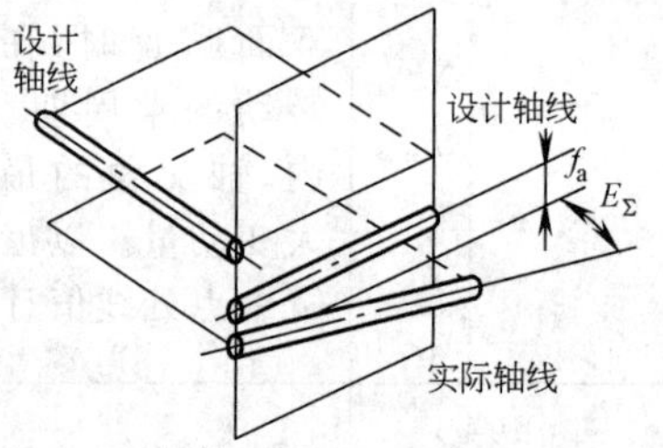 齿轮副轴间距偏差允许值 上偏差 下偏差	Δf_a $+f_a$ $-f_a$	齿轮副实际轴间距与公称轴间距之差
齿轮副轴交角偏差 齿轮副轴交角偏差允许值 上偏差 下偏差	ΔE_Σ $+E_\Sigma$ $-E_\Sigma$	齿轮副实际轴交角与公称轴交角之差。以齿宽中点处线值计

① 允许在齿面中部测量。

② 齿轮副转动整周期按下式计算：$n_2 = z_1/X$（n_2 为大齿轮转数；z_1 为小齿轮齿数；X 为大、小齿轮齿数的最大公约数）。

3.2.4.2 精度等级与公差分组

GB/T 11365—1989 对锥齿轮及锥齿轮副规定 12 个精度等级。第 1 级的精度最高，第 12 级的精度最低。

按照公差的特性对传动性能的影响，将齿轮与齿轮副的公差项目分成三个公差组。

第Ⅰ公差组　齿轮：F'_i、$F''_{i\Sigma}$、F_p、F_{pk}、F_r

齿轮副：F'_{ic}、$F''_{i\Sigma c}$、F_{vj}

第Ⅱ公差组　齿轮：f'_i、$f''_{i\Sigma}$、f'_{zk}、f_{pt}、f_c

齿轮副：f'_{ic}、$f''_{i\Sigma c}$、f'_{zkc}、f'_{zzc}、f_{AM}

第Ⅲ公差组　齿轮：接触斑点

齿轮副：接触斑点、f_a

根据使用要求，允许各公差组选用不同的精度等级。但对齿轮副中大、小齿轮的同一公差组，应规定同一精度等级。

允许工作齿面和非工作齿面选用不同的精度等级（$F''_{i\Sigma}$、$F''_{i\Sigma c}$、$f''_{i\Sigma}$、$f''_{i\Sigma c}$、F_r、F_{vj} 除外）。

3.2.4.3　齿轮的检验与公差

根据工作要求和生产规模，在以下各公差组中，任选一个检验组评定和验收齿轮的精度等级。检验组可由订货的供需双方协商确定。

第Ⅰ公差组的检验组：

$\Delta F'_{i}$(用于4～8级精度)；

$\Delta F''_{i\Sigma}$(用于7～12级精度的直齿锥齿轮)；

ΔF_{p} 与 ΔF_{pk}（用于4～6级精度)；

ΔF_{p}（用于7～8级精度)；

ΔF_{r}（用于7～12级精度，其中7～8级用于中点分度圆直径大于1600mm的齿轮)。

第Ⅱ公差组的检验组：

$\Delta f'_{i}$(用于4～8级精度)；

$\Delta f''_{i\Sigma}$(用于7～12级精度的直齿锥齿轮)；

$\Delta f'_{zk}$(用于4～8级精度)；

Δf_{pt} 与 Δf_{c}（用于4～6级精度)；

Δf_{pt}（用于7～12级精度)。

第Ⅲ公差组的检验组：

接触斑点。

3.2.4.4　齿轮副的检验与公差

(1) 齿轮副精度包括Ⅰ、Ⅱ、Ⅲ公差组和侧隙四方面要求。当齿轮副安装在实际装置上时，应检验安装误差项目 Δf_{AM}、Δf_{a}、ΔE_{Σ}。

(2) 根据齿轮副的工作要求和生产规模，在以下各公差组中，任选一个检验组评定和验收齿轮副的精度。检验组可由订货的供需双方确定。

第Ⅰ公差组的检验组：

$\Delta F'_{ic}$(用于4～8级精度)；

$\Delta F''_{i\Sigma c}$(用于7～12级精度的直齿锥齿轮副)；

ΔF_{vj}（用于9～12级精度)。

第Ⅱ公差组的检验组：

$\Delta f'_{ic}$(用于4～8级精度)；

$\Delta f''_{i\Sigma c}$(用于7～12级精度的直齿锥齿轮副)；

$\Delta f'_{zkc}$(用于4～8级精度)；

$\Delta f'_{zzc}$(用于4～8级精度)。

第Ⅲ公差组的检验组：

接触斑点。

3.2.4.5　齿轮副的侧隙

(1) 标准规定齿轮副的最小法向侧隙种类为六种：a、b、c、d、e和h。最小法向侧隙值以a为最大，h为零（见图8-3-30)。最小法向侧隙种类与精度等级无关。

(2) 最小法向侧隙种类确定后，按表8-3-118和表8-3-123查取 $E_{\bar{s}s}$ 和 $\pm E_{\Sigma}$。

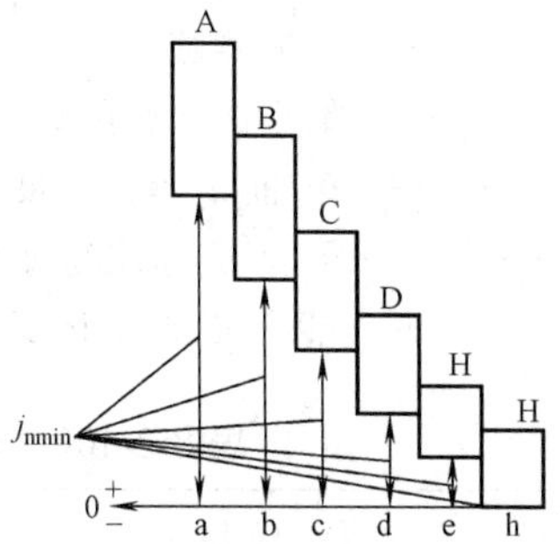

图 8-3-30　推荐的最小法向侧隙与法向侧隙公差组合

(3) 最小法向侧隙 j_{nmin} 按表8-3-117规定。有特殊要求时，j_{nmin} 可不按表8-3-117所列数值确定。此时，用线性插值法由表8-3-118和表8-3-123计算 $E_{\bar{s}s}$ 和 $\pm E_{\Sigma}$。

(4) 最大法向侧隙 j_{nmax} 按 $j_{nmax}=(|E_{\bar{s}s1}+E_{\bar{s}s2}|+T_{\bar{s}1}+T_{\bar{s}2}+E_{\bar{s}\Delta1}+E_{\bar{s}\Delta2})\cos\alpha_{n}$ 规定。$E_{\bar{s}\Delta}$ 为制造误差的补偿部分，由表8-3-120查取。

(5) 标准规定齿轮副的法向侧隙公差种类为五种：A、B、C、D和H。法向侧隙公差种类与精度等级有关。允许不同种类的法向侧隙公差和最小法向侧隙组合。在一般情况下，推荐法向侧隙公差种类与最小法向侧隙种类的对应关系如图8-3-30所示。

(6) 齿厚公差 $T_{\bar{s}}$ 按表8-3-119规定。

3.2.4.6　图样标注

在齿轮工作图上应标注齿轮的精度等级和最小法向侧隙种类及法向侧隙公差种类的数字与字母代号。标注示例如下。

(1) 齿轮的三个公差组精度同为7级，最小法向侧隙种类为b，法向侧隙公差种类为B：

```
7  b    GB/T 11365
|  └────最小法向侧隙和法向侧隙公差种类
└───────第Ⅰ、Ⅱ、Ⅲ公差组的精度等级
```

(2) 齿轮的三个公差组同为7级，最小法向侧隙为400μm，法向侧隙公差种类为B：

```
7  400  B   GB/T 11365
|   |   └───法向侧隙公差种类
|   └───────最小法向侧隙数值
└───────────第Ⅰ、Ⅱ、Ⅲ公差组的精度等级
```

(3) 齿轮的第Ⅰ公差组精度为8级，第Ⅱ、Ⅲ公差组精度为7级，最小法向侧隙种类为c，法向侧隙公差种类为B：

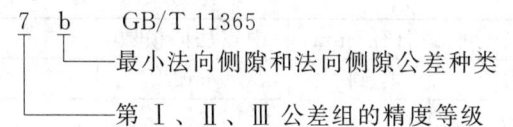

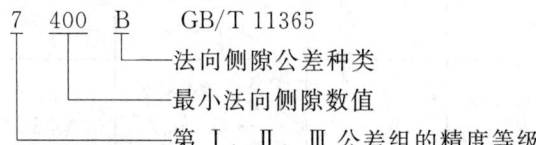

8-7-7 c B GB/T 11365

- B —— 法向侧隙公差种类
- c —— 最小法向侧隙数值
- 7 —— 第 Ⅲ 公差组精度等级
- 7 —— 第 Ⅱ 公差组精度等级
- 8 —— 第 Ⅰ 公差组精度等级

3.2.4.7 齿坯要求

齿轮在加工检验和安装时定位基准面应尽量一致，并在零件图上予以标注。

标准推荐使用表 8-3-126～表 8-3-128 中的齿坯公差。

3.2.4.8 各种公差与极限偏差数值表

表 8-3-108 齿距累积公差 F_p 和 K 个齿距累积公差 F_{pk} 值 /μm

L/mm		精度等级								
大于	到	4	5	6	7	8	9	10	11	12
—	11.2	4.5	7	11	16	22	32	45	63	90
11.2	20	6	10	16	22	32	45	63	90	125
20	32	8	12	20	28	40	56	80	112	160
32	50	9	14	22	32	45	63	90	125	180
50	80	10	16	25	36	50	71	100	140	200
80	160	12	20	32	45	63	90	125	180	250
160	315	18	28	45	63	90	125	180	250	355
315	630	25	40	63	90	125	180	250	355	500
630	1000	32	50	80	112	160	224	315	450	630
1000	1600	40	63	100	140	200	280	400	560	800
1600	2500	45	71	112	160	224	315	450	630	900
2500	3150	56	90	140	200	280	400	560	800	1120
3150	4000	63	100	160	224	315	450	630	900	1250
4000	5000	71	112	180	250	355	500	710	1000	1400
5000	6300	80	125	200	280	400	560	800	1120	1600

注：F_p 和 F_{pk} 按中点分度圆弧长 L 查表：查 F_p 时，取 $L=\frac{1}{2}\pi d_m=\frac{\pi m_{mn}z}{2\cos\beta}$；查 F_{pk} 时，取 $L=\frac{K\pi m_{mn}}{\cos\beta}$（没有特殊要求时，$K$ 值取 z/6 或最接近的整齿数）。

表 8-3-109 齿圈跳动公差 F_r 值 /μm

中点分度圆直径/mm		中点法向模数	精度等级					
大于	到	/mm	7	8	9	10	11	12
—	125	≥1～3.5	36	45	56	71	90	112
		>3.5～6.3	40	50	63	80	100	125
		>6.3～10	45	56	71	90	112	140
		>10～16	50	63	80	100	120	150
125	400	≥1～3.5	50	63	80	100	125	160
		>3.5～6.3	56	71	90	112	140	180
		>6.3～10	63	80	100	125	160	200
		>10～16	71	90	112	140	180	224
		>16～25	80	100	125	160	200	250

中点分度圆直径/mm 大于	到	中点法向模数/mm	精度等级 7	8	9	10	11	12
400	800	≥1～3.5	63	80	100	125	160	200
		>3.5～6.3	71	90	112	140	180	224
		>6.3～10	80	100	125	160	200	250
		>10～16	90	112	140	180	224	280
		>16～25	100	125	160	200	250	315
		>25～40	—	140	180	224	280	360
800	1600	≥1～3.5	—	—	—	—	—	—
		>3.5～6.3	80	100	125	160	200	250
		>6.3～10	90	112	140	180	224	280
		>10～16	100	125	160	200	250	315
		>16～25	112	140	180	224	280	360
		>25～40	—	160	200	260	315	420
1600	2500	≥1～3.5	—	—	—	—	—	—
		>3.5～6.3	—	—	—	—	—	—
		>6.3～10	100	125	160	200	250	315
		>10～16	112	140	180	224	280	355
		>16～25	125	160	200	250	315	400
		>25～40	—	190	240	300	380	480
		>40～55	—	220	280	340	450	560
2500	4000	≥1～3.5	—	—	—	—	—	—
		>3.5～6.3	—	—	—	—	—	—
		>6.3～10	—	—	—	—	—	—
		>10～16	125	160	200	250	315	400
		>16～25	140	180	224	280	355	450
		>25～40	—	224	280	355	450	560
		>40～55	—	240	320	400	530	630

表 8-3-110 周期误差的公差 f'_{zk} 值（齿轮副周期误差的公差 f'_{zkc} 值） /μm

中点分度圆直径/mm		中点法向模数/mm	精度等级 4 齿轮在一转（齿轮副在大齿轮一转）内的周期数									5								
大于	到		≥2～4	>4～8	>8～16	>16～32	>32～63	>63～125	>125～250	>250～500	>500	≥2～4	>4～8	>8～16	>16～32	>32～63	>63～125	>125～250	>250～500	>500
—	125	≥1～6.3	4.5	3.2	2.4	1.9	1.5	1.3	1.2	1.1	1	7.1	5	3.8	3	2.5	2.1	1.9	1.7	1.6
		>6.3～10	5.3	3.8	2.8	2.2	1.8	1.5	1.4	1.2	1.1	8.5	6	4.5	3.6	2.8	2.5	2.1	1.9	1.8
125	400	≥1～6.3	6.3	4.5	3.4	2.8	2.2	1.9	1.8	1.5	1.4	10.5	7.1	5.6	4.5	3.4	3	2.8	2.4	2.2
		>6.3～10	7.1	5	4	3	2.5	2.1	1.9	1.7	1.6	11	8	6.5	4.8	4	3.2	3	2.6	2.5
400	800	≥1～6.3	8.5	6	4.5	3.6	2.8	2.5	2.2	2	1.9	13	9.5	7.1	5.6	4.5	4	3.4	3	2.8
		>6.3～10	9	6.7	5	3.8	3	2.6	2.2	2.1	2	14	10.5	8	6	5	4.2	3.6	3.2	3
800	1600	≥1～6.3	9	6.7	5	4	3.2	2.6	2.4	2.2	2	14	10.5	8	6.3	5	4.2	3.8	3.4	3.2
		>6.3～10	11	8	6	4.8	3.8	3.2	2.8	2.6	2.5	16	15	10	7.5	6.3	5.3	4.8	4.2	4
1600	2500	≥1～6.3	10.5	7.5	5.6	4.5	3.6	3	2.6	2.5	2.2	16	11	8.5	7.1	5.6	4.8	4.2	4	3.6
		>6.3～10	12	8.5	6.5	5	4	3.6	3	2.8	2.6	19	14	10.5	8	6.7	5.6	5	4.5	4.2
2500	4000	≥1～6.3	11	8	6.3	4.8	4	3.4	3	2.8	2.6	18	13	10	7.5	6.3	5.3	4.8	4.2	4
		>6.3～10	13	9.5	7.1	5.6	4.5	3.8	3.4	3	2.8	21	15	11	9	7.1	6	5.3	5	4.5

中点分度圆直径/mm		中点法向模数/mm	精度等级													
			6									7				
			齿轮在一转(齿轮副在大齿轮一转)内的周期数													
大于	到		≥2~4	>4~8	>8~16	>16~32	>32~63	>63~125	>125~250	>250~500	>500	≥2~4	>4~8	>8~16	>16~32	>32~63
—	125	≥1~6.3	11	8	6	4.8	3.8	3.2	3	2.6	2.5	17	13	10	8	6
		>6.3~10	13	9.5	7.1	5.6	4.5	3.8	3.4	3	2.8	21	15	11	9	7.1
125	400	≥1~6.3	16	11	8.5	6.7	5.6	4.8	4.2	3.8	3.6	25	18	13	10	9
		>6.3~10	18	13	10	7.5	6	5.3	4.5	4.2	4	28	20	16	12	10
400	800	≥1~6.3	21	15	11	9	7.1	6	5.3	5	4.8	32	24	18	14	11
		>6.3~10	22	17	12	9.5	7.5	6.7	6	5.3	5	36	26	19	15	12
800	1600	≥1~6.3	24	17	15	10	8	7.5	7	6.3	6	36	26	20	16	13
		>6.3~10	27	20	15	12	9.5	8	7.1	6.7	6.3	42	30	22	18	15
1600	2500	≥1~6.3	26	19	14	11	9	7.5	6.7	6.3	5.6	40	30	22	17	14
		>6.3~10	30	21	16	12	10	8	7.5	7.1	6.7	45	34	26	20	16
2500	4000	≥1~6.3	28	21	16	12	10	8	7.5	6.7	6.3	45	32	25	19	16
		>6.3~10	32	22	17	14	11	9.5	8.5	7.5	7.1	53	38	28	22	18

中点分度圆直径/mm		中点法向模数/mm	精度等级												
			7				8								
			齿轮在一转(齿轮副在大齿轮一转)内的周期数												
大于	到		>63~125	>125~250	>250~500	>500	≥2~4	>4~8	>8~16	>16~32	>32~63	>63~125	>125~250	>250~500	>500
—	125	≥1~6.3	5.3	4.5	4.2	4	25	18	13	10	8.5	7.5	6.7	6	5.6
		>6.3~10	6	5.3	5	4.5	28	21	16	12	10	8.5	7.5	7	6.7
125	400	≥1~6.3	7.5	6.7	6	5.6	36	26	19	15	12	10	9	8.5	8
		>6.3~10	8	7.5	6.7	6.3	40	30	22	17	14	12	10.5	10	8.5
400	800	≥1~6.3	10	8.5	8	7.5	45	32	25	19	16	13	12	11	10
		>6.3~10	10	9.5	8.5	8	50	36	28	21	17	15	13	12	11
800	1600	≥1~6.3	11	10	8.5	8	53	38	28	22	18	15	14	12	11
		>6.3~10	12	11	10	9.5	63	44	32	26	22	18	16	14	13
1600	2500	≥1~6.3	12	11	9.5	9	56	42	30	24	20	17	15	14	13
		>6.3~10	14	12	11	10	67	50	36	28	22	19	17	16	15
2500	4000	≥1~6.3	13	12	11	10	63	45	34	28	22	19	17	15	14
		>6.3~10	15	14	12	11	71	53	40	30	25	22	19	18	16

表 8-3-111 齿距偏差允许值 $\pm f_{pt}$ 值 /μm

中点分度圆直径/mm		中点法向模数/mm	精度等级								
大于	到		4	5	6	7	8	9	10	11	12
—	125	≥1~3.5	4	6	10	14	20	28	40	56	80
		>3.5~6.3	5	8	13	18	25	36	50	71	100
		>6.3~10	5.5	9	14	20	28	40	56	80	112
		>10~16	—	11	17	24	34	48	67	100	130

续表

中点分度圆直径/mm		中点法向模数/mm	精度等级								
大于	到		4	5	6	7	8	9	10	11	12
125	400	≥1～3.5	4.5	7	11	16	22	32	45	63	90
		>3.5～6.3	5.5	9	14	20	28	40	56	80	112
		>6.3～10	6	10	16	22	32	45	63	90	125
		>10～16	—	11	18	25	36	50	71	100	140
		>16～25	—	—	—	32	45	63	90	125	180
400	800	≥1～3.5	5	8	13	18	25	36	50	71	100
		>3.5～6.3	5.5	9	14	20	28	40	56	80	112
		>6.3～10	7	11	18	25	36	50	71	100	140
		>10～16	—	12	20	28	40	56	80	112	160
		>16～25	—	—	—	36	50	71	100	140	200
		>25～40	—	—	—	—	63	90	125	180	250
800	1600	≥1～3.5	—	—	—	—	—	—	—	—	—
		>3.5～6.3	—	10	16	22	32	45	63	90	125
		>6.3～10	7	11	18	25	36	50	71	100	140
		>10～16	—	13	20	28	40	56	80	112	160
		>16～25	—	—	—	36	50	71	100	140	200
		>25～40	—	—	—	—	63	90	125	180	250
1600	2500	≥1～3.5	—	—	—	—	—	—	—	—	—
		>3.5～6.3	—	—	—	—	—	—	—	—	—
		>6.3～10	8	13	20	28	40	56	80	112	160
		>10～16	—	14	22	32	45	63	90	125	180
		>16～25	—	—	—	40	56	80	112	160	224
		>25～40	—	—	—	—	71	100	140	200	280
		>40～55	—	—	—	—	90	125	180	250	355
2500	4000	≥1～3.5	—	—	—	—	—	—	—	—	—
		>3.5～6.3	—	—	—	—	—	—	—	—	—
		>6.3～10	—	—	—	32	—	—	—	—	—
		>10～16	—	16	25	36	50	71	100	140	200
		>16～25	—	—	—	40	56	80	112	160	224
		>25～40	—	—	—	—	71	100	140	200	280
		>40～55	—	—	—	—	95	140	180	280	400

表 8-3-112 齿形相对误差的公差 f_c 值 /μm

中点分度圆直径/mm		中点法向模数/mm	精度等级				
大于	到		4	5	6	7	8
—	125	≥1～3.5	3	4	5	8	10
		>3.5～6.3	4	5	6	9	13
		>6.3～10	4	6	8	11	17
		>10～16	—	7	10	15	22
125	400	≥1～3.5	4	5	7	9	13
		>3.5～6.3	4	6	8	11	15
		>6.3～10	5	7	9	13	19
		>10～16	—	8	11	17	25
		>16～25	—	—	—	22	34

第8篇

续表

中点分度圆直径/mm		中点法向模数	精度等级				
大于	到	/mm	4	5	6	7	8
400	800	≥1～3.5	5	6	9	12	18
		>3.5～6.3	5	7	10	14	20
		>6.3～10	6	8	11	16	24
		>10～16	—	9	13	20	30
		>16～25	—	—	—	25	38
		>25～40	—	—	—	—	53
800	1600	≥1～3.5	—	—	—	—	—
		>3.5～6.3	6	9	13	19	28
		>6.3～10	7	10	14	21	32
		>10～16	—	11	16	25	38
		>16～25	—	—	—	30	48
		>25～40	—	—	—	—	60
1600	2500	≥1～3.5	—	—	—	—	—
		>3.5～6.3	—	—	—	—	—
		>6.3～10	9	13	19	28	45
		>10～16	—	14	21	32	50
		>16～25	—	—	—	38	56
		>25～40	—	—	—	—	71
		>40～55	—	—	—	—	90
2500	4000	≥1～3.5	—	—	—	—	—
		>3.5～6.3	—	—	—	—	—
		>6.3～10	—	—	—	—	—
		>10～16	—	18	28	42	61
		>16～25	—	—	—	48	75
		>25～40	—	—	—	—	90
		>40～55	—	—	—	—	105

表 8-3-113 齿轮副轴交角综合公差 $F''_{i\Sigma c}$ 值 /μm

中点分度圆直径/mm		中点法向模数	精度等级					
大于	到	/mm	7	8	9	10	11	12
—	125	≥1～3.5	67	85	110	130	170	200
		>3.5～6.3	75	95	120	150	190	240
		>6.3～10	85	105	130	170	220	260
		>10～16	100	120	150	190	240	300
125	400	≥1～3.5	100	125	160	190	250	300
		>3.5～6.3	105	130	170	200	260	340
		>6.3～10	120	150	180	220	280	360
		>10～16	130	160	200	250	320	400
		>16～25	150	190	220	280	375	450

续表

中点分度圆直径/mm		中点法向模数/mm	精度等级					
大于	到		7	8	9	10	11	12
400	800	≥1～3.5	130	160	200	260	320	400
		>3.5～6.3	140	170	220	280	340	420
		>6.3～10	150	190	240	300	360	450
		>10～16	160	200	260	320	400	500
		>16～25	180	240	280	360	450	560
		>25～40	—	280	340	420	530	670
800	1600	≥1～3.5	150	180	240	280	360	450
		>3.5～6.3	160	200	250	320	400	500
		>6.3～10	180	220	280	360	450	560
		>10～16	200	250	320	400	500	600
		>16～25	—	280	340	450	560	670
		>25～40	—	320	400	500	630	800

表 8-3-114 齿轮副侧隙变动公差 F_{vj} 值 /μm

直径/mm		中点法向模数/mm	精度等级			
大于	到		9	10	11	12
—	125	≥1～3.5	75	90	120	150
		>3.5～6.3	80	100	130	160
		>6.3～10	90	120	150	180
		>10～16	105	130	170	200
125	400	≥1～3.5	110	140	170	200
		>3.5～6.3	120	150	180	220
		>6.3～10	130	160	200	250
		>10～16	140	170	220	280
		>16～25	160	200	250	320
400	800	≥1～3.5	140	180	220	280
		>3.5～6.3	150	190	240	300
		>6.3～10	160	200	260	320
		>10～16	180	220	280	340
		>16～25	200	250	300	380
		>25～40	240	300	380	450
800	1600	≥1～3.5	—	—	—	—
		>3.5～6.3	170	220	280	360
		>6.3～10	200	250	320	400
		>10～16	220	270	340	440
		>16～25	240	300	380	480
		>25～40	280	340	450	530
1600	2500	≥1～3.5	—	—	—	—
		>3.5～6.3	—	—	—	—
		>6.3～10	220	280	340	450
		>10～16	250	300	400	500
		>16～25	280	360	450	560
		>25～40	320	400	500	630
		>40～55	360	450	560	710

续表

直径/mm		中点法向模数	精度等级			
大于	到	/mm	9	10	11	12
2500	4000	≥1～3.5	—	—	—	—
		>3.5～6.3	—	—	—	—
		>6.3～10	—	—	—	—
		>10～16	280	340	420	530
		>16～25	320	400	500	630
		>25～40	375	450	560	710
		>40～55	420	530	670	800

注：1. 取大、小齿轮中点分度圆直径之和的一半作为查表直径。

2. 对于齿数比为整数且不大于 3 的齿轮副，当采用选配时，可将侧隙变动公差 F_{vj} 值压缩 25%或更多。

表 8-3-115　齿轮副—齿轴交角综合公差 $f''_{i\Sigma c}$ 值　/μm

中点分度圆直径/mm		中点法向模数	精度等级					
大于	到	/mm	7	8	9	10	11	12
—	125	≥1～3.5	28	40	53	67	85	100
		>3.5～6.3	36	50	60	75	95	120
		>6.3～10	40	56	71	90	110	140
		>10～16	48	67	85	105	140	170
125	400	≥1～3.5	32	45	60	75	95	120
		>3.5～6.3	40	56	67	80	105	130
		>6.3～10	45	63	80	100	125	150
		>10～16	50	71	90	120	150	190
400	800	≥1～3.5	36	50	67	80	105	130
		>3.5～6.3	40	56	75	90	120	150
		>6.3～10	50	71	85	105	140	170
		>10～16	56	80	100	130	160	200
800	1600	≥1～3.5	—	—	—	—	—	—
		>3.5～6.3	45	63	80	105	130	160
		>6.3～10	50	71	90	120	150	180
		>10～16	56	80	110	140	170	210
1600	2500	≥1～3.5	—	—	—	—	—	—
		>3.5～6.3	—	—	—	—	—	—
		>6.3～10	56	80	100	130	160	200
		>10～16	63	110	120	150	180	240
2500	4000	≥1～3.5	—	—	—	—	—	—
		>3.5～6.3	—	—	—	—	—	—
		>6.3～10	—	—	—	—	—	—
		>10～16	71	100	125	160	200	250

表 8-3-116　齿轮副齿频周期误差的公差 f'_{zzc} 值　/μm

齿数		中点法向模数	精度等级				
大于	到	/mm	4	5	6	7	8
—	16	≥1～3.5	4.5	6.7	10	15	22
		>3.5～6.3	5.6	8	12	18	28
		>6.3～10	6.7	10	14	22	32

续表

齿数		中点法向模数/mm	精度等级				
大于	到		4	5	6	7	8
16	32	≥1～3.5	5	7.1	10	16	24
		>3.5～6.3	5.6	8.5	13	19	28
		>6.3～10	7.1	11	16	24	34
		>10～16	—	13	19	28	42
32	63	≥1～3.5	5	7.5	11	17	24
		>3.5～6.3	6	9	14	20	30
		>6.3～10	7.1	11	17	24	36
		>10～16	—	14	20	30	45
63	125	≥1～3.5	5.3	8	12	18	25
		>3.5～6.3	6.7	10	15	22	32
		>6.3～10	8	12	18	26	38
		>10～16	—	15	22	34	48
125	250	≥1～3.5	5.6	8.5	13	19	28
		>3.5～6.3	7.1	11	16	24	34
		>6.3～10	8.5	13	19	30	42
		>10～16	—	16	24	36	53
250	500	≥1～3.5	6.3	9.5	14	21	30
		>3.5～6.3	8	12	18	28	40
		>6.3～10	9	15	22	34	48
		>10～16	—	18	28	42	60

注:1. 表中齿数为齿轮副中大齿轮齿数。

2. 表中数值用于齿线有效重合度 $\varepsilon_{\beta c} \leqslant 0.45$ 的齿轮副。对 $\varepsilon_{\beta c} > 0.45$ 的齿轮副，按以下规定压缩表值：$\varepsilon_{\beta c} > 0.45 \sim 0.58$ 时，表值乘以 0.6；$\varepsilon_{\beta c} > 0.58 \sim 0.67$ 时，表值乘以 0.4；$\varepsilon_{\beta c} > 0.67$ 时，表值乘以 0.3。$\varepsilon_{\beta c}$ 为 ε_β 乘以齿长方向接触斑点大小百分比的平均值。

表 8-3-117　最小法向侧隙 j_{nmin} 值　/μm

中点锥距/mm		小齿轮分锥角/(°)		最小法向侧隙种类					
大于	到	大于	到	h	e	d	c	b	a
—	50	—	15	0	15	22	36	58	90
		15	25	0	21	33	52	84	130
		25	—	0	25	39	62	100	160
50	100	—	15	0	21	33	52	84	130
		15	25	0	25	39	62	100	160
		25	—	0	30	46	74	120	190
100	200	—	15	0	25	39	62	100	160
		15	25	0	35	54	87	140	220
		25	—	0	40	63	100	160	250
200	400	—	15	0	30	46	74	120	190
		15	25	0	46	72	115	185	290
		25	—	0	52	81	130	210	320
400	800	—	15	0	40	63	100	160	250
		15	25	0	57	89	140	230	360
		25	—	0	70	110	175	280	440

续表

中点锥距/mm		小齿轮分锥角/(°)		最小法向侧隙种类					
大于	到	大于	到	h	e	d	c	b	a
800	1600	—	15	0	52	81	130	210	320
		15	25	0	80	125	200	320	500
		25	—	0	105	165	260	420	660
1600	—	—	15	0	70	110	175	280	440
		15	25	0	125	195	310	500	780
		25	—	0	175	280	440	710	1100

注：正交齿轮副按中点锥距 R 查表。非正交齿轮副按下式算出的 R' 查表：

$$R'=\frac{R}{2}(\sin2\delta_1+\sin2\delta_2)$$（δ_1 和 δ_2 为小、大齿轮分锥角）

表 8-3-118　齿厚上偏差 $E_{\bar{s}s}$ 值　　/μm

基本值	中点法向模数/mm	中点分度圆直径/mm											
		＜125			＞125～400			＞400～800			＞800～1600		
		分锥角/(°)											
		≤20	＞20～45	＞45	≤20	＞20～45	＞45	≤20	＞20～45	＞45	≤20	＞20～45	＞45
	≥1～3.5	−20	−20	−22	−28	−32	−30	−36	−50	−45	—	—	—
	＞3.5～6.3	−22	−22	−25	−32	−32	−30	−38	−55	−45	−75	−85	−80
	＞6.3～10	−25	−25	−28	−36	−36	−34	−40	−55	−50	−80	−90	−85
	＞10～16	−28	−28	−30	−36	−38	−36	−48	−60	−55	−80	−100	−85
	＞16～25	—	—	—	−40	−40	−40	−50	−65	−60	−80	−100	−90

系数	最小法向侧隙种类	第Ⅱ公差组精度等级						
		4～6	7	8	9	10	11	12
	h	0.9	1.0	—	—	—	—	—
	e	1.45	1.6	—	—	—	—	—
	d	1.8	2.0	2.2	—	—	—	—
	c	2.4	2.7	3.0	3.2	—	—	—
	b	3.4	3.8	4.2	4.6	4.9	—	—
	a	5.0	5.5	6.0	6.6	7.0	7.8	9.0

注：1. 各最小法向侧隙种类和各精度等级齿轮的 $E_{\bar{s}s}$ 值，由基本值栏查出的数值乘以系数得出。

2. 当轴交角公差带相对零线不对称时，$E_{\bar{s}s}$ 值应作如下修正：增大轴交角上偏差时，$E_{\bar{s}s}$ 加上（$|E_{\Sigma s}|-|E_{\Sigma}|$）$\tan\alpha$；减小轴交角上偏差时，$E_{\bar{s}s}$ 减去（$|E_{\Sigma i}|-|E_{\Sigma}|$）$\tan\alpha$（$E_{\Sigma s}$ 为修改后的轴交角上偏差；$E_{\Sigma i}$ 为修改后的轴交角下偏差；E_{Σ} 为表 8-3-123 中数值）。

3. 允许把大、小齿轮齿厚上偏差之和重新分配在两个齿轮上。

表 8-3-119　齿厚公差 $T_{\bar{s}}$ 值　　/μm

齿圈跳动公差		法向侧隙公差种类					齿圈跳动公差		法向侧隙公差种类				
大于	到	H	D	C	B	A	大于	到	H	D	C	B	A
—	8	21	25	30	40	52	60	80	70	90	110	130	180
8	10	22	28	34	45	55	80	100	90	110	140	170	220
10	12	24	30	36	48	60	100	125	110	130	170	200	260
12	16	26	32	40	52	65	125	160	130	160	200	250	320
16	20	28	36	45	58	75	160	200	160	200	260	320	400
20	25	32	42	52	65	85	200	250	200	250	320	380	500
25	32	38	48	60	75	95	250	320	240	300	400	480	630
32	40	42	55	70	85	110	320	400	300	380	500	600	750
40	50	50	65	80	100	130	400	500	380	480	600	750	950
50	60	60	75	95	120	150	500	630	450	500	750	950	1180

表 8-3-120 最大法向侧隙（j_{nmax}）的制造误差补偿部分 $E_{\bar{s}\Delta}$ 值 /μm

第Ⅱ公差组精度等级	中点法向模数/mm	中点分度圆直径/mm											
		≤125			>125～400			>400～800			>800～1000		
		分锥角/(°)											
		≤20	>20～45	>45	≤20	>20～45	>45	≤20	>20～45	>45	≤20	>20～45	>45
4～6	≥1～3.5	18	18	20	25	28	28	32	45	40	—	—	—
	>3.5～6.3	20	20	22	28	28	28	34	50	40	67	75	72
	>6.3～10	22	22	25	32	32	30	36	50	45	72	80	75
	>10～16	25	25	28	32	34	32	45	55	50	72	90	75
	>16～25	—	—	—	36	36	36	45	56	45	72	90	85
7	≥1～3.5	20	20	22	28	32	30	36	50	45	—	—	—
	>3.5～6.3	22	22	25	32	32	30	38	55	45	75	85	80
	>6.3～10	25	25	28	36	36	34	40	55	50	80	90	85
	>10～16	28	28	30	36	38	36	48	60	55	80	100	85
	>16～25	—	—	—	40	40	40	50	65	60	80	100	95
8	≥1～3.5	22	22	24	30	36	32	40	55	50	—	—	—
	>3.5～6.3	24	24	28	36	36	32	42	60	50	80	90	85
	>6.3～10	28	28	30	40	40	38	45	60	55	85	100	95
	>10～16	30	30	32	40	42	40	55	65	60	85	110	95
	>16～25	—	—	—	45	45	45	55	72	65	85	110	105
9	≥1～3.5	24	24	25	32	38	36	45	65	55	—	—	—
	>3.5～6.3	25	25	30	38	38	36	45	65	55	90	100	95
	>6.3～10	30	30	32	45	45	40	48	65	60	95	110	100
	>10～16	32	32	36	45	45	45	48	70	65	95	120	100
	>16～25	—	—	—	48	48	48	60	75	70	95	120	115
10	≥1～3.5	25	25	28	36	42	40	48	65	60	—	—	—
	>3.5～6.3	28	28	32	42	42	40	50	70	60	95	110	105
	>6.3～10	32	32	36	48	48	45	50	70	65	105	115	110
	>10～16	36	36	40	48	50	48	60	80	70	105	130	110
	>16～25	—	—	—	50	50	50	65	85	80	105	130	125
11	≥1～3.5	30	30	32	40	45	45	50	70	65	—	—	—
	>3.5～6.3	32	32	36	45	45	45	55	80	65	110	125	115
	>6.3～10	36	36	40	50	50	50	60	80	70	115	130	125
	>10～16	40	40	45	50	55	50	70	85	80	115	145	125
	>16～25	—	—	—	60	60	60	70	95	85	115	145	140
12	≥1～3.5	32	32	35	45	50	48	60	80	70	—	—	—
	>3.5～6.3	35	35	40	50	50	48	60	90	70	120	135	130
	>6.3～10	40	40	45	60	60	55	65	90	80	130	145	135
	>10～16	45	45	48	60	60	60	75	95	90	130	160	135
	>16～25	—	—	—	65	65	65	80	105	95	130	160	150

表 8-3-121 齿圈轴向位移偏差允许值 ±f_{AM} 值

/μm

中点锥距/mm	大于	—			50			100			200			400			800			1600		
	到	50			100			200			400			800			1600			—		
分锥角/(°)	大于	—	20	45	—	20	45	—	20	45	—	20	45	—	20	45	—	20	45	—	20	45
	到	20	45	—	20	45	—	20	45	—	20	45	—	20	45	—	20	45	—	20	45	—
精度等级 4	中点法向模数/mm ≥1~3.5	5.6	4.8	2	19	16	6.5	42	36	15	95	80	34	210	180	75	—	—	—	—	—	—
	>3.5~6.3	3.2	2.6	1.1	10.5	9	3.6	22	19	8	50	42	18	110	95	40	—	—	—	—	—	—
	>6.3~10	—	—	—	6.7	5.6	2.4	15	13	5	32	28	12	71	60	25	160	—	—	—	—	—
5	≥1~3.5	9	7.5	3	30	25	10.5	60	50	21	130	110	48	300	250	105	—	—	—	—	—	—
	>3.5~6.3	5	4.2	1.7	16	14	6	36	50	13	80	67	28	180	160	63	—	—	—	—	—	—
	>6.3~10	—	—	—	11	9	3.8	24	20	8.5	53	45	18	110	95	40	250	—	—	—	—	—
	>10~16	—	—	—	8	7.1	3	16	14	5.6	36	30	12	75	63	26	160	140	60	—	—	—
6	≥1~3.5	14	12	5	48	40	17	105	90	38	240	200	85	530	450	190	—	—	—	—	—	—
	>3.5~6.3	8	6.7	2.8	26	22	9.5	60	50	21	130	105	45	280	240	100	—	—	—	—	—	—
	>6.3~10	—	—	—	17	15	6	38	32	13	85	71	30	180	150	63	380	—	—	—	—	—
	>10~16	—	—	—	13	11	4.5	28	24	10	60	50	21	130	110	45	280	240	100	—	—	—
7	≥1~3.5	20	17	74	67	56	24	150	130	53	340	280	120	750	630	270	—	—	—	—	—	—
	>3.5~6.3	11	9.5	4	38	32	13	80	71	30	180	150	63	400	340	140	—	—	—	—	—	—
	>6.3~10	—	—	—	24	21	8.5	53	45	19	120	100	40	250	210	90	560	—	—	—	—	—
	>10~16	—	—	—	18	16	6.7	40	34	14	85	71	30	180	160	67	400	340	140	—	—	—
	>16~25	—	—	—	—	—	—	30	26	11	67	56	22	140	120	50	300	250	105	630	530	220
8	≥1~3.5	28	24	10	95	80	34	200	180	75	480	400	170	1050	900	380	—	—	—	—	—	—
	>3.5~6.3	16	13	5.6	53	45	17	120	100	40	250	210	90	560	480	200	—	—	—	—	—	—
	>6.3~10	—	—	—	34	30	12	75	63	26	170	140	60	360	300	125	750	—	—	—	—	—
	>10~16	—	—	—	26	22	9	56	48	20	120	100	42	260	220	90	560	480	200	—	—	—
	>16~25	—	—	—	—	—	—	45	40	15	95	80	32	200	170	70	420	360	150	900	750	320
	>25~40	—	—	—	—	—	—	36	30	13	75	63	26	160	130	56	340	280	120	710	600	260
	>40~55	—	—	—	—	—	—	—	—	—	67	56	22	140	120	48	280	240	100	600	500	210
9	≥1~3.5	40	34	14	140	120	48	300	260	105	670	560	240	1500	1300	530	—	—	—	—	—	—
	>3.5~6.3	22	19	8	75	63	26	160	140	60	360	300	130	800	670	280	—	—	—	—	—	—
	>6.3~10	—	—	—	50	42	17	105	90	38	240	200	85	500	440	180	1100	—	—	—	—	—
	>10~16	—	—	—	38	30	13	80	67	28	170	150	60	380	300	130	800	670	280	—	—	—
	>16~25	—	—	—	—	—	—	63	53	22	130	110	48	280	240	100	600	500	210	1200	1050	450
	>25~40	—	—	—	—	—	—	50	42	18	105	90	38	220	190	80	480	400	170	1000	850	360
	>40~55	—	—	—	—	—	—	—	—	—	95	80	32	190	170	71	400	340	140	850	710	300
10	≥1~3.5	56	48	20	190	160	67	420	360	150	950	800	340	2100	1700	750	—	—	—	—	—	—
	>3.5~6.3	32	26	11	105	90	38	240	190	80	500	420	180	1100	950	400	—	—	—	—	—	—
	>6.3~10	—	—	—	71	60	24	150	130	53	320	280	120	710	600	250	1500	—	—	—	—	—
	>10~16	—	—	—	50	45	18	110	95	40	240	200	85	500	440	180	1100	950	400	—	—	—
	>16~25	—	—	—	—	—	—	85	75	30	190	160	67	400	340	140	670	560	240	1700	1500	630
	>25~40	—	—	—	—	—	—	71	60	25	150	130	53	320	260	110	560	480	200	1400	1200	500
	>40~55	—	—	—	—	—	—	—	—	—	130	110	45	280	240	100	420	360	150	1200	1000	420
11	≥1~3.5	80	67	28	280	220	95	600	500	210	1300	1100	500	3000	2500	1050	—	—	—	—	—	—
	>3.5~6.3	45	38	16	150	130	53	320	280	120	750	600	260	1600	1400	560	—	—	—	—	—	—
	>6.3~10	—	—	—	100	85	34	210	180	75	480	400	160	1000	850	360	2200	—	—	—	—	—
	>10~16	—	—	—	75	63	26	160	130	56	340	280	120	750	630	260	1600	1300	560	—	—	—
	>16~25	—	—	—	—	—	—	120	105	45	260	220	95	560	480	200	1200	1000	420	2500	2100	900
	>25~40	—	—	—	—	—	—	100	85	36	210	180	75	450	380	160	950	780	340	2000	1700	700
	>40~55	—	—	—	—	—	—	—	—	—	190	160	67	380	320	140	800	670	280	1700	1400	600

续表

中点锥距/mm	大于	—			50			100			200			400			800			1600		
	到	50			100			200			400			800			1600			—		
分锥角/(°)	大于	—	20	45	—	20	45	—	20	45	—	20	45	—	20	45	—	20	45	—	20	45
	到	20	45	—	20	45	—	20	45	—	20	45	—	20	45	—	20	45	—	20	45	—
精度等级 12 中点法向模数/mm	≥1～3.5	110	95	40	380	320	130	850	710	300	1900	1600	670	4200	3600	1500	—	—	—	—	—	—
	>3.5～6.3	63	53	22	210	180	75	450	380	160	1000	850	360	2200	1900	800	—	—	—	—	—	—
	>6.3～10	—	—	—	140	120	48	300	250	105	670	560	240	1400	1200	600	3000	—	—	—	—	—
	>10～16	—	—	—	105	90	36	220	190	80	480	400	170	1000	850	360	2200	1900	800	—	—	—
	>16～25	—	—	—	—	—	—	170	150	60	380	300	130	800	670	280	1700	1400	600	3600	3000	1300
	>25～40	—	—	—	—	—	—	140	120	50	300	250	105	630	590	220	1300	1100	450	2800	2400	1000
	>40～55	—	—	—	—	—	—	—	—	—	260	220	90	560	450	190	1100	950	400	2400	2000	850

注：1. 表中数值用于非修形齿轮。对修形齿轮，允许采用低一级的 $\pm f_{AM}$ 值。

2. 表中数值用于 $\alpha=20°$ 的齿轮。对 $\alpha\neq20°$ 的齿轮，表中数值乘以 $\sin20°/\sin\alpha$。

表 8-3-122　齿轮副轴间距偏差允许值 $\pm f_a$ 值　/μm

中点锥距/mm		精度等级								
大于	到	4	5	6	7	8	9	10	11	12
—	50	10	10	12	18	28	36	67	105	180
50	100	12	12	15	20	30	45	75	120	200
100	200	13	15	18	25	36	55	90	150	240
200	400	15	18	25	30	45	75	120	190	300
400	800	18	25	30	36	60	90	150	250	360
800	1600	25	36	40	50	85	130	200	300	450
1600	—	32	45	56	67	100	160	280	420	630

注：表中数值用于无纵向修形的齿轮副。对纵向修形的齿轮副，允许采用低一级的 $\pm f_a$ 值。

表 8-3-123　齿轮副轴交角偏差允许值 $\pm E_\Sigma$ 值　/μm

中点锥距/mm		小齿轮分锥角/(°)		最小法向侧隙种类				
大于	到	大于	到	h、e	d	c	b	a
—	50	—	15	7.5	11	18	30	45
		15	25	10	16	26	42	63
		25	—	12	19	30	50	80
50	100	—	15	10	16	26	42	63
		15	25	12	19	30	50	80
		25	—	15	22	32	60	95
100	200	—	15	12	19	30	50	80
		15	25	17	26	45	71	110
		25	—	20	32	50	80	125
200	400	—	15	15	22	32	60	95
		12	25	24	36	56	90	140
		25	—	26	40	63	100	160

续表

中点锥距/mm		小齿轮分锥角/(°)		最小法向侧隙种类				
大于	到	大于	到	h、e	d	c	b	a
400	800	—	15	20	32	50	80	125
		15	25	28	45	71	110	180
		25	—	34	56	85	140	220
800	1600	—	15	26	40	63	100	160
		15	25	40	63	100	160	250
		25	—	53	85	130	210	320
1600	—	—	15	34	66	85	140	222
		15	25	63	95	160	250	380
		25	—	85	140	220	340	530

注：1. $\pm E_{\Sigma}$ 的公差带位置相对于零线，可以不对称或取在一侧。

2. 表中数值用于正交齿轮副。对非正交齿轮副，取为$\pm j_{nmin}/2$。

3. 表中数值用于 $\alpha=20°$的齿轮副。对 $\alpha\neq20°$的齿轮副，表值应乘以 $\sin20°/\sin\alpha$。

表 8-3-124　F_i'、f_i'、$F_{i\Sigma}''$、$f_{i\Sigma}''$、F_{ic}'、f_{ic}'的计算式

公差名称	计算式	公差名称	计算式
切向综合公差	$F_i'=F_p+1.15f_c$	一齿轴交角综合公差	$f_{i\Sigma}''=0.7f_{i\Sigma c}''$
一齿切向综合公差	$f_i'=0.8(f_{pt}+1.15f_c)$	齿轮副切向综合公差	$F_{ic}'=F_{i1}'+F_{i2}'$ ①
轴交角综合公差	$F_{i\Sigma}''=0.7F_{i\Sigma c}''$	齿轮副一齿切向综合公差	$f_{ic}'=f_{i1}'+f_{i2}'$

① 当两齿轮的齿数比为不大于 3 的整数，且采用选配时，应将表中的 F_{ic}'值压缩 25%或更多。

表 8-3-125　接触斑点大小与精度等级对应关系

精度等级	4～5	6～7	8～9	10～12
沿齿长方向	60%～80%	50%～70%	35%～65%	25%～55%
沿齿高方向	65%～85%	55%～75%	40%～70%	30%～60%

注：表中数值范围用于齿面修形的齿轮。对齿面不作修形的齿轮，其接触斑点大小不小于其平均值。

表 8-3-126　齿坯尺寸公差

精度等级	4	5	6	7	8	9	10	11	12
轴径尺寸公差	IT4	IT5		IT6		IT7			
孔径尺寸公差	IT5	IT6		IT7		IT8			
外径尺寸极限偏差	0 −IT7	0 −IT8				0 −IT9			

注：1. IT 为标准公差，按 GB/T 1800。

2. 当三个公差组精度等级不同时，公差值按最高的精度等级查取。

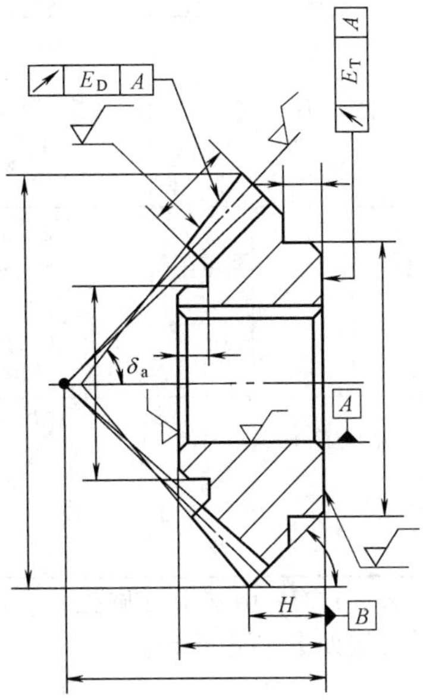

B 定位面

图 8-3-31　锥齿轮毛坯公差

表 8-3-127　齿坯顶锥母线跳动和基准端面跳动公差

（参照图 8-3-31）　　　　　　/μm

跳动公差		大于	到	精度等级 4	5～6	7～8	9～12
顶锥母线跳动公差（E_D）	外径/mm	—	30	10	15	25	50
		30	50	12	20	30	60
		50	120	15	25	40	80
		120	250	20	30	50	100
		250	500	25	40	60	120
		500	800	30	50	80	150
		800	1250	40	60	100	200
		1250	2000	50	80	120	250
		2000	3150	60	100	150	300
		3150	5000	80	120	200	400
基准端面跳动公差（E_T）	基准端面直径/mm	—	30	4	6	10	15
		30	50	5	8	12	20
		50	120	6	10	15	25
		120	250	8	12	20	30
		150	500	10	15	25	40
		500	800	12	20	30	50
		800	1250	15	25	40	60
		1250	2000	20	30	50	80
		2000	3150	25	40	60	100
		3150	5000	30	50	80	120

注：当三个公差组等级不同时，公差值按最高的精度等级查取。

表 8-3-128　齿坯轮冠距 H 和顶锥角 δ_a 的极限偏差 ΔH 和 $\Delta\delta_a$（参照图 8-3-31）

中点法向模数/mm	轮冠距极限偏差 ΔH/μm	顶锥角极限偏差 $\Delta\delta_a$/(′)	中点法向模数/mm	轮冠距极限偏差 ΔH/μm	顶锥角极限偏差 $\Delta\delta_a$/(′)
≤1.2	0 −50	+15 0	>10	0 −100	+8 0
>1.2～10	0 −75	+8 0			

表 8-3-129　偏差允许值及公差与齿轮几何参数的关系式

精度等级	F_p/μm		F_r/μm 1		F_r/μm 2		f_{pt}/μm		f_c/μm		f'_{zzc}/μm			f_a/μm	
	$F_p=B\sqrt{d}+C$ $F_{pk}=0.8B\sqrt{L}+C$		$Am_n+B\sqrt{d}+C$ $B=0.25A$		$Am_n+B\sqrt{d}+C$ $B=1.4A$		$Am_n+B\sqrt{d}+C$ $B=0.25A$		$0.84(Am_n+Bd+C)$ $B=0.0125A$		Am_nB+zC			$A\sqrt{0.3R}+C$	
	B	C	A	C	A	C	A	C	A	C	A	B	C	A	C
4	1.25	2.5	0.9	11.2	0.4	4.8	0.25	3.15	0.21	3.4	2.5	0.315	0.115	0.94	4.7
5	2	4	1.4	18	0.63	7.5	0.4	5	0.34	4.2	3.46	0.349	0.123	1.2	6
6	3.15	6	2.24	28	1	12	0.63	8	0.53	5.3	5.15	0.344	0.126	1.5	7.5
7	4.45	9	3.15	40	1.4	17	0.9	11.2	0.84	6.7	7.69	0.348	0.125	1.87	9.45
8	6.3	12.5	4	50	1.75	21	1.25	16	1.34	8.4	9.27	0.185	0.072	3	15
9	9	18	5	63	2.2	26.5	1.8	22.4	2.1	13.4	—	—	—	4.75	24

续表

精度等级	$F_p/\mu m$		$F_r/\mu m$				$f_{pt}/\mu m$		$f_c/\mu m$		$f'_{zzc}/\mu m$			$f_a/\mu m$	
			1		2										
	$F_p=B\sqrt{d}+C$ $F_{pk}=$ $0.8B\sqrt{L}+C$		$Am_n+B\sqrt{d}$ $+C$ $B=0.25A$		$Am_n+B\sqrt{d}$ $+C$ $B=1.4A$		$Am_n+B\sqrt{d}$ $+C$ $B=0.25A$		$0.84(Am_n+$ $Bd+C)$ $B=0.0125A$		Am_nB+zC			$A\ \sqrt{0.3R}+C$	
	B	C	A	C	A	C	A	C	A	C	A	B	C	A	C
10	12.5	25	6.3	80	2.75	33	2.5	31.5	3.35	21	—	—	—	7.5	37.5
11	17.5	35.5	8	100	3.44	41.5	3.55	45	5.3	34	—	—	—	12	60
12	25	50	10	125	4.3	51.5	5	63	8.4	53	—	—	—	19	94.5

$$F_{vj}=1.36F_r;f'_{zk}=f'_{zkc}=(K^{-0.6}+0.13)F_r\text{（按高一级的 }F_r\text{ 值计算）}$$

$$\pm f_{AM}=\frac{R\cos\delta}{8m_n}f_{pt};F''_{i\Sigma c}=1.96F_r;f''_{i\Sigma c}=1.96f_{pt}$$

注：1. 符号含义：d—中点分度圆直径，mm；m_n—中点法向模数，mm；z—齿数；L—中点分度圆弧长，mm；R—中点锥距，mm；δ—分锥角，(°)；K—齿轮在一转（齿轮副在大齿轮一转）内的周期数（适于 f'_{zk}，f'_{zkc}）。

2. F_r 值取本表中关系式 1 和关系式 2 计算所得的较小值。

3.2.5 锥齿轮的结构

表 8-3-130 锥齿轮的结构

形　式	结构图形	结构尺寸与说明
齿轮轴	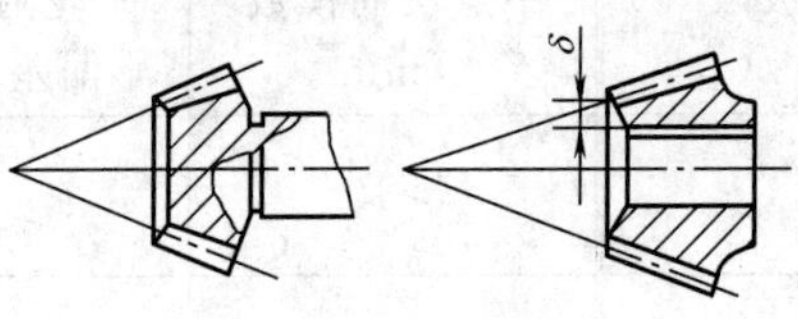 (a)　(b)	当小端齿根圆与键槽顶部的距离 $\delta<1.6m$（m 为大端模数）时[见图(b)],齿轮与轴制成整体[见图(a)]
整体齿轮	$d_a\leqslant$500mm 锻造圆锥齿轮 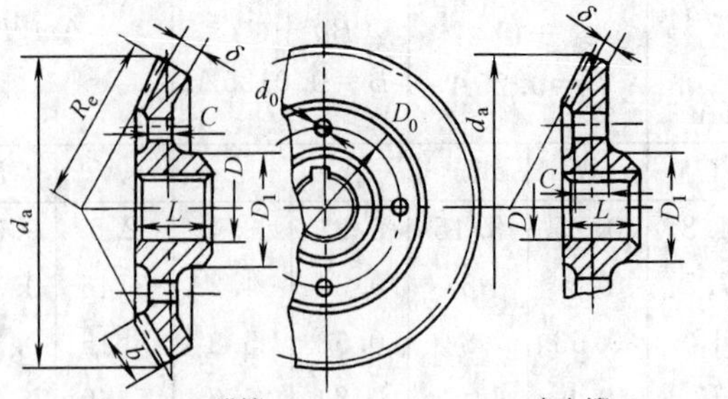 模锻　自由锻	$D_1=1.6D$ $L=(1\sim1.2)D$ $\delta=(3\sim4)m$,但不小于 10mm $C=(0.1\sim0.17)R_e$ D_0、d_0 按结构确定

形　　式	结构图形	结构尺寸与说明
整体齿轮	$d_a>300$mm 铸造圆锥齿轮 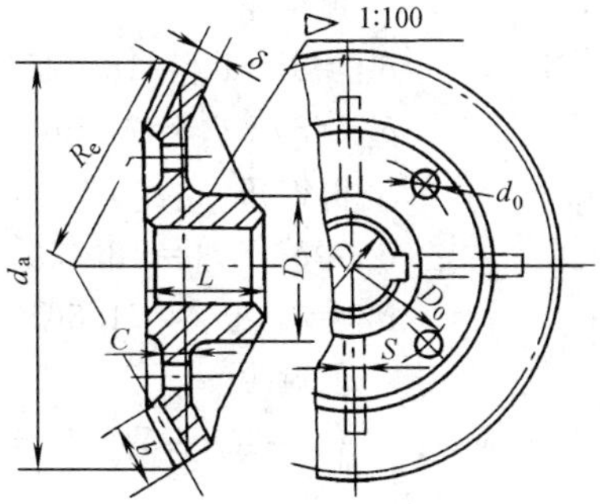	$D_1=1.6D$（铸钢） $D_1=1.8D$（铸铁） $L=(1\sim1.2)D$ $\delta=(3\sim4)m$，但不小于 10mm $C=(0.1\sim0.17)R_e$，但不小于 10mm $S=0.8C$，但不小于 10mm D_0、d_0 按结构确定
	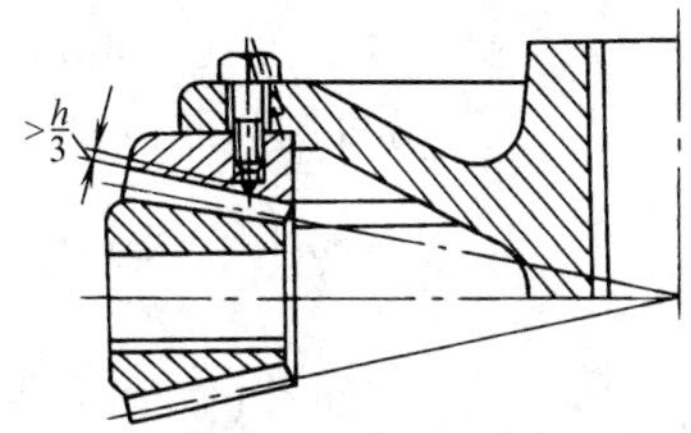	常用于轴向力指向大端时，为防止螺钉松动，可用销钉锁紧；螺孔底部与齿根间最小厚度不小于$\frac{h}{3}$（h 为大端齿高）
组合齿轮（用于齿轮直径大于180mm）	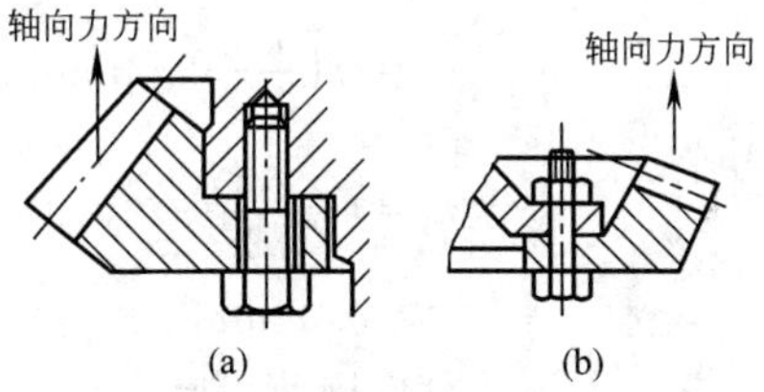	当轴向力指向锥顶时，为使螺钉不承受拉力，应按图示方向连接，图(a)常用于双支承式结构；图(b)用于悬臂式支承结构
	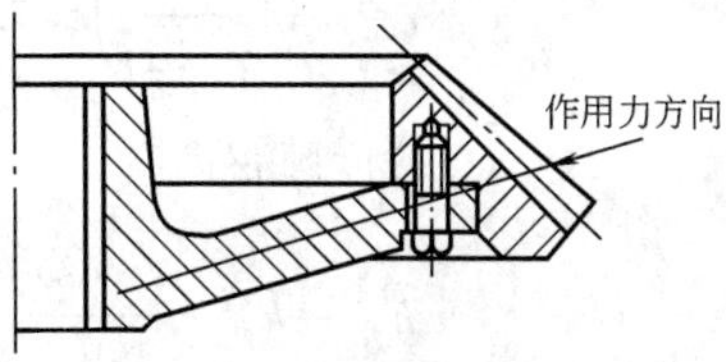	常用于分锥角接近 45°时。作用力方向应与轮毂辐板方向一致，以减小变形

3.2.6 计算实例

设计某机床主传动用的直齿锥齿轮传动，如图 8-3-32 所示。已知传递功率 $P_1=20$kW，主动轴转速 $n_1=960$r/min，从动轴转速 $n_2=320$r/min，工作 10 年，每年 300 个工作日，每日 8h。

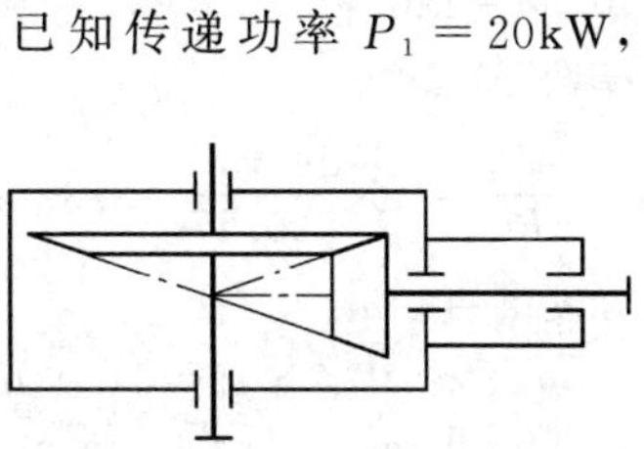

图 8-3-32　齿轮传动结构简图

（1）选材料、热处理方法，定精度等级　大、小齿轮材料均为 20Cr，渗碳、淬火，硬度均为 56～62HRC；由图 8-3-8（d）查得 $\sigma_{\rm Hlim}=1500$MPa，由图 8-3-9（d）查得 $\sigma_{\rm Flim}=460$MPa；采用 6 级精度，即 6c GB/T 11365，齿面粗糙度 $Ra_1=Ra_2=0.8\mu$m。

（2）初步设计　选用直齿锥齿轮。

额定转矩 $T_1=9549\frac{P_1}{h_1}=9549\times\frac{20}{960}=198.9$N・m

齿数比　$u=\frac{n_1}{n_2}=\frac{960}{320}=3$

初定 d_{10}：查图 8-3-22、图 8-3-23，比较后取大者，并将结果乘以 1.2 得 $d_{10}=72\text{mm}$。

(3) 几何尺寸计算（参照表 8-3-100）　轴交角 $\Sigma=90°$。

齿数 $z_1=19$（见图 8-3-20），$z_2=uz_1=3\times19=57$。

模数　$m=\frac{d_{10}}{z_1}=\frac{72}{19}=3.79\text{mm}$（取 $m=4\text{mm}$）

分度圆直径　$d_1=mz_1=4\times19=76\text{mm}$

$d_2=mz_2=4\times57=228\text{mm}$

分锥角

$$\delta_1=\arctan\frac{1}{u}=\arctan\frac{1}{3}=18.435°\ (18°26'6'')$$

$$\delta_2=\Sigma-\delta_1=90°-18.435°=71.565°\ (71°33'54'')$$

锥距

$$R_e=\frac{0.5mz_1}{\sin\delta_1}=\frac{0.5\times4\times19}{\sin18.435°}=120.17\text{mm}$$

齿宽

$$b=0.3R_e=0.3\times120.17=36.051\text{mm}\ (\text{取 } b=38\text{mm})$$

径向变位系数

$$x_1=0.46\left(1-\frac{\cos\delta_2}{u\cos\delta_1}\right)$$

$$=0.46\times\left(1-\frac{\cos71.565°}{3\times\cos18.435°}\right)=0.41$$

$$x_2=-x_1=-0.41$$

切向变位系数　$x_{t1}=0.013$（见图 8-3-21），$x_{t2}=-x_{t1}=-0.013$。

齿顶高

$$h_{a1}=m(1+x_1)=4\times(1+0.41)=5.64\text{mm}$$

$$h_{a2}=m(1+x_2)=4\times(1-0.41)=2.36\text{mm}$$

齿根高

$$h_{f1}=m(1.2-x_1)=4\times(1.2-0.41)=3.16\text{mm}$$

$$h_{f2}=m(1.2+x_1)=4\times(1.2+0.41)=6.44\text{mm}$$

顶圆直径

$$d_{a1}=d_1+2h_{a1}\cos\delta_1$$

$$=76+2\times5.64\times\cos18.435°=86.70\text{mm}$$

$$d_{a2}=d_2+2h_{a2}\cos\delta_2=228+2\times2.36\times\cos71.565°$$

$$=229.50\text{mm}$$

齿根角

$$\theta_{f1}=\arctan(h_{f1}/R_e)=\arctan(3116/120.17)$$

$$=1.51°\ (1°30'36'')$$

$$\theta_{f2}=\arctan(h_{f2}/R_e)=\arctan(6.44/120.17)$$

$$=3.07°\ (3°4'12'')$$

齿顶角（等隙收缩齿）

$$\theta_{a1}=\theta_{f2}=3.07°$$

$$\theta_{a2}=\theta_{f1}=1.51°$$

顶锥角

$$\delta_{a1}=\delta_1+\theta_{a1}=18.435°+3.07°=21.505°\ (21°30'18'')$$

$$\delta_{a2}=\delta_2+\theta_{a2}=71.565°+1.51°=73.075°\ (73°4'30'')$$

根锥角

$$\delta_{f1}=\delta_1-\theta_{f1}=18.435°-1.51°=16.925°\ (16°55'30'')$$

$$\delta_{f2}=\delta_2-\theta_{f2}=71.565°-3.07°=68.495°\ (68°29'42'')$$

顶冠距

$$A_{K1}=R_e\cos\delta_1-h_{a1}\sin\delta_1=120.17\times\cos18.435°-5.64\times\sin18.435°=112.22\text{mm}$$

$$A_{K2}=R_e\cos\delta_2-h_{a2}\sin\delta_2=120.17\times\cos71.565°-2.36\times\sin71.565°=35.76\text{mm}$$

分度圆齿厚

$$s_1=m\left(\frac{\pi}{2}+2x_1\tan\alpha+x_{t1}\right)$$

$$=4\times\left(\frac{\pi}{2}+2\times0.41\times\tan20°+0.013\right)$$

$$=7.53\text{mm}$$

$$s_2=m\left(\frac{\pi}{2}+2x_2\tan\alpha+x_{t2}\right)$$

$$=4\times\left(\frac{\pi}{2}-2\times0.41\times\tan20°-0.013\right)$$

$$=5.04\text{mm}$$

分度圆弦齿厚

$$\bar{s}_1=s_1\left(1-\frac{s_1^2}{6d_1^2}\right)=7.53\times\left(1-\frac{7.53^2}{6\times76^2}\right)=7.52\text{mm}$$

分度圆弦齿高

$$\bar{h}_{a1}=h_{a1}+\frac{s_1^2\cos\delta_1}{4d_1}=5.64+\frac{7.53^2\times\cos18.435°}{4\times76}$$

$$=5.82\text{mm}$$

齿宽中总锥距

$$R_m=R_e-0.5b=120.17-0.5\times38=101.17\text{mm}$$

齿宽中点模数

$$m_m=\frac{mR_m}{R_e}=4\times\frac{101.17}{120.17}=3.37\text{mm}$$

齿宽中点分度圆直径

$$d_{m1}=m_mz_1=3.37\times19=64.03\text{mm}$$

$$d_{m2}=m_mz_2=3.37\times57=192.09\text{mm}$$

齿宽中点齿顶高

$$h_{am1}=h_{a1}\frac{R_m}{R_e}=5.64\times\frac{101.17}{120.17}=4.75\text{mm}$$

$$h_{am2}=h_{a2}\frac{R_m}{R_e}=2.36\times\frac{101.17}{120.17}=1.99\text{mm}$$

当量齿轮齿数

$$z_{v1}=\frac{z_1}{\cos\delta_1}=\frac{19}{\cos18.435^\circ}=20.03$$

$$z_{v2}=\frac{z_2}{\cos\delta_2}=\frac{57}{\cos71.565^\circ}=180.25$$

当量齿轮齿数比

$$u_v=\frac{z_{v1}}{z_{v2}}=\frac{180.25}{20.03}=9$$

当量齿轮分度圆直径

$$d_{v1}=\frac{d_{m1}}{\cos\delta_1}=\frac{64.03}{\cos18.435^\circ}=67.49\text{mm}$$

$$d_{v2}=\frac{d_{m2}}{\cos\delta_2}=\frac{192.09}{\cos71.565^\circ}=607.44\text{mm}$$

当量齿轮中心距

$$a_v=\frac{d_{v1}+d_{v2}}{2}=\frac{67.49+607.44}{2}=337.47\text{mm}$$

当量齿轮顶圆直径

$$d_{va1}=d_{v1}+2h_{am1}=67.49+2\times4.75=76.99\text{mm}$$

$$d_{va2}=d_{v2}+2h_{am2}=607.44+2\times1.99=611.42\text{mm}$$

当量齿轮基圆直径

$$d_{vb1}=d_{v1}\cos\alpha=67.49\times\cos20^\circ=63.42\text{mm}$$

$$d_{vb2}=d_{v2}\cos\alpha=607.44\times\cos20^\circ=570.81\text{mm}$$

当量齿轮基圆齿距

$$p_{vb}=pR_m\frac{\cos\alpha}{R_e}=\pi\times4\times101.17\times\frac{\cos20^\circ}{120.17}=9.94\text{mm}$$

当量齿轮啮合线有效长度

$$g_{va}=0.5[(d_{va1}^2-d_{vb1}^2)^{0.5}+(d_{va2}^2-d_{vb2}^2)^{0.5}]-a_v\sin\alpha$$
$$=0.5\times[(76.99^2-63.42^2)^{0.5}+(611.4^2-570.81^2)^{0.5}]-337.47\times\sin20^\circ$$
$$=15.96\text{mm}$$

当量齿轮端面重合度

$$\varepsilon_{v\alpha}=\frac{g_{va}}{p_{vb}}=\frac{15.96}{9.94}=1.61$$

(4) 校核接触疲劳强度（参照表 8-3-103） 强度条件

$$\sigma_H\leqslant\sigma_{HP}$$

应力基本值

$$\sigma_{H0}=\sqrt{\frac{F_{mt}}{d_{m1}l_{bm}}\sqrt{\frac{u^2+1}{u}}}Z_{M\text{-}B}Z_HZ_EZ_{LS}Z_\beta Z_K$$

$$F_{mt}=\frac{2000T_1}{d_{m1}}=\frac{2000\times198.9}{64.03}=6213\text{N}\text{（见表 8-3-101）}$$

$$l_{bm}=\frac{b\sqrt{\varepsilon_{v\alpha}^2-(2-\varepsilon_{v\alpha})^2}}{\varepsilon_{v\alpha}}=\frac{38\times\sqrt{1.61^2-(2-1.61)^2}}{1.61}=36.87\text{mm}$$

$$Z_{M\text{-}B}=\frac{\tan\alpha}{\sqrt{\left[\sqrt{\left(\frac{d_{va1}}{d_{vb1}}\right)^2-1}-F_1\frac{\pi}{z_{v1}}\right]\left[\sqrt{\left(\frac{d_{va2}}{d_{vb2}}\right)^2-1}-F_2\frac{\pi}{z_{v2}}\right]}}$$

其中 $F_1=2$，$F_2=2(\varepsilon_{v\alpha}-1)=2\times(1.61-1)=1.22$，则 $Z_{M\text{-}B}=0.99$。

$Z_E=189.8\sqrt{\text{MPa}}$（见表 8-3-35），$Z_H=2.5$（见图 8-3-24），$Z_{LS}=1$，$Z_\beta=1$，$Z_K=0.8$。

则 $\sigma_{H0}=\sqrt{\frac{6213}{64.03\times36.87}\times\sqrt{\frac{3^2+1}{3}}}\times0.99\times2.5\times189.8\times1\times1\times0.8=823.77\text{MPa}$

接触应力 $\sigma_H=\sigma_{H0}\sqrt{K_AK_VK_{H\beta}K_{H\alpha}}$

$K_A=1.25$（见表 8-3-30）。K_V 参照表 8-3-31，其中 $C=-0.5048\ln z-1.144\ln m_m+2.852\ln f_{pt}+3.32$，取 $z_1=19$，$z_2=57$，$m_m=3.37\text{mm}$，$f_{pt1}=10\mu\text{m}$，$f_{pt2}=11\mu\text{m}$，则 $C_1=7.01$，$C_2=6.73$，取 $C=7$。

$$v_{m1}=\frac{\pi d_{m1}n_1}{60\times1000}=\frac{\pi\times64.03\times960}{60\times1000}=3.22\text{m/s}$$

按 $v=3.22\text{m/s}$、$C=7$ 查表 8-3-33 图得 $K_V=1.12$。

$K_{H\beta}=K_{F\beta}=1.5K_{H\beta\text{-be}}$（按 $b_e\geqslant0.85b$ 计算）。

$K_{H\beta\text{-be}}=1.1$（见表 8-3-104），则 $K_{H\beta}=K_{F\beta}=1.65$。$K_{H\alpha}=1$（见表 8-3-105）。

则 $\sigma_H=823.77\times\sqrt{1.25\times1.12\times1.65\times1}=1252\text{MPa}$

许用应力 $\sigma_{HP}=\frac{\sigma_{H\lim}Z_{NT}}{S_{H\min}}Z_XZ_LZ_RZ_VZ_W$

$Z_{NT}=0.93$（见图 8-3-14，其中 $N_L=60njL_h=60\times960\times300\times10\times8=1.38\times10^9$），$S_{H\min}=1$，$Z_X=1$，$Z_LZ_RZ_V=0.92$（见表 8-3-39），$Z_W=1$。

则 $\sigma_{HP}=\frac{1500\times0.93}{1}\times1\times0.92\times1=1283.4\text{MPa}$

结论：$\sigma_H<\sigma_{HP}$，满足接触强度。

(5) 校核齿根弯曲强度（参照表 8-3-103） 强度条件

$$\sigma_F\leqslant\sigma_{FP}$$

应力基本值 $\sigma_{F0}=\frac{F_{mt}}{bm_m}Y_{Fa}Y_{Sa}Y_\varepsilon Y_KY_{LS}$

$Y_{Fa}=2.32$（见图 8-3-25），$Y_{Sa}=1.87$（见图 8-3-

第 8 篇

26），$Y_\varepsilon=0.25+\dfrac{0.75}{\varepsilon_{v\alpha}}=0.25+\dfrac{0.75}{1.61}=0.716$，$Y_K=1$，$Y_{LS}=1$。

则 $\sigma_{F0}=\dfrac{6213}{38\times3.37}\times2.32\times1.87\times0.716\times1\times1$

$=150.71\text{MPa}$

弯曲应力

$$\sigma_F=\sigma_{F0}K_AK_VK_{F\beta}K_{F\alpha}$$

$K_A=1.25$，$K_V=1.12$，$K_{F\beta}=1.65$，$K_{F\alpha}=1$（见表 8-3-105）。

则

$\sigma_F=150.71\times1.25\times1.12\times1.65\times1=348.14\text{MPa}$

许用应力 $\sigma_{FP}=\dfrac{\sigma_{F\lim}Y_{ST}Y_{NT}}{S_{F\min}}Y_{\delta relT}Y_{RrelT}Y_X$

$\sigma_{F\lim}=460\text{MPa}$，$S_{F\min}=1.5$，$Y_{NT}=1$，$Y_{ST}=2$，$Y_{\delta relT}=1.01$（见图 8-3-27），$Y_{RrelT}=1.05$（见图 8-3-28），$Y_X=1$（见图 8-3-29）。

则

$\sigma_{FP}=\dfrac{460\times2\times1}{1.5}\times1.01\times1.05\times1=650.44\text{MPa}$

结论：$\sigma_F<\sigma_{FP}$，满足齿根弯曲强度。

(6) 齿轮各检验项目及公差值的计算　精度等级 6cGB/T 11365

齿轮：

切向综合公差

$F'_{i1}=38\mu m$，$F'_{i2}=53\mu m$（见表 8-3-124）

一齿切向综合公差

$f'_{i1}=13\mu m$，$f'_{i2}=15\mu m$（见表 8-3-124）

齿轮副：

齿轮副切向综合公差

$F'_{ic}=91\mu m$（见表 8-3-124）

齿轮副一齿切向综合公差

$f'_{ic}=28\mu m$（见表 8-3-124）

接触斑点沿齿长方向 50%～70%，沿齿高方向 55%～75%（见表 8-3-125）。

侧隙：

最小法向侧隙

$j_{n\min}=87\mu m$（见表 8-3-117）

最大法向侧隙

$j_{n\max}=(|E_{\bar{s}s1}+E_{\bar{s}s2}|+T_{\bar{s}1}+T_{\bar{s}2}+E_{\bar{s}\Delta1}+E_{\bar{s}\Delta2})\cos\alpha$

$E_{\bar{s}\Delta1}=18\mu m$，$E_{\bar{s}\Delta2}=28\mu m$（见表 8-3-120），$E_{\bar{s}s1}=-48\mu m$，$E_{\bar{s}s2}=-72\mu m$（见表 8-3-118），$T_{\bar{s}1}=60\mu m$，$T_{\bar{s}2}=80\mu m$（见表 8-3-119）。

则 $j_{n\max}=(48+72+60+80+18+28)\times\cos20°$

$=288\mu m$

安装精度：

齿圈轴向位移（安装距）极限偏差

$\pm f_{AM}=\pm105\mu m$（见表 8-3-121）

轴向间距极限偏差

$\pm f_a=\pm18\mu m$（见表 8-3-122）

轴交角极限偏差

$\pm E_\Sigma=\pm45\mu m$（见表 8-3-123）

(7) 锥齿轮工作图　根据小齿轮尺寸，按照表 8-3-130 锥齿轮的结构形式，确定小齿轮结构为齿轮轴，如图 8-3-33 所示。

技术要求

1. 渗碳淬火后齿面硬度 56～62HRC。其余 $\sqrt{Ra\,6.3}$；
2. 未注明圆角半径 $R2$；
3. 未注倒角为 2×45°。

模数		m	4	全齿高	h	8.8
齿数		z	19	轴交角	Σ	90°
压力角		α	20°	侧　隙	$j_{n\min}$	0.087
分度圆直径		d	76		$j_{n\max}$	0.288
分锥角		δ	18°26′6″	配对齿轮齿数	z	57
根锥角		δ_f	16°55′30″	配对齿轮图号		
锥距		R_e	120.17	公差组	项目代号	公差值
变位系数	高度	x	0.41			
	切向		0.013	Ⅰ	F'_i	0.038
测　量	齿厚	$\bar{s}$	$7.52^{-0.048}_{-0.108}$	Ⅱ	f'_i	0.013
	齿高	$\bar{h}_a$	5.82	接触斑点	沿齿高 50%～70%	
精度等级		6c GB/T 11365			沿齿长 55%～75%	

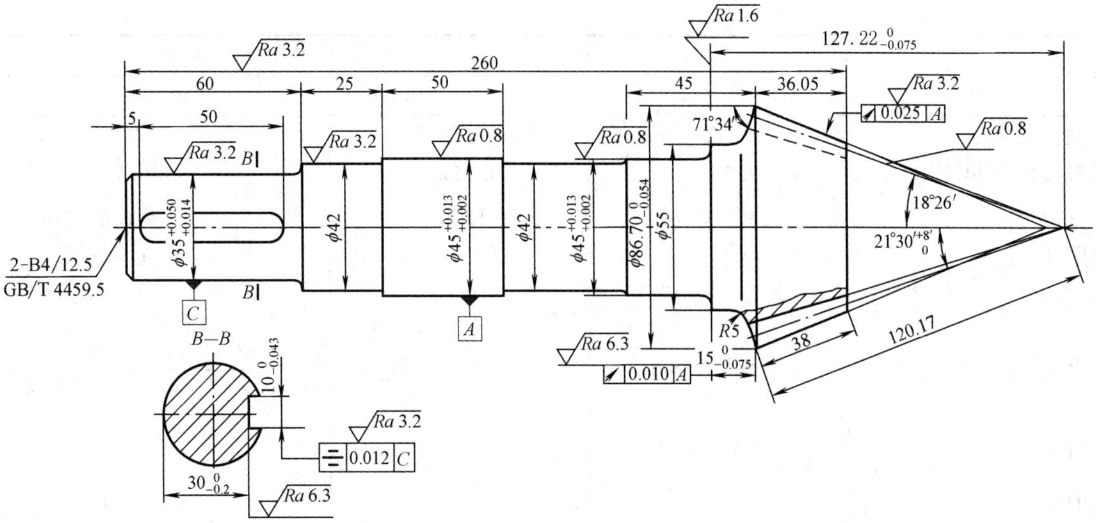

图 8-3-33　锥齿轮工作图

3.3　圆弧圆柱齿轮传动设计计算

圆弧圆柱齿轮传动由于齿面承载能力高、润滑性能好，目前已在石油、化工、冶金、矿山、起重运输机械以及高速齿轮传动中获得了广泛应用。

3.3.1　圆弧圆柱齿轮的基准齿形及模数系列

（1）单圆弧齿轮的基准齿形　圆弧齿轮的基准齿形是指基准齿条的法面齿形。JB 929—1967 规定了单圆弧齿轮滚刀法面齿形的标准，该滚刀法面齿形及其参数列于表 8-3-131 中。

（2）双圆弧齿轮的基准齿形　GB/T 12759—1991 规定了适用于法向模数 m_n=1.5～50mm 的双圆弧圆柱齿轮的基准齿廓。基准齿廓形状、尺寸参数列于表 8-3-132 中。

（3）圆弧圆柱齿轮的模数系列　GB/T 1840—1989 规定了适用于单圆弧和双圆弧圆柱齿轮的法向模数系列，见表 8-3-133。

表 8-3-131　单圆弧齿轮滚刀法面齿廓参数（摘自 JB 929—1967）

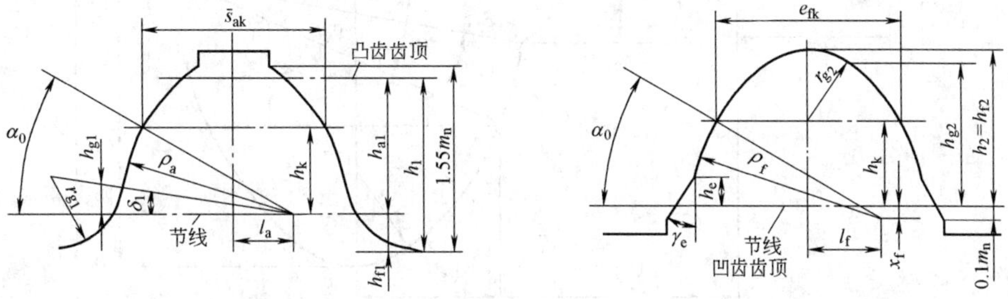

(a) 加工凸齿用　　(b) 加工凹齿用

参数名称	凸齿	凹齿	
	m_n=2～32mm	m_n=2～6mm	m_n=7～32mm
压力角 α_0	30°	30°	30°
全齿高 h	$h_1=1.5m_n$	$h_2=1.36m_n$	$h_2=1.36m_n$
齿顶高 h_a	$h_{a1}=1.2m_n$	$h_{a2}=0$	$h_{a2}=0$
齿根高 h_f	$h_{f1}=0.3m_n$	$h_{f2}=1.36m_n$	$h_{f2}=1.36m_n$
齿廓圆弧半径 ρ_a、ρ_f	$\rho_a=1.5m_n$	$\rho_f=1.65m_n$	$\rho_f=1.55m_n+0.6$
齿廓圆心移距量 x_a、x_f	$x_a=0$	$x_f=0.075m_n$	$x_f=0.025m_n+0.3$

续表

参数名称	凸齿	凹齿	
	$m_n=2\sim32$mm	$m_n=2\sim6$mm	$m_n=7\sim32$mm
齿廓圆心偏移量 l_a、l_f	$l_a=0.52903m_n$	$l_f=0.6289m_n$	$l_f=0.5523m_n+0.5196$
接触点到节线的距离 h_k	$0.75m_n$	$0.75m_n$	$0.75m_n$
接触点处弦齿厚 $\bar{s}_{ak}$、$\bar{s}_{fk}$	$\bar{s}_{ak}=1.54m_n$	$\bar{s}_{fk}=1.5416m_n$	$\bar{s}_{fk}=1.5616m_n$
接触点处槽宽 e_{fk}	$1.6016m_n$	$1.60m_n$	$1.58m_n$
侧隙 j	—	$0.06m_n$	$0.04m_n$
齿根圆弧半径 r_g	$r_{g1}=0.6248m_n$	$r_{g2}=0.6227m_n$	$r_{g2}=\dfrac{2.935m_n+0.9}{2}-\dfrac{l_f^2}{0.33m_n+0.6}$
凸齿工艺角 δ_1	8°47′34″	—	—
凹齿齿顶倒角 γ_e	—	30°	30°
凹齿齿顶倒角高度 h_e	—	$0.26m_n$	$0.26m_n$

注：JB 929—1967 标准已于 1994 年废止，现在没有新的单圆弧圆柱齿轮基本齿廓标准，有的工厂老产品中仍在使用此标准，所以将其齿形和参数列出供参考查阅。

表 8-3-132 双圆弧齿轮基本齿廓参数（摘自 GB/T 12759—1991）

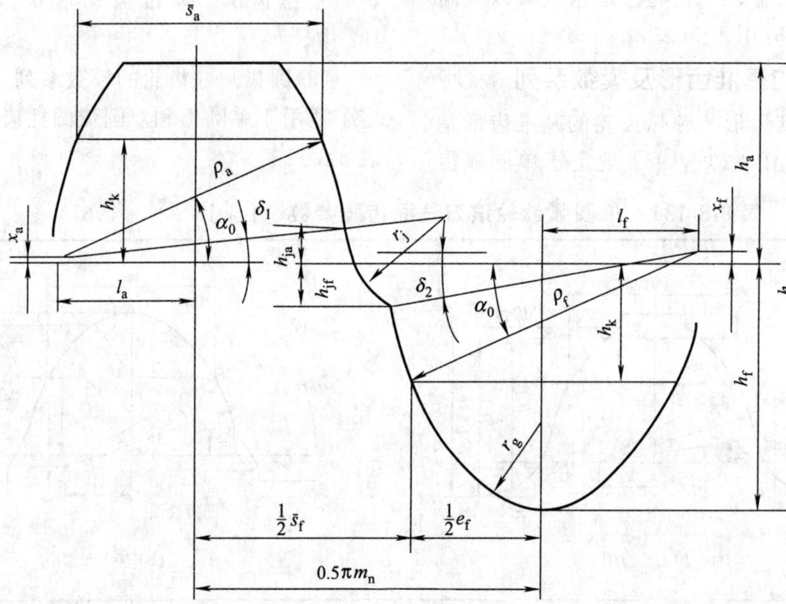

参数名称	法向模数 m_n/mm					
	1.5～3	3.5～6	7～10	12～16	18～32	36～50
压力角 α_0	24°					
全齿高系数 h^*	2.0					
齿顶高系数 h_a^*	0.9					
齿根高系数 h_f^*	1.1					
凸齿齿廓圆弧半径系数 ρ_a^*	1.3					

续表

参数名称	法向模数 m_n/mm					
	1.5～3	3.5～6	7～10	12～16	18～32	36～50
凹齿齿廓圆弧半径系数 ρ_f^*	1.42	1.41	1.395	1.38	1.36	1.34
凸齿齿廓圆心移距系数 x_a^*	0.0163					
凹齿齿廓圆心移距系数 x_f^*	0.0325	0.0285	0.0224	0.0163	0.0081	0.0000
凸齿齿廓圆心偏移系数 l_a^*	0.6289					
凹齿齿廓圆心偏移系数 l_f^*	0.7086	0.6994	0.6957	0.6820	0.6638	0.6455
接触点到节线的距离系数 h_k^*	0.5450					
凸齿接触点处弦齿厚系数 $\bar{s}_a^*$	1.1173					
凹齿接触点处槽宽系数 e_f^*	1.1773	1.1773	1.1573	1.1573	1.1573	1.1573
凹齿接触点处弦齿厚系数 $\bar{s}_f^*$	1.9643	1.9643	1.9843	1.9843	1.9843	1.9843
过渡圆弧和凸齿圆弧的切点到节线的距离系数 h_{ja}^*	0.16					
过渡圆弧和凹齿圆弧的切点到节线的距离系数 h_{jf}^*	0.20					
侧隙系数 j^*	0.06	0.06	0.04	0.04	0.04	0.04
凸齿工艺角 δ_1	6°20′52″					
凹齿工艺角 δ_2	9°25′31″	9°19′30″	9°10′21″	9°0′59″	8°48′11″	8°35′01″
齿腰连接圆弧半径系数 r_j^*	0.5049	0.5043	0.4884	0.4877	0.4868	0.4858
齿根圆弧半径系数 r_g^*	0.4030	0.4004	0.3710	0.3663	0.3595	0.3520

注：表中带“*”的尺寸系数，是指该尺寸与 m_n 的比值，如 $h^*=h/m_n$。

表 8-3-133　圆弧齿轮模数系列（摘自 GB/T 1840—1989）　/mm

第一系列	1.5	2	2.5	3	4	5	6	8	10	12	16	20	25	32	40	50
第二系列	2.25	2.75	3.5	4.5	5.5	7	9	14	18	22	28	36	45			

注：优先采用第一系列。

3.3.2 圆弧齿轮传动的基本参数选择

圆弧齿轮传动的基本参数主要包括模数 m_n、齿数 z、中心距 a、螺旋角 β、重合度 ε_β、齿宽系数 φ_d 和 φ_a 等。这些参数之间有密切联系，相互制约，并且对传动的承载能力和工作质量有很大的影响。各参数之间的基本关系如下。

$$d_1=\frac{z_1 m_n}{\cos\beta} \tag{8-3-3}$$

$$\varepsilon_\beta=\frac{b}{p_x}=\frac{b\sin\beta}{\pi m_n} \tag{8-3-4}$$

$$a=\frac{m_n(z_1+z_2)}{2\cos\beta} \tag{8-3-5}$$

$$\varphi_d=\frac{b}{d_1}=\frac{\pi\varepsilon_\beta}{z_1\tan\beta} \tag{8-3-6}$$

$$\varphi_a=\frac{b}{a}=\frac{2\pi\varepsilon_\beta}{(z_1+z_2)\tan\beta} \tag{8-3-7}$$

（1）圆弧齿轮齿数 z 和模数 m_n 的选择　从增大重合度、提高传动平稳性的角度出发，应选择较多的齿数 z_1 和较小的模数 m_n。在满足弯曲强度条件下，齿数 z_1 可在以下范围内选取：中低速传动 $z_1=20\sim35$；高速传动 $z_1=30\sim50$。一般取 $m_n=(0.01\sim0.02)a$。对于大中心距、载荷平稳、工作连续的传动，选较小值，反之选较大值。在有冲击载荷且轴承对称布置时，推荐 $m_n=(0.02\sim0.04)a$。模数一定要取标准值。

（2）圆弧齿轮重合度 ε_β 的选择　重合度 ε_β 可由式 $\varepsilon_\beta=\mu_\varepsilon+\Delta\varepsilon$ 计算，μ_ε 为整数部分，$\Delta\varepsilon$ 为尾数，一般 $\mu_\varepsilon=1\sim6$，$\Delta\varepsilon=0.25\sim0.4$。对于中低速传动，可取 $\varepsilon_\beta>2$，对于高速齿轮传动，可取 $\varepsilon_\beta>3$。采用大的 ε_β，可提高传动平稳性和承载能力，但必须严格限制齿距误差、齿向误差、轴线平行度误差和轴系变形量。$\Delta\varepsilon$ 太小，容易引起崩角，且不利于平稳传动，增加 $\Delta\varepsilon$，端部齿根应力有所减小，但 $\Delta\varepsilon>0.4$ 以后，应力减小不明显。

（3）圆弧齿轮螺旋角 β 的选择　螺旋角 β 增大，将降低齿面接触强度，齿根弯曲强度也有所降低，另外，轴向力增大，降低轴承寿命。但 β 增大，将使重合度 ε_β 增加，能提高传动的平稳性，这对齿轮强度有利。因此，要根据实际情况合理选择 β 角。一般推荐：斜齿轮，$\beta=$

10°～20°；人字齿轮，$\beta=25°\sim35°$。

（4）圆弧齿轮齿宽系数 φ_d 和 φ_a 的选择　齿宽系数应根据载荷特性、加工精度、传动结构布局和系统刚度来确定。对于一般减速器，推荐采用：单斜齿轮 $\varphi_a=b/a=0.4\sim0.8$；人字齿轮 $\varphi_a=b/a=0.3\sim0.6$（b 为半齿宽）。对于单级传动的齿轮箱，应取较大值。当确定了 z_1、β 和 ε_β 后可按式（8-3-6）及式（8-3-7）校核 φ_d 和 φ_a。设计时，也可先确定齿宽系数，再根据公式来调整 z_1、β 和 ε_β 的数值。当 $\varepsilon_\beta=1.25$、$\varepsilon_\beta=2.25$、$\varepsilon_\beta=3.25$ 时，可用图 8-3-34 来选取一组合适的 φ_d、z_1、β 的值。

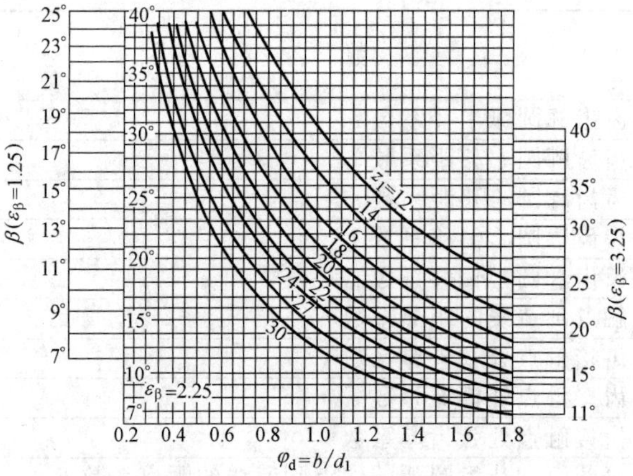

图 8-3-34　φ_d 与 z_1、β 的关系

3.3.3　圆弧齿轮的几何参数和尺寸计算

单圆弧齿轮传动及双圆弧齿轮传动的几何参数和尺寸计算见表 8-3-134 及表 8-3-135。

表 8-3-134　单圆弧齿轮几何参数和尺寸计算

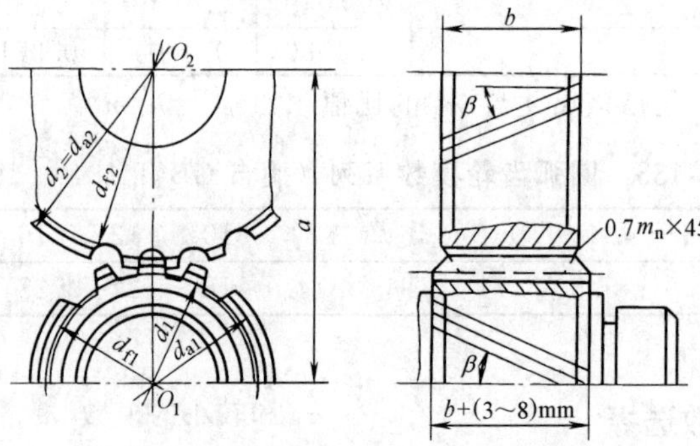

项目代号	计算公式	
	小齿轮(凸齿)	大齿轮(凹齿)
中心距 a	$a=\dfrac{1}{2}m_t(z_1+z_2)=\dfrac{m_n(z_1+z_2)}{2\cos\beta}$，由强度计算或结构确定	
法向模数 m_n	由轮齿弯曲强度计算决定，应取标准值	
端面模数 m_t	$m_t=\dfrac{m_n}{\cos\beta}$	
螺旋角 β	$\beta=\arccos\left[\dfrac{m_n(z_1+z_2)}{2a}\right]$	
齿宽 b	$b=\varphi_a a$ 或 $b=\varphi_d d_1$	
轴向齿距 p_x	$p_x=\dfrac{\pi m_n}{\sin\beta}$	
纵向重合度 ε_β	$\varepsilon_\beta=\dfrac{b}{p_x}=\dfrac{b\sin\beta}{\pi m_n}$	
分度圆直径 d	$d_1=m_t z_1=\dfrac{m_n}{\cos\beta}z_1$	$d_2=m_t z_2=\dfrac{m_n}{\cos\beta}z_2$
齿顶圆直径 d_a	$d_{a1}=d+2.4m_n$	$d_{a2}=d_2$

续表

项目代号	计算公式	
	小齿轮(凸齿)	大齿轮(凹齿)
齿根圆直径 d_f	$d_{f1}=d_1-0.6m_n$	$d_{f2}=d_2-2.72m_n$
全齿高 h	$h_1=1.5m_n$	$h_2=1.36m_n$
测量尺寸计算		
弦齿深 $\bar{h}$ [见图(a)、图(b)]	$\bar{h}_1=h_1-h_{g1}+\frac{1}{2}(d'_{a1}-d_{a1})$ 式中 d'_{a1}——小齿轮实际齿顶圆直径 h_{g1}——弓高， $h_{g1}=\left(\frac{1}{2}\pi m_n+l_a-\sqrt{\rho_1^2-h_{a1}^2}\right)^2\times\frac{d_{a1}}{d_1^2}\cos^2\beta$； ρ_1——凸齿法面齿廓圆弧半径 l_a——凸齿齿廓圆心偏移量	$\bar{h}_2=h_2-h_{g2}+\frac{1}{2}(d'_{a2}-d_{a2})$ 式中 d'_{a2}——大齿轮实际齿顶圆直径 当 $m_n=2\sim6$mm 时， 弓高 $h_{g2}=\frac{1.285m_n\cos^2\beta}{z_2}$， 当 $m_n=7\sim32$mm 时， 弓高 $h_{g2}=\frac{(1.25m_n+0.08)\cos^3\beta}{z_2}$
公法线跨齿数 k	$k_1=\left(\frac{\alpha_t}{180°}+0.159\tan^2\beta\sin2\alpha_t\right)z_1+0.637l_a^*+1$ $l_a^*=\frac{l_a}{m_n}$	$k_2=\left(\frac{\alpha_t}{180°}+0.159\tan^2\beta\sin2\alpha_t\right)z_2-0.637l_f^*$ $l_f^*=\frac{l_f}{m_n}$
	式中 α_t——理论接触点处端面压力角，$\tan\alpha_t=\frac{\tan\alpha_n}{\cos\beta}$	
公法线长度 W_k	$W_{k1}=\left(\frac{z_1\sin\alpha_{t1}}{\sin\alpha_{n1}\cos\beta}+2\rho_1^*\right)m_n$ $\rho_1^*=\frac{\rho_1}{m_n}$	$W_{k2}=\left(\frac{z_2\sin\alpha_{t2}}{\sin\alpha_{n2}\cos\beta}+\frac{2x_2^*}{\sin\alpha_{n2}}-2\rho_2^*\right)m_n$ $\rho_2^*=\frac{\rho_2}{m_n}$；$x_2^*=\frac{x_2}{m_n}$
	式中 α_{t1}、α_{n1}，α_{t2}、α_{n2}——小齿轮和大齿轮在测量时触头与齿面接触处的端面压力角及法面压力角，分别按下列公式计算	
	$\tan\alpha_{n1}=\tan\alpha_{t1}\cos\beta$ $\alpha_{t1}=M_1-B\sin2\alpha_{t1}$ $M_1=\frac{1}{z_1}[180(k_1-1)-114.59156l_a^*]$ $B=28.64789\tan^2\beta$	$\tan\alpha_{n2}=\tan\alpha_{t2}\cos\beta$ $\alpha_{t2}=M_2-B\sin2\alpha_{t2}-Q\cot\alpha_{t2}$ $M_2=\frac{1}{z_2}(180k_2+114.59156l_f^*)$ $B=28.64789\tan^2\beta$ $Q=\frac{114.59156x^*}{z_2\cos\beta}$
	求 α_{t1}、α_{t2} 时，需要用迭代法解上述超越方程，可初取 $\alpha_{t1}=\alpha_{t2}=\alpha_t$ 进行第一遍计算，重复计算 3～4 遍，直到 α_{t1}、α_{t2} 的误差在 1″以内为止。计算精度应为小数点后第五位	
齿根圆斜径 L_i[见图(c)]	当齿数为偶数时，推荐测量齿根圆直径 d_f，当齿数为奇数时，可测量齿根圆斜径 L_i $L_i=d_f\cos\frac{90°}{z}$	
螺旋线波度的波长 l [见图(d)]	沿螺旋线测量螺旋线波度时，按下式计算波长 l $l=\frac{\pi d}{z_k\sin\beta}=\frac{2\pi m_n z}{z_k\sin^2\beta}$ 式中 z_k——滚齿机分度蜗轮齿数； d——工件分度圆直径	

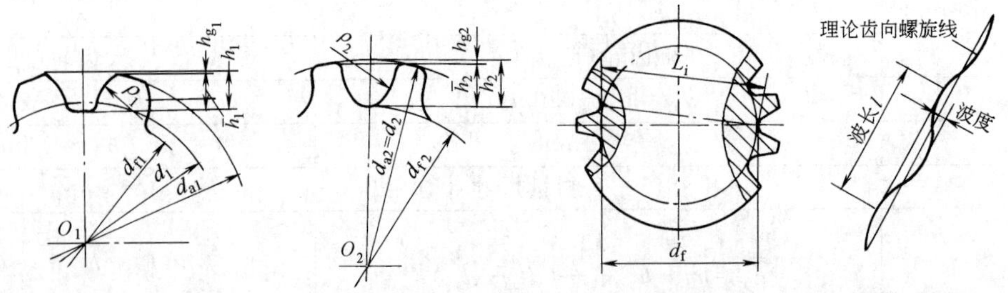

(a) 凸齿圆弧齿轮的弦齿深 $\overline{h}_1$　(b) 凹齿圆弧齿轮的弦齿深 $\overline{h}_2$　(c) 齿根圆斜径 L_i　(d) 螺旋线波度的波长 l

注：进行公法线长度测量时，工件的最小齿宽为 $b_{min}=\frac{1}{2}d\sin2\alpha_t\tan\beta+5\text{mm}$。

表 8-3-135　双圆弧齿轮几何参数和尺寸计算

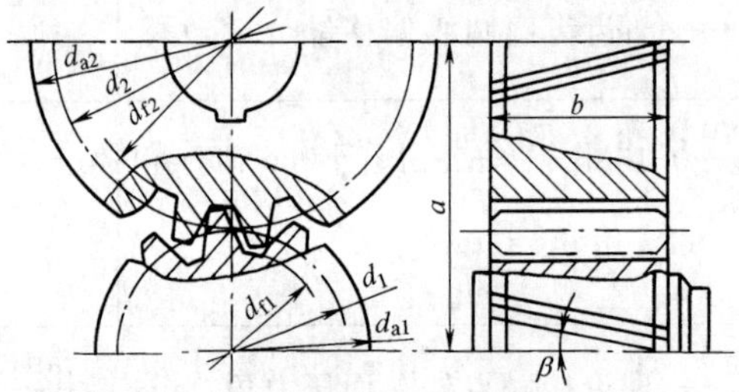

项目代号	计算公式 小齿轮	计算公式 大齿轮
中心距 a	$a=\frac{1}{2}m_t(z_1+z_2)=\frac{m_n(z_1+z_2)}{2\cos\beta}$ 由强度计算或结构确定	
法向模数 m_n	由弯曲强度计算或结构设计确定，应取标准值	
端面模数 m_t	$m_t=\frac{m_n}{\cos\beta}$	
螺旋角 β	$\beta=\arccos\left[\frac{m_n(z_1+z_2)}{2a}\right]$	
分度圆直径 d	$d_1=m_t z_1=\frac{m_n z_1}{\cos\beta}$	$d_2=m_t z_2=\frac{m_n z_2}{\cos\beta}$
齿顶圆直径 d_a	$d_{a1}=d_1+2h_a$	$d_{a2}=d_2+2h_a$
齿根圆直径 d_f	$d_{f1}=d_1-2h_f$	$d_{f2}=d_2-2h_f$
轴向齿距 p_x	$p_x=\frac{\pi m_n}{\sin\beta}$	
齿宽 b（人字齿轮半齿宽）	$b=\varphi_a a$ 或 $b=\varphi_d d_1$	
测量尺寸计算		
名义弦齿深 $\overline{h}$	$\overline{h}_1=m_n[h^*-r_{a1}^*(1-\cos\theta)]$	$\overline{h}_2=m_n[h^*-r_{a2}^*(1-\cos\theta)]$

项目代号	计算公式	
	小齿轮	大齿轮
实际弦齿深 $\overline{h}_p$	$\overline{h}_{p1}=\overline{h}_1+\frac{1}{2}(d'_{a1}-d_{a1})$ 式中 h^*——全齿高系数，$h^*=h/m_n$； r_{a1}^*——小齿轮齿顶圆半径系数，$r_{a1}^*=r_1^*+h_a^*$； r_1^*——小齿轮分度圆半径系数，$r_1^*=z_1/(2\cos\beta)$； h_a^*——齿顶高系数，$h_a^*=h_a/m_n$； θ_1——小齿轮辅助角，由以下超越方程求出： $\theta_1+\theta'_1+\frac{1}{2}\tan^2\beta_{a1}\sin2\theta_1=0$ $\theta'_1=\psi_1+z_{s1}^*/p_1^*$ $\psi_1=\arctan(y_{s1}^*/x_{s1}^*)$ $x_{s1}^*=\rho_a^*\sin\alpha_{a1}+x_a^*+r_1^*$ $y_{s1}^*=(\rho_a^*\cos\alpha_{a1}+x_a^*\cot\alpha_{a1})\cos\beta$ $z_{s1}^*=\rho_a^*\cos\alpha_{a1}\sin\beta-x_a^*\cot\alpha_{a1}\cos\beta\cot\beta-(0.5\pi+l_a^*)/\sin\beta$ α_{a1}——小齿轮齿顶压力角，由下列超越方程求解： $r_{a1}^{*2}=(\rho_a^*\sin\alpha_{a1}+x_a^*+r_1^*)^2+(\rho_a^*\cos\alpha_{a1}+x_a^*\cot\alpha_{a1})^2\cos^2\beta$ 计算时，θ_1 的初始值为 θ_{01} $\theta_{01}=\frac{-\theta'_1}{1+\tan\beta_{a1}}$ $\tan\beta_{a1}=r_{a1}^*/p_1^*$ p_1^*——小齿轮螺旋参数，$p_1^*=r_1^*\cot\beta$； d'_{a1}——小齿轮实际齿顶圆直径	$\overline{h}_{p2}=\overline{h}_2+\frac{1}{2}(d'_{a2}-d_{a2})$ 式中 h^*——全齿高系数，$h^*=h/m_n$； r_{a2}^*——大齿轮齿顶圆半径系数，$r_{a2}^*=r_2^*+h_a^*$； r_2^*——大齿轮分度圆半径系数，$r_2^*=z_2/(2\cos\beta)$； h_a^*——齿顶高系数，$h_a^*=h_a/m_n$； θ_2——大齿轮辅助角，由以下超越方程求出： $\theta_2+\theta'_2+\frac{1}{2}\tan^2\beta_{a2}\sin2\theta_2=0$ $\theta'_2=\psi_2+z_{s2}^*/p_2^*$ $\psi_2=\arctan(y_{s2}^*/x_{s2}^*)$ $x_{s2}^*=\rho_a^*\sin\alpha_{a2}+x_a^*+r_2^*$ $y_{s2}^*=(\rho_a^*\cos\alpha_{a2}+x_a^*\cot\alpha_{a2})\cos\beta$ $z_{s2}^*=\rho_a^*\cos\alpha_{a2}\sin\beta-x_a^*\cot\alpha_{a2}\cos\beta\cot\beta-(0.5\pi+l_a^*)/\sin\beta$ α_{a2}——大齿轮齿顶压力角，由下列超越方程求解： $r_{a2}^*=(\rho_a^*\sin\alpha_{a2}+x_a^*+r_2^*)^2+(\rho_a^*\cos\alpha_{a2}+x_a^*\cot\alpha_{a2})^2\cos^2\beta$ 计算时，θ_2 的初始值为 θ_{02} $\theta_{02}=\frac{-\theta'_2}{1+\tan\beta_{a2}}$ $\tan\beta_{a2}=r_{a2}^*/p_2^*$ p_2^*——大齿轮螺旋参数，$p_2^*=r_2^*\cot\beta$； d'_{a2}——大齿轮实际齿顶圆直径
公法线跨齿数 k	计算公式与单圆弧齿轮相同。对于凸齿按小齿轮（凸齿）的公式计算，对于凹齿按大齿轮（凹齿）的公式计算	
公法线长度 W_k	计算公式与单圆弧齿轮相同。对于凸齿按小齿轮（凸齿）的公式计算，对于凹齿按大齿轮（凹齿）的公式计算	
齿根圆斜径 L_i	计算公式与单圆弧齿轮相同	
螺旋线波度的波长 l	计算公式与单圆弧齿轮相同	

3.3.4 圆弧齿轮精度等级的选择

齿轮的精度等级应根据传动的用途、使用条件、传递功率大小、圆周速率大小以及其他经济、技术要求来决定。精度等级可参考表 8-3-136 选择。

3.3.5 圆弧圆柱齿轮的强度计算

与渐开线圆柱齿轮相类似，圆弧齿轮的主要失效形式仍为轮齿的弯曲折断、齿面点蚀、齿面胶合和塑性变形。目前设计计算时，主要是按齿根弯曲强度和齿面接触强度计算。

（1）圆弧齿轮传动的强度计算公式

① 单圆弧齿轮传动的强度计算公式。JB 929—1967 单圆弧齿轮强度计算公式见表 8-3-137。

② 双圆弧齿轮传动的强度计算公式。GB 13799—1992 规定了双圆弧圆柱齿轮齿面接触强度和轮齿弯曲强度的计算方法，其计算公式见表 8-3-138。

表 8-3-136 齿轮精度等级选择

精度等级	工作情况	圆周速度/$m \cdot s^{-1}$	加工方法
4 级	要求传动很平稳、振动、噪声小、大功率高速齿轮。例如高速涡轮压缩机齿轮	超过 100	在高精度磨齿机上磨齿，或在高精度滚齿机上用高精度滚刀滚切后再精珩齿
5 级	要求传动很平稳、噪声小、速度高、载荷较大的齿轮。例如涡轮机齿轮	到 100	在高精度滚齿机上用高精度滚刀切齿后，淬硬齿轮必须磨齿，氮化齿轮必须珩齿
6 级	要求传动平稳、速度较高或载荷较大的齿轮。例如中小型汽轮机、涡轮机齿轮	到 65	在精密滚齿机上用精密滚刀切齿，淬硬齿轮必须磨齿，氮化后允许珩齿
7 级	中等速度的重载齿轮。例如轧钢机齿轮、起重运输机械的主传动齿轮	到 25	在精密滚齿机上用较精密滚刀切齿，对要求硬化的齿轮，应适当研齿或珩齿
8 级	一般用途的低速齿轮。例如标准减速器、矿山冶金用齿轮	到 10	在普通滚齿机上用普通滚刀切齿

表 8-3-137 JB 929—1967 单圆弧齿轮强度计算公式

项目	单位	齿根弯曲强度	齿面接触强度
计算应力	MPa	凸齿 $\sigma_{F1}=\left(\dfrac{T_1K_AK_VK_1K_{F2}}{\mu_\varepsilon+K_{\Delta\varepsilon}}\right)^{0.79}\times\dfrac{Y_{E1}Y_{u1}Y_{\beta1}Y_{F1}Y_{End1}}{z_1m_n^{2.37}}$ 凹齿 $\sigma_{F2}=\left(\dfrac{T_1K_AK_VK_1K_{F2}}{\mu_\varepsilon+K_{\Delta\varepsilon}}\right)^{0.73}\times\dfrac{Y_{E2}Y_{u2}Y_{\beta2}Y_{F2}Y_{End2}}{z_1m_n^{2.19}}$	$\sigma_H=\left(\dfrac{T_1K_AK_VK_1K_{H2}}{\mu_\varepsilon+K_{\Delta\varepsilon}}\right)^{0.7}\times\dfrac{Z_FZ_uZ_\beta Z_a}{z_1m_n^{2.1}}$
法向模数	mm	凸齿 $m_{n1}\geqslant\left(\dfrac{T_1K_AK_VK_1K_{F2}}{\mu_\varepsilon+K_{\Delta\varepsilon}}\right)^{1/3}\times\left(\dfrac{Y_{E1}Y_{u1}Y_{\beta1}Y_{F1}Y_{End1}}{z_1[\sigma_F]_1}\right)^{1/2.37}$ 凹齿 $m_{n2}\geqslant\left(\dfrac{T_1K_AK_VK_1K_{F2}}{\mu_\varepsilon+K_{\Delta\varepsilon}}\right)^{1/3}\times\left(\dfrac{Y_{E2}Y_{u2}Y_{\beta2}Y_{F2}Y_{End2}}{z_1[\sigma_F]_2}\right)^{1/2.19}$	$m_n\geqslant\left(\dfrac{T_1K_AK_VK_1K_{H2}}{\mu_\varepsilon+K_{\Delta\varepsilon}}\right)^{1/3}\times\left(\dfrac{Z_EZ_uZ_\beta Z_a}{z_1[\sigma_H]}\right)^{1/2.1}$
许用应力	MPa	$[\sigma_F]=\sigma_{Flim}Y_NY_X/S_{Fmin}\geqslant\sigma_F$	$[\sigma_H]=\sigma_{Hlim}Z_NZ_LZ_V/S_{Hmin}\geqslant\sigma_H$
安全系数		$S_F=\sigma_{Flim}Y_NY_X/\sigma_F\geqslant S_{Fmin}$	$S_H=\sigma_{Hlim}Z_NZ_LZ_V/\sigma_H\geqslant S_{Hmin}$

注：1. 长度单位均为 mm，力单位均为 N，T_1 为小齿轮名义转矩，单位 N·mm。

2. 对人字齿轮，T_1 按名义转矩的 1/2、μ_ε 和 $K_{\Delta\varepsilon}$ 按半边齿宽计。

3. 公式中各代号意义及查取方法见表 8-3-139。

③ 强度计算公式中各代号意义及查取方法见表 8-3-139。

(2)计算公式中各参数符号的意义及各参数的确定

① 小齿轮的名义转矩 T_1

$$T_1=9549\times10^3\frac{P_1}{n_1}\ (\text{N}\cdot\text{mm})\qquad(8\text{-}3\text{-}8)$$

式中 P_1——小齿轮传递的名义功率，kW；

n_1——小齿轮的转速，r/min。

② 使用系数 K_A。使用系数是考虑由于啮合外部因素引起的动力过载影响的系数。这种过载取决于原动机和工作机的载荷特性、传动零件的质量比、联轴器类型以及运行状况，可参考表 8-3-140 查取。

表 8-3-138　GB 12759—1991 双圆弧齿轮强度计算公式

项目	单位	齿根弯曲强度	齿面接触强度
计算应力	MPa	$\sigma_F=\left(\dfrac{T_1K_AK_VK_1K_{F2}}{2\mu_\varepsilon+K_{\Delta\varepsilon}}\right)^{0.86}\dfrac{Y_EY_uY_\beta Y_FY_{End}}{z_1m_n^{2.58}}$	$\sigma_H=\left(\dfrac{T_1K_AK_VK_1K_{H2}}{2\mu_\varepsilon+K_{\Delta\varepsilon}}\right)^{0.73}\dfrac{Z_EZ_uZ_\beta Z_a}{z_1m_n^{2.19}}$
法向模数	mm	$m_n\geqslant\left(\dfrac{T_1K_AK_VK_1K_{F2}}{2\mu_\varepsilon+K_{\Delta\varepsilon}}\right)^{1/3}\left(\dfrac{Y_EY_uY_\beta Y_FY_{End}}{z_1[\sigma_F]}\right)^{1/2.58}$	$m_n\geqslant\left(\dfrac{T_1K_AK_VK_1K_{H2}}{2\mu_\varepsilon+K_{\Delta\varepsilon}}\right)^{1/3}\left(\dfrac{Z_EZ_uZ_\beta Z_a}{z_1[\sigma_H]}\right)^{1/2.19}$
许用应力	MPa	$[\sigma_F]=\sigma_{Flim}Y_NY_X/S_{Fmin}\geqslant\sigma_F$	$[\sigma_H]=\sigma_{Hlim}Z_NZ_LZ_V/S_{Hmin}\geqslant\sigma_H$
安全系数		$S_F=\sigma_{Flim}Y_NY_X/\sigma_F\geqslant S_{Fmin}$	$S_H=\sigma_{Hlim}Z_NZ_LZ_V/\sigma_H\geqslant S_{Hmin}$

注：同表 8-3-137 注。

表 8-3-139　强度计算公式中各代号意义及查取方法

名　　称	查取依据的图表或取值范围	名　　称	查取依据的图表或取值范围
小齿轮名义转矩 T_1	按式(8-3-8)计算	接触强度计算的螺旋角系数 Z_β	查图 8-3-39
使用系数 K_A	查表 8-3-140	齿形系数 Y_F	查图 8-3-41
动载系数 K_V	查图 8-3-35	齿端系数 Y_{End}	查图 8-3-42
接触迹间载荷分配系数 K_1	查图 8-3-36	接触弧长系数 Z_a	查图 8-3-40
弯曲强度计算的接触迹内载荷分布系数 K_{F2}	查表 8-3-141	试验齿轮的弯曲疲劳极限 σ_{Flim}	查图 8-3-43
接触强度计算的接触迹内载荷分布系数 K_{H2}	查表 8-3-141	试验齿轮的接触疲劳极限 σ_{Hlim}	查图 8-3-44
重合度的整数部分 μ_ε	一般取 1～6	尺寸系数 Y_X	查图 8-3-48
接触迹系数 $K_{\Delta\varepsilon}$	查图 8-3-37	弯曲强度计算的寿命系数 Y_N	查图 8-3-45
弯曲强度计算的弹性系数 Y_E	查表 8-3-142	接触强度计算的寿命系数 Z_N	查图 8-3-45
接触强度计算的弹性系数 Z_E	查表 8-3-142	润滑剂系数 Z_L	查图 8-3-46
弯曲强度计算的齿数比系数 Y_u	查图 8-3-38	速度系数 Z_V	查图 8-3-47
接触强度计算的齿数比系数 Z_u	查图 8-3-38	弯曲强度计算的最小安全系数 S_{Fmin}	推荐 $S_{Fmin}\geqslant1.6$
弯曲强度计算的螺旋角系数 Y_β	查图 8-3-39	接触强度计算的最小安全系数 S_{Hmin}	推荐 $S_{Hmin}\geqslant1.3$

③ 动载系数 K_V。动载系数是考虑轮齿接触迹在啮合过程中的冲击和由此引起齿轮副的振动而产生的内部附加动载荷影响的系数，可根据齿轮的圆周速度及平稳性精度由图 8-3-35 查取。

④ 接触迹间载荷分配系数 K_1。接触迹间载荷分配系数是考虑由于齿向及齿距误差、轮齿和轴系受载变形等引起载荷沿齿宽方向在各接触迹之间分配不均的影响系数。K_1 值可由图 8-3-36 查取。

⑤ 接触迹内载荷分布系数 K_{H2}、K_{F2}。接触迹内载荷分布系数是考虑由于齿面接触迹位置沿齿高的偏移而引起应力分布状态改变对强度的影响系数。K_{H2} 和 K_{F2} 值可按接触精度由表 8-3-141 查取。

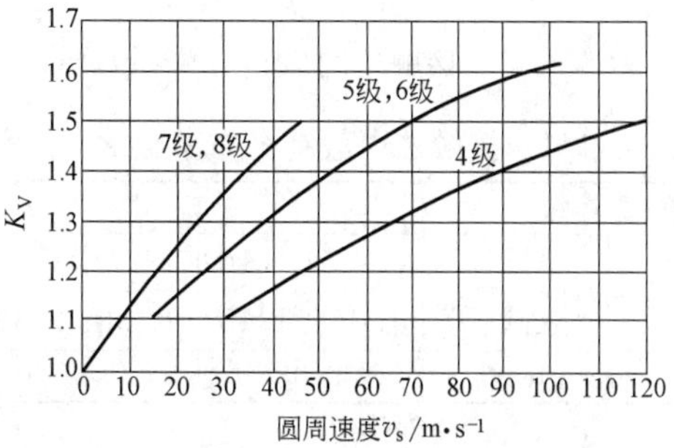

图 8-3-35　动载系数 K_V

表 8-3-140　使用系数 K_A

原动机工作特性及其示例	工作机工作特性及其示例			
	均匀平稳 如发电机、均匀传动的带式输送机或板式输送机、螺旋输送机、通风机及轻型离心机、离心泵、离心式空调压缩机	轻微振动 如不均匀传动的带式输送机或板式输送机、起重机回转齿轮装置、工业与矿用风机及重型离心机、离心泵、离心式空气压缩机	中等振动 如轻型球磨机、提升装置、轧机、橡胶挤压机、单缸活塞泵、叶瓣式鼓风机	强烈振动 如挖掘机、重型球磨机、钢坯初轧机、压坯机、旋转钻机、挖泥机、破碎机及污水处理用离心泵、泥浆泵
均匀平稳 如电动机、均匀转动的蒸汽轮机及燃气轮机	1.00	1.25	1.50	1.75 或更大
轻微振动 如蒸汽轮机、燃气轮机、经常启动的大电动机	1.10	1.35	1.60	1.85 或更大
中等振动 如多缸内燃机	1.25	1.50	1.75	2.00 或更大
强烈振动 如单缸内燃机	1.50	1.75	2.00	2.25 或更大

注：1. 表中数值仅适用于在非共振区运转的齿轮装置。
2. 对于增速传动，根据经验建议取表值的 1.1 倍。
3. 对外部机械与齿轮装置之间有挠性连接时，通常 K_A 值可适当减小。

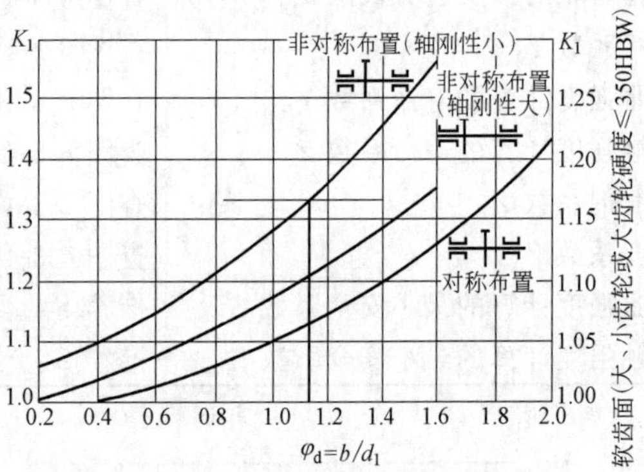

图 8-3-36　接触迹间载荷分配系数 K_1

表 8-3-141　接触迹内载荷分布系数 K_{H2}、K_{F2}

精度等级		4	5	6	7	8
K_{H2}	单圆弧	1.06	1.16	1.24	1.41	1.52
	双圆弧	1.05	1.15	1.23	1.39	1.49
K_{F2}	1.05	1.08		1.10		

⑥ 接触迹系数 $K_{\Delta\varepsilon}$。接触迹系数是考虑重合度尾数 $\Delta\varepsilon$ 对轮齿应力的影响系数。当 $\Delta\varepsilon$ 较大时，在相应于 $\Delta\varepsilon$ 的齿宽部分，即使在最不利的情况下，也有部分接触迹参与承担载荷，使轮齿应力有所下降。推荐 $\Delta\varepsilon=0.25\sim0.4$。$K_{\Delta\varepsilon}$ 值可按 $\Delta\varepsilon$ 由图 8-3-37 查取。当齿端修薄时，应根据减去齿端修薄长度后的有效齿长部分的 $\Delta\varepsilon$ 来查图取得（当 $20°<\beta<25°$时，采用插值法查取）。

⑦ 弹性系数 Z_E、Y_E。弹性系数是考虑材料的弹性模量 E 及泊松比 ν 对齿轮应力影响的系数。其值可按表 8-3-142 查取。

诱导弹性模量 E 的计算式为

$$E=\frac{2}{\dfrac{1-\nu_1^2}{E_1}+\dfrac{1-\nu_2^2}{E_2}}\quad(\text{MPa})\qquad(8\text{-}3\text{-}9)$$

式中　ν_1，ν_2——小齿轮和大齿轮的泊松比；

E_1，E_2——小齿轮和大齿轮的弹性模量。

⑧ 齿数比系数 Z_u、Y_u。齿数比系数是考虑不同齿数比具有不同的齿面相对曲率半径，从而影响轮齿应力的系数。其值可按图 8-3-38 查取或按图中公式计算。

⑨ 螺旋角系数 Z_β、Y_β。螺旋角系数是考虑螺旋角影响齿面相对曲率半径，从而影响轮齿应力的系数。其值可按图 8-3-39 查取或按图中公式计算。

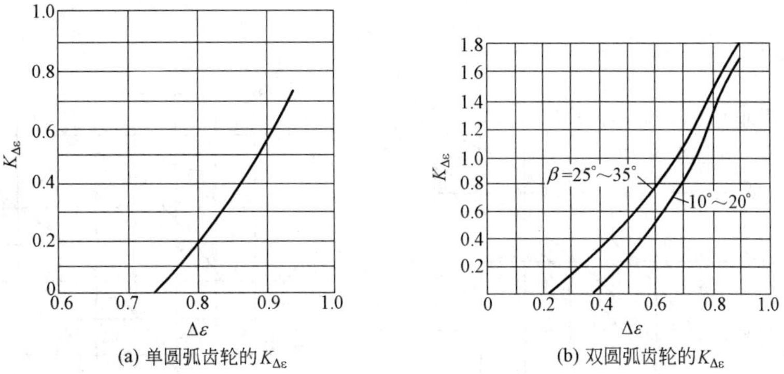

图 8-3-37　接触迹系数 $K_{\Delta\varepsilon}$

表 8-3-142　弹性系数 Y_E、Z_E

项　　目		单位	锻钢-锻钢	锻钢-铸钢	锻钢-球墨铸铁	其他材料
单圆弧齿轮	Y_{E1}	$(MPa)^{0.21}$	6.580	6.567	6.456	$0.494E^{0.21}$
	Y_{E2}	$(MPa)^{0.27}$	16.748	16.703	16.341	$0.600E^{0.27}$
	Z_E	$(MPa)^{0.3}$	31.436	31.343	30.589	$0.778E^{0.3}$
双圆弧齿轮	Y_E	$(MPa)^{0.14}$	2.079	2.076	2.053	$0.370E^{0.14}$
	Z_E	$(MPa)^{0.27}$	31.346	31.263	30.584	$1.123E^{0.27}$

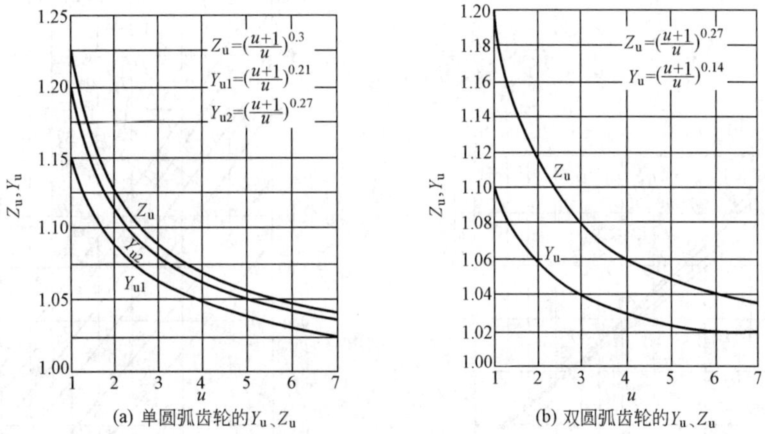

图 8-3-38　齿数比系数 Y_u、Z_u

⑩ 接触弧长系数 Z_a。接触弧长系数是考虑齿面接触弧的有效工作长度对齿面接触应力影响的系数。当齿数比不等于 1 时，一个齿轮的上齿面和下齿面的接触弧长不一样，接触弧长系数应取两个齿轮的平均值，即 $Z_a=0.5(Z_{a1}+Z_{a2})$，Z_{a1} 和 Z_{a2} 值可按小齿轮和大齿轮的当量齿数 z_{v1} 和 z_{v2} 查图 8-3-40，$z_v=z/\cos^3\beta$。

⑪ 齿形系数 Y_F。齿形系数是考虑由于轮齿几何形状对齿根应力影响的系数。它是用折截面法计算得来的，以考虑齿根应力集中的影响。Y_F 值可根据当量齿数 z_v 由图 8-3-41 查取。

⑫ 齿端系数 Y_{End}。齿端系数是考虑接触迹在齿轮端部时，端面以外没有齿根来参与承担弯曲力矩，以致端部齿根应力增大的影响系数。对于未修端的齿轮，Y_{End} 值可根据 ε_β（$\varepsilon_\beta=b/p_x$）由图 8-3-42 查取（当 β 不是图中值时，用插值法查取）。

对于齿端修薄齿轮，$Y_{End}=1$，齿端修薄量 $\Delta S=(0.01\sim0.04)m_n$。对于高精度齿轮取较小值，反之取较大值；对于大模数齿轮取较小值，小模数齿轮取较大值。

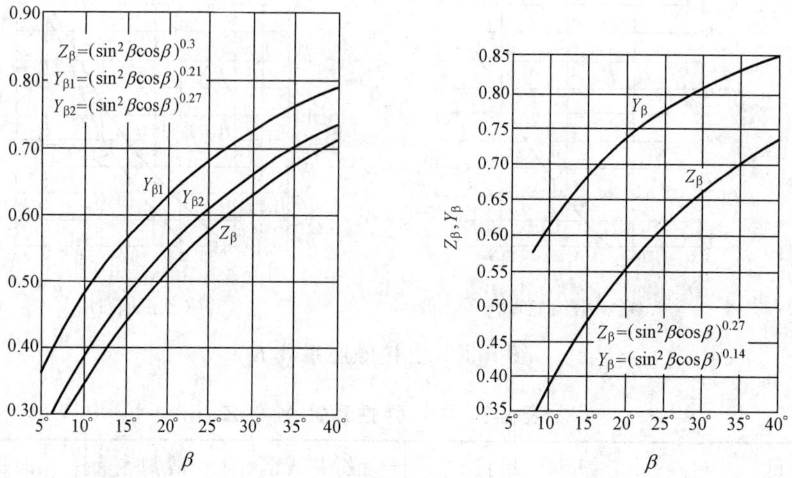

(a) 单圆弧齿轮的Y_β、Z_β　　(b) 双圆弧齿轮的Y_β、Z_β

图 8-3-39　螺旋角系数 Y_β、Z_β

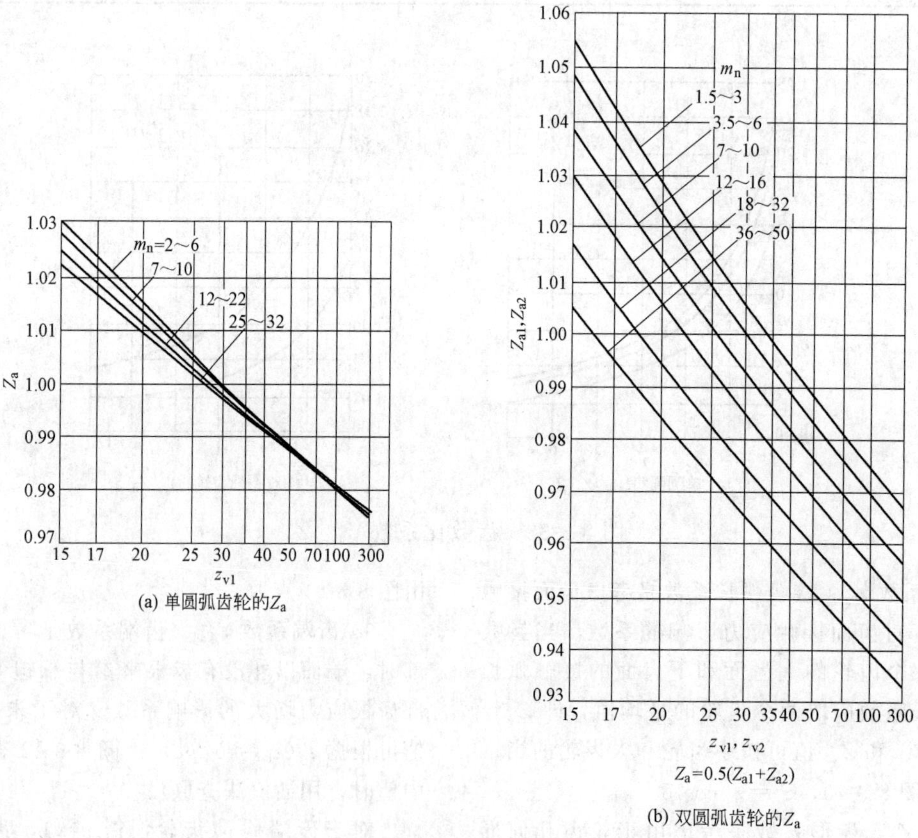

(a) 单圆弧齿轮的Z_a　　(b) 双圆弧齿轮的Z_a

图 8-3-40　接触弧长系数 Z_a

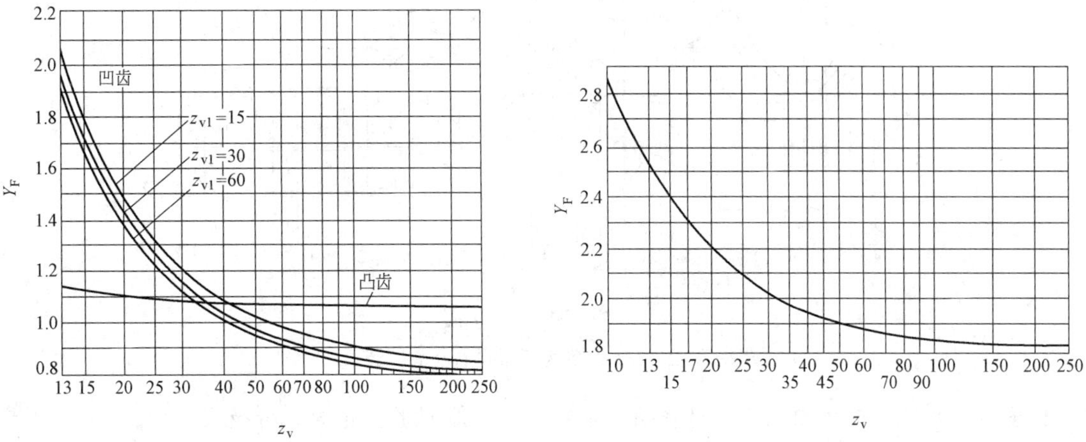

(a) 单圆弧齿轮的Y_F　　(b) 双圆弧齿轮的Y_F

图 8-3-41　齿形系数 Y_F

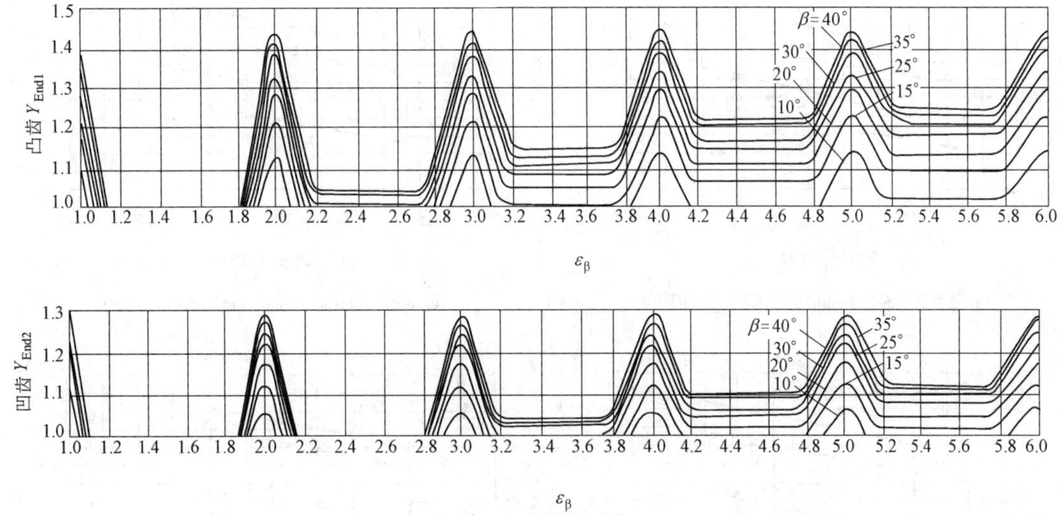

(a) 单圆弧齿轮的Y_{End}

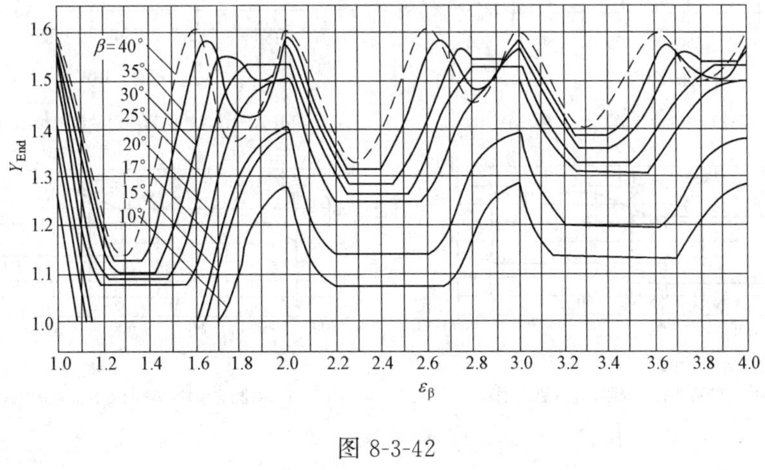

图 8-3-42

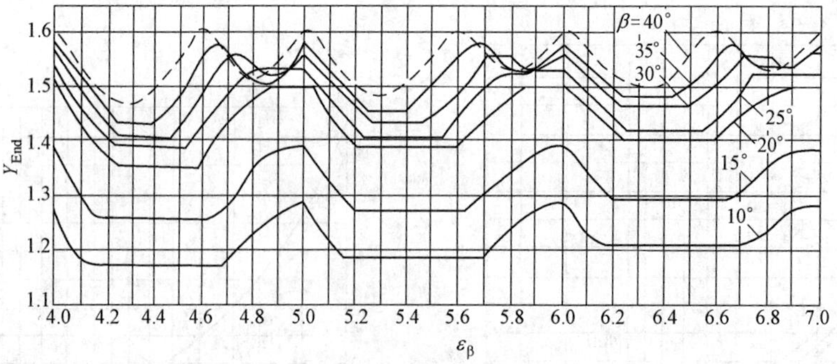

(b) 双圆弧齿轮的Y_{End}

图 8-3-42　未修端齿轮的齿端系数 Y_{End}

齿端修薄长度（按齿宽方向度量）ΔL：只修啮入端时，$\Delta L=\Delta\varepsilon p_x$（$p_x=\pi m_n/\sin\beta$）；当两端修薄时，$\Delta L=0.5\Delta\varepsilon p_x$，此时，$\Delta\varepsilon$ 应取较大值。

⑬ 试验齿轮的疲劳极限 σ_{Hlim}、σ_{Flim}。疲劳极限是指某种材料的齿轮经长期持续的重复载荷作用后，轮齿保持不破坏时的极限应力，可参考图 8-3-43 和图 8-3-44。

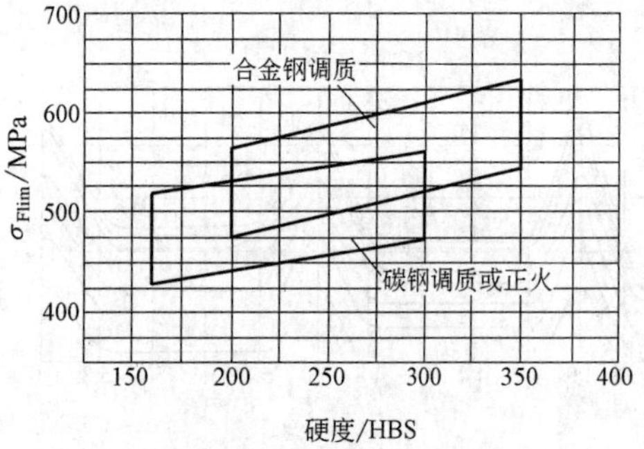

(a) 单圆弧齿轮的弯曲疲劳极限σ_{Flim}(调质钢)

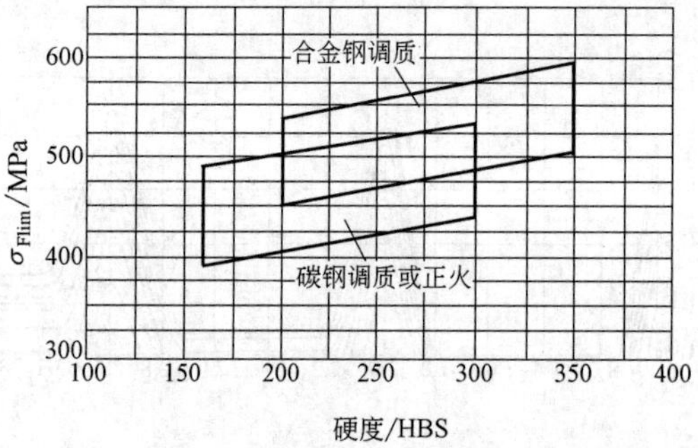

(b) 双圆弧齿轮的弯曲疲劳极限σ_{Flim}(调质钢)

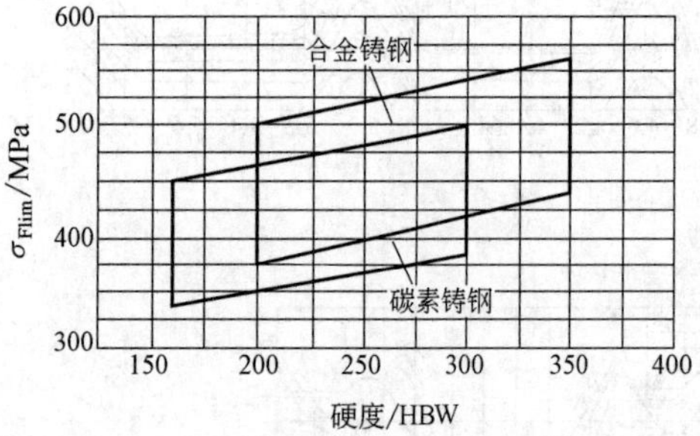

(c) 单圆弧齿轮的弯曲疲劳极限σ_{Flim} (铸钢)

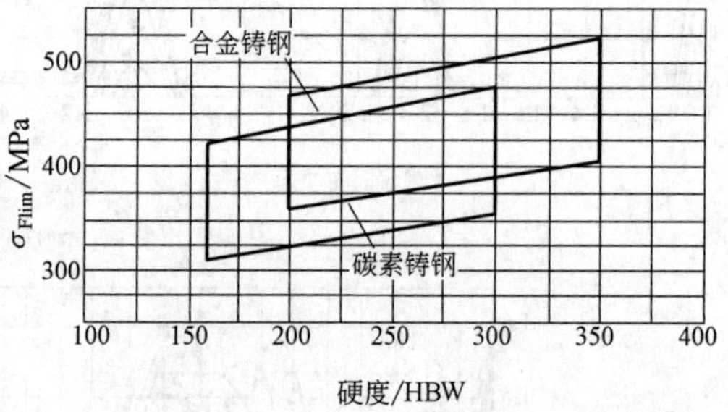

(d) 双圆弧齿轮的弯曲疲劳极限σ_{Flim} (铸钢)

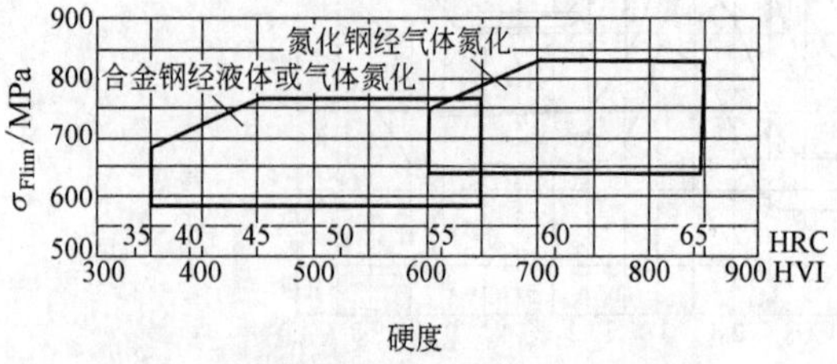

(e) 单圆弧齿轮的弯曲疲劳极限σ_{Flim}(氮化钢)

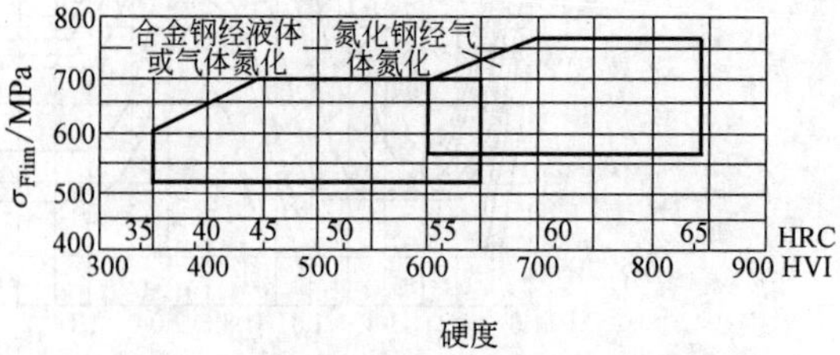

(f) 双圆弧齿轮的弯曲疲劳极限σ_{Flim}(氮化钢)

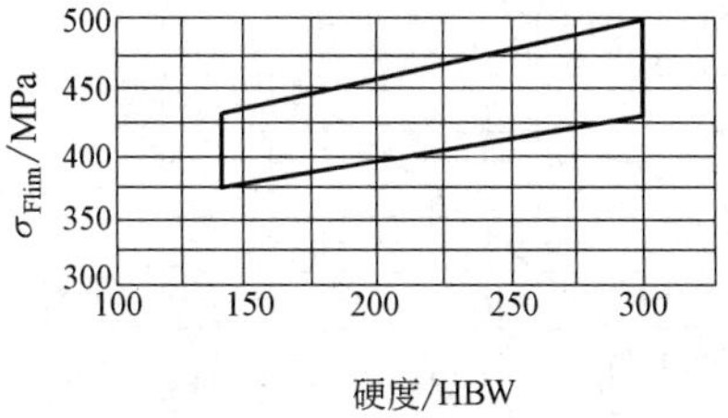

(g) 单圆弧齿轮的弯曲疲劳极限σ_{Flim}(球墨铸铁)

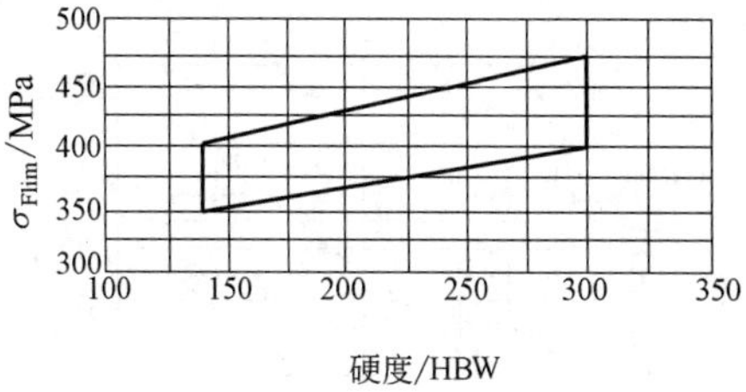

(h) 双圆弧齿轮的弯曲疲劳极限σ_{Flim}(球墨铸铁)

图 8-3-43　弯曲疲劳极限 σ_{Flim}

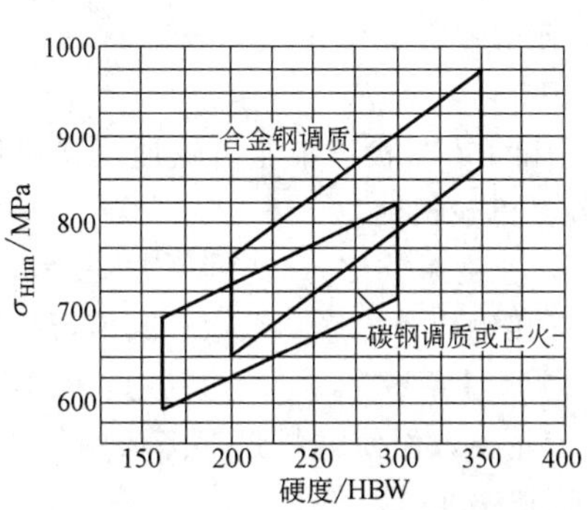

(a) 单圆弧齿轮的接触疲劳极限σ_{Hlim}(调质钢)

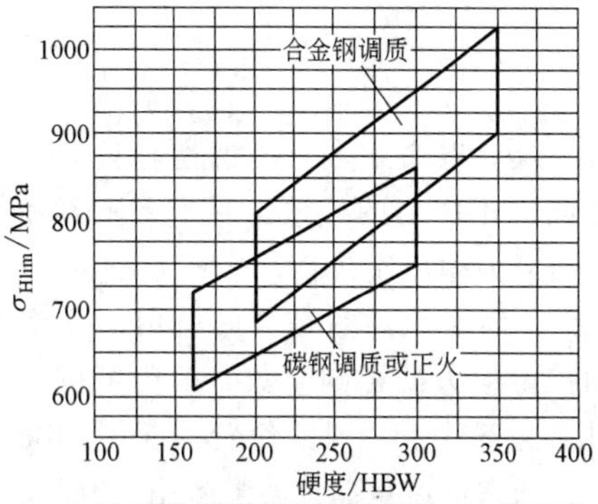

(b) 双圆弧齿轮的接触疲劳极限σ_{Hlim}(调质钢)

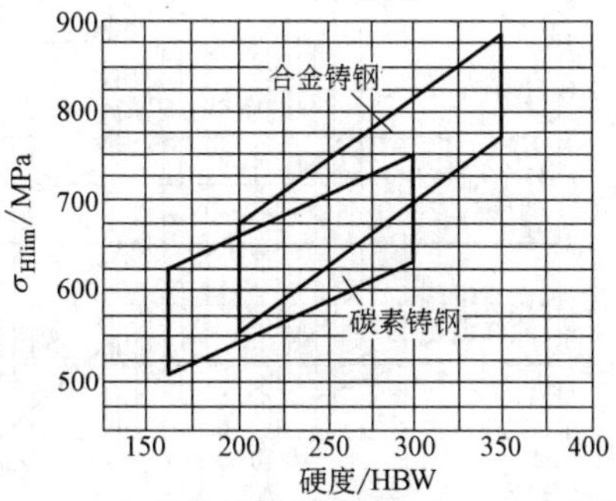

(c) 单圆弧齿轮的接触疲劳极限σ_{Hlim}(铸钢)

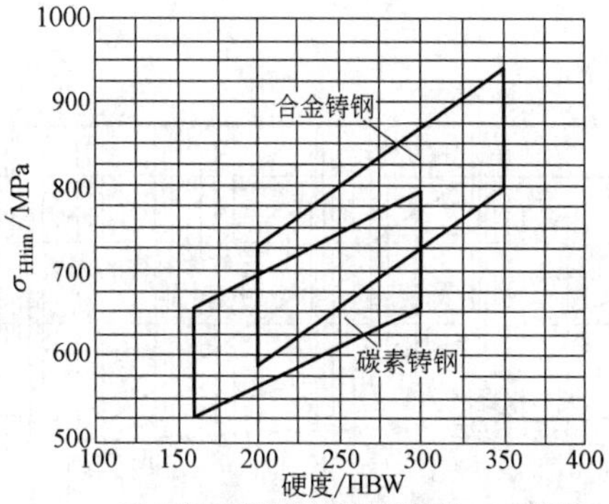

(d) 双圆弧齿轮的接触疲劳极限σ_{Hlim}(铸钢)

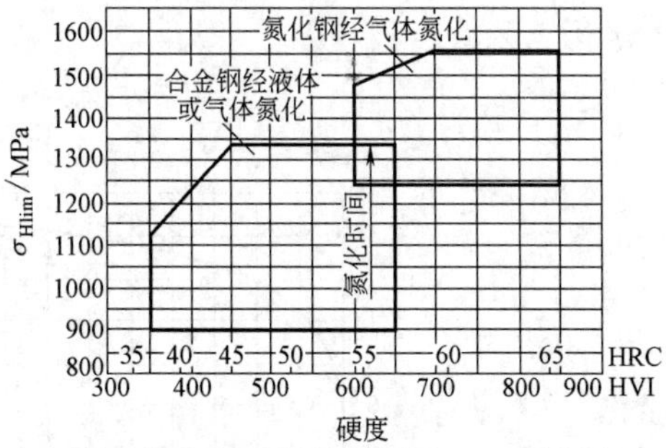

(e) 单圆弧齿轮的接触疲劳极限σ_{Hlim}(氮化钢)

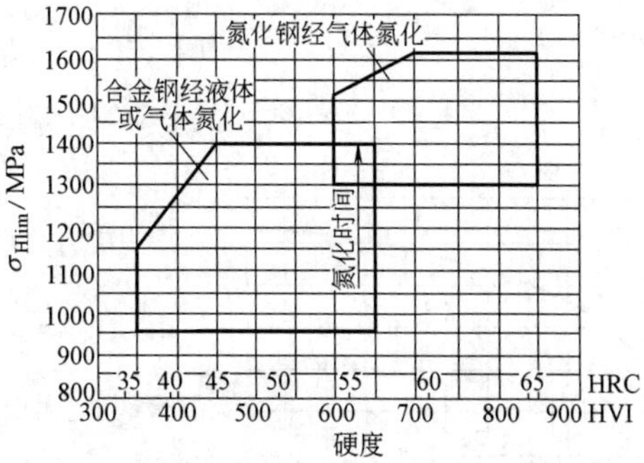

(f) 双圆弧齿轮的接触疲劳极限σ_{Hlim}(氮化钢)

图 8-3-44

第8篇

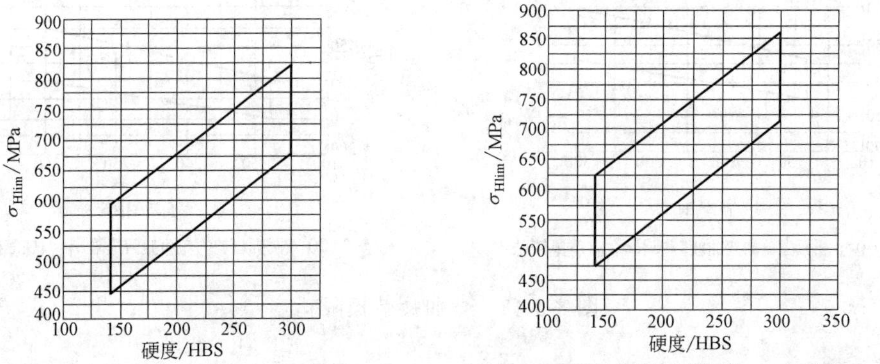

(g) 单圆弧齿轮的接触疲劳极限σ_{Hlim}(球墨铸铁)　　(h) 双圆弧齿轮的接触疲劳极限σ_{Hlim}(球墨铸铁)

图 8-3-44　接触疲劳极限 σ_{Hlim}

⑭ 寿命系数 Z_N、Y_N。寿命系数是考虑齿轮只要求有限寿命时，可以提高许用应力的系数。对于有限寿命设计，寿命系数可根据应力循环次数 N_L 查图 8-3-45。

⑮ 润滑剂系数 Z_L。润滑剂系数是考虑所用的润滑油种类及黏度对齿面接触应力的影响系数。其值可按图 8-3-46 查取。在相同工况条件下，圆弧齿轮的润滑油黏度应比渐开线齿轮高。通常低速重载传动多采用 320 号、400 号和 450 号极压工业齿轮油，高速传动多采用 32 号和 46 号汽轮机油。

⑯ 速度系数 Z_V。速度系数是考虑齿面间相对速度对齿面接触应力的影响系数。其值可按图 8-3-47 查取。

⑰ 尺寸系数 Y_x。尺寸系数是考虑实际齿轮模数大于试验齿轮模数而使材料强度降低的尺寸效应。其值可按图 8-3-48 查取。

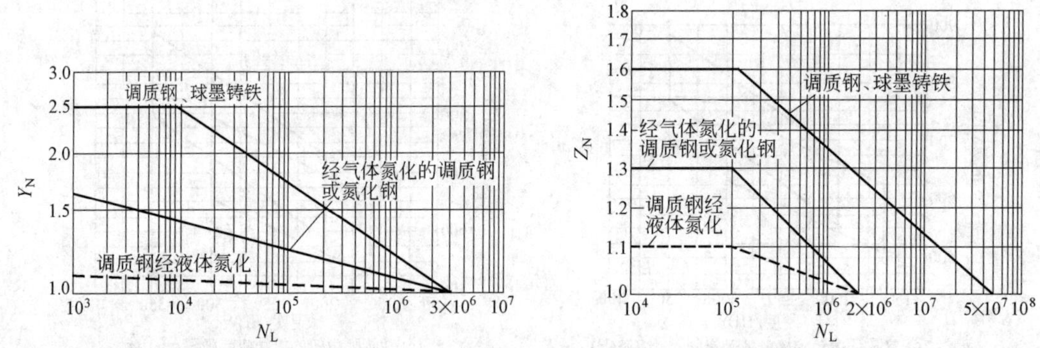

(a) 弯曲强度计算的寿命系数Y_N　　(b) 接触强度计算的寿命系数Z_N

图 8-3-45　寿命系数 Y_N、Z_N

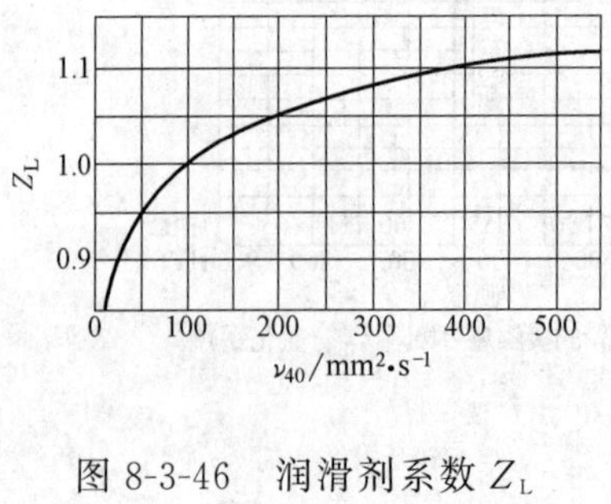

图 8-3-46　润滑剂系数 Z_L

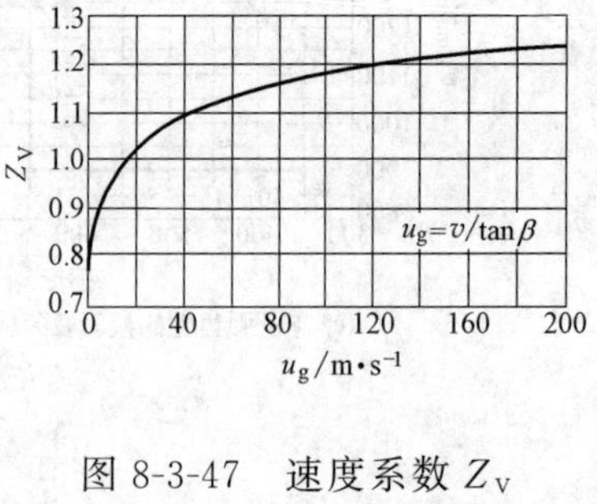

图 8-3-47　速度系数 Z_V

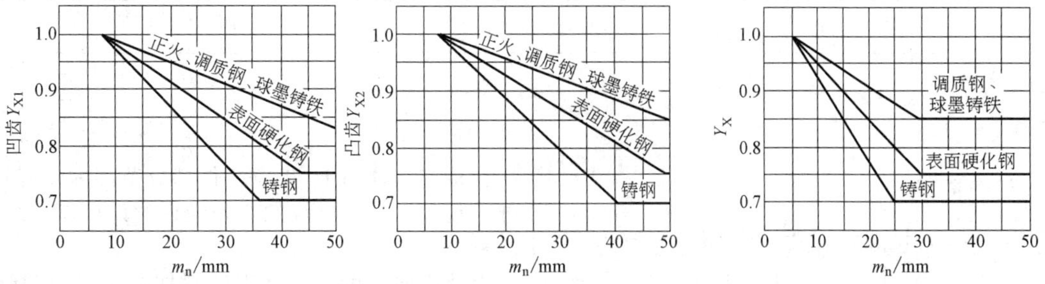

(a) 单圆弧齿轮的Y_X　　(b) 双圆弧齿轮的Y_X

图 8-3-48　尺寸系数 Y_X

⑱ 最小安全系数 S_{Fmin}、S_{Hmin}。推荐弯曲强度计算的最小安全系数 $S_{Fmin}\geqslant 1.6$，接触强度计算的最小安全系数 $S_{Hmin}\geqslant 1.3$。对可靠性要求高的齿轮传动或动力参数掌握不够准确或质量不够稳定的齿轮传动，可取更大的安全系数。

3.3.6　圆弧齿轮传动的精度及检验

这里摘要介绍标准《圆弧圆柱齿轮精度》（GB/T 15753—1995）。此标准适用于基本齿廓符合 GB/T 12759—1991 的规定（也适用于符合 JB 929—1967 的单圆弧齿轮），模数符合 GB/T 1840—1989 的规定，法向模数等于 1.5～40mm 的圆弧圆柱齿轮及其齿轮副。

（1）各项误差的定义和代号

表 8-3-143　各项误差的定义和代号

名　称	定　义
切向综合误差 $\Delta F_i'$ 切向综合公差 F_i'	被测齿轮与理想精度的测量齿轮单面啮合传动时，相对于测量齿轮的转角，在被测齿轮一转内，被测齿轮的实际转角与理想转角的最大差值。以分度圆弧长计值
切向一齿综合误差 $\Delta f_i'$ 切向一齿综合公差 f_i'	切向综合误差记录曲线上，小波纹的最大幅度值。其波长为一个周节角。以分度圆弧长计值
齿距累积误差 ΔF_p 齿距累积公差 F_p k 个齿距累积误差 ΔF_{pk} k 个齿距累积公差 F_{pk}	在检查圆[①]上，任意两个同侧齿面间实际弧长与公称弧长的最大差值 在检查圆上，k 个齿距的实际弧长与公称弧长的最大差值 k 为 2 到小于$\frac{z}{2}$的整数
齿圈径向跳动 ΔF_r 齿圈径向跳动公差 F_r	在齿轮一转范围内，测头在齿槽内或轮齿上，与凸齿或凹齿中部双面接触，测头相对于齿轮轴心线的最大变动量
公法线长度变动 ΔF_w 公法线长度变动公差 F_w	在齿轮一周范围内，实际公法线长度最大值与最小值之差 $\Delta F_w = W_{max} - W_{min}$
齿距偏差 Δf_{pt} 齿距偏差允许值 $\pm f_{pt}$	在检查圆上实际齿距与公称齿距之差 用相对法检查时，公称齿距是指所有实际齿距的平均值

名　称	定　义
齿向误差 ΔF_β 齿向公差 F_β 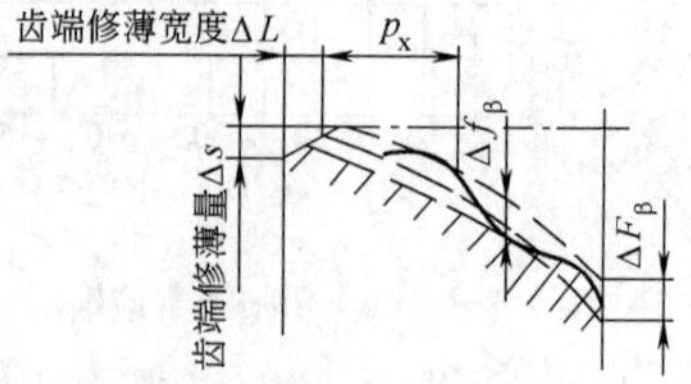 一个轴向齿距内的齿向误差 Δf_β 一个轴向齿距内的齿向公差 f_β	在检查圆柱面上，齿宽工作部分范围内(端部倒角部分除外)，包容实际齿向线的两条最近的设计齿向线之间的端面距离 设计齿向线可以是修正的圆柱螺旋线，包括齿端修薄及其他修形曲线 齿宽两端的齿向误差只允许逐渐偏向齿体内
轴向齿距偏差 ΔF_{px} 轴向齿距偏差允许值 $\pm F_{px}$ 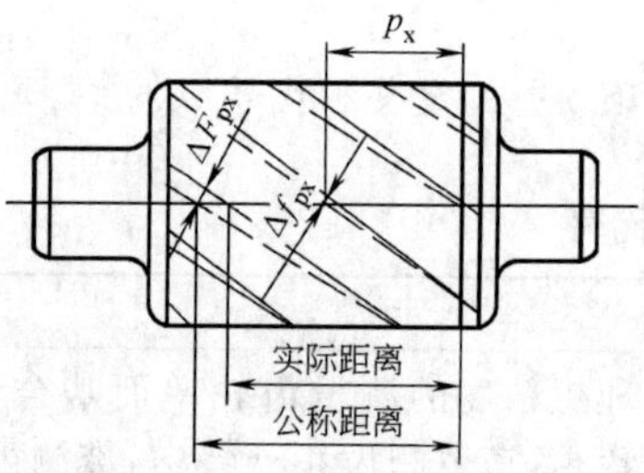 一个轴向齿距偏差 Δf_{px} 一个轴向齿距偏差允许值 $\pm f_{px}$	在与齿轮基准轴线平行而大约通过凸齿或凹齿中部的一条直线上，任意两个同侧齿面间的实际距离与公称距离之差。沿齿面法线方向计值
螺旋线波度误差 $\Delta f_{f\beta}$ 螺旋线波度公差 $f_{f\beta}$	宽斜齿轮凸齿或凹齿中部实际齿向线波纹的最大波幅。沿齿面法线方向计值
弦齿深偏差 ΔE_h 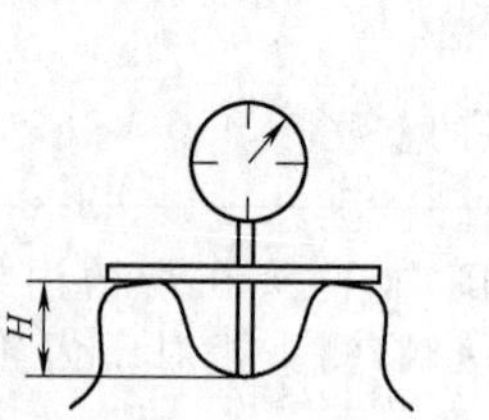 弦齿深偏差允许值 $\pm E_h$	在齿轮一周内，实际平均弦齿深与公称弦齿深之差
齿根圆直径偏差 ΔE_{df} 齿根圆直径偏差允许值 $\pm E_{df}$	齿根圆直径实际尺寸和公称尺寸之差 对于奇数齿可用齿根圆斜径代替 $L_f = d_f \cos \frac{90°}{z}$

续表

<table>
<tr><th>名　　称</th><th>定　　义</th></tr>
<tr><td>齿厚偏差 ΔE_s
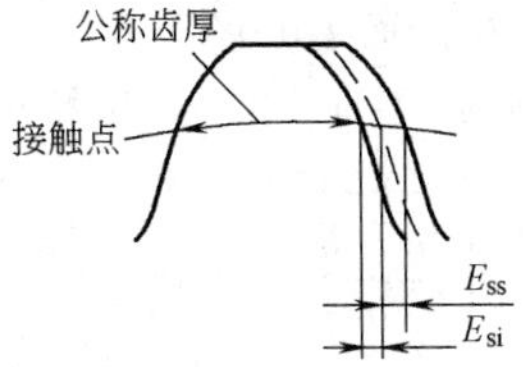

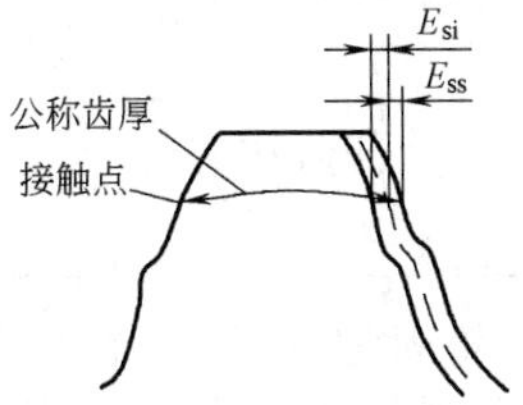

齿厚偏差允许值
上偏差 E_{ss}
下偏差 E_{si}</td><td>接触点所在圆柱面上，法向齿厚实际值与公称值之差</td></tr>
<tr><td>公法线平均长度偏差 ΔE_w
公法线平均长度偏差允许值
上偏差 E_{ws}
下偏差 E_{wi}</td><td>在齿轮一周内，公法线长度平均值与公称值之差</td></tr>
<tr><td>齿轮副的切向综合误差 $\Delta F'_{ic}$
齿轮副的切向综合公差 F'_{ic}</td><td>在设计中心距下安装好的齿轮副啮合转动足够多的转数内，一个齿轮相对于另一个齿轮的实际转角与理论转角的最大差值。以分度圆弧长计值</td></tr>
<tr><td>齿轮副的切向一齿综合误差 $\Delta f'_{ic}$
齿轮副的切向一齿综合公差 f'_{ic}</td><td>齿轮副的切向综合误差记录曲线上，小波纹的最大幅度值。以分度圆弧长计值</td></tr>
<tr><td>齿轮副的接触迹线位置偏差
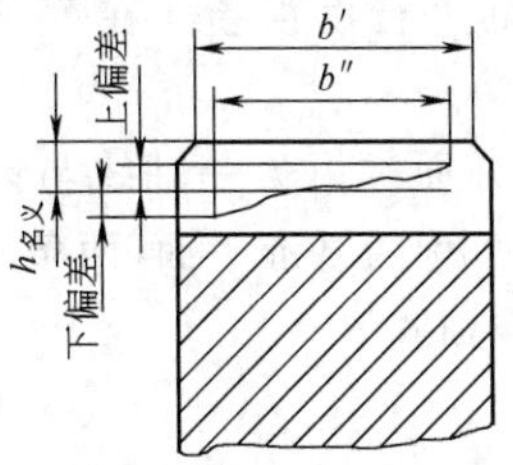

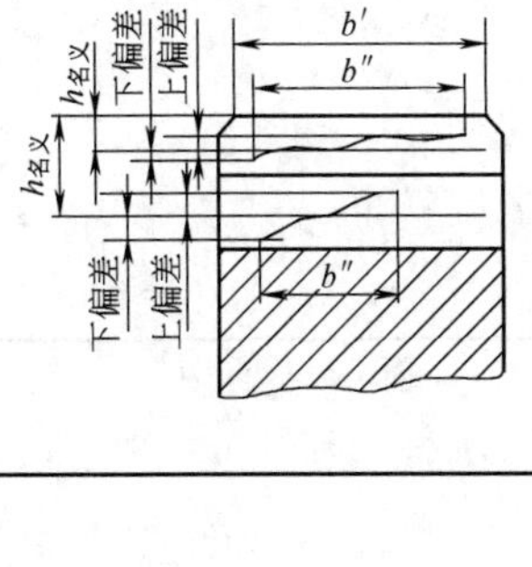
</td><td>装配好的齿轮副，在轻微制动下，齿面实际接触迹线偏离名义接触迹线的高度
对于单圆弧齿轮名义接触迹线距齿顶的高度为
凸齿：$h_{名义}=0.45m_n$
凹齿：$h_{名义}=0.75m_n$
对于双圆弧齿轮
凸齿：$h_{名义}=0.355m_n$
凹齿：$h_{名义}=0.445m_n$
沿齿长方向，接触迹线的长度 b'' 与工作长度 b'[②] 之比，即
$\frac{b''}{b'}\times 100\%$</td></tr>
</table>

名　　称	定　　义
齿轮副的接触斑点 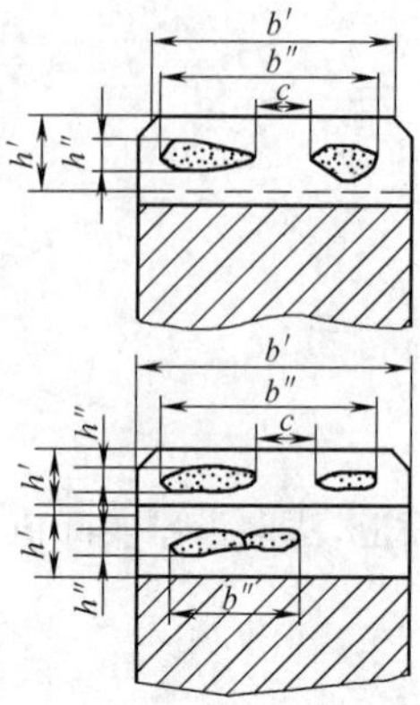 	安装好的齿轮副，在轻微的制动下，运转后齿面上分布的接触擦亮痕迹 接触痕迹的大小在齿面展开图上用百分比计算 沿齿长方向，接触痕迹的长度 b''（扣除超过模数值的断开部分 c）与工作长度 b' 之比，即 $\frac{b''-c}{b'}\times 100\%$ 沿齿高方向，接触痕迹的平均高度 h'' 与工作高度 h' 之比，即 $\frac{h''}{h'}\times 100\%$
齿轮副的侧隙 　圆周侧隙 j_t 　法向侧隙 j_n 　最大极限侧隙 j_{tmax} 　　　　　　　 j_{nmax} 　最小极限侧隙 j_{tmin} 　　　　　　　 j_{nmin}	齿轮副中一个齿轮固定时，另一个齿轮的圆周晃动量。以接触点所在圆上的弧长计 齿轮副工作齿面接触时，非工作齿面之间的最小距离
齿轮副的中心距偏差 Δf_a 齿轮副的中心距偏差允许值 $\pm f_a$	在齿轮副的齿宽中间平面内，实际中心距与设计中心距之差
轴线的平行度误差 　x 方向轴线的平行度误差 Δf_x 　y 方向轴线的平行度误差 Δf_y 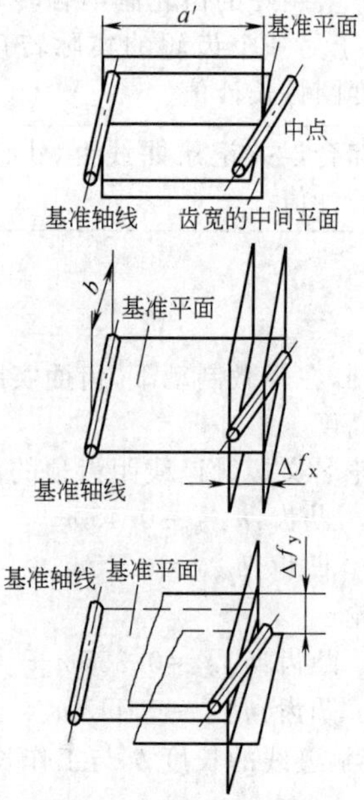 　x 方向轴线的平行度公差 Δf_x 　y 方向轴线的平行度公差 Δf_y	一对齿轮的轴线，在其基准平面上投影的平行度误差。在等于全齿宽的长度上测量 一对齿轮的轴线，在垂直于基准平面，并且平行于基准轴线的平面上投影的平行度误差。在等于全齿宽的长度上测量 包含基准轴线，并通过由另一轴线与齿宽中间平面相交的点所形成的平面，称为基准平面，两条轴线中任何一条轴线都可以作为基准轴线

① 检查圆是指位于凸齿或凹齿中部与分度圆同心的圆。

② 工作长度是指全齿长扣除小齿轮两端修薄长度。

(2) 精度等级与误差分组及其检验　目前，对圆弧齿轮和齿轮副规定了五个精度等级，按精度高低依次定为4、5、6、7、8级。

齿轮副中两个齿轮的精度等级一般取成相同，也允许取成不同。按照误差的特性及其对传动性能的主要影响，将齿轮的各项公差分为三个公差组。公差组及推荐的检验项目见表8-3-144。根据使用要求的不同，三个公差组可以采取不同的精度等级，但在同一公差组内，各项公差应保持相同的精度等级。

(3) 齿坯公差　齿轮在加工、检验和安装时的径向基准面和轴向辅助基准面应尽量一致，并在齿轮零件图上予以标注。与齿坯有关的公差见表8-3-157～表8-3-159。

(4) 侧隙及确定　圆弧齿轮传动的侧隙主要和基准齿形和法向模数有关。对于JB 929—1967规定的齿形，当 $m_n=2\sim6$mm 时，对于GB/T 12759—1991规定的齿形，当 $m_n=1.5\sim6$mm 时，侧隙为 $0.06m_n$；当 $m_n=7\sim32$mm（JB 929—1967），$m_n>6\sim50$mm（GB/T 12759—1991）时，侧隙为 $0.04m_n$。切深偏差或中心距偏差都会引起侧隙的改变，而且会使齿面接触迹偏离理论位置，这对齿轮强度极为不利。因此，不允许采用改变切深和中心距来获得所期望的非标准侧隙。如果因工作需要，对侧隙有特殊要求，最好是设计具有特殊侧隙的滚刀来进行加工，或者采用标准滚刀在加工时靠切向位移来获得所需的侧隙。在一般情况下，圆弧齿轮的实际侧隙不得小于标准值的2/3。

(5) 齿轮副的检验和要求

① 齿轮副的要求包括齿轮副的切向综合误差 $\Delta F'_{ic}$、齿轮副的一齿切向综合误差 $\Delta f'_{ic}$、齿轮副的接触迹线、齿轮副的接触斑点以及侧隙。如上述齿轮副的五个方面均能满足要求，则此齿轮副即为合格。对齿轮副的侧隙无特殊要求时，可不检查侧隙数值，只要求齿轮副能灵活转动。

② 齿轮副的切向综合误差 $\Delta F'_{ic}$ 及齿轮副的一齿切向综合误差 $\Delta f'_{ic}$ 应在装配后实测，或按齿轮副中单个齿轮的切向综合误差 $\Delta F'_i$ 之和及一齿切向综合误差 $\Delta f'_i$ 之和进行考核。

③ 齿轮副的接触迹线和接触斑点的大小按表8-3-155和表8-3-156的规定。齿轮副的接触迹线和接触斑点分两步检验。装配后，先检验接触迹线，接触迹线合格后，才允许进行跑合，跑合后检查接触斑点。

表 8-3-144　公差组及推荐的检验项目

公差组	公差与极限偏差项目	误差特性及其影响	检验项目及说明
Ⅰ	$F'_i,F_p,(F_{pk}),F_r,F_w$	以齿轮一转为周期的误差，主要影响传递运动的准确性和低频的振动、噪声	F'_i 目前尚无法检验 $F_p(F_{pk})$ 推荐用 F_p，必要时可加检 F_{pk} F_r 与 F_w 可用于7、8级齿轮，其中有一项超差时，应按 F_p 鉴定和验收
Ⅱ	$f'_i,f_{pt},f_\beta,f_{px},f_{f\beta}$	在齿轮的一周内，多次周期重复出现的误差，影响传动的平稳性和高频的振动、噪声	f'_i 目前尚无法检验 推荐用 f_{pt} 与 f_β（或 f_{px}）；对于6级及高于6级的齿轮加检 $f_{f\beta}$ 8级精度齿轮允许只检 f_{pt}
Ⅲ	F_β,F_{px} $E_{df},E_h,(E_w,E_s)$	齿向线的误差，主要影响载荷沿齿向分布的均匀性和承载能力 齿形的径向位置误差，影响齿高方向的接触部位和承载能力	推荐用 F_β 与 E_{df}（或 E_h），或用 F_{px} 与 E_{df}（或 E_h），必要时加检 E_w 或 E_s
齿轮副	F'_{ic},f'_{ic}，接触迹线位置偏差，接触斑点及齿侧间隙	综合性误差，影响工作平稳性和承载能力	可用动精度检查仪在齿轮箱轴端检查 F'_{ic} 和 f'_{ic}，其公差按两个齿轮的公差之和考核。接触线迹线位置合格后，才允许进行跑合。跑合后检查接触斑点。必要时用百分表测量圆周侧隙 j_t，法向侧隙 $j_n=j_t\cos\beta$

第8篇

④ 采用设计齿形和设计齿向线时，对接触斑点的分布位置及大小可自行规定；若接触斑点的分布位置和大小确有保证时，则此齿轮副中单个齿轮的第Ⅲ公差组项目可不予考核。

⑤ 齿轮副的轴线平行度 f_x 与 f_y 按表 8-3-151 的规定。

⑥ 中心距极限偏差 $\pm f_a$ 按表 8-3-152 的规定。

(6) 标注方法　在齿轮工作图上应标注齿轮的精度等级和侧隙系数。圆弧齿轮的精度等级和侧隙的标注方法如下。

① 齿轮的三个公差组精度同为 7 级，采用标准齿形的滚刀时，可不标注侧隙系数。

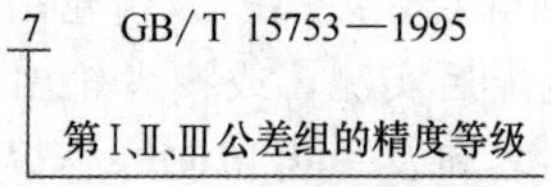

② 齿轮第Ⅰ公差组的精度为 7 级，第Ⅱ、Ⅲ公差组的精度均为 6 级，采用标准齿形的滚刀时，可不标注侧隙系数。

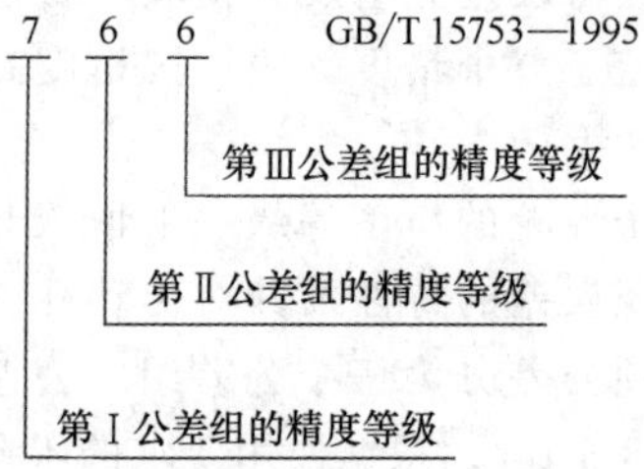

③ 齿轮的三个公差组精度同为 4 级，侧隙有特殊要求 $j_n = 0.1m_n$。

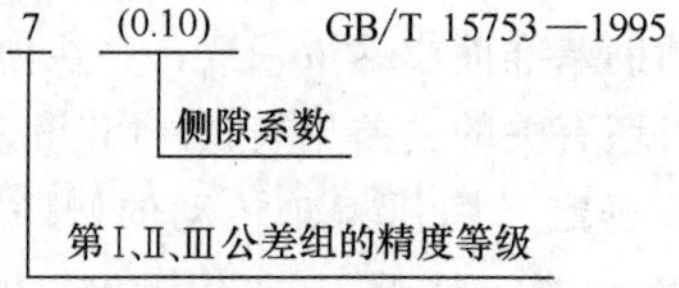

图样上还需要标注的一般尺寸数据如图 8-3-49 所示。图样中的参数表一般放在图的右上角。参数表中列出的参数项目可根据需要增减，检验项目按功能要求而定。图样中的技术要求一般放在图的右下角。

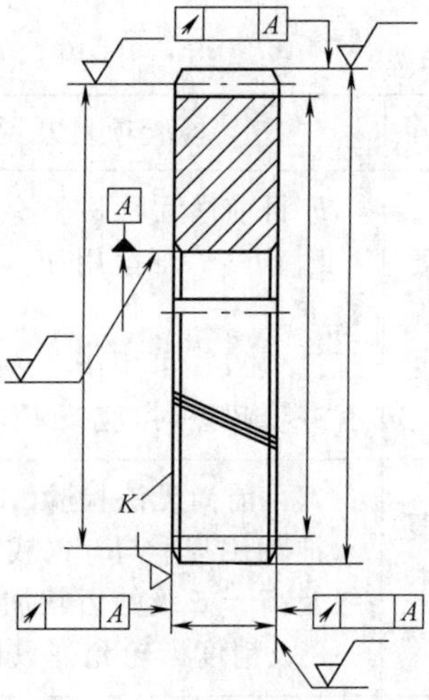

其余

法向模数	m_n	
齿数	z	
基本齿廓		
压力角	α	
螺旋角	β	
螺旋方向		
精度等级		
齿轮副中心距及其极限偏差	$a \pm f_a$	
配对齿轮	图号	
	齿数	
公差组	检验项目代号	公差(或极限偏差)值

技术要求

(标题栏)

图 8-3-49　圆弧齿轮标注图样

注：K 面为基准面。

(7) 检验项目的极限偏差及公差值　圆弧圆柱齿轮部分检验项目的极限偏差及公差与齿轮几何参数的关系式见表 8-3-145。

其他项目的极限偏差及公差按下列公式计算：

$$F_i'=F_p+f_\beta \qquad f_i'=0.6(f_{pt}+f_\beta)$$

$$f_{f\beta}=f_i'\cos\beta\ (\beta\ 为螺旋角)$$

$$f_{px}=f_\beta \qquad F_{px}=F_\beta$$

$$E_{ws}=2\sin\alpha E_h \qquad E_{wi}=-2\sin\alpha E_h\ (\alpha\ 为压力角)$$

$$E_{ss}=2\tan\alpha E_h \qquad E_{si}=-2\tan\alpha E_h$$

齿轮副的切向综合公差 F_{ic}' 等于两齿轮的切向综合公差 F_i' 之和。当两齿轮的齿数比为不大于 3 的整数且采用选配时，F_i' 可比计算值压缩 25% 或更多。

齿轮副的一齿切向综合公差 f_{ic}' 等于两齿轮的一齿切向综合公差 f_i' 之和。

各检验项目的极限偏差、公差值及齿坯公差列于表 8-3-146～表 8-3-159。

表 8-3-145　极限偏差及公差与齿轮几何参数的关系式

精度等级	F_p		F_r		F_w		f_{pt}		F_β		E_h			E_{df}	
	$A\sqrt{L}+C$		$Am_n+B\sqrt{d}+C$ $B=0.25A$		$B\sqrt{d}+C$		$Am_n+B\sqrt{d}+C$ $B=0.25A$		$A\sqrt{b}+C$		$Am_n+B\sqrt[3]{d}+C$			$Am_n+B\sqrt[3]{d}$	
	A	C	A	C	B	C	A	C	A	C	A	B	C	A	B
4	1.0	2.5	0.56	7.1	0.34	5.4	0.25	3.15	0.63	3.15	0.96	1.92	2.88	1.92	3.84
5	1.6	4.0	0.90	11.2	0.54	8.7	0.40	5.00	0.80	4.00	1.2	2.4	3.6	2.40	4.80
6	2.5	6.3	1.40	18.0	0.87	14.0	0.63	8.00	1.00	5.00					
7	3.55	9.0	2.24	28.0	1.22	19.4	0.90	11.20	1.25	6.30	1.5	3.0	4.5	3.00	6.00
8	5.0	12.5	3.15	40.0	1.70	27.0	1.25	16.00	2.00	10.00					

注：d—分度圆直径，mm；m_n—法向模数，mm；b—齿轮宽度，mm；L—分度圆弧长，mm。

表 8-3-146　齿距累积公差 F_p 及 k 个齿距累积公差 F_{pk} 值　　/μm

精度等级	分度圆弧长 L/mm												
	≤32	>32～50	>50～80	>80～160	>160～315	>315～630	>630～1000	>1000～1600	>1600～2500	>2500～3150	>3150～4000	>4000～5000	>5000～7200
4	8	9	10	12	18	25	32	40	45	56	63	71	80
5	12	14	16	20	28	40	50	63	71	90	100	112	125
6	20	22	25	32	45	63	80	100	112	140	160	180	200
7	28	32	36	45	63	90	112	140	160	200	224	250	280
8	40	45	50	63	90	125	160	200	224	280	315	355	400

注：1. 查 F_p 时，取 $L=\frac{1}{2}\pi d=\frac{\pi m_n z}{2\cos\beta}$；查 F_{pk} 时，取 $L=\frac{k\pi m_n}{\cos\beta}$ $\left(k\ 为\ 2\ 到小于\frac{z}{2}的整数\right)$。

2. 除特殊情况外，对于 F_{pk}，k 值规定取为小于 $z/6$ 或 $z/8$ 的最大整数。

表 8-3-147　齿圈径向跳动公差 F_r 值　　/μm

精度等级	法向模数/mm	分度圆直径/mm					
		≤125	>125～400	>400～800	>800～1600	>1600～2500	>2500～4000
4	2～3.5	9	10	11	—	—	—
	>3.5～6.3	11	13	13	14	—	—
	>6.3～10	13	14	14	16	18	—
	>10～16	—	16	18	18	20	22
	>16～25	—	20	22	22	25	25
	>25～40	—	—	28	28	32	32

续表

精度等级	法向模数/mm	分度圆直径/mm					
		≤125	>125～400	>400～800	>800～1600	>1600～2500	>2500～4000
5	2～3.5	14	16	18	—	—	—
	>3.5～6.3	16	18	20	22	—	—
	>6.3～10	20	22	22	25	28	—
	>10～16	22	25	28	28	32	36
	>16～25	—	32	36	36	40	40
	>25～40	—	—	45	45	50	50
6	2～3.5	22	25	28	—	—	—
	>3.5～6.3	28	32	32	36	—	—
	>6.3～10	32	36	36	40	45	—
	>10～16	36	40	45	45	50	56
	>16～25	—	50	56	56	63	63
	>25～40	—	—	71	71	80	80
7	2～3.5	36	40	45	—	—	—
	>3.5～6.3	45	50	50	56	—	—
	>6.3～10	50	56	56	63	71	—
	>10～16	56	63	71	71	80	90
	>16～25	—	80	90	90	100	100
	>25～40	—	—	112	112	125	125
8	2～3.5	50	56	63	—	—	—
	>3.5～6.3	63	71	71	80	—	—
	>6.3～10	71	80	80	90	100	—
	>10～16	80	90	100	100	112	125
	>16～25	—	112	125	125	140	140
	>25～40	—	—	160	160	180	180

表 8-3-148　齿距偏差允许值 $\pm f_{pt}$ /μm

精度等级	法向模数/mm	分度圆直径/mm					
		≤125	>125～400	>400～800	>800～1600	>1600～2500	>2500～4000
4	2～3.5	4.0	4.5	5.0	—	—	—
	>3.5～6.3	5.0	5.5	5.5	6.0	—	—
	>6.3～10	5.5	6.0	7.0	7.0	8.0	—
	>10～16	—	7.0	8.0	8.0	9.0	10
	>16～25	—	9.0	10	10	11	11
	>25～40	—	—	13	13	14	14
5	2～3.5	6	7	8	—	—	—
	>3.5～6.3	8	9	9	10	—	—
	>6.3～10	9	10	10	11	13	—
	>10～16	10	11	11	13	14	16
	>16～25	—	14	14	16	18	18
	>25～40	—	—	16	20	22	22

续表

精度等级	法向模数/mm	分度圆直径/mm					
		≤125	>125～400	>400～800	>800～1600	>1600～2500	>2500～4000
6	2～3.5	10	11	13	—	—	—
	>3.5～6.3	13	14	14	16	—	—
	>6.3～10	14	16	18	18	20	—
	>10～16	16	18	20	20	22	25
	>16～25	—	22	25	25	28	28
	>25～40	—	—	32	32	36	36
7	2～3.5	14	16	18	—	—	—
	>3.5～6.3	18	20	20	22	—	—
	>6.3～10	20	22	25	25	28	—
	>10～16	22	25	28	28	32	36
	>16～25	—	32	36	36	40	40
	>25～40	—	—	—	45	50	50
8	2～3.5	20	22	25	—	—	—
	>3.5～6.3	25	28	28	32	—	—
	>6.3～10	28	32	36	36	40	—
	>10～16	32	36	40	40	45	50
	>16～25	—	45	50	50	56	56
	>25～40	—	—	63	63	71	71

表 8-3-149 齿向公差 F_β 值（一个轴向齿距内齿向公差 f_β 值） /μm

精度等级	齿轮宽度(轴向齿距)/mm					
	≤40	>40～100	>100～160	>160～250	>250～400	>400～630
4	5.5	8	10	12	14	17
5	7	10	12	16	18	22
6	9	12	16	19	24	28
7	11	16	20	24	28	34
8	18	25	32	38	45	55

注：一个轴向齿距内齿向公差按轴向齿距查表。

表 8-3-150 公法线长度变动公差 F_w 值 /μm

精度等级	分度圆直径/mm					
	≤125	>125～400	>400～800	>800～1600	>1600～2500	>2500～4000
4	8	10	12	16	18	25
5	12	16	20	25	28	40
6	20	25	32	40	45	63
7	28	36	45	56	71	90
8	40	50	63	80	100	125

表 8-3-151 轴线平行度公差

x 方向轴向平行度公差 $f_x=F_\beta$	F_β 见表 8-3-149
y 方向轴向平行度公差 $f_y=\frac{1}{2}F_\beta$	

表 8-3-152　中心距偏差允许值 ± f_a　　/μm

精度等级	中心距/mm													
	⩽120	＞120～180	＞180～250	＞250～315	＞315～400	＞400～500	＞500～630	＞630～800	＞800～1000	＞1000～1250	＞1250～1600	＞1600～2000	＞2000～2500	＞2500～3150
4	11	12.5	14.5	16	18	20	22	25	28	33	39	46	55	67.5
5,6	17.5	20	23	26	28.5	31.5	35	40	45	52	62	75	87	105
7,8	27	31.5	36	40.5	44.5	48.5	55	62	70	82	97	115	140	165

表 8-3-153　弦齿深偏差允许值 ± E_h　　/μm

精度等级	法向模数/mm	分度圆直径/mm										
		⩽50	＞50～80	＞80～120	＞120～200	＞200～320	＞320～500	＞500～800	＞800～1250	＞1250～2000	＞2000～3150	＞3150～4000
4	2～3.5	13	14	15	17	19	22	24	—	—	—	—
	＞3.5～6.3	16	17	18	20	22	24	27	30	33	36	40
	＞6.3～10	—	20	22	24	26	27	30	33	36	40	48
5,6	2～3.5	16	18	19	21	24	27	30	—	—	—	—
	＞3.5～6.3	20	21	23	25	27	30	34	37	41	45	50
	＞6.3～10	—	25	27	30	32	34	37	41	45	50	60
7,8	2～3.5	20	22	24	27	30	32	—	—	—	—	—
	＞3.5～6.3	25	26	28	30	34	36	40	45	50	—	—
	＞6.3～10	—	32	34	36	40	42	45	50	55	60	65
	＞10～16	—	—	42	45	48	50	55	60	65	70	75
	＞16～32	—	—	—	65	70	75	75	80	90	90	100

注：对于双圆弧齿轮，弦齿深偏差允许值取 ± $0.75E_h$。

表 8-3-154　齿根圆直径偏差允许值 ± E_{df}　　/μm

精度等级	法向模数/mm	分度圆直径/mm										
		⩽50	＞50～80	＞80～120	＞120～200	＞200～320	＞320～500	＞500～800	＞800～1250	＞1250～2000	＞2000～3150	＞3150～4000
4	2～3.5	20	22	25	29	31	36	42	—	—	—	—
	＞3.5～6.3	25	27	30	34	38	42	48	54	—	—	—
	＞6.3～10	—	36	38	42	45	50	54	60	64	80	—
5,6	2～3.5	25	28	31	36	39	45	52	—	—	—	—
	＞3.5～6.3	31	34	37	42	48	52	60	67	—	—	—
	＞6.3～10	—	45	48	52	56	63	67	75	80	100	—
7,8	2～3.5	30	34	38	44	50	55	—	—	—	—	—
	＞3.5～6.3	40	44	48	50	55	66	70	80	—	—	—
	＞6.3～10	—	55	60	65	70	75	80	90	100	—	—
	＞10～16	—	—	75	80	85	90	100	110	120	140	160
	＞16～32	—	—	—	120	125	130	140	150	160	180	200

注：对于双圆弧齿轮，齿根圆直径偏差取 ± $0.75E_{df}$。

表 8-3-155 接触迹线长度和位置偏差

精度等级	单圆弧齿轮		双圆弧齿轮		
	接触迹线位置偏差	按齿长不少于工作齿长/%	接触迹线位置偏差	按齿长不少于工作齿长/%	
				第一条	第二条
4	$\pm 0.15m_n$	95	$\pm 0.11m_n$	95	75
5	$\pm 0.20m_n$	90	$\pm 0.15m_n$	90	70
6				90	60
7	$\pm 0.25m_n$	85	$\pm 0.18m_n$	85	50
8				80	40

表 8-3-156 接触斑点

精度等级	单圆弧齿轮		双圆弧齿轮		
	按齿高不少于工作齿高/%	按齿长不少于工作齿长/%	按齿高不少于工作齿高/%	按齿长不少于工作齿长/%	
				第一条	第二条
4	60	95	60	95	90
5	55	95	55	95	85
6	50	90	50	90	80
7	45	85	45	85	70
8	40	80	40	80	60

表 8-3-157 齿坯公差

齿轮精度等级	4	5	6	7	8
孔的尺寸公差、形状公差	IT4	IT5	IT6	IT7	
轴的尺寸公差、形状公差	IT4	IT5		IT6	
顶圆直径公差	IT6		IT7		

注：1. 当三个公差组的精度等级不同时，按其中最高的精度等级确定公差值。

2. 当顶圆不作测量齿深和齿厚的基准时，尺寸公差按 IT11 规定，但不大于 $0.1m_n$。

表 8-3-158 齿坯基准面径向圆跳动公差 /μm

分度圆直径/mm	精度等级			分度圆直径/mm	精度等级		
	4	5,6	7,8		4	5,6	7,8
≤125	7	11	18	>800～1600	18	28	45
>125～400	9	14	22	>1600～2500	25	40	63
>400～800	12	20	32	>2500～4000	40	63	100

表 8-3-159 齿坯基准面端面圆跳动公差 /μm

分度圆直径/mm	精度等级			分度圆直径/mm	精度等级		
	4	5,6	7,8		4	5,6	7,8
≤125	2.8	7	11	>800～1600	7	18	28
>125～400	3.6	9	16	>1600～2500	10	25	40
>400～800	5	12	20	>2500～4000	16	40	63

3.3.7 计算实例

某球磨机用单级圆弧齿轮减速器，采用双圆弧齿轮传动。已知小齿轮传递的额定功率 $P=93\text{kW}$，小齿轮转速 $n_1=740\text{r/min}$，传动比 $i=3.2$，单向运转，满载工作35000h。请设计校核齿轮传动。

(1) 选择齿轮材料及参数　小齿轮材料为35CrMoV，调质，285～315HBW，由图 8-3-43 查得 $\sigma_{\text{Flim1}}=530\text{MPa}$，由图 8-3-44 查得 $\sigma_{\text{Hlim1}}=880\text{MPa}$。

大齿轮材料为 35CrMo，调质，255～285HBW，由图 8-3-43 查得 $\sigma_{\text{Flim2}}=520\text{MPa}$，由图 8-3-44 查得 $\sigma_{\text{Hlim2}}=830\text{MPa}$。

取齿数 $z_1=29$，则 $z_2=29\times3.2=92.8$，取 $z_2=93$，则齿数比 $u=3.207$。

采用单斜齿，暂取 $\beta=15^\circ$，$\varphi_a=0.5$ 则

$$\varepsilon_\beta=\varphi_a(z_1+z_2)\frac{\tan\beta}{2\pi}=0.5\times(29+93)\frac{\tan15^\circ}{2\pi}=2.601$$

$\Delta\varepsilon$ 偏大，根据 3.3.2，取 $\varepsilon_\beta=3.3$，$\mu_\varepsilon=3$，则

$$\beta=\arctan\left[\frac{2\pi\varepsilon_\beta}{\varphi_a(z_1+z_2)}\right]=\arctan\left[\frac{2\pi\times3.3}{0.5\times(29+93)}\right]=18.7734^\circ$$

(2) 按齿根弯曲疲劳强度初步确定模数（见表 8-3-138）

$$m_n\geqslant\left(\frac{T_1K_AK_VK_1K_{F2}}{2\mu_\varepsilon+K_{\Delta\varepsilon}}\right)^{1/3}\left(\frac{Y_EY_uY_\beta Y_{F1}Y_{\text{End}}}{z_1[\sigma_F]}\right)^{1/2.58}$$

$$T_1=9549\times10^3\frac{P_1}{n_1}=9549\times10^3\times\frac{93}{740}=1.2\times10^6\text{N}\cdot\text{mm}$$

暂取载荷系数 $K=K_AK_VK_1K_{F2}=1.7$。

由 $\varepsilon_\beta=3.3$ 可知 $\mu_\varepsilon=3$，$K_{\Delta\varepsilon}=0$（由 $\Delta\varepsilon=0.3$，根据图 8-3-37 查得）。

查表 8-3-142，$Y_E=2.079$。

查图 8-3-38，当 $u=3.207$ 时，$Y_u=1.039$。

查图 8-3-49，当 $\beta=18.7734^\circ$时，$Y_\beta=0.722$。

查图 8-3-41，当 $z_{v1}=z_1/\cos^3\beta=29/\cos^3 18.7734^\circ=34.2$ 时，$Y_{F1}=1.98$。

查图 8-3-42，$Y_{\text{End}}=1.271$。

按表 8-3-138 中的公式

$$[\sigma_F]=\frac{\sigma_{\text{Flim}}Y_NY_X}{S_{\text{Fmin}}}$$

$Y_N=1$（$N_L=60n_1L_h=60\times740\times35000=1.554\times10^9$，由图8-3-45中查取）。

暂取 $Y_X=1$（模数未确定），$S_{\text{Fmin}}=1.8$，则

$$[\sigma_F]=\frac{530\times1\times1}{1.8}=294.4\text{MPa}$$

将以上各参数代入计算式，可得

$$m_n\geqslant\left(\frac{1.2\times10^6\times1.7}{2\times3+0}\right)^{1/3}\times\left(\frac{2.079\times1.039\times0.722\times1.98\times1.271}{29\times294.4}\right)^{1/2.58}=3.55\text{mm}$$

取标准值 $m_n=4\text{mm}$。

(3) 求中心距、确定齿宽和分度圆直径　中心距

$$a=\frac{m_n(z_1+z_2)}{2\cos\beta}=\frac{4\times(29+93)}{2\times\cos18.7734^\circ}=257.711\text{mm}$$

取 $a=260\text{mm}$，则

$$\beta=\arccos\left[\frac{m_n(z_1+z_2)}{2a}\right]=\arccos\left[\frac{4\times(29+93)}{2\times260}\right]=20.2052^\circ=20^\circ12'19''$$

$$齿宽 b=\frac{\varepsilon_\beta\pi m_n}{\sin\beta}=\frac{3.3\times\pi\times4}{\sin20.2052^\circ}=120.067\text{mm}$$

取 $b=120\text{mm}$。

小齿轮分度圆直径

$$d_1=\frac{m_nz_1}{\cos\beta}=\frac{4\times29}{\cos20.2052^\circ}=123.607\text{mm}$$

(4) 校核齿根弯曲强度（见表 8-3-138）　小齿轮齿根应力

$$\sigma_{F1}=\left(\frac{T_1K_AK_VK_1K_{F2}}{2\mu_\varepsilon+K_{\Delta\varepsilon}}\right)^{0.86}\frac{Y_EY_uY_\beta Y_{F1}Y_{\text{End}}}{z_1m_n^{2.58}}$$

查表 8-3-140，$K_A=1.5$。

查图 8-3-35，当 $v=\dfrac{\pi d_1n_1}{60000}=\dfrac{\pi\times123.607\times740}{60000}=4.79\text{m/s}$，7 级精度时，$K_V=1.05$。

查图 8-3-36，当 $\varphi_d=b/d_1=\dfrac{120}{123.607}=0.971$ 时，$K_1=1.1$（按对称布置考虑）。

查表 8-3-141，$K_{F2}=1.1$（按 7 级精度）。

查图 8-3-39，当 $\beta=20.2052^\circ$时，$Y_\beta=0.736$。

查图 8-3-41，$z_{v1}=z_1/\cos^3\beta=29/\cos^3 20.2052^\circ=35.09$时，$Y_{F1}=1.96$；$z_{v2}=z_2/\cos^3\beta=93/\cos^3 20.2052^\circ=112.52$ 时，$Y_{F2}=1.84$。

$T_1=1.2\times10^6\text{N}\cdot\text{mm}$，$Y_u=1.039$，$Y_E=2.079$，$Y_{\text{End}}=1.271$，$K_{\Delta\varepsilon}=0$（与前相同）。

将以上各参量代入计算式，得

$$\sigma_{F1}=\left(\frac{1.2\times10^6\times1.5\times1.05\times1.1\times1.1}{2\times3}\right)^{0.86}\times$$

$$\frac{2.079\times1.039\times0.736\times1.96\times1.271}{29\times4^{2.58}}$$

$=240.87\text{MPa}$

大齿轮齿根应力

$$\sigma_{F2}=\frac{Y_{F2}}{Y_{F1}}\sigma_{F1}=\frac{1.84}{1.96}\times240.87=226.12\text{MPa}$$

安全系数计算

$$S_F=\sigma_{Flim}Y_N\frac{Y_X}{\sigma_F}>S_{Fmin}$$

$Y_N=1$（同前），$Y_X=1$（根据 $m_n=4\text{mm}$，在图 8-3-48 中查取），取 $S_{Fmin}=1.8$。

将 σ_{Flim1}、σ_{Flim2} 代入可得

大齿轮安全系数

$$S_{F1}=530\times1\times\frac{1}{240.87}=2.20>S_{Fmin}$$

大齿轮安全系数

$$S_{F2}=520\times1\times\frac{1}{226.12}=2.30>S_{Fmin}$$

故安全。

（5）校核齿面接触强度

$$\sigma_H=\left(\frac{T_1K_AK_VK_1K_{H2}}{2\mu_\varepsilon+K_{\Delta\varepsilon}}\right)^{0.73}\frac{Z_EZ_uZ_\beta Z_a}{z_1m_n^{2.19}}$$

T_1、K_A、K_V、K_1、μ_ε、$K_{\Delta\varepsilon}$ 与弯曲强度相同。

查表 8-3-141，$K_{H2}=1.39$（按 7 级精度）。

查表 8-3-142，$Z_E=31.346$（锻钢-锻钢）。

查图 8-3-38，$Z_u=1.076$（$u=3.207$）。

查图 8-3-39，$Z_\beta=0.554$（$\beta=20.2052°$）。

查图 8-3-40，$Z_a=0.5(Z_{a1}+Z_{a2})=0.981$（$m_n=4\text{mm}$，$z_{v1}=35.09$，$Z_{a1}=0.994$，$Z_{v2}=112.52$，$Z_{a2}=0.968$）。

将以上数值代入计算式，得

$$\sigma_H=\left(\frac{1.2\times10^6\times1.5\times1.05\times1.1\times1.39}{2\times3}\right)^{0.73}\times\frac{31.346\times1.076\times0.554\times0.981}{29\times4^{2.19}}$$

$=427.22\text{MPa}$

安全系数计算

$$S_H=\sigma_{Hlim}Z_NZ_L\frac{Z_V}{\sigma_H}>S_{Hmin}$$

$Z_N=1$（$N_L=60n$，$L_h=60\times740\times35000=1.554\times10^9$，由图 8-3-45 中查取）取 $S_{Hmin}=1.4$。

查图 8-3-46，当采用 320 工业齿轮油，$\nu_{40}=320\text{mm}^2/\text{s}$ 时，$Z_L=1.085$。

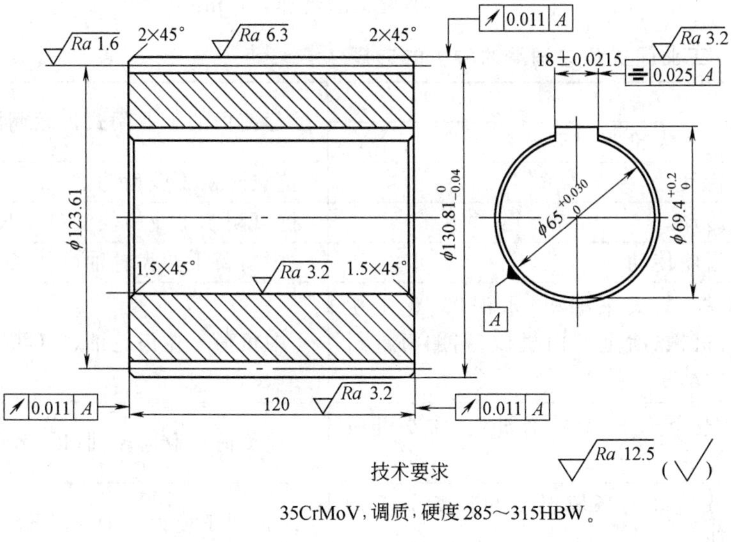

基本齿廓	GB/T 12759—1991	
齿数	z	29
法向模数	m_n	4
螺旋角	β	20°12′19″
旋向	右	
齿轮副中心距及其极限偏差	$a\pm f_a$	260±0.0405
精度等级	776 GB/T 15753—1995	
配对齿轮	图号	
	齿数	93
公差组	检验项目	公差（或极限偏差）值
Ⅰ	F_r	0.045
	F_w	0.028
Ⅱ	$\pm f_{pt}$	±0.018
	f_β	0.020
Ⅲ	F_β	0.016
	E_{df}	±0.050

图 8-3-50　小齿轮零件工作图

查图 8-3-47，当 $v=\frac{\pi d_1 n_1}{60000}=\frac{\pi\times123.607\times740}{60000}=4.79\text{m/s}$，$u_g=\frac{v}{\tan\beta}=\frac{4.79}{\tan20.2052}=13.02\text{m/s}$，$Z_V=0.965$。

将 σ_{Hlim1}、σ_{Hlim2} 代入可得

小齿轮安全系数

$$S_{H1}=880\times1\times1.085\times\frac{0.965}{427.22}=2.157>S_{Hmin}$$

大齿轮安全系数

$$S_{H2}=830\times1\times1.085\times\frac{0.965}{427.22}=2.034>S_{Hmin}$$

大、小齿轮满足接触强度要求。

(6) 几何尺寸计算

小齿轮分度圆直径

$$d_1=\frac{m_n z_1}{\cos\beta}=\frac{4\times29}{\cos20.2052^\circ}=123.607\text{mm}$$

小齿轮齿顶圆直径

$$d_{a1}=d_1+2h_a=123.607+2\times0.9\times4=130.807\text{mm}$$

小齿轮齿根圆直径

$$d_{f1}=d_1-2h_f=123.607-2\times1.1\times4=114.807\text{mm}$$

大齿轮分度圆直径

$$d_2=\frac{m_n z_2}{\cos\beta}=\frac{4\times93}{\cos20.2052^\circ}=396.393\text{mm}$$

大齿轮齿顶圆直径

$$d_{a2}=d_2+2h_a=396.393+2\times0.9\times4=403.593\text{mm}$$

大齿轮齿根圆直径

$$d_{f1}=d_1-2h_f=396.393-2\times1.1\times4=387.593\text{mm}$$

(7) 齿轮零件工作图　小齿轮零件工作图如图 8-3-50 所示，大齿轮零件工作图略。

3.4 齿轮传动的润滑

3.4.1 润滑剂的选用

齿轮润滑剂对齿轮传动的摩擦、磨损、胶合、振动、噪声水平、齿轮箱热平衡性能、防锈与防腐蚀等多方面都有影响。因此，在进行齿轮传动设计时就必须考虑到润滑剂的选择。

(1) 闭式齿轮传动润滑油的选用　参照 JB/T 8831—2001《工业闭式齿轮的润滑油选用方法》，主要步骤如下。

① 确定润滑油的种类。根据齿面接触应力 σ_H 值，按表 8-3-160 确定。

② 选择润滑油的黏度。黏度分为 11 个等级，见表 8-3-161，根据低速级齿轮节圆圆周速度和环境温度，由表 8-3-161 确定所选择润滑油的黏度。

齿轮节圆圆周速度 v 按下式计算：

$$v=\frac{\pi d_{w1} n_1}{60000}$$

式中　v——齿轮节圆圆周速度，m/s；

d_{w1}——小齿轮的节圆直径，mm；

n_1——小齿轮的转速，r/min。

表 8-3-160　工业闭式齿轮润滑油种类的选择

条件		推荐使用的工业闭式齿轮润滑油
齿面接触应力 σ_H/MPa	齿轮使用工况	
<350	一般齿轮传动	抗氧防锈工业齿轮油(L-CKB)
350～500(轻负荷齿轮)	一般齿轮传动	抗氧防锈工业齿轮油(L-CKB)
	有冲击的齿轮传动	中负荷工业齿轮油(L-CKC)
500～1100①(中负荷齿轮)	矿井提升机、露天采掘机、水泥磨、化工机械、水力电力机械、冶金矿山机械、船舶海港机械等的齿轮传动	中负荷工业齿轮油(L-CKC)
>1100(重负荷齿轮)	冶金轧钢、井下采掘、高温有冲击、含水部位的齿轮传动等	重负荷工业齿轮油(L-CKD)
<500	在更低的或更高的环境温度和轻负荷下运转的齿轮传动	极温工业齿轮油(L-CKS)
≥500	在更低的或更高的环境温度和重负荷下运转的齿轮传动	极温重负荷工业齿轮油(L-CKT)

① 在计算出的齿面接触应力略小于 1100MPa 时，若齿轮工况为高温、有冲击或含水等，为安全计，应选用重负荷工业齿轮油。

表 8-3-161　润滑油黏度等级（摘自 GB 5903—2011）

黏度等级(GB/T 3141)	32	46	68	100	150	220	320	460	680	1000	1500
运动黏度(40℃)/$mm^2 \cdot s^{-1}$	28.8～35.2	41.4～50.6	61.2～74.8	90.0～110	135～165	198～242	288～352	414～506	612～748	900～1100	1350～1650

表 8-3-162　工业闭式齿轮装置润滑油黏度等级的选择

平行轴及锥齿轮传动	环境温度/℃			
低速级齿轮节圆圆周速度②/$m \cdot s^{-1}$	－40～－10	－10～＋10	10～35	35～55
	润滑油黏度等级①，ν_{40}/$mm^2 \cdot s^{-1}$			
≤5	100(合成型)	150	320	680
＞5～15	100(合成型)	100	220	460
＞15～25	68(合成型)	68	150	320
＞25～80③	32(合成型)	46	68	100

① 当齿轮节圆圆周速度≤25m/s 时，表中所选润滑油黏度等级为工业闭式齿轮油；当齿轮节圆圆周速度＞25m/s 时，表中所选润滑油黏度等级为汽轮机油。当齿轮传动承受较严重冲击负荷时，可适当增加一个黏度等级。

② 锥齿轮传动节圆圆周速度是指锥齿轮齿宽中点的节圆圆周速度。

③ 当齿轮节圆圆周速度＞80m/s 时，应由齿轮装置制造者特殊考虑并具体推荐一合适的润滑油。

(2) 开式齿轮传动润滑油的选用

表 8-3-163　开式齿轮黏度选择

环境温度/℃	98.9℃推荐黏度/$mm^2 \cdot s^{-1}$			
	油浴润滑	加热涂刷	冷却涂刷	手涂
－15～17	151～216 (37.8℃)	139～257	22～26	151～216 (37.8℃)
5～38	16～22	193～257	32～41	22～26
22～48	22～26	383～536	193～257	32～41

注：摘自 AGAM 标准。

3.4.2　润滑方式的选择

润滑方式直接影响齿轮传动装置的润滑效果，必须予以重视。

齿轮传动装置的润滑方式是根据节圆圆周速度来确定的（见表 8-3-164）。若采用特殊措施，节圆圆周速度可超过表 8-3-164 给出的标准值，例如使用冷却装置和专用箱体等。

表 8-3-164　节圆圆周速度与润滑方式的关系

节圆圆周速度/$m \cdot s^{-1}$	推荐润滑方式
≤15	油浴润滑①
＞15	喷油润滑

① 特殊情况下，也可同时采用油浴润滑与喷油润滑。

油浴润滑时，为了不使搅油损失过大，将齿轮最高线速度限制在 12.5m/s。若安装护轮罩（见图 8-3-51），罩上的小孔限制了供油，可以减轻搅动，因此可将齿轮线速度的限制提高到 25m/s。

为使油能飞溅起来，靠飞溅润滑的轴承获得足够的润滑油，齿轮最低圆周速度限制如图 8-3-52 所示。当齿轮线速度不够时，可在较高速度的轴上安装溅油轮。

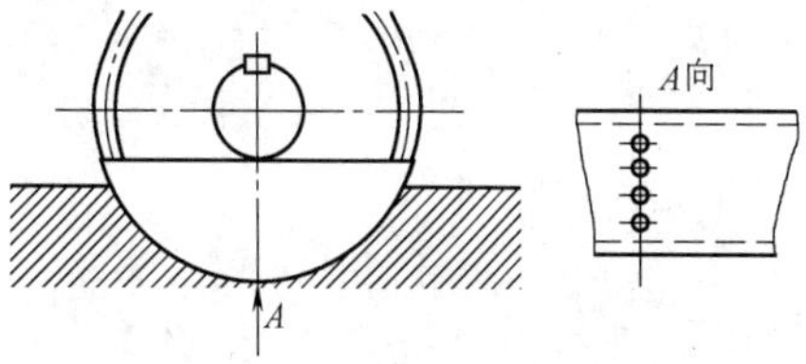

图 8-3-51　高速齿轮的护轮罩

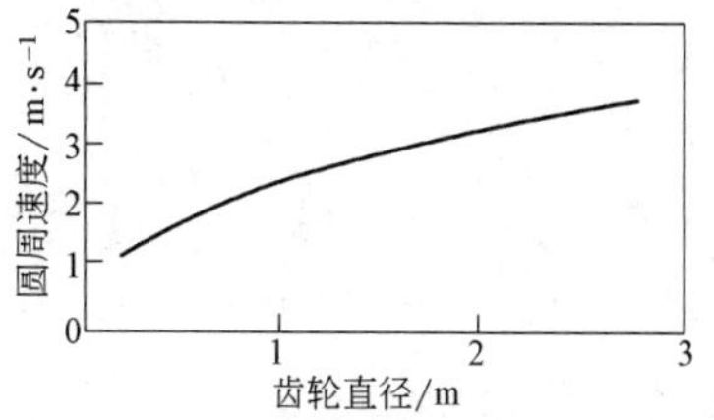

图 8-3-52　飞溅润滑齿轮最低线速度

3.4.3　润滑油的保养

润滑油在存放保管过程中，必须把不同种类和不同黏度等级的油分开，并应有明显的标志，油品不允许露天存放。同时，润滑油在贮存过程中要特别注意防止混入杂质和其它品种的油料。

润滑油在使用过程中，必须经常注意油质的变化，并定期抽取油样化验。

L-CKC工业闭式齿轮油换油指标见表8-3-165。

表8-3-165 L-CKC工业闭式齿轮油换油指标（SH/T 0586）

项目	换油指标	试验方法
外观①	异常	目测
运动黏度变化率②(40℃)/%	超过+15或-20	GB/T 265
水分/%	>0.5	GB/T 260
机械杂质/%	≥0.5	GB/T 511
铜片腐蚀(100℃,3h)	≥3b	GB/T 5096
梯姆肯OK值/N	≤133.4	GB/T 11144

① 油品在使用过程中，若发现抗泡性能变差时，可根据使用情况向油品中补加抗泡沫添加剂。

② 40℃运动黏度变化率 η（%）按下式计算：

$$变化率\% = \frac{使用中油品的黏度实测值-新油的黏度实测值}{新油的黏度实测值}\times 100$$

3.4.4 从润滑角度防止齿轮失效的对策

表8-3-166 从润滑角度防止齿轮失效的对策

失效形式	对策
点蚀	提高润滑油黏度或采用含有极压添加剂的中负荷工业齿轮油
剥落	选用含极压添加剂的中、重负荷工业齿轮油，提高润滑油的黏度
磨损	提高润滑油黏度，选用合适的润滑剂，降低油温，采用合适的密封形式，在润滑装置中增设过滤装置，适时更换润滑油和清洗有关零件
胶合	必须保证齿轮在一定载荷、速度、温度下始终具有良好的润滑状态，使齿面润滑充分，采用含极压添加剂的润滑油或合成齿轮润滑油，还可使用重负荷工业齿轮油，润滑系统加冷却装置
起脊、鳞皱	改善润滑状况，采用含极压添加剂的工业齿轮油和增加润滑油的黏度，经常更换润滑油，润滑装置增加过滤系统
齿体塑变	对循环润滑的齿轮传动，防止润滑油供油不足和中断。油池润滑时注意油面位置，提高润滑油的黏度

第4章

圆柱蜗杆传动

4.1 圆柱蜗杆传动的特点及分类

圆柱蜗杆传动的特点及分类见表 8-4-1。

表 8-4-1 圆柱蜗杆传动的特点及分类

蜗杆型式	蜗杆加工情况	特点及使用范围	同时啮合齿数	承载能力比较	传动效率	体积比
阿基米德螺线圆柱蜗杆(ZA型)	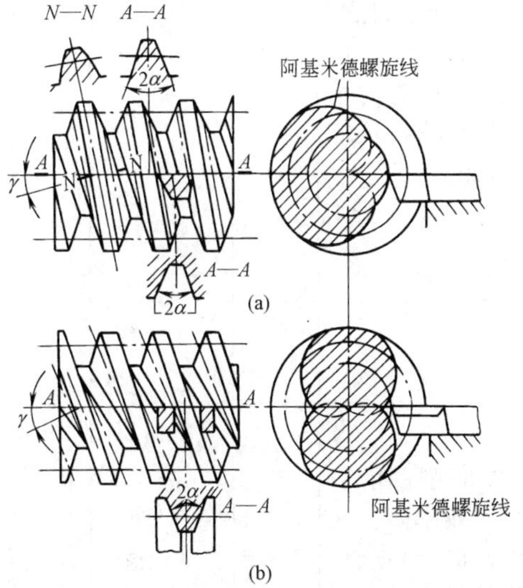	车制，车刀刀刃平面通过蜗杆轴线；在轴向剖面 A—A 上具有直线齿廓 加工方便，应用较广泛。但导角大时加工较困难。不易磨削，传动效率较低，齿面磨损较快。一般用于头数较少、载荷较小、转速较低或不太重要的中小尺寸传动	2以下	1	0.5～0.8(自锁时0.4～0.45)	1
延伸渐开线圆柱蜗杆(ZN型)	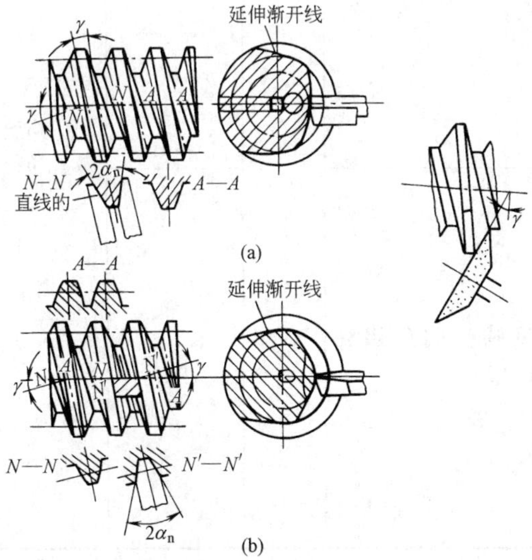	可用直线刀刃的车刀车削加工，刀刃顶面放在螺旋线的法面上，法面（N—N）齿廓为直线，端面齿廓为延伸渐开线。可以磨削，因此加工精度容易保证，效率较高。一般用于头数较多(3头以上)、转速较高和要求较精密的传动中，如滚齿机、磨齿机上的精密蜗轮副等			可达0.9	

蜗杆型式	蜗杆加工情况	特点及使用范围	同时啮合齿数	承载能力比较	传动效率	体积比
渐开线圆柱蜗杆(ZI型)	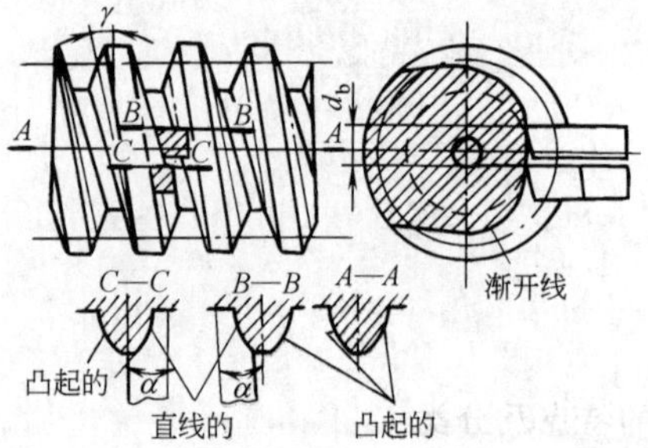	可用两把直线刀刃的车刀车削加工。刀刃顶面应与基圆(d_b)相切，端面齿廓为渐开线，可以磨削。使用范围见延伸渐开线圆柱蜗杆(ZN型)	2以下	1	可达0.9	1
锥形圆盘刀具圆柱蜗杆(ZK型)	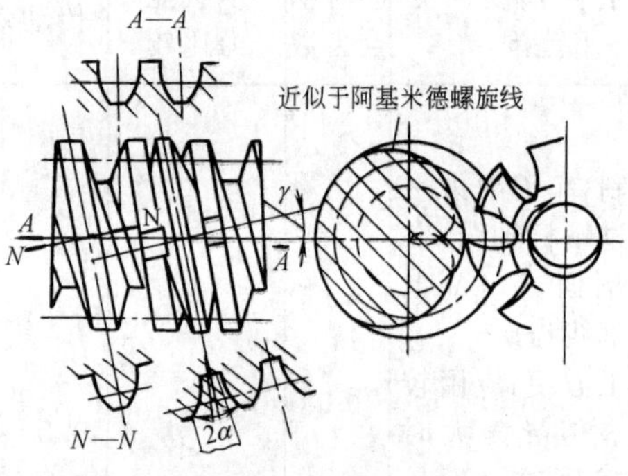	用铣刀加工，加工容易，可以磨削。因此能获得较高的精度。开始得到较广泛的应用				
圆弧圆柱蜗杆(ZC型)	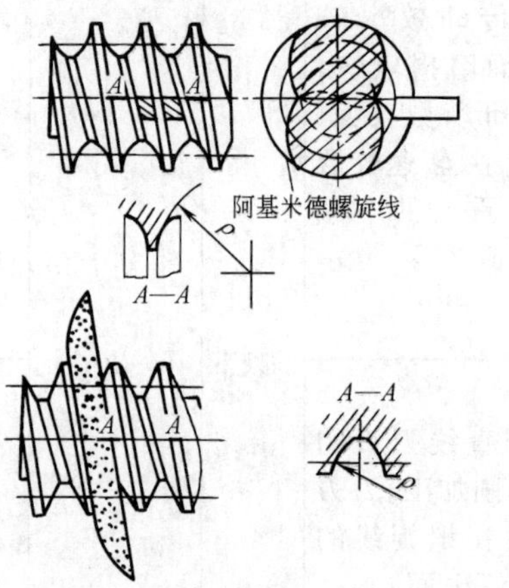	可以磨削。承载能力大，效率高。在冶金、矿山、起重、化工、建筑等机械中得到日益广泛的应用	2～3	1.5～2	0.65～0.95	0.6～0.8
双圆弧圆柱蜗杆(SH型)	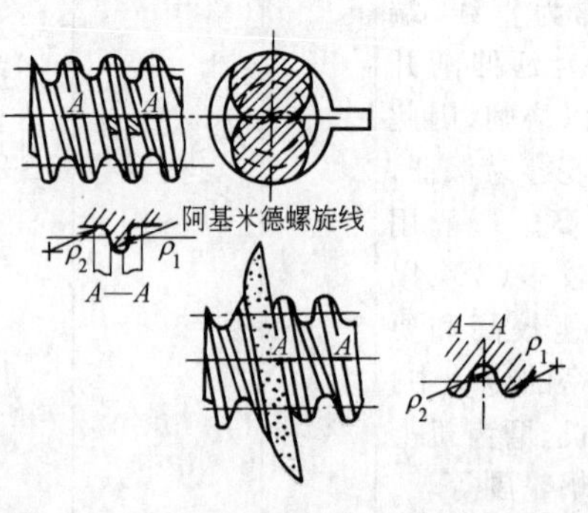	见圆弧圆柱蜗杆(ZC型)		1.5～2.5		0.6～0.75

注：ZA型、ZN型、ZI型、ZK型总称为普通圆柱蜗杆。

4.2 圆柱蜗杆传动主要参数的选择

模数 m：在中间平面上蜗杆的轴向模数与蜗轮的端面模数相等，即 $m_x=m$，其中常用的标准值列于表 8-4-2 和表 8-4-3 中，也可根据 GB/T 10088—2018 选取。

蜗杆分度圆直径 d_1：当用滚刀切制蜗轮时，为了减少蜗轮滚刀的规格和数量，d_1 应采用标准值，且与 m 有一定的匹配，其匹配值列于表 8-4-2 和表 8-4-3 中。

蜗杆直径系数 q：蜗杆的分度圆直径 d_1 与模数的比值称为蜗杆直径系数（$q=d_1/m$）。q 值可按 d_1 与 m 由表 8-4-2 和表 8-4-3 中查取。

蜗杆导程角 γ：导程角 γ 与 m 及 d_1 间有如下关系：

$$\tan\gamma=\frac{z_1 m}{d_1} \tag{8-4-1}$$

作为动力传动时，为提高传动的效率，γ 应取得大些。对于要求具有自锁性能的蜗杆传动，一般应使 $\gamma<3°30'$。普通圆柱蜗杆的 γ 与圆弧圆柱蜗杆的 γ 分别由表 8-4-2 和表 8-4-3 查取。

蜗杆头数 z_1：对于普通圆柱蜗杆传动常取 z_1 为 1、2、4、6，对于圆弧圆柱蜗杆传动常取 z_1 为 1、2、3、4，传动比大时及要求自锁的传动，取 $z_1=1$。

蜗轮齿数 z_2：对于普通圆柱蜗杆传动，一般取 $z_2=27\sim80$，对于中小功率传动，常取 $z_2=30\sim50$，若功率大于 20kW 时，多取 $z_2=50\sim70$，当 $z_2\leqslant22$（$z_1=1$）或 $z_2\leqslant26$（$z_1>1$）时，将产生根切现象，当 z_2 大于 80 时会导致模数过小，引起轮齿的弯曲强度或蜗杆的刚度降低；对于圆弧圆柱蜗杆传动，一般取 $z_2=30\sim52$。具体的 z_1 和 z_2 可由表 8-4-4 和表 8-4-5 中查取。

中心距 a 和传动比 i：推荐使用的中心距见表 8-4-6，标准蜗杆减速器的中心距 a 和传动比 i，应选用标准值，可由表 8-4-4 和表 8-4-5 中查取。

变位系数 x_2：圆柱蜗杆传动变位的主要目的是配凑中心距和改变传动比，此外，通过变位还可以提高传动的承载能力和效率，消除蜗轮根切现象。

表 8-4-2 蜗杆的基本尺寸和参数（摘自 GB/T 10085—2018）

模数 m/mm	轴向齿距 p_x/mm	分度圆直径 d_1/mm	头数 z_1	直径系数 q	齿顶圆直径 d_{a1}/mm	齿根圆直径 d_{f1}/mm	m^2d_1/mm^3	分度圆柱导程角 γ	说明
1	3.141	18	1	18.000	20	15.6	18.00	3°10′47″	自锁
1.25	3.927	20	1	16.000	22.5	17	31.25	3°34′35″	
		22.4	1	17.920	24.9	19.4	35.00	3°11′38″	自锁
1.6	5.027	20	1	12.500	23.2	16.16	51.20	4°34′26″	
			2					9°05′25″	
			4					17°44′41″	
		28	1	17.500	31.2	24.16	71.68	3°16′14″	自锁
2	6.283	(18)	1	9.000	22	13.2	72.00	6°20′25″	
			2					12°31′44″	
			4					23°57′45″	
		22.4	1	11.200	26.4	17.6	89.60	5°06′08″	
			2					10°07′29″	
			4					19°39′14″	
			6					28°10′43″	
		(28)	1	14.000	32	23.2	112.0	4°05′08″	
			2					8°07′48″	
			4					15°56′43″	
		35.5	1	17.750	39.5	30.7	142.0	3°13′28″	自锁
2.5	7.854	(22.4)	1	8.960	27.4	16.4	140.0	6°22′06″	
			2					12°34′59″	
			4					24°03′26″	

续表

模数 m/mm	轴向齿距 p_x/mm	分度圆直径 d_1/mm	头数 z_1	直径系数 q	齿顶圆直径 d_{a1}/mm	齿根圆直径 d_{f1}/mm	m^2d_1/mm^3	分度圆柱导程角 γ	说明
2.5	7.854	28	1	11.200	33	22	175.0	5°06′08″	
			2					10°07′29″	
			4					19°39′14″	
			6					28°10′43″	
		(35.5)	1	14.200	40.5	29.5	221.9	4°01′42″	
			2					8°01′02″	
			4					15°43′55″	
		45	1	18.000	50	39	281.3	3°10′47″	自锁
3.15	9.896	(28)	1	8.889	34.3	20.4	277.8	6°25′08″	
			2					12°40′49″	
			4					24°13′40″	
		35.5	1	11.270	41.8	27.9	352.2	5°04′15″	
			2					10°03′48″	
			4					19°32′29″	
			6					28°01′50″	
		(45)	1	14.286	51.3	37.4	446.5	4°00′15″	
			2					7°58′11″	
			4					15°38′32″	
		56	1	17.778	62.3	48.4	555.7	3°13′10″	自锁
4	12.566	(31.5)	1	7.875	39.5	21.9	504.0	7°14′13″	
			2					14°15′00″	
			4					26°55′40″	
		40	1	10.000	48	30.4	640.0	5°42′38″	
			2					11°18′36″	
			4					21°48′05″	
			6					30°57′50″	
		(50)	1	12.500	58	40.4	800.0	4°34′26″	
			2					9°05′25″	
			4					17°44′41″	
		71	1	17.750	79	61.4	1136	3°13′28″	自锁
5	15.708	(40)	1	8.000	50	28	1000	7°07′30″	
			2					14°02′10″	
			4					26°33′54″	
		50	1	10.000	60	38	1250	5°42′38″	
			2					11°18′36″	
			4					21°48′05″	
			6					30°57′50″	
		(63)	1	12.600	73	51	1575	4°32′16″	
			2					9°01′10″	
			4					17°36′45″	
		90	1	18.000	100	78	2250	3°10′47″	自锁

续表

模数 m/mm	轴向齿距 p_x/mm	分度圆直径 d_1/mm	头数 z_1	直径系数 q	齿顶圆直径 d_{a1}/mm	齿根圆直径 d_{f1}/mm	m^2d_1/mm^3	分度圆柱导程角 γ	说明
6.3	19.792	(50)	1	7.936	62.6	34.9	1985	7°10′53″	
			2					14°08′39″	
			4					26°44′53″	
		63	1	10.000	75.6	47.9	2500	5°42′38″	
			2					11°18′36″	
			4					21°48′05″	
			6					30°57′50″	
		(80)	1	12.698	92.6	64.8	3175	4°30′10″	
			2					8°57′02″	
			4					17°29′04″	
		112	1	17.778	124.6	96.9	4445	3°13′10″	自锁
8	25.133	(63)	1	7.875	79	43.8	4032	7°14′13″	
			2					14°15′00″	
			4					26°53′40″	
		80	1	10.000	96	60.8	5120	5°42′38″	
			2					11°18′36″	
			4					21°48′05″	
			6					30°57′50″	
		(100)	1	12.500	116	80.8	6400	4°34′26″	
			2					9°05′25″	
			4					17°44′41″	
		140	1	17.500	156	120.8	8960	3°16′14″	自锁
10	31.416	(71)	1	7.100	91	47	7100	8°01′02″	
			2					15°43′55″	
			4					29°23′46″	
		90	1	9.000	110	66	9000	6°20′25″	
			2					12°31′44″	
			4					23°57′45″	
			6					33°41′24″	
		(112)	1	11.200	132	88	11200	5°06′08″	
			2					10°07′29″	
			4					19°39′14″	
		160	1	16.000	180	136	16000	3°34′35″	
12.5	39.270	(90)	1	7.200	115	60	14063	7°50′26″	
			2					15°31′27″	
			4					29°03′17″	
		112	1	8.960	137	82	17500	6°22′06″	
			2					12°34′59″	
			4					24°03′26″	

续表

模数 m/mm	轴向齿距 p_x/mm	分度圆直径 d_1/mm	头数 z_1	直径系数 q	齿顶圆直径 d_{a1}/mm	齿根圆直径 d_{f1}/mm	$m^2 d_1$/mm^3	分度圆柱导程角 γ	说明
12.5	39.270	(140)	1	11.200	165	110	21875	5°06′08″	
			2					10°07′29″	
			4					19°39′14″	
		200	1	16.000	225	170	31250	3°34′35″	
16	50.265	(112)	1	7.000	144	73.6	28672	8°07′48″	
			2					15°56′43″	
			4					29°44′42″	
		140	1	8.750	172	101.6	35840	6°31′11″	
			2					12°52′30″	
			4					24°34′02″	
		(180)	1	11.250	212	141.6	46080	5°04′47″	
			2					10°04′50″	
			4					19°34′23″	
		250	1	15.625	282	211.6	64000	3°39′43″	
20	62.832	(140)	1	7.000	180	92	56000	8°07′48″	
			2					15°56′43″	
			4					29°44′42″	
		160	1	8.000	200	112	64000	7°07′30″	
			2					14°02′10″	
			4					26°33′54″	
		(224)	1	11.200	264	176	89600	5°06′08″	
			2					10°07′29″	
			4					19°39′14″	
		315	1	15.750	355	267	126000	3°37′59″	
25	78.540	(180)	1	7.200	230	120	112500	7°54′26″	
			2					15°31′27″	
			4					27°03′17″	
		200	1	8.000	250	140	125000	7°07′30″	
			2					14°02′10″	
			4					26°33′54″	
		(280)	1	11.200	330	220	175000	5°06′08″	
			2					10°07′29″	
			4					19°39′14″	
		400	1	16.000	450	340	250000	3°34′35″	

注：1. 括号中的数字尽可能不采用。

2. 表中所指的自锁是导程角 γ 小于 3°30′的圆柱蜗杆。

3. GB 10085—2018 中没有 $m^2 d_1$ 值。

表 8-4-3　圆弧圆柱蜗杆传动的 z_1、m、d_1、q 及 γ 的对应值（ZC 型）

m/mm			2.5	3	3.5	4	4.5	5	5.5	6	
d_1/mm			32	38	44		52	55	62	63	74
q			12.8	12.667	12.571	11	11.556	11	11.273	10.5	12.333
z_1	1	γ	4°28′02″	4°30′50″	4°32′52″	5°11′40″	4°56′45″	5°11′40″	5°04′09″	5°26′25″	4°38′08″
	2		8°52′50″	8°58′21″	9°02′22″	10°18′17″	9°49′08″	10°18′17″	10°03′38″	10°47′03″	9°12′40″
	3		13°11′26″	13°19′27″	13°25′20″	15°15′18″	14°33′11″	15°15′18″	14°54′08″	15°56′43″	13°40′18″
	4		17°21′14″	17°31′30″	17°39′02″	19°58′59″	19°05′34″	19°58′59″	19°32′10″	20°51′16″	17°58′11″
m/mm			7	8	9	10	11	12		14	
d_1/mm			76	80	90	98	112	114	132	126	144
q			10.857	10	10	9.8	10.18	9.5	11	9	10.286
z_1	1	γ	5°15′45″	5°42′38″		5°49′35″	5°36′37″	6°0′32″	5°11′40″	6°20′25″	5°33′10″
	2		10°26′15″	11°18′36″		11°32′05″	11°06′54″	11°53′19″	10°18′17″	12°31′44″	11°0′12″
	3		15°26′47″	16°41′57″		17°01′14″	16°25′12″	17°31′32″	15°15′18″	18°26′06″	16°15′35″
	4		20°13′30″	21°48′05″		22°12′13″	21°27′04″	22°50′01″	19°58′59″	23°57′45″	21°15′0″
m/mm			16		18		20		22	25	
d_1/mm			128	144		168	156	180	170	190	
q			8	9	8	9.333	7.8	9	7.73	7.6	
z_1	1	γ	7°07′30″	6°20′25″	7°07′30″	6°06′57″	7°18′21″	6°20′25″	7°22′16″	7°29′45″	
	2		14°02′10″	12°31′44″	14°02′10″	12°5′43″	14°22′53″	12°31′44″	14°30′22″	14°44′37″	
	3		20°33′22″	18°26′06″	20°33′22″	17°49′10″	21°02′15″	18°26′06″	21°12′40″	21°32′28″	
	4		26°33′54″	23°57′45″	26°33′54″	23°11′58″	27°08′59″	23°57′45″	27°21′36″	27°45′31″	

表 8-4-4　圆柱蜗杆、蜗轮参数的匹配（摘自 GB/T 10085—2018）

中心距 a /mm	传动比 i	模数 m /mm	蜗杆分度圆直径 d_1 /mm	蜗杆头数 z_1	蜗轮齿数 z_2	蜗轮变位系数 x_2	说明
40	4.83	2	22.4	6	29	−0.100	
	7.25	2	22.4	4	29	−0.100	
	9.5*	1.6	20	4	38	−0.250	
	14.5	2	22.4	2	29	−0.100	
	19*	1.6	20	2	38	−0.250	
	29	2	22.4	1	29	−0.100	
	38*	1.6	20	1	38	−0.250	
	49	1.25	20	1	49	−0.500	
	62	1	18	1	62	0.000	自锁
50	5.17	2.5	25	6	31	−0.500	
	7.75	2.5	25	4	31	−0.500	
	9.75*	2	22.4	4	39	−0.100	
	12.75	1.6	20	4	51	−0.500	
	15.5	2.5	25	2	31	−0.500	
	19.5*	2	22.4	2	39	−0.100	
	25.5	1.6	20	2	51	−0.500	
	31	2.5	25	1	31	−0.500	
	39*	2	22.4	1	39	−0.100	
	51	1.6	20	1	51	−0.500	
	62	1.25	22.4	1	62	+0.040	自锁
	82*	1	18	1	82	0.000	自锁

续表

中心距 a /mm	传动比 i	模数 m /mm	蜗杆分度圆直径 d_1 /mm	蜗杆头数 z_1	蜗轮齿数 z_2	蜗轮变位系数 x_2	说明
63	5.17	3.15	31.5	6	31	−0.500	
	7.75	3.15	31.5	4	31	−0.500	
	10.25*	2.5	25	4	41	−0.300	
	12.75	2	22.4	4	51	+0.400	
	15.5	3.15	31.5	2	31	−0.500	
	20.5*	2.5	25	2	41	−0.300	
	25.5	2	22.4	2	51	+0.400	
	31	3.15	31.5	1	31	−0.500	
	41*	2.5	25	1	41	−0.300	
	51	2	22.4	1	51	+0.400	
	61	1.6	28	1	61	+0.125	自锁
	67	1.6	20	1	67	−0.375	
	82*	1.25	22.4	1	82	+0.440	自锁
80	5.17	4	40	6	31	−0.500	
	7.75	4	40	4	31	−0.500	
	10.25*	3.15	31.5	4	41	−0.103	
	13.25	2.5	25	4	53	+0.500	
	15.5	4	40	2	31	−0.500	
	20.5*	3.15	31.5	2	41	−0.103	
	26.5	2.5	25	2	53	+0.500	
	31	4	40	1	31	−0.500	
	41*	3.15	31.5	1	41	−0.103	
	53	2.5	25	1	53	+0.500	
	62	2	35.5	1	62	+0.125	自锁
	69	2	22.4	1	69	−0.100	
	82*	1.6	28	1	82	+0.250	自锁
100	5.17	5	50	6	31	−0.500	
	7.75	5	50	4	31	−0.500	
	10.25*	4	40	4	41	−0.500	
	13.25	3.15	31.5	4	53	+0.246	
	15.5	5	50	2	31	−0.500	
	20.5*	4	40	2	41	−0.500	
	26.5	3.15	31.5	2	53	+0.246	
	31	5	50	1	31	−0.500	
	41*	4	40	1	41	−0.500	
	53	3.15	31.5	1	53	+0.246	
	62	2.5	45	1	62	0.000	自锁
	70	2.5	25	1	70	0.000	
	82*	2	35.5	1	82	+0.125	自锁
125	5.17	6.3	63	6	31	−0.6587	
	7.75	6.3	63	4	31	−0.6587	
	10.25*	5	50	4	41	−0.500	
	12.75	4	40	4	51	+0.750	
	15.5	6.3	63	2	31	−0.6587	
	20.5*	5	50	2	41	−0.500	

续表

中心距 a /mm	传动比 i	模数 m /mm	蜗杆分度圆直径 d_1 /mm	蜗杆头数 z_1	蜗轮齿数 z_2	蜗轮变位系数 x_2	说明
125	25.5	4	40	2	51	+0.750	
	31	6.3	63	1	31	−0.6587	
	41*	5	50	1	41	−0.500	
	51	4	40	1	51	+0.750	
	62	3.15	56	1	62	−0.2063	自锁
	70	3.15	31.5	1	70	−0.3175	
	82*	2.5	45	1	82	0.000	自锁
160	5.17	8	80	6	31	−0.500	
	7.75	8	80	4	31	−0.500	
	10.25	6.3	63	4	41	−0.1032	
	13.25	5	50	4	53	+0.500	
	15.5	8	80	2	31	−0.500	
	20.5	6.3	63	2	41	−0.1032	
	26.5	5	50	2	53	+0.500	
	31	8	80	1	31	−0.500	
	41*	6.3	63	1	41	−0.1032	
	53	5	50	1	53	+0.500	
	62	4	71	1	62	+0.125	自锁
	70	4	40	1	70	0.000	
	83*	3.15	56	1	83	+0.4048	自锁
180	7.25	10	71	4	29	−0.050	
	9.5*	8	63	4	38	−0.4375	
	12	6.3	63	4	48	−0.4286	
	15.25	5	50	4	61	+0.500	
	19*	8	63	2	38	−0.4375	
	24	6.3	63	2	48	−0.4286	
	30.5	5	50	2	61	+0.500	
	38*	8	63	1	38	−0.4375	
	48	6.3	63	1	48	−0.4286	
	61	5	50	1	61	+0.500	
	71	4	71	1	71	+0.625	自锁
	80*	4	40	1	80	0.000	
200	5.17	10	90	6	31	0.000	
	7.75	10	90	4	31	0.000	
	10.25*	8	80	4	41	−0.500	
	13.25	6.3	63	4	53	+0.246	
	15.5	10	90	2	31	0.000	
	20.5*	8	80	2	41	−0.500	
	26.5	6.3	63	2	53	+0.246	
	31	10	90	1	31	0.000	
	41*	8	80	1	41	−0.500	
	53	6.3	63	1	53	+0.246	
	62	5	90	1	62	0.000	自锁
	70	5	50	1	70	0.000	
	82*	4	71	1	82	+0.125	自锁

续表

中心距 a /mm	传动比 i	模数 m /mm	蜗杆分度圆直径 d_1 /mm	蜗杆头数 z_1	蜗轮齿数 z_2	蜗轮变位系数 x_2	说明
225	7.25	12.5	90	4	29	−0.100	
	9.5*	10	71	4	38	−0.050	
	11.75	8	80	4	47	−0.375	
	15.25	6.3	63	4	61	+0.2143	
	19.5*	10	71	2	38	−0.050	
	23.5	8	80	2	47	−0.375	
	30.5	6.3	63	2	61	+0.2143	
	38*	10	71	1	38	−0.050	
	47	8	80	1	47	−0.375	
	61	6.3	63	1	61	+0.2143	
	71	5	90	1	71	+0.500	自锁
	80*	5	50	1	80	0.000	
250	7.75	12.5	112	4	31	+0.020	
	10.25*	10	90	4	41	0.000	
	13	8	80	4	52	+0.250	
	15.5	12.5	112	2	31	+0.020	
	20.5*	10	90	2	41	0.000	
	26	8	80	2	52	+0.250	
	31	12.5	112	1	31	+0.020	
	41*	10	90	1	41	0.000	
	52	8	80	1	52	+0.250	
	61	6.3	112	1	61	+0.2937	
	70	6.3	63	1	70	−0.3175	
	81*	5	90	1	81	+0.500	自锁
280	7.25	16	112	4	29	−0.500	
	9.5*	12.5	90	4	38	−0.200	
	12	10	90	4	48	−0.500	
	15.25	8	80	4	61	−0.500	
	19*	12.5	90	2	38	−0.200	
	24	10	90	2	48	−0.500	
	30.5	8	80	2	61	−0.500	
	38*	12.5	90	1	38	−0.200	
	48	10	90	1	48	−0.500	
	61	8	80	1	61	−0.500	
	71	6.3	112	1	71	+0.0556	自锁
	80*	6.3	63	1	80	−0.5556	
315	7.75	16	140	4	31	−0.1875	
	10.25*	12.5	112	4	41	+0.220	
	13.25	10	90	4	53	+0.500	
	15.5	16	140	2	31	−0.1875	
	20.5*	12.5	112	2	41	+0.220	
	26.5	10	90	2	53	+0.500	
	31	16	140	1	31	−0.1875	
	41*	12.5	112	1	41	+0.220	
	53	10	90	1	53	+0.500	
	61	8	140	1	61	+0.125	
	69	8	80	1	69	−0.125	
	82*	6.3	112	1	82	+0.1111	自锁

续表

中心距 a /mm	传动比 i	模数 m /mm	蜗杆分度圆直径 d_1 /mm	蜗杆头数 z_1	蜗轮齿数 z_2	蜗轮变位系数 x_2	说明
355	7.25	20	140	4	29	−0.250	
	9.5*	16	112	4	38	−0.3125	
	12.25	12.5	112	4	49	−0.580	
	15.25	10	90	4	61	+0.500	
	19*	16	112	2	38	−0.3125	
	24.5	12.5	112	2	49	−0.580	
	30.5	10	90	2	61	+0.500	
	38*	16	112	1	38	−0.3125	
	49	12.5	112	1	49	−0.580	
	61	10	90	1	61	+0.500	
	71	8	140	1	71	+0.125	自锁
	79*	8	80	1	79	−0.125	
400	7.75	20	160	4	31	+0.500	
	10.25*	16	140	4	41	+0.125	
	13.5	12.5	112	4	54	+0.520	
	15.5	20	160	2	31	+0.500	
	20.5*	16	140	2	41	+0.125	
	27	12.5	112	2	54	+0.520	
	31	20	160	1	31	+0.050	
	41*	16	140	1	41	+0.125	
	54	12.5	112	1	54	+0.520	
	63	10	160	1	63	+0.500	
	71*	10	90	1	71	0.000	
	82*	8	140	1	82	+0.250	自锁
450	7.25	25	180	4	29	−0.100	
	9.75*	20	140	4	39	−0.500	
	12.25	16	112	4	49	+0.125	
	15.75	12.5	112	4	63	+0.020	
	19.5*	20	140	2	39	−0.500	
	24.5	16	112	2	49	+0.125	
	31.5	12.5	112	2	63	+0.020	
	39*	20	140	1	39	−0.500	
	49	16	112	1	49	+0.125	
	63	12.5	112	1	63	+0.020	
	73	10	160	1	73	+0.500	
	81*	10	90	1	81	0.000	
500	7.75	25	200	4	31	+0.500	
	10.25*	20	160	4	41	+0.500	
	13.25	16	140	4	53	+0.375	
	15.5	25	200	2	31	+0.500	
	20.5*	20	160	2	41	+0.500	
	26.5	16	140	2	53	+0.375	
	31	25	200	1	31	+0.500	
	41*	20	160	1	41	+0.500	
	53	16	140	1	53	+0.375	
	63	12.5	200	1	63	+0.500	
	71	12.5	112	1	71	+0.020	
	83*	10	160	1	83	+0.500	

注：1. 带“*”者为基本传动比。
2. 表中所指的自锁，只有在静止状态和无振动时才能保证。

表 8-4-5　圆弧圆柱蜗杆（ZC 型）减速器基本参数

公称传动比 i	中心距 a/mm 80						100						125					
	m	d_1	z_1	z_2	x_2	ρ	m	d_1	z_1	z_2	x_2	ρ	m	d_1	z_1	z_2	x_2	ρ
8	3.5	44	4	31	1.071	20	4.5	52	4	31	0.944	25	5.5	62	4	33	0.591	30
10	3.5	44	3	31	1.071	19	4.5	52	3	31	0.944	24	6	63	3	30	0.583	32
12.5	3	38	3	39	0.833	16	4	44	3	38	0.5	21	5	55	3	38	0.5	26
16	3.5	44	2	31	1.071	18	4.5	52	2	31	0.944	23	5.5	62	2	33	0.591	28
20	3	38	2	39	0.833	15	4	44	2	38	0.5	20	4.5	52	2	42	1.0	23
25	2.5	32	2	50	0.6	13	3	38	2	52	1.0	15	4	44	2	50	0.75	20
31.5	3.5	44	1	31	1.071	18	4.5	52	1	31	0.944	23	5.5	62	1	33	0.591	28
40	3	38	1	39	0.833	15	4	44	1	38	0.5	20	4.5	52	1	42	1.0	23
50	2.5	32	1	50	0.6	13	3	38	1	52	1.0	15	4	44	1	50	0.75	20

公称传动比 i	中心距 a/mm 160						200						250					
	m	d_1	z_1	z_2	x_2	ρ	m	d_1	z_1	z_2	x_2	ρ	m	d_1	z_1	z_2	x_2	ρ
8	7	76	4	33	0.929	39	9	90	4	33	0.722	50	12	114	4	31	0.583	66
10	8	80	3	33	0.929	37	10	98	3	29	0.6	53	12	114	3	31	0.583	64
12.5	6	74	3	39	1.0	32	8	80	3	39	0.5	42	10	98	3	39	0.6	53
16	7	76	2	33	0.929	35	9	90	2	33	0.722	45	12	114	2	31	0.583	60
20	6	63	2	41	0.917	30	8	80	2	39	0.5	40	10	98	2	39	0.6	50
25	5	55	2	51	1.0	25	6	74	2	52	1.167	30	8	80	2	51	0.75	40
31.5	7	76	1	33	0.929	35	9	90	1	33	0.722	45	12	114	1	31	0.583	60
40	6	63	1	41	0.917	30	8	80	1	39	0.5	40	10	98	1	39	0.6	50
50	5	55	1	51	1.0	25	6	74	1	52	1.167	30	8	80	1	51	0.75	40

公称传动比 i	中心距 a/mm 280						320						360					
	m	d_1	z_1	z_2	x_2	ρ	m	d_1	z_1	z_2	x_2	ρ	m	d_1	z_1	z_2	x_2	ρ
8	14	126	4	30	0.5	77	16	128	4	31	0.5	88	18	144	4	31	0.5	99
10	14	126	3	30	0.5	74	16	128	3	31	0.5	85	18	144	3	31	0.5	95
12.5	11	112	3	39	0.864	58	12	132	3	40	1.167	64	14	144	3	39	1.071	74
16	14	126	2	30	0.5	70	16	128	2	31	0.5	80	18	144	2	31	0.5	90
20	11	112	2	39	0.864	55	12	114	2	42	0.917	60	14	126	2	41	0.714	70
25	9	90	2	50	0.611	45	10	98	2	52	1.1	50	12	114	2	49	0.75	60
31.5	14	126	1	30	0.5	70	16	128	1	31	0.5	80	18	144	1	31	0.5	90
40	11	112	1	39	0.864	55	12	114	1	42	0.917	60	14	126	1	41	0.714	70
50	9	90	1	50	0.611	45	10	98	1	52	1.1	50	12	114	1	49	0.75	60

公称传动比 i	中心距 a/mm 400						450						500					
	m	d_1	z_1	z_2	x_2	ρ	m	d_1	z_1	z_2	x_2	ρ	m	d_1	z_1	z_2	x_2	ρ
8	20	156	4	31	0.6	110	22	170	4	31	1.091	121	25	190	4	31	0.7	138
10	20	156	3	31	0.6	106	22	170	3	31	1.091	117	25	190	3	31	0.7	133
12.5	16	144	3	39	1.0	85	18	168	3	39	0.833	95	20	180	3	39	1.0	106
16	20	156	2	31	0.6	100	22	170	2	31	1.091	110	25	190	2	31	0.7	125
20	16	144	2	39	1.0	80	18	144	2	41	0.5	90	20	156	2	41	0.6	100
25	14	126	2	47	0.571	70	14	144	2	52	1.0	70	16	144	2	52	0.75	80
31.5	20	156	1	31	0.6	100	22	170	1	31	1.091	110	25	190	1	31	0.7	125
40	16	144	1	39	1.0	80	18	144	1	41	0.5	90	20	156	1	41	0.6	100
50	14	126	1	47	0.571	70	14	144	1	52	1.0	70	16	144	1	52	0.75	80

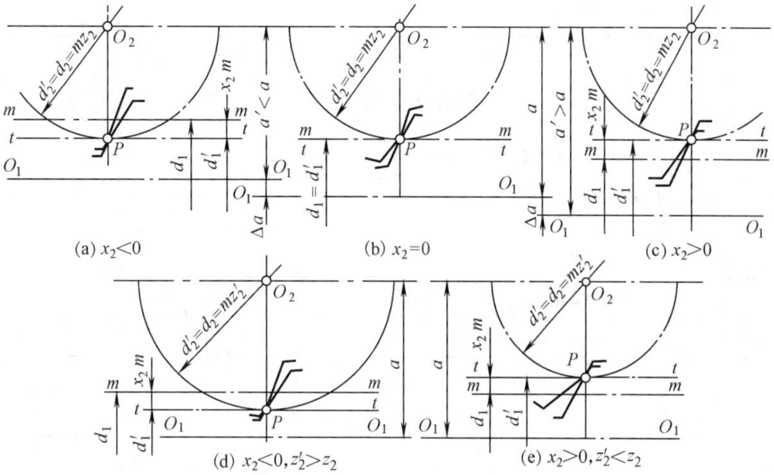

图 8-4-1　普通圆柱蜗杆传动的径向变位方式

蜗杆传动的变位方法与渐开线圆柱齿轮相似，也是利用改变切齿时刀具与轮坯的径向位置来实现的。图 8-4-1 所示为几种变位的示意图。变位后的蜗杆传动，由于蜗杆相当于滚刀，所以变位对蜗杆尺寸无影响，只是变位后蜗轮的节圆仍然与分度圆重合，而蜗杆的节圆不再与分度圆重合。图 8-4-1 中，a' 和 z'_2为变位后的中心距和蜗轮齿数。

变位系数 x_2 过大，会使蜗轮齿顶变尖，过小会使蜗轮根切。对于普通圆柱蜗杆传动，一般取 $x_2=-1\sim1$，常用 $x_2=-0.7\sim0.7$。对于圆弧圆柱蜗杆传动，一般取 $x_2=0.5\sim1.5$，推荐用 $x_2=0.7\sim1.2$。对于标准减速器，变位系数 x_2 应按表 8-4-4 和表 8-4-5 选取。

圆弧蜗杆齿廓圆弧半径 ρ 增大，对提高蜗轮轮齿强度、减少根切和增大当量曲率半径有利，但对形成动压油膜不利；ρ 减小，对增大接触面积和形成动压油膜有利，但 ρ 过小时，会产生齿形干涉和降低刀具的使用寿命。ρ 的推荐值见表 8-4-5。

圆弧圆柱蜗杆传动的几何参数可参考表 8-4-5 选取。

普通圆柱蜗杆传动的基本参数可参考表 8-4-4 选取。

表 8-4-6　蜗杆传动中心距（摘自 GB/T 19935—2005）

/mm

25	100	200	315	400	500
32	125	225	355	450	
40	140	250			
50	160	280			
63	180				
80					

注：1. 蜗杆传动的中心距与运行条件密切相关。

2. 对于较小的中心距（≤125mm），按 R10 系列确定；对于较大的中心距，按 R20 系列确定。

3. 具有输入轴、输出轴和标准中心距的标准蜗杆传动装置能够用其他标准装置代替，且不需要进行太大的改动。

4.3　圆柱蜗杆传动的几何计算

4.3.1　普通圆柱蜗杆传动的几何计算

表 8-4-7　普通圆柱蜗杆传动几何参数计算

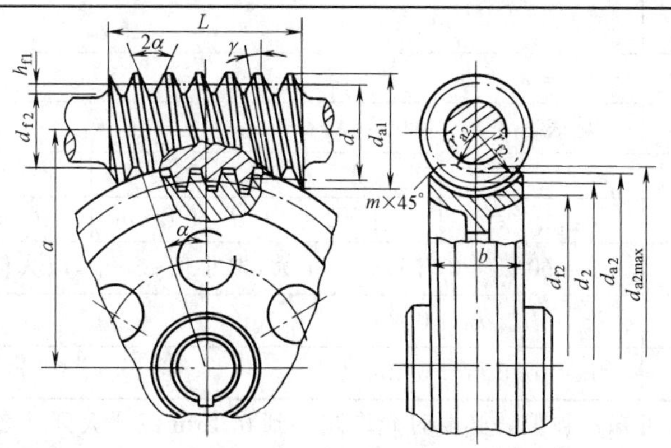

续表

项　　目	计算公式及说明	
蜗杆轴面模数（蜗轮端面模数）m	按表 8-4-10 的强度条件或用类比法确定，并应符合表 8-4-2 数值；当按结构设计时，$m=\dfrac{2a}{q+z_2+2x_2}$	推荐按表 8-4-3 或参考表 8-4-5 选取
传动比 i	$i=\dfrac{n_1}{n_2}=\dfrac{z_2}{z_1}$	
蜗杆头数 z_1	一般取 $z_1=1,2,4,6$	
蜗轮齿数 z_2	$z_2=iz_1$	
蜗杆直径系数 q	$q=\dfrac{d_1}{m}$	
变位系数 x_2	$x_2=\dfrac{a}{m}-0.5(q+z_2)$	
中心距 a	$a=0.5m(q+z_2+2x_2)=0.5(d_1+d_2+2x_2m)$	
蜗杆分度圆柱上螺旋线升角（导程角）γ	$\tan\gamma=\dfrac{z_1}{q}$；$\gamma$ 值查表 8-4-2	
蜗杆节圆柱上螺旋线升角 γ'	$\tan\gamma'=\dfrac{z_1}{q+2x_2}$	
蜗杆轴面齿形角 α	阿基米德螺线蜗杆：$\alpha=20°$；渐开线蜗杆、延伸渐开线蜗杆、锥形圆盘刀具蜗杆：$\tan\alpha=\dfrac{\tan\alpha_n}{\cos\gamma}$	
蜗杆（轮）法面齿形角 α_n	阿基米德螺线蜗杆：$\tan\alpha_n=\tan\alpha\cos\gamma$；渐开线蜗杆、延伸渐开线蜗杆、锥形圆盘刀具蜗杆：$\alpha_n=20°$	
径向间隙 c	$c=0.2m$	
蜗杆、蜗轮齿顶高 h_{a1}、h_{a2}	$h_{a1}=m$；$h_{a2}=(1+x_2)m$	
蜗杆、蜗轮齿根高 h_{f1}、h_{f2}	$h_{f1}=1.2m$；$h_{f2}=(1.2-x_2)m$	
蜗杆、蜗轮分度圆直径 d_1、d_2	$d_1=mq$；$d_2=mz_2$	
蜗杆、蜗轮节圆直径 d'_1、d'_2	$d'_1=(q+2x_2)m$；$d'_2=d_2$	
蜗杆、蜗轮齿顶圆直径 d_{a1}、d_{a2}	$d_{a1}=(q+2)m$；$d_{a2}=(z_2+2+2x_2)m$	
蜗杆、蜗轮齿根圆直径 d_{f1}、d_{f2}	$d_{f1}=(q-2.4)m$；$d_{f2}=(z_2+2x_2-2.4)m$	
蜗杆轴向齿距 p_x	$p_x=\pi m$	
蜗杆沿分度圆柱上的轴向齿厚 s_1	$s_1=0.5\pi m$；当采用加厚蜗轮时，$s_1=0.5\pi m-0.2m\tan\alpha$	
蜗杆沿分度圆柱上的法向齿厚 s_{n1}	$s_{n1}\approx s_1\cos\gamma$	
蜗杆分度圆法向弦齿高 $\overline{h}_{n1}$	$\overline{h}_{n1}=m$	
蜗杆螺纹部分长度 L	见表 8-4-41	
蜗轮最大外圆直径 $d_{a2\max}$	z_1 = 1：$d_{a2\max}\leqslant d_{a2}+2m$；$z_1$ = 2,3：$d_{a2\max}\leqslant d_{a2}+1.5m$；$z_1$ = 4：$d_{a2\max}\leqslant d_{a2}+m$	
蜗轮轮缘宽度 b	$b=(0.67\sim0.75)d_{a1}$，z_1 大，取小值；z_1 小，取大值	
蜗轮齿顶圆弧半径 r_{a2}	$r_{a2}=0.5d_{f1}+0.2m$	
蜗轮齿根圆弧半径 r_{f2}	$r_{f2}=0.5d_{a1}+0.2m$	

注：由 GB/T 100087—2018 可知；顶隙 c 必要时允许减小到 0.15m 或增大到 0.35m。

4.3.2 圆弧圆柱蜗杆传动的几何计算

表 8-4-8 轴向圆弧齿圆柱蜗杆传动的几何尺寸计算

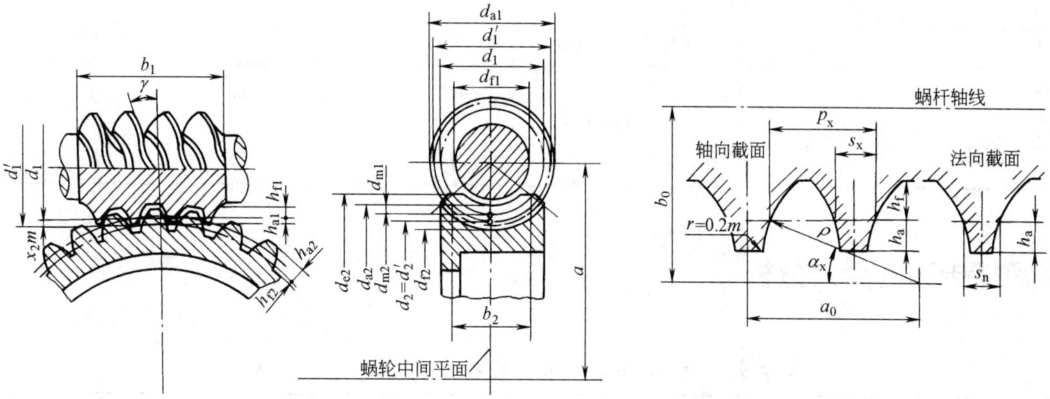

名　称	代号	公式及说明
中心距	a	$a=(d_1+d_2+2x_2m)/2$，要满足强度要求，可按表 8-4-5 选取
传动比	i	$i=z_2/z_1$，参考表 8-4-5 选取
蜗杆头数	z_1	$z_1=1\sim4$，主要与传动比有关，参考表 8-4-5 选取
蜗轮齿数	z_2	$z_2=iz_1$，参考表 8-4-5 选取
轴向齿形角	α_x	推荐 $\alpha_x=23°$
模数	m	$m=d_2/z_2$，参考表 8-4-3 或表 8-4-5 选取
蜗轮变位系数	x_2	$x_2=\dfrac{a}{m}-\dfrac{d_1+d_2}{2m}$，一般 $z_1\leqslant2$ 时，$x_2=1\sim1.5$；$z_1>2$ 时，$x_2=0.7\sim1.2$
蜗杆分度圆直径	d_1	$d_1=mz_1/\tan\gamma=mq$，按表 8-4-3 或表 8-4-5 选取
蜗杆齿顶高	h_{a1}	$h_{a1}=m$
蜗杆齿根高	h_{f1}	$h_{f1}=1.2m$
顶隙	c	$c=0.2m$
蜗杆齿顶圆直径	d_{a1}	$d_{a1}=d_1+2m$
蜗杆齿根圆直径	d_{f1}	$d_{f1}=d_1-2.4m$
导程角	γ	$\gamma=\arctan\dfrac{mz_1}{d_1}$，见表 8-4-3
蜗杆轴向齿厚	s_x	$s_x=0.4\pi m$
蜗杆法向齿厚	s_n	$s_n=s_x\cos\gamma$
蜗杆齿宽	b_1	$z_1=1,2$：$x_2<1$ 时，$b_1\geqslant(12.5+0.1z_2)m$；$x_2\geqslant1$ 时，$b_1\geqslant(13+0.1z_2)m$
		$z_1=3,4$：$x_2<1$ 时，$b_1\geqslant(13.5+0.1z_2)m$；$x_2\geqslant1$ 时，$b_1\geqslant(14+0.1z_2)m$
蜗杆齿廓曲率半径	ρ	当 $z_1=1,2$ 时，$\rho=5m$；$z_1=3$ 时，$\rho=5.3m$；$z_1=4$ 时，$\rho=5.5m$
蜗杆齿廓中心坐标	a_0	$a_0=\rho\cos\alpha_x+\dfrac{1}{2}s_x$
	b_0	$b_0=\rho\sin\alpha_x+\dfrac{1}{2}d_1$

续表

名　　称	代号	公式及说明
蜗轮分度圆直径	d_2	$d_2=mz_2$
蜗轮齿顶高	h_{a2}	$h_{a2}=(1+x_2)m$
蜗轮齿根高	h_{f2}	$h_{f2}=(1.2-x_2)m$
蜗轮喉圆直径	d_{a2}	$d_{a2}=d_2+2m(1+x_2)$
蜗轮顶圆直径	d_{e2}	$d_{e2}\leqslant d_{a2}+(0.8\sim1)m$，取整数
蜗轮齿宽	b_2	$b_2=(0.67\sim0.7)d_{a1}$，取整数

4.4　圆柱蜗杆传动的受力分析

表 8-4-9　蜗杆传动力的计算公式与受力方向判断

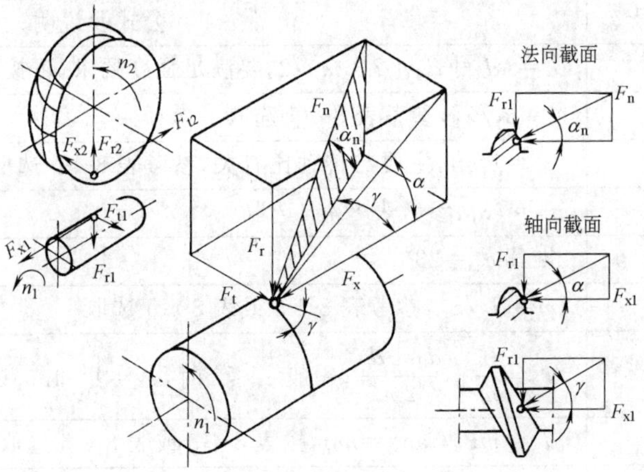

蜗杆传动力的计算公式

项　　目	计算公式	单　位	说　　明
蜗杆圆周力 F_{t1} 蜗轮轴向力 F_{x2}	$F_{t1}=F_{x2}=\dfrac{2000T_1}{d_1}$	N	T_1 单位为 N·m； d_1 单位为 mm
蜗杆轴向力 F_{x1} 蜗轮圆周力 F_{t2}	$F_{x1}=F_{t2}=F_{t1}\cot\gamma$	N	
蜗杆径向力 F_{r1} 蜗轮径向力 F_{r2}	$F_{r1}=F_{r2}=F_{x1}\tan\alpha$	N	$\alpha=20°$
法向力 F_n $(\cos\alpha_n\approx\cos\alpha)$	$F_n=\dfrac{F_{x1}}{\cos\gamma\cos\alpha_n}\approx\dfrac{F_{t2}}{\cos\gamma\cos\alpha}$	N	
蜗杆轴传递的 转矩 T_1	$T_1=9550\dfrac{P_1}{n_1}=9550\dfrac{P_2}{i\eta n_2}=\dfrac{T_2}{i\eta}$	N·m	P_1、P_2 单位为 kW； n_1、n_2 单位为 r/min； T_2 单位为 N·m； η 为传动效率

注：1. 本表公式除 T_1 与 T_2、P_2 的关系式外，均未计入摩擦力。

2. 判断力的方向时应记住：当蜗杆为主动时，F_{t1} 的方向与螺牙在啮合点的运动方向相反；F_{t2} 的方向与轮齿在啮合点的运动方向相同；F_{r1}、F_{r2} 的方向分别由啮合点指向轴心；F_{x2} 的方向与 F_{t1} 相反，F_{x1} 的方向与 F_{t2} 相反。

4.5 圆柱蜗杆传动强度计算和刚度计算

蜗杆与蜗轮齿面间滑动速度很大，温升较高，圆柱蜗杆传动的主要失效形式是蜗轮齿面胶合、点蚀和磨损，较少发生轮齿弯曲折断。因此，对于闭式传动，通常多按齿面接触强度计算。只是当 $z_2>80\sim100$ 或采用负变位的传动时，才进行弯曲强度计算。另外，对蜗杆需按轴的计算方法校核蜗杆轴的强度和刚度。

表 8-4-10 圆柱蜗杆传动强度计算和刚度验算公式

项　　目	普通圆柱蜗杆传动	圆弧圆柱蜗杆传动
接触强度设计公式	$m^2d_1\geqslant\left(\dfrac{15150}{z_2[\sigma_H]}\right)^2KT_2$ （mm^3）	$a\geqslant221\sqrt[3]{\dfrac{KK_zT_2}{[\sigma_H]^2K_{gL}}}$ （mm）
接触强度校核公式	$\sigma_H=\dfrac{Z_E}{d_2}\sqrt{9400\dfrac{KT_2}{d_1}}\leqslant[\sigma_H]$ （MPa）	$\sigma_H=3289\sqrt{\dfrac{KK_zT_2}{a^3K_{gL}}}\leqslant[\sigma_H]$ （MPa）
弯曲强度校核公式	$\sigma_F=\dfrac{2000T_2K}{d_2'd_1'mY_2\cos\gamma}\leqslant[\sigma_F]$ （MPa）	
刚度验算公式	$y_1=\dfrac{\sqrt{F_{t1}^2+F_{r1}^2}}{48EI}L^3\leqslant(0.001\sim0.0025)d_1$（mm）	

说　　明

m^2d_1——强度设计用值，由此值在表 8-4-2 中查得相应的 m 值和 d_1 值；

$[\sigma_H]$——许用接触应力，MPa，视材料选取，对于锡青铜蜗轮，$[\sigma_H]=[\sigma_{Hb}]Z_SZ_N$；

Z_S——滑动速度影响系数，由图 8-4-2 查取；

Z_N——寿命系数，由图 8-4-4 查取；

$[\sigma_{Hb}]$——$N=10^7$ 时蜗轮材料许用接触应力，MPa，由表 8-4-11 查取，对于其他材料的蜗轮，$[\sigma_{Hb}]$值直接由表 8-4-12 查取；

Z_E——弹性系数，$\sqrt{MPa}$，对于钢制蜗杆，当蜗轮材料为铸锡青铜时取 155，铸铝青铜时取 156，灰铸铁时取 162，球墨铸铁时取 181.4；

$[\sigma_F]$——许用弯曲应力，MPa，$[\sigma_F]=[\sigma_{Fb}]Y_N$；

$[\sigma_{Fb}]$——$N=10^6$ 时蜗轮材料的许用弯曲应力，MPa，由表 8-4-11 查取；

Y_N——寿命系数，由图 8-4-4 查取；

T_2——蜗轮轴传递的转矩，N·m；

Y_2——蜗轮齿形系数，由图 8-4-3 查取；

K——载荷系数，初步设计计算时，取 $K=1.1\sim1.4$，当载荷平稳、蜗轮圆周速度 $v_2\leqslant3m/s$ 及 7 级精度以上时，取较小值，反之取较大值。校核计算时，$K=K_1K_2K_3K_4K_5K_6$；

K_1——动载荷系数，当 $v_2\leqslant3m/s$ 时，$K_1=1$，当 $v_2>3m/s$ 时；取 $K_1=1.1\sim1.2$；

K_2——啮合质量系数，由表 8-4-13 查取；

K_3——小时载荷率系数，由图 8-4-5 查取；

K_4——环境温度系数，由表 8-4-14 查取；

K_5——工作情况系数，由表 8-4-15 查取；

K_6——风扇系数，不带风扇时，$K_6=1$，带风扇时，由图 8-4-6 查取；

K_z——齿数系数，由图 8-4-7 查取；

K_{gL}——几何参数系数，由图 8-4-8 查取；

I——蜗杆中央部分惯性矩，mm^4，$I=\dfrac{\pi d_{f1}^4}{64}$；

E——蜗杆材料的弹性模量，MPa；

L——蜗杆两端支承点距离，mm

注：圆弧圆柱蜗杆传动一般不进行弯曲强度的设计与校核。

第 8 篇

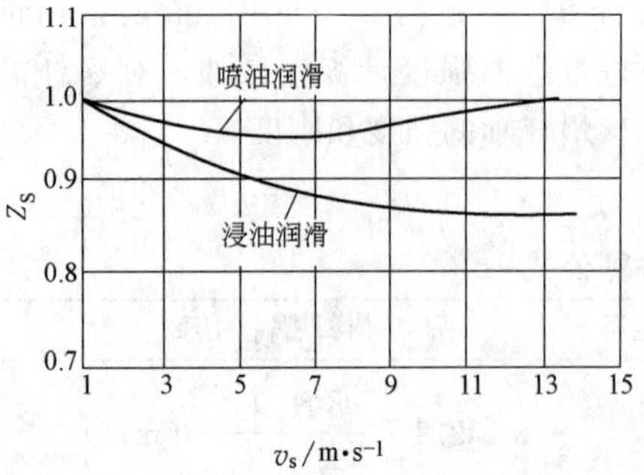

图 8-4-2　滑动速度影响系数 Z_S

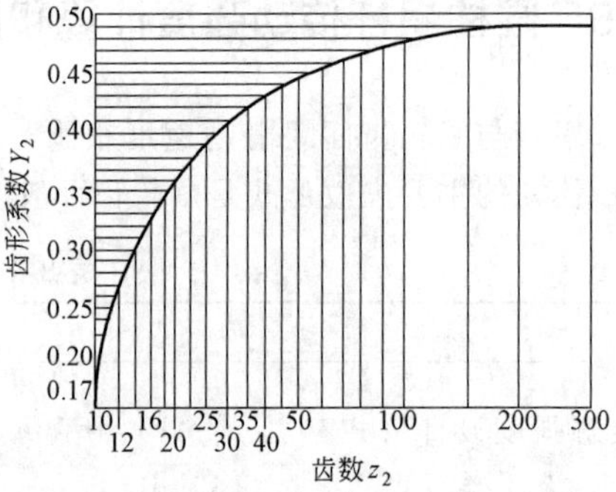

图 8-4-3　齿形系数 Y_2

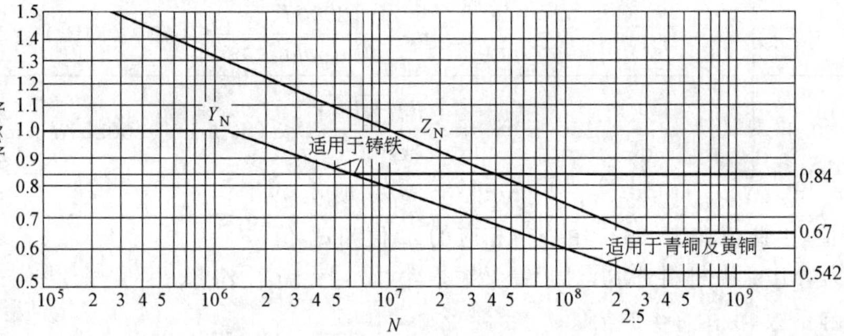

图 8-4-4　寿命系数 Z_N 及 Y_N

注：N 为应力循环次数。稳定载荷时，$N=60n_2t$；变载荷时，

$$接触\ N_H=60\sum n_{zi}t_i\left(\frac{T_{2i}}{T_{2\max}}\right)^4，弯曲\ N_F=60\sum n_{zi}t_i\left(\frac{T_{2i}}{T_{2\max}}\right)^9。$$

式中　t 为总的工作时间（h）；n_2 为蜗轮转速，r/min；n_{zi} 为蜗轮在不同载荷下的转速，r/min；t_i 为工作时间，h；T_{2i} 为转矩，N·m；$T_{2\max}$ 为蜗轮传递的最大转矩，N·m

表 8-4-11　蜗轮材料为 $N=10^7$ 时的许用接触应力 $[\sigma_{Hb}]$

蜗轮材料为 $N=10^6$ 时的许用弯曲应力 $[\sigma_{Fb}]$

/MPa

蜗轮材料	铸造方法	适用的滑动速度 v_s /m·s^{-1}	力学性能		$[\sigma_{Hb}]$ 蜗杆齿面硬度		$[\sigma_{Fb}]$	
			σ_s	σ_b	≤350HBW	>45HRC	一侧受载	两侧受载
ZCuSn10P1	砂　模	≤12	137	220	180	200	50	30
	金属模	≤25	196	310	200	220	70	40
ZCuSn5Pb5Zn5	砂　模	≤10	78	200	110	125	32	24
	金属模	≤12			135	150	40	28
ZCuAl10Fe3	砂　模	≤10	196	490	见表 8-4-12		80	63
	金属模			540			90	80
ZCuAl10Fe3Mn2	砂　模	≤10	—	490			—	—
	金属模			540			100	90
ZCuZn38Mn2Pb2	砂　模	≤10	—	245			60	55
	金属模			345			—	—

续表

蜗轮材料	铸造方法	适用的滑动速度 v_s /m·s^{-1}	力学性能		$[\sigma_{Hb}]$		$[\sigma_{Fb}]$	
			σ_s	σ_b	蜗杆齿面硬度		一侧受载	两侧受载
					≤350HBW	>45HRC		
HT150	砂　模	≤2	—	150	见表 8-4-12		40	25
HT200	砂　模	≤2～5	—	200			47	30
HT250	砂　模	≤2～5	—	250			55	35

表 8-4-12　无锡青铜、黄铜及铸铁的许用接触应力 $[\sigma_{Hb}]$　/MPa

蜗　轮　材　料	蜗杆材料	滑动速度 v_s/m·s^{-1}							
		0.25	0.5	1	2	3	4	6	8
ZCuAl10Fe3,ZCuAl10Fe3Mn2	钢经淬火①	—	245	225	210	180	160	115	90
ZCuZn38Mn2Pb2	钢经淬火①	—	210	200	180	150	130	95	75
HT200、HT150(120～150HB)	渗碳钢	160	130	115	90	—	—	—	—
HT150(120～150HB)	调质或淬火钢	140	110	90	70	—	—	—	—

① 蜗杆如未经淬火，其 $[\sigma_{Hb}]$ 值需降低 20%。

表 8-4-13　啮合质量系数 K_2

传动类型	精度等级	啮　合　情　况		K_2
普通圆柱蜗杆传动	7	啮合面积符合有关规定要求,啮合部位偏于啮出口		0.95～0.99
	8	啮合面积符合有关规定要求,啮合部位偏于啮出口		1.0
	9	啮合面积不符合有关规定要求,啮合部位不偏于啮出口		1.1～1.2
圆弧圆柱蜗杆传动	7	工作前经满负荷充分跑合,啮合面积符合有关规定要求,啮合部位在蜗轮齿顶偏啮出口呈月牙形		1.0
	8,9	工作前经满负荷充分跑合,啮合面积不符合有关规定要求,啮合部位不偏啮出口或不呈月牙形	a=63～150mm	1.1～1.2
			a≥150～500mm	1.15～1.25

表 8-4-14　环境温度系数 K_4

蜗杆转速 /r·min^{-1}	环境温度/℃				
	0～25	25～30	30～35	35～40	40～45
1500	1.00	1.09	1.18	1.52	1.87
1000	1.00	1.08	1.16	1.46	1.78
750	1.00	1.07	1.13	1.37	1.62
500	1.00	1.05	1.09	1.18	1.36

表 8-4-15　工作情况系数 K_5

载荷性质	均匀、无冲击	不均匀、小冲击	不均匀、大冲击
启动次数 /次·h^{-1}	<25	25～50	>50
启动载荷	小	较大	大
K_5	1.0	1.15	1.2

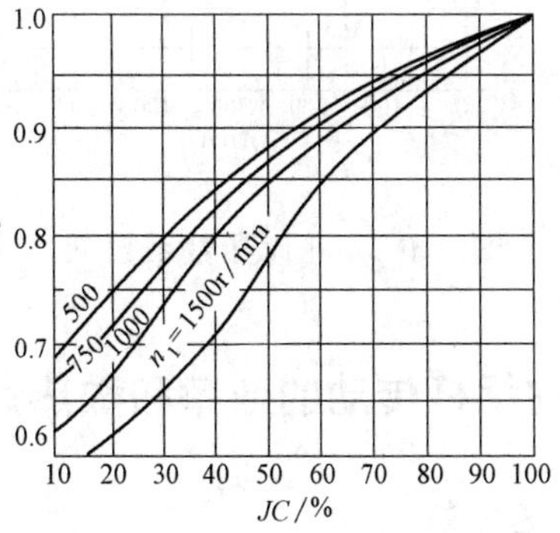

图 8-4-5　小时载荷率系数 K_3

注：1. 小时载荷率 $JC=\dfrac{\text{每小时载荷工作时间 (min)}}{60\ (\text{min})}\times 100\%$

2. 小时载荷率以每小时工作。最长时间计算。
3. 当 JC<15%时，按 15%计算。
4. 连续工作 1h，取 JC=100%。
5. 转向频繁交替时，取工作时间之和。

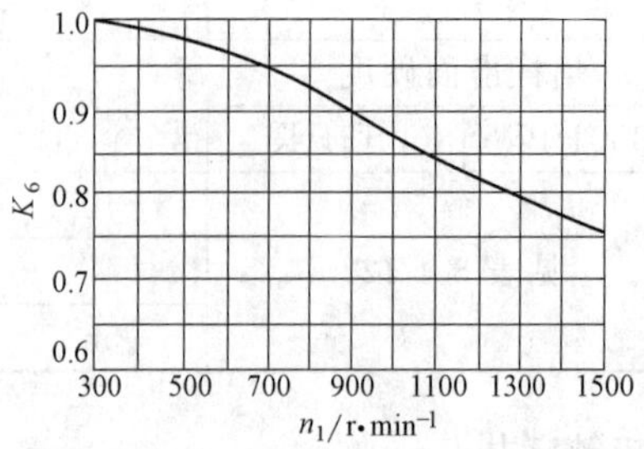

图 8-4-6　风扇系数 K_6

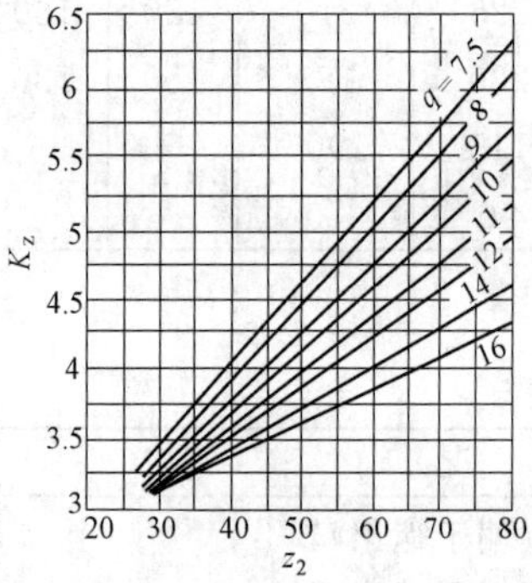

图 8-4-7　齿数系数 K_z

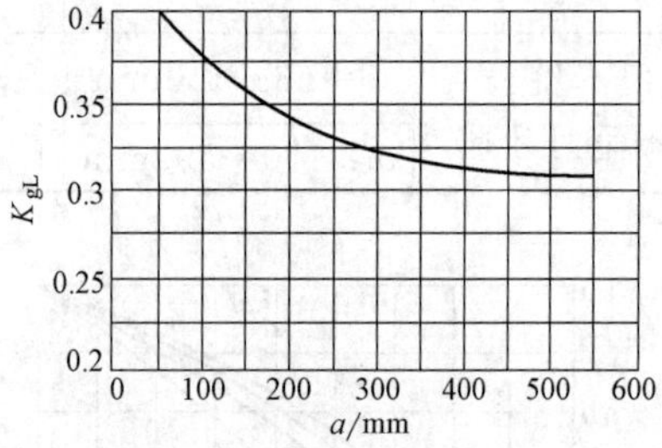

图 8-4-8　几何参数系数 K_{gL}

4.6　圆柱蜗杆传动的效率和散热计算

4.6.1　效率计算

在进行蜗杆传动效率计算时，通常要考虑到螺旋副啮合摩擦损失、轴承和密封摩擦损失和蜗杆蜗轮搅油溅油损失。蜗杆传动的总效率可按下式计算：

$$\eta=\eta_1\eta_2\eta_3 \tag{8-4-2}$$

式中　η_2——轴承效率，每对滚动轴承可取 $\eta_2\approx0.99\sim0.995$，滑动轴承可取 $\eta_2=0.97\sim0.98$；

η_3——搅油及溅油效率，近似取 $\eta_3\approx0.96\sim0.99$；

η_1——螺旋副啮合效率，按式（8-4-3）和式（8-4-4）计算。

蜗杆主动时　$$\eta_1=\frac{\tan\gamma}{\tan(\gamma+\rho_v)} \tag{8-4-3}$$

蜗轮主动时　$$\eta_1=\frac{\tan(\gamma-\rho_v)}{\tan\gamma} \tag{8-4-4}$$

式中　γ——分度圆柱导程角（也可用节圆柱导程角 γ'）；

ρ_v——当量摩擦角，可根据滑动速度 v_s 由表 8-4-16 查取。

对于普通圆柱蜗杆传动，在初步设计时，传动尺寸尚未定出，滑动速度 v_s 可按传递功率 P_1 由图 8-4-9 中初步选取。

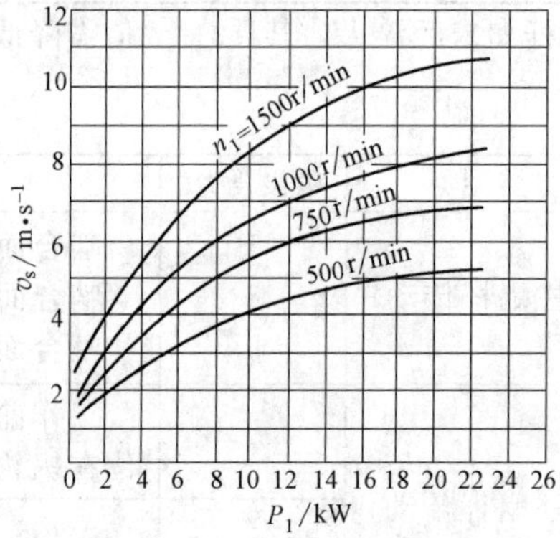

图 8-4-9　估计滑动速度曲线

蜗杆分度圆滑动速度

$$v_s=\frac{v_1}{\cos\gamma}=\frac{d_1n_1}{19100\cos\gamma}\ (\mathrm{m/s}) \tag{8-4-5}$$

蜗杆节圆滑动速度

$$v_s'=\frac{v_1'}{\cos\gamma'}=\frac{d_1'n_1}{19100\cos\gamma'}\ (\mathrm{m/s}) \tag{8-4-6}$$

式中　d_1，d_1'——蜗杆分度圆和节圆直径，mm；

γ，γ'——蜗杆分度圆和节圆导程角；

v_1，v_1'——蜗杆分度圆和节圆圆周速度，m/s；

n_1——蜗杆转速，r/min。

传动尺寸尚未定出时，传动效率 η 可按下列公式进行估算：

普通圆柱蜗杆传动 $\eta=(100-3.5\sqrt{i})/100$　　(8-4-7)

圆弧圆柱蜗杆传动 $\eta=(100-2.5\sqrt{i})/100$　　(8-4-8)

表 8-4-16　圆柱蜗杆传动的当量摩擦角 ρ_v

蜗杆材料	锡青铜				无锡青铜		灰铸铁			
蜗杆齿面硬度	≥45HRC		其他		≥45HRC		≥45HRC		其他	
滑动速度 $v_s/m \cdot s^{-1}$	普通圆柱蜗杆	圆弧圆柱蜗杆	普通圆柱蜗杆	圆弧圆柱蜗杆	普通圆柱蜗杆	圆弧圆柱蜗杆	普通圆柱蜗杆	圆弧圆柱蜗杆	普通圆柱蜗杆	圆弧圆柱蜗杆
0.01	6°17′	5°19′	6°51′	5°47′	10°12′	8°53′	10°12′	8°53′	10°45′	9°22′
0.05	5°09′	4°17′	5°43′	4°45′	7°58′	6°51′	7°58′	6°51′	9°05′	7°12′
0.1	4°34′	3°45′	5°09′	4°17′	7°24′	6°20′	7°24′	6°20′	7°58′	6°47′
0.25	3°43′	2°59′	4°17′	3°36′	5°43′	4°45′	5°43′	4°45′	6°51′	5°50′
0.5	3°09′	2°25′	3°43′	2°59′	5°09′	4°17′	5°09′	4°17′	5°43′	4°45′
1	2°35′	1°54′	3°09′	2°25′	4°00′	3°12′	4°00′	3°12′	5°09′	4°17′
1.5	2°17′	1°40′	2°52′	2°11′	3°43′	2°59′	3°43′	2°59′	4°34′	3°41′
2	2°00′	1°21′	2°35′	1°54′	3°09′	2°25′	3°09′	2°25′	4°00′	3°12′
2.5	1°43′	1°16′	2°17′	1°47′	2°52′	2°21′		2°21′		
3	1°36′	1°05′	2°00′	1°33′	2°35′	2°07′		2°07′		
4	1°22′	1°02′	1°47′	1°23′	2°17′	1°54′		1°54′		
5	1°16′	0°59′	1°40′	1°20′	2°00′	1°40′		1°40′		
8	1°02′	0°49′	1°29′	1°16′	1°43′	1°26′		1°26′		
10	0°55′	0°41′	1°22′	1°09′						
15	0°48′	0°38′	1°09′	0°59′						
20		0°35′								
24	0°45′									
25		0°31′								

注：1. 普通圆柱蜗杆螺旋表面粗糙度 R_a 为 1.6～0.4μm。

2. 圆弧圆柱蜗杆螺旋表面粗糙度 R_a 不大于 0.8μm，并经充分跑合，要求润滑条件良好。

3. 表中未列数值可用插入法求解。

4.6.2　散热计算

蜗杆传动的效率低，温升高，而温升过高有时还会破坏润滑，引起传动损坏。因此，对于连续工作的闭式传动，需要进行散热计算。要求传动装置在允许的温升范围内所能散出的热量折合为的功率 P_c 要大于或等于损耗的功率 P_s，即 $P_c \geqslant P_s$。

传动中损耗的功率：

$$P_s = 1000P_1(1-\eta)\ (\mathrm{W}) \tag{8-4-9}$$

式中　P_1——输入功率，kW。

自然通风条件下，箱体表面散出的热量折合功率：

$$P_c = kA(t_1 - t_2)\ (\mathrm{W}) \tag{8-4-10}$$

式中　k——箱体的表面传热系数，可取 $k=8.15\sim17.45\mathrm{W/(m^2 \cdot ℃)}$，当周围空气流通良好时，取偏大值；

A——传动装置散热的计算面积，m^2，按式（8-4-11）计算；

t_1——润滑油的工作温度，℃，对齿轮传动允许到 70℃，对蜗杆传动允许到 95℃；

t_2——周围空气的温度，常温下可取 $t_2=20℃$。

$$A = A_1 + 0.5A_2 \tag{8-4-11}$$

式中　A_1——内表面被油浸溅着而外表面又可为自然循环的空气所冷却的箱体表面积，m^2；

A_2——计算表面上的补强筋和凸座的表面以及装在金属底座或机械框架上的箱体底面积，m^2。

计算结果若不满足 $P_c \geqslant P_s$ 要求时，则可在箱体外壁上增加散热片或采用强制冷却的方法，如在蜗杆轴端装风扇或在油池内通蛇形冷却水管或采用循环润滑系统等，以加速散热。

4.7　圆柱蜗杆、蜗轮精度

4.7.1　适应范围

本节介绍的圆柱蜗杆、蜗轮精度主要是根据 GB/T 10089—2018 编写的，适用于轴交角 $\Sigma=90°$，最大模数 $m=40\mathrm{mm}$ 及最大分度圆直径 $d=2500\mathrm{mm}$ 的圆柱蜗杆蜗轮传动机构。由于在新标准中做了较大的改动与精简，缺少齿厚偏差、蜗杆副的中心距偏差和蜗杆副的侧隙等，为了方便设计查阅，保留部分1988年版的内容。

表 8-4-17　蜗杆、蜗轮的误差、传动误差和侧隙的定义和代号

名　称	代号	定　义
齿廓总偏差 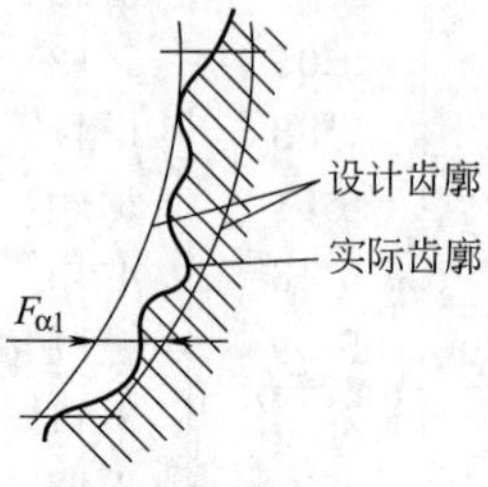 示例图 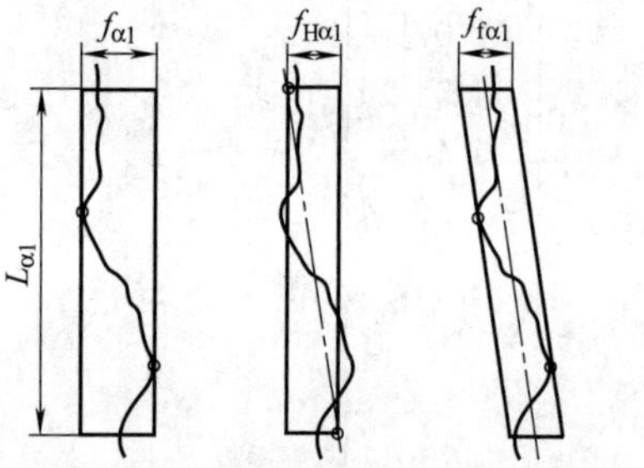 齿廓总偏差　齿廓倾斜偏差　齿廓形状偏差 计值范围 $L_{\alpha 1}$ 内的齿廓检验图	$F_{\alpha 1}$	在轴向截面的计值范围 $L_{\alpha 1}$（齿廓的工作范围）内，包括实际齿廓迹线的两条设计齿廓迹线间的轴向距离，示例见图。在齿廓检验图中，齿廓总偏差 $F_{\alpha 1}$ 为两个设计齿廓迹线之间的距离（垂直于设计齿廓迹线测量）
轴向齿距偏差	f_{px}	在蜗杆轴向截面内实际齿距和公称齿距之差
相邻轴向齿距偏差	f_{ux}	在蜗杆轴向截面内两相邻齿距之差
径向跳动偏差	F_{r1}	在蜗杆任意一转范围内，测头在齿槽内与齿高中部的齿面双面接触，其相对于蜗杆主导轴线的径向最大变动量
导程偏差	F_{pz}	蜗杆导程的实际尺寸和公称尺寸之差
单个齿距偏差	f_{p2}	在蜗轮公度圆上，实际齿距与公称齿距之差。用相对法测量时，公称齿距是指所有实际齿距的平均值 注：当实际齿距大于平均值时为正偏差，当实际齿距小于平衡值时为负偏差
齿距累积总偏差	F_{p2}	在蜗轮分度圆上，任意两个同侧齿面间的实际弧长与公称弧长之差的最大绝对值
相邻齿距偏差	f_{u2}	蜗轮右齿面或左齿面两个相邻齿距的实际尺寸之差
齿廓总偏差	$F_{\alpha 2}$	在轮齿给定截面的计算范围内，包括实际齿廓迹线的两条设计齿廓迹线间的距离
径向跳动偏差	F_{r2}	在蜗轮一转范围内，测头在靠近中间平面的槽内与齿高中部的齿面双面接触，其相对于蜗轮轴线的径向距离的最大变动量 注：径向跳动偏差是轮齿偏心以及由于右齿面和左齿面的齿距偏差而产生的齿槽宽的不均匀性和轮齿轴线相对于主导轴线的偏移量（偏心量）造成的

名　　称	代号	定　　义
单面啮合偏差 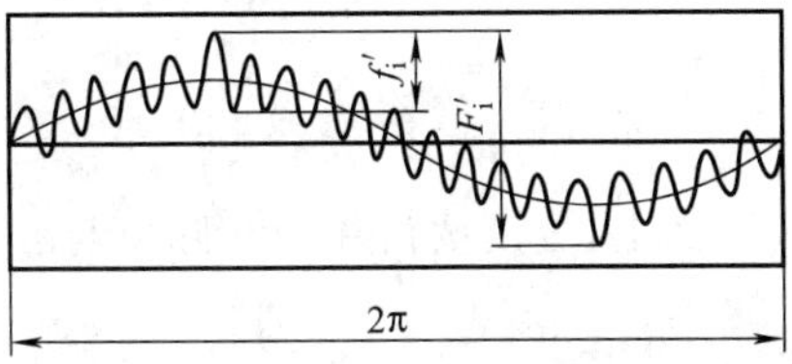 蜗轮旋转时单面啮合偏差 F_1' 和单面一齿啮合偏差 f_1' 注：单面啮合偏差 F_{i1}' 和 F_{i2}' 是用标准蜗轮或者标准蜗杆测量得到的，如果没有标准蜗轮和标准蜗杆，则使用配对的蜗杆蜗轮副，其单面啮合偏差为 F_{i12}'	F_i'	蜗轮实际旋转位置和理论旋转位置的波动。理论旋转位置是由蜗杆的旋转确定的。当旋转方向确定时（左侧齿面啮合或右侧齿面啮合），单面啮合偏差等于蜗轮旋转一周范围内相对于起始位置的最大偏差之和
单面一齿啮合偏差	f_i'	一个齿啮合过程中旋转位置的偏差 注：单面一齿啮合偏差 f_{i1}' 和 f_{i2}' 是用标准蜗轮或者标准蜗杆测量得到的，如果没有标准蜗轮和标准蜗杆，则使用配对的蜗杆副，其单面一齿啮合偏差为 f_{i12}'
蜗杆副的接触斑点 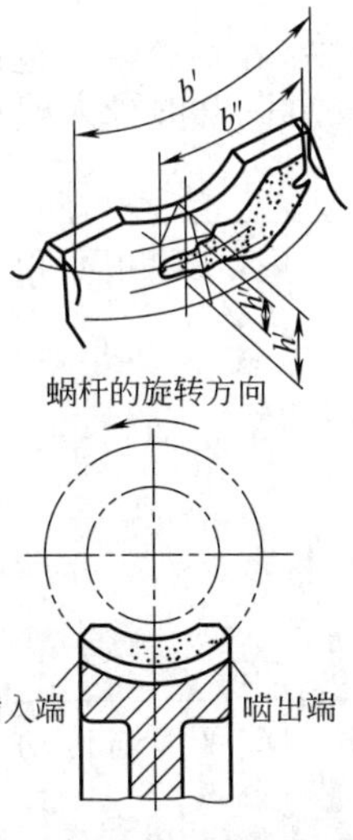 接触面积大小、形状和分布位置示意图		安装好的蜗杆副中，在轻微力的控制下，蜗杆与蜗轮啮合运转后，在蜗轮齿面上分布的接触痕迹
蜗杆齿厚偏差 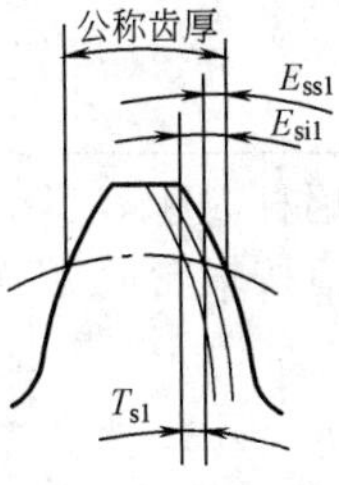	ΔE_{s1}	在蜗杆分度圆柱上，法向齿厚的实际值与公称值之差
蜗杆齿厚偏差允许值　上偏差	E_{ss1}	
蜗杆齿厚偏差允许值　下偏差	E_{si1}	
蜗杆齿厚公差	T_{s1}	

<table>
<tr><th>名　　称</th><th>代号</th><th>定　　义</th></tr>
<tr><td>蜗轮齿厚偏差
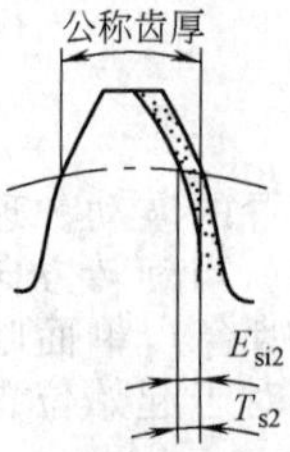
蜗轮齿厚偏差允许值　上偏差
　　　　　　　　　　下偏差
蜗轮齿厚公差</td><td>ΔE_{s2}

E_{ss2}
E_{si2}
T_{s2}</td><td>在蜗轮中间平面上，分度圆齿厚的实际值与公称值之差</td></tr>
<tr><td>蜗杆副的切向综合误差
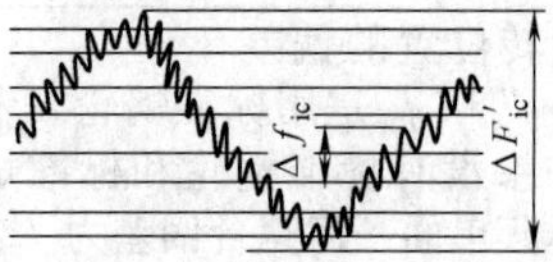
蜗杆副的切向综合公差</td><td>$\Delta F_{ic}'$

F_{ic}'</td><td>安装好的蜗杆副啮合转动时，在蜗轮和蜗杆相对位置变化的一个整周期内，蜗轮的实际转角与理论转角之差的总幅度值。以蜗轮分度圆弧长计</td></tr>
<tr><td>蜗杆副的一齿切向综合误差

蜗杆副的一齿切向综合公差</td><td>$\Delta f_{ic}'$

f_{ic}'</td><td>安装好的蜗杆副啮合转动时，在蜗轮一转范围内多次重复出现的周期性转角误差的最大幅度值。以蜗轮分度圆弧长计</td></tr>
<tr><td>蜗杆副的中心距偏差
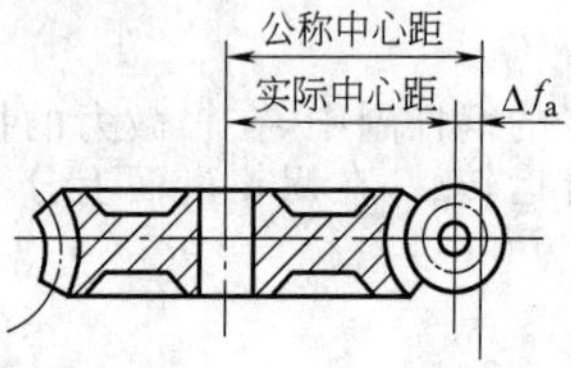
蜗杆副的中心距偏差允许值　上偏差
　　　　　　　　　　　　　下偏差</td><td>Δf_a

$+f_a$
$-f_a$</td><td>在安装好的蜗杆副中间平面内，实际中心距与公称中心距之差</td></tr>
<tr><td>蜗杆副的中间平面偏移
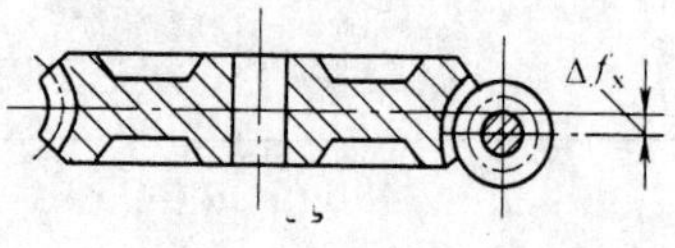
蜗杆副的中间平面偏差允许值　上偏差
　　　　　　　　　　　　　　下偏差</td><td>Δf_x

$+f_x$
$-f_x$</td><td>在安装好的蜗杆副中，蜗轮中间平面与传动中间平面之间的距离</td></tr>
<tr><td>蜗杆副的轴交角偏差
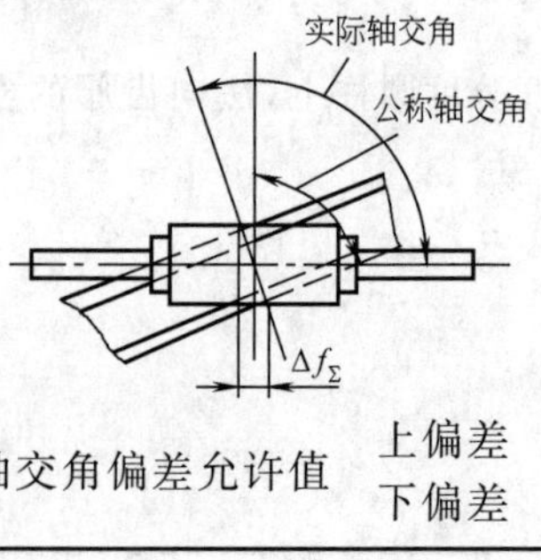
蜗杆副的轴交角偏差允许值　上偏差
　　　　　　　　　　　　　下偏差</td><td>Δf_Σ

$+f_\Sigma$
$-f_\Sigma$</td><td>在安装好的蜗杆副中，实际轴交角与公称轴交角之差。偏差值按蜗轮齿宽确定，以其线性值计</td></tr>
</table>

名称	代号	定义
蜗杆副的侧隙	j_t	在安装好的蜗杆副中，蜗杆固定不动时，蜗轮从工作齿面接触到非工作齿面接触所转过的分度圆弧长
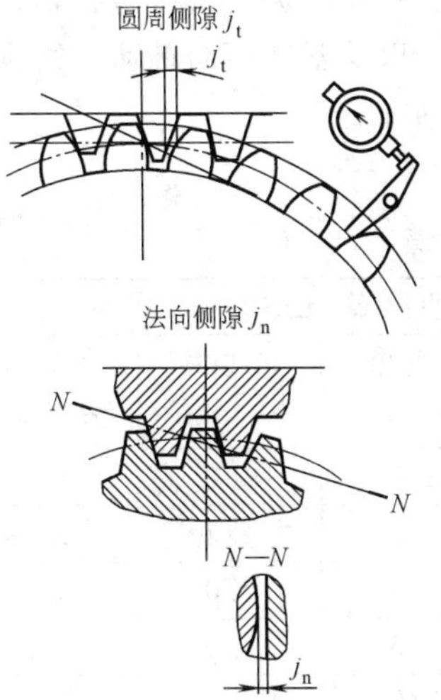	j_n	在安装好的蜗杆副中，蜗杆和蜗轮的工作齿面接触时，两非工作齿面间的最小距离
最小圆周侧隙	j_{tmin}	
最大圆周侧隙	j_{tmax}	
最小法向侧隙	j_{nmin}	
最大法向侧隙	j_{nmax}	

注：在确定接触痕迹长度时，应扣除超过模数值的断开部分。

4.7.2 精度等级

本标准对蜗杆蜗轮传动机构规定了 12 个精度等级；第 1 级的精度最高，第 12 级的精度最低。

根据使用要求不同，允许选用不同精度等级的偏差组合。

蜗杆和配对蜗轮的精度等级一般取成相同，也允许取成不相同。在硬度高的钢制蜗杆和材质较软的蜗轮组成的传动机构中，可选择比蜗轮精度等级高的蜗杆，在磨合期可使蜗轮的精度提高。例如蜗杆可以选择 8 级精度，蜗轮选择 9 级精度。

4.7.3 蜗杆传动的侧隙规定

（1）本标准按蜗杆传动的最小法向侧隙大小，将侧隙种类分为 8 种：a、b、c、d、e、f、g、h。以 a 为最大，由 a 至 h 逐次减小，h 为零，如图 8-4-10 所示。侧隙种类与精度等级无关。

（2）蜗杆传动的侧隙要求，应根据工作条件和使用要求用侧隙种类的代号（字母）表示。各种侧隙的最小法向侧隙 j_{nmin} 值按表 8-4-34 的规定。当超出表列范围时，可按表 8-4-40 选取。

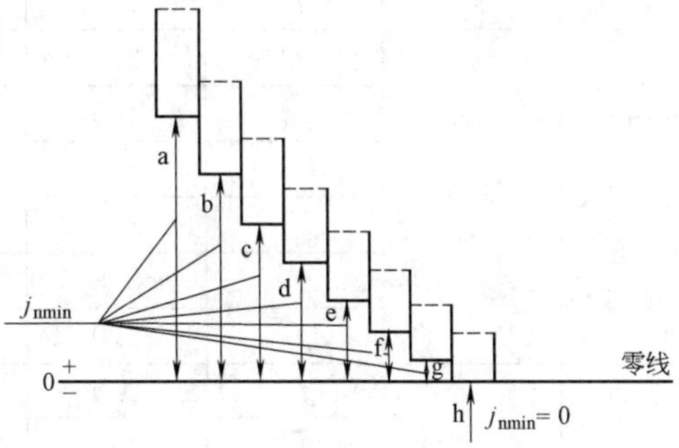

图 8-4-10 侧隙种类

对可调中心距传动或蜗杆、蜗轮不要求互换的传动，允许传动的侧隙规范用最小侧隙 j_{tmin}（或 j_{nimn}）和最大侧隙 j_{tmax}（或 j_{nmax}）来规定，具体由设计确定。

（3）传动的最小法向侧隙由蜗杆齿厚的减薄量来保证，即取蜗杆齿厚上偏差 $E_{ss1}=-(j_{nmin}/\cos\alpha_n+E_{s\Delta})$，齿厚下偏差 $E_{si1}=E_{ss1}-T_{s1}$，$E_{s\Delta}$ 为制造误差的补偿部分。其最大法向侧隙由蜗杆、蜗轮齿厚公差 T_{s1}、T_{s2} 确定。蜗轮齿厚上偏差 $E_{ss2}=0$，下偏差 $E_{si2}=-T_{s2}$。对各

精度等级的 T_{s1}、$E_{s\Delta}$ 和 T_{s2} 值分别按表 8-4-35、表 8-4-36、表 8-4-37 的规定。当超出表列范围时，可按表 8-4-38、表 8-4-40 计算。

对可调中心距传动或不要求互换的传动，其蜗轮的齿厚公差可不作规定，蜗杆齿厚的上、下偏差由设计确定。

（4）对各种侧隙种类的侧隙规范数值是蜗杆传动在20℃时的情况，未计入传动发热和传动弹性变形的影响。传动中心距的极限偏差 $\pm f_a$ 按表 8-4-41 的规定。

4.7.4 齿坯要求及公差

（1）蜗杆、蜗轮在加工、检验、安装时的径向、轴向基准面应尽可能一致，并应在相应的零件工作图上予以标注。

（2）蜗杆、蜗轮的齿坯公差包括轴、孔的尺寸、形状和位置公差，以及基准面的跳动。各项公差值可由表 8-4-41、表 8-4-42 查取。

表 8-4-18　1 级精度轮齿偏差的允许值　　/μm

模数 m (m_t,m_x) /mm	偏差		分度圆直径 d/mm						
	F_α		>10~50	>50~125	>125~280	>280~560	>560~1000	>1000~1600	>1600~2500
>0.5~2.0	1.5	f_u	1.5	1.5	2.0	2.0	2.0	2.5	2.5
		f_p	1.0	1.5	1.5	1.5	1.5	2.0	2.0
		F_{p2}	3.5	4.5	5.5	6.0	7.0	8.0	8.5
		F_r	2.5	3.0	3.0	3.5	4.0	4.5	5.0
		F_i'	4.0	4.5	5.5	6.0	7.0	7.5	8.0
		f_i'	2.0	2.0	2.0	2.0	2.0	2.5	2.5
>2.0~3.55	2.0	f_u	1.5	2.0	2.0	2.0	2.5	2.5	3.0
		f_p	1.5	1.5	1.5	1.5	2.0	2.0	2.0
		F_{p2}	4.0	5.0	6.0	7.5	8.0	9.0	10.0
		F_r	3.0	3.5	4.0	4.5	5.0	5.5	6.0
		F_i'	4.5	5.5	6.5	7.5	8.0	9.0	9.5
		f_i'	2.5	2.5	2.5	2.5	2.5	3.0	3.0
>3.55~6.0	2.5	f_u	2.0	2.0	2.0	2.5	2.5	2.5	3.0
		f_p	1.5	1.5	1.5	2.0	2.0	2.0	2.5
		F_{p2}	4.5	5.5	7.0	8.0	9.0	10.0	11.0
		F_r	3.5	4.0	4.5	5.0	6.0	6.5	7.0
		F_i'	5.5	6.5	7.5	8.0	9.0	10.0	11.0
		f_i'	3.0	3.0	3.0	3.0	3.0	3.5	3.5
>6.0~10	3.0	f_u	2.0	2.5	2.5	2.5	3.0	3.0	3.5
		f_p	2.0	2.0	2.0	2.0	2.0	2.5	2.5
		F_{p2}	4.5	6.0	7.5	8.5	9.5	11.0	11.0
		F_r	4.0	4.5	5.0	6.0	6.5	7.5	8.0
		F_i'	6.0	7.5	8.5	9.0	10.0	11.0	12.0
		f_i'	3.5	3.5	3.5	3.5	3.5	4.0	4.0
>10~16	4.0	f_u	3.0	3.0	3.0	3.0	3.5	3.5	4.0
		f_p	2.0	2.0	2.5	2.5	2.5	3.0	3.0
		F_{p2}	5.0	6.5	8.0	9.0	10.0	11.0	12.0
		F_r	4.5	5.0	6.0	7.0	7.5	8.0	9.0
		F_i'	7.5	8.5	9.5	10.0	11.0	12.0	13.0
		f_i'	4.5	4.5	4.5	4.5	4.5	5.0	5.0

模数 m (m_t,m_x) /mm	偏差		分度圆直径 d/mm						
	F_α		>10 ~50	>50 ~125	>125 ~280	>280 ~560	>560 ~1000	>1000 ~1600	>1600 ~2500
>16~25	5.0	f_u	3.5	3.5	3.5	4.0	4.0	4.5	4.5
		f_p	3.0	3.0	3.0	3.0	3.0	3.5	3.5
		F_{p2}	5.5	7.0	8.5	9.5	11.0	12.0	13.0
		F_r	5.0	6.0	7.0	7.5	8.5	9.0	9.5
		F_i'	8.5	9.0	11.0	12.0	13.0	14.0	15.0
		f_i'	5.5	5.5	5.5	5.5	5.5	6.0	6.0
>25~40	7.0	f_u	4.5	5.0	5.0	5.0	5.0	5.5	6.0
		f_p	3.5	4.0	4.0	4.0	4.0	4.5	4.5
		F_{p2}	5.5	7.5	9.0	10.0	12.0	13.0	14.0
		F_r	6.0	7.0	7.5	8.5	9.0	10.0	11.0
		F_i'	10.0	11.0	13.0	14.0	15.0	16.0	17.0
		f_i'	7.5	7.5	7.5	8.0	8.0	8.0	8.0

偏差 F_{pz}								
测量长度/mm		15	25	45	75	125	200	300
轴向模数 m_x/mm		>0.5~2	>2~3.55	>3.55~6	>6~10	>10~16	>16~25	>25~40
蜗杆头数 z_1	1	1.0	1.5	1.5	2.0	3.0	3.5	4.0
	2	1.5	1.5	2.0	2.5	3.5	4.0	5.0
	3 和 4	1.5	2.0	2.5	3.0	4.0	5.0	6.0
	5 和 6	1.5	2.0	3.0	3.5	4.5	5.5	7.0
	>6	2.0	2.5	3.5	4.0	5.5	7.0	8.0

表 8-4-19　2 级精度轮齿偏差的允许值 /μm

模数 m (m_t,m_x) /mm	偏差		分度圆直径 d/mm						
	F_α		>10 ~50	>50 ~125	>125 ~280	>280 ~560	>560 ~1000	>1000 ~1600	>1600 ~2500
>0.5~2.0	2.0	f_u	2.0	2.5	2.5	2.5	3.0	3.5	3.5
		f_p	1.5	2.0	2.0	2.0	2.5	2.5	3.0
		F_{p2}	4.5	6.0	7.5	8.5	10.0	11.0	12.0
		F_r	3.5	4.0	4.5	5.0	6.0	6.5	7.0
		F_i'	5.5	6.5	7.5	8.5	9.5	11.0	11.0
		f_i'	2.5	2.5	2.5	3.0	3.0	3.5	3.5
>2.0~3.55	2.5	f_u	2.5	2.5	2.5	3.0	3.5	3.5	4.0
		f_p	2.0	2.0	2.0	2.5	2.5	2.5	3.0
		F_{p2}	6.0	7.5	8.5	10.0	11.0	13.0	14.0
		F_r	4.0	5.0	6.0	6.5	7.5	8.0	8.5
		F_i'	6.5	8.0	9.0	10.0	11.0	12.0	13.0
		f_i'	3.5	3.5	3.5	3.5	3.5	4.0	4.0

续表

模数 m (m_t, m_x)/mm	偏差 F_α	偏差	分度圆直径 d/mm >10~50	>50~125	>125~280	>280~560	>560~1000	>1000~1600	>1600~2500
>3.55~6.0	3.5	f_u	2.5	2.5	3.0	3.5	3.5	3.5	4.0
		f_p	2.0	2.0	2.5	2.5	2.5	3.0	3.5
		F_{p2}	6.0	8.0	9.5	11.0	12.0	14.0	15.0
		F_r	4.5	6.0	6.5	7.5	8.5	9.0	10.0
		F_i'	7.5	9.0	10.0	11.0	13.0	14.0	15.0
		f_i'	4.0	4.0	4.0	4.5	4.5	4.5	4.5
>6.0~10	4.5	f_u	3.0	3.5	3.5	3.5	4.0	4.5	4.5
		f_p	2.5	2.5	2.5	3.0	3.0	3.5	3.5
		F_{p2}	6.5	8.5	10.0	12.0	13.0	15.0	16.0
		F_r	5.5	6.5	7.5	8.5	9.0	10.0	11.0
		F_i'	8.5	10.0	12.0	13.0	14.0	15.0	16.0
		f_i'	4.5	4.5	5.0	5.0	5.0	5.5	5.5
>10~16	6.0	f_u	4.0	4.0	4.0	4.5	4.5	5.0	5.5
		f_p	3.0	3.0	3.5	3.5	3.5	4.0	4.5
		F_{p2}	7.0	9.0	11.0	12.0	14.0	16.0	17.0
		F_r	6.0	7.5	8.5	9.5	10.0	11.0	12.0
		F_i'	10.0	12.0	13.0	15.0	16.0	17.0	19.0
		f_i'	6.0	6.0	6.5	6.5	6.5	7.0	7.5
>16~25	7.5	f_u	4.5	5.0	5.0	5.5	6.0	6.0	6.0
		f_p	4.0	4.0	4.0	4.5	4.5	4.5	5.0
		F_{p2}	7.5	10.0	12.0	13.0	15.0	17.0	19.0
		F_r	7.5	8.5	9.5	11.0	12.0	12.0	13.0
		F_i'	12.0	13.0	15.0	16.0	18.0	19.0	21.0
		f_i'	8.0	8.0	8.0	8.0	8.0	8.5	8.5
>25~40	10.0	f_u	6.5	7.0	7.0	7.5	7.5	7.5	8.0
		f_p	5.0	5.5	5.5	6.0	6.0	6.0	6.0
		F_{p2}	8.0	10.0	12.0	14.0	16.0	18.0	20.0
		F_r	8.5	9.5	11.0	12.0	13.0	14.0	15.0
		F_i'	14.0	16.0	18.0	19.0	21.0	22.0	24.0
		f_i'	11.0	11.0	11.0	11.0	11.0	11.0	11.0

偏差 F_{pz}								
测量长度/mm		15	25	45	75	125	200	300
轴向模数 m_x/mm		>0.5~2	>2~3.55	>3.55~6	>6~10	>10~16	>16~25	>25~40
蜗杆头数 z_1	1	1.5	2.0	2.5	3.0	4.0	4.5	6.0
	2	2.0	2.0	3.0	3.5	4.5	6.0	7.9
	3和4	2.0	2.5	3.5	4.5	5.5	7.0	8.5
	5和6	2.5	3.0	4.0	5.0	6.0	8.0	10.0
	>6	3.0	3.5	4.5	6.0	7.5	9.5	11.0

表 8-4-20　3 级精度轮齿偏差的允许值　/μm

模数 m (m_t, m_x) /mm	偏差		分度圆直径 d/mm						
	F_α		>10～50	>50～125	>125～280	>280～560	>560～1000	>1000～1600	>1600～2500
>0.5～2.0	3.0	f_u	3.0	3.5	3.5	4.0	4.0	4.5	5.0
		f_p	2.5	2.5	3.0	3.0	3.5	3.5	4.0
		F_{p2}	6.5	8.5	11.0	12.0	14.0	15.0	17.0
		F_r	4.5	5.5	6.0	7.0	8.0	9.0	9.5
		F_i'	7.5	9.0	11.0	12.0	13.0	15.0	16.0
		f_i'	3.5	4.0	4.0	4.0	4.5	4.5	5.0
>2.0～3.55	4.0	f_u	3.5	3.5	4.0	4.0	4.5	5.0	5.5
		f_p	2.5	3.0	3.0	3.5	3.5	4.0	4.5
		F_{p2}	8.0	10.0	12.0	14.0	16.0	18.0	19.0
		F_r	5.5	7.0	8.0	9.0	10.0	11.0	12.0
		F_i'	9.0	11.0	13.0	14.0	16.0	17.0	19.0
		f_i'	4.5	4.5	5.0	5.0	5.0	5.5	5.5
>3.55～6.0	5.0	f_u	4.0	4.0	4.0	4.5	5.0	5.0	5.5
		f_p	3.0	3.0	3.5	3.5	4.0	4.5	4.5
		F_{p2}	8.5	11.0	13.0	15.0	17.0	19.0	21.0
		F_r	6.5	8.0	9.0	10.0	12.0	13.0	14.0
		F_i'	11.0	13.0	14.0	16.0	18.0	19.0	21.0
		f_i'	5.5	5.5	5.5	6.0	6.0	6.5	6.5
>6.0～10	6.0	f_u	4.5	4.5	5.0	5.0	5.5	6.0	6.5
		f_p	3.5	3.5	4.0	4.0	4.5	4.5	5.0
		F_{p2}	9.0	12.0	14.0	16.0	18.0	21.0	22.0
		F_r	7.5	9.0	10.0	12.0	13.0	14.0	15.0
		F_i'	12.0	14.0	16.0	18.0	20.0	21.0	23.0
		f_i'	6.5	6.5	7.0	7.0	7.0	7.5	7.5
>10～16	8.0	f_u	5.5	5.5	5.5	6.0	6.5	7.0	7.5
		f_p	4.5	4.5	4.5	5.0	5.0	5.5	6.0
		F_{p2}	9.5	13.0	15.0	17.0	20.0	22.0	24.0
		F_r	8.5	10.0	12.0	13.0	14.0	16.0	17.0
		F_i'	14.0	17.0	19.0	20.0	22.0	24.0	26.0
		f_i'	8.5	8.5	9.0	9.0	9.0	9.5	10.0
>16～25	10.0	f_u	6.5	7.0	7.0	7.5	8.0	8.5	8.5
		f_p	5.5	5.5	5.5	6.0	6.0	6.5	7.0
		F_{p2}	11.0	14.0	16.0	19.0	21.0	23.0	26.0
		F_r	10.0	12.0	13.0	15.0	16.0	17.0	19.0
		F_i'	17.0	19.0	21.0	23.0	25.0	27.0	29.0
		f_i'	11.0	11.0	11.0	11.0	11.0	12.0	12.0

续表

模数 m (m_t, m_x) /mm	偏差		分度圆直径 d/mm						
	F_α		>10~50	>50~125	>125~280	>280~560	>560~1000	>1000~1600	>1600~2500
>25~40	14.0	f_u	9.0	9.5	9.5	10.0	10.0	11.0	11.0
		f_p	7.0	7.5	7.5	8.0	8.0	8.5	8.5
		F_{p2}	11.0	14.0	17.0	20.0	23.0	26.0	28.0
		F_r	12.0	13.0	15.0	16.0	18.0	19.0	21.0
		F_i'	20.0	22.0	25.0	27.0	29.0	31.0	33.0
		f_i'	15.0	15.0	15.0	15.0	15.0	16.0	16.0

偏差 F_{pz}

测量长度/mm		15	25	45	75	125	200	300
轴向模数 m_x/mm		>0.5~2	>2~3.55	>3.55~6	>6~10	>10~16	>16~25	>25~40
蜗杆头数 z_1	1	2.5	3.0	3.5	4.5	5.5	6.5	8.0
	2	2.5	3.0	4.0	5.0	6.5	8.0	9.5
	3 和 4	3.0	3.5	4.5	6.0	7.5	9.5	12.0
	5 和 6	3.5	4.5	5.5	7.0	8.5	11.0	14.0
	>6	4.5	5.0	6.5	8.0	11.0	13.0	16.0

表 8-4-21 4 级精度轮齿偏差的允许值 /μm

模数 m (m_t, m_x) /mm	偏差		分度圆直径 d/mm						
	F_α		>10~50	>50~125	>125~280	>280~560	>560~1000	>1000~1600	>1600~2500
>0.5~2.0	4.0	f_u	4.5	4.5	5.0	5.5	5.5	6.5	7.0
		f_p	3.0	3.5	4.0	4.5	4.5	5.0	5.5
		F_{p2}	9.5	12.0	15.0	17.0	19.0	21.0	24.0
		F_r	6.5	8.0	8.5	10.0	11.0	13.0	14.0
		F_i'	11.0	13.0	15.0	17.0	19.0	21.0	22.0
		f_i'	5.0	5.5	5.5	5.5	6.0	6.5	7.0
>2.0~3.55	5.5	f_u	4.5	5.0	5.5	5.5	6.5	7.0	8.0
		f_p	3.5	4.0	4.5	4.5	5.0	5.5	6.0
		F_{p2}	11.0	14.0	17.0	20.0	22.0	25.0	27.0
		F_r	8.0	10.0	11.0	13.0	14.0	16.0	17.0
		F_i'	13.0	16.0	18.0	20.0	22.0	24.0	26.0
		f_i'	6.5	6.5	7.0	7.0	7.0	8.0	8.0
>3.55~6.0	7.0	f_u	5.5	5.5	5.5	6.5	7.0	7.0	8.0
		f_p	4.5	4.5	4.5	5.0	5.5	6.0	6.5
		F_{p2}	12.0	16.0	19.0	21.0	24.0	27.0	29.0
		F_r	9.5	11.0	13.0	14.0	16.0	18.0	19.0
		F_i'	15.0	18.0	20.0	22.0	25.0	27.0	29.0
		f_i'	8.0	8.0	8.0	8.5	8.5	9.5	9.5

续表

模数 m (m_t,m_x) /mm	偏差		分度圆直径 d/mm						
	F_α		>10~50	>50~125	>125~280	>280~560	>560~1000	>1000~1600	>1600~2500
>6.0~10	8.5	f_u	6.0	6.5	7.0	7.0	8.0	8.5	9.5
		f_p	5.0	5.0	5.5	5.5	6.0	6.5	7.0
		F_{p2}	13.0	16.0	20.0	23.0	26.0	29.0	31.0
		F_r	11.0	13.0	14.0	16.0	18.0	20.0	21.0
		F_i'	17.0	20.0	23.0	25.0	28.0	30.0	32.0
		f_i'	9.5	9.5	10.0	10.0	10.0	11.0	11.0
>10~16	11.0	f_u	8.0	8.0	8.0	8.5	9.5	10.0	11.0
		f_p	6.0	6.0	6.5	7.0	7.0	8.0	8.5
		F_{p2}	14.0	18.0	21.0	24.0	28.0	31.0	34.0
		F_r	12.0	14.0	16.0	19.0	20.0	22.0	24.0
		F_i'	20.0	24.0	26.0	29.0	31.0	34.0	36.0
		f_i'	12.0	12.0	13.0	13.0	13.0	14.0	14.0
>16~25	14.0	f_u	9.5	10.0	10.0	11.0	11.0	12.0	12.0
		f_p	8.0	8.0	8.0	8.5	8.5	9.5	10.0
		F_{p2}	15.0	19.0	23.0	26.0	30.0	33.0	36.0
		F_r	14.0	16.0	19.0	21.0	23.0	24.0	26.0
		F_i'	24.0	26.0	29.0	32.0	35.0	38.0	41.0
		f_i'	16.0	16.0	16.0	16.0	16.0	16.0	17.0
>25~40	19.0	f_u	13.0	14.0	14.0	14.0	14.0	15.0	16.0
		f_p	10.0	11.0	11.0	11.0	11.0	12.0	12.0
		F_{p2}	16.0	20.0	24.0	28.0	32.0	36.0	39.0
		F_r	16.0	19.0	21.0	23.0	25.0	27.0	29.0
		F_i'	28.0	31.0	35.0	38.0	41.0	44.0	46.0
		f_i'	21.0	21.0	21.0	21.0	21.0	22.0	22.0

偏差 F_{pz}

测量长度/mm		15	25	45	75	125	200	300
轴向模数 m_x/mm		>0.5~2	>2~3.55	>3.55~6	>6~10	>10~16	>16~25	>25~40
蜗杆头数 z_1	1	3.0	4.0	4.5	6.0	8.0	9.5	11.0
	2	3.5	4.5	5.5	7.0	9.5	11.0	14.0
	3 和 4	4.0	5.0	6.5	8.5	11.0	14.0	16.0
	5 和 6	4.5	6.0	8.0	10.0	12.0	16.0	19.0
	>6	6.0	7.0	9.5	11.0	15.0	19.0	22.0

表 8-4-22　5级精度轮齿偏差的允许值　/μm

模数 m (m_t,m_x) /mm	偏差 F_α	偏差	分度圆直径 d/mm >10～50	>50～125	>125～280	>280～560	>560～1000	>1000～1600	>1600～2500
>0.5～2.0	5.5	f_u	6.0	6.5	7.0	7.5	8.0	9.0	10.0
		f_p	4.5	5.0	5.5	6.0	6.5	7.0	8.0
		F_{p2}	13.0	17.0	21.0	24.0	27.0	30.0	33.0
		F_r	9.0	11.0	12.0	14.0	16.0	18.0	19.0
		F_i'	15.0	18.0	21.0	24.0	26.0	29.0	31.0
		f_i'	7.0	7.5	7.5	8.0	8.5	9.0	9.5
>2.0～3.55	7.5	f_u	6.5	7.0	7.5	8.0	9.0	9.5	11.0
		f_p	5.0	5.5	6.0	6.5	7.0	7.5	8.5
		F_{p2}	16.0	20.0	24.0	28.0	31.0	35.0	38.0
		F_r	11.0	14.0	16.0	18.0	20.0	22.0	24.0
		F_i'	18.0	22.0	25.0	28.0	31.0	34.0	37.0
		f_i'	9.0	9.0	9.5	10.0	10.0	11.0	11.0
>3.55～6.0	9.5	f_u	7.5	7.5	8.0	9.0	9.5	10.0	11.0
		f_p	6.0	6.0	6.5	7.0	7.5	8.5	9.0
		F_{p2}	17.0	22.0	26.0	30.0	34.0	38.0	41.0
		F_r	13.0	16.0	18.0	20.0	23.0	25.0	27.0
		F_i'	21.0	25.0	28.0	31.0	35.0	38.0	41.0
		f_i'	11.0	11.0	11.0	12.0	12.0	13.0	13.0
>6.0～10	12.0	f_u	8.5	9.0	9.5	10.0	11.0	12.0	13.0
		f_p	7.0	7.0	7.5	8.0	8.5	9.0	10.0
		F_{p2}	18.0	23.0	28.0	32.0	36.0	41.0	44.0
		F_r	15.0	18.0	20.0	23.0	25.0	28.0	30.0
		F_i'	24.0	28.0	32.0	35.0	39.0	42.0	45.0
		f_i'	13.0	13.0	14.0	14.0	14.0	15.0	15.0
>10～16	16.0	f_u	11.0	11.0	11.0	12.0	13.0	14.0	15.0
		f_p	8.5	8.5	9.0	9.5	10.0	11.0	12.0
		F_{p2}	19.0	25.0	30.0	34.0	39.0	43.0	48.0
		F_r	17.0	20.0	23.0	26.0	28.0	31.0	34.0
		F_i'	28.0	33.0	37.0	40.0	44.0	48.0	51.0
		f_i'	17.0	17.0	18.0	18.0	18.0	19.0	20.0
>16～25	20.0	f_u	13.0	14.0	14.0	15.0	16.0	17.0	17.0
		f_p	11.0	11.0	11.0	12.0	12.0	13.0	14.0
		F_{p2}	21.0	27.0	32.0	37.0	42.0	46.0	51.0
		F_r	20.0	23.0	26.0	29.0	32.0	34.0	37.0
		F_i'	33.0	37.0	41.0	45.0	49.0	53.0	57.0
		f_i'	22.0	22.0	22.0	22.0	22.0	23.0	24.0

模数 m (m_t,m_x)/mm	偏差		分度圆直径 d/mm						
	F_α		>10～50	>50～125	>125～280	>280～560	>560～1000	>1000～1600	>1600～2500
>25～40	27.0	f_u	18.0	19.0	19.0	20.0	20.0	21.0	22.0
		f_p	14.0	15.0	15.0	16.0	16.0	17.0	17.0
		F_{p2}	22.0	28.0	34.0	39.0	45.0	50.0	54.0
		F_r	23.0	26.0	29.0	32.0	35.0	38.0	41.0
		F_i'	39.0	44.0	49.0	53.0	57.0	61.0	65.0
		f_i'	29.0	29.0	29.0	30.0	30.0	31.0	31.0

偏差 F_{pz}

测量长度/mm		15	25	45	75	125	200	300
轴向模数 m_x/mm		>0.5～2	>2～3.55	>3.55～6	>6～10	>10～16	>16～25	>25～40
蜗杆头数 z_1	1	4.5	5.5	6.5	8.5	11.0	13.0	16.0
	2	5.0	6.0	8.0	10.0	13.0	16.0	19.0
	3 和 4	5.5	7.0	9.0	12.0	15.0	19.0	23.0
	5 和 6	6.5	8.5	11.0	14.0	17.0	22.0	27.0
	>6	8.5	10.0	13.0	16.0	21.0	26.0	31.0

表 8-4-23　6 级精度轮齿偏差的允许值　/μm

模数 m (m_t,m_x)/mm	偏差		分度圆直径 d/mm						
	F_α		>10～50	>50～125	>125～280	>280～560	>560～1000	>1000～1600	>1600～2500
>0.5～2.0	7.5	f_u	8.5	9.0	10.0	11.0	11.0	13.0	14.0
		f_p	6.5	7.0	7.5	8.5	9.0	10.0	11.0
		F_{p2}	18.0	24.0	29.0	34.0	38.0	42.0	46.0
		F_r	13.0	15.0	17.0	20.0	22.0	25.0	27.0
		F_i'	21.0	25.0	29.0	34.0	36.0	41.0	43.0
		f_i'	10.0	11.0	11.0	11.0	12.0	13.0	13.0
>2.0～3.55	11.0	f_u	9.0	10.0	11.0	11.0	13.0	13.0	15.0
		f_p	7.0	7.5	8.5	9.0	10.0	11.0	12.0
		F_{p2}	22.0	28.0	34.0	39.0	43.0	49.0	53.0
		F_r	15.0	20.0	22.0	25.0	28.0	31.0	34.0
		F_i'	25.0	31.0	35.0	39.0	43.0	48.0	52.0
		f_i'	13.0	13.0	13.0	14.0	14.0	15.0	15.0
>3.55～6.0	13.0	f_u	11.0	11.0	11.0	13.0	13.0	14.0	15.0
		f_p	8.5	8.5	9.0	10.0	11.0	12.0	13.0
		F_{p2}	24.0	31.0	36.0	42.0	48.0	53.0	57.0
		F_r	18.0	22.0	25.0	28.0	32.0	35.0	38.0
		F_i'	29.0	35.0	39.0	43.0	49.0	53.0	57.0
		f_i'	15.0	15.0	15.0	17.0	17.0	18.0	18.0

续表

模数 m (m_t,m_x)/mm	偏差		分度圆直径 d/mm						
	F_α		>10～50	>50～125	>125～280	>280～560	>560～1000	>1000～1600	>1600～2500
>6.0～10	17.0	f_u	12.0	13.0	13.0	14.0	15.0	17.0	18.0
		f_p	10.0	10.0	11.0	11.0	12.0	13.0	14.0
		F_{p2}	25.0	32.0	39.0	45.0	50.0	57.0	62.0
		F_r	21.0	25.0	28.0	32.0	35.0	39.0	42.0
		F_i'	34.0	39.0	45.0	49.0	55.0	59.0	63.0
		f_i'	18.0	18.0	20.0	20.0	20.0	21.0	21.0
>10～16	22.0	f_u	15.0	15.0	15.0	17.0	18.0	20.0	21.0
		f_p	12.0	12.0	13.0	13.0	14.0	15.0	17.0
		F_{p2}	27.0	35.0	42.0	48.0	55.0	60.0	67.0
		F_r	24.0	28.0	32.0	36.0	39.0	43.0	48.0
		F_i'	39.0	46.0	52.0	56.0	62.0	67.0	71.0
		f_i'	24.0	24.0	25.0	25.0	25.0	27.0	28.0
>16～25	28.0	f_u	18.0	20.0	20.0	21.0	22.0	24.0	24.0
		f_p	15.0	15.0	15.0	17.0	17.0	18.0	20.0
		F_{p2}	29.0	38.0	45.0	52.0	59.0	64.0	71.0
		F_r	28.0	32.0	36.0	41.0	45.0	48.0	52.0
		F_i'	46.0	52.0	57.0	63.0	69.0	74.0	80.0
		f_i'	31.0	31.0	31.0	31.0	31.0	32.0	34.0
>25～40	38.0	f_u	25.0	27.0	27.0	28.0	28.0	29.0	31.0
		f_p	20.0	21.0	21.0	22.0	22.0	24.0	24.0
		F_{p2}	31.0	39.0	48.0	55.0	63.0	70.0	76.0
		F_r	32.0	36.0	41.0	45.0	49.0	53.0	57.0
		F_i'	55.0	62.0	69.0	74.0	80.0	85.0	91.0
		f_i'	41.0	41.0	41.0	42.0	42.0	43.0	43.0

偏差 F_{pz}

测量长度/mm		15	25	45	75	125	200	300
轴向模数 m_x/mm		>0.5～2	>2～3.55	>3.55～6	>6～10	>10～16	>16～25	>25～40
蜗杆头数 z_1	1	6.5	7.5	9.0	12.0	15.0	18.0	22.0
	2	7.0	8.5	11.0	14.0	18.0	22.0	27.0
	3 和 4	7.5	10.0	13.0	17.0	21.0	27.0	32.0
	5 和 6	9.0	12.0	15.0	20.0	24.0	31.0	38.0
	>6	12.0	14.0	18.0	22.0	29.0	36.0	43.0

表 8-4-24　7 级精度轮齿偏差的允许值　/μm

模数 m (m_t,m_x)/mm	偏差		分度圆直径 d/mm						
	F_α		>10～50	>50～125	>125～280	>280～560	>560～1000	>1000～1600	>1600～2500
>0.5～2.0	11.0	f_u	12.0	13.0	14.0	15.0	16.0	18.0	20.0
		f_p	9.0	10.0	11.0	12.0	13.0	14.0	16.0
		F_{p2}	25.0	33.0	41.0	47.0	53.0	59.0	65.0
		F_r	18.0	22.0	24.0	27.0	31.0	35.0	37.0
		F_i'	29.0	35.0	41.0	47.0	51.0	57.0	61.0
		f_i'	14.0	15.0	15.0	16.0	17.0	18.0	19.0
>2.0～3.55	15.0	f_u	13.0	14.0	15.0	16.0	18.0	19.0	22.0
		f_p	10.0	11.0	12.0	13.0	14.0	15.0	17.0
		F_{p2}	31.0	39.0	47.0	55.0	61.0	69.0	74.0
		F_r	22.0	27.0	31.0	35.0	39.0	43.0	47.0
		F_i'	35.0	43.0	49.0	55.0	61.0	67.0	73.0
		f_i'	18.0	18.0	19.0	20.0	20.0	22.0	22.0
>3.55～6.0	19.0	f_u	15.0	15.0	16.0	18.0	19.0	20.0	22.0
		f_p	12.0	12.0	13.0	14.0	15.0	17.0	18.0
		F_{p2}	33.0	43.0	51.0	59.0	67.0	74.0	80.0
		F_r	25.0	31.0	35.0	39.0	45.0	49.0	53.0
		F_i'	41.0	49.0	55.0	61.0	69.0	74.0	80.0
		f_i'	22.0	22.0	22.0	24.0	24.0	25.0	25.0
>6.0～10	24.0	f_u	17.0	18.0	19.0	20.0	22.0	24.0	25.0
		f_p	14.0	14.0	15.0	16.0	17.0	18.0	20.0
		F_{p2}	35.0	45.0	55.0	63.0	71.0	80.0	86.0
		F_r	29.0	35.0	39.0	45.0	49.0	55.0	59.0
		F_i'	47.0	55.0	63.0	69.0	76.0	82.0	88.0
		f_i'	25.0	25.0	27.0	27.0	27.0	29.0	29.0
>10～16	31.0	f_u	22.0	22.0	22.0	24.0	25.0	27.0	29.0
		f_p	17.0	17.0	18.0	19.0	20.0	22.0	24.0
		F_{p2}	37.0	49.0	59.0	67.0	76.0	84.0	94.0
		F_r	33.0	39.0	45.0	51.0	55.0	61.0	67.0
		F_i'	55.0	65.0	73.0	78.0	86.0	94.0	100.0
		f_i'	33.0	33.0	35.0	35.0	35.0	37.0	39.0
>16～25	39.0	f_u	25.0	27.0	27.0	29.0	31.0	33.0	33.0
		f_p	22.0	22.0	22.0	24.0	24.0	25.0	27.0
		F_{p2}	41.0	53.0	63.0	73.0	82.0	90.0	100.0
		F_r	39.0	45.0	51.0	57.0	63.0	67.0	73.0
		F_i'	65.0	73.0	80.0	88.0	96.0	104.0	112.0
		f_i'	43.0	43.0	43.0	43.0	43.0	45.0	47.0

续表

模数 m (m_t,m_x)/mm	偏差		分度圆直径 d/mm						
	F_α		>10~50	>50~125	>125~280	>280~560	>560~1000	>1000~1600	>1600~2500
>25~40	53.0	f_u	35.0	37.0	37.0	39.0	39.0	41.0	43.0
		f_p	27.0	29.0	29.0	31.0	31.0	33.0	33.0
		F_{p2}	43.0	55.0	67.0	76.0	88.0	98.0	106.0
		F_r	45.0	51.0	57.0	63.0	69.0	74.0	80.0
		F_i'	76.0	86.0	96.0	104.0	112.0	120.0	127.0
		f_i'	57.0	57.0	57.0	59.0	59.0	61.0	61.0

偏差 F_{pz}

测量长度/mm		15	25	45	75	125	200	300
轴向模数 m_x/mm		>0.5~2	>2~3.55	>3.55~6	>6~10	>10~16	>16~25	>25~40
蜗杆头数 z_1	1	9.0	11.0	13.0	17.0	22.0	25.0	31.0
	2	10.0	12.0	16.0	20.0	25.0	31.0	37.0
	3 和 4	11.0	14.0	18.0	24.0	29.0	37.0	45.0
	5 和 6	13.0	17.0	22.0	27.0	33.0	43.0	53.0
	>6	17.0	20.0	25.0	31.0	41.0	51.0	61.0

表 8-4-25 8 级精度轮齿偏差的允许值 /μm

模数 m (m_t,m_x)/mm	偏差		分度圆直径 d/mm						
	F_α		>10~50	>50~125	>125~280	>280~560	>560~1000	>1000~1600	>1600~2500
>0.5~2.0	15.0	f_u	16.0	18.0	19.0	21.0	22.0	25.0	27.0
		f_p	12.0	14.0	15.0	16.0	18.0	19.0	22.0
		F_{p2}	36.0	47.0	58.0	66.0	74.0	82.0	91.0
		F_r	25.0	30.0	33.0	38.0	44.0	49.0	52.0
		F_i'	41.0	49.0	58.0	66.0	71.0	80.0	85.0
		f_i'	19.0	21.0	21.0	22.0	23.0	25.0	26.0
>2.0~3.55	21.0	f_u	18.0	19.0	21.0	22.0	25.0	26.0	30.0
		f_p	14.0	15.0	16.0	18.0	19.0	21.0	23.0
		F_{p2}	44.0	55.0	66.0	77.0	85.0	96.0	104.0
		F_r	30.0	38.0	44.0	49.0	55.0	60.0	66.0
		F_i'	49.0	60.0	69.0	77.0	85.0	93.0	102.0
		f_i'	25.0	25.0	26.0	27.0	27.0	30.0	30.0
>3.55~6.0	26.0	f_u	21.0	21.0	22.0	25.0	26.0	27.0	30.0
		f_p	16.0	16.0	18.0	19.0	21.0	23.0	25.0
		F_{p2}	47.0	60.0	71.0	82.0	93.0	104.0	113.0
		F_r	36.0	44.0	49.0	55.0	63.0	69.0	74.0
		F_i'	58.0	69.0	77.0	85.0	96.0	104.0	113.0
		f_i'	30.0	30.0	30.0	33.0	33.0	36.0	36.0

模数 m (m_t,m_x)/mm	偏差 F_α		分度圆直径 d/mm >10~50	>50~125	>125~280	>280~560	>560~1000	>1000~1600	>1600~2500
>6.0~10	33.0	f_u	23.0	25.0	26.0	27.0	30.0	33.0	36.0
		f_p	19.0	19.0	21.0	22.0	23.0	25.0	27.0
		F_{p2}	49.0	63.0	77.0	88.0	99.0	113.0	121.0
		F_r	41.0	49.0	55.0	63.0	69.0	77.0	82.0
		F_i'	66.0	77.0	88.0	96.0	107.0	115.0	123.0
		f_i'	36.0	36.0	38.0	38.0	38.0	41.0	41.0
>10~16	44.0	f_u	30.0	30.0	30.0	33.0	36.0	38.0	41.0
		f_p	23.0	23.0	25.0	26.0	27.0	30.0	33.0
		F_{p2}	52.0	69.0	82.0	93.0	107.0	118.0	132.0
		F_r	47.0	55.0	63.0	71.0	77.0	85.0	93.0
		F_i'	77.0	91.0	102.0	110.0	121.0	132.0	140.0
		f_i'	47.0	47.0	49.0	49.0	49.0	52.0	55.0
>16~25	55.0	f_u	36.0	38.0	38.0	41.0	44.0	47.0	47.0
		f_p	30.0	30.0	30.0	33.0	33.0	36.0	38.0
		F_{p2}	58.0	74.0	88.0	102.0	115.0	126.0	140.0
		F_r	55.0	63.0	71.0	80.0	88.0	93.0	102.0
		F_i'	91.0	102.0	113.0	123.0	134.0	145.0	156.0
		f_i'	60.0	60.0	60.0	60.0	60.0	63.0	66.0
>25~40	74.0	f_u	49.0	52.0	52.0	55.0	55.0	58.0	60.0
		f_p	38.0	41.0	41.0	44.0	44.0	47.0	47.0
		F_{p2}	60.0	77.0	93.0	107.0	123.0	137.0	148.0
		F_r	63.0	71.0	80.0	88.0	96.0	104.0	113.0
		F_i'	107.0	121.0	134.0	145.0	156.0	167.0	178.0
		f_i'	80.0	80.0	80.0	82.0	82.0	85.0	85.0

偏差 F_{pz}

测量长度/mm		15	25	45	75	125	200	300
轴向模数 m_x/mm		>0.5~2	>2~3.55	>3.55~6	>6~10	>10~16	>16~25	>25~40
蜗杆头数 z_1	1	12.0	15.0	18.0	23.0	30.0	36.0	44.0
	2	14.0	16.0	22.0	27.0	36.0	44.0	52.0
	3 和 4	15.0	19.0	25.0	33.0	41.0	52.0	63.0
	5 和 6	18.0	23.0	30.0	38.0	47.0	60.0	74.0
	>6	23.0	27.0	36.0	44.0	58.0	71.0	85.0

表 8-4-26　9 级精度轮齿偏差的允许值　/μm

模数 m (m_t,m_x) /mm	偏差 F_α	偏差	>10~50	>50~125	>125~280	>280~560	>560~1000	>1000~1600	>1600~2500
			分度圆直径 d/mm						
>0.5~2.0	21.0	f_u	23.0	25.0	27.0	29.0	31.0	35.0	38.0
		f_p	17.0	19.0	21.0	23.0	25.0	27.0	31.0
		F_{p2}	50.0	65.0	81.0	92.0	104.0	115.0	127.0
		F_r	35.0	42.0	46.0	54.0	61.0	69.0	73.0
		F_i'	58.0	69.0	81.0	92.0	100.0	111.0	119.0
		f_i'	27.0	29.0	29.0	31.0	33.0	35.0	36.0
>2.0~3.55	29.0	f_u	25.0	27.0	29.0	31.0	35.0	36.0	42.0
		f_p	19.0	21.0	23.0	25.0	27.0	29.0	33.0
		F_{p2}	61.0	77.0	92.0	108.0	119.0	134.0	146.0
		F_r	42.0	54.0	61.0	69.0	77.0	85.0	92.0
		F_i'	69.0	85.0	96.0	108.0	119.0	131.0	142.0
		f_i'	35.0	35.0	36.0	38.0	38.0	42.0	42.0
>3.55~6.0	36.0	f_u	29.0	29.0	31.0	35.0	36.0	38.0	42.0
		f_p	23.0	23.0	25.0	27.0	29.0	33.0	35.0
		F_{p2}	65.0	85.0	100.0	115.0	131.0	146.0	158.0
		F_r	50.0	61.0	69.0	77.0	88.0	96.0	104.0
		F_i'	81.0	96.0	108.0	119.0	134.0	146.0	158.0
		f_i'	42.0	42.0	42.0	46.0	46.0	50.0	50.0
>6.0~10	46.0	f_u	33.0	35.0	36.0	38.0	42.0	46.0	50.0
		f_p	27.0	27.0	29.0	31.0	33.0	35.0	38.0
		F_{p2}	69.0	88.0	108.0	123.0	138.0	158.0	169.0
		F_r	58.0	69.0	77.0	88.0	96.0	108.0	115.0
		F_i'	92.0	108.0	123.0	134.0	150.0	161.0	173.0
		f_i'	50.0	50.0	54.0	54.0	54.0	58.0	58.0
>10~16	61.0	f_u	42.0	42.0	42.0	46.0	50.0	54.0	58.0
		f_p	33.0	33.0	35.0	36.0	38.0	42.0	46.0
		F_{p2}	73.0	96.0	115.0	131.0	150.0	165.0	184.0
		F_r	65.0	77.0	88.0	100.0	108.0	119.0	131.0
		F_i'	108.0	127.0	142.0	154.0	169.0	184.0	196.0
		f_i'	65.0	65.0	69.0	69.0	69.0	73.0	77.0
>16~25	77.0	f_u	50.0	54.0	54.0	58.0	61.0	65.0	65.0
		f_p	42.0	42.0	42.0	46.0	46.0	50.0	54.0
		F_{p2}	81.0	104.0	123.0	142.0	161.0	177.0	196.0
		F_r	77.0	88.0	100.0	111.0	123.0	131.0	142.0
		F_i'	127.0	142.0	158.0	173.0	188.0	204.0	219.0
		f_i'	85.0	85.0	85.0	85.0	85.0	88.0	92.0

续表

模数 m (m_t,m_x)/mm	偏差		分度圆直径 d/mm						
	F_α		>10~50	>50~125	>125~280	>280~560	>560~1000	>1000~1600	>1600~2500
>25~40	104.0	f_u	69.0	73.0	73.0	77.0	77.0	81.0	85.0
		f_p	54.0	58.0	58.0	61.0	61.0	65.0	65.0
		F_{p2}	85.0	108.0	131.0	150.0	173.0	192.0	207.0
		F_r	88.0	100.0	111.0	123.0	134.0	146.0	158.0
		F_i'	150.0	169.0	188.0	204.0	219.0	234.0	250.0
		f_i'	111.0	111.0	111.0	115.0	115.0	119.0	119.0

偏差 F_{pz}								
测量长度/mm		15	25	45	75	125	200	300
轴向模数 m_x/mm		>0.5~2	>2~3.55	>3.55~6	>6~10	>10~16	>16~25	>25~40
蜗杆头数 z_1	1	17.0	21.0	25.0	33.0	42.0	50.0	61.0
	2	19.0	23.0	31.0	38.0	50.0	61.0	73.0
	3 和 4	21.0	27.0	35.0	46.0	58.0	73.0	88.0
	5 和 6	25.0	33.0	42.0	54.0	65.0	85.0	104.0
	>6	33.0	38.0	50.0	61.0	81.0	100.0	119.0

表 8-4-27　10 级精度轮齿偏差的允许值 /μm

模数 m (m_t,m_x)/mm	偏差		分度圆直径 d/mm						
	F_α		>10~50	>50~125	>125~280	>280~560	>560~1000	>1000~1600	>1600~2500
>0.5~2.0	34.0	f_u	37.0	40.0	43.0	46.0	49.0	55.0	61.0
		f_p	28.0	31.0	34.0	37.0	40.0	43.0	49.0
		F_{p2}	80.0	104.0	129.0	148.0	166.0	184.0	203.0
		F_r	48.0	59.0	65.0	75.0	86.0	97.0	102.0
		F_i'	92.0	111.0	129.0	148.0	160.0	178.0	191.0
		f_i'	43.0	46.0	46.0	49.0	52.0	55.0	58.0
>2.0~3.55	46.0	f_u	40.0	43.0	46.0	49.0	55.0	58.0	68.0
		f_p	31.0	34.0	37.0	40.0	43.0	46.0	52.0
		F_{p2}	98.0	123.0	148.0	172.0	191.0	215.0	234.0
		F_r	59.0	75.0	86.0	97.0	108.0	118.0	129.0
		F_i'	111.0	135.0	154.0	172.0	191.0	209.0	227.0
		f_i'	55.0	55.0	58.0	61.0	61.0	68.0	68.0
>3.55~6.0	58.0	f_u	46.0	46.0	49.0	55.0	58.0	61.0	68.0
		f_p	37.0	37.0	40.0	43.0	46.0	52.0	55.0
		F_{p2}	104.0	135.0	160.0	184.0	209.0	234.0	252.0
		F_r	70.0	86.0	97.0	108.0	124.0	134.0	145.0
		F_i'	129.0	154.0	172.0	191.0	215.0	234.0	252.0
		f_i'	68.0	68.0	68.0	74.0	74.0	80.0	80.0

续表

模数 m (m_t, m_x) /mm	偏差		分度圆直径 d/mm						
	F_α		>10~50	>50~125	>125~280	>280~560	>560~1000	>1000~1600	>1600~2500
>6.0~10	74.0	f_u	52.0	55.0	58.0	61.0	68.0	74.0	80.0
		f_p	43.0	43.0	46.0	49.0	52.0	55.0	61.0
		F_{p2}	111.0	141.0	172.0	197.0	221.0	252.0	270.0
		F_r	81.0	97.0	108.0	124.0	134.0	151.0	161.0
		F_i'	148.0	172.0	197.0	215.0	240.0	258.0	277.0
		f_i'	80.0	80.0	86.0	86.0	86.0	92.0	92.0
>10~16	98.0	f_u	68.0	68.0	68.0	74.0	80.0	86.0	92.0
		f_p	52.0	52.0	55.0	58.0	61.0	68.0	74.0
		F_{p2}	117.0	154.0	184.0	209.0	240.0	264.0	295.0
		F_r	91.0	108.0	124.0	140.0	151.0	167.0	183.0
		F_i'	172.0	203.0	227.0	246.0	270.0	295.0	313.0
		f_i'	104.0	104.0	111.0	111.0	111.0	117.0	123.0
>16~25	123.0	f_u	80.0	86.0	86.0	92.0	98.0	104.0	104.0
		f_p	68.0	68.0	68.0	74.0	74.0	80.0	86.0
		F_{p2}	129.0	166.0	197.0	227.0	258.0	283.0	313.0
		F_r	108.0	124.0	140.0	156.0	172.0	183.0	199.0
		F_i'	203.0	227.0	252.0	277.0	301.0	326.0	350.0
		f_i'	135.0	135.0	135.0	135.0	135.0	141.0	148.0
>25~40	166.0	f_u	111.0	117.0	117.0	123.0	123.0	129.0	135.0
		f_p	86.0	92.0	92.0	98.0	98.0	104.0	104.0
		F_{p2}	135.0	172.0	209.0	240.0	277.0	307.0	332.0
		F_r	124.0	140.0	156.0	172.0	188.0	204.0	221.0
		F_i'	240.0	270.0	301.0	326.0	350.0	375.0	400.0
		f_i'	178.0	178.0	178.0	184.0	184.0	191.0	191.0

偏差 F_{pz}

测量长度/mm		15	25	45	75	125	200	300
轴向模数 m_x/mm		>0.5~2	>2~3.55	>3.55~6	>6~10	>10~16	>16~25	>25~40
蜗杆头数 z_1	1	28.0	34.0	40.0	52.0	68.0	80.0	98.0
	2	31.0	37.0	49.0	61.0	80.0	98.0	117.0
	3和4	34.0	43.0	55.0	74.0	92.0	117.0	141.0
	5和6	40.0	52.0	68.0	86.0	104.0	135.0	166.0
	>6	52.0	61.0	80.0	98.0	129.0	160.0	191.0

表 8-4-28　11 级精度轮齿偏差的允许值　/μm

模数 m (m_t,m_x) /mm	偏差		分度圆直径 d/mm						
	F_α		>10~50	>50~125	>125~280	>280~560	>560~1000	>1000~1600	>1600~2500
>0.5~2.0	54.0	f_u	59.0	64.0	69.0	74.0	79.0	89.0	98.0
		f_p	44.0	49.0	54.0	59.0	64.0	69.0	79.0
		F_{p2}	128.0	167.0	207.0	236.0	266.0	295.0	325.0
		F_r	68.0	83.0	90.0	105.0	120.0	136.0	143.0
		F_i'	148.0	177.0	207.0	236.0	256.0	285.0	305.0
		f_i'	69.0	74.0	74.0	79.0	84.0	89.0	93.0
>2.0~3.55	74.0	f_u	64.0	69.0	74.0	79.0	89.0	93.0	108.0
		f_p	49.0	54.0	59.0	64.0	69.0	74.0	84.0
		F_{p2}	157.0	197.0	236.0	275.0	305.0	344.0	374.0
		F_r	83.0	105.0	120.0	136.0	151.0	166.0	181.0
		F_i'	177.0	216.0	246.0	275.0	305.0	334.0	364.0
		f_i'	89.0	89.0	93.0	98.0	98.0	108.0	108.0
>3.55~6.0	93.0	f_u	74.0	74.0	79.0	89.0	93.0	98.0	108.0
		f_p	59.0	59.0	64.0	69.0	74.0	84.0	89.0
		F_{p2}	167.0	216.0	256.0	295.0	334.0	374.0	403.0
		F_r	98.0	120.0	136.0	151.0	173.0	188.0	203.0
		F_i'	207.0	246.0	275.0	305.0	344.0	374.0	403.0
		f_i'	108.0	108.0	108.0	118.0	118.0	128.0	128.0
>6.0~10	118.0	f_u	84.0	89.0	93.0	98.0	108.0	118.0	128.0
		f_p	69.0	69.0	74.0	79.0	84.0	89.0	98.0
		F_{p2}	177.0	226.0	275.0	315.0	354.0	403.0	433.0
		F_r	113.0	136.0	151.0	173.0	188.0	211.0	226.0
		F_i'	236.0	275.0	315.0	344.0	384.0	413.0	443.0
		f_i'	128.0	128.0	138.0	138.0	138.0	148.0	148.0
>10~16	157.0	f_u	108.0	108.0	108.0	118.0	128.0	138.0	148.0
		f_p	84.0	84.0	89.0	93.0	98.0	108.0	118.0
		F_{p2}	187.0	246.0	295.0	334.0	384.0	423.0	472.0
		F_r	128.0	151.0	173.0	196.0	211.0	233.0	256.0
		F_i'	275.0	325.0	364.0	393.0	433.0	472.0	502.0
		f_i'	167.0	167.0	177.0	177.0	177.0	187.0	197.0
>16~25	197.0	f_u	128.0	138.0	138.0	148.0	157.0	167.0	167.0
		f_p	108.0	108.0	108.0	118.0	118.0	128.0	138.0
		F_{p2}	207.0	266.0	315.0	364.0	413.0	452.0	502.0
		F_r	151.0	173.0	196.0	218.0	241.0	256.0	279.0
		F_i'	325.0	364.0	403.0	443.0	482.0	521.0	561.0
		f_i'	216.0	216.0	216.0	216.0	216.0	226.0	236.0

续表

模数 m (m_t, m_x) /mm	偏差		分度圆直径 d/mm						
	F_α		>10~50	>50~125	>125~280	>280~560	>560~1000	>1000~1600	>1600~2500
>25~40	266.0	f_u	177.0	187.0	187.0	197.0	197.0	207.0	216.0
		f_p	138.0	148.0	148.0	157.0	157.0	167.0	167.0
		F_{p2}	216.0	275.0	334.0	384.0	443.0	492.0	531.0
		F_r	173.0	196.0	218.0	241.0	264.0	286.0	309.0
		F_i'	384.0	433.0	482.0	521.0	561.0	600.0	639.0
		f_i'	285.0	285.0	285.0	295.0	295.0	305.0	305.0

偏差 F_{pz}								
测量长度/mm		15	25	45	75	125	200	300
轴向模数 m_x/mm		>0.5~2	>2~3.55	>3.55~6	>6~10	>10~16	>16~25	>25~40
蜗杆头数 z_1	1	44.0	54.0	64.0	84.0	108.0	128.0	157.0
	2	49.0	59.0	79.0	98.0	128.0	157.0	187.0
	3 和 4	54.0	69.0	89.0	118.0	148.0	187.0	226.0
	5 和 6	64.0	84.0	108.0	138.0	167.0	216.0	266.0
	>6	84.0	98.0	128.0	157.0	207.0	256.0	305.0

表 8-4-29　12 级精度轮齿偏差的允许值　/μm

模数 m (m_t, m_x) /mm	偏差		分度圆直径 d/mm						
	F_α		>10~50	>50~125	>125~280	>280~560	>560~1000	>1000~1600	>1600~2500
>0.5~2.0	87.0	f_u	94.0	102.0	110.0	118.0	126.0	142.0	157.0
		f_p	71.0	79.0	87.0	94.0	102.0	110.0	126.0
		F_{p2}	205.0	267.0	330.0	378.0	425.0	472.0	519.0
		F_r	95.0	116.0	126.0	148.0	169.0	190.0	200.0
		F_i'	236.0	283.0	330.0	378.0	409.0	456.0	488.0
		f_i'	110.0	118.0	118.0	126.0	134.0	142.0	149.0
>2.0~3.55	118.0	f_u	102.0	110.0	118.0	126.0	142.0	149.0	173.0
		f_p	79.0	87.0	94.0	102.0	110.0	118.0	134.0
		F_{p2}	252.0	315.0	378.0	441.0	488.0	551.0	598.0
		F_r	116.0	148.0	169.0	190.0	211.0	232.0	253.0
		F_i'	283.0	346.0	393.0	441.0	488.0	535.0	582.0
		f_i'	142.0	142.0	149.0	157.0	157.0	173.0	173.0
>3.55~6.0	149.0	f_u	118.0	118.0	126.0	142.0	149.0	157.0	173.0
		f_p	94.0	94.0	102.0	110.0	118.0	134.0	142.0
		F_{p2}	267.0	346.0	409.0	472.0	535.0	598.0	645.0
		F_r	137.0	169.0	190.0	211.0	242.0	264.0	285.0
		F_i'	330.0	393.0	441.0	488.0	551.0	598.0	645.0
		f_i'	173.0	173.0	173.0	189.0	189.0	205.0	205.0

续表

模数 m (m_t, m_x) /mm	偏差		分度圆直径 d/mm						
	F_α		>10~50	>50~125	>125~280	>280~560	>560~1000	>1000~1600	>1600~2500
>6.0~10	189.0	f_u	134.0	142.0	149.0	157.0	173.0	189.0	205.0
		f_p	110.0	110.0	118.0	126.0	134.0	142.0	157.0
		F_{p2}	283.0	362.0	441.0	504.0	566.0	645.0	692.0
		F_r	158.0	190.0	211.0	242.0	264.0	295.0	316.0
		F_i'	378.0	441.0	504.0	551.0	614.0	661.0	708.0
		f_i'	205.0	205.0	220.0	220.0	220.0	236.0	236.0
>10~16	252.0	f_u	173.0	173.0	173.0	189.0	205.0	220.0	236.0
		f_p	134.0	134.0	142.0	149.0	157.0	173.0	189.0
		F_{p2}	299.0	393.0	472.0	535.0	614.0	677.0	755.0
		F_r	179.0	211.0	242.0	274.0	295.0	327.0	358.0
		F_i'	441.0	519.0	582.0	629.0	692.0	755.0	802.0
		f_i'	267.0	267.0	283.0	283.0	283.0	299.0	315.0
>16~25	315.0	f_u	205.0	220.0	220.0	236.0	252.0	267.0	267.0
		f_p	173.0	173.0	173.0	189.0	189.0	205.0	220.0
		F_{p2}	330.0	425.0	504.0	582.0	661.0	724.0	802.0
		F_r	211.0	242.0	274.0	306.0	337.0	358.0	390.0
		F_i'	519.0	582.0	645.0	708.0	771.0	834.0	897.0
		f_i'	346.0	346.0	346.0	346.0	346.0	362.0	378.0
>25~40	425.0	f_u	283.0	299.0	299.0	315.0	315.0	330.0	346.0
		f_p	220.0	236.0	236.0	252.0	252.0	267.0	267.0
		F_{p2}	346.0	441.0	535.0	614.0	708.0	787.0	850.0
		F_r	242.0	274.0	306.0	337.0	369.0	401.0	432.0
		F_i'	614.0	692.0	771.0	834.0	897.0	960.0	1023.0
		f_i'	456.0	456.0	456.0	472.0	472.0	488.0	488.0

偏差 F_{pz}

测量长度/mm		15	25	45	75	125	200	300
轴向模数 m_x/mm		>0.5~2	>2~3.55	>3.55~6	>6~10	>10~16	>16~25	>25~40
蜗杆头数 z_1	1	71.0	87.0	102.0	134.0	173.0	205.0	252.0
	2	79.0	94.0	126.0	157.0	205.0	252.0	299.0
	3 和 4	87.0	110.0	142.0	189.0	236.0	299.0	362.0
	5 和 6	102.0	134.0	173.0	220.0	267.0	346.0	425.0
	>6	134.0	157.0	205.0	252.0	330.0	409.0	488.0

表 8-4-30 传动接触斑点的要求

精度等级	接触面积的百分比/%		接触形状	接触位置
	沿齿高不小于	沿齿长不小于		
1 和 2	75	70	接触斑点在齿高方向无断缺，不允许成带状条纹	接触斑点痕迹的分布位置趋近齿面中部，允许略偏于啮入端。在齿顶和啮入、啮出端的棱边处不允许接触
3 和 4	70	65		
5 和 6	65	60		
7 和 8	55	50	不作要求	接触斑点痕迹应偏于啮出端，但不允许在齿顶和啮入、啮出端的棱边接触
9 和 10	45	40		
11 和 12	30	30		

注：采用修形齿面的蜗杆传动，接触斑点的要求可不受本标准规定的限制。

表 8-4-31 传动中心距偏差允许值 $\pm f_a$ /μm

传动中心距 a /mm	精度等级											
	1	2	3	4	5	6	7	8	9	10	11	12
≤30	3	5	7	11	17		26		42		65	
>30～50	3.5	6	8	13	20		31		50		80	
>50～80	4	7	10	15	23		37		60		90	
>80～120	5	8	11	18	27		44		70		110	
>120～180	6	9	13	20	32		50		80		125	
>180～250	7	10	15	23	36		58		92		145	
>250～315	8	12	16	26	40		65		105		160	
>315～400	9	13	18	28	45		70		115		180	
>400～500	10	14	20	32	50		78		125		200	
>500～630	11	15	22	35	55		87		140		220	
>630～800	13	18	25	40	62		100		160		250	
>800～1000	15	20	28	45	70		115		180		280	
>1000～1250	17	23	33	52	82		130		210		330	
>1250～1600	20	27	39	62	97		155		250		390	
>1600～2000	24	32	46	75	115		185		300		460	
>2000～2500	29	39	55	87	140		220		350		550	

表 8-4-32 传动轴交角极限偏差 $\pm f_{\Sigma}$ 值 /μm

蜗轮齿宽 /mm	精度等级											
	1	2	3	4	5	6	7	8	9	10	11	12
≤30	—	—	5	6	8	10	12	17	24	34	48	67
>30～50	—	—	5.6	7.1	9	11	14	19	28	38	56	75
>50～80	—	—	6.5	8	10	13	16	22	32	45	63	90
>80～120	—	—	7.5	9	12	15	19	24	36	53	71	105
>120～180	—	—	9	11	14	17	22	28	42	60	85	120
>180～250	—	—	—	13	16	20	25	32	48	67	95	135
>250	—	—	—	—	—	22	28	36	53	75	105	150

表 8-4-33　传动中间平面偏差允许值 $\pm f_x$ 值　　/μm

传动中心距 a /mm	精度等级											
	1	2	3	4	5	6	7	8	9	10	11	12
≤30	—	—	5.6	9	14		21		34		52	
>30～50	—	—	6.5	10.5	16		25		40		64	
>50～80	—	—	8	12	18.5		30		48		72	
>80～120	—	—	9	14.5	22		36		56		88	
>120～180	—	—	10.5	16	27		40		64		100	
>180～250	—	—	12	18.5	29		47		74		120	
>250～315	—	—	13	21	32		52		85		130	
>315～400	—	—	14.5	23	36		56		92		145	
>400～500	—	—	16	26	40		63		100		160	
>500～630	—	—	18	28	44		70		112		180	
>630～800	—	—	20	32	50		80		130		200	
>800～1000	—	—	23	36	56		92		145		230	
>1000～1250	—	—	27	42	66		105		170		270	
>1250～1600	—	—	32	50	78		125		200		315	
>1600～2000	—	—	37	60	92		150		240		370	
>2000～2500	—	—	44	70	112		180		280		440	

表 8-4-34　传动的最小法向侧隙 j_{nmin} 值　　/μm

传动中心距 a /mm	侧隙种类							
	h	g	f	e	d	c	b	a
≤30	0	9	13	21	33	52	84	130
>30～50	0	11	16	25	39	62	100	160
>50～80	0	13	19	30	46	74	120	190
>80～120	0	15	22	35	54	87	140	220
>120～180	0	18	25	40	63	100	160	250
>180～250	0	20	29	46	72	115	185	290
>250～315	0	23	32	52	81	130	210	320
>315～400	0	25	36	57	89	140	230	360
>400～500	0	27	40	63	97	155	250	400
>500～630	0	30	44	70	110	175	280	440
>630～800	0	35	50	80	125	200	320	500
>800～1000	0	40	56	90	140	230	360	560
>1000～1250	0	46	66	105	165	260	420	660
>1250～1600	0	54	78	125	195	310	500	780
>1600～2000	0	65	92	150	230	370	600	920
>2000～2500	0	77	110	175	280	440	700	1100

注：传动的最小圆周侧隙 $j_{tmin} \approx j_{nmin}/(\cos\gamma' \cos\alpha_n)$（$\gamma'$ 为蜗杆节圆柱导程角；α_n 为蜗杆法向齿形角）。

表 8-4-35　蜗杆齿厚公差 T_{s1} 值　　/μm

模数 m /mm	精度等级											
	1	2	3	4	5	6	7	8	9	10	11	12
≥1～3.5	12	15	20	25	30	36	45	53	67	95	130	190
>3.5～6.3	15	20	25	32	38	45	56	71	90	130	180	240
>6.3～10	20	25	30	40	48	60	71	90	110	160	220	310
>10～16	25	30	40	50	60	80	95	120	150	210	290	400
>16～25	—	—	—	—	85	110	130	160	200	280	400	550

注：1. 精度等级按蜗杆第Ⅱ公差组确定。

2. 对传动最大法向侧隙 j_{nmax} 无要求时，允许蜗杆齿厚公差 T_{s1} 增大，最大不超过两倍。

表 8-4-36　蜗杆齿厚上偏差（E_{ss1}）中的误差补偿部分 $E_{s\Delta}$ 值

/μm

精度等级	模数 m /mm	传动中心距 a/mm															
		≤30	>30~50	>50~80	>80~120	>120~180	>180~250	>250~315	>315~400	>400~500	>500~630	>630~800	>800~1000	>1000~1250	>1250~1600	>1600~2000	>2000~2500
1	≥1~3.5	3.8	4.2	4.8	5.3	6.5	8.0	9.0	10	11	12	14	16	18	20	25	30
	>3.5~6.3	4.4	4.8	5.3	6.0	6.8	8.0	9.0	10	11	12	14	16	18	20	25	30
	>6.3~10	5.0	5.3	5.6	6.3	7.1	8.0	9.0	10	11	12	14	16	18	20	25	30
	>10~16	—	—	—	7.1	8.0	9.0	10	11	12	14	14	16	18	22	25	30
2	≥1~3.5	6.3	7.1	8.0	9.0	10	11	13	14	15	16	18	20	22	28	32	40
	>3.5~6.3	6.8	8.0	9.0	9.0	10	11	13	14	15	16	18	20	24	28	32	40
	>6.3~10	8.0	9.0	10	10	11	12	14	15	16	18	20	22	24	28	32	40
	>10~16	—	—	—	12	12	13	15	16	16	18	20	22	25	28	36	40
3	≥1~3.5	10	10	12	13	15	16	17	19	22	24	26	28	32	40	48	56
	>3.5~6.3	11	11	13	14	15	17	18	20	22	24	26	30	36	40	48	56
	>6.3~10	12	13	14	15	16	18	19	20	22	24	28	30	36	40	48	56
	>10~16	—	—	—	17	18	20	20	22	24	25	28	32	36	40	48	58
4	≥1~3.5	15	16	18	20	22	25	28	30	32	36	40	46	53	63	75	90
	>3.5~6.3	16	18	19	22	24	26	30	32	36	38	42	48	56	63	75	90
	>6.3~10	19	20	22	24	25	28	30	32	36	38	45	50	56	65	80	90
	>10~16	—	—	—	28	30	32	32	36	38	40	45	50	56	65	80	90
5	≥1~3.5	25	25	28	32	36	40	45	48	51	56	63	71	85	100	115	140
	>3.5~6.3	28	28	30	36	38	40	45	50	53	58	65	75	85	100	120	140
	>6.3~10	—	—	—	38	40	45	48	50	56	60	68	75	85	100	120	145
	>10~16	—	—	—	—	45	48	50	56	60	65	71	80	90	105	120	145
6	≥1~3.5	30	30	32	36	40	45	48	50	56	60	65	75	85	100	120	140
	>3.5~6.3	32	36	38	40	45	48	50	56	60	63	70	75	90	100	120	140
	>6.3~10	42	45	45	48	50	52	56	60	63	68	75	80	90	105	120	145
	>10~16	—	—	—	58	60	63	65	68	71	75	80	85	95	110	125	150
	>16~25	—	—	—	—	75	78	80	85	85	90	95	100	110	120	135	160
7	≥1~3.5	45	48	50	56	60	71	75	80	85	95	105	120	135	160	190	225
	>3.5~6.3	50	56	58	63	68	75	80	85	90	100	110	125	140	160	190	225
	>6.3~10	60	63	65	71	75	80	85	90	95	105	115	130	140	165	195	225
	>10~16	—	—	—	80	85	90	95	100	105	110	125	135	150	170	200	230
	>16~25	—	—	—	—	115	120	120	125	130	135	145	155	165	185	210	240

续表

精度等级	模数 m /mm	传动中心距 a/mm															
		≤30	>30 ~50	>50 ~80	>80 ~120	>120 ~180	>180 ~250	>250 ~315	>315 ~400	>400 ~500	>500 ~630	>630 ~800	>800 ~1000	>1000 ~1250	>1250 ~1600	>1600 ~2000	>2000 ~2500
8	≥1~3.5	50	56	58	63	68	75	80	85	90	100	110	125	140	160	190	225
	>3.5~6.3	68	71	75	78	80	85	90	95	100	110	120	130	145	170	195	230
	>6.3~10	80	85	90	90	95	100	100	105	110	120	130	140	150	175	200	235
	>10~16	—	—	—	110	115	115	120	125	130	135	140	155	165	185	210	240
	>16~25	—	—	—	—	150	155	155	160	160	170	175	180	190	210	230	260
9	≥1~3.5	75	80	90	95	100	110	120	130	140	155	170	190	220	260	310	360
	>3.5~6.3	90	95	100	105	110	120	130	140	150	160	180	200	225	260	310	360
	>6.3~10	110	115	120	125	130	140	145	155	160	170	190	210	235	270	320	370
	>10~16	—	—	—	160	165	170	180	185	190	200	220	230	255	290	335	380
	>16~25	—	—	—	—	215	220	225	230	235	245	255	270	290	320	360	400
10	≥1~3.5	100	105	110	115	120	130	140	145	155	165	185	200	230	270	310	360
	>3.5~6.3	120	125	130	135	140	145	155	160	170	180	200	210	240	280	320	370
	>6.3~10	155	160	165	170	175	180	185	190	200	205	220	240	260	290	340	380
	>10~16	—	—	—	210	215	220	225	230	235	240	260	270	290	320	360	400
	>16~25	—	—	—	—	280	285	290	295	300	305	310	320	340	370	400	440
11	≥1~3.5	140	150	160	170	180	190	200	220	240	250	280	310	350	410	480	560
	>3.5~6.3	180	185	190	200	210	220	230	250	260	280	300	330	370	420	490	570
	>6.3~10	220	230	230	240	250	260	270	280	290	310	330	350	390	440	510	590
	>10~16	—	—	—	290	300	310	310	320	340	350	370	390	430	470	530	610
	>16~25	—	—	—	—	400	410	410	420	430	440	450	470	500	540	600	670
12	≥1~3.5	190	190	200	210	220	230	240	250	270	280	310	330	370	430	490	580
	>3.5~6.3	250	250	250	260	270	280	290	300	310	320	340	370	410	460	520	600
	>6.3~10	290	300	300	310	310	320	330	340	350	360	380	400	440	480	540	620
	>10~16	—	—	—	400	400	410	410	420	430	440	450	470	500	540	600	670
	>16~25	—	—	—	—	520	530	530	540	540	550	560	580	600	640	680	750

注：精度等级按蜗杆的第Ⅱ公差组确定。

表 8-4-37　蜗轮齿厚公差 T_{s2} 值　　/μm

分度圆直径 d_2/mm	模数 m /mm	精度等级											
		1	2	3	4	5	6	7	8	9	10	11	12
≤125	≥1～3.5	30	32	36	45	56	71	90	110	130	160	190	230
	>3.5～6.3	32	36	40	48	63	85	110	130	160	190	230	290
	>6.3～10	32	36	45	50	67	90	120	140	170	210	260	320
>125～400	≥1～3.5	30	32	38	48	60	80	100	120	140	170	210	260
	>3.5～6.3	32	36	45	50	67	90	120	140	170	210	260	320
	>6.3～10	32	36	45	56	71	100	130	160	190	230	290	350
	>10～16	—	—	—	—	80	110	140	170	210	260	320	390
	>16～25	—	—	—	—	—	130	170	210	260	320	390	470
>400～800	≥1～3.5	32	36	40	48	63	85	110	130	160	190	230	290
	>3.5～6.3	32	36	45	50	67	90	120	140	170	210	260	320
	>6.3～10	32	36	45	56	71	100	130	160	190	230	290	350
	>10～16	—	—	—	—	85	120	160	190	230	290	350	430
	>16～25	—	—	—	—	—	140	190	230	290	350	430	550
>800～1600	≥1～3.5	32	36	45	50	67	90	120	140	170	210	260	320
	>3.5～6.3	32	36	45	56	71	100	130	160	190	230	290	350
	>6.3～10	32	36	48	60	80	110	140	170	210	260	320	390
	>10～16	—	—	—	—	85	120	160	190	230	290	350	430
	>16～25	—	—	—	—	—	140	190	230	290	350	430	550
>1600～2500	≥1～3.5	32	36	45	56	71	100	130	160	190	230	290	350
	>3.5～6.3	32	38	48	60	80	110	140	170	210	260	320	390
	>6.3～10	36	40	50	63	85	120	160	190	230	290	350	430
	>10～16	—	—	—	—	90	130	170	210	260	320	390	490
	>16～25	—	—	—	—	—	160	210	260	320	390	490	610
>2500～4000	≥1～3.5	32	38	48	60	80	110	140	170	210	260	320	390
	>3.5～6.3	36	40	50	63	85	120	160	190	230	290	350	430
	>6.3～10	36	45	53	67	90	130	170	210	260	320	390	490
	>10～16	—	—	—	—	100	140	190	230	290	350	430	550
	>16～25	—	—	—	—	—	160	210	260	320	390	490	610

注：1. 精度等级按蜗轮第Ⅱ公差组确定。

2. 在最小法向侧隙能保证的条件下，T_{s2} 公差带允许采用对称分布。

表 8-4-38　偏差允许值和公差与蜗杆几何参数的关系式

精度等级	f_h		f_{hL}		$\pm f_{px}$		f_{pxL}		f_r		f_{f1}		T_{s1}	
	$f_h=Am+C$		$f_{hL}=Am+C$		$f_{px}=Am+C$		$f_{pxL}=Am+C$		$f_r=Ad_1+C$		$f_{f1}=Am+C$		$T_{s1}=Am+C$	
	A	C	A	C	A	C	A	C	A	C	A	C	A	C
1	0.11	0.8	0.22	1.64	0.08	0.56	0.132	1.02	0.005	1.0	0.13	0.8	1.23	8.9
2	0.18	1.32	0.364	2.62	0.12	0.92	0.212	1.63	0.007	1.52	0.21	1.33	1.5	11.1
3	0.284	2.09	0.575	4.15	0.19	1.45	0.335	2.55	0.011	2.4	0.34	2.1	1.9	13.9
4	0.45	3.3	0.91	6.56	0.3	2.28	0.53	4.03	0.018	3.8	0.53	3.3	2.4	17.3
5	0.72	5.2	1.44	10.4	0.48	3.6	0.84	6.38	0.028	6.0	0.84	5.2	3.0	21.6

续表

精度等级	f_h		f_{hL}		$\pm f_{px}$		f_{pxL}		f_r		f_{f1}		T_{s1}	
	$f_h=Am+C$		$f_{hL}=Am+C$		$f_{px}=Am+C$		$f_{pxL}=Am+C$		$f_r=Ad_1+C$		$f_{f1}=Am+C$		$T_{s1}=Am+C$	
	A	C	A	C	A	C	A	C	A	C	A	C	A	C
6	1.14	8.2	2.28	16.5	0.76	5.7	1.33	10.1	0.044	9.5	1.33	8.2	3.8	27
7	1.6	11.5	3.2	23.1	1.08	8.2	1.88	14.3	0.063	13.4	1.88	11.8	4.7	33.8
8	—	—	—	—	1.51	11.4	2.64	20	0.088	18.8	2.64	16.3	5.9	42.2
9	—	—	—	—	2.1	16	3.8	28	0.124	26.4	3.69	22.8	7.3	52.8
10	—	—	—	—	3.0	22.4	—	—	0.172	36.9	5.2	32	10.2	73.8
11	—	—	—	—	4.2	31	—	—	0.24	52	7.24	44.8	14.4	103.4
12	—	—	—	—	5.8	44	—	—	0.34	72	10.2	63	20.1	144.7

注：m 为蜗杆轴向模数（mm）；d_1 为蜗杆分度圆直径（mm）。

表 8-4-39　偏差允许值和公差与蜗轮几何参数的关系式

精度等级	F_p(或 F_{pk})		F_r		F_i''		$\pm f_{pt}$		f_i''		f_{f2}		$\pm f_\Sigma$	
	$F_p=B\sqrt{L}+C$		$F_r=Am+B\sqrt{d_2}+C$　$B=0.25A$		$F_i''=Am+B\sqrt{d_2}+C$　$B=0.25A$		$f_{pt}=Am+B\sqrt{d_2}+C$　$B=0.25A$		$f_i''=Am+B\sqrt{d_2}+C$　$B=0.25A$		$f_{f2}=Am+B\sqrt{d_2}+C$　$B=0.0125A$		$f_\Sigma=B\sqrt{b_2}+C$	
	B	C	A	C	A	C	A	C	A	C	A	C	B	C
1	0.25	0.63	0.224	2.8	—	—	0.063	0.8	—	—	0.063	2	—	—
2	0.4	1	0.355	4.5	—	—	0.1	1.25	—	—	0.1	2.5	—	—
3	0.63	1.6	0.56	7.1	—	—	0.16	2	—	—	0.16	3.15	0.5	2.5
4	1	2.5	0.9	11.2	—	—	0.25	3.15	—	—	0.25	4	0.63	3.2
5	1.6	4	1.4	18	—	—	0.4	5	—	—	0.4	5	0.8	4
6	2.5	6.3	2.24	28	—	—	0.63	8	—	—	0.63	6.3	1	5
7	3.55	9	3.15	40	4.5	56	0.9	11.2	1.25	16	1	8	1.25	6.3
8	5	12.5	4	50	5.6	71	1.25	16	1.8	22.4	1.6	10	1.8	8
9	7.1	18	5	63	7.1	90	1.8	22.4	2.24	28	2.5	16	2.5	11.2
10	10	25	6.3	80	9	112	2.5	31.5	2.8	35.5	4	25	3.55	16
11	14	35.5	8	100	11.2	140	3.55	45	3.55	45	6.3	40	5	22.4
12	20	50	10	125	14	180	5	63	4.5	56	10	63	7.1	31.5

注：1. m 为模数（mm）；d_2 为蜗轮分度圆直径（mm）；L 为蜗轮分度圆弧长（mm）；b_2 为蜗轮齿宽（mm）。
2. $d_2 \leqslant 400$mm 的 F_r、F_i''公差按表中所列关系式再乘以 0.8 确定。

表 8-4-40　偏差允许值或公差间的相关关系式

代号	精度等级											
	1	2	3	4	5	6	7	8	9	10	11	12
f_a	$\frac{1}{2}$IT4	$\frac{1}{2}$IT5	$\frac{1}{2}$IT6	$\frac{1}{2}$IT7	$\frac{1}{2}$IT8		$\frac{1}{2}$IT9		$\frac{1}{2}$IT10		$\frac{1}{2}$IT11	
f_x	$0.8f_a$											
f_{nmin}	h(0),g(IT5),f(IT6),e(IT7),d(IT8),c(IT9),b(IT10),a(IT11)											

续表

代号	精度等级											
	1	2	3	4	5	6	7	8	9	10	11	12
j_{nmax}	$(\lvert E_{ss1}\rvert + T_{s1} + T_{s2}\cos\gamma')\cos\alpha_n + 2\sin\alpha_n\sqrt{\frac{1}{4}F_r^2 + f_a^2}$											
j_t	$\approx (j_n/\cos\gamma')\cos\alpha_n$											
E_{ss1}	$-(j_{nmin}/\cos\alpha_n + E_{s\Delta})$											
$E_{s\Delta}$	$\sqrt{f_a^2 + 10f_{px}^2}$											
T_{s2}	$1.3F_r + 25$											

注：γ'为蜗杆节圆柱导程角；α_n为蜗杆法向齿形角；IT 为标准公差，按 GB/T 1800 的规定确定。

表 8-4-41　蜗杆、蜗轮齿坯尺寸和形状公差

精度等级		1	2	3	4	5	6	7	8	9	10	11	12
孔	尺寸公差	IT4	IT4	IT4		IT5	IT6	IT7		IT8		IT8	
	形状公差	IT1	IT2	IT3		IT4	IT5	IT6		IT7		—	
轴	尺寸公差	IT4	IT4	IT4		IT5		IT6		IT7		IT8	
	形状公差	IT1	IT2	IT3		IT4		IT5		IT6		—	
齿顶圆直径公差		IT6		IT7			IT8			IT9		IT11	

注：1. 当三个公差组的精度等级不同时，按最高精度等级确定公差。
2. 当齿顶圆不作测量齿厚基准时，尺寸公差按 IT11 确定，但不得大于 0.1mm。
3. IT 为标准公差，按 GB/T 1800 的规定确定。

表 8-4-42　蜗杆、蜗轮齿坯基准面径向和端面圆跳动公差　/μm

基准面直径 d /mm	精度等级					
	1～2	3～4	5～6	7～8	9～10	11～12
≤31.5	1.2	2.8	4.0	7.0	10	10
>31.5～63	1.6	4.0	6.0	10	16	16
>63～125	2.2	5.5	8.5	14	22	22
>125～400	2.8	7.0	11	18	28	28
>400～800	3.6	9.0	14	22	36	36
>800～1600	5.0	12	20	32	50	50
>1600～2500	7.0	18	28	45	71	71
>2500～4000	10	25	40	63	100	100

注：1. 当三个公差组的精度等级不同时，按最高精度等级确定公差。
2. 当以齿顶圆作为测量基准时，也即为蜗杆、蜗轮的齿坯基准面。

4.8　蜗杆、蜗轮的结构及材料

4.8.1　蜗杆、蜗轮的结构

蜗杆一般与轴制成一体（见图 8-4-11），只在个别情况下（$d_{f1}/d \geqslant 1.7$ 时）才采用蜗杆齿圈配合于轴上。车制的蜗杆，轴径 $d = d_{f1} - (2\sim4)$mm［见图 8-4-11(a)］；铣制的蜗杆，轴径 d 可大于 d_{f1}［见图 8-4-11(b)］。

蜗杆螺纹部分的长度见表 8-4-43；蜗轮的典型结构列于表 8-4-44。

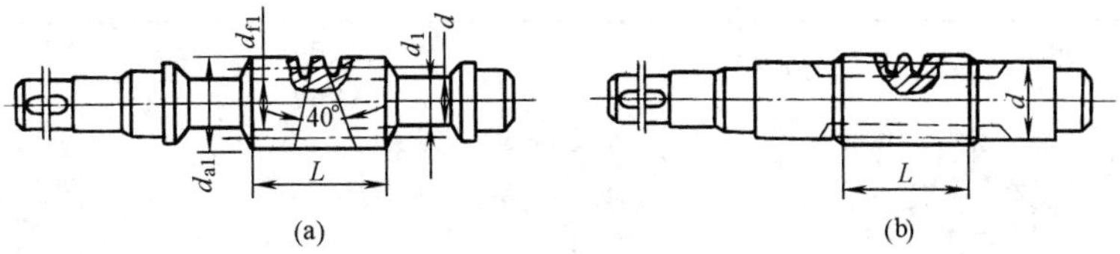

图 8-4-11　蜗杆的结构

表 8-4-43　蜗杆螺纹部分长度 L

普通圆柱蜗杆			圆弧圆柱蜗杆				磨削蜗杆的加长量 ΔL/mm	
x_2	$z_1=1\sim2$	$z_1=3\sim4$	x_2	z_1	L	m	普通	圆弧
-1	$L\geqslant(10.5+z_1)m$	$L\geqslant(10.5+z_1)m$	<1	$1\sim2$	$\geqslant(12.5+0.1z_2)m$	$\leqslant6$	$15\sim25$	20
-0.5	$L\geqslant(8+0.06z_2)m$	$L\geqslant(9.5+0.09z_2)m$	$1\sim1.5$	$1\sim2$	$\geqslant(13+0.1z_2)m$	$7\sim9$		30
0	$L\geqslant(11+0.06z_2)m$	$L\geqslant(12.5+0.09z_2)m$						
0.5	$L\geqslant(11+0.1z_2)m$	$L\geqslant(12.5+0.1z_2)m$	<1	$3\sim4$	$\geqslant(13.5+0.1z_2)m$	$10\sim14$	35	40
1	$L\geqslant(12+0.1z_2)m$	$L\geqslant(13+0.1z_2)m$	$1\sim1.5$	$3\sim4$	$\geqslant(14+0.1z_2)m$	$16\sim25$	50	50

注：当变位系数 x_2 为中间值时，L 按相邻两值中的较大者确定。

表 8-4-44　蜗轮的几种典型结构

结构型式	图　　例	公　　式	特点及应用范围
轮箍式	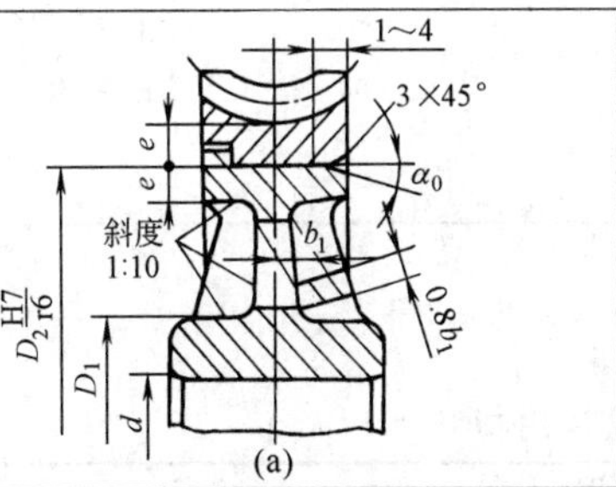	$e\approx2m$ $f\approx2\sim3\text{mm}$ $d_0\approx(1.2\sim1.5)m$ $l\approx3d_0\approx(0.3\sim0.4)b$ $l_1\approx l+0.5d_0$ $\alpha_0=10°$ $b_1\geqslant1.7m$ $D_1=(1.6\sim2)d$ $L_1=(1.2\sim1.8)d$ $K=e=2m$ d'_0由螺栓组的计算确定	青铜轮缘与铸铁轮芯通常采用$\frac{\text{H7}}{\text{r6}}$配合，如图(a)所示
	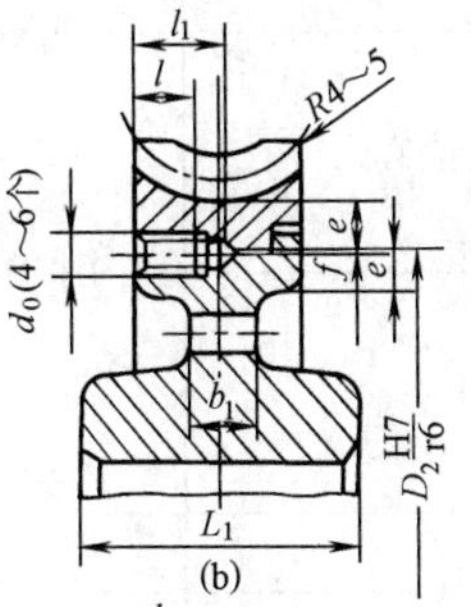 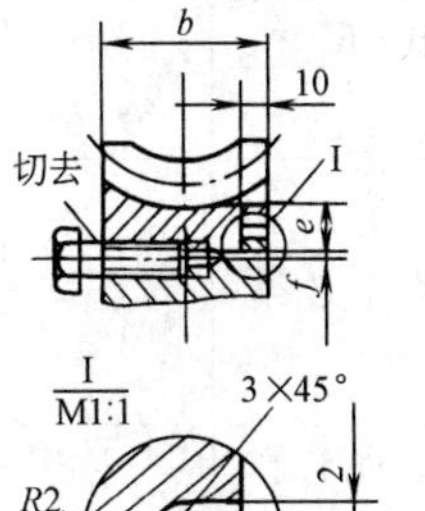		为了防止轮缘的轴向窜动，除加台肩外，还可用螺钉固定，如图(b)、图(c)所示 轮缘和轮芯的结合方式及轮芯辐板的结构型式可根据具体情况选择 轴向力的方向尽量与装配时轮缘压入的方向一致

续表

结构型式	图例	公式	特点及应用范围
螺栓连接式	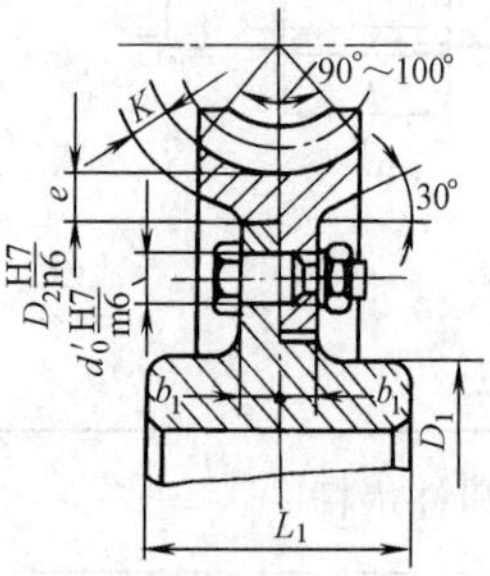	$e\approx 2m$ $f\approx(2\sim3)\text{mm}$ $d_0\approx(1.2\sim1.5)m$ $l\approx 3d_0\approx(0.3\sim0.4)b$ $l_1\approx l+0.5d_0$ $\alpha_0=10°$ $b_1\geqslant 1.7m$ $D_1=(1.6\sim2)d$ $L_1=(1.2\sim1.8)d$ $K=e=2m$ d'_0由螺栓组的计算确定	以光制螺栓连接，轮缘和轮芯螺栓孔要同时铰制。螺栓数量按剪切计算确定，并以轮缘受挤压校核轮缘材料，许用挤压应力$[\sigma]_c=0.3\sigma_s$（σ_s为轮缘材料屈服强度）
镶铸式	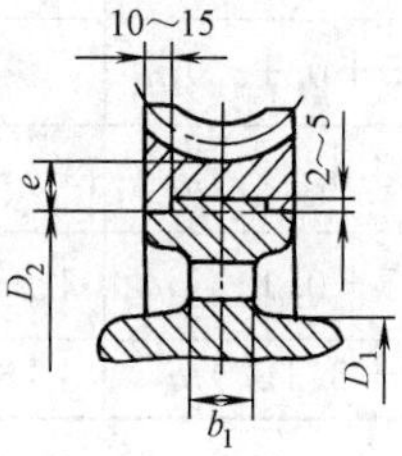	$D_0\approx\frac{D_2+D_1}{2}$ $D_3\approx\frac{D_0}{4}$	青铜轮缘镶铸在铸铁轮芯上，并在轮芯上预制出凸键，以防滑动。凸键的宽度及数量视载荷大小而定。此结构适用于大批量生产
整体式	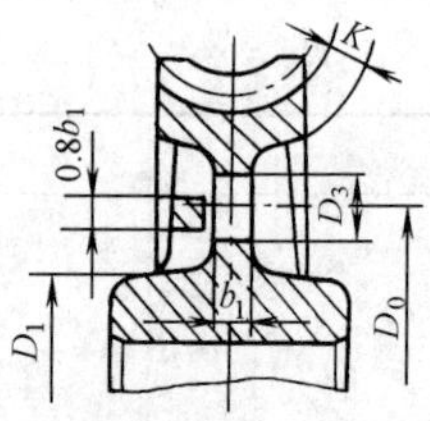		适用于直径小于100mm的青铜蜗轮和任意直径的铸铁蜗轮

4.8.2 蜗杆、蜗轮材料的选用

表 8-4-45 蜗杆、蜗轮常用材料

名称	材料牌号	使用特点	应用范围
蜗杆	20、15Cr、20Cr、20CrNi 20MnVB、20SiMnVB 20CrMnTi、20CrMnMo	渗碳淬火(56～62HRC)并磨削	用于高速重载传动
	45、40Cr、40CrNi 35SiMn、42SiMn、35CrMo 37SiMn2MoV、38SiMnMo	淬火(45～55HRC)并磨削	
	45	调质处理	用于低速轻载传动
蜗轮	ZCuSn10P1 ZCuSn5Pb5Zn5	抗胶合能力强，机械强度较低($R_m<350\text{MPa}$)，价格较贵	用于滑动速度较大($v_s=5\sim15\text{m/s}$)及长期连续工作处
	ZCuAl10Fe3 ZCuAl10Fe3Mn2	抗胶合能力较差，但机械强度较高($R_m>300\text{MPa}$)，与其相配的蜗杆必须经表面硬化处理，价廉	用于中等滑动速度($v_s\leqslant 8\text{m/s}$)
	ZCuZn38Mn2Pb2		
	HT150 HT200	机械强度低，冲击韧性差，但加工容易，且价廉	用于低速轻载传动($v_s<2\text{m/s}$)

注：可以选用合适的新型材料。

4.9 蜗杆传动的润滑

当蜗杆传动的润滑不良时，其传动效率将显著降低，并且会带来剧烈的磨损和产生胶合破坏，所以对蜗杆传动应选用黏度高的矿物油进行良好的润滑，在润滑油中还常加入添加剂，以提高其抗胶合能力。

（1）润滑油

润滑油的种类很多，需要根据蜗杆、蜗轮配对材料和运转条件合理选用。在钢蜗杆配青铜蜗轮时，常用的润滑油见表 8-4-46。润滑油还可按蜗杆和蜗轮的相对滑动速度 v_s 选择，见表 8-4-47。

（2）润滑油黏度及润滑方式

润滑油黏度及润滑方式，一般根据相对速度、载荷性质进行选择。对于闭式蜗杆传动，常用的润滑油黏度及润滑方式见表 8-4-48，还可以根据中心距和蜗杆转速选择润滑油黏度，见表 8-4-49。对于开式蜗杆传动，则宜采用黏度较高的齿轮油或涂抹润滑脂。如果采用喷油润滑，喷油嘴要对准蜗杆啮入端；蜗杆正反转时，两边都要装有喷油嘴，而且要控制一定的油压。

（3）润滑油量

采用蜗杆下置油池润滑时，在搅油损耗不致过大的情况下，应有适当的油量，浸油深度应为蜗杆的一个齿高；当蜗杆上置时，浸油深度约为蜗轮外径的 1/3。为了避免轮齿搅油时沉渣泛起，齿顶到油池底面的距离不应小于 30～50mm。蜗杆减速箱油池的油量可参考表 8-4-50 选取。

表 8-4-46 蜗杆传动常用的润滑油

全损耗系统用油牌号 L-AN	68	100	150	220	320	460	680
运动黏度(40℃)/$mm^2 \cdot s^{-1}$	61.2～74.8	90～110	135～165	198～242	288～352	414～506	612～748

表 8-4-47 按相对滑动速度选择润滑油

蜗杆类型	普通圆柱蜗杆	圆弧圆柱蜗杆	普通圆柱蜗杆	圆弧圆柱蜗杆	普通圆柱蜗杆	圆弧圆柱蜗杆	普通圆柱蜗杆	圆弧圆柱蜗杆
相对滑动速度/$m \cdot s^{-1}$	1～2.5	≤2.2	1～2.5	>2.2～5	2.5～5	>5～12	5～10	>12
运动黏度(40℃)/$mm^2 \cdot s^{-1}$	784～612		506～414		352～288		242～198	
全损耗系统用油牌号 L-AN	680		460		320		220	

表 8-4-48 蜗杆传动的润滑油黏度荐用值及润滑方式

相对滑动速度/$m \cdot s^{-1}$	0～1	>1～2.5	0～5	>5～10	>10～15	>15～25	>25
工作条件	重载	重载	中载	不限	不限	不限	不限
运动黏度(40℃)/$mm^{-2} \cdot s^{-1}$	900	500	350	220	150	100	80
润滑方式	油池润滑			喷油润滑或油池润滑	喷油润滑时的喷油压力/MPa		
					0.7	2	3

表 8-4-49 根据中心距和蜗杆转速推荐的润滑油黏度

中心距 a /mm	蜗杆转速 n_1 /$r \cdot min^{-1}$	推荐黏度(100℃)/$mm^{-2} \cdot s^{-1}$	
		环境温度－9～15℃	环境温度 10～50℃
160 以下	700 以上	26～32	32～41
	700 以下	26～32	32～41
160～315	450 以上	26～32	26～32
	450 以下	26～32	32～41
315～450	300 以上	26～32	26～32
	300 以下	26～32	32～41

续表

中心距 a /mm	蜗杆转速 n_1 /$r \cdot min^{-1}$	推荐黏度(100℃)/$mm^{-2} \cdot s^{-1}$	
		环境温度−9～15℃	环境温度10～50℃
450～600	250以上	26～32	26～32
	250以下	26～32	32～41
600以上	200以上	26～32	26～32
	200以下	26～32	32～41

表 8-4-50　蜗杆减速箱油池注油量参考值

中心距 a/mm	63	80	100	125	140	160	180	200	225	250	280	315	355	400	450	500
油量 L/L	0.8	1.6	2.7	4.5	6.5	8.8	13	16	22	28	38	50	65	85	120	160

4.10　计算实例

实例1　设计轻纺机械中的一单级蜗杆减速箱，传递功率 $P=9kW$，电动机驱动，主动轴转速 $n_1=1450r/min$，传动比 $i=20.5$，工作载荷稳定，单向运转，连续工作，润滑情况良好，工作温度35～40℃，要求工作寿命为12000h。

解

(1)选择蜗杆传动类型、精度等级

由于传递的功率不大，速度也不太高，故选用阿基米德蜗杆传动，精度8d GB/T 10089—1988。

(2)选择材料

考虑到蜗杆传递功率不大，速度只是中等，故蜗杆用45钢，表面淬火，硬度为45～55HRC，考虑为连续工作，蜗轮轮缘采用铸锡磷青铜ZCuSn10P1，金属模铸造。

(3)初选几何参数

由表8-4-4，当 $i=20.5$ 时，$z_1=2$，$z_2=z_1 i=41$。

(4)确定许用接触应力 $[\sigma_H]$

由表8-4-10，当蜗轮材料为锡青铜时，$[\sigma_H]=[\sigma_{Hb}]Z_S Z_N$。

由表8-4-11查得 $[\sigma_{Hb}]=220MPa$。

由图8-4-9查得滑动速度 $v_s=7.75m/s$。

采用浸油润滑，由图8-4-2查得 $Z_S=0.87$。

根据图8-4-4的注中公式求得 $N=60n_2t=60\times\dfrac{1450}{20.5}\times12000=5.093\times10^7$，根据 N 由图8-4-4查得 $Z_N=0.81$。

许用接触应力为

$$[\sigma_H]=[\sigma_{Hb}]Z_S Z_N=220\times0.87\times0.81=155MPa$$

(5)计算蜗轮输出转矩 T_2

估算传动效率

$$\eta=(100-3.5\sqrt{i})/100=(100-3.5\sqrt{20.5})/100=0.842$$

$$T_2=9550\frac{P_1\eta i}{n_1}=9550\times\frac{9\times0.842\times20.5}{1450}=1023N \cdot m$$

(6)求载荷系数 K

由表8-4-10的注知 $K=K_1K_2K_3K_4K_5K_6$。

设 $v_2\leqslant3m/s$ 时，$K_1=1$；查表8-4-13，8级精度时，$K_2=1$；由于是连续运转，由图8-4-5得 $K_3=1$；由表8-4-14查得 $K_4=1.52$；由表8-4-15查得 $K_5=1.15$；由图8-4-6查得 $K_6=0.75$。所以 $K=1\times1\times1\times1.52\times1.15\times0.75=1.311$。

(7)确定 m 和 d_1

$$m^2d_1\geqslant\left(\frac{15150}{z_2[\sigma_H]}\right)^2KT_2=\left(\frac{15150}{41\times155}\right)^2\times1.311\times1023=7622mm^3$$

查表8-4-2，$m^2d_1=9000mm^3$，取 $m=10mm$，$d_1=90mm$。

(8)主要几何尺寸计算

蜗杆分度圆直径 $d_1=90mm$。

蜗轮分度圆直径 $d_2=mz_2=10\times41=410mm$。

中心距 $a=0.5(d_1+d_2+2x_2m)=0.5(90+410+0)=250mm$。

其他尺寸可按照表8-4-7计算。

(9)蜗轮齿面接触强度校核

由表8-4-10知

$$\sigma_H=\frac{Z_E}{d_2}\sqrt{\frac{9400KT_2}{d_1}}\leqslant[\sigma_H]$$

由于几何参数已给定，故 K 与 T_2 可按已知的几何参数重新计算。

$$v_s=\frac{d_1n_1}{19100\cos\gamma}=\frac{90\times1450}{19100\cos12°31'44''}$$
$$=7.0\text{m/s}(\gamma\text{ 由表8-4-2查得})$$

由于 v_s 与原假设相差不多，故仍取 $[\sigma_H]=155\text{MPa}$。

根据 v_s 由表 8-4-16 中用插值法查得 $\rho_v=1°06'40''$，则蜗轮副啮合效率为

$$\eta_1=\frac{\tan\gamma}{\tan(\gamma+\rho_v)}=\frac{\tan12°31'44''}{\tan(12°31'44''+1°06'40'')}=0.916$$

取轴承效率 $\eta_2=0.99$，搅油及溅油效率 $\eta_3=0.975$，则蜗杆传动的总效率为

$$\eta=\eta_1\eta_2\eta_3=0.915\times0.99\times0.975=0.883$$

由此得

$$T_2=9550\frac{P_1\eta i}{n_1}=9550\times\frac{9\times0.883\times20.5}{1450}=1073\text{N}\cdot\text{m}$$

$$v_2=\frac{\pi d_2n_2}{60\times1000}=\frac{3.14\times410\times1450/20.5}{60\times1000}=1.52\text{m/s}$$

由于 $v_2<3\text{m/s}$，由表 8-4-10 的注，取 $K_1=1$，K_2、K_3、K_4、K_5、K_6 与前相同，则

$$K=K_1K_2K_3K_4K_5K_6=1\times1\times1\times1.52\times1.15\times0.75$$
$$=1.311$$

将此时的 K 与 T_2 代入表 8-4-10 中蜗轮齿面接触强度校核公式，并取 $Z_E=155\sqrt{\text{MPa}}$，则有

$$\sigma_H=\frac{Z_E}{d_2}\sqrt{\frac{9400KT_2}{d_1}}=\frac{155}{410}\sqrt{\frac{9400\times1.311\times1073}{90}}$$
$$=144.91\text{MPa}$$

因为 $\sigma_H<[\sigma_H]$，所以满足接触强度要求。

（10）散热计算

由式（8-4-9）知，传动中损耗的功率为

$$P_s=P_1(1-\eta)=9\times(1-0.883)=1.053\text{kW}$$

由式（8-4-10）和设计要求 $P_c\leqslant P_s$ 可导出

$$A\geqslant\frac{P_s}{k(t_1-t_2)}$$

考虑到自然通风良好，取 $k=15\text{W}/(\text{m}^2\cdot℃)$，$t_1=95℃$，$t_2=20℃$，则

$$A\geqslant\frac{1.053\times10^3}{15\times(95-20)}=0.936\text{m}^2$$

若蜗杆减速箱散热的计算面积 A 不满足以上条件，则可以采用强迫冷却方法或增加散热计算面积的方法来满足散热要求。

（11）工作图

蜗杆工作图如图 8-4-12 所示。蜗轮工作图如图 8-4-13 所示。

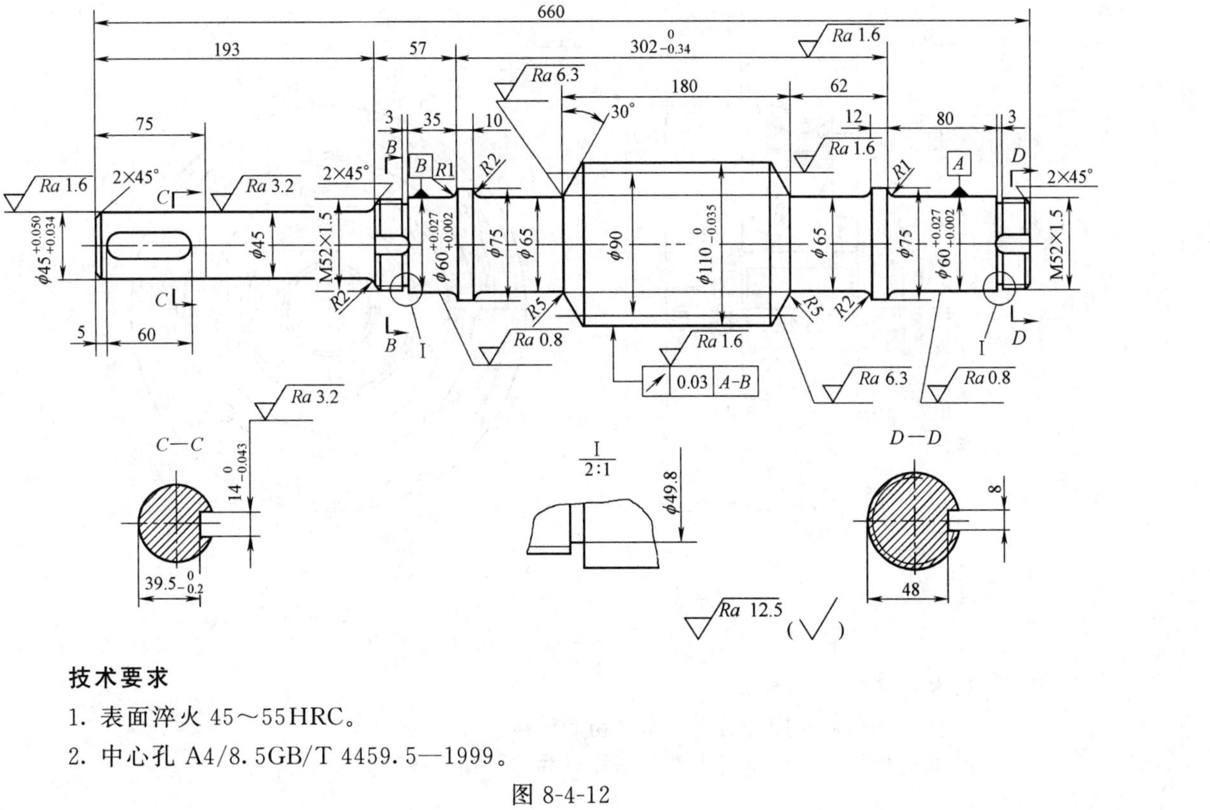

图 8-4-12

蜗杆类型		ZA型	精度等级		8d GB/T 10089—2018
模数	m	10	配对蜗轮	图号	
齿数	z_1	2		齿数	2
齿形角	α	20°	检验项目		允差值
齿顶高系数	h_{a1}^*	1	齿廓总偏差	$F_{\alpha 1}$	33.0
导程	P_z	62.83	轴向齿距偏差	f_{px}	19.0
导程角	γ	12°31′44″	相邻轴向齿距偏差	f_{ux}	25.0
螺旋方向		右	径向跳动偏差	F_{r1}	49.0
法向齿厚	S_1	$15.71_{-0.267}^{-0.177}$	导程偏差	F_{pz}	27.0

图 8-4-12 蜗杆工作图

实例 2 设计一带式输送机用的圆弧圆柱蜗杆传动。已知：蜗杆输入功率 $P_1=10\text{kW}$，转速 $n_1=1460\text{r/min}$，蜗轮转速 $n_2=73\text{r/min}$，工作载荷稳定，单向运转，连续工作，润滑情况良好，工作温度 35～40℃，要求使用 5 年，每年工作 300 天，每天 8h。

解

(1) 选择材料及精度等级

蜗杆用 40Cr 钢，表面淬火，硬度为 45～55HRC。由于是连续工作，蜗轮轮缘采用铸锡磷青铜 ZCuSn10P1，金属模铸造。蜗杆传动精度为 8c GB/T 10089—2018。

(2) 初选几何参数

传动比 $i=\dfrac{n_1}{n_2}=\dfrac{1460}{73}=20$。由表 8-4-5 初选 $z_1=2$，$z_2=41$，实际 $i=20.5$，误差小于 5%，可采用。

(3) 确定许用接触应力 $[\sigma_H]$

由表 8-4-10，当蜗轮材料为锡青铜时，$[\sigma_H]=[\sigma_{Hb}]Z_SZ_N$。

由表 8-4-11 查得 $[\sigma_{Hb}]=220\text{MPa}$。

参考图 8-4-9 初步确定滑动速度 $v_s=8\text{m/s}$。

采用浸油润滑，由图 8-4-2 查得 $Z_S=0.87$。

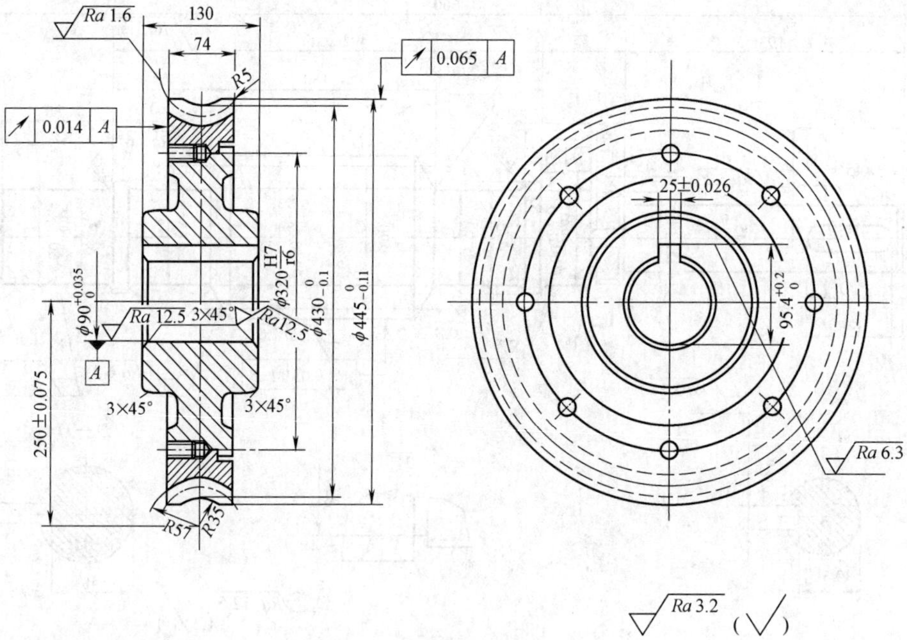

技术要求

1. 轮缘和轮芯装配好后再精车和切制轮齿。

2. 骑缝螺钉拧入后将露出部分锯掉，并与所在面齐平。

模数	m	10	配对蜗杆	图号	
齿数	z_2	41		齿数	41
分度圆直径	d_2	410	检验项目		允差值
齿顶高系数	h_{a2}^*	1	单个齿距偏差	f_{p2}	22.0
变位系数	x_2	0	齿距累积总偏差	F_{p2}	88.0
分度圆齿厚	S_2	$15.71_{-0.16}^{0}$	相邻齿距偏差	f_{u2}	270
精度等级		8d GB/T 10089—1988	齿廓总偏差	$F_{\alpha2}$	33.0
			径向跳动偏差	F_{r2}	63.0

图 8-4-13　蜗轮工作图

根据图 8-4-4 的注中公式求得 $N=60n_2t=60\times\dfrac{1460}{20.5}\times5\times300\times8=5.128\times10^7$，根据 N 由图 8-4-4 查得$Z_N=0.8$。

许用接触应力为 $[\sigma_H]=[\sigma_{Hb}]\ Z_SZ_N=220\times0.87\times0.8=153\text{MPa}$。

(4)计算蜗轮输出转矩 T_2

估算传动效率 $\eta=(100-2.5\sqrt{i})/100=(100-2.5\sqrt{20.5})/100=0.887$。

$$T_2=9550\frac{P_1\eta i}{n_1}=9550\times\frac{10\times0.887\times20.5}{1460}=1189\text{N}\cdot\text{m}$$

(5)确定载荷系数 K、齿数系数 K_z 及几何参数系数 K_{gL}

初选载荷系数 $K=1.3$。

初定 $q=10$，由图 8-4-7 查取 $K_z=3.65$。

由图 8-4-8 初选 $K_{gL}=0.35$。

(6)确定中心距 a 及其他主要几何尺寸

$$a\geqslant221\sqrt[3]{\frac{KK_zT_2}{[\sigma_H]^2K_{gL}}}=221\times\sqrt[3]{\frac{1.3\times3.65\times1189}{153^2\times0.35}}=195.16\text{mm}$$

由表 8-4-5，取 $a=200\text{mm}$，模数 $m=8\text{mm}$，蜗杆头数 $z_1=2$，蜗轮齿数 $z_2=39$，实际传动比 $i=19.5$，蜗杆分度圆直径 $d_1=80\text{mm}$，蜗轮分度圆直径 $d_2=mz_2=8\times39=312\text{mm}$，蜗轮变位系数 $x_2=0.5$。其他几何尺寸可按照表 8-4-8 计算。

(7)蜗轮齿面接触强度校核

由表 8-4-10 知

$$\sigma_H=3289\sqrt{\frac{KK_zT_2}{a^3K_{gL}}}\leqslant[\sigma_H]$$

由于几何参数已给定，故 K 与 T_2 可按已知参数重新计算。由表 8-4-3 查得 $\gamma=11°18'36''$，故

$$v_s=\frac{d_1n_1}{19100\cos\gamma}=\frac{80\times1460}{19100\cos11°18'36''}=6.236\text{m/s}$$

根据 v_s 由表 8-4-16 用插值法查得 $\rho_v=54'52''$，则蜗杆副啮合效率为

$$\eta_1=\frac{\tan\gamma}{\tan(\gamma+\rho_v)}=\frac{\tan11°18'36''}{\tan(11°18'36''+54'52'')}=0.923$$

取轴承效率 $\eta_2=0.99$，搅油及溅油效率 $\eta_3=0.975$，则蜗杆传动总效率为

$$\eta=\eta_1\eta_2\eta_3=0.923\times0.99\times0.975=0.891$$

$$T_2=9550\frac{P_1\eta i}{n_1}=9550\times\frac{10\times0.891\times19.5}{1460}=1136\text{N}\cdot\text{m}$$

$$v_2=\frac{\pi d_2n_2}{60\times1000}=\frac{3.14\times312\times1460/19.5}{60\times1000}=1.22\text{m/s}$$

由于 $v_2<3\text{m/s}$，由表 8-4-10 的注，取 $K_1=1$。

由表 8-4-13 取 $K_2=1.15$。

由图 8-4-5 查取 $K_3=1$。

由表 8-4-14 查取 $K_4=1.52$。

由表 8-4-15 查取 $K_5=1$。

考虑加装风扇，由图 8-4-6 查取 $K_6=0.76$。

则

$$K=K_1K_2K_3K_4K_5K_6=1\times1.15\times1\times1.52\times1\times0.76=1.328$$

根据 $q=d_1/m=80/8=10$，由图 8-4-7 查取 $K_z=3.6$。

根据 $v_s=6.236\text{m/s}$ 由图 8-4-2 查取 $Z_S=0.89$。

Z_N 与前相同，仍取为 $Z_N=0.8$。

许用接触应力为

$$[\sigma_H]=[\sigma_{Hb}]Z_SZ_N=220\times0.89\times0.8=156.6\text{MPa}$$

根据 $a=200\text{mm}$，由图 8-4-8 查取 $K_{gL}=0.34$。

将以上参数代入蜗轮齿面接触强度校核公式得

$$\sigma_H=3289\sqrt{\frac{KK_zT_2}{a^3K_{gL}}}=3289\times\sqrt{\frac{1.328\times3.6\times1136}{200^3\times0.34}}=147.0\text{MPa}$$

因为 $\sigma_H < [\sigma_H]$，所以满足接触强度要求。

(8) 散热计算

由式（8-4-9）知，传动中损耗的功率为

$$P_s = P_1(1-\eta) = 10 \times (1-0.891) = 1.09\text{kW}$$

由设计要求 $P_c \leqslant P_s$ 和式（8-4-10）可知

$$A \geqslant \frac{P_s}{k(t_1 - t_2)}$$

考虑到通风良好，取 $k = 16\text{W}/(\text{m}^2 \cdot ℃)$，$t_1 = 95℃$，$t_2 = 20℃$，则

$$A \geqslant \frac{1.09 \times 10^3}{16 \times (95-20)} = 0.908\text{m}^2$$

若蜗杆减速箱的散热面积不满足以上条件，则需要采用增加散热面积或采用强迫冷却方法来达到散热要求。

(9) 蜗杆、蜗轮工作图（略）

参考文献

[1] 朱孝录. 机械传动设计手册. 北京：电子工业出版社，2007.

[2] 机械传动装置选用手册编委会. 机械传动装置选用手册. 北京：机械工业出版社，1999.

[3] 周有强. 机械无级变速器. 北京：机械工业出版社，2001.

[4] 唐中一等. 复合传动与控制. 重庆：重庆大学出版社，2004.

[5] 罗明善等. 带传动理论与新型带传动. 北京：国防工业出版社，2006.

[6] 杨兰春等. 蜗杆传动手册. 上海：华东化工学院出版社，1990.

[7] 王少怀. 机械设计师手册. 中册. 北京：电子工业出版社，2006.

[8] 全国链传动标准化技术委员会，杭州东华链条集团有限公司编译. ISO/TC100 链传动国际标准译文集. 第 2 版. 北京：中国标准出版社，2006.

[9] 吴宗泽主编. 机械设计师手册. 上册. 第 2 版，北京：机械工业出版社，2009.

第9篇

减速器

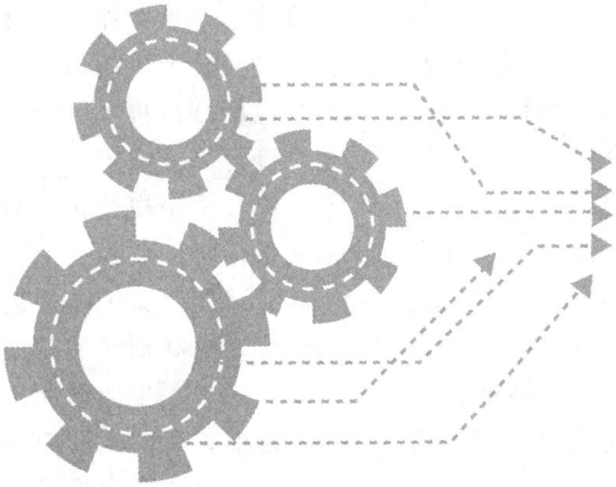

第1章

常用标准减速器

1.1 常用减速器的型式和选择

1.1.1 几种常见的减速器

（1）齿轮减速器　渐开线圆柱齿轮减速器传递功率和速度范围大，效率高，噪声小，装配维修方便，容易达到较高的工作要求，应用广泛，如果没有特殊的原因，一般首先考虑选用渐开线圆柱齿轮减速器。当传动轴位置有特殊要求时（如主动轴与从动轴相交成90°），可以采用圆锥齿轮减速器或圆锥-圆柱齿轮减速器。

（2）蜗杆减速器　包括普通蜗杆、圆弧圆柱蜗杆和环面蜗杆减速器，具有传动比大、运动平稳、噪声小、结构紧凑、可以实现自锁等优点。其中圆弧圆柱蜗杆和环面蜗杆减速器的承载能力比相同尺寸的普通蜗杆减速器高1～2倍。但是要求使用有色金属（铜合金）制造蜗轮，自锁蜗杆传动效率低，多用于间歇工作的场合。

（3）行星齿轮减速器　体积小，重量轻，工作平稳可靠，但结构比较复杂，制造成本较高。多用于低速重载的机械设备，如冶金、矿山、起重运输设备，还用于风力发电的增速箱等。

（4）少齿差行星齿轮减速器　包括渐开线齿、圆弧齿、摆线齿和活齿等多种齿形的减速器。这些减速器能以较少的零件实现较大的传动比，结构简单，加工方便、承受过载和冲击的能力强。有专门的工厂生产。主要用于冶金、化工、石油、轻工和起重运输机械等。

（5）谐波传动减速器　传动比大，元件少，同时啮合齿数较多，因而提高了承载能力，体积小，重量轻，传动精度高。主要用作航空、航天和精密机械的传动装置。

1.1.2 我国减速器设计制造技术的发展

（1）通用圆柱齿轮减速器由软齿面向硬齿面发展。发展了同轴式圆柱齿轮减速器，结构紧凑，布置方便。还有把法兰式电动机直接安装在减速器箱体上的结构，省去了联轴器，结构简单，使用方便。

（2）淘汰了阿基米德蜗杆减速器，增加了圆弧圆柱、直廓环面、平面二次包络、锥面包络蜗杆减速器等新品种。

（3）行星齿轮减速器改进了均载机构，提高了承载能力。

（4）发展了多种安装型式的减速器，适用于各种工作情况和布置要求。

1.1.3 减速器的发展趋势

（1）减速器向小型化、高精度、高效率、低振动、低噪声、高承载能力发展。

（2）硬齿面齿轮设计制造技术的进一步发展。如大型齿轮的磨齿技术、新材料的应用、渗碳淬火工艺、齿轮强度计算方法等。

（3）采用模块化设计和优化设计技术简化生产，提高质量，降低成本。

（4）使用新工艺，提高零件的加工工艺。

（5）提高轴承和其他零件的质量和寿命。

（6）进一步加强和提高减速器的标准化。

目前，我国生产的减速器80%为标准系列产品。所以应该尽量选择标准的减速器。本手册因篇幅所限，只介绍了几种最常用的标准减速器，并为设计非标准减速器提供了基本的资料。更多的资料见参考文献。

1.2 锥齿轮圆柱齿轮减速器标准尺寸、性能和选择计算

1.2.1 锥齿轮圆柱齿轮减速器适用范围和标记

JB/T 8853—2015《锥齿轮圆柱齿轮减速器》给出了4个圆柱齿轮减速器系列和3个锥齿轮圆柱齿轮减速器系列。减速器型号用H1、H2、H4、H4、R2、R3和R4表示。H1表示单级圆柱齿轮减速器，H2表示两级圆柱齿轮减速器，H3表示三级圆柱齿轮减速器，H4表示四级圆柱齿轮减速器，R2表示一级锥齿轮一级圆柱齿轮减速器，R3表示一级锥齿轮两级圆柱齿轮减速器，R4表示一级锥齿轮三级圆柱齿轮减速器。

减速器适用于−20～45℃的环境温度。

减速器齿轮一般采用油池润滑，自然冷却。当工作温度低于0℃时，启动前润滑油应加热到0℃以上。

当减速器承载功率超过额定热功率PG1时，采用风扇冷却、盘状管冷却或强制润滑。

对于停歇时间超过24h且满载启动的减速器应采用

循环油润滑，并应在启动前给润滑油。

循环润滑的油量按热平衡、胶合强度计算。

润滑油的牌号（黏度）按 JB/T 8831 的规定选取。

轴承的润滑采用飞溅油润滑。轴承的润滑油品与齿轮润滑油品相同。

减速器标记方法如下：

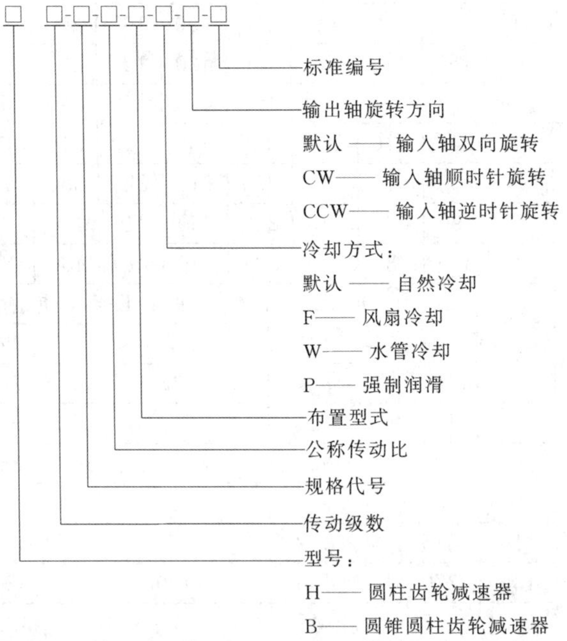

标记示例如下：

符合 JB/T 8853—2015 的规定、两级传动、10 号规格、公称传动比为 11.2、第Ⅰ种布置型式、风扇冷却、输入轴双向旋转的圆柱齿轮减速器，其标记为：

H2-10-11-11.2-Ⅰ-F-JB/T 8853—2015

1.2.2 减速器的外形尺寸

各种减速器的布置形式如图 9-1-1～图 9-1-7 所示，外形尺寸分别见表 9-1-1～表 9-1-7。

1.2.3 减速器的承载能力

各种减速器的额定机械强度功率 P_N 和额定热功率 P_{G1}、P_{G2} 分别见表 9-1-8～表 9-1-21。

1.2.4 减速器的选用

减速器的承载能力受机械强度和热平衡许用功率两方面的限制，因此，减速器的选用必须通过两个功率表来确定。

（1）确定公称传动比及公称转速见公式（9-1-1）

$$i'=\frac{n_1'}{n_2} \tag{9-1-1}$$

式中 i'——计算传动比；

n_1'——输入转速，r/min；

n_2——输出转速，r/min。

根据计算传动比 i'，查额定机械强度功率表，得到和 i' 绝对值最接近的公称传动比 i。

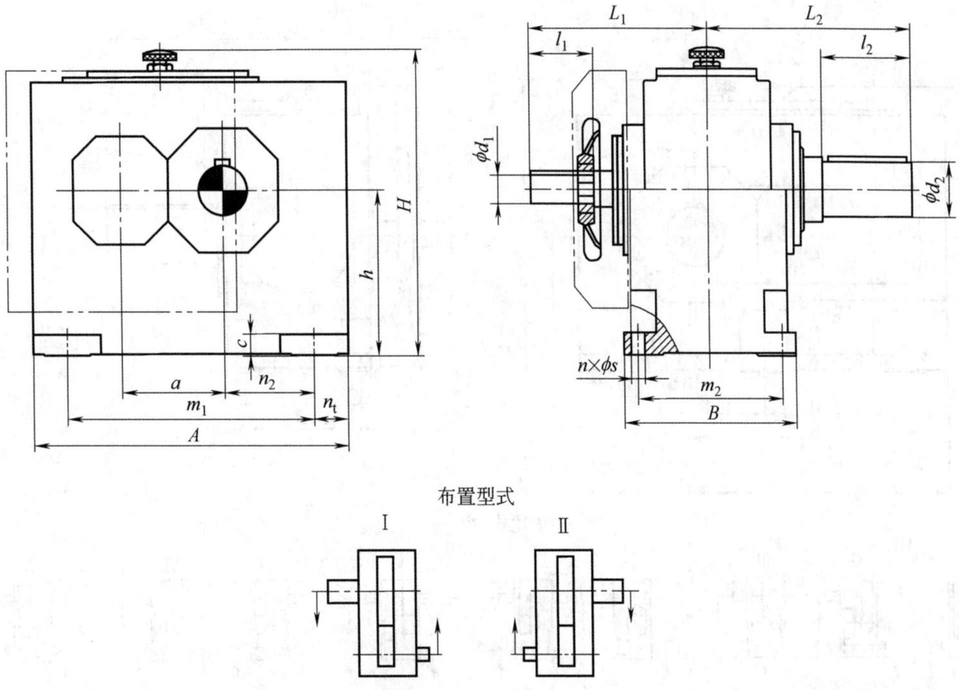

图 9-1-1 H1 减速器的外形尺寸图及布置型式

表 9-1-1　H1 减速器的外形尺寸　　/mm

规格	输入轴															输出轴		
	$i_N=1.25\sim2.8$			$i_N=1.6\sim2.8$			$i_N=2\sim2.8$			$i_N=3.15\sim4$			$i_N=4.5\sim5.6$					
	d_1	l_1	L_1	d_1	l_1	L_1	d_1	l_1	L_1	d_1	l_1	L_1	d_1	l_1	L_1	d_2	l_2	L_2
3	60	125	295	—	—	—	—	—	—	45	100	270	32	80	250	60	125	295
5	85	160	370	—	—	—	—	—	—	60	135	345	50	110	320	85	160	370
7	100	200	450	—	—	—	—	—	—	75	140	390	60	140	390	105	200	450
9	110	200	480	—	—	—	—	—	—	90	165	445	75	140	420	125	210	480
11	—	—	—	130	240	565	—	—	—	110	205	530	90	170	495	150	240	560
13	—	—	—	150	245	610	—	—	—	130	245	610	100	210	575	180	310	670
15	—	—	—	—	—	—	180	290	650	150	250	610	125	250	610	220	350	710
17	—	—	—	—	—	—	200	330	730	170	290	690	140	250	650	240	400	800
19	—	—	—	—	—	—	220	340	780	190	340	780	160	300	740	270	450	890

规格	A	B	c	a	h	H	m_1	m_2	n_1	n_2	$n\times\phi5$	润滑油量/L≈	质量/kg
3	420	200	28	130	200	375	310	160	55	110	$4\times\phi19$	7	≈128
5	580	285	35	185	290	525	440	240	70	160	$4\times\phi24$	22	≈302
7	690	375	45	225	350	625	540	315	75	195	$4\times\phi28$	42	≈547
9	805	425	50	265	420	735	625	350	90	225	$4\times\phi35$	68	≈862
11	960	515	60	320	500	875	770	440	95	280	$4\times\phi35$	120	≈1515
13	1100	580	70	370	580	1020	870	490	115	315	$4\times\phi42$	175	≈2395
15	1295	545	80	442	600	1115	1025	450	135	370	$4\times\phi48$	190	≈3200
17	1410	615	80	490	670	1235	1170	530	120	425	$4\times\phi42$	270	≈4250
19	1590	690	90	555	760	1385	1290	590	150	465	$4\times\phi48$	390	≈5800

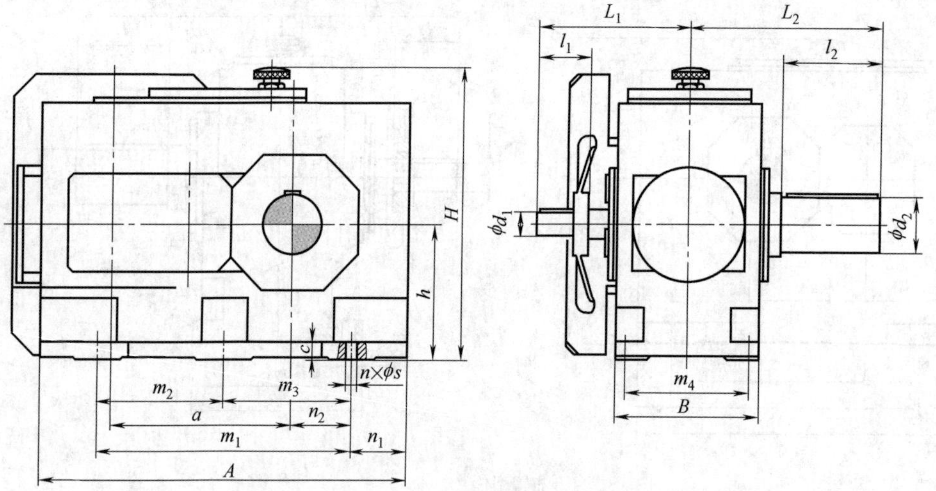

布置型式

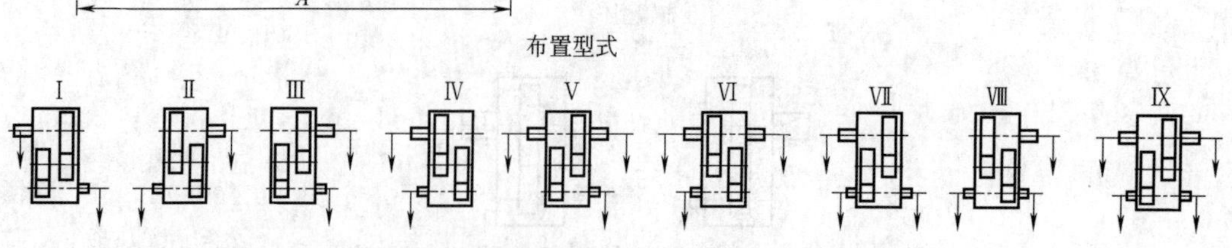

图 9-1-2　H2 减速器的外形尺寸图及布置型式

表 9-1-2　H2 减速器的外形尺寸　/mm

规格	输入轴																								输出轴		
	i_N=6.3～11.2			i_N=7.1～12.5			i_N=8～14			i_N=12.5～20			i_N=12.5～22.4			i_N=14～22.5			i_N=16～25			i_N=16～28					
	d_1	l_1	L_1	d_1	l_1	L_1	d_1	l_1	L_1	d_1	l_1	L_1	d_1	l_1	L_1	d_1	l_1	L_1	d_1	l_1	L_1	d_1	l_1	L_1	d_2	l_2	L_2
4	45	100	270	—	—	—	—	—	—	—	—	—	32	80	250	—	—	—	—	—	—	—	—	—	80	170	310
5	50	100	295	—	—	—	—	—	—	—	—	—	38	80	275	—	—	—	—	—	—	—	—	—	100	210	375
6	—	—	—	—	—	—	50	100	295	—	—	—	—	—	—	—	—	—	—	—	—	38	80	275	110	210	375
7	60	135	345	—	—	—	—	—	—	—	—	—	50	110	320	—	—	—	—	—	—	—	—	—	120	210	405
8	—	—	—	—	—	—	60	135	345	—	—	—	—	—	—	—	—	—	—	—	—	50	110	320	130	250	445
9	75	140	380	—	—	—	—	—	—	—	—	—	60	140	380	—	—	—	—	—	—	—	—	—	140	250	485
10	—	—	—	—	—	—	75	140	380	—	—	—	—	—	—	—	—	—	—	—	—	60	140	380	160	300	535
11	90	165	440	—	—	—	—	—	—	—	—	—	70	140	415	—	—	—	—	—	—	—	—	—	170	300	570
12	—	—	—	—	—	—	90	165	440	—	—	—	—	—	—	—	—	—	—	—	—	70	140	415	180	300	570
13	100	205	535	—	—	—	—	—	—	85	170	500	—	—	—	—	—	—	—	—	—	—	—	—	200	350	550
14	—	—	—	—	—	—	100	205	535	—	—	—	—	—	—	—	—	—	85	170	500	—	—	—	210	350	560
15	120	210	575	—	—	—	—	—	—	100	210	575	—	—	—	—	—	—	—	—	—	—	—	—	230	410	640
16	—	—	—	120	210	575	—	—	—	—	—	—	—	—	—	100	210	575	—	—	—	—	—	—	240	410	650
17	125	245	665	—	—	—	—	—	—	110	210	630	—	—	—	—	—	—	—	—	—	—	—	—	250	410	660
18	—	—	—	125	245	665	—	—	—	—	—	—	—	—	—	110	210	630	—	—	—	—	—	—	270	470	740
19	150	245	720	—	—	—	—	—	—	120	210	685	—	—	—	—	—	—	—	—	—	—	—	—	290	470	760
20	—	—	—	150	245	720	—	—	—	—	—	—	—	—	—	120	210	685	—	—	—	—	—	—	300	500	800
21	170	290	785	—	—	—	—	—	—	140	250	745	—	—	—	—	—	—	—	—	—	—	—	—	320	500	820
22	—	—	—	170	290	785	—	—	—	—	—	—	—	—	—	140	250	745	—	—	—	—	—	—	340	550	890

规格	A	B	H	h	a	m_1	m_2	m_3	m_4	n_1	n_2	c	$n\times\phi s$	润滑油量/L	质量/kg
4	565	215	415	200	270	355	—	—	180	105	85	28	$4\times\phi19$	≈10	≈190
5	640	255	482	230	315	430	—	—	220	105	100	28	$4\times\phi19$	≈15	≈300
6	720	255	482	230	350	510	—	—	220	105	145	28	$4\times\phi19$	≈16	≈355
7	785	300	572	280	385	545	—	—	260	120	130	35	$4\times\phi24$	≈27	≈505
8	890	300	582	280	430	650	—	—	260	120	190	35	$4\times\phi24$	≈30	≈590
9	925	370	662	320	450	635	—	—	320	145	155	40	$4\times\phi28$	≈42	≈830
10	1025	370	662	320	500	735	—	—	320	145	205	40	$4\times\phi28$	≈45	≈960
11	1105	370	782	320	545	775	—	—	370	165	180	40	$4\times\phi28$	≈71	≈1335
12	1260	370	790	320	615	930	—	—	370	165	265	40	$4\times\phi28$	≈76	≈1615
13	1290	550	900	440	635	1090	545	545	475	100	305	60	$6\times\phi35$	≈135	≈2000
14	1430	550	900	440	705	1230	545	685	475	100	375	60	$6\times\phi35$	≈140	≈2570
15	1550	625	1000	500	762	1310	655	655	535	120	365	70	$6\times\phi42$	≈210	≈3430
16	1640	625	1000	500	808	1400	655	745	535	120	410	70	$6\times\phi42$	≈215	≈3655
17	1740	690	1110	550	860	1470	735	735	600	135	390	80	$6\times\phi42$	≈290	≈4650
18	1860	690	1110	550	920	1590	735	855	600	135	450	80	$6\times\phi42$	≈300	≈5125
19	2010	790	1240	620	997	1700	850	850	690	155	435	90	$6\times\phi48$	≈320	≈6600
20	2130	790	1240	620	1057	1820	850	970	690	155	495	90	$6\times\phi48$	≈340	≈7500
21	2140	830	1390	700	1067	1800	900	900	720	170	485	100	$6\times\phi56$	≈320	≈8900
22	2250	830	1390	700	1122	1910	900	1010	720	170	540	100	$6\times\phi56$	≈340	≈9600

注：1. 规格 13 和 15 仅用于 i_H=6.3～18。

2. 规格 17 和 19 仅用于 i_H=6.3～16。

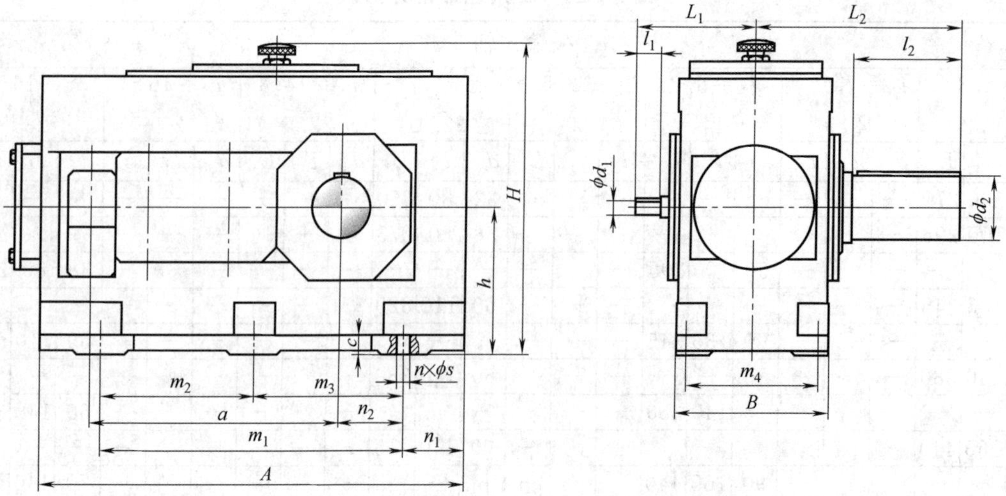

布置型式

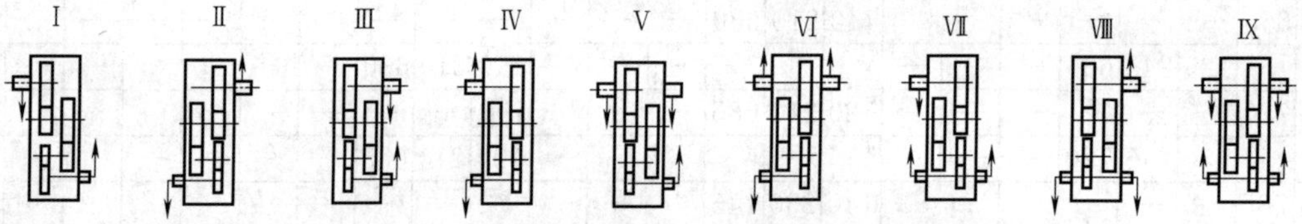

图 9-1-3　H3 减速器的外形尺寸图及布置型式

表 9-1-3　H3 减速器的外形尺寸　/mm

规格	输入轴																													
	i_N=22.4～45			i_N=25～45			i_N=25～50			i_N=28～56			i_N=31.5～56			i_N=50～63			i_N=56～71			i_N=63～80			i_N=71～90			i_N=80～100		
	d_1	l_1	L_1	d_1	l_1	L_1	d_1	l_1	L_1	d_1	l_1	L_1	d_1	l_1	L_1	d_1	l_1	L_1	d_1	l_1	L_1	d_1	l_1	L_1	d_1	l_1	L_1	d_1	l_1	L_1
5	—	—	—	40	70	230	—	—	—	—	—	—	—	—	—	30	50	210	—	—	—	—	—	—	24	40	200	—	—	—
6	—	—	—	—	—	—	—	—	—	—	—	—	40	70	230	—	—	—	—	—	—	30	50	210	—	—	—	—	—	—
7	—	—	—	45	80	265	—	—	—	—	—	—	—	—	—	35	60	245	—	—	—	—	—	—	28	50	235	—	—	—
8	—	—	—	—	—	—	—	—	—	—	—	—	45	80	265	—	—	—	—	—	—	35	60	245	—	—	—	—	—	—
9	—	—	—	60	125	355	—	—	—	—	—	—	—	—	—	45	100	330	—	—	—	—	—	—	32	80	310	—	—	—
10	—	—	—	—	—	—	—	—	—	—	—	—	60	125	355	—	—	—	—	—	—	45	100	330	—	—	—	—	—	—
11	—	—	—	70	120	375	—	—	—	—	—	—	—	—	—	50	80	335	—	—	—	—	—	—	42	70	325	—	—	—
12	—	—	—	—	—	—	—	—	—	—	—	—	70	120	375	—	—	—	—	—	—	50	80	335	—	—	—	—	—	—
13	85	160	470	—	—	—	—	—	—	—	—	—	—	—	—	60	135	445	—	—	—	—	—	—	50	110	420	—	—	—
14	—	—	—	—	—	—	—	—	—	85	160	470	—	—	—	—	—	—	—	—	—	60	135	445	—	—	—	—	—	—
15	100	200	550	—	—	—	—	—	—	—	—	—	—	—	—	75	140	490	—	—	—	—	—	—	60	140	490	—	—	—
16	—	—	—	—	—	—	100	200	550	—	—	—	—	—	—	—	—	—	75	140	490	—	—	—	—	—	—	60	140	490
17	100	200	580	—	—	—	—	—	—	—	—	—	—	—	—	75	140	520	—	—	—	—	—	—	60	140	520	—	—	—
18	—	—	—	—	—	—	100	200	580	—	—	—	—	—	—	—	—	—	75	140	520	—	—	—	—	—	—	60	140	520

规格	输入轴																													
	i_N=22.4～45			i_N=25～45			i_N=25～50			i_N=28～56			i_N=31.5～56			i_N=50～63			i_N=56～71			i_N=63～80			i_N=71～90			i_N=80～100		
	d_1	l_1	L_1	d_1	l_1	L_1	d_1	l_1	L_1	d_1	l_1	L_1	d_1	l_1	L_1	d_1	l_1	L_1	d_1	l_1	L_1	d_1	l_1	L_1	d_1	l_1	L_1	d_1	l_1	L_1
19	110	200	630	—	—	—	—	—	—	—	—	—	—	—	—	90	165	595	—	—	—	—	—	—	75	140	570	—	—	—
20	—	—	—	—	—	—	110	200	630	—	—	—	—	—	—	—	—	—	90	165	595	—	—	—	—	—	—	75	140	570
21	130	240	710	—	—	—	—	—	—	—	—	—	—	—	—	110	205	675	—	—	—	—	—	—	90	170	640	—	—	—
22	—	—	—	—	—	—	130	240	710	—	—	—	—	—	—	—	—	—	110	205	675	—	—	—	—	—	—	90	170	640

规格	输入轴			输出轴			A	B	H	h	a	m_1	m_2	m_3	m_4	n_1	n_2	c	$n\times\phi s$	润滑油量/L ≈	质量/kg ≈
	i_N=90～112																				
	d_1	l_1	L_1	d_2	l_2	L_2															
5	—	—	—	100	210	375	690	255	482	230	405	480	—	—	220	105	100	28	4×ϕ19	16	320
6	24	40	200	110	210	375	770	255	482	230	440	560	—	—	220	105	145	28	4×ϕ19	18	365
7	—	—	—	120	210	405	845	300	572	280	495	605	—	—	260	120	130	35	4×ϕ24	29	540
8	28	50	235	130	250	445	950	300	582	280	540	710	—	—	260	120	190	35	4×ϕ24	32	625
9	—	—	—	140	250	485	1000	370	662	320	580	710	—	—	320	145	155	40	4×ϕ28	48	875
10	32	80	310	160	300	535	1100	370	662	320	630	810	—	—	320	145	205	40	4×ϕ28	49	1020
11	—	—	—	170	300	570	1200	430	782	380	705	870	—	—	370	165	180	50	4×ϕ35	85	1400
12	42	70	325	180	300	570	1355	430	790	380	775	1025	—	—	370	165	265	50	4×ϕ35	90	1675
13	—	—	—	200	350	685	1395	550	900	440	820	1195	597.5	597.5	475	100	305	60	6×ϕ35	160	2295
14	50	110	320	210	350	685	1535	550	900	440	890	1335	597.5	737.5	475	100	375	60	6×ϕ35	165	2625
15	—	—	—	230	410	790	1680	625	1000	500	987	1440	720	720	535	120	365	70	6×ϕ42	235	3475
16	—	—	—	240	410	790	1770	625	1000	500	1033	1530	720	810	535	120	410	70	6×ϕ42	245	3875
17	—	—	—	250	410	825	1770	690	1110	550	1035	1500	750	750	600	135	390	80	6×ϕ42	305	4560
18	—	—	—	270	470	885	1890	690	1110	550	1095	1620	750	870	600	135	450	80	6×ϕ42	315	5030
19	—	—	—	290	470	935	2030	790	1240	620	1190	1720	860	860	690	155	435	90	6×ϕ48	420	6700
20	—	—	—	300	500	965	2150	790	1240	620	1250	1840	860	980	690	155	495	90	6×ϕ48	450	8100
21	—	—	—	320	500	990	2340	830	1390	700	1387	2000	1000	1000	720	170	485	100	6×ϕ56	470	9100
22	—	—	—	340	550	1040	2450	830	1390	700	1442	2110	1000	1110	720	170	540	100	6×ϕ56	490	9800

表 9-1-4 H4 减速器的外形尺寸 /mm

规格	输入轴																														输出轴		
	i_N=80～180			i_N=200～355			i_N=125～224			i_N=250～450			i_N=100～180			i_N=200～355			i_N=112～200			i_N=224～400			i_N=125～224			i_N=250～450					
	d_1	l_1	L_1	d_1	l_1	L_1	d_1	l_1	L_1	d_1	l_1	L_1	d_1	l_1	L_1	d_1	l_1	L_1	d_1	l_1	L_1	d_1	l_1	L_1	d_1	l_1	L_1	d_1	l_1	L_1	d_2	l_2	L_2
7	30	50	230	24	40	220	—	—	—	—	—	—	—	—	—	—	—	—	—	—	—	—	—	—	—	—	—	—	—	—	120	210	405
8	—	—	—	—	—	—	30	50	230	24	40	220	—	—	—	—	—	—	—	—	—	—	—	—	—	—	—	—	—	—	130	250	445

续表

规格	输入轴																														输出轴		
	i_N=80～180			i_N=200～355			i_N=125～224			i_N=250～450			i_N=100～180			i_N=200～355			i_N=112～200			i_N=224～400			i_N=125～224			i_N=250～450					
	d_1	l_1	L_1	d_1	l_1	L_1	d_1	l_1	L_1	d_1	l_1	L_1	d_1	l_1	L_1	d_1	l_1	L_1	d_1	l_1	L_1	d_1	l_1	L_1	d_1	l_1	L_1	d_1	l_1	L_1	d_2	l_2	L_2
9	35	60	275	28	50	265	—	—	—	—	—	—	—	—	—	—	—	—	—	—	—	—	—	—	—	—	—	—	—	—	140	250	485
10	—	—	—	—	—	—	35	60	275	28	50	265	—	—	—	—	—	—	—	—	—	—	—	—	—	—	—	—	—	—	160	300	535
11	45	100	350	32	80	330	—	—	—	—	—	—	—	—	—	—	—	—	—	—	—	—	—	—	—	—	—	—	—	—	170	300	570
12	—	—	—	—	—	—	45	100	350	32	80	330	—	—	—	—	—	—	—	—	—	—	—	—	—	—	—	—	—	—	180	300	570
13	—	—	—	—	—	—	—	—	—	—	—	—	50	100	405	38	80	385	—	—	—	—	—	—	—	—	—	—	—	—	200	350	685
14	—	—	—	—	—	—	—	—	—	—	—	—	—	—	—	—	—	—	—	—	—	—	—	—	50	100	405	38	80	385	210	350	685
15	—	—	—	—	—	—	—	—	—	—	—	—	60	135	480	50	110	455	—	—	—	—	—	—	—	—	—	—	—	—	230	410	790
16	—	—	—	—	—	—	—	—	—	—	—	—	—	—	—	—	—	—	60	135	480	50	110	455	—	—	—	—	—	—	240	410	790
17	—	—	—	—	—	—	—	—	—	—	—	—	60	105	485	50	80	460	—	—	—	—	—	—	—	—	—	—	—	—	250	410	825
18	—	—	—	—	—	—	—	—	—	—	—	—	—	—	—	—	—	—	60	105	485	50	80	460	—	—	—	—	—	—	270	470	885
19	—	—	—	—	—	—	—	—	—	—	—	—	75	105	545	60	105	545	—	—	—	—	—	—	—	—	—	—	—	—	290	470	935
20	—	—	—	—	—	—	—	—	—	—	—	—	—	—	—	—	—	—	75	105	545	60	105	545	—	—	—	—	—	—	300	500	965
21	—	—	—	—	—	—	—	—	—	—	—	—	90	165	625	70	140	600	—	—	—	—	—	—	—	—	—	—	—	—	320	500	990
22	—	—	—	—	—	—	—	—	—	—	—	—	—	—	—	—	—	—	90	165	625	70	140	600	—	—	—	—	—	—	340	550	1040

规格	A	B	H	h	h_1	a	m_1	m_2	m_3	m_4	n_1	n_2	c	$n \times \phi s$	润滑油量 /L ≈	质量 /kg ≈
7	845	300	572	280	200	495	605	—	—	260	120	130	35	$4\times\phi24$	25	550
8	950	300	582	280	200	540	710	—	—	260	120	190	35	$4\times\phi24$	27	645
9	1000	370	662	320	230	580	710	—	—	320	145	155	40	$4\times\phi28$	48	875
10	1100	370	662	320	230	630	810	—	—	320	145	205	40	$4\times\phi28$	50	1010
11	1200	430	782	380	270	705	870	—	—	370	165	180	50	$4\times\phi35$	80	1460
12	1355	430	790	380	270	775	1025	—	—	370	165	265	50	$4\times\phi35$	87	1725
13	1395	550	900	440	310	820	1195	597.5	597.5	475	100	305	60	$6\times\phi35$	130	2390
14	1535	550	900	440	310	890	1335	597.5	737.5	475	100	375	60	$6\times\phi35$	140	2730
15	1680	625	1000	500	340	987	1440	720	720	535	120	365	70	$6\times\phi42$	230	3635
16	1770	625	1000	500	340	1033	1530	720	810	535	120	410	70	$6\times\phi42$	235	3965
17	1770	690	1110	550	390	1035	1500	750	750	600	135	390	80	$6\times\phi42$	290	4680
18	1890	690	1110	550	390	1095	1620	750	870	600	135	450	80	$6\times\phi42$	305	5185
19	2030	790	1240	620	435	1190	1720	860	860	690	155	435	90	$6\times\phi48$	430	6800
20	2150	790	1240	620	435	1250	1840	860	980	690	155	495	90	$6\times\phi48$	380	8200
21	2340	830	1390	700	475	1387	2000	1000	1000	720	170	485	100	$6\times\phi56$	395	9200
22	2450	830	1390	700	475	1442	2110	1000	1110	720	170	540	100	$6\times\phi56$	420	9900

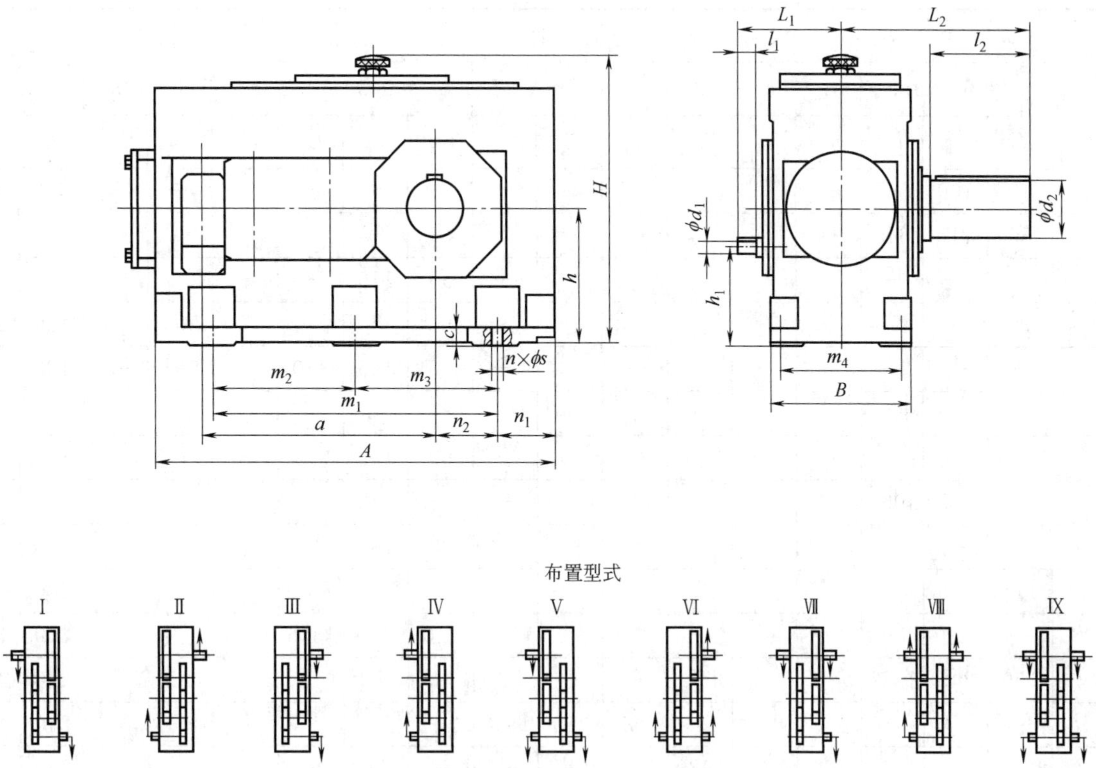

图 9-1-4　H4 减速器的外形尺寸图及布置型式

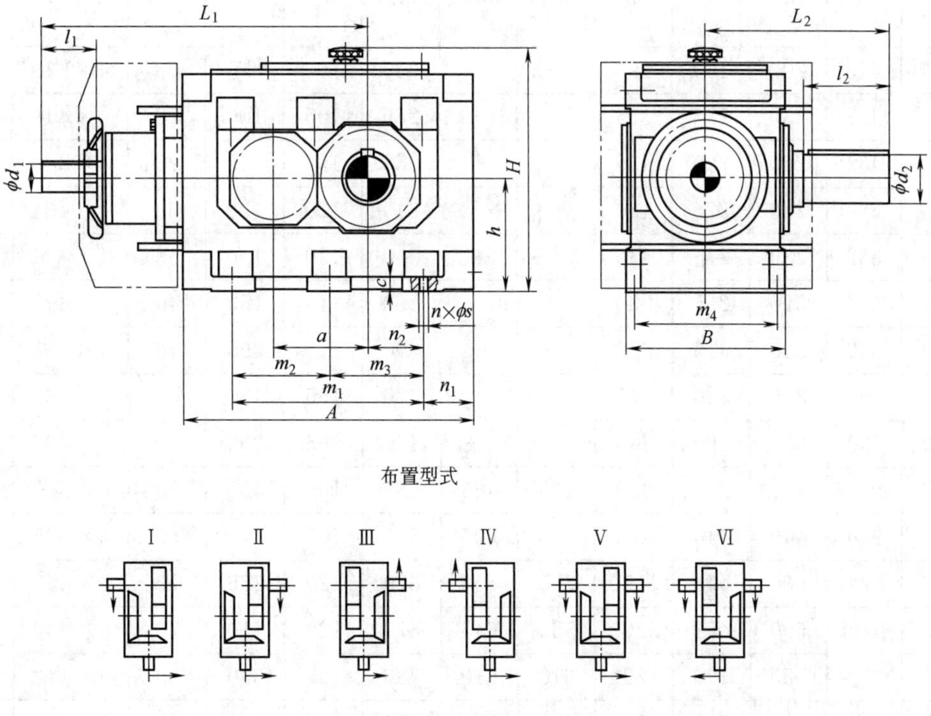

图 9-1-5　R2 减速器的外形尺寸图及布置型式

表 9-1-5　R2 减速器的外形尺寸　　/mm

规格	输入轴															输出轴		
	i_N=5～11.2			i_N=5.6～11.2			i_N=5.6～12.5			i_N=6.3～14			i_N=7.1～12.5					
	d_1	l_1	L_1	d_1	l_1	L_1	d_1	l_1	L_1	d_1	l_1	L_1	d_1	l_1	L_1	d_2	l_2	L_2
4	45	100	565	—	—	—	—	—	—	—	—	—	—	—	—	80	170	340
5	55	110	645	—	—	—	—	—	—	—	—	—	—	—	—	100	210	410
6	—	—	—	—	—	—	—	—	—	55	110	680	—	—	—	110	210	410
7	70	135	775	—	—	—	—	—	—	—	—	—	—	—	—	120	210	445
8	—	—	—	—	—	—	—	—	—	70	135	820	—	—	—	130	250	485
9	80	165	920	—	—	—	—	—	—	—	—	—	—	—	—	140	250	520
10	—	—	—	—	—	—	—	—	—	80	165	970	—	—	—	160	300	570
11	90	165	1090	—	—	—	—	—	—	—	—	—	—	—	—	170	300	620
12	—	—	—	—	—	—	—	—	—	90	165	1160	—	—	—	180	300	620
13	110	205	1275	—	—	—	—	—	—	—	—	—	—	—	—	200	350	740
14	—	—	—	—	—	—	—	—	—	110	205	1345	—	—	—	210	350	740
15	130	245	1522	—	—	—	—	—	—	—	—	—	—	—	—	230	410	870
16	—	—	—	—	—	—	130	245	1568	—	—	—	—	—	—	240	410	870
17	—	—	—	150	245	1680	—	—	—	—	—	—	—	—	—	250	410	950
18	—	—	—	—	—	—	—	—	—	—	—	—	150	245	1740	270	470	1010

规格	A	B	H	h	a	m_1	m_2	m_3	m_4	n_1	n_2	c	$n\times\phi s$	润滑油量 /L≈	质量 /kg≈
4	505	270	415	200	160	295	—	—	235	105	85	28	$4\times\phi19$	10	235
5	565	320	482	230	185	355	—	—	285	105	100	28	$4\times\phi19$	16	360
6	645	320	482	230	220	435	—	—	285	105	145	28	$4\times\phi19$	19	410
7	690	380	582	280	225	450	—	—	340	120	130	35	$4\times\phi24$	31	615
8	795	380	582	280	270	555	—	—	340	120	190	35	$4\times\phi24$	34	700
9	820	440	662	320	265	530	—	—	390	145	155	40	$4\times\phi28$	48	1000
10	920	440	662	320	315	630	—	—	390	145	205	40	$4\times\phi28$	50	1155
11	975	530	790	380	320	645	—	—	470	165	180	50	$4\times\phi35$	80	1640
12	1130	530	790	380	390	800	—	—	470	165	265	50	$4\times\phi35$	95	1910
13	1130	655	900	440	370	930	465	465	580	100	305	60	$6\times\phi35$	140	2450
14	1270	655	900	440	440	1070	465	605	580	100	375	60	$6\times\phi35$	155	2825
15	1350	765	1000	500	442	1110	555	555	670	120	365	70	$6\times\phi42$	220	3990
16	1440	765	1000	500	488	1200	555	645	670	120	410	70	$6\times\phi42$	230	4345
17	1490	885	1110	550	490	1220	610	610	780	135	390	80	$6\times\phi48$	320	5620
18	1610	885	1110	550	550	1340	610	730	780	135	450	80	$6\times\phi48$	335	6150

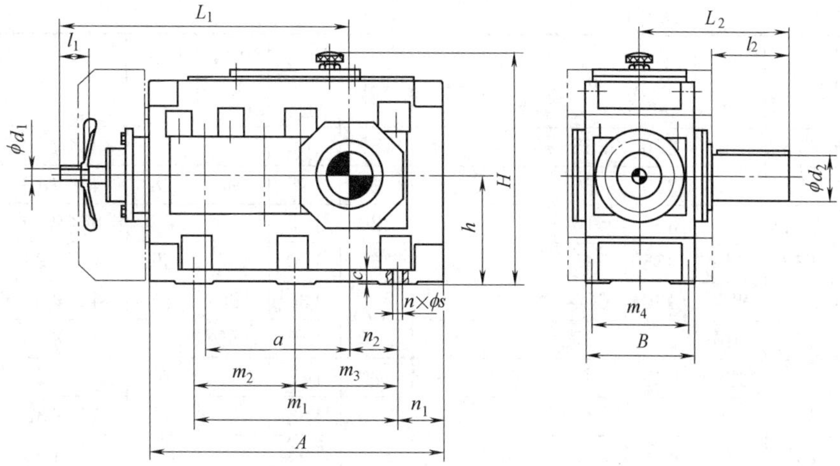

布置型式

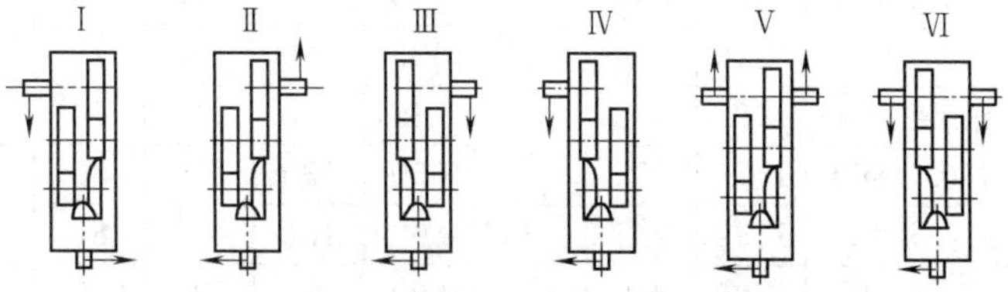

图 9-1-6　R3 减速器的外形尺寸图及布置型式

表 9-1-6　R3 减速器的外形尺寸　　/mm

规格	输入轴																		输出轴		
	i_N=12.5～45			i_N=14～50			i_N=16～56			i_N=50～71			i_N=56～80			i_N=63～90					
	d_1	l_1	L_1	d_1	l_1	L_1	d_1	l_1	L_1	d_1	l_1	L_1	d_1	l_1	L_1	d_1	l_1	L_1	d_2	l_2	L_2
4	30	70	570	—	—	—	—	—	—	25	60	560	—	—	—	—	—	—	80	170	310
5	35	80	655	—	—	—	—	—	—	28	60	635	—	—	—	—	—	—	100	210	375
6	—	—	—	—	—	—	35	80	690	—	—	—	—	—	—	28	60	670	110	210	375
7	45	100	790	—	—	—	—	—	—	35	80	770	—	—	—	—	—	—	120	210	405
8	—	—	—	—	—	—	45	100	835	—	—	—	—	—	—	35	80	815	130	250	445
9	55	110	910	—	—	—	—	—	—	40	100	900	—	—	—	—	—	—	140	250	485
10	—	—	—	—	—	—	55	110	960	—	—	—	—	—	—	40	100	950	160	300	535
11	70	135	1095	—	—	—	—	—	—	50	110	1070	—	—	—	—	—	—	170	300	570
12	—	—	—	—	—	—	70	135	1165	—	—	—	—	—	—	50	110	1140	180	300	570
13	80	165	1290	—	—	—	—	—	—	60	140	1265	—	—	—	—	—	—	200	350	685
14	—	—	—	—	—	—	80	165	1360	—	—	—	—	—	—	60	140	1335	210	350	685
15	90	165	1532	—	—	—	—	—	—	70	140	1507	—	—	—	—	—	—	230	410	790
16	—	—	—	70	140	1578	—	—	—	—	—	—	70	140	1553	—	—	—	240	410	790
17	110	205	1765	—	—	—	—	—	—	80	170	1730	—	—	—	—	—	—	250	410	825
18	—	—	—	80	170	1825	—	—	—	—	—	—	80	170	1790	—	—	—	270	470	885
19	130	245	2077	—	—	—	—	—	—	100	210	2042	—	—	—	—	—	—	290	470	935
20	—	—	—	100	210	2137	—	—	—	—	—	—	100	210	2102	—	—	—	300	500	965
21	130	245	2147	—	—	—	—	—	—	100	210	2112	—	—	—	—	—	—	320	500	990
22	—	—	—	100	210	2202	—	—	—	—	—	—	100	210	2167	—	—	—	340	550	1040

续表

规格	A	B	H	h	a	m_1	m_2	m_3	m_4	n_1	n_2	c	$n\times\phi s$	润滑油量 /L ≈	质量 /kg ≈
4	565	215	415	200	270	355	—	—	180	105	85	28	$4\times\phi19$	9	210
5	640	255	482	230	315	430	—	—	220	105	100	28	$4\times\phi19$	15	325
6	720	255	482	230	350	510	—	—	220	105	145	28	$4\times\phi19$	16	380
7	785	300	572	280	385	545	—	—	260	120	130	35	$4\times\phi24$	27	550
8	890	300	582	280	430	650	—	—	260	120	190	35	$4\times\phi24$	30	635
9	925	370	662	320	450	635	—	—	320	145	155	40	$4\times\phi28$	42	890
10	1025	370	662	320	500	735	—	—	320	145	205	40	$4\times\phi28$	45	1020
11	1105	430	782	380	545	775	—	—	370	165	180	50	$4\times\phi35$	71	1455
12	1260	430	790	380	615	930	—	—	370	165	265	50	$4\times\phi35$	76	1730
13	1290	550	900	440	635	1090	545	545	475	100	305	60	$6\times\phi35$	130	2380
14	1430	550	900	440	705	1230	545	685	475	100	375	60	$6\times\phi35$	140	2750
15	1550	625	1000	500	762	1310	655	655	535	120	365	70	$6\times\phi42$	210	3730
16	1640	625	1000	500	808	1400	655	745	535	120	410	70	$6\times\phi42$	220	3955
17	1740	690	1110	550	860	1470	735	735	600	135	390	80	$6\times\phi42$	290	4990
18	1860	690	1110	550	920	1590	735	855	600	135	450	80	$6\times\phi42$	300	5495
19	2010	790	1240	620	997	1700	850	850	690	155	435	90	$6\times\phi48$	380	7000
20	2130	790	1240	620	1057	1820	850	970	690	155	495	90	$6\times\phi48$	440	8100
21	2140	830	1390	700	1067	1800	900	900	720	170	485	100	$6\times\phi56$	370	9200
22	2250	830	1390	700	1122	1910	900	1010	720	170	540	100	$6\times\phi56$	430	9900

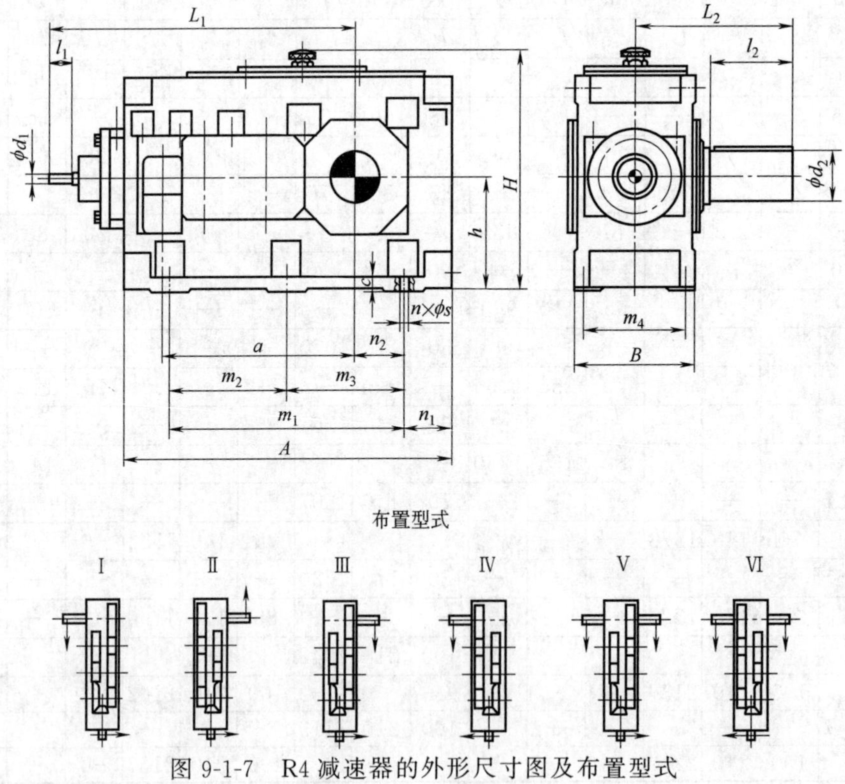

图 9-1-7　R4 减速器的外形尺寸图及布置型式

表 9-1-7 R4 减速器的外形尺寸

/mm

规格	输入轴																		输出轴		
	$i_N=80\sim180$			$i_N=90\sim200$			$i_N=100\sim224$			$i_N=200\sim315$			$i_N=224\sim355$			$i_N=250\sim400$					
	d_1	l_1	L_1	d_1	l_1	L_1	d_1	l_1	L_1	d_1	l_1	L_1	d_1	l_1	L_1	d_1	l_1	L_1	d_2	l_2	L_2
5	28	55	670	—	—	—	—	—	—	20	50	665	—	—	—	—	—	—	100	210	375
6	—	—	—	—	—	—	28	55	705	—	—	—	—	—	—	20	50	700	110	210	375
7	30	70	795	—	—	—	—	—	—	25	60	785	—	—	—	—	—	—	120	210	405
8	—	—	—	—	—	—	30	70	840	—	—	—	—	—	—	25	60	830	130	250	445
9	35	80	920	—	—	—	—	—	—	28	60	900	—	—	—	—	—	—	140	250	485
10	—	—	—	—	—	—	35	80	970	—	—	—	—	—	—	28	60	950	160	300	535
11	45	100	1110	—	—	—	—	—	—	35	80	1090	—	—	—	—	—	—	170	300	570
12	—	—	—	—	—	—	45	100	1180	—	—	—	—	—	—	35	80	1160	180	300	570
13	55	110	1280	—	—	—	—	—	—	40	100	1270	—	—	—	—	—	—	200	350	685
14	—	—	—	—	—	—	55	110	1350	—	—	—	—	—	—	40	100	1340	210	350	685
15	70	135	1537	—	—	—	—	—	—	50	110	1512	—	—	—	—	—	—	230	410	790
16	—	—	—	70	135	1583	—	—	—	—	—	—	50	110	1558	—	—	—	240	410	790
17	70	135	1585	—	—	—	—	—	—	50	110	1560	—	—	—	—	—	—	250	410	825
18	—	—	—	70	135	1645	—	—	—	—	—	—	50	110	1620	—	—	—	270	470	885
19	80	165	1845	—	—	—	—	—	—	60	140	1820	—	—	—	—	—	—	290	470	935
20	—	—	—	80	165	1905	—	—	—	—	—	—	60	140	1880	—	—	—	300	500	965
21	90	165	2157	—	—	—	—	—	—	70	140	2132	—	—	—	—	—	—	320	500	990
22	—	—	—	90	165	2212	—	—	—	—	—	—	70	140	2187	—	—	—	340	550	1040

规格	A	B	H	h	a	m_1	m_2	m_3	m_4	n_1	n_2	c	$n\times\phi s$	润滑油量 /L ≈	质量 /kg ≈
5	690	255	482	230	405	480	—	—	220	105	100	28	$4\times\phi19$	16	335
6	770	255	482	230	440	560	—	—	220	105	145	28	$4\times\phi19$	18	385
7	845	300	572	280	495	605	—	—	260	120	130	35	$4\times\phi24$	30	555
8	950	300	582	280	540	710	—	—	260	120	190	35	$4\times\phi24$	33	655
9	1000	370	662	320	580	710	—	—	320	145	155	40	$4\times\phi28$	48	890
10	1100	370	662	320	630	810	—	—	320	145	205	40	$4\times\phi28$	50	1025
11	1200	430	782	380	705	870	—	—	370	165	180	50	$4\times\phi35$	80	1485
12	1355	430	790	380	775	1025	—	—	370	165	265	50	$4\times\phi35$	90	1750
13	1395	550	900	440	820	1195	597.5	597.5	475	100	305	60	$6\times\phi35$	145	2395
14	1535	550	900	440	890	1335	597.5	737.5	475	100	375	60	$6\times\phi35$	150	2735
15	1680	625	1000	500	987	1440	720	720	535	120	365	70	$6\times\phi42$	230	3630
16	1770	625	1000	500	1033	1530	720	810	535	120	410	70	$6\times\phi42$	235	3985
17	1770	690	1110	550	1035	1500	750	750	600	135	390	80	$6\times\phi42$	295	4695
18	1890	690	1110	550	1095	1620	750	870	600	135	450	80	$6\times\phi42$	305	5200
19	2030	790	1240	620	1190	1720	860	860	690	155	435	90	$6\times\phi48$	480	6800
20	2150	790	1240	620	1250	1840	860	980	690	155	495	90	$6\times\phi48$	550	8200
21	2340	830	1390	700	1387	2000	1000	1000	720	170	485	100	$6\times\phi56$	540	9200
22	2450	830	1390	700	1442	2110	1000	1110	720	170	540	100	$6\times\phi56$	620	9900

表 9-1-8　H1 减速器额定机械强度功率　　/kW

i_N	n_1 /r·min^{-1}	n_2 /r·min^{-1}	规格																
			3	4	5	6	7	8	9	10	11	12	13	14	15	16	17	18	19
1.25	1500	1200	327	—	880	—	1671	—	2702	—	—	—	—	—	—	—	—	—	—
	1000	800	218	—	586	—	1114	—	1801	—	—	—	—	—	—	—	—	—	—
	750	600	163	—	440	—	836	—	1351	—	—	—	—	—	—	—	—	—	—
1.4	1500	1071	303	—	807	—	1559	—	2501	—	—	—	—	—	—	—	—	—	—
	1000	714	202	—	538	—	1039	—	1667	—	—	—	—	—	—	—	—	—	—
	750	536	152	—	404	—	780	—	1252	—	—	—	—	—	—	—	—	—	—
1.6	1500	938	285	—	737	—	1395	—	2318	—	3929	—	—	—	—	—	—	—	—
	1000	625	190	—	491	—	929	—	1545	—	2618	—	4213	—	—	—	—	—	—
	750	469	142	—	368	—	697	—	1159	—	1964	—	3094	—	—	—	—	—	—
1.8	1500	833	209	—	672	—	1326	—	2128	—	3611	—	—	—	—	—	—	—	—
	1000	556	140	—	448	—	885	—	1421	—	2410	—	3860	—	—	—	—	—	—
	750	417	105	—	336	—	664	—	1065	—	1808	—	2895	—	—	—	—	—	—
2	1500	750	196	—	644	—	1217	—	1963	—	3353	—	—	—	—	—	—	—	—
	1000	500	131	—	429	—	812	—	1309	—	2236	—	3571	—	—	—	—	—	—
	750	375	98	—	322	—	609	—	982	—	1677	—	2678	—	4751	—	—	—	—
2.24	1500	670	175	—	589	—	1087	—	1754	—	3087	—	—	—	—	—	—	—	—
	1000	446	117	—	392	—	724	—	1168	—	2055	—	3283	—	—	—	—	—	—
	750	335	88	—	295	—	544	—	877	—	1543	—	2466	—	4280	—	—	—	—
2.5	1500	600	163	—	528	—	974	—	1571	—	2764	—	—	—	—	—	—	—	—
	1000	400	109	—	352	—	649	—	1047	—	1843	—	3016	—	4607	—	—	—	—
	750	300	82	—	264	—	487	—	785	—	1382	—	2262	—	3455	—	—	—	—
2.8	1500	536	152	—	471	—	836	—	1330	—	2470	—	—	—	—	—	—	—	—
	1000	357	101	—	314	—	557	—	886	—	1645	—	2692	—	4224	—	—	—	—
	750	268	76	—	236	—	418	—	665	—	1235	—	2021	—	3171	—	4799	—	—
3.15	1500	476	135	—	419	—	758	—	1221	—	2088	—	3409	—	—	—	—	—	—
	1000	317	90	—	279	—	505	—	813	—	1391	—	2270	—	3850	—	—	—	—
	750	238	67	—	209	—	379	—	611	—	1044	—	1705	—	2891	—	4311	—	—
3.55	1500	423	124	—	368	—	687	—	1103	—	1936	—	3083	—	—	—	—	—	—
	1000	282	83	—	245	—	458	—	735	—	1290	—	2055	—	3484	—	—	—	—
	750	211	62	—	183	—	342	—	550	—	966	—	1538	—	2607	—	3822	—	—
4	1500	375	110	—	330	—	609	—	982	—	1728	—	2780	—	—	—	—	—	—
	1000	250	73	—	220	—	406	—	654	—	1152	—	1853	—	3194	—	4529	—	—
	750	188	55	—	165	—	305	—	492	—	866	—	1394	—	2402	—	3406	—	4823
4.5	1500	333	77	—	234	—	481	—	746	—	1395	—	2008	—	3557	—	—	—	—
	1000	222	51	—	156	—	321	—	497	—	930	—	1339	—	2371	—	3394	—	—
	750	167	38	—	117	—	241	—	374	—	699	—	1007	—	1784	—	2553	—	3777
5	1500	300	66	—	198	—	377	—	644	—	1059	—	1712	—	2790	—	—	—	—
	1000	200	44	—	132	—	251	—	429	—	706	—	1141	—	1860	—	2597	—	3644
	750	150	33	—	99	—	188	—	322	—	529	—	856	—	1395	—	1948	—	2733

续表

i_N	n_1 /r·min^{-1}	n_2 /r·min^{-1}	规格																
			3	4	5	6	7	8	9	10	11	12	13	14	15	16	17	18	19
5.6	1500	268	56	—	168	—	320	—	491	—	892	—	1454	—	2371	—	—	—	—
	1000	179	37	—	112	—	214	—	328	—	596	—	971	—	1584	—	2212	—	2812
	750	134	28	—	84	—	160	—	246	—	446	—	727	—	1186	—	1656	—	2105

表 9-1-9 H1 减速器额定热功率

/kW

i_N	n_1=750r/min 时	规格																
		3	4	5	6	7	8	9	10	11	12	13	14	15	16	17	18	19
1.25	P_{G1}	77.6	—	—	—	—	—	—	—	—	—	—	—	—	—	—	—	—
	P_{G2}	163	—	385	—	526	—	594	—	—	—	—	—	—	—	—	—	—
1.4	P_{G1}	78.3	—	—	—	—	—	—	—	—	—	—	—	—	—	—	—	—
	P_{G2}	161	—	386	—	532	—	622	—	—	—	—	—	—	—	—	—	—
1.6	P_{G1}	78.3	—	—	—	—	—	—	—	—	—	—	—	—	—	—	—	—
	P_{G2}	157	—	379	—	517	—	642	—	885	—	796	—	—	—	—	—	—
1.8	P_{G1}	88.1	—	—	—	—	—	—	—	—	—	—	—	—	—	—	—	—
	P_{G2}	174	—	368	—	523	—	641	—	924	—	915	—	—	—	—	—	—
2	P_{G1}	85.6	—	142	—	—	—	—	—	—	—	—	—	—	—	—	—	—
	P_{G2}	167	—	354	—	506	—	629	—	936	—	986	—	—	—	—	—	—
2.24	P_{G1}	83.3	—	140	—	—	—	—	—	—	—	—	—	—	—	—	—	—
	P_{G2}	159	—	337	—	472	—	608	—	931	—	1025	—	812	—	—	—	—
2.5	P_{G1}	77	—	134	—	—	—	—	—	249	—	—	—	—	—	—	—	—
	P_{G2}	147	—	317	—	444	—	579	—	907	—	1031	—	900	—	—	—	—
2.8	P_{G1}	72.8	—	127	—	180	—	—	—	—	—	—	—	—	—	—	—	—
	P_{G2}	137	—	296	—	455	—	598	—	870	—	1012	—	962	—	789		
3.15	P_{G1}	72.9	—	137	—	213	—	263	—	—	—	—	—	—	—	—	—	—
	P_{G2}	133	—	293	—	514	—	636	—	928	—	1085	—	1203	—	1159	—	—
3.55	P_{G1}	67.2	—	135	—	199	—	249	—	—	—	—	—	—	—	—	—	—
	P_{G2}	121	—	286	—	471	—	590	—	858	—	1026	—	1176	—	1194	—	—
4	P_{G1}	61.2	—	124	—	182	—	217	—	318	—	—	—	—	—	—	—	—
	P_{G2}	110	—	259	—	421	—	502	—	794	—	953	—	1120	—	1181	—	1131
4.5	P_{G1}	67.9	—	131	—	191	—	257	—	318	—	414	—	—	—	—	—	—
	P_{G2}	118	—	262	—	421	—	563	—	756	—	989	—	1205	—	1260	—	1268
5	P_{G1}	61.7	—	125	—	186	—	238	—	324	—	414	—	—	—	—	—	—
	P_{G2}	107	—	248	—	404	—	508	—	740	—	947	—	1187	—	1419	—	1493
5.6	P_{G1}	55.2	—	111	—	168	—	228	—	309	—	378	—	—	—	—	—	—
	P_{G2}	95.2	—	219	—	361	—	485	—	701	—	852	—	1077	—	1304	—	1568

续表

i_N	n_1=1000r/min时	规格 3	4	5	6	7	8	9	10	11	12	13	14	15	16	17	18	19
1.25	P_{G1}	63.2	—	—	—	—	—	—	—	—	—	—	—	—	—	—	—	—
	P_{G2}	187	—	402	—	517	—	536	—	—	—	—	—	—	—	—	—	—
1.4	P_{G1}	65.4	—	—	—	—	—	—	—	—	—	—	—	—	—	—	—	—
	P_{G2}	186	—	409	—	534	—	578	—	—	—	—	—	—	—	—	—	—
1.6	P_{G1}	68.6	—	—	—	—	—	—	—	—	—	—	—	—	—	—	—	—
	P_{G2}	183	—	412	—	540	—	630	—	729	—	510	—	—	—	—	—	—
1.8	P_{G1}	79.9	—	—	—	—	—	—	—	—	—	—	—	—	—	—	—	—
	P_{G2}	205	—	410	—	561	—	655	—	821	—	674	—	—	—	—	—	—
2	P_{G1}	78.5	—	104	—	—	—	—	—	—	—	—	—	—	—	—	—	—
	P_{G2}	197	—	397	—	549	—	651	—	852	—	757	—	—	—	—	—	—
2.24	P_{G1}	78	—	109	—	—	—	—	—	—	—	—	—	—	—	—	—	—
	P_{G2}	189	—	382	—	520	—	645	—	887	—	851	—	523	—	—	—	—
2.5	P_{G1}	72.8	—	108	—	—	—	—	—	—	—	—	—	—	—	—	—	—
	P_{G2}	175	—	362	—	494	—	621	—	884	—	888	—	621	—	—	—	—
2.8	P_{G1}	69.6	—	105	—	133	—	—	—	—	—	—	—	—	—	—	—	—
	P_{G2}	164	—	340	—	511	—	649	—	865	—	902	—	707	—	500	—	—
3.15	P_{G1}	73	—	127	—	189	—	217	—	—	—	—	—	—	—	—	—	—
	P_{G2}	161	—	348	—	601	—	731	—	1019	—	1128	—	1146	—	1040	—	—
3.55	P_{G1}	67.6	—	127	—	178	—	209	—	—	—	—	—	—	—	—	—	—
	P_{G2}	147	—	340	—	553	—	682	—	949	—	1078	—	1140	—	1096	—	—
4	P_{G1}	61.9	—	118	—	167	—	189	—	235	—	—	—	—	—	—	—	—
	P_{G2}	134	—	309	—	498	—	585	—	891	—	1024	—	1124	—	1132	—	1032
4.5	P_{G1}	69.7	—	129	—	183	—	238	—	267	—	304	—	—	—	—	—	—
	P_{G2}	144	—	316	—	504	—	667	—	872	—	1107	—	1289	—	1307	—	1274
5	P_{G1}	63.9	—	125	—	184	—	228	—	290	—	340	—	—	—	—	—	—
	P_{G2}	131	—	301	—	488	—	608	—	869	—	1087	—	1317	—	1541	—	1585
5.6	P_{G1}	57.2	—	111	—	166	—	220	—	277	—	311	—	—	—	—	—	—
	P_{G2}	116	—	266	—	435	—	581	—	823	—	978	—	1195	—	1416	—	1665

i_N	n_1=1500r/min时	规格 3	4	5	6	7	8	9	10	11	12	13	14	15	16	17	18	19
1.25	P_{G1}	—	—	—	—	—	—	—	—	—	—	—	—	—	—	—	—	—
	P_{G2}	210	—	372	—	408	—	—	—	—	—	—	—	—	—	—	—	—
1.4	P_{G1}	—	—	—	—	—	—	—	—	—	—	—	—	—	—	—	—	—
	P_{G2}	212	—	392	—	447	—	375	—	—	—	—	—	—	—	—	—	—

续表

i_N	n_1=1500r/min时	规格																
		3	4	5	6	7	8	9	10	11	12	13	14	15	16	17	18	19
1.6	P_{G1}	—	—	—	—	—	—	—	—	—	—	—	—	—	—	—	—	—
	P_{G2}	213	—	420	—	500	—	495	—	—	—	—	—	—	—	—	—	—
1.8	P_{G1}	—	—	—	—	—	—	—	—	—	—	—	—	—	—	—	—	—
	P_{G2}	241	—	435	—	554	—	575	—	—	—	—	—	—	—	—	—	—
2	P_{G1}	—	—	—	—	—	—	—	—	—	—	—	—	—	—	—	—	—
	P_{G2}	234	—	427	—	553	—	590	—	509	—	—	—	—	—	—	—	—
2.24	P_{G1}	—	—	—	—	—	—	—	—	—	—	—	—	—	—	—	—	—
	P_{G2}	227	—	422	—	544	—	620	—	631	—	—	—	—	—	—	—	—
2.5	P_{G1}	—	—	—	—	—	—	—	—	—	—	—	—	—	—	—	—	—
	P_{G2}	211	—	405	—	525	—	614	—	676	—	—	—	—	—	—	—	—
2.8	P_{G1}	50	—	—	—	—	—	—	—	—	—	—	—	—	—	—	—	—
	P_{G2}	199	—	384	—	553	—	658	—	705	—	—	—	—	—	—	—	—
3.15	P_{G1}	63.8	—	—	—	—	—	—	—	—	—	—	—	—	—	—	—	—
	P_{G2}	200	—	415	—	702	—	828	—	1055	—	1033	—	816	—	—	—	—
3.55	P_{G1}	59.8	—	—	—	—	—	—	—	—	—	—	—	—	—	—	—	—
	P_{G2}	183	—	407	—	649	—	778	—	998	—	1014	—	860	—	678	—	—
4	P_{G1}	56.2	—	85.1	—	—	—	—	—	—	—	—	—	—	—	—	—	
	P_{G2}	166	—	374	—	591	—	677	—	964	—	1012	—	938	—	821	—	623
4.5	P_{G1}	66.4	—	106	—	135	—	—	—	—	—	—	—	—	—	—	—	—
	P_{G2}	180	—	389	—	611	—	795	—	994	—	1193	—	1261	—	1192	—	1069
5	P_{G1}	62.5	—	111	—	151	—	169	—	—	—	—	—	—	—	—	—	—
	P_{G2}	165	—	373	—	599	—	738	—	1020	—	1227	—	1395	—	1560	—	1526
5.6	P_{G1}	56	—	98.8	—	136	—	163	—	—	—	—	—	—	—	—	—	—
	P_{G2}	146	—	330	—	535	—	704	—	967	—	1104	—	1266	—	1433	—	1604

表 9-1-10 H2减速器额定机械强度功率 /kW

i_N	n_1/r·min^{-1}	n_2/r·min^{-1}	规格																			
			3	4	5	6	7	8	9	10	11	12	13	14	15	16	17	18	19	20	21	22
6.3	1500	238	87	157	262	—	474	—	785	—	1383	—	2143	—	3564	—	4860	—	—	—	—	—
	1000	159	58	105	175	—	316	—	524	—	924	—	1432	—	2381	—	3247	—	4862	—	—	—
	750	119	44	79	131	—	237	—	393	—	692	—	1072	—	1782	—	2430	—	3639	—	—	—
7.1	1500	211	77	139	232	—	420	—	696	—	1226	—	1900	—	3159	3535	4308	—	—	—	—	—
	1000	141	52	93	155	—	281	—	465	—	819	—	1270	—	2111	2362	2879	3396	4311	4946	—	—
	750	106	39	70	117	—	211	—	350	—	616	—	955	—	1587	1776	2164	2553	3241	3718	4551	—

i_N	n_1/r·min^{-1}	n_2/r·min^{-1}	规格																	
			3	4	5	6	7	8	9	10	11	12	13	14	15	16	17	18	19	20	21	22
8	1500	188	69	124	207	266	374	472	620	778	1093	1358	1693	2106	2815	3150	3839	4528	—	—	—	—
	1000	125	46	82	137	177	249	314	412	517	726	903	1126	1401	1872	2094	2552	3010	3822	4385	—	—
	750	94	34	62	103	133	187	236	310	389	546	679	846	1053	1408	1575	1919	2264	2874	3297	4036	4508
9	1500	167	61	110	184	236	332	420	551	691	971	1207	1504	1871	2501	2798	3410	4022	—	—	—	—
	1000	111	41	73	122	157	221	279	366	459	645	802	1000	1244	1662	1860	2266	2673	3394	3894	4765	—
	750	83	30	55	91	117	165	209	274	343	482	600	747	930	1243	1391	1695	1999	2538	2912	3563	3981
10	1500	150	55	99	165	212	298	377	495	620	872	1084	1351	1681	2246	2513	3063	3613	—	—	—	—
	1000	100	37	66	110	141	199	251	330	414	581	723	901	1120	1497	1675	2042	2408	3058	3508	4293	4796
	750	75	27	49	82	106	149	188	247	310	436	542	675	840	1123	1257	1531	1806	2293	2631	3220	3597
11.2	1500	134	49	88	147	189	267	337	442	554	779	968	1207	1501	2006	2245	2736	3227	—	—	—	—
	1000	89	33	59	98	126	177	224	294	368	517	643	801	997	1333	1491	1817	2143	2721	3122	3821	4268
	750	67	25	44	74	95	133	168	221	277	389	484	603	751	1003	1123	1368	1614	2049	2350	2876	3213
12.5	1500	120	44	79	132	170	239	302	396	496	697	867	1081	1345	1797	2010	2450	2890	3669	—	—	—
	1000	80	29	53	88	113	159	201	364	331	465	578	720	896	1198	1340	1634	1927	2446	2806	3435	3837
	750	60	22	40	66	85	119	151	198	248	349	434	540	672	898	1005	1225	1445	1835	2105	2576	2877
14	1500	107	39	71	118	151	213	269	353	443	622	773	964	1199	1602	1793	2185	2577	3272	3752	—	—
	1000	71	26	47	78	100	141	178	234	294	413	513	639	795	1063	1190	1450	1710	2171	2491	3048	3405
	750	54	20	36	59	76	107	136	178	223	314	390	486	605	809	905	1103	1301	1651	1894	2318	2590
16	1500	94	34	62	103	133	187	236	310	389	546	679	846	1053	1408	1575	1919	2264	2874	3297	—	—
	1000	63	23	42	69	89	125	158	208	361	366	455	567	706	943	1055	1286	1517	1926	2210	2705	3021
	750	47	17	31	52	66	94	118	155	194	273	340	423	527	704	787	960	1132	1437	1649	2018	2254
18	1500	83	30	55	91	117	165	209	274	343	482	600	747	930	1243	1391	1695	1999	2538	2912	—	—
	1000	56	21	37	62	79	111	141	185	232	325	405	504	627	839	938	1143	1349	1712	1964	2404	2686
	750	42	15	28	46	59	84	106	139	174	244	303	378	471	629	704	858	1012	1284	1473	1803	2014
20	1500	75	27	49	82	106	149	188	247	310	436	542	675	840	1123	1257	1531	1806	2293	2631	—	—
	1000	50	18	33	55	71	99	126	165	207	291	361	450	560	749	838	1021	1204	1529	1754	2147	2398
	750	38	14	25	42	54	76	95	125	157	221	275	342	426	569	637	776	915	1162	1333	1631	1822
22.4	1500	67	25	43	72	95	130	168	217	277	382	484	—	751	—	1123	—	1614	—	2350	—	—
	1000	45	16	29	48	64	88	113	146	786	257	325	—	504	—	754	—	1084	—	1579	—	2158
	750	33	12	21	35	47	64	83	107	136	188	238	—	370	—	553	—	795	—	1158	—	1583
25	1500	60	—	—	—	85	—	151	—	248	—	434	—	672	—	—	—	—	—	—	—	—
	1000	40	—	—	—	57	—	101	—	165	—	289	—	448	—	—	—	—	—	—	—	—
	750	30	—	—	—	42	—	75	—	124	—	217	—	336	—	—	—	—	—	—	—	—
28	1500	54	—	—	—	74	—	133	—	220	—	383	—	—	—	—	—	—		—	—	—
	1000	36	—	—	—	49	—	89	—	147	—	256	—	—	—	—	—	—		—	—	—
	750	27	—	—	—	37	—	66	—	110	—	192	—	—	—	—	—	—		—	—	—

表 9-1-11　H2 减速器额定热功率　/kW

i_N	n_1=750r/min时	规格																		
		4	5	6	7	8	9	10	11	12	13	14	15	16	17	18	19	20	21	22
6.3	P_{G1}	53.1	68.9	—	97.9	—	134	—	186	—	—	—	—	—	—	—	—	—	—	—
	P_{G2}	86.4	116	—	178	—	234	—	354	—	445	—	416	—	449	—	—	—	—	—
7.1	P_{G1}	54.5	70.4	—	95.2	—	131	—	190	—	—	—	—	—	—	—	—	—	—	—
	P_{G2}	88.8	118	—	172	—	229	—	359	—	456	—	444	439	502	477	—	—	—	—
8	P_{G1}	52.4	68.6	75.6	92.5	105	129	134	189	216	—	—	—	—	—	—	—	—	—	—
	P_{G2}	85.2	116	127	168	189	224	232	357	402	462	512	467	469	548	532	—	—	—	—
9	P_{G1}	50.8	66.7	77.3	89.8	102	125	132	184	220	252	281	—	—	—	—	—	—	—	—
	P_{G2}	82.7	113	129	164	184	220	228	349	414	471	531	494	506	603	601	—	—	—	—
10	P_{G1}	48.1	63.2	75.3	87.1	100	121	128	179	219	249	284	277	286	—	—	—	—	—	—
	P_{G2}	78.2	107	127	157	180	212	225	341	413	468	536	504	524	633	643	—	—	—	—
11.2	P_{G1}	46.1	60.7	73	88.1	97	115	125	183	211	256	283	276	290	315	321	—	—	—	—
	P_{G2}	75	102	123	159	174	202	219	347	398	482	532	501	529	642	664	—	—	—	—
12.5	P_{G1}	44.5	59.7	68.9	86.7	92.8	113	121	183	205	247	277	280	288	331	329	411	406	—	—
	P_{G2}	71.7	100	116	155	167	198	210	344	384	460	521	508	522	660	667	—	—	—	—
14	P_{G1}	42.2	56.5	66	79.8	93.7	110	116	175	208	238	283	272	291	327	344	412	428	—	—
	P_{G2}	67.8	95.1	111	143	169	192	201	327	391	442	532	492	528	649	684	—	—	—	—
16	P_{G1}	38.7	53	64.8	74.7	92.3	104	113	164	208	218	272	275	282	319	339	404	427	463	—
	P_{G2}	62	88.5	107	133	1645	180	195	307	386	405	507	497	509	627	669	—	—	—	—
18	P_{G1}	37	50.7	61.3	71.5	84.6	97.9	109	152	198	220	261	261	286	317	330	406	418	462	473
	P_{G2}	59	84.7	102	128	150	170	189	287	366	411	485	471	514	619	647	—	—	—	—
20	P_{G1}	36.2	47.5	57.4	66.6	80	94.8	103	147	185	207	239	251	270	311	328	395	418	450	474
	P_{G2}	57.5	79.2	94.8	119	140	163	177	276	341	384	441	448	484	606	634	—	—	—	—
22.4	P_{G1}	33.4	44.1	54.8	64.2	76.1	87	97.1	137	171	—	240	—	258	—	322	—	405	—	454
	P_{G2}	53.2	73.2	90.8	114	135	151	166	256	317	—	442	—	458	—	616	—	—	—	—
25	P_{G1}	—	—	51.4	—	71.1	—	94	—	166	—	225	—	—	—	—	—	—	—	—
	P_{G2}	—	—	84.7	—	124	—	160	—	305	—	411	—	—	—	—	—	—	—	—
28	P_{G1}	—	—	47.7	—	68.4	—	87	—	154	—	—	—	—	—	—	—	—	—	—
	P_{G2}	—	—	78.4	—	120	—	149	—	283	—	—	—	—	—	—	—	—	—	—
i_N	n_1=1000r/min时	规格																		
		4	5	6	7	8	9	10	11	12	13	14	15	16	17	18	19	20	21	22
6.3	P_{G1}	54.1	66.5	—	90.3	—	116	—	134	—	—	—	—	—	—	—	—	—	—	—
	P_{G2}	106	143	—	221	—	293	—	450	—	579	—	563	—	625	—	—	—	—	—
7.1	P_{G1}	56.1	69	—	89.8	—	117	—	145	—	—	—	—	—	—	—	—	—	—	—
	P_{G2}	109	146	—	214	—	286	—	454	—	588	—	591	589	683	659	—	—	—	—
8	P_{G1}	54.4	68.3	74.5	89.1	99	118	120	152	161	—	—	—	—	—	—	—	—	—	—
	P_{G2}	104	142	157	208	235	279	290	449	509	591	656	613	620	733	719	—	—	—	—

第9篇

i_N	n_1=1000r/min时	规格																		
		4	5	6	7	8	9	10	11	12	13	14	15	16	17	18	19	20	21	22
9	P_{G1}	53.4	67.9	78.1	89.3	100	120	124	160	182	195	212	—	—	—	—	—	—	—	—
	P_{G2}	101	139	159	202	228	272	283	437	520	594	672	635	655	786	789	—	—	—	—
10	P_{G1}	51.1	65.4	77.4	88.3	100	119	125	164	193	209	234	200	198	—	—	—	—	—	—
	P_{G2}	95.7	131	156	193	222	262	278	424	516	587	673	640	668	812	830	—	—	—	—
11.2	P_{G1}	49.3	63.4	76	90.7	99	116	124	173	195	226	247	218	222	229	223	—	—	—	—
	P_{G2}	91.7	126	151	196	214	249	270	430	495	601	665	632	669	815	847	—	—	—	—
12.5	P_{G1}	47.8	63	72.3	90.2	95.6	116	122	178	194	226	252	235	235	260	250	301	289	—	—
	P_{G2}	87.6	123	142	191	205	244	259	425	475	572	648	637	656	833	844	—	—	—	—
14	P_{G1}	45.5	60	69.8	83.8	97.7	114	119	173	202	225	266	240	252	274	281	328	333	—	—
	P_{G2}	82.9	116	135	175	207	236	247	403	483	547	659	614	659	814	860	—	—	—	—
16	P_{G1}	41.8	56.6	68.9	79	97	108	117	166	206	212	263	252	254	280	292	341	354	336	—
	P_{G2}	75.7	108	131	163	201	221	240	377	476	501	626	617	634	782	837	—	—	—	—
18	P_{G1}	40.1	54.4	65.7	76.1	89.7	103	114	156	200	219	259	248	268	292	299	362	368	367	352
	P_{G2}	72.1	103	124	157	184	208	231	352	450	506	598	583	638	768	805	—	—	—	—
20	P_{G1}	39.3	51.1	61.7	71.3	585.2	100	109	152	189	208	239	242	258	293	304	361	378	373	372
	P_{G2}	70.2	96.8	115	145	172	200	217	339	419	473	543	554	599	751	787	—	—	—	—
22.4	P_{G1}	36.4	47.5	59	68.7	81.1	92.3	102	142	175	—	241	—	248	—	300	—	369	—	362
	P_{G2}	64.9	89.4	111	139	165	185	203	314	390	—	544	—	566	—	764	—	—	—	—
25	P_{G1}	—	—	55.3	—	75.8	—	99.4	—	170	—	227	—	—	—	—	—	—	—	—
	P_{G2}	—	—	103	—	152	—	196	—	374	—	506	—	—	—	—	—	—	—	—
28	P_{G1}	—	—	51.5	—	73.3	—	92.5	—	160	—	—	—	—	—	—	—	—	—	—
	P_{G2}	—	—	95.8	—	146	—	182	—	347	—	—	—	—	—	—	—	—	—	—

i_N	n_1=1500r/min时	规格																		
		4	5	6	7	8	9	10	11	12	13	14	15	16	17	18	19	20	21	22
6.3	P_{G1}	48.5	48.8	—	—	—	—	—	—	—	—	—	—	—	—	—	—	—	—	—
	P_{G2}	132	172	—	256	—	322	—	428	—	442	—	—	—	—	—	—	—	—	—
7.1	P_{G1}	51.6	53.9	—	—	—	—	—	—	—	—	—	—	—	—	—	—	—	—	—
	P_{G2}	137	177	—	252	—	323	—	453	—	493	—	338	—	—	—	—	—	—	—
8	P_{G1}	51.4	56.4	59.2	64.9	—	—	—	—	—	—	—	—	—	—	—	—	—	—	—
	P_{G2}	132	175	191	249	276	322	328	469	501	537	580	422	390	—	—	—	—	—	—
9	P_{G1}	52.4	60.5	67.8	73.2	77.2	86.3	—	—	—	—	—	—	—	—	—	—	—	—	—
	P_{G2}	129	174	198	248	275	324	333	484	553	600	666	541	530	584	542	—	—	—	—
10	P_{G1}	51.4	61.1	70.9	77.7	84.2	96	95.3	—	—	—	—	—	—	—	—	—	—	—	—
	P_{G2}	123	165	196	241	273	320	335	489	577	631	715	612	617	710	691	—	—	—	—
11.2	P_{G1}	50.4	61.2	72.2	83.4	88	99.9	103	119	—	—	—	—	—	—	—	—	—	—	—
	P_{G2}	118	160	191	246	267	309	331	509	572	674	738	648	669	784	787	—	—	—	—

续表

i_N	n_1=1500r/min时	规格																		
		4	5	6	7	8	9	10	11	12	13	14	15	16	17	18	19	20	21	22
12.5	P_{G1}	49.5	62.1	70.5	85.6	88.3	104	106	135	—	—	—	—	—	—	—	—	—	—	—
	P_{G2}	113	157	181	242	258	305	322	512	562	660	742	685	691	851	840	—	—	—	—
14	P_{G1}	47.6	60.4	69.5	81.7	93.2	106	108	142	153	—	—	—	—	—	—	—	—	—	—
	P_{G2}	108	150	174	224	263	298	310	494	583	647	774	686	726	875	906	—	—	—	—
16	P_{G1}	44.1	57.8	69.8	78.6	94.9	104	110	144	169	160	193	—	—	—	—	—	—	—	—
	P_{G2}	98.9	140	169	210	257	281	303	469	583	603	751	710	721	873	919	—	—	—	—
18	P_{G1}	42.7	56.4	67.6	77.3	89.8	101	111	143	175	181	209	170	—	—	—	—	—	—	—
	P_{G2}	94.4	134	162	202	237	266	296	443	560	621	731	690	748	888	919	—	—	—	—
20	P_{G1}	42	53.3	64	73.1	86.3	100	107	142	170	179	202	179	182	—	—	—	—	—	—
	P_{G2}	92.1	126	150	188	222	257	278	428	525	586	670	665	712	882	915	—	—	—	—
22.4	P_{G1}	38.9	49.7	61.3	70.7	82.4	92.6	101	133	159	—	206	—	179	—	—	—	—	—	—
	P_{G2}	85.2	116	144	181	213	239	261	397	489	—	673	—	676	—	893	—	—	—	—
25	P_{G1}	—	—	57.6	—	77.2	—	98.9	—	155	—	195	—	—	—	—	—	—	—	—
	P_{G2}	—	—	134	—	197	—	252	—	470	—	627	—	—	—	—	—	—	—	—
28	P_{G1}	—	—	54.1	—	75.5	—	93.4	—	150	—	—	—	—	—	—	—	—	—	—
	P_{G2}	—	—	125	—	190	—	235	—	439	—	—	—	—	—	—	—	—	—	—

表 9-1-12 H3 减速器额定机械强度功率 /kW

i_N	n_1/r·min^{-1}	n_2/r·min^{-1}	规格																	
			5	6	7	8	9	10	11	12	13	14	15	16	17	18	19	20	21	22
22.4	1500	67	—	—	—	—	—	—	—	—	617	—	1073	—	1403	—	2105	—	2947	—
	1000	45	—	—	—	—	—	—	—	—	415	—	721	—	942	—	1414	—	1979	—
	750	33	—	—	—	—	—	—	—	—	304	—	529	—	691	—	1037	—	1451	—
25	1500	60	69	—	129	—	214	—	377	—	553	—	961	1087	1257	1508	1885	2168	2639	2953
	1000	40	46	—	86	—	142	—	251	—	369	—	641	725	838	1005	1257	1445	1759	1969
	750	30	35	—	64	—	107	—	188	—	276	—	481	543	628	754	942	1084	1319	1476
28	1500	54	62	—	116	—	192	—	339	—	498	616	865	978	1131	1357	1696	1951	2375	2658
	1000	36	41	—	77	—	128	—	226	—	332	411	577	652	754	905	1131	1301	1583	1772
	750	27	31	—	58	—	96	—	170	—	249	308	433	489	565	679	848	975	1187	1329
31.5	1500	48	55	73	103	128	171	216	302	377	442	548	769	870	1005	1206	1508	1734	2111	2362
	1000	32	37	49	69	85	114	144	201	251	295	365	513	580	670	804	1005	1156	1407	1575
	750	24	28	36	52	64	85	108	151	188	221	274	385	435	503	603	754	867	1055	1181
35.5	1500	42	48	64	90	112	150	189	264	330	387	479	673	761	880	1055	1319	1517	1847	2067
	1000	28	32	43	60	75	100	126	176	220	258	320	449	507	586	704	880	1012	1231	1378
	750	21	24	32	45	56	75	95	132	165	194	240	336	380	440	528	660	759	924	1034

续表

i_N	n_1/r·min^{-1}	n_2/r·min^{-1}	规格																	
			5	6	7	8	9	10	11	12	13	14	15	16	17	18	19	20	21	22
40	1500	38	44	58	82	101	135	171	239	298	350	434	609	688	796	955	1194	1373	1671	1870
	1000	25	29	38	54	67	89	113	157	196	230	285	401	453	524	628	785	903	1099	1230
	750	18.8	22	29	40	50	67	85	118	148	173	215	301	341	394	472	591	679	827	925
45	1500	33	38	50	71	88	117	149	207	259	304	377	529	598	691	829	1037	1192	1451	1624
	1000	22	25	33	47	59	78	99	138	173	203	251	352	399	461	553	691	795	968	1083
	750	16.7	19	25	36	45	59	75	105	131	154	191	268	303	350	420	525	603	734	822
50	1500	30	35	46	64	80	107	135	188	236	276	342	481	543	628	754	942	1084	1319	1476
	1000	20	23	30	43	53	71	90	126	157	184	228	320	362	419	503	628	723	880	984
	750	15	17	23	32	40	53	68	94	118	138	171	240	272	314	377	471	542	660	738
56	1500	27	31	41	58	72	96	122	170	212	249	308	433	489	565	679	848	975	1187	1329
	1000	17.9	21	27	38	48	64	81	112	141	165	204	287	324	375	450	562	647	787	881
	750	13.4	15	20	29	36	48	60	84	105	123	153	215	243	281	337	421	484	589	659
63	1500	24	28	36	52	64	85	108	151	188	221	274	385	435	503	603	754	867	1055	1181
	1000	15.9	18	24	34	42	57	72	100	125	147	181	255	288	333	400	499	574	699	783
	750	11.9	14	18	26	32	42	54	75	93	110	136	191	216	249	299	374	430	523	586
71	1500	21	24	32	45	56	75	95	132	165	194	240	336	380	440	528	660	759	924	1034
	1000	14.1	16	21	30	38	50	63	89	111	130	161	226	255	295	354	443	509	620	694
	750	10.6	12	16	23	28	38	48	67	83	98	121	170	192	222	266	333	383	466	522
80	1500	18.8	22	29	40	50	67	85	118	148	173	215	301	341	394	472	591	679	827	925
	1000	12.5	14	19	27	33	45	56	79	98	115	143	200	226	262	314	393	452	550	615
	750	9.4	11	14	20	25	33	42	59	74	87	107	151	170	197	236	295	340	413	463
90	1500	16.7	19	25	35	45	59	75	105	131	154	191	268	303	350	420	507	603	717	822
	1000	11.1	13	17	23	30	39	50	70	87	102	127	178	201	232	279	337	401	477	546
	750	8.3	10	13	17	22	29	37	52	65	76	95	133	150	174	209	252	300	356	408
100	1500	15	—	23	—	40	—	68	—	118	—	171	—	272	—	355	—	526	—	730
	1000	10	—	15	—	27	—	45	—	79	—	114	—	181	—	237	—	351	—	487
	750	7.5	—	11	—	20	—	34	—	59	—	86	—	136	—	177	—	263	—	365
112	1500	13.4	—	20	—	35	—	59	—	105	—	153	—	—	—	—	—	—	—	—
	1000	8.9	—	13	—	23	—	39	—	70	—	102	—	—	—	—	—	—	—	—
	750	6.7	—	10	—	18	—	29	—	53	—	76	—	—	—	—	—	—	—	—

表 9-1-13 H3 减速器额定热功率 /kW

i_N	n_1=750r/min 时	规格																	
		5	6	7	8	9	10	11	12	13	14	15	16	17	18	19	20	21	22
22.4	P_{G1}	—	—	—	—	—	—	—	—	193	—	265	—	285	—	353	—	419	—
	P_{G2}	—	—	—	—	—	—	—	—	269	—	393	—	406	—	—	—	—	—
25	P_{G1}	45.9	—	68.1	—	92.9	—	139	—	188	—	259	274	276	294	349	363	429	427
	P_{G2}	62.7	—	95	—	130	—	201	—	261	—	381	404	393	418	—	—	—	—

续表

i_N	$n_1=$ 750r/min 时	规格																	
		5	6	7	8	9	10	11	12	13	14	15	16	17	18	19	20	21	22
28	P_{G1}	44.1	—	68.5	—	92.1	—	134	—	181	208	256	268	272	285	343	359	432	438
	P_{G2}	60.2	—	95.9	—	129	—	193	—	252	289	375	392	387	404	—	—	—	—
31.5	P_{G1}	42.8	49.5	65.6	73	89.7	92.9	130	156	176	203	249	264	265	281	335	353	431	440
	P_{G2}	58.3	67	91.5	101	125	130	186	222	244	280	365	386	376	397	—	—	—	—
35.5	P_{G1}	41.2	47.5	63.6	73.3	86.5	92.2	125	150	171	196	238	258	252	273	326	345	426	437
	P_{G2}	56.2	64.3	88.9	101	121	127	179	212	236	271	348	376	357	386	—	—	—	—
40	P_{G1}	38.9	45.8	60.3	70.2	81.7	88.9	120	145	164	190	229	245	242	259	314	335	415	431
	P_{G2}	52.9	62.2	84.1	97	115	124	171	205	226	262	333	357	342	366	—	—	—	—
45	P_{G1}	37.2	44.4	58.1	68	78.6	86.5	119	139	157	183	227	236	239	249	311	323	403	421
	P_{G2}	50.5	60	80.7	94.3	109	120	170	197	216	252	330	342	338	351	—	—	—	—
50	P_{G1}	35.9	41.8	54.7	64.5	76.8	81.7	117	134	154	177	227	235	235	247	306	318	403	409
	P_{G2}	48.7	56.5	76	88.9	107	113	166	190	210	243	326	340	331	347	—	—	—	—
56	P_{G1}	34	40.1	52.1	62	73.1	78.5	108	133	148	169	215	233	224	242	292	313	385	408
	P_{G2}	46	54	72.1	85.4	101	108	154	188	203	231	310	335	316	340	—	—	—	—
63	P_{G1}	32	38.6	48.5	58.6	69	76.6	102	130	140	165	203	222	211	231	273	300	368	389
	P_{G2}	43.2	51.9	67	80.4	95.4	105	145	183	192	225	292	319	298	323	—	—	—	—
71	P_{G1}	31.7	36.6	47.1	55.7	67.5	72.9	100	121	136	159	198	210	203	218	269	279	348	372
	P_{G2}	42.7	49.1	64.8	76.4	93.6	100	140	169	186	216	283	301	285	305	—	—	—	—
80	P_{G1}	30.1	34.5	45.9	52	63.8	68.9	94.7	114	132	150	191	203	195	209	254	275	332	351
	P_{G2}	40.4	46	63.2	71.1	88	94.5	132	159	180	205	272	291	273	292	—	—	—	—
90	P_{G1}	29.7	34.1	43.4	50.3	60.6	67.2	91.4	111	123	145	179	196	184	200	241	260	322	335
	P_{G2}	39.9	45.6	59.7	68.5	83.4	91.8	128	155	168	197	255	279	257	280	—	—	—	—
100	P_{G1}	—	32.3	—	49.3	—	63.8	—	105	—	141	—	184	—	189	—	247	—	326
	P_{G2}	—	43.2	—	67.1	—	87.2	—	146	—	192	—	262	—	263	—	—	—	—
112	P_{G1}	—	31.9	—	46.6	—	60.6	—	102	—	132	—	—	—	—	—	—	—	—
	P_{G2}	—	42.7	—	63.4	—	82.9	—	141	—	180	—	—	—	—	—	—	—	—
i_N	$n_1=$ 1000r/min 时	规格																	
		5	6	7	8	9	10	11	12	13	14	15	16	17	18	19	20	21	22
22.4	P_{G1}	—	—	—	—	—	—	—	—	196	—	258	—	270	—	325	—	350	—
	P_{G2}	—	—	—	—	—	—	—	—	303	—	432	—	440	—	—	—	—	—
25	P_{G1}	49.9	—	73.5	—	99.3	—	145	—	191	—	253	265	263	276	323	333	363	343
	P_{G2}	73.4	—	110	—	152	—	230	—	294	—	420	443	427	451	—	—	—	—
28	P_{G1}	48	—	74.2	—	99	—	142	—	186	214	254	264	265	274	326	338	380	370
	P_{G2}	70.7	—	112	—	150	—	222	—	286	327	417	434	425	441	—	—	—	—
31.5	P_{G1}	46.7	54	71.4	79.1	96.9	100	138	164	184	211	252	265	263	276	327	341	394	389
	P_{G2}	68.5	78.6	107	118	146	151	215	255	279	319	411	432	418	440	—	—	—	—
35.5	P_{G1}	45.2	51.9	69.4	79.7	93.9	99.8	134	159	180	206	244	264	255	274	325	342	404	404
	P_{G2}	66.2	75.6	104	119	142	149	208	246	271	311	395	425	401	433	—	—	—	—

i_N	n_1=1000r/min时	规格																	
		5	6	7	8	9	10	11	12	13	14	15	16	17	18	19	20	21	22
40	P_{G1}	42.7	50.2	66	76.6	88.9	96.5	129	155	174	201	237	253	247	264	317	336	401	407
	P_{G2}	62.3	73.3	98.9	113	134	145	199	238	261	302	380	406	387	412	—	—	—	—
45	P_{G1}	40.8	48.7	63.6	74.3	85.6	94	128	149	167	194	237	245	246	254	316	326	393	402
	P_{G2}	59.6	70.7	95	110	128	141	199	229	250	291	378	390	383	397	—	—	—	—
50	P_{G1}	39.6	46.1	60.1	70.9	84.2	89.4	127	145	166	190	241	249	248	259	320	332	410	410
	P_{G2}	57.5	66.7	89.6	104	126	133	195	222	245	283	378	393	381	399	—	—	—	—
56	P_{G1}	37.6	44.3	57.5	68.4	80.4	86.2	118	145	161	183	232	250	240	258	311	332	401	421
	P_{G2}	54.5	63.9	85.2	100	120	128	181	221	238	271	361	390	367	394	—	—	—	—
63	P_{G1}	35.5	42.7	53.7	64.7	76.2	84.6	113	143	154	180	222	242	230	250	295	324	393	413
	P_{G2}	51.2	61.4	79.4	95.1	112	124	171	216	226	265	343	375	349	378	—	—	—	—
71	P_{G1}	35.1	40.5	52.1	61.6	74.6	80.5	110	133	150	174	216	229	221	237	292	303	373	397
	P_{G2}	50.6	58.1	76.7	90.4	110	119	166	200	219	255	333	353	334	357	—	—	—	—
80	P_{G1}	33.3	38.2	50.9	57.6	70.6	76.1	104	125	145	165	208	222	213	228	277	299	358	377
	P_{G2}	47.9	54.5	74.9	84.1	104	111	156	188	213	241	320	342	321	343	—	—	—	—
90	P_{G1}	32.9	37.8	48.1	55.7	67.1	74.3	100	123	136	160	196	215	201	219	263	283	349	361
	P_{G2}	47.3	54.1	70.7	81.1	98.8	108	151	183	199	233	301	328	302	329	—	—	—	—
100	P_{G1}	—	35.9	—	54.6	—	70.7	—	116	—	156	—	203	—	208	—	272	—	356
	P_{G2}	—	51.2	—	79.5	—	103	—	173	—	227	—	310	—	310	—	—	—	—
112	P_{G1}	—	35.5	—	51.7	—	67.2	—	112	—	146	—	—	—	—	—	—	—	—
	P_{G2}	—	50.7	—	75.2	—	98.3	—	168	—	213	—	—	—	—	—	—	—	—

i_N	n_1=1500r/min时	规格																	
		5	6	7	8	9	10	11	12	13	14	15	16	17	18	19	20	21	22
22.4	P_{G1}	—	—	—	—	—	—	—	—	169	—	193	—	180	—	—	—	—	—
	P_{G2}	—	—	—	—	—	—	—	—	346	—	463	—	450	—	—	—	—	—
25	P_{G1}	52.5	—	76.1	—	100	—	138	—	167	—	192	193	180	—	—	—	—	—
	P_{G2}	92.4	—	138	—	187	—	275	—	338	—	453	470	442	455	—	—	—	—
28	P_{G1}	50.9	—	77.5	—	101	—	137	—	169	191	206	207	198	196	222	—	—	—
	P_{G2}	89.4	—	140	—	186	—	268	—	334	380	463	475	455	464	—	—	—	—
31.5	P_{G1}	49.9	57.4	75.3	82.8	100	102	137	159	173	196	217	222	212	216	246	249	—	—
	P_{G2}	86.9	99.6	135	148	183	188	263	308	332	377	468	487	463	480	—	—	—	—
35.5	P_{G1}	48.6	55.7	73.9	84.4	98.7	104	135	158	175	198	222	235	221	232	268	276	273	—
	P_{G2}	84.3	96.2	132	150	178	186	257	300	328	374	461	493	459	489	—	—	—	—
40	P_{G1}	46.1	54	70.6	81.4	93.9	101	132	156	172	197	221	232	221	231	272	283	293	269
	P_{G2}	79.5	93.4	125	144	170	182	248	293	318	366	449	476	449	474	—	—	—	—
45	P_{G1}	44.2	52.5	68.2	79.2	90.8	99.1	132	151	166	192	223	227	224	227	276	280	297	278
	P_{G2}	76.1	90.2	120	140	162	177	247	283	306	355	450	460	448	460	—	—	—	—
50	P_{G1}	43.2	50.1	65.2	76.6	90.6	95.9	134	151	171	195	240	246	242	250	304	313	360	344
	P_{G2}	73.8	85.5	114	133	160	169	246	278	306	352	462	479	462	480	—	—	—	—

续表

i_N	$n_1=$ 1500r/min时	规格																	
		5	6	7	8	9	10	11	12	13	14	15	16	17	18	19	20	21	22
56	P_{G1}	41.2	48.5	62.7	74.4	87.3	93.4	127	154	170	192	239	256	243	260	310	329	379	387
	P_{G2}	70.1	82.2	109	129	153	164	230	280	300	341	449	484	453	485	—	—	—	—
63	P_{G1}	39.1	47	59	71	83.5	92.5	122	154	166	194	235	255	241	262	307	336	397	411
	P_{G2}	66.1	79.2	102	122	145	160	219	276	288	338	434	473	439	474	—	—	—	—
71	P_{G1}	38.7	44.6	57.3	67.7	81.8	88.2	120	144	162	188	230	243	234	249	306	316	381	400
	P_{G2}	65.3	75	98.9	116	142	153	213	256	279	325	422	447	422	450	—	—	—	—
80	P_{G1}	36.8	42.1	56	63.3	77.6	83.5	113	136	158	178	223	237	227	241	292	315	369	384
	P_{G2}	61.9	70.3	96.6	108	134	143	201	241	272	308	406	434	406	433	—	—	—	—
90	P_{G1}	36.3	41.8	53.1	61.4	73.8	81.6	110	134	148	173	211	231	215	233	280	300	363	372
	P_{G2}	61.1	69.8	91.3	104	127	140	194	235	255	298	383	418	384	417	—	—	—	—
100	P_{G1}	—	39.7	—	60.4	—	78	—	128	—	171	—	221	—	226	—	294	—	379
	P_{G2}	—	66.2	—	102	—	133	—	223	—	293	—	397	—	397	—	—	—	—
112	P_{G1}	—	39.3	—	57.2	—	74.3	—	124	—	161	—	—	—	—	—	—	—	—
	P_{G2}	—	65.6	—	97.3	—	127	—	216	—	274	—	—	—	—	—	—	—	—

表 9-1-14　H4 减速器额定机械强度功率　　/kW

i_N	n_1/r·min^{-1}	n_2/r·min^{-1}	规格															
			7	8	9	10	11	12	13	14	15	16	17	18	19	20	21	22
100	1500	15	32	—	53	—	94	—	138	—	240	—	314	—	471	—	660	—
	1000	10	21	—	36	—	63	—	92	—	160	—	209	—	314	—	440	—
	750	7.5	16	—	27	—	47	—	69	—	120	—	157	—	236	—	330	—
112	1500	13.4	29	—	48	—	84	—	123	—	215	243	281	337	421	484	589	659
	1000	8.9	19	—	32	—	56	—	82	—	143	161	186	224	280	322	391	438
	750	6.7	14	—	24	—	42	—	62	—	107	121	140	168	210	242	295	330
125	1500	12	26	32	43	54	75	94	111	137	192	217	251	302	377	434	528	591
	1000	8	17	21	28	36	50	63	74	91	128	145	168	201	251	289	352	394
	750	6	13	16	21	27	38	47	55	68	96	109	126	151	188	217	264	295
140	1500	10.7	23	29	38	48	67	84	99	122	171	194	224	269	336	387	471	527
	1000	7.1	15	19	25	32	45	56	65	81	114	129	149	178	223	256	312	349
	750	5.4	12	14	19	24	34	42	50	62	87	98	113	136	170	195	237	266
160	1500	9.4	20	25	33	42	59	74	87	107	151	170	197	236	295	340	413	463
	1000	6.3	14	17	22	28	40	49	58	72	101	114	132	158	198	228	277	310
	750	4.7	10	13	17	21	30	37	43	54	75	85	98	118	148	170	207	231
180	1500	8.3	18	22	30	37	52	65	76	95	133	150	174	209	261	300	365	408
	1000	5.6	12	15	20	25	35	44	52	64	90	101	117	141	176	202	246	276
	750	4.2	9	11	15	19	26	33	39	48	67	76	88	106	132	152	185	207
200	1500	7.5	16	20	27	34	47	59	69	86	120	136	157	188	236	271	330	369
	1000	5	11	13	18	23	31	39	46	57	80	91	105	126	157	181	220	246
	750	3.8	8.2	10	14	17	24	30	35	43	61	69	80	95	119	137	167	187

续表

i_N	n_1/r·min^{-1}	n_2/r·min^{-1}	规格															
			7	8	9	10	11	12	13	14	15	16	17	18	19	20	21	22
224	1500	6.7	14	18	24	30	42	53	62	76	107	121	140	168	210	242	295	330
	1000	4.5	10	12	16	20	28	35	41	51	72	82	94	113	141	163	198	221
	750	3.3	7.1	8.8	12	15	21	26	30	38	53	60	69	83	104	119	145	162
250	1500	6	13	16	21	27	38	47	55	68	96	109	126	151	188	217	264	295
	1000	4	8.6	11	14	18	25	31	37	46	64	72	84	101	126	145	176	197
	750	3	6.4	8	11	14	19	24	28	34	48	54	63	75	94	108	132	148
280	1500	5.4	12	14	19	24	34	42	50	62	87	98	113	136	170	195	237	266
	1000	3.6	7.7	9.6	13	16	23	28	33	41	58	65	75	90	113	130	158	177
	750	2.7	5.8	7.2	10	12	17	21	25	31	43	49	57	68	85	98	119	133
315	1500	4.8	10.3	13	17	22	30	38	44	55	77	87	101	121	151	173	211	236
	1000	3.2	7	8.5	11	14	20	25	29	37	51	58	67	80	101	116	141	157
	750	2.4	5.2	6.4	8.5	11	15	19	22	27	38	43	50	60	75	87	106	118
355	1500	4.2	8.6	11	15	19	26	33	39	48	62	76	84	106	128	152	180	207
	1000	2.8	5.7	7.5	9.7	13	17	22	26	32	41	51	56	70	85	101	120	138
	750	2.1	4.3	5.6	7.3	9.5	13	16	19	24	31	38	42	53	64	76	90	103
400	1500	3.8	—	10.1	—	17	—	30	—	43	—	63	—	89	—	133	—	185
	1000	2.5	—	6.7	—	11	—	20	—	29	—	41	—	58	—	88	—	122
	750	1.9	—	5.1	—	8.6	—	15	—	22	—	31	—	44	—	67	—	93
450	1500	3.3	—	8.6	—	14	—	26	—	38	—	—	—	—	—	—	—	—
	1000	2.2	—	5.7	—	9.6	—	17	—	25	—	—	—	—	—	—	—	—
	750	1.7	—	4.4	—	7.4	—	13	—	19	—	—	—	—	—	—	—	—

表 9-1-15　H4 减速器额定热功率　/kW

i_N	n_1=750r/min 时	规格															
		7	8	9	10	11	12	13	14	15	16	17	18	19	20	21	22
100	P_{G1}	39.9	—	55.6	—	82.5	—	110	—	148	—	166	—	234	—	322	—
112	P_{G1}	38.4	—	53.2	—	81.9	—	107	—	141	152	159	170	224	239	314	325
125	P_{G1}	37.2	42.8	51.5	55.8	78.5	91.3	104	117	136	146	153	163	216	229	304	317
140	P_{G1}	35.3	41	49.8	53.4	75.9	90.4	101	114	131	141	147	157	208	221	288	307
160	P_{G1}	34	39.8	47.1	51.7	72.2	87.1	95.4	111	126	136	141	151	200	213	276	291
180	P_{G1}	32.7	37.8	45.1	50.1	69.6	83.8	92.1	107	124	130	138	145	190	205	272	278
200	P_{G1}	31.4	36.4	43.6	47.3	65.7	80	89.6	102	121	127	133	142	184	195	256	274
224	P_{G1}	29.6	34.8	41.9	45.3	62.9	77	85.4	97.9	112	124	124	137	176	188	244	258
250	P_{G1}	28.3	33.7	40	43.9	59.8	72.7	81.3	95.4	107	115	118	128	167	180	231	246
280	P_{G1}	27.4	31.7	38.8	42.1	57.6	69.9	78.7	90.4	103	109	115	122	161	171	222	233
315	P_{G1}	26.8	30.3	37	40.2	56.1	66.3	75.5	87.1	98.7	106	110	118	157	165	213	224
355	P_{G1}	25.6	29.4	36.3	39	53.4	63.8	72	83.8	97.1	102	107	113	150	161	203	215
400	P_{G1}	—	28.8	—	37.2	—	62.3	—	80.5	—	99.6	—	111	—	153	—	205
450	P_{G1}	—	27.4	—	36.6	—	59.2	—	76.8	—	—	—	—	—	—	—	—

续表

i_N	$n_1=$ 1000r/min 时	规格															
		7	8	9	10	11	12	13	14	15	16	17	18	19	20	21	22
100	P_{G1}	43.6	—	60.8	—	90.1	—	120	—	161	—	180	—	253	—	346	—
112	P_{G1}	42	—	58.2	—	89.4	—	117	—	154	166	173	185	243	260	240	350
125	P_{G1}	40.8	46.8	56.4	61.1	85.8	99.7	114	128	149	160	167	177	235	249	330	344
140	P_{G1}	38.7	44.9	54.6	58.5	83	98.9	110	125	144	153	161	171	227	241	313	334
160	P_{G1}	37.2	43.6	51.6	56.7	79	95.3	104	121	138	148	154	165	218	232	301	317
180	P_{G1}	35.8	41.4	49.4	54.9	76.2	91.8	100	118	136	142	151	158	208	224	297	304
200	P_{G1}	34.4	39.9	47.8	51.8	72	87.6	98.2	111	132	139	146	156	201	214	280	300
224	P_{G1}	32.4	38.2	45.9	49.6	69	84.4	93.7	107	123	136	136	151	193	206	268	283
250	P_{G1}	31	37	43.8	48.2	65.6	79.7	89.1	104	117	126	130	141	183	198	253	270
280	P_{G1}	30.1	34.7	42.5	46.2	63.1	76.7	86.3	99.1	113	120	126	133	176	188	243	255
315	P_{G1}	29.4	33.3	40.5	44.1	61.6	72.7	82.8	95.5	108	116	121	130	172	181	233	245
355	P_{G1}	28.1	32.3	39.8	42.8	58.6	69.9	78.9	91.9	106	111	118	124	164	177	222	236
400	P_{G1}	—	31.6	—	40.8	—	68.3	—	88.3	—	109	—	121	—	168	—	225
450	P_{G1}	—	30.1	—	40.1	—	64.9	—	84.2	—	—	—	—	—	—	—	—
i_N	$n_1=$ 1500r/min 时	规格															
		7	8	9	10	11	12	13	14	15	16	17	18	19	20	21	22
100	P_{G1}	48.7	—	67.6	—	99.1	—	130	—	172	—	190	—	264	—	348	—
112	P_{G1}	47.1	—	65.1	—	99.1	—	129	—	167	179	186	198	259	276	352	358
125	P_{G1}	45.8	52.5	63.1	68.3	95.5	110	126	142	163	174	181	192	254	268	348	359
140	P_{G1}	43.5	50.5	61.3	65.6	92.8	110	123	139	158	169	176	188	248	263	336	356
160	P_{G1}	41.9	49.1	58	63.7	88.5	106	116	135	153	164	171	182	240	255	327	342
180	P_{G1}	40.4	46.7	55.8	61.9	85.8	103	113	132	152	159	169	177	232	249	329	335
200	P_{G1}	38.9	45.1	54	58.5	81.3	98.9	110	126	149	157	164	175	226	240	314	335
224	P_{G1}	36.7	43.2	52	56.2	78.1	95.5	106	121	140	154	154	170	219	233	303	321
250	P_{G1}	35.1	41.9	49.6	54.5	74.2	90.2	100	118	132	143	147	159	208	224	287	305
280	P_{G1}	34	39.3	48.2	52.3	71.4	86.8	97.7	112	128	135	143	151	199	213	276	289
315	P_{G1}	33.3	37.6	45.9	49.9	69.7	82.2	93.7	108	122	131	136	147	195	204	264	278
355	P_{G1}	31.8	36.5	45.1	48.5	66.3	79.2	89.4	104	120	126	133	141	186	200	252	267
400	P_{G1}	—	35.8	—	46.2	—	77.3	—	100	—	123	—	138	—	190	—	255
450	P_{G1}	—	34	—	45.4	—	73.5	—	95.3	—	—	—	—	—	—	—	—

表 9-1-16　R2 减速器额定机械强度功率　　/kW

i_N	n_1 /r·min^{-1}	n_2 /r·min^{-1}	规格														
			4	5	6	7	8	9	10	11	12	13	14	15	16	17	18
5	1500	300	182	295	—	559	—	880	—	1351	—	2073	—	—	—	—	—
	1000	200	121	197	—	373	—	586	—	901	—	1382	—	2555	—	—	—
	750	150	91	148	—	280	—	440	—	675	—	1037	—	1916	—	—	—

续表

i_N	n_1 /r·min^{-1}	n_2 /r·min^{-1}	规格														
			4	5	6	7	8	9	10	11	12	13	14	15	16	17	18
5.6	1500	268	163	264	—	500	—	786	—	1263	—	1880	—	—	—	—	—
	1000	179	109	176	—	334	—	525	—	843	—	1256	—	2287	—	—	—
	750	134	81	132	—	250	—	393	—	631	—	940	—	1712	1894	2736	—
6.3	1500	238	145	234	299	444	556	698	887	1171	1371	1769	2044	—	—	—	—
	1000	159	97	157	200	296	371	466	593	783	916	1182	1365	2164	2348	—	—
	750	119	72	117	150	222	278	349	444	586	685	885	1022	1620	1757	2430	—
7.1	1500	211	128	208	265	393	493	619	787	1083	1259	1613	1856	—	—	—	—
	1000	141	86	139	177	263	329	413	526	723	842	1078	1240	1949	2141	2879	—
	750	106	64	104	133	198	248	311	395	544	633	810	932	1465	1609	2164	2553
8	1500	188	114	185	236	350	439	551	701	994	1161	1516	1732	2598	—	—	—
	1000	125	76	123	157	233	292	366	466	661	772	1008	1152	1728	1937	2552	—
	750	94	57	93	118	175	219	276	350	497	581	758	866	1299	1457	1919	2264
9	1500	167	101	164	210	311	390	490	623	883	1067	1364	1591	2309	2588	—	—
	1000	111	67	109	139	207	259	325	414	587	709	907	1058	1534	1720	2266	2673
	750	83	50	82	104	155	194	243	309	439	530	678	791	1147	1286	1695	1999
10	1500	150	91	148	188	280	350	440	559	793	974	1225	1492	2073	2325	—	—
	1000	100	61	98	126	186	234	293	373	529	649	817	995	1382	1550	2042	2408
	750	75	46	74	94	140	175	220	280	397	487	613	746	1037	1162	1531	1806
11.2	1500	134	81	132	168	250	313	393	500	709	870	1094	1368	1852	2077	—	—
	1000	89	54	88	112	166	208	261	332	471	578	727	909	1230	1379	1817	2143
	750	67	41	66	84	125	156	196	250	354	435	547	684	926	1038	1368	1614
12.5	1500	120	—	—	151	—	280	—	447	—	779	—	1225	—	1860	—	—
	1000	80	—	—	101	—	187	—	298	—	519	—	817	—	1240	—	1927
	750	60	—	—	75	—	140	—	224	—	390	—	613	—	930	—	1445
14	1500	107	—	—	134	—	250	—	399	—	695	—	1092	—	—	—	—
	1000	71	—	—	89	—	166	—	265	—	461	—	725	—	—	—	—
	750	54	—	—	68	—	126	—	201	—	351	—	551	—	—	—	—

表 9-1-17　R2 减速器额定热功率　　/kW

i_N	n_1= 750min^{-1} 时	规格														
		4	5	6	7	8	9	10	11	12	13	14	15	16	17	18
5	P_{G1}	50	64.7	—	90	—	109	—	—	—	—	—	—	—	—	—
	P_{G2}	96.9	134	—	214	—	261	—	439	—	635	—	765	—	—	—
5.6	P_{G1}	48.6	63.9	—	87.1	—	106	—	167	—	—	—	—	—	—	—
	P_{G2}	93	131	—	200	—	245	—	428	—	626	—	757	—	827	—
6.3	P_{G1}	47.4	61.6	72.5	82.2	99.8	101	114	157	198	—	—	—	—	—	—
	P_{G2}	90	124	145	186	225	230	261	389	495	573	696	721	782	802	—

续表

i_N	n_1= 750min^{-1}时	规格														
		4	5	6	7	8	9	10	11	12	13	14	15	16	17	18
7.1	P_{G1}	44.8	58.7	71.5	78.2	95.2	97.1	110	159	200	204	244	—	—	—	—
	P_{G2}	84	117	142	174	212	216	245	381	480	565	683	686	744	771	832
8	P_{G1}	42.2	55.6	68.6	74.7	90.3	93.1	105	148	186	194	233	—	—	—	—
	P_{G2}	78.8	109	134	164	196	203	230	347	435	517	622	632	706	720	798
9	P_{G1}	40.2	52.9	65.1	71.6	85.4	89.7	100	143	186	190	235	230	248	—	—
	P_{G2}	74.4	103	126	155	184	193	216	331	426	494	612	607	650	694	742
10	P_{G1}	33.8	49.1	61.3	67.2	81	84.6	95.7	136	172	183	221	222	243	244	—
	P_{G2}	61.6	94.9	118	144	172	181	203	310	386	465	559	567	624	656	715
11.2	P_{G1}	32.7	44.1	58.3	60.2	77.3	76.4	92.1	122	166	165	214	203	233	227	260
	P_{G2}	59.4	84.4	111	127	164	160	193	273	368	413	532	510	583	593	676
12.5	P_{G1}	—	—	54	—	72	—	87	—	157	—	205	—	214	—	241
	P_{G2}	—	—	101	—	152	—	181	—	344	—	501	—	524	—	610
14	P_{G1}	—	—	48	—	65	—	78	—	140	—	185	—	—	—	—
	P_{G2}	—	—	90.6	—	135	—	161	—	303	—	443	—	—	—	—

i_N	n_1= 1000r/min时	规格														
		4	5	6	7	8	9	10	11	12	13	14	15	16	17	18
5	P_{G1}	48.3	58.6	—	77.4	—	87.1	—	—	—	—	—	—	—	—	—
	P_{G2}	113	155	—	246	—	297	—	487	—	684	—	788	—	—	—
5.6	P_{G1}	47.7	59.8	—	78.3	—	90.2	—	120	—	—	—	—	—	—	—
	P_{G2}	109	153	—	232	—	282	—	481	—	688	—	804	—	859	—
6.3	P_{G1}	47	58.7	68.3	75.8	89.9	89.4	98.3	122	142	—	—	—	—	—	—
	P_{G2}	105	145	170	216	261	265	300	441	556	637	771	779	838	850	—
7.1	P_{G1}	45	57.2	69	74.3	88.9	89.1	99.3	132	158	151	176	—	—	—	—
	P_{G2}	99	137	166	203	246	250	284	436	546	637	768	756	815	838	897
8	P_{G1}	42.8	54.8	67.2	72.1	86.1	87.4	97.7	129	155	154	181	—	—	—	—
	P_{G2}	92.9	128	157	192	229	237	267	400	498	588	705	705	784	793	874
9	P_{G1}	41	52.7	64.5	70.2	82.7	85.8	95.3	129	162	159	193	169	176	—	—
	P_{G2}	87.8	121	148	182	215	226	251	383	490	565	699	684	730	774	823
10	P_{G1}	34.6	49.3	61.1	66.4	79.2	81.9	91.7	125	153	157	188	172	182	175	—
	P_{G2}	72.8	111	138	169	202	212	237	359	447	535	642	643	704	737	799
11.2	P_{G1}	33.5	44.4	58.4	59.8	76.1	74.5	89	114	150	145	185	162	181	169	187
	P_{G2}	70.2	99.5	131	150	192	187	226	318	426	476	613	581	662	669	760
12.5	P_{G1}	—	—	54.5	—	72.2	—	85.1	—	145	—	183	—	175	—	186
	P_{G2}	—	—	119	—	179	—	212	—	400	—	579	—	598	—	691
14	P_{G1}	—	—	49	—	65.5	—	77	—	131	—	168	—	—	—	—
	P_{G2}	—	—	106	—	159	—	189	—	353	—	514	—	—	—	—

续表

i_N	n_1=1500r/min 时	规格														
		4	5	6	7	8	9	10	11	12	13	14	15	16	17	18
5	P_{G1}	35.3	—	—	—	—	—	—	—	—	—	—	—	—	—	—
	P_{G2}	139	184	—	283	—	328	—	478	—	574	—	486	—	—	—
5.6	P_{G1}	38.6	—	—	—	—	—	—	—	—	—	—	—	—	—	—
	P_{G2}	135	185	—	274	—	322	—	504	—	646	—	618	—	565	—
6.3	P_{G1}	40	—	—	—	—	—	—	—	—	—	—	—	—	—	—
	P_{G2}	132	178	206	259	308	310	345	479	581	633	753	664	684	646	—
7.1	P_{G1}	40.6	44	50.6	—	—	—	—	—	—	—	—	—	—	—	—
	P_{G2}	125	169	204	248	298	299	336	493	601	676	804	720	754	740	760
8	P_{G1}	39.6	45.1	53.4	53	—	—	—	—	—	—	—	—	—	—	—
	P_{G2}	117	160	195	236	280	287	321	463	564	646	768	713	775	756	808
9	P_{G1}	39.3	45.7	54.4	55.8	61.6	59.6	—	—	—	—	—	—	—	—	—
	P_{G2}	111	153	186	226	266	277	306	452	568	640	785	724	759	782	812
10	P_{G1}	33.7	44	53.3	55.1	62.3	60.8	63.9	—	—	—	—	—	—	—	—
	P_{G2}	92.8	140	174	211	251	261	291	429	525	616	734	698	753	770	818
11.2	P_{G1}	33	40.4	52.1	51	61.9	57.7	65.2	—	—	—	—	—	—	—	—
	P_{G2}	89.7	125	165	188	240	232	279	382	506	555	709	641	721	714	797
12.5	P_{G1}	—	—	50.1	—	61.7	—	66.9	—	—	—	—	—	—	—	—
	P_{G2}	—	—	151	—	224	—	264	—	481	—	681	—	669	—	749
14	P_{G1}	—	—	46	—	57.4	—	63.1	—	—	—	—	—	—	—	—
	P_{G2}	—	—	135	—	200	—	236	—	428	—	611	—	—	—	—

表 9-1-18　R3 减速器额定机械强度功率　/kW

i_N	n_1/r·min^{-1}	n_2/r·min^{-1}	规格																		
			4	5	6	7	8	9	10	11	12	13	14	15	16	17	18	19	20	21	22
12.5	1500	120	69	118	—	214	—	352	—	635	—	980	—	1659	—	2450	—	—	—	—	—
	1000	80	46	79	—	142	—	235	—	423	—	653	—	1106	—	1634	—	2094	—	2848	—
	750	60	35	59	—	107	—	176	—	317	—	490	—	829	—	1225	—	1571	—	2136	—
14	1500	107	67	110	—	204	—	331	—	594	—	896	—	1535	1658	2185	2577	—	—	—	—
	1000	71	45	73	—	135	—	219	—	394	—	595	—	1019	1100	1450	1710	1948	2193	2676	—
	750	54	34	55	—	103	—	167	—	300	—	452	—	775	837	1103	1301	1481	1668	2036	2290
16	1500	94	61	100	118	188	212	305	350	551	610	817	960	1398	1516	1969	2264	—	—	—	—
	1000	63	41	67	79	126	142	205	235	369	409	548	643	937	1016	1319	1517	1814	2032	2507	2784
	750	47	31	50	59	94	106	153	175	276	305	408	480	699	758	984	1132	1353	1516	1870	2077
18	1500	83	56	92	110	172	201	282	326	504	565	739	869	1286	1391	1738	2086	—	—	—	—
	1000	56	38	62	74	116	135	191	220	340	381	498	586	868	938	1173	1407	1689	1876	2346	2568
	750	42	28	47	55	87	102	143	165	255	286	374	440	651	704	880	1055	1267	1407	1759	1926
20	1500	75	52	86	104	161	188	267	309	471	534	691	809	1202	1312	1571	1885	—	—	—	—
	1000	50	35	58	69	107	125	178	206	314	356	461	539	801	874	1047	1257	1571	1738	2199	2382
	750	38	26	44	53	82	95	135	156	239	271	350	410	609	665	796	955	1194	1321	1671	1810

续表

i_N	n_1/r·min^{-1}	n_2/r·min^{-1}	规格																		
			4	5	6	7	8	9	10	11	12	13	14	15	16	17	18	19	20	21	22
22.4	1500	67	46	77	97	144	174	239	288	421	505	617	744	1073	1214	1403	1684	2105	2420	—	—
	1000	45	31	52	65	97	117	160	193	283	339	415	499	721	815	942	1131	1414	1626	1979	2215
	750	33	23	38	48	71	86	117	142	207	249	304	366	529	598	691	829	1037	1192	1451	1624
25	1500	60	41	69	91	129	160	214	270	377	471	553	685	961	1087	1257	1508	1885	2168	—	—
	1000	40	28	46	61	86	107	142	180	251	314	369	457	641	725	838	1005	1257	1445	1759	1969
	750	30	21	35	46	64	80	107	135	188	236	276	342	481	543	628	754	942	1084	1319	1476
28	1500	54	37	62	82	116	144	192	243	339	424	498	616	865	978	1131	1357	1696	1950	2375	—
	1000	36	25	41	55	77	96	128	162	226	283	332	411	577	652	754	905	1131	1301	1583	1772
	750	27	19	31	41	58	72	96	122	170	212	249	308	433	489	565	679	848	975	1187	1329
31.5	1500	48	33	55	73	103	128	171	216	302	277	442	548	769	870	1005	1206	1508	1734	2111	—
	1000	32	22	37	49	69	85	114	144	201	251	295	365	513	580	670	804	1005	1156	1407	1575
	750	24	17	28	36	52	64	85	108	151	188	221	274	385	435	503	603	754	867	1055	1181
35.5	1500	42	29	48	64	90	112	150	189	264	330	387	479	673	761	880	1055	1319	1517	1847	2067
	1000	28	19	32	43	60	75	100	126	176	220	258	320	449	507	586	704	880	1012	1231	1378
	750	21	15	24	32	45	56	75	95	132	165	194	240	336	380	440	528	660	759	924	1034
40	1500	38	26	44	58	82	101	135	171	239	298	350	434	609	688	796	955	1194	1373	1671	1870
	1000	25	17	29	38	54	67	89	113	157	196	230	285	401	453	524	628	785	903	1099	1230
	750	18.8	13	22	29	40	50	67	85	118	148	173	215	301	341	394	472	591	679	827	925
45	1500	33	23	38	50	71	88	117	149	207	259	304	377	529	598	691	829	1037	1192	1451	1624
	1000	22	15	25	33	47	59	78	99	138	173	203	251	352	399	461	553	691	795	968	1083
	750	16.7	12	19	25	36	45	59	75	105	131	154	191	268	303	350	420	525	603	734	822
50	1500	30	21	35	46	64	80	107	135	188	236	276	342	481	543	628	754	942	1083	1319	1476
	1000	20	14	23	30	43	53	71	90	126	157	184	228	320	362	419	503	628	723	880	984
	750	15	10.4	17	23	32	40	53	68	94	118	138	171	240	272	314	377	471	542	660	738
56	1500	27	19	31	41	58	72	96	122	170	212	249	308	433	489	565	679	848	975	1187	1329
	1000	17.9	12	21	27	38	48	64	81	112	141	165	204	287	324	375	450	562	647	787	881
	750	13.4	9.3	15	20	29	36	48	60	84	105	123	153	215	243	281	337	421	484	589	659
63	1500	24	17	28	36	50	64	85	108	151	188	221	274	385	435	503	603	754	867	1055	1181
	1000	15.9	11	18	24	33	42	57	72	100	125	147	181	255	288	333	400	499	574	699	783
	750	11.9	8.2	14	18	25	32	42	54	75	93	110	136	191	216	249	299	374	430	523	586
71	1500	21	14.5	24	32	44	56	75	95	132	165	194	240	336	380	440	528	660	759	924	1034
	1000	14.1	9.7	16	21	30	38	50	63	89	111	130	161	226	255	295	354	443	509	620	694
	750	10.6	7.3	12	16	22	28	38	48	67	83	98	121	170	192	222	366	333	383	466	522
80	1500	18.8	—	—	28	—	50	—	85	—	148	—	215	—	341	—	472	—	679	—	925
	1000	12.5	—	—	18	—	33	—	56	—	98	—	143	—	226	—	314	—	452	—	615
	750	9.4	—	—	14	—	25	—	42	—	74	—	107	—	170	—	236	—	340	—	463
90	1500	16.7	—	—	24	—	44	—	75	—	131	—	191	—	—	—	—	—	—	—	—
	1000	11.1	—	—	16	—	29	—	50	—	87	—	127	—	—	—	—	—	—	—	—
	750	8.3	—	—	12	—	22	—	37	—	65	—	95	—	—	—	—	—	—	—	—

表 9-1-19 R3 减速机额定热功率

/kW

i_N	$n_1=$ 750r/min 时	规格																		
		4	5	6	7	8	9	10	11	12	13	14	15	16	17	18	19	20	21	22
12.5	P_{G1}	35.9	48.7	—	77.4	—	102	—	145	—	188	—	262	—	295	—	—	—	—	—
	P_{G2}	56.1	79.6	—	127	—	174	—	276	—	363	—	511	—	656	—	—	—	—	—
14	P_{G1}	34.9	47.2	—	74.8	—	99.5	—	142	—	190	—	253	274	285	322	—	—	—	—
	P_{G2}	54.5	77	—	122	—	168	—	270	—	366	—	491	529	630	704	—	—	—	—
16	P_{G1}	33.1	45.6	52.9	71.3	83.6	97.1	109	135	161	175	205	250	263	287	297	—	—	—	—
	P_{G2}	51.8	74.2	85	117	134	165	182	257	298	335	387	482	506	625	645	—	—	—	—
18	P_{G1}	32.1	44.2	51.3	68.9	80.5	94	100	133	161	176	206	241	261	276	314	—	—	—	—
	P_{G2}	50.3	71.9	82.3	113	130	159	168	251	298	337	390	462	500	600	670	—	—	—	—
20	P_{G1}	30.3	42.3	49.4	66	76.5	90	102	127	150	165	189	234	250	268	288	323	—	371	—
	P_{G2}	47.4	68.9	79.2	108	123	152	172	240	277	315	356	445	477	577	613	715	—	804	—
22.4	P_{G1}	29.6	41.6	47.8	63.8	74.3	87.6	94.8	121	150	159	192	228	241	266	279	322	339	370	383
	P_{G2}	46.1	67.7	76.8	104	120	148	158	227	277	300	359	432	458	562	589	696	731	785	815
25	P_{G1}	28.1	39.4	45.9	61.7	71.2	83.7	90.9	115	144	151	179	216	237	254	276	315	337	362	381
	P_{G2}	43.6	63.9	73.5	100	114	141	151	213	264	282	335	402	443	526	574	664	711	746	794
28	P_{G1}	27	38.1	45.1	58.6	68.8	79.8	88.5	109	137	144	172	211	224	252	264	307	328	351	371
	P_{G2}	41.7	61.4	72.2	94.8	110	133	147	202	251	266	318	389	412	513	536	632	677	710	754
31.5	P_{G1}	25.5	36.1	42.6	55.6	66.3	76.3	84.6	104	129	136	163	198	219	238	260	293	319	334	361
	P_{G2}	39.5	58	68.1	89.6	106	126	140	191	235	252	298	362	401	479	523	593	646	660	718
35.5	P_{G1}	24	34	41.1	52.8	63	72.5	80.6	100	123	132	155	191	205	231	247	286	303	323	342
	P_{G2}	36.9	54.3	65.4	84.8	100	120	132	182	222	241	283	348	372	460	488	572	604	633	667
40	P_{G1}	21	29.5	39	46.2	60.1	67.8	76.9	94.9	117	124	148	181	198	221	239	272	296	307	331
	P_{G2}	32.1	46.8	61.9	73.6	95.4	111	126	170	209	114	267	327	358	424	469	537	582	593	640
45	P_{G1}	20.5	28.7	36.6	44.9	57	62.3	73	87	112	207	141	168	187	205	228	255	282	284	313
	P_{G2}	31.3	45.6	57.8	71	90	101	119	156	200	116	256	300	336	401	444	498	547	546	599
50	P_{G1}	20.7	28.6	31.9	44.2	49.9	61.2	68.3	87	106	207	134	172	173	213	211	252	263	306	291
	P_{G2}	31.5	45	50.1	69.6	78.1	98.8	111	153	187	107	240	302	309	407	409	478	507	572	551
56	P_{G1}	19.1	26.3	31.1	41	48.4	56.5	63	79.1	97.4	189	123	157	177	197	220	243	259	290	312
	P_{G2}	28.9	41.5	48.7	64.7	75.6	91.4	101	139	171	103	218	275	310	372	414	458	485	537	576
63	P_{G1}	18.3	25.3	30.9	39.7	47.8	54.5	61.8	76.3	96.6	181	125	150	162	189	202	235	250	281	295
	P_{G2}	27.9	39.9	48.1	62.4	74.3	88.2	98.8	133	168	96	219	262	282	355	379	441	466	518	540
71	P_{G1}	17	24.1	28.5	37.8	44.3	51	57.3	70.6	88.6	169	115	143	155	178	194	222	242	265	286
	P_{G2}	25.9	37.9	44.3	59.5	68.9	82.5	91.7	123	152	—	199	247	269	333	361	413	449	484	522
80	P_{G1}	—	—	27.3	—	42.8	—	55.3	—	84.7	—	110	—	148	—	184	—	228	—	270
	P_{G2}	—	—	42.7	—	66.6	—	88.6	—	146	—	192	—	255	—	338	—	420	—	488
90	P_{G1}	—	—	26	—	40.7	—	51.8	—	78.8	—	103	—	—	—	—	—	—	—	—
	P_{G2}	—	—	40.6	—	63.3	—	83	—	136	—	179	—	—	—	—	—	—	—	—

续表

i_N	n_1=1000r/min时	规格																		
		4	5	6	7	8	9	10	11	12	13	14	15	16	17	18	19	20	21	22
12.5	P_{G1}	38.1	50.8	—	79.7	—	103	—	140	—	172	—	221	—	235	—	—	—	—	—
	P_{G2}	66.3	93.9	—	150	—	204	—	321	—	419	—	583	—	742	—	—	—	—	—
14	P_{G1}	37.1	49.4	—	77.4	—	101	—	139	—	177	—	220	233	235	259	—	—	—	—
	P_{G2}	64.4	90.9	—	144	—	198	—	315	—	424	—	562	604	716	798	—	—	—	—
16	P_{G1}	35.2	47.9	55.4	74	86.2	99.4	110	133	155	165	191	221	227	241	245	—	—	—	—
	P_{G2}	61.3	87.5	100	137	158	193	214	300	347	388	448	553	579	713	732	—	—	—	—
18	P_{G1}	34.3	46.5	53.7	71.7	83.2	963.5	102	132	156	167	195	216	230	237	263	—	—	—	—
	P_{G2}	59.5	84.8	97.1	133	153	187	197	293	247	392	452	531	573	686	763	—	—	—	—
20	P_{G1}	32.4	44.6	51.9	68.9	79.4	92.8	105	126	147	159	180	212	223	234	246	271	—	270	—
	P_{G2}	56.1	81.3	93.5	127	145	179	203	280	323	367	413	513	548	662	700	814	—	899	—
22.4	P_{G1}	31.6	44	50.4	66.8	77.4	90.7	97.5	122	148	154	185	210	219	236	243	276	286	279	270
	P_{G2}	54.6	80	90.7	123	141	175	186	266	324	349	417	498	528	646	675	795	833	881	907
25	P_{G1}	30.1	41.8	48.6	65	74.7	83.7	94.3	117	144	149	176	204	222	234	250	281	297	292	291
	P_{G2}	51.7	75.5	86.9	119	134	166	178	250	309	329	390	466	513	607	661	763	816	846	893
28	P_{G1}	29	40.6	48	62.1	72.7	83.9	92.7	113	140	144	172	205	216	239	248	285	302	301	306
	P_{G2}	49.4	72.7	85.5	112	130	157	174	238	295	312	373	453	480	596	621	731	782	811	857
31.5	P_{G1}	27.5	38.6	45.5	59.2	70.3	80.6	89.1	108	133	139	165	196	215	232	250	279	302	299	312
	P_{G2}	46.8	68.7	80.6	106	125	149	165	225	276	296	350	423	468	557	608	688	749	759	821
35.5	P_{G1}	25.9	36.4	44	56.4	67	76.9	85.3	105	128	135	159	192	205	228	241	278	293	297	306
	P_{G2}	43.8	64.3	77.5	100	119	141	156	215	262	284	332	407	435	538	569	666	703	731	767
40	P_{G1}	22.6	31.7	41.8	49.4	64.1	72.1	81.6	99.6	122	128	152	183	199	220	236	267	289	287	302
	P_{G2}	38.1	55.5	73.3	87.1	112	131	149	201	246	267	315	383	419	508	548	627	679	686	738
45	P_{G1}	22.1	30.9	39.3	48	60.9	66.4	77.7	91.6	117	119	147	171	190	206	228	253	278	270	291
	P_{G2}	37.2	54	68.5	84.1	106	120	140	184	236	244	301	352	395	470	520	582	638	634	692
50	P_{G1}	22.4	30.8	34.4	47.6	53.6	65.5	73.1	92.4	112	122	141	178	179	219	216	256	267	302	283
	P_{G2}	37.4	53.3	59.4	82.5	92.5	117	131	181	221	244	283	256	363	478	481	561	595	668	641
56	P_{G1}	20.7	28.5	33.6	44.3	52.1	60.7	67.7	84.5	103	113	131	165	186	205	228	251	268	294	312
	P_{G2}	34.4	49.3	57.8	76.7	89.6	108	120	164	203	223	258	325	365	438	488	540	571	630	675
63	P_{G1}	19.9	27.4	33.4	42.8	51.5	58.7	66.5	81.7	103	109	133	159	171	198	211	245	260	287	298
	P_{G2}	33.1	47.3	57.1	74.1	88.1	104	117	158	198	214	259	309	333	419	447	520	549	608	633
71	P_{G1}	18.4	26.1	30.8	40.8	47.8	55	61.7	75.7	94.8	103	122	151	164	187	204	232	252	272	291
	P_{G2}	30.7	44.9	52.6	70.5	81.7	97.8	108	146	180	201	236	292	318	393	426	487	529	569	612
80	P_{G1}	—	—	29.5	—	46.2	—	59.6	—	90.7	—	117	—	157	—	193	—	239	—	276
	P_{G2}	—	—	50.6	—	79	—	105	—	173	—	227	—	301	—	400	—	495	—	574
90	P_{G1}	—	—	28.2	—	44	—	55.9	—	84.5	—	110	—	—	—	—	—	—	—	—
	P_{G2}	—	—	48.1	—	75.1	—	98.4	—	161	—	212	—	—	—	—	—	—	—	—

续表

i_N	n_1=1500r/min时	规格 4	5	6	7	8	9	10	11	12	13	14	15	16	17	18	19	20	21	22
12.5	P_{G1}	39.4	50.4	—	76.7	—	95.4	—	112	—	—	—	—	—	—	—	—	—	—	—
	P_{G2}	84.8	118	—	186	—	250	—	377	—	468	—	602	—	728	—	—	—	—	—
14	P_{G1}	38.6	49.6	—	75.7	—	95.2	—	117	—	127	—	—	—	—	—	—	—	—	—
	P_{G2}	82.6	114	—	180	—	244	—	374	—	482	—	598	631	728	792	—	—	—	—
16	P_{G1}	36.8	48.3	55.4	72.9	83.3	94.3	103	114	125	122	138	—	—	—	—	—	—	—	—
	P_{G2}	78.6	110	126	172	196	239	262	358	407	445	511	597	615	737	741	—	—	—	—
18	P_{G1}	35.9	47.2	54.1	71.1	81.1	92.5	96.3	115	129	128	146	—	—	—	—	—	—	—	—
	P_{G2}	76.4	107	122	167	191	232	243	353	411	454	520	581	617	722	787	—	—	—	—
20	P_{G1}	34	45.6	52.6	68.8	78	89.8	100	112	124	126	140	—	—	—	—	—	—	—	—
	P_{G2}	72.1	103	118	161	182	223	251	339	385	428	480	568	599	708	736	839	—	813	—
22.4	P_{G1}	33.3	45.1	51.4	67.2	76.7	88.6	93.9	110	128	126	148	—	—	—	—	—	—	—	—
	P_{G2}	70.3	101	115	155	177	218	231	324	388	412	489	559	586	702	722	836	864	824	793
25	P_{G1}	31.9	43.3	50.1	66.2	75.2	96.9	92.8	109	130	128	150	153	160	—	—	—	—	—	—
	P_{G2}	66.7	96.6	110	151	170	209	223	307	375	395	466	537	585	681	732	833	881	841	844
28	P_{G1}	30.9	42.5	50	64.1	74.4	85	93.1	109	131	131	155	168	172	183	182	200	—	—	—
	P_{G2}	63.9	93.3	109	143	165	199	220	296	363	380	452	535	562	689	711	828	878	855	869
31.5	P_{G1}	29.4	40.7	47.8	61.7	72.7	82.7	90.7	106	129	131	154	170	183	190	199	216	227	—	—
	P_{G2}	60.7	88.5	103	136	160	190	210	282	344	365	430	508	558	658	712	799	863	831	871
35.5	P_{G1}	27.8	38.6	46.4	59.1	69.8	79.6	87.7	105	125	130	151	173	181	196	203	228	235	—	—
	P_{G2}	56.8	83	99.8	129	152	181	199	271	328	353	412	495	526	644	677	786	825	821	839
40	P_{G1}	24.3	33.7	44.3	52	67.1	75	84.4	100	121	125	147	168	180	194	204	226	240	208	—
	P_{G2}	49.4	71.6	94.6	112	144	168	191	255	310	334	392	469	510	614	657	747	805	783	822
45	P_{G1}	23.8	32.9	41.8	50.8	64	69.4	80.8	93.2	118	117	144	160	176	187	203	221	240	207	206
	P_{G2}	48.3	69.8	88.5	108	137	154	180	234	298	306	377	434	484	572	629	700	765	733	785
50	P_{G1}	24.2	33	36.8	50.7	56.9	69.3	77	95.8	115	124	142	174	174	210	204	240	247	260	232
	P_{G2}	48.7	69.2	76.9	106	119	151	169	232	281	310	358	445	453	593	594	690	730	799	757
56	P_{G1}	22.4	30.7	36.2	47.5	55.7	64.8	72	88.9	108	117	135	167	186	203	225	245	260	271	279
	P_{G2}	44.8	64	75.1	99.5	116	140	155	211	260	285	330	411	461	552	612	675	712	772	818
63	P_{G1}	21.6	29.5	36	46.1	55.2	62.8	71	86.3	108	114	138	162	173	199	211	243	256	272	275
	P_{G2}	43.2	61.6	74.2	96.2	114	135	151	203	255	275	332	393	422	529	563	654	689	752	776
71	P_{G1}	20	28.2	33.3	43.9	51.4	59	65.9	80.2	99.9	107	127	155	167	190	205	232	251	261	273
	P_{G2}	40	58.5	68.4	91.7	106	126	140	189	232	258	302	372	404	498	539	615	666	707	754
80	P_{G1}	—	—	31.9	—	49.7	—	63.8	—	95.8	—	123	—	161	—	196	—	240	—	262
	P_{G2}	—	—	65.9	—	102	—	136	—	224	—	291	—	384	—	507	—	626	—	710
90	P_{G1}	—	—	30.5	—	47.4	—	60	—	89.6	—	115	—	—	—	—	—	—	—	—
	P_{G2}	—	—	62.7	—	97.6	—	127	—	208	—	273	—	—	—	—	—	—	—	—

表 9-1-20 R4 减速机额定机械强度功率 /kW

i_N	n_1/r·min^{-1}	n_2/r·min^{-1}	规格 5	6	7	8	9	10	11	12	13	14	15	16	17	18	19	20	21	22
80	1500	18.8	22	—	40	—	67	—	118	—	173	—	301	—	394	—	591	—	827	—
	1000	12.5	14	—	27	—	45	—	79	—	115	—	200	—	262	—	393	—	550	—
	750	9.4	11	—	20	—	33	—	59	—	87	—	151	—	197	—	295	—	413	—
90	1500	16.7	19	—	36	—	59	—	105	—	154	—	268	303	350	420	525	603	734	822
	1000	11.1	13	—	24	—	40	—	70	—	102	—	178	201	232	279	349	401	488	546
	750	8.3	9.6	—	18	—	30	—	52	—	76	—	133	150	174	209	261	300	365	408
100	1500	15	17.3	23	32	40	53	68	94	118	138	171	240	272	314	377	471	542	660	738
	1000	10	12	15	21	27	36	45	63	79	92	114	160	181	209	251	314	361	440	492
	750	7.5	8.6	11.4	16	20	27	34	47	59	69	86	120	136	157	188	236	271	330	369
112	1500	13.4	15	20	29	36	48	60	84	105	123	153	215	243	281	337	421	484	589	659
	1000	8.9	10.3	13.5	19	24	32	40	56	70	82	102	143	161	186	224	280	322	391	438
	750	6.7	7.7	10	14	18	24	30	42	53	62	76	107	121	140	168	210	242	295	330
125	1500	12	14	18	26	32	43	54	75	94	111	137	192	217	251	302	377	434	528	591
	1000	8	9.2	12	17	21	28	36	50	63	74	91	128	145	168	201	251	289	352	394
	750	6	6.9	9.1	13	16	21	27	38	47	55	68	96	109	126	151	188	217	264	295
140	1500	10.7	12	16.2	23	29	38	48	67	84	99	122	171	194	224	269	336	387	471	527
	1000	7.1	8.2	11	15	19	25	32	45	56	65	81	114	129	149	179	223	256	312	349
	750	5.4	6.2	8.2	12	14.4	19	24	34	42	50	62	87	98	113	136	170	195	237	266
160	1500	9.4	11	14.3	20	25	33	42	59	74	87	107	151	170	197	236	295	340	413	463
	1000	6.3	7.3	9.6	14	17	22	28	40	49	58	72	101	114	132	158	198	228	277	310
	750	4.7	5.4	7.1	10	13	17	21	30	37	43	54	75	85	98	118	148	170	207	231
180	1500	8.3	9.6	13	18	22	30	37	52	65	76	95	133	150	174	209	261	300	365	408
	1000	5.6	6.5	8.5	12	15	20	25	35	44	52	64	90	101	117	141	176	202	246	276
	750	4.2	4.8	6.4	9	11.2	15	19	26	33	39	48	67	76	88	106	132	152	185	207
200	1500	7.5	8.6	11.4	16	20	27	34	47	59	69	86	120	136	157	188	236	271	330	369
	1000	5	5.8	7.6	11	13.4	18	23	31	39	46	57	80	91	105	126	157	181	220	246
	750	3.8	4.4	5.8	8.2	10	14	17	24	30	35	43	61	69	80	95	119	137	167	187
224	1500	6.7	7.7	10	14.4	18	24	30	42	53	62	76	107	121	140	168	210	242	295	330
	1000	4.5	5.2	6.8	9.7	12	16	20	28	35	41	51	72	82	94	113	141	163	198	221
	750	3.3	3.8	5	7.1	9	12	15	21	26	30	38	53	60	69	83	104	119	145	162
250	1500	6	6.9	9.1	13	16	21	27	38	47	55	68	96	109	126	151	188	217	264	295
	1000	4	4.6	6.1	8.6	11	14	18	25	31	37	46	64	72	84	101	126	145	176	197
	750	3	3.5	4.6	6.4	8	11	14	19	24	28	34	48	54	63	75	94	108	132	148
280	1500	5.4	6.2	8.2	12	14.4	19	24	34	42	50	62	87	98	113	136	170	195	237	266
	1000	3.6	4.1	5.5	7.7	9.6	13	16	23	28	33	41	58	65	75	90	113	130	158	177
	750	2.7	3.1	4.1	5.8	7.2	10	12	17	21	25	31	43	49	57	68	85	98	119	133
315	1500	4.8	5.5	7.3	10.3	13	17	22	30	38	44	55	77	87	101	121	151	173	211	236
	1000	3.2	3.7	4.9	6.9	8.5	11	14	20	25	29	37	51	58	67	80	101	116	141	157
	750	2.4	2.8	3.6	5.2	6.4	8.5	11	15.1	19	22	27	38	43	50	60	75	87	106	118

续表

i_N	n_1/r·min^{-1}	n_2/r·min^{-1}	规格																	
			5	6	7	8	9	10	11	12	13	14	15	16	17	18	19	20	21	22
355	1500	4.2	—	6.4	—	11.2	—	19	—	33	—	48	—	76	—	106	—	152	—	207
	1000	2.8	—	4.3	—	7.5	—	13	—	22	—	32	—	51	—	70	—	101	—	138
	750	2.1	—	3.2	—	5.6	—	9.5	—	16	—	24	—	38	—	53	—	76	—	103
400	1500	3.8	—	5.8	—	10	—	17	—	30	—	43	—	—	—	—	—	—	—	—
	1000	2.5	—	3.8	—	6.7	—	11.3	—	20	—	29	—	—	—	—	—	—	—	—
	750	1.5	—	2.9	—	5.1	—	8.6	—	15	—	22	—	—	—	—	—	—	—	—

表 9-1-21 R4 减速器额定热功率 /kW

i_N	n_1=750r/min 时	规格																	
		5	6	7	8	9	10	11	12	13	14	15	16	17	18	19	20	21	22
80	P_{G1}	26.6	—	39.5	—	55.9	—	84.4	—	113	—	151	—	170	—	233	—	327	—
90	P_{G1}	26	—	38.2	—	54.6	—	81.9	—	110	—	145	155	163	175	223	239	316	331
100	P_{G1}	24.8	28.5	36.2	42.2	51.8	56.3	78.7	94.3	104	121	136	149	153	168	211	229	297	320
112	P_{G1}	23.9	27.8	34.8	41	49.8	55	74.9	91	100	118	130	141	146	158	201	216	288	300
125	P_{G1}	22.8	26.6	33.2	38.7	47.5	52.2	71.7	86.9	95.9	111	123	134	139	150	191	206	271	291
140	P_{G1}	21.8	25.6	31.6	37.3	44.8	50.2	67.8	82.8	91	106	119	127	134	143	184	196	262	274
160	P_{G1}	20	24.5	28.8	35.6	41	47.8	61.9	79.3	86.1	102	113	123	127	138	174	189	247	264
180	P_{G1}	19.6	23.4	28.1	33.9	40	45.4	60.2	75.1	81.3	96.7	106	116	119	130	163	178	231	250
200	P_{G1}	19	21.5	27.8	30.9	39.1	41.5	58.9	68.6	79.4	91.8	104	109	118	123	162	167	223	234
224	P_{G1}	17.7	21.1	25.9	30.2	36.6	40.5	55.4	66.9	74.4	86.9	98.4	108	109	121	152	167	209	227
250	P_{G1}	17.3	20.3	25	29.9	35.3	39.6	53.6	65.3	72	84.45	95.1	100	106	113	147	156	202	212
280	P_{G1}	16.4	19	23.5	27.9	33.7	37.1	51.2	61.3	68	79.4	88.5	97.5	100	109	138	150	193	205
315	P_{G1}	15.4	18.5	22	26.8	31.6	35.8	47.8	59.3	64.9	76.8	83.6	91.8	94.3	103	131	142	180	195
355	P_{G1}	—	17.7	—	25.2	—	34.1	—	56.6	—	72.5	—	86.1	—	97.5	—	134	—	182
400	P_{G1}	—	16.5	—	23.6	—	32.2	—	52.8	—	69.1	—	—	—	—	—	—	—	—
i_N	n_1=1000r/min 时	规格																	
		5	6	7	8	9	10	11	12	13	14	15	16	17	18	19	20	21	22
80	P_{G1}	28.6	—	42.4	—	60	—	90.6	—	121	—	162	—	183	—	250	—	351	—
90	P_{G1}	27.9	—	41	—	58.6	—	87.9	—	118	—	155	167	175	188	240	256	339	355
100	P_{G1}	26.6	30.6	38.8	45.3	55.6	60.4	84.4	101	112	130	146	160	164	180	227	246	319	344
112	P_{G1}	25.6	29.9	37.4	44	53.5	59	80.4	97.6	107	126	139	151	157	169	216	232	309	322
125	P_{G1}	24.5	28.6	35.7	41.6	51	56	77	93.2	102	119	132	144	149	161	205	221	291	313
140	P_{G1}	23.4	27.5	33.9	40.1	48.1	53.9	72.8	88.8	97.6	114	128	137	144	154	198	211	281	294
160	P_{G1}	21.5	26.3	30.9	38.2	44	51.3	66.4	85.1	92.4	110	121	132	136	148	187	203	265	284
180	P_{G1}	21.1	25.1	30.1	36.4	42.9	48.7	64.6	80.6	87.2	103	114	124	128	139	175	191	248	269
200	P_{G1}	20.4	23.1	29.9	33.2	42	44.6	63.2	73.6	85.2	98.5	112	117	136	132	174	179	240	251
224	P_{G1}	19	22.7	27.8	32.4	39.3	43.4	59.4	71.8	79.9	93.2	105	116	117	130	163	179	224	243
250	P_{G1}	18.5	21.8	26.9	32.1	37.9	42.5	57.5	70.1	77.3	90.6	102	108	114	122	158	168	217	227
280	P_{G1}	17.6	20.4	25.2	30	36.1	39.8	55	65.8	73	85.2	95	104	107	117	148	161	207	220

续表

i_N	$n_1=$1000r/min时	规格																	
		5	6	7	8	9	10	11	12	13	14	15	16	17	18	19	20	21	22
315	P_{G1}	16.5	19.8	23.6	28.8	33.9	38.4	51.3	63.7	69.6	82.4	89.7	98.5	101	110	140	153	193	210
355	P_{G1}	—	19	—	27.1	—	36.6	—	60.8	—	77.8	—	92.4	—	104	—	144	—	196
400	P_{G1}	—	17.7	—	25.4	—	34.5	—	56.7	—	74.1	—	—	—	—	—	—	—	—
i_N	$n_1=$1500r/min时	规格																	
		5	6	7	8	9	10	11	12	13	14	15	16	17	18	19	20	21	22
80	P_{G1}	31.7	—	46.9	—	66.1	—	98.6	—	130	—	171	—	189	—	256	—	343	—
90	P_{G1}	31.1	—	45.5	—	64.7	—	95.9	—	128	—	164	175	183	195	248	264	337	345
100	P_{G1}	29.6	34	43.1	50.2	61.5	66.7	92.4	110	121	140	156	169	173	188	236	255	321	339
112	P_{G1}	28.6	33.3	41.5	48.8	59.2	65.3	88.3	106	116	137	149	161	167	179	227	243	315	323
125	P_{G1}	27.4	31.8	39.7	46.2	56.6	62.1	84.8	102	112	130	143	155	159	172	218	234	300	318
140	P_{G1}	26.1	30.7	37.8	44.6	53.5	59.9	80.4	97.8	107	125	139	148	155	165	211	225	294	304
160	P_{G1}	24.1	29.4	34.5	42.7	49	57.2	73.6	94.1	101	121	132	143	147	160	202	218	281	298
180	P_{G1}	23.6	28.1	33.7	40.7	47.9	54.3	71.8	89.3	96.5	114	125	136	140	152	190	208	266	286
200	P_{G1}	22.8	25.9	33.5	37.2	47	49.8	70.5	81.9	94.7	109	124	130	139	146	191	196	260	271
224	P_{G1}	21.3	25.4	31.2	36.4	44	48.6	66.5	80.2	89.1	104	117	128	130	144	181	198	246	266
250	P_{G1}	20.8	24.5	30.2	36	42.5	47.8	64.5	78.6	86.6	101	114	120	127	136	176	187	241	252
280	P_{G1}	19.8	22.9	28.4	33.7	40.6	44.8	61.8	74	82.1	95.9	106	117	120	132	167	182	233	247
315	P_{G1}	18.6	22.3	26.6	32.4	38.2	43.2	57.8	71.6	78.4	92.7	110	110	113	124	158	172	217	236
355	P_{G1}	—	21.3	—	30.4	—	41.2	—	68.4	—	87.6	—	103	—	117	—	162	—	220
400	P_{G1}	—	19.9	—	28.6	—	38.9	—	63.8	—	83.4	—	—	—	—	—	—	—	—

将输入转速 n_1' 与 1500r/min、1000r/min、750r/min 进行比较，取 1500r/min、1000r/min、750r/min 中最接近的值作为公称输入转速 n_1，以确定减速器额定机械强度功率 P_N。

(2) 确定减速器的额定机械强度功率，应满足公式 (9-1-2)：

$$P_N \leqslant P_N' = P_2 \frac{n_1'}{n_1} f_1 f_2 f_3 f_4 \qquad (9\text{-}1\text{-}2)$$

式中 P_N'——计算功率，kW；

P_N——减速器额定机械强度功率，kW；

P_2——载荷功率（即工作机所需功率），kW；

f_1——工作机系数，见表 9-1-22；

f_2——原动机系数，见表 9-1-23；

f_3——安全系数，见表 9-1-24；

f_4——启动系数，见表 9-1-25。

(3) 校核输入轴上的最大转矩，如启动转矩、制动转矩、峰值工作转矩折算到输入轴上的转矩，应满足公式 (9-1-3)：

$$P_N \geqslant \frac{T_A n_1'}{9550} f_5 \qquad (9\text{-}1\text{-}3)$$

式中 T_A——输入轴最大转矩，如启动转矩、制动转矩、峰值工作转矩折算到输入轴上的转矩，N·m；

f_5——峰值转矩系数，见表 9-1-26。

(4) 校核热平衡功率，减速器不带辅助冷却装置时，应满足公式 (9-1-4)：

$$P_2 \leqslant P_G = P_{G1} f_6 f_7 \qquad (9\text{-}1\text{-}4)$$

式中 P_G——减速器额定热功率，kW；

P_{G1}——无辅助冷却装置时的额定热功率，kW；

f_6——环境温度系数，见表 9-1-27；

f_7——海拔系数，见表 9-1-28。

若

$$P_2 > P_G$$

则需要选用更大规格的减速器重复上述计算，也可以采用冷却盘管装置或进行强制润滑。

第9篇

当减速器带有冷却风扇时，应满足公式（9-1-5）：

$$P_2 \leqslant P_G = P_{G2} f_6 f_7 \qquad (9\text{-}1\text{-}5)$$

式中　P_{G2}——带有冷却风扇时的额定热功率。

若

$$P_2 > P_G$$

则需要选用更大规格的减速器重复上述计算，也可以采用冷却盘管装置或进行强制润滑。

表 9-1-22　工作机系数

工作机		日工作小时数/h			工作机		日工作小时数/h		
		≤0.5	0.5~10	>10			≤0.5	0.5~10	>10
污水处理	浓缩器(中心传动)	—	—	1.2	金属加工设备	冷床横移架	—	1.5	1.5
污水处理	压滤器	1.0	1.3	1.5	金属加工设备	辊式矫直机	—	1.6	1.6
污水处理	絮凝器	0.8	1.0	1.3	金属加工设备	辊道(连续式)	—	1.5	1.5
污水处理	曝气机	—	1.8	2.0	金属加工设备	辊道(间歇式)	—	2.0	2.0
污水处理	搂集设备	1.0	1.2	1.3	金属加工设备	可逆式轧管机	—	1.8	1.8
污水处理	纵向、回转组合接集装置	1.0	1.3	1.5	金属加工设备	剪切机(连续式)①	—	1.5	1.5
污水处理	预浓缩器	—	1.1	1.3	金属加工设备	剪切机(曲柄式)①	1.0	1.0	1.0
污水处理	螺杆泵	—	1.3	1.5	金属加工设备	连铸机驱动装置	—	1.4	1.4
污水处理	水轮机	—	—	2.0	金属加工设备	可逆式开坯机	—	2.5	2.5
污水处理	离心泵	1.0	1.2	1.3	金属加工设备	可逆式板坯轧机	—	2.5	2.5
污水处理	1个活塞容积式泵	1.3	1.4	1.8	金属加工设备	可逆式线材轧机	—	1.8	1.8
污水处理	>1个活塞容积式泵	1.2	1.4	1.5	金属加工设备	可逆式薄板轧机	—	2.0	2.0
挖泥机	斗式运输机	—	1.6	1.6	金属加工设备	可逆式中厚板轧机	—	1.8	1.8
挖泥机	倾卸装置	—	1.3	1.5	金属加工设备	辊缝调节驱动装置	0.9	1.0	—
挖泥机	Carteypillar 行走机构	1.2	1.6	1.8	输送机械	斗式输送机	—	1.2	1.5
挖泥机	斗轮式挖掘机(用于捡拾)	—	1.7	1.7	输送机械	绞车	1.4	1.6	1.6
挖泥机	斗轮式挖掘机(用于粗料)	—	2.2	2.2	输送机械	卷扬机	—	1.5	1.8
挖泥机	切碎机	—	2.2	2.2	输送机械	皮带输送机(<150kW)	1.0	1.2	1.3
挖泥机	行走机构①	—	1.4	1.8	输送机械	皮带输送机(≥150kW)	1.1	1.3	1.5
弯板机①		—	1.0	1.0	输送机械	货用电梯①	—	1.2	1.5
化学工业	挤压机	—	—	1.6	输送机械	客用电梯①	—	1.5	1.8
化学工业	调浆机		1.8	1.8	输送机械	刮板式输送机	—	1.2	1.5
化学工业	橡胶研光机	—	1.5	1.5	输送机械	自动扶梯	—	1.2	1.4
化学工业	冷却圆筒	—	1.3	1.4	输送机械	轨道行走机构	—	1.5	—
化学工业	混料机(用于均匀介质)	1.0	1.3	1.4	变频装置		—	1.8	2.0
化学工业	混料机(用于非均匀介质)	1.4	1.6	1.7	往复式压缩机		—	1.8	1.9
化学工业	搅拌机(用于密度均匀介质)	1.0	1.3	1.5	起重机械	回转机构①	1	1.4	1.8
化学工业	搅拌机(用于非均匀介质)	1.2	1.4	1.6	起重机械	俯仰机构	12	1.25	1.5
化学工业	搅拌机(用于不均匀气体吸收)	1.4	1.6	1.8	起重机械	行走机构	1.5	1.75	2
化学工业	烘炉	1.0	1.3	1.5	起重机械	提升机构①	1	1.25	1.5
化学工业	离心机	1.0	1.2	1.3	起重机械	转臂式起重机①	1	1.25	1.6
金属加工设备	翻板机	1.0	1.0	1.2	冷却塔	冷却塔风扇	—	—	2.0
金属加工设备	推钢机	1.0	1.2	1.2	冷却塔	风机(轴流和离心式)	—	1.4	1.5
金属加工设备	绕线机	—	1.6	1.6					

续表

工作机		日工作小时数/h		
		≤0.5	0.5～10	>10
蔗糖生产	甘蔗切碎机①	—	—	1.7
	甘蔗碾磨机	—	—	1.7
甜菜糖生产	甜菜绞碎机	—	—	1.2
	榨取机,机械制冷机,蒸煮机	—	—	1.4
	甜菜清洗机	—	—	1.5
	甜菜切碎机	—	—	1.5
造纸机械	各种类型②	—	1.8	2.0
	碎浆机驱动装置	2.0	2.0	2.0
离心式压缩机		—	1.4	1.5

工作机		日工作小时数/h		
		≤0.5	0.5～10	>10
索道缆车	运货索道	—	1.3	1.4
	往返系统空中索道	—	1.6	1.8
	T形杆升降机	—	1.3	1.4
	连续索道	—	1.4	1.6
水泥工业	混凝土搅拌器	—	1.5	1.5
	破碎机①	—	1.2	1.4
	回转窑	—	—	2.0
	管式磨机	—	—	2.0
	选扮机	—	1.6	1.6
	辊压机	—	—	2.0

① 工作机额定功率 P_2 由最大转矩确定。

② 需要校核热功率。

表 9-1-23 原动机系数

电动机、液压马达、汽轮机	4～6 缸活塞发动机	1～3 缸活塞发动机
1.00	1.25	1.50

表 9-1-24 安全系数

重要性与安全要求	一般设备,减速器失效仅引起单机停产且易更换备件	重要设备,减速器失效引起机组、生产线或全厂停产	高度安全要求,减速器失效引起设备、人身事故
f_3	1.25～1.50	1.50～1.75	1.75～2.00

表 9-1-25 启动系数

每小时启动次数	$f_1f_2f_3$			
	1	1.25～1.75	2～2.75	≥3
	f_4			
≤5	1.00	1.00	1.00	1.00
6～25	1.20	1.12	1.06	1.00
26～60	1.30	1.20	1.12	1.06
61～180	1.50	1.30	1.20	1.12
>180	1.70	1.50	1.30	1.20

表 9-1-26 峰值转矩系数

载荷类型	每小时峰值载荷次数			
	1～5	6～30	31～100	>100
单向载荷	0.50	0.65	0.70	0.85
交变载荷	0.70	0.95	1.10	1.25

表 9-1-27 环境温度系数①

环境温度/℃	每小时工作周期百分比/%				
	100	80	60	40	20
10	1.11	1.31	1.60	2.14	3.64
20	1.00	1.18	1.44	1.93	3.28

续表

环境温度/℃	每小时工作周期百分比/%				
	100	80	60	40	20
30	0.88	1.04	1.27	1.70	2.89
40	0.75	0.89	1.08	1.45	2.46
50	0.63	0.74	0.91	1.22	2.07

① 不带辅助冷却装置或仅带冷却风扇。

表 9-1-28　海拔系数①

系数	海拔/m				
	≤1000	≤2000	≤3000	≤4000	≤5000
f_7	1.00	0.95	0.90	0.85	0.80

① 不带辅助冷却装置或仅带冷却风扇。

1.3　轴装式圆柱齿轮减速器（摘自 JB/T 7007—1993）

1.3.1　运用范围和代号

结构特点是输出端为带键槽的空心轴（孔），可以套在工作机伸出的轴上，减速器悬挂在主机上，拆装方便，容易对中。圆柱齿轮轴为曲折布置的平行轴，齿轮及齿轮轴均采用合金钢锻件，齿轮经渗碳淬火磨齿，齿面硬度 58～62HRC，精度达到 GB/T 10095 的 6 级。输入轴与电动机之间可以有一级带传动，也可以把电动机用法兰直接装在轴装式减速箱上。为保证减速器位置稳定，上面设一拉杆，用左右螺旋调整其长度。

这种减速器用于带式输送机和斗式提升机的传动装置，也可用于其他机械设备。

适用的工作条件：工作环境温度 －40～40℃（低于 5℃时，启动前润滑油应预热）。高速轴转速不高于 1500r/min，可以单、双向回转。标记示例

减速器

ZJY　180-20　N　JB/T 7007—1993

——标准号

——旋转方向代号：两向 ——L，逆时针 ——N，顺时针 ——S

——公称传动比

——低速级中心距，mm

——产品型式代号：Y 表示硬齿面

1.3.2　公称输入功率、热功率和逆止器额定逆止转矩

ZJY 型减速器公称输入功率见表 9-1-29，公称热功率和逆止器额定逆止转矩见表 9-1-30。

表 9-1-29　ZJY 型减速器公称输入功率

公称传动比 i			10			16			20			25		
公称转速 /r·min⁻¹		输入 n_1	1500	1000	750	1500	1000	750	1500	1000	750	1500	1000	750
		输出 n_2	150	100	75	94	62	47	75	450	38	60	40	30
型号	ZJY75	公称输入功率 P_1/kW	2.8	1.9	1.4	2.5	1.7	1.3	1.9	1.3	1.0	1.6	1.1	0.8
	ZJY90		4.6	3.1	2.3	4.1	2.7	2.1	3.1	2.1	1.6	2.7	1.8	1.4
	ZJY106		7.6	5.1	3.8	6.8	4.5	3.4	5.2	3.5	2.6	4.5	3.0	2.3
	ZJY125		12.6	8.4	6.3	11.4	7.6	5.7	8.6	5.7	4.3	7.2	4.8	3.6
	ZJY150		21.5	14.3	10.8	19.3	12.9	9.7	14.2	9.5	7.1	12.0	8.0	6.0
	ZJY180		36.0	24.0	18.0	32.1	21.4	16.1	24.0	16.0	12.0	20.4	13.6	10.2
	ZJY212		60.3	40.2	30.2	53.8	35.9	26.9	40.5	27.0	20.3	34.0	22.7	17.0
	ZJY250		—	67.3	50.5	90.2	60.1	45.1	67.5	45.0	33.8	56.8	37.9	28.4
	ZJY300		—	—	—	—	—	—	—	74.7	56.0	95.0	63.3	47.5

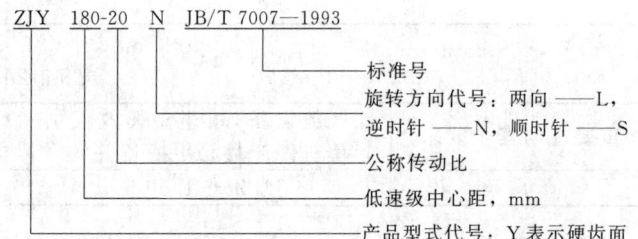

表 9-1-30　公称热功率和逆止器额定逆止转矩

型　　号	ZJY75	ZJY90	ZJY106	ZJY125	ZJY150	ZJY180	ZJY212	ZJY250	ZJY300
热功率 P_{G1}/kW	3.1	4.4	6.2	8	11.2	15.8	23.1	30.7	42.3
逆止转矩/N·m	19	30	49	81	137	230	384	643	715

选择 ZJY 型轴装式圆柱齿轮减速器需要同时满足机械强度和热平衡许用功率两方面的要求。首先按减速器机械强度许用功率选择减速器：

$$P_{2m}=P_2K_A\leqslant P_1 \tag{9-1-6}$$

式中　P_2——负载功率，由设计问题提出；

K_A——工况系数，由图 9-1-8 查取；

P_1——减速器公称输入功率，由表 9-1-29 查得，如果实际输入转速与表中的三档转速（1500r/min，1000r/min，750r/min）之一相对误差不超过 4%，可按该档转速及传动比查得公称输入功率，否则按实际输入转速折算，即将表中功率值乘以修正值（=实际转速/表中相近转速）。

然后按热平衡核算减速器的热功率：

$$P_{2t}=P_2f_1f_2f_3\leqslant P_{G1} \tag{9-1-7}$$

式中　f_1，f_2，f_3——温度系数、负载率系数、功率利用系数，由表 9-1-31 查得；

P_{G1}——公称热功率，由表 9-1-30 查得。

1.3.3　ZJY 型减速器尺寸

ZJY 型减速器尺寸见表 9-1-32。

表 9-1-31　温度系数、负荷率系数和功率利用系数

冷却条件	环境温度 t/℃					
	10	20	30	40	50	
无冷却 f_1	0.9	1	1.1	1.2	1.3	
小时负荷率/%	100	80	60	40	20	
负荷率系数 f_2	1	0.94	0.86	0.74	0.56	
$\frac{P_2}{P_1}\times100$	30%	40%	50%	60%	70%	80%
f_3	1.5	1.25	1.15	1.1	1.05	1

注：P_1—公称功率，见表 9-1-29；P_2—负载功率。

1.3.4　ZJY 型减速器的润滑

润滑油按高速级齿轮圆周速度 v 选择：

$v\leqslant2.5$m/s，或环境温度高于 35℃时，选用中负荷工业齿轮油 320；

$v>2.5$m/s 时，选用中负荷工业齿轮油 220。

齿轮、轴承的润滑、冷却采用油池飞溅润滑，自然冷却。

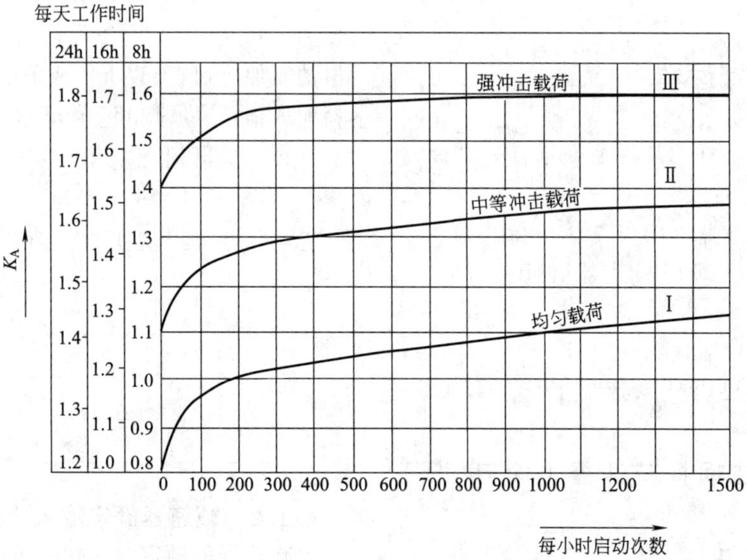

图 9-1-8　工况系数选用图表

表 9-1-32　ZJY 型减速器尺寸　/mm

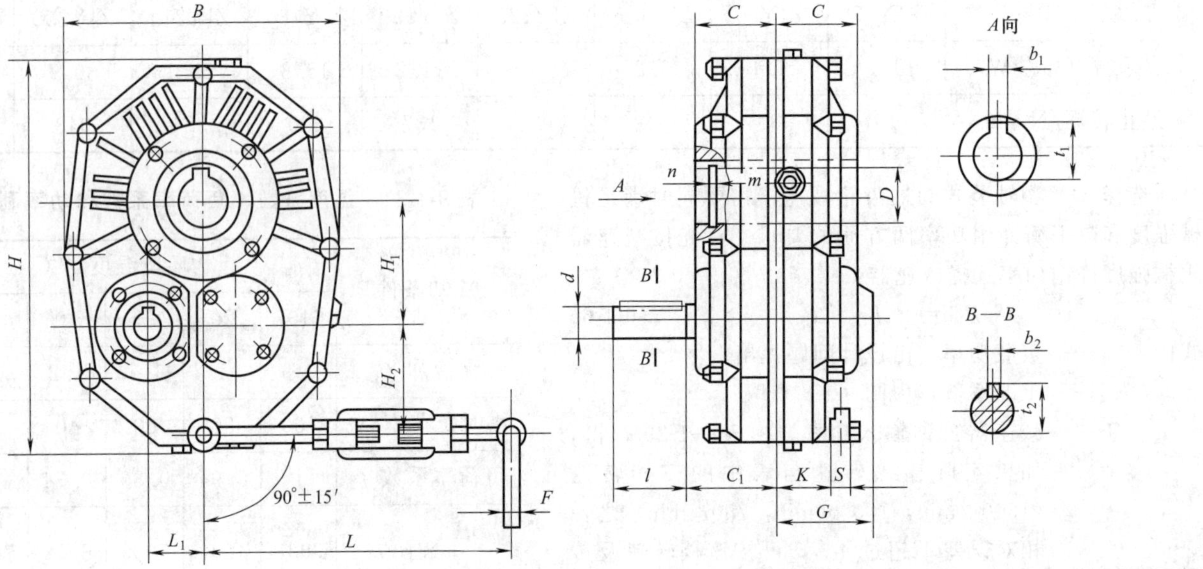

型号	D	d	l	b_1	b_2	t_1	t_2	B	H	H_1	H_2	C	C_1	F	G	L	L_1	K	S	m	n	质量/kg
ZJY75	35	16	40	10	6	38.3	18.2	187	260	72.8	70	51	53	12	51	280～380	35	30	14	1.7	6	14
ZJY90	38	19	40	10	6	43.1	21.7	212	287.2	86.7	74.5	59	61	12	58	280～380	39	35	14	1.7	6	21
ZJY106	45	24	50	14	8	48.8	27.2	240	325.6	101.6	79.4	67	69	12	76	280～380	44.6	44	14	1.7	6	27
ZJY125	55	28	60	16	8	59.3	31.2	270	379.3	120.3	100	76	78	16	86	410～540	53	52	17	2.2	6	40
ZJY150	60	38	80	18	10	64.4	41.3	330	446	145	110	85	86	16	101	410～540	65	57	17	2.2	8	67
ZJY180	70	42	110	20	12	74.9	45.3	396	530.3	174.3	131	100	102	22	116	580～710	80	67	24	2.7	8	110
ZJY212	85	48	110	22	14	90.4	51.8	477	624.7	204.7	157	120	121	22	132	580～710	95	84	24	2.7	8	170
ZJY250	100	55	110	28	16	106.4	59.3	560	727.6	240.6	188	137	138	28	150	580～750	112	96	30	2.7	11	250
ZJY300	120	65	140	32	18	127.4	69.4	660	839	288.6	210	164	166	28	168	580～750	130	111	30	3.2	11	380

1.4　圆弧圆柱蜗杆减速器

圆弧圆柱蜗杆（ZC_1 蜗杆，又称尼曼蜗杆）减速器有以下四种：

单级圆弧圆柱蜗杆减速器（JB/T 7935—2015）；

单级轴装式圆弧圆柱蜗杆减速器（JB/T 6387—2010）；

单级立式圆弧圆柱蜗杆减速器（JB/T 7848—2010）；

双级及齿轮圆弧圆柱蜗杆减速器（JB/T 7008—1993）。

1.4.1　单级圆弧圆柱蜗杆减速器（摘自 JB/T 7935—2015）

1.4.1.1　应用范围和代号

采用整体式机体，有十种装配型式，其工作环境温度为−40～40℃，当工作环境温度低于 0℃时，启动前润滑油需加热到 0℃以上，或采用低凝固点的润滑油。减速器输入轴转速最高 1500r/min，减速器可以正、反向运转。

标记示例如下。

减速器

CW　200-25-ⅡF　JB/T 7935—2015

- JB/T 7935—2015 —— 标准号
- ⅡF —— 第二种装配型式（F—— 带风扇）
- 25 —— 公称传动比
- 200 —— 中心距，mm
- CW —— 蜗杆齿廓为 ZC_1 的蜗杆减速器

1.4.1.2　减速器额定输入功率 P_1 及额定输出转矩 T_2

减速器的额定输入功率 P_1 及额定输出转矩 T_2 见表 9-1-33。

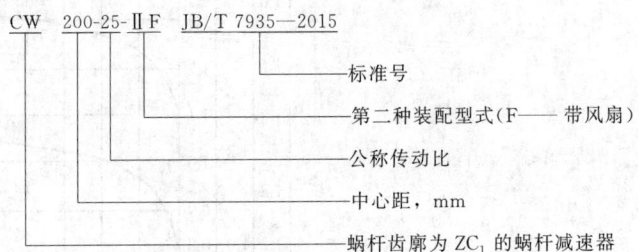

表 9-1-33　减速器的额定输入功率 P_1 及额定输出转矩 T_2（摘自 JB/T 7935—2015）

公称传动比 i	输入转速 n_1/r·min^{-1}	功率转矩代号	中心距 a/mm													
			63	80	100	125	140	160	180	200	225	250	280	315	355	400
			额定输入功率 P_1/kW　额定输出转矩 T_2/N·m													
8	1500	P_1	3.37	5.60	9.45	17.9	25.5	29.9	45.7	50.7	64.4	77.5	96.3	119.3	142.8	174.3
		T_2	146	270	455	870	1100	1520	1995	2500	2835	3880	4250	6000	6340	8820
	1000	P_1	2.59	4.49	8.36	14.2	22.8	26.2	41.1	45.8	58.9	71.2	88.7	110.0	133.0	166.1
		T_2	168	316	600	1000	1470	1995	2600	3400	3885	5350	5880	8300	8860	12600
	750	P_1	2.26	3.83	7.38	13.6	17.5	22.4	32.2	36.8	52.9	65.4	81.3	99.9	119.7	156.3
		T_2	193	356	700	1300	1520	2250	2780	3620	4620	6510	7140	10000	10570	15750
	500	P_1	1.89	3.12	5.58	9.8	12.9	16.2	23.0	26.6	37.7	46.9	64.4	84.0	106.8	136.1
		T_2	240	431	780	1400	1620	2415	2940	3885	4880	6930	8400	12500	14000	20475
10	1500	P_1	2.69	4.69	8.43	14.9	18.2	25.7	33.7	44.2	53.3	62.1	77.4	99.3	147.2	153.5
		T_2	152	270	500	890	1100	1575	1940	2730	3400	3990	4980	6200	7850	9660
	1000	P_1	2.07	3.69	7.45	13.4	16.9	23.1	30.1	38.9	46.1	53.7	67.6	92.1	118.0	145.0
		T_2	172	316	660	1200	1520	2100	2570	3570	4400	5140	6500	8600	11000	13650
	750	P_1	1.83	3.14	6.24	11.1	13.6	18.3	24.9	30.3	36.9	48.7	60.8	84.8	105.2	138.6
		T_2	195	356	730	1310	1620	2200	2835	3675	4670	6190	7700	10500	13000	17300
	500	P_1	1.46	2.53	4.56	8.1	9.8	13.5	17.8	21.9	27.7	37.4	47.8	67.8	86.9	124.0
		T_2	240	425	790	1410	1730	2415	2990	3935	5190	7000	9000	12500	16100	23100
12.5	1500	P_1	2.34	4.06	6.81	11.8	15.5	20.3	26.6	34.3	44.7	54.8	75.5	83.9	110.4	136.9
		T_2	158	276	475	840	1050	1470	1890	2570	3200	4040	5460	6400	8450	10500
	1000	P_1	1.83	3.27	5.78	10.4	14.0	18.5	24.4	30.5	40.4	49.6	70.2	77.6	101.5	133.5
		T_2	182	328	600	1100	1400	1995	2570	3410	4300	5460	7560	8700	11580	15220
	750	P_1	1.58	2.80	5.19	9.4	12.5	16.1	22.1	26.2	37.0	46.6	65.3	72.7	95.9	124.2
		T_2	209	374	710	1300	1680	2310	3090	3885	5250	6825	9345	11000	14595	18900
	500	P_1	1.29	2.26	4.08	7.1	9.6	11.7	16.8	18.5	29.1	34.6	47.3	58.2	80.2	106.4
		T_2	256	448	830	1470	1890	2460	3465	4000	6000	7450	9975	13000	18000	24150
16	1500	P_1	1.98	3.47	6.68	11.6	14.3	20.6	24.3	34.9	41.5	49.0	60.1	81.6	99.2	130.4
		T_2	158	287	570	1000	1260	1830	2310	3150	3885	4460	5670	7500	9360	12000
	1000	P_1	1.56	2.73	5.74	10.1	12.9	17.1	20.8	27.1	32.4	44.1	53.7	76.6	91.2	121.2
		T_2	182	333	730	1310	1680	2250	2940	3600	4500	5980	7560	10500	12580	16800
	750	P_1	1.35	2.33	4.61	8.3	10.4	13.6	16.4	21.7	27.9	39.1	47.3	68.9	88.1	111.7
		T_2	209	374	770	1410	1785	2360	3000	3830	5145	7000	8800	12510	16100	20400
	500	P_1	1.11	1.91	3.37	5.9	7.3	9.6	11.9	15.6	19.6	28.5	34.7	50.1	65.0	90.4
		T_2	256	460	830	1470	1830	2460	3300	4095	5350	7560	9550	13520	17600	24600
20	1500	P_1	1.93	3.08	5.0	9.0	11.6	15.9	20.4	26.2	33.5	44.0	54.3	65.5	84.9	103.6
		T_2	188	328	550	1010	1260	1830	2250	3050	3780	5250	6195	7900	9700	12600
	1000	P_1	1.53	2.41	4.30	8.2	9.8	13.7	17.5	23.1	28.4	39.5	49.2	61.2	78.9	95.5
		T_2	219	380	700	1310	1575	2360	2880	4000	4750	7030	8400	11000	13590	17320
	750	P_1	1.32	2.10	3.75	7.3	9.1	12.0	15.5	19.0	25.6	36.6	45.2	54.6	72.8	87.2
		T_2	252	437	810	1575	1940	2730	3360	4400	5670	8600	10185	13000	16600	21000

续表

公称传动比 i	输入转速 n_1/r·min^{-1}	功率转矩代号	中心距 a/mm													
			63	80	100	125	140	160	180	200	225	250	280	315	355	400
			额定输入功率 P_1/kW　额定输出转矩 T_2/N·m													
20	500	P_1	1.00	1.69	2.71	5.5	6.8	9.0	11.4	13.8	18.9	26.7	33.2	42.7	57.0	76.6
		T_2	282	518	850	1730	2100	2940	3620	4700	6195	9240	11000	15000	19100	27300
25	1500	P_1	1.38	2.47	3.94	6.9	8.7	12.4	14.9	19.3	23.4	32.3	39.9	54.0	71.1	87.8
		T_2	162	316	500	930	1200	1680	2150	2780	3465	4725	5880	7700	10570	13100
	1000	P_1	1.16	2.04	3.41	5.6	7.1	10.9	12.7	17.3	20.8	28.9	36.8	47.1	63.6	77.8
		T_2	205	391	640	1150	1470	2200	2730	3675	4560	6300	8000	10000	14000	17300
	750	P_1	0.95	1.74	2.82	5.1	6.4	9.9	11.7	15.5	18.8	26.3	33.3	44.6	60.0	72.9
		T_2	220	437	700	1365	1730	2620	3300	4350	5460	7560	9600	12500	17600	21500
	500	P_1	0.69	1.34	1.99	3.7	4.6	7.2	8.5	12.2	14.8	21.1	27.1	37.6	49.1	63.8
		T_2	235	500	730	1470	1830	2780	3500	5040	6300	8925	11500	15500	21100	27800
31.5	1500	P_1	1.21	2.08	4.27	7.6	8.8	12.7	15.2	22.6	25.9	30.2	36.8	52.9	68.9	—
		T_2	168	299	650	1150	1400	2100	2670	3780	4500	5145	6510	9200	12000	—
	1000	P_1	0.95	1.66	3.39	6.0	7.1	9.8	11.7	17.3	19.4	26.9	32.3	48.6	61.9	78.2
		T_2	193	350	770	1365	1680	2360	3045	3885	5040	6825	8500	12500	16100	20470
	750	P_1	0.79	1.41	2.67	4.8	8.2	7.8	9.3	12.5	15.7	22.3	26.6	38.3	51.3	71.4
		T_2	215	391	790	1400	1785	2460	3150	4040	5250	7350	9240	13000	17600	24670
	500	P_1	0.67	1.17	1.98	3.5	5.8	5.6	6.9	9.1	11.5	16.1	19.4	28.1	35.8	51.3
		T_2	262	472	840	1470	1830	2570	3400	4300	5670	7770	9765	14000	18100	26250
40	1500	P_1	1.17	1.88	3.22	5.7	7.3	9.9	12.4	16.7	21.1	28.3	35.0	42.6	58.2	70.9
		T_2	198	345	620	1150	1410	2100	2570	3620	4500	6300	7450	9600	12580	16275
	1000	P_1	0.90	1.47	2.19	4.9	6.2	8.8	10.9	13.9	18.0	24.1	31.4	39.1	51.9	66.3
		T_2	225	397	790	1470	1785	2730	3300	4410	5670	8190	9870	13000	16600	22575
	750	P_1	0.81	1.26	2.35	4.4	5.5	7.0	8.7	11.2	14.8	20.8	25.4	34.0	42.8	60.7
		T_2	262	449	870	1680	2040	2835	3465	4670	6090	8925	10500	15000	18100	27300
	500	P_1	0.64	1.02	1.68	3.2	3.9	5.2	6.5	8.0	11.0	15.2	19.3	25.0	31.6	46.8
		T_2	298	523	920	1785	2150	3045	3720	4880	6600	9450	11550	16000	19600	30975
50	1500	P_1	0.91	1.64	2.55	4.4	5.6	7.6	9.3	12.7	15.2	21.3	26.7	33.7	45.3	56.3
		T_2	183	357	570	1040	1365	1890	2415	3255	4095	5565	7245	9000	12580	15750
	1000	P_1	0.74	1.32	2.18	3.8	4.7	6.7	8.2	11.0	14.0	19.0	23.5	31.3	41.6	52.1
		T_2	220	414	720	1315	1680	2465	3150	4200	5565	7350	9450	12510	17110	21525
	750	P_1	0.60	1.11	1.77	3.4	4.0	6.1	7.3	9.5	11.9	16.9	21.8	28.6	38.1	48.2
		T_2	236	466	760	1520	1890	2885	3675	4670	6195	8610	11550	15000	20640	26250
	500	P_1	0.45	0.84	1.25	2.4	2.9	4.5	5.4	7.1	8.6	13.2	16.6	22.5	30.2	40.0
		T_2	256	723	790	1575	1995	3095	3885	5090	6510	9660	12600	17000	23650	32000
63	1500	P_1	—	1.35	1.85	3.5	4.7	5.9	8.1	10.5	13.8	16.1	23.2	26.3	35.5	47.7
		T_2	—	322	470	935	1260	1730	2360	3150	4095	4830	6400	8200	11000	15220
	1000	P_1	—	0.99	1.44	2.6	3.6	4.4	6.7	8.2	12.1	14.0	21.4	23.9	32.9	44.7
		T_2	—	345	530	1000	1410	1890	2880	3570	5250	6195	8505	11000	15000	21000

续表

公称传动比 i	输入转速 n_1/r·min^{-1}	功率转矩代号	中心距 a/mm													
			63	80	100	125	140	160	180	200	225	250	280	315	355	400
			额定输入功率 P_1/kW　　额定输出转矩 T_2/N·m													
63	750	P_1	—	0.82	1.21	2.3	3.0	3.9	5.4	7.2	10.1	12.2	16.2	21.4	30.9	39.7
		T_2	—	374	580	1155	1575	2150	3045	4095	5775	7000	9550	13000	18600	24600
	500	P_1	—	0.66	0.95	1.8	2.4	3.0	4.5	5.6	7.6	9.0	12.4	16.6	22.8	30.2
		T_2	—	449	660	1310	1785	2415	3500	4620	6300	7560	10500	14520	20100	27300

1.4.1.3 CW型蜗杆减速器选择计算（摘自JB/T 7935—2015）

蜗杆减速器应满足机械承载能力（强度）和热功率两方面的要求。计算公式见表 9-1-34。

表 9-1-34 中额定输入功率与输出轴转矩各有机械承载能力和热功率要求，只要满足一组要求即可。满足要求的条件是由表 9-1-33 查出的额定值大于表 9-1-34 中求得的计算值。

表 9-1-34　CW 型蜗杆减速器承载能力计算公式

项　　目	按机械承载强度	按热功率
要求的额定输入功率	$P_{1J}=P_{1B}f_1f_2$	$P_{1R}=P_{1B}f_3f_4$
要求的输出轴转矩	$T_{2J}=T_{2B}f_1f_2$	$T_{2R}=T_{2B}f_3f_4$

注：P_{1J}—减速器计算输入机械功率，kW；
P_{1R}—减速器计算输入热功率，kW；
T_{2J}—减速器计算输出机械转矩，N·m；
T_{2R}—减速器计算输出热转矩，N·m；
P_{1B}—减速器实际输入功率，kW；
T_{2B}—减速器实际输出转矩，N·m。

表 9-1-34 中的系数 f_1、f_2、f_3、f_4 可由表 9-1-35～表 9-1-38 查得。表 9-1-39 中的减速器传动总效率可供计算参考。

此外，还要求减速器的最大尖峰载荷不超过额定承载能力的 2.5 倍。当输出轴端有轴向力 F_A 或径向力 F_R 作用时，不可超过表 9-1-40 中给出的值。当外加径向力偏离伸出轴段中点时，表 9-1-40 中的值需要按下式换算

$$F_R'=F_R\frac{L}{L\pm2\Delta L}$$

式中，ΔL 为力 F_R 偏离轴外伸段中点的距离，力向外侧偏移时取负号，向内侧偏移时取正号（见图 9-1-9）。

1.4.1.4 CW型蜗杆减速器的外形尺寸和装配型式

其外形尺寸和装配型式见表 9-1-41。

1.4.2 立式圆弧圆柱蜗杆减速器（摘自JB/T 7848—2010）

1.4.2.1 应用范围和代号

立式圆弧圆柱蜗杆减速器是 CW 型蜗杆减速器的一种变形结构，由电动机经窄 V 带轮驱动蜗杆，蜗轮输出轴与地面垂直。其主要参数和蜗杆齿形与 CW 型基本相同。主要适用于化工、制药、食品、轻工和建筑等行业的机械传动装置。用于海拔高度不超过 1000m 的场合。其他工作条件同 JB/T 7935。

表 9-1-35　工作载荷系数 f_1

日运行时间/h	0.5h 间歇运行	0.5～2	2～10	10～24
均匀载荷(U)	0.8	0.9	1	1.2
中等冲击载荷(M)	0.9	1	1.2	1.4
强冲击载荷(H)	1	1.2	1.4	1.6

表 9-1-36　启动频率系数 f_2

每小时启动次数	≤10	>10～60	>60～240	>240～400
f_2	1	1.1	1.2	1.3

表 9-1-37　小时载荷率系数 f_3

小时载荷率 J_c/%	100	80	60	40	20
f_3	1	0.94	0.86	0.74	0.56

表 9-1-38　环境温度系数 f_4

环境温度/℃	>10～20	>20～30	>30～40	>40～50
f_4	1	1.14	1.33	1.6

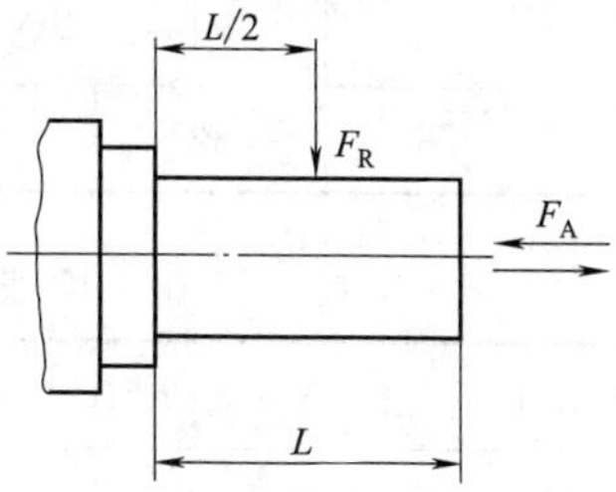

图 9-1-9　径向、轴向载荷图

第9篇

标记示例如下。

LCW 125-10 F-Y132M-4 JB/T 7848—2010

- JB/T 7848—2010——标准号
- Y132M-4——电动机型号
- F——冷却方式(F——带风扇)
- 10——公称传动比
- 125——减速器中心距，mm
- LCW——减速器型号(L——立式；C——齿形；W——蜗杆减速器)

表 9-1-39　减速器的传动总效率

公称传动比 i	输入转速 n_1/r·min^{-1}	中心距 a/mm				公称传动比 i	输入转速 n_1/r·min^{-1}	中心距 a/mm			
		63～100	125～200	225～280	315～400			63～100	125～200	225～280	315～400
		效率 η/%						效率 η/%			
5～8	1500	91	93.5	95	96	31.5	1500	75	83	84	86
	1000	90	93	94.5	95.5		1000	72	80	81	85
	750	89	92.5	94	95		750	70	77	79	84
	500	88	92	93.5	94.5		500	67.5	75	76	82
10～12.5	1500	86	91.5	94	95	40	1500	74	79.5	82.5	84.5
	1000	85	91	93.5	94.5		1000	72.5	76	81	82.5
	750	83	90	93	94		750	70	74	79	81
	500	82	89	92	93.5		500	68	71	74	78
16～25	1500	83.5	88	90	91	50～63	1500	70	78	81	83
	1000	82	86	88	89		1000	67	75	80	81
	750	80	84	87.5	88.5		750	65	72	77	79
	500	78	82	85	87		500	63	70	74	75

表 9-1-40　轴端许用径向和轴向载荷

中心距 a/mm	63	80	100	125	140	160	180
F_R 或 F_A/N	3500	5000	6000	8500	10000	11000	13000
中心距 a/mm	200	225	250	280	315	355	400
F_R 或 F_A/N	18000	20000	21000	27000	31000	35000	38000

1.4.2.2　电动机功率及减速器输出转矩

电动机功率及减速器输出转矩见表 9-1-42。

1.4.2.3　LCW 型立式圆弧圆柱蜗杆减速器尺寸

LCW 型蜗杆减速器尺寸见表 9-1-43。

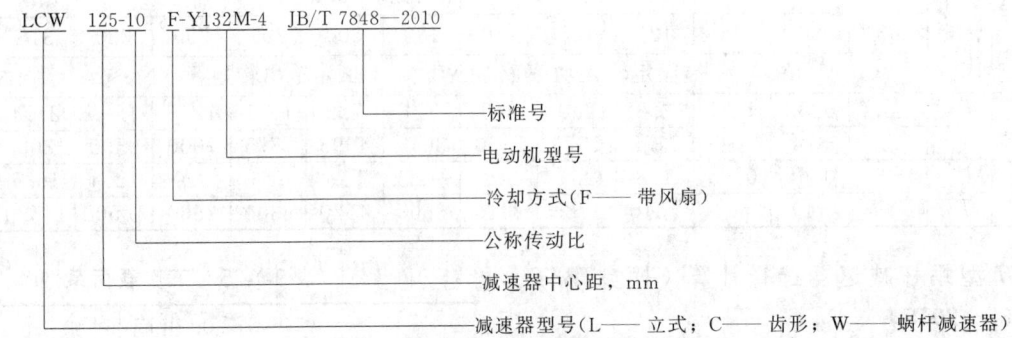

表 9-1-41 CW 型蜗杆减速器外形尺寸和装配型式（摘自 JB/T 7935—2015） /mm

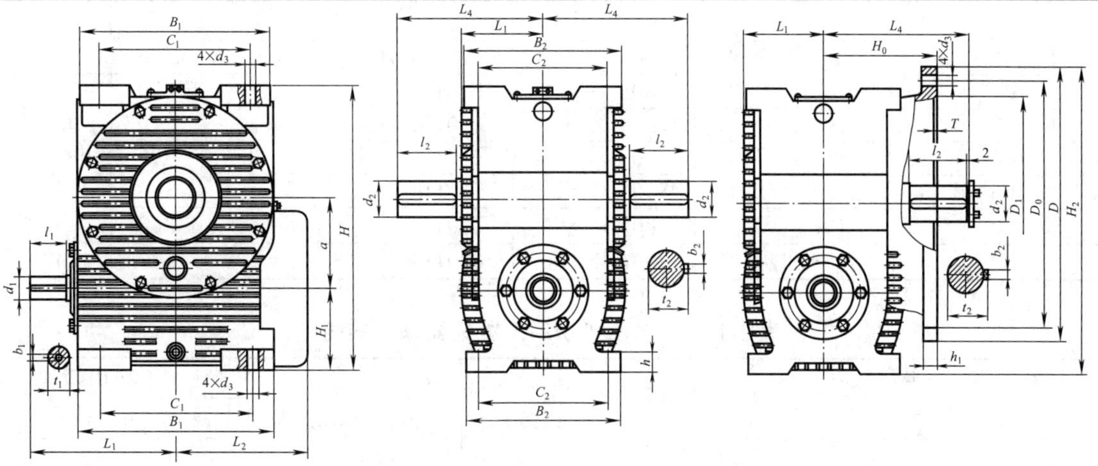

装配型式

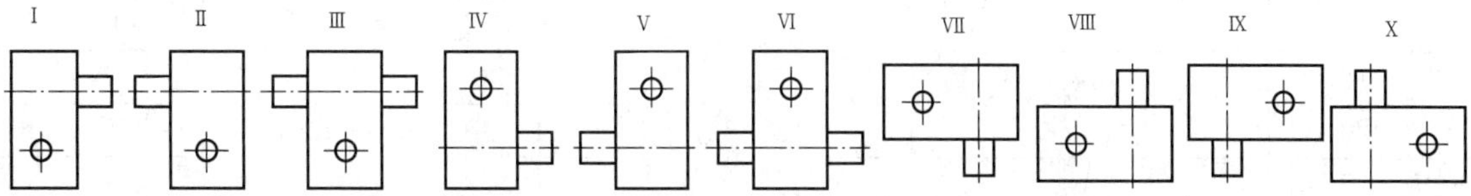

Ⅰ～Ⅲ蜗杆下置，Ⅳ～Ⅵ蜗杆上置，Ⅶ～Ⅹ蜗杆侧置

a	B_1	B_2	C_1	C_2	H_1	H	L_1	L_2	L_4	h	d_1	b_1	t_1	l_1
63	145	125	95	100	65	228	120	120	130	16	19j6	6	21.5	28
80	170	160	120	130	80	280	142	140	150	20	24j6	8	27	36
100	215	190	170	155	100	340	178	170	190	28	28j6	8	31	42
125	260	220	200	180	112	412	215	195	205	32	32j6	10	35	58
140	280	240	220	195	125	455	225	215	238	35	38k6	10	41	58
160	330	270	275	230	140	500	380	243	258	38	42k6	12	45	82
180	360	305	280	255	160	570	295	265	270	40	42k6	12	45	82
200	420	340	335	285	180	620	320	295	320	45	48k6	14	51.5	82
225	460	360	370	300	200	700	350	320	325	50	48k6	14	51.5	82
250	515	390	425	325	200	740	380	350	375	55	55k6	16	59	82
280	560	430	450	360	225	840	425	390	395	60	60m6	18	64	105
315	620	470	500	395	250	940	460	430	415	65	65m6	18	69	105
355	700	520	560	440	280	1050	498	490	475	70	70m6	20	74.5	105
400	780	570	630	490	300	1160	545	525	510	75	75m6	20	79.5	105

d_2	l_2	b_2	t_2	d_3	D	D_0	D_1	T	h_1	H_0	H_2	质量/kg
32k6	58	10	35	M10	240	210	170H8	5	15	100	248	20
38k6	58	10	41	M12	275	240	200H8	5	15	125	298	35
48k6	82	14	51.5	M12	320	285	245H8	5	16	140	360	60
55k6	82	16	59	M16	400	355	300H8	6	20	160	437	100
60m6	105	18	64	M16	435	390	340H8	6	22	175	482	130
65m6	105	18	69	M16	490	455	395H8	6	25	195	545	145
75m6	105	20	79.5	M20	530	480	425H8	6	28	210	605	190

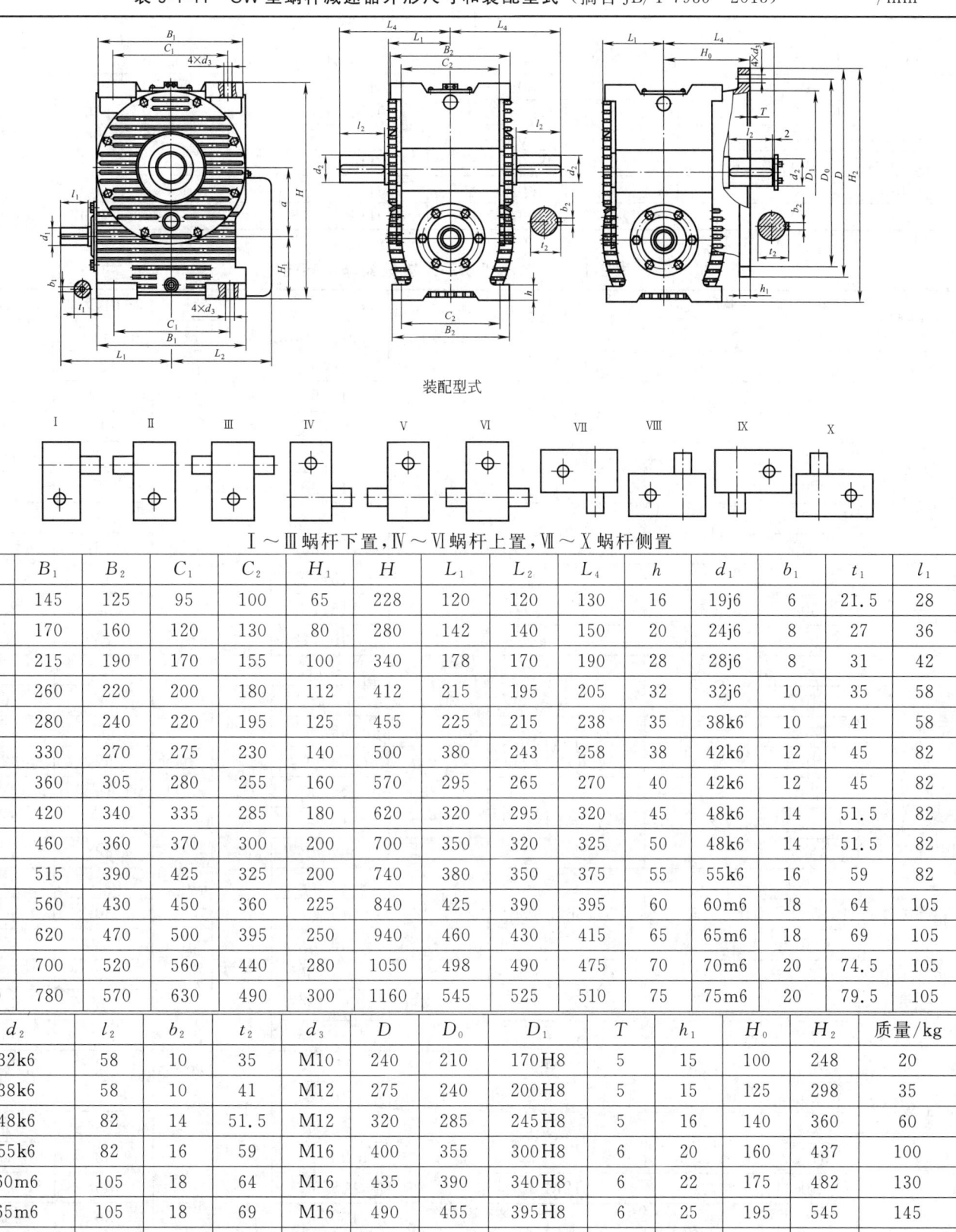

续表

d_2	l_2	b_2	t_2	d_3	D	D_0	D_1	T	h_1	H_0	H_2	质量/kg
80m6	130	22	85	M20	580	530	475H8	6	30	230	670	250
90m6	130	25	95	M24	660	605	525H8	6	30	250	755	305
100m6	165	28	106	M24	705	640	580H8	6	32	270	808	420
110m6	165	28	116	M30	800	720	635H8	6	35	300	905	540
120m6	165	32	127	M30	890	810	725H8	8	40	325	1010	720
130m6	200	32	137	M36	980	890	790H8	8	45	365	1125	920
150m6	200	36	158	M36	1080	990	890H8	8	50	390	1240	1250

表 9-1-42　电动机功率及减速器输出转矩

规格型号	公称传动比 i	电动机功率 P_1/kW	电动机型号	蜗杆副齿数比	从/主动带轮直径/mm	V带		输出转速 /r·min^{-1}	输出转矩 T_2/N·m
						型号	根数		
LCW80	8	4.0	Y112M-4	33/4	90/90	SPZ	3	182	180
	10	3.0	Y100L2-4		115/90			142	173
	12.5				115/72			114	215
	16	2.2	Y100L1-4	31/2	90/90			97	165
	20				115/90			75	213
	25	1.5	Y90L-4		115/72			61	179
	31.5			31/1	90/90			48	200
	40	1.1	Y90S-4		115/90			38	185
	50				115/72			30	234
	63	0.75	Y802-4		140/72			25	191
LCW100	8	5.5	Y132S-4	33/4	112/112			182	240
	10				140/112			145	362
	12.5	4.0	Y112M-4		140/90			117	271
	16			31/2	90/90			97	320
	20	2.2	Y100L1-4		115/90			76	224
	25				115/72			60	284
	31.5			31/1	90/90			48	315
	40	1.5	Y90L-4		115/90			38	271
	50				115/72			30	343
	63				140/72			25	412
LCW125	8	11	Y160M-4	33/4	160/160	SPA		182	495
	10				200/160			145	619
	12.5	7.5	Y132M-4		200/125			114	537
	16			31/2	125/125			97	605
	20				160/125			73	803
	25	5.5	Y132S-4		160/98			59	729
	31.5			30/1	125/125			50	790
	40	4.0	Y112M-4		125/98			39	736
	50	3.0	Y100L2-4		160/98			30	718
	63				200/98			25	861

续表

规格型号	公称传动比 i	电动机功率 P_1/kW	电动机型号	蜗杆副齿数比	从/主动带轮直径/mm	V带 型号	V带 根数	输出转速 /r·min^{-1}	输出转矩 T_2/N·m
LCW160	8	22	Y180L-4	34/4	250/250			176	1060
	10				250/200			135	1380
	12.5	18.5	Y180M-4		312/200			113	1386
	16	15	Y160L-4	31/2	200/200			97	1270
	20	11	Y160M-4		200/160			77	1173
	25				250/160			61	1481
	31.5			31/1	160/160			48	1735
	40	7.5	Y132M-4		200/160			38	1489
	50	5.5	Y132S-4		250/160			30	1383
	63				312/160			25	1659
LCW180	8	30	Y200L-4	29/4	250/250	SPB		207	1200
	10				312/250			166	1496
	12.5	18.5	Y180M-4		312/200			132	1160
	16			33/2	200/200			91	1654
	20				250/200			70	2145
	25	11	Y160M-4		250/160			58	1539
	31.5			33/1	160/160			45	1840
	40				200/160			36	2299
	50	7.5	Y132M-4		250/160			29	1946
	63				312/160		3	23	2453
LCW200	8	45	Y225M-4	33/4	280/280			182	2140
	10	37	Y225S-4		320/250			140	2271
	12.5	30	Y200L-4		400/250			113	2282
	16			31/2	250/250			97	2600
	20	22	Y180L-4		250/200			77	2401
	25	15	Y160L-4		320/200			60	2101
	31.5			31/1	200/200			48	2390
	40				250/200			39	2938
	50	11	Y160M-4		320/200			30	2801
	63	7.5	Y132M-4		400/200	15N		24	2387
LCW225	8	45	Y225M-4	29/4	280/280			207	1830
	10				400/280			145	2608
	12.5	37	Y225S-4		420/250			129	2401
	16	30	Y200L-4	32/2	250/250			94	2610
	20				320/250			73	3359
	25	22	Y180L-4		320/200			58	3133
	31.5	15	Y160L-4	32/1	200/200			47	2470
	40				250/200			38	3053
	50	11	Y160M-4		320/200			29	2934
	63				400/200			23	3699

续表

规格型号	公称传动比 i	电动机功率 P_1/kW	电动机型号	蜗杆副齿数比	从/主动带轮直径/mm	V带 型号	V带 根数	输出转速 /r·min^{-1}	输出转矩 T_2/N·m
LCW250	8	55	Y250M-4	33/4	280/280	15N	4	182	2510
	10				350/280			145	3148
	12.5	45	Y225M-4		420/280		3	121	3086
	16			31/2	280/280			97	4140
	20	37	Y225S-4		320/250			76	4184
	25	30	Y200L-4		400/250			60	4200
	31.5	22	Y180L-4	31/1	200/200			48	3595
	40				250/200			39	4417
	50	18.5	Y180M-4		320/200			30	4829
	63	11	Y160M-4		400/200			24	3589

表 9-1-43 LCW 型蜗杆减速器尺寸 /mm

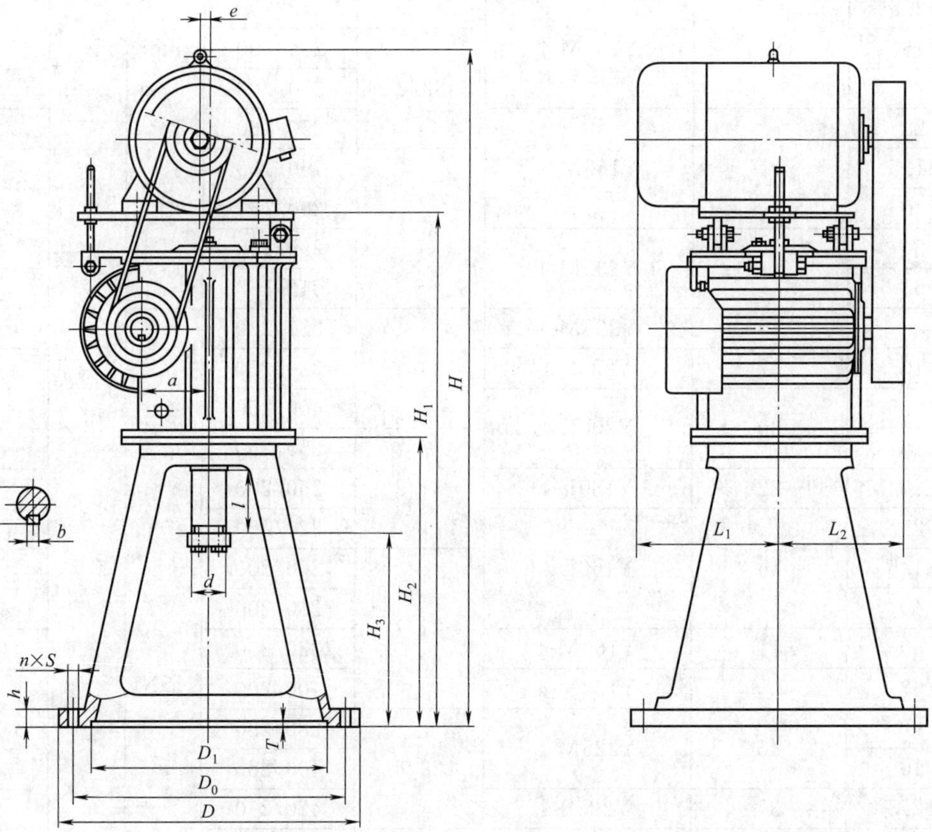

型号	a	D	D_0	D_1	T	h	d	l	b	t	e	H	H_1	H_2	H_3	L_1	L_2	$n\times S$	电动机功率/kW	质量/kg
LCW80	80	305	270	235	6	24	40k6	82	12	43	10	914～989	744	445	340	130～225	156	8×ϕ14.5	0.75～1.5	98～118
		350	300	250															1.5～2.2	
		395	360	315															3	

续表

型号	a	D	D_0	D_1	T	h	d	l	b	t	e	H	H_1	H_2	H_3	L_1	L_2	$n\times S$	电动机功率/kW	质量/kg
LCW100	100	350	300	250	6	26	45k6	82	14	48.5	10	975～1100	785	450	345	145～255	186	8×ϕ14.5	1.5～2.2	145～185
		495	455	400															4～5.5	
LCW125	125	455	400	355	6	26	60m6	105	18	64	15	1140～1280	895	505	370	200～330	225	8×ϕ18.5	3	215～298
		495	455	400															4～5.5	
		560	510	450															5.5～11	
LCW160	160	560	510	450	6	30	70m6	105	20	74.5	20	1350～1465	1035	535	390	242～405	285	8×ϕ24	5.5～11	345～465
		600	560	490															11～15	
		650	600	550															22	
LCW180	180	560	510	450	6	30	85m6	130	22	90	20	1459～1619	1144	585	415	257～455	310	12×ϕ24	7.5～11	385～575
		600	560	490															18.5	
		650	600	550															22	
LCW200	200	560	510	450	6	30	90m6	130	25	95	20	1535～1750	1200	605	435	292～463	330	12×ϕ24	7.5～15	480～685
		650	600	550															22～37	
LCW225	225	600	560	490	6	30	100m6	165	28	106	25	1726～1871	1314	665	455	317～445	355	12×ϕ24	11～15	620～815
		650	600	550															22～45	
LCW250	250	600	560	490	6	30	110m6	165	28	116	25	1785～1975	1390	680	470	357～492	390	12×ϕ24	11～18.5	730～1040
		650	600	550															22～45	
		700	650	600															55	

注：1. 减速器支架的型式与尺寸亦可根据用户要求另行确定。

2. 表中与电动机相关的尺寸是按 Y 系列电动机确定的，亦可根据用户要求配用其他类型的电机。

1.5　Z 型摆线针轮减速器（摘自 JB/T 2982—2016）

1.5.1　适用范围和代号

摆线针轮减速器具有结构简单、传动比大、体积小、重量轻、运转平稳、耐冲击、惯性力矩小、效率高等优点。我国已有多个工厂成批生产标准化的产品，用户多向有关厂订购标准产品，已广泛用作化工、石油、冶金、起重、运输、纺织等行业机械的减速装置。

双轴型摆线针轮减速器的工作环境温度不大于40℃。直联型减速器用于海拔不超过 1000m、环境温度 −15～40℃、月平均湿度最高为 90%且最低温度不高于25℃的地区。

标记示例

B　WD　7.5-5A-29

- 传动比（29）
- 机型号（5A）
- 电动机功率，kW（7.5）
- 安装型式代号(参见表 9-1-44)（WD）
- 减速器代号(X、B)（B）

1.5.2　摆线针轮减速器的传动比和输入功率

表 9-1-45～表 9-1-48 给出各种机型号减速器的传动比和输入功率。

表 9-1-49～表 9-1-51 给出各种型号减速器的输出轴许用转矩。

表 9-1-44　安装型式代号

安装型式	传动级数			安装型式	传动级数		
	一级	二级	三级		一级	二级	三级
双轴型卧式	W	WE	WS	双轴型立式	L	LE	LS
直联型卧式	WD	WED	WSD	直联型立式	LD	LED	LSD

第 9 篇

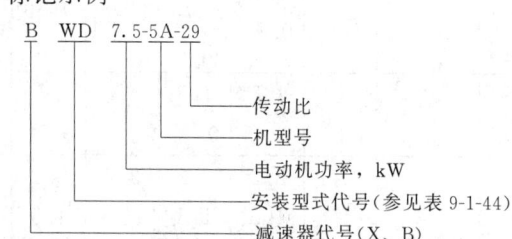

表 9-1-45 双轴型一级减速器的传动比和输入功率

机型号		输入功率/kW														
X 系列	B 系列															
传动比		6	9	11	15	17	21	23	25	29	35	43	47	59	71	87
0	—	—	—	0.2	—	0.2	—	—	—	0.1	—	0.1	—	—	—	—
1	—	—	0.75	0.75	—	0.55	—	—	—	0.37	0.25	0.25	—	—	—	—
2	12	—	1.5	1.5	—	0.75	—	0.75	—	0.55	0.55	0.37	—	—	—	—
3	15	—	3.0	3.0	3	2.2	1.5	1.5	1.5	1.1	1.1	0.75	0.75	0.55	0.55	—
4	18	—	4.0	4.0	4	4.0	3.0	3.0	2.2	2.2	1.5	1.5	1.1	1.1	1.1	0.75
5	22	11	11	7.5	7.5	7.5	5.5	5.5	5.5	5.5	4.0	3.0	3.0	2.2	2.2	1.5
6	27	11	11	11	11	11	11	11	11	11	7.5	5.5	5.5	4	3	2.2
7	—	—	—	15	15	15	13	11	11	11	11	7.5	5.5	5.5	4	4
8	33	—	—	18.5	18.5	18.5	18.5	18.5	18.5	15	15	11	11	7.5	5.5	5.5
9	39	—	22	22	22	22	18.5	18.5	18.5	18.5	18.5	18.5	15	11	11	11
10	45	—	—	45	—	45	45	45	45	37	30	30	22	18.5	18.5	15
11	55	—	—	55	—	55	55	55	55	55	45	37	37	30	22	22
12	65	—	—	—	—	75	75	75	—	75	75	55	55	55	37	37

注：1. 表中 15kW 以下为输入转速 1500r/min 所对应的输入功率。

2. 表中 18.5kW 以上为输入转速 1000r/min 所对应的输入功率。

表 9-1-46 直连型一级减速器的传动比和输入功率

机型号		输入功率/kW														
X 系列	B 系列															
传动比		6	9	11	15	17	21	23	25	29	35	43	47	59	71	87
0	—	—	—	0.09	—	0.09	—	—	—	0.09	—	0.09	—	—	—	—
1	—	—	0.75	0.75 0.37	—	0.55 0.37	—	0.25	—	0.25	0.25	0.25	—	—	—	—
2	12	—	1.5 0.75	1.5 0.75	—	0.75 0.55	—	0.55		0.37	0.37	0.37	—	—	—	—
3	15	—	2.2 1.5	2.2 1.5	2.2 1.5	2.2 1.5	—	1.5 1.1	1.1	1.1	1.1 0.75	0.75	0.75	0.55	0.55	—
4	18	—	4 3	4 3	4 3	4 3	3	3	3	3 2.2	2.2 1.5	2.2 1.5	2.2 1.5	1.5 1.1	1.1 0.75	0.75
5	22	11	11 7.5	7.5	7.5	7.5	5.5	5.5	5.5	5.5	5.5 4	4	4 3	3 2.2	2.2 1.5	1.5
6	27	15	15 11	11	11	11	—	11 7.5	11 7.5	11 7.5	7.5	7.5 5.5	5.5	4	4 3	3
7	—	—	15	15	15	15 11	—	11	11	11	11	11 7.5	7.5	5.5	5.5	4
8	33	—	15	22 18.5	18.5	18.5	—	18.5	15	15	15	11	11 7.5	7.5	7.5	7.5

机型号		输入功率/kW														
X 系列	B 系列															
传动比		6	9	11	15	17	21	23	25	29	35	43	47	59	71	87
9	39	—	22	22	22	22	18.5	22 18.5	18.5	18.5	18.5	18.5	15	11	11	11
10	45	—	—	45① 37	—	45 37	—	37 30	30	30	30	22	22	18.5	18.5	15
11	55	—	—	55 45	—	55 45	45	55 45	45	55 45	45	37	37	30	22	22
12	65	—	—	—	—	75①	75①	75①	—	75①	75①	55①	—	45①	30	30

① 仅立式减速器配备的功率。

注：1. 表中每一机型号、每一传动比对应的输入功率中数值较大者为设计时的输入功率；数值较小者为可以配备的电动机功率。

2. 表中 15kW 以下为输入转速 1500r/min 所对应的输入功率，表中 18.5kW 以上为输入转速 1000r/min 所对应的输入功率。

表 9-1-47 双轴型二级减速器的传动比和输入功率

X 系列机型号	20	42	53	63	74	84	85	95	106	117	128
B 系列机型号	—	1815	2215	2715	—	3318	3322	3922	4527	5527	6533
传动比	输入功率/kW										
99(11×9)	—	0.86	2.57	0.32	4.0	4.0	8.5	11	—	15	—
121(11×11)	0.24	0.77	1.85	2.2	3.5	4.0	6.98	7.5	11	15	—
187(17×11)	0.20	0.67	1.42	2.16	3.2	4.0	4.5	7.5	11	15	—
289(17×17)	0.12	0.43	0.98	1.40	2.08	2.93	3.6	5.86	7.81	13	18.79
319(29×11)	0.12	0.35	0.84	1.27	1.88	2.64	3.3	5.29	7.06	11.7	17.65
385(35×11)	0.08	0.32	0.71	1.10	1.32	2.19	2.19	4.39	5.86	9.84	13.41
473(43×11)	0.07	0.27	0.57	0.88	1.09	1.8	1.8	3.6	4.8	8.13	12.0
493(29×17)	—	0.24	0.50	0.75	1.01	1.69	1.69	3.38	4.5	7.51	11.26
595(35×17)	—	0.21	0.48	0.68	1.0	1.41	1.4	2.81	3.75	6.46	8.81
649(59×11)	—	0.17	0.41	0.62	0.92	1.29	1.29	2.59	3.45	5.76	8.64
731(43×17)	—	—	0.37	0.55	0.71	1.12	1.12	2.25	3.0	5.26	7.5
841(29×29)	—	—	0.32	0.48	0.62	1.01	1.01	2.02	2.7	4.57	6.76
1003(59×17)	—	—	—	0.4	0.52	0.84	—	—	—	3.97	5.63
1225(35×35)	—	—	—	0.31	0.42	—	—	—	—	—	—
1505(43×35)	—	—	—	0.26	—	—	—	—	—	—	—

注：1. 传动比 1849（43×43）、2065（59×35）、2537（59×43）、3045（87×35）、3481（59×59）、4189（71×59）、5133（87×59）、7569（87×87）的减速器配置输入功率时，参照表 9-1-50 的输出轴许用转矩值。

2. 输入轴转速为 1500r/min。

表 9-1-48 直连型二级减速器的传动比和输入功率

X系列机型号	20	42	53	63	74	84	85	95	106	117	128
B系列机型号	—	1815	2215	2715	—	3318	3322	3922	4527	5527	6533
传动比	输入功率/kW										
99(11×9)	—	0.37	1.1	1.5① 1.1②	4.0	4.0	5.5	7.5	11	—	—
121(11×11)	0.09②	0.55① 0.37②	1.5① 1.1②	2.2① 1.1②	4.0① 3.0②	5.5① 4.0②	7.5① 5.5②	7.5	11	—	—
187(17×11)	0.09②	0.55① 0.37②	1.5① 1.1②	2.2① 1.5②	3.0① 2.2②	4.0① 3.0②	5.5① 4.0②	7.5	11	15	18.5
289(17×17)	—	0.37	1.1① 0.75②	1.5 1.1②	2.2① 1.5②	3.0① 2.2②	4.0① 3.0	7.5① 5.5②	11① 7.5②	15① 11②	18.5① 15②
319(29×11)	—	0.37	1.1① 0.75②	1.5	2.2 1.5	3.0 2.2	3.0	5.5	11① 7.5②	11	15
385(35×11)	—	0.37①	0.75① 0.55②	1.1	1.5① 1.1②	2.2	3.0① 2.2	5.5① 4.0②	7.5① 5.5②	11	—
473(43×11)	—	0.37①	0.55①	1.1① 0.75②	1.1	2.2① 1.5②	2.2① 1.5②	4.0	5.5	11① 7.5②	15① 11②
493(29×17)	—	0.37①	0.75① 0.55②	1.1① 0.75②	1.1	2.2① 1.5②	2.2① 1.5②	4.0① 3.0②	5.5① 4.0②	11① 7.5	11① 7.5②
595(35×17)	—	0.37①	0.37	0.75	0.75① 0.55②	1.5	2.2① 1.5	3.0	4.0	7.5	11① 7.5②
649(59×11)	—	0.37①	0.37①	0.75① 0.55②	1.1① 0.75②	1.5① 1.1②	1.5	3.0① 2.2②	4.0① 3.0②	7.5① 5.5②	7.5
731(43×17)	—	—	—	0.55②	0.75	1.1	2.2	3.0① 2.2②	3.0 2.2②	5.5① 4.0②	7.5
841(29×29)	—	—	—	0.55①	0.55②	1.1	1.5①	2.2	3.0① 2.2②	5.5① 4②	7.5① 5.5②
1003(59×17)	—	—	—	—	—	—		1.5②	2.2	4②	5.5②
1225(35×35)	—	—	—	—	—	—		—	2.2①	4①	5.5①

① 所配电动机的功率大于减速机的设计功率，减速机应在输出轴许用转矩范围内使用或设有过载保护装置。

② 所配电动机的功率小于减速机的设计功率。

注：1. 传动比 1505 (43×35)、1849 (43×43)、2065 (59×35)、2537 (59×43)、3045 (87×35)、3481 (59×59)、4189 (71×59)、5133 (87×59)、7569 (87×87) 的减速器配置输入功率时，参照表 9-1-50 的输出轴许用转矩值。

2. 输入轴转速为 1500r/min。

表 9-1-49 一级减速器的输出轴许用转矩

机型号		输出轴许用转矩/N·m														
X系列	B系列															
传动比		6	9	11	15	17	21	23	25	29	35	43	47	59	71	87
0	—	—	—	15	—	15	—	—	—	15.3		22.7	—	—	—	—
1	—	—	37	69	—	69	—	69	—	69	69	69	—	—	—	—

机型号		输出轴许用转矩/N·m														
X系列	B系列															
传动比		6	9	11	15	17	21	23	25	29	35	43	47	59	71	87
2	12	—	98	118	—	147	—	147	—	147	147	147	—	—	—	—
3	15	—	196	196	220	245	—	245	245	245	245	245	245	245	245	—
4	18	—	392	490	490	490	490	490	490	490	490	490	490	490	490	490
5	22	588	789	785	880	981	981	981	981	981	981	981	981	981	981	981
6	27	1.17	1.57	1.57	1.75	1.96	—	1.96	1.96	1.96	1.96	1.96	1.96	1.96	1.96	1.96
7	—	—	—	2.16	2.40	2.65	—	2.65	2.65	2.65	2.65	2.65	2.65	2.65	2.65	2.04
8	33	—	—	3.53	3.85	4.22	—	4.41	4.41	4.41	4.41	4.41	4.41	4.41	4.41	4.41
9	39	—	2.95	5.78	6.35	6.96	6.96	7.84	7.84	7.84	8.82	8.82	8.82	8.82	8.82	8.82
10	45	—	—	7.65	—	9.21		10.3	10.3	10.3	11.7	11.7	11.7	11.7	11.7	11.7
11	55	—	—	9.64	—	13.7	13.7	16.6	16.6	16.6	19.6	19.6	19.6	19.6	19.6	19.6
12	65	—	—	—	—	12.7	15.3	16.8	—	21.2	25.3	25.3	—	31	31	31

表 9-1-50 二级减速器的输出轴许用转矩 /N·m

X系列机型号	20	42	53	63	74	84	85	95	106	117	128
B系列机型号	—	1815	2215	2715	—	3318	3322	3922	4527	5527	6533
输出轴许用转矩	150	540	981	1961	2650	4413	4413	8820	11760	19612	31000

表 9-1-51 三级减速器的输出轴许用转矩 /N·m

传动比	2057～446571							
X系列机型号	420	742	842	853	953	1063	1174	1285
输出轴许用转矩	490	2650	4413	4413	8820	11760	19612	31000

1.5.3 各种机型摆线针轮减速器的型号和尺寸

型号和尺寸参见表 9-1-52～表 9-1-57。

表 9-1-52 X (B) W、X (B) WD 型号和安装尺寸 /mm

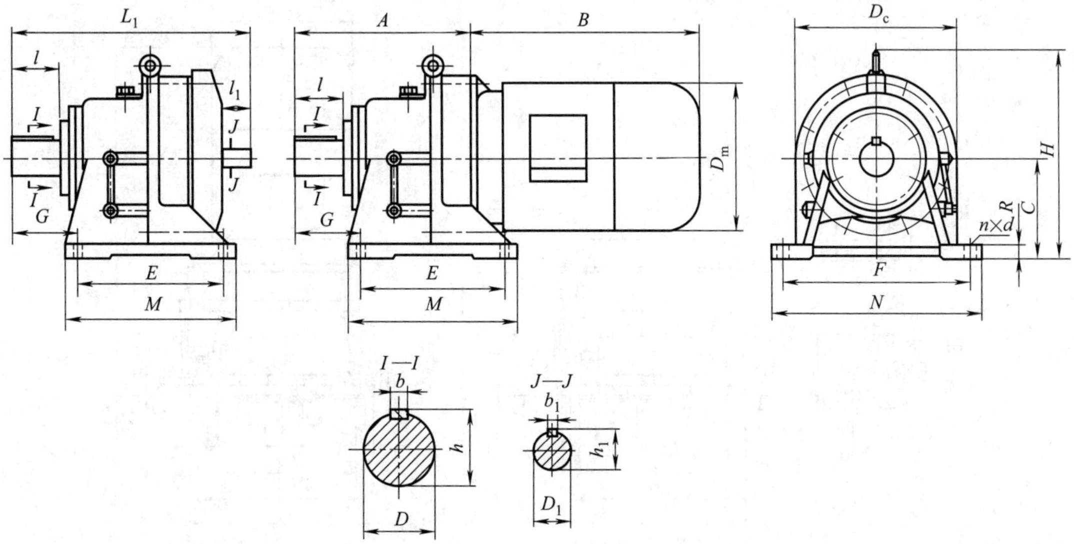

第
9
篇

续表

机型号		L_1	l	l_1	G	E	M	D_c	H	C	F	N	R	$n\times d$	D	b	h	D_1	b_1	h_1	A	B	D_m
X系列	0	125	20	15	36	60	84	113	146.5	80	120	144	10	4×10	14	5	16	10	4	11.5	84	按电动机尺寸	
	1	202	35	25	60	90	120	150	175	100	150	180	12	4×12	25	8	31	15	5	17	159		
	2	214	34	25	101	90	120	150	175	100	180	210	15	4×12	25	8	28	15	5	17	159		
	3	266	55	35	151	100	150	200	240	140	250	290	20	4×16	35	10	38	18	6	20.5	192		
	4	320	74	40	169	145	195	230	275	150	290	330	22	4×16	45	14	48.5	22	6	24.5	240		
	5	416	91	45	206	150	260	300	356	160	370	420	25	4×16	55	16	59	30	8	33	310		
	6	476	89	54	125	275	335	340	425	200	380	430	30	4×22	65	18	69	35	10	38	352		
	7	529	109	65	145	320	380	360	460	220	420	470	30	4×22	80	22	85	40	12	43	390		
	8	600	120	70	155	380	440	430	529	250	480	530	35	4×22	90	25	95	45	14	48.5	448		
	9	723	141	80	186	480	560	500	614	290	560	620	40	4×26	100	28	106	50	14	53.5	552		
	10	813	150	100	230	500	600	580	706	325	630	690	45	4×30	110	28	116	55	16	60	612		
	11	1065	202	120	324	330×2	810	710	883	420	800	880	50	6×32	130	32	137	70	20	76	809		
	12	1462	330	150	485	420×2	1040	990	1163	540	1050	1160	60	6×45	180	45	190	90	25	95	1154		
B系列	12	213	35	22	99	90	120	168	184	100	150	190	15	4×11	30	8	33	15	5	17	165		
	15	282	58	28	153	100	150	215	284	140	250	290	20	4×13	35	10	38	18	6	20.5	216		
	18	352	82	36	177	145	195	245	318	150	290	330	22	4×17	45	14	48.5	22	6	24.5	276		
	22	422	82	58	195	150	238	300	360	160	370	410	25	4×17	55	16	59	30	8	33	316		
	27	490	105	58	140	275	335	360	435	200	380	430	30	4×22	70	20	74.5	35	10	38	383		
	33	629	130	82	165	380	440	435	542	250	480	530	35	4×26	90	25	95	45	14	48.5	464		
	39	736	165	82	210	480	560	510	619	290	560	620	40	4×26	100	28	106	50	14	53.5	556		
	45	783	165	82	245	500	600	580	706	325	630	690	45	4×26	110	28	116	55	16	59	594		
	55	966	200	105	322	330×2	810	705	880	410	800	880	50	6×35	130	32	137	70	20	74.5	733		
	65	1120	240	130	354	375×2	900	820	1008	490	920	1030	55	6×38	160	40	169	80	22	85	—		

表 9-1-53　X（B）L、X（B）LD 型号和安装尺寸　/mm

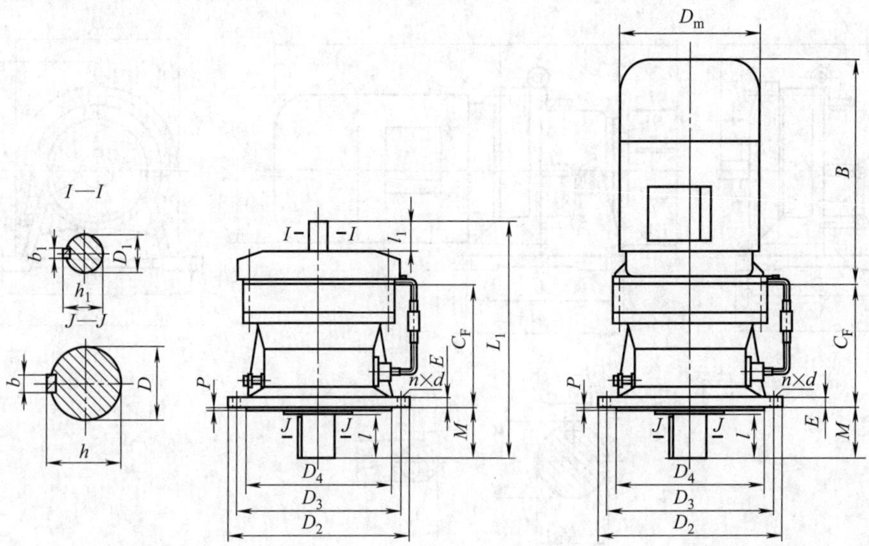

续表

机型号		L_1	l	l_1	P	E	M	$n\times d$	D_2	D_3	D_4	D	b	h	D_1	b_1	h_1	C_F	B	D_m
X系列	0	125	20	15	3	8	29	6×10	120	102	80	14	5	16	10	4	11.5	57	按电动机尺寸	
	1	202	35	25	3	9	48	4×12	160	134	110	25	8	21	15	5	17	111		
	2	212	34	25	3	12	42	6×12	180	160	130	25	8	28	15	5	17	115		
	3	267	45	35	4	15	50	6×12	230	200	170	35	10	38	18	6	20.5	143		
	4	324	63	40	4	15	79	6×12	260	230	200	45	14	48.5	22	6	24	161		
	5	417	79	45	4	20	93	6×12	340	310	270	55	16	59	30	8	33	219		
	6	478	80	54	5	22	92	8×16	400	360	316	65	18	69	35	10	38	262		
	7	532	98	65	5	22	114	8×18	430	390	345	80	22	85	40	12	43	279		
	8	602	110	70	6	30	112	12×18	490	450	400	90	25	95	45	14	48.5	335		
	9	723	129	80	8	35	170	12×22	580	520	455	100	28	106	50	14	53.5	382		
	10	814	140	100	10	40	174	12×22	650	590	520	110	28	116	55	16	60	438		
	11	1050	184	120	10	45	210	12×38	880	800	680	130	32	137	70	20	76	598		
	12	1148	320	150	10	60	370	8×39	1160	1020	900	180	45	190	90	25	95	796		
B系列	12	215	35	22	3	10	39	4×11	190	160	140	30	8	33	15	5	17	125		
	15	282	58	28	4	16	65	6×13	230	200	170	35	10	38	18	6	20.5	151		
	18	352	82	36	4	20	89	6×13	260	230	200	45	14	48.5	22	6	24.5	187		
	22	422	82	58	4	22	89	6×13	340	310	270	55	16	59	30	8	33	227		
	27	490	105	58	5	26	114	8×18	400	360	316	70	20	74.5	35	10	38	269		
	33	629	130	82	6	30	140	12×22	490	450	400	90	25	95	45	14	48.5	324		
	39	736	165	82	8	35	177	12×22	580	520	455	100	28	106	50	14	53.5	379		
	45	783	165	82	10	40	180	12×26	650	590	520	110	28	116	55	16	59	414		
	55	966	200	105	10	45	215	12×32	880	800	680	130	32	137	70	20	74.5	518		
	65	1121	240	130	10	45	255	12×32	1000	920	760	160	40	169	80	22	85	—		

表 9-1-54　X（B）WE、X（B）WED 型号和安装尺寸　/mm

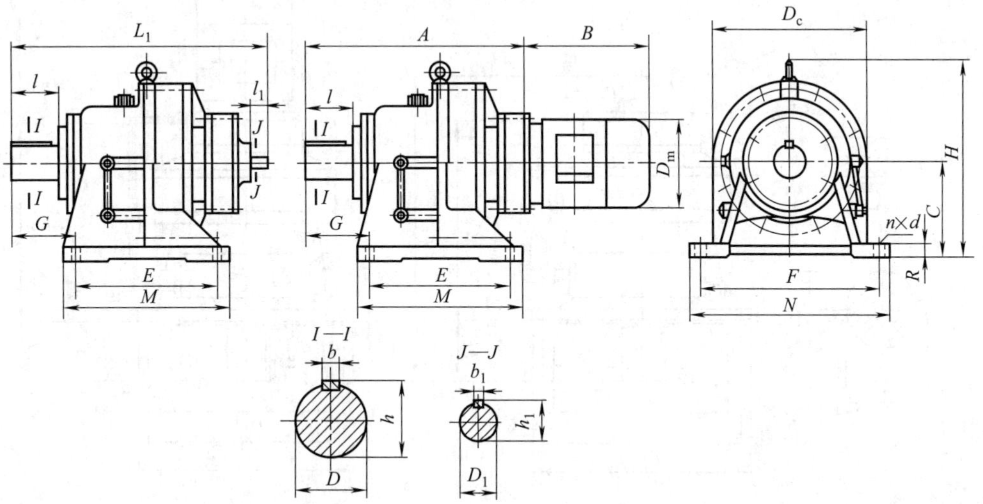

第9篇

机型号		L_1	l	l_1	G	E	M	D_c	H	C	F	N	R	$n\times d$	D	b	h	D_1	b_1	h_1	A	B	D_m
X系列	20	242	34	15	101	90	120	150	175	100	180	210	15	4×12	25	8	28	10	4	11.5	201.5		按电动机尺寸
	42	373	74	25	169	145	195	230	275	150	290	330	22	4×16	45	14	48.5	15	5	17	317.5		
	53	473	91	35	206	150	260	300	356	160	370	420	25	4×16	55	16	59	18	5	20.5	398		
	63	513	89	35	125	275	335	340	425	200	380	430	30	4×22	65	18	69	18	5	20.5	440		
	74	578	109	40	145	320	380	360	460	220	420	470	30	4×22	80	22	85	22	6	24.5	500		
	84	644	120	40	155	380	440	430	529	250	480	530	35	4×22	90	25	95	22	6	24.5	560		
	85	692	120	45	155	380	440	430	529	250	480	530	35	4×22	90	25	95	30	8	33	584		
	95	790	141	45	186	480	560	500	614	290	560	620	40	4×26	100	28	106	30	8	33	684		
	106	884	150	54	230	500	600	580	706	325	630	690	45	4×30	110	28	116	35	10	38	760		
	117	1106	202	65	324	330×2	810	710	883	420	800	880	50	6×32	130	32	137	40	12	43	968		
	128	1503	330	70	485	420×2	1040	990	1163	540	1050	1160	60	6×45	180	45	190	45	14	48.5	—		
B系列	1815	434	82	28	177	145	195	245	318	150	290	330	22	4×17	45	14	48.5	18	6	20.5	364		
	2215	473	82	28	195	150	238	300	360	160	370	410	25	4×17	55	16	59	18	6	20.5	407		
	2715	540	105	28	140	275	335	360	435	200	380	430	30	4×22	70	20	74.5	18	6	20.5	474		
	3318	568	130	36	165	300	440	435	542	250	480	530	35	4×26	90	25	95	22	6	24.5	582		
	3322	706	130	58	165	380	440	435	542	250	480	530	35	4×26	90	25	95	30	8	33	601		
	3922	796	165	58	210	480	560	510	619	290	560	620	40	4×26	100	28	106	30	8	33	691		
	4527	856	165	58	245	500	600	580	706	325	630	690	45	4×26	110	28	116	35	10	38	749		
	5527	998	200	58	322	330×2	810	705	880	410	800	880	50	6×35	130	32	137	35	10	38	891		
	6533	1205	240	82	354	375×2	900	820	1008	490	920	1030	55	6×38	160	40	169	45	14	48.5	1040		

表 9-1-55　X（B）LE、X（B）LED 型号和安装尺寸　/mm

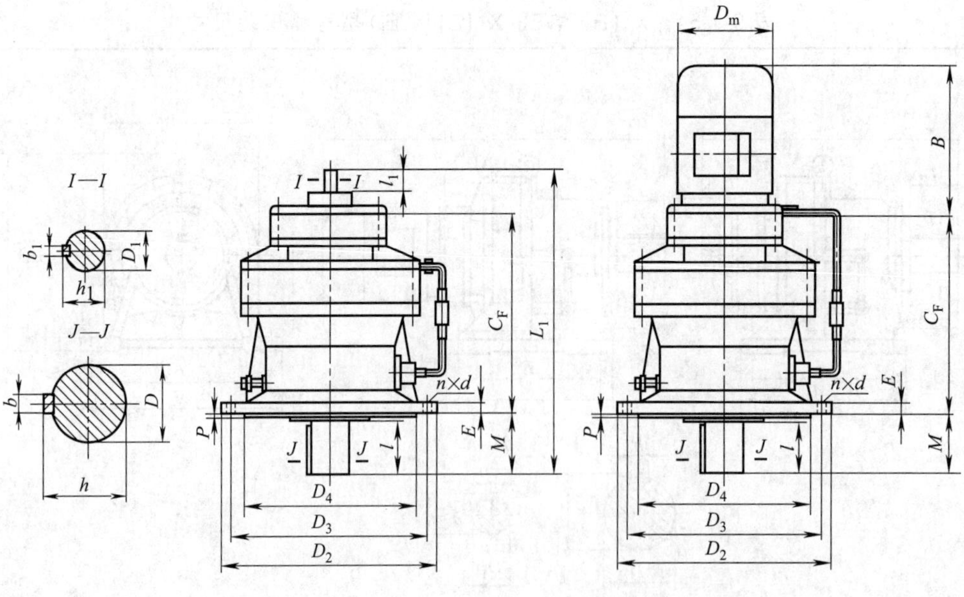

续表

机型号		L_1	l	l_1	P	E	M	$n\times d$	D_2	D_3	D_4	D	b	h	D_1	b_1	h_1	C_F	B	D_m
X系列	20	242	34	15	3	12	42	4×12	180	160	130	25	8	28	10	4	11.5	159.5	按电动机尺寸	
	42	374	63	25	4	15	79	6×12	260	230	200	45	14	48.5	15	5	17	239		
	53	473	79	35	4	20	93	6×12	340	310	270	55	16	59	18	6	20.5	307		
	63	513	80	35	5	22	92	8×16	400	360	316	65	18	69	18	6	20.5	350		
	74	578	98	40	5	22	114	8×18	430	390	345	80	22	85	22	6	24.5	388		
	84	644	110	40	6	30	112	12×18	490	450	400	90	25	95	22	6	24.5	448		
	85	692	110	45	6	30	112	12×18	490	450	400	90	25	95	30	8	33	475		
	95	790	129	45	8	35	170	12×22	580	520	455	100	28	106	30	8	33	518		
	106	884	140	54	10	40	174	12×22	650	590	520	110	28	116	35	10	38	586		
	117	1106	184	65	10	50	210	12×38	880	800	680	130	32	137	40	12	43	758		
	128	1503	320	70	10	60	370	8×39	1160	1020	900	180	45	190	45	14	48.5	796		
B系列	1815	434	82	28	4	20	89	6×13	260	230	200	45	14	48.5	18	6	20.5	275		
	2215	473	82	28	4	22	89	6×13	340	310	270	55	16	59	18	6	20.5	318		
	2715	540	105	28	5	26	114	8×18	400	360	316	70	20	74.5	18	6	20.5	360		
	3318	658	130	36	6	30	140	12×22	490	450	400	90	25	95	22	6	24.5	442		
	3322	706	130	58	6	30	140	12×22	490	450	400	90	25	95	30	8	33	461		
	3922	796	165	58	8	35	177	12×22	580	520	455	100	28	106	30	8	33	514		
	4527	856	165	58	10	40	180	12×26	650	590	520	110	28	116	35	10	38	569		
	5527	998	200	58	10	45	215	12×32	880	800	680	130	32	137	35	10	38	676		
	6533	1205	240	82	10	45	255	12×32	1000	920	760	160	40	169	45	14	48.5	785		

表 9-1-56　XWS、XWSD 型号和安装尺寸　/mm

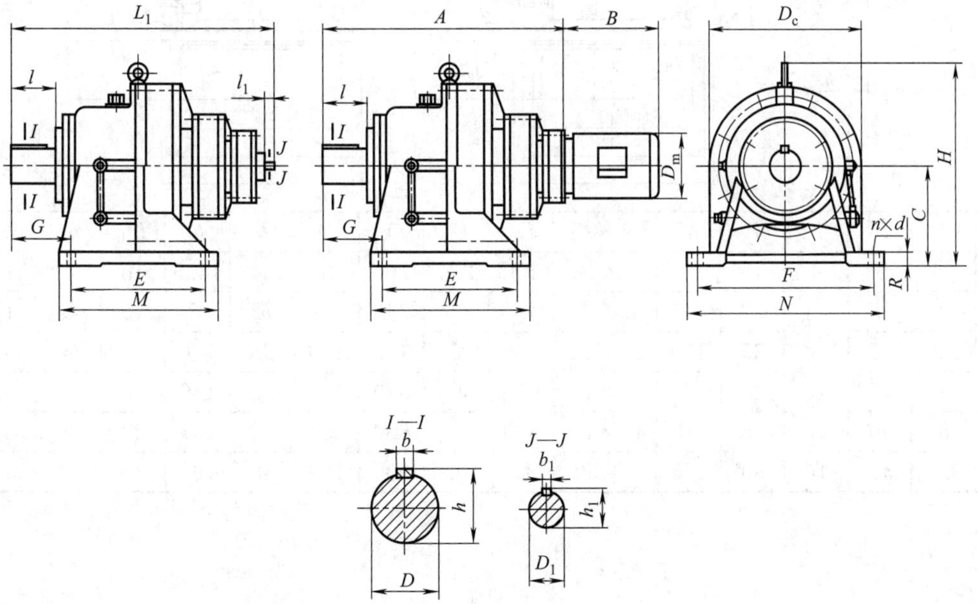

第 9 篇

续表

机型号		L_1	l	l_1	G	E	M	D_c	H	C	F	N	R	$n\times d$	D	b	h	D_1	b_1	h_1	A	B	D_m
X系列	420	392	74	15	169	145	195	230	275	150	290	330	22	4×16	45	14	48.5	10	4	11.5	353	按电动机尺寸	
	742	633	109	25	145	320	380	360	460	220	420	470	30	4×22	80	22	85	15	5	17	578		
	953	845	141	35	186	480	560	500	614	290	560	620	40	4×26	100	28	106	18	6	20.5	772		
	1063	923	150	35	230	500	600	580	706	325	630	690	45	4×30	110	28	116	18	6	20.5	848		
	1174	1160	202	40	324	330×2	810	710	883	420	800	880	50	6×32	130	32	137	22	6	24.5	1077		
	1285	1593	330	45	485	420×2	1040	990	1163	540	1050	1160	60	6×45	180	45	190	30	8	33	1487		

表 9-1-57　XLS、XLSD 型号和安装尺寸　/mm

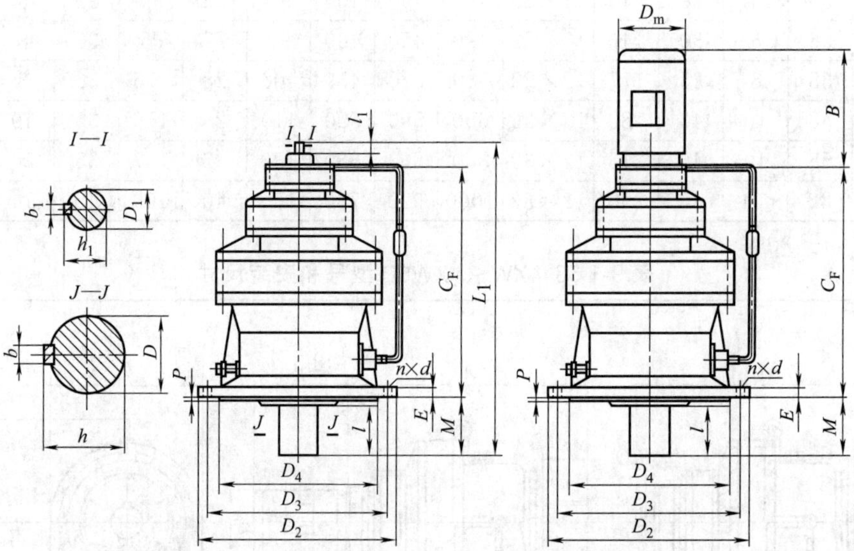

机型号		L_1	l	l_1	P	E	M	$n\times d$	D_2	D_3	D_4	D	b	h	D_1	b_1	h_1	C_F	B	D_m
X系列	420	392	63	15	4	15	79	6×12	260	230	200	45	14	48.5	10	4	11.5	274	按电动机尺寸	
	742	637	98	25	5	22	114	8×18	430	390	345	80	22	85	15	5	17	464		
	953	849	129	35	8	35	170	12×22	580	520	455	100	28	106	18	6	20.5	602		
	1063	922	140	35	10	40	174	12×22	650	590	520	110	28	116	18	6	20.5	674		
	1174	1187	184	40	10	45	210	12×38	880	800	680	130	32	137	22	6	24	867		
	1285	1593	320	45	10	60	370	8×39	1160	1020	900	180	45	190	30	8	33	1117		

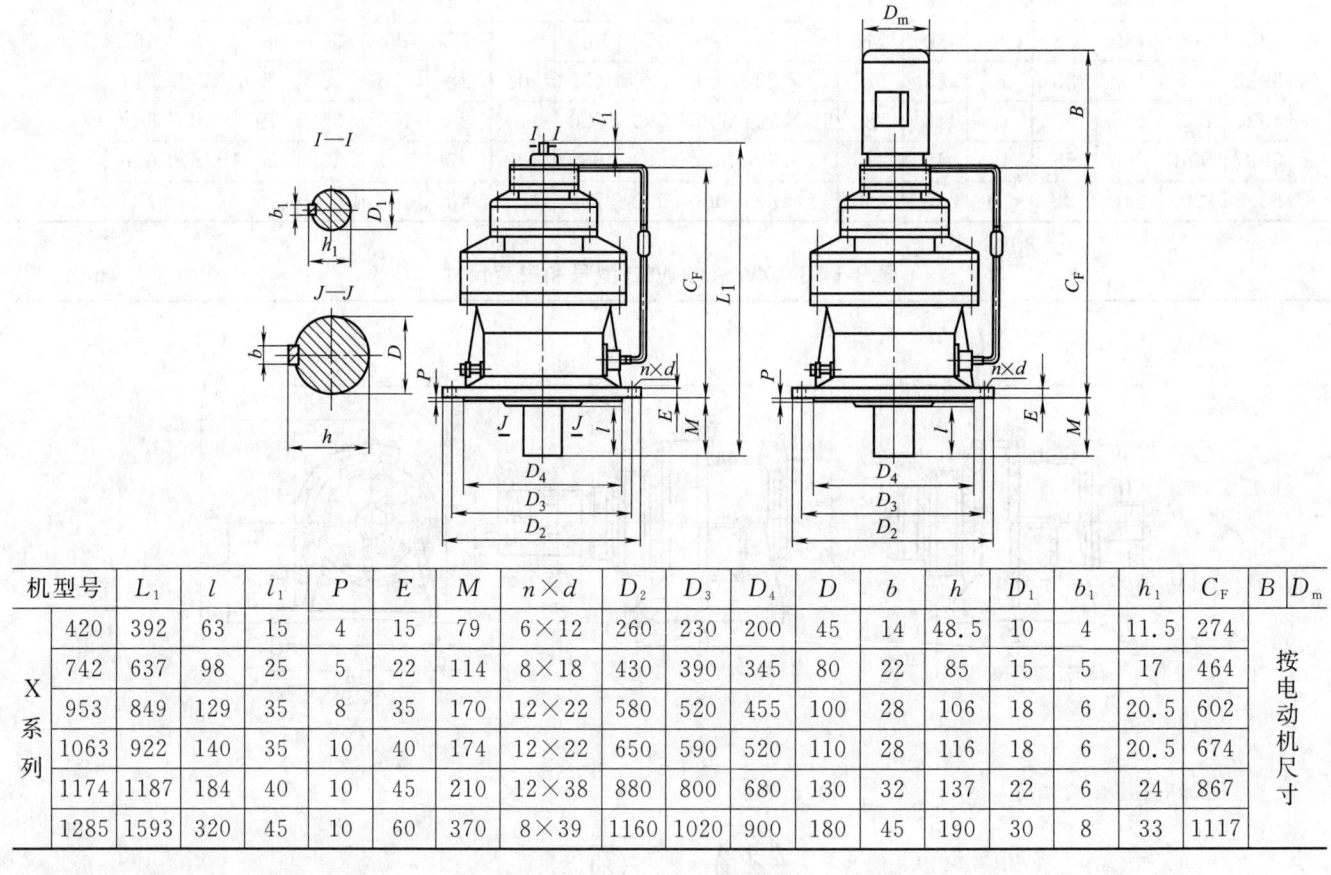

第 2 章

减速器设计用资料

2.1 减速器参数设计资料

2.1.1 圆柱齿轮减速器标准中心距

一级、二级和三级圆柱齿轮减速器的中心距标准见表 9-2-1～表 9-2-3（摘自 JB/T 9050.4—2006），表中 a 为总中心距，括号中的值为系列 2，其余为系列 1，优先采用系列 1。

2.1.2 减速器的传动比

2.1.2.1 圆柱齿轮减速器公称传动比标准

圆柱齿轮减速器公称传动比 i 的系列标准见表 9-2-4，摘自 JB/T 9050.4—2006。实际传动比允许偏差 Δi（绝对值）见表 9-2-5。

表 9-2-1 一级和二轴同轴式减速器的中心距 a /mm

63	(67)	71	(75)	80	(85)	90	(95)	100	(106)
112	(118)	125	(132)	140	(150)	160	(170)	180	(190)
200	(212)	224	(236)	250	(265)	280	(300)	315	(335)
355	(375)	400	(425)	450	(475)	500	(530)	560	(600)
630	(670)	710	(750)	800	(850)	900	(950)	1000	(1060)
1120	(1180)	1250	(1320)	1400	(1500)				

表 9-2-2 二级减速器的总中心距 a 和高、低速级中心距 a_1、a_2 /mm

a	171	(181)	192	(203)	215	(227)	240	(256)	272	(288)
a_1	71	75	80	85	90	95	100	106	112	118
a_2	100	106	112	118	125	132	140	150	160	170
a	305	(322)	340	(362)	384	(406)	430	(455)	480	(512)
a_1	125	132	140	150	160	170	180	190	200	212
a_2	180	190	200	212	224	236	250	265	280	300
a	539	(571)	605	(640)	680	(725)	765	(810)	855	(905)
a_1	224	236	250	265	280	300	315	335	355	375
a_2	315	335	355	375	400	425	450	475	500	530
a	960	(1025)	1080	(1145)	1210	(1280)	1360	(1450)	1530	(1620)
a_1	400	425	450	475	500	530	560	600	630	670
a_2	560	600	630	670	710	750	800	850	900	950
a	1710	(1810)	1920	(2030)	2150	(2270)	2400			
a_1	710	750	800	850	900	950	1000			
a_2	1000	1060	1120	1180	1250	1320	1400			

表 9-2-3 三级减速器的总中心距 a 和高、中、低速级中心距 a_1、a_2、a_3 /mm

a	311	(331)	352	(373)	395	(417)	440	(468)	496	(524)	555	(587)
a_1	71	75	80	85	90	95	100	106	112	118	125	132
a_2	100	106	112	118	125	132	140	150	160	170	180	190
a_3	140	150	160	170	180	190	200	212	224	236	250	265
a	620	(662)	699	(741)	785	(830)	880	(937)	989	(1046)	1105	(1170)
a_1	140	150	160	170	180	190	200	212	224	236	250	265
a_2	200	212	224	236	250	265	280	300	315	335	355	375
a_3	280	300	315	335	355	375	400	425	450	475	500	530

续表

a	1240	(1325)	1395	(1480)	1565	(1655)	1760	(1875)	1980	(2095)	2210	(2340)
a_1	280	300	315	335	355	375	400	425	450	475	500	530
a_2	400	425	450	475	500	530	560	600	630	670	710	750
a_3	560	600	630	670	710	750	800	850	900	950	1000	1060
a	2480	(2630)	2780	(2940)	3110							
a_1	560	600	630	670	710							
a_2	800	850	900	950	1000							
a_3	1120	1180	1250	1320	1400							

表 9-2-4 圆柱齿轮减速器公称传动比系列

1.25	1.4	1.6	1.8	2	2.24	2.5	2.8	3.15	3.55	4	4.5	5
5.6	6.3	7.1	8	9	10	11.2	12.5	14	16	18	20	22.4
25	28	31.5	35.5	40	45	50	56	63	71	80	90	100
112	125	140	160	180	200	224	250	280	315			

表 9-2-5 减速器实际传动比允许偏差 $|\Delta i|$

减速器级数	1	2	3
传动比范围	1.25～7.1	6.3～56	22.4～315
传动比允许偏差	≤3%	≤4%	≤5%

2.1.2.2 减速器的传动比分配

二级减速器的总传动比为 i，高、低速级传动比分别为 i_1、i_2，三级减速器的总传动比为 i，高、中、低速级传动比分别为 i_1、i_2、i_3，已知总传动比 i，可按表 9-2-6 确定各级传动比。

表 9-2-6 确定多级减速器传动比的推荐方法

级数	减速器型式	传动比分配计算	说明
二级传动	二级展开式圆柱齿轮减速器	$i_1=\dfrac{i-C\sqrt[3]{i}}{C\sqrt[3]{i}-1}$ $C=\dfrac{a_2}{a_1}\sqrt[3]{\left(\dfrac{[\sigma_{H2}]}{[\sigma_{H1}]}\right)^2\dfrac{\phi_2}{\phi_1}}$ 式中 $[\sigma_{H1}]$,$[\sigma_{H2}]$——小、大齿轮许用接触应力； ϕ_1,ϕ_2——高、低速级齿宽系数，$\phi_1=b_1/a_1$，$\phi_2=b_2/a_2$，b_1、b_2 为高、低速级齿宽	使二级齿轮承载能力相等，减速器外形尺寸最小，并有较好的润滑条件
		$i_1=(1.14\sim1.23)\sqrt{i}$	二级大齿轮浸油深度相近
	同轴式二级圆柱齿轮减速器	$i_1=\sqrt{i}-(0.01\sim0.05)i$	二级大齿轮直径相接近
	锥齿轮-圆柱齿轮减速器	$i_1=0.25i\leqslant3$	避免大锥齿轮太大，制造困难，二级大齿轮浸油深度相近
	两级蜗杆传动减速器	$i_1=i_2=\sqrt{i}$	$a_1\approx a_2/2$
	齿轮-蜗杆减速器	$i_1\leqslant2\sim2.5$	箱体尺寸紧凑、便于润滑
	蜗杆-齿轮减速器	$i_2=(0.03\sim0.06)i$	高速级蜗杆效率较高
三级传动	圆柱齿轮减速器	i_1、i_2 由图 9-2-1 确定	按各级齿轮承载能力相等，尺寸和重量较小
	锥齿轮-圆柱齿轮减速器	i_1、i_2 由图 9-2-2 确定	按各级齿轮承载能力相等，尺寸和重量较小

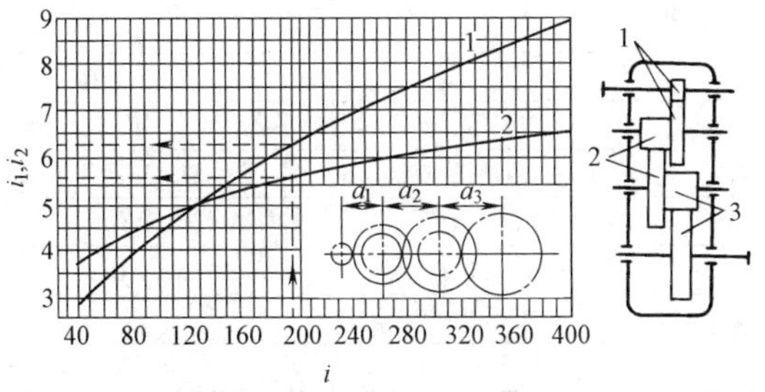

图 9-2-1　三级圆柱齿轮减速器传动比分配

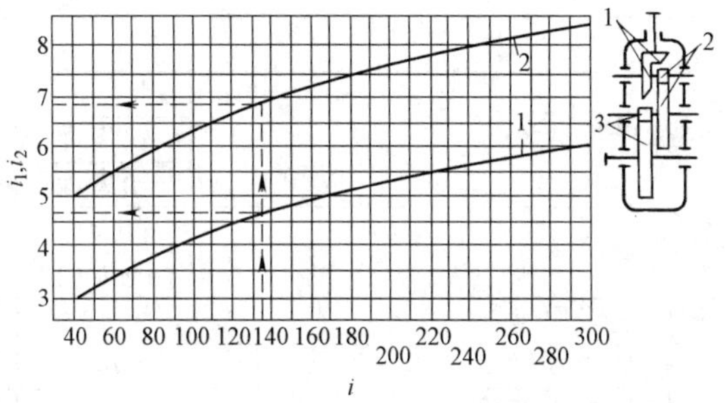

图 9-2-2　三级锥齿轮-圆柱齿轮减速器传动比分配

2.2　减速器的结构设计资料

2.2.1　齿轮减速器铸造箱体主要尺寸

表 9-2-7 给出齿轮减速器铸造箱体主要尺寸的推荐值。表 9-2-9 示出几种齿轮减速箱的结构。

为了提高箱体刚度，有时在箱壁上加肋，为了提高刚度和改善箱体外形，有时也将肋设在箱内。为了提高箱体的通用性，设计了具有通用性的箱体，一个箱体可以有多种固定方式，有几个面都可以作为固定面。

2.2.2　蜗杆减速器铸造箱体主要尺寸

图 9-2-3 为蜗杆减速箱各部分尺寸，可由蜗杆传动中心距 a 求得。下箱体壁厚 $\delta=0.04a+3\geqslant 8\text{mm}$，上箱体壁厚 δ_1：蜗杆在上，$\delta_1\approx\delta$；蜗杆在下，$\delta_1=0.85\delta\geqslant 8\text{mm}$。其余尺寸可参照表 9-2-7 确定。

表 9-2-7　齿轮减速器铸造箱体主要尺寸　/mm

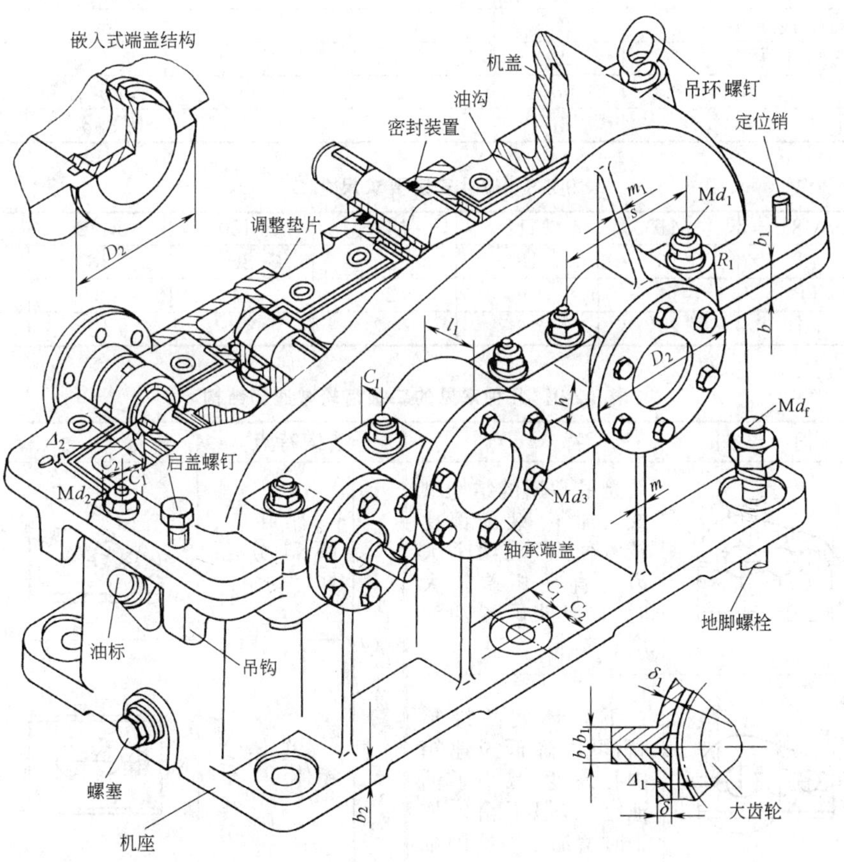

续表

名称及符号			推荐尺寸计算式		
			一级	二级	三级
下箱体壁厚 δ		软齿面	$\delta=0.025a+3\geqslant8$	$\delta=0.025a+4\geqslant8$	$\delta=0.025a+5\geqslant8$
		硬齿面	$\delta=0.03a+3\geqslant8$	$\delta=0.03a+4\geqslant8$	$\delta=0.03a+5\geqslant8$
上箱盖壁厚 δ_1		软齿面	$\delta_1=0.02a+3\geqslant8$	$\delta_1=0.02a+4\geqslant8$	$\delta_1=0.02a+5\geqslant8$
		硬齿面	$\delta_1=0.025a+3\geqslant8$	$\delta_1=0.025a+4\geqslant8$	$\delta_1=0.025a+5\geqslant8$
下箱体凸缘厚度		b	1.5δ		
上箱盖凸缘厚度		b_1	$1.5\delta_1$		
下箱体底凸缘厚度		b_2	2.5δ		
地脚螺栓数目		n	中心距 a（多级传动为低速级中心距）	$a\leqslant250\text{mm}$	$a>250\sim500\text{mm}$ / $a\geqslant500\text{mm}$
			n	4	6 / 8
地脚螺栓直径		d_f	$0.036a+12$		
上下箱连接螺栓直径		d_2	$(0.5\sim0.6)d_f$（螺栓间距 150～200mm）		
轴承旁连接螺栓直径		d_1	$0.75d_f$		
定位销直径		d	$(0.7\sim0.8)d_2$		
螺栓 d_f、d_1、d_2 中心至外机壁最小距离		C_1	考虑扳手空间及布置螺栓头和螺母需要决定，见表 9-2-8		
螺栓 d_f、d_1、d_2 中心至凸缘边缘最小距离		C_2	考虑扳手空间及布置螺栓头和螺母需要决定，见表 9-2-8		
轴承旁凸台最小半径		R_1	C_2		
外箱壁至轴承座端面距离		l_1	$C_1+C_2+(5\sim10)\text{mm}$		
大齿轮顶圆至内箱壁最小距离		Δ_1	1.2δ		
齿轮端面与内箱壁最小距离		Δ_2	δ		
肋厚度	箱盖	m_1	$>0.85\delta_1$		
	箱体	m	$>0.85\delta$		

表 9-2-8　螺栓安装要求尺寸 C_1、C_2

/mm

螺栓直径	M8	M10	M12	M16	M20	M22	M24	M27
C_1 最小值	13	16	18	22	26	28	34	36
C_2 最小值	11	14	16	20	24	26	28	32
沉头座直径	20	24	26	32	40	42	48	54

表 9-2-9　几种常见的二级齿轮减速箱结构

结构特点		简图	特点	结构特点		简图	特点
卧式减速箱	展开式，水平分箱面	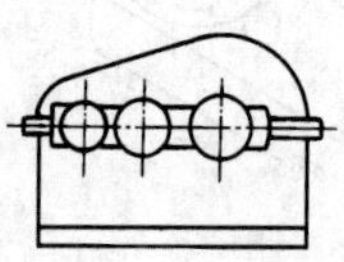	是最常用的结构型式。加工、装配都比较方便，但当两个大齿轮直径相差较大时，难以兼顾浸油深度的要求	卧式减速箱	展开式，倾斜分箱面	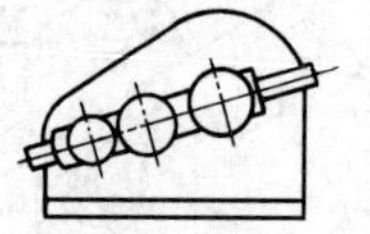	有利于解决两个大齿轮浸油深度相差过多的问题，但下箱体分箱加工较困难，输入轴与输出轴高度不一致
	展开式，水平分箱面，下体箱底凸缘抬高	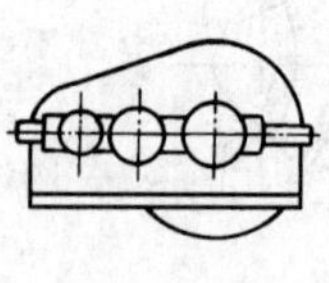	下箱体底凸缘抬高，可以降低减速箱中心高度，减小了油池容积，但下箱体加工时增加了一些困难		整体式箱体	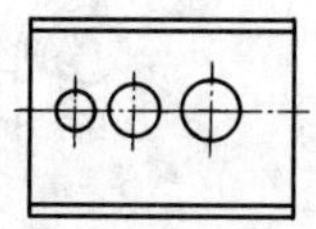	箱体结构简单，加工方便，但装配比较困难，轴和齿轮的配合、轴承和箱体孔的配合都比前面几种要松一些，对承受冲击载荷能力和传动精度有不利的影响

续表

<table>
<tr><th colspan="2">结构特点</th><th>简　图</th><th>特　点</th><th colspan="2">结构特点</th><th>简　图</th><th>特　点</th></tr>
<tr><td rowspan="2">立式减速箱</td><td rowspan="2">水平分箱面</td><td rowspan="2">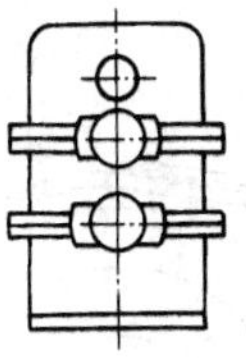</td><td rowspan="2">上面的齿轮润滑困难，不适于采用油浴润滑。只当输入、输出轴位置有特殊要求（在同一垂直线上而高度不同），或占地面积要求受到严格限制时，才采用这种减速箱。有二个分箱面，结构复杂</td><td rowspan="2">立式减速箱</td><td>垂直分箱面</td><td>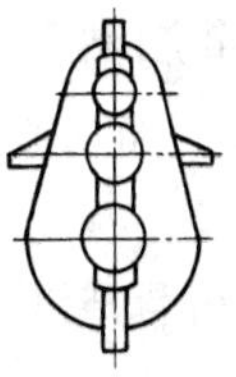</td><td>减速箱的各轴承位于同一个垂直的分箱面上，加工比较容易，支持点在中间，可以满足有特殊安装基面的要求，装配方便，但分箱面容易漏油</td></tr>
<tr><td>水平、垂直组合分箱面</td><td>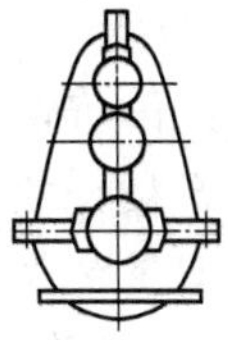</td><td>箱体由三块组合而成，既满足装配方便又不易漏油，但结构复杂，增加了加工的难度</td></tr>
</table>

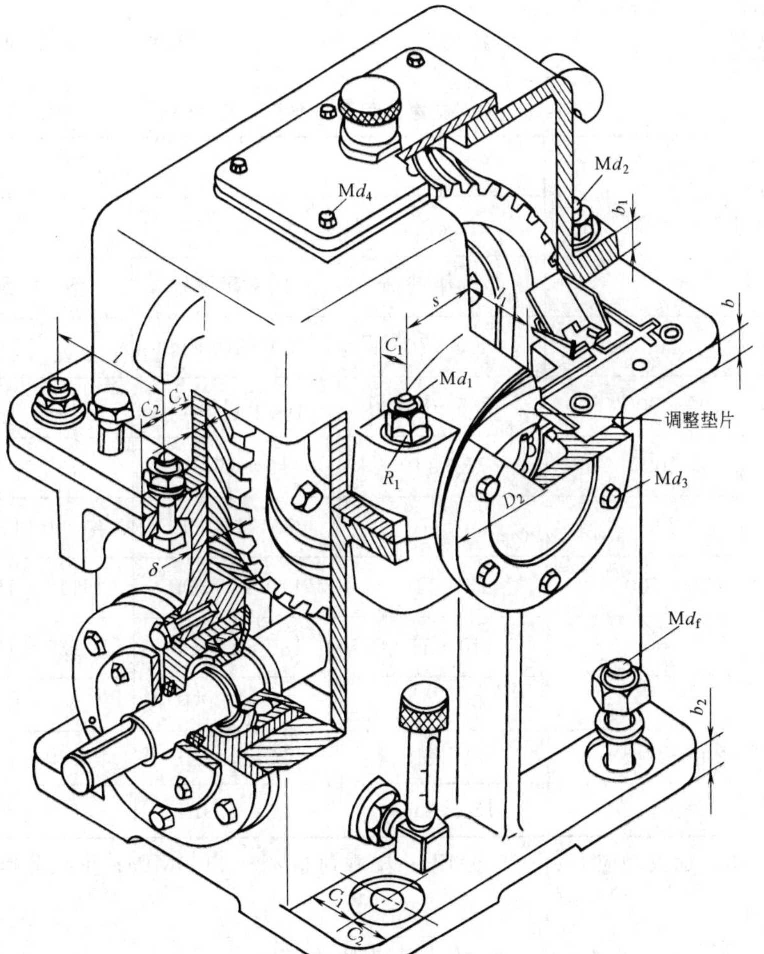

图 9-2-3　蜗杆减速箱

第9篇

2.3 减速器的润滑

2.3.1 齿轮减速器润滑油黏度选择

表 9-2-10 为按齿轮减速箱中心距、环境温度和载荷选择闭式减速箱润滑油黏度。

2.3.2 齿轮减速器的润滑方法

(1) 浸油润滑　结构简单、润滑可靠、成本较低，但油的容量有限，冷却效果差，油容易老化，工作中净化能力差。齿轮箱的油量可按 0.35～0.7L/kW 计算，大功率减速箱取小值。对多级传动减速箱油量应适当增加。应保证箱内润滑油有一定深度，使油中杂质能沉积在箱底，中小型齿轮箱，油深度至少为 30～50mm。

齿轮浸油深度为：单级齿轮减速器，当圆周速度 $v<5\text{m/s}$ 时最少为 $3m_n$（法向模数）；当 $v>12\text{m/s}$ 时最少为 $(1\sim3)m_n$。对多级齿轮减速器应照顾到各级大齿轮浸油深度适当，在相差较大难以兼顾时，可为各级大齿轮分别设计不同高度可以溢流的箱内隔室，也可以对高速级喷油润滑。只有在 $v^2/d_2>5\text{m/s}^2$ 时，才能靠齿轮飞溅，并利用溅到箱壁上的油来润滑上方的齿轮或轴承。对轴承也可采用刮油器润滑，用刮油板，刮下齿轮上的油，通过箱体上的油沟流入轴承进行润滑（见图 9-2-4）。

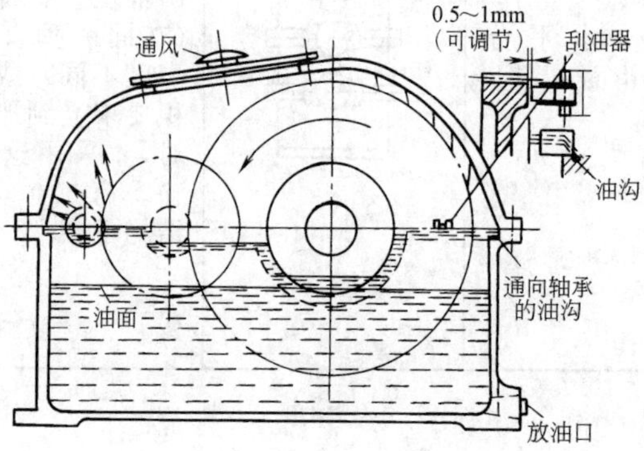

图 9-2-4　用刮油器润滑轴承

表 9-2-10　闭式减速箱润滑油推荐黏度（40℃）　　/$\text{mm}^2\cdot\text{s}^{-1}$

减速箱类型	低速级中心距/mm	环境温度/℃			
		−10～15		10～50	
		轻～中载荷	中～重载荷	轻～中载荷	中～重载荷
平行轴,单级	<200	60～70	60～100EP	90～110	110～150EP
	200～500	65～80	75～110EP	110～150	130～160EP
	>500	75～110	110～150EP	130～160	150～200EP
平行轴,两级	<200	50～70	75～110EP	90～110	110～150EP
	200～500	75～110	110～150EP	110～150	130～160EP
	>500	110～150	130～160EP	130～160	150～200EP
平行轴,三级	<200	50～70	75～110EP	90～130	110～160EP
	200～500	90～110	110～150EP	130～160	150～200EP
	>500	130～160	130～170EP	150～200	180～250EP

注：1. 表中，轻载荷指齿面接触应力 $\sigma_H<500\text{MPa}$；中载荷指 $\sigma_H<1100\text{MPa}$；重载荷指 $\sigma_H>1100\text{MPa}$，σ_H 可由下面公式求得：

$$\sigma_H=\sqrt{\frac{KT_1}{\phi_d}\times\frac{u\pm1}{u}\left(\frac{d_1}{C_m A_d}\right)^3}$$

2. 表中 EP 表示极压油。

表 9-2-11　推荐的蜗杆减速箱用润滑油黏度和润滑方法

滑动速度/m·s^{-1}	≤1	>1～2.5	>2.5～5	>5～10	>10～15	>15～25	>25
工作条件	重载	重载	中载				
运动黏度(40℃)/mm^2·s^{-1}	1000	680	320	220	150	100	68
润滑方法	浸油润滑			浸油或喷油润滑	压力喷油润滑的油压/MPa		
					0.07	0.2	0.3

为了在运转时观察箱内情况，要在箱体上设观察孔，并设置油标观察油面高度，为了及时更换润滑油，应在箱体上有放油口和注油孔。

（2）喷油润滑　用于齿轮速度较高（$v>12\sim15$m/s）的齿轮减速箱，或齿轮箱散热不足的情况。

① 喷油量。由热平衡计算确定，要求回油温度低于50℃，轴承温度低于55℃，或要求每毫米齿宽每分钟喷油量不少于0.05L。总油量按油的循环时间计算，若以齿轮减速箱作油箱，循环时间为0.5～2.5min，若另设循环润滑油箱，则对一般工业齿轮传动，循环时间至少为4～5min。

② 喷油压力。对一般工业齿轮传动，喷油压力建议取为0.08～0.1MPa，对工作温度高和$v<150$m/s的高速齿轮，取为1.8MPa。

（3）喷雾润滑　用于载荷不很大、速度不很高的齿轮传动。对$v\leqslant5$m/s的小型齿轮传动，将油雾喷入箱中即可。对$v<40$m/s的齿轮传动，要在啮合区前方距齿顶10mm处设置喷嘴。

2.3.3 蜗杆减速器润滑油黏度选择

（1）润滑油黏度选择　蜗杆载荷越大、环境温度越高、速度越低，则润滑油的黏度应该越高。可参考表9-2-11选定润滑油的黏度。

（2）润滑方式的选择　表9-2-11推荐了蜗杆减速箱的润滑方法。蜗杆在蜗轮上面时，若采用油浴润滑，油面应达到蜗轮直径的1/3处；蜗杆在下面时，油面高度应达到蜗杆的齿根处。喷油润滑的喷油方向应喷向蜗杆旋转方向的啮合处，喷油管的放置方向与蜗杆轴线平行，在它上面开喷油孔，直径可达2～3mm。

2.4 减速器图例

（1）一级圆柱齿轮减速器装配图示例（通用箱体）见图9-2-5。

（2）一级圆柱齿轮减速器（轴承脂润滑）见图9-2-6。

（3）一级圆柱齿轮减速器（轴承油润滑）见图9-2-7。

（4）二级展开式圆柱齿轮减速器（铸造箱体）见图9-2-8。

（5）二级展开式圆柱齿轮减速器（大型减速器、焊接齿轮、焊接箱体）见图9-2-9。

（6）二级圆柱齿轮立式减速器　见图9-2-10。

（7）二级圆柱齿轮减速器（有摩擦片过载保护装置）见图9-2-11。

（8）一级圆锥齿轮减速器　见图9-2-12。

（9）一级圆锥齿轮减速器（避免小锥齿轮悬臂结构）见图9-2-13。

（10）一级圆锥齿轮减速器（两轴夹角不等于90°）见图9-2-14。

（11）一级蜗杆减速器（蜗杆在下、大端盖式、有风扇及散热片）见图9-2-15。

（12）一级蜗杆减速器（蜗轮轴垂直）见图9-2-16。

（13）一级蜗杆减速器（蜗杆在上、有风扇及散热片）见图9-2-17。

（14）齿轮轴零件图　见图9-2-18。

（15）大圆柱齿轮零件图　见图9-2-19。

（16）轴零件图　见图9-2-20。

（17）大锥齿轮零件图　见图9-2-21。

（18）焊接大齿轮零件图　见图9-2-22。

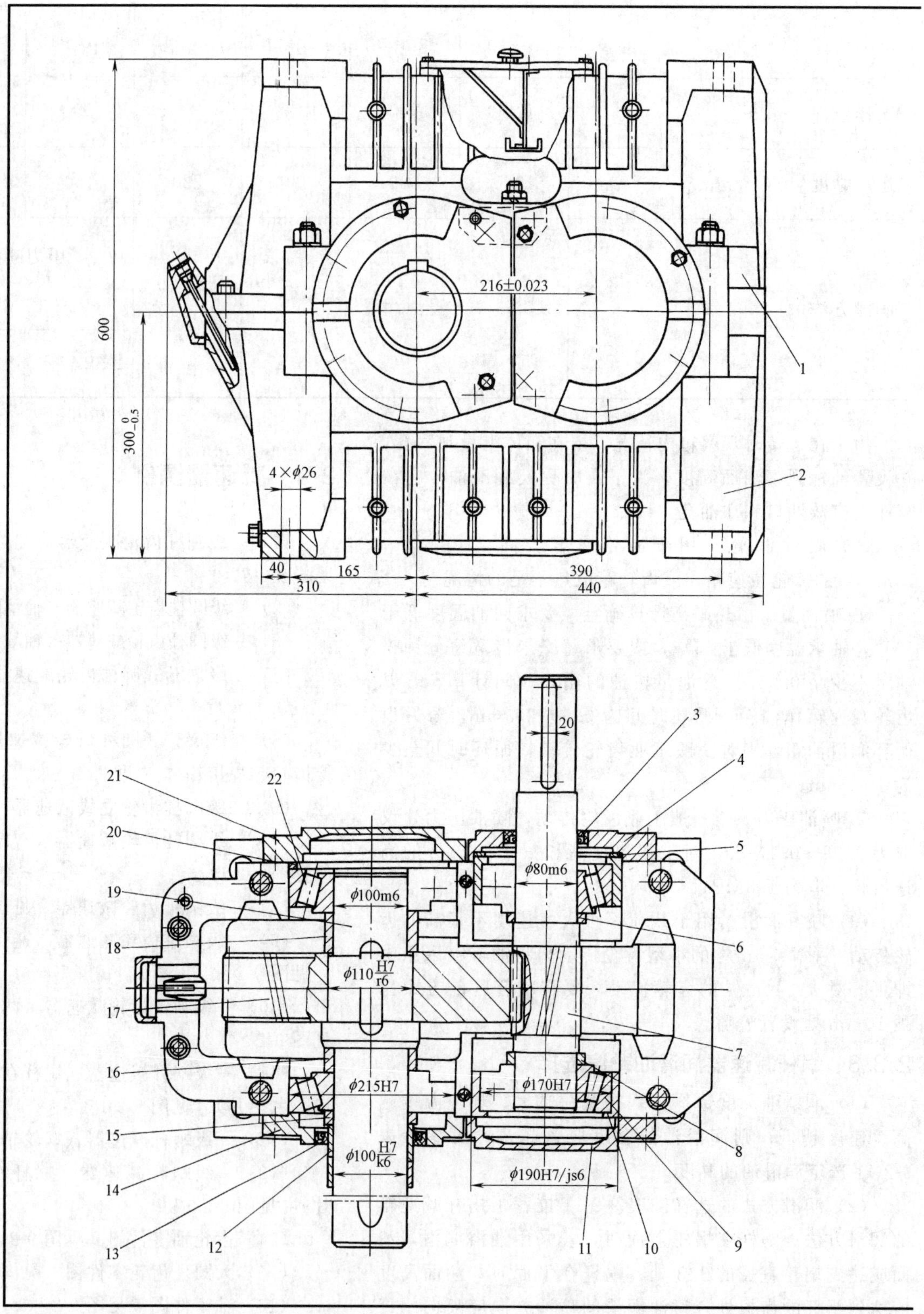

图 9-2-5　一级圆柱齿轮减速器

技术参数表

传动功率	100kW
输入转速	1000r/min
传动比	5.0625

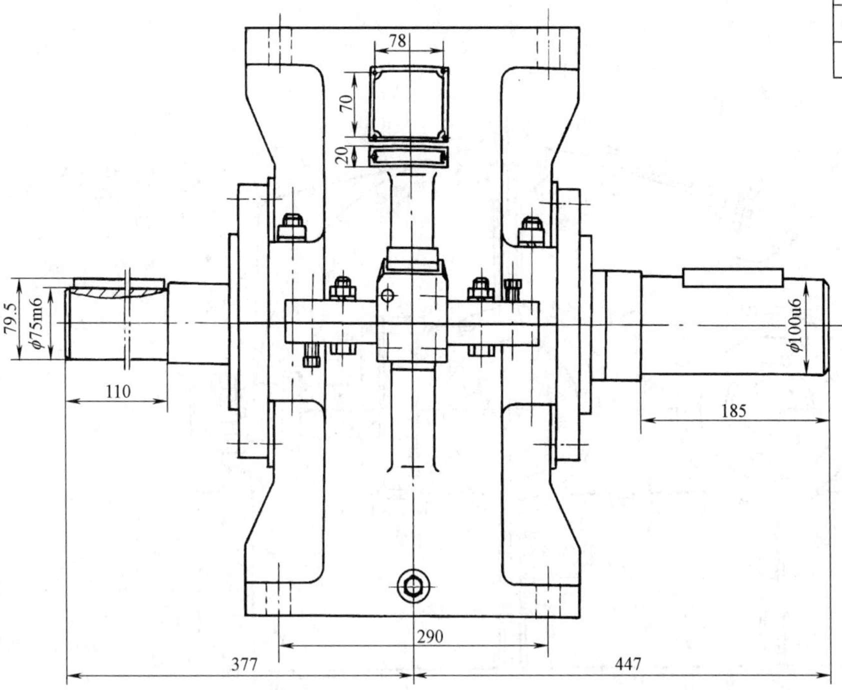

技 术 要 求

1. 轴承轴向间隙应符合下表规定

轴承内径	80	100
轴向间隙	0.08~0.15	0.12~0.2

2. 齿轮副最小极限侧隙为 0.185
3. 空载时齿轮副接触斑点按高度不小于 50%、长度不小于 70%
4. 润滑油选用按 GB 5903 中的 220 或 320
5. 空运转试验在额定转速下运转 2h，双向工作时正反向各运转 1h，要求各连接件、紧固件不松动，密封处、结合处不渗油，运转平稳，无冲击，温升正常，齿面接触斑点合格
6. 负载性能试验按有关标准要求进行

序号	名称	数量	材料	备注
22	滚动轴承 32220	2		GB/T 297—2015
21	端盖	1	ZG 270－500	
20	定距环	1	45	
19	轴	1	42CrMo	
18	定距环	1	45	
17	大齿轮	1	20CrNiMo	$z_2=81, m_n=4.5$mm
16	定距环	1	45	
15	定距环	1	45	
14	透盖	1	ZG 270－500	
13	密封圈120×150×12	1	组件	GB/T 9877—2008
12	定距环	1	45	
11	端盖	1	ZG 270－500	
10	套	1	45	
9	滚动轴承 32216	2		GB/T 297—2015
8	定距环	1	45	
7	齿轮轴	1	20CrNiMo	$z_1=16, m_n=4.5$mm
6	定距环	1	45	
5	定距环	1	45	
4	透盖	1	ZG 270－500	
3	密封圈 80×100×10	1	组件	GB/T 9877—2008
2	下箱体	1	ZG 270－500	
1	上箱体	1	ZG 270－500	

一级圆柱齿轮减速器

装配图示例（通用箱体）

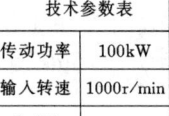

减速器技术特性

输入功率	输入转速	传动比	齿轮精度等级
1.2kW	960r/min	3.67	7 GB/T 10095.1—2008

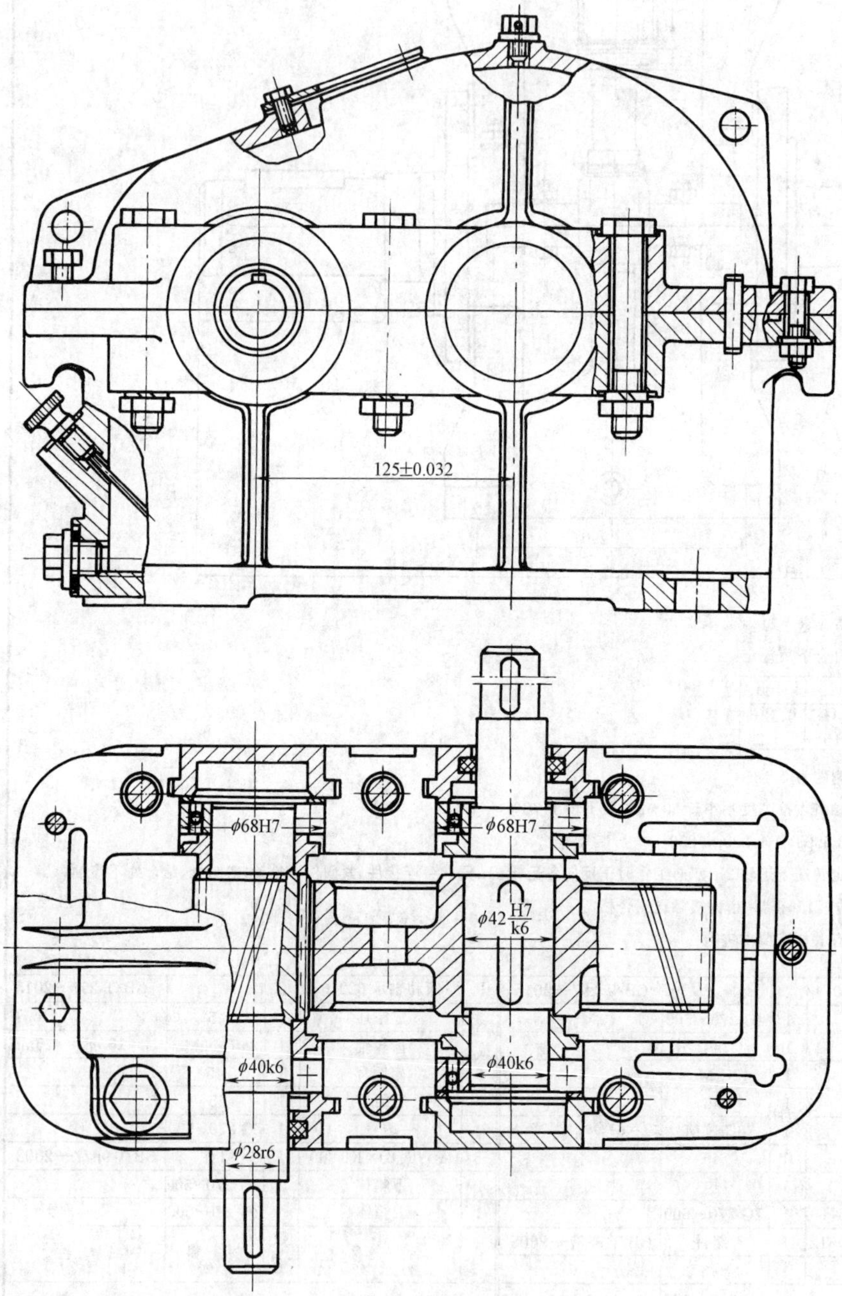

图 9-2-6　一级圆柱齿轮减速器（轴承脂润滑）

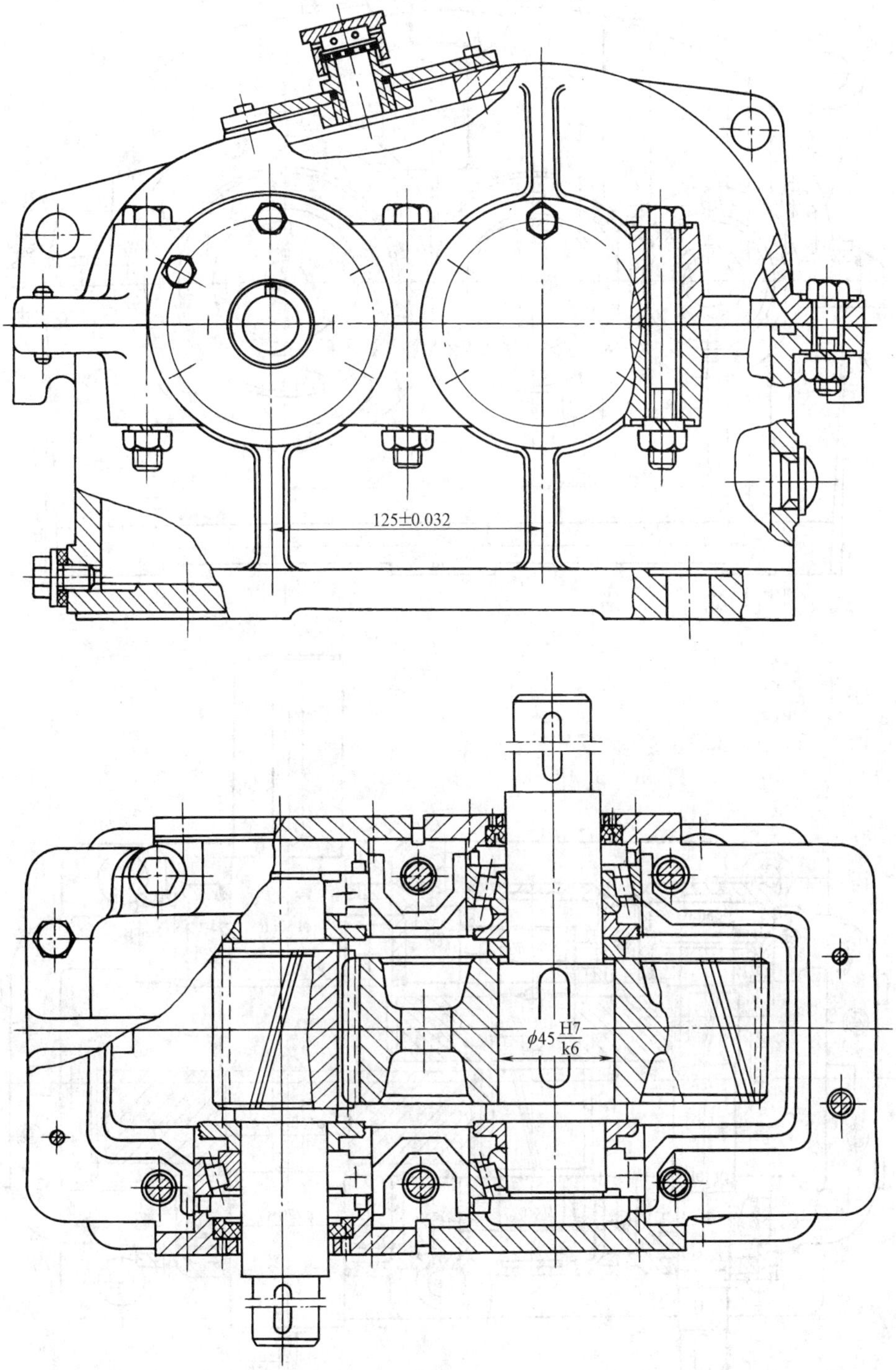

图 9-2-7　一级圆柱齿轮减速器（轴承油润滑）

第9篇

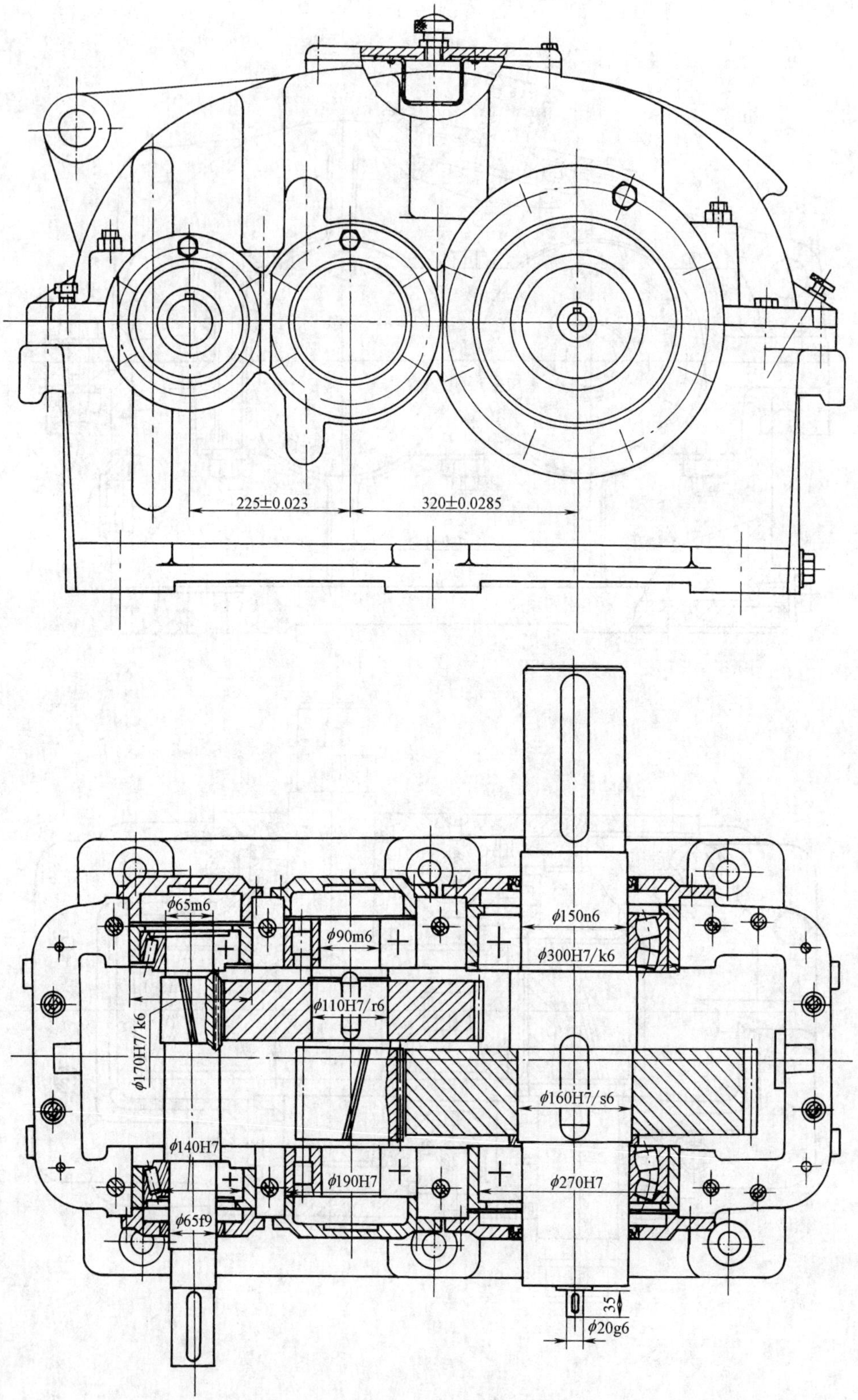

图 9-2-8　二级展开式圆柱齿轮减速器（铸造箱体）

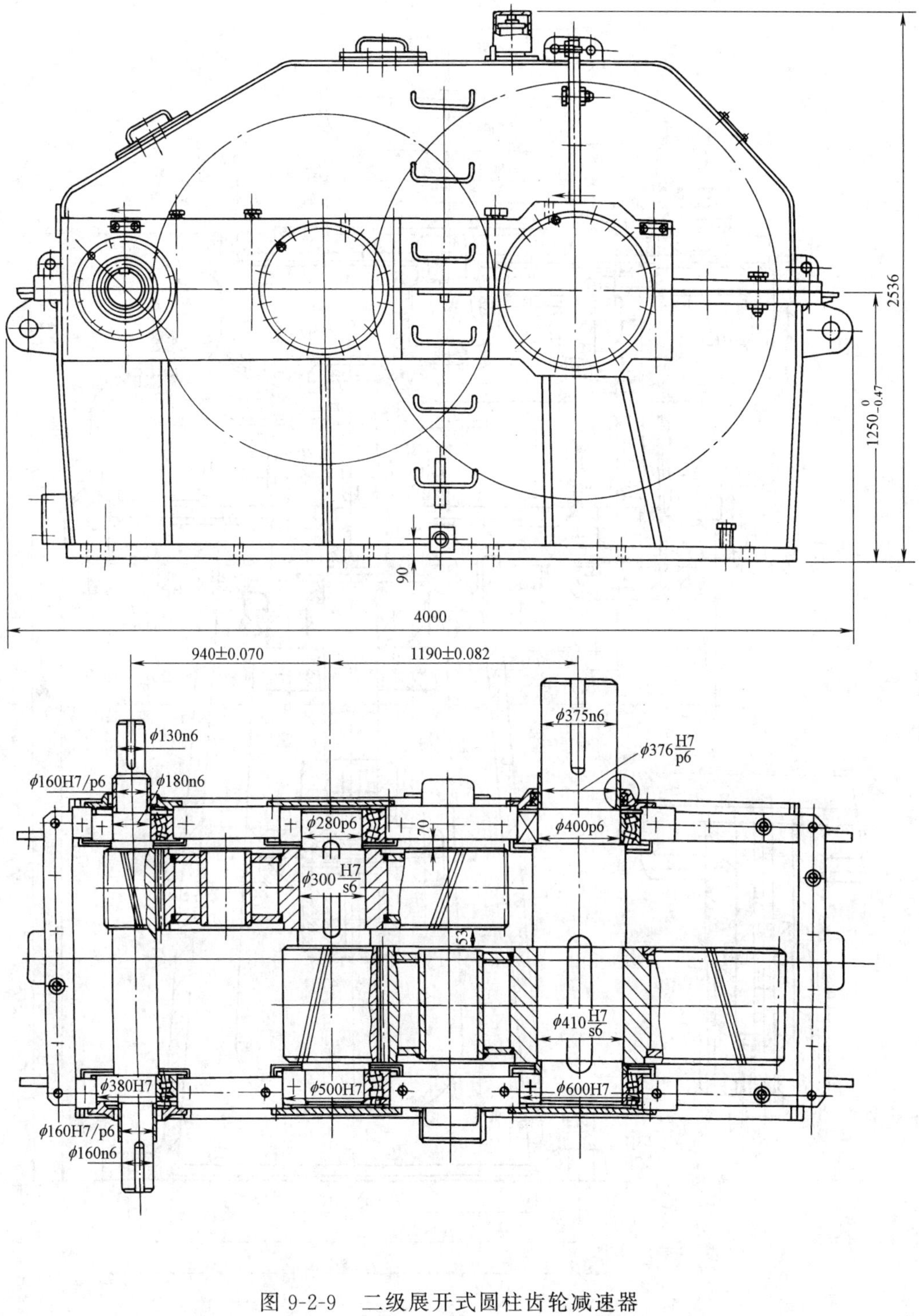

图 9-2-9　二级展开式圆柱齿轮减速器
（大型减速器、焊接齿轮、焊接箱体）

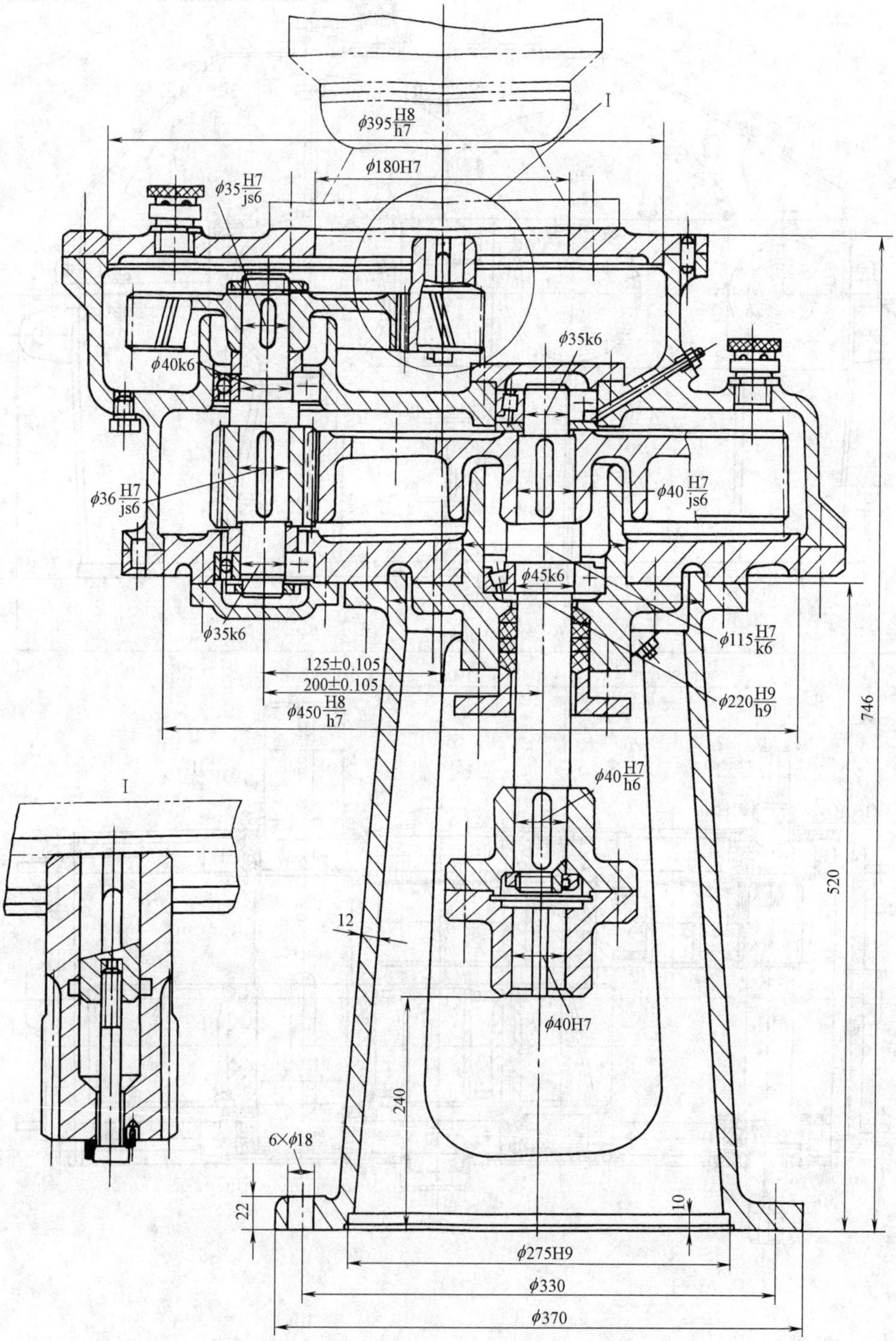

图 9-2-10 二级圆柱齿轮立式减速器

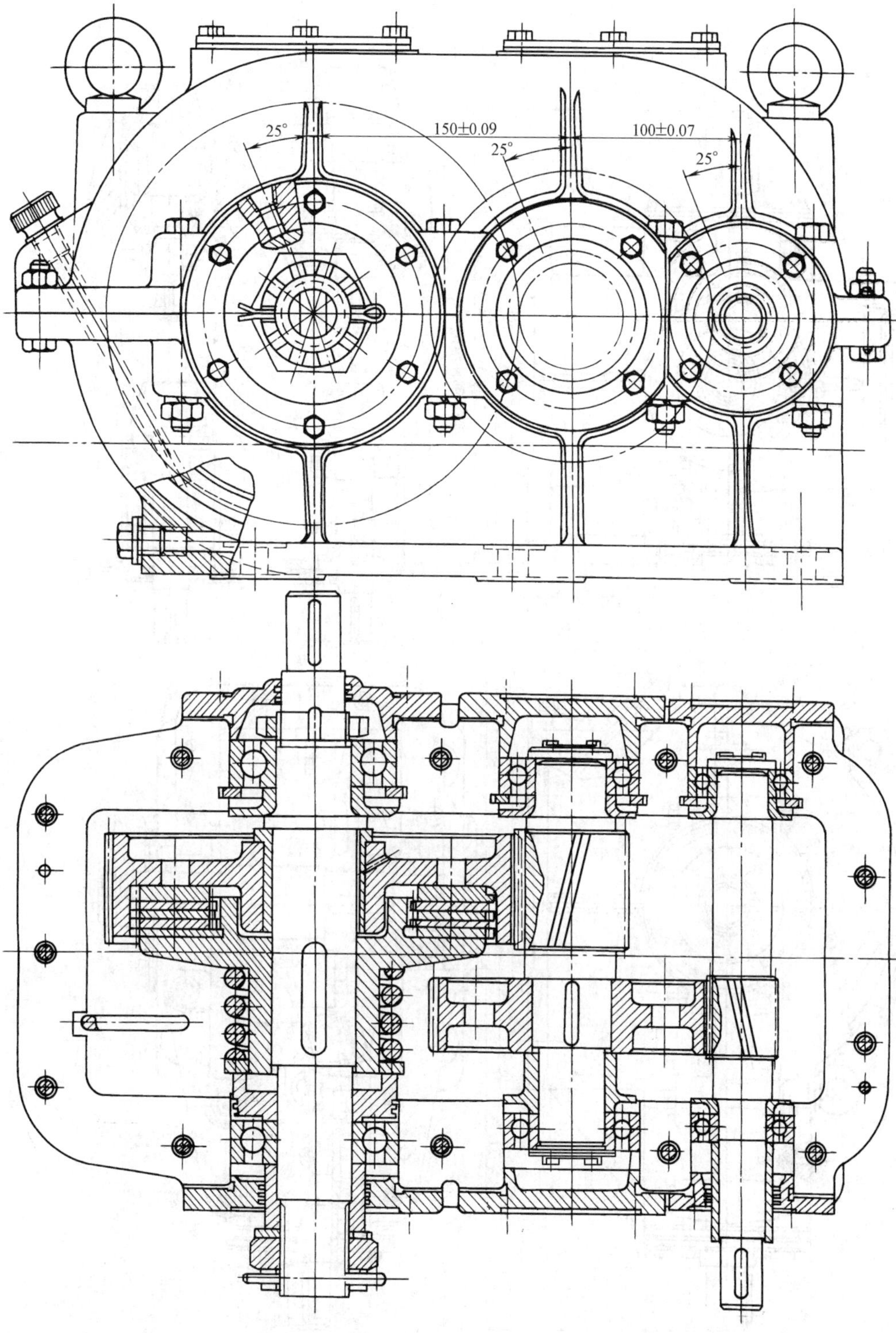

图 9-2-11　二级圆柱齿轮减速器（有摩擦片过载保护装置）

第
9
篇

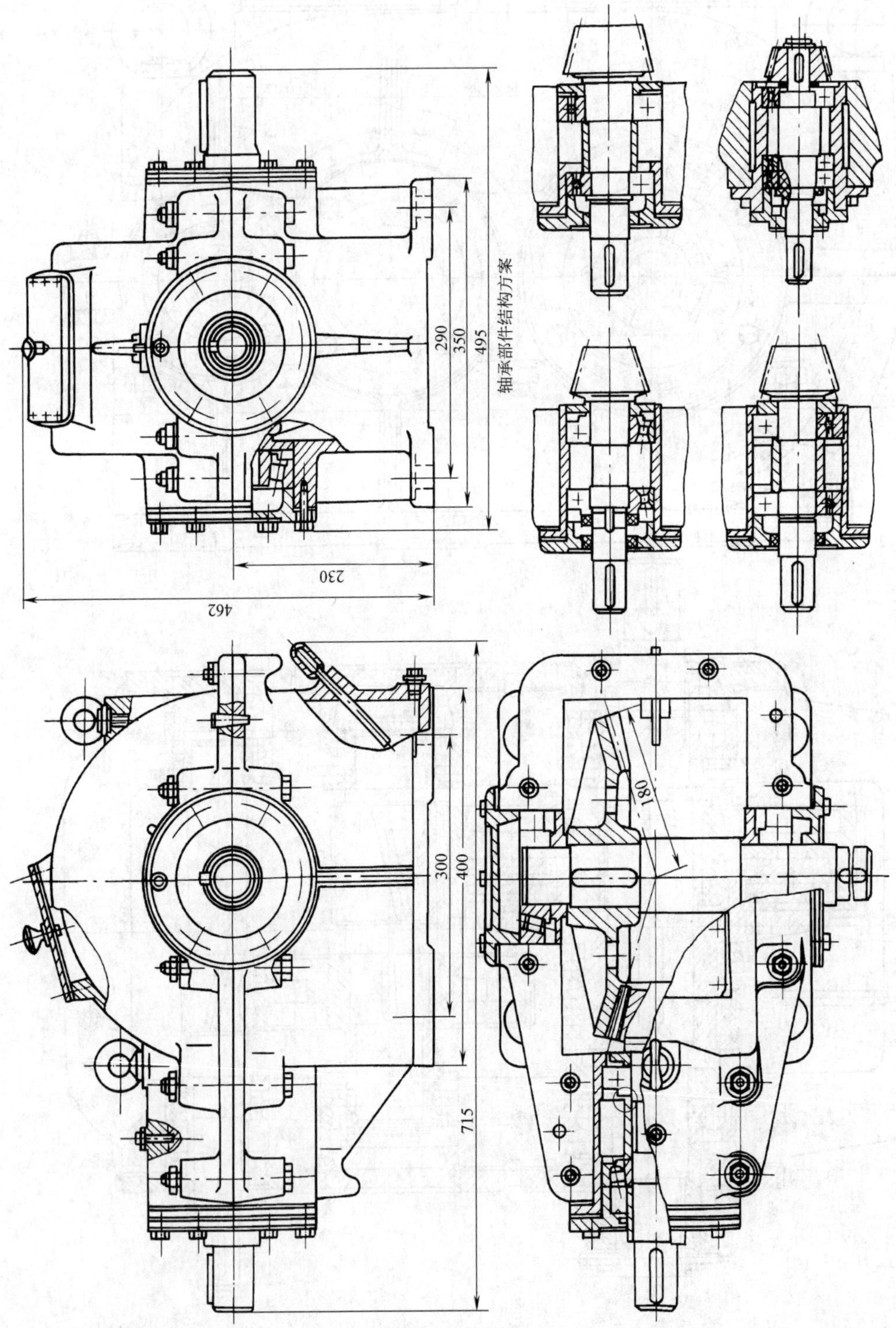

图 9-2-12 一级圆锥齿轮减速器

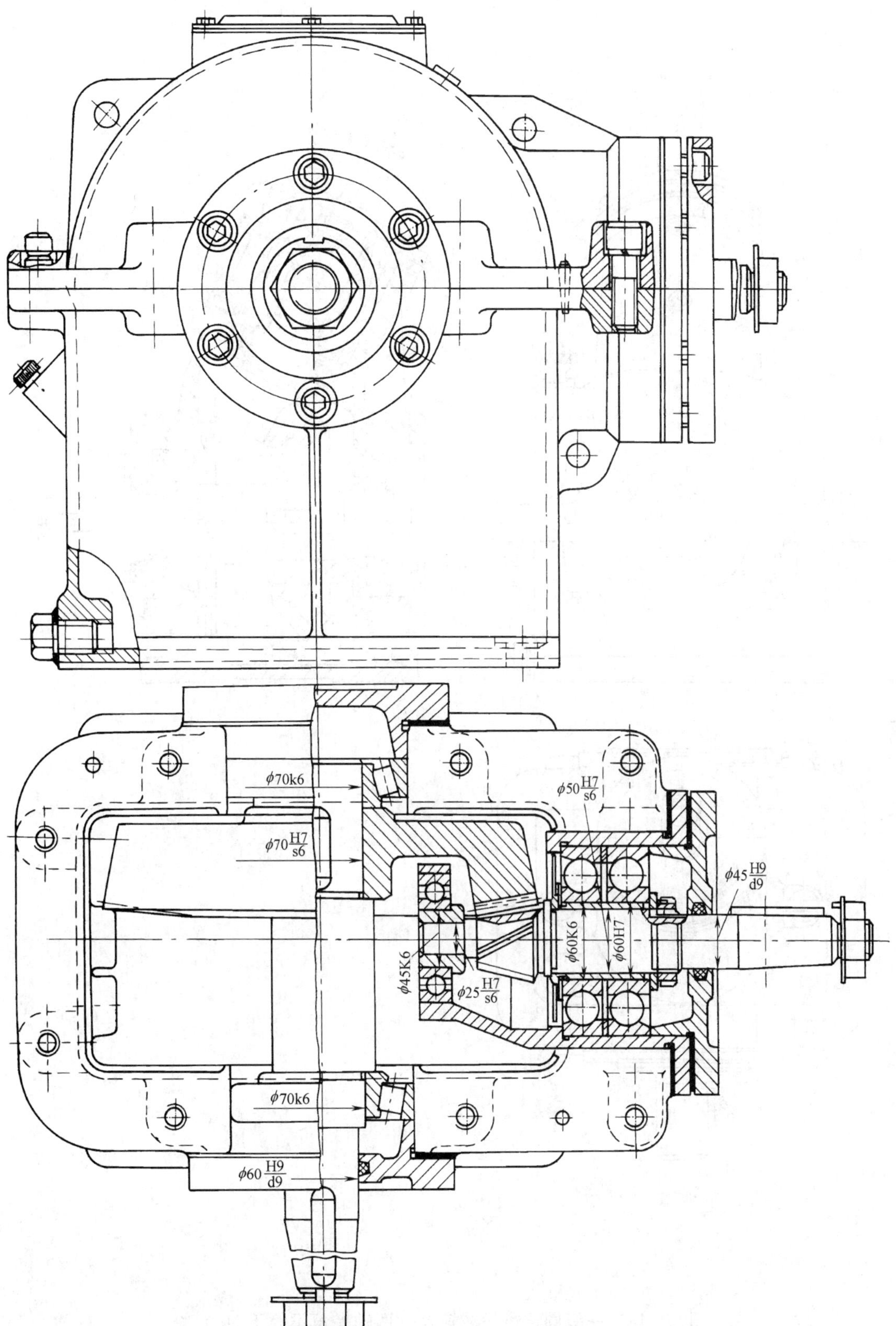

图 9-2-13　一级圆锥齿轮减速器（避免小锥齿轮悬臂结构）

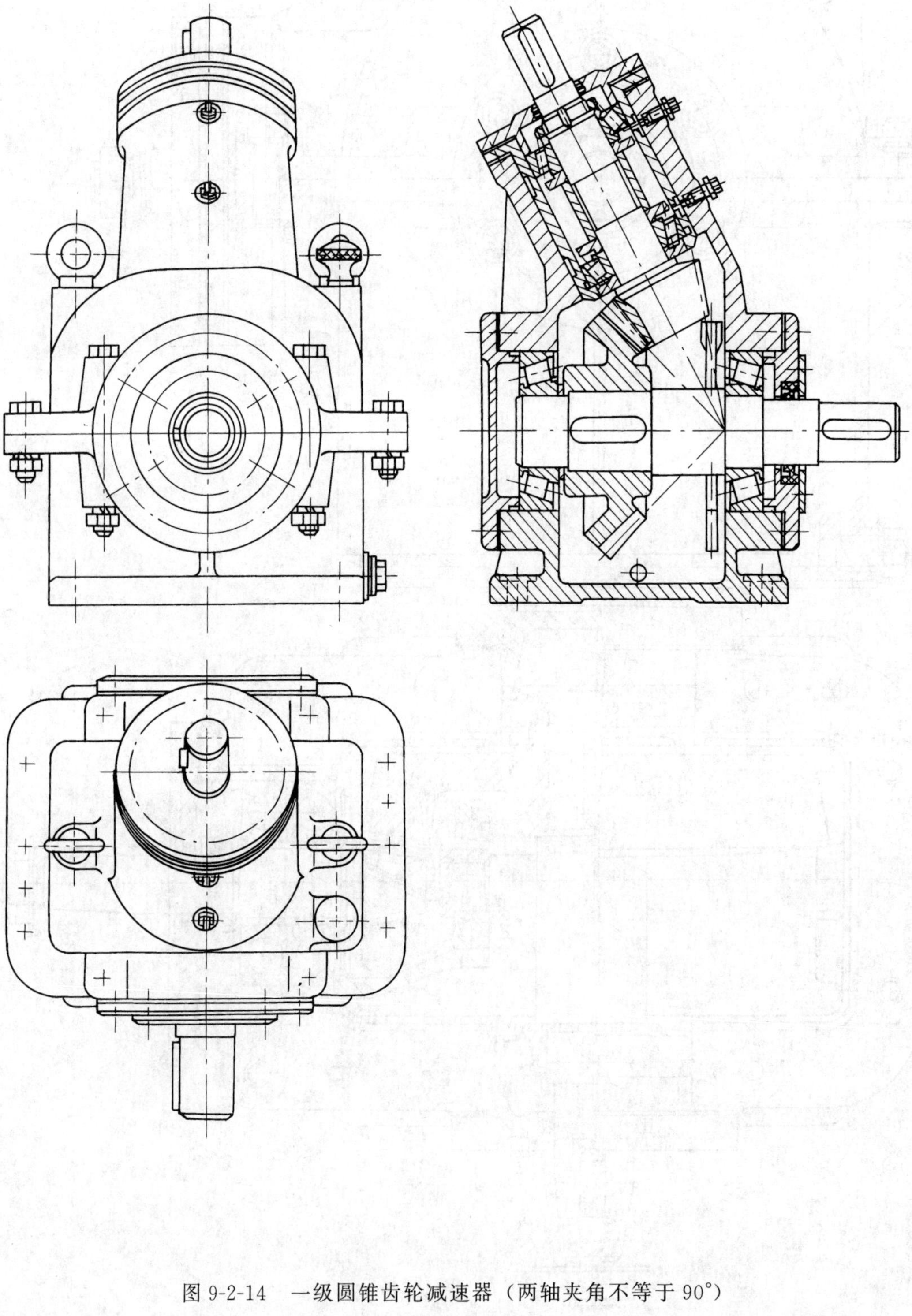

图 9-2-14　一级圆锥齿轮减速器（两轴夹角不等于 90°）

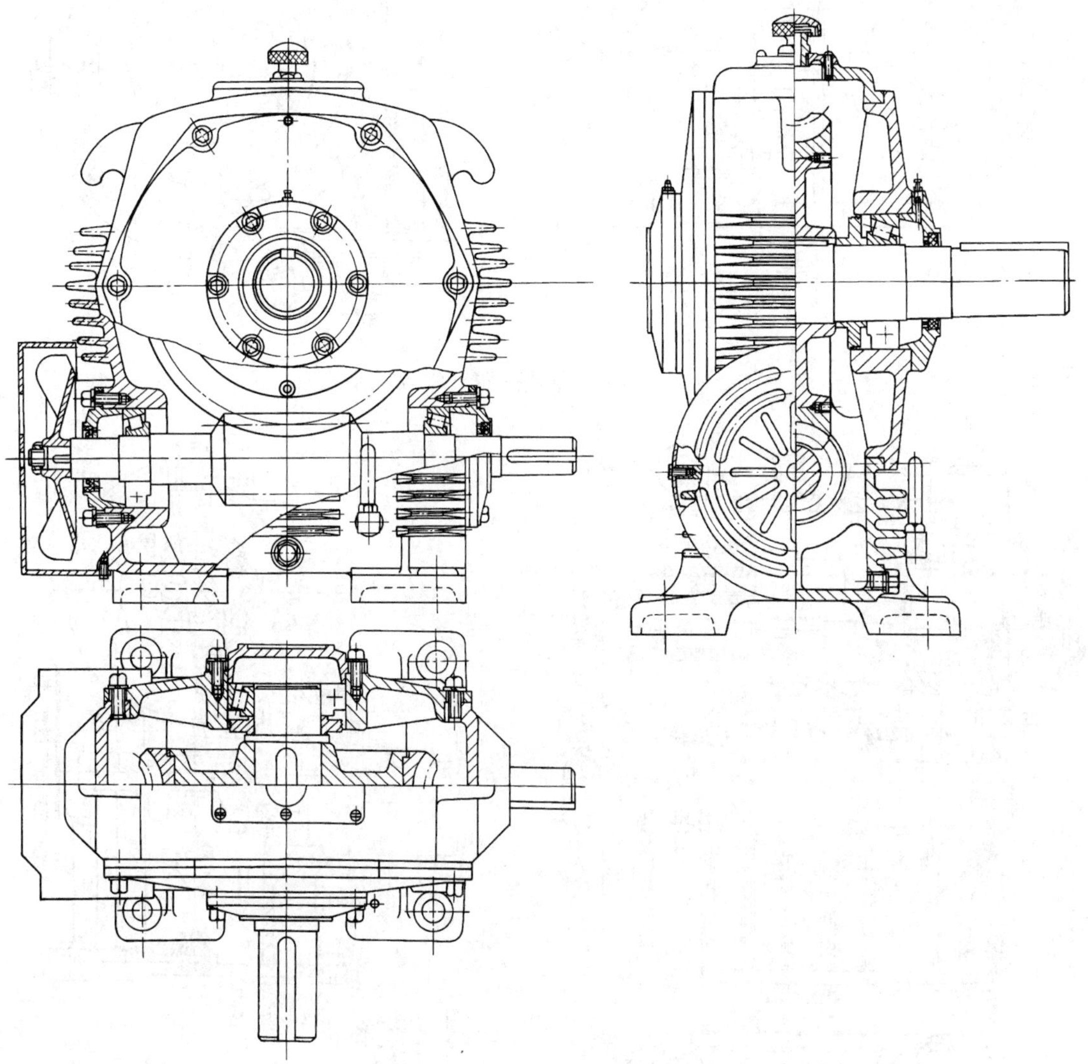

图 9-2-15　一级蜗杆减速器（蜗杆在下、大端盖式、有风扇及散热片）

第
9
篇

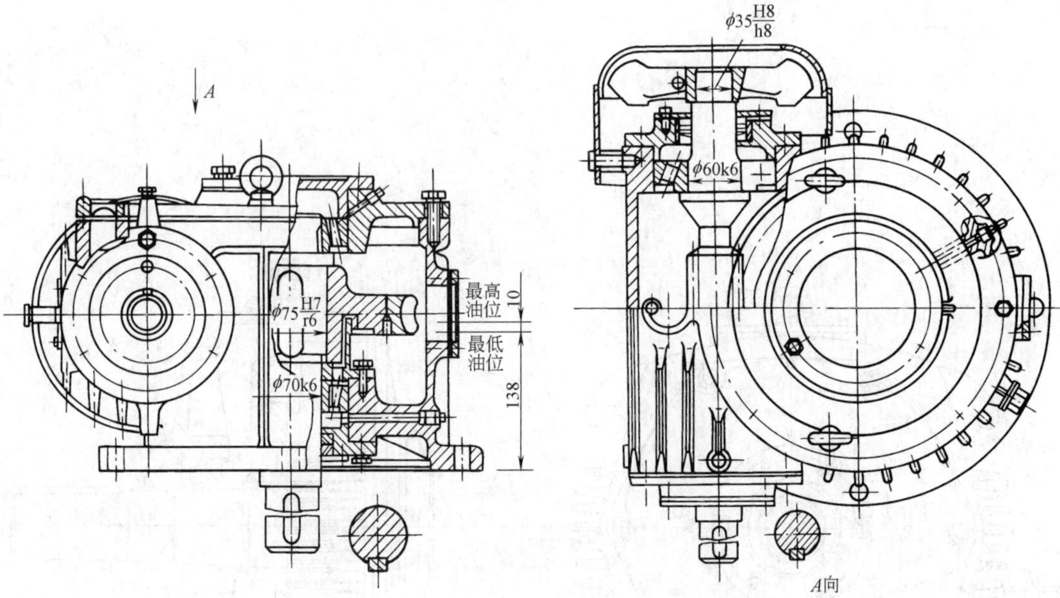

图 9-2-16　一级蜗杆减速器（蜗轮轴垂直）

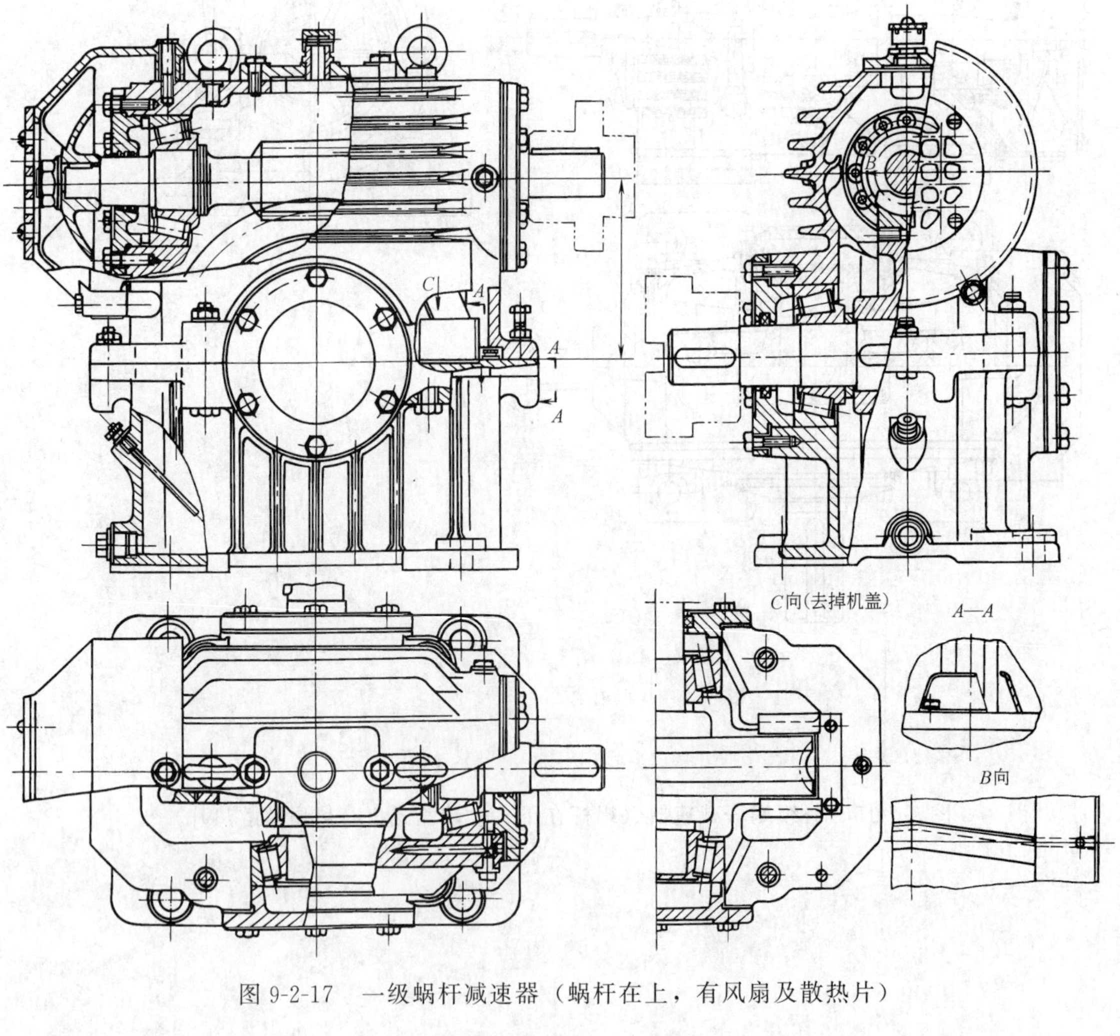

图 9-2-17　一级蜗杆减速器（蜗杆在上，有风扇及散热片）

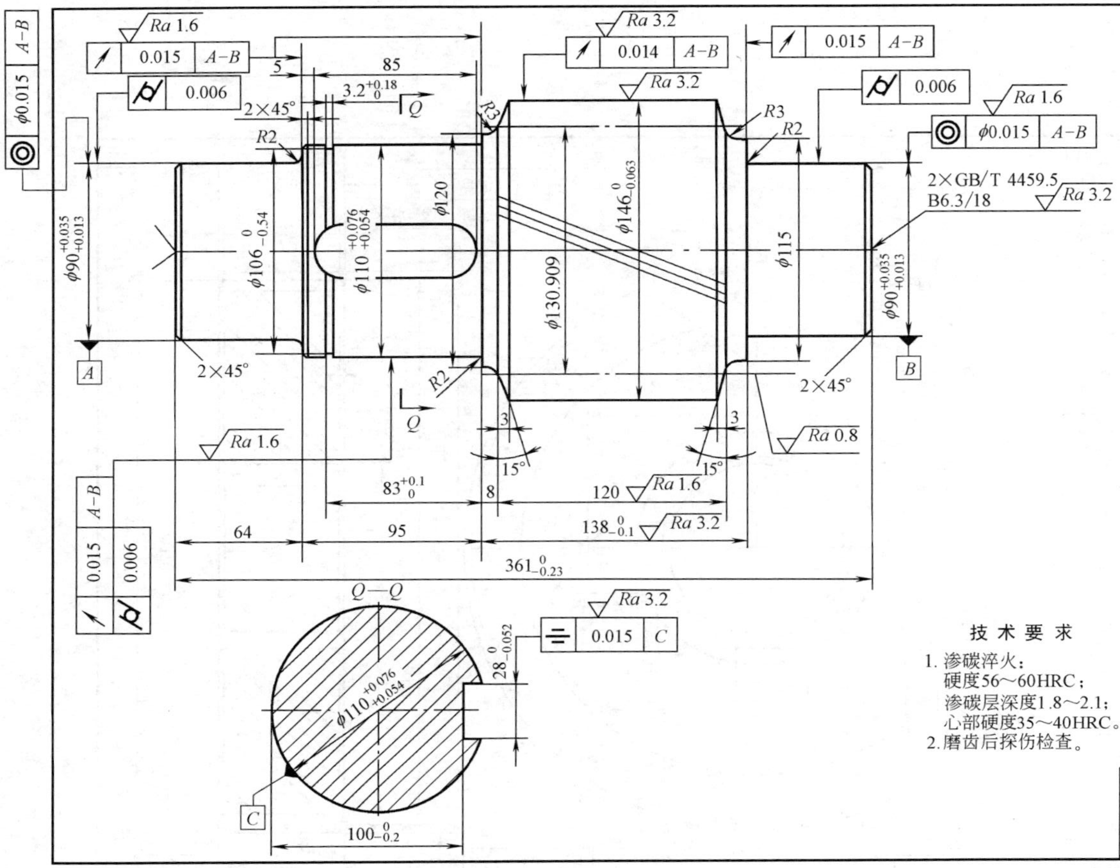

法向模数		m_n	8
齿数		z	16
齿形角		α	20°
齿顶高系数		h^*	1.0
螺旋角		β	12°6′5″
螺旋方向			右
径向变位系数		x	0
配对齿轮	件号	24	
	齿数	61	
圆柱齿轮精度等级		6 GB/T 10095.1—2008	
齿距累积总偏差		F_p	0.037
齿廓总偏差		F_a	0.018
单个齿距偏差		$\pm F_{pt}$	0.011
螺旋线总偏差		F_β	0.017
公法线 平均长度		W_k	37.337
公法线 平均长度	上偏差	E_{wms}	−0.026
公法线 平均长度	下偏差	E_{wmi}	−0.084
公法线 跨齿数		K	2

技术要求

1. 渗碳淬火：
   硬度56～60HRC；
   渗碳层深度1.8～2.1；
   心部硬度35～40HRC。
2. 磨齿后探伤检查。

Ra 6.3 (√)

46	齿轮轴	20CrNiMo	32kg
件号	名称	材料	质量

图 9-2-18　齿轮轴零件图

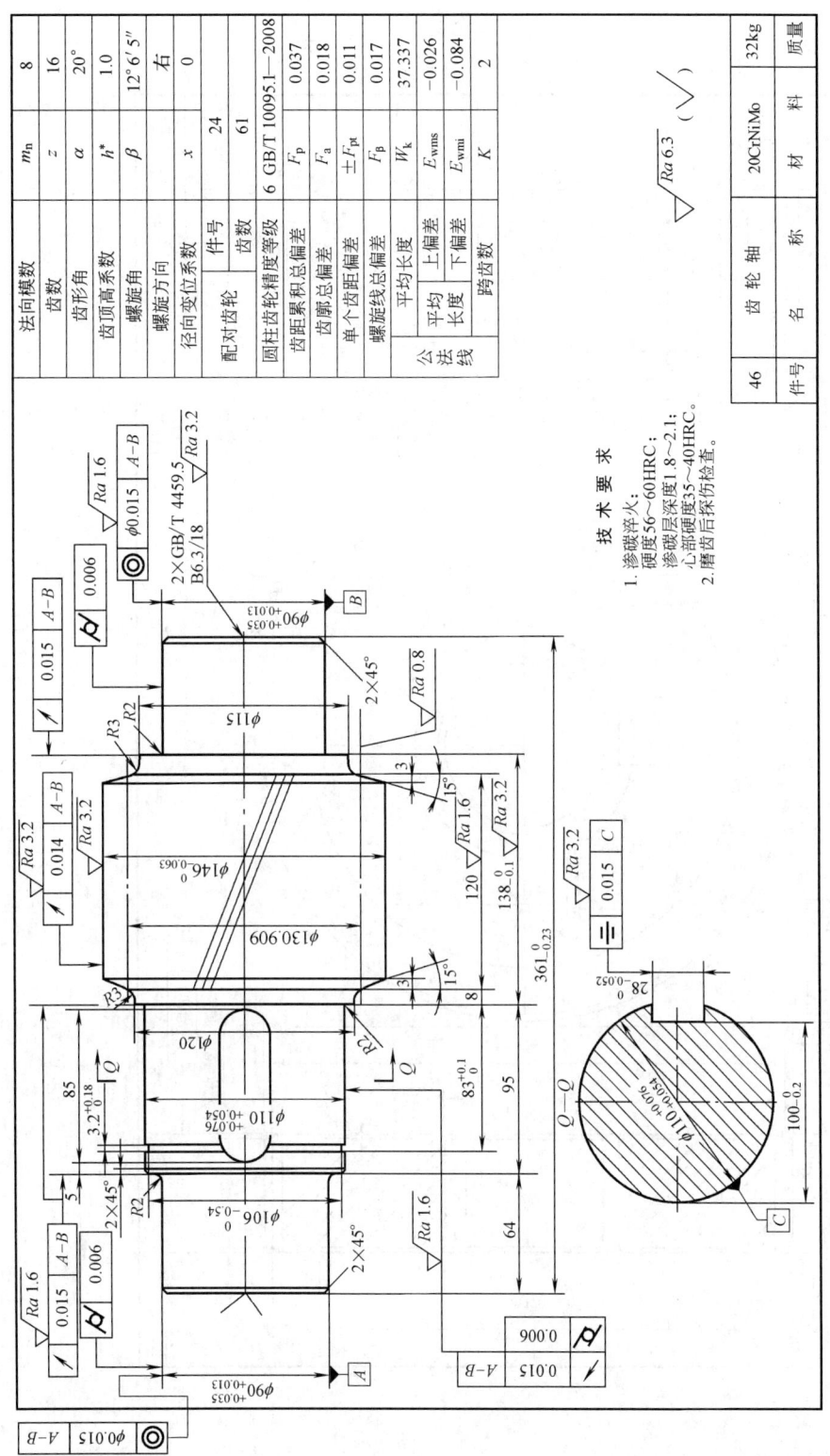

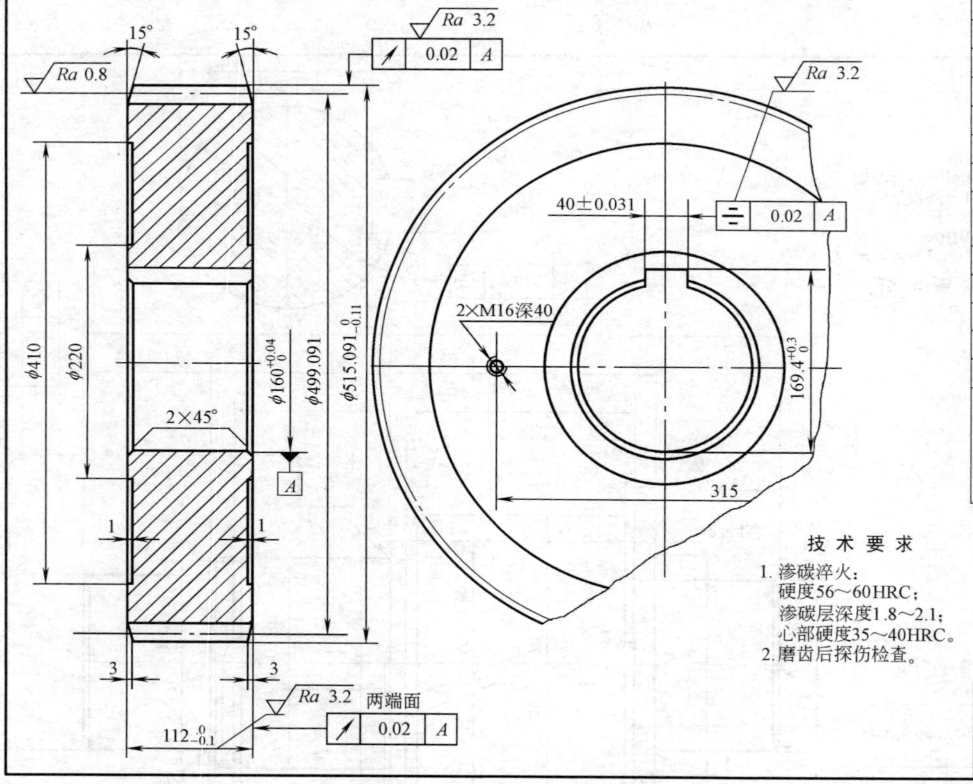

法向模数	m_n	8
齿数	z	61
齿形角	α	20°
齿顶高系数	h^*	1.0
螺旋角	β	12°6′5″
螺旋方向		左
径向变位系数	x	0
配对齿轮轴 件号	46	
配对齿轮轴 齿数	16	
圆柱齿轮精度等级	6 GB/T10095.1—2008	
齿距累积总偏差	F_p	0.048
齿廓总偏差	F_a	0.020
单个齿距偏差	$\pm F_{pt}$	0.012
螺旋线总偏差	F_β	0.018
公法线 平均长度	W_k	184.415
公法线 平均长度 上偏差	E_{wms}	−0.026
公法线 平均长度 下偏差	E_{wmi}	−0.114
公法线 跨齿数	K	8

技 术 要 求

1. 渗碳淬火：
   硬度56～60HRC；
   渗碳层深度1.8～2.1；
   心部硬度35～40HRC。
2. 磨齿后探伤检查。

$\sqrt{Ra\ 6.3}$ ($\sqrt{}$)

24	齿 轮	20CrNiMo	170kg
件号	名 称	材 料	质量

图 9-2-19 大圆柱齿轮零件图

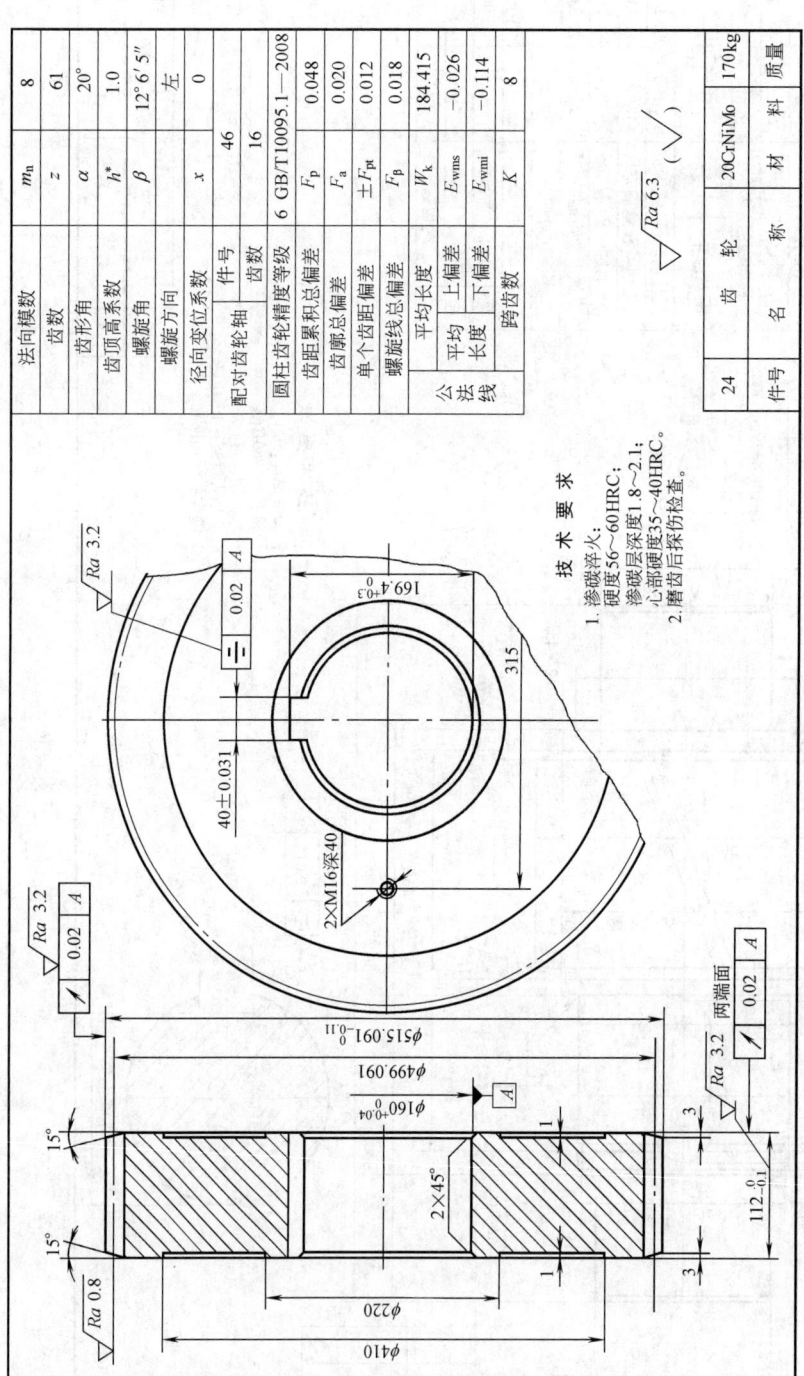

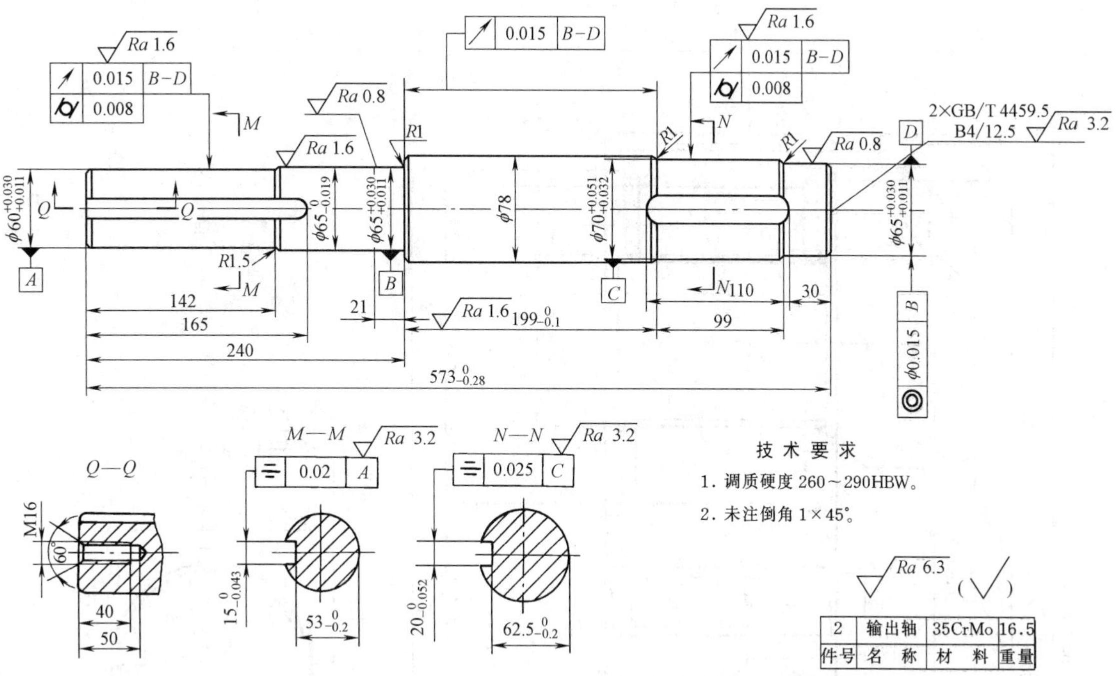

技术要求

1. 调质硬度 260～290HBW。
2. 未注倒角 1×45°。

Ra 6.3 (√)

2	输出轴	35CrMo	16.5
件号	名称	材料	重量

图 9-2-20　轴零件图

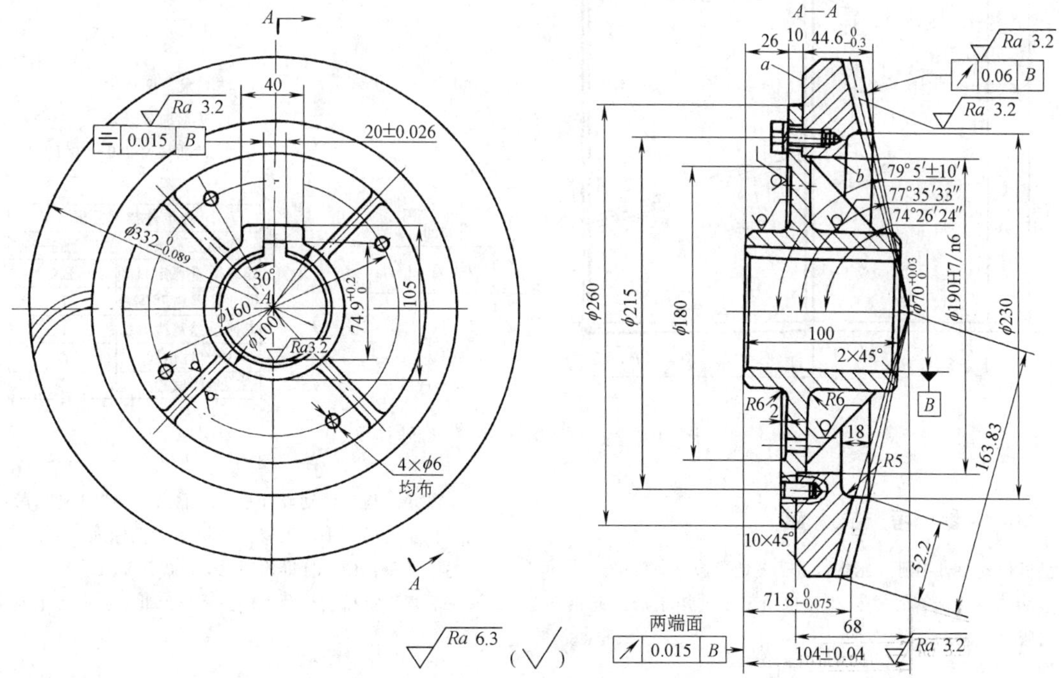

图 9-2-21　大锥齿轮零件图

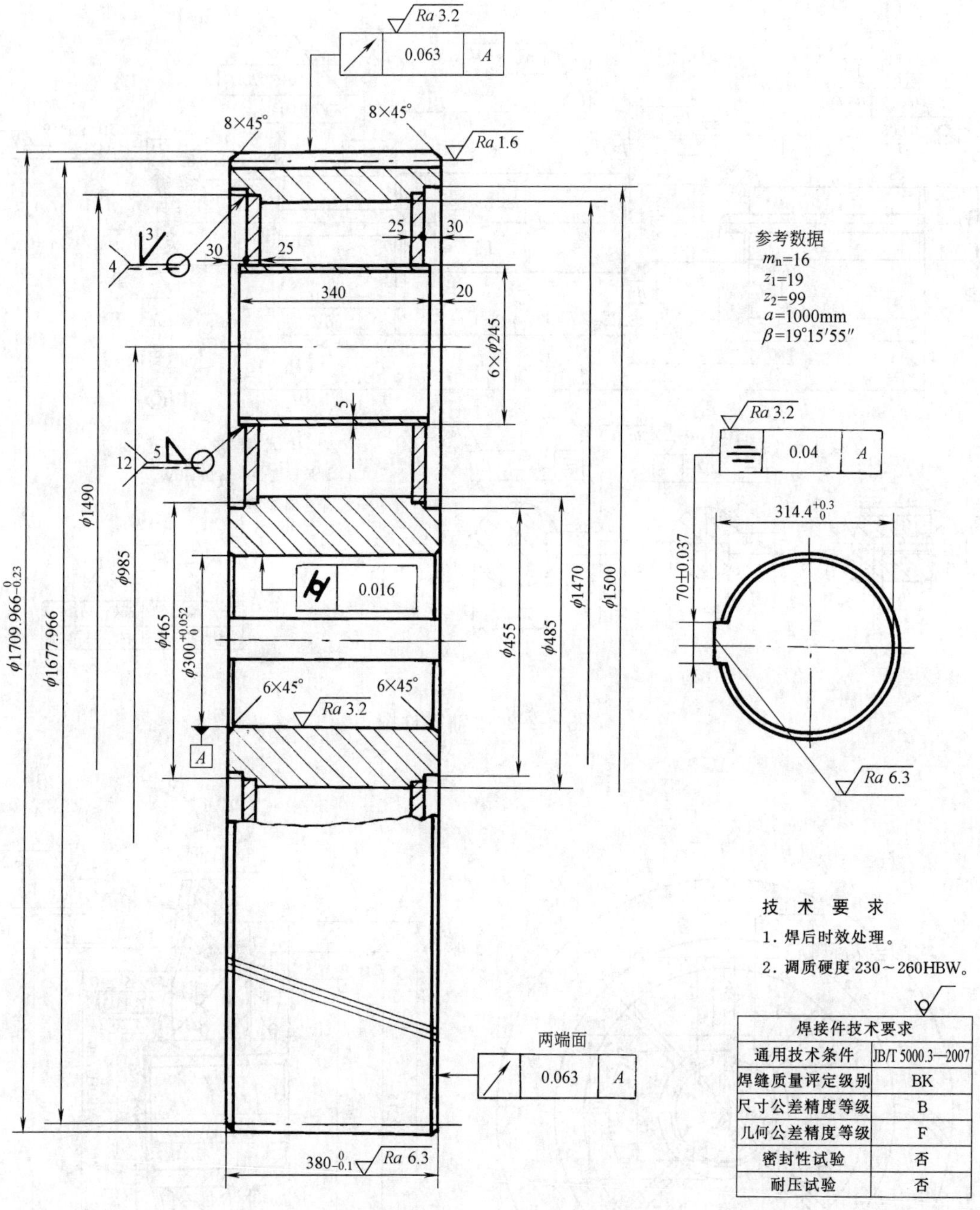

技 术 要 求

1. 焊后时效处理。

2. 调质硬度 230～260HBW。

焊接件技术要求	
通用技术条件	JB/T 5000.3—2007
焊缝质量评定级别	BK
尺寸公差精度等级	B
几何公差精度等级	F
密封性试验	否
耐压试验	否

图 9-2-22 焊接大齿轮零件图

参 考 文 献

[1] 朱孝录. 机械传动设计手册. 北京：电子工业出版社，2007.

[2] 机械传动装置选用手册编委会. 机械传动装置选用手册. 北京：机械工业出版社，1999.

[3] 朱孝录. 齿轮传动设计手册. 北京：化学工业出版社，2005.

[4] 机械工程标准手册编委会. 机械工程标准手册：减速器与变速器卷. 北京：中国标准出版社，2003.

[5] 王少怀. 机械设计师手册：下册. 北京：电子工业出版社，2006.

第10篇

常用电动机

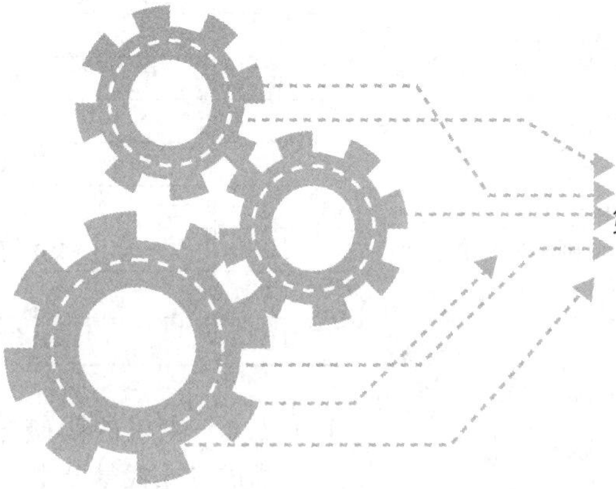

第1章

电动机的产品与分类

1.1 电动机产品型号

产品型号由产品代号、规格代号、特殊环境代号和补充代号四个部分组成，并按下列顺序排列：

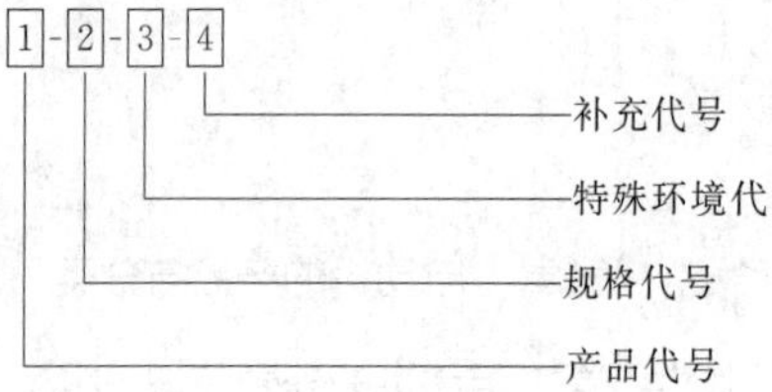

注：当产品铭牌较小，而型号又较长的情况下，如这四种代号之间不会引起混淆时，可以省去代号之间的短线。

1.1.1 电机产品代号

电机产品代号又由电机类型代号、电机特点代号、设计序号和励磁方式代号四个小节顺序能成。

1.1.1.1 电机的类型代号

电机类型代号系表征电机各种类型而采用的汉语拼音字母，按表 10-1-1 规定。

1.1.1.2 电机的特点代号

特点代号系表征电机的性能、结构或用途而采用的汉语拼音字母，对于防爆电机，代表防爆类型的字母 A（增安型）、B（隔爆型）、ZY（正压型）、WC（无火花型）应标于电机的特点代号首位，即紧接在电机类型代号后面标注。

1.1.1.3 电机的设计序号

设计序号是指电机产品设计的顺序，用阿拉伯数字表示。对于第一次设计的产品不标注设计序号；从基本系列派生的产品，其设计序号按基本系列标注；专用系列产品则按本身设计的顺序标注。

表 10-1-1 电动机类型代号（参照 GB/T 4831—2016）

序号	电机类型	代号
1	异步电动机(笼型及绕线型转子)	Y
2	异步发电机	YF
3	同步电动机	T
4	同步发电机(除汽轮、水轮发电机外)	TF
5	直流电动机	Z
6	直流发电机	ZF
7	汽轮发电机	QF
8	水轮发电机	SF
9	测功机	C
10	交流换向器电动机	H
11	潜水电泵	Q
12	纺织用电机	F

1.1.1.4 电机的励磁方式代号

励磁方式代号分别用字母 S 表示 3 次谐波励磁、J 表示晶闸管励磁、X 表示相复励磁、W 表示无刷励磁，并就标于设计序号之后，当不必标注设计序号时，则标于特点代号之后，并用短线分开。

1.1.2 电机的规格代号

电机的规格代号用中心高、铁芯外径、机座号、机壳外径、轴伸直径、凸缘代号、机座长度、铁芯长度、功率、电流等级、转速或极数等来表示。

机座长度采用国际通用字符号来表示，S 表示短机座，M 表示中机座，L 表示长机座。铁芯长度，按由短至长顺序 用数字 1、2、3 等表示。凸缘代号采用国际通用字母符号 FF（凸缘上带通孔）或 FT（凸比上带螺孔）连同凸缘固定孔中心基圆直径的数值来表示。

常用电动机主要系列产品的规格代号见表 10-1-2。

表 10-1-2 主要系列电机产品规格代号（参照 GB/T 4831—2016）

序号	系 列 产 品	规 格 代 号
1	小型异步电动机	中心高(mm)-机座长度(字母代号)-铁芯长度(数字代号)-极数
2	中大型异步电动机	中心高(mm)-铁芯长度(数字 代号)-极数
3	异步发电机	中心高(mm)-极数
4	小型同步电机	中心高(mm)-机座长度(字母代号)-铁芯长度(数字代号)-极数

序号	系列产品	规格代号
5	大、中型同步电机	中心高(mm)-机座长度(字母代号)-铁芯长度(数字代号)-极数(或)功率(kW)-极数-铁芯外径(mm)
6	小型直流电机	中心高(mm)-铁芯长度(数字 代号)
7	中型直流电机	中心高(mm)或机座号(数字代号)-铁芯长度(数字代号)-电流等(数字代号)
8	大型直流电机	电枢铁芯外径(mm)-铁芯长度(mm 数)-极数
9	汽轮发电机	功率(kW)-极数
10	中、小型水轮发电机	功率(kW)-极数/定子铁芯外径(mm)
11	大型水轮发电机	功率(kW)-极数/定子铁芯外径(mm)
12	测功机	功率(kW)-转速(仅对直流测功机)
13	分马力电动机(小功率电动机)	中心高或机壳外径(mm)-(或/)机座长度(字母代号)-铁芯长度、电压、转速(均用数字代号)
14	交流换向器电机	中心高机壳外径(mm)-(或/)-铁芯长度、电压、转速(均用数字代号)

注：1. 关于大、中小交流电机（同步和异步电机）的划分：中心高为 630mm 及以下或定子铁心外径为 990mm 及以下的电机为中、小型交流电机；定子铁心径为 990mm 以上的电机为大型交流电机。

2. 关于大、中小型直流电机的划分：中心高为 400mm 及以下或电枢铁心外径为 368mm 及以下的电机为小型直流电机；电枢铁心外径在 368～990mm 的电机为中型直流电机；电枢铁心外径为 990mm 以上的电机为大型直流电机。

3. 关于大、中小型水轮发电机的划分：功率在 100000kW 及以下的电机为中、小型水轮发电机；功率在 100000kW 以上的电机为大型水轮发电机；

4. 分马力电动机和小功率电动机的划分：折算至 1000r/min 时连续额定功率不超过 1 马力的电动机为分马力电动机；折算至 1500r/min 时连续额定功率不超过 1.1kW 的电动机为小功率电动机；

5. 对分马力电动机，如规格代号不用中心高而用机壳外径表示时，其后面的分隔符号“-”就改用“/”表示。

1.1.3 电机的特殊环境代号

表 10-1-3 电机的特殊环境代号

“高”原用	G	“热”带用	T
“船”(海)用	H	“湿热”带用	TH
户“外”用	W	“干热”带用	TA
化工防“腐”用	F		

1.1.4 电机的补充代号

电机的补充代号仅适用于有此要求的电机。补充代号用汉语拼音或阿拉伯数字表示，采用大写字母时，应不与表 10-1-3 所采用的字母重复。补充代号所代表的内容应在产品标准中做出规定。

1.2 电动机产品型号示例

（1）小型异步电动机

Y 112S-6
- 112S-6——规格代号，表示中心高 112mm，短机座，6 极
- Y——产品代号，表示异步电动机

（2）中型异步电动机

Y 500-2-4
- 500-2-4——规格代号，表示中心高 500mm，2 号铁芯长，4 极
- Y——产品代号，表示异步电动机

（3）小型同步发电机

TF3S 200M-4
- 200M-4——规格代号，表示中心高 200mm，中机座，4 极
- TF3S——产品代号，表示第 3 次设计的 3 次谐波励磁同步发电机

（4）大型同步电动机

T 1000-8-1430
- 1000-8-1430——规格代号，表示功率 1000kW，8 极，铁芯外径 1430mm
- T——产品代号，表示同步电动机

（5）静止整流电源供电直流电动机

ZJZ 14-2-2
- 14-2-2——规格代号，表示 14 号机座，2 号铁芯长，第二种电流等级
- ZJZ——产品代号，表示静止整流电源供电直流电动机

（6）湿热带用小型直流电动机

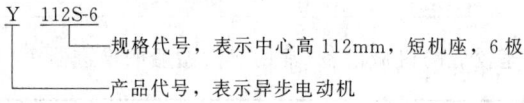

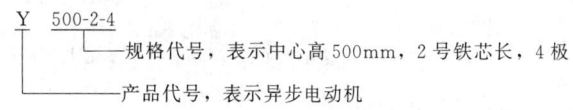

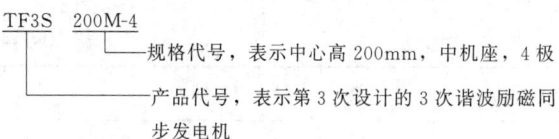

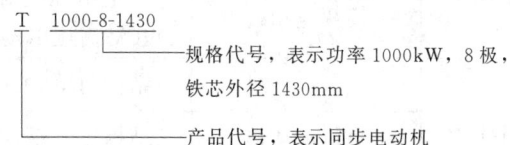

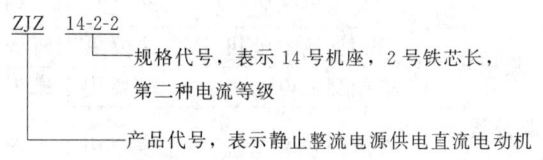

Z4 132-1-TH

- 特殊环境代号，表示湿热带用
- 规格代号，表示中心高 132mm，1 号铁芯长
- 产品代号，表示直流电动机，第四次系列设计

（7）直流测功机

CZ 400-3000

- 规格代号，表示功率 400kW，额定转速 3000r/min
- 产品代号，表示直流测功机

（8）水氢冷汽轮发电机

QFSQ 600-2

- 规格代号，表示功率 600MW，2 极
- 产品代号，QF 表示汽轮发电机，S 表示定转子线圈水内冷，Q 表示铁芯氢冷

（9）大型水轮发电机

SF 20-12/4250

- 规格代号，表示功率 20MW，12 极，定子铁芯外径 4250mm
- 产品代号，表示水轮发电机

（10）户外化工防腐用小型隔爆异步电动机

YB 160M-4-WF

- 特殊环境代号，W 表示户外用，F 表示化工防腐用
- 规格代号，表示中心高 160mm，中机座，4 极
- 产品代号，表示隔爆型异步电动机

（11）分马力异步电动机

YS 71-1-4

- 规格代号，表示中心高 71mm，1 号铁芯长，4 极
- 产品代号，表示分马力异步电动机

（12）分马力直流电动机

ZY 36/249

- 规格代号，表示机壳外径 36mm，2 号铁芯长，电压代号为 4(额定电压的 1/3，即 12V)，转速代号为 9(即 9000r/min)
- 产品代号，表示永磁直流电动机

（13）交流换向器电动机

HC 45-28

- 规格代号，表示中心高 45mm，2 号铁芯长，转速代号为 8(8000r/min)
- 产品代号，表示单相串励交流换向器电动机

（14）永磁式三相同步发电机

TFY 90M2-2- TH- 24b

- 补充代号，表示第二种噪声等级，第四种电压调整率，第二个暂定系列代号
- 特殊环境代号，表示湿热带用
- 规格代号，表示中心高 90mm，中机座，2 号铁芯长，2 极
- 产品代号，表示永磁式三相同步发电机

（15）异步发电机

YF 500-2

- 规格代号，表示中心高 500mm，2 极
- 产品代号，表示异步发电机

1.3 电动机的类别及用途

电动机的类别很多，其构造、用途、电压等级也不尽相同。电动机一般可按电压等级、组成结构、用途、使用环境区分。表 10-1-4 为电动机的类型及用途。

表 10-1-4 电动机类别及用途

分类方式	类 型	说 明
电压等极	低压电动机	供电电压 6～400V,用于低压动力系统以及民用电器、自动控制检测调整系统
	高压电动机	供电电压为 10kV 和 1140V 两种,10kV 高压电动机主要用于高压动力系统,1140V 高压电动机主要用矿井等特殊场所
电源性质	交流电动机	结构简单,功率广泛,控制简便,用途非常广
	直流电动机	结构较复杂,易于调速,控制较复杂,主要用于需要调速的场所
	脉冲电动机	功率较小,控制系统复杂,主要用于控制、检测、调整系统
电源相数	三相交流电动机	主要用于机械动力设备
	单相交流电动机	主要用于家电、电动工具等
电源及线圈结构型式	交流同步电动机	主要用于驱动功率较大或转速较低的机械设备,常用于大型船舶推进器

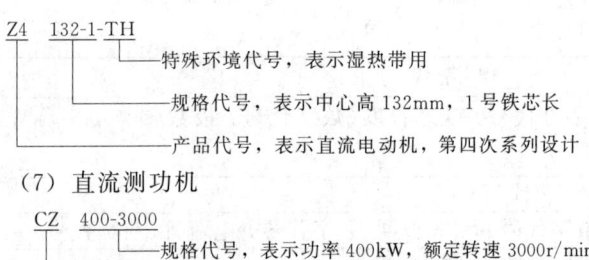

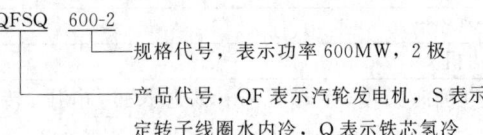

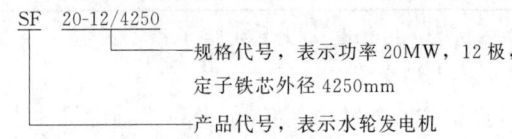

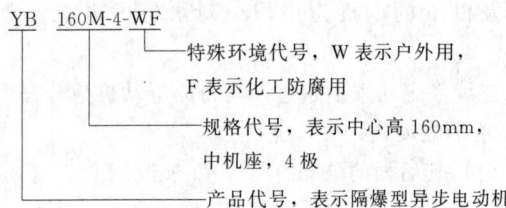

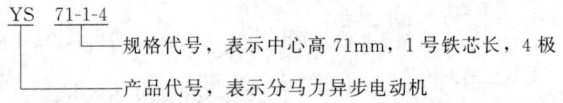

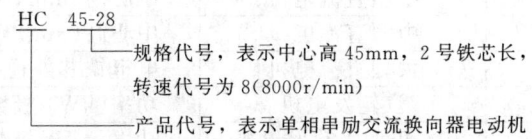

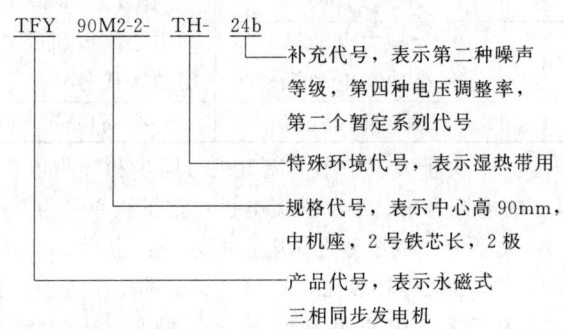

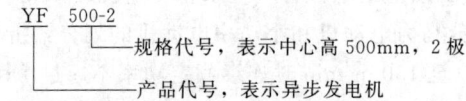

分类方式	类　　型	说　　明
电源及线圈结构型式	交流异步电动机	又分为笼型交流异步电动机、绕组转子交流异步电动机、交流换向电动机 (1)笼型交流异步电动机主要用于驱动一般的机械设备，如风机、水泵、机床、搅拌器 (2)绕线转子交流异步电动机主要用于启动转矩大、启动电流小或小范围调速的机械设备，如球磨机、桥式超重机、电梯等 (3)三相交流换向器电动机主要用于驱动需要高速(＞3000r/min)的机械，单相的主要用于电动工具和家用电器中
	直流电动机	主要用于冶金、矿山、交通运输、纺织、印染、造纸、印刷、化工、机械制造、机床等需要调整的机械设备中
	交直两用电动机	主要用于电动工具等
	特殊用途电动机	特别用途电动机的种类很多，主要用于特殊用途及环境、自动控制检测等。有伺服电动机、步进电动要、自整角伺服力矩电动机、低速同步电动机、超声波电动机、开关磁阻电动机、音圈电动机等
传动方式	旋转电动机	用于驱动旋转机械设备，如水泵、机床等
	直线电动机	用于直线运动控制设备
	步进电动机	主要用于位置控制
电动机机壳防护结构	开启式	机壳无防护
	防护式	机壳有防护
	防滴防溅式	机壳有防护，可以防止水滴及任意方向的溅水对电机的影响
	防爆式	防粉尘、防静电等引起的易爆影响
	密闭式	又可分为自然风冷却式、管道通风式、自冷式(外部有风扇)
结构和安装方式	卧式电动机	分为正卧(底座在下)和反卧(底座在上)两种
	立式电动机	分为正立式(轴头向上)和反立式(轴头向下)两种
	凸缘	带底脚或不带底脚
工作方式	连续工作制	一般用途的电机都为连续工作制电机
	断续周期性	按一定负载、启动时间、周期性断续工作
	短时工作制	电动机运转工作有 15min、30min、60min、90min 四种
体积重量	大型	电机中心高大于 630mm、定子铁芯外径 D_1 大于 990mm
	中型	电机中心高 355～630mm、定子铁芯外径 D_1 为 500～990mm
	小型	电机中心高 80～315mm、定子铁芯外径 D_1 为 120～500mm
	微型	电机中心高小于 80mm、定子铁芯外径小于 120mm
绝缘等级	A 级、E 级、B 级、F 级、H 级	

1.4 电动机产品代号

表 10-1-5 异步电动机产品代号（摘自 GB/T 4831—2016）

产品名称	产品代号	代号汉字意义	产品名称	产品代号	代号汉字意义
三相异步电动机	Y	异	起重及冶金用减速绕线转子三相异步电动机	YZRJ	异重绕减
分马力三相异步电动机	YS	异三	起重用锥形转子制动三相异步电动机	YEZX	异制锥行
绕线转子三相异步电动机	YR	异绕	起重用双速锥形转子制动三相异步电动机	YEZS	异制锥双
立式三相异步电动机（大、中型）	YLS	异立三	起重用锥形绕线转子制动三相异步电动机	YREZ	异绕制锥
绕线转子立式三相异步电动机（大、中型）	YRL	异绕立	建筑起重机械用锥形转子制动三相异步电动机	YEZ	异制锥
大型二极（快速）三相异步电动机	YK	异（二）	塔式起重机用涡流制动绕线转子双速三相异步电动机	YZRSW	异重绕双涡
大型绕线转子二极（快速）三相异步电动机	YRK	异绕（二）	塔式起重机用（电磁制动）多速三相异步电动机	YZTD(E)	异重塔多（制）
电阻启动单相异步电动机	YU	异（阻）	升降机用电磁制动三相异步电动机	YZZ	异重制
电容启动单相异步电动机	YC	异（容）	平车用双值电容单相异步电动机	YZLP	异重双平
电容运转单相异步电动机	YY	异运	起重用隔爆型电磁制动三相异步电动机	YBZE YBZSE	异爆重制 异爆重双制
双值电容单相异步电动机	YL	异（双）	起重用隔爆型双速三相异步电动机	YBZS	异爆重双
罩极单相异步电动机	YJ	异极	起重及冶金用隔爆型变频调速三相异步电动机	YBZP	异爆重频
罩极单相异步电动机（方形）	YJF	异极方	起重用隔爆型锥形转子制动三相异步电动机	YBEZ YBEZX	异爆制重 异爆制重行
三相异步电动机（高效率）	YX(YE2)	异效	立式深井泵用三相异步电动机	YLB	异立泵
三相异步电动机（超高效率）	YE3	异效（超）	井用（充水式）潜水三相异步电动机	YQS	异潜水
电阻启动单相异步电动机（高效率）	YUX	异（阻）效	井用（充水式）高压潜水三相异步电动机	YQSG	异潜水高
电容启动单相异步电动机（高效率）	YCX	异（容）效	井用（充油式）潜水三相异步电动机	YQSY	异潜水油
电容运转单相异步电动机（高效率）	YYX	异运效	井用潜油三相异步电动机	YQY	异潜油

续表

产品名称	产品代号	代号汉字意义	产品名称	产品代号	代号汉字意义
双值电容单相异步电动机（高效率）	YLX	异（双）效	井用潜卤三相异步电动机	YQL	异潜卤
三相异步电动机（高启动转矩）	YQ	异起	装岩机用三相异步电动机	YI	异（岩）
高转差率（滑差率）三相异步电动机	YH	异（滑）	轴流式局部扇风机（通风机）	YT	异通
多速三相异步电动机	YD	异多	正压型三相异步电动机	YZY	异正压
通风机用多速三相异步电动机	YDT	异多通	增安型三相异步电动机	YA	异安
制冷机用耐氟三相异步电动机	YSR	异三（氟）	增安型高启动转矩三相异步电动机	YAQ	异安起
制冷机用耐氟电阻启动单相异步电动机	YUR	异（阻）（氟）	增安型高转差率（滑差率）三相异步电动机	YAH	异安（滑）
制冷机用耐氟电容启动单相异步电动机	YCR	异（容）（氟）	增安型多速三相异步电动机	YAD	异安多
制冷机用耐氟电容运转单相异步电动机	YYR	异运（氟）	增安型电磁调速三相异步电动机	YACT	异安磁调
制冷机用耐氟双值电容单相异步电动机	YLR	异（双）（氟）	增安型齿轮减速三相异步电动机	YACJ	异安齿减
屏蔽式三相异步电动机	YP	异屏	电梯用增安型三相异步电动机	YATD	异安梯电
泥浆屏蔽式三相异步电动机	YPJ	异屏浆	电动阀门用增安型三相异步电动机	YADF	异安电阀
制冷屏蔽式三相异步电动机	YPL	异屏冷	隔爆型三相异步电动机	YB	异爆
高压屏蔽式三相异步电动机	YPG	异屏高	隔爆型绕线转子三相异步电动机	YBR	异爆绕
特殊屏蔽式三相异步电动机	YPT	异屏特	隔爆型高启动转矩三相异步电动机	YBQ	异爆起
力矩三相异步电动机	YLJ	异力矩	隔爆型高转差率（滑差率）三相异步电动机	YBH	异爆（滑）
力矩单相异步电动机	YDJ	异单矩	隔爆型多速三相异步电动机	YBD	异爆多
装入式三相异步电动机	YUL	异（装）（入）	起重用隔爆型多速三相异步电动机	YBZD	异爆重多
制动三相异步电动机（旁磁式）	YEP	异（制）旁	隔爆型制动三相异步电动机（杠杆式）	YBEG	异爆（制）杠
制动三相异步电动机（杠杆式）	YEG	异（制）杠	隔爆型制动三相异步电动机（附加制动器式）	YBEJ	异爆（制）加
制动三相异步电动机（附加制动器式）	YEJ	异（制）加	隔爆型电磁调速三相异步电动机	YBCT	异爆磁调
电磁调速三相异步电动机	YCT	异磁调	隔爆型齿轮减速三相异步电动机	YBCJ	异爆磁减

续表

产品名称	产品代号	代号汉字意义	产品名称	产品代号	代号汉字意义
换向器(整流子)式调速三相异步电动机	YHT	异换调	隔爆型摆线针轮减速三相异步电动机	YBXJ	异爆线减
齿轮减速三相异步电动机	YCJ	异磁减	电梯用隔爆型三相异步电动机	YBTD	异爆梯电
谐波齿轮减速三相异步电动机	YJI	异减(谐)	电动阀门用隔爆型三相异步电动机	YBDF	异爆电阀
摆线针轮减速三相异步电动机	YXJ	异线减	隔爆型屏蔽式三相异步电动机	YBP	异爆屏
行星齿轮减速三相异步电动机	YHJ	异(行)减	隔爆型泥浆屏蔽式三相异步电动机	YBPJ	异爆屏浆
三相异步电动机(低振动精密机床用)	YZS	异振三	隔爆型高压屏蔽式三相异步电动机	YBPG	异爆屏高
单相异步电动机(低振动精密机床用)	YZM	异振密	隔爆型制冷屏蔽式三相异步电动机	YBPL	异爆屏冷
电动阀门用三相异步电动机	YDF	异电阀	隔爆型特殊屏蔽式三相异步电动机	YBPT	异爆屏特
离合器三相异步电动机	YSL	异三离	管道泵用隔爆型三相异步电动机	YBGB	异爆管泵
离合器单相异步电动机	YDL	异单离	起重用隔爆型三相异步电动机	YBZ	异爆重
三相电泵(机床用)	YSB	异三泵	立式深井泵用隔爆型三相异步电动机	YBLB	异爆立泵
单相电泵(机床用)	YDB	异单泵	装岩机用隔爆型三相异步电动机	YBI	异爆(岩)
木工用三相异步电动机	YM	异木	耙斗式装岩机用隔爆型三相异步电动机	YBB	异爆(耙)
钻探用三相异步电动机	YZT	异钻探	隔爆型轴流式局部扇风机(通风机)	YBT	异爆通
耐振用三相异步电动机	YNZ	异耐振	链板运输机用隔爆型三相异步电动机	YBY	异爆运
滚筒用三相异步电动机	YGT	异滚筒	绞车用隔爆型三相异步电动机	YBJ	异爆绞
管道泵用三相异步电动机	YGB	异管泵	回柱绞车用隔爆型三相异步电动机	YBHJ	异爆回绞
辊道用三相异步电动机	YG	异辊	采煤机用隔爆型三相异步电动机	YBC	异爆采
变频调速三相异步电动机	YVF	异变频	矿用隔爆型三相异步电动机	YBK	异爆矿
压缩机专用变频调速三相异步电动机	YYSP	异压缩频	掘进机用隔爆型三相异步电动机	YBU	异爆(掘)
压缩机专用高效率三相异步电动机	YYSE2	异压缩效	掘进机用隔爆型水冷三相异步电动机	YBUS	异爆(掘)水

续表

产品名称	产品代号	代号汉字意义	产品名称	产品代号	代号汉字意义
水泵专用变频调速三相异步电动机	YSP	异水频	输送机用隔爆型三相异步电动机	YBS	异爆输
水泵专用高效率三相异步电动机	SYE2	异水效	矿用一般型三相异步电动机	YKY	异矿一
风机专用变频调速三相异步电动机	YFP	异风频	风机用隔爆型三相异步电动机	YBF	异爆风
风机专用高效率三相异步电动机	YFE2	异风效	高效率隔爆型三相异步电动机	YBX	异爆效
铸铜转子超高效率三相异步电动机	YZTE3	异铸铜效(超)	高效率增安型三相异步电动机	YAX	异安效
磨煤机用三相异步电动机	YTM	异筒煤	隔爆型变频调速三相异步电动机	YBBP	异爆变频
三相异步振动电动机	YZO	异振动	增安型变频调速三相异步电动机	YABP	异安变频
高效率三相异步振动电动机	YZOX	异振动效	隔爆型(水冷)三相异步电动机	YBKS	异爆空水
带空-空冷却器封闭式高压三相异步电动机	YKK	异空空	输送机用隔爆型(水冷)三相异步电动机	YBSS	异爆输水
带空-水冷却器封闭式高压三相异步电动机	YKS	异空水	输送机用隔爆型多速三相异步电动机	YBSD	异爆输多
带空-空冷却器封闭式绕线转子高压三相异步电动机	YRKK	异绕空空	乳化液泵用隔爆型三相异步电动机	YBRB	异爆乳泵
带空-水冷却器封闭式绕线转子高压三相异步电动机	YRKS	异绕空水	粉尘防爆型三相异步电动机	YFB	异粉爆
起重及冶金用三相异步电动机	YZ	异重	无火花型三相异步电动机	YW	异无
起重及冶金用多速三相异步电动机	YZD	异重多	石油井下用三相异步电动机	YOJ	异(油)井
起重及冶金用电磁制动三相异步电动机	YZE	异重制	仪用轴流单相异步风机	YIF	异(仪)风
起重及冶金用减速三相异步电动机	YZJ	异重减	电影放映机用异步电动机	YYJ	异影机
起重及冶金用变频调速三相异步电动机	YZP	异重频	电影洗片机用异步电动机	YYP	异影片
起重及冶金用电磁制动变频调速三相异步电动机	YZPE	异重频制	双轴伸空调器用电容运转电动机	YSK	异双空
船用起重用变频调速三相异步电动机	YZP-H	异重频一船	单轴伸空调器用电容运转电动机	YDK	异单空
辊道用变频调速三相异步电动机	YGP	异辊频	电容运转风扇电动机	YSY	异扇运

续表

产品名称	产品代号	代号汉字意义	产品名称	产品代号	代号汉字意义
塔式起重机用变频调速三相异步电动机	YZTP	异重塔频	电容运转转页式风扇电动机	YSZ	异扇(页)
起重及冶金用绕线转子三相异步电动机	YZR	异重绕	罩极风扇电动机	YZF	异罩风
起重及冶金用涡流制动绕线转子三相异步电动机	YZRW	异重绕涡	电容运转内转子吊扇电动机	YDN	异吊内
起重及冶金用强迫通风型绕线转子三相异步电动机(管道通风式)	YZRG	异重绕管	电容运转外转子吊扇电动机	YDW	异吊外
起重及冶金用强迫通风型绕线转子三相异步电动机(自带风机式)	YZRF	异重绕风	电容运转排气扇用电动机	YPS	异排扇
起重及冶金用电磁制动绕线转子三相异步电动机	YZRE	异重绕制	罩极排气扇用电动机	YPZ	异排罩
起重专用绕线转子三相异步电动机	YZR-Z	异重绕一专	电容运转波轮式洗衣机电动机	YXB	异洗波
起重及冶金用绕线转子双速三相异步电动机	YZRS	异重绕双	电容运转滚筒式洗衣机电动机	YXG	异洗滚
船用起重用绕线转子三相异步电动机	YZR-H	异重绕一船	洗衣机甩干用电动机	YYG	异衣干

表 10-1-6　同步电动机产品代号（GB/T 4831—2016）

产品名称	产品代号	代号汉字意义	产品名称	产品代号	代号汉字意义
三相同步电动机	T	同	减速永磁式三相同步电动机(齿轮带制动器)	TJQ	同减(器)
立式三相同步电动机	TL	同立	轧机用三相同步电动机	TZJ	同轧机
二极(高速)三相同步电动机	TG	同高	磨机用三相同步电动机	TM	同磨
多速三相同步电动机	TD	同多	空气压缩机用三相同步电动机	TK	同空
减速三相同步电动机	TJ	同减	高效高启动转矩永磁同步电动机	TYJX	同永矩效
低频三相同步电动机	TDP	同低频	冷冻机专用高效同步电动机	TYLX	同永冷效
中频三相同步电动机	TZP	同中频	通风机用三相同步电动机	TTF	同通风
磁阻式三相同步电动机	TC	同磁	正压型三相同步电动机	TZY	同正压
磁阻式单相同步电动机	TU	同(阻)	正压外壳型无刷励磁同步电动机	TZYW	同正压无
多速磁阻式三相同步电动机	TDZ	同多阻	增安型三相同步电动机	TA	同安
磁滞式三相同步电动机	TZS	同滞三	隔爆型三相同步电动机	TB	同爆
磁滞式单相同步电动机	TZ	同滞	增安型无刷励磁同步电动机	TAW	同安无

续表

产品名称	产品代号	代号汉字意义	产品名称	产品代号	代号汉字意义
多速磁滞式三相同步电动机	TDC	同多磁	空气压缩机用隔爆型三相同步电动机	TBK	同爆空
磁滞式三相同步电动机（低噪声）	TZC	同滞噪	同步异步电动机	TYD	同异动
减速磁滞三相同步电动机（内转子）	TJN	同减内	亚同步电动机	TS	同（亚）
减速磁滞三相同步电动机（外转子）	TJW	同减外	电钟电动机	TDH	同电（钟）
永磁式三相同步电动机	TYC	同永磁	定时器电动机（洗衣机控制程序用）	TDD	同定电
永磁式单相同步电动机	TY	同永	同步调相机	TT	同调
减速永磁式三相同步电动机（齿轮）	TYJ	同永减	氢冷同步调相机	TTQ	同调氢

表 10-1-7　直流电动机产品代号（GB/T 4831—2016）

产品名称	产品代号	代号汉字意义	产品名称	产品代号	代号汉字意义
直流电动机	Z	直	挖掘机用直流电动机	ZWJ	直挖掘
高速（快速）直流电动机	ZK	直（快）	矿井卷扬机用直流电动机	ZKJ	直矿卷
幅压直流电动机	ZYF	直压幅	辊道用直流电动机	ZG	直辊
永磁直流电动机（铝镍钴）	ZY	直永	轧机主传动直流电动机	ZZ	直轧
永磁直流电动机（铁氧体）	ZYT	直永铁	轧机辅传动直流电动机	ZZF	直轧辅
稳速永磁直流电动机（铝镍钴）	ZYW	直永稳	电铲用起重直流电动机	ZDC	直电铲
稳速永磁直流电动机（铁氧体）	ZTW	直铁稳	冶金起重用直流电动机	ZZJ	直重金
无槽直流电动机	ZW	直无	轴流式直流通风机	ZZT	直轴通
广调速直流电动机	ZT	直调	正压型直流电动机	ZDZY	直动正压
他励直流电动机	ZLT	直励他	增安型直流电动机	ZA	直安
并励直流电动机	ZLB	直励并	隔爆型直流电动机	ZB	直爆
串励直流电动机	ZLC	直励串	带空空冷却器直流电动机	ZKKL	直空空冷
复励直流电动机	ZLF	直励复	带空水冷却器直流电动机	ZKSL	直空水
无换向器直流电动机	ZWH	直无换	脉冲直流电动机	ZM	直脉
空心杯直流电动机	ZX	直心	试验用直流电动机	ZS	直试
印刷绕组直流电动机	ZN	直（印）	录音机用永磁直流电动机	ZL	直录
减速永磁直流电动机	ZYJ	直永减	电唱机用永磁直流电动机	ZCJ	直唱机
石油井下用永磁直流电动机	ZYY	直永油	玩具用直流电动机	ZWZ	直玩直

续表

产品名称	产品代号	代号汉字意义	产品名称	产品代号	代号汉字意义
静止整流电源供电直流电动机	ZJZ	直静整	全封闭自冷式直流电动机	ZBL	直闭冷
精密机床用直流电动机	ZJ	直精	自扇冷式直流电动机	ZSL	直扇冷
电梯用直流电动机	ZTD	直梯电	空调用无换向器直流电动机	ZWHK	直无换空
龙门刨用直流电动机	ZU	直(刨)	风扇用无换向器直流电动机	ZWHS	直无换扇
空气压缩机用直流电动机	ZKY		电动车用无换向器直流电动机	ZWHD	直无换电

第 2 章

电动机的外壳防护等级与安装型式

2.1 电动机的外壳防护等级（摘自 GB/T 4942.1—2006/IEC 60034-5：2000）

防护等级的标志由表征字母“IP”（表示国际防护）及附加在其后的两个表征数字组成。例如 IP44：第一位字母表示第一种防护，表示外壳对人和壳内部件提供的防护等级，即防止人体某一部分、工具或导体进入外壳，即使进入，也能与带电或危险的转动部件（光滑的旋转轴和类似部件除外）之间保持足够的间隙，也表示能防止进入是最小固体异物尺寸，具体见表 10-2-1；第二位字母表示第二种防护，表示由于外壳进水而引起有害影响的防护等级，具体见表 10-2-2；这两位数字越大，防护能力越强。

当只需用一个表征数字表示某一个防护等级时，被省略的数字应以字母“X”代替，例如：IPX5，IPSX。

当防护内容有所增加，可由第 2 位数字后的补充字线表示，如果用到一个以上的字母，则按字母的顺序排列。

表 10-2-1　第一位表征数字表示的防护等级①

第一位表征数字	简述	详细定义
0	无防护电机	无专门防护
1②	防护大于 50mm 固体的电动机	能防止大面积的人体(如手)偶然或意外地触及、接近壳内带电或转动部件(但不能防止故意接触)； 能防止直径大于 50mm 的固体异物进入壳内
2②	防护大于 12mm 固体的电动机	能防手指或长度不超过 80mm 的类似物体接触及接近壳体内带电或转动部件； 能防止直径大于 12mm 的固体异物进入壳体
3②	防护大于 2.5mm 固体的电动机	能防止直径大于 2.5mm 的工具或导线触及或接近壳体内带电或转动部件； 能防止直径大于 2.5mm 的固体异物进入壳体
4②	防护大于 1mm 固体的电动机	能防止直径或厚度大于 1mm 的导线或片条触及或接近壳体内带电或转动部件； 能防止直径大于 1mm 的固体异物进入壳体
5③	防尘电动机	能防止触及或接近壳体内带电或转动部件； 虽不能完全防止灰尘进入，但进尘量不足以影响电机的正常运行
6	尘密电动机	完全防止尘埃进入

① 本表第 2 栏中的简述不作为防护型的规定。

② 第一位表征数字为 1、2、3、4 的电动机所能防止的固体异物，系包括形状规则或不规则的物体，其 3 个相互垂直的尺寸均超过“详细定义”栏中相应规定的数值。

③ 本部分的防尘等级是一般的防尘，当尘的颗粒大小、属性如纤维状或粒状已作规定时，试验条件应由制造厂和用户协商确定。

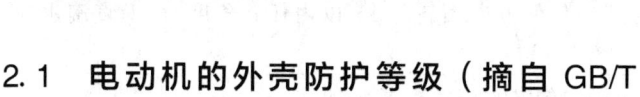

表 10-2-2　第二位表征数字表示的防护等级

第二位表征数字	简　述	详 细 定 义
0	无防护电动机	无专门防护
1	防滴电动机	垂直滴水应无有害影响
2	15°防滴电动机	当电动机从正常位置向任何方向倾斜至15°以内任一角度时，垂直滴水应无有害影响
3	防淋水电动机	与垂直线成60°角范围内的淋水应无有害影响
4	防溅水电动机	承受任何方向的溅水应无有害影响
5	防喷水电动机	承受任何方向的喷水应无有害影响
6	防海浪电动机	承受猛烈的海浪冲击或强烈喷水时，电动机的进水量应不达到有害的程度
7	防浸水电动机	当电机浸入规定压力的水中经规定时间后，电动机的进水量应不达到有害的程度
8	潜水电动机	电机在制造厂规定的条件下能长期潜水。一般为水密型，对某些类型电动机也可允许水进入，但应不达到有害程度

2.2　电动机的安装型式

电动机的安装结构型式由表征字母“IM”（表示国际安装）及附加在后的字母及数字表示，以“B”代表卧式，以“V”代表立式。卧式有 B_3、B_{35}、B_{34}、B_5、B_6、B_7、B_8、B_9、B_{10}、B_{14}、B_{15}、B_{20}、B_{30} 13 种，常用的有 B_3、B_{35}、B_5、B_6、B_7、B_8 6 种，其中 B_3、B_{35}、B_5 为基本安装结构型式；立式有 V_1、V_{15}、V_2、V_3、V_{36}、V_4、V_5、V_6、V_8、V_9、V_{10}、V_{14}、V_{16}、V_{18}、V_{19}、V_{21}、V_{30}、V_{31} 18 种，常用的有 V_1、V_{15}、V_3、V_{36}、V_5 5 种。电动机的安装型式见表 10-2-3。

表 10-2-3　电动机的安装型式

代号	示 意 图	机座	轴伸	结 构 特 点	安 装 型 式
B_3	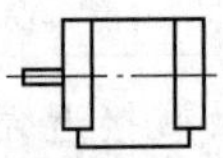	有底脚	有轴伸		安装在基础构件上
B_{35}	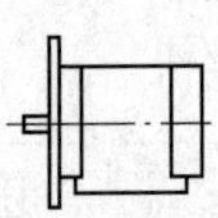	有底脚	有轴伸	端盖上带凸缘，凸缘有通孔	借底脚安装在基础构件上，并附用凸缘安装
B_5	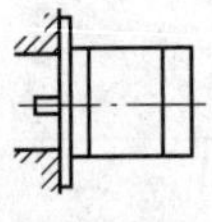	无底脚	有轴伸	端盖上带凸缘，凸缘有通孔	用凸缘安装
B_6	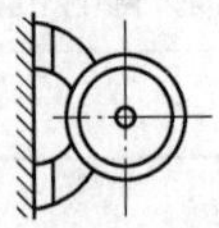	有底脚	有轴伸	与 B_3 同，但端盖需转90°（如系套筒轴伸）	用凸缘安装
B_7	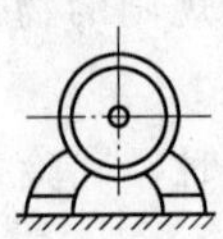	有底脚	有轴伸	与 B_3 同，但端盖需转90°（如系套筒轴伸）	安装在墙上，从传动端看，底脚在右边

续表

代号	示 意 图	机座	轴伸	结构特点	安装型式
B_8	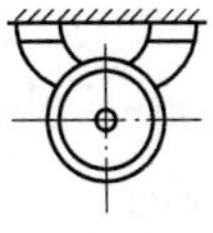	有底脚	有轴伸	与 B_3 同，但端盖需转180°(如系套筒轴伸)	安装在天花板上
V_1	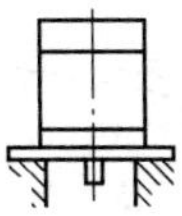	无底脚	轴伸向下	端盖上带凸缘，凸缘有通孔	用底部凸缘安装
V_{15}	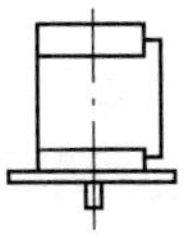	有底脚	轴伸向下	端盖上带凸缘，凸缘有通孔或螺孔并有或无止口	安装在墙上，并附用底部凸缘安装
V_3	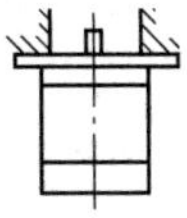	无底脚	轴伸向上	端盖上带凸缘，凸缘有通孔	用顶部凸缘安装
V_{36}	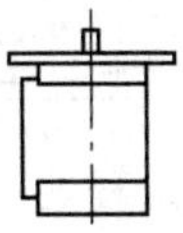	有底脚	轴伸向上	端盖上带凸缘，凸缘有通孔	安装在墙上或基础构件上并附用顶部凸缘安装
V_5	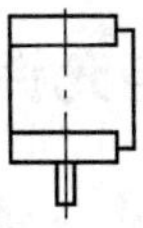	有底脚	轴伸向下		安装在墙上或基础构件上

第3章

电动机的选择

3.1 电动机的发热与温升

表 10-3-1 电动机的发热与温升

电动机发热的原因	电动机在运行时除了做机械功外还有能量损耗，使电动机发热。能量损耗可分为固定损耗 p_0 及可变损耗 p_{Cu}。固定损耗包括铁损耗、机械损耗和杂散损耗，基本不随负载的轻重变化，但与转速有关；可变损耗也叫铜损耗，随负载的轻重而变化
电动机的温升	电动机温度与周围环境温度之差称为"温升"，以 τ 表示。发热与散热达到平衡时称为稳定温升，以 τ_w 表示
电动机的发热过程	电动机启动或由轻载变为重载时的发热过程的温升曲线示于图 10-3-1 中的曲线 1 和 2，发热过程温升曲线方程式为： $\tau=\tau_w(1-e^{-\frac{t}{T_\theta}})+\tau_0 e^{-\frac{t}{T_\theta}}$ (10-3-1) 式中 τ_0——发热过程温升的起始值 τ_w——电动机的最终稳定温升 T_θ——电动机的发热时间常数，与电动机结构尺寸有关，小型电动机一般为 30min 左右，大型电动机可达 3～4h
电动机的冷却过程	电动机停车或由重载变为轻载时的冷却过程的温升曲线分别示于图 10-3-2 中的曲线 1 和 2，停车时冷却过程温升曲线方程式为： $\tau=\tau_0 e^{-\frac{t}{T'_\theta}}$ (10-3-2) 式中 T'_θ——冷却过程的散热时间常数，自扇冷式电动机停车后风扇停转，散热条件差，散热时间常数 T'_θ 约为发热时间常数 T_θ 的 2～3 倍，采用强迫通风时二者相等

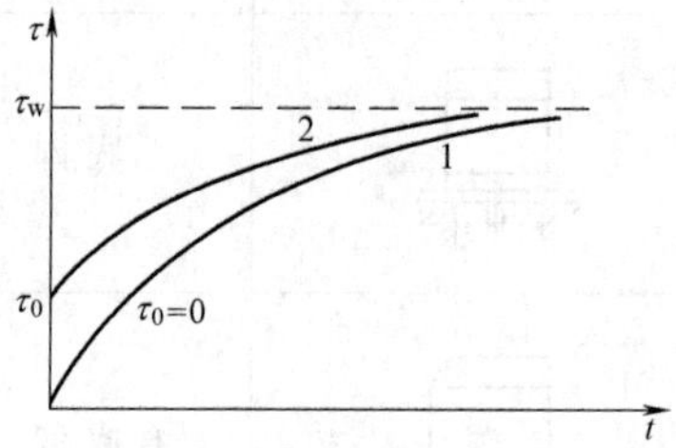

图 10-3-1 电动机发热过程的温升曲线

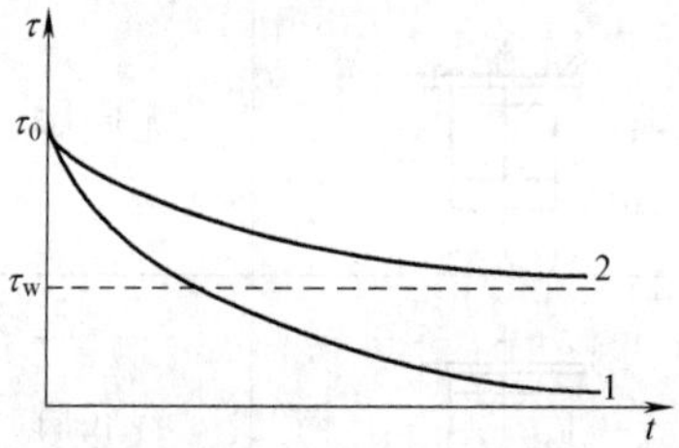

图 10-3-2 电动机冷却过程的温升曲线

3.2 电动机的绝缘等级与允许温升

国家标准规定在设计电动机时考虑的标准环境温度为 40℃，电动机常用的绝缘材料的分级和允许温度及温升示于表 10-3-2。

表 10-3-2 电动机绝缘材料的等级和允许温度及温升

等级	绝缘材料	允许最高温度/℃	允许最大温升/℃
A	纸、丝、棉纱、普通绝缘漆	105	65
E	青壳纸、聚酯薄膜、环氧树脂、三醋酸纤维薄膜、高强度绝缘漆	120	80
B	石棉、云母、玻璃纤维（用有机胶做黏合剂或浸渍）	130	90
F	材料同 B 级，但以合成胶做黏合剂或浸渍	155	115
H	材料同 B 级，但以硅有机树脂做黏合剂或浸渍；硅有机胶	180	140

电动机铭牌上的额定功率是对应于环境温度为 40℃ 时的功率，如果使用环境温度与此不同，允许温升也不同，电动机带负载的能力会有所增减。

3.3 电动机的工作方式

电动机运行时的发热情况不仅取决于负载的大小，也和负载持续时间的长短密切相关，这是选择电动机额定功率时必须考虑的。按电动机的不同发热情况，可以分为三种工作方式（或称工作制），即连续工作方式、短时工作方式和断续周期性工作方式（见表 10-3-3）。电动机制造厂生产不同工作方式的电动机供用户选用。

表 10-3-3 电动机的工作方式

工作方式	说　明
连续工作方式	连续工作方式的电动机工作时间很长，例如几小时、几天或常年运行，温升可以达到稳定值。属于这类生产机械的有水泵、风机、印染机、造纸机和大型机床的主轴等。这种电动机的负载可能是恒定或大小基本恒定的常值负载或变化负载（一般是周期性变化），其负载和温升曲线示于图 10-3-3 和图 10-3-4
短时工作方式	短时工作方式电动机的工作时间很短，$t_g<(3\sim4)T_\theta$，温升达不到稳定值 τ_w，而停车时间较长，停歇时间 $t_0>(3\sim4)T'_\theta$，足以使电动机各部分都冷却到环境温度。水闸闸门启闭机的电动机等属于此例。同一台电动机如果工作时间不同，其额定输出功率也不同。国家标准规定此方式的标准时间为 15min、30min、60min 和 90min 四种。其负载和温升曲线示于图 10-3-5
断续周期性工作方式	此方式的特点是工作时间和停歇时间都很短，而且周期性交替进行。工作时间 $t_g<(3\sim4)T_\theta$，温升达不到稳定值；停歇时间 $t_0<(3\sim4)T'_\theta$，温升也不会降到零，电梯、起重机等属于此例。国家标准规定这种方式的一个周期 $t_g+t_0\leqslant$ 10min。而负载工作时间与整个周期之比称为负载持续率 FC，$FC=\dfrac{t_g}{t_g+t_0}\times100\%$，标准规定 FC 有 15%、25%、40% 和 60% 四种。其负载和温升曲线示于图 10-3-6

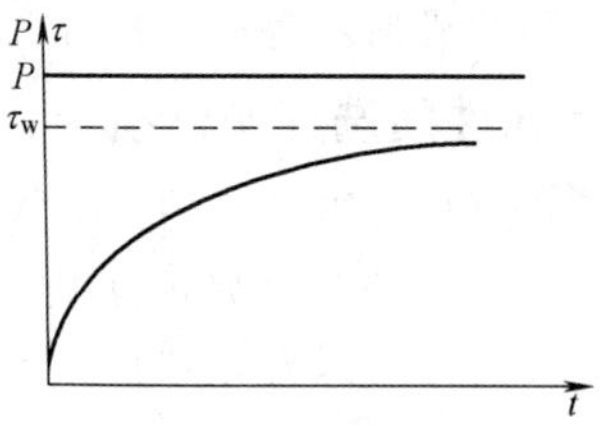

图 10-3-3 连续工作方式电动机的负载图和温升曲线

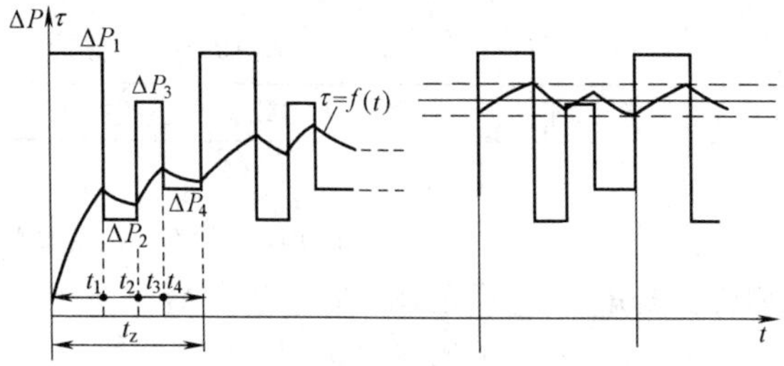

图 10-3-4 连续周期性变化负载电动机的损耗及温升曲线

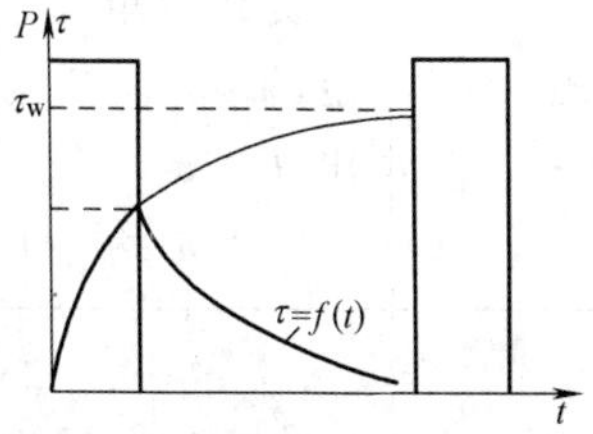

图 10-3-5 短时工作方式电动机的负载图和温升曲线

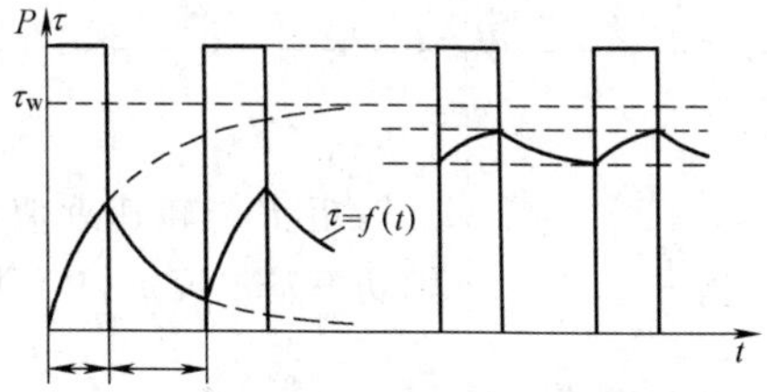

图 10-3-6 断续周期性工作方式电动机的负载图和温升曲线

3.4 选择电动机应综合考虑的问题

电动机的选择内容包括选择电机的种类、电动机的型式、电动机的工作制、额定功率、堵转转矩、最小转矩、最大转矩、转速及其调节范围等电气和机械参数应满足电动机所拖动的机械在各种运行方式下的要求。

3.4.1 根据负载性质选择电动机

表征电动机转速与转矩关系的机械特性见图10-3-7。同步电动机（曲线1）、直流并励电动机（曲线2）、一般交流异步电动机（曲线3）为硬特性，即负载转矩在允许范围内变化时转速不变或变化不大；直流串励电动机（曲线4）及交流绕线型异步电动机转子串电阻（曲线5）的特性，均属于软特性，即负载转矩增加，电动机转速显著下降，但启动转矩大。

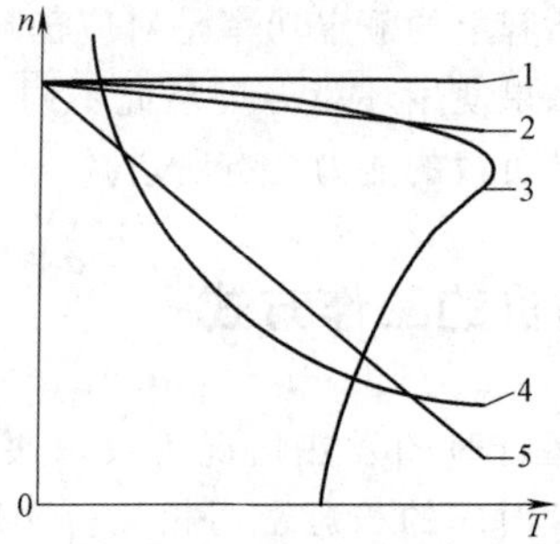

图10-3-7　电动机的机械特性

生产机械的转矩转速特性示于表10-3-4。

表10-3-4　生产机械的转矩转速特性 $T=f(n)$

负载类别	负载特性	机械举例	转矩转速特性
反阻性恒转矩	负载转矩 T 恒定或基本恒定，轴功率 P 与转速 n 成正比，$P \propto n$	金属压延、外圆切削机械、造纸机等摩擦性负载	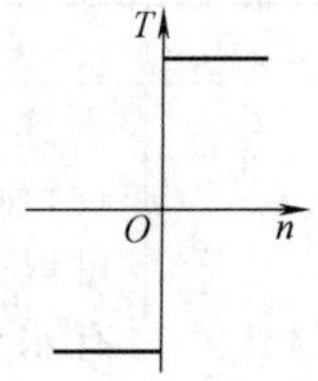
位势性恒转矩	负载转矩 T 恒定或基本恒定，轴功率 P 与转速 n 成正比，$P \propto n$	起重机、提升机械等	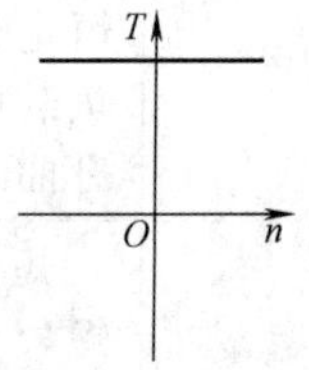
变转矩	转矩 T 与转速平方成正比，轴功率 P 与转速 n 立方成正比，$P \propto n^3$	流体类负载，如风机、水泵、油泵	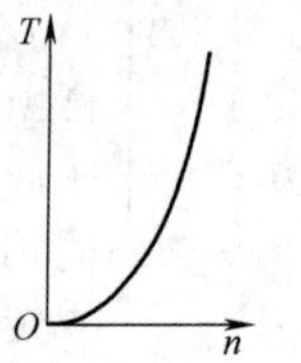
恒功率	转矩 T 与转速近似成反比，轴功率基本恒定，$P=$恒定	恒张力卷取机，端面切削加工	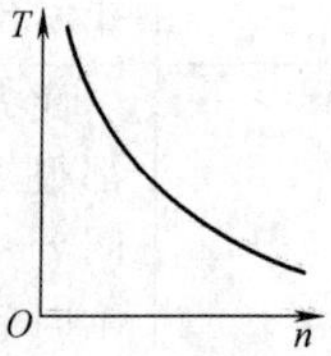

3.4.2 电动机的类型、安装防护型式、电压及转速的选择

3.4.3 电动机额定功率 P_N 的计算

计算并选择电动机的功率要考虑两个因素：一是电动机的发热和温升，电动机运行时的发热情况不仅取决于负载的大小，也和负载持续时间的长短，即电动机的工作方式密切相关，所以一般要根据电动机不同的工作方式及生产机械的负载图先预选电动机，在绘制电动机负载图的基础上进行发热校核；二是对交流电动机要考虑启动工作机械的最大转矩，对直流电动机要考虑换向条件（换向器上的火花）允许的短时过载能力。

表 10-3-5 电动机的类型、安装防护型式、电压及转速的选择

项目	选择方法
电动机的类型	对于有特定要求的工作机械，应优先选择专用电动机。如可工作于高湿度，有盐雾、油雾、霉菌、凝露等环境的船用电动机；有较高的效率及节能指标的纺织电动机；有冷却塔和通风机专用的低噪声电动机；有作为激振动力源，如用于粮食加工机械或振动筛、振动输送机的振动异步电动机；在化工、橡胶、纺织、造纸等工业中有时要求软机械特性和宽调速范围的电动机，当负载增加时电动机的出轴转速随之降低而输出力矩增加，保持与负载平衡，并允许较长时间堵转的三相力矩电动机等 对于一般生产机械，在满足生产机械要求的前提下，优先选用结构简单、工作可靠、价格便宜、维护方便的电动机。从一般要求看，交流电动机优于直流电动机，交流异步电动机优于交流同步电动机，笼型异步电动机优于绕线异步电动机 对于连续运行，负载平稳，对启动、制动没有特殊要求的生产机械，应优先采用普通笼型异步电动机，它广泛用于各种机床、水泵和风机等。大中功率的空压机和带式运输机等生产机械要求有较大的启动转矩，应采用深槽式或双笼型异步电动机 桥式起重机、矿井提升机、不可逆轧钢机等生产机械运行时启动、制动比较频繁，又要求有较大的启动、制动转矩，可以选择绕线异步电动机 对于无调速要求的大中容量的水泵或空压机等，以及需要转速恒定或要求改善功率因数时，可以选用同步电动机 有些机床等小功率生产机械只要求几种转速，为了简化传动装置，可以采用变极多速（双速、三速、四速）笼型异步电动机 大型精密机床、龙门刨床、轧钢机、造纸机等需要稳定平滑调速，调速范围要求在 1∶3 以上，应采用他励直流电动机或变频调速的笼型异步电动机 电车等要求启动转矩大、机械特性软，可以选用串励或复励直流电动机
电动机的外壳防护与安装防护型式	防护型式必须与环境相适应，否则电动机不能正常运行或会损坏，或因电动机本身故障引起灾害。电动机常见的防护型式有开启式、防护式、封闭式和防爆式 开启式价格便宜，散热条件好，但外部的灰尘、油垢、水滴、铁屑等异物容易进入机内，影响电动机正常运行或造成故障。开启式只能用于干燥清洁的环境 防护式可以防止水滴、铁屑等异物进入机内，但不能防止潮气及灰尘的侵入，只能用于灰尘不多，干燥而且没有腐蚀性和爆炸性气体的环境 封闭式的电动机又分为自冷式、强制通风式和密闭式。前两种电动机能防止来自任何方向的水滴或异物侵入，灰尘和潮气也不易进入，适用于潮湿、多尘土、易受风雨侵袭、有腐蚀性蒸气或气体的各种场合；密闭式电动机常用于浸在液体（水或油）中的生产机械，例如潜水电泵等 防爆式在密闭结构的基础上又制成隔爆型、增安型和正压型，都适用于有易燃易爆气体的危险环境，如矿山、油库、煤气站等 安装型式分为立式与卧式。应用卧式较多。需要垂直运转和简化传动装置时采用立式，但立式电动机的价格较贵
电动机的额定电压	交流电动机额定电压的选择，取决于供电电网的电压和电动机容量的大小。一般车间低压电网为 380V（△或Y接法）、220V/380V（△/Y接法）、380V/660V（△/Y接法）三种。对于矿山、选煤厂等大型企业，有 6kV 或 10kV 的供电电压时，可考虑相应的大中型高压电动机，以简化设备，节省投资 直流电动机的额定电压要与供电电压配合。常用 220V，也有 110V 和 440V。大功率电动机可提高到 600～1000V。一般中小型直流电动机用单相整流电源供电时，电动机的额定电源应选 160V；用三相半波可控硅整流电源时，电动机的额定电压应选 220V；用三相桥式可控硅整流电源时，额定电压应选 440V

项　目	选　择　方　法
电动机的转速	额定功率相同的电动机，额定转速越高于生产机械所需的转速，其拖动系统的传动速比越大，减速机构也越复杂，但电动机的体积小，重量轻，价格低，而电动机的飞轮矩 GD^2 也小。电动机的 GD^2 和额定转速 n_N 的乘积越小，过渡过程越快，能量损耗越少。对于要求经常启动、制动和正反转的生产机械比较经济。另一方面，电动机额定转速一般不低于 500r/min。额定功率相同的电动机如果转速越低，则尺寸越大，价格越贵。所以选择电动机的额定转速要根据生产机械所需的转速以及减速机构和电动机的技术经济要求等具体情况综合考虑

3.4.3.1　由生产机械计算所需电动机功率P 的常用公式

表 10-3-6　由生产机械计算所需电动机功率 P 的常用公式

生产机械名称	计　算　公　式
一般旋转运动的机械	$$P=\frac{T_D n_D}{9550} \qquad P=\frac{T_D\omega_D}{1000} \qquad \omega_D=\frac{\pi n_D}{30} \tag{10-3-3}$$ 式中 P——电动机功率，kW n_D——电动机转速，r/min T_D——电动机转矩，N·m ω_D——电动机角速度，rad/s
离心泵及活塞泵	$$P=\frac{K\rho gQ(H+\Delta H)}{1000\eta\eta_c} \tag{10-3-4}$$ 式中 P——电动机功率，kW K——余量系数，见表 10-3-7 ρ——液体的密度，kg/m^3 g——重力加速度，$g=9.81m/s^2$ Q——泵的出水量，m^3/s H——水头(扬程)，m ΔH——主管水头压力，m η_c——传动效率，直接传动时，$\eta_c=1$ η——泵的效率，一般取 0.6～0.84(实际数据由制造厂提供)
离心式压缩机	$$P=\frac{Q}{1000\eta}\left(\frac{A_d+A_r}{2}\right) \tag{10-3-5}$$ 式中 P——电动机功率，kW Q——压缩机的生产率，m^3/s η——压缩机总效率，为 0.62～0.8 A_d——压缩 $1m^3$ 空气至绝对压力 p_1 的等温功，J，见表 10-3-8 A_r——压缩 $1m^3$ 空气至绝对压力 p_1 的绝热功，J，见表 10-3-8
离心式通风机	$$P=\frac{KQH}{1000\eta\eta_c} \tag{10-3-6}$$ 式中 P——电动机功率，kW K——余量系数，见表 10-3-9 Q——空气耗量，m^3/s H——空气压力，Pa η_c——传动效率，直接传动时，$\eta_c=1$ η——风机效率，为 0.4～0.75(实际数据由制造厂提供)

续表

生产机械名称	计算公式
直线运动机械	$$P=\frac{Fv}{1000\eta} \quad (10\text{-}3\text{-}7)$$ 式中 P——电动机功率,kW F——作用力,N v——运动速度,m/s η——传动效率

表 10-3-7 离心泵电动机余量系数 K

功率/kW	2.0 以下	2～5	5～50	50～100	100 以上
K	1.7	1.5～1.3	1.15～1.10	1.08～1.05	1.05

表 10-3-8 A_d、A_r 与终点压力 p_1 的关系

p_1/MPa	0.15	0.2	0.3	0.4	0.5	0.6	0.7	0.8	0.9	1.0
A_d/J	39700	67700	108000	136000	158000	176000	191000	204000	216000	226000
A_r/J	42200	75500	127000	168000	201000	230000	256000	280000	301000	321000

表 10-3-9 离心风机电动机余量系数 K

功率/kW	1.0 以下	1～2	2～5	>5.0
K	2	1.5	1.25	1.15～1.1

3.4.3.2 电动机拖动系统的常用计算公式

表 10-3-10 电动机拖动系统的常用计算公式

名称	公式	符号说明
运动物体的动能	$$E=\frac{mv^2}{2}=\frac{J\omega^2}{2}=\frac{GD^2n^2}{7150} \quad (10\text{-}3\text{-}8)$$	E——运动物体的动能,J GD^2——折算到电机轴上的飞轮矩,N·m² m——物体的质量,kg J——折算到电动机轴上的转动惯量,kg·m² T_1——电动机轴上的静阻负载转矩,N·m T_m——机械轴上的静阻转矩(包括摩擦阻转矩),N·m i——传动比 F——作用力,N η——传动效率 v——运动速度,m/s n_D——电动机转速,r/min ω_D——电动机角速度,rad/s R——物体运动的旋转半径,m n_m——机械轴转速,r/min J_m——机械轴上的转动惯量,kg·m² GD_m^2——机械轴上的飞轮矩,N·m²
折算到电动机轴上的静阻负载转矩	$$T_1=T_m\frac{1}{i\eta},i=\frac{n_D}{n_m} \quad (10\text{-}3\text{-}9)$$ $$T_1=\frac{Fv}{\omega_D\eta} \quad (10\text{-}3\text{-}10)$$ $$T_1=FR\frac{1}{i\eta} \quad (10\text{-}3\text{-}11)$$	
折算到电动机轴上的动态转矩	$$T_d=T_D-T_1=J\frac{d\omega}{dt} \quad (10\text{-}3\text{-}12)$$ $$T_d=\frac{GD^2}{375}\times\frac{dn}{dt} \quad (10\text{-}3\text{-}13)$$	
折算到电动机轴上的转动惯量和飞轮矩	$$J=J_m/i^2 \quad (10\text{-}3\text{-}14)$$ $$GD^2=GD_m^2/i^2 \quad (10\text{-}3\text{-}15)$$ $$GD^2=\frac{365G_mv_m^2}{n_D^2} \quad (10\text{-}3\text{-}16)$$ $$GD^2=4gJ \quad (10\text{-}3\text{-}17)$$ $$GD^2=GD_D^2+\frac{GD_{m1}^2}{i_1^2}+\frac{GD_{m2}^2}{i_2^2}+\cdots+\frac{GD_{mn}^2}{i_n^2} \quad (10\text{-}3\text{-}18)$$	

第10篇

续表

名　称	公　式	符号说明
折算到电动机轴上的转动惯量和飞轮矩	$i_1=\frac{n_D}{n_{m1}},i_2=\frac{n_D}{n_{m2}},\cdots$ (10-3-19) $i_n=\frac{n_D}{n_{mn}}$ (10-3-20)	g——重力加速度，m/s^2 G_m——直线运动物体的重力，N v_m——直线运动物体的速度，m/s GD_D^2——电动机转子飞轮矩，$N\cdot m^2$ $GD_{m1}^2,GD_{m2}^2,\cdots,GD_{mn}^2$——相应于转速 n_{m1}、n_{m2}、…、n_{mn} 的轴上的飞轮矩 $i_1,i_2,\cdots,i_n$——各轴对电动机轴的传动比 t_s——启动(加速)时间，s t_b——制动(减速)时间，s T_d——动态(加减速)转矩，$N\cdot m$ T_D——电动机转矩，$N\cdot m$ T_1——静阻负载转矩，$N\cdot m$ s——行程，m
动态转矩恒定下的启动(加速)、制动(减速)时间	$t_s=\frac{GD^2(n_2-n_1)}{375T_d},T_d=T_D-T_1$ (10-3-21) $t_b=\frac{GD^2(n_1-n_2)}{375(-T_d)},-T_d=-(T_D+T_1)$ (10-3-22)	
动态转矩线性变化下的启动、制动时间	$t_s=\frac{GD^2(n_2-n_1)}{375(T_{D1}-T_{D2})}\ln\frac{T_{D1}-T_1}{T_{D2}-T_1}$ (10-3-23) $t_b=\frac{GD^2(n_2-n_1)}{375(T_{D1}-T_{D2})}\ln\frac{T_{D1}+T_1}{T_{D2}+T_1}$ (10-3-24)	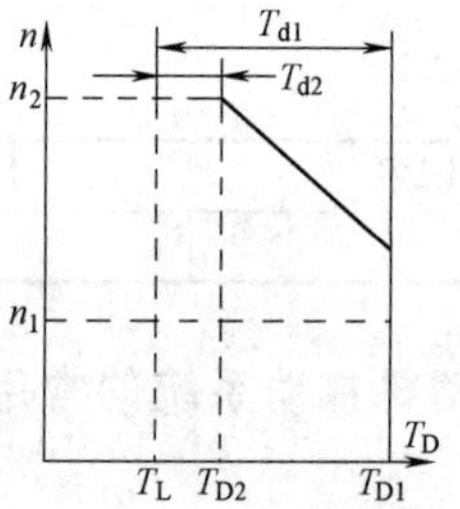
动态转矩非恒定，也非线性变化时的启动、制动时间	$t_s=\frac{GD^2}{375}\int_{n_1}^{n_2}\frac{dn}{T_d},T_d>0$ 时加速 (10-3-25) $t_b=\frac{GD^2}{375}\int_{n_2}^{n_1}\frac{dn}{T_d},T_d<0$ 时减速 (10-3-26)	
动态转矩恒定时，加减速过程电动机的行程	$s=\frac{GD^2(n_2^2-n_1^2)}{45000T_d}$ (10-3-27)	

3.4.3.3 连续工作方式电动机功率P_D的计算

表 10-3-11 计算连续工作电动机的功率 P_D

负载类型	说　明	公　式
常值负载	负载图示于图 10-3-3。虽然启动时电流大、发热多，但因时间短，对电动机温升影响不大，可不考虑。在计算出负载功率 P 后，按式(10-3-28)选择电动机，不必做发热校验，对笼型电动机要校验启动转矩。如环境温度与标准值相差较多，为充分利用电动机，可按式(10-3-29)对所选 P_D 进行修正，修正值为 P'_D，也可按表 10-3-12 粗略修正	$P_D\geqslant P$ (10-3-28) 修正值 $P'_D=P_D\sqrt{\frac{\theta_m-\theta_0}{\theta_m-40}(k+1)-k}$ (10-3-29) 式中 θ_m——该电动机绝缘材料的允许最高温度，℃ θ_0——实际环境温度，℃ k——与电动机结构和转速有关的系数：直流电动机，$k=1\sim1.5$ 冶金专用直流电动机，$k=0.5\sim0.9$ 笼型电动机，$k=0.5\sim0.7$ 冶金专用中小型绕线电动机，$k=0.45\sim0.6$
周期性变化负载	负载图示于图 10-3-4。按式(10-3-30)，由一个周期内各段时间实际的负载功率算出平均负载功率 P_{av}，据此预选电机，使预选电机的$P_D\geqslant(1.1\sim1.6)P_{av}$，过渡过程在一个周期中占较大比重时要取较大数值，然后校验发热和启动能力	$P_{av}=\frac{P_1t_1+P_2t_2+\cdots}{t_1+t_2+\cdots}=\frac{\sum_{i=1}^{n}P_it_i}{t_z}$ (10-3-30)

表 10-3-12　环境温度不同时电动机功率的修正

环境温度/℃	30	35	40	45	50	55
电动机功率增减率	+8%	+5%	0	−5%	−12.5%	−25%

注：1. 环境温度低于 30℃时，一般电动机功率也只增加+8%。

2. 高海拔地区空气稀薄，散热条件差，使电动机输出功率有所下降。如环境温度仍为 40℃，在 1000m 以上，按每超过 100m 降低表 10-3-2 中允许最大温升的 1%进行修正。

3.4.3.4　周期性变化负载连续工作方式预选电动机后的发热校验

校验发热的方法从原理上分有平均损耗法和等效法，等效法中又有等效电流法、等效转矩法和等效功率法。平均损耗法只有在 $t_z \leqslant 10\text{min}$ 时才能应用，可用于各种类型的电动机，但是要算出各段的损耗比较麻烦，而且由于不同时间段的电动机负载的轻重不同，η_N 虽可由手册查到，但各时间段都用 η_N 计算会有误差。工程上常用等效法，且常用等效转矩法。

表 10-3-13 所列为用平均损耗法校验发热，表 10-3-14 所列为用等效法校验发热。

他励直流电动机可用减弱磁通方法调速，所以原则上只能用等效电流法，但如果负载图中只有一个时间段是弱磁，其他段仍是额定磁通时，可把等效转矩稍加修正，就是把弱磁时间段的转矩 T 按与电流 I 成正比折算后仍可用等效转矩法。例如在弱磁段 $T=T_i$，磁通由 Φ_N 变为 Φ_i，为了产生转矩 T_i，电枢电流应为额定磁通时的 Φ_N/Φ_i 倍，可按下式求出修正转矩 T_i'，其他各段转矩不变。

$$T_i'=T_i\frac{\Phi_N}{\Phi_i} \qquad (10\text{-}3\text{-}36)$$

此时电枢电压保持不变，则磁通近似与转速成反比，T_i'即可按下式计算：

$$T_i'\approx T_i\frac{n_i}{n_N} \qquad (10\text{-}3\text{-}37)$$

式中　n_i——弱磁时间段的转速。

3.4.3.5　短时工作方式电动机功率P_D的计算

负载功率和温升曲线示于图 10-3-5。P_g 为电动机工作时的负载功率，τ_w 为长期带负载工作时的稳定温升，因 $t_g<(3\sim4)T_\theta$，电动机实际达到的最高温升为 τ_m，显然 $\tau_m<\tau_w$，温升未达到稳定值 τ_w，从允许发热来看，电动机的能力没有充分利用，停歇时间 $t_0>(3\sim4)T_\theta'$，足以使电动机的各部分冷却到环境温度。用于短期工作时可选用连续工作方式的电动机，也可选用短时工作方式的电动机。

表 10-3-13　用平均损耗法校验发热

说　明	计 算 公 式
国标规定，当变化周期 $t_z\leqslant 10\text{min}$ 时，周期性变化负载下电动机的稳定温升不会有很大的波动，可以用平均温升代替最高温升，而电动机中的损耗功率才是热源，所以可以用平均损耗 ΔP_{av} 来校验发热。用式(10-3-31)计算平均损耗 ΔP_N 是电动机额定运行时的损耗，由式(10-3-32)算出，只要 $\Delta P_{av}\leqslant\Delta P_N$，发热校验通过 如果不满足式(10-3-31)和式(10-3-32)的条件，就要再选额定功率大一级的电动机，重新校验发热直至通过	$\Delta P_{av}=\dfrac{\sum_{i=1}^{n}\Delta P_i t_i}{t_z}$　(10-3-31) 式中　ΔP_i——t_i 段中电动机的损耗， $\Delta P_N=\dfrac{P_N}{\eta_N}-P_N$　(10-3-32) η_N——电动机额定运行时的效率

表 10-3-14　用等效法校验发热

方　法	说　明	计 算 公 式
等效电流法	在预选电动机之后，根据负载情况求出各时间段的电流，并按式(10-3-33)计算一个周期的等效电流 I_{dx}，如果电动机的额定电流 $I_e\geqslant I_{dx}$，则温升可以通过，否则重选电机再进行校验。等效电流法的应用条件是：a. $t_z\leqslant 10\text{min}$ 或 $t_z\ll T_\theta$(电机的发热时间常数)；b. 空载损耗 p_0 不变；c. 与绕组电阻有关的常数 C 不变。因此，对于深槽式或双笼式异步电动机，在经常启动、制动或反转时，电阻与损耗都在变，也不能应用等效电流法，仍需采用平均损耗法校验发热	$I_{dx}=\sqrt{\dfrac{1}{t_z}\sum_{i=1}^{n}I_i^2 t_i}$ (10-3-33) 式中　I_i——t_i 时间段的电流值，A

方　法	说　明	计算公式
等效转矩法	当电动机的转矩与电流成正比时(如直流电动机的励磁不变,异步电动机的磁通 Φ_m 和 $\cos\varphi_2$ 不变时),可用等效转矩 T_{dx} 来代替等效电流 I_{dx},即得到等效转矩的公式(见式 10-3-34)。预选电动机后,在生产机械的转矩负载图 $T_L=f(t)$ 上叠加上动态转矩 $\frac{GD^2}{375}\times\frac{dn}{dt}$,就可得到电动机的转矩负载图 $T=f(t)$,按式(10-3-34)计算出等效转矩。当电动机的额定转矩 $T_N\geqslant T_{dx}$,发热校验通过 T_N 可由预选电动机的 P_N 及 n_N 算出,即 $T_N=9550\times\frac{P_N}{n_N}$,由于 $T=f(t)$ 的计算比较方便,所以等效转矩法广泛应用,其适用条件的 a、b、c 除与等效电流法相同外,还必须使转矩与电流成正比(如果是直流电动机,磁通 Φ 不变;如果是异步电动机,Φ_m、$\cos\varphi_2$ 不变)。所以串励直流电动机、启动频繁的笼型异步电动机不能应用等效转矩法	$$T_{dx}=\sqrt{\frac{1}{t_z}\sum_{i=1}^{n}T_i^2t_i}$$ (10-3-34) 式中　T_i——t_i 时间段的转矩值,N·m
等效功率法	如果整个工作期间转速基本不变,输出功率近似与转矩成正比,则可由功率代替转矩,按式(10-3-35)算出等效功率 P_{dx} 当 $P_{dx}\leqslant P_N$ 时,发热校验通过	$$P_{dx}=\sqrt{\frac{1}{t_z}\sum_{i=1}^{n}P_i^2t_i}$$ (10-3-35) 式中　P_i——t_i 时间段的功率值,kW

(1) 选连续工作方式的电动机

表 10-3-15　选连续工作方式的电动机

说　明	计算公式
为了充分利用电动机的允许发热,可选容量小些的连续工作方式的电动机,就是在转矩够用的前提下选 $P_N<P_g$,让电动机过载运行,使电动机在工作时间 t_g 内达到的最高温升 τ_m 等于或接近连续运行时的稳定温升 τ_w,也就是电动机绝缘材料的允许最高温升 τ_{max},因此可按式(10-3-38)计算。由 k、t_g 及 T_θ 可以算出 λ_Q,使 $P_N\geqslant\frac{P_g}{\lambda_Q}$,发热就可以合格,电动机也得到充分利用。要注意当工作时间相对于发热时间常数非常短时,选的电动机功率就可能很小,虽然发热合格,也要校核过载能力,即 $P_N\geqslant\frac{P_g}{\lambda_M}$ 对直流电动机 λ_M 可取为转矩或电流的过载倍数;对于交流同步或异步电动机,因转矩与电压的平方成正比,要考虑电网电压允许降低 10%,所以最大转矩与额定转矩之比 λ_M 还应乘以 $(0.9)^2=0.81$,即 $P_N\geqslant\frac{P_g}{0.81\lambda_M}$	$$\lambda_Q=\frac{P_g}{P_N}\sqrt{\frac{1+ke^{-t_g/T_\theta}}{1-ke^{-t_g/T_\theta}}}$$ (10-3-38) 式中　λ_Q——根据发热合格观点得出的功率过载倍数 k——系数,见式(10-3-29)及表 10-3-11 的说明 若 $P_N\geqslant\frac{P_g}{\lambda_M}$,发热校验合格对于交流同步或异步电动机: $$P_N\geqslant\frac{P_g}{0.81\lambda_M}$$

(2) 选短时工作方式的电动机

表 10-3-16　选短时工作方式的电动机

说　　明	计　算　公　式
选用专为短时工作方式设计的电动机，其工作时间分为 15min、30min、60min 和 90min 四种。对同一台电动机来说，运行不同的工作时间，其额定功率也不同，其关系为 $P_{15}>P_{30}>P_{60}>P_{90}$，过载能力的关系为 $\lambda_{15}<\lambda_{30}<\lambda_{60}<\lambda_{90}$。如果电动机的实际工作时间 t_{gz} 与标准值 t_{ge} 不同时，选用与 t_{gz} 最接近的 t_{ge}，按式(10-3-39)将实际的 P_{gz} 换算到标准时间的 P_{ge}，再按 P_{ge} 选择短时工作电动机	$P_{ge}\approx P_{gz}\sqrt{\frac{t_{gz}}{t_{ge}}}$　(10-3-39)

注：如果没有合适的短时工作方式电动机，也可以采用断续周期性工作方式的电动机，它的对应关系可近似为 $t_{ge}=30$min 相当于 $FC=15\%$，$t_{ge}=60$min 相当于 $FC=25\%$，$t_{ge}=90$min 相当于 $FC=40\%$。

3.4.3.6　断续周期性工作方式电动机功率 P_D 的计算

表 10-3-17　断续周期性工作方式电动机功率 P_D 的计算

说　　明	计算公式
图 10-3-6 所示。特点为 $t_g<(3\sim4)T_\theta$，停歇时间 $t_0<(3\sim4)T'_\theta$，温升不会降到零。国标规定这种方式的一个周期 $t_g+t_0\leqslant$ 10min 负载持续率是 FC，即 $FC=\frac{t_g}{t_g+t_0}\times100\%$，有 15%、25%、40%和 60%四种标准的电动机产品	负载持续率 $FC=\frac{t_g}{t_g+t_0}\times100\%$

这种电动机是以在规定的负载持续率下，负载运行达到的实际最高温升 τ_m 等于绝缘材料允许最高温升 τ_{max} 时的输出功率，作为电动机的额定功率，与短时工作制电动机相仿。同一台电动机在不同的 FC 下工作时，如果 FC 越小，额定功率就越大。对于同一台电动机，工作在不同的负载持续率 FC 时额定输出功率也不同，以 YZR132M1-6 绕线式异步电动机为例，示于表 10-3-18。

表 10-3-18　断续周期性工作方式负载持续率和输出功率的关系

负载持续率 FC/%	电动机功率/kW	过载能力
15	3.0	—
25	2.5	—
40	2.2	$\frac{T_m}{T_N(40\%)}=2.9$
60	1.8	—
100	1.5	—

表 10-3-18 中“过载能力”一项，只给出 $FC=40\%$ 的数据，它表示此时最大转矩 T_m 与额定转矩 T_N 的比值。一台电动机的最大转矩是一定的，而额定转矩则因 FC 而异，FC 越小，则 P_N 与 T_N 越大，电动机的过载能力越低。其他 FC 值的过载能力可由给定的数据计算出来，一般产品目录中不列出。

如果实际运行的负载持续率正好是标准值，即可按照产品目录选择合适的电动机。如果在工作时间内负载是变化的，也可以像连续工作时那样在计算负载功率后，先作出生产机械的负载图并初步确定负载持续率 FC。按照负载功率的平均值 P_{Lav}（不包括停歇时间）及 FC，预选电动机，作出电动机的负载图，再按平均损耗法或等效法校验温升，必要时再做过载能力及启动能力的校核。

当电动机实际工作的负载持续率 FC_Z 与标准的 FC 不同时，要把 FC_Z 下的功率 P_Z 换算成 FC 下的功率 P，再选择功率和校验发热。换算方法与短时工作方式相似，也是根据实际工作的 FC_Z 与标准值 FC 的能量损耗及发热相同的原则导出下式：

$$P=\frac{P_Z}{\sqrt{\frac{FC}{FC_Z}+k\left(\frac{FC}{FC_Z}-1\right)}}$$

式中的 k 是系数，见式（10-3-29）及表 10-3-11 中的说明。当 FC_Z 和标准值 FC 很接近时，因 $FC/FC_Z\approx1$，可以简单换算如下：

$$P\approx P_Z\sqrt{\frac{FC_Z}{FC}}$$

如果 $FC_Z>70\%$，可以按连续工作方式选择（即 $FC=100\%$）电动机；如果 $FC_Z<10\%$，可按短时工作方式选择电动机。

例　提升矿石的矿井卷扬机电机拖动系统（见图 10-3-8）。电动机 D 与摩擦轮相连，靠摩擦力带动钢绳及装载矿石车的罐笼。尾绳系在两罐笼之下，以平衡左右罐笼上面的钢绳重量，数据如下：井深 $H=900$m；每次运

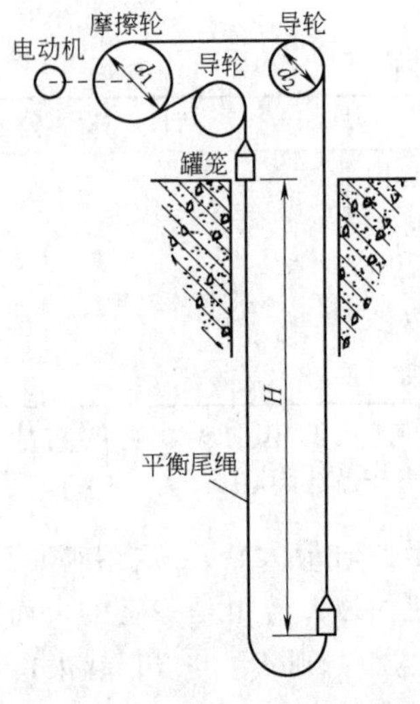

图 10-3-8　矿井卷扬机电动机拖动系统

矿石重 $G_1=58000\text{N}$；每个空罐笼（含矿石车）重 $G_2=77250\text{N}$；钢绳每米重 $G_3=105\text{N}$；罐笼与导轨的摩擦阻力使负载增加18%；摩擦轮直径 $d_1=6.42\text{m}$；摩擦轮飞轮矩 $GD_1^2=2720000\text{N}\cdot\text{m}^2$；导轮直径 $d_2=4.8\text{m}$；导轮飞轮矩 $GD_2^2=574000\text{N}\cdot\text{m}^2$；额定提升速度 $v_e=16.5\text{m/s}$；提升加速度 $a_1=0.9\text{m/s}^2$；提升减速度 $a_3=1\text{m/s}^2$；工作周期 $t_z=87\text{s}$；钢绳及平衡绳总长度 $L=(2H+80)\text{m}$。

解　电动机的负载图见图 10-3-9。

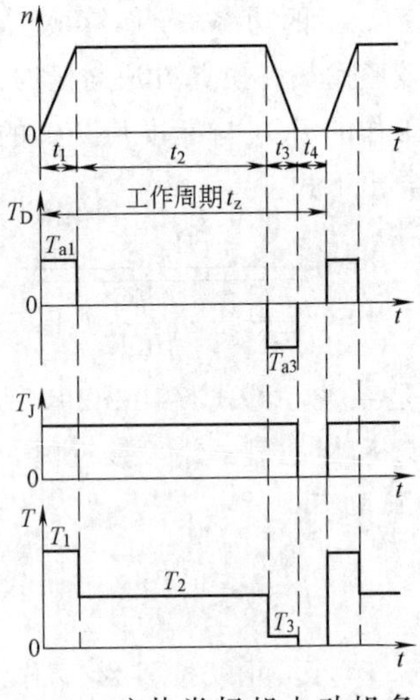

图 10-3-9　矿井卷扬机电动机负载图

图 10-3-9 中示出的 $n=f(t)$ 是一个周期 t_z 的转速曲线，t_z 由启动时间 t_1、恒速提升时间 t_2、制动时间 t_3 及停车时间 t_4 组成。由于升降两边的罐笼及钢绳重量自相平衡，计算静态提升转矩 T_J 时可以只考虑矿石重量及摩擦力，启动及制动时的动态提升转矩为 T_D，电动机的转矩 $T=T_J+T_D$。

(1) 计算负载功率　电动机恒速提升时的负载力

$$G=(1+18\%)G_1=1.18\times58000=68440\text{N}$$

负载功率

$$P=k\frac{Gv_e}{1000}=1.21\times\frac{68440\times16.5}{1000}=1366\text{kW}$$

式中　k——考虑启动及制动过程中加速转矩的系数，$k=1.2\sim1.25$，取 $k=1.21$。

为减少系统总惯量，采用两台电动机拖动，每台额定功率为700kW，额定转速为47.5r/min，飞轮矩为 $1065000\text{N}\cdot\text{m}^2$，所以电动机总飞轮矩为 $GD_d^2=2\times1065000=2130000\text{N}\cdot\text{m}^2$。

(2) 计算并作电动机负载图　静态负载转矩

$$T_J=1.18G_1\times\frac{d_1}{2}=1.18\times58000\times6.42/2=219700\text{N}\cdot\text{m}$$

动态负载转矩 $T_D=\frac{GD^2}{375}\times\frac{\text{d}n}{\text{d}t}$，其中 GD^2 为旋转运动部分的飞轮矩 GD_x^2 与直线运动部分飞轮矩 GD_z^2 的总和。

折算到电动机轴上的旋转运动部分的飞轮矩

$$GD_x^2=GD_d^2+GD_1^2+2GD_2^2\times\frac{n_2^2}{n_1^2}=2130000+2720000+2\times574000\times(6.42/4.8)^2=6904000\text{N}\cdot\text{m}^2$$

计算直线运动部分的飞轮矩时应加上上述两平衡部分的重量。

直线运动部分的总重量

$$G_z=G_1+2G_2+G_3(2H+80)=58000+2\times77250+105\times(2\times900+80)=409900\text{N}$$

直线运动部分的总飞轮矩

$$GD_z^2=\frac{365G_zv_e^2}{n_e^2}=\frac{365\times409900\times16.5^2}{47.5^2}=18050000\text{N}\cdot\text{m}^2$$

因此，总飞轮矩

$$GD^2=GD_x^2+GD_z^2=6904000+18050000=24950000\text{N}\cdot\text{m}^2$$

加速转矩

$$T_{a1}=\frac{GD^2}{375}\left(\frac{\text{d}n}{\text{d}t}\right)_1=\frac{GD^2}{375}\times a_1\times\frac{60}{\pi d_1}=\frac{24950000}{375}\times0.9\times\frac{60}{3.14\times6.42}=178200\text{N}\cdot\text{m}$$

减速转矩

$$T_{a3}=\frac{GD^2}{375}\left(\frac{dn}{dt}\right)_3=\frac{GD^2}{375}\times a_3\times\frac{60}{\pi d_1}$$

$$=\frac{24950000}{375}\times1\times\frac{60}{3.14\times6.42}=198000\text{N}\cdot\text{m}$$

负载图上各段转矩

$$T_1=T_J+T_{a1}=219700+178200=397900\text{N}\cdot\text{m}$$

$$T_2=T_J=219700\text{N}\cdot\text{m}$$

$$T_3=T_J-T_{a3}=219700-198000=21700\text{N}\cdot\text{m}$$

各段时间

$$t_1=v_e/a_1=16.5/0.9=18.3\text{s}$$

$$t_2=\frac{h_2}{v_2}=\frac{H-h_1-h_3}{v_e}=\frac{900-150.7-136.1}{16.5}=37.2\text{s}$$

$$t_3=v_e/a_3=16.5/1=16.5\text{s}$$

$$t_4=t_z-t_1-t_2-t_3=87-18.3-37.2-16.5=15\text{s}$$

根据以上数据绘出电动机负载图（见图 10-3-10）。

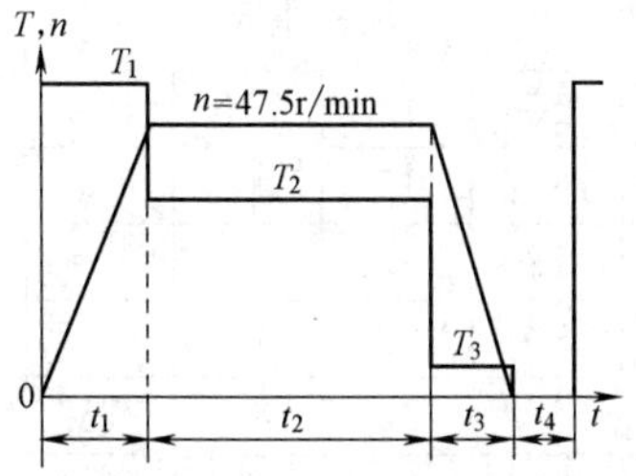

图 10-3-10　电动机负载图

（3）温升校验　等效转矩

$$T_{dx}=\sqrt{\frac{T_1^2t_1+T_2^2t_2+T_3^2t_3}{\alpha t_1+t_2+\alpha t_3+\beta t_4}}$$

$$=\sqrt{\frac{397900^2\times18.3+219700^2\times37.2+21700^2\times16.5}{0.75\times18.3+37.2+0.75\times16.5+15\times0.5}}$$

$$=258000\text{N}\cdot\text{m}$$

电动机额定转矩

$$T_e=\frac{9550P_e}{n_e}=\frac{9550\times2\times700}{47.5}=281470\text{N}\cdot\text{m}>T_{dx}$$

所以电机的温升校验通过。

（4）过载能力校验　考虑电动机过载能力为 $1.5T_e$。负载图中最大的负载转矩是在启动时

$$T_1=397900\text{N}\cdot\text{m},\ \frac{397900}{281470}T_e=1.41T_e<1.5T_e$$

所以电动机的过载能力校验通过。

由于温升校验及过载能力校验均通过，而且没有浪费，因此所选电动机合适。

第4章 三相异步电动机

4.1 概述

低压三相异步电动机的额定电压为690V以下，常用的额定电压为380V。Y系列电动机采用国际电工委员会（IEC）标准的电动机产品，电动机的定额是以连续工作制S1为基准的连续定额。目前各种三相异步电动机都是在此基础上派生的应用于不同场合和特殊或专用的产品。如Y3系列和YX3系列分别是在Y系列电动机基础第三次改型设计和第三次改型后的高效率三相异步电动机。

4.2 Y系列（IP23）三相异步电动机（摘自JB/T 5271—2010）

4.2.1 Y系列（IP23）三相异步电动机的特点

Y系列（IP23）电动机为笼型转子结构，适用于户内周围环境比较清洁的场合。该电动机的额定频率为50Hz，额定电压为380V，定子绕组为△型接法，其额定电压为380V。按以下额定功率制造：5.5kW、7.5kW、11kW、15kW、18.5kW、22kW、30kW、37kW、45kW、55kW、75kW、90kW、110kW、132kW、160kW、(185kW)、200kW、(220kW)、250kW、(280kW)、315kW、355kW。电动机的定额是以连续工作制（S1）为基准的连续定额。其安装型式及结构特点如表10-4-1所示。

表10-4-1 YB2系列隔爆型三相异步电动机安装型式及结构特点

结构及安装代号(IM)	冷却方式	外壳防护等级	绝缘等级	工作环境
B3	IC411	IP23	B、F	海拔不超过:1000m 空气温度:－15～40℃

4.2.2 型号含义

Y 132S 1-2

1-2——1表示铁芯长度代号，2表示极数

132S——规格代号：132表示中心高，S表示机座长度代号

Y——异步电动机

4.2.3 技术数据

Y型三相异步电动机的机座号与功率、转速的对应关系按表10-4-2规定，在功率、电压及频率为额定时，在同步转速、功率效率及技术参数（见表10-4-3～表10-4-5）均参照JB/T 5271.1—2010。

表10-4-2 Y型（IP23）三相异步电动机机座号与转速、功率的关系

机座号	同步转速/r·min^{-1}					
	3000	1500	1000	750	600	500
	功率/kW					
160M	15	11	7.5	5.5		
160L1	18.5	15	11	7.5		
160L2	22	18.5	—	—		
180M	30	22	15	11		
180L	37	30	18.5	15		
200M	45	37	22	18.5	—	
200L	55	45	30	22		
225M	75	55	37	30		
250S	90	75	45	37		
250M	110	90	55	45		—
280S	—	110	75	55		
280M	132	132	90	55		
315S	160	160	110	90	55	
315M1	(185)	(185)	132	90	75	
315M2	200	200	160	132	90	
315M3	(220)	(220)	—	—	—	
315M4	250	250				
355M1	—	—	(—)	—	—	
355M2	(280)	(280)	200	160	110	
355M 3	315	(220)	(185)	160		
355M 4	—	—	250	200	—	90
355L1	355	315	250	(185)		160
355L2	—	—	—	250	(185)	132

注：M、L后面的数字1、2分别代表同一机座号和转速下的不同功率

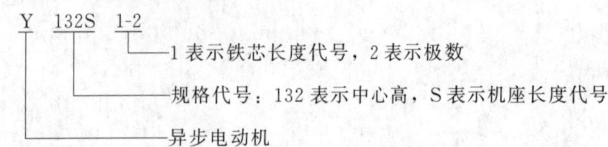

表 10-4-3　Y 型（IP23）三相异步电动机转速与功率效率的关系

<table>
<tr><th rowspan="3">功率/kW</th><th colspan="6">同步转速/r·min^{-1}</th><th colspan="6">同步转速/r·min^{-1}</th></tr>
<tr><th>3000</th><th>1500</th><th>1000</th><th>750</th><th>600</th><th>500</th><th>3000</th><th>1500</th><th>1000</th><th>750</th><th>600</th><th>500</th></tr>
<tr><th colspan="6">效率 η/%</th><th colspan="6">功率因数 $\cos\varphi$</th></tr>
<tr><td>5.5</td><td rowspan="3">—</td><td rowspan="2">—</td><td>—</td><td>83.5</td><td rowspan="9">—</td><td rowspan="11">—</td><td rowspan="3">—</td><td rowspan="2">—</td><td>—</td><td rowspan="2">0.75</td><td rowspan="9">—</td><td rowspan="8">—</td></tr>
<tr><td>7.5</td><td>85.0</td><td>85.0</td><td>0.79</td></tr>
<tr><td>11</td><td>87.5</td><td>86.5</td><td>86.5</td><td>0.85</td><td>0.78</td><td>0.74</td></tr>
<tr><td>15</td><td>88.0</td><td>88.0</td><td>88.0</td><td>87.5</td><td>0.88</td><td rowspan="3">0.86</td><td>0.81</td><td>0.76</td></tr>
<tr><td>18.5</td><td>89.0</td><td>89.0</td><td>88.5</td><td>88.5</td><td rowspan="8">0.89</td><td>0.83</td><td rowspan="2">0.78</td></tr>
<tr><td>22</td><td rowspan="2">89.5</td><td>89.5</td><td>89.0</td><td>89.0</td><td rowspan="2">0.85</td></tr>
<tr><td>30</td><td rowspan="2">90.5</td><td>89.5</td><td>89.5</td><td rowspan="3">0.87</td><td>0.81</td></tr>
<tr><td>37</td><td>92</td><td>90.5</td><td>90.0</td><td>0.87</td><td rowspan="3">0.80</td></tr>
<tr><td>45</td><td>91.0</td><td rowspan="2">91.5</td><td rowspan="2">91.0</td><td>90.5</td><td>0.86</td><td rowspan="2"></td></tr>
<tr><td>55</td><td rowspan="2">91.5</td><td>91.0</td><td>91.5</td><td rowspan="10">0.88</td><td rowspan="2">0.87</td><td>0.74</td></tr>
<tr><td>75</td><td>92.0</td><td>91.5</td><td>91.5</td><td rowspan="2">92.0</td><td rowspan="8">0.81</td><td>0.75</td><td></td></tr>
<tr><td>90</td><td>92.9</td><td rowspan="2">92.5</td><td>92.0</td><td>92.2</td><td>92.0</td><td>0.88</td><td>0.76</td><td>0.74</td></tr>
<tr><td>110</td><td>94</td><td>93.0</td><td>92.8</td><td>92.5</td><td>92.3</td><td rowspan="6">0.90</td><td rowspan="5">0.87</td><td>0.78</td><td rowspan="2">0.75</td></tr>
<tr><td>132</td><td rowspan="3">92.5</td><td rowspan="2">93.0</td><td>93.5</td><td>93.3</td><td rowspan="2">92.8</td><td>92.5</td><td rowspan="3">0.79</td></tr>
<tr><td>160</td><td>93.8</td><td rowspan="3">93.5</td><td rowspan="8">—</td><td rowspan="8">—</td></tr>
<tr><td>(185)</td><td>93.5</td><td rowspan="3">94.0</td><td>93.0</td></tr>
<tr><td>200</td><td>93.0</td><td>93.8</td><td rowspan="6">—</td><td rowspan="6">—</td></tr>
<tr><td>(220)</td><td>93.5</td><td>94.0</td><td rowspan="2">94.0</td><td rowspan="3">0.88</td></tr>
<tr><td>250</td><td>93.8</td><td rowspan="3">94.3</td><td rowspan="2">94.3</td><td rowspan="2">0.88</td><td>0.79</td></tr>
<tr><td>(280)</td><td rowspan="2">94.0</td><td rowspan="3">—</td><td>0.89</td><td rowspan="3">—</td></tr>
<tr><td>315</td><td rowspan="2">—</td><td rowspan="2">0.89</td><td rowspan="2">0.90</td><td rowspan="2">—</td></tr>
<tr><td>355</td><td>94.3</td><td>94.5</td></tr>
</table>

表 10-4-4　Y 型（IP23）三相异步电动机堵转转矩、堵转电流

<table>
<tr><th rowspan="3">功率/kW</th><th colspan="6">同步转速/r·min^{-1}</th><th colspan="6">同步转速/r·min^{-1}</th></tr>
<tr><th>3000</th><th>1500</th><th>1000</th><th>750</th><th>600</th><th>500</th><th>3000</th><th>1500</th><th>1000</th><th>750</th><th>600</th><th>500</th></tr>
<tr><th colspan="6">堵转转矩/额定转矩</th><th colspan="6">堵转电流/额定电流</th></tr>
<tr><td>5.5</td><td rowspan="3">—</td><td rowspan="2">—</td><td>—</td><td rowspan="2">2.0</td><td rowspan="9">—</td><td rowspan="11">—</td><td rowspan="3">—</td><td rowspan="2">—</td><td>—</td><td rowspan="11">6.0</td><td rowspan="9">—</td><td rowspan="11">—</td></tr>
<tr><td>7.5</td><td rowspan="2">2.0</td><td rowspan="10">6.5</td></tr>
<tr><td>11</td><td>1.9</td><td rowspan="2">1.8</td><td rowspan="8">7.0</td></tr>
<tr><td>15</td><td>1.7</td><td rowspan="2">2.0</td><td rowspan="2">1.8</td><td rowspan="7">7.0</td></tr>
<tr><td>18.5</td><td>2.8</td><td>1.7</td></tr>
<tr><td>22</td><td>2.0</td><td rowspan="2">1.9</td><td rowspan="2">1.7</td><td>1.8</td></tr>
<tr><td>30</td><td>1.7</td><td>1.7</td></tr>
<tr><td>37</td><td rowspan="3">1.9</td><td rowspan="2">2.0</td><td rowspan="4">1.8</td><td>1.6</td></tr>
<tr><td>45</td><td rowspan="3">1.8</td></tr>
<tr><td>55</td><td>1.8</td><td rowspan="2">1.2</td><td rowspan="2">5.5</td></tr>
<tr><td>75</td><td>1.8</td><td>2</td><td>6.7</td><td>6.7</td></tr>
</table>

第 10 篇

续表

功率/kW	同步转速/r·min^{-1}						同步转速/r·min^{-1}					
	3000	1500	1000	750	600	500	3000	1500	1000	750	600	500
	效率 η/%						功率因数 $\cos\varphi$					
90	1.7	2.2	1.8		1.2			6.7				5.5
110		1.7		1.3		1.0			6.5			
132	1.6	1.8	1.3		1.0						5.5	
160							6.8			5.5		
(185)	1.4	1.4						6.8				
200				1.1					6.0			
(220)			1.1			—						—
250	1.2	1.2			—						—	
(280)												
315	1.0	1.0	—	—			6.5	6.5	—	—		
355												

表 10-4-5　Y 型（IP23）三相异步电动机堵转转矩、堵转电流

功率/kW	同步转速/r·min^{-1}						同步转速/r·min^{-1}					
	3000	1500	1000	750	600	500	3000	1500	1000	750	600	500
	最小转矩/额定转矩						最大转矩/额定转矩					
5.5		—	—	1.2				—	—			
7.5	—		1.3				—					
11		1.3										
15	1.2											
18.5			1.2	1.1	—						—	
22	1.1	1.2				—				2.0		—
30									2.0			
37								2.2				
45	0.9	1.1	1.1	0.9			2.2					
55												
75	1.8		0.9	0.8								
90		0.9										
110	0.8				0.71	0.5					1.8	1.8
132			0.95									
160	0.83	0.95		0.83						1.8		
(185)									1.8			
200		0.83	0.83				2.0	2.0				
(220)						—						—
250	0.71				—						—	
(280)			0.71									
315		0.71	—	—			1.8	1.8	—	—		
355												

4.3 Y3系列（IP55）三相异步电动机（摘自 JB/T 10447—2004）

4.3.1 Y3系列（IP55）三相异步电动机的特点

Y3 系列（IP55）电动机是以冷轧硅钢片为导磁材料的一般用途基本系列电动机。该电动机的额定电压的额定频率为 50Hz，额定电压为 380V，功率在 3kW 及以下者为Y型接法，其他功率均为△型接法。按以下额定功率制造：0.12kW、0.18kW、0.25kW、0.37kW、0.55kW、0.75kW、1.1kW、1.5kW、2.2kW、3kW、4kW、5.5kW、7.5kW、11kW、15kW、18.5kW、22kW、30kW、37kW、45kW、55kW、75kW、90kW、110kW、132kW、160kW、200kW、250kW、315kW。电动机的定额是以连续工作制（S1）为基准的连续定额。其安装型式及结构特点如表 10-4-6 所示。

表 10-4-6　Y 系列防护式（IP23）三相异步电动机机座带底脚、端盖上无凸缘安装尺寸表（摘自 JB/T 45271—2010）　　/mm

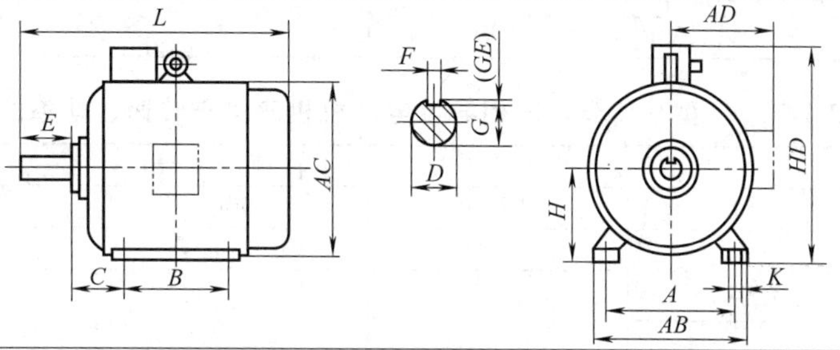

机座号	极数	安装尺寸及公差									外形尺寸				
		A	B	C	D	E	F	G①	H	K②	AB	AC	AD	HD	L
160M	2,4,6,8	254	210	108	48	110	14	42.55	160	14.5	330	380	290	440	676
160L			254												
180M	2,4,6,8	279	241	121	55		16	49	180		350	420	325	505	726
180L			279												
200M	2,4,6,8	318	267	133	60	140	18	53	200	18.5	400	465	350	570	820
200L			305												886
225M	2	356	311	149					225		450	520	395	640	880
	4,6,8				65			58							
250S	2	406		168					250	24	510	550	410	710	930
	4,6,8				75		20	67.5							
250M	2		349		65		18	58							960
	4,6,8				75		20	67.5							
280S	4,6,8	457	368	190	80	170	22	71	280		570	610	485	785	1090
280M	2		419		65	140	18	58							
	4,6,8				80	170	22	71							1140
315S	2	508	406	216	70	140	20	62.5	315	28	630	792	856	928	1130
	4,6,8,10				90	170	25	81							1160
315M	2		457		70	140	20	62.5							1240
	4,6,8,10				90	170	25	81							1270
355M	2	610	560	254	75	140	20	67.5	355		710	980	630	1120	1550
	4,6,8,10				100	210	28	90							1620
355L	2		630		75	140	20	67.5							1620
	4,6,8,10				100	210	28	90							1690

① $G=D-GE$，GE 的极限偏差为（$^{+0.20}_{0}$）。

② K 孔的位置度公差以轴伸的轴线为基准。

第10篇

4.3.2 型号含义

```
Y3  90S  4
|   |    |__4表示极数
|   |_______规格代号：90表示中心高，S表示机座长度代号
|___________Y表示异步电动机，3表示第三次改型设计
```

4.3.3 技术数据

Y3 型三相异步电动机的机座号与功率、转速的对应关系按表 10-4-8 规定，在功率、电压及频率为额定时，在同步转速、功率效率及技术参数（见表 10-4-9、表 10-4-10）均参照 JB/T 10447—2004。

表 10-4-7 YB2 系列隔爆型三相电异步电动安装型式及结构特点

机座号	安装代号(IM)	冷却方式	外壳防护等级	绝缘等级	工作环境
63～71	B14,B34,V18,V19	IC411	IP55	F	海拔不超过:1000m 空气温度:-15～40℃
63～160	B3,B5,B6,B7,B8,B35,V1,V3,V5,V6,V15,V36				
180～280	B3,B5,B35,V1				
315～355	B3,B35,V1				

表 10-4-8 Y3 型（IP55）三相异步电动机机座号与转速、功率的关系

机座号	同步转速/r·min^{-1}				
	3000	1500	1000	750	600
	功率/kW				
63M 1	0.18	0.12	—	—	—
63M 2	0.25	0.18			
71M 1	0.37	0.25	0.18		
71M 2	0.55	0.37	0.25		
80M 1	0.75	0.55	0.37	0.18	
80M 2	1.1	0.75	0.55	0.25	
90S	1.5	1.1	0.75	0.37	
90L	2.2	1.5	1.1	0.55	
100L 1	3	2.2	1.5	0.75	
100L 2		3		1.1	
112M	4	4	2.2	1.5	
132S 1	5.5	5.5	3	2.2	
132S 2	7.5				
132M 1	—	7.5	4	3	
132M 2			5.5		
160M 1	11	11	7.5	4	
160M 2	15			5.5	
160L	18.5	15	11	7.5	
180M	22	18.5	—	—	
180L	—	22	15	11	
200L 1	30	30	18.5	15	
200L 2	37		22		
225S	—	37	—	18.5	
225M	45	45	30	22	
250M	55	55	37	30	
280S	75	75	45	37	
280M	90	90	55	45	

续表

<table>
<tr><th rowspan="3">机座号</th><th colspan="5">同步转速/r・min^{-1}</th></tr>
<tr><th>3000</th><th>1500</th><th>1000</th><th>750</th><th>600</th></tr>
<tr><th colspan="5">功率/kW</th></tr>
<tr><td>315S</td><td>110</td><td>110</td><td>75</td><td>55</td><td>45</td></tr>
<tr><td>315M</td><td>132</td><td>132</td><td>90</td><td>75</td><td>55</td></tr>
<tr><td>315L 1</td><td>160</td><td>160</td><td>110</td><td>90</td><td>75</td></tr>
<tr><td>315L 2</td><td>200</td><td>200</td><td>132</td><td>110</td><td>90</td></tr>
<tr><td>355M1</td><td rowspan="2">250</td><td rowspan="2">250</td><td>160</td><td>160</td><td>110</td></tr>
<tr><td>355M2</td><td>200</td><td>200</td><td>132</td></tr>
<tr><td>355L</td><td>315</td><td>315</td><td>250</td><td>200</td><td>160</td></tr>
</table>

注：S、M、L后面的数字1、2分别代表同一机座号和转速下的不同功率。

表 10-4-9　Y3 型（IP55）三相异步电动机转速与功率效率、电流的关系

<table>
<tr><th rowspan="3">功率/kW</th><th colspan="5">同步转速/r・min^{-1}</th><th colspan="5">同步转速/r・min^{-1}</th><th colspan="5">同步转速/r・min^{-1}</th></tr>
<tr><th>3000</th><th>1500</th><th>1000</th><th>750</th><th>600</th><th>3000</th><th>1500</th><th>1000</th><th>750</th><th>600</th><th>3000</th><th>1500</th><th>1000</th><th>750</th><th>600</th></tr>
<tr><th colspan="5">效率 η/%</th><th colspan="5">功率因数 $\cos\varphi$</th><th colspan="5">堵转电流/额定电流</th></tr>
<tr><td>0.12</td><td>—</td><td>57</td><td>—</td><td>—</td><td rowspan="19">—</td><td>—</td><td>0.72</td><td>—</td><td>—</td><td rowspan="19">—</td><td>—</td><td rowspan="4">4.0</td><td>—</td><td>—</td><td rowspan="19">—</td></tr>
<tr><td>0.18</td><td>66</td><td>63</td><td>62</td><td>52</td><td>0.8</td><td>0.73</td><td>0.66</td><td rowspan="2">0.61</td><td rowspan="2">5.0</td><td rowspan="5">4.0</td><td rowspan="2">3.3</td></tr>
<tr><td>0.25</td><td>68</td><td>66</td><td rowspan="2">—</td><td>55</td><td rowspan="2">0.81</td><td>0.74</td><td>0.68</td></tr>
<tr><td>0.37</td><td>70</td><td>69</td><td>63</td><td rowspan="2">0.75</td><td>0.70</td><td>0.62</td><td rowspan="2">5.5</td><td rowspan="5">4.0</td></tr>
<tr><td>0.55</td><td>73</td><td>71</td><td>66</td><td>64</td><td rowspan="2">0.83</td><td rowspan="2">0.72</td><td>0.63</td><td rowspan="2">5.0</td></tr>
<tr><td>0.75</td><td>57</td><td>73</td><td>69</td><td>71</td><td rowspan="2">0.77</td><td>0.68</td><td rowspan="2">6.0</td></tr>
<tr><td>1.1</td><td>78</td><td>76.2</td><td>73</td><td>73</td><td rowspan="2">0.84</td><td>0.73</td><td rowspan="2">0.69</td><td rowspan="5">6.0</td><td rowspan="3">5.0</td></tr>
<tr><td>1.5</td><td>79</td><td>78.5</td><td>76</td><td>75</td><td>0.79</td><td rowspan="2">0.76</td><td rowspan="4">7.0</td></tr>
<tr><td>2.2</td><td>81</td><td>81</td><td>79</td><td>79</td><td>0.85</td><td>0.81</td><td rowspan="3">0.73</td><td rowspan="2">5.5</td></tr>
<tr><td>3</td><td>83</td><td>82.6</td><td>81</td><td rowspan="2">81</td><td rowspan="5">0.88</td><td rowspan="2">0.82</td><td>0.77</td><td rowspan="2">6.0</td></tr>
<tr><td>4</td><td>85</td><td>84.2</td><td>83</td><td rowspan="2">0.78</td><td rowspan="4">6.0</td></tr>
<tr><td>5.5</td><td>86</td><td>86</td><td>85</td><td>83</td><td>0.84</td><td>0.75</td><td rowspan="12">7.5</td><td rowspan="6">7.0</td><td rowspan="3">6.5</td></tr>
<tr><td>7.5</td><td>87</td><td>87</td><td>86</td><td>85</td><td rowspan="5">0.85</td><td rowspan="2">0.79</td><td rowspan="3">0.76</td></tr>
<tr><td>11</td><td>88.4</td><td>88.4</td><td>87.5</td><td>87</td></tr>
<tr><td>15</td><td>89.4</td><td>89.4</td><td>89</td><td>89</td><td rowspan="2">0.89</td><td>0.81</td><td rowspan="11">7.0</td><td rowspan="4">6.5</td></tr>
<tr><td>18.5</td><td>90</td><td>90.5</td><td rowspan="2">90</td><td>90</td><td rowspan="2">0.83</td><td rowspan="2">0.78</td></tr>
<tr><td>22</td><td>90.5</td><td>91.2</td><td>90.5</td><td rowspan="5">0.90</td></tr>
<tr><td>30</td><td>91.4</td><td>92</td><td rowspan="2">92</td><td>91</td><td>0.86</td><td rowspan="7">0.86</td><td rowspan="3">0.79</td><td rowspan="6">7.2</td></tr>
<tr><td>37</td><td>92</td><td>92.5</td><td>91.5</td><td rowspan="5">0.87</td><td rowspan="2">6.0</td></tr>
<tr><td>45</td><td>92.5</td><td>92.8</td><td>92.5</td><td>92</td><td>91.5</td><td rowspan="2">0.75</td><td rowspan="4">6.0</td></tr>
<tr><td>55</td><td>93</td><td>93</td><td>92.8</td><td>92.8</td><td>92</td><td rowspan="2">0.81</td><td rowspan="5">6.5</td></tr>
<tr><td>75</td><td>93.6</td><td>93.8</td><td>93.5</td><td>93.5</td><td>92.5</td><td rowspan="4">0.91</td><td>0.76</td></tr>
<tr><td>90</td><td>93.9</td><td>94.2</td><td>93.8</td><td>93.8</td><td>93</td><td rowspan="3">0.82</td><td>0.77</td></tr>
<tr><td>110</td><td>94</td><td>94.5</td><td>94</td><td>94</td><td>93.2</td><td rowspan="2">0.88</td><td rowspan="2">0.78</td><td rowspan="2">7.0</td><td rowspan="2">7.0</td><td rowspan="2">5.5</td></tr>
<tr><td>132</td><td>94.5</td><td>94.8</td><td>94.2</td><td>94.2</td><td>93.5</td><td>0.87</td></tr>
</table>

第10篇

续表

<table>
<tr><td rowspan="3">功率/kW</td><td colspan="5">同步转速/$r \cdot min^{-1}$</td><td colspan="5">同步转速/$r \cdot min^{-1}$</td><td colspan="5">同步转速/$r \cdot min^{-1}$</td></tr>
<tr><td>3000</td><td>1500</td><td>1000</td><td>750</td><td>600</td><td>3000</td><td>1500</td><td>1000</td><td>750</td><td>600</td><td>3000</td><td>1500</td><td>1000</td><td>750</td><td>600</td></tr>
<tr><td colspan="5">效率 η/%</td><td colspan="5">功率因数 $\cos\varphi$</td><td colspan="5">堵转电流/额定电流</td></tr>
<tr><td>160</td><td rowspan="2">94.6</td><td rowspan="2">94.9</td><td rowspan="2">94.5</td><td rowspan="2">94.2</td><td rowspan="2">93.5</td><td rowspan="2">0.91</td><td rowspan="3">0.89</td><td rowspan="5">0.88</td><td rowspan="2">0.82</td><td rowspan="2">0.78</td><td rowspan="7">7.0</td><td rowspan="7">7.0</td><td rowspan="5">7.0</td><td rowspan="3">6.5</td><td rowspan="2">5.5</td></tr>
<tr><td>(185)</td></tr>
<tr><td>200</td><td rowspan="2">94.8</td><td rowspan="2">94.9</td><td rowspan="3">94.5</td><td>94.5</td><td rowspan="5">—</td><td rowspan="5">0.92</td><td>0.83</td><td rowspan="5">—</td><td rowspan="5">—</td></tr>
<tr><td>(220)</td><td rowspan="4">—</td><td rowspan="4">0.9</td><td rowspan="4">—</td><td rowspan="4">—</td></tr>
<tr><td>250</td><td rowspan="2">95.2</td><td rowspan="3">95.2</td></tr>
<tr><td>(280)</td><td rowspan="2">—</td><td rowspan="2">—</td><td rowspan="2">—</td></tr>
<tr><td>315</td><td>95.4</td></tr>
</table>

表 10-4-10 Y3 型（IP55）三相异步电动机堵转转矩、最大、最小转矩与额定转矩的关系

<table>
<tr><td rowspan="3">功率/kW</td><td colspan="5">同步转速/$r \cdot min^{-1}$</td><td colspan="5">同步转速/$r \cdot min^{-1}$</td><td colspan="5">同步转速/$r \cdot min^{-1}$</td></tr>
<tr><td>3000</td><td>1500</td><td>1000</td><td>750</td><td>600</td><td>3000</td><td>1500</td><td>1000</td><td>750</td><td>600</td><td>3000</td><td>1500</td><td>1000</td><td>750</td><td>600</td></tr>
<tr><td colspan="5">堵转转矩/额定转矩</td><td colspan="5">最小转矩/额定转矩</td><td colspan="5">最大转矩/额定转矩</td></tr>
<tr><td>0.12</td><td>—</td><td rowspan="4">2.0</td><td>—</td><td>—</td><td rowspan="19">—</td><td>—</td><td rowspan="5">1.7</td><td>—</td><td>—</td><td rowspan="19">—</td><td>—</td><td rowspan="4">2.2</td><td>—</td><td>—</td><td rowspan="19">—</td></tr>
<tr><td>0.18</td><td rowspan="15">2.2</td><td rowspan="4">1.9</td><td rowspan="9">1.8</td><td rowspan="4">1.6</td><td rowspan="5">1.5</td><td rowspan="5">1.3</td><td rowspan="12">2.3</td><td rowspan="8">2.1</td><td rowspan="2">1.9</td></tr>
<tr><td>0.25</td></tr>
<tr><td>0.37</td><td rowspan="7">2.0</td></tr>
<tr><td>0.55</td><td rowspan="2">2.4</td><td rowspan="4">2.3</td></tr>
<tr><td>0.75</td><td rowspan="10">2.1</td><td rowspan="3">1.5</td><td rowspan="3">1.6</td></tr>
<tr><td>1.1</td><td rowspan="7">2.3</td><td rowspan="7">1.3</td><td rowspan="7">1.2</td></tr>
<tr><td>1.5</td></tr>
<tr><td>2.2</td><td rowspan="3">1.4</td><td rowspan="3">1.5</td><td rowspan="7">2.4</td></tr>
<tr><td>3</td><td rowspan="5">2.4</td></tr>
<tr><td>4</td><td rowspan="4">1.9</td><td rowspan="8">2.2</td></tr>
<tr><td>5.5</td><td rowspan="4">1.2</td><td rowspan="4">1.4</td></tr>
<tr><td>7.5</td></tr>
<tr><td>11</td><td rowspan="10">2.2</td><td rowspan="6">1.2</td><td rowspan="6">1.1</td><td rowspan="3">2.4</td></tr>
<tr><td>15</td><td rowspan="2">2.0</td><td>2.1</td></tr>
<tr><td>18.5</td><td rowspan="2">2.2</td><td rowspan="4">1.1</td><td rowspan="4">1.2</td><td rowspan="2">2.3</td><td rowspan="5">2.4</td></tr>
<tr><td>22</td><td rowspan="4">2.0</td><td>1.9</td><td>2.3</td></tr>
<tr><td>30</td><td rowspan="4">2.1</td><td rowspan="9">1.8</td><td rowspan="2">2.4</td><td rowspan="6">2.4</td></tr>
<tr><td>37</td><td rowspan="8">2.0</td></tr>
<tr><td>45</td><td rowspan="4">1.5</td><td rowspan="2">1.0</td><td rowspan="2">1.1</td><td rowspan="2">1.1</td><td rowspan="2">1.0</td><td rowspan="7">0.8</td><td rowspan="4">2.3</td><td rowspan="7">2.0</td></tr>
<tr><td>55</td><td>2.1</td><td>2.2</td></tr>
<tr><td>75</td><td>2.0</td><td rowspan="4">2.0</td><td rowspan="5">0.9</td><td rowspan="5">1.0</td><td rowspan="5">1.0</td><td rowspan="5">0.9</td><td rowspan="5">2.0</td></tr>
<tr><td>90</td><td>2.1</td></tr>
<tr><td>110</td><td rowspan="3">1.8</td><td rowspan="3">2.1</td><td rowspan="3">1.3</td><td rowspan="3">2.2</td><td rowspan="3">2.2</td></tr>
<tr><td>132</td></tr>
<tr><td>160</td><td>1.9</td></tr>
</table>

续表

功率/kW	同步转速/r·min^{-1}					同步转速/r·min^{-1}					同步转速/r·min^{-1}				
	3000	1500	1000	750	600	3000	1500	1000	750	600	3000	1500	1000	750	600
	堵转转矩/额定转矩					最小转矩/额定转矩					最大转矩/额定转矩				
(185)	1.8	2.1	1.9	1.8	1.3	0.9	1.0	0.9	0.9	0.8	2.2	2.2	2.0	2.0	2.0
200					—	0.8	0.9			—					—
(220)	1.6			—					—					—	
250															
(280)			—					—					—		
315							0.8								

表 10-4-11　Y3 系列（IP55）三相异步电动机机座带底脚，端盖上无凸缘安装尺寸表　/mm

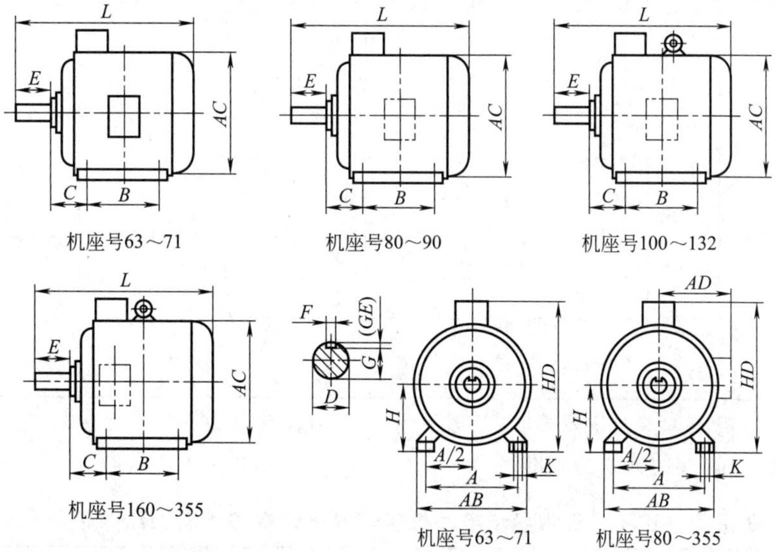

机座号63～71　机座号80～90　机座号100～132

机座号160～355　机座号63～71　机座号80～355

机座号	极数	安装尺寸										外形尺寸				
		A	$A/2$	B	C	D	E	F	G①	H	K②	AB	AC	AD	HD	L
63M	2,4	100	50	80	40	11	23	4	8.5	63	7	135	130		180	230
71M	2,4,6	112	56	90	45	14	30	5	11	71		150	145		195	255
80M	2,4,6,8	125	62.5	100	50	19	40	6	15.5	80	10	165	175	145	220	295
90S		140	70		56	24	50	8	20	90		180	195	155	250	320
90L				125												345
100L		160	80	140	63	28	60		24	100	12	205	215	180	270	385
112M		190	95		70					112		230	240	190	300	400
132S		216	108		89	38	80	10	33	132		270	275	210	345	470
132M				178												510
160M		254	127	210	108	42	110	12	37	160	14.5	320	330	255	420	615
160L				254												670
180M		279	139.5	241	121	48		14	42.5	180		355	380	280	455	700
180L				279												740
200L		318	159	305	133	55		16	49	200	18.5	395	420	305	505	770

第10篇

续表

机座号	极数	安装尺寸										外形尺寸				
		A	$A/2$	B	C	D	E	F	G①	H	K②	AB	AC	AD	HD	L
225S	4,8	356	178	286	149	60	140	18	53	225	18.5	435	470	335	560	820
225M	2			311		55	110	16	49							815
	4,6,8					60	140	18	53							845
250M	2	406	203	349	168					250	24	490	510	370	615	910
	4,6,8					65			58							
280S	2	457	228.5	368	190					280		550	580	410	680	985
	4,6,8					75		20	67.5							
280M	2			419		65		18	58							1035
	4,6,8					75		20	67.5							
315S	2,4	508	254	406	216	65		18	58	315	28	635	645	530	845	1160
	4,6,8,10					80	170	22	71							1270
315M	2,4			457		65	140	18	58							1190
	4,6,8,10					80	170	22	71							1300
315L	2,4			508		65	140	18	58							1190
	4,6,8,10					80	170	22	71							1300
355M	2,4	610	305	560	254	75	140	20	67.5	355		730	710	655	1010	1500
	4,6,8,10					95	170	25	86							1530
355L	2,4			630		75	140	20	67.5							1500
	4,6,8,10					95	170	25	86							1530

① $G=D-GE$，GE 的极限偏差对机座号 80 及以下为 $\left(^{+0.10}_{0}\right)$，其余为 $\left(^{+0.20}_{0}\right)$。

② K 孔的位置度公差以轴伸的轴线为基准。

表 10-4-12　Y3 系列（IP55）三相异步电动机座带底脚，端盖上有凸缘（带通孔）安装尺寸表　/mm

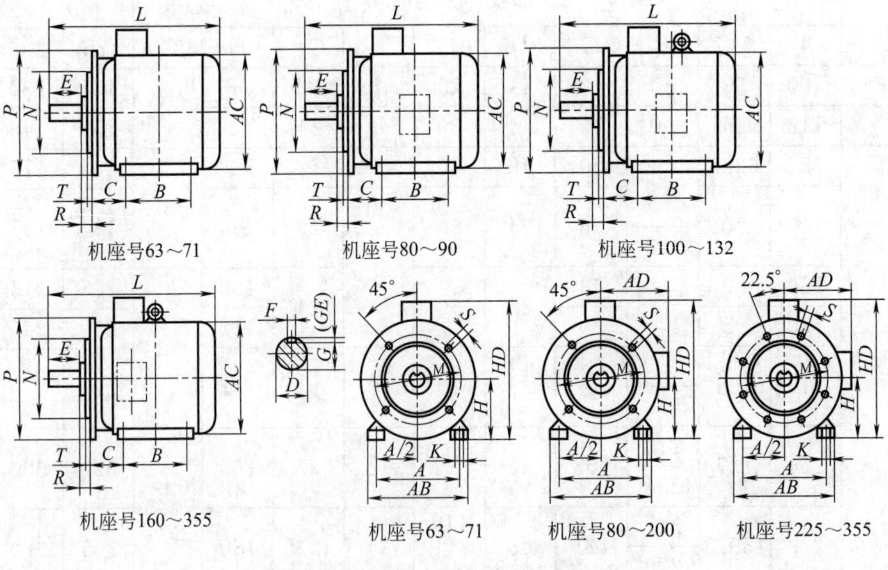

端盖上有凸缘(带通孔)的电动机

机座号	凸缘号	极数	安装尺寸																外形尺寸				
			A	B	C	D	E	F	G ①	H	K ②	M	N	P ③	R ④	S ②	T	凸缘孔	AB	AC	AD	HD	L
63M	FF115	2,4,6	100	80	40	11	23	4	8.5	63	7	115	95	140	0	10	3	4	135	130		180	230
71M	FF130		112	90	45	14	30	5	11	71		130	110	160			3.5		150	145		195	255
80M	FF165	2,4,6,8	125	100	50	19	40	6	15.5	80	10	165	130	200		12			165	175	145	220	295
90S			140		56	24	50	8	20	90									180	195	155	250	320
90L				125																			345
100L	FF215		160	140	63	28	60		24	100	12	215	180	250		14.5	4		205	215	180	270	385
112M			190		70					112									230	240	190	300	400
132S	FF265		216		89	38	80	10	33	132		265	230	300					270	275	210	345	470
132M				178																			510
160M	FF300		254	210	108	42	110	12	37	160	14.5	300	250	350		18.5	5		320	330	255	420	615
160L				254																			670
180M			279	241	121	48		14	42.5	180									355	380	280	455	700
180L				279																			740
200L	FF350		318	305	133	55		16	49	200	18.5	350	300	400					395	420	305	505	770
225S	FF400	4,8	356	286	149	60	140	18	53	225		400	350	450				8	435	470	335	560	820
225M		2		311		35	110	16	49														815
		4,6,8				60	140	18	53														845
250M	FF500	2	406	349	168					250	24	500	450	550					490	510	370	615	910
		4,6,8				65			58														
280S		2	457	368	190					280									550	580	410	680	985
		4,6,8				75		20	67.5														
280M		2		419		65		18	58														1035
		4,6,8				75		20	67.5														
315S	FF600	2,4	508	406	216	65		18	58	315	28	600	550	660		24	6		635	645	530	845	1160
		4,6,8,10				80	170	22	71														1270
315M				457		65	140	18	58														1190
		4,6,8,10				80	170	22	71														1300
315L		2,4		508		65	140	18	58														1190
		4,6,8,10				80	170	22	71														1300
355M	FF740		—610	560	254	75	140	20	67.5	355		740	680	800					730	710	655	1010	1500
		4,6,8,10				95	170	25	86														1530
355L				630		75	140	20	67.5														1500
		4,6,8,10				95	170	25	86														1530

① $G=D-GE$，GE 的极限偏差对机座号 80 及以下为 $\left(^{+0.10}_{0}\right)$，其余为 $\left(^{+0.20}_{0}\right)$。

② K、S 孔的位置度公差以轴伸的轴线为基准。

③ P 尺寸为最大极限值。

④ R 为凸缘配合面至轴伸肩的距离。

表 10-4-13 Y3 系列（IP55）三相异步机座不带底脚，端盖上有凸缘（带通孔）安装尺寸表 /mm

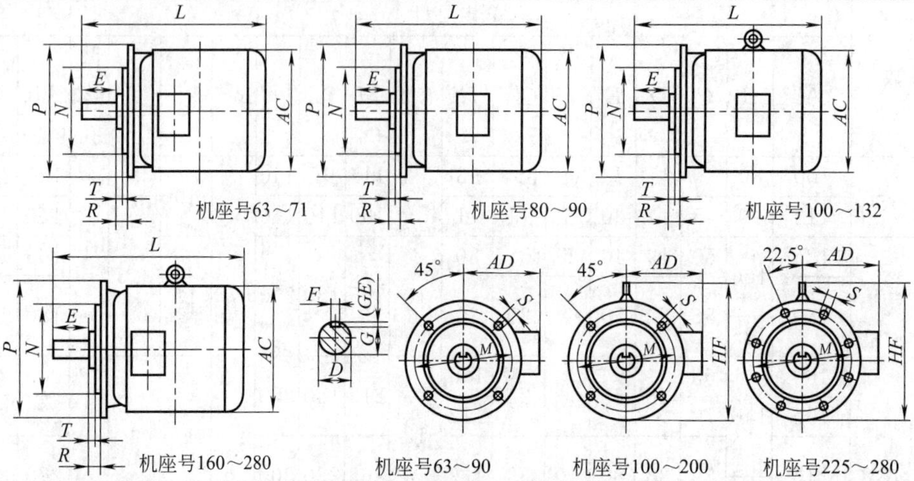

机座号63～71　机座号80～90　机座号100～132

机座号160～280　机座号63～90　机座号100～200　机座号225～280

机座号	凸缘号	极数	安装尺寸										凸缘孔数	外形尺寸			
			D	E	F	G①	M	N	P②	R③	S④	T		AC	AD	HF	L
63M	FF115	2,4	11	23	4	8.5	115	95	140		10	3		130	120		230
71M	FF130	2,4,6	14	30	5	11	130	110	160					145	125		255
80M			19	40	6	15.5						3.5		175	145		295
90S	FF15		24	50		20	165	130	200		12			195	155		320
90L					8												345
100L	FF215		28	60		24	215	180	250					215	180	245	385
112M											14.5	4	4	240	190	265	400
132S	FF265	2,4,6,8	38	80	10	33	265	230	300					275	210	315	470
132M																	510
160M			42		12	37								330	255	385	615
160L	FF300						300	250	350								670
180M			48	110	14	42.5				0				380	280	430	700
180L																	740
200L	FF350		55		16	49	350	500	400					420	305	480	770
225S		4,8	60	140	18	53											820
225M	FF400	2	55	110	16	49	400	350	450		18.5	5		470	335	535	815
		4,6,8	60			53											845
250M		2			18									510	370	595	910
		4,6,8	65			58							8				
280S	FF500	2		140			500	450	550								985
		4,6,8	75		20	67.5								580	410	650	
280M		2	65		18	58											1035
		4,6,8	75		20	67.5											

① $G=D-GE$，GE 的极限偏差对机座号 80 及以下为（$^{+0.10}_{0}$），其余为（$^{+0.20}_{0}$）。
② P 尺寸为最大极限值。
③ R 为凸缘配合面至轴伸肩的距离。
④ S 孔的位置度公差以轴伸的轴线为基准。

表 10-4-14　Y3 系列（IP55）三相异步基座带底脚，端盖上有凸缘（带通孔）安装尺寸表　/mm

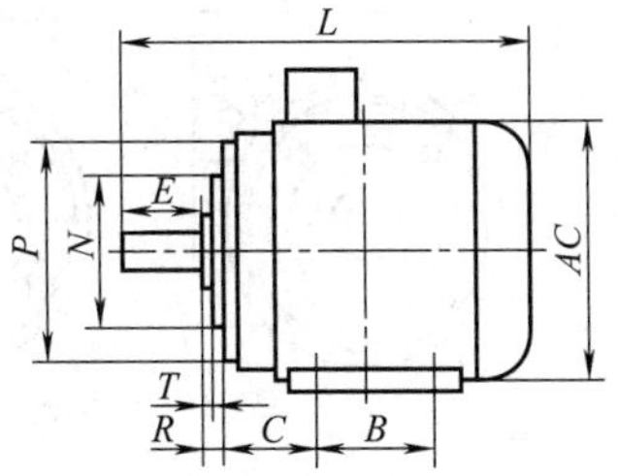

机座号63～71

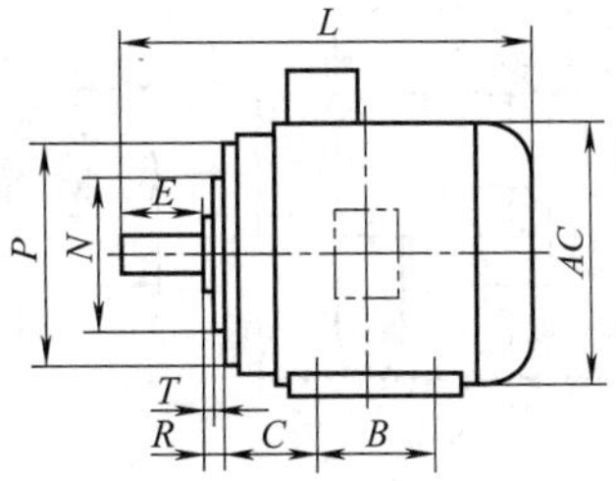

机座号80～90

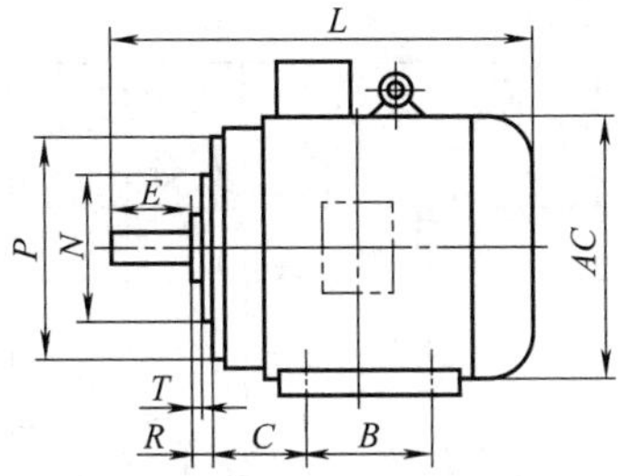

机座号100～112

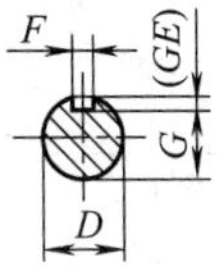

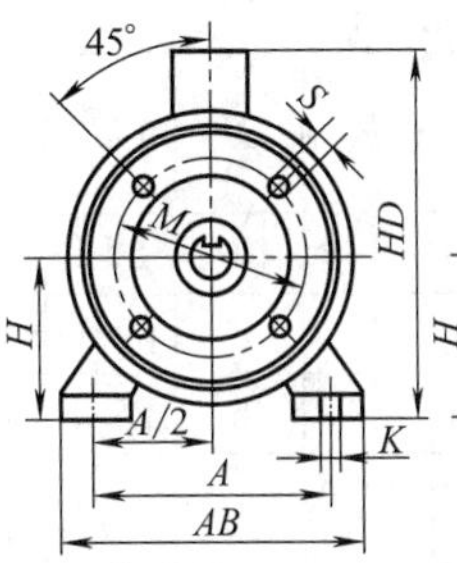

机座号63～71

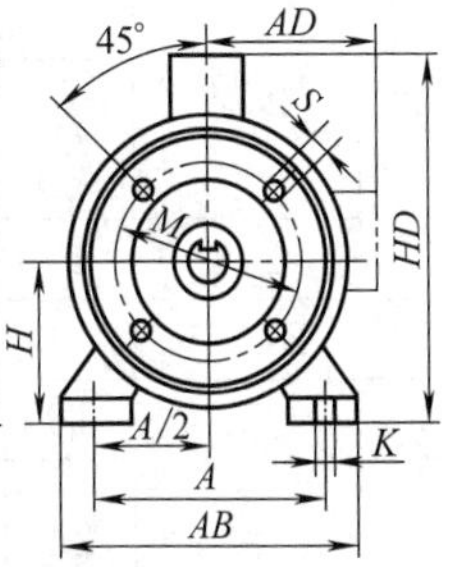

机座号80～112

机座号	凸缘号	极数	安装尺寸																外形尺寸				
			A	B	C	D	E	F	G[①]	H	K[②]	M	N	P[③]	R[④]	S[②]	T	凸缘孔数	AB	AC	AD	HD	L
63M	FT75	2,4	100	80	40	11	23	4	8.5	63	7	75	60	90	0	M5	2.5	4	135	130		180	230
71M	FT85	2,4,6	112	90	45	14	30	5	11	71	7	85	70	105	0	M6	2.5	4	150	145		195	255
80M	FT100	2,4,6,8	125	100	50	19	40	6	15.5	80	10	100	80	120	0	M6	3.0	4	165	175	145	220	295
90S	FT115	2,4,6,8	140	100	56	24	50	8	20	90	10	115	95	140	0	M8	3.0	4	180	195	155	250	320
90L	FT115	2,4,6,8	140	125	56	24	50	8	20	90	10	115	95	140	0	M8	3.0	4	180	195	155	250	345
100L	FT130	2,4,6,8	160	140	63	28	60	8	24	100	12	130	110	160	0	M8	3.5	4	205	215	180	270	385
112M	FT130	2,4,6,8	190	140	70	28	60	8	24	112	12	130	110	160	0	M8	3.5	4	230	240	190	300	400

① $G=D-GE$，GE 的极限偏差对机座号 80 及以下为（$^{+0.10}_{0}$），其余为（$^{+0.20}_{0}$）。

② K、S 孔的位置度公差以轴伸的轴线为基准。

③ P 尺寸为最大极限值。

④ R 为凸缘配合面至轴伸肩的距离。

表 10-4-15　Y3 系列（IP55）三相异步基座不带底脚，端盖上有凸缘（带通孔）安装尺寸表　/mm

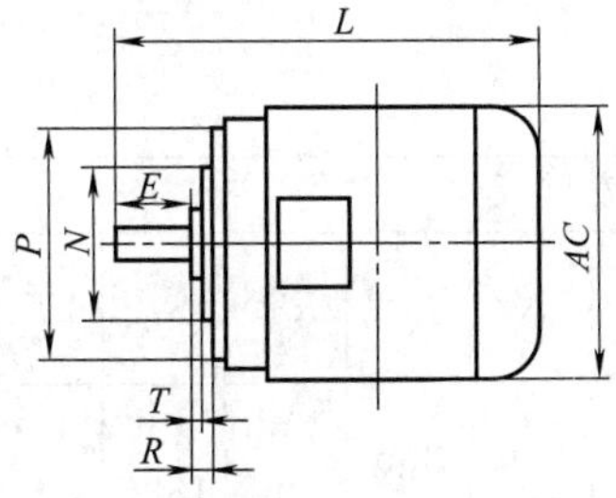

机座号63～71

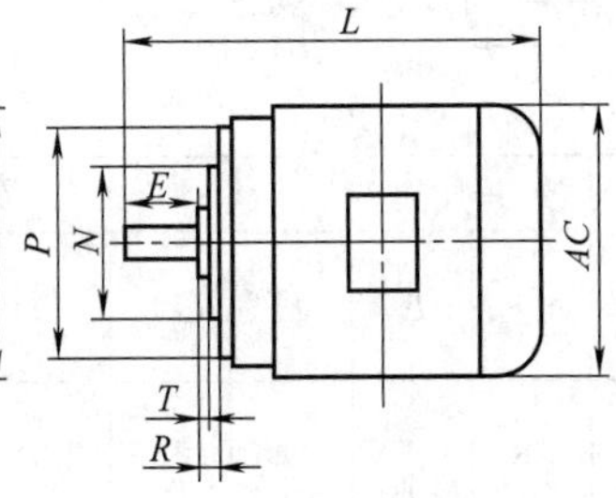

机座号80～90

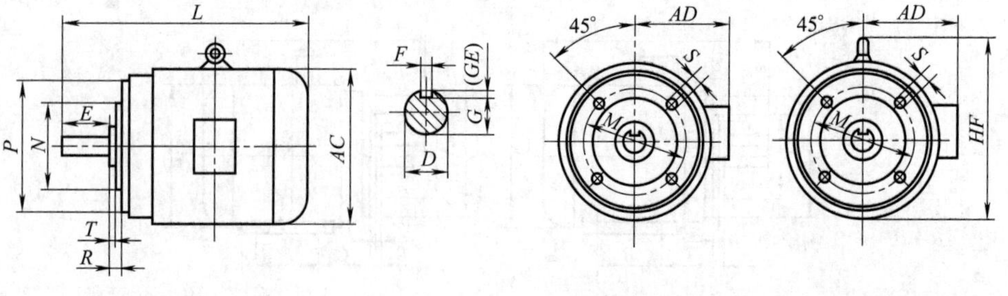

机座号100～112　　机座号63～90　　机座号100～112

机座号	凸缘号	极数	安装尺寸											外形尺寸			
			D	E	F	G①	M	N	P②	R③	S④	T	凸缘孔数	AC	AD	HD	L
63M	FT75	2,4	11	23	4	8.5	75	60	90	0	M5	2.5	4	130	120		230
71M	FT85	2,4,6	14	30	5	11	85	70	105		M6			145	125		255
80M	FT100	2,4,6,8	19	40	6	15.5	100	80	120			3.0		175	145		295
90S	FT115		24	50	8	20	115	95	140		M8			195	155		320
90L																	345
100L	FT130		28	60		24	130	110	160			3.5		215	180	245	385
112M														240	190	265	400

① $G=D-GE$，GE 的极限偏差对机座号 80 及以下为 ($^{+0.10}_{0}$)，其余为 ($^{+0.20}_{0}$)。

② P 尺寸为最大极限值。

③ R 为凸缘配合面至轴伸肩的距离。

④ S 孔的位置度公差以轴伸的轴线为基准。

表 10-4-16　Y3 系列立式安装、机座不带底脚、端盖上有凸缘（带通孔）、轴伸向下安装尺寸表　/mm

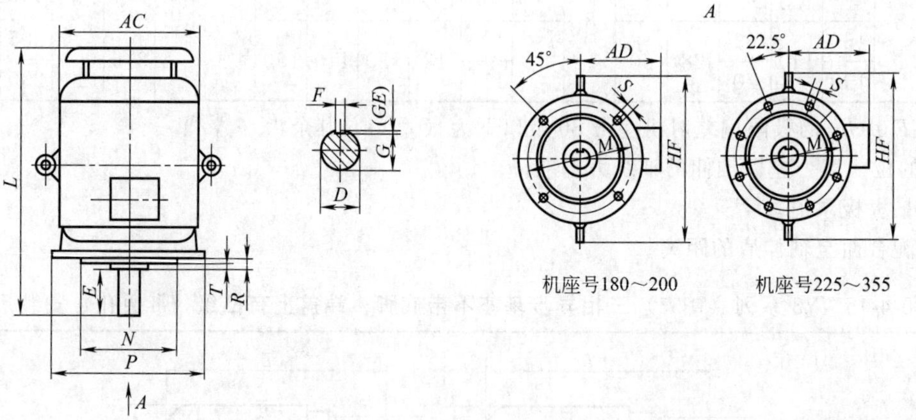

机座号180～200　　机座号225～355

机座号	凸缘号	极数	安装尺寸											外形尺寸			
			D	E	F	G①	M	N	P②	R③	S④	T	凸缘孔数	AC	AD	HF	L
180M	FF300	2,4,6,8	48	110	14	42.5	300	250	350	0	18.5	5	4	380	280	500	760
180L																	800
200L	FF350		55		16	49	350	300	400					420	305	550	840

续表

<table>
<tr><th rowspan="2">机座号</th><th rowspan="2">凸缘号</th><th rowspan="2">极数</th><th colspan="11">安装尺寸</th><th colspan="4">外形尺寸</th></tr>
<tr><th>D</th><th>E</th><th>F</th><th>G①</th><th>M</th><th>N</th><th>P②</th><th>R③</th><th>S④</th><th>T</th><th>凸缘孔数</th><th>AC</th><th>AD</th><th>HF</th><th>L</th></tr>
<tr><td>225S</td><td rowspan="3">FF400</td><td>4,8</td><td>60</td><td>140</td><td>18</td><td>53</td><td rowspan="3">400</td><td rowspan="3">350</td><td rowspan="3">450</td><td rowspan="19">0</td><td rowspan="9">18.5</td><td rowspan="9">5</td><td rowspan="19">8</td><td rowspan="3">470</td><td rowspan="3">335</td><td rowspan="3">610</td><td>910</td></tr>
<tr><td rowspan="2">225M</td><td>2</td><td>55</td><td>110</td><td>16</td><td>49</td><td>905</td></tr>
<tr><td>4,6,8</td><td rowspan="2">60</td><td rowspan="8">140</td><td rowspan="3">18</td><td rowspan="2">53</td><td>935</td></tr>
<tr><td rowspan="2">250M</td><td rowspan="6">FF500</td><td>2</td><td rowspan="6">500</td><td rowspan="6">450</td><td rowspan="6">550</td><td rowspan="2">510</td><td rowspan="2">370</td><td rowspan="2">650</td><td rowspan="2">1015</td></tr>
<tr><td>4,6,8</td><td rowspan="2">65</td><td rowspan="2">58</td></tr>
<tr><td rowspan="2">280S</td><td>2</td><td rowspan="4">580</td><td rowspan="4">410</td><td rowspan="4">720</td><td rowspan="2">1110</td></tr>
<tr><td>4,6,8</td><td>75</td><td>20</td><td>67.5</td></tr>
<tr><td rowspan="2">280M</td><td>2</td><td>65</td><td>18</td><td>58</td><td rowspan="2">1150</td></tr>
<tr><td>4,6,8</td><td>75</td><td>20</td><td>67.5</td></tr>
<tr><td rowspan="2">315S</td><td rowspan="6">FF600</td><td>2,4</td><td>65</td><td>18</td><td>58</td><td rowspan="6">600</td><td rowspan="6">550</td><td rowspan="6">660</td><td rowspan="10">24</td><td rowspan="10">6</td><td rowspan="6">645</td><td rowspan="6">530</td><td rowspan="6">900</td><td>1280</td></tr>
<tr><td>4,6,8,10</td><td>80</td><td>170</td><td>22</td><td>71</td><td>1400</td></tr>
<tr><td rowspan="2">315M</td><td>2,4</td><td>65</td><td>140</td><td>18</td><td>58</td><td>1310</td></tr>
<tr><td>4,6,8,10</td><td>80</td><td>170</td><td>22</td><td>71</td><td>1430</td></tr>
<tr><td rowspan="2">315L</td><td>2,4</td><td>65</td><td>140</td><td>18</td><td>58</td><td>1310</td></tr>
<tr><td>4,6,8,10</td><td>80</td><td>170</td><td>22</td><td>71</td><td>1430</td></tr>
<tr><td rowspan="2">355M</td><td rowspan="4">FF740</td><td>2,4</td><td>75</td><td>140</td><td>20</td><td>67.5</td><td rowspan="4">740</td><td rowspan="4">680</td><td rowspan="4">800</td><td rowspan="4">710</td><td rowspan="4">655</td><td rowspan="4">1010</td><td>1640</td></tr>
<tr><td>4,6,8,10</td><td>95</td><td>170</td><td>25</td><td>86</td><td>1670</td></tr>
<tr><td rowspan="2">355L</td><td>2,4</td><td>75</td><td>140</td><td>20</td><td>67.5</td><td>1640</td></tr>
<tr><td>4,6,8,10</td><td>95</td><td>170</td><td>25</td><td>86</td><td>1670</td></tr>
</table>

① $G=D-GE$，GE 的极限偏差为 ($^{+0.20}_{0}$)。

② P 尺寸为最大极限值。

③ R 为凸缘配合面至轴伸肩的距离。

④ S 孔的位置度公差以轴伸的轴线为基准。

4.4 YX3 系列（IP55）三相异步电动机（摘自 JB/T 10686—2006）

4.4.1 YX3 系列（IP55）三相异步电动机的特点

YX3 系列（IP55）电动机是第三次改型设计的高效率三相异步电动机。和 Y、Y3 系列电动机相比，在性能、技术条件、适用环境、运行方式上有较大的改进和提高。该电动机的额定频率为 50Hz，额定电压为 380V，功率在 3kW 及以下者为Y型接法，其他功率均为△型接法。按以下额定功率制造：0.55kW、0.75kW、1.1kW、1.5kW、2.2kW、3kW、4kW、5.5kW、7.5kW、11kW、15kW、18.5kW、22kW、30kW、37kW、45kW、55kW、75kW、90kW、110kW、132kW、160kW、200kW、250kW、315kW。电动机的定额是以连续工作制（S1）为基准的连续定额。其安装型式及结构特点如表 10-4-6 所示。

4.4.2 型号含义

```
YX3  90S  4
 │    │   └─4 表示极数
 │    └─────规格代号：90 表示中心高，S 表示机座长度代号
 └──────────Y 表示异步电动机，X 表示高效率，
            3 表示第三次改型设计
```

4.4.3 技术数据

Y3 型三相异步电动机的机座号与功率、转速的对应关系见表 10-4-18，在功率、电压及频率为额定时，在同步转速、功率效率及技术参数（见表 10-4-19、表 10-4-20）均参照 JB/T 10686—2006。

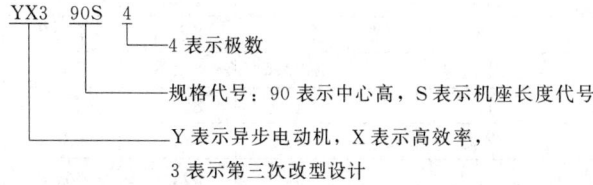

表 10-4-17 YX3 系列隔爆型三相电异步电动安装型式及结构特点

机座号	安装代号(IM)	冷却方式	外壳防护等级	绝缘等级	工作环境
80～112	B14,B34,V18,V19	IC411	IP55	B	海拔不超过:1000m 空气温度:－15～40℃
80～160	B3,B5,B6,B7,B8,B35,V1,V3,V5,V6,V15,V36				
180～280	B3,B5,B35,V1				
315～355	B3,B35,V1				

表 10-4-18 YX3 型（IP55）三相异步电动机机座号与转速、功率的关系

机座号	同步转速/r·min^{-1}			机座号	同步转速/r·min^{-1}		
	3000	1500	1000		3000	1500	1000
	功率/kW				功率/kW		
80M 1	0.75	0.55	—	180L	—	22	15
80M 2	1.1	0.75	—	200L 1	30	30	18.5
90S	1.5	1.1	0.75	200L 2	37		22
90L	2.2	1.5	1.1	225S	—	37	—
100L 1	3	2.2	1.5	225M	45	45	30
100L 2		3		250M	55	55	37
112M	4	4	2.2	280S	75	75	45
132S 1	5.5	5.5	3	280M	90	90	55
132S 2	7.5			315S	110	110	75
132M 1	—	7.5	4	315M	132	132	90
132M 2			5.5	315L 1	160	160	110
160M 1	11	11	7.5	315L 2	200	200	132
160M 2	15			355M 1	250	250	160
160L	18.5	15	11	355M 2			200
180M	22	18.5	—	355L	315	315	250

注：S、M、L 后面的数字 1、2 分别代表同一机座号和转速下的不同功率。

表 10-4-19 YX3 型（IP55）三相异步电动机转速与功率效率、电流的关系

功率/kW	同步转速/r·min^{-1}			同步转速/r·min^{-1}			同步转速/r·min^{-1}		
	3000	1500	1000	3000	1500	1000	3000	1500	1000
	效率 η/%			功率因数 $\cos\varphi$			堵转电流/额定电流		
0.55	—	80.7	—	—	0.75	—	—	6.3	—
0.75	77.5	82.3	77.7	0.83	0.75	0.72	6.8	6.5	5.8
1.1	82.8	83.8	79.9	0.83	0.75	0.73	7.3	6.6	5.9
1.5	84.1	85.0	81.5	0.84	0.75	0.74	7.6	6.9	6.0
2.2	85.6	86.4	83.4	0.85	0.81	0.74	7.8	7.5	6.0
3	86.7	87.4	84.9	0.87	0.82	0.74	8.1	7.6	6.2
4	87.6	88.3	86.1	0.88	0.82	0.74	8.3	7.7	6.8
5.5	88.6	89.2	87.4	0.88	0.82	0.75	8.0	7.5	7.1
7.5	89.5	90.1	89.0	0.89	0.83	0.78	7.8	7.4	6.7
11	90.5	91.0	90.0	0.89	0.85	0.79	7.9	7.5	6.9
15	91.3	91.8	91.0	0.89	0.86	0.81	8	7.5	7.2

续表

功率/kW	同步转速/r·min⁻¹			同步转速/r·min⁻¹			同步转速/r·min⁻¹		
	3000	1500	1000	3000	1500	1000	3000	1500	1000
	效率 η/%			功率因数 $\cos\varphi$			堵转电流/额定电流		
18.5	91.8	92.2	91.5	0.89	0.86	0.81	8.1	7.7	7.2
22	92.2	92.6	92.0	0.89	0.86	0.82	8.2	7.8	7.3
30	92.9	93.2	92.5	0.89	0.86	0.84	7.5	7.2	7.1
37	93.3	93.6	93.0	0.89	0.86	0.86	7.5	7.3	7.1
45	93.7	93.9	93.5	0.89	0.86	0.86	7.6	7.4	7.2
55	94.0	94.2	93.8	0.89	0.86	0.85	7.6	7.4	7.2
75	94.6	94.7	94.2	0.89	0.88	0.85	6.9	6.7	6.7
90	95.0	95.0	94.5	0.89	0.88	0.84	7.0	6.9	6.7
110	95.0	95.4	95.0	0.90	0.88	0.85	7.1	6.9	6.7
132	95.4	95.4	95.0	0.90	0.88	0.86	7.1	6.9	6.7
160	95.4	95.4	95.0	0.91	0.89	0.87	7.1	6.9	6.7
200	95.4	95.4	95.0	0.91	0.89	0.87	7.1	6.9	6.7
250	95.8	95.8	95.0	0.91	0.90		7.1	6.9	6.7
315	95.8	95.8	—	0.91	0.90	—	7.1	6.9	—

表 10-4-20　YX3 型（IP55）三相异步电动机堵转转矩、最大、最小转矩与额定转矩的关系

<table>
<tr><th rowspan="3">功率/kW</th><th colspan="3">同步转速/r·min⁻¹</th><th colspan="3">同步转速/r·min⁻¹</th><th colspan="3">同步转速/r·min⁻¹</th></tr>
<tr><th>3000</th><th>1500</th><th>1000</th><th>3000</th><th>1500</th><th>1000</th><th>3000</th><th>1500</th><th>1000</th></tr>
<tr><th colspan="3">堵转转矩/额定转矩</th><th colspan="3">最小转矩/额定转矩</th><th colspan="3">最大转矩/额定转矩</th></tr>
<tr><td>0.55</td><td>—</td><td rowspan="7">2.3</td><td>—</td><td>—</td><td>1.7</td><td>—</td><td>—</td><td></td><td>—</td></tr>
<tr><td>0.75</td><td rowspan="6">2.3</td><td rowspan="4">2.1</td><td rowspan="3">1.5</td><td rowspan="3">1.6</td><td>1.5</td><td rowspan="18">2.3</td><td rowspan="18">2.3</td><td rowspan="14">2.1</td></tr>
<tr><td>1.1</td><td rowspan="7">1.4</td></tr>
<tr><td>1.5</td></tr>
<tr><td>2.2</td><td rowspan="3">1.4</td><td rowspan="3">1.5</td></tr>
<tr><td>3</td><td rowspan="3">2.0</td></tr>
<tr><td>4</td></tr>
<tr><td>5.5</td><td rowspan="10">2.2</td><td rowspan="2">2.0</td><td rowspan="4">1.2</td><td rowspan="4">1.4</td></tr>
<tr><td>7.5</td><td rowspan="2">2.1</td></tr>
<tr><td>11</td><td rowspan="9">2.2</td><td rowspan="6">1.2</td></tr>
<tr><td>15</td><td>2.0</td></tr>
<tr><td>18.5</td><td rowspan="2">2.1</td><td rowspan="4">1.1</td><td rowspan="4">1.2</td></tr>
<tr><td>22</td></tr>
<tr><td>30</td><td>2.0</td></tr>
<tr><td>37</td><td rowspan="3">2.1</td></tr>
<tr><td>45</td><td rowspan="2">1.0</td><td rowspan="2">1.1</td><td rowspan="2">1.1</td><td rowspan="4">2.0</td></tr>
<tr><td>55</td></tr>
<tr><td>75</td><td rowspan="2">2.0</td><td rowspan="2">2.0</td><td rowspan="2">0.9</td><td rowspan="2">1.0</td><td rowspan="2">1.0</td></tr>
<tr><td>90</td></tr>
</table>

续表

功率/kW	同步转速/r·min⁻¹ 3000	1500	1000	同步转速/r·min⁻¹ 3000	1500	1000	同步转速/r·min⁻¹ 3000	1500	1000
	堵转转矩/额定转矩			最小转矩/额定转矩			最大转矩/额定转矩		
110	2.0	2.2	2.0	0.9	1.0	1.0	2.2	2.2	2.0
132	2.0	2.2	2.0	0.9	1.0	1.0	2.2	2.2	2.0
160	2.0	2.2	2.0	0.9	1.0	1.0	2.2	2.2	2.0
200	2.0	2.2	2.0	0.8	0.9	0.9	2.2	2.2	2.0
250	2.0	2.2	2.0	0.8	0.9	—	2.2	2.2	—
315	2.0	2.2	—	0.8	0.8	—	2.2	2.2	—

表 10-4-21 YX3 系列三相异步电动机机座带底脚，端盖上无凸缘（带通孔）安装尺寸表 /mm

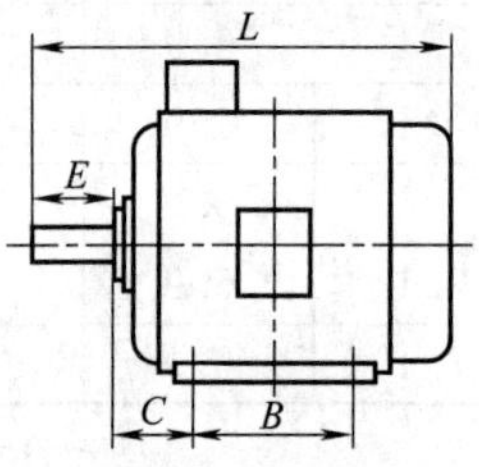

机座号80～90

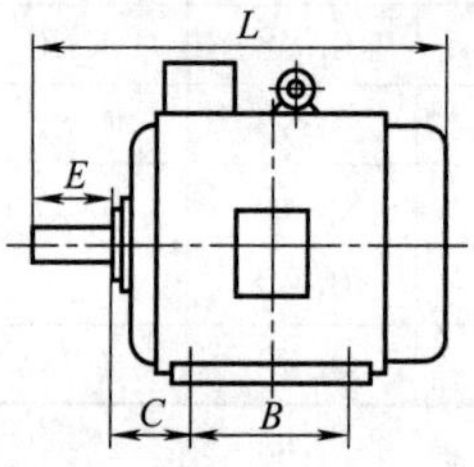

机座号100～132

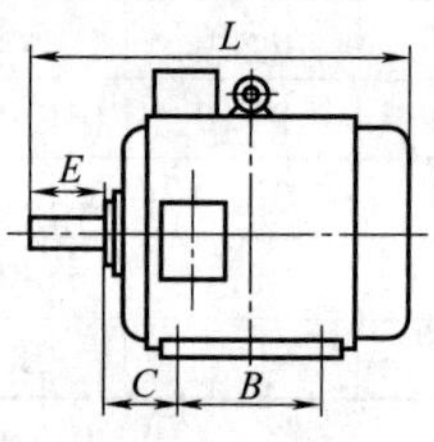

机座号160～355

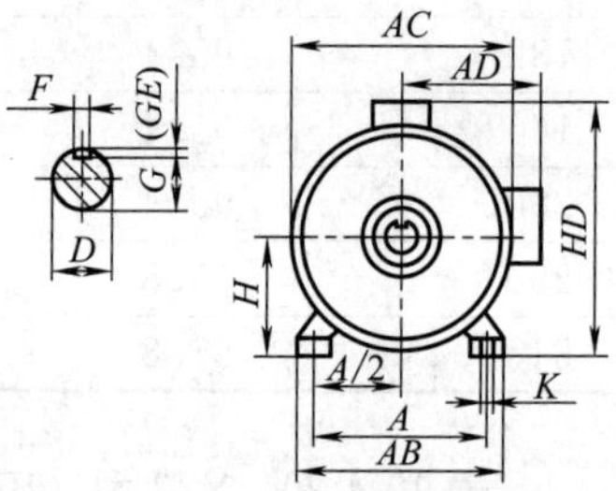

机座号80～355

机座号	极数	安装尺寸 A	B	C	D	E	F	G①	H	K②	外形尺寸 AB	AC	AD	HD	L
80M	2,4,6,8	125	100	50	19	40	6	15.5	80	10	165	175	145	220	305
90S	2,4,6,8	140	100	56	24	50	8	20	90	10	180	195	165	260	360
90L	2,4,6,8	140	125	56	24	50	8	20	90	10	180	195	165	260	390
100L	2,4,6,8	160	140	60	28	60	8	24	100	12	205	215	180	275	435
112M	2,4,6,8	190	140	70	28	60	8	24	112	12	230	240	190	300	470
132S	2,4,6,8	216	140	89	38	80	10	33	132	12	270	275	210	345	510
132M	2,4,6,8	216	178	89	38	80	10	33	132	12	270	275	210	345	560
160M	2,4,6,8	254	210	108	42	110	12	37	160	14.5	320	330	255	420	670
160L	2,4,6,8	254	254	108	42	110	12	37	160	14.5	320	330	255	420	700
180M	2,4,6,8	279	241	121	48	110	14	42.5	180	14.5	355	380	280	455	740
180L	2,4,6,8	279	279	121	48	110	14	42.5	180	14.5	355	380	280	455	790
200L	2,4,6,8	318	305	133	55	110	16	49	200	18.5	395	420	305	505	790
225S	4	356	286	149	60	140	18	53	225	18.5	435	470	335	560	830
225M	2	356	311	149	55	110	16	49	225	18.5	435	470	335	560	825
225M	4,6	356	311	149	60	140	18	53	225	18.5	435	470	335	560	855
250M	2	406	349	168	60	140	18	53	250	24	490	510	370	615	915
250M	4,6	406	349	168	65	140	18	58	250	24	490	510	370	615	915
280S	2	457	368	190	65	140	18	58	280	24	550	580	410	680	985
280S	4,6	457	368	190	75	140	20	67.5	280	24	550	580	410	680	985

续表

机座号	极数	安装尺寸									外形尺寸				
		A	B	C	D	E	F	G①	H	K②	AB	AC	AD	HD	L
280M	2	457	419	190	65	140	18	58	280	24	550	580	410	680	1035
	4,6				75		20	67.5							
315S	2,4	508	406	216	65		18	58	315	28	635	648	530	845	1180
	4,6				80	170	22	71							1290
315M	2,4		457		65	140	18	58							1210
	4,6				80	170	22	71							1320
315L	2,4		508		65	140	20	67.5							1210
	4,6				80	170	25	86							1320
355S	2,4	610	560	254	75	140	20	67.5	355		730	710	655	1010	1500
	4,6				95	170	25	86							1530
355M	2,4		630		75	140	20	87.5							1500
	4,6				95	170	25	86							1530

① $G=D-GE$，GE 的偏差允许值对机座号 80 以下为 $\left(^{+0.1}_{0}\right)$，其余为 $\left(^{+0.2}_{0}\right)$。

② K 孔位置度公差以轴伸的轴线为基准。

表 10-4-22 YX3 系列三相异步电动机机座带底脚、端盖上有凸缘（带通孔）的电动机 /mm

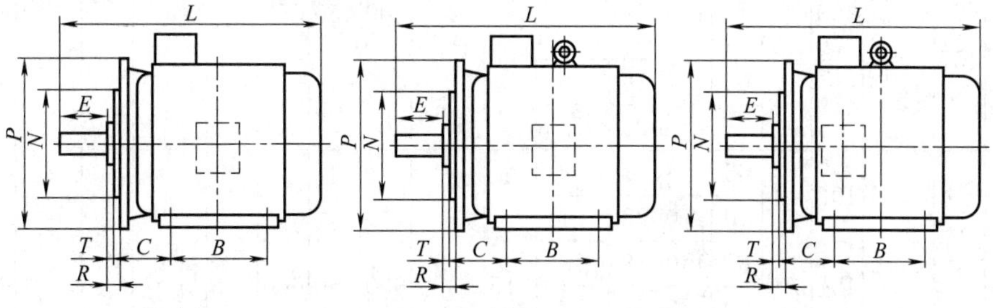

机座号80～90　　机座号100～132　　机座号160～355

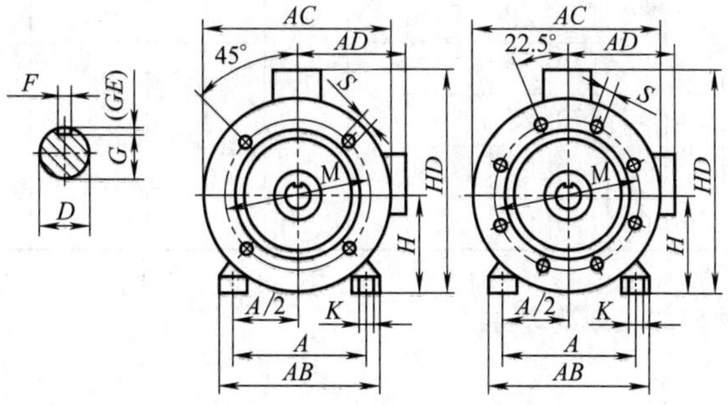

机座号80～200　　机座号225～355

机座号	凸缘号	极数	安装尺寸及公差																	外形尺寸				
			A	$A/2$	B	C	D	E	F	G①	H	K②	M	N	P③	R④	S②	T	凸缘孔数	AB	AC	AD	HD	L
80M	Ff165	2,4,6	125	62.5	100	50	19	40	6	15.5	80	10	165	130	200	0	12	3.5	4	165	175	145	220	305
90S			140	70		56	24	50	8	20	90									180	195	165	260	360
90L					125																			390

第10篇

机座号	凸缘号	极数	安装尺寸及公差																	外形尺寸				
			A	$A/2$	B	C	D	E	F	G①	H	K②	M	N	P③	R④	S②	T	凸缘孔数	AB	AC	AD	HD	L
100L	FF215	2,4,6	160	80	140	63	28	60	8	24	100	12	215	180	250	0	14.5	4	4	205	215	180	270	435
112M			190	95		70					112									230	240	190	300	470
132S	FF265		216	108		89	38	80	10	33	132		265	230	300					270	275	210	345	510
132M					178																			560
160M	FF300		254	127	210	108	42	110	12	37	160	14.5	300	250	350		18.5	5		320	330	255	420	670
160L					254																			700
180M			279	139.5	241	121	48		14	42.5	180									355	380	280	455	740
180L					279																			790
200L	FF350		318	159	305	133	55		16	49	200	18.5	350	300	400					395	420	305	505	790
225S	FF400	4	356	178	286	149	60	140	18	53	225		400	350	450				8	435	470	335	560	830
225M		2			311		55	110	16	49														825
		4,6					60	140	18	53														855
250M	FF500	2	406	203	349	168					250	24	500	450	550					490	510	370	615	915
		4,6					65			58														
280S		2	457	228.5	368	190					280													985
		4,6					75		20	67.5										550	580	410	680	
280M		2			419		65		18	58														1035
		4,6					75		20	67.5														
315S	FF600	2,4	508	254	406	216	65		18	58	315	28	600	550	660		24	6		635	645	530	845	1180
		4,6					80	170	22	71														1290
315M		2,4			457		65	140	18	58														1210
		4,6					80	170	22	71														1320
315L		2,4			508		65	140	18	58														1210
		4,6					80	170	22	71														1320
355M	FF740	2,4	610	305	560	254	75	140	20	67.5	355		740	680	800					730	710	655	1010	1500
		4,6					95	170	25	86														1530
355L		2,4			630		75	140	20	67.5														1500
		4,6					95	170	25	86														1530

① $G=D-GE$，GE 的极限偏差对机座号 80 为 $(^{+0.10}_{0})$，其余为 $(^{+0.20}_{0})$。
② K、S 孔的位置度公差以轴伸的轴线为基准。
③ P 尺寸为最大极限值。
④ R 为凸缘配合面至轴伸肩的距离。

4.5 YE2、YE3 系列（IP55）三相异步电动机

4.5.1 YE2 系列、YE3 系列（IP55）三相异步电动机的特点

YE2 系列（IP55）电动机是在 Y 基础上改型设计的超高效率三相异步电动机。该电动机的额定频率为 50Hz，额定电压为 380V，功率在 3kW 及以下者为Y型接法，其他功率均为△型接法。按以下额定功率制造：0.12kW、0.18kW、0.25kW、0.37kW、0.55kW、0.75kW、1.1kW、1.5kW、2.2kW、3kW、4kW、5.5kW、7.5kW、11kW、15kW、18.5kW、22kW、30kW、37kW、45kW、

55kW、75kW、90kW、110kW、132kW、160kW、200kW、250kW、315kW。电动机的定额是以连续工作制（S1）为基准的连续定额。其安装型式及结构特点如表 10-4-23 所示。

YE3 系列（IP55）电动机是在 Y 基础上改型设计的高效率三相异步电动机。该电动机的额定频率为 50Hz，额定电压为 380V，功率在 3kW 及以下者为Y 型接法，其他功率均为△型接法。按以下额定功率制造：0.75kW、1.1kW、1.5kW、2.2kW、3kW、4kW、5.5kW、7.5kW、11kW、15kW、18.5kW、22kW、30kW、37kW、45kW、55kW、75kW、90kW、110kW、132kW、160kW、200kW、250kW、315kW、355kW、375kW。电动机的定额是以连续工作制（S1）为基准的连续定额。其安装型式及结构特点如表 10-4-24 所示。

4.5.2 型号含义

YE2 132S1 2
- 2——2 表示极数
- 132S1——规格代号：132 表示中心高，S 表示机座长度代号，1 表示铁芯长度
- YE2——Y 表示异步电动机，E2 表示 IE2 能效等级，高效

YE3 132S1 2
- 2——2 表示极数
- 132S1——规格代号：132 表示中心高，S 表示机座长度代号，1 表示铁芯长度
- YE3——Y 表示异步电动机，E2 表示 IE3 能效等级，超高效

4.5.3 技术数据

YE2 系型三相异步电动机的机座号与功率、转速的对应关系按表 10-4-25 规定，在功率、电压及频率为额定时，同步转速、功率效率及技术参数见表 10-4-26、表 10-4-27。

表 10-4-23 YE2 系列三相电异步电动安装型式及结构特点（摘自 JB/T 11707—2017）

机座号	安装代号(IM)	冷却方式	外壳防护等级	绝缘等级	工作环境
63～112	B3,B5,B6,B7,B8,B14,B34,B35,V1,V3,V5,V6,V15,V17,V18,V19,V5,V37	IC411	IP55	F	海拔不超过：1000m 空气温度：−15～40℃
132～160	B3,B5,B6,B7,B8,B35,V1,V3,V5,V6,V15,V35				
180～280	B3,B5,B35,V1				
315～355	B3,B35,V1				

表 10-4-24 YE3 系列三相电异步电动安装型式及结构特点（摘自 GB/T 28575—2012）

机座号	安装代号(IM)	冷却方式	外壳防护等级	绝缘等级	工作环境
80～112	B14,B34,V18,V19	IC411	IP55	F	海拔不超过：1000m 空气温度：−15～40℃
80～160	B3,B5,B6,B7,B35,V1,V3,V5,V6,V15,V17,V35,V37				
180～280	B3,B5,B35,V1				
315～355	B3,B35,V1				

表 10-4-25 YE2 型（IP55）三相异步电动机机座号与转速、功率的关系（摘自 JB/T 11707—2017）

机座号	同步转速/$r \cdot min^{-1}$				
	3000	1500	1000	750	600
	功率/kW				
63M1	0.18	0.12	—	—	—
63M2	0.25	0.18			
71M1	0.37	0.25	0.18		
71M2	0.55	0.37	0.25		
80M 1	0.75	0.55	0.37	0.18	
80M 2	1.1	0.75	0.55	0.25	
90S	1.5	1.1	0.75	0.37	
90L	2.2	1.5	1.1	0.55	

第10篇

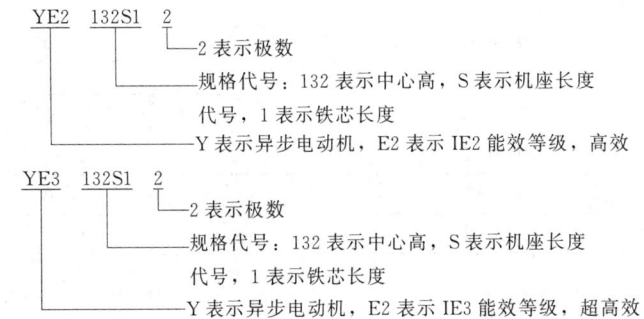

续表

机座号	同步转速/r·min^{-1}				
	3000	1500	1000	750	600
	功率/kW				
100L 1	3	2.2	1.5	0.75	—
100L 2		3		1.1	
112M	4	4	2.2	1.5	
132S 1	5.5	5.5	4	2.2	
132S 2	7.5				
132M 1	—	7.5	4	3	
132M 2			5.5		
160M 1	11	11	7.5	4	
160M 2	15			5.5	
160L	18.5	15	11	7.5	
180M	22	18.5	—	—	
180L	—	22	15	11	
200L 1	30	30	18.5	15	
200L 2	37		22		
225S	—	37	—	18.5	
225M	45	45	30	22	
250M	55	55	37	30	
280S	75	75	45	37	
280M	90	90	55	45	
315S	110	110	75	55	45
315M	132	132	90	75	55
315L 1	160	160	110	90	75
315L 2	200	200	132	110	90
355M 1	250	250	160	160	110
355M 2			200	200	132
355L	315	315	250	200	160

注：S、M、L后面的数字1、2分别代表同一机座号和转速下的不同功率。

表 10-4-26　YE2 型（IP55）三相异步电动机转速与功率效率、电流的关系（摘自 JB/T 11707—2017）

功率/kW	同步转速/r·min^{-1}					同步转速/r·min^{-1}					同步转速/r·min^{-1}				
	3000	1500	1000	750	600	3000	1500	1000	750	600	3000	1500	1000	750	600
	效率 η/%					功率因数 $\cos\varphi$					堵转电流/额定电流				
0.12	—	59.1	—	—	—	—	0.72	—	—	—	—	6.4	—	—	—
0.18	60.4	64.7	56.6	45.9		0.80	0.73	0.66	0.61		6.8	6.4	5.8	5.1	
0.25	64.8	68.5	61.6	50.6		0.81	0.74	0.68	0.61		6.8	6.4	5.8	5.5	
0.37	69.5	72.7	67.6	56.1		0.81	0.75	0.70	0.61		6.8	6.4	5.8	6.0	
0.55	74.1	77.1	73.1	61.7		0.82	0.75	0.72	0.61		6.8	6.4	5.8	5.8	
0.75	77.4	79.6	75.9	66.2		0.82	0.76	0.71	0.67		6.8	6.4	5.8	6.1	
1.1	79.6	81.4	78.1	70.8		0.83	0.77	0.72	0.69		7.1	6.6	5.9	6.1	

续表

功率/kW	同步转速/r·min^{-1}					同步转速/r·min^{-1}					同步转速/r·min^{-1}				
	3000	1500	1000	750	600	3000	1500	1000	750	600	3000	1500	1000	750	600
	效率 η/%					功率因数 $\cos\varphi$					堵转电流/额定电流				
1.5	81.3	82.8	79.8	74.1		0.84	0.78	0.72	0.70		7.3	6.7	5.9	6.4	
2.2	83.2	84.3	81.8	77.6		0.85	0.80	0.72	0.71		7.6	7.3	6.2	6.4	
3	84.6	85.5	83.3	80.0		0.87	0.81	0.72	0.73		7.8	7.5	6.4	6.8	
4	85.8	86.6	84.6	81.9		0.88	0.81	0.74	0.73		8.1	7.5	6.6	6.8	
5.5	87.0	87.7	86.0	83.8		0.89	0.82	0.75	0.74		8.2	7.5	6.8	6.7	
7.5	88.1	88.7	87.2	85.3	—	0.89	0.83	0.78	0.75	—	7.8	7.3	6.8	6.4	—
11	89.4	89.8	88.7	86.9		0.89	0.83	0.79	0.75		7.9	7.4	6.9	6.5	
15	90.3	90.6	89.7	88.0		0.89	0.84	0.82	0.76		7.9	7.5	7.3	6.6	
18.5	90.9	91.2	90.4	88.6		0.89	0.85	0.80	0.76		8.0	7.6	7.2	6.6	
22	91.3	91.6	90.9	89.1		0.89	0.85	0.81	0.78		8.1	7.7	7.3	6.6	
30	92.0	92.3	91.7	89.8		0.89	0.85	0.82	0.79		7.5	7.1	6.8	6.5	
37	92.5	92.7	92.2	90.3		0.89	0.86	0.83	0.79		7.5	7.3	7.0	6.5	
45	92.9	93.1	92.7	90.7	90.2	0.89	0.86	0.85	0.79	0.75	7.5	7.3	7.2	6.5	6.2
55	93.2	93.7	93.1	91.0	90.2	0.89	0.86	0.86	0.81	0.75	7.6	7.3	7.2	6.6	6.2
75	93.8	94.0	93.7	91.6	91.1	0.89	0.87	0.84	0.81	0.76	6.9	6.8	6.5	6.1	5.7
90	94.1	94.3	94.0	91.9	91.1	0.90	0.88	0.85	0.82	0.77	6.9	6.9	6.6	6.2	5.8
110	94.3	94.6	94.3	92.3	91.7	0.90	0.89	0.85	0.82	0.78	7.0	6.9	6.6	6.3	5.9
132	94.6	94.8	94.6	92.6	92.4	0.91	0.89	0.86	0.82	0.78	7.0	6.9	6.6	6.3	6.0
160	94.8	95.0	94.8	93.0	92.4	0.91	0.90	0.86	0.82	0.78	7.1	6.9		6.3	6.0
200	95.0	95.1	95.0	93.5		0.91	0.90	0.86	0.83		7.1	6.9	6.8	6.4	
250	95.0	95.1	95.0	—	—	0.91	0.90	0.86	—	—	7.1	6.9	6.8	—	—
315	95.0	95.1	—			0.91	0.90	—			7.2	6.9	—		

表 10-4-27　YE2 型（IP55）三相异步电动机堵转转矩、最大、最小转矩与额定转矩的关系

<table>
<tr><th rowspan="3">功率/kW</th><th colspan="5">同步转速/r·min^{-1}</th><th colspan="5">同步转速/r·min^{-1}</th><th colspan="5">同步转速/r·min^{-1}</th></tr>
<tr><th>3000</th><th>1500</th><th>1000</th><th>750</th><th>600</th><th>3000</th><th>1500</th><th>1000</th><th>750</th><th>600</th><th>3000</th><th>1500</th><th>1000</th><th>750</th><th>600</th></tr>
<tr><th colspan="5">堵转转矩/额定转矩</th><th colspan="5">最小转矩/额定转矩</th><th colspan="5">最大转矩/额定转矩</th></tr>
<tr><td>0.12</td><td>—</td><td rowspan="4">2.1</td><td>—</td><td>—</td><td rowspan="11">—</td><td>—</td><td rowspan="5">1.7</td><td>—</td><td>—</td><td rowspan="11">—</td><td>—</td><td rowspan="4">2.2</td><td>—</td><td>—</td><td rowspan="11">—</td></tr>
<tr><td>0.18</td><td rowspan="8">2.3</td><td rowspan="4">1.9</td><td rowspan="9">1.8</td><td rowspan="4">1.6</td><td rowspan="5">1.5</td><td rowspan="5">1.3</td><td rowspan="3">2.2</td><td rowspan="3">2.0</td><td rowspan="3">1.9</td></tr>
<tr><td>0.25</td></tr>
<tr><td>0.37</td></tr>
<tr><td>0.55</td><td>2.4</td><td rowspan="7">2.3</td><td rowspan="7">2.3</td><td rowspan="7">2.1</td><td rowspan="7">2.0</td></tr>
<tr><td>0.75</td><td rowspan="6">2.3</td><td rowspan="6">2.0</td><td rowspan="3">1.5</td><td rowspan="3">1.6</td></tr>
<tr><td>1.1</td><td rowspan="5">1.3</td><td rowspan="5">1.2</td></tr>
<tr><td>1.5</td></tr>
<tr><td>2.2</td><td rowspan="3">1.4</td><td rowspan="3">1.5</td></tr>
<tr><td>3</td><td rowspan="2">2.2</td></tr>
<tr><td>4</td><td>1.9</td></tr>
</table>

第 10 篇

续表

功率/kW	同步转速/r·min⁻¹					同步转速/r·min⁻¹					同步转速/r·min⁻¹				
	3000	1500	1000	750	600	3000	1500	1000	750	600	3000	1500	1000	750	600
	堵转转矩/额定转矩					最小转矩/额定转矩					最大转矩/额定转矩				
5.5	2.2	2.0	2.0	1.9	—	1.2	1.4	1.3	1.2	—	2.3	2.3	2.1	2.0	—
7.5															
11								1.2	1.1						
15				2.0											
18.5						1.1	1.2								
22	2.2	2.1		1.9											
30															
37															
45	2.2	2.2			1.5	1.0	1.1	1.1	1.0	0.8			2.0		2.0
55				1.8											
75	1.8					0.9	1.0	1.0	0.9						
90															
110		2.1			1.3						2.2	2.2			
132															
160															
200					—	0.8	0.9	0.9		—					—
250	1.6	2.0		—					—					—	
315							0.8	—					—		

YE3系型三相异步电动机的机座号与功率、转速的对应关系按表10-4-28规定，在功率、电压及频率为额定时，同步转速、功率效率及技术参数见表10-4-29、表10-4-30。

表10-4-28　YE3型（IP55）三相异步电动机机座号与转速、功率的关系（摘自GB/T 28575—2012）

机座号	同步转速/r·min⁻¹			机座号	同步转速/r·min⁻¹		
	3000	1500	1000		3000	1500	1000
	功率/kW				功率/kW		
80M 1	0.75	—	—	200L 1	30	30	18.5
80M 2	1.1	0.75	—	200L 2	37		22
90S	1.5	1.1	0.75	225S	—	37	—
90L	2.2	1.5	1.1	225M	45	45	30
100L 1	3	2.2	1.5	250M	55	55	37
100L 2		3		280S	75	75	45
112M	4	4	2.2	280M	90	90	55
132S 1	5.5	5.5	3	315S	110	110	75
132S 2	7.5			315M	132	132	90
132M 1	—	7.5	4	315L 1	160	160	110
132M 2			5.5	315L 2	200	200	132
160M 1	11	11	7.5	355M 1	250	250	160
160M 2	15			355M 2			200
160L	18.5	15	11	355L	315	315	250
180M	22	18.5	—	3551	355	355	—
180L	—	22	15	3552	375	375	315

表 10-4-29　YE3 型（IP55）三相异步电动机转速与功率效率、电流的关系（摘自 GB/T 28575—2012）

功率/kW	同步转速/r・min^{-1}			同步转速/r・min^{-1}			同步转速/r・min^{-1}		
	3000	1500	1000	3000	1500	1000	3000	1500	1000
	效率 η/%			功率因数 $\cos\varphi$			堵转电流/额定电流		
0.75	80.7	82.5	78.9	0.82	0.75	0.71	7.0	6.6	6.0
1.1	82.7	84.1	81.0	0.83	0.76	0.73	7.3	6.8	6.0
1.5	84.2	85.3	82.5	0.84	0.77	0.73	7.6	7.0	6.5
2.2	85.9	86.7	84.3	0.85	0.81	0.74	7.6	7.6	6.6
3	87.1	87.7	85.6	0.87	0.82	0.74	7.8	7.6	6.8
4	88.1	88.6	86.8	0.88	0.82	0.74	8.3	7.8	6.8
5.5	89.2	89.6	88.0	0.88	0.83	0.75	8.3	7.9	7.0
7.5	90.1	90.4	89.1	0.88	0.84	0.79	7.9	7.5	7.0
11	91.2	91.4	90.3	0.89	0.85	0.80	8.1	7.7	7.2
15	91.9	92.1	91.2	0.89	0.86	0.81	8.1	7.8	7.3
18.5	92.4	92.6	91.7	0.89	0.86	0.81	8.2	7.8	7.3
22	92.7	93.0	92.2	0.89	0.86	0.81	8.2	7.8	7.4
30	93.3	93.6	92.9	0.89	0.86	0.83	7.6	7.3	6.9
37	93.7	93.9	93.3	0.89	0.86	0.84	7.6	7.4	7.1
45	94.0	94.2	93.7	0.90	0.86	0.85	7.7	7.4	7.3
55	94.3	94.6	94.1	0.90	0.86	0.86	7.7	7.4	7.3
75	94.7	95.0	94.6	0.90	0.88	0.84	7.1	6.0	6.6
90	95.0	95.2	94.9	0.90	0.88	0.85	7.1	6.9	6.7
110	95.2	95.4	95.1	0.90	0.89	0.85	7.1	7.0	6.7
132	95.4	95.6	95.4	0.90	0.89	0.86	7.1	7.0	6.8
160	95.6	95.8	95.6	0.91	0.89	0.86	7.2	7.1	6.8
200	95.8	96.0	95.8	0.91	0.90	0.87	7.2	7.1	6.8
250	95.8	96.0	95.8	0.91	0.90	0.87	7.2	7.1	6.8
315	95.8	96.0	95.8	0.91	0.90	0.86	7.2	7.1	6.8
355	95.8	96.0	—	0.91	0.88	—	7.2	7.0	—
375	95.8	96.0	—	0.91	0.88	—	7.2	7.0	—

表 10-4-30　YE3 型（IP55）三相异步电动机转堵转转矩、最大、最小转矩与额定转矩的关系（摘自 GB/T 28575—2012）

<table>
<tr><th rowspan="3">功率/kW</th><th colspan="3">同步转速/r・min^{-1}</th><th colspan="3">同步转速/r・min^{-1}</th><th colspan="3">同步转速/r・min^{-1}</th></tr>
<tr><th>3000</th><th>1500</th><th>1000</th><th>3000</th><th>1500</th><th>1000</th><th>3000</th><th>1500</th><th>1000</th></tr>
<tr><th colspan="3">堵转转矩/额定转矩</th><th colspan="3">最小转矩/额定转矩</th><th colspan="3">最大转矩/额定转矩</th></tr>
<tr><td>0.75</td><td>2.3</td><td rowspan="5">2.3</td><td rowspan="7">2.0</td><td rowspan="3">1.5</td><td rowspan="3">1.6</td><td>1.5</td><td rowspan="7">2.3</td><td rowspan="7">2.3</td><td rowspan="7">2.1</td></tr>
<tr><td>1.1</td><td rowspan="5">2.2</td><td rowspan="6">1.3</td></tr>
<tr><td>1.5</td></tr>
<tr><td>2.2</td><td rowspan="3">1.4</td><td rowspan="3">1.5</td></tr>
<tr><td>3</td></tr>
<tr><td>4</td><td>2.2</td></tr>
<tr><td>5.5</td><td>2.0</td><td>2.0</td><td>1.2</td><td>1.4</td></tr>
</table>

续表

<table>
<tr><th rowspan="3">功率/kW</th><th colspan="3">同步转速/r·min^{-1}</th><th colspan="3">同步转速/r·min^{-1}</th><th colspan="3">同步转速/r·min^{-1}</th></tr>
<tr><th>3000</th><th>1500</th><th>1000</th><th>3000</th><th>1500</th><th>1000</th><th>3000</th><th>1500</th><th>1000</th></tr>
<tr><th colspan="3">堵转转矩/额定转矩</th><th colspan="3">最小转矩/额定转矩</th><th colspan="3">最大转矩/额定转矩</th></tr>
<tr><td>7.5</td><td rowspan="9">2.0</td><td>2.0</td><td rowspan="13">2.0</td><td rowspan="3">1.2</td><td rowspan="3">1.4</td><td>1.3</td><td rowspan="14">2.3</td><td rowspan="10">2.3</td><td rowspan="7">2.1</td></tr>
<tr><td>11</td><td rowspan="2">2.2</td><td rowspan="6">1.2</td></tr>
<tr><td>15</td></tr>
<tr><td>18.5</td><td rowspan="5">2.0</td><td rowspan="4">1.1</td><td rowspan="4">1.2</td></tr>
<tr><td>22</td></tr>
<tr><td>30</td></tr>
<tr><td>37</td></tr>
<tr><td>45</td><td rowspan="2">1.0</td><td rowspan="2">1.1</td><td rowspan="2">1.1</td><td rowspan="10">2.0</td></tr>
<tr><td>55</td><td>2.2</td></tr>
<tr><td>75</td><td rowspan="6">1.8</td><td rowspan="8">2.0</td><td rowspan="5">0.9</td><td rowspan="5">1.0</td><td rowspan="5">1.0</td></tr>
<tr><td>90</td><td rowspan="9">2.2</td></tr>
<tr><td>110</td></tr>
<tr><td>132</td></tr>
<tr><td>160</td><td rowspan="4">1.8</td></tr>
<tr><td>200</td><td rowspan="3">0.8</td><td rowspan="2">0.9</td><td rowspan="2">0.9</td><td rowspan="5">2.2</td></tr>
<tr><td>250</td><td rowspan="3">1.6</td></tr>
<tr><td>315</td><td rowspan="3">0.8</td><td>0.8</td></tr>
<tr><td>355</td><td rowspan="2">1.7</td><td rowspan="2">—</td><td rowspan="2">0.7</td><td rowspan="2">—</td><td rowspan="2">—</td></tr>
<tr><td>375</td></tr>
</table>

表 10-4-31　YE2 系列三相异步电动机机座带底脚，端盖上无凸缘（带通孔）安装尺寸表　/mm

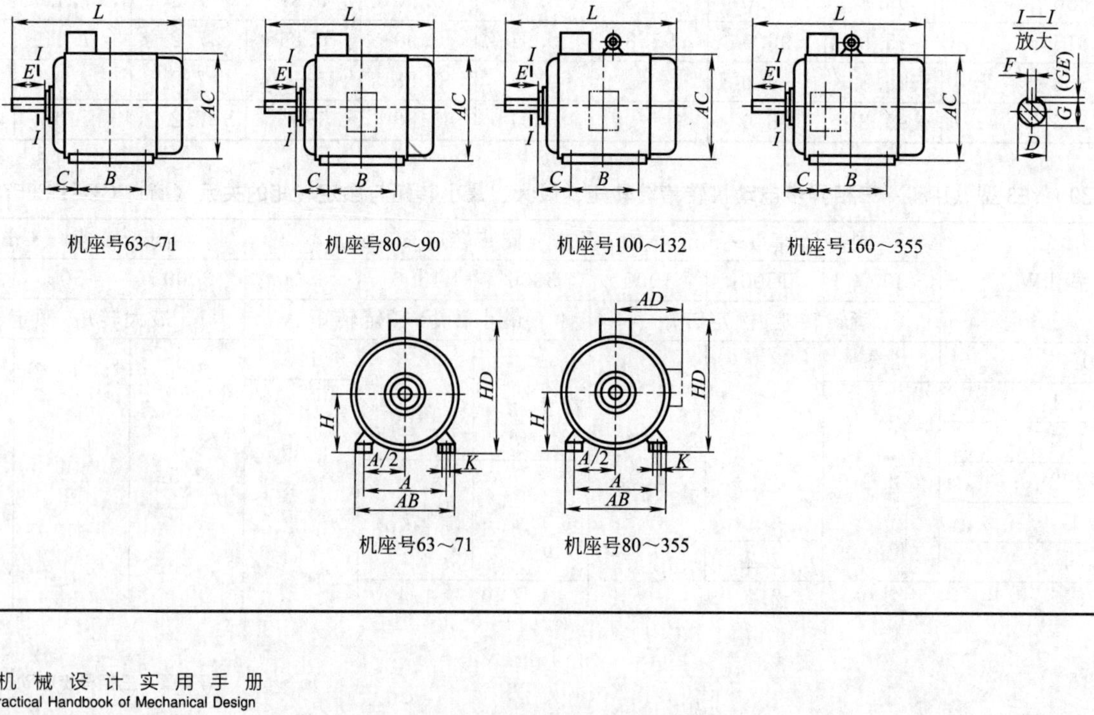

机座号63~71　机座号80~90　机座号100~132　机座号160~355

机座号63~71　机座号80~355

续表

<table>
<tr><th rowspan="2">机座号</th><th rowspan="2">极数</th><th colspan="9">安装尺寸</th><th colspan="5">外形尺寸</th></tr>
<tr><th>A</th><th>B</th><th>C</th><th>D</th><th>E</th><th>F</th><th>G①</th><th>H</th><th>K②</th><th>AB</th><th>AC</th><th>AD</th><th>HD</th><th>L</th></tr>
<tr><td>63M</td><td>2,4</td><td>100</td><td>80</td><td>40</td><td>11</td><td>23</td><td>4</td><td>8.5</td><td>63</td><td rowspan="2">7</td><td>135</td><td>130</td><td rowspan="2">—</td><td>180</td><td>230</td></tr>
<tr><td>71M</td><td rowspan="13">2,4,6,8</td><td>112</td><td>90</td><td>45</td><td>14</td><td>30</td><td>5</td><td>11</td><td>71</td><td>150</td><td>145</td><td>195</td><td>255</td></tr>
<tr><td>80M</td><td>125</td><td rowspan="2">100</td><td>50</td><td>19</td><td>40</td><td>6</td><td>15.5</td><td>80</td><td rowspan="3">10</td><td>165</td><td>175</td><td>145</td><td>220</td><td>305</td></tr>
<tr><td>90S</td><td rowspan="2">140</td><td rowspan="2">56</td><td rowspan="2">24</td><td rowspan="2">50</td><td rowspan="4">8</td><td rowspan="2">20</td><td rowspan="2">90</td><td rowspan="2">180</td><td rowspan="2">195</td><td rowspan="2">165</td><td rowspan="2">260</td><td>360</td></tr>
<tr><td>90L</td><td>125</td><td>390</td></tr>
<tr><td>100L</td><td>160</td><td rowspan="3">140</td><td>63</td><td rowspan="2">28</td><td rowspan="2">60</td><td rowspan="2">24</td><td>100</td><td rowspan="4">12</td><td>205</td><td>215</td><td>180</td><td>275</td><td>435</td></tr>
<tr><td>112M</td><td>190</td><td>70</td><td>112</td><td>230</td><td>240</td><td>190</td><td>300</td><td>470</td></tr>
<tr><td>132S</td><td rowspan="2">216</td><td rowspan="2">89</td><td rowspan="2">38</td><td rowspan="2">80</td><td rowspan="2">10</td><td rowspan="2">33</td><td rowspan="2">132</td><td rowspan="2">270</td><td rowspan="2">275</td><td rowspan="2">210</td><td rowspan="2">345</td><td>510</td></tr>
<tr><td>132M</td><td>178</td><td>560</td></tr>
<tr><td>160M</td><td rowspan="2">254</td><td>210</td><td rowspan="2">108</td><td rowspan="2">42</td><td rowspan="5">110</td><td rowspan="2">12</td><td rowspan="2">37</td><td rowspan="2">160</td><td rowspan="4">14.5</td><td rowspan="2">320</td><td rowspan="2">330</td><td rowspan="2">255</td><td rowspan="2">420</td><td>670</td></tr>
<tr><td>160L</td><td>254</td><td>700</td></tr>
<tr><td>180M</td><td rowspan="2">279</td><td>241</td><td rowspan="2">121</td><td rowspan="2">48</td><td rowspan="2">14</td><td rowspan="2">42.5</td><td rowspan="2">180</td><td rowspan="2">355</td><td rowspan="2">380</td><td rowspan="2">280</td><td rowspan="2">455</td><td>740</td></tr>
<tr><td>180L</td><td>279</td><td>790</td></tr>
<tr><td>200L</td><td>318</td><td>305</td><td>133</td><td>55</td><td>16</td><td>49</td><td>200</td><td rowspan="4">18.5</td><td>395</td><td>420</td><td>305</td><td>505</td><td>790</td></tr>
<tr><td>225S</td><td>4,8</td><td rowspan="3">356</td><td>286</td><td rowspan="3">149</td><td>60</td><td>140</td><td>18</td><td>53</td><td rowspan="3">225</td><td rowspan="3">435</td><td rowspan="3">470</td><td rowspan="3">335</td><td rowspan="3">560</td><td>830</td></tr>
<tr><td rowspan="2">225M</td><td>2</td><td rowspan="2">311</td><td>55</td><td>110</td><td>16</td><td>49</td><td>825</td></tr>
<tr><td>4,6,8</td><td rowspan="2">60</td><td rowspan="8">140</td><td rowspan="4">18</td><td rowspan="2">53</td><td>855</td></tr>
<tr><td rowspan="2">250M</td><td>2</td><td rowspan="2">406</td><td rowspan="2">349</td><td rowspan="2">168</td><td rowspan="2">250</td><td rowspan="6">24</td><td rowspan="2">490</td><td rowspan="2">510</td><td rowspan="2">370</td><td rowspan="2">615</td><td rowspan="2">915</td></tr>
<tr><td>4,6,8</td><td rowspan="2">65</td><td rowspan="2">58</td></tr>
<tr><td rowspan="2">280S</td><td>2</td><td rowspan="4">457</td><td rowspan="2">368</td><td rowspan="4">190</td><td rowspan="4">280</td><td rowspan="4">550</td><td rowspan="4">580</td><td rowspan="4">410</td><td rowspan="4">680</td><td rowspan="2">985</td></tr>
<tr><td>4,6,8</td><td>75</td><td>20</td><td>67.5</td></tr>
<tr><td rowspan="2">280M</td><td>2</td><td rowspan="2">419</td><td>65</td><td>18</td><td>58</td><td rowspan="2">1035</td></tr>
<tr><td>4,6,8</td><td>75</td><td>20</td><td>67.5</td></tr>
<tr><td rowspan="2">315S</td><td>2</td><td rowspan="6">508</td><td rowspan="2">406</td><td rowspan="6">216</td><td>65</td><td>18</td><td>58</td><td rowspan="6">315</td><td rowspan="10">28</td><td rowspan="6">635</td><td rowspan="6">648</td><td rowspan="6">530</td><td rowspan="6">845</td><td>1180</td></tr>
<tr><td>4,6,8,10</td><td>80</td><td>170</td><td>22</td><td>71</td><td>1290</td></tr>
<tr><td rowspan="2">315M</td><td>2</td><td rowspan="2">457</td><td>65</td><td>140</td><td>18</td><td>58</td><td>1210</td></tr>
<tr><td>4,6,8,10</td><td>80</td><td>170</td><td>22</td><td>71</td><td>1320</td></tr>
<tr><td rowspan="2">315L</td><td>2</td><td rowspan="2">508</td><td>65</td><td>140</td><td>20</td><td>67.5</td><td>1210</td></tr>
<tr><td>4,6,10</td><td>80</td><td>170</td><td>25</td><td>86</td><td>1320</td></tr>
<tr><td rowspan="2">355M</td><td>2</td><td rowspan="4">610</td><td rowspan="2">560</td><td rowspan="4">254</td><td>75</td><td>140</td><td>20</td><td>67.5</td><td rowspan="4">355</td><td rowspan="4">730</td><td rowspan="4">710</td><td rowspan="4">655</td><td rowspan="4">1010</td><td>1500</td></tr>
<tr><td>4,6,8,10</td><td>95</td><td>170</td><td>25</td><td>86</td><td>1530</td></tr>
<tr><td rowspan="2">355L</td><td>2</td><td rowspan="2">630</td><td>75</td><td>140</td><td>20</td><td>67.5</td><td>1500</td></tr>
<tr><td>4,6,8,10</td><td>95</td><td>170</td><td>25</td><td>86</td><td>1530</td></tr>
</table>

① $G=D-GE$，GE 的极限偏差对机座号 80 以下为 $\left(^{+0.1}_{0}\right)$，其余为 $\left(^{+0.2}_{0}\right)$。

② K 孔位置度公差以轴伸的轴线为基准。

表 10-4-32　YE2 系列三相异步电动机机座带底脚，端盖上有凸缘（带通孔）安装尺寸表　　/mm

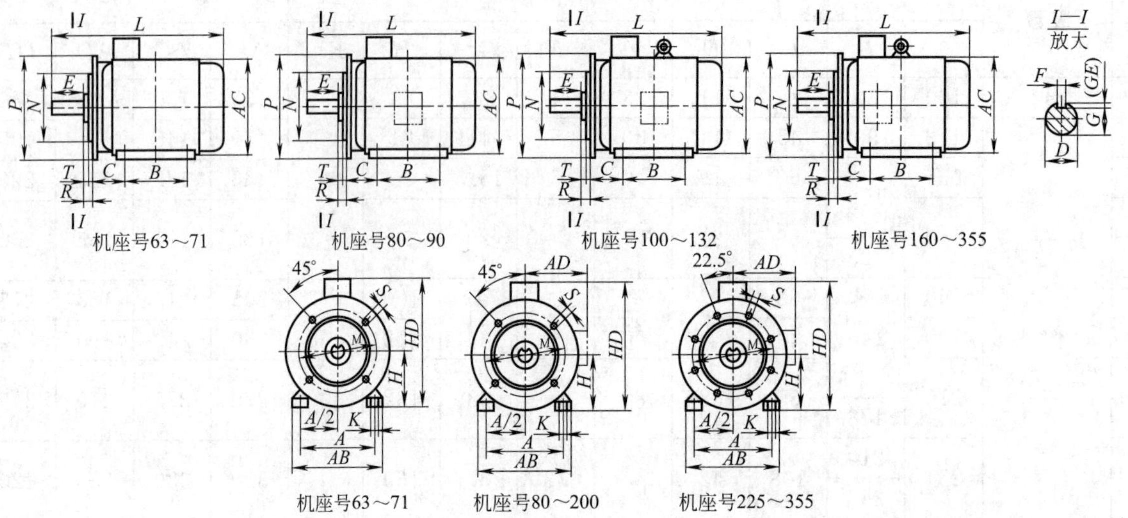

机座号	凸缘号	极数	安装尺寸															凸缘孔数	外形尺寸				
			A	*B*	*C*	*D*	*E*	*F*	*G*①	*H*	*K*②	*M*	*N*	*P*③	*R*④	*S*	*T*		*AB*	*AC*	*AD*	*HD*	*L*
63M	FF115	2,4	100	80	40	11	23	4	8.5	63	7	115	95	140	0	10	3	4	135	130	—	180	230
71M	FF130	2,4,6	112	90	45	14	30	5	11	71		130	110	160			3.5		150	145		195	225
80M	FF165	2,4,6,8	125	100	50	19	40	6	15.5	80	10	165	130	200		12			165	175	145	220	305
90S			140		56	24	50	8	20	90									180	195	165	260	360
90L				125																			390
100L	FF215		160	140	63	28	60		24	100	12	215	180	250		14.5	4		205	215	180	270	435
112M			190		70					112									230	240	190	300	470
132S	FF265		216		89	38	80	10	33	132		265	230	300					270	275	210	345	510
132M				178																			560
160M	FF300		254	210	108	42	100	12	37	160	14.5	300	250	350		18.5	5		320	330	255	420	670
160L				254																			700
180M			279	241	121	48		14	42.5	180									355	380	280	455	740
180L				279																			790
200L	FF350		318	305	133	55		16	49	200	18.5	350	300	400					395	420	305	505	790
225S	FF400	4,8	356	286	149	60	140	18	53	225		400	350	450				8	435	470	335	560	830
225M		2		311		55	110	16	49														825
		4,6,8				60	140	18	53														855
250M	FF500	2	406	349	168					250	24	500	450	550					490	510	370	615	915
		4,6,8				65			58														
280S		2	457	368	190																		
		4,6,8				75		20	67.5	280													
280M		2		419		65		18	58										550	580	410	680	985
		4,6,8				75		20	67.5														1035

续表

机座号	凸缘号	极数	安装尺寸 A	B	C	D	E	F	G①	H	K②	M	N	P③	R④	S	T	凸缘孔数	外形尺寸 AB	AC	AD	HD	L
315S	FF600	2	508	406	216	65	140	18	58	315	28	600	550	660	0	24	6	8	635	645	530	845	1180
		4,6,8,10				80	170	22	71														1290
315M		2		457		65	140	18	58														1210
		4,6,8,10				80	170	22	71														1320
315L		2		508		65	140	18	58														1210
		4,6,8,10				80	170	22	71														1320
355M	FF740	2	610	560	254	75	140	20	67.5	355		740	690	800					730	710	655	1010	1500
		4,6,8,10				95	170	25	86														1530
355L		2		630		75	140	20	67.5														1500
		4,6,8,10				75	170	25	86														1530

① $G=D-GE$，GE 的极限偏差对机座号 80 以下为（$^{+0.1}_{0}$），其余为（$^{+0.2}_{0}$）。
② S 孔位置度公差以轴伸的轴线为基准。
③ P 尺寸为最大限值。
④ R 为凸缘配合面至轴伸肩的距离。

表 10-4-33　YE2 系列三相异步电动机机座不带底脚，端盖上有凸缘（带通孔）安装尺寸表　/mm

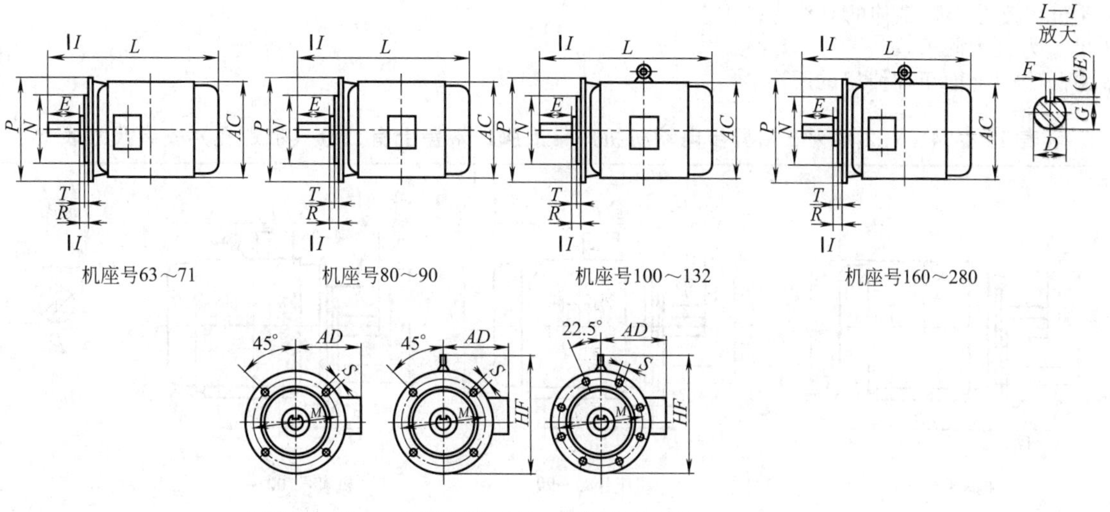

机座号63～71　机座号80～90　机座号100～132　机座号160～280

机座号63～90　机座号100～200　机座号225～280

机座号	凸缘号	极数	安装尺寸 D	E	F	G①	K	M	N	P③	R④	S②	T	凸缘孔数	外形尺寸 AC	AD	HF	L
63M	FF115	2,4	11	23	4	8.5	7	115	95	140	0	10	3	4	130	120	—	230
71M	FF130	2,4,6	14	30	5	11		130	110	160			3.5		145			225
80M	FF165	2,4,6,8	19	40	6	15.5	10	165	130	200		12			175	145		305
90S			24	50	8	20									195	165		360
90L																		390

续表

<table>
<tr><th rowspan="2">机座号</th><th rowspan="2">凸缘号</th><th rowspan="2">极数</th><th colspan="12">安装尺寸</th><th colspan="4">外形尺寸</th></tr>
<tr><th>D</th><th>E</th><th>F</th><th>G①</th><th>K</th><th>M</th><th>N</th><th>P③</th><th>R④</th><th>S②</th><th>T</th><th>凸缘孔数</th><th>AC</th><th>AD</th><th>HF</th><th>L</th></tr>
<tr><td>100L</td><td rowspan="2">FF215</td><td rowspan="9">2,4,6,8</td><td rowspan="2">28</td><td rowspan="2">60</td><td rowspan="2">8</td><td rowspan="2">24</td><td rowspan="4">12</td><td rowspan="2">215</td><td rowspan="2">180</td><td rowspan="2">250</td><td rowspan="18">0</td><td rowspan="4">14.5</td><td rowspan="4">4</td><td rowspan="9">4</td><td>215</td><td>180</td><td>245</td><td>435</td></tr>
<tr><td>112M</td><td>240</td><td>190</td><td>265</td><td>470</td></tr>
<tr><td>132S</td><td rowspan="2">FF265</td><td rowspan="2">38</td><td rowspan="2">80</td><td rowspan="2">10</td><td rowspan="2">33</td><td rowspan="2">265</td><td rowspan="2">230</td><td rowspan="2">300</td><td rowspan="2">275</td><td rowspan="2">210</td><td rowspan="2">315</td><td>510</td></tr>
<tr><td>132M</td><td>560</td></tr>
<tr><td>160M</td><td rowspan="4">FF300</td><td rowspan="2">42</td><td rowspan="5">100</td><td rowspan="2">12</td><td rowspan="2">37</td><td rowspan="4">14.5</td><td rowspan="4">300</td><td rowspan="4">250</td><td rowspan="4">350</td><td rowspan="14">18.5</td><td rowspan="14">5</td><td rowspan="2">330</td><td rowspan="2">255</td><td rowspan="2">385</td><td>670</td></tr>
<tr><td>160L</td><td>700</td></tr>
<tr><td>180M</td><td rowspan="2">48</td><td rowspan="2">14</td><td rowspan="2">42.5</td><td rowspan="2">380</td><td rowspan="2">280</td><td rowspan="2">430</td><td>740</td></tr>
<tr><td>180L</td><td>790</td></tr>
<tr><td>200L</td><td>FF350</td><td>55</td><td>16</td><td>49</td><td rowspan="4">18.5</td><td>350</td><td>300</td><td>400</td><td>420</td><td>305</td><td>480</td><td>790</td></tr>
<tr><td>225S</td><td rowspan="3">FF400</td><td>4,8</td><td>60</td><td>140</td><td>18</td><td>53</td><td rowspan="3">400</td><td rowspan="3">350</td><td rowspan="3">450</td><td rowspan="9">8</td><td rowspan="3">470</td><td rowspan="3">335</td><td rowspan="3">535</td><td>830</td></tr>
<tr><td rowspan="2">225M</td><td>2</td><td>55</td><td>110</td><td>16</td><td>49</td><td>825</td></tr>
<tr><td>4,6,8</td><td rowspan="2">60</td><td rowspan="7">140</td><td rowspan="4">18</td><td rowspan="2">53</td><td>855</td></tr>
<tr><td rowspan="2">250M</td><td rowspan="6">FF500</td><td>2</td><td rowspan="6">24</td><td rowspan="6">500</td><td rowspan="6">450</td><td rowspan="6">550</td><td rowspan="2">510</td><td rowspan="2">370</td><td rowspan="2">595</td><td rowspan="2">915</td></tr>
<tr><td>4,6,8</td><td rowspan="2">65</td><td rowspan="2">58</td></tr>
<tr><td rowspan="2">280S</td><td>2</td><td rowspan="4">580</td><td rowspan="4">410</td><td rowspan="4">650</td><td rowspan="2">985</td></tr>
<tr><td>4,6,8</td><td>75</td><td>20</td><td>67.5</td></tr>
<tr><td rowspan="2">280M</td><td>2</td><td>65</td><td>18</td><td>58</td><td rowspan="2">1035</td></tr>
<tr><td>4,6,8</td><td>75</td><td>20</td><td>67.5</td></tr>
</table>

① $G=D-GE$，GE 的极限偏差对机座号 80 以下为 $\left(^{+0.1}_{0}\right)$，其余为 $\left(^{+0.2}_{0}\right)$。

② S 孔位置度公差以轴伸的轴线为基准。

③ P 尺寸为最大限值。

④ R 为凸缘配合面至轴伸肩的距离。

表 10-4-34　YE2 系列三相异步电动机机座带底脚，端盖上有凸缘（带螺孔）安装尺寸表　/mm

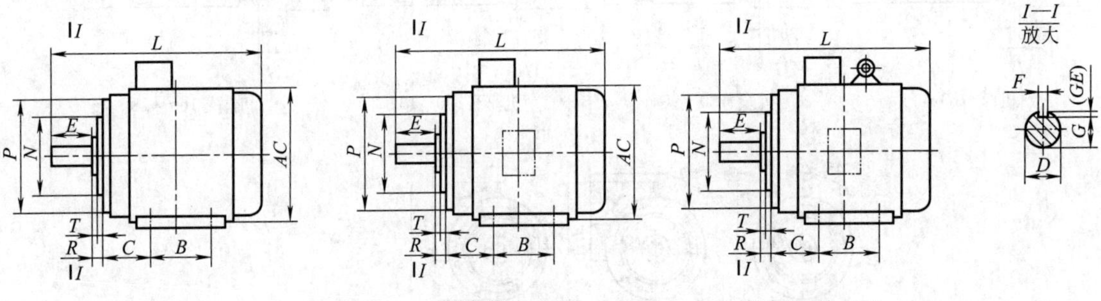

机座号63～71　　机座号80～90　　机座号100～112

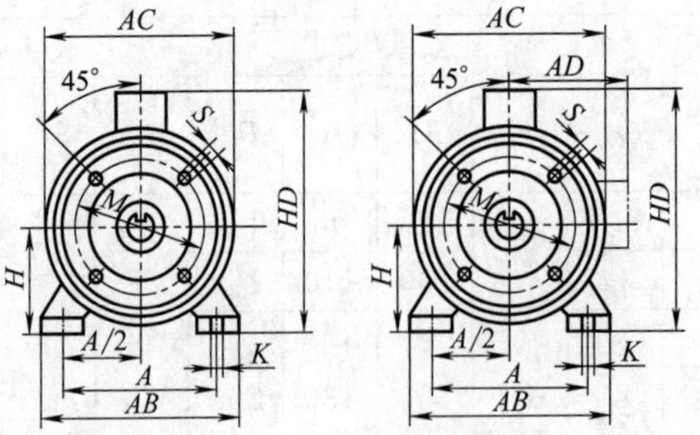

机座号63～71　　机座号80～112

续表

机座号	凸缘号	极数	安装尺寸																外形尺寸				
			A	B	C	D	E	F	G①	H	K	M	N	P③	R④	S②	T	凸缘孔数	AB	AC	AD	HD	L
63M	FT75	2,4	100	80	40	11	23	4	8.5	63	7	75	60	90	0	M5	2.5	4	135	130	—	180	230
71M	FT85	2,4,6	112	90	45	14	30	5	11	71		85	70	105			3.0		150	145		195	255
80M	FT100	2,4,6,8	125	100	50	19	40	6	15.5	80	10	100	80	120		M6			165	175	145	220	305
90S	FT115		140		56	24	50	8	20	90		115	95	140					180	195	165	250	360
90L				125																			390
100L	FT130		160	140	63	28	60		24	100	12	130	110	160		M8	3.5		205	215	180	270	435
112M			190		70					112									230	240	190	300	470

① $G=D-GE$，GE 的极限偏差对机座号 80 以下为 $\left(^{+0.1}_{0}\right)$，其余为 $\left(^{+0.2}_{0}\right)$。

② S 孔位置度公差以轴伸的轴线为基准。

③ P 尺寸为最大限值。

④ R 为凸缘配合面至轴伸肩的距离。

表 10-4-35　YE2 系列三相异步电动机机座不带底脚，端盖上有凸缘（螺孔）安装尺寸表　/mm

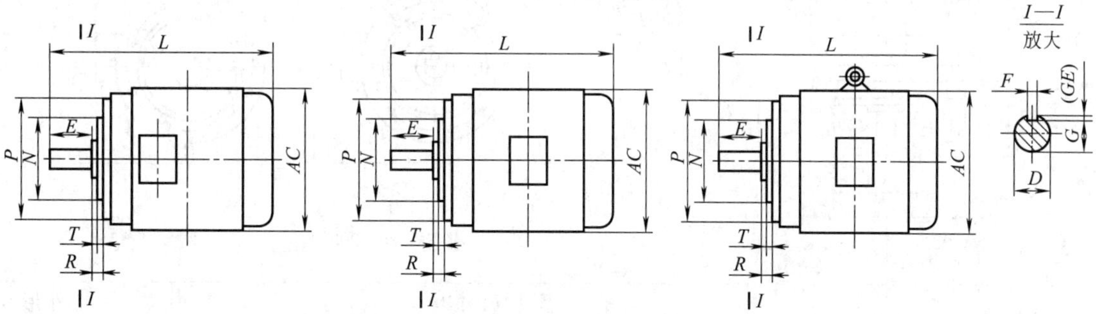

机座号63～71　　机座号80～90　　机座号100～112

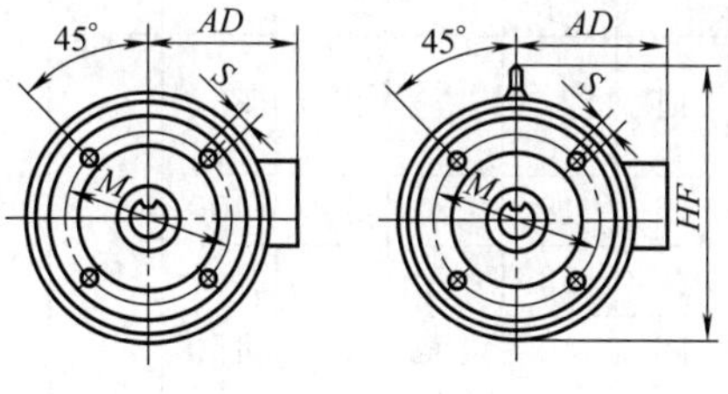

机座号63～90　　机座号100～112

机座号	凸缘号	极数	安装尺寸										外形尺寸			
			D	E	F	G①	M	N	P③	R④	S②	T	凸缘孔数	AC	AD	HF	L
63M	FT75	2,4	11	23	4	8.5	75	60	90	0	M5	2.5	4	130	120	—	230
71M	FT85	2,4,6	14	30	5	11	85	70	105			3.0		145			225
80M	FT100	2,4,6,8	19	40	6	15.5	100	80	120		M6			175	145		305

第10篇

机座号	凸缘号	极数	安装尺寸											外形尺寸			
			D	E	F	G①	M	N	P③	R④	S②	T	凸缘孔数	AC	AD	HF	L
90S	FT115	2,4,6,8	24	50	8	20	115	95	140	0	M6	3.0	4	195	165	—	360
90L																	390
100L	FT130		28	60		24	130	110	160		M8	3.3		215	180	245	435
112M														240	190	265	470

① $G=D-GE$，GE 的极限偏差对机座号 80 以下为 $\left(^{+0.1}_{0}\right)$，其余为 $\left(^{+0.2}_{0}\right)$。

② S 孔位置度公差以轴伸的轴线为基准。

③ P 尺寸为最大限值。

④ R 为凸缘配合面至轴伸肩的距离。

表 10-4-36　YE2 系列三相异步电动机立式机座不带底脚，端盖上有凸缘（通孔）安装尺寸表　/mm

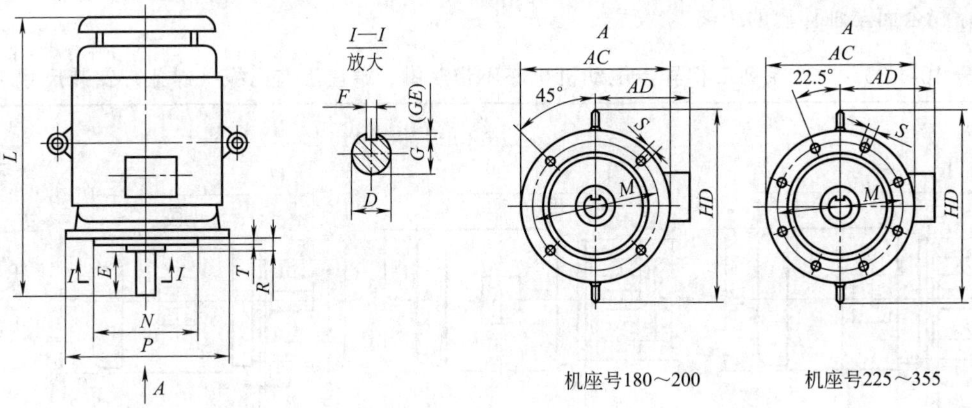

机座号	凸缘号	极数	安装尺寸											外形尺寸			
			D	E	F	G①	M	N	P③	R④	S②	T	凸缘孔数	AC	AD	HF	L
180M	FF300	2,4,6,8	48	110	14	42.5	300	250	350	0	18.5	5	4	380	280	500	760
180L																	800
200L	FF350		55		16	49	350	300	400					420	305	550	840
225S	FF400	4,8	60	140	18	53	400	350	450				8	470	335	610	910
225M		2	55	110	16	49											905
		4,6,8	60	140	18	53											935
250M	FF500	2					500	450	500					510	370	650	1015
		4,6,8	65			58											
280S		2												580	410	720	1110
		4,6,8	75		20	67.5											
280M		2	65		18	58											1150
		4,6,8	75		20	67.5											
315S	FF600	2	65		18	58	600	550	660		24	6					1280
		4,6,8,10	80	170	22	71											1400

续表

机座号	凸缘号	极数	安装尺寸											外形尺寸			
			D	E	F	G①	M	N	P③	R④	S②	T	凸缘孔数	AC	AD	HF	L
315M	FF600	2	65	140	18	58	600	550	660	0	24	6	8				1310
		4,6,8,10	80	170	22	71											1430
315L		2	65	140	18	58											1310
		4,6,8,10	80	170	22	71											1430
355M	FF740	2	75	140	20	67.5								710	655	1010	1640
		4,6,8,10	95	170	25	86	740	680	800								1670
355L		2	75	140	20	67.5											1640
		4,6,8,10	95	170	25	86											1670

① $G=D-GE$，GE 的极限偏差为 $\left(\begin{smallmatrix}+0.2\\0\end{smallmatrix}\right)$。

② S 孔位置度公差以轴伸的轴线为基准。

③ P 尺寸为最大限值。

④ R 为凸缘配合面至轴伸肩的距离。

表 10-4-37　YE3 系列三相异步电动机机座带底脚，端盖上无凸缘（带通孔）安装尺寸表　/mm

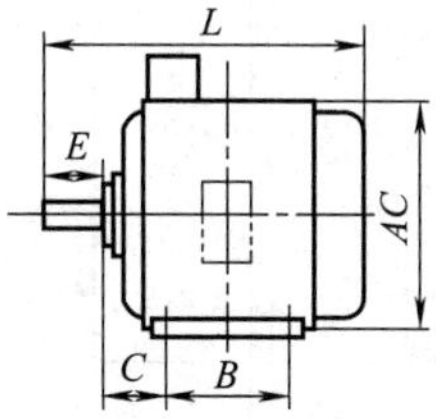

机座号80～90

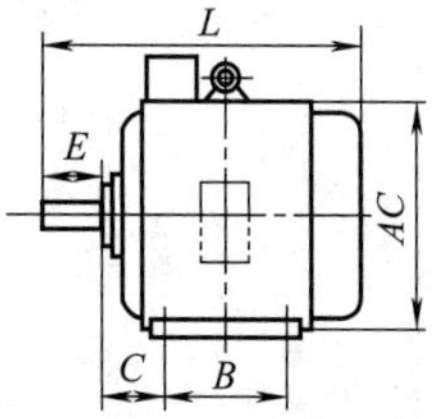

机座号100～132

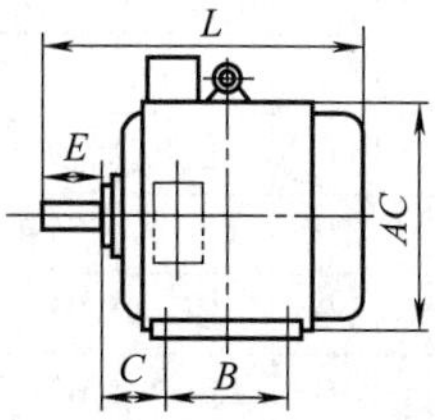

机座号160～355

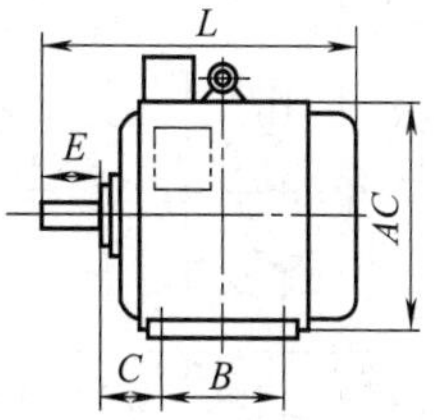

机座号3551,3552

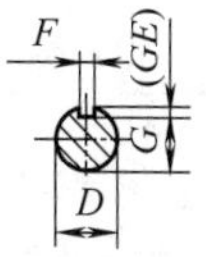

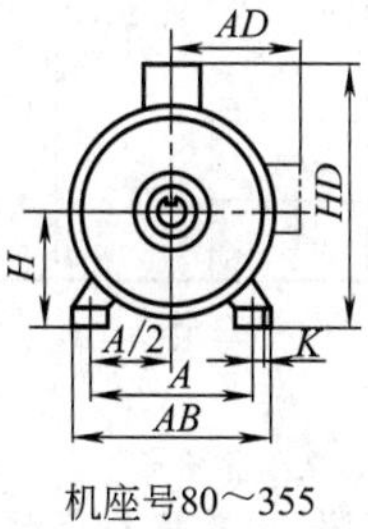

机座号80～355

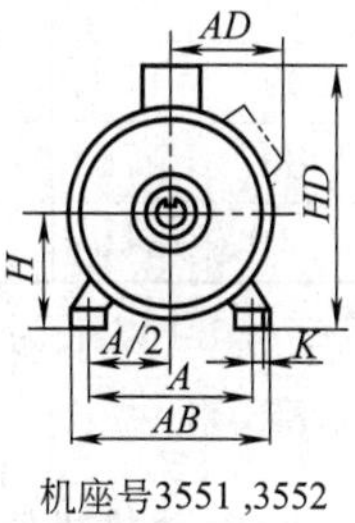

机座号3551,3552

机座号	极数	安装尺寸									外形尺寸				
		A	B	C	D	E	F	G①	H	K②	AB	AC	AD	HD	L
80M	2,4,6	125	100	50	19	40	6	15.5	80	10	165	175	145	220	305
90S		140		56	24	50	8	20	90		180	195	165	260	360
90L			125												390
100L		160	140	63	28	60		24	100	12	205	215	180	275	435
112M		190		70					112		230	240	190	300	470
132S		216		89	38	80	10	33	132		270	275	210	345	510
132M			178												560

第10篇

续表

机座号	极数	安装尺寸									外形尺寸				
		A	B	C	D	E	F	G[①]	H	K[②]	AB	AC	AD	HD	L
160M	2,4,6	254	210	108	42	110	12	37	160	14.5	320	330	255	420	670
160L			254												700
180M		279	241	121	48		14	42.5	180		355	380	280	455	740
180L			279												790
200L		318	305	133	55		16	49	200	18.5	395	420	305	505	790
225S	4	356	286	149	60	140	18	53	225		435	470	335	560	830
225M	2		311		55	110	16	49							825
	4,6				60	140	18	53							855
250M	2	406	349	168					250	24	490	510	370	615	915
	4,6				65			58							
280S	2	457	368	190					280		550	580	410	680	985
	4,6				75		20	67.5							
280M	2		419		65		18	58							1035
	4,6				75		20	67.5							
315S	2	508	406	216	65		18	58	315	28	635	648	530	845	1180
	4,6				80	170	22	71							1290
315M	2		457		65	140	18	58							1210
	4,6				80	170	22	71							1320
315L	2		508		65	140	20	67.5							1210
	4,6				80	170	25	86							1320
355M	2	610	560	254	75	140	20	67.5	355		730	710	655	1010	1500
	4,6				95	170	25	86							1530
355L	2		630		75	140	20	67.5							1500
	4,6				95	170	25	86							1530
3551	2	315	800	224	80	170	22	71		35	760	770	760	1130	1870
3552	4,6				110	210	28	100							1920

① $G=D-GE$，GE 的极限偏差对机座号 80 以下为 $\left(\begin{smallmatrix}+0.1\\0\end{smallmatrix}\right)$，其余为 $\left(\begin{smallmatrix}+0.2\\0\end{smallmatrix}\right)$。

② K 孔位置度公差以轴伸的轴线为基准。

表 10-4-38　YE3 系列三相异步电动机机座带底脚，端盖上有凸缘（带通孔）安装尺寸表　/mm

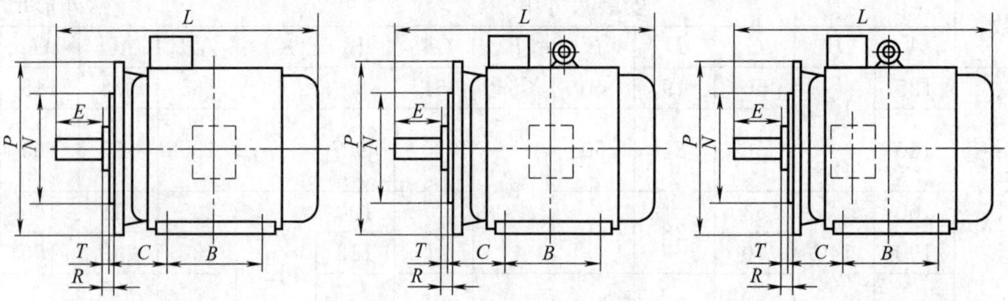

机座号80～90　　机座号100～132　　机座号160～355

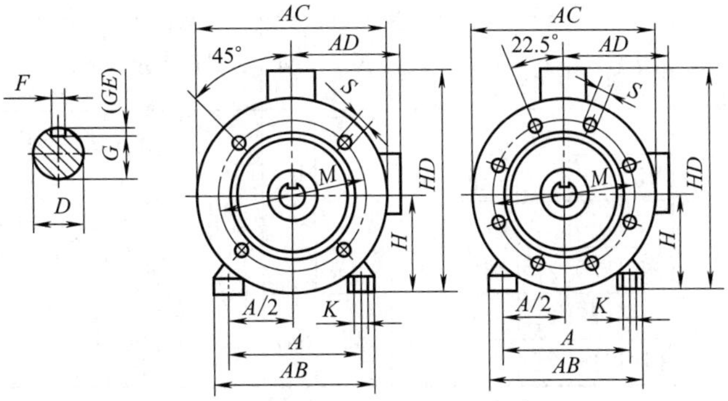

机座号80～200　　机座号225～355

机座号	凸缘号	极数	安装尺寸																外形尺寸				
			A	B	C	D	E	F	G①	H	K②	M	N	P③	R④	S②	T	凸缘孔数	AB	AC	AD	HD	L
80M	FF165	2,4,6	125	100	50	19	40	6	15.5	80	10	165	130	200	0	12	3.5	4	165	175	145	220	305
90S			140		56	24	50	8	20	90									180	195	165	260	360
90L				125																			390
100L	FF215		160	140	63	28	60		24	100	12	215	180	250		14.5	4		205	215	180	270	435
112M			190		70					112									230	240	190	300	470
132S	FF265		216		89	38	80	10	33	132		265	230	300					270	275	210	345	510
132M				178																			560
160M	FF300		254	210	108	42	100	12	37	160	14.5	300	250	350		18.5	5		320	330	255	420	670
160L				254																			700
180M			279	241	121	48		14	42.5	180									355	380	280	455	740
180L				279																			790
200L	FF350		318	305	133	55		16	49	200	18.5	350	300	400				8	395	420	305	505	790
225S	FF400	4	356	286	149	60	140	18	53	225		400	350	450					435	470	335	560	830
225M		2		311		55	110	16	49														825
		4,6				60	140	18	53														855
250M	FF500	2	406	349	168					250	24	500	450	550					490	510	370	615	915
		4,6				65			58														
280S		2	457	368	190					280													
		4,6				75		20	67.5														
280M		2		419		65		18	58										550	580	410	680	985
		4,6				75		20	67.5														1035
315S	FF600	2	508	406	216	65		18	58	315	28	600	550	660		24	6		635	645	530	845	1180
		4,6				80	170	22	71														1290
315M		2		457		65	140	18	58														1210
		4,6				80	170	22	71														1320
315L		2		508		65	140	18	58														1210
		4,6				80	170	22	71														1320

续表

机座号	凸缘号	极数	安装尺寸																外形尺寸				
			A	B	C	D	E	F	G①	H	K②	M	N	P③	R④	S②	T	凸缘孔数	AB	AC	AD	HD	L
355S	FF740	2	610	560	254	75	140	20	67.5	355	28	740	680	800	0	24	6	8	730	710	655	1010	1500
		4,6				95	170	25	86														1530
355M		2		630		75	140	20	67.5														1500
		4,6				95	170	25	86														1530
3551	FF840	2	630	800	224	80	170	22	71		35	840	780	900					760	900	760	1130	1870
3552		4,6				110	210	28	100														1920

① $G=D-GE$，GE 的极限偏差对机座号 80 以下为 $\left(\begin{smallmatrix}+0.1\\0\end{smallmatrix}\right)$，其余为 $\left(\begin{smallmatrix}+0.2\\0\end{smallmatrix}\right)$。

② K，S 孔位置度公差以轴伸的轴线为基准。

③ P 尺寸为最大限值。

④ R 为凸缘配合面至轴伸肩的距离。

表 10-4-39　YE3 系列三相异步电动机机座不带底脚，端盖上有凸缘（带通孔）安装尺寸表　　/mm

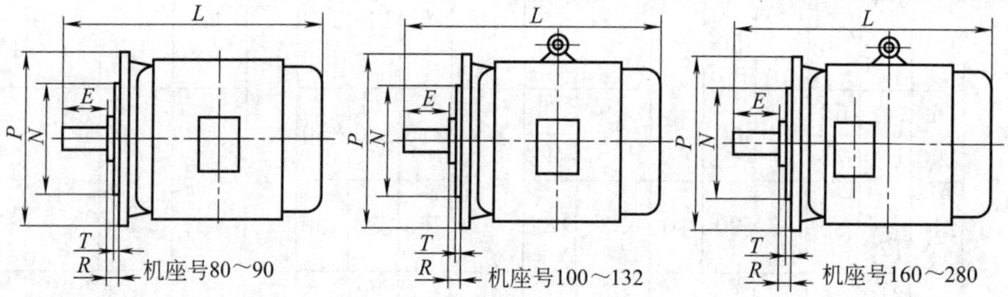

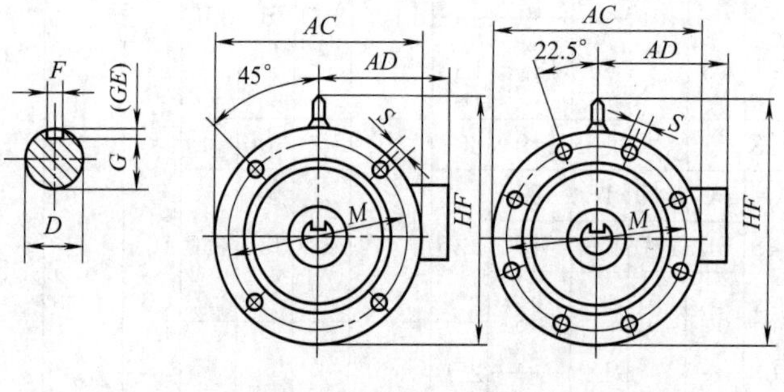

机座号100～200　　机座号225～280

机座号	凸缘号	极数	安装尺寸											外形尺寸			
			D	E	F	G①	M	N	P②	R③	S④	T	凸缘孔数	AC	AD	HF	L
80M	FF165	2,4,6	19	40	6	15.5	165	130	200	0	12	3.5	4	175	145	—	305
90S			24	50	8	20								205	170		395
90L																	425
100L	FF215		28	60		24	215	180	250		14.5	4		215	180	240	435
112M														255	200	275	475
132S	FF265		38	80	10	33	265	230	300					310	230	335	535
132M																	550

续表

机座号	凸缘号	极数	安装尺寸											外形尺寸			
			D	E	F	G①	M	N	P②	R③	S④	T	凸缘孔数	AC	AD	HF	L
160M	FF300	2,4,6	42	110	12	37	300	250	350	0	18.5	5	4	340	260	390	730
160L	FF300	2,4,6	42	110	12	37	300	250	350	0	18.5	5	4	340	260	390	760
180M	FF300	2,4,6	48	110	14	42.5	300	250	350	0	18.5	5	4	390	285	435	805
180L	FF300	2,4,6	48	110	14	42.5	300	250	350	0	18.5	5	4	390	285	435	835
200L	FF350	2,4,6	55	110	16	49	350	300	400	0	18.5	5	4	445	320	495	890
225S	FF400	4	60	140	18	53	400	350	450	0	18.5	5	8	495	350	550	855
225M	FF400	2	55	110	16	49	400	350	450	0	18.5	5	8	495	350	550	865
225M	FF400	4,6	60	140	18	53	400	350	450	0	18.5	5	8	495	350	550	895
250M	FF500	2	60	140	18	53	500	450	550	0	18.5	5	8	550	390	615	995
250M	FF500	4,6	65	140	18	58	500	450	550	0	18.5	5	8	550	390	615	995
280S	FF500	2	65	140	18	58	500	450	550	0	18.5	5	8	650	435	675	1030
280S	FF500	4,6	75	140	20	67.5	500	450	550	0	18.5	5	8	650	435	675	1030
280M	FF500	2	65	140	18	58	500	450	550	0	18.5	5	8	650	435	675	1080
280M	FF500	4,6	75	140	20	67.5	500	450	550	0	18.5	5	8	650	435	675	1080

① $G=D-GE$，GE 的极限偏差对机座号 80 以下为 $\left(^{+0.1}_{0}\right)$，其余为 $\left(^{+0.2}_{0}\right)$。
② P 尺寸为最大限值。
③ R 为凸缘配合面至轴伸肩的距离。
④ S 孔位置度公差以轴伸的轴线为基准。

表 10-4-40 YE3 系列三相异步电动机机座带底脚，端盖上有凸缘（带螺孔）安装尺寸表 /mm

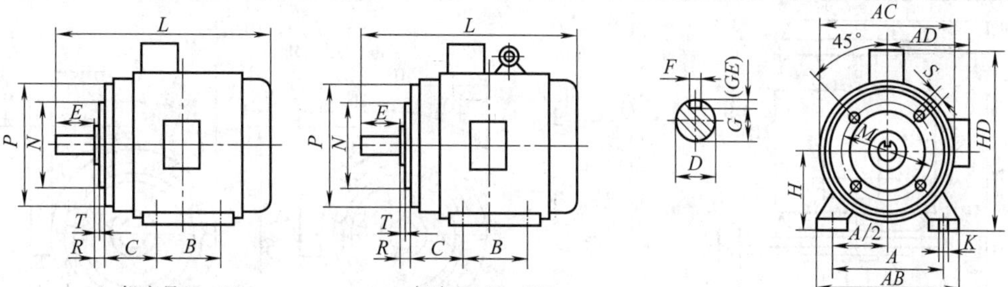

机座号80～90　　机座号100～112　　机座号80～112

机座号	凸缘号	极数	安装尺寸																外形尺寸				
			A	B	C	D	E	F	G①	H	K②	M	N	P③	R④	S②	T	凸缘孔数	AB	AC	AD	HD	L
80M	TF100	2,4,6	125	100	50	19	40	6	15.5	80	10	100	80	120	0	M6	3.0	4	165	175	145	220	305
90S	FT115	2,4,6	140	100	56	24	50	8	20	90	10	115	95	140	0	M8	3.0	4	180	205	170	265	360
90L	FT115	2,4,6	140	125	56	24	50	8	20	90	10	115	95	140	0	M8	3.0	4	180	205	170	265	390
100L	FT130	2,4,6	160	140	63	28	60	8	24	100	12	130	110	160	0	M8	3.5	4	205	215	180	270	435
112M	FT130	2,4,6	190	140	70	28	60	8	24	112	12	130	110	160	0	M8	3.5	4	230	255	200	310	440

① $G=D-GE$，GE 的极限偏差对机座号 80 以下为 $\left(^{+0.1}_{0}\right)$，其余为 $\left(^{+0.2}_{0}\right)$。
② K，S 孔位置度公差以轴伸的轴线为基准。
③ P 尺寸为最大限值。
④ R 为凸缘配合面至轴伸肩的距离。

表 10-4-41　YE3 系列三相异步电动机机座不带底脚，端盖上有凸缘（带螺孔）安装尺寸表　　/mm

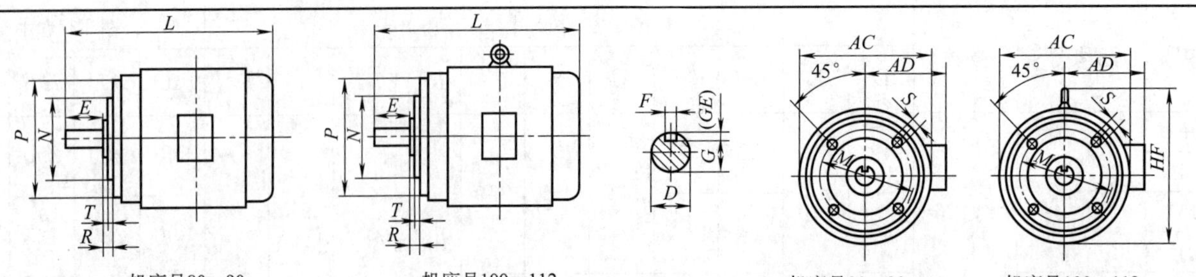

机座号	凸缘号	极数	安装尺寸											外形尺寸			
			D	E	F	G①	M	N	P②	R③	S④	T	凸缘孔数	AC	AD	HF	L
80M	TF100	2,4,6	19	40	6	15.5	100	80	120	0	M6	3.0	4	175	145	—	305
90S	FT115		24	50	8	20	115	95	140		M8			205	170		360
90L																	390
100L	F130		28	60		24	130	110	160			3.5		215	180	245	435
112M														255	200	275	440

① $G=D-GE$，GE 的极限偏差对机座号 80 以下为 $\left(^{+0.1}_{\ 0}\right)$，其余为 $\left(^{+0.2}_{\ 0}\right)$。

② P 尺寸为最大限值。

③ R 为凸缘配合面至轴伸肩的距离。

④ S 孔位置度公差以轴伸的轴线为基准。

表 10-4-42　YE3 系列三相异步电动机立式安装机座不带底脚，端盖上有凸缘（带通孔）安装尺寸表

/mm

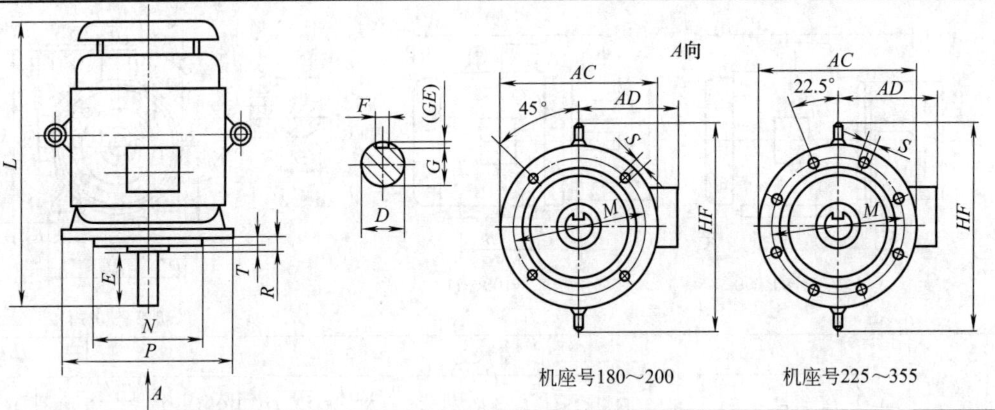

机座号	凸缘号	极数	安装尺寸											外形尺寸			
			D	E	F	G①	M	N	P②	R③	S④	T	凸缘孔数	AC	AD	HF	L
180M	FF300	2,4,6	48	110	14	42.5	300	250	350	0	18.5	5	4	390	285	505	825
180L																	840
200L	FF350		55		16	49	350	300	400					445	320	565	940
225S	FF400	4	60	140	18	53	400	350	450				8	495	350	625	956
225M		2	55	110	16	49											945
		4,6,8	60	140	18	53											975

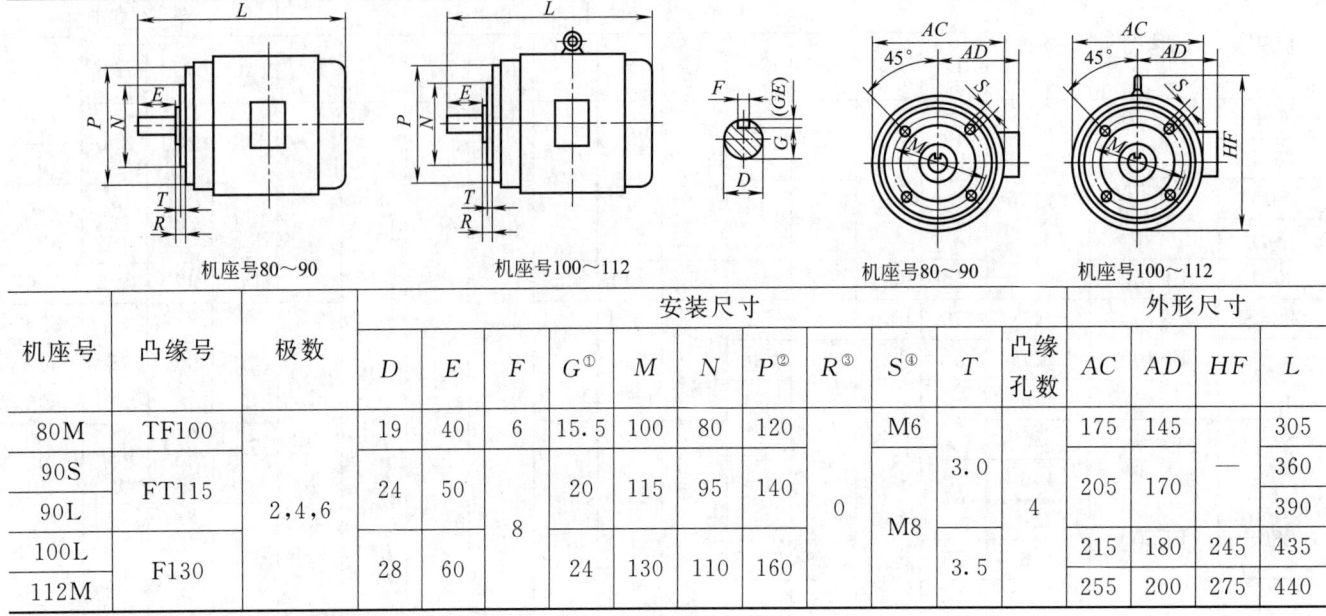

续表

机座号	凸缘号	极数	安装尺寸											外形尺寸			
			D	E	F	G①	M	N	P②	R③	S④	T	凸缘孔数	AC	AD	HF	L
250M	FF500	2	60	140	18	53	500	450	550	0	18.5	5	8	550	390	670	1095
		4,6	65			58											
280S		2												630	435	745	1155
		4,6	75		20	67.5											
280M		2	65		18	58											1195
		4,6	75		20	67.5											
315S	FF600	2	65		18	58	600	550	660		24	6		645	530	900	1280
		4,6	80	170	22	71											1400
315M		2	65	140	18	58											1310
		4,6	80	170	22	71											1430
315L		2	65	140	18	58											1310
		4,6	80	170	22	71											1430
355M	FF740	2	75	140	20	67.5								710	655	1010	1640
		4,6	95	170	25	86	740	680	800								1670
355L		2	75	140	20	67.5											1640
		4,6	95	170	25	86											1670
3551	FF840	2	80	170	22	71	840	780	900					900	760	1220	1920
3552		4,6	110	210	28	100											1970

① $G=D-GE$，GE 的极限偏差为 $\left(^{+0.2}_{0}\right)$。
② P 尺寸为最大限值。
③ R 为凸缘配合面至轴伸肩的距离。
④ S 孔位置度公差以轴伸的轴线为基准。

4.6 YR（IP44）绕线转子三相异步电动机（摘自 JB/T 7119—2010）

4.6.1 YR 系列（IP44）三相异步电动机的特点

YR 系列（IP44）电动机是在 Y 系列电动机基础上改型设计的三相异步电动机。该电动机的额定频率为 50Hz，额定电压为 380V，定子绕组在功率为 3kW 及以下者为Y型接法，其他功率均为△型接法，转子绕组均为Y型接法 。按以下额定功率制造：3kW、4kW、5.5kW、7.5kW、11kW、15kW、18.5kW、22kW、30kW、37kW、45kW、55kW、75kW、90kW、110kW、132kW。电动机的定额是以连续工作制（S1）为基准的连续定额。其安装型式及结构特点如表 10-4-43 所示。

4.6.2 型号含义

```
YR  250M2  8
 |    |    └─8 表示极数
 |    └──────规格代号：132 表示中心高，M 表示机座长度
 |           代号，2 表示铁芯长度
 └───────────Y 表示异步电动机，R 表示绕线型
```

4.6.3 技术数据

YR 系列绕线转子三相异步电动机的机座号与功率、转速的对应关系按表 10-4-43 规定，功率、电压及频率为额定时，同步转速、功率效率及技术参数（见表 10-4-44、表 10-4-45）均参照 JB/T 13289—2017。

表 10-4-43 YR 系列隔爆型三相电异步电动安装型式及结构特点

安装代号(IM)	冷却方式	外壳防护等级	绝缘等级	工作环境
B3,B35,V1	IC411	IP44	F	海拔不超过:1000m 空气温度:－15～40℃

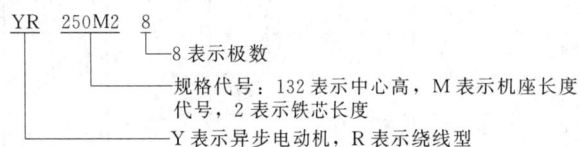

表 10-4-44　YR 系列（IP44）绕线转子三相异步电动机转速功率表（JB/T 7119—2010）

<table>
<tr><th rowspan="3">机座号</th><th colspan="3">同步转速/r・min^{-1}</th></tr>
<tr><th>1500</th><th>1000</th><th>750</th></tr>
<tr><th colspan="3">功率/kW</th></tr>
<tr><td>132M1</td><td>4</td><td>3</td><td rowspan="2">—</td></tr>
<tr><td>132M2</td><td>5.5</td><td>4</td></tr>
<tr><td>160M</td><td>7.5</td><td>5.5</td><td>4</td></tr>
<tr><td>160L</td><td>11</td><td>7.5</td><td>5.5</td></tr>
<tr><td>180L</td><td>15</td><td>11</td><td>7.5</td></tr>
<tr><td>200L1</td><td>18.5</td><td>15</td><td>11</td></tr>
<tr><td>200L2</td><td>22</td><td>—</td><td>—</td></tr>
<tr><td>225M1</td><td>—</td><td>18.5</td><td>15</td></tr>
<tr><td>225M2</td><td>30</td><td>22</td><td>18.5</td></tr>
<tr><td>250M1</td><td>37</td><td>30</td><td>22</td></tr>
<tr><td>250M2</td><td>45</td><td>37</td><td>30</td></tr>
<tr><td>280S</td><td>55</td><td>45</td><td>37</td></tr>
<tr><td>280M</td><td>75</td><td>55</td><td>45</td></tr>
<tr><td>315S</td><td>90</td><td>75</td><td>55</td></tr>
<tr><td>315M</td><td>110</td><td>90</td><td>75</td></tr>
<tr><td>315L</td><td>132</td><td>110</td><td>90</td></tr>
</table>

注：机座号中 S、M、L 后面数字 1 及 2 分别代表同一机座号和同步转速下的不同功率。

表 10-4-45　YE3 型（IP55）三相异步电动机转速与功率效率、电流的关系（摘自 GB/T 28575—2012）

<table>
<tr><th rowspan="2">功率
/kW</th><th colspan="3">同步转速/r・min^{-1}</th><th colspan="3">同步转速/r・min^{-1}</th><th colspan="3">同步转速/r・min^{-1}</th><th colspan="3">同步转速/r・min^{-1}</th></tr>
<tr><th>1500</th><th>1000</th><th>750</th><th>1500</th><th>1000</th><th>750</th><th>1500</th><th>1000</th><th>750</th><th>1500</th><th>1000</th><th>750</th></tr>
<tr><th></th><th colspan="3">效率 η/%</th><th colspan="3">功率因数 $\cos\varphi$</th><th colspan="3">转子开路电压/V</th><th colspan="3">额定转子电流/A</th></tr>
<tr><td>3</td><td>—</td><td>80.0</td><td>—</td><td>—</td><td rowspan="2">0.69</td><td>—</td><td>—</td><td>206</td><td>—</td><td>—</td><td>9.5</td><td>—</td></tr>
<tr><td>4</td><td>84.5</td><td>81.5</td><td>81.5</td><td rowspan="2">0.77</td><td>0.69</td><td>230</td><td>230</td><td>216</td><td>11.5</td><td>11.0</td><td>12.0</td></tr>
<tr><td>5.5</td><td>85.5</td><td>84.0</td><td>82.5</td><td rowspan="2">0.74</td><td>0.71</td><td>272</td><td>244</td><td>230</td><td>13.0</td><td>14.5</td><td>15.5</td></tr>
<tr><td>7.5</td><td>87.0</td><td>85.5</td><td>84.5</td><td rowspan="2">0.83</td><td rowspan="2">0.73</td><td>250</td><td>266</td><td>255</td><td>19.5</td><td>18.0</td><td>19.0</td></tr>
<tr><td>11</td><td rowspan="2">89.0</td><td>87.0</td><td>85.5</td><td rowspan="2">0.81</td><td>276</td><td>310</td><td>152</td><td>25.0</td><td>22.5</td><td>46.0</td></tr>
<tr><td>15</td><td rowspan="2">88.0</td><td>87.5</td><td>0.85</td><td rowspan="2">0.75</td><td>278</td><td>198</td><td>189</td><td>34.0</td><td>48.0</td><td>58.0</td></tr>
<tr><td>18.5</td><td>89.0</td><td rowspan="2">88.0</td><td rowspan="2">0.86</td><td rowspan="2">0.83</td><td>247</td><td>187</td><td>211</td><td>47.5</td><td>62.5</td><td>54.0</td></tr>
<tr><td>22</td><td>90.0</td><td>89.0</td><td>0.78</td><td>293</td><td>224</td><td>210</td><td>47.0</td><td>61.0</td><td>65.5</td></tr>
<tr><td>30</td><td>91.0</td><td>90.5</td><td>89.0</td><td>0.87</td><td rowspan="2">0.84</td><td>0.77</td><td>360</td><td>282</td><td>270</td><td>51.5</td><td>66.0</td><td>69.0</td></tr>
<tr><td>37</td><td rowspan="3">91.5</td><td>90.0</td><td>90.5</td><td>0.86</td><td>0.79</td><td>289</td><td>331</td><td>281</td><td>79.0</td><td>69.0</td><td>81.5</td></tr>
<tr><td>45</td><td>91.5</td><td rowspan="2">91.5</td><td>0.87</td><td rowspan="4">0.85</td><td>0.80</td><td>340</td><td>362</td><td>359</td><td>81.0</td><td>76.0</td><td>76.0</td></tr>
<tr><td>55</td><td>92.0</td><td rowspan="2">0.88</td><td>0.79</td><td>485</td><td>423</td><td>387</td><td>70.0</td><td>80.0</td><td>87.0</td></tr>
<tr><td>75</td><td rowspan="2">92.5</td><td>93.0</td><td>92.5</td><td rowspan="2">0.81</td><td>354</td><td>404</td><td>472</td><td>128.0</td><td>113.0</td><td>97.0</td></tr>
<tr><td>90</td><td rowspan="2">93.5</td><td>93.0</td><td>0.87</td><td>410</td><td>460</td><td>500</td><td>134.0</td><td>120.0</td><td>109.0</td></tr>
<tr><td>110</td><td>93.0</td><td rowspan="2">—</td><td rowspan="2">0.88</td><td rowspan="2">—</td><td>472</td><td>505</td><td rowspan="2">—</td><td>141.0</td><td>132.0</td><td rowspan="2">—</td></tr>
<tr><td>132</td><td>93.5</td><td>—</td><td>—</td><td>517</td><td>—</td><td>155.0</td><td>—</td></tr>
</table>

表 10-4-46　YR 系列机座带底脚端盖上无凸缘外形及安装尺寸　/mm

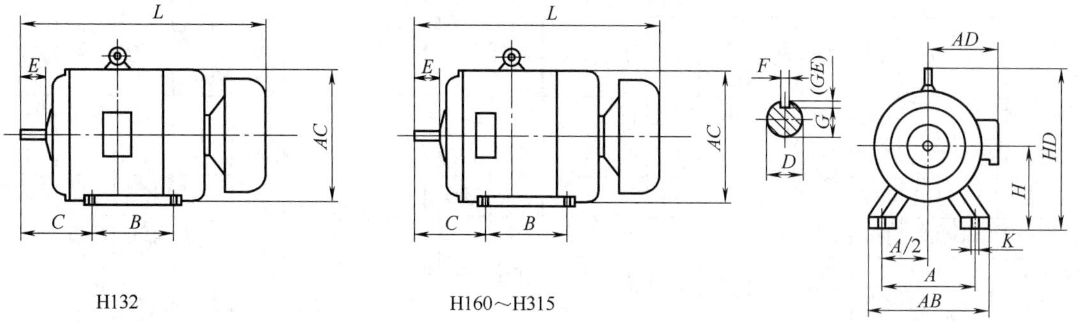

机座号	安装尺寸										外形尺寸				
	A	A/2	B	C	D	E	F	G①	H	K	AB	AC	AD	HD	L
132M	216	108	178	89	38	80	10	33	132	12	280	280	210	315	745
160M	254	127	210	108	42	110	12	37	160	14.5	330	335	265	386	820
160L			254												865
180L	279	139.5	279	121	48		14	42.5	180		355	380	285	430	920
200L	318	159	305	133	55		16	49	200	18.5	395	425	315	475	1045
225M	356	178	311	149	60	140	18	53	225		435	475	345	530	1115
250M	406	203	349	168	65			58	250	24	490	515	385	575	1260
280S	457	228.5	368	190	75		20	67.5	280		550	580	410	640	1355
280M			419												1405
315S	508	254	406	216	80	170	22	71	315	28	744	645	576	865	1500
315M			457												1550
315L			508												1600

① $G=D-GE$，GE 的极限偏差对机座号 132 以下为 ($^{+0.1}_{0}$)，其余为 ($^{+0.2}_{0}$)。

表 10-4-47　YR 系列机座带底脚端盖上有凸缘外形及安装尺寸　/mm

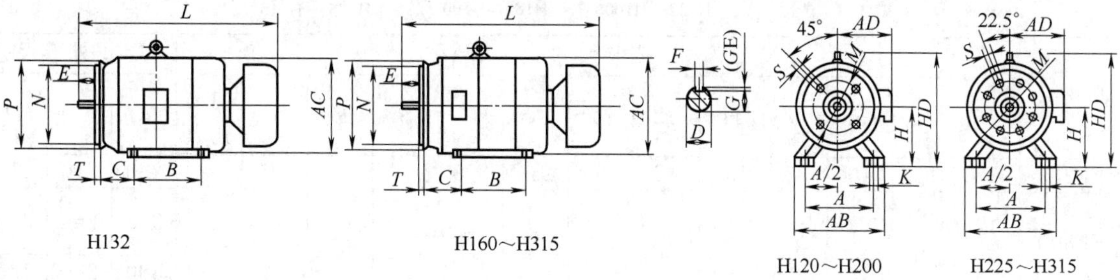

机座号	凸缘号	安装尺寸															外形尺寸				
		A	B	C	D	E	F	G①	H	K	M	N	P②	S③	R④	T	凸缘孔数	AB	AC	AD	HD	L
132M	FF285	216	178	89	38	80	10	33	132	12	265	230	300	14.5	0	4	4	280	280	210	315	745
160M	FF300	254	210	108	42	110	12	37	160	14.5	300	250	350	18.5		5		330	335	265	386	820
160L			254																			865

续表

机座号	凸缘号	安装尺寸																外形尺寸				
		A	B	C	D	E	F	G①	H	K	M	N	P②	S③	R④	T	凸缘孔数	AB	AC	AD	HD	L
180L	FF300	279	279	121	48	110	14	42.5	180		300	250	350	18.5	0	5	4	355	380	285	430	920
200L	FF350	318	305	133	55		16	49	200	18.5	350	300	400					395	425	315	475	1045
225M	FF400	356	311	149	60	140	18	53	225		400	350	450				8	435	475	345	530	1115
250M	FF500	406	349	168	65			58	250	24	500	450	500					490	515	385	575	1260
280S		457	368	190	75		20	67.5	280									550	580	410	640	1355
280M			419																			1405
315S	FF600	508	406	216	80	170	22	71	315	28	600	550	660	24		6		744	645	576	865	1500
315M			457																			1550
315L			508																			1600

① $G=D-GE$，GE 的极限偏差对机座号 132 以下为 $(^{+0.1}_{0})$，其余为 $(^{+0.2}_{0})$。
② P 尺寸为最大限值。
③ S 孔位置度公差以轴伸的轴线为基准。
④ R 为凸缘配合面至轴伸肩的距离。

表 10-4-48　YR 系列机座不带底脚端盖上有凸缘外形及安装尺寸　/mm

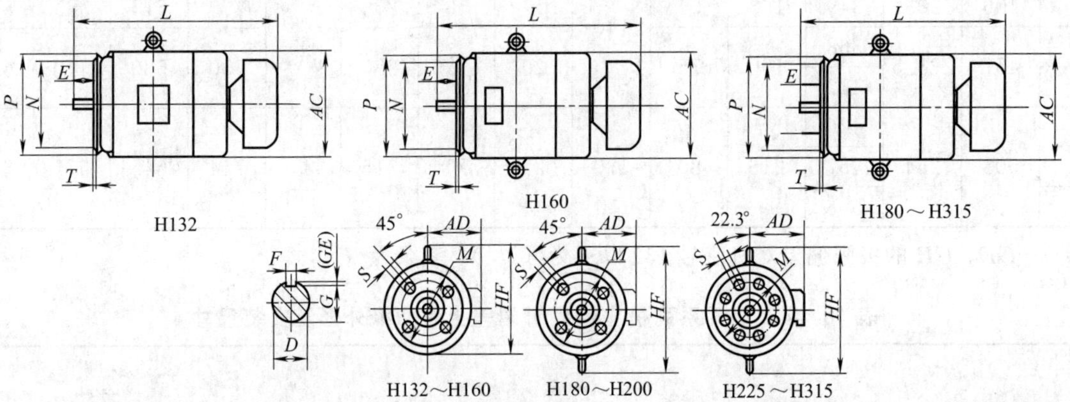

机座号	凸缘号	安装尺寸												外形尺寸			
		D	E	F	G	H	K	M	N	P	S	R	T	凸缘孔数	AC	AD	HD	L
132M	FF285	38	80	10	33	132	12	265	230	300	14.5	0	4	4	280	210	315	745
160M	FF300	42	110	12	37	160	14.5	300	250	350	18.5		5		335	265	386	820
160L																		865
180L		48		14	42.5	180									380	285	430	920
200L	FF350	55		16	49	200	18.5	350	300	400					425	315	475	1045
225M	FF400	60	140	18	53	225		400	350	450					475	345	530	1115
250M	FF500	65			58	250	24	500	450	500				8	515	385	575	1260
280S		75		20	67.5	280									580	410	640	1355
280M																		1405
315S	FF600	80	170	22	71	315	28	600	550	660	24		6		645	576	865	1500
315M																		1550
315L																		1600

4.7 YVF2系列（IP54）变频调速专用三相异步电动机

4.7.1 YVF2系列（IP54）三相异步电动机的特点

YVF2系列（IP54）变频调速专用三相异步电动机（机座80～315mm）具有节能效果明显、调速性能好、调速比宽、快速响应性优良等特点，是目前交流调速方案中最先进的系统之一。该电动机的额定频率为50Hz，额定电压为380V，标称功率55kW及以下者为Y型接法，55kW以上为△型接法。按以下额定功率制造：0.55kW、0.75kW、1.1kW、1.5kW、2.2kW、3kW、4kW、5.5kW、7.5kW、11kW、15kW、18.5kW、22kW、30kW、37kW、45kW、55kW、75kW、90kW、110kW、132kW、160kW、200kW、250kW、315kW。电动机是以连续工作制（S1）为基准的连续定额。其安装型式及结构特点如表10-4-49所示。

4.7.2 型号含义

YVF2-132S1-2
- 2表示极数
- 规格代号：132表示中心高，S表示机座长度代号，1表示铁芯长度
- 产品代号，表示变频调速专用三相异步电动机

4.7.3 技术数据

YVF2系列变频调速三相异步电动机的机座号与功率、转速的对应关系按表10-4-27规定，在功率、电压及频率为额定时，同步转速、功率效率及技术参数（见表10-4-50、表10-4-51）均参照JB/T 7118—2014。

表10-4-49　YVF2系列隔爆型三相电异步电动安装型式及结构特点

机座号	安装代号(IM)	冷却方式	外壳防护等级	绝缘等级	电动机极数	恒转矩调速(频率)/Hz	恒功率调速(频率)/Hz	工作环境
80～160	B3,B5,B6,B7,B8,B35,V1,V3,V5,V6,V15,V35,V37	IC416	IP54	F	2、4、6	3～50	50～60(2极) 50～100(355-4以外的4、6极) 50～75(355-4)	海拔不超过:1000m 空气温度:-15～40℃
180～280	B3,B5,B35,V1							
315～355	B3,B35,V1							

表10-4-50　YVF2型（IP54）变频调速三相异步电动机机座号与转速、功率的关系

机座号	同步转速/r·min⁻¹					
	3000		1500		1000	
	标称功率/kW	额定转矩/N·m	标称功率/kW	额定转矩/N·m	标称功率/kW	额定转矩/N·m
80M 1	0.75	2.4	0.55	3.5	—	—
80M 2	1.1	3.5	0.75	4.8	—	—
90S	1.5	4.8	1.1	7.0	0.75	7.2
90L	2.2		1.5	9.5	1.1	10.5
100L 1	3	9.5	2.2	14.0	1.5	14.3
100L 2			3	19.1		
112M	4	12.7	4	25.5	2.2	21.0
132S 1	5.5	17.5	5.5	35.0	3	28.6
132S 2	7.5	23.9				
132M 1	—		7.5	47.7	5	38.2
132M 2					5.5	52.5
160M 1	11	35.0	11	70.0	7.5	71.6
160M 2	15	47.7				
160L	18.5	58.9	15	95.5	11	105.0
180M	22	70.0	18.5	117.8	—	—

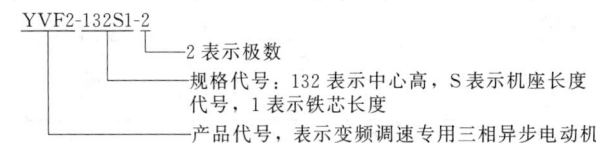

续表

机座号	同步转速/r·min^{-1}					
	3000		1500		1000	
	标称功率/kW	额定转矩/N·m	标称功率/kW	额定转矩/N·m	标称功率/kW	额定转矩/N·m
180L	—	—	22	140.1	15	143.2
200L 1	30	95.5	30	191.0	18.5	176.7
200L 2	37	117.8			22	210.1
225S	—	—	37	235.5	—	—
225M	45	143.2	45	286.5	30	286.5
250M	55	175.1	55	350.1	37	353.5
280S	75	238.7	75	477.5	45	429.5
280M	90	286.5	90	573.0	55	525.2
315S	110	350.1	110	700.3	75	716.2
315M	132	420.2	132	840.3	90	859.4
315L 1	160	509.3	160	1018.6	110	1050.4
315L 2	200	636.6	200	1273.2	132	1260.5
355M 1	250	795.8	250	1591.5	160	1527.9
355M 2					200	1909.9
355L	315	1002.7	315	2005.3	250	2387.3

注：S、M、L后面的数字1、2分别代表同一机座号和转速下的不同功率。

表 10-4-51 YVF2 型（IP54）变频调速三相异步电动机转速与功率效率、电流的关系

功率/kW	同步转速/r·min^{-1}											
	3000	1500	1000	3000	1500	1000	3000	1500	1000	3000	1500	1000
	效率 η/%			功率因数 $\cos\varphi$			堵转转矩/额定转矩			堵转最小转矩/额定转矩		
0.55	—	69.4	—	—	0.75	—	—	2.0	—	—	1.7	—
0.75	72.1	72.1	70.0	0.83	0.76	0.72	2.2		1.9	1.5	1.6	1.5
1.1	75.0	75.0	72.9	0.83	0.77	0.72						1.3
1.5	77.2	79.7	75.2	0.84	0.78	0.72						
2.2	79.7	81.5	77.7	0.85	0.80	0.72				1.4	1.5	
3	81.5	83.1	79.7	0.87	0.81	0.72						
4	83.1	84.7	81.4	0.88	0.81	0.74						
5.5	84.7	86.0	83.1	0.88	0.82	0.75				1.2	1.4	
7.5	86.0	87.6	84.7	0.89	0.83	0.78						
11	87.6	88.7	86.4	0.89	0.83	0.79						1.2
15	88.7	89.3	87.7	0.89	0.84	0.82						
18.5	89.3	89.9	88.6	0.89	0.85	0.80				1.1	1.2	
22	89.9	90.7	89.2	0.89	0.85	0.81						
30	90.7	91.2	90.2	0.89	0.85	0.82						
37	91.2	91.7	90.8	0.89	0.86	0.83						
45	91.7	91.7	91.4	0.89	0.86	0.85				1.0	1.1	1.1
55	92.1	92.1	91.9	0.89	0.86	0.86						

续表

<table>
<tr><td rowspan="3">功率
/kW</td><td colspan="12">同步转速/r·min^{-1}</td></tr>
<tr><td>3000</td><td>1500</td><td>1000</td><td>3000</td><td>1500</td><td>1000</td><td>3000</td><td>1500</td><td>1000</td><td>3000</td><td>1500</td><td>1000</td></tr>
<tr><td colspan="3">效率 η/%</td><td colspan="3">功率因数 $\cos\varphi$</td><td colspan="3">堵转转矩/额定转矩</td><td colspan="3">堵转最小转矩/额定转矩</td></tr>
<tr><td>75</td><td>92.7</td><td>92.7</td><td>92.6</td><td>0.89</td><td>0.87</td><td>0.84</td><td rowspan="8">1.7</td><td rowspan="8">1.7</td><td rowspan="7">1.6</td><td rowspan="5">0.9</td><td rowspan="5">1.0</td><td rowspan="4">1.0</td></tr>
<tr><td>90</td><td>93.0</td><td>93.0</td><td>92.9</td><td>0.89</td><td>0.88</td><td>0.85</td></tr>
<tr><td>110</td><td>93.3</td><td>93.3</td><td>93.3</td><td>0.90</td><td>0.89</td><td>0.85</td></tr>
<tr><td>132</td><td>93.5</td><td>93.5</td><td>93.5</td><td>0.90</td><td>0.89</td><td>0.86</td></tr>
<tr><td>160</td><td>93.8</td><td>93.8</td><td>93.8</td><td>0.91</td><td>0.90</td><td>0.86</td><td></td></tr>
<tr><td>200</td><td>94.0</td><td>94.0</td><td>94.0</td><td>0.91</td><td>0.90</td><td>0.86</td><td rowspan="3">0.8</td><td rowspan="2">0.9</td><td rowspan="2">0.9</td></tr>
<tr><td>250</td><td>94.0</td><td>94.0</td><td>94.0</td><td>0.91</td><td>0.90</td><td>0.86</td></tr>
<tr><td>315</td><td>94.0</td><td>94.0</td><td>—</td><td>0.91</td><td>0.90</td><td>—</td><td></td><td>0.8</td><td>0.8</td></tr>
</table>

表 10-4-52 VF2 系列机座带底脚端盖上无凸缘外形及安装尺寸（摘自 JB/T 7118—2014） /mm

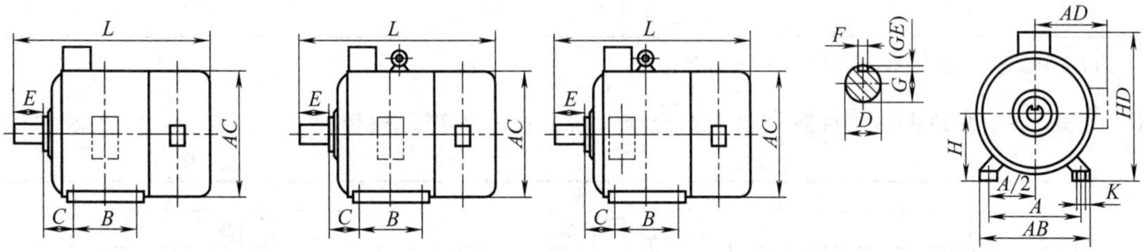

机座号80～90　机座号100～132　机座号1600～355　机座号80～355

<table>
<tr><td rowspan="2">机座号</td><td rowspan="2">极数</td><td colspan="9">安装尺寸</td><td colspan="5">外形尺寸</td></tr>
<tr><td>A</td><td>B</td><td>C</td><td>D</td><td>E</td><td>F</td><td>G①</td><td>H</td><td>K</td><td>AB</td><td>AC</td><td>AD</td><td>HD</td><td>L</td></tr>
<tr><td>80M</td><td rowspan="12">2,4,6</td><td>125</td><td rowspan="2">100</td><td>50</td><td>19</td><td>40</td><td>6</td><td>15.5</td><td>80</td><td rowspan="3">10</td><td>165</td><td>175</td><td>145</td><td>220</td><td>360</td></tr>
<tr><td>90S</td><td rowspan="2">140</td><td rowspan="2">56</td><td rowspan="2">24</td><td rowspan="2">50</td><td rowspan="4">8</td><td rowspan="2">20</td><td rowspan="2">90</td><td rowspan="2">180</td><td rowspan="2">195</td><td rowspan="2">165</td><td rowspan="2">260</td><td>430</td></tr>
<tr><td>90L</td><td>125</td><td>460</td></tr>
<tr><td>100L</td><td>160</td><td rowspan="3">140</td><td>63</td><td rowspan="2">28</td><td rowspan="2">60</td><td rowspan="2">24</td><td>100</td><td rowspan="4">12</td><td>205</td><td>215</td><td>180</td><td>275</td><td>500</td></tr>
<tr><td>112M</td><td>190</td><td>70</td><td>112</td><td>230</td><td>240</td><td>190</td><td>300</td><td>530</td></tr>
<tr><td>132S</td><td rowspan="2">216</td><td rowspan="2">89</td><td rowspan="2">38</td><td rowspan="2">80</td><td rowspan="2">10</td><td rowspan="2">33</td><td rowspan="2">132</td><td rowspan="2">270</td><td rowspan="2">275</td><td rowspan="2">210</td><td rowspan="2">345</td><td>560</td></tr>
<tr><td>132M</td><td>178</td><td>610</td></tr>
<tr><td>160M</td><td rowspan="2">254</td><td>210</td><td rowspan="2">108</td><td rowspan="2">42</td><td rowspan="5">110</td><td rowspan="2">12</td><td rowspan="2">37</td><td rowspan="2">160</td><td rowspan="4">14.5</td><td rowspan="2">320</td><td rowspan="2">330</td><td rowspan="2">255</td><td rowspan="2">420</td><td>740</td></tr>
<tr><td>160L</td><td>254</td><td>780</td></tr>
<tr><td>180M</td><td rowspan="2">279</td><td>241</td><td rowspan="2">121</td><td rowspan="2">48</td><td rowspan="2">14</td><td rowspan="2">42.5</td><td rowspan="2">180</td><td rowspan="2">355</td><td rowspan="2">380</td><td rowspan="2">280</td><td rowspan="2">455</td><td>820</td></tr>
<tr><td>180L</td><td>279</td><td>820</td></tr>
<tr><td>200L</td><td>318</td><td>305</td><td>133</td><td>55</td><td>16</td><td>49</td><td>200</td><td rowspan="4">18.5</td><td>395</td><td>420</td><td>305</td><td>505</td><td>895</td></tr>
<tr><td>225S</td><td>4</td><td rowspan="3">356</td><td>286</td><td rowspan="3">149</td><td rowspan="3">60</td><td rowspan="7">140</td><td>18</td><td>53</td><td rowspan="3">225</td><td rowspan="3">435</td><td rowspan="3">470</td><td rowspan="3">336</td><td rowspan="3">560</td><td>905</td></tr>
<tr><td rowspan="2">225M</td><td>2</td><td rowspan="2">311</td><td>16</td><td>49</td><td>900</td></tr>
<tr><td>4,6</td><td rowspan="4">18</td><td rowspan="2">53</td><td>930</td></tr>
<tr><td rowspan="2">250M</td><td>2</td><td rowspan="2">406</td><td rowspan="2">349</td><td rowspan="2">168</td><td rowspan="2">65</td><td rowspan="2">250</td><td rowspan="4">24</td><td rowspan="2">490</td><td rowspan="2">510</td><td rowspan="2">370</td><td rowspan="2">615</td><td rowspan="2">990</td></tr>
<tr><td>4,6</td><td rowspan="2">58</td></tr>
<tr><td rowspan="2">280S</td><td>2</td><td rowspan="2">457</td><td rowspan="2">368</td><td rowspan="2">190</td><td rowspan="2">76</td><td rowspan="2">280</td><td rowspan="2">550</td><td rowspan="2">580</td><td rowspan="2">410</td><td rowspan="2">680</td><td rowspan="2">1135</td></tr>
<tr><td>4,6</td><td>20</td><td>67.5</td></tr>
</table>

第10篇

续表

机座号	极数	安装尺寸 A	B	C	D	E	F	G①	H	K	外形尺寸 AB	AC	AD	HD	L
280M	2	457	419	190	76	140	18	58	280	24	550	580	410	680	1185
	4,6						20	67.5							
315S	2	508	406	216	80	170	18	58	315	28	635	645	530	845	1235
	4,6						22	71							1345
315M	2		457				18	58							1265
	4,6						22	71							1375
315L	2		508				18	58							1265
	4,6						22	71							1375
355M	2	610	560	254	75	140	20	67.5	355		730				1560
	4,6				95	170	25	86							1590
355L	2		630	—	75	140	20	67.5							1560
	4,6				95	170	25	86							1590

① $G=D-GE$，GE 的极限偏差对机座号 132 以下为 $\left(\begin{smallmatrix}+0.1\\0\end{smallmatrix}\right)$，其余为 $\left(\begin{smallmatrix}+0.2\\0\end{smallmatrix}\right)$。

表 10-4-53　VF2 系列机座带底脚端盖上有凸缘（带通孔）外形及安装尺寸（摘自 JB/T 7118—2014）

/mm

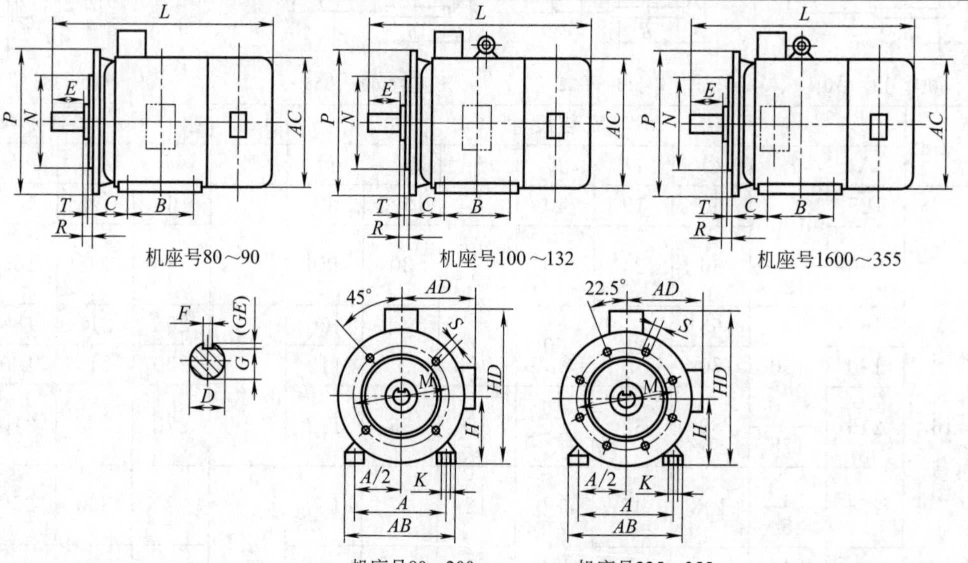

机座号80～90　机座号100～132　机座号1600～355

机座号80～200　机座号225～355

机座号	凸缘号	极数	安装尺寸 A	B	C	D	E	F	G①	H	K②	M	N	P③	R④	S②	T	凸缘孔数	外形尺寸 AB	AC	AD	HD	L
80M	FF165	2,4,6	125	100	50	19	40	6	15.5	80	10	165	130	200	0	12	3.5	4	165	175	145	220	360
90S			140		56	24	50	8	20	90									180	195	165	260	430
90L				125																			460
100L	FF215		160		63	28	60		24	100	12	215	180	250		14.5	4		205	215	180	270	500
112M			190	140	70					112									230	240	190	300	530
132S	FF265		216		89	38	80	10	33	132		265	230	300					270	275	210	345	560
132M				178																			610

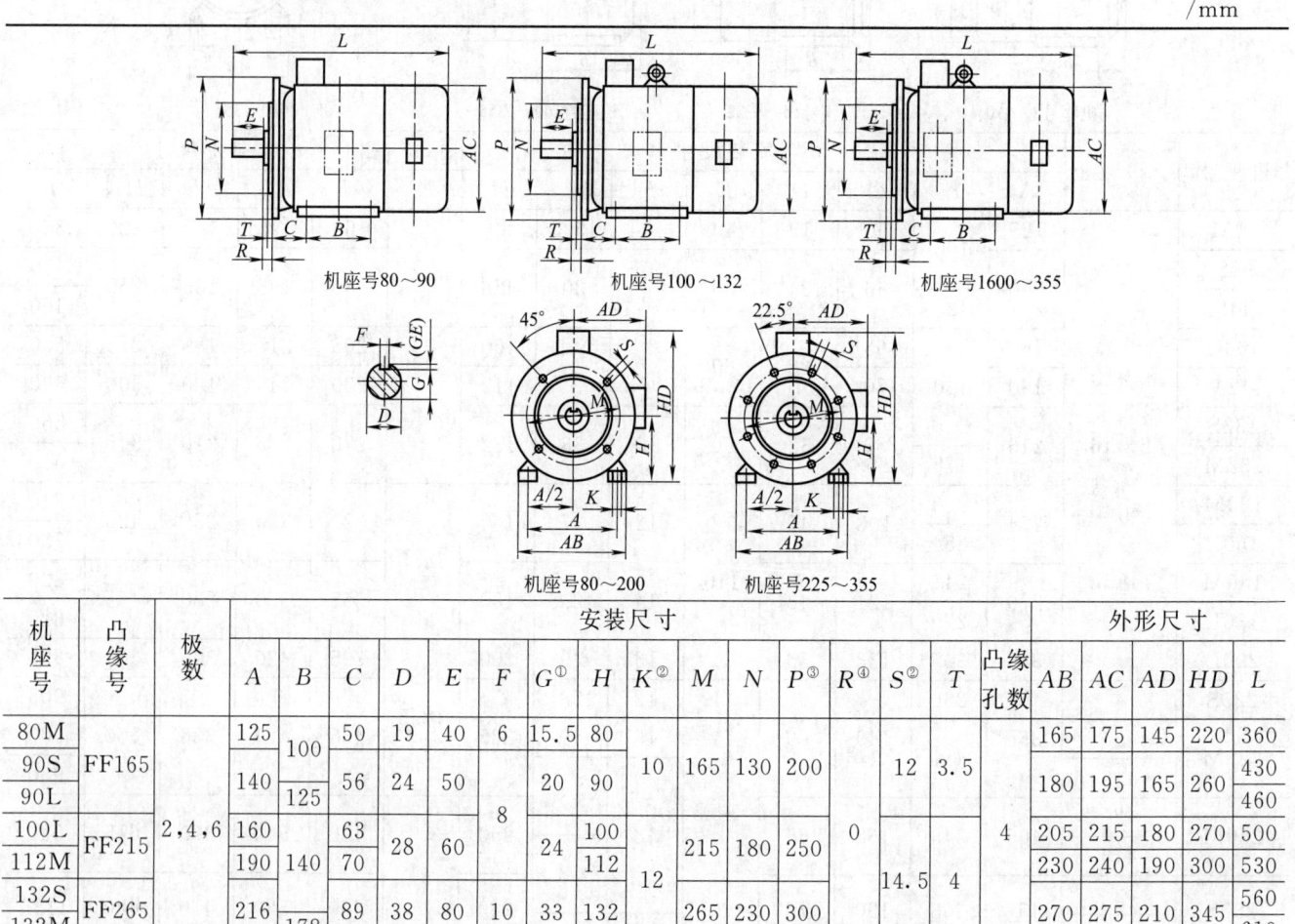

续表

机座号	凸缘号	极数	安装尺寸 *A*	*B*	*C*	*D*	*E*	*F*	*G*①	*H*	*K*	*M*	*N*	*P*③	*R*④	*S*②	*T*	凸缘孔数	外形尺寸 *AB*	*AC*	*AD*	*HD*	*L*
160M	FF300	2,4,6	254	210	108	42	100	12	37	160	14.5	300	250	350	0	18.5	5	4	320	330	255	420	710
160L				254																			740
180M			279	241	121	48		14	42.5	180									355	380	280	455	770
180L				279																			820
200L	FF350		318	305	133	55		16	49	200	18.5	350	300	400					395	420	305	505	855
225S	FF400	4	356	286	149	60	140	18	53	225		400	350	450				8	435	470	335	560	905
225M		2		311		55	110	16	49														900
		4,6				60	140	18	53														930
250M	FF500	2	406	349	168					250	24	500	450	550					490	510	370	615	990
		4,6				65			58														
280S		2	457	368	190					280									550	580	410	680	1135
		4,6				75		20	67.5														
280M		2		419		65		18	58														1185
		4,6				75		20	67.5														
315S	FF600	2	508	406	216	65		18	58	315	28	600	550	660		24	6		635	645	530	845	1265
		4,6				80	170	22	71														1375
315M		2		457		65	140	18	58														1265
		4,6				80	170	22	71														1375
315L		2		508		65	140	18	58														1265
		4,6				80	170	22	71														1375
355M	FF740	2	610	560	254	75	140	20	67.5	355		740	680	800					730	710	655	1010	1560
		4,6				95	170	25	86														1590
355L		2		630		75	140	20	67.5														1560
		4,6				95	170	25	86														1590

① $G=D-GE$，GE 的极限偏差对机座号 80 以下为 $\left(\begin{smallmatrix}+0.1\\0\end{smallmatrix}\right)$，其余为 $\left(\begin{smallmatrix}+0.2\\0\end{smallmatrix}\right)$。

② *K*，*S* 孔位置度公差以轴伸的轴线为基准。

③ *P* 尺寸为最大限值。

④ *R* 为凸缘配合面至轴伸肩的距离。

表 10-4-54　VF2 系列机座不带底脚端盖上有凸缘（带通孔）外形及安装尺寸（摘自 JB/T 7118—2014）

/mm

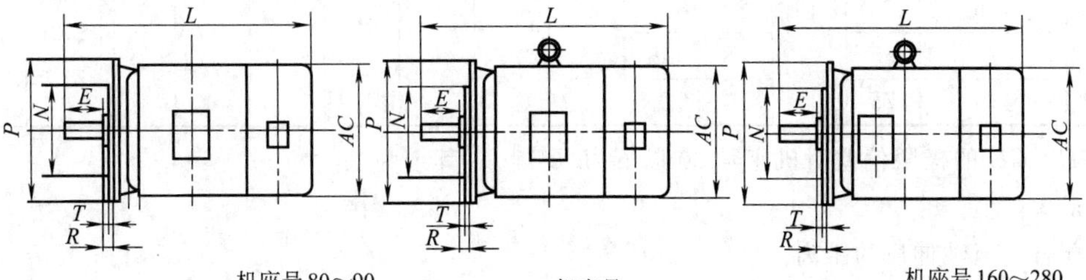

机座号 80～90　　机座号 100～112　　机座号 160～280

第 10 篇

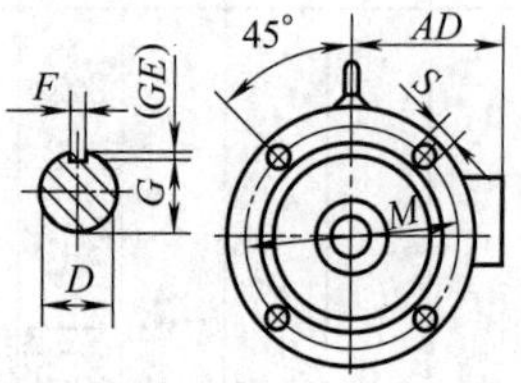

机座号 80～90

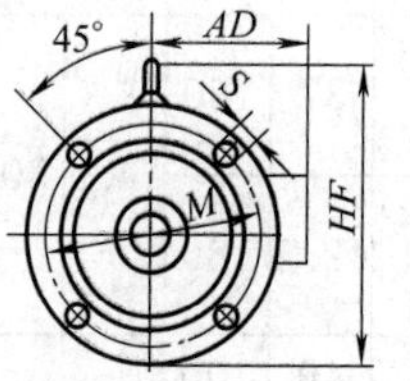

机座号100～200

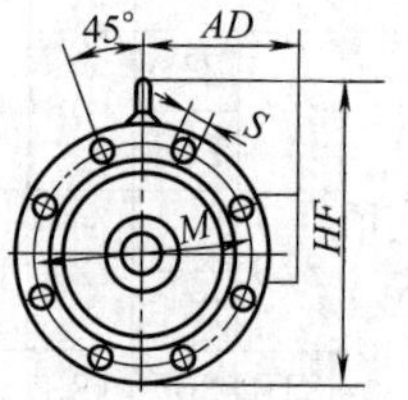

机座号225～280

机座号	凸缘号	极数	安装尺寸											外形尺寸			
			D	E	F	G①	M	N	P②	R③	S④	T	凸缘孔数	AC	AD	HF	L
80M	FF165	2,4,6	19	40	6	15.5	165	130	200	0	12	3.5	4	175	145	185	360
90S			24	50	8	20								195	165	195	390
90L																	460
100L	FF215		28	60		24	215	180	250		14.5	4		215	180	245	500
112M														240	190	265	530
132S	FF265		38	80	10	33	265	230	300					275	210	315	560
132M																	610
160M	FF300		42	110	12	37	300	250	350		18.5	5		330	255	385	710
160L																	740
180M			48		14	42.5								380	280	430	770
180L																	820
200L	FF350		55		16	49	350	300	400					420	305	480	855
225S	FF400	4	60	140	18	53	400	350	450				8	470	335	535	905
225M		2	55	110	16	49											900
		4,6	60	140	18	53											930
250M	FF500	2					500	450	550					510	370	595	990
		4,6	65			58											
280S		2												580	410	650	1135
		4,6	75		20	67.5											
280M		2	65		18	58											1185
		4,6	75		20	67.5											

① $G=D-GE$，GE 的极限偏差对机座号 80 以下为 $\left(\begin{smallmatrix}+0.1\\0\end{smallmatrix}\right)$，其余为 $\left(\begin{smallmatrix}+0.2\\0\end{smallmatrix}\right)$。

② P 尺寸为最大限值。

③ R 为凸缘配合面至轴伸肩的距离。

④ S 孔位置度公差以轴伸的轴线为基准。

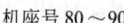

表 10-4-55　VF2 系列机座机座带底脚，端盖上有凸缘（带螺孔）外形及安装尺寸（摘自 JB/T 7118—2014）

/mm

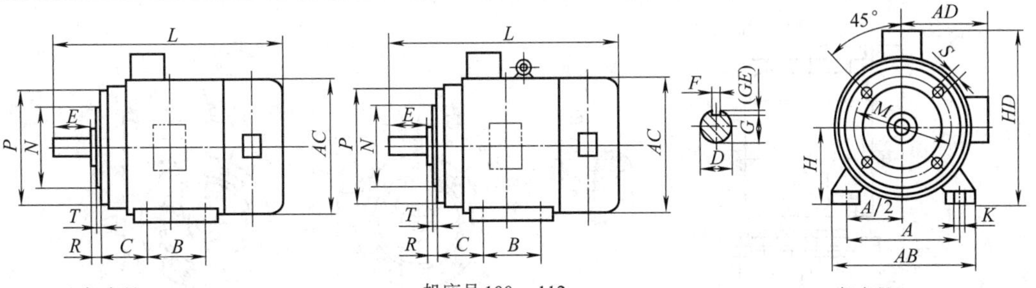

机座号 80～90　　机座号 100～112　　机座号 80～112

机座号	凸缘号	极数	安装尺寸																外形尺寸				
			A	B	C	D	E	F	G①	H	K②	M	N	P③	R④	S②	T	凸缘孔数	AB	AC	AD	HD	L
80M	TF100	2,4,6	125	100	50	19	40	6	15.5	80	10	100	80	120	0	M6	3.0	4	165	175	145	220	360
90S	FT115		140		56	24	50	8	20	90		115	95	140		M8			180	195	165	250	430
90L				125																			460
100L	FT130		160	140	63	28	60		24	100	12	130	110	160			3.5		205	215	180	270	500
112M			190		70					112									230	240	190	310	530

① $G=D-GE$，GE 的极限偏差对机座号 80 以下为（$^{+0.1}_{0}$），其余为（$^{+0.2}_{0}$）。

② K，S 孔位置度公差以轴伸的轴线为基准。

③ P 尺寸为最大限值。

④ R 为凸缘配合面至轴伸肩的距离。

表 10-4-56　VF2 系列机座机座不带底脚，端盖上有凸缘（带螺孔）外形及安装尺寸（摘自 JB/T 7118—2014）

/mm

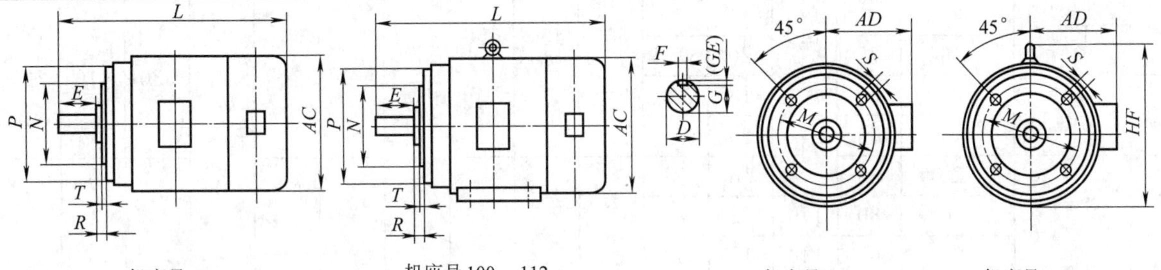

机座号 80～90　　机座号 100～112　　机座号 80～90　　机座号 100～112

机座号	凸缘号	极数	安装尺寸											外形尺寸			
			D	E	F	G①	M	N	P②	R③	S④	T	凸缘孔数	AC	AD	HF	L
80M	TF100	2,4,6	19	40	6	15.5	100	80	120	0	M6	3.0	4	175	145	—	360
90S	FT115		24	50	8	20	115	95	140		M8			195	165		430
90L																	460
100L	FT130		28	60		24	130	110	160			3.5		215	180	245	500
112M														240	190	265	530

① $G=D-GE$，GE 的极限偏差对机座号 80 以下为（$^{+0.1}_{0}$），其余为（$^{+0.2}_{0}$）。

② P 尺寸为最大限值。

③ R 为凸缘配合面至轴伸肩的距离。

④ S 孔位置度公差以轴伸的轴线为基准。

表 10-4-57　VF2 系列机立式机座不带底脚，端盖上有凸缘（带通孔）外形及安装尺寸（摘自 JB/T 7118—2014）

/mm

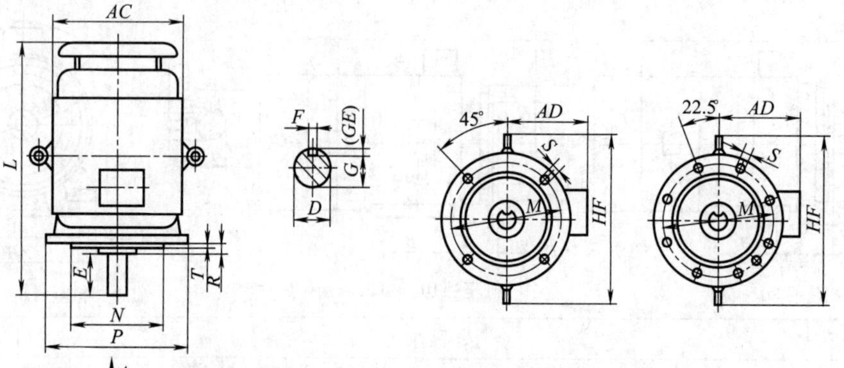

机座号180～200　　机座号225～355

机座号	凸缘号	极数	安装尺寸											外形尺寸			
			D	E	F	G①	M	N	P②	R③	S④	T	凸缘孔数	AC	AD	HF	L
180M	FF300	2,4,6	48	110	14	42.5	300	250	350				4	380	280	500	790
180L																	830
200L	FF350		55		16	49	350	300	400					420	305	550	905
225S	FF400	4	60	140	18	53	400	350	450					470	335	610	985
225M		2	55	110	16	49											980
		4,6	60			53					18.5	5					1010
250M	FF500	2			18									510	570	650	1090
		4,6	65			58											
280S		2		140			500	450	550								1260
		4,6	75		20	67.5								580	410	720	
280M		2	65		18	58				0							1300
		4,6	75		20	67.5											
315S	FF600	2	65		18	58							8				1335
		4,6	80	170	22	71											1455
315M		2	65	140	18	58								645	530	900	1365
		4,6	80	170	22	71	600	550	660								1485
315L		2	65	140	18	58					24	6					1365
		4,6	80	170	22	71											1485
355M	FF740	2	75	140	20	67.5											1700
		4,6	95	170	25	86											1730
355L		2	75	140	20	67.5	740	680	800					710	655	1010	1700
		4,6	95	170	25	86											1730

① $G=D-GE$，GE 的极限偏差为（$^{+0.2}_{0}$）。

② P 尺寸为最大限值。

③ R 为凸缘配合面至轴伸肩的距离。

④ S 孔位置度公差以轴伸的轴线为基准。

第5章 三相同步电动机

5.1 概述

三相同步电动机多用于驱动功率较大或转速较低的机械设备。多为三相永磁同步电动机。其技术指标参见标准 GB/T 22711—2019。

5.2 型号含义

TYC-132S1-2

规格代号：表示中心高 132mm，机座长为 S(短)，1 号铁芯长，2 极

产品代号：T 表示同步电动机；YC 表示永磁

5.3 技术数据

三相同步电动机的外壳防护等级为 IP55，冷却方式为 IC411，结构及安装型式为：IM B3、IM B5、IM B35、IM V1，定额以连续工作制（S1）为基准的连续定额，电动机的额定频率为 50Hz，额定电压为 380V，定子绕组均为Y型接法；三相同步电动机按以下额定功率制造：0.55kW、0.75kW、1.1kW、1.5kW、2.2kW、3kW、4kW、5.5kW、7.5kW、11kW、15kW、18.5kW、22kW、30kW、37kW、45kW、55kW、75kW、90kW、110kW、132kW、160kW、200kW、250kW、315kW。工作环境海拔不超过 1000m，温度工作范围−15～40℃。

三相同步电动的机座号与同步转速、功率关系及技术参数见表 10-5-1，三相同步电动机效率及运行转矩、电流参数见表 10-5-2，均参照国标 GB/T 22711—2019。

表 10-5-1 三相同步交流电动机机座号与转速、功率的关系

<table>
<tr><td rowspan="3">机座号</td><td colspan="4">同步转速/r·min⁻¹</td></tr>
<tr><td>3000</td><td>1500</td><td>1000</td><td>750</td></tr>
<tr><td colspan="4">功率/kW</td></tr>
<tr><td>80M 1</td><td>0.75</td><td>0.55</td><td>—</td><td>—</td></tr>
<tr><td>80M 2</td><td>1.1</td><td>0.75</td><td>—</td><td>—</td></tr>
<tr><td>90S</td><td>1.5</td><td>1.1</td><td></td><td></td></tr>
<tr><td>90L</td><td>2.2</td><td>1.5</td><td>—</td><td></td></tr>
<tr><td>100L 1</td><td rowspan="2">3</td><td>2.2</td><td>—</td><td></td></tr>
<tr><td>100L 2</td><td>3</td><td>—</td><td></td></tr>
<tr><td>112M</td><td>4</td><td>4</td><td>—</td><td>—</td></tr>
<tr><td>132S 1</td><td>5.5</td><td rowspan="2">5.5</td><td rowspan="2">3</td><td rowspan="2">2.2</td></tr>
<tr><td>132S 2</td><td>7.5</td></tr>
<tr><td>132M 1</td><td rowspan="2">—</td><td rowspan="2">7.5</td><td>4</td><td rowspan="2">3</td></tr>
<tr><td>132M 2</td><td>5.5</td></tr>
<tr><td>160M 1</td><td>11</td><td rowspan="2">11</td><td rowspan="2">7.5</td><td>4</td></tr>
<tr><td>160M 2</td><td>15</td><td>5.5</td></tr>
<tr><td>160L</td><td>18.5</td><td>15</td><td>11</td><td>7.5</td></tr>
<tr><td>180M</td><td>—</td><td>18.5</td><td>—</td><td>—</td></tr>
<tr><td>180L</td><td>—</td><td>22</td><td>15</td><td>11</td></tr>
</table>

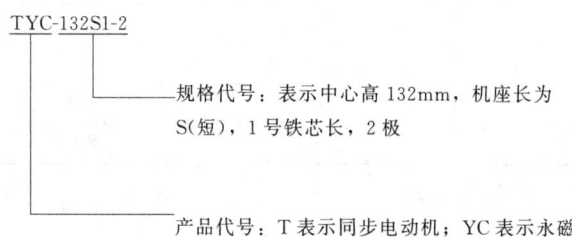

续表

<table>
<tr><th rowspan="3">机座号</th><th colspan="4">同步转速/r·min^{-1}</th></tr>
<tr><th>3000</th><th>1500</th><th>1000</th><th>750</th></tr>
<tr><th colspan="4">功率/kW</th></tr>
<tr><td>200L 1</td><td>—</td><td rowspan="2">30</td><td>18.5</td><td rowspan="2">15</td></tr>
<tr><td>200L 2</td><td>—</td><td>22</td></tr>
<tr><td>225S</td><td>—</td><td>37</td><td>—</td><td>18.5</td></tr>
<tr><td>225M</td><td>—</td><td>45</td><td>30</td><td>22</td></tr>
<tr><td>250M</td><td>—</td><td>55</td><td>37</td><td>30</td></tr>
<tr><td>280S</td><td>—</td><td>75</td><td>45</td><td>37</td></tr>
<tr><td>280M</td><td>—</td><td>90</td><td>55</td><td>45</td></tr>
<tr><td>315S</td><td>—</td><td>110</td><td>75</td><td>55</td></tr>
<tr><td>315M</td><td>—</td><td>132</td><td>90</td><td>75</td></tr>
<tr><td>315L 1</td><td>—</td><td>160</td><td>110</td><td>90</td></tr>
<tr><td>315L 2</td><td>—</td><td>200</td><td>132</td><td>110</td></tr>
<tr><td>355M 1</td><td>—</td><td rowspan="2">250</td><td>160</td><td>132</td></tr>
<tr><td>355M 2</td><td>—</td><td>200</td><td>160</td></tr>
<tr><td>355L</td><td>—</td><td>315</td><td>250</td><td>200</td></tr>
</table>

注：S、M、L后面的数字1、2分别代表同一机座号和转速下的不同功率。

表 10-5-2　三相同步交流电动机运行技术参数（国标 GB/T 22711—2019）

<table>
<tr><th rowspan="3">功率
/kW</th><th colspan="4">同步转速/r·min^{-1}</th><th colspan="4">同步转速/r·min^{-1}</th><th colspan="4">同步转速/r·min^{-1}</th><th colspan="4">同步转速/r·min^{-1}</th></tr>
<tr><th>3000</th><th>1500</th><th>1000</th><th>750</th><th>3000</th><th>1500</th><th>1000</th><th>750</th><th>3000</th><th>1500</th><th>1000</th><th>750</th><th>3000</th><th>1500</th><th>1000</th><th>750</th></tr>
<tr><th colspan="4">效率 η/%</th><th colspan="4">堵转电流/额定电流</th><th colspan="4">堵转转矩/额定转矩</th><th colspan="4">失步转矩/额定转矩</th></tr>
<tr><td>0.55</td><td>—</td><td>84.5</td><td>—</td><td>—</td><td>—</td><td rowspan="11">9.5</td><td rowspan="4">—</td><td rowspan="4">—</td><td>—</td><td rowspan="11">2.2</td><td rowspan="5">—</td><td rowspan="4"></td><td>—</td><td rowspan="8">2.0</td><td rowspan="5">—</td><td rowspan="4">—</td></tr>
<tr><td>0.75</td><td>84.9</td><td>85.6</td><td>—</td><td>—</td><td rowspan="11">9.5</td><td rowspan="11">2.2</td><td rowspan="7">2.0</td></tr>
<tr><td>1.1</td><td>86.7</td><td>87.4</td><td>—</td><td>—</td></tr>
<tr><td>1.5</td><td>87.5</td><td>88.1</td><td>—</td><td>—</td></tr>
<tr><td>2.2</td><td>89.1</td><td>89.7</td><td>—</td><td>90.0</td><td rowspan="12">10</td><td rowspan="11">10</td><td rowspan="5">2.3</td><td rowspan="5">2.0</td></tr>
<tr><td>3</td><td>89.7</td><td>90.3</td><td>91.5</td><td>91.0</td><td rowspan="4">2.3</td><td rowspan="4">2.0</td></tr>
<tr><td>4</td><td>90.3</td><td>90.9</td><td>92.4</td><td>91.8</td></tr>
<tr><td>5.5</td><td>91.5</td><td>92.1</td><td>93.1</td><td>92.6</td></tr>
<tr><td>7.5</td><td>92.1</td><td>92.6</td><td>93.7</td><td>93.2</td><td rowspan="3">1.8</td><td rowspan="10">1.8</td></tr>
<tr><td>11</td><td>93</td><td>93.6</td><td>94.3</td><td>93.7</td><td rowspan="5">2.4</td><td rowspan="5">2.4</td><td rowspan="8">1.8</td><td rowspan="7">1.8</td></tr>
<tr><td>15</td><td>93.4</td><td>94.0</td><td>94.7</td><td>94.2</td></tr>
<tr><td>18.5</td><td>93.8</td><td>94.3</td><td>95.1</td><td>94.6</td><td rowspan="7">10</td><td rowspan="7">2.3</td><td rowspan="7">—</td></tr>
<tr><td>22</td><td>—</td><td>94.7</td><td>95.4</td><td>94.9</td><td rowspan="6">—</td><td rowspan="6">—</td></tr>
<tr><td>30</td><td>—</td><td>95.0</td><td>95.7</td><td>95.1</td></tr>
<tr><td>37</td><td>—</td><td>95.3</td><td>95.9</td><td>95.3</td><td rowspan="4">2.3</td><td rowspan="4">2.3</td></tr>
<tr><td>45</td><td>—</td><td>95.6</td><td>96.0</td><td>95.5</td><td rowspan="3">10.5</td></tr>
<tr><td>55</td><td>—</td><td>95.8</td><td>96.1</td><td>95.6</td><td rowspan="2">10.5</td><td rowspan="2">1.6</td></tr>
<tr><td>75</td><td>—</td><td>96.0</td><td>96.2</td><td>95.7</td><td>1.6</td></tr>
</table>

续表

功率/kW	同步转速/r·min⁻¹ 效率η/%				同步转速/r·min⁻¹ 堵转电流/额定电流				同步转速/r·min⁻¹ 堵转转矩/额定转矩				同步转速/r·min⁻¹ 失步转矩/额定转矩			
	3000	1500	1000	750	3000	1500	1000	750	3000	1500	1000	750	3000	1500	1000	750
90	—	96.2	96.2	95.7	—	10	10.5	10.5	—	2.3	2.3	2.3	—	1.8	1.6	1.6
110	—	96.4	96.3	95.7		10.5				2.2	2.2	2.2		1.6		
132	—	96.5	96.3	95.8												
160	—	96.5	96.3	95.8												
200	—	96.6	96.4	95.8												
250	—	96.7	96.4	—				—			2.0	—				—
315	—	96.8	—	—			—				—				—	

表 10-5-3　三相同步交流电动机无凸缘安装尺寸表　　/mm

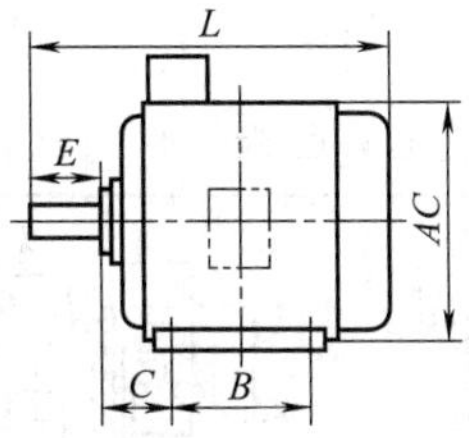

机座号80～90

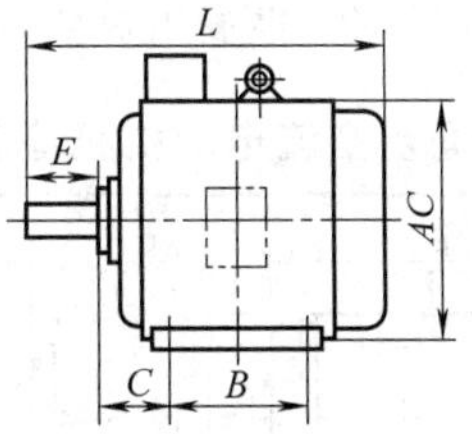

机座号100～132

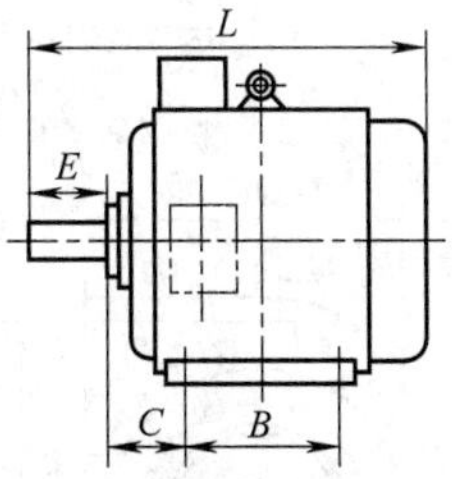

机座号160～355

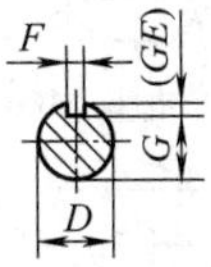

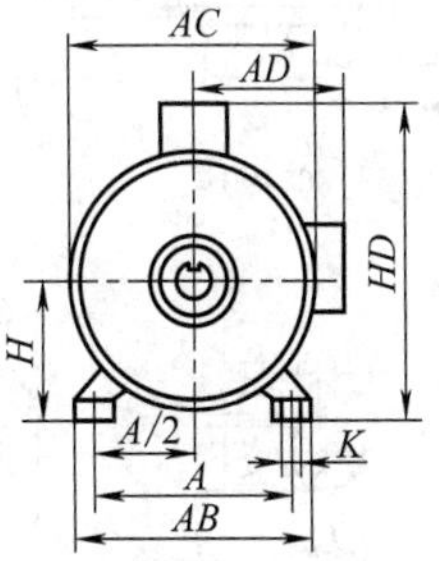

机座号80～355

机座号	极数	安装尺寸										外形尺寸				
		A	A/2	B	C	D	E	F	G	H	K	AB	AC	AD	HD	L
80M	2,4,6	125	62.5	100	50	19	40	6	15.5	80	10	165	175	145	220	305
90S		140	70		56	24	50	8	20	90		180	195	165	260	360
90L				125												390
100L		160	80	140	63	28	60		25	100	12	205	215	180	275	435
112M		190	95		70					112		230	240	190	300	470
132S	2,4,6,8	216	108		89	38	80	10	33	132		270	275	210	345	510
132M				178												560
160M		254	127	210	108	42	110	12	37	160	14.5	320	330	255	420	670
160L				254												700
180M	4,6,8	279	139.5	241	121	48		14	42.5	180		355	380	280	455	740
180L				279												790
200L		318	159	305	133	55		16	49	200	18.5	395	420	305	505	790

第10篇

续表

机座号	极数	安装尺寸										外形尺寸				
		A	A/2	B	C	D	E	F	G	H	K	AB	AC	AD	HD	L
225S	4,8	356	178	286	149	60	140	18	53	225	18.5	435	470	335	560	830
225M	4,6,8			311												855
250M		406	203	349	168	65			58	250	24	490	510	370	615	915
280S		457	228.5	368	190	75		20	67.5	280		550	580	410	680	985
280M				419												1035
315S	4,6,8			406												1290
315M		508	254	457	216	80		22	71	315		635	645	530	845	1230
315L				508			170				28					
355M		610	305	560	254	85		25	86	355		730	710	655	1010	1530
355L				630												

注：出线盒的位置在电动机的顶部，根据用户要求，也可以放在侧面。

表 10-5-4　三相同步交流电动机机座带底脚，端盖上有凸缘（带通孔）安装尺寸表　/mm

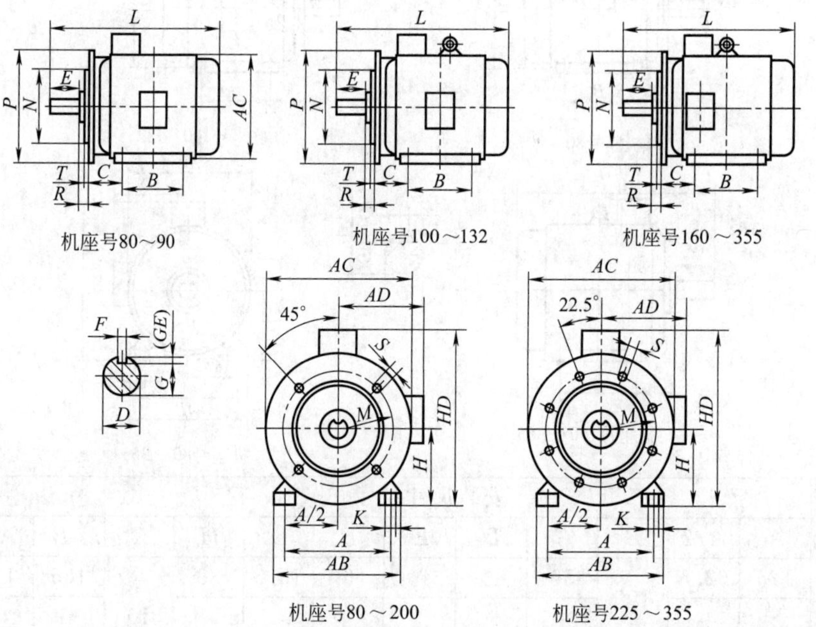

机座号80～90　机座号100～132　机座号160～355

机座号80～200　机座号225～355

机座号	凸缘号	极数	安装尺寸												凸缘孔数	外形尺寸				
			A	B	C	D	E	F	G	H	K	M	N	P		AB	AC	AD	HD	L
80M	FF165	2,4,6	125	100	50	19	40	6	15.5	80	10	165	130	200	4	165	175	145	220	305
90S			140		56	24	50	8	20	90						180	195	165	260	360
90L				125																390
100L	FF215		160	140	63	28	60		25	100	12	215	180	250		205	215	180	275	435
112M			190		70					112						230	240	190	300	470
132S	FF265	2,4,6,8	216		89	38	80	10	33	132		265	230	300		270	275	210	345	510
132M				178																560

续表

机座号	凸缘号	极数	安装尺寸												外形尺寸					
			A	B	C	D	E	F	G	H	K	M	N	P	凸缘孔数	AB	AC	AD	HD	L
160M	FF300	2,4,6,8	254	210	108	42	110	12	37	160	14.5	250	250	350	4	320	330	255	420	670
160L				254																700
18M		4,6,8	279	241	121	48		14	42.5	180						355	380	280	455	740
180L				279																790
200L	FF350		318	305	133	55		16	49	200	18.5	350	300	400		395	420	305	505	790
225S	FF400	4,8	356	286	149	60	140	18	53	225		400	350	450	8	435	470	335	560	830
225M		4,6,8		311																855
250M	FF500		406	349	168	65			58	250	24	500	450	550		490	510	370	615	915
280S			457	368	190	75		20	67.5	280						550	580	410	680	985
280M				419																1035
315S	FF600	4,6,8	508	406	216	80	170	22	71	315	28	600	550	660		635	645	530	845	1290
315M				457																1230
315L				508																
355M	FF740		610	560	254	85		25	86	355		740	680	800		730	710	655	1010	1530
355L				630																

注：出线盒的位置在电动机的顶部，根据用户要求，也可以放在侧面。

表 10-5-5　三相同步交流电动机机座不带底脚，端盖上有凸缘（带通孔）安装尺寸表　/mm

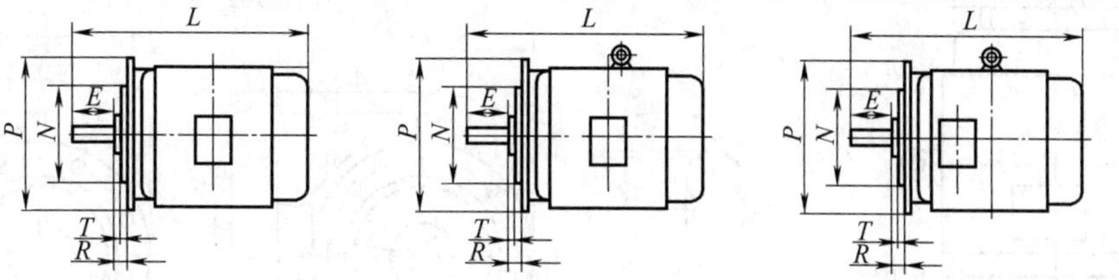

机座号80～90　　机座号100～132　　机座号160～280

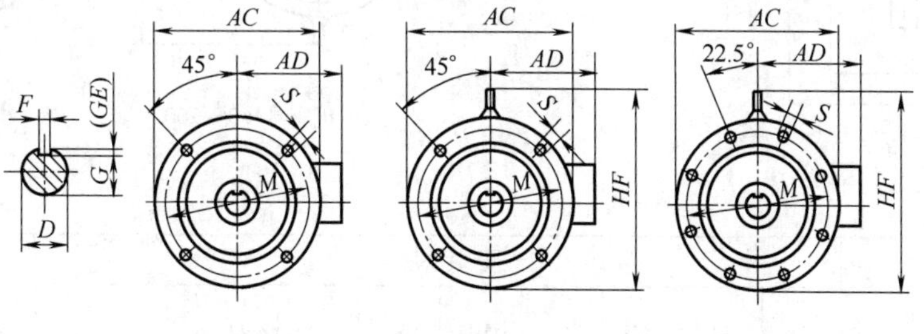

机座号80～200　　机座号100～200　　机座号225～280

机座号	凸缘号	极数	安装尺寸										外形尺寸				
			D	E	F	G	M	N	P	R	S	T	凸缘孔数	AC	AD	HD	L
80M	FF165	2,4,6	19	40	6	15.5	165	130	200	0	12	3.5	4	175	145	220	305
90S			24	50	8	20								195	165	260	360
90L																	390

第10篇

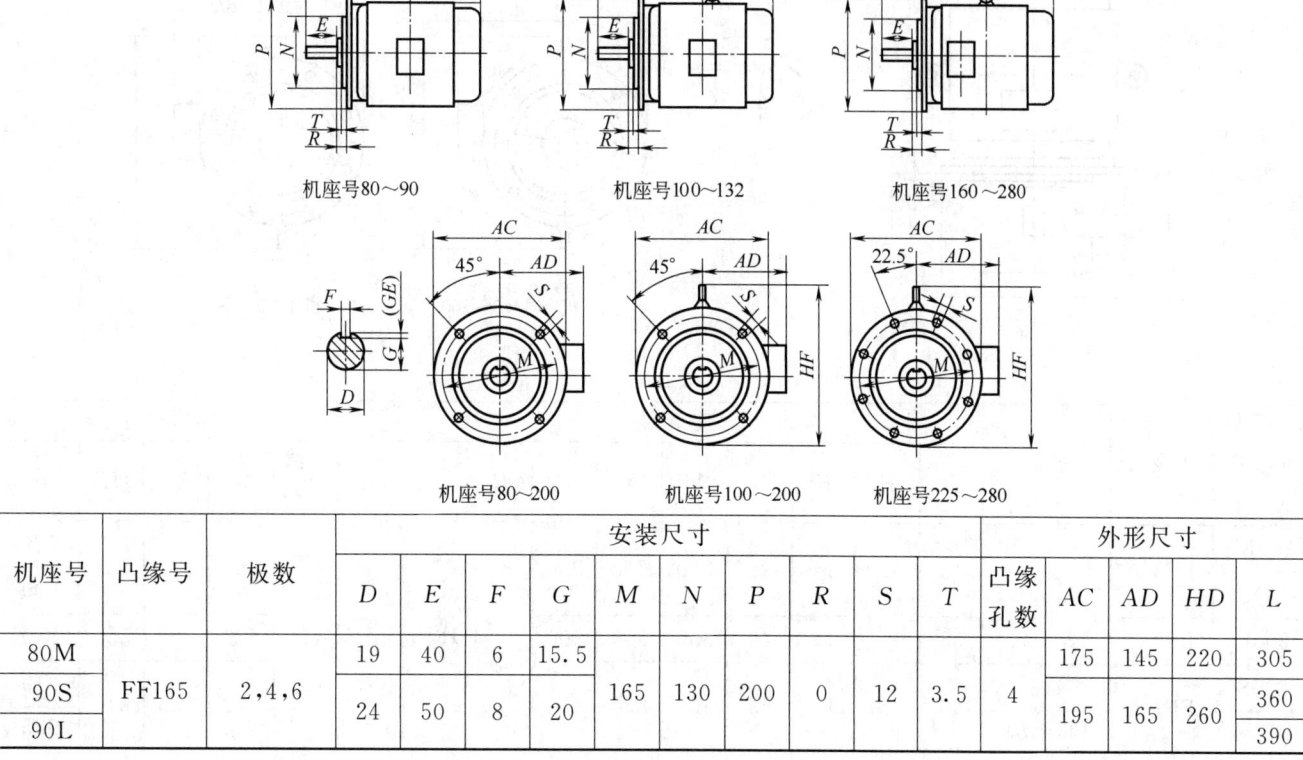

续表

机座号	凸缘号	极数	安装尺寸 D	E	F	G	M	N	P	R	S	T	外形尺寸 凸缘孔数	AC	AD	HD	L
100L	FF215	2,4,6	28	60	8	25	215	180	250	0	14.5	4	4	215	180	275	435
112M														240	190	300	470
132S	FF265	2,4,6,8	38	80	10	33	265	230	300					275	210	345	510
132M																	560
160M	FF300		42	110	12	37	250	250	350		18.5	8		330	255	420	670
160L																	700
180M		4,6,8	48		14	42.5								380	280	455	740
180L																	790
200L	FF350		55		16	49	350	300	400					420	305	505	790
225S	FF400	4,8	60	140	18	53	400	350	450				8	470	335	560	830
225M		4,6,8															855
250M	FF500		65			58	500	450	550					510	370	615	915
280S			75		20	67.5								580	410	680	985
280M																	1035

表 10-5-6　三相同步交流电动机立式安装，端盖上有凸缘（带通孔），轴伸向下安装尺寸表　/mm

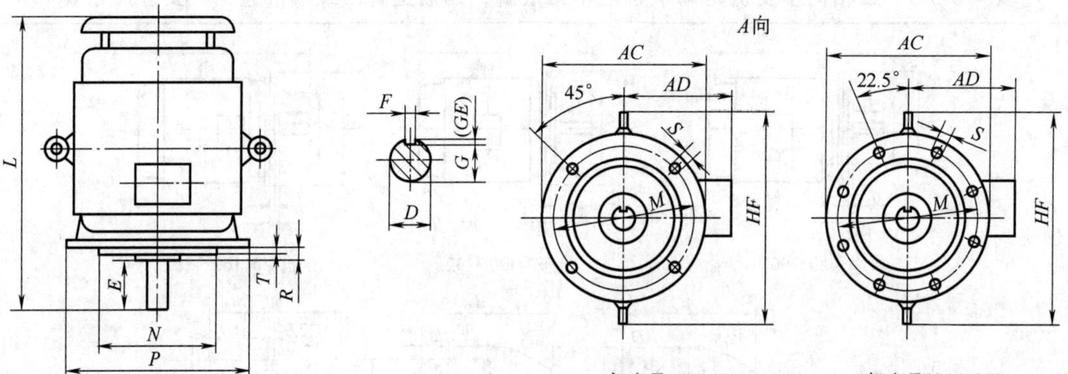

机座号160～200　　机座号225～355

机座号	凸缘号	极数	安装尺寸 D	E	F	G	M	N	P	R	S	T	外形尺寸 凸缘孔数	AC	AD	HD	L
180M	FF300	4,6,8	48	110	14	42.5	300	250	350	0	18.5	5	4	380	280	500	760
180L																	800
200L	FF350		55		16	49	350	300	400					420	305	550	840
225S	FF400	4,8	60	140	18	53	400	350	450					470	335	610	910
225M		4,6,8															935

续表

<table>
<tr><th rowspan="2">机座号</th><th rowspan="2">凸缘号</th><th rowspan="2">极数</th><th colspan="10">安装尺寸</th><th colspan="5">外形尺寸</th></tr>
<tr><th>*D*</th><th>*E*</th><th>*F*</th><th>*G*</th><th>*M*</th><th>*N*</th><th>*P*</th><th>*R*</th><th>*S*</th><th>*T*</th><th>凸缘孔数</th><th>*AC*</th><th>*AD*</th><th>*HD*</th><th>*L*</th></tr>
<tr><td>250M</td><td rowspan="3">FF500</td><td>4,6</td><td>65</td><td rowspan="3">140</td><td>18</td><td rowspan="2">33</td><td rowspan="3">500</td><td rowspan="3">450</td><td rowspan="3">550</td><td rowspan="8">0</td><td rowspan="3">18.5</td><td rowspan="3">5</td><td rowspan="3">4</td><td>510</td><td>370</td><td>650</td><td>1015</td></tr>
<tr><td>280S</td><td rowspan="2">4,6,8</td><td rowspan="2">75</td><td rowspan="2">20</td><td rowspan="2">580</td><td rowspan="2">530</td><td rowspan="2">720</td><td>1110</td></tr>
<tr><td>280M</td><td></td><td>1150</td></tr>
<tr><td>315S</td><td rowspan="3">FF600</td><td rowspan="5">4,6,8</td><td rowspan="3">80</td><td rowspan="5">170</td><td rowspan="3">22</td><td rowspan="3">71</td><td rowspan="3">600</td><td rowspan="3">550</td><td rowspan="3">660</td><td rowspan="5">24</td><td rowspan="5">6</td><td rowspan="5">8</td><td rowspan="3">645</td><td rowspan="3">530</td><td rowspan="3">900</td><td>1400</td></tr>
<tr><td>315M</td><td rowspan="2">1430</td></tr>
<tr><td>315L</td></tr>
<tr><td>355M</td><td rowspan="2">FF740</td><td rowspan="2">95</td><td rowspan="2">25</td><td rowspan="2">86</td><td rowspan="2">700</td><td rowspan="2">680</td><td rowspan="2">800</td><td rowspan="2">710</td><td rowspan="2">635</td><td rowspan="2">1010</td><td rowspan="2">1670</td></tr>
<tr><td>355L</td></tr>
</table>

第6章

防爆电动机

6.1 防爆电气设备

爆炸性环境使用电气设备分为Ⅰ类、Ⅱ类和Ⅲ类。Ⅰ类电气设备用于煤矿瓦斯气体环境，用于煤矿的电气设备，当其环境中除甲烷外还可能含有其他爆炸性气体时，应按照Ⅰ类和Ⅱ类相应的可燃气体的要求进行制造和试验。Ⅱ类电气设备用于除煤矿瓦斯气体之外的其他爆炸性气体环境，可按其拟使用的爆炸性环境的种类分为ⅡA、ⅡB、ⅡC三类。Ⅲ类电气设备用于除煤矿以外的爆炸性粉尘环境。可按其拟使用的爆炸性粉尘环境的种类分为ⅢA、ⅢB、ⅢC三类。表10-6-1参照国标GB 3836.1—2010列出防爆电气设备类别与温度组别，表10-6-2为防爆环境及相关术语。表10-6-3为防爆设备保护级别列表。

表10-6-1　防爆电气设备类别、级别与温度级别

类别	Ⅰ类 用于煤矿瓦斯气体环境	Ⅱ类 除煤矿瓦斯气体外的其他爆炸性气体环境			Ⅲ类 除煤矿外的爆炸性粉尘环境			各防爆型式专用标准及标志
级别	—	ⅡA	ⅡB	ⅡC	ⅢA	ⅢB	ⅢC	隔爆型电气设备:d 增安型电气设备:e 本质安全型电气设备:i 正压外壳型电气设备:p 油浸型电气设备:o 充砂型电气设备:q 无火花型电气设备:n 浇封型:m 外壳保护型:t
	—	代表性气体丙烷	代表性气体乙烯	代表性气体氢气	可燃性飞絮	非导电性粉尘	导电性粉尘	
温度级别	电气设备允许最高表面温度							
	当电气设备表面可能堆积煤尘时:+150℃； 当电气设备表面不会堆积煤尘时(防粉尘外壳内部):+450℃； 注:如果温度超过150℃的设备表面上可能堆积煤尘,则应考虑煤尘的影响或其焖燃的温度	温度组别			允许最高表面温度/℃			
		T_1			450			
		T_2			300			
		T_3			200			
		T_4			135			
		T_5			100			
		T_6			85			

表10-6-2　防爆环境及相关术语（摘自GB 3836.1—2010）

名称	英　文	含　义	备　注
环境温度	ambient temperature	设备或元件周围的空气或其他介质的温度	不是指加工介质的温度
电气设备	electrical apparatus	全部或部分利用电能的设备	包括发电、输电、配电、蓄电、电测、调节、节流、用电设备和通信设备
关联设备	associated apparatus	内装能量限制电路和非能量限制电路,且在结构上使非能量限制电路不能对能量限制电路产生不利影响的电气设备	—

名称	英　文	含　义	备　注
爆炸性环境用设备	equipment for explosive atmospheres	爆炸性环境中作为电气装置的部件或与其有关的包括仪器、附件、组件、元件的总称	—
粉尘	dust	可燃性粉尘和可燃性飞絮的通称	—
粉尘云	dust cloud	悬浮在助燃气体中的高浓度可燃粉尘与助燃气体的混合物	
可燃性粉尘	combustible dust	标称尺寸 500μm 及以下的固体颗粒，可悬浮在空气中，也可依靠自身重量沉淀下来，可在空气中燃烧或焖燃，在大气压力和常温条件下可与空气形成爆炸性混合物的颗粒	包括 GB/T 6919—1986 规定的粉尘和砂粒
可爆粉尘	explosible dust	可与助燃气体发生剧烈氧化反应而爆炸的粉尘	
粉尘层	dust layer	沉(堆)积在地面或物体表面上的可燃粉尘群	
导电性粉尘	conductive dust	电阻率等于或小于 $10^3\Omega\cdot m$ 的可燃性粉尘	GB 12476.9—2010 规定了粉尘电阻率的测定方法
非导电性粉尘	non-conductive dust	电阻率大于 $10^3\Omega\cdot m$ 的可燃性粉尘	
可燃性飞絮	combustible flyings	标称尺寸大小 500μm，可悬浮在空气中，也可依靠自身重量沉淀下来的包括纤维在内的固体颗粒	飞絮的实例包括人造纤维、棉花(包括棉戎纤维、棉纱头)、剑麻、黄麻、麻屑、可可纤维、麻絮、废打包木丝棉
尘密外壳	dust-tight enclosure	能够阻止所有可见粉尘颗粒进入的外壳	—
爆炸性环境	explosive atmosphere	在大气条件下，可燃性物质以气体、蒸气、粉尘、纤维或飞絮的形式与空气形成的混合物，被点燃后能够保持燃烧自行传播的环境	—
爆炸性粉尘环境	explosive dust atmosphere	在大气条件下，可燃性物质以粉尘、纤维或飞絮的形式与空气形成的混合物，被点燃后能够保持燃烧自行传播的环境	—
爆炸性气体环境	explosive gas atmosphere	在大气条件下，可燃性物质以气体或蒸气的形式与空气形成的混合物，被点燃后能够保持燃烧自行传播的环境	—
爆炸性气体环境的点燃温度	ignition temperature of an explosive gas atmosphere	可燃性物质以气体或蒸气形式与空气形成的混合物被热表面点燃的最低温度	GB/T 5332—2007 规定的条件
粉尘层的点燃温度	ignition temperature of a dust layer	规定厚度的粉尘层在热表面上发生点燃的热表面的最低温度	由 GB 12476.8—2010 规定的测试方法测定
粉尘云的点燃温度	ignition temperature of a dust cloud	集尘装置内空气中所含粉尘云发生点燃的集尘装置内壁的最低温度	由 GB 12476.8—2010 规定的测试方法测定

续表

名称	英　文	含　义	备　注
最高表面温度	maximum surface temperature	在最不利运行条件下(但在规定容许范围)工作时,电气设备的任何部件或任何表面所达到的最高温度	对于爆炸性气体环境用的电气设备,该温度可出现在设备内部零件上或外壳表面,视防爆型式而定; 对于爆炸性粉尘环境用电气设备来说,该温度出现在设备外壳表面,且可包括确定的粉尘层条件
惰化	inerting	向有粉尘爆炸危险的场所,充入惰性气体或惰性粉尘,使可燃粉尘失去爆炸性的方法	
抑爆	explosion suppression	爆炸初始阶段,通过物化学作用扑灭火焰,抑制爆炸发展的技术	
隔爆	explosion isolation	爆炸发生后,通过物理化学作用扑灭火焰,阻止爆炸传播的技术	
阻爆	explosion arrrestment	在含有可燃粉尘的通道中,设置能够阻止焰通过和阻波、消波的设备,将爆炸阻断在一定范围内的技术	
泄爆	venting of dust explosions	存在于围包体内的粉尘云发生爆炸时,在爆炸压力尚未达到围包体的极限强度之前,爆炸产物通过泄压膜泄除,使围包体不到处被破坏的控爆技术	

表 10-6-3　防爆设备保护级别 EPL（摘自 GB 3836.1—2010）

名称/标记	级别	使用环境	含　义
Ma 级 EPL Ma	很高	安装在煤矿甲烷爆炸性环境中的设备	该级别具有足够的安全性,使设备在正常运行、出现预期故障或罕见故障,甚至在气体突然出现设备仍带电的情况下均不可能成为点燃源
Mb 级 EPL Mb	高	安装在煤矿甲烷爆炸性环境中的设备	该级别具有足够的安全性,使设备在正常运行中或在气体突然出现和设备断电之间的时间在出现预期故障条件下不可能成为点燃源
Ga 级 EPL Ga	很高	爆炸性气体环境用设备	在正常运行、出现的预期故障或罕见故障时不是点燃源
Gb 级 EPL Gb	高	爆炸性气体环境用设备	在正常运行、出现的预期故障条件下不是点燃源
Gc 级 EPL Gc	一般	爆炸性气体环境用设备	在正常运行中不是点燃源,也可采取一些附加保护措施,保证在点燃源预期经常出现的情况下(例如灯具的故障)不会形成有效的点燃源
Da 级 EPL Da	很高	爆炸性粉尘环境用设备	在正常运行、出现的预期故障或罕见故障条件下不是点燃源
Db 级 EPL Db	高	爆炸性粉尘环境用设备	在正常运行、出现的预期故障或罕见故障条件下不是点燃源
Dc 级 EPL Dd	一般	爆炸性粉尘环境用设备	在正常运行中不是点燃源,也可采取一些附加保护措施,保证在点燃源预期经常出现的情况下(例如灯具的故障)不会形成有效的点燃源

6.2 YB2系列隔爆型三相异步电动机（JB/T 7565.1—2004）

6.2.1 YB2系列隔爆电动机的特点

YB2 系列（摘自 JB/T 755.1—2004）隔爆型三相异步电动机，适用于煤矿井下非采掘工作面及工厂含爆炸性气体混合物的场，如水泵、风机、压缩机等机械设备作动力之用。

该电动机的额定频率为 50Hz，额定电压为 380V、660V、380V/660V。功率在 3kW 及以下为 Y 型接法，其额定电压为 380V。按以下额定功率制造：0.12kW、0.18kW、0.25kW、0.37kW、0.55kW、0.75kW、1.1kW、1.5kW、2.2kW、3kW、4kW、5.5kW、7.5kW、11kW、15kW、18.5kW、22kW、30kW、37kW、45kW、55kW、75kW、90kW、110kW、132kW、160kW、（180kW）、200kW、（220kW）、250kW、（280kW）、315kW。电动机的定额是以连续工作制（S1）为基准的连续定额。其安装型式及结构特点如表 10-6-4 所示。

6.2.2 型号含义

YB2-160M1-4

规格代号，160 表示中心高，M 表示机座长度代号，1 表示铁芯代号座，4 极

产品代号：Y 表示异步电动机，B 表示隔爆，2 表示第二次改型设计

6.2.3 技术数据

YB2 隔爆型三相异步电动机的机座号与功率、转速的对应关系按表 10-6-5 的规定，在功率、电压及频率为额定时，同步转速、功率效率及技术参数（见表 10-6-6、表 10-6-7）均参照国标 JB/T 7565.1—2004。

表 10-6-4 YB2 系列隔爆型三相电异步电动安装型式及结构特点

机座号	安装代号(IM)	防爆标志	冷却方式	外壳防护等级	绝缘等级	环境
63～71	B3,B5,B6,B7,B8,B14,B34,V1,V3,V5,V6,V18	Exd Ⅰ Exd ⅡAT4 Exd ⅡBT4	IC411	IP55	F	海拔不超过:1000m 空气温度:−15～40℃
80～112	B3,B5,B6,B7,B8,B14,B34,B35,V1,V3,V5,V6,V15,V18,V36					
132～160	B3,B5,B6,B7,B8,B35,V1,V3,V5,V6,V15,V36					
180～280	B3,B5,B35,V1					
315～355	B3,B35,V1					

表 10-6-5 YB2 型防爆电动机机座号与转速、功率的关系

机座号	同步转速/r·min^{-1}				
	3000	1500	1000	750	600
	功率/kW				
63M1	0.18	0.12	—	—	—
63M2	0.25	0.18			
71M1	0.37	0.25	0.18		
71M2	0.55	0.37	0.25		
80M 1	0.75	0.55	0.37	0.18	
80M 2	1.1	0.75	0.55	0.25	
90S	1.5	1.1	0.75	0.37	
90L	2.2	1.5	1.1	0.55	
100L 1	3	2.2	1.5	0.75	
100L 2		3		1.1	

第10篇

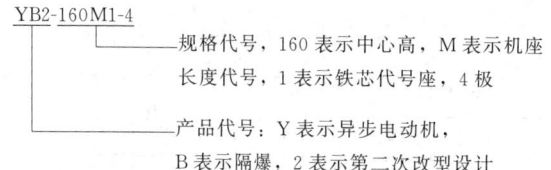

续表

<table>
<tr><th rowspan="3">机座号</th><th colspan="5">同步转速/r·min^{-1}</th></tr>
<tr><th>3000</th><th>1500</th><th>1000</th><th>750</th><th>600</th></tr>
<tr><th colspan="5">功率/kW</th></tr>
<tr><td>112M</td><td>4</td><td>4</td><td>2.2</td><td>1.5</td><td rowspan="17">—</td></tr>
<tr><td>132S 1</td><td>5.5</td><td rowspan="2">5.5</td><td rowspan="2">3</td><td rowspan="2">2.2</td></tr>
<tr><td>132S 2</td><td>7.5</td></tr>
<tr><td>132M 1</td><td rowspan="2">—</td><td rowspan="2">7.5</td><td>4</td><td rowspan="2">3</td></tr>
<tr><td>132M 2</td><td>5.5</td></tr>
<tr><td>160M 1</td><td>11</td><td rowspan="2">11</td><td rowspan="2">7.5</td><td>4</td></tr>
<tr><td>160M 2</td><td>15</td><td>5.5</td></tr>
<tr><td>160L</td><td>18.5</td><td>15</td><td>11</td><td>7.5</td></tr>
<tr><td>180M</td><td>22</td><td>18.5</td><td>—</td><td>—</td></tr>
<tr><td>180L</td><td>—</td><td>22</td><td>15</td><td>11</td></tr>
<tr><td>200L 1</td><td>30</td><td rowspan="2">30</td><td>18.5</td><td rowspan="2">15</td></tr>
<tr><td>200L 2</td><td>37</td><td>22</td></tr>
<tr><td>225S</td><td>—</td><td>37</td><td>—</td><td>18.5</td></tr>
<tr><td>225M</td><td>45</td><td>45</td><td>30</td><td>22</td></tr>
<tr><td>250M</td><td>55</td><td>55</td><td>37</td><td>30</td></tr>
<tr><td>280S</td><td>75</td><td>75</td><td>45</td><td>37</td></tr>
<tr><td>280M</td><td>90</td><td>90</td><td>55</td><td>45</td></tr>
<tr><td>315S</td><td>110</td><td>110</td><td>75</td><td>55</td><td>45</td></tr>
<tr><td>315M</td><td>132</td><td>132</td><td>90</td><td>75</td><td>55</td></tr>
<tr><td>315L 1</td><td>160</td><td>160</td><td>110</td><td>90</td><td>75</td></tr>
<tr><td>315L 2</td><td>200</td><td>200</td><td>132</td><td>110</td><td>90</td></tr>
<tr><td>355S1</td><td>(185)</td><td>(185)</td><td rowspan="2">160</td><td rowspan="2">132</td><td rowspan="2">(90)</td></tr>
<tr><td>355S2</td><td>(200)</td><td>(200)</td></tr>
<tr><td>355M 1</td><td>—</td><td>(220)</td><td>(185)</td><td rowspan="2">160</td><td>110</td></tr>
<tr><td>355M 2</td><td>—</td><td>250</td><td>200</td><td>132</td></tr>
<tr><td>355L1</td><td>—</td><td>315</td><td>250</td><td>(185)</td><td>160</td></tr>
<tr><td>355L2</td><td>315</td><td>315</td><td>250</td><td>200</td><td>(185)</td></tr>
</table>

注：1. 带括号的为不推荐规格。

2. S、M、L 后面的数字 1、2 分别代表同一机座号和转速下的不同功率。

表 10-6-6 YB2 型防爆电动机转速与功率效率、电流的关系

<table>
<tr><th rowspan="3">功率
/kW</th><th colspan="5">同步转速/r·min^{-1}</th><th colspan="5">同步转速/r·min^{-1}</th><th colspan="5">同步转速/r·min^{-1}</th></tr>
<tr><th>3000</th><th>1500</th><th>1000</th><th>750</th><th>600</th><th>3000</th><th>1500</th><th>1000</th><th>750</th><th>600</th><th>3000</th><th>1500</th><th>1000</th><th>750</th><th>600</th></tr>
<tr><th colspan="5">效率 η/%</th><th colspan="5">功率因数 $\cos\varphi$</th><th colspan="5">堵转电流/额定电流</th></tr>
<tr><td>0.12</td><td>—</td><td>58</td><td>—</td><td>—</td><td rowspan="4">—</td><td>—</td><td>0.72</td><td>—</td><td>—</td><td rowspan="4">—</td><td>—</td><td rowspan="4">4.0</td><td>—</td><td>—</td><td rowspan="4">—</td></tr>
<tr><td>0.18</td><td>66</td><td>63</td><td>62</td><td>52</td><td>0.8</td><td>0.73</td><td>0.66</td><td rowspan="2">0.61</td><td rowspan="2">5.0</td><td rowspan="3">4.0</td><td rowspan="2">3.3</td></tr>
<tr><td>0.25</td><td>68</td><td>66</td><td rowspan="2">—</td><td>55</td><td rowspan="2">0.81</td><td>0.74</td><td>0.68</td></tr>
<tr><td>0.37</td><td>70</td><td>69</td><td>63</td><td>0.75</td><td>0.70</td><td>0.62</td><td>5.5</td><td>4.0</td></tr>
</table>

功率/kW	同步转速/r·min^{-1}					同步转速/r·min^{-1}					同步转速/r·min^{-1}				
	3000	1500	1000	750	600	3000	1500	1000	750	600	3000	1500	1000	750	600
	效率 η/%					功率因数 $\cos\varphi$					堵转电流/额定电流				
0.55	73	71	66	64	—	0.83	0.75	0.72	0.63	—	5.5	5.0	4.0	4.0	—
0.75	57	73	69	71			0.77		0.68		6.0				
1.1	78	76.2	73	73		0.84		0.73	0.69			6.0	5.0		
1.5	79	78.5	76	75			0.79	0.76			7.0				
2.2	81	81	79	79		0.85	0.81		0.73					5.5	
3	83	82.6	81	81		0.88	0.82	0.77					6.0		
4	85	84.2	83					0.78						6.0	
5.5	86	86	85	83			0.84		0.75		7.5	7.0	6.5		
7.5	87	87	86	85			0.85	0.79	0.76						
11	88.4	88.4	87.5	87											
15	89.4	89.4	89	89		0.89		0.81					7.0	6.5	
18.5	90	90.5	90	90				0.83	0.78						
22	90.5	91.2		90.5		0.90									
30	91.4	92	92	91			0.86	0.86	0.79			7.2			
37	92	92.5		91.5			0.87							6.0	
45	92.5	92.8	92.5	92	91.5					0.75					6.0
55	93	93	92.8	92.8	92				0.81					6.5	
75	93.6	93.8	93.5	93.5	92.5	0.91				0.76					
90	93.9	94.2	93.8	93.8	93				0.82	0.77					
110	94	94.5	94	94	93.2		0.88			0.78	7.0	7.0			5.5
132	94.5	94.8	94.2	94.2	93.5			0.87							
160	94.6	94.9	94.5				0.89	0.88							
(185)															
200	94.8	94.9	94.5	94.5	—	0.92			0.83	—					—
(220)				—			0.9		—					—	
250	95.2	95.2													
(280)			—					—					—		
315	95.4														

表 10-6-7　YB2 型防爆电动机堵转转矩、最大、最小转矩与额定转矩的关系

功率/kW	同步转速/r·min^{-1}					同步转速/r·min^{-1}					同步转速/r·min^{-1}				
	3000	1500	1000	750	600	3000	1500	1000	750	600	3000	1500	1000	750	600
	堵转转矩/额定转矩					最小转矩/额定转矩					最大转矩/额定转矩				
0.12	—	2.0	—	—	—	—	1.7	—	—	—	—	2.2	—	—	—
0.18	2.2		1.9	1.8		1.6		1.5	1.3		2.3		2.1	1.9	
0.25															
0.37															
0.55		2.4										2.3		2.0	
0.75			2.1			1.5	1.6								

第10篇

功率/kW	同步转速/r·min^{-1}					同步转速/r·min^{-1}					同步转速/r·min^{-1}				
	3000	1500	1000	750	600	3000	1500	1000	750	600	3000	1500	1000	750	600
	堵转转矩/额定转矩					最小转矩/额定转矩					最大转矩/额定转矩				
1.1	2.2	2.3	2.1	1.8	—	1.5	1.6	1.3	1.2	—	2.3	2.3	2.1	2.0	—
1.5															
2.2						1.4	1.5					2.4		2.2	
3													2.4		
4				1.9											
5.5						1.2	1.4								
7.5															
11		2.2						1.2	1.1		2.4				
15				2.0									2.1		
18.5			2.2			1.1	1.2					2.3	2.4		
22	2.0			1.9							2.3				
30			2.1	1.8							2.4	2.4		2.0	
37															
45					1.5	1.0	1.1	1.1	1.0	0.8	2.3				2.0
55	2.1												2.2		
75	2.0		2.0			0.9	1.0	1.0	0.9				2.0		
90	2.1														
110	1.8	2.1			1.3						2.2	2.2			
132															
160			1.9												
(185)								0.9							
200					—	0.8	0.9			—					—
(220)	1.6			—					—					—	
250															
(280)			—					—					—		
315							0.8								

表 10-6-8　YB2 系列隔爆型三相异步电动机机座不带底脚，端盖上有凸缘（带通孔）安装尺寸表 /mm

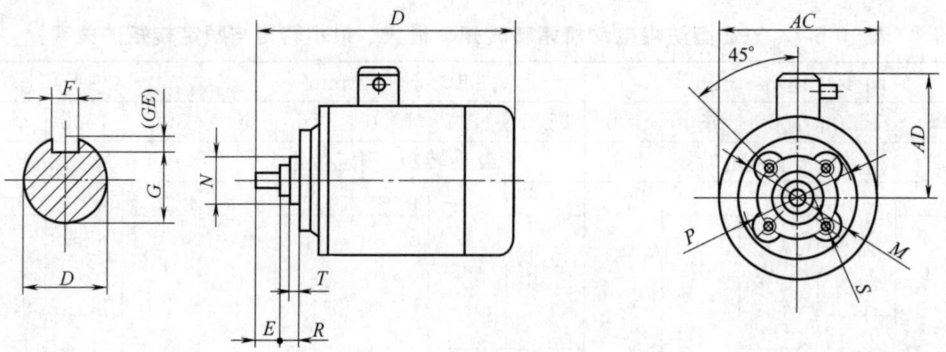

续表

机座号	凸缘号	极数	安装尺寸										外形尺寸			
			D	E	F	G①	M	N	P②	R③	S④	T	凸缘孔数	AC	AD	L
63M	FT75	2,4	11	23	4	8.5	75	60	90	0	M5	2.5	4	150	170	270
71M	FT85	2,4,6	14	30	5	11	85	70	105		M6			155		300
80M	FT100	2,4,6,8	19	40	6	15.5	100	80	120			3.0		165	240	330
90S	FT115		24	50	8	20	115	95	140		M8			180	260	360
90L																385
100L	FT130		28	60		24	130	110	160			3.5		205	300	440
112M														230	310	460

① $G=D-GE$，GE 的极限偏差对机座号 80 以下为（$^{+0.1}_{0}$），其余为（$^{+0.2}_{0}$）。

② P 尺寸为最大限值。

③ R 为凸缘配合面至轴伸肩的距离。

④ S 孔位置度公差以轴伸的轴线为基准。

表 10-6-9　YB2 系列隔爆型三相异步电动机机座带底脚，端盖上有凸缘（带通孔）安装尺寸表　/mm

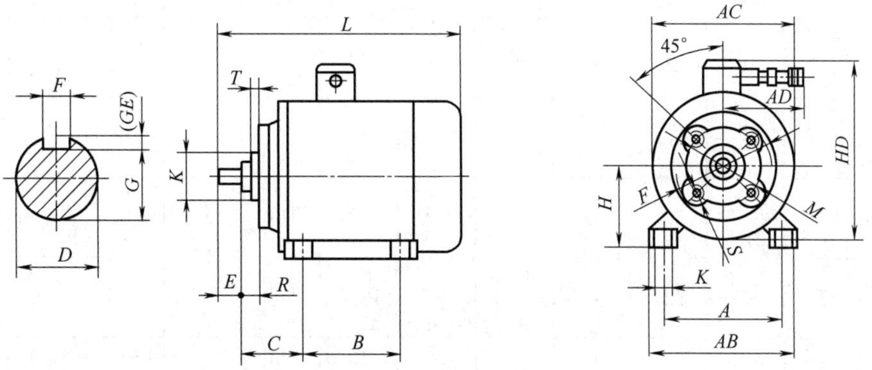

机座号	凸缘号	极数	安装尺寸（凸缘孔数为 4 个）															外形尺寸				
			A	B	C	D	E	F	G①	H	K	M	N	P②	R③	S④	T	AB	AC	AD	HD	L
6M	FT75	2,4	100	80	40	11	23	4	8.5	63	7	75	60	90	0	M5	2.5	130	150	165	230	270
7M	FT85	2,4,6	112	90	45	14	30	5	11	71		85	70	105		M6		140	155		250	300
8M	FT100	2,4,6,8	125	100	50	19	40	6	15.5	80	10	100	80	120			3.0	165	165	180	320	330
90S	FT115		140		56	24	50	8	20	90		115	95	140		M8		180	180		350	360
90L				125																		385
100L	FT130		160	140	63	28	60		24	100	12	130	110	160			3.5	200	205		400	440
112M			190		70					112								245	230	200	420	460

① $G=D-GE$，GE 的极限偏差对机座号 80 以下为（$^{+0.1}_{0}$），其余为（$^{+0.2}_{0}$）。

② P 尺寸为最大限值。

③ R 为凸缘配合面至轴伸肩的距离。

④ S 孔位置度公差以轴伸的轴线为基准。

表 10-6-10　YB2 系列隔爆型三相异步电动机机座带底脚，端盖上无凸缘（带通孔）安装尺寸表　/mm

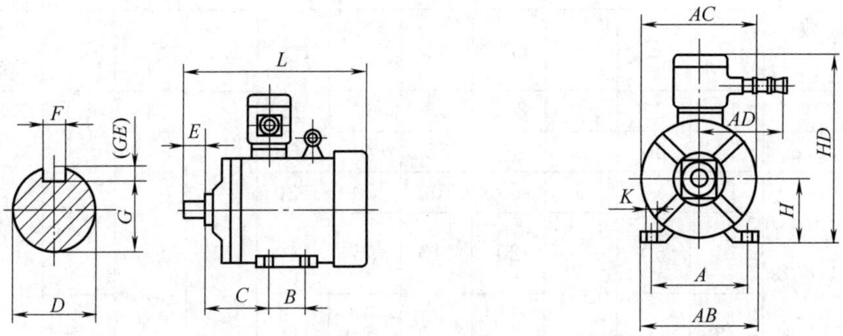

机座号	极数	安装尺寸									外形尺寸				
		A	B	C	D	E	F	G[1]	H	K[2]	AB	AC	AD	HD	L
63M	2,4	100	80	40	11	23	4	8.5	63	7	130	150	165	230	270
71M	2,4,6	112	90	45	14	30	5	11	71		140	155		250	300
80M		125	100	50	19	40	6	15.5	80		165	165		320	330
90S		140		56	24	50		20	90	10	180	180	180	350	360
90L			125				8								385
100L		160		63	28	60		24	100		200	205		400	440
112M		190	140	70					112	12	245	230		420	460
132S	2,4,6,8	216		89	38	80	10	33	132		280	270	200	450	510
132M			178												550
160M		254	210	108	42		12	37	160		330	325		520	670
160L			254							15			220		710
180M		279	241	121	48	110	14	42.5	180		335	360		550	730
180L			279												750
200L		318	305	133	55		16	49	200		390	400		645	805
225S	4,8		286		60	140	18	53		19			250		865
225M	2	356	311	149	55	110	16	49	225		435	450		690	890
	4,6,8				60			53							945
250M	2	406	349	168			18		250		490	500		730	
	4,6,8				65			58							1010
280S	2		368			140				24			300		
	4,6,8	457		190	75		20	67.5	280		545	560		810	
280M	2		419		65		18	58							1060
	4,6,8				75		20	67.5							
315S	2		406		65		18	58							1320
	4,6,8,10				80	170	22	71							1350
315M	2	508	457	216	65	140	18	58	315	28	640	630	400	1020	
	4,6,8,10				80	170	22	71							1380
315L	2		508		65	140	20	67.5							1490
	4,6,8,10				80	170	25	86							1520

续表

<table>
<tr><th rowspan="3">功率
/kW</th><th colspan="4">同步转速/r·min^{-1}</th><th colspan="4">同步转速/r·min^{-1}</th><th colspan="4">同步转速/r·min^{-1}</th></tr>
<tr><th>3000</th><th>1500</th><th>1000</th><th>750</th><th>3000</th><th>1500</th><th>1000</th><th>750</th><th>3000</th><th>1500</th><th>1000</th><th>750</th></tr>
<tr><th colspan="4">效率 η/%</th><th colspan="4">功率因数 $\cos\varphi$</th><th colspan="4">堵转电流/额定电流</th></tr>
<tr><td>2.2</td><td>83.2</td><td>84.3</td><td>81.8</td><td>77.9</td><td>0.86</td><td rowspan="2">0.80</td><td>0.73</td><td>0.71</td><td rowspan="24">7.0</td><td rowspan="24">7.0</td><td rowspan="22">7.0</td><td rowspan="20">6.5</td></tr>
<tr><td>3</td><td>84.6</td><td>85.5</td><td>83.3</td><td>78.9</td><td rowspan="2">0.87</td><td>0.75</td><td rowspan="4">0.72</td></tr>
<tr><td>4</td><td>85.8</td><td>86.6</td><td>84.6</td><td>79.9</td><td>0.81</td><td rowspan="2">0.78</td></tr>
<tr><td>5.5</td><td>87</td><td>87.7</td><td>86</td><td>82</td><td rowspan="3">0.88</td><td>0.83</td></tr>
<tr><td>7.5</td><td>88.1</td><td>88.7</td><td>87.2</td><td>84</td><td rowspan="3">0.85</td><td>0.77</td></tr>
<tr><td>11</td><td>89.4</td><td>89.7</td><td>88.7</td><td>86.4</td><td>0.76</td><td rowspan="2">0.75</td></tr>
<tr><td>15</td><td>90.3</td><td>90.6</td><td>89.7</td><td>86.9</td><td rowspan="6">0.89</td><td>0.81</td></tr>
<tr><td>18.5</td><td>90.9</td><td>91.2</td><td>90.4</td><td>89.1</td><td rowspan="2">0.86</td><td rowspan="2">0.83</td><td>0.76</td></tr>
<tr><td>22</td><td>91.3</td><td>91.6</td><td>90.9</td><td>89.6</td><td>0.78</td></tr>
<tr><td>30</td><td>92</td><td>92.3</td><td>91.7</td><td>90.4</td><td rowspan="3">0.87</td><td>0.84</td><td rowspan="4">0.8</td></tr>
<tr><td>37</td><td>92.5</td><td>92.7</td><td>92.2</td><td>90.9</td><td>0.86</td></tr>
<tr><td>45</td><td>92.9</td><td>93.1</td><td>92.7</td><td>91.4</td><td rowspan="11">0.87</td></tr>
<tr><td>55</td><td>93.2</td><td>93.5</td><td>93.1</td><td>92.3</td><td rowspan="9">0.89</td><td rowspan="2">0.88</td></tr>
<tr><td>75</td><td>93.8</td><td>94</td><td>93.7</td><td>93.2</td><td rowspan="7">0.81</td></tr>
<tr><td>90</td><td>94.1</td><td>94.2</td><td>94</td><td rowspan="3">93.5</td><td rowspan="10">0.89</td></tr>
<tr><td>110</td><td>94.3</td><td>94.5</td><td>94.3</td></tr>
<tr><td>132</td><td>94.6</td><td>94.7</td><td>94.6</td></tr>
<tr><td>160</td><td>94.8</td><td>94.9</td><td>94.8</td><td rowspan="2">94</td></tr>
<tr><td>(185)</td><td>94.9</td><td>95</td><td>94.9</td></tr>
<tr><td>200</td><td rowspan="5">95</td><td rowspan="5">95.1</td><td rowspan="3">95.1</td><td>94.2</td></tr>
<tr><td>(220)</td><td rowspan="4">—</td><td rowspan="4">—</td><td rowspan="4">—</td></tr>
<tr><td>250</td><td rowspan="3">0.90</td></tr>
<tr><td>(280)</td><td rowspan="2">—</td><td rowspan="2">—</td><td rowspan="2">—</td></tr>
<tr><td>315</td></tr>
</table>

表 10-6-14　YA2 型增安型电动机堵转转矩、最大、最小转矩与额定转矩的关系

<table>
<tr><th rowspan="3">功率
/kW</th><th colspan="4">同步转速/r·min^{-1}</th><th colspan="4">同步转速/r·min^{-1}</th><th colspan="4">同步转速/r·min^{-1}</th></tr>
<tr><th>3000</th><th>1500</th><th>1000</th><th>750</th><th>3000</th><th>1500</th><th>1000</th><th>750</th><th>3000</th><th>1500</th><th>1000</th><th>750</th></tr>
<tr><th colspan="4">堵转转矩/额定转矩</th><th colspan="4">最小转矩/额定转矩</th><th colspan="4">最大转矩/额定转矩</th></tr>
<tr><td>0.55</td><td>—</td><td rowspan="4">2.0</td><td>—</td><td rowspan="4">—</td><td>—</td><td rowspan="8">1.2</td><td>—</td><td rowspan="9">1.0</td><td>—</td><td rowspan="2"></td><td>—</td><td rowspan="5">2.1</td></tr>
<tr><td>0.75</td><td rowspan="8">2.0</td><td rowspan="8">2.0</td><td rowspan="5">1.2</td><td rowspan="6">1.2</td><td></td><td rowspan="7">2.3</td></tr>
<tr><td>1.1</td><td rowspan="7">2.3</td><td rowspan="7">2.3</td></tr>
<tr><td>1.5</td></tr>
<tr><td>2.2</td><td rowspan="5">1.8</td><td rowspan="5">2.0</td></tr>
<tr><td>3</td><td rowspan="4">2.0</td></tr>
<tr><td>4</td><td rowspan="3">1.0</td></tr>
<tr><td>5.5</td><td rowspan="2">1.0</td></tr>
<tr><td>7.5</td><td>1.0</td><td>2.2</td></tr>
</table>

第
10
篇

续表

<table>
<tr><td rowspan="3">功率
/kW</td><td colspan="4">同步转速/r・min⁻¹</td><td colspan="4">同步转速/r・min⁻¹</td><td colspan="4">同步转速/r・min⁻¹</td></tr>
<tr><td>3000</td><td>1500</td><td>1000</td><td>750</td><td>3000</td><td>1500</td><td>1000</td><td>750</td><td>3000</td><td>1500</td><td>1000</td><td>750</td></tr>
<tr><td colspan="4">堵转转矩/额定转矩</td><td colspan="4">最小转矩/额定转矩</td><td colspan="4">最大转矩/额定转矩</td></tr>
<tr><td>11</td><td rowspan="5">1.8</td><td rowspan="6">1.8</td><td>2.0</td><td rowspan="5">1.8</td><td rowspan="19">1.0</td><td rowspan="19">1.0</td><td rowspan="17">1.0</td><td rowspan="15">1.0</td><td rowspan="15">2.2</td><td rowspan="13">2.3</td><td rowspan="17">2.2</td><td rowspan="15">2.0</td></tr>
<tr><td>15</td><td rowspan="5">1.8</td></tr>
<tr><td>18.5</td></tr>
<tr><td>22</td></tr>
<tr><td>30</td></tr>
<tr><td>37</td><td rowspan="3">1.5</td><td rowspan="7">1.5</td></tr>
<tr><td>45</td><td rowspan="5">1.5</td><td rowspan="2">1.5</td></tr>
<tr><td>55</td></tr>
<tr><td>75</td><td rowspan="11">1.2</td><td rowspan="4">1.4</td></tr>
<tr><td>90</td></tr>
<tr><td>110</td><td rowspan="9">1.2</td></tr>
<tr><td>132</td><td rowspan="4">1.4</td></tr>
<tr><td>160</td><td rowspan="5">1.2</td></tr>
<tr><td>(185)</td><td rowspan="6">2.2</td></tr>
<tr><td>200</td></tr>
<tr><td>(220)</td><td rowspan="4">—</td><td rowspan="4">—</td><td rowspan="4">2.1</td><td rowspan="4">—</td></tr>
<tr><td>250</td></tr>
<tr><td>(280)</td><td rowspan="2">—</td><td rowspan="2">—</td><td rowspan="2">—</td></tr>
<tr><td>315</td></tr>
</table>

表 10-6-15　YA2 系列增安型三相异步机座带底脚、端盖上无凸缘的电动机安装尺寸表　/mm

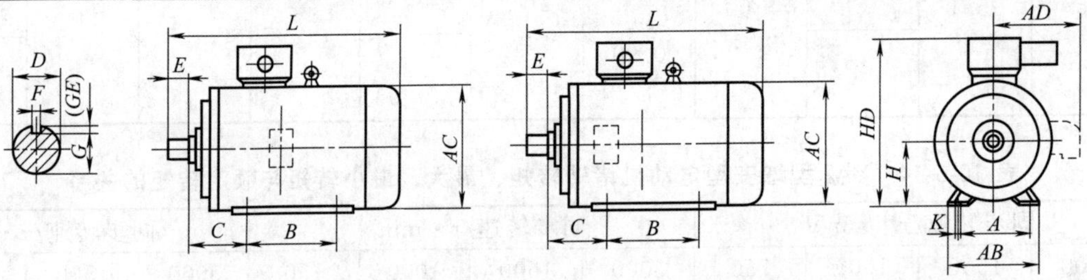

机座号80～132　　机座号160～355

<table>
<tr><td rowspan="2">机座号</td><td rowspan="2">极数</td><td colspan="9">安装尺寸</td><td colspan="5">外形尺寸</td></tr>
<tr><td>A</td><td>B</td><td>C</td><td>D</td><td>E</td><td>F</td><td>G</td><td>H</td><td>K</td><td>AB</td><td>AC</td><td>AD</td><td>HD</td><td>L</td></tr>
<tr><td>80M</td><td>2,4</td><td>125</td><td rowspan="2">100</td><td>50</td><td>19</td><td>40</td><td>6</td><td>15.5</td><td>80</td><td rowspan="3">10</td><td>165</td><td>175</td><td>150</td><td>215</td><td>315</td></tr>
<tr><td>90S</td><td rowspan="4">2,4,6</td><td rowspan="2">140</td><td rowspan="2">56</td><td rowspan="2">24</td><td rowspan="2">50</td><td rowspan="4">8</td><td rowspan="2">20</td><td rowspan="2">90</td><td rowspan="2">180</td><td rowspan="2">195</td><td rowspan="2">165</td><td rowspan="2">235</td><td rowspan="2">385</td></tr>
<tr><td>90L</td><td>125</td></tr>
<tr><td>100L</td><td>160</td><td rowspan="3">140</td><td>63</td><td rowspan="2">28</td><td rowspan="2">60</td><td rowspan="2">24</td><td>100</td><td rowspan="2">12</td><td>205</td><td>220</td><td>190</td><td>255</td><td>460</td></tr>
<tr><td>112M</td><td>190</td><td>70</td><td>112</td><td>245</td><td>260</td><td>210</td><td>295</td><td>435</td></tr>
<tr><td>132S</td><td>2,4,6,8</td><td>216</td><td rowspan="2">89</td><td rowspan="2">38</td><td rowspan="2">80</td><td rowspan="2">10</td><td rowspan="2">33</td><td rowspan="2">132</td><td rowspan="2">12</td><td rowspan="2">280</td><td rowspan="2">295</td><td rowspan="2">225</td><td rowspan="2">390</td><td rowspan="2">510</td></tr>
<tr><td>132M</td><td>2,4,6,8</td><td>216</td><td>178</td></tr>
</table>

续表

机座号	极数	安装尺寸 D	E	F	Ga	M	N	Rc	Pb	Sd	T	外形尺寸 AC	AD	HF	L
80M	2,4	19	40	6	15.5	215	180	0	250	12	4	175	150	310	315
90S	2,4,6	24	50	8	20							195	165	330	385
90L															
100L		28	60		24					14.5		220	190	350	460
112M												260	210	405	435
132S	2,4,6,8	38	80	10	33	265	230		300			295	225	445	510
132M															550
160M		42	110	12	37	300	250		350	18.5	5	355	330	520	695
160L															
180M		48		14	42.5							405	336	600	750
180L															
200L		55		16	49	350	300		400			445	360	650	815
225S	4,8	60	140	18	53	400	350		450			500	445	700	945
225M	2	55	110	16	49										
	4,6,8	60	140	18	53										
250M	2					500	450		550			550	475	780	
	4,6,8	65			58										
280S	2											620	515	960	1160
	4,6,8	75		20	67.5										
280M	2	65		18	58										
	4,6,8	75		20	67.5										

表 10-6-18　立式安装、机座不带底脚、端盖上有凸缘（带通孔）、轴伸向下安装的电机尺寸表　/mm

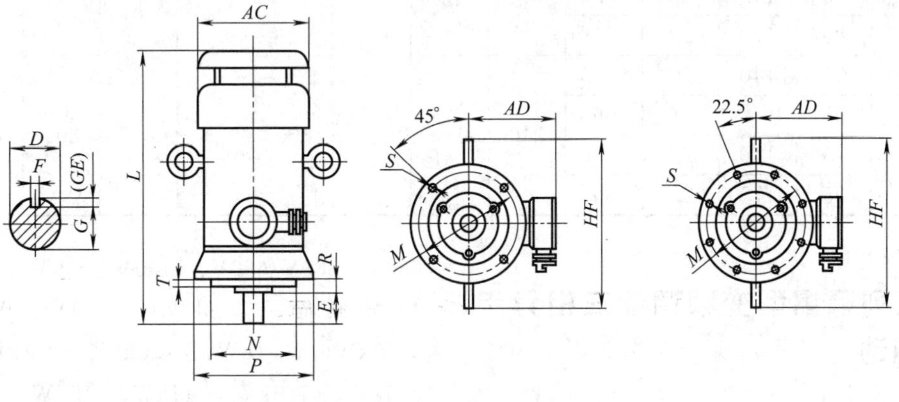

机座号80～200　　机座号225～355

机座号	极数	安装尺寸 D	E	F	Ga	M	N	Rc	Pb	Sd	T	外形尺寸 AC	AD	HF	L
80M	2,4	19	40	6	15.5	215	180	0	250	12	4	175	150	310	360
90S	2,4,6	24	50	8	20							195	165	330	430
90L															

第10篇

续表

<table>
<tr><th rowspan="2">机座号</th><th rowspan="2">极数</th><th colspan="10">安装尺寸</th><th colspan="4">外形尺寸</th></tr>
<tr><th>D</th><th>E</th><th>F</th><th>Ga</th><th>M</th><th>N</th><th>Rc</th><th>Pb</th><th>Sd</th><th>T</th><th>AC</th><th>AD</th><th>HF</th><th>L</th></tr>
<tr><td>100L</td><td rowspan="2">2,4,6</td><td rowspan="2">28</td><td rowspan="2">60</td><td rowspan="2">8</td><td rowspan="2">24</td><td rowspan="2">215</td><td rowspan="2">180</td><td rowspan="28">0</td><td rowspan="2">250</td><td rowspan="4">14.5</td><td rowspan="4">4</td><td>220</td><td>190</td><td>350</td><td>510</td></tr>
<tr><td>112M</td><td>260</td><td>210</td><td>405</td><td>495</td></tr>
<tr><td>132S</td><td rowspan="7">2,4,6,8</td><td rowspan="2">38</td><td rowspan="2">80</td><td rowspan="2">10</td><td rowspan="2">33</td><td rowspan="2">265</td><td rowspan="2">230</td><td rowspan="2">300</td><td rowspan="2">295</td><td rowspan="2">225</td><td rowspan="2">445</td><td>580</td></tr>
<tr><td>132M</td><td>620</td></tr>
<tr><td>160M</td><td rowspan="2">42</td><td rowspan="5">110</td><td rowspan="2">12</td><td rowspan="2">37</td><td rowspan="4">300</td><td rowspan="4">250</td><td rowspan="4">350</td><td rowspan="14">18.5</td><td rowspan="14">5</td><td rowspan="2">355</td><td rowspan="2">330</td><td rowspan="2">520</td><td rowspan="2">780</td></tr>
<tr><td>160L</td></tr>
<tr><td>180M</td><td rowspan="2">48</td><td rowspan="2">14</td><td rowspan="2">42.5</td><td rowspan="2">405</td><td rowspan="2">336</td><td rowspan="2">600</td><td rowspan="2">820</td></tr>
<tr><td>180L</td></tr>
<tr><td>200L</td><td>55</td><td>16</td><td>49</td><td>350</td><td>300</td><td>400</td><td>445</td><td>360</td><td>650</td><td>900</td></tr>
<tr><td>225S</td><td>4,8</td><td>60</td><td>140</td><td>18</td><td>53</td><td rowspan="3">400</td><td rowspan="3">350</td><td rowspan="3">450</td><td rowspan="3">500</td><td rowspan="3">445</td><td rowspan="3">700</td><td rowspan="3">1020</td></tr>
<tr><td rowspan="2">225M</td><td>2</td><td>55</td><td>110</td><td>16</td><td>49</td></tr>
<tr><td>4,6,8</td><td rowspan="2">60</td><td rowspan="8">140</td><td rowspan="4">18</td><td rowspan="2">53</td></tr>
<tr><td rowspan="2">250M</td><td>2</td><td rowspan="6">500</td><td rowspan="6">450</td><td rowspan="6">550</td><td rowspan="2">550</td><td rowspan="2">475</td><td rowspan="2">780</td><td rowspan="2">1030</td></tr>
<tr><td>4,6,8</td><td rowspan="2">65</td><td rowspan="2">58</td></tr>
<tr><td rowspan="2">280S</td><td>2</td><td rowspan="4">620</td><td rowspan="4">515</td><td rowspan="4">960</td><td rowspan="4">1250</td></tr>
<tr><td>4,6,8</td><td>75</td><td>20</td><td>67.5</td></tr>
<tr><td rowspan="2">280M</td><td>2</td><td>65</td><td>18</td><td>58</td></tr>
<tr><td>4,6,8</td><td>75</td><td>20</td><td>67.5</td></tr>
<tr><td rowspan="2">315S</td><td>2</td><td>65</td><td>18</td><td>58</td><td rowspan="6">600</td><td rowspan="6">550</td><td rowspan="6">660</td><td rowspan="10">24</td><td rowspan="10">6</td><td rowspan="6">700</td><td rowspan="6">545</td><td rowspan="6">1020</td><td rowspan="2">1290</td></tr>
<tr><td>4,6,8</td><td>80</td><td>170</td><td>22</td><td>71</td></tr>
<tr><td rowspan="2">315M</td><td>2</td><td>65</td><td>140</td><td>18</td><td>58</td><td rowspan="2">1340</td></tr>
<tr><td>4,6,8</td><td>80</td><td>170</td><td>22</td><td>71</td></tr>
<tr><td rowspan="2">315L</td><td>2</td><td>65</td><td>140</td><td>18</td><td>58</td><td rowspan="2">1390</td></tr>
<tr><td>4,6,8</td><td>80</td><td>170</td><td>22</td><td>71</td></tr>
<tr><td rowspan="2">355M</td><td>2</td><td>75</td><td>140</td><td>20</td><td>67.5</td><td rowspan="4">740</td><td rowspan="4">680</td><td rowspan="4">800</td><td rowspan="4">800</td><td rowspan="4">680</td><td rowspan="4">1120</td><td rowspan="4">1745</td></tr>
<tr><td>4,6,8</td><td>95</td><td>170</td><td>25</td><td>86</td></tr>
<tr><td rowspan="2">355L</td><td>2</td><td>75</td><td>140</td><td>20</td><td>67.5</td></tr>
<tr><td>4,6,8</td><td>95</td><td>170</td><td>25</td><td>86</td></tr>
</table>

6.4 YBBP系列隔爆型变频调速三相异步电动机电动

6.4.1 YB2系列隔爆电动机的特点

YBBP系列（JB/T 11201.1—2011）隔爆型变频调速三相异步电动机，在具有隔爆异步三相电动机的性能的基础上，增加变频调速的功能。

该电动机的额定频率为50Hz，额定电压为380V、660V、380V/660V、1140V、660V/1140V。按以下额定功率制造：0.18kW、0.25kW、0.37kW、0.55kW、0.75kW、1.1kW、1.5kW、2.2kW、3kW、4kW、5.5kW、7.5kW、11kW、15kW、18.5kW、22kW、30kW、37kW、45kW、55kW、75kW、90kW、110kW、132kW、160kW、(185kW)、200kW、(220kW)、250kW、(280kW)、315kW。电动机的定额是以连续工作制（S1）为基准的连续定额。其安装型式及结构特点如表10-6-19所示。

6.4.2 型号含义

YBBP 132S1-6

——规格代号，132 表示中心高，S 表示短机座，1 表示 1 号铁芯，2 表示 2 极

——系列代号，Y 表示三相异步电动机，B 表示隔爆型，BP 表示变频调速

6.4.3 技术数据

YA2 增安型三相异步电动机的机座号与功率、转速的对应关系按表 10-6-12 中规定，在功率、电压及频率为额定时，同步转速、功率效率及技术参数（见表 10-6-20、表 10-6-21）。

表 10-6-19 YBBP 系列隔爆型变频三相电异步电动安装型式及结构特点

机座号	安装代号(IM)	防爆标志	冷却方式	外壳防护等级	绝缘等级	环境
80～160	B3,B5,B6,B7,B8,B35,V1,V3,V5,V6,V16,V36	ExdⅠMb ExdⅡAT1 Gb ExdⅡAT2 Gb ExdⅡAT3 Gb ExdⅡAT4 Gb ExdⅡBT1 Gb ExdⅡBT2 Gb Ex eⅡBT3 Gb Ex eⅡ BT4 Gb	IC411 IC416	IP55	155F	海拔不超过:1000m 空气温度：－15～40℃ 具有引燃温度组别为 T_1～T_3 的可燃性气体与空气形成的爆炸性混合物场所
180～280	B3,B5,B35,V1					
315～355	B3,B35,V1					

表 10-6-20 YBBP 系列隔爆型变频调速三相异步防爆电动机机座号与转速、功率的关系

机座号	同步转速/r·min⁻¹				
	3000	1500	1000	750	600
	功率/kW				
80M 1	0.75	0.55	0.37	0.18	
80M 2	1.1	0.75	0.55	0.25	
90S	1.5	1.1	0.75	0.37	
90L	2.2	1.5	1.1	0.55	
100L 1	3	2.2	1.5	0.75	
100L 2		3		1.1	
112M	4	4	2.2	1.5	
132S 1	5.5	5.5	3	2.2	
132S 2	7.5				
132M 1	—	7.5	4	3	
132M 2			5.5		
160M 1	11	11	7.5	4	
160M 2	15			5.5	
160L	18.5	15	11	7.5	
180M	22	18.5	—	—	
180L	—	22	15	11	
200L 1	30	30	18.5	15	
200L 2	37		22		
225S	—	37	—	18.5	
225M	45	45	30	22	
250M	55	55	37	30	
280S	75	75	45	37	
280M	90	90	55	45	

机座号	同步转速/r·min^{-1}				
	3000	1500	1000	750	600
	功率/kW				
315S	110	110	75	55	45
315M	132	132	90	75	55
315L 1	160	160	110	90	75
315L 2	200	200	132	110	90
355S1	(185)	(185)	160	132	(90)
355S2	(200)	(200)			
355M 1	(220)	(220)	(185)	160	110
355M 2	250	250	200		132
355L1	(280)	(280)	(220)	(185)	160
355L2	315	315	250	200	(185)

注：1. 带括号的为不推荐规格。

2. S、M、L 后面的数字 1、2 分别代表同一机座号和转速下的不同功率。

表 10-6-21 YBBP 系列隔爆型变频调速三相异步防爆电动机额定转矩与额定功率的关系

功率/kW	额定转矩/N·m					恒转矩变频范围/Hz	恒功率变频范围/Hz
	2 极	4 极	6 极	8 极	10 极		
0.18	—	—		2.2	—	3～50	50～100
0.25				3.1			
0.37			3.5	4.7			
0.55		3.5	5.2	7.0			
0.75	2.3	4.7	7.1	9.5			
1.1	3.5	7.0	10.5	14.0			
1.5	4.7	9.5	14.3	19.1			
2.2	7.0	14.0	21	28.0			
3	9.5	19.0	28.6	38.2			
4	12.7	25.4	38.1	50.1			
5.5	17.5	35.0	52.5	70.0			
7.5	23.8	47.7	71.6	95.5			
11	35.0	70	105	140.1			
15	47.7	95.5	143.2	191.0			
18.5	58.8	117.7	176.6	235.5	294.4		
22	70.0	140	210	280.1	350.1		
30	95.4	190.9	286.4	382.0	477.5		
37	117.7	235.5	353.3	471.1	588.9		
45	143.2	286.4	429.7	573.0	716.2		
55	175.0	350.1	525.1	700.3	875.3		
75	238.7	477.7	716.1	955.0	1193.6		

续表

<table>
<tr><th rowspan="2">功率
/kW</th><th colspan="5">额定转矩/N·m</th><th rowspan="2">恒转矩变频
范围/Hz</th><th rowspan="2">恒功率变频
范围/Hz</th></tr>
<tr><th>2 极</th><th>4 极</th><th>6 极</th><th>8 极</th><th>10 极</th></tr>
<tr><td>90</td><td>286.4</td><td>572.9</td><td>859.4</td><td>1145.9</td><td>1432.4</td><td rowspan="10">3～50</td><td rowspan="10">50～100</td></tr>
<tr><td>110</td><td>350.1</td><td>700.2</td><td>1050.3</td><td>1400.5</td><td>1750.6</td></tr>
<tr><td>132</td><td>420.1</td><td>840.3</td><td>1260.4</td><td>1680.6</td><td>2100.8</td></tr>
<tr><td>160</td><td>509.2</td><td>1018.5</td><td>1527.8</td><td>2037.1</td><td>2546.4</td></tr>
<tr><td>(185)</td><td>588.9</td><td>1177.7</td><td>1766.6</td><td>2355.4</td><td>2944.3</td></tr>
<tr><td>200</td><td>636.6</td><td>1273.2</td><td>1909.8</td><td>2546.4</td><td rowspan="5">—</td></tr>
<tr><td>(220)</td><td>700.3</td><td>1400.5</td><td>2100.8</td><td rowspan="4">—</td></tr>
<tr><td>250</td><td>795.7</td><td>1591.5</td><td>2387.2</td></tr>
<tr><td>(280)</td><td>891.2</td><td>1782.5</td><td rowspan="2">—</td></tr>
<tr><td>315</td><td>1002.6</td><td>2005.2</td></tr>
</table>

注：1、2 极电动机标称功率小于或等于 45kW 时，恒功率变频范围为 50～100Hz；当标称功率大于 45kW 时，恒功率变频范围为 50～60Hz。

2. 4 极电动机标称功率大于 200kW 时，恒功率变频范围为 50～60Hz。

表 10-6-22　YBBP 系列隔爆型变频调速三相异步防爆电动机转速与功率效率、电流的关系

<table>
<tr><th rowspan="3">功率
/kW</th><th colspan="5">同步转速/r·min⁻¹</th><th colspan="5">同步转速/r·min⁻¹</th><th colspan="5">同步转速/r·min⁻¹</th></tr>
<tr><th>3000</th><th>1500</th><th>1000</th><th>750</th><th>600</th><th>3000</th><th>1500</th><th>1000</th><th>750</th><th>600</th><th>3000</th><th>1500</th><th>1000</th><th>750</th><th>600</th></tr>
<tr><th colspan="5">效率 η/%</th><th colspan="5">功率因数 cosφ</th><th colspan="5">堵转电流/额定电流</th></tr>
<tr><td>0.18</td><td rowspan="4">—</td><td rowspan="3">—</td><td rowspan="2">—</td><td>52.0</td><td rowspan="18">—</td><td rowspan="4">—</td><td rowspan="3"></td><td rowspan="2">—</td><td rowspan="2">0.61</td><td rowspan="18">—</td><td rowspan="2">—</td><td rowspan="3">—</td><td rowspan="5">4.0</td><td rowspan="6">4.5</td><td rowspan="18">—</td></tr>
<tr><td>0.25</td><td>55.0</td></tr>
<tr><td>0.37</td><td>63.0</td><td>63.0</td><td>0.70</td><td>0.62</td><td rowspan="2">—</td></tr>
<tr><td>0.55</td><td>71.0</td><td>66.0</td><td>64.0</td><td>0.75</td><td rowspan="2">0.72</td><td>0.63</td><td rowspan="2">5.5</td></tr>
<tr><td>0.75</td><td>75.0</td><td>73.0</td><td>69.0</td><td>71.0</td><td>0.83</td><td rowspan="2">0.77</td><td>0.68</td><td rowspan="2">6.5</td></tr>
<tr><td>1.1</td><td>78.0</td><td>76.2</td><td>73.0</td><td>73.0</td><td rowspan="2">0.84</td><td>0.73</td><td rowspan="2">0.69</td><td rowspan="5">6.5</td><td rowspan="3">5.0</td></tr>
<tr><td>1.5</td><td>79.0</td><td>78.5</td><td>76.0</td><td>75.0</td><td>0.79</td><td rowspan="2">0.76</td><td rowspan="14">8.0</td><td rowspan="4">5.5</td></tr>
<tr><td>2.2</td><td>81.0</td><td>81.0</td><td>79.0</td><td>79.0</td><td>0.85</td><td>0.81</td><td rowspan="3">0.73</td></tr>
<tr><td>3</td><td>83.0</td><td>82.6</td><td>81.0</td><td rowspan="2">81.0</td><td rowspan="5">0.88</td><td rowspan="2">0.82</td><td>0.77</td><td rowspan="2">6.0</td></tr>
<tr><td>4</td><td>85.0</td><td>84.2</td><td>83.0</td><td rowspan="2">0.78</td></tr>
<tr><td>5.5</td><td>86.0</td><td>86.0</td><td>85.0</td><td>83.0</td><td>0.84</td><td>0.75</td><td rowspan="10">7.5</td><td rowspan="3">6.5</td><td rowspan="3">6.5</td></tr>
<tr><td>7.5</td><td>87.0</td><td>87.0</td><td>86.0</td><td>85.0</td><td rowspan="5">0.85</td><td rowspan="2">0.79</td><td rowspan="3">0.76</td></tr>
<tr><td>11</td><td>88.4</td><td>88.4</td><td>87.5</td><td>87.0</td></tr>
<tr><td>15</td><td>89.4</td><td>89.4</td><td>89.0</td><td>89.0</td><td rowspan="2">0.89</td><td>0.81</td><td rowspan="7">7.0</td></tr>
<tr><td>18.5</td><td>90.0</td><td>90.5</td><td rowspan="2">90.0</td><td>90.0</td><td rowspan="2">0.83</td><td rowspan="2">0.78</td><td rowspan="6">7.2</td></tr>
<tr><td>22</td><td>90.5</td><td>91.2</td><td>90.5</td><td rowspan="5">0.90</td></tr>
<tr><td>30</td><td>91.4</td><td>92.0</td><td rowspan="2">92.0</td><td>91.0</td><td>0.86</td><td rowspan="4">0.86</td><td rowspan="3">0.79</td></tr>
<tr><td>37</td><td>92</td><td>92.5</td><td>91.5</td><td rowspan="3">0.87</td></tr>
<tr><td>45</td><td>92.5</td><td>92.8</td><td>92.5</td><td>92.0</td><td>91.5</td><td rowspan="2">0.75</td><td rowspan="2">6.5</td></tr>
<tr><td>55</td><td>93.0</td><td>93.0</td><td>92.8</td><td>92.8</td><td>92.0</td><td>0.81</td></tr>
</table>

第 10 篇

<table>
<tr><th rowspan="3">功率
/kW</th><th colspan="5">同步转速/r·min^{-1}</th><th colspan="5">同步转速/r·min^{-1}</th><th colspan="5">同步转速/r·min^{-1}</th></tr>
<tr><th>3000</th><th>1500</th><th>1000</th><th>750</th><th>600</th><th>3000</th><th>1500</th><th>1000</th><th>750</th><th>600</th><th>3000</th><th>1500</th><th>1000</th><th>750</th><th>600</th></tr>
<tr><th colspan="5">效率 η/%</th><th colspan="5">功率因数 $\cos\varphi$</th><th colspan="5">堵转电流/额定电流</th></tr>
<tr><td>75</td><td>93.6</td><td>93.8</td><td>93.5</td><td>93.5</td><td>92.5</td><td rowspan="11">0.91</td><td rowspan="2">0.87</td><td rowspan="3">0.86</td><td rowspan="2">0.81</td><td>0.76</td><td rowspan="11">8.0</td><td rowspan="11">7.5</td><td rowspan="9">7.0</td><td rowspan="8">7.2</td><td rowspan="2">6.5</td></tr>
<tr><td>90</td><td>93.9</td><td>94.2</td><td>93.8</td><td>93.8</td><td>93.0</td><td>0.77</td></tr>
<tr><td>110</td><td>94.0</td><td>94.5</td><td>94.0</td><td>94.0</td><td>93.2</td><td rowspan="2">0.88</td><td rowspan="5">0.82</td><td rowspan="4">0.78</td><td rowspan="4">7.0</td></tr>
<tr><td>132</td><td>94.5</td><td>94.8</td><td rowspan="3">94.2</td><td rowspan="3">94.2</td><td rowspan="2">93.5</td><td>0.87</td></tr>
<tr><td>160</td><td rowspan="2">94.6</td><td rowspan="4">94.9</td><td rowspan="4">0.89</td><td rowspan="5">0.88</td></tr>
<tr><td>(185)</td><td>94.5</td></tr>
<tr><td>200</td><td rowspan="2">94.8</td><td rowspan="3">94.5</td><td>94.5</td><td rowspan="5">—</td><td rowspan="5">—</td><td rowspan="5">—</td></tr>
<tr><td>(220)</td><td>94.8</td><td rowspan="4">—</td></tr>
<tr><td>250</td><td rowspan="2">95.2</td><td rowspan="3">95.2</td><td rowspan="3">—</td><td rowspan="3">0.90</td><td rowspan="3">—</td></tr>
<tr><td>(280)</td><td rowspan="2">—</td><td rowspan="2">—</td><td rowspan="2">—</td></tr>
<tr><td>315</td><td>95.4</td></tr>
</table>

表 10-6-23　BBP 系列隔爆型变频调速三相异步防爆电动机堵转转矩、最大、最小转矩与额定转矩的关系

<table>
<tr><th rowspan="3">功率
/kW</th><th colspan="5">同步转速/r·min^{-1}</th><th colspan="5">同步转速/r·min^{-1}</th><th colspan="5">同步转速/r·min^{-1}</th></tr>
<tr><th>3000</th><th>1500</th><th>1000</th><th>750</th><th>600</th><th>3000</th><th>1500</th><th>1000</th><th>750</th><th>600</th><th>3000</th><th>1500</th><th>1000</th><th>750</th><th>600</th></tr>
<tr><th colspan="5">堵转转矩/额定转矩</th><th colspan="5">最小转矩/额定转矩</th><th colspan="5">最大转矩/额定转矩</th></tr>
<tr><td>0.18</td><td rowspan="4">—</td><td rowspan="3">—</td><td rowspan="2">—</td><td rowspan="9">1.8</td><td rowspan="18">—</td><td rowspan="4">—</td><td rowspan="3">—</td><td rowspan="2">—</td><td rowspan="4">1.3</td><td rowspan="18">—</td><td rowspan="4">—</td><td rowspan="3">—</td><td rowspan="2">—</td><td rowspan="7">2.0</td><td rowspan="18">—</td></tr>
<tr><td>0.25</td></tr>
<tr><td>0.37</td><td rowspan="18">2.1</td><td rowspan="3">1.5</td><td rowspan="6">2.1</td></tr>
<tr><td>0.55</td><td rowspan="2">2.4</td><td>1.7</td><td rowspan="4">2.3</td></tr>
<tr><td>0.75</td><td rowspan="11">2.2</td><td rowspan="3">1.5</td><td rowspan="3">1.6</td><td></td><td rowspan="8">2.3</td></tr>
<tr><td>1.1</td><td rowspan="7">2.3</td><td rowspan="7">1.3</td><td rowspan="7">1.2</td></tr>
<tr><td>1.5</td></tr>
<tr><td>2.2</td><td rowspan="3">1.4</td><td rowspan="3">1.5</td><td rowspan="7">2.4</td><td rowspan="9">2.2</td></tr>
<tr><td>3</td><td rowspan="5">2.4</td></tr>
<tr><td>4</td><td rowspan="8">1.9</td></tr>
<tr><td>5.5</td><td rowspan="3">1.2</td><td rowspan="3">1.4</td></tr>
<tr><td>7.5</td></tr>
<tr><td>11</td><td rowspan="10">2.2</td><td rowspan="6">1.2</td><td rowspan="6">1.1</td><td rowspan="3">2.4</td></tr>
<tr><td>15</td><td rowspan="5">1.1</td><td rowspan="5">1.2</td><td>2.1</td></tr>
<tr><td>18.5</td><td rowspan="2">2.3</td><td rowspan="5">2.4</td></tr>
<tr><td>22</td><td rowspan="7">2.0</td><td rowspan="7">2.3</td></tr>
<tr><td>30</td><td rowspan="6">2.4</td><td rowspan="6">2.0</td></tr>
<tr><td>37</td><td rowspan="5">1.8</td></tr>
<tr><td>45</td><td rowspan="4">1.2</td><td rowspan="2">1.0</td><td rowspan="2">1.1</td><td rowspan="2">1.1</td><td rowspan="2">1.0</td><td rowspan="4">0.8</td><td rowspan="4">2.0</td></tr>
<tr><td>55</td><td>2.2</td></tr>
<tr><td>75</td><td rowspan="2">2.0</td><td rowspan="2">0.9</td><td rowspan="2">1.0</td><td rowspan="2">1.0</td><td rowspan="2">0.9</td><td rowspan="2">2.0</td></tr>
<tr><td>90</td></tr>
</table>

续表

功率/kW	同步转速/r·min⁻¹					同步转速/r·min⁻¹					同步转速/r·min⁻¹				
	3000	1500	1000	750	600	3000	1500	1000	750	600	3000	1500	1000	750	600
	堵转转矩/额定转矩					最小转矩/额定转矩					最大转矩/额定转矩				
110	1.8	2.1	2.0	1.8	1.2	0.9	1.0	1.0	0.9	0.8	2.2	2.2	2.0	2.0	2.0
132															
160			1.9												
(185)								0.9							
200				1.2	—	0.7	0.8			—					—
(220)	1.6			—					—					—	
250															
(280)			—					—					—		
315															

表 10-6-24　YBBP 系列增隔爆型变频调速三相异步机座带底脚、端盖上无凸缘安装尺寸表　/mm

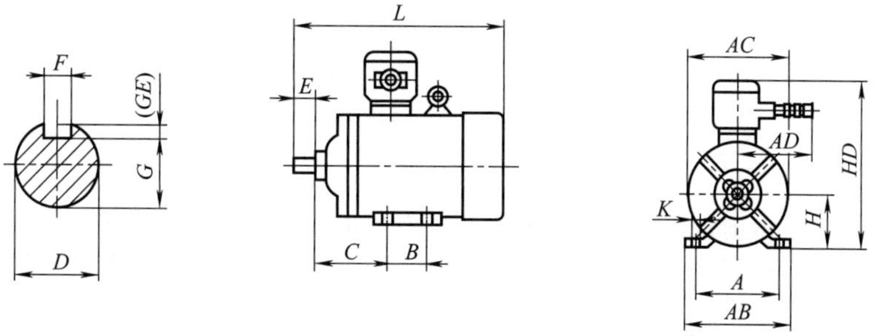

机座号	极数	安装尺寸									外形尺寸				
		A	*B*	*C*	*D*	*E*	*F*	*G*	*H*	*K*	*AB*	*AC*	*AD*	*HD*	*L*
80M	2,4,6,8	125	100	50	19	40	6	15.5	80	10	165	165	180	320	330
90S		140		56	24	50	8	20	90		180	180		350	360
90L			125												385
100L		160	140	63	28	60		24	100	12	200	205		400	440
112M		190		70					112		245	230	200	420	460
132S		216		89	38	80	10	33	132		280	270		450	510
132M			178												550
160M		254	210	108	42	110	12	37	160	14.5	330	325	220	520	670
160L			254												710
180M		279	241	121	48		14	42.5	180		355	360		550	730
180L			279												750
200L		318	305	133	55		16	49	200	18.5	390	400	250	645	805
225S	4,8	356	286	149	60	140	18	53	225		435	450		690	865
225M	2		311		55	110	16	49							860
	4,6,8				60	140	18	53							890
250M	2	406	349	168					250	24	490	500	300	730	945
	4,6,8				65			58							

第10篇

机座号	极数	安装尺寸									外形尺寸				
		A	B	C	D	E	F	G	H	K	AB	AC	AD	HD	L
280S	2	457	368	190	65	140	18	58	280	24	545	560	300	810	1010
	4,6,8				75		20	67.5							
280M	2		419		65		18	58							1060
	4,6,8				75		20	67.5							
315S	2	508	406	216	65		18	58	315	28	640	630	400	1020	1320
	4,6,8,10				80	170	22	71							1350
315M	2		457		65	140	18	58							
	4,6,8,10				80	170	22	71							1380
315L	2		508		65	140	18	58							1490
	4,6,8,10				80	170	22	71							1520
355S	2	610	500	254	75	140	20	67.5	355		740	750	500	1080	1570
	4,6,8,10				95	170	25	86							
355M	2		560		75	140	20	67.5							1650
	4,6,8,10				95	170	25	86							
355L	2		630		75	140	20	67.5							1750
	4,6,8,10				95	170	25	86							

表 10-6-25　YBBP 系列增隔爆型变频调速三相异步机座带底脚、端盖上有凸缘安装尺寸表　/mm

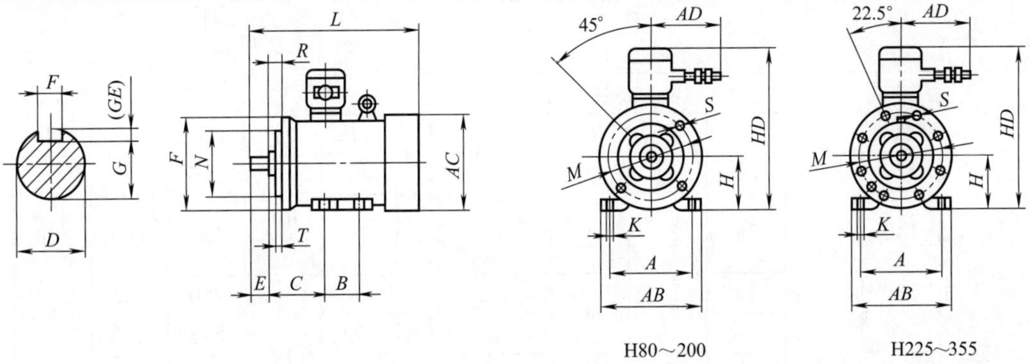

机座号	极数	安装尺寸									外形尺寸				
		D	E	F	G	M	N	P	S	T	AB	AC	AD	HD	L
80M	2,4,6,8	19	40	6	15.5	165	130	200	12	3.5	165	165	180	320	330
90S		24	50	8	20						180	180		350	360
90L															385
100L		28	60		24	215	180	250	14.5	4	200	205		400	440
112M											245	230	200	420	460
132S		38	80	10	33	265	230	300			280	270		450	510
132M															550
160M		42	110	12	37	300	250	350	18.5	5	330	325	220	520	670
160L															710

续表

机座号	极数	安装尺寸									外形尺寸				
		D	E	F	G	M	N	P	S	T	AB	AC	AD	HD	L
180M	2,4,6,8	48	110	14	42.5	300	250	350	18.5	5	355	360	220	550	730
180L															750
200L		55		16	49	350	300	400			390	400	250	645	805
225S	4,8	60	140	18	53	400	350	450			435	450		690	865
225M	2	55	110	16	49										860
	4,6,8	60	140	18	53										890
250M	2					500	450	550			490	500	300	730	945
	4,6,8	65			58										
280S	2										545	565		810	1010
	4,6,8	75		20	67.5										
280M	2	65		18	58										1060
	4,6,8	75		20	67.5										
315S	2	65		18	58	600	550	660	24	6	640	630	400	1020	1320
	4,6,8,10	80	170	22	71										1350
315M	2	65	140	18	58										
	4,6,8,10	80	170	22	71										1380
315L	2	65	140	18	58										1490
	4,6,8,10	80	170	22	71										1520
355S	2	75	140	20	67.5	740	680	800			740	750	500	1080	1570
	4,6,8,10	95	170	25	86										
355M	2	75	140	20	67.5										1650
	4,6,8,10	95	170	25	86										
355L	2	75	140	20	67.5										1750
	4,6,8,10	95	170	25	86										

表 10-6-26　YBBP 系列增隔爆型变频调速三相异步机座不带底脚、端盖上有凸缘安装尺寸表　/mm

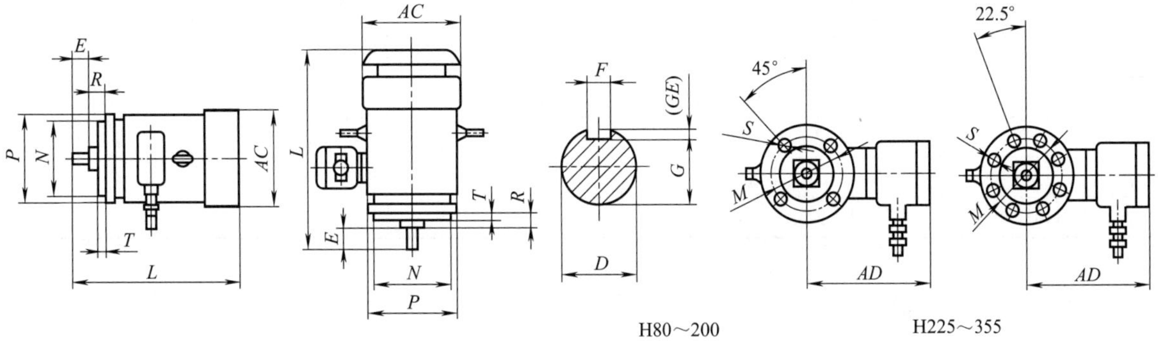

H80～200　　H225～355

机座号	极数	安装尺寸										外形尺寸			
		D	E	F	G	M	N	P	R	S	T	AC	AD	L	
														卧式	立式
80M	2,4,6,8	19	40	6	15.5	165	130	200	0	12	3.5	165	180	330	375
90S		24	50	8	20							180		360	405
90L														385	430
100L		28	60		24	215	180	250		14.5	4	205		440	485
112M												230	200	460	520
132S		38	80	10	33	265	230	300				270		510	590
132M														550	630
160M		42	110	12	37	300	250	350		18.5	5	325	220	670	730
160L														710	770
180M		48		14	42.5							360		730	800
180L														750	820
200L		55		16	49	350	300	400				400	250	805	875
225S	4,8	60	140	18	53	400	350	450				450		865	935
225M	2	55	110	16	49									860	930
	4,6,8	60	140	18	53									890	960
250M	2					500	450	550				500	300	945	1035
	4,6,8	65			58										
280S	2											565		1010	1100
	4,6,8	75		20	67.5										
280M	2	65		18	58									1060	1150
	4,6,8	75		20	67.5										
315S	2	65		18	58	600	550	660		24	6	630	400	—	1340
	4,6,8,10	80	170	22	71										1370
315M	2	65	140	18	58										1420
	4,6,8,10	80	170	22	71										1450
315L	2	65	140	18	58										1510
	4,6,8,10	80	170	22	71										1540
355S	2	75	140	20	67.5	740	680	800				750	500		1600
	4,6,8,10	95	170	25	86										
355M	2	75	140	20	67.5										
	4,6,8,10	95	170	25	86										
355L	2	75	140	20	67.5										1780
	4,6,8,10	95	170	25	86										

第 7 章

直流电动机

7.1 直流电动机的特点

表 10-7-1 直流电动机的特点

励磁方式及电路示意图	永磁 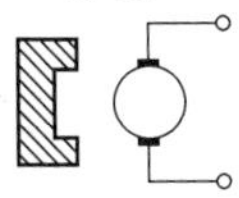	他励 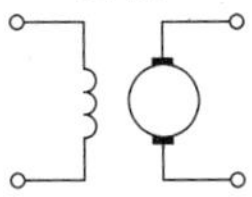	并励 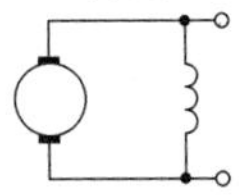	稳定并励 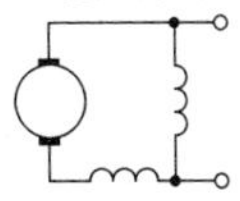	复励 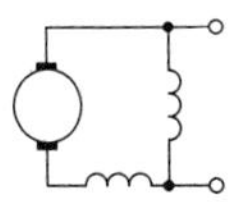	串励 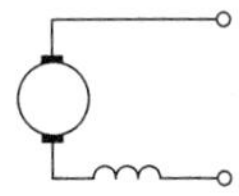
调速范围	电枢电压与转速为线性关系，调速特性较好，调速范围较大	采用削弱磁场的恒功率调速时，调速比可达 1∶2 至 1∶4，特殊设计可以到 1∶8，他励方式可以调节电枢电压，恒转矩向下调速，范围较宽广			用弱磁方法可达额定转速的 2 倍	改变串励绕组的串并联方式或外接电阻来实现调速，调速范围较宽
转速变化率	3%～15%	5%～20%			视复励程度而定，可达 25%～30%	轻载时转速很高，禁止空载运行
短时过载转矩	约为额定转矩的 1.5 倍，有的产品可达 3.5～4 倍	约为额定转矩的 1.5 倍，带补偿绕组时可达额定转矩的 2.5～2.8 倍			可达额定转矩的 3.5 倍	约为额定转矩的 4～4.5 倍
启动转矩	约为额定转矩的 2 倍，有的产品可达 4～5 倍	因受启动电流限制，启动转矩为额定转矩的 2～2.5 倍，特殊设计的电动机可达 3 倍			启动转矩大，可达 4～4.5 倍，视复励程度而定	启动转矩很大，可达额定转矩的 5 倍
用途	自动控制系统中的执行元件或作为力矩电动机	用于要求启动转矩稍大的恒速负载或有调速要求的负载，如金属切削机床、塑料加工机械、纺织印染、造纸等轻工机械			用于要求启动转矩较大、转速变化不大的负载，如空气压缩机、冶金辅助传动机械等	用于要求很大的启动转矩、转速允许有较大变化的负载，如电车、起锚机等

7.2 Z4 系列直流电动机（摘自 JB/T 6316—2006）

Z4 系列直流电动机广泛应用于各类机械设备的传动源，例如冶金工业轧机传动、金属切削机床、塑料加工机械、印刷、印染、造纸、纺织等。本系列电动机具有体积小、性能好、重量轻、输出功率大、效率高及运行可靠的特点。

Z4 系列电动机的定额是以 S1 工作制为基准的连续定额。额定电压分为 160V 和 400V 两种。按以下额定功率制造：1.5kW，2.2kW，3kW，4kW，5.5kW，7.5kW，11kW，15kW，18.5kW，22kW，30kW，37kW，45kW，55kW，75kW，90kW，110kW，132kW，160kW，185kW，200kW，220kW，250kW，280kW，315kW，355kW，400kW，450kW，475kW，530kW，600kW。

7.2.1 型号含义

Z4-112/2-1
- 规格代号，112 表示中心高，2 表示极数，1 表示电枢铁芯长度代号
- 产品代号，Z 表示直流电动机，4 表示第四次改型设计

Z4-180-2-1
- 规格代号，180 表示中心高，2 表示电枢铁芯长度代号，1 表示端盖代号
- 产品代号，Z 表示直流电动机，4 表示第四次改型设计

7.2.2 结构及安装型式

直流电动机均有底脚，其结构及安装型式为 IMB3、IMB35、IMB5、IMV1、IMV15，部分机座号见表 10-7-2。

7.2.3 技术参数

表 10-7-3、表 10-7-4 分别给出了机座号 100～160 及 180～450 的电动机的电压、功率和转速的对应参数表（参照 JB 6316—2006）。

表 10-7-2 Z4 直流电机结构及安装型式（摘自 JB 6316—2006）

机座号	安装代号	结构特点及安装型式	冷却方式	外壳防护等级	环境
100～450	B3	卧式有轴伸、底脚，安装在基础构件上	IC06 或 ICO	IP21S(ICO6) IP23(IC17)	环境空气温度：0～40℃ 海拔不超过 1000m
100～315	B35	卧式有轴伸、底脚，端盖上有凸缘，借底脚安装在基础构件上，并附用凸缘安装			
	V15	立式轴伸向下底脚安装并附用凸缘安装			
100～225	V1	立式轴伸向下用底部凸缘安装			
100～200	B5	卧式有轴伸凸缘安装			

表 10-7-3 Z4 直流电动机（机座号 100～160）电压、功率和转速的对应参数表（摘自 JB 6316—2006）

机座号	额定电压 160V						额定电压 440V								
	功率/kW	额定转速/r·min^{-1}	最高转速/r·min^{-1}	功率/kW	额定转速/r·min^{-1}	最高转速/r·min^{-1}	功率/kW	额定转速/r·min^{-1}	最高转速/r·min^{-1}	功率/kW	额定转速/r·min^{-1}	最高转速/r·min^{-1}	功率/kW	额定转速/r·min^{-1}	最高转速/r·min^{-1}
100-1	2.2	1490	3000	1.5	955	2000	4	2960	4000	2.2	1480	3000	1.5	990	2000
112/2-1	3	1540	3000	2.2	975	2000	5.5	2940	4000	3	1500	3000	2.2	960	2000
112/2-2	4	1450	3000	3	1070	2000	7.5	2980	4000	4	1500	3000	3	1010	2000
112/4-1	5.5	1520	3000	4	900	2000	11	2950	3500	5.5	1480	1800	4	980	1100
112/4-2	—	—	—	5.5	1090	2000	15	3035	3600	7.5	1460	1800	5.5	1025	1200
132-1	—	—	—	—	—	—	18.5	2850	4000	11	1480	2200	7.5	975	1600
132-2	—	—	—	—	—	—	22	3090	3600	15	1510	2500	11	995	1400
160-11	—	—	—	—	—	—	30	3000	3600	18.5	1540	2200	15	1050	1600
160-21	—	—	—	—	—	—	37	3000	3500	22	1500	3000	—	—	—
160-22	—	—	—	—	—	—	—	—	—	—	—	—	18.5	1000	2000
160-31	—	—	—	—	—	—	45	3000	3500	—	—	—	—	—	—
160-32	—	—	—	—	—	—	—	—	—	30	1500	3000	22	1000	2000
	—	—	—	—	—	—	55	3010	3500	—	—	—	—	—	—

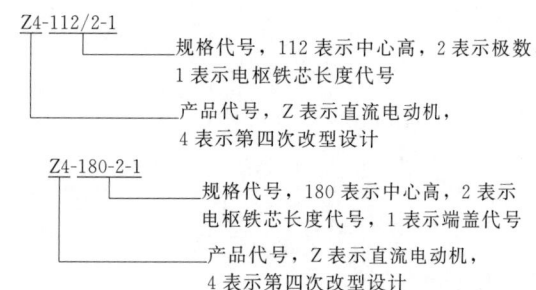

表 10-7-4　Z4 直流电动机（机座号 180～450）电压、功率和转速的对应参数表（摘自 JB 6316—2006）

机座号	额定电压 440V																	
	3000		1500		1000		750		600		500		400		300		200	
	功率/kW	额定转速/r·min^{-1}	功率/kW	额定转速/r·min^{-1}	功率/kW	额定转速/r·min^{-1}	功率/kW	额定转速/r·min^{-1}	功率/kW	额定转速/r·min^{-1}	功率/kW	额定转速/r·min^{-1}	功率/kW	额定转速/r·min^{-1}	功率/kW	额定转速/r·min^{-1}	功率/kW	额定转速/r·min^{-1}
180-11	—	—	37	3000	—	—	18.5	1900	15	1400	—	—	—	—	—	—	—	—
180-21	—	—	45	2800	30	2000	22	1400	18.5	1600	—	—	—	—	—	—	—	—
180-22	75	3400	—	—	—	—	—	—	—	—	—	—	—	—	—	—	—	—
180-31	—	—	—	—	37	2000	—	—	22	1250	—	—	—	—	—	—	—	—
180-41	—	—	55	3000	—	—	30	2000	—	—	—	—	—	—	—	—	—	—
180-42	90	3200	—	—	—	—	—	—	—	—	—	—	—	—	—	—	—	—
200-11	—	—	—	—	45	2000	37	1600	—	—	22	1000	—	—	—	—	—	—
200-12	110	3200	—	—	—	—	—	—	—	—	—	—	—	—	—	—	—	—
200-21	—	—	75	3000	—	—	—	—	30	1000	—	—	—	—	—	—	—	—
200-31	—	—	90	2800	55	2000	45	1400	37	1200	30	750	—	—	—	—	—	—
200-32	132	3200	—	—	—	—	—	—	—	—	—	—	—	—	—	—	—	—
225-11	—	—	110	3000	75	2000	55	1300	45	1200	37	1000	—	—	—	—	—	—
225-21	—	—	—	—	—	—	—	—	55	1000	45	1000	—	—	—	—	—	—
225-31	—	—	132	2400	90	2000	75	2250	—	—	—	—	—	—	—	—	—	—
250-11	—	—	—	—	110	2000	—	—	—	—	—	—	—	—	—	—	—	—
250-12	—	—	160	2100	—	—	—	—	—	—	—	—	—	—	—	—	—	—
250-21	—	—	185	2200	—	—	90	2250	—	—	—	—	—	—	—	—	—	—
250-31	—	—	200	2400	132	2000	—	—	75	2000	55	1500	—	—	—	—	—	—
250-41	—	—	220	2400	—	—	110	1600	90	1600	75	1500	—	—	—	—	—	—
250-42	—	—	—	—	160	2000	—	—	—	—	—	—	—	—	—	—	—	—
280-11	—	—	250	200	—	—	—	—	—	—	—	—	—	—	—	—	—	—
280-21	—	—	—	—	200	2000	132	1600	110	1500	—	—	—	—	—	—	—	—
280-22	—	—	280	1800	—	—	—	—	—	—	—	—	—	—	—	—	—	—
280-31	—	—	—	—	220	2000	—	—	132	1000	90	1400	—	—	—	—	—	—
280-32	—	—	315	1800	—	—	160	2000	—	—	—	—	—	—	—	—	—	—
280-41	—	—	—	—	—	—	185	1900	—	—	110	1000	—	—	—	—	—	—
280-42	—	—	—	—	250	1800	—	—	—	—	—	—	—	—	—	—	—	—
315-11	—	—	—	—	—	—	—	—	160	1900	132	1600	110	1200	—	—	—	—
315-12	—	—	355	1800	280	1600	200	1900	—	—	—	—	—	—	—	—	—	—
315-21	—	—	—	—	—	—	—	—	185	1600	160	1500	—	—	—	—	—	—
315-22	—	—	—	—	315	1600	250	1600	—	—	—	—	—	—	—	—	—	—
315-31	—	—	—	—	—	—	—	—	—	—	—	—	132	1200	—	—	—	—
315-32	—	—	—	—	355	1600	280	1600	200	1500	—	—	—	—	—	—	—	—
315-41	—	—	—	—	—	—	—	—	—	—	185	1500	160	1200	—	—	—	—
315-42	—	—	—	—	400	1400	315	1600	250	1600	—	—	—	—	—	—	—	—

续表

机座号	额定电压440V																	
	3000		1500		1000		750		600		500		400		300		200	
	功率/kW	额定转速/r·min^{-1}	功率/kW	额定转速/r·min^{-1}	功率/kW	额定转速/r·min^{-1}	功率/kW	额定转速/r·min^{-1}	功率/kW	额定转速/r·min^{-1}	功率/kW	额定转速/r·min^{-1}	功率/kW	额定转速/r·min^{-1}	功率/kW	额定转速/r·min^{-1}	功率/kW	额定转速/r·min^{-1}
355-11	—	—	—	—	—	—	—	—	280	1500	200	1500	185	1200	—	—	—	—
355-12	—	—	—	—	450	1500	355	1500	—	—	—	—	—	—	—	—	—	—
355-21	—	—	—	—	—	—	—	—	—	—	—	—	200	1200				
355-22	—	—	—	—	—	—	400	1600	315	1500	250	1600	—	—				
355-31	—	—	—	—	—	—	—	—	—	—	—	—	220	1200				
355-32	—	—	—	—	—	—	450	1100	355	1600	315	1500	—	—	—	—	—	
355-42	—	—	—	—	—	—	—	—	400	1300	355	1200	250	1200				
400-21	—	—	—	—	—	—	—	—	—	—	—	—	—		200	900		
400-22	—	—	—	—	—	—	475	1400	—	—	—	—	—		—	—	—	—
400-31	—	—	—	—	—	—	—	—	—	—	—	—	280	1200	220	900		
400-32	—	—	—	—	—	—	530	1400	450	1300	—	—	—	—	—	—	—	—
400-41	—	—	—	—	—	—	—	—	—	—	—	—	355	1200	250	900	—	—
400-42	—	—	—	—	—	—	600	1200	475	1300	400	1400	—	—	—	—	—	—
450-21	—	—	—	—	—	—	—	—	—	—	—	—	—		280	900		—
450-22	—	—	—	—	—	—	—	—	—	—	450	1400	400	1200	—	—	—	—
450-31	—	—	—	—	—	—	—	—	—	—	—	—	—		—	—	220	600
450-32	—	—	—	—	—	—	—	—	530	1200	475	1300	450	1200	315	900		
450-41	—	—	—	—	—	—	—	—	—	—	—	—	—	—	—	—	250	600
450-42	—	—	—	—	—	—	—	—	600	1100	530	1100	475	1200	355	900	—	—

注：1. 机座号 315.11～315.42 带补偿绕组。

2. 机座号 355.11～450.42 带补偿绕组。

表 10-7-5　IMB3 结构 Z4 直流电动机安装尺寸表

/mm

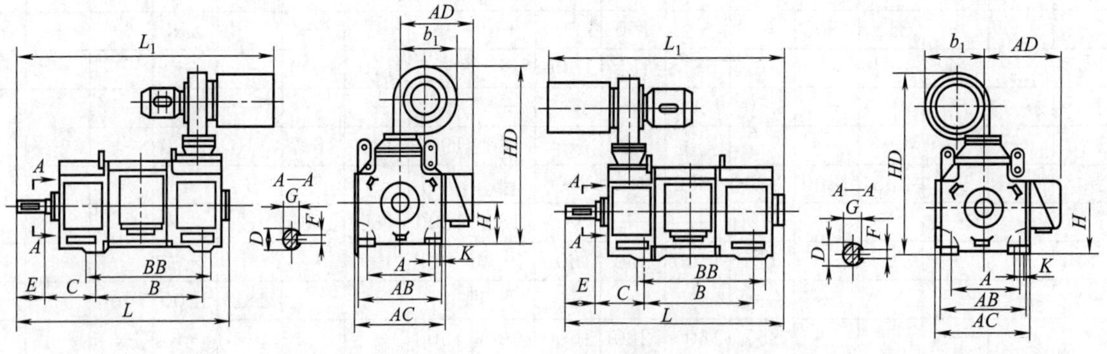

Z4-100～160

Z4-180～450

续表

机座号	安装尺寸									外形尺寸							
	A	B	C	D	E	F	G	H	K	AB	AC	AD	b_1	BB	L	L_1	HD
100-1	160	318	63	24	50	8	20	100	12	210	245	190	165	380	510	590	420
112/2-1	190	337.5	70	28	50	8	24	112	12	235	265	210	180	410	555	615	475
112/2-2		367.5												440	585	645	
112/4-1		347.5		32	60	10	27	132	12	270	305	245	220	420	585	645	
112/4-2		387.5												460	625	685	
132-1	216	355	89	38	80	10	33	132	12	270	305	245	220	435	630	825	550
132-2		405												485	690	875	
132-3		465												545	740	935	
160-11	254	411	108	48	110	14	42.5	160	15	330	360	295	240	495	755	965	640
160-21		451												535	795	1005	
160-22		516												600	860	1040	
160-31		501												585	845	1055	
160-32		566												650	910	1090	
180-11	279	436	121	55	110	16	49	180	15	370	400	305	310	530	805	1035	750
180-21		476												570	845	1075	
180-22		541												635	910	1140	
180-31		526												620	895	1125	
180-41		586												680	935	1185	
180-42		651												745	1020	1250	
200-11	318	566	133	65	140	18	58	200	19	410	440	365	310	660	990	1170	790
200-12		614												705	1035	1220	
200-21		606												700	1030	1210	
200-31		686												780	1110	1290	
200-32		734												825	1155	1340	
225-11	356	701	149	75	140	20	67.5	225	19	450	485	410	370	795	1150	1615	1000
225-21		751												845	1200	1665	
225-31		811												905	1260	1725	
250-11	406	715	168	85	170	22	76	250	24	500	555	440	370	815	1235	1657	1040
250-12		775												875	1295	1717	
250-21		765												865	1285	1707	
250-31		825												925	1345	1767	
250-41		895												995	1455	1837	
250-42		955												1055	1475	1798	
280-11	457	762	190	95	170	25	86	280	24	560	595	465	420	875	1325	1748	1140
280-21		822												935	1385	1808	
280-22		912												1025	1475	1898	
280-31		892												1005	1455	1878	
280-32		986												1095	1545	1968	
280-41		972												1085	1555	1958	
280-42		1062												1175	1625	2048	

机座号	安装尺寸									外形尺寸							
	A	B	C	D	E	F	G	H	K	AB	AC	AD	b_1	BB	L	L_1	HD
315-11	508	887	216	100	210	28	90	315	28	630	665	500	430	1010	1545	1897	1310
315-12		977												1100	1635	1987	
315-21		967												1090	1625	1977	
315-22		1057												1180	1715	2067	
315-31		1057												1180	1715	2067	
315-32		1147												1270	1805	2157	
315-41		1157												1280	1815	2167	
315-42		1247												1370	1905	2257	
355-11	610	968	254	110	210	28	100	335	28	710	745	715	450	1105	1700	2010	1390
355-12		1058												1195	1790	2100	
355-21		1058												1195	1790	2100	
355-22		1148												1285	1880	2190	
355-31		1158												1295	1890	2200	
355-32		1248												1385	1980	2290	
355-42		1358												1495	2090	2400	
400-21	686	1039	280	120	210	32	109	400	35	790	830	750	600	1285	1812	1897	1620
400-22		1159												1405	1932	2017	
400-31		1129												1375	1902	1987	
400-32		1249												1495	2022	2107	
400-41		1229												1475	2002	2087	
400-42		1349												1595	2122	2207	
450-21	800	1151	315	140	250	36	128	450	35	890	924	800	600	1489	2034	2140	1720
450-22		1271												1609	2154	2260	
450-31		1251												1589	2134	2240	
450-32		1371												1709	2254	2360	
450-41		1361		160	300	40	147							1699	2294	2350	
450-42		1481												1819	2414	2470	

表 10-7-6　IMB35、IMB5、IMV1、IMV15 结构 Z4 直流电动机安装尺寸表　/mm

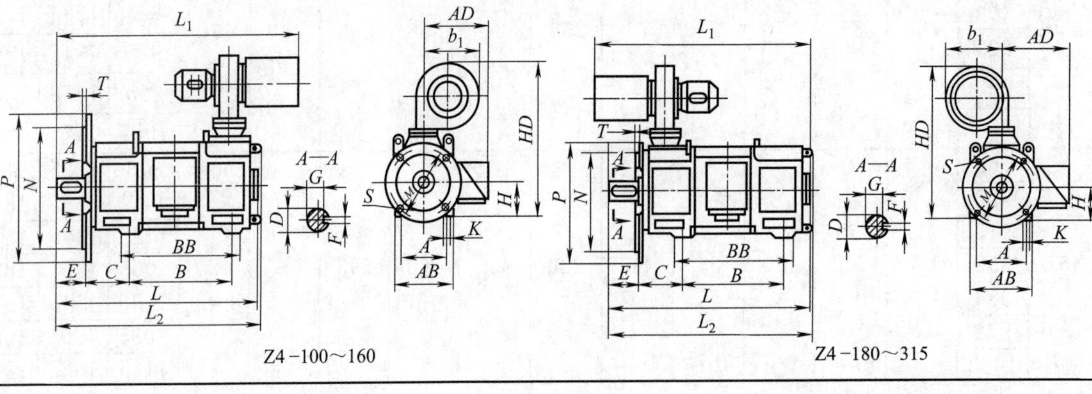

Z4-100～160　　Z4-180～315

续表

机座号	安装尺寸												外形尺寸										
	A	B	C	D	E	F	G	H	K	M	N	S	孔数	T	P	AB	AD	b_1	BB	L	L_1	L_2	HD
100-1	160	318	63	24	50	8	20	100	12	215	180	15	4	4	250	210	190	165	380	510	590	530	420
112/2-1	190	3375	70	28	60	8	24	112	12	215	180	15	4	4	250	235	210	180	410	555	615	575	475
112/2-2		3675																	440	585	645	605	
112/4-1		3475		32	80	10	27												420	585	645	605	
112/4-2		3875																	460	625	685	645	
132-1	216	355	89	38	80	10	33	132	12	265	230	15	4	4	300	270	245	220	435	630	825	650	550
132-2		405																	485	690	875	710	
132-3		465																	545	740	935	760	
160-11	254	411	108	48	110	14	425	160	15	300	250	19	4	5	350	330	295	240	495	755	965	795	640
160-21		451																	535	795	1005	835	
160-22		516																	600	860	1040	900	
160-31		501																	585	845	1055	885	
160-32		566																	650	910	1090	950	
180-11	279	436	121	55	110	16	49	180	15	350	300	19	4	5	400	370	305	310	530	805	1035	855	750
180-21		476																	570	845	1075	895	
180-22		541																	635	910	1140	960	
180-31		526																	620	895	1125	945	
180-41		586																	680	935	1185	1005	
180-42		651																	745	1020	1250	1070	
200-11	318	566	133	65	140	18	58	200	19	400	350	19	8	5	450	440	365	310	660	990	1170	1040	790
200-12		614																	705	1035	1220	1085	
200-21		606																	700	1030	1210	1080	
200-31		686																	780	1110	1290	1160	
200-32		734																	825	1155	1340	1205	
225-11	356	701	149	75	140	20	67.5	225	19	500	450	19	8	5	550	450	410	370	795	1150	1615	1200	1000
225-21		751																	845	1200	1665	1250	
225-31		811																	905	1260	1725	1310	
250-11	406	715	168	85	170	22	76	250	24	600	550	24	8	6	660	500	4440	370	815	1235	1657	1295	1040
250-12		775																	875	1295	1717	1355	
250-21		765																	865	1285	1707	1345	
250-31		825																	925	1345	1767	1405	
250-41		895																	995	1455	1837	1515	
250-42		955																	1055	1475	1798	1535	
280-11	457	762	190	95	170	25	86	280	24	600	550	24	8	6	660	595	465	420	875	1325	1748	1390	1140
280-21		822																	935	1385	1808	1450	
280-22		912																	1025	1475	1898	1540	
280-31		892																	1005	1455	1878	1520	
280-32		986																	1095	1545	1968	1610	
280-41		972																	1085	1555	1958	1600	
280-42		1062																	1175	1625	2048	1690	

机座号	安装尺寸												外形尺寸									
	A	B	C	D	E	F	G	H	K	M	N	S	孔数	T	P	AB	AD	b_1	BB	L	L_1	L_2	HD
315-11	508	887	216	100	210	28	90	315	28	740	680	24	8	6	800	620	497	430	1010	1545	1897	1620	1310
315-12		977																	1100	1635	1987	1710	
315-21		967																	1090	1625	1977	1700	
315-22		1057																	1180	1715	2067	1790	
315-31		1057																	1180	1715	2067	17901	
315-32		1147																	1270	1805	2157	1880	
315-41		1157																	1280	1815	2167	1890	
315-42		1247																	1370	1905	2257	1980	

7.3 Z系列中型直流电动机（摘自JB/T 9577—2011）

7.3.1 概述

Z系列中型直流电动机的定额是以S1工作制为基准的连续定额。

额定电压分为220V、250V、315V、330V、400V、440V、500V、630V、660V、750V、800V、1000V。

电动机的标准结构型式为端盖式滚动轴承、圆柱形轴伸，安装型式代号为IM1001。电动机外壳防护等级有IP21、IP23和IP44。冷却方式有IC06、IC17和IC37。要求使用环境海拔不超过1000m，环境空气温度−15～40℃，采用155（F）级绝缘。电动机冷却空气中不应含有酸碱等对电机绝缘和换向器有害的气体，空气中的含尘量不超过0.15mg/m^3。

7.3.2 型号含义

Z-355-1-A

规格代号，355表示中心高，1底脚孔轴向距离（B尺寸）由短至长依次用1、2等表示，A电动机类别代号，用字母A、B、C分别表示第一、二、三类电动机

产品代号，Z表示直流电动机

表10-7-7 Z系列中型直流电动机分类（摘自JB/T 9577—2011）

电机分类	类别代号	特点应用
第一类	A	用于普通工业用电动机
第二类	B	用于传动金属轧机（可逆轧机除外）及其辅助机械，也可按需要设计成单转向（不逆转）或双转向（可逆转）。特点：有连续过载能力、较强的机械机构、较高的短时过载能力
第三类	C	用于传动可逆热轧及其辅助机械。特点：适合传动快速逆转和突然施加重负荷的机械结构；有高的适时过载能力

7.3.3 技术参数

表10-7-8 第一类、二类电动机短时过载表（摘自JB/T 9577—2011）

基本转速/%	第一类电动机额定电流/%		第二类电动机额定电流/%			
	偶尔使用	经常使用	偶尔使用	经常使用	偶尔使用	经常使用
100	150	140	200	175	180	160
200	150	130	200	160	180	160
≥300	140	125	175	140	140	140
备注	—		当电动机转速低于表10-7-11中的基本转速		当电动机转速高于表10-7-11中的基本转速	

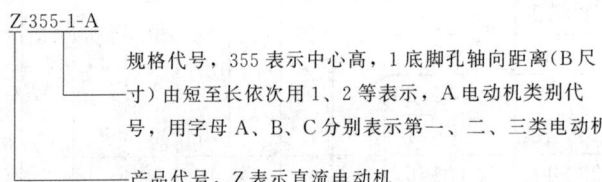

表 10-7-9 第三类类电短时过载表（摘自 JB/T 9577—2011）

基本转速/%	偶尔使用的负载		经常使用的负载	
	基本转速额定转矩/%	额定电流/%	基本转速额定转矩/%	额定电流/%
93	275	256	—	—
95	—	—	225	214
125	190	248.5	166	207.5
150	162	242.5	135	202
175	135	236.5	112	196.5
200	115	230	95.5	191
225	99.5	224	82.5	185.5
250	87.5	216	72	180
275	77	212	63.5	174.5
300	68.5	206	56.3	169

注：在 100%负载下，把电动机磁场调节到 100%基速时，施以表列负载而出现的近似转速。

表 10-7-10 Z 系列中型直流电动机（摘自 JB/T 9577—2011）

中心高/mm	355	400	450	500	560	630	710
基本转速/r·min^{-1}	1000	900	800	710	630	560	560

表 10-7-11 Z 系列中型直流电动机安装尺寸表 /mm

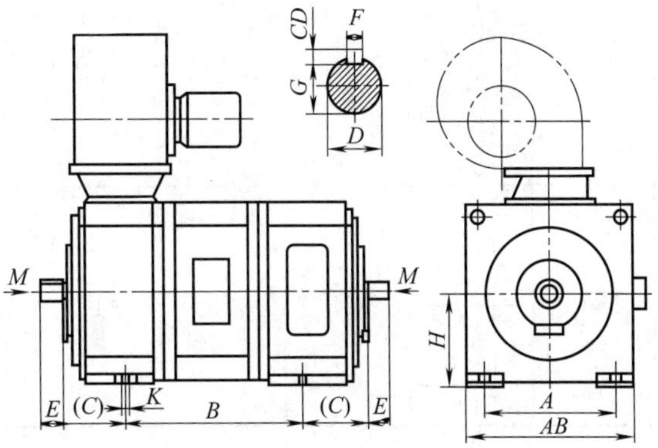

机座号	H	A	AB	B	(C)	D	E	F	G	GD	AK
Z355-1	355	610	700	710	254	$\phi110$	210	28	100	16	28
Z355-2				800							
Z355-3				900							
Z355-4				1000							
Z355-5				1120							
Z355-6				1250							
Z400-1	400	686	790	800	280	$\phi120$	210	32	109	18	35
Z400-2				900							
Z400-3				1000							
Z400-4				1120							
Z400-5				1250							
Z400-6				1400							

第 10 篇

续表

机座号	H	A	AB	B	(C)	D	E	F	G	GD	AK
Z450-1	450	800	890	900	315	ϕ140	250	36	128	20	30
Z450-2				1100							
Z450-3				1120							
Z450-4				1250							
Z450-5				1400							
Z450-6				1600							
Z500-1	500	900	1090	1000	280	ϕ160	300	40	147	22	42
Z500-2				1120							
Z500-3				1250							
Z500-4				1400							
Z500-5				1600							
Z500-6				1800							
Z560-1	560	1000	1200	1000	315	ϕ180	300	45	165	25	48
Z560-2				1120							
Z560-3				1250							
Z560-4				1400							
Z560-5				1600							
Z560-6				1800							
Z630-1	630	1180	1370	1000	315	ϕ200	350	45	185	25	48
Z630-2				1120							
Z630-3				1250							
Z630-4				1400							
Z630-5				1600							
Z630-6				1800							
Z710-1	710	1400	1540	1120	355	ϕ250	410	56	230	32	50
Z710-2				1120							
Z710-3				1250							
Z710-4				1400							
Z710-5				1600							
Z710-6				1800							

7.4 小功率电动机

小功率电动机是指功率小于 2200W 的电动机。小功率电动机的用途极为广泛，主要应用于弱电控制系统及家用电器等小功率的设备装置上，工作制通常为非 S1 工作制时。

表 10-7-12 小功率电动机的电压、功率、转速（摘自 JB/T 5276—2017、GB/T 5171.1—2014）

额定电压/V			额定输出轴功率/W	额定转速/r·min^{-1}
直流电动机	单向电动机	三相交流电动机		
3,6,12,24,36,48,60,110,220	12,24,36,42,110(115),220(230)	36,42,220(230),380(400)	0.4,0.6,1.0,1.6,2.5,4,6,10,16,25,40,60,90,120,180,200,250,370,400,550,750,1100,1500,2200	400,500,750,1000,1500,1800,2000,3000,4000,5000,6000,8000,10000,12000,15000,18000,20000,25000,30000

表 10-7-13 小功率电动机负载及过载性能（摘自 GB/T 5171.1—2014）

电动机类型	极数	短时过转矩(超过额定转矩的百分数)/%	堵转转矩/额定转矩	最小转矩/额定转矩	最大转矩/额定转矩
单相电阻启动异步电动机	2,4	45	1.00	0.80	1.80
单相电容启动异步电动机	2,4	45	2.00	1.00	1.80
单相双值电容异步电动机	2,4	40	1.70	0.80	1.60
单相电容运转异步电动机	2,4	40	0.30	0.30	1.60
单相罩极异步电动机	2,4	—	0.25	0.25	1.30
单相电容启动磁阻式同步电动机	4	30	2.50	1.00	—
单相双值电容磁阻式同步电动机	4	30	1.70	1.00	—
三相磁阻式同步电动机	4	30	2.50	1.00	—
三相永磁同步电动机	4	30	2.20	1.00	—
直流电动机	—	60			
无刷直流电动机	—	50			

第8章

控制电动机

8.1 概述

控制电动机和普通旋转电动机并没有本质的区别，相对于普通旋转电动机着重于对启动和运行状态性能指标的要求，控制电动机则着重于特性的高精度和快速响应性。表10-8-1列出了常见控制电动机。

表10-8-1 常见控制电动机

功能	名称	特点及应用
信号元件	旋转变压器	作为角度数据传感和移相元件使用
	交流测速电动机	输出电压精确地与转速成正比，作为检测转速或进行速度的反馈，也可以作为微分、积分的计算元件
	直流测速电动机	
	自整角机	用于角度数据的传输，一般是两个以上元件对接使用
	感应同步器	利用多极旋转变压器的原理，采用印制绕组形式的精密检测元件，作为直线位移和角位移的检测
功率元件	直流伺服电动机	伺服电动机受输入电信号控制并能快速响应。其堵转转矩与控制电压正比，转速随转矩的增加而近似线性下降。作为直接驱动负载的执行元件
	交流伺服电动机	
	步进电动机	步进电动机的角位移与所接受的电脉冲数成正比，其转速与每秒的电脉冲数成正比，通常在开环系统中作执行元件
	力矩电动机	力矩电动机能在长期堵转状态下工作，低速运转时能产生足够大的转矩，并运行稳定。作为直接驱动负载的执行元件

8.2 控制电动机型号

参照国标GB/T 10405—2009，控制电动机的型号通常由下列4部分组成

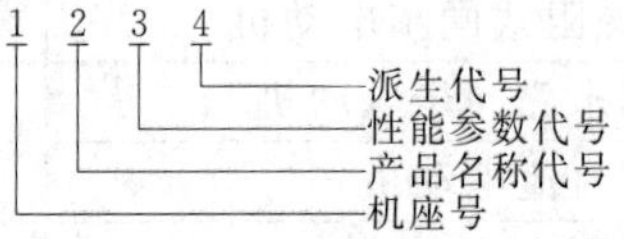

示例：

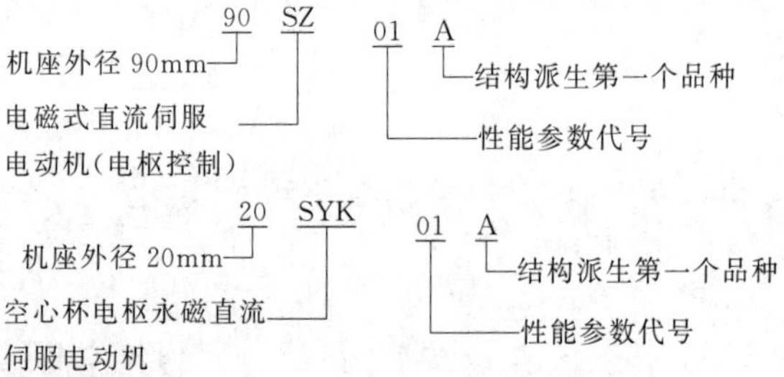

8.2.1 机座号

机座号以电动机机座外圆直径表示，仅取以毫米为单位的数值的整数部分，机座号及其相应的机座外径按GB/T 7346和产品专用技术条件的规定。表10-8-2为单机产品机座号（摘自GB/T 10405—2009）。机组的机座号以其中机座最大的电动机座号表示。

8.2.2 产品名称代号

产品名称代号由2～4个汉语拼音字母表示。每一个字母具有一定的汉字意义，第1个字母表示电动机的类型，后面的字母表示该类电动机的细分类。

机组的产品名称代号由所组成单机代号或电动机的类别组成，在单机产品名称代号或电动机的类别之间加短画线。

所用代号字母，一般为产品名称第1个字的汉语拼音首字母，若所选字母造成型号重复或其他原因不能使用时，则依次选用后面的字母或其他汉字的拼音字母。

8.2.3 性能参数代号

性能参数代号由2～3位数字组成，第1位数字表示电源频率，400Hz用4表示，50 Hz用5表示，第2位、第3位数字表示性能参数序号，由01～99两位阿拉伯数字组成。表10-8-3为不同电动机性能参数代号说明。

表 10-8-2　控制电动机机座号参数表

机座号	12	16	20	24	28	32	36	40	45	50	55
外圆直径/mm	12.5	16	20	24	28	32	36	40	45	50	55
机座号	60	70	80	90	100	110	130	160	200	250	320
外圆直径/mm	60	70	80	90	100	110	130	160	200	250	320

注：1. 机座号用外圆直径或轴中心高表示，仅取数值部分，无计量单位。

2. 用轴中心高表示机座号时，应在轴中心高表示的机座号后加“—”。

表 10-8-3　电动机/测速发电机性能参数说明（摘自 GB/T 10405—2009）

名称	性能参数代号	说　明
永磁无刷电动机	01～99	—
异步电动机	□□-□□	前一组数字表示输出功率的瓦数,后一组数字表示电机的极数
摆动电动机	01～99	—
磁滞同步电动机	□□□	第一位代表电源频率(5 表示 50Hz;4 表示 400Hz;0 表示 500Hz;1 表示 1000Hz;2 表示 2000Hz;7 表示混频),第二位代表相数,第三位代表极数
力矩电动机	01～99	—
步进电动机	□□□□	第一位数字表示相数,后面的数字表示转子齿数或极对数
交流伺服电动机	01～99	—
直流伺服电动机	□□□□	前两位数字表示电源电压(06 表示 6V;09 表示 9V;12 表示 12V;18 表示 18V;24 表示 24V;27 表示 27V;36 表示 36V;48 表示 48V;60 表示 60V;11 表示 110V;22 表示 220V),后两位表示性能参数序号:01～99
交流测速发电机	□□□	第一位表示励磁电压(2 表示 26V;3 表示 36V;1 表示 115V),后两位表示性能参数序号:01～99
电磁式直流测速发电机	□□□□	前两位表示励磁电压(06 表示 6V;09 表示 9V;12 表示 12V;18 表示 18V;24 表示 24V;27 表示 27V;36 表示 36V;48 表示 48V;60 表示 60V;11 表示 110V;22 表示 220V),后两位表示性能参数序号:01～99
永磁式直流测速发电机	01～99	—
轴角编码器	□□□	第一位表示码制(1——10 进制；2——2 进制),后两位表示分辨率(其数值为输入轴旋转一周所计编码数的 10(10 进制)或 2(2 进制)的最高幂次,若此数小于 10,则前面完冠以零)
自整角机	□□	第一位代表电源频率(6 表示 60Hz;5 表示 50Hz;4 表示 400Hz;0 表示 500Hz;1 表示 1000Hz;2 表示 2000Hz;7 表示混频),第二位代表额定电压和最大输出电压的组合(1——发送机/接收机 20/9、差动式 9/9、控制式变压器 9/18;2——发送机/接收机 26/12、差动式 12/12、控制式变压器 12/20;3——发送机/接收机 36/16、差动式 16/16、控制式变压器 12/20;4——发送机/接收机 115/16、差动式 90/90、控制式变压器 16/32;5——发送机/接收机 115/90、控制式变压器 16/58;6——发送机/接收机 110/90、控制式变压器 90/58;7——发送机/接收机 220/90)

名称	性能参数代号	说　明
旋转变压器(除多极和双通道外)	□□□□	前两位表示开路输入阻抗(标称值),用其欧姆数的百分之一表示,若欧姆数的百分之一不是整数,则取近似的整数,数值小于10时,前面冠以零;后一位或两位表示电压比(1表示0.15,4表示0.45,5表示0.5/0.56,6表示0.65,7表示0.78,10表示1,20表示2)
多极和双通道旋转变压器	□□□□	前两位表示极对数(04表示4,08表示8,15表示15,16表示16,20表示20,30表示30,32表示32,36表示36,64表示64,28表示128),第三位数字表示频率(6表示60Hz,5表示50Hz,4表示400Hz,0表示500Hz,1表示1000Hz,2表示2000Hz,7表示混频),第四位表示励磁电压(0表示小于10V,1表示12V,2表示26V,3表示36V)
感应移相器(除多极和双通道感应移相器外)	□□□□	第一位表示开路输入阻抗(3表示300Ω,5表示500Ω,1表示1000Ω,2表示2000Ω),后面1～3表示额定频率的千赫数(005表示0.05KHz,013表示0.135KHz,027表示0.27KHz,04表示0.4KHz,1表示1KHz,2表示2KHz,4表示4KHz,10表示10KHz,20表示20KHz,40表示40KHz,75表示75KHz,150表示150KHz,300表示300KHz,500表示500KHz)
多极和双通道感应移相器	□□□□□	前面两位表示极对数(04表示4,08表示8,15表示15,16表示16,20表示20,30表示30,32表示32,36表示36,64表示64,28表示128),后面三位表示频率(005表示0.05KHz,013表示0.135KHz,027表示0.27KHz,04表示0.4KHz,1表示1KHz,2表示2KHz,4表示4KHz,10表示10KHz,20表示20KHz,40表示40KHz,75表示75KHz,150表示150KHz,300表示300KHz,500表示500KHz)
感应同步器	□□□□	前三位表示极对数,后面一位表示性能参数:1～9。

注：机组性能参数代号由所含单机的性能参数代号组成，中间用横线隔开。

8.2.4 派生代号

派生是指结构派生和性能派生。派生代号用大写汉语拼音字母A、B、C等表示，但不得使用O和I字母。

8.2.5 产品名称代号

表10-8-4　步进、伺服、力矩电动机产品名称代号（摘自GB/T 10405—2009）

产品名称	代号	汉字意义	产品名称	代号	汉字意义
电磁式步进电动机	BD	步、电	电磁式直流伺服电动机	SZ	伺、正
永磁式步进电动机	BY	步、永	宽调速直流伺服电动机	SZK	伺、直、宽
混合式步进电动机	BH	步、混	永磁式直流伺服电动机	SY	伺、永
磁阻式步进电动机	BC	步、磁	空心杯电枢永磁式直流伺服电动机	SYK	伺、永、空
直线步进电动机	BX	步、线	无槽电枢直流伺服电动机	SWC	伺、无、槽
滚切步进电动机	BG	步、滚	线绕盘式直流伺服电动机	SXP	伺、绕、盘
开关磁阻式步进电动机	BK	步、开	印制绕组直流伺服电动机	SN	伺、印
永磁式直流力矩电动机	LY	力、永	无刷直流伺服电动机	SW	伺、无
无刷直流力矩电动机	LW	力、无	笼型转子两相伺服电动机	SL	伺、笼

续表

产品名称	代号	汉字意义	产品名称	代号	汉字意义
笼型转子交流力矩电动机	LL	力、笼	空心杯转子两相伺服电动机	SK	伺、空
空心杯转子交流力矩电动机	LK	力、空	直线伺服电动机	SX	伺、直、线
有限转角力矩电动机	LXJ	力、限、角	永磁交流伺服电动机	ST−	何、正（正弦波驱动）
				SF−	何、方（方波驱动）

注：永磁交流伺服电动机的产品名称代号为两部分，在短画线后为传感器代号；C 表示测速发电机；M 表示编码器；X 表示旋转变压器；SW 表示速度位置传感器。

8.2.6 型号示例

表 10-8-5 电动机型号说明（摘自 GB/T 10405—2009）

电机名称	型号	说　　明
电动机	90ZWO1	表示外圆直径为 90mm，性能参数序号为 1 的永磁无刷电动机
	110YS60-2A	表示外圆直径为 110mm，输出功率为 60W、2 极三相异步电动机的第一次结构派生品种
	45DBG01A	表示外圆直径为 45mm、性能参数序号为 1 的永磁感应子式摆电动机的第一次结构派生品种
磁滞同步电动机	55TZ523	表示外圆直径为 55mm，额定功率为 50Hz 的二相三对极内转子式磁滞同步电动机
力矩电动机	320LYXO1	表示外圆直径为 320mm，性能参数序号为 1 的稀土永磁式直流力矩电动机
步进电动机	70BC34O	表示外圆直径为 70mm、转子 40 个齿的三相磁阻式步进电动机
交流伺服电动机	55SL42	表示外圆直径为 55mm、性能参数序号为 42 的笼型两相伺服电动机
交流测速发电机	55CK3O1	表示外圆直径为 55mm、励磁电压为 36、性能参数序号为 01 的空心杯转子异步测速发电机
轴角编码器机	110MAZ218A	表示外圆直径为 110mm、二进制编译、分辨率为 18 的自整角机轴角编码器第一次派生产品
自整角机	28ZKB43	表示外圆直径为 28mm、频率为 400Hz、额定电压为 12V 的控制式自整角变压器
	36ZLJ44B	表示外圆直径为 36mm、频率为 400Hz、额定电压为 16V 的力矩式自整角接收机的第二次结构派生产品
旋转变压器	45XZ026	表示外圆直径为 45mm、开路输入阻抗为 200Ω、变压比为 0.65 的正余弦旋转变压器
双通道旋转变发送机	110XFS3243	表示外圆直径为 110mm、频率为 400Hz、励磁电压为 36V 的 32 对极双通道旋变发送机
感应移相器	28ZYG104A	表示外圆直径为 28mm、开路输入阻抗为 1000Ω、额定频率为 400Hz 的感应移相器第一次结构派生品种
多极感应移相器	110YD322	表示外圆直径为 110mm、频率为 2000Hz 的 32 多极感应移相器

续表

电机名称	型号	说　明
机组	70S-C52-11	表示伺服电动机外圆直径为70mm、测速机外圆直径为55mm、额定频率为50Hz、电源电压为115V的交流伺服测速机组
中心高为机座号的电机	160M-YS60-2A	表示机座中心高为160mm、输出功率为60W、2极三相异步电动机结构派生品种

8.3 交流伺服电动机及交流伺服系统（摘自GB/T 16439—2009）

8.3.1 交流伺服系统概述

以交流伺服电动机作为执行元件，使物体的位置/角度、速度、加速度或转矩等状态变量能跟随输入控制信号目标值（或给定值）任意变化的自动控制系统。图10-8-1为交流伺服系统构成图。

图 10-8-1　交流伺服系统构成图

伺服系统由交流伺服驱动器、交流伺服电动机和（位置/速度/转矩）传感器三部分组成。

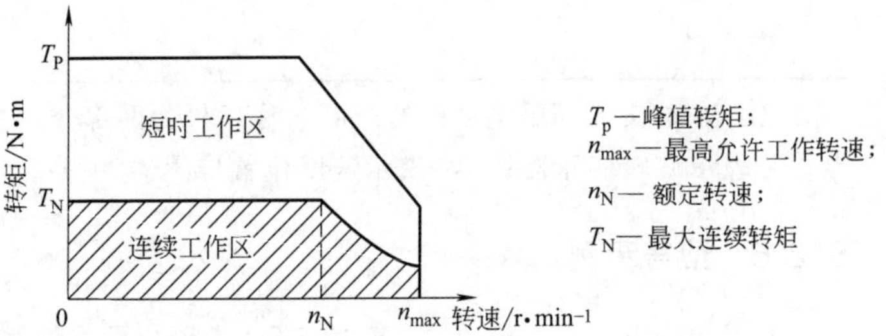

图 10-8-2　伺服系统的工作区

连续工作区（图10-8-2中阴影区域）是由电动机的发热、受离心力影响的机械强度、换相或驱动器的极限工作条件限制的范围。在此区域内连续运行，电动机和驱动器都不会超过其最高允许温度。

短时工作区处于峰值转矩以下，最大连续转矩以上的区域（图10-8-2中无阴影区域）。在该区域短时工作，电动机电流虽然大于最大连续电流，但电动机绕组在一定时间内不会被损坏，驱动器在一定时间内也能正常工作。短时过流持续时间由绕组的热时间常数决定。

表 10-8-6　交流伺服系统分类

分类方式	名称	特点及应用
交流伺服电动机(交流伺服系统的交流电动机)	异步电动机	
	永磁同步电动机	
驱动器(接受控制指令,根据传感器提供的反馈信息,对转矩、速度、位置进行闭环控制,向电动机输送功率的电气装置)	模拟量控制	驱动器输入输出控制指令信号全部是模拟量信号
	数字模拟混合控制	驱动器输入输出控制指令信号是既有模拟量也有数字量
	全数字化控制	驱动器输入输出控制指令信号是全部是数字量信号
控制方式	位置控制	以位置为被控制量的控制模式,位移或角度控制
	速度控制	以速度为被控量的控制模式,转速控制
	转矩控制	以转矩为被控量的控制模式,力输出控制
	混合控制	控制过程中位置、速度、转矩中两种模式转换控制

表 10-8-7　交流伺服系统常见术语（摘自GB/T 7344—2015和GB/T 16439—2009）

名　称	含　义
最大堵转转矩	电动机在额定供电状态下,转子在不同位置时所产生堵转转矩的最小值
额定供电状态	电动机的励磁绕组和控制绕组分别馈以额定频率、相位差为90°±3°(或额定电容)的额定励磁电压和额定控制电压时的供电状态

续表

名称	含义
频带宽度	伺服系统输入量为正弦波，随着正弦波信号的频率逐渐升高，对应的输出量的相位滞后逐渐增大，同时幅值逐渐减小，相位滞后增大至90°时或者幅值减小至低频幅值 $1/\sqrt{2}$ 时的频率
惯性适用范围	伺服系统在不影响自身稳定性和调速比的前提下所能带的惯性负载的范围(一般以电动机转子惯性的位数表示)
动态位置跟踪误差	伺服系统在输入信号的瞬态响应过程中，位置指令值与位置反馈值之差
稳态位置跟踪误差	伺服系统对输信号的瞬态响应过程结束以后，稳态运行时位置指令值与位置反馈值之差
系统效率	电动机的输出机械功率对驱动器的输入有用功率之比
电磁兼容性	伺服系统在规定的电磁环境中能正常工作且不对该环境中任何事物构成不能承受的电磁骚扰的能力

表 10-8-8 交流伺服电动机类型及冷却方式（摘自 GB/T 7344—2015）

交流伺服电动机	转子结构型式	笼型转子电动机
		空心杯转电动机
		线绕转子电动机
	冷却方式	封闭自然冷却
		封闭强制冷却

表 10-8-9 交流伺服电动机使用环境（摘自 GB/T 7344—2015）

环境条件等级	温度/℃	相对湿度/%	气压/kPa	振动	冲击峰值加速度/$m \cdot s^{-2}$	恒加速度/$m \cdot s^{-2}$
1a	−10～40	90～95	74.8	—	—	—
1	−25～40		74.8	10～55Hz 双振幅 1.5mm	150	—
2	−40～55		55			—
3	−55～85		25	10～500Hz 低频、双振幅 1.5m 或峰值加速度 $100m/s^2$	300	150

表 10-8-10 交流伺服电动机电源频率及电压（摘自 GB/T 7344—2015）

额定频率/Hz	额定励磁电压/V	控制电压/V
50	12,36,220	12,36,220
400	26,36,115	26,36,115

8.3.2 伺服电动机常用计算公式

表 10-8-11 伺服电动机常用计算公式（摘自 GB/T 16439—2009）

名称	公式	符号说明
额定功率、额定转速与最大连续转矩的关系	$P_n = \dfrac{T_n n_n}{60/2\pi}$	n_n——额定转速 P_n——额定功率 T_n——最大连续转矩

名　　称	公　　式	符号说明
正反转速差率(伺服系统在额定电压空载运行,不改变转速指令的量值,仅改变电动机的旋转方向)	$K_n=\dfrac{\lvert n_{cw}-n_{ccw}\rvert}{n_{cw}+n_{ccw}}\times 100\%$	K_n——正反转速差率 n_{cw}——电动机顺时针旋转时的转速平均值,r/min n_{ccw}——电动机逆时针旋转时的转速平均值,r/min
转速调整率(伺服系统在额定转速条件下,仅电源电压变化,或仅环境温度变化,或仅负载变化,电动机的平均转速变化值与额定转速的百分比分别叫做电压变化的转速调整率、温度变化的转速调整率、负载变化的转速调整率)	$\Delta n=\dfrac{\lvert n_i-n_n\rvert}{n_n}\times 100\%$	Δn——转速调整率 n_i——电动机实际转速,r/min n_n——电动机的额定转速,r/min
转矩波动系数(伺服系统稳态运行时,对电动机施加恒定负载,瞬时最大转矩和最小转矩的波动性能)	$K_{fT}=\dfrac{T_{max}-T_{min}}{T_{max}+T_{min}}\times 100\%$	K_{fT}——转矩波动系数 T_{max}——瞬态转矩的最大值,N·m T_{min}——瞬态转矩的最小值,N·m
转速波动系数(伺服系统稳态运行时,瞬时最大转速和最小转速的波动性能)	$K_{fn}=\dfrac{n_{max}-n_{min}}{n_{max}+n_{min}}\times 100\%$	K_{fn}——转速波动系数 n_{max}——瞬态转速的最大值,r/min n_{min}——瞬态转速的最小值,r/min
调速比(伺服系统满足规定的转速调整率和规定的转速波动时的最低空载转速和额定转速之比)	$D=\dfrac{n_{min}}{n_n}$	D——调速比 n_{min}——最低空载转速,r/min n_n——额定转速,r/min
静态刚度(位置伺服系统处于空载零速工作状态,对电动机轴端正转方向或反转方向施加连续转矩通过测量出转角的偏移量确定其静态刚度)	$K_s=\dfrac{T_0}{\Delta\theta}$	K_s——静态刚度,N·m/(′) T_0——连续转矩,N·m $\Delta\theta$——转角的偏移量,(′)
堵转特性非线性度(电动机的堵转特性非线性度应不超过±10%: 当电动机达到正常工作温度后,在额定供电状态下堵转,测量堵转转矩,然后依次测出控制电压为20%、40%、60%、80%、100%、110%的额定控制电压时的堵转转矩。测量每点的堵转转矩时,应将电压调到额定控制电压,并保持到稳定工作温度后再调到需要的控制电压值进行测量)	$K_d=\left(\dfrac{T_a}{T_0}-A\right)\times 100\%$	K_d——堵转特性非线性度 T_a——各控制电压值时的堵转转矩,N·m T_0——额定制电压值时的堵转转矩,N·m A——以十进制表示的各点控制电压的相对值,即0.2、0.4、0.6……

第9章

YCT系列电磁调速电动机

9.1 概述（摘自 JB/T 7123—2010）

YCT 系列（摘自 JB/T 7123—2010）电磁调速电动机是由两个没有机械硬性连接的旋转部分组成（见图 10-9-1）。异步电动机直接拖动铸钢电枢，内部有励磁线圈的磁极与输出轴相连，通以直流电流时产生磁通。由于磁场及感应涡流的作用在轴伸端输出转矩。在某一负载时，励磁电流越大，转速越高。机械特性较软，如图 10-9-2，适用于有张力要求的收卷装置。得到较硬的机械特性，如图 10-9-3 所示，可与控制器配套组成闭环控制，适用于恒转矩或变转矩无级调速，如带式输送机等摩擦负荷及纺织、印染、造纸行业，也适用于风机、水泵的调速节能。

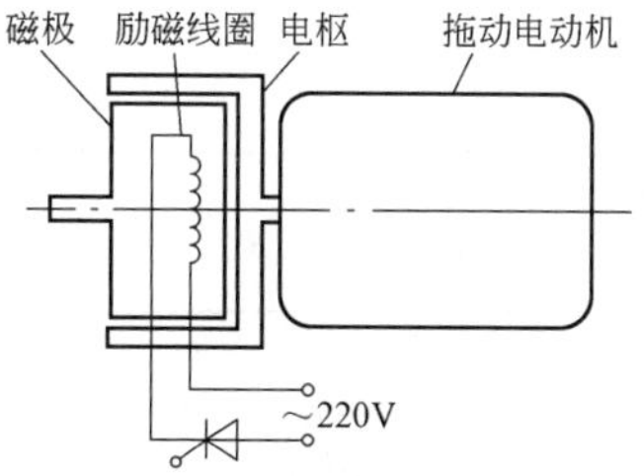

图 10-9-1 YCT 系列电磁调速电动机

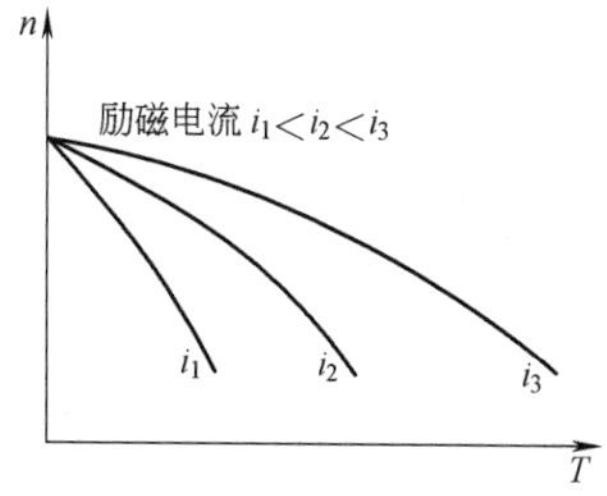

图 10-9-2 YCT 电动机的自然机械特性

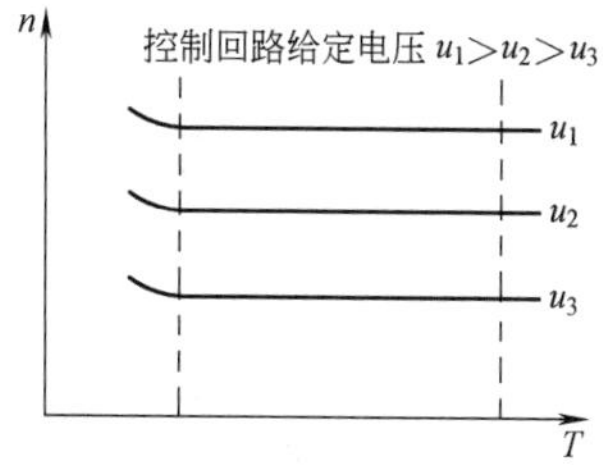

图 10-9-3 YCT 电动机的人工机械特性

调速电动机由电磁转差离合器（包括测速发电机，以下简称离合器）、拖动电动机、电磁调速控制器（以下简称控制器）组成。其结构型式为拖动电动机借凸缘端止口直接安装在离合器机座上的组合式结构。表 10-9-1 为 YCT 电磁调速电动机特性。

表 10-9-1 YCT 电磁调速电动机结构特性（摘自 JB/T 7123—2010）

外壳防护等级	冷却方法	安装型式	电压/频率	工作定额	测试发电机	工作环境
IP21	IC01	IM B3	电动机额定电压 380V、频率 50Hz，控制器为 220V	以连续工作制(S1)为基准	在转速 1000r/min 时，输出电压 20～35V	海拔不超过 1000m 温度 −15～40℃ 少尘、无铁磁性物质尘埃，无腐蚀金属、破坏绝缘和爆炸性气体

注：拖动电动机的安装尺寸有特殊要求的 IM B5 4 极三相异步电动机，其各项电气性能符合 JB/T 10391—2008 的规定。

9.2 型号含义

YCT-160-4A
- 规格代号，160 表示中心高，4 表示电动机极数，A 表示拖动电机功率挡，A，B，C
- 产品代号，Y 表示交流异步电机，CT 表示电流调速

9.3 技术参数

表 10-9-2 YCT 电磁调速电机机座号与标称功率、额定转矩、额定调速范围的关系（摘自 JB/T 7123—2010）

机座号	标称功率 /kW	额定转矩 /N·m	额定调速范围 /r·min^{-1}	机座号	标称功率 /kW	额定转矩 /N·m	额定调速范围 /r·min^{-1}
112-4A	0.55	3.6	1230～125	225-4A	11	69	1250～125
112-4B	0.75	4.9		225-4B	15	94	
132-4A	1.1	7.1		250-4A	18.5	110	1250～125
132-4B	1.5	9.7		250-4B	22	137	
160-4A	2.2	14.1	1250～125	280-4A	30	189	
160-4B	3	19.2		315-4A	37	232	
180-4A	4	25.2		315-4B	45	282	
200-4A	5.5	35.1		355-4A	55	344	1340～440
200-4B	7.5	47.7		355-4B	75	469	
				355-4C	90	564	1340～600

表 10-9-3 YCT 电磁调速电动机安装尺寸表（摘自 JB/T 7123—2010）　　/mm

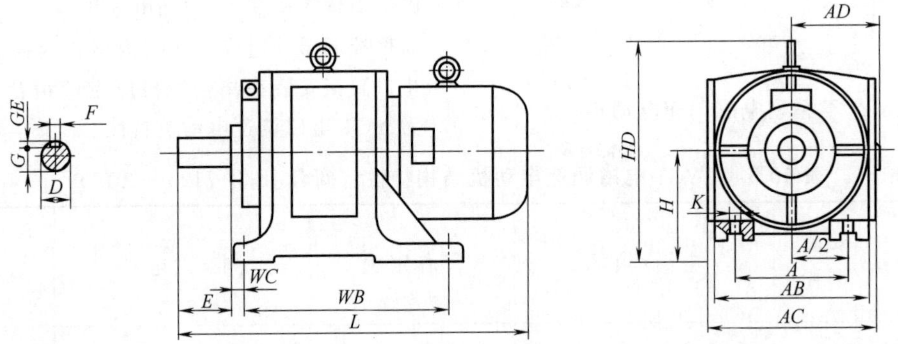

机座号	安装尺寸									外形尺寸				
	A	WB	WC	D	E	F	G[①]	H	K[②]	AB	AC	AD	HD	L
112-4A	1190	210	40	19	40	6	15.5	112	12	240	260	150	280	520
112-4B														
132-4A	216	241		24	50	8	20	132		285	310	165	330	570
132-4B														585
160-4A	254	267	45	28	60		24	160	14.5	330	350	185	385	665
160-4B														
180-4A	279	305						180		365	385	195	430	700

续表

机座号	安装尺寸									外形尺寸				
	A	*WB*	*WC*	*D*	*E*	*F*	*G*①	*H*	*K*②	*AB*	*AC*	*AD*	*HD*	*L*
200-4A	318	356	50	38	80	10	33	200	18.5	410	430	235	485	820
200-4B														860
225-4A	356	406	56	42	110	12	37	225		465	485	270	545	980
225-4B														1025
250-4A	406	457	63	48		14	42.5	250	24	520	540	295	595	1130
250-4B														1170
280-4A	457	508	70	55		16	49	280		575	595	320	665	1280
315-4A	508	560	89	60	140	18	53	315	28	645	670	345	770	1400
315-4B														1425
355-4A	610	630	108	65			58	355		755	780	390	890	1550
355-4B				75		20	67.5					420-		1630
355-4C														1680

① $G=D-GE$，*GE* 极限偏差以应机座号 112 为（$^{+0.10}_{0}$），其余为（$^{+0.20}_{0}$）。

② *K* 孔的位置公差以轴伸的轴线为基准。

9.4 控制器

YCT 系列电动机配用 JD1 型或 JD2 型控制器，适用于各种型号电磁调速电动机的单台手动控制，实现恒转矩或递减转矩的无级调速。JD2 型控制器是带有数字显示的精密型调速控制器。JD1C 型控制器与 ZKJ 控制组件组成的控制装置可实现并联、比例、遥控、缓冲、齐速、按调节信号运转等自动控制方式。

9.4.1 控制器的型号含义

J D □ □

- J——交流
- D——电磁调速
- □——设计序号（1、2）
- □——A——手动普通型；B——手动精密型；C——自动精密型

9.4.2 控制器的技术参数

表 10-9-4 电磁调速控制器的技术参数

型号	电源	输出	测速发电机	转速变化率/%	稳定精度/%	控制电动机功率
JD1A	AC220V 50～60Hz	DC90V/5A	≥2V 100r/min	<2.5	<1	0.55～90kW
JD1B				<1	<0.5	
JD1C						
JD1BD		DC160V/10A				110～250kW

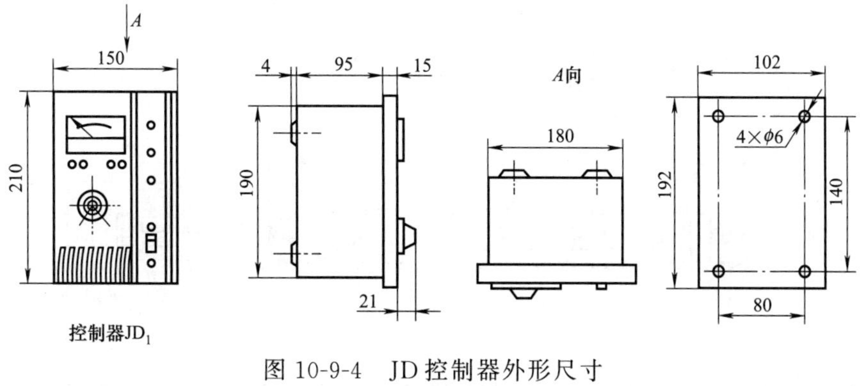

图 10-9-4 JD 控制器外形尺寸

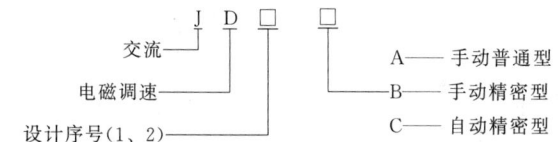

第10章

电动机滑轨及附件

表 10-10-1 滑轨的数据（一）

滑轨(1)

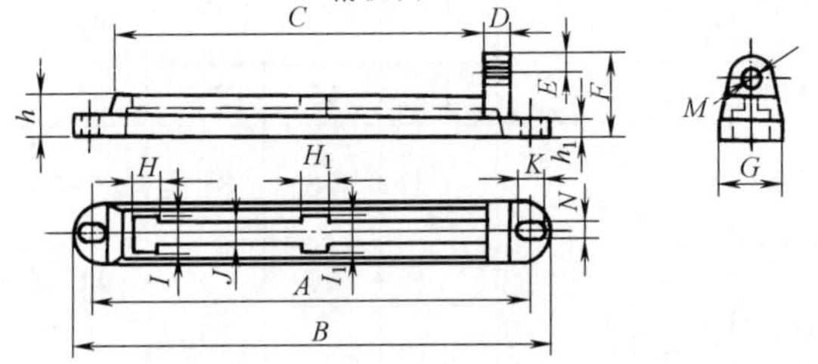

规格	安装尺寸/mm																配电动机功率/kW	质量/kg
	A	B	C	D	E	F	G	H	H_1	h	h_1	I	I_1	J	K	N	M		
14″	450	530	365	30	40	105	70	30		50	22	28		14	26	18	1/2″	0.6～2	12
16″	500	570	400	30	40	105	75	38		50	22	30		14	27	18	1/2″	2.5～4	15
18″	560	630	460	35	40	110	80	40		60	22	34		16	30	20	1/2″	4.5～7	18
20″	610	680	510	35	40	120	100	42		65	26	40		16	30	20	5/8″	9.5～10	24
24″	710	780	610	35	40	130	102	42		65	26	40		18	32	24	5/8″	10.5～15	31.5
26″	760	830	660	35	43	130	110	42		65	26	40		18	36	24	5/8″	15.5～20	41.5
30″	900	1000	760	40	50	150	116		40	86	36		45	24	40	32	3/4″	20.5～30	56
36″	1040	1140	890	54	35	150	130		43	90	50		55	24	42	32	3/4″	30.5～40	72
40″	1140	1280	1000	65	35	160	142		43	85	45		55	26	42	32	3/4″	40.5～55	92

表 10-10-2 滑轨的数据（二）

滑轨(2)

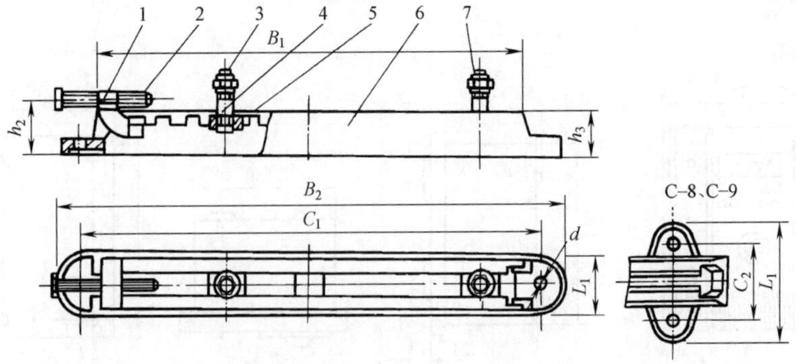

续表

型号	主要尺寸/mm								件 4[①]	件 3	件 2	件 7	件 1	件 5	件 6	质量/kg
	B_1	B_2	C_1	C_2	h_2	h_3	L_1	d	螺柱 GB/T 900—1988	螺母 GB/T 6170—2015	螺栓 GB/T 5783—2016	垫圈 GB/T 93—1987	移动卡爪	滑块	路轨	
C-3	370	440	410		44	36	44	12	M10×35	BM10	M12×80	10		C-3		3.8
C-4	430	510	470		55	45	52	14	M10×40	BM10	M12×90	10		C-4		5.3
C-5	570	670	620		67	55	72	18	M12×50	BM12	M16×110	12		C-5		12.5
C-6	630	770	720		74	60	75	18	M12×60	BM12	M16×120	12		C-6		17.5
C-7	770	930	870		88	70	105	24	M16×75	BM16	M20×150	16		C-7		31
C-8	900	950	700	175	95	75	245	28	M20×95	BM20	M24×180	20		C-8		45
C-9	1030	1090	800	190	105	85	260	28	M20×105	BM20		20		C-9		69

① 型号 C-3 及 C-4 的件 4 螺柱用 GB/T 899—1988，且应与电动机螺栓孔相配。

表 10-10-3 滑轨的数据（三） /mm

滑轨(3)

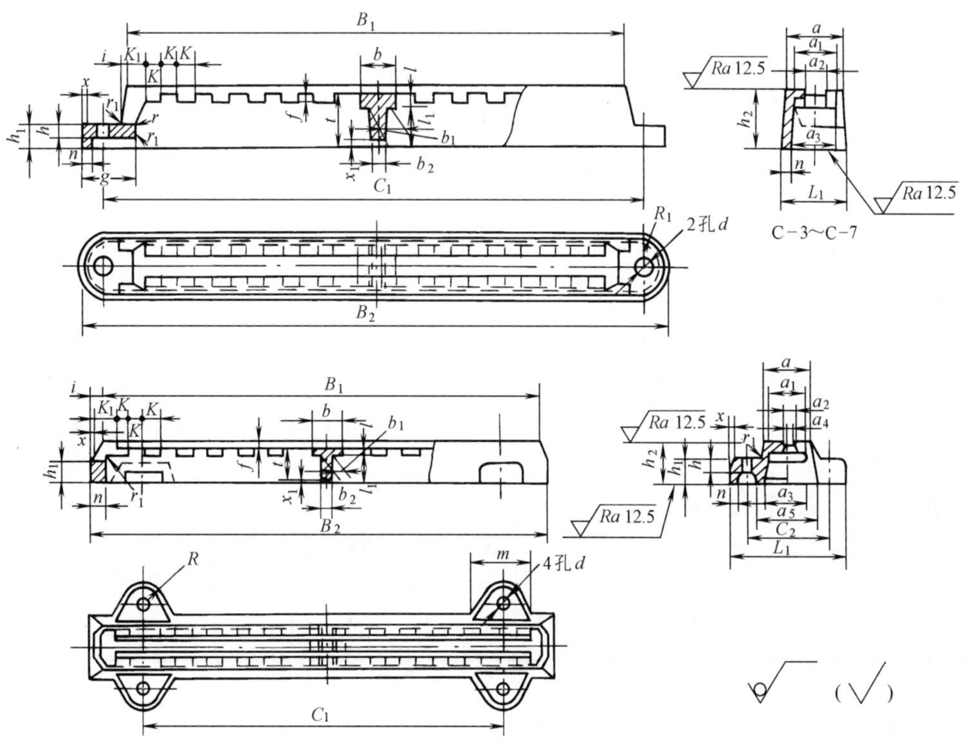

型号	a	a_1	a_2	a_3	a_4	a_5	B_1	B_2	C_1	C_2	L_1	d	b	b_1	b_2	h	h_1
C-3	40	30	16	26			370	440	410		44	12	25	8	6	10	15
C-4	50	36	18	32			430	510	470		54	14	30	8	6	10	18
C-5	66	48	25	44			570	670	620		72	18	40	10	8	15	22
C-6	68	50	25	46			630	770	720		75	18	45	12	10	15	26
C-7	90	68	30	64			770	930	870		105	24	50	16	10	20	30
C-8	100	78	38	74	36	125	900	950	700	175	255	28	70	16	12	20	35
C-9	110	86	38	78	35	130	1030	1090	800	190	270	28	70	16	12	20	35

第 10 篇

型　号	h_2	f	l	l_1	t	g	i	n	n_1	x	x_1	m	K	K_1	R	R_1	r	r_1
C-3	36	5	10	22	30	35	7	7		1	5		14	20		22	10	4
C-4	45	5	8	34	39	42	7	8		1	5		17	30		27	15	4
C-5	55	6	10	41	47	50	10	10		2	8		20	30		36	15	5
C-6	60	8	12	40	50	56	20	10		2	8		25	25		37.5	15	5
C-7	70	9	14	51	60	62	25	12		3	8		30	30		52.5	15	5
C-8	75	10	14	53	63		25	15	12	3	10	105	35		40		15	
C-9	85	12	15	58	73		30	15	12	3	10	120	35		40		15	

注：1. 铸件应经退火处理。

2. 其余铸造圆角半径为 2～4mm。

3. 材料为 HT150。

表 10-10-4　移动卡爪的数据　　/mm

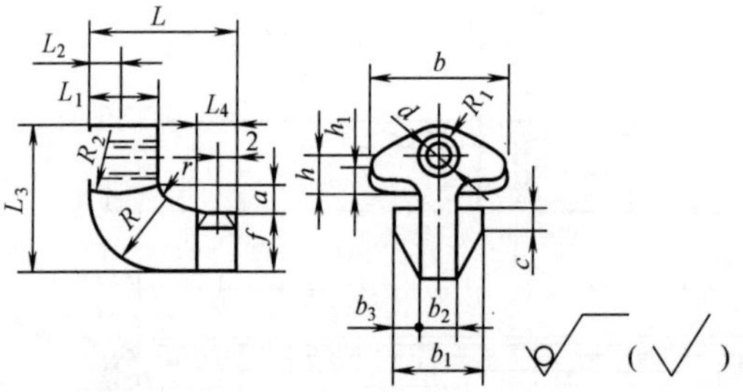

型　号	L	L_1	L_2	L_3	L_4	d	b	b_1	b_2	b_3	h	h_1	R	R_1	R_2	a	f	r	c
C-3	40	20	7	38	11	M12	40	24	12	6	8	6	20	10	32	8	12	2	4
C-4	50	25	11	50	14	M12	48	30	15	7.5	10	7	25	14	40	8	18	2.5	5
C-5	60	30	13	60	17	M16	65	40	18	11	12	8	30	16	48	10	22	3	4
C-6	70	30	12	69	20	M16	65	40	20	10	14	10	35	16	56	13	26	3.5	6
C-7	90	45	20	88	27	M20	90	60	27	16.5	18	13	45	22	72	13	35	4.5	7
C-8	100	50	20	95	30	M24	100	70	30	20	20	14	50	25	80	15	35	5	10
C-9	100	50	20	100	30	M24	110	70	30	20	20	14	50	25	80	15	40	5	12

注：1. 材料采用 HT150。

2. 其余铸造圆角半径 $R=2$mm。

表 10-10-5　滑块的数据　　/mm

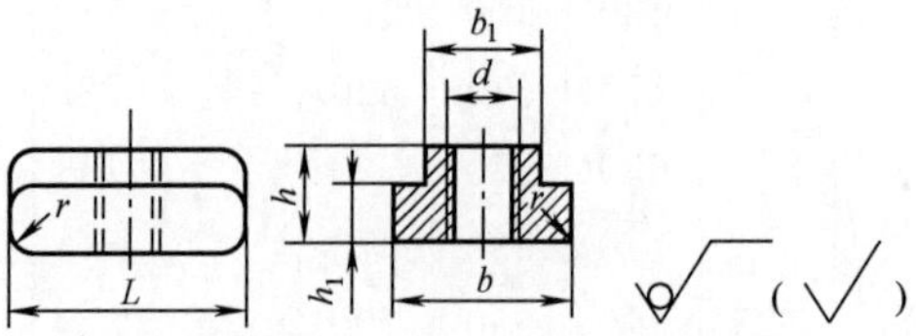

续表

型号	b	b_1	d	h	h_1	L	r
C-3	22	14	M10	12	8	30	2
C-4	28	16	M10	15	8	38	2
C-5	38	22	M12	20	14	44	4
C-6	40	22	M12	22	15	52	4
C-7	60	26	M16	24	15	68	5
C-8、C-9	66	32	M20	30	20	76	5

注：1. 材料采用 QT 400-15。

2. 其余铸造圆角半径 $R=1\sim2$mm。

参考文献

[1] 国家机械工业局编. 中国机电产品目录：第 14 册. 2000.
[2] 中小型电机产品样本. 北京：机械工业出版社，2003.
[3] 成大先. 机械设计手册. 第 4 版. 北京：化学工业出版社，2004.

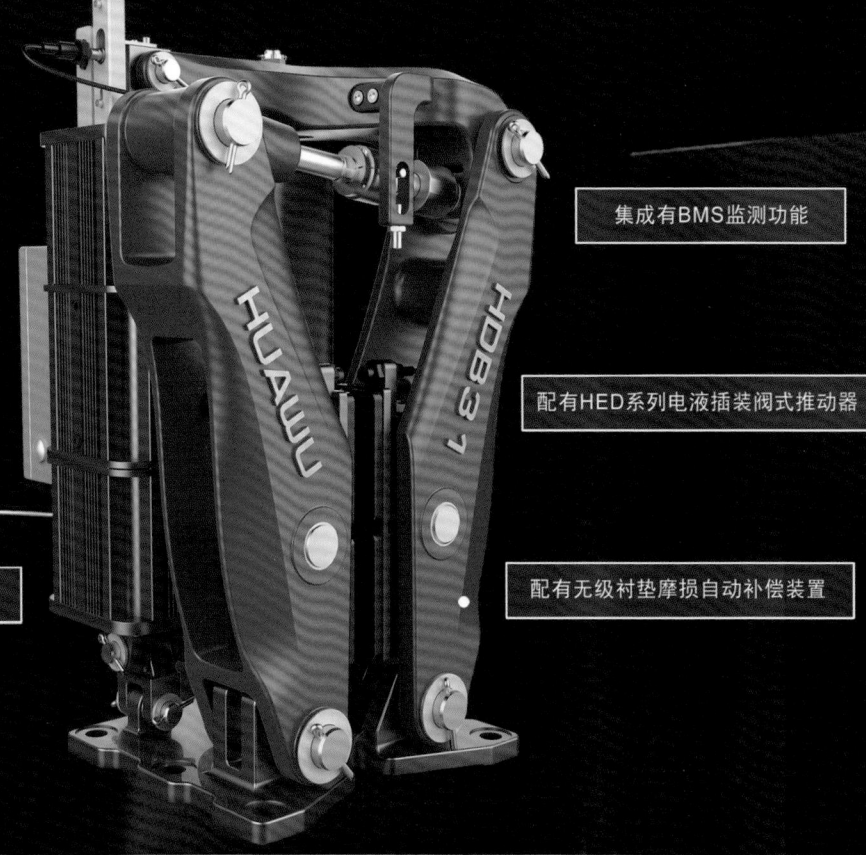